BIOLOGIA CELULAR E MOLECULAR

Equipe de tradução

Adriana de Freitas Schuck Bizarro (Cap. 12)
Farmacêutica. Mestre em Genética e Biologia do Desenvolvimento pela Universidade de Barcelona.

Andréia Escosteguy Vargas (Iniciais e Caps. 4, 5 e 9)
Doutora em Genética e Biologia Molecular pela Universidade Federal do Rio Grande do Sul (UFRGS). Pós-doutoranda do Laboratório de Proteômica e Engenharia de Proteínas do Instituto Carlos Chagas/Fundação Oswaldo Cruz (FIOCRUZ), Curitiba, PR.

Ardala Breda (Glossário, Índice, Caps. 7, 8 e 11)
Pesquisadora do Departamento de Bioquímica da Texas A&M University. Ph.D. em Biologia Celular e Molecular pela Pontifícia Universidade Católica do Rio Grande do Sul (PUCRS).

Cláudia Paiva Nunes (Caps. 21 e 22)
Pesquisadora no LANAGRO-RS. Doutora em Bioquímica e Biologia Molecular pelo Departamento de Bioquímica da UFRGS.

Cristiano Bizarro (Cap. 3)
Professor adjunto da PUCRS. Doutor em Biologia Celular e Molecular pela UFRGS. Pós-Doutor em Biologia Celular e Molecular pela UFRGS. Pós-Doutor em Biologia Celular e Molecular pela Universitat de Barcelona, UB, Espanha. Pós-Doutor em Biologia Celular e Molecular pela PUCRS.

Daiana Renck (Caps. 16 e 24)
Farmacêutica. Mestre em Biologia Celular e Molecular pela PUCRS. Doutoranda do Programa de Pós-Graduação em Biologia Celular e Molecular da PUCRS e vinculada ao Centro de Pesquisas em Biologia Molecular e Funcional (CPBMF).

Denise Cantarelli Machado (Caps. 14 e 23)
Professora da Faculdade de Medicina e pesquisadora do Instituto de Pesquisas Biomédicas da PUCRS. Mestre em Genética pela UFRGS. Doutora em Imunologia pela University of Sheffield, Inglaterra.

Gaby Renard (Glossário, Índice, Caps. 13, 17, 18 e 21)
Pesquisadora da Quatro G Pesquisa & Desenvolvimento Ltda., TECNOPUC. Mestre e Doutora em Ciências Biológicas: Bioquímica pela UFRGS.

Paulo Luiz de Oliveira (Caps. 1, 2 e 10)
Biólogo. Professor titular aposentado do Departamento de Ecologia do Instituto de Biociências da UFRGS. Mestre em Botânica pela UFRGS. Doutor em Ciências Agrárias pela Universität Hohenheim, Stuttgart, República Federal da Alemanha.

Rosane Sheibe (Caps. 6, 19 e 20)
Doutora em Biologia Molecular pela University of Sheffield, Inglaterra.

Valnês da Silva Rodrigues Junior (Cap. 15)
Pesquisador do Centro de Pesquisas em Biologia Molecular e Funcional da PUCRS. Mestre em Biologia Celular e Molecular pela UFRGS. Doutor em Farmacologia Bioquímica e Molecular pelo Programa de Pós-Graduação em Medicina e Ciências da Saúde da PUCRS.

B615 Biologia celular e molecular / Harvey Lodish ... [et al.] ; [tradução: Adriana de Freitas Schuck Bizarro ... et al.] ; revisão técnica: Ardala Breda, Gaby Renard. – 7. ed. – Porto Alegre : Artmed, 2014.
xxxiv, 1210 p. : il. color. ; 28 cm.

ISBN 978-85-8271-049-4

1. Biologia. 2. Biologia celular. 3. Biologia molecular. I. Lodish, Harvey.

CDU 576

Catalogação na publicação: Ana Paula M. Magnus – CRB 10/2052

Harvey Lodish
Arnold Berk
Chris A. Kaiser
Monty Krieger
Anthony Bretscher
Hidde Ploegh
Angelika Amon
Matthew P. Scott

BIOLOGIA CELULAR E MOLECULAR

7ª EDIÇÃO

Revisão técnica desta edição

Ardala Breda
Pesquisadora do Departamento de Bioquímica da Texas A&M University.
Ph.D. em Biologia Celular e Molecular pela Pontifícia Universidade Católica do Rio Grande do Sul (PUCRS).

Gaby Renard
Pesquisadora da Quatro G Pesquisa & Desenvolvimento Ltda., TECNOPUC.
Mestre e Doutora em Ciências Biológicas: Bioquímica pela Universidade Federal do Rio Grande do Sul (UFRGS).

Reimpressão 2015

artmed

2014

Obra originalmente publicada sob o título *Molecular cell biology*, 7th edition
ISBN 9781429234139

First published in the United States by W. H. Freeman and Company, New York

Gerente editorial: *Letícia Bispo de Lima*

Colaboraram nesta edição:

Editora: *Simone de Fraga*

Arte sobre capa original: *Márcio Monticelli*

Preparação de originais: *Henrique de Oliveira Guerra e Kátia Michelle Lopes Aires*

Leitura final: *Carine Garcia Prates*

Editoração: *Techbooks*

Nota

Assim como a medicina, a odontologia/a enfermagem/a farmácia/a fisioterapia... é uma ciência em constante evolução. À medida que novas pesquisas e a própria experiência clínica ampliam o nosso conhecimento, são necessárias modificações na terapêutica, onde também se insere o uso de medicamentos. Os autores desta obra consultaram as fontes consideradas confiáveis, num esforço para oferecer informações completas e, geralmente, de acordo com os padrões aceitos à época da publicação. Entretanto, tendo em vista a possibilidade de falha humana ou de alterações nas ciências médicas, os leitores devem confirmar estas informações com outras fontes. Por exemplo, e em particular, os leitores são aconselhados a conferir a bula completa de qualquer medicamento que pretendam administrar, para se certificar de que a informação contida neste livro está correta e de que não houve alteração na dose recomendada nem nas precauções e contraindicações para o seu uso. Essa recomendação é particularmente importante em relação a medicamentos introduzidos recentemente no mercado farmacêutico ou raramente utilizados.

ARTMED EDITORA LTDA., uma empresa do GRUPO A EDUCAÇÃO S.A.
Av. Jerônimo de Ornelas, 670 – Santana
90040-340 – Porto Alegre – RS
Fone: (51) 3027-7000 Fax: (51) 3027-7070

Unidade São Paulo
Av. Embaixador Macedo Soares, 10.735 – Pavilhão 5 – Cond. Espace Center
Vila Anastácio – 05095-035 – São Paulo – SP
Fone: (11) 3665-1100 Fax: (11) 3667-1333

SAC 0800 703-3444 – www.grupoa.com.br

IMPRESSO NO BRASIL
PRINTED IN BRAZIL

Sobre os autores

HARVEY LODISH é professor de Biologia e de Bioengenharia no Massachusetts Institute of Technology (MIT) e membro fundador do Whitehead Institute for Biomedical Research. O Dr. Lodish também é membro da National Academy of Sciences e da American Academy of Arts and Sciences e foi presidente (2004) da American Society for Cell Biology. Ele é reconhecido por seu trabalho em fisiologia da membrana celular, particularmente na biossíntese de muitas proteínas da superfície celular e na clonagem e análise funcional de vários receptores proteicos da superfície celular, tais como os receptores de eritropoietina e de TGF-β. Seu laboratório também estuda células-tronco hematopoiéticas e já identificou novas proteínas que dão suporte à sua proliferação. O Dr. Lodish leciona em cursos de graduação e pós-graduação em biologia celular e biotecnologia. **Crédito da foto:** John Soares/Whitehead Institute.

ARNOLD BERK ocupa a cadeira presidencial em biologia celular molecular no departamento de microbiologia, imunologia e genética molecular e é membro do instituto de biologia molecular da University of Califórnia, em Los Angeles (EUA). O Dr. Berk também é membro da American Academy of Arts and Sciences. Ele é um dos descobridores originais do *splicing* do RNA e de mecanismos para o controle gênico em vírus. Seu laboratório estuda as interações moleculares que regulam o início da transcrição em células de mamíferos, focando particularmente em proteínas regulatórias de adenovírus. Ele leciona em um curso avançado de graduação em biologia celular do núcleo e em um curso de pós-graduação em bioquímica.

CHRIS A. KAISER é professor e chefe do departamento de biologia do Massachusetts Institute of Technology. Seu laboratório emprega métodos de genética e biologia celular para entender os processos básicos de como proteínas de membrana e secretadas recém-sintetizadas são dobradas e estocadas nos compartimentos das rotas secretórias. O Dr. Kaiser é reconhecido como um educador de graduação de ponta no MIT, onde ele vem lecionando genética para graduandos há muitos anos.

MONTY KRIEGER é o Professor Whitehead do departamento de biologia do Massachusetts Institute of Technology e membro associado sênior do Broad Institute do MIT e de Harvard. O Dr. Krieger também é membro da National Academy of Sciences. Por sua maneira inovadora de lecionar biologia e fisiologia humana em cursos de graduação, bem como biologia celular em cursos de pós-graduação, ele recebeu vários prêmios. Seu laboratório fez contribuições para nosso entendimento acerca do transporte através da membrana via aparelho de Golgi, clonando e caracterizando receptores proteicos importantes para o reconhecimento de patógenos e para o movimento do colesterol para dentro e fora das células, incluindo o receptor de HDL.

ANTHONY BRETSCHER é professor de Biologia Celular na Cornell University e membro do Weill Institute for Cell and Molecular Biology. Seu laboratório é conhecido pela identificação e caracterização de novos componentes do citoesqueleto de actina e pela elucidação das funções biológicas desses componentes em relação à polaridade celular e ao transporte através da membrana. Nesse trabalho, seu laboratório explora abordagens bioquímicas, genéticas e de biologia celular em dois sistemas modelos: células epiteliais de vertebrados e leveduras de brotamento. O Dr. Bretscher leciona biologia celular para graduandos na Cornell University.

HIDDE PLOEGH é professor de Biologia no Massachusetts Institute of Technology e membro do Whitehead Institute for Biomedical Research. Um dos líderes mundiais na pesquisa em comportamento do sistema imune, Dr. Ploegh estuda as várias táticas empregadas pelos vírus para se esquivarem de nossas respostas imunológicas e as maneiras pelas quais nosso sistema imune distingue entre moléculas próprias e não próprias. O Dr. Ploegh leciona imunologia para estudantes de graduação na Harvard University e no MIT.

ANGELIKA AMON é professora de Biologia no Massachusetts Institute of Technology, membro do Koch Institute for Integrative Cancer Research e pesquisadora no Howard Hughes Medical Institute. Ela também é membro da National Academy of Sciences. Seu laboratório estuda os mecanismos moleculares que governam a segregação cromossômica durante a mitose e a meiose e as consequências – aneuploidia – quando esses mecanismos falham durante a proliferação celular normal e o desenvolvimento de câncer. A Dr. Amon leciona cursos de graduação e pós-graduação em Biologia Celular e Genética.

Aos nossos alunos e professores,
com quem continuamos a aprender, e a nossas famílias,
por seu apoio, encorajamento e amor.

Prefácio

Nesta 7ª edição do *Biologia celular e molecular* foram incorporados muitos dos espetaculares avanços alcançados ao longo dos últimos quatro anos na ciência biomédica, motivados em parte por novas tecnologias experimentais que revolucionaram muitas áreas. Técnicas rápidas para sequenciar DNA e RNA, por exemplo, revelaram muitos e novos RNAs não codificantes que regulam a expressão gênica e identificaram centenas de genes humanos que afetam doenças, como diabetes, osteoporose e câncer. A genômica também trouxe muitos conhecimentos novos acerca da evolução de formas de vida e das funções de membros individuais de famílias de multiproteínas. Explorar os desenvolvimentos mais atuais na área é sempre uma prioridade ao escrever uma nova edição, mas também é importante comunicar claramente o assunto abordado. Para esse fim, além de introduzir novas descobertas e tecnologias, foram simplificados e reorganizados vários capítulos para esclarecer processos e conceitos aos estudantes.

Nova coautora, Angelika Amon

Esta nova edição do *Biologia celular e molecular* conta com um novo membro em nossa equipe de autores: a respeitada pesquisadora e professora Angelika Amon, do Massachussetts Institute of Technology. Seu laboratório utiliza a levedura *S. cerevisiae* e modelos murinos e de cultivo celular para obter um conhecimento molecular detalhado acerca dos circuitos regulatórios que controlam a segregação cromossômica e dos efeitos da aneuploidia na fisiologia celular. Dra. Amon também leciona cursos de graduação e pós-graduação em Biologia Celular e Genética.

Conteúdo revisado e atualizado

Entre os capítulos novos e os que foram aprimorados, destacamos o que segue:

- *Moléculas, células e evolução* (Capítulo 1) agora enquadra a biologia celular sob a luz da evolução: essa perspectiva explica por que os cientistas escolhem determinados organismos unicelulares e multicelulares como "modelos" para estudar genes e proteínas específicos que são importantes para a função celular.
- *Cultivo, visualização e perturbação de células* (Capítulo 9) foi reescrito para incluir métodos de ponta como FRAP, FRET, siRNA e biologia química, tornando-o um capítulo sobre o que há de mais moderno em termos de métodos.
- *Transdução de sinal e receptores acoplados à proteína G* e *Vias de sinalização que controlam a expressão gênica* (Capítulos 15 e 16) foram reorganizados e ilustrados com figuras de visão global simplificadas, para auxiliar estudantes a navegar pela complexidade das rotas de sinalização.
- *O ciclo celular dos eucariotos* (Capítulo 19) agora começa com os conceitos de "INÍCIO" (o comprometimento de uma célula para entrar no ciclo celular iniciando com a síntese de DNA) e então continua pelos estágios do ciclo. O capítulo se concentra em leveduras e mamíferos, usando nomes genéricos para componentes do ciclo celular sempre que possível para melhorar a compreensão dos estudantes.
- *Células-tronco, assimetria e morte celulares* (Capítulo 21) agora incorpora tópicos do desenvolvimento, incluindo nova cobertura sobre células-tronco pluripotentes induzidas (iPS).

(b)

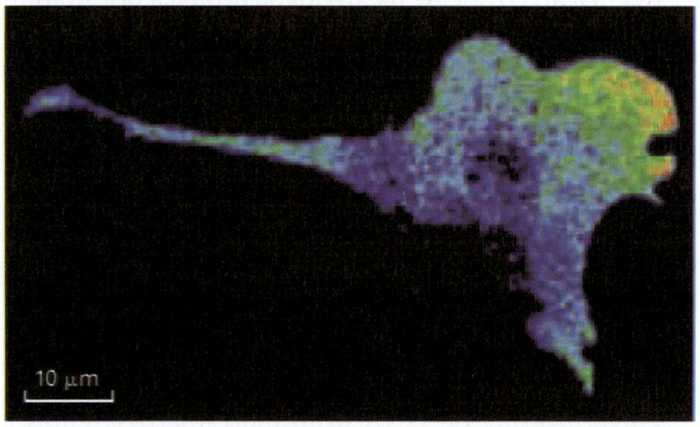

FIGURA 9-22 Neste fibroblasto murino, utilizou-se FRET para revelar que a interação entre uma proteína regulatória ativa (Rac) e seu ligante se dá na porção frontal da célula em migração.

Clareza aumentada, pedagogia melhorada

Professores experientes tanto na graduação quanto na pós-graduação sempre buscam formas que facilitam a compreensão por parte dos estudantes. Nesta 7ª edição, tópicos em geral difícies, como energética celular, sinalização celular e imunologia, foram simplificados e revisados para melhorar o entendimento. Cada figura foi revisada e, sempre que possível, tornada mais didática, de modo a elucidar os pontos-chave. Os tópicos apresentados ao final dos capítulos incluem 30% de questões novas, incluindo problemas adicionais na seção Análise dos dados, para fornecer aos estudantes mais possibilidades de praticar a interpretação de evidências experimentais. O resultado é um balanço da vanguarda atual e foco experimental atento à clareza, à organização e à pedagogia.

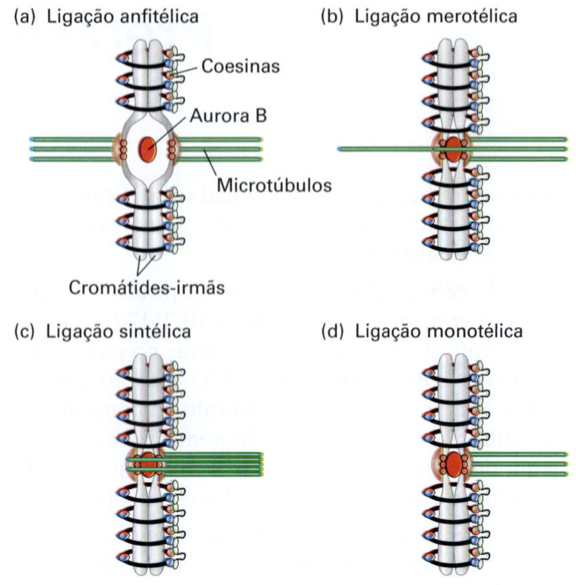

FIGURA 19-25 Ligações cromossômicas estáveis e não estáveis.

Novas descobertas, novas metodologias

- Regulação covalente da atividade proteica por ubiquitinação/desubiquitinação (Cap. 3)
- Chaperonas moleculares incluindo a família de proteínas Hsp90 (Cap. 3)
- Síntese proteica de mamíferos e os papéis das polimerases delta (fita descontínua) e epsilon (fita contínua) na síntese de DNA eucariótica (Cap. 4)
- Sondas não radiativas (para hibridização *in situ*, por exemplo) (Cap. 5)
- PCR quantitativo (e RT-PCR) e sequenciamento de DNA de alto rendimento (Cap. 5)
- *Fingerprinting* de DNA utilizando microssatélites e PCR (Cap. 6)
- Sequenciamento genômico pessoal e o Projeto Genoma 1.000 (Cap. 6)
- Mecanismos epigenéticos da regulação transcricional (Cap. 7)
- Regulação transcricional por RNAs não codificantes (p. ex., Xist na inativação do cromossomo X, formação de heterocromatina dirigida por siRNA em levedura e metilação de DNA em plantas) (Cap. 7)
- Marcação fluorescente de mRNA para seguir a localização de mRNA em células vivas (Cap. 8)
- Estrutura e função do complexo de poros nucleares (Caps. 8 e 13)
- Cobertura adicional das técnicas de FRAP, FRET e siRNA (Cap. 9)
- Partículas de lipídeos e sua formação (Cap. 10)
- Montagem do complexo multiproteico do receptor de células T (Cap. 10)
- Estrutura da ATPase Na^+/K^+ (Cap. 11)
- Estrutura e mecanismo do transportador de múltiplos fármacos ABCB1 (MDR1) (Cap. 11)
- Estrutura e função do regulador transmembrana da fibrose cística (CFTR) (Cap. 11)
- O papel de um ânion antitransportador na reabsorção óssea (Cap. 11)
- Estruturas dos complexos I e II, bem como o mecanismo de fluxo de elétrons e bombeamento de prótons na cadeia transportadora de elétrons (Cap. 12)
- Geração e inativação de espécies reativas de oxigênio (ROS) (Cap. 12)
- O mecanismo de fluxo de prótons por semicanais de ATP sintase (Cap. 12)
- Proteínas de membrana ancoradas por extremidade (Cap. 13)
- Como modificações de oligossacarídeos ligados a *N* são utilizadas para monitorar o dobramento de proteínas e controle de qualidade (Cap. 13)
- O mecanismo de formação de endossomos multivesiculares envolvendo ubiquitinação e ESCRT (Cap. 14)
- Avanços em nosso entendimento acerca da autofagia como mecanismo para reciclar organelas e proteínas (Cap. 14)
- Técnicas de purificação por afinidade para estudar proteínas de transdução de sinal (Cap. 15)
- Estrutura do receptor β-adrenérgico nos estados ativo e inativo e com sua associação à proteína G trimérica, $G_{\alpha s}$ (Cap. 15)
- Ativação do receptor de EGF pelo EGF via formação de um dímero de domínio cinase assimétrico (Cap. 16)
- Sinalização Hedgehog em vertebrados envolvendo cílios primários (Cap. 16)
- Rota de sinalização de NF-κB e arcabouços de poliubiquitina (Cap. 16)
- Integração de sinais na diferenciação de células de gordura via PPARγ (Cap. 16)
- Mecanismos de nucleação Arp2/3 de filamentos de actina (Cap. 17)
- A dinâmica de microfilamentos durante a endocitose e o papel da reciclagem de membranas endocíticas durante a migração celular (Cap. 17)
- Transporte intraflagelar e a função dos cílios primários (Cap. 18)
- Mitose e citocinese em plantas (Cap. 18)
- +TIPs como reguladores da função de extremidades (+) de microtúbulos (Cap. 18)
- Proteínas envolvidas na formação do fuso mitótico e na ancoragem do cinetócoro aos microtúbulos (Cap. 19)
- Fibras elásticas que permitem a muitos tecidos sofrer distensão e contração repetidas (Cap. 20)

- Remodelação e degradação da matriz extracelular por metaloproteinases de matriz (Cap. 20)
- Células-tronco no epitélio intestinal (Cap. 21)
- Regulação da expressão gênica em células-tronco embrionárias (ES) (Cap. 21)
- Geração de células-tronco pluripotentes induzidas (iPS) (Cap. 21)
- Avanços em nosso entendimento acerca da morte celular regulada (Cap. 21)
- Estrutura do receptor acetilcolina nicotínico (Cap. 22)
- Modelo molecular do complexo do receptor de toque MEC-4 em *C. elegans* (Cap. 22)
- Formação de sinapse em junções neuromusculares (Cap. 22)
- Receptores semelhantes ao *Toll* (TLRs) e o inflamassomo (Cap. 23)
- Epigenética e câncer (Cap. 24)

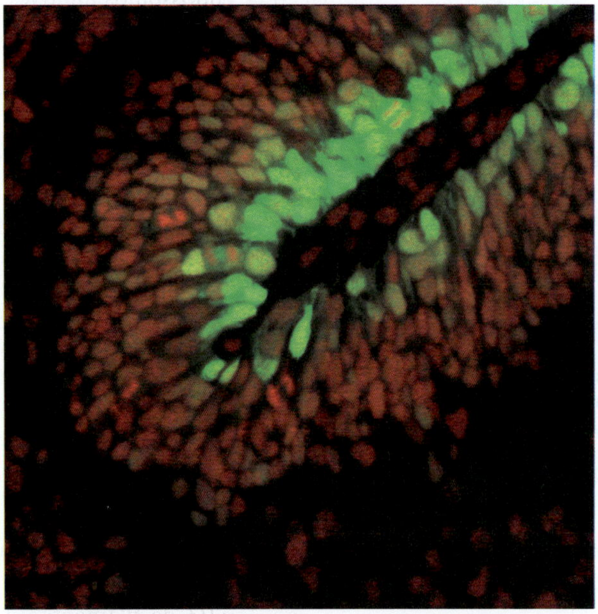
Células nascendo no cerebelo em desenvolvimento.

Relevância clínica

Muitos avanços em biologia celular e molecular básicas levaram a novos tratamentos para câncer e outras doenças humanas significativas. Esses exemplos clínicos aparecem ao longo dos capítulos, no momento apropriado, proporcionando aos estudantes conhecer as aplicações clínicas da ciência básica que estão aprendendo. Muitas dessas aplicações dependem de um entendimento detalhado acerca de complexos multiproteicos das células – complexos que catalisam movimentos celulares; regulam a transcrição, a replicação e o reparo do DNA; coordenam o metabolismo; e conectam células a outras células e a proteínas e carboidratos em seu ambiente extracelular.

A seguir, uma lista de novos exemplos médicos.

- Transporte de colesterol e aterosclerose como ilustração do efeito hidrofóbico (Cap. 2)
- Uso de milho modificado geneticamente com alto conteúdo de lisina para promover o crescimento de animais de pecuária como ilustração da importância de aminoácidos essenciais (Cap. 2)
- Poliovírus e HIV-1 como exemplos de vírus que infectam apenas determinados tipos celulares devido a receptores de superfície celular tecido-específicos (Cap. 4)
- Vacina para HPV e sua capacidade de proteger contra tipos comuns de HPV, e o desenvolvimento de câncer do colo uterino (Cap. 4)
- Doença de Huntington como exemplo de doença de expansão de microssatélite (Cap. 6)
- Potencial tratamento de fibrose cística usando pequenas moléculas que permitiriam à proteína mutante ser normalmente transportada para a superfície celular (Cap. 11)
- Papel de defeitos genéticos em ClC-7, canal de cloreto de cálcio, na doença óssea hereditária osteopetrose (Cap. 11)
- Doenças mitocondriais como a doença de Charcot-Marie-Tooth e a síndrome de Miller (Cap. 12)
- Uso de domínios de ligação a ligantes de receptores de superfície celular como fármacos terapêuticos, como o domínio extracelular do receptor de TNF-α para tratar artrite e outras doenças inflamatórias (Cap. 15)
- Papel da sinalização Hedgehog (Hh) em tumores humanos incluindo meduloblastomas e rabdomiossarcomas (Cap. 16)
- Papel da cinase B-Raf no melanoma e o uso de inibidores seletivos de B-Raf no tratamento de câncer (Cap. 16)
- Defeitos no regulador da dineína como causa da lisencefalia (Cap. 18)
- Proteína de fibra elástica fibrilina 1 e a síndrome de Marfan (Cap. 20)
- Uso de células iPS na revelação da base molecular da ALS (Cap. 21)
- Variações no sentido humano do olfato (Cap. 22)
- Análises de microarranjo em tumores de mama como forma de distinguir padrões de expressão gênica e individualizar tratamento (Cap. 24)

Material complementar para estudantes e professores

Ícones ao longo do livro direcionam para recursos de mídia, animações e ensaios experimentais, que podem ser acessados em bcs.whfreeman.com/lodish7e (em inglês):

- **Podcasts** narrados pelos autores, proporcionam aos estudantes uma compreensão mais profunda das figuras experimentais do texto, colaborando para a empolgante sensação da descoberta.
- Mais de 125 **animações e vídeos de pesquisa** mostram a natureza dinâmica de processos celulares essenciais e importantes técnicas experimentais.
- **Ensaios experimentais clássicos** focalizam experimentos inovadores clássicos e exploram o processo investigativo.
- Os **questionários *on-line*** incluem questões de múltipla escolha e de resposta curta.

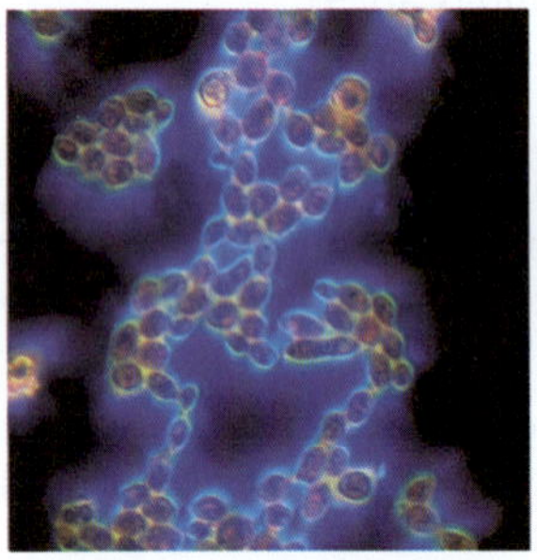

Levedura (*Saccharomyces cerevisiae*)

Controle do ciclo celular e divisão celular
Secreção de proteínas e biogênese de membrana
Função do citoesqueleto
Diferenciação celular
Envelhecimento
Regulação gênica e estrutura cromossômica

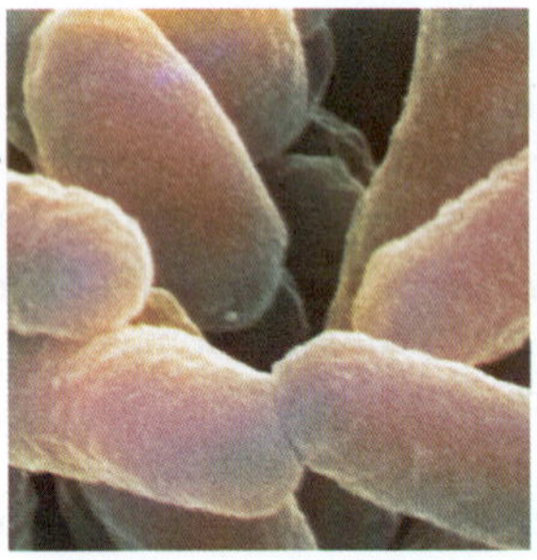

Bactérias

Proteínas envolvidas na síntese de DNA, RNA e proteínas, e no metabolismo
Regulação gênica
Alvos de novos antibióticos
Ciclo celular
Sinalização

Vegetal (*Arabidopsis thaliana*)

Desenvolvimento e segmentação de tecidos
Genética da biologia celular
Aplicações agrícolas
Fisiologia
Regulação gênica
Imunidade
Doenças infecciosas

---

* A manutenção e a disponibilização da página bcs.whfreeman.com/lodish7e (em inglês) são de responsabilidade da W.H.Freeman and Company.

Agradecimentos

Ao atualizar, revisar e reescrever este livro, muitos colegas forneceram auxílio inestimável. Agradecemos as pessoas a seguir, que generosamente cederam seu tempo e conhecimento para fazer contribuições a capítulos específicos de suas áreas de interesse, fornecendo informações detalhadas sobre seus cursos, ou que leram e comentaram em um ou mais capítulos:

Alex Rich, *Massachusetts Institute of Technology*
Amit Banerjee, *Wayne State University*
Amy Bejsovec, *Duke University*
Amy E. Keating, *Massachusetts Institute of Technology*
Andrei Tokmakoff, *Massachusetts Institute of Technology*
Andrew Bendall, *University of Guelph, Ridgetown*
Ashwini Kucknoor, *Lamar University*
Barry M. Gumbiner, *University of Virginia*
Brent Nielsen, *Brigham Young University*
Brian Sato, *University of California, Irvine*
C. William McCurdy, *University of California, Davis, and Lawrence Berkeley National Laboratory*
Charles Mallery, *University of Miami*
Chris Hill, *University of Utah*
Craig Hart, *Louisiana State University*
Dana Nayduch, *Georgia Southern University*
Daniel Simmons, *University of Delaware*
David Agard, *University of California, San Francisco*
Ravi Allada, *Northwestern University*
David Daleke, *Indiana State University*
David Foster, *City University of New York, Hunter College*
David Goodenough, *Harvard Medical School*
David McNabb, *University of Arkansas*
David Paul, *Harvard Medical School*
Debra Pires, *University of California, Los Angeles*
Doug Black, *Howard Hughes Medical Institute and University of California, Los Angeles*
Edmund Rucker, *University of Kentucky*
Elizabeth De Stasio, *Lawrence University*
Elizabeth Good, *University of Illinois, Urbana-Champaign*
Elizabeth Lord, *University of California, Riverside*
Fang Ju Lin, *Coastal Carolina University*
Fernando Tenjo, *Virginia Commonwealth University*
Gail Fraizer, *Kent State University, East Liverpool*
Gerry Fink, *Massachusetts Institute of Technology*
Glenn Dorsam, *North Dakota State University*
Gowri Selvan, *University of California, Irvine*
Greg Kelly, *University of Western Ontario*
Gwendolyn M. Kinebrew, *John Carroll University*
H. Robert Horvitz, *Massachusetts Institute of Technology*
Harald Vaessin, *Ohio State University, Columbus*
Heidi Blank, *Massachusetts Institute of Technology*
Ivona Mladenovic, *Simon Fraser University*
James M. Anderson, *National Institutes of Health and University of North Carolina, Chapel Hill*
James McNew, *Rice University*
Janet Duerr, *Ohio University*
Jiahai Shi, *Whitehead Institute for Biomedical Research*
Jing Zhang, *University of Wisconsin*
Jonathan Bogan, *Yale University School of Medicine*
Kenneth Balazovich, *University of Michigan, Ann Arbor*
Laurie Boyer, *Massachusetts Institute of Technology*
Lawrence I. Grossman, *Wayne State University*
Leah Haimo, *University of California, Riverside*
Leung Kim, *Florida International University, Biscayne Bay*
Linda DeVeaux, *Idaho State University*
Margaret T. Fuller, *Stanford University School of Medicine*
Mark Grimes, *University of Montana, Missoula*
Mark Lazzaro, *College of Charleston*
Mary Gehring, *Massachusetts Institute of Technology*
Maureen Leupold, *Genesee Community College, Batavia*
Michael B. Yaffe, *Massachusetts Institute of Technology*
Michael Grunstein, *University of California, Los Angeles, School of Medicine*
Michael Hemann, *Massachusetts Institute of Technology*
Monique Cadrin, *Université du Québec à Trois-Riviéres*
Naohiro Kato, *Louisiana State University*
Nicholas Quintyne, *Florida Atlantic University, Jupiter*
Orna Cohen-Fix, *National Institutes of Health*
Patrick DiMario, *Louisiana State University*
Paul Chang, *Massachusetts Institute of Technology*
Kuang Yu Chen, *Rutgers, The State University of New Jersey, Camden*
Paul Teesdale-Spittle, *Victoria University of Wellington*
Peter van der Geer, *San Diego State University*
Raka Mitra, *Carleton College*
Rekha Patel, *University of South Carolina, Lancaster*
Richard Dickerson, *University of California, Los Angeles*
Richard Hynes, *Massachusetts Institute of Technology and Howard Hughes Medical Institute*
Robert H. Fillingame, *University of Wisconsin Medical*
Robert Levine, *McGill University*
Robert Sauer, *Massachusetts Institute of Techology*

Roderick Morgan, *Grand Valley State University*
Ronald Cooper, *University of California, Los Angeles School*
Song-Tao Liu, *University of Toledo, Scott Park*
Stephanie Bingham, *Barry University, Dwayne O. Andreas School of Law*
Stephen Amato, *Boston College*
Stephen T. Smale, *University of California, Los Angeles*
Steve Burden, *New York University*
Steven A. Carr, *Broad Institute of Harvard and Massachusetts Institute of Technology*
Susan Lindquist, *Massachusetts Institute of Techology*
Terry Orr-Weaver, *Massachusetts Institute of Technology*
Thomas Keller, *Florida State University, Panama City*
Thomas Schwartz, *Massachusetts Institute of Technology*
Tim C. Huffaker, *Cornell University*
Tom Huxford, *San Diego State University*
Topher Gee, *University of North Carolina, Charlotte*
Vamsi K. Mootha, *Massachusetts General Hospital, Boston*
Volker M. Vogt, *Cornell University*
William Dowhan, *University of Texas, Houston*
William J. Brown, *Cornell University*
Yanlin Guo, *University of Southern Mississippi*

Agradecemos de modo especial a Leah Haimo, da University of California, em Riverside, por desenvolver os problemas das novas seções de *Análise dos dados*, a Cindy Klevickis, da James Madison University e Greg M. Kelly, da University of Ontario pela autoria dos problemas das novas e excelentes seções *Revisão dos conceitos* e das questões do Banco de teste, e a Jill Sible do Virginia Polytechnic Institute and State University por sua revisão dos problemas dos Questionários *on-line*, bem como a Lisa Rezende, da University of Arizona pelo desenvolvimento dos Experimentos clássicos e Podcasts.

Esta edição não teria sido possível sem a colaboração cuidadosa e comprometida dos parceiros editores da W. H. Freeman and Company: Kate Ahr Parker, Mary Louise Byrd, Debbie Clare, Marsha Cohen, Victoria Tomaselli, Christina Micek, Bill O'Neal, Marni Rolfes, Beth McHenry, Susan Timmins, Cecilia Varas e Julia DeRosa. Obrigado pelo trabalho e pela disponibilidade de trabalhar horas extras para produzir um livro que se destaca em todos os sentidos.

Particularmente, é essencial reconhecer o talento e o comprometimento dos editores de texto: Matthew Tontonoz, Erica Pantages Frost e Erica Champion. São editores extraordinários. Obrigado por tudo que fizeram nesta edição.

Existe também um débito com H. Adam Steinberg por seu conhecimento pedagógico e o desenvolvimento de lindos modelos moleculares e ilustrações.

É importante reconhecer aqueles cujas contribuições diretas a edições anteriores continuam a influenciar esta edição, especialmente Ruth Steyn.

Obrigado à nossa própria equipe: Sally Bittancourt, Diane Bush, Mary Anne Donovan, Carol Eng, James Evans, George Kokkinogenis, Julie Knight, Guicky Waller, Nicki Watson e Rob Welsh.

Finalmente, um agradecimento especial a nossas famílias por nos inspirar e por nos conceder o tempo necessário para trabalhar em um livro como este e a nossos mentores e conselheiros por nos encorajar em nossos estudos e nos ensinar muito do que sabemos: (*Harvey Lodish*) minha esposa, Pamela; meus filhos e netos Heidi e Eric Steinert e Emma e Andrew Steinert; Martin Lodish, Kristin Schardt, e Sophia, Joshua, e Tobias Lodish; e Stephanie Lodish, Bruce Peabody, e Isaac e Violet Peabody; mentores Norton Zinder e Sydney Brenner; e também David Baltimore e Jim Darnell por colaborarem na primeira edição deste livro; (*Arnold Berk*) minha esposa Sally, Jerry Berk, Shirley Berk, Angelina Smith, David Clayton, e Phil Sharp; (*Chris A. Kaiser*) minha esposa Kathy O'Neill; (*Monty Krieger*) minha esposa Nancy Krieger, pais I. Jay Krieger e Joshua Krieger; meus mentores Robert Stroud, Michael Brown, e Joseph Goldstein; (*Anthony Bretscher*) minha esposa Janice e minhas filhas Heidi e Erika, e consultores A. Dale Kaiser e Klaus Weber; (*Hidde Ploegh*) minha esposa Anne Mahon; (*Angelika Amon*) meu esposo Johannes Weis, Theresa e Clara Weis, Gerry Fink e Frank Solomon.

Os organizadores

Sumário

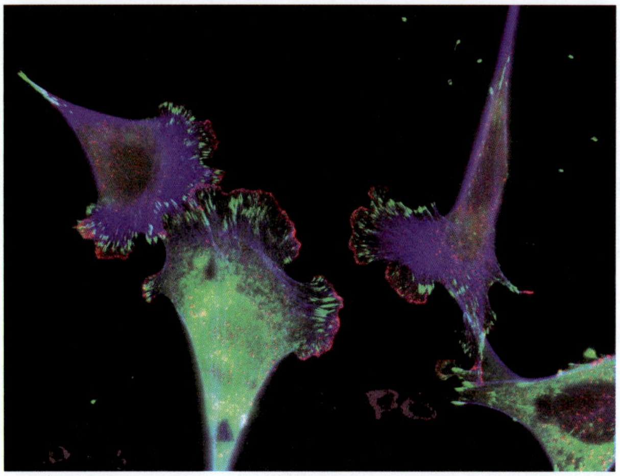

Cultura de fibroblastos embrionários de camundongo, corados para destacar três proteínas que formam o citoesqueleto. (Cortesia de Ana M. Pasapera, Clare M. Waterman)

CAPÍTULO

1

Moléculas, células e evolução

SUMÁRIO

Nada na biologia faz sentido, exceto à luz da evolução.

– Theodosius Dobzhansky (ensaio em *The American Biology Teacher* 35: 125-129, 1973)

A biologia é uma ciência fundamentalmente distinta da física ou química, as quais tratam de propriedades inalteráveis da matéria que podem ser descritas por equações matemáticas. Evidentemente, os sistemas biológicos obedecem às regras da química e da física, mas a biologia é uma ciência histórica, já que as formas e estruturas do mundo vivo atual resultam de bilhões de anos de *evolução*. Da perspectiva da evolução, todos os organismos estão relacionados em uma árvore genealógica que se estende desde os organismos unicelulares primitivos existentes no passado distante até os diversos vegetais, animais e microrganismos da era presente (Figura 1-1, Tabela 1-1). A grande contribuição de Charles Darwin (Figura 1-2) foi o princípio da seleção natural: os organismos variam ao acaso e competem dentro do seu ambiente de recursos. Somente aqueles que sobrevivem para reproduzir-se são capazes de transmitir suas características genéticas.

À primeira vista, o universo biológico parece espantosamente diverso – de samambaias minúsculas a abetos enormes, de bactérias e protozoários unicelulares visíveis apenas ao microscópio até animais multicelulares de todos os tipos. Apesar da grande diversidade externa de formas biológicas, existe uma poderosa uniformidade: graças à nossa ancestralidade comum, todos os sistemas biológicos são compostos pelos mesmos tipos de moléculas químicas e empregam princípios similares de organização em nível celular. Embora os tipos básicos de moléculas biológicas tenham sido conservados durante os bilhões de anos de evolução, os padrões em que estão reunidos, formando células e organismos funcionais, sofreram uma mudança considerável.

Sabe-se que os **genes**, os quais são compostos por **ácido desoxirribonucleico** (**DNA**), basicamente definem a estrutura biológica e mantêm a integração das funções celulares. Muitos genes codificam **proteínas**, as moléculas primárias que constituem as estruturas celulares e realizam as atividades celulares. As alterações na estrutura e organização de genes, ou **mutações**, propiciam a variação ao acaso que altera a estrutura e a função biológica. Enquanto a grande maioria de mutações ao acaso não tem efeitos observáveis sobre uma função gênica ou proteica, muitas são deletérias e apenas poucas conferem uma vantagem evolutiva. Em todos os organismos, mutações no DNA ocorrem constantemente, permitindo ao longo do tempo pequenas alterações nas estruturas e funções celulares que podem ser comprovadamente vantajosas. Raramente são criadas estruturas de todo novas; com mais frequência, estruturas antigas são adaptadas a novas circunstâncias. É possível uma mudança mais rápida mediante rearranjo ou multiplicação de componentes já desenvolvidos, e não pela espera do aparecimento de algo totalmente novo. Por exemplo, em um determinado organismo um gene pode ser duplicado ao acaso; uma cópia do gene e sua proteína codificada podem reter sua função original, ao passo que com o tempo a segunda cópia sofre mutação, de modo que sua proteína assume uma função um pouco diferente ou mesmo completa-

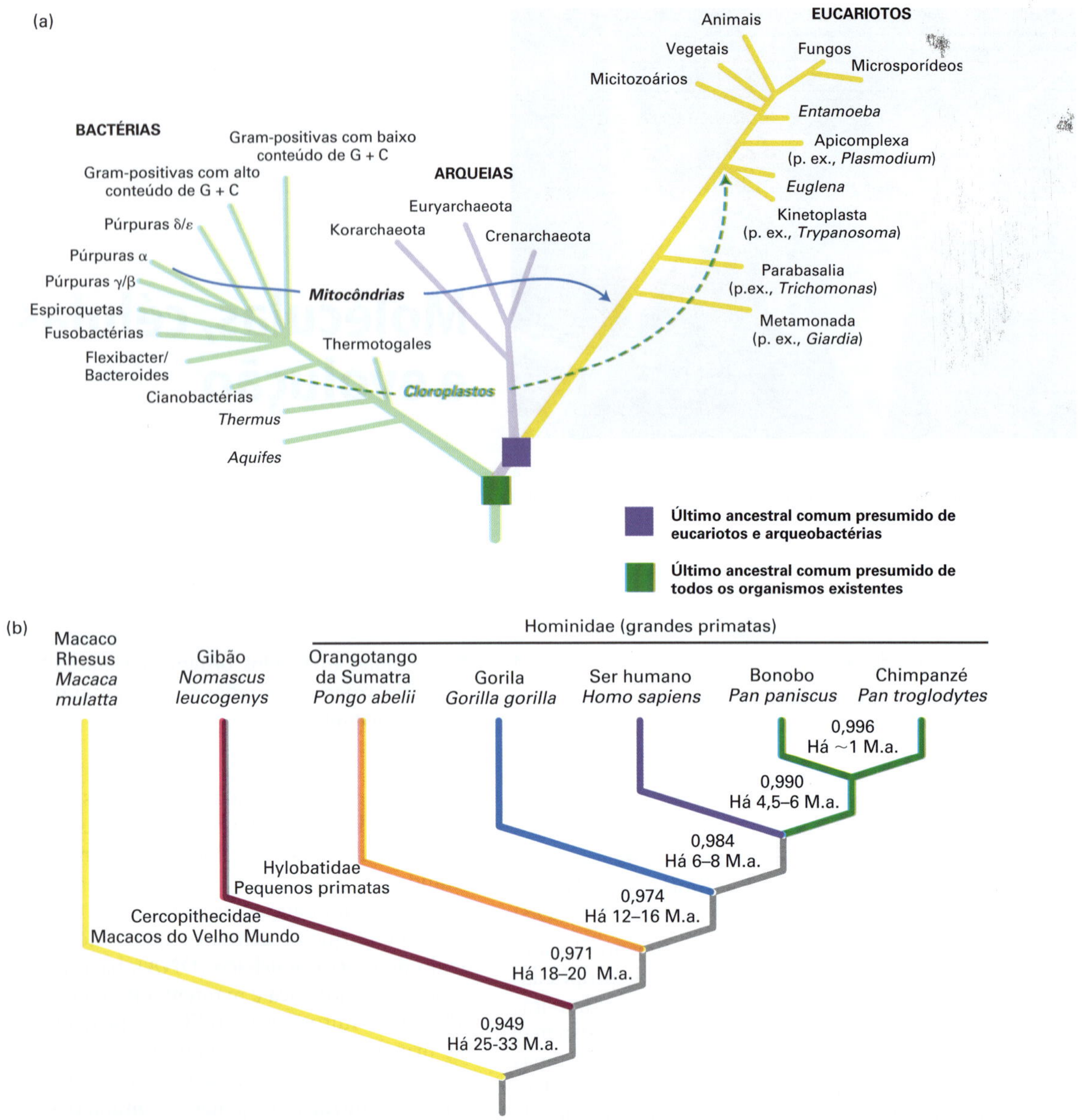

FIGURA 1-1 Todos os organismos vivos descendem de uma célula ancestral comum. (a) Todos os organismos, de bactérias simples a mamíferos complexos, provavelmente evoluíram de um ancestral unicelular comum. Esta árvore genealógica representa as relações evolutivas entre as três principais linhagens de organismos. A estrutura da árvore foi inicialmente concebida a partir de critérios morfológicos: organismos semelhantes foram agrupados. Recentemente, as sequências de DNA e proteínas encontradas em organismos têm sido examinadas como critérios mais informativos para o estabelecimento das relações entre eles. Quanto mais semelhantes são as sequências macromoleculares, mais próxima se considera a relação entre os organismos. As árvores baseadas em comparações morfológicas e registros fósseis geralmente concordam com aquelas baseadas em dados moleculares. (b) Evolução dos grandes primatas, um pequeno primata e um macaco do Velho Mundo relacionado aos seres humanos, conforme estimativa a partir da divergência entre suas sequências genômicas de DNA. As sequências completas de DNA do genoma foram alinhadas, e a divergência média de nucleotídeos em sequências únicas de DNA foi estimada. As estimativas das espécies de épocas diferentes que divergiram, calculadas em milhões de anos (M.a.), estão indicadas em cada nó; ~ 1 M.a. indica aproximadamente 1 Man ou menos. (Parte (a) adaptada de J. R. Brown, 2005, "Universal tree of life", na *Encyclopedia of Life Sciences*, Wiley InterScience (online). Parte (b) adaptada de D. P. Locke et al., 2011, *Nature* **469**:529.)

mente nova. A organização celular dos organismos exerce um papel fundamental nesse processo, pois permite que tais mudanças aconteçam por meio de pequenas alterações em células já desenvolvidas, conferindo a elas novas habilidades. Como consequência, os organismos bastante relacionados possuem genes, proteínas e organizações celulares muito semelhantes.

Os sistemas vivos, inclusive o corpo humano, consistem em elementos tão estritamente inter-relacionados que não podem ser apreciados separadamente. Os organismos contêm órgãos, os órgãos são compostos por tecidos, os tecidos consistem em células, e as células são formadas por moléculas (Figura 1-3). A unidade dos sistemas vivos é coordenada por muitos níveis de inter-rela-

TABELA 1-1 Cronologia da evolução da vida na Terra, determinada a partir de registros fósseis

Há 4.600 milhões de anos	Formação do planeta Terra a partir de material girando em torno do Sol incipiente.
De ~3.900 a 2.500 milhões de anos	Aparecimento de células semelhantes a procariotos. Esses organismos primitivos são quimioautotróficos: usam CO_2 como fonte de carbono e oxidam materiais inorgânicos para extrair energia.
Há 3.500 milhões de anos	Existência do último ancestral universal; ocorrência da cisão entre bactérias e arqueias.
Há 2.700 milhões de anos	Evolução das cianobactérias fotossintetizantes; utilizam água como agente redutor, liberando oxigênio como um produto residual.
Há 1.850 milhões de anos	Surgimento de células eucarióticas unicelulares.
Há 1.200 milhões de anos	Evolução de organismos multicelulares simples, consistindo principalmente em colônias celulares de complexidade limitada.
De 580 a 500 milhões de anos	Início do surgimento de filos animais mais modernos, no registro fóssil durante a explosão do Cambriano.
Há 535 milhões de anos	Principal diversificação de seres vivos nos oceanos: cordados, artrópodes (p. ex., trilobitas, crustáceos), equinodermos, moluscos, braquiópodes, foraminíferos, radiolários, etc.
Há 485 milhões de anos	Evolução dos primeiros vertebrados com ossos verdadeiros (peixes agnatos).
Há 434 milhões de anos	Surgimento das primeiras plantas terrestres primitivas.
Há 225 milhões de anos	Aparecimento dos primeiros dinossauros (prossaurópodes) e peixes teleósteos.
Há 220 milhões de anos	Florestas de gimnospermas dominam a terra; os herbívoros alcançam tamanhos gigantescos.
Há 215 milhões de anos	Evolução dos primeiros mamíferos.
Há 66,5 milhões de anos	Evento de extinção no Cretáceo-Terciário de aproximadamente a metade de todas as espécies animais, inclusive de todos os dinossauros.
Há 6,5 milhões de anos	Evolução dos primeiros hominídeos.
Há 2 milhões de anos	Aparecimento dos primeiros representantes do gênero *Homo*.
Há 350 mil anos	Surgimento do homem de neandertal.
Há 200 mil anos	Surgimento de humanos anatomicamente modernos na África.
Há 30 mil anos	Extinção do homem de neandertal.

ção: as moléculas transportam mensagens de órgão para órgão e de célula para célula, e os tecidos são delineados e integrados com outros tecidos por meio de moléculas secretadas pelas células. Geralmente, todos os níveis dos sistemas biológicos interconectam-se.

Para o estudo de sistemas biológicos, entretanto, há necessidade de analisar separadamente as pequenas partes de um sistema vivo. A biologia das células é um ponto de partida lógico porque um organismo pode ser visto como constituído de células em interação, cada uma delas representando o constituinte mais próximo a uma unidade biológica autônoma. O último ancestral comum de toda vida na Terra foi uma célula, e em nível celular toda vida é notavelmente similar. Todas as células utilizam os mesmos blocos construtores moleculares, métodos semelhantes para armazenamento, manutenção e expressão de informação genética, bem como processos similares de metabolismo energético, transporte molecular, sinalização, desenvolvimento e estrutura.

Neste capítulo, são introduzidas as características comuns de células. Inicia-se com uma breve discussão sobre as principais moléculas pequenas e macromoléculas encontradas em sistemas biológicos. A seguir, discutem-se os aspectos fundamentais da estrutura e função celulares que estão conservados em organismos atuais e o uso de organismos procarióticos (organismos unicelulares sem um núcleo) para o estudo de moléculas básicas da vida. Na terceira seção, discute-se a formação de tecidos a partir de células individuais e os diversos tipos de organismos unicelulares e multicelulares empregados em pesquisas de biologia celular molecular.

Enfoca-se o DNA, já que atualmente se conhece a sequência completa dos genomas de mais de cem organismos e esses proporcionaram um considerável discernimento na evolução de genes e organismos. Estudos recentes, por exemplo, indicam que os genomas do homem e do chimpanzé são cerca de 99% idênticos nas suas sequências e que os ancestrais destas espécies provavelmente divergiram de um organismo comum semelhante a um macaco, de 4,5 a 6 milhões de anos (ver Figura 1-1). Esta conclusão é compatível com o registro fóssil (ver Tabela 1-1). Os biólogos usam a evolução como um instrumento de pesquisa: se um gene e sua proteína foram conservados em todos os **metazoários** (animais multicelulares), a proteína provavelmente tem uma função importante em todos esses organismos. Assim, por poder ser estudada em qualquer metazoário, a proteína é mais apropriada para a investigação. Na segunda e terceira seções, trata-se dos motivos pelos quais os cientistas escolhem determinados "organismos-modelo" unicelulares e multicelulares para o estudo de genes e proteínas específicos importantes para o funcionamento celular.

FIGURA 1-2 Charles Darwin (1809-1882). Quatro anos após sua épica viagem no HMS Beagle, Darwin já começava a formular em cadernos de notas seu conceito de seleção natural, que seria publicado em *Origem das Espécies* (1859). (Walt Anderson/Visuals Unlimited, Inc.)

1.1 As moléculas da vida

Enquanto os grandes polímeros constituem o foco da biologia celular molecular, as moléculas pequenas constituem o estágio encarregado de todos os processos celulares. Água, íons inorgânicos e um amplo rol de moléculas orgânicas relativamente pequenas (Figura 1-4) respondem por 75 a 80% do peso da matéria viva; a água é responsável por cerca de 75% do volume celular. Essas moléculas pequenas, inclusive a água, servem como substratos para muitas das reações que ocorrem no interior da célula, entre as quais o metabolismo energético e a sinalização celular. As células obtêm essas moléculas pequenas de diferentes maneiras. Íons, água e muitas moléculas orgânicas pequenas são importados pela célula (Capítulo 11); outras moléculas pequenas são sintetizadas dentro da célula, muitas vezes mediante uma série de reações químicas.

Mesmo nas estruturas de muitas moléculas pequenas, como açúcares, vitaminas e aminoácidos, identifica-se a marca da evolução. Por exemplo, com exceção da glicina, os aminoácidos têm um átomo de carbono assimétrico, mas apenas o esteroisômero L (nunca o estereoisômero D) é incorporado a proteínas. De maneira similar, somente o estereoisômero D da glicose é invariavelmente encontrado em células, nunca a imagem-especular estereoisômero L (ver Figura 1-4). No estágio inicial da evolução biológica, a célula ancestral comum desenvolveu a capacidade de catalisar reações com um estereoisômero em vez do outro. Não se sabe como essas seleções aconteceram, mas atualmente tais escolhas são definidas.

Uma molécula pequena importante e universalmente conservada é o **trifosfato de adenosina** (**ATP**), que, em duas das suas ligações químicas, armazena energia química rapidamente disponível (Figura 1-5). Quando uma das duas ligações do ATP ricas em energia é rompida, formando **ADP** (**difosfato de adenosina**), a energia liberada pode ser utilizada para prover um processo que requer energia, como a contração muscular ou a biossíntese proteica. Quando o açúcar é decomposto em dióxido de carbono e água, por exemplo, a energia armazenada nas ligações químicas da molécula de açúcar é liberada, e grande parte dela pode ser "capturada" nas ligações ricas em energia do ATP (Capítulo 12). Células bacterianas, vegetais e animais produzem ATP por esse processo. Ademais, os vegetais e alguns outros organismos captam energia da luz solar, formando ATP na **fotossíntese**.

Outras moléculas pequenas (p. ex., hormônios e fatores de crescimento) atuam como sinais que controlam as atividades das células (Capítulos 15 e 16), e células nervosas se comunicam entre si mediante liberação e percepção de certas moléculas sinalizadoras pequenas (Capítulo 22). O efeito poderoso de um evento assustador sobre o corpo de uma pessoa provém de uma instantânea descarga de adrenalina (molécula pequena de hormônio), que mobiliza a resposta de "luta ou fuga".

Certas moléculas pequenas (**monômeros**) podem ser unidas, formando **polímeros**, também denominados **macromoléculas**, pela repetição de um tipo simples de reação de ligação química covalente (ver Figura 2-1). As células produzem três tipos de grandes macromoléculas: polissacarídeos, proteínas e ácidos nucleicos (Figura 1-6). Os açúcares, por exemplo, são os monômeros usados para formar polissacarídeos. Polímeros diferentes de D-glicose formam a celulose das paredes celulares vegetais e glicogênio, uma forma de armazenamento de glicose encontrada no fígado e nos músculos. A célula proporciona uma mistura apropriada exata das moléculas pequenas necessárias como precursoras à síntese de macromoléculas.

As proteínas fornecem a estrutura das células e executam a maioria das tarefas celulares

As proteínas, os cavalos de carga da célula, são as mais abundantes e funcionalmente versáteis das macromoléculas celulares. As células agrupam 20 **aminoácidos** diferentes em uma cadeia linear, formando proteínas (ver Figura 2-14), cujos comprimentos comumente variam de 100 a 1.000 aminoácidos. Durante sua polimerização, uma cadeia linear de aminoácidos dobra-se em uma forma complexa, conferindo a cada proteína uma distintiva estrutura tridimensional e função (ver Figura 1-6). Os seres humanos obtêm aminoácidos mediante síntese a partir de outras moléculas ou pelo catabolismo de proteínas ingeridas.

As proteínas têm uma diversidade de funções na célula. Muitas proteínas são **enzimas**, que aceleram (catalisam) reações químicas envolvendo moléculas pequenas ou macromoléculas (Capítulo 3). Certas proteínas catalisam etapas na síntese de proteínas; outras catalisam a síntese de outras macromoléculas, como DNA e RNA.

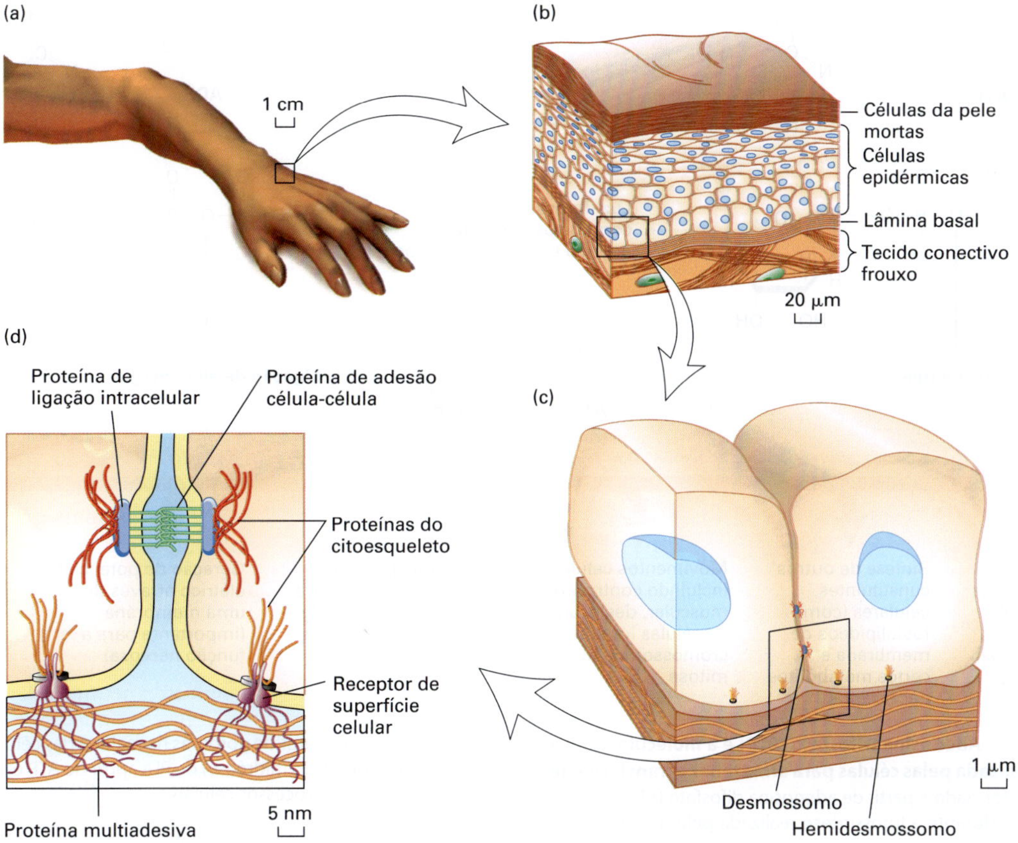

FIGURA 1-3 Os sistemas vivos, como o corpo humano, são compostos por elementos intimamente relacionados. (a) A superfície da mão humana é coberta por um órgão vivo, a pele, constituído por várias camadas de tecido. (b) Uma cobertura externa, formada de células da pele mortas, protege o corpo de lesões, infecção e desidratação. Esta camada é constantemente renovada por células epidérmicas vivas, que também originam pelo e pele em animais. Camadas mais profundas de músculo e tecido conectivo conferem à pele sua tonalidade e estabilidade. (c) Os tecidos são formados por meio de estruturas de adesão subcelulares (desmossomos e hemidesmossomos) que unem células entre si e a uma camada subjacente de fibras de sustentação. (d) Na essência da adesão celular estão seus componentes estruturais: moléculas fosfolipídicas que compõem a membrana da superfície celular e moléculas proteicas grandes. As moléculas de proteínas que atravessam a membrana celular com frequência formam ligações fortes com fibras internas e externas formadas por múltiplas proteínas.

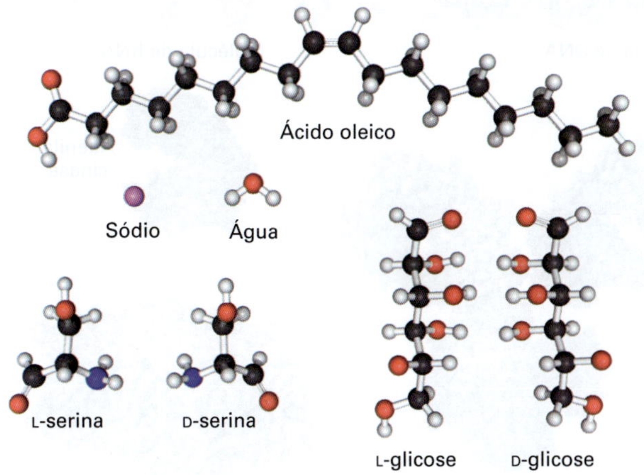

FIGURA 1-4 Algumas das muitas moléculas pequenas encontradas em células. As formas L de aminoácidos, como a serina, são incorporadas a proteínas, mas não suas imagens especulares D; somente a forma D da glicose (e não a sua imagem especular L) pode ser metabolizada a dióxido de carbono e água.

As **proteínas do citoesqueleto** servem como componentes estruturais de uma célula, formando, por exemplo, um esqueleto interno; outras fornecem energia para o movimento de estruturas subcelulares (como os cromossomos) ou mesmo de células inteiras, pelo uso de energia armazenada nas ligações químicas de ATP (Capítulos 17 e 18). Outras proteínas unem células adjacentes ou formam partes da matriz extracelular (ver Figura 1-3). As proteínas podem ser sensores que alteram sua configuração conforme a temperatura, concentrações iônicas ou outras propriedades da célula variam. Muitas proteínas que estão embebidas na membrana da superfície celular (membrana plasmática) importam ou exportam uma diversidade de moléculas pequenas ou íons (Capítulo 11). Algumas proteínas, como a insulina, são hormônios; outras são receptores de hormônios que se ligam às suas proteínas-alvo e, então, geram um sinal que regula um aspecto específico da função celular. Outras classes importantes de proteínas se ligam a segmentos específicos de DNA, ativando ou desativando genes (Capítulo 7). Na realidade, grande parte da biologia celular molecular consiste no estudo da função de proteínas específicas em tipos celulares específicos.

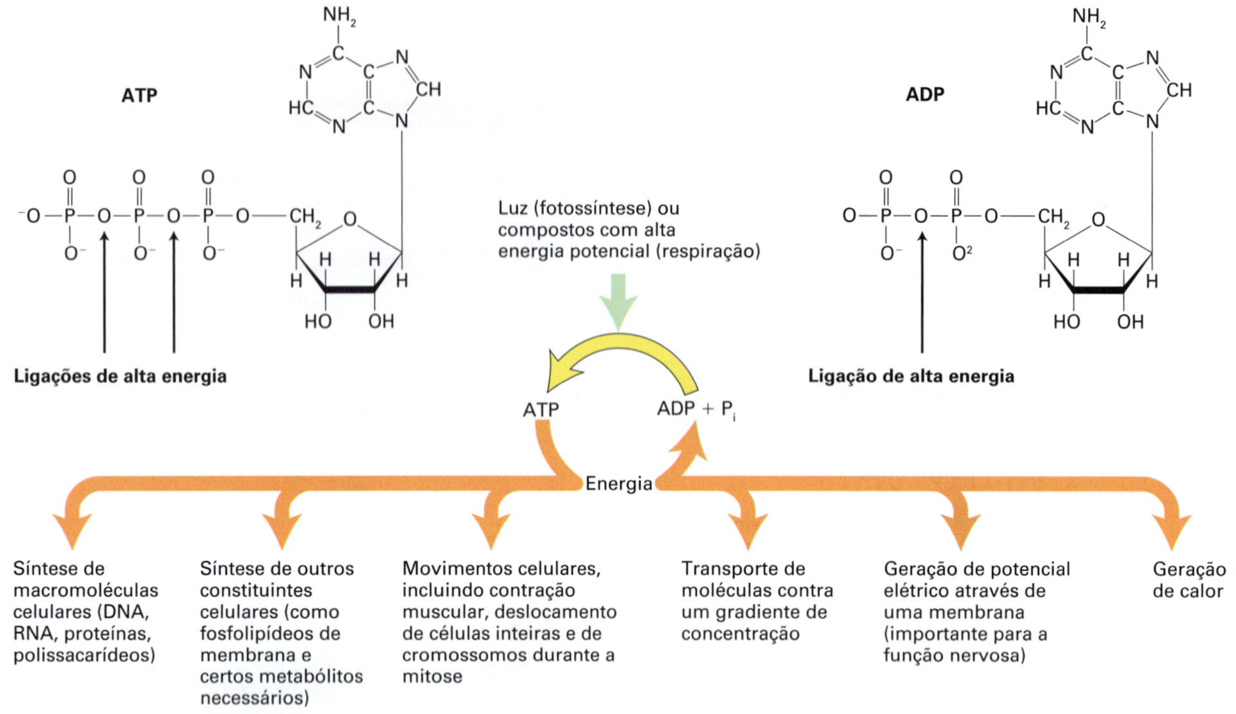

FIGURA 1-5 Adenosina trifosfato (ATP) é a molécula mais comumente utilizada pelas células para armazenar e transferir energia. O ATP é formado a partir de adenosina difosfato (ADP) e fosfato inorgânico (Pi) durante a fotossíntese realizada pelas plantas, e pelo catabolismo de açúcares de gorduras na maioria das células. A energia liberada pela formação (hidrólise) de Pi a aprtir de ATP é utilizada para promover diversos processos celulares.

Como os 20 aminoácidos podem formar todas as diferentes proteínas necessárias ao desempenho dessas tarefas variadas? À primeira vista, parece impossível. Contudo, se uma proteína "típica" tem cerca de 400 aminoácidos de comprimento, existem 20^{400} possíveis sequências diferentes de aminoácidos. Mesmo considerando que muitas delas são funcionalmente equivalentes, instáveis ou de alguma maneira não contabilizadas, o número de possíveis proteínas é astronômico.

Questiona-se quantas moléculas proteicas são necessárias para que uma célula funcione e se mantenha. Para estimar esse número, utiliza-se uma célula eucariótica típica (uma célula contendo um núcleo), como um hepatócito (célula hepática). Essa célula, aproximadamente

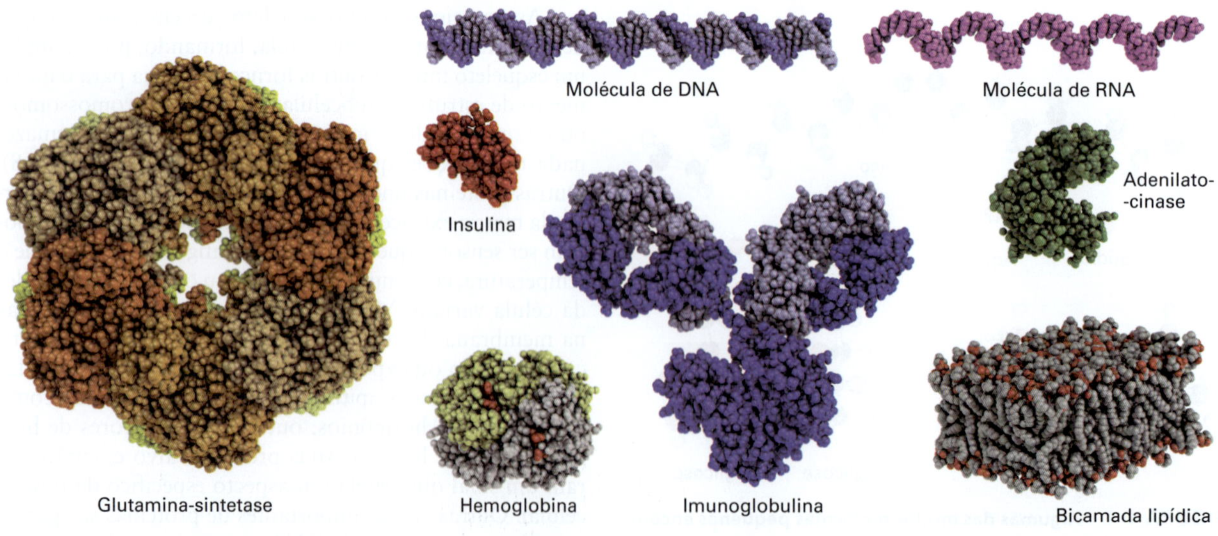

FIGURA 1-6 Modelos de algumas proteínas representativas, desenhadas em uma mesma escala e comparadas com uma porção pequena de uma lâmina de bicamada lipídica, uma molécula de DNA e uma molécula de RNA. Cada proteína tem uma forma tridimensional definida, mantida por numerosas ligações químicas. As proteínas ilustradas incluem enzimas (glutamina-sintetase e adenilato-cinase), um anticorpo (imunoglobulina), um hormônio (insulina) e a transportadora de oxigênio do sangue (hemoglobina).

um cubo de 15 μm (0,0015 cm) de lado, tem um volume de 3,4 × 10^{-9} cm^3 (ou milímetros, mL). Considerando uma densidade celular de 1,03 g/mL, a célula pesaria 3,5 × 10^{-9} g. Uma vez que a proteína representa cerca de 20% do peso de uma célula, o peso total de proteína celular é 7 × 10^{-10} g. Uma proteína média tem um peso molecular de 52.700 g/mol; pode-se calcular o número total de moléculas de proteínas por célula hepática com aproximadamente 7,9 × 10^9 do peso proteico total e número de Avogadro, número de moléculas por mol de qualquer composto químico (6,02 × 10^{23}). Para levar este cálculo a uma etapa posterior, considera-se que uma célula hepática contém cerca de 10.000 proteínas diferentes; assim, cada célula conteria, em média, praticamente um milhão de moléculas de cada tipo de proteína. Na verdade, a abundância de proteínas diferentes varia bastante: desde a mais rara proteína receptora de ligação à insulina (20.000 moléculas por célula) até a abundante proteína estrutural actina (5 × 10^8 moléculas por célula). Toda a célula regula com exatidão o nível das proteínas, de modo que cada uma delas está presente na quantidade apropriada para suas funções celulares, como será visto em detalhe nos Capítulos 7 e 8.

FIGURA 1-7 James D. Watson (*à esquerda*) e Francis H. C. Crick (*à direita*) com o modelo do DNA em dupla-hélice, por eles construído em 1952-1953. Ficou comprovado que o modelo está correto em todos os seus aspectos essenciais. (A. Barrington Brown/Science Photo Researcher. De J. D. Watscon, 1968, *The Double Helix*, Atheneum, Copyright 1968, p. 215; cortesia de A. C. Barrington Brown.)

Os ácidos nucleicos transportam informação codificada para formar proteínas no tempo e local certos

A macromolécula que recebe maior atenção pública é o ácido desorribonucleico (DNA), cujas propriedades funcionais o tornam a "molécula-mestre" da célula. A estrutura tridimensional do DNA, proposta por James D. Watson e Francis H. C. Crick (Figura 1-7) há cerca de 60 anos, consiste em duas fitas helicoidais longas que se enrolam ao redor de um eixo comum, formando uma **dupla-hélice** (Figura 1-8). A estrutura do DNA em dupla-hélice, uma das mais esplêndidas construções da natureza, é crucial para o fenômeno da hereditariedade, a transferência de características determinadas geneticamente de uma geração para a próxima.

As fitas de DNA são compostas por monômeros denominados **nucleotídeos**; estes com frequência são referidos como *bases* porque suas estruturas contêm bases orgânicas cíclicas (Capítulo 4). Quatro nucleotídeos diferentes, abreviados como A, T, C e G, são unidos para formar uma fita de DNA; as partes correspondentes às bases estão projetadas para dentro, a partir da cadeia principal da fita. Duas fitas se ligam pelas bases e se enrolam, formando uma dupla-hélice. Cada dupla-hélice do DNA possui uma construção simples: sempre que uma fita tem um A, a outra fita tem um T, e todo C pareia com G (ver Figura 1-8). A **complementaridade** das duas fitas é tão forte que, uma vez separadas, elas espontaneamente se juntam de novo sob condições adequadas de concentração salina e temperatura. Tal **hibridização de ácidos nucleicos** é extremamente útil à detecção de uma fita por meio do emprego da outra, conforme será visto no Capítulo 5.

A informação genética transportada pelo DNA reside na sua sequência, a ordem linear de nucleotídeos ao longo de uma fita. Os segmentos específicos de DNA, denominados genes, carregam instruções para a produção de proteínas específicas. Os genes, via de regra, contêm duas partes: a *região codificadora* especifica a sequência de aminoácidos de uma proteína; a *região reguladora* liga proteínas específicas e controla quando e em quais células a proteína é sintetizada.

A maioria das bactérias tem alguns milhares de genes; as leveduras e outros eucariotos unicelulares possuem em

FIGURA 1-8 O DNA consiste em duas fitas complementares que se enrolam, uma em torno da outra, gerando uma dupla-hélice. A dupla-hélice é estabilizada por ligações de hidrogênio fracas entre as bases A e T e entre as bases C e G. Durante a replicação, as duas fitas são desenroladas e utilizadas como moldes para produzir fitas complementares. Disso resultam duas cópias da dupla-hélice original, cada uma contendo uma das fitas originais e uma nova fita-filha (complementar).

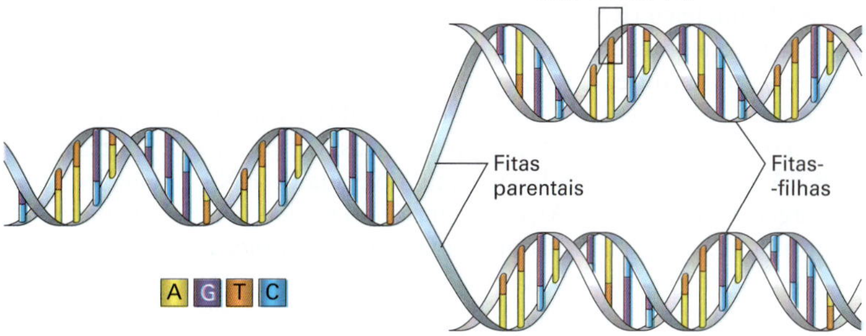

TABELA 1-2 Tamanhos dos genomas, já completamente sequenciados, de organismos usados em pesquisa de biologia celular molecular

Bactérias	Pares de bases (milhões)	Proteínas codificadas	Cromossomos	Referência
Mycoplasma genitalum	0,58	482	1	A
Helicobacter pylori	1,67	1.587	1	A
Haemophilus influenza	1,83	1.737	1	A
Escherichia coli	4,64	4.289	1	A
Bacillus subtilis	4,22	4.245	1	A
Arqueias				
Methanococcus jannaschii	1,74	1.785	3	A
Sulfolobus solfataricus	2,99	2.960	1	A
Eucariotos				
Saccharomyces cerevisiae	12,16	5.885	16	B
Drosophila melanogaster	168	13.781	4	C
Caenorhabditis elegans	100	20.424	6	D
Danio rerio	1.505	19.929	25	C
Gallus gallus (galinha)	1.050	14.923	39	C
Mus musculus	3.421	22.085	20	C
Homo sapiens	3.279	21.077	23	C
Arabidopsis thaliana	135	27.416	5	E

Tabela gentilmente cedida pelo Dr. Fran Lewitter. FONTES: A, http://cmr.jcvi.org/cgi-bin/CMR/shared/Genomes.cgi; B, http://www.yeastgenome.org/; C, http://uswest. ensembl.org/info/about/species.html; D, http://wiki.wormbase.org/index.php/WS222; E, http://www.arabidopsis.org/portals/genAnnotation/gene_structural_annotation/annotation_data.jsp.

torno de 5.000. Os seres humanos e outros metazoários têm entre 13.000 e 23.000, ao passo que muitos vegetais, como *Arabidopsis*, possuem mais (Tabela 1-2). Conforme discutido adiante neste capítulo, muitos genes bacterianos codificam proteínas conservadas em todos os organismos vivos. Essas catalisam reações que ocorrem universalmente, como o metabolismo de glicose e síntese de ácidos nucleicos e proteínas. Estudos sobre células bacterianas têm proporcionado grandes descobertas a respeito desses processos vitais básicos. De maneira similar, muitos genes em eucariotos unicelulares, como leveduras, codificam proteínas conservadas em todos os eucariotos; as leveduras têm sido usadas para o estudo de processos, como as divisões celulares, que tiveram profundas repercussões em doenças humanas (p. ex., câncer).

As células empregam dois processos em série para converterem a informação codificada no DNA em proteínas (Figura 1-9). No primeiro, denominado **transcrição**, a região codificadora de um gene é copiada em um **ácido ribonucleico** (**RNA**) de fita simples, cuja sequência é a mesma encontrada em uma das duas fitas do DNA. Uma enzima grande, a **RNA-polimerase**, catalisa a ligação de nucleotídeos em uma cadeia de RNA usando DNA como molde. Em células eucarióticas, o produto de RNA inicial é processado em uma molécula de **RNA mensageiro** menor (**mRNA**), que se move do núcleo para o citoplasma. Aqui, o **ribossomo**, uma estrutura molecular muito complexa composta por RNA e proteína, realiza o segundo processo, denominado **tradução**. Durante a tradução, o ribossomo reúne e liga aminoácidos na ordem exata ditada pela sequência de mRNA de acordo com o **código genético** universal. No Capítulo 4, serão examinados em detalhe os componentes celulares que realizam a transcrição e a tradução.

Além do seu papel na transferência de informação do núcleo para o citoplasma, o RNA pode servir como base para a formação de uma máquina molecular. O ribossomo, por exemplo, é constituído de quatro cadeias de RNA que ligam mais de 50 proteínas, formando um leitor de mRNA e sintetizador de proteínas com notável exatidão e eficiência. Enquanto a maioria das reações químicas nas células é catalisada por proteínas, algumas, como a formação das ligações peptídicas que conectam aminoácidos em proteínas, são catalisadas por moléculas de RNA.

Bem antes do sequenciamento completo do genoma humano, era manifesto que apenas cerca de 5% do DNA humano codifica proteína. Assim, por muitos anos, a maior parte do genoma humano era considerada "DNA lixo"! No entanto, nos anos recentes aprendeu-se que muito do assim chamado "DNA lixo" é de fato copiado em milhares de moléculas de RNA que, embora não codifiquem proteínas, servem igualmente a finalidades importantes na célula (Capítulo 6). Os *microRNAs*, com 20 a 25 nucleotídeos de comprimento, são abundantes em células de metazoários e se ligam a mRNAs-alvo, reprimindo sua atividade. Em algumas estimativas, esses RNAs pequenos podem indiretamente regular a atividade da maioria ou de todos os genes, embora os mecanismos e a ubiquidade des-

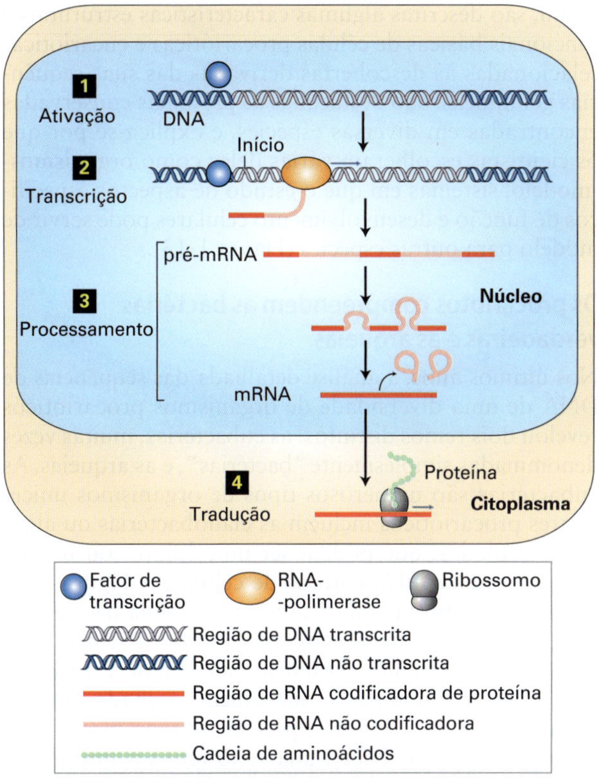

FIGURA 1-9 A informação codificada no DNA é convertida na sequência de aminoácidos de proteínas, mediante um processo de múltiplas etapas. Etapa **1**: os fatores de transcrição se ligam às regiões reguladoras dos genes específicos que elas controlam e os ativam. Etapa **2**: após a formação de um complexo de iniciação multiproteico ligado ao DNA, a RNA-polimerase inicia a transcrição de um gene ativado em um local específico, o sítio de início. A polimerase se move ao longo do DNA, ligando nucleotídeos em um transcrito de pré-mRNA de fita simples, usando uma das fitas de DNA como molde. Etapa **3**: o transcrito é processado para remover sequências não codificadoras. Etapa **4**: em uma célula eucariótica, o RNA mensageiro maduro (mRNA) se move para o citoplasma, onde é ligado por ribossomos que leem sua sequência e, formam uma proteína por meio da ligação química de aminoácidos, como uma cadeia linear.

te tipo de regulação ainda sejam explorados (Capítulo 8). Vários RNAs não codificadores longos se ligam ao DNA ou a proteínas cromossômicas e assim afetam a estrutura cromossômica e a síntese, o processamento e a estabilidade do RNA. Contudo, conhece-se a função de apenas poucos desses abundantes RNAs não codificadores.

Todos os organismos precisam controlar quando e onde seus genes podem ser transcritos. Quase todas as células em nossos corpos contêm o conjunto completo de genes humanos, mas em cada tipo de célula somente alguns desses genes são ativos e utilizados para formar proteínas. Por exemplo, as células hepáticas produzem algumas proteínas que não são produzidas por células renais e vice-versa. Além disso, pela ativação ou desativação de genes específicos, muitas células respondem a sinais externos ou mudanças nas condições externas, adaptando, assim, seu repertório de proteínas para que satisfaçam necessidades correntes da célula. Esse controle da atividade gênica depende de proteínas de ligação ao DNA denominadas **fatores de transcrição**, que se ligam a sequências específicas de DNA a atuam como interruptores, ativando ou reprimindo a transcrição de genes específicos (ver Figura 1-9 e Capítulo 7). Os fatores de transcrição geralmente trabalham como complexos multiproteicos, em que cada proteína contribui com sua especificidade de ligação ao DNA para a seleção dos genes regulados.

Os fosfolipídeos são os componentes construtores conservados de todas as membranas celulares

Em essência, cada célula é simplesmente um compartimento com um interior aquoso separado do ambiente externo por uma membrana – a membrana plasmática – que impede o fluxo livre de moléculas para dentro e para fora. Além disso, as células eucarióticas possuem um grande número de membranas internas que subdividem a célula em múltiplos subcompartimentos denominados organelas.

Em todos os organismos, as membranas celulares são compostas essencialmente por uma bicamada de moléculas fosfolipídicas. Essas moléculas bipartidas têm uma extremidade com "afinidade à água" (hidrofílica) e uma com "repulsão à água" (hidrofóbica). As duas camadas fosfolipídicas de uma membrana são orientadas com todas as extremidades hidrofílicas direcionadas para as superfícies interna e externa da membrana e as extremidades hidrofóbicas estão escondidas no seu interior (Figura 1-10). Quantidades menores de outros lipídeos, como o colesterol, são inseridas na estrutura fosfolipídica. As membranas fosfolipídicas são impermeáveis à água, a todos os íons e a quase todas as moléculas hidrofílicas pequenas. Desse modo, cada membrana em cada célula também contém grupos de proteínas que permitem a passagem de íons específicos e moléculas pequenas. Outras proteínas de membrana servem para ligar a célula a outras células ou a po-

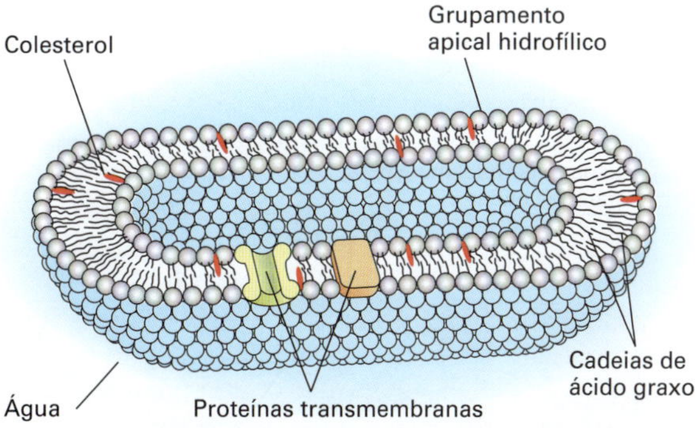

FIGURA 1-10 O interior aquoso das células é circundado pela membrana plasmática, revestimento de duas camadas fosfolipídicas. As moléculas fosfolipídicas estão orientadas com suas cadeias de ácidos graxos hidrofóbicas (linhas pretas não lineares) voltadas para dentro e seus grupos apical hidrofílicos (esferas brancas) voltados para fora. Assim, ambos os lados da membrana são delineados por agrupamentos apicais, principalmente fosfatos carregados, adjacentes aos espaços aquosos no interior e exterior da célula. Todas as membranas biológicas têm a mesma estrutura básica de bicamada fosfolipídica. O colesterol (vermelho) e várias proteínas são embebidos na bicamada. Em relação ao volume da membrana plasmática, o espaço interno é de fato muito maior do que está representado aqui.

límeros que as circundam; outras ainda são responsáveis pela forma da célula ou permitem mudança na forma da célula. Nos Capítulos 10 e 11, estuda-se mais acerca de membranas e de como as moléculas atravessam-nas.

As novas células sempre derivam de células parentais por divisão celular. Foi visto que a síntese de novas moléculas de DNA tem como molde as duas fitas do DNA parental de modo que cada molécula de DNA descendente tem a mesma sequência do seu ancestral. Em paralelo, são formadas membranas pela incorporação de lipídeos e proteínas às membranas existentes na célula parental; essas membranas são divididas entre as células-filhas. Dessa maneira, a síntese de membranas, similarmente à síntese de DNA, é também moldada por uma estrutura parental.

1.2 Genomas, arquitetura celular e função celular

O universo biológico consiste em dois tipos de células: procarióticas e eucarióticas. As células procarióticas, como as bactérias, consistem em um compartimento único fechado envolvido pela membrana plasmática, não têm um núcleo definido e apresentam uma organização interna relativamente simples (Figura 1-11). As células eucarióticas, diferentemente das procarióticas, contêm um núcleo envolvido por membrana e e um grande número de membranas internas que envolvem as **organelas** (Figura 1-12). A região da célula situada entre a membrana plasmática e o núcleo é o **citoplasma**, que compreende o **citosol** (água, íons dissolvidos, moléculas pequenas e proteínas) e as organelas. Os eucariotos incluem quatro reinos: vegetais, animais, fungos e protistas. Os procariotos são representados pelo quinto e pelo sexto reinos: eubactérias (bactérias verdadeiras) e arqueias.

O sequenciamento dos genomas propiciou o aprofundamento de estudos sobre a função e sobre a evolução de genes e proteínas conservados e não conservados encontrados em múltiplos organismos. Na seção a seguir, são descritas algumas características estruturais e funcionais básicas de células procarióticas e eucarióticas relacionadas às descobertas derivadas das suas sequências genômicas. São destacadas as proteínas conservadas encontradas em diversas espécies, e explica-se por que os cientistas escolheram várias delas como **organismos-modelo**, sistemas em que o estudo de aspectos específicos de função e desenvolvimento celulares pode servir de modelo para outras espécies (Figura 1-13).

Os procariotos compreendem as bactérias verdadeiras e as arqueias

Nos últimos anos, a análise detalhada das sequências de DNA de uma diversidade de organismos procarióticos revelou dois reinos distintos: as eubactérias, muitas vezes denominadas simplesmente "bactérias", e as arqueias. As eubactérias são numerosos tipos de organismos unicelulares procarióticos incluem as cianobactérias ou algas verde-azuladas, que podem ser unicelulares ou formadas por cadeias filamentosas de células. A Figura 1-11 ilustra a estrutura geral de uma típica célula bacteriana; as células das arqueias têm uma estrutura semelhante. As células bacterianas geralmente medem de 1 a 2 μm e consistem em um único compartimento fechado, contendo o citoplasma e limitado pela membrana plasmática. Embora as células bacterianas não tenham um núcleo definido, o genoma de DNA circular é bastante enovelado e condensado na região central da célula. Ademais, a maioria dos ribossomos é encontrada na região da célula sem DNA. Algumas bactérias também possuem uma invaginação da membrana celular denominada *mesossomo*, que está associada à síntese de DNA e à secreção de proteínas. Muitas proteínas se encontram em locais precisos dentro do citosol ou na membrana plasmática, indicando a presença de uma organização interna elaborada.

As células bacterianas possuem uma parede celular, adjacente ao lado externo da membrana plasmática. A

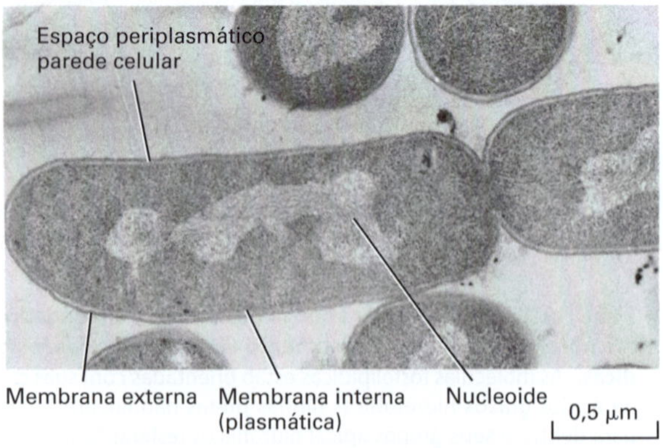

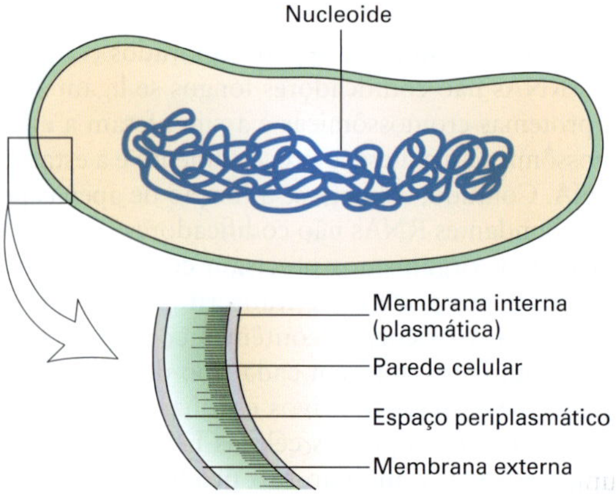

FIGURA 1-11 As células procarióticas têm uma estrutura relativamente simples. (*À esquerda*) Micrografia eletrônica de uma secção delgada de *Escherichia coli*, uma bactéria intestinal comum. O nucleoide, que consiste em DNA bacteriano, não é delimitado por uma membrana. *E. coli* e outras bactérias gram-negativas são circundadas por duas membranas separadas pelo espaço periplasmático. A parede celular delgada é adjacente à membrana interna. (*À direita*) Este desenho mostra o nucleoide (azul) e uma ampliação das camadas que envolvem o citoplasma. A maior parte da célula é composta por água, proteínas, íons e outras moléculas demasiadamente pequenas para serem representadas na escala do desenho. (Micrografia gentilmente cedida por I. D. J. Burdett e R. G. E. Murray. Desenho de D. Goodsell.)

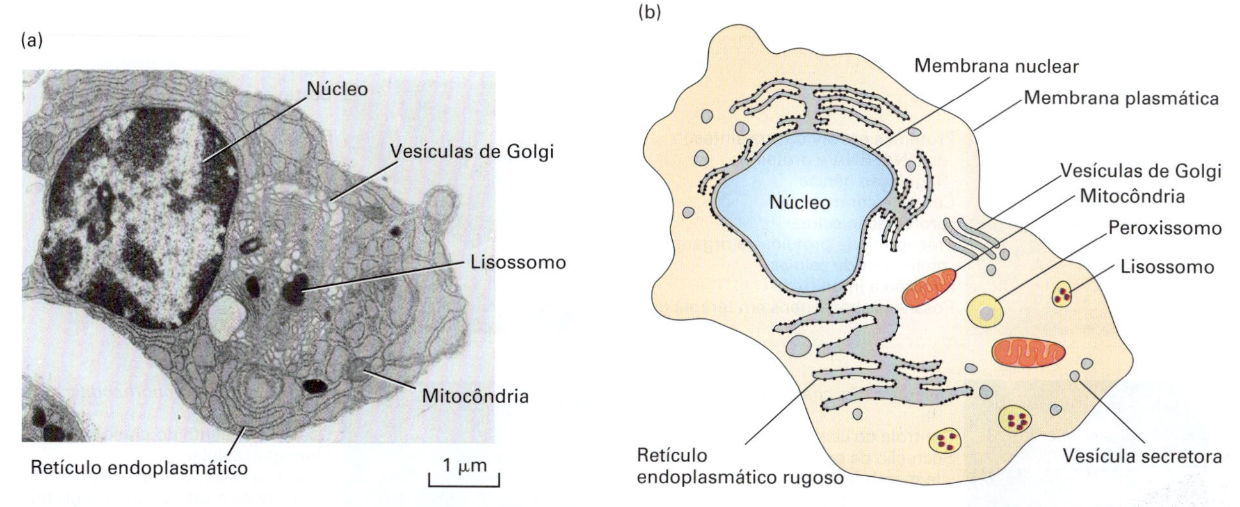

FIGURA 1-12 As células eucarióticas têm uma estrutura interna complexa, com muitas organelas delimitadas por membranas. (a) Micrografia ao microscópio eletrônico e (b) diagrama de uma célula do plasma, um tipo de leucócito que secreta anticorpos. Uma membrana única (membrana plasmática) circunda a célula, e o seu interior contém muitos compartimentos delimitados por membrana, ou organelas. A característica definidora de células eucarióticas é a segregação do DNA celular dentro de um núcleo definido, delimitado por uma membrana dupla. A membrana nuclear externa é contínua ao retículo endoplasmático rugoso, um compartimento para formação de proteínas secretadas e proteínas de membrana. As vesículas de Golgi processam e modificam as proteínas secretadas e de membrana, as mitocôndrias geram energia, os lisossomos digerem materiais celulares para reciclá-los, os peroxissomos processam moléculas usando oxigênio, e as vesículas secretoras transportam materiais celulares para a superfície e as secretam. (De P. C. Cross e K. L. Mercer, 1993, *Cell and Tissue Ultrastructure: A Functional Perspective*, W. H. Freeman and Company.)

parede celular é composta por camadas de peptideoglicano, um complexo de proteínas e oligossacarídeos; ela ajuda a proteger a célula e a manter sua forma. Algumas bactérias (p. ex., *E. coli*) têm uma parede celular interna delgada e uma membrana externa separada da parede celular interna pelo espaço periplasmático. Tais bactérias não são coradas pela técnica de Gram e, por isso, são classificadas com gram-negativas. Outras bactérias (p. ex., *Bacillus polymyxa*), que têm uma parede celular mais espessa e não possuem membrana externa, adquirem a coloração Gram, razão pela qual são classificadas como gram-positivas.

Supondo que organismos similares divergiram mais recentemente de um ancestral comum do que o fizerem organismos diferentes, os pesquisadores desenvolveram a árvore genealógica evolutiva mostrada na Figura 1-1a. De acordo com tal árvore, as arqueias e os eucariotos divergiram das bactérias mais de um bilhão de anos antes de divergirem entre si (Tabela 1-1). Além das diferenças nas sequências do DNA que definem os três grupos de organismos, as membranas celulares das arqueias têm propriedades químicas que diferem drasticamente das de bactérias e eucariotos.

Inúmeras arqueias se desenvolvem em ambientes incomuns, muitas vezes extremos, similares às condições primitivas que existiam quando a primeira forma de vida apareceu na Terra. Os halófilos ("afinidade do sal"), por exemplo, necessitam de concentrações altas de sal para sobreviver, e os termoacidófilos ("afinidade a temperatura altas e ao ácido") desenvolvem-se em fontes de enxofre quentes (80°C), onde o pH abaixo de 2 é comum. Outras arqueias vivem em ambientes sem oxigênio e geram metano (CH_4), por meio da combinação de água com dióxido de carbono.

Escherichia coli é amplamente utilizada na pesquisa biológica

O grupo das bactérias inclui a *Escherichia coli*, uma espécie preferida em trabalhos experimentais, que na natureza é comum no solo e no intestino de animais. *E. coli* e muitas outras bactérias têm diversas vantagens como organismos experimentais. Crescem rapidamente em um meio simples e barato contendo glicose e sais, no qual podem sintetizar aminoácidos, lipídeos, vitaminas e outras moléculas pequenas essenciais, suprindo suas necessidades. *E. coli* e todas as bactérias possuem sofisticados mecanismos de controle da atividade gênica que agora são bem conhecidos. Ao longo do tempo, os pesquisadores têm desenvolvido sistemas poderosos de análise genética desse organismo. Tais sistemas são favorecidos pelo tamanho pequeno dos genomas bacterianos, pela facilidade de obtenção de mutantes, pela disponibilidade de técnica para transferência de genes para bactérias, pela grande riqueza de conhecimento sobre controle gênico bacteriano e funções de proteínas, bem como pela relativa simplicidade de mapeamento de genes no genoma bacteriano. No Capítulo 5, será visto com *E. coli* é empregada em pesquisa de DNA recombinante.

Bactérias como *E. coli*, que crescem em ambientes tão diversos quanto o solo e o intestino humano, têm cerca de 4.000 genes que codificam aproximadamente o mesmo número de proteínas (ver Tabela 1-2). Bactérias parasíticas, como as espécies de *Mycoplasma*, obtêm aminoácidos e outros nutrientes das células do seu hospedeiro; essas bac-

RECURSO DE MÍDIA: Organismos experimentais comuns

(a)

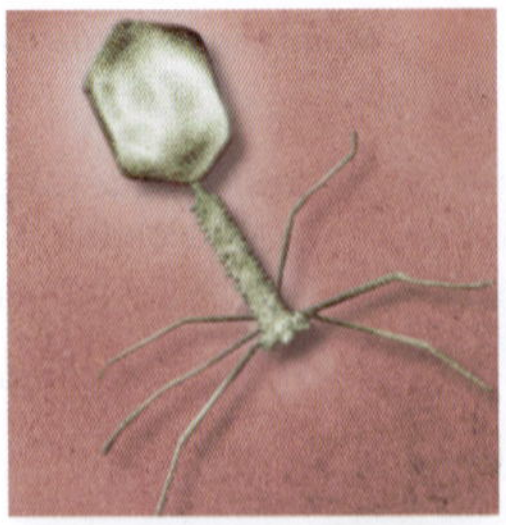

Vírus

Proteínas envolvidas na síntese de DNA, RNA e proteínas
Regulação gênica
Câncer e controle da proliferação celular
Transporte de proteínas e organelas no interior de células
Infecção e imunidade
Possíveis abordagens em terapia gênica

(b)

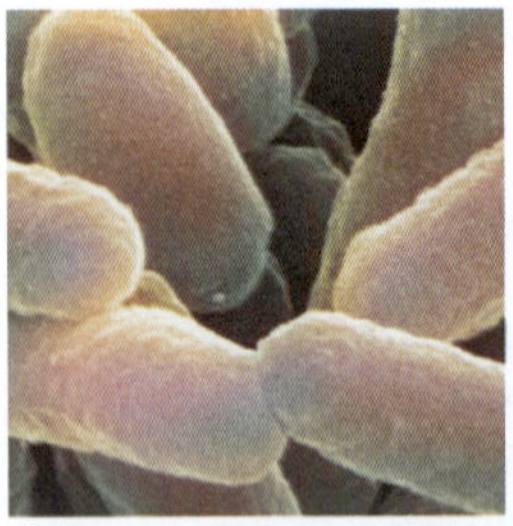

Bactérias

Proteínas envolvidas na síntese de DNA, RNA e proteínas, e no metabolismo
Regulação gênica
Alvos de novos antibióticos
Ciclo celular
Sinalização

(c)

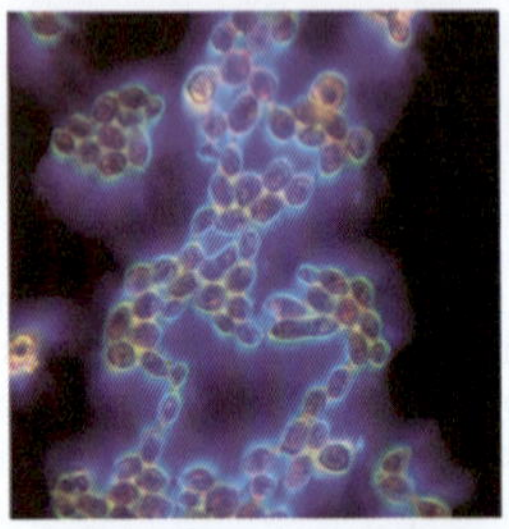

Levedura (*Saccharomyces cerevisiae*)

Controle do ciclo celular e divisão celular
Secreção de proteínas e biogênese de membrana
Função do citoesqueleto
Diferenciação celular
Envelhecimento
Regulação gênica e estrutura cromossômica

(d)

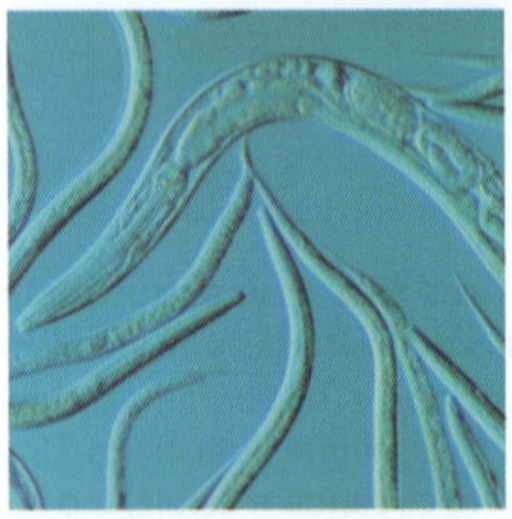

Nematelminto (*Caenorhabditis elegans*)

Desenvolvimento do plano corporal
Linhagem celular
Formação e função do sistema nervoso
Controle da morte celular programada
Proliferação celular e genes de câncer
Envelhecimento
Comportamento
Regulação gênica e estrutura cromossômica

(e)

Mosca-da-fruta (*Drosophila melanogaster*)

Desenvolvimento do plano corporal
Geração de linhagens celulares diferenciadas
Formação do sistema nervoso, coração e musculatura
Morte celular programada
Controle genético do comportamento
Genes de câncer e controle da proliferação celular
Controle da polarização celular
Efeitos de drogas, álcool, pesticidas

(f)

Peixe-zebra

Desenvolvimento de tecidos corporais de vertebrados
Formação e função do cérebro e do sistema nervoso
Defeitos congênitos
Câncer

(g)

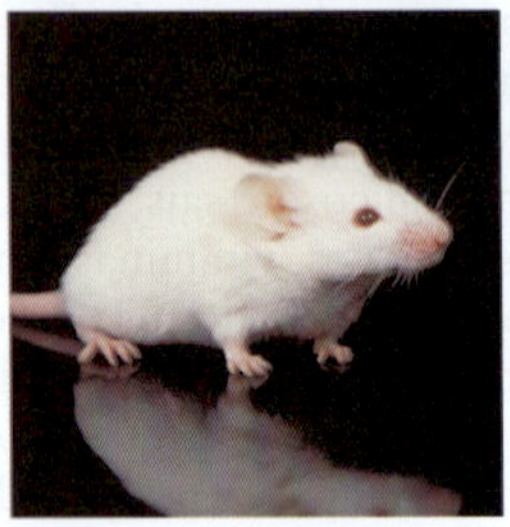

Camundongo (*incluindo cultura de tecidos*)

Desenvolvimento de tecidos corporais
Função do sistema imune de mamíferos
Formação e função do cérebro e do sistema nervoso
Modelos de câncer e outras doenças humanas
Regulação gênica e hereditariedade
Doenças infecciosas

(h)

Vegetal (*Arabidopsis thaliana*)

Desenvolvimento e segmentação de tecidos
Genética da biologia celular
Aplicações agrícolas
Fisiologia
Regulação gênica
Imunidade
Doenças infecciosas

FIGURA 1-13 Cada organismo experimental usado em biologia celular tem vantagens para certos tipos de estudos. Vírus (a) e bactérias (b) têm genomas pequenos receptíveis para dissecação genética. Muitas descobertas sobre controle gênico resultaram de estudos com esses organismos. A levedura *Saccharomyces cerevisiae* (c) tem a organização celular de um eucarioto, mas é um organismo unicelular relativamente simples, fácil de cultivar e manipular geneticamente. No nematelminto *Caenorhabditis elegans* (d), que tem um número pequeno de células dispostas de maneira praticamente idêntica em todos os vermes, a formação de cada célula individual pode ser traçada. A mosca-da-fruta (*Drosophila melanogaster*) (e), usada inicialmente para a descoberta das propriedades de cromossomos, tem sido muito valiosa na identificação de genes que controlam o desenvolvimento embrionário. Muitos desses genes são evolutivamente conservados em humanos. O peixe-zebra (*Danio rerio*) (f) é usado para varreduras genéticas rápidas, visando identificar genes que controlam o desenvolvimento e a organogênese de vertebrados. Dos animais utilizados em experimentação, os camundongos (*Mus musculus*) (g) são evolutivamente os mais próximos aos seres humanos e têm proporcionado modelos para estudos de numerosas doenças genéticas e infecciosas. A *Arabidopsis thaliana* (h), espécie herbácea da família da mostarda, tem sido usada em estudos genéticos para identificar genes envolvidos em quase todos os aspectos da vida vegetal. O sequenciamento do genoma está completo no caso de muitas espécies de vírus e de bactérias, da levedura *S. cerevisiae*, de *C. elegans*, de *D. melanogaster*, dos seres humanos, do camundongo, de *D. rerio* e *A. thaliana*. Outros organismos, especialmente rãs, ouriços-do-mar, galinhas e fungos mucilaginosos também tiveram seus genomas sequenciados e continuam sendo de inestimável valor para pesquisas de biologia celular. Progressivamente, uma ampla diversidade de outras espécies é usada, sobretudo para estudos de evolução de células e mecanismos. (Parte (a) Visuals Unlimited, Inc. Parte (b) Kari Lountmaa/Science Photo Library/Photo Researchers, Inc. Parte (c) Scimat/Photo Researchers, Inc. Parte (d) Photo Researchers, Inc. Parte (e) Darwin Dale/Photo Researchers, Inc. Parte (f) Inge Spence/Visuals Unlimited, Inc. Parte (g) J. M. Labat/Jancana/Visuals Unlimited, Inc. Parte (h) Darwin Dale/Photo Researchers, Inc.)

térias não possuem genes para enzimas que catalisam reações na síntese de aminoácidos e certos lipídeos. Muitos genes bacterianos que codificam proteínas essenciais para a síntese de DNA, RNA e proteínas e para a função de membranas são conservados em todos os organismos, e bastante do conhecimento desses importantes processos celulares origina-se de estudos com *E. coli*. Por exemplo, certas proteínas de membrana celular de *E. coli* que importam aminoácidos através da membrana plasmática são estritamente relacionadas em sequência, estrutura e função às proteínas de membrana de certas células cerebrais de mamíferos, que importam moléculas de sinalização nervo a nervo, denominadas **neurotransmissores** (Capítulos 11 e 22).

Todas as células eucarióticas têm muitas das mesmas organelas e outras estruturas subcelulares

Os **eucariotos** compreendem todos os representantes dos reinos vegetal e animal, bem como fungos (p. ex., leveduras, cogumelos e bolores) e protozoários (*proto*, primitivo; *zoan*, animal), que são exclusivamente unicelulares. As células eucarióticas têm comumente cerca de 10 a 100 μm de diâmetro e são geralmente muito maiores do que as bactérias. Um fibroblasto (célula do tecido conectivo) humano típico tem cerca de 15 μm de diâmetro, com volume e peso seco de alguns milhares de vezes o de *E. coli*. Uma ameba, protozoário unicelular, pode ter um diâmetro celular de aproximadamente 0,5 mm, mais de trinta vezes o de um fibroblasto.

As células eucarióticas, como as procarióticas, são circundadas por uma membrana plasmática. No entanto, diferentemente das células procarióticas, a maioria das células eucarióticas (a hemácia é uma exceção) também apresenta um grande número de membranas internas que envolvem compartimentos subcelulares específicos (as **organelas**) e separam-os do restante do **citoplasma**, a região celular situada externamente ao núcleo (ver Figura 1-12). Muitas organelas são circundadas por uma membrana fosfolipídica simples, mas o núcleo, a mitocôndria e o cloroplasto são envolvidos por duas membranas. Cada tipo de organela contém um conjunto de proteínas específicas, incluindo as enzimas que catalisam reações químicas indispensáveis. Essas membranas definidoras dos compartimentos subcelulares controlam sua composição iônica interna, de modo que esta geralmente difere daquela do citosol circundante e da de outras organelas.

A maior organela em uma célula eucariótica é geralmente o núcleo, que abriga a maioria do DNA celular. Em células animais e vegetais, a maior parte das moléculas de ATP é produzida por grandes "máquinas moleculares" multiproteicas, localizadas em organelas denominadas **mitocôndrias**. Os vegetais realizam a fotossíntese nos **cloroplastos**, organelas que contêm estruturas moleculares para a síntese de ATP a partir de ADP e fosfato, semelhantes àquelas encontradas nas mitocôndrias. Na membrana plasmática de células bacterianas, localizam-se estruturas moleculares similares para a geração de ATP. Considera-se que mitocôndrias e cloroplastos se originaram como bactérias, ocuparam o interior de células eucarióticas e, então, tornaram-se bem-vindos colaboradores (Capítulo 12). Ao longo do tempo, muitos dos genes bacterianos "migraram" para o núcleo e foram incorporados ao genoma. Mitocôndrias e cloroplastos contêm genomas pequenos que codificam algumas proteínas essenciais das organelas; as sequências desses DNAs revelam suas origens bacterianas.

As células necessitam decompor partes desgastadas ou obsoletas em moléculas pequenas que podem ser descartadas ou recicladas. Nas células animais, tal incumbência de manutenção é, em parte, atribuição dos **lisossomos**, organelas preenchidas com enzimas que realizam a degradação. O interior de um lisossomo tem um pH de aproximadamente 5,0, muito mais ácido do que o do citosol, o que auxilia na decomposição de materiais por enzimas lisossômicas, que podem atuar sob valores baixos de pH. Para criar um ambiente com pH baixo, as proteínas localizadas na membrana lisossômica bombeiam íons de hidrogênio para o interior do lisossomo, usando energia fornecida pelo ATP (Capítulo 11). Os vegetais e os fungos contêm um vacúolo que igualmente possui pH baixo e armazena certos sais e nutrientes. Os **peroxissomos** constituem um outro tipo de organela pequena, encontrada em quase todas as células eucarióticas e especializada na decomposição de componentes lipídicos de membranas.

O citoplasma de células eucarióticas contém uma série de proteínas fibrosas coletivamente denominada **citoesqueleto** (Capítulos 17 e 18). Três classes de fibras compõem o citoesqueleto: **microtúbulos** (20 nm de diâmetro), formados por polímeros da tubulina (proteína); **microfilamentos** (7 nm de diâmetro), formados por actina (proteína); e **filamentos intermediários** (10 nm de diâmetro), formados por uma ou mais subunidades proteicas em forma de bastonete (Figura 1-14). O citoesqueleto confere resistência e rigidez à célula, ajudando a manter a forma celular. As fibras do citoesqueleto também controlam o movimento de estruturas dentro de célula; algumas fibras do citoesqueleto, por exemplo, conectam-se a organelas ou estabelecem trajetos ao longo dos quais as organelas e os cromossomos se movem; outras fibras exercem papéis-chave na mobilidade celular. Assim, o citoesqueleto é importante para a "organização" da célula.

A parede celular rígida, composta por celulose e outros polímeros, que circunda as células vegetais, contribui para a sua resistência e rigidez. Os fungos também são delimitados por uma parede celular, mas sua composição difere daquela de paredes celulares bacterianas e vegetais.

Cada membrana de organela e cada espaço no interior de uma organela tem um conjunto único de proteínas que os capacitam a executar suas funções específicas. Para as células trabalharem na sua plenitude, as numerosas proteínas constituintes dos vários compartimentos devem ser transportadas de onde são formadas para as suas localizações apropriadas (Capítulos 17 e 18). Algumas proteínas são formadas em ribossomos que estão livres no citoplasma; deste, algumas proteínas são deslocadas para o núcleo, e outras, para mitocôndrias, cloroplastos ou peroxissomos, dependendo das suas funções específicas. As proteínas secretadas pela célula e a maioria das proteínas de membrana são formadas em ribossomos as-

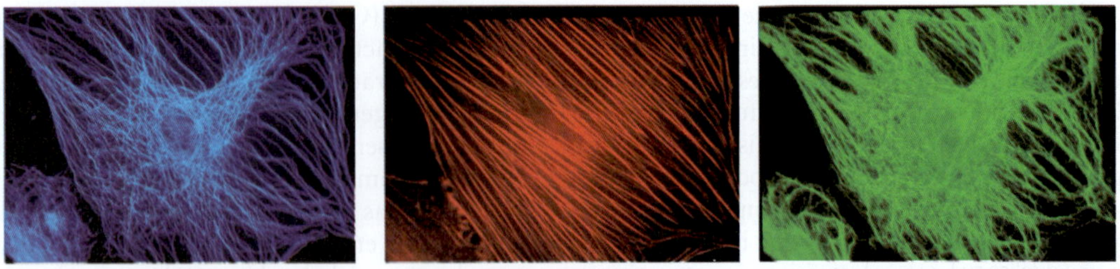

FIGURA 1-14 Os três tipos de filamentos do citoesqueleto têm distribuições características dentro de células de mamíferos. Três imagens da mesma célula. Um fibroblasto obtido por cultura foi permeabilizado e, a seguir, tratado com três preparações de anticorpos diferentes. Cada anticorpo se liga especificamente aos monômeros proteicos, que formam um filamento, e é ligado quimicamente a um corante fluorescente (azul, vermelho ou verde). A visualização da célula corada, em um microscópio de fluorescência, revela a localização dos filamentos ligados a uma preparação especial de corante-anticorpo. Neste caso, os microtúbulos são corados de azul; os microfilamentos, de vermelho; os filamentos intermediários, de verde. Os três sistemas de fibras contribuem para a forma e para o movimento das células. (Cortesia de V. Small.)

sociados ao **retículo endoplasmático** (RE). Esta organela produz, processa e promove o transporte de proteínas e lipídeos. As cadeias proteicas produzidas no RE geralmente movem-se para o **aparelho de Golgi**, onde são modificadas, antes de serem encaminhadas para seus destinos finais. As proteínas que se deslocam dessa maneira contêm sequências curtas de aminoácidos ou cadeias de açúcares ligadas (oligossacarídeos), que servem como endereços para direcioná-las aos seus destinos corretos. Esses endereços funcionam porque são reconhecidos e ligados por outras proteínas que realizam a separação e o transporte para diferentes compartimentos celulares.

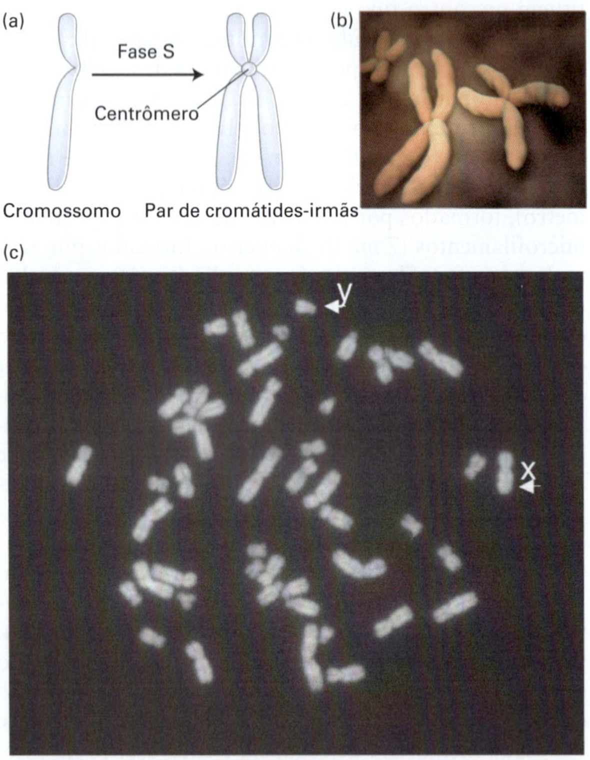

FIGURA 1-15 Os cromossomos individuais podem ser vistos em células durante a divisão celular (mitose). (a) Durante a fase S do ciclo celular (ver Figura 1-16), os cromossomos são duplicados, e as "cromátides-irmãs" filhas, cada uma com uma cópia completa do DNA cromossômico, permanecem ligadas ao centrômero. (b) Durante o processo efetivo de divisão celular (mitose), o DNA cromossômico torna-se altamente compactado, e os pares de cromátides-irmãs podem ser vistos ao microscópio eletrônico como aqui representados. (c) Imagem ao microscópio óptico de uma dispersão cromossômica a partir de uma célula linfoide masculina humana em cultura, fixada no estágio de metáfase mediante tratamento com colcemida (fármaco despolimerizante de microtúbulos). Existem uma cópia simples dos cromossomos X e Y duplicados e duas de cada um dos outros. (Parte (b) cortesia de Medical RF/The Medical File/Peter Arnold Inc. Parte (c) cortesia de Tatyana Pyntikova.)

O DNA celular é acondicionado nos cromossomos

Na maioria das células procarióticas, quase toda ou toda a informação genética reside em uma única molécula de DNA circular de cerca de um milímetro de comprimento; dobrada várias vezes sobre si mesma, essa molécula situa-se na região central da célula de dimensões micrométricas (Figura 1-11). Por outro lado, o DNA nos núcleos de células eucarióticas está distribuído em meio a múltiplas estruturas lineares longas denominadas **cromossomos**. O comprimento e o número de cromossomos são os mesmos em todas as células de um organismo, mas variam entre os diferentes tipos de organismos (Tabela 1-2). Cada cromossomo compreende uma molécula de DNA simples associada a numerosas proteínas, e o DNA total nos cromossomos de um organismo é referido como seu **genoma**. Os cromossomos, que coram intensamente com corantes básicos, são visíveis aos microscópios óptico e eletrônico apenas durante a divisão celular, quando o DNA torna-se fortemente compactado (Figura 1-15). Embora a grande molécula de DNA genômica em procariotos esteja associada a proteínas e com frequência seja referida como um cromossomo, a disposição de DNA dentro de um cromossomo bacteriano difere bastante daquela dentro de cromossomos de células eucarióticas.

Todas as células eucarióticas utilizam um ciclo similar para regular sua divisão

Eucariotos unicelulares, animais e vegetais usam essencialmente o mesmo **ciclo celular** – uma série de eventos que prepara uma célula para se dividir – e o processo efetivo de divisão, denominado **mitose**. O ciclo celular eucariótico comumente é representado como quatro estágios (Fi-

ANIMAÇÃO: Ciclo de vida de uma célula

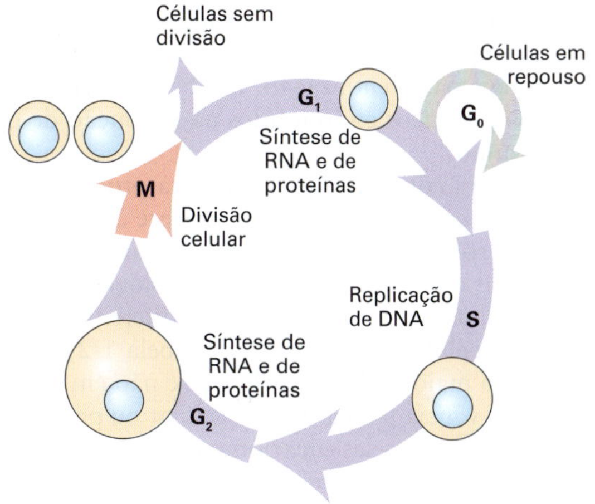

FIGURA 1-16 **Durante o crescimento, todas as células eucarióticas progridem continuamente pelos quatro estágios do ciclo celular, gerando novas células-filhas.** Nas células humanas em proliferação, as quatro fases do ciclo celular se processam sucessivamente, ocorrendo em 10 a 20 horas, dependendo do tipo de célula e estado de desenvolvimento. As leveduras se dividem muito mais rápido. Durante a interfase, que consiste nas fases G_1, S e G_2, a célula aproximadamente duplica sua massa. A replicação de DNA durante a fase S proporciona à célula quatro cópias de cada tipo de cromossomo. Na fase mitótica (M), os cromossomos são igualmente repartidos nas duas células-filhas, e o citoplasma se divide quase pela metade na maioria dos casos. Sob certas condições, como por inanição ou quando um tecido alcançou seu tamanho definitivo, a célula interrompe o ciclo e permanece em um estado de espera denominado G_0. A maioria das células em G_0 pode retomar o ciclo, se as condições mudarem.

gura 1-16). Os cromossomos e o DNA que eles carregam são duplicados durante a **fase S** (**síntese**). Os cromossomos replicados se separam durante a **fase M** (**mitose**), com cada célula-filha obtendo uma cópia de cada cromossomo durante a divisão celular. As fases M e S são separadas por duas lacunas, as **fases G_1 e G_2**, durante as quais mRNAs e proteínas são sintetizados e a célula aumenta de tamanho.

Nos organismos unicelulares, as duas células-filhas com frequência se assemelham à célula parental. Nos organismos multicelulares, quando muitos tipos de células se dividem, as filhas se parecem muito com as células parentais – as células hepáticas e as células pancreáticas produtoras de insulina, por exemplo, dividem-se e geram duas células com as mesmas características e funções da célula-mãe. Além disso, as **células-tronco** e certas outras células indiferenciadas podem gerar múltiplos tipos de células descendentes diferenciadas; essas células muitas vezes se dividem de modo que as duas células-filhas são distintas. Tal **divisão celular assimétrica** é crucial para a geração de tipos diferentes de células no corpo (Capítulo 21). Com frequência, uma célula-filha assemelha-se à sua mãe, no sentido de permanecer indiferenciada e reter sua capacidade de originar múltiplos tipos de células diferenciadas. A outra célula-filha se divide muitas vezes, e cada uma das descendentes se diferencia em um tipo específico de célula.

Sob condições ótimas, algumas bactérias, como *E. coli*, dividem-se, formando duas células-filhas a cada 30 minutos. A maioria das células eucarióticas requer um tempo consideravelmente mais longo para crescer e dividir-se, embora as divisões celulares no embrião inicial de *Drosophila* necessitem de apenas sete minutos. Além disso, via de regra, o ciclo celular nos eucariotos é altamente regulado (Capítulo 19). Este rígido controle impede o crescimento desequilibrado e excessivo de células e tecidos, se faltarem nutrientes essenciais ou determinados sinais hormonais. Algumas células bastante especializadas em animais adultos, como células nervosas e do músculo estriado, raramente se dividem. No entanto, um organismo habitualmente substitui células desgastadas ou produz mais células em resposta a uma nova necessidade, como exemplificado no crescimento de músculos em resposta ao exercício ou dano. Outro exemplo é a formação de hemácias quando uma pessoa ascende a altitudes mais elevadas e necessita de maior capacidade de captura de oxigênio. O defeito fundamental no câncer é a perda da capacidade de controle do crescimento e da divisão das células. No Capítulo 24, são examinados os eventos moleculares e celulares que levam à proliferação celular inapropriada e incontrolada.

1.3 Células em tecidos: organismos unicelulares e metazoários utilizados em pesquisas de biologia celular molecular

A compreensão atual do funcionamento das células apoia-se bastante em estudos de poucos tipos de organismos, denominados *organismos-modelo*. Devido à conservação evolutiva de genes, proteínas, organelas, tipos celulares e assim por diante, as descobertas a respeito de estruturas e funções biológicas obtidas com um organismo experimental muitas vezes se aplicam a outros. Desse modo, os pesquisadores conduzem seus estudos com o organismo mais adequado para responder mais rápido e completamente a pergunta proposta, cientes de que os resultados obtidos em um organismo talvez se apliquem a outros.

Conforme visto, as bactérias são excelentes modelos para estudos de diversas funções celulares, mas não dispõem de organelas encontradas em eucariotos. Eucariotos unicelulares, como as leveduras, são usados para estudo de muitos aspectos fundamentais da estrutura e função de células eucarióticas. Modelos multicelulares, ou **metazoários**, são necessários para o estudo do desenvolvimento e dos sistemas de tecidos e de órgãos mais complexos. Como será visto nesta seção, vários organismos-modelo eucarióticos são muito usados para a compreensão desses mecanismos e sistemas celulares complexos.

Eucariotos unicelulares são usados no estudo de aspectos fundamentais da estrutura e função de células eucarióticas

Um grupo de eucariotos unicelulares, as leveduras, tem se revelado excepcionalmente útil na análise molecular e genética da formação e função de células eucarióticas. As leveduras e seus parentes multicelulares, os mofos, que coletivamente constituem os fungos, têm um papel ecológico importante na decomposição de restos vegetais e animais para reutilização. Também produzem numerosos antibióticos e são usados na produção de pão, cerveja e vinho.

A levedura comum empregada para produzir pão e cerveja, *Saccharomyces cerevisiae*, aparece com frequência neste livro porque tem se mostrado um organismo experimental de muita utilidade. Homólogas de várias das aproximadamente 6.000 proteínas diferentes expressas em uma célula de *S. cerevisiae* (Tabela 1-2) são encontradas na maioria dos eucariotos, se não em todos, e possuem relevância para a divisão celular ou para o funcionamento de organelas eucarióticas individuais. Muito do que se conhece das proteínas do retículo endoplasmático e do aparelho de Golgi que promovem a secreção proteica foi elucidado inicialmente em leveduras. As leveduras foram também essenciais para a identificação de muitas proteínas que regulam o ciclo celular e catalisam a replicação e transcrição de DNA. *S. cervisiae* (Figura 1-17a) e outras leveduras oferecem muitas vantagens para estudos de biologia celular e molecular:

- Grandes quantidades de células de leveduras podem ser cultivadas facilmente e sem grande custo em cultura a partir de uma única célula; **clones** desta célula têm os mesmos genes e as mesmas propriedades bioquímicas. As proteínas individuais ou os complexos multiproteicos podem ser purificados de quantidades grandes de células e, a seguir, estudados em detalhe.
- As células de levedura podem crescer por mitose, como haploides (contendo uma cópia de cada cromossomo) e como diploides (contendo duas cópias de cada cromossomo); isto torna relativamente constante o isolamento e a caracterização de mutações em genes codificadores de proteínas celulares essenciais.
- As leveduras, como muitos organismos, têm um ciclo sexual que permite intercâmbio de genes entre células. Sob condições de inanição, as células diploides realizam meiose, um tipo especial de divisão celular, formando células-filhas haploides de dois tipos: células **a** e **α**. As células haploides podem também crescer por mitose. Caso se encontrem, as células **a** e **α** podem fundir-se, formando uma célula diploide **a/α** que contém duas cópias de cada cromossomo (Figura 1-17b).

Com o uso de uma única espécie do tipo *S. cerevisiae* como organismo-modelo, os resultados de estudos realizados por dezenas de milhares de cientistas em todo o mundo, empregando múltiplas técnicas experimentais, podem ser combinados para gerar um nível mais aprofundado de compreensão de um único tipo de célula. Como será visto inúmeras vezes neste livro, as conclusões baseadas em estudos com *S. cerevisiae* geralmente valem para todos os eucariotos e constituem a base para exploração da evolução de processos mais complexos em animais e vegetais multicelulares.

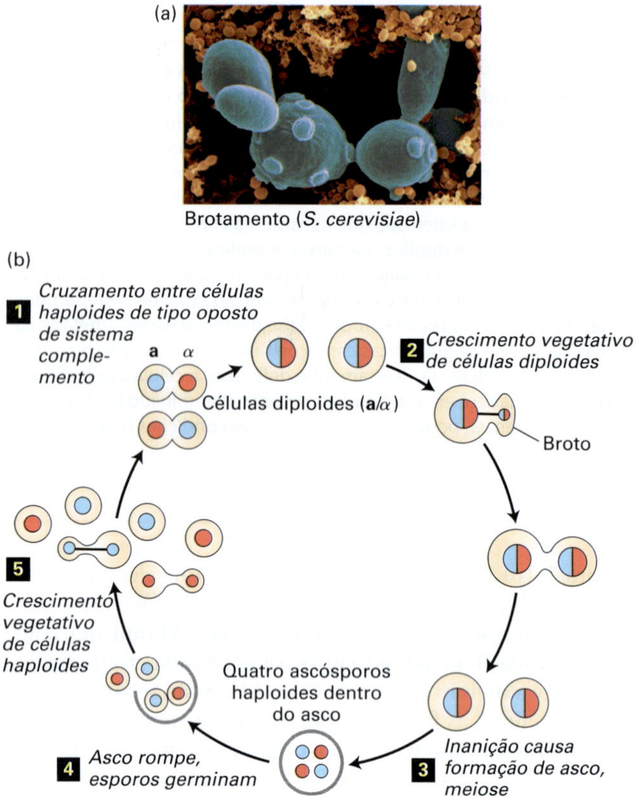

FIGURA 1-17 A levedura *Saccharomyces cerevisiae* pode crescer como haploide e diploide e reproduzir-se sexual e assexualmente. (a) Micrografia ao microscópio de varredura do brotamento da levedura *Saccharomyces cerevisiae*. Estas células crescem por um tipo incomum de mitose denominado brotamento mitótico. Um núcleo-filho permanece na célula-"mãe"; o outro núcleo-filho é transportado para o broto, que de imediato é desprendido como uma nova célula. Após a liberação de cada célula broto, fica uma cicatriz no local, de modo que o número de brotamentos sobre a célula-mãe pode ser contado. As células de cor laranja são bactérias. (b) As células haploides de levedura podem ter diferentes tipos de sistema complemento, denominados **a** e **α**; ambos os tipos contêm uma cópia simples de cada cromossomo de levedura, metade do número habitual, e crescem por brotamento mitótico. Duas células haploides que diferem no tipo de cruzamento, uma **a** e outra **α**, podem fundir-se, formando uma célula diploide **a/α** que contém duas cópias de cada cromossomo; as células diploides também podem multiplicar-se por brotamento mitótico. Sob condições de inanição, as células diploides sofrem meiose, um tipo especial de divisão celular, formando ascósporos haploides. A ruptura de um asco libera quatro esporos haploides, que podem germinar em células haploides **a** e **α**. Estas também podem multiplicar-se assexualmente. (Parte (a) M. Abbey/Visuals Unlimited, Inc.)

Mutações em leveduras levaram à identificação de proteínas-chave do ciclo celular

Os estudos bioquímicos podem significar muito sobre uma proteína individual, mas não provar que ela é necessária à divisão celular ou a qualquer outro processo celular. A importância de uma proteína é mais bem demonstrada se uma mutação, que impede sua síntese ou a torna não funcional, afeta adversamente o processo em estudo. Um organismo diploide geralmente apresenta duas versões (alelos) de cada gene, cada um derivado de um genitor. Existem exceções importantes, como os genes dos cromossomos X e Y em machos de algumas espécies, inclusive da espécie humana.

Em uma abordagem genética clássica, os cientistas isolaram e caracterizaram mutantes sem a capacidade de realizar algo que um organismo normal pode. Com frequência, grandes experimentos de varredura genética "screens genéticos" são realizados para procurar muitos indivíduos mutantes diferentes (p. ex., mosca-da-fruta, células de levedura) que são incapazes de completar um certo processo, tal como a divisão celular ou a formação de músculo. As mutações habitualmente são geradas por tratamento com um mutágeno, um agente químico ou físico que promove mutações de modo aleatório. Como é possível isolar e manter organismos ou células mutantes defeituosos em algum processo necessário à sobrevivência, como a divisão celular?

Uma maneira é isolar organismos com mutação sensível à temperatura. Esses mutantes são capazes de crescer sob a temperatura permissiva, mas não sob outra, geralmente mais alta e denominada temperatura não permissiva. As células normais crescem sob qualquer das duas temperaturas. Na maioria dos casos, um mutante sensível à temperatura produz uma proteína alterada que trabalha sob a temperatura permissiva, mas sofre desmaturação e é não funcional na temperatura não permissiva. *Screens* sensíveis à temperatura são mais rapidamente realizados com organismos haploides com as leveduras, já que existe apenas uma cópia de cada gene e a mutação nele tem uma consequência imediata.

Pela análise dos efeitos de numerosas mutações diferentes sensíveis à temperatura que alteraram a divisão de células haploides de levedura, os geneticistas descobriram a maioria dos genes necessários à divisão celular, sem conhecer inicialmente nada sobre quais proteínas eles codificam ou como essas proteínas participam desse processo. O grande poder dos geneticistas é revelar a existência e a relevância de proteínas sem conhecimento anterior de sua identidade bioquímica ou função molecular. Posteriormente, esses genes "definidos por mutações" foram isolados e replicados (clonados) com técnicas de DNA recombinante discutidas no Capítulo 5. Com a disponibilidade dos genes isolados, as proteínas codificadas puderam ser produzidas em tubo de ensaio, em bactérias desenvolvidas por engenharia genética ou em culturas de células. Após, bioquímicos puderam investigar se as proteínas se associam a outras proteínas ou ao DNA, ou catalisam reações químicas específicas durante a divisão celular (Capítulo 19).

A maioria desses genes do ciclo celular de levedura é encontrada igualmente em células humanas, e as proteínas codificadas têm sequências de aminoácidos similares. Proteínas de organismos diferentes, mas com sequências de aminoácidos semelhantes, são chamadas de **homólogas** e podem ter funções iguais ou similares. De maneira notável, tem sido demonstrado que uma proteína do ciclo celular humano, quando expressa em um mutante defeituoso na proteína homóloga de levedura, é capaz de "reparar o defeito" da levedura mutante (ou seja, permitir o desenvolvimento normal da célula), demonstrando, assim, a capacidade da proteína de funcionar em um tipo muito diferente de célula eucariótica. Este resultado experimental, que garantiu o Prêmio Nobel a Paul Nurse, foi especialmente notável, pois considera-se que a célula ancestral comum das leveduras atuais e dos seres humanos viveu há mais de um bilhão de anos. O ciclo celular eucariótico e os genes e as proteínas que o catalisam passaram por uma evolução biológica precoce e permaneceram inteiramente constantes por um período muito longo do tempo evolutivo. Estudos subsequentes demonstraram que as mutações em muitas proteínas do ciclo celular de levedura, que permitem o crescimento celular não controlado, também ocorrem com frequência em certos tipos de câncer humano (Capítulo 24), atestando novamente as importantes funções conservadas dessas proteínas em todos os eucariotos.

O caráter multicelular requer adesões célula-célula e à matriz celular

É mais provável que a evolução de organismos multicelulares tenha começado com células que permaneceram associadas em pequenas colônias após a divisão, em vez de se separarem em células individuais. Alguns procariotos e vários eucariotos unicelulares, tais como muitos fungos e mofos mucilaginosos, exibem esse comportamento social rudimentar. A plena pujança do caráter multicelular, no entanto, ocorreu em organismos eucarióticos cujas células tornaram-se diferenciadas e organizadas em grupos, ou *tecidos*, nas quais as células desempenham uma função especializada comum. Os metazoários – invertebrados como a mosca-da-fruta (*Drosophila melanogaster*) e o nematelminto *Caenorhabditis elegans* ou vertebrados como o camundongo e os seres humanos – contêm entre 13.000 e 23.000 genes codificadores de proteínas, cerca de três a quatro vezes mais do que uma levedura (Tabela 1-2). Muitos desses genes são conservados nos metazoários e essenciais para a formação e função de tecidos e órgãos específicos.

As células animais com frequência são "coladas" em uma cadeia, uma esfera ou uma lâmina, por **proteínas de adesão celular** (muitas vezes denominadas moléculas de adesão celular ou CAMs, *cell adhesion molecules*) na sua superfície (Figura 1-3). Algumas CAMs ligam células a outras; outros tipos ligam células a uma matriz extracelular, formando uma unidade coesa. Em animais, a matriz sustenta as células e permite a difusão de nutrientes para dentro delas e a saída de produtos residuais. Uma matriz rígida especializada denominada **lâmina basal**, constituída por múltiplas proteínas, tais como colágeno e polissacarídeos, forma uma camada de suporte subjacente aos estratos celulares e impede que os agregados celulares se separem. As células das plantas superiores são encaixadas em uma rede de câmaras formadas pela junção das paredes celulares e conectadas por pontes citoplasmáticas denominadas **plasmodesmos**.

Os tecidos são organizados em órgãos

Os grupos especializados de células diferenciadas formam tecidos, que são os principais componentes de órgãos. Por

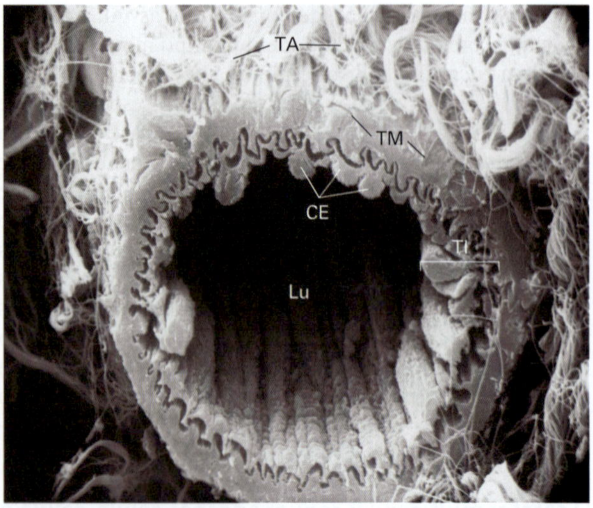

FIGURA 1-18 Todos os órgãos são arranjos organizados de tecidos distintos, conforme ilustrado nesta secção transversal de uma artéria pequena (arteríola). O sangue flui pelo lúmen (Lu) do vaso, que é revestido por uma lâmina delgada de células endoteliais (CE) formadoras do endotélio (TI) e pela lâmina basal subjacente. Este tecido adere à camada sobreposta de tecido muscular (TM) liso; a contração da camada muscular controla o fluxo sanguíneo através do vaso. Uma camada fibrilar de tecido conectivo (TA) circunda o vaso e o conecta a outros tecidos. (Dr. Richard Kessel & Dr. Randy Kardon/ Visuals Unlimited, Inc.)

exemplo, o lúmen de um vaso sanguíneo é revestido de uma camada (do tipo lâmina) de células endoteliais, ou **endotélio**, que impede a saída de células sanguíneas (Figura 1-18). Uma camada de tecido muscular liso envolve o endotélio e a lâmina basal e se contrai para limitar o fluxo sanguíneo. Em episódios de medo, a constrição de vasos periféricos menores força mais sangue para os órgãos vitais. A camada muscular de um vaso sanguíneo é envolvida por uma camada de tecido conectivo, uma rede de fibras e células que se encaixam e protegem as paredes celulares de distensão e ruptura. Esta hierarquia de tecidos é copiada em outros vasos sanguíneos, que diferem principalmente na espessura das paredes. A parede de uma artéria maior deve resistir a muito estresse e, por isso, é mais espessa do que um vaso menor. A estratégia de agrupar diferentes tecidos e de formar camadas é empregada igualmente na formação de outros órgãos complexos. Em cada caso, a função do órgão é determinada pelas funções específicas de seus tecidos componentes, e cada tipo de célula em um tecido produz os grupos específicos de proteínas que o capacitam a executar suas funções.

O plano corporal e os tecidos rudimentares formam-se precocemente no desenvolvimento embrionário

O corpo humano é composto por algumas centenas de trilhões de células, mas se desenvolve a partir de uma única célula, o zigoto, resultante da fusão de um espermatozoide e um óvulo. Os estágios iniciais no desenvolvimento de um embrião são caracterizados pela rápida divisão celular (Figura 1-19) e pela diferenciação de células nos tecidos. O *plano corporal* embrionário, o padrão espacial de tipos celulares (tecidos) e partes do corpo, emerge de duas influências: um programa de genes que especificam o padrão do corpo e interações celulares locais que induzem diferentes partes do programa.

Com apenas algumas exceções, a maioria dos animais exibe simetria axial; isto significa que há dois lados (esquerdo e direito), em que um lado é imagem especular do outro. Este padrão básico é codificado no genoma. Os estudiosos do desenvolvimento dividiram os filos animais com simetria bilateral dependendo de onde a boca e o ânus se formam no início do embrião jovem em dois grupos grandes. Os **protostomados** desenvolvem uma boca perto de uma abertura transitória no embrião inicial (o **blastóporo**) e têm um cordão nervoso ventral; os protostomados incluem todos os nematelmintos, insetos e moluscos. Os **deuterostomados** desenvolveram um ânus perto desta abertura transitória no embrião e têm um sistema nervoso central dorsal; estes incluem equinodermos (estrelas-do-mar e ouriços-do-mar) e vertebrados. Os corpos dos protostomados e deuterostomados são divididos em segmentos discretos que se formam precocemente no desenvolvimento embrionário. Protostomados e deuterostomados provavelmente evoluíram de um ancestral comum, denominado **Urbilatéria**, que viveu há cerca de 600 milhões de anos (Figura 1-20a).

Os **genes da padronização** (***patterning genes***) especificam a organização geral de um organismo, iniciando com o eixo corporal principal – anterior-posterior,

VÍDEO: Desenvolvimento embrionário inicial

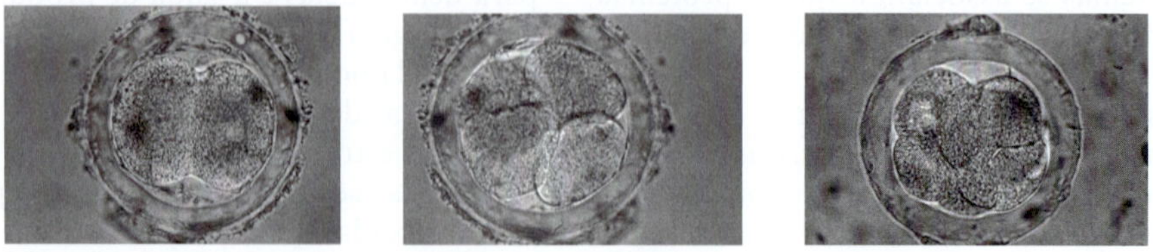

(a) (b) (c)

FIGURA 1-19 As primeiras (e poucas) divisões celulares de um óvulo fertilizado estabelecem o estágio para todo o desenvolvimento subsequente. Um embrião do camundongo em desenvolvimento é mostrado nos estágios de (a) duas células, (b) quatro células e (c) oito células. O embrião é envolvido por membranas de sustentação. As etapas correspondentes no desenvolvimento humano ocorrem durante os primeiros (e poucos) dias após a fertilização. (Claude Edelmann/Photo Researchers, Inc.)

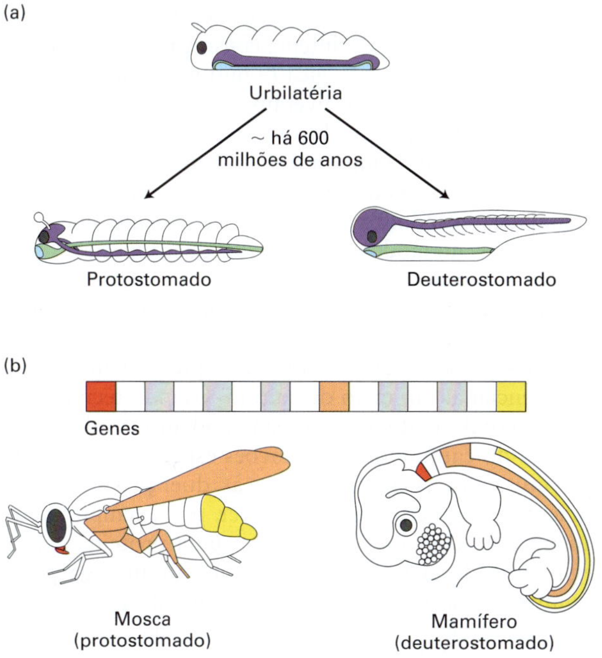

FIGURA 1-20 Genes similares, conservados durante a evolução, regulam processos iniciais do desenvolvimento em diversos animais. (a) Urbilatéria é o ancestral presumido de todos os protostomados e deuterostomados que existiu há cerca de 600 milhões de anos. São mostradas as posições do cordão nervoso (violeta), ectoderme (superfície, principalmente a pele, branco) e a endoderme (principalmente trato digestório e órgãos, verde claro). (b) Proteínas altamente conservadas, denominadas Hox, são encontradas em protostomados e deuterostomados e determinam a identidade de segmentos do corpo durante o desenvolvimento embrionário. Os genes *Hox* são encontrados em agrupamentos nos cromossomos da maioria (ou de todos) dos animais e codificam fatores de transcrição relacionados que controlam as atividades de outros genes. Em muitos animais, os genes *Hox* controlam o desenvolvimento de diferentes segmentos ao longo do eixo cabeça-cauda, conforme indicação por cores correspondentes. Cada gene é ativado (por transcrição) em uma região específica ao longo do eixo cabeça-cauda e controla o crescimento de seus tecidos. Por exemplo, no camundongo, um deuterostomado, os genes *Hox* são responsáveis pelas formas distintivas de vértebras. As mutações que afetam os genes *Hox* na mosca-da-fruta, um protostomado, causam a formação de partes do corpo em locais errados, tais como pernas em lugar de antenas na cabeça. Em ambos os organismos, esses genes conferem a variação no eixo cabeça-cauda e servem para orientar a formação de estruturas nos locais apropriados.

dorsal-ventral e esquerdo-direito – e terminando com segmentos do corpo como cabeça, tórax, abdome e cauda. A conservação da simetria axial dos nematelmintos mais simples até os mamíferos é explicada pela presença de genes da padronização conservados em seus genomas. Alguns genes da padronização codificam proteínas que controlam a expressão de outros genes; outros codificam proteínas importantes na adesão de células ou na sinalização celular. Este amplo repertório de genes da padronização permite a integração e a coordenação de eventos em diferentes partes do embrião em desenvolvimento e confere a cada segmento do corpo sua identidade única.

De maneira admirável, muitos genes da padronização, com frequência denominados "fatores de transcrição mestres", são muito conservados em protostomados e deuterostomados (Figura 1-20b). Esta conservação do plano corporal reflete a pressão evolutiva para a preservação dos compartilhamentos nos mecanismos moleculares e celulares controladores do desenvolvimento em diferentes organismos.

Os olhos da mosca e do homem são muito diferentes em estrutura, função e conexões nervosas. Contudo, os assim chamados "genes reguladores mestres" que iniciam o desenvolvimento do olho – *eyeless* na mosca e *Pax6* no homem – codificam fatores de transcrição altamente relacionados que regulam as atividades de outros genes e descendem do mesmo gene ancestral. As mutações nos genes *eyeless* ou *Pax6* causam defeitos importantes na formação do olho (Figura 1-21).

Invertebrados, peixes e outros organismos servem como sistemas experimentais para o estudo do desenvolvimento humano

Os estudos de células em tecidos especializados utilizam organismos-modelo animais e vegetais. Células nervosas e células musculares, por exemplo, foram estudadas em mamíferos ou em criaturas com células especialmente grandes ou acessíveis, como as células neurais gigantes de lula e lesma-marinha ou os músculos do voo de aves. Recentemente, o desenvolvimento de músculos e nervos tem sido bastante estudado na mosca-da-fruta (*Drosophila melanogaster*), nos nematelmintos (*Caenorhabditis elegans*) e no peixe-zebra (*Danio rerio*), em que mutantes na formação ou função de músculos e nervos podem ser rapidamente isolados (Figura 1-13).

Organismos com embriões de células grandes que se desenvolvem externamente ao corpo da mãe (p. ex., rãs, ouriços-do-mar, peixes e aves) são muito úteis ao acompanhamento dos destinos de células à medida que elas formam diferentes tecidos e à produção de extratos para estudos bioquímicos. Por exemplo, uma proteína-chave na regulação da mitose foi primeiramente identificada em estudos com embriões de rã e ouriço-do-mar e depois purificada a partir de seus extratos (Capítulo 20).

Usando técnicas de DNA recombinante, pesquisadores podem provocar, em genes específicos, mutações que inativam ou aumentam a produção de suas proteínas codificadas. Os genes podem ser introduzidos em embriões de nematelmintos, moscas, rãs, ouriços-do-mar, aves, camundongos, uma diversidade de plantas e outros organismos, permitindo que sejam avaliados os efeitos dessas mutações. Tal abordagem está sendo bastante utilizada para produção de versões de doenças genéticas humanas no camundongo. A inativação de genes especiais pela introdução de moléculas de RNA de interferência permite testes rápidos de funções gênicas possíveis em muitos organismos.

Os camundongos são usados com frequência na geração de modelos de doenças humanas

Os camundongos têm uma enorme vantagem sobre outros organismos experimentais: aproximam-se mais dos

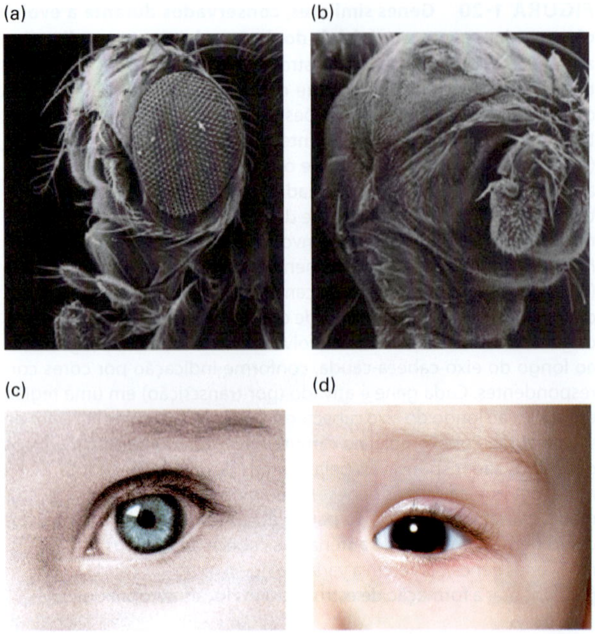

FIGURA 1-21 Genes semelhantes, conservados durante a evolução, regulam o desenvolvimento de órgãos em animais distintos. (a) O desenvolvimento de olhos compostos grandes nas moscas-das-frutas requer um gene *eyeless* (denominado para o fenótipo mutante). (b) As moscas com genes *eyeless* inativados não têm olhos. (c) Os olhos humanos normais requerem o gene *Pax6*, o homólogo de *eyeless*. (d) As pessoas sem a função de *Pax6* adequada têm a doença genética *aniridia*, a ausência da íris. *Pax6* e *eyeless* codificam fatores de transcrição altamente relacionados que regulam as atividades de outros genes e descendem do mesmo gene ancestral. (Partes (a) e (b) de Andreas Hefti, Interdepartmental Electron Microscopy (IEM) Biocenter of the University of Basel, Suíça. Parte (c) © Simon Fraser/Photo Researchers, Inc. Parte (d) Visuals Unlimited.)

seres humanos do que qualquer animal para o qual as poderosas abordagens genéticas são viáveis. Camundongos e seres humanos compartilharam estruturas vivas por milênios, têm sistemas imunes similares e estão sujeitos a infecções por muitos dos mesmos patógenos. Esses organismos contêm aproximadamente o mesmo número de genes, e cerca de 99% dos genes de camundongo codificadores de proteínas possuem homólogos nos seres humanos e vice-versa. Acima de 90% dos genomas do camundongo e do homem pode ser repartido em regiões de sintenia conservada – isto é, segmentos de DNA que têm a mesma ordem de sequências únicas de DNA e genes ao longo de um segmento de um cromossomo. Isso significa que a ordem dos genes em humanos e camundongos se manteve igual à encontrada no seu ancestral comum mais recente (Figura 1-22). A sintenia conservada é compatível com a evidência arqueológica (e outras) segundo a qual humanos e camundongos tiveram como ancestral comum um mamífero que provavelmente viveu há cerca de 75 milhões de anos. Em comparação aos humanos, os camundongos têm famílias de genes expandidas relacionadas à imunidade, reprodução e olfato, provavelmente refletindo as diferenças no modo de vida dessas duas espécies.

No Capítulo 5, será abordada a utilidade experimental de células-tronco embrionárias de camundongo (ES, *embryonic stem*), linhagens de células derivadas de embriões precoces de camundongo que podem crescer indiferenciadas em meio de cultura. Usando técnicas de DNA recombinante, os cientistas podem introduzir no genoma do camundongo mutações específicas que imitam mutações correspondentes às doenças humanas. Pacientes com certo tipo de câncer, por exemplo, acumulam mutações inativadoras em uma proteína-chave reguladora do ciclo celular, e a mutação análoga pode ser introduzida no gene correspondente do camundongo. Essas células ES geradas podem ser injetadas em um embrião inicial de camundongo, depois implantado em uma fêmea pseudoprenhe (uma fêmea de camundongo tratada com hormônios para desencadear mudanças fisiológicas necessárias à gestação). Se os camundongos que se desenvolveram de células ES injetadas exibirem uma doença similar ao câncer humano, então a relação entre a doença e mutações em um gene ou genes é corroborada. Havendo modelos disponíveis de uma doença humana, a partir de pesquisas com camundongo, estudos posteriores sobre defeitos moleculares causadores de doença podem ser conduzidos, e novos tratamentos, testados, minimizando a exposição humana a tratamentos não testados.

Os vírus são parasitas celulares amplamente empregados em pesquisa de biologia celular molecular

As doenças causadas por vírus são numerosas e bastante conhecidas, incluindo catapora, gripes, alguns tipos de pneumonia, poliomielite, sarampo, raiva, hepatite, resfriado e muitas outras. As infecções virais em plantas (p. ex., vírus do mosaico do milho) têm impacto econômico expressivo na produção agrícola. Quase todos os vírus têm um espectro de hospedeiros um tanto limitado, infectando apenas certas bactérias, plantas ou animais (Figura 1-23). Os vírus, muito menores do que as células, situam-se na ordem de 100 nanômetros (nm) de diâmetro. Um vírus é geralmente composto por um revesti-

FIGURA 1-22 Conservação da sintenia entre o homem e o camundongo. A figura mostra um típico segmento do cromossomo 12 de camundongo, com 510.000 pares de bases (pb), que compartilha um ancestral comum com uma seção de 600.000 pb do cromossomo 14 humano. As linhas azuis conectam as sequências recíprocas de DNA nos dois genomas. Mb, 1 milhão de pares de base. (Segundo Mouse Genome Sequencing Consortium, 2002, *Nature* **420**:520.)

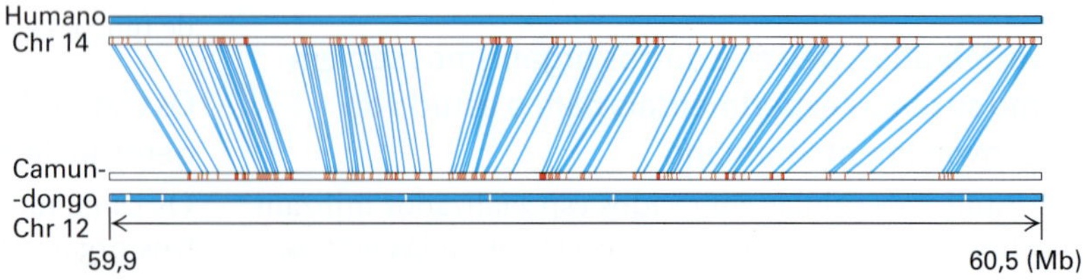

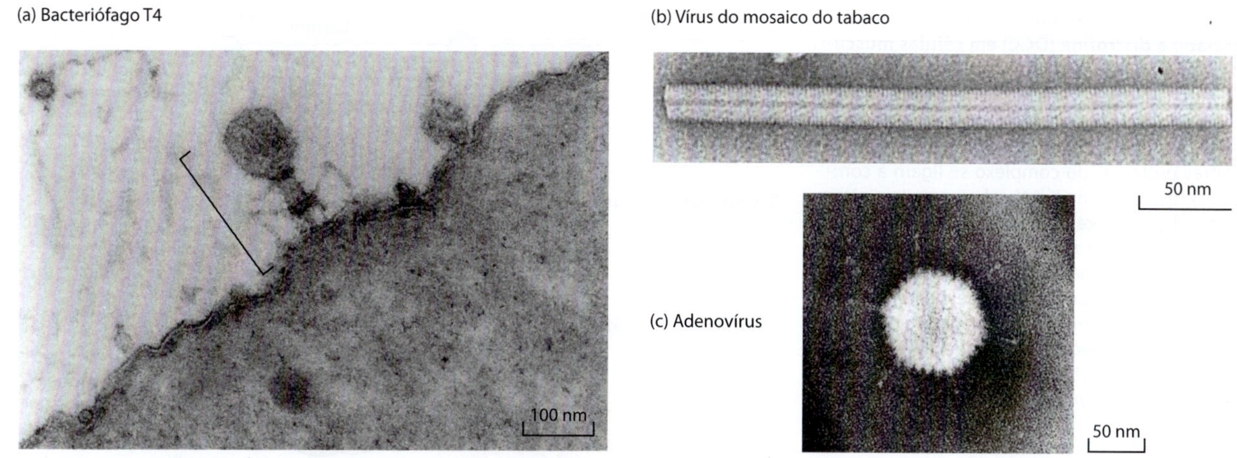

FIGURA 1-23 Os vírus devem infectar uma célula hospedeira para crescer e reproduzir-se. Estas micrografias ao microscópio eletrônico ilustram parte da diversidade estrutural exibida por vírus. (a) Bacteriófago T4 (colchete) se liga a uma célula bacteriana de *E. coli* por meio de uma estrutura em cauda e injeta seu DNA (localizado na cabeça) na célula. Os vírus que infectam bactérias são denominados bacteriófagos ou simplesmente fagos. (b) O vírus do mosaico do tabaco provoca manchas nas folhas de plantas infectadas e interrompe seu crescimento. (c) O adenovírus causa infecções nos olhos e no trato respiratório de seres humanos. Este vírus tem um envoltório membranoso externo a partir do qual se projetam longas estruturas pontiagudas de glicoproteína. (Parte (a) de A. Levine, 1991, *Viruses*, Scientific American Library, p. 20. Parte (b) cortesia de R. C. Valentine. Parte (c) cortesia de Robley C. Williams, University of California.)

mento proteico que envolve um centro contendo material genético, que pode ser DNA ou RNA, e transporta a informação para a produção de mais vírus (Capítulo 4). O revestimento protege um vírus do ambiente e permite que ele penetre em células hospedeiras específicas. Em alguns vírus, o revestimento proteico é circundado por um envoltório do tipo membrana, formado pela membrana plasmática da célula infectada (Figura 14-34).

Por não crescer ou se reproduzir isoladamente, o vírus precisa infectar uma célula hospedeira e dominar sua maquinaria interna para sintetizar proteínas virais. Todos os vírus utilizam ribossomos celulares para sintetizar proteínas virais; a maioria dos vírus de DNA usa enzimas celulares para replicação do seu DNA e para transcrição do seu DNA em mRNA. Desse modo, os estudos de replicação do DNA de vírus e síntese do RNA fornecem informação sobre os processos celulares correspondentes. Quando os vírus recentemente formados são liberados por brotamento a aprtir da membrana celular ou quando a célula infectada se rompe, o ciclo recomeça.

Considere os adenovírus, que causam infecções nos olhos e no trato respiratório de humanos. Os adenovírus de humanos têm um genoma de aproximadamente 35.000 pares de bases – cerca de 2% do tamanho de um genoma bacteriano – e codificam mais ou menos 30 proteínas, aproximadamente a metade do que é conservado nos adenovírus que infectam diferentes espécies. Essas proteínas conservadas compreendem as proteínas estruturais que constituem partes da partícula madura do vírus (vírion) e proteínas que catalisam etapas na replicação do DNA. Em etapas posteriores da infecção de células humanas por adenovírus, a célula torna-se uma "fábrica" virtual para a produção de apenas algumas proteínas virais: cerca da metade dos RNAs não ribossômicos sintetizados são mRNAs virais, e a maioria das proteínas produzidas é viral. Na década de 1970 – antes do desenvolvimento das técnicas de DNA recombinante –, isso permitiu os experimentos sobre a síntese de mRNA de adenovírus, demonstrando que mRNAs maduros foram submetidos a *splicing* ou remoção de sequências não codificadoras (ver Figura 1-9). Somente mais tarde demonstrou-se que o *splicing* é uma parte fundamental da biogênese de quase todos os mRNAs eucarióticos.

Um tipo diferente de vírus – o da estomatite vesicular – produz uma única glicoproteína (uma proteína com cadeia de carboidrato associada) que é transportada para a membrana plasmática e, após, compõe parte do revestimento membranoso do vírus. Os estudos dessa proteína (Figura 14-2 e 14-3) elucidaram muitos aspectos da biogênese de glicoproteínas de membrana, mais tarde reconhecidos como válidos para todas as glicoproteínas celulares.

Mesmo hoje os vírus são úteis em diversos aspectos da biologia celular molecular. Muitos métodos de manipulação genética de células dependem do uso de vírus para transportar moléculas de DNA para células. Para tanto, a porção do material genético viral que codifica proteínas potencialmente prejudiciais é substituído por outro material genético, incluindo genes humanos; o adenovírus com frequência é empregado para tal finalidade. Os vírus alterados, ou vetores, ainda assim podem penetrar nas células carregando com eles os genes introduzidos (Capítulo 5). Um dia, doenças causadas por genes defeituosos talvez possam ser tratadas com o uso de vetores virais para se introduzir em pacientes uma cópia normal de um gene defeituoso. A pesquisa atual dedica-se a superar os obstáculos consideráveis dessa abordagem da *terapia gênica*, como levar os genes introduzidos a trabalhar nas células certas e no momento correto.

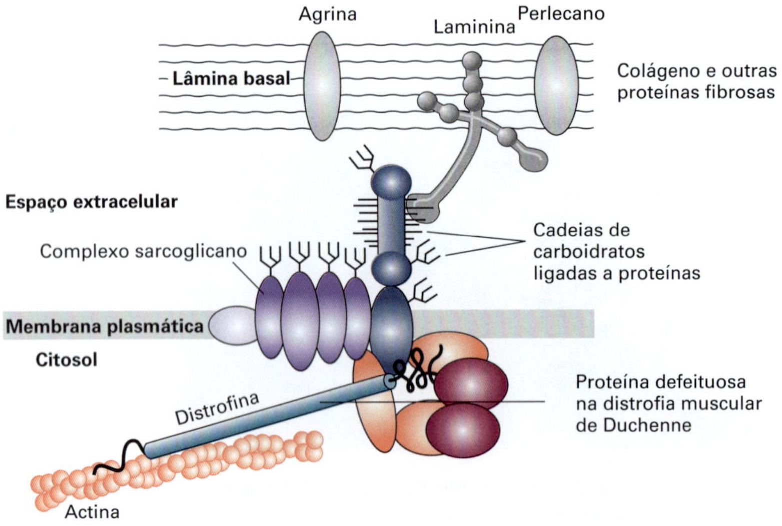

FIGURA 1-24 Complexo glicoproteico associado à distrofina (DGC) em células musculares esqueléticas. A distrofina – proteína defeituosa na distrofia muscular de Duchenne – liga o citoesqueleto de actina ao complexo sarcoglicano (multiproteico) na membrana plasmática. Outras proteínas do complexo se ligam a componentes da lâmina basal, tal como a laminina, que se liga às fibras de colágeno que conferem resistência e rigidez à lâmina basal. Desse modo, a distrofina é um membro importante de um grupo de proteínas que conecta a célula muscular e seu esqueleto interno de actina à lâmina basal adjacente. (Adaptada de S. J. Winder, 2001, *Trends Biochem. Sci.* **26**:118, e D. E. Michele e K. P. Campbell, 2003, *J. Biol. Chem.* **278**:15457.)

As doenças genéticas elucidaram aspectos importantes da função celular

Muitas doenças genéticas são causadas por mutações em uma única proteína; estudos em seres humanos com essas doenças têm esclarecido a função normal da proteína. Como exemplo, considere a distrofia muscular de Duchenne (DMD), o tipo mais comum de doença hereditária de debilidade muscular. A DMD é um transtorno ligado ao cromossomo X, afetando 1 em 3.300 homens, que resulta em insuficiência cardíaca ou respiratória, geralmente próximo aos 20 anos. O primeiro indício para a compreensão da base molecular da doença decorreu da descoberta de que as pessoas com DMD portam mutações no gene codificador de uma proteína denominada distrofina. Mais tarde, verificou-se que esta proteína, muito grande, é um adaptador citosólico, ligando-se a filamentos de actina que fazem parte do citoesqueleto (ver Figura 1-14) e a um complexo de proteínas de membrana plasmática muscular, denominado complexo sarcoglicano (Figura 1-24). O grande conjunto multiproteico resultante, o complexo glicoproteico associado à distrofina (DGC, *dystrophin glycoprotein complex*), liga a laminina (proteína da matriz extracelular) ao citoesqueleto dentro do músculo e a outros tipos de células. Mutações em distrofina, outros componentes do DGC ou laminina podem romper a ligação mediada pelo DGC entre o exterior e o interior de células musculares e causar fraqueza muscular e, por fim, a morte. A primeira etapa na identificação do complexo glicoproteico completo associado à distrofina envolveu a clonagem do gene codificador de distrofina, usando DNA de indivíduos normais e pacientes com distrofia muscular de Duchenne.

Os capítulos a seguir apresentam muitos dados experimentais que explicam como se chegou ao estágio atual de conhecimento sobre estrutura e função celulares

Nos demais capítulos deste livro, serão discutidos processos celulares mais detalhadamente. No início (Capítulo 2), discute-se a natureza química das unidades básicas das células e os processos químicos básicos necessários ao entendimento dos processos macromoleculares discutidos em capítulos subsequentes. No Capítulo 3, trata-se da estrutura e da função de proteínas; no Capítulo 4, de como a informação para sua síntese é codificada no DNA. No Capítulo 5, são descritas muitas das técnicas utilizadas no estudo de genes, expressão gênica e função de proteínas. A estrutura de genes e cromossomos, bem como a regulação da expressão gênica, são abordadas nos Capítulo 6, 7 e 8. No Capítulo 9, são discutidas muitas das técnicas empregadas no cultivo e no fracionamento de células, assim como na visualização de proteínas e estruturas específicas no interior de células. A estrutura de biomembranas e o transporte de íons e de pequenas moléculas através de membranas são os tópicos dos Capítulos 10 e 11; no Capítulo 12, são discutidas a energética celular e as funções de mitocôndrias e cloroplastos. Os Capítulos 13 e 14 abordam a biogênese de membranas, a secreção e o tráfego de proteínas – a distribuição de proteínas para os seus destinos subcelulares corretos. Nos Capítulos 15 e 16, trata-se de muitos tipos de sinais e receptores de sinais utilizados por células na sua comunicação e regulação de atividades. O citoesqueleto e os movimentos celulares são discutidos nos Capítulos 17 e 18. No Capítulo 19, discorre-se sobre o ciclo celular e sobre como a divisão celular é regulada. As interações nas células e entre as células e a matriz extracelular que permitem a formação de tecidos e órgãos são detalhadas no Capítulo 20. Nos capítulos subsequentes do livro, são discutidos tipos importantes de células especializadas – células-tronco (Capítulo 21), células nervosas (Capítulo 22) e células do sistema imune (Capítulo 23). No Capítulo 24, abordam-se o câncer e as múltiplas maneiras pelas quais o crescimento e a diferenciação celulares podem ser alterados por mutações.

CAPÍTULO

2

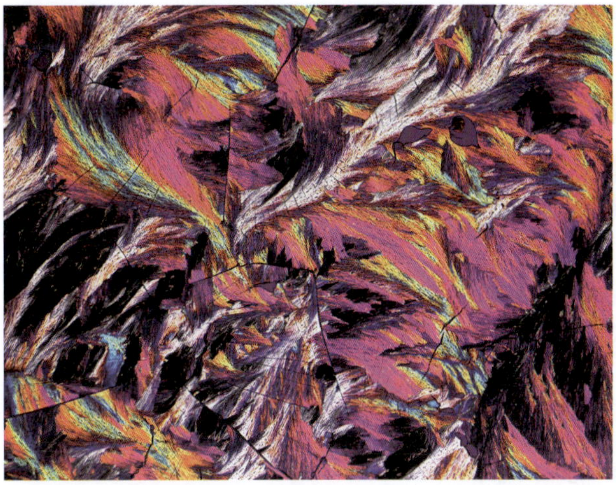

Imagem de cristais de colesterol ao microscópio de luz polarizada. O colesterol é uma molécula insolúvel em água que exerce um papel decisivo em muitas membranas de células animais, além de ser um precursor da síntese de hormônios esteroides, ácidos biliares e vitamina D. A deposição em excesso de colesterol nas paredes de artérias é uma etapa-chave na obstrução desses vasos, uma causa importante de ataques cardíacos. (Cortesia do National High Magnetic Field Laboratory/The Florida State University, EUA.)

Fundamentos químicos

SUMÁRIO

A vida de uma célula depende de milhares de interações e reações químicas, perfeitamente coordenadas entre si no tempo e no espaço, sob a influência de instruções genéticas e do ambiente. Para o entendimento dessas interações e reações em nível molecular, podem ser respondidas perguntas fundamentais a respeito da vida celular: como uma célula extrai nutrientes e informação do seu ambiente? Como uma célula converte a energia armazenada nos nutrientes em trabalho de movimento ou metabolismo? Como uma célula se liga a outras células para formar um tecido? Como as células se comunicam, de modo que um organismo complexo e funcionalmente eficiente possa crescer e se desenvolver? Um dos objetivos do *Biologia Celular Molecular* é responder estas e outras perguntas sobre a estrutura e função de células e organismos, em termos das propriedades das moléculas e íons individuais.

As propriedades da água, por exemplo, controlaram e continuam a controlar a evolução, a estrutura e a função de todas as células. Não é possível a compreensão de biologia sem uma apreciação de como as propriedades da água controlam a química da vida. A vida surgiu em um ambiente aquático. Como componente de 70 a 80% do peso da maioria das células, a água é a molécula mais abundante nos sistemas biológicos. Nesse meio aquoso, as pequenas moléculas e íons, que representam cerca de 7% do peso da matéria viva, combinam-se em moléculas maiores e conjuntos macromoleculares que constituem a maquinaria e a arquitetura da célula e, assim, a massa dos organismos. As pequenas moléculas incluem os aminoácidos (as unidades básicas de proteínas), nucleotídeos (as unidades básicas de DNA e RNA), lipídeos (as unidades básicas de biomembranas) e açúcares (as unidades básicas de carboidratos complexos).

Muitas das biomoléculas da célula (p. ex., açúcares) dissolvem-se rapidamente na água; essas moléculas são denominadas **hidrofílicas** ("afinidade com a água"). Outras (p. ex., colesterol) são oleaginosas, um tipo de gordura, e, como tal, evitam a água; essas moléculas são chamadas de **hidrofóbicas** ("aversão à água"). Outras biomoléculas (p. ex., fosfolipídeos) contêm regiões hidrofílicas e hidrofóbicas; essas moléculas são denominadas **anfipáticas** ("afinidade com ambos"). Os fosfolipídeos são usados para compor as membranas flexíveis que envolvem as células e suas organelas. O funcionamento regular de células, tecidos e organismos depende de todas essas moléculas, das menores até as maiores. Na verdade, a química do próton simples (H^+) é tão importante para a sobrevivência de uma célula humana como a cada uma das gigantescas moléculas de DNA (a massa da molécula de DNA no cromossomo 1 humano é $8,6 \times 10^{10}$ vezes a de um próton!). As interações químicas de todas essas moléculas (grandes e pequenas), com a água e entre si, definem a natureza da vida.

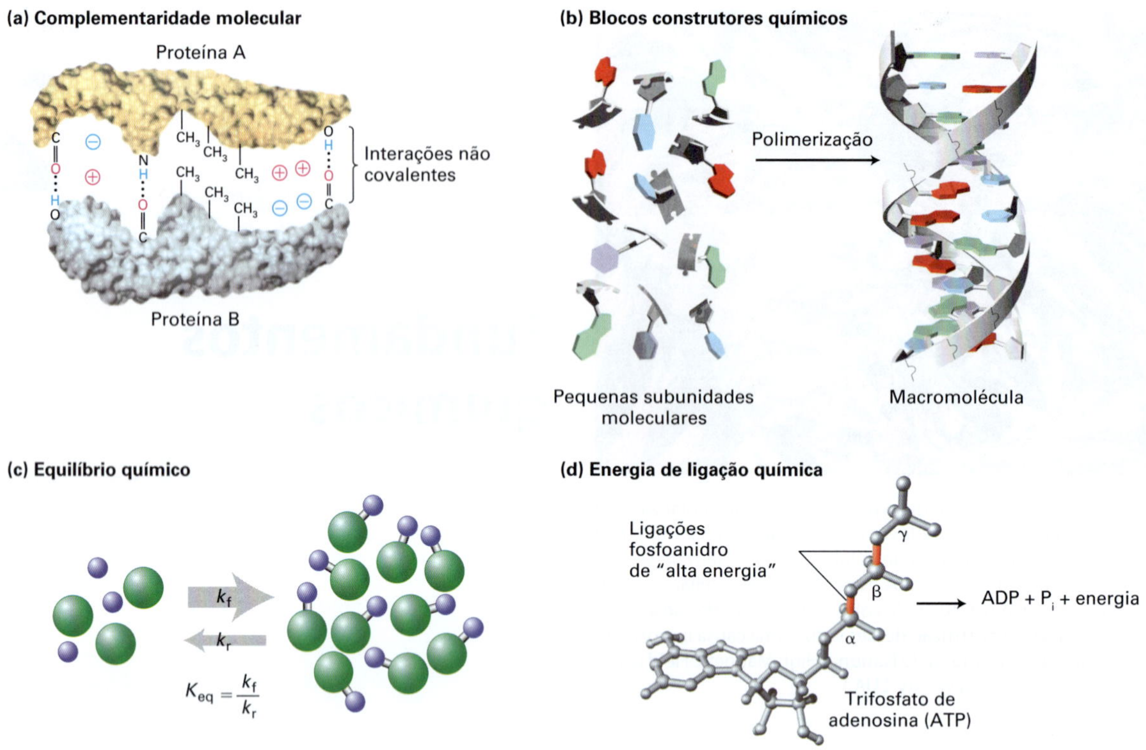

FIGURA 2-1 Química da vida: quatro conceitos-chave. (a) A complementaridade molecular situa-se no âmago de todas as interações bioquímicas, como quando duas proteínas com formas e propriedades químicas complementares se juntam para constituir um complexo de alta afinidade de ligação. (b) As moléculas pequenas servem como blocos construtores de estruturas maiores. Por exemplo, para gerar a macromolécula de DNA transportadora de informação, quatro unidades básicas de nucleotídeos pequenos são ligadas covalentemente em longas cadeias (polímeros) que se enrolam em dupla-hélice. (c) As reações químicas são reversíveis, e a distribuição das substâncias químicas entre os reagentes (*à esquerda*) e os produtos das reações (*à direita*) dependem das constantes das velocidades das reações direta (k_f, seta superior) e inversa (k_r, seta inferior). A razão dessas reações, K_{eq}, fornece uma medida informativa das quantidades relativas de produtos e reagentes que estarão presentes em equilíbrio. (d) Em muitos casos, a fonte de energia para reações químicas em células é a hidrólise da molécula de ATP. Esta energia é liberada quando uma ligação fosfoanidro altamente energética unindo os fosfatos β e γ na molécula de ATP (vermelho) é rompida pela adição de uma molécula de água, formando ADP e P_i.

Felizmente, apesar de muitos tipos de moléculas interagirem e reagirem em rotas numerosas e complexas, para formar células e organismos funcionais, um número relativamente pequeno de princípios químicos é necessário à compreensão de processos celulares em nível molecular (Figura 2-1). Neste capítulo, são revistos estes princípios-chave, alguns dos quais já são conhecidos. No início, são abordadas as ligações covalentes que conectam átomos em moléculas e as interações não covalentes que estabilizam grupos de átomos dentro de moléculas e entre elas. A seguir, consideram-se as unidades químicas básicas das moléculas e os conjuntos macromoleculares. Depois de revisar os aspectos do equilíbrio químico mais relevantes para os sistemas biológicos, conclui-se o capítulo com os princípios básicos da bioquímica energética, incluindo o papel central do ATP (trifosfato de adenosina) na captura e transferência de energia no metabolismo celular.

2.1 Ligações covalentes e interações não covalentes

Forças de atração fracas e fortes entre átomos são a "cola" que mantêm moléculas individuais juntas e permitem interações entre moléculas diferentes. Quando dois átomos compartilham um único par de elétrons, o resultado é uma **ligação covalente** – um tipo de força intensa que mantém os átomos juntos nas moléculas. O compartilhamento de múltiplos pares de elétrons resulta em ligações covalentes múltiplas (p. ex., ligações "duplas" ou "triplas"). As forças de atração fracas de **interações não covalentes** são igualmente importantes na determinação de propriedades e funções de biomoléculas como proteínas, ácidos nucleicos, carboidratos e lipídeos. Nesta seção, serão abordadas inicialmente as ligações covalentes e em seguida os quatro principais tipos de interações não covalentes: ligações iônicas, ligações de hidrogênio, interações de van der Waals e efeito hidrofóbico.

A estrutura eletrônica de um átomo determina o número e a geometria de ligações covalentes que ele pode formar

Hidrogênio, oxigênio, carbono, nitrogênio, fósforo e enxofre são os elementos mais abundantes em moléculas biológicas. Esses átomos, que raramente ocorrem como entidades isoladas, formam ligações covalentes com rapidez, utilizando elétrons nos orbitais eletrônicos mais

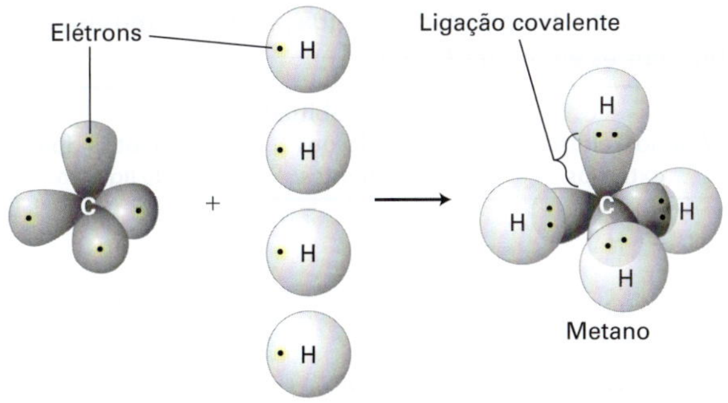

FIGURA 2-2 As ligações covalentes se formam pelo compartilhamento de elétrons. As ligações covalentes, forças intensas que mantêm átomos juntos em moléculas, estabelecem-se quando os átomos compartilham elétrons dos seus orbitais eletrônicos mais externos. Cada átomo forma ligações covalentes com número e geometria definidos.

externos que circundam seus núcleos (Figura 2-2). Como regra, cada tipo de átomo forma um número característico de ligações covalentes com outros átomos, com uma geometria bem definida determinada pelo tamanho do átomo, bem como pela distribuição de elétrons ao redor do núcleo e o número de elétrons que ele pode compartilhar. Em alguns casos, o número de ligações covalentes estáveis que um átomo pode realizar é fixo; o carbono, por exemplo, sempre forma quatro ligações covalentes. Em outros, são possíveis números diferentes de ligações covalentes estáveis; o enxofre, por exemplo, pode formar duas, quatro ou seis ligações covalentes estáveis.

Todas as unidades básicas biológicas são organizadas ao redor do átomo de carbono, que forma quatro ligações covalentes. Nessas biomoléculas orgânicas, cada carbono habitualmente se liga a três ou quatro outros átomos. (O carbono pode também se ligar a dois outros átomos, como na molécula linear de dióxido de carbono, CO_2, que tem duas ligações duplas de carbono-oxigênio (O=C=O.) Contudo, tais disposições de carbono não são encontradas em unidades básicas biológicas.) Conforme ilustrado na Figura 2-3a, para o formaldeído, o carbono pode se ligar a três átomos, todos em um plano comum. O átomo de carbono forma duas ligações simples com dois átomos e uma ligação dupla (dois pares de elétrons compartilhados) com o terceiro átomo. Na ausência de outras restrições, os átomos unidos por uma ligação simples em geral podem girar livremente em torno do eixo da ligação, ao passo que aqueles conectados por ligação dupla não podem. O caráter plano rígido imposto pelas ligações duplas tem enorme significância para as formas e para a flexibilidade de biomoléculas como fosfolipídeos, proteínas e ácidos nucleicos.

O carbono pode também se ligar a quatro átomos, em vez de três. Conforme a ilustração do metano (CH_4), quando o carbono está ligado a quatro outros átomos, o ângulo entre duas ligações é 109,5°, e as posições dos átomos ligados definem os quatro pontos de um tetraedro (Figura 2-3b). Esta geometria define as estruturas de muitas biomoléculas. Um átomo de carbono (ou qualquer outro) ligado a quatro átomos ou grupos diferentes em uma configuração não plana é considerado assimétrico. A orientação tetraédrica de ligações formadas por um **átomo de carbono assimétrico** pode ser disposta de duas maneiras diferentes no espaço tridimensional, produzindo moléculas que são imagens especulares uma da outra, uma propriedade denominada *quiralidade* (do grego, *cheir* = "mão") (Figura 2-4). Tais moléculas são chamadas de *isômeros ópticos* ou **estereoisômeros.** Muitas moléculas em células contêm ao menos um átomo de carbono assimétrico, com frequência chamado de átomo de *carbono quiral.* Os diferentes esteroisômeros de uma molécula geralmente têm atividades biológicas completamente distintas, devido ao arranjo de átomos dentro de suas estruturas, e, assim, sua capacidade de interação com outras moléculas difere.

Alguns fármacos são misturas dos estereoisômeros de pequenas moléculas em que apenas um deles tem atividade biológica de interesse. O uso de um único estereoisômero puro da substância química, em lugar de uma mistura, pode resultar em um fármaco mais potente com efeitos colaterais reduzidos. Um estereoisômero do fármaco antidepressivo citalopram (Celexa), por exemplo, é 170 vezes mais potente do que o outro. Alguns estereoisômeros têm atividades muito diferentes. Darvon é

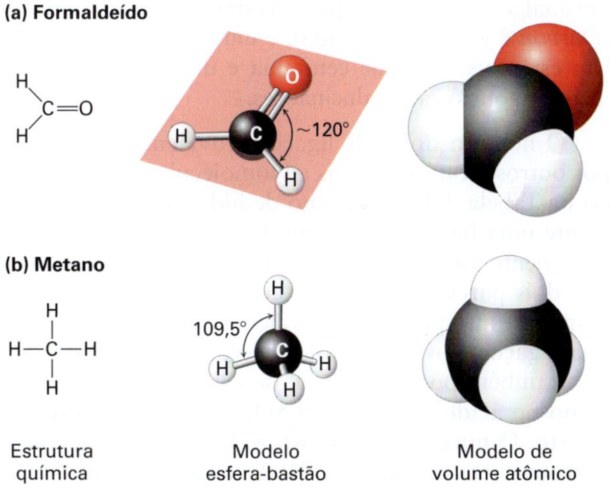

FIGURA 2-3 Geometria de ligações quando o carbono é covalentemente ligado a três ou quatro outros átomos. (a) O átomo de carbono pode ser ligado a três átomos, como no formaldeído (CH_2O). Neste caso, os elétrons da ligação de carbono participam de duas ligações simples e de uma ligação dupla, em que todas se situam no mesmo plano. Átomos diferentes são conectados por uma ligação simples e em geral podem girar livremente em torno do eixo da ligação; aqueles conectados por uma ligação dupla não podem. (b) Quando um átomo de carbono forma quatro ligações simples, como o metano (CH_4), os átomos ligados (todos os H, neste caso) têm orientação espacial em forma de um tetraedro. A representação com letras, à esquerda, indica claramente a composição atômica da molécula e o padrão de ligação. O modelo esfera-bastão no centro ilustra a disposição geométrica dos átomos e das ligações, mas os diâmetros das esferas representando átomos e elétrons não ligantes são pequenos (não realistas) em comparação aos comprimentos das ligações. Os tamanhos das nuvens eletrônicas no modelo com volume atômico à direita representa com mais exatidão a estrutura em três dimensões.

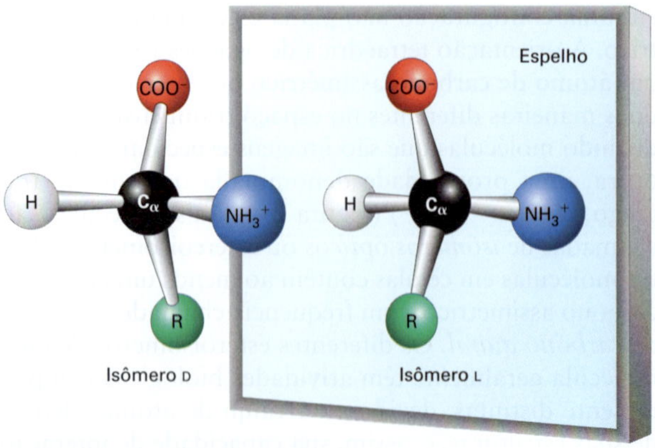

FIGURA 2-4 Estereoisômeros. Muitas moléculas nas células contêm ao menos um átomo de carbono assimétrico. A orientação tetraédrica de ligações formadas por um átomo de carbono assimétrico pode estar disposta no espaço tridimensional de duas maneiras distintas, produzindo moléculas que são imagens especulares, ou estereoisômeros, uma da outra. Aqui, é apresentada a estrutura comum de um aminoácido, com seu carbono assimétrico central e quatro grupos associados, inclusive o grupo R, discutido na Seção 2.2. Os aminoácidos têm duas formas de imagem especular, designadas L e D. Embora as propriedades químicas desses estereoisômeros sejam idênticas, suas atividades biológicas diferem. Apenas os aminoácidos L são encontrados em proteínas.

um analgésico, ao passo que seu estereoisômero, Novrad (*Darvon* é a grafia invertida), é um supressor da tosse. Um estereoisômero de cetamina é um anestésico, enquanto o outro causa alucinações. ■

O número típico de ligações covalentes formadas por outros átomos comuns a biomoléculas é apresentado na Tabela 2-1. Um átomo de hidrogênio forma somente uma ligação covalente. Um átomo de oxigênio geralmente forma apenas duas ligações covalentes, mas tem dois pares adicionais de elétrons que podem participar de interações não covalentes. O enxofre forma duas ligações covalentes no sulfeto de hidrogênio (H_2S), mas também pode acomodar seis ligações covalentes, como no ácido sulfúrico (H_2SO_4) e seus derivados de sulfato. O nitrogênio e o fósforo têm, cada um, cinco elétrons para compartilhar. Na amônia (NH_3), o átomo de nitrogênio forma três ligações covalentes; o par de elétrons em torno do átomo não envolvido na ligação covalente pode participar de interações não covalentes. No íon amônio (NH_4^+), o nitrogênio forma quatro ligações covalentes, que têm uma geometria tetraédrica. O fósforo comumente forma cinco ligações covalentes, como no ácido fosfórico (H_3PO_4) e seus derivados de fosfato, que constituem a cadeia principal dos ácidos nucleicos. Os grupos fosfato covalentemente ligados a proteínas exercem um papel-chave na regulação da atividade de muitas proteínas; a molécula central na energética celular, o ATP, contém três grupos fosfato (ver Seção 2.4). Na Tabela 2-2 encontra-se um resumo das ligações covalentes e dos grupos funcionais comuns que conferem propriedades químicas distintas às moléculas das quais participam.

TABELA 2-1 Propriedades de ligação dos átomos mais abundantes em biomoléculas

Átomo e elétrons externos	Número habitual de ligações covalentes	Geometria típica da ligação
H·	1	
·Ö· (O com 6 elétrons externos)	2	
·S̈· (S com 6 elétrons externos)	2, 4 ou 6	
·N̈· (N com 5 elétrons externos)	3 ou 4	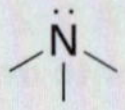
·P̈· (P com 5 elétrons externos)	5	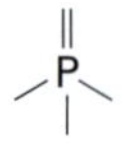
·Ċ· (C com 4 elétrons externos)	4	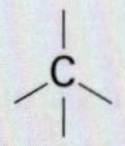

Os elétrons podem ser compartilhados de modo igual ou desigual em ligações covalentes

O alcance da capacidade de um átomo em atrair um elétron é denominado *eletronegatividade*. Em uma ligação entre átomos com eletronegatividades idênticas ou semelhantes, os elétrons da ligação, em essência, são compartilhados igualmente entre os dois átomos, como no caso da maioria das ligações simples carbono-carbono (C—C) e carbono-hidrogênio (C—H). Tais ligações são denominadas **apolares**. Em muitas moléculas, os átomos ligados têm eletronegatividades diferentes, resultando em compartilhamento desigual dos elétrons, e a ligação entre eles é chamada de **polar**.

Uma extremidade de uma ligação polar tem carga parcial negativa (δ^-), e a outra extremidade, carga parcial positiva (δ^+). Em uma ligação O—H, por exemplo, a eletronegatividade maior do átomo de oxigênio, em relação ao hidrogênio, determina que os elétrons permaneçam mais tempo em torno do átomo de oxigênio do que do átomo de hidrogênio. Desse modo, a ligação O—H possui um **dipolo** elétrico, uma carga positiva separada de uma carga negativa igual, mas oposta. A carga δ^- no átomo de oxigênio de um dipolo O—H é aproximadamente 25% da carga de um elétron, com uma carga δ^+ equivalente e oposta no átomo de H. Um parâmetro quantitativo comum do alcance da separação de carga, ou força, de um dipolo é denominado **momento dipolar**, μ, que, para uma ligação química, é igual ao produto da carga parcial em cada átomo e à distância entre os dois átomos. Para uma molécula com dipolos múltiplos, a quantidade de separação de carga de uma molécula depende em parte do momento dipolar de todas as suas ligações químicas individuais e em parte da geometria da molécula (orientação relativa dos momentos dipolares individuais). Considere o exemplo da água (H_2O), que tem duas ligações O—H e, portanto, dois momentos dipolares individuais. Se a água fosse uma molécula linear

TABELA 2-2 Grupos funcionais e ligações em biomoléculas

Grupos funcionais

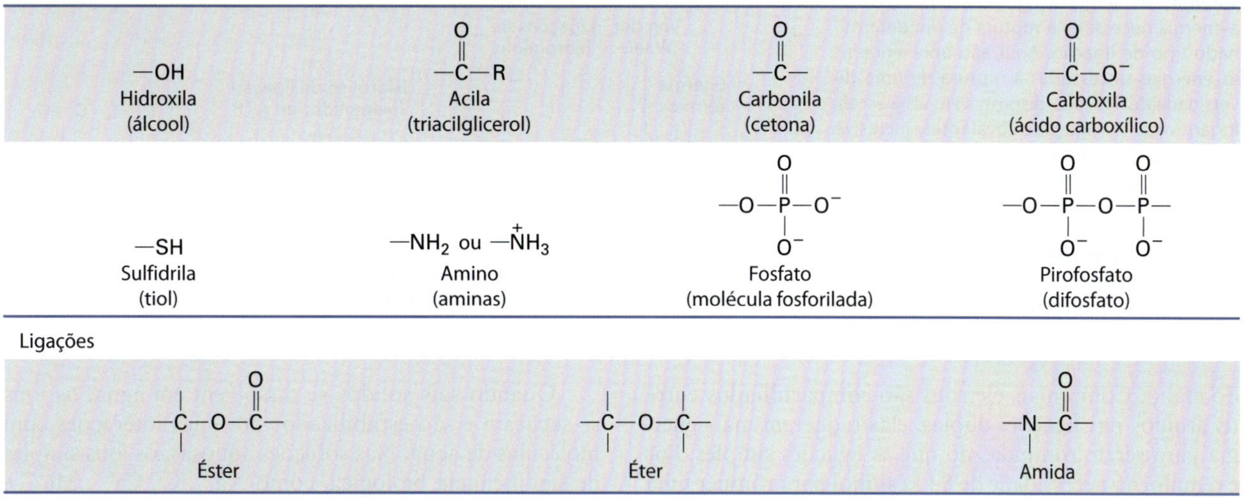
—OH
Hidroxila
(álcool)
Acila
(triacilglicerol)
Carbonila
(cetona)
Carboxila
(ácido carboxílico)
—SH
Sulfidrila
(tiol)
Amino
(aminas)
Fosfato
(molécula fosforilada)
Pirofosfato
(difosfato)
Ligações
Éster
Éter
Amida

com as duas ligações nos lados opostos exatos do átomo de O, os dois dipolos em cada extremidade da molécula seriam idênticos em força, mas estariam orientados em direções opostas. Os dois momentos dipolares se anulariam mutuamente, e o momento dipolar da molécula como um todo seria zero. Entretanto, por a água ser uma molécula em forma de V, com os dipolos das suas duas ligações O—H apontando para o oxigênio, uma extremidade da molécula de água (a extremidade com o átomo de oxigênio) tem uma carga parcial negativa, e a outra extremidade (com os dois átomos de hidrogênio), uma carga parcial positiva. Como consequência, a molécula é um dipolo com um momento dipolar bem definido (Figura 2-5). Este momento dipolar e as propriedades eletrônicas dos átomos de oxigênio e hidrogênio permitem que a água estabeleça interações eletrostáticas não covalentes com outras moléculas de água e com outras moléculas. Essas interações desempenham um papel fundamental em praticamente cada interação bioquímica em células e organismos e será discutida brevemente.

Um outro exemplo importante de polaridade é a ligação dupla O=P em H_3PO_4. Na estrutura de H_3PO_4, mostrada a seguir, à esquerda, as linhas representam ligações simples e duplas, e os elétrons não participantes de ligação são simbolizados por pares de pontos:

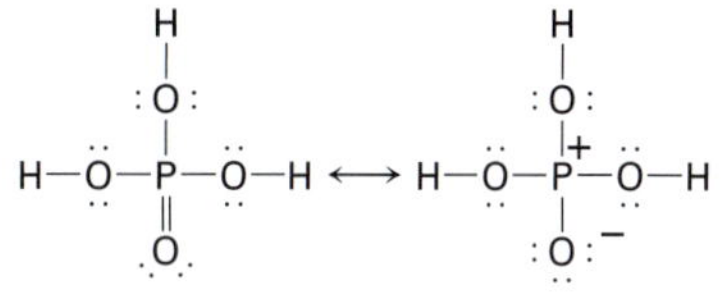

Devido à polaridade da ligação dupla O=P, H_3PO_4 pode também ser representado pela estrutura à direita, em que um dos elétrons da ligação dupla P=O acumulou-se ao redor do átomo de O, conferindo a ele uma carga negativa e deixando o átomo de P com uma carga positiva. Essas cargas são importantes nas interações não covalentes. Nenhum dos dois modelos descreve com precisão o estado eletrônico de H_3PO_4. A estrutura real pode ser considerada um intermediário, ou híbrido, entre as duas representações, conforme indicado pela seta de duas pontas entre elas. Essas estruturas intermediárias são denominadas *híbridos de ressonância*.

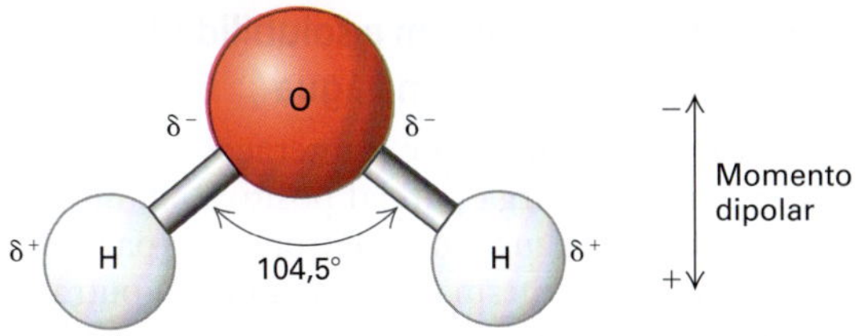

FIGURA 2-5 Natureza dipolar de uma molécula de água. O símbolo δ representa uma carga parcial (uma carga mais fraca do que a de um elétron ou de um próton). Devido à diferença de eletronegatividades de H e O, cada uma das ligações polares H—O na água é um dipolo. Os tamanhos e as direções dos dipolos de cada uma das ligações determinam a distância líquida e o valor de separação da carga, ou momento dipolar, da molécula.

As ligações covalentes são muito mais fortes e estáveis do que as interações não covalentes

As ligações covalentes são consideradas fortes porque a energia necessária para rompê-las é muito maior do que a energia térmica disponível na temperatura ambiente (25°C) ou na temperatura corporal (37°C). Como consequência, elas são estáveis em tais temperaturas. Por exemplo, a energia térmica a 25°C é, aproximadamente, 0,6 quilocalorias por mol (kcal/mol), ao passo que a energia necessária para romper a ligação C—C no etano é cerca de 140 vezes maior (Figura 2-6). Portanto, à temperatura ambiente (25°C), menos de 1 em 10^{12} moléculas de etano é rompida, formando um par de moléculas $\cdot CH_3$, cada um contendo um elétron não pareado e não ligado (denominado radical).

As ligações covalentes simples em moléculas biológicas têm energias semelhantes à energia da ligação C—C

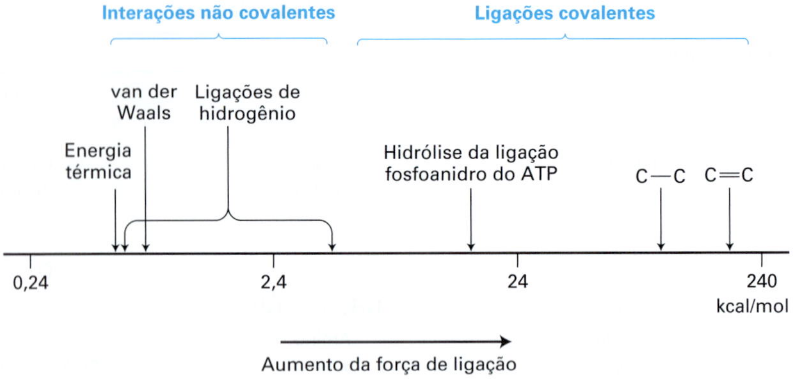

FIGURA 2-6 Relação entre energias de ligações covalentes e de interações não covalentes. A energia de ligação é definida como a energia necessária à ruptura de um determinado tipo de ligação. Aqui, são apresentadas as energias necessárias à ruptura de uma diversidade de ligações, dispostas em uma escala logarítmica. As ligações covalentes, inclusive as simples (C—C) e as duplas (C=C), são uma a duas potências de 10 mais fortes do que as interações não covalentes. Estas últimas são um pouco maiores do que a energia térmica do ambiente à temperatura normal (25°C). Muitos processos biológicos estão acoplados à energia liberada durante a hidrólise de uma ligação fosfoanidro do ATP.

do etano. Como mais elétrons são compartilhados entre os átomos nas ligações duplas, elas requerem mais energia para serem rompidas do que as ligações simples. Por exemplo, há necessidade de 84 kcal/mol para romper uma ligação simples C—O, mas 170 kcal/mol para romper uma ligação dupla C=O. As ligações duplas mais comuns em moléculas biológicas são C=O, C=N, C=C e P=O.

Por outro lado, a energia necessária para o rompimento de interações não covalentes é de apenas 1 a 5 kcal/mol, muito menos do que a energia de ligação das ligações covalentes (ver Figura 2-6). Na realidade, as interações não covalentes são tão fracas que, à temperatura ambiente, constantemente se formam e se rompem. Embora essas interações sejam fracas e tenham uma existência transitória a temperaturas fisiológicas (25 a 37°C), interações não covalentes múltiplas podem atuar em conjunto, produzindo associações específicas e bastante estáveis entre diferentes partes de uma molécula grande ou entre macromoléculas distintas. As interações proteína-proteína e proteína-ácido nucleico são bons exemplos de interações não covalentes. A seguir, serão revisados os quatro tipos principais de interações não covalentes e, após, seus papéis na ligação de biomoléculas entre si e com outras moléculas.

As interações iônicas são atrações entre íons de cargas opostas

As **interações iônicas** resultam da atração de um íon com carga positiva – um **cátion** – por um íon carregado negativamente – um **ânion**. No cloreto de sódio (NaCl), por exemplo, o elétron da ligação oriundo do átomo de sódio é transferido completamente para o íon de cloro (Figura 2-7a). Diferentemente das ligações covalentes, as interações iônicas não têm uma orientação geométrica específica ou fixa porque o campo eletrostático ao redor dos íons – sua atração por uma carga oposta – é uniforme em todas as direções. No NaCl sólido, os íons com cargas opostas unem-se fortemente em um padrão alternante, formando um arranjo cristalino altamente ordenado, típico de cristais de sal (Figura 2-7b). A energia necessária ao rompimento de uma interação iônica depende da distância entre os íons e das propriedades elétricas do seu ambiente.

Quando sais sólidos se dissolvem em água, os íons se separam e são estabilizados por suas interações com moléculas de água. Nas soluções aquosas, os íons simples de significância biológica, como Na^+, K^+, Ca^{2+}, Mg^{2+} e Cl^-, são hidratados, ou seja, circundados por uma camada estável de moléculas de água, mantida no lugar por interações iônicas entre o íon central e a extremidade de carga oposta do dipolo da água (Figura 2-7c). A maioria dos compostos iônicos dissolve-se rapidamente em água porque a energia de hidratação, isto é, a energia liberada quando íons se ligam fortemente a moléculas de água e se dispersam em uma solução aquosa, é maior do que a energia da rede que estabiliza a estrutura cristalina. A *camada de hidratação aquosa* deve ser removida dos íons, em parte ou por completo, quando eles interagem diretamente com proteínas. Por exemplo, a água de hidratação é perdida quando os íons atravessam os poros proteicos da membrana celular durante a condução de impulsos nervosos.

A força relativa da interação entre dois íons de cargas opostas, A^- e C^+, depende da concentração de outros íons na solução. Quanto mais alta a concentração de outros íons (p. ex., Na^+ e Cl^-), mais oportunidades A^- e C^+ têm de interagir ionicamente com esses outros íons, e, portanto, menor é a energia necessária para romper as interações entre A^- e C^+. Como consequência, o aumento da concentração de sais, como o NaCl, em uma solução de moléculas biológicas pode enfraquecer e até romper as interações iônicas que mantêm tais moléculas unidas.

As ligações de hidrogênio são interações não covalentes que determinam a solubilidade de moléculas não carregadas na água

Uma **ligação de hidrogênio** é a interação de um átomo de hidrogênio com carga parcial positiva em um dipolo molecular, como a água, com elétrons não pareados de um outro átomo, na mesma molécula ou em outra. Normalmente, um átomo de hidrogênio forma uma ligação covalente com apenas um outro átomo. Contudo, um átomo de hidrogênio ligado covalentemente a um átomo D, doador eletronegativo, pode formar uma associação adicional fraca, a ligação de hidrogênio, com um átomo aceptor A, que deve ter disponível para a interação um par de elétrons não pareados:

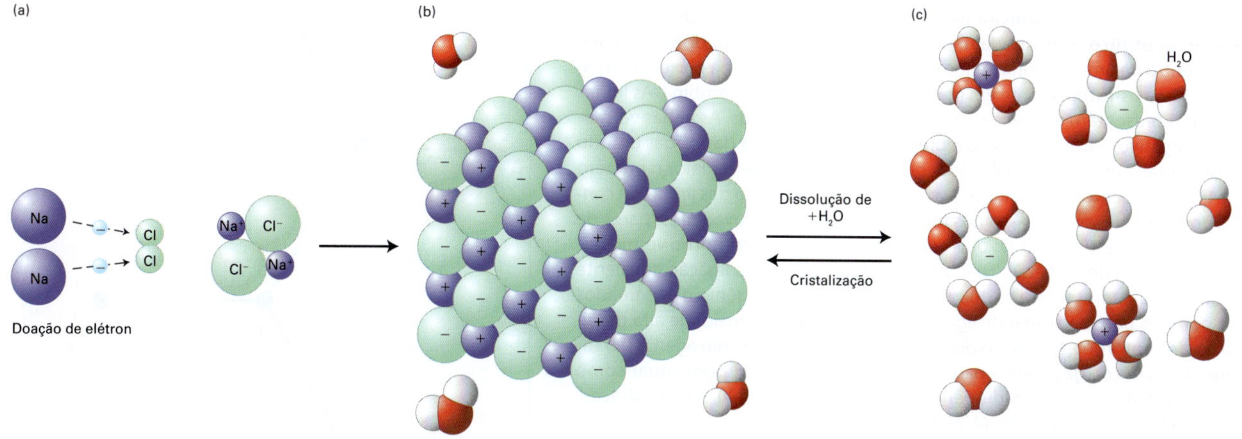

FIGURA 2-7 Interações eletrostáticas de íons com cargas opostas de sal (NaCl), em cristais e em solução aquosa. (a) No sal de cozinha cristalino, os átomos de sódio são carregados positivamente (Na^+), pois cada um perde um elétron, enquanto cada átomo de cloro ganha um elétron e fica carregado negativamente (Cl^-). (b) Na forma sólida, os compostos iônicos formam arranjos perfeitamente ordenados (ou cristais) de íons bem agrupados, em que os íons carregados positiva e negativamente são contrabalançados. (c) Quando os cristais são dissolvidos em água, os íons separam-se, e suas cargas, não mais equilibradas pelos íons adjacentes de carga oposta, são estabilizadas por interações com a água polar. As moléculas de água e os íons são mantidos juntos por interações eletrostáticas entre as cargas no íon e as cargas parciais no átomo de oxigênio e nos átomos de hidrogênio da água. Em soluções aquosas, todos os íons são circundados por uma camada de hidratação de moléculas de água.

$$D^{\delta-}{-}H^{\delta+} + :A^{\delta-} \rightleftharpoons \underbrace{D^{\delta-}{-}H^{\delta+}\cdots\cdots:A^{\delta-}}_{\text{Ligação de hidrogênio}}$$

O comprimento da ligação covalente D—H é um pouco maior do que seria se não houvesse ligação de hidrogênio, porque o aceptor "puxa" o hidrogênio para longe do doador. Uma característica importante de todas as ligações de hidrogênio é a direcionalidade. Nas ligações de hidrogênio mais fortes, o átomo doador (o átomo de hidrogênio) e o átomo aceptor situam-se em uma linha reta. As ligações de hidrogênio não lineares são mais fracas do que as lineares; ainda assim, ligações de hidrogênio não lineares múltiplas auxiliam a estabilizar as estruturas tridimensionais de muitas proteínas.

As ligações de hidrogênio são mais longas e mais fracas do que as ligações covalentes entre os mesmos átomos. Na água, por exemplo, a distância entre os núcleos dos átomos de hidrogênio e oxigênio de moléculas adjacentes unidas por ligação de hidrogênio é de cerca de 0,27 nm, aproximadamente o dobro do comprimento das ligações covalentes O—H em uma única molécula de água (Figura 2-8a). A força de uma ligação de hidrogênio entre moléculas de água (aproximadamente 5 kcal/mol) é muito mais fraca do que uma ligação covalente O—H (aproximadamente 110 kcal/mol), embora ela seja maior do que a de muitas outras ligações de hidrogênio entre moléculas biológicas (1-2 kcal/mol). O número extensivo de ligações de hidrogênio internocelulares entre as moléculas de água é responsável por muitas das suas propriedades-chave, inclusive por seus pontos de fusão e de ebulição extraordinariamente altos e sua capacidade de dissolver muitas outras moléculas.

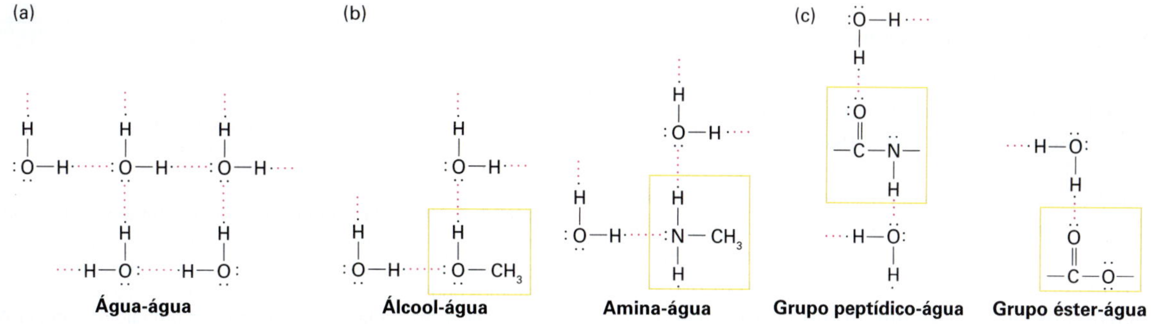

FIGURA 2-8 Ligação de hidrogênio entre moléculas de água e com outros compostos. Cada par de elétrons mais externos no átomo de oxigênio ou nitrogênio não pareados pode aceitar um átomo de hidrogênio em uma ligação de hidrogênio. Os grupos hidroxila e amino podem também formar ligações de hidrogênio com a água. (a) Na água em estado líquido, cada molécula de água forma ligações de hidrogênio transitórias com muitas outras moléculas de água, criando uma rede dinâmica de moléculas unidas por ligações de hidrogênio. (b) A água também pode formar ligações de hidrogênio com alcoóis e aminas, responsáveis pela solubilidade elevada desses compostos. (c) O grupo peptídico e o grupo éster, presentes em muitas biomoléculas, geralmente participam de ligações de hidrogênio com água ou com grupos polares de outras moléculas.

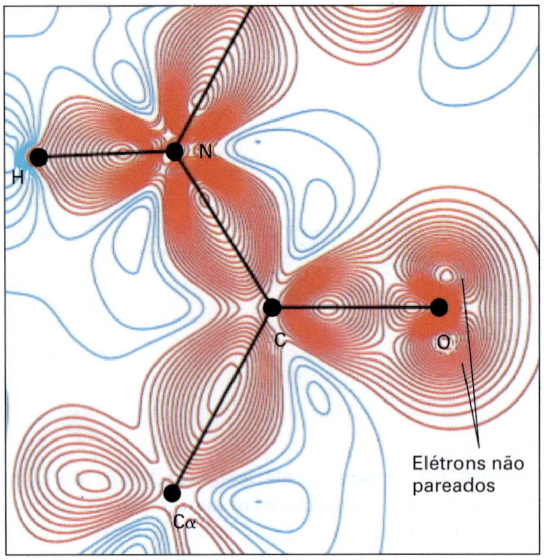

FIGURA 2-9 Distribuição dos elétrons pareados e não pareados no grupo peptídico. É mostrada uma ligação peptídica unindo dois aminoácidos dentro de uma proteína denominada crambina. Nenhuma proteína foi caracterizada estruturalmente em maior resolução do que a crambina. As linhas pretas representam as ligações covalentes entre os átomos. As linhas vermelhas (negativo) e azuis (positivo) representam os contornos das cargas usando cristalografia por raio X e métodos computacionais. Quanto maior o número de linhas de contornos, maior será a carga. A densidade alta das linhas de contorno vermelhas entre os átomos representa as ligações covalentes (pares de elétrons compartilhados). Os dois conjuntos de linhas de contorno vermelhas que emergem do oxigênio (O) e que não estão sobre uma ligação covalente (linha preta) representam os dois pares de elétrons do oxigênio não pareados disponíveis para participar de ligação de hidrogênio. A densidade alta das linhas de contorno azuis perto do hidrogênio (H) ligado ao nitrogênio (N) representa uma carga positiva parcial, indicando que este H pode atuar como um doador na ligação de hidrogênio. (De C. Jelsch et al., 2000, *Proc. Natl. Acad. Sci. USA* **97**:3171. Cortesia de M. M. Teeter.)

A solubilidade de substâncias não carregadas em um ambiente aquoso depende muito da sua capacidade de formar ligações de hidrogênio com a água. Por exemplo, o grupo hidroxila (—OH) em uma molécula de álcool (XCH_2OH) e o grupo amino ($—NH_2$) em aminas (XCH_2NH_2) podem formar várias ligações de hidrogênio com a água, permitindo que essas moléculas dissolvam-se na água em altas concentrações (Figura 2-8b). Em geral, as moléculas com ligações polares que formam facilmente ligações de hidrogênio com a água, bem como moléculas carregadas e íons que interagem com o dipolo na água, podem se dissolver com rapidez na água, ou seja, são hidrofílicas. Muitas moléculas biológicas contêm, além de grupos hidroxila e amino, grupos peptídicos e éster, que formam ligações de hidrogênio com a água via elétrons nos seus oxigênios da carbonila (Figura 2-8c). A cristalografia por raios X, combinada com análise computacional, permite representar com exatidão a distribuição da camada mais externa de elétrons que não participam de ligações e dos elétrons de ligações covalentes (Figura 2-9).

As interações de van der Waals são forças de atração fracas causadas por dipolos transitórios

Quando dois átomos aproximam-se entre si, criam uma força de atração fraca e inespecífica denominada **interação de van de Waals.** Essas interações inespecíficas resultam das flutuações aleatórias momentâneas na distribuição dos elétrons de qualquer átomo, que originam uma distribuição temporária e desigual de elétrons. Se dois átomos ligados não covalentemente estiverem próximos o suficiente, os elétrons de um átomo perturbarão os do outro. Esta perturbação gera um dipolo transitório no segundo átomo, e os dois dipolos irão se atrair fracamente (Figura 2-10). De maneira semelhante, uma ligação covalente polar em uma molécula atrairá um dipolo de orientação oposta em outra.

As interações de van der Waals, envolvendo dipolos elétricos induzidos temporariamente ou permanentes, ocorrem em todos os tipos de moléculas, tanto polares quanto apolares. Em especial, as interações de van der Waals são responsáveis pela coesão entre moléculas apolares, como o heptano, $CH_3—(CH_2)_5—CH_3$, que não podem formar ligações de hidrogênio ou interações iônicas umas com outras. A força das interações de van der Waals decresce rapidamente com o aumento da distância; assim, essas interações não covalentes podem se formar somente quando os átomos estiverem muito próximos entre si. Contudo, se os átomos se aproximam em demasia, as cargas negativas dos seus elétrons criam uma força repulsiva. Quando a atração de van de Waals entre dois átomos equilibra exatamente a repulsão entre

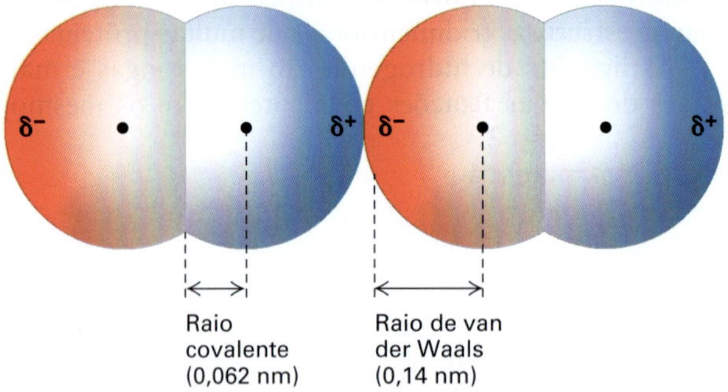

FIGURA 2-10 Duas moléculas de oxigênio em contato de van der Waals. Neste modelo, o vermelho indica carga negativa, e o azul, carga positiva. Os dipolos transitórios nas nuvens eletrônicas de todos os átomos originam forças de atração fracas, chamadas de interações de van der Waals. Cada tipo de átomo tem um raio de van der Waals característico, em que as interações de van de Waals com outros átomos são ideais. Considerando que os átomos se repelem, caso estejam próximos o suficiente para que seus elétrons externos se sobreponham sem serem compartilhados em uma ligação covalente, o raio de van der Waals é uma medida do tamanho da nuvem eletrônica que circunda um átomo. O raio covalente indicado na figura é o de uma ligação dupla O=O; o raio de uma ligação simples de oxigênio é um pouco maior.

as suas nuvens eletrônicas, considera-se que os átomos estão em contato de van der Waals. A força das interações de van der Waals é de aproximadamente 1 kcal/mol, mais fraca do que ligações de hidrogênio típicas e apenas um pouco mais alta do que a energia térmica média das moléculas a 25°C. Desse modo, para formar atrações intra e intermoleculares estáveis, são necessárias interações de van der Waals múltiplas, uma interação de van der Waals em conjunto com outras interações não covalentes, ou ambas.

O efeito hidrofóbico causa a adesão das moléculas apolares umas às outras

Como não contêm grupos carregados nem momento dipolo e não se tornam hidratadas, as moléculas apolares são insolúveis ou quase insolúveis em água; ou seja, são hidrofóbicas. As ligações covalentes entre dois átomos de carbono e entre átomos de carbono e hidrogênio são as ligações apolares mais comuns nos sistemas biológicos. Os **hidrocarbonetos** – moléculas compostas apenas por carbono e hidrogênio – são quase insolúveis em água. Grandes triacilgliceróis (também conhecidos como triglicerídeos), que compõem as gorduras animais e os óleos vegetais, também são insolúveis em água. Como será visto adiante, a parte principal das moléculas consiste em cadeias de hidrocarbonos longas. Após serem agitados em água, os triacilgliceróis formam uma fase separada. Um exemplo familiar é a separação de óleo e vinagre (com base aquosa) nos molhos de salada.

Moléculas apolares ou partes apolares de moléculas tendem a agregar-se na presença da água, devido a um fenômeno denominado **efeito hidrofóbico.** Visto que não podem formar ligações de hidrogênio com substâncias apolares, as moléculas de água tendem a formar redes de pentágonos e hexágonos relativamente rígidos unidos por ligações de hidrogênio, ao redor das moléculas apolares (Figura 2-11, *à esquerda*). Este estado é energeticamente desfavorável, pois diminui a entropia (ou a distribuição aleatória) da população de moléculas de água. (Na Seção 2.4, será discutido o papel da entropia nos sistemas químicos.) Se as moléculas apolares em um ambiente aquoso se agregarem com suas superfícies hidrofóbicas voltadas umas para outras, a área de superfície hidrofóbica exposta à água será reduzida (Figura 2-11, *à direita*). Como consequência, será necessário menos água para formar redes que circundam as moléculas apolares, a entropia aumentará em relação ao estado não agregado e um estado energeticamente mais favorável será alcançado. De certo modo, a água pressiona as moléculas apolares para formarem agregados espontaneamente. Em vez de resultar de forças atrativas, como nas ligações de hidrogênio, o efeito hidrofóbico resulta da prevenção de um estado instável – isto é, extensas redes de água ao redor de moléculas apolares individuais.

As moléculas apolares também podem associar-se, embora com pouca força, por meio de interações de van der Waals. O resultado final do efeito hidrofóbico e das interações de van der Waals é uma tendência muito forte

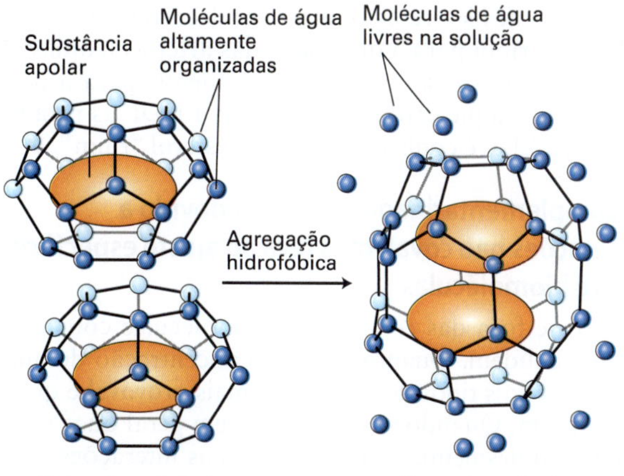

FIGURA 2-11 Representação esquemática do efeito hidrofóbico. As redes de moléculas de água que se formam em torno das moléculas apolares em solução são mais organizadas do que as moléculas de água do líquido circundante. A agregação de moléculas apolares reduz o número de moléculas de água envolvidas nas redes altamente organizadas; isso resulta em maior entropia, estado energeticamente mais favorável (*à direita*) em comparação ao estado não agregado (*à esquerda*).

de as moléculas interagirem entre si, e não com a água. Em termos práticos, *os semelhantes dissolvem-se*. As moléculas polares dissolvem-se em solventes polares, como a água; as moléculas apolares dissolvem-se em solventes apolares, como o hexano.

Uma molécula hidrofóbica bem conhecida é o colesterol (ver a estrutura na Seção 2.2). O colesterol, bem como os triglicerídeos e outras moléculas pouco hidrossolúveis, é denominado lipídeo. Ao contrário das moléculas hidrofílicas como a glicose e os aminoácidos, os lipídeos não podem dissolver-se com rapidez no sangue, que é um sistema circulatório aquoso para o transporte de moléculas e células pelo corpo. Em vez disso, os lipídeos, como o colesterol, devem ser empacotados em transportadores hidrofílicos que se dissolvem no sangue, sendo levados a todas as partes do corpo. Centenas a milhares de lipídeos são empacotados no centro (ou núcleo) de cada transportador. O núcleo hidrofílico é circundado por moléculas anfipáticas dotadas de partes hidrofílicas que interagem com a água e de partes hidrofóbicas que interagem entre si e com o núcleo. O empacotamento desses lipídeos em transportadores especiais, denominados lipoproteínas (discutidas no Capítulo 14), permite seu transporte eficiente no sangue e lembra o eficaz transporte de cargas por longas distâncias, por navio, trem e caminhão. A lipoproteína de densidade alta (HDL) e a de densidade baixa (LDL) são dois transportadores lipoproteicos associados com a redução ou com o aumento de doenças cardíacas, respectivamente; por isso, muitas vezes, HDL e LDL são referidas como colesterol "bom" e "ruim". Na realidade, as moléculas de colesterol e suas derivadas transportadas por HDL e LDL são essencialmente idênticas e, em si mesmas, nem "boas" nem "ruins". No entanto, HDL e LDL têm efeitos diferentes sobre as células; em decorrência disso, a LDL contribui para a obstrução das artérias (conhecida como *aterosclerose*) e, consequentemente, para a ocorrência de ataque cardíaco, enquanto a HDL as protege. Assim, a LDL é conhecida como colesterol "ruim". ■

A complementaridade molecular devido a interações não covalentes leva ao ajuste específico entre biomoléculas

Dentro e fora das células, íons e moléculas constantemente colidem. Quanto maior a concentração de qualquer dos dois tipos de moléculas, mais provável é que se encontrem. Quando se encontram, em geral duas moléculas simplesmente se repelem, pois as interações covalentes que as uniriam são fracas e têm uma existência temporária sob temperaturas fisiológicas. No entanto, as moléculas que exibem **complementaridade molecular** – um tipo de encaixe como a chave e a fechadura entre suas formas, cargas ou outras propriedades físicas – podem formar múltiplas interações não covalentes quando próximas. Quando duas moléculas estruturalmente complementares colidem entre si, essas múltiplas interações fazem com que se mantenham unidas.

A Figura 2-12 ilustra como múltiplas e diferentes interações fracas podem causar a ligação forte de duas proteínas. Praticamente qualquer outra disposição dos mesmos grupos nas duas superfícies não permitiria que as moléculas se ligassem com tamanha força. Tal complementaridade molecular entre regiões de uma molécula de proteína permite que ela se enovele em uma única forma tridimensional (ver Capítulo 3); é ela também que mantém as duas cadeias de DNA unidas em uma dupla-hélice (ver Capítulo 4). Interações similares fundamentam a associação de grupos de moléculas em conjuntos ou complexos multimoleculares, levando, por exemplo, à formação de fibras musculares, a associações entre células de tecidos sólidos e a numerosas outras estruturas celulares.

Dependendo da quantidade e da intensidade das interações não covalentes entre as duas moléculas e o seu ambiente, a ligação pode ser forte ou fraca e, em consequência, duradoura ou temporária. Quanto maior a *afinidade* entre duas moléculas, melhor será o "encaixe" entre elas, mais interações não covalentes podem formar-se e com mais firmeza elas se ligam entre si. Um importante parâmetro quantitativo da afinidade é a constante de dissociação da ligação K_d, descrita adiante.

Conforme será discutido no Capítulo 3, quase todas as reações químicas que ocorrem nas células também dependem das propriedades de ligação de enzimas. Estas proteínas não apenas aceleram, ou catalisam, as reações, mas o fazem com alto grau de *especificidade*, um reflexo da sua capacidade de se ligar fortemente a somente uma ou poucas moléculas relacionadas. A especificidade de interações e reações intermoleculares, que depende da complementaridade molecular, é essencial para muitos processos fundamentais à vida.

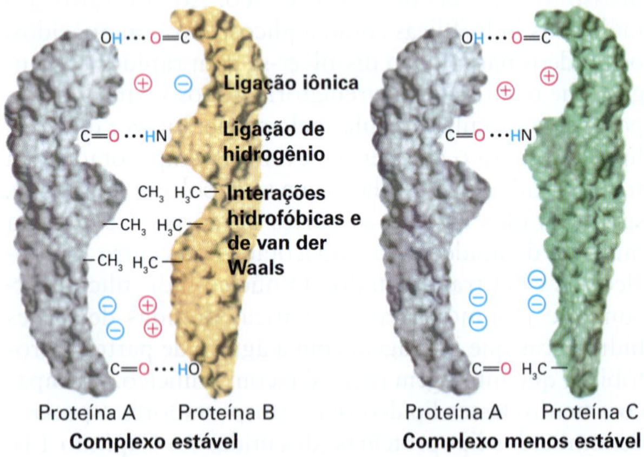

FIGURA 2-12 A complementaridade molecular permite uma forte ligação de proteínas mediante interações não covalentes múltiplas. As formas, as cargas, a polaridade e a hidrofobicidade complementares de duas superfícies proteicas permitem interações fracas múltiplas, que, combinadas, produzem uma interação forte e uma ligação de alta afinidade. Como os desvios de complementaridade molecular enfraquecem de modo considerável a ligação, uma região especial da superfície de determinada biomolécula geralmente pode ligar-se com força a apenas uma ou poucas moléculas. A complementaridade das duas moléculas de proteínas à esquerda permite que elas se liguem com muito mais força do que as duas proteínas não complementares à direita.

CONCEITOS-CHAVE da Seção 2.1

Ligações covalentes e interações não covalentes

- As ligações covalentes consistem em pares de elétrons compartilhados por dois átomos. Tais ligações ordenam os átomos de uma molécula em uma geometria específica.
- As ligações covalentes são estáveis em sistemas biológicos, pois as energias relativamente altas necessárias para rompê-las (50 a 200 kcal/mol) são muito maiores do que a energia cinética térmica disponível na temperatura ambiente (25°C) ou corporal (37°C).
- Muitas moléculas nas células contêm ao menos um átomo de carbono assimétrico, que é ligado a quatro átomos diferentes. Essas moléculas podem ocorrer como isômeros ópticos (imagens especulares), designadas D e L (ver Figura 2-4), que têm atividades biológicas distintas. Em sistemas biológicos, quase todos os açúcares são isômeros D, ao passo que quase todos os aminoácidos são isômeros L.
- As interações não covalentes entre átomos são consideravelmente mais fracas do que as ligações covalentes, com energias oscilando em torno de 1 a 5 kcal/mol (ver Figura 2-6).
- Nos sistemas biológicos, ocorrem quatro tipos principais de interações não covalentes: ligações iônicas, ligações de hidrogênio, interações de van der Waals e interações decorrentes do efeito hidrofóbico.

- As ligações iônicas são resultado das atrações eletrostáticas entre cargas de íons positivos e negativos. Em soluções aquosas, todos os cátions e ânions são envolvidos por uma camada de moléculas de água (ver Figura 2-7c). O aumento da concentração salina (p. ex., NaCl) de uma solução pode enfraquecer (e mesmo romper) a força relativa das ligações iônicas entre biomoléculas.
- Em uma ligação de hidrogênio, um átomo de hidrogênio ligado covalentemente a um átomo eletronegativo associa-se a um átomo aceptor cujos elétrons não pareados atraem o hidrogênio (ver Figura 2-8).
- As interações de van der Waals fracas e relativamente inespecíficas resultam da atração entre dipolos temporários associados a todas as moléculas. Elas se formam quando dois átomos se aproximam (ver Figura 2-10).
- Em um ambiente aquoso, moléculas apolares ou partes apolares de moléculas maiores são aproximadas pelo efeito hidrofóbico, reduzindo, assim, a área em contato direto com as moléculas de água (ver Figura 2-11).
- A complementaridade molecular corresponde a um encaixe de chave e fechadura entre moléculas, cujas formas, cargas e outras propriedades físicas são complementares. Interações não covalentes múltiplas podem formar-se entre moléculas complementares, promovendo a forte ligação delas (ver Figura 2-12), mas não entre moléculas que não são complementares.
- O alto grau de especificidade da ligação resultante da complementaridade molecular é uma das características que sustenta as interações intermoleculares em biologia e, desse modo, é essencial para muitos processos fundamentais à vida.

2.2 Unidades químicas básicas das células

Um tema comum em biologia é a construção de **macromoléculas** grandes e estruturas macromoleculares a partir de subunidades moleculares menores. Com frequência, essas subunidades são semelhantes ou idênticas. Os três tipos principais de macromoléculas biológicas – **proteínas**, **ácidos nucleicos** e **polissacarídeos** – são polímeros compostos por múltiplas moléculas pequenas ligadas covalentemente denominadas **monômeros** (Figura 2-13). As proteínas são polímeros lineares contendo de dezenas a vários milhares de aminoácidos unidos por **ligações peptídicas**. Os ácidos nucleicos são polímeros lineares contendo de centenas a milhões de nucleotídeos unidos por **ligações fosfodiéster**. Os polissacarídeos são polímeros lineares ou ramificados de monossacarídeos (açúcares), como a glicose, unidos por **ligações glicosídicas**. Embora os mecanismos reais de formação de ligação covalente entre monômeros sejam complexos (serão discutidos adiante), a formação de uma ligação covalente entre duas moléculas de monômeros geralmente envolve a perda líquida de um hidrogênio (H) de um monômero e uma hidroxila (OH) de outro monômero – ou a perda líquida de uma molécula de água – e, por isso, pode ser considerada uma **reação de desidratação**. A decomposição ou clivagem desta ligação no polímero, liberando uma subunidade monomérica, envolve a reação inversa ou a adição de água, denominada *hidrólise*. Essas ligações de união de monômeros são normalmente estáveis sob condições biológicas normais (p. ex., 37°C, pH neutro); assim, os biopolímeros são estáveis e podem exercer uma ampla diversidade de atividades nas células, como o armazenamento de informação, a catálise de reações químicas, o uso como elementos estruturais na definição da forma e movimento celulares, e muitas outras.

As estruturas macromoleculares podem também ser reunidas por interações não covalentes. A estrutura de "bicamada" das membranas celulares é constituída pela junção não covalente de milhares de pequenas moléculas, os chamados fosfolipídeos (ver Figura 2-13). Neste capítulo, são focalizadas as unidades químicas básicas das células – aminoácidos, nucleotídeos, açúcares e fosfolipídeos. Nos capítulos subsequentes, serão discutidas a estrutura, a função e a formação de proteínas, ácidos nucleicos, polissacarídeos e biomembranas.

Aminoácidos que diferem apenas em suas cadeias laterais compõem as proteínas

Os constituintes monoméricos das proteínas são 20 **aminoácidos**, às vezes chamados de **resíduos** quando incorporados a um polímero proteico. Todos os aminoácidos têm uma estrutura característica que consiste em um **átomo de carbono α** central (C_α) ligado a quatro grupos químicos diferentes: um grupo amino (NH_2), um grupo carboxila ou ácido carboxílico (COOH) (daí o nome *aminoácido*), um átomo de hidrogênio (H) e um grupo variável, denominado **cadeia lateral** ou **grupo R**. Uma vez que, excetuando a glicina, o carbono α é assimétrico em todos os aminoácidos, essas moléculas podem ocorrer de duas formas especulares, denominadas, por convenção, isômeros D (dextro) e L (levo) (ver Figura 2-4). Os dois isômeros não podem ser interconvertidos (tornar um idêntico ao outro) sem o rompimento e a reconstituição da ligação química em um dos dois. Com raras exceções, apenas as formas L de aminoácidos são encontradas nas proteínas. Entretanto, os aminoácidos D prevalecem em paredes celulares bacterianas e outros produtos microbianos.

Para se compreender as estruturas tridimensionais e as funções das proteínas, discutidas detalhadamente no Capítulo 3, é preciso ter familiaridade com algumas das propriedades distintivas dos aminoácidos, em parte determinadas por suas cadeias laterais. Não há necessidade de memorizar a estrutura detalhada da cada tipo de cadeia lateral para se entender como as proteínas atuam, pois os aminoácidos podem ser classificados em várias categorias amplas, com base no tamanho, na forma, na carga, na hidrofobicidade (uma medida da solubilidade em água) e na reatividade química das cadeias laterais (Figura 2-14). Contudo, é importante a familiaridade com as propriedades gerais de cada categoria.

Os aminoácidos com cadeias laterais apolares são hidrofóbicos e pouco solúveis em água. Quanto maior for a cadeia lateral apolar, mais hidrofóbico será o aminoácido. As cadeias laterais de *alanina*, *valina*, *leucina* e

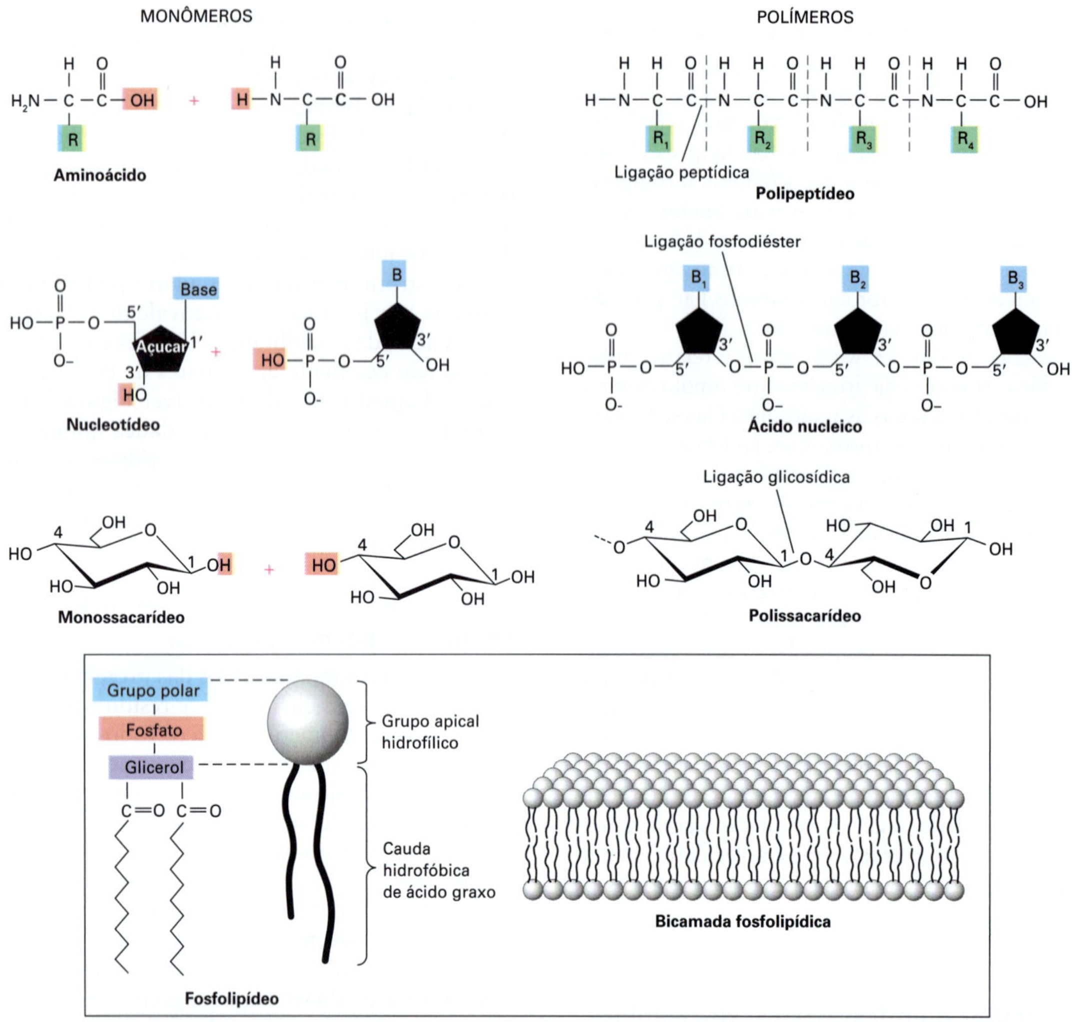

FIGURA 2-13 Visão geral dos principais constituintes químicos da célula. (*Parte superior*) Os três principais tipos de macromoléculas biológicas são reunidos por polimerização de múltiplas moléculas pequenas (monômeros) de um determinado tipo: proteínas de aminoácidos (ver Capítulo 3), ácidos nucleicos de nucleotídeos (ver Capítulo 4) e polissacarídeos de monossacarídeos (açúcares). Cada monômero é covalentemente ligado a um polímero, por uma reação cujo resultado líquido consiste na perda de uma molécula de água (desidratação). (*Parte inferior*) Por outro lado, os monômeros dos fosfolipídeos reúnem-se não covalentemente em uma estrutura de bicamada, que constitui a base de todas as membranas celulares (ver Capítulo 10).

isoleucina são hidrocarbonetos lineares ou ramificados que não formam um anel, razão pela qual se denominam aminoácidos alifáticos. Todos estes aminoácidos são apolares, como a *metionina*, que é semelhante, mas contém um átomo de enxofre. *Fenilalanina*, *tirosina* e *triptofano* têm anéis aromáticos grandes, hidrofóbicos nas suas cadeias laterais. Em capítulos subsequentes, será visto em detalhe como as cadeias laterais hidrofóbicas, sob influência do efeito hidrofóbico, acumulam-se no interior de proteínas ou revestem as superfícies das proteínas embebidas nas regiões hidrofóbicas de biomembranas.

Os aminoácidos com cadeias laterais polares são denominados hidrofílicos; o mais hidrofílico desses aminoácidos é o subgrupo com cadeias laterais carregadas (ionizadas) em pH típico de fluidos biológicos (~7), dentro e fora da célula (ver Seção 2.3). *Arginina* e *lisina* possuem cadeias laterais carregadas positivamente e são chamadas de aminoácidos básicos; *ácido aspártico* e *ácido glutâmico* têm cadeias laterais carregadas negativamente devido à presença do ácido carboxílico (suas formas carregadas são denominadas *aspartato* e *glutamato*). Um quinto aminoácido, a *histidina*, tem uma cadeia lateral contendo um anel com dois nitrogênios, denominado imidazol, que pode mudar de carregado positivamente para não carregado, conforme pequenas alterações na acidez do seu ambiente:

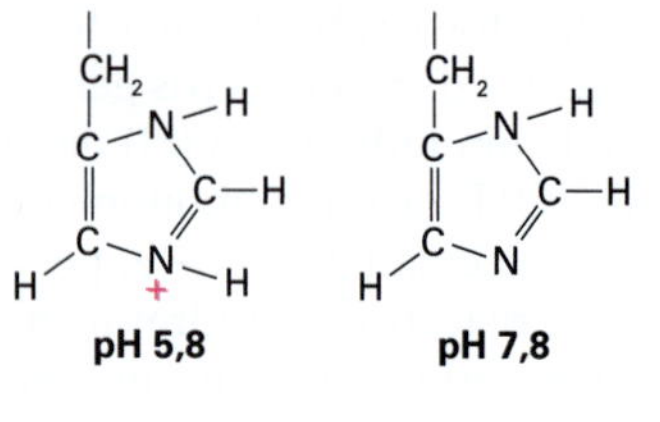

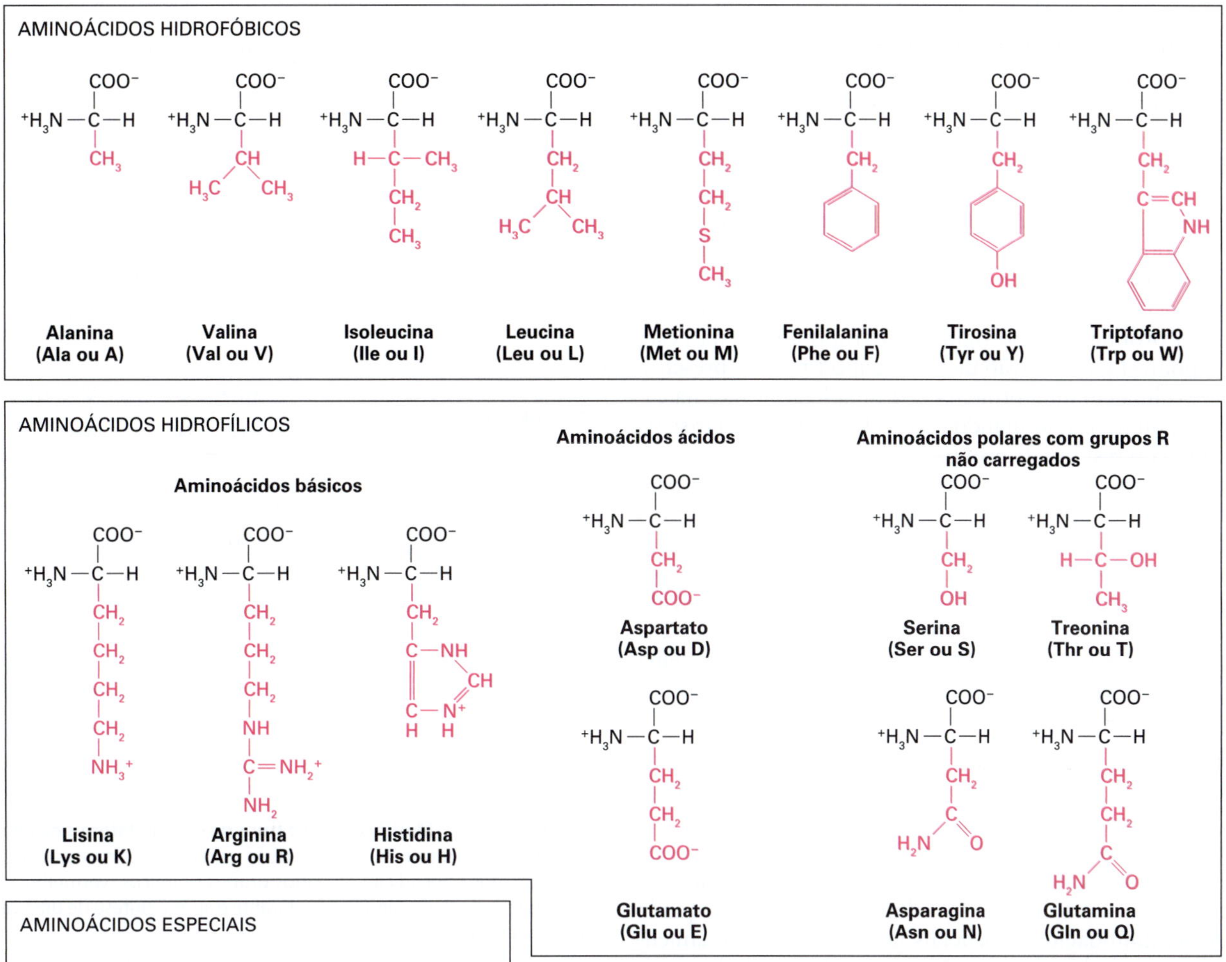

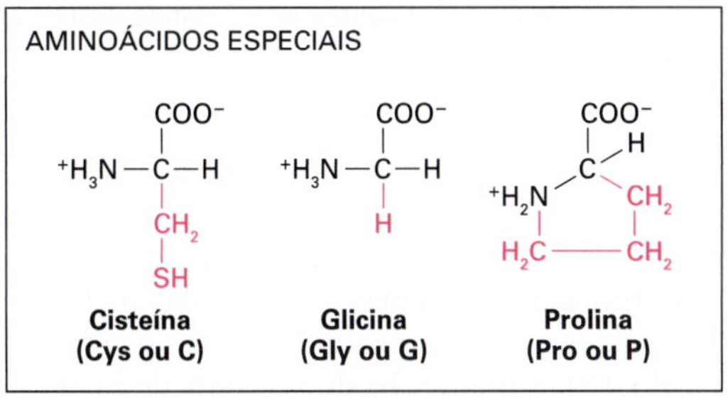

FIGURA 2-14 Os 20 aminoácidos comuns usados para formar proteínas. A cadeia lateral (grupo R; vermelho) determina as propriedades características de cada aminoácido e é a base para o agrupamento de aminoácidos em três categorias principais: hidrofóbicos, hirofílicos e especiais. São apresentadas as formas ionizadas que ocorrem no pH do citosol (≈ 7). Entre parênteses, são mostradas, com três e uma letra, as abreviaturas de cada aminoácido.

As atividades de muitas proteínas são moduladas por mudanças na acidez (pH) ambiental, por meio da protonação ou desprotonação das cadeias laterais da histidina. *Asparagina* e *glutamina* não são carregadas, mas têm cadeias laterais polares contendo grupos amida com grande capacidade de estabelecerem ligações de hidrogênio. De maneira semelhante, *serina* e *treonina* não são carregadas, mas têm grupos hidroxila polares, que também participam de ligações de hidrogênio com outras moléculas polares.

Por fim, cisteína, glicina e prolina exercem papéis especiais nas proteínas devido às propriedades únicas das suas cadeias laterais. A cadeia lateral da cisteína contém um grupo *sulfidrila reativo* (*—SH*). Com a liberação de um próton (H^+), uma sulfidrila é convertida em um ânion tiolato (S^-). Os ânions tiolato desempenham papéis importantes na catálise, notavelmente em certas enzimas que destroem proteínas (proteases). Em proteínas, cada um dos dois grupos sulfidrila pode ser oxidado, liberando um próton e um elétron, para formar uma **ligação de dissulfeto** covalente (*—S—S—*):

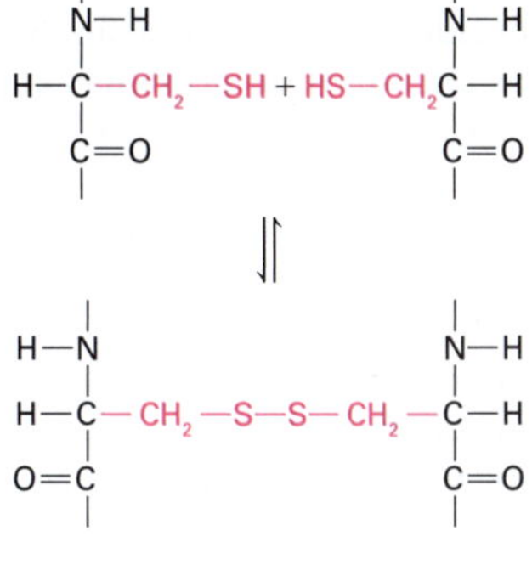

As ligações de dissulfeto servem a regiões de "ligação cruzada" dentro de uma cadeia polipeptídica simples (intramolecular) ou entre duas cadeias separadas (intermolecular). As ligações dissulfeto estabilizam a estrutura enovelada de algumas proteínas. O menor aminoácido, a *glicina*, tem um único átomo de hidrogênio como grupo R. Seu tamanho pequeno permite que ele se encaixe em espaços apertados. Diferentemente de outros aminoácidos comuns, a cadeia lateral da *prolina* dobra-se, formando um anel de ligação covalente a um átomo de nitrogênio no grupo amino ligado ao C_α. Como resultado, a prolina é muito rígida, e o grupo amino não está disponível para ligação de hidrogênio típica. A presença de prolina em uma proteína cria uma ligação fixa na cadeia polimérica, limitando como ela pode enovelar-se na região do resíduo de prolina.

Alguns aminoácidos são mais abundantes em proteínas do que outros. Cisteína, triptofano e metionina não são aminoácidos comuns: juntos, constituem aproximadamente 5% dos aminoácidos de uma proteína típica. Quatro aminoácidos – leucina, serina, lisina e ácido glutâmico – são os mais abundantes, totalizando 32% de todos os resíduos de aminoácidos em uma proteína típica. No entanto, as composições de aminoácidos das proteínas podem diferir muito desses valores.

Os seres humanos e outros animais sintetizam 11 dos 20 aminoácidos. Os outros nove são considerados *aminoácidos essenciais* e devem ser incluídos na dieta para permitir a produção normal de proteínas. São fenilalanina, valina, treonina, triptofano, isoleucina, metionina, leucina, lisina e histidina. A inclusão adequada desses aminoácidos essenciais no alimento é fundamental para a indústria de ração animal. Na verdade, o milho geneticamente modificado com conteúdo elevado de lisina é usado como um alimento "incrementado" para a promoção do crescimento de animais. ■

Embora as células utilizem os 20 aminoácidos apresentados na Figura 2-14 na síntese *inicial* de proteínas, a análise de proteínas celulares revela que elas contêm mais de 100 diferentes aminoácidos. A diferença se deve às modificações químicas de alguns dos aminoácidos após eles serem incorporados à proteína, pela adição de grupos acetila (CH_3CO) e uma diversidade de outros grupos químicos (Figura 2-15). Uma modificação importante é a adição de um fosfato (PO_4) aos grupos hidroxila nos resíduos de serina, treonina e tirosina, processo conhecido como fosforilação. Serão encontrados numerosos exemplos de proteínas cuja atividade é regulada pela fosforilação e desfosforilação reversíveis. A fosforilação de nitrogênio na cadeia lateral de histidina é bem conhecida em bactérias, fungos e plantas, mas menos estudada – talvez devido à instabilidade relativa da histidina fosforilada – e aparentemente rara em mamíferos. As cadeias laterais de asparagina, serina e treonina são sítios de glicosilação, a ligação de cadeias lineares e ramificadas de carboidratos. Muitas proteínas secretadas e proteínas de membranas contêm resíduos glicosilados, e a modificação reversível de grupos hidroxila em serinas e treoninas específicas, por um açúcar denominado N-acetilglicosamina, também regula as atividades proteicas. Outras modificações de aminoácidos encontradas em proteínas selecionadas incluem a hidroxilação de resíduos de prolina e lisina no colágeno (ver Capítulo 19), a metilação de resíduos de histidina nos receptores de membrana e a γ carboxilação de glutamato nos fatores de coagulação do sangue como a protrombina. A desamidação de Asn e Gln nos ácidos correspondentes, Asp e Glu, também é uma ocorrência comum.

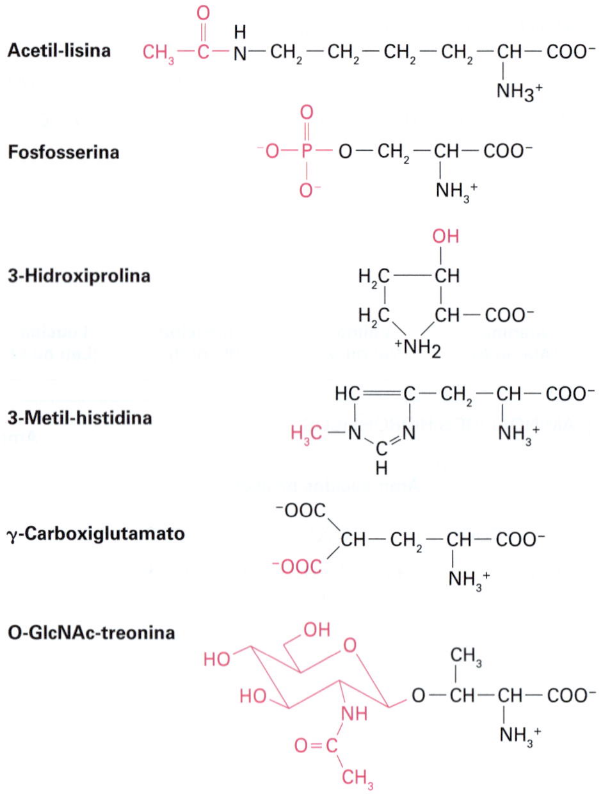

FIGURA 2-15 Modificações comuns de cadeias laterais de aminoácidos em proteínas. Estes resíduos modificados e muitos outros são formados pela adição de vários grupos químicos (vermelho) às cadeias laterais dos aminoácidos, durante e após a síntese de uma cadeia polipeptídica.

A acetilação, adição de um grupo acetila ao grupo amino do resíduo N-terminal, é a forma mais comum de modificação química de aminoácido, afetando cerca de 80% de todas as proteínas:

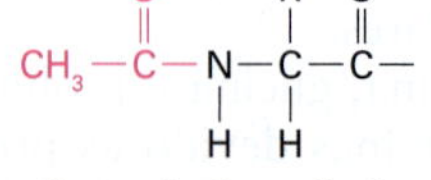

N-terminal acetilado

Esta modificação pode exercer um papel importante no controle da longevidade de proteínas dentro das células, pois muitas proteínas não acetiladas são degradadas rapidamente.

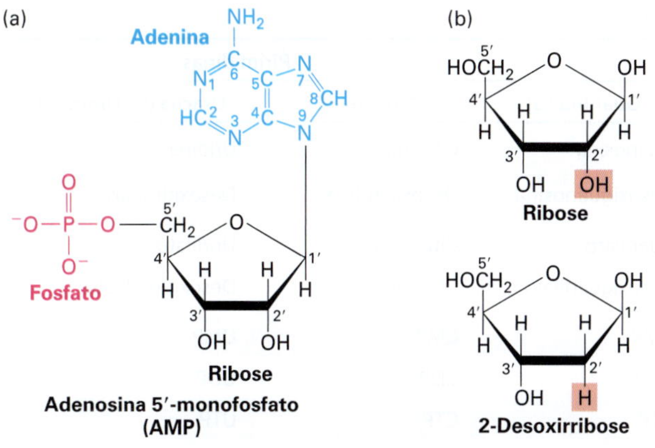

FIGURA 2-16 Estrutura geral dos nucleotídeos. (a) Adenosina 5′-monofosfato (AMP), um nucleotídeo presente no RNA. Por convenção, os átomos de carbono da pentose (um açúcar) em nucleotídeos são numerados com apóstrofes. Nos nucleotídeos naturais, o carbono 1′ está conectado à base (a adenina, neste caso) por uma ligação β; a base (azul) e o fosfato da hidroxila 5′ (vermelho) estendem-se acima do plano do anel furanosídico. (b) Ribose e desoxirribose, as pentoses no RNA e DNA, respectivamente.

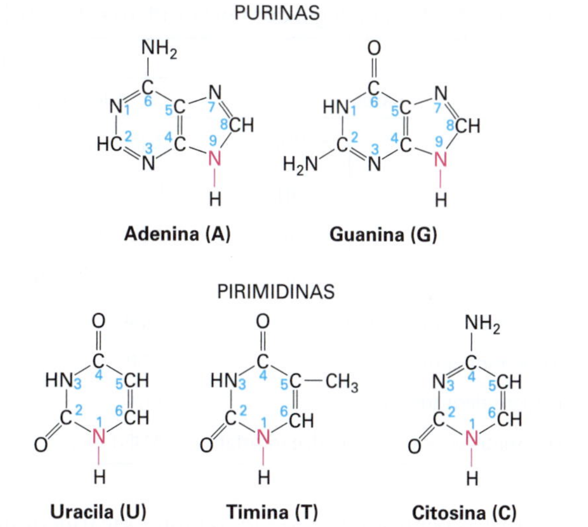

FIGURA 2-17 Estruturas químicas das principais bases dos ácidos nucleicos. Nos ácidos nucleicos e nucleotídeos, o nitrogênio 9 das purinas e o nitrogênio 1 das pirimidinas (vermelho) estão ligados ao carbono 1′ da ribose ou da desoxirribose. U é encontrada apenas no RNA, e T, apenas no DNA. As moléculas de RNA e DNA contêm A, G e C.

Cinco nucleotídeos diferentes são usados para formar ácidos nucleicos

Dois tipos de ácidos nucleicos similares quimicamente, **DNA (ácido desoxirribonucleico)** e **RNA (ácido ribonucleico)**, são as principais moléculas celulares transportadoras de informação genética. Os monômeros a partir dos quais os polímeros de DNA e RNA são compostos, denominados **nucleotídeos**, têm uma estrutura em comum: um grupo fosfato unido por uma ligação fosfoéster a uma pentose (açúcar com cinco carbonos). A pentose, por sua vez, é conectada a uma estrutura em anel contendo nitrogênio e carbono, comumente referida como uma base (Figura 2-16a). No RNA, a pentose é a ribose; no DNA, ela é a desoxirribose que na posição 2′ tem um próton, em vez de um grupo hidroxila (Figura 2-16b). (A seguir, as estruturas dos açúcares é descrita com mais detalhe.) As bases *adenina*, *guanina* e *citosina* (Figura 2-17) são encontradas no DNA e no RNA; a *timina* é encontrada apenas no DNA, e a *uracila*, apenas no RNA.

A adenina e a guanina são **purinas**, que contêm um par de anéis fusionados; a citosina, a timina e a uracila são **pirimidinas**, que contêm um anel único (ver Figura 2-17). As bases são abreviadas: A, G, C, T e U, respectivamente; estas mesmas abreviaturas com uma única letra são também empregadas para a notação de nucleotídeos inteiros nos polímeros de ácidos nucleicos. Nos nucleotídeos, o átomo de carbono 1′ do açúcar (ribose ou desoxirribose) está ligado ao nitrogênio na posição 9 de uma purina (N_9) ou na posição 1 de uma pirimidina (N_1). O caráter ácido dos nucleotídeos se deve ao grupo fosfato, que sob condições intracelulares normais libera íons de hidrogênio (H^+), deixando o íon de fosfato carregado negativamente (ver Figura 2-16a). Na sua maioria, os ácidos nucleicos estão associados a proteínas, as quais estabelecem interações iônicas com os fosfatos carregados negativamente.

As células e os líquidos extracelulares nos organismos contêm concentrações pequenas de **nucleosídeos**, combinações de uma base e um açúcar sem um fosfato. Os nucleotídeos são nucleosídeos que possuem um, dois ou três grupos fosfato esterificados na hidroxila 5′. Os nucleosídeos monofosfato têm um único fosfato esterificado (ver Figura 2-16a); os nucleosídeos difosfato contêm um grupo pirofosfato:

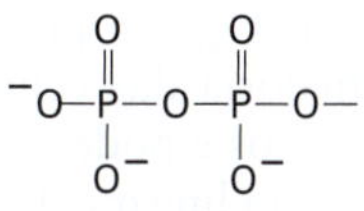

Pirofosfato

e os nucleosídeos trifosfato apresentam um terceiro fosfato. A Tabela 2-3 lista os nomes dos nucleosídeos e nucleotídeos dos ácidos nucleicos e das várias formas de nucleosídeos fosfato. Os nucleosídeos trifosfato são usados na síntese de ácidos nucleicos, examinada no Capítulo 4. Entre as suas outras funções na célula, o GTP participa da sinalização intracelular e atua como um reservatório de energia, especialmente na síntese de proteínas; o ATP, discutido adiante neste capítulo, é o transportador biológico de energia mais utilizado.

Os monossacarídeos ligados covalentemente formam polissacarídeos lineares e ramificados

As unidades básicas dos polissacarídeos são açúcares simples, ou **monossacarídeos**. Os monossacarídeos são **carboidratos** formados, literalmente, por combinações covalentes de carbono e água na razão um para um $(CH_2O)_n$, onde n é igual a 3, 4, 5, 6 ou 7. As **hexoses**

TABELA 2-3 Terminologia dos nucleosídeos e dos nucleotídeos

Bases		Purinas		Pirimidinas	
		Adenina (A)	Guanina (G)	Citosina (C)	Uracila (U) Timina (T)
Nucleosídeos	no RNA	Adenosina	Guanosina	Citidina	Uridina
	no DNA	Desoxiadenosina	Desoxiguanosina	Desoxicitidina	Desoxitimidina
Nucleotídeos	no RNA	Adenilato	Guanilato	Citidilato	Uridilato
	no DNA	Desoxiadenilato	Desoxiguanilato	Desoxicitidilato	Desoxitimidilato
Nucleosídeos monofosfato		AMP	GMP	CMP	UMP
Nucleosídeos difosfato		ADP	GDP	CDP	UDP
Nucleosídeos trifosfato		ATP	GTP	CTP	UTP
Desoxinucleosídeos mono, di e trifosfato		AMPd, etc.	GMPd, etc.	CMPd, etc.	TMPd, etc.

(n = 6) e as **pentoses** (n = 5) são os monossacarídeos mais comuns. Todos os monossacarídeos contêm grupos hidroxila (—OH) e um grupo aldeído ou um grupo cetona:

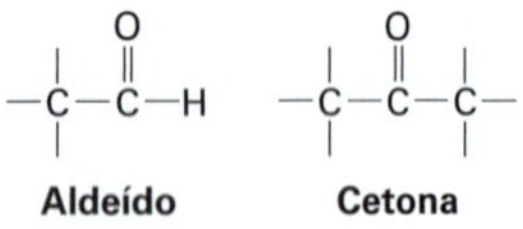

Muitos açúcares biologicamente importantes são hexoses, inclusive a glicose, a manose e a galactose (Figura 2-18). A manose é idêntica à glicose, exceto pela orientação dos grupos ligados ao carbono 2, que é invertida. De maneira semelhante, a galactose, outra hexose, difere da glicose apenas na orientação dos grupos ligados ao carbono 4. A conversão entre glicose e manose ou galactose exige a clivagem e o estabelecimento de ligações covalentes; tais reações são executadas por enzimas denominadas *epimerases*.

A D-glicose ($C_6H_{12}O_6$) é a principal fonte externa de energia para a maioria das células nos organismos multicelulares complexos e pode ocorrer de três formas diferentes: uma estrutura linear e duas estruturas de anel hemiacetal diferentes (Figura 2-18a). Se o grupo aldeído do carbono 1 se combinar com o grupo hidroxila do carbono 5, o hemiacetal resultante – D-glicopiranose – contém um anel de seis elementos. No anômero α da D-glicopiranose, o grupo hidroxila ligado ao carbono 1 aponta "para baixo" em relação ao anel, como mostra a Figura 2-18a; no anômero β, essa hidroxila aponta "para cima". Em solução aquosa, os anômeros α e β interconvertem-se rapidamente de maneira espontânea; em equilíbrio, existe cerca de um terço de anômero α e dois terços de anômero β, com muito pouco na forma de cadeia aberta. Visto que as enzimas podem distinguir entre os anômeros α e β da D-glicose, estas formas têm papéis biológicos distintos. A condensação do grupo hidroxila do carbono 4 da glicose linear com seu grupo aldeído resulta na formação de D-glicofuranose, um hemiacetal contendo um anel de cinco elementos. Embora as três formas de D-glicose ocorram em sistemas biológicos, a forma de piranose (anel de seis elementos) é a mais abundante.

Na Figura 2-18a, o anel de piranose está representado como se fosse planar. Na realidade, devido à geometria tetraédrica ao redor dos átomos de carbono, a conformação mais estável de um anel de piranose tem uma forma não planar, semelhante a uma cadeira. Nesta conformação, a ligação de cada um dos carbonos do

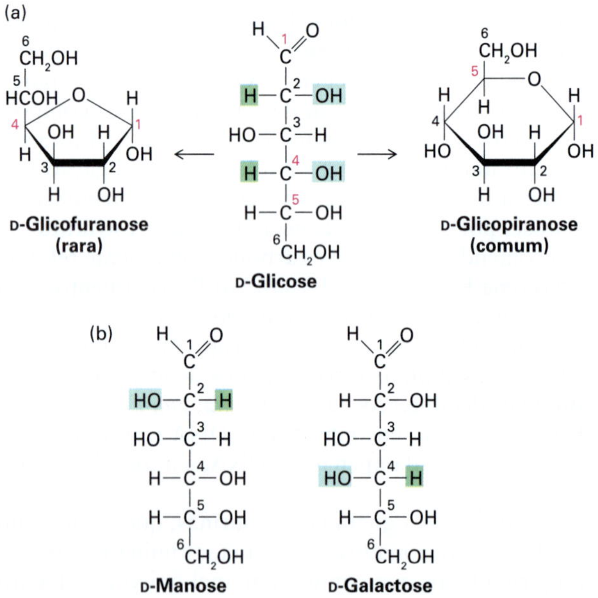

FIGURA 2-18 Estruturas químicas das hexoses. Todas as hexoses possuem a mesma fórmula química ($C_6H_{12}O_6$) e contêm um grupo aldeído ou um grupo cetona (a). As formas em anel da D-glicose são geradas a partir da molécula linear mediante reação do aldeído no carbono 1 com a hidroxila no carbono 5 ou no carbono 4. As três formas são facilmente interconversíveis, embora a forma de piranose (*à direita*) predomine em sistemas biológicos. (b) Na D-manose e na D-galactose, a configuração do H (verde) ou OH (azul) ligado a um átomo de carbono difere daquela na glicose. Estes açúcares, como a glicose, ocorrem principalmente como piranoses (anéis de seis elementos).

anel a um átomo não pertencente ao anel (p. ex., H ou O) é praticamente perpendicular ao anel, chamado de axial (a), ou está no mesmo plano dele, referido como equatorial (e):

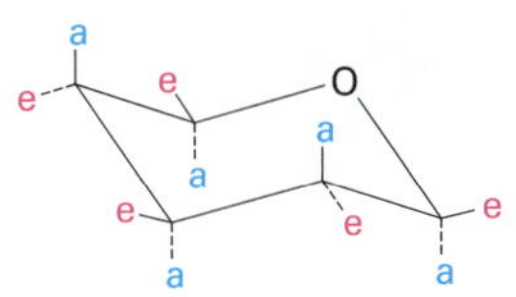

Piranoses

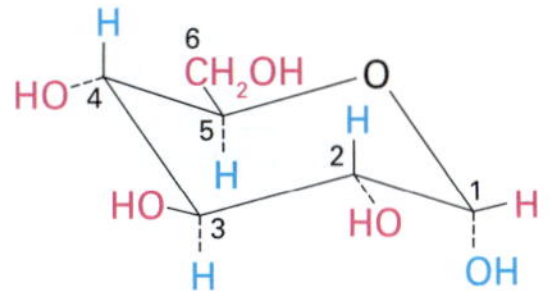

α-D-Glicopiranose

Os **dissacarídeos**, formados a partir de dois monossacarídeos, são os polissacarídeos mais simples. A lactose, composta de galactose e glicose, é o principal açúcar do leite; a sacarose, composta de glicose e frutose, é o principal produto da fotossíntese e, uma vez refinada, torna-se o açúcar comestível comum (Figura 2-19).

Os polissacarídeos maiores, contendo dezenas a centenas de unidades de monossacarídeos, podem funcionar como reservatórios de glicose, como componentes estruturais ou como adesivos que ajudam a manter as células unidas nos tecidos. O carboidrato de reserva mais comum em células animais é o **glicogênio**, um polímero de glicose muito longo e altamente ramificado. O equivalente a 10% do peso do fígado pode ser glicogênio. O principal carboidrato de reserva nas células vegetais, o **amido**, também é um polímero de glicose. Ele ocorre em forma não ramificada (amilose) ou levemente ramificada (amilopectina). O glicogênio e o amido são compostos pelo anômero α da glicose. Por sua vez, **celulose**, o principal constituinte das paredes celulares que confere rigidez a muitas estruturas vegetais (ver Capítulo 19), é um polímero não ramificado do anômero β da glicose. As enzimas digestivas podem hidrolisar as ligações α glicosídicas do amido, mas não as ligações β glicosídicas da celulose. Muitas espécies de plantas, bactérias e fungos produzem enzimas que degradam a celulose. Os bovinos e os cupins podem degradar a celulose porque abrigam bactérias degradadoras em seus intestinos. As paredes celulares bacterianas consistem em **peptideoglicano**, uma cadeia polissacarídica de peptídeos com ligações cruzadas, que confere rigidez e forma à célula. Os fluidos lacrimais e gastrintestinais humanos contêm lisozima, uma enzima capaz de hidrolisar peptideoglicano da parede celular bacteriana.

As enzimas que catalisam as ligações glicosídicas unindo os monossacarídeos em polissacarídeos são específicas para os anômeros α ou β de um açúcar e para um determinado grupo hidroxila de outro. Em princípio, quaisquer duas moléculas de açúcar podem ser ligadas de diferentes maneiras, pois cada monossacarídeo tem múltiplos grupos hidroxila capazes de participar da formação de ligações glicosídicas. Além disso, cada monossacarídeo tem o potencial de ser ligado a mais do que dois outros monossacarídeos, gerando, assim, um ponto de ramificação e polímeros não lineares. As ligações glicosídicas são em geral constituídas entre a cadeia de polissacarídeos em crescimento e uma forma de monossacarídeo modificada covalentemente. Tais modificações incluem um fosfato (p. ex., glicose 6-fosfato) ou um nucleotídeo (p. ex., UDP-galactose):

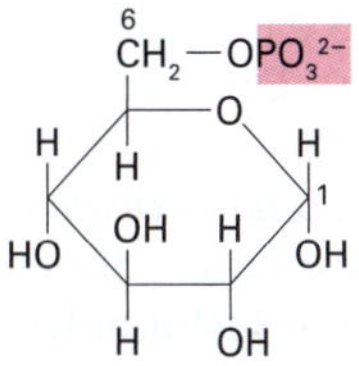

Glicose 6-fosfato

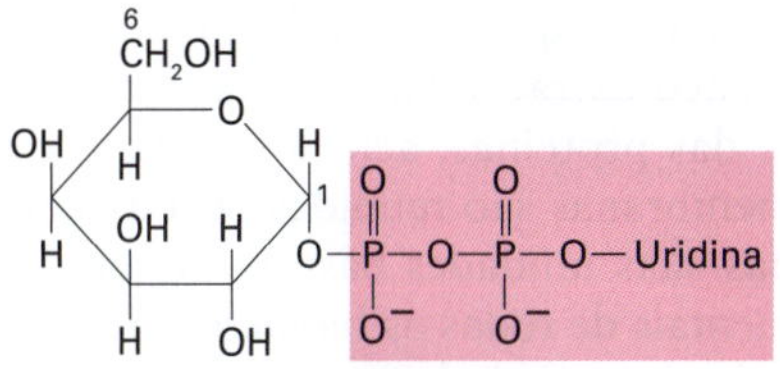

UDP-galactose

As epimerases, enzimas que interconvertem monossacarídeos diferentes, com frequência atuam assim mediante uso de açúcares de nucleotídeo em vez de açúcares não substituídos.

Muitos polissacarídeos complexos contêm açúcares modificados ligados covalentemente a vários grupos pequenos, em especial amino, sulfato e acetil. Essas modificações são abundantes em **glicosaminoglicanos**, principais componentes polissacarídicos da matriz extracelular, descritos no Capítulo 19.

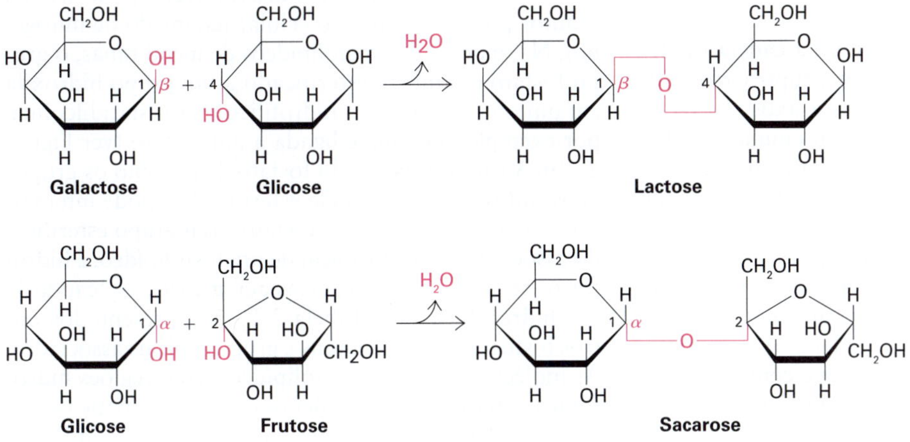

FIGURA 2-19 Formação dos dissacarídeos lactose e sacarose. Em toda ligação glicosídica, o carbono anomérico de uma molécula de açúcar (nas conformações α ou β) está conectado a um oxigênio da hidroxila de outra molécula de açúcar. As ligações recebem nomes correspondentes; assim, a lactose contém uma ligação β-(1→ 4), e a sacarose, uma ligação α-(1→ 2).

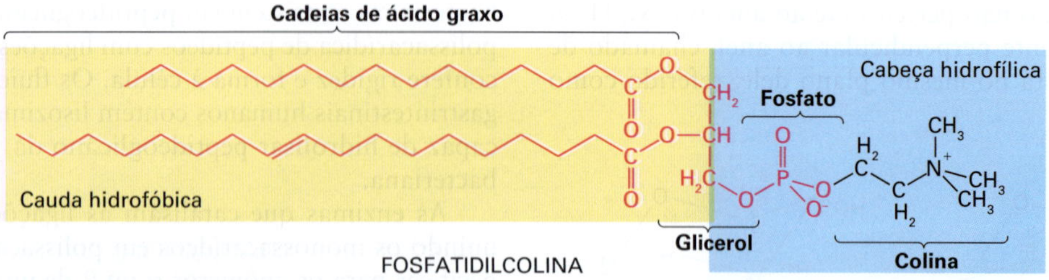

FIGURA 2-20 Fosfatidilcolina, um fosfoglicerídeo típico. Todos os fosfoglicerídeos são fosfolipídeos anfipáticos, com uma cauda hidrofóbica (amarelo) e uma cabeça hidrofílica (azul) em que o glicerol é ligado a um álcool via um grupo fosfato. Uma das duas ou as duas cadeias laterais acil graxas podem ser saturadas ou insaturadas. No ácido fosfatídico (vermelho), o fosfolipídeo mais simples, o fosfato não é ligado a um álcool.

Os fosfolipídeos associam-se não covalentemente, formando a estrutura básica de bicamada das biomembranas

As biomembranas são lâminas grandes e flexíveis organizadas em bicamada. Estabelecem os limites das células e das organelas intracelulares, além de formar a superfície externa de alguns vírus. As membranas definem literalmente o que é uma célula (a membrana externa e os conteúdos que ela envolve) e o que não é uma célula (o espaço extracelular fora da membrana). Diferentemente das proteínas, ácidos nucleicos e polissacarídeos, as membranas são reunidas pela associação *não covalente* das suas unidades básicas. As unidades básicas fundamentais de todas as biomembranas são os **fosfolipídeos**, cujas propriedades físicas respondem pela formação da estrutura em bicamada. Além dos fosfolipídeos, as biomembranas podem conter uma diversidade de outras moléculas, inclusive colesterol, glicolipídeos e proteínas. A estrutura e as funções das biomembranas serão descritas em detalhes no Capítulo 10. Aqui, serão abordados os fosfolipídeos nas biomembranas.

Para se entender a estrutura dos fosfolipídeos, é necessário o conhecimento de cada um de seus componentes e como estão reunidos. Os fosfolipídeos consistem em duas cadeias longas de grupos acil graxos apolares ligados (geralmente por uma ligação éster) a grupos altamente polares pequenos, incluindo um fosfato e uma molécula orgânica pequena, como o glicerol (tri-hidroxipropanol) (Figura 2-20).

Os **ácidos graxos** consistem em uma cadeia de hidrocarbonos (acil) conectada a um grupo carboxila (—COOH). Como a glicose, os ácidos graxos representam uma fonte de energia importante para muitas células (ver Capítulo 12). Eles diferem em comprimento, embora os ácidos graxos predominantes nas células tenham um número igual de átomos de carbono, via de regra, 14, 16, 18 ou 20. Os principais ácidos graxos em fosfolipídeos estão listados na Tabela 2-4. Com frequência, os ácidos graxos são designados pela abreviatura Cx:y, onde x é o número de carbono na cadeia, e y, o número de ligações duplas. Os ácidos graxos que contêm 12 ou mais átomos de carbono são praticamente insolúveis em soluções aquosas, devido a suas longas cadeias hidrofóbicas de hidrocarbonos.

Os ácidos graxos com todas as ligações carbono-carbono simples são denominados **saturados**; aqueles com ao menos uma ligação carbono-carbono dupla são denominados **insaturados.** Os ácidos graxos insaturados com mais de uma ligação carbono-carbono dupla são referidos como **poli-insaturados.** Os mamíferos são incapazes de sintetizar dois ácidos graxos poli-insaturados "essenciais", ácido linoleico (C18:2) e ácido linolênico (C18:3), que devem ser adicionados à sua dieta. Os mamíferos são capazes de sintetizar outros ácidos graxos comuns.

Nos fosfolipídeos, os ácidos graxos são ligados covalentemente a uma outra molécula por um tipo de reação de desidratação denominada *esterificação*, em que se perde o OH do grupo carboxila do ácido graxo e um H do grupo hidroxila de uma outra molécula. Na molécula formada por tal reação, a parte derivada do ácido graxo é denominada *grupo acila* ou *grupo acil graxo*. Isso é ilustrado pelas formas mais comuns de fosfolipídeos: **fosfoglicerídeos**, que contêm dois grupos acila ligados a dois dos grupos hidroxila do glicerol (ver Figura 2-20).

Nos fosfoglicerídeos, um grupo hidroxila do glicerol é esterificado a fosfato, enquanto os outros dois normalmente são esterificados a ácidos graxos. O ácido fosfatídico é o fosfolipídeo mais simples e contém somente esses componentes. Os fosfolipídeos como os ácidos fosfatídicos, além de blocos constituintes de membranas, são também moléculas sinalizadoras importantes. O ácido lisofosfatídico, em que a cadeia acil na posição 2 foi removida, é relativamente hidrossolúvel e pode ser um indutor potente de divisão celular (chamado de mitógeno). Na maioria dos fosfolipídeos de membranas, o grupo fosfato é também esterificado a um grupo hidroxila em um outro composto hidrofílico. Na fosfatidilcolina, por exemplo, a colina é ligada a um fosfato (ver Figura 2-20). A carga negativa do fosfato, bem como os grupos carregados ou polares a ele esterificados, pode interagir fortemente com a água. O fosfato e seu grupo esterificado associado, o grupo apical de um fosfolipídeo, é hidrofílico, ao passo que as cadeias acil graxas, as "caudas", são hidrofóbicas. Na Tabela 2-5, são apresentados outros fosfoglicerídeos comuns e grupos apicais associados. As moléculas como os fosfolipídeos, com regiões hidrofóbica e hidrofílica, são denominadas anfipáticas. No Capítulo 10, será visto como as propriedades anfipáticas dos fosfolipídeos são responsáveis pela reunião deles

TABELA 2-4 Ácidos graxos que predominam nos fosfolipídeos

Nome comum dos ácidos (forma ionizada entre parênteses)	Abreviatura	Fórmula química
Ácidos graxos saturados		
Mirístico (miristato)	C14:0	$CH_3(CH_2)_{12}COOH$
Palmítico (palmitato)	C16:0	$CH_3(CH_2)_{14}COOH$
Esteárico (esteareato)	C18:0	$CH_3(CH_2)_{16}COOH$
Ácidos graxos insaturados		
Ácido oleico (oleato)	C18:1	$CH_3(CH_2)_7CH{=}CH(CH_2)_7COOH$
Linoleico (linoleato)	C18:2	$CH_3(CH_2)_4CH{=}CHCH_2CH{=}CH(CH_2)_7COOH$
Aracdônico (aracdonato)	C20:4	$CH_3(CH_2)_4(CH{=}CHCH_2)_3CH{=}CH(CH_2)_3COOH$

na bicamada das biomembranas, em que as caudas acil graxas apontam para o centro da camada e os grupos apicais estão voltados para o ambiente aquoso externo (ver Figura 2-13).

Os grupos acil graxos também podem ser covalentemente ligados a outras moléculas graxas, incluindo **triacilgliceróis**, ou **triglicerídeos**, que contêm três grupos acil esterificados a glicerol:

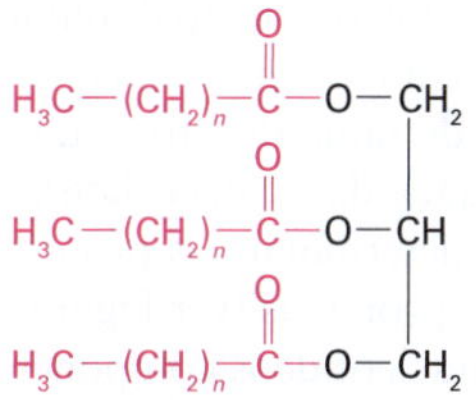

Triacilglicerol

TABELA 2-5 Fosfoglicerídeos e grupos apicais comuns

Fosfoglicerídeos comuns	Grupos apicais
Fosfatidilcolina	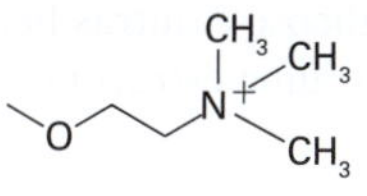 **Colina**
Fosfatidiletanolamina	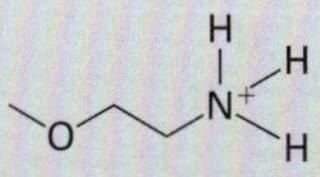 **Etanolamina**
Fosfatidilserina	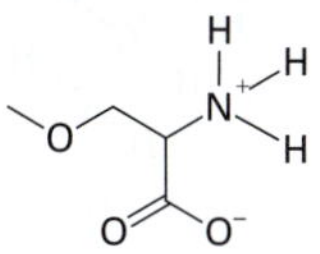 **Serina**
Fosfatidillinositol	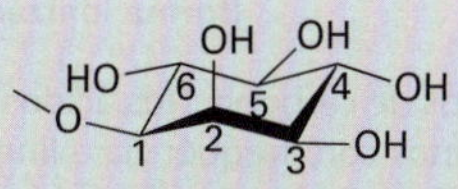 **Inositol**

e covalentemente ligados à molécula de colesterol, um álcool bastante hidrofóbico, formando ésteres de colesteril:

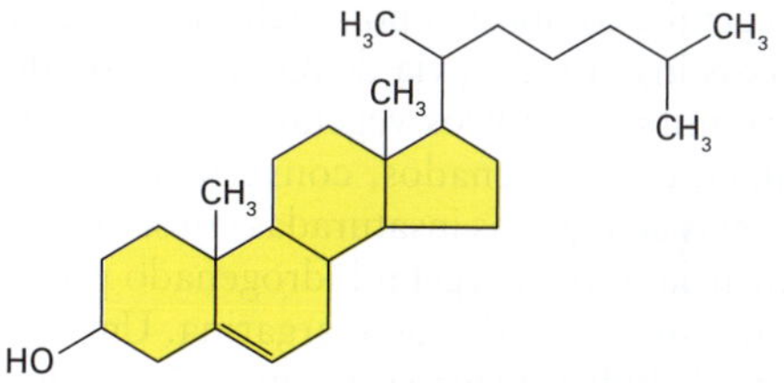

Colesterol

Os triglicerídeos e os ésteres de colesteril consistem em moléculas extremamente hidrossolúveis, nas quais os ácidos graxos e o colesterol são armazenados ou transportados. Os triglicerídeos representam a forma armazenada de ácidos graxos nas células do tecido adiposo e são os componentes principais das gorduras da dieta. Pela corrente sanguínea, os ésteres de colesteril e os triglicerídeos são transportados entre tecidos, em transportadores especializados denominados lipoproteínas (ver Capítulo 14).

Foi visto anteriormente que os ácidos graxos formadores de fosfolipídeos (fosfoglicerídeos e triglicerídeos) podem ser saturados ou insaturados. Uma consequência importante da ligação dupla carbono-carbono (C=C) em um ácido graxo insaturado é que duas configurações estereoisoméricas, *cis* e *trans*, podem ocorrer em torno de cada uma dessas ligações:

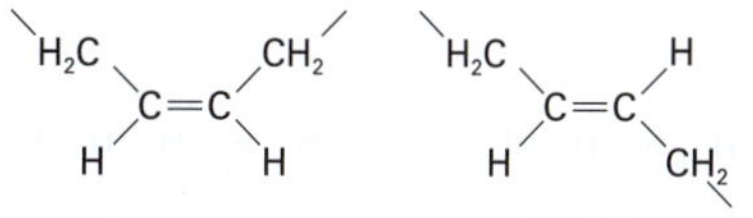

Cis ***Trans***

A ligação dupla *cis* introduz uma dobra rígida na cadeia acil de um ácido graxo saturado que, de outra maneira, seria reta e flexível (Figura 2-21). Em geral, os ácidos graxos insaturados em sistemas biológicos contêm apenas ligações duplas *cis*. Os ácidos graxos saturados sem a dobra podem compactar-se firmemente e, assim, ter pontos de fusão mais altos do que os

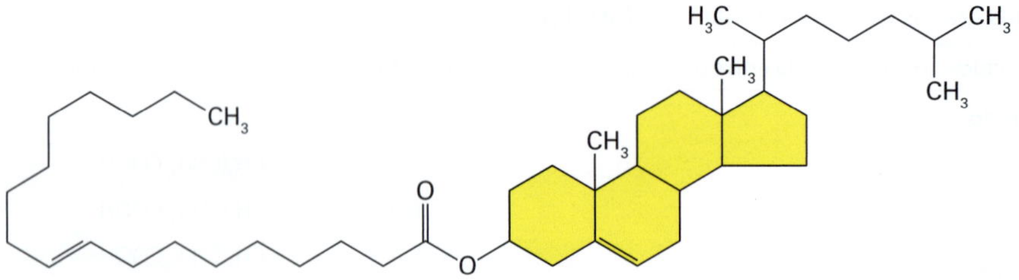

Éster de colesteril

de ácidos graxos insaturados. As principais moléculas graxas na manteiga são triglicerídeos com cadeias acil graxas saturadas, razão pela qual ela é sólida à temperatura ambiente.

Os ácidos graxos insaturados ou cadeias acil graxas com dobra de ligação dupla *cis* não podem compactar-se tão firmemente quanto os ácidos graxos. Desse modo, os óleos vegetais, compostos por triglicerídeos com grupos acil graxos insaturados, via de regra são líquidos à temperatura ambiente. Óleos vegetais e óleos similares são parcialmente hidrogenados, convertendo algumas das suas cadeias acil graxas insaturadas em saturadas. Como consequência, o óleo vegetal hidrogenado pode ser moldado em tabletes sólidos de margarina. Um subproduto da reação de hidrogenação é a conversão de algumas das cadeias acil graxas em ácidos graxos *trans*, popularmente conhecidos como "gorduras *trans*". As "gorduras *trans*", encontradas em margarina parcialmente hidrogenada e outros produtos alimentares, não são naturais. Ácidos graxos *trans* e ácidos graxos saturados têm propriedades físicas similares; por exemplo, tendem ao estado sólido à temperatura ambiente. Seu consumo, em relação ao consumo de gorduras insaturadas, está associado ao aumento dos níveis de colesterol no plasma e é desaconselhado por alguns nutricionistas. ■

CONCEITOS-CHAVE da Seção 2.2

Unidades químicas básicas das células

- As macromoléculas são polímeros de subunidades monoméricas unidas por ligações covalentes via reações de desidratação. Três tipos principais de macromoléculas são encontrados nas células: proteínas, compostas por aminoácidos unidos por ligações peptídicas; ácidos nucleicos, compostos por nucleotídeos unidos por ligações fosfodiéster; polissacarídeos, compostos por monossacarídeos (açúcares) unidos por ligações glicosídicas (ver Figura 2-13). Os fosfolipídeos, o quarto constituinte químico principal, reúnem-se de maneira não covalente em biomembranas.
- As diferenças de tamanho, forma, carga, hidrofobicidade e reatividade das cadeias laterais dos 20 aminoácidos comuns determinam as propriedades químicas e estruturais das proteínas (ver Figura 2-14).
- As bases nos nucleotídeos componentes do DNA e do RNA são anéis de carbono e de nitrogênio conectados a um açúcar do tipo pentose. Elas formam dois grupos: as purinas – adenina (A) e guanina (G) – e as pirimidinas – citosina (C), timina (T) e uracila (U) (ver Figura 2-17). A, G, T e C são encontradas no DNA; A, G, U e C são encontradas no RNA.
- A glicose e outras hexoses podem ocorrer sob três formas: uma estrutura linear de cadeia aberta, um anel de

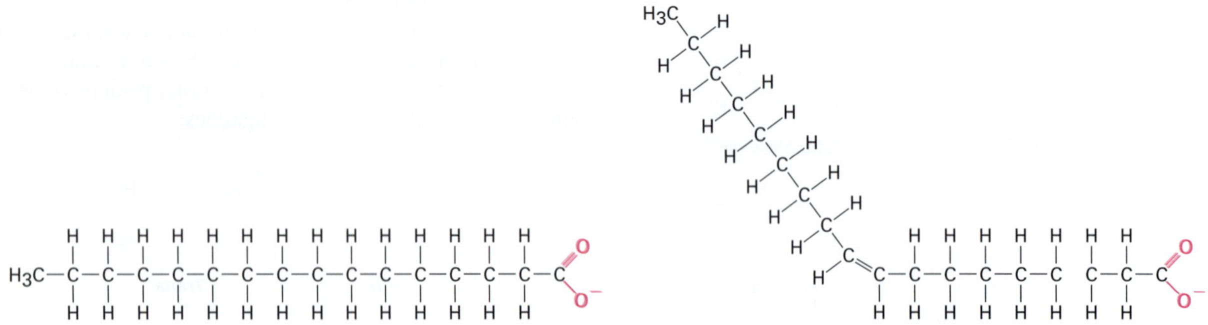

Palmitato (forma ionizada do ácido palmítico)

Oleato (forma ionizada do ácido oleico)

FIGURA 2-21 Efeito de uma ligação dupla sobre a forma dos ácidos graxos. São apresentadas as estruturas químicas da forma ionizada do ácido palmítico, um ácido graxo saturado com 16 átomos de carbono, e do ácido oleico, um ácido graxo insaturado com 18 átomos de carbono. Nos ácidos graxos saturados, a cadeia de hidrocarbonos com frequência é linear; a ligação dupla *cis* no oleato cria um dobra rígida na cadeia hidrocarbonada. (Segundo L. Stryer, 1994, *Biochemistry*, 4th ed., W. H. Freeman and Company, p. 265.)

seis elementos (piranose) e um anel de cinco elementos (furanose) (ver Figura 2-18). Em sistemas biológicos, a forma de piranose da D-glicose predomina.

- As ligações glicosídicas são formadas entre os anômeros α ou β de um açúcar e um grupo hidroxila de outro açúcar, levando à formação de dissacarídeos e outros polissacarídeos (ver Figura 2-19).
- Os fosfolipídeos são moléculas anfipáticas com uma cauda hidrofóbica (com frequência duas cadeias acil graxas) conectada por uma molécula orgânica pequena (com frequência glicerol) a uma cabeça hidrofílica (ver Figura 2-20).
- A longa cadeia de hidrocarbonos de um ácido graxo pode ser saturada (não contendo ligação dupla carbono-carbono) ou insaturada (contendo uma ou mais ligações duplas). As substâncias gordurosas, como a manteiga, que têm principalmente cadeias acil graxas saturadas tendem ao estado sólido à temperatura ambiente. Já as gorduras insaturadas com ligações duplas *cis* possuem cadeias dobradas que não podem compactar-se e, desse modo, tendem ao estado líquido à temperatura ambiente.

2.3 Reações químicas e equilíbrio químico

A discussão agora é voltada para as reações químicas nas quais as ligações, sobretudo covalentes em substâncias químicas *reagentes*, são rompidas e formam-se novas reações, gerando *produtos* da reação. A qualquer momento, várias centenas de diferentes tipos de reações químicas ocorrem simultaneamente em cada célula; em princípio, muitas substâncias químicas experimentam múltiplas reações químicas. A *extensão* de processamento dessas reações e a *velocidade* em que ocorrem determinam a composição química das células. Nesta seção, serão discutidos os conceitos de equilíbrio e estado estacionário, bem como as constantes de dissociação e pH. Na seção 2.4, será examinado como a energia influencia as extensões e as velocidades das reações químicas.

A reação química está em equilíbrio quando as velocidades das reações direta e inversa são iguais

Quando os reagentes misturam-se – antes que qualquer produto tenha se formado –, a velocidade da reação direta é determinada em parte pelas concentrações deles; essas concentrações determinam a probabilidade de os reagentes se encontrarem e reagirem (Figura 2-22). À medida que os produtos da reação acumulam-se, as concentrações dos reagentes e a velocidade da reação direta decrescem. Ao mesmo tempo, algumas das moléculas do produto começam a participar da reação inversa, que forma de novo os reagentes. A capacidade de uma reação ser "revertida" é conhecida como *reversibilidade microscópica*. De início, a reação inversa é lenta, mas acelera à medida que aumenta a concentração do produto. Por fim, as velocidades das reações direta e inversa tornam-se iguais, de modo que as concentrações dos reagentes e

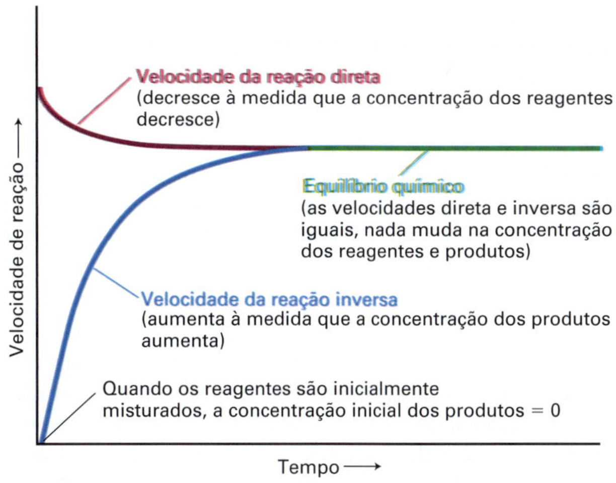

FIGURA 2-22 Taxas de uma reação química dependentes do tempo. As velocidades direta e inversa de uma reação dependem em parte das concentrações iniciais dos reagentes e produtos. A velocidade líquida da reação direta fica mais lenta à medida que a concentração dos reagentes decresce, enquanto a velocidade líquida da reação inversa aumenta à medida que a concentração dos produtos aumenta. No equilíbrio, as velocidades das reações direta e inversa são iguais, e as concentrações dos reagentes e produtos permanecem constantes.

produtos param de mudar. Diz-se, então, que o sistema está em **equilíbrio químico**.

A razão das concentrações dos produtos para os reagentes quando estão em equilíbrio, denominada **constante de equilíbrio** K_{eq}, é um valor fixo. Assim, K_{eq} fornece uma medida da extensão da reação por intermédio do tempo que ela leva para alcançar o equilíbrio. A velocidade de uma reação química pode ser aumentada por um **catalisador**, mas este não altera a constante de equilíbrio (ver Seção 2.4). Um catalisador acelera a formação e o rompimento de ligações covalentes, mas ele propriamente não é alterado de maneira permanente durante a reação.

A constante de equilíbrio reflete a amplitude de uma reação química

Para qualquer reação química, K_{eq} depende da natureza dos reagentes e dos produtos, assim como da temperatura e da pressão (especialmente em reações que envolvem gases). Sob condições físicas padrão (25°C e 1 atm de pressão para sistemas biológicos), a K_{eq} é sempre a mesma para uma determinada reação, na presença ou não de um catalisador.

Para a reação geral com três reagentes e três produtos

$$aA + bB + cC \rightleftharpoons zZ + yY + xX \qquad (2\text{-}1)$$

onde as letras maiúsculas simbolizam moléculas ou átomos diferentes e as letras minúsculas representam o número de cada um deles na fórmula da reação; a constante de equilíbrio é dada por

$$K_{eq} = \frac{[X]^x[Y]^y[Z]^z}{[A]^a[B]^b[C]^c} \qquad (2\text{-}2)$$

onde os colchetes denotam as concentrações das moléculas em equilíbrio. A velocidade da reação direta (da esquerda para a direita na Equação 2-1) é

$$\text{Velocidade}_{\text{direta}} = k_f[\text{A}]^a[\text{B}]^b[\text{C}]^c$$

onde k_f (do inglês *forward*; direita) é a **constante de velocidade** para a reação direta. De modo semelhante, a velocidade da reação inversa (da direita para a esquerda na Equação 2-1) é

$$\text{Velocidade}_{\text{inversa}} = k_r[\text{X}]^x[\text{Y}]^y[\text{Z}]^z$$

onde k_r (do inglês *reverse*; inversa) é a constante de velocidade para a reação inversa. É importante lembrar que as velocidades direta e inversa de uma reação podem mudar devido a alterações nas concentrações dos reagentes ou dos produtos, embora ao mesmo tempo as constantes de velocidade (direta e inversa) não se modifiquem, por isso a denominação "constante". Um erro comum é confundir velocidades e constantes de velocidade. Em equilíbrio, as velocidades direta e inversa são iguais, de modo que $\text{Velocidade}_{\text{direta}}/\text{Velocidade}_{\text{inversa}} = 1$. O rearranjo dessas equações permite expressar a constante de equilíbrio como a razão das constantes de velocidade:

$$K_{\text{eq}} = \frac{k_{\text{f}}}{k_{\text{r}}} \qquad (2\text{-}3)$$

O conceito de K_{eq} é especialmente útil quando se considera a energia liberada ou absorvida durante uma reação química. Na Seção 2.4, este tema será discutido em detalhe.

As reações químicas nas células estão em estado estacionário

Sob condições apropriadas e após tempo suficiente, uma reação química realizada em um tubo de ensaio finalmente atinge o equilíbrio, e a concentração dos reagentes e dos produtos não se altera com o tempo porque as velocidades das reações direta e inversa são iguais. No interior das células, entretanto, muitas reações estão associadas em rotas em que o produto de uma reação tem destinos alternativos, simplesmente por reconversão, por meio de uma reação inversa, aos reagentes e, assim, atingindo por fim o equilíbrio. Por exemplo, o produto de uma reação pode servir como reagente de outra ou ser bombeado para fora da célula. Nessa situação mais complexa, a reação original nunca consegue atingir o equilíbrio, pois alguns dos produtos não têm a chance de serem convertidos de volta a reagentes. Todavia, em tais condições de não equilíbrio, a velocidade de formação de uma substância pode ser igual à velocidade de seu consumo e, como consequência, a concentração da substância permanece constante ao longo do tempo. Nessas circunstâncias, diz-se que o sistema de reações associadas para produção e consumo da substância encontra-se em um **estado estacionário** (Figura 2-23). Uma consequência dessas reações associadas é que elas impedem a acumulação de intermediários em excesso, protegendo as células dos efeitos prejudiciais de intermediários tóxicos em concentrações altas. A situação inalterada da concentração de um produto de uma reação em andamento pode ser consequência de um estado de equilíbrio ou de um estado estacionário. Em sistemas biológicos, quando as concentrações de metabólitos, como os níveis de glicose do sangue, não se alteram com o tempo – uma condição denominada *homeostasia* – ela é consequência de um estado estacionário, e não do equilíbrio.

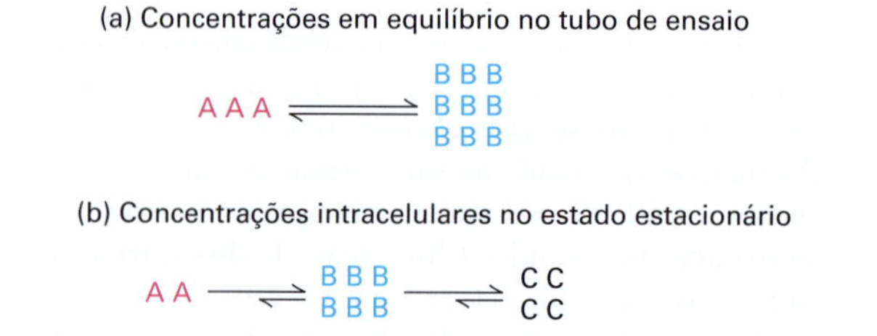

FIGURA 2-23 Comparação de reações em equilíbrio e em estado estacionário. (a) Em tubo de ensaio, uma reação bioquímica (A→B) finalmente atingirá o equilíbrio, no qual as velocidades das reações direta e inversa são iguais (indicado pelas setas de reação de comprimentos iguais). (b) Nas rotas metabólicas celulares, geralmente ocorre o consumo do produto B, que, neste exemplo, é convertido em C. Uma rota de reações associadas está em estado estacionário quando a velocidade de formação dos intermediários (p. ex., B) é igual à sua velocidade de consumo. Os comprimentos desiguais das setas indicam que as reações reversíveis que constituem uma rota metabólica não atingem o equilíbrio. Além disso, as concentrações dos intermediários no estado estacionário podem diferir das concentrações que ocorreriam em equilíbrio.

As constantes de dissociação de reações de ligação refletem a afinidade a qual as moléculas interagem

O conceito de equilíbrio também se aplica à ligação de uma molécula à outra. Muitos processos celulares importantes dependem de tais "reações" de ligação, que envolvem a formação e o rompimento de várias interações não covalentes, e não de ligações covalentes, conforme visto anteriormente. Um exemplo comum é a ligação de um **ligante** (p. ex., o hormônio insulina ou adrenalina) ao seu receptor na superfície de uma célula, que desencadeia uma rota de sinalização intracelular (ver Capítulo 15). Outro exemplo é a ligação de uma proteína a uma sequência específica de pares de bases em uma molécula de DNA, que muitas vezes causa o aumento ou o decréscimo da expressão de um gene próximo (ver Capítulo 7). Se a constante de equilíbrio de uma reação de ligação for conhecida, a estabilidade do complexo resultante pode ser prevista. Para ilustrar a abordagem geral da determinação das concentrações de complexos associados não covalentemente, será calculado o quanto de uma proteína (P) liga-se ao DNA (D), formando um complexo proteína-DNA (PD):

$$\text{P} + \text{D} \rightleftharpoons \text{PD}$$

Mais comumente, as reações de ligação são descritas em termos da **constante de dissociação** K_d, que é o inver-

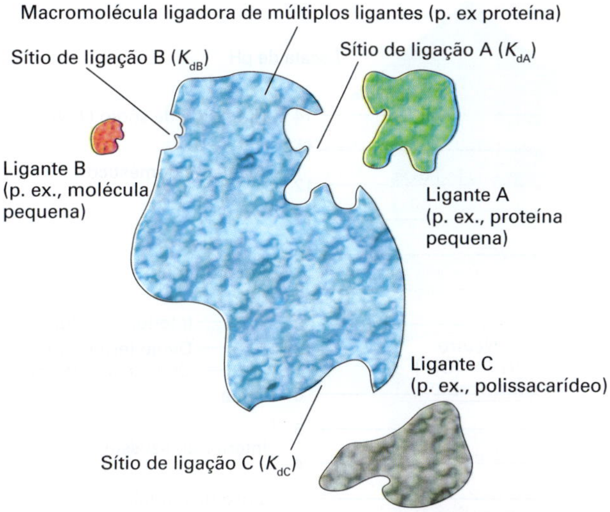

FIGURA 2-24 As macromoléculas podem ter sítios de ligação distintos para ligantes diferentes. Uma macromolécula (p. ex., uma proteína, azul) com três sítios de ligação distintos (A-C) é mostrada; cada sítio de ligação exibe complementaridade molecular para três ligantes diferentes (ligantes A-C) com constantes de dissociação distintas ($K_{dA\text{-}C}$).

so da constante de equilíbrio. Para tal reação de ligação, a constante de dissociação é dada por

$$K_d = \frac{[P][D]}{[PD]} \tag{2-4}$$

Em uma reação de ligação como esta, quando a metade do DNA está ligada à proteína ([PD] = [D]), a concentração de P é igual a K_d. Quanto menor for K_d, mais baixa será a concentração de P necessária para se ligar à metade de D. Em outras palavras, quanto menor for K_d, mais forte será a ligação (afinidade maior) de P ao D. As reações típicas quando uma proteína se liga a uma sequência de DNA específica têm uma K_d de 10^{-10} M, onde M simboliza molaridade, ou moles por litro (mol/L). Para relacionar a magnitude dessa constante de associação à razão entre DNA intracelular ligado e não ligado, considere o exemplo simples de uma célula bacteriana com um volume de $1{,}5 \times 10^{-15}$ L e contendo 1 molécula de DNA e 10 moléculas da proteína P de ligação ao DNA. Neste caso, considerando uma K_d de 10^{-10} M e a concentração total de P na célula ($\sim 111 \times 10^{-10}$ M, 100 vezes maior do que K_d), em 99% do tempo esta sequência de DNA específica terá uma molécula de proteína ligada a ela e em 1% do tempo não, mesmo que a célula contenha apenas 10 moléculas da proteína! Claramente, P e D têm uma afinidade recíproca alta e ligam-se fortemente, o que se reflete pelo baixo valor da constante de dissociação da reação de ligação entre eles. Para as ligações proteína-proteína e proteína-DNA, os valores de K_d de $\leq 10^{-9}$ M (nanomolar) são considerados fortes, $\sim 10^{-6}$ M (micromolar) moderadamente fortes e $\sim 10^{-3}$ M (milimolar) relativamente fracos.

Uma macromolécula biológica, como uma proteína, pode ter superfícies de ligação múltiplas, possibilitando ligações simultâneas de várias moléculas (Figura 2-24). Em alguns casos, essas reações de associação são independentes, com seus próprios valores de K_d. Em outros casos, a ligação de uma molécula a um sítio de uma macromolécula pode mudar a forma tridimensional de um sítio distante, alterando, assim, as interações de associação daquele sítio com alguma outra molécula. Este é um mecanismo importante pelo qual uma molécula pode alterar (e regular) a atividade de ligação de outra. No Capítulo 3, esse mecanismo regulador será examinado mais detalhadamente.

Os fluidos biológicos têm valores de pH característicos

A água é o solvente no interior das células e em todos os fluidos extracelulares. Uma característica de qualquer solução aquosa é a concentração de íons de hidrogênio carregados positivamente (H^+) e de íons de hidroxila carregados negativamente (OH^-). Por serem produtos da dissociação de H_2O, estes íons são constituintes de todos os sistemas vivos e liberados por muitas reações que ocorrem entre moléculas orgânicas no interior das células. Estes íons também são transportados para dentro e para fora das células, como quando o suco gástrico é secretado pelas células que revestem as paredes do estômago.

Quando uma molécula de água se dissocia, uma de suas ligações polares H—O se rompe. O íon de hidrogênio resultante, com frequência referido como **próton,** tem um tempo de vida curto como íon livre e rapidamente se combina com uma molécula de água, formando um íon de hidrônio (H_3O^+). Por conveniência, faz-se referência à concentração de íons de hidrogênio em uma solução, [H^+], mesmo sabendo que isso representa a concentração de íons hidrônio, [H_3O^+]. A dissociação de H_2O gera um íon OH^- para cada íon H^+. A dissociação da água é uma reação reversível:

$$H_2O \rightleftharpoons H^+ + OH^-$$

A 25°C, $[H^+][OH^-] = 10^{-14}$ M^2, de modo que na água pura, $[H^+] = [OH^-] = 10^{-7}$ M.

Por convenção, a concentração de íons de hidrogênio em uma solução é expressa com seu **pH,** definido como o logaritmo negativo da concentração de íons de hidrogênio. O pH da água pura a 25°C é 7:

$$pH = -\log[H^+] = \log\frac{1}{[H^+]} = \log\frac{1}{10^{-7}} = 7$$

É importante ter em mente que a diferença de uma unidade de pH representa uma diferença de 10 vezes na concentração de prótons. Na escala de pH, 7,0 é considerado neutro: valores de pH abaixo de 7,0 indicam

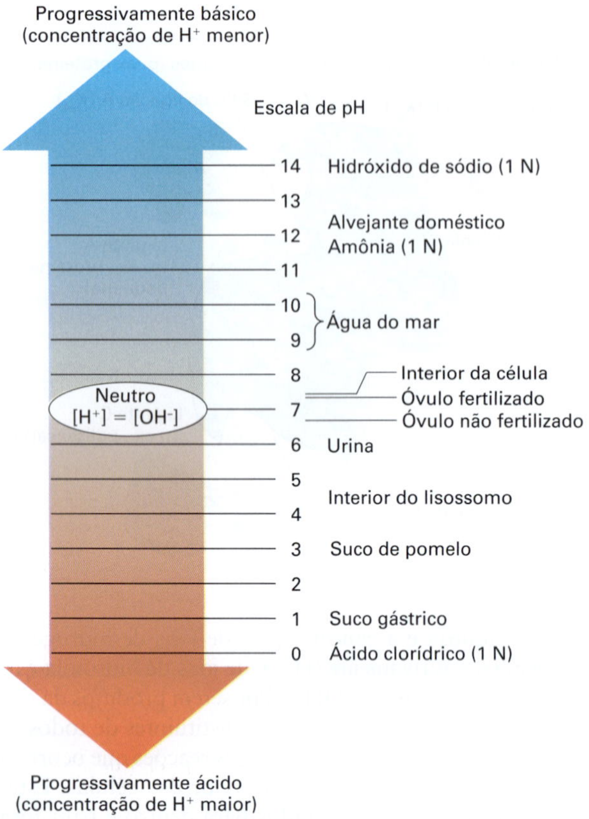

FIGURA 2-25 **Valores de pH de soluções comuns.** O pH de uma solução aquosa é o logaritmo negativo da concentração de íons de hidrogênio. Os valores de pH da maioria dos fluidos biológicos intracelulares e extracelulares situam-se em torno de 7,0 e são cuidadosamente regulados, a fim de permitir o funcionamento apropriado de células, organelas e secreções celulares.

soluções ácidas ($[H^+]$ mais alta), e valores acima de 7,0, básicas ou alcalinas (Figura 2-25). Por exemplo, o suco gástrico, que é rico em ácido clorídrico (HCl), tem pH em torno de 1. Sua $[H^+]$ é aproximadamente um milhão de vezes maior do que a do citoplasma, com pH em torno de 7,2.

Embora o citosol normalmente tenha um pH em torno de 7,2, o interior de certas organelas em células eucarióticas (ver Capítulo 9) pode exibir valores muito mais baixos. Os lisossomos, por exemplo, têm um pH de aproximadamente 4,5. Muitas das enzimas degradadoras no interior dos lisossomos têm funcionamento ótimo em um ambiente ácido, ao passo que sua ação é inibida no ambiente quase neutro do citoplasma. Conforme este exemplo ilustra, a manutenção de um pH específico é essencial para o funcionamento apropriado de algumas estruturas celulares. Por outro lado, alterações drásticas no pH celular podem exercer um papel importante no controle da atividade celular. Por exemplo, o pH do citoplasma de um óvulo não fertilizado do ouriço-do-mar, um animal aquático, é 6,6. Um minuto após a fertilização, contudo, o pH sobe para 7,2; isto é, $[H^+]$ decresce aproximadamente um quarto do seu valor original, mudança necessária ao crescimento e à divisão do ovo.

Os íons de hidrogênio são liberados pelos ácidos e captados pelas bases

Em geral, um **ácido** é qualquer molécula, íon ou grupo químico que tende a liberar um íon de hidrogênio (H^+), como o ácido clorídrico (HCl), ou o grupo carboxila (—COOH), que tende a dissociar-se, formando o íon de carboxilato (—COO^-) carregado negativamente. Da mesma maneira, uma **base** é qualquer molécula, íon ou grupo químico que de imediato se combina com um H^+, como o íon de hidroxila (OH^-), a amônia (NH_3), que forma um íon de amônio (NH_4^+), ou o grupo amino (—NH_2).

Quando um ácido é adicionado a uma solução aquosa, a $[H^+]$ aumenta, e o pH diminui. De modo inverso, quando uma base é adicionada a uma solução, a $[H^+]$ decresce, e o pH aumenta. Como $[H^+][OH^-] = 10^{-14}$ M^2, qualquer aumento na $[H^+]$ é acompanhado de uma diminuição de $[OH^-]$ e vice-versa.

Muitas moléculas biológicas contêm grupos tanto ácidos quanto básicos. Por exemplo, em soluções neutras (pH = 7,0), muitos aminoácidos ocorrem predominantemente nas formas com dupla ionização, em que o grupo carboxila perdeu um próton e o grupo amino aceitou um próton:

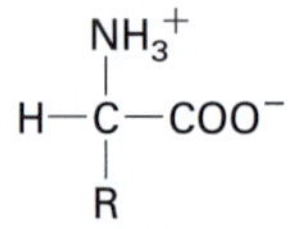

onde R representa a cadeia lateral não carregada. Uma molécula deste tipo, contendo um número igual de íons positivos e negativos, é denominada *zwitterion*. Um *zwitterion* não têm carga, sendo, portanto, neutro. Em valores extremos de pH, somente um desses dois grupos ionizáveis de aminoácido será carregado.

A reação de dissociação de um ácido (ou um grupo ácido de uma molécula maior) HA pode ser escrita como $HA \rightleftharpoons H^+ + A^-$. A constante de equilíbrio para esta reação, simbolizada por K_a (*a* subscrito significa "ácido"), é definida como $K_a = [H^+][A^-]/[HA]$. Tomando-se o logaritmo de ambos os lados e rearranjando o resultado, produz-se uma relação muito útil entre a constante de equilíbrio e o pH:

$$pH = pK_a + \log\frac{[A^-]}{[HA]} \qquad (2\text{-}5)$$

onde pK_a é igual a $-\log K_a$.

A partir desta expressão, geralmente conhecida como a *equação de Henderson-Hasselbalch*, pode-se constatar que o pK_a de qualquer ácido é igual ao pH em que a metade das moléculas está dissociada e metade é neutra (não dissociada). Isso acontece porque, quando $[A^-] = [HA]$, $\log([A^-]/[HA]) = 0$ e, portanto, $pK_a = pH$. A equação de Henderson-Hasselbalch permite calcular o grau de dissociação de um ácido, se o pH da solução e o pK_a do ácido forem conhecidos. Experimentalmente, medindo-se $[A^-]$ e $[HA]$ em função do pH da solução, pode-se calcular o pK_a do ácido e, assim, a constante de equilíbrio K_a da reação de dissociação (Figura 2-26).

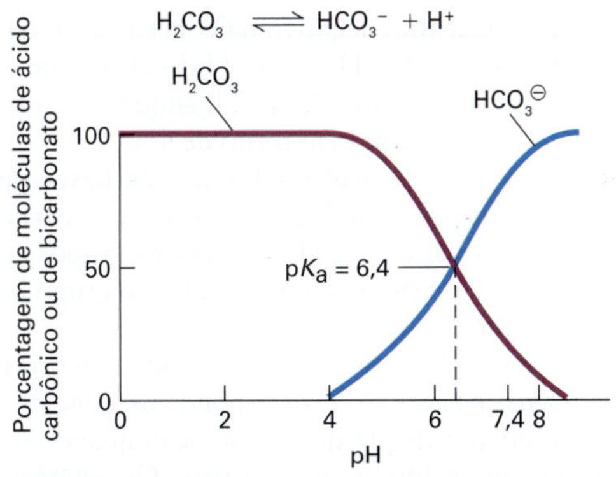

FIGURA 2-26 Relação entre o pH, o pK_a e a dissociação de um ácido. À medida que o pH de uma solução de ácido carbônico aumenta de 0 até 8,5, a porcentagem do composto na forma indissociada ou não ionizada (H_2CO_3) decresce a partir de 100%, e o da forma ionizada cresce a partir de 0%. Quando o pH (6,4) é igual ao pK_a do ácido, a metade do ácido carbônico está ionizada. Quando o pH aumenta acima de 8,0, o ácido está quase totalmente ionizado na forma de bicarbonato (HCO_3^-).

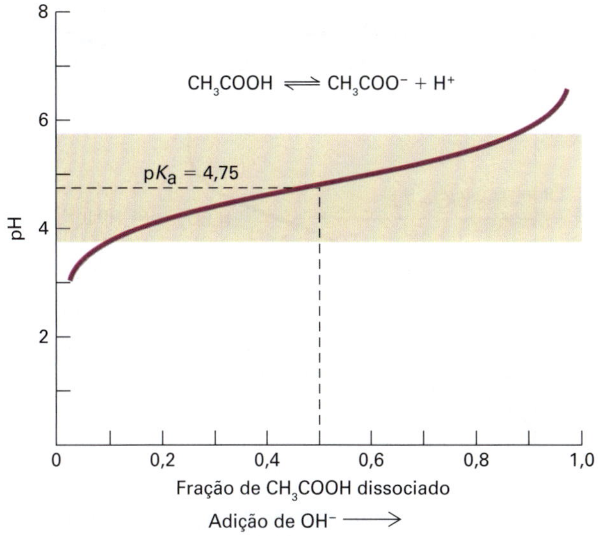

FIGURA 2-27 Curva de titulação do ácido acético (CH_3COOH). O pK_a da dissociação dos íons de hidrogênio e acetato é 4,75. Neste pH, a metade das moléculas do ácido é dissociada. Como o pH está medido em uma escala logarítmica, a solução muda de 91% de CH_3COOH em pH 3,75 para 9% de CH_3COOH em pH 5,75. O ácido tem capacidade máxima de tamponamento nesta faixa de pH.

O conhecimento do p*K*a de uma molécula fornece não apenas uma descrição importante das suas propriedades, mas também permite explorar essas propriedades para manipular a acidez de uma solução aquosa e compreender como os sistemas biológicos controlam esta característica crítica dos seus fluidos aquosos.

Os tampões mantêm o pH intracelular e dos líquidos extracelulares

Uma célula viva, ativa metabolicamente, deve manter o pH do citoplasma constante, entre 7,2 e 7,4, a despeito da produção metabólica de muitos ácidos, como o ácido láctico e o dióxido de carbono; este último reage com a água, formando ácido carbônico (H_2CO_3). As células têm uma reserva de bases fracas e de ácidos fracos, denominados **tampões**, os quais garantem que o pH citoplasmático permaneça relativamente constante, apesar das pequenas flutuações nas quantidades de H^+ ou OH^- geradas nas células pelo metabolismo ou pela captação ou secreção de moléculas ou íons. Os tampões "absorvem" o excesso de H^+ ou OH^-, quando esses íons são adicionados à célula ou são produzidos pelo metabolismo.

Se um ácido adicional (ou base) for acrescentado a uma solução tamponada cujo pH é igual ao pK_a do tampão ($[HA] = [A^-]$), o pH da solução se altera, mas essa modificação é menor do que seria se o tampão não estivesse presente. Isso acontece porque os prótons liberados pelo ácido adicionado são captados pela forma ionizada do tampão (A^-); da mesma maneira, os íons de hidroxila gerados pela adição de uma base são neutralizados pelos prótons liberados pelo tampão não dissociado (HA). A capacidade de uma substância de liberar íons de hidrogênio ou captá-los depende em parte da quantidade de prótons que ela já tiver captado ou liberado, o que, por sua vez, depende do pH da solução em relação ao pK_a da substância. A capacidade de um tampão de minimizar alterações do pH, sua *capacidade de tamponamento*, depende da concentração do tampão e da relação entre o valor do seu pK_a e o pH, que é expressa pela equação de Henderson-Hasselbalch.

A curva de titulação do ácido acético, mostrada na Figura 2-27, ilustra o efeito do pH sobre a fração de moléculas nas formas não ionizadas (HA) e ionizadas (A^-). Em uma unidade de pH abaixo do pK_a de um ácido, 91% das moléculas está na forma HA; em uma unidade de pH acima do pK_a, 91% está na forma A^-. Em valores de pH mais do que uma unidade acima ou abaixo do pK_a, a capacidade de tamponamento de ácidos fracos e bases fracas declina rapidamente. Em outras palavras, a adição do mesmo número de moles de ácido a uma solução contendo uma mistura de HA e A^-, que esteja em um pH próximo do pK_a, causará uma mudança de pH menor do que seria se HA e A^- não estivessem presentes ou se o pH estivesse distante do valor de pK_a.

Todos os sistemas biológicos contêm um ou mais tampões. Os íons de fosfato, as formas ionizadas do ácido fosfórico, estão presentes nas células em quantidades consideráveis e são um fator importante na manutenção (ou tamponamento) do pH do citoplasma. O ácido fosfórico (H_3PO_4) tem três prótons capazes de se dissociar, mas eles não o fazem simultaneamente. A perda de cada próton pode ser descrita por uma reação de dissociação discreta, tendo cada etapa o seu pK_a, conforme consta na Figura 2-28. A curva de titulação do ácido fosfórico mostra que o pK_a para a dissociação do segundo próton é 7,2. Desse modo, em pH 7,2, cerca de 50% do fosfato celular é $H_2PO_4^-$ e cerca de 50% é HPO_4^{2-}, de acordo com a equação de Henderson-Hasselbalch. Por tal motivo, o fosfato é um excelente tampão em valores de pH em torno de 7,2, o pH aproximado do citoplasma, e em pH 7,4, o pH do sangue humano.

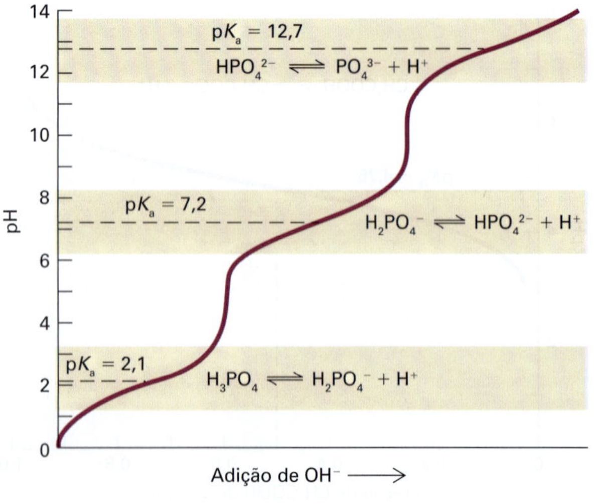

FIGURA 2-28 Curva de titulação do ácido fosfórico (H_3PO_4), um tampão comum em sistemas biológicos. Esta molécula biologicamente ubíqua tem três átomos de hidrogênio que se dissociam em diferentes valores de pH: assim, o ácido fosfórico tem três valores de pK_a, conforme se observa no gráfico. As áreas sombreadas indicam as faixas de pH – dentro de uma unidade de pH dos três valores de pK_a – onde a capacidade de tamponamento do ácido fosfórico é alta. Nas três regiões, a adição de ácido (ou base) provocará mudanças relativamente pequenas no pH.

CONCEITOS-CHAVE da Seção 2.3

Reações químicas e equilíbrio químico

- Uma reação química está em equilíbrio quando a velocidade da reação direta é igual à velocidade da reação inversa e, portanto, não há alteração líquida na concentração dos reagentes ou dos produtos.
- A constante de equilíbrio K_{eq} de uma reação reflete a razão entre produtos e reagentes no equilíbrio e, portanto, é uma medida da magnitude da reação e das estabilidades relativas dos reagentes e produtos.
- A K_{eq} depende da temperatura, pressão e propriedades químicas dos reagentes e dos produtos, mas não da velocidade de reação e da concentração inicial dos reagentes e dos produtos.
- Em qualquer reação, a constante de equilíbrio K_{eq} é igual à razão entre a constante da reação direta e a da reação inversa (k_f/k_r). As velocidades de conversão de reagentes em produtos e vice-versa depende das constantes das velocidades e das concentrações dos reagentes e dos produtos.
- Nas células, as reações vinculadas em rotas metabólicas geralmente estão em estado estacionário, não em equilíbrio, no qual a velocidade de formação dos intermediários é igual à sua velocidade de consumo (ver Figura 2-23); desse modo, as concentrações dos intermediários não se alteram.
- A constante de dissociação K_d de uma ligação não covalente de duas moléculas é uma medida da estabilidade do complexo formado entre as moléculas (p. ex., complexos ligante-receptor ou proteína-DNA).
- O pH é o logaritmo negativo da concentração de íons de hidrogênio (–log [H^+]). O pH do citoplasma normalmente situa-se entre 7,2 e 7,4, enquanto o interior dos lisossomos tem pH em torno de 4,5.
- Os ácidos liberam prótons (H^+), e as bases ligam-os. Em moléculas biológicas, os grupos carboxila (—COOH) e fosforila (—H_2PO_4) são os grupos ácidos mais comuns; o grupo amino (—NH_2) é o grupo básico mais comum.
- Os tampões são misturas de um ácido fraco (HA) e suas formas básicas (A^-) correspondentes, que minimizam a mudança de pH de uma solução quando ocorre adição de um ácido ou de uma base. Os sistemas biológicos utilizam vários tampões para manter seu pH dentro de uma faixa bastante restrita.

2.4 Energética bioquímica

A transformação de energia, seu armazenamento e seu uso são fundamentais para a economia da célula. A energia pode ser definida como a capacidade de realizar trabalho, um conceito aplicável tanto a células quanto a motores de automóveis e usinas elétricas. A energia armazenada em ligações químicas pode ser aproveitada para sustentar trabalho químico e movimentos físicos das células. Nesta seção, será revisto como a energia influencia o grau das reações químicas, uma disciplina denominada termodinâmica química, e as velocidades das reações químicas, uma disciplina denominada cinética química.

Nos sistemas biológicos, várias formas de energia são importantes

Existem duas formas principais de energia: cinética e potencial. A **energia cinética** é a de movimento – o movimento de moléculas, por exemplo. A **energia potencial** é a armazenada – a energia armazenada em ligações covalentes, por exemplo. A energia potencial desempenha um papel especialmente importante na economia de energia das células.

A *energia térmica* (ou calor) é uma forma de energia cinética – a energia do movimento das moléculas. Para realizar trabalho, o calor deve fluir de uma região de temperatura mais alta – onde a velocidade média de movimento molecular é maior – para uma região de temperatura mais baixa. Embora possam existir diferenças de temperatura entre os ambientes interno e externo das células, esses gradientes térmicos geralmente não servem como fonte de energia para atividades celulares. A energia térmica nos animais de sangue quente, que desenvolveram evolutivamente um mecanismo de termorregulação, é usada sobretudo para manter constantes as temperaturas dos organismos. Esta é uma função homeostática importante, pois as velocidades de muitas atividades celulares dependem da temperatura. Por exemplo, o resfriamento das células de mamíferos, da sua temperatura corporal normal de 37°C para 4°C, pode praticamente "congelar" ou paralisar muitos processos celulares (p. ex., movimentos de membranas intracelulares).

A *energia radiante* é a energia cinética de fótons, ou ondas de luz, fundamental em biologia. A energia radiante pode ser convertida em energia térmica, quando, por exemplo, a luz é absorvida por moléculas, e a energia, convertida em movimento molecular. A energia radiante absorvida pelas moléculas pode também alterar sua estrutura eletrônica pelo deslocamento de elétrons para orbitais de energia mais alta, de onde posteriormente podem ser recuperados para a realização de trabalho. Por exemplo, durante a fotossíntese, a energia luminosa absorvida pelas moléculas de pigmentos como a clorofila é depois convertida em energia de ligações químicas (ver Capítulo 12).

A *energia mecânica*, uma forma importante de energia cinética em biologia, geralmente resulta da conversão de energia química armazenada. Por exemplo, as mudanças nos comprimentos de filamentos do citoesqueleto geram forças que empurram ou puxam membranas ou organelas (ver Capítulos 17 e 18).

A *energia elétrica* – de movimento de elétrons ou de outras partículas carregadas – é outra forma importante de energia cinética, com significância especial para o funcionamento de membranas, como nos neurônios eletricamente ativos (ver Capítulo 22).

Várias formas de energia potencial são biologicamente significantes. A **energia química potencial**, forma de energia armazenada nas ligações que conectam átomos nas moléculas, é fundamental para a biologia. Na verdade, a maioria das reações bioquímicas descritas neste livro envolve a formação ou o rompimento de ao menos uma ligação química covalente. Esta energia é reconhecida quando substâncias químicas sofrem reações de liberação de energia. Por exemplo, a energia potencial alta nas ligações covalentes de glicose pode ser liberada pela combustão enzimática controlada nas células (ver Capítulo 12). Essa energia é empregada pela célula para realizar muitos tipos de trabalho.

Uma segunda forma de energia potencial biologicamente importante é a energia de um **gradiente de concentração**. Quando a concentração de uma substância de um lado de uma barreira, como a membrana, é diferente daquela do outro lado, existe um gradiente de concentração. Todas as células formam gradientes de concentração entre seus líquidos internos e externos, mediante intercâmbio seletivo de nutrientes, produtos residuais e íons com seu entorno. Igualmente, as organelas dentro das células (p. ex., mitocôndrias, lisossomos) em geral contêm concentrações diferentes de íons e outras moléculas; a concentração de prótons dentro de um lisossomo, conforme visto na última seção, é aproximadamente 500 vezes a do citoplasma.

Uma terceira forma de energia nas células é o **potencial elétrico** – a energia da separação de cargas. Através da membrana plasmática de quase todas as células, por exemplo, existe um gradiente de carga elétrica de ~ 200.000 volts por cm. No Capítulo 11, aborda-se como são gerados e mantidos os gradientes de concentração e a diferença de potencial através de membranas celulares; no Capítulo 12, discorre-se sobre como eles são convertidos em energia química potencial.

As células podem transformar um tipo de energia em outro

De acordo com a primeira lei da termodinâmica, a energia não é criada nem destruída, mas pode ser convertida de uma forma em outra. (Nas reações nucleares, a massa é convertida em energia, mas isso é irrelevante para os sistemas biológicos.) As conversões de energia são muito importantes em biologia. Na fotossíntese, por exemplo, a energia radiante da luz é transformada em energia química potencial das ligações covalentes entre os átomos de uma molécula de sacarose ou de amido. Nos músculos e nos nervos, a energia química potencial armazenada em ligações covalentes é transformada em energia cinética da contração muscular e energia elétrica da transmissão nervosa, respectivamente. Em todas as células, a energia potencial – liberada pela clivagem de certas ligações químicas – é usada para gerar energia potencial na forma de gradientes de concentração e de potencial elétrico. De maneira semelhante, a energia armazenada em gradientes de concentração química ou em gradientes de potencial elétrico é utilizada para sintetizar ligações químicas ou para transportar moléculas de um lado de uma membrana para outro, gerando um gradiente de concentração. Este último processo ocorre durante o transporte de nutrientes, como a glicose para certas células, e o transporte de muitos produtos residuais para fora das células.

As formas de energia podem ser expressas nas mesmas unidades de medida, pois todas são interconversíveis. Embora a unidade-padrão de energia seja o joule, os bioquímicos tradicionalmente têm usado uma unidade alternativa, a **caloria** (1 joule = 0,239 caloria). Uma caloria é a quantidade de energia necessária para elevar em 1°C a temperatura de um grama de água. Neste livro, emprega-se a quilocaloria para medir mudanças de energia (1 kcal = 1.000 cal). A quantidade de "calorias" indicada nas embalagens dos alimentos refere-se quase sempre a quilocalorias, conforme definição aqui apresentada.

A mudança na energia livre determina se a reação química ocorrerá espontaneamente

As reações químicas podem ser divididas em dois tipos, conforme a energia seja absorvida ou liberada no processo. Em uma reação **exergônica** ("liberação de energia"), os produtos contêm menos energia do que os reagentes. As reações exergônicas ocorrem espontaneamente. A energia liberada geralmente é convertida em calor (a energia do movimento molecular) e resulta em um aumento da temperatura, como na oxidação (queima) de madeira. Em uma reação **endergônica** ("absorção de energia"), os produtos contêm mais energia do que os reagentes, e ocorre absorção de energia durante a reação. Uma reação endergônica só pode ocorrer se houver uma fonte externa de energia para acioná-la. As reações endergônicas são responsáveis pela capacidade de as compressas, com frequência usadas no tratamento de lesões, resfriarem o local atingido abaixo da temperatura ambiente. A pressão da compressa mistura os reagentes, iniciando a reação.

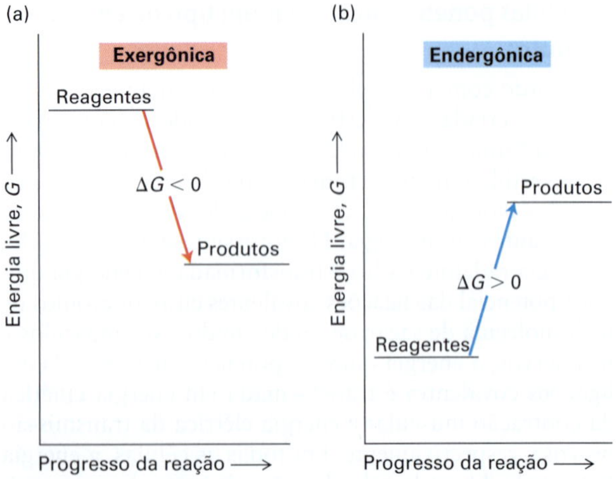

FIGURA 2-29 Mudanças na energia livre (ΔG) de reações exergônica e endergônica. (a) Nas reações exergônicas, a energia livre dos produtos é menor do que a dos reagentes. Em consequência, essas reações ocorrem espontaneamente, e a energia é liberada à medida que as reações se procedem. (b) Nas reações endergônicas, a energia livre dos produtos é maior do que a dos reagentes, e essas reações não ocorrem espontaneamente. Uma fonte externa de energia deve ser adicionada para que os reagentes sejam convertidos em produtos.

Um conceito fundamentalmente importante para se entender se uma reação é exergônica e, portanto, se ela ocorre espontaneamente ou não, é a **energia livre, G** (denominação segundo J. W. Gibbs). Gibbs, que obteve seu primeiro título de doutor em engenharia nos EUA em 1863, mostrou que "todos os sistemas mudam de tal modo que a energia livre [G] é minimizada". Em outras palavras, uma reação química ocorre espontaneamente quando a energia livre dos produtos é mais baixa do que a energia livre dos reagentes. No caso de uma reação química, reagentes $\rightleftharpoons$ produtos, a mudança de energia livre, ΔG, é dada por

$$\Delta G = G_{\text{produtos}} - G_{\text{reagentes}}$$

A relação de ΔG com a direção de uma reação química pode ser resumida em três afirmações:

- Se ΔG for negativa, a reação direta tenderá a ocorrer de modo espontâneo e normalmente haverá liberação de energia à medida que a reação ocorrer (reação exergônica) (Figura 2-29). A reação com uma ΔG negativa é denominada termodinamicamente favorável.
- Se ΔG for positiva, a reação direta não ocorrerá espontaneamente; energia deverá ser adicionada ao sistema, a fim de forçar os reagentes a se tornarem produtos (reação endergônica).
- Se ΔG for zero, tanto a reação direta quanto a inversa ocorrerão em velocidades iguais, e não haverá conversão espontânea líquida de reagentes para produtos ou vice-versa; o sistema está em equilíbrio.

Por convenção, a *mudança de energia livre padrão de uma reação*, $\Delta G^{\circ\prime}$, é o valor da mudança da energia livre sob condições de 298 K (25°C), 1 atm de pressão, pH 7,0 (como na água pura) e concentrações iniciais de 1 M para todos os reagentes e produtos, exceto os prótons, que são mantidos a 10^{-7} M (pH 7,0). A maioria das reações biológicas se processa sob condições distintas do padrão, especialmente quanto às concentrações dos reagentes, em geral inferiores a 1 M.

A energia livre de um sistema químico pode ser definida como $G = H - TS$, onde H é a energia de ligação, ou **entalpia**, do sistema; T é a sua temperatura em graus Kelvin (K), e S é a **entropia**, uma medida da sua aleatoriedade ou desordem. De acordo com a segunda lei da termodinâmica, a tendência natural de qualquer sistema é tornar-se mais desordenado – isto é, de a entropia aumentar. Uma reação pode ocorrer espontaneamente somente se os efeitos combinados de mudanças da entalpia e da entropia levarem a uma ΔG menor. Isto significa que a reação ocorrerá espontaneamente apenas se a variação de energia livre mudar, ΔG, for negativa na equação a seguir:

$$\Delta G = \Delta H - T\Delta S \qquad (2\text{-}6)$$

Em uma reação química **exotérmica** ("liberação de calor"), ΔH é negativa. Em uma reação **endotérmica** ("absorção de calor"), ΔH é positiva. Os efeitos combinados das mudanças na entalpia e na entropia determinam se a ΔG de uma reação é positiva ou negativa e, portanto, se a reação ocorre espontaneamente. Uma reação exotérmica ($\Delta H < 0$), em que a entropia aumenta ($\Delta S > 0$), ocorre espontaneamente ($\Delta G < 0$). Uma reação endotérmica ($\Delta H > 0$) ocorrerá espontaneamente caso se aumente ΔS o suficiente para que o termo $T\Delta S$ possa superar o ΔH positivo.

Muitas reações biológicas levam ao aumento da ordem e, assim, ao aumento da entropia ($\Delta S < 0$). Um exemplo óbvio é a reação que liga os aminoácidos, formando uma proteína. Uma solução de moléculas de proteínas tem uma entropia menor do que uma solução dos mesmos aminoácidos não ligados, porque o movimento livre de todo aminoácido em uma proteína é mais restrito (ordem maior) quando ele está ligado em uma cadeia longa do que quando não está. Desse modo, quando as células sintetizam polímeros, como as proteínas, a partir dos seus monômeros constituintes, a reação de polimerização só será espontânea se as células puderem transferir de maneira eficiente energia para gerar as ligações que mantêm os monômeros unidos e para superar a perda de entropia que acompanha a polimerização. Com frequência, as células realizam essa atividade mediante "acoplamento" de reações sintéticas, redutoras de entropia, com reações independentes que têm uma ΔG altamente negativa (ver a seguir). Dessa maneira, as células podem converter fontes de energia do seu ambiente na construção de estruturas altamente organizadas e rotas metabólicas essenciais à vida.

A mudança real de energia livre ΔG durante uma reação é influenciada pela temperatura, pressão e concentração inicial de reagentes e produtos; geralmente difere da mudança de energia livre padrão $\Delta G^{\circ\prime}$. A maioria das reações biológicas – como outras que ocorrem em soluções aquosas – também é afetada pelo pH da solução. Mediante o emprego da equação abaixo, é possível estimar as mudanças da energia livre para temperaturas e concentrações iniciais que diferem da condição-padrão

$$\Delta G = \Delta G^{\circ\prime} + RT \ln Q = \Delta G^{\circ\prime} + RT \ln \frac{[\text{produtos}]}{[\text{reagentes}]} \quad (2\text{-}7)$$

onde R é a constante dos gases de 1,987 cal/(grau·mol), T é a temperatura (em graus Kelvin), e Q é a *razão inicial* entre produtos e reagentes. Para a reação A + B $\rightleftharpoons$ C, em que duas moléculas se combinam para formar uma terceira, Q na Equação 2-7 é igual a [C]/[A][B]. Neste caso, o aumento da concentração inicial tanto de [A] quanto de [B] resultará em valor negativo maior de ΔG, conduzindo, assim, a reação direta espontânea à formação de C.

Independente da $\Delta G^{\circ\prime}$ para uma determinada reação bioquímica, ela ocorrerá espontaneamente nas células somente se ΔG for negativa, uma vez mantidas as concentrações intracelulares de reagentes e produtos. Por exemplo, a conversão de gliceraldeído-3-fosfato (G3P) em fosfato de di-hidroxiacetona (DHAP), dois intermediários na decomposição da glicose,

$$\text{G3P} \rightleftharpoons \text{DHAP}$$

tem uma $\Delta G^{\circ\prime}$ de –1.840 cal/mol. Se as concentrações iniciais de G3P e DHAP forem iguais, então $\Delta G = \Delta G^{\circ\prime}$ porque $RT \ln 1 = 0$; nesta situação, a reação reversível G3P $\rightleftharpoons$ DHAP ocorrerá espontaneamente na direção da formação de DHAP, até que o equilíbrio seja alcançado. Todavia, se [DHAP] inicial for 0,1 M e [G3P] for 0,001 M, mantendo as outras condições-padrão, então Q na Equação 2-7 será igual a 0,1/0,001 = 100, resultando uma ΔG de +887 cal/mol. Sob tais condições, a reação evoluirá na direção da formação de G3P.

A ΔG de uma reação não depende da velocidade de reação. Na verdade, sob condições fisiológicas normais, poucas (ou talvez nenhuma) reações bioquímicas necessárias para sustentar a vida ocorreriam sem alguns mecanismos para aumentar suas velocidades. Conforme descrito a seguir e mais detalhadamente no Capítulo 3, as velocidades das reações dos sistemas biológicos costumam ser determinadas pela atividade de **enzimas**, os catalisadores proteicos que aceleram a formação de produtos a partir de reagentes, sem alterar o valor de ΔG.

A $\Delta G^{\circ\prime}$ de uma reação pode ser calculada a partir da sua K_{eq}

Uma mistura química em equilíbrio encontra-se em estado estacionário de energia livre mínima. Para um sistema em equilíbrio ($\Delta G = 0$, $Q = K_{eq}$), pode-se escrever

$$\Delta G^{\circ\prime} = -2{,}3RT \log K_{eq} = -1.362 \log K_{eq} \quad (2\text{-}8)$$

sob condições-padrão (observe a mudança para logaritmo de base 10). Portanto, se as concentrações de reagentes e produtos em equilíbrio (i.e., a K_{eq}) forem determinadas, pode-se calcular o valor de $\Delta G^{\circ\prime}$. Por exemplo, a K_{eq} de uma interconversão para a gliceraldeído-3-fosfato em fosfato de di-hidroxiacetona (G3P $\rightleftharpoons$ DHAP) é 22,2 sob condições-padrão. Substituindo-se este valor na Equação 2-8, pode-se facilmente calcular a $\Delta G^{\circ\prime}$ desta reação como –1.840 cal/mol.

Por meio do rearranjo da Equação 2-8, e considerando-se o antilogaritmo, obtém-se

$$K_{eq} = 10^{-(\Delta G^{\circ\prime}/2{,}3RT)} \quad (2\text{-}9)$$

A partir dessa expressão, evidencia-se que, se $\Delta G^{\circ\prime}$ for negativa, o expoente será positivo; portanto, K_{eq} será maior do que 1. Por isso, em equilíbrio haverá mais produtos do que reagentes; em outras palavras, a formação dos produtos a partir dos reagentes é favorecida. Inversamente, se $\Delta G^{\circ\prime}$ for positiva, o expoente será negativo, e K_{eq} será menor do que 1. A relação entre K_{eq} e $\Delta G^{\circ\prime}$, além disso, enfatiza a influência de energias livres relativas dos reagentes e dos produtos sobre o grau de ocorrência espontânea de uma reação.

A velocidade de uma reação depende da energia de ativação necessária para energizar os reagentes a um estado de transição

À medida que uma reação ocorre, os reagentes aproximam-se uns dos outros; algumas ligações começam a se formar, enquanto outras começam a se desfazer. Uma maneira de pensar nas moléculas durante essa transição é que existem forças na configuração eletrônica dos átomos e das suas ligações. O conjunto de átomos desloca-se do estado relativamente estável dos reagentes para o estado transitório, intermediário de alta energia durante o curso da reação (Figura 2-30). O **estado de transição** é aquele em que, durante uma reação química, o sistema encontra-se em seu nível mais alto de energia; o conjunto de reagen-

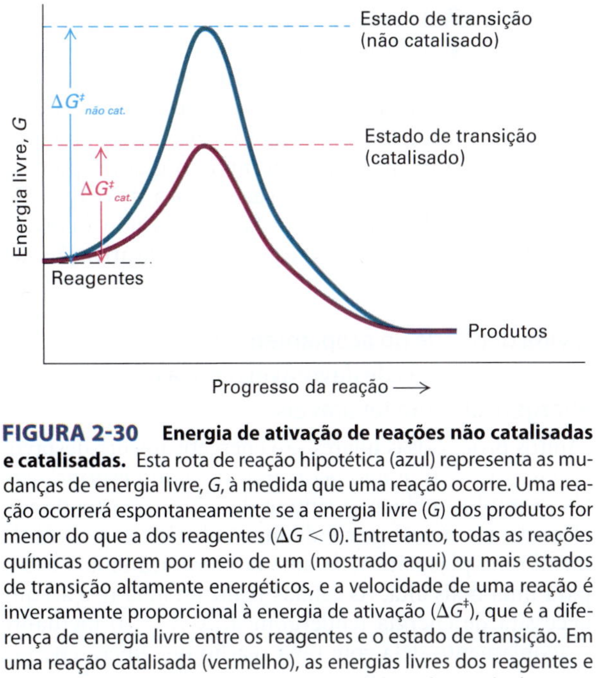

FIGURA 2-30 Energia de ativação de reações não catalisadas e catalisadas. Esta rota de reação hipotética (azul) representa as mudanças de energia livre, G, à medida que uma reação ocorre. Uma reação ocorrerá espontaneamente se a energia livre (G) dos produtos for menor do que a dos reagentes ($\Delta G < 0$). Entretanto, todas as reações químicas ocorrem por meio de um (mostrado aqui) ou mais estados de transição altamente energéticos, e a velocidade de uma reação é inversamente proporcional à energia de ativação ($\Delta G^{\ddagger}$), que é a diferença de energia livre entre os reagentes e o estado de transição. Em uma reação catalisada (vermelho), as energias livres dos reagentes e produtos não são carregadas, mas a energia livre do estado de transição é diminuída, aumentando, assim, a velocidade da reação.

tes neste estado é denominado **intermediário do estado de transição**. A energia necessária para excitar os reagentes neste estado altamente energético é denominada **energia de ativação** da reação. A energia de ativação é habitualmente representada por $\Delta G^{\ddagger}$, análoga à representação da mudança de energia livre (ΔG) já discutida. A partir deste estado de transição, o conjunto de átomos pode liberar energia à medida que os produtos da reação são formados ou liberar energia à medida que os átomos percorrem o sentido inverso e reconstituem os reagentes originais. A velocidade (V) com que os produtos são gerados a partir dos reagentes durante a reação, sob um determinado conjunto de condições (temperatura, pressão, concentrações dos reagentes), dependerá da concentração de material no estado de transição, que, por sua vez, dependerá da energia de ativação e da constante de velocidade (v) característica na qual o estado de transição é convertido em produtos. Quanto mais alta a energia de ativação, mais baixa é a fração de reagentes que alcançam o estado de transição e mais lenta a velocidade global da reação. A relação entre a concentração de reagentes, v, e V é

$$V = v\,[\text{reagentes}] \times 10^{-(\Delta G^{\ddagger}/2{,}3RT)}$$

A partir dessa equação, pode-se observar que a diminuição da energia de ativação – isto é, decréscimo da energia livre do estado de transição $\Delta G^{\ddagger}$ – provoca uma aceleração da velocidade de reação global V. Uma redução na $\Delta G^{\ddagger}$ de 1,36 kcal/mol leva a um aumento de 10 vezes na velocidade da reação, enquanto um redução de 2,72 kcal/mol aumenta a velocidade em 100 vezes. Assim, mudanças relativamente pequenas na $\Delta G^{\ddagger}$ podem provocar mudanças grandes na velocidade global da reação.

Catalisadores como as enzimas (discutidas mais adiante no Capítulo 3) aceleram as velocidades de reação, por meio da redução da energia relativa do estado de transição e, desse modo, da energia de ativação necessária para alcançá-lo (Figura 2-30). As energias relativas de reagentes e produtos determinam se uma reação é termodinamicamente favorável (ΔG negativa), ao passo que a energia de ativação determina o quão rápido os produtos se formam – isto é, sua cinética de reação. As reações termodinamicamente favoráveis não ocorrem em velocidades apreciáveis se as energias de ativação são demasiadamente altas.

A vida depende do acoplamento das reações químicas desfavoráveis com as energeticamente favoráveis

Muitos processos celulares são energeticamente desfavoráveis ($\Delta G > 0$) e não ocorrerão de modo espontâneo. Os exemplos incluem a síntese de DNA a partir de nucleotídeos e o transporte de uma substância através da membrana plasmática, de uma concentração mais baixa para uma mais alta. As células realizam uma reação que necessita de energia (endergônica, $\Delta G_1 > 0$) mediante o acoplamento dela com uma reação que libera energia (exergônica, $\Delta G_2 < 0$), se a soma das duas reações tiver uma ΔG líquida negativa.

Supõe-se, por exemplo, que a reação $A \rightleftharpoons B + X$ tenha uma ΔG de +5 kcal/mol e que a reação $X \rightleftharpoons Y + Z$ tenha uma ΔG de – 10 kcal/mol:

(1)	$A \rightleftharpoons B + X$	ΔG	$= +5$ kcal/mol
(2)	$X \rightleftharpoons Y + Z$	ΔG	$= -10$ kcal/mol
Soma:	$A \rightleftharpoons B + Y + Z$	$\Delta G^{\circ\prime}$	$= -5$ kcal/mol

Na ausência da segunda reação, no equilíbrio haveria muito mais A do que B. No entanto, como a conversão de X a Y + Z é uma reação favorável, ela fará com que o primeiro processo dirija-se à formação de B e ao consumo de A. As reações celulares energeticamente desfavoráveis muitas vezes estão acopladas à hidrólise de ATP (com liberação de energia), como será discutido a seguir.

A hidrólise de ATP libera quantidade substancial de energia livre e direciona muitos processos celulares

Em quase todos os organismos, o **trifosfato de adenosina (ATP)** (Figura 2-31) é a molécula mais importante para captura, armazenamento temporário e transferência subsequente de energia para a realização de trabalho (p. ex., biossíntese, movimento mecânico). Comumente referido como uma "moeda corrente" de energia da cé-

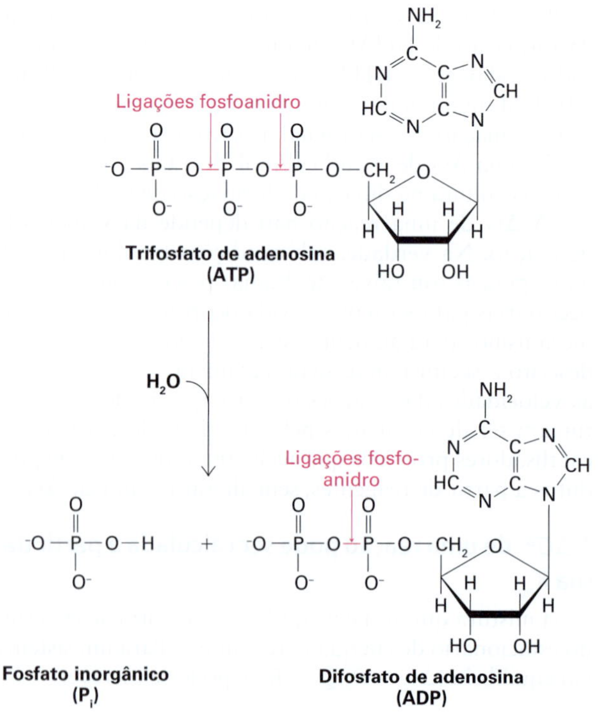

FIGURA 2-31 Hidrólise do trifosfato de adenosina (ATP). Cada uma das duas ligações fosfoanidro (vermelho) do ATP (acima), que ligam os três grupos fosfato, tem uma ΔG° de aproximadamente – 7,3 kcal/mol por hidrólise. A hidrólise da ligação fosfoanidro terminal pela adição de água resulta na liberação de fosfato e geração de ADP. A hidrólise das ligações fosfoanidro do ATP, especialmente da ligação terminal, é a fonte de energia que aciona muitas reações dos sistemas biológicos que necessitam de energia.

lula, o ATP é um tipo de energia utilizável que as células podem "gastar" ao exercerem suas atividades. A célebre história do ATP começa com sua descoberta, em 1929, aparentemente de modo simultâneo por Kurt Lohmann, que trabalhou com o grande bioquímico Otto Meyerhof na Alemanha e publicou primeiro, e por Cyrus Fiske e Yellagaprada SubbaRow nos EUA. Na década de 1930, foi demonstrado que as contrações musculares dependem de ATP. A proposta de que o ATP é o principal intermediário para a transferência de energia nas células foi creditado a Fritz Lipmann por volta de 1941. Muitos Prêmios Nobel foram concedidos por estudos do ATP e seu papel no metabolismo energético celular; portanto, sua importância na compreensão da biologia celular molecular é reconhecida.

A energia útil em uma molécula de ATP está contida nas **ligações fosfoanidro**, que são covalentes, formadas a partir da condensação de duas moléculas de fosfato pela perda de água:

$$O^-\!-\!\overset{\overset{O}{\|}}{\underset{\underset{O^-}{|}}{P}}\!-\!OH \;+\; HO\!-\!\overset{\overset{O}{\|}}{\underset{\underset{O^-}{|}}{P}}\!-\!O^- \;\rightleftharpoons$$

$$O^-\!-\!\overset{\overset{O}{\|}}{\underset{\underset{O}{|}}{P}}\!-\!O\!-\!\overset{\overset{O}{\|}}{\underset{\underset{O}{|}}{P}}\!-\!O^- \;+\; H_2O$$

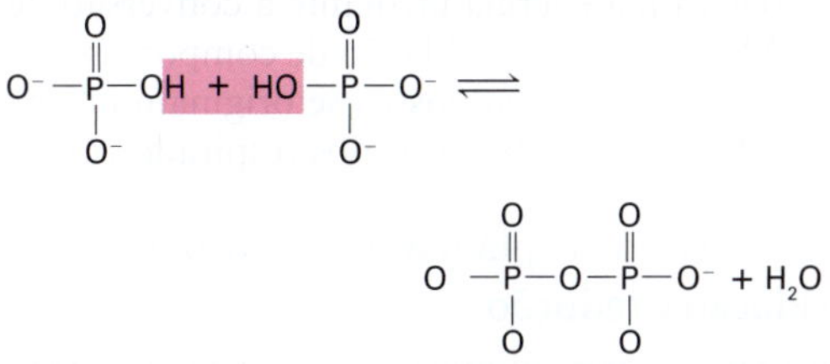

A Figura 2-31 mostra que uma molécula de ATP tem duas ligações fosfoanidro (também denominadas fosfodiéster) fundamentais. A formação dessas ligações no ATP requer um aporte de energia. Quando tais ligações são hidrolisadas, ou desfeitas pela adição de água, a energia é liberada. A hidrólise de uma ligação fosfoanidro (representada pelo símbolo ∼) em cada uma das reações seguintes tem uma $\Delta G^{o\prime}$ muito negativa de cerca de – 7,3 kcal/mol:

$$Ap{\sim}p{\sim}p + H_2O \rightarrow Ap{\sim}p + P_i + H^+$$
$$\textbf{(ATP)} \hspace{3em} \textbf{(ADP)}$$

$$Ap{\sim}p{\sim}p + H_2O \rightarrow Ap + PP_i + H^+$$
$$\textbf{(ATP)} \hspace{3em} \textbf{(AMP)}$$

$$Ap{\sim}p + H_2O \rightarrow Ap + P_i + H^+$$
$$\textbf{(ADP)} \hspace{3em} \textbf{(AMP)}$$

Nas reações que ocorrem em sistemas biológicos, P_i significa fosfato inorgânico (PO_4^{3-}), e PP_i, pirofosfato inorgânico, dois grupos fosfato unidos por uma ligação fosfoanidro. Conforme mostram as duas reações na parte superior, a remoção de um grupo fosfato ou um grupo pirofosfato do ATP leva ao difosfato de adenosina (ADP) ou monofosfato de adenosina (AMP), respectivamente.

Uma ligação fosfoanidro ou outra "ligação de alta energia" (via de regra indicada por ∼) não é intrinsecamente diferente de outras ligações covalentes. As ligações de alta energia apenas liberam quantidades substanciais de energia quando hidrolisadas. Por exemplo, a $\Delta G^{o\prime}$ para a hidrólise de uma ligação fosfoanidro no ATP (– 7,3 kcal/mol) é mais do que três vezes a $\Delta G^{o\prime}$ para a hidrólise da ligação fosfodiéster (vermelho) do glicerol-3-fosfato (– 2,2 kcal/mol):

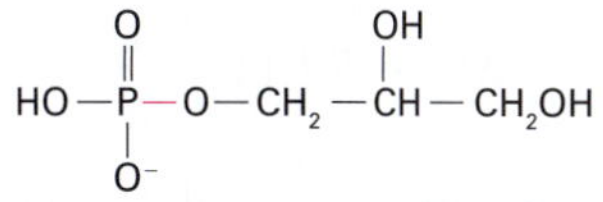

$$HO\!-\!\overset{\overset{O}{\|}}{\underset{\underset{O^-}{|}}{P}}\!-\!O\!-\!CH_2\!-\!\overset{\overset{OH}{|}}{CH}\!-\!CH_2OH$$
Glicerol-3-fosfato

A principal razão para essa diferença, o ATP e seus produtos de hidrólise, ADP e P_i, são altamente carregados em pH neutro. Durante a síntese de ATP, há necessidade de um grande aporte de energia para forçar a aproximação das cargas negativas do ADP e P_i. Inversamente, essa energia é liberada quando se hidrolisa o ATP a ADP e P_i. Comparativamente, a formação da ligação fosfodiéster entre uma hidroxila não carregada no glicerol e P_i requer menos energia, e menos energia é liberada com a hidrólise dessa ligação.

As células desenvolveram mecanismos mediados por proteínas, especializados na transferência de energia liberada pela hidrólise de ligações fosfoanidro para outras moléculas, impulsionando, assim, reações que, do contrário, seriam energeticamente desfavoráveis. Por exemplo, se a ΔG para a reação B + C → D for positiva, mas menor do que a ΔG para a hidrólise de ATP, a reação pode ser dirigida para a direita, acoplando-a à hidrólise da ligação fosfoanidro terminal do ATP. Em um dos mecanismos comuns do **acoplamento de energia**, parte da energia armazenada na ligação fosfoanidro é transferida para um dos reagentes pela clivagem da ligação no ATP e formação de uma ligação covalente entre o grupo fosfato liberado e um dos reagentes. O intermediário fosforilado liberado dessa maneira pode, então, reagir com C, formando D + P_i, em uma reação que tem uma ΔG negativa:

$$B + Ap{\sim}p{\sim}p \rightarrow B{\sim}p + Ap{\sim}p$$
$$B{\sim}p + C \rightarrow D + P_i$$

A reação geral

$$B + C + ATP \rightleftharpoons D + ADP + P_i$$

é energeticamente favorável ($\Delta G < 0$).

Um mecanismo alternativo de acoplamento de energia é o emprego da energia liberada pela hidrólise de ATP, mudando a conformação da molécula para um estado de tensão "rico em energia". Por sua vez, a energia armazenada como tensão conformacional pode ser liberada à medida que a molécula "relaxa" e volta para sua conformação anterior. Se este processo de relaxamento puder ser acoplado por algum mecanismo a outra reação, a energia liberada pode ser aproveitada para promover processos celulares importantes.

Como ocorre com muitas reações bioquímicas, o transporte de moléculas para dentro ou para fora da célula muitas vezes tem uma ΔG positiva e, logo, requer um aporte de energia para funcionar. Estas reações simples de transporte não envolvem *diretamente* a formação ou a clivagem de ligações covalentes e, desse modo, $\Delta G^{o\prime}$. No caso de uma substância se deslocando para dentro de uma célula, a Equação 2-7 torna-se

$$\Delta G = RT \ln \frac{[C_{int}]}{[C_{ext}]} \qquad (2\text{-}10)$$

onde $[C_{int}]$ é a concentração inicial da substância no interior da célula, e $[C_{ext}]$, a concentração da substância fora da célula. Na Equação 2-10, pode-se observar que ΔG é positiva para o transporte de uma substância para dentro de uma célula contra seu gradiente de concentração (quando $[C_{int}] > [C_{ext}]$); a energia para impulsionar este transporte contra o gradiente com frequência é fornecida pela hidrólise de ATP. De maneira inversa, quando uma substância se move a favor do seu gradiente de concentração ($[C_{ext}] > [C_{int}]$), ΔG é negativa. Este transporte no sentido do gradiente libera energia que pode ser acoplada a uma reação que necessita de energia, como o movimento de outra substância através de uma membrana ou a síntese do próprio ATP (ver Capítulos 11 e 12).

O ATP é gerado durante a fotossíntese e a respiração

O ATP é continuamente hidrolisado a fim de fornecer energia para muitas atividades celulares. Algumas estimativas sugerem que os seres humanos hidrolisam por dia uma massa de ATP igual ao seu peso corporal total. Evidentemente, para continuar funcionando, as células precisam reabastecer seu suprimento de ATP. O reabastecimento constante de ATP exige que as células obtenham energia continuamente do seu ambiente. Para quase todas as células, a fonte definitiva de energia usada para formar ATP é a luz solar. Alguns organismos podem utilizar luz solar diretamente. Por meio da fotossíntese, as plantas, as algas e certas bactérias fotossintéticas capturam a energia da luz solar e a utilizam para sintetizar ATP a partir de ADP e P_i. Grande parte do ATP produzido na fotossíntese é hidrolisada a fim de fornecer energia para a conversão de dióxido de carbono em açúcares de seis carbonos, num processo denominado **fixação do carbono**:

$$6\ CO_2 + 6\ H_2O \longrightarrow C_6H_{12}O_6 + 6\ O_2 + \text{energia}$$

Os açúcares formados durante a fotossíntese são uma fonte de alimento e energia para as plantas ou outros organismos fotossintéticos e para os organismos não fotossintéticos, como os animais. Estes consomem as plantas direta ou indiretamente, por meio da predação de outros animais que consumiram plantas. Assim, a luz solar é a fonte direta ou indireta de energia para a maioria dos organismos (ver Capítulo 12).

Nas plantas, nos animais e em quase todos os outros organismos, a energia livre dos açúcares e outras moléculas derivadas do alimento é liberada nos processos de **glicólise** e **respiração celular**. Durante a respiração celular, as moléculas ricas em açúcar presentes no alimento (p. ex., glicose) são oxidadas em dióxido de carbono e água. A oxidação completa da glicose

$$C_6H_{12}O_6 + 6\ O_2 \rightarrow 6\ CO_2 + 6\ H_2O$$

tem uma $\Delta G^{o\prime}$ de – 686 kcal/mol e é o inverso da fixação fotossintética do carbono. As células empregam um elaborado conjunto de reações mediadas por proteínas para acoplar a oxidação de uma molécula de glicose à síntese de cerca de 30 moléculas de ATP a partir de 30 moléculas de ADP. Esta degradação (**catabolismo**) de glicose dependente de oxigênio (**aeróbia**) é a rota principal para a geração de ATP em todas as células animais, em células vegetais não fotossintéticas e em muitas células bacterianas. O catabolismo de ácidos graxos também pode consistir em uma fonte importante de ATP. No Capítulo 12, serão discutidos os mecanismos da fotossíntese e da respiração celular.

Embora seja a principal fonte de energia química para as células, a energia luminosa capturada na fotossíntese não é a única. Certos microrganismos que vivem em respiradouros do oceano profundo (ou ao redor deles), onde não há disponibilidade de energia solar adequada, derivam a energia mediante a conversão de ADP e P_i em ATP a partir da oxidação de compostos inorgânicos reduzidos. Estes compostos se originam nas profundezas da Terra e são liberados nos respiradouros.

O NAD^+ e o FAD acoplam muitas reações biológicas de oxidação e redução

Em muitas reações químicas, os elétrons são transferidos de um átomo (ou de uma molécula) para outro; essa transferência pode acompanhar ou não a formação de novas ligações químicas ou a liberação de energia a ser acoplada de outras reações. A perda de elétrons de um átomo ou de uma molécula denomina-se **oxidação**, e o ganho de elétrons por um átomo ou por uma molécula, **redução**. Um exemplo de oxidação é a remoção de elétrons dos grupos sulfidrila de duas cisteínas para formar uma ligação dissulfeto, descrita anteriormente na Seção 2.2. Como os elétrons não são criados nem destruídos em uma reação química, se um átomo (ou uma molécula) for oxidado, um outro deve ser reduzido. Por exemplo, o oxigênio atrai elétrons dos íons Fe^{2+} (ferrosos) para formar íons Fe^{3+} (férricos), uma reação que ocorre como parte do processo pelo qual os carboidratos são degradados nas mitocôndrias. Cada átomo de oxigênio recebe dois elétrons, um de cada dois íons Fe^{2+}:

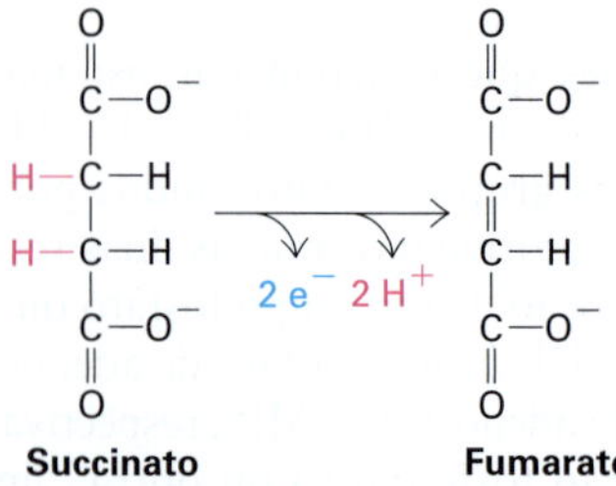

FIGURA 2-32 Conversão de succinato a fumarato. Nesta reação de oxidação, que ocorre nas mitocôndrias como parte do ciclo do ácido cítrico, o succinato perde dois elétrons e dois prótons, os quais são transferidos para o FAD, reduzindo-o a $FADH_2$.

$$2\ Fe^{2+} + \frac{1}{2}\ O_2 \rightarrow 2\ Fe^{3+} + O^{2-}$$

Portanto, Fe^{2+} é oxidado, e O_2, reduzido. As reações em que uma molécula é reduzida e outra oxidada geralmente são referidas como **reações redox.** O oxigênio é o aceptor de elétrons em muitas reações redox nas células sob condições aeróbias.

Muitas reações de oxidação e de redução biologicamente importantes envolvem a remoção ou a adição de átomos de hidrogênio (prótons mais elétrons), em vez de apenas a transferência de elétrons isolados. A oxidação do succinato para fumarato, que também ocorre nas mitocôndrias, é um exemplo (Figura 2-32). Os prótons são solúveis em soluções aquosas (como H_3O^+), mas os elétrons não e devem ser transferidos diretamente de um átomo (ou de uma molécula) para outro, sem um intermediário dissolvido na água. Neste tipo de reação de oxidação, os elétrons com frequência são transferidos para pequenas moléculas carreadoras de elétrons, às vezes referidas como coenzimas. Os mais comuns desses carreadores de elétrons são o NAD^+ **(dinucleotídeo de nicotinamida e adenina)**, reduzido a NADH, e o **FAD (dinucleotídeo de flavina e adenina)**, reduzido a $FADH_2$ (Figura 2-33). As formas reduzidas dessas coenzimas podem transferir prótons e elétrons para outras moléculas, reduzindo-as.

Para descrever reações redox, tal como a reação de íon ferroso (Fe^{2+}) e oxigênio (O_2), é mais fácil dividi-la em duas metades:

$$\textit{Oxidação de } Fe^{2+}\text{: } 2\ Fe^{2+} \rightarrow 2\ Fe^{3+} + 2\ e^-$$

$$\textit{Redução de } O_2\text{: } 2\ e^- + \frac{1}{2}\ O_2 \rightarrow O^{2-}$$

Neste caso, o oxigênio reduzido (O^{2-}) reage facilmente com dois prótons, formando uma molécula de água (H_2O). A facilidade com que um átomo ou uma molécula *ganha* um elétron é o seu **potencial de redução** *E*. A tendência de *perder* elétrons, o **potencial de oxidação**, tem a mesma magnitude, mas sinal oposto ao do potencial de redução (ou seja, a reação é inversa).

Os potenciais de redução são medidos em volts (V) a partir de um ponto zero arbitrário ajustado para o potencial de redução da seguinte meia-reação sob condições-padrão (25°C, 1 atm e 1 M de concentração dos reagentes):

$$H^+ + e^- \underset{\text{oxidação}}{\overset{\text{redução}}{\rightleftharpoons}} \frac{1}{2}\ H_2$$

O valor de *E* para uma molécula ou um átomo sob condições-padrão é seu potencial de redução-padrão, E'_0. Uma molécula ou um íon com um E'_0 positivo tem uma afinidade maior por elétrons do que o íon H^+ sob condições-padrão. De maneira inversa, uma molécula ou íon com um E'_0 negativo tem uma afinidade menor por elétrons do que o íon H^+ sob condições-padrão. Tal como os valores de $\Delta G^{\circ\prime}$, os potenciais de redução-padrão podem diferir um pouco dos encontrados nas condições da célula, pois a concentração de reagentes em uma célula não é 1 M.

Em uma reação redox, os elétrons se movem espontaneamente para os átomos ou moléculas com potenciais de redução *mais positivos*. Em outras palavras, uma molécula com um potencial de redução mais negativo pode transferir elétrons de modo espontâneo para uma molécula (ou reduzi-la) com um potencial de redução mais positivo. Neste tipo de reação, a mudança no potencial elétrico ΔE é a soma dos potenciais de redução e de oxidação das duas meias-reações. O ΔE para uma reação redox está relacionado à mudança de energia livre ΔG pela seguinte equação:

$$\Delta G\ (\text{cal/mol}) = -\,n\ (23.064)\ \Delta E\ (\text{volts}) \qquad (2\text{-}11)$$

onde *n* é o número de elétrons transferidos. Observe que uma reação redox com um valor de ΔE positivo terá uma ΔG negativa e, desse modo, tenderá a se processar espontaneamente da esquerda para a direita.

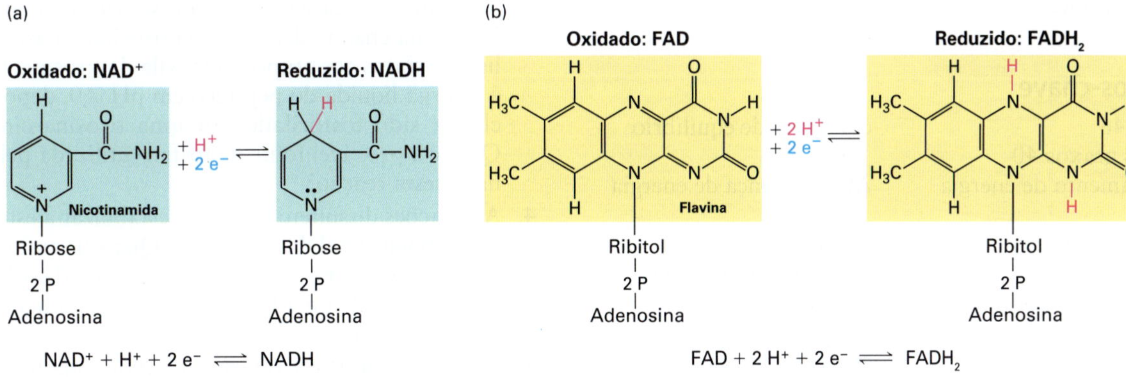

FIGURA 2-33 NAD^+ **e FAD, coenzimas carreadoras de elétrons.** (a) NAD^+ (dinucleotídeo de nicotinamida e adenina) é reduzido a NADH pela adição simultânea de dois elétrons e de um próton. Em muitas reações redox biológicas, um par de átomos de hidrogênio (dois prótons e dois elétrons) é removido de uma molécula. Em alguns casos, um dos prótons e ambos os elétrons são transferidos ao NAD^+, e o outro próton, liberado na solução. (b) O FAD (dinucleotídeo de flavina e adenina) é reduzido a $FADH_2$ mediante adição de dois elétrons e dois prótons, como ocorre quando o succinato é convertido a fumarato (ver Figura 2-32). Nesta reação em duas etapas, a adição de um elétron junto a um próton gera primeiramente um intermediário semiquinona de vida curta (não mostrado), que, então, aceita um segundo elétron e um segundo próton.

CONCEITOS-CHAVE da Seção 2.4

Energética bioquímica

- A mudança na energia livre é a medida mais útil para predizer o potencial de ocorrência espontânea de reações químicas em sistemas biológicos. As reações químicas tendem a se processar espontaneamente na direção em que ΔG for negativa. A magnitude de ΔG é independente da velocidade da reação. Uma reação com ΔG negativa é considerada termodinamicamente favorável.
- A mudança na energia livre química, $\Delta G^{\circ\prime}$, é igual a $-2{,}3\ RT \log K_{eq}$. Desse modo, o valor de $\Delta G^{\circ\prime}$ pode ser calculado a partir das concentrações dos reagentes e dos produtos no equilíbrio, determinadas experimentalmente.
- A velocidade de uma reação depende da energia de ativação necessária para energizar os reagentes a um estado de transição. Os catalisadores, como as enzimas, aceleram as reações pela redução da energia de ativação do estado de transição.
- Uma reação química com ΔG positiva pode ocorrer se estiver acoplada a uma reação que tem ΔG negativa de maior magnitude.
- Muitos processos celulares que, sob outros aspectos seriam energeticamente desfavoráveis, são impulsionados pela hidrólise de ligações fosfoanidro do ATP (ver Figura 2-31).
- Direta ou indiretamente, a energia luminosa capturada pela fotossíntese nas plantas, algas e bactérias fotossintéticas é a fonte principal de energia química de quase todas as células.
- Uma reação de oxidação (perda de elétrons) está sempre acoplada a uma reação de redução (ganho de elétrons).
- As reações biológicas de oxidação e redução geralmente estão acopladas por coenzimas carreadoras de elétrons como o NAD^+ e o FAD (ver Figura 2-33).
- As reações de oxidação-redução com ΔE positivo têm ΔG negativa e, assim, tendem a se processar espontaneamente.

Termos-chave

ácido 46
ácidos graxos 40
acoplamento de energia 53
aminoácido 33
anfipática 23
átomo de carbono α (C_α) 33
base 46
bicamada lipídica 40
catalisador 43
complementaridade molecular 32
constante de dissociação (K_d) 44
constante de equilíbrio (K_{eq}) 43
ΔG (mudança de energia livre) 49
dipolo 26
efeito hidrofóbico 31
endergônica 49
endotérmica 50
energia química potencial 49
entalpia 50
entropia 50
estado de transição 51
estado estacionário 44
estereoisômero 25
exergônica 49
exotérmica 50
fosfoglicerídeo 40
hidrofílica 23
hidrofóbica 23
insaturado 40
interação de van der Waals 30
interações iônicas 28
interações não covalentes 24
ligação fosfoanidro 53
ligação covalente 24
ligação de hidrogênio 28
ligação de dissulfeto 35
monômero 34
monossacarídeo 37
nucleosídeo 37
nucleotídeo 37
oxidação 54
pH 45
polar 26
polímero 34
reação de desidratação 33
reações redox 55
redução 54
saturado 40
tampão 47
trifosfato de adenosina (ATP) 52

Revisão dos conceitos

1. A lagartixa é um réptil com uma espantosa capacidade de escalar superfícies lisas, inclusive o vidro. Descobertas recentes indicam que as lagartixas aderem às superfícies lisas via interações de van der Waals entre os septos dos seus pés e a superfície lisa. Qual vantagem a viscosidade tem sobre as interações covalentes? Considerando que as forças de van der Waals estão entre as interações moleculares mais fracas, como os pés da lagartixa podem se fixar de maneira tão eficaz?
2. O canal de K^+ é um exemplo de proteína transmembrana (uma proteína que atravessa a bicamada fosfolipídica da membrana plasmática). Quais tipos de aminoácidos provavelmente são encontrados (a) revestindo o canal através do qual passa K^+, (b) em contato com o centro hidrofóbico da bicamada fosfolipídica que contém grupos acil graxos, (c) no domínio citosólico da proteína e (d) no domínio extracelular da proteína?
3. V-M-Y-F-E-N: esta é a abreviatura de um peptídeo, segundo o código de uma letra para os aminoácidos. Qual é a carga líquida desse peptídeo em pH 7,0? Uma enzima denominada tirosina-cinase pode ligar fosfatos aos grupos hidroxila da tirosina. Qual é a carga líquida do peptídeo em pH 7,0, depois de ele ter sido fosforilado por uma tirosina-cinase? Qual é a provável fonte de fosfato utilizada pela cinase nesta reação?
4. As ligações dissulfeto ajudam a estabilizar a estrutura tridimensional das proteínas. Quais os aminoácidos envolvidos na formação de ligações dissulfeto? A formação de uma ligação dissulfeto aumenta ou diminui a entropia (ΔS)?
5. Na década de 1960, o fármaco talidomida foi prescrito para o tratamento do enjoo matinal de mulheres grávidas. No entanto, a talidomida causou graves defeitos nos membros das crianças de algumas mulheres medicadas, e seu emprego para o enjoo matinal foi descontinuado. Hoje se sabe que a talidomida era administrada como uma mistura de

dois compostos estereoisoméricos, um dos quais aliviava o enjoo matinal e o outro provocava defeitos de nascença. Por que dois compostos tão semelhantes têm efeitos fisiológicos tão distintos?

6. Dê o nome do composto apresentado abaixo.

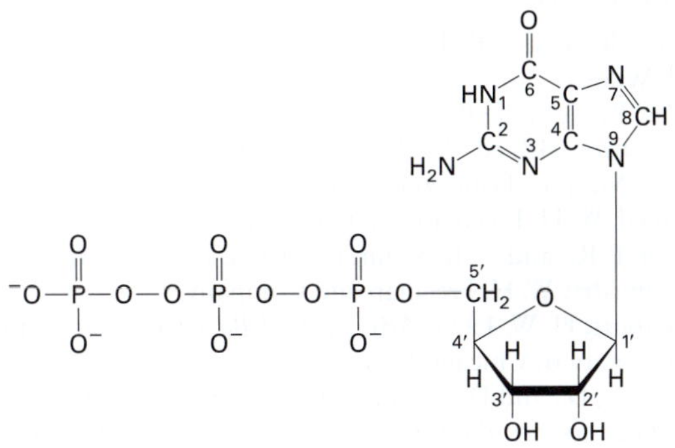

Este nucleotídeo é um componente do DNA, do RNA ou de ambos?

7. A base química da especificidade dos grupos sanguíneos reside nos carboidratos apresentados na superfície das hemácias. Os carboidratos têm potencial para uma grande diversidade estrutural. Na verdade, a complexidade estrutural dos oligossacarídeos formados por quatro açúcares é maior do que a dos oligopeptídeos formados por quatro aminoácidos. Quais propriedades dos carboidratos tornam possível esta grande diversidade estrutural?
8. Calcule o pH de 1 L de água pura em equilíbrio. Como o pH mudará após 0,008 mol da base forte NaOH ser dissolvido na água? Agora, calcule o pH de uma solução aquosa 50 mM do ácido 3-(*N*-morfolino) propanosulfônico (MOPS), um ácido fraco, no qual 61% do soluto está em sua forma ácida fraca e 39% está na forma de base conjugada MOPS (o pK_a de MOPS é 7,20). Qual é o pH final após 0,008 mol de NaOH ser adicionado a 1 L deste tampão de MOPS?
9. A amônia (NH_3) é uma base fraca que, sob condições ácidas, se torna protonada a um íon de amônio na seguinte reação:

$$NH_3 + H^+ \rightarrow NH_4^+$$

NH_3 permeia livremente as membranas biológicas, inclusive as de lisossomos. O lisossomo é uma organela subcelular com um pH entre 4,5 e 5,0; o pH do citoplasma é ~ 7,0. Qual é o efeito sobre o pH do fluido contido nos lisossomos, quando as células são expostas à amônia? *Observação*: a amônia protonada não se difunde livremente através de membranas.

10. Considere a reação de associação L + R → LR, onde L é um ligante, e R, seu receptor. Quando 1×10^{-3} M L é adicionado a uma solução contendo 5×10^{-2} M R, 90% do L se liga para formar LR. Qual é a K_{eq} desta reação? Como a K_{eq} será afetada pela adição de uma proteína que facilita (catalisa) esta reação de associação? Qual é a constante de equilíbrio de dissociação K_d?
11. Qual é o estado de ionização do ácido fosfórico no citoplasma? Por que o ácido fosfórico é um composto fisiologicamente importante?
12. A $\Delta G^{o\prime}$ da reação X + Y → XY é −1.000 cal/mol. Qual é a ΔG a 25°C (298 Kelvin), começando com 0,01 M de X, de Y e de XY? Sugira duas maneiras de tornar a reação energeticamente favorável.
13. De acordo como os especialistas em saúde, os ácidos graxos saturados, que provêm de gorduras animais, constituem um fator importante que contribui para doenças coronarianas. O que distingue um ácido graxo saturado de um ácido graxo insaturado, e a que o termo *saturado* se refere? Recentemente, os ácidos graxos insaturados *trans*, ou gorduras *trans*, que aumentam os níveis de colesterol total no corpo, têm sido também implicados em doenças cardíacas. Como o estereoisômero *cis* difere da configuração *trans* e qual efeito a configuração *cis* tem sobre a estrutura da cadeia ácida graxa?
14. As modificações químicas a aminoácidos contribuem para a diversidade e função das proteínas. Por exemplo, a γ-carboxilação de aminoácidos específicos é necessária para formar algumas proteínas biologicamente ativas. Qual aminoácido sofre esta modificação e qual é a relevância biológica? A varfarina, um derivado da cumarina, que está presente em muitas plantas, inibe a γ-carboxilação deste aminoácido e foi usada no passado como veneno de rato. No presente, também é usada clinicamente em seres humanos. Para quais pacientes se pode prescrever varfarina e por quê?

Análise dos dados

1. Durante grande parte do "Iluminismo" na Europa do século XVIII, os cientistas acreditavam que as coisas vivas e o mundo inanimado eram formas fundamentalmente distintas de matéria. Então, Friedrich Wöhler, em 1828, mostrou que podia sintetizar ureia, um produto residual de animais bem conhecido, a partir dos minerais isocianato de prata e cloreto de amônio. "Eu posso fazer ureia sem rins!" é um comentário atribuído a ele. Sobre a descoberta de Wöhler, o proeminente químico Justus von Liebig escreveu, em 1837, que a "produção de ureia sem a assistência de funções vitais [...] deve ser considerada uma das descobertas pela qual uma nova era da ciência começou". Um pouco mais de 100 anos depois, Stanley Miller submeteu a descargas elétricas uma mistura de H_2O, CH_4, NH_3 e H_2, na tentativa de simular as condições químicas de uma antiga atmosfera terrestre redutora (as faíscas elétricas imitavam os disparos luminosos de um mar primitivo ou "sopa") e identificavam muitas biomoléculas na mistura resultante, inclusive aminoácidos e carboidratos. O que esses experimentos sugerem a respeito da natureza de biomoléculas e da rela-

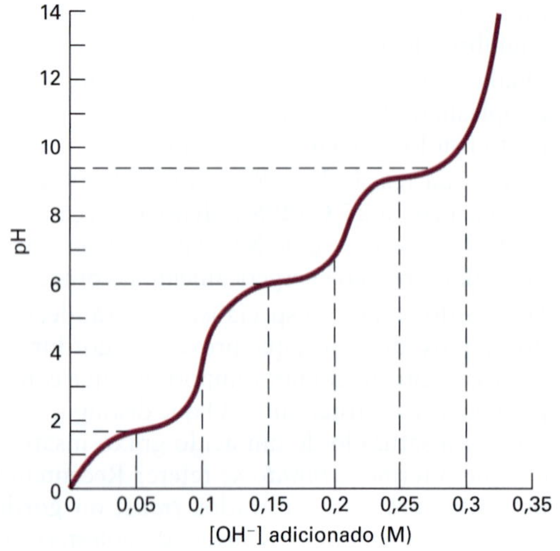

ção entre matéria orgânica (viva) e inorgânica (não viva)? O que eles sugerem sobre a evolução da vida? O que indicam quanto à importância da química na compreensão das coisas vivas?

2. O gráfico acima ilustra os efeitos que a adição de uma base forte, como o hidróxido de sódio, tem sobre o pH de uma solução aquosa a 0,1 M de um aminoácido. Considere que antes da adição de OH^-, a amostra completa de aminoácido dissolvido encontra-se em sua forma totalmente protonada. A adição de OH^- causa o esperado aumento abrupto no pH da solução até que, entre cerca de 0,03 e 0,07 M de NaOH, ele permanece praticamente constante em torno de 1,8. O que provoca a resistência à mudança do pH nesta faixa? Como são chamadas as soluções que resistem a mudanças no pH? Qual grupo químico orgânico no aminoácido tem maior probabilidade de ser responsável por este fenômeno em pH 1,8? A base adicional causa o rápido aumento do pH, até que a concentração de bases alcance 0,15 M e 0,25 M, quando os valores do pH da solução oscilam entre 6,0 e 9,3, respectivamente. Qual é a significância desses valores de pH? Qual aminoácido você suspeita que esteja sendo titulado?

Referências

Alberty, R. A., and R. J. Silbey. 2005. *Physical Chemistry,* 4th ed. Wiley.

Atkins, P., and J. de Paula. 2005. *The Elements of Physical Chemistry,* 4th ed. W. H. Freeman and Company.

Berg, J. M., J. L. Tymoczko, and L. Stryer. 2007. *Biochemistry,* 6th ed. W. H. Freeman and Company.

Cantor, P. R., and C. R. Schimmel. 1980. *Biophysical Chemistry.* W. H. Freeman and Company.

Davenport, H. W. 1974. *ABC of Acid-Base Chemistry,* 6th ed. University of Chicago Press.

Eisenberg, D., and D. Crothers. 1979. *Physical Chemistry with Applications to the Life Sciences.* Benjamin-Cummings.

Guyton, A. C., and J. E. Hall. 2000. *Textbook of Medical Physiology,* 10th ed. Saunders.

Hill, T. J. 1977. *Free Energy Transduction in Biology.* Academic Press.

Klotz, I. M. 1978. *Energy Changes in Biochemical Reactions.* Academic Press.

Murray, R. K., et al. 1999. *Harper's Biochemistry,* 25th ed. Lange.

Nicholls, D. G., and S. J. Ferguson. 1992. *Bioenergetics 2.* Academic Press.

Oxtoby, D., H. Gillis, and N. Nachtrieb. 2003. *Principles of Modern Chemistry,* 5th ed. Saunders.

Sharon, N. 1980. Carbohydrates. *Sci. Am.* **243**(5):90–116.

Tanford, C. 1980. *The Hydrophobic Effect: Formation of Micelles and Biological Membranes,* 2d ed. Wiley.

Tinoco, I., K. Sauer, and J. Wang. 2001. *Physical Chemistry–Principles and Applications in Biological Sciences,* 4th ed. Prentice Hall.

Van Holde, K., W. Johnson, and P. Ho. 1998. *Principles of Physical Biochemistry.* Prentice Hall.

Voet, D., and J. Voet. 2004. *Biochemistry,* 3d ed. Wiley. Wood, W. B., et al. 1981. *Biochemistry: A Problems Approach,* 2nd ed. Benjamin-Cummings.

CAPÍTULO

3

Estrutura e função das proteínas

Modelo molecular do proteassomo da arqueobactéria acidofílica e hipertermofílica *T. acidophilium*, representado usando tanto superfícies acessíveis ao solvente (*abaixo*) quanto fitas (*acima*). Os proteassomos são máquinas moleculares que digerem proteínas, compreendendo um núcleo catalítico central (vermelho, bege e cinza), onde ocorre a degradação, e duas subunidades regulatórias que funcionam como tampas (amarelo e preto) e que reconhecem as proteínas marcadas para a destruição pela adição de moléculas de ubiquitina. (Ramon Andrade 3Dciencia/Science Photo Library.)

SUMÁRIO

Proteínas são polímeros de aminoácidos e ocorrem em muitos tamanhos e formas. A diversidade tridimensional apresentada por esses polímeros reflete principalmente variações nos seus tamanhos e sequências de aminoácidos. Em geral, o polímero de aminoácidos linear e não ramificado que compõe uma proteína irá se enovelar em somente uma ou poucas formas tridimensionais relacionadas – denominadas **conformações**. Aliada às propriedades químicas características das cadeias laterais de seus aminoácidos, a conformação de uma proteína determina sua função. Devido às suas formas e propriedades químicas diversificadas, as proteínas desempenham, dentro e fora das células, diversas funções essenciais à sobrevivência do organismo ou que conferem vantagem adaptativa à célula ou ao organismo que as contém. Dessa forma, não é surpreendente que a caracterização das estruturas e atividades das proteínas seja fundamental para entender como as células funcionam. Grande parte deste livro é dedicada ao entendimento de como as proteínas atuam em conjunto para possibilitar às células viver e funcionar de forma apropriada.

Ainda que suas estruturas sejam diversificadas, a maioria das proteínas pode ser agrupada em uma entre poucas classes funcionais genéricas. As *proteínas estruturais*, por exemplo, determinam as formas das células e de seus ambientes extracelulares, servindo também como trilhos para direcionar o movimento intracelular de moléculas e organelas. Elas são formadas geralmente pela associação de muitas subunidades proteicas em estruturas longas e muito grandes. As *proteínas "andaime"* agrupam outras proteínas em arranjos ordenados, permitido que as mesmas desempenhem funções específicas de maneira mais eficiente do que o fariam se não estivessem agrupadas. As *enzimas* são proteínas que catalisam reações químicas. As *proteínas transportadoras de membrana* permitem o fluxo de íons e moléculas através das membranas celulares. As *proteínas reguladoras* atuam como sinalizadores, sensores e comutadores que têm por finalidade controlar as atividades das células, alterando as funções de outras proteínas e genes. Proteínas reguladoras incluem *proteínas de sinalização*, como hormônios e receptores de superfície celular, que transmitem sinais extracelulares para o interior da célula. As *proteínas motoras* são responsáveis por mover outras proteínas, organelas, células e até mesmo organismos inteiros. Qualquer proteína em particular pode ser membro de mais de uma classe de proteínas, como é o caso de alguns receptores de superfície envolvidos em eventos de sinalização celular, que são enzimas e também proteínas reguladoras, uma vez que transmitem sinais do exterior para o interior da célula por meio da catálise de reações químicas. Para desempenhar as suas funções de forma eficiente, algumas proteínas se agrupam em grandes complexos, frequentemente denominados *máquinas moleculares*.

Como as proteínas são capazes de desempenhar funções tão diversificadas? Elas o fazem explorando poucas atividades simples. Fundamentalmente, as proteínas se *ligam* umas às outras, a outras macromoléculas, tais como o DNA, e a pequenas moléculas e íons. Em muitos casos, tal ligação induz uma mudança conformacional na proteína e, portanto, influencia sua atividade. A ligação baseia-se na complementaridade entre uma proteína e seu parceiro de ligação, como descrito no Capítulo 2. Uma segunda atividade primordial é a *catálise* enzimática. O enovelamento apropriado de uma proteína irá dispor as cadeias laterais de alguns aminoácidos e grupamentos amino e carboxila da sua cadeia principal proteica em posições que permitem a catálise de rearranjos de ligação covalente. Uma terceira atividade envolve a *formação* de um canal ou poro dentro de uma membrana pelo qual ocorre o fluxo de moléculas e íons. Ainda que essas sejam atividades proteicas cruciais, elas não são as únicas. Por exemplo, peixes que vivem em águas geladas – como peixes criopelágicos do Oceano Antártico e os bacalhaus árticos – têm proteínas anticongelantes em seus sistemas circulatórios que impedem a cristalização da água.

Entender completamente como as proteínas possibilitam às células viverem e prosperarem requer a identificação e caracterização de todas as proteínas utilizadas por uma célula. Em certo sentido, biólogos celulares e moleculares querem compilar uma lista completa das proteínas presentes nas células e construir um "manual do usuário" que descreva como essas proteínas funcionam. A compilação de um inventário abrangente das proteínas presentes em uma célula se tornou algo exequível nos anos recentes com o sequenciamento de **genomas** – conjuntos completos de genes – inteiros de cada vez mais organismos. A partir da análise computacional de sequências genômicas, os pesquisadores deduzem as sequências de aminoácidos e calculam o número de proteínas codificadas (ver Capítulo 5). O termo **proteoma** foi cunhado para se referir a todo o complemento de proteínas de um organismo. O genoma humano contém cerca de 20 a 23 mil genes que codificam proteínas. Entretanto, variações na produção de mRNA, tais como *splicing* alternativo (ver Capítulo 8), e mais de 100 tipos de modificações proteicas podem gerar centenas de milhares de proteínas humanas distintas. Por meio da comparação de sequências e estruturas de proteínas de função desconhecida com aquelas de função conhecida, cientistas conseguem muitas vezes deduzir muitas coisas a respeito das funções desempenhadas por proteínas ainda não estudadas funcionalmente. No passado, a caracterização da função de uma proteína por métodos genéticos, bioquímicos ou fisiológicos frequentemente precediam a identificação de proteínas particulares. Na era proteômica e genômica moderna, uma proteína é geralmente identificada antes da determinação de sua função.

Neste capítulo, será estudado como a estrutura de uma proteína determina a sua função, tema que ressurge em todo o livro (Figura 3-1). A primeira seção analisa como cadeias lineares de aminoácidos estão arranjadas em uma hierarquia de estruturas tridimensionais. A próxima seção discute como as proteínas se enovelam nessas estruturas. Em seguida, será abordada a função

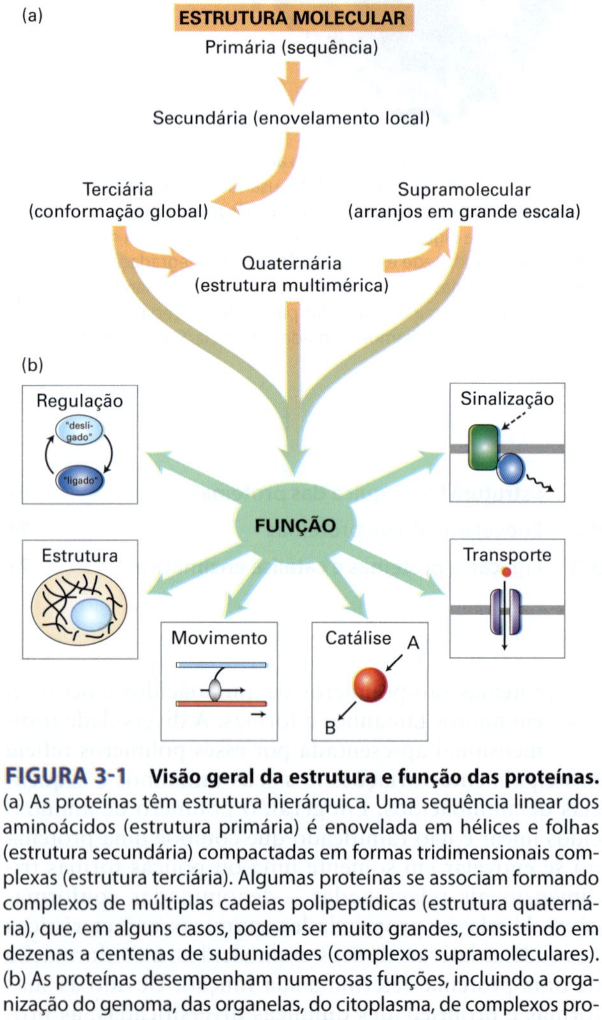

FIGURA 3-1 Visão geral da estrutura e função das proteínas. (a) As proteínas têm estrutura hierárquica. Uma sequência linear dos aminoácidos (estrutura primária) é enovelada em hélices e folhas (estrutura secundária) compactadas em formas tridimensionais complexas (estrutura terciária). Algumas proteínas se associam formando complexos de múltiplas cadeias polipeptídicas (estrutura quaternária), que, em alguns casos, podem ser muito grandes, consistindo em dezenas a centenas de subunidades (complexos supramoleculares). (b) As proteínas desempenham numerosas funções, incluindo a organização do genoma, das organelas, do citoplasma, de complexos proteicos e de membranas no espaço tridimensional (estrutura); o controle da atividade proteica (regulação); o monitoramento do ambiente e a transmissão de informação (sinalização); o transporte de pequenas moléculas e íons através de membranas (transporte); catálise de reações químicas (por enzimas); e geração de força para o movimento (por proteínas motoras). Essas e outras funções se originam das interações por ligações específicas e das alterações conformacionais na estrutura da proteína com enovelamento correto.

proteica, concentrando-se nas enzimas, a classe especial de proteínas que catalisam reações químicas. Depois serão tratados vários dos mecanismos que as células usam para controlar as atividades e o tempo de vida das proteínas. O capítulo conclui com uma discussão de técnicas comumente utilizadas para a identificação, isolamento e caracterização de proteínas, incluindo uma discussão sobre o emergente campo da proteômica.

3.1 Estrutura hierárquica das proteínas

Uma cadeia polipeptídica assume uma estrutura tridimensional particular estabilizada principalmente por interações não covalentes entre regiões da sequência linear de aminoácidos. Eis o conceito-chave para se compreender como as proteínas funcionam: *a função é derivada da estrutura tridimensional, e a estrutura tridimensional é determinada pela sequência de aminoácidos da proteína e pelas interações não covalentes intramoleculares*. Princípios correlacionando estrutura e função biológicas foram formulados inicialmente pelos biólogos Johann von Goethe (1749-1832), Ernst Haeckel (1834-1919) e D'Arcy Thompson (1860-1948), cujos trabalhos influenciaram amplamente a biologia e também outros campos de conhecimento. De fato, suas ideias influenciaram consideravelmente a escola de arquitetura "orgânica", de princípios do século XX, cuja essência foi capturada pelas sentenças "a forma segue a função" (Louis Sullivan) e "forma é função" (Frank Lloyd Wright). Aqui será considerada a arquitetura das proteínas em quatro níveis de organização: primário, secundário, terciário e quaternário (Figura 3-2).

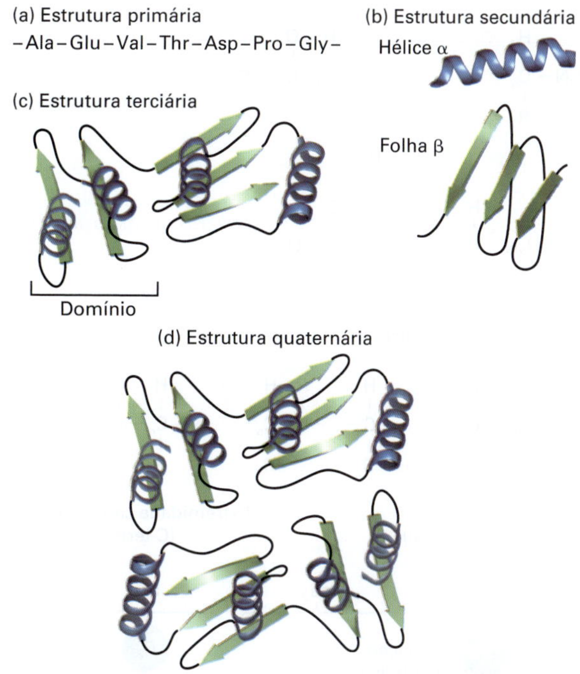

FIGURA 3-2 Os quatro níveis da hierarquia das proteínas. (a) A sequência linear de aminoácidos associados por ligações peptídicas é a estrutura primária. (b) O enovelamento da cadeia polipeptídica em hélices α e folhas β locais representa a estrutura secundária. (c) Elementos de estrutura secundária, juntamente com várias alças e voltas em uma única cadeia polipeptídica, formam uma estrutura maior, independentemente estável, que pode incluir domínios distintos: a estrutura terciária. (d) Algumas proteínas são compostas por mais de um polipeptídeo associados em uma estrutura quaternária.

A estrutura primária de uma proteína corresponde ao seu arranjo linear de aminoácidos

Como discutido no Capítulo 2, as proteínas são polímeros construídos a partir de 20 tipos diferentes de aminoácidos. Os aminoácidos individuais são unidos em cadeias lineares não ramificadas por ligações amídicas covalentes, denominadas **ligações peptídicas**. A formação de uma ligação peptídica entre o grupamento amino de um aminoácido e o grupamento carboxila de outro resulta na liberação líquida de uma molécula de água, sendo, portanto, uma forma de reação de desidratação (Figura 3-3a). Os átomos repetidos de nitrogênio da amida (N), carbono α (C_α), carbono da carbonila (C) e oxigênio (O) de cada resíduo de aminoácido formam o esqueleto de uma molécula proteica a partir da qual cadeias laterais variadas se projetam (Figura 3-3b,c). Como consequência da ligação peptídica, a cadeia principal proteica exibe direcionalidade, geralmente referida como orientação N-C, porque todos os grupamentos amino estão localizados na mesma direção dos átomos de C_α. Dessa forma, uma extremidade da proteína tem um grupamento amino livre (a extremidade *N-terminal*), e a outra extremidade contém um grupamento carboxila livre (a extremidade *C-terminal*). A sequência de uma cadeia proteica é convencionalmente escrita com o seu aminoácido N-terminal na esquerda e o seu aminoácido C-terminal na direita, e os aminoácidos são numerados sequencialmente, iniciando da extremidade aminoterminal.

A **estrutura primária** de uma proteína é simplesmente o arranjo covalente linear, ou a sequência, dos resíduos de aminoácidos que a compõe. A primeira estrutura primária de uma proteína determinada foi a da insulina no início dos anos 1950; hoje, o número de sequências conhecidas excede 10 milhões e cresce diariamente. Muitos termos são empregados para denotar as cadeias formadas pela polimerização de aminoácidos. Uma cadeia curta de aminoácidos associados por ligações peptídicas com sequência definida é denominada **oligopeptídeo**, ou somente **peptídeo**; cadeias mais longas são referidas como **polipeptídeos**. Os peptídeos contêm geralmente menos de 20 a 30 resíduos de aminoácidos, enquanto polipeptídeos frequentemente têm tamanhos de 200 a 500 resíduos. A proteína mais longa descrita até hoje é a proteína muscular titina com $>$ 35.000 resíduos. Em geral, o termo **proteína** é reservado para um polipeptídeo (ou complexo de polipeptídeos) que apresenta estrutura tridimensional bem definida.

O tamanho de uma proteína ou de um polipeptídeo é expresso por sua massa em **daltons** (um dalton equivale a 1 unidade de massa atômica) ou pelo seu peso molecular (MW), número adimensional equivalente à massa em daltons. Por exemplo, uma proteína de 10.000 MW tem massa de 10.000 daltons (Da), ou 10 quilodaltons (kDa). Posteriormente neste capítulo, serão considerados diferentes métodos para medir os tamanhos e outras características físicas das proteínas. As proteínas codifi-

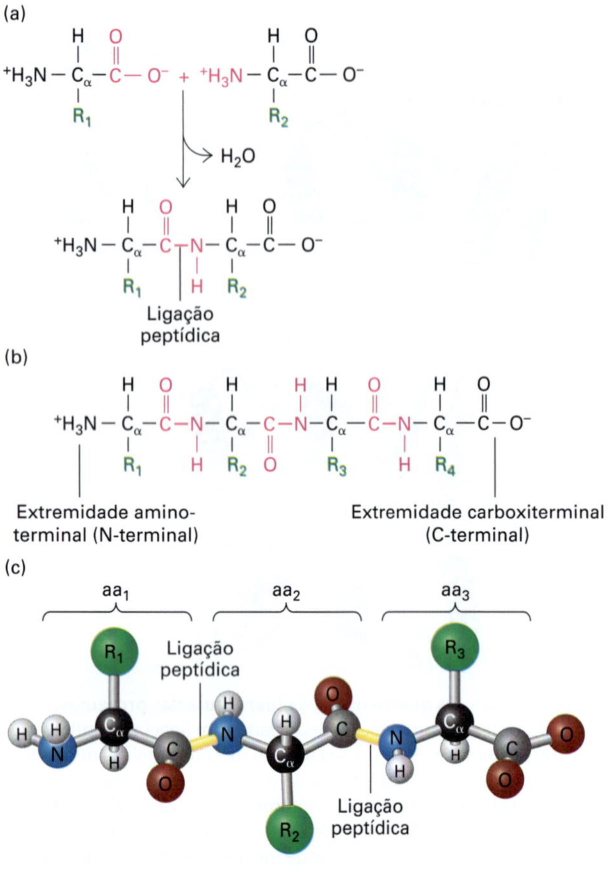

FIGURA 3-3 Estrutura de um polipeptídeo. (a) Aminoácidos individuais se encontram associados por ligações peptídicas, formadas por meio de reações que resultam na perda de água (desidratação). R_1, R_2, etc., representam as cadeias laterais ("grupos R") dos aminoácidos. (b) Os polímeros lineares formados por aminoácidos ligados por ligações peptídicas são denominados polipeptídeos, que têm uma extremidade aminoterminal livre (N-terminal) e uma extremidade carboxiterminal livre (C-terminal). (c) Um modelo de esferas e varetas mostra as ligações peptídicas (em amarelo) unindo o átomo de nitrogênio (em azul) do grupo amino de um aminoácido (aa) com o átomo de carbono (em cinza) da carbonila de um aminoácido adjacente na cadeia. Os grupos R (em verde) se estendem a partir dos átomos de carbono α (em preto) dos aminoácidos. Estas cadeias laterais determinam em grande parte as propriedades distintas apresentadas pelas proteínas individuais.

cadas pelo genoma de levedura têm um peso molecular médio de 52.728 e contêm, em média, 466 resíduos de aminoácidos. O peso molecular médio de aminoácidos em proteínas é 113, considerando suas abundâncias relativas médias. Esse valor pode ser usado para estimar o número de resíduos de uma proteína a partir de seu peso molecular ou, de forma alternativa, seu peso molecular a partir do número de resíduos de aminoácidos.

Estruturas secundárias são os elementos centrais da arquitetura das proteínas

O segundo nível na hierarquia da estrutura das proteínas é a **estrutura secundária.** Estruturas secundárias correspondem a arranjos espaciais estáveis de segmentos de uma cadeia polipeptídica unidos por ligações de hidrogênio entre os grupamentos amida e carbonila da cadeia principal, envolvendo frequentemente padrões estruturais repetitivos. Um único polipeptídeo contém múltiplos tipos de estrutura secundária em várias porções da cadeia, dependendo da sua sequência. As principais estruturas secundárias são a **hélice alfa (α)**, a **folha beta (β)** e uma **volta beta (β)** em formato de U curto. Partes da cadeia polipeptídica que não formam essas estruturas, mas que ainda assim apresentam forma estável e bem definida, têm estrutura *irregular*. O termo *cadeia desordenada* aplica-se a partes altamente flexíveis da cadeia polipeptídica que não apresentam uma estrutura tridimensional fixa. Em uma proteína média, 60% da cadeia polipeptídica existem como hélices α e folhas β; o restante da molécula está contida em estruturas irregulares, regiões helicoidais e voltas. Portanto, as hélices α e as folhas β são os principais elementos de suporte interno na maioria das proteínas. Nesta seção, serão exploradas as formas das estruturas secundárias e as forças que favorecem a sua formação. Nas seções posteriores, será examinado como os arranjos de estruturas secundárias se associam em arranjos maiores e mais complexos denominados estrutura terciária.

A hélice α Em um segmento de um polipeptídeo enovelado formando uma hélice α, o esqueleto da cadeia polipeptídica forma uma estrutura em espiral na qual o átomo de oxigênio da carbonila de cada ligação peptídica forma uma ligação de hidrogênio com o átomo de hidrogênio da amida do aminoácido localizado a quatro resíduos de distância ao longo da cadeia na direção da extremidade C-terminal (Figura 3-4). Dentro de uma hélice α, todos os grupamentos amino e carboxila da cadeia principal polipeptídica se encontram associados por ligações de hidrogênio, exceto no início e no fim da hélice. Esse arranjo periódico de ligações confere uma direcionalidade amino para carboxiterminal na hélice, pois todos os aceptores de ligações de hidrogênio (ou seja, grupamentos carbonila) têm a mesma orientação (apontando para baixo na Figura 3-4), resultando em uma estrutura na qual existe uma volta completa de espiral a cada 3,6 resíduos. Uma hélice α de 36 aminoácidos possui 10 voltas de hélice e 5,4 nm de extensão (0,54 nm/volta).

O arranjo estável de aminoácidos associados por ligações de hidrogênio em uma hélice α mantém a cadeia principal em um cilindro reto, em forma de bastão, a partir do qual as cadeias laterais se projetam para fora. A característica relativamente hidrofóbica ou hidrofílica de uma hélice em particular dentro de uma proteína é determinada inteiramente pelas características das cadeias laterais. Em proteínas solúveis em água, hélices hidrofílicas tendem a ser encontradas em superfícies externas, onde conseguem interagir com o ambiente aquoso, enquanto hélices hidrofóbicas tendem a estar protegidas dentro da porção central da proteína enovelada. O aminoácido prolina não é geralmente encontrado em hélices α porque a ligação covalente do seu grupamento amino com um carbono da cadeia lateral impede a sua participação na estabilização da cadeia principal polipeptídica por meio de ligações de hidrogênio normais. Embora a hélice α clássica seja a forma helicoidal mais estável intrinsecamente e comumente encontrada em proteínas, existem variações, como hélices mais firme ou fracamente torcidas. Por

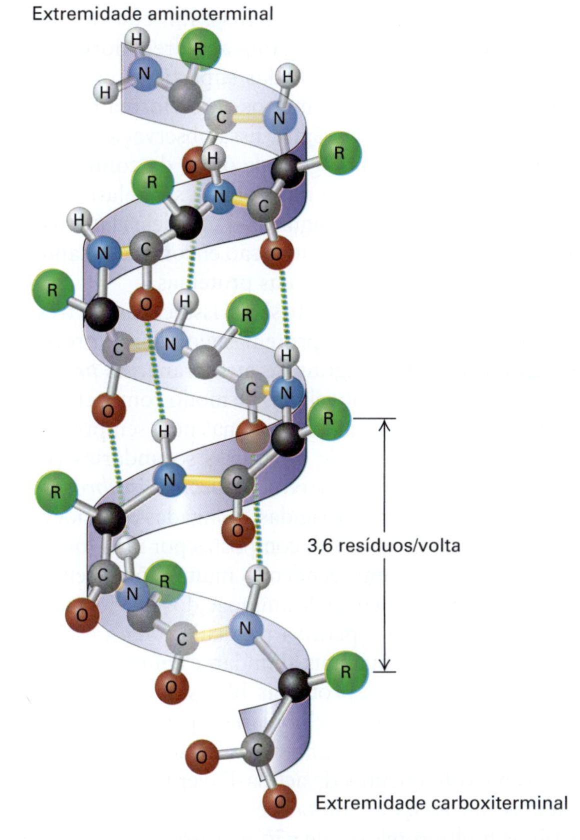

FIGURA 3-4 A hélice α, estrutura secundária comum das proteínas. A cadeia principal polipeptídica (vista como uma fita) é enovelada em uma espiral estabilizada por ligações de hidrogênio entre os átomos de oxigênio e hidrogênio da cadeia principal polipeptídica. São mostrados somente os átomos de hidrogênio envolvidos em ligações. A superfície externa da hélice é recoberta pelos grupos R das cadeias laterais (verde).

exemplo, em uma hélice especializada denominada super-hélice (descrita várias seções adiante), a hélice é mais firmemente enrolada (3,5 resíduos e 0,51 nm por volta).

A folha β Outro tipo de estrutura secundária, a folha β, consiste em fitas β empacotadas lateralmente. Cada fita β corresponde a um pequeno segmento (5 a 8 resíduos) da cadeia polipeptídica, em uma configuração quase que totalmente estendida. Diferentemente da hélice α, onde ligações de hidrogênio ocorrem entre os grupamentos carboxila e amino na cadeia principal entre resíduos praticamente adjacentes, ligações de hidrogênio na folha β ocorrem entre átomos da cadeia principal de fitas β separadas, ainda que adjacentes, estando orientadas perpendicularmente em relação aos átomos da cadeia principal polipeptídica (Figura 3-5a). Essas fitas β distintas podem estar dentro de uma única cadeia polipeptídica, com alças curtas ou longas entre segmentos de fita β, ou em diferentes cadeias polipeptídicas em uma proteína composta por múltiplos polipeptídeos. A Figura 3-5b mostra como duas ou mais fitas β se alinham, formando uma folha β pregueada praticamente bidimensional (ou simplesmente *folha pregueada*), na qual as ligações de hidrogênio dentro do plano da folha mantêm as fitas β unidas, uma vez que as cadeias laterais se projetam acima e abaixo do plano. Assim como as hélices α, as fitas β têm a direcionalidade definida pela orientação das ligações peptídicas. Portanto, em uma folha pregueada, as fitas β adjacentes podem estar orientadas na mesma direção (paralelas) ou em direções opostas de forma alternada (antiparalelas) umas às outras. Na Figura 3-5a, pode-se visualizar que as orientações de N-C das cadeias, indicadas por flechas, alternam direções entre cadeias adjacentes, representando uma folha antiparalela. Em algumas proteínas, folhas β formam a superfície de um bolsão de ligação ou um núcleo hidrofóbico; em proteínas embebidas em membranas, as folhas β se curvam e formam um poro central hidrofílico pelo qual íons e pequenas moléculas podem fluir (ver Capítulo 11).

Voltas β Compostas por quatro resíduos, as voltas β estão localizadas na superfície de uma proteína, formando dobras agudas que revertem a direção do esqueleto da cadeia polipeptídica, muitas vezes rumo ao interior da proteína. Essas estruturas secundárias curtas, em forma de U, são frequentemente estabilizadas por uma ligação de hidrogênio entre os seus resíduos terminais (Figura 3-6). Glicina e prolina são comumente encontradas nas voltas β. A ausência de uma cadeia lateral grande na glicina e a presença de uma dobra pré-construída na prolina possibilitam à cadeia polipeptídica se dobrar firmemente em formato de U. Voltas β auxiliam proteínas grandes a se enovelarem em estruturas altamente compactas. Existem seis tipos de voltas bem definidas, cujas estruturas detalhadas dependem do arranjo das ligações de hidrogênio.

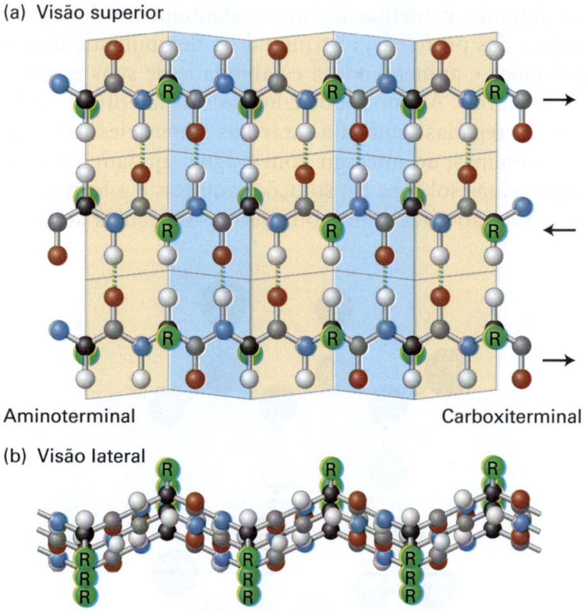

FIGURA 3-5 A folha β, outra estrutura secundária comum das proteínas. (a) Visão superior de uma folha β com três fitas simples, com fitas β antiparalelas, como indicado pelas setas que representam as orientações N-C das cadeias. As ligações de hidrogênio estabilizadoras entre as fitas β estão indicadas por linhas pontilhadas em verde. (b) Visão lateral da folha β. A projeção dos grupos R (verde) acima e abaixo do plano da folha é óbvia nesta representação. Os ângulos fixos na cadeia principal polipeptídica produzem um contorno pregueado.

Uma cadeia principal também pode conter dobras maiores, ou alças. Diferentemente das rígidas voltas β, que exibem apenas poucas conformações bem definidas, alças maiores apresentam muitas conformações diferentes.

A estrutura terciária corresponde ao enovelamento geral de uma cadeia polipeptídica

A **estrutura terciária** corresponde à conformação total de uma cadeia polipeptídica – ou seja, é o arranjo tridimensional de todos os seus resíduos de aminoácidos. Diferentemente das estruturas secundárias, que são estabilizadas somente por ligações de hidrogênio, a estrutura terciária é estabilizada principalmente por interações hidrofóbicas entre cadeias laterais apolares, junto com ligações de hidrogênio envolvendo cadeias laterais polares e grupamentos amino e carboxila da cadeia polipeptídica. Essas forças estabilizadoras mantêm os elementos de estrutura secundária unidos de forma compacta – hélices α, fitas β, voltas e regiões helicoidais. Entretanto, como as interações estabilizadoras são frequentemente fracas, a estrutura terciária de uma proteína não é rigidamente fixa, mas sofre pequenas flutuações contínuas, e alguns segmentos dentro da estrutura terciária de uma proteína podem ser tão móveis que são considerados desordenados – ou seja, não apresentam estrutura tridimensional estável, bem definida. Essa variação na estrutura tem consequências importantes para a função e a regulação das proteínas.

As propriedades químicas das cadeias laterais dos aminoácidos ajudam a definir a estrutura terciária. **Pontes dissulfeto** entre as cadeias laterais de resíduos de cisteína em algumas proteínas ligam covalentemente diferentes regiões das proteínas, restringindo a flexibilidade dessas moléculas e aumentando a estabilidade de suas estruturas terciárias. Aminoácidos com cadeias laterais hidrofílicas carregadas tendem a estar nas superfícies externas das proteínas; ao interagir com a água, ajudam a tornar as proteínas solúveis em soluções aquosas e a formar interações não covalentes com outras moléculas solúveis em água, incluindo outras proteínas. Em contrapartida, aminoácidos com cadeias laterais apolares hidrofóbicas são geralmente sequestrados das superfícies expostas à água de uma proteína, em muitos casos formando o núcleo proteico insolúvel em água. Essa observação levou ao modelo conhecido como "gota de óleo" da conformação proteica devido ao núcleo da proteína ser relativamente hidrofóbico ou "oleoso" (Figura 3-7). Cadeias laterais polares hidrofílicas não carregadas são encontradas tanto na superfície quanto no interior das proteínas.

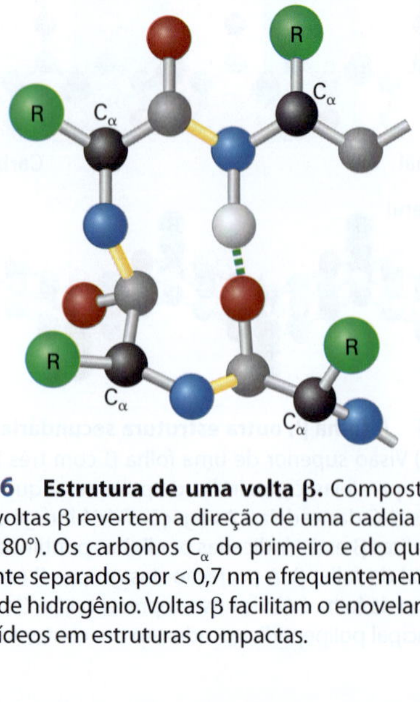

FIGURA 3-6 Estrutura de uma volta β. Composta por quatro resíduos, as voltas β revertem a direção de uma cadeia polipeptídica (volta U de 180°). Os carbonos C_α do primeiro e do quarto resíduos são geralmente separados por < 0,7 nm e frequentemente unidos por uma ligação de hidrogênio. Voltas β facilitam o enovelamento de longos polipeptídeos em estruturas compactas.

As proteínas normalmente são classificadas em três categorias estruturais gerais: proteínas globulares, proteínas fibrosas e proteínas integrais de membrana. As *proteínas globulares*, estruturas enoveladas de modo compacto, solúveis em água, em geral esferoidais (mas nem sempre), compreendem uma mistura de estruturas secundárias (ver a estrutura da mioglobina abaixo). As *proteínas fibrosas* são moléculas frequentemente rígidas, alongadas e grandes. Algumas proteínas fibrosas são compostas por uma longa cadeia polipeptídica compreendendo muitas cópias em série de uma pequena sequência de aminoácidos que forma uma estrutura secundária repetitiva particular (ver a estrutura do colágeno, a proteína mais abundante em mamíferos, na Figura 20-24). Outras proteínas fibrosas são compostas por subunidades proteicas globulares repetitivas, tais como o arranjo helicoidal de monômeros de actina-G, que formam os microfilamentos de actina-F (ver Capítulo 17). As proteínas fibrosas, que muitas vezes se agregam em grandes fibras multiproteicas que não se dissolvem prontamente em água, geralmente desempenham um papel estrutural ou participam em movimentos celulares. As *proteínas integrais de membrana* se encontram embebidas dentro da bicamada de fosfolipídeos das membranas que delimitam as células e organelas (ver Capítulo 10). As três categorias gerais de proteínas aqui consideradas não são mutuamente exclusivas – algumas proteínas são formadas pela combinação de duas ou até mesmo de todas as três categorias.

Diferentes formas de representar a conformação das proteínas portam diferentes tipos de informação

A forma mais simples de representar a estrutura tridimensional de uma proteína é traçar a trajetória dos átomos da cadeia principal polipeptídica, algumas vezes somente os átomos C_α, com uma linha sólida (denominada traço C_α, Figura 3-8a); o modelo mais complexo mostra todos os átomos (Figura 3-8b). O primeiro revela o enovelamento geral da cadeia polipeptídica sem considerar as cadeias laterais dos aminoácidos; o último, o modelo de esferas e varetas (com esferas representando átomos e varetas representando ligações), detalha as interações entre átomos da cadeia lateral, incluindo aqueles que estabilizam a conformação da proteína e interagem com outras moléculas e com os átomos da cadeia principal polipeptídica. Ainda que ambas as perspectivas sejam úteis, os elementos de estrutura secundária nem sempre são fáceis de serem discernidos nesses modelos. Outro tipo de representação emprega símbolos comuns para representar a estrutura secundária – por exemplo, fitas helicoidais ou cilindros sólidos para hélices α, fitas planas ou flechas para fitas β e

ANIMAÇÃO GERAL: Modelo da gota de óleo da estrutura das proteínas

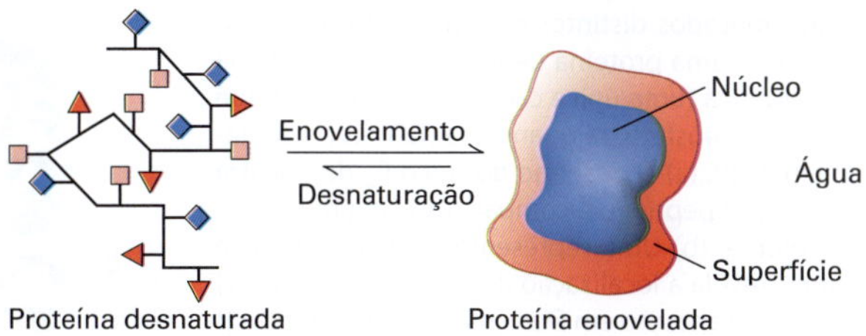

FIGURA 3-7 Modelo da gota de óleo do enovelamento das proteínas. Os resíduos hidrofóbicos (azul) de uma cadeia polipeptídica tendem a se agrupar, de alguma forma semelhante a uma gota de óleo, no interior, ou núcleo, de uma proteína enovelada, expulsos do entorno aquoso pelo efeito hidrofóbico (ver Capítulo 2). Cadeias laterais polares carregadas e não carregadas (vermelho) aparecem na superfície da proteína, onde elas podem formar interações estabilizadoras com a água e os íons do entorno.

fitas finas flexíveis para voltas β, regiões helicoidais e alças (Figura 3-8c). Em uma variação do diagrama básico, modelos de esferas e varetas ou volume atômico de todas ou somente de um subgrupo das cadeias laterais pode ser acoplado ao esqueleto da cadeia polipeptídica. Dessa forma, as cadeias laterais que são de interesse podem ser visualizadas no contexto da estrutura secundária representada de forma especialmente clara pela sua cadeia principal.

Entretanto, nenhuma dessas três formas de representar a estrutura proteica fornece muita informação acerca da superfície da proteína, importante porque é onde outras moléculas normalmente se ligam a uma proteína. Com o auxílio de análises computacionais, é possível identificar quais átomos de superfície estão em contato com o ambiente aquoso. Nessa superfície acessível à água, regiões com características em comum, como caráter químico (hidrofobicidade ou hidrofilicidade) e carga (cadeias laterais positivas ou básicas e cadeias negativas ou ácidas) podem ser indicadas por cores (Figura 3-8d). Esses modelos revelam a topografia de uma superfície proteica e a distribuição de cargas, ambas constituindo características importantes dos sítios de ligação, assim como fendas na superfície onde pequenas moléculas podem se ligar. Essa perspectiva representa uma proteína como ela é "reconhecida" por outra molécula.

Motivos estruturais são combinações regulares de estruturas secundárias

Uma combinação particular de duas ou mais estruturas secundárias que formam uma estrutura tridimensional particular é denominada **motivo estrutural** quando aparece em múltiplas proteínas. Com frequência, mas nem sempre, um motivo estrutural é associado a uma função específica. Em geral, todo motivo estrutural particular irá desempenhar uma função comum em diferentes proteínas, como a ligação a um íon particular ou molécula pequena como, por exemplo, o cálcio ou o ATP.

Um motivo estrutural comum é a estrutura **super-hélice** com base em hélices α, ou repetição de sete resíduos. Muitas proteínas, incluindo proteínas fibrosas e proteínas reguladoras de DNA denominadas fatores de transcrição (ver Capítulo 7), associam-se em dímeros e trímeros utilizando um motivo super-hélice, no qual hélices α de duas, três ou até mesmo quatro cadeias polipeptídicas separadas se enrolam umas sobre as outras – resultando em uma hélice de hélices, daí seu nome (Figura 3-9a). As hélices individuais associam-se firmemente umas às outras, pois cada hélice tem uma sequência de cadeias laterais alifáticas (leucina, valina, etc.) hidrofóbicas, mas não aromáticas, dispondo-se ao longo de um lado da hélice que interage com uma sequência similar na hélice adjacente, sequestrando os grupamentos hidrofóbicos para longe das moléculas de água e estabilizando a associação de múltiplas hélices independentes. Essas sequências hidrofóbicas são geradas ao longo de somente um dos lados da hélice, pois a estrutura primária de cada hélice é composta por unidades de repetição de sete aminoácidos, denominadas héptades, nas quais as cadeias laterais do primeiro e do quarto resíduos são alifáticas e as outras cadeias laterais são comumente hidrofílicas (Figura 3-9a). Como cadeias laterais hidrofílicas se estendem a partir de um lado da hélice e cadeias laterais hidrofóbicas se estendem para o lado oposto, a estrutura helicoidal total é **anfipática.** Como leucinas frequentemente aparecem nas quartas posições e as cadeias laterais hidrofóbicas associam-se como os dentes de um zíper, esse motivo estrutural também é denominado **zíper de leucina.**

Muitos outros motivos estruturais contêm hélices α. Um motivo ligador de cálcio comum denominado **mão EF** contém hélices curtas conectadas por uma alça (Figura 3-9b). Esse motivo estrutural, um dos vários motivos estruturais do tipo **hélice-volta-hélice**, é encontrado em mais de 100 proteínas e é usado como sensor dos níveis de cálcio nas células. A ligação de um íon de Ca^{2+} a átomos de oxigênio em resíduos conservados na alça depende da concentração de Ca^{2+} e frequentemente induz uma mudança conformacional na proteína, alterando a sua atividade. Portanto, as concentrações de cálcio podem controlar diretamente as estruturas e as funções das proteínas. Motivos estruturais hélice-volta-hélice um tanto diferentes e os motivos **hélice-alça-hélice básicos** (bHLH) são utilizados para promover a ligação de proteínas ao DNA e, consequentemente, para regular a atividade dos genes (ver Capítulo 7). Ainda outro motivo estrutural comumente encontrado em proteínas que se ligam a RNA ou DNA é o **dedo de zinco**, que contém três estruturas secundárias – uma hélice α e duas fitas β com orientação antiparalela – que formam um feixe em forma de dedo unido por um íon de zinco (Figura 3-9c).

As relações entre a estrutura primária de uma cadeia polipeptídica e os motivos estruturais nos quais ela se enovela nem sempre são evidentes. As sequências de aminoácidos responsáveis por qualquer motivo estrutural podem ser muito semelhantes umas às outras. Em outras palavras, um *motivo de sequência* comum pode resultar em um motivo estrutural comum. Esse é o caso das repetições de hépta-

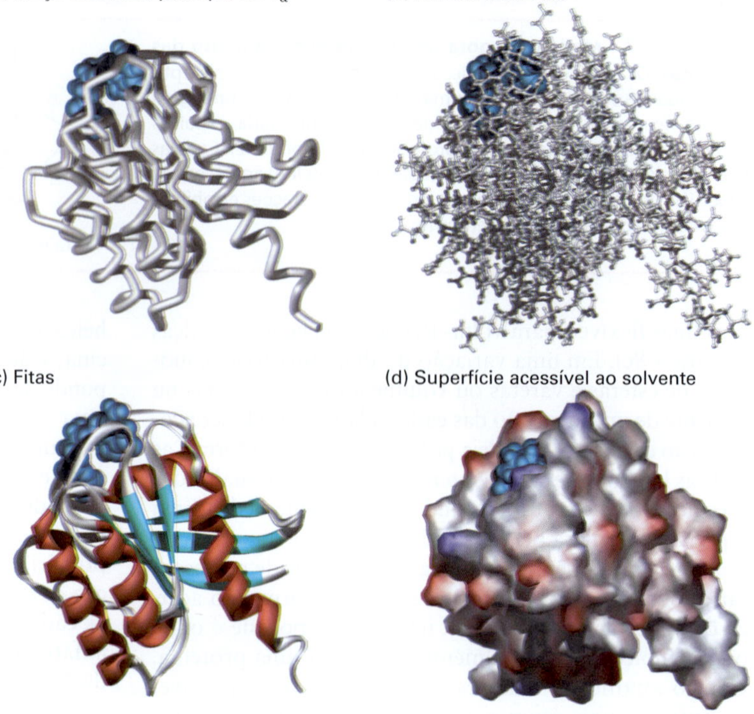

FIGURA 3-8 Quatro formas de visualizar a estrutura de uma proteína. Aqui são mostrados quatro métodos distintos de representação da estrutura de uma proteína denominada ras, proteína monomérica (uma única cadeia polipeptídica) que se liga ao difosfato de guanosina (GDP, representado em azul). (a) O desenho do traço C_α demonstra como o polipeptídeo é compactado em um pequeno volume. (b) Uma representação com esferas e varetas revela a localização de todos os átomos. (c) Uma representação em fitas enfatiza como as fitas β (azul-claro) e hélices α (vermelho) estão organizadas na proteína. Observe que há voltas e alças conectando os pares de hélices e fitas. (d) Um modelo da superfície acessível ao meio aquoso revela as várias saliências, sulcos e grumos na superfície da proteína. As regiões de carga positiva estão sombreadas em roxo; as regiões com carga negativa estão sombreadas em vermelho.

des que formam as estruturas das super-hélices. Entretanto, é possível que sequências de aminoácidos aparentemente não relacionadas se enovelem em um motivo estrutural comum, de modo que nem sempre é possível predizer quais são as sequências de aminoácidos que irão se enovelar em determinado motivo estrutural. Em contrapartida, é possível que um motivo de sequência de ocorrência comum não se enovele em um motivo estrutural bem definido. Algumas vezes, pequenos motivos de sequência que apresentam abundância incomum de um aminoácido em particular, por exemplo, prolina ou aspartato ou glutamato, são denominados "domínios"; entretanto, esses e outros segmentos contíguos curtos são mais apropriadamente denominados motivos de sequência e não domínios, os quais apresentam um significado distinto definido abaixo.

Serão abordados numerosos motivos adicionais em discussões posteriores de outras proteínas neste e em outros capítulos. A presença de um mesmo motivo estrutural em diferentes proteínas com funções semelhantes claramente indica que essas combinações úteis de estruturas secundárias têm sido conservadas ao longo da evolução.

Os domínios são módulos de estrutura terciária

Regiões distintas da estrutura de uma proteína são frequentemente chamadas de **domínios**. Existem três classes principais de domínios proteicos: funcional, estrutural e topológico. *Domínio funcional* é a região de uma proteína que exibe atividade particular característica da proteína, mesmo quando isolada do restante da proteína. Por exemplo, uma região proteica particular pode ser responsável por sua atividade catalítica (p. ex., um domínio cinase que adiciona covalentemente um grupamento fosfato a outra molécula) ou capacidade de ligação (p. ex., um domínio ligador de DNA ou domínio ligador de membranas). Domínios funcionais são frequentemente identificados experimentalmente reduzindo uma proteína aos seus menores fragmentos ativos com o auxílio de **proteases**, enzimas que clivam uma ou mais ligações peptídicas de um polipeptídeo-alvo. De forma alternativa, o DNA que codifica uma proteína pode ser modificado de forma que, quando o DNA modificado é usado para gerar uma proteína, somente é produzida uma região particular, ou domínio, da proteína completa. Portanto, é possível determinar se partes específicas de uma proteína são responsáveis por atividades particulares exibidas pela proteína. De fato, domínios funcionais são frequentemente associados com domínios estruturais correspondentes.

Um *domínio estrutural* é uma região com ~40 ou mais aminoácidos em tamanho, arranjada em estrutura única, distinta e estável muitas vezes abrangendo uma ou mais estruturas secundárias. Com frequência, domínios estruturais podem se enovelar em suas estruturas características independentemente do restante da proteína na qual estão embebidos. Como consequência, domínios estruturais distintos podem ligar-se – algumas vezes por espaçadores longos ou curtos – para formar proteínas grandes, multidomínio. Cada uma das cadeias polipeptídicas da hemaglutinina trimérica do vírus da gripe, por exemplo, contém um domínio globular e um domínio fibroso (Figura 3-10a). Da mesma forma que os motivos estruturais (compostos por estruturas secundárias), os domínios estruturais são incorporados como módulos em proteínas diferentes. A abordagem modular para a arquitetura das proteínas é particularmente fácil de ser reconhecida em proteínas grandes, que tendem a ser mosaicos de diferentes domínios que conferem atividades distintas

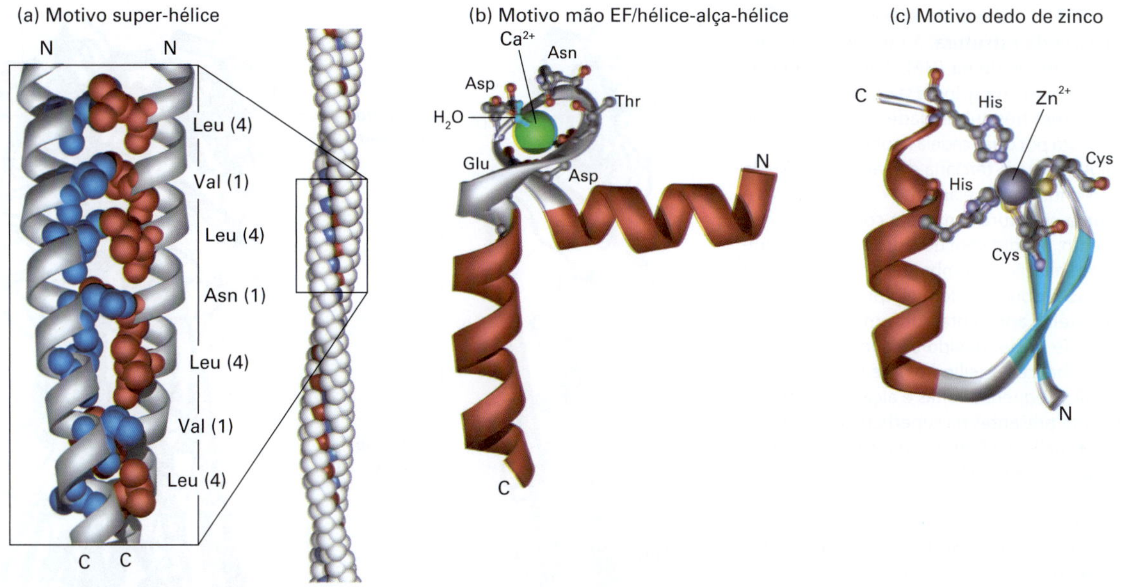

FIGURA 3-9 Motivos característicos da estrutura secundária de proteínas. (a) O motivo super-hélice, com duas fitas helicoidais paralelas (*esquerda*), é caracterizado por duas hélices α enroladas uma sobre a outra. O empacotamento das hélices é estabilizado por interações entre as cadeias hidrofóbicas (vermelho e azul) presentes em intervalos regulares ao longo de cada fita e encontrado na junção das hélices entrelaçadas. Cada hélice α exibe uma repetição heptamérica característica, frequentemente (mas nem sempre) com resíduos hidrofóbicos nas posições 1 e 4, como indicado. A natureza super-helicoidal desse motivo estrutural é mais aparente em estruturas longas contendo muitos desses motivos (*direita*). (b) A mão EF, tipo de motivo hélice-alça-hélice, consiste em duas hélices ligadas por uma pequena alça em uma conformação específica. Esse motivo estrutural é comum a muitas proteínas, incluindo várias proteínas reguladoras ligadoras de cálcio e de DNA. Nas proteínas ligadoras de cálcio, como a calmodulina, os átomos de oxigênio de cinco resíduos da alça rica nos resíduos acídicos de glutamato e aspartato e uma molécula de água formam ligações iônicas com um íon Ca^{2+}. (c) O motivo dedo de zinco está presente em várias proteínas de ligação ao DNA que auxiliam na regulação da transcrição. Um íon Zn^{2+} é mantido entre um par de fitas β (azul) e uma única hélice α (vermelho) por um par de resíduos de cisteína e um par de histidinas. Os dois resíduos de cisteína invariantes estão normalmente nas posições 3 e 6 e os resíduos de histidina invariantes estão nas posições 20 e 24 neste motivo com 25 resíduos. (c) (Ver A. Lewit-Bentley e S. Rety, 2000, *Curr. Opin. Struc. Biol.* **10**:637-643; S. A. Wolfe, L. Nekludova, e C. O. Pabo, 2000, *Ann. Rev. Biophys. Biomol. Struct.* **29**:183-212.)

e, portanto, desempenham diferentes funções simultaneamente. Até 75% das proteínas dos eucariotos apresentam múltiplos domínios estruturais. Os domínios estruturais frequentemente também são domínios funcionais, ou seja, têm uma atividade independente do restante da proteína.

O domínio do fator de crescimento epidérmico (EGF) é um domínio estrutural presente em várias proteínas (Figura 3-11). O EGF é um hormônio peptídico pequeno e solúvel que se liga às células no embrião e também na pele e no tecido conectivo nos adultos, promovendo a divisão destas células. Esse hormônio é gerado pela clivagem proteolítica (quebra de uma ligação peptídica) entre domínios EGF repetidos na proteína precursora de EGF, que se encontra ancorada na membrana celular por um domínio transmembrana. Os domínios EGF com sequências semelhantes (mas não idênticas) àquelas presentes no hormônio peptídico EGF estão presentes em outras proteínas e podem ser liberadas por proteólise. Essas proteínas incluem o ativador de plasminogênio tecidual (TPA), protease usada para dissolver coágulos sanguíneos em vítimas de ataques cardíacos; a proteína Neu, envolvida na diferenciação embrionária; e a proteína Notch, receptor proteico localizado na membrana plasmática que atua em importantes vias de sinalização no desenvolvimento (ver Capítulo 16). Além do domínio EGF, essas proteínas têm domínios em comum com outras proteínas. Por exemplo, TPA tem um domínio de tripsina, domínio funcional em algumas proteases. Estima-se que existam em torno de 1.000 tipos diferentes de domínios estruturais em todas as proteínas. Alguns deles não são muito comuns, enquanto outros são encontrados em muitas proteínas diferentes. De fato, de acordo com algumas estimativas, somente nove tipos principais de domínios estruturais representam até um terço de todos os domínios estruturais encontrados em todas as proteínas. Os domínios estruturais podem ser reconhecidos em proteínas cujas estruturas têm sido determinadas por cristalografia por raios X ou por análise de ressonância magnética nuclear (RM) ou ainda em imagens capturadas por microscopia eletrônica.

As regiões das proteínas definidas por suas relações espaciais características com o restante da proteína são *domínios topológicos*. Por exemplo, algumas proteínas associadas com membranas de superfície celular podem ter uma parte se estendendo para dentro no citoplasma (domínio citoplasmático), uma parte embebida na bicamada de fosfolipídeos (domínio transmembrana), e uma parte que se estende para fora no espaço extracelular (domínio extracelular). Cada um desses domínios compreende um ou mais domínios estruturais e funcionais.

No Capítulo 6, será considerado o mecanismo pelo qual os segmentos de genes que correspondem a domínios se distribuíram ao longo da evolução, resultando na sua

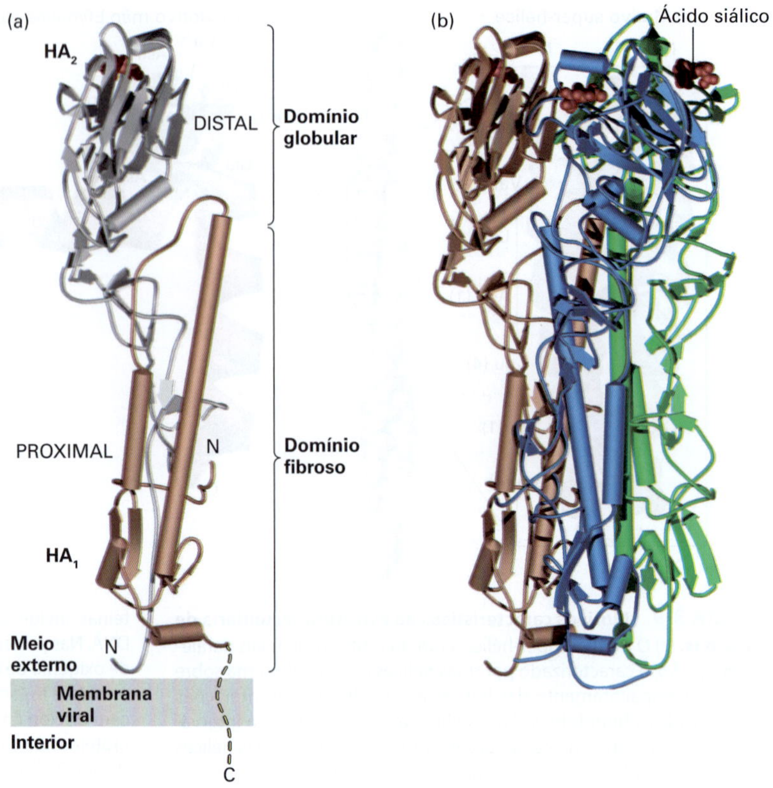

FIGURA 3-10 Níveis da estrutura terciária e quaternária da estrutura. A proteína representada aqui, hemaglutinina (HA), é encontrada na superfície do vírus da gripe. Esta longa molécula multimérica tem três subunidades idênticas, cada uma composta por duas cadeias polipeptídicas, HA_1 e HA_2. (a) A estrutura terciária de cada subunidade HA compreende o enovelamento de suas hélices e fitas em uma estrutura compacta com 13,5 nm de comprimento, dividida em dois domínios. O domínio distal em relação à membrana (prata) apresenta conformação globular. O domínio próximo à membrana (amarelo) apresenta conformação fibrosa, com forma de haste, devido ao alinhamento das duas longas hélices α (cilindros) de HA_2 com as fitas β em HA_1. Pequenas voltas e alças mais longas, normalmente presentes na superfície da molécula, conectam as hélices e fitas de uma cadeia. (b) A estrutura quaternária de HA é estabilizada por interações laterais entre as longas hélices (cilindros) nos domínios fibrosos das três subunidades (amarelo, azul e verde), formando uma haste helicoidal de fita tripla. Cada um dos domínios globulares distais na HA liga ácido siálico (vermelho) na superfície das células-alvo. Como muitas proteínas de membrana, a HA contém várias cadeias de carboidratos covalentemente ligadas (não mostradas).

presença em muitas proteínas. Uma vez que um domínio funcional, estrutural ou topológico tenha sido identificado e caracterizado em uma proteína, é possível utilizar essas informações para buscar domínios semelhantes em outras proteínas e sugerir funções potencialmente semelhantes para os domínios encontrados nessas proteínas.

Múltiplos polipeptídeos associam-se em estruturas quaternárias e complexos supramoleculares

Proteínas multiméricas consistem em duas ou mais cadeias polipeptídicas que, nesse contexto, são chamadas de subunidades. Um quarto nível de organização estrutural, a **estrutura quaternária**, descreve o número (estequiometria) e posições relativas das subunidades nas proteínas multiméricas. A hemaglutinina do vírus da gripe, por exemplo, é um trímero de três subunidades idênticas (homotrímero) unidas por ligações não covalentes (ver Figura 3-10b). Outras proteínas multiméricas podem ser compostas por um número variado de subunidades idênticas (homoméricas) ou diferentes (heteroméricas). A hemoglobina, a molécula carreadora de oxigênio no sangue, é um exemplo de proteína multimérica heteromérica. Ela tem duas cópias de duas diferentes cadeias polipeptídicas (discutido abaixo). Frequentemente, subunidades monoméricas individuais de uma proteína multimérica não funcionam normalmente, a não ser que estejam formando uma proteína multimérica. Em alguns casos, a organização de uma proteína multimérica permite que as proteínas atuando sequencialmente em uma via aumentem sua eficiência de operação devido à sua justaposição no espaço, fenômeno chamado de "acoplamento metabólico". Exemplos clássicos desse tipo de acoplamento são as ácido graxo sintases, enzimas em fungos que sintetizam ácidos graxos, e as policetídeo sintases, grandes complexos multiproteicos encontrados em bactérias que sintetizam um conjunto diversificado de moléculas farmacologicamente relevantes denominadas policetídeos, incluindo o antibiótico eritromicina.

O nível mais alto na hierarquia da estrutura de proteínas é a associação de proteínas em complexos supramoleculares. Geralmente, tais estruturas são muito grandes, em alguns casos excedendo 1 MDa em massa, atingindo de 30 a 300 nm em tamanho, e contendo de dezenas a centenas de cadeias polipeptídicas e algumas vezes outros biopolímeros, como ácidos nucleicos. O capsídeo que en-

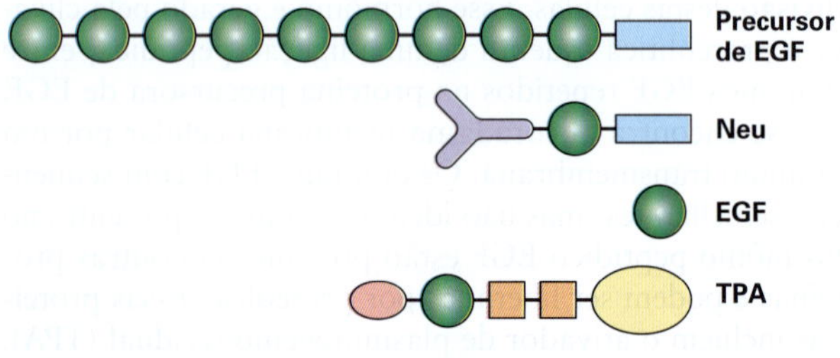

FIGURA 3-11 A natureza modular dos domínios proteicos. O fator de crescimento epidérmico (EGF) é produzido pela clivagem proteolítica de uma proteína precursora contendo vários domínios EGF (verde) e um domínio que atravessa a membrana (azul). O domínio EGF também está presente na proteína Neu e no ativador de plasminogênio tecidual (TPA). Estas proteínas também contêm outros domínios amplamente distribuídos indicados pela forma e pela cor. (Adaptada de I. D. Campbell e P. Bork, 1993, *Curr. Opin. Struct. Biol.* **3**:385.)

volve os ácidos nucleicos do genoma viral é um exemplo de complexo supramolecular com função estrutural. Os feixes de filamentos do citoesqueleto que sustentam e dão forma à membrana plasmática são outro exemplo. Outros complexos supramoleculares atuam como máquinas moleculares, desempenhando os processos celulares mais complexos por integração de múltiplas proteínas, cada uma com funções distintas, em uma única estrutura. Por exemplo, uma máquina transcricional é responsável por sintetizar RNA mensageiro (mRNA) utilizando um molde de DNA. Essa máquina transcricional, cujos detalhes operacionais são discutidos no Capítulo 4, consiste na RNA-polimerase, ela própria uma proteína multimérica, e em pelo menos 50 componentes adicionais, incluindo fatores de transcrição gerais, proteínas ligadoras de promotores, helicase e outros complexos de proteínas (Figura 3-12). Os ribossomos, tema que será também discutido no Capítulo 4, são máquinas multiproteicas complexas contendo também múltiplos ácidos nucleicos que sintetizam proteínas. Uma das estruturas multiproteicas mais complexas é o poro nuclear, estrutura que possibilita a comunicação e passagem de macromoléculas entre o nucleoplasma e o citoplasma (ver Capítulo 14). Essa estrutura é composta por múltiplas cópias de cerca de 30 proteínas distintas e forma um complexo com massa estimada de cerca de 50 megadaltons. As ácido graxo sintases e as policetídeo sintases também são máquinas supramoleculares.

Membros de famílias proteicas compartilham um ancestral evolutivo comum

Estudos sobre mioglobina e hemoglobina, as proteínas carreadoras de oxigênio nos músculos e nas hemáceas, respectivamente, forneceram evidências iniciais de que a função

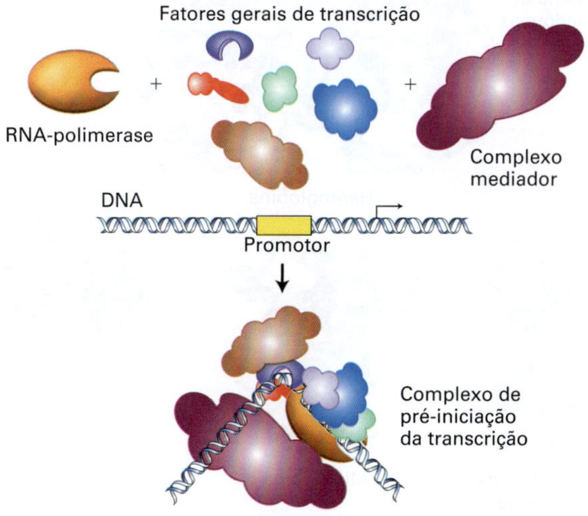

FIGURA 3-12 Uma máquina macromolecular: o complexo de iniciação da transcrição. O centro da RNA-polimerase, os fatores gerais de transcrição, o complexo mediador com cerca de 20 subunidades e outros complexos proteicos não mostrados aqui são agrupados em um promotor no DNA. A polimerase realiza a transcrição do DNA; as proteínas associadas são necessárias para a ligação inicial da polimerase a um promotor específico. Os múltiplos componentes atuam conjuntamente como uma máquina.

de uma proteína deriva de sua estrutura tridimensional, a qual, por sua vez, é especificada pela sequência de aminoácidos. Análises cristalográficas por raios X mostraram que estruturas tridimensionais da mioglobina (um monômero) e das subunidades α e β da hemoglobina (tetrâmero $\alpha_2\beta_2$) são notavelmente semelhantes. O sequenciamento das subunidades da mioglobina e da hemoglobina revelou que muitos resíduos idênticos ou quimicamente semelhantes são encontrados em posições equivalentes nas estruturas primárias de ambas as proteínas. Uma mutação no gene que codifica a cadeia β e resulta na substituição de ácido glutâmico por valina perturba o enovelamento e a função da hemoglobina, causando a anemia falciforme.

Comparações semelhantes entre outras proteínas confirmaram de forma conclusiva a existência de uma relação entre a sequência de aminoácidos, a estrutura tridimensional e a função das proteínas. A utilização de comparações de sequência para deduzir a função proteica foi expandida substancialmente em anos recentes, à medida que os genomas de cada vez mais organismos são sequenciados. Ainda que essa abordagem comparativa seja muito poderosa, deve-se agir com cautela quando se atribui a uma proteína, ou à parte de uma proteína, uma função ou estrutura similar à outra, com base unicamente na similaridade de sequências de aminoácidos. Existem exemplos em que proteínas com estruturas totais semelhantes apresentam funções diferentes e casos em que proteínas não relacionadas funcionalmente com sequências de aminoácidos diferentes apresentam estruturas terciárias muito semelhantes, como será explicado a seguir. Por isso, em muitos casos, tais comparações fornecem percepções importantes sobre estrutura e função das proteínas.

A revolução molecular na biologia durante as últimas décadas do século XX criou um novo esquema de classificação biológica com base em semelhanças e diferenças nas sequências de aminoácidos das proteínas. Proteínas com ancestral comum são chamadas de **homólogas**. A evidência principal de **homologia** entre as proteínas e, portanto, de sua ancestralidade comum, está na similaridade das suas sequências, o que frequentemente também se reflete em estruturas semelhantes. É possível descrever proteínas homólogas como pertencentes a uma "família" e traçar as suas linhagens a partir de comparações das suas sequências. Em geral, proteínas mais relacionadas irão exibir maior similaridade de sequências do que proteínas menos relacionadas porque, ao longo do tempo evolutivo, mutações se acumulam nos genes que codificam essas proteínas. As estruturas tridimensionais enoveladas de proteínas homólogas podem ser semelhantes até mesmo se partes de suas estruturas primárias apresentarem poucas evidências de homologia de sequências. Inicialmente, proteínas com similaridades de sequência relativamente altas (> 50 % de correspondências exatas, ou "identidades") e funções relacionadas ou estruturas foram definidas como uma *família* evolutivamente relacionada, enquanto uma *superfamília* compreendia duas ou mais famílias nas quais sequências interfamiliares correspondiam um pouco menos (identidades de ~30 a 40%) que dentro de uma família. Em geral, pensa-

-se que proteínas com 30% de identidade de sequência provavelmente tenham estruturas tridimensionais semelhantes; entretanto, essa identidade de sequência alta não é necessária para proteínas compartilharem estruturas semelhantes. Recentemente, definições revisadas de *família* e *superfamília* têm sido propostas, nas quais uma família compreende proteínas com relação evolutiva clara (> 30% de identidade ou informações estruturais e funcionais estabelecendo um descendente comum, mas com < 30% de identidade), enquanto uma superfamília compreende proteínas com somente uma origem evolutiva comum provável – por exemplo, baixo percentual de identidade de sequências, mas um ou mais motivos comuns ou domínios.

As relações de parentesco entre proteínas homólogas são mais facilmente visualizadas por um diagrama em árvore com base em análises de sequências. Por exemplo, as sequências de aminoácidos das globinas – as proteínas hemoglobina e mioglobina e suas parentes de bactérias, plantas e animais – sugerem que elas tenham evoluído de uma proteína ligadora de oxigênio monomérica ancestral (Figura 3-13). Com a passagem do tempo, o gene para essa proteína ancestral mudou lentamente, inicialmente divergindo em linhagens, levando às globinas de animais e plantas. Mudanças seguintes deram origem à mioglobina, a proteína monomérica armazenadora de oxigênio no músculo, e às subunidades α e β da molécula de hemoglobina tetramérica ($\alpha_2\beta_2$) do sistema circulatório dos vertebrados.

CONCEITOS-CHAVE da Seção 3.1

Estrutura hierárquica das proteínas

- As proteínas são polímeros lineares de aminoácidos unidos por ligações peptídicas. Uma proteína pode ter uma única cadeia polipeptídica ou múltiplas cadeias polipeptídicas. A estrutura primária de uma cadeia polipeptídica é a sequência de aminoácidos covalentemente ligados que compõem a cadeia. Várias interações, em sua maioria não covalentes, entre aminoácidos na sequência linear estabilizam uma estrutura tridimensional específica da proteína, ou a sua conformação.
- A hélice α, a fita e folha β e a volta β são os elementos mais prevalentes de estrutura secundária das proteínas. Estruturas secundárias são estabilizadas por ligações de hidrogênio entre átomos da cadeia principal polipeptídica (ver Figuras 3-4, 3-5 e 3-6).
- A estrutura terciária proteica é resultante de interações hidrofóbicas entre grupamentos laterais apolares, ligações de hidrogênio e interações iônicas envolvendo grupamentos laterais polares e a cadeia principal polipeptídica. Essas interações estabilizam o enovelamento da proteína, incluindo os seus elementos de estrutura secundária, em um arranjo tridimensional global.
- Certas combinações de estruturas secundárias dão origem a diferentes motivos estruturais, encontrados em uma série de proteínas e frequentemente associados a funções específicas (ver Figura 3-9).

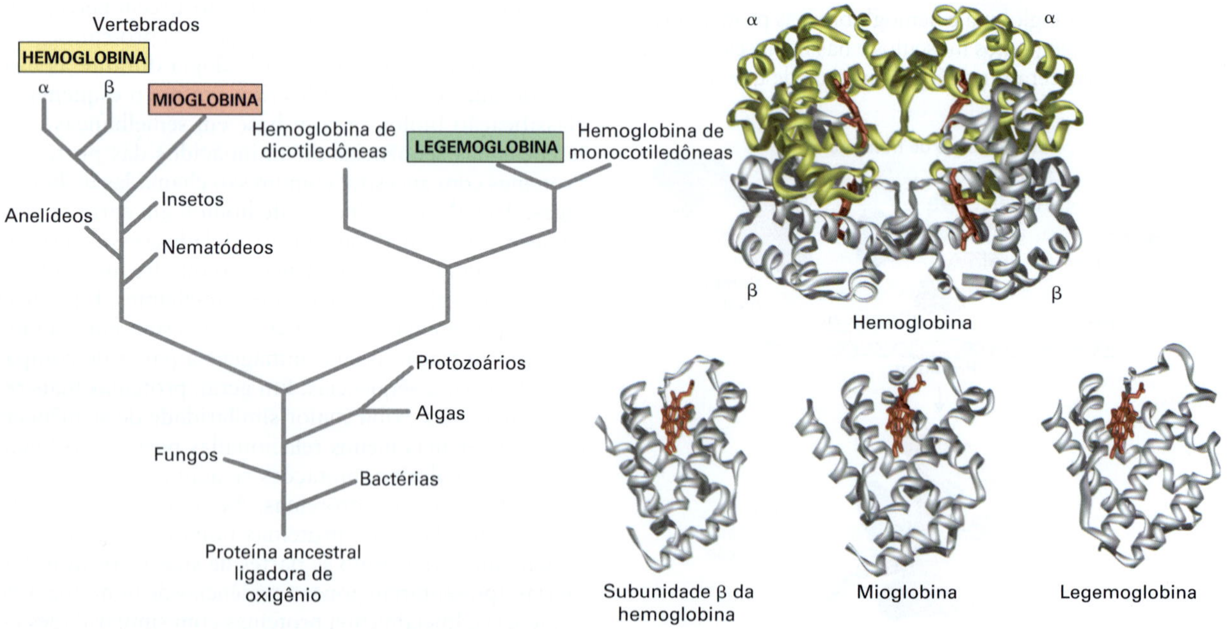

FIGURA 3-13 Evolução da família das globinas. *Esquerda*: uma globina monomérica primitiva ligadora de oxigênio parece ter sido a ancestral das hemoglobinas sanguíneas, das mioglobinas do músculo e das legemoglobinas vegetais atuais. Comparações entre as sequências revelaram que a evolução das proteínas globinas é paralela à evolução dos animais e vegetais. As principais bifurcações ocorreram quando as globinas dos vegetais e dos animais divergiram, e a mioglobina divergiu da hemoglobina. Uma duplicação gênica posterior originou as subunidades α e β da hemoglobina. *Direita*: a hemoglobina é um tetrâmero composto por duas subunidades α e duas β. A semelhança estrutural entre essas subunidades e a legemoglobina e mioglobina, ambas monoméricas, é evidente. Uma molécula de heme (vermelho) associada não covalentemente a cada peptídeo de globina é a molécula diretamente responsável pela ligação ao oxigênio nessas proteínas. (Adaptada de R. C. Hardison, 1996, *Proc. Natl. Acad. Sci. USA* **93**:5675.)

- As proteínas frequentemente contêm domínios distintos, regiões enoveladas de forma independente do restante da cadeia polipeptídica com propriedades estruturais, funcionais e topológicas características (ver Figura 3-10).
- A incorporação de domínios como módulos em diferentes proteínas ao longo da evolução tem gerado diversidade na estrutura e na função das proteínas.
- O número e a organização de subunidades polipeptídicas individuais em proteínas multiméricas definem suas estruturas quaternárias.
- As células contêm grandes complexos supramoleculares, algumas vezes denominados máquinas moleculares, nos quais todos os participantes necessários em processos celulares complexos (p. ex., síntese de DNA, RNA e proteínas; fotossíntese; transdução de sinais) se encontram associados.
- As proteínas homólogas são proteínas que evoluíram a partir de um ancestral comum e, portanto, têm sequências, estruturas e funções semelhantes. Elas podem ser classificadas em famílias e superfamílias.

3.2 Enovelamento de proteínas

Como observado anteriormente, quando se trata de arquitetura de proteínas, "a forma segue a função". Portanto, é essencial que, ao polipeptídeo ser sintetizado com sua sequência particular de aminoácidos, ele se enovele na conformação tridimensional apropriada, com estrutura primária, secundária, terciária e possivelmente quaternária apropriada, e consiga desempenhar suas funções biológicas dentro ou fora da célula. Como é gerada uma proteína com a sequência apropriada? Uma cadeia polipeptídica é sintetizada por um processo complexo denominado **tradução**, que ocorre no citoplasma em um grande complexo contendo proteínas e ácidos nucleicos denominado **ribossomo**. Durante a tradução, uma sequência de **RNA mensageiro (mRNA)** serve de molde a partir do qual a síntese de uma sequência de aminoácidos correspondente é determinada. O mRNA é inicialmente gerado por um processo denominado **transcrição**, no qual uma sequência de nucleotídeos no DNA é convertida, pela maquinaria transcricional no núcleo, em uma sequência de mRNA. Os detalhes da transcrição e tradução serão considerados no Capítulo 4. Neste capítulo, serão descritos os determinantes fundamentais para o enovelamento apropriado de uma cadeia polipeptídica recém-formada ou em formação (nascente), à medida que ela emerge do ribossomo.

Ligações peptídicas planares limitam as formas pelas quais as proteínas se enovelam

Uma característica estrutural crucial dos polipeptídeos que limita como a cadeia se enovela é a ligação peptídica planar. A Figura 3-3 ilustra o grupamento amida nas ligações peptídicas em uma cadeia polipeptídica. Como a ligação peptídica se comporta parcialmente como ligação dupla,

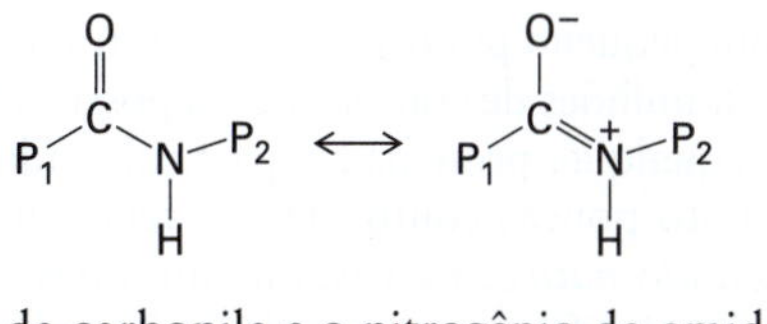

o carbono da carbonila e o nitrogênio da amida e aqueles átomos diretamente ligados a eles devem todos estar dispostos no mesmo plano (Figura 3-14); não existe rotação possível em torno da ligação peptídica. Consequentemente, a única flexibilidade possível na cadeia principal polipeptídica, permitindo sua torção e curvatura – e, dessa forma, seu enovelamento em diferentes formas tridimensionais –, é a rotação dos planos fixos das ligações peptídicas adjacentes ao redor de duas ligações: a ligação C_α – nitrogênio da amina (ângulo rotacional denominado Φ) e a ligação C_α – carbono da carbonila (ângulo rotacional denominado Ψ).

Outra restrição nas conformações potenciais que a cadeia principal polipeptídica pode adotar está no fato de que existe somente um número limitado de ângulos Φ e Ψ possíveis, pois na maior parte dos ângulos Φ e Ψ os átomos da cadeia principal ou das cadeias laterais ficariam muito próximos uns dos outros e, portanto, a conformação associada se tornaria altamente instável ou até mesmo fisicamente impossível de ser obtida.

A sequência de aminoácidos determina como a proteína irá se enovelar

Ainda que as restrições nos ângulos da cadeia principal polipeptídica sejam bastante importantes, qualquer cadeia polipeptídica contendo somente poucos resíduos ainda poderia, em princípio, se enovelar em muitas conformações. Por exemplo, se os ângulos Φ e Ψ fossem limitados para somente oito combinações, um peptídeo com *n* resíduos de extensão iria potencialmente ter 8^n conformações; até mes-

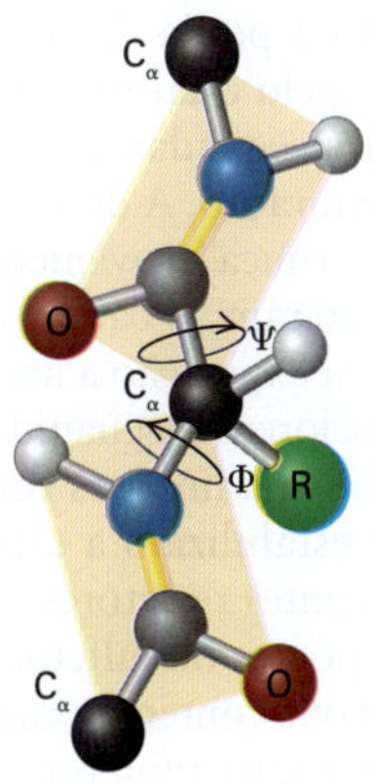

FIGURA 3-14 Rotação entre grupos peptídicos planares em proteínas. A rotação ao redor da ligação C_α -nitrogênio do grupo amino (o ângulo Φ) e a ligação C_α -carbono da carbonila (o ângulo Ψ) possibilita que as cadeias principais de polipeptídeos adotem, em princípio, um número muito grande de conformações em potencial. Entretanto, impedimentos estéricos devido à estrutura da cadeia principal do polipeptídeo e das propriedades das cadeias laterais restringem dramaticamente as conformações em potencial que determinada proteína pode assumir.

mo para um pequeno polipeptídeo de 10 resíduos, isso significaria 8,6 milhões de conformações possíveis! Em geral, entretanto, qualquer proteína em particular adota somente uma ou muito poucas conformações relacionadas, denominadas *estado nativo*; na vasta maioria das proteínas, o estado nativo é a forma enovelada mais estável da molécula e aquela que lhe possibilita funcionar normalmente. Em termos termodinâmicos, o estado nativo é geralmente a conformação com menor energia livre (*G*) (ver Capítulo 2).

Quais são as características das proteínas que limitam o seu enovelamento para apenas uma conformação dentre as várias conformações possíveis? As propriedades das cadeias laterais (p. ex., tamanho, hidrofobicidade, capacidade de formar ligações de hidrogênio e iônicas), juntamente com sua sequência particular ao longo da cadeia polipeptídica, impõem restrições cruciais. Por exemplo, cadeias laterais grandes, tais como as do triptofano, podem, por bloqueio estérico, impedir que uma região da cadeia se associe com outra região, enquanto uma cadeia lateral com carga positiva tal como a arginina pode atrair um segmento do polipeptídeo que tem uma cadeia carregada negativamente complementar (p. ex., ácido aspártico). Outro exemplo já discutido é o efeito de cadeias laterais alifáticas nas repetições de héptades em promover a associação de hélices e a formação consequente de estruturas super-hélices. Portanto, a estrutura primária de um polipeptídeo determina as suas estruturas secundária, terciária e quaternária.

A evidência inicial de que a informação necessária para uma proteína se enovelar apropriadamente está codificada em sua sequência de aminoácidos veio de estudos *in vitro* sobre o reenovelamento de proteínas purificadas, especialmente os estudos ganhadores do Prêmio Nobel nos anos 1960 por Christian Anfinsen sobre o reenovelamento da ribonuclease A, enzima que cliva RNA. Outros pesquisadores tinham mostrado previamente que várias perturbações químicas e físicas rompem as interações não covalentes fracas que estabilizam a conformação nativa da proteína, levando à perda de sua estrutura terciária normal. O processo pelo qual uma estrutura proteica (e isto inclui a estrutura secundária e a terciária) se rompe é denominado **desnaturação**. A desnaturação pode ser induzida por energia térmica proveniente do calor, por extremos de pH que alteram as cargas das cadeias laterais de aminoácidos e pela exposição a agentes *desnaturantes*, como ureia ou hidrocloreto de guanidina a concentrações de 6-8 M. Todos esses tratamentos rompem as interações não covalentes que estabilizam a estrutura da proteína. Tratamentos com agentes redutores, como β-mercaptoetanol, que rompem pontes dissulfeto, desestabilizam ainda mais as proteínas que contêm pontes dissulfeto. Nessas condições de desnaturação, uma população de moléculas uniformemente enoveladas é desestabilizada e convertida em um conjunto de muitas moléculas não enoveladas, ou desnaturadas, que têm muitas conformações não nativas e biologicamente inativas diferentes. Como já foi visto, existe um grande número de conformações não nativas possíveis (p. ex., $8^n - 1$).

A perda espontânea da conformação das proteínas sob condições desnaturantes não é surpreendente, considerando o aumento substancial na entropia que acompanha a proteína desnaturada que adota muitas conformações não nativas. Um fato é surpreendente, entretanto. Quando a amostra pura de um único tipo de proteína desnaturada em tubo de ensaio é retornada de forma muito cuidadosa às condições normais (temperatura corporal, níveis de pH normais, redução na concentração de agentes desnaturantes), alguns polipeptídeos desnaturados espontaneamente se enovelam novamente em seus estados nativos, biologicamente ativos, como nos experimentos de Anfinsen. Esse tipo de experimento de reenovelamento e estudos em que proteínas sintéticas produzidas quimicamente se enovelam de forma apropriada demonstraram que a informação contida na estrutura primária de uma proteína é suficiente para controlar o correto enovelamento. Proteínas recém-sintetizadas parecem se enovelar nas suas conformações apropriadas da mesma maneira que as proteínas desnaturadas o fazem. A similaridade observada nas estruturas tridimensionais enoveladas das proteínas com sequências de aminoácidos semelhantes, observada na Seção 3.1, forneceu evidências adicionais de que a sequência primária também determina o enovelamento das proteínas *in vivo*. Parece que a formação de estruturas secundárias e motivos estruturais ocorre no início do processo de enovelamento, seguidos pela formação de domínios estruturais mais complexos, que então se associam em estruturas terciárias e quaternárias mais complexas (Figura 3-15).

O enovelamento de proteínas *in vivo* é promovido por chaperonas

As condições de reenovelamento de uma proteína purificada desnaturada em um tubo de ensaio diferem marcadamente das condições sob as quais polipeptídeos recém-sintetizados se enovelam no interior de uma célula. A presença de outras biomoléculas, incluindo muitas outras proteínas em concentrações muito altas (~300 mg/mL em células de mamíferos), algumas das quais são elas próprias proteínas nascentes em processo de enovelamento, potencialmente interfere com o enovelamento espontâneo e autônomo de uma proteína. Além disso, ainda que o enovelamento de proteínas nos seus estados nativos possa ocorrer *in vitro*, isso não ocorre para todas as moléculas desnaturadas de forma sincronizada. Com esses empecilhos, as células necessitam de um mecanismo mais eficiente e rápido para promover o enovelamento das proteínas nas suas formas corretas do que aquele fornecido exclusivamente pelas sequências. Na ausência desse auxílio, as células perdem muita energia na síntese de proteínas não funcionais, enoveladas de maneira inapropriada, que deveriam ser destruídas para evitar a perda da função celular. As células claramente têm esses mecanismos, pois mostrou-se que mais de 95% das proteínas presentes no interior das células se encontram nas suas conformações nativas. Uma explicação para essa eficiência impressionante das células em promover o enovelamento apropriado das proteínas está no fato de as células produzirem um conjunto de proteínas, denominadas **chaperonas**, que facilitam o enovelamento apropriado das proteínas nascentes.

A importância das chaperonas é destacada pela constatação de que muitas delas são conservadas evolutiva-

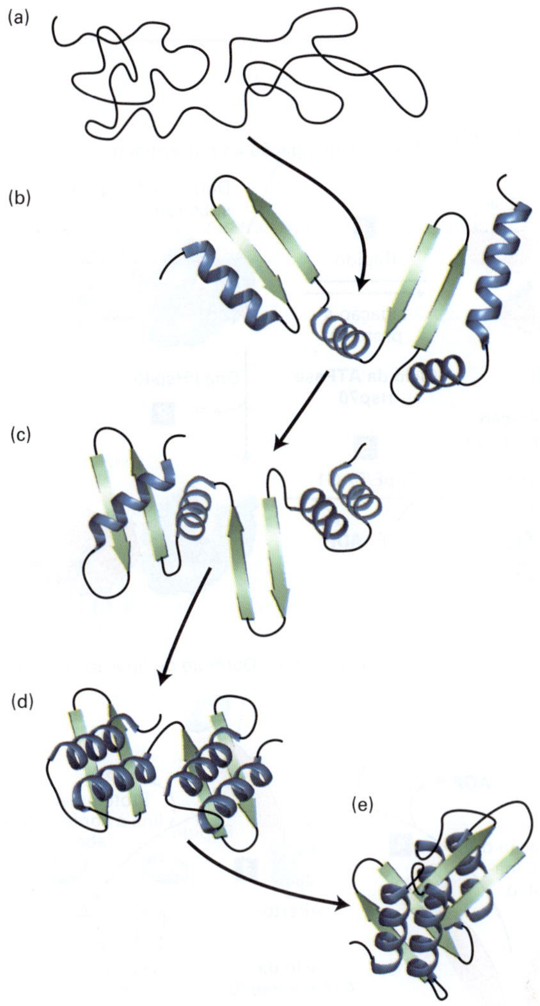

FIGURA 3-15 Trajetória hipotética de enovelamento proteico. O enovelamento de uma proteína monomérica segue a hierarquia estrutural da estrutura primária (a) → secundária (b-d) → terciária (e). A formação de pequenos motivos estruturais (c) parece preceder a formação de domínios (d) e a formação da estrutura terciária final (e).

mente. As chaperonas são encontradas em todos os organismos, de bactérias a humanos, e algumas são homólogas com alta similaridade de sequência, e utilizam mecanismos praticamente idênticos para auxiliar o enovelamento das proteínas. As chaperonas usam ligação ao ATP, hidrólise de ATP formando ADP e troca do ADP gerado por uma nova molécula de ATP para induzir uma série de mudanças conformacionais essenciais para a sua função. Chaperonas enovelam proteínas recém-sintetizadas em conformações funcionais, desmontam agregados proteicos potencialmente tóxicos (formados em decorrência de mal-enovelamento proteico) e montam e desmontam grandes complexos multiproteicos. As chaperonas, localizadas nos eucariotos em qualquer compartimento celular e organela, se ligam nas proteínas-alvo cujo enovelamento irão auxiliar. Existem muitas classes diferentes de chaperonas com estruturas distintas, sendo que todas utilizam a ligação e hidrólise do ATP para facilitar o enovelamento das proteínas de formas variadas. Isso inclui (1) a promoção da ligação dos substratos da proteína e (2) a mudança de conformação das chaperonas. A mudança conformacional dependente de ATP é usada para (1) otimizar o enovelamento depois que um substrato está presente, (2) auxiliar a chaperona a retornar ao seu estado inicial para que esteja disponível para auxiliar o enovelamento de outra molécula e (3) ajustar o tempo permitido para o reenovelamento, que pode ser determinado pela taxa de hidrólise do ATP.

Duas famílias gerais de chaperonas foram identificadas:

- **Chaperonas moleculares**, que se ligam a pequenos segmentos de um substrato pequeno e estabilizam proteínas desnaturadas ou parcialmente enoveladas, evitando que essas proteínas se agreguem e sejam degradadas;
- **Chaperoninas**, que formam pequenas câmaras de enovelamento dentro das quais proteínas desnaturadas, ou partes das mesmas, podem ser sequestradas, fornecendo-lhes tempo e ambiente adequado ao enovelamento apropriado.

Uma razão para as chaperonas serem necessárias ao enovelamento intracelular de proteínas é que elas ajudam a evitar a agregação de proteínas desnaturadas. As proteínas parcialmente enoveladas ou desnaturadas tendem a se agregar em grandes massas frequentemente insolúveis em água a partir das quais é extremamente difícil a uma proteína se dissociar e então se enovelar na sua conformação apropriada. Essa agregação é em parte resultante da exposição de cadeias laterais hidrofóbicas que ainda não tiveram a oportunidade de se impregnar no interior da proteína enovelada. Essas cadeias laterais hidrofóbicas expostas em diferentes moléculas irão associar-se umas às outras, devido ao efeito hidrofóbico (ver Capítulo 2) e, portanto, promover a agregação. O risco de ocorrer essa agregação é especialmente alto para proteínas recém-sintetizadas que ainda não completaram o seu enovelamento apropriado. Chaperonas impedem a agregação ligando-se no polipeptídeo-alvo ou sequestrando-o de outras proteínas desnaturadas parcial ou totalmente, fornecendo, assim, tempo para que a proteína nascente se enovele apropriadamente.

Chaperonas moleculares A proteína de choque térmico Hsp70 no citosol e suas homólogas (Hsp70 na matriz mitocondrial, BiP no retículo endoplasmático e DnaK em bactérias) são chaperonas moleculares. Foram inicialmente identificadas pela sua aparição rápida após uma célula ter sido estressada por choque térmico (*Hsp* corresponde às iniciais de "proteína de choque térmico", do inglês *heat-shock protein*). A Hsp70 e seus homólogos são as principais chaperonas de todos os organismos. Quando ligadas ao ATP, a proteína Hsp70 monomérica assume forma aberta, na qual o bolsão hidrofóbico de ligação ao substrato fica exposto e transitoriamente se liga às regiões hidrofóbicas expostas de uma proteína-alvo desnaturada parcialmente, ou enovelada de forma incompleta, e rapidamente libera o seu substrato enquanto o ATP estiver ligado (etapa **1** na Figura 3-16a). A hidrólise do ATP ligado faz a chaperona molecular assumir uma forma fechada que se liga ao seu substrato proteico com muito mais afinidade, e precisamente essa ligação mais forte parece facilitar

ANIMAÇÃO EM FOCO: Enovelamento mediado por chaperonas

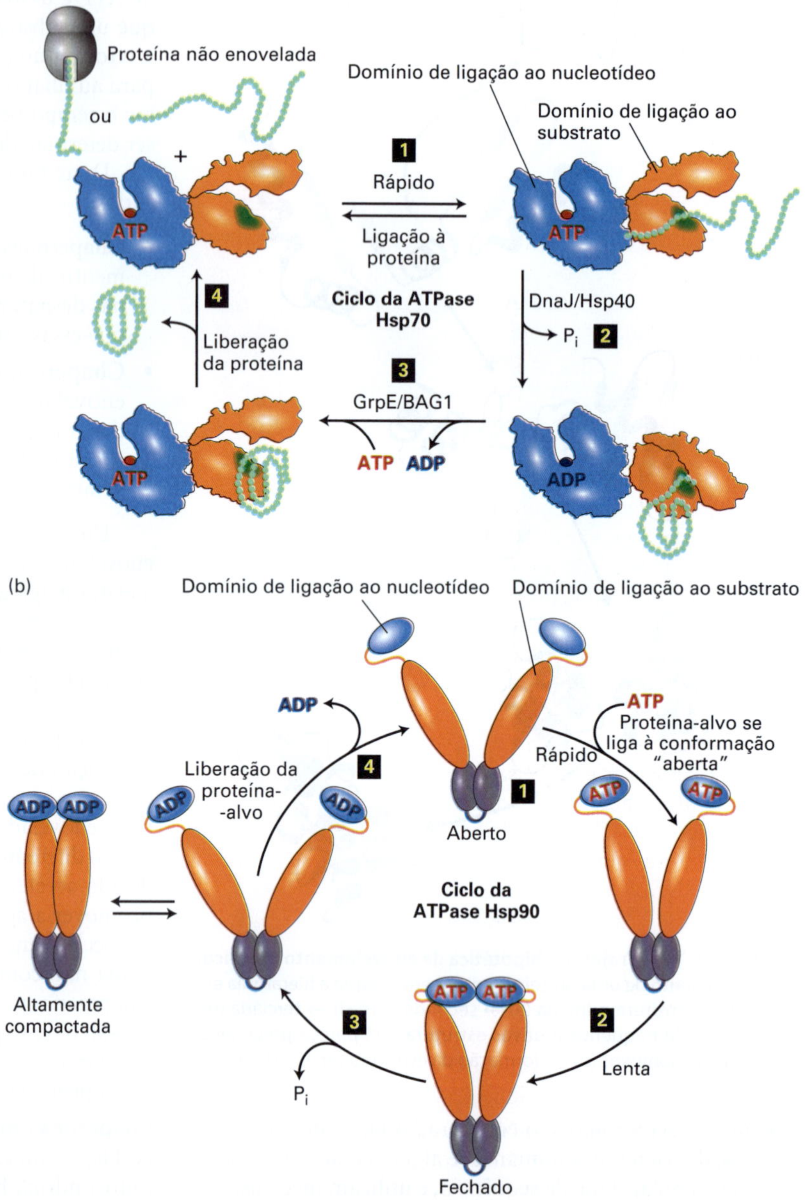

FIGURA 3-16 Enovelamento de proteínas mediado por chaperona molecular. (a) Hsp70. Várias proteínas são enoveladas na sua estrutura tridimensional apropriada com o auxílio de proteínas do tipo da Hsp70. Essas chaperonas moleculares ligam-se temporariamente ao polipeptídeo nascente à medida que este emerge do ribossomo ou a proteínas que por outros motivos se encontram em estado não enovelado. No ciclo da Hsp70, uma proteína não enovelada, que atua como substrato, liga-se em equilíbrio rápido à conformação aberta do domínio de ligação ao substrato (SBD, laranja) da Hsp70 monomérica, na qual uma molécula de ATP (vermelho, oval) se encontra ligada ao domínio de ligação a nucleotídeos (NBD, azul) (etapa **1**). O bolsão de ligação ao substrato é mostrado como uma região em verde no domínio de ligação ao substrato. Proteínas acessórias cochaperonas (DnaJ/Hsp40) estimulam a hidrólise de ATP em ADP (azul oval) e mudanças conformacionais na Hsp70, resultando na forma fechada, na qual o substrato fica preso dentro do domínio SBD; nesta situação, o enovelamento apropriado é facilitado (etapa **2**). A troca do ADP ligado por ATP, estimulada por outras proteínas cochaperonas acessórias (GrpE/BAG1), converte o Hsp70 de volta à forma aberta (etapa **3**), liberando o substrato enovelado apropriadamente (etapa **4**). (b) Hsp90. As proteínas Hsp90 são dímeros, cujos monômeros contêm um domínio NBD N-terminal (azul), um domínio de ligação ao substrato (cliente) central (SBD, laranja), e um domínio de dimerização C-terminal (cinza). O ciclo da Hsp90 inicia quando não existe nucleotídeo ligado ao domínio NBD e o dímero se encontra em uma configuração aberta (forma de Y) muito flexível, que pode se ligar aos substratos (etapa **1**). A rápida ligação ao ATP leva a uma lenta mudança conformacional na qual os domínios NBD dimerizam e os domínios SBD se aproximam, resultando na conformação fechada (etapa **2**). A hidrólise do ATP resulta no enovelamento e liberação da proteína-alvo (etapas **3** e **4**). A forma ligada ao ADP da Hsp90 pode adotar várias conformações, incluindo uma forma altamente compactada. A liberação do ADP regenera o estado inicial, que pode então interagir com proteínas-alvo adicionais (etapa **4**).(Parte (b) modificada de M. Taipale, D. F. Jarosz, e S. Lindquist, 2010, *Nat. Rev. Mol. Cell Biol.* **11**(7):515-528.)

o enovelamento da proteína-alvo, em parte impedindo-a de se agregar com outras proteínas desnaturadas. A troca do ADP ligado à proteína por ATP resulta na mudança conformacional na chaperona que libera a proteína-alvo. Se agora o alvo estiver enovelado de maneira apropriada, não poderá se ligar novamente a uma Hsp70. Se continuar pelo menos parcialmente desnaturado, ele poderá religar-se à chaperona, proporcionando a essa proteína outra oportunidade de se enovelar de forma adequada.

Proteínas adicionais, como a cochaperona Hsp40 em eucariotos (DnaJ em bactérias), auxiliam em aumentar a eficiência de enovelamento mediado por Hsp70 de muitas proteínas, estimulando – juntamente com a ligação ao substrato – a taxa de hidrólise de ATP pela Hsp70/DnaK por 100 a 1.000 vezes (ver etapa **2** na Figura 3-16a). Membros das quatro famílias diferentes de fatores de troca de nucleotídeos (p. ex., GrpE em bactérias; famílias BAG, HspBP e Hsp110 em eucariotos) também interagem com a Hsp70/DnaK, promovendo a troca do ADP ligado por ATP. Pensa-se que múltiplas chaperonas moleculares se liguem a todas as cadeias polipeptídicas nascentes à medida que são sintetizadas nos ribossomos. Em bactérias, 85% das proteínas são liberadas das suas chaperonas e prosseguem para o enovelamento normal; um porcentual ainda maior de proteínas nos eucariotos segue essa via.

A família de proteína Hsp70 não é a única classe de chaperonas moleculares. Outra classe distinta de chaperonas moleculares é a família Hsp90. Membros da família

Hsp90 estão presentes em todos os organismos, exceto arqueias. Em eucariotos, existem distintas Hsp90s localizadas em diferentes organelas e a Hsp90 é uma das proteínas mais abundantes no citosol (1-2% da proteína total). Ainda que o espectro de substratos proteicos das chaperonas Hsp90 não seja tão amplo quanto para algumas outras chaperonas, as Hsp90s têm importância crucial nas células. Auxiliam as células a lidar com as proteínas desnaturadas geradas por estresse (p. ex., choque térmico) e garantem que alguns dos seus substratos, geralmente denominados "alvos", sejam convertidos do estado inativo ao estado ativo ou de outro modo mantidos em uma conformação funcional. Em alguns casos, as Hsp90s formam um complexo relativamente estável com os seus alvos até que um sinal apropriado propicie a sua dissociação da proteína-alvo, liberando-o para desempenhar alguma função regulada nas células. Esses alvos incluem fatores de transcrição, como os receptores para os hormônios esteroides estrogênio e testosterona que regulam o desenvolvimento sexual e atuam controlando as atividades de muitos genes (ver Capítulo 7). Outro tipo de proteína-alvo da Hsp90 são enzimas denominadas cinases, que controlam as atividades de muitas proteínas por meio da fosforilação (ver Capítulos 15 e 16). Estima-se que até 20% de todas as proteínas na levedura sejam direta ou indiretamente influenciadas pelas atividades da Hsp90.

Diferentemente da Hsp70 monomérica, a Hsp90 atua como dímero no ciclo em que a ligação à ATP, a hidrólise e a liberação de ADP são acopladas a grandes mudanças conformacionais e à ligação, ativação e liberação de proteína-alvo (Figura 3-16b). Embora exista muito a aprender sobre o mecanismo da Hsp90, está claro que as proteínas-alvo se ligam a uma conformação "aberta", que a ligação do ATP leva à interação dos domínios de ligação ao ATP e formação de uma conformação "fechada", e que a hidrólise do ATP desempenha um papel importante na ativação de algumas proteínas-alvo e sua liberação adicional da Hsp90. Também sabe-se que existem pelo menos 20 cochaperonas com profundos efeitos na atividade da Hsp90, incluindo sua atividade ATPásica, determinando também quais proteínas serão alvo (especificidade de alvos). Cochaperonas também auxiliam a coordenar as atividades da Hsp90 e Hsp70. Por exemplo, a Hsp70 ajuda a iniciar o enovelamento de uma proteína que em seguida é levada por uma cochaperona à Hsp90 para processamento adicional. A atividade de Hsp90 também pode ser influenciada por modificações covalentes realizadas por pequenas moléculas. Finalmente, Hsp90s auxiliam as células a reconhecer proteínas mal enoveladas incapazes de se enovelarem novamente e podem facilitar a degradação das mesmas por mecanismos que serão discutidos posteriormente neste capítulo. Portanto, como parte do sistema de controle de qualidade nas células, as chaperonas auxiliam no processo de enovelamento das proteínas ou facilitam a destruição daquelas que não conseguem se enovelar de maneira apropriada.

Chaperoninas O enovelamento apropriado de uma grande variedade de proteínas recém-sintetizadas também requer a assistência de outra classe de proteínas, as chaperoninas, também denominadas Hsp60s. Esses enormes complexos supramoleculares cilíndricos são formados por dois anéis de oligômeros. Existem dois grupamentos distintos de chaperoninas que diferem em suas estruturas, mecanismos moleculares detalhados e localizações. Chaperoninas do grupo I, encontradas em procariotos, cloroplastos e mitocôndrias, são compostas por dois anéis, cada um deles contendo sete subunidades que interagem com uma cochaperona homo-heptamérica em forma de "tampa". A chaperonina do grupo I bacteriana, conhecida como GroEL/GroES, é ilustrada na Figura 3-17a. Na bactéria *E. coli*, acredita-se que GroEL participe no enovelamento de cerca de 10% de todas as proteínas. Chaperoninas do grupo II, encontradas no citosol de células eucarióticas (p. ex., TriC em mamíferos) e em arqueias, têm de oito a nove subunidades homoméricas ou heteroméricas em cada anel, e a função de "tampa" é incorporada nas próprias subunidades – nenhuma tampa separada é necessária. Parece que a hidrólise de ATP dispara o fechamento da tampa das chaperoninas do grupo II.

A Figura 3-17b ilustra o ciclo GroEL/GroES de enovelamento proteico. Um polipeptídeo parcialmente enovelado ou mal enovelado < 60 kD em massa é capturado pelos resíduos hidrofóbicos próximos da entrada da câmara formada por GroEL e entra em uma das câmaras de enovelamento (câmara superior na Figura 3-17b). A segunda câmara é bloqueada por uma tampa formada por GroES. Cada uma das 14 subunidades de GroEL pode se ligar ao ATP, hidrolisá-lo e em seguida liberar ADP. Essas reações atuam em concerto para cada conjunto de sete subunidades presentes em um único anel, sendo responsáveis pelas principais mudanças conformacionais ocorridas no ciclo. Essas mudanças controlam tanto a ligação da tampa de GroES, que fecha a câmara, quanto o ambiente da câmara dentro da qual ocorre o enovelamento do polipeptídeo. O polipeptídeo permanece preso na câmara, fechado pela tampa. Nessa condição, ele passa pelo processo de enovelamento até ocorrer a hidrólise do ATP nessa câmara, etapa mais lenta e limitante do ciclo ($t_{1/2}$ ~10 s). A hidrólise do ATP nessa câmara induz a ligação de ATP e de uma tampa GroES diferente no segundo anel do complexo. Essas ligações, por sua vez, promovem a liberação da tampa GroES e do ADP ligado ao anel que contém o polipeptídeo, abrindo a câmara e permitindo que a proteína enovelada se difunda para fora da câmara. Se o polipeptídeo se enovelou de forma apropriada, ele poderá seguir desempenhando novamente suas funções na célula. Se ele permanece parcialmente enovelado ou mal-enovelado, ele pode se ligar novamente a um GroEL desocupado e o ciclo pode ser repetido. Existe uma relação recíproca entre os dois anéis e um complexo GroEL. O fechamento de uma câmara pela tampa GroES possibilita o enovelamento de um substrato sequestrado nessa câmara e é acompanhado pela liberação do substrato da câmara do segundo anel (ligação, enovelamento e liberação simultâneas a partir da segunda câmara não estão ilustradas na Figura 3-17b). Existe uma semelhança surpreendente entre a projeção do barril tampado de GroEL/GroES, no qual as proteínas são sequestradas para enovelamento, e

ANIMAÇÃO EM FOCO: O ciclo da ATPase GroEL

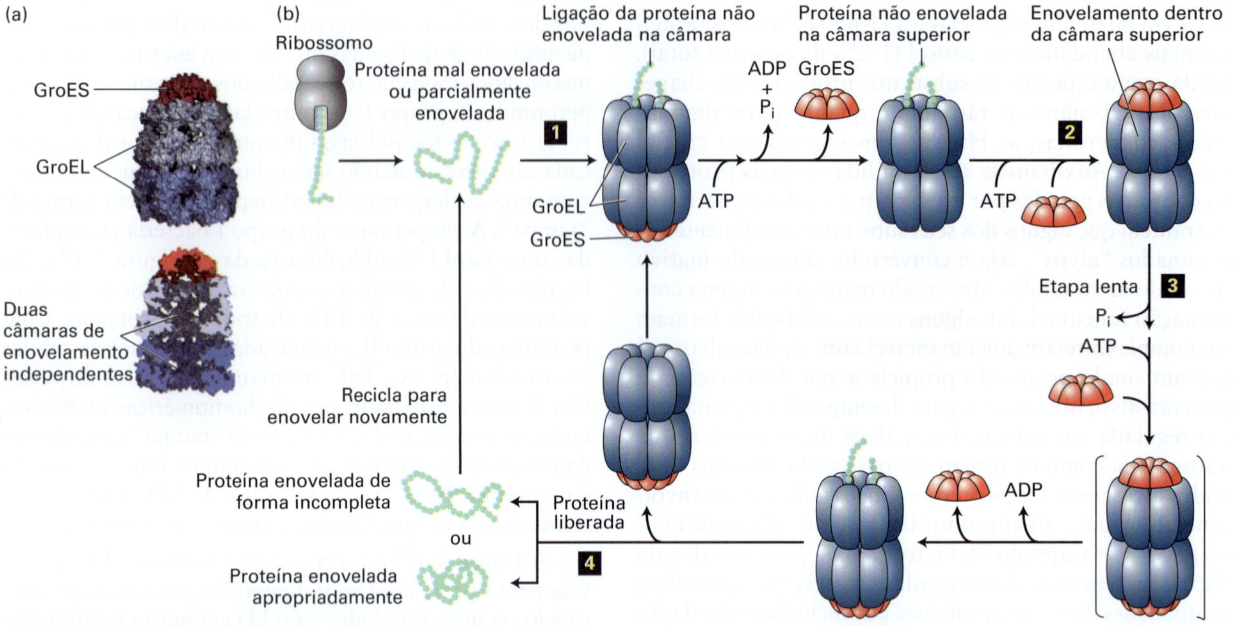

FIGURA 3-17 Enovelamento de proteínas mediado por chaperonina. O enovelamento apropriado de algumas proteínas depende de chaperoninas como a chaperonina procariótica do grupo I GroEL. (a) GroEL é um complexo em forma de barril de 14 subunidades idênticas de 60.000 MW arranjadas em dois anéis empilhados (azul e vermelho), de sete subunidades cada, que formam duas câmaras internas distintas de enovelamento de polipeptídeos. Tampas homo-heptaméricas (subunidades de 10.000 MW), denominadas GroES (amarelo), podem se ligar a qualquer uma das extremidades do barril e fechar a câmara na extremidade em que se associam. (b) O ciclo de enovelamento GroEL-GroES. Um polipeptídeo parcialmente enovelado ou mal-enovelado entra em uma das câmaras de enovelamento (etapa **1**). A segunda câmara é bloqueada por uma tampa GroES. Cada anel de sete subunidades de GroEL se liga a sete moléculas de ATP, hidrolisa-as, e libera os ADPs em uma sequência coordenada com a ligação e liberação da GroES, e ligação, enovelamento e liberação do polipeptídeo. As principais mudanças conformacionais nos anéis de GroEL controlam a ligação da tampa GroES que fecha a câmara (etapa **2**). O polipeptídeo permanece encerrado na câmara fechado pela tampa, onde ele pode se enovelar até que ocorra a hidrólise de ATP, a etapa limitante, mais lenta, no ciclo ($t_{1/2}$ ~10 s) (etapa **3**), que induz a ligação de ATP e de uma tampa GroES diferente no outro anel GroEL (intermediário transitório mostrado em colchetes). Esse processo faz a tampa GroES e o ADP ligado ao anel contendo o peptídeo serem liberados, abrindo a câmara e permitindo à proteína enovelada difundir para fora da câmara (etapa **4**). Se o polipeptídeo se enovelou corretamente, ele pode voltar a desempenhar suas funções normais na célula. Se ele permanecer parcialmente enovelado ou mal-enovelado, ele pode se ligar novamente a um GroEL desocupado e o ciclo pode ser repetido (Parte (a) modificada de David L. Nelson e Michael M. 2000, Cox, *Lehninger: Principles of Biochemistry*, 3rd ed., W. H. Freeman e Co.)

a estrutura do proteassomo 26S que participa na degradação de proteínas (discutido na Seção 3.4). Além disso, um grupo de proteínas que são parte da família AAA^+ de ATPases é composto por anéis hexaméricos com um poro central no qual substratos podem entrar para enovelamento, desnaturação ou, em alguns casos, proteólise; exemplos desses casos serão discutidos no Capítulo 13.

Proteínas enoveladas de forma alternativa estão implicadas em doenças

Evidências recentes sugerem que uma proteína pode se enovelar em uma estrutura tridimensional alternativa como resultado de mutações, modificações covalentes inapropriadas ocorridas após a proteína ter sido sintetizada, ou por outras razões ainda não identificadas. Essas falhas no enovelamento não somente levam à perda da função normal da proteína, mas muitas vezes a marcam para degradação proteolítica. Entretanto, quando a degradação não se completa ou não consegue acompanhar a taxa de mal-enovelamento, o acúmulo subsequente de proteínas mal enoveladas ou seus fragmentos proteolíticos contribui para certas doenças degenerativas caracterizadas pela presença de agregados desordenados e insolúveis de proteínas, ou *placas*, em vários órgãos, incluindo o fígado e o cérebro.

Algumas doenças neurodegenerativas, incluindo a doença de Alzheimer e a doença de Parkinson em humanos e a encefalopatia espongiforme transmissível em bovinos (doença da "vaca louca") e ovinos, são caracterizadas pela formação de placas filamentosas emaranhadas em um cérebro em deterioração (Figura 3-18). Os **filamentos amiloides** que compõem essas estruturas são derivados de proteínas naturais abundantes, como a proteína precursora amiloide, que se encontra embebida na membrana plasmática; Tau, proteína ligadora de microtúbulos; e a proteína príon, uma proteína "infecciosa". Influenciadas por causas desconhecidas, essas proteínas que contêm hélices α (ou seus fragmentos proteolíticos) se enovelam em estruturas alternativas com folhas β que se polimerizam em filamentos muito estáveis. Ainda não está claro se são os depósitos extracelulares desses filamentos ou as proteínas solúveis enoveladas de forma alternativa que são tóxicas para as células. ■

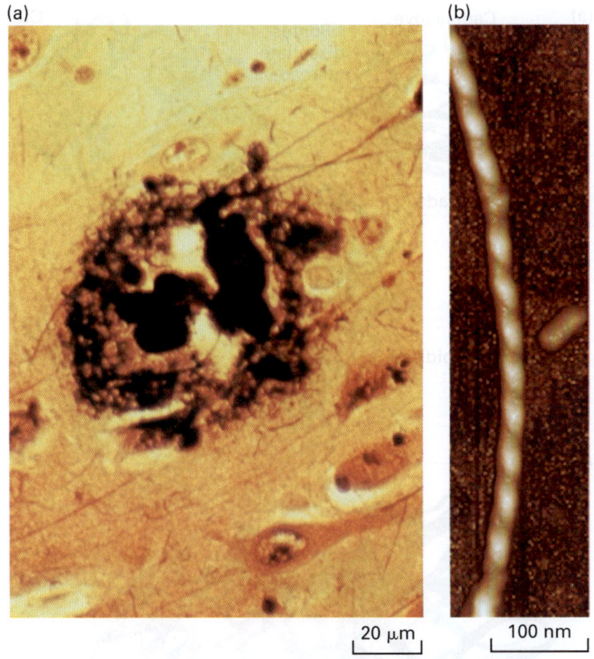

FIGURA 3-18 A doença de Alzheimer é caracterizada pela formação de placas insolúveis compostas pela proteína amiloide. (a) Em baixa resolução, uma placa amiloide no cérebro de um paciente com Alzheimer se parece com um emaranhado de filamentos. (b) A estrutura regular dos filamentos das placas foi revelada em microscopia de força atômica. A proteólise da proteína precursora do amiloide, de ocorrência natural, produz um pequeno fragmento, chamado proteína β amiloide, e esta, por razões desconhecidas, altera sua conformação de hélice α para folha β. Esta estrutura alternativa forma agregados altamente estáveis dos filamentos (amiloides) encontrados nas placas. Alterações patológicas semelhantes em outras proteínas causam outras doenças degenerativas. (Cortesia de K. Kosik.)

CONCEITOS-CHAVE da Seção 3.2

Enovelamento das proteínas

- A estrutura primária (sequência de aminoácidos) de uma proteína determina a sua estrutura tridimensional, a qual determina a sua função. Em resumo, a função deriva da estrutura; a estrutura deriva da sequência.
- Como a função proteica deriva da estrutura proteica, proteínas recém-sintetizadas devem se enovelar corretamente para funcionar de modo apropriado.
- A estrutura planar da ligação peptídica limita o número de conformações que um polipeptídeo pode adotar (ver Figura 3-14).
- A sequência de aminoácidos de uma proteína determina o seu enovelamento em uma conformação tridimensional específica, o estado nativo. As proteínas irão perder o enovelamento, ou desnaturar, quando submetidas a condições que rompam as interações não covalentes que estabilizam suas estruturas tridimensionais.
- O enovelamento de proteínas *in vivo* ocorre com a assistência de chaperonas ATP-dependentes. As chaperonas influenciam as proteínas de várias formas, impedindo o mal-enovelamento e a agregação, facilitando o enrolamento apropriado e mantendo uma estrutura estável necessária para à atividade subsequente da proteína (ver Figura 3-16).
- Existem duas classes genéricas de chaperonas: (1) chaperonas moleculares, que ligam a segmentos curtos de um substrato proteico, e (2) chaperoninas, que formam câmaras de enovelamento dentro das quais todas as proteínas desnaturadas, ou parte delas, podem ser sequestradas, fornecendo-lhes tempo e ambiente adequados para que o processo de enovelamento ocorra apropriadamente.
- Algumas doenças neurodegenerativas são causadas por agregados de proteínas enovelados de maneira estável em conformação alternativa.

3.3 Ligação a proteínas e catálise enzimática

As proteínas desempenham um conjunto extraordinariamente diversificado de atividades tanto dentro quanto fora das células; ainda assim, a maior parte dessas funções diversificadas baseia-se na capacidade das proteínas de se engajarem em uma atividade comum: a ligação. As proteínas ligam-se umas às outras, a outras macromoléculas, a moléculas pequenas e a íons. Nesta seção, alguns aspectos-chave da ligação proteica serão descritos; em seguida, serão considerados com mais detalhes um grupo particular de proteínas, as enzimas. As atividades das outras classes funcionais de proteínas (estruturais, *scaffold*, transportadoras, regulatórias, motoras) serão descritas em capítulos posteriores.

A ligação específica aos ligantes está na origem das funções da maioria das proteínas

A molécula a qual uma proteína se liga é denominada seu **ligante**. Em alguns casos, a ligação ao ligante promove mudança na forma da proteína. Essas mudanças conformacionais são integrais ao mecanismo de ação de muitas proteínas e importantes na regulação da atividade proteica.

Duas propriedades da proteína caracterizam como ela se liga aos ligantes. A *especificidade* refere-se à capacidade da proteína se ligar preferencialmente a uma molécula ou a um grupo muito pequeno de moléculas em relação a todas as outras moléculas. A *afinidade* refere-se à força de ligação, sendo geralmente expressa como constante de dissociação (K_d). O K_d para um complexo proteína-ligante, que é o inverso da constante de equilíbrio K_{eq} para a reação de ligação, é a medida quantitativa mais comum da afinidade (ver Capítulo 2). Quanto mais forte for a interação entre proteína e ligante, mais baixo será o valor de K_d. Tanto a especificidade quanto a afinidade da proteína por um ligante dependem da estrutura do sítio de ligação. Para que interações altamente específicas e com alta afinidade possam ocorrer, a forma e as propriedades químicas do sítio de ligação devem ser complementares àquelas da molécula ligante, propriedade denominada **complementaridade molecular**. Como foi visto no Capítulo 2, a complementaridade molecular possibilita que moléculas formem múltiplas interações não covalentes a curta distância e, portanto, mantenham-se juntas.

Um dos exemplos melhor estudados de ligação proteína-ligante, envolvendo grande especificidade e alta afinidade, é a ligação de **anticorpos** a **antígenos**. Os anticorpos são proteínas que circulam no sangue e são produzidas pelo sistema imune (ver Capítulo 23) em resposta aos antígenos, normalmente macromoléculas presentes em agentes infecciosos (p. ex., uma bactéria ou um vírus) ou outras substâncias exógenas (p. ex., proteínas ou polissacarídeos em pólens). Anticorpos diferentes são gerados em resposta a diferentes antígenos, e esses anticorpos apresentam a notável característica de se ligarem especificamente ("reconhecer") a uma parte de um antígeno, denominada **epítopo**, que inicialmente induziu a produção do anticorpo e não de outras moléculas. Os anticorpos atuam como sensores específicos para os antígenos, formando complexos antígeno-anticorpo que iniciam uma cascata de reações protetoras nas células do sistema imune.

Todos os anticorpos são moléculas em forma de Y formadas a partir de duas cadeias mais longas idênticas, ou *pesadas*, e duas cadeias mais curtas idênticas, ou *leves* (Figura 3-19a). Cada braço de uma molécula de anticorpo contém uma única cadeia leve associada a uma cadeia pesada por uma ponte dissulfeto. Próximo à extremidade de cada braço estão localizadas seis alças altamente variáveis, denominadas *regiões determinantes de complementaridade (CDRs)*, que formam os sítios de ligação ao antígeno. As sequências das seis alças são altamente variáveis entre anticorpos, gerando sítios de ligação ao ligante de complementaridade única que os torna específicos para diferentes epítopos (Figura 3-19b). O contato íntimo entre essas duas superfícies, estabilizado por numerosas interações não covalentes, é responsável pela especificidade de interação extremamente precisa exibida por um anticorpo.

A especificidade dos anticorpos é tão precisa que eles conseguem distinguir células de membros individuais de uma espécie e, em alguns casos, proteínas que diferem em somente um único aminoácido, ou até mesmo proteínas com sequências idênticas e apenas modificações pós-traducionais diferentes. Devido à sua especificidade e à facilidade com a qual eles podem ser produzidos (ver Capítulo 23), os anticorpos são reagentes altamente úteis usados em muitos experimentos discutidos nos próximos capítulos.

Neste livro, serão mostrados muitos exemplos de ligação proteína-ligante, incluindo ligação de hormônios a receptores (ver Capítulo 15), ligação de moléculas regulatórias ao DNA (ver Capítulo 7) e ligação de moléculas de adesão celular à matriz extracelular (ver Capítulo 20), para citar apenas alguns. Aqui, será focalizado como a ligação de uma classe de proteínas, as enzimas, aos seus ligantes resulta na catálise de reações químicas essenciais para a sobrevivência e função das células.

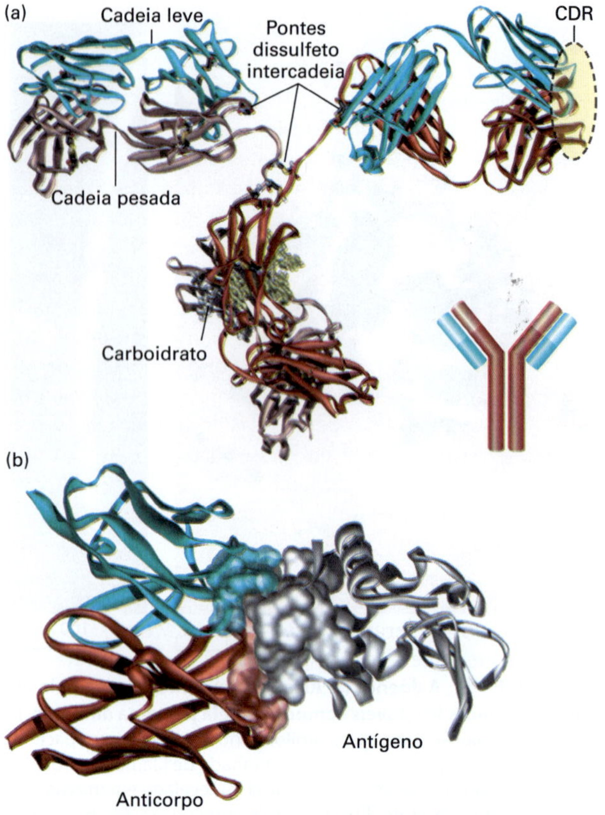

FIGURA 3-19 A ligação proteína-ligante dos anticorpos. (a) Modelo de fitas de um anticorpo. Cada molécula de anticorpo da classe IgG consiste em duas cadeias pesadas idênticas (vermelho claro e escuro) e duas cadeias leves idênticas (azul) ligadas covalentemente por pontes dissulfeto. No destaque, é mostrado um diagrama da estrutura geral do anticorpo contendo duas cadeias leves e duas pesadas. (b) O ajuste íntimo entre o anticorpo e o sítio ao qual ele se liga (epítopo) no seu antígeno-alvo – neste caso, a lisozima de clara de ovo de galinha. As regiões onde as duas moléculas fazem contato estão mostradas como superfícies. O anticorpo entra em contato com o antígeno com os resíduos pertencentes a todas as suas regiões determinantes de complementaridade (CDRs). Nesta imagem, a complementaridade molecular do antígeno e do anticorpo fica bastante aparente nas regiões onde os "dedos" que se estendem da superfície do antígeno são opostos por "fendas" na superfície do anticorpo.

As enzimas são catalisadores altamente eficientes e específicos

Proteínas de um subgrupo que catalisa reações químicas, com a geração e quebra de ligações covalentes, são denominadas **enzimas**, e os ligantes das enzimas são denominados **substratos**. Enzimas constituem uma classe ampla e muito importante de proteínas – de fato, praticamente todas as reações químicas que ocorrem na célula são catalisadas por um catalisador específico, geralmente uma enzima. Outro tipo de macromolécula catalítica encontrada nas células é constituído por RNA. Esses RNAs são denominados **ribozimas** (ver Capítulo 4).

Milhares de tipos diferentes de enzimas têm sido identificados, cada um catalisando uma única reação química ou um conjunto de reações intimamente relacionadas. Certas enzimas são encontradas na maioria das células, pois catalisam a síntese de produtos celulares comuns (p. ex., proteínas, ácidos nucleicos e fosfolipídeos) ou estão envolvidas na obtenção de energia a partir de nutrientes (p. ex., pela conversão de glicose e oxigênio em dióxido de carbono e água durante a respiração celular). Outras enzimas estão presentes somente em um tipo particular de célula, porque catalisam reações químicas exclusivas para aquele tipo celular (p. ex., as enzimas nas células nervosas que convertem tirosina em dopamina, um neurotransmissor). Ainda que a maior parte das enzimas esteja localizada dentro das células, algumas são secretadas e funcionam em sítios extracelulares, como sangue, trato digestivo, ou até mesmo o exterior do organismo (p. ex., enzimas tóxicas presentes no veneno de algumas serpentes).

Como qualquer **catalisador** (Capítulo 2), as enzimas aumentam a velocidade de uma reação, mas não afetam o progresso de uma reação, determinado pela mudança em energia livre ΔG entre reagentes e produtos, nem são elas próprias modificadas permanentemente como consequência da reação que catalisam. As enzimas aumentam a taxa de reação diminuindo a energia do **estado de transição** e, portanto, a **energia de ativação** necessária para alcançá-lo (Figura 3-20). No tubo de ensaio, catalisadores como o carvão e a platina facilitam reações, mas em geral somente a altas pressões ou temperaturas elevadas, em extremos de pH baixo ou alto, ou em solventes orgânicos. No interior das células, entretanto, as enzimas devem funcionar de forma efetiva em um ambiente aquoso a 37°C e pressão de 1 atmosfera e a valores de pH fisiológicos, geralmente 6,5 a 7,5, mas algumas vezes inferiores. Notavelmente, as enzimas exibem imenso poder catalítico, acelerando as taxas de reações $10^6 - 10^{12}$ vezes do que aquelas correspondentes às reações não catalisadas sob condições semelhantes em outros sentidos.

O sítio ativo de uma enzima se liga a substratos e desempenha a catálise

Certos aminoácidos de uma enzima são particularmente importantes em determinar a sua especificidade e poder catalítico. Na conformação nativa de uma enzima, aminoácidos criticamente importantes (que geralmente provêm de diferentes partes da sequência linear do polipeptídeo) são aproximados, formando uma fenda na superfície denominada **sítio ativo** (Figura 3-21). Um sítio ativo normalmente é constituído por somente uma pequena parte da proteína total, com o restante da proteína envolvida no enovelamento do polipeptídeo, regulação do sítio ativo e interações com outras moléculas.

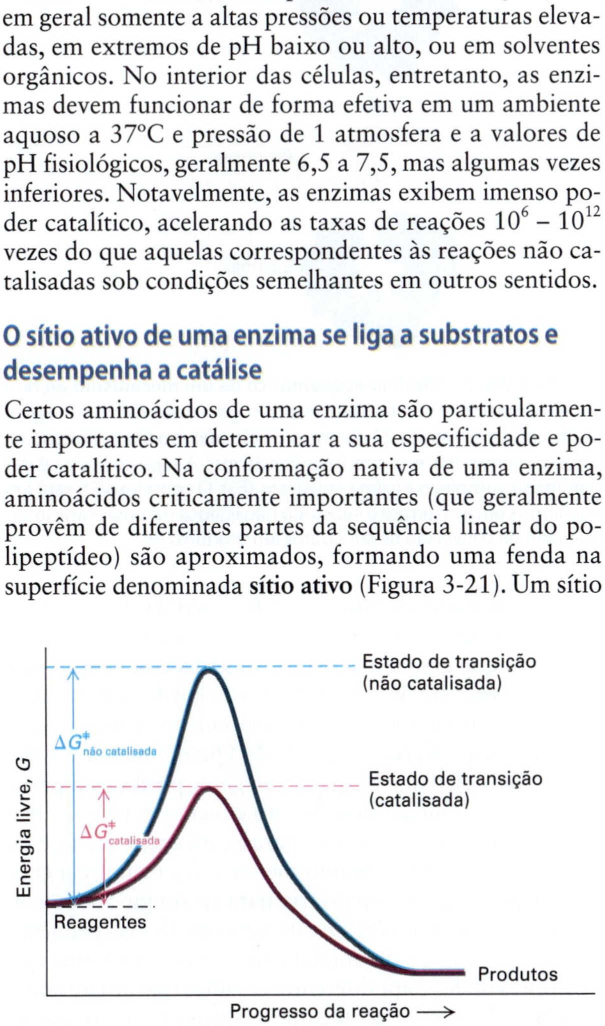

FIGURA 3-20 Efeito de uma enzima sobre a energia de ativação de uma reação química. Esta reação hipotética ilustra a alteração na energia livre *G* à medida que a reação ocorre. Uma reação só ocorrerá espontaneamente se a *G* total dos produtos for menor que a dos reagentes (ΔG negativo). No entanto, todas as reações químicas ocorrem por meio de um ou mais estados de transição de alta energia, e a velocidade da reação é inversamente proporcional à energia de ativação ($\Delta G^{\ddagger}$), que é a diferença na energia livre entre os reagentes e o estado de transição (o ponto mais alto ao longo da via). As enzimas e outros catalisadores aceleram a velocidade de uma reação pela redução da energia livre do estado de transição e, portanto, $\Delta G^{\ddagger}$.

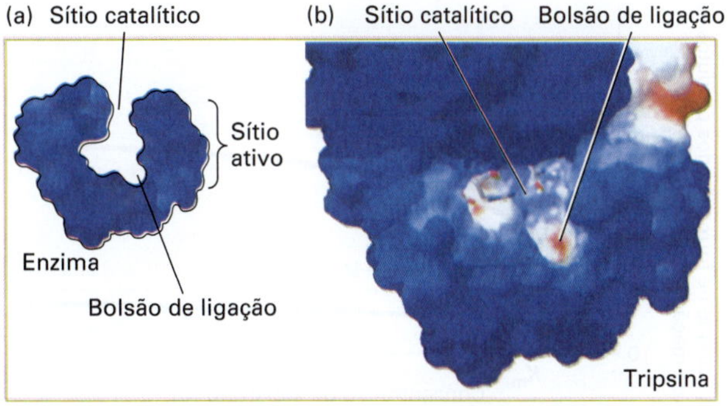

FIGURA 3-21 Sítio ativo da enzima tripsina. (a) O sítio ativo de uma enzima é composto por um bolsão de ligação, que se liga especificamente ao substrato, e um sítio catalítico, que executa a catálise. (b) Uma representação da superfície da serino-protease tripsina. Fendas do sítio ativo contendo o sítio catalítico (cadeias laterais da tríade catalítica Ser-195, Asp-102 e His-57 mostradas em representações de varetas) e o bolsão de ligação específica à cadeia lateral do substrato são claramente visíveis. (Parte (b) cortesia de P. Teesdale-Spittle.)

Um sítio ativo consiste em duas regiões funcionalmente importantes: o *sítio de ligação ao substrato*, que reconhece e se liga ao substrato ou substratos, e o *sítio catalítico*, que realiza a reação química, tão logo o substrato esteja ligado. Os grupos catalíticos no sítio catalítico são cadeias laterais de aminoácidos e grupamentos carbonila e amino da cadeia principal. Em algumas enzimas, os sítios catalíticos e de ligação ao substrato se sobrepõem; em outros, as duas regiões são estruturalmente distintas.

O sítio de ligação ao substrato é responsável pela notável especificidade das enzimas – sua habilidade de atuar seletivamente em um substrato ou em um pequeno número de substratos quimicamente semelhantes. A alteração na estrutura de um substrato de uma enzima em somente um ou poucos átomos, ou uma mudança sutil na geometria (p. ex., estereoquímica) do substrato, pode resultar em uma variante molecular não mais compatível como substrato para essa enzima. Como no caso da especificidade dos anticorpos para antígenos descrita anteriormente, a especificidade das enzimas por substratos é uma consequência da exata complementaridade molecular entre o sítio de ligação ao substrato e o substrato. Em geral, somente um ou poucos substratos se encaixam precisamente em um sítio de ligação.

A ideia de que substratos possam se ligar a enzimas da mesma forma que uma chave se encaixa em uma fechadura foi sugerida primeiramente por Emil Fischer em 1894. Em 1913, Leonor Michaelis e Maud Leonora Menten forneceram evidências cruciais apoiando essa hipótese. Elas mostraram que a taxa de uma reação enzimática era proporcional à concentração do substrato em baixas concentrações do mesmo, mas que, à medida que a concentração de substrato era aumentada, a taxa atingia uma **velocidade máxima, $V_{máx}$**, e se tornava independente da concentração de substrato, com o valor de $V_{máx}$

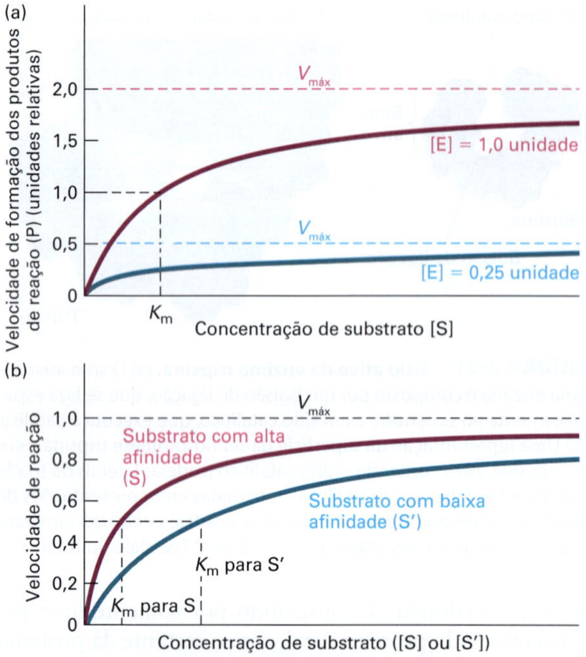

FIGURA 3-22 Os valores de K_m e $V_{máx}$ para uma reação catalisada por uma enzima. K_m e $V_{máx}$ são determinados a partir da análise da dependência da velocidade de reação inicial pela concentração do substrato. A forma destas curvas cinéticas hipotéticas é característica de uma reação catalisada por enzima simples na qual um substrato (S) é convertido em um produto (P). A velocidade inicial é medida imediatamente após a adição de enzima ao substrato, antes da concentração do substrato mudar apreciavelmente. (a) Gráficos da velocidade inicial em duas concentrações diferentes de enzima [E] como função da concentração de substrato [S]. A concentração [S] que resulta em uma velocidade de reação correspondente à metade de $V_{máx}$ é a constante de Michaelis K_m, que mede a afinidade de E para converter S em P. Quadruplicando a concentração enzimática provoca um aumento proporcional na velocidade de reação, de tal forma que a velocidade máxima $V_{máx}$ é quadruplicada; o K_m, entretanto, não é alterado. (b) Gráficos da velocidade inicial *versus* a concentração de substrato com um substrato S para o qual a enzima tem alta afinidade e com um substrato S' para o qual a enzima tem afinidade mais baixa. Observe que a $V_{máx}$ é a mesma para ambos os substratos porque [E] é o mesmo, mas que K_m é maior para S', o substrato de baixa afinidade.

sendo diretamente proporcional à quantidade de enzima presente na mistura de reação (Figura 3-22).

Elas deduziram que essa saturação em altas concentrações de substrato se devia à ligação das moléculas do substrato (S) a um número fixo e limitado de sítios nas enzimas (E), e chamaram as espécies ligadas de complexo enzima-substrato (ES). Propuseram que o complexo ES está em equilíbrio com a enzima livre e o substrato e que ele representa uma etapa intermediária na conversão irreversível do substrato em produto (P) (Figura 3-23):

$$E + S \rightleftharpoons ES \rightarrow E + P$$

e que a taxa V_0 de formação do produto em uma concentração particular de substrato é calculada [S] pela atualmente conhecida como *equação de Michaelis-Menten*:

$$V_0 = V_{máx}\frac{[S]}{[S] + K_m} \quad (3\text{-}1)$$

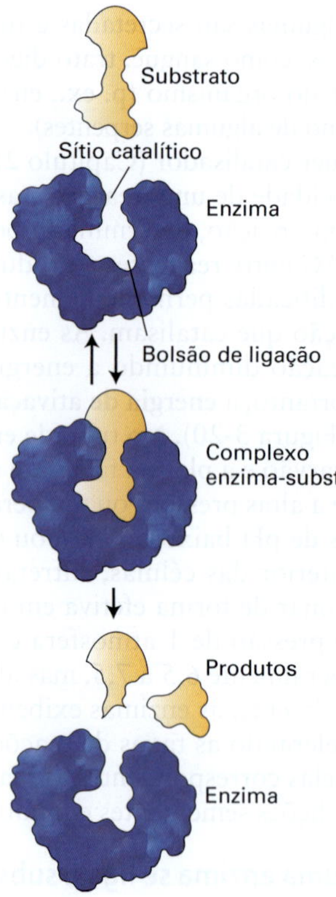

FIGURA 3-23 Modelo esquemático de um mecanismo de reação enzimático. A cinética enzimática sugere que enzimas (E) ligam moléculas de substrato (S) por meio de um número fixo e limitado de sítios presentes nas enzimas (os sítios ativos). A espécie ligada é denominada complexo enzima-substrato (ES). O complexo ES está em equilíbrio com a enzima e o substrato não ligados e é uma etapa intermediário na conversão de substratos em produtos (P).

onde a **constante de Michaelis, K_m**, medida da afinidade de uma enzima por seu substrato, é a concentração do substrato que gera a metade da velocidade de reação máxima (ou seja, 1/2 $V_{máx}$ na Figura 3-22). A K_m é de alguma forma similar em natureza, mas não idêntica, à constante de dissociação, K_d (ver Capítulo 2). Quanto menor o valor de K_m, mais efetiva é a enzima em gerar produtos a partir de soluções diluídas do substrato e menor é a concentração do substrato necessária para se alcançar metade da velocidade máxima. Quanto menor o K_d, menor é a concentração de ligante necessária para se atingir 50% de ligação. As concentrações de diferentes moléculas pequenas em uma célula variam amplamente, da mesma forma que os valores de K_m para diferentes enzimas que atuam sobre elas. Uma boa regra geral é que a concentração intracelular de um substrato é aproximadamente a mesma, ou um pouco maior, que o valor de K_m da enzima ao qual se liga.

As taxas de reação na saturação do substrato variam enormemente entre enzimas. O número máximo de moléculas do substrato convertidas em produtos em um único sítio ativo de enzima por segundo é denominado *número de renovação* (*turnover*), que pode ser menos de 1 para enzimas muito lentas. O número de renovação da anidrase carbônica, uma das enzimas mais rápidas, é de 6×10^5 moléculas/s.

Muitas enzimas catalisam a conversão de substratos em produtos dividindo o processo em múltiplas reações químicas distintas que envolvem múltiplos complexos enzima-substrato (ES, ES′, ES″ etc.) gerados antes da liberação final dos produtos:

$$E + S \rightleftharpoons ES \rightleftharpoons ES' \rightleftharpoons ES'' \rightleftharpoons \ldots E + P$$

Os perfis de energia para essas reações com múltiplas etapas envolvem várias colinas e vales (Figura 3-24), e diferentes métodos têm sido desenvolvidos para capturar os intermediários nessas reações e aprender mais sobre os detalhes de como as enzimas catalisam as reações.

As serino-proteases demonstram como atua o sítio ativo de uma enzima

As serino-proteases, grande família de enzimas que clivam proteínas, também chamadas de enzimas proteolíticas, são usadas amplamente no mundo biológico – para digerir refeições (as enzimas pancreáticas tripsina, quimotripsina e elastase), para controlar a coagulação sanguínea (a enzima trombina) e até mesmo para auxiliar os bichos-da-seda a mastigarem os seus casulos criando uma saída pelos mesmos (cocoonase). Essa classe de enzimas ilustra de forma útil como o sítio de ligação ao substrato de uma enzima e o sítio catalítico cooperam em reações de múltiplas etapas para converter substratos em produtos. Aqui será considerado como a tripsina e as suas duas proteases pancreáticas mais próximas evolutivamente, quimotripsina e elastase, catalisam a clivagem de uma ligação peptídica:

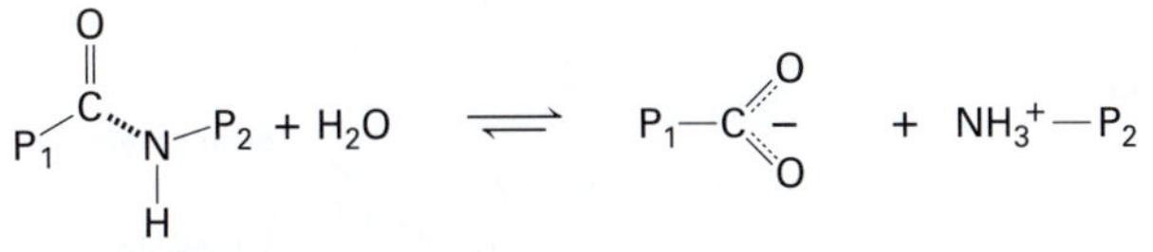

onde, no polipeptídeo que se comporta como substrato, P_1 é a parte da proteína no lado N-terminal da ligação peptídica e P_2 é a porção no lado C-terminal. Primeiramente, será considerado como as serino-proteases se ligam especificamente aos seus substratos e então será mostrado em detalhes como a catálise ocorre.

A Figura 3-25a mostra como um polipeptídeo substrato se liga ao sítio de ligação ao substrato no sítio ativo da tripsina. Ocorrem duas interações de ligação essenciais. Primeiro, o substrato (cadeia principal polipeptídica em preto) e a enzima (cadeia principal polipeptídica em azul) formam ligações de hidrogênio que se assemelham a uma folha β. Segundo, uma cadeia lateral crucial do substrato, que determina qual peptídeo será clivado nesse substrato, se estende para dentro do *bolsão de ligação de especificidade da cadeia lateral* da enzima, no fundo do qual se encontra uma cadeia lateral carregada negativamente do resíduo Asp-189 da enzima. A tripsina tem acentuada preferência por hidrolisar substratos no lado da carboxila (C=O) de um aminoácido com longa cadeia lateral carregada positivamente (arginina ou lisina), pois a cadeia lateral é estabilizada no bolsão de ligação de especificidade da enzima pela Asp-189 negativa.

Diferenças sutis nas estruturas de bolsões de especificidade semelhantes ajudam a explicar as diferentes especificidades por substratos de duas serino-proteases relacionadas: a quimotripsina prefere grupamentos aromáticos grandes (como em Phe, Tyr, Trp) e a elastase prefere as cadeias laterais pequenas das Gly e Ala (Figura 3-25b). A Ser-189 não carregada na quimotripsina possibilita que cadeias laterais grandes, hidrofóbicas e não carregadas se liguem estavelmente no bolsão. A especificidade da elastase é influenciada por apresentar, no lugar de resíduos de glicina encontrados na tripsina, cadeias laterais alifáticas de valinas (Val-216 e Val-190) nas laterais do bolsão, que obstruem essa estrutura (Figura 3-25b). Consequentemente, cadeias laterais grandes nos substratos são impedidas de se encaixar no bolsão da elastase, enquanto substratos com cadeias laterais curtas de alaninas e glicinas nessa posição podem se ligar adequadamente e sofrer clivagem subsequente.

No sítio catalítico, todas as três enzimas usam o grupamento hidroxila da cadeia lateral de uma serina na posição 195 para catalisar a hidrólise de ligações peptídicas em substratos proteicos. Uma tríade catalítica formada pelas três cadeias laterais de Ser-195, His-57 e Asp-102 participam no que, em essência, é uma reação de hidrólise de duas etapas. A Figura 3-26 ilustra como a tríade catalítica coopera na clivagem de uma ligação peptídica, com Asp-102 e His-57 apoiando o ataque do oxigênio da hidroxila da Ser-195 ao carbono da carbonila no substrato. Esse ataque inicialmente forma um estado de transição instável com quatro grupos ancorados nesse carbono (intermediário tetraédrico). A quebra da ligação peptídica C—N então libera parte do substrato proteico (NH_3—P_2), enquanto a outra parte permanece ligada covalentemente à enzima via ligação éster ao oxigênio da serina, formando um intermediário acil-enzima relativamente estável. A substituição posterior desse oxigênio por outro proveniente de uma molécula de água, em uma reação envolvendo outro intermediário tetraédrico estável, resulta na liberação do produto final (P_1—COOH). Os estados de transição intermediários tetraédricos são parcialmente estabilizados por ligações de hidrogênio com grupamentos amino da cadeia principal da enzima, denominada *cavidade do oxiânion*. A grande família das serino-proteases e as enzimas relacionadas que têm uma serina no sítio ativo ilustram como um mecanismo de reação eficiente é utilizado de maneira recorrente por enzimas distintas para catalisar reações semelhantes.

O mecanismo catalítico da serino-protease põe em evidência várias características essenciais da catálise enzimática: (1) sítios catalíticos de enzimas têm evoluído para estabilizar a ligação de um estado de transição, diminuindo a energia de ativação e acelerando a reação total; (2) múltiplas cadeias laterais, junto com a cadeia principal da cadeia polipeptídica, cuidadosamente organizada em três dimensões, atuam em conjunto para transformar quimicamente substrato em produto, frequentemente em reações com múltiplas etapas; e (3) a catálise ácido-base mediada por uma ou mais cadeias laterais de aminoácidos é comumente usada pelas enzimas, como quando o grupamento imidazol da His-57 nas serino-proteases

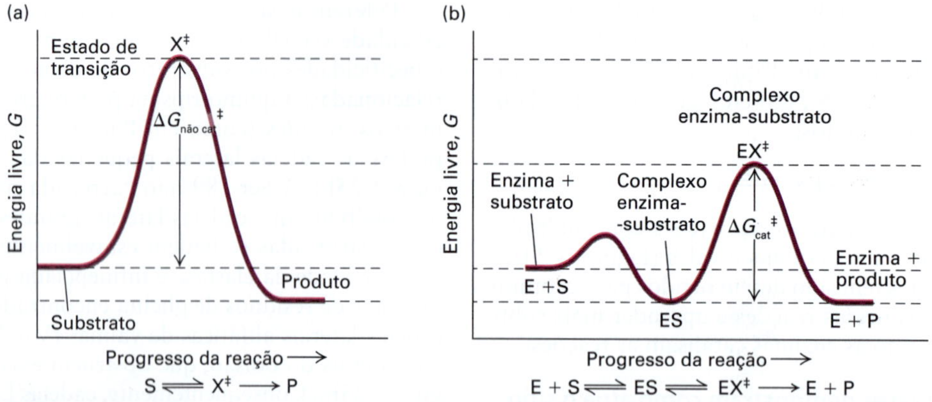

FIGURA 3-24 Perfis de energia livre de reação de reações não catalisadas e reações catalisadas por enzimas em múltiplas etapas. (a) O perfil de energia livre de uma reação não catalisada simples e hipotética que converte um substrato (S) em um produto (P) por meio de um único estado de transição de alta energia. (b) Muitas enzimas catalisam tais reações dividindo o processo em múltiplos passos separados, neste caso a formação inicial de um complexo ES seguido pela conversão via um único estado de transição ($EX^{\ddagger}$) em enzima livre (E) e P. A energia de ativação para cada um desses passos é significativamente menor que a energia de ativação para a reação não catalisada; portanto, a enzima aumenta drasticamente a velocidade de reação.

atua como base para remover o hidrogênio do grupamento hidroxila da Ser-195. Como resultado, frequentemente apenas um estado de ionização particular (protonado ou não protonado) de uma ou mais cadeias laterais de aminoácidos no sítio catalítico é compatível com a catálise, e, portanto, a atividade da enzima é dependente de pH.

Por exemplo, o imidazol da His-57 nas serino-proteases, cujo pK_a é ~6,8, pode auxiliar o ataque da hidroxila da Ser-195 ao substrato somente se não estiver protonado. Portanto, a atividade da protease é baixa em pH $< 6,8$, e a forma do perfil de atividade na faixa de pH 4-8 corresponde à titulação da cadeia lateral da His-57, descrita pela equação de Henderson-Hasselbach, com inflexão próxima ao pH 6,8 (ver os dados para quimotripsina na Figura 3-27 e consultar Capítulo 2). A atividade diminui a valores de pH mais altos, gerando uma curva em forma de sino, porque o enovelamento apropriado da proteína é rompido quando o grupamento amino da extremidade aminoterminal da proteína (pK_a é ~9) é desprotonado; como resultado, a conformação próxima do sítio ativo é modificada.

A sensibilidade ao pH apresentada pela atividade de uma enzima pode ser resultante de mudanças na ionização de grupamentos catalíticos, de grupamentos que participam diretamente na ligação ao substrato, ou de grupamentos que influenciam a conformação da proteína. Proteases pancreáticas evoluíram para funcionar em condições levemente básicas ou neutras nos intestinos; daí o seu pH ótimo estar em ~8. Proteases e outras enzimas hidrolíticas que funcionam em condições ácidas devem empregar um mecanismo catalítico diferente. Este é o caso de enzimas encontradas no interior do estômago (pH ~1), como a protease pepsina ou aquelas

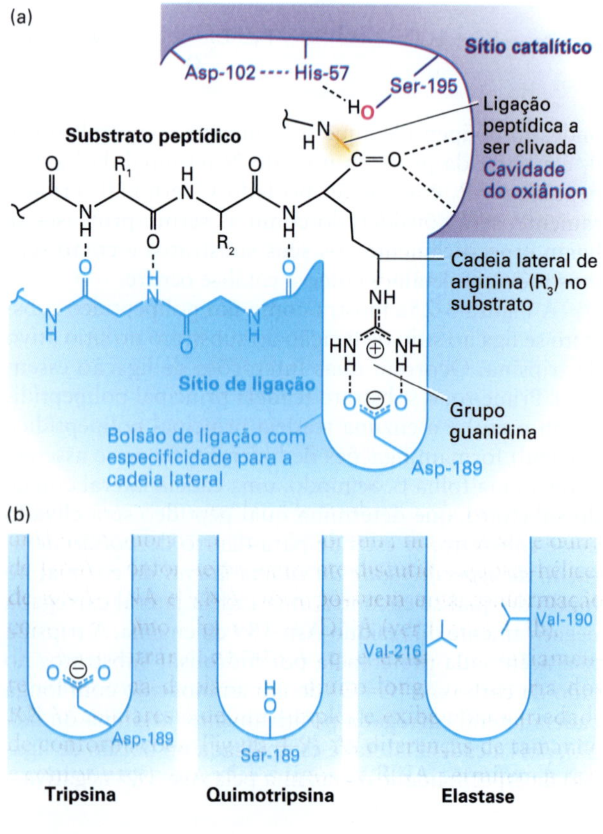

FIGURA 3-25 Ligação ao substrato no sítio ativo de serino--proteases do tipo tripsina. (a) O sítio ativo da tripsina (molécula azul e roxa) com um substrato ligado (molécula preta). O substrato forma uma folha β de duas fitas com o sítio de ligação, e a cadeia lateral de uma arginina (R_3) no substrato se encontra ligada no bolsão de ligação com especificidade para a cadeia lateral. O seu grupo guanidina carregado positivamente é estabilizado pela carga negativa da cadeia lateral da Asp-189 da enzima. Esta ligação alinha a ligação peptídica da arginina de forma apropriada para a hidrólise catalisada pela tríade catalítica do sítio ativo da enzima (cadeias laterais de Ser-195, His-57 e Asp-102). (b) Os aminoácidos que revestem o bolsão de ligação com especificidade para a cadeia lateral determinam a forma e a carga e, portanto, as propriedades de ligação desse bolsão. A tripsina acomoda cadeias laterais carregadas positivamente de arginina e lisina; a quimotripsina acomoda cadeias laterais hidrofóbicas e grandes, tais como a da fenilalanina; e a elastase, cadeias laterais pequenas, tais como as da glicina e alanina. (Parte (a) modificada de J. J. Perona e C. S. Craik, 1997, *J. Biol. Chem.* **272**(48):29987-29990.)

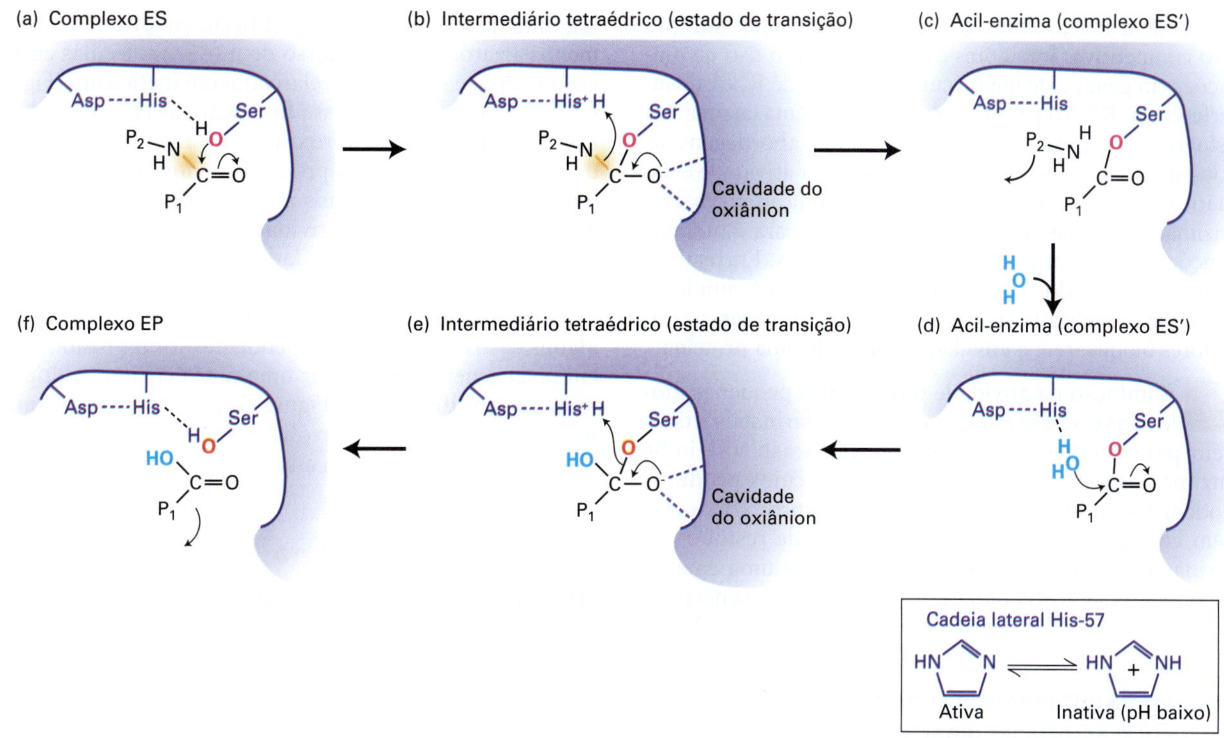

FIGURA 3-26 Mecanismo de hidrólise de ligações peptídicas mediado por serino-proteases. A tríade catalítica da Ser-195, His-57 e Asp-102 nos sítios ativos das serino-proteases emprega um mecanismo de múltiplas etapas para hidrolisar ligações peptídicas nas proteínas-alvo. (a) Depois de um polipeptídeo substrato se ligar ao sítio ativo (ver Figura 3-25), formando um complexo ES, o oxigênio da hidroxila da Ser-195 ataca o carbono da carbonila da ligação peptídica alvo do substrato (amarelo). Os movimentos de elétrons estão indicados por flechas. (b) Este ataque resulta na formação de um estado de transição denominado *intermediário tetraédrico*, no qual a carga negativa no oxigênio do substrato é estabilizada por ligações de hidrogênio formadas com a *cavidade do oxiânion* da enzima. (c) Movimentos de elétrons adicionais resultam na quebra da ligação peptídica, liberação de um dos produtos de reação (NH_2—P_2), e formação da acil-enzima (complexo ES'). (d) O oxigênio de uma molécula de água do solvente ataca então o carbono da carbonila da acil-enzima. (e) Este ataque resulta na formação de um segundo intermediário tetraédrico. (f) Movimentos adicionais de elétrons resultam na quebra da ligação Ser-195–substrato (formação do complexo EP) e liberação do produto de reação final (P_1—COOH). A cadeia lateral da His-57, que é mantida na orientação apropriada por ligações de hidrogênio à cadeia lateral da Asp-102, facilita a catálise pela captura e doação de prótons ao longo da reação (destaque). Se o pH estiver muito baixo, com a cadeia lateral da His-57 protonada, este resíduo não pode participar na catálise e a enzima é inativa.

encontradas no interior dos lisossomos (pH ~4,5), que desempenham um papel-chave na degradação de macromoléculas dentro das células (ver dados de uma enzima lisossômica na Figura 3-27). De fato, hidrolases lisossômicas, que degradam ampla variedade de biomoléculas (proteínas, lipídeos, etc.), são relativamente inativas no pH citosólico (~7), ajudando a proteger a célula da autodigestão, caso essas enzimas escapem do confinamento formado pelas membranas do lisossomo.

Uma característica-chave da catálise enzimática, não constatada nas serino-proteases, mas encontrada em muitas outras enzimas, é um *cofator* ou *grupo prostético*. Esse grupo "auxiliar" é uma pequena molécula, não sendo polipeptídeo nem íon (p. ex., ferro, zinco, cobre, manganês), que se encontra ligada ao sítio ativo e desempenha um papel essencial no mecanismo de reação. Pequenos grupos prostéticos orgânicos em enzimas também são denominados *coenzimas*. Alguns desses são modificados quimicamente durante a reação e, portanto, precisam ser substituídos ou regenerados após cada reação; outros são mantidos intactos. Exemplos são NAD^+ (nicotinamida adenina dinucleotídeo), FAD (flavina adenina dinucleotídeo) (ver Figura 2-33) e grupos heme que ligam oxigênio na hemoglobina ou transferem elétrons em alguns citocromos (ver Figura 12-14). Portanto, a química catalisada pelas enzimas não está restrita ao número limitado de tipos de aminoácidos em cadeias polipeptídicas. Muitas vitaminas – p. ex., as vitaminas B, tiamina (B_1), riboflavina (B_2), niacina (B_3) e piridoxina (B_6), e a vitamina C – que não podem ser sintetizadas em células de mamíferos atuam como coenzimas ou são usadas para gerá-las. Por esse motivo, é necessária a adição de suplementos de vitaminas no meio líquido no qual células de mamíferos são cultivadas em laboratório (ver Capítulo 9).

Pequenas moléculas capazes de se ligar a sítios ativos e impedir que determinadas reações catalíticas ocorram são denominadas *inibidores enzimáticos*. Tais inibidores são ferramentas úteis para estudar as funções das enzimas nas células e em organismos inteiros. Inibidores que se ligam diretamente em um sítio de ligação de uma enzima e, portanto, competem com os substratos normais, são denominados inibidores competitivos. Por outro lado, inibidores interferem com a atividade enzimática de outras formas, por exemplo, pela ligação em algum outro sítio da enzima, alterando a sua conformação; isto é denominado inibição não competitiva. Inibidores complementam o uso de mutações em genes e de uma técnica chamada de RNA de interferência (RNAi) para testar a função de uma enzima nas células (ver Capítulo 5). Em todas as três abordagens, as consequências celulares de se suprimir uma atividade enzimática podem ser usadas para deduzir a função normal da enzima. As mesmas abordagens são usadas para estudar as funções de macromoléculas não enzimáticas. Entretanto, a interpretação dos resultados de estudos com inibidores pode ser complicada se, como costuma acontecer, os inibidores bloquearem a atividade de mais de uma proteína.

A inibição da atividade proteica por pequenas moléculas é a base para a maioria dos fármacos e também para agentes de guerra química. A aspirina inibe enzimas denominadas ciclo-oxigenases, cujos produtos podem causar dor. Sarin e outros gases neurotóxicos reagem com grupamentos hidroxila ativos de resíduos de serinas presentes em serino-proteases e em uma enzima relacionada, a acetilcolina esterase, enzima essencial na regulação da condutividade nervosa (ver Capítulo 22). ■

Enzimas da mesma via encontram-se com frequência associadas umas às outras

As enzimas que fazem parte de um processo metabólico comum (p. ex., a degradação da glicose a piruvato durante a glicólise; ver Capítulo 12) estão geralmente localizadas no mesmo compartimento celular, seja no citosol, em uma membrana ou no interior de determinada organela. Dentro desse compartimento, os produtos de uma reação podem se mover por difusão até a enzima seguinte na via. Entretanto, a difusão envolve um movimento aleatório, e o processo de mover moléculas entre enzimas pode ser lento e relativamente ineficiente (Figura 3-28a). Para superar essa limitação, as células evoluíram mecanismos para aproximar fisicamente as enzimas de uma via comum, no processo denominado acoplamento metabólico. No caso mais simples desse mecanismo, polipeptídeos com atividades catalíticas diferentes agrupam-se como subunidades (Figura 3-28b). Esse arranjo possibilita que produtos de uma reação sejam canalizados diretamente à próxima enzima na via. Em alguns casos, proteínas independentes foram fusionadas em nível genético para criar uma única enzima multidomínio e multifuncional (Figura 3-28c). O acoplamento metabólico geralmente envolve grandes complexos multiproteicos, como descrito anteriormente neste capítulo.

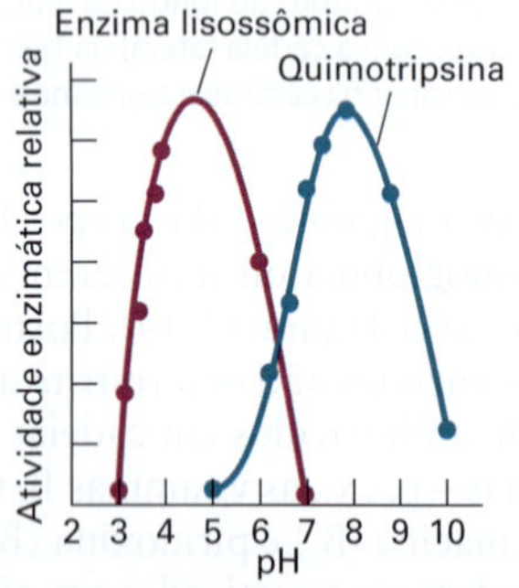

FIGURA 3-27 Dependência da atividade enzimática com o pH. Grupos ionizáveis (tituláveis com o pH) nos sítios ativos ou em outras partes nas enzimas frequentemente devem estar protonados ou desprotonados para permitir a ligação apropriada ao substrato ou a catálise ou ainda para possibilitar que a enzima adote uma conformação correta. Medidas da atividade enzimática como função do pH podem ser usadas para identificar os pK_a's desses grupos. As serino-proteases pancreáticas, tais como a quimotripsina (*curva da direita*), exibem uma atividade máxima em torno do pH 8 porque a titulação da His-57 do sítio ativo (requerida para a catálise, pK_a ~6,8) e a extremidade aminoterminal da proteína (requerida para o estabelecimento da conformação correta, pK_a ~9). Muitas hidrolases lisossômicas evoluíram para exibir um pH ótimo mais baixo (~4,5, *curva da esquerda*) e corresponder ao pH baixo do interior dos lisossomos, no qual elas exercem suas funções. (Adaptada de P. Lozano, T. De Diego, e J. L. Iborra, 1997, *Eur. J. Biochem.* **248**(1):80-85, e W. A. Judice et al., 2004, *Eur. J. Biochem.* **271**(5):1046-1053-)

CONCEITOS-CHAVE da Seção 3.3

Ligação a proteínas e catálise enzimática

- A função de uma proteína depende de sua capacidade de se ligar a outras moléculas, conhecidas como ligantes. Por exemplo, os anticorpos se ligam a um grupo de ligantes conhecidos como antígenos, e enzimas se ligam a reagentes denominados substratos, que serão convertidos em produtos pelas reações químicas.
- A especificidade de uma proteína para um ligante particular refere-se à ligação preferencial a um ou poucos ligantes relacionados. A afinidade de uma proteína por um ligante particular refere-se à força da ligação, geralmente expressa pela constante de dissociação K_d.
- As proteínas são capazes de se ligar aos ligantes devido à complementaridade molecular entre os sítios de ligação ao ligante e os ligantes correspondentes.
- As enzimas são proteínas catalíticas que aceleram a velocidade das reações celulares por meio da diminuição da energia de ativação e da estabilização de estados de transição intermediários (ver Figura 3-20).
- O sítio ativo de uma enzima, que geralmente corresponde apenas a uma pequena parte da proteína, compreende duas partes funcionais: um sítio de ligação ao substrato e um sítio catalítico. O sítio de ligação ao substrato é responsável pela especificidade impressionante das enzimas devido à sua complementaridade molecular com o substrato e o estado de transição.
- A ligação inicial de substratos (S) às enzimas (E) resulta na formação de um complexo enzima-substrato (ES), que então sofre uma ou mais reações catalisadas por grupamentos catalíticos no sítio ativo até que os produtos (P) sejam formados.
- A partir de gráficos de reação pela concentração de substrato, dois parâmetros característicos de uma enzima podem ser determinados: a constante de Michaelis, K_m, medida aproximada da afinidade de uma enzima para converter substrato em produto, e a velocidade máxima, $V_{máx}$, medida do seu poder catalítico (ver Figura 3-22).
- As taxas de reações catalisadas por enzimas variam enormemente, com números de renovação (número de

moléculas do substrato convertidas em produto em um único sítio ativo em condição de saturação de substrato) variando entre < 1 até 6×10^5 moléculas/s.

- Muitas enzimas catalisam a conversão de substratos em produtos, dividindo o processo em múltiplas reações químicas separadas que envolvem múltiplos complexos enzima-substrato distintos (ES', ES", etc.).
- As serino-proteases hidrolisam ligações peptídicas em substratos proteicos usando os grupamentos catalíticos das cadeias laterais da Ser-195, His-57 e Asp-102. Os aminoácidos que se alinham no bolsão de especificidade de ligação no sítio de ligação das serino-proteases determinam o resíduo em um substrato proteico cuja ligação peptídica será hidrolisada e são responsáveis pelas diferenças na especificidade da tripsina, quimotripsina e elastase.
- As enzimas frequentemente utilizam catálise ácido-base mediada por uma ou mais cadeias laterais de aminoácidos, como o grupamento imidazol da His-57 nas serino-proteases, para catalisar reações. A dependência de pH para a protonação dos grupamentos catalíticos (pK_a) está frequentemente refletida no perfil de pH da atividade enzimática.
- Em algumas enzimas, íons ou pequenas moléculas não polipeptídicas, denominados *cofatores* ou *grupos prostéticos*, podem se ligar ao sítio ativo e desempenhar um papel essencial na catálise enzimática. Pequenos grupos prostéticos orgânicos em enzimas são também denominados *coenzimas*; vitaminas, que não podem ser sintetizadas em células de animais superiores, funcionam como coenzimas ou são usadas para gerar coenzimas.
- As enzimas de uma via metabólica comum estão localizadas dentro de compartimentos celulares específicos e podem se encontrar associadas como domínios de uma proteína monomérica, subunidades de uma proteína multimérica, ou componentes de um complexo proteico montado em um "arcabouço" comum (ver Figura 3-28).

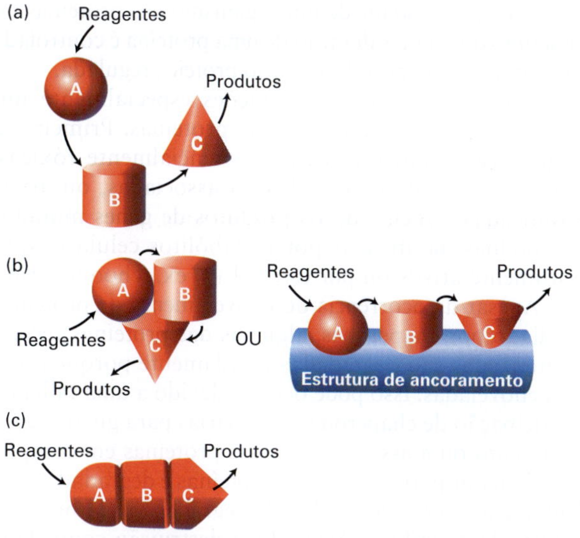

FIGURA 3-28 Associação de enzimas em complexos multienzimáticos eficientes. Nas vias de reação hipotéticas ilustradas acima, os reagentes iniciais são convertidos nos produtos finais pela atuação sequencial de três enzimas: A, B e C. (a) Quando as enzimas estão livres em solução ou mesmo quando limitadas no mesmo compartimento celular, os intermediários de reação devem difundir-se de uma enzima para a próxima, o que é um processo inerentemente lento. (b) A difusão é enormemente reduzida ou eliminada quando as enzimas estão associadas em complexos de subunidades múltiplas, seja por meio de associações diretas ou por intermédio de uma proteína "de ancoramento". (c) A integração mais próxima de atividades catalíticas diferentes ocorre quando as enzimas sofrem fusão em nível genético, tornando-se domínios em uma única cadeia polipeptídica.

3.4 Regulação da função das proteínas

A maioria dos processos celulares não ocorre independentemente um do outro ou em taxa constante. As atividades de todas as proteínas e outras biomoléculas são reguladas para integrar suas funções para o desempenho ótimo necessário para a sobrevivência. Por exemplo, a atividade catalítica das enzimas é regulada de tal forma que a quantidade do produto de reação gerado seja o suficiente apenas para atender as necessidades da célula. Como resultado, as concentrações em estado estacionário dos substratos e produtos irão variar dependendo das condições celulares. A regulação de proteínas não enzimáticas – a abertura e o fechamento de canais de membrana ou a formação de um complexo macromolecular, por exemplo – é também essencial.

Em geral, existem três formas de regular a atividade de uma proteína. Primeiro, as células podem aumentar ou diminuir o nível em estado estacionário da proteína alterando a sua taxa de síntese, a sua taxa de degradação ou ambas. Segundo, as células podem mudar a atividade intrínseca de uma proteína, independentemente da quantidade da mesma. Por exemplo, por meio de interações covalentes e não covalentes, as células podem mudar a afinidade de ligação a um substrato, ou a fração de tempo em que uma proteína se encontra em conformação ativa em relação à conformação inativa. Terceiro, pode ocorrer uma mudança no interior da célula em termos de localização ou concentração da própria proteína, do alvo da atividade proteica (p. ex., substrato da enzima) ou de alguma outra molécula necessária para a atividade da proteína (p. ex., cofator enzimático). Todos os três tipos de regulação desempenham papéis essenciais na vida e na função das células. Nesta seção, primeiramente serão abordados os mecanismos envolvidos na regulação da quantidade de uma proteína e então serão focalizadas as interações covalentes e não covalentes que regulam a atividade proteica.

A síntese e a degradação regulada das proteínas são propriedades fundamentais das células

A taxa de síntese das proteínas é determinada pela taxa na qual o DNA que codifica a proteína é convertido em mRNA (transcrição), a quantidade no estado estacionário de mRNA ativo na célula e a taxa na qual o mRNA é convertido mRNA em proteínas recém-sintetizadas (tradução). Essas vias importantes são descritas em detalhes no Capítulo 4.

A duração das proteínas intracelulares varia de poucos minutos para as ciclinas mitóticas, que auxiliam a regular a passagem pelo estágio mitótico de divisão celular (ver Capítulo 19), até a idade de um organismo nas proteínas no cristalino do olho. A duração de uma proteína é controlada primordialmente pela degradação proteica regulada.

Existem dois tipos de funções especialmente importantes para a degradação de proteínas. Primeiro, a degradação remove proteínas potencialmente tóxicas, inadequadamente enoveladas ou associadas, ou ainda danificadas – incluindo os produtos de genes mutados e proteínas danificadas por metabólitos celulares quimicamente ativos ou por estresse (p. ex., choque térmico). Apesar da ocorrência do enovelamento de proteínas mediado por chaperonas, algumas das proteínas recém-sintetizadas são degradadas rapidamente porque estão mal enoveladas. Isso pode ocorrer devido a uma falha na participação de chaperonas necessárias para guiar o enovelamento ou a associação dessas proteínas em complexos. A maior parte das outras proteínas é degradada mais lentamente, cerca de 1 a 2% de degradação por hora em células de mamíferos. Segundo, a destruição controlada de proteínas normais fornece um mecanismo poderoso para manter os níveis apropriados das proteínas e suas atividades e para permitir mudanças rápidas nesses níveis para auxiliar as células a responder a condições variáveis.

As células eucarióticas têm várias vias para degradar proteínas. Uma das principais vias envolve a degradação por enzimas dos lisossomos, organelas delimitadas por membranas cujos interiores ácidos (pH ~4,5) se encontram repletos com uma série de enzimas hidrolíticas. A degradação lisossomal é ativa principalmente para organelas defectivas ou velhas da célula – processo denominado autofagia (ver Capítulo 14) – e para proteínas extracelulares absorvidas pela célula. Os lisossomos serão discutidos em pormenores em capítulos posteriores. Aqui, o foco será outra via importante: degradação de proteínas citoplasmáticas por proteassomos, que podem ser responsáveis por até 90% da degradação de proteínas em células de mamíferos.

O proteassomo é uma máquina molecular usada para degradar proteínas

Os **proteassomos**, máquinas macromoleculares muito grandes, degradam proteínas que influenciam muitas funções celulares diferentes, incluindo o ciclo celular (ver Capítulo 19), a transcrição, o reparo de DNA (ver Capítulo 4), a morte celular programada ou **apoptose** (ver Capítulo 21), o reconhecimento e a resposta à infecção por organismos estranhos. Existem aproximadamente 30.000 proteassomos em uma célula de mamífero típica.

Os proteassomos consistem em ~50 subunidades proteicas e têm massa de 2 a 2,4 $\times 10^6$ Da. Os proteassomos têm núcleo catalítico cilíndrico, em forma de barril, denominado *proteassomo 20S* (onde *S* representa a unidade Svedberg, com base nas propriedades de sedimentação da partícula e proporcional ao seu tamanho), com aproximadamente 14,8 nm de altura e 11,3 nm de diâmetro. Ligados às extremidades desse núcleo são encontrados um ou dois complexos quepe 19S (Figura 3-29a) que regulam a atividade do núcleo catalítico 20S. Quando o núcleo e um ou dois quepes se combinam, são chamados conjuntamente de complexo 26S, ainda que o complexo contendo dois quepes seja maior (30S). Um quepe de 19S tem 16 a 18 subunidades proteicas, seis das quais hidrolisam ATP (em outras palavras, são ATPases do tipo AAA), fornecendo a energia necessária para desnaturar os substratos proteicos e transferi-los seletivamente para a câmara interna do núcleo catalítico do proteassomo. Estudos genéticos em leveduras têm mostrado que as células não sobrevivem sem proteassomos funcionais, demonstrando a sua importância. Além disso, a atividade apropriada do proteassomo é tão importante que as células dispendem até 30% da energia necessária para sintetizar uma proteína no processo de degradação dessa proteína dentro de um proteassomo.

O núcleo catalítico do proteassomo 20S compreende dois anéis internos de sete subunidades β cada, com três sítios ativos proteolíticos em cada anel voltados para a câmara interna do barril de ~1,7 nm de diâmetro e dois anéis externos de sete subunidades α cada, que controlam o acesso do substrato (Figura 3-29a). Os proteassomos podem degradar completamente a maior parte das proteínas, porque os três sítios ativos em cada anel de subunidades β podem clivar após resíduos hidrofóbicos, resíduos acídicos ou resíduos básicos. Os substratos de polipeptídeos devem entrar na câmara através de uma abertura de diâmetro de ~1,3 nm no centro dos anéis externos de subunidade α. No proteassomo 26S, a abertura da entrada, que é estreita e frequentemente permite a entrada de somente proteínas desnaturadas, é controlada por ATPases no quepe 19S, que também participam na ligação seletiva e desnaturação do substrato (Figura 3-29b, *direita abaixo*). Os produtos peptídicos curtos resultantes da degradação pelo proteassomo (de 2 a 24 resíduos de extensão) saem da câmara e são rapidamente degradados ainda mais por peptidases citosólicas, acabando por serem convertidos em aminoácidos individuais ("livres"). Um pesquisador ironizou dizendo que um proteassomo é uma "câmara celular de tortura" na qual as proteínas sofrem uma "morte por mil cortes".

Inibidores da função do proteassomo podem ser usados de forma terapêutica. Devido à importância global dos proteassomos para as células, a inibição completa e contínua dos proteassomos mataria as células. Entretanto, a inibição parcial dos proteassomos por pequenos intervalos tem sido introduzida como abordagem para a quimioterapia do câncer. Para sobreviver e crescer, as células normalmente requerem a atividade robusta de proteínas regulatórias denominadas $NF_{\kappa}B$ (ver Capítulo 16), assim como outras proteínas "de sobrevivência" semelhantes. Em contrapartida, a $NF_{\kappa}B$ somente pode desempenhar completamente as suas funções e promover a sobrevivência das células quando o seu inibidor, $I_{\kappa}B$, se encontra desacoplado e é degradado pelos proteassomos (ver Capítulo 16). A inibição parcial da atividade do proteassomo por uma pequena molécula que atua como fármaco inibidor resulta em níveis aumentados de $I_{\kappa}B$ e, consequentemente, em redução na atividade de $NF_{\kappa}B$ (ou seja, perda de atividade pró-sobrevivência). As células morrem depois por apoptose. Como pelo menos alguns tipos de células tumorais são mais sensíveis à morte por inibidores de proteassomo que as células normais, a administração *controlada* de inibidores de proteassomo, em níveis que matam as células cancerosas sem matar as células normais, demonstrou-se uma terapia eficaz para pelo menos um tipo de câncer letal, o mieloma múltiplo. ■

A ubiquitina marca as proteínas citosólicas para degradação em proteassomos

Se os proteassomos devem degradar rapidamente apenas aquelas proteínas defeituosas ou programadas para serem removidas, eles devem ser capazes de distinguir entre essas proteínas que devem ser degradadas daquelas que não devem. As células marcam as proteínas que devem ser degradadas ligando covalentemente a elas uma cadeia linear de múltiplas cópias de um polipeptídeo de 76 resíduos de extensão, denominado **ubiquitina**, altamente conservado desde as leveduras até os humanos. Essa "cauda de poliubiquitina" desempenha o papel de "beijo da morte" celular, marcando a proteína para destruição no proteassomo. O processo de ubiquitinação (Figura 3-29b) envolve três passos distintos:

1. Ativação da *enzima ativadora de ubiquitina* (*E1*) pela adição de uma molécula de ubiquitina, reação que requer ATP;
2. Transferência dessa molécula de ubiquitina a um resíduo de cisteína contido na *enzima conjugadora da ubiquitina* (*E2*);
3. Formação de uma ligação covalente entre o grupamento carboxila da glicina 76 C-terminal da ubiquitina ligada ao E2 ao grupamento amino da cadeia lateral de um resíduo de lisina da proteína-alvo, uma reação catalisada pela *ubiquitina ligase* (*E3*). Esse tipo de ligação é denominada uma *ligação isopeptídica* porque ela associa covalentemente um grupamento amino de uma cadeia lateral, em vez do grupamento amino α, ao grupamento carboxila. Reações subsequentes da ligase associam covalentemente a glicina C-terminal de uma ubiquitina adicional via uma ligação isopeptídica à cadeia lateral da lisina 48 da ubiquitina adicionada previamente para gerar uma cadeia de poliubiquitina ligada covalentemente à proteína-alvo.

Após o acoplamento de quatro ou mais ubiquitinas na cadeia de poliubiquitina, o quepe regulatório 19S do proteassomo 26S (algumas vezes com o auxílio de proteínas acessórias) reconhece as proteínas marcadas com poliubiquitinas, desnaturando-as e transportando-as para serem degradadas nos proteassomos (ver Figura 3-29b). À medida que um substrato poliubiquitinado é desnaturado e transportado ao interior do proteassomo, enzimas denominadas desubiquitinases (Dubs) hidrolisam as ligações entre ubiquitinas individuais e entre a proteína-alvo e a ubiquitina, reciclando as ubiquitinas para ciclos adicionais de modificação proteica (ver Figura 3-29b). A análise da sequência do genoma humano indica a presença de ~90 Dubs, cerca de 80% das quais usam uma cisteína na tríade catalítica, de modo similar às serino-proteases descritas anteriormente. Em algumas Dubs, um átomo de zinco é um participante essencial nas reações de catálise.

A especificidade da degradação. O direcionamento de proteínas específicas para degradação no proteassomo é conseguido principalmente pela especificidade de substrato da E3 ligase. Em testemunho da sua importância, existem mais de 600 genes codificadores de ubiquitina-ligases preditas no genoma humano. As muitas E3 ligases nas células de mamíferos asseguram que uma grande variedade de proteínas a serem poliubiquitinadas pode ser modificada quando necessário. Algumas E3 ligases são associadas a chaperonas que reconhecem proteínas desnaturadas e mal-enoveladas; por exemplo, a E3 ligase CHIP é uma cochaperona da Hsp70. Essas e outras proteínas (cochaperonas, fatores de escolta e adaptadores) podem mediar a poliubiquitinação catalisada pela E3 ligase dessas proteínas disfuncionais que não se enovelam apropriadamente e são direcionadas aos proteassomos para degradação. Em tais casos, o sistema chaperona-ubiquitinação-proteassomo funciona em conjunto para o controle de qualidade das proteínas.

Além do controle de qualidade, o sistema proteassomo-ubiquitina pode ser usado para regular a atividade de importantes proteínas celulares. Um exemplo é a degradação regulada de proteínas denominadas **ciclinas**, que controlam o ciclo celular (ver Capítulo 19). As ciclinas contêm uma sequência interna Arg-X-X-Leu-Gly-X-Ile-Gly-Asp/Asn (X pode ser qualquer aminoácido), reconhecida por complexos enzimáticos de ubiquitinação específicos. Em certo momento do ciclo celular, cada ciclina é fosforilada por uma ciclina-cinase. Acredita-se que essa fosforilação cause uma mudança conformacional que expõe a sequência de reconhecimento para as enzimas de ubiquitinação, levando à poliubiquitinação e degradação pelo proteassomo.

Outras funções da ubiquitina e de moléculas relacionadas à ubiquitina. Vários parentes próximos da ubiquitina empregam mecanismos dependentes de E1, E2 e E3 semelhantes para ativação e transferência a substratos aceptores. Essas modificações do tipo ubiquitina controlam processos tão diversos quanto importação nuclear, regulada por um modificador do tipo ubiquitina denominado Sumo, e autofagia, regulada pelo modificador do tipo ubiquitina denominado Atg8/LC3 (ver Capítulo 14). O ancoramento da ubiquitina a uma proteína-alvo pode ser usado para outros propósitos além de marcar a proteína para degradação, como será discutido posteriormente neste capítulo, e alguns desses processos envolvem ligações de poliubiquitina diferentes daquela mediada pela Lys48.

Como acontece na ubiquitinação, a desubiquitinação está envolvida em processos diferentes da degradação proteica mediada por proteassomo. Métodos "proteômicos" de grande escala, baseados em espectrometria de massa e descritos posteriormente neste capítulo, juntamente com abordagens computacionais sofisticadas, têm sugerido que as Dubs frequentemente ligadas a complexos multiproteicos estão envolvidas em um conjunto extraordinariamente amplo de processos celulares. Esses processos variam desde a divisão celular e o controle do ciclo celular (ver Capítulo

ANIMAÇÃO: O proteassomo

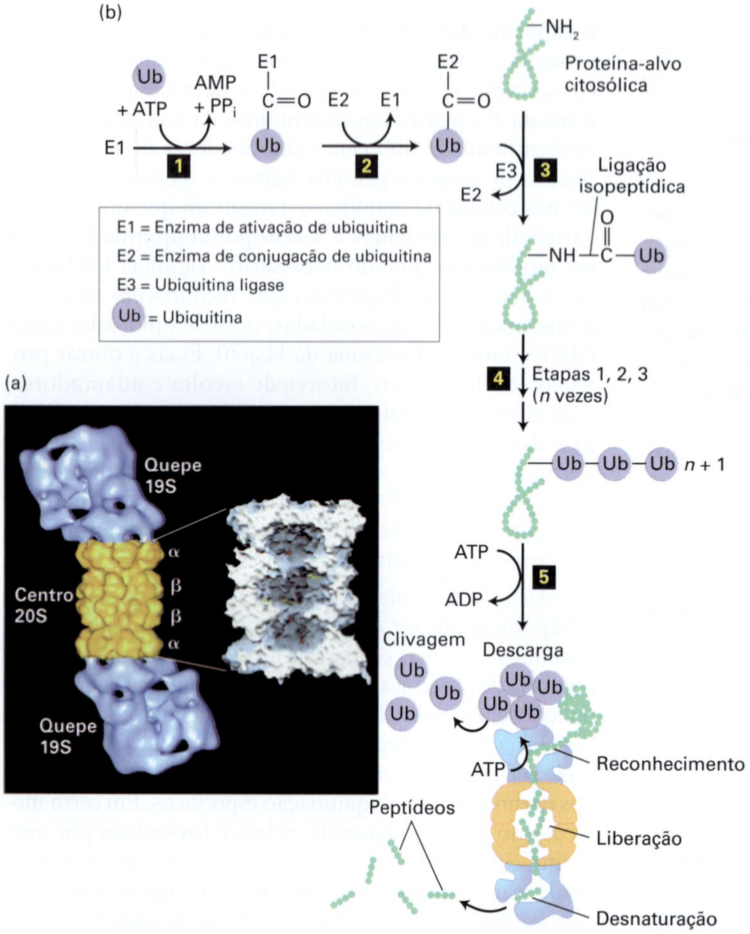

FIGURA 3-29 Proteólise mediada por ubiquitina e proteassomo. (a) *Esquerda*: o proteassomo 26S tem estrutura cilíndrica com um quepe 19S (azul) em cada extremidade de um centro 20S constituído por quatro anéis heptaméricos empilhados (~110 Å de diâmetro × 160 Å de extensão) cada um contendo subunidades α (anéis externos) ou β (anéis internos) (amarelo). *Direita*: visão em corte do centro 20S mostrando as câmaras internas. A proteólise de proteínas marcadas com ubiquitina ocorre dentro da câmara interna do centro formado pelos anéis β. (b) As proteínas são marcadas para degradação proteassomal pela poliubiquitinação. A enzima E1 é ativada pela ligação de uma molécula de ubiquitina (Ub) (etapa **1**) que então transfere essa molécula Ub para um resíduo de cisteína em E2 (etapa **2**). A ubiquitina ligase (E3) transfere a molécula de Ub ligada em E2 para a cadeia lateral -NH_2 de um resíduo de lisina na proteína-alvo, formando uma ligação isopeptídica (etapa **3**). Moléculas adicionais de Ub são adicionadas à proteína-alvo modificada com Ub via ligações isopeptídicas às Ub previamente adicionadas, pela repetição das etapas **1**-**3**, formando uma cadeia de poliubiquitina (etapa **4**). O alvo poliubiquitinado é reconhecido pelo quepe do proteassomo, que usa desubiquitinases para remover os grupos Ub e hidrólise de ATP para promover a desnaturação e transferência da proteína desnaturada na câmara de proteólise no núcleo do proteassomo, a partir do qual pequenos fragmentos peptídicos resultantes da digestão são liberados posteriormente (etapa **5**). (Parte (a) de W. Baumeister et al., 1998, *Cell* **92**:357, cortesia de W. Baumeister e modificada de M. Bochtler et al., 1999, *Ann. Rev. Biophys. Biomol. Struct.* **28**:295-317.)

19), até o tráfego de membranas (ver Capítulo 14) e as vias de sinalização celular (ver Capítulos 15 e 16).

A ligação não covalente permite a regulação alostérica ou cooperativa das proteínas

Além de regular a quantidade de uma proteína, as células também regulam a atividade intrínseca de uma proteína. Um dos mecanismos mais importantes para regular a função de uma proteína se dá por meio de interações alostéricas. Em termos gerais, a **alosteria** (do grego, "outra forma") se refere a qualquer mudança na estrutura terciária ou quaternária proteica, ou em ambas, induzida pela ligação não covalente de um ligante. Quando um ligante se liga a um sítio (A) de uma proteína e induz uma mudança conformacional, associada a uma mudança na atividade de um sítio (B) diferente, o ligante é denominado *efetor alostérico* da proteína, enquanto o sítio A e a proteína são denominados *sítio de ligação alostérica* e *proteína alostérica*, respectivamente. Por definição, proteínas alostéricas têm múltiplos sítios de ligação, pelo menos um para o efetor alostérico e um para outras moléculas com as quais a proteína interage. A mudança alostérica na atividade pode ser positiva ou negativa; ou seja, essa mudança pode induzir aumento ou diminuição na atividade da proteína. Alosteria negativa frequentemente envolve o produto final de uma via bioquímica com várias etapas que se liga e diminui a atividade de uma enzima que catalisa uma etapa inicial, que controla a velocidade de toda a via. Dessa forma, a síntese em excesso do produto final é evitada. Esse tipo de regulação de uma via metabólica é também denominado *inibição pelo produto final* ou *inibição por retroalimentação*. A regulação alostérica é particularmente prevalente em enzimas multiméricas e outras proteínas onde mudanças conformacionais em uma subunidade são transmitidas para uma subunidade adjacente.

A **cooperatividade** é um termo muitas vezes usado como sinônimo de alosteria; em geral, indica a influência (positiva ou negativa) que a ligação do ligante em um sítio tem sobre a ligação de outra molécula do *mesmo* tipo do ligante em um sítio diferente. A hemoglobina se apresenta como clássico exemplo de ligação cooperativa positiva na qual a ligação de um único ligante, oxigênio molecular (O_2), aumenta a afinidade de ligação da próxima molécula de oxigênio. Cada uma das quatro subunidades da hemoglobina contém uma molécula heme. Os grupos heme são componentes ligadores de oxigênio da hemoglobina (ver Figura 3-13). A ligação do oxigênio à molécula heme em uma das quatro subunidades da hemoglobina induz uma mudança conformacional local cujo efeito se espalha para as outras subunidades, diminuindo o K_d (aumentando a afinidade) para a ligação de moléculas de oxigênio adicionais aos hemes restantes e resultando em uma curva de ligação ao oxigênio sigmoidal (Figura 3-30). Devido à forma sigmoidal da curva de saturação de oxigênio, um aumento de somente quatro vezes na concentração de oxigênio faz com que a saturação dos sítios de ligação a oxigênio na hemoglobina passe de 10% para 90%. Se não ocorresse cooperatividade, a curva teria a forma típica da ligação não cooperativa do tipo Michaelis-Menten, na qual seria necessário um aumento de 81 vezes na concentração de oxigênio para se obter o mesmo nível de saturação dos sítios de ligação na hemoglobina. Essa cooperatividade possibilita à hemoglobina capturar oxigênio de forma muito eficiente nos pulmões, onde a concentração é alta, e liberá-lo nos tecidos, onde a concentração de oxigênio é baixa. Portanto, a cooperatividade amplifica a sensibilidade de um sistema a mudanças de concentração dos seus ligantes, conferindo, em muitos casos, vantagem adaptativa ao longo da evolução.

Com ligações não covalentes, o cálcio e o GTP são amplamente usados como comutadores alostéricos para controlar a atividade das proteínas

Diferentemente do oxigênio, que promove mudanças alostéricas graduais na atividade da hemoglobina, outros efetores alostéricos atuam como comutadores moleculares, ativando ou inativando diferentes proteínas por meio de ligações não covalentes. Dois efetores alostéricos importantes que serão comentados muitas vezes ao longo deste livro, especialmente no contexto de vias de sinalização celular (ver Capítulos 15 e 16), são o Ca^{2+} e o GTP.

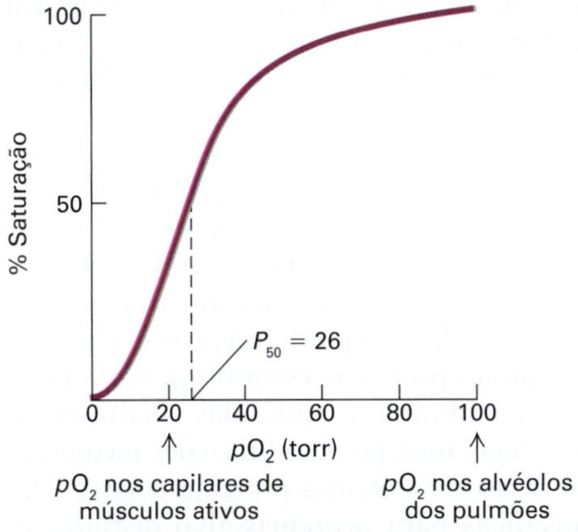

FIGURA 3-30 A hemoglobina liga-se cooperativamente ao oxigênio. Cada hemoglobina tetramérica possui quatro sítios de ligação a oxigênio; em concentrações saturantes de oxigênio, todos os sítios estão carregados com oxigênio. A concentração de oxigênio nos tecidos é comumente medida como a pressão parcial (pO_2). P_{50} é a pO_2 na qual metade dos sítios de ligação a oxigênio, a uma dada concentração de hemoglobina, estão ocupados; é de alguma forma análoga ao K_m para uma reação enzimática. A grande mudança na quantidade de oxigênio ligado após pequenas variações nos valores de pO_2 permite a liberação eficiente de oxigênio em tecidos periféricos, tais como o músculo. A forma sigmoidal de um gráfico de saturação percentual *versus* concentração de ligante é indicativa de ligação cooperativa, na qual a ligação de uma molécula de oxigênio influencia alostericamente a ligação de oxigênios subsequentes. Na ausência de ligação cooperativa, a curva de ligação é uma hipérbole, similar às curvas na Figura 3-22. (Adaptada de L. Stryer, 1995, *Biochemistry*, 4th ed., W. H. Freeman e Company.)

Interruptores moleculares mediados por Ca^{2+}/Calmodulina. A concentração de Ca^{2+} livre no citosol (não ligado a moléculas que não sejam de água) é mantida bem baixa (~10^{-7} M) por proteínas transportadoras de membrana especializadas que continuamente bombeiam o excesso de Ca^{2+} para fora do citosol. Entretanto, como será estudado no Capítulo 11, a concentração de Ca^{2+} citosólica pode aumentar de 10 a 100 vezes quando canais permeáveis a Ca^{2+} nas membranas da superfície celular se abrem e possibilitam que o Ca^{2+} extracelular flua para o interior da célula. Esse aumento no Ca^{2+} citosólico é percebido por proteínas ligadoras de Ca^{2+} especializadas, que alteram o comportamento celular ativando ou inativando outras proteínas. A importância do Ca^{2+} extracelular na atividade da célula foi primeiramente documentada por S. Ringer em 1883, quando ele descobriu que corações de rato isolados suspensos em uma solução de NaCl preparada com água de torneira "dura" (rica em Ca^{2+}) se contraíam, enquanto esses corações batiam fracamente ou paravam rapidamente quando se utilizava água destilada.

Muitas das proteínas ligadoras de Ca^{2+} se ligam a esse íon usando um motivo estrutural mão EF/hélice-alça-hélice discutido anteriormente (ver Figura 3-9b). Uma proteína contendo mão EF bastante estudada, a **calmodulina**, é encontrada em todas as células eucarióticas e pode existir como proteína monomérica individual ou como subunidade de uma proteína multimérica. A calmodulina é uma molécula em forma de sino contendo quatro mãos EF ligadoras de Ca^{2+} com K_d's de ~10^{-6} M. A ligação do Ca^{2+} à calmodulina promove uma mudança conformacional que possibilita à Ca^{2+}/calmodulina se ligar a sequências conservadas em várias proteínas-alvo (Figura 3-31), assim ativando ou desativando as suas atividades. Portanto, a calmodulina e as proteínas mão EF semelhantes funcionam como *comutadores moleculares*, atuando em concerto com as mudanças nos níveis de Ca^{2+} para modular a atividade de outras proteínas.

Controle mediado por proteínas ligadoras de nucleotídeos de guanina. Outro grupo de proteínas de controle intracelular constitui a **superfamília das GTPases.** Como o nome sugere, essas proteínas são enzimas, GTPases, que hidrolisam GTP (guanosina trifosfato) a GDP (guanosina difosfato). Incluem a proteína Ras monomérica, cuja estrutura é mostrada na Figura 3-8 com um GDP ligado destacado em azul, e a subunidade G_α das proteínas G triméricas, ambas discutidas em detalhes nos Capítulos 15 e 16. A proteína Ras e a subunidade G_α são ligadas à membrana plasmática e atuam na sinalização celular, tendo funções importantes na proliferação e diferenciação. Outros membros da superfamília das GTPases atuam na síntese proteica, no transporte de proteínas entre o núcleo e o citoplasma, na formação de vesículas cobertas e sua fusão a membranas-alvo e no rearranjo do citoesqueleto de actina. A proteína chaperona Hsp70 discutida anteriormente é um exemplo de um comutador ATP/ADP, similar em muitos aspectos a um comutador GTP/GDP.

Todas as proteínas GTPases que atuam como comutadores se apresentam em duas formas ou conformações (Figura 3-32): (1) forma ativa ("ligada") com GTP ligado, que modula a atividade de proteínas-alvo específicas e (2) forma inativa ("desligada") com GDP ligado. O comutador é ligado, ou seja, a conformação da proteína muda da forma inativa para a forma ativa, quando uma molécula de GTP substitui um GDP ligado na conformação inativa. O comutador é desligado quando a atividade GTPásica relativamente lenta da proteína hidrolisa o GTP ligado, convertendo-o em GDP e levando a uma mudança conformacional para a forma inativa. O tempo no qual um determinado comutador molecular do tipo GTPase se mantém na forma ativa, ligada a GTP, depende de quanto tempo o GTP se mantém ligado antes de ser convertido em GDP. Esse tempo, por sua vez, depende da atividade GTPásica. Portanto, a taxa de atividade GTPásica atua como controlador de tempo desse comutador. As células contêm uma série de proteínas que modulam a linha de base (ou taxa intrínseca) da atividade GTPásica de qualquer interruptor do tipo GTPase e, assim, controlam por quanto tempo o interruptor se mantém ligado. As células também têm proteínas específicas cuja função é regular a conversão de GTPases inativas para GTPases ativas – ou seja, ligar o comutador –, mediando a substituição do GDP ligado por GTP. Essas proteínas são denominadas proteínas de troca de GTP, ou GEFs. Em capítulos posteriores, será estudado o papel de várias proteínas GTPásicas que atuam como comutadores moleculares na regulação da sinalização intracelular e em outros processos.

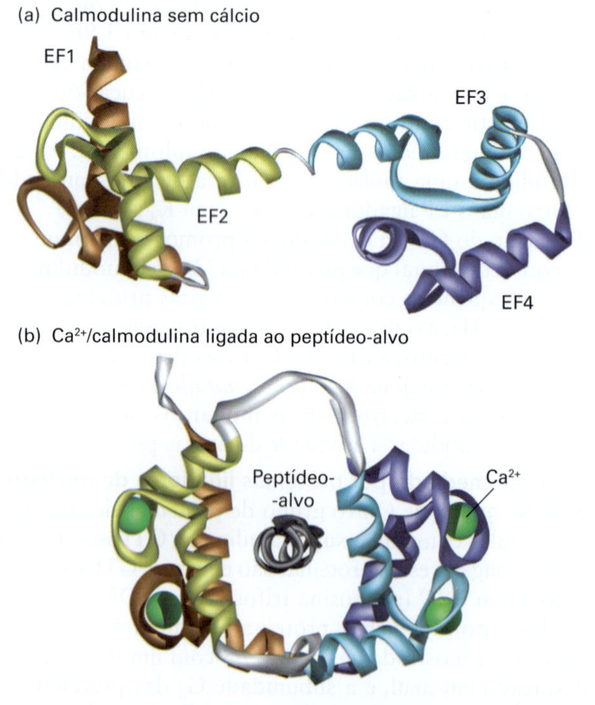

FIGURA 3-31 Mudanças conformacionais induzidas pela ligação de cálcio à calmodulina. A calmodulina é uma proteína citosólica amplamente distribuída que contém quatro sítios de ligação a Ca^{2+}, um em cada uma de suas mãos EF. Cada mão EF tem um motivo hélice-alça-hélice. A concentrações de Ca^{2+} citosólicas acima de cerca de 5×10^{-7} M, a ligação de Ca^{2+} à calmodulina muda a conformação da proteína de uma forma de haltere, não ligada, (a) para uma forma na qual as cadeias laterais hidrofóbicas ficam mais expostas ao solvente. A Ca^{2+}-calmodulina resultante pode se enrolar ao redor de hélices expostas de várias proteínas-alvo (b), alterando suas atividades.

A fosforilação e a desfosforilação regulam covalentemente a atividade das proteínas

Além de explorar os reguladores não covalentes descritos acima, as células utilizam modificações covalentes para regular a atividade intrínseca de uma proteína. Um dos mecanismos covalentes mais comuns de regulação da atividade proteica é a **fosforilação**, a adição reversível de grupamentos fosfato a grupamentos hidroxila nas cadeias laterais dos resíduos de serina, treonina ou tirosina. A fosforilação é catalisada por enzimas denominadas **proteína-cinases**, enquanto a remoção dos fosfatos, conhecida como desfosforilação, é catalisada pelas **fosfatases**. As atividades opostas das cinases e fosfatases fornecem às células um "comutador" que ativa ou inibe a função de várias proteínas (Figura 3-33). Algumas vezes, os sítios de fosforilação se encontram mascarados transitoriamente pela modificação covalente reversível com o açúcar N-acetil-glicosamina, fornecendo um nível adicional de regulação. A fosforilação muda a carga da proteína e pode levar a uma mudança conformacional capaz de alterar significativamente a ligação ao ligante ou outras características da proteína, levando ao aumento ou à diminuição da sua atividade. Além disso, vários domínios proteicos conservados se ligam especificamente a peptídeos fosforilados. Portanto, a fosforilação consegue mediar a formação de complexos proteicos que podem gerar ou extinguir uma ampla variedade de atividades celulares, discutidas em vários capítulos subsequentes.

Praticamente 3% de todas as proteínas de levedura são proteína-cinases ou fosfatases, ressaltando a importância das reações de fosforilação e desfosforilação até mesmo em células simples. Todas as classes de proteínas – incluindo proteínas estruturais, *scaffold*, enzimas, canais de membrana, e moléculas sinalizadoras – têm membros regulados por modificações mediadas por cinases/fosfatases. Diferentes proteína-cinases e fosfatases são específicas para proteínas-alvo distintas e, assim, regulam diferentes vias celulares, conforme discutido em capítulos posteriores. Algumas cinases têm muitos alvos; por isso, uma única cinase pode servir para integrar as atividades de muitos alvos simultaneamente. Com frequência, o alvo da cinase (e da fosfatase) é ainda outra cinase ou fosfatase, criando um efeito em cascata. Existem vários exemplos dessas cascatas de cinases, que permitem a amplificação de um sinal e muitos níveis de controle com ajuste fino (ver Capítulos 15 e 16).

Ubiquitinação e desubiquitinação regulam covalentemente a atividade das proteínas

Tanto a ubiquitina quanto as proteínas do tipo ubiquitina (das quais existem mais de uma dúzia nos humanos)

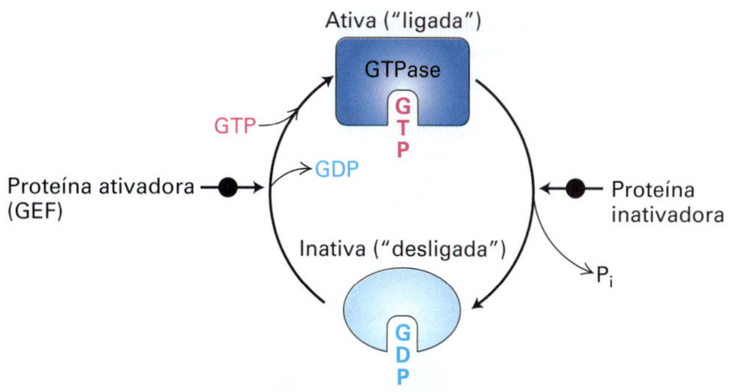

FIGURA 3-32 O comutador de GTPase. As GTPases são enzimas que se ligam e hidrolisam GTP em GDP. Quando ligada a um GTP, a proteína GTPase adota sua conformação ativa ou "ligada" e pode interagir com proteínas-alvo para regular suas atividades; quando o GTP ligado é hidrolisado a GDP pela atividade GTPásica intrínseca da proteína, a GTPase com GDP ligado assume conformação inativa ou "desligada". O comutador GTPase pode ser reativado quando outra proteína, denominada GEF (fator de troca de nucleotídeos da guanina), controla a substituição do GDP ligado por uma molécula de GTP do fluido circundante. A ligação da forma ativa das GTPases aos seus alvos é uma forma de regulação não covalente. Várias proteínas podem influenciar as velocidades de hidrólise de GTP (ou seja, proteínas inativadoras) e troca de GDP por GTP (GEFs).

podem ser associadas covalentemente a uma proteína-alvo de forma regulada, de maneira análoga à fosforilação. Desubiquitinases podem reverter a ubiquitinação, de maneira análoga à ação das fosfatases. Entretanto, essas modificações com ubiquitinas são muito mais complexas estruturalmente do que a relativamente simples fosforilação, mediando muitas interações distintas entre a proteína ubiquitinada e outras proteínas celulares. A ubiquitinação pode envolver a ligação de uma única ubiquitina a uma proteína (**monoubiquitinação**), a adição de moléculas de ubiquitina únicas a diferentes sítios de uma proteína-alvo (**multiubiquitinação**) ou a adição de uma cadeia polimérica de ubiquitinas a uma proteína (**poliubiquitinação**). Uma fonte adicional de variação provém do fato de que diferentes grupamentos amino na ubiquitina podem ser usados para formar uma ponte isopeptídica com a Gly76 carboxiterminal de uma ubiquitina adjacente em uma cadeia de poliubiquitinas. Todos os sete resíduos de lisina na ubiquitina (Lys6, Lys11, Lys27, Lys29, Lys33, Lys48 e Lys63) e o grupamento amino N-terminal da ubiquitina participam em ligações interubiquitina. Diferentes ubiquitino-ligases são específicas para o alvo (substrato) a ser ubiquitinado e para as cadeias laterais de lisina nas ubiquitinas que participam em ligações isopeptídicas interubiquitinas (Lys63 ou Lys48, etc.) (Figura 3-34). Essas formas múltiplas de ubiquitinação resultam na geração de uma ampla variedade de superfícies

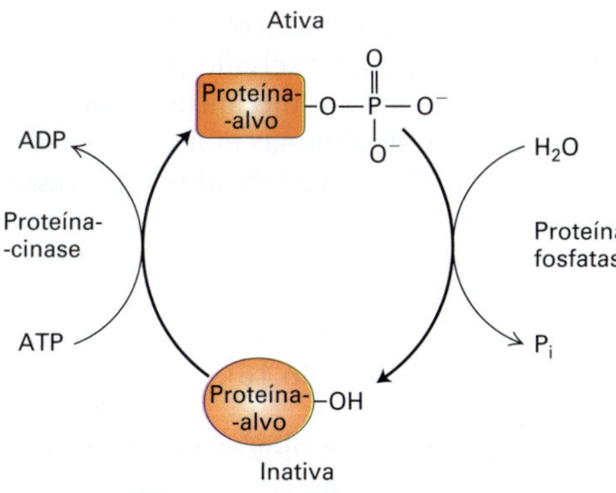

FIGURA 3-33 A regulação da atividade proteica por fosforilação e desfosforilação. A fosforilação e a desfosforilação cíclicas de uma proteína são mecanismos celulares comuns para regular a atividade proteica. Neste exemplo, a proteína-alvo é ativa (*acima*) quando fosforilada e inativa (*abaixo*) quando desfosforilada; algumas proteínas apresentam uma resposta oposta à fosforilação.

de reconhecimento que participam em muitas interações proteína-proteína com centenas de proteínas (> 200 em humanos) que contêm mais de uma dúzia de domínios ligadores de ubiquitina (UBD) distintos. Além disso, qualquer cadeia de poliubiquitina tem o potencial de ligar simultaneamente mais do que uma proteína contendo um UBD, levando à formação de complexos multiproteicos dependentes de ubiquitinação. Algumas desubiquitinases podem remover uma cadeia de poliubiquitinas intacta de uma proteína modificada (cadeia "ancorada") e, portanto, gerar uma cadeia de poliubiquitina que não se encontra ligada covalentemente a outra proteína (cadeia "não ancorada"). Até mesmo essas cadeias não ancoradas podem desempenhar um papel de regulação. Devido a essa grande diversidade estrutural, não é surpreendente que as células usem a ubiquitinação e a desubiquitinação para controlar muitas funções celulares.

Já foi visto como a poliubiquitinação via resíduos Lys48 é usada para marcar proteínas para degradação por proteassomos. Eventos de ubiquitinação não relacionados à degradação proteica também podem controlar diversas funções celulares, incluindo reparo de DNA danificado, metabolismo, síntese de RNA mensageiro (transcrição), defesa contra patógenos, progressão no ciclo celular/divisão celular, vias de sinalização celular, tráfego de proteínas dentro da célula e morte celular programada (apoptose). A lisina usada para formar pontes isopeptídicas interubiquitinas pode variar dependendo do sistema celular que é regulado (ver Figura 3-34). Por exemplo, a poliubiquitinação com associações via Lys63 é usada em muitos sistemas de sinalização e identificação celulares, como o reconhecimento da presença de RNA viral intracelular e a consequente indução de resposta imunoprotetora. Cadeias de poliubiquitina associadas via Lys11 regulam a divisão celular. Além disso, cadeias associadas via Lys33 auxiliam a suprimir a atividade de receptores em leucócitos especializados, denominados linfócitos T (ver Capítulo 23), controlando assim a atividade e a função dos linfócitos que portam esses receptores.

A clivagem proteolítica ativa ou inativa irreversivelmente algumas proteínas

Diferentemente da fosforilação e ubiquitinação, que são reversíveis, a ativação e inativação da função proteica por clivagem proteolítica representa um mecanismo irreversível de regulação da atividade proteica. Por exemplo, mui-

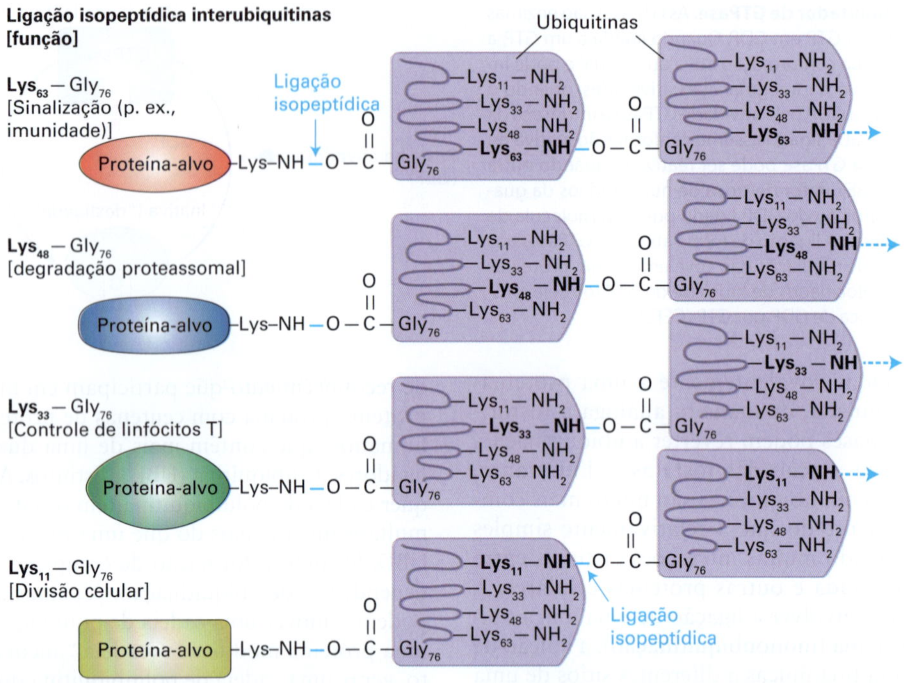

FIGURA 3-34 Determinação da função da poliubiquitina pela lisina usada para as ligações isopeptídicas interubiquitinas. Ubiquitino-ligases diferentes catalisam a poliubiquitinação de proteínas-alvo distintas (substratos) (figuras ovais coloridas) usando cadeias laterais distintas de lisinas de moléculas de ubiquitina (roxo) para gerar as ligações isopeptídicas interubiquitinas (azul) com a Gly76 da ubiquitina adjacente. Setas azuis pontilhadas representam ubiquitinas adicionais na cadeia que não são mostradas. A lisina usada para as ligações isopeptídicas determina a função da polibiquitinação. Por exemplo, poliubiquitinas com ligações isopeptídicas Lys48:Gly76 direcionam o alvo aos proteassomos para degradação. Aquelas com ligações contendo Lys63, Lys33 e Lys11 influenciam a sinalização, o controle de linfócitos T e a divisão celular, respectivamente. Ligações isopeptídicas envolvendo as Lys6, Lys27 e Lys29 da ubiquitina e ligações usando seus grupos N-terminais (não mostrado) também podem ser usadas para gerar cadeias de poliubiquitina.

tos hormônios polipeptídicos, como a insulina, são sintetizados como precursores mais longos e, antes de ocorrer a secreção celular, algumas das suas ligações peptídicas devem ser hidrolisadas para eles se enovelarem apropriadamente. Em alguns casos, um único polipeptídeo *pró-hormônio* precursor extenso pode ser clivado, gerando vários hormônios ativos distintos. Para evitar que as serino-proteases pancreáticas digiram proteínas antes de alcançar o intestino delgado, elas são sintetizadas como *zimogênios*, enzimas precursoras inativas. A clivagem de uma ligação peptídica perto da extremidade N-terminal do tripsinogênio (o zimogênio da tripsina) por uma protease altamente específica no intestino delgado gera um novo resíduo N-terminal (Ile-16), cujo grupamento amino pode formar uma ligação iônica com o ácido carboxílico da cadeia lateral de um ácido aspártico interno. Isso causa uma mudança conformacional que abre o sítio de ligação ao substrato, ativando a enzima. A tripsina ativa então ativa o tripsinogênio, o quimotripsinogênio e outros zimogênios. Cascatas de proteases semelhantes, porém mais elaboradas (uma protease ativando os precursores inativos de outras), capazes de amplificar o sinal inicial, desempenham papéis importantes em vários sistemas, como na cascata de coagulação sanguínea e no sistema complemento (ver Capítulo 23). A importância da regulação cuidadosa desses sistemas é óbvia – a coagulação inapropriada poderia fatalmente entupir o sistema circulatório, enquanto a coagulação insuficiente poderia levar a um sangramento descontrolado.

Um tipo raro de processamento proteolítico, denominado *autoprocessamento de proteínas*, ocorre em bactérias e em alguns eucariotos. Esse processo é análogo à edição de um filme: um segmento interno de um polipeptídeo é removido e as suas extremidades são reunidas (ligadas). Diferentemente de outras formas de processamento proteolítico, o auto-processamento de proteínas é um processo autocatalítico, que ocorre sem a participação de outras enzimas. O peptídeo excisado parece eliminar a si próprio da proteína por um mecanismo similar ao usado no processamento de algumas moléculas de RNA (ver Capítulo 8). Nas células de vertebrados, o processamento de algumas proteínas inclui autoclivagem, mas o passo de ligação seguinte está ausente. Um exemplo desse tipo de proteína é a Hedgehog, molécula sinalizadora associada à membrana que é crucial em uma série de processos de desenvolvimento (ver Capítulo 16).

Regulação de ordem mais elevada inclui o controle da localização e a concentração das proteínas

Todos os mecanismos de regulação discutidos até aqui afetam uma proteína localmente no seu sítio de ação, ativando-a ou desativando-a. Entretanto, o funcionamento normal de uma célula também requer a segregação de proteínas em compartimentos particulares, como a mitocôndria, o núcleo e os lisossomos. Com relação às enzimas, a compartimentalização oferece não só oportunidade para controlar o fornecimento de um substrato ou a saída de um produto, mas também permite que reações competidoras entre si ocorram simultaneamente em diferentes partes da célula. Nos Capítulos 13 e 14, serão descritos os mecanismos usados pelas células para direcionar diferentes proteínas para compartimentos distintos.

CONCEITOS-CHAVE da Seção 3.4

Regulando a função das proteínas

- As proteínas podem ser reguladas em nível de síntese de proteínas, de degradação de proteínas ou de atividade intrínseca por meio de interações covalentes ou não covalentes.
- A meia-vida das proteínas intracelulares é determinada em grande parte pela sua suscetibilidade à degradação proteólítica.
- Muitas proteínas são marcadas para destruição por poliubiquitinação mediada por ubiquitino-ligases e, em seguida, são degradadas nos proteassomos, grandes complexos cilíndricos com múltiplos sítios ativos com atividade proteolítica nas suas câmaras internas (ver Figura 3-29).
- A ubiquitinação das proteínas é reversível devido à atividade das enzimas de desubiquitinação.
- Na alosteria, a ligação não covalente de uma molécula de ligante, o efetor alostérico, induz uma mudança conformacional que altera a atividade da proteína ou afinidade por outros ligantes. O efetor alostérico pode ser idêntico em estrutura ou diferente de outros ligantes, cuja ligação eles afetam. O efetor alostérico pode ser um ativador ou um inibidor.
- Em proteínas multiméricas, tais como a hemoglobina, que se ligam a múltiplas moléculas idênticas do ligante (p. ex., oxigênio), a ligação de uma molécula de ligante aumenta ou diminui a afinidade de ligação por moléculas subsequentes do ligante. Esse tipo de alosteria é conhecido como cooperatividade (ver Figura 3-30).
- Vários mecanismos alostéricos atuam como comutadores, ativando ou inibindo a atividade de proteínas de maneira reversível.
- Duas classes de proteínas que atuam como comutadores intracelulares regulam uma variedade de processos celulares: (1) proteínas ligadoras de Ca^{2+} (p. ex., calmodulina) e (2) membros da superfamília GTPase (p. ex., Ras), que ciclam entre as formas ligada a GTP e ligada a GDP (ver Figura 3-32).
- A fosforilação e a desfosforilação de grupamentos hidroxila das cadeias laterais de resíduos de serina, treonina ou tirosina por proteína-cinases e fosfatases fornecem uma regulação do tipo ligado/desligado reversível para muitas proteínas (ver Figura 3-33).
- Variações na natureza da ligação covalente da ubiquitina a proteínas (mono-, multi- ou poliubiquitinação envolvendo uma diversidade de ligações entre os monômeros de ubiquitina) estão envolvidas em uma grande variedade de funções celulares além da degradação mediada por proteassomo, como mudanças na localização ou na atividade das proteínas (ver Figura 3-34).
- Muitos tipos de regulação covalente e não covalente são reversíveis, mas algumas formas de regulação, tais como clivagem proteolítica, são irreversíveis.
- Regulação de ordem mais elevada inclui compartimentalização de proteínas e controle da concentração de proteínas.

3.5 Purificação, detecção e caracterização de proteínas

Muitas vezes, uma proteína precisa ser purificada antes de sua estrutura e seu mecanismo de ação poderem ser estudados em detalhes. Entretanto, como as proteínas variam em tamanho, forma, estado de oligomerização, carga e solubilidade em água, não existe um método único capaz de ser usado para isolar todas as proteínas. Isolar uma proteína particular a partir de um conjunto estimado em 10.000 proteínas diferentes em um tipo particular de célula é uma tarefa extremamente árdua que exige métodos para separar e detectar a presença de proteínas específicas.

Qualquer molécula, seja proteína, carboidrato ou ácido nucleico, pode ser separada, ou *resolvida*, de outras moléculas com base nas suas diferenças em uma ou mais características físicas ou químicas. Quanto maiores ou mais numerosas as diferenças entre duas proteínas, mais fácil e mais eficiente será a sua separação. As três características mais amplamente utilizadas para separar as proteínas são o *tamanho*, definido como extensão ou massa; carga elétrica líquida; e a *afinidade de ligação* por ligantes específicos. Nesta seção, serão resumidas várias técnicas importantes para separar proteínas; essas técnicas de separação também são úteis na separação de ácidos nucleicos e outras biomoléculas. (Métodos especializados para a remoção de proteínas de membrana serão descritos no Capítulo 10, depois que as propriedades peculiares dessas proteínas forem discutidas.) Em seguida, será abordado o uso de compostos radiativos para acompanhar a atividade biológica. Por fim, serão consideradas várias técnicas para a caracterização da massa, sequência e estrutura tridimensional de uma proteína.

A centrifugação pode separar partículas e moléculas que diferem em massa ou densidade

A primeira etapa em um esquema de purificação de proteínas típico é a centrifugação. O princípio por detrás da centrifugação reside no fato de que duas partículas em suspensão (células, fragmento celulares, organelas ou moléculas) com diferentes massas ou densidades irão se depositar no fundo de um tubo a velocidades diferentes. Lembre-se, a massa está relacionada ao peso de uma amostra (medida em daltons ou unidades de massa molecular), enquanto a densidade é a razão da massa pelo volume (frequentemente expressa em gramas/litro devido aos métodos usados para medir a densidade). As proteínas variam grandemente em massa, mas não em densidade. A não ser que a proteína tenha um lipídeo ou carboidrato ancorado, a sua densidade não irá variar além de 15% com relação ao valor de 1,37 g/cm^3, a densidade proteica média. Moléculas mais densas ou mais pesadas se depositam, ou sedimentam, mais rapidamente que moléculas menos densas ou mais leves.

A centrífuga acelera a sedimentação, sujeitando as partículas em suspensão a forças centrífugas de até 1 milhão de vezes a força da gravidade, *g*, o que sedimenta partículas tão pequenas quanto 10 kDa. Ultracentrífugas modernas atingem essas forças alcançando velocidades de 150.000 revoluções por minuto (rpm) ou mais. Entretanto, pequenas partículas com massas de 5 kDa ou menos não irão sedimentar uniformemente até mesmo nessas condições de alta taxa de rotação. As extraordinárias conquistas técnicas das ultracentrífugas modernas são melhor compreendidas quando se observa que elas são capazes de girar um rotor de vários quilogramas (com o tamanho de uma bola de futebol americano), que sustenta as amostras no interior de tubos, a velocidades que chegam a 2.500 revoluções por segundo!

A centrifugação é usada para dois propósitos básicos: (1) como técnica preparativa para separar um tipo de material de outros e (2) como técnica analítica para medir propriedades físicas (p. ex., peso molecular, densidade, forma e constantes de equilíbrio de ligação) de macromoléculas. A constante de sedimentação, *s*, de uma proteína é uma medida da sua taxa de sedimentação. A constante de sedimentação é comumente expressa em svedbergs (S); um grande complexo proteico tem geralmente 3-5S, um proteassomo, 26S, e um ribossomo eucariótico, 80S.

Centrifugação diferencial. A etapa inicial mais comum na purificação de proteínas a partir de células e tecidos é a separação de proteínas solúveis em água do material celular insolúvel por *centrifugação diferencial*. Uma mistura inicial, comumente um homogeneizado celular (células rompidas mecanicamente), é dispensada dentro de um tubo e girada a uma velocidade de rotação e por um período de tempo tais que organelas celulares, como o núcleo, além de grandes fragmentos celulares ou células não rompidas sedimentam no fundo do tubo; as proteínas solúveis permanecem no sobrenadante (Figura 3-35a). A fração do sobrenadante é então coletada, e tanto ela quanto o material depositado podem ser usados como material de partida em novas etapas de purificação utilizando outros métodos, com o propósito de separar muitas proteínas diferentes contidas nos mesmos.

Centrifugação por gradiente de densidade. Com base nas diferenças de suas massas, proteínas solúveis em água podem ser separadas por centrifugação e uma solução com densidade crescente denominada *gradiente de densidade*. Uma solução de sacarose concentrada é comumente usada para formar gradientes de densidade. Quando uma mistura proteica é adicionada na superfície de um gradiente de sacarose em um tubo e submetida à centrifugação, cada proteína na mistura migra para baixo no tubo a uma taxa controlada pelos fatores que afetam a constante de sedimentação. Todas as proteínas iniciam a partir de uma zona fina no topo do tubo e se separam em bandas (de fato, discos) de proteínas de massas diferentes. Nesta técnica de separação, denominada *centrifugação por gradiente de densidade*, as amostras são centrifugadas tempo suficiente para separar as moléculas de interesse em bandas discretas (Figura 3-35b). Se uma amostra é centrifugada por um período de tempo muito curto, as moléculas proteicas diferentes não irão se separar o suficiente. Se uma amostra é centrifugada por muito mais tempo do que o necessário, todas as proteínas irão terminar sedimentadas no fundo do tubo.

Ainda que a taxa de sedimentação seja fortemente influenciada pela massa da partícula, a centrifugação por gradiente de densidade é raramente eficaz na determinação de massas moleculares precisas, pois variações na forma também afetam a taxa de sedimentação. Os efeitos exatos da forma são difíceis de serem acessados, especialmente para proteínas ou outras moléculas, como moléculas de ácidos nucleicos de fita simples, que podem assumir muitas formas complexas. Ainda assim, a centrifugação por gradiente de densidade provou ser um método prático para separar muitos tipos diferentes de polímeros e partículas. Uma segunda técnica de gradiente de densidade, denominada *gradiente de densidade de equilíbrio*, é usada principalmente para separar DNA, lipoproteínas que portam lipídeos por meio do sistema circulatório, ou organelas (ver Figura 9-35).

A eletroforese separa moléculas com base na sua razão massa/carga

A **eletroforese**, técnica de separação de moléculas em uma mistura sob a influência de um campo elétrico aplicado, é uma das técnicas mais frequentemente usadas para estudar proteínas e ácidos nucleicos. Moléculas dissolvidas em um campo elétrico se movem, ou migram, a uma velocidade determinada por sua razão massa/carga e pelas propriedades físicas do meio pelo qual elas migram. Por exemplo, se duas moléculas tiverem a mesma massa e forma, aquela com a maior carga líquida irá mover-se mais rapidamente em direção ao eletrodo de polaridade oposta.

Eletroforese em gel de poliacrilamida-SDS. Como muitas proteínas e ácidos nucleicos que diferem em tamanho e forma têm razões massa/carga praticamente idênticas, a eletroforese dessas macromoléculas em solução resulta em pouca ou nenhuma separação de moléculas de tamanhos diferentes. Entretanto, uma separação bem-sucedida de proteínas e ácidos nucleicos pode ser obtida se a eletroforese, em vez de ser feita em solução líquida, for realizada em géis variados (suspensões semissólidas em água semelhantes à gelatina encontrada em sobremesas). A separação eletroforética de proteínas é mais comumente realizada em géis de poliacrilamida. Quando uma mistura de proteínas é colocada em gel e uma corrente elétrica é aplicada, proteínas menores migram mais rápido pelo gel que as proteínas maiores, pois o gel atua como peneira, com espécies menores sendo capazes de manobrar mais rapidamente pelos poros no gel que as espécies maiores. A forma de uma molécula também pode influenciar na sua

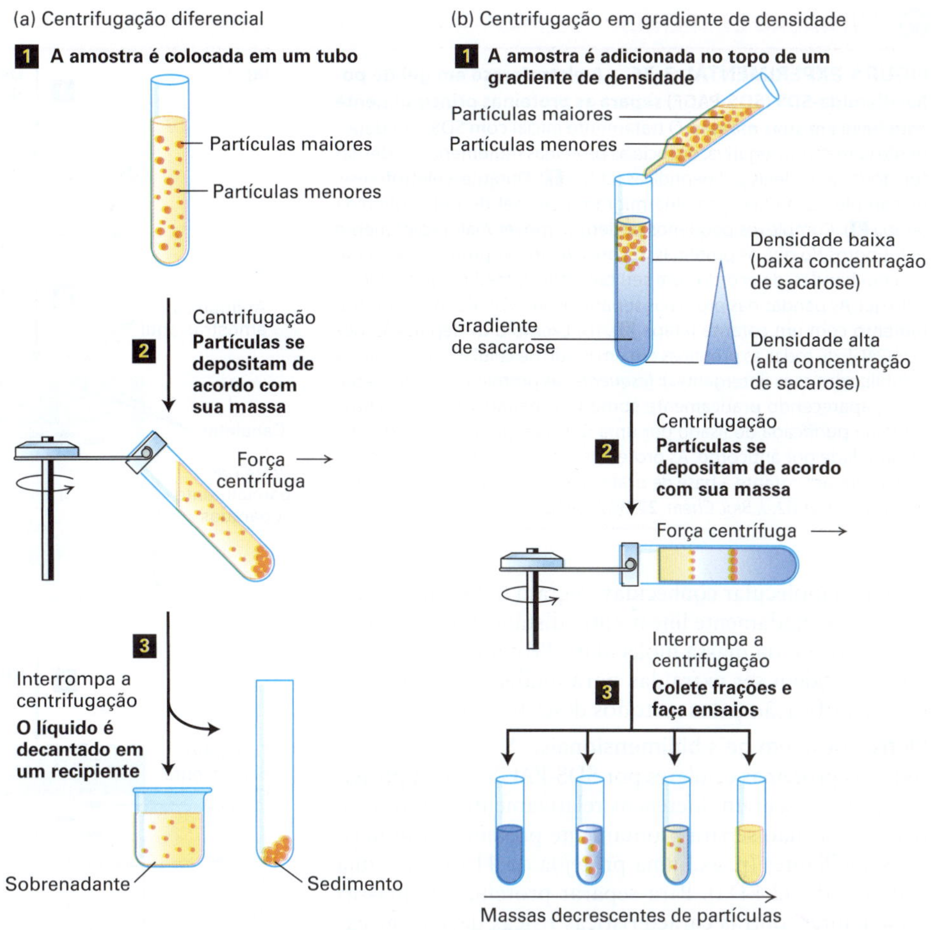

FIGURA EXPERIMENTAL 3-35 Técnicas de centrifugação separam partículas que diferem em massa ou densidade. (a) Na centrifugação diferencial, um homogeneizado celular, ou outra mistura, é centrifugado por um período que permita a sedimentação das partículas mais densas (p. ex., organelas celulares e células) acumuladas como sedimento no fundo do tubo (etapa 2). As partículas menos densas (p. ex., proteínas solúveis e ácidos nucleicos) permanecem no sobrenadante, que pode ser transferido para outro tubo (etapa 3). (b) Na centrifugação em gradiente de densidade, uma mistura é centrifugada (etapa 1) apenas o tempo suficiente para separar as moléculas que diferem em massa mas podem ter formas e densidades semelhantes (p. ex., proteínas globulares e moléculas de RNA) em zonas distintas no gradiente de densidade, comumente formado por uma solução de sacarose concentrada. As frações são removidas pelo fundo do tubo e analisadas (ensaiadas).

velocidade de migração (moléculas assimétricas longas migram mais lentamente que as esféricas de mesma massa).

Os géis são moldados na forma de uma chapa relativamente fina e plana entre um par de placas de vidro pela polimerização de uma solução de monômeros de acrilamida em cadeias de poliacrilamida, ocorrendo simultaneamente a formação de ligações cruzadas entre as cadeias, formando uma matriz semissólida. O tamanho dos poros de um gel pode ser variado ajustando as concentrações de poliacrilamida e do reagente que promove a formação das ligações cruzadas. A taxa na qual a proteína se move por um gel é influenciada pelo tamanho dos poros do gel e pela intensidade do campo elétrico. Pelo ajuste adequado desses parâmetros, proteínas de tamanhos amplamente variados podem ser resolvidas (separadas uma da outra) pela eletroforese em gel de poliacrilamida (PAGE).

Na técnica mais poderosa para separar misturas proteicas, as proteínas são expostas ao detergente iônico SDS (dodecilsulfato de sódio) antes e durante a eletroforese (Figura 3-36). O SDS desnatura as proteínas, em parte porque se liga às cadeias laterais hidrofóbicas, desestabilizando as interações hidrofóbicas no centro da proteína que contribuem para a sua conformação estável. (Tratamento com SDS é geralmente combinado com aquecimento, muitas vezes na presença de agentes redutores que quebram as pontes dissulfeto.) Sob essas condições, proteínas multiméricas se dissociam nas suas subunidades, e a quantidade de SDS que se liga à proteína é geralmente proporcional ao tamanho da cadeia polipeptídica e relativamente independente da sequência. Duas proteínas de tamanhos semelhantes irão se ligar à mesma quantidade absoluta de SDS, enquanto uma proteína com o dobro do tamanho de outra irá se ligar ao dobro de quantidade de SDS. A desnaturação de uma mistura proteica complexa com SDS em combinação com calor usualmente força cada cadeia polipeptídica a assumir uma conformação estendida e confere a cada uma das proteínas na mistura uma razão massa/carga constante, pois o dodecilsulfato é carregado negativamente. À medida que as proteínas ligadas ao SDS se movem pelo gel de poliacrilamida, elas são separadas de acordo com o seu tamanho pela ação de peneira do gel. O tratamento com SDS elimina, portanto, o efeito das diferenças relacionadas à forma de estruturas nativas; assim sendo, o tamanho da cadeia, que corresponde à massa, é o determinante principal da velocidade de migração de proteínas na *eletroforese em géis de poliacrilamida-SDS* (*SDS-PAGE*). Até mesmo cadeias que diferem em massa molecular por menos de 10% podem ser separadas por essa técnica. Além disso, a massa molecular de uma proteína pode ser estimada comparando a distância que ela migra através de um gel com as distâncias que proteínas

ANIMAÇÃO DE TÉCNICA: Eletroforese em gel de poliacrilamida-SDS

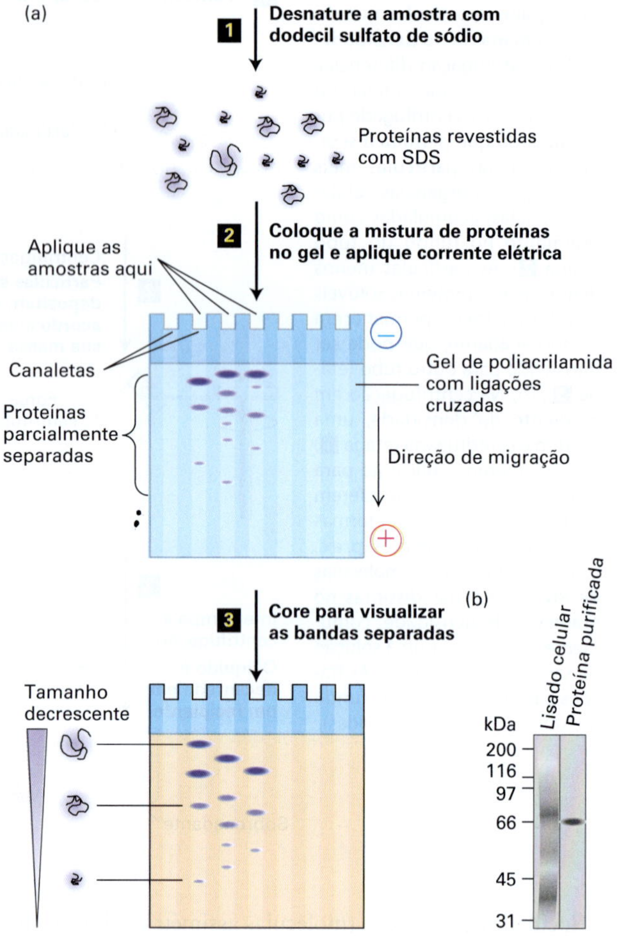

FIGURA EXPERIMENTAL 3-36 A eletroforese em gel de poliacrilamida-SDS (SDS-PAGE) separa as proteínas principalmente com base em suas massas. O tratamento inicial com SDS, um detergente com carga negativa, dissocia as proteínas multiméricas e desnatura todas as cadeias polipeptídicas (etapa 1). Durante a eletroforese, os complexos de SDS-proteína migram pelo gel de poliacrilamida (etapa 2). Complexos pequenos podem se mover mais rapidamente pelos poros do que as proteínas maiores. Assim, as proteínas se separam em bandas, de acordo com seu tamanho, à medida que migram pelo gel. As bandas das proteínas separadas são visualizadas após tratamento com um corante (etapa 3). (b) Exemplo de separação por SDS-PAGE de todas as proteínas em um lisado de células totais (células solubilizadas com detergentes): (*esquerda*) as proteínas coradas separadas, aparecendo praticamente como um *continuum*; (*direita*) uma proteína purificada do lisado por uma única etapa de cromatografia de afinidade por anticorpo. As proteínas foram visualizadas por coloração com um corante à base de prata. (Parte (b) modificada de B. Liu e M. Krieger, 2002, *J. Biol. Chem.* **277**(37):34125-34135.)

de massa molecular conhecidas migram (existe uma relação aproximadamente linear entre distância de migração e o logaritmo da massa molecular). Proteínas no interior de géis podem ser extraídas para análises seguintes (p. ex., identificação pelos métodos descritos abaixo).

Eletroforese em géis bidimensionais. A eletroforese de todas as proteínas celulares por SDS-PAGE separa proteínas que apresentam diferenças relativamente grandes em massa, mas não separa prontamente proteínas com massas semelhantes (p. ex., uma proteína de 41 kDa de uma proteína de 42 kDa). Para separar proteínas de massas semelhantes, outras características físicas devem ser exploradas. Mais comumente, essa característica é a carga elétrica, determinada pelo pH e pelo número relativo de grupamentos carregados positiva e negativamente, que, por sua vez, depende dos pK_as dos grupamentos ionizáveis (ver Capítulo 2). Duas proteínas não relacionadas com massas semelhantes provavelmente não têm cargas líquidas idênticas porque suas sequências e, portanto, o número de resíduos acídicos e básicos, são diferentes.

Na eletroforese bidimensional, as proteínas são separadas sequencialmente, primeiro pelas suas cargas e então pelas suas massas (Figura 3-37a). Na primeira etapa, um extrato celular ou de tecido é completamente desnaturado por altas concentrações (8 M) de ureia (e, algumas vezes, SDS) e então aplicado sobre uma tira de gel que contém ureia, que remove qualquer SDS ligado e que tem um gradiente de pH contínuo. O gradiente de pH é formado por anfólitos, mistura de pequenas moléculas polianiônicas e policatiônicas aplicada no gel. Quando um campo elétrico é aplicado sobre o gel, os anfólitos irão migrar, de forma que os anfólitos com excesso de cargas negativas irão migrar em direção ao ânodo, onde estabelecem pH ácido (muitos prótons), enquanto os anfólitos com excesso de cargas positivas irão migrar em direção ao cátodo, onde estabelecem pH alcalino. A escolha cuidadosa da mistura de anfólitos e a preparação do gel possibilita a construção de gradientes de pH estáveis de pH 3 a pH 10. Uma proteína carregada colocada em uma das extremidades de um gel com essas características irá migrar pelo gradiente até atingir o seu **ponto isoelétrico (pI)**, o pH no qual a carga líquida da proteína é zero. Na ausência de carga líquida, a proteína não irá migrar sob a influência do campo elétrico. Esta técnica, denominada *focalização isoelétrica* (IEF), separa proteínas que diferem por somente uma unidade de carga. Proteínas que tenham sido separadas em um gel IEF podem então ser separadas em uma segunda dimensão com base nas suas massas moleculares. Para obter essa separação, as tiras de gel IEF são dispostas ao longo de uma das laterais de um gel de poliacrilamida em forma de folha (bidimensional ou chapa), desta vez saturado com SDS para conferir a cada proteína separada uma razão massa/carga mais ou menos constante. Quando um campo elétrico é aplicado, as proteínas irão migrar do gel IEF para o gel de SDS bidimensional e então se separar de acordo com suas massas.

A resolução sequencial das proteínas pela carga e massa pode resultar em uma separação excelente das proteínas celulares (Figura 3-37b). Por exemplo, géis bidimensionais têm sido muito úteis na comparação dos proteomas de células indiferenciadas e células diferenciadas, ou na comparação entre células normais e células cancerosas, pois até 1.000 proteínas podem ser resolvidas simultaneamente como manchas individuais. Infelizmente, proteínas de membrana não se separam bem usando essa técnica. Métodos sofisticados têm sido desenvolvidos para permitir a comparação de padrões complexos de proteínas em géis bidimensionais de amostras distintas, porém relacionadas (p. ex., tecido normal *versus* mutante), possibilitando a identificação de diferenças nos tipos ou nas quantidades de proteínas nas amostras (ver Seção 3.6, sobre proteômica, adiante). Métodos sofisticados de espectrometria de massa, descritos a seguir, são frequentemente usados no lugar da eletroforese em gel bidimensional para identificar componentes proteicos em uma amostra complexa.

A cromatografia líquida separa proteínas pela massa, carga ou afinidade de ligação

Uma terceira técnica comum para separar misturas de proteínas ou fragmentos de proteínas, assim como outras moléculas, baseia-se no princípio de que as moléculas dissolvidas em solução interagem diferencialmente (ligação e dissociação) com uma superfície sólida particular, dependendo de propriedades físicas e químicas da molécula e da superfície. Se uma solução flui sobre uma superfície, então as moléculas que interagem frequentemente com a superfície irão gastar mais tempo ligadas à superfície e, portanto, irão fluir pela superfície mais lentamente que moléculas que interagem de maneira menos frequente com a mesma. Nesta técnica, denominada **cromatografia líquida** (LC), a amostra é aplicada na extremidade de uma coluna firmemente empacotada com esferas mantidas no interior de um cilindro plástico ou de vidro. A amostra então flui pela coluna, geralmente impelida apenas por forças gravitacionais ou hidrostáticas ou com o auxílio de uma bomba. Pequenas alíquotas do fluido que passa pela coluna, denominadas *frações*, são coletadas sequencialmente para análises posteriores com o propósito de avaliar a presença de proteínas de interesse. A natureza das esferas na coluna determina se a separação das proteínas depende de diferenças em massa, carga ou afinidade de ligação.

Cromatografia de gel filtração. Proteínas que diferem em massa podem ser separadas em uma coluna composta por esferas porosas produzidas com poliacrilamida, dextran (polissacarídeo bacteriano) ou agarose (um derivado de algas marinhas) – técnica denominada cromatografia de gel filtração. Ainda que as proteínas fluam ao redor das esferas na cromatografia de gel filtração, elas gastam mais tempo no interior das grandes depressões que revestem a superfície de uma esfera. Como proteínas menores conseguem penetrar nessas depressões mais prontamente que proteínas maiores, elas se deslocam pela coluna de gel filtração mais lentamente que as proteínas maiores (Figura 3-38a). (Em contrapartida, as proteínas migram *através* dos poros de um gel de eletroforese; portanto, proteínas menores se movem mais rapidamente que proteínas maiores.) O volume total de líquido requerido para eluir (ou separar e remover) uma proteína de uma coluna de gel filtração depende da sua massa: quanto menor a massa, mais tempo ela fica presa nas esferas, e maior será o volume de eluição. Com o uso de proteínas de massa conhecida como padrões para calibrar a coluna, o volume de eluição pode ser usado para estimar a massa de uma proteína em uma mistura. A forma e a massa de uma proteína podem influenciar o volume de eluição.

Cromatografia de troca iônica. Na cromatografia de troca iônica, um segundo tipo de cromatografia líquida, as proteínas são separadas com base nas diferenças nas suas cargas. Esta técnica emprega esferas especialmente modificadas cujas superfícies são revestidas por grupamentos amino ou carboxilas e, portanto, carregam carga positiva (NH_3^+) ou carga negativa (COO^-) em pH neutro.

As proteínas em uma mistura apresentam cargas líquidas variadas em qualquer pH dado. Quando a solução de uma mistura proteica flui por uma coluna de esferas carregadas positivamente, somente as proteínas com carga líquida negativa (proteínas ácidas) aderem às esferas; proteínas neutras e carregadas positivamente (básicas) fluem desimpedidas pela coluna (Figura 3-38b). Então, as proteínas ácidas são eluídas seletivamente da coluna com a passagem de uma solução de concentrações crescentes de sal (gradiente salino) pela coluna. Em baixas concentrações de sal, as moléculas proteicas e esferas são atraídas pelas suas cargas opostas. Em concentrações salinas mais altas, íons negativos se ligam às esferas carregadas positivamente, deslocando as proteínas carregadas negativamente. Em um gradiente de concentração salina crescente, proteínas fracamente ligadas, aquelas com relativamente poucas cargas, são eluídas primeiro, e as proteínas altamente carregadas são eluídas por último. De forma similar, uma coluna carregada negativamente pode ser usada para reter e fracionar proteínas básicas (carregadas positivamente).

Cromatografia de afinidade. A capacidade das proteínas de se ligarem especificamente a outras moléculas constitui a base da cromatografia de afinidade. Nesta técnica, o ligante ou outras moléculas que se ligam à proteína de interesse são acoplados covalentemente a esferas usadas para formar a coluna. Os ligantes podem ser substratos de uma enzima, inibidores ou seus análogos, ou outras moléculas pequenas que se ligam a proteínas específicas. Em uma forma amplamente usada desta técnica – *cromatografia de afinidade por anticorpo* ou *cromatografia de imunoafinidade* –, a molécula fixada é um anticorpo específico para a proteína de interesse (Figura 3-38c). (A seguir, será discutido o uso de anticorpos como ferramentas para estudar proteínas; ver também o Capítulo 23, que descreve como os anticorpos são produzidos.)

Em princípio, uma coluna de afinidade irá reter somente aquelas proteínas que se ligam à molécula fixada nas esferas; as proteínas restantes, a despeito de suas cargas ou massas, irão passar pela coluna, pois são incapazes de se ligar à molécula fixada nas esferas. Entretanto, se uma proteína retida se liga a outras moléculas, formando um complexo, o complexo inteiro é retido na coluna. Em seguida, as proteínas ligadas à coluna de afinidade são eluídas pela adição de um excesso da forma

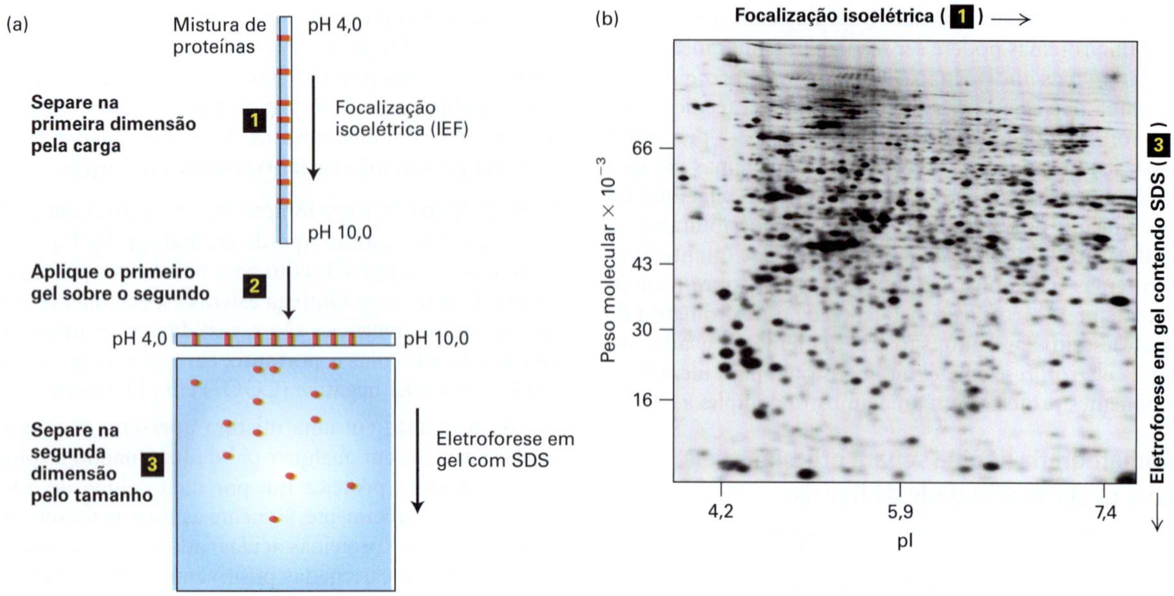

FIGURA EXPERIMENTAL 3-37 A eletroforese em gel bidimensional separa as proteínas com base na carga e na massa. (a) Nesta técnica, as proteínas são primeiramente separadas em bandas segundo a sua carga por focalização isoelétrica (etapa 1). O gel resultante é aplicado a um gel de poliacrilamida-SDS (etapa 2), e as proteínas são separadas em bandas de acordo com sua massa (etapa 3). (b) Neste gel bidimensional de um extrato proteico de células cultivadas, cada banda representa um único polipeptídeo. Os polipeptídeos podem ser detectados por corantes, como aqui, ou por outras técnicas, como a autorradiografia. Cada polipeptídeo é caracterizado pelo seu ponto isoelétrico (pI) e peso molecular. (Parte (b) cortesia de J. Celis.)

solúvel do ligante, pela exposição dos materiais ligados a detergentes ou pela mudança na concentração de sal ou pH, de modo que a ligação da molécula na coluna seja rompida. A capacidade dessa técnica de separar proteínas particulares depende da seleção de parceiros de ligação apropriados que se liguem mais firmemente à proteína de interesse do que às outras proteínas.

Ensaios altamente específicos com anticorpos e enzimas podem detectar proteínas individuais

A purificação de uma proteína, ou de qualquer outra molécula, requer um ensaio específico que consiga detectar a presença da molécula de interesse à medida que ela é separada de outras moléculas (p. ex., em colunas, frações de gradiente de densidade, bandas de gel ou manchas de gel). Um ensaio faz uso de algumas das características altamente distintivas de uma proteína: capacidade de se ligar a um ligante particular, de catalisar uma reação em particular, ou de ser reconhecido por um anticorpo específico. Um ensaio também deve ser simples e rápido para minimizar erros e minimizar a possibilidade de que a proteína de interesse seja desnaturada ou degradada enquanto o ensaio está sendo realizado. O objetivo de qualquer esquema de purificação é isolar quantidades suficientes de uma dada proteína para estudá-la; portanto, um ensaio útil também deve ser suficientemente sensível para que somente uma pequena proporção do material disponível seja consumida por ele. Muitos ensaios comuns de proteínas requerem somente 10^{-9} a 10^{-12} g de material.

Reações enzimáticas cromogênicas e que emitem luz. Muitos ensaios são projetados para detectar algum aspecto funcional de uma proteína. Por exemplo, ensaios de atividade enzimática baseiam-se na capacidade de detectar o consumo do substrato ou a formação de produto. Alguns ensaios enzimáticos utilizam substratos cromogênicos, que mudam de cor ao longo da reação. (Alguns substratos são naturalmente cromogênicos; caso não sejam, podem ser acoplados a uma molécula cromogênica.) Devido à especificidade de uma enzima pelo seu substrato, somente amostras que contêm a enzima irão mudar de cor na presença de um substrato cromogênico; a taxa da reação fornece uma medida da quantidade de enzima presente. Enzimas que catalisam reações cromogênicas também podem ser fusionadas ou ligadas quimicamente a um anticorpo e usadas para "indicar" a presença ou localização de um antígeno ao qual o anticorpo se liga (ver a seguir).

Ensaios com anticorpos. Como observado anteriormente, os anticorpos têm a peculiar capacidade de se ligarem de forma específica e com alta afinidade aos antígenos. Consequentemente, preparações de anticorpos que reconhecem um antígeno proteico de interesse podem ser geradas e usadas para detectar a presença da proteína, seja em mistura complexa com outras proteínas (possibilitando algo como encontrar uma agulha no palheiro) ou em uma preparação parcialmente purificada de determinada proteína. Uma molécula de anticorpo só irá ligar-se firmemente a uma pequena parte de uma molécula-alvo (antígeno) que exibe complementaridade molecular com o anticorpo. Essa região ligadora de anticorpo do alvo é denominada epítopo cognato do anticorpo,ou simplesmente epítopo. Portanto, a presença do antígeno que contém um epítopo pode ser visualizada pela marcação do anticorpo

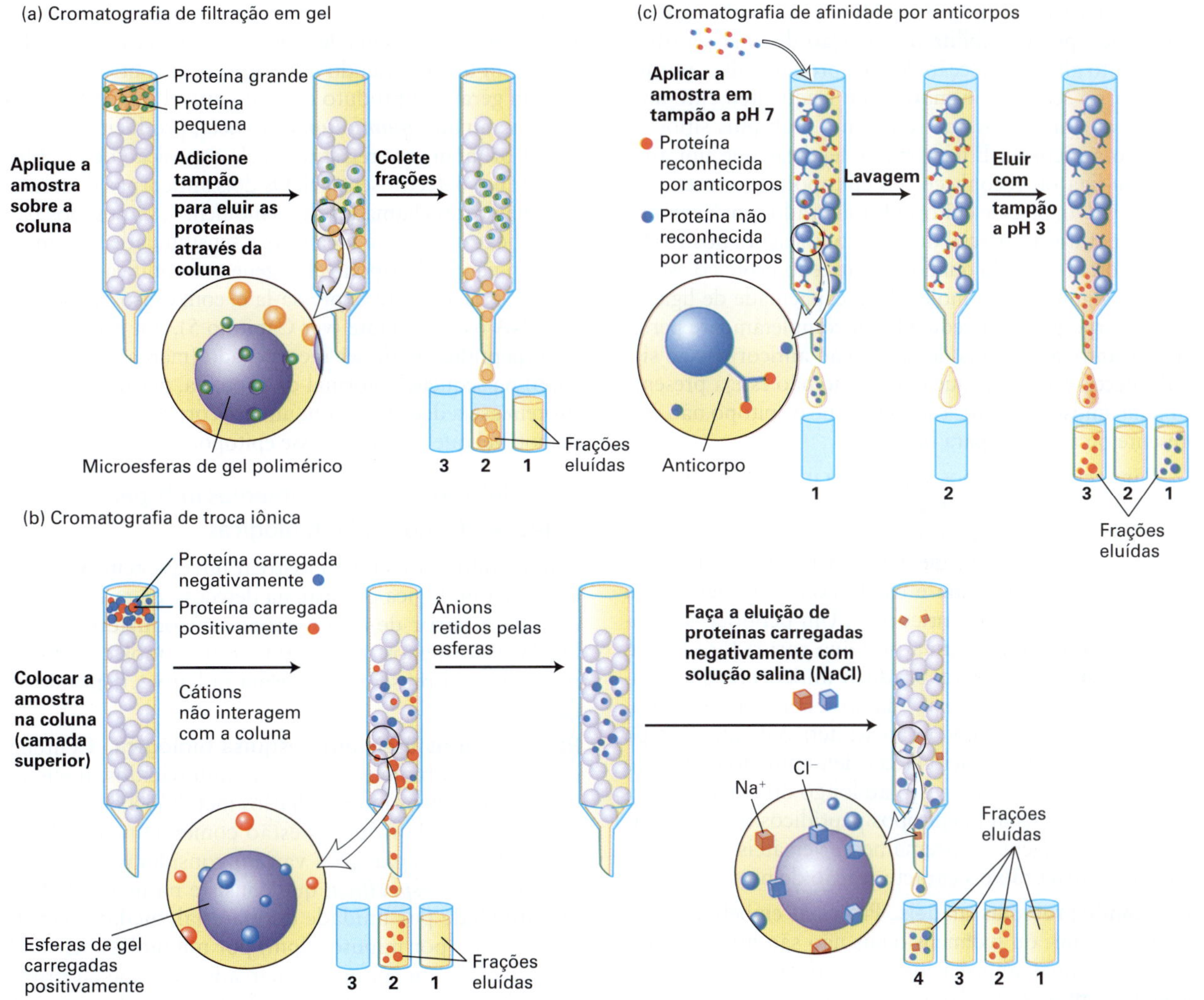

FIGURA EXPERIMENTAL 3-38 Três técnicas de cromatografia líquida comumente utilizadas para separar as proteínas de acordo com sua massa, carga ou afinidade por um ligante específico. (a) A cromatografia de filtração em gel separa as proteínas que diferem em tamanho. Uma mistura de proteínas é cuidadosamente colocada na parte superior do cilindro de vidro com esferas porosas. As proteínas menores atravessam a coluna mais lentamente do que as proteínas maiores. Assim, proteínas diferentes saindo no eluído em tempos diferentes (diferentes volumes de eluição) podem ser coletadas em tubos separados, denominados *frações*. (b) A cromatografia de troca iônica separa as proteínas que diferem em carga líquida em colunas empacotadas com esferas especiais que têm carga positiva (mostrada aqui) ou negativa. As proteínas com a mesma carga líquida que as esferas são repelidas e passam pela coluna, enquanto as proteínas com carga oposta às esferas se ligam a elas com maior ou menor afinidade, dependendo das suas estruturas. As proteínas ligadas – neste caso, carregadas negativamente – depois são eluídas pela passagem de um gradiente de sal (normalmente de NaCl ou KCl) pela coluna. À medida que os íons se ligam às esferas, liberam as proteínas (proteínas mais firmemente ligadas requerem concentrações salinas mais altas com o propósito de serem liberadas). (c) Na cromatografia de afinidade por anticorpos, uma mistura de proteínas é passada por uma coluna empacotada com esferas às quais um anticorpo específico é ligado covalentemente. Apenas as proteínas com alta afinidade pelo anticorpo são retidas na coluna; todas as proteínas que não interagem com os anticorpos passam através da coluna. Após a lavagem da coluna, a proteína ligada é eluída com solução ácida ou alguma outra solução que rompe os complexos de antígeno-anticorpo; a proteína liberada flui pela coluna e é coletada.

com uma enzima, uma molécula fluorescente ou isótopos radiativos. Por exemplo, a luciferase, enzima presente em vaga-lumes e algumas bactérias, pode ser ligada a um anticorpo. Na presença de ATP e do substrato luciferina, a luciferase catalisa uma reação que emite luz. Após a ligação do anticorpo à proteína de interesse (o antígeno), anticorpos que não ligaram são removidos em uma etapa de lavagem, e os substratos da enzima ligada aos anticorpos são adicionados, sendo então monitorado o aparecimento de cor ou a emissão de luz. A intensidade é proporcional à quantidade de enzima ligada a anticorpos e, portanto, de antígenos na amostra. Uma variação dessa técnica, particularmente útil na detecção de proteínas específicas dentro de células vivas, utiliza-se da *proteína fluorescente verde (GFP)*, proteína naturalmente fluorescente encontrada em águas-vivas (ver Figura 9-15). De modo alternativo, após a ligação do primeiro anticorpo (que, nesse caso, não é marcado de forma alguma) à proteína-alvo, um segundo anticorpo (este sim, marcado) capaz de reconhecer o primeiro anticorpo é usado para ligar ao complexo formado pelo primeiro anticorpo e o seu alvo. Essa combinação de dois anticorpos possibilita a obtenção de uma sensibilidade muito alta de detecção de uma proteína-alvo, porque o anticorpo secundário marcado é frequentemente uma mistura de anticorpos que se ligam a múltiplos sítios do primeiro anticorpo. É importante lembrar que um anticorpo se liga ou reconhece seu epítopo cognato em um antígeno-alvo. Se esse epítopo for alterado, por exemplo, pela desnaturação parcial ou por modificações pós-traducionais, ou bloqueado quando o antígeno proteico estiver ligado a alguma outra molécula, a capacidade de ligação do anticorpo pode ser reduzida ou completamente perdida. Portanto, a ausência de ligação ao anticorpo não significa necessariamente que o antígeno não esteja presente em uma amostra, significa somente que o epítopo não está presente ou acessível para ligação.

Para gerar anticorpos, a proteína intacta ou um fragmento da proteína é injetado em um animal (geralmente coelho, camundongo ou cabra). Algumas vezes, um peptídeo sintético curto de 10 a 15 resíduos com base na sequência da proteína é usado como antígeno para induzir a formação de anticorpos. Um peptídeo sintético, quando acoplado a uma proteína carreadora maior, pode induzir um animal a produzir anticorpos que se liguem a esta parte (o epítopo) da proteína natural inteira. O ancoramento químico ou biossintético de um epítopo a uma proteína não relacionada é denominado *marcação com epítopo*. Como será visto ao longo do livro, os anticorpos gerados usando epítopos peptídicos ou proteínas intactas são reagentes extremamente versáteis para o isolamento, a detecção e a caracterização de proteínas.

Detectando proteínas em géis. Proteínas embebidas dentro de géis uni- ou bidimensionais não são normalmente visíveis. As duas abordagens gerais para a detecção de proteínas em géis envolvem marcação ou coloração das proteínas seja no próprio gel ou após a transferência eletroforética dessas proteínas para uma membrana feita de nitrocelulose ou de difuoreto de polivinilideno. As proteínas no interior dos géis são geralmente marcadas com corante orgânico ou corante baseado em prata, ambos detectáveis com luz visível normal, ou com corante fluorescente que requer equipamentos de detecção especializados. Azul de Coomassie é o corante orgânico mais usado, comumente empregado na detecção de ~1.000 ng de proteína, com limite mínimo de detecção de ~4 a 10 ng. Coloração com prata ou fluorescente é mais sensível (limite mínimo de ~1 ng). Coomassie e outros corantes também podem ser usados para visualizar proteínas após a transferência para as membranas; entretanto, o método mais comum para visualizar proteínas nessas membranas é a imunotransferência, também denominado *Western blotting*.

A **imunotransferência** combina o poder de resolução da eletroforese em gel com a especificidade dos anticorpos. Esse procedimento com múltiplos passos é comumente usado para separar proteínas e então identificar uma proteína específica de interesse. Como mostrado na Figura 3-39, dois anticorpos diferentes são usados nesse método, um específico para a proteína de interesse e um segundo que se liga à primeira e é associado a uma enzima ou outra molécula que possibilite a detecção do primeiro anticorpo (e, portanto, a proteína de interesse ao qual ele se liga). Enzimas em que o segundo anticorpo se encontra ancorado podem gerar um produto colorido visível ou, pelo processo denominado *quimioluminescência*, produzir luz capaz de ser prontamente registrada pela exposição de um filme ou por um detector sensível. Os dois anticorpos diferentes, algumas vezes chamados de "sanduíche", são usados para amplificar os sinais e melhorar a sensibilidade. Se um anticorpo não está disponível, o gene que codifica a proteína pode ser usado para expressá-la e, com o uso de métodos de DNA recombinante (ver Capítulo 5), um pequeno epítopo peptídico pode ser incorporado (marcação com epítopo) na sequência normal da proteína, permitindo que a proteína seja detectada com um anticorpo comercialmente disponível que reconheça esse epítopo.

Os radioisótopos são ferramentas indispensáveis na detecção de moléculas biológicas

Um método sensível para rastrear uma proteína ou outra molécula biológica consiste na detecção de radiatividade emitida a partir de radioisótopos introduzidos na molécula. Pelo menos um átomo em uma molécula radiomarcada está presente em forma radiativa, denominada **radioisótopo**.

Radioisótopos úteis em pesquisa biológica. Centenas de moléculas biológicas (p. ex., aminoácidos, nucleosídeos e numerosos intermediários metabólicos) marcadas com vários radioisótopos estão comercialmente disponíveis. Essas preparações variam consideravelmente na sua *atividade específica*, que consiste na quantidade de radiatividade por unidade do material, medidas em desintegrações por minuto (dpm) por milimol. A atividade específica de um composto marcado depende da probabilidade de decaimento do radioisótopo, determinado pela sua *meia-vida*, o tempo requerido para que metade dos átomos sofra decaimento radiativo. Em geral, quanto menor a meia-vida de um radioisótopo, maior será a sua atividade específica (Tabela 3-1).

A atividade específica de um composto marcado deve ser suficientemente alta para que a quantidade adequada de radiatividade seja incorporada nas moléculas, permitindo a detecção das moléculas com exatidão. Por exemplo, metionina e cisteína marcados com enxofre-35 (^{35}S) são amplamente usados para marcar biossinteticamente proteínas celulares, pois são obtidas preparações desses aminoácidos com altas atividades específicas

TABELA 3-1 Radioisótopos comumente usados em pesquisa biológica

Isótopo	Meia-vida
Fósforo-32	14,3 dias
Iodo-125	60,4 dias
Enxofre-35	87,5 dias
Trítio (hidrogênio-3)	12,4 anos
Carbono-14	5.730,4 anos

ANIMAÇÃO DE TÉCNICA: Imunotransferência

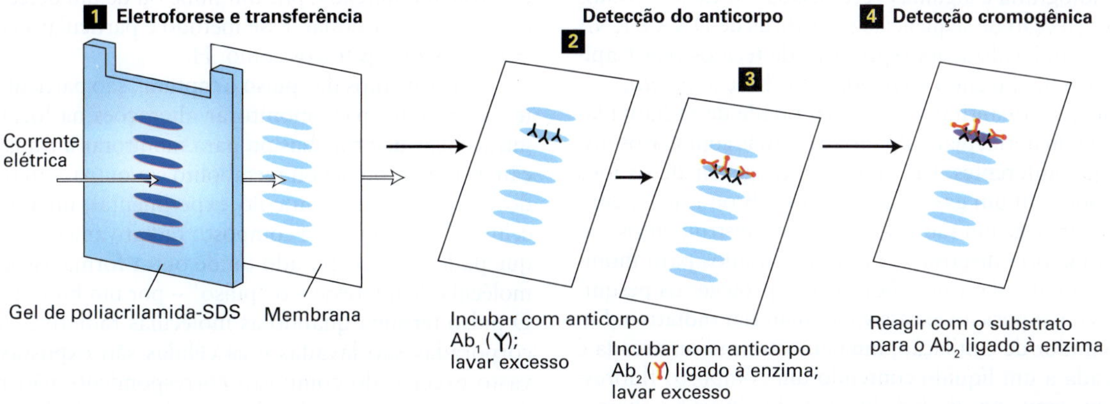

FIGURA EXPERIMENTAL 3-39 O *Western blotting* (imunotransferência) combina várias técnicas para separar e detectar uma proteína específica. Etapa **1**: após a eletroforese de uma mistura de proteínas em um gel com SDS, as bandas separadas (ou manchas [*spots*] em um gel bidimensional) são transferidas para uma membrana porosa a partir da qual elas não são prontamente removidas. Etapa **2**: a membrana é encharcada com uma solução de anticorpo Ab_1 específico para a proteína desejada e incubada por um tempo. Apenas a banda ligada à membrana que contém esta proteína liga o anticorpo, formando uma camada de moléculas de anticorpo (cuja posição não pode ser vista nesta etapa). Então a membrana é lavada para remover o Ab_1 que não foi ligado. Etapa **3**: a membrana é incubada com um segundo anticorpo (Ab_2), que reconhece especificamente e se liga ao primeiro Ab_1. Esse segundo anticorpo está covalentemente ligado a uma enzima (p. ex., fosfatase alcalina, que catalisa uma reação cromogênica), um isótopo radiativo ou alguma outra substância cuja presença possa ser detectada com grande sensibilidade. Etapa **4**: finalmente, a localização e a quantidade do Ab_2 ligado são detectadas (p. ex., por um precipitado roxo escuro resultante de uma reação cromogênica), permitindo que a mobilidade eletroforética (e, portanto, a massa) da proteína de interesse possa ser determinada, assim como a sua quantidade (com base na intensidade da banda).

($> 10^{15}$ dpm/mmol). Da mesma forma, preparações comerciais de precursores de ácidos nucleicos marcados com ^3H têm atividades específicas muito mais altas que preparações correspondentes marcadas com ^{14}C. Na maioria dos experimentos, a primeira é preferível, pois permite que o RNA ou o DNA sejam marcados adequadamente após um período mais curto de incorporação ou porque requer uma amostra de células menor. Vários compostos contendo fosfato cujo átomo de fósforo é o radioisótopo fósforo-32 estão comercialmente disponíveis. Devido a sua alta atividade específica, nucleotídeos marcados com ^{32}P são rotineiramente usados para marcar ácidos nucleicos em sistemas livres de células.

Compostos marcados nos quais um radioisótopo substitui átomos presentes normalmente na molécula têm praticamente as mesmas propriedades químicas que os compostos não marcados correspondentes. Enzimas, de fato, geralmente são incapazes de distinguir os substratos marcados assim daqueles não marcados. A presença desses átomos radiativos é indicada com o isótopo entre colchetes (sem hífen) como um prefixo (p. ex., [^3H]leucina). Em contrapartida, a marcação de praticamente todas as biomoléculas (p. ex., proteína ou ácido nucleico) com o radioisótopo iodo-125 (^{125}I) requer a adição covalente do ^{125}I a uma molécula que normalmente não apresenta iodo como parte da sua estrutura. Como esse procedimento de marcação modifica a estrutura química, a atividade biológica da molécula marcada pode diferir de alguma forma da atividade da forma não marcada. A presença de tais átomos radiativos é indicada com o isótopo representado por prefixo com hífen (sem colchetes) (p. ex., ^{125}I-tripsina). Métodos padrão para a marcação de proteínas com ^{125}I resultam em ancoramento covalente do ^{125}I primordialmente em anéis aromáticos das cadeias laterais de tirosina (mono- e di-iodotirosina). Isótopos não radiativos encontram uso crescente em biologia celular, especialmente em estudos de ressonância magnética nuclear e em aplicações de espectrometria de massa, como será explicado abaixo.

Experimentos de marcação e detecção de moléculas radiomarcadas. Vai depender da natureza do experimento se os compostos marcados serão detectados por **autorradiografia**, método visual semiquantitativo, ou se a sua radiatividade será medida por um "contador" apropriado, ensaio altamente quantitativo que consegue determinar a quantidade do composto radiomarcado. Em alguns experimentos, ambos os tipos de detecção são usados.

Em um uso da autorradiografia, um tecido, uma célula, ou um constituinte celular é marcado com uma molécula radiativa, o material radiativo não associado é removido em uma etapa de lavagem e a estrutura da amostra é estabilizada por meio de ligações químicas cruzadas com macromoléculas na amostra ("fixação") ou por congelamento. A amostra é então sobreposta a uma emulsão fotográfica sensível à radiação. O desenvolvimento da emulsão resulta na formação de pequenos grânulos de prata cuja distribuição corresponde àquela do material radiativo e é geralmente detectada por microscopia. Estudos autorradiográficos de células inteiras foram cruciais na determinação dos sítios intracelulares nos quais várias macromoléculas são sintetizadas e nos movimentos seguintes dessas macromoléculas dentro das células. Várias técnicas empregando microscopia de fluorescência, descritas no Capítulo 9, suplantaram em grande parte a autorradiografia para estudos desse tipo. Entretanto, a autorradiografia é algumas vezes usada em vários ensaios para a detecção de sequências específicas de DNA e RNA isoladas em localizações específicas de tecidos (ver Capítulo 5) em uma técnica chamada hibridização *in situ*.

Medidas quantitativas da quantidade de radiatividade em um material marcado são realizadas com vários instrumentos diferentes. Um contador Geiger mede os íons produzidos em um gás pelas partículas β ou raios γ emitidos a partir de um radioisótopo. Esses instrumentos são em sua maioria dispositivos portáteis usados para monitorar a radiatividade no laboratório e proteger os pesquisadores da exposição excessiva ao material radiativo. Em um contador de cintilação, uma amostra radiomarcada é misturada a um líquido contendo um composto fluorescente que emite um *flash* de luz quando absorve a energia emitida pelas partículas β ou raios γ liberados pelo decaimento do radioisótopo; um fototubo no instrumento detecta e conta esses flashes luminosos. Os *phosphorimagers* são utilizados na detecção de compostos radiativos em uma superfície e armazenam dados digitais do número de decaimentos, em desintegrações por minuto, por pequenos pixels na área da superfície. Esses instrumentos, que podem ser considerados um tipo de filme eletrônico reutilizável, são comumente utilizados para quantificar as moléculas radiativas separadas por eletroforese em gel e estão substituindo as emulsões fotográficas.

Normalmente, uma combinação de técnicas de marcação e bioquímicas com métodos de detecção visual e quantitativa é empregada nos experimentos de marcação. Por exemplo, para identificar as principais proteínas sintetizadas por um tipo celular específico, uma amostra de células é incubada com aminoácido radiativo (p. ex., [^{35}S] metionina) por alguns minutos, durante os quais o aminoácido marcado penetra nas células e se mistura com a população celular de aminoácidos não marcados, e alguns dos aminoácidos marcados são incorporados biossinteticamente nas proteínas recém-sintetizadas. Os aminoácidos radiativos não incorporados pelas células são depois removidos. As células são coletadas; a mistura de proteínas celulares é extraída das células (p. ex., com solução detergente) e então separada por qualquer um dos métodos comumente usados para resolver misturas proteicas complexas em componentes individuais. A eletroforese em gel em combinação com a autorradiografia ou a análise com *phosphorimager* é frequentemente o método preferencial. As bandas radiativas no gel correspondem a proteínas recém-sintetizadas, que incorporaram os aminoácidos radiativos. Com o propósito de detectar uma proteína específica de interesse em vez do conjunto completo de proteínas radiomarcadas biossinteticamente, pode ser usado um anticorpo específico para a proteína de interesse a fim de precipitar a proteína dos outros componentes da amostra (imunoprecipitação). O precipitado é então solubilizado sob condições desnaturantes, por exemplo, em um tampão contendo SDS, para separar o anticorpo da proteína, e a amostra é analisada por SDS-PAGE seguida de autorradiografia. Nesse tipo de experimento, um composto fluorescente ativado por radiatividade ("cintilador") pode ser infundido no gel após a separação eletroforética de tal forma que a luz emitida pode ser usada para detectar a presença da proteína marcada, por um filme ou de um detector eletrônico bidimensional. Esse método é particularmente útil para emissores β fracos como ^{3}H.

Experimentos de "**pulso e captura**" são particularmente importantes para monitorar alterações na localização intracelular de proteínas ou para monitorar a transformação de uma proteína ou metabólito em outro com o passar do tempo. Neste protocolo experimental, uma amostra celular é exposta a um composto radiativamente marcado que pode ser incorporado ou de outra forma associado à molécula de interesse – o "pulso" – por um breve período. O pulso termina quando as moléculas radiativas não incorporadas são lavadas e as células são expostas a um vasto excesso do composto correspondente não marcado, com o propósito de diluir a radiatividade de qualquer composto radiativo não incorporado remanescente. Esse procedimento impede qualquer incorporação adicional de quantidades significativas de radiomarcador após o período de "pulso", dando início ao período de "captura" (Figura 3-40). Amostras obtidas periodicamente durante o período de captura são testadas para determinar a localização ou forma química do radiomarcador como uma função do tempo. Frequentemente, experimentos de pulso e captura nos quais a proteína é detectada por autorradiografia após imunoprecipitação e SDS-PAGE são usados para seguir a taxa de síntese, modificação e degradação de proteínas adicionando precursores de aminoácidos radiativos durante o pulso e então detectando as quantidades e características da proteína radiativa durante a captura. É possível, portanto, observar modificações pós-sintéticas da proteína que alteram a mobilidade eletroforética e a taxa de degradação de uma proteína específica, detectada como a perda de sinal com o aumento do tempo do período de captura. Um uso clássico da técnica de pulso e captura foi nos estudos que elucidaram a via percorrida pelas proteínas secretadas desde o seu sítio de síntese no retículo endoplasmático até a superfície celular (ver Capítulo 14).

A espectrometria de massa determina a massa e a sequência das proteínas

A espectrometria de massa (MS) é uma técnica poderosa para a caracterização de proteínas, especialmente para a determinação da massa de uma proteína ou fragmentos de uma proteína. De posse de tal informação, é possível determinar parte ou até mesmo toda a sequência de uma proteína. Esse método permite a determinação direta e altamente exata da razão da massa (m) de uma molécula carregada (íon molecular) pela sua carga (z), ou m/z. Diferentes técnicas são então usadas para deduzir a massa absoluta do íon molecular. Existem quatro características-chave de todos os espectrômetros de massa. A primeira é a fonte de ionização, a partir da qual cargas, geralmente na forma de prótons, são transferidas às moléculas peptídicas ou proteicas. A formação desses íons ocorre na presença de um forte campo elétrico que então direciona os íons moleculares carregados para um segundo componente-chave, o analisador de massa. O analisador de massa, sempre localizado em uma câmara de alto vácuo, separa fisicamente os

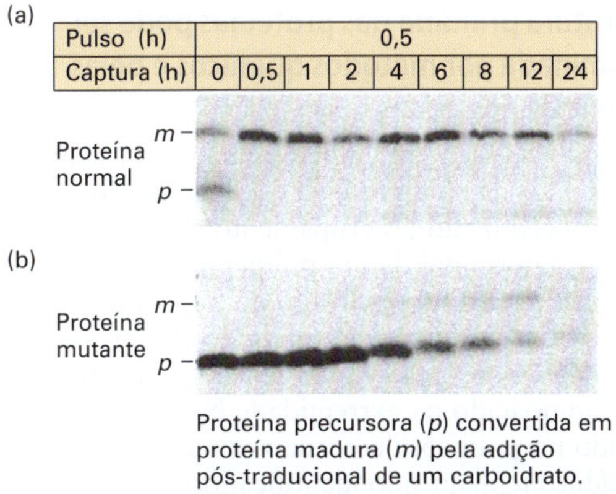

FIGURA EXPERIMENTAL 3-40 Experimentos de pulso e captura podem monitorar a modificação de uma proteína ou o movimento proteico nas células. (a) Para determinar o destino celular de uma proteína específica recém-sintetizada, células foram incubadas com [^{35}S] metionina por 0,5 h (o pulso) para marcar todas as proteínas recém-sintetizadas, e o aminoácido radiativo não incorporado nas células foi então lavado. As células foram incubadas uma vez mais (a captura) por tempos variáveis até 24 horas, e amostras em cada tempo de captura foram submetidas à imunoprecipitação para isolar uma proteína específica (neste caso, o receptor de lipoproteínas de baixa densidade). SDS-PAGE dos imunoprecipitados seguida de autorradiografia permitiu a visualização de uma proteína específica, sintetizada inicialmente como um pequeno precursor (*p*) e então rapidamente modificada em uma forma madura maior (*m*) pela adição de carboidratos. Cerca de metade das proteínas marcadas foi convertida de *p* em *m* durante o pulso; o restante foi convertido após 0,5 horas de captura. A proteína permanece estável por 6-8 horas antes de começar a ser degradada (indicado pela intensidade reduzida da banda). (b) O mesmo experimento foi realizado em células nas quais uma forma mutante da proteína foi produzida. A forma mutante *p* não pode ser convertida apropriadamente na forma *m*, e ela é degradada mais rapidamente que a proteína normal. (Adaptada de K; F. Kozarsky, H. A. Brush, e M. Krieger, 1986, *J. Cell Biol.* **102**(5):1567-1575.)

íons com base nas suas razões massa/carga (*m/z*) diferentes. Os íons separados por massa são em seguida direcionados para colidir com um detector, o terceiro componente-chave, que fornece uma medida das abundâncias relativas de cada um dos íons na amostra. O quarto componente essencial é um sistema de dados computadorizado usado para: calibrar o instrumento; adquirir, armazenar e processar os dados resultantes; e, frequentemente, comandar o instrumento automaticamente para, com base nas observações iniciais, coletar dados específicos adicionais a partir da amostra. Esse tipo de retroalimentação automática é usada nos métodos de sequenciamento de peptídeos por *tandem* MS (MS/MS) descritos a seguir.

Os dois métodos mais frequentemente usados para gerar íons de proteínas e fragmentos proteicos são (1) ionização e associação a *laser* assistidas por matriz (MALDI) e (2) ionização por *electrospray* (ES). No MALDI (Figura 3-41), a amostra de peptídeos ou proteínas é misturada com um ácido orgânico de baixo peso molecular capaz de absorver luz ultravioleta (a matriz) e então evaporada sobre um alvo metálico. A energia proveniente do *laser* ioniza e vaporiza a amostra, produzindo íons moleculares carregados com uma única carga a partir das moléculas constituintes. No ES (Figura 3-42a), a amostra dos peptídeos ou proteínas em solução, ao atravessar um estreito capilar à pressão atmosférica, é convertida em fina névoa de pequenas gotículas. As gotículas são formadas na presença de um forte campo elétrico, tornando-as altamente carregadas. As gotículas evaporam no seu curto voo (mm) até a entrada do analisador do espectrômetro de massa, formando íons com cargas múltiplas a partir dos peptídeos e das proteínas. Os íons gasosos são conduzidos até a região do analisador do MS, onde são acelerados por campos elétricos e separados pelo analisador de massa com base na sua razão m/z.

Os dois analisadores de massa mais frequentemente usados são os instrumentos de tempo de voo (TOF, do inglês *time-of-flight*) e as capturas de íons (*ion traps*). Os instrumentos TOF exploram o fato de o tempo que um íon leva para passar pela extensão do analisador antes de chegar ao detector ser proporcional à raiz quadrada da razão *m/z* (íons menores se movem mais rápido que íons maiores com a mesma carga; ver Figura 3-41). Nos analisadores do tipo captura de íons, campos elétricos ajustáveis são usados para capturar íons com razão *m/z* específica e transferir sequencialmente os íons capturados do analisador para o detector (ver Figura 3-42a). Por meio da variação do campo elétrico, íons com um amplo espectro de valores de razão *m/z* podem ser examinados individualmente, produzindo um espectro de massas, ou seja, um gráfico de *m/z* (eixo x) *versus* abundância relativa (eixo y) (Figura 3-42b, *painel superior*).

Em instrumentos do tipo MS/MS ou sequenciais, qualquer íon parental do espectro de massas original (Figura 3-42b, painel superior) pode ser selecionado de acordo com sua massa, fragmentado em íons menores pela colisão desse íon com moléculas de um gás inerte, e então a razão *m/z* e abundâncias relativas dos íons-fragmento resultantes são medidas (Figura 3-42b, *painel inferior*), tudo isso dentro do mesmo instrumento em cerca de 0,1 s por íon parental selecionado. Esse segundo ciclo de fragmentação e análise permite que sequências de pequenos peptídeos (< 25 aminoácidos) sejam determinadas, pois a fragmentação por colisão ocorre principalmente nas ligações peptídicas; portanto, as diferenças em massa entre íons correspondem às massas intracadeia de aminoácidos individuais, possibilitando, junto com a informação de sequências disponíveis em bancos de dados, a dedução da sequência de aminoácidos (Figura 3-42b, *painel inferior*).

A espectrometria de massa é muito sensível, capaz de detectar 1×10^{-16} mol (100 atomols) de um peptídeo ou 10×10^{-15} mol (10 femtomols) de uma proteína de 200.000 MW. Erros na exatidão da medida da massa são dependentes do analisador de massas específico usado, mas são geralmente ~0,01% para peptídeos e 0,05 a 0,1% para proteínas. Como descrito adiante na Seção 3.6, é possível usar a espectrometria de massa para analisar misturas complexas de proteínas assim como proteínas purificadas. Mais comumente, amostras de proteínas são digeridas por proteases, e os produtos de digestão peptídicos são sujeitos à análise. Uma aplicação especialmente poderosa da espectrometria de massa consiste em obter uma mistura complexa de proteínas de um espécime biológico, digeri-la com tripsina ou outras proteases, separar parcialmente os componentes usando cromatogra-

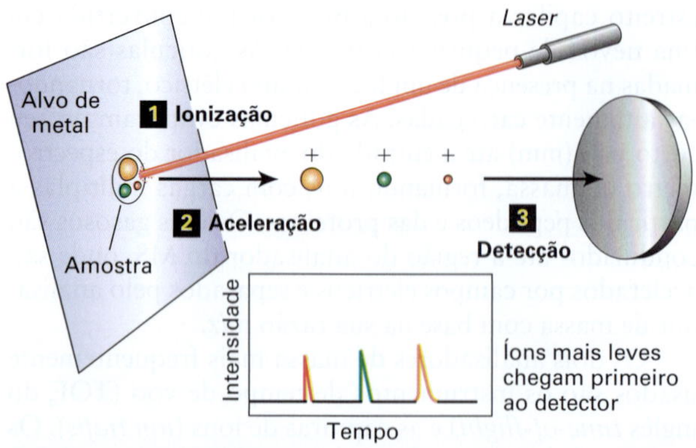

FIGURA EXPERIMENTAL 3-41 O peso molecular pode ser determinado por espectrometria de massa pelo método de ionização e dissociação a *laser* assistidas por matriz por tempo de voo (MALDI-TOF). Em um espectrômetro de massa do tipo MALDI-TOF, os pulsos de luz de um *laser* ionizam uma mistura de proteínas ou peptídeos que é adsorvida em um alvo metálico (etapa 1). Um campo elétrico acelera os íons na amostra em direção ao detector (etapas 2 e 3). O tempo gasto até alcançarem o detector é inversamente proporcional à raiz quadrada da razão massa/carga (*m/z*) do íon. Para íons de carga igual, os íons menores movem-se mais rapidamente (menor tempo até o detector). O peso molecular é calculado usando o tempo de percurso de um padrão.

fia líquida (LC) e, então, transferir a solução eluída da coluna cromatográfica diretamente em um espectrômetro de massa do tipo ES sequencial. Essa técnica, denominada LC-MS/MS, possibilita a análise praticamente contínua de misturas muito complexas de proteínas.

As abundâncias dos íons determinadas por espectrometria de massa em determinada amostra correspondem a valores relativos e não absolutos. Dessa forma, se quisermos usar a espectrometria de massa para comparar as quantidades de uma proteína em particular em duas amostras diferentes (p. ex., de organismo normal *versus* mutante), é necessário ter um padrão interno nas amostras cuja quantidade não difira entre as duas amostras. É possível então determinar as quantidades da proteína de interesse com relação às do padrão em cada amostra. Isso possibilita que os níveis da proteína sejam comparados entre as amostras de forma quantitativa. Uma abordagem alternativa envolve a comparação simultânea das quantidades das proteínas a partir de duas amostras de tecido ou células misturadas em conjunto. Para fazer isso, os pesquisadores inicialmente incubam uma das amostras com aminoácidos contendo átomos de isótopo "pesado". Esses são incorporados biossinteticamente em todas as proteínas de uma das amostras. Em seguida, as proteínas das duas amostras são misturadas e analisadas por espectrometria de massa. As proteínas e os peptídeos derivados da amostra "pesada" podem ser distinguidos no espectrômetro de massa daquelas da outra amostra, a "leve", devido às massas superiores. Assim, uma comparação direta das quantidades relativas de cada proteína em cada amostra pode ser feita. Quando as amostras são células cultivadas em laboratório, o método é denominado marcação isotópica estável com aminoácidos em cultura celular (SILAC, do inglês *stable isotope labeling with amino acids in cell culture*).

A estrutura primária das proteínas pode ser determinada por métodos químicos e pelas sequências dos genes

O método clássico para a determinação da sequência de aminoácidos de uma proteína é a degradação de Edman. Neste procedimento, o grupamento amino livre do aminoácido N-terminal de um polipeptídeo é marcado, e o aminoácido marcado é clivado do polipeptídeo e identificado por cromatografia líquida de alta pressão. O polipeptídeo é deixado com um resíduo a menos, com um novo aminoácido na extremidade N-terminal. O ciclo é repetido no polipeptídeo cada vez menor até que todos os resíduos tenham sido identificados.

Antes de meados de 1985, os biólogos comumente usavam o procedimento químico de Edman para a determinação das sequências das proteínas. Agora, entretanto, as sequências completas das proteínas geralmente são determinadas primordialmente pela análise das sequências genômicas. Os genomas completos de vários organismos já foram sequenciados, e o banco de dados das sequências do genoma humano e de numerosos organismos-modelo está expandindo rapidamente. Como discutido no Capítulo 5, as sequências de proteínas podem ser deduzidas a partir das sequências de DNA que as codificam.

Uma abordagem poderosa para a determinação da estrutura primária de uma proteína isolada combina espectrometria de massa e o uso de bancos de dados de sequências. Primeiro, a "impressão digital de massas" dos peptídeos de uma proteína é obtida por espectrometria de massa. Uma *impressão digital de massas peptídica* é uma lista de massas moleculares de peptídeos que são gerados a partir de uma proteína pela digestão com uma protease específica, tal como a tripsina. As massas moleculares da proteína parental e seus fragmentos proteolíticos são então usados para buscar em bancos de dados genômicos por qualquer proteína de tamanho similar com mapas de massa peptídica idênticos ou semelhantes. A espectrometria de massa também pode ser usada para sequenciar peptídeos diretamente usando MS/MS, como descrito anteriormente.

A conformação proteica é determinada por métodos físicos sofisticados

Neste capítulo, foi enfatizado que a função das proteínas depende de sua estrutura. Portanto, para compreender como funciona uma proteína, sua estrutura tridimensional deve ser conhecida. A determinação da conformação de uma proteína requer métodos físicos sofisticados e análises complexas dos dados experimentais. A seguir, serão descritos brevemente três métodos utilizados para gerar modelos tridimensionais de proteínas.

Cristalografia por raios X. O uso da **cristalografia por raios X** para determinar a estrutura tridimensional das proteínas foi iniciado por Max Perutz e John Kendrew na década de 1950. Nesta técnica, os raios X passam através de um cristal de proteína, no qual milhões de moléculas proteicas estão precisamente alinhadas em um arranjo rígido, característico da proteína. Os comprimentos de onda dos raios X são de 0,1 a 0,2 nm, suficientemente curtos

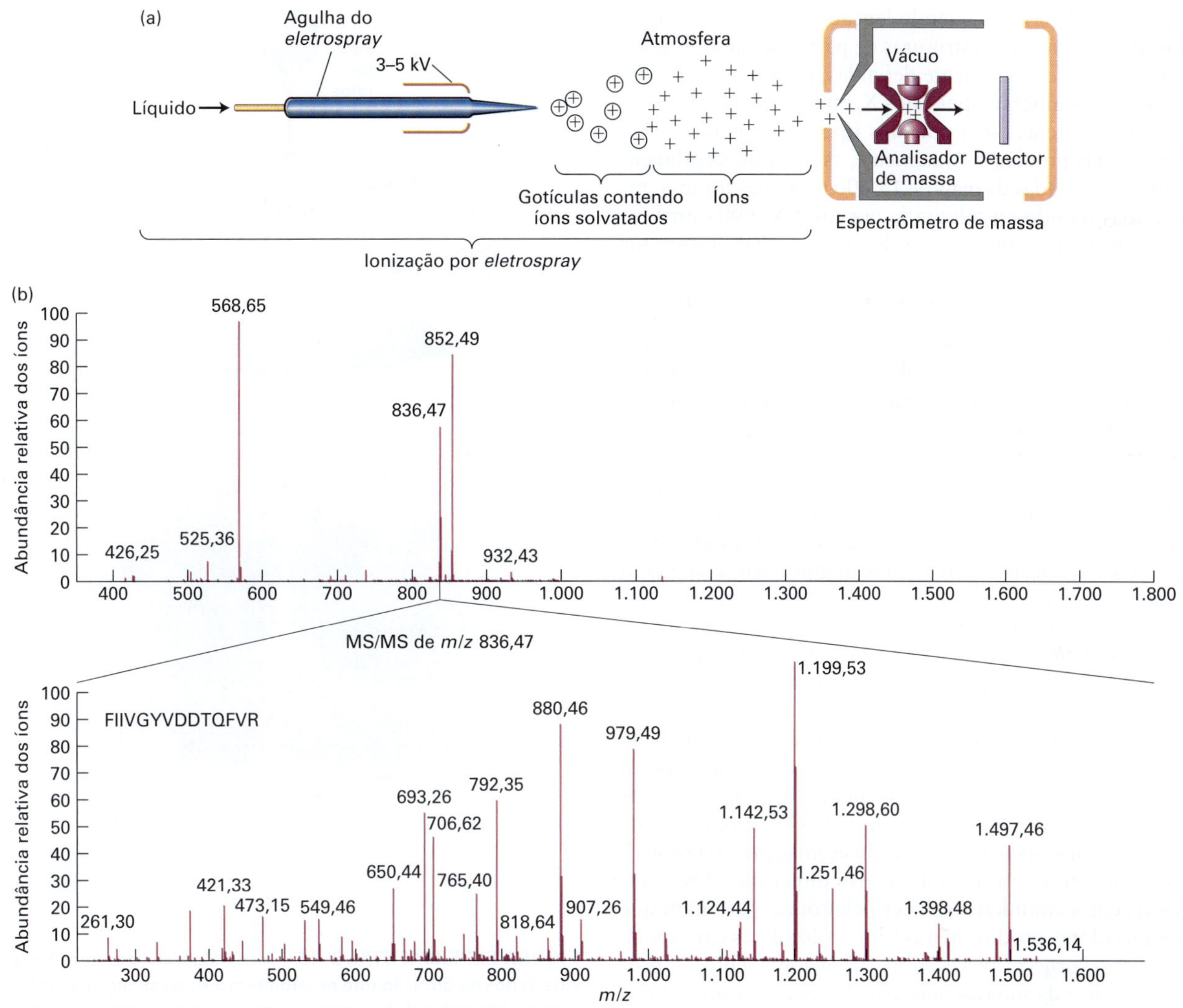

FIGURA EXPERIMENTAL 3-42 A massa molecular de proteínas e peptídeos pode ser determinada por espectrometria de massa pelo método de ionização por *eletrospray*. (a) A ionização por *eletrospray* (ES) converte proteínas e peptídeos presentes em uma solução em íons gasosos altamente carregados através da passagem da solução por uma agulha submetida a uma alta voltagem, formando gotículas carregadas. A evaporação do solvente produz íons gasosos que entram no espectrômetro de massa. Os íons são analisados por um analisador de massa com captura iônica que então direciona os íons para o detector. (b) *Painel superior*: o espectro de massa de uma mistura de três peptídeos majoritários e vários minoritários é apresentado como abundância relativa dos íons que colidem com o detector (eixo y) como uma função da razão massa/carga (*m/z*) (eixo x). *Painel inferior*: em um instrumento MS/MS como a captura de íons mostrada na parte (a), um íon peptídico específico pode ser selecionado para fragmentação em íons menores que são então analisados e detectados. O espectro MS/MS (também denominado espectro dos íons-produto) fornece informação estrutural detalhada sobre o íon parental, incluindo informação de sequência para peptídeos. Neste exemplo, o íon com um *m/z* de 836,47 foi selecionado e fragmentado e o espectro de massa *m/z* dos íons-produto foi medido. Observe que o íon com *m/z* de 836,47 não é mais encontrado nesse espectro, pois o mesmo foi fragmentado. Com base nos tamanhos variáveis dos íons-produto, no fato de que nestes experimentos as ligações peptídicas são muitas vezes rompidas, nos valores conhecidos de fragmentos de aminoácidos individuais, e na informação proveniente de bancos de dados, torna-se possível deduzir a sequência do peptídeo, FIIVGYVDDTQFVR. (Parte (a) com base na figura de S. Carr; parte (b), dados não publicados de S. Carr.)

para determinar as posições dos átomos individuais na proteína. Os elétrons nos átomos do cristal dispersam os raios X que, então, produzem um padrão de difração de pontos separados, quando interceptados por filme fotográfico ou detector eletrônico (Figura 3-43). Esses padrões são extremamente complexos – compostos por cerca de 25.000 pontos de difração, ou reflexões, cujas intensidades medidas variam dependendo da distribuição dos elétrons, determinada, por sua vez, pela estrutura atômica e conformação tridimensional da proteína. Devem ser realizados cálculos elaborados e modificações na proteína (como a ligação a metais pesados) para permitir a interpretação do padrão de difração e calcular a distribuição dos elétrons (denominado *mapa de densidade eletrônica*). De posse do mapa de densidade eletrônica tridimensional, realiza-se a "sobreposição" de um modelo molecular da proteína compatível com a densidade eletrônica, e são esses os modelos vistos em vários diagramas de proteínas ao longo deste livro (p. ex., na Figura 3-8). O processo é análogo à reconstrução precisa da forma de uma pedra a partir das ondulações por ela criadas quando lançada em um lago. Ainda que algumas vezes as estruturas de partes de uma proteína não possam ser claramente definidas, pesquisadores, com o uso da cristalografia por raios X, estão determinando sistematicamente as estruturas dos tipos representativas da maioria das proteínas. Atualmente, as estruturas tridimensionais detalhadas de mais de 18.000 proteínas foram estabelecidas usando cristalografia por raios X. Essas estruturas podem ser encontradas no Research Collaboratory for Structural Bioinformatics Protein Data Bank (http://www.rcsb.org/), cada uma com a sua própria entrada PDB.

Microscopia crioeletrônica. Embora algumas proteínas cristalizem prontamente, a obtenção de cristais de outras proteínas – especialmente grandes proteínas com múltiplas subunidades e proteínas associadas a membranas – requer um exaustivo esforço de tentativa e erro, frequentemente assistido por robôs, para encontrar as condições adequadas de cristalização, isso quando essas condições são encontradas. (A obtenção de cristais adequados para estudos estruturais é, ao mesmo tempo, arte e ciência.) Existem muitas formas de determinar as estruturas dessas proteínas de difícil cristalização. Uma delas é a microscopia crioeletrônica. Nesta técnica, uma amostra da proteína é congelada rapidamente em hélio líquido para preservar sua estrutura e, a seguir, é examinada no estado congelado e hidratado no microscópio crioeletrônico. Fotografias da proteína são feitas em vários ângulos e são registradas em filme, usando uma pequena dose de elétrons, para impedir danos à estrutura induzidos pela radiação. Programas de computador sofisticados analisam as imagens e reconstroem a estrutura da proteína nas três dimensões. Os avanços recentes em microscopia crioeletrônica permitem que pesquisadores produzam modelos moleculares capazes de auxiliar a fornecer pistas sobre o funcionamento da proteína. O uso da microscopia crioeletrônica e outros tipos de microscopia eletrônica para visualização de estruturas celulares é discutido no Capítulo 9.

Espectroscopia por RM. A estrutura tridimensional de pequenas proteínas com até cerca de 200 aminoácidos pode ser estudada usando espectroscopia por ressonância magnética nuclear (RM). Abordagens especializadas podem ser usadas para estender a aplicação da técnica para proteínas um pouco maiores. Nesta técnica, uma solução concentrada da proteína é colocada em um campo magnético e os efeitos das diferentes frequências de rádio do *spin* dos diferentes átomos são medidos. O estado de *spin* de cada átomo é influenciado pelos átomos vizinhos nos resíduos adjacentes, e os resíduos mais próximos entre si são mais afetados do que os mais distantes. Pela magnitude do efeito, as distâncias entre os resíduos podem ser calculadas por um processo do tipo triangulação; essas distâncias são então utilizadas para gerar um modelo da estrutura tridimensional da proteína. Uma distinção importante entre a cristalografia por raios X e a espectroscopia de RM é que o primeiro método determina diretamente as localizações dos átomos enquanto o último determina diretamente as distâncias entre os átomos.

Embora a RM não necessite da cristalização da proteína, o que é certamente uma vantagem, essa técnica é limitada a proteínas menores do que 20 kDa. Contudo, a análise por RM pode fornecer informação sobre a capacidade de uma proteína adotar um conjunto de conformações muito próximas, porém não exatamente idênticas, e de oscilar entre essas conformações (dinâmica proteica). Essa é uma característica comum das proteínas, que não são estruturas completamente rígidas, mas "respiram" ou exibem pequenas variações nas posições relativas dos seus átomos constituintes. Em alguns casos, essas variações podem ter significado funcional, por exemplo, no modo de as proteínas se ligarem umas às outras. A análise estrutural por RM tem sido particularmente útil no estudo de domínios proteicos isolados, que muitas vezes podem ser obtidos como estruturas estáveis

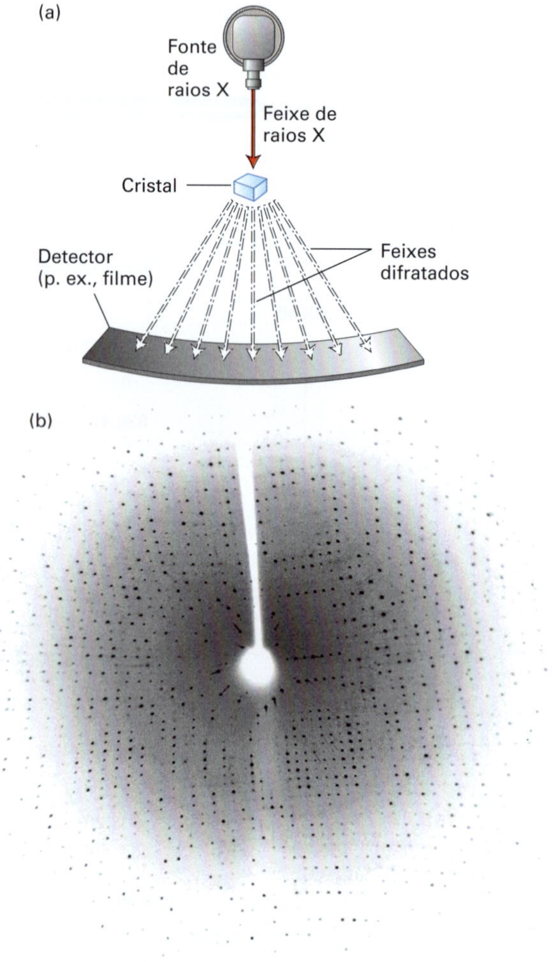

FIGURA EXPERIMENTAL 3-43 A cristalografia por raios X produz dados de difração que possibilitam a determinação da estrutura tridimensional de uma proteína. (a) Componentes básicos da determinação pela cristalografia por raios X. Quando um feixe estreito de raios X atinge um cristal, parte do feixe atravessa o cristal e o restante é distribuído (difratado) em várias direções. A intensidade das ondas difratadas, que forma arranjos periódicos de manchas de difração, é registrada em um filme de raios X ou em um detector eletrônico sólido. (b) Padrão de difração dos raios X de um cristal de topoisomerase coletado em um detector em estado sólido. A partir de análises complexas de padrões como este, pode ser determinada a localização de cada átomo em uma proteína. (Parte (a) adaptada de L. Stryer, 1995, *Biochemistry*, 4th ed., W. H. Freeman e Company, p. 64; parte (b) cortesia de J. Berger.)

e tendem a ser suficientemente pequenos para a aplicação dessa técnica. Atualmente, mais de 5.000 estruturas proteicas determinadas por RM estão disponíveis no Protein Data Bank (http://www.rcsb.org/).

CONCEITOS-CHAVE da Seção 3.5

Purificação, detecção e caracterização de proteínas

- As proteínas podem ser separadas dos outros componentes celulares e de outras proteínas de acordo com as diferenças das suas propriedades físicas e químicas.
- Vários ensaios são usados para detectar e quantificar as proteínas. Alguns ensaios usam uma reação que produz luz para gerar um sinal facilmente detectável. Outros ensaios usam um sinal de coloração amplificado com enzimas e substratos cromogênicos.
- A centrifugação separa as proteínas de acordo com as suas velocidades de sedimentação, influenciadas pela massa e forma das proteínas (ver Figura 3-35).
- A eletroforese em gel separa as proteínas de acordo com as velocidades de deslocamento em um campo elétrico aplicado. A eletroforese em gel de poliacrilamida-SDS (SDS-PAGE) pode resolver cadeias polipeptídicas com diferenças de 10% ou menos no peso molecular (ver Figura 3-36). A eletroforese em gel bidimensional fornece resolução adicional por separar proteínas primeiramente pela carga (primeira dimensão) e depois pela massa (segunda dimensão).
- A cromatografia líquida separa as proteínas de acordo com as velocidades de deslocamento por meio de uma coluna preenchida com pequenas esferas. As proteínas que diferem em massa são resolvidas por colunas de filtração em gel; as que diferem em carga, em colunas de troca iônica; e as que diferem nas propriedades de ligação ao ligante, em colunas de afinidade, incluindo a cromatografia de afinidade baseada em anticorpos (ver Figura 3-38).
- Os anticorpos são reagentes importantes usados para detectar, quantificar e isolar proteínas.
- A imunotransferência, também denominada *Western blotting*, é um método frequentemente usado para estudar proteínas específicas que explora a alta especificidade e sensibilidade da detecção de proteínas por anticorpos e a separação de proteínas com alta resolução da SDS-PAGE (ver Figura 3-39).
- Os isótopos, tanto radiativos quanto não radiativos do tipo "pesado" e "leve", desempenham um papel essencial no estudo das proteínas e outras biomoléculas. Podem ser incorporados em moléculas sem mudar a composição química da molécula ou como um marcador adicional. Podem ser usados para auxiliar a detectar a síntese, a localização, o processamento e a estabilidade das proteínas.
- A autorradiografia é uma técnica semiquantitativa para detecção de moléculas marcadas radiativamente nas células, nos tecidos ou em géis de eletroforese.
- A marcação por pulso e captura pode determinar o destino intracelular das proteínas e outros metabólitos (ver Figura 3-40).
- A espectrometria de massa é um método altamente sensível e preciso de detecção, identificação e caracterização de proteínas e peptídeos.
- A estrutura tridimensional das proteínas é obtida por meio da cristalografia por raios X, microscopia crioeletrônica e espectroscopia por RM. A cristalografia por raios X fornece as estruturas mais detalhadas, mas requer a cristalização da proteína. A microscopia crioeletrônica é mais utilizada em grandes complexos proteicos, difíceis de cristalizar. Apenas proteínas relativamente pequenas são adequadas para análise por RM.

3.6 Proteômica

Na maior parte do século XX, o estudo das proteínas ficou restrito à análise de proteínas individuais. Por exemplo, uma enzima seria estudada por meio da determinação de sua atividade enzimática (substratos, produtos, taxa de reação, necessidade de cofatores, pH, etc.), sua estrutura e seu mecanismo de ação. Em alguns casos, as relações entre as poucas enzimas que participam de uma via metabólica também podiam ser estudadas. Em uma escala mais ampla, a localização e a atividade de uma enzima podiam ser examinadas no contexto de uma célula ou tecido. Os efeitos de mutações, doenças ou fármacos na expressão e na atividade da enzima também podiam ser tema de pesquisa. Essa abordagem multifacetada fornecia informações aprofundadas a respeito da função e dos mecanismos de ação de proteínas individuais ou de um número relativamente pequeno de proteínas interativas. Entretanto, essa abordagem individual para estudar as proteínas não fornece uma perspectiva global do que acontece no proteoma de uma célula, um tecido ou um organismo inteiro.

A proteômica é o estudo de todas ou de um subgrupo das proteínas em um sistema biológico

O advento da genômica (sequenciamento do DNA genômico e suas tecnologia associadas, como análise simultânea dos níveis de todos os mRNAs nas células e nos tecidos) claramente mostrou que uma abordagem global, ou sistêmica, na biologia poderia fornecer perspectivas únicas e de grande valor. Muitos cientistas reconheceram que uma análise global das proteínas nos sistemas biológicos tinha o potencial de oferecer contribuições igualmente valiosas para o nosso entendimento desses sistemas. Portanto, um novo campo de estudo foi originado – a **proteômica**. A proteômica é o estudo sistemático das quantidades, modificações, interações, localizações e funções de todas as proteínas, ou de subconjuntos de proteínas, em nível de organismos inteiros, tecidos, células e componentes subcelulares.

Uma série de questões gerais é considerada em estudos proteômicos:

- Em determinada amostra (organismo inteiro, tecido, célula, compartimento subcelular), qual fração do proteoma completo é expressa (ou seja, quais proteínas estão presentes)?

- Quais são as abundâncias relativas das proteínas presentes na amostra?
- Quais são as quantidades relativas das diferentes formas de processamento e formas modificadas quimicamente (p. ex., fosforiladas, metiladas, aciladas com ácidos graxos) das proteínas?
- Quais proteínas estão presentes em grandes complexos multiproteicos, e quais proteínas estão presentes em cada um desses complexos? Quais são as funções desses complexos e como eles interagem?
- Quando o estado de uma célula muda (p. ex., velocidade de crescimento, estágio do ciclo celular, diferenciação, nível de estresse), as proteínas presentes na célula ou secretadas pela célula mudam de alguma maneira característica (tipo *impressão digital*)? Quais proteínas mudam e como mudam (quantidades relativas, modificações, formas de processamento, etc.)? (Esta é uma forma de *perfil de expressão proteica* que complementa o *perfil transcricional (mRNA)* discutido no Capítulo 7.)
- Essas mudanças do tipo impressão digital podem ser usadas com propósito de diagnóstico? Por exemplo, certos tipos de câncer ou doenças cardíacas causam mudanças características nas proteínas do sangue? A impressão digital proteômica pode auxiliar a determinar se um dado câncer é resistente ou sensível a um fármaco quimioterápico em particular? Impressões digitais proteômicas também podem ser o ponto de início para estudos sobre os mecanismos subjacentes à mudança de estado. Proteínas (e outras biomoléculas) que apresentam mudanças que servem para diagnosticar um estado particular são denominadas *biomarcadores*.
- As mudanças no proteoma podem auxiliar a definir os alvos para fármacos ou sugerir mecanismos pelos quais um fármaco induz efeitos colaterais tóxicos? Caso positivo, é possível projetar versões modificadas do fármaco com menos efeitos colaterais?

Essas são apenas algumas das questões que podem ser consideradas usando a proteômica. Os métodos usados para responder a essas questões são tão diversificados quanto as próprias questões, e seu número está crescendo rapidamente.

Técnicas avançadas em espectrometria de massa são cruciais na análise proteômica

Avanços nas tecnologias proteômicas (p. ex., na espectrometria de massa) afetam profundamente os tipos de questões que podem ser estudados na prática. Por muitos anos, a eletroforese em gel bidimensional possibilita aos pesquisadores separar, apresentar e caracterizar uma mistura complexa de proteínas (ver Figura 3-37). As bandas em um gel bidimensional podem ser excisadas, as proteínas fragmentadas por proteólise (p. ex., digestão tríptica), e os fragmentos identificados por espectometria de massa. Uma alternativa a esse método do gel bidimensional é o *LC-MS/MS de alto desempenho*. A Figura 3-44 delineia a abordagem geral do LC-MS/MS, na qual uma mistura complexa de proteínas é digerida com uma protease; a miríade de peptídeos resultantes é fracionada por LC em múltiplas frações menos complexas, lenta e continuamente injetadas por ionização por *eletrospray* em um espectrômetro de massa sequencial. Então, as frações são submetidas sequencialmente a múltiplos ciclos de MS/MS até que as sequências de muitos dos peptídeos sejam determinadas e usadas para identificar a partir de bancos de dados as proteínas na amostra biológica original.

Um exemplo do uso do LC-MS/MS para identificar muitas das proteínas em cada organela é visto na Figura 3-45. As células de tecido hepático murino (camundongo) foram mecanicamente rompidas para liberar as organelas, e as organelas foram parcialmente separadas por centrifugação por gradiente de densidade. As localizações das organelas no gradiente foram determinadas usando imunotransferência com anticorpos que reconhecem proteínas organela-específicas previamente identificadas. Frações do gradiente foram submetidas ao LC-MS/MS para identificar as proteínas em cada fração, e as distribuições no gradiente de muitas proteínas individuais foram comparadas com as distribuições de organelas. Isso permitiu atribuir muitas proteínas individuais a uma ou mais organelas (perfil proteômico de organelas). Mais recentemente, uma combinação de purificação de organelas, espectrometria de massa, localização bioquímica e métodos computacionais tem sido usada para mostrar que pelo menos 1.000 proteínas distintas estão localizadas nas mitocôndrias dos humanos e camundongos.

A proteômica combinada com métodos de genética molecular está atualmente sendo usada para identificar todos os complexos proteicos em uma célula eucariótica, a levedura *Saccharomyces cerevisiae*. Aproximadamente 500 complexos foram identificados, com média de 4,9 proteínas distintas por complexo, envolvidos, por sua vez, em pelo menos 400 interações entre complexos. Esses es-

CONCEITOS-CHAVE da Seção 3.6

Proteômica

- A proteômica é o estudo sistemático das quantidades (e mudanças nas quantidades), modificações, interações, localizações e funções de todas as proteínas ou de subgrupos de proteínas em sistemas biológicos nos níveis subcelular, celular, tecidual e de organismo inteiro.
- A proteômica fornece novas perspectivas sobre a organização fundamental das proteínas dentro das células e de como essa organização é influenciada pelo estado da célula (p. ex., diferenciação em tipos celulares distintos; resposta a estresse, doenças ou fármacos).
- Uma ampla variedade de métodos é usada em análises proteômicas, incluindo eletroforese em gel bidimensional, centrifugação por gradiente de densidade e espectroscopia de massa (MALDI-TOF a LC-MS/MS).
- A proteômica auxilia no início da identificação dos proteomas das organelas ("perfil proteômico de organelas") e na determinação da organização das proteínas individuais em complexos multiproteicos que interagem em uma rede complexa para dar suporte à vida e à função celular (ver Figura 3-45).

RECURSO DE MÍDIA: Uso da espectrometria de massa em biologia celular

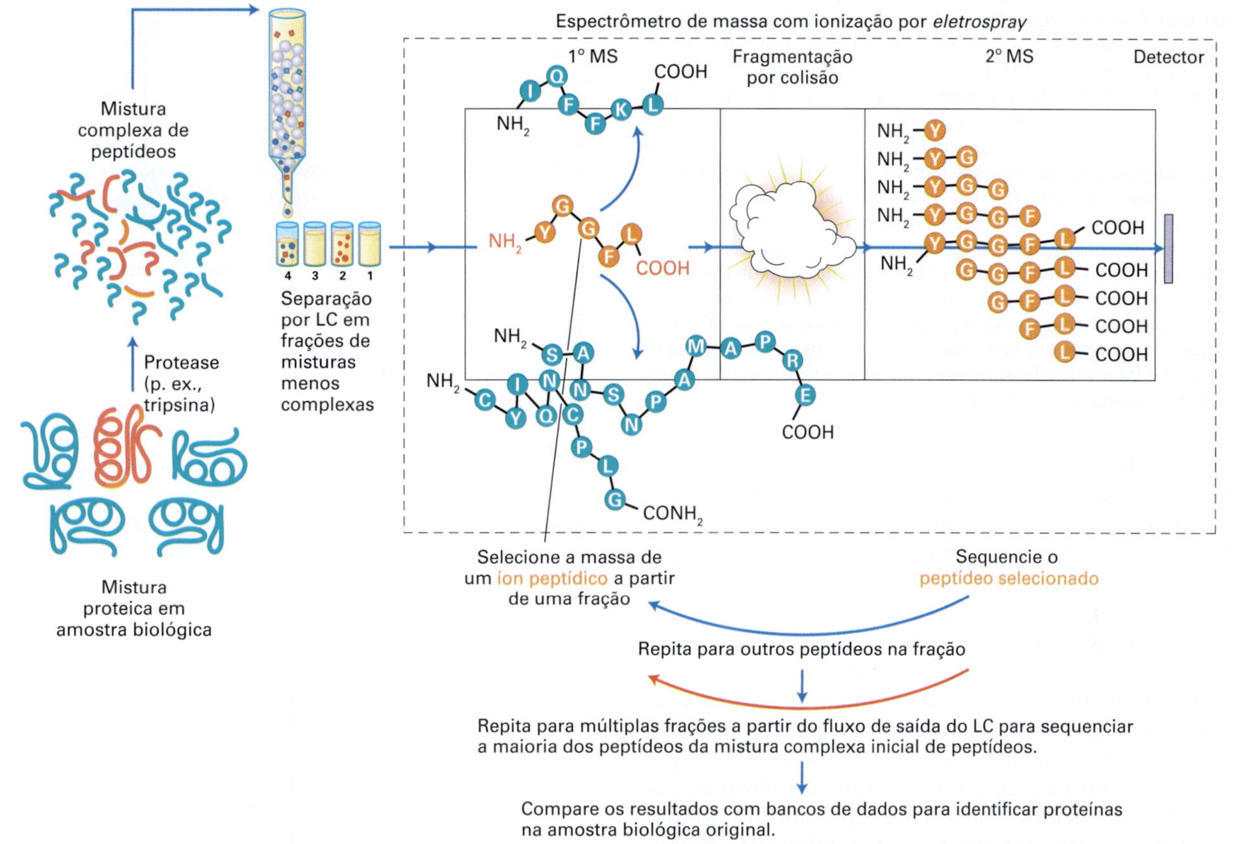

FIGURA EXPERIMENTAL 3-44 A técnica de LC-MS/MS é usada para identificar as proteínas em uma amostra biológica complexa. (a) Uma mistura complexa de proteínas em uma amostra biológica (p. ex., preparação isolada de aparelhos de Golgi) é digerida com uma protease; a mistura de peptídeos resultantes é fracionada por cromatografia líquida (LC) em múltiplas frações menos complexas, que são lentas mas continuamente injetadas por ionização por *eletrospray* em um espectrômetro de massa sequencial. Em seguida, as frações são submetidas a múltiplos ciclos de MS/MS, até que as massas e as sequências de muitos dos peptídeos são determinadas e usadas para identificar as proteínas na amostra biológica original por meio da comparação com bancos de dados de proteínas. (Com base na figura fornecida por S. Carr.)

tudos proteômicos sistemáticos estão fornecendo novas perspectivas a respeito da organização das proteínas dentro das células e de como as proteínas operam em conjunto para possibilitar que as células vivam e funcionem.

Perspectivas

A impressionante expansão da capacidade de análise dos computadores é fundamental para o avanço na determinação da estrutura tridimensional das proteínas. Por exemplo, computadores que utilizavam cartões perfurados foram usados para resolver as primeiras estruturas proteicas com base na cristalografia por raios X, processo que na época demorou anos para ser concluído, mas que atualmente pode ser realizado em dias e, em alguns casos, em horas. No futuro, pesquisadores pretendem deduzir as estruturas proteicas apenas com base na sequência de aminoácidos obtida a partir dos genes. Esse desafio exige supercomputadores ou grandes associações de computadores trabalhando em sincronia. Atualmente, apenas a estrutura de pequenos domínios, com no máximo 100 resíduos, pode ser resolvida com baixa resolução. Contudo, os contínuos desenvolvimentos na computação e na modelagem do enovelamento de proteínas, combinado aos enormes esforços para resolver as estruturas de todos os motivos de proteínas por meio de cristalografia por raios X, permitirão prever a estrutura de proteínas maiores. Com a expansão exponencial de dados dos motivos, dos domínios e das proteínas estruturalmente definidas, pesquisadores serão capazes de identificar motivos de proteínas desconhecidas, ajustar o motivo à sequência e utilizar esse dado como ponto de partida para determinar a estrutura tridimensional total da proteína.

Novas abordagens combinadas também irão auxiliar na determinação com alta resolução de estruturas de máquinas moleculares. Embora esses enormes arranjos macromoleculares sejam, normalmente, difíceis de cristalizar e, portanto, de ter sua estrutura determinada por cristalografia por raios X, é possível visualizá-los com o uso da microscopia crioeletrônica a temperaturas de hélio líquido e alta energia eletrônica. A estrutura tridimensional do complexo pode ser construída a partir de

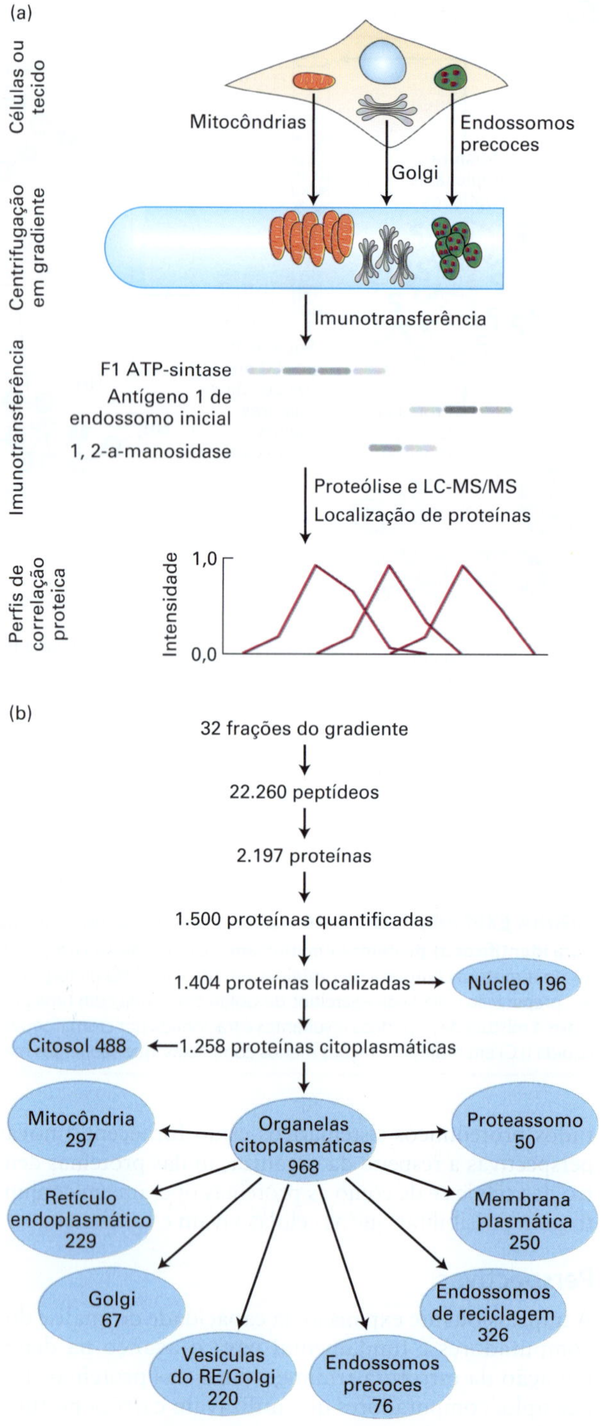

FIGURA EXPERIMENTAL 3-45 A centrifugação em gradiente de densidade e o LC-MS/MS podem ser usados para identificar muitas das proteínas nas organelas. (a) As células do tecido hepático foram rompidas mecanicamente para liberar as organelas, e as organelas foram parcialmente separadas por centrifugação em gradiente de densidade. As localizações das organelas – distribuídas ao longo do gradiente e sobrepostas em parte umas com as outras – foram determinadas usando imunotransferência com anticorpos que reconhecem proteínas organela-específicas previamente identificadas. Frações dos gradientes foram submetidas a proteólise e LC-MS/MS para identificar os peptídeos e, consequentemente, as proteínas, em cada fração. Comparações com as localizações das organelas no gradiente (denominadas perfis de correlações proteicas) possibilitam a atribuição de muitas proteínas individuais a uma ou mais organelas (identificação proteômica de organelas). (b) Decomposição hierárquica dos dados derivados de procedimentos na parte (a). Observe que nem todas as proteínas identificadas puderam ser atribuídas a organelas e algumas proteínas foram atribuídas a mais de uma organela. (De L. J. Foster et al., 2006, *Cell* **125**(1):187-199.)

milhões de partículas isoladas, cada uma representando uma imagem aleatória do complexo proteico. Como as subunidades do complexo podem ser resolvidas por cristalografia, um modelo composto, consistindo nas estruturas obtidas por raios X, combinadas ao modelo obtido por microscopia eletrônica, pode ser produzido.

Métodos para a rápida determinação da estrutura combinados com a identificação de novos substratos e inibidores irão auxiliar a determinar as estruturas de complexos enzima-substrato e os estados de transição e, portanto, fornecer informações detalhadas com respeito aos mecanismos de catálise enzimática. Proteínas de membrana, devido ao ambiente especializado no qual residem e a suas características de solubilidade, permanecem desafiadoras, ainda que o progresso nessa área esteja se acelerando.

Ainda que o nosso entendimento da estrutura e atividade das chaperonas continue a crescer exponencialmente, uma série de questões cruciais permanece um mistério. Não se compreende precisamente como as células distinguem as proteínas desnaturadas ou mal-enoveladas das proteínas enoveladas apropriadamente. Claramente, a exposição de cadeias laterais hidrofóbicas desempenha um papel importante, mas quais são os outros determinantes desse processo de reconhecimento essencial? Como é feita a decisão de mudar de um estado de tentativa de enovelamento para o de degradação?

Espera-se que o desenvolvimento rápido de novas tecnologias auxilie na solução de alguns problemas ainda marcantes na proteômica. Está se tornando possível identificar e caracterizar proteínas intactas tão grandes quanto 30-70 kDa em misturas complexas usando técnicas de espectrometria de massa sem primeiramente digerir as amostras em peptídeos – método denominado abordagem *top-down*, contrário ao método no qual se inicia a análise com fragmentos da proteína (abordagem *bottom-up*). Um problema persistente na análise proteômica de misturas complexas é a dificuldade de detectar e identificar fragmentos proteicos cujas concentrações na amostra difiram por mais de 1.000 vezes: algumas amostras, como o plasma sanguíneo, contêm proteínas cujas concentrações variam em mais de 10^{11} vezes. A análise rotineira de espécimes com essas variações de concentrações deve melhorar drasticamente o valor diagnóstico e mecanístico da proteômica de plasma sanguíneo.

Termos-chave

alosteria 88
autorradiografia 101
centrifugação zonal 93
chaperona 72
conformação 59
cooperatividade 88
cristalografia por raios X 104

Revisão dos conceitos

1. A estrutura tridimensional de uma proteína é determinada por suas estruturas primária, secundária e terciária. Defina estruturas *primária*, *secundária* e *terciária*. Quais são as estruturas secundárias mais comuns? Quais forças mantêm as estruturas secundárias e terciárias?
2. O enovelamento correto das proteínas é fundamental para sua atividade biológica. Em geral, a conformação funcional de uma proteína é a conformação com menor energia. Isso significa que, se permitirmos que uma proteína desnaturada chegue ao equilíbrio, ela deveria se enovelar automaticamente no seu estado nativo, enovelado e funcional. Por que então as chaperonas e as chaperoninas são necessárias nas células? Quais os diferentes papéis desempenhados pelas chaperonas moleculares e pelas chaperoninas no enovelamento das proteínas?
3. As enzimas catalisam reações químicas. O que constitui o sítio ativo de uma enzima? Em que consistem o número de renovação (k_{cat}), a constante de Michaelis (K_m) e a velocidade máxima ($V_{máx}$) de uma enzima? O k_{cat} da anidrase carbônica é 5×10^5 moléculas/s. Essa é uma constante de velocidade e não uma taxa. Qual é a diferença? Por qual concentração você iria multiplicar esta constante de velocidade a fim de determinar a taxa real de formação do produto (V)? Sob quais circunstâncias essa taxa iria se tornar idêntica à velocidade máxima ($V_{máx}$) da enzima?
4. O diagrama de coordenada de reação seguinte representa a energia de uma molécula de substrato (S) à medida que ela passa por um estado de transição ($X^{\ddagger}$) no caminho para se tornar um produto estável (P) na ausência de enzima ou na presença de uma de duas enzimas diferentes (E1 e E2). Como a adição de cada enzima afeta a mudança na energia livre de Gibbs (ΔG) da reação? Qual das duas enzimas se liga com maior afinidade ao substrato? Qual das duas enzimas melhor estabiliza o estado de transição? Qual das duas enzimas funciona melhor como catalisador?

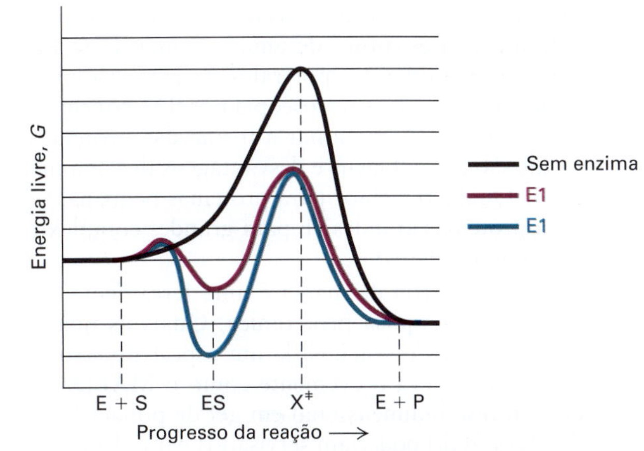

5. Um sistema imune adaptativo saudável pode gerar anticorpos que reconhecem e se ligam com alta afinidade a praticamente qualquer molécula estável. A molécula na qual um anticorpo se liga é conhecida como "antígeno". Os anticorpos têm sido explorados por cientistas empreendedores para gerar ferramentas valiosas para a pesquisa, o diagnóstico e a terapia. Uma aplicação engenhosa é a geração de anticorpos que funcionam como enzimas para catalisar reações químicas complicadas. Se você quisesse produzir tal anticorpo "catalítico", o que sugeriria utilizar como antígeno? Deveria ser este o substrato da reação? O produto? Algo mais?
6. As proteínas são degradadas nas células. O que é a ubiquitina e qual a sua função na marcação de proteínas para degradação? Qual a função dos proteassomos na degradação das proteínas? Como inibidores de proteassomos podem servir como agentes quimioterápicos?
7. As funções das proteínas podem ser reguladas de várias formas. O que é a cooperatividade e como ela influencia a função da proteína? Descreva como a fosforilação proteica e a clivagem proteolítica podem modular as funções das proteínas.
8. Várias técnicas separam as proteínas segundo a diferença de massa. Descreva o uso de duas dessas técnicas: a centrifugação e a eletroforese em gel. A proteína do sangue transferrina (MW de 76 kDa) e da lisozima (MW de 15 kDa) podem ser separadas por centrifugação em gradiente de densidade ou por eletroforese em gel de poliacrilamida-SDS. Qual das duas proteínas irá sedimentar mais rápido durante a centrifugação? Qual irá migrar mais rápido durante a eletroforese?
9. A cromatografia é um método analítico utilizado para separar as proteínas. Descreva os princípios da separação por filtração em gel, troca iônica e cromatografia de afinidade.
10. Diversos métodos foram desenvolvidos para a detecção das proteínas. Descreva como os radioisótopos e a autorradiografia podem ser utilizados para marcação e detecção das proteínas. Como o *Western blotting* detecta proteínas?

11. Os métodos físicos são normalmente usados para determinar a estrutura de uma proteína. Descreva como a cristalografia por raios X, a microscopia crioeletrônica e a espectroscopia por RM podem ser utilizadas para determinar a forma das proteínas. Quais são as vantagens e desvantagens de cada método? Qual é o melhor para proteínas pequenas? E para proteínas grandes? E para grandes complexos macromoleculares?
12. A espectrometria de massa é uma ferramenta poderosa em pesquisa proteômica. Quais as quatro características essenciais de um espectrômetro de massa? Descreva brevemente como o MALDI e a eletroforese bidimensional em gel de poliacrilamida (2D-PAGE) poderiam ser usados para identificar uma proteína expressa apenas em células cancerosas e ausente em células normais saudáveis.

Análise dos dados

1. Modelos de macromoléculas como proteínas e ácidos nucleicos são gerados a partir de arquivos das coordenadas atômicas geralmente obtidos por difração de raios X de amostras cristalizadas ou análise de RM de moléculas em solução. O Protein Data Bank (PDB) é um depósito de arquivos com coordenadas atômicas moleculares que podem ser acessadas *on-line* pelo público em http://www.rcsb.org. Acesse o PDB e familiarize-se com a *homepage*. Quantas estruturas moleculares ela contém atualmente? Qual é a "molécula do mês"? "Baixe" um arquivo de coordenadas para a serino-protease quimotripsina digitando o código de acesso "1ACB" na janela de busca. Isso irá levá-lo a uma página descrevendo a estrutura cristalográfica por raios X de um complexo entre a alfaquimotripsina bovina e uma pequena proteína inibidora que atua como pseudosubstrato denominada eglina-c. Quando e em qual periódico foi publicado o estudo relatando este modelo estrutural? Clique no apontador "Baixar arquivo", selecione "Arquivo PDB (texto)" e baixe o arquivo "1ACB.pdb". Este é um arquivo de coordenadas atômicas (pdb) que especifica as posições relativas para cada átomo nesse complexo proteico conforme determinado experimentalmente por cristalografia por raios X. Abra o arquivo em um visualizador de texto ou processador de texto e observe o seu formato. As primeiras centenas de linhas contêm informações básicas incluindo os nomes das moléculas, suas fontes naturais, como elas são preparadas para o experimento, análises estatísticas da qualidade do modelo e informação bibliográfica. Por fim, você irá observar uma longa lista de linhas, cada uma iniciando com "ATOM". Essas são as coordenadas, listadas por número atômico, tipo de átomo, tipo de aminoácido, e número da cadeia. Cada linha do tipo "ATOM" termina com cinco números representando a posição atômica em um eixo x, y, z, sua "ocupância" e seu "fator térmico". Feche o arquivo e baixe o software para visualizar o modelo molecular. Muitos (como RasMol, iMol, Swiss-PDB Viewer e PyMol) estão disponíveis para *download* em formato livre para usos educacionais. Abra o arquivo 1ACB.pdb e promova rotações na estrutura usando o visualizador. Você consegue identificar a protease? A proteína inibidora? Consegue encontrar o sítio ativo da enzima? Que outras observações você pode fazer sobre as serino-proteases a partir do modelo do complexo inativado?
2. A proteômica envolve a análise global da expressão das proteínas. Em uma das abordagens, todas as proteínas das células controle e das células tratadas são extraídas e posteriormente separadas por eletroforese em gel bidimensional. Caracteristicamente, centenas ou milhares de proteínas são resolvidas e os níveis de cada proteína em estado estacionário são comparados entre as células controle e as tratadas. No exemplo a seguir, para simplificar, apenas algumas proteínas são mostradas. As proteínas são separadas na primeira dimensão segundo a sua carga por focalização isoelétrica (pH 4 a 10) e depois separadas por tamanho por eletroforese em gel de poliacrilamida-SDS. As proteínas são detectadas com uma coloração, tal como o azul de Coomassie, e numeradas para identificação.
   a. As células foram tratadas com um fármaco ("1 Fármaco") ou deixadas sem tratamento ("Controle"), e as proteínas extraídas e separadas por eletroforese em gel bidimensional. Os géis corados são mostrados a seguir. O que você conclui sobre os efeitos do fármaco nos níveis das proteínas 1 a 7 em estado estacionário?

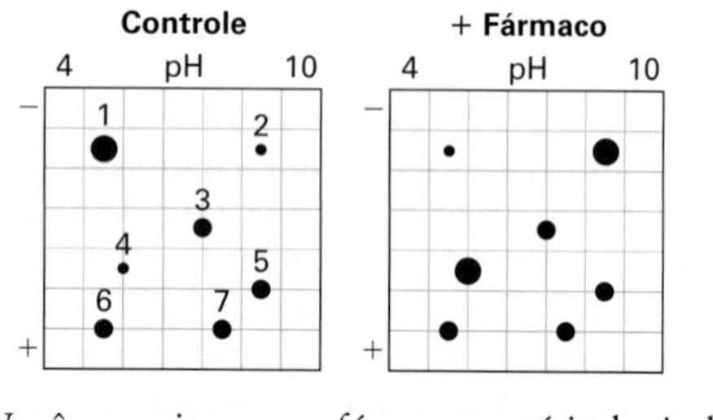

   b. Você suspeita que o fármaco está induzindo uma proteíno-cinase e então repete o experimento da parte "a" na presença de fosfato inorgânico marcado com ^{32}P. Neste experimento, géis bidimensionais são expostos a filmes de raios X para detectar a presença de proteínas marcadas com ^{32}P. Os filmes de raios X são mostrados a seguir. O que você conclui a partir desse experimento sobre o efeito do fármaco nas proteínas 1 a 7?

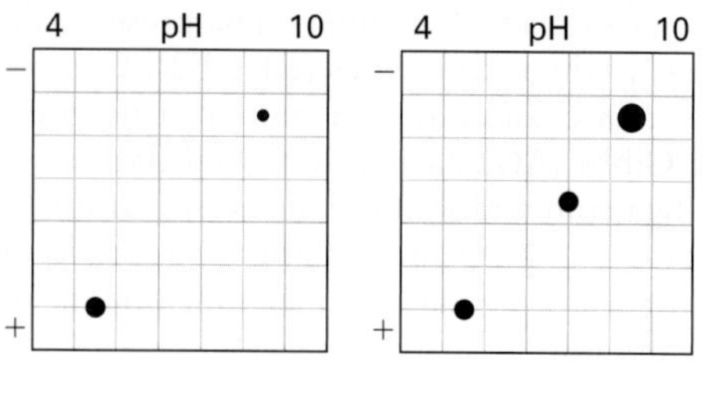

c. Para determinar a localização celular das proteínas 1 a 7, as células da parte "a" foram separadas em frações nucleares e citoplasmáticas por centrifugação diferencial. Foram realizados géis bidimensionais e os géis corados são mostrados a seguir. O que você conclui sobre a localização celular das proteínas 1 a 7?

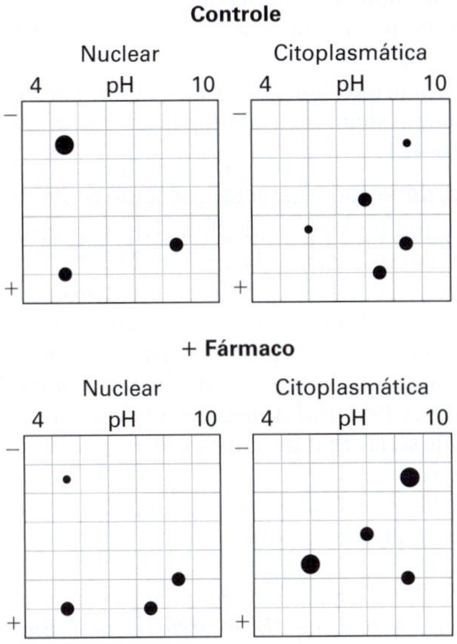

d. Resuma as propriedades globais das proteínas 1 a 7, combinando os dados das partes "a", "b" e "c". Descreva como você poderia determinar a identidade de cada uma das proteínas.

Referências

Referências gerais

Berg, J. M., J. L. Tymoczko, and L. Stryer. 2002. *Biochemistry*, 6th ed. W. H. Freeman and Company.

Nelson, D. L., and M. M. Cox. 2005. *Lehninger Principles of Biochemistry*, 4th ed. W. H. Freeman and Company.

***Sites* na Internet**

Sites sobre proteínas, estruturas, genomas e taxonomia: http://www.ncbi.nlm.nih.gov/Entrez/

Banco de dados da estrutura 3D das proteínas: http://www.rcsb.org/

Classificação estrutural das proteínas: http://scop.mrclmb.cam.ac.uk/scop/

Sites contendo informações gerais sobre as proteínas: http://www.expasy.ch/; http://www.proweb.org/; http://scop.berkeley.edu/intro.html

Banco de dados PROSITE de famílias de proteínas e domínios: http://www.expasy.org/prosite/

Organização de domínios de proteínas e grande coleção de alinhamentos de múltiplas sequências: http://www.sanger.ac.uk/Software/Pfam/;

MitoCarta: Um Inventário dos Genes Mitocondriais de Mamíferos: http://www.broadinstitute.org/pubs/MitoCarta/index.html

Estrutura hierárquica das proteínas e enovelamento de proteínas

Branden, C., and J. Tooze. 1999. *Introduction to Protein Structure*. Garland.

Broadley, S. A., and F. U. Hartl. 2009. The role of molecular chaperones in human misfolding diseases. *FEBS Lett.* **583**(16):2647-2653.

Brodsky, J. L., and G. Chiosis. 2006. Hsp70 molecular chaperones: emerging roles in human disease and identification of small molecule modulators. *Curr. Top. Med. Chem.* **6**(11):1215-1225.

Bukau, B., J. Weissman, and A. Horwich. 2006. Molecular chaperones and protein quality control. *Cell* **125**(3):443-451.

Cohen, F. E. 1999. Protein misfolding and prion diseases. *J. Mol. Biol.* 293:313–320.

Coulson, A. F., and J. Moult. 2002. A unifold, mesofold, and superfold model of protein fold use. *Proteins* **46**:61-71.

Daggett, V., and A. R. Fersht. 2003. Is there a unifying mechanism for protein folding? *Trends Biochem. Sci.* **28**(1):18-25.

Dobson, C. M. 1999. Protein misfolding, evolution, and disease. *Trends Biochem. Sci.* **24**:329-332.

Gimona, M. 2006. Protein linguistics – a grammar for modular protein assembly? *Nat. Rev. Mol. Cell Biol.* 7(1):68-73.

Gough, J. 2006. Genomic scale sub-family assignment of protein domains. *Nucl. Acids Res.* **34**(13):3625-3633.

Koonin, E. V., Y. I. Wolf, and G. P. Karev. 2002. The structure of the protein universe and genome evolution. *Nature* **420**:218-223.

Lesk, A. M. 2001. *Introduction to Protein Architecture*. Oxford.

Levitt, M. 2009. Nature of the protein universe. *Proc. Natl. Acad. Sci. USA* **106**(27):11079-11084.

Lin, Z., and H. S. Rye. 2006. GroEL-mediated protein folding: making the impossible, possible. *Crit. Rev. Biochem. Mol. Biol.* **41**(4):211-239.

Orengo, C. A., D. T. Jones, and J. M. Thornton. 1994. Protein superfamilies and domain superfolds. *Nature* **372**:631-634.

Patthy, L. 1999. *Protein Evolution*. Blackwell Science.

Rochet, J.-C., and P. T. Landsbury. 2000. Amyloid fibrillogenesis: themes and variations. *Curr. Opin. Struct. Biol.* **10**:60-68.

Taipale, M., D. F. Jarosz, and S. Lindquist. 2010. HSP90 at the hub of protein homeostasis: emerging mechanistic insights. *Nat. Rev. Mol. Cell Biol.* **11**(7):515-528.

Vogel, C., and C. Chothia. 2006. Protein family expansions and biological complexity. *PLoS Comput. Biol.* **2**(5):e48.

Yaffe, M. B. 2006. „Bits" and pieces. *Sci STKE.* **2006**(340):pe28.

Young, J. C., et al. 2004. Pathways of chaperone-mediated protein folding in the cytosol. *Nat. Rev. Mol. Cell Biol.* 5:781-791.

Wlodarski, T., and B. Zagrovic. 2009. Conformational selection and induced fit mechanism underlie specificity in noncovalent interactions with ubiquitin. *Proc. Natl. Acad. Sci. USA* **106**(46):19346-19351.

Ligação a proteínas e catálise enzimática

Dressler, D. H., and H. Potter. 1991. *Discovering Enzymes*. Scientific American Library.

Fersht, A. 1999. *Enzyme Structure and Mechanism*, 3d ed. W. H. Freeman and Company.

Jeffery, C. J. 2004. Molecular mechanisms for multitasking: recent crystal structures of moonlighting proteins. *Curr. Opin. Struc. Biol.* **14**(6):663-668.

Marnett, A. B., and C. S. Craik. 2005. Papa's got a brand new tag: advances in identification of proteases and their substrates. *Trends Biotechnol.* **23**(2):59-64.

Polgar, L. 2005. The catalytic triad of serine peptidases. *Cell Mol. Life Sci.* **62**(19-20):2161-2172.

Radisky, E. S. et al. 2006. Insights into the serine protease mechanism from atomic resolution structures of trypsin reaction intermediates. *Proc. Natl. Acad. Sci. USA* **103**(18):6835-6840.

Schenone, M., B. C. Furie, and B. Furie. 2004. The blood coagulation cascade. *Curr. Opin. Hematol.* **11**(4):272-277.
Schramm, V. L. 2005. Enzymatic transition states and transition state analogues. *Curr. Opin. Struc. Biol.* **15**(6):604-613.

Regulando a função das proteínas

Bellelli, A., et al. 2006. The allosteric properties of hemoglobin: insights from natural and site directed mutants. *Curr. Prot. Pep. Sci.* 7(1):17-45.
Bochtler, M., et al. 1999. The proteasome. *Ann. Rev. Biophys. Biomol. Struct.* **28**:295-317.
Burack, W. R., and A. S. Shaw. 2000. Signal Transduction: hanging on a scaffold. *Curr. Opin. Cell Biol.* **12**:211-216.
Gallastegui, N., and M. Groll. 2010. The 26S proteasome: assembly and function of a destructive machine. *Trends Biochem. Sci.* **35**(11):634-642.
Glen, R., et al. 2008. Regulatory monoubiquitination of phosphoenolpyruvate carboxylase in germinating castor oil seeds. *J. Biol. Chem.* **283**:29650-29657.
Glickman, M. H., and A. Ciechanover. 2002. The ubiquitin-proteasome proteolytic pathway: destruction for the sake of construction. *Physiol. Rev.* **82**(2):373-428.
Goldberg, A. L. 2003. Protein degradation and protection against misfolded or damaged proteins. *Nature* **426**:895-899.
Goldberg, A. L., S. J. Elledge, and J. W. Harper. 2001. The cellular chamber of doom. *Sci. Am.* **284**(1):68-73.
Groll, M., and R. Huber. 2005. Purification, crystallization, and x-ray analysis of the yeast 20S proteasome. *Meth. Enzymol.* **398**:329-336.
Halling, D. B., P. Aracena-Parks, and S. L. Hamilton. 2006. Regulation of voltage-gated Ca21 channels by calmodulin. Sci STKE **2005** (315):re15.
Horovitz, A., et al. 2001. Review: allostery un chaperonins. *J. Struc. Biol.* **135**:104-114.
Huang, H., et al. 2010. K33-linked polyubiquitination of T cell receptor-ζ regulates proteolysis-independent T cell signaling. *Immunity*. 33(1):60-70.
Katz, E. J., M. Isasa, and B. Crosas. 2010. A new map to understand deubiquitination. *Biochem. Soc. Trans.* **38**(pt. 1):21-28.
Kern, D., and E. R. Zuiderweg. 2003. The role of dynamics in allosteric regulation. *Curr. Opin. Struc. Biol.* **13**(6):748-757.
Kisselev, A. F., A. Callard, and A. L. Goldberg. 2006. Importance of the different proteolytic sites of the proteasome and the efficacy of inhibitors varies with the protein substrate. *J. Biol. Chem.* **281**(13):8582-8590.
Lane, K. T., and L. S. Beese. 2006. Thematic review series: lipid posttranslational modifications. Structural biology of protein farnesyltransferase and geranylgeranyltransferase type I. *J. Lipid Res.* **47**(4):681-699.
Lim, W. A. 2002. The modular logic of signaling proteins: building allosteric switches from simple binding domains. *Curr. Opin. Struc. Biol.* **12**:61-68.
Martin, C., and Y. Zhang. 2005. The diverse functions of histone lysine methylation. *Nat. Rev. Mol. Cell Biol.* **6**(11):838-849.
Rabl, J., et al. 2008. Mechanism of gate opening in the 20S proteasome by the proteasomal ATPases. *Mol. Cell.* **30**(3):360-368.
Rechsteiner, M., and C. P. Hill. 2005. Mobilizing the proteolytic machine: cell biological roles of proteasome activators and inhibitors. *Trends Cell Biol.* **15**(1):27-33.
Sawyer, T. K., et al. 2005. Protein phosphorylation and signal transduction modulation: chemistry perspectives for small-molecule drug discovery. *Med. Chem.* **1**(3):293-319.
Sowa, M. E., et al. 2009. Defining the human deubiquitinating enzyme interaction landscape. *Cell* **138**(2):389-403.
Xia, Z., and D. R. Storm. 2005. The role of calmodulin as a signal integrator for synaptic plasticity. *Nat. Rev. Neurosci.* **6**(4):267-276.
Yap, K. L., et al. 1999. Diversity of conformational states and changes within the EF-hand protein superfamily. *Proteins* **37**:499-507.
Zeng, W., et al. 2010. Reconstitution of the RIG-I pathway reveals a signaling role of unanchored polyubiquitin chains in innate immunity. *Cell* **141**(2):315-330.
Zhou, P. 2006. REGgamma: a shortcut to destruction. *Cell* **124**(2):256-257.
Zolk, O., C. Schenke, and A. Sarikas. 2006. The ubiquitin-proteasome system: focus on the heart. *Cardiovasc. Res.* **70**(3):410-421.

Purificação, detecção e caracterização de proteínas

Domon, B., and R. Aebersold. 2006. Mass spectrometry and protein analysis. *Science* **312**(5771):212-217.
Encarnacion, S., et al. 2005. Comparative proteomics using 2-D gel electrophoresis and mass spectrometry as tools to dissect stimulons and regulons in bacteria with sequenced or partially sequenced genomes. *Biol. Proc. Online* **7**:117-135.
Hames, B. D. *A Practical Approach*. Oxford University Press. A methods series that describes protein purification methods and assays.
O'Connell, M. R., R. Gamsjaeger, and J. P. Mackay. 2009. The structural analysis of protein-protein interactions by NMR spectroscopy. *Proteomics* **9**(23):5224-5232.
Patton, W. F. 2002. Detection technologies in proteome analysis. *J. Chromatogr. B. Analyt. Technol. Biomed. Life Sci.* **771**(1-2):3-31.
White, I. R., et al. 2004. A statistical comparison of silver and SYPRO Ruby staining for proteomic analysis. *Electrophoresis* **25**(17):3048-3054.

Proteômica

Calvo, S. E., and V. K. Mootha. 2010. The mitochondrial proteome and human disease. *Annu. Rev. Genomics Hum. Genet.* **11**:25-34.
Foster, L. J., et al. 2006. A mammalian organelle map by protein correlation profiling. *Cell* **125**(1):187-199.
Fu, Q., and J. E. Van Eyk. 2006. Proteomics and heart disease: identifying biomarkers of clinical utility. *Expert Rev. Proteomics* 3(2):237-249.
Gavin, A. C., et al. 2006. Proteome survey reveals modularity of the yeast cell machinery. *Nature* **440**(7084):631-636.
Kellie, J. F., et al. 2010. The emerging process of Top Down mass spectrometry for protein analysis: biomarkers, protein-therapeutics, and achieving high throughput. *Mol. Biosyst.* **6**(9):1532-1539.
Kislinger, T., et al. 2006. Global survey of organ and organelle protein expression in mouse: combined proteomic and transcriptomic profiling. *Cell* **125**(1):173-186.
Kolker, E., R. Higdon, and J. M. Hogan. 2006. Protein identification and expression analysis using massa spectrometry. *Trends Microbiol.* **14**(5):229-235.
Krogan, N. J., et al. 2006. Global landscape of protein complexes in the yeast *Saccharomyces cerevisiae*. *Nature* **440**(7084):637-643.
Ong, S. E., and M. Mann. 2005. Mass spectrometry-based proteomics turns quantitative. *Nat. Chem. Biol.* **1**(5):252-262.
Rifai, N., M. A. Gillette, and S. A. Carr. 2006. Protein biomarker discovery and validation: the long and uncertain path to clinical utility. *Nat. Biotech.* **24**(8):971-983.
Walther, T. C., and M. Mann. 2010. Mass spectrometry-based proteomics in cell biology. *J. Cell Biol.* **190**(4):491-500.
Zhou, M., and C. V. Robinson. When proteomics meets structural biology. *Trends Biochem. Sci.* **35**:522-539.

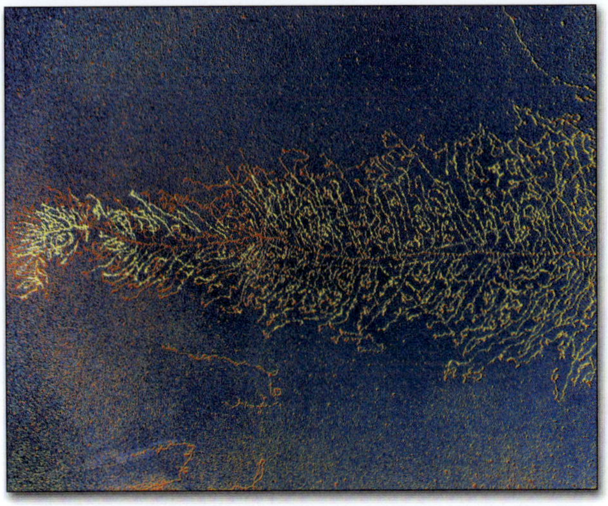

CAPÍTULO

4

Mecanismos básicos de genética molecular

Micrografia de transmissão eletrônica colorida de uma unidade transcricional de RNA ribossomal de um oócito de *Xenopus*. A transcrição ocorre da esquerda para a direita, com os complexos ribonucleoproteicos ribossomais nascentes (rRNPs) crescendo em comprimento à medida que cada molécula de RNA-polimerase I sucessiva se move ao longo do molde de DNA no centro. Nesta preparação, cada rRNP está orientado acima ou abaixo da fita central de DNA transcrita, de maneira que o formato geral se assemelha ao de uma pena. No nucléolo de uma célula viva, os rRNPs nascentes se estendem em todas as direções, como uma escova circular. (Professor Oscar L. Miller/ Biblioteca de Fotos Científicas.)

SUMÁRIO

A extraordinária versatilidade das proteínas como máquinas e interruptores moleculares, catalisadoras celulares e componentes de estruturas celulares foi descrita no Capítulo 3. Neste capítulo, serão considerados como as proteínas são sintetizadas, bem como outros processos celulares fundamentais à sobrevivência de um organismo e de seus descendentes. Serão destacadas moléculas vitais chamadas de **ácidos nucleicos** e como elas são responsáveis por todas as funções celulares. Conforme introduzido no Capítulo 2, os ácidos nucleicos são polímeros lineares de quatro tipos de nucleotídeos (ver Figuras 2-13, 2-16 e 2-17). Essas macromoléculas (1) contêm na sequência precisa de seus nucleotídeos a informação para determinar a sequência de aminoácidos e, portanto, a estrutura e função de todas as proteínas de uma célula, (2) são componentes funcionais críticos das fábricas macromoleculares celulares e alinham aminoácidos na ordem correta à medida que uma cadeia polipeptídica está sendo sintetizada, (3) catalisam um número de reações químicas fundamentais nas células, inclusive a formação de ligações peptídicas entre os aminoácidos durante a síntese proteica, e (4) regulam a expressão gênica.

O **ácido desoxirribonucleico (DNA)** é uma molécula de informação que contém na sequência de seus nucleotídeos os dados necessários à formação de todas as proteínas de um organismo e, portanto, das células e dos tecidos daquele organismo. É adequado a tal função em nível molecular. Quimicamente, é muito estável sob a maioria das condições terrestres, conforme exemplificado pela habilidade de recuperar sequências de DNA de osso e tecidos com dezenas de milhares de anos. Por esta razão, e devido aos mecanismos de reparo que operam em células vivas, os longos polímeros que formam uma molécula de DNA podem ter até 10^9 nucleotídeos de extensão. Praticamente toda informação necessária ao desenvolvimento de um óvulo humano fertilizado em um adulto composto por trilhões de células com funções especializadas pode ser estocada na sequência dos quatro tipos de nucleotídeos que formam os cerca de 3×10^9 pares de bases do genoma humano. Como consequência dos princípios do pareamento de bases discutidos a seguir, a informação é copiada de imediato com uma taxa de erro inferior a 1 em 10^9 nucleotídeos por geração. A replicação exata da informação em qualquer espécie assegura sua continuidade genética de geração em geração e é fundamental ao desenvolvimento normal de um indivíduo. O DNA cumpre essas funções com tanta eficiência que é a fonte da informação genética em todas as formas de vida conhecidas (excluindo-se os vírus de RNA, os quais são limitados a genomas muito pequenos devido à relativa instabilidade do RNA se comparado ao DNA, como será visto a seguir). A descoberta de que quase todas as formas de vida utilizam DNA para codificar sua informação genética, bem como um código genético quase igual, implica que todas as formas de vida descendem de um ancestral comum baseado no armazenamento da informação em sequências de ácido nucleico. Essa informação é acessada e replicada pelo pareamento de bases específico entre os nucleotídeos. A informação armazenada no DNA está arranjada em unidades hereditárias, conhecidas como genes, que controlam características identificáveis de um organismo. No processo de transcrição, a informação armazenada no DNA é copiada para o **ácido ribonucleico (RNA)**, o qual possui três papéis distintos na síntese proteica.

Porções da sequência de nucleotídeos do DNA são copiadas em moléculas de **RNA mensageiro (mRNA)** que promove a síntese de uma proteína específica. A sequência de nucleotídeos de uma molécula de mRNA contém informação que especifica a ordem correta dos aminoácidos durante a síntese de uma proteína. O agrupamento de aminoácidos em proteínas, extremamente preciso e em etapas, ocorre pela **tradução** do mRNA. Nesse processo, a sequência de nucleotídeos de uma molécula de mRNA é "lida" por um segundo tipo de RNA chamado **RNA de transferência (tRNA)** com o auxílio de um terceiro tipo, o **RNA ribossomal (rRNA)**, e suas proteínas associadas. À medida que são levados para a sequência pelos tRNAs, os aminoácidos corretos são unidos por ligações peptídicas para formarem proteínas. Chama-se de **transcrição** a síntese de RNA porque a "linguagem" da sequência nucleotídica do DNA é precisamente copiada, ou *transcrita*, na sequência nucleotídica de uma molécula de RNA. A síntese proteica é denominada **tradução** porque a "linguagem" da sequência nucleotídica do DNA e do RNA é *traduzida* para a "linguagem" de sequência de aminoácidos das proteínas.

A descoberta da estrutura do DNA em 1953 e a subsequente revelação de como o DNA promove a síntese de RNA – o chamado *dogma central* – consistem em feitos monumentais que marcaram o início da biologia molecular. Entretanto, a representação simplificada do dogma como DNA → RNA → proteína não reflete o papel das proteínas na síntese dos ácidos nucleicos. Além disso, conforme abordado aqui sobre bactérias e em capítulos posteriores sobre eucariotos, as proteínas são responsáveis pela *regulação* da **expressão gênica**, todo o processo no qual a informação codificada pelo DNA é decodificada em proteínas nas células corretas nos momentos específicos do desenvolvimento. Como consequência, a hemoglobina é expressa apenas em células da medula óssea (reticulócitos) destinadas ao desenvolvimento de hemácias circulantes (eritrócitos), e neurônios em desenvolvimento fazem as sinapses apropriadas com outros 10^{11} neurônios em desenvolvimento no cérebro humano. Os processos genético-moleculares fundamentais de replicação do DNA, transcrição e tradução devem ser realizados com fidelidade, velocidade e regulação precisa extraordinárias para o desenvolvimento normal de organismos tão complexos quanto procariotos e eucariotos. Isso é alcançado por processos químicos que operam com precisão extraordinária acoplados com múltiplas instâncias de pontos de verificação ou mecanismos de vigilância que testam se passos críticos em tais processos ocorreram corretamente antes que se inicie a próxima etapa. A expressão gênica regulada necessária ao desenvolvimento de um organismo multicelular requer a integração de informações de sinais enviados por células distantes no organismo em desenvolvimento, bem como de células vizinhas, e um programa de desenvolvimento intrínseco determinado por etapas iniciais na embriogênese fornecidas pelos progenitores daquela célula. Toda a regulação depende de sequências de controle no DNA que atuam em conjunto com proteínas chamadas *fatores de transcrição* para coordenar a expressão de cada gene. Sequências de RNA discutidas no Capítulo 8, que regulam o processamento e a tradução do RNA, também são originalmente codificadas pelo DNA. Os ácidos nucleicos atuam como "cérebro e sistema nervoso central" da célula, enquanto as proteínas desempenham as funções que os ácidos nucleicos especificam.

Neste capítulo, primeiramente serão revisadas as estruturas e propriedades do DNA e do RNA, e serão exploradas as diferentes características de cada tipo de ácido nucleico e como estas os tornam adequados para suas respectivas funções na célula. Nas próximas seções, serão discutidos os processos básicos resumidos na Figura 4-1: transcrição do DNA em precursores de RNA, processamento dos precursores para a produção de moléculas de RNA funcionais, tradução de mRNAs em proteínas e replicação de DNA. Proteínas regulam a estrutura celular e a maioria das reações bioquímicas das células, então serão considerados inicialmente como as sequências de aminoácidos das proteínas, que determinam sua estrutura tridimensional e, portanto, sua função, são codificadas no DNA e traduzidas. Após apresentadas as funções de mRNA, tRNA e rRNA na síntese proteica, será esboçada uma descrição detalhada dos componentes e das etapas bioquímicas da tradução. O entendimento desses processos permite compreender a necessidade de copiar a sequência nucleotídica do DNA de maneira precisa. Em consequência, são considerados os problemas moleculares envolvidos na replicação do DNA e a complexa maquinaria celular para se assegurar a cópia precisa do material genético. Ao longo do capítulo, estes processos

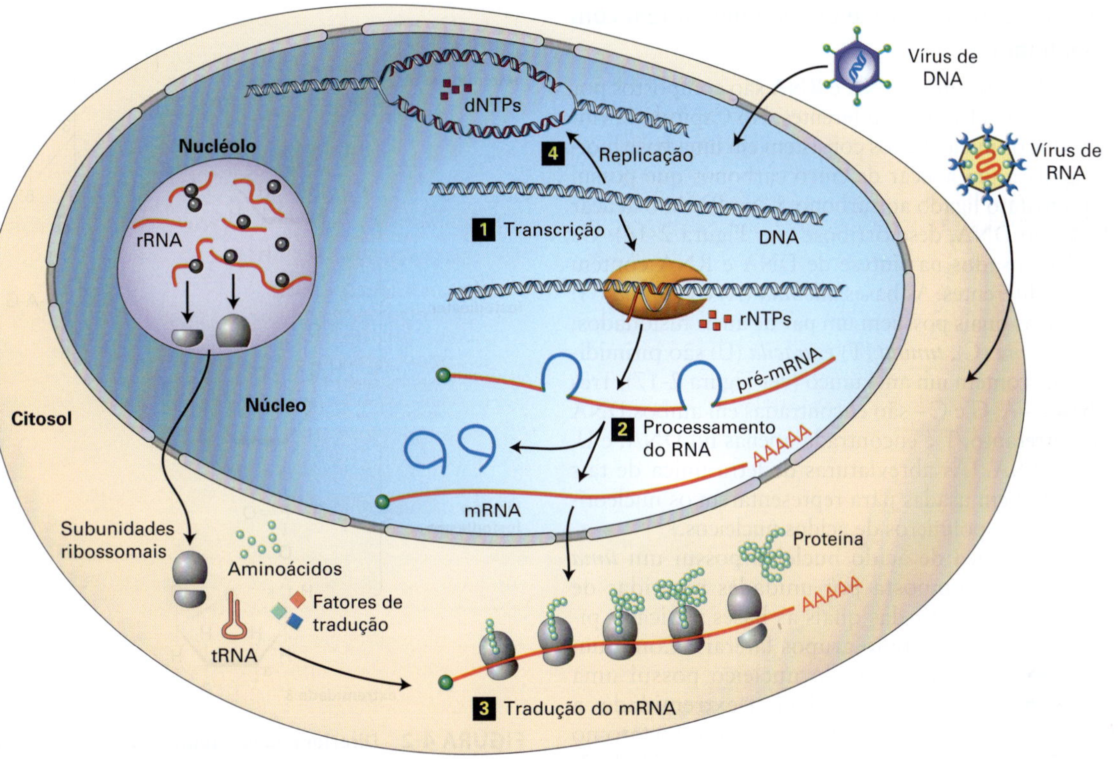

FIGURA 4-1 Visão geral dos quatro processos básicos da genética molecular. Neste capítulo, são abordados os três processos que levam à produção de proteínas (1-3) e o processo para replicação do DNA (4). Como utilizam a maquinaria da célula hospedeira, os vírus têm sido modelos importantes para o estudo desses processos. Durante a transcrição de um gene codificador de proteína pela RNA-polimerase (1), o código de quatro letras do DNA especificando a sequência de aminoácidos de uma proteína é copiado, ou *transcrito*, em um RNA mensageiro precursor (pré-mRNA) pela polimerização de monômeros de ribonucleosídeo trifosfato (rNTPs). A remoção das sequências não codificadoras e outras modificações do pré-mRNA (2), coletivamente conhecidas como *processamento do RNA*, produzem um mRNA funcional, que é transportado para o citoplasma. Durante a *tradução* (3), o código de quatro bases do mRNA é decodificado na linguagem de 20 aminoácidos das proteínas. Ribossomos, as máquinas macromoleculares que traduzem o código do mRNA, são compostos por duas subunidades unidas no nucléolo a partir de RNAs ribossomais (rRNAs) e múltiplas proteínas (à esquerda). Após o transporte para o citoplasma, as subunidades ribossomais associam-se a um mRNA e realizam a síntese de proteínas com o auxílio de RNAs de transferência (tRNAs) e vários fatores de tradução. Durante a replicação do DNA (4), que ocorre apenas em células em preparo para a divisão, monômeros de desoxirribonucleosídeo trifosfato (dNTPs) são polimerizados em duas cópias idênticas de cada molécula de DNA cromossomal. Cada célula-filha recebe uma das cópias idênticas.

em procariotos e eucariotos são comparados. A seção seguinte descreve como o dano ao DNA é reparado e como regiões de diferentes moléculas de DNA são trocadas no processo de **recombinação** para gerarem novas combinações de características em organismos individuais de uma espécie. A seção final do capítulo apresenta informações básicas sobre vírus, parasitas que exploram a maquinaria celular de replicação do DNA, transcrição e síntese proteica. Além de patógenos importantes, os vírus são organismos-modelo importantes para o estudo dos mecanismos celulares de síntese macromolecular e de outros processos celulares. Os vírus possuem estruturas relativamente simples se comparados a células e pequenos genomas que os tornaram facilmente manejáveis para estudos iniciais históricos dos processos celulares básicos. Vírus continuam a ensinar lições importantes em biologia celular molecular hoje e foram adaptados como ferramentas experimentais para a introdução de qualquer gene desejado nas células, ferramentas atualmente avaliadas quanto à sua efetividade em terapia gênica humana.

4.1 Estrutura de ácidos nucleicos

DNA e RNA assemelham-se muito quimicamente. As estruturas primárias de ambos são **polímeros** lineares compostos por **monômeros** chamados **nucleotídeos**. Ambos atuam sobretudo como moléculas de informação, carregando informação na sequência exata de seus nucleotídeos. Os RNAs celulares variam de tamanho desde menos de uma centena até muitos milhares de nucleotídeos. Moléculas de DNA celular podem ter várias centenas de milhares de nucleotídeos. Estas grandes unidades de DNA em associação com proteínas podem ser coradas e visualizadas no microscópio de luz como cromossomos, chamados assim por conta de sua capacidade de absorver corantes. Embora quimicamente semelhantes, DNA e RNA exibem algumas diferenças muito importantes. Por exemplo, o RNA também pode atuar como uma molécula catalítica. Conforme será visto, são as propriedades diferentes e únicas de DNA e RNA que tornam cada um deles adequado a seus papéis específicos na célula.

Uma fita de ácido nucleico é um polímero linear com direcionalidade

Em todos os organismos, DNA e RNA são compostos por apenas quatro nucleotídeos diferentes. No Capítulo 2, viu-se que todos os nucleotídeos consistem em uma base inorgânica ligada a um açúcar de cinco carbonos que possui um grupo fosfato ligado ao carbono 5. No RNA, o açúcar é a ribose; no DNA, desoxirribose (ver Figura 2-16). Os nucleotídeos usados na síntese de DNA e RNA contêm cinco bases diferentes. As bases *adenina* (A) e *guanina* (G) são **purinas**, as quais possuem um par de anéis fusionados; as bases *citosina* (C), *timina* (T) e *uracila* (U) são **pirimidinas**, as quais contêm um anel único (ver Figura 2-17). Três destas bases – A, G e C – são encontradas em ambos DNA e RNA; entretanto, T é encontrada apenas no DNA, e U, apenas no RNA. (As abreviaturas de letra única de tais bases são também usadas para representarem os nucleotídeos inteiros nos polímeros de ácidos nucleicos.)

Uma fita única de ácido nucleico possui um *uma cadeia principal* composta por unidades repetidas de pentose-fosfato a partir das quais as bases púricas e pirimídicas se estendem como grupos laterais. Como um polipeptídeo, uma fita de ácido nucleico possui uma orientação química de extremidade a extremidade: a *extremidade 5′* possui uma hidroxila ou um fosfato no carbono 5′ de seu açúcar terminal; *a extremidade 3′* geralmente possui uma hidroxila no carbono 3′ de seu açúcar terminal (Figura 4-2). A direcionalidade, além do fato de que a síntese ocorre de 5′ para 3′, deu origem à convenção de que sequências polinucleotídicas são escritas e lidas na direção 5′ → 3′ (da esquerda para a direita); por exemplo, assume-se que a sequência AUG seja (5′)AUG(3′). Conforme observado a seguir, a direção 5′ → 3′ de uma fita de ácido nucleico é uma propriedade importante da molécula. A ligação química entre nucleotídeos adjacentes, comumente chamada de **ligação fosfodiéster**, consiste na verdade em duas ligações fosfoéster, uma no lado 5′ do fosfato e outra no lado 3′.

A sequência de nucleotídeos linear unida por ligações fosfodiéster constitui a estrutura primária dos ácidos nucleicos. Assim como os polipeptídeos, os polinucleotídeos podem se torcer e enovelar em conformações tridimensionais estabilizadas por ligações não covalentes. Embora as estruturas primárias de DNA e RNA geralmente se assemelhem, suas conformações tridimensionais diferem bastante. Essas diferenças estruturais são fundamentais para as diferentes funções dos dois tipos de ácidos nucleicos.

O DNA nativo é uma dupla-hélice de fitas antiparalelas complementares

A era moderna da biologia molecular começou em 1953, quando James D. Watson e Francis H. C. Crick propuseram que o DNA possuía uma estrutura de dupla-hélice. Sua proposta foi baseada na análise de padrões de difração de raios X de fibras de DNA gerados por Rosalind Franklin e Maurice Wilkins, que mostraram que a estrutura era helicoidal, e em análises da composição de bases

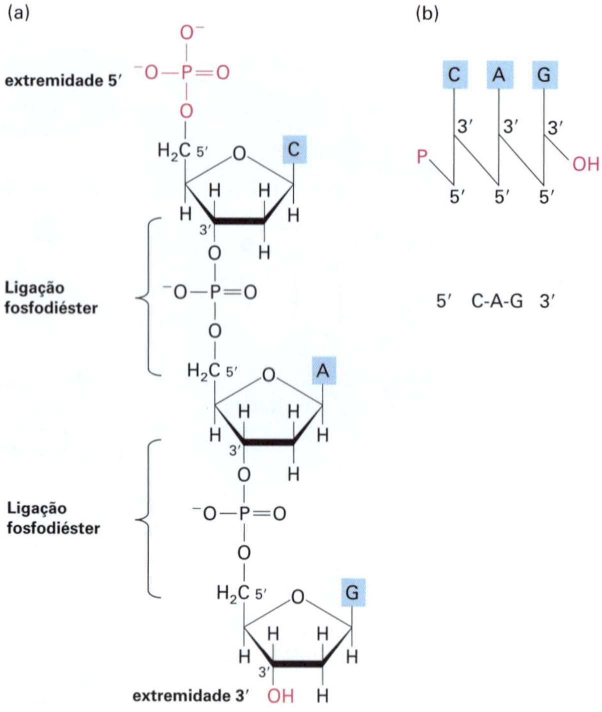

FIGURA 4-2 Direcionalidade química de uma fita simples de ácido nucleico. Aqui estão ilustradas representações alternativas de uma fita simples de DNA contendo apenas três bases: citosina (C), adenina (A) e guanina (G). (a) A estrutura química mostra uma hidroxila na extremidade 3′ e um grupo fosfato na extremidade 5′. Há também duas ligações fosfoéster que unem nucleotídeos adjacentes; essa união por duas ligações costuma ser chamada de *ligação fosfodiéster*. (b) No diagrama de "palitos" (*parte superior*), os açúcares são indicados como linhas verticais, e as ligações fosfodiéster, como linhas oblíquas; as bases são representadas por suas abreviaturas de uma letra. Na representação mais simples (*parte inferior*), apenas as bases são indicadas. Por convenção, uma sequência polinucleotídica é sempre escrita na direção 5′→3′ (da esquerda para a direita), salvo quando indicado o contrário.

do DNA de vários organismos por Erwin Chargaff e colaboradores. Os estudos de Chargaff revelaram que, enquanto a composição de bases (porcentagem de A, T, C e G) varia bastante entre organismos com relação distante, em todos os organismos a porcentagem de A é sempre igual à de T, e a porcentagem de G é sempre igual à de C. Com base nessas descobertas e na estrutura dos quatro nucleotídeos, Watson e Crick realizaram a construção cuidadosa do modelo molecular, propondo uma **dupla-hélice**, na qual A sempre forma ligação de hidrogênio com T, e G, com C no eixo da dupla-hélice. O modelo de Watson e Crick provou ser correto e pavimentou o caminho para nosso moderno entendimento de como o DNA atua como o material genético. Hoje, nossos modelos mais precisos da estrutura do DNA advêm de estudos de difração de raios X de alta resolução de cristais de DNA, o que se tornou possível pela síntese química de grandes quantidades de pequenas moléculas de DNA com tamanho e estrutura uniformes que são adequadas à cristalização (Figura 4-3a).

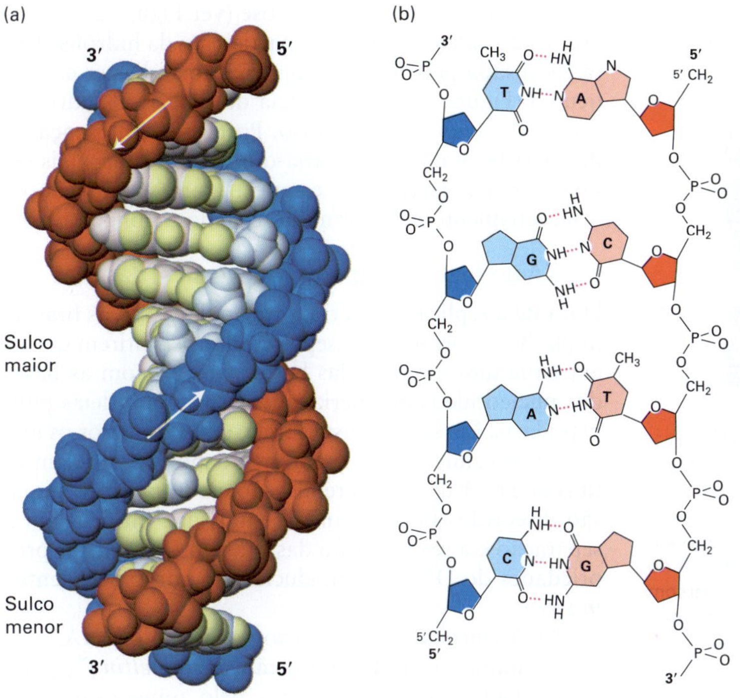

FIGURA 4-3 Dupla-hélice de DNA. (a) Modelo de volume atômico do DNA B, a forma mais comum de DNA das células. As bases (cores claras) projetam-se para o interior a partir da cadeia principal de açúcar-fosfato (vermelho-escuro e azul) de cada fita, mas suas extremidades são acessíveis pelos sulcos maior e menor. As setas indicam a direção 5′→3′ de cada fita. Ligações de hidrogênio entre as bases estão no centro da estrutura. Os sulcos maior e menor são revestidos por potenciais doadores e aceptores de ligações de hidrogênio (realçados em amarelo). (b) Estrutura química da dupla-hélice de DNA. Esse esquema estendido mostra as duas cadeias principais de açúcar-fosfato e as ligações de hidrogênio entre os pares de base de Watson-Crick, A·T e G·C. (Parte (a) adaptada de R. Wing et al., 1980, *Nature* **287:**755. Parte (b) adaptada de R. E. Dickerson, 1983, *Sci. Am.* **249:**94.)

O DNA consiste em duas fitas polinucleotídicas associadas que se torcem para formar uma dupla-hélice. As duas cadeias principais de açúcar e fosfato estão na parte externa dessa hélice, e as bases projetam-se para o interior. As bases adjacentes em cada fita empilham-se em planos paralelos (Figura 4-3a). A orientação das duas fitas é *antiparalela*; isto é, suas direções 5′→3′ são opostas. As fitas são mantidas unidas pela formação de **pares de bases** entre as duas fitas: A pareia com T por meio de duas ligações de hidrogênio; G pareia com C por meio de três ligações de hidrogênio (Figura 4-3b). Essa complementariedade é uma consequência do tamanho, da forma e da composição química das bases. A presença de milhares de ligações de hidrogênio em uma molécula de DNA contribui muito para a estabilidade da dupla-hélice. Ligações hidrofóbicas e de van der Waals entre os pares de bases adjacentes fornecem estabilidade adicional à estrutura da hélice.

No DNA nativo, A sempre pareia com T, e G, com C, formando pares de base A·T e G·C, conforme ilustrado na Figura 4-3b. Essas associações, sempre entre uma purina maior e uma pirimidina menor, são geralmente chamadas de *pares de base de Watson-Crick*. Duas fitas polinucleotídicas, ou regiões dela, nas quais os nucleotídeos formam tais pares de base, são ditas **complementares**. Entretanto, em teoria e nos DNAs sintéticos, outros pares de bases podem ser formados. Por exemplo, a guanina (uma purina) poderia teoricamente formar ligações de hidrogênio com a timina (uma pirimidina), causando apenas uma pequena distorção na hélice. O espaço disponível na hélice também permitiria o pareamento entre as duas pirimidinas citosina e timina. Embora os pares de bases não convencionais G·T e C·T via de regra não sejam encontrados no DNA, pares de bases G·U são bastante comuns em regiões de dupla-hélice que se formam com o RNA originalmente de fita simples. Pares de bases não convencionais não ocorrem naturalmente no dúplex de DNA porque a enzima que o copia, descrita mais adiante neste capítulo, não permite isso.

A maior parte do DNA das células é uma hélice *destrógira*. O padrão de difração de raios X do DNA indica que as bases empilhadas estão normalmente separadas por 0,34 nm ao longo do eixo da hélice. A hélice faz uma volta completa a cada 3,4 a 3,6 nm, dependendo da sequência; assim, há cerca de 10 a 10,5 pares de bases por volta. Esta é chamada de *forma B* do DNA, a forma normal presente na maior parte das extensões de DNA nas células. No exterior do DNA de forma B, os espaços entre as fitas entrelaçadas formam dois sulcos helicoidais de diferentes profundidades descritos como *sulco maior* e *sulco menor* (ver Figura 4-3a). Em consequência, os átomos na extremidade de cada base nos sulcos estão acessíveis pelo lado externo da hélice, formando dois tipos de superfícies de ligação. Proteínas de ligação ao DNA podem "ler" a sequência de bases em um dúplex de DNA pelo contato com átomos nos sulcos maior ou menor.

Sob condições laboratoriais, nas quais a maior parte da água é removida do DNA, a estrutura cristalográfica do DNA muda para a *forma A*, que é mais larga e mais curta do que o DNA de forma B, com um sulco maior mais amplo e profundo e um sulco menor mais estreito e raso (Figura 4-4). Hélices de RNA-DNA e RNA-RNA existem nesta forma em células e *in vitro*.

Modificações importantes na estrutura da forma B padrão do DNA resultam da ligação de proteínas a sequências específicas do DNA. Embora a grande quantidade de ligações de hidrogênio e ligações hidrofóbicas forneça estabilidade ao DNA, a dupla-hélice é flexível

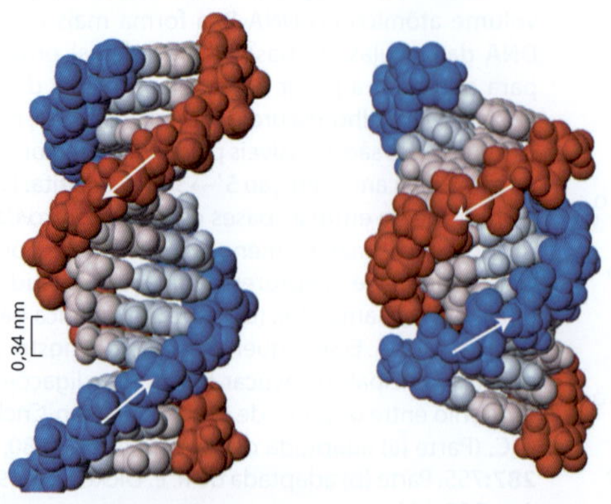

FIGURA 4-4 Comparação entre as formas A e B do DNA. As cadeias principais de açúcar-fosfato das duas fitas, no exterior de ambas as estruturas, estão representadas em vermelho e azul; as bases (cores claras) estão orientadas para o interior. (a) A forma B do DNA possui aproximadamente 10,5 pares de bases por volta helicoidal. Bases adjacentes empilhadas estão a 0,34 nm de distância. (b) A forma A do DNA, mais compacta, possui 11 pares de base por volta helicoidal com um sulco maior muito mais profundo e um sulco menor muito mais raso do que na forma B.

sobre seu eixo mais longo. Ao contrário da hélice α das proteínas (ver Figura 3-4), não há ligações de hidrogênio paralelas ao eixo da hélice do DNA. Esta propriedade permite ao DNA dobrar-se quando complexado a uma proteína de ligação ao DNA (Figura 4-5). O enovelamento do DNA é fundamental para o seu denso empacotamento na cromatina, o complexo proteína-DNA no qual o DNA nuclear ocorre nas células eucarióticas (Capítulo 6).

Por que o DNA evoluiu como o carreador da informação genética nas células, e não o RNA? O hidrogênio na posição 2′ da desoxirribose do DNA torna-o muito mais estável do que o RNA, o qual possui um grupo

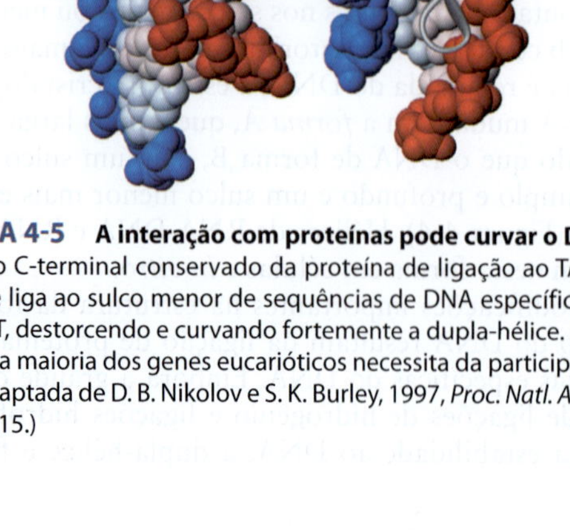

FIGURA 4-5 A interação com proteínas pode curvar o DNA. O domínio C-terminal conservado da proteína de ligação ao TATA *box* (TBP) se liga ao sulco menor de sequências de DNA específicas ricas em A e T, destorcendo e curvando fortemente a dupla-hélice. A transcrição da maioria dos genes eucarióticos necessita da participação da TBP. (Adaptada de D. B. Nikolov e S. K. Burley, 1997, *Proc. Natl. Acad. Sci. USA* **94:**15.)

hidroxila na posição 2′ da ribose (ver Figura 2-16). Os grupos 2′-hidroxila do RNA participam da hidrólise lenta catalisada pela OH- das ligações fosfodiéster em pH neutro (Figura 4-6). A ausência de grupos 2′-hidroxila no DNA previne tal processo. Portanto, a presença da desoxirribose no DNA torna-o uma molécula mais estável, uma característica essencial para sua função de armazenamento da informação genética a longo prazo.

O DNA pode sofrer separação reversível das fitas

Durante a replicação e a transcrição do DNA, as fitas da dupla-hélice precisam se separar para permitirem que as extremidades internas das bases pareiem com as bases dos nucleotídeos polimerizados nas novas cadeias polipeptídicas. Em seções posteriores, foram descritos os mecanismos celulares que separam e depois reassociam as fitas de DNA durante a replicação e a transcrição. Aqui, são discutidos fatores fundamentais que influenciam a separação e a reassociação das fitas do DNA. Estas propriedades do DNA foram elucidadas por experimentos *in vitro*.

O desenrolar e a separação das fitas do DNA, processo chamado de **desnaturação**, ou "*melting*", pode ser induzido experimentalmente pelo aumento da temperatura de uma solução de DNA. À medida em que a energia térmica aumenta, o aumento da movimentação molecular resultante eventualmente quebra as ligações de hidrogênio e outras forças que estabilizam a dupla-hélice; as fitas então se separam, afastadas por repulsão eletrostática das cadeias principais de desoxirribose-fosfato negativamente carregados de cada fita. Próximo à temperatura de desnaturação, um pequeno aumento de temperatura causa uma perda rápida, quase simultânea, das fracas interações múltiplas que mantêm as fitas unidas ao longo de toda a extensão das moléculas de DNA. Como os pares de bases empilhados no dúplex de DNA absorvem menos luz ultravioleta (UV) do que as bases não empilhadas no DNA de fita simples, isso leva a um aumento abrupto na absorção de luz UV, fenômeno conhecido como *hipercromicidade* (Figura 4-7a).

A temperatura de dissociação (*melting temperature*, T_m) na qual as fitas de DNA irão se separar depende de vários fatores. Moléculas que contêm uma proporção maior de pares G·C necessitam de temperaturas maiores para desnaturar porque as três ligações de hidrogênio que unem os pares G·C os tornam mais estáveis do que pares A·T, os quais possuem apenas duas ligações de hidrogênio. De fato, a porcentagem de pares G·C em uma amostra de DNA pode ser estimada a partir de sua T_m (Figura 4-7b). A concentração de íons também influencia a T_m porque os grupos fosfato negativamente carregados das duas fitas se encontram ligados a íons carregados positivamente. Quando a concentração de íons é baixa, esta proteção diminui, aumentando então as forças de repulsão entre as fitas e reduzindo a T_m. Agentes que desestabilizam as ligações de hidrogênio, como formamida e ureia, também reduzem a T_m. Por fim, valores de pH extremos desnaturam o DNA em baixas temperaturas.

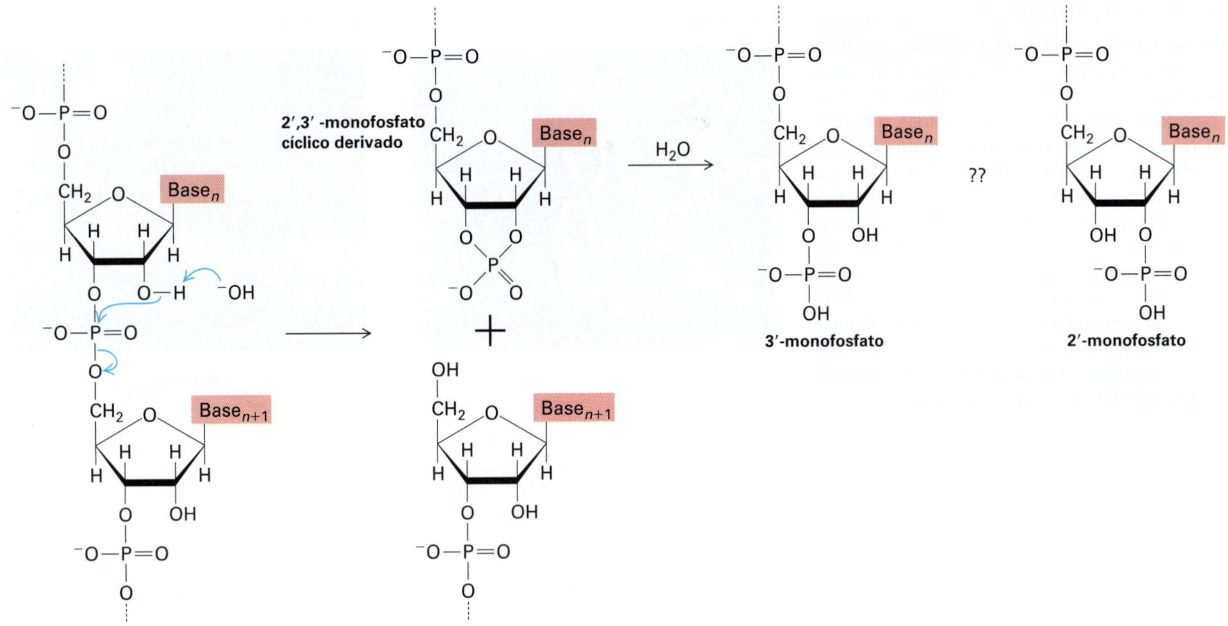

FIGURA 4-6 Hidrólise de RNA catalisada por base. O grupo 2′-hidroxila do RNA pode atuar como um nucleófilo, atacando a ligação fosfodiéster. O 2′,3′-monofosfato cíclico derivado é novamente hidrolisado a uma mistura de monofosfatos 2′ e 3′. Esse mecanismo de hidrólise da ligação fosfodiéster não é possível no DNA, o qual não possui grupos 2′-hidroxila. (Adaptada de Nelson et al., *Lehninger Principles of Biochemistry*, 4. ed., W. H. Freeman and Company.)

Sob pH baixo (ácido), as bases se tornam protonadas e, portanto, positivamente carregadas, repelindo-se umas às outras. Sob pH alto (alcalino), as bases perdem prótons e se tornam carregadas negativamente, repelindo-se outra vez por conta da carga semelhante. Nas células, o pH e a temperatura são constantes, na maior parte do tempo. Essas características da separação do DNA são mais úteis para a sua manipulação em um ambiente laboratorial.

As moléculas de DNA de fita simples que resultam da desnaturação formam espirais aleatórias sem uma estrutura organizada. Reduzir a temperatura, aumentar a concentração de íons ou neutralizar o pH causa a reassociação das duas fitas complementares em uma dupla-hélice perfeita. A extensão da *renaturação* depende do tempo, da concentração de DNA e da concentração iônica. Fitas de DNA com sequências não relacionadas permanecerão como espirais aleatórias e não irão se reassociar; mais importante do que isso, não impedirão que fitas de DNA complementares encontrem-se e renaturem. A desnaturação e a renaturação do DNA são a base da **hibridização** dos ácidos nucleicos, uma poderosa técnica utilizada para se estudar a relação entre duas amostras

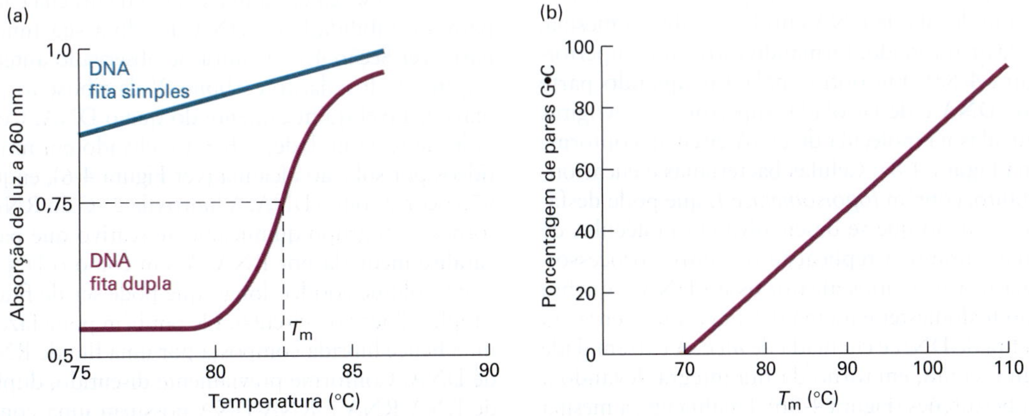

FIGURA EXPERIMENTAL 4-7 O conteúdo de G·C afeta a temperatura de dissociação (*melting*). A temperatura na qual o DNA desnatura aumenta com a proporção de pares G·C. (a) A dissociação do DNA de fita dupla pode ser monitorada pela absorção de luz ultravioleta a 260 nm. À medida que regiões de fita dupla se separam, a absorção de luz por tais regiões aumenta em quase duas vezes. A temperatura na qual metade das bases em uma amostra de DNA de fita dupla estão desnaturadas é representada por T_m ("temperatura de *melting*"). A absorção de luz pelo DNA de fita simples muda muito menos à medida que a temperatura aumenta. (b) A T_m é uma função do conteúdo de G·C do DNA; quanto maior a porcentagem de G+C, maior a T_m.

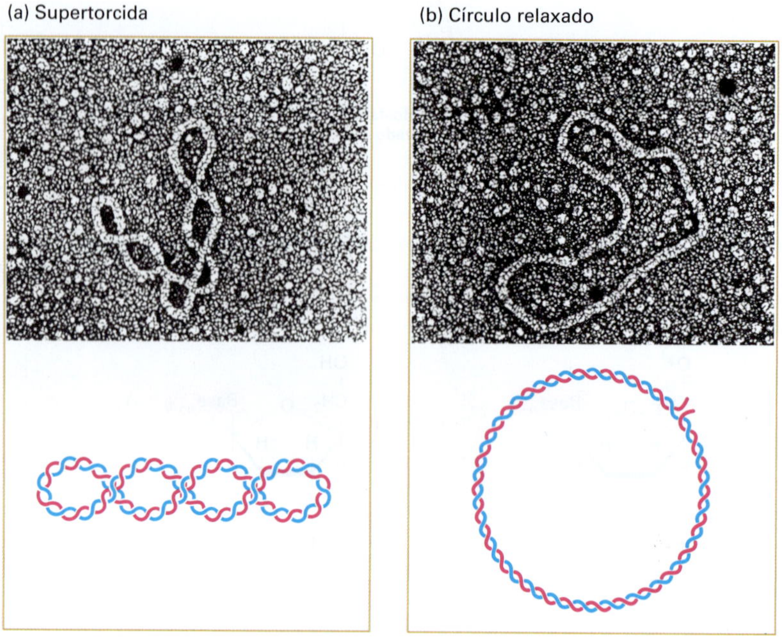

FIGURA EXPERIMENTAL 4-8 A topoisomerase I alivia o estresse torcional do DNA. (a) Micrografia eletrônica do DNA viral de SV40. Quando o DNA circular do vírus SV40 é isolado e separado de suas proteínas associadas, o dúplex de DNA fica insuficientemente enrolado e assume a configuração supertorcida. (b) Se um DNA supertorcido for cortado (i. e., clivado em uma das fitas), as fitas podem reenrolar, levando à perda de uma supertorção. A topoisomerase I catalisa essa reação e também religa as extremidades clivadas. Todas as supertorções no DNA de SV40 isolado podem ser removidas pela ação sequencial desta enzima, produzindo a conformação de círculo relaxado. Para maior clareza, as formas das moléculas na parte inferior foram simplificadas.

de DNA e para se detectar e isolar moléculas de DNA específicas em uma mistura contendo várias sequências diferentes (ver Figura 5-16).

O estresse torcional do DNA é revertido por enzimas

Vários DNAs genômicos bacterianos e virais são moléculas circulares. Moléculas de DNA circular também são encontradas nas mitocôndrias, as quais estão presentes em praticamente todas as células eucarióticas, e nos cloroplastos, presentes nos vegetais e em alguns eucariotos unicelulares.

Cada uma das duas fitas em uma molécula de DNA circular forma uma estrutura fechada sem extremidades livres. O desenrolar localizado de uma molécula de DNA circular, que ocorre durante a replicação do DNA, induz torção na porção remanescente da molécula porque as extremidades das fitas não estão livres para girarem. Como resultado, a molécula de DNA enrola-se sobre si mesma, como um elástico torcido, formando estruturas supertorcidas (Figura 4-8a). Em outras palavras, quando parte da hélice de DNA é desenrolada, supertorções levógiras são introduzidas na molécula de DNA circular, conforme ilustrado na Figura 4-8a. Células bacterianas e eucarióticas, no entanto, contêm *topoisomerase I*, que pode desfazer qualquer torção que se desenvolva em moléculas de DNA celular durante a replicação ou outros processos. Essa enzima liga-se a sítios aleatórios no DNA e quebra uma ligação fosfodiéster em uma das fitas. Tal quebra em uma única fita de DNA é chamada de *nick*. A extremidade rompida gira, então, em torno da fita íntegra, levando à perda de supertorções (Figura 4-8b). Finalmente, a mesma enzima une (liga) as duas extremidades da fita rompida. Outro tipo de enzima, a *topoisomerase II*, faz quebras em ambas as fitas de um DNA de fita dupla e as religa. Em consequência, a topoisomerase II pode desfazer torções e ao mesmo tempo ligar duas moléculas de DNA circular como elos em uma corrente.

Embora o DNA eucariótico nuclear seja linear, longas alças de DNA são fixadas em regiões dos cromossomos (Capítulo 6). Portanto, a torção e a consequente formação de super torções poderia também ocorrer durante a replicação do DNA nuclear. Assim como nas células bacterianas, a abundância de topoisomerase I nos núcleos eucarióticos desfaz qualquer torção que venha a se desenvolver no DNA nuclear na ausência dessa enzima.

Tipos diferentes de RNA exibem conformações variadas relacionadas a suas funções

A estrutura primária do RNA em geral assemelha-se à do DNA, com duas exceções: o açúcar que compõe o RNA, a ribose, possui um grupo hidroxila na posição 2′ (ver Figura 2-16b), e a timina do DNA é substituída pela uracila no RNA. A presença da timina em vez da uracila é importante para a estabilidade do DNA devido à sua função no reparo (ver Seção 4.7). Conforme observado anteriormente, o grupo hidroxila no carbono 2′ da ribose torna o RNA mais instável quimicamente do que o DNA. Como resultado dessa labilidade, o RNA é clivado em mononucleotídeos por solução alcalina (ver Figura 4-6), enquanto isso não ocorre com o DNA. A hidroxila 2′-C do RNA também fornece um grupo quimicamente reativo que participa da catálise mediada por RNA. Assim como o DNA, o RNA é um polinucleotídeo longo que pode ser de fita dupla ou simples, linear ou circular. Ele também pode fazer parte de uma hélice híbrida composta por uma fita de RNA e outra de DNA. Conforme previamente discutido, duplas-hélices de RNA-RNA e RNA-DNA possuem uma conformação compacta como a forma A do DNA (ver Figura 4-4b).

Ao contrário do DNA, que existe primariamente como uma dupla-hélice muito longa, a maioria dos RNAs celulares é de fita simples e exibe uma variedade de conformações (Figura 4-9). As diferenças de tamanho e conformação dos vários tipos de RNA permitem a rea-

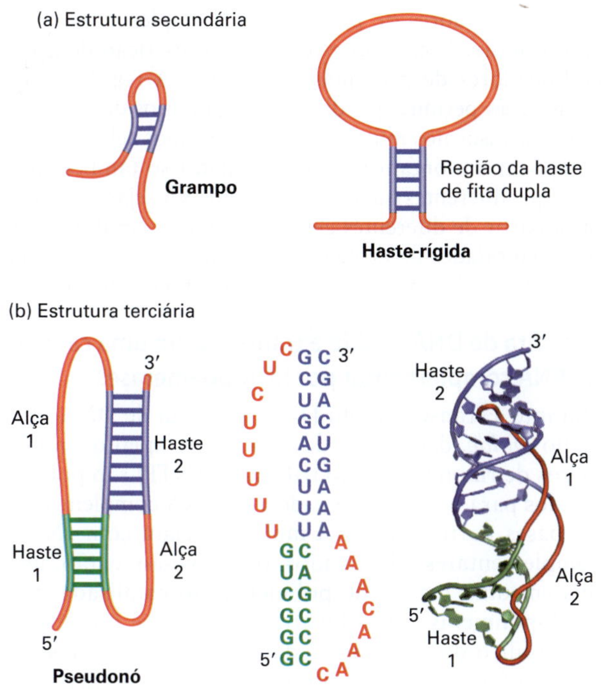

FIGURA 4-9 Estruturas secundária e terciária do RNA. (a) Hastes-rígidas, grampos e outras estruturas secundárias podem se formar por pareamento de bases entre segmentos complementares distantes de uma molécula de RNA. Nas hastes-rígidas, a alça de fita simples entre as fitas pareadas que formam a haste pode ter centenas ou mesmo milhares de nucleotídeos, enquanto nos grampos a pequena volta pode ter cerca de quatro nucleotídeos. (b) Pseudonós, um tipo de estrutura terciária de RNA, são formados pela interação de alças secundárias por meio do pareamento entre bases complementares. A estrutura apresentada forma o domínio central do RNA da telomerase humana. *À esquerda*: Diagrama da estrutura secundária com nucleotídeos pareados em verde e azul, e regiões de fita simples em vermelho. *No centro*: Sequência do domínio central do RNA da telomerase, com cores correspondentes ao diagrama da estrutura secundária à esquerda. *À direita*: Diagrama da estrutura do domínio central da telomerase determinado por 2D-NMR, mostrando bases apenas pareadas e um tubo representando a cadeia principal de açúcar-fosfato, com cores correspondentes ao diagrama à esquerda. (Parte (b) *no centro* e *à direita* adaptada de C. A. Theimer et al., 2005, *Mol. Cell* **17:**671.)

lização de funções específicas em uma célula. As estruturas secundárias mais simples nos RNAs de fita simples são formadas pelo pareamento de bases complementares. Os "grampos" são formados pelo pareamento de bases distantes cerca de 5 a 10 nucleotídeos umas das outras, e as "hastes-rígidas" , pelo pareamento de bases que estão separadas por mais de 10 até várias centenas de nucleotídeos. Essas estruturas simples podem cooperar na formação de estruturas terciárias mais complexas, uma das quais é denominada de "pseudonó".

Conforme discutido em detalhe a seguir, moléculas de tRNA assumem uma arquitetura tridimensional bem definida em solução que é crucial para a síntese de proteínas. Moléculas de rRNA maiores também possuem estruturas tridimensionais localmente bem definidas, com ligantes mais flexíveis entre si. Estruturas secundárias e terciárias também foram reorganizadas no mRNA, sobretudo próximo às extremidades das moléculas. Claramente, portanto, moléculas de RNA são como proteínas, no sentido de que possuem domínios estruturados conectados por porções flexíveis, menos estruturadas.

Os domínios enovelados das moléculas de RNA não apenas são análogos às fitas α e β encontradas nas proteínas, como também em alguns casos possuem capacidade catalítica. Tais RNAs catalíticos são chamados de **ribozimas.** Embora as ribozimas geralmente estejam associadas com proteínas que estabilizam sua estrutura, é o RNA que atua como catalisador. Algumas ribozimas podem catalisar o *splicing*, um processo notável no qual uma sequência interna de RNA é cortada e removida, e as duas cadeias resultantes são ligadas. Este processo ocorre durante a formação da maioria das moléculas de mRNA funcional nos eucariotos multicelulares e também em eucariotos unicelulares, como leveduras e arqueias. Extraordinariamente, alguns RNAs realizam *autosplicing*, residindo a atividade catalítica na sequência removida. Os mecanismos de *splicing* e *autosplicing* são discutidos em detalhe no Capítulo 8. Conforme observado a seguir, o rRNA desempenha um papel catalítico na formação de ligações peptídicas durante a síntese de proteínas.

Neste capítulo, são abordadas as funções do mRNA, do tRNA e do rRNA na expressão gênica. Em capítulos posteriores, serão analisados outros RNAs, geralmente associados com proteínas, que participam de outras funções celulares.

CONCEITOS-CHAVE da Seção 4.1

Estrutura de ácidos nucleicos

- O ácido desoxirribonucleico (DNA), o material genético, carrega a informação para especificar as sequências de aminoácidos das proteínas. É transcrito em vários tipos de ácido ribonucleico (RNA), como RNA mensageiro (mRNA), RNA de transferência (tRNA) e RNA ribossomal (rRNA), os quais atuam na síntese de proteínas (ver Figura 4-1).
- Todas as moléculas de DNA e a maioria dos RNAs são polímeros longos e não ramificados de nucleotídeos, os quais consistem em uma pentose fosforilada ligada a uma base orgânica, purina ou pirimidina.
- As purinas adenina (A) e guanina (G) e a pirimidina citosina (C) estão presentes no DNA e no RNA. A pirimidina timina (T) presente no DNA é substituída pela pirimidina uracila (U) no RNA.
- Nucleotídeos adjacentes em um polinucleotídeo são unidos por ligações fosfodiéster. A fita inteira possui uma direcionalidade química, da extremidade 5′ para a 3′ (ver Figura 4-2).
- O DNA nativo (DNA B) contém duas fitas polinucleotídicas antiparalelas e complementares torcidas em uma hélice destrógira com as bases no interior e as duas cadeias principais de açúcar-fosfato no exterior (ver Figura 4-3). O pareamento de bases entre as fitas e interações hidrofóbicas entre pares de bases adjacentes

empilhadas perpendicularmente ao eixo da hélice estabilizam esta estrutura.

- As bases dos ácidos nucleicos podem interagir por meio de ligações de hidrogênio. Os pares de base-padrão de Watson-Crick são G·C, A·T (no DNA), e G·C, A·U (no RNA). O pareamento de bases estabiliza as estruturas tridimensionais nativas do DNA e do RNA.
- A ligação de proteínas ao DNA pode deformar sua estrutura helicoidal, causando curvatura local ou desenrolamento da molécula de DNA.
- O calor provoca a separação das fitas de DNA (desnaturação). A temperatura de desnaturação (T_m) do DNA aumenta com a porcentagem de pares de base G·C. Sob condições adequadas, fitas complementares de ácido nucleico irão renaturar.
- Moléculas de DNA circular podem ser enroladas sobre si mesmas, formando supertorções (ver Figura 4-8). Enzimas chamadas topoisomerases podem aliviar a tensão de torção e remover as supertorções das moléculas de DNA circular. Moléculas de DNA lineares longas também podem sofrer estresse torcional porque alças longas são fixadas em regiões dos cromossomos.
- RNAs celulares são polinucleotídeos de fita simples, alguns dos quais formam estruturas secundárias e terciárias bem definidas (ver Figura 4-9). Alguns RNAs, chamados ribozimas, possuem atividade catalítica.

4.2 Transcrição de genes codificadores de proteínas e formação de mRNA funcional

A definição mais simples de um gene é "unidade de DNA que contém a informação para especificar a síntese de uma cadeia polipeptídica única ou de RNA funcional (tal como um tRNA)". As moléculas de DNA de vírus pequenos contêm apenas alguns poucos genes, enquanto a molécula de DNA única de cada cromossomo de animais e vegetais superiores pode conter vários milhares de genes. A grande maioria dos genes carrega informações para formar moléculas de proteína, e são as cópias de RNA de tais *genes codificadores de proteínas* que constituem as moléculas de mRNA das células.

Durante a síntese de RNA, a linguagem de quatro bases do DNA contendo A, G, C e T é simplesmente copiada, ou *transcrita*, na linguagem de quatro bases do RNA, a qual é idêntica, exceto pela substituição de T por U. Em contrapartida, durante a síntese proteica, a linguagem de quatro bases do DNA e do RNA é *traduzida* na linguagem de 20 aminoácidos das proteínas. Nesta seção, o foco será na formação de mRNAs funcionais a partir de genes codificadores de proteínas (ver Figura 4-1, etapa **1**). Um processo semelhante gera os precursores de rRNAs e tRNAs codificados por genes de rRNA e tRNA; estes precursores são, então, adicionalmente modificados para produzir rRNAs e tRNAs funcionais (Capítulo 8). De modo similar, milhares de **microRNAs** (**miRNAs**) que regulam a tradução de mRNAs-alvo específicos são transcritos em precursores por RNA-polimerases e processados em miRNAs funcionais (Capítulo 8). Outros RNAs não codificadores de proteínas (ou simplesmente "não codificadores") ajudam a regular a transcrição de genes codificadores de proteínas específicos. A regulação da transcrição permite que diferentes conjuntos de genes sejam expressos nos múltiplos diferentes tipos celulares que compõem um organismo multicelular. Isso também permite que diferentes quantidades de mRNA sejam transcritas a partir de diferentes genes, resultando em diferenças nas quantidades de proteínas codificadas em uma célula. A regulação da transcrição é abordada no Capítulo 7.

Uma fita de DNA-molde é transcrita em uma cadeia de RNA complementar por RNA-polimerases

Durante a transcrição do DNA, uma fita de DNA atua como *molde*, determinando a ordem na qual os monômeros de ribonucleosídeo trifosfato (rNTP) são polimerizados para formar uma cadeia de RNA complementar. As bases na fita de DNA-molde pareiam com rNTPs complementares adicionados, os quais são, então, unidos em uma reação de polimerização catalisada pela **RNA-polimerase**. A polimerização envolve um ataque nucleofílico do oxigênio 3′ da cadeia de RNA crescente ao fosfato α do próximo precursor nucleotídico a ser adicionado, resultando na formação de uma ligação fosfodiéster e na liberação de pirofosfato (PP_i). Como consequência desse mecanismo, as moléculas de RNA são sempre sintetizadas na direção 5′→3′ (Figura 4-10a).

A energética da reação de polimerização favorece bastante a adição de ribonucleosídeos à cadeia de RNA crescente porque a ligação de alta energia entre os fosfatos α e β dos monômeros de rNTP é substituída pela ligação fosfodiéster de baixa energia entre os nucleotídeos. O equilíbrio da reação é impulsionado em direção ao alongamento da cadeia pela pirofosfatase, uma enzima que catalisa a clivagem do PP_i liberado em duas moléculas de fosfato inorgânico. Assim como as duas fitas do DNA, a fita de DNA-molde e a fita de RNA crescente pareada a ela por complementariedade de bases possuem direcionalidade 5′→3′ oposta.

Por convenção, o sítio no DNA onde a RNA-polimerase inicia a transcrição é numerado +1 (Figura 4-10b). A jusante (*downstream*) denota a direção na qual uma fita-molde de DNA é transcrita; à montante (*upstream*), a direção oposta. Os nucleotídeos da sequência de DNA posicionados a jusante de um sítio de início são indicados por um sinal positivo (+); aqueles a montante, por um sinal negativo (-). Como o RNA é polimerizado na direção 5′→3′, a RNA-polimerase move-se ao longo da fita de DNA-molde na direção 3′→5′. O RNA recém-sintetizado é complementar à fita de DNA-molde; portanto, é idêntica à fita de DNA complementar ao molde, com a uracila no lugar da timina.

Etapas da transcrição Para realizar a transcrição, a RNA-polimerase desempenha várias funções diferentes, conforme ilustrado na Figura 4-11. Durante o *início* da transcrição, a RNA-polimerase, com o auxílio de fatores de iniciação discutidos posteriormente, reconhece e se liga a um sítio específico, chamado de **promotor**, no

DNA de fita dupla (etapa **1**). Após a ligação, a RNA--polimerase e os fatores de iniciação separam as fitas de DNA a fim de disponibilizar as bases na fita-molde para o pareamento com as bases dos nucleosídeos trifosfato que serão polimerizados. As RNA-polimerases e os fatores de iniciação dissociam de 12 a 14 pares de bases de DNA em torno do sítio de início da transcrição, o qual está localizado dentro da região promotora na fita-molde (etapa **2**). Isso possibilita a entrada da fita-molde no sítio catalítico da enzima que catalisa a formação da ligação fosfodiéster entre os ribonucleotídeos trifosfato complementares ao promotor no sítio de início da transcrição da fita-molde. A região dissociada de 12 a 14 pares de bases na polimerase é conhecida como *bolha de transcrição*. O início da transcrição é considerado completo quando os dois primeiros ribonucleotídeos de uma cadeia de RNA são unidos por uma ligação fosfodiéster (etapa **3**).

Após a polimerização de vários ribonucleotídeos, a RNA-polimerase se desliga do promotor no DNA e dos fatores gerais de transcrição. Durante a etapa de *alongamento da cadeia*, a RNA-polimerase se move ao longo do DNA-molde de uma base à outra, abrindo a fita dupla de DNA à frente da sua direção de movimento e guiando

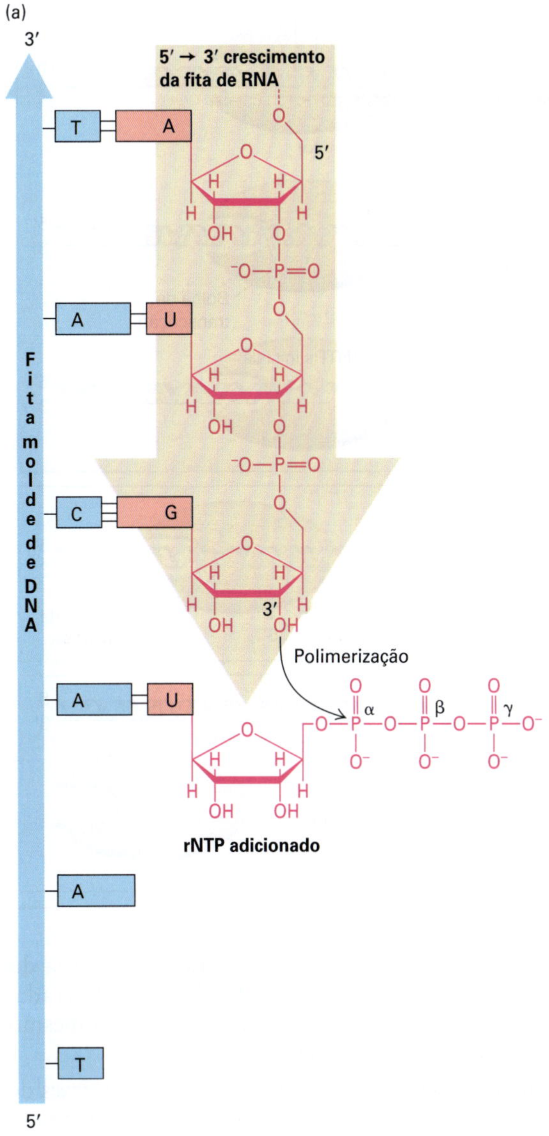

FIGURA 4-10 O RNA é sintetizado de 5′→3′. (a) Polimerização dos ribonucleotídeos pela RNA-polimerase durante a transcrição. O ribonucleotídeo a ser adicionado à extremidade 3′ de uma fita de RNA crescente é especificado pelo pareamento de bases entre a próxima base na fita de DNA molde e um ribonucleosídeo trifosfato (rNTP) complementar. Uma ligação fosfodiéster é formada quando a RNA--polimerase catalisa uma reação entre o O 3′da fita crescente e o fosfato α de um rNTP pareado corretamente. As fitas de RNA são sempre sintetizadas na direção 5′→3′ e opostas em polaridade às suas fitas--molde de DNA. (b) Convenções para descrever a transcrição do RNA. *Parte superior*: o nucleotídeo do DNA onde a RNA-polimerase começa a transcrição é designado +1. A polimerase se desloca no DNA no sentido a jusante, cadeia abaixo. DNA, e as bases são marcadas com números positivos. A direção oposta é a direção a montante, cadeia acima e as bases são identificadas por números negativos. Algumas características gênicas importantes estão na região a montante do sítio de início da transcrição, inclusive a sequência promotora que localiza a RNA-polimerase ao gene. *Parte inferior*: a fita de DNA que está sendo transcrita é a fita-molde; sua complementar, a fita não-molde. O RNA sintetizado é complementar à fita-molde e, portanto, idêntico à sequência da fita não-molde, exceto pela uracila no lugar da timina. (Parte (b) adaptada de Griffiths et al., *Modern Genetic Analysis*, 2. ed., W. H. Freeman and Company.)

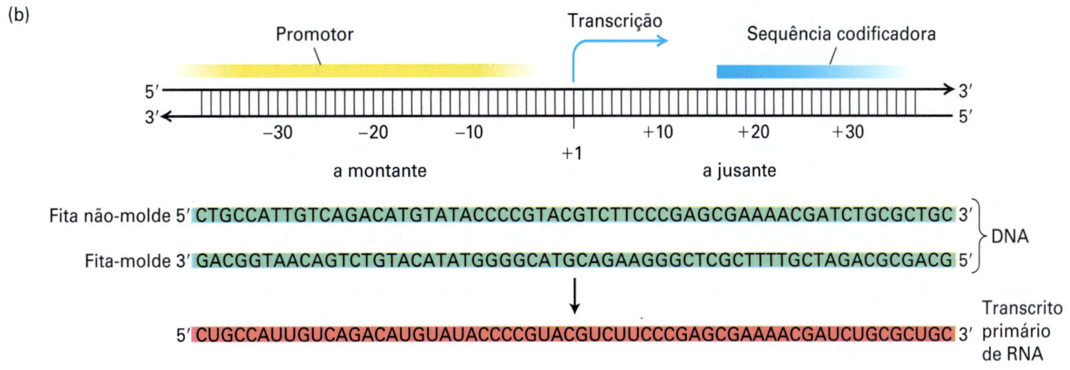

ANIMAÇÃO EM FOCO: Mecanismo transcricional básico

FIGURA 4-11 Três estágios da transcrição. Durante o início da transcrição, a RNA-polimerase forma uma bolha de transcrição e começa a polimerização de ribonucleotídeos (rNTPs) no sítio de início, que está localizado dentro da região promotora. Uma vez transcrita a região do DNA, as fitas separadas se reassociam em uma dupla-hélice. O RNA nascente é deslocado de sua fita-molde exceto em sua extremidade 3′. A extremidade 5′da fita de RNA sai da RNA-polimerase através de um canal na enzima. A terminação ocorre quando a polimerase encontra uma sequência de terminação específica (códon de parada). Ver o texto para mais detalhes. Para simplificação, o diagrama representa a transcrição de quatro voltas da hélice de DNA codificando cerca de 40 nucleotídeos de RNA. A maioria dos RNAs é consideravelmente maior, necessitando a transcrição de uma região mais longa do DNA.

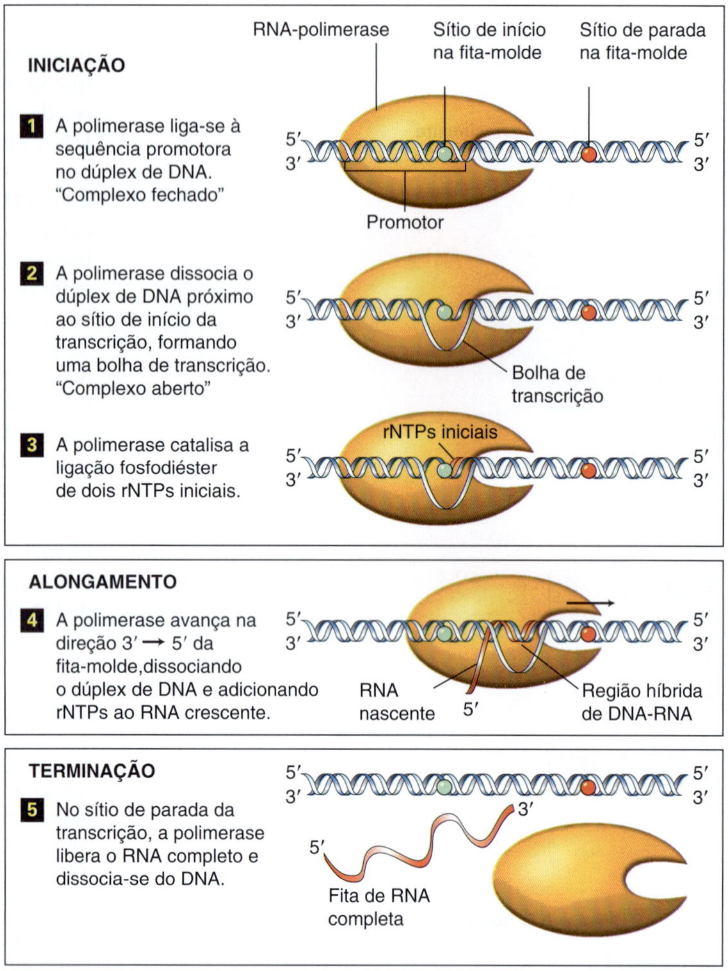
INICIAÇÃO
RNA-polimerase
Sítio de início na fita-molde
Sítio de parada na fita-molde
1 A polimerase liga-se à sequência promotora no dúplex de DNA. "Complexo fechado"
5′ 3′
5′ 3′
Promotor
2 A polimerase dissocia o dúplex de DNA próximo ao sítio de início da transcrição, formando uma bolha de transcrição. "Complexo aberto"
Bolha de transcrição
3 A polimerase catalisa a ligação fosfodiéster de dois rNTPs iniciais.
rNTPs iniciais
ALONGAMENTO
4 A polimerase avança na direção 3′ → 5′ da fita-molde,dissociando o dúplex de DNA e adicionando rNTPs ao RNA crescente.
RNA nascente
5′
Região híbrida de DNA-RNA
TERMINAÇÃO
5 No sítio de parada da transcrição, a polimerase libera o RNA completo e dissocia-se do DNA.
3′
5′
Fita de RNA completa

as fitas conjuntamente para que hibridizem na extremidade a montante da bolha de transcrição (Figura 4-11, etapa 4). Os ribonucleotídeos são adicionados um a um pela polimerase à extremidade 3′ da molécula de RNA crescente (*nascente*) durante o alongamento da cadeia. A enzima mantém uma região dissociada de aproximadamente 14 pares de bases na bolha de transcrição. Cerca de oito nucleotídeos da extremidade 3′ da fita crescente de RNA permanecem pareados à fita de DNA-molde na bolha de transcrição. O complexo de alongamento, formado por RNA-polimerase, DNA-molde e fita de RNA crescente (nascente), é extraordinariamente estável. Por exemplo, a RNA-polimerase transcreve o maior gene de mamífero conhecido, contendo cerca de 2 milhões de pares de bases, sem dissociar-se do DNA-molde ou liberá-lo do RNA nascente. A síntese de RNA ocorre a uma taxa de cerca de 1.000 nucleotídeos por minuto a 37°C; portanto, o complexo de alongamento deve permanecer intacto por mais de 24 horas para se assegurar a síntese de RNA contínua do pré-mRNA desse gene muito longo.

Durante a *terminação* da transcrição, a etapa final da síntese de RNA, a molécula de RNA completa é liberada da RNA-polimerase, e a polimerase se dissocia do DNA-molde (Figura 4-11, etapa 5). Uma vez liberada, a RNA-polimerase está livre para transcrever o mesmo gene novamente ou outro gene.

Estrutura das RNA-polimerases As RNA-polimerases de bactérias, arqueias e células eucarióticas são fundamentalmente semelhantes em estrutura e função. As RNA-polimerases bacterianas são compostas por duas grandes subunidades relacionadas (β' e β), duas cópias de uma subunidade menor (α) e uma cópia de uma quinta subunidade (ω) que não é essencial à transcrição ou à viabilidade celular, mas que estabiliza a enzima e auxilia a associação de suas subunidades. As RNA-polimerases de arqueia e eucariotos possuem várias subunidades pequenas adicionais associadas a esse complexo central, descrito no Capítulo 7. Diagramas esquemáticos do processo de transcrição geralmente mostram a RNA-polimerase ligada a uma molécula de DNA não curvada, como na Figura 4-11. Entretanto, a cristalografia por raios X e outros estudos de uma RNA-polimerase bacteriana em alongamento indicam que o DNA se curva na bolha de transcrição (Figura 4-12).

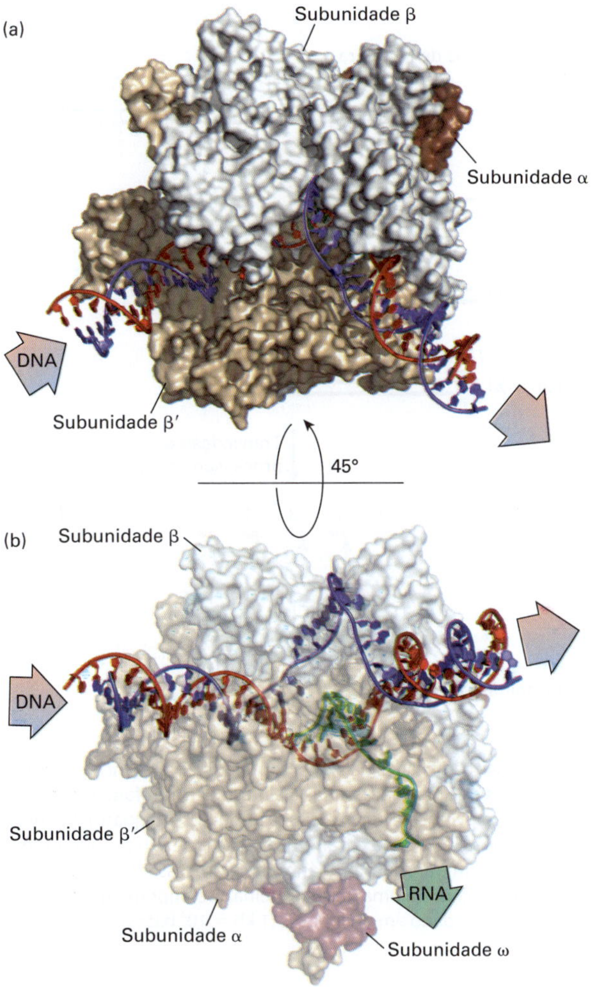

FIGURA 4-12 RNA-polimerase bacteriana. Esta estrutura corresponde à molécula da polimerase na fase de alongamento (etapa 4) da Figura 4-11. Nos diagramas, a transcrição está procedendo em direção à esquerda. Setas indicam onde o DNA a jusante entra na polimerase, e o DNA a montante sai em um ângulo a partir do DNA a jusante; a fita codificante está em vermelho, e a fita não codificante, em azul; o RNA nascente, em verde. A subunidade β′ da RNA-polimerase está em dourado, a β em cinza, e a subunidade α visível deste ângulo, em marrom. O diagrama superior é um modelo de preenchimento espacial do complexo de alongamento visto de um ângulo que enfatiza a curvatura do DNA à medida que ele passa através da polimerase. O complexo de alongamento é girado no diagrama inferior conforme mostrado, e as proteínas são representadas transparentes para revelar a estrutura da bolha de transcrição dentro da polimerase, que não é visível no modelo de volume atômico. Nucleotídeos complementares ao DNA molde são adicionados à extremidade 3′ da fita de RNA nascente (à esquerda). O RNA nascente recém-sintetizado sai da polimerase na parte inferior através de um canal formado entre as subunidades β e β′. A subunidade ω e a outra subunidade α são visíveis deste ângulo. (Cortesia de Seth Darst; ver N. Korzheva et al., 2000, *Science* **289**:619-625, e N. Opalka et al., 2003, *Cell* **114**:335-345.)

A organização dos genes é diferente no DNA de procariotos e eucariotos

Tendo delineado o processo de transcrição, agora será considerada brevemente a organização em larga escala da informação no DNA e como esta organização determina as necessidades de síntese de RNA de forma que a transferência da informação ocorra sem problemas. Recentemente, o sequenciamento de todo o **genoma** de múltiplos organismos revelou não apenas grandes variações no número de genes codificadores de proteínas, mas também diferenças em sua organização em bactérias e eucariotos.

O arranjo mais comum de genes codificadores de proteínas em todas as bactérias possui uma lógica poderosa e atraente: genes que codificam proteínas que atuam juntas (p. ex., as enzimas necessárias à síntese do aminoácido triptofano) com frequência são encontradas em arranjos contíguos no DNA. Tal arranjo de genes em um grupo funcional é chamado de **óperon**, porque opera como uma unidade a partir de um único promotor. A transcrição de um óperon produz uma fita contínua de mRNA que carrega a mensagem para uma série de proteínas relacionadas (Figura 4-13a). Cada seção do mRNA representa a unidade (ou gene) que codifica uma das proteínas da série. Este arranjo resulta na *expressão coordenada* de todos os genes do óperon. Toda vez que uma molécula de RNA-polimerase inicia a transcrição no promotor do óperon, todos os genes daquele óperon são transcritos e traduzidos. No DNA procariótico, os genes são localizados muito próximos com poucos espaços não codificadores, e o DNA é transcrito diretamente em mRNA. Como o DNA não está sequestrado em um núcleo nos procariotos, os ribossomos têm acesso imediato aos sítios de início de tradução nos mRNAs assim que emergem da superfície da RNA-polimerase. Em consequência, a tradução do mRNA começa ainda enquanto a extremidade 3′ do mRNA está sendo sintetizada no sítio ativo da RNA-polimerase.

Este agrupamento econômico dos genes dedicados a uma única função metabólica não ocorre nos eucariotos, mesmo nos mais simples, como as leveduras, as quais podem ser metabolicamente similares às bactérias. Ao contrário, genes eucarióticos que codificam proteínas que atuam juntas com frequência estão separados fisicamente no DNA; de fato, tais genes em geral estão localizados em cromossomos diferentes. Cada gene é transcrito a partir de seu próprio promotor, produzindo um mRNA, o qual é traduzido a um único polipeptídeo (Figura 4-13b).

Quando pesquisadores compararam pela primeira vez as sequências de nucleotídeos de mRNAs eucarióticos de organismos multicelulares com as sequências de DNA que os codificam, ficaram surpresos ao descobrir que a sequência contínua codificadora da proteína de um dado mRNA era descontínua em sua porção correspondente do DNA. Concluíram que o gene eucariótico existia em pedaços de sequência codificadora, os **éxons**, separados por segmentos não codificadores de proteína, os **íntrons**. Essa impressionante descoberta implicava que os íntrons seriam removidos do longo **transcrito primário** inicial – a cópia de RNA de toda a sequência transcrita de DNA – e que os éxons remanescentes seriam unidos para produzirem mRNAs eucarióticos.

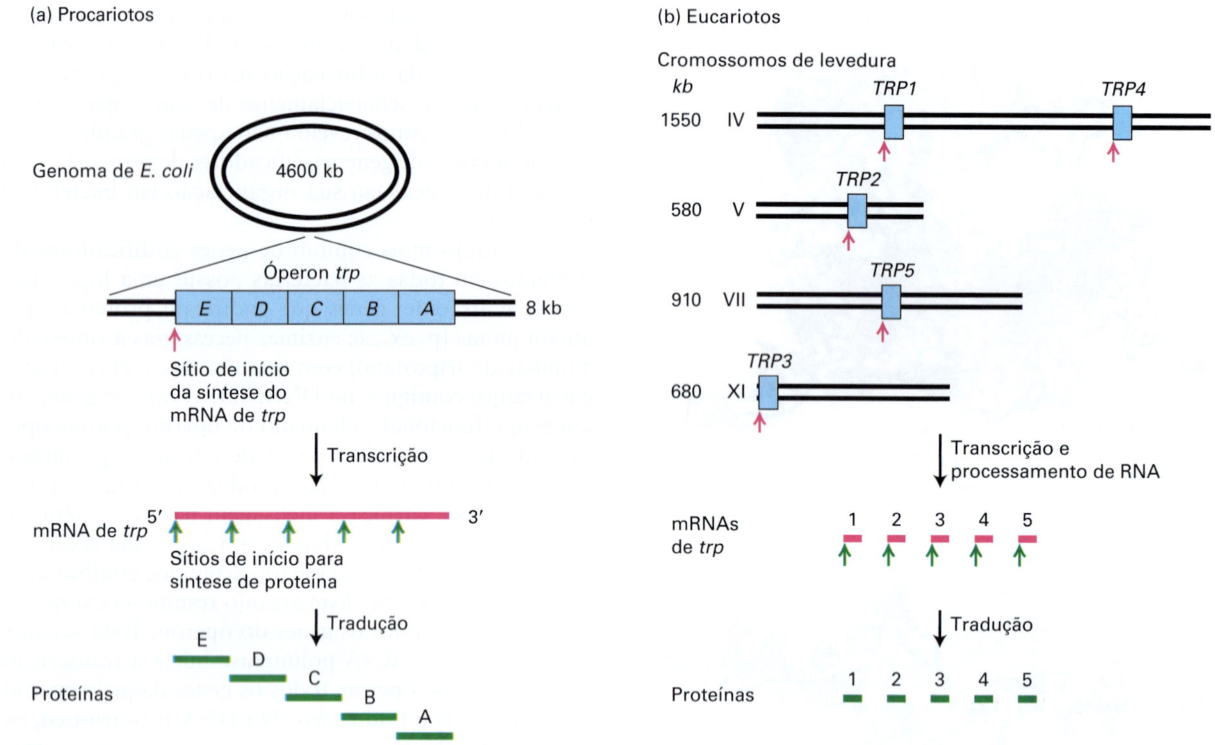

FIGURA 4-13 Organização gênica em procariotos e eucariotos. (a) O óperon do triptofano (*trp*) é um segmento contínuo do cromossomo de *E. coli*, contendo cinco genes (em azul) que codificam as enzimas necessárias para as etapas de síntese do triptofano. O óperon inteiro é transcrito a partir de um promotor em um mRNA de *trp* contínuo (em vermelho). A tradução deste mRNA começa em cinco sítios de início diferentes, produzindo cinco proteínas (em verde). A ordem dos genes no genoma bacteriano corresponde à função sequencial das proteínas codificadas na via do triptofano. (b) Os cinco genes que codificam as enzimas necessárias à síntese de triptofano em leveduras (*Saccharomyces cerevisiae*) estão distribuídos em quatro diferentes cromossomos. Cada gene é transcrito a partir de seu próprio promotor, gerando um transcrito primário que é processado em um mRNA funcional que codifica uma única proteína. O comprimento dos vários cromossomos é dado em quilobases (1 kb = 10^3 bases).

Embora sejam comuns em eucariotos multicelulares, os íntrons são extremamente raros em bactérias e arqueias, e incomuns em muitos eucariotos multicelulares, como leveduras. Entretanto, os íntrons estão presentes no DNA de vírus que infectam células eucarióticas. De fato, a presença de íntrons foi primeiramente descrita nestes vírus, cujo DNA é transcrito pelas enzimas da célula hospedeira.

mRNAs precursores eucarióticos são processados para formarem mRNAs funcionais

Nas células bacterianas, que não possuem núcleos, a tradução de um mRNA em proteína pode iniciar na extremidade 5′ do mRNA mesmo que a extremidade 3′ ainda esteja sendo sintetizada pela RNA-polimerase. Em outras palavras, transcrição e tradução ocorrem simultaneamente em bactérias. Nas células eucarióticas, entretanto, não apenas o local de síntese de RNA – o núcleo – é separado do sítio de tradução – o citoplasma – como também os transcritos primários de genes codificadores de proteína são mRNAs precursores (**pré-mRNAs**) que precisam passar por várias modificações, coletivamente chamadas de *processamento de RNA*, para originarem um mRNA funcional (ver Figura 4-1, etapa **2**). Este mRNA precisa, então, ser exportado para o citoplasma antes que possa ser traduzido em proteína. Dessa forma, a transcrição e a tradução não podem ocorrer de maneira simultânea em células eucarióticas.

Todos os pré-mRNAs eucarióticos são inicialmente modificados em suas duas extremidades, e essas modificações são mantidas nos mRNAs. Conforme emerge da superfície da RNA-polimerase, a extremidade 5′ de uma cadeia de RNA nascente é imediatamente atacada por várias enzimas que sintetizam o *cap 5′*, um grupo 7-metilguanilato conectado ao nucleotídeo terminal do RNA por uma ligação rara 5′, 5′ trifosfato (Figura 4-14). O *cap* protege um mRNA da degradação enzimática e auxilia em sua exportação para o citoplasma. O *cap* também é ligado a um fator proteico necessário ao início da tradução no citoplasma.

O processamento na extremidade 3′ de um pré-mRNA envolve a clivagem por uma endonuclease para gerar um grupo 3′-hidroxila livre ao qual se adiciona uma fita de resíduos de ácido adenílico um a um por uma enzima chamada *poli(A) polimerase*. A *cauda poli(A)* resultante contém de 100 a 250 bases, sendo mais curta em leveduras e invertebrados do que nos vertebrados. A poli(A) polimerase faz parte de um complexo de proteínas que pode localizar e clivar um transcrito em um sítio específico e então adicionar o número correto de resíduos A, em um processo que não necessita de molde.

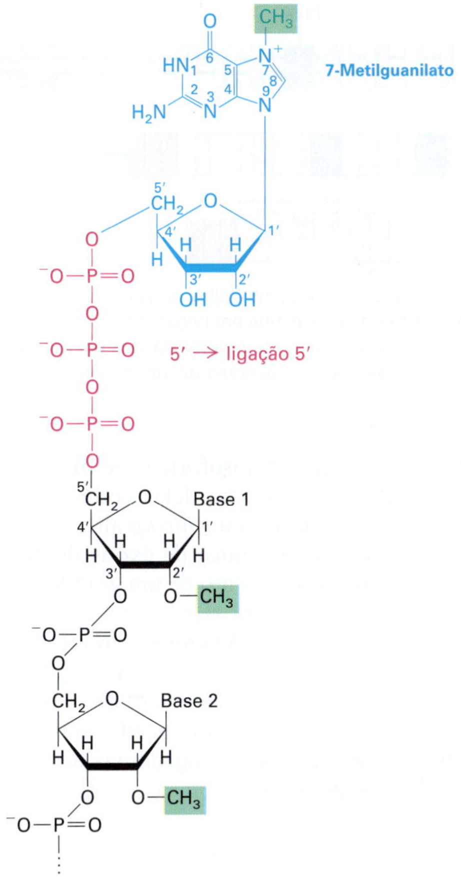

FIGURA 4-14 Estrutura do *cap* 5′ metilado. As características químicas distintas do *cap* 5′ metilado do mRNA eucariótico são (1) a ligação 5′→5′ do 7-metilguanilato ao nucleotídeo inicial da molécula de mRNA e (2) o grupo metil na hidroxila 2′ da ribose do primeiro nucleotídeo (base 1). Ambas características ocorrem em todas as células animais e vegetais superiores; as leveduras não apresentam o grupo metil no nucleotídeo 1. A ribose do segundo nucleotídeo (base 2) também é metilada nos vertebrados. (Ver A. J. Shatkin, 1976, *Cell* **9:**645.)

Outra etapa do processamento de muitas moléculas de mRNA eucarióticas diferentes é o ***splicing* do RNA**: a clivagem interna de um transcrito para remover os íntrons e unir os éxons codificadores. A Figura 4-15 resume as etapas básicas do processamento de mRNA eucariótico, utilizando o gene da β-globina como exemplo. Será analisada a maquinaria celular para realizar o processamento do mRNA, bem como do tRNA e do rRNA, no Capítulo 8.

Os mRNAs eucarióticos funcionais produzidos pelo processamento de RNA retêm regiões não codificadoras, designadas *regiões 5′ e 3′ não traduzidas* (*UTRs*), em cada extremidade. Em mRNAs de mamíferos, a UTR 5′ pode conter 100 ou mais nucleotídeos, e a UTR 3′ pode ter várias quilobases de comprimento. Os mRNAs bacterianos em geral também possuem UTRs 5′ e 3′, mas estas são bem mais curtas do que aquelas nos mRNAs eucarióticos, normalmente contendo menos de 10 nucleotídeos.

O *splicing* alternativo do RNA aumenta o número de proteínas expressas a partir de um único gene eucariótico

Ao contrário dos genes de bactéria e arqueia, a grande maioria dos genes em eucariotos multicelulares superiores contêm múltiplos íntrons. Conforme observado no Capítulo 3, muitas proteínas de eucariotos superiores

ANIMAÇÃO GERAL: Ciclo de vida de um mRNA

FIGURA 4-15 Visão geral do processamento do RNA. O processamento do RNA produz mRNAs funcionais em eucariotos. O gene da β-globina contém três éxons codificadores de proteína (constituindo a região codificadora, em vermelho) e dois íntrons intervenientes não codificadores (em azul). Os íntrons interrompem a sequência codificadora de proteínas entre os códons dos aminoácidos 31 e 32, e 105 e 106. A transcrição dos genes codificadores de proteínas eucarióticos começa antes da sequência que codifica o primeiro aminoácido e se estende para além da sequência que codifica o último aminoácido, resultando em regiões não codificantes (em cinza) nas extremidades do transcrito primário. Essas regiões não traduzidas (UTRs) são retidas durante o processamento. O *cap* 5′ (m^7Gppp) é adicionado durante a formação do transcrito primário de RNA, que se estende para além do sítio de poli(A). Após a clivagem do sítio de poli(A) e da adição de múltiplos resíduos de A à extremidade 3′, o *splicing* remove os íntrons e une os éxons. Os números pequenos referem-se às posições na sequência de 147 aminoácidos da β-globina.

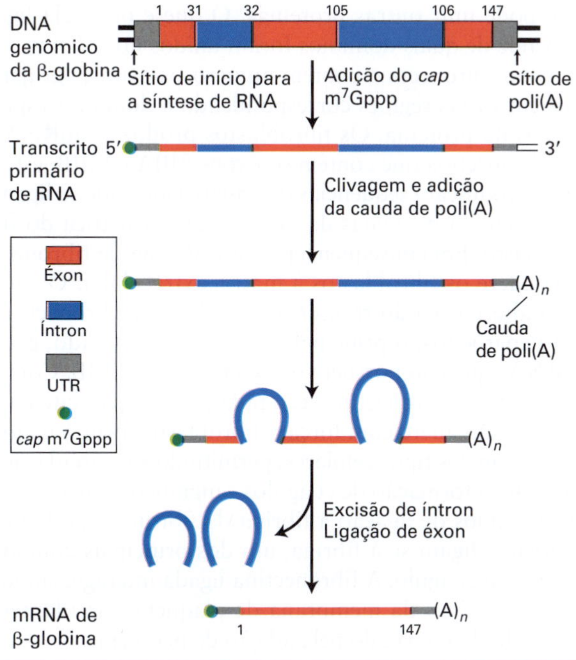

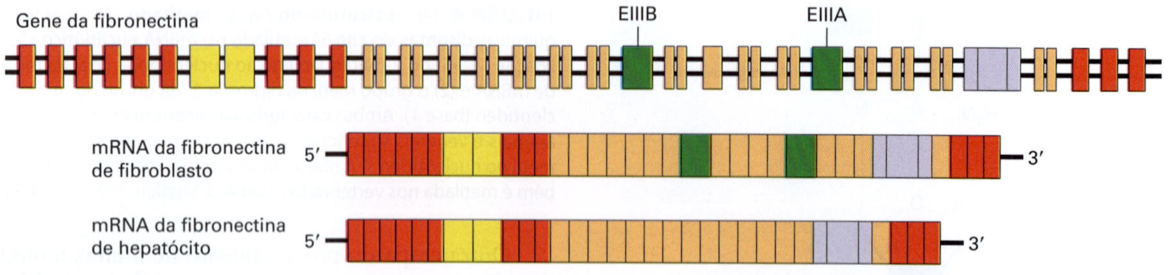

FIGURA 4-16 ***Splicing* alternativo.** O gene da fibronectina com cerca de 75 kb *(parte superior)* contém múltiplos éxons; o *splicing* da fibronectina varia de acordo com o tipo celular. Os éxons EIIIB e EIIIA (em verde) codificam domínios de ligação a proteínas específicas na superfície dos fibroblastos. O mRNA de fibronectina produzido nos fibroblastos inclui os éxons EIIIB e EIIIA, enquanto os éxons são removidos do mRNA da fibronectina em hepatócitos. Nesse diagrama, os íntrons (linhas pretas) não estão representados em escala; a maioria deles é muito maior do que qualquer um dos éxons.

possuem uma estrutura terciária com multidomínios (ver Figura 3-11). Domínios proteicos individuais repetidos são geralmente codificados por um éxon, ou por um pequeno número de éxons que codificam sequências de aminoácidos idênticas ou quase idênticas. Acredita-se que tais éxons repetidos tenham evoluído pela duplicação múltipla acidental de uma sequência de DNA localizada entre dois sítios em íntrons adjacentes, resultando na inserção de uma fita de éxons repetidos, separados por íntrons, entre os dois íntrons originais. A presença de múltiplos íntrons em muitos genes eucarióticos permite a expressão de múltiplas proteínas relacionadas a partir de um único gene por meio do ***splicing* alternativo**. Em eucariotos superiores, o *splicing* alternativo é um importante mecanismo para a produção de diferentes formas de uma proteína, chamadas de **isoformas**, por diferentes tipos celulares.

A fibronectina, uma proteína multidomínios encontrada em mamíferos, fornece um bom exemplo de *splicing* alternativo (Figura 4-16). A fibronectina é uma proteína adesiva longa, secretada no espaço extracelular, que pode unir outras proteínas. O que e onde ela liga depende de quais domínios foram unidos no *splicing*. O gene da fibronectina contém numerosos éxons, agrupados em várias regiões correspondendo a domínios específicos da proteína. Os fibroblastos produzem mRNAs de fibronectina que contêm os éxons EIIIA e EIIIB; estes éxons codificam sequências de aminoácidos que se ligam fortemente a proteínas da membrana plasmática do fibroblasto. Em consequência, essa isoforma de fibronectina adere os fibroblastos à matriz extracelular. O *splicing* alternativo do transcrito primário da fibronectina em hepatócitos, o principal tipo celular do fígado, gera mRNAs que não possuem os éxons EIIIA e EIIIB. Como resultado, a fibronectina secretada pelos hepatócitos no sangue não adere com força a fibroblastos nem à maioria dos outros tipos celulares, permitindo sua circulação. Durante a formação de coágulos sanguíneos, entretanto, os domínios de ligação à fibrina da fibronectina de hepatócitos ligam-se à fibrina, um dos principais componentes do coágulo. A fibronectina ligada interage, então, com integrinas da membrana de plaquetas circulantes, expandindo o coágulo pela adição de plaquetas.

Mais de 20 diferentes isoformas de fibronectina foram identificadas, cada uma delas codificada por um mRNA diferente, que sofreu *splicing* alternativo, e contendo uma combinação única de éxons do gene de fibronectina. O sequenciamento de um grande número de mRNAs isolados de vários tecidos e a comparação de suas sequências com o DNA genômico revelou que cerca de 90% de todos os genes humanos são expressos como mRNAs formados por *splicing* alternativo. Claramente, o *splicing* alternativo de RNA expande muito o número de proteínas codificadas pelos genomas de organismos multicelulares superiores.

CONCEITOS-CHAVE da Seção 4.2

Transcrição de genes codificadores de proteína e formação de mRNA funcional

- A transcrição do DNA é realizada pela RNA-polimerase, que adiciona um ribonucleotídeo por vez à extremidade 3′ de uma cadeia de RNA crescente (ver Figura 4-11). A sequência da fita-molde de DNA determina a ordem na qual os ribonucleotídeos são polimerizados para formar uma cadeia de RNA.
- Durante o início da transcrição, a RNA-polimerase liga-se a um sítio específico no DNA (o promotor), dissociando localmente a fita dupla de DNA para expor a fita-molde não pareada, e polimeriza os dois primeiros nucleotídeos complementares à fita-molde. A região dissociada de 12 a 14 pares de bases é conhecida como bolha de transcrição.
- Durante o alongamento da fita, a RNA-polimerase move-se ao longo do DNA, dissociando-o à frente da polimerase de maneira que o molde possa entrar no sítio ativo da enzima e permitindo que as fitas complementares à região recém-transcrita se associem novamente atrás dele. A bolha de transcrição move-se com a polimerase à medida que a enzima adiciona ribonucleotídeos complementares à fita-molde na extremidade 3′ da cadeia de RNA crescente.
- Quando a RNA-polimerase alcança uma sequência de terminação no DNA, a enzima interrompe a transcrição, levando à liberação do RNA completo e à dissociação da enzima do DNA-molde.

- No DNA de procariotos, vários genes codificadores de proteínas costumam estar agrupados em uma região funcional, um óperon, o qual é transcrito a partir de um único promotor em um mRNA que codifica múltiplas proteínas com funções relacionadas (ver Figura 4-13a). A tradução de um mRNA bacteriano pode começar antes que a síntese do mRNA tenha terminado.
- No DNA eucariótico, cada gene codificador de proteína é transcrito a partir de seu próprio promotor. O transcrito primário inicial com frequência contém regiões não codificadoras (íntrons) intercaladas com regiões codificadoras (éxons).
- Transcritos primários eucarióticos devem passar pelo processamento de RNA para gerar RNAs funcionais. Durante o processamento, as extremidades de quase todos os transcritos primários dos genes codificadores de proteína são modificadas pela adição de um *cap* 5′ e de uma cauda poli(A) 3′. Os transcritos de genes que possuem íntrons sofrem *splicing*, a remoção dos íntrons e a junção dos éxons (ver Figura 4-15).
- Os domínios individuais de proteínas multidomínios encontradas em eucariotos superiores são codificados por éxons individuais ou por um pequeno número de éxons. Diferentes isoformas dessas proteínas geralmente são expressas em tipos celulares específicos como resultado do *splicing* alternativo de éxons.

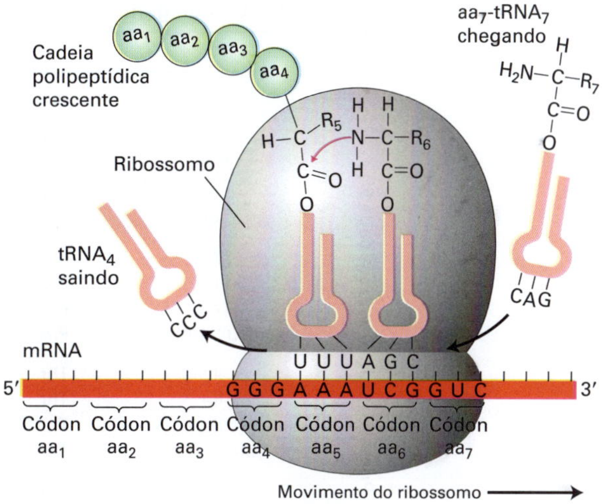

FIGURA 4-17 Os três papéis do RNA na síntese de proteínas. O RNA mensageiro (mRNA) é traduzido em proteína pela ação conjunta do RNA de transferência (tRNA) e do ribossomo, composto por numerosas proteínas e três (bacteriano) ou quatro (eucariótico) moléculas de RNA ribossomal (rRNA) (não representadas). Observe-se o pareamento de bases entre os anticódons do tRNA e os códons complementares no mRNA. A formação de uma ligação peptídica entre o grupo amino N no aa-tRNA que chega e o C carboxiterminal na cadeia de proteína crescente (em verde) é catalisada por um dos rRNAs. aa = aminoácido; R= grupo lateral. (Adaptada de A. J. F. Griffiths et al., 1999, *Modern Genetic Analysis*, W. H. Freeman and Company.)

4.3 Decodificação de mRNA por tRNAs

Embora o DNA armazene a informação para a síntese de proteínas e o mRNA transmita as instruções codificadas no DNA, a maioria das atividades biológicas é realizada por proteínas. Como visto no Capítulo 3, a ordem linear dos aminoácidos em cada proteína determina sua estrutura tridimensional e sua atividade. Por esse motivo, a formação de aminoácidos em sua ordem correta, conforme codificado no DNA, é crítica para a produção de proteínas funcionais e, portanto, para o funcionamento adequado de células e organismos.

A tradução consiste no processo total pelo qual a sequência de nucleotídeos de um mRNA é utilizada como um molde para unir os aminoácidos em uma cadeia polipeptídica na ordem correta (ver Figura 4-1, etapa **3**). Em células eucarióticas, a síntese de proteínas ocorre no citoplasma, onde três tipos de moléculas de RNA se unem para realizar funções diferentes, mas cooperativas (Figura 4-17):

1. **RNA mensageiro** (**mRNA**) carrega a informação genética transcrita a partir do DNA de maneira linear. O mRNA é lido em conjuntos de sequências de três nucleotídeos, chamadas **códons**, cada um dos quais especifica um determinado aminoácido.
2. **RNA de transferência** (**tRNA**) é a chave para decifrar os códons do mRNA. Cada tipo de aminoácido tem seu próprio conjunto de tRNAs, que se ligam ao aminoácido e o carregam para a extremidade crescente de uma cadeia polipeptídica quando o próximo códon do mRNA chama por ele. O correto tRNA com seu aminoácido ligado é selecionado em cada etapa porque cada molécula de tRNA específica contém uma sequência de três nucleotídeos, um **anticódon**, que pareia com seu códon complementar no mRNA.
3. **RNA ribossomal** (**rRNA**) se associa a um conjunto de proteínas para formar **ribossomos**. Essas estruturas complexas, que se movem fisicamente ao longo da molécula de mRNA, catalisam a polimerização de aminoácidos em cadeias polipeptídicas. Também se ligam a tRNAs e a várias proteínas acessórias necessárias à síntese de proteínas. Os ribossomos são compostos por uma subunidade grande e outra pequena, cada uma delas com sua própria molécula (ou moléculas) de rRNA.

Os três tipos de RNA participam na síntese de proteínas em todos os organismos. Nesta seção, o foco será na decodificação do mRNA por adaptadores de tRNA e como a estrutura de cada um dos RNAs se relaciona com sua tarefa específica. Como atuam junto com rRNA, ribossomos e outros fatores proteicos da síntese de proteínas são detalhados na seção seguinte. Como a tradução é essencial à síntese de proteínas, os dois processos são indistintamente denominados. Entretanto, as cadeias polipeptídicas resultantes da tradução sofrem enovelamento pós-traducional e outras modificações (p. ex., modificações químicas, associação com outras cadeias) necessárias à produção de proteínas maduras e funcionais (Capítulo 3).

TABELA 4-1 Código genético (códons para aminoácidos)*

Primeira posição (extremidade 5')	Segunda posição: U	C	A	G	Terceira posição (extremidade 3')
U	Phe	Ser	Tyr	Cys	U
U	Phe	Ser	Tyr	Cys	C
U	Leu	Ser	Stop	Stop	A
U	Leu	Ser	Stop	Trp	G
C	Leu	Pro	His	Arg	U
C	Leu	Pro	His	Arg	C
C	Leu	Pro	Gln	Arg	A
C	Leu (Met)*	Pro	Gln	Arg	G
A	Ile	Thr	Asn	Ser	U
A	Ile	Thr	Asn	Ser	C
A	Ile	Thr	Lys	Arg	A
A	Met (início)	Thr	Lys	Arg	G
G	Val	Ala	Asp	Gly	U
G	Val	Ala	Asp	Gly	C
G	Val	Ala	Glu	Gly	A
G	Val (Met)*	Ala	Glu	Gly	G

* AUG é o códon de iniciação mais comum; GUG costuma codificar valina, e CUG, leucina, mas, raramente, estes códons também podem codificar metionina e iniciar uma cadeia de proteína.

O RNA mensageiro carrega a informação do DNA em um código genético de três letras

Como mencionado, o **código genético** utilizado pelas células é em *tripletes*, onde cada sequência de três nucleotídeos, ou códon, é "lida" a partir de um ponto de início específico no mRNA. Dos 64 códons possíveis no código genético, 61 especificam aminoácidos individuais e três são códons de parada. A Tabela 4-1 mostra que a maioria dos aminoácidos é codificada por mais de um códon. Apenas dois – metionina e triptofano – possuem um único códon; no outro extremo, leucina, serina e arginina são especificados, cada um deles, por seis códons diferentes. Os diferentes códons para um dado aminoácido são chamados de sinônimos. O código propriamente dito é chamado de *degenerado*, ou seja, um determinado aminoácido pode ser especificado por múltiplos códons.

A síntese de todas as cadeias polipeptídicas em células procarióticas e eucarióticas começa com o aminoácido metionina. Em bactérias, uma forma especializada de metionina é usada com um grupo formil ligado ao grupo amino. Na maioria dos mRNAs, o *códon de início* (*iniciador*) que especifica a metionina aminoterminal é o AUG. Em alguns mRNAs bacterianos, utiliza-se GUG como códon iniciador, e, ocasionalmente, CUG, como um códon iniciador de metionina em eucariotos. Três códons, UAA, UGA e UAG, não especificam aminoácidos, mas constituem *códons de parada* (*terminação*) que marcam o final carboxil de cadeias polipeptídicas em quase todas as células. A sequência de códons que vai de um códon de início específico até um códon de parada é chamada de **fase de leitura**. Esse arranjo linear preciso de ribonucleotídeos em grupos de três no mRNA especifica a sequência linear precisa de aminoácidos em uma cadeia polipeptídica e também sinaliza onde a síntese da cadeia começa e termina.

Como o código genético é um código de tripletes não sobrepostos sem divisões entre códons, um determinado mRNA poderia ser, teoricamente, traduzido em três fases de leitura diferentes. De fato, demonstrou-se que alguns mRNAs contêm informações sobrepostas que podem ser traduzidas em diferentes fases de leitura, produzindo diferentes polipeptídeos (Figura 4-18). A grande maioria dos mRNAs, no entanto, pode ser lida em apenas uma fase de leitura porque códons de parada encontrados nas outras duas fases de leitura possíveis terminam a tradução antes da produção de uma proteína funcional. Muito raramente, outro arranjo de codificação incomum ocorre por conta da *mudança de fase de leitura*. Nesse caso, a maquinaria de síntese proteica pode ler quatro nucleotídeos como um aminoácido e então continuar lendo os tripletes, ou pode voltar uma base e ler todos os tripletes subsequentes na nova fase de leitura até que o término da cadeia ocorra. Apenas alguns casos como este são conhecidos.

O significado de cada códon é o mesmo na maioria dos organismos conhecidos – um forte argumento de que a vida na Terra evoluiu apenas uma vez. De fato, o código genético apresentado na Tabela 4-1 é conhecido como o *código universal*. Entretanto, descobriu-se que o código genético difere em alguns códons em muitas mitocôndrias, em protozoários ciliados e em *Acetabularia*, um vegetal unicelular. Conforme mostrado na Tabela 4-2, a maioria das mudanças envolve a leitura de códons de parada normais como aminoácidos, não a troca de um aminoácido por outro. Essas exceções ao código universal foram provavelmente desenvolvidas tardiamente durante a evolução; isto é, não houve momento em que o código era imutavelmente fixo, embora grandes alterações não tenham sido toleradas, uma vez que o código geral começou a funcionar prematuramente durante a evolução.

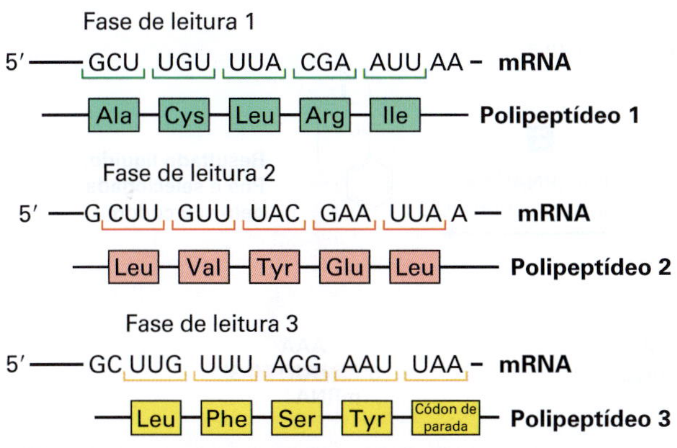

FIGURA 4-18 Múltiplas fases de leitura em uma sequência de mRNA. Se a tradução da sequência de mRNA apresentada começar em três diferentes sítios de início a montante (não representados), então três fases de leitura sobrepostas são possíveis. Neste exemplo, os códons são deslocados uma base para a direita na fase de leitura do meio e duas bases para a direita na terceira fase, que termina em um códon de parada. Como resultado, a mesma sequência nucleotídica especifica diferentes aminoácidos durante a tradução. Embora regiões de sequência traduzidas em duas das três possíveis fases de leitura sejam raras, há exemplos em procariotos e eucariotos, especialmente em seus vírus, nos quais a mesma sequência é utilizada em dois mRNAs alternativos expressos a partir da mesma região do DNA, e a sequência é lida em uma fase de leitura em um mRNA e em uma fase alternativa no outro mRNA. Existem ainda alguns casos em que a mesma sequência curta é lida nas três fases de leitura possíveis.

A estrutura tridimensional do tRNA é responsável por suas funções decodificadoras

A tradução, ou decodificação, da linguagem de quatro nucleotídeos do DNA e do mRNA na linguagem de 20 aminoácidos das proteínas necessita de tRNAs e enzimas chamadas *aminoacil-tRNA-sintetases*. Para participar da síntese proteica, uma molécula de tRNA deve se tornar quimicamente ligada a um determinado aminoácido por uma ligação de alta energia, formando um **aminoacil-tRNA** (Figura 4-19). O anticódon do tRNA então pareia com um códon no mRNA de maneira que o aminoácido ativado pode ser adicionado à cadeia polipeptídica crescente (ver Figura 4-17).

Cerca de 30 a 40 tRNAs diferentes foram identificados em células bacterianas e de 50 a 100 em células animais e vegetais. Assim, o número de tRNAs na maioria das células é maior do que o número de aminoácidos usados na síntese proteica (20) e também difere do número de códons de aminoácidos no código genético (61). Em consequência, muitos aminoácidos têm mais de um tRNA ao qual podem se ligar (explicando como pode haver mais tRNAs do que aminoácidos); além disso, muitos tRNAs podem parear com mais de um códon (explicando como pode haver mais códons do que tRNAs).

A função das moléculas de tRNA, as quais têm de 70 a 80 nucleotídeos, depende de suas estruturas tridimensionais precisas. Em solução, todas as moléculas de tRNA se enovelam em um arranjo semelhante haste-rígida que lembra um trevo de quatro folhas quando desenhado em duas dimensões (Figura 4-20a). As quatro hastes são dupla-hélices curtas estabilizadas por pareamento de Watson-Crick; três das quatro hastes possuem alças contendo sete ou oito bases em suas extremidades, enquanto a haste restante, sem alças, contém as extremidades 3′ e 5′ livres da cadeia. Os três nucleotídeos que compõem o anticódon estão localizados no meio da alça central, em uma posição acessível que facilita o pareamento de bases entre códon e anticódon. Em todos os tRNAs, a extremidade 3′ da *haste aceptora* de aminoácidos possui a sequência CCA, na maior parte dos casos adicionada após a síntese e o processamento do tRNA. Várias bases na maioria dos tRNAs são modificadas após a transcrição, criando nucleotídeos fora do padrão, como inosina, di-hidrouridina e pseudouridina. Como será visto, sabe-se que algumas destas bases modificadas têm papel importante na síntese proteica. Vista em três dimensões, a molécula de tRNA enovelada possui um formato de L no qual a alça do anticódon e a haste aceptora formam as extremidades dos dois braços (Figura 4-20b).

O pareamento de bases fora do padrão geralmente ocorre entre códons e anticódons

Se fosse exigido um pareamento perfeito de bases de Watson-Crick entre códons e anticódons, as células deveriam conter pelo menos 61 tipos diferentes de tRNAs, um para cada códon que especifica um aminoácido. Como observado, no entanto, muitas células contêm menos de 61 tRNAs. A explicação para o número menor é a capacidade de um único anticódon de tRNA em reconhecer mais de um, mas não necessariamente todo, códon correspondente a um determinado aminoácido. O reconhecimento mais amplo pode ocorrer devido ao pareamento incomum entre bases na posição chamada

TABELA 4-2 Desvios conhecidos do código genético universal

Códon	Código universal	Código incomum*	Ocorrência
UGA	Parada	Trp	*Mycoplasma*, *Spiroplasma*, mitocôndrias de várias espécies
CUG	Leu	Thr	Mitocôndrias de leveduras
UAA, UAG	Parada	Gln	*Acetabularia*, *Tetrahymena*, *Paramecium*, etc.
UGA	Parada	Cys	Euplotes

* Encontrado em genes nucleares dos organismos listados e em genes mitocondriais como indicado.
FONTE: S. Osawa et al., 1992, *Microbiol. Rev.* **56**:229.

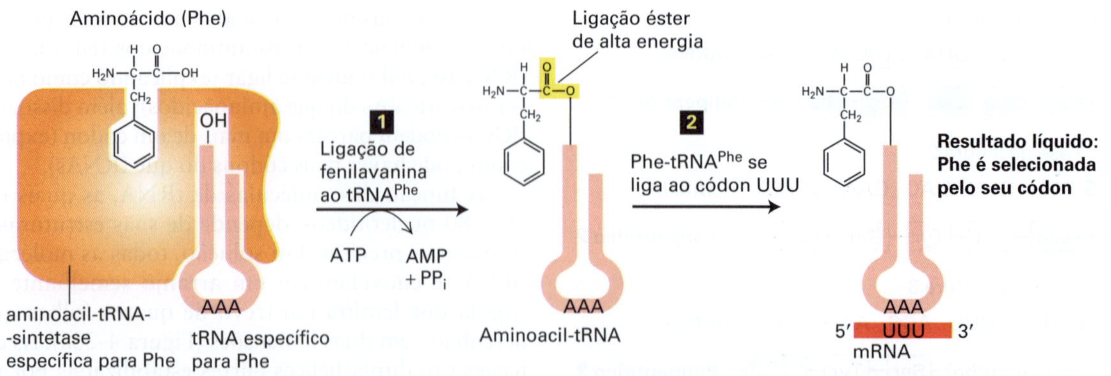

FIGURA 4-19 Decodificando a sequência de ácido nucleico em sequência de aminoácido. O processo para traduzir sequências de ácido nucleico de mRNA para sequências de aminoácidos de proteínas envolve duas etapas. Etapa **1**: uma aminoacil-tRNA-sintetase acopla um aminoácido específico, por meio de uma ligação éster de alta energia (em amarelo), na hidroxila 2′ ou 3′ da adenosina terminal no tRNA correspondente. Etapa **2**: uma sequência de três bases do tRNA (o anticódon) pareia com um códon do mRNA, especificando o aminoácido ligado. Se um erro ocorrer em alguma das etapas, o aminoácido errado pode ser incorporado a uma cadeia polipeptídica. Phe = fenilalanina.

de *oscilante*: a terceira base (3′) em um códon de mRNA e a primeira base (5′) correspondente em seu anticódon no tRNA.

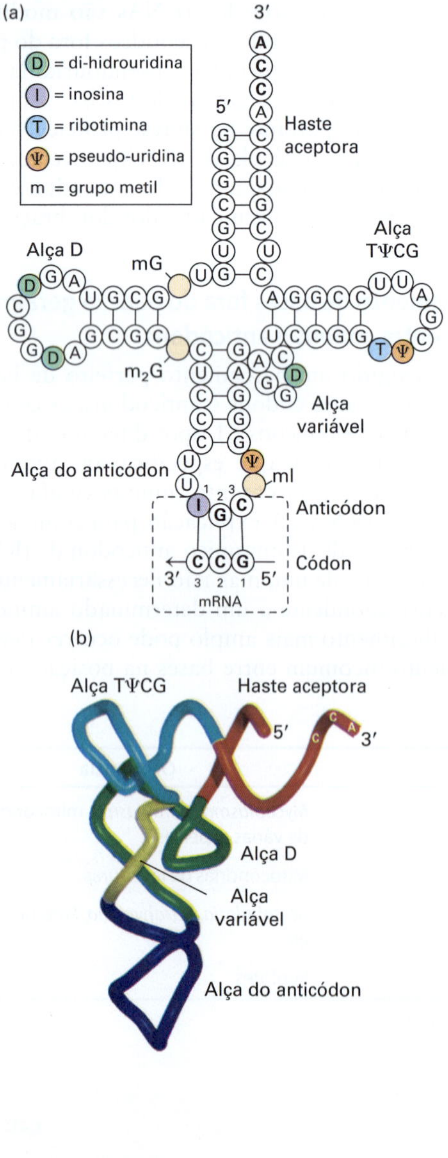

A primeira e a segunda bases de um códon quase sempre formam pares de base padrão de Watson-Crick com a terceira e a segunda bases, respectivamente, do anticódon correspondente, mas quatro interações fora do padrão podem ocorrer entre bases na posição oscilante. É de particular importância o par de base G·U que se encaixa estruturalmente tão bem quanto o par padrão G·C. Assim, um determinado anticódon no tRNA contendo G na primeira posição (oscilante) pode parear com os dois códons correspondentes que possuem qualquer uma das pirimidinas (C ou U) na terceira posição (Figura 4-21). Por exemplo, os códons de fenilalanina UUU e UUC (5′→3′) são ambos reconhecidos pelo tRNA que possui GAA (5′→3′) como anticódon. Na verdade, quaisquer dois códons do tipo NNPir (N = qualquer base; Pir = pirimidina) codificam um único aminoácido e são decodificados por um único tRNA contendo G na primeira posição (oscilante) do anticódon.

Embora a adenina raramente seja encontrada na posição oscilante do anticódon, muitos tRNAs em plantas e animais contêm inosina (I), um produto desaminado da adenina, nesta posição. A inosina pode formar pares de base fora do padrão com A, C e U. Um tRNA com inosina na posição oscilante pode assim reconhecer os códons de mRNA correspondentes com A, C ou U na terceira posição (ver Figura 4-21). Por tal motivo, tRNAs que

FIGURA 4-20 Estrutura dos tRNAs. (a) Embora a sequência exata de nucleotídeos varie entre os tRNAs, todos se enovelam em hastes com quatro bases pareadas e três alças. A sequência CCA na extremidade 3′ também é encontrada em todos os tRNAs. A ligação de um aminoácido ao A 3′ produz um aminoacil-tRNA. Alguns dos resíduos de A, C, G e U são modificados pós-transcricionalmente na maioria dos tRNAs (ver legenda). A di-hidrouridina (D) está quse sempre presente na alça D; da mesma forma, a ribotimina (T) e a pseudouridina (Ψ) estão quase sempre presentes na alça TΨCG. O tRNA de alanina de levedura, representado aqui, também possui outras bases modificadas. O triplete na ponta da alça do anticódon pareia com o códon correspondente no mRNA. (b) Modelo tridimensional da cadeia principal de todos os tRNAs. Observe o formato em L da molécula. (Parte (a) ver R. W. Holly et al., 1965, *Science* **147**:1462. Parte (b) adaptada de J. G. Arnez e D. Moras, 1997, *Trends Biochem. Sci.* **22**:211.)

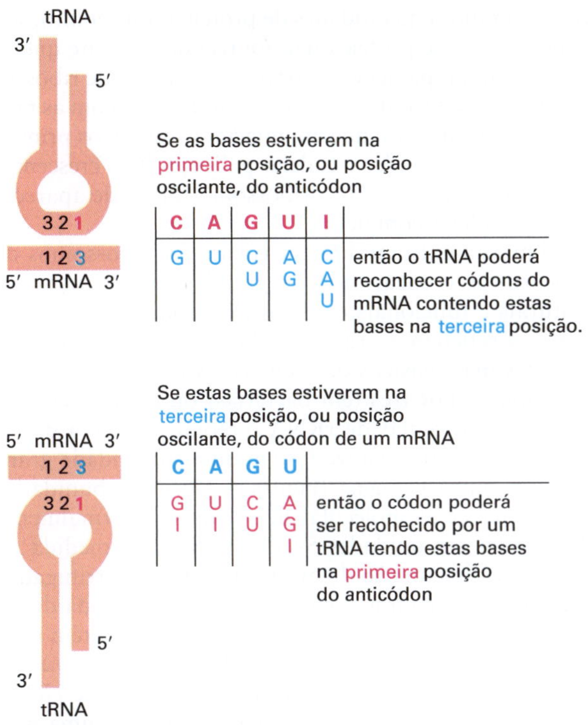

FIGURA 4-21 Pareamento de bases fora do padrão na posição oscilante. A base na terceira posição (oscilante) de um códon de mRNA com frequência forma um par de base fora do padrão com a base da primeira posição (oscilante) de um anticódon de tRNA. O pareamento oscilante permite que um tRNA reconheça mais de um códon de mRNA (*parte superior*); da mesma forma, permite que um códon seja reconhecido por mais de um tipo de tRNA (*parte inferior*), embora cada tRNA carregue o mesmo aminoácido. Observe que um tRNA com I (inosina) na posição oscilante pode "ler" (parear com) três códons diferentes, e um tRNA com G ou U na posição oscilante pode ler dois códons. Embora seja teoricamente possível na posição oscilante do anticódon, A quase nunca é encontrada na natureza.

contêm inosina são bastante empregados na tradução dos códons sinônimos que especificam um único aminoácido. Por exemplo, quatro dos seis códons para leucina (CUA, CUC, CUU e UUA) são todos reconhecidos pelo mesmo tRNA com o anticódon 3′-GAI-5′; a inosina na posição oscilante forma pares de base fora do padrão com a terceira base nos quatro códons. No caso do códon UUA, um par fora do padrão G·U também se forma entre a posição 3 do anticódon e a posição 1 do códon.

Aminoácidos são ativados quando ligados covalentemente a tRNAs

O reonhecimento do códon ou dos códons que especificam um dado aminoácido por um determinado tRNA é, na verdade, a segunda etapa na decodificação da mensagem genética. A primeira etapa, a ligação do aminoácido apropriado a um tRNA, é catalisada por uma *aminoacil-tRNA-sintetase* específica. Cada uma das 20 diferentes sintetases reconhece *um* aminoácido e *todos* os seus tRNAs compatíveis, ou *cognatos*. As enzimas acopladoras ligam um aminoácido à hidroxila 2′ ou 3′ da adenosina na extremidade 3′ das moléculas de tRNA por uma reação dependente de ATP. Nessa reação, o aminoácido é unido ao tRNA por uma ligação de alta energia e, por isso, é denominado *ativado*. A energia dessa ligação posteriormente promove a formação das ligações peptídicas que unem aminoácidos adjacentes em uma cadeia polipeptídica crescente. O equilíbrio da reação de aminoacilação é impulsionada em direção à ativação do aminoácido pela hidrólise da ligação fosfoanidrido de alta energia no pirofosfato liberado (ver Figura 4-19).

Aminoacil-tRNA-sintetases reconhecem seus tRNAs cognatos pela interação primária com a alça do anticódon e com a haste aceptora, embora interações com outras regiões de um tRNA também contribuam para o reconhecimento em alguns casos. Além disso, bases específicas em tRNAs incorretos estruturalmente semelhantes ao tRNA cognato irão inibir o carregamento do tRNA incorreto. Portanto, o reconhecimento do tRNA correto depende tanto de interações positivas quanto da ausência de interações negativas. Ainda assim, como alguns aminoácidos são estruturalmente muito semelhantes, as aminoacil-tRNA-sintetases às vezes cometem erros. Esses são corrigidos, entretanto, pelas próprias enzimas, as quais possuem atividade de *revisão* que confere o ajuste em seus sítios de ligação a aminoácido. Se o aminoácido errado liga-se a um tRNA, a sintetase ligada catalisa a remoção do aminoácido do tRNA. Esta função crucial ajuda a garantir que um tRNA entregue o aminoácido correto à maquinaria de síntese proteica. A taxa de erro global para tradução em *E. coli* é muito baixa, de aproximadamente 1 por 50.000 códons, evidência da fidelidade do reconhecimento do tRNA e da importância da revisão pelas aminoacil-tRNA-sintetases.

CONCEITOS-CHAVE da Seção 4.3

A decodificação do mRNA por tRNAs

- A informação genética é transcrita do DNA em mRNA na forma de um código em tripletes degenerado e sobreposto.
- Cada aminoácido é codificado por uma ou mais sequências de três nucleotídeos (códons) no mRNA. Cada códon especifica um aminoácido, mas a maioria dos aminoácidos é codificada por múltiplos códons (ver Tabela 4-1).
- O códon AUG para metionina é o códon de início mais comum, especificando o aminoácido na extremidade NH_2 de uma cadeia proteica. Três códons (UAA, UAG, UGA) atuam como códons de parada e não especificam nenhum aminoácido.
- Uma fase de leitura, a sequência contínua de códons em um mRNA desde um códon de início específico até um códon de parada, é traduzida em uma sequência linear de aminoácidos de uma cadeia polipeptídica.
- A decodificação da sequência de nucleotídeos do mRNA em sequência de aminoácidos das proteínas depende de tRNAs e de aminoacil-tRNA-sintetases.

- Todos os tRNAs possuem uma estrutura tridimensional semelhante que inclui um braço aceptor para a ligação de um aminoácido específico e uma haste-rígida com um sequência anticódon de três bases em suas extremidades (ver Figura 4-20). O anticódon pode parear com seu códon correspondente no mRNA.
- Devido às interações fora do padrão, um tRNA pode parear com mais de um códon de mRNA; da mesma forma, um determinado códon pode parear com múltiplos tRNAs. Em cada caso, no entanto, apenas o aminoácido adequado é inserido em uma cadeia polipeptídica crescente.
- Cada uma das 20 aminoacil-tRNA-sintetases reconhece um único aminoácido e o liga covalentemente a um tRNA cognato, formando um aminoacil-tRNA (ver Figura 4-19). Essa reação ativa o aminoácido, de maneira que ele participe da formação da ligação peptídica.

4.4 Etapas da síntese de proteínas nos ribossomos

As seções anteriores introduziram dois dos maiores participantes na síntese proteica – mRNA e tRNA aminoacilado. Nesta, será descrito inicialmente o terceiro participante-chave na síntese de proteínas – o ribossomo com rRNA –, antes da descrição sobre como os três componentes se unem para realizarem os eventos bioquímicos que levam à formação de cadeias polipeptídicas nos ribossomos. Semelhante à transcrição, o complexo processo de tradução pode ser dividido em três etapas – início, alongamento e terminação –, as quais são consideradas em ordem. A descrição será focada na tradução em células eucarióticas, mas o mecanismo de tradução é fundamentalmente o mesmo em todas as células.

Ribossomos são máquinas sintetizadoras de proteínas

Se os vários componentes que participam da tradução do mRNA tivessem que interagir em solução livre, a probabilidade de que colisões simultâneas ocorressem seria tão baixa que a taxa de polimerização de aminoácidos seria muito lenta. A eficiência da tradução é enormemente aumentada pela ligação do mRNA e dos aminoacil-tRNAs individuais em um ribossomo. O ribossomo, o complexo de RNA-proteína mais abundante da célula, promove o alongamento de um polipeptídeo em uma taxa de três a cinco aminoácidos adicionados por segundo. Proteínas pequenas de 100 a 200 aminoácidos são, portanto, produzidas em um minuto ou menos. Por outro lado, leva-se de 2 a 3 horas para se produzir a maior proteína conhecida, a titina, que é encontrada no músculo e contém aproximadamente 30.000 resíduos de aminoácidos. A máquina celular que efetua esta tarefa deve ser precisa e persistente.

Com o auxílio de microscopia eletrônica, os ribossomos foram primeiramente descritos como partículas pequenas e distintas, ricas em RNA, nas células que secretam grandes quantidades de proteína. Entretanto, seu papel na síntese proteica não foi reconhecido até que se obtivessem preparações razoavelmente puras de ribossomo. Experimentos de radiomarcação *in vitro* com as preparações mostraram que aminoácidos radiativos primeiro eram incorporados a cadeias polipeptídicas crescentes que estavam associadas a ribossomos antes de aparecerem em cadeias completas.

Embora existam diferenças entre os ribossomos de procariotos e eucariotos, as grandes semelhanças estruturais e funcionais entre os ribossomos de todas as espécies refletem a origem evolutiva comum dos constituintes mais básicos das células vivas. Um ribossomo é composto por três (em bactérias) ou quatro (em eucariotos) moléculas de rRNA diferentes e cerca de 83 proteínas, e são organizados em uma subunidade grande e em outra pequena (Figura 4-22). As subunidades ribossomais e as moléculas de rRNA são normalmente designadas em unidades Svedberg (S), uma medida de taxa de sedimentação de macromoléculas centrifugadas sob condições padrão – em essência, uma medida de tamanho. A subunidade ribossomal pequena contém uma única molécula de rRNA, chamada de *rRNA pequeno*. A subunidade grande contém uma molécula de *rRNA grande* e uma molécula de rRNA 5S, além de uma molécula adicional de rRNA 5.8S em vertebrados. O tamanho das moléculas de rRNA, a quantidade de proteínas em cada subunidade e consequentemente o tamanho das subunidades diferem entre células bacterianas e eucarióticas. O ribossomo completo é 70S nas bactérias e 80S nos vertebrados.

As sequências dos rRNAs pequeno e grande de vários milhares de organismos são hoje conhecidas. Embora as sequências nucleotídicas primárias destes rRNAs variem consideravelmente, as mesmas partes de cada tipo de rRNA teoricamente podem formar hastes-rígidas pareadas, que gerariam uma estrutura tridimensional semelhante para cada rRNA em todos os organismos. As estruturas tridimensionais dos rRNAs bacterianos foram determinadas por cristalografia por raios X de subunidades isoladas 50S e 30S e de ribossomos 70S inteiros (Figura 4-23). As múltiplas proteínas ribossomais, muito menores, estão associadas em grande parte com a superfície dos rRNAs. Embora o número de moléculas de proteína dos ribossomos exceda o número de moléculas de RNA, este constitui cerca de 60% da massa de um ribossomo. Os sítios onde os tRNAs se ligam aos ribossomos são conhecidos como *sítio A*, *sítio P* e *sítio E*. Será visto que os tRNAs se movem entre esses sítios à medida que a síntese proteica ocorre. Estruturas cristalizadas do ribossomo 80S de leveduras, uma subunidade de 40S de protozoários, bem como microscopia crioeletrônica de ribossomos vegetais, foram recentemente relatadas. Em geral assemelham-se aos ribossomos bacterianos, mas são cerca de 50% maiores devido a inserções de segmentos de RNA específicas de eucariotos em regiões dos rRNAs bacterianos, bem como a presença de um número maior de proteínas (ver Figura 4-22). Acredita-se que aspectos básicos da síntese proteica assemelhem-se, em-

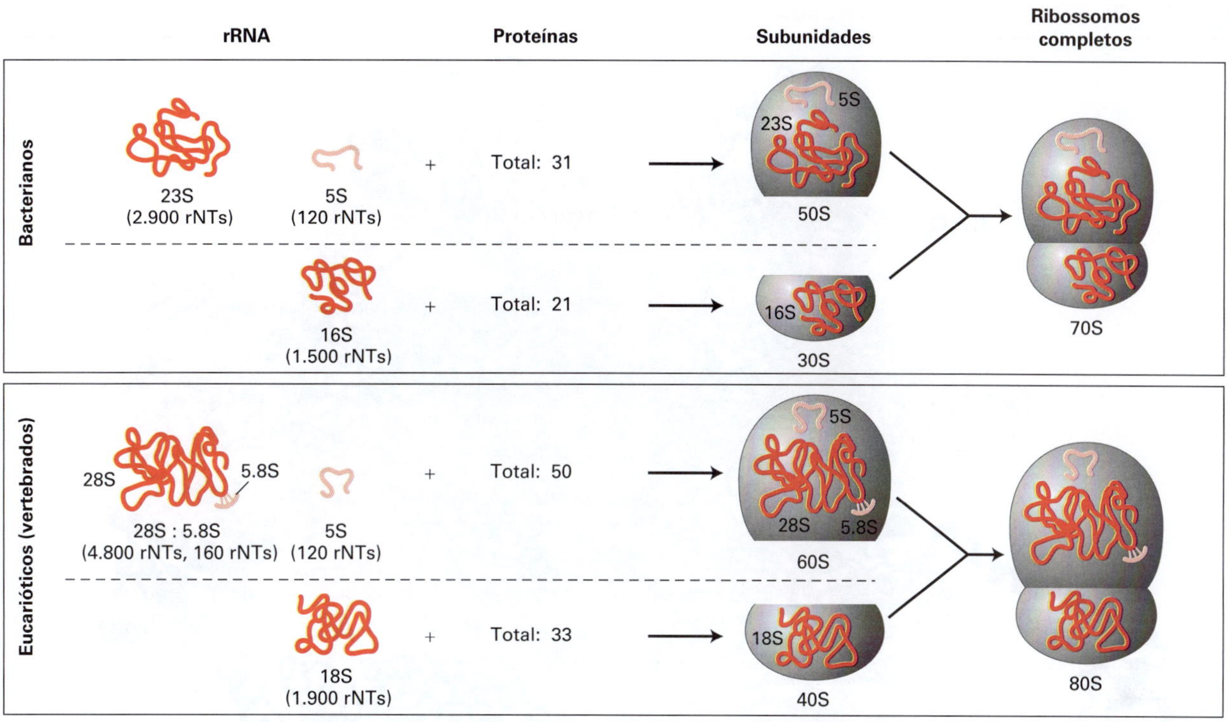

FIGURA 4-22 Componentes ribossomais procarióticos e eucarióticos. Em todas as células, cada ribossomo é composto por uma subunidade grande e outra pequena. As duas subunidades contêm rRNAs (em vermelho) de diferentes comprimentos, bem como um conjunto diferente de proteínas. Todos os ribossomos possuem duas moléculas de rRNA principais (23S e 16S em bactérias; 28S e 18S em vertebrados) e uma molécula de rRNA 5S. A subunidade grande dos ribossomos vertebrados também possui um rRNA 5.8S pareado ao rRNA 28S. O número de ribonucleotídeos (rNTs) em cada tipo de rRNA está indicado.

bora o início da tradução em eucariotos, discutida posteriormente, seja mais complexo e sujeito a mecanismos adicionais de regulação.

Durante a tradução, um ribossomo move-se ao longo de uma cadeia de mRNA, interagindo com vários fatores proteicos e tRNAs e passando por grandes alterações conformacionais. Apesar da complexidade do ribossomo, grande progresso foi feito na determinação da estrutura global dos ribossomos bacterianos e de como eles atuam na síntese proteica. Mais de 50 anos após a descoberta inicial dos ribossomos, sua estrutura global e sua função durante a síntese de proteínas estão finalmente sendo esclarecidas.

O metionil-tRNA$_i^{Met}$ reconhece o códon de início AUG

Como observado, o códon AUG para metionina atua como o códon de início na grande maioria dos mRNAs. Um aspecto crítico do início da tradução é o começo da síntese proteica no códon de início, para se estabelecer a fase de leitura correta de todo o mRNA. Procariotos e eucariotos possuem dois tRNAs diferentes para metionina: o tRNA$_i^{Met}$ pode iniciar a síntese proteica, e o tRNA^{Met} pode incorporar metionina apenas em uma cadeia crescente de proteína. A mesma aminoacil-tRNA-sintetase (MetRS) carrega ambos tRNAs com metionina. Mas *apenas* o Met-tRNA$_i^{Met}$ (i.e., metionina ativada ligada ao tRNA$_i^{Met}$) pode se ligar ao sítio apropriado na subunidade pequena do ribossomo, o *sítio P*, para começar a síntese de uma cadeia polipeptídica. O Met-tRNA^{Met} regular e todos os outros tRNAs carregados se ligam apenas ao *sítio A*, conforme descrito a seguir. Os tRNAs são transferidos para o sítio de saída, ou *sítio E* (*exit*), após transferir seu aminoácido covalentemente ligado à cadeia polipeptídica crescente.

O início da tradução eucariótica geralmente ocorre no primeiro códon AUG mais próximo à extremidade 5′ de um mRNA

Durante a primeira etapa da tradução, as subunidades ribossomais grande e pequena se associam em torno de um mRNA que tem um tRNA iniciador ativado corretamente posicionado no códon de início no sítio P do ribossomo. Nos eucariotos, este processo é mediado por um conjunto especial de proteínas conhecido como **fatores de iniciação da tradução eucariótica** (**eIFs**). À medida que cada componente individual se associa ao complexo, é guiado por interações com eIFs específicos. Vários dos fatores de iniciação se ligam a GTP, e a hidrólise de GTP a GDP atua como um ativador de revisão que só permite que as etapas subsequentes ocorram se a etapa anterior for realizada corretamente. Antes da hidrólise do GTP, o complexo é instável, permitindo uma segunda tentativa de formação do complexo até que o complexo correto seja formado, resultando na hidrólise do GTP e na estabilização do complexo adequado. Progresso considerável foi feito nos últimos anos para o entendimento do início da tradução em vertebrados.

VÍDEO: Rotação do modelo tridimesional de um ribossomo bacteriano

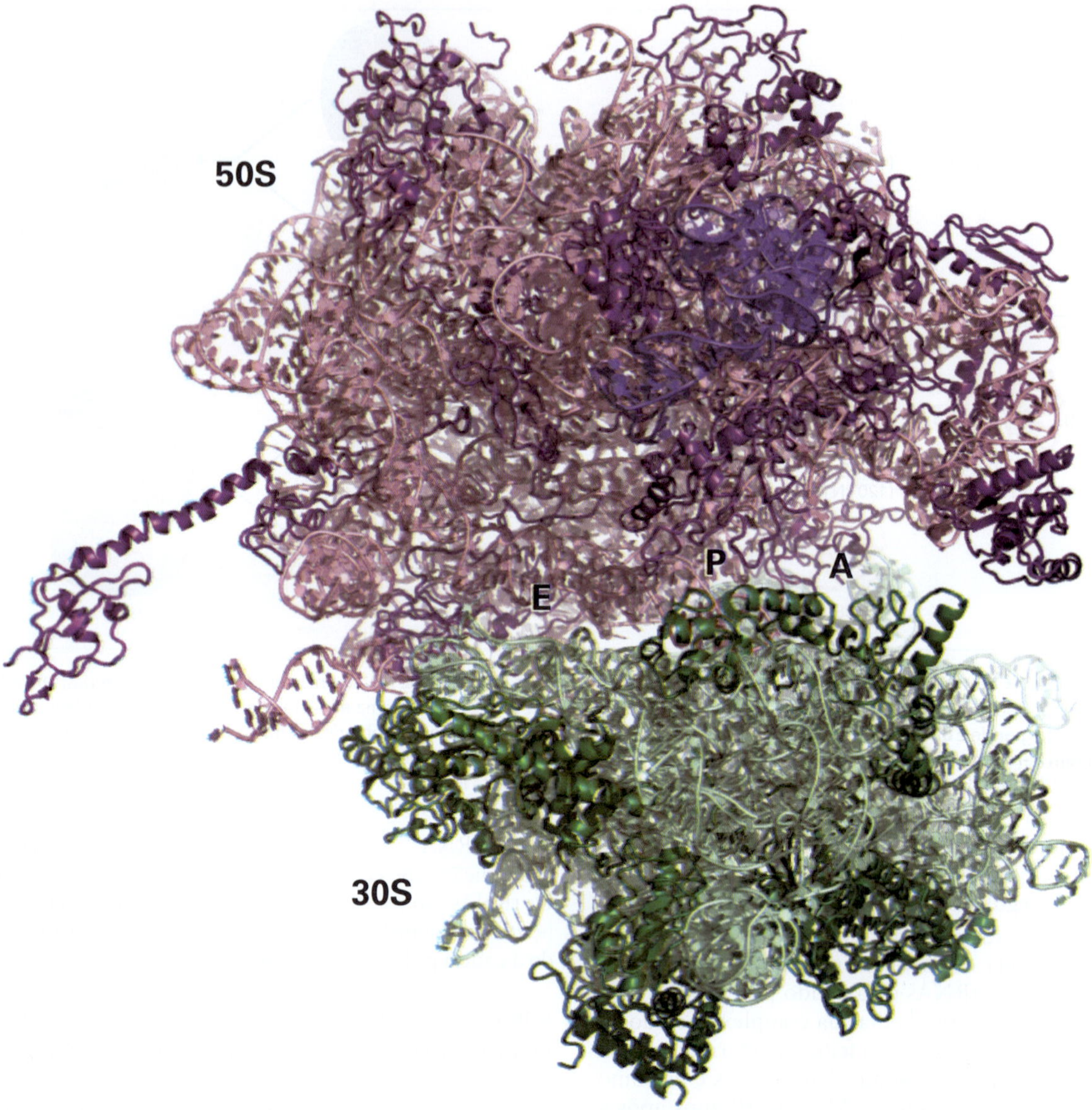

FIGURA 4-23 Estrutura do ribossomo 70S de *E. coli* conforme determinado por cristalografia por raios X. Modelo do ribossomo visto ao longo da interface entre as subunidades grande (50S) e pequena (30S). O rRNA 16S e as proteínas da subunidade pequena estão representados em verde-claro e verde-escuro, respectivamente; o rRNA 23S e as proteínas da subunidade grande estão em roxo claro e roxo escuro, respectivamente; o rRNA 5S está em azul-escuro. As posições dos sítios ribossomais A, P e E estão indicadas. As proteínas ribossomais estão localizadas sobretudo na superfície do ribossomo, e os rRNA, no seu interior, revestindo os sítios A, P e E. (Reproduzida de B. S. Schuwirth et al., 2005, *Science* **310:**827.)

O modelo atual para o início da tradução em vertebrados é retratado na Figura 4-24. As subunidades ribossomais grande e pequena liberadas em um ciclo anterior de tradução são mantidas separadas pela ligação de eIFs 1, 1A, e 3 à subunidade pequena 40S (Figura 4-24, *parte superior*). A primeira etapa do início da tradução é a formação de um *complexo de pré-iniciação 43S*. O complexo de pré-iniciação é formado quando a subunidade 40S com eIFs 1, 1A e 3 se associa ao eIF5 e a um complexo ternário composto por Met-tRNA$_i^{Met}$ e eIF2 ligados aoGTP (Figura 4-24, etapas **1** e **2**). O fator de iniciação eIF2 alterna-se entre associação com GTP e com GDP; e pode se ligar ao Met-tRNA$_i^{Met}$ apenas quando estiver associado ao GTP. As células podem regular a síntese de proteínas pela fosforilação de um resíduo de serina no eIF2 ligado ao GDP; o complexo fosforilado não consegue trocar o GDP ligado por GTP e não pode se ligar ao Met-tRNA$_i^{Met}$, inibindo assim a síntese proteica.

O mRNA a ser traduzido é ligado pelo complexo de múltiplas subunidades eIF4, que interage com *cap 5′* e proteína de ligação à poli(A) (PABP), ligada em múltiplas cópias à cauda poli(A) do mRNA. Ambas as interações

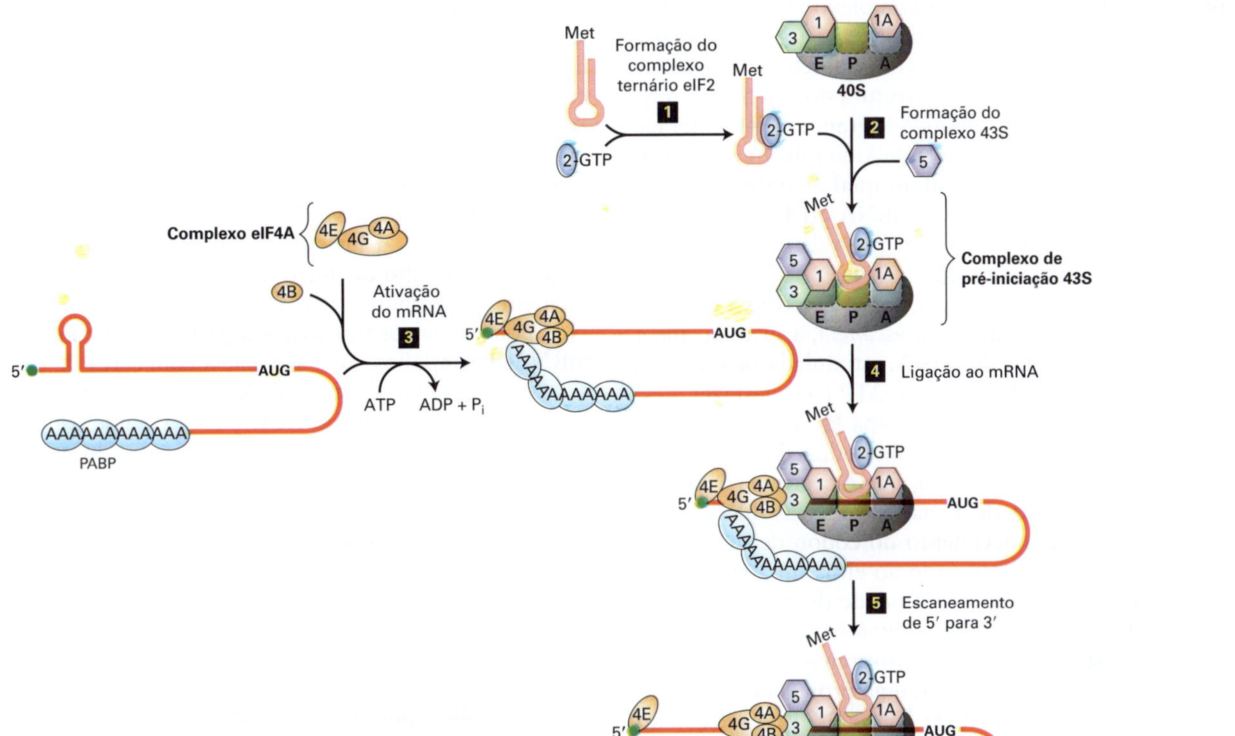

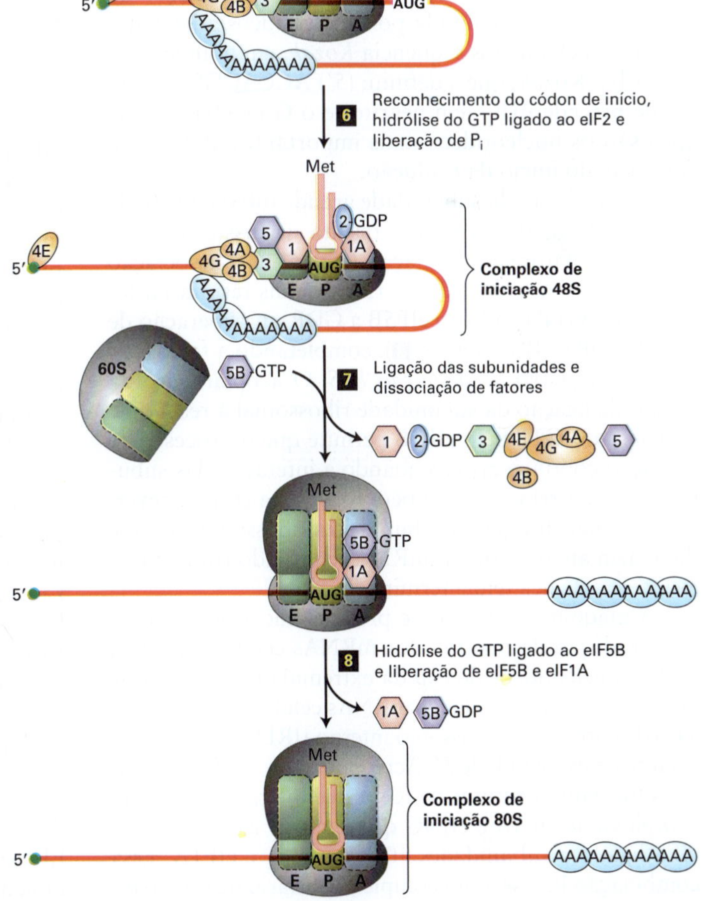

FIGURA 4-24 Início da tradução em eucariotos. O modelo atual da iniciação eucariótica envolve oito etapas. Etapa **1**: um complexo ternário eIF2 forma-se quando eIF2-GTP se liga a um $tRNA_i^{Met}$. Etapa **2**: quando um ribossomo se dissocia no término da tradução, a subunidade 40S é ligada a eIF1, eIF1A, e eIF3. Um complexo de pré-iniciação 43S forma-se quando este se associa a um complexo ternário eIF2 e eIF5. Etapa **3**: um mRNA é ativado quando um complexo eIF4 de múltiplas subunidades se liga a ele: a subunidade eIF4E liga-se à estrutura do *cap* 5′, e a subunidade eIF4G se liga a múltiplas cópias da proteína de ligação a poli(A) (PABP), ligadas, por sua vez, à cauda poli(A) do mRNA. A atividade de RNA-helicase da subunidade eIF4 A desfaz qualquer estrutura secundária do RNA na extremidade 5′ do mRNA. A eIF4B, que estimula a atividade de helicase da eIF4A, também se junta a este complexo circular no qual ambos o *cap* 5′ e a cauda de poli(A) do mRNA estão associados ao complexo eIF4. Etapa **4**: o complexo de pré-iniciação 43S se liga a um complexo eIF4-mRNA. Etapa **5**: a RNA-helicase eIF4A desfaz a estrutura secundária do RNA à medida que o complexo 40S percorre a molécula na direção 5′→3′ até reconhecer o códon de início. Etapa **6**: o reconhecimento do códon de início faz o eIF5 estimular a hidrólise do GTP ligado a eIF2. Isto altera a conformação do complexo de escaneamento para um complexo de iniciação 48S com o anticódon do $tRNA_i^{Met}$ pareado ao iniciador AUG no sítio P 40S. Etapa **7**: a subunidade 60S se une à subunidade 40S, levando à liberação da maioria dos eIFs atuantes na iniciação, à medida que o eIF5B-GTP se liga ao eIF1A no sítio A do ribossomo. O complexo eIF4 liberado e o eIF4B se associam com *cap* e PABP conforme mostrado na etapa **3** para se preparar para a interação com outro complexo de pré-iniciação 43S. Para simplificação, este processo não está representado. Etapa **8**: a associação correta das subunidades 40S e 60S resulta na hidrólise do GTP ligado a eIF5B, liberação de eIF5B-GDP e eIF1A, e na formação do complexo de iniciação 80S com o $tRNA_i^{Met}$ pareado ao códon de início no sítio P do ribossomo. (Adaptada de R. J. Jackson et al., 2010, *Nat. Rev. Mol. Cell Biol.* **10:**113.)

são necessárias à tradução da maioria dos mRNAs. Isso resulta na formação de um complexo circular (Figura 4-24, etapa **3**). O complexo de ligação ao *cap* eIF4 consiste em várias subunidades com diferentes funções. A subunidade eIF4E liga-se à estrutura do *cap 5'* dos mRNAs (Figura 4-14). A subunidade grande eIF4G interage com a PABP ligada à cauda poli(A)do mRNA e também forma uma cadeia principal ao qual as outras subunidades se ligam. O complexo mRNA-eIF4 associa-se ao complexo de pré-iniciação por meio de uma interação entre eIF4G e eIF3 (etapa **4**).

O complexo de iniciação, então, percorre a molécula de mRNA associada, ou a *escaneia*, à medida que a atividade de **helicase** do eIF4A, estimulada pelo eIF4B, utiliza a energia da hidrólise do ATP para desfazer a estrutura secundária do RNA (etapa **5**). O escaneamento é interrompido quando o anticódon do o $tRNA_i^{Met}$ reconhece o códon de início, que é o primeiro AUG a jusante da extremidade 5' na maioria dos mRNAs eucarióticos. O reconhecimento do códon de início leva à hidrólise do GTP associado ao eIF2, uma etapa irreversível que impede a continuidade do escaneamento, resultando na formação do *complexo de iniciação 48S* (etapa **6**). Este comprometimento com o códon de início correto é facilitado pelo eIF5, uma proteína de ativação da GTPase de eIF2 (GAP, ver Figura 3-32). A seleção do AUG iniciador é facilitada por nucleotídeos adjacentes específicos chamados sequência *Kozak*, em homenagem à Marilyn Kozak, que a definiu: (5') ACC<u>AUG</u>G (3'). O A que precede AUG (em negrito) e o G imediatamente após são os nucleotídeos mais importantes afetando a eficiência do início da tradução.

A associação da subunidade grande (60S) é mediada pelo eIF5B ligado ao GTP e resulta na dissociação de muitos dos fatores de iniciação (etapa **7**). A associação correta entre as subunidades ribossomais resulta na hidrólise do GTP ligado ao eIF5B a GDP e na liberação de eIF5B-GDP e eIF1A (etapa **8**), completando a formação de um *complexo de iniciação 80S*. O acoplamento da reação de ligação da subunidade ribossomal à reação de hidrólise do GTP pelo eIF5B permite que o processo de iniciação continue apenas quando a interação das subunidades é correta. Isso também torna esta etapa irreversível, de maneira que as subunidades ribossomais não se dissociem até que todo o mRNA tenha sido traduzido e a síntese proteica tenha terminado.

A maquinaria de síntese proteica eucariótica começa a tradução da maioria dos mRNAs celulares a cerca de 100 nucleotídeos do *cap* da extremidade 5' conforme descrito. Entretanto, alguns mRNAs celulares contêm um sítio de entrada de ribossomo interno (IRES) localizado a jusante da extremidade 5'. Acredita-se que os IRESs celulares formam estruturas de RNA que interagem com um complexo de eIF4A e eIF4G que então se associa com o eIF3 ligado a subunidades 40S com eIF1 e eIF1A. Essa combinação liga-se a um complexo ternário de eIF2 para formar um complexo de iniciação diretamente em um códon AUG próximo. Além disso, a tradução de alguns RNAs virais de fita positiva, que não possuem um *cap 5'*, é iniciada em sequências IRES virais. Tais sequências são classificadas em diferentes categorias dependendo de quantos eIFs padrão se necessite para a iniciação. No caso do vírus da paralisia do grilo (*cricket paralysis virus*), o IRES com cerca de 200 nucleotídeos se enovela em uma complexa estrutura que interage diretamente com o ribossomo 40S e leva ao início da tradução sem nenhum dos eIFs ou mesmo do Met-$tRNA_i^{Met}$ iniciador!

Em bactérias, a ligação da subunidade ribossomal pequena a um sítio de início ocorre por um mecanismo diferente que permite o início em sítios internos dos mRNAs policistrônicos transcritos a partir de óperons. Nos mRNAs bacterianos, uma sequência com cerca de 6 bases, complementar à extremidade 3' do rRNA pequeno, precede o códon de início AUG por 4 a 7 nucleotídeos. O pareamento de bases entre esta sequência do mRNA, chamada de sequência de Shine-Dalgarno em homenagem a seus descobridores, e o rRNA pequeno coloca a subunidade ribossomal pequena na posição apropriada para a iniciação. Fatores de iniciação comparáveis a eIF1A, eIF2, eIF3, e f-Met-$tRNA_i^{Met}$ então se associam à subunidade pequena, seguida pela associação da subunidade grande para formar o ribossomo bacteriano completo.

Durante o alongamento da cadeia cada aminoacil-tRNA adicionado se desloca entre três sítios ribossomais

O complexo ribossomo-Met-$tRNA_i^{Met}$ corretamente posicionado está agora pronto para começar a tarefa de adição gradual de aminoácidos durante a tradução do mRNA ligado. Assim como na iniciação, um conjunto de proteínas especiais, chamadas de **fatores de alongamento (EFs)** da tradução, é necessário à realização desse processo de alongamento de cadeia. As principais etapas do alongamento são a entrada de cada aminoacil-tRNA com um tRNA complementar ao próximo códon de maneira bem-sucedida, a formação de uma ligação peptídica, e o movimento, ou *translocação*, do ribossomo um códon de cada vez ao longo do mRNA.

Ao completar o início da tradução, como já observado, o Met- $tRNA_i^{Met}$ está ligado ao sítio P no ribossomo 80S completo (Figura 4-25, *parte superior*). Esta região do ribossomo é chamada de sítio *P* porque o tRNA quimicamente ligado ao polipeptídeo crescente está localizado aqui. O segundo aminoacil-tRNA é trazido ao ribossomo como um complexo ternário em associação a EF1α·GTP e se liga ao sítio *A*, chamado assim porque é onde os tRNAs *a*minoacilados se ligam (etapa **1**). Os EF1α·GTP ligados a vários aminoacil-tRNAs se difundem para o sítio A, mas a próxima etapa da tradução procede apenas quando o anticódon do tRNA pareia com o segundo códon da região codificadora. Quando isso ocorre adequadamente, o GTP do complexo EF1α·GTP é hidrolisado. A hidrólise do GTP promove uma alteração conformacional no EF1α, que leva à liberação do complexo EF1α·GDP resultante e à ligação de alta afinidade do aminoacil-tRNA ao sítio A (etapa **2**).

ANIMAÇÃO EM FOCO: Síntese de proteínas

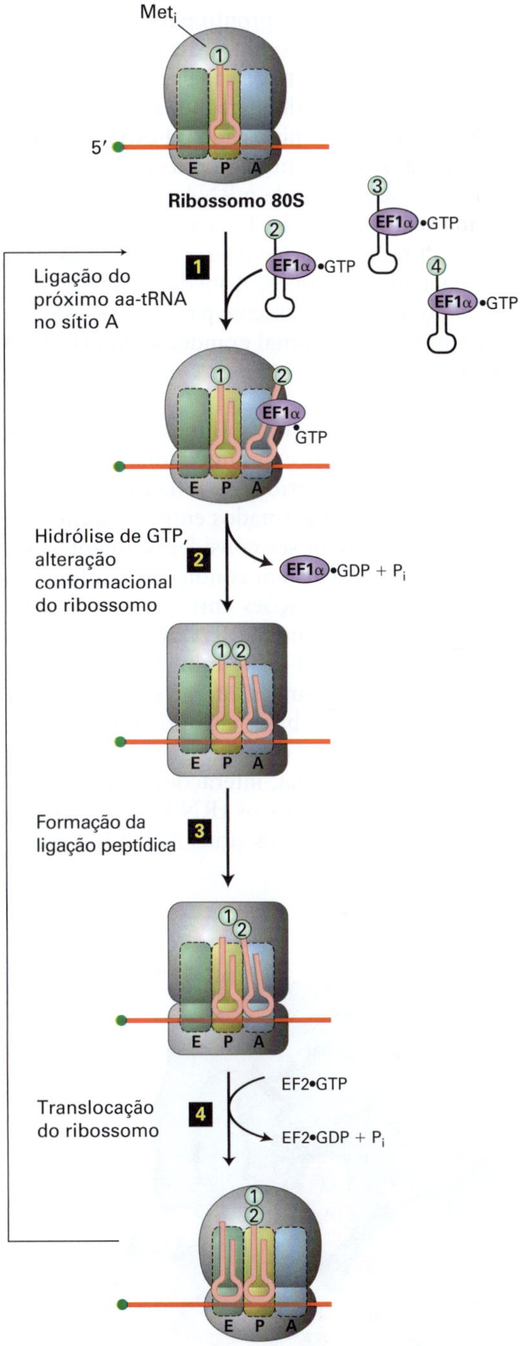

FIGURA 4-25 Alongamento da cadeia peptídica em eucariotos. Uma vez formado, o ribossomo 80S contendo o Met-tRNA$_i^{Met}$ no sítio P (*parte superior*), um complexo ternário contendo o segundo aminoácido (aa_2) codificado pelo mRNA liga-se ao sítio A (etapa **1**). Seguindo uma alteração conformacional do ribossomo induzida pela hidrólise do GTP do complexo EF1α·GTP (etapa **2**), o rRNA grande catalisa a formação de ligação peptídica entre Met$_i$ e aa_2 (etapa **3**). A hidrólise do GTP do complexo EF1α·GTP causa outra alteração conformacional no ribossomo que resulta em sua translocação em um códon ao longo do mRNA e desloca o tRNA$_i^{Met}$ desacilado para o sítio E e o tRNA com o peptídeo ligado para o sítio P (etapa **4**). O ciclo pode começar novamente com a ligação de um complexo ternário contendo o aa_3 ao sítio A agora aberto. No segundo ciclo de alongamento e nos ciclos subsequentes, o tRNA do sítio E é ejetado durante a etapa **2** como resultado da alteração conformacional induzida pela hidrólise de GTP no EF1α·GTP. (Adaptada de K. H. Nierhaus et al., 2000, em R. A. Garret et al., eds., *The Ribosome: Structure, Function, Antibiotics, and Cellular Interactions*, ASM Press, p. 319.)

Esta alteração conformacional também posiciona a extremidade 3′ aminoacilada do tRNA no sítio A em proximidade à extremidade 3′ do Met-tRNA$_i^{Met}$ no sítio P. A hidrólise do GTP, e portanto a ligação de alta afinidade, não ocorre se o anticódon do aminoacil-tRNA no sítio A não puder parear com o códon também presente no sítio A. Neste caso, o complexo ternário se difunde, deixando um sítio A vazio que pode se associar com outros complexos tRNA-EF1α·GTP até que um tRNA corretamente pareado esteja ligado. Assim, a hidrólise do GTP pelo EF1α é outra etapa de revisão que permite à síntese proteica prosseguir apenas quando o tRNA aminoacilado correto estiver ligado ao sítio A. Este fenômeno contribui para a fidelidade da síntese proteica.

Com o Met-tRNA$_i^{Met}$ no sítio P e o segundo aminoacil-tRNA ligado com alta afinidade ao sítio A, o grupo α-amino do segundo aminoácido reage com a metionina "ativada" (ligada a éster) no tRNA iniciador, formando uma ligação peptídica (Figura 4-25, etapa **3**; ver Figura 4-17). Esta *reação de peptidiltransferase* é catalisada pelo rRNA grande, que orienta precisamente os átomos que interagem, permitindo que a reação proceda. A 2′-hidroxila do A terminal do peptidil-tRNA do sítio P também participa da catálise. A habilidade catalítica do rRNA grande nas bactérias foi demonstrada pela remoção cuidadosa da grande maioria das proteínas das subunidades ribossomais grandes. O rRNA 23S bacteriano semipuro pode catalisar uma reação de peptidiltransferase entre análogos de tRNA aminoacilado e peptidil-tRNA. Evidência adicional para papel catalítico do rRNA grande na síntese proteica foi obtida com estudos cristalográficos de alta resolução mostrando que nenhuma proteína reside próxima ao sítio de síntese de ligação peptídica na estrutura cristalizada da subunidade bacteriana grande.

Seguindo a síntese de ligação peptídica, o ribossomo se transloca ao longo do mRNA em uma distância equivalente a um códon. A etapa de translocação é monitorada pela hidrólise do GTP no complexo EF2·GTP eucariótico. Uma vez que a translocação tenha ocorrido, o GTP ligado é hidrolisado, outro processo irreversível que previne que o ribossomo se mova ao longo do RNA na direção errada ou que ele se transloque em um número incorreto de nucleotídeos. Como resultado das alterações conformacionais do ribossomo que acompanham a translocação apropriada e a hidrólise de GTP resultante pelo EF2, o tRNA$_i^{Met}$, agora sem sua metionina ativada, é deslocado para o *sítio E* (*exit*, saída) do ribossomo; ao mesmo tempo, o segundo tRNA, agora ligado covalentemente a um dipeptídeo (um peptidil-tRNA), é deslocado para o sítio P (Figura 4-25, etapa **4**). A translocação, então, retorna a conformação do ribossomo a um estado no qual o sítio A está aberto e pronto para aceitar outro aminoacil-tRNA complexado com EF1α·GTP, começando outro ciclo de alongamento de cadeia.

A repetição do ciclo de alongamento apresentado na Figura 4-25 adiciona um aminoácido de cada vez à extremidade C-terminal do peptídeo crescente, conforme determinado pela sequência de mRNA, até que um códon de parada seja encontrado. Em ciclos subsequentes, a alteração conformacional que ocorre na etapa **2** ejeta o tRNA não acilado do sítio E. À medida que se torna mais longo, o polipeptídeo nascente passa através de um canal na subunidade ribossomal grande, saindo em uma posição oposta ao lado que interage com a subunidade pequena (Figura 4-26).

Na ausência do ribossomo, o híbrido RNA-RNA com três pares de bases entre os anticódons do tRNA e os códons do mRNA nos sítios A e P não seriam estáveis; dúplexes RNA-RNA formados entre moléculas de RNA individuais precisam ser consideravelmente longos para que sejam estáveis em condições fisiológicas. Entretanto, múltiplas interações entre rRNAs grande e pequeno e domínios gerais de tRNAs (p. ex., as alças D e TψCG, ver Figura 4-20) estabilizam os tRNAs nos sítios A e P, enquanto outras interações RNA-RNA percebem o pareamento de bases correto entre códon e anticódon, assegurando que o código genético seja lido adequadamente. Desta forma, interações entre rRNAs e os domínios gerais de todos os tRNAs resultam em movimento dos tRNAs entre os sítios A, P e E à medida que o ribossomo se transloca ao longo do mRNA a cada três nucleotídeos de um códon.

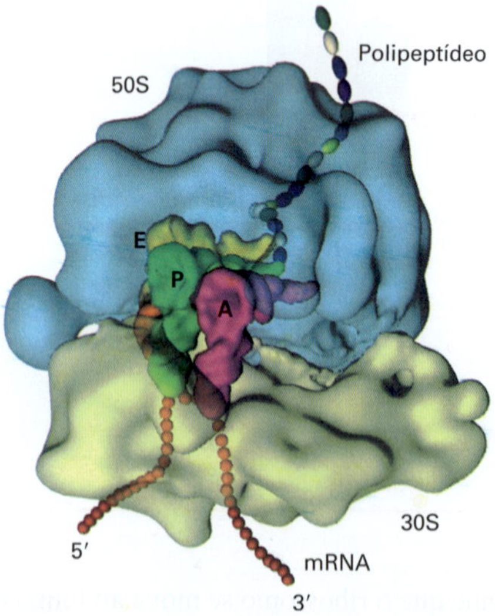

FIGURA 4-26 Modelo do ribossomo 70S de *E. coli* ligado a um mRNA com uma cadeia polipeptídica nascente no túnel de saída. O modelo é baseado em estudos de criomicroscopia eletrônica. Três tRNAs estão sobrepostos nos sítios A (rosa), P (verde) e E (amarelo). A cadeia polipeptídica nascente está localizada em um túnel na subunidade ribossomal grande que começa próximo à haste aceptora do tRNA no sítio P. (Ver I. S. Gabashvili et al., 2000, *Cell* **100**:537; cortesia de J. Frank.)

A tradução é encerrada por fatores de liberação quando é reconhecido um códon de parada

Os estágios finais da tradução, assim como na iniciação e no alongamento, necessitam de sinais moleculares muito específicos que decidem o destino do complexo mRNA-ribossomo-tRNA-peptidil. Dois tipos de **fatores de liberação** (RFs) proteicos específicos foram descritos. O eRF1 eucariótico, cuja forma assemelha-se àquela dos tRNAs, atua pela ligação ao sítio A ribossomal e pelo reconhecimento direto de códons de parada. Assim como alguns dos fatores de iniciação e alongamento discutidos, o segundo fator de liberação eucariótico, eRF3, é uma proteína de ligação ao GTP. O complexo eRF3·GTP atua em conjunto com o eRF1 para promover a clivagem do peptidil-tRNA, liberando a cadeia proteica completa (Figura 4-27). As bactérias possuem dois fatores de liberação (RF1 e RF2), que são funcionalmente análogos ao eRF1, e um fator de ligação a GTP (RF3), análogo ao eRF3. Novamente, a GTPase eRF3 monitora o reconhecimento correto de um códon de parada pelo eRF1. O peptidil-tRNA ligado ao tRNA no sítio P não é clivado, ao término da tradução até que um dos três códons de parada seja corretamente reconhecido pelo eRF1, outro exemplo de uma etapa de revisão na síntese de proteínas.

A liberação da proteína completa deixa um tRNA livre no sítio P e o mRNA ainda associado com o ribossomo 80S, além de eRF1 e eRF3-GDP ligados ao sítio A. Nos eucariotos, a reciclagem do ribossomo ocorre quando este complexo pós-terminação é ligado a uma proteína chamada ABCE1, que usa energia da hidrólise do ATP para separar as subunidades e liberar o mRNA. Os fatores de iniciação eIF1, eIF1A, e eIF3 também são necessários e são ligados à subunidade 40S, tornando-a pronta para outro ciclo de iniciação (Figura 4-24, *parte superior*). Na verdade, um mRNA livre nunca é liberado como ilustrado na Figura 4-27 para simplificação. Em vez disso, o mRNA possui outros ribossomos associados a ele em vários estágios de alongamento, a PABP ligada à cauda poli(A), e o complexo eIF4 associado ao *cap 5′*, pronto para se associar a outro complexo de pré-iniciação (Figura 4-24).

Os polissomos e a rápida reciclagem do ribossomo aumentam a eficiência da tradução

A tradução de uma única molécula de mRNA eucariótica para a produção de uma proteína de tamanho padrão leva um ou dois minutos. Dois fenômenos aumentam significativamente a taxa global na qual as células podem sintetizar uma proteína: a tradução simultânea de uma única molécula de mRNA por vários ribossomos, e a rápida reciclagem das subunidades ribossomais após se desligarem da extremidade 3′ de um mRNA. A tradução simultânea de um mRNA por vários ribossomos pode ser diretamente observada em micrografias eletrônicas e por análises de sedimentação, revelando

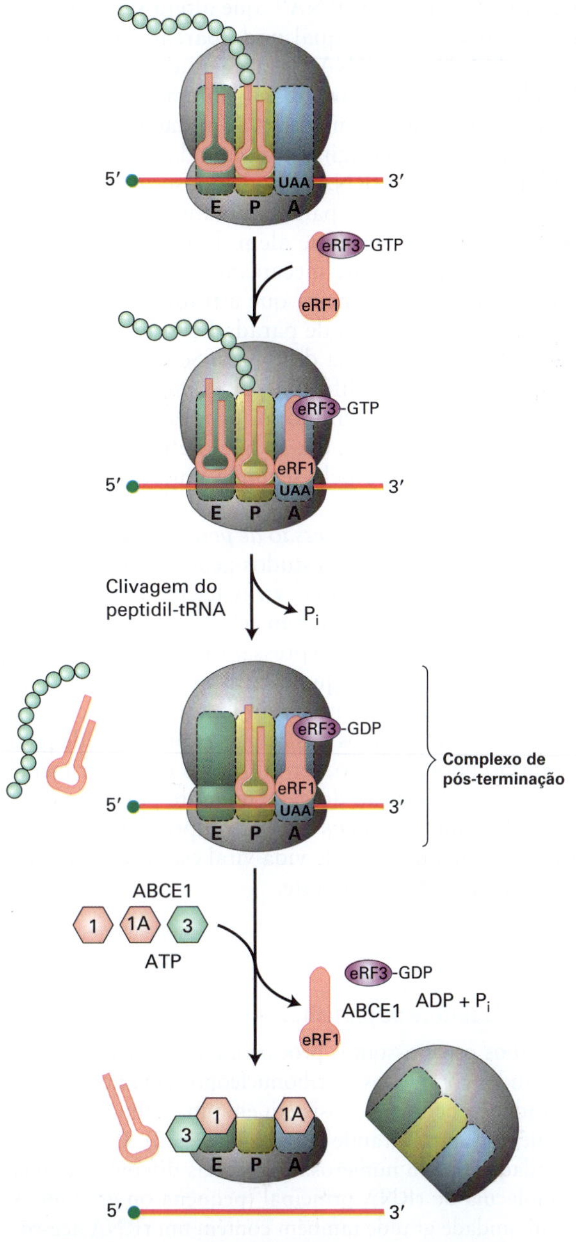

FIGURA 4-27 Terminação da tradução nos eucariotos. Quando um ribossomo carregando uma cadeia de proteína nascente chega a um códon de parada (UAA, UGA, UAG), o fator de liberação eRF1 entra no sítio A juntamente com eRF3·GTP. A hidrólise do GTP ligado é acompanhada pela clivagem da cadeia peptídica do tRNA no sítio P e da ejeção do tRNA no sítio E, formando um complexo de pós-terminação. As subunidades ribossomais são separadas pela ação da ABCE1 ATPase com eIF1, eIF1A, e eIF3. A subunidade 40S é liberada ligada aos eIFs, pronta para iniciar outro ciclo de tradução (ver Figura 4-24).

o mRNA ligado a múltiplos ribossomos que carregam cadeias de polipeptídeos crescentes. Estas estruturas, designadas como **polirribossomos** ou *polissomos*, foram identificadas como circulares em micrografias eletrônicas de alguns tecidos. Estudos subsequentes com fatores de iniciação purificados elucidaram a forma circular dos polirribossomos e sugeriram o mecanismo pelo qual os ribossomos são reciclados de maneira eficiente.

Os estudos revelaram que múltiplas cópias da proteína de ligação à cauda poli(A) (PABP) interagem com uma cauda de poli(A) do mRNA e com a subunidade eIF4G do eIF4. Uma vez que a subunidade eIF4E se liga à estrutura do *cap* na extremidade 5′ de um mRNA, as duas pontas de uma molécula de mRNA são conectadas pelas proteínas intervenientes, formando um mRNA "circular" (Figura 4-28a). Como as duas extremidades de um polissomo ficam relativamente próximas uma da outra, as subunidades ribossomais que se desligam da extremidade 3′ são posicionadas perto da extremidade 5′, facilitando o recomeço pela interação com a subunidade 40S e seus fatores de iniciação associados com eIF4 ligado ao *cap* 5′. Acredita-se que a via circular ilustrada na Figura 4-28b aumente a reciclagem ribossomal, ampliando a eficiência da síntese proteica.

As proteínas da superfamília das GTPases atuam em várias etapas de controle de qualidade da tradução

Agora, sabe-se que uma ou mais proteínas de ligação a GTP participam em cada estágio da tradução. Essas proteínas pertencem à **superfamília das GTPases**, proteínas que se alternam entre a forma ativa ligada a GTP e a forma inativa ligada a GDP (ver Figura 3-32). A hidrólise do GTP ligado causa uma alteração conformacional na própria GTPase e em outras proteínas associadas que é crítica para vários processos moleculares complexos. No início da tradução, por exemplo, a hidrólise de eIF2·GTP a eIF2·GDP impede a continuação do escaneamento do mRNA uma vez que o sítio de início tenha sido encontrado e permite a ligação da subunidade ribossomal grande à subunidade pequena (ver Figura 4-24, etapa **6**). Similarmente, a hidrólise de EF1α·GTP a EF1α·GDP durante o alongamento da cadeia ocorre apenas quando o sítio A está ocupado por um tRNA carregado com um anticódon que pareia com o códon do sítio A. A hidrólise de GTP causa uma alteração conformacional no EF1α, resultando na liberação de seu tRNA ligado, permitindo que a extremidade 3′ aminoacilada do tRNA carregada se mova para a posição necessária para a formação da ligação peptídica (Figura 4-26, etapa **2**). A hidrólise de EF2·GTP a EF2·GDP leva à translocação correta do ribossomo ao longo do mRNA (ver Figura 4-26, etapa **4**), e a hidrólise de eRF3·GTP a eRF3·GDP garante a correta terminação da tradução (Figura 4-27). Uma vez que a hidrólise da ligação fosfodiéster βγ de alta energia do GTP é irreversível, o acoplamento dessas etapas da síntese de proteínas à hidrólise de GTP impede que aconteçam na direção contrária.

Mutações do tipo perda de sentido causam a terminação prematura da síntese de proteínas

Um tipo de mutação que pode inativar um gene em qualquer organismo é uma alteração de base que converte um códon que normalmente codifica um aminoácido em um códon de parada, por exemplo, UAC (que codifica tirosina) → UAG (códon de parada). Quando isso acontece no início da fase de leitura, a proteína truncada resultante via de regra não é funcional. Tais alterações são chamadas de *mutações* porque quando o código genético estava sendo decifrado por pesquisadores, os três códons de parada foram identificados como não codificadores de nenhum aminoácido – eles não "tinham significado".

Em estudos genéticos com a bactéria *E. coli*, descobriu-se que o efeito de uma mutação *de perda de sentido* pode ser suprimido por uma segunda mutação em um gene de tRNA. Isso ocorre quando a sequência que codifica o anticódon do tRNA é alterada para um triplete complementar ao códon de parada original, por exemplo, uma mutação no $tRNA^{Tyr}$ que altera seu anticódon de GUA para CUA, o qual pode parear com o códon de parada UAG. O tRNA mutante ainda pode ser reconhecido pela tirosina aminoacil-sintetase e acoplado à tirosina. Em células com ambas as mutações, a mutação de perda de sentido original e a segunda mutação no anticódon do gene do $tRNA^{Tyr}$, podem inserir uma tirosina na posição do códon de parada mutante, permitindo que a síntese proteica continue além da mutação de perda de sentido original. Esse mecanismo de supressão não é muito eficiente, de maneira que a tradução de mRNAs normais com um códon de parada UAG termina na posição normal na maioria das vezes. Se quantidade suficiente da proteína codificada pelo gene original com a mutação de perda de sentido for produzida para exercer suas funções essenciais, diz-se que o efeito da primeira mutação é *suprimido* pela segunda mutação no anticódon do gene de tRNA.

O mecanismo de *supressão de perda de sentido* é uma ferramenta poderosa em estudos genéticos de bactérias. Por exemplo, pode-se isolar vírus bacterianos mutantes que não conseguem crescer em células normais, mas que crescem em células que expressam um tRNA supressor de perda de sentido porque o vírus mutante possui uma mutação de perda de sentido em um gene essencial. Tais vírus mutantes crescidos nas células supressoras de perda de sentido podem, então, ser utilizados em experimentos para análise da função do gene mutante por meio da infecção de células normais que não suprimem a mutação e de qual etapa do ciclo de vida viral está prejudicado na ausência da proteína mutante.

(a)

(b)

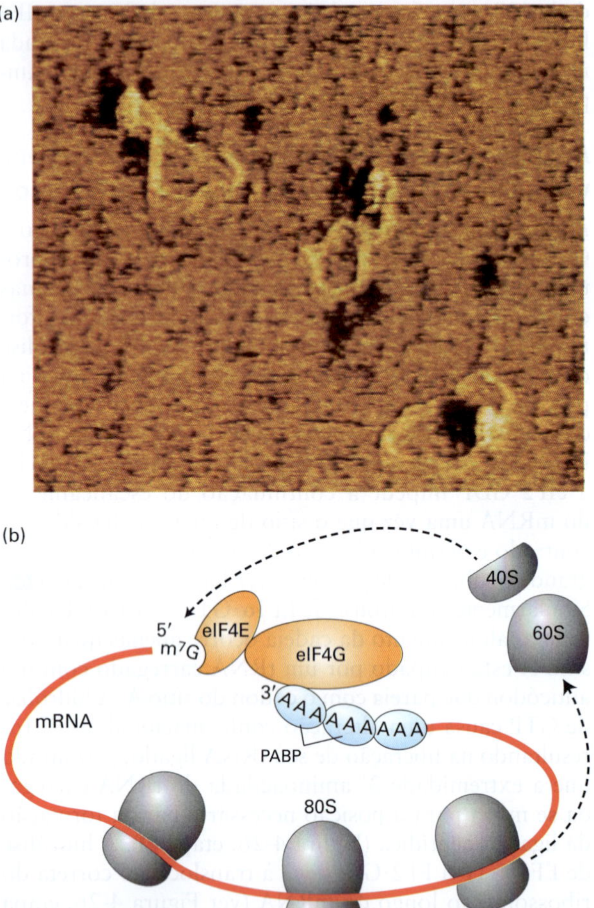

FIGURA EXPERIMENTAL 4-28 A estrutura circular do mRNA aumenta a eficiência da tradução. O mRNA eucariótico forma uma estrutura circular devido à interação de três proteínas. (a) Na presença da proteína de ligação a poli(A) (PABP) purificada, eIF4E, e eIF4G, os mRNAs eucarióticos formam estruturas circulares, visíveis nesta micrografia eletrônica de campo de força. Nestas estruturas, interações proteína-proteína e proteína-mRNA formam uma ponte entre as extremidades 5′ e 3′ do mRNA. (b) Modelo de síntese proteica em polissomos circulares e reciclagem de subunidades ribossomais. Múltiplos ribossomos individuais podem traduzir simultaneamente um mRNA eucariótico, mostrado aqui em forma circular estabilizada pelas interações entre proteínas ligadas às extremidades 3′ e 5′. Quando um ribossomo completa a tradução e se dissocia da extremidade 3′, as subunidades separadas podem encontrar rapidamente o *cap* 5′ (m^7G) e a cauda poli(A) ligada à PABP próximos e iniciar outro ciclo de síntese. (Parte (a) cortesia de A. Sachs.)

CONCEITOS-CHAVE da Seção 4.4

Etapas da síntese de proteínas nos ribossomos

- Ambos os ribossomos procariótico e eucariótico – os grandes complexos de ribonucleoproteína nos quais a tradução ocorre – consistem em uma subunidade pequena e outra grande (ver Figura 4-22). Cada subunidade contém numerosas proteínas diferentes e uma molécula de rRNA principal (pequena ou grande). A subunidade grande também contém um rRNA acessório 5S nas bactérias e dois rRNAs acessórios nos eucariotos (5S e 5.8S em vertebrados).
- rRNAs análogos de várias espécies diferentes se enovelam em estruturas tridimensionais bastante semelhantes contendo várias hastes-rígidas e sítios de ligação para proteínas, mRNA e tRNAs. Proteínas ribossomais muito menores estão associadas com a região periférica dos rRNAs.
- Dos dois tRNAs de metionina encontrados em todas as células, apenas um ($tRNA_i^{Met}$) atua no início da tradução.
- Cada estágio da tradução – início, alongamento da cadeia e terminação – requer fatores proteicos específicos, inclusive proteínas de ligação a GTP que hidrolisam seu GTP ligado a GDP quando uma etapa foi concluída de maneira bem-sucedida.

- Durante o início da tradução, as subunidades ribossomais se unem próximo ao sítio inicial em uma molécula de mRNA, e o tRNA carrega a metionina aminoterminal (Met- $tRNA_i^{Met}$) pareada com o códon de iniciação (Figura 4-24).
- O alongamento da cadeia compreende um ciclo repetitivo de quatro etapas: ligação de baixa afinidade de um aminoacil-tRNA que entra no sítio A do ribossomo; ligação de alta afinidade do aminoacil-tRNA correto ao sítio A acompanhada da liberação do tRNA previamente utilizado do sítio E; transferência da cadeia peptidil crescente para o aminoácido novo catalisada pelo rRNA grande; translocação do ribossomo para o próximo códon, movendo assim o peptidil-tRNA do sítio A para o sítio P e o tRNA agora desacilado do sítio P para o sítio E (ver Figura 4-25).
- Em cada ciclo de alongamento de cadeia, o ribossomo sofre duas alterações conformacionais monitoradas por proteínas de ligação a GTP. A primeira delas (EF1α) permite a ligação de alta afinidade do aminoacil-tRNA que entra no sítio A e a ejeção de um tRNA do sítio E, e a segunda (EF2) leva à translocação.
- A terminação da tradução é realizada por dois tipos de fatores de terminação: aqueles que reconhecem códons de parada e aqueles que promovem a hidrólise do peptidil-tRNA (ver Figura 4-27). Novamente, o reconhecimento correto de um códon de parada é monitorado por uma GTPase (eRF3).
- A eficiência da síntese proteica é ampliada pela tradução simultânea de uma única molécula de mRNA por múltiplos ribossomos, formando um polirribossomo, ou simplesmente polissomo. Em células eucarióticas, interações mediadas por proteínas aproximam as duas extremidades de um polirribossomo, promovendo a rápida reciclagem das subunidades ribossomais, o que aumenta ainda mais a eficiência da síntese de proteínas (ver Figura 4-28b).

4.5 Replicação de DNA

Agora que já foi visto como a informação genética codificada na sequência de nucleotídeos do DNA é traduzida em proteínas que realizam a maioria das funções celulares, pode-se avaliar a necessidade em copiar precisamente as sequências de DNA durante a replicação do DNA, na preparação para a divisão celular (ver Figura 4-1, etapa **4**). O pareamento de bases regular na estrutura dupla helicoidal do DNA sugeriu para Watson e Crick que novas fitas de DNA eram sintetizadas utilizando as fitas existentes (*parentais*) como molde na formação de novas *fitas-filhas*, complementares às fitas parentais.

Este modelo de pareamento de bases com um molde poderia, teoricamente, proceder por um mecanismo *conservativo* ou *semiconservativo*. Em um mecanismo conservativo, as duas fitas-filhas formariam uma nova molécula de DNA de fita dupla (*dúplex*) e o dúplex parental permaneceria intacto. Em um mecanismo semiconservativo, as fitas parentais estariam permanentemente separadas e cada uma delas formaria uma molécula dupla com a fita-filha pareada a ela. Evidências definitivas de que o DNA fita dupla é replicado por um mecanismo semiconservativo vieram de um experimento hoje clássico conduzido por M. Meselson e W. F. Stahl, descrito na Figura 4-29.

A cópia de uma fita de DNA molde em uma fita complementar, portanto, é um aspecto comum da replicação do DNA, da transcrição do DNA em RNA e, como abordado posteriormente neste capítulo, do reparo de DNA e da recombinação. Em todos estes casos, a informação do molde, na forma de sequências específicas de nucleotídeos, é preservada. Em alguns vírus, moléculas de RNA de fita simples atuam como moldes para a síntese de fitas complementares de RNA ou DNA. Entretanto, a maior parte do RNA e do DNA das células é sintetizada a partir de fitas duplas de DNA preexistentes.

DNA-polimerases necessitam de um iniciador (*primer*) para começar a replicação

De maneira análoga ao RNA, o DNA é sintetizado a partir de precursores desoxinucleosídeos 5′-trifosfato (dNTPs). Também como na síntese de RNA, a síntese de DNA sempre procede na direção 5′→3′ porque o crescimento da cadeia resulta da formação de uma ligação fosfodiéster entre o oxigênio 3′ de uma fita crescente e o fosfato α de um dNTP (ver Figura 4-10a). Conforme discutido anteriormente, uma RNA-polimerase pode encontrar um sítio de início de transcrição apropriado na fita dupla de DNA e começar a síntese de um RNA complementar à fita-molde de DNA (ver Figura 4-11). Em contrapartida, **DNA-polimerases** não conseguem iniciar a síntese da cadeia *de novo*; em vez disso, necessitam de uma pequena fita preexistente de RNA ou DNA, chamada de **iniciador** (*primer*), para começar a extensão da cadeia. Com um iniciador pareado à fita-molde, uma DNA-polimerase adiciona desoxinucleotídeos ao grupo hidroxila livre na extremidade 3′ do iniciador conforme especificado pela sequência da fita-molde:

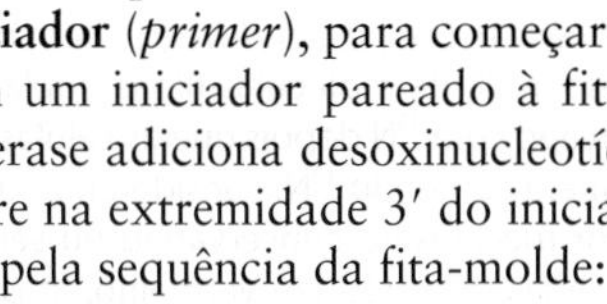

Quando o iniciador é de RNA, a fita-filha formada possui RNA na extremidade 5′ e DNA, na 3′.

O DNA de fita dupla é separado, e as fitas-filhas são formadas na forquilha de replicação de DNA

Para que o DNA de fita dupla atue como molde durante a replicação, as duas fitas pareadas devem ser separadas, ou desnaturadas, para tornar as bases disponíveis ao pareamento com as bases dos dNTPs que são polimerizados nas novas fitas-filhas recém-sintetizadas. A separação das fitas parentais de DNA é realizada por **helicases** específicas, começando em segmentos únicos de uma molécula de

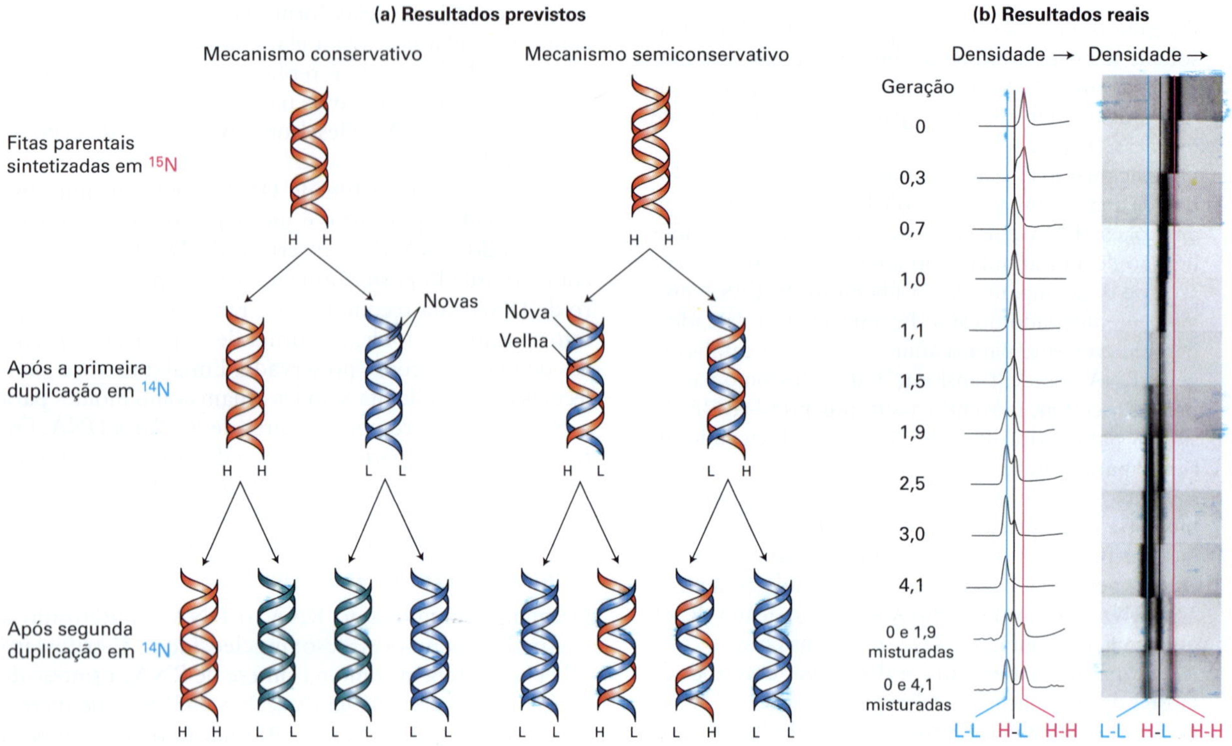

FIGURA EXPERIMENTAL 4-29 O experimento de Meselson-Stahl. Este experimento mostrou que o DNA se replica por um mecanismo semiconservativo. Células de *E. coli* foram inicialmente cultivadas em um meio com sais de amônia preparados com nitrogênio "pesado" (^{15}N) até que todo o DNA celular estivesse marcado. Após a transferência das células para um meio com o isótopo "leve" normal (^{14}N), amostras foram periodicamente coletadas das culturas, e o DNA de cada amostra foi analisado por centrifugação em gradiente de densidade de equilíbrio, procedimento que separa macromoléculas com base em sua densidade. Essa técnica pode separar dúplexes pesado-pesado (H-H), leve-leve (L-L) e pesado-leve (H-L) em bandas distintas. (b) Composição esperada de moléculas-filhas duplas sintetizadas a partir do DNA marcado com ^{15}N depois que as células de *E. coli* foram transferidas para meio contendo ^{14}N, considerando que a replicação do DNA ocorre por mecanismo conservativo ou semiconservativo. Fitas parentais pesadas (H) estão em vermelho; fitas leves (L) sintetizadas após a mudança para o meio contendo ^{14}N estão em azul. O mecanismo conservativo nunca produz DNA H-L, e o mecanismo semiconservativo jamais gera DNA H-H, mas sim DNA H-L durante a primeira duplicação e nas subsequentes também. Com ciclos adicionais de replicação, as fitas marcadas com ^{15}N do DNA original se diluem, de forma que a maioria do DNA consiste em dúplexes L-L em qualquer um dos mecanismos. (b) Padrões de bandas reais de DNA submetido a centrifugação em gradiente de densidade de equilíbrio antes e depois de trocar as células de *E. coli* marcadas com ^{15}N para meio contendo ^{14}N. As bandas de DNA foram visualizadas sob luz UV e fotografadas. Os traços à esquerda são uma medida da densidade do sinal fotográfico e, portanto, da concentração de DNA, ao longo da extensão das células centrifugadas da esquerda para a direita. O número de gerações (*extremidade esquerda*) seguindo a alteração para o meio contendo ^{14}N foi determinada pela contagem da concentração de células de *E. coli* na cultura. Esse valor corresponde ao número de ciclos de replicação do DNA que havia ocorrido no momento que cada amostra foi coletada. Após uma geração de crescimento, todo o DNA extraído tinha a densidade de DNA H-L. Após 1,9 gerações, aproximadamente metade do DNA tinha densidade de DNA H-L; a outra metade tinha a densidade de DNA L-L. Com gerações adicionais, uma fração cada vez maior do DNA extraído consiste em dúplexes L-L; dúplexes H-H nunca apareceram. Os resultados coincidem com o padrão previsto para o mecanismo de replicação semiconservativo em (a). As duas amostras de células centrifugadas da parte inferior continham misturas de DNA H-H e DNA isolado nas gerações 1,9 e 4,1 a fim de mostrar claramente as posições dos DNA H-H, H-L, e L-L no gradiente de densidade. (Parte (b) extraída de M. Meselson e F. W. Stahl, 1958, *Proc. Natl. Acad. Sci. USA* **44:**671.)

DNA chamados *origens de replicação*, ou simplesmente *origens*. As sequências nucleotídicas das origens de diferentes organismos variam bastante, embora geralmente contenham sequências ricas em A·T. Tendo as helicases separado o DNA parental em uma origem, uma RNA-polimerase especializada chamada **primase** forma um pequeno iniciador complementar às fitas-molde separadas. O iniciador, ainda pareado com sua fita de DNA complementar, é então alongado por uma DNA-polimerase, formando uma nova fita-filha.

A região do DNA na qual todas estas proteínas se reúnem para realizar a síntese de fitas-filhas é chamada de **forquilha de replicação**. À medida em que a replicação procede, a forquilha de replicação e as proteínas associadas se distanciam da origem. Como observado anteriormente, o desenrolar local do dúplex de DNA produz estresse torcional, o qual é aliviado pela topoisomerase I. Para que as DNA-polimerases se movam ao longo de um dúplex de DNA e o copiem, a helicase deve separar sequencialmente o dúplex, e a topoisomerase deve remover as supertorções que se formam.

Uma importante complicação na operação de uma forquilha de replicação de DNA surge a partir de duas propriedades: as duas fitas do dúplex de DNA parental

ANIMAÇÃO: Polimerização de nucleotídeos pela DNA-polimerase

FIGURA 4-30 Síntese das fitas-líder e descontínua do DNA. Nucleotídeos são adicionados por uma DNA-polimerase a cada fita-filha crescente na direção 5′→3′ (indicado por setas). A fita-líder é sintetizada continuamente a partir de um único iniciador de RNA (em vermelho) em sua extremidade 5′. A fita descontínua é sintetizada de forma descontínua a partir de múltiplos iniciadores de RNA que são periodicamente formados à medida que cada nova região do dúplex parental é separada. O alongamento destes iniciadores produz inicialmente fragmentos de Okazaki. À medida em que cada fragmento crescente se aproxima do iniciador anterior, o iniciador é removido e os fragmentos são ligados. A repetição do processo eventualmente resulta na síntese de uma fita descontinua inteira.

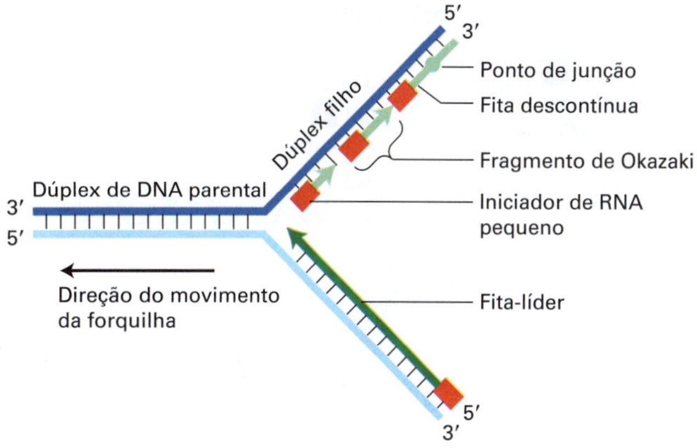

são antiparalelas, e as DNA-polimerases (assim como as RNA-polimerases) conseguem adicionar nucleotídeos às novas fitas crescentes apenas na direção 5′→3′. A síntese de uma fita-filha, chamada de **fita-líder**, pode proceder continuamente a partir de um único iniciador de RNA na direção 5′→3′, *a mesma direção de movimento da forquilha de replicação* (Figura 4-30). O problema surge na síntese da outra fita-filha, chamada de **fita descontínua** (*lagging strand*).

Como o crescimento da fita descontínua deve ocorrer na direção 5′→3′, a cópia de sua fita-molde deve ocorrer de alguma maneira na direção *oposta* ao movimento da forquilha de replicação. A célula realiza este feito pela síntese de um novo iniciador mais ou menos a cada cem bases na segunda fita parental, à medida que regiões maiores da fita são expostas pela separação do duplex. Cada um destes iniciadores, pareados à sua fita-molde, é alongado na direção 5′→3′, formando segmentos descontínuos chamados de **fragmentos de Okazaki** em homenagem ao seu descobridor, Reiji Okazaki (ver Figura 4-30). O iniciador de RNA de cada fragmento de Okazaki é removido e substituído pelo crescimento da cadeia de DNA do fragmento de Okazaki vizinho; finalmente, uma enzima chamada *DNA-ligase* une os fragmentos adjacentes.

Várias proteínas participam da replicação do DNA

Grande parte da compreensão detalhada de todas as proteínas eucarióticas que participam da replicação do DNA advém de estudos com pequenos DNAs virais, em particular o DNA de SV40, o genoma circular de um pequeno vírus que infecta primatas. Células infectadas por vírus replicam grandes quantidades do genoma viral simples em um curto espaço de tempo, tornando-os sistemas-modelo ideais para estudar os aspectos básicos da replicação do DNA. Já que os vírus simples como o SV40 dependem em grande parte da maquinaria de replicação do DNA de suas células hospedeiras (neste caso, células de primatas), eles oferecem uma oportunidade única para estudar a replicação de DNA de múltiplas moléculas pequenas e idênticas de DNA, por proteínas celulares. A Figura 4-31 retrata as múltiplas proteínas que coordenam a cópia do DNA de SV40 em uma forquilha de replicação. As proteínas reunidas em uma forquilha de replicação ilustram melhor o conceito de máquinas moleculares introduzido no Capítulo 3. Estes multicomponentes complexos permitem que a célula execute uma sequência ordenada de eventos que realizam funções celulares essenciais.

A maquinaria molecular que replica o DNA de SV40 contém apenas uma proteína viral. Todas as outras proteínas envolvidas na replicação do DNA de SV40 são fornecidas pela célula hospedeira. A proteína viral, o *antígeno T grande*, forma uma *helicase replicativa* hexamérica, uma proteína que usa a energia da hidrólise do ATP para desenrolar as fitas parentais na forquilha de replicação. Iniciadores para as fitas-filhas de DNA líder e descontínua são sintetizados por um complexo de *primase*, que sintetiza um pequeno iniciador de RNA com cerca de 10 nucleotídeos, e *DNA-polimerase* α (Pol α), que estende o iniciador de RNA com desoxinucleotídeos em aproximadamente mais 20 nucleotídeos, formando um iniciador RNA-DNA misto.

O iniciador é estendido em fita-filha de DNA pelas *DNA-polimerases* δ (Pol δ) e ε (Pol ε), que apresentam menor probabilidade de cometer erros durante a cópia da fita-molde do que a Pol α devido ao seu mecanismo de revisão (ver Seção 4.7). Resultados recentes indicam que durante a replicação do DNA celular, a Pol δ sintetiza a fita de DNA descontínua, enquanto a Pol ε sintetiza a maior parte da fita-líder. Cada uma das polimerases Pol δ e Pol ε forma um complexo com *Rfc* (fator de replicação C) e *PCNA* (antígeno nuclear de célula proliferativa), que desloca o complexo primase-Pol α após a síntese do iniciador. Conforme ilustrado na Figura 4-31b, a PCNA é uma proteína homotrimérica que possui um orifício central por meio do qual o DNA de fita dupla recém sintetizado passa, evitando que os complexos PCNA-Rfc-Pol δ e PCNA-Rfc-Pol ε se dissociem do molde. Assim, a PCNA é conhecida como uma *braçadeira deslizante* que permite à Pol δ e Pol ε permanecerem associadas de maneira estável a uma única fita-molde por milhares de nucleotídeos. A Rfc atua abrindo o anel

ANIMAÇÃO EM FOCO: Síntese integrada da fita simples e da fita descontínua

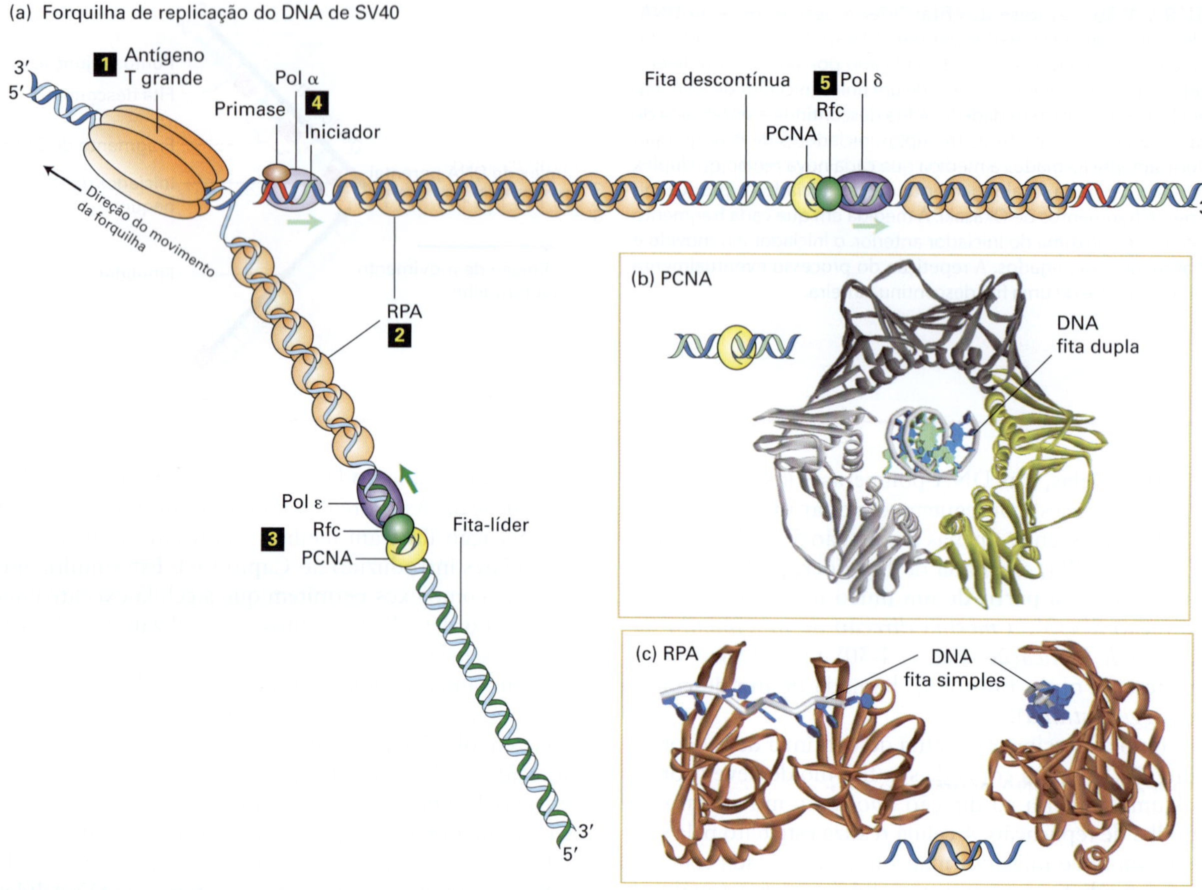

FIGURA 4-31 Modelo de forquilha de replicação de DNA de SV40. (a) Um hexâmero de antígeno T grande (1), uma proteína viral, atua como uma helicase para separar as fitas de DNA parental. Regiões de fita simples do molde parental separadas pelo antígeno T grande são ligadas por múltiplas cópias de uma proteína heterotrimérica, RPA (2). A fita-líder é sintetizada por um complexo de DNA-polimerase ε (Pol ε), PCNA e Rfc (3). Os iniciadores para a síntese da fita descontínua (em vermelho, RNA; em azul-claro, DNA) são sintetizados por um complexo de DNA-polimerase α (Pol α) e primase (4). A extremidade 3′ de cada iniciador sintetizado pelo complexo Pol α-primase é então ligada a um complexo PCNA-Rfc-Pol δ, que procede para estender o iniciador e sintetizar a maior parte de cada fragmento de Okazaki (5). (b) As três subunidades da PCNA, mostradas em cores diferentes, formam uma estrutura circular com um canal central através do qual passa o DNA de fita dupla. Um diagrama do DNA é mostrado no centro de um modelo de fitas do trímero de PCNA. O diagrama no canto superior esquerdo mostra a representação da PCNA ligada ao DNA em (a). (c) A subunidade grande da RPA contém dois domínios que se ligam ao DNA de fita simples. À esquerda, a estrutura determinada para os dois domínios de ligação ao DNA da subunidade grande ligados ao DNA fita simples é mostrada com a cadeia principal do DNA (cadeia principal em branco, com bases azuis) em paralelo ao plano da página. A fita simples de DNA é estendida com as bases expostas, uma conformação ideal para a replicação pela DNA-polimerase. À direita, é vista ao longo do comprimento da fita simples de DNA, revelando como as fitas β da RPA envolvem o DNA. O diagrama na parte inferior mostra a RPA ligada ao DNA na parte (a). (Parte (a) adaptada de S. J. Flint et al., 2000, *Virology: Molecular Biology, Pathogenesis, and Control*, ASM Press. Parte (b) adaptada de J. M. Gulbis et al., 1996, *Cell* **87:**297. Parte (c) adaptada de A. Bochkarev et al., 1997, *Nature* **385:**176.)

da PCNA de forma que ele possa cercar a pequena região de DNA de fita dupla sintetizado por Pol α. Em consequência, costuma-se chamar a Rfc de *carregador de braçadeira*.

Depois que o DNA parental foi separado em fitas-molde únicas na forquilha de replicação, ele é ligado por múltiplas cópias de RPA (proteína de replicação A), uma proteína heterotrimérica (Figura 4-31c). A ligação de RPA mantém o molde em uma conformação uniforme ótima para a cópia por DNA-polimerases. Proteínas RPA ligadas são deslocadas das fitas parentais por Pol α, Pol δ e Pol ε à medida que elas sintetizam as fitas complementares pareadas às fitas parentais.

Várias outras proteínas eucarióticas que atuam na replicação do DNA não estão representadas na Figura 4-31. Por exemplo, a topoisomerase I se associa ao DNA parental à frente da helicase replicativa, isto é, à esquerda do antígeno T na Figura 4-31, para remover o estresse torcional introduzido pela separação das fitas parentais (ver Figura 4-8a). A ribonuclease H e a FEN I removem os ribonucle-

ANIMAÇÃO EM FOCO: Replicação bidirecional do DNA

FIGURA EXPERIMENTAL 4-32 Replicação bidirecional do DNA de SV40. Microscopia eletrônica do DNA de SV40 replicando indica o crescimento bidirecional das fitas de DNA a partir de uma origem. O DNA viral replicando em células infectadas por SV40 foi clivado pela enzima de restrição *Eco*RI, que reconhece um sítio no DNA circular. Isso foi feito para fornecer um ponto de referência para uma sequência específica no genoma do SV40: a sequência de reconhecimento da *Eco*RI agora é facilmente identificada nas extremidades das moléculas lineares de DNA visualizadas por microscopia eletrônica. Micrografias eletrônicas de moléculas de DNA de SV40 em replicação clivadas com *Eco*RI mostraram um conjunto de moléculas clivadas com "bolhas" de replicação cada vez maiores, cujas porções centrais apresentavam uma distância constante de cada extremidade da molécula clivada. Esta observação é compatível com o crescimento da cadeia em duas direções a partir de uma origem comum localizada no centro de uma bolha, conforme ilustrado nos diagramas correspondentes. (Ver G. C. Fareed et al., *J. Virol.* **10**:484; as fotografias são uma cortesia de N. P. Salzman.)

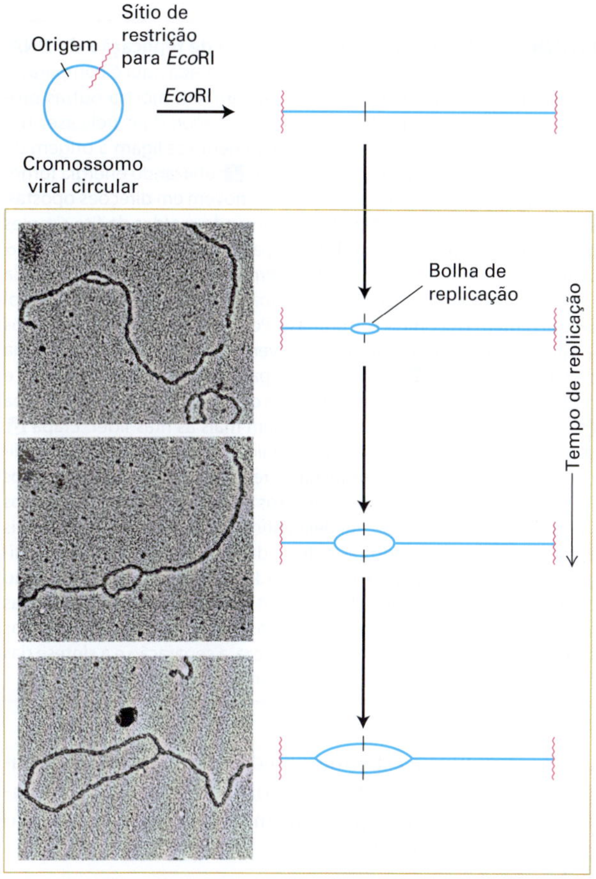

otídeos nas extremidades 5′ dos fragmentos de Okazaki; estes são substituídos por desoxinucleotídeos adicionados pela DNA-polimerase δ à medida que ela estende o fragmento de Okazaki na porção a montante da cadeia. Fragmentos de Okazaki sucessivos são unidos pela DNA-ligase por meio de ligações fosfodiéster padrão 5′→3′. Outras DNA-polimerases especializadas estão envolvidas em reparo de mal-pareamentos e de lesões no DNA (ver Seção 4.7).

A replicação do DNA ocorre bidirecionalmente a partir de cada origem

Conforme indicado nas Figuras 4-30 e 4-31, as fitas parentais de DNA expostas pela separação local em uma forquilha de replicação são copiadas em uma fita-filha. Em teoria, a replicação do DNA a partir de uma única origem poderia envolver uma forquilha de replicação que se moveria em uma direção. Alternativamente, duas forquilhas de replicação poderiam ser formadas em uma única origem e, então, moverem-se em direções opostas, levando ao *crescimento bidirecional* de ambas as fitas-filhas. Vários tipos de experimentos, incluindo aquele apresentado na Figura 4-32, forneceram evidências iniciais de apoio ao crescimento bidirecional da fita.

O consenso é de que todas as células procarióticas e eucarióticas empregam um mecanismo bidirecional de replicação de DNA. No caso do DNA do vírus SV40, a replicação é iniciada pela ligação de duas helicases hexaméricas do tipo antígeno T grande à única origem de SV40 e pela associação de outras proteínas para formar duas forquilhas de replicação. Estas se afastam da origem de SV40 em direções opostas, com a síntese das fitas-líder e descontínua ocorrendo em ambas as forquilhas. Como mostrado na Figura 4-33, a forquilha de replicação esquerda estende a síntese de DNA para a esquerda; similarmente, a forquilha de replicação direita estende a síntese de DNA para a direita.

Ao contrário do DNA do vírus SV40, as moléculas de DNA cromossomal eucariótico contêm múltiplas origens de replicação separadas por dezenas a centenas de quilobases. Uma proteína de seis subunidades chamada *ORC*, de *c*omplexo de *r*econhecimento de *o*rigem (*origin recognition complex*), liga-se a cada origem e associa-se a outras proteínas necessárias para carregar helicases hexaméricas celulares compostas por seis proteínas *MCM* homólogas. Duas helicases MCM opostas separam as fitas parentais em uma origem, com proteínas RPA ligando-se ao DNA fita simples resultante. Acredita-se que a síntese de iniciadores e as etapas subsequentes na replicação do DNA celular sejam análogas àquelas da replicação do DNA de SV40 (ver Figuras 4-31 e 4-33).

A replicação do DNA celular e outros eventos que levam à proliferação das células são fortemente regulados, de maneira que o número apropriado de células que constitui cada tecido seja produzido durante o desenvolvimento e toda a vida de um organismo. O controle da etapa de início é o mecanismo primário para regular a replicação do DNA celular. A ativação da atividade da helicase MCM, necessária para iniciar a replicação do DNA celular, é regulada por proteínas-cinases específicas chamadas **cinases dependentes de ciclina** de fase S. Outras cinases dependentes de ciclina regulam aspectos adicionais da proliferação celular, incluindo o complexo processo da mitose por meio do qual uma célula eucariótica se divide em duas células-filhas. A mitose e outro tipo especializado de divisão celular chamado meiose,

ANIMAÇÃO EM FOCO: Coordenação da síntese das fitas-líder e descontínua

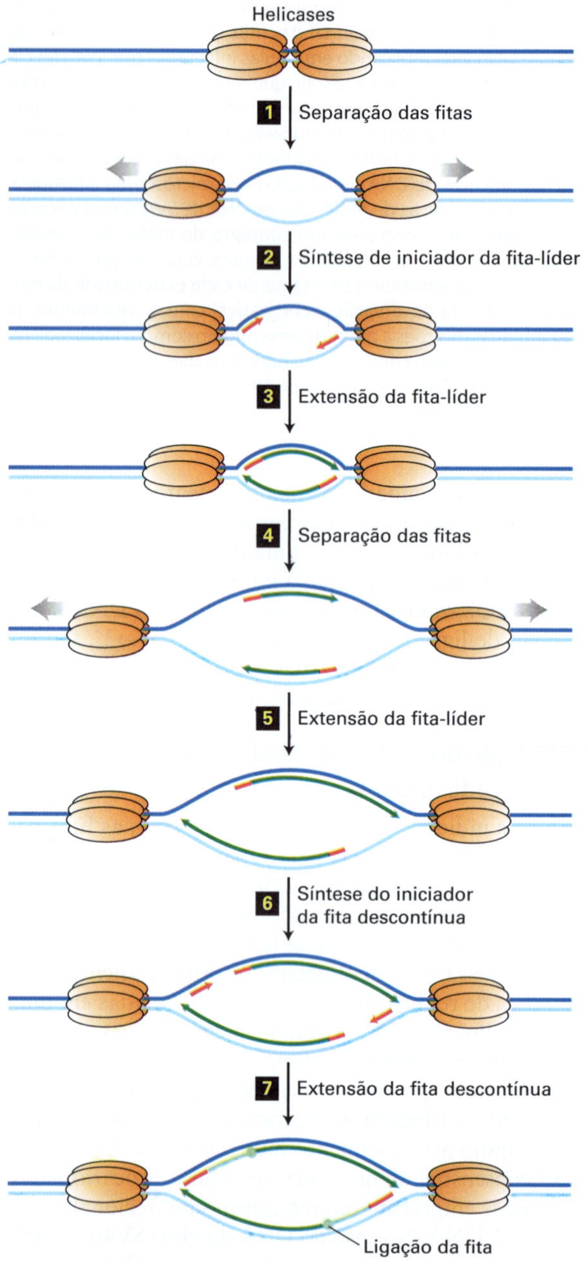

FIGURA 4-33 Mecanismo bidirecional de replicação do DNA. A forquilha de replicação à esquerda representada aqui é comparável àquela diagramada na Figura 4-31, que também mostra outras proteínas além do antígeno T grande. *Parte superior*: duas helicases hexaméricas de antígeno T grande primeiramente se ligam à origem de replicação em orientações opostas. Etapa **1**: utilizando energia fornecida pela hidrólise de ATP, as helicases se movem em direções opostas, separando as fitas do DNA parental e gerando moldes de fita simples que são ligados por proteínas RPA. Etapa **2**: complexos primase-Pol α sintetizam iniciadores pequenos (em vermelho) que pareiam com cada uma das fitas parentais separadas. Etapa **3**: complexos PCNA-Rfc-Pol δ/ε subsituem os complexos primase-Pol α e estendem os pequenos iniciadores, gerando as fitas-líder (em verde-escuro) em cada forquilha de replicação. Etapa **4**: as helicases separam mais as fitas parentais, e proteínas RPA se ligam às novas regiões de fita simples expostas. Etapa **5**: complexos PCNA-Rfc-Pol δ estendem mais as fitas-líder. Etapa **6**: complexos primase-Pol α sintetizam iniciadores para a síntese das fitas descontínuas em cada forquilha de replicação. Etapa **7**: complexos PCNA-Rfc-Pol δ deslocam os complexos primase-Pol α e estendem os fragmentos de Okazaki da fita descontínua (em verde-claro), os quais eventualmente são ligados às extremidades 5′ das fitas-líder. A posição onde a ligação ocorre é representada por um círculo. A replicação continua pela separação adicional das fitas parentais e síntese das fitas-líder e descontínua como nas etapas **4**-**7**. Embora representadas como etapas individuais para maior clareza, a separação e a síntese das fitas-líder e descontínua ocorrem de maneira concomitante.

que gera óvulos e espermatozoides haploides, são discutidos no Capítulo 5. Serão abordados os vários mecanismos regulatórios que determinam a taxa de divisão celular no Capítulo 20.

CONCEITOS-CHAVE da Seção 4.5

Replicação de DNA

- Cada fita de um DNA duplo parental atua como um molde para a síntese de uma fita-filha e permanece pareada à nova fita, formando um dúplex-filho (mecanismo semiconservativo). Novas fitas são formadas na direção 5′→3′.
- A replicação começa em uma sequência chamada *origem*. Cada molécula de DNA cromossomal eucariótica possui múltiplas origens de replicação.
- DNA-polimerases, ao contrário das RNA-polimerases, não conseguem separar as fitas do dúplex de DNA nem iniciar a síntese de novas fitas complementares às fitas-molde.
- Em uma forquilha de replicação, uma fita-filha (a fita-líder) é alongada de maneira contínua. A outra fita-filha (a fita descontínua) é formada como uma série de fragmentos de Okazaki descontínuos a partir de iniciadores sintetizados a cada cerca de algumas centenas de nucleotídeos (Figura 4-30).
- Os ribonucleotídeos na extremidade 5′ de cada fragmento de Okazaki são removidos e substituídos pelo alongamento da extremidade 3′ do próximo fragmento de Okazaki. Por fim, fragmentos de Okazaki adjacentes são unidos pela DNA-ligase.
- As helicases usam energia da hidrólise do ATP para separar as fitas parentais (moldes) de DNA inicialmente ligadas por múltiplas cópias de uma proteína de ligação a DNA de fita simples, RPA. A primase sintetiza um pequeno iniciador de RNA, que permanece pareado ao molde de DNA. Este é inicialmente estendido

na extremidade 3′ pela DNA-polimerase α (Pol α), resultando em uma curta fita-filha (5′)RNA-(3′)DNA.

- A maior parte do DNA das células eucarióticas é sintetizada por Pol δ e Pol ε, que assumem o controle de Pol α e continuam o alongamento da fita-filha na direção 5′→3′. A Pol δ sintetiza a maior parte da fita descontínua, enquanto a Pol ε sintetiza a fita-líder. Pol δ e Pol ε permanecem associadas de maneira estável ao molde pela ligação à proteína Rfc, que, por sua vez, se liga à PCNA, uma proteína trimérica que cerca o dúplex de DNA filho, atuando como uma braçadeira deslizante (ver Figura 4-31).
- A replicação do DNA geralmente ocorre por um mecanismo bidirecional no qual duas forquilhas de replicação se formam em uma origem e se movem em direções opostas, sendo ambas as fitas-molde copiadas em cada forquilha (ver Figura 4-33).
- A síntese do DNA eucariótico *in vivo* é regulada pelo controle da atividade das helicases MCM que iniciam a replicação do DNA em múltiplas origens distribuídas ao longo do DNA cromossomal.

4.6 Reparo e recombinação de DNA

Dano ao DNA é inevitável e surge de várias formas. O dano pode ser causado por clivagem espontânea das ligações químicas do DNA, por agentes ambientais como radiações ultravioleta e ionizante, e pela reação com substâncias genotóxicas, que são subprodutos do metabolismo celular normal ou que ocorrem no ambiente. Uma alteração na sequência normal do DNA, chamada de **mutação**, pode ocorrer durante a replicação quando uma DNA-polimerase insere o nucleotídeo errado ao ler um molde danificado. Mutações também ocorrem em baixa frequência como resultado de erros de cópia introduzidos pelas DNA-polimerases quando replicam um molde íntegro. Se tais mutações não fossem corrigidas, as células acumulariam tantas mutações que poderiam não mais funcionar adequadamente. Além disso, o DNA das células da linhagem germinativa ficaria sujeito a mutações em demasia, para que prole viável fosse gerada. Assim, a prevenção de erros na sequência do DNA em todos os tipos celulares é importante para a sobrevivência, e vários mecanismos celulares para reparo do DNA danificado e correção de erros de sequência evoluíram. Um dos mecanismos para reparo de quebras duplas no DNA, pelo processo de recombinação, também é utilizado pelas células eucarióticas para a geração de novas combinações de genes maternos e paternos em cada cromossomo por troca de segmentos do cromossomo durante a produção de células germinativas (p. ex., óvulos e espermatozoides).

Significativamente, defeitos em mecanismos de reparo de DNA e câncer estão intimamente relacionados. Quando os mecanismos de reparo são comprometidos, mutações acumulam no DNA da célula. Se as mutações afetarem genes normalmente envolvidos na cuidadosa regulação da divisão celular, as células podem começar a se dividir sem controle, levando à formação de tumores e câncer. O Capítulo 25 descreve em detalhes como o câncer surge a partir de defeitos no reparo do DNA. Encontra-se alguns exemplos nesta seção também, à medida que são consideradas inicialmente as formas pelas quais a integridade do DNA pode ser comprometida, e então são discutidos os mecanismos de reparo que as células desenvolveram para garantir a fidelidade desta molécula tão importante.

DNA-polimerases introduzem erros de cópia e também os corrigem

A primeira linha de defesa para a prevenção de mutações é a própria DNA-polimerase. Às vezes, quando as DNA-polimerases replicativas progridem ao longo do DNA-molde, um nucleotídeo errado é adicionado à extremidade 3′ crescente da fita-filha. DNA-polimerases de *E. coli*, por exemplo, introduzem cerca de 1 nucleotídeo errado a cada 10^4 (dez mil) nucleotídeos polimerizados. Ainda assim, a taxa de mutação medida em células bacterianas é muito mais baixa: cerca de 1 erro a cada 10^9 (um bilhão) nucleotídeos incorporados em uma fita crescente. Esta notável precisão deve-se, em grande parte, à atividade de *revisão* das DNA-polimerases de *E. coli*. As Pol δ e Pol ε eucarióticas empregam um mecanismo semelhante.

A revisão depende de uma *atividade de exonuclease 3′→5′* de algumas DNA-polimerases. Quando uma base errada é incorporada durante a síntese de DNA, o pareamento de bases entre o nucleotídeo da extremidade 3′ da fita nascente e a fita-molde não acontece. Como resultado, a polimerase pausa, e então transfere a extremidade 3′ da cadeia crescente ao sítio da exonuclease, onde a base errada mal-pareada é removida (Figura 4-34). Então a extremidade 3′ é transferida de volta ao sítio da polimerase, onde esta região é copiada corretamente. Todas as três DNA-polimerases de *E. coli* possuem atividade de revisão, assim como as duas DNA-polimerases eucarióticas, δ e ε, utilizadas para a replicação da maioria do DNA cromossomal em células animais. É provável que a revisão seja indispensável para que todas as células evitem mutações em excesso.

Danos por substâncias químicas e radiação podem levar a mutações

O DNA é continuamente submetido a um grande número de reações químicas prejudiciais; estimativas do número de eventos de dano ao DNA em uma única célula humana variam de 10^4 a 10^6 por dia! Mesmo se o DNA não fosse exposto a substâncias químicas prejudiciais, certos aspectos de sua estrutura são inerentemente instáveis. Por exemplo, a ligação conectando uma purina à desoxirribose é propensa a uma baixa taxa de hidrólise sob condições fisiológicas, deixando um açúcar sem uma base ligada. Assim, a informação codificadora é perdida, e isso pode levar a uma mutação durante a replicação do DNA. Reações celulares normais, inclusive o movimento de elétrons ao longo da cadeia transportadora de elétrons nas mitocôndrias e da oxidação de lipídeos nos peroxissomos, produz várias substâncias químicas que reagem com, e causam danos ao, DNA, incluindo radicais hidroxila e superóxido (O_2^-). Estas também podem causar mutações, incluindo aquelas que levam a cânceres.

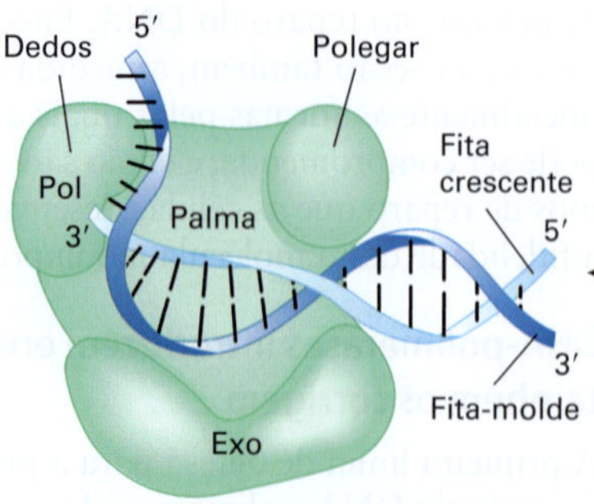

FIGURA 4-34 **Revisão pela DNA-polimerase.** Todas as DNA-polimerases possuem uma estrutura tridimensional semelhante, que lembra uma mão direita semiaberta. Os "dedos" ligam-se a segmentos de fita simples na fita-molde, e a atividade catalítica da polimerase (Pol) está na junção entre os dedos e a palma. Contanto que os nucleotídeos corretos sejam adicionados à extremidade 3′ da fita crescente, ela permanece no sítio da polimerase. A incorporação de uma base incorreta na extremidade 3′ causa a dissociação da extremidade recém-formada do dúplex. Como resultado, a polimerase para, e a extremidade 3′ da fita crescente é transferida o sítio da exonuclease 3′→5′ (Exo) a cerca de 3 nm de distância, onde a base mal-pareada e provavelmente outras bases são removidas. Depois, a extremidade 3′ volta para o sítio da polimerase, e o alongamento é retomado. (Adaptada de C. M. Joyce e T. T. Steitz, 1995, *J. Bacteriol.* **177:**6321, e S. Bell e T. Baker, 1998, *Cell* **92:**295.)

Muitas mutações espontâneas são **mutações pontuais**, que envolvem a troca de um único par de bases na sequência do DNA. Isso pode introduzir um códon de parada, causando uma mutação de perda de *sentido,* como discutido anteriormente, ou uma mudança na sequência de aminoácidos de uma proteína codificada, chamada de mutação de *sentido trocado*. Mutações *silenciosas* não alteram a sequência de aminoácidos (p. ex., GAG para GAA; ambos codificam glutamina). Mutações também ocorrem em uma sequência de DNA não codificadora que atua na regulação da transcrição de um gene, conforme discutido no Capítulo 7. Uma das mutações pontuais mais frequentes surge da **desaminação** de uma citosina (C), que a converte em uracila (U). Além disso, a base modificada comum 5-metil citosina forma timina quando é desaminada. Se as alterações não forem corrigidas antes da replicação do DNA, a célula usará a fita que contém U ou T como molde para formar um par de bases U·A ou T·A, criando assim uma alteração permanente na sequência do DNA (Figura 4-35).

Sistemas de reparo de alta fidelidade por excisão de DNA reconhecem e reparam danos

Além da atividade de revisão, as células possuem outros sistemas de reparo que previnem mutações devidas a erros de cópia e à exposição a substâncias químicas e radiação.

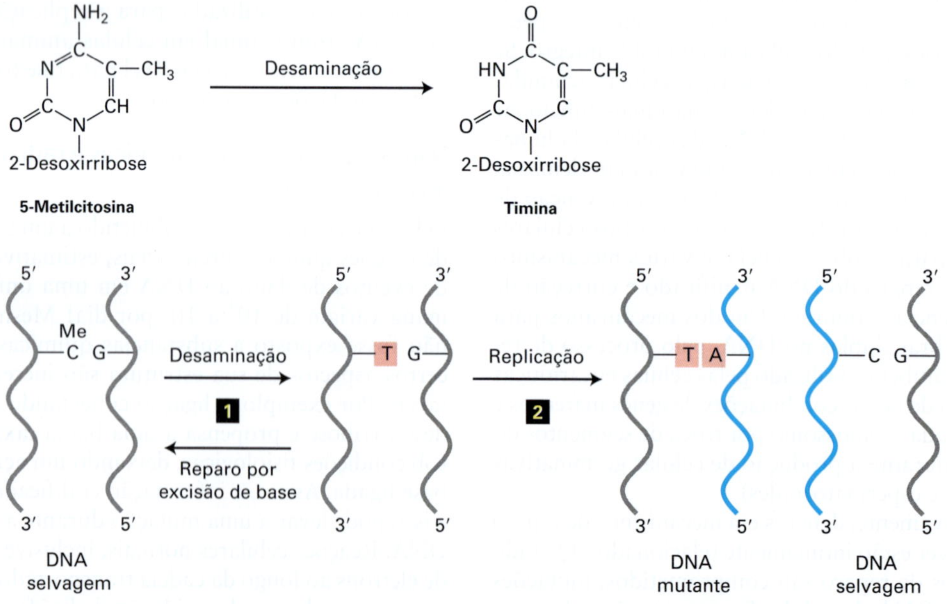

FIGURA 4-35 **Desaminação leva a mutações pontuais.** Uma mutação pontual espontânea pode se formar por desaminação de 5-metilcitosina (C) que origina timina (T). Se o par de base resultante T·G não for corrigido para o par de base normal C·G por mecanismos de reparo por excisão de base (etapa **1**), levará a uma alteração permanente na sequência (i.e., uma mutação) após a replicação do DNA (etapa **2**). Depois de um ciclo de replicação, uma molécula-filha de DNA terá o par de base mutante T·A e a outra terá o par de base selvagem C·G.

Vários **sistemas de reparo por excisão** de DNA que normalmente operam com um alto grau de precisão foram bem estudados. Tais sistemas foram inicialmente elucidados por uma combinação de estudos genéticos e bioquímicos em *E. coli*. Proteínas homólogas às principais proteínas bacterianas existem em eucariotos desde leveduras até humanos, indicando que estes mecanismos livres de erro surgiram cedo na evolução para proteger a integridade do DNA. Cada um destes sistemas atua de maneira semelhante – um segmento da fita de DNA danificada é excisado, e a falha é preenchida pela DNA-polimerase e pela ligase usando a fita de DNA complementar como molde.

O foco agora será em alguns dos mecanismos de reparo de DNA, variando de reparo de mutações de base única ao reparo de quebras duplas no DNA. Alguns destes realizam seus reparos com grande exatidão; outros são menos precisos.

A excisão de base repara mal-pareamentos T-G e bases danificadas

Em seres humanos, o tipo mais comum de mutação pontual é de C para T, causada pela desaminação de 5-metil C para T (ver Figura 4-35). O problema conceitual do *reparo por excisão de base* neste caso consiste em determinar qual é a fita de DNA normal e qual é a mutante, e reparar a última de forma que ela pareie corretamente com a fita normal. Porém, uma vez que um mal-pareamento G·T é quase sempre causado pela conversão química de C para U ou de 5-metil C para T, o sistema de reparo evoluiu para remover a T e substituí-la por C. O mal-pareamento G·T é reconhecido por uma DNA-glicosilase que remove a timina da hélice e, então, hidrolisa a ligação que a conecta à cadeia principal de açúcar-fosfato do DNA. Após esta incisão inicial, uma endonuclease apurínica (AP) corta a fita de DNA próxima ao sítio abásico. A desoxirribose fosfato sem a base é então removida e substituída com C por uma DNA-polimerase especializada em reparo que lê a base G na fita-molde (Figura 4-36).

Como mencionado, o reparo deve acontecer antes da replicação do DNA, porque a base incorreta neste par, T, ocorre naturalmente no DNA normal. Em consequência, ela seria capaz de participar no pareamento de base de Watson-Crick normal durante a replicação, gerando uma mutação pontual estável que agora não pode ser reconhecida por mecanismos de reparo (ver Figura 4-35, etapa **2**).

Células humanas possuem um conjunto de glicosilases, cada uma das quais é específica a um grupo diferente de bases de DNA quimicamente modificadas. Por exemplo, uma remove 8-oxiguanina, uma forma de guanina oxidada, permitindo a sua substituição por uma G íntegra, e outras removem bases modificadas por agentes alquilantes. O nucleotídeo sem base resultante é então substituído pelo mecanismo de reparo discutido anteriormente. Um mecanismo semelhante também atua no reparo de lesões resultantes de **depurinação**, a perda de uma guanina ou uma adenina do DNA pela hidrólise da ligação glicosílica entre a desoxirribose e a base. A depurinação ocorre espontaneamente e é bastante comum

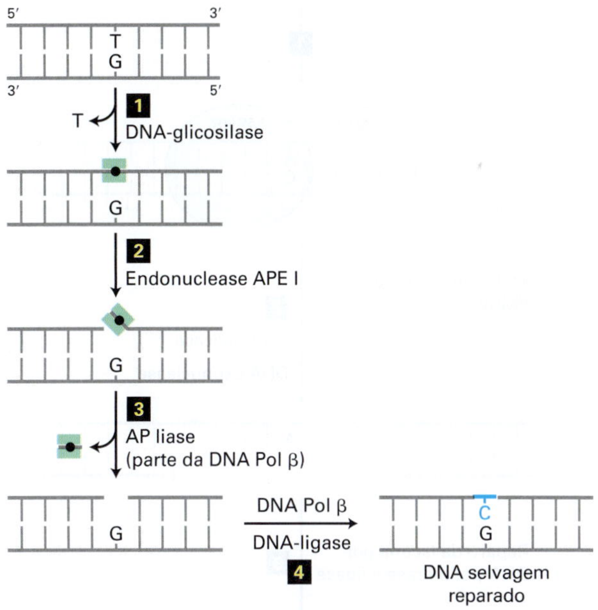

FIGURA 4-36 Reparo por excisão de base de um mal-pareamento T·G. Uma DNA-glicosilase específica para mal-pareamentos T·G, geralmente formados por desaminação de resíduos 5-mC (ver Figura 4-35), renove a base timina da hélice e corta sua ligação com a cadeia principal de açúcar-fosfato do DNA (etapa **1**), deixando apenas a desoxirribose (ponto preto). Uma endonuclease específica do sítio sem base resultante (endonuclease apurínica I, APE I) cliva a cadeia principal do DNA (etapa **2**), e o conjunto desoxirribose-fosfato é removido por uma endonuclease, a liase apurínica (AP liase), associada com a DNA-polimerase β, especializada e usada em reparo (etapa **3**). A lacuna é preenchida pela DNA Pol β e a cadeia é unida pela DNA-ligase (etapa **4**), restaurando o par de base original G·C. (Adaptada de O. Schärer, 2003, *Angewandte Chemie* **42**:2946.)

nos mamíferos. Os sítios abásicos resultantes, se não reparados, geram mutações durante a replicação do DNA porque não conseguem especificar a base apropriada para o pareamento.

A excisão de mal-pareamentos repara outros mal-pareamentos e pequenas inserções e deleções

Outro processo, também conservado de bactérias a seres humanos, elimina sobretudo mal-pareamentos de bases ou deleções de um ou alguns nucleotídeos acidentalmente introduzidos por DNA-polimerases durante a replicação. Assim como no reparo por excisão de base de T em um mal-pareamento T·G, o problema conceitual do *reparo por excisão de mal-pareamento* consiste em determinar qual é a fita de DNA normal e qual é a mutante, e reparar a última. Não se sabe exatamente como isso ocorre em células humanas. Acredita-se que as proteínas que se ligam ao segmento de DNA mal-pareado diferenciam as fitas-molde e filha; então o segmento mal-pareado da fita-filha – aquele com o erro de replicação – é excisado e reparado para se tornar um complemento exato da fita-molde (Figura 4-37). Ao contrário do reparo por excisão de base, o reparo por excisão de mal-pareamento ocorre após a replicação do DNA.

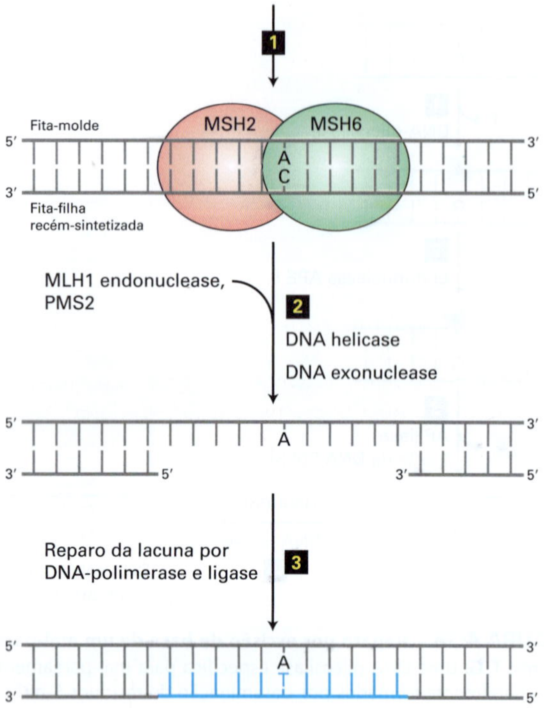

FIGURA 4-37 Reparo por excisão de mal-pareamento em células humanas. A via de reparo por excisão de mal-pareamento corrige erros introduzidos durante a replicação. Um complexo de proteínas MSH2 e MSH6 (homólogas às proteínas bacterianas MutS 1 e 6) liga-se a um segmento de DNA mal-pareado de maneira que consegue distinguir entre o molde e a fita-filha recém-sintetizada (etapa **1**). Isso dispara a ligação de MLH1 e PMS2 (ambas homólogas à MutL bacteriana). O complexo DNA-proteínas resultante liga-se a uma endonuclease que cliva a fita-filha recém-sintetizada. Depois, uma DNA-helicase separa a hélice, e uma exonuclease remove vários nucleotídeos da extremidade clivada da fita-filha, incluindo a base mal-pareada (etapa **2**). Por fim, assim como no reparo por excisão de base, a lacuna é preenchida por uma DNA-polimerase (Pol δ, neste caso) e a cadeia é unida pela DNA-ligase (etapa **3**).

A predisposição a um câncer de colo conhecido como câncer colorretal não poliposo hereditário resulta de uma mutação hereditária de perda de função em uma cópia do gene *MLH1* ou do gene *MSH2*. As proteínas MLH1 e MSH2 são essenciais ao reparo de mal-pareamento do DNA (ver Figura 4-37). Células com pelo menos uma cópia funcional de cada um desses genes apresentam reparo de mal-pareamento normal. Entretanto, células tumorais com frequência surgem a partir daquelas células que passaram por uma mutação aleatória na segunda cópia; quando ambas as cópias de um gene não estão funcionando, o sistema de reparo de mal-pareamento é perdido. Mutações inativantes nestes genes também são comuns em formas esporádicas de câncer de colo. ■

A excisão de nucleotídeo repara adutos químicos que distorcem o formato normal do DNA

As células usam o *reparo por excisão de nucleotídeo* para corrigir regiões do DNA que contêm bases quimicamente modificadas, via de regra chamados de adutos químicos,

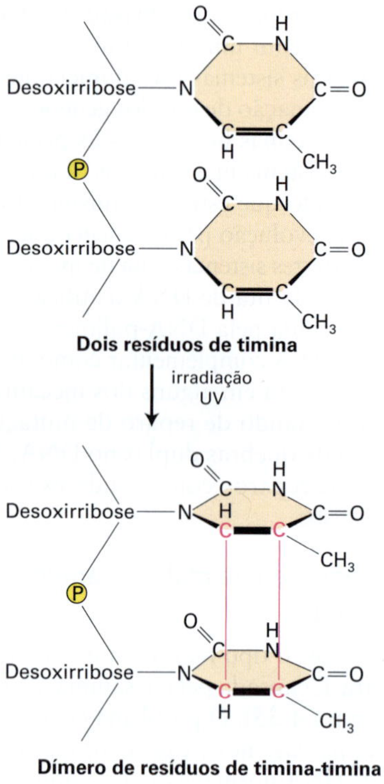

FIGURA 4-38 Formação de dímeros timina-timina. O tipo de dano ao DNA mais comum causado por irradiação UV, dímeros de timina-timina, pode ser reparado pelo mecanismo de reparo por excisão.

que distorcem localmente a forma normal do DNA. Um ponto-chave para esse tipo de reparo é a habilidade que certas proteínas têm de se deslocar ao longo da superfície de uma molécula de DNA de fita dupla em busca de saliências ou outras irregularidades no formato da dupla-hélice. Por exemplo, tal mecanismo repara **dímeros de timina-timina**, um tipo de dano comum causado por luz UV (Figura 4-38); esses dímeros interferem na replicação e na transcrição do DNA.

A Figura 4-39 ilustra como o sistema por excisão de nucleotídeo repara o DNA danificado. Cerca de 30 proteínas estão envolvidas no processo de reparo, as primeiras das quais foram identificadas por um estudo dos defeitos no reparo de DNA em células cultivadas de indivíduos com xeroderma pigmentoso, uma doença hereditária associada com uma predisposição ao câncer. Indivíduos com tal doença tendem a ter os cânceres de pele chamados de melanoma e carcinoma de células escamosas se sua pele for exposta aos raios UV da luz solar. As células de pacientes afetados carecem de um sistema de reparo por excisão de nucleotídeo funcional. Mutações em qualquer um de pelo menos sete genes, chamados de *XP-A* a *XP-G*, levam à inativação deste sistema de reparo e causam xeroderma pigmentoso; todas produzem o mesmo fenótipo e possuem as mesmas consequências. Os papéis da maioria destas proteínas XP no reparo por excisão de nucleotídeo são agora bem definidos (ver Figura 4-39). ■

Notavelmente, cinco subunidades polipeptídicas de TFIIH, um fator de transcrição geral necessário para a

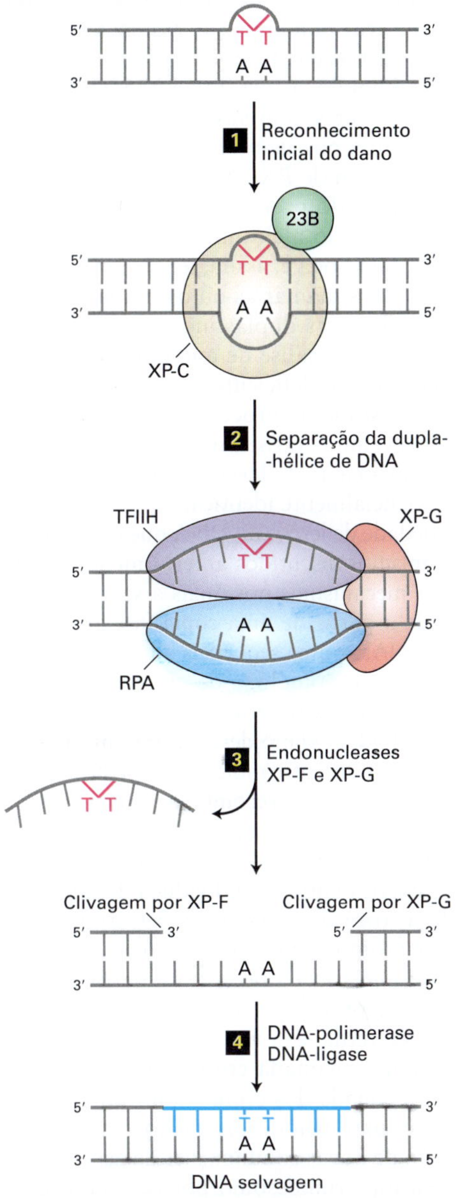

FIGURA 4-39 Reparo por excisão de nucleotídeos em células humanas. Uma lesão no DNA que provoca distorção da dupla-hélice, como um dímero de timina, é inicialmente reconhecido por um complexo de proteínas XP-C (proteína *C* de *xeroderma pigmentoso*) e 23B (etapa **1**). Este complexo recruta então o fator de transcrição TFIIH, cujas subunidades de helicase, alimentadas pela hidrólise de ATP, separam parcialmente a dupla-hélice. As proteínas XP-G e RPA ligam-se ao complexo e separam mais e estabilizam a hélice até que uma bolha com cerca de 25 bases seja formada (etapa **2**). Então, XP-G (agora atuando como uma endonuclease) e XP-F, uma segunda endonuclease, clivam a fita danificada em pontos a 24-32 bases de distância em cada lado da lesão (etapa **3**). Isso libera o fragmento de DNA com as bases danificadas, o qual é degradado a mononucleotídeos. Por fim, a lacuna é preenchida pela DNA-polimerase exatamente como na replicação do DNA, e a quebra na cadeia é unida pela DNA-ligase (etapa **4**). (Adaptada de J. Hoeijmakers, 2001, *Nature* **411**:366, e O. Schärer, 2003, *Angewandte Chemie* **42:**2946.)

transcrição de todos os genes (ver Figura 7-16) também são necessárias ao reparo por excisão de nucleotídeo em células eucarióticas. Duas subunidades têm homologia com helicases, conforme mostrado na Figura 4-39. Na transcrição, a atividade de helicase do TFIIH separa a hélice de DNA no sítio de início, permitindo que a RNA-polimerase comece (ver Figura 7-16). Aparentemente, a natureza utilizou um agrupamento proteico semelhante em dois processos celulares diferentes que necessitam da atividade de helicase.

O uso de subunidades compartilhadas na transcrição e no reparo de DNA pode ajudar a explicar a observação de que o dano ao DNA em eucariotos superiores é reparado em uma taxa muito mais rápida em regiões do genoma ativamente transcritas do que em regiões não transcritas – o assim chamado reparo acoplado à transcrição. Já que apenas uma pequena fração do genoma é transcrita em uma célula qualquer de eucariotos superiores, o reparo acoplado à transcrição direciona de maneira eficiente os esforços de reparo às regiões mais críticas. Neste sistema, se uma RNA-polimerase ficar parada em uma lesão do DNA (p. ex., um dímero timina-timina), uma pequena proteína, CSB, é recrutada para a RNA-polimerase; isso dispara a separação da hélice de DNA neste ponto, o recrutamento de TFIIH, e as reações das etapas **2** a **4** ilustradas na Figura 4-39.

Dois sistemas utilizam a recombinação para reparar quebras de fita dupla no DNA

Radiação ionizante (p. ex., radiações x- e γ-) e alguns fármacos anticâncer causam quebras de fita dupla no DNA. São lesões particularmente graves porque a reunião incorreta das fitas duplas do DNA pode levar a rearranjos cromossômicos grosseiros que afetam o funcionamento dos genes. Por exemplo, a junção incorreta poderia criar um gene "híbrido" que codificasse a porção N-terminal de uma sequência de aminoácidos fusionada à porção C-terminal de uma sequência de aminoácidos completamente diferente; ou um rearranjo cromossômico poderia trazer o promotor de um gene para perto da região codificadora de outro gene, alterando o nível ou tipo celular no qual aquele gene é expresso.

Dois sistemas evoluíram para reparo de quebras de fita dupla: *recombinação homóloga*, discutida na próxima seção, e *junção de extremidades não homólogas*, sujeita a erros, já que vários nucleotídeos são invariavelmente perdidos no ponto de reparo.

Reparo sujeito a erro por junção de extremidades não homólogas O mecanismo predominante no reparo de quebras de fita dupla em organismos multicelulares envolve a reunião de extremidades não homólogas de duas moléculas de DNA. Mesmo que os fragmentos de DNA unidos venham do mesmo cromossomo, o processo de reparo resulta na perda de vários pares de base no ponto de junção (Figura 4-40). A formação de uma deleção possivelmente mutagênica como esta é um exemplo de como o reparo de dano ao DNA pode introduzir mutações.

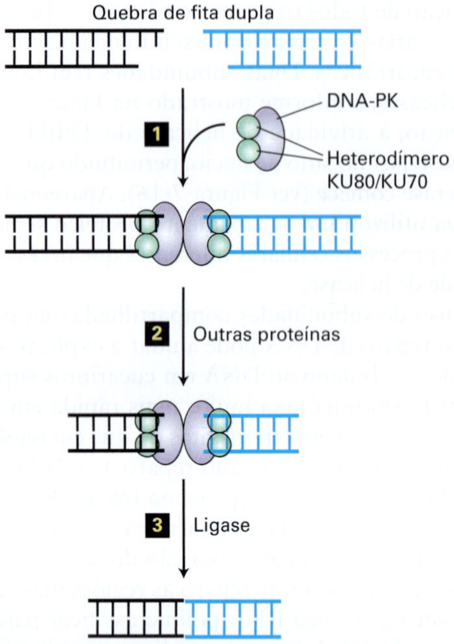

FIGURA 4-40 Junção de extremidades não homólogas. Quando cromátides-irmãs não estão disponíveis para auxiliar no reparo de quebras de fitas duplas, sequências nucleotídicas que não estavam justapostas no DNA íntegro são unidas. Estas extremidades de DNA são geralmente do mesmo *locus* cromossômico, e quando unidas, vários pares de bases são perdidos. Ocasionalmente, extremidades de diferentes cromossomos são acidentalmente unidas. Um complexo de duas proteínas, Ku e proteína-cinase dependente de DNA (DNA-PK), liga-se às extremidades de uma quebra de fita dupla (etapa **1**). Após a formação de uma sinapse, as extremidades são adicionalmente processadas por nucleases, resultando na remoção de algumas bases (etapa **2**), e as duas moléculas de fita dupla são ligadas (etapa **3**). Como resultado, a quebra de fita dupla é reparada, mas vários pares de bases do local da quebra são removidos. (Adaptada de G. Chu, 1997, *J. Biol. Chem.* 272:24097; M. Lieber et al., 1997, *Curr. Opin. Genet. Devel.* 7:99; e van Gant et al., 2001, *Nature Rev. Genet.* **2:**196.)

Sendo mínimo o movimento do DNA dentro do núcleo denso de proteínas, as extremidades corretas são geralmente reunidas, embora com perda de pares de base. Às vezes, no entanto, extremidades quebradas de cromossomos diferentes são unidas, levando à translocação de pedaços de DNA de um cromossomo para outro. As translocações podem criar genes quiméricos capazes de ter efeitos drásticos no funcionamento normal da célula, tal como crescimento celular descontrolado, que é a marca do câncer (ver Figura 6-42). Os efeitos devastadores das quebras de fita dupla as tornam "os cortes mais desagradáveis de todos", parafraseando *Julius Caesar*, de Shakespeare.*

A recombinação homóloga pode reparar danos ao DNA e gerar diversidade

Houve um tempo em que se acreditava que a recombinação homóloga seria um processo de reparo secundário em células humanas. Isso mudou quando se percebeu que vários cânceres humanos são potencializados por mutações hereditárias em genes essenciais ao reparo por recombinação homóloga (ver Tabela 25-1). Por exemplo, algumas mulheres com suscetibilidade hereditária ao câncer de mama possuem uma mutação em um dos alelos de *BRCA-1* ou de *BRCA-2* que codificam proteínas que participam do processo de reparo. A perda ou inativação do segundo alelo inibe a via de reparo por recombinação homóloga e, assim, tende a induzir câncer em células epiteliais mamárias ou ovarianas. Leveduras podem reparar quebras duplas induzidas por radiação γ-. O isolamento e a análise de mutantes sensíveis à radiação (*RAD*) que são deficientes neste sistema de reparo facilitaram o estudo do processo. Quase todas as proteínas Rad de leveduras possuem homólogas no genoma humano, e as proteínas de leveduras e humanos atuam de maneira essencialmente idêntica.

Uma variedade de lesões no DNA que não são reparadas por mecanismos discutidos anteriormente podem ser reparadas por mecanismos nos quais a sequência danificada é copiada a partir de uma cópia íntegra da mesma sequência de DNA, de uma sequência altamente homóloga em um cromossomo homólogo de organismos diploides ou no cromossomo-irmão após a replicação do DNA em organismos haploides e diploides. Tais mecanismos envolvem uma troca de fitas entre moléculas de DNA separadas e por isso são chamados de **recombinação de DNA.**

Além de fornecerem um mecanismo para o reparo do DNA, mecanismos de recombinação semelhantes geram diversidade genética entre os indivíduos de uma espécie, promovendo a troca de grandes regiões cromossômicas entre pares de cromossomos homólogos maternos e paternos durante a *meiose*, o tipo especial de divisão celular que gera células germinativas (espermatozoides e óvulos) (Figura 5-3). Na verdade, a troca de regiões de cromossomos homólogos, chamada **crossing over**, é necessária à segregação adequada dos cromossomos durante a primeira divisão celular meiótica. A meiose e as consequências da geração de novas combinações de genes maternos e paternos em um cromossomo por recombinação são discutidas em maior detalhe no Capítulo 5. Os mecanismos que levam à segregação adequada dos cromossomos durante a meiose são discutidos no Capítulo 20. Aqui o foco será nos mecanismos moleculares da recombinação do DNA, ressaltando a troca de fitas de DNA entre as duas moléculas de DNA recombinantes.

Reparo de uma forquilha de replicação em colapso Um exemplo de reparo de DNA por recombinação é o de uma forquilha de replicação "em colapso". Se uma quebra na cadeia principal fosfodiéster de uma fita de DNA não for reparada antes da passagem de uma forquilha de replicação, as porções replicadas dos cromossomos filhos irão se separar quando a helicase da replicação alcançar a quebra na fita de DNA parental por não haver ligações covalentes entre os dois fragmentos da fita parental em nenhum dos lados do corte. Este processo é chamado de *colapso da forquilha de replicação* (Figura 4-41, etapa **1**). Se esta

* N. do T.: Na peça *Julius Cesar*, de Shakespeare (ato 3, cena 2), Marcus Antonius refere-se ao assassinato de Caesar por Brutus como "*the most unkindest cut of all*".

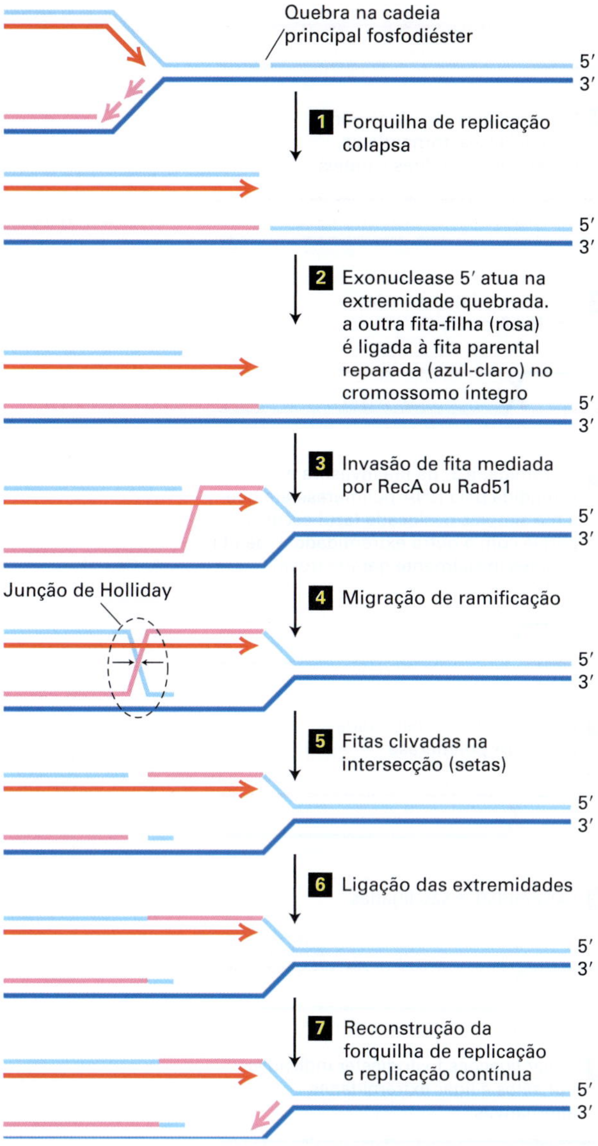

FIGURA 4-41 Reparo recombinacional de uma forquilha de replicação em colapso. Fitas parentais estão representadas em azul-claro e azul-escuro. A fita-filha líder está em vermelho escuro, e a fita-filha descontínua, em rosa. Linhas diagonais na etapa **3** e nas seguintes representam uma única ligação fosfodiéster da fita de DNA da cor correspondente. Pequenas setas pretas após a etapa **4** representam clivagem de ligações fosfodiéster no cruzamento das fitas de DNA na junção de Holliday. Ver http://www.sheffield.ac.uk/mbb/ruva para uma animação da migração de ramificação catalisada pelas proteínas de *E. coli* RuvA e RuvB. Ver o texto para discussão. (Adaptada de D. L. Nelson e M. M. Cox, 2005, *Lehninger Principles of Biochemistry*, 4th ed., W. H. Freeman and Company.)

quebra não for reparada, tende a ser fatal para pelo menos uma célula-filha resultante da divisão celular, devido a perda de informação genética entre a quebra e a extremidade do cromossomo. O processo de recombinação que repara a quebra da fita dupla resultante e regenera uma forquilha de replicação envolve múltiplas enzimas e outras proteínas, apenas algumas das quais são mencionadas aqui.

A primeira etapa no reparo de uma quebra de fita dupla é a digestão exonucleolítica da fita com sua extremidade 5′ na extremidade quebrada do DNA, deixando a fita com uma extremidade 3′ da quebra com fita simples (Figura 4-41, etapa **2**). A fita descontínua nascente (rosa) pareada com a fita parental íntegra (azul-escuro) é ligada à porção não replicada do cromossomo parental (azul-claro), conforme mostrado na Figura 4-41, etapa **2**). Uma proteína necessária à próxima etapa é a RecA em bactérias, ou a homóloga Rad51 em *S. cerevisiae* e outros eucariotos. Múltiplas moléculas de RecA/Rad51 ligam-se ao DNA de fita simples e catalisam sua hibridização a uma sequência perfeita ou quase perfeitamente complementar de outra molécula de DNA de fita dupla, homóloga. A fita complementar do alvo de DNA de fita dupla (azul-escuro) é deslocada como uma alça de DNA de fita simples sobre a região de hibridização da fita invasora (Figura 4-41, etapa **3**). Essa *invasão* de uma fita dupla de DNA por uma fita simples complementar a uma delas, catalisada por RecA/Rad51, é chave para o processo de recombinação. Como não se ganha nem se perde nenhum par de base no processo, chamado de **invasão de fita**, ele não requer aporte de energia.

A seguir, a região híbrida entre o DNA-alvo e a fita invasora é estendida na direção oposta à quebra por proteínas que usam energia da hidrólise de ATP. Este processo é chamado de *migração de ramificação* (Figura 4-41, etapa **4**), porque a posição onde a fita do DNA alvo passa da sua fita complementar (azul-escuro) para sua fita complemento na molécula de DNA quebrada (vermelho escuro), isto é, a linha rosa diagonal após a etapa **3**, é chamada de *ramificação* da estrutura de DNA. Neste diagrama, as linhas diagonais representam apenas uma ligação fosfodiéster. Modelagem molecular e outros estudos mostram que a primeira base de qualquer um dos lados da ramificação pareia com um nucleotídeo complementar. À medida em que esta ramificação *migra* para a esquerda, o número de pares de bases permanece constante; um novo par de base formado com a fita invasora (vermelha) é acompanhado pela perda de um par de base com a fita parental (azul).

Quando a região do híbrido se estende além da extremidade 5′ da fita quebrada (azul-claro), a fita simples de DNA parental (azul-claro) pareia com a região complementar da outra fita parental (azul-escuro), que se torna fita simples à medida que a ramificação migra para a esquerda (Figura 4-41, etapa **4**). A estrutura resultante é chamada de **junção de Holliday**, em homenagem a Robin Holliday, geneticista que primeiro a propôs como uma estrutura intermediária na recombinação genética. Novamente, as linhas diagonais do diagrama seguindo a etapa **4** representam ligações fosfodiéster únicas, e todas as bases da junção de Holliday são pareadas às bases complementares das fitas parentais. A clivagem das ligações fosfodiéster que *atravessam* de uma fita parental para outra (etapa **5**) e a ligação das extremidades 5′ e 3′ pareadas às mesmas fitas parentais (etapa **6**) resultam na geração de uma estrutura semelhante a uma forquilha de replicação. A religação de proteínas de forquilha de re-

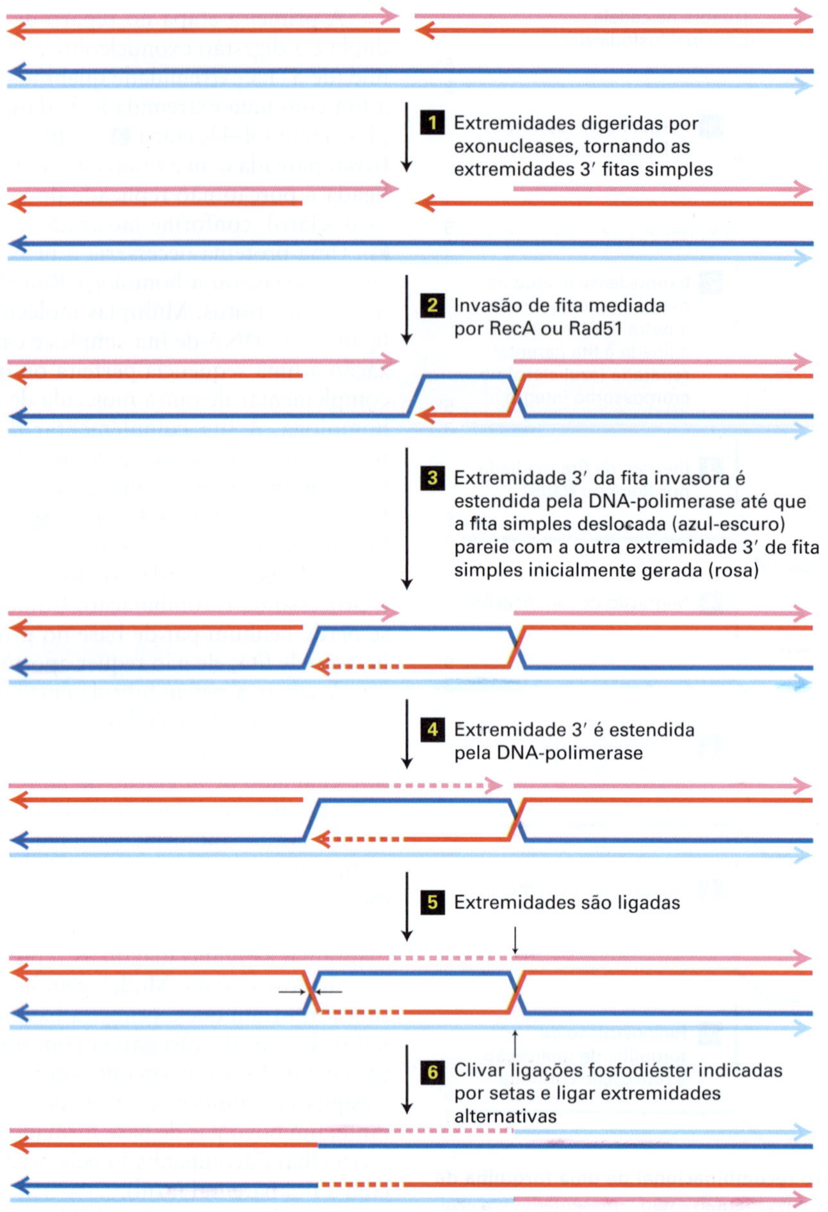

FIGURA 4-42 Reparo de quebra de DNA de fita dupla por recombinação homóloga. Para simplificar, cada dupla-hélice de DNA é representada por duas linhas paralelas com as polaridades das fitas indicadas por setas em suas extremidades 3′. A molécula superior apresenta uma quebra de fita dupla. No diagrama da molécula de DNA de cima, a fita com sua extremidade 3′ à direita está no topo; no diagrama da molécula de DNA de baixo, esta mesma fita está representada na parte inferior. Ver texto para discussão. (Adaptada de T. L. Orr-Weaver e J. W. Szostak, 1985, *Microbiol. Rev.* **49:**33.)

plicação resulta na extensão da fita-líder além do ponto da quebra da fita original e no recomeço da síntese da fita descontínua (etapa 7), regenerando, assim, uma forquilha de replicação. O processo geral permite que a fita superior ligada na molécula inferior após a etapa 2 sirva como molde para a extensão da fita-líder na etapa 7.

Reparo de quebra de DNA de fita dupla por recombinação homóloga Um mecanismo semelhante chamado de **recombinação homóloga** pode reparar uma quebra de fita dupla em um cromossomo e também trocar grandes segmentos de duas moléculas de DNA de fita dupla (Figura 4-42). Primeiramente, as extremidades quebradas da molécula de DNA são digeridas por exonucleases que deixam uma região de fita simples de DNA com uma extremidade 3′ (etapa 1). RecA em bactérias, e Rad51 em eucariotos, então catalisa a invasão da fita de uma destas extremidades 3′ na região homóloga do cromossomo homólogo, conforme discutido anteriormente, para o reparo de uma forquilha de replicação em colapso (etapa 2). A extremidade 3′ da fita de DNA invasora é então estendida por uma DNA-polimerase, deslocando a fita parental como uma alça de DNA de fita simples

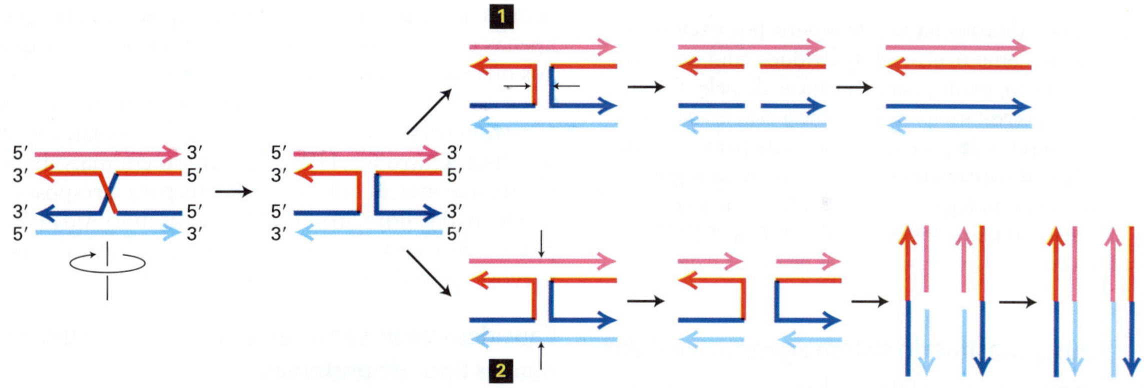

FIGURA 4-43 Resolução alternativa de uma junção de Holliday. Linhas diagonais e verticais representam uma única ligação fosfodiéster. É mais simples representar o processo pela rotação do diagrama da molécula na base da figura em 180° de maneira que as moléculas no topo e na base apresentem a mesma orientação das fitas. Cortando as ligações conforme mostrado em 1 e ligando as extremidades como indicado, geram-se os cromossomos originais. Cortando as fitas como mostrado em 2 e religando conforme mostrado na parede inferior da figura, geram-se cromossomos recombinantes. Acessar http://engels.genetics.wisc.edu/Holliday/holliday3D.html para uma animação tridimensional da junção de Holliday e sua resolução.

em expansão (azul-escuro) (etapa 3). Quando a alça se estende para uma sequência que é complementar à outra extremidade quebrada do DNA (o fragmento à esquerda após a etapa 1), as sequências complementares pareiam (diagrama seguindo a etapa 3). A extremidade 3′ é, então, estendida por uma DNA-polimerase usando a alça de DNA parental fita simples deslocada (azul-escuro) como molde (etapa 4).

Nas etapas subsequentes, as novas extremidades 3′ são ligadas (etapa 5) às extremidades 5′ digeridas por exonuclease. Isso gera duas junções de Holliday nas moléculas pareadas (etapa 5). A migração de ramificação destas junções de Holliday pode ocorrer em qualquer direção (não representado). Finalmente, a clivagem das fitas nas posições apontadas por setas e a ligação das extremidades 5′ e 3′ alternativas em cada junção de Holliday clivada geram dois cromossomos *recombinantes* que contêm o DNA de uma molécula de DNA *parental* em um lado do ponto de quebra (fitas rosa e vermelha) e o da outra molécula de DNA parental no outro lado do ponto de quebra inicial (azuis claro e escuro) (etapa 6). A região adjacente ao ponto de quebra inicial forma um *heterodúplex*, no qual uma fita de um genitor é pareada à fita complementar de outro genitor (fita rosa ou vermelha pareada à fita azul-claro ou escuro). Mal-pareamentos de base entre as duas fitas parentais costumam ser reparados por mecanismos já discutidos para gerarem um par de base complementar. No processo, diferenças de sequência entre os dois genitores são perdidas, processo designado de **conversão gênica**.

A Figura 4-43 ilustra como a clivagem de um ou outro par de fitas na junção de quatro fitas da junção de Holliday gera moléculas parentais ou recombinantes. Esse processo, chamado de *resolução* da junção de Holliday, separa moléculas de DNA inicialmente unidas pela invasão de fita catalisada por RecA/Rad51. Cada junção de Holliday na etapa intermediária, de acordo com a Figura 4-42, etapa 5, pode ser clivada e religada das duas maneiras mostradas pelos dois conjuntos de setas pretas na Figura 4-43. Em consequência, há quatro possíveis produtos do processo de recombinação mostrado na Figura 4-42. Dois destes regeneram os cromossomos parentais [com exceção da região de heterodúplex no ponto de quebra que é reparado em uma sequência de um genitor ou de outro (conversão gênica)]. Os outros dois possíveis produtos geram cromossomos recombinantes, como mostrado na Figura 4-42.

CONCEITOS-CHAVE da Seção 4.6

Reparo e recombinação de DNA

- Alterações na sequência de DNA resultam de erros de cópia e dos efeitos de vários agentes físicos e químicos.
- Muitos erros de cópia que ocorrem durante a replicação do DNA são corrigidos pela função de revisão da DNA-polimerase que pode reconhecer bases incorretas (mal-pareadas) na extremidade 3′da fita crescente e, então, as remover por uma atividade de exonuclease 3′→5′ inerente (ver Figura 4-34).
- Células eucarióticas possuem três sistemas de reparo por excisão para correção de bases mal-pareadas e remoção de dímeros de timina induzidos por UV ou grandes adutos químicos do DNA. Reparo por excisão de base, reparo de mal-pareamento e reparo por excisão de nucleotídeo operam com alta precisão e geralmente não introduzem erros.
- O reparo de quebras de fita dupla pela via de junção de extremidades não homólogas (NHEJ) liga segmentos de DNA de diferentes cromossomos, possivelmente formando uma translocação oncogênica. O mecanismo de reparo também produz uma pequena deleção, mesmo quando segmentos do mesmo cromossomo são unidos.
- O reparo de quebras no DNA de fita dupla livre de erros é realizado por recombinação homóloga utilizando a cromátide-irmã íntegra como molde.

- Defeitos hereditários na via de reparo por excisão de nucleotídeo, como ocorre em indivíduos com xeroderma pigmentoso, predispõem ao câncer de pele. O câncer de colo hereditário com frequência está associado a formas mutantes de proteínas essenciais para a via de reparo de mal-pareamentos. Defeitos no reparo por recombinação homóloga estão associados com a herança de um alelo mutante dos genes *BRCA-1* ou *BRCA-2* e resultam em predisposição a câncer de mama e de útero.

4.7 Vírus: parasitas do sistema genético celular

Vírus são parasitas intracelulares obrigatórios. Não conseguem se reproduzir por si próprios e devem comandar a maquinaria de uma célula hospedeira para sintetizar proteínas virais e, em alguns casos, replicar o genoma viral. Vírus de RNA, que geralmente se replicam no citoplasma da célula hospedeira, possuem um genoma de RNA, e vírus de DNA, que comumente se replicam no núcleo da célula hospedeira, possuem um genoma de DNA (ver Figura 4-1). Genomas virais podem ser de fita simples ou dupla, dependendo do tipo específico de vírus. A partícula viral infecciosa inteira, chamada de **vírion**, consiste em ácido nucleico e em uma camada externa de proteína que protege o ácido nucleico viral e também atua no processo de infecção da célula hospedeira. Os vírus mais simples contêm RNA ou DNA apenas o suficiente para a codificação de quatro proteínas; os mais complexos podem codificar cerca de 200 proteínas. Além de sua importância óbvia como causadores de doenças, os vírus são muito úteis como ferramentas de pesquisa no estudo de processos biológicos básicos, como aqueles discutidos neste capítulo.

A variedade de hospedeiros virais é limitada em sua maioria

A superfície de um vírion contém muitas cópias de um tipo de proteína que se liga especificamente a múltiplas cópias de uma proteína receptora em uma célula hospedeira. Essa interação determina a *variedade de hospedeiros* – o grupo de tipos celulares que um vírus consegue infectar – e inicia o processo de infecção. A maioria dos vírus possui uma variedade bastante limitada de hospedeiros.

Um vírus que infecta apenas bactérias é chamado de **bacteriófago**, ou simplesmente *fago*. Vírus que infectam células animais ou vegetais geralmente são designados vírus de animais ou de vegetais. Alguns vírus podem crescer tanto em plantas quanto em animais e nos insetos que se alimentam deles. Os insetos, seres que possuem alta motilidade, servem de vetores para a transferência de tais vírus entre animais suscetíveis ou plantas hospedeiras. Variedades amplas de hospedeiros também são características de alguns vírus estritamente de animais, tais como o da estomatite vesicular, que cresce em insetos vetores e em vários tipos diferentes de mamíferos. A maioria dos vírus de animais, no entanto, não atravessa filos, e alguns (p. ex., pólio) infectam apenas espécies intimamente relacionadas tais como primatas. A variedade de células hospedeiras de alguns vírus de animais é ainda restrita a um número limitado de tipos celulares porque apenas estes possuem receptores de superfície adequados aos quais os vírions podem se ligar. Um exemplo é o poliovírus, que infecta apenas células do intestino e, infelizmente, neurônios motores da medula espinal, causando paralisia. Outro é o HIV-1, discutido em mais detalhe a seguir, que infecta células essenciais para a resposta imune chamadas linfócitos T $CD4^+$, causando Aids (ver Capítulo 23), e certos neurônios e outras células do sistema nervoso central chamadas células da glia.

Capsídeos virais são arranjos regulares de um ou poucos tipos de proteínas

O ácido nucleico de um vírion fica incluso em um revestimento proteico, ou **capsídeo**, composto por múltiplas cópias de uma proteína ou poucas proteínas diferentes, cada uma delas codificada por um único gene viral. Devido a esta estrutura, um vírus pode codificar toda a informação para construir um capsídeo relativamente grande em um pequeno número de genes. Este uso eficiente da informação genética é importante, uma vez que apenas uma quantidade limitada de DNA ou RNA, e, portanto, um número limitado de genes, cabe no capsídeo de um vírion. Um capsídeo mais o ácido nucleico incluso é chamado de **nucleocapsídeo**.

A natureza encontrou duas maneiras básicas de arranjar as múltiplas subunidades proteicas do capsídeo e o genoma viral em um nucleocapsídeo. Em alguns vírus, múltiplas cópias de uma única proteína de revestimento formam uma estrutura *helicoidal* que abriga e protege o DNA ou RNA viral, localizado nos sulcos da estrutura helicoidal formada pela proteína. Vírus com este nucleocapsídeo helicoidal, tais como o vírus do mosaico do tabaco, possuem um formato de haste (Figura 4-44a). O outro tipo principal de estrutura fundamenta-se no *icosaedro*, um objeto sólido, aproximadamente esférico, formado por 20 faces idênticas, cada uma delas sendo um triângulo equilátero (Figura 4-44b). Durante a infecção, alguns vírus icosaédricos interagem com receptores da superfície da célula hospedeira através das fendas entre as subunidades do capsídeo, outros interagem através de longas proteínas fibrosas que se estendem a partir do nucleocapsídeo.

Em muitos bacteriófagos de DNA, o DNA viral está localizado dentro de uma "cabeça" icosaédrica que está ligada a uma "cauda" em formato de haste. Durante a infecção, as proteíns virais da ponta da cauda ligam-se aos receptores da célula hospedeira, e então o DNA viral passa pela cauda e para o citoplasma da célula hospedeira (Figura 4-44c).

Em alguns vírus, o nucleocapsídeo arranjado simetricamente é revestido por uma membrana externa, ou **envelope**, que consiste basicamente em uma bicamada fosfolipídica, mas que também contém um ou dois tipos de glicoproteínas codificadas pelo vírus (Figura 4-44d). Os fosfolipídeos do envelope assemelham-se àqueles da membrana plasmática de uma célula hospedeira infectada. O envelope viral deriva, na verdade, do brotamento da membrana, mas contém sobretudo glicoproteínas virais, conforme discutido brevemente a seguir.

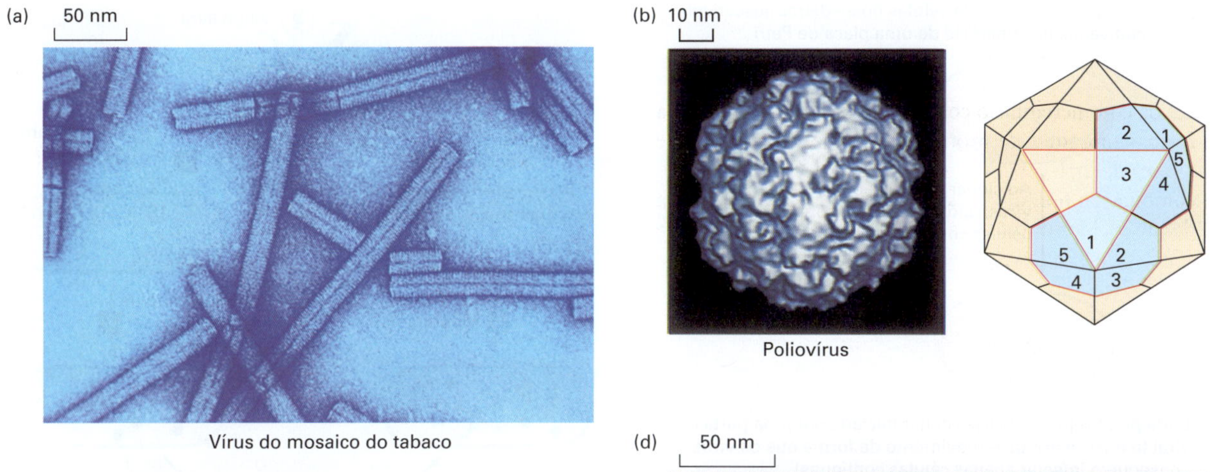

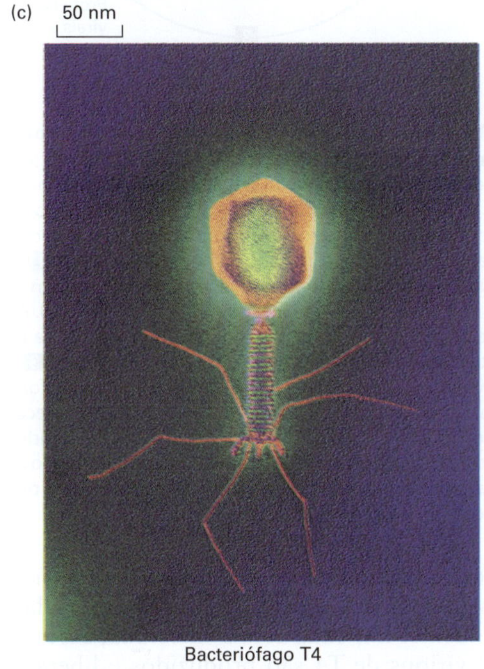

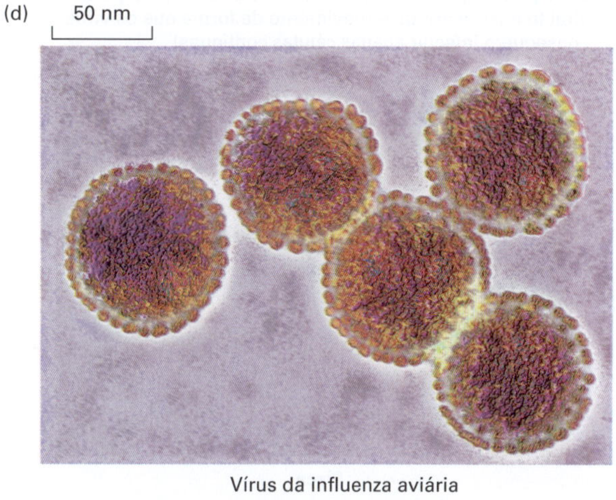

FIGURA 4-44 Estruturas dos vírions. (a) Vírus do mosaico do tabaco helicoidal. (b) Pequeno vírus icosaédrico. Um icosaedro é composto por 20 faces triangulares equiláteras. O exemplo apresentado é o poliovírus. No poliovírus, cada face é construída a partir de três capsômeros, representados em vermelho. Os números mostram como cinco capsômeros se associam nos 12 vértices do icosaedro. (c) Bacteriófago T4. (d) Vírus da influenza, um exemplo de vírus envelopado. (Parte (a): O. Bradfute, Peter Arnold/Science Photo Library; Parte (b) cortesia de T. S. Baker; parte (c): Departamento de Microbiologia, Biozentrum/Science Photo Library; Parte (d): James Cavallini/Photo Researchers, Inc.)

Vírus podem ser clonados e contados em ensaios de placa

O número de partículas virais infecciosas em uma amostra pode ser quantificado por um **ensaio de placa.** Esse ensaio é realizado pela cultura de uma amostra diluída de partículas virais em uma placa coberta com células hospedeiras e então pela contagem do número de lesões locais, chamadas *placas* (*plaques*), que se desenvolvem (Figura 4-45). Uma placa viral se desenvolve na placa sempre que um único vírion inicialmente infecta uma única célula. O vírus replica nesta célula hospedeira inicial e a rompe, liberando muitos vírions descendentes que infectam as células vizinhas na placa. Depois de alguns ciclos de infecção como este, células suficientes são rompidas para que se produza uma área clara visível, ou placa, na camada de células remanescentes não infectadas.

Já que derivam de um único vírus parental, todos os vírions descendentes em uma placa constituem um **clone** do vírus. Este tipo de ensaio de placa é de uso padrão para vírus bacterianos e animais. Vírus vegetais podem ser estudados de maneira semelhante pela contagem de lesões locais em folhas de plantas inoculadas com vírus. Análises de mutantes virais, comumente isolados por ensaios de placa, contribuíram extensivamente para nosso conhecimento atual de processos celulares moleculares.

Ciclos líticos de crescimento viral levam à morte das células hospedeiras

Embora os detalhes variem entre diferentes tipos de vírus, aqueles que exibem um *ciclo lítico* de crescimento procedem pelas seguintes etapas gerais:

1. *Adsorção* – O vírion interage com uma célula hospedeira pela ligação de múltiplas cópias da proteína do capsídeo a receptores específicos na superfície celular.
2. *Penetração* – O genoma viral atravessa a membrana plasmática. Em alguns vírus, as proteínas virais em-

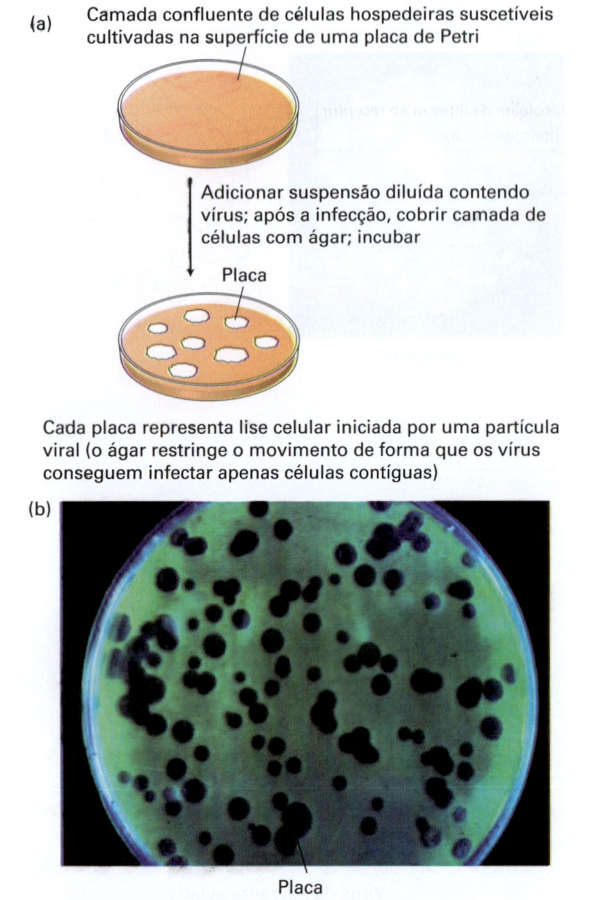

FIGURA EXPERIMENTAL 4-45 Ensaio de placa. O ensaio de placa determina o número de partículas infecciosas em uma suspensão viral. (a) Cada lesão, ou placa, que se desenvolve onde um único vírion inicialmente infectou uma única célula, constitui um clone viral puro. (b) Placas em um tapete de bactérias *Pseudomonas fluorescens* feitas pelo bacteriófago ΦS1. (Parte (b) Cortesia do Dr. Pierre ROSSI, Ecole Polytechnique fédérale de Lausanne (LBE-EPFL).)

pacotadas no interior do capsídeo também entram na célula hospedeira.

3. *Replicação* – mRNAs virais são produzidos com o auxílio da maquinaria de transcrição da célula hospedeira (vírus de DNA) ou por enzimas virais (vírus de RNA). Em ambos os tipos de vírus, mRNAs virais são traduzidos pela maquinaria de tradução da célula hospedeira. A produção de múltiplas cópias do genoma viral é realizada pelas proteínas virais apenas ou com o auxílio de proteínas da célula hospedeira.
4. *Montagem* – Proteínas virais e genomas replicados se associam para formar os vírions descendentes.
5. *Liberação* – Células infectadas rompem abruptamente (**lise**), liberando todos os vírions recém-formados de uma vez, ou desintegram gradualmente, com a liberação lenta dos vírions. Ambos os casos levam à morte da célula infectada.

A Figura 4-46 ilustra o ciclo lítico do bacteriófago T4, um vírus de DNA não envelopado que infecta *E. coli*. Proteínas do capsídeo viral geralmente são produzidas em grande quantidade porque há necessidade de muitas cópias delas para a formação de cada vírion descendente. Em cada célula infectada, cerca de 100 a 200 vírions de T4 são produzidos e liberados por rompimento celular.

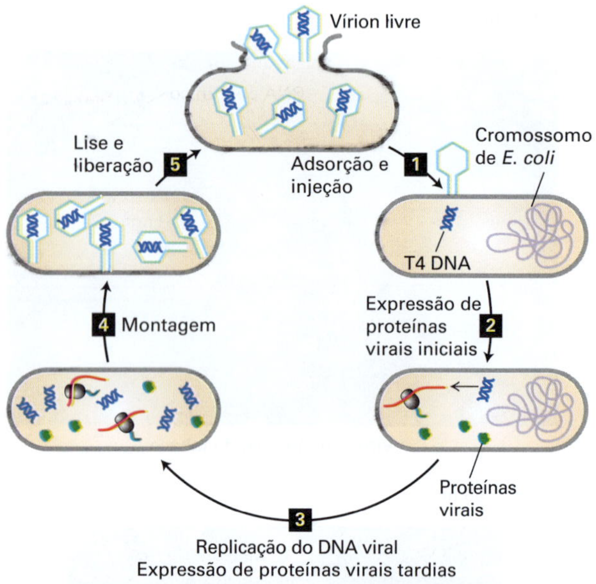

FIGURA 4-46 Ciclo de replicação lítico de um vírus bacteriano não envelopado. O bacteriófago T4 de *E. coli* possui um genoma de DNA de fita dupla e não possui um envelope membranoso. Depois que as proteínas da cobertura viral na ponta da cauda do T4 interagem com proteínas receptoras específicas no exterior da célula hospedeira, o genoma viral é injetado no hospedeiro (etapa **1**). Enzimas da célula hospedeira transcrevem genes virais "iniciais" em mRNAs e depois os traduzem em proteínas virais "iniciais" (etapa **2**). As proteínas iniciais replicam o DNA viral e induzem a expressão de proteínas virais "tardias" pelas enzimas da célula hospedeira (etapa **3**). As proteínas virais tardias incluem proteínas do capsídeo e de formação e enzimas que degradam o DNA da célula hospedeira, fornecendo nucleotídeos para a síntese de mais DNA viral. Vírions descendentes são montados na célula (etapa **4**) e liberados (etapa **5**) quando as proteínas virais rompem a célula. Vírus recém-liberados iniciam outro ciclo de infecção em células hospedeiras.

O ciclo lítico é um pouco mais complexo no caso de vírus de DNA que infectam células eucarióticas. Na maior parte desses vírus, o genoma de DNA é transportado (com algumas proteínas associadas) para o núcleo da célula. Uma vez dentro do núcleo, o DNA viral é transcrito em RNA pela maquinaria de transcrição do hospedeiro. O processamento do transcrito primário de RNA viral pelas enzimas da célula hospedeira produz mRNA viral, que é transportado para o citoplasma e traduzido em proteínas virais pelos ribossomos, tRNAs e fatores de tradução da célula hospedeira. As proteínas virais são então transportadas de volta para o núcleo, onde algumas delas replicam o DNA viral diretamente ou determinam que proteínas celulares repliquem o DNA viral, como no caso do SV40 discutido em uma seção anterior. A organização das proteínas do capsídeo com o DNA viral recém-replicado ocorre no núcleo, produzindo de milhares a centenas de milhares de vírions descendentes.

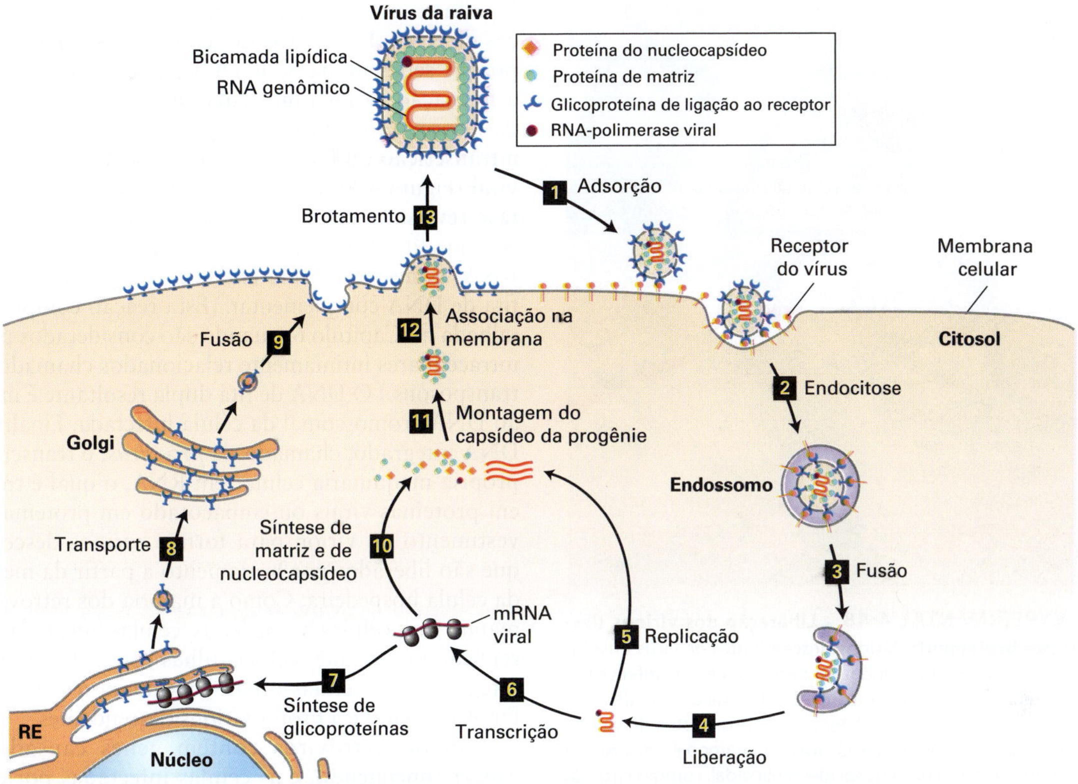

FIGURA 4-47 Ciclo de replicação lítico de um vírus envelopado de animal. O vírus da raiva é um vírus envelopado com um genoma de RNA de fita simples. Os componentes estruturais deste vírus estão representados na parte superior. Depois que um vírion é adsorvido a múltiplas cópias de uma proteína de membrana específica do hospedeiro (etapa **1**), a célula o engloba em um endossomo (etapa **2**). Uma proteína celular da membrana do endossomo bombeia íons de H^+ do citosol para o interior do endossomo. A redução do pH endossomal resultante induz uma alteração conformacional da glicoproteína viral, levando à fusão do envelope viral com a bicamada lipídica da membrana endossomal e à liberação do nucleocapsídeo no citosol (etapas **3** e **4**). A RNA-polimerase viral usa ribonucleosídeos trifosfato do citosol para replicar o genoma de RNA viral (etapa **5**) e para sintetizar mRNAs virais (etapa **6**). Um dos mRNAs virais codifica a glicoproteína transmembrana viral, inserida na membrana do retículo endoplasmático (RE) à medida que é sintetizada nos ribossomos ligados ao RE (etapa **7**). Carboidrato é adicionado ao grande domínio enovelado no lúmen do ER e modificado à medida que a membrana e a glicoproteína associada passam pelo aparelho de Golgi (etapa **8**). Vesículas com glicoproteína madura se fundem à membrana plasmática do hospedeiro, depositando glicoproteína viral na superfície celular com o grande domínio de ligação ao receptor do lado de fora da célula (etapa **9**). Enquanto isso, outros mRNAs virais são traduzidos nos ribossomos da célula hospedeira em proteína de nucleocapsídeo, proteína de matriz e RNA-polimerase viral (etapa **10**). Essas proteínas se associam ao RNA genômico replicado (vermelho claro) em nucleocapsídeos descendentes (etapa **11**), que então se associam com o domínio citosólico das glicoproteínas virais transmembrana na membrana plasmática (etapa **12**). A membrana plasmática é fechada em torno do nucleocapsídeo, formando uma protuberância que é eventualmente liberada (etapa **13**).

A maioria dos vírus de plantas e animais com um genoma de RNA não necessitam de funções nucleares para replicação lítica. Em alguns destes vírus, uma enzima codificada pelo vírus que entra no hospedeiro durante a penetração transcreve o RNA genômico em mRNAs no citoplasma celular. O mRNA é diretamente traduzido em proteínas virais pela maquinaria de tradução da célula hospedeira. Uma ou mais destas proteínas então produz cópias adicionais do genoma viral de RNA. Por fim, genomas descendentes se associam às proteínas de capsídeo recém-sintetizadas em vírions descendentes no citoplasma.

Depois que a síntese de centenas a centenas de milhares de novos vírions está completa, dependendo dos tipos de vírus e célula hospedeira, a maioria das células bacterianas infectadas e de algumas células vegetais e animais infectadas são rompidas, liberando todos os vírions de uma vez. Em muitas infecções virais de plantas e animais, no entanto, não ocorre nenhum evento lítico distinto; em vez disso, a célula hospedeira morta libera os vírions à medida que se desintegra gradualmente.

Como observado anteriormente, vírus envelopados de animais são revestidos por uma bicamada fosfolipídica externa derivada da membrana plasmática de células hospedeiras que contém glicoproteínas virais abundantes. Os processos de adsorção e liberação de vírus envelopados diferem substancialmente dos processos daqueles vírus não envelopados. Para ilustrar a replicação lítica de vírus envelopados, considera-se o vírus da raiva, cujo nucleocapsídeo consiste em um genoma de RNA de fita simples cercado por múltiplas cópias de proteína do nucleocapsídeo. Assim como outros vírus líticos de RNA, os vírions da raiva são replicados no citoplasma e não necessitam de enzimas nucleares da célula hospedeira. Conforme ilustrado na Figura 4-47, um vírion da raiva é

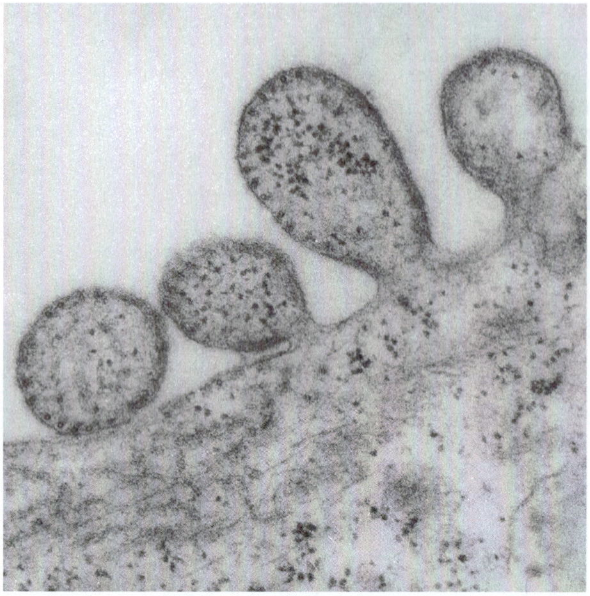

FIGURA EXPERIMENTAL 4-48 Liberação dos vírions descendentes por brotamento. Vírions descendentes de vírus envelopados são liberados por brotamento a partir de células infectadas. Nesta micrografia eletrônica de transmissão de uma célula infectada com o vírus do sarampo, é possível ver com clareza brotos de vírions projetando-se da superfície celular. O vírus do sarampo é um vírus de RNA envelopado com um nucleocapsídeo helicoidal, como o vírus da raiva, e se replica conforme ilustrado na Figura 4-47. (Reproduzida de A. Levine, 1991, *Viruses,* Scientific American Library, p. 22.)

adsorvido por endocitose, e a liberação dos vírions descendentes ocorre por *brotamento* a partir da membrana plasmática da célula hospedeira. Vírions em brotamento são claramente visíveis em micrografias eletrônicas de células infectadas, como mostrado na Figura 4-48. Várias dezenas de milhares de vírions descendentes brotam de uma célula hospedeira antes que ela morra.

O DNA viral é integrado no genoma da célula hospedeira em alguns ciclos de crescimento viral não líticos

Alguns vírus bacterianos, chamados de *fagos temperados*, conseguem estabelecer uma associação não lítica com suas células hospedeiras, e não matam a célula. Por exemplo, quando o bacteriófago λ infecta *E. coli*, na maioria das vezes causa uma infecção lítica. Ocasionalmente, entretanto, o DNA viral se integra ao cromossomo da célula hospedeira em vez de ser replicado. O DNA viral integrado, chamado de *pró-fago*, é replicado como parte do DNA da célula de uma geração da célula hospedeira para a próxima. Esse fenômeno é designado de **lisogenia**. Se a célula hospedeira sofrer dano extenso em seu DNA por luz ultravioleta, o pró-fago será ativado, levando à sua excisão do cromossomo da célula hospedeira, entrada no ciclo lítico, e a subsequente produção e liberação de vírions descendentes antes que a célula hospedeira morra.

Os genomas de alguns vírus animais também podem se integrar ao genoma da célula hospedeira. Dentre os mais importantes estão os **retrovírus**, que são vírus envelopados com um genoma formados por duas fitas idênticas de RNA. Esses vírus são conhecidos como *retrovírus* porque seu genoma de RNA atua como um molde para a formação de uma molécula de DNA – o fluxo oposto da informação genética comparado com o mais comum, a transcrição do DNA em RNA. No ciclo de vida retroviral (Figura 4-49), uma enzima viral chamada **transcriptase reversa** inicialmente copia o genoma viral de RNA em uma fita simples de DNA complementar ao vírion de RNA; a mesma enzima então catalisa a síntese de uma fita de DNA complementar. (Esta reação complexa é detalhada no Capítulo 6, quando são considerados parasitas intracelulares intimamente relacionados chamados retrotransposons.) O DNA de fita dupla resultante é integrado ao DNA cromossomal da célula infectada. Finalmente, o DNA integrado, chamado de *pró-vírus*, é transcrito pela própria maquinaria celular em RNA, o qual é traduzido em proteínas virais ou empacotado em proteínas de revestimento do vírion para formar vírions descendentes que são liberados por brotamento a partir da membrana da célula hospedeira. Como a maioria dos retrovírus não matam suas células hospedeiras, células infectadas podem replicar, produzindo células-filhas com o DNA pró-viral integrado. As células-filhas continuam a transcrever o DNA pró-viral e a brotar vírions descendentes.

Alguns retrovírus contêm genes causadores de câncer (**oncogenes**), e as células infectadas por eles são transformadas oncogenicamente em tumorais. Estudos de retrovírus oncogênicos (a maioria, vírus de pássaros e camundongos) revelaram muito sobre os processos que levam à transformação de uma célula normal em uma célula de câncer (Capítulo 24).

Entre os retrovírus humanos conhecidos está o vírus humano linfotrófico de células T (HTLV), que causa um tipo de leucemia, e o da imunodeficiência humana (HIV-1), que causa a síndrome da imunodeficiência adquirida (Aids). Ambos podem infectar apenas tipos celulares especiais, primariamente certas células do sistema imune e, no caso do HIV-1, alguns neurônios do sistema nervoso central e células da glia. Apenas essas células possuem receptores de superfície que interagem com proteínas do envelope viral, sendo responsáveis pela especificidade de células hospedeiras destes vírus. Ao contrário da maioria dos outros retrovírus, o HIV-1 eventualmente mata suas células hospedeiras. A morte eventual de grandes números de células do sistema imune resulta na resposta imune defeituosa característica da Aids.

Alguns vírus de DNA também podem se integrar em um cromossomo da célula hospedeira. Um exemplo são os papilomavírus humanos (HPVs), que com mais frequência causam verrugas e outras lesões benignas de pele. Os genomas de certos sorotipos de HPV, entretanto, ocasionalmente se integram no DNA cromossomal de células epiteliais cervicais infectadas, iniciando o desenvolvimento de câncer cervical. Exames de Papanicolau de rotina podem detectar células em estágios iniciais do processo de transformação iniciado pela integração do HPV, permitindo tratamento efetivo antes que o câncer se desenvolva. Uma vacina para os tipos de HPV associa-

ANIMAÇÃO EM FOCO: Ciclo vital de um retrovírus

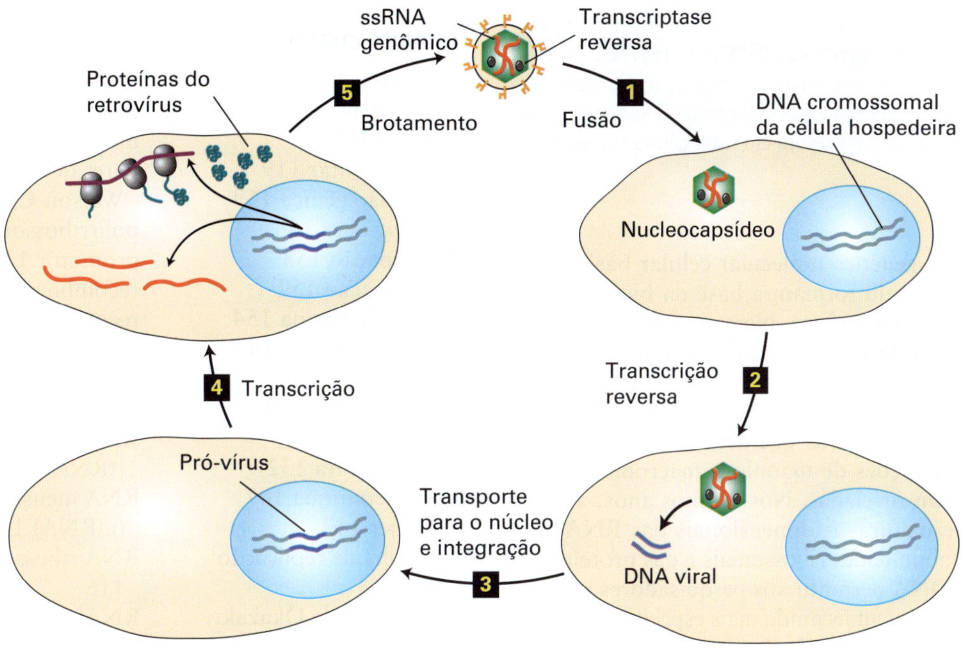

FIGURA 4-49 Ciclo de vida retroviral. Os retrovírus possuem um genoma com duas cópias idênticas de RNA de fita simples e um envelope externo. Etapa **1**: após a interação das glicoproteínas do envelope viral com uma proteína de membrana específica da célula hospedeira, o envelope viral se fusiona diretamente com a membrana plasmática, permitindo a entrada do nucleocapsídeo no citoplasma da célula. Etapa **2**: a transcriptase reversa viral e outras proteínas copiam o genoma viral de ssRNA em um DNA de fita dupla. Etapa **3**: o dsDNA viral é transportado para o núcleo e integrado em um dos muitos sítios possíveis do DNA cromossomal da célula hospedeira. Para simplificar, apenas um cromossomo da célula hospedeira é representado. Etapa **4**: o DNA viral integrado (pró-vírus) é transcrito pela RNA-polimerase da célula hospedeira, gerando mRNAs (vermelho escuro) e moléculas de RNA genômico (vermelho claro). A maquinaria da célula hospedeira traduz os mRNAs virais em glicoproteínas e proteínas do nucleocapsídeo. Etapa **5**: vírions descendentes são formados e liberados por brotamento, conforme ilustrado na Figura 4-47.

dos ao câncer cervical foi desenvolvida e pode proteger contra a infecção inicial por estes vírus e, consequentemente, contra o desenvolvimento de câncer cervical. Entretanto, uma vez que o indivíduo for infectado com HPVs, a "janela de oportunidade" é perdida, e a vacina não protege contra o desenvolvimento de câncer. Como a vacina não é 100% efetiva, mesmo mulheres vacinadas devem fazer exames regulares de Papanicolau. ■

CONCEITOS-CHAVE da Seção 4.7

- Vírus são pequenos parasitas capazes de se replicar apenas em células hospedeiras. Genomas virais podem ser de DNA (vírus de DNA) ou de RNA (vírus de RNA), e de fita simples ou fita dupla.
- O capsídeo, que reveste o genoma viral, é composto por múltiplas cópias de uma ou de um pequeno número de proteínas codificadas pelo vírus. Alguns vírus também possuem um envelope externo, que se assemelha à membrana plasmática, mas contém proteínas virais transmembrana.
- A maior parte dos vírus de DNA de plantas e animais requer enzimas nucleares da célula hospedeira para realizar a transcrição do genoma viral em mRNA e a produção de genomas descendentes. Em contrapartida, a maioria dos vírus de RNA codificam enzimas capazes de transcrever o genoma viral de RNA em um mRNA viral e produzir novas cópias do genoma de RNA.
- Ribossomos, tRNA e fatores de tradução da célula hospedeira são usados na síntese de todas as proteínas virais de células infectadas.
- A infecção viral lítica implica adsorção, penetração, síntese de proteínas virais e genomas descendentes (replicação), formação de vírions descendentes e liberação de centenas a milhares de vírions, levando à morte da célula hospedeira (ver Figura 4-46). A liberação de vírus envelopados ocorre pelo brotamento por meio da membrana plasmática da célula hospedeira (ver Figura 4-47).
- A infecção não lítica ocorre quando o genoma viral é integrado ao DNA da célula hospedeira e geralmente não leva à morte celular.
- Retrovírus são vírus envelopados de animais que contêm um genoma de RNA de fita simples. Depois que uma célula hospedeira é penetrada, a transcriptase reversa, uma enzima viral carregada no vírion, converte o genoma de RNA viral em um DNA de fita dupla, que se integra ao DNA cromossomal (ver Figura 4-49).
- Ao contrário da infecção por outros retrovírus, a infecção por HIV eventualmente mata as células hospe-

deiras, causando os defeitos na resposta imunológica característicos da Aids.

- Vírus de tumores, que contêm oncogenes podem ter um genoma de RNA (p. ex., HTLV) ou de DNA (p. ex., HPVs). No caso desses vírus, a integração do genoma viral em um cromossomo da célula hospedeira pode causar a transformação da célula em uma célula tumoral.

Perspectivas

Os processos de genética molecular celular básicos discutidos neste capítulo formam a base da biologia celular molecular contemporânea. Nossa compreensão atual desses processos está fundamentada em uma riqueza de resultados experimentais e provavelmente não mudará. Entretanto, a profundidade de nossa compreensão continuará a aumentar à medida que detalhes adicionais das estruturas e interações de máquinas macromoleculares envolvidas forem reveladas. Nos últimos anos, a determinação das estruturas tridimensionais das RNA-polimerases, das subunidades ribossomais e das proteínas de replicação do DNA permitiu aos pesquisadores projetar abordagens experimentais ainda mais específicas para revelar como estas macromoléculas operam em nível molecular. O nível detalhado de compreensão desenvolvido atualmente poderá permitir o planejamento de novos fármacos para tratamento de doenças humanas, de culturas de lavoura e de animais de pecuária. Por exemplo, as recentes estruturas de ribossomos em alta resolução estão fornecendo percepções acerca do mecanismo pelo qual os antibióticos inibem a síntese de proteínas bacterianas sem afetar a função dos ribossomos humanos. Esse novo conhecimento poderá permitir o desenvolvimento de antibióticos ainda mais eficientes. De modo semelhante, a compreensão detalhada dos mecanismos que regulam a transcrição de genes humanos específicos poderá levar a estratégias terapêuticas capazes de reduzir ou prevenir as respostas imunes inadequadas que levam à esclerose múltipla e artrite, à divisão celular inapropriada que é a marca do câncer, e outros processos patológicos.

Grande parte da pesquisa biológica atual se concentra na descoberta de como as interações moleculares dotam as células de capacidade para tomar decisões e de suas características especiais. Por tal razão, vários dos capítulos a seguir descrevem o conhecimento atual acerca de como essas interações regulam a transcrição e a síntese de proteínas em organismos multicelulares e como tal regulação confere à célula a capacidade para realizar suas funções especializadas. Outros capítulos abordam como as interações proteína-proteína estão na base da organização de organelas especializadas da célula, e como determinam o formato e o movimento celulares. Os rápidos avanços na biologia celular molecular nos últimos anos prometem que num futuro não muito distante iremos entender mais profundamente como a regulação da função, da forma e da motilidade de células especializadas, acopladas com a replicação celular e a morte celular (apoptose) reguladas, levam ao crescimento de organismos complexos como plantas com flores e seres humanos.

Termos-chave

anticódon 131
código genético 132
códon 131
complementar 119
conversão gênica 159
crossing over 156
depurinação 153
desaminação 152
dímero de timina 154
DNA-polimerase 145
dupla-hélice 118
envelope viral 160
éxon 127
fase de leitura 132
fita descontínua 147
fita-líder 147
forquilha de replicação 146
fragmentos de Okazaki 147
iniciador 145
íntron 127
isoforma 130
junção de extremidades do DNA 155
junção de Holliday 157
ligação fosfodiéster 118
mutação 151
pares de base de Watson-Crick 118
polirribossomo 142
promotor 124
recombinação 117
recombinação homóloga 156
retrovírus 164
ribossomo 131
RNA de transferência (tRNA) 116
RNA mensageiro (mRNA) 116
RNA ribossomal (rRNA) 116
RNA-polimerase 124
sistemas de reparo por excisão 153
tradução 116
transcrição 116
transcriptase reversa 164
transcrito primário 127

Revisão dos conceitos

1. O que são os pares de base de Watson-Crick? Por que são importantes?
2. A preparação de plasmídeos de DNA (fita dupla, circular) para sequenciamento envolve o anelamento de um iniciador de oligonucleotídeos de DNA pequeno, de fita simples, a uma das fitas do plasmídeo molde. Isso é rotineiramente realizado pelo aquecimento do plasmídeo e do iniciador a 90°C e, então, pela redução lenta da temperatura para 25°C. Por que esse protocolo funciona?
3. Que diferença entre RNA e DNA ajuda a explicar a maior estabilidade do DNA? Que implicações isso tem para a função do DNA?
4. Quais são as principais diferenças na síntese e na estrutura dos mRNAs de eucariotos e procariotos?
5. Enquanto investigavam a função de um gene de receptor de fator de crescimento específico de humanos, pesquisadores descobriram que dois tipos de proteína eram sintetizados a partir dele. Uma proteína maior contendo um domínio transmembrana que atua no reconhecimento de fatores de crescimento na superfície celular, estimulando uma via de sinalização a jusante específica. Em contrapartida, uma proteína menor relacionada é secretada pela célula e atua na ligação de fatores de crescimento disponíveis no sangue, inibindo a via de sinalização

a jusante. Proponha como a célula sintetiza essas proteínas distintas.

6. A transcrição de vários genes bacterianos depende de grupos funcionais chamados *óperons*, tais como o óperon do triptofano (Figura 4-13a). O que é um óperon? Que vantagens há em ter genes arranjados em um óperon, comparados ao arranjo em eucariotos?
7. Como uma mutação no gene da proteína de ligação à cauda poli(A) afeta a tradução? Como uma micrografia eletrônica de polirribossomos de tal mutante diferiria do padrão normal?
8. Que característica do DNA resulta na necessidade de que parte dele seja sintetizado de maneira descontínua? Como os fragmentos de Okazaki e a DNA-ligase são utilizados pela célula?
9. Os eucariotos possuem sistemas de reparo que previnem mutações devidas a erros de cópia e à exposição a mutagênicos. Quais são os três sistemas de reparo por excisão encontrados em eucariotos, e qual deles é responsável pela correção de dímeros de timina que se formam como resultado do dano causado pela luz UV ao DNA?
10. Os sistemas de reparo de DNA são responsáveis pela manutenção da fidelidade genômica em células normais, apesar da alta frequência com a qual os eventos mutacionais ocorrem. Que tipo de mutação no DNA é gerada por (a) irradiação UV e (b) radiação ionizante? Descreva o sistema responsável pelo reparo de cada um destes tipos de mutação em células de mamíferos. Postule por que a perda de função em um ou mais sistemas de reparo está relacionada a muitos tipos de câncer.
11. Que nome é dado ao processo capaz de reparar dano ao DNA *e* gerar diversidade genética? Descreva brevemente as semelhanças e diferenças entre os dois processos.
12. O genoma de um retrovírus pode se integrar no genoma do hospedeiro. Que gene é único aos retrovírus, e por que a proteína codificada por este gene é absolutamente necessária para manter o ciclo de vida retroviral? Alguns retrovírus podem infectar certas células humanas. Liste dois deles, descreva brevemente as implicações médicas resultantes destas infecções e por que apenas determinadas células são infectadas.
13. a. Quais das seguintes fitas de DNA, a superior ou a inferior, serviria como molde para transcrição de RNA se a molécula de DNA fosse separada na direção indicada?

5′ACGGACTGTACCGCTGAAGTCATGGACGCTCGA 3′
3′TGCCTGACATGGCGACTTCAGTACCTGCGAGCT 5′

⟶
Direção da separação das fitas do DNA

b. Qual seria a sequência de RNA resultante (escrita de 5′ para 3′)?

14. Compare as características dos genes procarióticos e eucarióticos.
15. Você aprendeu os eventos envolvidos na replicação do DNA e o dogma central. Identifique as etapas associadas com estes processos que seriam adversamente afetadas nos seguintes cenários:

a. Helicases separam o DNA, mas as proteínas estabilizadoras estão mutadas e não conseguem se ligar ao DNA.

b. A molécula de mRNA forma uma alça em grampo consigo mesma pelo pareamento de bases complementares em uma área que abrange o sítio de início AUG.

c. A célula não consegue produzir $tRNA_i^{met}$ funcional.

16. Utilize a legenda fornecida abaixo para determinar a sequência de aminoácidos do polipeptídeo produzido a partir da seguinte sequência de DNA. As sequências dos íntrons estão destacadas. Nota: nem todos os aminoácidos da legenda serão usados.

5′ TTCTAAACGCATGAAGCACCGTCTCAGAGCCAGTGA 3′
3′ AAGATTTGCGTACTTCGTGGCAGAGTCTCGGTCACT 5′

⟶
Direção da separação das fitas do DNA

Asn = AAU Cys = TCG Gly = CAG His = CAU Lys = AAG
Met = AUG Phe = UUC Ser = AGC Tyr = UAC Val = GUC; GUA

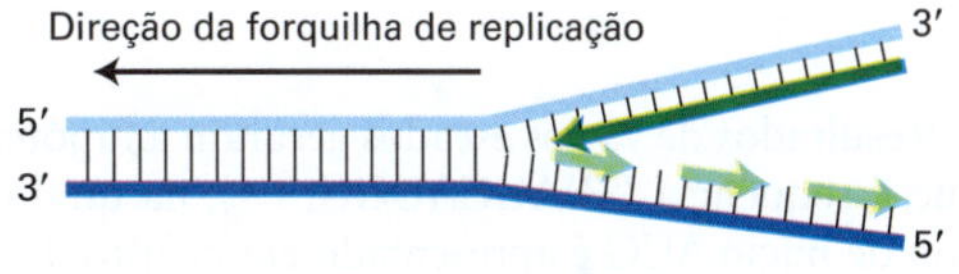

17. a. Observe a figura acima. Explique por que é necessário que fragmentos de Okazaki sejam formados à medida que a fita descontínua é produzida (e não a fita contínua).

b. Se a DNA-polimerase na figura acima pudesse se ligar apenas à fita-molde inferior, sob que condição(ões) ela conseguiria produzir uma fita-líder?

18. Os sistemas de reparo de DNA agem preferencialmente nas fitas recém-sintetizadas. Por que isso é importante?
19. Identifique os tipos específicos de mutações pontuais abaixo (você está vendo a versão do DNA obtida a partir da sequência de RNA).

Sequência original: 5′ AUG TCA GGA CGT CAC TCA GCT 3′
Mutação A: 5′ AUG TCA GGA CGT CAC TGA GCT 3′
Mutação B: 5′ AUA TCA GGA CGT CAC TCA GCT 3′

20. a. Descreva as principais diferenças entre infecções virais líticas e não líticas e forneça exemplos de cada uma delas.

b. Qual dos seguintes processos ocorrem em ambas as infecções líticas e não líticas?

(i) Células infectadas rompem-se ao liberar partículas virais.

(ii) mRNAs virais são transcritos pela maquinaria de tradução da célula hospedeira.

(iii) Proteínas e ácidos nucleicos virais são empacotados para produzir vírions.

Análise dos dados

A síntese proteica em eucariotos normalmente começa no primeiro códon AUG do mRNA. Às vezes, no entanto, os ribossomos não iniciam a síntese de proteínas no primeiro AUG, mas passam por ele (escaneamento falho) e em vez disso a síntese proteica começa em um códon AUG interno. Para se entender que características de um mRNA afetam a eficiência da iniciação no primeiro AUG, estudos foram feitos nos quais a síntese de cloranfenicol acetiltransferase foi observada. A tradução de seu RNA mensageiro pode dar origem a uma proteína chamada de pré-CAT ou a uma proteína um pouco menor, CAT (ver M. Kozak, 2005, *Gene* **361**:13). As duas proteínas diferem porque CAT não possui vários aminoácidos encontrados na porção N-terminal de pré-CAT. A CAT não é derivada de pré-CAT por clivagem, mas, em vez disso, pela iniciação da tradução do mRNA em um códon AUG interno:

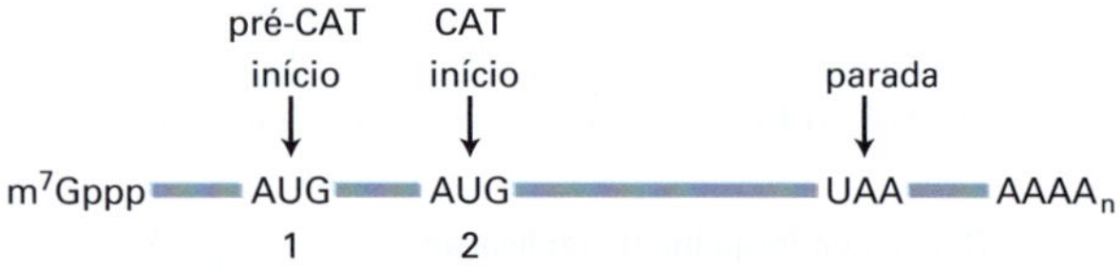

a. Resultados de vários estudos geraram a hipótese de que a sequência (-3)ACC**AUG**G(+4), na qual o códon de início AUG é apresentado em negrito, fornece um contexto ideal para o início da síntese proteica e assegura que os ribossomos não passem este primeiro códon AUG em seu escaneamento, evitando o início da transcrição em um códon AUG localizado na porção a jusante da cadeia. No esquema de numeração usado aqui, o A do AUG de início é designado (+1); as bases localizadas na porção 5′ em relação à primeira base tem numeração negativa [de modo que a primeira base desta sequência é (−3)], e as bases a 3′ as bases localizadas na porção 3′ em relação à base (+)1, têm numeração positiva [de modo que a última base desta sequência é (+4)]. Para testar a hipótese de que a sequência do sítio de início (−3)ACC**AUG**G(+4) previne o escaneamento falho, a sequência do mRNA da cloranfenicol acetiltransferase foi modificada e os efeitos resultantes na tradução foram avaliados. Na figura a seguir, a sequência (vermelha) adjacente ao primeiro códon AUG (preto) do mRNA que dá origem à síntese de pré-CAT corresponde à canaleta 3. A modificação desta mensagem corresponde às outras canaletas do gel (nucleotídeos alterados estão em azul), e as proteínas completas geradas a partir de cada mensagem modificada aparecem como bandas no gel de SDS-poliacrilamida. A intensidade de cada banda é uma indicação da quantidade sintetizada daquela proteína. Analise as alterações da sequência selvagem, e descreva como elas afetam a tradução. Algumas posições dos nucleotídeos são mais importantes do que outras? Os dados apresentados na figura fornecem evidência para a hipótese de que o contexto no qual o primeiro AUG está presente afeta a eficiência da tradução deste sítio? O contexto ACCAUGG é ideal para o início a partir do primeiro AUG?

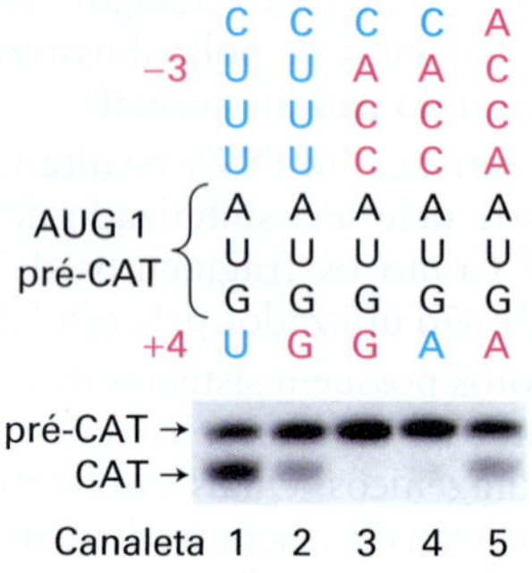

b. Que alterações adicionais a esta mensagem, além daquelas apresentadas na figura, poderiam elucidar melhor a importância da sequência ACCAUGG como um contexto ideal para a síntese de pré-CAT em vez de CAT? Como você examinaria com mais detalhe se o A na posição (−3) e o G na posição (+4) são os nucleotídeos mais importantes para o contexto para o AUG de início?

c. Uma mutação causando uma doença sanguínea severa foi encontrada em uma única família (ver T. Matthes et al., 2004, *Blood* **104**:2181). A mutação, apresentada em vermelho na figura abaixo, foi mapeada na região 5′-não traduzida do gene que codifica a hepcidina; verificou-se que altera o mRNA do gene. As regiões sombreadas indicam a sequência codificadora dos genes normal e mutante. Nenhuma hepcidina é produzida a partir do mRNA alterado, e a falta de hepcidina resulta na doença. Você poderia fornecer uma explicação plausível para a ausência de síntese de hepcidina nos membros da família que herdaram a mutação? O que você pode deduzir sobre a importância do contexto no qual o sítio de início para a iniciação da síntese proteica ocorre neste caso?

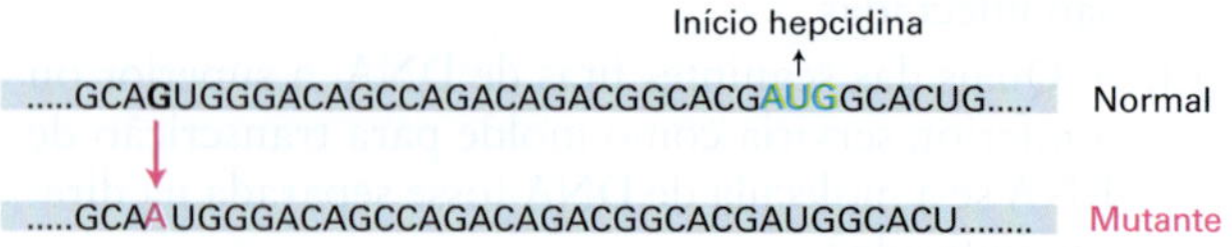

Referências

Estrutura de ácidos nucleicos

Arnott, S. 2006. Historical article: DNA polymorphism and the early history of the double helix. *Trends Biochem. Sci.* **31**:349–354.

Berger, J. M., and J. C. Wang. 1996. Recent developments in DNA topoisomerase II structure and mechanism. *Curr. Opin. Struc. Biol.* **6**:84–90.

Cech, T. R. 2009. Evolution of biological catalysis: ribozyme to RNP enzyme. *Cold Spring Harbor Symp. Quant. Biol.* **74**:11–16.

Dickerson, R. E. 1992. DNA Structure from A to Z. *Methods Enzymol.* **211**:67–111.

Kornberg, A., and T. A. Baker. 2005. *DNA Replication.* University Science, chap. 1. A good summary of the principles of DNA structure.

Lilley, D. M. 2005. Structure, folding and mechanisms of ribozymes. *Curr. Opin. Struc. Biol.* **15**:313–323.

Vicens, Q., and T. R. Cech. 2005. Atomic level architecture of group I introns revealed. *Trends Biochem. Sci.* **31**:41–51.

Wang, J. C. 1980. Superhelical DNA. *Trends Biochem. Sci.* **5**:219–221.

Wigley, D. B. 1995. Structure and mechanism of DNA topoisomerases. *Ann. Rev. Biophys. Biomol. Struc.* **24**:185–208.

Transcrição de genes codificadores de proteínas e formação do mRNA funcional

Brenner, S., F. Jacob, and M. Meselson. 1961. An unstable intermediate carrying information from genes to ribosomes for protein synthesis. *Nature* **190**:576–581.

Brueckner F., J. Ortiz, and P. Cramer 2009. A movie of the RNA polymerase nucleotide addition cycle. *Curr. Opin. Struc. Biol.* **19**:294–299.

Murakami, K. S., and S. A. Darst. 2003. Bacterial RNA polymerases: the whole story. *Curr. Opin. Struc. Biol.* **13**:31–39.

Okamoto K., Y. Sugino, and M. Nomura. 1962. Synthesis and turnover of phage messenger RNA in E. coli infected with bacteriophage T4 in the presence of chloromycetin. *J. Mol. Biol.* **5**:527–534.

Steitz, T. A. 2006. Visualizing polynucleotide polymerase machines at work. *EMBO J.* **25**:3458–3468.

Decodificação de mRNA por tRNAs

Alexander, R. W., and P. Schimmel. 2001. Domain-domain communication in aminoacyl-tRNA synthetases. *Prog. Nucl. Acid Res. Mol. Biol.* **69**:317–349.

Hatfield, D. L., and V. N. Gladyshev. 2002. How selenium has altered our understanding of the genetic code. *Mol. Cell Biol.* **22**:3565–3576.

Hoagland, M. B., et al. 1958. A soluble ribonucleic acid intermediate in protein synthesis. *J. Biol. Chem.* **231**:241–257.

Ibba, M., and D. Soll. 2004. Aminoacyl-tRNAs: setting the limits of the genetic code. *Genes Dev.* **18**:731–738.

Khorana, G. H., et al. 1966. Polynucleotide synthesis and the genetic code. *Cold Spring Harbor Symp. Quant. Biol.* **31**:39–49.

Nakanishi, K., and O. Nureki. 2005. Recent progress of structural biology of tRNA processing and modification. *Mol. Cells* **19**:157–166.

Nirenberg, M., et al. 1966. The RNA code in protein synthesis. *Cold Spring Harbor Symp. Quant. Biol.* **31**:11–24.

Rich, A., and S.-H. Kim. 1978. The three-dimensional structure of transfer RNA. *Sci. Am.* **240**(1):52–62 (offprint 1377).

Etapas da síntese de proteínas nos ribossomos

Belousoff, M. J., et al. 2010. Ancient machinery embedded in the contemporary ribosome. *Biochem. Soc. Trans.* **38**:422–427.

Frank, J., and R. L. Gonzalez, Jr. 2010. Structure and dynamics of a processive Brownian motor: the translating ribosome. *Annu. Rev. Biochem.* **79**:381–412.

Jackson, R.J., et al. 2010. The mechanism of eukaryotic translation initiation and principles of its regulation. *Nat. Rev. Mol. Cell Biol.* **11**:113–127.

Korostelev, A., D. N. Ermolenko, and H. F. Noller. 2008. Structural dynamics of the ribosome. *Curr. Opin. Chem. Biol.* **12**:674–683.

Livingstone, M., et al. 2010. Mechanisms governing the control of mRNA translation. *Phys. Biol.* 7(2):021001.

Sarnow, P., R. C. Cevallos, and E. Jan. 2005. Takeover of host ribosomes by divergent IRES elements. *Biochem. Soc. Trans.* **33**:1479–1482.

Steitz, T. A. 2008. A structural understanding of the dynamic ribosome machine. *Nat. Rev. Mol. Cell Biol.* **9**:242–253.

Replicação de DNA

DePamphilis, M. L., ed. 2006. *DNA Replication and Human Disease.* Cold Spring Harbor Laboratory Press.

Gai, D., Y. P. Chang, and X. S. Chen. 2010. Origin DNA melting and unwinding in DNA replication. *Curr. Opin. Struc. Biol.* **20**(6):756–762.

Kornberg, A., and T. A. Baker. 2005. *DNA Replication.* University Science.

Langston, L. D., C. Indiani, and M. O'Donnell. 2009. Whither the replisome: emerging perspectives on the dynamic nature of the DNA replication machinery. *Cell Cycle* **8**:2686–2691.

Langston, L. D., and M. O'Donnell. 2006. DNA replication: keep moving and don't mind the gap. *Mol. Cells* **23**:155–160.

Schoeffler, A. J., and J. M. Berger. 2008. DNA topoisomerases: harnessing and constraining energy to govern chromosome topology. *Quart. Rev. Biophys.* **41**:41–101.

Stillman, B. 2008. DNA polymerases at the replication fork in eukaryotes. *Cell* **30**:259–260.

Reparo e recombinação de DNA

Andressoo, J. O., and J. H. Hoeijmakers. 2005. Transcription-coupled repair and premature aging. *Mutat. Res.* **577**:179–194.

Barnes, D. E., and T. Lindahl. 2004. Repair and genetic consequences of endogenous DNA base damage in mammalian cells. *Ann. Rev. Genet.* **38**:445–476.

Bell, C. E. 2005. Structure and mechanism of *Escherichia coli* RecA ATPase. *Mol. Microbiol.* **58**:358–366.

Friedberg, E. C., et al. 2006. DNA repair: from molecular mechanism to human disease. *DNA Repair* **5**:986–996.

Haber, J. E. 2000. Partners and pathways repairing a double-strand break. *Trends Genet.* **16**:259–264.

Jiricny, J. 2006. The multifaceted mismatch-repair system. *Nat. Rev. Mol. Cell Biol.* **7**:335–346.

Khuu, P. A., et al. 2006. The stacked-X DNA Holliday junction and protein recognition. *J. Mol. Recog.* **19**:234–242.

Lilley, D. M., and R. M. Clegg. 1993. The structure of the four-way junction in DNA. *Annu. Rev. Biophys. Biomol. Struc.* **22**:299–328.

Mirchandani, K. D., and A. D. D'Andrea. 2006. The Fanconi anemia/BRCA pathway: a coordinator of cross-link repair. *Exp. Cell Res.* **312**:2647–2653.

Mitchell, J. R., J. H. Hoeijmakers, and L. J. Niedernhofer. 2003. Divide and conquer: nucleotide excision repair battles cancer and aging. *Curr. Opin. Cell Biol.***15**:232–240.

Orr-Weaver, T. L., and J. W. Szostak. 1985. Fungal recombination. *Microbiol. Rev.* **49**:33–58.

Shin, D. S., et al. 2004. Structure and function of the double strand break repair machinery. *DNA Repair* **3**:863–873.

Wood, R. D., M. Mitchell, and T. Lindahl. Human DNA repair genes. *Mutat. Res.* 577:275–283.
Yoshida, K., and Y. Miki. 2004. Role of BRCA1 and BRCA2 as regulators of DNA repair, transcription, and cell cycle in response to DNA damage. *Cancer Sci.* 95:866–871.

Vírus: parasitas do sistema genético celular

Flint, S. J., et al. 2000. *Principles of Virology: Molecular Biology, Pathogenesis, and Control.* ASM Press.
Hull, R. 2002. *Mathews' Plant Virology*. Academic Press.
Klug, A. 1999. The tobacco mosaic virus particle: structure and assembly. *Phil. Trans. R. Soc. Lond. B Biol. Sci.* 354:531–535.
Knipe, D. M., and P. M. Howley, eds. 2001. *Fields Virology.* Lippincott Williams & Wilkins.
Kornberg, A., and T. A. Baker. 1992. *DNA Replication,* 2d ed. W. H. Freeman and Company. Good summary of bacteriophage molecular biology.

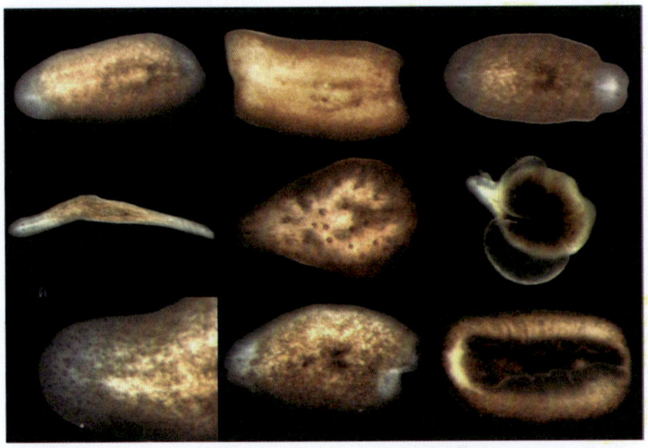

A planária é um platelminto ("verme achatado") de vida livre com uma incrível capacidade de regeneração. Se a cabeça e a cauda de uma planária adulta forem cortadas, o verme de imediato irá regenerar essas estruturas (conforme mostrado no quadro superior esquerdo). O papel de genes específicos no processo de regeneração pode ser estudado pela repressão da expressão gênica por RNA de interferência (RNAi) antes do corte da cabeça e da cauda. Os oito quadros restantes mostram a variedade de defeitos de regeneração observados após o RNAi de diferentes genes responsáveis pela regeneração. Os genes inibidos por RNAi, da esquerda para a direita, começando pelo quadro superior central, são: smad4, β-catenina-1, antígeno de carcinoma, POU2/3, *rootletin*, Novel, *tolloid* e piwi. (Cortesia de Peter Reddlen/MIT, Whitehead Institute.)

CAPÍTULO

5

Técnicas de genética molecular

SUMÁRIO

Na área de biologia celular molecular, reduzida a seus elementos mais básicos, busca-se um entendimento acerca do comportamento biológico das células em termos de mecanismos químicos e moleculares subjacentes. Com frequência, a investigação de um novo processo molecular enfoca a função de uma determinada proteína. Existem três perguntas fundamentais que os biólogos celulares geralmente fazem sobre uma proteína nova recém-descoberta: qual é a função da proteína no contexto da célula viva, qual é a função bioquímica da proteína purificada, e onde a proteína está localizada? Para responder a essas questões, pesquisadores empregam três ferramentas de genética molecular: o gene que codifica a proteína, uma linhagem celular ou organismo mutante que não possui a proteína funcional, e uma fonte de proteína purificada para estudos bioquímicos. Neste capítulo, serão considerados vários aspectos de duas estratégias experimentais básicas para a obtenção de todas as três ferramentas (Figura 5-1).

A primeira estratégia, geralmente chamada de *genética clássica*, começa com o isolamento de um mutante que parece ser deficiente em algum processo de interesse. Métodos genéticos são então utilizados para identificar e isolar o gene afetado. O gene isolado pode ser manipulado a fim de que produza grandes quantidades da proteína para experimentos bioquímicos e projete sondas para estudo de onde e quando a proteína codificada é expressa em um organismo. A segunda estratégia segue essencialmente os mesmos passos da abordagem clássica, mas na ordem inversa, começando com o isolamento de uma proteína de interesse ou sua identificação com base na análise da sequência genômica de um organismo. Uma vez isolado, o gene correspondente pode ser alterado e então reinserido em um organismo. Em ambas as estratégias, pelo exame das consequências fenotípicas das mutações que inativam um gene em particular, os geneticistas conseguem conectar os conhecimentos acerca de sequência, estrutura e atividade bioquímica da proteína codificada à sua função no contexto de uma célula viva ou organismo multicelular.

Um componente importante em ambas as estratégias para estudo de uma proteína e sua função biológica é o isolamento do gene correspondente. Assim, serão discutidas

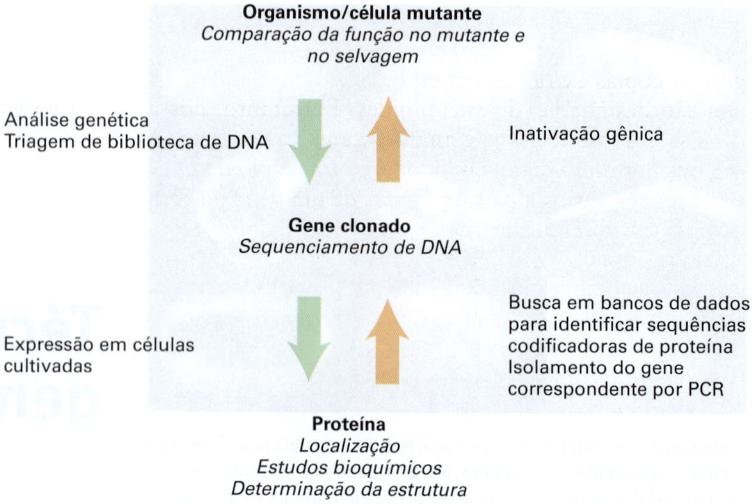

FIGURA 5-1 Visão global de duas estratégias para relacionar função, localização e estrutura de produtos gênicos. Um organismo mutante é o ponto inicial para a estratégia genética clássica (setas verdes). A estratégia reversa (setas laranjas) geralmente começa com a identificação de uma sequência codificadora de proteína pela análise de bancos de dados de sequências do genoma. Em ambas as estratégias, o gene real é isolado a partir de uma biblioteca de DNA ou pela amplificação específica da sequência gênica a partir do DNA genômico. Uma vez isolado, o gene clonado pode ser usado para produzir a proteína codificada em sistemas de expressão bacterianos ou eucarióticos. Alternativamente, um gene clonado pode ser inativado por uma das várias técnicas e usado para gerar células ou organismos mutantes.

várias técnicas pelas quais os pesquisadores podem isolar, sequenciar e manipular regiões específicas do DNA de um organismo. Após, será discutida uma variedade de técnicas muito utilizadas para análise de onde e quando um determinado gene é expresso e em que parte da célula sua proteína está localizada. Em alguns casos, o conhecimento da função de uma proteína pode levar a avanços médicos significativos, e o primeiro passo no desenvolvimento de tratamentos para uma doença hereditária é identificar e isolar o gene afetado, que será descrito aqui. Finalmente, serão discutidas técnicas que eliminam a função da proteína normal a fim de analisar o papel da proteína na célula.

5.1 Análise genética de mutações para identificação e estudo de genes

Conforme descrito no Capítulo 4, a informação codificada na sequência de DNA dos genes especifica a sequência – e, portanto, a estrutura e a função – de todas as moléculas de proteína de uma célula. O poder da genética como ferramenta para estudo de células e organismos está na habilidade dos pesquisadores em alterar seletivamente todas as cópias de apenas um tipo de proteína em uma célula fazendo uma alteração no gene para aquela proteína. Análises genéticas de mutantes deficientes em um determinado processo podem revelar (a) novos genes necessários para que o processo ocorra, (b) a ordem na qual os produtos gênicos atuam no processo e (c) se as proteínas codificadas por diferentes genes interagem umas com as outras. Antes da análise de como estudos genéticos desse tipo podem fornecer informações acerca do complicado mecanismo de um processo celular ou de desenvolvimento, primeiramente serão explicados alguns termos genéticos básicos utilizados ao longo de nossa discussão.

As diferentes formas, ou variantes, de um gene são designadas **alelos**. Os geneticistas geralmente se referem às numerosas variantes genéticas de ocorrência natural que existem nas populações, sobretudo em populações humanas, como alelos. O termo **mutação** é geralmente reservado para situações nas quais um alelo tem origem reconhecidamente recente, como após o tratamento de um organismo com uma **substância mutagênica**, agente que causa uma alteração hereditária na sequência de DNA.

Estritamente, o conjunto de alelos para todos os genes carregado por um indivíduo é seu **genótipo**. Entretanto, este termo também é usado de maneira mais limitada para se referir apenas aos alelos de um determinado gene ou genes sob investigação. Em organismos experimentais, o termo **selvagem** geralmente se refere ao genótipo-padrão utilizado como referência em experimentos de reprodução. Assim, o alelo normal, não mutado, via de regra é chamado de selvagem. Por conta da enorme variação alélica que ocorre naturalmente nas populações humanas, o termo *selvagem* em geral se refere a um alelo que está presente em uma frequência muito mais alta do que qualquer outra das possíveis alternativas.

Geneticistas fazem uma importante distinção entre o *genótipo* e o **fenótipo** de um organismo. O fenótipo refere-se a todos os atributos físicos ou traços de um indivíduo que são consequência de um dado genótipo. Na prática, entretanto, o termo *fenótipo* com frequência é usado para indicar as consequências físicas que resultam apenas dos alelos que estão sob investigação experimental. Características fenotípicas facilmente observadas são fundamentais para a análise genética de mutações.

Alelos mutantes recessivos e dominantes geralmente apresentam efeitos opostos sobre a função gênica

Uma diferença genética fundamental entre organismos experimentais é se carregam apenas um conjunto de cromossomos ou duas cópias de cada um deles. Os primeiros são chamados de haploides; os últimos, de diploides. Organismos multicelulares complexos (p. ex., mosca-da-fruta, camundongos, seres humanos) são diploides, enquanto muitos organismos unicelulares simples são haploides. Alguns organismos, em particular a levedura *Saccharomyces cerevisiae*, podem existir nos estados haploide ou diploide. As células normais de alguns organismos, ambos plantas e animais, carregam mais de duas cópias de cada cromossomo e, desta forma, são designadas poliploides. Além disso, células cancerígenas começam como células diploides mas ao longo do processo de transformação em células tumorais podem ganhar cópias extras de um ou mais cromossomos e assim são designadas de aneuploides. Entretanto, nossa discussão sobre técnicas e análises genéticas se refere a organismos diploides, incluindo leveduras diploides.

Embora vários alelos diferentes de um gene possam ocorrer em diferentes organismos de uma população, qualquer organismo diploide irá carregar duas cópias de cada gene e assim poderá ter no máximo dois alelos diferentes. Um indivíduo com dois alelos diferentes é **heterozigoto** para um gene, enquanto um indivíduo que carrega dois alelos idênticos é **homozigoto** para um gene. Um alelo mutante **recessivo** é definido como aquele no qual ambos os alelos precisam estar mutados a fim de que se observe o fenótipo mutante; isto é, o indivíduo precisa ser homozigoto em relação ao alelo mutante para apresentar o fenótipo mutante. Em contrapartida, as consequências fenotípicas de um alelo **dominante** podem ser observadas em um indivíduo heterozigoto que carrega um alelo mutante e outro selvagem (Figura 5-2).

O fato de um alelo mutante ser recessivo ou dominante fornece informações valiosas acerca da função do gene afetado e da natureza da mutação. Alelos recessivos geralmente resultam de uma mutação que inativa o gene afetado, levando à *perda de função* parcial ou completa. Tais mutações recessivas podem remover parte de um gene ou o gene inteiro do cromossomo, romper a expressão do gene, ou alterar a estrutura da proteína codificada, alterando sua função. Alelos dominantes geralmente são consequência de uma mutação que causa algum tipo de *ganho de função*. As mutações dominantes podem aumentar a atividade da proteína codificada, conferir-lhe uma nova função, ou levar a um padrão de expressão espacial ou temporalmente inadequado.

Mutações dominantes em certos genes, no entanto, estão associadas a uma perda de função. Por exemplo, alguns genes são *haploinsuficientes*: a remoção ou inativação de um dos dois alelos do gene leva a um fenótipo mutante porque não há produto gênico suficiente. Em outros exemplos raros, uma mutação dominante em um alelo pode levar a uma alteração estrutural na proteína que interfere na função da proteína selvagem codificada pelo outro alelo. Esse tipo de mutação, chamada de *dominante-negativa*, produz um fenótipo semelhante àquele produzido por uma mutação de perda de função.

Alguns alelos podem apresentar ambas as propriedades recessiva e dominante. Nesses casos, declarações sobre a dominância ou recessividade de um alelo devem especificar o fenótipo. Por exemplo, o alelo do gene da hemoglobina humana designado Hb^s apresenta mais de uma consequência fenotípica. Indivíduos que são homozigotos para este alelo (Hb^s/Hb^s) possuem a doença debilitante anemia falciforme, mas indivíduos heterozigotos (Hb^s/Hb^a) não apresentam a doença. Portanto, Hb^s é *recessivo* para a doença anemia falciforme. Por outro lado, indivíduos heterozigotos (Hb^s/Hb^a) são mais resistentes à malária do que os homozigotos (Hb^a/Hb^a), revelando que Hb^s é *dominante* para a resistência à malária.■

Um agente comumente utilizado para induzir mutações (mutagênese) em organismos experimentais é o etil-metanossulfato (EMS). Embora este agente mutagênico possa alterar a sequência de DNA de várias maneiras, um de seus efeitos mais comuns é modificar quimicamente bases de guanina no DNA, levando à conversão de um par de bases G·C para um par A·T. Essa alteração na sequência de um gene, que envolve apenas um único par de base, é conhecida como **mutação de ponto**. Uma mutação de ponto *silenciosa* não causa alteração na sequência de aminoácidos ou na atividade da proteína codificada por um gene. Entretanto, consequências fenotípicas perceptíveis devidas a alterações na atividade de uma proteína podem surgir a partir de mutações de ponto que resultam na substituição de um aminoácido por outro (mutação de *sentido trocado*), na introdução de um códon de parada (mutação *sem sentido*), ou em uma alteração na fase de leitura de um gene (mutação *de mudança de fase de leitura*). Como alterações na sequência de DNA que levam à diminuição na atividade da proteína são muito mais prováveis do que aquelas que levam ao aumento ou à alteração qualitativa da atividade da proteína, a mutagênese geralmente produz muito mais mutações recessivas do que dominantes.

A segregação de mutações em experimentos de reprodução revela sua dominância ou recessividade

Geneticistas exploram o ciclo de vida normal de um organismo para testar a dominância e a recessividade dos alelos. Para analisar este processo, precisa-se primeiro revisar o tipo de divisão celular que origina os gametas (espermatozoides e óvulos em plantas e animais superiores). Enquanto as células do corpo (somáticas) da maioria dos organismos multicelulares se dividem por mitose, as células germinativas que originam os gametas sofrem meiose. Assim como as células somáticas, as células ger-

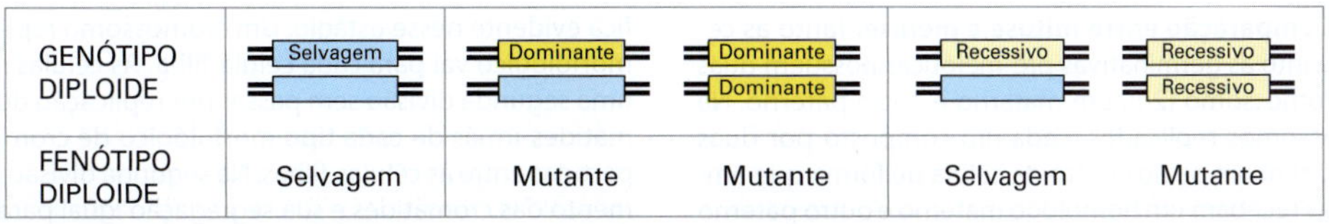

FIGURA 5-2 Efeitos de alelos mutantes dominante e recessivo no fenótipo de organismos diploides. Uma única cópia de um alelo dominante é suficiente para produzir um fenótipo mutante, enquanto ambas as cópias de um alelo recessivo precisam estar presentes para provocar um fenótipo mutante. Mutações recessivas geralmente causam uma perda de função; mutações dominantes geralmente causam um ganho de função ou uma função alterada.

minativas pré-meióticas são diploides, contendo dois homólogos de cada tipo morfológico de cromossomo. Os dois homólogos que constituem cada par de cromossomos homólogos descendem de genitores diferentes; portanto, seus genes podem existir em diferentes formas alélicas. A Figura 5-3 retrata os principais eventos das

ANIMAÇÃO EM FOCO: Mitose

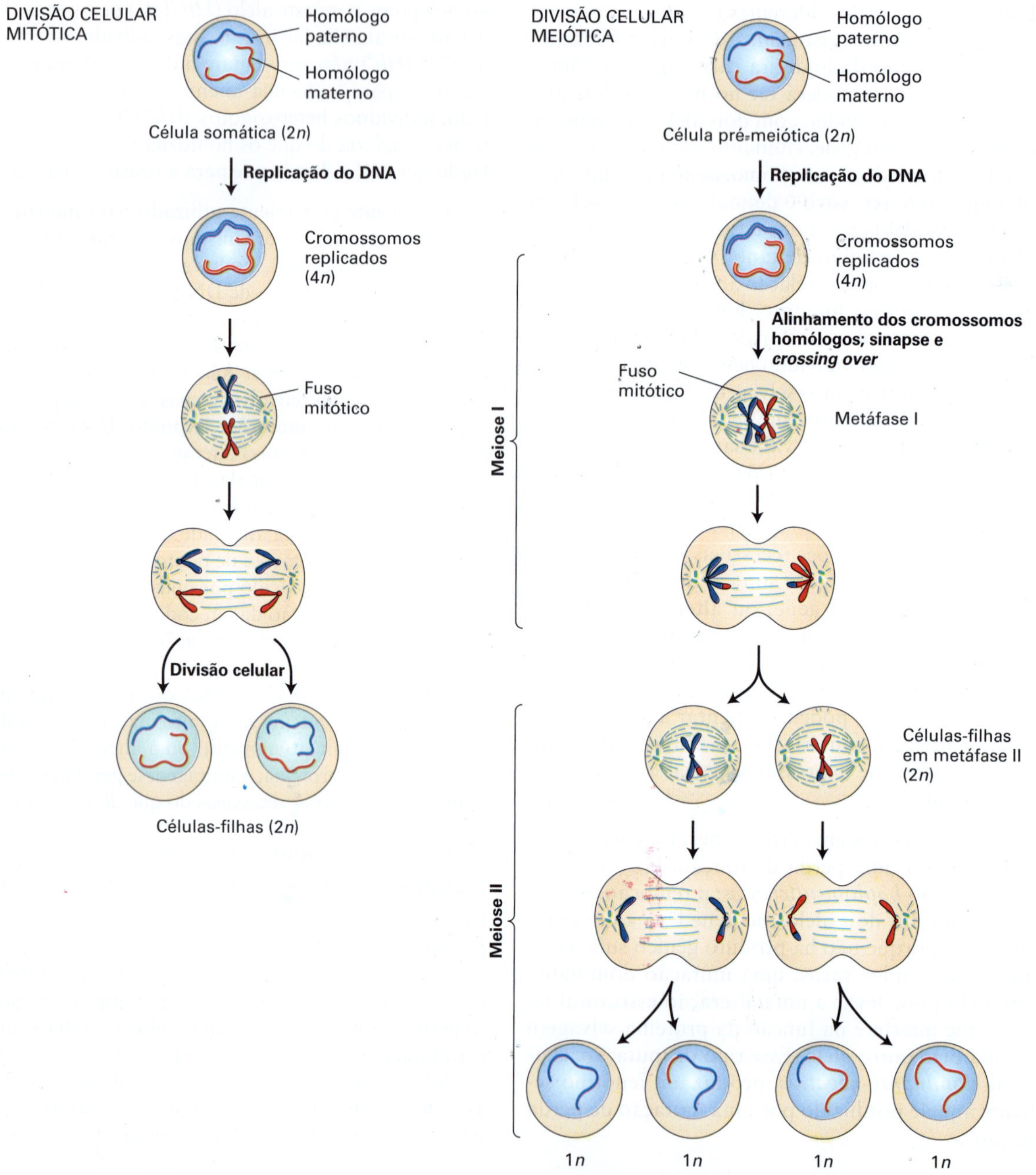

FIGURA 5-3 Comparação entre mitose e meiose. Tanto as células somáticas quanto as germinativas pré-meióticas possuem duas cópias de cada cromossomo (2*n*), um materno e outro paterno. Na mitose, os cromossomos replicados, cada um composto por duas cromátides-irmãs, alinham-se no centro da célula de forma que ambas as células-filhas recebam um homólogo materno e outro paterno de cada tipo morfológico de cromossomo. Durante a primeira divisão *meiótica*, no entanto, cada cromossomo replicado pareia com o seu respectivo homólogo no centro da célula; este pareamento é chamado de *sinapse*, e o *crossing over* entre cromossomos homólogos fica evidente nesse estágio. Um cromossomo replicado de cada tipo morfológico vai para cada célula-filha. As células resultantes sofrem uma segunda divisão sem passar por replicação do DNA, com as cromátides-irmãs de cada tipo morfológico de cromossomo sendo repartidas entre as células-filhas. Na segunda divisão meiótica, o alinhamento das cromátides e sua segregação igual para as células-filhas é a mesma que ocorre na divisão mitótica. O alinhamento de pares de cromossomos homólogos na metáfase I é aleatório em relação aos outros pares cromossômicos, resultando em uma mistura de cromossomos maternos e paternos em cada célula-filha.

divisões celulares mitótica e meiótica. Na mitose, a replicação do DNA é sempre seguida pela divisão celular, gerando duas células-filhas diploides. Na meiose, *um* ciclo de replicação de DNA é seguido por *duas* divisões celulares separadas, gerando quatro células haploides ($1n$) que contêm apenas um cromossomo de cada par de homólogos. A distribuição, ou **segregação**, dos cromossomos homólogos replicados para as células-filhas durante a primeira divisão meiótica é aleatória; isto é, homólogos maternos e paternos segregam independentemente, gerando células-filhas com diferentes misturas de cromossomos paternos e maternos.

Como uma forma de evitar complexidade indesejada, geneticistas geralmente procuram começar experimentos de reprodução com linhagens que sejam homozigotas para os genes sob investigação. Nestas linhagens *puras*, cada indivíduo irá receber o mesmo alelo de cada genitor e, portanto a composição dos alelos não mudará de uma geração para a outra. Quando uma linhagem pura mutante é acasalada com uma linhagem pura selvagem, toda a primeira geração de descendentes (F_1) será heterozigota (Figura 5-4). Se a geração F_1 exibe o traço mutante, então o alelo mutante é dominante; se a geração F_1 exibe o traço selvagem, então o alelo mutante é recessivo. O cruzamento posterior entre indivíduos da F_1 também revelará diferentes padrões de herança de acordo com a dominância ou recessividade da mutação. Quando indivíduos da F_1 heterozigotos para um alelo dominante forem cruzados entre si, três quartos da geração F_2 resultante exibirá o traço mutante. Em contrapartida, quando indivíduos da F_1 heterozigotos para um alelo recessivo forem cruzados entre si, apenas um quarto da geração F_2 resultante exibirá o traço mutante.

Conforme observado, a levedura *S. cerevisiae*, um importante organismo experimental, pode existir em estado haploide ou diploide. Nesses eucariotos unicelulares, cruzamentos entre células haploides podem determinar se um alelo mutante é dominante ou recessivo. Células de levedura haploides, que carregam uma cópia de cada cromossomo, podem ser de dois tipos de acasalamento, conhecidos como **a** e α. Células haploides do tipo de acasalamento oposto podem se acasalar e produzir diploides **a**/α, as quais possuem duas cópias de cada cromossomo. Se uma nova mutação com um fenótipo perceptível for isolada em uma linhagem haploide, a linhagem mutante pode ser acasalada com uma linhagem selvagem do tipo de acasalamento oposto para produzir diploides **a**/α que são heterozigotos quanto ao alelo mutante. Se estes diploides exibirem o traço mutante, então o alelo mutante será dominante, mas se os diploides forem como os selvagens, então o alelo mutante será recessivo. Quando os diploides **a**/α são submetidos a condições de privação de nutrientes, as células sofrem meiose, originando quatro esporos haploides, dois do tipo **a** e dois do tipo α. A esporulação de uma célula diploide heterozigota gera dois esporos carregando o alelo mutante e dois carregando o alelo selvagem (Figura 5-5). Sob condições apropriadas, os esporos de levedura irão germinar, produzindo linhagens haploides vegetativas de ambos os tipos de acasalamento.

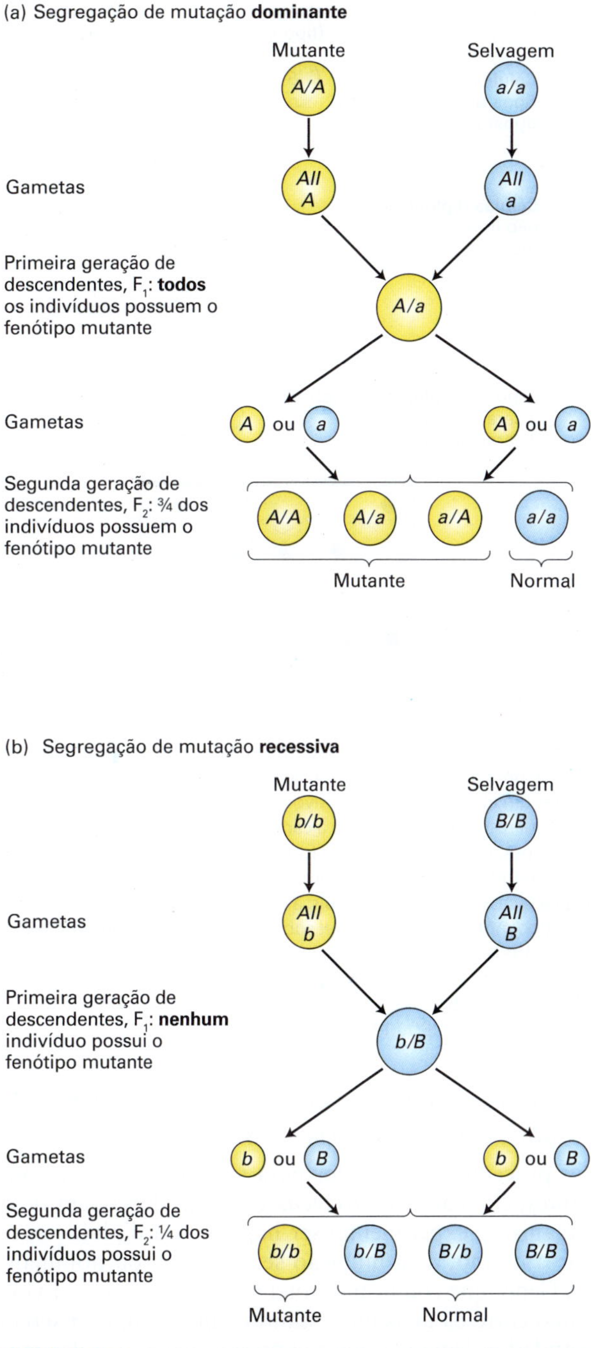

FIGURA 5-4 Padrões de segregação de mutações dominante e recessiva em cruzamentos entre linhagens puras de organismos diploides. Todos os descendentes na primeira geração (F_1) são heterozigotos. Se o alelo mutante for dominante, os indivíduos de F_1 irão exibir o fenótipo mutante, como mostrado na parte (a). Se o alelo mutante for recessivo, os indivíduos de F_1 irão exibir o fenótipo selvagem, como mostrado na parte (b). O cruzamento entre os heterozigotos de F_1 também produz diferentes proporções de segregação para os alelos dominante e recessivo na geração F_2.

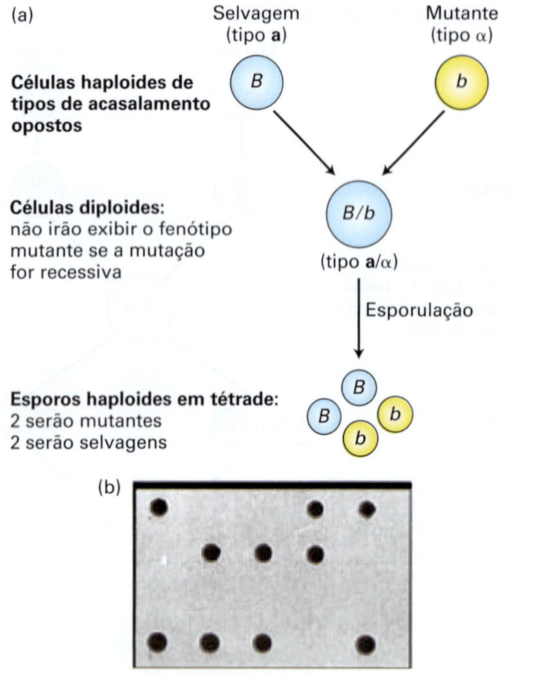

FIGURA 5-5 Segregação de alelos em levedura. (a) Células haploides de *Saccharomyces* de tipos de acasalamento opostos (i.e., uma do tipo α e outra do tipo **a**) podem cruzar e produzir uma diploide **a**/α. Se uma haploide portar um alelo selvagem dominante e a outra portar um alelo mutante recessivo do mesmo gene, a diploide heterozigota resultante expressará a característica dominante. Sob certas condições, uma célula diploide formará uma tétrade com quatro esporos haploides. Dois dos esporos da tétrade expressarão a característica recessiva, e os outros dois, a característica dominante. (b) Se o fenótipo mutante não for viável sob condições de crescimento restritivas, cada tétrade, representada aqui como quatro esporos separados verticalmente e crescidos em colônias em meio restritivo, consiste em dois esporos viáveis e dois, inviáveis. (Parte (b) reproduzida de B. Senger et al., 1998, *EMBO J* **17**:2196)

Mutações condicionais podem ser usadas para estudo de genes essenciais em leveduras

Os procedimentos usados para identificar e isolar mutantes, chamados de *triagens genética*, dependem de o organismo experimental ser haploide ou diploide e, se for o último, de a mutação ser recessiva ou dominante. Genes que codificam proteínas essenciais para a vida estão entre os mais interessantes e importantes a serem estudados. Uma vez que a expressão fenotípica das mutações em genes essenciais leva à morte do indivíduo, são necessárias triagens genéticas inteligentes para isolar e manter os organismos com mutações letais.

Em células de levedura haploides, genes essenciais podem ser estudados pelo uso de *mutações condicionais*. Entre as mutações condicionais mais comuns estão as **mutações de sensibilidade à temperatura**, que podem ser isoladas em bactérias e eucariotos inferiores mas não em eucariotos de sangue quente. Por exemplo, uma única mutação de sentido trocado pode fazer a proteína mutante resultante ter uma estabilidade térmica reduzida, de forma que a proteína seja totalmente funcional sob uma temperatura (p. ex., 23°C), mas comece a desnaturar e seja inativa sob outra temperatura (p. ex., 36°C), enquanto a proteína normal seria totalmente estável e funcional em ambas as temperaturas. Uma temperatura na qual se observa o fenótipo mutante é chamada de *não permissiva*; temperatura *permissiva* é aquela na qual não se observa o fenótipo mutante, embora o alelo mutante esteja presente. Portanto, linhagens mutantes podem ser mantidas em uma temperatura permissiva e então subcultivadas a uma temperatura não permissiva para a análise do fenótipo mutante.

Um exemplo de triagem particularmente importante para mutantes termossensíveis de levedura *S. cerevisiae* vem dos estudos de L. H. Hartwell e colaboradores no final dos anos 1960 e início dos 1970. Os pesquisadores propuseram-se a identificar genes importantes para a regulação do ciclo celular durante o qual uma célula sintetiza proteínas, replica seu DNA e então sofre mitose, cada célula-filha recebe uma cópia de cada cromossomo. O crescimento exponencial de uma única célula de levedura por 20 a 30 divisões celulares forma uma colônia de leveduras visível em meio ágar sólido. Uma vez que mutantes com bloqueio completo do ciclo celular não conseguiriam formar uma colônia, mutantes condicionais eram necessários ao estudo de mutações que afetam esse processo celular básico. Para rastrear tais mutantes, os pesquisadores primeiramente identificaram células de levedura mutadas que podiam crescer normalmente a 23°C, mas que não formavam colônias quando submetidas a 36°C (Figura 5-6a).

Uma vez que os mutantes termossensíveis haviam sido isolados, análises posteriores revelaram que alguns eram de fato defeituosos na divisão celular. Em *S. cerevisiae*, a divisão celular ocorre por meio de um processo de brotamento, e o tamanho do broto, que é facilmente visualizado por microscopia de luz, indica a posição da célula no ciclo celular. Cada um dos mutantes que não conseguia crescer a 36°C foi examinado por microscopia após várias horas sob temperatura não permissiva. O exame de vários mutantes termossensíveis diferentes revelou que cerca de 1% exibia um bloqueio distinto no ciclo celular. Estes mutantes foram então designados mutantes *cdc* (*c*iclo de *d*ivisão *c*elular). É importante salientar que os mutantes de levedura não apenas falhavam em crescer, como fariam se carregassem uma mutação que afetasse o metabolismo celular geral. Em vez disso, sob temperatura não permissiva, os mutantes de interesse cresciam normalmente durante parte do ciclo celular, mas ficavam presos em um determinado estágio do ciclo celular, de forma que várias células eram vistas neste estágio (Figura 5-6b). A maioria das mutações *cdc* em levedura é recessiva; isto é, quando linhagens *cdc* haploides são cruzadas com haploides selvagens, os diploides heterozigotos resultantes não são nem termossensíveis nem defeituosos em ciclo celular.

Mutações letais recessivas em diploides podem ser identificadas por endogamia e mantidas em heterozigotos

Em organismos diploides, os fenótipos resultantes de mutações recessivas podem ser observadas apenas em

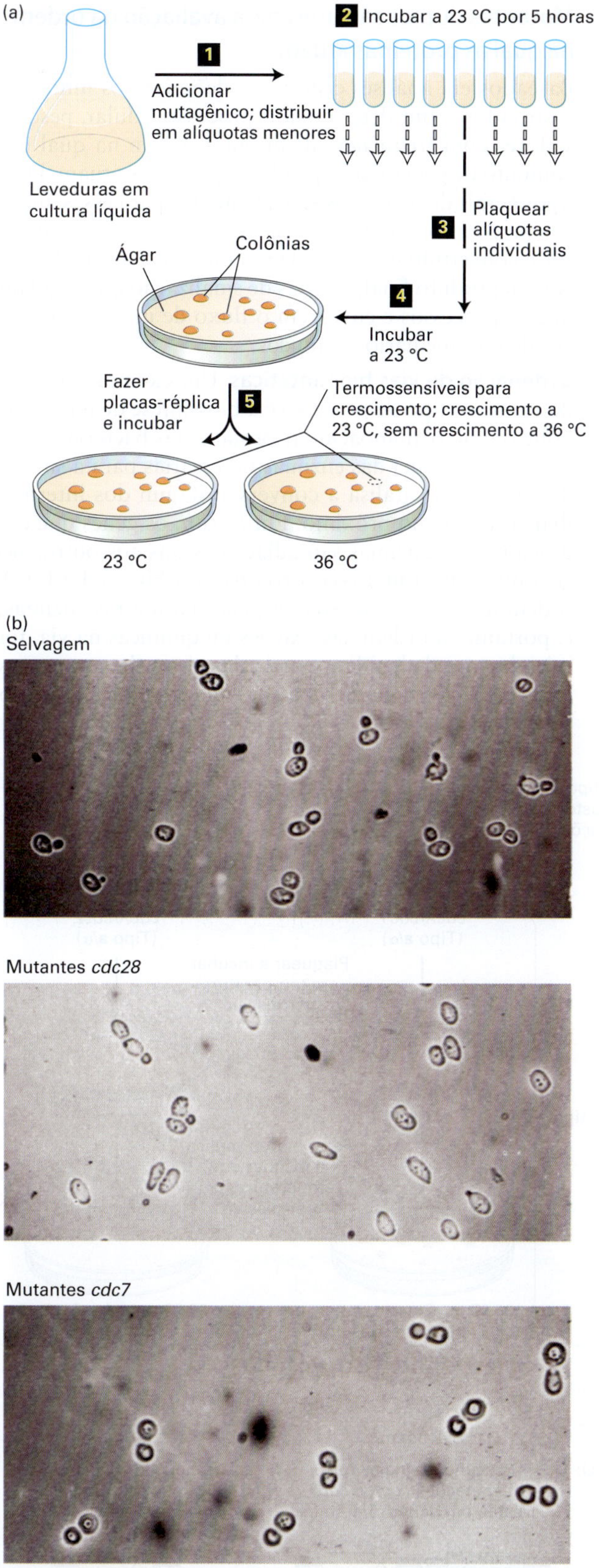

FIGURA EXPERIMENTAL 5-6 Leveduras haploides portadoras de mutações letais termossensíveis são mantidas em temperatura permissiva e analisadas em temperatura não permissiva. (a) Triagem genética para mutantes de ciclo celular termossensíveis (*cdc*) em leveduras. Leveduras que crescem e formam colônias a 23°C (temperatura permissiva), mas não a 36°C (temperatura não permissiva) podem portar uma mutação letal que bloqueia a divisão celular. (b) Ensaio de colônias termossensíveis para bloqueios em estágios específicos do ciclo celular. Aqui são apresentadas micrografias de leveduras selvagens e dois mutantes termossensíveis diferentes após incubação em temperatura não permissiva por seis horas. Células selvagens, que continuam a crescer, podem ser vistas com todos os tamanhos diferentes de brotamento, refletindo diferentes estágios do ciclo celular. Em contrapartida, células nas duas micrografias inferiores exibem um bloqueio em um estágio específico do ciclo celular. Mutantes *cdc28* param em um ponto anterior à emergência de um novo brotamento e, portanto, aparecem como células sem brotamentos. Mutantes *cdc7*, que param pouco antes da separação entre célula-mãe e broto (célula-filha emergente), aparecem como células com grandes brotamentos. (Parte (a) ver L. H. Hartwell, 1967, *J. Bacteriol.* **93**:1662; parte (b) reproduzida de L. M. Hereford e L. H. Hartwell, 1974, *J. Mol. Biol.* **84**:445.)

indivíduos homozigotos para os alelos mutantes. Uma vez que a mutagênese em um organismo diploide altera geralmente apenas um alelo de um gene, gerando mutantes heterozigotos, triagens genéticas devem incluir etapas de endogamia para gerar descendentes que sejam homozigotos para os alelos mutantes. O geneticista H. Muller desenvolveu um procedimento geral e eficiente para a realização desses experimentos de endogamia na mosca-da-fruta *Drosophila*. Mutações letais recessivas em *Drosophila* e outros organismos diploides podem ser mantidas em indivíduos heterozigotos, e suas consequências fenotípicas, analisadas nos homozigotos.

A abordagem de Muller foi usada com grande efeito por C. Nüsslein-Volhard e E. Wieschaus, que rastrearam sistematicamente mutações letais recessivas, afetando a embriogênese em *Drosophila*. Embriões homozigotos mortos, carregando mutações letais recessivas identificadas por essa triagem, foram examinados ao microscópio em busca de defeitos morfológicos específicos. O conhecimento atual dos mecanismos moleculares subjacentes ao desenvolvimento de organismos multicelulares fundamenta-se, em grande parte, no quadro detalhado do desenvolvimento embrionário revelado pela caracterização de mutantes de *Drosophila*.

Testes de complementação determinam se diferentes mutações recessivas ocorrem em um mesmo gene

Na abordagem genética para estudo de um determinado processo celular, pesquisadores geralmente isolam várias mutações recessivas que produzem o mesmo fenótipo. Um teste comum para determinar se as mutações ocorrem no mesmo gene ou em genes diferentes explora o fenômeno da complementação genética, isto é, o restabelecimento do fenótipo selvagem pelo acasalamento de dois mutantes diferentes. Se duas mutações recessivas, *a* e *b*, estiverem no mesmo gene, então um organismo diploide heterozigoto para ambas as mutações (i.e., carregando um alelo *a* e um alelo *b*) exibirá o fenótipo mutante porque nenhum dos alelos fornecerá uma cópia funcional do gene. Em contrapartida, se as mutações *a* e *b* estiverem em genes *individuais*, então os heterozigotos carregando uma única cópia de cada alelo mutante não exibirão o fenótipo mutante porque um alelo selvagem de cada gene também estará presente. Neste caso, diz-se que as mutações *complementam* uma à outra. A análise de complementação não pode ser realizada em mutantes dominantes porque o fenótipo conferido pelo alelo mutante é exibido mesmo na presença de um alelo selvagem do gene.

A análise de complementação de um conjunto de mutantes com o mesmo fenótipo pode distinguir os genes individuais em um conjunto de genes funcionalmente relacionados, os quais precisam funcionar todos para produzir um dado traço fenotípico. Por exemplo, a triagem para mutações *cdc* em *Saccharomyces* descrita anteriormente gerou vários mutantes recessivos termossensíveis que apareciam presos no mesmo estágio do ciclo celular. Para determinar quantos genes haviam sido afetados pelas mutações, Hartwell e colaboradores realizaram testes de complementação em todas as combinações de pares de mutantes *cdc* seguindo o protocolo geral delineado na Figura 5-7. Os testes identificaram mais de 20 diferentes genes *CDC*. A caracterização molecular subsequente dos genes *CDC* e de suas proteínas, conforme descrito em detalhe no Capítulo 20, forneceu um quadro para a compreensão acerca de como a divisão celular é regulada em organismos desde as leveduras até os seres humanos.

Mutantes duplos são úteis para avaliação da ordem na qual as proteínas atuam

Baseados em análises criteriosas de fenótipos mutantes associados a um determinado processo celular, pesquisadores com frequência deduzem a ordem na qual um conjunto de genes e seus produtos proteicos atuam. Dois tipos gerais de processos são adequados para essas análises: (a) rotas biossintéticas nas quais um material precursor é convertido por meio de um ou mais intermediários em um produto final; (b) vias de sinalização que regulam outros processos e envolvem o fluxo de informação em vez de intermediários químicos.

Ordenação de vias biossintéticas Um exemplo simples do primeiro tipo de processo é a biossíntese de um metabólito como o aminoácido triptofano nas bactérias. Neste caso, cada uma das enzimas necessárias para a síntese de triptofano catalisa a conversão de um dos intermediários da via no próximo. Em *E. coli*, os genes que codificam estas enzimas são adjacentes uns aos outros no genoma, constituindo o óperon *trp* (ver Figura 4-13a). A ordem de ação dos diferentes genes para estas enzimas, e, portanto, a ordem das reações bioquímicas na via, foi inicialmente deduzida a partir dos tipos de compostos intermediários acumulados em cada mutante. No caso

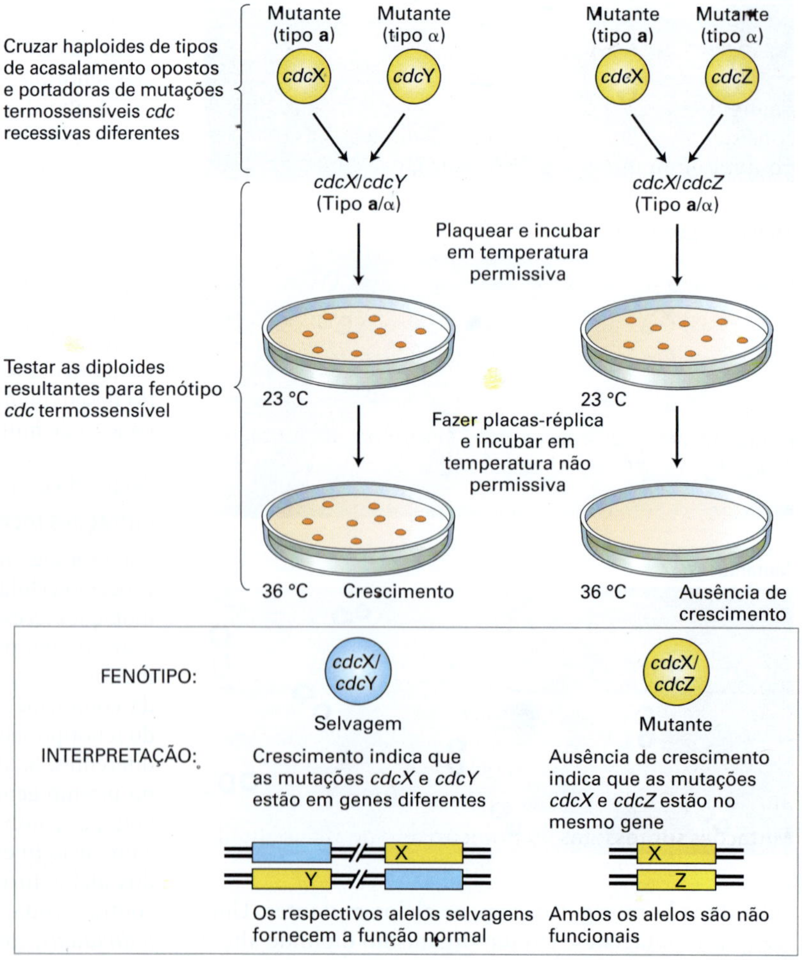

FIGURA EXPERIMENTAL 5-7 A análise de complementação determina se mutações recessivas estão no mesmo gene ou em genes diferentes. Testes de complementação em levedura são realizados pelo cruzamento entre células haploides **a** e α portando diferentes mutações recessivas para gerar células diploides. Na análise de mutações *cdc*, pares de linhagens *cdc* termossensíveis diferentes foram sistematicamente cruzadas, e as diploides resultantes foram testadas para crescimento em temperaturas permissiva e não permissiva. Neste exemplo hipotético, os mutantes *cdcX* e *cdcY* se complementam e, portanto, possuem mutações em genes diferentes, enquanto os mutantes *cdcX* e *cdcZ* possuem mutações no mesmo gene.

de vias sintéticas complexas, entretanto, a análise fenotípica dos mutantes defeituosos em uma única etapa pode fornecer resultados ambíguos que não permitem a ordenação conclusiva das etapas. Mutantes duplos defeituosos em duas etapas da via são particularmente úteis ao ordenamento de tais vias (Figura 5-8a).

No Capítulo 14, foi discutido o uso clássico da estratégia de duplo-mutante para ajudar a elucidar a via secretora. Nessa via, as proteínas a serem secretadas pela célula se movem de seu sítio de síntese no retículo endoplasmático rugoso (RE) para o aparelho de Golgi; depois, para vesículas secretoras e, por fim, para a superfície celular.

Ordenação de vias de sinalização Conforme será visto em capítulos posteriores, a expressão de muito genes eucarióticos é regulada por vias de sinalização iniciadas por hormônios extracelulares, fatores de crescimento, ou outros sinais. Tais vias de sinalização podem incluir numerosos componentes, e a análise de duplo-mutantes com frequência fornece conhecimento sobre as funções e interações desses componentes. O único pré-requisito para a obtenção de informações úteis a partir deste tipo de análise é que as duas mutações tenham efeitos opostos no produto final da mesma via regulada. Mais comumente, uma mutação reprime a expressão de um determinado gene-repórter mesmo quando o sinal está presente, enquanto outra mutação resulta na expressão do gene-repórter mesmo quando o sinal está ausente (i.e., expressão constitutiva). Conforme ilustrado na Figura 5-8b, dois mecanismos reguladores simples são consistentes com tais mutantes individuais, mas o fenótipo duplo-mutante pode distinguir entre eles. Esta abordagem geral possibilitou aos geneticistas o delineamento de muitas das etapas-chave em uma variedade de vias reguladoras, o que tornou possível a realização de ensaios bioquímicos mais específicos.

A técnica difere da análise de complementação porque ambos os mutantes, dominante e recessivo, podem ser submetidos à análise de duplo-mutante. Quando duas mutações recessivas são testadas, o duplo-mutante criado deve ser *homozigoto* em ambas as mutações. Além disso, mutantes dominantes podem ser submetidos à análise de duplo-mutante.

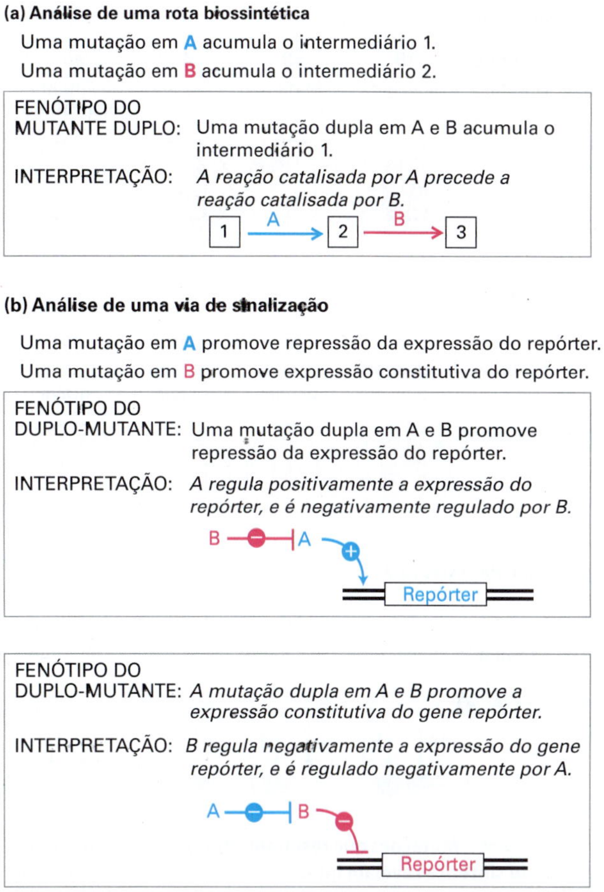

(a) Análise de uma rota biossintética
Uma mutação em A acumula o intermediário 1.
Uma mutação em B acumula o intermediário 2.
FENÓTIPO DO MUTANTE DUPLO: Uma mutação dupla em A e B acumula o intermediário 1.
INTERPRETAÇÃO: A reação catalisada por A precede a reação catalisada por B.
1
A
2
B
3
(b) Análise de uma via de sinalização
Uma mutação em A promove repressão da expressão do repórter.
Uma mutação em B promove expressão constitutiva do repórter.
FENÓTIPO DO DUPLO-MUTANTE: Uma mutação dupla em A e B promove repressão da expressão do repórter.
INTERPRETAÇÃO: A regula positivamente a expressão do repórter, e é negativamente regulado por B.
B
A
Repórter
FENÓTIPO DO DUPLO-MUTANTE: A mutação dupla em A e B promove a expressão constitutiva do gene repórter.
INTERPRETAÇÃO: B regula negativamente a expressão do gene repórter, e é regulado negativamente por A.
A
B
Repórter

FIGURA 5-8 A análise de mutantes duplos geralmente pode ordenar as etapas de rotas biossintéticas ou de sinalização. Quando mutações em dois genes diferentes afetam o mesmo processo celular, mas apresentam fenótipos bastante distintos, o fenótipo do mutante duplo com frequência revela a ordem na qual os dois genes devem atuar. (a) No caso de mutações que afetam a mesma rota biossintética, um mutante duplo acumulará o intermediário imediatamente anterior à etapa catalisada pela proteína que atua inicialmente no organismo selvagem. (b) A análise de mutante duplo de uma via de sinalização é possível se duas mutações tiverem efeitos opostos na expressão de um gene-repórter. Neste caso, o fenótipo observado no mutante duplo fornece informação sobre a ordem na qual as proteínas atuam e se elas são reguladoras positivas ou negativas.

Supressão genética e letalidade sintética podem revelar a interação ou a redundância de proteínas

Dois outros tipos de análise genética podem fornecer pistas adicionais sobre como proteínas que atuam no mesmo processo celular interagem umas com as outras na célula viva. Ambos os métodos, aplicáveis a muitos organismos experimentais, envolvem o uso de duplo-mutantes nos quais os efeitos fenotípicos de uma mutação são alterados pela presença de uma segunda mutação.

Mutações supressoras O primeiro tipo de análise fundamenta-se na *supressão genética*. A fim de entender esse fenômeno, suponha que duas mutações de ponto levem a alterações estruturais em uma proteína (A) que eliminam sua habilidade para se associar a outra proteína (B) envolvida no mesmo processo celular. Da mesma forma, mutações na proteína B levam a pequenas alterações estruturais que inibem sua habilidade de interagir com a proteína A. Considere, além disso, que o funcionamento normal das proteínas A e B depende de sua interação. Teoricamente, uma alteração estrutural específica na proteína A poderia ser suprimida por alterações compensatórias na proteína B, permitindo que as proteínas mutantes interajam. Nos raros casos em que tais mutações supressoras ocorrem, linhagens portadoras de ambos os alelos mutantes seriam normais, enquanto linhagens portadoras de apenas um ou outro alelo mutante teriam um fenótipo mutante (Figura 5-9a).

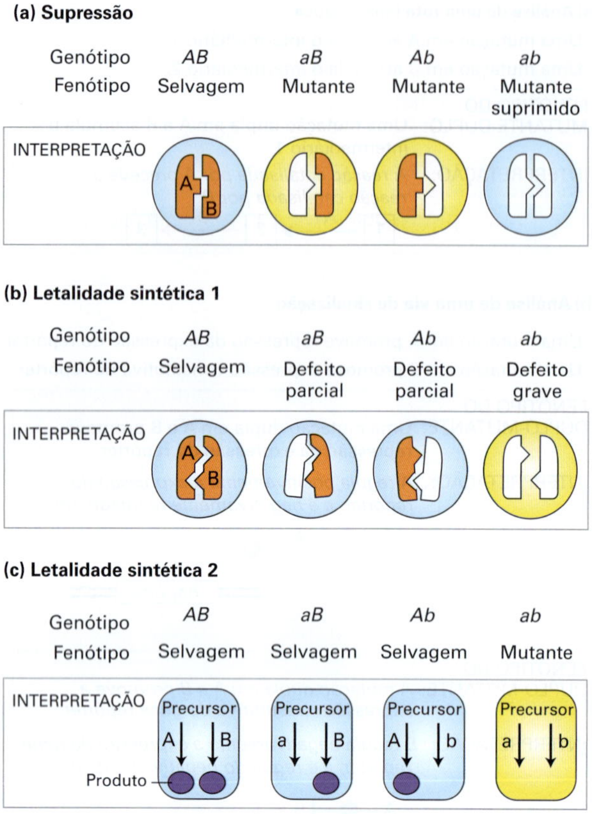

FIGURA 5-9 Mutações que resultam em supressão genética ou letalidade sintética revelam interação ou redundância de proteínas. (a) A observação de que mutantes duplos com duas proteínas defeituosas (A e B) apresentam um fenótipo selvagem, mas de que mutantes simples apresentam fenótipo mutante, indica que a função de cada proteína depende da interação entre elas. (b) A observação de que mutantes duplos possuem um defeito fenotípico mais grave do que mutantes simples também é evidência de que duas proteínas (p. ex., subunidades de um heterodímero) devem interagir para funcionar normalmente. (c) A observação de que um mutante duplo é inviável, mas de que os mutantes simples correspondentes possuem o fenótipo selvegem, indica que duas proteínas atuam em rotas redundantes para produzir um produto essencial.

A observação de supressão genética em linhagens de leveduras portadoras de um alelo de actina mutante (*act1-1*) e uma segunda mutação (*sac6*) em outro gene forneceu evidências iniciais para uma interação direta *in vivo* entre as proteínas codificadas pelos dois genes. Estudos bioquímicos posteriores mostraram que as duas proteínas – Act1 e Sac6 – de fato interagem na construção de estruturas de actina funcionais dentro da célula.

Mutações sintéticas letais Outro fenômeno, chamado *letalidade sintética*, produz um efeito fenotípico oposto àquele da supressão. Neste caso, o efeito deletério de uma mutação é exacerbado (em vez de suprimido) por uma segunda mutação em um gene relacionado. Uma situação na qual tais mutações sintéticas letais podem ocorrer é ilustrada na Figura 5-9b. Neste exemplo, uma proteína heterodimérica é parcialmente, mas não completamente, inativada por mutações em uma das subunidades não idênticas. Entretanto, em mutantes duplos portadores de mutações específicas nos genes que codificam ambas as subunidades, ocorre pouca interação entre as subunidades, resultando em efeitos fenotípicos severos. Mutações sintéticas letais também podem revelar genes não essenciais cujas proteínas atuam em vias redundantes para produzir um componente celular essencial. Como representado na Figura 5-9c, se apenas uma das vias for inativada por uma mutação, a outra via poderá fornecer o produto necessário. Entretanto, se ambas as vias forem inativadas ao mesmo tempo, o produto essencial não poderá ser sintetizado, e os mutantes duplos serão inviáveis.

Genes podem ser identificados pelo mapeamento da sua posição no cromossomo

A discussão anterior sobre análise genética ilustra como um geneticista pode obter informações sobre a função gênica por meio da observação dos efeitos fenotípicos produzidos pela junção de diferentes combinações de alelos mutantes na mesma célula ou organismo. Por exemplo, combinações de diferentes alelos do mesmo gene em um organismo diploide podem ser usadas para determinar se uma mutação é dominante ou recessiva, ou se duas mutações recessivas diferentes estão no mesmo gene. Além disso, combinações de mutações em genes diferentes podem ser usadas para determinar a ordem da função gênica em uma via ou para identificar relações funcionais entre genes, como supressão ou aumento sintético. De maneira geral, todos esses métodos podem ser vistos como testes analíticos baseados na *função gênica*. Agora será considerado um tipo de análise genética fundamentalmente diferente, baseado em *posição gênica*. Estudos projetados para determinar a posição de um gene em um cromossomo, geralmente chamados de estudos de mapeamento genético, podem ser usados para identificar o gene afetado por uma determinada mutação ou para determinar se duas mutações estão no mesmo gene.

Em muitos organismos, estudos de mapeamento genético contam com as trocas de informação genética que ocorrem durante a meiose. Como representado na Figura 5-10a, a **recombinação** genética ocorre antes da primeira divisão meiótica nas células germinativas, quando os cromossomos replicados de cada par homólogo alinham-se uns com os outros. Neste momento, sequências de DNA homólogas em cromátides maternas e paternas podem ser trocadas entre elas, em um processo conhecido como *crossing over*. Hoje sabe-se que os *crossovers* resultantes entre cromossomos homólogos fornecem ligações estruturais importantes para a segregação adequada dos pares de cromátides homólogas em polos opostos durante a primeira divisão meiótica (para discussão, ver Capítulo 19).

Considere duas mutações diferentes, cada uma herdada de um dos genitores, que estão localizadas próximas uma da outra no mesmo cromossomo. Dois tipos diferentes de gametas podem ser produzidos, caso o *crossover* ocorra ou não entre as mutações durante a meiose. Se não ocorrer *crossover* entre elas, gametas conhecidos como *tipos parentais*, os quais contêm uma ou outra mutação, serão produzidos. Se um *crossover* ocorrer entre as duas mutações, gametas conhecidos como *tipos recombinantes* serão produzidos. Neste exemplo, cromossomos recombinantes conterão ambas as mutações ou nenhuma delas. Os sítios de recombinação ocorrem mais ou menos ao acaso ao longo dos cromossomos; assim, quanto mais próximos dois genes estiverem, menor a probabilidade de que ocorra recombinação entre eles durante a meiose. Em outras palavras, *quanto mais próximos estiverem dois genes do mesmo cromossomo, menos frequente será a recombinação entre eles*. Dois genes do mesmo cromossomo suficientemente próximos, de maneira que há menor produção de gametas recombinantes do que parentais, são considerados *geneticamente ligados*.

A técnica de mapeamento recombinacional foi estabelecida em 1911 por A. Sturtevant enquanto ele era estudante de graduação e trabalhava no laboratório de T. H. Morgan na Universidade de Columbia (EUA). Originalmente usada em estudos com *Drosophila*, esta técnica ainda é usada para investigar a distância entre dois *loci* genéticos do mesmo cromossomo em muitos organismos experimentais. Um experimento típico projetado para determinar a distância de mapa entre duas posições genéticas envolveria duas etapas. Na primeira etapa, uma linhagem é construída contendo uma mutação diferente em cada posição, ou *locus*. Na segunda etapa, os descendentes da linhagem são investigados para determinar a frequência relativa de herança de tipos parentais ou recombinantes. Uma maneira típica de se determinar a frequência de recombinação entre dois genes é cruzar um genitor diploide heterozigoto para cada *loci* genético com outro genitor homozigoto para cada gene. Para este cruzamento, a proporção de descendentes recombinantes é determinada de imediato porque os fenótipos recombinantes irão diferir dos fenótipos parentais. Por convenção, uma *unidade de mapa genético* é definida como a distância entre duas posições ao longo de um cromossomo que resulta em um indivíduo recombinante em um total de 100 descendentes. A distância correspondente a essa frequência de recombinação de 1% é chamada de um *centimorgan* (cM) em homenagem ao mentor de Sturtevant, Morgan (Figura 5-10b).

Uma discussão completa dos métodos dos experimentos de mapeamento genético está além do escopo desta discussão introdutória; entretanto, duas características da medida de distâncias por mapeamento de recombinação precisam ser enfatizadas. Primeiro, a frequência de troca genética entre dois *loci* é estritamente proporcional à distância física em pares de base, separando-os apenas para *loci* que estão relativamente próximos

(a)

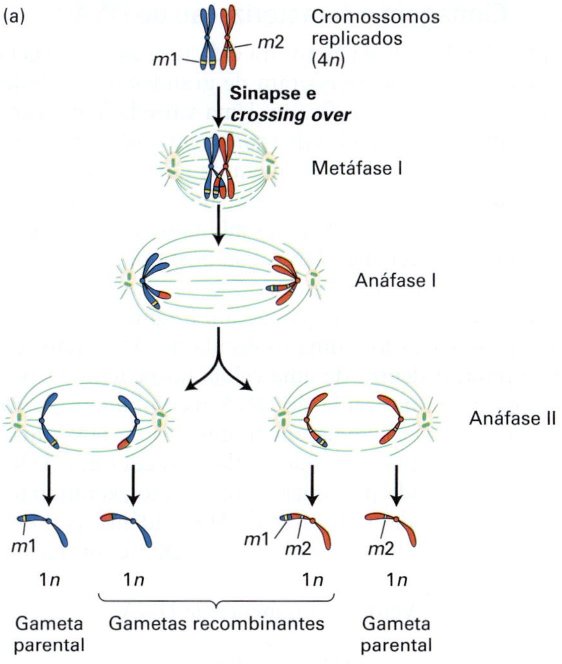

(b) Considere dois genes ligados *A* e *B* com alelos recessivos *a* e *b*.

Cruzamento de dois mutantes para gerar uma linhagem duplamente heterozigota:

$$A/A\ b/b \times a/a\ B/B$$

$$\downarrow$$

$$\frac{A \quad b}{a \quad B}$$

Cruzamento do duplo heterozigoto para testar a linhagem:

$$\frac{A \quad b}{a \quad B} \times \frac{a \quad b}{a \quad b}$$

$$\downarrow$$

$$\underbrace{\frac{A \quad b}{a \quad b} \quad \frac{a \quad B}{a \quad b}}_{\text{Tipos parentais}} \qquad \underbrace{\frac{A \quad B}{a \quad b} \quad \frac{a \quad b}{a \quad b}}_{\text{Tipos recombinantes}}$$

A distância genética entre *A* e *B* pode ser determinada pela frequência de gametas parentais e recombinantes:

$$\text{Distância genética em cM} = 100 \times \frac{\text{gametas recombinantes}}{\text{total de gametas}}$$

FIGURA 5-10 A recombinação durante a meiose pode ser usada para mapear a posição dos genes. (a) Um indivíduo portador de duas mutações, designadas *m1* (amarelo) e *m2* (verde), que estão nas versões materna e paterna do mesmo cromossomo, é ilustrado. Se ocorrer *crossing over* em um intervalo entre *m1* e *m2* antes da primeira divisão meiótica, então dois gametas recombinantes serão produzidos; um deles portará ambas *m1* e *m2*, enquanto o outro não portará nenhuma mutação. Quanto maior a distância entre duas mutações em uma cromátide, maior a chance de que sejam separadas por recombinação e maior a proporção de gametas recombinantes produzidos. (b) Em um experimento de mapeamento típico, uma linhagem heterozigota para dois genes diferentes é construída. A frequência de gametas parentais ou recombinantes produzidos por esta linhagem pode ser determinada a partir do fenótipo dos descendentes em um cruzamento-teste com uma linhagem homozigota recessiva. A distância de mapa genético em *centimorgans* (cM) é dada pela porcentagem dos gametas que são recombinantes.

(p. ex., a menos de cerca de 10 cM). Para *loci* ligados que estão mais afastados do que isso, uma medida de distância pela frequência de troca genética tende a subestimar a distância física devido à possibilidade de dois ou mais *crossovers* ocorrerem dentro de um intervalo. No caso limitante no qual o número de tipos recombinantes igualará o número de tipos parentais, os dois *loci* considerados poderiam estar distantes no mesmo cromossomo ou em cromossomos diferentes; nestes casos, os *loci* são considerados *não ligados*.

Um segundo conceito importante necessário à interpretação de experimentos de mapeamento genético em diferentes tipos de organismos é que, embora a distância genética seja definida da mesma forma para diferentes organismos, a relação entre a frequência de recombinação (i.e., distância de mapa genético) e a distância física varia entre os organismos. Por exemplo, uma frequência de recombinação de 1% (i.e., uma distância genética de 1 cM) representa uma distância física de cerca de 2,8 quilobases em leveduras comparada a uma distância de aproximadamente 400 quilobases em *Drosophila* e cerca de 780 quilobases em humanos.

Um dos principais usos dos estudos de mapeamento genético é para localização do gene afetado por uma mutação de interesse. A presença de várias características genéticas diferentes já mapeadas, ou marcadores genéticos, distribuídas ao longo de um cromossomo permite que a posição de uma mutação não mapeada seja determinada pelo estudo de sua segregação em relação a estes genes marcadores durante a meiose. Assim, quanto mais marcadores estiverem disponíveis, mais precisamente se pode mapear uma mutação. Na Seção 5.4, será visto como os genes afetados em doenças hereditárias humanas são identificados usando-se tais métodos. Um segundo uso geral dos experimentos de mapeamento é determinar se duas mutações diferentes estão no mesmo gene. Se duas mutações estiverem no mesmo gene, elas irão apresentar forte ligação em experimentos de mapeamento; se estiverem em genes diferentes, geralmente serão não ligadas ou exibirão ligação fraca.

CONCEITOS-CHAVE da Seção 5.1

Análise genética de mutações para identificação e estudo de genes

- Organismos diploides portam duas cópias (alelos) de cada gene, enquanto organismos haploides possuem apenas uma cópia.
- Mutações recessivas levam à perda de função, que é mascarada se um alelo normal do gene estiver presente. Para que o fenótipo mutante se manifeste, ambos os alelos devem apresentar a mutação.
- Mutações dominantes levam a um fenótipo mutante na presença de um alelo normal do gene. Os fenótipos associados com mutações dominantes geralmente representam um ganho de função, mas no caso de alguns genes resultam de uma perda de função.
- Na meiose, uma célula diploide sofre uma replicação do DNA e duas divisões celulares, gerando quatro células haploides nas quais os cromossomos maternos e paternos e seus alelos associados são aleatoriamente distribuídos (ver Figura 5-3).
- Mutações dominantes e recessivas exibem padrões de segregação característicos em cruzamentos genéticos (ver Figura 5-4).
- Em leveduras haploides, mutações termossensíveis são particularmente úteis para a identificação e para o estudo de genes essenciais à sobrevivência.
- O número de genes funcionalmente relacionados envolvidos em um processo pode ser definido pela análise de complementação (ver Figura 5-7).
- A ordem na qual os genes atuam em uma via de sinalização pode ser deduzida a partir do fenótipo de mutantes duplos defeituosos em duas etapas do processo afetado.
- Interações funcionalmente significativas entre proteínas podem ser deduzidas a partir dos efeitos fenotípicos de mutações supressoras alelo-específicas ou mutações sintéticas letais.
- Experimentos de mapeamento genético utilizam o *crossing over* entre cromossomos homólogos durante a meiose para medir a distância genética entre duas mutações diferentes no mesmo cromossomo.

5.2 Clonagem e caracterização do DNA

Estudos detalhados da estrutura e da função de um gene em nível molecular necessitam de grandes quantidades do gene individual purificado. Uma variedade de técnicas, geralmente chamadas de *tecnologia do DNA recombinante*, são usadas na **clonagem de DNA**, que permite aos pesquisadores preparar grande número de moléculas de DNA idênticas. O **DNA recombinante** é simplesmente qualquer molécula de DNA composta por sequências derivadas de diferentes fontes.

A chave para a clonagem de um fragmento de DNA de interesse é ligá-lo a uma molécula de DNA-**vetor** capaz de replicar dentro de uma célula hospedeira. Depois que uma única molécula de DNA recombinante, composta por um vetor mais um fragmento de DNA inserido, é introduzida em uma célula hospedeira, o DNA inserido é replicado juntamente com o vetor, gerando um grande número de moléculas de DNA idênticas. O esquema básico pode ser resumido da seguinte forma:

Vetor + fragmento de DNA
↓
DNA recombinante
↓
Replicação do DNA recombinante na célula hospedeira
↓
Isolamento, sequenciamento e manipulação do fragmento de DNA purificado

Embora os pesquisadores tenham concebido numerosas variações experimentais, este diagrama de fluxo indica as etapas essenciais na clonagem de DNA. Nesta seção, primeiramente serão descritos métodos para isolamento de uma sequência de DNA específica a partir de um grande conjunto de outras sequências de DNA. Este processo geralmente envolve a clivagem do genoma em fragmentos e a colocação de cada fragmento em um vetor de forma que todo o DNA possa ser propagado como moléculas recombinantes em células hospedeiras independentes. Enquanto muitos tipos diferentes de vetor existem, nossa discussão enfocará principalmente vetores plasmidiais e células hospedeiras de *E. coli*, muito utilizados. Várias técnicas podem ser empregadas para se identificar a sequência de interesse nesta coleção de fragmentos de DNA, conhecida como biblioteca de DNA. Uma vez que um fragmento de DNA específico tenha sido isolado, é geralmente caracterizado pela determinação da sequência exata de nucleotídeos da molécula. A seção é finalizada com uma discussão sobre a reação em cadeia da polimerase (*polymerase chain reaction*, PCR). Esta poderosa e versátil técnica pode ser utilizada de diversas maneiras para gerar grandes quantidades de uma sequência específica e manipular o DNA em laboratório. Os vários usos dos fragmentos de DNA clonados serão discutidos em seções subsequentes.

Enzimas de restrição e DNA-ligases permitem a inserção de fragmentos de DNA em vetores de clonagem

Um dos principais objetivos da clonagem de DNA é a obtenção de pequenas regiões do DNA de um organismo que constituem genes específicos. Além disso, apenas moléculas de DNA relativamente pequenas podem ser clonadas em qualquer um dos vetores disponíveis. Por essas razões, as longas moléculas de DNA que compõem o genoma de um organismo devem ser clivadas em fragmentos que possam ser inseridos no vetor de DNA. Dois tipos de enzimas – **enzimas de restrição** e DNA-ligases – facilitam a produção das moléculas de DNA recombinantes.

Clivagem de moléculas de DNA em pequenos fragmentos Enzimas de restrição são endonucleases produzidas por bactérias que geralmente reconhecem sequências específicas de 4 a 8 pb, chamadas *sítios de restrição*, e então clivam ambas as fitas de DNA no local. Sítios de restrição são geralmente pequenas sequências *palindrômicas*; isto é, a sequência do sítio de restrição é a mesma em cada fita de DNA quando lida na direção 5′ – 3′ (Figura 5-11).

Para cada enzima de restrição, as bactérias também produzem uma *enzima de modificação*, que protege o próprio DNA de uma bactéria hospedeira da clivagem por meio da modificação do DNA do hospedeiro em, ou próximo a, cada sítio de clivagem em potencial. A enzima de modificação adiciona um grupo metil a uma ou duas bases, geralmente no sítio de restrição. Quando um grupo metil está presente, a endonuclease de restrição é impedida de clivar o DNA. Com as endonucleases de restrição,

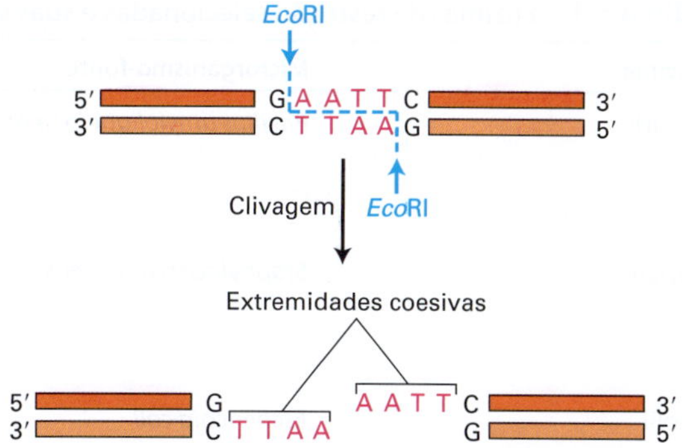

FIGURA 5-11 Clivagem de DNA pela enzima de restrição *Eco*RI. Essa enzima de restrição de *E. coli* faz cortes não uniformes na sequência palindrômica específica de 6 pb apresentada, gerando fragmentos com extremidades de fita simples complementares e coesivas. Várias outras enzimas de restrição também produzem fragmentos com extremidades coesivas.

a enzima de metilação forma um sistema de restrição-modificação que protege o DNA do hospedeiro ao mesmo tempo em que destrói DNA estranho (p. ex., DNA de bacteriófago ou DNA adquirido durante transformação) ao clivá-lo em todos os sítios de restrição no DNA.

Várias enzimas de restrição fazem cortes não uniformes nas duas fitas de DNA em seus sítios de reconhecimento, gerando fragmentos que possuem uma cauda de fita simples em ambas as extremidades, chamadas de *extremidades coesivas* (ver Figura 5-11). As caudas nos fragmentos gerados em um dado sítio de restrição são complementares àquelas de todos os outros fragmentos gerados pela mesma enzima de restrição. Sob temperatura ambiente, as regiões de fita simples podem parear transitoriamente com aquelas nos outros fragmentos de DNA gerados a partir da mesma enzima de restrição. Algumas enzimas de restrição, tais como *Alu*I e *Sma*I, clivam ambas as fitas de DNA no mesmo ponto do sítio de restrição, gerando fragmentos com extremidades "cegas" nas quais todos os nucleotídeos nas extremidades dos fragmentos estão pareados com nucleotídeos na fita complementar.

O DNA isolado de um organismo individual possui uma sequência específica, que contém por acaso um conjunto específico de enzimas de restrição. Assim, uma dada enzima de restrição cliva o DNA de uma determinada fonte em um conjunto de fragmentos reprodutível. A frequência com a qual uma enzima de restrição cliva o DNA, e, portanto, o tamanho médio dos fragmentos de restrição resultantes, depende muito do tamanho do sítio de reconhecimento. Por exemplo, uma enzima de restrição que reconhece um sítio de 4 pb cliva o DNA em média uma vez a cada 4^4, ou 256, pares de bases, enquanto uma enzima que reconhece uma sequência de 8 pb cliva o DNA em média uma vez a cada 4^8 pares de bases (cerca de 65 kpb). Enzimas de restrição foram purificadas a partir de várias centenas de diferentes espécies de bactérias, permitindo que moléculas de DNA sejam clivadas em um grande número de diferentes sequências correspondendo aos sítios de reconhecimento das enzimas (Tabela 5-1).

TABELA 5-1 Enzimas de restrição selecionadas e suas sequências de reconhecimento

Enzima	Microrganismo-fonte	Sítio de reconhecimento*	Extremidades
*Bam*HI	*Bacillus amyloliquefaciens*	↓ -G-G-A-T-C-C- -C-C-T-A-G-G- ↑	Coesivas
*Sau*3A	*Staphylococcus aureus*	↓ -G-A-T-C- -C-T-A-G- ↑	Coesivas
*Eco*RI	*Escherichia coli*	↓ -G-A-A-T-T-C- -C-T-T-A-A-G ↑	Coesivas
*Hin*dIII	*Haemophilus influenzae*	↓ -A-A-G-C-T-T- -T-T-C-G-A-A- ↑	Coesivas
*Sma*I	*Serratia marcescens*	↓ -C-C-C-G-G-G- -G-G-G-C-C-C- ↑	Cegas
*Not*I	*Nocardia otitidis-caviarum*	↓ -G-C-G-G-C-C-G-C- -C-G-C-C-G-G-C-G- ↑	Coesivas

*Muitas dessas sequências de reconhecimento estão incluídas em uma sequência comum de ligação múltipla (Ver Figura 5-13).

Inserção de fragmentos de DNA em vetores Fragmentos de DNA com extremidades coesivas ou cegas podem ser inseridos em vetores de DNA com o auxílio de DNA-ligases. Durante a replicação normal do DNA, a DNA-ligase catalisa a ligação de extremidades de pequenos fragmentos de DNA chamados de fragmentos de Okazaki. Para fins de clonagem do DNA, DNA-ligase purificada é usada para unir covalentemente as extremidades de um fragmento de restrição e do vetor de DNA que possuem extremidades complementares (Figura 5-12). O vetor de DNA e o fragmento de restrição são covalentemente ligados por pontes fosfodiéster padrão do DNA de 3′ para 5′. Além de ligar extremidades coesivas complementares, a DNA-ligase do bacteriófago T4 pode ligar quaisquer extremidades cegas de DNA. Entretanto, a ligação de extremidades cegas é ineficiente e necessita de uma concentração maior de DNA e DNA-ligase do que a ligação de extremidades coesivas.

Vetores plasmidiais de *E. coli* são convenientes para a clonagem de fragmentos isolados de DNA

Plasmídeos são moléculas circulares de DNA de fita dupla (dsDNA) separados do DNA cromossômico da célula. Os DNAs extracromossômicos, que ocorrem naturalmente em bactérias e em células de eucariotos inferiores (p. ex., leveduras), existem em uma relação parasitária ou simbiótica com suas células hospedeiras. Assim como o DNA cromossômico da célula hospedeira, o DNA plasmidial é duplicado antes de cada divisão celular. Durante a divisão celular, cópias do plasmídeo de DNA segregam para cada célula-filha, assegurando a propagação continuada do plasmídeo por meio de sucessivas gerações da célula hospedeira.

Os plasmídeos mais usados na tecnologia de DNA recombinante são aqueles que replicam em *E. coli*. Pesquisadores modificaram estes plasmídeos para otimizar seu uso como vetores na clonagem de DNA. Por exemplo, a remoção de porções desnecessárias de plasmídeos naturais de *E. coli* gera vetores plasmidiais com cerca de 1,2 a 3 kb de circunferência que contêm três regiões essenciais para a clonagem de DNA: uma origem de replicação; um marcador que permite seleção, geralmente um gene de resistência ao fármaco; uma região na qual fragmentos de DNA exógeno podem ser inseridos (Figura 5-13). Enzimas da célula hospedeira replicam um plasmídeo começando na origem de replicação (ORI), uma sequência de DNA específica de 50 a 100 pares de bases. Uma vez iniciada na ORI, a replicação do DNA continua ao longo do plasmídeo circular independentemente de sua sequência de nucleotídeos. Assim, qualquer sequência de DNA inserida em um dos plasmídeos é replicada com o restante do DNA plasmidial.

A Figura 5-14 representa o procedimento geral para a clonagem de fragmentos de DNA utilizando vetores plasmidiais de *E. coli*. Quando células de *E. coli* são misturadas com vetores de DNA recombinantes sob certas condições, uma pequena fração das células capturará o DNA plasmidial, processo conhecido como **transformação**. Geralmente, uma célula em cerca de 10.000 incorpora uma *única* molécula de DNA plasmidial e assim se tor-

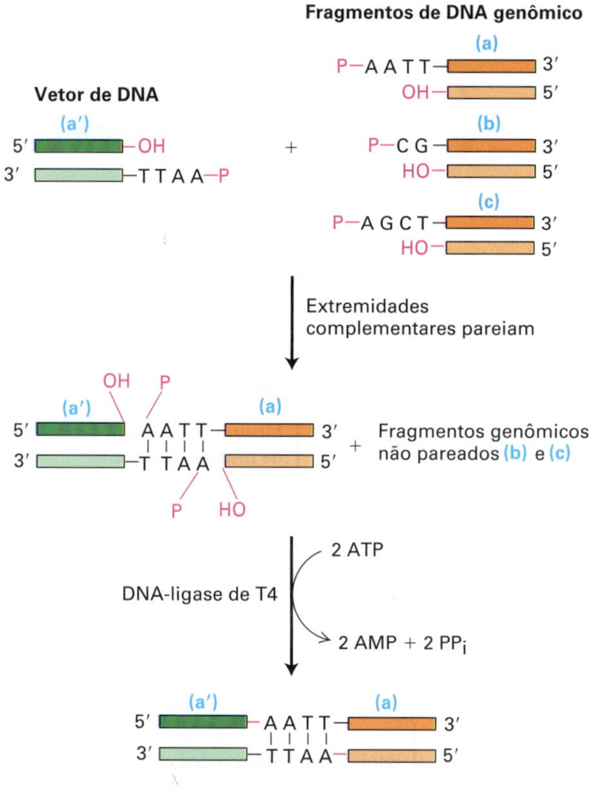

FIGURA 5-12 Ligação de fragmentos de restrição com extremidades coesivas complementares. Neste exemplo, um vetor de DNA clivado com *Eco*RI é misturado a uma amostra contendo fragmentos de restrição produzidos pela clivagem de DNA genômico com várias enzimas de restrição diferentes. As curtas sequências de bases que compõem as extremidades coesivas de cada tipo de fragmento são apresentadas. A extremidade coesiva no vetor de DNA clivado (a′) pareia apenas com as extremidades coesivas complementares no fragmento de *Eco*RI (a) na amostra genômica. Os grupos 3′ hidroxila e 5′ fosfato adjacentes (vermelho) nos fragmentos pareados que são covalentemente unidos (ligados) pela DNA-ligase de T4.

na transformada. Depois que os vetores plasmidiais são incubados com *E. coli*, aquelas células que incorporaram o plasmídeo podem ser facilmente selecionadas a partir do número muito maior de células que não adquiriu plasmídeos. Por exemplo, se o plasmídeo possui um gene que confere resistência ao antibiótico ampicilina, células transformadas podem ser selecionadas por crescimento em meio contendo ampicilina.

Fragmentos de DNA com poucos pares de base até cerca de 10 kb podem ser inseridos em vetores plasmidiais. Quando um plasmídeo recombinante contendo um inserto de DNA transforma uma célula de *E. coli*, todas as células descendentes resistentes a antibiótico que resultam da célula inicialmente transformada conterão plasmídeos com o mesmo fragmento de DNA inserido. O inserto de DNA é replicado com o restante do plasmídeo de DNA e segrega para as células-filhas à medida que a colônia cresce. Dessa forma, o fragmento de DNA inicial é replicado na colônia de células em um grande número de cópias idênticas. Uma vez que surgem a partir de uma única célula parental transformada, todas as células de uma colônia constituem um clone de células, e o fragmento de DNA inicial inserido no plasmídeo parental é chamado de *DNA clonado* ou *clone de DNA*.

A versatilidade de um vetor plasmidial de *E. coli* é aumentada pela adição de um *sítio de ligação múltipla*, uma sequência gerada sinteticamente que contém uma cópia de vários sítios de restrição diferentes que não estão presentes em outras regiões da sequência do plasmídeo (ver Figura 5-13). Quando um vetor desses é tratado com uma enzima de restrição que reconhece um sítio de restrição do sítio de ligação múltipla, o vetor é clivado apenas uma vez dentro do sítio de ligação múltipla. Depois, qualquer fragmento de DNA de tamanho adequado produzido com a mesma enzima de restrição pode ser inserido no plasmídeo clivado com a DNA-ligase. Plasmídeos que contêm um sítio de ligação múltipla permitem ao pesquisador utilizar o mesmo vetor plasmidial para clonar fragmentos de DNA gerados com enzimas de restrição diferentes, simplificando os procedimentos experimentais.

Para alguns propósitos, tais como isolamento e manipulação de grandes segmentos do genoma humano, é desejável a clonagem de segmentos de DNA tão grandes quanto várias megabases [1 megabase (Mb) = 1 milhão de nucleotídeos]. Para esse propósito, vetores plasmidiais especializados conhecidos como *BACs* (cromossomos *b*acterianos *a*rtificiais) foram desenvolvidos. Um tipo de BAC usa uma origem de replicação derivada de um plasmídeo endógeno de *E. coli* conhecido como *fator F*. O fator F e os vetores de clonagem derivados dele podem ser mantidos de maneira estável em uma única cópia por célula de *E. coli* mesmo quando possuem sequências inseridas de até cerca de 2 Mb. A produção de bibliotecas de BAC requer métodos especiais para isolamento, ligação e transformação de grandes segmentos de DNA, pois segmentos de DNA

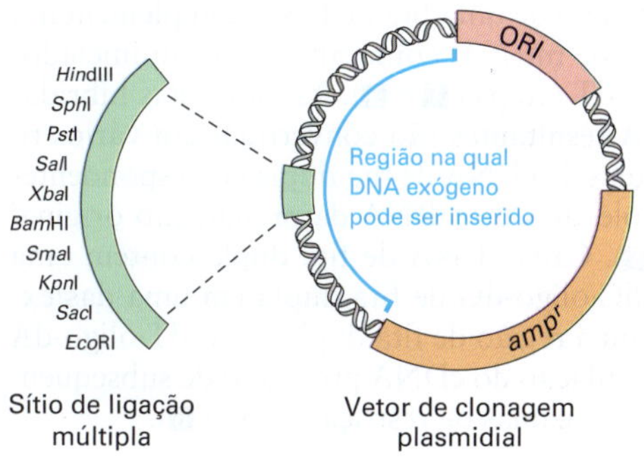

FIGURA 5-13 Componentes básicos de um vetor de clonagem plasmidial que pode replicar dentro de uma célula de *E. coli*. Vetores plasmidiais contêm um gene de seleção como *amp*^{r}, que codifica a enzima β-lactamase e confere resistência à ampicilina. Uma molécula de DNA exógeno pode ser inserida na região delimitada na figura sem perturbar a capacidade do plasmídeo de replicar ou expressar o gene *amp*^{r}. Vetores plasmidiais também possuem uma sequência de origem de replicação (ORI) na qual a replicação do DNA é iniciada por enzimas da célula hospedeira. A inclusão de um sítio de ligação múltipla sintético contendo sequências de reconhecimento para várias enzimas de restrição diferentes aumenta a versatilidade de um vetor plasmidial. O vetor é projetado de forma que cada sítio do sítio de ligação múltipla seja único no plasmídeo.

ANIMAÇÃO DE TÉCNICAS: Clonagem em plasmídeos

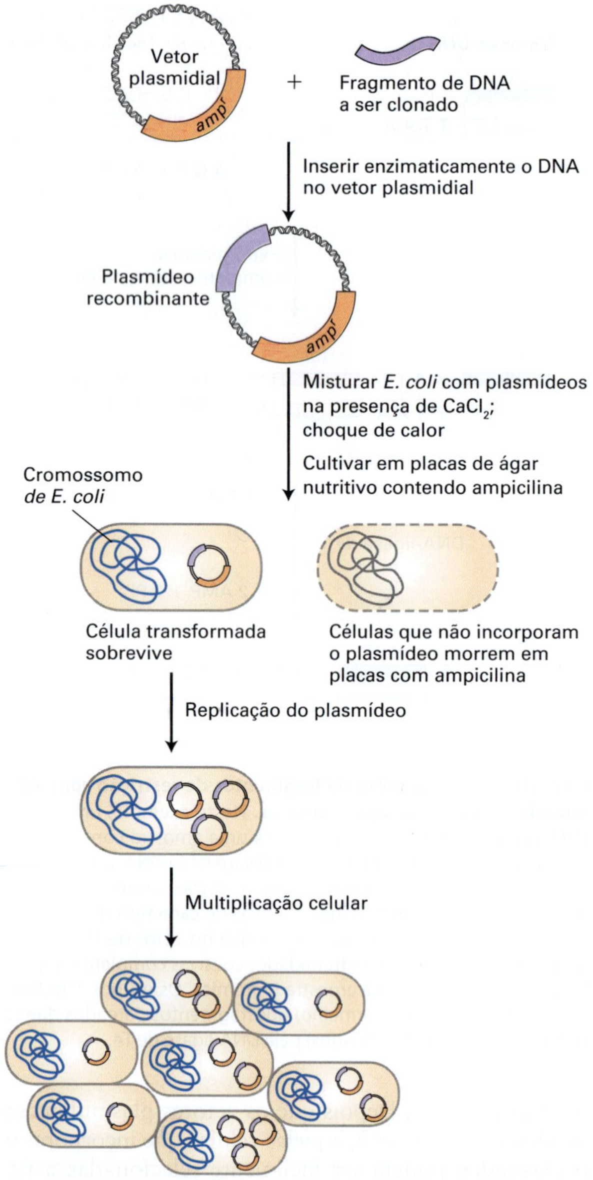

Colônia de células, cada uma delas contendo cópias do mesmo plasmídeo recombinante

FIGURA EXPERIMENTAL 5-14 A clonagem de DNA em um vetor plasmidial permite a amplificação de um fragmento de DNA. Um fragmento de DNA a ser clonado é primeiramente inserido em um vetor plasmidial contendo um gene de resistência à ampicilina (*amp^r*), como aquele mostrado na Figura 5-13. Apenas as poucas células transformadas pela incorporação de uma molécula de plasmídeo sobreviverá em meio contendo ampicilina. Nas células transformadas, o DNA replica e segrega para as células-filhas, resultando na formação de uma colônia resistente à ampicilina.

maiores do que 20 kb são muito vulneráveis a quebras mecânicas mesmo por manipulações-padrão como pipetagem.

Bibliotecas de cDNA representam as sequências de genes codificadores de proteínas

Uma coleção de moléculas de DNA clonadas cada uma em uma molécula de vetor é conhecida como **biblioteca de DNA.** Quando o DNA genômico de um determinado organismo é a fonte do DNA inicial, o conjunto de clones que coletivamente representam todas as sequências de DNA do genoma é conhecido como *biblioteca genômica*. As bibliotecas genômicas são ideais para representação do conteúdo genético de organismos relativamente simples, como bactérias ou leveduras, mas apresentam certas dificuldades experimentais para eucariotos superiores. Primeiro, os genes destes organismos geralmente contêm extensas sequências intrônicas e, portanto, podem ser muito longas para que sejam inseridas intactas em vetores plasmidiais. Como resultado, as sequências de genes individuais são quebradas e carregadas em mais de um clone. Além disso, a presença de íntrons e longas regiões intergênicas no DNA genômico geralmente tornam difícil identificar as partes importantes de um gene que de fato codificam sequências proteicas. Por exemplo, apenas cerca de 1,5% do genoma humano realmente representam sequências gênicas codificadoras de proteínas. Assim, para muitos estudos, mRNAs celulares, que são desprovidos de regiões não codificantes presentes no DNA genômico, representam um material inicial mais útil para a geração de uma biblioteca de DNA. Nesta abordagem, cópias de DNA feitas a partir de mRNAs, chamadas de **DNAs complementares (cDNAs)**, são sintetizadas e clonadas em vetores plasmidiais. Uma grande coleção dos clones de cDNA resultantes, representando todos os mRNAs expressos em um tipo celular, é chamada de *biblioteca de cDNA*.

cDNAs preparados por transcrição reversa de mRNAs celulares podem ser clonados para gerar bibliotecas de cDNA

A primeira etapa na preparação de uma biblioteca de cDNA é isolar o mRNA total do tipo celular ou tecido de interesse. Devido à sua cauda de poli(A), os mRNAs são facilmente separados de rRNAs e tRNAs, mais prevalentes em um extrato celular, pelo uso de uma coluna na qual pequenas sequências de timidilato (oligo-dTs) são ligadas à matriz. O procedimento geral para preparo de uma biblioteca de cDNA a partir de uma mistura de mRNAs celulares está delineado na Figura 5-15. A enzima transcriptase reversa, encontrada em retrovírus, é utilizada na síntese de uma fita de DNA complementar a cada molécula de mRNA, começando por um iniciador (*primer*) oligo-dT (etapas **1** e **2**). As moléculas híbridas cDNA-mRNA resultantes são convertidas em vários tipos de moléculas de cDNA de fita dupla correspondentes a todas as moléculas de mRNA da preparação original (etapas **3** a **5**). Cada cDNA de fita dupla contém uma região oligo-dC·oligo-dG de fita dupla em uma das extremidades e uma região de fita dupla oligo-dT·oligo-dA na outra. A metilação do cDNA protege-o de subsequente clivagem por enzimas de restrição (etapa **6**).

No preparo de cDNAs de fita dupla para clonagem, pequenas moléculas de DNA fita dupla contendo o sítio de reconhecimento para uma determinada enzima de restrição são ligadas a ambas as extremidades dos cDNAs, utilizando-se DNA-ligase do bacteriófago T4 (Figura 5-15, etapa **7**). Conforme observado, esta ligase pode unir moléculas de DNA de fita dupla com "extremidades cegas" desprovidas de extremidades coesivas. As moléculas resultantes são, então, tratadas com a enzima de restrição específica para o sítio de restrição inserido na sequência, gerando moléculas de cDNA com extremidades coesivas (etapa **8a**). Em um procedimento separado, o DNA plasmidial é tratado com a mesma enzima de restrição para produzir as extremidades coesivas adequadas (etapa **8b**).

O vetor e a coleção de cDNAs, todos contendo extremidades coesivas complementares, são então mistu-

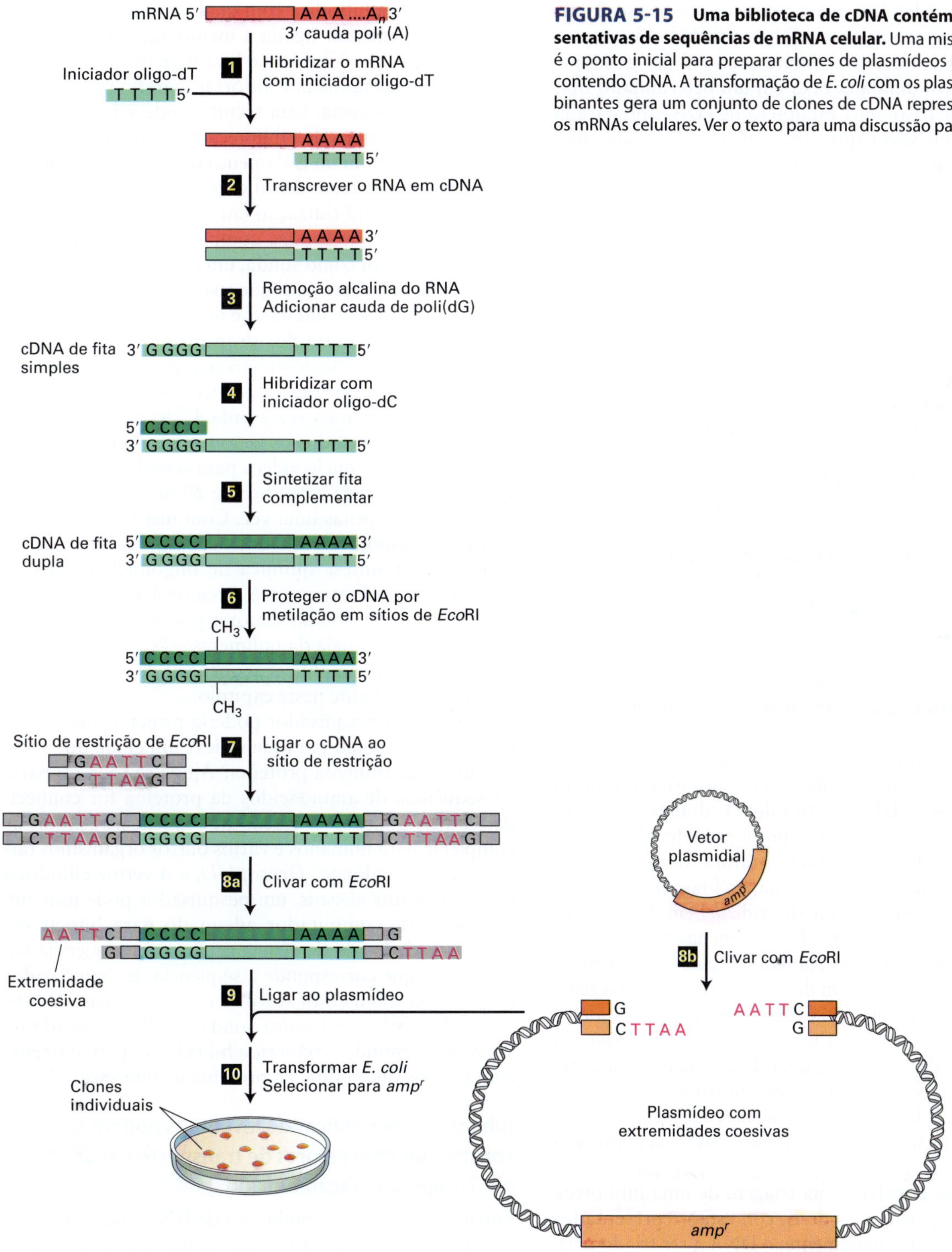

FIGURA 5-15 Uma biblioteca de cDNA contém cópias representativas de sequências de mRNA celular. Uma mistura de mRNAs é o ponto inicial para preparar clones de plasmídeos recombinantes contendo cDNA. A transformação de *E. coli* com os plasmídeos recombinantes gera um conjunto de clones de cDNA representando todos os mRNAs celulares. Ver o texto para uma discussão passo a passo.

rados e covalentemente unidos pela DNA-ligase (Figura 5-15, etapa **9**). As moléculas de DNA resultantes são transformadas em células de *E. coli* para gerar clones individuais, e cada clone porta um cDNA derivado de um único mRNA.

Como genes diferentes são transcritos em taxas muito diferentes, os clones de cDNA correspondentes a genes abundantemente transcritos estarão representados muitas vezes em uma biblioteca de cDNA, enquanto cDNAs correspondendo a genes pouco expressos serão raríssimos ou mesmo ausentes. Tal propriedade é vantajosa se um pesquisador estiver interessado em um gene que é transcrito em uma alta taxa em um determinado tipo celular. Nesse caso, uma biblioteca de cDNA preparada a partir de mRNAs expressos naquele tipo celular será enriquecida no cDNA de interesse, facilitando o isolamento de clones portadores deste cDNA da biblioteca. Entretanto, para ter uma chance razoável de incluir clones correspondentes a genes pouco transcritos, bibliotecas de cDNA de mamíferos devem ter de 10^6 a 10^7 clones recombinantes individuais.

Bibliotecas de DNA podem ser triadas por hibridização a uma sonda de oligonucleotídeo

Ambos os tipos de bibliotecas genômica e de cDNA, de vários organismos, contêm centenas de milhares até mais de um milhão de clones individuais no caso de eucariotos superiores. Duas abordagens gerais estão disponíveis para triagem de bibliotecas para identificação de clones que portam um gene ou outra região do DNA de interesse: (1) detecção com **sondas** de oligonucleotídeos que se ligam ao clone de interesse e (2) detecção baseada na expressão da proteína codificada. Aqui será descritos o primeiro método; um exemplo do segundo método está presente na próxima seção.

A base para a triagem com sondas de oligonucleotídeo é a **hibridização**, a habilidade que moléculas complementares de DNA ou RNA de fita simples têm de se associar (hibridizar) especificamente umas com as outras por meio de pareamento de bases. Conforme discutido no Capítulo 4, o DNA de fita dupla (dúplex) pode ser desnaturado em fitas simples por aquecimento em uma solução salina diluída. Se a temperatura for reduzida e a concentração de íons aumentada, as fitas simples complementares irão reassociar (hibridizar) em dúplex. Em uma mistura de ácidos nucleicos, apenas fitas simples complementares (ou fitas contendo regiões complementares) irão reassociar; além disso, a extensão de sua reassociação praticamente não é afetada pela presença de fitas não complementares. Como será visto neste capítulo, a habilidade de identificar uma determinada sequência de DNA ou RNA a partir de uma mistura complexa de moléculas pela hibridização de ácidos nucleicos é a base para muitas técnicas empregadas no estudo da expressão gênica.

As etapas envolvidas na triagem de uma biblioteca de cDNA de plasmídeos de *E. coli* estão representadas na Figura 5-16. Primeiramente, o DNA a ser triado deve ser ligado a um suporte sólido. Uma *réplica* da placa de Petri contendo um grande número de clones individuais de *E. coli* é reproduzida na superfície de uma membrana de nitrocelulose. O DNA na membrana é desnaturado, e a membrana, então, incubada em uma solução contendo uma sonda específica para o DNA recombinante que possui o fragmento de interesse, que é marcada radiativa ou fluorescentemente. Sob condições de hibridização (pH quase neutro, 40 a 65°C, 0,3 a 0,6 M NaCl), esta sonda marcada hibridiza com qualquer fita de ácido nucleico complementar ligada à membrana. Todo excesso de sonda que não hibridiza é lavado, e os híbridos marcados são detectados por autorradiografia ou por imagem de fluorescência. Esta técnica pode ser usada para triar ambos os tipos de biblioteca genômica e de cDNA, mas é mais comum no isolamento de cDNAs específicos.

Explicitamente, a identificação de clones específicos pela técnica de hibridização em membrana depende da disponibilidade de sondas complementares radiativas. Para que seja útil como sonda, um oligonucleotídeo deve ser longo o suficiente para que sua sequência ocorra unicamente no clone de interesse, e não em quaisquer outros clones. Para a maioria dos propósitos, essa condição é satisfeita por oligonucleotídeos que contêm cerca de 20 nucleotídeos, porque uma sequência específica de 20 nucleotídeos ocorre uma vez a cada 4^{20} (cerca de 10^{12}) nucleotídeos. Como todos os genomas são muito menores (cerca de 3×10^9 nucleotídeos para seres humanos), uma sequência genômica específica de 20 nucleotídeos geralmente ocorre apenas uma vez. Com instrumentos automatizados disponíveis atualmente, pesquisadores podem programar a síntese química de oligonucleotídeos de sequência específica com até cerca de 100 nucleotídeos de comprimento. Sondas maiores podem ser preparadas pela reação em cadeia da polimerase (PCR), técnica bastante usada para amplificar sequências de DNA específicas descritas adiante neste capítulo.

Como um pesquisador poderia projetar uma sonda de oligonucleotídeo para identificar um clone que codifica uma determinada proteína? Ajuda se toda ou parte da sequência de aminoácidos da proteína for conhecida. Graças à disponibilização de sequências genômicas completas para humanos e vários outros organismos tais como o camundongo, *Drosophila*, e o verme cilíndrico *Caenorhabditis elegans*, um pesquisador pode usar um programa de computador adequado para buscar em bancos de dados de sequência genômica a sequência codificadora que corresponde à sequência de aminoácidos da proteína sob investigação. Se um pareamento for encontrado, então uma única sonda de DNA baseada na sequência genômica conhecida hibridizará perfeitamente com o clone que codifica a proteína de interesse.

Bibliotecas genômicas de leveduras podem ser construídas com vetores de transporte e triadas por complementação funcional

Em alguns casos, uma biblioteca de DNA pode ser triada quanto à habilidade para expressar uma proteína funcio-

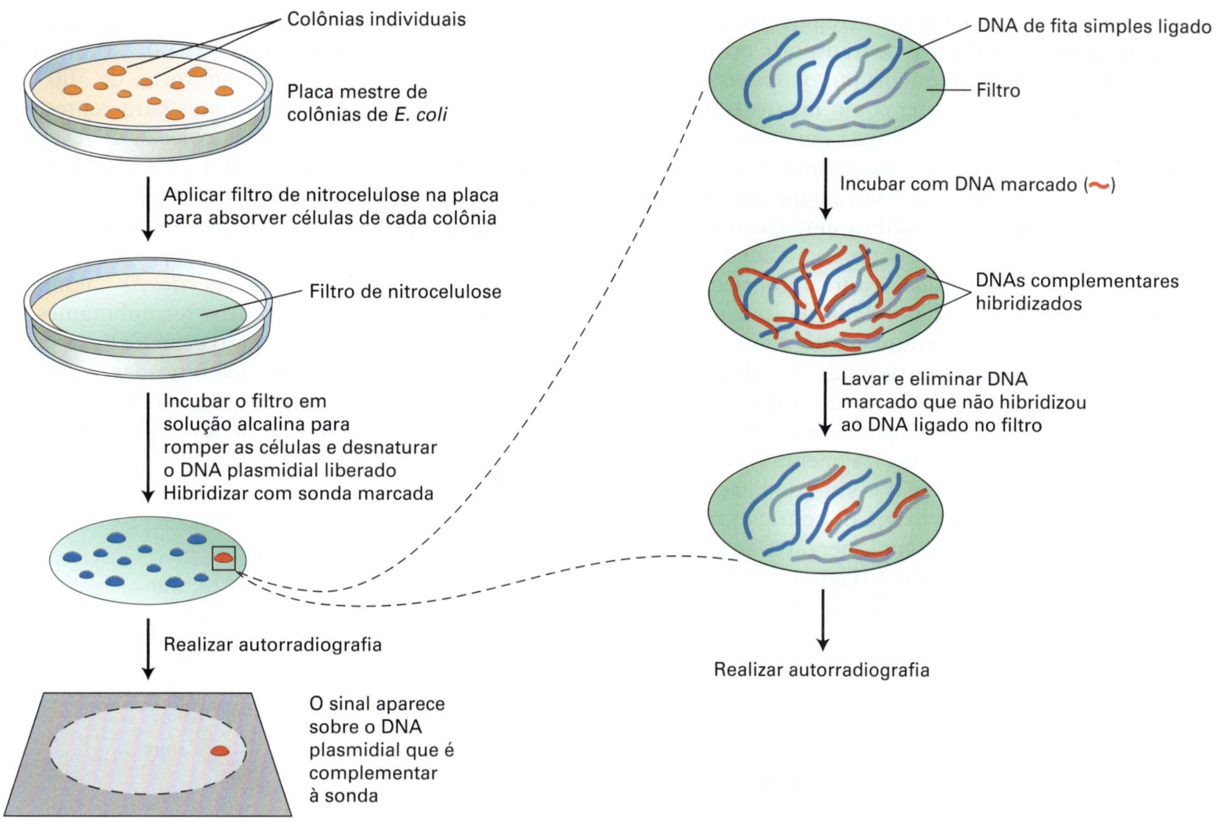

(b)

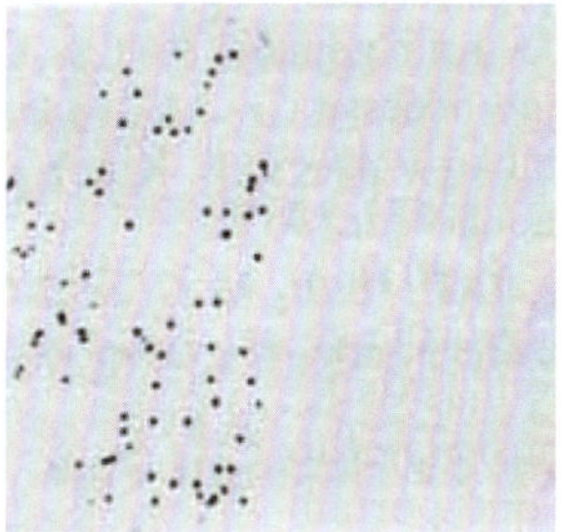

FIGURA EXPERIMENTAL 5-16 Bibliotecas de cDNA podem ser triadas com uma sonda radiativa para identificar um clone de interesse. O surgimento de um ponto na autorradiografia indica a presença de um clone recombinante contendo o DNA complementar à sonda. A posição do ponto na autorradiografia é a imagem espelhada da posição daquele determinado clone na placa de Petri original (embora não seja mostrada como reversa aqui, para facilitar a comparação). O alinhamento da autorradiografia com a placa de Petri original localizará o clone correspondente a partir do qual células de *E. coli* poderão ser recuperadas. (b) Esta autorradiografia mostra cinco colônias de *E. coli* (setas) contendo o cDNA desejado. (Parte (b) reproduzida de H. Fromm e N.-H. Chua, 1992, *Plant. Mol. Biol. Rep.* **10**:199.)

nal que complementa uma mutação recessiva. Essa estratégia de triagem seria uma maneira eficiente para isolar um gene clonado que corresponde a uma mutação recessiva interessante identificada em um organismo experimental. Para ilustrar o método, chamado de **complementação funcional**, será descrito como genes de leveduras clonados em plasmídeos especiais de *E. coli* podem ser introduzidos em células de leveduras mutantes para identificar o gene selvagem defeituoso na linhagem mutante.

Bibliotecas construídas com o propósito de rastrear sequências gênicas de leveduras geralmente são feitas a partir de DNA genômico em vez de cDNA. Como não contêm íntrons múltiplos, os genes de *Saccharomyces* são suficientemente compactos para que a sequência inteira de um gene seja incluída em um fragmento de DNA genômico inserido em um vetor plasmidial. Para se construir um plasmídeo para biblioteca genômica a ser triada para a complementação funcional em células de levedura, o vetor plasmidial deve ser capaz de replicar em ambas as células, de *E. coli* e de levedura. Esse tipo de vetor, capaz de se propagar em dois tipos diferentes de hospedeiros, é chamado de vetor de transporte. A estrutura de um vetor de transporte de levedura típico é mostrada na Figura 5-17a. Este vetor contém os elementos básicos que permitem a clonagem de fragmentos de DNA em *E. coli*. Além disso, o vetor de transporte possui uma sequência de replicação autônoma (*autonomous replicating sequence*, ARS), que atua como uma origem para a replicação do DNA em leveduras; um centrômero de levedura (chamado de CEN), que permite a segregação fiel do plasmídeo durante a divisão celular da levedura, e um gene de levedura que codifica uma enzima para a síntese de uracila (*URA3*), que serve como um marcador de seleção em um mutante de levedura apropriado.

Para aumentar a probabilidade de que todas as regiões do genoma da levedura sejam clonadas e representadas de maneira bem-sucedida na biblioteca de plasmídeos, o DNA genômico via de regra é digerido parcialmente, para gerar fragmentos de restrição sobrepostos com cerca de 10 kb. Os fragmentos são ligados ao vetor de transporte no qual o sítio de ligação múltipla foi clivado com uma enzima de restrição que produz extremidades coesivas complementares àquelas dos fragmentos de DNA de levedura (Figura 5-17b). Como os fragmentos de restrição de DNA de levedura com cerca de 10 kb são incorporados aos vetores de transporte aleatoriamente, pelo menos 10^5 colônias de *E. coli*, cada uma contendo um determinado vetor de transporte recombinante, são necessárias para assegurar que cada região do DNA de levedura tenha uma alta probabilidade de estar representada na biblioteca pelo menos uma vez.

A Figura 5-18 mostra como esta biblioteca genômica de levedura pode ser triada para isolar o gene selvagem correspondente a uma das mutações termossensíveis *cdc* mencionadas neste capítulo. A linhagem de levedura inicial é um mutante duplo que necessita de uracila para crescer devido a uma mutação *ura3* e é sensível à temperatura devido a uma mutação *cdc28* identificada por seu fenótipo (ver Figura 5-6). Plasmídeos recombinantes isolados a partir da biblioteca genômica de levedura são misturados com células de leveduras sob condições que promovem a transformação das células com DNA exógeno. Uma vez que portam uma cópia do gene selvagem *URA3* carregado pelo plasmídeo, as células de levedura transformadas podem ser selecionadas com base em sua capacidade de crescer na ausência de uracila. Geralmente, cerca de 20 placas de Petri, cada uma delas contendo em torno de 500 leveduras transformantes, são suficientes para representar todo o genoma da levedura. Essa coleção de leveduras transformantes pode ser mantida a 23°C, temperatura que permite o crescimento do mutante *cdc28*. Toda a coleção nas 20 placas é, então, transferida para placas réplicas, que são colocadas a 36°C, temperatura que não permite o crescimento de mutantes *cdc*. As colônias de levedura portadoras de plasmídeos recombinantes que expressam uma cópia selvagem do gene *CDC28* conseguirão crescer a 36°C. Uma vez identificadas as colônias de levedura resistentes à temperatura, o DNA plasmidial pode ser extraído das células de levedura cultivadas e

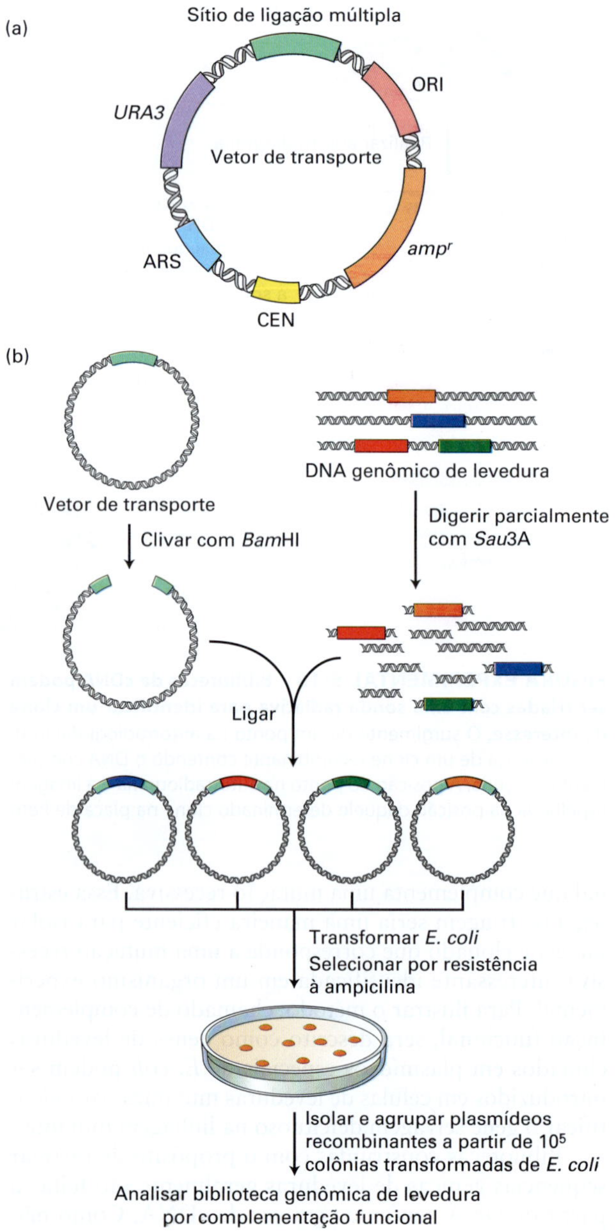

FIGURA EXPERIMENTAL 5-17 Uma biblioteca genômica de levedura pode ser construída em um vetor de transporte plasmidial que pode replicar em levedura de *E. coli*. (a) Componentes de um vetor de transporte plasmidial típico para clonagem de genes de *Saccharomyces*. A presença de uma origem de replicação de DNA de levedura (ARS) e de um centrômero de levedura (CEN) permitem replicação e segregação estáveis em levedura. Incluído também está um marcador de seleção de levedura como *URA3*, que permite o crescimento de mutantes *ura3* em meio desprovido de uracila. Finalmente, o vetor possui também sequências para replicação e seleção em *E. coli* (ORI e *amp*ʳ) e um sítio de ligação múltipla para fácil inserção de fragmentos de DNA de levedura. (b) Protocolo típico para construir uma biblioteca genômica de levedura. Digestão parcial de DNA genômico total de levedura com *Sau*3A é ajustada para gerar fragmentos com tamanho médio de cerca de 10 kb. O vetor é preparado para receber os fragmentos genômicos por digestão com *Bam*HI, que produz as mesmas extremidades coesivas que *Sau*3A. Cada clone transformado de *E. coli* que cresce após seleção para resistência à ampicilina contém um único tipo de fragmento de DNA de levedura.

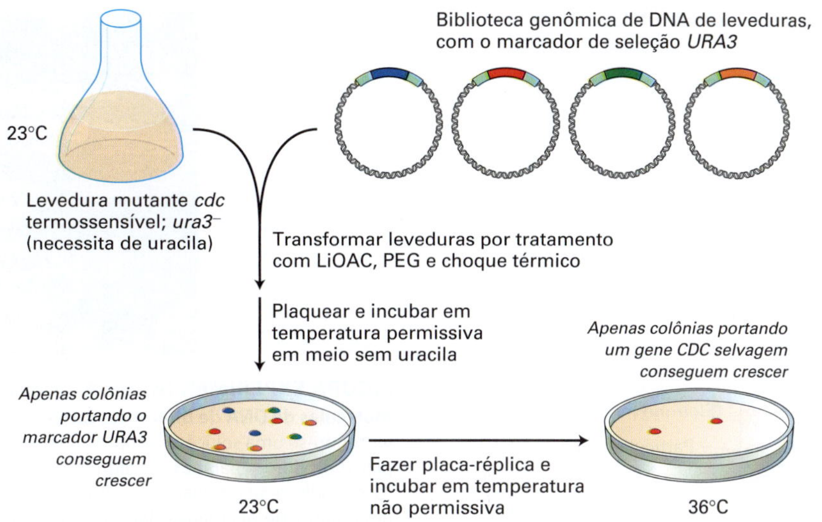

FIGURA EXPERIMENTAL 5-18 A triagem de uma biblioteca genômica de levedura por complementação funcional pode identificar clones portadores da forma normal de um gene mutante de levedura. Neste exemplo, um gene *CDC* selvagem é isolado por complementação de um mutante de levedura *cdc*. A linhagem de *Saccharomyces* usada para analisar a biblioteca de levedura possui *ura3* e uma mutação termossensível *cdc*. Essa linhagem mutante é crescida e mantida em uma temperatura permissiva (23°C). Plasmídeos recombinantes agrupados preparados de acordo com a Figura 5-17 são incubados com as células de levedura mutantes sob condições que promovem transformação. As relativamente poucas células de levedura transformadas, que contêm DNA plasmidial recombinante, podem crescer na ausência de uracila a 23°C. Quando as colônias de leveduras transformadas são colocadas em placas-réplica a 36°C (temperatura não permissiva), apenas os clones portadores de um plasmídeo da biblioteca que contém uma cópia selvagem do gene *CDC* sobreviverão. LiOAC = acetato de lítio; PEG = polietilenoglicol.

analisado por subclonagem e sequenciamento de DNA, temas que serão discutidos a seguir.

A eletroforese em gel permite a separação entre o DNA do vetor e o de fragmentos clonados

Para manipular ou sequenciar um fragmento de DNA clonado, às vezes ele deve ser primeiramente separado do vetor de DNA. Isso pode ser feito pela clivagem do clone de DNA recombinante com a mesma enzima de restrição originalmente usada para produzir os vetores recombinantes. O DNA clonado e o vetor de DNA são submetidos à eletroforese em gel, um método eficaz para separar moléculas de DNA de tamanhos diferentes (Figura 5-19).

Em pH próximo ao neutro, moléculas de DNA possuem uma grande carga negativa e, portanto, movem-se em direção ao eletrodo positivo durante a eletroforese em gel. Como a matriz do gel restringe a difusão aleatória das moléculas, as que possuem o mesmo tamanho migram juntas como uma banda cuja largura é igual àquela do sulco onde as amostras foram originalmente aplicadas no início da eletroforese. Moléculas menores se movem pela matriz do gel com mais rapidez do que moléculas maiores, de forma que moléculas de tamanhos diferentes migram como bandas distintas. Moléculas de DNA menores, com cerca de 10 a 2.000 nucleotídeos, podem ser separadas eletroforeticamente em *géis de poliacrilamida*, e moléculas maiores, com cerca de 200 nucleotídeos a mais de 20 kb, em *géis de agarose*.

Um método comum para visualização de bandas de DNA separadas em um gel é incubar o gel em uma solução com o corante fluorescente brometo de etídeo. A molécula plana liga-se ao DNA, intercalando-se entre os pares de bases. A ligação concentra o brometo de etídeo no DNA e também aumenta sua fluorescência intrínseca. Como resultado, quando o gel é iluminado por luz ultravioleta, as regiões do gel que contêm DNA fluorescem com muito mais intensidade do que as regiões do gel sem DNA.

Uma vez separado do DNA do vetor, um fragmento de DNA clonado, sobretudo um fragmento longo, é de costume tratado com várias enzimas de restrição para gerar fragmentos menores. Após a separação por eletroforese em gel, todos ou alguns dos fragmentos menores podem ser individualmente ligados a um vetor plasmidial e clonados em *E. coli* pelo procedimento habitual. O processo, conhecido como *subclonagem*, é uma etapa importante no rearranjo de partes de genes em novas configurações úteis. Por exemplo, um pesquisador que quer alterar as condições sob as quais um gene é expresso poderia usar a subclonagem para substituir o promotor normal associado a um gene clonado por um segmento de DNA contendo um promotor diferente. A subclonagem também pode ser usada para obter fragmentos de DNA clonados que possuam um tamanho apropriado para determinar sua sequência de nucleotídeos.

A reação em cadeia da polimerase amplifica uma sequência de DNA específica a partir de uma mistura complexa

Se as sequências de nucleotídeos das extremidades de uma determinada região de DNA forem conhecidas, o

(a)

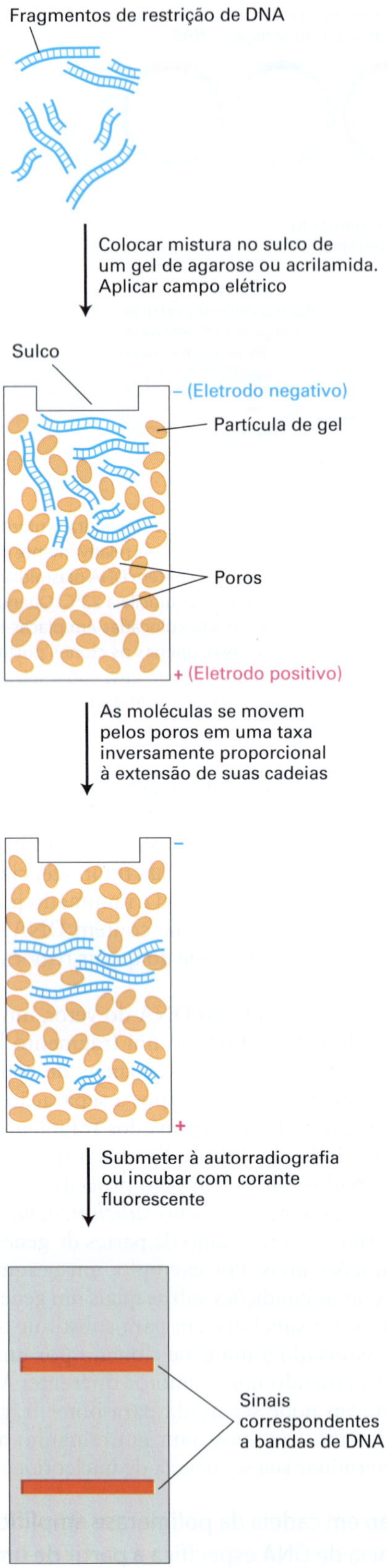

(b)

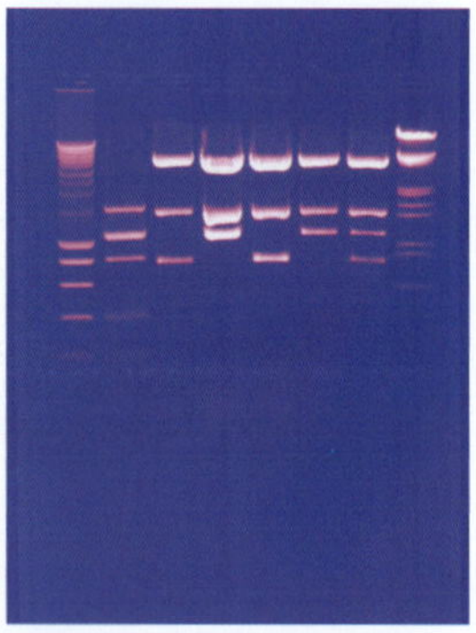

FIGURA EXPERIMENTAL 5-19 A eletroforese em gel separa moléculas de DNA de diferentes tamanhos. (a) Um gel é preparado vertendo-se uma solução contendo agarose ou acrilamida entre duas placas de vidro separadas por alguns milímetros. À medida que a agarose solidifica ou a acrilamida polimeriza em poliacrilamida, forma-se uma matriz de gel (elipses laranjas) composta por emaranhados de longas cadeias de polímeros. As dimensões dos canais comunicantes, ou poros, dependem da concentração de agarose ou acrilamida usada para fazer o gel. As bandas separadas podem ser visualizadas por autorradiografia (se os fragmentos estiverem marcados radiativamente) ou pela adição de um corante fluorescente (p. ex., brometo de etídeo) que se liga ao DNA. (b) Fotografia de um gel corado com brometo de etídeo (EtBr). O EtBr liga-se ao DNA e fluoresce sob luz UV. As bandas nas canaletas das extremidades esquerda e direita são conhecidas como marcadores de DNA – fragmentos de DNA de tamanhos conhecidos que servem de referência para determinar o tamanho dos fragmentos de DNA da amostra experimental. (Parte (b) Science Photo Library.)

fragmento entre elas poderá ser amplificado diretamente pela **reação em cadeia da polimerase** (*polymerase chain reaction*, **PCR**). Serão descritos a técnica de PCR básica e três situações nas quais é usada.

A PCR depende da habilidade de desnaturar alternadamente moléculas de DNA de fita dupla e hibridizar fitas simples complementares de modo controlado. Conforme delineado na Figura 5-20, uma PCR típica começa com a desnaturação de uma amostra de DNA em fitas simples por calor, a 95°C. Depois, dois oligonucleotídeos sintéticos complementares à extremidade 3′ do segmento de DNA-alvo são adicionados em grande excesso ao DNA desnaturado, e a temperatura é reduzida para 50 a 60°C. Os oligonucleotídeos específicos, que estão em concentração muito alta, hibridizarão com suas sequências complementares na amostra de DNA, enquanto as longas fitas da amostra permanecerão separadas por conta de sua baixa concentração. Os oligonucleotídeos hibridizados servem, então, como iniciadores para a síntese da cadeia de DNA na presença de desoxinucleotídeos (dNTPs) e uma DNA-polimerase termorresistente como aquela de *Thermus aquaticus* (uma bactéria que vive em águas termais). Essa enzima, chamada de *Taq-polimerase*, pode permanecer ativa mesmo depois de aquecida a 95°C e estender os iniciadores em temperaturas de até 72°C. Quando a síntese está completa, toda a mistura é aquecida a 95°C para desnaturar o DNA recém-formado. Depois que a temperatura é reduzida novamente, ocorre outro ciclo de

ANIMAÇÃO DA TÉCNICA: Reação em cadeia da polimerase

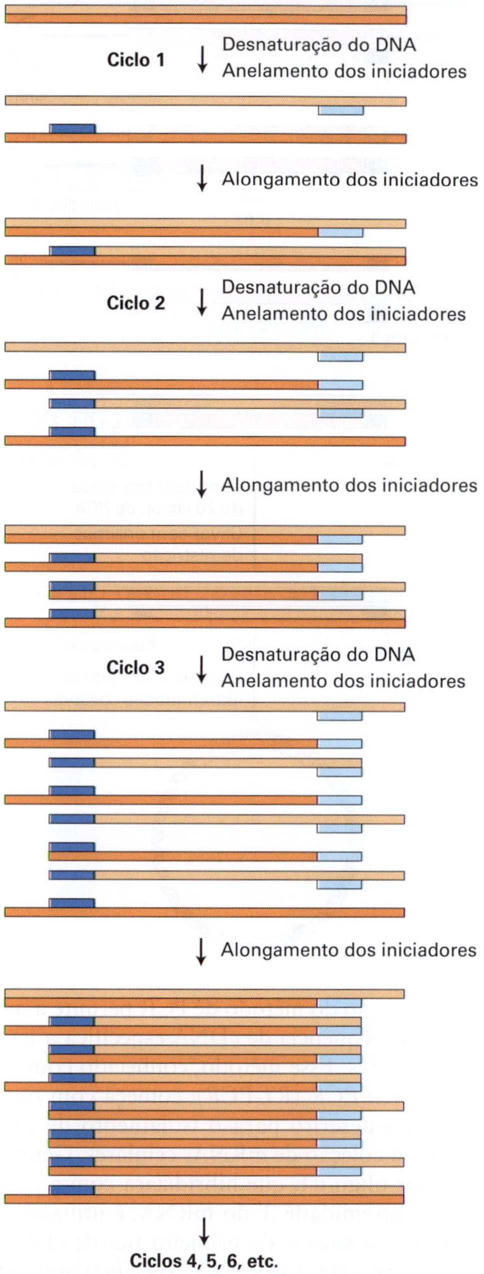

FIGURA 5-20 A reação em cadeia da polimerase (PCR) é bastante usada para amplificar regiões do DNA de sequências conhecidas. Para amplificar uma região específica do DNA, um pesquisador irá sintetizar quimicamente dois oligonucleotídeos iniciadores diferentes complementares a sequências de aproximadamente 18 bases flanqueando a região de interesse (designadas como barras azuis claras e azuis escuras). A reação completa é composta por uma mistura complexa de DNA de fita dupla (geralmente DNA genômico contendo a sequência-alvo de interesse), um excesso estequiométrico de ambos os iniciadores, os quatro desoxinucleosídeos trifosfato e uma DNA-polimerase termoestável conhecida como *Taq*-polimerase. Durante cada ciclo de PCR, a mistura da reação é primeiramente aquecida para separar as fitas e resfriada para permitir a ligação dos iniciadores às sequências complementares flanqueando a região a ser amplificada. A *Taq*-polimerase estende cada iniciador a partir de sua extremidade 3', gerando fitas novas recém-sintetizadas que se estendem na direção 3' para a extremidade 5' da fita molde. Durante o terceiro ciclo, duas moléculas de DNA de fita dupla são geradas com tamanho igual à sequência da região a ser amplificada. Em cada ciclo sucessivo, o segmento-alvo, que irá anelar aos iniciadores, é duplicado e eventualmente excede em número todos os outros segmentos de DNA na mistura da reação. Ciclos de PCR sucessivos podem ser automatizados pela ciclagem da reação por intervalos cronometrados em alta temperatura para desnaturar o DNA e em determinadas temperaturas mais baixas para as etapas de anelamento e alongamento do ciclo. Uma reação com 20 ciclos irá amplificar a sequência-alvo específica 1 milhão de vezes.

síntese, pois o excesso de iniciadores ainda está presente. Repetidos ciclos de desnaturação (aquecimento) seguidos por hibridização e síntese (resfriamento) amplificam rapidamente a sequência de interesse. A cada ciclo, o número de cópias da sequência entre os sítios dos iniciadores é duplicada; portanto, a sequência de interesse aumenta exponencialmente – cerca de um milhão de vezes após 20 ciclos –, enquanto todas as outras sequências da amostra original de DNA permanecem não amplificadas.

Isolamento direto de um segmento específico de DNA genômico Para organismos nos quais todo o genoma, ou a maior parte dele, tenha sido sequenciado, a amplificação por PCR, começando com DNA genômico total, tende a ser a maneira mais fácil de se obter uma região específica do DNA de interesse para clonagem. Nessa aplicação, os dois oligonucleotídeos iniciadores são projetados para hibridizar em sequências que flanqueiam a região genômica de interesse e para incluir sequências que são reconhecidas por enzimas de restrição específicas (Figura 5-21). Após a amplificação da sequência-alvo desejada por cerca de 20 ciclos de PCR, clivagem com as enzimas de restrição apropriadas produzem extremidades coesivas que permitem a ligação eficiente do fragmento em um vetor plasmidial clivado pela mesma enzima de restrição no sítio de ligação múltipla. Os plasmídeos recombinantes resultantes, todos carregando o fragmento de DNA genômico idêntico, podem, então, ser clonados em células de *E. coli*. Com determinados refinamentos da PCR, até mesmo fragmentos de DNA maiores do que 10 kb podem ser assim amplificados e clonados.

Esse método não envolve a clonagem de grandes números de fragmentos de restrição derivados de DNA genômico e sua subsequente triagem para identificar o fragmento de interesse específico. Na realidade, o método de PCR inverte a abordagem tradicional e evita seus aspectos mais entediantes. O método de PCR serve para isolar sequências gênicas a serem manipuladas em uma variedade de maneiras úteis descritas posteriormente. Além disso, o método de PCR pode ser usado para isolar sequências gênicas de organismos mutantes a fim de determinar como eles diferem do tipo selvagem.

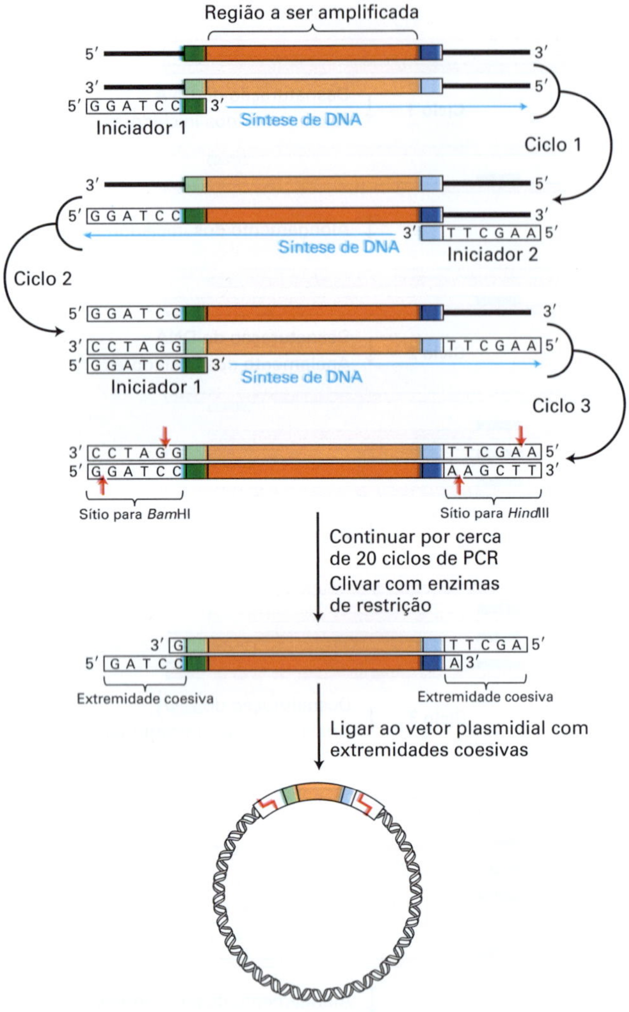

FIGURA EXPERIMENTAL 5-21 Uma região-alvo específica do DNA genômico total pode ser amplificada por PCR para uso em clonagem. Cada iniciador para PCR é complementar a uma extremidade da sequência-alvo e inclui a sequência de reconhecimento para uma enzima de restrição que não possui um sítio dentro da sequência-alvo. Neste exemplo, o iniciador 1 contém uma sequência para *Bam*HI, enquanto o iniciador 2 possui uma sequência para *Hind*III. (Para maior clareza, apenas uma das duas fitas é mostrada em cada ciclo de amplificação, aquela entre colchetes.) Após a amplificação, os segmentos-alvo são tratados com as enzimas de restrição apropriadas, gerando fragmentos com extremidades coesivas. Estes podem ser incorporados em vetores plasmidiais complementares e clonados em *E. coli* por meio do procedimento habitual (ver Figura 5-13).

Uma variação do método de PCR permite a amplificação de uma sequência de cDNA específica a partir de mRNAs celulares. Esse método, conhecido como *transcriptase reversa-PCR* (*RT-PCR*), começa com o mesmo procedimento descrito para o isolamento de cDNA a partir de uma coleção de mRNAs celulares. Geralmente, um iniciador oligo-dT, que hibridizará com a cauda de poli(A) na extremidade 3′ do mRNA, é utilizado como iniciador para a síntese da primeira fita de cDNA pela transcriptase reversa. Um cDNA específico pode ser isolado a partir dessa mistura complexa de cDNAs pela amplificação por PCR utilizando dois oligonucleotídeos iniciadores projetados para parear com sequências das extremidades 5′ e 3′ do mRNA correspondente. Como descrito, os iniciadores poderiam ser projetados para incluir sítios de restrição que facilitam a inserção do cDNA amplificado em um vetor plasmidial adequado.

A RT-PCR pode ser realizada de maneira que a quantidade inicial de um determinado mRNA seja precisamente determinada. Para realizar uma reação de RT-PCR, a quantidade de sequências de DNA de fita dupla produzidas a cada ciclo de amplificação é determinada à medida em que a amplificação de uma determinada sequência de mRNA prossegue. Pela extrapolação dessas quantidades, uma estimativa da quantidade inicial de sequências de mRNA pode ser obtida. A reação de RT-PCR quantitativa realizada em tecidos ou em organismos inteiros utilizando iniciadores direcionados a genes de interesse fornece uma das metodologias mais precisas para acompanhamento de alterações na expressão gênica.

Preparação de sondas Foi previamente mencionado que sondas de oligonucleotídeos para ensaios de hibridização podem ser quimicamente sintetizadas. A preparação das sondas por meio de amplificação por PCR requer a síntese química de apenas dois iniciadores relativamente pequenos, correspondendo às duas extremidades da sequência-alvo. A amostra inicial para a amplificação por PCR da sequência-alvo pode ser uma preparação de DNA genômico ou de cDNA sintetizado a partir do mRNA celular total. Para gerar um produto radiativamente marcado a partir de PCR, dNTPs marcados com ^{32}P são incluídos durante os vários últimos ciclos de amplificação ou um produto fluorescente pode ser obtido pelo uso de dNTPs marcados fluorescentemente durante os últimos ciclos de amplificação. Como as sondas preparadas por PCR são relativamente longas e possuem muitos nucleotídeos radiativos ou fluorescentes incorporados a elas, geralmente produzem um sinal mais forte e mais específico do que sondas sintetizadas quimicamente.

Marcação de genes por mutações insercionais Outra aplicação útil da PCR é a amplificação de um gene "marcado" a partir do DNA genômico de uma linhagem mutante. Essa abordagem consiste em um método para identificar genes associados com um determinado fenótipo mutante mais simples do que a triagem de uma biblioteca por complementação funcional (ver Figura 5-18).

A chave para esse uso da PCR é a habilidade para produzir mutações por inserção de uma sequência conhecida de DNA no genoma de um organismo experimental. As mutações insercionais podem ser geradas pelo uso de elementos móveis de DNA, que se movimentam (ou transpõem) de um sítio cromossomal para outro. Conforme discutido em mais detalhe no Capítulo 6, essas sequências de DNA ocorrem naturalmente nos genomas da maioria dos organismos e podem originar mutações de perda de função quando se transpõem para regiões codificadoras de proteínas.

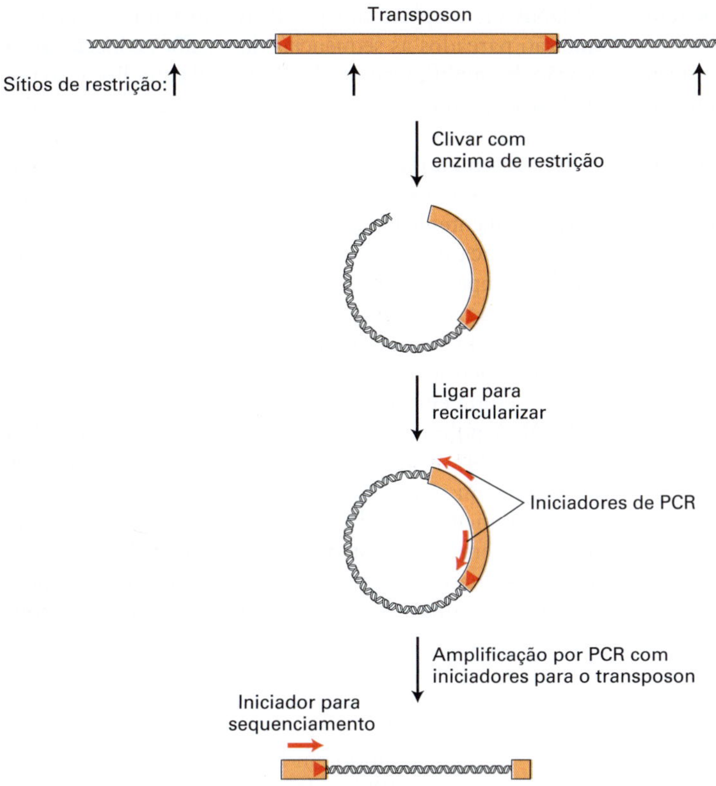

FIGURA 5-22 A sequência genômica no sítio de inserção de um transposon é revelada por amplificação por PCR e sequenciamento. Para obter a sequência do sítio de inserção de um transposon elemento P, é necessário amplificar por PCR a junção entre sequências conhecidas do transposon e sequências cromossômicas flanqueadoras desconhecidas. Um método para se fazer isso é clivar DNA genômico com uma enzima de restrição que cliva a sequência do transposon uma vez. A ligação dos fragmentos de restrição resultantes produzirá moléculas de DNA circulares. Utilizando iniciadores adequadamente projetados que pareiam a sequências do transposon, é possível amplificar por PCR o fragmento da junção desejado. Finalmente, uma reação de sequenciamento de DNA (ver Figuras 5-23 e 5-24) é realizada usando o fragmento amplificado por PCR como molde e um oligonucleotídeo iniciador que pareia as sequências próximas da extremidade do transposon para obter a sequência da junção entre o transposon e o cromossomo.

Por exemplo, pesquisadores modificaram um elemento móvel de *Drosophila*, conhecido como *elemento P*, para otimizar seu uso na geração experimental de mutações insercionais. Quando demonstrado que a inserção de um elemento P causa uma mutação com um fenótipo interessante, as sequências genômicas adjacentes ao sítio de inserção podem ser amplificadas pela variação do protocolo de PCR que utiliza iniciadores sintéticos complementares à sequência conhecida do elemento P, mas que permite a amplificação de sequências vizinhas desconhecidas. Um desses métodos, ilustrado na Figura 5-22, começa com a clivagem de DNA genômico de *Drosophila* que contém um elemento P inserido, com uma enzima de restrição que cliva uma vez o DNA do elemento P. A coleção de fragmentos de DNA clivado tratada com DNA-ligase gera moléculas circulares, algumas das quais contêm DNA do elemento P. A região cromossômica que flanqueia o elemento P pode, então, ser amplificada por PCR, utilizando iniciadores que pareiam sequências do elemento P e são alongados em direções opostas. A sequência do fragmento amplificado resultante pode ser determinada utilizando-se um terceiro iniciador de DNA. A sequência crucial para identificar um sítio de inserção do elemento P é a junção entre a extremidade do elemento P e as sequências genômicas. De maneira geral, essa abordagem evita a clonagem de um grande número de fragmentos de DNA e sua triagem para detectar um DNA clonado correspondente ao gene de interesse mutado.

Métodos semelhantes foram aplicados a outros organismos para os quais as mutações insercionais podem ser geradas usando elementos móveis de DNA ou vírus com genomas sequenciados que podem se inserir aleatoriamente no genoma.

Moléculas de DNA clonadas são rapidamente sequenciadas por métodos baseados em PCR

A caracterização completa de qualquer fragmento de DNA clonado requer a determinação de sua sequência de nucleotídeos. A tecnologia usada para determinar a sequência de um segmento de DNA representa um dos campos que se desenvolve com mais rapidez em biologia molecular. No final dos anos 1970, F. Sanger e colaboradores desenvolveram o procedimento de terminação de cadeia, que serviu como base para a maioria dos métodos de sequenciamento de DNA pelos 30 anos seguintes. A ideia por trás desse método é sintetizar um conjunto de fitas-filhas de DNA a partir do fragmento de DNA a ser sequenciado, marcadas em uma das extremidades e terminadas em um dos quatro nucleotídeos. A separação das fitas-filhas truncadas por eletroforese em gel, que pode separar fitas que diferem em tamanho por um nucleotídeo, pode revelar o tamanho de todas as fitas, terminando em G, A, T ou C. A partir dessas coleções de fitas de diferentes tamanhos, a sequência de nucleotídeos do fragmento de DNA original pode ser estabelecida. O método de Sanger passou por vários aperfeiçoamentos e agora pode ser completamente automatizado, porém, como cada nova sequência de DNA requer uma reação de sequenciamento individual, a taxa global na qual novas sequências de DNA podem ser produzidas pelo método é limitada pelo número total de reações a serem realizadas ao mesmo tempo.

Um avanço na tecnologia de sequenciamento ocorreu quando foram concebidos métodos que permitem que um único equipamento de sequenciamento realize bilhões de reações de sequenciamento simultaneamente por sua concentração em pequenos agrupamentos na superfície de um substrato sólido. Desde 2007, quando os chamados sequenciadores de *última geração* se tornaram comercialmente disponíveis, a capacidade para produção de novas sequências aumentou bastante e desde então tem dobrado a cada ano. Em um método de sequenciamento popular, bilhões de fitas de DNA diferentes a serem sequenciadas são preparadas pela ligação de regiões conectoras de fita dupla em suas extremidades (Figura 5-23). Depois, os fragmentos de DNA são amplificados por PCR, utilizando iniciadores que são pareados às sequências das regiões conectoras. A reação de amplificação por PCR difere da amplificação por PCR-padrão mostrada na Figura 5-20 porque os iniciadores utilizados são covalentemente ligados a um substrato sólido. Assim, à medida em que a amplificação por PCR prossegue, uma extremidade de cada fita-filha de DNA é covalentemente ligada ao substrato, e, ao final da amplificação, cerca de 1.000 produtos de PCR idênticos estão ligados à superfície em um estreito agrupamento.

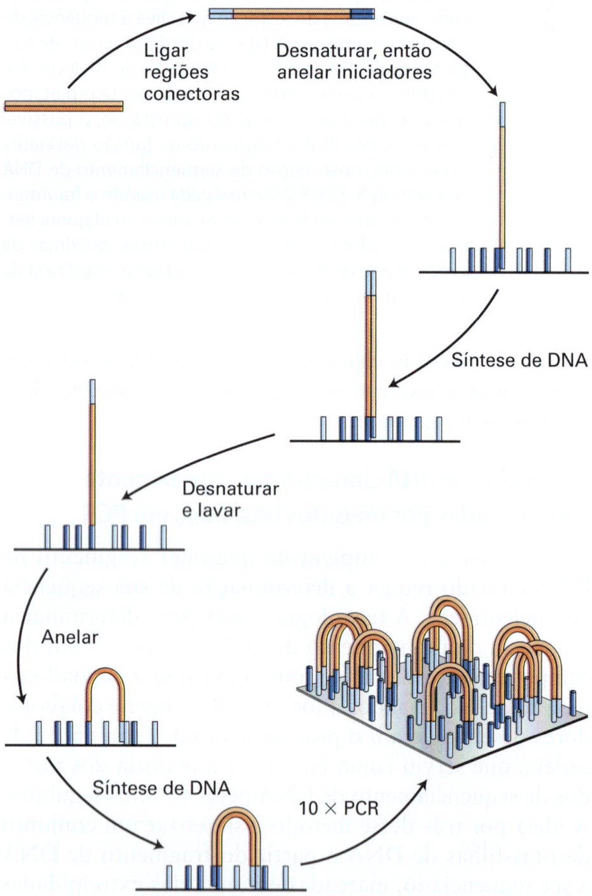

FIGURA EXPERIMENTAL 5-23 Geração de agrupamentos de moléculas de DNA idênticas ligadas a um suporte sólido. Uma grande coleção de moléculas de DNA a ser sequenciada é ligada a regiões conectoras de fita dupla, que se unem a cada extremidade do fragmento. O DNA é então amplificado por PCR usando iniciadores complementares às sequências das regiões conectoras que estão covalentemente ligadas a um substrato sólido. Dez ciclos de amplificação geram cerca de 1.000 cópias idênticas do fragmento de DNA localizado em um pequeno agrupamento, o qual está ligado por ambas as extremidades ao substrato sólido. Essas reações são otimizadas para produzir cerca de 3×10^9 agrupamentos distintos, não sobrepostos e prontos para serem sequenciados.

Esses agrupamentos podem ser sequenciados pelo uso de um microscópio especial para o registro de desoxirribonucleotídeos (dNTPs) fluorescentemente marcados à medida em que são incorporados um de cada vez pela DNA-polimerase em uma cadeia crescente de DNA (Figura 5-24). Primeiro, uma fita é clivada e eliminada, deixando um molde de DNA de fita simples. Então, o sequenciamento é realizado em cerca de 1.000 moldes idênticos em agrupamentos, um nucleotídeo por vez. Todos os quatro dNTPs são marcados fluorescentemente e adicionados à reação de sequenciamento. Depois, permite-se que anelem; o substrato é registrado, e a cor de cada agrupamento, gravada. Posteriormente, a marcação fluorescente é quimicamente removida e permite-se que um novo dNTP se ligue. Esse ciclo é repetido cerca de 100 vezes, resultando em bilhões de sequências com aproximadamente 100 nucleotídeos.

Para sequenciar uma longa região contínua de DNA genômico ou mesmo o genoma inteiro de um organismo, pesquisadores geralmente empregam uma das estratégias ilustradas na Figura 5-25. O primeiro método requer o isolamento de uma coleção de fragmentos de DNA clonados cujas sequências são sobrepostas. Uma vez determinada a sequência de um desses fragmentos, oligonucleotídeos baseados em um dos fragmentos podem ser quimicamente sintetizados para uso como iniciadores no sequenciamento de fragmentos sobrepostos adjacentes. Assim, a sequência de uma longa região de DNA é determinada de forma crescente pelo sequenciamento dos fragmentos de DNA clonados sobrepostos que a compõem. Um segundo método, chamado de sequenciamento *shotgun*, pula a etapa trabalhosa do isolamento de uma coleção ordenada de segmentos de DNA que abrangem todo o genoma. Este método envolve simplesmente o sequenciamento de clones aleatórios de uma biblioteca genômica. Um número total de clones é escolhido para sequenciamento de forma que em média cada segmento do genoma seja sequenciado cerca de 10 vezes. O grau de cobertura assegura que cada segmento do genoma seja sequenciado mais de uma vez. A sequência do genoma inteiro é, então, montada utilizando um algoritmo de computador que alinha todas as sequências, usando suas regiões de sobreposição. O sequenciamento *shotgun* é o método mais eficiente e rentável para o sequenciamento de longas regiões de DNA, e a maioria dos genomas, inclusive o genoma humano, foi sequenciada por tal método.

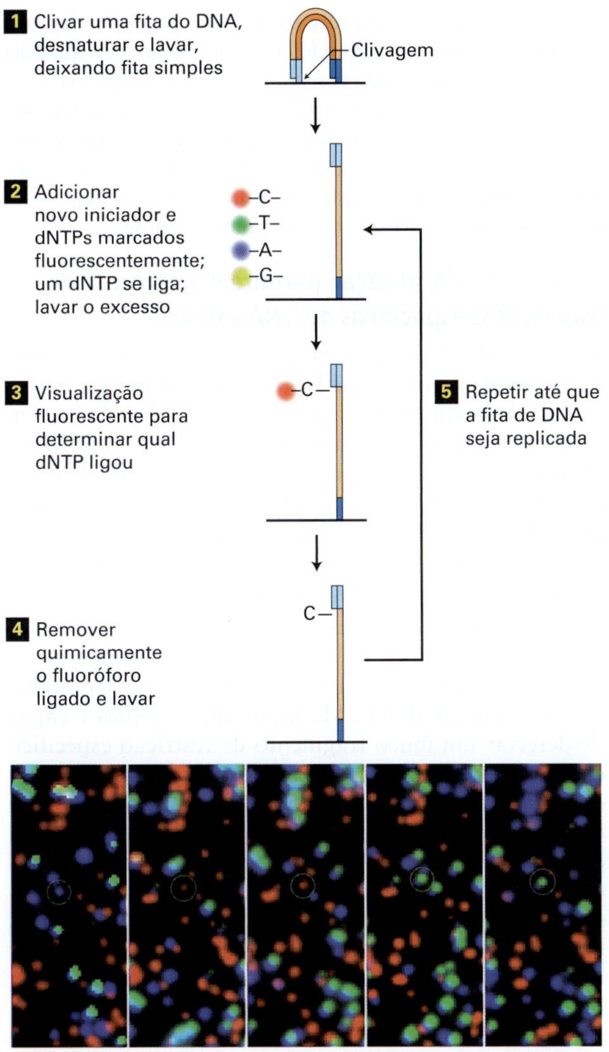

FIGURA EXPERIMENTAL 5-24 Uso de trifosfato de desoxirribonucleotídeos marcados com fluorescência para determinação de sequência. A reação começa pela clivagem de uma fita do DNA agrupado. Após a desnaturação, uma única fita do DNA permanece ligada à célula de fluxo. Um oligodesoxinucleotídeo sintético é utilizado como iniciador para a reação de polimerização que contém dNTPs, cada um deles marcado fluorescentemente com uma cor diferente. A marcação fluorescente é projetada para bloquear o grupo 3′ OH do dNTP, o que previne a continuação do alongamento assim que ele é incorporado. Como a DNA-polimerase irá incorporar o mesmo dNTP fluorescente em cada uma das cerca de 1.000 cópias de DNA de um agrupamento, o agrupamento inteiro será marcado de maneira uniforme com a mesma cor, que poderá ser visualizada em um microscópio especial. Uma vez visualizados todos os agrupamentos, as marcações fluorescentes são removidas por uma reação química que deixa uma nova extremidade do iniciador disponível para o próximo ciclo de incorporação de dNTP marcado com fluorescência. Uma reação de sequenciamento típica pode realizar 100 ciclos de polimerização, possibilitando determinar 100 bases de sequência para cada agrupamento. Assim, uma reação de sequenciamento total desse tipo pode gerar informação sobre cerca de 3×10^{11} bases de sequência em aproximadamente dois dias. (Usuário Andrea Loehr em OpenWetWare (http://openwetware.org/wiki/User:Andrea_Loehr).)

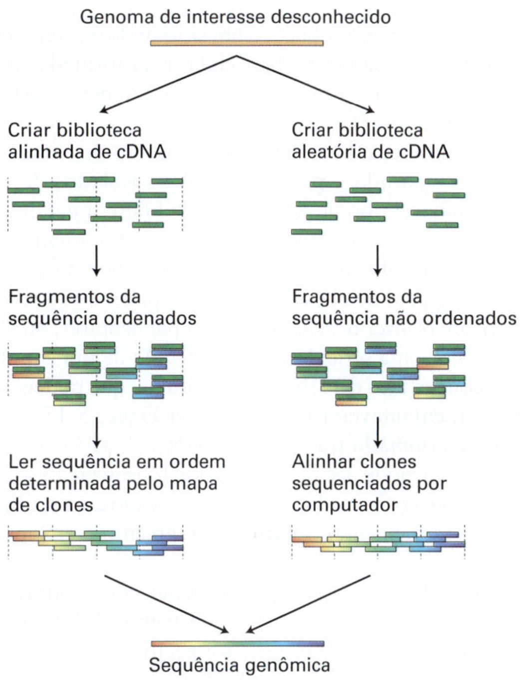

FIGURA EXPERIMENTAL 5-25 Duas estratégias para montar sequências genômicas inteiras. Um método (*à esquerda*) depende do isolamento e da formação de um conjunto de segmentos de DNA clonados que abrangem o genoma. Isso pode ser feito pelo pareamento de segmentos clonados por hibridização ou por alinhamento de mapas de sítio de restrição. A sequência de DNA dos clones ordenados pode, então, ser montada em uma sequência genômica completa. O método alternativo (*à direita*) depende da facilidade relativa do sequenciamento de DNA automatizado e ignora a etapa trabalhosa de ordenação da biblioteca. Sequenciando clones aleatórios da biblioteca em quantidade suficiente de forma que cada segmento do genoma seja representado de 3 a 10 vezes, é possível reconstruir a sequência genômica por alinhamento computacional do grande número de fragmentos de sequência.

CONCEITOS-CHAVE da Seção 5.2

Clonagem e caracterização do DNA

- Na clonagem de DNA, moléculas recombinantes são formadas *in vitro* pela inserção de fragmentos de DNA em moléculas de vetores de DNA. As moléculas de DNA recombinantes são, então, introduzidas em células hospedeiras, nas quais replicam, produzindo grande número de moléculas de DNA recombinantes.
- Enzimas de restrição (endonucleases) geralmente cortam o DNA em sequências palindrômicas específicas de 4 a 8 pb, produzindo fragmentos definidos que geralmente têm caudas de fita simples complementares a si mesmas (extremidades coesivas).
- Dois fragmentos de restrição com extremidades complementares podem ser unidos com DNA-ligase para formar uma molécula de DNA recombinante (ver Figura 5-12).
- Vetores de clonagem de *E. coli* são pequenas moléculas circulares de DNA (plasmídeos) que incluem três regiões funcionais: uma origem de replicação, um gene

de resistência ao fármaco, e um sítio onde o fragmento de DNA pode ser inserido. Células transformadas portando um vetor formam colônias em um meio seletivo (ver Figura 5-13).

- Uma biblioteca de cDNA é um conjunto de clones de DNA preparado a partir de mRNAs isolados de um determinado tipo de tecido. Uma biblioteca genômica é um conjunto de clones portadores de fragmentos de restrição produzidos por clivagem do genoma inteiro.
- Na clonagem de cDNA, mRNAs expressos são reversamente transcritos em DNAs complementares, ou cDNAs. Por uma série de reações, cDNAs de fita simples são convertidos em DNAs de fita dupla, que podem ser ligados em um vetor plasmidial (ver Figura 5-15).
- Um determinado fragmento de DNA clonado de uma biblioteca pode ser detectado por hibridização a um oligonucleotídeo radiativamente marcado cuja sequência é complementar à parte do fragmento (ver Figura 5-16).
- Vetores de transporte que replicam em leveduras e *E. coli* podem ser usados para construir uma biblioteca genômica de leveduras. Genes específicos são isolados por sua habilidade de complementar os genes mutantes correspondentes em células de leveduras (ver Figura 5-17).
- Longos fragmentos de DNA clonados podem ser clivados com enzimas de restrição, produzindo fragmentos menores que são então separados por eletroforese em gel e subclonados em vetores plasmidiais antes do sequenciamento ou manipulação experimental.
- A reação em cadeia da polimerase (PCR) permite a amplificação exponencial de um fragmento específico de DNA a partir de apenas uma molécula inicial de DNA-molde se a sequência flanqueadora da região do DNA a ser amplificada for conhecida (ver Figura 5-20).
- A PCR é um método muito versátil que pode ser programado para amplificar uma sequência de DNA genômico específica, um cDNA, ou uma sequência da junção entre um elemento transponível e as sequências cromossômicas flanqueadoras.
- Fragmentos de DNA com até cerca de 100 nucleotídeos são sequenciados pela geração de aglomerados de moléculas idênticas por PCR e pelo registro de nucleotídeos precursores marcados fluorescentemente incorporados pela DNA-polimerase (ver Figuras 5-23 e 5-24).
- Sequências do genoma inteiro podem ser montadas a partir de sequências de um grande número de clones sobrepostos de uma biblioteca genômica (ver Figura 5-25).

5.3 Uso de fragmentos de DNA clonados para estudo da expressão gênica

Na última seção, foram descritos as técnicas básicas de uso da tecnologia de DNA recombinante para isolamento de clones de DNA específicos, e maneiras pelas quais os clones podem ser mais bem caracterizados. Agora será considerado como o clone de DNA isolado pode ser usado para estudo da expressão gênica. Serão discutidas várias técnicas gerais bastante utilizadas que dependem da hibridização de ácidos nucleicos para esclarecer quando e onde os genes são expressos, bem como métodos para gerar grandes quantidades de proteína e manipular sequências de aminoácidos de outra maneira a fim de determinar seus padrões de expressão, sua estrutura e sua função. Mais especificamente, aplicações de todas essas técnicas básicas são examinadas nas próximas seções.

Técnicas de hibridização permitem a detecção de fragmentos específicos de DNA e mRNA

Dois métodos bastante sensíveis para detecção de uma determinada sequência de DNA ou RNA em uma mistura complexa combinam a separação por eletroforese em gel e a hibridização com uma sonda de DNA complementar marcada de forma radiativa ou fluorescente. Um terceiro método envolve a hibridização de sondas marcadas diretamente em uma amostra de tecido preparada. Serão encontradas referências a todas as três técnicas, que apresentam numerosas aplicações, em outros capítulos.

Southern blotting A primeira técnica de hibridização para detecção de fragmentos de DNA de uma sequência específica é conhecida como ***Southern blotting***, em homenagem a seu criador E. M. Southern. A técnica é capaz de detectar um único fragmento de restrição específico em uma mistura altamente complexa de fragmentos produzidos por clivagem do genoma humano inteiro com uma enzima de restrição. Quando a mistura complexa é submetida à eletroforese em gel, tantos fragmentos de tamanho semelhante estão presentes, que não é possível distinguir nenhum fragmento de DNA como uma banda única no gel. Mesmo assim, é possível identificar um determinado fragmento migrando como uma banda no gel por sua capacidade de hibridização a uma sonda de DNA específica. Para realizar isso, os fragmentos de restrição presentes no gel são desnaturados com álcali e transferidos para um filtro de nitrocelulose ou uma membrana de *nylon* por transferência (*blotting*) (Figura 5-26). Esse processo preserva a distribuição dos fragmentos no gel, criando uma réplica do gel no filtro. (O *blot* é usado porque as sondas não se difundem de imediato no gel original.) O filtro é então incubado sob condições de hibridização com uma sonda de DNA específica marcada, geralmente produzida a partir de um fragmento de restrição clonado. O fragmento de restrição de DNA que for complementar à sonda hibridiza, e sua localização no filtro pode ser revelada por autorradiografia para uma sonda radiativamente marcada ou por registro de imagem fluorescente para uma sonda marcada fluorescentemente. Embora a PCR seja mais usada na detecção da presença de uma determinada sequência em uma mistura complexa, o *Southern blotting* é ainda útil na reconstrução da relação entre sequências genômicas que estão muito distantes para serem amplificadas por PCR em uma única reação.

Northern blotting Uma das formas mais básicas de se caracterizar um gene clonado é determinar quando e onde o gene é expresso em um organismo. A expressão de um

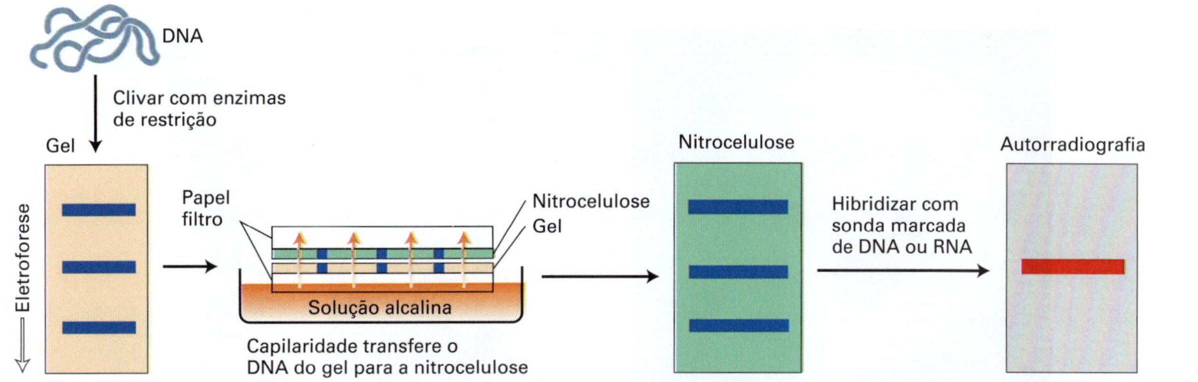

FIGURA EXPERIMENTAL 5-26 A técnica de *Southern blot* pode detectar um fragmento de DNA específico em uma mistura complexa de fragmentos de restrição. O diagrama ilustra três fragmentos de restrição diferentes no gel, mas o procedimento pode ser aplicado em uma mistura de milhares de fragmentos de DNA. Apenas fragmentos que hibridizam a uma sonda marcada produzirão um sinal em uma autorradiografia. Uma técnica semelhante chamada de *Northern blotting* detecta mRNAs específicos em uma mistura. (Ver E. M. Southern, 1975, *J. Mol. Biol.* **98**:508.)

determinado gene pode ser acompanhada pelo ensaio do mRNA correspondente por meio de ***Northern blotting***, batizado, por um jogo de palavras, em homenagem ao método relacionado de *Southern blotting*. Uma amostra de mRNA, geralmente o RNA celular total, é desnaturada pelo tratamento com um agente como o formaldeído, que rompe as ligações de hidrogênio entre os pares de bases, assegurando que todas as moléculas de RNA estejam em uma conformação linear. Os RNAs individuais são separados pelo tamanho por eletroforese em gel e transferidos para um filtro de nitrocelulose ao qual os RNAs estendidos e desnaturados são aderidos. Assim como no *Southern blotting*, o filtro é exposto a uma sonda de DNA marcada complementar ao gene de interesse; finalmente, o filtro marcado é submetido à autorradiografia. Como a quantidade de um RNA específico em uma amostra pode ser estimada por um *Northern blot*, o procedimento é bastante utilizado para comparar as quantidades de um determinado mRNA em células sob diferentes condições (Figura 5-27).

Hibridização *in situ* O *Northern blotting* necessita da extração de mRNA de uma célula ou de uma mistura de células, o que implica na remoção das células de seu local normal em um organismo ou tecido. Como resultado, a localização da célula e sua relação com suas vizinhas são perdidas. Para reter as informações posicionais em estudos de expressão gênica precisos, um tecido inteiro ou seccionado, ou até mesmo um embrião inteiro permeabilizado, pode ser submetido à **hibridização *in situ*** para detectar o mRNA codificado por um determinado gene. Esta técnica permite que a transcrição gênica seja monitorada no tempo e no espaço (Figura 5-28).

Microarranjos de DNA podem ser utilizados para se avaliar a expressão de vários genes ao mesmo tempo

O monitoramento da expressão de milhares de genes simultaneamente é possível com a análise de **microarranjos de DNA**, outra técnica baseada no conceito de hibridização de ácidos nucleicos. Um microarranjo de DNA consiste em um arranjo organizado de milhares de sequências gênicas específicas individuais agrupadas e ligadas à superfície de uma lâmina de microscópio de vidro. Acoplando a análise de microarranjos com os resultados dos projetos de sequenciamento genômico, os pesquisadores podem analisar os padrões globais de expressão gênica de um organismo durante respostas fisiológicas específicas ou processos de desenvolvimento.

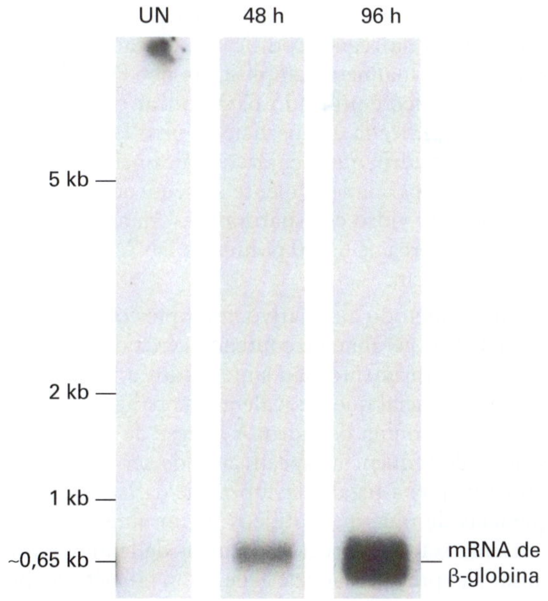

FIGURA EXPERIMENTAL 5-27 Análise de *Northern blot* revela expressão aumentada de mRNA de β-globina em células de eritroleucemia diferenciadas. O mRNA total em extratos de células de eritroleucemia que foram cultivadas, mas não induzidas, e em células induzidas para parar o crescimento e diferenciar por 48 ou 96 horas foi analisado por *Northern blotting* para o mRNA de β-globina. A densidade de uma banda é proporcional à quantidade de mRNA presente. O mRNA de β-globina dificilmente é detectável em células não induzidas (canaleta UN), mas aumenta em mais de 1.000 vezes após 96 horas de diferenciação induzida. (Cortesia de L. Kole.)

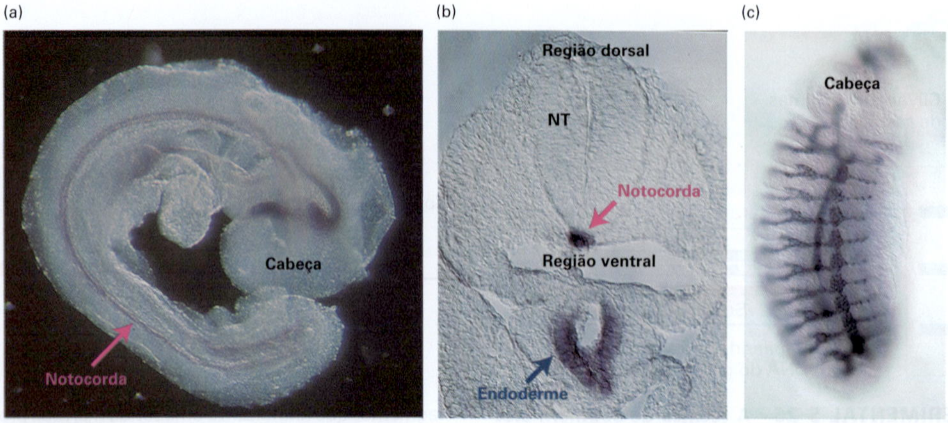

FIGURA EXPERIMENTAL 5-28 A hibridização *in situ* pode detectar a atividade de genes específicos em embriões inteiros e seccionados. O espécime é permeabilizado por tratamento com detergente e uma protease para expor o mRNA à sonda. Uma sonda de DNA ou RNA, específica para o mRNA de interesse, é feita com análogos de nucleotídeo contendo grupos químicos que podem ser reconhecidos por anticorpos. Depois que o espécime permeabilizado foi incubado com a sonda sob condições que promovem hibridização, o excesso de sonda é removido por uma série de lavagens. O espécime é então incubado com uma solução contendo um anticorpo que se liga à sonda. Este anticorpo é covalentemente ligado a uma enzima repórter (p. ex., peroxidase ou fosfatase alcalina) que gera um produto de reação colorido. Após a remoção do excesso de anticorpo, o substrato para a enzima repórter é adicionado. Um precipitado colorido é formado onde a sonda hibridizou ao mRNA sendo detectado. (a) Um embrião inteiro de camundongo com cerca de 10 dias de desenvolvimento sondado para mRNA de *Sonic hedgehog*. O corante marca a notocorda (seta vermelha), um filamento de mesoderme que percorre a futura espinha dorsal. (b) Uma secção de um embrião de camundongo semelhante aquele da parte (a). O eixo dorsoventral do tubo neural (NT) pode ser visto, com a notocorda expressando *Sonic hedgehog* (seta vermelha) abaixo dele e a endoderme (seta azul) ainda bastante ventral. (c) Um embrião inteiro de *Drosophila* sondado para um mRNA produzido durante o desenvolvimento da traqueia. O padrão de repetição dos segmentos corporais é visível. A região anterior (cabeça) está na porção superior; a região ventral, à esquerda. (Cortesia de L. Milenkovic e M. P. Scott.)

Preparação de microarranjos de DNA Em um método para preparo de microarranjos, uma porção contendo cerca de 1 kb da região codificante de cada gene analisado é individualmente amplificada por PCR. Um dispositivo robótico é utilizado para aplicar cada amostra de DNA amplificada à superfície de uma lâmina de microscópio de vidro, que é então quimicamente processada para fixar permanentemente as sequências de DNA à superfície do vidro e desnaturá-las. Um arranjo típico pode contar cerca de 6.000 pontos de DNA em uma grade com 2×2 cm.

Em um método alternativo, múltiplos oligonucleotídeos de DNA, geralmente contendo cerca de 20 nucleotídeos de comprimento, são sintetizados a partir de um nucleotídeo inicial que é covalentemente ligado à superfície de uma lâmina de vidro. A síntese de um oligonucleotídeo de sequência específica pode ser programada em uma pequena região da superfície da lâmina. Várias sequências de oligonucleotídeos de um único gene são assim sintetizadas em regiões vizinhas da lâmina para se analisar a expressão daquele gene. Com tal método, polinucleotidases que representam milhares de genes podem ser produzidas em uma única lâmina de vidro. Como os métodos para construção dos arranjos de oligonucleotídeos sintéticos foram adaptados de métodos de produção de circuitos integrados microscópicos utilizados em computadores, os tipos de microarranjos de oligonucleotídeos com frequência são chamados de *chips de DNA*.

Uso de microarranjos para se comparar expressão gênica sob diferentes condições A etapa inicial em um estudo de expressão por microarranjo é o preparo de cDNAs marcados de forma fluorescente correspondendo aos mRNAs expressos pelas células estudadas. Quando a preparação de cDNAs é aplicada em um microarranjo, pontos representando genes expressos hibridizarão sob condições apropriadas a seus cDNAs complementares na mistura de sondas marcadas e poderão ser detectados em um microscópio de varredura a *laser*.

A Figura 5-29 mostra como esse método pode ser aplicado no exame das alterações na expressão gênica observadas depois que fibroblastos humanos privados de nutrientes são transferidos para um meio de crescimento rico contendo soro. Neste tipo de experimento, as preparações separadas de cDNA de fibroblastos crescidos com privação de nutrientes e com soro são marcadas com corantes fluorescentes de cores diferentes. Um arranjo de DNA incluindo 8.600 genes de mamíferos é incubado com uma mistura contendo quantidades iguais das duas preparações de cDNA sob condições de hibridização. Após a lavagem e eliminação do cDNA não hibridizado, a intensidade das fluorescências verde e vermelha em cada ponto de DNA é medida utilizando-se um microscópio de fluorescência e armazenada em arquivos de computador sob o nome de cada gene de acordo com sua posição conhecida na lâmina. As intensidades relativas dos sinais de fluorescência verde e vermelha em cada ponto são uma medida do nível relativo de expressão daquele gene em resposta ao soro. Genes que não são transcritos sob essas condições de crescimento não produzem sinal detectável. Genes que são transcritos no mesmo nível sob ambas as condições hibridizarão igual-

ANIMAÇÃO DA TÉCNICA: Sintetizando um arranjo de oligonucleotídeo
ANIMAÇÃO DA TÉCNICA: Triagem para padrões de expressão gênica

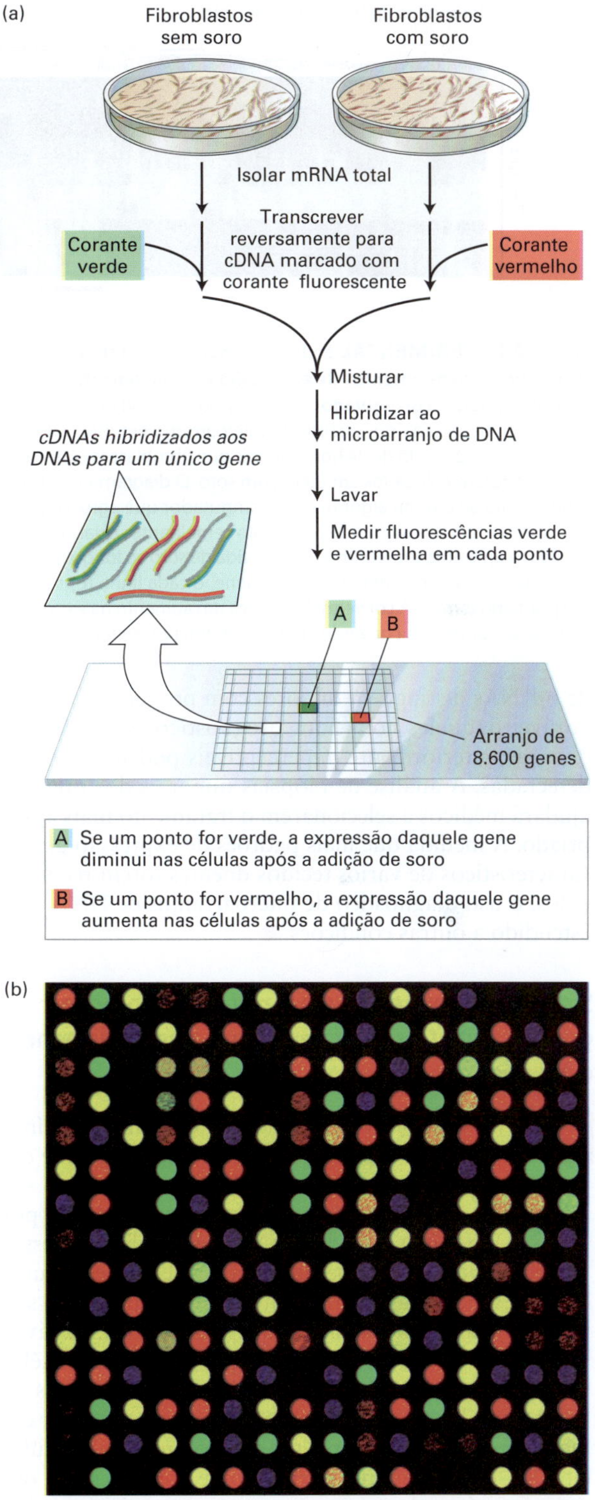

FIGURA EXPERIMENTAL 5-29 Análise de microarranjos de DNA pode revelar diferenças na expressão gênica de fibroblastos sob diferentes condições experimentais. (a) Neste exemplo, cDNA preparado a partir do mRNA isolado de fibroblastos privados de soro ou após a adição de soro é marcado com diferentes corantes fluorescentes. Um microarranjo composto por sequências de DNA representando 8.600 genes de mamíferos é exposto a uma mistura igual das duas preparações de cDNA sob condições de hibridização. A relação das intensidades de fluorescência vermelha e verde em cada ponto, detectada em um microscópio confocal de varredura a *laser*, indica a expressão relativa de cada gene em resposta ao soro. (b) Uma micrografia de um pequeno segmento de um microarranjo de DNA real. Cada ponto neste arranjo de 16 × 16 contém DNA de um gene diferente hibridizado a amostras de cDNA-controle e experimental marcadas com corantes fluorescentes vermelho e verde. (Um ponto amarelo indica igual hibridização de fluorescências verde e vermelha, indicando ausência de alteração na expressão gênica.) (Parte (b) Alfred Pasleka/Photo Researchers, Inc.)

mente a ambas as preparações de cDNA marcadas com verde e vermelho. A análise de microarranjos da expressão gênica em fibroblastos mostrou que a transcrição de cerca de 500 dos 8.600 genes examinados mudou substancialmente após a adição de soro.

A análise conjunta de múltiplos experimentos de expressão identifica genes corregulados

Raramente se obtêm conclusões definitivas a partir de um único experimento de microarranjo sobre genes que exibem alterações de expressão semelhantes serem corregulados e, portanto, provavelmente relacionados funcionalmente. Por exemplo, muitas das diferenças observadas na expressão gênica recém-descrita em fibroblastos poderiam ser consequências indiretas de várias alterações na fisiologia celular que ocorrem quando as células são transportadas de um meio para o outro. Em outras palavras, genes que parecem corregulados em um único experimento de expressão por microarranjo podem sofrer alterações de expressão por razões muito diferentes e na verdade ter funções biológicas muito diferentes. Uma solução para tal problema é combinar a informação de um conjunto de experimentos de expressão em arranjo para encontrar genes regulados similarmente sob uma variedade de condições ou por um período de tempo.

O uso mais informativo de múltiplos experimentos de arranjos de expressão é ilustrado pelo exame da expressão relativa dos 8.600 genes em tempos diferentes após a adição de soro, gerando mais de 10^4 conjuntos de dados individuais. Um programa de computador, relacionado àquele utilizado para determinar a relação entre diferentes sequências de proteínas, pode organizar esses dados e agrupar genes que apresentam expressão semelhante ao longo de um período de tempo após a adição de soro. Extraordinariamente, essa *análise conjunta* agrupa genes cujas proteínas codificadas participam de um processo celular comum, tais como biossíntese de colesterol ou ciclo celular (Figura 5-30).

No futuro, a análise de microarranjo será uma ferramenta de diagnóstico muito eficaz em medicina. Descobriu-se, por exemplo, que determinados conjuntos

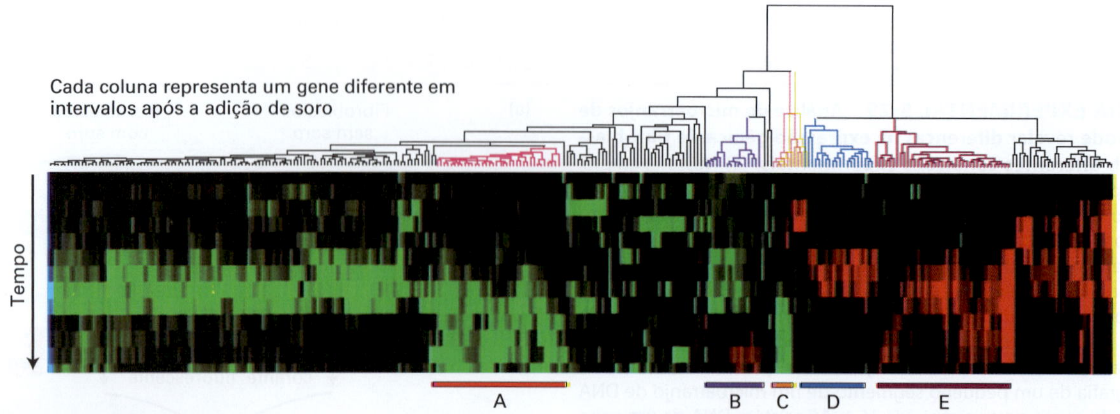

FIGURA EXPERIMENTAL 5-30 A análise conjunta de dados de múltiplos experimentos de expressão em microarranjos pode identificar genes corregulados. A expressão de 8.600 genes de mamíferos foi detectada por análise de microarranjo em intervalos de tempo em um período de 24 horas depois que fibroblastos cultivados sem soro foram colocados em meio com soro. O diagrama mostrado fundamenta-se em um algoritmo de computador que agrupa genes que apresentam alterações de expressão semelhantes quando comparados a uma amostra-controle desprovida de soro ao longo do tempo. Cada coluna representa um único gene, e cada linha representa um ponto no tempo. A cor vermelha indica um aumento na expressão relativa ao controle; a cor verde indica uma diminuição na expressão, e a cor preta, indica nenhuma alteração significativa na expressão. O diagrama em "árvore" na porção superior mostra como padrões de expressão para genes individuais podem ser organizados de maneira hierárquica para agrupar os genes com maior semelhança em seus padrões de expressão ao longo do tempo. Cinco grupos de genes regulados coordenadamente foram identificados neste experimento. Cada grupo contém múltiplos genes cujas proteínas codificadas atuam em um determinado processo celular: biossíntese de colesterol (A), ciclo celular (B), resposta inicial imediata (C), sinalização e angiogênese (D), cicatrização e remodelamento tecidual (E). (Cortesia de Michael B. Eisen, Lawrence Berkeley National Laboratory.)

de mRNAs distinguem tumores com prognóstico desfavorável daqueles com bom prognóstico. Variações de doenças anteriormente imperceptíveis podem agora ser detectadas. A análise de biópsias tumorais dos mRNAs ajudará médicos a selecionarem o tratamento mais apropriado. À medida que mais padrões de expressão gênica característicos de vários tecidos doentes forem reconhecidos, o uso diagnóstico de microarranjos de DNA será estendido a outras condições. ■

Sistemas de expressão em *E. coli* podem produzir grandes quantidades de proteínas a partir de genes clonados

Diversos hormônios proteicos e outras proteínas sinalizadoras ou regulatórias são normalmente expressos em concentrações muito baixas, impedindo seu isolamento e purificação em grandes quantidades por técnicas bioquímicas padrão. O uso generalizado dessas proteínas, bem como a pesquisa básica de suas estruturas e funções, depende de procedimentos eficientes para sua produção em grandes quantidades a um custo razoável. Técnicas de DNA recombinante que transformam células de *E. coli* em fábricas para síntese de proteínas de baixa abundância são agora utilizadas para produzir comercialmente fator estimulador de colônias de granulócitos (G-CSF), insulina, hormônio de crescimento e outras proteínas humanas para uso terapêutico. Por exemplo, o G-CSF estimula a produção de granulócitos, leucócitos fagocíticos críticos para a defesa contra infecções bacterianas. A administração de G-CSF para pacientes com câncer ajuda a compensar a redução na produção de granulócitos causada por agentes quimioterápicos, protegendo os pacientes contra sérias infecções enquanto estão recebendo quimioterapia. ■

A primeira etapa para produção de grandes quantidades de uma proteína de baixa abundância é obter um clone de cDNA que codifica a proteína inteira por métodos discutidos anteriormente. A segunda etapa é projetar vetores plasmidiais que expressarão grandes quantidades da proteína codificada quando inseridos em células de *E. coli*. O ponto principal para o planejamento desses vetores de expressão é a inclusão de um promotor, uma sequência de DNA a partir da qual a transcrição do cDNA pode iniciar. Considere, por exemplo, o sistema relativamente simples para expressão de G-CSF apresentado na Figura 5-31. Nesse caso, o G-CSF é expresso em células de *E. coli* transformadas com vetores plasmidiais que contêm o promotor *lac* adjacente ao cDNA, codificando G-CSF clonado. A transcrição a partir do promotor *lac* ocorre em altas taxas apenas quando a lactose, ou um análogo da lactose, como o isopropiltiogalactosídeo (IPTG), é adicionada ao meio de cultura. Quantidades ainda maiores de uma proteína desejada podem ser produzidas em sistemas de expressão em *E. coli* mais complicados.

Para auxiliar a purificação de uma proteína eucariótica produzida em um sistema de expressão de *E. coli*, pesquisadores geralmente modificam o cDNA codificando a proteína recombinante para facilitar sua separação de proteínas endógenas de *E. coli*. Uma modificação bastante usada é a adição de uma pequena sequência nucleotídica à extremidade do cDNA, de maneira que a proteína expressa tenha seis resíduos de histidina na porção C-terminal. Proteínas assim modificadas ligam-se com alta afinidade

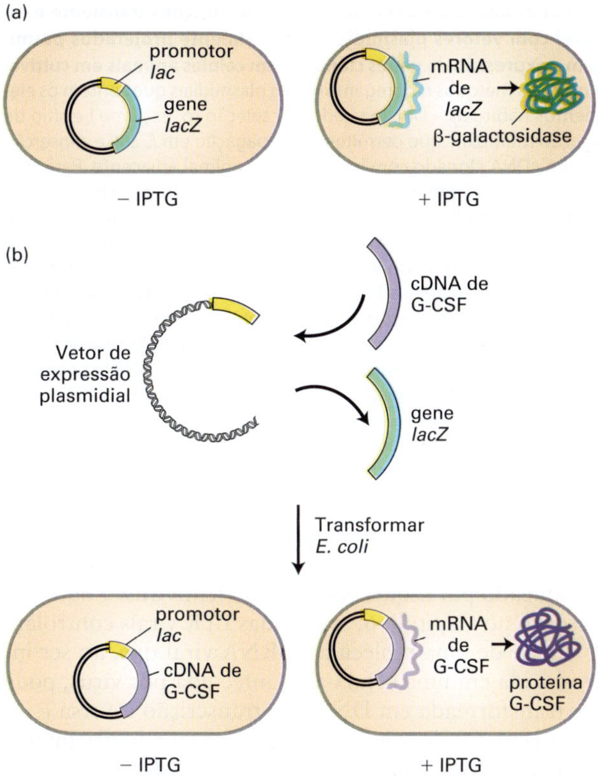

FIGURA EXPERIMENTAL 5-31 Algumas proteínas eucarióticas podem ser produzidas em células de *E. coli* a partir de vetores plasmidiais contendo o promotor *lac*. (a) O vetor de expressão plasmidial contém um fragmento do cromossomo de *E. coli* contendo o promotor *lac* e o gene vizinho *lacZ*. Na presença do análogo de lactose IPTG, a RNA-polimerase normalmente transcreve o gene *lacZ*, produzindo mRNA de *lacZ* que é traduzido na proteína codificada, β-galactosidase. (b) O gene *lacZ* pode ser removido do vetor de expressão por enzimas de restrição e substituído por um cDNA clonado, neste caso o DNA que codifica o fator estimulador de colônia de granulócito (G-CSF). Quando o plasmídeo resultante é transformado em células de *E. coli*, a adição de IPTG e a subsequente transcrição a partir do promotor *lac* produzem mRNA de G-CSF, o qual é transcrito na proteína G-CSF.

a uma matriz de afinidade que contém átomos de níquel quelados, enquanto a maior parte das proteínas de *E. coli* não se ligará em tal matriz. As proteínas ligadas podem ser liberadas dos átomos de níquel pela redução do pH do meio circundante. Na maioria dos casos, esse procedimento gera uma proteína recombinante pura que é funcional, já que a adição de pequenas sequências de aminoácidos à extremidade C-terminal ou N-terminal de uma proteína geralmente não interfere na sua atividade bioquímica.

Vetores plasmidiais de expressão podem ser projetados para uso em células animais

Embora os sistemas de expressão bacterianos possam ser usados de maneira bem-sucedida para criar grandes quantidades de algumas proteínas, bactérias não podem ser utilizadas em todos os casos. Muitos experimentos que investigam a função de uma proteína em um contexto celular adequado requerem a expressão de uma proteína geneticamente modificada em células animais em cultivo. Os genes são clonados em vetores de expressão eucarióticos especializados e introduzidos em células animais cultivadas por um processo chamado de **transfecção**. Dois métodos comuns para transfectar células animais diferem quanto à integração ou não do vetor de DNA recombinante no DNA genômico da célula hospedeira.

Em ambos os métodos, células animais em cultivo devem ser tratadas para facilitar sua captação inicial do vetor plasmidial recombinante. Isso pode ser feito pela exposição das células a uma preparação de lipídeos que penetram na membrana plasmática, aumentando sua permeabilidade ao DNA. Alternativamente, submeter as células a um breve choque elétrico de vários milhares de volts, técnica conhecida como *eletroporação*, torna-as transientemente permeáveis ao DNA. Em geral, o DNA plasmidial é adicionado em concentração suficiente para assegurar que uma grande proporção das células cultivadas recebam pelo menos uma cópia do plasmídeo. Pesquisadores também aproveitaram os vírus para uso em laboratório; os vírus podem ser modificados para que contenham DNA de interesse, o qual é introduzido em células hospedeiras por meio de sua simples infecção com o vírus recombinante.

Transfecção transiente O mais simples dos dois métodos de expressão, chamado de *transfecção transiente*, emprega um vetor semelhante aos vetores de transporte de levedura descritos. Para uso em células de mamíferos, os vetores plasmidiais são projetados para que contenham também uma origem de replicação derivada de um vírus que infecta células de mamífero, um promotor forte reconhecido pela RNA-polimerase de mamífero, e o cDNA clonado codificando a proteína a ser expressa adjacente ao promotor (Figura 5-32a). Quando tal vetor plasmidial entra em uma célula de mamífero, a origem de replicação viral permite sua replicação de maneira eficiente, gerando numerosos plasmídeos a partir dos quais a proteína é expressa. Entretanto, durante a divisão celular os plasmídeos não são fielmente segregados para ambas as células-filhas, e com o tempo uma fração substancial das células em cultivo não conterá um plasmídeo, por isso o nome *transfecção transiente*.

Transfecção estável (Transformação) Se um vetor introduzido se integra ao genoma da célula hospedeira, o genoma é alterado de forma permanente, e a célula, transformada. É mais provável que a integração seja realizada por enzimas de mamíferos que normalmente atuam no reparo e na recombinação do DNA. Um marcador de seleção bastante usado é o gene da neomicina-fosfotransferase (designado como *neo*^{r}), que confere resistência a um composto tóxico quimicamente relacionado à neomicina conhecido como G-418. O procedimento básico para se expressar um cDNA clonado pela *transfecção estável* está delineado na Figura 5-32b. Apenas aquelas células que integraram o vetor de expressão no cromossomo hospedeiro irão sobreviver e originar um clone na presença de alta concentração de G-418. Como a integração ocorre em sítios aleatórios do genoma, clones transfor-

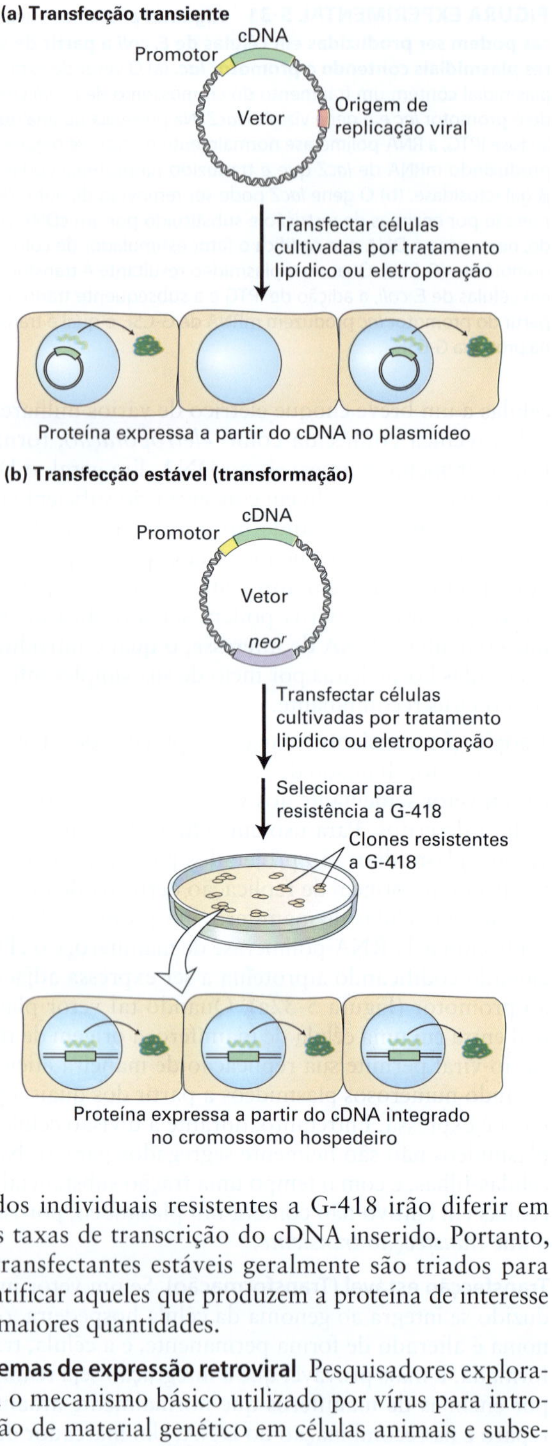

FIGURA EXPERIMENTAL 5-32 Transfecções transiente e estável com vetores plasmidiais especialmente projetados permitem a expressão de genes clonados em células animais em cultivo. Ambos os métodos empregam vetores plasmidiais que contêm os elementos habituais – ORI, marcador de seleção (p. ex., *amp*^{r}) e sítio de ligação múltipla – que permitem a propagação em *E. coli* e a inserção de um cDNA clonado com um promotor animal adjacente. Para simplificar, estes elementos não são mostrados. (a) Na transfecção transiente, o vetor plasmidial contém uma origem de replicação para um vírus que pode replicar em células animais cultivadas. Uma vez que o vetor não é incorporado ao genoma das células cultivadas, a produção da proteína codificada pelo cDNA ocorre apenas por um tempo limitado. (b) Na transfecção estável, o vetor carrega um marcador de seleção como *neo*^{r}, que confere resistência a G-418. As relativamente poucas células animais transfectadas que integram o DNA exógeno em seu genoma são selecionadas em meio contendo G-418. Como o vetor é integrado no genoma, estas células transfectadas de maneira estável, ou transformadas, irão continuar produzindo a proteína codificada pelo cDNA enquanto a cultura for mantida. Ver o texto para discussão.

mados individuais resistentes a G-418 irão diferir em suas taxas de transcrição do cDNA inserido. Portanto, os transfectantes estáveis geralmente são triados para identificar aqueles que produzem a proteína de interesse em maiores quantidades.

Sistemas de expressão retroviral Pesquisadores exploraram o mecanismo básico utilizado por vírus para introdução de material genético em células animais e subsequente inserção no DNA cromossômico para aumentar a eficiência com a qual um gene modificado pode ser expresso de maneira estável em células animais. Um exemplo desse tipo de expressão viral deriva de uma classe de retrovírus conhecidos como *lentivírus*. Conforme mostrado na Figura 5-33, três plasmídeos diferentes, introduzidos em células por transfecção transiente, são usados para produzir partículas lentivirais recombinantes adequadas para introdução eficiente de um gene clonado em células-alvo animais. O primeiro plasmídeo, conhecido como *plasmídeo vetor*, contém um gene de interesse clonado próximo a um marcador de seleção, tal como *neo*^{r}, flanqueado por sequências LTR do lentivírus. Conforme descrito no Capítulo 6, sequências LTR virais controlam a síntese de uma molécula de RNA viral que, ao ser introduzida em uma célula-alvo infectada por vírus, pode ser transformada em DNA por transcrição reversa e integrada ao DNA cromossômico. Um segundo plasmídeo, conhecido como empacotador, carrega todos os genes virais, exceto a principal proteína do envelope viral, necessária ao empacotamento de RNA viral contendo LTRs em partículas lentivirais funcionais. O plasmídeo final permite a expressão de uma proteína de envelope viral que quando incorporada em um lentivírus recombinante permitirá que as partículas virais híbridas resultantes infectem um tipo de célula-alvo desejado. Uma proteína de envelope muito usada neste contexto é a glicoproteína do vírus da estomatite vesicular (proteína VSV-G), que pode substituir de imediato a proteína do envelope lentiviral normal na superfície de partículas virais completas e permitir às partículas virais resultantes que infectem uma grande variedade de tipos de células de mamíferos, inclusive células-tronco hematopoiéticas, neurônios e células musculares e hepáticas. Após a infecção celular, o gene clonado flanqueado por sequências LTR virais é reversamente transcrito em DNA, que é transportado para o núcleo e então integrado no genoma hospedeiro. Se necessário, como no caso da transfecção estável, células com um gene clonado e um marcador *neo*^{r} integrados de maneira estável podem ser selecionadas por resistência a G-418. Muitas das técnicas para inativação da função de genes específicos (ver Seção 5.5) necessitam que uma população inteira de células em cultivo seja geneticamente modificada de forma simultânea. Lentivírus modificados são particularmente úteis em tais experimentos porque infectam células com alta eficiência de maneira que cada célula de uma população receba pelo menos uma cópia do plasmídeo portador do lentivírus.

Marcação de genes e proteínas Vetores de expressão podem fornecer uma maneira de se estudar a expressão e a localização intracelular de proteínas eucarióticas. O

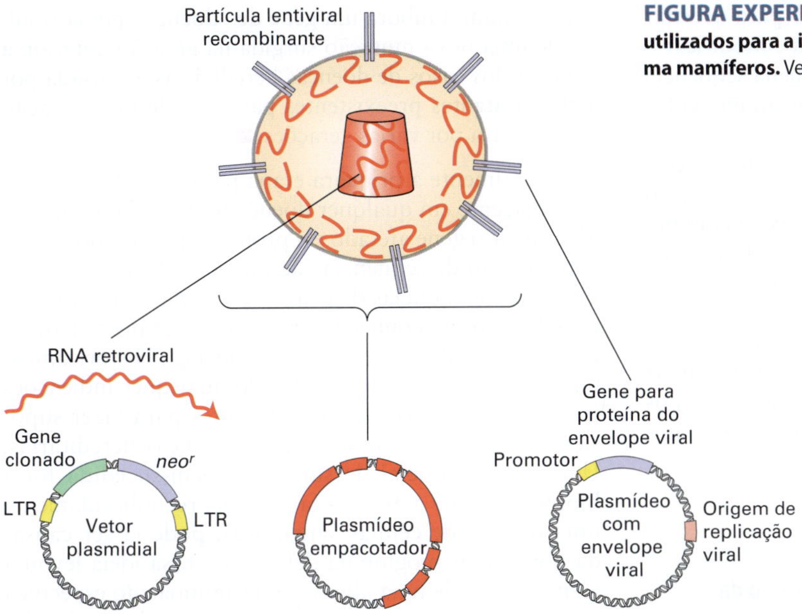

FIGURA EXPERIMENTAL 5-33 Vetores retrovirais podem ser utilizados para a integração eficiente de genes clonados ao genoma mamíferos. Ver texto para discussão.

método geralmente depende do uso de uma proteína-repórter, como a *proteína fluorescente verde* (*green fluorescent protein*, GFP), que pode ser detectada de maneira conveniente nas células. Serão descritos duas maneiras de se criar um gene híbrido que conecta a expressão da proteína-repórter com a proteína de interesse. Quando o gene híbrido é reintroduzido nas células, ou por transfecção com um vetor plasmidial de expressão contendo o gene modificado ou pela criação de um animal transgênico como descrito na Seção 5.5, a expressão da proteína-repórter pode ser usada para determinar onde e quando um gene é expresso. Este método fornece dados semelhantes àqueles de experimentos de hibridização *in situ* descritos, mas geralmente com maior resolução e sensibilidade.

A Figura 5-34 ilustra o uso de dois tipos diferentes de experimentos com marcação por GFP para estudo da expressão de uma proteína receptora de odor em C. *elegans*. Quando o promotor para o receptor de odor é ligado diretamente à sequência codificadora da GFP em uma configuração normalmente conhecida como *fusão de promotor*, a GFP é expressa em neurônios específicos, preenchendo o citoplasma desses neurônios. Em contrapartida, quando o gene híbrido é construído pela ligação da GFP à sequência codificadora do receptor, a *proteína de fusão* resultante pode ser localizada pela fluorescência da GFP nos cílios distais de neurônios sensoriais, sítio no qual a proteína receptora está normalmente localizada.

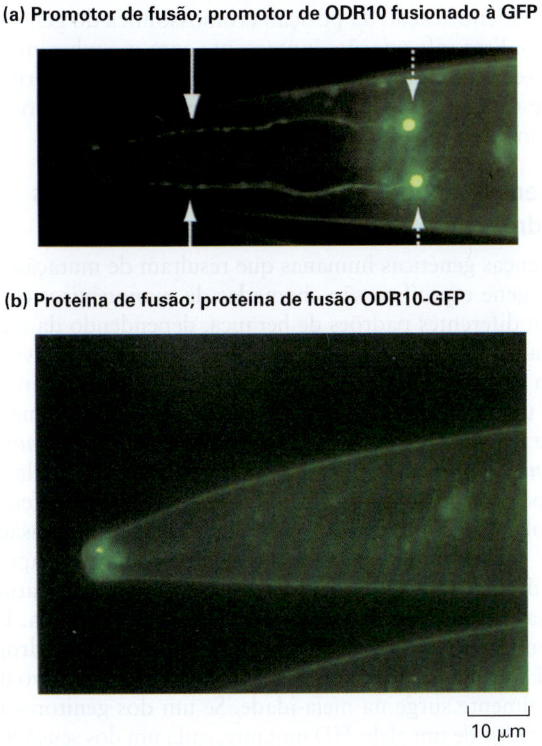

FIGURA EXPERIMENTAL 5-34 A marcação de genes e proteínas facilita a localização celular de proteínas expressas a partir de genes clonados. Neste experimento, o gene codificando um receptor de odor químico, Odr10, de *C. elegans* foi fusionado à sequência gênica para a proteína fluorescente verde (GFP). (a) Um promotor de fusão foi gerado pela ligação da GFP ao promotor e os quatro primeiros códons de aminoácidos do Odr10. Esta proteína é expressa no citoplasma de neurônios sensoriais específicos na cabeça de *C. elegans*. O corpo celular (seta pontilhada) e os dendritos sensoriais (seta sólida) estão fluorescentemente marcados. (b) Uma proteína de fusão foi construída pela ligação da GFP à extremidade da sequência codificadora inteira de Odr10. Neste caso, a proteína de fusão Odr10-GFP é direcionada à membrana da ponta dos neurônios sensoriais e fica aparente apenas na extremidade distal dos cílios sensoriais. A distribuição observada pode ser inferida como reflexo da localização normal da proteína Odr10 em neurônios específicos. Como o promotor de fusão mostrado em (a) é desprovido das sequências de localização da Odr10, a GFP expressa preenche o citoplasma todo, em vez de ser localizada apenas na ponta distal dos cílios sensoriais. (P. Sengupta et al., 1996, *Cell* **84**:899 (derivado das Figuras 4 e 5).)

Uma alternativa à marcação com GFP para detectar a localização intracelular de uma proteína é modificar o gene de interesse fusionando-o a uma pequena sequência de DNA que codifica uma curta região de aminoácidos reconhecida por um anticorpo monoclonal conhecido. Esse peptídeo curto que pode ser ligado por um anticorpo é chamado de epítopo; assim, o método é conhecido como *marcação de epítopo*. Após a transfecção com um plasmídeo de expressão contendo o gene modificado, a proteína marcada com epítopo expressa pode ser detectada por marcação imunofluorescente das células com o anticorpo monoclonal específico para o epítopo. A escolha entre o uso de um epítopo ou a GFP para se marcar uma determinada proteína geralmente depende dos tipos de modificação que um gene clonado pode tolerar e ainda permanecer funcional.

CONCEITOS-CHAVE da Seção 5.3

Uso de fragmentos de DNA clonados para estudo da expressão gênica

- O *Southern blotting* pode detectar um único fragmento de DNA específico em uma mistura complexa pela combinação de eletroforese em gel, transferência (*blotting*) das bandas separadas para um filtro e hibridização com uma sonda de DNA complementar radiativamente marcada (ver Figura 5-26). A técnica semelhante de *Northern blotting* detecta um RNA específico em uma mistura.
- A presença e a distribuição de mRNAs específicos podem ser detectadas em células vivas por hibridização *in situ*.
- A análise de microarranjos de DNA detecta simultaneamente o nível relativo de expressão de milhares de genes em diferentes tipos de células sob diferentes condições (ver Figura 5-29).
- A análise conjunta de dados de múltiplos experimentos de microarranjos de expressão pode identificar genes regulados de maneira semelhante sob várias condições. Os genes corregulados geralmente codificam proteínas que possuem funções biologicamente relacionadas.
- Vetores de expressão derivados de plasmídeos permitem a produção de quantidades abundantes de uma proteína a partir de um gene clonado.
- Vetores de expressão eucarióticos podem ser usados para expressar genes clonados em leveduras ou células de mamíferos. Uma aplicação importante desses métodos é a marcação de proteínas com GFP ou um epítopo para detecção por anticorpo.

5.4 Localização e identificação de genes de doenças humanas

Doenças hereditárias humanas são a consequência fenotípica de genes humanos defeituosos. A Tabela 5-2 lista várias das doenças hereditárias de ocorrência mais comum. Embora um gene de "doença" possa resultar de uma nova mutação surgida na geração anterior, a maioria dos casos de doenças hereditárias é causada por alelos mutantes preexistentes passados de uma geração para a outra por várias gerações. ■

Geralmente a primeira etapa para identificar a causa subjacente em qualquer doença humana hereditária é identificar o gene afetado e a proteína que ele codifica. A comparação de sequências de um gene de doença e seu produto com aquelas de genes e proteínas cujas sequência e função são conhecidas pode fornecer pistas para as causas moleculares e celulares da doença. Historicamente, os pesquisadores têm utilizado quaisquer indicações fenotípicas que possam ser relevantes para fazer suposições sobre a base molecular de doenças hereditárias. Um exemplo inicial de suposição bem-sucedida foi a hipótese de que a anemia falciforme, reconhecidamente uma doença de células sanguíneas, poderia ser causada por uma hemoglobina defeituosa. Essa ideia levou à identificação de uma alteração de aminoácido específica na hemoglobina que causa polimerização das moléculas de hemoglobina defeituosas, causando a deformação em forma de foice das hemácias nos indivíduos que herdaram duas cópias do alelo Hb^s da hemoglobina falcêmica.

O mais comum, no entanto, é que os genes responsáveis por doenças hereditárias precisem ser identificados sem nenhum conhecimento prévio ou hipótese razoável sobre a natureza do gene afetado ou seu produto. Nesta seção, será visto como geneticistas podem identificar o gene responsável por uma doença hereditária seguindo a segregação da doença nas famílias. A segregação da doença pode ser correlacionada com a segregação de vários outros marcadores genéticos, eventualmente levando à identificação da posição cromossômica do gene afetado. Esta informação, juntamente com o conhecimento da sequência do genoma humano, pode enfim permitir que o gene afetado e a mutação causadora da doença sejam identificados.

Doenças monogênicas apresentam um dos três padrões de herança

Doenças genéticas humanas que resultam de mutação em um gene específico são chamadas de *monogênicas* e exibem diferentes padrões de herança, dependendo da natureza e da localização cromossômica dos alelos envolvidos. Um padrão característico exibido por um alelo dominante em um autossomo (i.e., um dos 22 cromossomos humanos que não é um cromossomo sexual). Como um alelo *autossômico dominante* é expresso no heterozigoto, geralmente pelo menos um dos genitores de um indivíduo afetado também terá a doença. Muitas vezes as doenças causadas por alelos dominantes se manifestam tardiamente, após a idade reprodutiva. Se não fosse assim, a seleção natural teria eliminado o alelo durante a evolução humana. Um exemplo de doença autossômica dominante é a síndrome de Huntington, um distúrbio neurológico degenerativo que geralmente surge na meia-idade. Se um dos genitores for portador de um alelo *HD* mutante, cada um dos seus filhos

TABELA 5-2 Doenças hereditárias humanas comuns

Doença	Defeitos moleculares e celulares	Incidência
Autossômicas recessivas		
Anemia falciforme	Hemoglobina anormal causa deformação das hemácias, que podem ficar presas nos capilares; também confere resistência à malária	1/625 de origem subsaariana
Fibrose cística	Canal de cloro defeituoso (CFTR) em células epiteliais leva a muco excessivo nos pulmões	1/2.500 de origem europeia
Fenilcetonúria (PKU)	Enzima defeituosa do metabolismo de fenilalanina (tirosina hidroxilase) resulta em excesso de fenilalanina, causando retardo mental, a menos que restrita pela dieta	1/10.000 de origem europeia
Doença de Tay-Sachs	Enzima hexoaminidase defeituosa leva ao acúmulo de esfingolipídeos em excesso nos lisossomos dos neurônios, prejudicando o desenvolvimento neural	1/1.000 judeus do leste europeu
Autossômicas recessivas		
Síndrome de Huntington	Proteína neural defeituosa (huntinina) pode formar agregados, danificando o tecido neural	1/10.000 de origem europeia
Hipercolesterolemia	Receptor de LDL defeituoso leva ao excesso de colesterol no sangue e ataques cardíacos precoces	1/122 francocanadenses
Recessivas ligadas ao X		
Distrofia muscular de Duchenne	Proteína citoesquelética distrofina defeituosa leva à função muscular prejudicada	1/3.500 homens
Hemofilia A	Elemento de coagulação sanguínea fator VII defeituoso leva a hemorragias descontroladas	1-2/10.000 homens

(independentemente de gênero) terá uma chance de 50% de herdar o alelo mutante e ser afetado (Figura 5-35a).

Um alelo recessivo em um autossomo exibe um padrão de segregação bastante diferente. No caso de alelo *autossômico recessivo*, ambos os genitores devem ser heterozigotos *portadores* do alelo para que seus filhos tenham risco de ser afetados pela doença. Cada filho de um genitor heterozigoto possui uma chance de 25% de receber ambos os alelos recessivos e assim ser afetado, uma chance de 50% de receber um alelo normal e um alelo mutante e assim ser um portador, e uma chance de 25% de receber dois alelos normais. Um exemplo claro de doença autossômica recessiva é a fibrose cística, que resulta de um gene para canal de cloro defeituoso chamado *CFTR* (Figura 5-35b). Indivíduos com grau de parentesco (p. ex., primos em primeiro ou segundo grau) apresentam probabilidade relativamente alta de serem portadores dos mesmos alelos recessivos. Assim, filhos de pais relacionados têm chance muito maior do que aqueles de pais não relacionados de serem homozigotos para uma doença autossômica recessiva e, portanto, afetados por ela.

O terceiro padrão comum de herança é aquele de um alelo *recessivo ligado ao X*. Um alelo recessivo no cromossomo X será com mais frequência expresso em homens, que recebem apenas um cromossomo X de suas mães, mas não em mulheres, que recebem um cromossomo X de sua mãe e outro de seu pai. Isso leva a um padrão de segregação distinto ligado ao sexo no qual a doença é exibida com frequência muito maior em homens do que em mulheres. Por exemplo, a distrofia muscular de Duchenne (DMD), uma doença muscular degenerativa que afeta especificamente homens, é causada por um alelo recessivo no cromossomo X. A DMD apresenta o típico padrão de segregação ligado ao sexo no qual mães heterozigotas e, portanto, fenotipicamente normais, podem atuar como portadoras, transmitindo o alelo da DMD e em consequência a doença para 50% de sua prole masculina (Figura 5-35c).

Polimorfismos de DNA são utilizados como marcadores para o mapeamento de ligação de mutações humanas

Uma vez determinado o modo de herança, a próxima etapa para se determinar a posição de um alelo de doença é mapear geneticamente sua posição em relação a marcadores genéticos conhecidos usando o princípio básico da ligação genética descrito na Seção 5.1. A presença

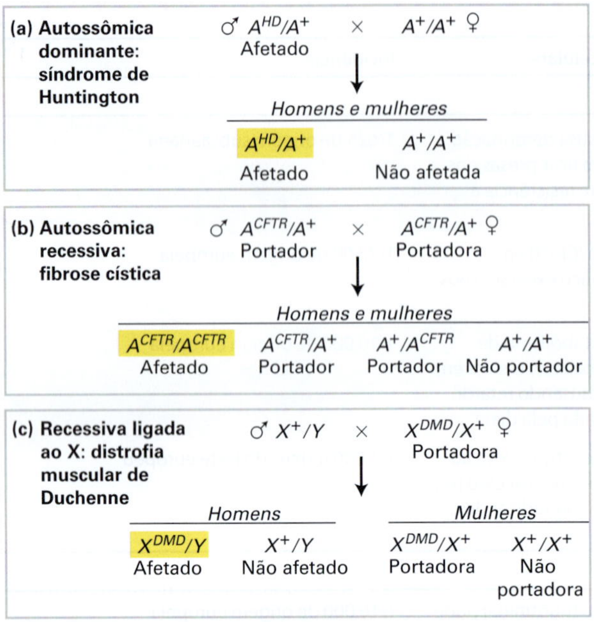

FIGURA 5-35 Três padrões de herança comuns para doenças genéticas humanas. Autossomos (A) e cromossomos sexuais (X e Y) selvagens são indicados por sinais de soma sobrescritos. (a) Em um distúrbio autossômico dominante como a doença de Huntington, apenas um alelo mutante é necessário para produzir a doença. Se um dos genitores for heterozigoto para o alelo mutante *HD*, seus filhos terão uma chance de 50% de herdar o alelo mutante e desenvolver a doença. (b) Em um distúrbio autossômico recessivo como a fibrose cística, dois alelos mutantes devem estar presentes para produzir a doença. Ambos os genitores precisam ser heterozigotos portadores do gene mutante *CFTR* para que seus filhos corram risco de serem afetados ou portadores. (c) Uma doença recessiva ligada ao X como a distrofia muscular de Duchenne é causada por uma mutação recessiva no cromossomo X e exibe o típico padrão de segregação ligado ao sexo. Homens nascidos de mães heterozigotas para um alelo DMD mutante possuem 50% de chance de herdar um alelo mutante e ser afetado. Mulheres nascidas de mães heterozigotas possuem 50% de chance de serem portadoras.

de vários traços, ou marcadores, genéticos diferentes já mapeados, distribuídos ao longo de um cromossomo, facilita o mapeamento de uma nova mutação: determina-se sua possível ligação com esses genes marcadores em cruzamentos apropriados. Quanto mais marcadores estiverem disponíveis, mais preciso será o mapeamento de uma mutação. A densidade de marcadores genéticos necessária para um mapa genético humano de alta resolução é de cerca de um marcador a cada 5 centimorgans (cM) (conforme discutido, uma unidade de mapa genético, ou centimorgan, é definida como a distância entre duas posições ao longo de um cromossomo que resulta em um indivíduo recombinante a cada 100 descendentes). Portanto, um mapa genético de alta resolução necessita de 25 ou mais marcadores genéticos em posições conhecidas espalhados ao longo de cada cromossomo humano.

Nos organismos experimentais comumente utilizados em estudos genéticos, numerosos marcadores com fenótipos facilmente identificáveis estão disponíveis para o mapeamento genético de mutações. Isso não acontece no mapeamento de genes cujos alelos mutantes estão associados a doenças hereditárias em seres humanos. Contudo, a tecnologia de DNA recombinante disponibilizou uma variedade de marcadores moleculares úteis baseados em DNA. Como a maior parte do genoma humano não codifica proteínas, existe uma grande quantidade de variação de sequência entre os indivíduos. De fato, estima-se que diferenças nucleotídicas entre indivíduos não relacionados sejam detectadas em média a cada 10^3 nucleotídeos. Se essas variações na sequência de DNA, chamadas de *polimorfismos de DNA*, puderem ser acompanhadas de uma geração para a outra, poderão servir como marcadores genéticos para estudos de ligação. Atualmente, um painel com cerca de 10^4 polimorfismos diferentes conhecidos, cuja localização foi mapeada no genoma humano, é utilizado para estudos de ligação genética em seres humanos.

Polimorfismos de nucleotídeo único (*single nucleotide polymorphisms, SNPs*) constituem o tipo mais abundante e, assim, útil para construir mapas genéticos de resolução máxima (Figura 5-36). Outro tipo útil de polimorfismos de DNA consiste em uma sequência com número variável de repetições de uma, duas ou três bases. Esses polimorfismos, conhecidos como repetições de sequência simples (SSRs) ou *microssatélites*, são formados presumivelmente por recombinação ou por um mecanismo de deslizamento ou do molde ou das fitas recém-sintetizadas durante a replicação do DNA. Uma característica útil das SSRs é que indivíduos diferentes geralmente terão diferentes números de repetições. A existência de múltiplas versões de uma SSR torna mais provável a produção de um padrão de segregação informativo em um dado heredograma e, portanto, têm uso mais geral no mapeamento das posições de genes de doenças. Os polimorfismos podem ser detectados por meio de amplificação por PCR e sequenciamento de DNA.

Estudos de ligação podem mapear genes relacionados a doenças com resolução de aproximadamente 1 centimorgan

Sem considerar todos os detalhes técnicos, será visto como um alelo que confere determinada característica dominante (p. ex., hipercolesterolemia familiar) pode ser

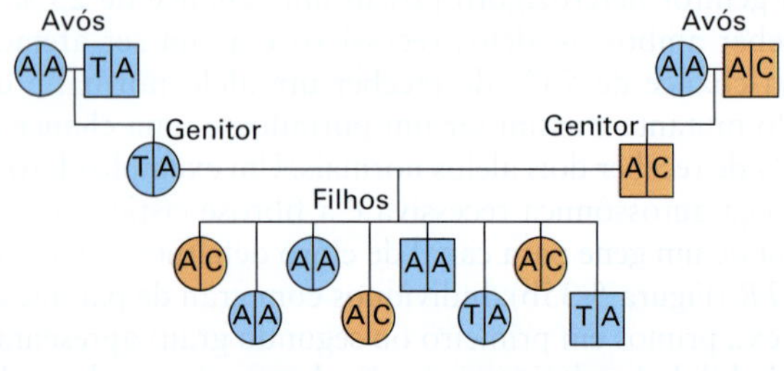

FIGURA EXPERIMENTAL 5-36 Polimorfismos de nucleotídeo único (SNPs) podem ser acompanhados como marcadores genéticos. Heredograma hipotético baseado na análise de SNPs do DNA de uma região de um cromossomo. Nesta família, o SNP existe como A, T ou C. Cada indivíduo possui dois alelos: alguns têm A em ambos os cromossomos, e outros são heterozigotos neste sítio. Os círculos indicam mulheres; quadrados indicam homens. Azul indica indivíduos não afetados; laranja indica indivíduos com a característica. A análise revela que a característica segrega com um C no SNP.

mapeado. A primeira etapa é obter amostras de DNA de todos os membros de uma família contendo indivíduos que apresentam a doença. O DNA de cada indivíduo afetado e não afetado é analisado para se identificar um grande número de polimorfismos de DNA conhecidos (marcadores tipo SSR ou SNP podem ser usados). O padrão de segregação de cada polimorfismo de DNA em uma família é comparado com a segregação da doenças estudadas para se encontrar aqueles polimorfismos que tendem a segregar juntamente com a doença. Por fim, a análise computacional dos dados de segregação é utilizada para o cálculo da probabilidade de ligação entre cada polimorfismo de DNA e o alelo causador da doença.

Na prática, os dados de segregação são coletados de diferentes famílias que exibem a mesma doença e agrupados. Quanto mais famílias que exibem determinada doença puderem ser examinadas, maior será a significância estatística de evidência de ligação a ser obtida e maior a precisão com a qual a distância será medida entre um polimorfismo de DNA e um alelo de doença ligados. A maioria dos estudos familiares possui um máximo de 100 indivíduos nos quais a ligação entre um gene de doença e um painel de polimorfismos de DNA pode ser testada. Esse número de indivíduos define o limite superior prático da resolução do estudo de mapeamento em cerca de 1 centimorgan, ou uma distância física de aproximadamente $7{,}5 \times 10^5$ pares de bases.

Um fenômeno chamado de *desequilíbrio de ligação* é a base para uma estratégia alternativa, que geralmente permite um grau de resolução maior em estudos de mapeamento. A abordagem depende de circunstâncias particulares nas quais uma doença genética comumente encontrada em determinada população resulte de uma única mutação ocorrida há muitas gerações. Os polimorfismos de DNA carregados pelo cromossomo ancestral são coletivamente conhecidos como *haplótipo* daquele cromossomo. À medida que a doença é transmitida de uma geração para a outra, apenas os polimorfismos mais próximos ao gene da doença não serão separados dele por recombinação. Após muitas gerações, a região que contém o gene da doença ficará evidente porque será a única região do cromossomo que portará o haplótipo do cromossomo ancestral conservado por muitas gerações (Figura 5-37). Ao acessar a distribuição de marcadores específicos em todos os indivíduos afetados em uma população, os geneticistas podem identificar marcadores de DNA associados à doença, localizando o gene associado com a doença em uma região relativamente pequena. Em condições ideais, estudos de desequilíbrio de ligação melhoram a resolução para menos de 0,1 centimorgan. O poder de resolução do método provém da habilidade de se determinar se um polimorfismo e o alelo da doença foram alguma vez separados por um evento de recombinação meiótica em qualquer momento desde o surgimento do alelo da doença no cromossomo ancestral – em alguns casos, isso inclui a busca de marcadores que estão tão próximos ao gene da doença, que, mesmo após centenas de meioses, nunca tenham sido separados por recombinação.

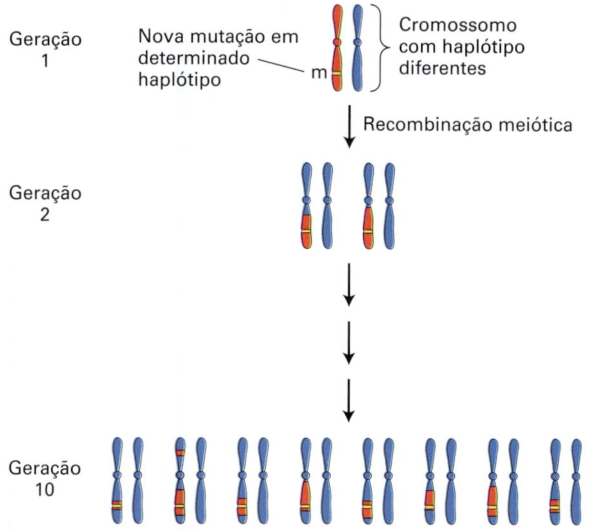

FIGURA 5-37 Estudos de desequilíbrio de ligação de populações humanas podem ser usados para mapear genes em alta resolução. Uma nova mutação de doença irá surgir no contexto de um cromossomo ancestral dentre um conjunto de polimorfismos conhecido como *haplótipo* (indicado em vermelho). Após várias gerações, os cromossomos portadores da mutação da doença também serão portadores de segmentos do haplótipo ancestral que não foram separados da mutação da doença por recombinação. Os segmentos em azul destes cromossomos representam haplótipos gerais derivados da população em geral, e não do haplótipo ancestral no qual a mutação originalmente surgiu. Este fenômeno é conhecido como *desequilíbrio de ligação*. A posição da mutação da doença pode ser localizada pela triagem de cromossomos contendo a mutação da doença para polimorfismos bem conservados correspondendo ao haplótipo ancestral.

Análises adicionais são necessárias para se localizar um gene de doença em um DNA clonado

Embora o mapeamento de ligação geralmente localize um gene de doença humano em uma região contendo cerca de 10^5 pares de bases, mais de 10 genes diferentes podem estar localizados na mesma região. O objetivo final de um estudo de mapeamento é localizar o gene dentro de um segmento clonado de DNA e, então, determinar a sequência nucleotídica deste segmento. As escalas relativas de um mapa genético cromossomal e de mapas físicos que correspondem a conjuntos ordenados de clones de plasmídeos e a sequência nucleotídica são apresentados na Figura 5-38.

Uma estratégia para localização adicional de um gene de doença em um genoma é identificar o mRNA codificado pelo DNA na região do gene em estudo. A comparação da expressão gênica em tecidos de indivíduos normais e afetados pode sugerir tecidos nos quais um determinado gene de doença é normalmente expresso. Por exemplo, uma mutação que afeta fenotipicamente o músculo, mas nenhum outro tecido, pode estar em um gene expresso apenas no tecido muscular. A expressão de mRNA em ambos os indivíduos normal e afetado é geralmente determinada por *Northern blotting* ou hibridização *in situ* de DNA ou RNA marcado em seções do tecido. Experimentos de *Northern blots*, hibridização *in*

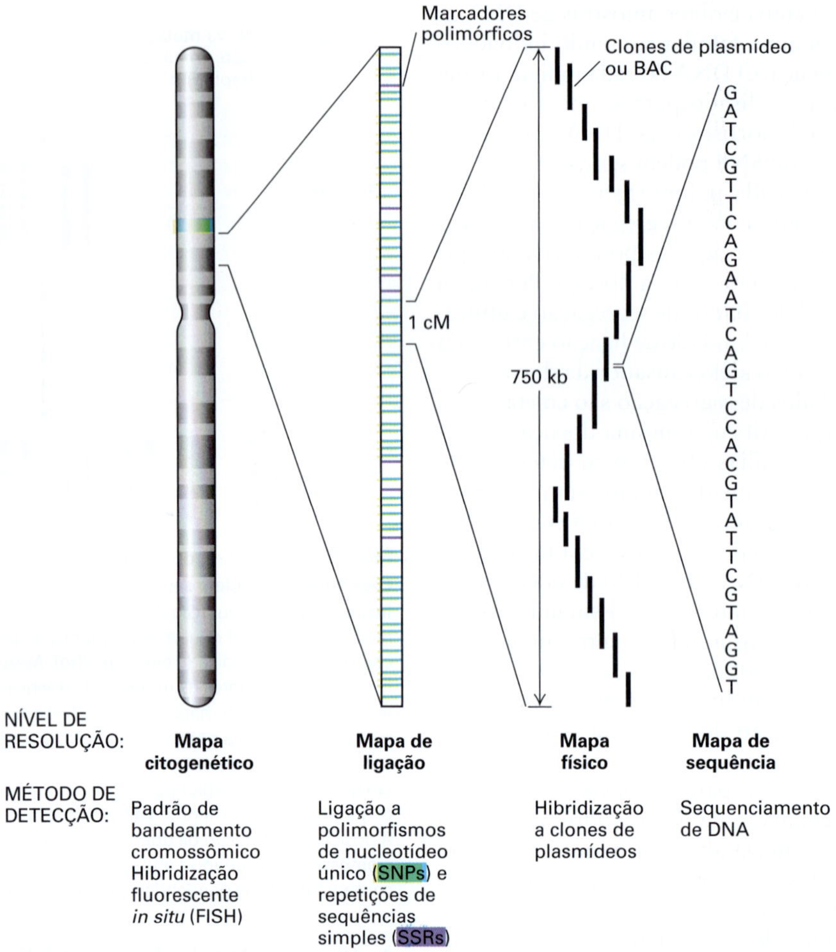

FIGURA 5-38 A relação entre os mapas genético e físico de um cromossomo humano. O diagrama representa um cromossomo analisado em diferentes níveis de resolução. O cromossomo como um todo pode ser visto sob a luz do microscópio quando se encontra em estado condensado que ocorre na metáfase, e a localização aproximada de sequências específicas pode ser determinada por hibridização fluorescente *in situ* (FISH). No próximo nível de resolução, características podem ser mapeadas em relação a marcadores de DNA. Segmentos locais do cromossomo podem ser analisados no nível de sequências de DNA identificadas por hibridização de *Southern* ou PCR. Finalmente, importantes diferenças genéticas podem ser definidas de forma mais precisa por diferenças na sequência de nucleotídeos do DNA cromossômico. (Adaptada de L. Hartwell et al., 2003, *Genetics: From Genes to Genomes*, 2. ed., McGraw-Hill.)

situ ou microarranjo permitem comparar ambos o nível de expressão e o tamanho dos mRNAs em tecidos mutantes e selvagens. Embora a sensibilidade da hibridização *in situ* seja mais baixa do que aquela das análises de *Northern blot*, ela pode ser muito útil na identificação de um mRNA que é expresso em baixos níveis em um dado tecido, mas em níveis muito altos em uma subclasse de células dentro daquele tecido. Um mRNA alterado ou ausente em vários indivíduos afetados por uma doença, quando comparado com indivíduos com o fenótipo selvagem, seria um excelente candidato à codificação da proteína cuja função defeituosa causa a doença.

Em muitos casos, mutações de ponto que originam alelos causadores de doenças podem resultar em alteração indetectável no nível de expressão ou na mobilidade eletroforética dos mRNAs. Assim, se a comparação dos mRNAs expressos em indivíduos normais ou afetados não revelar diferenças detectáveis nos mRNAs candidatos, uma busca por mutações de ponto nas regiões do DNA que codificam mRNAs é realizada. Agora que métodos altamente eficientes para o sequenciamento de DNA estão disponíveis, os pesquisadores com frequência determinam a sequência de regiões candidatas do DNA isolado de indivíduos afetados para identificar mutações de ponto. A estratégia global é buscar por sequências codificadoras que mostram de forma consistente alterações possivelmente deletérias no DNA de indivíduos que exibem a doença. Uma limitação da abordagem é que a região próxima ao gene afetado pode apresentar polimorfismos de ocorrência natural não relacionados ao gene de interesse. Estes polimorfismos, não relacionados funcionalmente à doença, podem levar à identificação errônea do fragmento de DNA portador do gene de interesse. Por tal razão, quanto mais alelos mutantes disponíveis para análise, maior é a chance de se identificar corretamente um gene.

Muitas doenças hereditárias são o resultado de múltiplos defeitos genéticos

A maioria das doenças hereditárias humanas hoje compreendidas em nível molecular são doenças monogênicas; isto é, um distúrbio claramente discernível é produzido por um defeito em um único gene. Doenças monogênicas causadas por mutação em um gene específico exibem um dos padrões de herança característicos mostrados na Figura 5-35. Os genes associados com a maioria das doenças monogênicas comuns já foram mapeados usando-se marcadores baseados em DNA, conforme descrito.

Várias outras doenças, porém, apresentam padrões de herança mais complicados, tornando a identificação da causa genética subjacente muito mais difícil. Um tipo de complexidade adicional com frequência encontrada é a *heterogeneidade genética*. Nesses casos, mutações em qualquer um entre múltiplos genes diferentes podem causar a mesma doença. Por exemplo, a retinite pigmentosa, caracterizada pela degeneração da retina geralmente levando à cegueira, pode ser causada por mutações em qualquer um de mais de 60 genes diferentes. Em estudos de ligação com seres humanos, dados de várias famílias precisam ser combinados para determinar se uma ligação estatisticamente significativa existe entre um gene de doença e marcadores moleculares conhecidos. A heterogeneidade genética tal como aquela apresentada pela retinite pigmentosa pode confundir a abordagem, pois qualquer tendência estatística nos dados de mapeamento de uma família tende a ser anulada por dados obtidos de outra família com um gene causador não relacionado.

Os pesquisadores em genética humana usam duas abordagens diferentes para identificar vários genes associados com a retinite pigmentosa. A primeira abordagem dependia de estudos de mapeamento em famílias únicas excepcionalmente grandes que continham um número suficiente de indivíduos afetados para fornecer evidência de ligação estatisticamente significativa entre polimorfismos de DNA conhecidos e um único gene causador. Os genes identificados por estes estudos mostraram que várias das mutações que causam retinite pigmentosa estão em genes que codificam proteínas abundantes na retina. Seguindo essa pista, os geneticistas concentraram sua atenção naqueles genes que são altamente expressos na retina quando triavam outros indivíduos com retinite pigmentosa. A abordagem usando informações adicionais para focar os esforços de triagem em um conjunto de genes candidatos levou à identificação de mutações causais raras adicionais em vários genes diferentes que codificam proteínas da retina.

Uma complicação adicional na dissecação genética das doenças humanas é representada por diabetes, doença cardíaca, obesidade, predisposição ao câncer e uma variedade de doenças mentais que apresentam pelo menos alguma propriedade hereditária. Essas e muitas outras doenças são consideradas *poligênicas* no sentido de que alelos de múltiplos genes, atuando juntos em um indivíduo, contribuem para a ocorrência e gravidade da doença. Como mapear sistematicamente características poligênicas complexas em seres humanos é um dos problemas mais importantes e desafiadores em genética humana atualmente.

Um dos métodos mais promissores para o estudo de doenças que exibem heterogeneidade genética ou são poligênicas é a busca por uma correlação estatística entre a herança de determinada região de um cromossomo e a propensão à doença, usando-se um procedimento conhecido como estudo de associação do genoma inteiro (*genome-wide association study*, GWAS). A identificação de genes causadores de doenças por GWAS depende do fenômeno de desequilíbrio de ligação descrito anteriormente. Se um alelo que causa uma doença, ou mesmo predispõe um indivíduo a ela, tiver origem relativamente recente durante a evolução humana, o alelo causador da doença tenderá a permanecer associado a determinado conjunto de marcadores de DNA presentes na vizinhança de sua localização cromossômica. Examinando um grande número de marcadores de DNA em populações de indivíduos com uma determinada doença, bem como em populações de indivíduos-controle sem a doença, regiões cromossômicas que tendem a estar correlacionadas com a ocorrência da doença podem ser identificadas por GWAS. O sequenciamento genômico e outros métodos são, então, usados para identificar possíveis mutações causadoras de doença nas regiões. Embora o GWAS seja uma ferramenta poderosa para identificar genes de doenças candidatos, é necessário muito trabalho adicional para determinar como um indivíduo portador de uma determinada mutação pode estar predisposto à doença.

Modelos de doenças humanas em organismos experimentais também contribuem para desvendar o componente genético de características complexas, como obesidade ou diabetes. Por exemplo, experimentos controlados de acasalamentos de camundongos em grande escala identificam genes murinos associados com doenças análogos àqueles em seres humanos. Os ortólogos humanos dos genes murinos identificados nos estudos seriam candidatos prováveis para o envolvimento na doença humana correspondente. O DNA de populações humanas poderia ser examinado para definir se determinados alelos de genes candidatos apresentam tendência a estar presentes em indivíduos afetados com a doença, mas ausentes em indivíduos não afetados. Essa abordagem de "gene candidato" está sendo amplamente usada na busca por genes que contribuam para as principais doenças poligênicas em seres humanos.

CONCEITOS-CHAVE da Seção 5.4

Localização e identificação de genes de doenças humanas

- Doenças hereditárias e outras características em seres humanos apresentam três padrões de herança principais: autossômico dominante, autossômico recessivo e recessivo ligado ao X (ver Figura 5-35).
- Genes para doenças humanas e outras características podem ser mapeados pela determinação de sua segregação conjunta durante a meiose com marcadores cuja localização no genoma é conhecida. Quanto mais próximo um gene estiver de um determinado marcador, maior sua chance de segregação conjunta.

- O mapeamento de genes humanos com grande precisão requer milhares de marcadores moleculares distribuídos ao longo dos cromossomos. Os marcadores mais úteis são diferenças na sequência de DNA (polimorfismos) entre indivíduos em regiões não codificantes do genoma.
- Polimorfismos de DNA úteis no mapeamento de genes humanos incluem os polimorfismos de nucleotídeo único (SNPs) e repetições de sequência simples (SSRs).
- Pelo mapeamento de ligação, consegue-se, geralmente, localizar um gene de doença humana em uma região cromossômica que inclui 10 ou mais genes. Identificar o gene de interesse dentro da região candidata requer geralmente a análise de expressão e a comparação de sequências de DNA entre indivíduos afetados e não afetados pela doença.
- Algumas doenças hereditárias são o resultado de mutações em genes diferentes em diferentes indivíduos (heterogeneidade genética). A ocorrência e a gravidade de outras doenças dependem da presença de alelos mutantes de múltiplos genes no mesmo indivíduo (características poligênicas). O mapeamento dos genes associados com as doenças pode ser feito pela busca de uma correlação estatística entre a doença e uma determinada região cromossômica em um estudo de associação do genoma inteiro.

5.5 Inativação da função de genes específicos em eucariotos

A elucidação das sequências de DNA e de proteínas nos últimos anos levou à identificação de vários genes, usando-se padrões de sequências do DNA genômico e similaridade das proteínas codificadas com proteínas de função conhecida. Conforme discutido no Capítulo 6, as funções gerais das proteínas identificadas por buscas de sequências podem ser previstas por analogia com proteínas conhecidas. No entanto, os papéis *in vivo* precisos destas "novas" proteínas talvez não fiquem claros na ausência de formas mutantes dos genes correspondentes. Nesta seção, serão descritas várias maneiras de se interromper a função normal de um gene específico no genoma de um organismo. A análise do fenótipo mutante resultante geralmente ajuda a revelar a função *in vivo* do gene normal e de sua proteína codificada.

Três abordagens básicas estão na base dessas técnicas de inativação gênica: (1) substituir um gene normal por outras sequências; (2) introduzir um alelo cuja proteína codificada iniba o funcionamento da proteína normal expressa; (3) promover a destruição do mRNA expresso a partir de um gene. O gene normal endógeno é modificado por técnicas baseadas na primeira abordagem, mas não é modificado nas outras abordagens.

Genes normais de levedura podem ser substituídos por alelos mutantes por recombinação homóloga

A modificação do genoma da levedura *S. cerevisiae* é particularmente fácil por duas razões: as células de levedura captam de imediato DNA exógeno sob certas condições, e o DNA introduzido é de maneira eficiente trocado pelo sítio cromossômico homólogo da célula recipiente. Essa recombinação específica direcionada de duas regiões idênticas de DNA permite que qualquer gene dos cromossomos de levedura seja substituído por um alelo mutante. (Como discutido na Seção 5.1, a recombinação entre cromossomos homólogos também ocorre naturalmente durante a meiose.)

Em um método popular para interromper genes de leveduras com tal método, a PCR é usada para gerar um *construto interrompido* contendo um marcador de seleção que após é transfectado em células de levedura. Conforme mostrado na Figura 5-39a, iniciadores para amplificação por PCR do marcador de seleção são projetados para incluir cerca de 20 nucleotídeos idênticos às sequências flanqueadoras do gene de levedura a ser substituído. O construto amplificado resultante compreende o marcador de seleção (p. ex., o gene *kanMX*, que assim como o neo^r confere resistência a G-418) flanqueado por cerca de 20 pares de bases que pareiam com as extremidades do gene-alvo de levedura. Células diploides de levedura transformadas nas quais uma das duas cópias do gene-alvo endógeno foi substituído pelo construto interrompido são identificadas por sua resistência a G-418 ou por outro fenótipo de seleção. As células diploides heterozigotas de levedura crescem de modo normal, independentemente da função do gene-alvo, mas metade dos esporos haploides derivados dessas células carregará apenas o alelo interrompido (Figura 5-39b). Se o gene for essencial para a viabilidade, então os esporos portadores do alelo interrompido não sobreviverão.

A interrupção de genes de levedura por esse método tem provado ser particularmente útil na avaliação do papel de proteínas identificadas pela análise de toda a sequência de DNA genômica (ver Capítulo 6). Um grande consórcio de cientistas substituiu cada um dos 6.000 genes identificados por essa análise pelo construto interrompido com *kanMX* e determinou quais interrupções gênicas levam a esporos haploides inviáveis. As análises mostraram que cerca de 4.500 dos 6.000 genes de leveduras não são necessários para viabilidade, um número inesperadamente grande de genes que não parecem essenciais. Em alguns casos, a interrupção de um determinado gene pode originar defeitos sutis que não comprometem a viabilidade das células de levedura crescendo em condições laboratoriais. Alternativamente, células portadoras de um gene interrompido podem ser viáveis devido às vias de segurança ou vias compensatórias. Para investigar tal possibilidade, geneticistas de levedura estão buscando mutações letais sintéticas que revelem genes não essenciais com funções redundantes (ver Figura 5-9c).

A transcrição de genes ligados a um promotor regulado pode ser experimentalmente controlada

Embora a interrupção de um gene essencial necessário para o crescimento celular leve à geração de esporos inviáveis, este método fornece pouca informação acerca da verdadeira função da proteína codificada nas células. Para aprender mais a respeito da contribuição de um gene

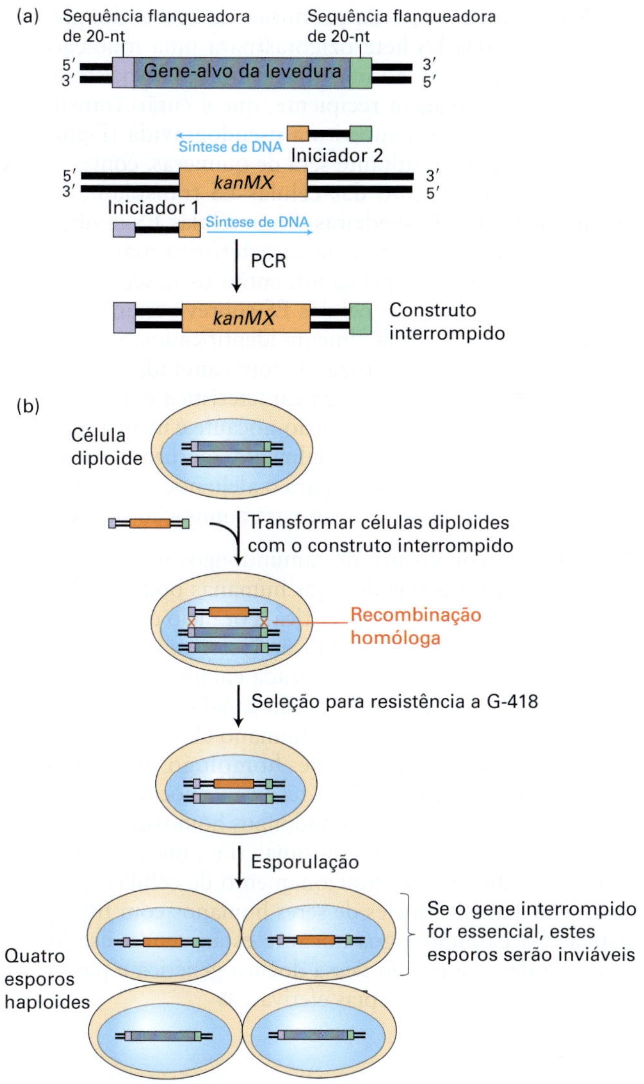

FIGURA EXPERIMENTAL 5-39 Recombinação homóloga com construtos de interrupção transfectados pode inativar genes-alvo específicos em levedura. (a) Um construto adequado para interromper um gene-alvo pode ser preparado por PCR. Cada um dos dois iniciadores projetados para tal fim contém uma sequência com cerca de 20 nucleotídeos (nt) homóloga a uma extremidade do gene-alvo de levedura, bem como sequências necessárias à amplificação de um segmento de DNA portador de um gene de marcador de seleção como *kanMX*, que confere resistência a G-418. (b) Quando células de *Saccharomyces* diploides receptoras são transformadas com o construto de interrupção gênica, a recombinação homóloga entre as extremidades do construto e as sequências correspondentes do cromossomo irá integrar o gene *kanMX* ao cromossomo, substituindo a sequência do gene-alvo. As células diploides recombinantes crescerão em meio contendo G-418, enquanto as células não transformadas não crescerão. Se o gene-alvo for essencial para a viabilidade, metade dos esporos haploides formados após a esporulação de células diploides recombinantes será inviável.

no crescimento e na viabilidade celulares, os investigadores devem ser capazes de inativar seletivamente o gene em uma população de células em crescimento. Um método para se fazer isso emprega um promotor regulado para inativar seletivamente a transcrição de um gene essencial.

O promotor *GAL1* de levedura é útil a este propósito e está ativo em células que crescem na presença de galactose, mas completamente inativo em células que crescem na presença de glicose. Nessa abordagem, a sequência codificadora de um gene essencial (*X*) ligada ao promotor *GAL1* é inserida em um vetor de transporte de levedura (ver Figura 5-17a). O vetor recombinante é, então, introduzido em células haploides de levedura nas quais o gene *X* foi interrompido. Células haploides transformadas crescerão em meio com galactose, já que a cópia normal do gene *X* no vetor é expressa na presença de galactose. Quando as células são transferidas para um meio com glicose, o gene *X* não é mais transcrito; à medida que as células se dividem, a quantidade de proteína X codificada diminuirá, alcançando eventualmente um estado de depleção que mimetiza uma mutação de perda de função completa. As alterações observadas no fenótipo dessas células após a mudança para o meio com glicose podem sugerir quais processos celulares dependem da proteína codificada pelo gene essencial *X*.

Em uma aplicação inicial do método, pesquisadores exploraram a função dos genes citosólicos *Hsc70* em levedura. Células haploides com uma interrupção em todos os quatro genes *Hsc70* redundantes eram inviáveis a menos que portassem um vetor contendo uma cópia do gene *Hsc70* que pudesse ser expresso a partir do promotor *GAL1* em meio com galactose. Na transferência para glicose, as células portadoras do vetor eventualmente pararam de crescer em decorrência da atividade insuficiente de Hsc70. O exame minucioso destas células revelou que suas proteínas de secreção não conseguiam entrar no retículo endoplasmático (RE). O estudo forneceu a primeira evidência do papel inesperado de Hsc70 na translocação de proteínas de secreção para o RE, processo examinado em detalhe no Capítulo 13.

Genes específicos podem ser permanentementes inativados na linhagem germinativa de camundongos

Muitos dos métodos de interrupção de genes em leveduras podem ser aplicados a genes de eucariotos superiores. Os genes alterados podem ser introduzidos na linhagem germinativa via recombinação homóloga para produzir animais com um **nocaute gênico**, ou simplesmente "nocaute". Camundongos-nocaute nos quais um gene específico foi interrompido são um poderoso sistema experimental para estudo do desenvolvimento, do comportamento e da fisiologia de mamíferos. São úteis também ao estudo das bases moleculares de certas doenças genéticas humanas.

Camundongos com genes-alvo nocauteados (*gene-targeted knockout mice*) são gerados por um procedimento de duas etapas. Na primeira etapa, um construto de DNA contendo um alelo interrompido de um determinado gene-alvo é introduzido em células tronco embrionárias (ES, do inglês *embryonic stem*). Essas células, derivadas do blastocisto, podem ser crescidas em cultura por várias gerações (ver Figura 21-7). Em uma pequena fração de células transfectadas, o DNA introduzido sofre recombinação homóloga com o gene-alvo, embora a recombinação em sítios cromossômicos não homólogos ocorra com bem mais frequência. Para selecionar as células nas quais a inserção homóloga direcionada ao gene-alvo ocorreu, o construto de DNA recombinante introduzido nas células ES precisa incluir dois genes de marcadores de seleção (Figura 5-40). Um destes genes (*neo*^{r}), que confere resistência a G-418, é inserido no gene-alvo (*X*), interrompendo-o desse modo. O outro gene de seleção, o da timidina-cinase do vírus herpes simplex (*tk*^{HSV}), é inserido no construto fora da sequência do gene-alvo. As células ES que sofrerem recombinação entre o DNA do construto e o sítio homólogo do cromossomo irão conter o *neo*^{r}, mas não irão incorporar o *tk*^{HSV}. Como o *tk*^{HSV} confere *sensibilidade* ao análogo citotóxico de nucleotídeo ganciclovir, as células ES recombinantes desejadas podem ser selecionadas por sua habilidade de sobreviver na presença de G-418 e ganciclovir. Nestas células, um alelo do gene *X* estará interrompido.

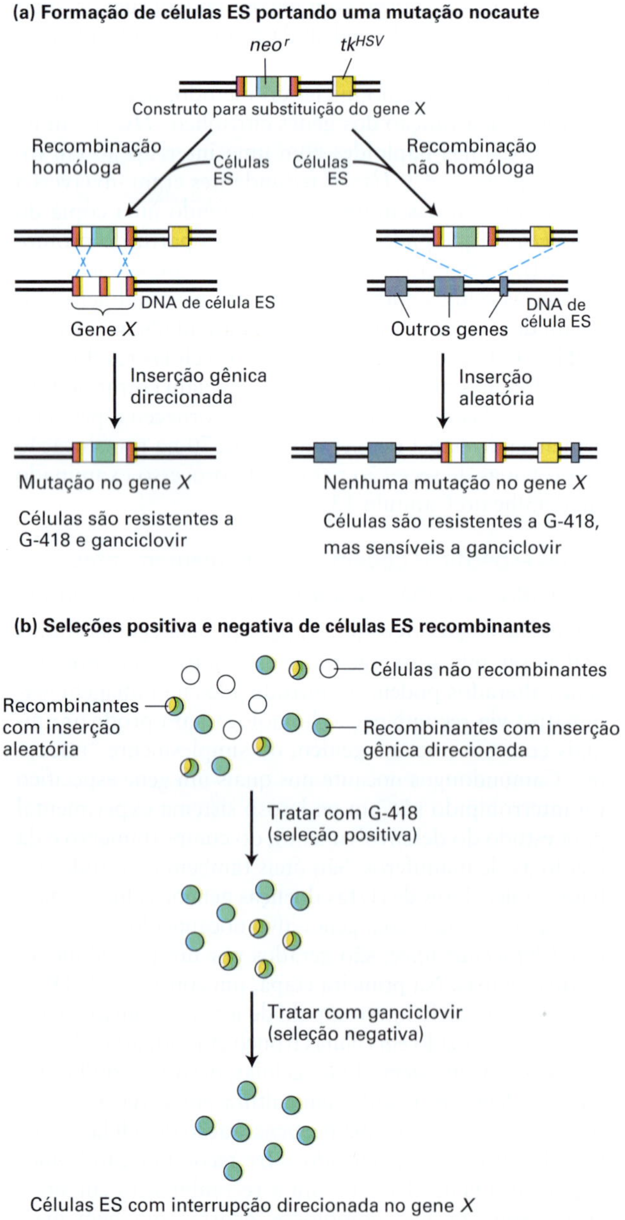

Na segunda etapa da produção de camundongos-nocaute, células ES heterozigotas para uma mutação-nocaute no gene *X* são injetadas em um blastocisto de camundongo selvagem recipiente, que é então transferido para uma fêmea substituta pseudográvida (Figura 5-41). A progênie resultante será de quimeras, contendo tecidos derivados tanto das células ES transplantadas quanto de células hospedeiras. Se as células ES também forem homozigotas para uma característica marcadora visível (p. ex., cor da pelagem), então os descendentes quiméricos nos quais as células ES sobreviveram e proliferaram poderão ser facilmente identificados. Camundongos quiméricos são cruzados com camundongos homozigotos para outro alelo da característica marcadora a fim de determinar se a mutação-nocaute é incorporada na linhagem germinativa. Finalmente, o cruzamento de camundongos heterozigotos para o alelo nocaute produzirá descendentes homozigotos para a mutação-nocaute.

O desenvolvimento de camundongos-nocaute que mimetizam certas doenças humanas pode ser ilustrado no exempo da fibrose cística. Por meio de métodos discutidos na Seção 5.4, a mutação recessiva que causa a doença foi eventualmente localizada em um gene conhecido como *CFTR*, que codifica um canal de cloro. Utilizando o gene *CFTR* selvagem humano clonado, os pesquisadores isolaram o gene homólogo murino e introduziram mutações nele. A técnica de nocaute gênico foi usada para produzir camundongos homozigotos mutantes, que apresentaram sintomas (i.e., um fenótipo), inclusive distúrbios no funcionamento de células epiteliais, semelhantes àqueles de seres humanos com fibrose cística. Os camundongos-nocaute estão sendo usados como modelo de estudo dessa doença genética e para o desenvolvimento de terapias efetivas. ■

FIGURA EXPERIMENTAL 5-40 O isolamento de células ES de camundongo com uma interrupção gênica direcionada é o primeiro estágio na produção de camundongos-nocaute. (a) Quando DNA exógeno é introduzido em células-tronco embrionárias (ES), a inserção aleatória via recombinação não homóloga ocorre com muito frequência maior do que a inserção direcionada ao gene por meio da recombinação homóloga. Células recombinantes nas quais um alelo do gene *X* (laranja e branco) foi interrompido podem ser obtidas pelo uso de um vetor recombinante que carrega o gene *X* interrompido contendo *neo*^{r} (verde) que confere resistência a G-418, e fora da região de homologia, *tk*^{HSV}, o gene da timidina-cinase do vírus herpes simplex. A timidina-cinase viral, ao contrário da enzima endógena murina, pode converter o análogo de nucleotídeo ganciclovir em sua forma monofosfato; este é então modificado para sua forma trifosfato, que inibe a replicação do DNA celular em células ES. Assim, o ganciclovir é citotóxico para células ES recombinantes portadoras do gene *tk*^{HSV}. A inserção não homóloga inclui o gene, enquanto a inserção homóloga, não; portanto, apenas células com inserção não homóloga são sensíveis ao ganciclovir. (b) Células recombinantes são selecionadas por tratamento com G-418, já que células que não captaram DNA ou não o integraram em seu genoma são sensíveis a este composto citotóxico. As células recombinantes sobreviventes são tratadas com ganciclovir. Apenas as células com uma interrupção direcionada do gene *X* e, portanto, desprovidas do gene *tk*^{HSV} e sua citotoxicidade sobreviverão. (Ver S. L. Mansour et al., 1988, *Nature* **336**:348.)

VÍDEO: Microinjeção de células-tronco embrionárias em blastócitos

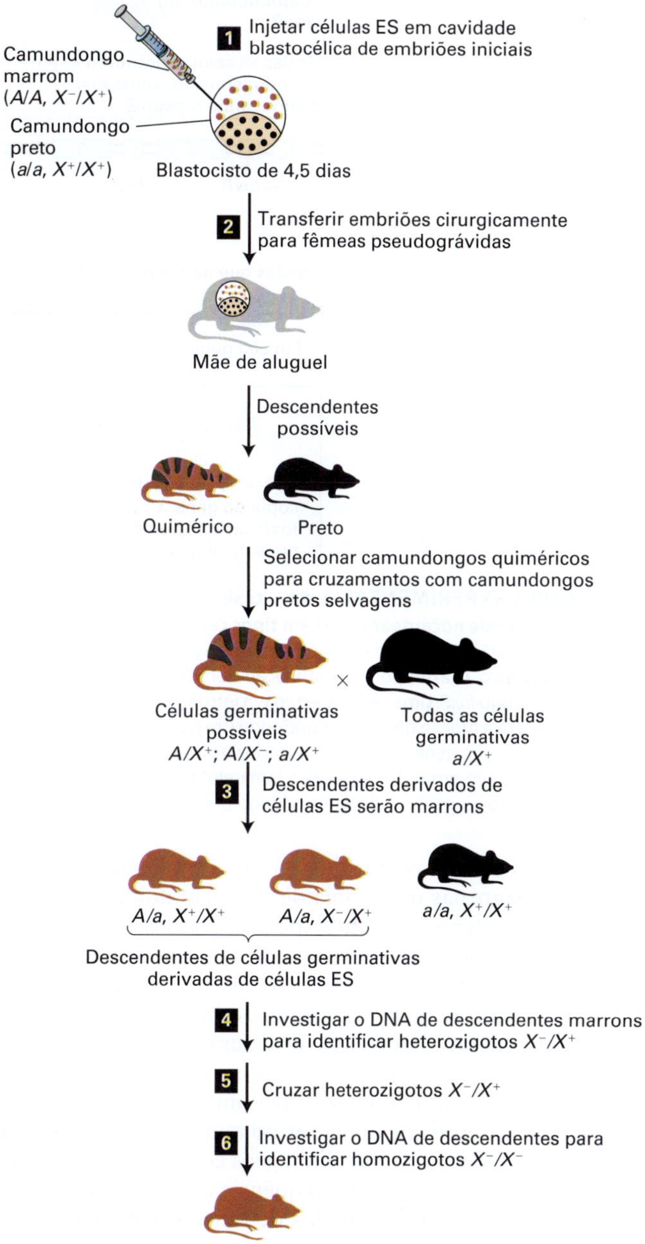
Camundongo marrom
(A/A, X^-/X^+)
Camundongo preto
(a/a, X^+/X^+)
1 Injetar células ES em cavidade blastocélica de embriões iniciais
Blastocisto de 4,5 dias
2 Transferir embriões cirurgicamente para fêmeas pseudográvidas
Mãe de aluguel
Descendentes possíveis
Quimérico
Preto
Selecionar camundongos quiméricos para cruzamentos com camundongos pretos selvagens
Células germinativas possíveis
A/X^+; A/X^-; a/X^+
Todas as células germinativas
a/X^+
3 Descendentes derivados de células ES serão marrons
A/a, X^+/X^+
A/a, X^-/X^+
a/a, X^+/X^+
Descendentes de células germinativas derivadas de células ES
4 Investigar o DNA de descendentes marrons para identificar heterozigotos X^-/X^+
5 Cruzar heterozigotos X^-/X^+
6 Investigar o DNA de descendentes para identificar homozigotos X^-/X^-
Camundongo-nocaute

FIGURA EXPERIMENTAL 5-41 Células ES heterozigotas para um gene interrompido são usadas para produzir camundongos com genes-alvo nocauteados. Etapa **1**: células-tronco embrionárias (ES) heterozigotas para uma mutação-nocaute em um gene de interesse (*X*) e homozigotas para um alelo dominante de um gene marcador (cor da pelagem marrom, *A*) são transplantadas em uma cavidade blastocélica de embriões com 4,5 dias que são homozigotos para um alelo recessivo do marcador (cor da pelagem preta, *a*). Etapa **2**: os embriões iniciais são implantados em uma fêmea pseudográvida. Aqueles descendentes portadores de células derivadas de ES são quimeras, indicados por sua pelagem misturada preta e marrom. Etapa **3**: camundongos quiméricos são então retrocruzados com camundongos pretos; descendentes marrons deste cruzamento possuem células derivadas de ES em sua linhagem germinativa. Etapas **4**-**6**: análise de DNA isolado de um pequeno pedaço de tecido da cauda pode identificar camundongos marrons heterozigotos para o alelo nocaute. Intercruzamento dos camundongos produz alguns indivíduos homozigotos para o alelo interrompido, ou seja, camundongos-nocaute. (Adaptada de M. R. Capecchi, 1989, *Trends Genet.* **5**:70.)

A recombinação celular somática pode inativar genes em tecidos específicos

Pesquisadores estão geralmente interessados em examinar os efeitos de mutações-nocaute em um determinado tecido do camundongo, em um estágio específico do desenvolvimento, ou em ambos. Entretanto, camundongos portadores de um nocaute na linhagem germinativa podem ter defeitos em numerosos tecidos ou morrer antes do estágio do desenvolvimento de interesse. Para resolver tal problema, geneticistas murinos desenvolveram uma técnica inteligente de inativação de genes-alvo em tipos específicos de células somáticas ou durante determinados estágios do desenvolvimento.

A técnica emprega sítios de recombinação de DNA sítio-específicos (chamados de *sítios* loxP) e a enzima Cre que catalisa a recombinação entre eles. O *sistema de recombinação* loxP-*Cre* é derivado do bacteriófago P1, mas o sistema de recombinação sítio-específico também funciona quando aplicado em células murinas. Uma característica essencial da técnica é o controle da expressão de Cre por um promotor celular-específico. Em camundongos *loxP*-Cre gerados pelo procedimento representado na Figura 5-42, a inativação do gene de interesse (*X*) ocorre apenas em células nas quais o promotor que controla o gene *cre* está ativo.

Uma aplicação alternativa da técnica forneceu forte evidência de que um determinado receptor de neurotransmissor é importante para a aprendizagem e memória. Estudos farmacológicos e fisiológicos prévios haviam indicado que a aprendizagem normal requer a classe de receptores de glutamato NMDA no hipocampo, uma região do cérebro. No entanto, camundongos nos quais o gene codificante de uma subunidade do receptor NMDA foi nocauteado morriam na fase neonatal, impossibilitando a análise do papel do receptor na aprendizagem. Seguindo o protocolo da Figura 5-42, pesquisadores geraram camundongos nos quais o gene da subunidade do receptor estava inativado no hipocampo, mas expresso em outros tecidos. Os camundongos sobreviveram à vida adulta e apresentaram defeitos de aprendizagem e de memória, confirmando um papel para estes receptores na habilidade dos camundongos de codificar suas experiências em memória.

Alelos dominantes negativos podem inibir funcionalmente alguns genes

Em organismos diploides, como observado na Seção 5.1, o efeito fenotípico de um alelo recessivo é expresso apenas em indivíduos homozigotos, enquanto alelos dominantes são expressos em heterozigotos. Assim o in-

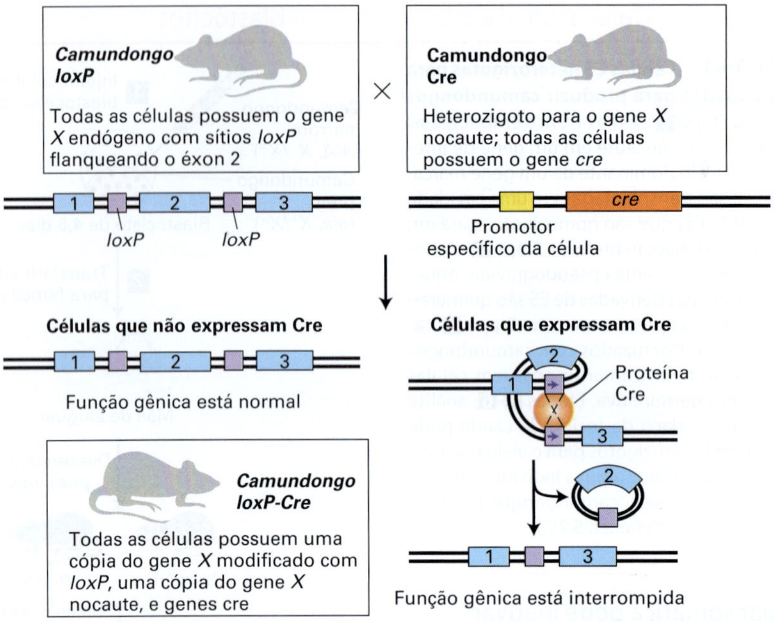

FIGURA EXPERIMENTAL 5-42 O sistema de recombinação *loxP*-Cre pode nocautear genes em tipos celulares específicos. Um sítio *loxP* (lilás) é inserido em cada extremidade do éxon essencial 2 do gene-alvo *X* (azul) por recombinação homóloga, produzindo um camundongo *loxP*. Uma vez que estão em íntrons, os sítios *loxP* não interrompem a função de *X*. O camundongo Cre porta um alelo nocaute do gene *X* e um gene *cre* (laranja) introduzido a partir do bacteriófago P1 ligado a um promotor específico (amarelo) da célula. O gene *cre* é incorporado ao genoma do camundongo por recombinação não homóloga e não afeta a função de outros genes. Nos camundongos *loxP*-Cre que resultam do cruzamento, a proteína Cre é produzida apenas naquelas células onde o promotor está ativo. Assim, estas são as únicas células nas quais a recombinação entre os sítios *loxP* catalisada por Cre ocorre, levando à deleção do éxon 2. Uma vez que o outro alelo é um nocaute de gene *X* constitutivo, a deleção entre os sítios *loxP* resulta em perda de função completa do gene *X* em todas as células expressando Cre. Utilizando diferentes promotores, pesquisadores podem estudar o efeito do silenciamento do gene *X* em vários tipos celulares.

divíduo precisa portar duas cópias de um alelo recessivo, mas apenas uma cópia de um alelo dominante para exibir os fenótipos correspondentes. Foi visto como linhagens de camundongos que são homozigotas para uma dada mutação-nocaute podem ser produzidas pelo cruzamento de indivíduos que são heterozigotos para a mesma mutação nocaute (ver Figura 5-41). Para experimentos com células de animais em cultivo, entretanto, é geralmente difícil interromper ambas as cópias de um gene para produzir um fenótipo mutante. Além disso, a dificuldade em produzir linhagens com ambas as cópias de um gene mutado com frequência é agravada pela presença de genes relacionados de função semelhante que devem também ser inativados para revelar um fenótipo visível.

Para certos genes, as dificuldades em produzir mutantes-nocaute homozigotos podem ser evitadas pelo uso de um alelo portador de uma mutação dominante negativa. Estes alelos são geneticamente dominantes; isto é, produzem um fenótipo mutante mesmo em células portadoras de uma cópia do gene selvagem. Contudo, ao contrário de outros tipos de alelos dominantes, alelos dominantes negativos produzem um fenótipo equivalente àquele da mutação de perda de função.

Alelos dominantes negativos úteis foram identificados para uma variedade de genes e podem ser introduzidos em células cultivadas por transfecção ou na linhagem germinativa de camundongos ou outros organismos. Em ambos os casos, o gene introduzido é integrado ao genoma por recombinação não homóloga. Os genes inseridos de maneira aleatória são chamados de **transgenes**; as células ou os organismos portadores são chamados de transgênicos. Transgenes portadores de um alelo dominante negativo geralmente são projetados de forma que o alelo seja controlado por um promotor regulado, permitindo a expressão da proteína mutante em tecidos diferentes em diferentes períodos de tempo. Como observado, a integração aleatória de DNA exógeno via recombinação não homóloga ocorre com frequência muito maior do que a inserção por recombinação homóloga. Devido a este fenômeno, a produção de camundongos transgênicos é um processo eficiente e direto (Figura 5-43).

Entre os genes que podem ser funcionalmente inativados pela introdução de um alelo dominante negativo estão aqueles que codificam pequenas proteínas (monoméricas) de ligação a GTP pertencentes à família das GTPases. Como examinado em vários capítulos posteriores, essas proteínas (p. ex., Ras, Rac, e Rab) atuam como disjuntores intracelulares. A conversão de pequenas GTPases do estado inativo ligado a GDP para um estado ativo ligado a GTP depende de sua interação com um fator de troca de nucleotídeo guanina correspondente (GEF). Uma pequena GTPase mutante que se liga de forma permanente à proteína GEF bloqueará a conversão de pequenas GTPases selvagens endógenas para o es-

ANIMAÇÃO TÉCNICA: Criando um camundongo transgênico

VÍDEO DE ANIMAÇÃO: DNA injetado no pró-núcleo de um zigoto murino

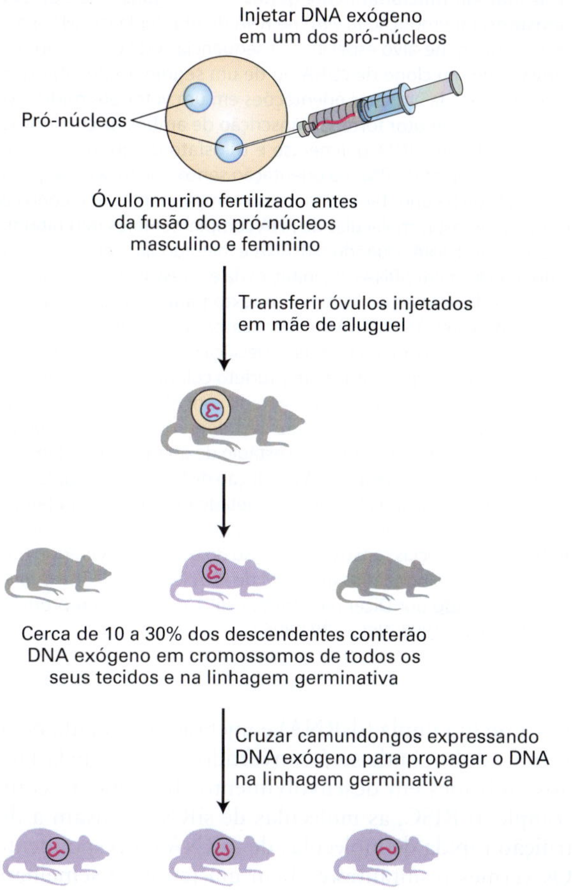

FIGURA EXPERIMENTAL 5-43 Camundongos transgênicos são produzidos pela integração aleatória de um gene exógeno na linhagem germinativa murina. DNA exógeno injetado em um dos dois pró-núcleos (os núcleos haploides masculino e feminino com os quais contribuem os genitores) tem uma boa chance de ser aleatoriamente integrado aos cromossomos do zigoto diploide. Como é integrado ao genoma hospedeiro por recombinação não homóloga, um transgene não interrompe genes endógenos. (Ver R. L. Brinster et al., 1981, *Cell* **27**:223.)

tado ativo ligado a GTP, impedindo-as, assim, de realizar suas funções de disjuntores (Figura 5-44).

O RNA de interferência causa a inativação gênica pela destruição do mRNA correspondente

O fenômeno conhecido como **RNA de interferência** (**RNAi**) talvez seja o método mais direto de inibir a função de genes específicos. Essa abordagem é tecnicamente mais simples do que os métodos já descritos para interrupção de genes. Inicialmente observado no verme cilíndrico *C. elegans*, o RNAi refere-se à capacidade que o RNA de fita dupla tem de bloquear a expressão de seu mRNA de fita simples correspondente, mas não aquela de mRNAs com uma sequência diferente.

Conforme descrito no Capítulo 8, o fenômeno do RNAi reside na capacidade geral que as células eucarióticas têm de clivar segmentos de RNA de fita dupla em segmentos curtos (23 nt) conhecidos como RNA inibitório pequeno (siRNA). A endonuclease de RNA que catalisa essa reação, conhecida como Dicer, é encontrada em todos os metazoários, mas não em eucariotos simples, como a levedura. As moléculas de siRNA, por sua vez, podem causar a clivagem de moléculas de mRNA de sequência correspondente, em uma reação catalisada por um complexo proteico conhecido como *RISC*. O RISC medeia o reconhecimento e a hibridização entre uma fita do siRNA e sua sequência complementar no mRNA-alvo; depois, nucleases específicas no complexo RISC clivam o híbrido mRNA-siRNA. Esse modelo representa a especificidade do RNAi, já que ele depende do pareamento de bases, e o seu potencial para silenciar a função gênica, já que o mRNA complementar é permanentemente destruído por degradação nucleolítica. A função normal de ambos Dicer e RISC é permitir a regulação gênica por pequenas moléculas de RNA endógenas conhecidas como microRNAs, ou miRNAs.

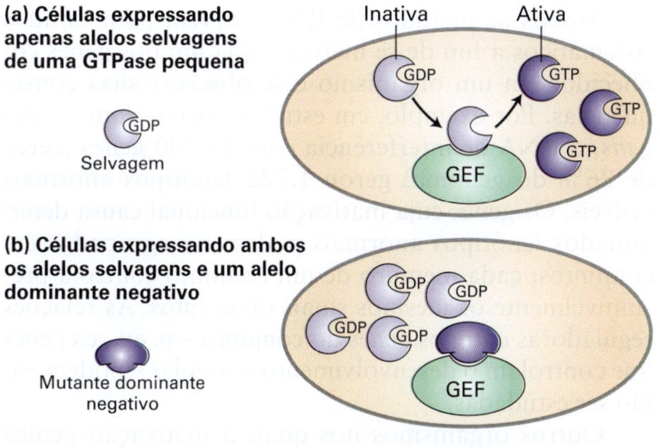

FIGURA 5-44 Inativação da função de uma GTPase selvagem pela ação de um alelo mutante dominante negativo. (a) GTPases (lilás) pequenas (monoméricas) são ativadas por sua interação com um fator de troca de nucleotídeo guanina (GEF), que catalisa a troca de GDP por GTP. (b) Introdução de um alelo dominante negativo de um gene de GTPase pequena em células cultivadas ou animais transgênicos leva à expressão de uma GTPase mutante que se liga a GEF, inativando-o. Como resultado, cópias selvagens endógenas da mesma GTPase pequena ficam presas no estado inativo ligadas a GDP. Um único alelo dominante negativo causa um fenótipo de perda de função nos heterozigotos semelhante àquele observado em homozigotos portadores de dois alelos de perda de função recessivos.

Pesquisadores exploram a via do microRNA para silenciar intencionalmente um gene de interesse usando um dos dois métodos gerais para produção de siRNAs de sequência definida. No primeiro método, um RNA de fita dupla correspondente à sequência do gene-alvo é produzido pela transcrição *in vitro* de ambas as cópias senso e antissenso da sequência (Figura 5-45a). O

RECURSO DE MÍDIA: RNA de interferência

FIGURA EXPERIMENTAL 5-45 O RNA de interferência (RNAi) pode inativar funcionalmente genes de *C. elegans* e de outros organismos. (a) Produção *in vitro* de RNA de fita dupla (dsRNA) para o RNAi de um gene-alvo específico. A sequência codificadora do gene, derivada de um clone de cDNA ou de um segmento de DNA genômico, é colocada em duas orientações em um vetor plasmidial adjacente a um promotor forte. A transcrição de ambos os construtos *in vitro* usando uma RNA-polimerase e trifosfato de ribonucleosídeos gera várias cópias de RNA na orientação senso (idênticas à sequência do mRNA) ou na orientação antissenso complementar. Sob condições apropriadas, estas moléculas de RNA complementares irão hibridizar para formar dsRNA. Quando o dsRNA é injetado nas células, ele é clivado por Dicer em siRNAs. (b) Inibição da expressão do RNA *mex3* em embriões do verme por RNAi (ver o texto para o mecanismo). (*À esquerda*) A expressão do RNA *mex3* em embriões foi investigada por hibridização *in situ* com uma sonda específica para este RNA, isto é, ligada a uma enzima que produz um produto colorido (lilás). (*À direita*) O embrião derivado de um verme injetado com RNA *mex3* de fita dupla produz pouco ou nenhum RNA *mex3* endógeno, como indicado pela ausência de cor. Cada embrião no estágio de quatro células tem cerca de 50 μm de comprimento. (c) A produção de RNA de fita dupla *in vivo* ocorre por meio de um plasmídeo projetado introduzido diretamente nas células. O construto gênico sintético é um arranjo sequencial de ambas as sequências senso e antissenso do gene-alvo. Quando transcrito, formam-se pequenos grampos de RNA (shRNA) de fita dupla. O shRNA é clivado por Dicer para formar siRNA. (Parte (b) reproduzida de A. Fire et al., 1998, *Nature* **391**:806.)

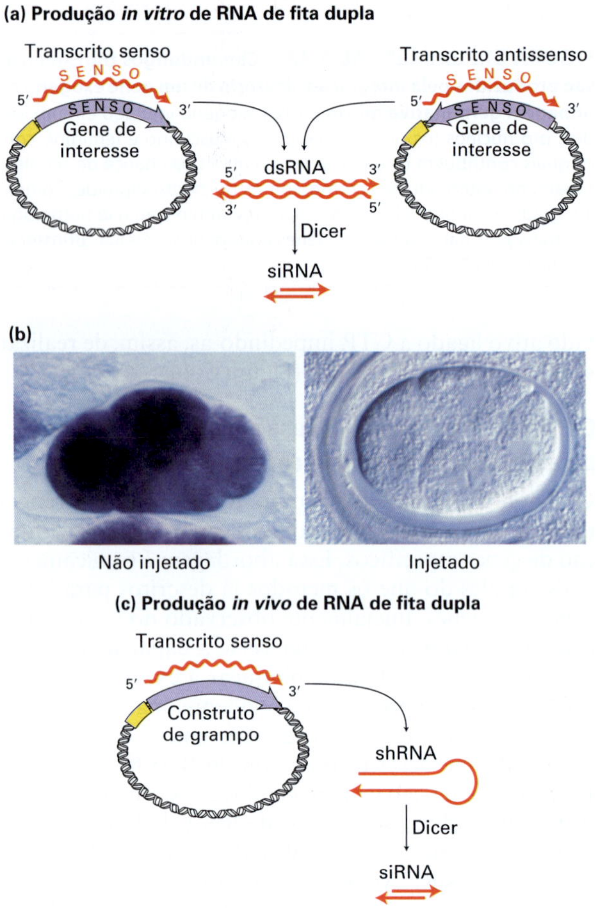

RNA de fita dupla (dsRNA) é injetado na gônada de um verme adulto, onde será convertido a siRNA pela Dicer nos embriões em desenvolvimento. Juntamente com o complexo RISC, as moléculas de siRNA causam a destruição rápida de moléculas de mRNA correspondentes. Os vermes resultantes exibem um fenótipo semelhante àquele que resultaria da interrupção do gene correspondente propriamente dito. Em alguns casos, a entrada de apenas algumas moléculas de um determinado dsRNA em uma célula é suficiente para inativar várias cópias do mRNA correspondente. A Figura 5-45b ilustra a capacidade que um dsRNA injetado tem de interferir na produção do mRNA endógeno correspondente em embriões de *C. elegans*. No experimento, os níveis de mRNA dos embriões foram determinados por hibridização *in situ*, como previamente descrito, usando-se uma sonda marcada fluorescentemente.

O segundo método consiste na produção de um RNA de fita dupla específico *in vivo*. Uma maneira eficiente para se fazer isso é expressar um gene sintético projetado para que contenha segmentos adjacentes de ambas as sequências senso e antissenso correspondentes ao gene-alvo (Figura 5-45c). Quando o gene é transcrito, um "grampo" de RNA de fita dupla se forma, sendo chamado de *pequeno grampo de RNA*, ou shRNA (de *small hairpin RNA*). O shRNA será clivado pela Dicer para formar moléculas de siRNA. Vetores de expressão lentivirais são particularmente úteis para introduzir genes sintéticos para expressão de construtos de shRNA em células animais.

Ambos os métodos de RNAi servem para estudos sistemáticos a fim de se inativar cada um dos genes conhecidos em um organismo e se observar suas consequências. Por exemplo, em estudos iniciais com *C. elegans*, o RNA de interferência com 16.700 genes (cerca de 86% do genoma) gerou 1.722 fenótipos anormais visíveis. Os genes cuja inativação funcional causa determinados fenótipos anormais podem ser agrupados em conjuntos; cada membro de um conjunto controla presumivelmente os mesmos sinais ou eventos. As relações reguladoras entre os genes do conjunto – p. ex., os genes que controlam o desenvolvimento muscular – podem então ser estudadas.

Outros organismos nos quais a inativação gênica mediada por RNAi foi bem-sucedida incluem *Drosophila*, vários tipos de plantas, peixe-zebra, o sapo *Xenopus* e camundongos, agora os sujeitos de triagens de RNAi de larga escala. Por exemplo, vetores lentivirais foram projetados para inativar por RNAi mais de 10.000 genes diferentes expressos em células de mamífero em cultura. A função dos genes inativados pode ser inferida a partir de defeitos no crescimento ou na morfologia dos clones de células transfectados com vetores lentivirais.

CONCEITOS-CHAVE da Seção 5.5

Inativando a função de genes específicos em eucariotos

- Uma vez que um gene é clonado, indícios importantes acerca de sua função normal *in vivo* podem ser obtidos a partir dos efeitos fenotípicos observados quando ele é mutado.
- Genes podem ser interrompidos em leveduras pela inserção de um gene de marcador de seleção em um alelo de um gene selvagem por meio da recombinação homóloga, produzindo um mutante heterozigoto. Quando um heterozigoto assim é esporulado, a interrupção de um gene essencial produzirá dois esporos haploides inviáveis (ver Figura 5-39).
- Um gene de levedura pode ser inativado de maneira controlada pelo uso do promotor *GAL1* para inativar a transcrição de um gene quando as células são transferidas para um meio com glicose.
- Em camundongos, genes modificados podem ser incorporados na linhagem germinativa em sua localização genômica original por recombinação homóloga, produzindo nocautes (ver Figuras 5-40 e 5-41). Camundongos-nocaute fornecem modelos para doenças genéticas humanas como a fibrose cística.
- O sistema de recombinação *loxP*-Cre permite a produção de camundongos nos quais um gene é nocauteado em um tecido específico.
- Na produção de células ou organismos transgênicos, DNA exógeno é integrado ao genoma do hospedeiro por recombinação não homóloga (ver Figura 5-43). A introdução de um alelo dominante negativo por esse modo pode inativar funcionalmente um gene sem alterar sua sequência.
- Em muitos organismos, incluindo o verme cilíndrico *C. elegans*, moléculas de RNA de fita dupla provocam a destruição de todas as moléculas de mRNA de mesma sequência (ver Figura 5-45). Esse fenômeno, conhecido como *RNAi* (*RNA de interferência*), fornece um meio específico e potente de inativação funcional de genes sem que se alterem suas estruturas.

Perspectivas

Conforme os exemplos neste capítulo e ao longo de todo o livro mostram, a análise genética é a base de nossa compreensão de muitos processos fundamentais em biologia celular. Examinando as consequências fenotípicas de mutações que inativam determinado gene, geneticistas conseguem conectar os conhecimentos acerca de sequência, estrutura e atividade bioquímica da proteína codificada com sua função no contexto de uma célula viva ou organismo multicelular. A abordagem clássica para o estabelecimento dessas conexões em seres humanos e organismos mais simples e experimentalmente acessíveis tem sido identificar novas mutações de interesse com base em seus fenótipos e, então, isolar o gene afetado e seu produto proteico.

Embora cientistas continuem usando essa clássica abordagem genética para dissecar processos celulares e rotas bioquímicas fundamentais, a disponibilidade de informação sobre sequências genômicas completas sobre a maioria dos organismos experimentais comuns mudou fundamentalmente a maneira como os experimentos genéticos são conduzidos. Utilizando vários métodos computacionais, cientistas identificaram as sequências de genes codificadores de proteínas da maioria dos organismos experimentais, inclusive *E. coli*, levedura, *C. elegans*, *Drosophila*, *Arabidopsis*, camundongo e seres humanos. As sequências gênicas, por sua vez, revelaram as sequências primárias de aminoácidos dos produtos proteicos codificados, fornecendo-nos uma lista quase completa das proteínas encontradas em cada um dos principais organismos experimentais.

A abordagem adotada pela maioria dos pesquisadores passou da descoberta de novos genes e proteínas para a descoberta das funções de genes e proteínas cujas sequências já são conhecidas. Uma vez identificado um gene interessante, a informação da sequência genômica acelera bastante a manipulação subsequente do gene, inclusive sua inativação projetada, de forma que mais possa ser aprendido sobre sua função.

Conjuntos de vetores para a inativação por RNAi da maioria dos genes definidos no nematoide *C. elegans* já permitem que triagens genéticas eficientes sejam realizadas neste organismo multicelular. Os métodos estão agora sendo aplicados em grandes coleções de genes de células de mamífero em cultura, e no futuro próximo, ou RNAi ou o método de nocaute terão sido empregados para inativar cada um dos genes de camundongo.

No passado, um cientista poderia passar muitos anos estudando apenas um único gene, mas hoje cientistas geralmente estudam conjuntos completos de genes ao mesmo tempo. Por exemplo, com os microarranjos de DNA o nível de expressão de todos os genes de um organismo pode ser medido tão facilmente quanto a expressão de um único gene. Um dos grandes desafios dos geneticistas no século XXI será explorar a grande quantidade de dados disponíveis sobre a função e regulação de genes individuais para entender como grupos de genes se organizam a fim de formarem rotas bioquímicas complexas e redes reguladoras.

Termos-chave

Revisão dos conceitos

1. Mutações genéticas podem fornecer ideias sobre os mecanismos de complexos processos celulares ou de desenvolvimento. Como sua análise de uma mutação genética poderia ser diferente, conforme determinada mutação seja recessiva ou dominante?
2. O que é uma mutação termossensível? Por que as mutações termossensíveis são úteis para revelar a função de um gene?
3. Descreva como a análise de complementação pode ser utilizada para determinar se duas mutações estão no mesmo gene ou em genes diferentes. Explique por que a análise de complementação não funcionará para mutações dominantes.
4. Jane isolou uma linhagem mutante de levedura que forma colônias vermelhas em vez de brancas quando crescida em uma placa. Para determinar o gene mutante, ela decidiu usar a complementação funcional com uma biblioteca de DNA que contém um marcador de seleção para lisina. Além da mutação gênica desconhecida, as leveduras são desprovidas do gene necessário à síntese dos aminoácidos leucina e lisina. Que meio Jane usará no cultivo de suas leveduras para assegurar que captem os plasmídeos da biblioteca? Como ela saberá quando um plasmídeo da biblioteca terá complementado a mutação de suas leveduras?
5. Enzimas de restrição e DNA-ligase desempenham papéis fundamentais na clonagem de DNA. Como uma bactéria que produz uma enzima de restrição não cliva seu próprio DNA? Descreva algumas características gerais dos sítios para enzimas de restrição. Quais são os três tipos de extremidades de DNA que podem ser gerados após sua clivagem com enzimas de restrição? Que reação é catalisada pela DNA-ligase?
6. Plasmídeos bacterianos com frequência são usados como vetores de clonagem. Descreva a característica essencial de um vetor plasmidial. Quais são as vantagens e aplicações dos plasmídeos como vetores de clonagem?
7. Uma biblioteca de DNA é uma coleção de clones, cada um deles contendo um fragmento diferente de DNA, inserido em um vetor de clonagem. Qual a diferença entre uma biblioteca de cDNA e uma de DNA genômico? Você gostaria de clonar o gene *X*, um gene expresso apenas em neurônios, em um vetor usando uma biblioteca como fonte para o inserto. Se você tivesse as seguintes bibliotecas à disposição (biblioteca genômica de células da pele, biblioteca de cDNA de células da pele, biblioteca genômica de neurônios, biblioteca de cDNA de neurônios), qual delas poderia usar e por quê?
8. Em 1993, Kary Mullis ganhou o Prêmio Nobel em Química por sua invenção do processo da PCR. Descreva os três passos em cada ciclo de uma reação de PCR. Por que a descoberta de uma DNA-polimerase termoestável (p. ex., *Taq*-polimerase) foi tão importante para o desenvolvimento da PCR?
9. *Southern* e *Northern blotting* são ferramentas poderosas em biologia molecular baseadas na hibridização de ácidos nucleicos. Como essas técnicas se assemelham? Como se diferenciam? Forneça algumas aplicações específicas para cada técnica de *blotting*.
10. Um número de proteínas exógenas foi expressa em células bacterianas e mamíferas. Descreva as características essenciais de um plasmídeo recombinante necessárias à expressão de um gene exógeno. Como você poderia modificar a proteína exógena para facilitar sua purificação? Qual é a vantagem de expressar uma proteína em células de mamíferos em vez de bactérias?
11. *Northern blotting*, RT-PCR e microarranjos podem ser usados na análise da expressão gênica. Um laboratório estuda células de levedura, comparando seu crescimento na presença de dois açúcares diferentes, glicose e galactose. Um aluno está comparando a expressão do gene *HMG2* sob diferentes condições. Quais técnica(s) ele poderia usar e por quê? Outro aluno quer comparar a expressão de todos os genes do cromossomo 4, os quais são cerca de 800. Qual técnica(s) ele poderia usar e por quê?
12. Na determinação da identidade de uma proteína que corresponde a um gene recém-descoberto, geralmente ajuda saber o padrão de expressão tecidual daquele gene. Por exemplo, pesquisadores descobriram que um gene chamado *SERPINA6* é expresso no fígado, no rim e no pâncreas, mas não em outros tecidos. Quais técnicas os pesquisadores poderiam usar para descobrir que tecidos expressam um determinado gene?
13. Polimorfismos de DNA podem ser usados como marcadores de DNA. Descreva as diferenças entre polimorfismos SNP e SSR. Como esses marcadores podem ser usados para estudos de mapeamento do DNA?
14. Como o mapeamento de desequilíbrio de ligação pode às vezes fornecer a localização de um gene com resolução muito maior do que o clássico mapeamento de ligação?
15. Estudos de ligação genética podem localizar apenas grosseiramente a posição cromossômica de um gene de "doença". Como a análise de expressão e a análise de sequências de DNA ajudam a localizar um gene de doença dentro da região identificada por mapeamento de ligação?

16. A capacidade de modificar seletivamente o genoma do camundongo revolucionou a genética murina. Faça um esquema demonstrando o procedimento para se gerar um camundongo-nocaute de um *locus* genético específico. Como o sistema *loxP*-Cre pode ser usado para nocautear um gene de maneira condicional? Que aplicação médica importante têm os camundongos-nocaute?
18. Dois métodos para inativar funcionalmente um gene sem alterar sua sequência incluem mutações dominantes negativas e RNA de interferência (RNAi). Descreva como cada método pode inibir a expressão de um gene.

Análise dos dados

1. Uma cultura de leveduras que requer uracila para crescer (*ura3*$^-$) foi mutagenizada, e duas colônias mutantes, X e Y, foram isoladas. Células de acasalamento do tipo **a** da colônia mutante X são cruzadas com células de acasalamento do tipo **α** da colônia Y para gerar células diploides. As células parentais (*ura3*$^-$), X, Y e diploides são semeadas em placas com ágar contendo uracila e incubadas a 23°C ou 32°C. O crescimento celular foi monitorado pela formação de colônias nas placas de cultura conforme demonstrado na figura abaixo.

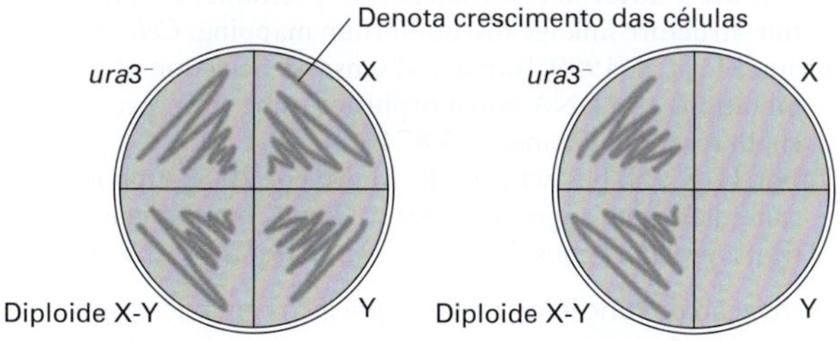

Crescimento a 23°C — Crescimento a 32°C

a. O que pode ser deduzido sobre os mutantes X e Y a partir dos dados fornecidos?

b. Uma biblioteca de cDNA de leveduras selvagens, preparada em um plasmídeo que contém o gene selvagem *URA3*$^+$, é usada para transformar células, as quais são então cultivadas como indicado. Cada ponto preto abaixo representa um único clone crescendo em uma placa de Petri. Quais são as diferenças moleculares entre os clones crescendo nas duas placas? Como os resultados podem ser usados para identificar o plasmídeo que contém uma cópia do gene *X* selvagem? Baseando-se nesses resultados, como pode a identidade do gene *X* ser descoberta?

Crescimento a 23°C em meio desprovido de uracila — Crescimento a 32°C em meio desprovido de uracila

c. DNA é extraído das células parentais, das células X e das células Y. Iniciadores para PCR são usados para amplificar o gene codificando X em ambas as células parental e células X. Os iniciadores são complementares a regiões do DNA que flanqueiam o gene codificando X. Os resultados da PCR são apresentados no gel à direita. O que pode ser deduzido sobre a mutação no gene X a partir desses dados?

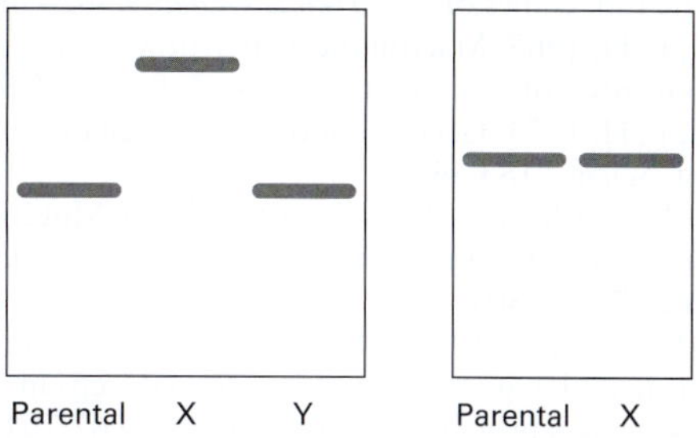

Southern — PCR

d. Um construto do gene selvagem *X* é projetado para codificar uma proteína de fusão na qual a proteína fluorescente verde (GFP) está presente na porção N-terminal (GFP-X) ou C-terminal (X-GFP) da proteína X. Ambos os construtos, presentes em um plasmídeo *URA3*$^+$, são usados para transformar células X crescidas na ausência de uracila. As transformantes são, então, monitoradas durante o crescimento a 32°C, mostrado abaixo à esquerda. À direita estão imagens fluorescentes típicas de células X-GFP e GFP-X crescidas a 23°C nas quais a cor verde denota a presença da proteína fluorescente verde. Que explicação sensata pode haver para o crescimento de células GFP-X, mas não de X-GFP, a 32°C?

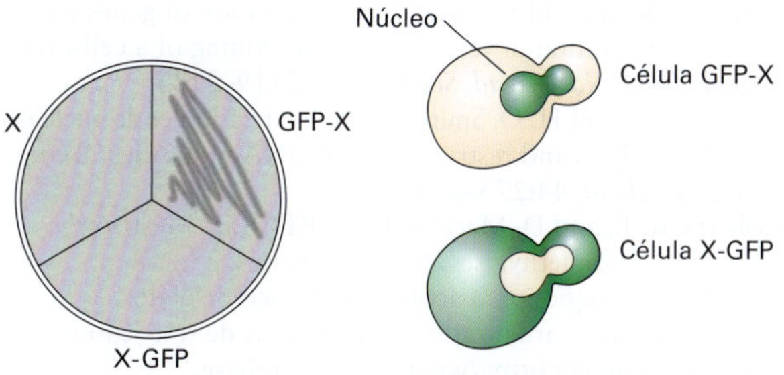

Crescimento a 32°C — Localização da GFP em células crescidas a 23°C

e. Descendentes haploides das células diploides da parte (a) são geradas. Mutantes duplos XY constituem ¼ destes descendentes. Células X e Y haploides, e células XY em cultivo líquido são sincronizadas em um estágio logo antes do brotamento e então passadas de 23°C para 32°C. O exame das células 24 horas depois revela que as células X pararam de proliferar com pequenos brotamentos, as células Y pararam de proliferar com grandes brotamentos, e as células XY pararam de proliferar com pequenos brotamentos. Qual é a relação entre X e Y?

Referências bibliográficas

Análise genética de mutações para identificação e estudo de genes

Adams, A. E. M., D. Botstein, and D. B. Drubin. 1989. A yeast actin-binding protein is encoded by *sac6*, a gene found by suppression of an actin mutation. *Science* **243**:231.

Griffiths, A. G. F., et al. 2000. *An Introduction to Genetic Analysis*, 7th ed. W. H. Freeman and Company.

Guarente, L. 1993. Synthetic enhancement in gene interaction: a genetic tool comes of age. *Trends Genet.* **9**:362–366.

Hartwell, L. H. 1967. Macromolecular synthesis of temperaturesensitive mutants of yeast. *J. Bacteriol.* **93**:1662.

Hartwell, L. H. 1974. Genetic control of the cell division cycle in yeast. *Science* **183**:46.

NŸsslein-Volhard, C., and E. Wieschaus. 1980. Mutations affecting segment number and polarity in *Drosophila. Nature* **287**:795–801.

Simon, M. A., et al. 1991. Ras1 and a putative guanine nucleotide exchange factor perform crucial steps in signaling by the sevenless protein tyrosine kinase. *Cell* **67**:701–716.

Tong, A. H., et al. 2001. Systematic genetic analysis with ordered arrays of yeast deletion mutants. *Science* **294**:2364–2368.

Clonagem e caracterização do DNA

Ausubel, F. M., et al. 2002. *Current Protocols in Molecular Biology.* Wiley.

Gubler, U., and B. J. Hoffman. 1983. A simple and very efficient method for generating cDNA libraries. *Gene* **25**:263–289.

Han, J. H., C. Stratowa, and W. J. Rutter. 1987. Isolation of full-length putative rat lysophospholipase cDNA using improved methods for mRNA isolation and cDNA cloning. *Biochem.* **26**:1617–1632.

Itakura, K., J. J. Rossi, and R. B. Wallace. 1984. Synthesis and use of synthetic oligonucleotides. *Ann. Rev. Biochem.* **53**:323–356.

Maniatis, T., et al. 1978. The isolation of structural genes from libraries of eucaryotic DNA. *Cell* **15**:687–701.

Nasmyth, K. A., and S. I. Reed. 1980. Isolation of genes by complementation in yeast: molecular cloning of a cell-cycle gene. *Proc. Nat'l Acad. Sci. USA* **77**:2119–2123.

Nathans, D., and H. O. Smith. 1975. Restriction endonucleases in the analysis and restructuring of DNA molecules. *Ann. Rev. Biochem.* **44**:273–293.

Roberts, R. J., and D. Macelis. 1997. REBASE – restriction enzymes and methylases. Nucl. Acids Res. 25:248-262. Informações para acessar um banco de dados continuamente atualizado sobre enzimas de restrição e modificação em http://www.neb.com/rebase.

Uso de fragmentos de DNA clonados para estudo da expressão gênica

Andrews, A. T. 1986. *Electrophoresis,* 2d ed. Oxford University Press.

Erlich, H., ed. 1992. *PCR Technology: Principles and Applications for DNA Amplification.* W. H. Freeman and Company.

Pellicer, A., M. Wigler, R. Axel, and S. Silverstein. 1978. The transfer and stable integration of the HSV thymidine kinase gene into mouse cells. *Cell* **41**:133–141.

Saiki, R. K., et al. 1988. Primer-directed enzymatic amplification of DNA with a thermostable DNA polymerase. *Science* **239**:487–491.

Sanger, F. 1981. Determination of nucleotide sequences in DNA. *Science* **214**:1205–1210.

Souza, L. M., et al. 1986. Recombinant human granulocytecolony stimulating factor: effects on normal and leukemic myeloid cells. *Science* **232**:61–65.

Wahl, G. M., J. L. Meinkoth, and A. R. Kimmel. 1987. Northern and Southern blots. *Meth. Enzymol.* **152**:572–581.

Wallace, R. B., et al. 1981. The use of synthetic oligonucleotides as hybridization probes. II: Hybridization of oligonucleotides of mixed sequence to rabbit β-globin DNA. *Nucl. Acids Res.* **9**:879–887.

Localização e identificação de genes de doenças humanas

Botstein, D., et al. 1980. Construction of a genetic linkage map in man using restriction fragment length polymorphisms. *Am. J. Genet.* **32**:314–331.

Donis-Keller, H., et al. 1987. A genetic linkage map of the human genome. *Cell* **51**:319–337.

Hartwell, L., et al. 2006. *Genetics: From Genes to Genomes.* McGraw-Hill.

Hastbacka, T., et al. 1994. The diastrophic dysplasia gene encodes a novel sulfate transporter: positional cloning by fine-structure linkage disequilibrium mapping. *Cell* **78**:1073.

Orita, M., et al. 1989. Rapid and sensitive detection of point mutations and DNA polymorphisms using the polymerase chain reaction. *Genomics* **5**:874.

Tabor, H. K., N. J. Risch, and R. M. Myers. 2002. Opinion: candidate-gene approaches for studying complex genetic traits: practical considerations. *Nat. Rev. Genet.* **3**:391–397.

Inativação da função de genes específicos em eucariotos

Capecchi, M. R. 1989. Altering the genome by homologous recombination. *Science* **244**:1288–1292.

Deshaies, R. J., et al. 1988. A subfamily of stress proteins facilitates translocation of secretory and mitochondrial precursor polypeptides. *Nature* **332**:800–805.

Fire, A., et al. 1998. Potent and specific genetic interference by double-stranded RNA in *Caenorhabditis elegans. Nature* **391**:806–811.

Gu, H., et al. 1994. Deletion of a DNA polymerase beta gene segment in T cells using cell type-specific gene targeting. *Science* **265**:103–106.

Zamore, P. D., et al. 2000. RNAi: double-stranded RNA directs the ATP-dependent cleavage of mRNA at 21 to 23 nucleotide intervals. *Cell* **101**:25–33.

Zimmer, A. 1992. Manipulating the genome by homologous recombination in embryonic stem cells. *Ann. Rev. Neurosci.* **15**:115.

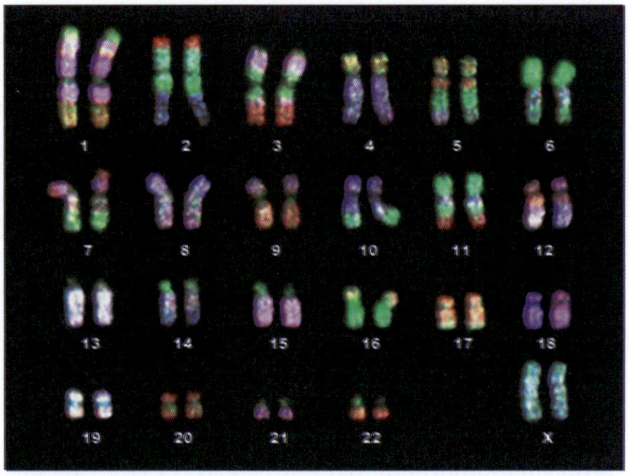

Os cromossomos marcados com a técnica de RxFish são ao mesmo tempo belos e úteis para a visualização de anomalias e para a comparação de cariótipos de diferentes espécies. (© Departamento de citogenética clínica, Hospital Addenbrookes/Photo Researciters, Inc.)

CAPÍTULO

6

Genes, genômica e cromossomos

SUMÁRIO

Em capítulos anteriores, foi discutido como a estrutura e a composição das proteínas permitem que elas desempenhem uma grande variedade de funções celulares. Também foi visto outro componente vital das células, os ácidos nucleicos, e o processo pelo qual a informação codificada na sequência de DNA é traduzida em proteína. Neste capítulo, nosso foco novamente será o DNA e as proteínas, à medida que serão consideradas as características dos genomas eucarióticos nuclear e organelar: as características dos genes e de outras sequências de DNA que compõem o genoma e o modo como as proteínas estruturam e organizam este DNA no interior da célula.

No início do século XXI, foi completado o sequenciamento de genomas inteiros de centenas de vírus, de bactérias e de um eucarioto unicelular, a levedura *S. cerevisae*. Atualmente, a maior parte da sequência genômica foi determinada também na levedura *S. pombe*, no vegetal simples *A. thaliana*, no arroz e em múltiplos animais multicelulares (**metazoários**), inclusive no nematódeo *C. elegans*, na mosca-da-fruta *D. melanogaster,* em camundongos, em humanos e pelo menos em um representante de cada um dos cerca de 35 filos de metazoários. A análise detalhada dos dados obtidos pelo sequenciamento revelou aspectos sobre a evolução, organização genômica e função gênica. Além disso, permitiu identificar genes previamente desconhecidos e estimar o número total de genes que codificam proteínas em cada genoma. Comparações entre sequências gênicas normalmente fornecem indicações para possíveis funções dos genes recém-identificados. A comparação das sequências genômicas e sua organização entre espécies também auxilia a compreensão da evolução dos organismos.

Surpreendentemente, o sequenciamento de DNA revelou que uma grande proporção do genoma de eucariotos superiores não codifica mRNAs ou qualquer outro RNA necessário ao organismo. É notável que este DNA não codificante constitui cerca de 98,5% do DNA cromossômico humano! O DNA não codificante presente nos organismos multicelulares contém diversas regiões semelhantes, mas não idênticas. As variações nas porções desses DNAs **repetitivos** entre indivíduos são tão impressionantes que cada pessoa pode ser distinguida por uma "impressão digital" de DNA baseada nas variações dessas sequências. Além disso, algumas sequências de DNA repetitivo não são encontradas em posições fixas do DNA de indivíduos da mesma espécie. Houve um tempo em que todo DNA não codificante era coletivamente chamado de "DNA-lixo", e considerava-se que não servia para nada. Hoje é possível entender a base evolucionária desse DNA extra e a sua variação na localização de determinadas sequências entre indivíduos. Os genomas celulares hospedam **elementos de DNA transponíveis (móveis)** capazes de se autocopiarem e de se deslocarem pelo genoma. Embora geralmente tenham pouca função no ciclo de vida de um organismo individual, os elementos móveis, ao longo da evolução, deram forma aos genomas e contribuíram para a rápida evolução dos organismos multicelulares.

Nos eucariotos superiores, as regiões de DNA que codificam as proteínas ou os RNAs funcionais – isso é, os **genes** – localizam-se nessa área aparentemente não funcional. Além do DNA não funcional *entre* os genes, os íntrons são comuns *dentro* dos genes dos animais e das plantas multicelulares. O sequenciamento dos genes que codificam a mesma proteína em várias espécies de eucariotos mostrou que a pressão evolutiva favorece a manutenção de sequências relativamente semelhantes nas regiões codificantes, os **éxons**. Em contrapartida, ocorre uma enorme variação na sequência dos íntrons, inclusive perda total, sugerindo que a maioria das sequências intrônicas tem pouco significado funcional. Entretanto, apesar de a maior parte da sequência de DNA dos íntrons não ser funcional, a existência de íntrons favoreceu a evolução de proteínas de múltiplos domínios comuns em eucariotos superiores. Permitiu também a rápida evolução de proteínas com novas combinações de domínios funcionais. Além disso, pequenos RNAs não codificantes chamados siRNAs e miRNAs, que regulam a tradução e estabilidade do mRNA, e também longos RNAs não codificantes que auxiliam a regular a transcrição por meio de sua influência na estrutura da cromatina, podem ser processados a partir de alguns íntrons (Capítulos 7 e 8).

As mitocôndrias e os cloroplastos também contêm DNA que codificam proteínas essenciais à função dessas organelas vitais. Será visto que os DNAs mitocondriais e de cloroplastos são resquícios evolucionários de suas origens. Comparações entre sequências de DNA de diferentes classes de bactérias e genomas de mitocôndrias e cloroplastos demonstraram que essas organelas surgiram a partir de eubactérias intracelulares que desenvolveram uma relação simbiótica com células eucarióticas ancestrais.

O comprimento total do DNA celular impõe um problema importante para as células. O DNA de uma única célula humana, com cerca de 2 metros de comprimento total, deve ser acondicionado dentro de uma célula com um diâmetro menor do que 10 μm, em uma proporção de compactação de mais de 10^5. Em termos relativos, se uma célula tivesse 1 centímetro de diâmetro (o tamanho de uma ervilha), o comprimento do DNA compactado no seu núcleo seria cerca de 2 quilômetros! Proteínas eucarióticas especializadas, associadas ao DNA nuclear, fazem, de modo avançado, a compactação e a organização do DNA a fim de acomodá-lo no núcleo. Ao mesmo tempo, este DNA altamente compactado precisa ser acessado de imediato para transcrição, replicação e reparo de lesões, sem que as longas moléculas de DNA sofram emaranhamentos ou quebras. Além disso, a integridade do DNA deve ser mantida durante a divisão celular quando é dividido em células-filhas. Nos eucariotos, o complexo de DNA e proteínas que o organizam,

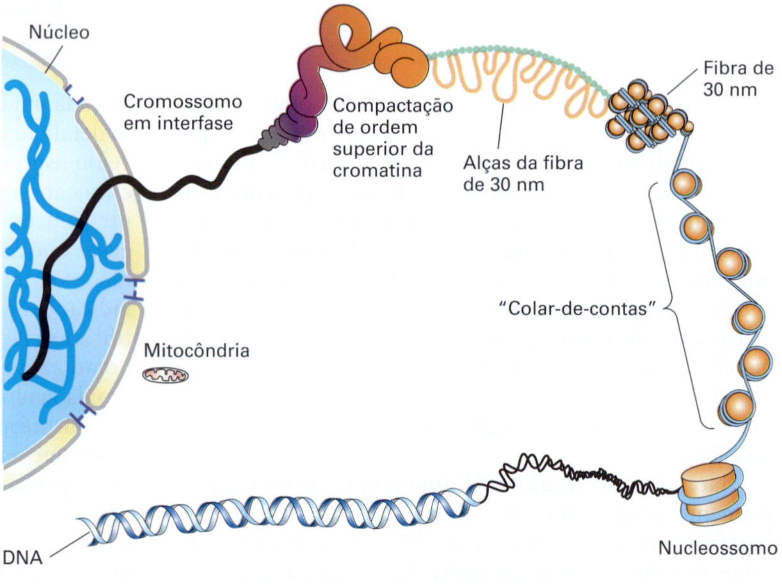

Principais tipos de sequências de DNA	
Genes de cópia simples	Sequência simples de DNA
Famílias de genes	Elementos de DNA transponíveis
Genes repetidos consecutivos	DNA espaçador
Íntrons	

FIGURA 6-1 Visão geral da estrutura dos genes e dos cromossomos. O DNA dos eucariotos superiores consiste em sequências únicas e repetidas. Apenas cerca de 1,5% do DNA humano codifica proteínas e RNAs funcionais, bem como sequências reguladoras que controlam sua expressão; o restante é simplesmente DNA entre os genes e íntrons dentro dos genes. A maior parte desse DNA, cerca de 45% em humanos, deriva de elementos de DNA móvel, simbiontes genéticos que contribuíram para a evolução dos genomas contemporâneos. Cada cromossomo consiste em uma única molécula longa de DNA, de até 280 Mb nos humanos, organizada em níveis crescentes de condensação por proteínas histonas e não histonas, com as quais está intimamente associada. Moléculas de DNA muito menores estão localizadas nas mitocôndrias e nos cloroplastos.

chamado **cromatina**, pode ser visualizado como **cromossomos** individuais durante a mitose. Como será visto neste e no próximo capítulo, a organização do DNA em cromatina permite um mecanismo para regulação da expressão gênica que não é encontrado em bactérias.

As primeiras cinco seções deste capítulo fornecem uma visão geral do cenário de genes e genomas de eucariotos. Primeiramente, serão discutidas a estrutura dos genes eucarióticos e as complexidades que surgem nos organismos superiores em função do processamento dos precursores de mRNA em mRNAs de processamento alternativo. A seguir, serão consideradas as principais classes de DNA eucariótico e as propriedades especiais dos elementos de DNA transponíveis e sua influência nos genomas contemporâneos. Depois será abordado o DNA das organelas e como ele difere do DNA nuclear. Esses conceitos irão nos preparar para discutir **genômica**, isto é, métodos baseados em computação para análise e interpretação de enormes quantidades de dados. As duas seções finais do capítulo abordam como o DNA está fisicamente organizado nas células eucarióticas. Será analisado o acondicionamento do DNA e das proteínas **histonas**, em estruturas compactas e complexas denominadas **nucleossomos**, que formam as unidades fundamentais da cromatina, a estrutura em grande escala dos cromossomos e os elementos funcionais necessários para a duplicação e segregação destes. A Figura 6-1 fornece um panorama geral da inter-relação dessas estruturas. A compreensão dos genes, da genômica e dos cromossomos, adquirida neste capítulo, irá nos preparar para explorar como a síntese e a concentração de cada proteína e RNA funcional em uma célula são reguladas nos dois próximos capítulos.

6.1 Estrutura gênica dos eucariotos

Em termos moleculares, um gene costuma ser definido como *a sequência completa de ácidos nucleicos necessária para a síntese de um produto gênico funcional (polipeptídeo ou RNA)*. De acordo com essa definição, o gene inclui mais do que os nucleotídeos que codificam a sequência dos aminoácidos de uma proteína, chamada de *região codificante*. O gene inclui, também, todas as sequências necessárias para a síntese de um determinado transcrito de RNA, independentemente do local onde estas estão localizadas em relação à região codificante. Por exemplo, nos genes eucarióticos as regiões de controle da transcrição, conhecidas como **amplificadores** (***enhancers***), podem estar a uma distância de 50 kb ou mais da região codificante. Como visto no Capítulo 4, outras regiões não codificantes fundamentais nos genes eucarióticos incluem os promotores, bem como as sequências que especificam a clivagem e a poliadenilação da extremidade 3´, conhecidas como sítios poli(A), e o processamento (*splicing*) do RNA primário, conhecido como *sítios de processamento* (ver Figura 4-15). As mutações nas sequências que controlam o início da transcrição e o processamento afetam a expressão de um mRNA funcional, produzindo fenótipos distintos nos organismos mutantes. Os vários elementos de controle dos genes são discutidos em detalhes nos Capítulos 7 e 8.

Apesar de a maioria dos genes ser transcrita em mRNAs que codificam proteínas, algumas sequências de DNA são transcritas em RNAs que não codificam proteínas (como tRNAs e rRNAs descritos no Capítulo 4, e miRNAs e siRNAs que controlam a tradução e estabilidade dos mRNAs, discutidos no Capítulo 8). Como as sequências de DNA que codificam tRNAs e rRNAs, miRNAs e siRNAs podem causar fenótipos específicos quando mutadas, essas regiões do DNA geralmente são denominadas de *genes* de tRNAs e rRNAs, mesmo que os produtos finais desses genes sejam moléculas de RNA, e não proteínas.

Nesta seção, serão discutidos a estrutura de genes de bactérias e eucariotos e como suas respectivas estruturas influenciam a expressão gênica e a evolução.

A maioria dos genes de eucariotos contém íntrons e produz mRNAs que codificam uma única proteína

Como discutido no Capítulo 4, muitos mRNAs bacterianos (p. ex., o mRNA codificado pelo óperon *trp*) incluem a região codificante de diversas proteínas que atuam juntas em um mesmo processo biológico. Esses mRNAs são denominados *policistrônicos*. (Um *cístron* é uma unidade genética que codifica um único polipeptídeo.) Em contrapartida, a maioria dos mRNAs eucarióticos são **monocistrônicos**; isto é, cada molécula de mRNA codifica um único polipeptídeo. A diferença entre os mRNAs poli e monocistrônicos correlaciona-se com uma diferença fundamental na sua tradução.

Em um mRNA policistrônico bacteriano, há um sítio de ligação ao ribossomo próximo ao local de início de cada uma das regiões codificantes, ou cístrons, no mRNA. O início da tradução pode ocorrer a partir de qualquer um desses sítios internos, produzindo múltiplas proteínas (ver Figura 4-13a). Na maior parte dos mRNAs eucarióticos, porém, a estrutura presente na extremidade 5´ (*5´-cap*) promove a ligação do ribossomo, e a tradução inicia no códon de início AUG mais próximo (ver Figura 4-13b). Assim, a tradução inicia apenas nesse local. Em muitos casos, os transcritos primários dos genes que codificam as proteínas eucarióticas são processados em um único tipo de mRNA, traduzido em um único tipo de polipeptídeo (ver Figura 4-15).

Ao contrário dos genes das bactérias e das leveduras, que normalmente não possuem íntrons, a maioria dos genes dos organismos multicelulares animais e vegetais possui íntrons que são removidos durante o processamento do RNA no núcleo antes que o mRNA processado seja exportado ao citosol para tradução. Em muitos casos, os íntrons de um gene são consideravelmente maiores do que os éxons. O comprimento médio de um íntron humano é 3,3 kb. Alguns, porém, são muito maiores: o maior íntron humano conhecido tem 17.106 pb e está no gene *titin*, que codifica uma proteína estrutural das células musculares. Em comparação, a maioria dos éxons humanos contém de 50 a 200 pares de bases. Um gene humano típico que codifica uma proteína de tamanho médio tem cerca de 50 mil pares de bases, porém mais de 95% dessa sequência consiste em íntrons e regiões não codificantes nas extremidades 5´ e 3´.

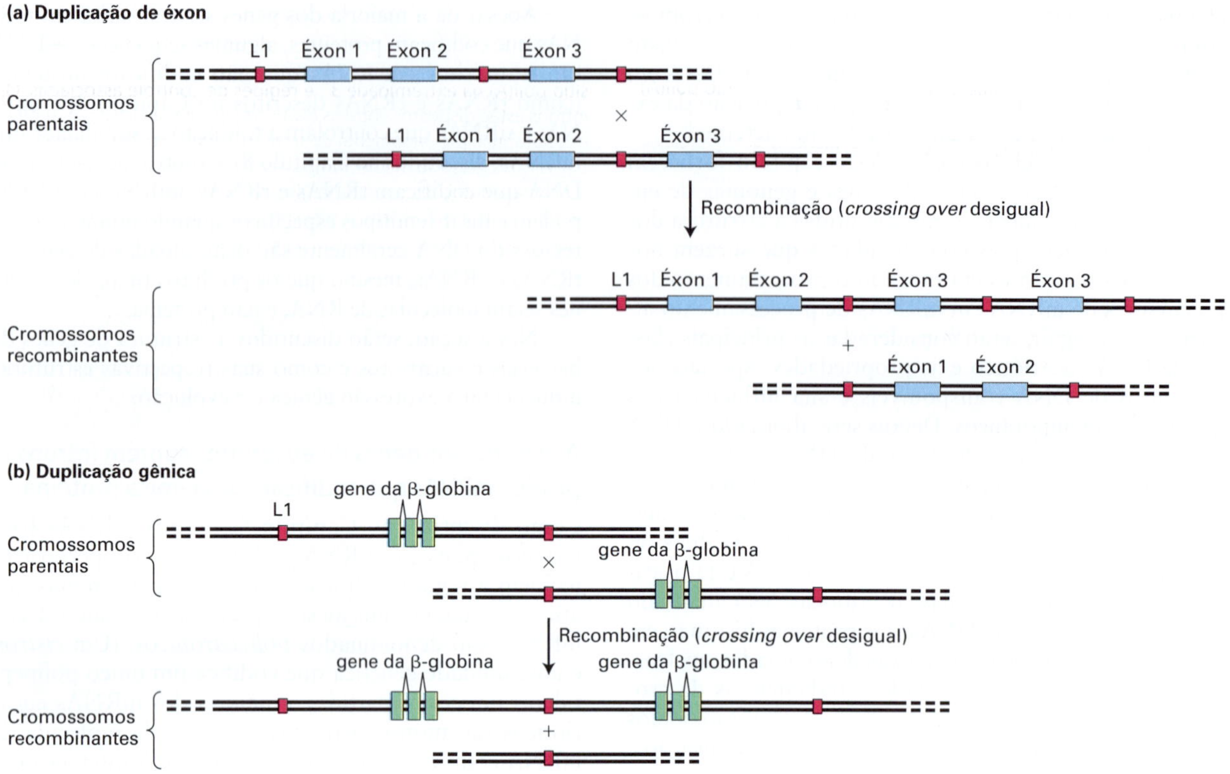

FIGURA 6.2 Éxons e duplicação gênica. (a) A duplicação gênica resulta do *crossing over* desigual durante a meiose. Cada cromossomo parental (*parte superior*) contém um gene ancestral com três éxons e dois íntrons. Sequências homólogas L1 não codificantes estão nas extremidades 5' e 3' do gene, bem como no íntron entre os éxons 2 e 3. Como visto adiante, as sequências L1 foram repetidamente transpostas a novos sítios no genoma humano durante a evolução, de modo que todos os cromossomos as contêm. Os cromossomos paterno e materno estão deslocados entre si para alinhar as sequências L1. A recombinação homóloga entre as sequências L1 mostradas produz um cromossomo recombinante contendo um gene que possui agora quatro éxons (duas cópias do éxon 3) e um cromossomo com a perda do éxon 3. (b) O mesmo processo pode produzir duplicações de genes inteiros. Cada cromossomo parental (*parte superior*) contém um gene ancestral da β-globina. Após a recombinação desigual entre as sequências L1, mutações independentes subsequentes nos genes duplicados podem provocar alterações sutis e resultar em proteínas codificadas com propriedades funcionais um pouco distintas. A recombinação desigual também pode resultar de recombinações raras entre sequências não relacionadas. (Parte (b) ver D. H. A. Fitch et al., 1991, *Proc. Nat'l Acad. Sci. USA* **88**:7396.)

Diversas proteínas maiores, em organismos superiores, possuem domínios repetidos e são codificadas por genes que contêm repetições de éxons semelhantes, separados por íntrons de comprimento variável. Um exemplo é a fibronectina, um componente da matriz extracelular. O gene da fibronectina contém múltiplas cópias de cinco tipos de éxons (ver Figura 4-16). Estes genes evoluíram pela duplicação consecutiva do DNA que codifica o éxon, provavelmente por *crossing over* desigual durante a meiose, como mostra a Figura 6-2a.

Unidades de transcrição simples e complexas são encontradas nos genomas eucarióticos

O grupo de genes que forma um óperon bacteriano consiste em uma única **unidade de transcrição**, transcrita a partir de um determinado promotor da sequência de DNA até o sítio de terminação, produzindo um único transcrito primário. Em outras palavras, os genes e as unidades de transcrição, normalmente, são distintos nos procariotos, uma vez que uma única unidade de transcrição contém vários genes que fazem parte de um mesmo óperon. Em contrapartida, a maioria dos genes eucarióticos são expressos a partir de unidades de transcrição independentes, e cada mRNA é traduzido em uma única proteína. As unidades de transcrição dos eucariotos, entretanto, são classificadas em dois tipos, dependendo do destino do transcrito primário. O transcrito primário produzido a partir de uma unidade de transcrição *simples*, como a que codifica a β-globina (Figura 4-15) é processado e produz um único tipo de mRNA que codifica uma única proteína. As mutações nos éxons, nos íntrons e nas regiões de controle transcricional podem influenciar a expressão da proteína codificada por uma unidade de transcrição simples (Figura 6-3a). Em humanos, casos de unidades de transcrição simples como a β-globina são raros. Aproximadamente 90% das unidades de transcrição em humanos são *complexas*. O transcrito primário de RNA pode ser processado de mais de uma forma, resultando na formação de mRNAs contendo diferentes éxons. Cada mRNA alternativo, porém, é monocistrônico e traduzido em um único polipeptídeo; a tradução inicia normalmente no primeiro AUG do mRNA. Diversos mRNAs podem ser originados

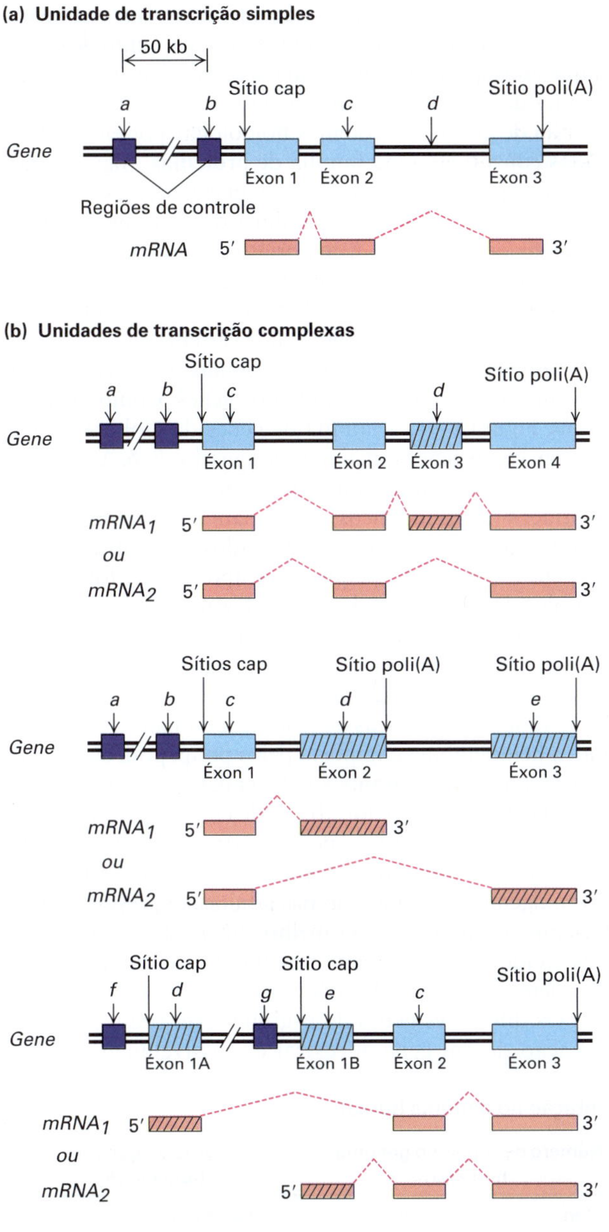

FIGURA 6-3 Unidades de transcrição simples e complexa de eucariotos. (a) Uma unidade de transcrição simples inclui uma região que codifica uma proteína, estendo-se do sítio de 5′-cap até o sítio poli(A) na extremidade 3′, e regiões de controle associadas. Os íntrons estão dispostos entre os éxons (retângulos azuis) e são removidos durante o processamento do transcrito primário (linha pontilhada em vermelho); logo, não estão presentes no mRNA monocistrônico funcional. Mutações em uma região de controle transcricional (*a, b*) podem reduzir ou impedir a transcrição, diminuindo ou eliminando a síntese da proteína codificada. Uma mutação em um éxon (*c*) pode resultar em uma proteína anormal com atividade diminuída. Uma mutação em um íntron (*d*) que introduz um novo sítio de processamento resulta em um mRNA com processamento anormal codificando uma proteína não funcional. (b) Unidades de transcrição complexa produzem transcritos primários que serão processados de formas alternativas. (*Parte superior*) Se o transcrito primário contiver sítios de processamento alternativos, poderá ser processado em mRNAs com os mesmos éxons nas 5′e 3′, mas os éxons internos serão diferentes. (*Parte central*) Se um transcrito primário possuir dois sítios poli(A), poderá ser processado em mRNAs com éxons de 3′alternativos. (*Parte inferior*) Se promotores alternativos (*f* ou *g*) estiverem ativos em tipos celulares diferentes, o $mRNA_1$, produzido no tipo celular onde *f* está ativado, possuirá um éxon diferente (1A) comparado ao $mRNA_2$, produzido no tipo celular em que *g* está ativado (e onde o éxon 1B é utilizado). Mutações nas regiões de controle (*a* e *b*) e aquelas designadas *c*, dentro de éxons compartilhados pelos diferentes mRNAs alternativos, afetam as proteínas codificadas por ambas formas de mRNAs. Em contrapartida, mutações (designadas *d* e *e*) em éxons pertencentes a um único tipo de mRNA com processamento alternativo afetam somente a proteína traduzida a partir deste mRNA. Para genes transcritos a partir de diferentes promotores em tipos celulares diversos (*Parte inferior*), mutações nas diferentes regiões de controle (*f* e *g*) afetam a expressão apenas no tipo celular no qual esta determinada região está ativa.

a partir do mesmo transcrito primário, de três maneiras diferentes, como ilustrado na Figura 6-3b.

Exemplos dos três tipos de processamento alternativo de RNA ocorrem durante a diferenciação sexual da *Drosophila* (ver Figura 8-16). Geralmente, um mRNA é produzido pela unidade de transcrição complexa em alguns tipos celulares, e um mRNA alternativo é formado em outros tipos celulares. Por exemplo, o **processamento alternativo** do transcrito primário da fibronectina nos fibroblastos e nos hepatócitos determina se as proteínas secretadas incluem o domínio que se adere à superfície celular ou não (ver Figura 4-16). O fenômeno do processamento alternativo aumenta significativamente o número de proteínas codificadas nos genomas dos organismos superiores. Estima-se que 90% dos genes humanos estejam contidos em unidades de transcrição complexas que produzem mRNAs alternativos e codificam proteínas com funções distintas, como as formas de fibronectina nos fibroblastos e hepatócitos.

A relação entre uma mutação e um gene não é direta nas unidades de transcrição complexa. Por um lado, mutações na região de controle ou em um éxon compartilhado por outros mRNAs alternativos afetarão todas as proteínas alternativas por ele codificadas. Por outro lado, mutações em um éxon presente em apenas uma das formas de mRNA alternativo afetarão apenas a proteína codificada por esse mRNA. Como explicado no Capítulo 5, os testes de ***complementação genética*** são normalmente utilizados para investigar se duas mutações estão no mesmo gene ou em genes diferentes (ver Figura 5-7). Contudo, na unidade de transcrição complexa mostrada na Figura 6-3b (*Parte central*), as mutações *d* e *e* seriam complementares uma à outra em um teste de complementação genética, ainda que ocorram no mesmo gene. Isso acontece porque um cromossomo com a mutação *d* pode expressar uma proteína normal codificada pelo $mRNA_2$, e um cromossomo com a mutação *e* pode expressar uma proteína normal codificada pelo $mRNA_1$. Os dois mRNAs produzidos por este gene estariam presentes em uma célula diploide contendo as duas mutações e produziriam os dois produtos proteicos com um fenótipo selvagem. Por outro lado, um cromossomo com a mutação *c* em um éxon comum aos dois mRNAs não complementaria a mutação *d* nem a *e*. Em outras palavras, a mutação *c* estaria no mesmo grupo de complementação que as mutações *d* e *e*, mesmo que as mutações *d* e *e* não estejam no mesmo grupo de complementação! Devido a essas complicações na definição genética de um gene, a definição genômica apresentada no início da seção é mais usada. No caso de genes que codificam proteínas, um gene é a sequência de DNA transcrita em um pré-mRNA precursor, equivalente a uma unidade de transcrição, mais os outros elementos reguladores necessários à síntese do transcrito primário. As várias proteínas codificadas pelos mRNAs do processamento alternativo expressos pelo mesmo gene são chamadas **isoformas**.

Os genes que codificam as proteínas podem ser únicos ou estar agrupados em famílias

As sequências de nucleotídeos em um DNA cromossômico podem ser classificadas de acordo com a sua estrutura e função, como apresentado na Tabela 6-1. Serão analisadas as propriedades de cada classe, começando pelos genes que codificam as proteínas, que incluem dois grupos.

Nos organismos multicelulares, de 25 a 50% dos genes que codificam proteínas estão representados uma única vez no genoma haploide e, portanto, são chamados genes *únicos*. Um exemplo bem estudado de um gene único é o que codifica a lisozima em aves. A sequência de DNA codificante de 15 kb consiste em uma unidade de transcrição simples com quatro éxons e três íntrons. As regiões que a flanqueiam, estendendo-se por cerca de 20 kb anterior e posterior à unidade de transcrição, não codificam nenhum mRNA detectável. A lisozima, uma enzima que cliva os polissacarídeos da parede celular bacteriana, é um componente abundante da clara do ovo de galinha, também encontrada nas lágrimas humanas. A atividade da lisozima auxilia na manutenção da esterilidade na superfície do olho e no ovo.

Os genes *duplicados* constituem o segundo grupo de genes que codificam proteínas. Esses genes possuem sequências semelhantes, mas não idênticas, normalmente com 5 a 50 kb de distância entre si. Um conjunto de genes duplicados que codificam proteínas com sequências semelhantes de aminoácidos, mas não idênticas, é chamado de **família de genes**; as proteínas homólogas por eles codificadas constituem uma **família de proteínas**. Algumas famílias de proteínas, como as proteínas-cinases, os fatores de transcrição e as imunoglobulinas dos vertebrados, têm centenas de membros. A maioria das famílias de proteínas, porém, possui até 30 membros, como as proteínas do citoesqueleto, a cadeia pesada da miosina, a ovalbumina de galinha e as α e β –globinas dos vertebrados.

Os genes que codificam as globinas tipo β consistem em um bom exemplo de família de genes. Como mostrado na Figura 6-4a, a família de genes da globina tipo β contém cinco genes funcionais designados β, δ, A_γ, G_γ e ε; os peptídeos são designados da mesma forma. Dois polipeptídeos tipo β idênticos se associam a dois polipeptídeos de α-globina idênticos (codificados por outra família de genes) e a quatro pequenos grupos heme, formando a molécula de hemoglobina (ver Figura 3-13). Todas as hemoglobinas formadas pelas diferentes globinas tipo β transportam oxigênio no sangue, mas exibem algumas propriedades diferentes que são mais ou menos adequadas a funções específicas da fisiologia humana. Por exemplo, a hemoglobina composta pelos polipeptídeos A_γ e G_γ é expressa apenas durante a vida fetal. Como essas hemoglobinas fetais têm maior afinidade com oxigênio do que as hemoglobinas adultas, podem extrair oxigênio da circulação materna através da placenta. A menor afinidade por oxigênio nas hemoglobinas adultas, expressas após o nascimento, permite uma melhor liberação do oxigênio nos tecidos, especialmente nos músculos, que têm uma alta demanda de oxigênio durante o exercício.

Os diferentes genes da β-globina surgiram pela duplicação de um gene ancestral e, possivelmente, como

TABELA 6-1 Principais classes de DNA eucariótico e sua representação no genoma humano

Classe	Comprimento	Número de cópias no genoma humano	Fração do genoma humano (%)
Genes que codificam proteínas	0,5 a 2.200 kb	≈25.000	≈55* (11,8)†
Genes repetidos e consecutivos			
U2 snRNA	6,1 kb‡	≈20	<0,001
rRNAs	43 kb‡	≈300	0,4
DNA repetitivo			
Sequências simples	1 a 500 pb	Variável	≈ 6
Repetições intercaladas			
Transposons de DNA	2 a 3 kb	300.000	3
Retrotransposons LTR	6 a 11 kb	440.000	8
Retrotransposons não LTR			
LINEs	6 a 8 kb	860.000	21
SINEs	100 a 400 pb	1.600.000	13
Pseudogenes processados	Variável	1-≈100	≈0,4
DNA espaçador não classificado§	Variável	n.a.	≈ 25

* Unidades de transcrição completas, incluindo íntrons.
† Unidades de transcrição sem incluir íntrons. Regiões que codificam proteínas (éxons) totalizam 1,1% do genoma.
‡ Comprimento de cada repetição em uma sequência repetida consecutiva.
§ Sequências entre unidades de transcrição que não são repetidas no genoma; n.a. = não se aplica.
FONTE: International Human Genome Sequencing Consortium, 2001, *Nature* **409**:860 e 2004, *Nature* **431**:931.

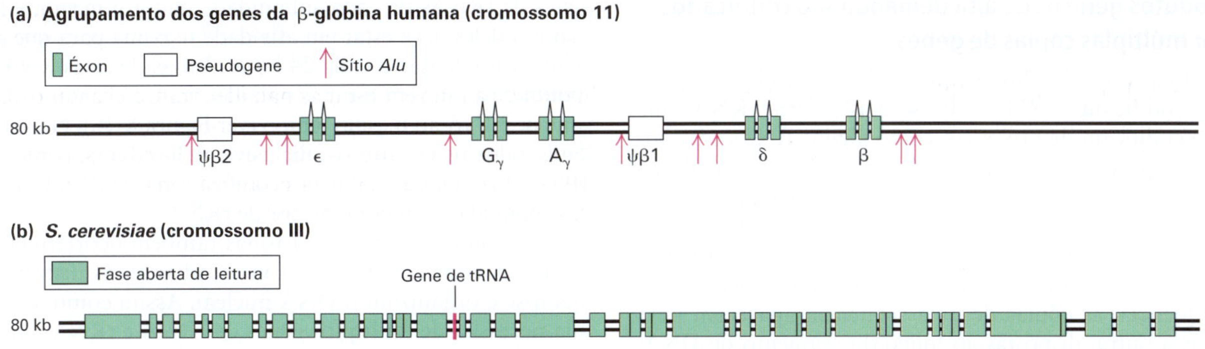

FIGURA 6-4 Comparação da densidade gênica em eucariotos superiores e inferiores. (a) No diagrama do agrupamento de genes da β-globina humana no cromossomo 11, os retângulos (em verde) representam os éxons dos genes relacionados à β-globina. Os éxons processados juntos para formar um mRNA estão conectados por pequenos picos. Este agrupamento contém dois pseudogenes (em branco) que são relacionados aos genes funcionais de globina, mas não são transcritos. Cada seta vermelha indica a localização de uma sequência *Alu* repetida não codificante com cerca de 300 pb, abundante no genoma humano. (b) No diagrama do cromossomo III do DNA da levedura, os retângulos (em verde) indicam as fases abertas de leitura. A maioria delas são sequências codificantes de proteínas em potencial e, provavelmente, genes funcionais sem íntrons. Uma proporção muito maior de sequências não codificantes está presente no DNA humano em comparação ao da levedura. (Parte (a), F. S. Collins and S. M. Weissman, 1984, *Prog. Nucl. Acid Res. Mol. Biol.* **31**:315. Parte (b), S. G. Oliver et al., 1992, *Nature* **357**:28.)

resultado de um "crossing-over desigual" durante a recombinação meiótica, no desenvolvimento de uma célula germinativa (óvulo ou espermatozoide) (Figura 6-2b). Ao longo da evolução essas duas cópias dos genes resultantes acumularam mutações aleatórias; as mutações benéficas, que conferiram um aprimoramento na função básica da hemoglobina de transportar oxigênio, foram mantidas pela seleção natural, resultando na *derivação da sequência*. Acredita-se que as duplicações gênicas repetidas e as subsequentes derivações de sequência originaram os genes da β-globina contemporâneos, presentes nos humanos e em outros mamíferos.

Duas regiões no agrupamento dos genes da β-globina humana contêm sequências não funcionais, chamadas **pseudogenes**, semelhantes às sequências funcionais desses genes (Figura 6-4a). A análise das sequências mostrou que esses pseudogenes têm a mesma estrutura de éxons e íntrons dos genes funcionais da β-globina, sugerindo que foram originados pela duplicação do mesmo gene ancestral. Entretanto, havia uma baixa pressão seletiva para manter a função desses genes. Em consequência, a derivação da sequência durante a evolução produziu sequências que finalizam a tradução precocemente ou impedem o processamento do mRNA, resultando em regiões não funcionais. Como os pseudogenes não são prejudiciais, permaneceram no genoma e marcaram a localização da duplicação gênica que ocorreu em um de nossos ancestrais.

A *duplicação de segmentos* de um cromossomo é relativamente frequente durante a evolução de plantas e animais multicelulares. Assim, uma grande fração dos genes nesses organismos se duplica, permitindo que o processo de derivação de sequência produza famílias de genes e pseudogenes. A extensão da divergência de sequências em cópias duplicadas do genoma e a caracterização das sequências homólogas nos genomas de organismos relacionados permitem que se estime o período na história evolucionária em que a duplicação ocorreu.

Por exemplo, os genes da γ–globina fetal humana (G_γ e A_γ) surgiram após a duplicação da região de 5,5 kb no lócus da β-globina, que incluía um único gene de γ-globina no ancestral comum dos primatas catarrinos (macacos, símios e humanos do Velho Mundo) e primatas platirrinos (macacos do Novo Mundo) há cerca de 50 milhões de anos.

Embora os membros de famílias gênicas que surgiram mais recentemente na evolução, como os genes do lócus da β-globina humana, via de regra sejam encontrados próximos entre si no mesmo cromossomo, alguns membros de famílias de genes podem também ser encontrados em cromossomos diferentes no mesmo organismo. É o caso dos genes da α-globina humana, separados dos genes da β-globina por uma translocação cromossômica ancestral. Ambos os genes da α e β-globina surgiram a partir de um único gene ancestral da globina que foi duplicado (ver Figura 6-2b), originando os predecessores dos genes contemporâneos da α e β-globina nos mamíferos. Tanto os genes da α quanto os da β-globina primordiais sofreram duplicações adicionais e produziram os diferentes genes dos grupos de genes da α e β-globina encontrados atualmente nos mamíferos.

Várias famílias diferentes de genes codificam as diversas proteínas que compõem o citoesqueleto. Essas proteínas estão presentes em quantidades variáveis em quase todas as células. Nos vertebrados, as principais proteínas do citoesqueleto são as actinas, as tubulinas e as proteínas de filamento intermediário, como as queratinas, discutidas nos Capítulos 17, 18 e 20. A origem de uma dessas famílias, a das tubulinas, será examinada na Seção 6.5. Apesar de o fundamento fisiológico para a existência das famílias de proteínas do citoesqueleto não ser tão óbvio quanto o fundamento para a existência das globinas, os diferentes membros de uma família provavelmente têm funções similares, mas com diferenças sutis conforme o tipo de célula em que são expressas.

Produtos gênicos de alta demanda são codificados por múltiplas cópias de genes

Tanto nos vertebrados quanto nos invertebrados, os genes que codificam os RNAs ribossomais e outros RNAs que não codificam de proteínas, como alguns RNAs envolvidos no processamento do RNA, ocorrem na forma de *arranjos consecutivos repetidos*. Esses são distinguidos dos genes duplicados das famílias de genes, porque os múltiplos genes consecutivos repetidos codificam proteínas ou RNAs funcionais idênticos ou quase idênticos. Com frequência, as cópias de uma sequência aparecem uma após a outra, dispostas ao longo do segmento de DNA. No arranjo consecutivo dos genes de rRNA, cada cópia é exatamente, ou quase exatamente, igual a todas as outras. Apesar de as porções transcritas dos genes de rRNA serem as mesmas no mesmo indivíduo, as regiões de espaçamento entre as regiões transcritas variam.

Os genes consecutivos e repetidos de rRNA são necessários para atingir a grande demanda celular por seus transcritos. Para compreender o motivo, considere o número máximo fixo de cópias de RNA que podem ser produzidas por um único gene durante uma geração do ciclo celular, quando esse gene está totalmente ligado a moléculas de RNA-polimerase. Se houver necessidade de maior quantidade de RNA, acima do limite obtido por sua transcrição, então serão necessárias várias cópias do mesmo gene. Por exemplo, durante o desenvolvimento embrionário humano inicial, várias células embrionárias apresentam um tempo de duplicação de aproximadamente 24 horas e contêm de 5 a 10 milhões de ribossomos. A fim de produzir suficiente rRNA para alcançar esse número de ribossomos, a célula embrionária necessitaria, no mínimo, de 100 cópias dos genes de rRNAs de cada subunidade maior e menor, e a maioria deles deve estar em atividade máxima para que a célula sofra divisão a cada 24 horas. Isto é, diversas RNA-polimerases devem estar acopladas, transcrevendo cada gene de rRNA ao mesmo tempo (ver Figura 8-36). Na verdade todos os eucariotos, inclusive as leveduras, contêm 100 ou mais cópias dos genes codificadores de rRNA 5s e das subunidades maior e menor de rRNAs.

Os genes de tRNAs e histonas também ocorrem em múltiplas cópias. Como será visto adiante, as histonas ligam-se e organizam o DNA nuclear. Assim como a célula necessita de múltiplos genes de rRNA e tRNA para que se assegure a eficiência da tradução, múltiplas cópias dos genes das histonas são necessários para que se produzam histonas suficientes a fim de que se liguem à grande quantidade de DNA nuclear a cada ciclo de replicação. Os genes de tRNA e histonas estão normalmente agrupados, mas não em arranjos consecutivos.

Genes que não codificam de proteínas codificam RNAs funcionais

Além dos genes de rRNA e tRNA, existem centenas de genes adicionais que são transcritos em RNAs, mas não codificam proteínas, alguns com várias funções conhecidas, e muitas ainda não conhecidas. Por exemplo, **pequenos RNAs nucleares** (**snRNAs**) atuam no processamento do RNA, e os **pequenos RNAs nucleolares** (**snoRNAs**) atuam no processamento dos rRNAs e na modificação das bases no nucléolo. O RNA da RNase P atua no processamento do tRNA, e uma grande família (cerca de 1.000) de pequenos **microRNAs** (**miRNAs**) regula a tradução e estabilidade de determinados mRNAs. As funções desses RNAs que

TABELA 6-2 RNAs conhecidos que não codificam proteínas, e suas funções

RNA	Número de genes no genoma humano	Função
rRNAs	≈300	Síntese de proteínas
tRNAs	≈500	Síntese de proteínas
snRNAs	≈80	Processamento do mRNA
U7 snRNA	1	Processamento 3' do mRNA de histonas
snoRNAs	≈85	Processamento do pré-rRNA e modificação do rRNA
miRNA	≈1.000	Regulação da expressão gênica
Xist	1	Inativação do cromossomo X
7SK	1	Controle da transcrição
RNase P RNA	1	Processamento 5' do tRNA
7SL RNA	3	Secreção de proteínas (componente da partícula de reconhecimento de sinais, SRP)
RNase MRP RNA	1	Processamento do rRNA
RNA da Telomerase	1	Molde para adição dos telômeros
RNAs Vault	3	Componentes das ribonucleoproteínas (RNPs), função desconhecida
hY1, hY3, hY4, hY5	≈30	Componentes das ribonucleoproteínas (RNPs), função desconhecida
H19	1	Desconhecida

Fonte: International Human Genome Sequencing Consortium, 2001, *Nature* **409**:860, e P.D. Zamore e B. Haley, 2005, *Science* **309**:1519.

não codificam proteínas é discutida no Capítulo 8. Um RNA encontrado na telomerase (ver Figura 6-47) atua na manutenção da sequência nas extremidades cromossômicas, e o RNA 7SL atua na importação de proteínas secretadas e da maioria das proteínas de membrana no retículo endoplasmático (Capítulo 13). Esses e outros RNAs que não codificam proteínas do genoma humano e suas funções, quando conhecidas, estão listadas na Tabela 6-2.

CONCEITOS-CHAVE da Seção 6.1

Estrutura gênica de eucariotos

- Em termos moleculares, um gene é a sequência completa de DNA necessária à síntese de uma molécula de proteína ou RNA funcional. Além das regiões codificantes (éxons), um gene inclui regiões de controle e, algumas vezes, íntrons.
- Uma unidade de transcrição simples em eucariotos produz um único mRNA monocistrônico, que é traduzido em uma única proteína.
- Uma unidade de transcrição complexa é transcrita em um transcrito primário que pode ser processado de duas ou mais formas diferentes de mRNAs monocistrônicos, dependendo dos sítios de processamento ou poliadenilação utilizados (ver Figura 6-3b).
- Diversas unidades de transcrição complexas (como o gene da fibronectina) expressam um mRNA em um tipo celular e um mRNA alternativo em outro tipo celular.
- Cerca de metade dos genes que codificam proteínas no DNA dos vertebrados são genes únicos, cada um ocorre uma vez no genoma haploide. O restante são genes duplicados que se originaram da duplicação de um gene ancestral e de mutações independentes subsequentes (ver Figura 6-2b). As proteínas codificadas por uma família de genes possuem sequências de aminoácidos homólogas, mas não idênticas, e exibem propriedades semelhantes, com diferenças sutis entre si.
- Tanto nos vertebrados quanto nos invertebrados, os rRNAs são codificados por múltiplas cópias de genes localizados em arranjos consecutivos no DNA genômico. Os genes de tRNAs e histonas também ocorrem em múltiplas cópias, normalmente agrupados, mas não em arranjos consecutivos.
- Vários genes também codificam RNAs funcionais que não são traduzidos em proteínas, porém desempenham funções significativas, como os rRNAs, tRNAs e snRNAs. Entre estes estão os microRNAs, possivelmente 1.000 em humanos, cujo significado biológico na regulação da expressão gênica apenas começou a ser investigado.

6.2 Organização cromossômica dos genes e do DNA não codificante

Após a revisão da relação entre as unidades de transcrição e os genes, serão consideradas a organização dos genes nos cromossomos e a relação das sequências de DNA não codificantes com as codificantes.

Os genomas de diversos organismos contêm DNA não funcional

A comparação entre o total de DNA cromossômico por célula em várias espécies sugeriu, inicialmente, que uma grande porção do DNA de certos organismos não codifica RNA ou não tem nenhuma função estrutural ou reguladora aparente. Por exemplo, as leveduras, a mosca-da-fruta, as galinhas e os humanos possuem, sucessivamente, mais DNA no conjunto haploide de cromossomos (12, 180, 1.300 e 3.300 Mb; respectivamente), o que está de acordo com a nossa percepção do aumento da complexidade entre esses organismos. Os vertebrados com o maior conteúdo de DNA por célula, porém, são os anfíbios, os quais, certamente, têm estrutura e desempenho menos complexos do que os humanos. Ainda mais surpreendente é uma espécie de protozoário, a *Amoeba dubia,* que possui 200 vezes mais DNA por célula do que os humanos. Da mesma forma, muitas espécies de plantas têm consideravelmente mais DNA por célula do que os humanos. Por exemplo, as tulipas têm 10 vezes mais DNA por célula do que nós. O conteúdo de DNA por célula também é bastante variável entre espécies intimamente relacionadas. Todos os insetos ou todos os anfíbios parecem ter uma complexidade semelhante, mas a quantidade de DNA haploide nas espécies de cada uma dessas classes filogenéticas varia por um fator de 100.

O sequenciamento detalhado e a identificação dos éxons no DNA cromossômico forneceram evidências diretas de que os genomas dos eucariotos superiores contêm grandes quantidades de DNA não codificante. Por exemplo, apenas uma pequena proporção do agrupamento de genes da β-globina, com cerca de 80 kb de comprimento, codificam proteínas (Figura 6-4a). Em contrapartida, um segmento característico de 80 kb da levedura *S. cerevisiae,* um eucarioto unicelular, contém várias sequências codificantes relativamente próximas, sem íntrons e com muito menos DNA não codificante (ver Figura 6-4b). Além disso, comparado a outras regiões do DNA de vertebrados, o grupo de genes da β-globina é, de modo anormal, rico em sequências de DNA codificante, e os íntrons nos genes da globina são consideravelmente menores que em vários outros genes humanos. As globinas compõem menos de 50% do total de proteínas dos glóbulos vermelhos em desenvolvimento (reticulócitos), e seus genes são expressos em taxas máximas, isto é, uma nova RNA-polimerase inicia a transcrição tão logo a polimerase anterior esteja a uma distância do promotor que permita a ligação de uma segunda RNA-polimerase e iniciação da transcrição. Como consequência, há uma pressão seletiva para que se produzam pequenos íntrons nos genes da globina compatíveis com a necessidade de altas taxas de transcrição do mRNA e processamento da globina. Entretanto, a vasta maioria dos genes humanos são expressos em níveis muito menores, requerendo a produção de um mRNA codificante em uma escala de tempo de dezenas de minutos ou mesmo horas. Consequentemente, há pouca pressão seletiva para que se reduzam os tamanhos dos íntrons na maioria dos genes humanos.

A densidade de genes varia muito em diferentes regiões do DNA cromossômico humano, desde regiões "ricas em genes" como o agrupamento de genes da β-globina, até enormes "desertos de genes" com poucos genes. Dos 96% do genoma humano sequenciado, apenas 1,5% corresponde a regiões que codificam proteínas (éxons). Foi visto na seção anterior que as sequências de íntrons da maioria dos genes humanos são significativamente maiores do que as dos éxons. Cerca de um terço do DNA genômico humano parece ser transcrito em precursores pré-mRNA ou RNAs não codificantes de proteínas em uma ou outra célula, mas cerca de 95% dessas sequências são íntrons e, portanto, removidos pelo processamento do RNA. Isso consiste em uma grande fração do genoma total. Os dois terços restantes do DNA humano é composto por DNA não codificante entre os genes, bem como as regiões de sequências repetidas de DNA que formam os centrômeros e telômeros dos cromossomos humanos. Consequentemente, cerca de 98,5% do DNA humano é não codificante.

Pressões seletivas diferentes, durante a evolução, devem ter contribuído, pelo menos em parte, para a incrível diferença na quantidade de DNA não funcional presente nos diferentes organismos. Por exemplo, muitos microrganismos devem competir por quantidades limitadas de nutrientes no ambiente, e a economia metabólica é uma característica fundamental. Uma vez que a síntese de DNA não funcional (i.e., não codificante) consome tempo, nutrientes e energia, é possível que a pressão seletiva tenha atuado para a perda de DNA não funcional, durante a evolução de microrganismos de crescimento rápido, como a levedura *S. cerevisiae*. Por outro lado, a seleção natural dos vertebrados depende basicamente do seu desempenho, e a energia investida na síntese de DNA é pouco significativa em comparação à energia metabólica necessária ao movimento muscular; assim, houve pouca ou nenhuma pressão seletiva para a eliminação do DNA não funcional nos vertebrados. Além disso, o tempo de replicação das células na maioria dos organismos multicelulares é muito maior se comparado aos microrganismos de crescimento rápido, então há pouca pressão seletiva para se eliminar o DNA não funcional a fim de que se permita a rápida replicação celular.

Os DNAs de sequências simples estão concentrados em locais específicos dos cromossomos

Além dos genes duplicados que codificam proteínas e dos genes repetidos consecutivos, as células eucarióticas contêm muitas outras cópias de sequências de DNA no genoma, normalmente denominadas de DNA repetitivo (ver Tabela 6-1). Dos dois tipos de DNA repetitivo, o menos prevalente é o **DNA de sequência simples** ou *DNA satélite*, que constitui cerca de 6% do genoma humano e é composto por sequências relativamente curtas de repetições perfeitas ou quase perfeitas. O tipo mais comum de DNA repetitivo, coletivamente denominado *repetições intercaladas*, é composto por sequências bem mais longas. Essas sequências, compostas por vários tipos de elementos transponíveis, serão discutidas na Seção 6.3.

O comprimento de cada repetição no DNA de sequências simples varia de 1 a 500 pares de bases. Os DNAs de sequências simples, nos quais as repetições possuem de 1 a 13 pares de base, são normalmente chamados de *microssatélites*. A maioria possui repetições de 1 a 4 pares de base e ocorre em repetições consecutivas de até 150 pares de base. Os microssatélites parecem ter se originado por "deslizamento para trás" de uma fita-filha sobre a fita-molde durante a replicação do DNA, de modo que a mesma sequência curta foi copiada duas vezes (Figura 6-5).

Eventualmente, são formados microssatélites dentro das unidades de transcrição. Alguns indivíduos nascem com maior número de repetições em genes específicos em comparação à população em geral, talvez devido ao deslizamento da fita-filha durante a replicação do DNA na célula germinativa da qual o indivíduo foi originado. Foi descoberto que essas expansões de microssatélites causam, pelo menos, 14 tipos diferentes de doenças neuromusculares, dependendo do gene no qual ocorrem. Em alguns casos, os microssatélites expandidos atuam como uma mutação recessiva, interferindo na função ou

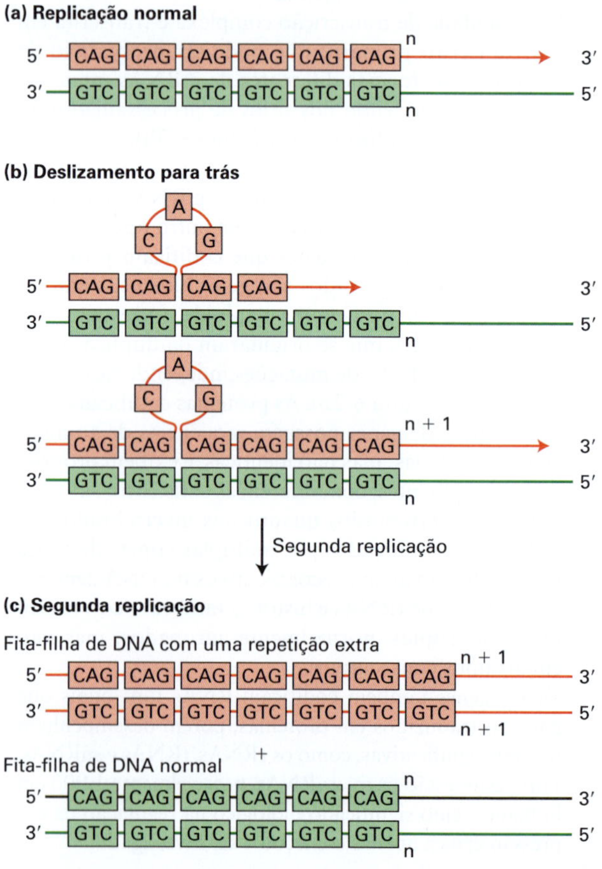

FIGURA 6-5 Surgimento de repetições de microssatélites por deslizamento da fita-filha crescente durante a replicação de DNA. Se, durante a replicação, (a) a fita-filha nascente "deslizar" para trás em relação à fita-molde em uma repetição, uma nova cópia da repetição é adicionada à fita-filha na continuação da replicação do DNA (b). Uma cópia extra da repetição forma uma alça de fita simples na fita-filha na molécula dupla de DNA. Se a alça de fita simples não for removida pelas proteínas de reparo antes do próximo evento de replicação (c), a cópia extra da repetição será adicionada a uma das moléculas-filhas de DNA de fita dupla.

expressão do gene. Nos tipos mais comuns de doenças associadas às repetições de microssatélites expandidos, como na *doença de Huntington* e na *distrofia miotônica do tipo 1*, essas repetições atuam como mutações dominantes. Em algumas doenças de repetições de microssatélites, as repetições triplas ocorrem dentro da região codificante, resultando na formação de longos polímeros de aminoácidos que se agregam, com o tempo, nas células neuronais mais duradouras, interferindo nas funções celulares normais. Por exemplo, a expansão da repetição CAG no primeiro éxon do gene Huntington promove a síntese de longas sequências de poliglutamina que, após várias décadas, formam agregados tóxicos, resultando na morte celular neuronal na doença de Huntington.

Repetições patogênicas expandidas também podem ocorrer na região não codificante de alguns genes, onde parecem atuar como mutações dominantes porque interferem no processamento do RNA em um subgrupo de mRNAs nas células musculares e neuronais em que os genes afetados são expressos. Por exemplo, em pacientes com distrofia miotônica tipo 1, transcrito do gene *DMPK* contêm entre 50 e 1500 repetições da sequência CUG na região 3' não traduzida, em comparação a 5-34 repetições em indivíduos normais. A expansão do segmento de repetições CUG nos indivíduos afetados está relacionada com a formação de longas estruturas secundárias no RNA (ver Figura 4-9), que se ligam a proteínas nucleares de ligação ao RNA, sequestrando-as. Estas proteínas normalmente regulam o processamento alternativo do RNA de um conjunto de pré-mRNAs essenciais para o funcionamento de células musculares e nervosas.■

A maioria dos satélites de DNA é composta por repetições de 14 a 500 pares de base em repetições consecutivas de 20 a 100 kb. Os estudos de hibridização *in situ* de cromossomos em metáfase localizaram esses satélites em regiões específicas dos cromossomos. A maior parte desse DNA, localiza-se próximo aos centrômeros, regiões cromossômicas que se ligam aos microtúbulos do fuso durante a mitose e meiose (Figura 6-6). Experimentos com a levedura de fissão *Schizosaccaromyces pombe* indicaram que tais sequências são importantes na formação de uma cromatina especializada denominada *heterocromatina centromérica*, necessária à segregação adequada das células-filhas durante a mitose. Longas repetições consecutivas de DNA de sequência simples também são encontradas nas extremidades dos cromossomos, nos telômeros, onde atuam na manutenção das extremidades e impedem a ligação às extremidades de outros cromossomos, como discutido adiante neste capítulo.

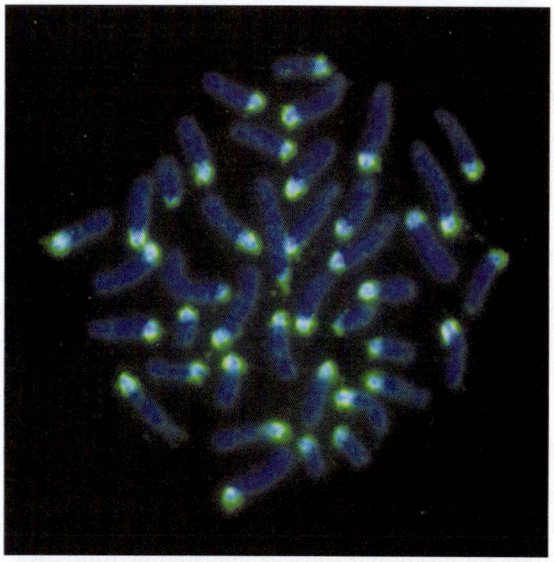

FIGURA EXPERIMENTAL 6-6 DNA de sequência simples está localizado no centrômero nos cromossomos de camundongo. O DNA de sequência simples purificado, extraído de células de camundongo, foi copiado *in vitro* usando-se a DNA-polimerase I de *E. coli* e dNTPs marcados com fluorescência para a produção de uma "sonda" fluorescente para a sequência simples de DNA. Os cromossomos da cultura de células de camundongo foram fixados e desnaturados em uma lâmina de microscópio, e o DNA cromossômico foi hibridizado *in situ* pela sonda fluorescente (azul-claro). A lâmina foi também corada com DAPI, um corante que se liga ao DNA, para revelar todo o comprimento do cromossomo (azul-escuro). A microscopia de fluorescência mostra que a sonda para a sequência simples se hibridiza principalmente a uma extremidade dos cromossomos telocêntricos de camundongo (i. e., cromossomos nos quais os centrômeros estão localizados próximos a uma das extremidades). (Cortesia de Sabine Mal, Ph.D., Manitoba Institute of Cell Biology, Canada.)

A "impressão digital" (*fingerprinting*) do DNA depende das diferenças no comprimento dos DNAs de sequência simples

Em uma mesma espécie, as sequências nucleotídicas das unidades de repetição que compõem os arranjos consecutivos das sequências simples de DNA são bastante conservadas entre os indivíduos. Em contrapartida, as diferenças no *número* dessas repetições e, portanto, no comprimento dos arranjos das sequências repetidas com a mesma repetição são comuns entre indivíduos. Essas diferenças no comprimento parecem resultantes da recombinação desigual das regiões de sequências simples durante a meiose. Como consequência desse crossing over desigual, alguns arranjos consecutivos são únicos em cada indivíduo.

Em humanos e outros mamíferos, alguns satélites de DNA ocorrem em regiões relativamente pequenas, de 1 a 5 kb, formadas por 20 a 50 unidades de repetição, cada uma contendo de 14 a 100 pares de base. Essas regiões são denominadas *minissatélites*, ao contrário dos microssatélites, formados por repetições consecutivas de 1 a 13 pares de bases. Mesmo pequenas diferenças no tamanho total de vários minissatélites de indivíduos distintos podem ser detectadas por *Southern blotting* (ver Figura 5-26). Essa técnica foi utilizada na primeira aplicação da *"impressão digital" do DNA*, desenvolvida para detectar *polimorfismos* no DNA (i. e., diferenças nas sequências entre indivíduos da mesma espécie, Figura 6-7). Atualmente, a análise genética forense utiliza a reação em cadeia da polimerase (PCR, Figura 5-20), uma técnica muito mais sensível. As sequências de DNA dos microssatélites usadas nesta análise normalmente são repetições consecutivas curtas de 4 bases presentes em cerca de 30 a

50 cópias. O número exato de repetições geralmente varias nos dois cromossomos homólogos de um indivíduo onde ocorrem (um herdado do pai e outro herdado da mãe) e nos cromossomos Y dos homens. Uma mistura de pares de iniciadores da PCR que se hibridizam a sequências únicas, flanqueando 13 das repetições curtas e uma repetição curta no cromossomo Y são usados para amplificação do DNA da amostra. A mistura resultante de produtos de PCR com diferentes comprimentos é única na população humana, exceto em gêmeos idênticos. O uso dos métodos de PCR permite a análise de quantidades ínfimas de DNA, e os indivíduos podem ser distinguidos com maior precisão e confiabilidade do que com a técnica convencional de impressão digital cromossômica.

DNA espaçador não classificado ocupa uma porção significativa do genoma

Como mostrado na Tabela 6.1, cerca de 25% do DNA humano está localizado entre as unidades de transcrição e

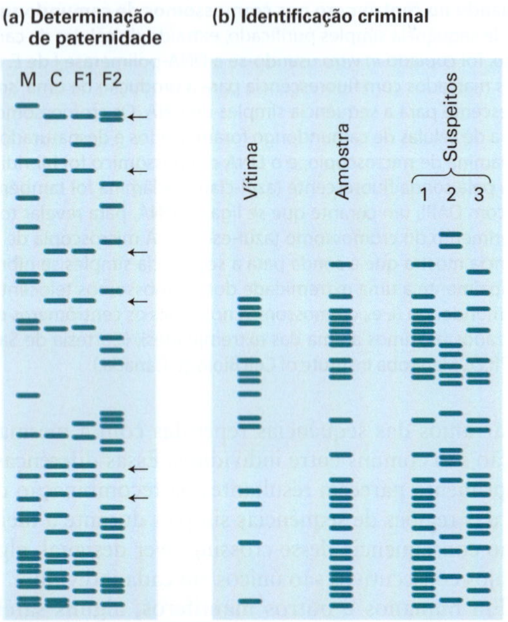

FIGURA 6-7 Identificação de indivíduos pela impressão digital de DNA. (a) Nesta análise de paternidade, minissatélites com repetições de vários comprimentos foram determinados pela análise de *Southern blot* de DNA genômico, digerido por enzimas de restrição e hibridizado a uma sonda para uma sequência presente em diversos minissatélites. Assim, um padrão de multibandas hipervariável é gerado para cada indivíduo, chamado de "impressão digital de DNA". A coluna M mostra o padrão de bandas dos fragmentos de restrição do DNA materno; a C, o padrão do DNA da criança; F1 e F2, o de DNA de dois possíveis pais. A criança possui comprimentos de repetições de minissatélites herdados da mãe e de F1, indicando que F1 é o pai. As setas indicam os fragmentos de restrição de F1 encontrados no DNA da criança, mas não de F2. (b) As "impressões digitais de DNA" mostradas são de uma amostra isolada de uma vítima de estupro e de três homens suspeitos do crime; é evidente que os comprimentos de repetições de minissatélites correspondem ao suspeito 1. O DNA da vítima foi incluído na análise para se assegurar que este não havia contaminado a amostra. (De T. Strachan and A. P. Read, *Human Molecular Genetics 2*, 1999, John Wiley & Sons.)

não é repetido em nenhum outro local do genoma. Muito desse DNA provavelmente deriva de elementos transponíveis ancestrais, que possuem tantas mutações acumuladas durante a evolução, que não são mais reconhecidos como descendentes dessa fonte (ver Seção 6.3). As regiões de controle da transcrição compostas por 50 a 200 pares de bases de comprimento, que auxiliam na regulação da transcrição de promotores distantes, também são encontradas nos longos segmentos de DNA espaçador sem classificação. Em alguns casos, sequências desse DNA aparentemente não funcional são conservados durante a evolução, indicando que possuem alguma função significativa ainda não compreendida. Talvez contribuam, por exemplo, para as estrutura dos cromossomos discutidas na Seção 6.7.

CONCEITOS-CHAVE da Seção 6.2

Organização cromossômica dos genes e do DNA não codificante

- Nos genomas dos procariotos e da maioria dos eucariotos inferiores, que contêm poucas sequências não funcionais, as regiões codificantes estão densamente dispostas ao longo do DNA genômico.
- Em contrapartida, os genomas dos vertebrados têm muitas sequências que não codificam RNAs nem apresentam função estrutural ou reguladora. A maior parte desse DNA não funcional é composta por sequências repetidas. Nos humanos, apenas cerca de 1,5% do DNA total (os éxons) realmente codifica proteínas ou RNAs funcionais.
- As variações na quantidade de DNA não funcional no genoma de várias espécies são responsáveis, em grande parte, pela perda de uma correlação consistente entre a quantidade de DNA nos cromossomos haploides de um animal ou vegetal e sua complexidade filogenética.
- O DNA genômico dos eucariotos consiste em três classes principais de sequências: os genes que codificam proteínas e RNAs funcionais, DNA repetitivo e DNA espaçador (ver Tabela 6-1).
- O DNA de sequência simples, sequências curtas repetidas em arranjos consecutivos, está localizado preferencialmente nos centrômeros, nos telômeros e em alguns locais dos braços de determinados cromossomos.
- O comprimento de um determinado arranjo consecutivo de sequência simples varia bastante entre indivíduos de uma mesma espécie, provavelmente devido ao *crossing over* desigual durante a meiose. Diferenças nos comprimentos de alguns desses arranjos curtos e consecutivos de sequências simples são a base para a "impressão digital" do DNA (Ver Figura 6-7).

6.3 Elementos móveis de DNA transponíveis

As repetições intercaladas, o segundo tipo de DNA repetitivo nos genomas dos eucariotos, são compostas por um grande número de cópias de relativamente poucas famílias de sequências (ver Tabela 6-1). Também conhecidas como *DNA moderadamente repetido* ou *DNA de repetição intermediária*, essas sequências estão intercaladas no genoma de mamíferos e totalizam de 25 a 50% do DNA dos mamíferos (cerca de 45% do DNA humano).

Como essas sequências repetidas intercaladas têm a capacidade exclusiva de "moverem-se" pelo genoma, são denominadas coletivamente de elementos de DNA transponíveis ou elementos móveis de DNA. Embora tenham sido originalmente descobertos nos eucariotos, os elementos móveis de DNA são também encontrados nos procariotos. O processo pelo qual as sequências são copiadas e inseridas em um novo local no genoma chama-se **transposição**. Os elementos de DNA móvel são, essencialmente, simbiontes moleculares que, na maioria dos casos, parecem não ter função específica na biologia do organismo hospedeiro, mas existem somente para sua própria manutenção. Por essa razão, Francis Crick refere-se a eles como "DNA egoísta".

Quando a transposição dos elementos móveis eucarióticos ocorre nas células germinativas, as sequências transpostas para os novos locais são passadas para as gerações futuras. Assim, os elementos móveis multiplicaram-se e lentamente foram se acumulando nos genomas eucarióticos durante a evolução. Uma vez que são eliminados dos genomas muito lentamente, esses elementos móveis constituem hoje uma porção significativa dos genomas de vários eucariotos.

Os elementos móveis não são apenas a origem de grande parte do DNA em nossos genomas, como também fornecem um segundo mecanismo, além da recombinação meiótica, para o surgimento de rearranjos de DNA cromossômico durante a evolução (Figura 6-2). Um dos motivos consiste na mobilização ocasional, durante a transposição de um determinado elemento móvel, de uma porção do DNA adjacente (ver Figura 6-19 adiante neste capítulo). As transposições ocorrem raramente: em humanos, há cerca de uma nova transposição na linhagem germinativa para cada oito indivíduos. Como 98,5% do nosso DNA não é codificante, a maioria das transposições não é prejudicial. Entretanto, com o passar do tempo, tiveram uma atuação fundamental na evolução dos genes com múltiplos éxons e dos genes cuja expressão limita-se a tipos celulares ou períodos do desenvolvimento específicos. Em outras palavras, embora provavelmente tenham surgido como simbiontes celulares, os elementos de transposição tiveram uma função importante na evolução dos organismos multicelulares complexos.

A transposição também pode ocorrer em uma célula somática; neste caso, a sequência transposta é transmitida apenas para as células-filhas derivadas da célula afetada. Em casos raros, isso pode provocar uma mutação somática na célula com efeitos fenotípicos prejudiciais, como, por exemplo, a inativação de um gene supressor tumoral (Capítulo 24). Nesta seção, primeiramente serão descritos a estrutura e os mecanismos de transposição dos principais tipos de elementos de DNA transponíveis e, a seguir, sua possível função na evolução.

O movimento dos elementos móveis envolve um intermediário de DNA ou RNA

Os primeiros elementos móveis foram descobertos por Bárbara McClintock enquanto realizava experimentos clássicos com milho, na década de 1940. Ela identificou as entidades genéticas que podiam entrar e sair dos genes, alterando o fenótipo dos grãos do milho. Suas teorias foram consideradas controversas até a descoberta de elementos móveis semelhantes nas bactérias, nas quais foram identificados como sequências específicas de DNA, e a sua base molecular foi decifrada.

À medida que a pesquisa em elementos móveis progrediu, descobriu-se que podiam ser classificados em duas categorias: (1) aqueles diretamente transpostos como DNA, sem intermediários, e (2) aqueles transpostos por meio de um RNA intermediário transcrito a partir de um elemento móvel por uma RNA-polimerase e, então, convertido novamente em DNA de fita dupla por uma **transcriptase reversa** (Figura 6-8).

Os elementos móveis transpostos diretamente como DNA são chamados de **transposons de DNA**, ou simplesmente **transposons**. Os transposons de DNA de eucariotos podem se retirar do genoma, saindo de um local e movendo-se para outro. Os elementos móveis que são transpostos para novos locais no genoma por meio de um intermediário de RNA são chamados **retrotransposons**. Os retrotransposons fazem uma cópia de RNA de si mesmos e introduzem esta nova cópia em outro local do genoma, enquanto também permanecem no local original. O movimento dos retrotransposons é análogo ao processo de infecção do retrovírus (Figura 4-49). Na verdade, os retrovírus podem ser considerados como retrotransposons que desenvolveram genes que codificam carapaças virais, permitindo sua transposição entre as células. Os retrotransposons podem ser ainda classificados de acordo com seu mecanismo específico de transposição. Em resumo, os transposons de DNA podem ser considerados transpostos por um mecanismo de corte e colagem, e os retrotransposons movem-se por um mecanismo de cópia e colagem no qual a cópia é um RNA intermediário.

Os transposons de DNA estão presentes nos procariotos e nos eucariotos

A maioria dos elementos móveis das bactérias são transpostos diretamente como DNA. Em contrapartida, a maior parte dos elementos móveis dos eucariotos são retrotransposons, mas também existem transposons de DNA nos eucariotos. Na realidade, os elementos móveis originais, descobertos por Bárbara McClintock, são transposons de DNA.

Sequências de inserção bacteriana Os elementos móveis foram compreendidos pela primeira vez durante o estudo molecular de determinadas mutações em *E. coli* causadas pela inserção espontânea de uma sequência de DNA de aproximadamente 1 a 2 kb de comprimento no meio de um gene. Esses segmentos de DNA inseridos são chamados de *sequências de inserção*, ou *elementos IS*. Até hoje, mais de 20 elementos IS foram descobertos em *E. coli* e em outras bactérias.

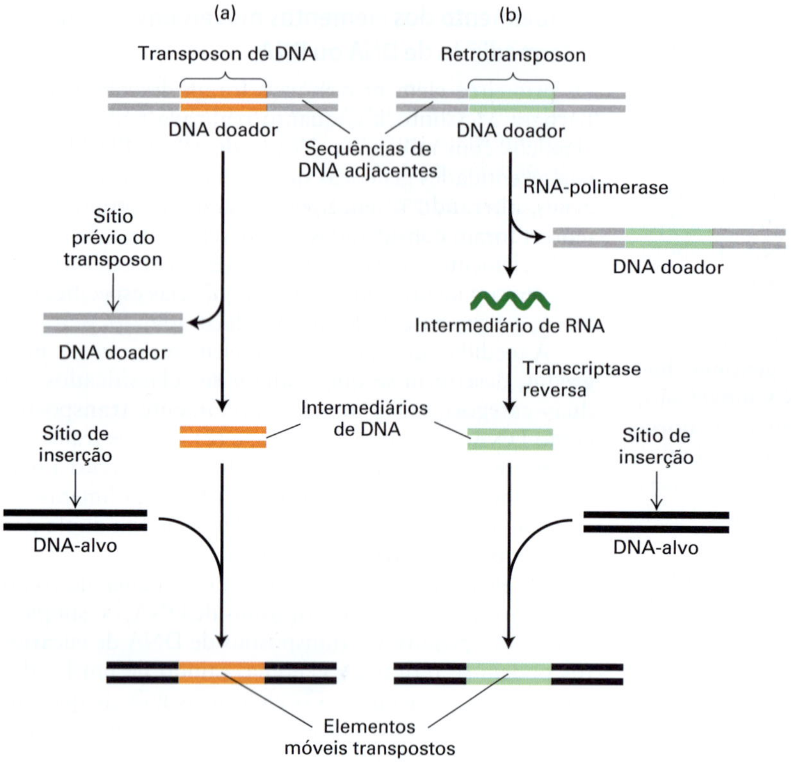

FIGURA 6-8 As duas classes principais dos elementos móveis. (a) Os transposons de DNA eucarióticos (em laranja) movem-se por meio de um intermediário de DNA removido do sítio doador. (b) Os retrotransposons (em verde) são, inicialmente, transcritos em uma molécula de RNA que sofre transcrição reversa e forma uma fita dupla de DNA. Nos dois casos, o intermediário de DNA de fita dupla é integrado no sítio-alvo de DNA, completando a transposição. Assim, os transposons de DNA movem-se por um mecanismo de corte e colagem, enquanto os retrotransposons movem-se por um mecanismo de cópia e colagem.

A transposição de um elemento IS é um evento muito raro e ocorre apenas em uma a cada 10^5 a 10^7 células por geração, dependendo da IS. Muitas transposições inativam genes essenciais, causando a morte da célula hospedeira e do elemento IS que ela transporta. Portanto, taxas mais altas de transposição provavelmente resultariam em uma taxa de mutação tão alta que não permitiria a sobrevivência da célula hospedeira. Contudo, como os elementos IS são transpostos mais ou menos aleatoriamente, algumas sequências transpostas integram-se em regiões não essenciais do genoma (p. e., as regiões entre os genes), permitindo a sobrevivência da célula. Em taxas de transposição muito baixas, a maioria das células hospedeiras sobrevive e propaga o elemento IS simbiótico. Os elementos IS podem se inserir em plasmídeos ou em vírus lisogênicos e, dessa forma, ser transferidos para outras células. Assim, os elementos IS podem ser transpostos para os cromossomos de uma célula virgem.

A estrutura geral dos elementos IS está representada na Figura 6-9. Uma *repetição invertida*, com aproximadamente 50 pares de base, está invariavelmente presente em cada extremidade de sequência de inserção. Em uma repetição invertida, a sequência 5´ – 3´ em uma fita é repetida na outra fita como:

$$\begin{array}{c} \longrightarrow \\ 5'\ \mathrm{GAGC}\text{———}\mathrm{GCTC}\ 3' \\ 3'\ \mathrm{CTCG}\text{———}\mathrm{CGAG}\ 5' \\ \longleftarrow \end{array}$$

Entre a repetição invertida, há uma região que codifica a *transposase*, enzima necessária à transposição do elemento IS para o novo local. A transposase é raramente expressa, resultando na baixa frequência de transposição. Uma característica importante nos elementos IS é a presença de uma pequena *sequência de repetição direta*, contendo de 5 a 11 pares de base, dependendo da IS, imediatamente adjacente às duas extremidades do elemento de inserção. O *comprimento* da repetição direta é característico de cada tipo de elemento IS, mas a *sequência* depende do sítio-alvo no qual uma determinada cópia de elemento IS será inserida. Quando a sequência

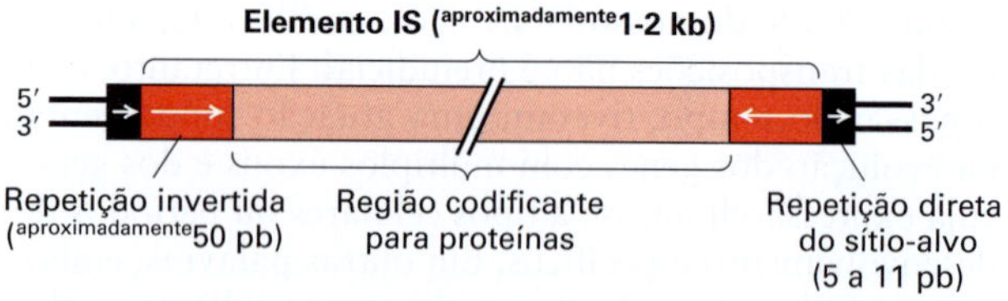

FIGURA 6-9 Estrutura geral dos elementos IS das bactérias. A região central relativamente grande de um elemento IS que codifica uma ou duas enzimas necessárias à transposição tem uma repetição invertida em cada extremidade. As sequências de repetições invertidas são quase idênticas, mas orientadas em direções opostas. A sequência é característica de cada elemento IS em particular. As repetições *diretas* (em contra partida à repetição a *invertida*) curtas das extremidades 5´ e 3´ não sofrem transposição com o elemento de inserção; em vez disso, são sequências de sítios de inserção que foram duplicadas, com uma cópia em cada extremidade, durante a inserção do elemento móvel. O comprimento das repetições diretas é constante em um determinado elemento IS, mas sua sequência depende do sítio de inserção e, portanto, varia a cada transposição da IS. As setas indicam a orientação da sequência. As regiões não estão representadas em escala; a região codificante ocupa a maior parte da extensão do elemento IS.

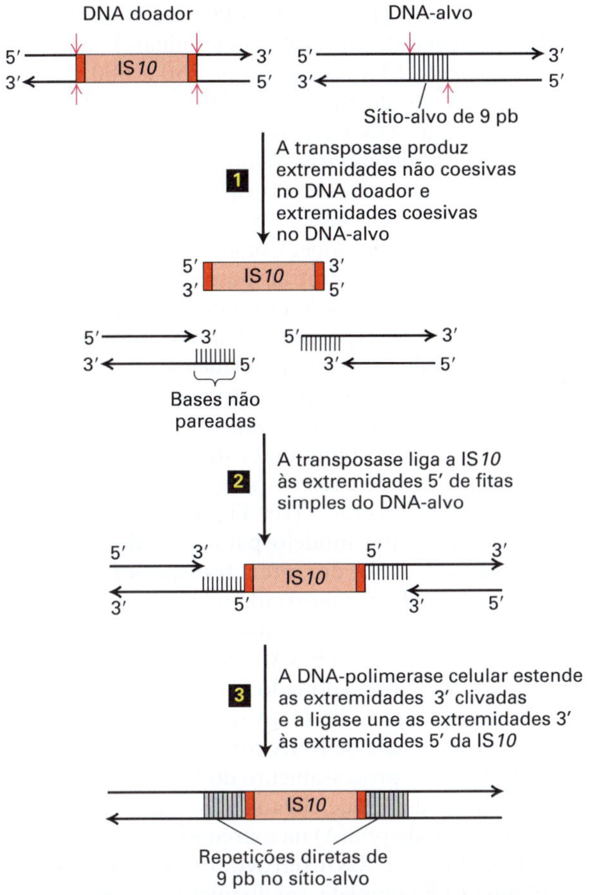

FIGURA 6-10 Modelo da transposição de sequências de inserção em bactérias. Etapa **1**: a transposase, codificada pelo elemento IS (IS*10* neste exemplo), cliva as duas fitas do DNA doador, próximo às repetições invertidas (em vermelho), liberando o elemento IS*10*. A transposase gera extremidades coesivas no DNA em um sítio-alvo aleatório. No caso da IS*10*, os dois cortes estão a 9 pb de distância. Etapa **2**: ligação das extremidades 3′ do elemento IS aos sítios coesivos no DNA-alvo, também catalisada pela transposase. Etapa **3**: os intervalos de 9-pb de DNA de fita simples formados no intermediário resultante são preenchidos por uma DNA-polimerase celular; finalmente, a DNA-ligase forma as ligações 3′-5′ fosfodiéster entre as extremidades 3′ do DNA-alvo estendido, e as extremidades 5′ da sequência do IS*10*. Este processo resulta na duplicação da sequência do sítio-alvo em cada lado da sequência do elemento IS inserido. O comprimento do sítio-alvo e do IS*10* não estão em escala. (Ver H. W. Benjamin and N. Kleckner, 1989, *Cell* **59:** 373, e 1992, *Proc. Nat'l. Acad.* Sci. *USA* **89:**4648.)

de um gene mutado contendo um elemento IS é comparada à sequência do gene selvagem, apenas uma cópia da sequência de repetição direta é encontrada no gene selvagem. A duplicação da sequência do sítio-alvo, originando a segunda repetição direta adjacente à IS, ocorre durante o processo de inserção.

Como representado na Figura 6-10, a transposição de um elemento IS ocorre por um mecanismo de corte e colagem. A transposase realiza três funções nesse processo: (1) cliva, com precisão, o elemento IS do doador de DNA; (2) produz clivagens com extremidades de fita simples em uma pequena sequência no DNA alvo; (3) liga a extremidade 3′ do elemento IS à extremidade 5′ do DNA doador clivado. Finalmente, a DNA-polimerase da célula hospedeira preenche os intervalos de fita simples, produzindo as pequenas sequências de repetição direta que flanqueiam os elementos IS, e a DNA-ligase une as extremidades livres.

Transposons de DNA eucarióticos A descoberta original de McClintock sobre os elementos móveis resultou da observação de determinadas mutações espontâneas no milho que afetavam a produção de enzimas necessárias à síntese de antocianina, um pigmento púrpura presente nos grãos de milho. Os grãos mutantes são brancos, e os selvagens, de cor púrpura. Uma classe dessas mutações é revertida em alta frequência, enquanto uma segunda classe de mutações não é revertida, a menos que ocorra na presença de mutações da primeira classe. McClintock denominou o agente responsável pelas mutações de primeira classe de *elemento ativador* (*elemento Ac*) e os responsáveis pelas mutações da segunda classe de *elementos de dissociação* (*elementos Ds*), porque também estavam associados a quebras cromossômicas.

Vários anos após as descobertas pioneiras de McClintock, a clonagem e o sequenciamento revelaram que os elementos Ac equivaliam aos elementos IS das bactérias. Como os elementos IS, os elementos Ac contêm sequências repetidas invertidas nas extremidades que flanqueiam a região codificante para uma transposase que reconhece as repetições terminais e catalisa a transposição para um novo sítio no DNA. Os elementos Ds são formas deletérias do elemento Ac, nos quais a porção da sequência que codifica a transposase foi perdida. Como não codifica uma transposase funcional, o elemento Ds não pode se mover. No entanto, nas plantas que têm o elemento Ac e, portanto, expressam uma transposase, o elemento Ds pode se mover.

Desde os experimentos iniciais de McClintock em elementos móveis do milho, vários transposons foram identificados em outros eucariotos. Por exemplo, cerca de metade de todas as mutações espontâneas observadas na *Drosophila* é causada pela inserção de elementos móveis. Apesar de a maioria dos transposons da *Drosophila* ser retrotransposons, pelo menos um – o *elemento P* – atua como um transposon de DNA, movendo-se por um mecanismo semelhante ao utilizado pelas sequências de inserção bacterianas. Os métodos atuais para a obtenção da *Drosophila* transgênica depende da superexpressão da transposase do elemento P e do uso das repetições invertidas nas extremidades do elemento P como alvo para a transposição, como discutido no Capítulo 5 (ver Figura 5-22).

A transposição de DNA pelo mecanismo de corte e colagem pode resultar em um aumento do número de cópias do transposon, se ocorrer durante a fase S do ciclo celular, quando ocorre a síntese de DNA. Há aumento de cópias quando o DNA doador está em uma das duas moléculas-filhas de DNA de uma região do cromossomo que foi replicada, e o DNA-alvo está em uma região ainda não replicada. Quando a replicação se completar, ao final da fase S, o DNA-alvo em seu novo local também terá sido replicado, resultando no aumento do número total

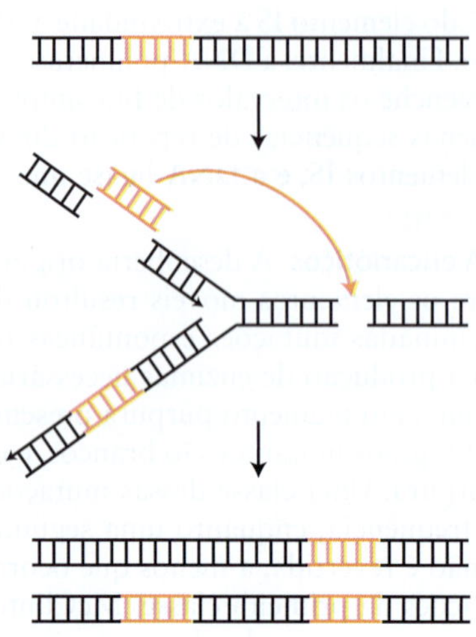

FIGURA 6-11 Mecanismo para aumentar o número de cópias do transposon de DNA. Se um transposon de DNA que é transposto pelo mecanismo de corte e colagem (ver Figura 6-10) for transposto durante a fase S em uma região do cromossomo já replicada para uma região ainda não replicada, então, quando a replicação cromossômica for terminada, um dos dois cromossomos-filhos terá uma inserção a mais do transposon.

de transposons dessa célula (Figura 6-11). Quando uma transposição assim acontece durante a fase S, anterior à meiose, uma das quatro células germinativas produzidas contém uma cópia extra do transposon. A repetição desse processo durante a evolução resultou no acúmulo de um número enorme de transposons de DNA no genoma de alguns organismos. O DNA humano contém cerca de 300 mil cópias de transposons de DNA completos ou incompletos, totalizando cerca de 3% do genoma. Como será visto em breve, este mecanismo pode resultar na transposição de DNA genômico, além do próprio transposon.

Retrotransposons LTRs comportam-se como retrovírus intracelulares

Os genomas de todos os eucariotos estudados, desde leveduras até humanos, contêm retrotransposons, elementos de DNA móvel que são transpostos por meio de um intermediário de RNA utilizando uma transcriptase reversa (ver Figura 6-8b). Esses elementos móveis são divididos em duas categorias principais: aqueles que contêm e os que não contêm **repetições terminais longas (LTRs)**. Os retrotransposons LTR, discutidos nesta seção, são comuns nas leveduras (p. e., elemento Ty) e na *Drosophila* (p. e., elementos *copia*). Apesar de serem menos abundantes nos mamíferos em comparação aos retrotransposons não LTR, os retrotransposons LTR constituem cerca de 8% do DNA genômico humano. Nos mamíferos, os retrotransposons sem LTRs são o tipo mais comum de elemento móvel e serão descritos na próxima seção.

A estrutura geral dos retrotransposons LTR encontrados nos eucariotos está representada na Figura 6-12. Além das repetições diretas 5´ e 3´, típicas de todos os elementos móveis, esses retrotransposons são caracterizados pela presença de LTRs flanqueando a região central que codifica proteínas. Essas repetições terminais longas (*long terminal repeats*, LTR) contendo de 250 a 600 pares de base, dependendo do tipo de retrotransposon LTR, são características do DNA retroviral integrado e essenciais ao ciclo vital de alguns vírus. Além de compartilharem as LTR com os retrovírus, esses transposons codificam todas as proteínas dos tipos mais comuns de retrovírus, exceto pelas proteínas do envelope. Como não possuem as proteínas do envelope, os retrotransposons virais não podem "brotar" da célula hospedeira e infectar outras células, porém podem se transportar para novos locais no DNA da célula hospedeira. Devido à evidente relação com os retrovírus, essa classe de retrotransposons é normalmente denominada *elementos semelhantes a retrovírus*.

Uma etapa importante do ciclo vital dos retrovírus é a formação de RNA retroviral genômico a partir do DNA retroviral integrado (ver Figura 4-49). Esse processo atua como um modelo para a produção de um intermediário de RNA durante a transposição de retrotransposon LTR. Como mostrado na Figura 6-13, a LTR retroviral da esquerda atua como um promotor para o início da transcrição pela RNA-polimerase da célula hospedeira, no nucleotídeo do lado 5´ da sequência R. Após a transcrição completa do DNA retroviral no sentido da esquerda, a sequência de RNA correspondente à LTR da direita promove o processamento do RNA pelas enzimas da célula hospedeira que clivam o transcrito primário e adicionam a cauda poli(A) na extremidade 3´ da sequência R. O genoma de RNA retroviral resultante, que não possui uma LTR completa, sai do núcleo e é empacotado em um virion que brota da célula hospedeira.

Depois que o retrovírus infecta a célula, a transcrição reversa do seu genoma de RNA pela transcriptase reversa viral produz um DNA de fita dupla contendo LTRs completas (Figura 6-14). Essa síntese de DNA ocorre no citoplasma. O DNA de fita dupla com uma LTR em cada extremidade é então transportado para o núcleo associado à integrase, outra enzima codificada pelos vírus. As integrases retrovirais são intimamente relacionadas às transposases codificadas pelos transposons de DNA e utilizam um mecanismo semelhante para inserir a fita dupla de DNA retroviral no genoma da célula hospedeira. No processo, repetições

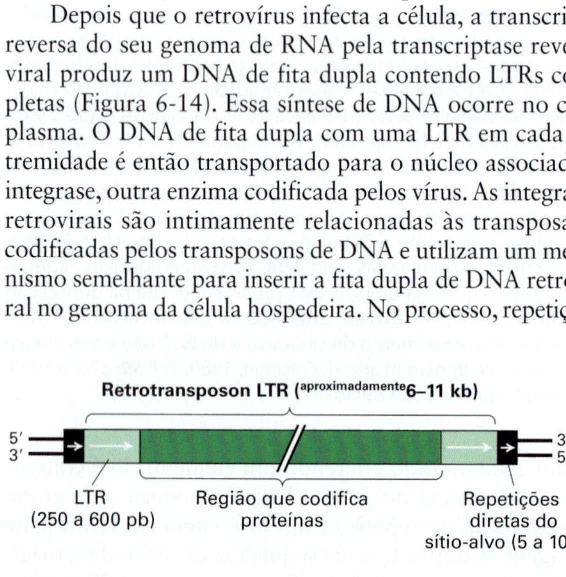

FIGURA 6-12 Estrutura geral dos retrotransposons LTR eucarióticos. A região central, que codifica proteínas, é flanqueada por duas repetições terminais longas (LTRs) diretas específicas do elemento. Como outros elementos móveis, os retrotransposons integrados apresentam repetições diretas curtas para o sítio-alvo em cada extremidade. As diferentes regiões não estão em escala. A região codificante constitui 80% ou mais do retrotransposon e codifica a transcriptase reversa, a integrase e outras proteínas retrovirais.

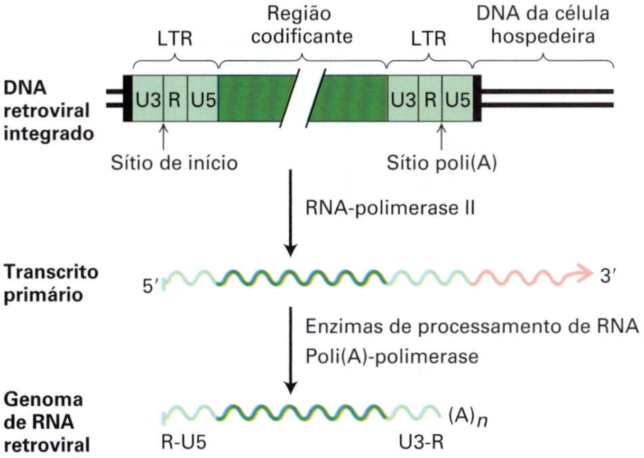

FIGURA 6-13 Surgimento de um RNA retroviral genômico a partir do DNA retroviral integrado. A LTR à esquerda promove o início da transcrição pela RNA-polimerase II celular, no primeiro nucleotídeo da região R da esquerda. O transcrito primário resultante estende-se além da LTR direita. A LTR à direita, agora presente no transcrito de RNA, promove a clivagem do transcrito primário no último nucleotídeo da região R à direita, realizada pelas enzimas celulares e a adição da cauda poli(A), produzindo um genoma de RNA retroviral com a estrutura mostrada na parte superior da Figura 6-14. Acredita-se que um mecanismo semelhante produz um intermediário de RNA durante a transposição dos retrotransposons. As sequências repetidas diretas curtas (em preto) do DNA do sítio-alvo são produzidas durante a integração do DNA retroviral no genoma da célula hospedeira.

diretas curtas na sequência do sítio-alvo são produzidas em ambas as extremidades da sequência de DNA viral inserida. Embora o mecanismo de transcrição reversa seja complexo, é um aspecto crítico do ciclo vital do retrovírus. O processo produz uma LTR 5' completa que atua como um promotor para o início da transcrição exatamente no nucleotídeo 5' da sequência R, enquanto a LTR 3' completa atua como um sítio poli(A) causando a poliadenilação exatamente no nucleotídeo 3' da sequência R. Como consequência, nenhum nucleotídeo do retrotransposon LTR é perdido, mesmo passando por etapas sucessivas de inserção, transcrição, transcrição reversa e reinserção no novo local.

Como observado, os retrotransposons LTR codificam a transcriptase reversa e a integrase. Por analogia aos retrovírus, esses elementos móveis movem-se por um mecanismo de "corte e colagem" no qual a transcriptase reversa sintetiza DNA a partir de uma cópia de RNA do elemento doador. O DNA é inserido no sítio-alvo pela integrase. Os experimentos apresentados na Figura 6-15 fornecem fortes evidências para o papel de um RNA intermediário na transposição de elementos Ty de leveduras.

Em humanos, os retrotransposons LTR mais comuns derivam de *retrovírus endógenos* (*ERVs*). A maior parte das 443 mil sequências de DNA relacionadas aos ERVs, no genoma humano, consistem apenas em LTRs isoladas. Estas são derivadas de DNAs pró-virais inteiros, por recombinação homóloga entre as duas LTRs, resultando na deleção das sequências retrovirais internas. Estas LTRs isoladas não podem ser transpostas a uma nova posição no genoma, mas a recombinação entre LTRs homólogas em diferentes posições do genoma provavelmente contribuíram para os rearranjos de DNA cromossomal, resultando na duplicação de genes e éxons, e, como será visto no Capítulo 7, para a evolução do complexo controle da expressão gênica.

Os retrotransposons não LTRs são transpostos por um mecanismo diferente

Os elementos móveis mais abundantes nos mamíferos são os retrotransposons que não possuem LTRs, algumas vezes chamados *retrotransposons não virais*. Essas sequências de DNA moderadamente repetitivas formam duas classes nos genomas de mamíferos: os *elementos intercalados longos* (***LINEs***, *long interspersed elements*) e os *elementos intercalados curtos* (***SINEs***, *short interspersed elements*). Nos humanos, os LINEs têm um tamanho total de aproximadamente 6 kbp, e os SINEs, cerca de 300 pb (ver Tabela 6-1). Sequências repetidas com características de LINEs foram encontradas em protozoários, insetos e plantas, mas, por alguma razão ainda desconhecida, são especialmente abundantes no genoma de mamíferos. SINEs também são encontrados sobretudo no DNA dos mamíferos. Quantidades enormes de LINEs e SINEs foram acumuladas nos eucariotos superiores durante a evolução, pela cópia repetida de sequências presentes em alguns locais do genoma e a inserção das cópias em novos sítios.

LINEs O DNA humano contém três famílias de sequências LINE principais, semelhantes quanto ao seu mecanismo de transposição, mas diferentes nas suas sequências: L1, L2 e L3. Somente os membros da família L1 são capazes de transposição no genoma humano atual. Aparentemente, não há cópias funcionais remanescentes de L2 ou L3. As sequências LINE estão presentes em cerca de 900 mil sítios no genoma humano, compreendendo impressionantes 21% do DNA total. A estrutura geral de um LINE completo está representada na Figura 6-16. Normalmente, os LINEs são flanqueados por repetições diretas curtas, uma característica dos elementos móveis, e contêm duas longas fases abertas de leitura (ORF, *open reading frame*). A ORF1, com cerca de 1 kb, codifica uma proteína ligadora de RNA; a ORF2, com cerca de 4 kb, codifica uma proteína com uma longa porção homóloga à transcriptase reversa dos retrovírus e retrotransposons LTR, além de apresentar, também, atividade endonucleásica de DNA.

As primeiras evidências da mobilidade dos elementos L1 surgiram da análise do DNA clonado, extraído de indivíduos com determinadas doenças genéticas, como hemofilia e distrofia miotônica. Mutações resultantes da inserção de um elemento L1 em certos genes foram encontradas no DNA desses pacientes, mas essa inserção não ocorria nos pais do indivíduo afetado. Cerca de 1 a cada 600 mutações que resultam em uma doença humana significativa decorrem da transposição do elemento L1 ou do SINE, cuja transposição é catalisada pelas proteínas codificadas por L1. Experimentos semelhantes aos dos elementos Ty de leveduras (ver Figura 6-15) confirmaram que os elementos L1 são transpostos por meio de um intermediário de RNA. Nesses experimentos, um íntron foi introduzido em um elemento L1

ANIMAÇÃO EM FOCO: Transcrição reversa retroviral

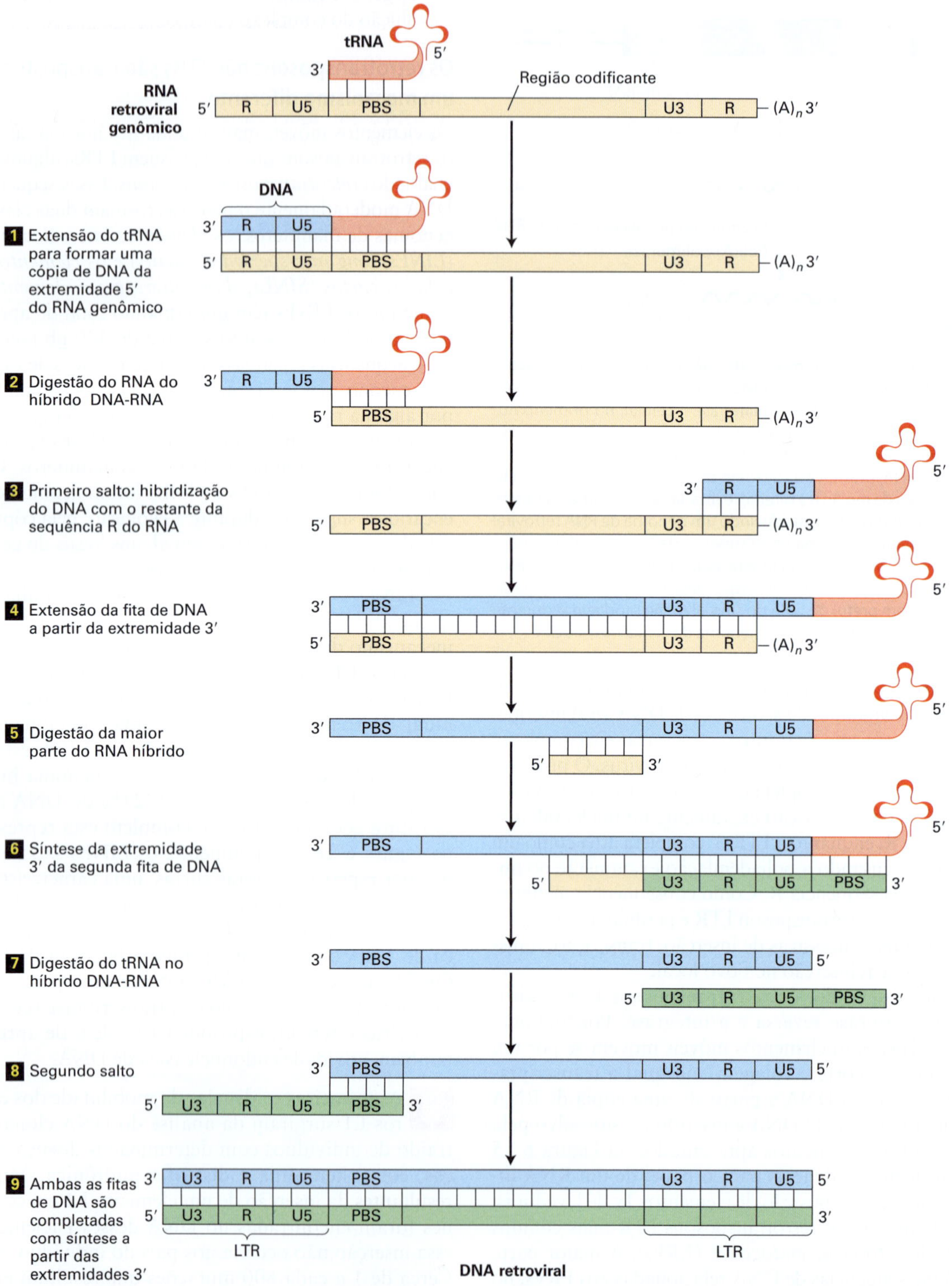

FIGURA 6-14 Modelo da transcrição reversa do RNA genômico retroviral em DNA. Neste modelo, uma série complexa de nove eventos produz uma cópia de DNA de fita dupla a partir do genoma de RNA de fita simples de um retrovírus. O RNA genômico está empacotado no virion com um tRNA celular retrovírus-específico, hibridizado a uma sequência complementar próxima à extremidade 5′ chamada *sítio de ligação do iniciador* (PBS, *primer binding site*). O RNA retroviral tem uma sequência terminal de repetições diretas curtas (R) em cada extremidade. A reação global é catalisada pela transcriptase reversa, que catalisa a polimerização dos desoxirribonucleotídeos. A RNaseH digere a fita de RNA no híbrido DNA-RNA. O processo total produz uma molécula de DNA de fita dupla mais longa do que o molde de RNA e com uma repetição terminal longa (LTR) em cada extremidade. As diferentes regiões não estão em escala. As regiões PBS e R são, na verdade, muito menores do que as regiões U5 e U3, e a região codificante central é muito mais longa do que as outras regiões. (Ver E. Gilboa et al., 1979, *Cell* **18:**93.)

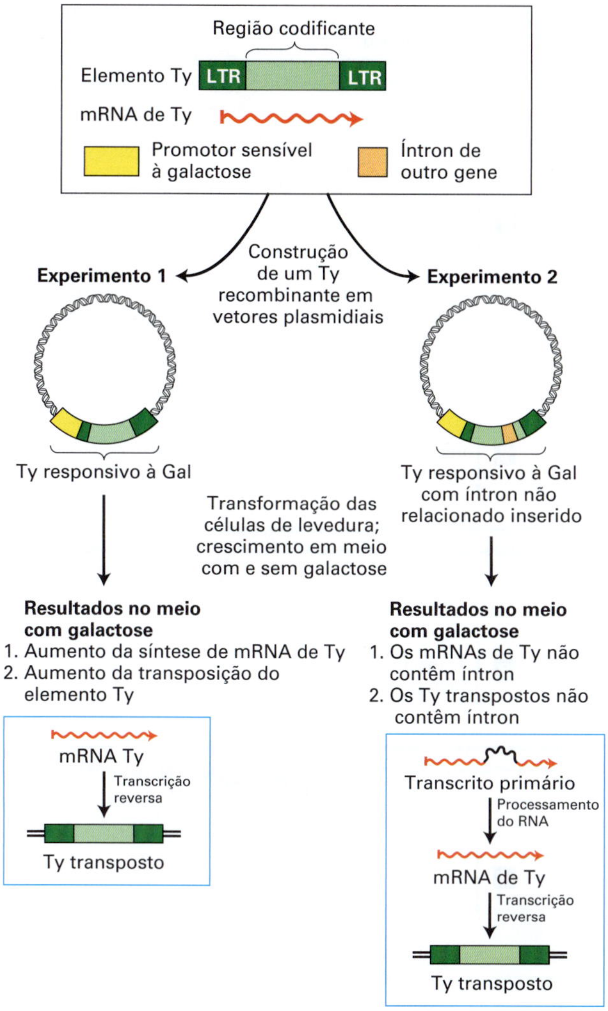

FIGURA EXPERIMENTAL 6-15 O elemento Ty das leveduras sofre transposição por meio de um intermediário de RNA. Quando as células de levedura são transformadas com um plasmídeo contendo um elemento Ty, este elemento pode se transpor a novos sítios, embora normalmente isso ocorra em baixas taxas. Usando os elementos apresentados na parte superior da figura, pesquisadores construíram dois vetores plasmidiais diferentes, com o elemento Ty recombinante adjacente ao promotor sensível à galactose. Esses plasmídeos foram transformados em células de levedura e cultivados em meio com e sem galactose. No experimento 1, o crescimento das células no meio com galactose resultou em um número muito maior de transposições do que no meio sem galactose, indicando que a transcrição em um intermediário de RNA é necessária à transposição de Ty. No experimento 2, um íntron proveniente de um gene não relacionado de levedura foi inserido na suposta região codificante do elemento Ty recombinante sensível à galactose. A ausência do íntron nos elementos Ty transpostos é uma forte evidência de que a transposição envolve um intermediário de mRNA do qual o íntron é removido pelo processamento, como ilustrado no quadro à direita. Em contrapartida, os transposons de DNA eucarióticos, como o elemento Ac do milho, contêm íntrons no gene da transposase, indicando que não são transpostos por meio de um RNA intermediário. (Ver J. Boeke et al., 1985, *Cell* **40:**491.)

clonado de camundongos, e o L1 recombinante foi transformado de forma estável em cultura de células de hamster. Após várias gerações celulares, um fragmento amplificado por PCR correspondendo ao elemento L1,

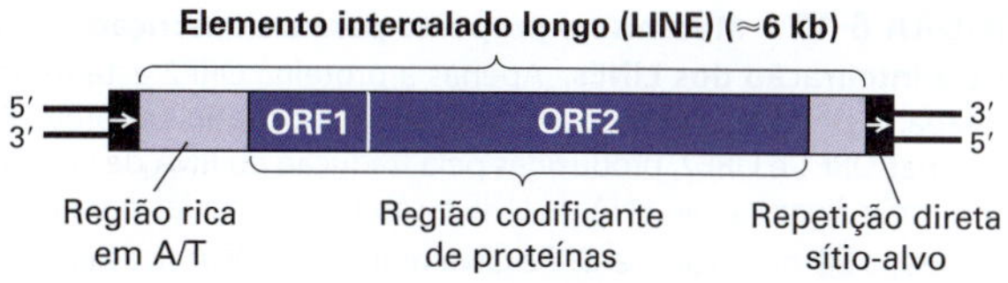

FIGURA 6-16 Estrutura geral de um LINE, um transposon não LTR. O DNA de mamíferos contém duas classes de retrotransposons não LTR, os LINEs e os SINEs. A estrutura de um LINE é ilustrada aqui. O comprimento das repetições diretas do sítio-alvo varia entre as cópias do elemento nos diferentes sítios no genoma. Apesar do comprimento total de a sequência L1 ter aproximadamente 6 kb, quantidades variáveis da extremidade esquerda estão ausentes em mais de 90% dos sítios em que esse elemento móvel é encontrado. A fase aberta de leitura menor (ORF1), com cerca de 1 kb, codifica uma proteína ligadora de RNA. A ORF2, mais longa, com cerca de 4 kb, codifica uma proteína bifuncional com atividades de transcriptase reversa e DNA-endonuclease. Os LINEs não apresentam as repetições terminais longas encontradas nos retrotransposons LTR.

mas sem o íntron inserido, foi detectado nessas células. Essa constatação indica, quase com certeza, que o elemento L1 recombinante contendo o íntron sofreu transposição para novos sítios no genoma do hamster por meio de um intermediário de RNA, que, por sua vez, foi processado para remoção do íntron. ■

Como os LINEs não contêm LTRs, seu mecanismo de transposição utilizando um intermediário de RNA difere dos retrotransposons LTR. As proteínas ORF1 e ORF2 são traduzidas a partir de um RNA de LINE. Estudos *in vitro* indicaram que a transcrição pela RNA-polimerase é promovida pelas sequências do lado esquerdo do DNA do LINE integrado. O RNA de LINE é poliadenilado pelo mesmo mecanismo pós-transcricional que realiza a poliadenilação de outros mRNAs. O RNA do LINE é, então, transportado para o citoplasma, onde é traduzido nas proteínas ORF1 e ORF2. Várias cópias da proteína ORF1 ligam-se ao RNA do LINE, e a proteína ORF2 liga-se à cauda poli(A). O RNA do LINE é então transportado de volta para o núcleo em um complexo com as proteínas ORF1 e ORF2, e ocorre a transcrição reversa em DNA de LINE no núcleo pela ORF2. O mecanismo envolve a clivagem desigual do DNA celular no sítio de inserção, seguida pela iniciação da transcrição reversa a partir do DNA celular clivado como mostrado na Figura 6-17. O processo completo resulta na inserção de uma cópia do retrotransposon LINE original em um novo local do cromossomo. Uma pequena repetição direta é originada no sítio da inserção devido à clivagem desigual nas duas fitas do DNA cromossômico.

Como mencionado, o DNA de um retrotransposon LTR é sintetizado a partir do seu RNA no citosol, usando um tRNA celular como iniciador para a transcrição reversa da primeira fita de DNA (ver Figura 6-14). A fita dupla de DNA resultante, com as repetições terminais longas, é transportada para o núcleo, onde é integrada ao DNA cromossômico pela integrase codificada pelo retrotransposon. Em contrapartida, o DNA de um retrotransposon não LTR é sintetizado no núcleo. A síntese da primeira fita do DNA retroviral não LTR pela ORF2, uma transcritase

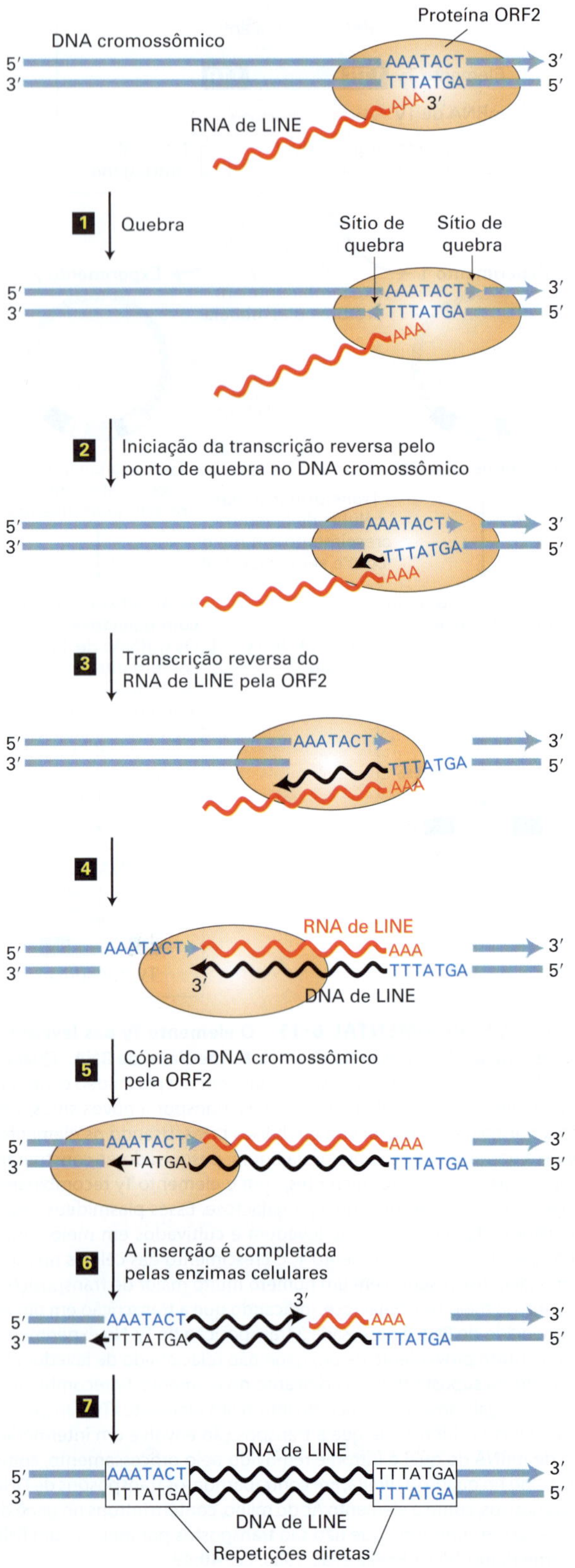

FIGURA 6-17 Mecanismo proposto para a transcrição reversa e a integração dos LINEs. Apenas a proteína ORF2 está representada. O DNA de LINE recém-sintetizado é mostrado em preto. As proteínas ORF1 e ORF2, produzidas pela tradução do RNA de LINE no citoplasma, ligam-se ao RNA de LINE e são transportadas para o núcleo. Etapa **1**: no núcleo, a ORF2 cliva regiões do DNA ricas em A/T, produzindo extremidades desiguais, as extremidades 3′ OH no DNA indicadas pelas setas azuis. Etapa **2**: a extremidade 3′ da fita rica em T é hibridizada à cauda poli(A) do RNA de LINE e inicia a síntese de DNA pela ORF2. Etapa **3**: a ORF2 sintetiza a fita de DNA usando o RNA do LINE como molde. Etapas **4** e **5**: quando a síntese do DNA de LINE da fita inferior alcança a extremidade 5′ do molde de RNA, a ORF2 alonga a fita de DNA de LINE recém-sintetizado usando como molde a fita superior do DNA celular gerada pela clivagem desigual no início do processo. Etapa **6**: uma DNA-polimerase celular alonga a extremidade 3′ da fita superior, produzida na clivagem inicial pela ORF2, usando a fita inferior de DNA de LINE recém sintetizada como molde. O RNA de LINE é digerido a medida que a DNA-polimerase vai alongando a fita superior de DNA, da mesma forma que os iniciadores de RNA são removidos da fita descontínua durante a síntese de DNA celular (Figura 4-33). Etapa **7**: as extremidades 3′ das fitas de DNA recém-sintetizadas são ligadas às extremidades 5′ das fitas de DNA celular, como ocorre na síntese do DNA celular da fita descontínua. (Adaptada de D. D. Luan et al., 1993, *Cell* **72:** 595.)

reversa, é iniciada pela extremidade 3´ que foi clivada do DNA cromossômico, que forma pares de base com a cauda poli(A) do RNA retroviral não LTR (ver Figura 6-17, etapa **2**). Como sua síntese é iniciada no local da clivagem do cromossomo, a síntese da outra fita de DNA do retrotransposon não LTR é iniciada pela extremidade 3' do DNA cromossômico no outro lado da clivagem inicial (etapa **6**), o mecanismo de síntese resulta na integração do DNA do retrotransposon não LTR. Não há necessidade da integrase para a inserção de um retrotransposon de DNA não LTR.

A grande maioria dos LINEs no genoma humano tem a extremidade 5´ truncada, sugerindo que a transcrição reversa foi interrompida antes de sua conclusão e que os fragmentos resultantes, estendidos a distâncias variáveis da cauda poli(A), foram inseridos. Devido a esse encurtamento, o tamanho médio dos elementos LINE é de apenas cerca de 900 pb, mesmo que a sequência completa tenha cerca de 6 kb. Uma vez formados, os elementos LINE truncados provavelmente não podem mais ser transpostos porque não possuem um promotor para formar o intermediário de RNA na transposição. Além do fato de a maioria das inserções L1 serem truncadas, quase todos os elementos completos contêm códons de terminação e mutações que alteram a fase de leitura nas ORF1 e ORF2; é provável que essas mutações tenham se acumulado na maioria das sequências LINE ao longo da sua evolução. Como resultado, apenas cerca de 0,01% das sequências LINE presentes no genoma humano estão completas, com as fases abertas de leitura das ORF1 e ORF2 intactas, representando cerca de 60 a 100% do número total.

SINEs A segunda classe mais abundante de elementos móveis no genoma humano, os SINEs, constitui cerca de 13% do total do DNA. Estes retrotransposons, que variam de 100 a 400 pares de base, não codificam proteínas, mas contêm uma sequência rica em A/T na extremidade 3´, similar aos LINEs. Os SINEs são transcritos pela mesma RNA-polimerase nuclear que transcreve os genes que codificam os tRNAs, os 5S rRNAs, e outros pequenos RNAs estáveis. Aparentemente, as proteínas ORF1 e ORF2, expressas pelos LINEs completos, promovem a transcrição reversa e a integração dos SINEs pelo mecanismo representado na Figura 6-17. Consequentemente, os SINEs podem ser considerados como parasitas dos simbiontes LINEs, competindo com o RNA do LINE pela ligação, transcrição reversa /integração, às proteínas ORF1 e ORF2 codificadas pelo LINE.

Os SINEs ocorrem em cerca de 1,6 milhões de locais no genoma humano. Desses, cerca de 1,1 milhão são *elementos Alu*, assim chamados porque, na sua maioria, contêm um único sítio de reconhecimento para a enzima de restrição *Alu*I. Os elementos *Alu* exibem uma considerável homologia com a sequência do RNA 7SL, um RNA citoplasmático que compõe uma ribonucleoproteína complexa chamada de partícula de reconhecimento de sinais. Essa abundante partícula ribonucleica citosólica auxilia o endereçamento de certos polipeptídeos às membranas do retículo endoplasmático (Capítulo 13). Os elementos *Alu* estão distribuídos no genoma humano nos sítios em que sua inserção não provocou perda da expressão gênica: entre os genes, nos íntrons e nas regiões 3´ não traduzidas de alguns mRNAs. Por exemplo, nove elementos *Alu* estão localizados no agrupamento dos genes da β-globina (ver Figura 6-4a). A frequência total dos retrotransposons L1 e SINE nos humanos é estimada em, aproximadamente, uma nova transposição em cada oito indivíduos; cerca de 40% envolve elementos L1, e 60%, SINEs, dos quais cerca de 90% são elementos *Alu*.

Assim como outros elementos móveis, a maioria dos SINEs acumulou mutações desde sua inserção na linhagem germinativa de um ancestral antigo até os humanos modernos. Como os LINEs, muitos SINEs também têm a extremidade 5´ truncada.

Outros RNAs sofreram retrotransposição e são encontrados no DNA genômico

Além dos elementos móveis listados na Tabela 6-1, cópias de DNA de uma grande variedade de mRNAs parecem ter sido integradas no DNA cromossômico. Uma vez que essas sequências não contêm íntrons, nem apresentam sequências flanqueadoras semelhantes às presentes nas cópias dos genes funcionais, é claro que elas não são formadas simplesmente por genes duplicados que foram perdendo sua função, tornando-se pseudogenes, como discutido anteriormente (Figura 6-4a). Ao invés, esses segmentos de DNA parecem cópias de mRNAs processados e poliadenilados que sofreram retrotransposição. Comparados aos genes normais que codificam mRNAs, esses segmentos inseridos geralmente contêm múltiplas mutações que parecem ter sido acumuladas desde que seus mRNAs sofreram transcrição reversa e foram integrados aleatoriamente no genoma de uma célula germinativa de um ancestral antigo. Essas cópias genômicas não funcionais de mRNAs são chamadas de *pseudogenes processados*. A maior parte dos pseudogenes processados é flanqueada por repetições diretas curtas, confirmando a hipótese de que foram originados por eventos raros de retrotransposição envolvendo mRNAs celulares.

Outras repetições intercaladas que representam cópias parciais ou mutantes dos genes que codificam pequenos RNAs nucleares (snRNAs) e tRNAs são encontradas nos genomas dos mamíferos. Da mesma forma que os pseudogenes processados derivados de mRNAs, essas cópias não funcionais de pequenos genes de RNA são também flanqueadas por repetições diretas curtas e, provavelmente, resultam de eventos raros de retrotransposição acumulados durante a evolução. Acredita-se que as enzimas expressas pelos LINEs tenham realizado todos esses eventos de retrotransposição envolvendo mRNAs, snRNAs e tRNAs.

Elementos móveis de DNA influenciaram significativamente a evolução

Embora aparentemente os elementos móveis de DNA não tenham uma função além da de manter sua própria existência, é provável que a sua presença tenha causado um impacto profundo na evolução dos organismos atuais. Como mencionado, cerca da metade das mutações espontâneas na *Drosophila* resultam da inserção de elementos móveis dentro da unidade de transcrição ou próximo a ela. Nos mamíferos, os elementos móveis provocam uma proporção muito menor de mutações espontâneas: cerca de 10% em camundongos e apenas 0,1 a 0,2% em humanos. Ainda assim, os elementos móveis foram encontrados nos alelos mutantes associados a várias doenças genéticas humanas. Por exemplo, inserções no gene do fator IX da coagulação causam hemofilia, e no gene que codifica a distrofina, uma proteína muscular, provocam a distrofia muscular de Duchenne. Os genes que codificam o fator IX e a distrofina estão ambos no cromossomo X. Como o genoma dos homens possui apenas uma cópia do cromossomo X, as inserções da transposição nestes genes afetam predominantemente os indivíduos homens.

Nas linhagens que originaram os eucariotos superiores, as recombinações homólogas entre os elementos móveis de DNA distribuídos nos genomas ancestrais podem

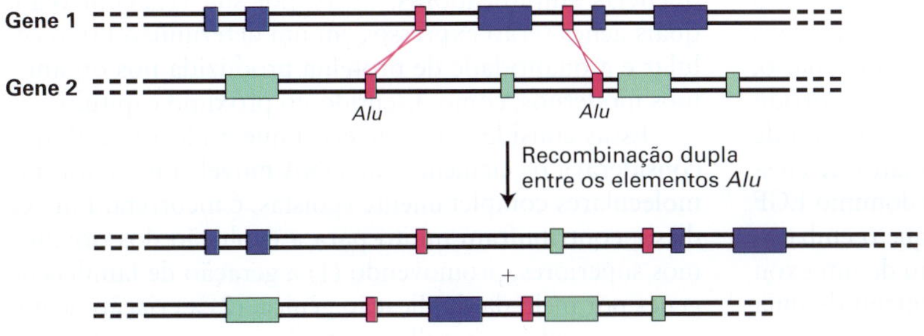

FIGURA 6-18 Embaralhamento de éxons pela recombinação entre repetições intercaladas homólogas. A recombinação entre repetições intercaladas nos íntrons de genes separados produz unidades de transcrição com uma nova combinação de éxons. No exemplo mostrado ao lado, uma recombinação dupla entre dois conjuntos de repetições *Alu* resulta na troca de éxons entre os dois genes.

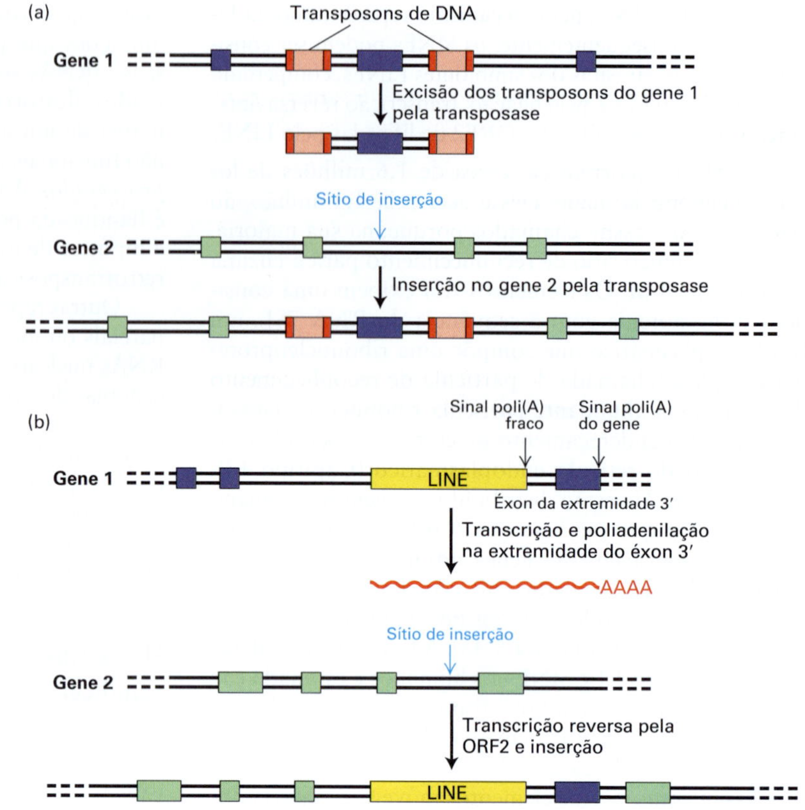

FIGURA 6-19 Embaralhamento de éxons por transposição. (a) Transposição de um éxon flanqueado por transposons de DNA homólogos para um íntron em um outro gene. Como se pode ver na Figura 6-10, etapa **1**, a transposase reconhece e cliva o DNA nas extremidades de repetições invertidas do transposon. No gene 1, se a transposase clivar a extremidade esquerda do transposon da esquerda e a extremidade direita do transposon da direita, toda a sequência de DNA interna será transposta – incluindo o éxon do gene 1 – para um novo sítio em um íntron do gene 2. O resultado é a inserção de um éxon do gene 1 no gene 2. (b) Integração de um éxon em outro gene pela transposição de um LINE. Alguns LINEs têm sinais poli(A) fracos. Se um LINE assim estiver localizado no íntron mais à extremidade 3′ do gene 1, durante a transposição, sua transcrição poderá ir além do sinal poli(A) fraco e estender-se até o éxon da extremidade 3′, transcrevendo os sinais de clivagem e poliadenilação do próprio gene 1. Esse RNA poderá sofrer transcrição reversa e integrar-se via proteína ORF2 do LINE (Figura 6-17) em um íntron no gene 2, introduzindo um novo éxon na extremidade 3′ (do gene 1) no gene 2.

ter originado duplicações gênicas e outros arranjos de DNA durante a evolução (ver Figura 6-2b). Por exemplo, a clonagem e o sequenciamento do agrupamento dos genes da β-globina de várias espécies de primatas forneceram fortes evidências de que os genes G_γ e $A\gamma$ humanos surgiram de uma recombinação homóloga desigual entre duas sequências L1 que flanqueiam um gene ancestral da globina. A divergência subsequente desses genes duplicados pode ter levado à aquisição de funções distintas e benéficas, associadas a cada membro dessa família de genes. A recombinação desigual entre os elementos móveis localizados nos íntrons de um determinado gene pode resultar na duplicação de éxons neste gene (ver Figura 6-2a). Esse processo, muito provavelmente, influenciou a evolução dos genes que contêm múltiplas cópias de éxons semelhantes que codificam domínios similares nas proteínas, como o gene da fibronectina (ver Figura 4-16).

Algumas evidências sugerem que durante a evolução dos eucariotos superiores também ocorreu a recombinação entre elementos móveis de DNA (p. ex., elementos *Alu*) em íntrons de *dois genes afastados*, originando novos genes formados por novas combinações de éxons preexistentes (Figura 6-18). Esse processo evolucionário, denominado **embaralhamento de éxons**, pode ter ocorrido durante a evolução dos genes que codificam o ativador de plasminogênio tecidual, o receptor Neu e o fator de crescimento epidérmico, pois todos contêm um domínio EGF (ver Figura 3-11). Nesse caso, presume-se que o embaralhamento de éxons tenha causado a inserção de um éxon que codifica um domínio de EGF em um íntron de uma forma ancestral de cada um desses genes.

Tanto os transposons de DNA quanto os retrotransposons LINEs ocasionalmente apresentam sequências flanqueadoras não relacionadas, quando se inserem nos novos sítios, pelos mecanismos apresentados na Figura 6-19. Esses mecanismos também contribuíram para o embaralhamento de éxons durante a evolução dos genes modernos.

Além de provocar alterações nas sequências codificantes do genoma, a recombinação entre os elementos móveis e a transposição de segmentos de DNA adjacentes aos transposons de DNA e retrotransposons parecem ter também atuado, de modo significativo, nas sequências reguladoras que controlam a expressão gênica, no curso da evolução. Como citado, os genes eucarióticos possuem regiões de controle da transcrição, chamadas amplificadores, que podem atuar a distâncias de dezenas de milhares de pares de base. A transcrição de vários genes é controlada por efeitos combinados de vários elementos amplificadores. A inserção de elementos móveis próximo a essas regiões de controle transcricional provavelmente contribuiu para a evolução de novas combinações de sequências amplificadoras. Essas, por sua vez, controlam quais genes serão expressos em um determinado tipo celular e a quantidade de proteína produzida nos organismos modernos, como discutido no próximo capítulo.

Essas considerações sugerem que a ideia inicial, que considerava os elementos de DNA móvel como parasitas moleculares completamente egoístas, é incorreta. Em vez disso, contribuíram muito para a evolução dos organismos superiores, promovendo (1) a geração de famílias de genes por meio da duplicação gênica, (2) a criação de novos genes pelo embaralhamento de éxons preexistentes e

(3) a formação de regiões reguladoras mais complexas, que permitem um controle multifacetado da expressão gênica. Atualmente, pesquisadores tentam explorar o potencial dos mecanismos de transposição para inserir genes terapêuticos em pacientes, como um meio de terapia gênica.

Um processo análogo ao mostrado na Figura 6-19a é em grande parte responsável pela rápida disseminação de resistência a antibióticos entre bactérias patogênicas, um problema importante na medicina moderna. Os genes bacterianos que codificam enzimas que inativam antibióticos (genes de resistência a fármacos) são flanqueados por sequências de inserção produzindo transposons de resistência a fármacos. O amplo uso dos antibióticos na medicina, muitas vezes desnecessário no tratamento de infecções virais, nas quais não tem efeito nenhum, e na prevenção de infecções de animais saudáveis na agropecuária, resultou na inserção de uma seleção destes transposons de resistência a drogas em plasmídeos conjugativos. Os plasmídeos conjugativos codificam enzimas que promovem a replicação e transferências do plasmídeo a bactérias relacionadas através de um tubo macromolecular complexo chamado *pillus*. Estes plasmídeos, chamados fatores R (para resistência a fármacos) podem conter múltiplos genes de resistência introduzidos por transposição e selecionados em ambientes onde os antibióticos são utilizados para esterilizar superfícies, como hospitais. Isto causou a rápida disseminação da resistência a fármacos entre as bactérias patogênicas. Lidar com esta disseminação dos fatores R é um desafio para a medicina moderna. ■

CONCEITOS-CHAVE da Seção 6.3

Elementos de DNA transponíveis (DNA móvel)

- Os elementos de DNA transponíveis são sequências de DNA moderadamente repetidas, distribuídas em múltiplos sítios no genoma dos eucariotos superiores. Também estão presentes nos genomas dos procariotos, mas com menos frequência.
- Os transposons de DNA movem-se para novos sítios diretamente como DNA; os retrotransposons são primeiramente transcritos em uma cópia de RNA do elemento, que sofre transcrição reversa em DNA (ver Figura 6-8).
- Uma característica comum de todos os elementos móveis é a presença de repetições diretas curtas flanqueando a sua sequência.
- As enzimas codificadas pelos elementos móveis catalisam a inserção dessas sequências nos novos sítios no DNA genômico.
- Apesar de os transposons de DNA, semelhantes em estrutura aos elementos IS de bactérias, ocorrerem nos eucariotos (p. e., o elemento P de *Drosophila*), os retrotransposons são mais abundantes, especialmente nos vertebrados.
- Os retrotransposons LTR são flanqueados por repetições terminais longas, semelhantes às repetições presentes no DNA retroviral e, como os retrovírus, codificam uma transcriptase reversa e uma integrase. Retrotransposons movem-se no genoma por meio de sua transcrição em RNA que, então, sofre transcrição reversa no citosol; o DNA com LTRs resultante é transportado para o núcleo e integrado ao cromossomo da célula hospedeira (ver Figura 6-14).
- Os retrotransposons não LTR, incluindo os elementos intercalados longos (LINEs) e os elementos intercalados curtos (SINEs), não contêm LTRs e apresentam uma sequência rica em A/T em uma das extremidades. Acredita-se que se movem por um mecanismo de retrotransposição não retroviral mediado por proteínas codificadas pelos LINEs, envolvendo a iniciação e a hibridização pelo DNA cromossomal (ver Figura 6-17).
- As sequências SINE apresentam uma extensa homologia com pequenos RNAs nucleares transcritos pela RNA-polimerase. Os elementos *Alu*, os SINEs mais comuns nos humanos, são sequências com cerca de 300 pb espalhadas pelo genoma humano.
- Algumas sequências intercaladas repetidas de DNA derivam de RNAs celulares que sofreram transcrição reversa e inserção no DNA genômico, em algum momento no curso da evolução. Os pseudogenes processados, derivados de mRNAs, não possuem íntrons, uma característica que os diferencia dos pseudogenes, que são derivações de sequências de genes duplicados.
- É muito provável que os elementos de DNA móvel tenham influenciado significativamente a evolução atuando como sítios de recombinação e pela mobilização das sequências de DNA adjacentes.

6.4 DNA de organelas

Embora a quase totalidade do DNA da maioria dos eucariotos esteja presente no núcleo, uma parte do DNA se encontra na mitocôndria de animais, plantas e fungos, bem como no cloroplasto das plantas. Essas organelas são os principais sítios celulares para a produção de ATP durante a fosforilação oxidativa, na mitocôndria, e a fotossíntese, nos cloroplastos (Capítulo 12). Várias evidências sugerem que as mitocôndrias e os cloroplastos evoluíram a partir de eubactérias que sofreram endocitose por células ancestrais contendo um núcleo eucariótico, formando **endossimbiontes** (Figura 6-20). Durante a evolução, a maioria dos genes bacterianos do DNA organelar foi perdida. Alguns desses, como os genes que codificam proteínas envolvidas na biossíntese de nucleotídeos, lipídeos e aminoácidos, foram perdidos porque sua função era fornecida pelos genes do núcleo da célula hospedeira. Outros genes que codificam as organelas atuais foram transferidos para o núcleo. No entanto, a mitocôndria e os cloroplastos, nos eucariotos modernos, contêm os DNAs que codificam as proteínas essenciais para a função da organela, bem como os RNAs ribossomais e transportadores necessários à sua tradução. Portanto, as células eucarióticas exibem vários sistemas genéticos: um sistema nuclear predominante e os sistemas secundários, com seu próprio DNA, ribossomos e tRNAs na mitocôndria e nos cloroplastos.

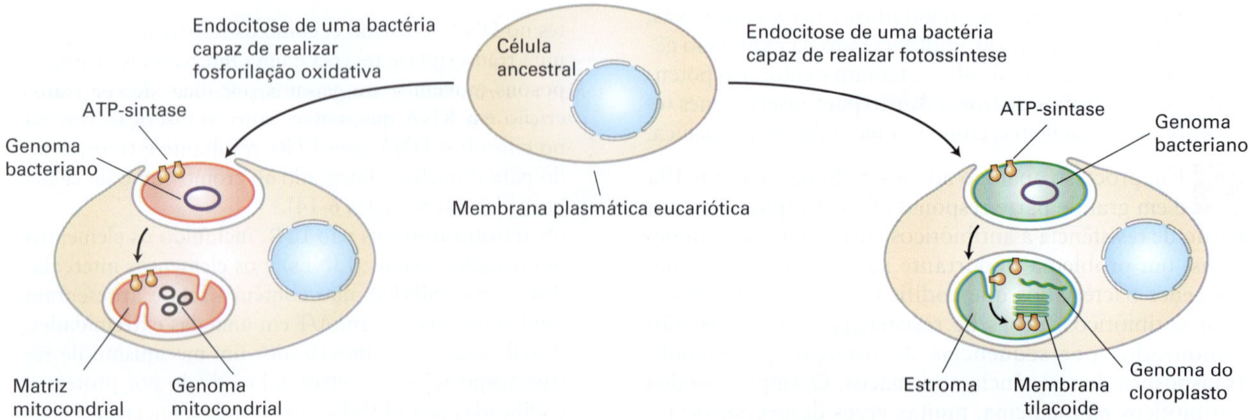

FIGURA 6-20 Modelo da hipótese de endossimbiose para o surgimento de mitocôndrias e cloroplastos. A endocitose de uma bactéria por uma célula eucariótica ancestral produziria uma organela com duas membranas: a externa, derivada da membrana plasmática eucariótica, e a interna, derivada da membrana bacteriana. As proteínas localizadas na membrana bacteriana ancestral mantêm esta orientação, de forma que a porção da proteína antes exposta no espaço extracelular está exposta agora no espaço intermembrana. O surgimento de vesículas que brotam da membrana interna dos cloroplastos, como ocorre no desenvolvimento dos cloroplastos nos vegetais modernos, produziria a membrana tilacoide dos cloroplastos. Os DNAs das organelas estão indicados.

As mitocôndrias contêm múltiplas moléculas de mtDNA

As mitocôndrias são bastante grandes e podem ser vistas individualmente ao microscópio óptico, e mesmo o DNA mitocondrial (mtDNA) pode ser detectado por microscopia de fluorescência. O mtDNA está localizado no interior da mitocôndria, na região conhecida como matriz (ver Figura 12-6). Pelo número de pequenos "pontos" amarelos fluorescentes, pode-se ver que uma *Euglena gracilis* contém, no mínimo, 30 moléculas de mtDNA (Figura 6-21).

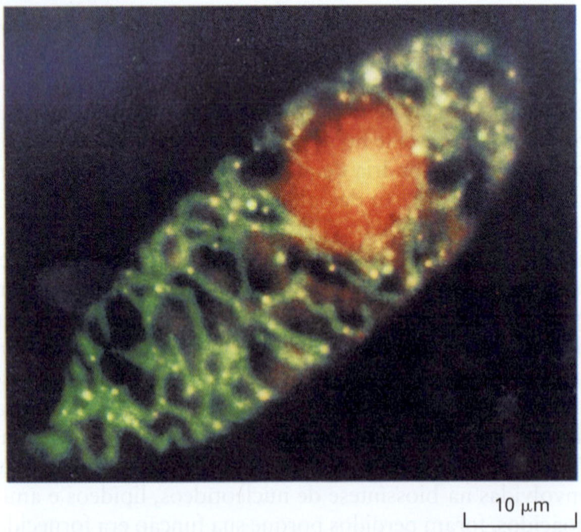

FIGURA EXPERIMENTAL 6-21 Coloração dupla revela a presença de diversas moléculas de DNA mitocondrial em uma célula de *Euglena gracilis* em crescimento. As células foram tratadas com uma mistura de dois corantes: o brometo de etídeo, que se liga ao DNA e emite uma fluorescência vermelha, e o DiOC6, que é incorporado especificamente na mitocôndria e emite uma fluorescência verde. Portanto, o núcleo emite fluorescência vermelha, e as áreas ricas em DNA mitocondrial mostram fluorescência amarela – uma combinação do corante vermelho e da fluorescência verde da mitocôndria. (De Y. Hayashi and K. Ueda, 1989, *J. Cell Sci.* **93**:565.)

A replicação do mtDNA e a divisão da rede mitocondrial podem ser acompanhadas em células vivas usando microscopia quadro a quadro. Esses estudos mostram que, na maioria dos organismos, o mtDNA é replicado durante a interfase. Na mitose, cada célula-filha recebe aproximadamente o mesmo número de mitocôndrias, mas, como não há um mecanismo para dividi-las exatamente em número igual entre as células-filhas, algumas contêm mais mtDNA do que as outras. O isolamento das mitocôndrias das células e a posterior análise do DNA extraído permitiram ver que cada mitocôndria contém várias moléculas de mtDNA. Portanto, a quantidade total de mtDNA em uma célula depende do número de mitocôndrias, do tamanho do mtDNA e do número de moléculas de mtDNA por mitocôndria. Cada um desses parâmetros varia bastante entre os diferentes tipos celulares.

O mtDNA é herdado pelo citoplasma

A pesquisa em mutantes de levedura e outros organismos unicelulares inicialmente indicou que as mitocôndrias exibem **herança citoplasmática** e, portanto, devem conter um sistema genético próprio (Figura 6-22). Por exemplo, as leveduras mutantes *petite* exibem mitocôndrias com estrutura anormal e são incapazes de realizar fosforilação oxidativa. Como resultado, as células *petite* crescem mais lentamente do que as leveduras selvagens e formam colônias menores. Os cruzamentos genéticos entre cepas (haploides) diferentes de levedura mostraram que a mutação *petite* não é segregada com nenhum gene ou cromossomo nuclear conhecido. Estudos posteriores revelaram que a maior parte dos mutantes *petite* apresentava deleções no mtDNA.

No cruzamento por fusão de células haploides de levedura, as duas células-mãe contribuem igualmente para o citoplasma da célula diploide resultante; dessa forma,

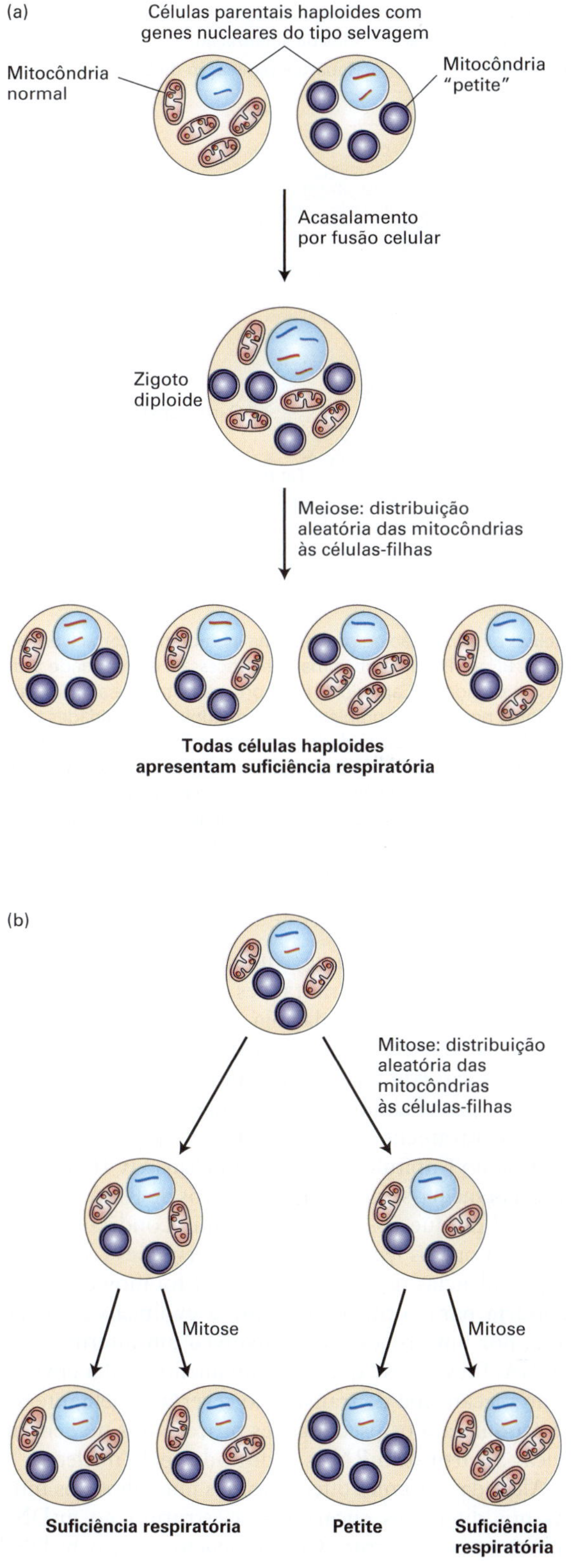

FIGURA 6-22 Herança citoplasmática da mutação *petite* em leveduras. As cepas de mitocôndrias *petite* apresentam defeitos na fosforilação oxidativa devido a uma deleção no mtDNA. (a) Células haploides sofrem fusão, produzindo uma célula diploide que passa por meiose, durante a qual ocorre a segregação aleatória dos cromossomos e mitocôndrias contendo mtDNA. Os alelos dos genes no DNA nuclear (representados por cromossomos pequenos e grandes coloridos em vermelho e azul) são segregados 2:2 na meiose (ver Figura 5-5). Em contrapartida, como as leveduras normalmente contêm cerca de 50 moléculas de mtDNA por célula, todos os produtos da meiose, via de regra, contêm o mtDNA normal e o *petite* e são capazes de realizar a respiração. (b) À medida que as células haploides crescem e se dividem por mitose, o citoplasma (inclusive as mitocôndrias) é distribuído aleatoriamente para as células-filhas. Eventualmente, uma célula que contém apenas mtDNA *petite* é produzida e forma uma colônia *petite*. Portanto, a formação dessas células *petite* não depende de qualquer marcador genético nuclear.

a herança mitocondrial é biparental (ver Figura 6-22a). Nos mamíferos e na maioria dos outros organismos multicelulares, porém, o esperma contribui com pouco (ou nenhum) citoplasma para o zigoto, e praticamente todas as mitocôndrias no embrião são derivadas do óvulo, não do esperma. Os estudos em camundongos mostraram que 99,99% do mtDNA é herdado da mãe, e apenas uma pequena parte (0,01%) é herdada do genitor masculino. Nos vegetais superiores, o mtDNA é herdado exclusivamente, de modo uniparental, da mãe (oócito), e não do genitor masculino (pólen).

O tamanho, a estrutura e a capacidade codificante do mtDNA varia consideravelmente entre os organismos

Surpreendentemente, o tamanho do mtDNA, o número e a natureza das proteínas codificadas e até mesmo o código genético mitocondrial variam muito entre organismos diferentes. O mtDNA da maioria dos animais multicelulares é formado por moléculas circulares com cerca de 16 kb, que codificam genes sem íntrons arranjados de forma compacta nas duas fitas do DNA. Os mtDNAs de vertebrados codificam os dois rRNAs encontrados nos ribossomos mitocondriais, os 22 tRNAs empregados na tradução dos mRNAs mitocondriais, e as 13 proteínas envolvidas no transporte de elétrons e síntese de ATP (Capítulo 12). Os menores genomas mitocondriais conhecidos são do *Plasmodium*, um parasita intracelular obrigatório unicelular que causa malária em humanos. Os mtDNAs de *Plasmodium* têm apenas cerca de 6 kb e codificam cinco proteínas e os rRNAs mitocondriais.

Os genomas mitocondriais de diversos organismos metazoários (i. e., animais multicelulares) foram clonados e sequenciados, e os mtDNAs de todas as origens codificam proteínas mitocondriais essenciais (Figura 6-23). Todas as proteínas codificadas pelo mtDNA são sintetizadas nos ribossomos mitocondriais. A maioria dos polipeptídeos sintetizados na mitocôndria identificados até hoje são subunidades de complexos multiméricos envolvidos no transporte de elétrons, na síntese de ATP ou na inserção de proteínas na membrana mitocondrial interna ou no espaço intermembrana. Entretanto, a maior parte das proteínas localizadas na mitocôndria, como as envolvidas nos processos listados na parte superior da Figura 6-23, é codificada por genes nucleares, sintetizada nos ribossomos citosólicos e transportada para a organela por processos discutidos no Capítulo 13.

Ao contrário dos mtDNAs de metazoários, os mtDNA de plantas são muito maiores, e a maior parte do

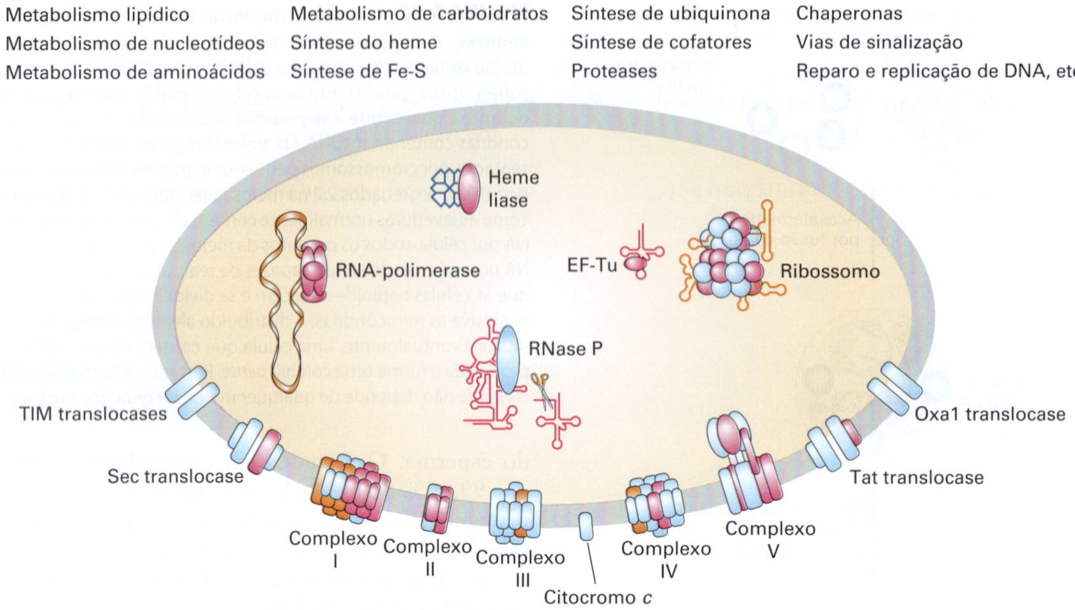

FIGURA 6-23 Proteínas codificadas no DNA mitocondrial e seu envolvimento nos processos mitocondriais. Apenas a matriz mitocondrial e a membrana interna estão representadas. A maioria dos componentes mitocondriais está codificada no núcleo (azul); os marcados em rosa são codificados por mtDNA em alguns eucariotos e no genoma nuclear em outros, porém uma pequena porção é invariavelmente codificada pelo mtDNA (laranja). Os processos mitocondriais que possuem componentes exclusivamente codificados no núcleo estão listados na parte superior. Complexos I a V estão envolvidos no transporte de elétrons e fosforilação oxidativa. As translocases TIM, Sec, Tat e Oxa1 estão envolvidas na exportação e importação de proteínas e na inserção de proteínas na membrana interna (ver Capítulo 13). RNase P é uma ribozima que processa a extremidade 5′ dos tRNAs (abordada no Capítulo 8). É importante notar que a maioria dos eucariotos possui um Complexo I com múltiplas subunidades como ilustrado, com três subunidades sempre codificadas pelo mtDNA. Entretanto, em alguns poucos organismos (*Saccharomyces, Schizosaccharomyces* e *Plasmodium*) este complexo é substituído por uma enzima codificada no núcleo, composta por apenas um polipeptídeo. Para mais detalhes sobre metabolismo e transporte mitocondrial, ver Capítulos 12 e 13. (Adaptada de G. Burger et al., 2003, *Trends Genet.* **19**:709.)

DNA não codifica proteínas. Por exemplo, o mtDNA de um modelo vegetal importante, a *Arabidopsis thaliana*, possui 366.924 pares de bases, e o maior mtDNA conhecido possui cerca de 2 Mb, encontrado em plantas da família cucurbitáceas (p.ex., melão e pepino). A maior parte dos mtDNA de plantas contém longos íntrons, pseudogenes, elementos de DNA móveis restritos ao compartimento mitocondrial e segmentos de DNA estranho (cloroplastos, nucleares e virais) que foram provavelmente inseridos nos genomas mitocondriais das plantas durante a evolução. As sequências duplicadas também contribuem para o enorme comprimento do mtDNA das plantas.

As diferenças no tamanho de genes codificados pelo mtDNA de vários organismos parecem refletir o movimento do DNA entre a mitocôndria e o núcleo, durante a evolução. Evidências diretas desse movimento surgiram da observação de que várias proteínas codificadas pelo mtDNA em algumas espécies são codificadas pelo DNA nuclear em outras espécies relacionadas. O exemplo mais notável desse fenômeno envolve o gene *cox II*, que codifica a subunidade 2 da citocromo-*c*-oxidase, que constitui o complexo IV da cadeia de transporte de elétrons mitocondrial (ver Figura 12-16). Esse gene é encontrado no mtDNA de todos os organismos estudados, exceto por algumas espécies de legumes, incluindo o feijão da variedade *mung* e a soja, na qual o gene *cox II* é nuclear. O gene *cox II* está completamente ausente no mtDNA do feijão *mung*, e um pseudogene defeituoso do *cox II*, com muitas mutações acumuladas, pode ser reconhecido no mtDNA da soja.

Vários transcritos de RNA de genes mitocondriais de plantas são editados, principalmente pela conversão, catalisada por enzimas, de determinados resíduos C para U e, mais raramente, de U para C. (A edição de RNA é discutida no Capítulo 8.) O gene nuclear *cox II* do feijão *mung* assemelha-se mais aos transcritos de RNA editados de *cox II* do que aos genes *cox II* mitocondriais encontrados em outros legumes. Essas observações constituem fortes evidências de que o gene *cox II* foi movido da mitocôndria para o núcleo durante a evolução do feijão *mung*, por um processo que envolveu um intermediário de RNA. Presume-se que esse movimento tenha envolvido um mecanismo de transcrição reversa semelhante aos que produziram os pseudogenes processados no genoma nuclear a partir de mRNAs codificados pelo núcleo.

Além das enormes diferenças nos tamanhos dos mtDNAs nos diferentes eucariotos, a estrutura no mtDNA também varia bastante. Como mencionado, o mtDNA da maioria dos animais é uma molécula circular de cerca de 16 kb. Entretanto, o mtDNA de diversos organismos como o protista *Tetrahymena* existe na forma de concatâmeros lineares adjacentes, como sequências repetidas. Nos exemplos mais extremos, o mtDNA do protista *Amoebidium parasiticum* é composto por centenas de pequenas moléculas lineares diferentes. O mtDNA do *Trypanosoma* é composto por múltiplos *maxicírculos* concatenados (interligados) a milhares de *minicírculos* que codificam os *RNAs-guias* envolvidos na edição da sequência dos mRNAs codificados nos maxicírculos.

Os produtos dos genes mitocondriais não são exportados

É inferido que, todos os transcritos de RNA do mtDNA e seus produtos permanecem na mitocôndria em que são produzidos, e todas as proteínas codificadas pelo mtDNA são sintetizadas nos ribossomos mitocondriais. O DNA mitocondrial codifica os rRNAs que formam os ribossomos mitocondriais, apesar de a maioria das proteínas ribossomais serem importadas do citosol. Nos animais e nos fungos, todos os tRNAs usados na síntese proteica na mitocôndria são também codificados pelo mtDNA. Entretanto, nas plantas e em diversos protozoários, a maior parte dos tRNAs é codificada pelo DNA nuclear e importada para a mitocôndria.

Refletindo a ancestralidade bacteriana das mitocôndrias, os ribossomos mitocondriais assemelham-se aos ribossomos bacterianos e diferem dos ribossomos eucarióticos citosólicos quanto à composição dos RNAs e das proteínas, ao tamanho e à sensibilidade a determinados antibióticos (ver Figura 4-22). Por exemplo, o cloranfenicol bloqueia a síntese proteica nos ribossomos das bactérias e nos ribossomos mitocondriais da maioria dos organismos, mas a ciclo-hexamida que inibe a síntese proteica nos ribossomos eucarióticos citosólicos não afeta os ribossomos mitocondriais. Essa sensibilidade dos ribossomos mitocondriais a essa importante classe de antibióticos aminoglicosídicos, que inclui o cloranfenicol, é a principal causa da toxicidade desses antibióticos. ■

A mitocôndria surgiu a partir de um único evento endossimbiótico envolvendo uma bactéria semelhante à *Rickettsia*

A análise das sequências de mtDNA de vários eucariotos, inclusive de protistas unicelulares, cuja divergência dos outros eucariotos ocorreu muita cedo na evolução, fornece fortes evidências de que a mitocôndria teve uma única origem. É provável que as mitocôndrias tenham surgido a partir de um simbionte bacteriano, e o parente moderno mais próximo seria do grupo *Rickettsiaceae*. As bactérias desse grupo são parasitas intracelulares obrigatórios. Assim, o ancestral da mitocôndria provavelmente também teria um estilo de vida intracelular, o que seria um bom local para evoluir a um simbionte intracelular. Atualmente, o mtDNA com o maior número de genes codificantes encontra-se na espécie de protistas *Reclinomonas americana*. Todos os outros mtDNAs possuem um subgrupo dos genes de *R. americana*, confirmando que a evolução se deu a partir de um ancestral comum com o *R. americana*, no qual houve a perda de diferentes grupos de genes mitocondriais por deleção e/ou transferência ao núcleo com o passar do tempo.

No mtDNA de organismos que contêm apenas um limitado número de genes, o mesmo conjunto de genes mitocondriais é mantido, independente do filo desses organismos (ver Figura 6-23, proteínas em laranja). Supõe-se que esses genes nunca tenham sido transferidos ao núcleo com sucesso porque os polipeptídeos codificados por estes genes são muito hidrofóbicos para atravessarem a membrana mitocondrial externa, e não poderiam ser transportados de volta à mitocôndria se fossem sintetizados no citosol. Da mesma forma, o tamanho volumoso dos tRNAs poderia interferir no seu transporte do núcleo para a mitocôndria, passando pelo citoplasma. Além disso, talvez esses genes não tenham sido transferidos para o núcleo durante a evolução porque a regulação da sua expressão em resposta às condições internas das mitocôndrias individuais seja uma vantagem. Se os genes estivessem localizados no núcleo, as condições dentro de cada mitocôndria não teria influência na expressão das proteínas encontradas nestas organelas.

O código genético mitocondrial difere do código nuclear padrão

O código genético utilizado nas mitocôndrias de animais e fungos é diferente do código-padrão usado em todos os genes nucleares em procariotos e eucariotos; surpreendentemente, o código pode diferir mesmo entre mitocôndrias de espécies diferentes (Tabela 6-3). Por que e como estas diferenças surgiram durante a evolução são

TABELA 6-3 Alterações do código genético-padrão nas mitocôndrias

		Mitocôndrias				
Códon	Código-padrão*	Mamíferos	*Drosophila*	*Neurospora*	Leveduras	Vegetais
UGA	Terminação	Trp	Trp	Trp	Trp	Terminação
AGA, AGG	Arg	Terminação	Ser	Arg	Arg	Arg
AUA	Ile	Met	Met	Ile	Met	Ile
AUU	Ile	Met	Met	Met	Met	Ile
CUU, CUC, CUA, CUG	Leu	Leu	Leu	Leu	Thr	Leu

* Para proteínas codificadas no núcleo.

FONTES: S. Anderson et al., 1981, *Nature* **290**:457; P. Borst, in *International Cell Biology* 1980–1981, H. G. Schweiger, ed., Springer-Verlag, p. 239; C. Breitenberger and U. L. Raj Bhandary, 1985, *Trends Biochem. Sci.* **10**:478–483; V. K. Eckenrode and C. S. Levings, 1986, *In Vitro Cell Dev. Biol.* 22:169–176; J. M. Gualber et al., 1989, *Nature* **341**:660–662; and P. S. Covello and M. W. Gray, 1989, *Nature* **341**:662–666.

um mistério. O códon UGA, por exemplo, é normalmente um códon de terminação, mas é lido como triptofano nos sistemas de tradução mitocondrial dos humanos e dos fungos; nas mitocôndrias dos vegetais, porém, UGA ainda é um códon de terminação. AGA e AGG, os códons-padrão para a arginina, também codificam arginina no mtDNA dos fungos e dos vegetais, mas são códons de terminação no mtDNA dos mamíferos e códons para serina no mtDNA da *Drosophila*.

Como mostrado na Tabela 6-3, as mitocôndrias vegetais parecem utilizar o código-padrão. No entanto, a comparação das sequências de aminoácidos das proteínas mitocondriais dos vegetais com as sequências nucleotídicas do mtDNA dos vegetais sugerem que CGG pode codificar tanto a arginina (o aminoácido "padrão") quanto o triptofano. Essa inespecificidade aparente do código mitocondrial dos vegetais é explicada pela edição dos transcritos de RNA, que podem converter resíduos de citosina em uracila. Se a sequência CGG for editada para UGG, o códon especificará o triptofano, o códon-padrão de UGG, enquanto o códon CGG que não foi editado codificará o padrão da arginina. Portanto, o sistema de tradução nas mitocôndrias dos vegetais não utiliza o código genético padrão. ■

Mutações no DNA mitocondrial provocam diversas doenças genéticas humanas

A seriedade das doenças provocadas por uma mutação no mtDNA depende da natureza da mutação e da proporção do mtDNA mutante e selvagem presente em um determinado tipo celular. Geralmente, quando são encontradas mutações no mtDNA, as células contêm misturas tanto do mtDNA mutado quanto do selvagem – uma condição conhecida como *heteroplasmia*. Cada vez que uma célula somática ou germinativa de mamífero sofre divisão, os mtDNAs mutantes e selvagens são segregados aleatoriamente nas células-filhas, como ocorre nas células de levedura (ver Figura 6-22b). Portanto, o genótipo do mtDNA, que flutua de uma geração e de uma divisão celular para outra, pode derivar para um mtDNA em que há predominância do tipo mutante ou do tipo selvagem. Visto que todas as enzimas para a replicação e para o crescimento da mitocôndria de mamíferos, como as DNA e RNA-polimerases mitocondriais, são codificadas no núcleo e importadas do citosol, um mtDNA mutante não teria uma "desvantagem replicativa"; as mutações que envolvem grandes deleções no mtDNA podem ter, inclusive, uma vantagem seletiva na replicação, porque podem replicar-se com mais rapidez.

Pesquisas recentes sugerem que o acúmulo de mutações no mtDNA são um componente importante do envelhecimento de mamíferos. Foi observado que as mutações no mtDNA se acumulam com a idade, provavelmente porque o mtDNA de mamíferos não é reparado em resposta a lesões no DNA. Para verificar essa hipótese, são utilizadas técnicas de substituição gênica ("*knock-in*"), trocando-se o gene nuclear que codifica a DNA-polimerase mitocondrial com atividade de correção de leitura normal (ver Figura 4-34) por um gene mutante que codifica uma polimerase incapaz de correção de leitura. As mutações no mtDNA se acumularam com muito mais rapidez em camundongos mutantes homozigotos, se comparadas às do tipo selvagem, e os camundongos mutantes envelheceram a uma taxa muito acelerada (Figura 6-24).

Com raras exceções, todas as células humanas têm mitocôndrias, mas as mutações no mtDNA afetam apenas alguns tecidos. Os tecidos mais afetados, normalmente, são aqueles que necessitam de muito ATP produzido pela fosforilação oxidativa, e os tecidos que necessitam de todo, ou quase todo, o mtDNA na célula sintetizam quantidades suficientes das proteínas funcionais mitocondriais. A *neuropatia óptica hereditária de Leber* (degeneração do nervo óptico), por exemplo, é causada por uma mutação de sentido trocado no gene do mtDNA que codifica a subunidade 4 da NADH-CoQ-redutase (complexo I), uma proteína essencial para produção de ATP na mitocôndria (ver Figura 12-16). Qualquer grande deleção no mtDNA provoca um outro grupo de doenças, inclusive a *oftalmoplegia externa progressiva crônica*, caracterizada por defeitos nos olhos, e a *síndrome de Kearns-Sayre*, caracterizada por defeitos

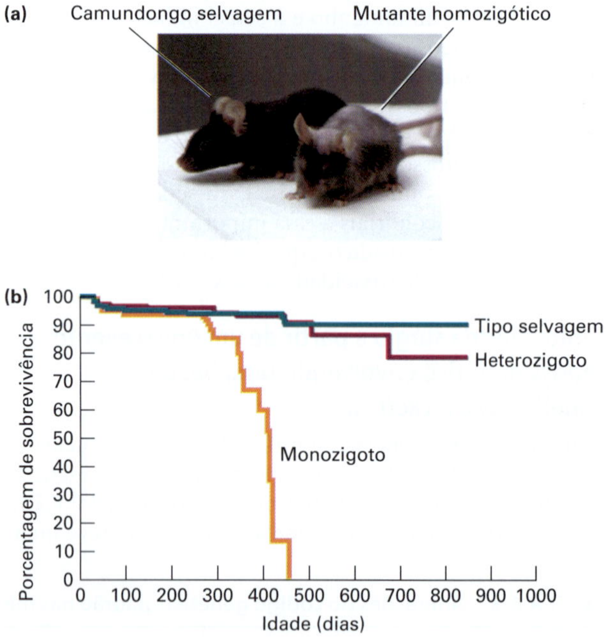

FIGURA EXPERIMENTAL 6-24 Camundongos com uma polimerase mitocondrial defeituosa para revisão de leitura exibem envelhecimento prematuro. Uma linhagem de camundongos com substituição gênica ("*knock-in*") foi gerada, por meio dos métodos discutidos no Capítulo 5, com uma mutação que substitui um ácido aspártico por uma alanina, no gene que codifica a DNA-polimerase mitocondrial (D257A), inativando a função de revisão de leitura da polimerase. (a) Camundongos do tipo selvagem e mutante homozigótico com 390 dias (13 meses). O camundongo mutante apresenta muitas das características de um camundongo velho (> 720 dias, ou 24 meses de idade). (b) Gráfico de sobrevivência *versus* tempo do camundongo selvagem (+/+/) heterozigoto (D257A/+) e homozigoto (D257A/D257A). (De G. C. Kujoth et al., 2005, *Science* **309**:481. Parte (a) cortesia de Jeff Miller/University of Wisconsin-Madison and Gregory Kujoth, Ph.D.)

nos olhos, batimento cardíaco anormal e degeneração do sistema nervoso. Uma terceira doença, que provoca o "desgaste" das fibras musculares (com as mitocôndrias arranjadas de maneira incorreta) e movimentos erráticos descontrolados associados, decorre de uma única mutação na alça TΨCG do tRNA mitocondrial de lisina. Em consequência dessa mutação, a tradução de várias proteínas mitocondriais é, aparentemente, inibida. ■

Os cloroplastos contêm grandes DNAs circulares que codificam mais de uma centena de proteínas

Como as mitocôndrias, os cloroplastos parecem ter surgido a partir de uma bactéria fotossintética simbionte ancestral (ver Figura 6-20). Contudo, o evento de endossimbiose que gerou os cloroplastos é mais recente (1,2 a 1,5 bilhões de anos atrás) do que o evento que gerou as mitocôndrias (1,5 a 2,2 bilhões de anos). Como consequência, os DNAs dos cloroplastos modernos apresentam menor diversidade estrutural do que os mtDNAs. Assim como a mitocôndria, os cloroplastos contêm múltiplas cópias do DNA de organelas e ribossomos, que sintetizam algumas proteínas codificadas pelo cloroplasto usando o código genético padrão. Como o mtDNA de plantas, o DNA de cloroplastos é uma herança exclusivamente materna (unigenitor), por meio do oócito. Outras proteínas do cloroplasto são codificadas por genes nucleares, sintetizadas nos ribossomos citosólicos e então incorporadas à organela (Capítulo 13). ■

Nas plantas superiores, o DNA dos cloroplastos contém de 120 a 160 mil pb de comprimento, dependendo da espécie. De início, acreditava-se que fossem moléculas circulares de DNA porque nos organismos geneticamente estudados como modelo de plantas, o protozoário *Chlamydomonas reinhardtii*, o mapa genético é circular. Entretanto, estudos recentes revelaram que os DNAs dos cloroplastos de plantas são na verdade longos concatâmeros lineares, dispostos sequencialmente, com intermediários recombinantes entre as longas moléculas lineares. Nesses estudos, foram usadas técnicas que minimizam a quebra mecânica das longas moléculas de DNA durante o isolamento e a eletroforese em gel, permitindo a análise de DNA com Mb de tamanho.

As sequências completas de vários DNAs de cloroplastos de plantas superiores foram determinadas. Apresentam de 120 a 135 genes, sendo 130 no modelo de plantas *Arabidopsis thaliana*. O DNA dos cloroplastos de *A. thaliana* contém 76 genes que codificam proteínas e 54 genes para produtos de RNA como rRNAs e tRNAs. O DNA dos cloroplastos codifica as subunidades de uma RNA-polimerase semelhante à bacteriana e expressa muitos de seus genes a partir de óperons policistrônicos como as bactérias (ver Figura 4-13a). Alguns genes de cloroplastos contêm íntrons, semelhantes aos especializados encontrados em alguns genes bacterianos e em genes mitocondriais de fungos e protozoários, e não aos íntrons dos genes nucleares. Assim como na evolução dos genomas mitocondriais, muitos genes do cloroplasto simbionte ancestral com função repetida de genes nucleares foram perdidos do seu DNA. Também muitos genes essenciais à função do cloroplasto foram transferidos para o genoma nuclear das plantas durante a evolução. Estimativas recentes da análise de sequências dos genomas de *A. thaliana* e cianobactérias indicam que cerca de 4.500 genes foram transferidos do endossimbionte original para o genoma nuclear.

Métodos semelhantes aos utilizados para a transformação de células de levedura (Capítulo 5) foram desenvolvidos para a introdução estável de DNA estranho no cloroplasto dos vegetais superiores. O grande número de moléculas de DNA de cloroplasto por célula permite a introdução de milhares de cópias de um gene "construído" em cada célula, resultando em níveis altíssimos de produção da proteína estranha. A transformação dos cloroplastos recentemente levou ao desenvolvimento de plantas resistentes às infecções bacterianas e virais, à estiagem e a herbicidas. O nível de produção de proteínas estranhas é comparável à produção de bactérias "construídas", sugerindo que, no futuro, a transformação do cloroplasto possa ser usada em produtos farmacêuticos de uso humano e, possivelmente, também, para a produção de grãos modificados, contendo altos níveis de todos os aminoácidos essenciais aos humanos. ■

CONCEITOS-CHAVE da Seção 6.4

DNAs de organelas

- As mitocôndrias e os cloroplastos, muito provavelmente, evoluíram de bactérias que formavam uma relação simbiótica com as células ancestrais que continham um núcleo eucariótico (ver Figura 6-20).
- A maioria dos genes originalmente encontrados nas mitocôndrias e nos cloroplastos foi perdida, porque suas funções eram supridas por genes nucleares, ou movida para o genoma nuclear durante a evolução, deixando apenas alguns grupos de genes no DNA organelar dos diferentes organismos (ver Figura 6-23).
- Os mtDNAs de animais são moléculas circulares, refletindo sua provável origem bacteriana. Os mtDNAs e DNAs dos cloroplastos das plantas são, geralmente, mais longos do que os mtDNAs de outros eucariotos, principalmente por conterem mais regiões não codificantes e sequências repetitivas.
- Todos os DNAs das mitocôndrias e dos cloroplastos codificam rRNAs e algumas proteínas envolvidas no transporte de elétrons mitocondriais ou fotossintéticos e na síntese de ATP. A maioria dos mtDNAs de animais e DNA dos cloroplastos também codificam os tRNAs necessários à tradução dos mRNAs organelares.
- Como a maior parte do mtDNA é herdada dos oócitos, e não dos espermatozoides, as mutações no mtDNA exibem um padrão de herança citoplasmático materno. Da mesma forma, o DNA dos cloroplastos é herdado exclusivamente do genitor materno.
- Os ribossomos mitocondriais assemelham-se aos bacterianos na sua estrutura, sensibilidade ao cloranfenicol e resistência à ciclo-hexamida.
- O código genético de mtDNAs dos animais e dos fungos difere um pouco do código da bactéria e do genoma

nuclear, e varia entre animais e fungos (ver Tabela 6-3). Em contrapartida, os mtDNAs dos vegetais e os DNAs dos cloroplastos parecem usar o código genético padrão.

- Diversas doenças neuromusculares humanas resultam de mutações no mtDNA. O paciente geralmente tem uma mistura de mtDNAs mutante e selvagem em suas células (heteroplasmia): quanto maior a proporção de mtDNA mutante, mais grave é o fenótipo mutante.

6.5 Genômica: análise da estrutura e expressão de genes em genomas

O uso de técnicas de sequenciamento automatizado de DNA e de algoritmos de computador, para unir fragmentos de sequências de dados, permitiu a determinação de uma grande quantidade de sequências de DNA, incluindo quase todo o genoma humano e diversos organismos experimentais importantes. Este enorme volume de dados, que cresce a passos rápidos, foi armazenado e organizado em dois bancos de dados principais: o GenBank, no *National Institutes of Health*, em Bethesda, Maryland, Estados Unidos, e o Banco de Sequência de Dados EMBL, no *European Molecular Biology Laboratory*, em Heidelberg, Alemanha. Estes bancos de dados continuamente adicionam sequências recém-descobertas e as disponibilizam a cientistas de todo o mundo pela internet. Foram determinadas as sequências genômicas, completas ou quase completas, de centenas de vírus e bactérias, leveduras (eucariotos), vegetais, inclusive trigo e milho, modelos de eucariotos multicelulares importantes, como o nematódeo *C. elegans*, e da mosca-da-fruta *Drosophila melanogaster*, de camundongos, humanos e representantes dos cerca de 35 filos de metazoários. O custo e a velocidade do sequenciamento de uma megabase de DNA estão tão baixos, que o genoma completo de células cancerosas foi determinado e comparado ao genoma de células normais do mesmo paciente, para determinar todas as mutações acumuladas nas células tumorais do paciente. Essa abordagem pode revelar quais os genes mais mutados em todos os tipos de câncer e também os genes normalmente mutados nas células tumorais de diferentes pacientes com o mesmo tipo de câncer (p. ex., câncer de mama *versus* de colo). Tal abordagem poderá, no futuro, fornecer tratamentos individualizados para o câncer, desenvolvidos especificamente para as mutações presentes das células tumorais de um determinado paciente. As técnicas de sequenciamento automatizado de DNA mais recentes são tão poderosas, que um projeto conhecido como "Projeto 1.000 Genomas" está em andamento com o objetivo de sequenciar a maior parte dos genomas de 1.000 a 2.000 indivíduos escolhidos aleatoriamente de todo o mundo e determinar a extensão da variação genética em humanos como base para investigação entre genótipo e fenótipo humanos. Ainda, foram criadas companhias privadas de sequenciamento de partes do genoma de um indivíduo por cerca de US$ 100, pesquisando variações de sequência (polimorfismos) que podem influenciar a probabilidade de desenvolvimento de determinadas doenças.

Nesta seção, serão examinadas algumas formas usadas pelos pesquisadores para peneirarem esta "arca do tesouro" de dados a fim de fornecerem evidências entre funções gênicas e relações evolucionárias, identificarem novos genes, para os quais a proteína codificada não foi ainda isolada, e determinarem quando e onde os genes são expressos. O uso de computadores na análise de dados de sequências possibilitou o surgimento de uma nova área da biologia: a **bioinformática**.

Sequências armazenadas sugerem funções para genes e proteínas recém-identificados

Como discutido no Capítulo 3, proteínas com funções similares normalmente contêm sequências semelhantes de aminoácidos que correspondem a domínios funcionais importantes na estrutura tridimensional da proteína. A comparação entre a sequência de aminoácidos de uma proteína codificada por um gene recém-clonado com a sequência de proteínas com função conhecida permite a busca por semelhanças que indiquem a função da proteína codificada. Devido à degeneração do código genético, proteínas relacionadas exibem, invariavelmente, mais similaridade de sequência do que os genes que as codificam. Por essa razão, as sequências de proteínas, e não as de DNA, são normalmente comparadas.

O programa mais utilizado para este objetivo é conhecido como BLAST (ferramenta para pesquisa básica de alinhamentos locais; *basic local alignment search tool*). O algoritmo BLAST divide a sequência da proteína "nova" (conhecida como *query sequence*) em pequenos segmentos e procura no banco de dados por correspondências com as sequências armazenadas. O programa de combinações gera uma pontuação maior (*high score*) a sequências com correspondências idênticas e uma pontuação mais baixa (*lower score*) a correspondências entre aminoácidos relacionados (p. ex., hidrofóbicos, polares, com carga positiva ou negativa), porém não idênticos. Quando uma combinação significativa é encontrada em um segmento, o algoritmo BLAST procura localmente a extensão da similaridade. Após completar a busca, o programa classifica os achados entre a proteína "nova" e as várias proteínas conhecidas de acordo com o *valor-p*. Este parâmetro é a medida da probabilidade de se encontrar aquele grau de semelhança entre duas sequências proteicas ao acaso. Quanto mais baixo o valor-*p*, maior a similaridade de sequência entre as duas proteínas. Um valor-*p* menor do que 10^{-3} normalmente é considerado uma evidência significativa de que as duas proteínas descendem de um mesmo ancestral. Além do BLAST, diversos programas alternativos foram desenvolvidos para detectar relações entre proteínas com um distanciamento de sequências maior do que os detectados pelo BLAST. O desenvolvimento desses métodos é uma área ativa de pesquisa em bioinformática.

Para ilustrar o poder dessa abordagem, considere o gene humano *NF1*. Mutações no *NF1* estão associadas à doença genética neurofibromatose 1, na qual há desenvolvimento de múltiplos tumores no sistema nervoso periférico, o que provoca grandes protuberâncias na pele. Após o isolamento e sequenciamento de um clone de cDNA de *NF1*, a sequência deduzida da proteína NF1 foi comparada a outras sequências no GenBank. Foi desco-

```
NF1  841 TRATFMEVLTKILQQGTEFDTLAETVLADRFERLVELVTMMGDQGELPIA 890
Ira 1500 IRIAFLRVFIDIV...TNYPVNPEKHEMDKMLAIDDFLKYIIKNPILAFF 1546

     891 MALANVVPCSQWDELARVLVTLFDSRHLLYQLLWNMFSKEVELADSMQTL 940
    1547 GSLA..CSPADVDLYAGGFLNAFDTRNASHILVTELLKQEIKRAARSDDI 1594

     941 FRGNSLASKIMTFCFKVYGATYLQKLLDPLLRIVITSSDWQHVSFEVDPT 990
    1595 LRRNSCATRALSLYTRSRGNKYLIKTLRPVLQGIVDNKE....SFEID.. 1638

     991 RLEPSESLEENQRNLLQMTEKF....FHAIISSSSEFPPQLRSVCHCLYQ 1036
    1639 KMKPG...SENSEKMLDLFEKYMTRLIDAITSSIDDFPIELVDICKTIYN 1685

    1037 VVSQRFPQNSIGAVGSAMFLRFINPAIVSPYEAGILDKKPPPRIERGLKL 1086
    1686 AASVNFPEYAYIAVGSFVFLRFIGPALVSPDSENII.IVTHAHDRKPFIT 1734

    1087 MSKILQSIAN.........HVLFTKEEHMRPFND....FVKSNFDAARRFF 1124
    1735 LAKVIQSLANGRENIFKKDILVSKEEFLKTCSDKIFNFLSELCKIPTNNF 1784

    1125 LDIASDCPTSDAVNHSL..............SFISDGNVLALHRLLWNN. 1159
    1785 TVNVREDPTPISFDYSFLHKFFYLNEFTIRKEIINESKLPGEFSFLKNTV 1834

    1160 ..QEKIGQYLSSNRDHKAVGRRPF.... DKMATLLAYLGPPEHKPVA 1200
    1835 MLNDKILGVLGQPSMEIKNEIPPFVVENREKYPSLYEFMSRYAFKKVD 1882
```

FIGURA 6-25 Comparação entre as regiões da proteína NF1 humana e a proteína Ira de *S. cerevisiae* que apresentam uma significativa similaridade de sequência. As sequências de NF1 e de Ira são mostradas nas partes superior e inferior, respectivamente, em cada linha, no código de uma letra de aminoácidos (ver Figura 2-14). Aminoácidos idênticos nas duas proteínas estão marcados em amarelo. Aminoácidos com cadeias laterais quimicamente similares, mas não idênticas, estão unidos por um ponto azul. Os números dos aminoácidos nas sequências de proteínas estão mostradas nas extremidades esquerda e direita de cada linha. Pontos pretos indicam "intervalos" inseridos na sequência das proteínas para maximizar o alinhamento dos aminoácidos homólogos. O valor-*p* do BLAST para estas duas sequências é 10^{-28}, indicando um alto grau de similaridade. (De G. Xu et al., 1990, *Cell* **62**:599.)

berto que uma região da proteína NF1 tinha uma homologia considerável a uma porção da proteína Ira de leveduras (Figura 6-25). Estudos anteriores mostraram que Ira é uma proteína ativadora de GTPase (GAP) que modula a atividade GTPásica da proteína monomérica denominada Ras (ver Figura 3-32). Como será visto em detalhes no Capítulo 16, as proteínas GAP e Ras normalmente atuam no controle da replicação e diferenciação celular em resposta a sinais vindos das células adjacentes. Estudos funcionais na proteína NF1 normal, obtida pela clonagem e expressão do gene selvagem, mostraram que esta proteína realmente regulava a atividade da proteína Ras, como sugeria a homologia com Ira. Tais achados sugerem que os pacientes com neurofibromatose expressam uma proteína NF1 mutante nas células do sistema nervoso periférico, provocando a divisão celular inadequada e a formação dos tumores característicos da doença. ■

Mesmo quando não apresenta uma similaridade significativa com outras proteínas com o algoritmo BLAST, uma proteína pode compartilhar uma pequena sequência com importância funcional. Pequenos segmentos desse tipo que ocorrem várias vezes em diversas proteínas diferentes são chamados de **motivos estruturais** e, normalmente, apresentam uma função semelhante. Vários motivos estão descritos no Capítulo 3 e ilustrados na Figura 3-9. Para realizar uma busca desses e de outros motivos em uma nova proteína, pesquisadores comparam a sequência da proteína nova (*query protein*) a um banco de dados de sequências de motivos conhecidos.

A comparação de sequências relacionadas de espécies diferentes fornece evidências da relação evolucionária entre proteínas

Buscas de proteínas relacionadas usando BLAST podem revelar que as proteínas pertencem a uma mesma família. Anteriormente, considerou-se famílias de genes em um único organismo, usando os genes da β-globina humana como exemplo (ver Figura 6-4a). No entanto, em um banco de dados que inclui as sequências genômicas de diversos organismos, as famílias de proteínas também podem ser identificadas por estarem presentes em vários organismos. Considere, por exemplo, as proteínas **tubulinas**; as subunidades básicas dos microtúbulos, um importante componente do citoesqueleto (Capítulo 18). De acordo com o diagrama simplificado na Figura 6-26a, as células eucarióticas primordiais, aparentemente, continham um único gene de tubulina que foi duplicado muito cedo durante a evolução; a divergência subsequente das diferentes cópias do gene original da tubulina formou as versões ancestrais dos genes. À medida que as diferentes espécies divergiram ainda mais das células eucarióticas ancestrais, cada uma das sequências também divergiu, produzindo as formas um tanto diferentes das α e β-tubulinas encontradas atualmente em cada espécie.

Todos os diferentes membros da família dos genes da tubulina (ou proteínas) apresentam sequências semelhantes o suficiente para sugerir uma sequência ancestral comum. Assim, todas essas sequências são consideradas *homólogas*. Mais especificamente, as sequências que provavelmente divergiram como resultado da duplicação gênica (como as da α e β-tubulina) são descritas como *parálogas*. As sequências que surgiram devido à especiação (p. ex., os genes da α-tubulina em espécies diferentes) são descritas como *ortólogas*. As relações evolucionárias podem ser deduzidas a partir do grau de relação entre as sequências das tubulinas presentes nos organismos atuais, como ilustra a Figura 6-26b. Dos três tipos de relação entre as sequências, as que provavelmente apresentam a mesma função são as ortólogas.

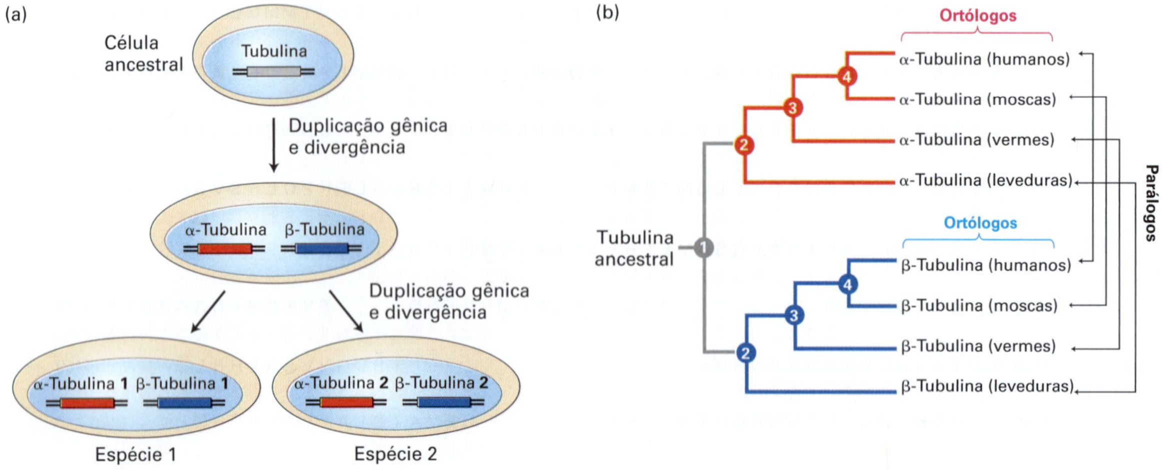

FIGURA 6-26 Origem das diferentes sequências de tubulina durante a evolução dos eucariotos. (a) Mecanismo provável que originou os genes da tubulina encontrados nas espécies existentes. É possível deduzir que um evento de duplicação gênica ocorre antes da especiação porque as sequências da α-tubulina de espécies diferentes (p. ex., leveduras e humanos) são mais próximas quando se comparam as sequências de α-tubulina e β-tubulina dentro de uma mesma espécie. (b) Árvore filogenética representando a relação entre as sequências da tubulina. Os pontos de ramificação (nódulos), indicados por pequenos números, representam os genes ancestrais comuns no período em que as duas sequências divergiram. Por exemplo, o nódulo 1 representa o evento de duplicação que originou as famílias da α-tubulina e β-tubulina, e o nódulo 2, a divergência entre leveduras e espécies multicelulares. Os colchetes e as setas indicam, respectivamente, os genes de tubulina ortólogos, que diferem como resultado da especiação, e os genes parálogos, que diferem em função da duplicação gênica. Este diagrama está relativamente simplificado, porque as moscas, os vermes e os humanos, contêm múltiplos genes de α-tubulina e β-tubulina que surgiram por eventos mais tardios de duplicação gênica.

Genes podem ser identificados em sequências genômicas de DNA

A sequência genômica completa de um organismo contém dentro de si a informação necessária para a dedução da sequência de cada proteína formada pelas células do organismo. Em organismos como bactérias e leveduras, em que o genoma possui poucos íntrons e regiões intergênicas curtas, a maioria das sequências que codificam proteínas pode ser encontrada simplesmente pela busca de **fases abertas de leituras** (**ORFs**) de comprimento significativo. Uma ORF geralmente é definida como um segmento de DNA contendo pelo menos 100 códons que inicia em um códon de iniciação e termina em um códon de terminação. Como a probabilidade de uma sequência de DNA aleatória que contenha 100 códons em sequência, sem um códon de terminação no meio, é muito pequena, a maioria das ORFs codifica proteínas.

A análise de ORFs identifica corretamente mais de 90% dos genes de leveduras e bactérias. Alguns dos genes mais curtos, porém, não são encontrados por tal método, e às vezes surge ao acaso uma longa fase aberta de leitura que não corresponde a um gene. Ambos os tipos de erros podem ser corrigidos por análises de sequência mais sofisticadas e por testes genéticos de função gênica. Dos genes de *Saccharomyces* assim identificados, cerca da metade já era conhecida por algum critério funcional como um fenótipo mutante. As funções de algumas proteínas codificadas pelos supostos genes restantes (suspeitos), identificados pela análise de ORF, foram definidas com base na sua similaridade de sequência com proteínas conhecidas em outros organismos.

A identificação dos genes de organismos com uma estrutura genômica complexa necessita de algoritmos mais sofisticados do que a pesquisa de fases abertas de leituras. Como a maioria dos genes de eucariotos superiores é composta por múltiplos éxons, relativamente curtos, separados por íntrons não codificantes normalmente longos, a pesquisa por ORFs é um método muito limitado para se encontrar genes. Os melhores algoritmos para se encontrar genes combinam todos os dados disponíveis que podem sugerir a presença de um gene em um determinado sítio no genoma. Os dados relevantes incluem o alinhamento ou a hibridização da sequência pesquisada (*query*) com um cDNA completo; o alinhamento com a uma sequência parcial de cDNA, geralmente com 200 a 400 pb de comprimento, conhecida como *marca de sequência expressa* (*EST*, *expressed sequence tag*); o ajuste para éxons, íntrons e sequências em sítios de processamento, e a similaridade de sequência com outros organismos. Esses métodos de bioinformática baseada em computador permitiram a identificação de aproximadamente 19.800 genes que codificam proteínas no genoma humano.

Um método bastante eficiente de identificação de genes humanos é a comparação da sequência genômica humana à de camundongos. Humanos e camundongos são muito relacionados e possuem a maioria dos genes em comum, embora as sequências de DNA praticamente não funcionais, como as regiões intergênicas e de íntrons, tendam a ser diferentes, pois não estão sujeitas a uma forte pressão seletiva. Dessa forma, os segmentos dos genomas de humanos e camundongos com alta similaridade de sequência provavelmente apresentam importância funcional: éxons, regiões de controle

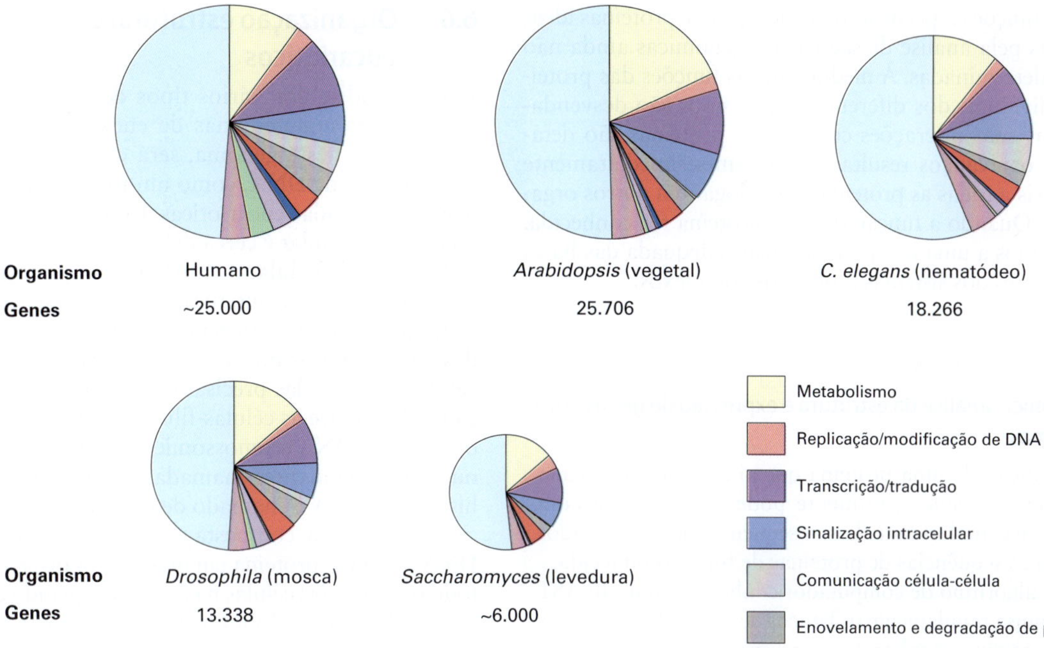

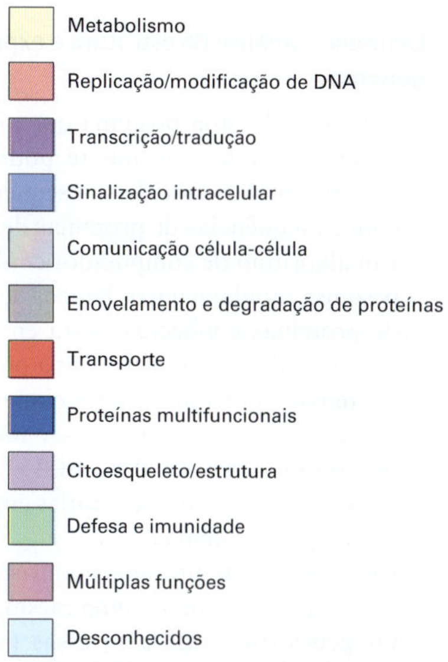

FIGURA 6-27 Comparação do número e de tipos de proteínas codificadas nos genomas de diferentes eucariotos. Para cada organismo, a área total do gráfico representa o número total de genes que codificam proteínas, mostrados aproximadamente na mesma escala. Na maioria dos casos, as funções das proteínas codificadas em cerca de metade dos genes ainda são desconhecidas (azul-claro). As funções das restantes são conhecidas ou foram deduzidas pela similaridade de sequência a genes com função conhecida. (Adaptada de International Human Genome Sequencing Consortium, 2001, *Nature* **409**:860.)

transcricional ou sequências com outras funções ainda não compreendidas.

O número de genes que codificam proteínas no genoma de um organismo não está diretamente relacionado à sua complexidade biológica

A combinação de sequenciamento genômico e algoritmos de computador para pesquisa de genes produziu um inventário completo de genes que codificam proteínas em uma variedade de organismos. A Figura 6-27 mostra o número total de genes codificantes nos vários genomas de eucariotos que foram completamente sequenciados. As funções de cerca da metade das proteínas codificadas nesses genomas são conhecidas ou foram sugeridas com base nas comparações entre sequências. Uma das características surpreendentes dessa comparação é que o número de genes codificantes nos diferentes organismos não parece proporcional ao nosso senso intuitivo de sua complexidade biológica. Por exemplo, o nematódeo *C. elegans* aparentemente possui mais genes do que a mosca-da-fruta *Drosophila*, que apresenta um plano corporal e um comportamento mais complexos. Os humanos possuem apenas uma vez e meia o número de genes do *C. elegans*. Quando ficou aparente que os humanos apresentavam menos de duas vezes o número de genes que codificam proteínas do que um simples verme nematódeo, foi difícil entender com este pequeno aumento no número de proteínas poderia produzir tamanha diferença em complexidade.

Obviamente, uma simples diferença quantitativa no número de genes nos genomas de diferentes organismos é inadequada para explicar diferenças na complexidade biológica. Entretanto, diversos fenômenos podem gerar uma maior complexidade na expressão de proteínas dos eucariotos superiores do que o previsto para seus genomas. Primeiro, o processamento alternativo de um pré-mRNA pode produzir múltiplos mRNA funcionais que correspondem a um gene específico (Capítulo 8). Segundo, variações nas modificações pós-transcricionais de algumas proteínas podem produzir diferenças funcionais. Finalmente, o aumento da complexidade biológica resulta do aumento do número de células produzidas com o mesmo tipo de proteínas. Um grande número de células pode interagir em combinações mais complexas, como na comparação do córtex cerebral humano e de camundongos. Células semelhantes estão presentes no córtex cerebral de humanos e camundongos, porém nos humanos muitas delas fazem conexões mais complexas. A evolução do aumento da complexidade biológica dos organismos multicelulares parece requerer uma regulação progressivamente mais complexa da replicação celular e da expressão gênica, levando a um aumento progressivo da complexidade do desenvolvimento embrionário.

As funções específicas de vários genes e proteínas identificadas pela análise de sequências genômicas ainda não foram determinadas. À medida que as funções das proteínas individuais dos diferentes organismos são desvendadas, e as suas interações com outras proteínas são detalhadas, os avanços resultantes tornam-se imediatamente aplicáveis a todas as proteínas homólogas em outros organismos. Quando a função de cada proteína for conhecida, chegaremos a uma compreensão mais adequada das bases moleculares dos sistemas biológicos complexos.

CONCEITOS-CHAVE da Seção 6.5

Genômica: análise da estrutura e expressão de genes em genomas

- A função de uma proteína que ainda não foi isolada (*query protein*) geralmente pode ser deduzida com base na similaridade da sua sequência de aminoácidos com as sequências de proteínas de função conhecida.
- Um algoritmo de computador conhecido como BLAST pesquisa rapidamente os bancos de dados de sequências de proteínas conhecidas para encontrar aquelas com similaridade significativa com a proteína da pesquisa.
- Proteínas com motivos funcionais comuns, normalmente curtos, podem não ser identificadas em uma pesquisa convencional no BLAST. Essas pequenas sequências podem ser localizadas em bancos de dados de motivos de proteínas.
- Uma família de proteínas consiste em múltiplas proteínas que derivam de uma mesma proteína ancestral. Os genes que codificam essas proteínas constituem uma família de genes correspondente e surgem por um evento inicial de duplicação gênica seguido de divergência durante a especiação (ver Figura 6-26).
- Genes relacionados e as proteínas codificadas que derivam de um evento de duplicação são parálogos, como as α e β-globinas que se combinam na hemoglobina ($\alpha_2\beta_2$); genes derivam de mutações acumuladas durante a especiação são ortólogas. As proteínas ortólogos normalmente exibem uma função semelhante em organismos diferentes, como as β-globinas de camundongos e humanos adultos.
- As fases abertas de leitura (ORFs) são regiões do DNA genômico contendo pelo menos 100 códons localizados entre um códon de início e um de terminação.
- Pesquisas realizadas por meio de computador das sequências genômicas completas de bactérias e leveduras para ORFs corretamente identificam a maioria dos genes codificantes. Vários tipos de dados adicionais devem ser utilizados na identificação de genes prováveis nas sequências de humanos e outros eucariotos superiores devido à sua estrutura gênica mais complexa, na qual éxons relativamente curtos são separados por íntrons não codificantes normalmente longos.
- A análise das sequências genômicas completas de vários organismos diferentes indica que a complexidade biológica não está diretamente relacionada ao número de genes que codificam proteínas (ver Figura 6-27).

6.6 Organização estrutural dos cromossomos eucarióticos

Após a análise dos vários tipos de sequências de DNA encontrados nos genomas de eucariotos e como estão organizados neste genoma, será discutido de que modo as moléculas de DNA, como um todo, estão organizadas dentro das células eucarióticas. Como o comprimento total do DNA celular é cerca de cem mil vezes maior do que o diâmetro da célula, o empacotamento do DNA é fundamental para a arquitetura celular. É essencial, também, evitar que as longas moléculas de DNA fiquem emaranhadas e formem nós umas com as outras durante a divisão celular, em que elas precisam ser separadas com precisão e divididas entre as células-filhas. A tarefa de compactar e organizar o DNA cromossômico é realizada por proteínas nucleares abundantes chamadas **histonas**. O complexo de histonas e DNA é chamado de **cromatina**.

A cromatina, composta por aproximadamente metade DNA e metade proteína em massa, está dispersa por quase todo o núcleo das células na interfase (quando estas não estão em divisão). O dobramento e a compactação adicional da cromatina, durante a mitose, produzem os *cromossomos em metáfase*, que são visíveis, e cuja morfologia e coloração foram detalhadas pelos geneticistas há muito tempo. Embora cada cromossomo eucariótico inclua milhões de moléculas de proteínas individuais, cada cromossomo contém apenas uma molécula de DNA linear extremamente longa. As moléculas de DNA mais longas nos cromossomos humanos, por exemplo, possuem $2,8 \times 10^8$ pares de bases, ou quase 10 cm de comprimento! A organização estrutural da cromatina permite que esta enorme extensão de DNA seja compactada dentro dos limites microscópicos do núcleo celular (ver Figura 6-1). A cromatina é organizada de tal forma que sequências específicas de DNA sejam disponibilizadas de imediato para os processos celulares como transcrição, replicação, reparo e recombinação das moléculas de DNA. Nesta seção, serão consideradas as propriedades da cromatina e sua organização em cromossomos. Características importantes dos cromossomos na sua totalidade serão abordadas na próxima seção.

A cromatina existe nas formas distendida e condensada

Quando é isolado usando um método que preserva as interações proteína-DNA nativas, o DNA dos núcleos eucarióticos está associado com uma massa igual de proteínas em um complexo nucleoproteico conhecido como cromatina. As histonas, as proteínas mais abundantes da cromatina, constituem uma família de pequenas proteínas de caráter básico. Os cinco principais tipos de proteínas histonas – designadas *H1*, *H2A*, *H2B*, *H3* e *H4* – são ricos em aminoácidos básicos de carga positiva que interagem com os grupos fosfato de carga negativa no DNA.

Quando a cromatina é extraída do núcleo eucariótico e examinada ao microscópio eletrônico, sua aparência depende da concentração de sal a qual está exposta. Em baixas concentrações e na ausência de cátions divalentes, como Mg^{+2}, a cromatina isolada assemelha-se a um "co-

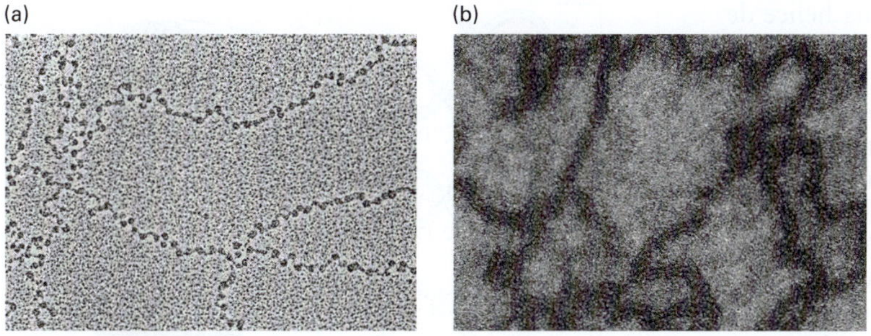

FIGURA EXPERIMENTAL 6-28 As formas distendida e condensada da cromatina extraída apresentam aspectos muito diferentes nas micrografias eletrônicas. (a) A cromatina isolada em tampão de baixa força iônica tem um aspecto distendido de "colar de contas". As "contas" são os nucleossomos (com 10 nm de diâmetro), unidos pelo DNA de ligação. (b) A cromatina isolada em tampão com força iônica fisiológica (0,15 M KCl) apresenta-se como uma fibra condensada de 30 nm de diâmetro. (Parte (a) cortesia de S. McKnight and O. Miller Jr.; parte (b) cortesia de B. Hamkalo and J. B. Rattner.)

lar de contas" (Figura 6-28a). Nessa forma distendida, a cromatina é composta por DNA livre, chamado DNA de ligação, que une as estruturas em forma de contas, chamadas **nucleossomos**. Os nucleossomos, compostos por DNA e histonas, têm um diâmetro de cerca de 10 nm e são as unidades estruturais primárias da cromatina. Se a cromatina for isolada em concentrações salinas fisiológicas, assumirá uma forma mais condensada, como uma fibra, de 30 nm de diâmetro (Figura 6-28b).

Estrutura dos nucleossomos O DNA que compõe os nucleossomos é muito menos suscetível à digestão por nucleases do que o DNA de ligação entre os nucleossomos. Se o tratamento com nuclease for cuidadosamente controlado, todo o DNA de ligação pode ser digerido, liberando os nucleossomos com o seu DNA. Um nucleossomo consiste em um centro proteico com DNA enrolado em sua superfície, como em um carretel. O centro proteico é um octâmero formado por duas cópias de cada uma das histonas H2A, H2B, H3 e H4. A análise por cristalografia por raios X demonstrou que o centro octamérico de histonas é uma molécula com forma aproximada de disco na qual as subunidades de histonas estão interligadas (Figura 6-29). Os nucleossomos de todos os eucariotos contêm cerca de 147 pares de base de DNA enrolado em pouco menos de duas voltas sobre o centro proteico. O comprimento do DNA de ligação é mais variável entre espécies, e mesmo entre diferentes células de um organismo, podendo ter de 10 a 90 pares de base. Durante a replicação celular, o DNA é associado aos nucleossomos logo após a passagem da forquilha de replicação (ver Figura 4-33). Este processo depende de **chaperonas** específicas de histonas que se ligam às histonas e as associam ao DNA recém-replicado, formando os nucleossomos.

Estrutura da fibra de 30 nm Quando extraída das células em tampões isotônicos (i. e., tampões com a mesma concentração salina das células, aproximadamente 0,15 M KCl, 0,004 M $MgCl_2$), quase toda a cromatina exibe uma forma de fibra com cerca de 30 nm de diâmetro (Figura 6-28b). Pesquisas atuais incluindo cristalografia de raios X do nucleossomo formado por histonas recombinantes indicam que a fibra de 30 nm possui uma estru-

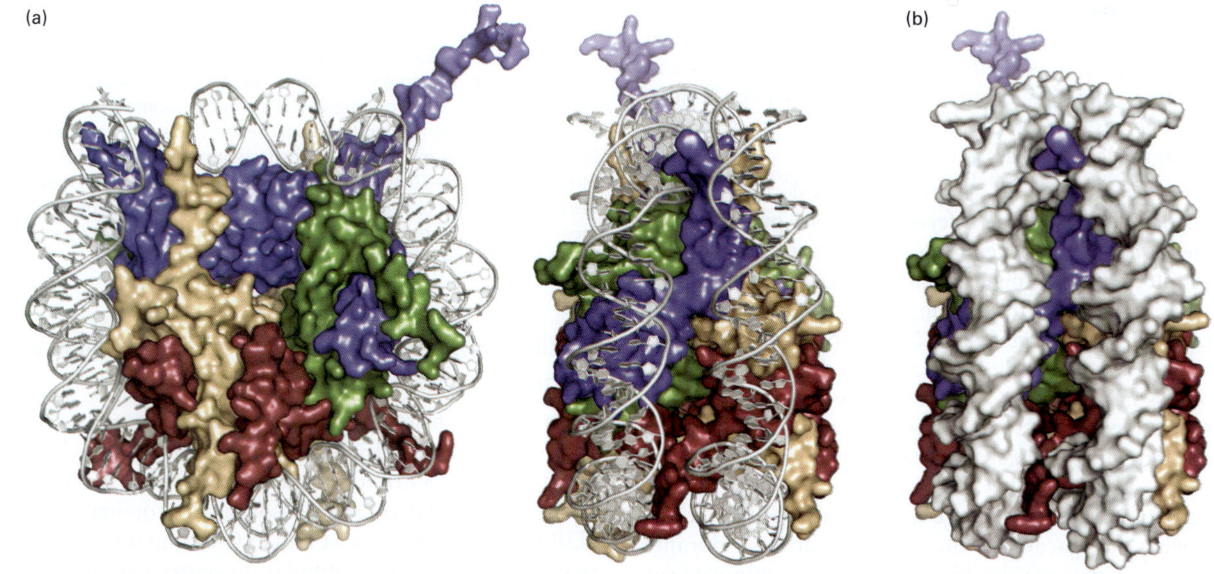

FIGURA 6-29 Estrutura do nucleossomo baseada em cristalografia por raio X. (a) Nucleossomo com modelo tridimensional das histonas. A cadeia principal de açúcar-fosfato das fitas de DNA está representado como tubos em branco para permitir uma melhor visualização das histonas. O nucleossomo está representado como visualizado de cima (*esquerda*) lateralmente (*direita*, após rotação de 90° no sentido horário). As subunidades H2A estão em amarelo; H2Bs, em vermelho; H3s, em azul, e H4s, em verde. As caudas N-terminal das oito histonas e as duas caudas C-terminais das H2A e H2B envolvidas na condensação da cromatina não são visíveis, porque estão desordenadas no cristal. (b) Diagrama tridimensional das histonas e do DNA (em branco) no nucleossomo visualizado lateralmente. (Partes (a) e (b) segundo K. Luger et al., 1997, *Nature* **389:**251)

tura de fita em zigue-zague, enrolada em uma hélice de dois inícios, formada por duas "fileiras" de nucleossomos empilhados uns sobre os outros como moedas. As duas fileiras de nucleossomos empilhados são então enrolados em uma dupla-hélice semelhante às duas fitas de DNA da dupla-hélice, exceto pela orientação da hélice para à esquerda, e não para a direita, como no DNA (Figura 6-30). As fibras de 30 nm também incluem H1, a quinta principal histona. A H1 está ligada ao DNA no início e no fim do nucleossomo, mas sua estrutura, em resolução atômica, na fibra de 30 nm não é ainda conhecida.

A cromatina nas regiões cromossômicas que não estão sendo transcritas ou replicadas encontra-se, predominantemente, na forma de fibra condensada de 30 nm e em estruturas altamente ordenadas cuja conformação detalhada não é conhecida por completo. As regiões da cromatina com transcrição ativa parecem assumir a forma distendida de "colar de contas".

Conservação da estrutura da cromatina A estrutura geral da cromatina assemelha-se bastante em todas as células de todos os eucariotos, inclusive fungos, vegetais e animais, indicando que foi otimizada muito cedo na evolução das células eucarióticas. As sequências de aminoácidos das quatro histonas (H2A, H2B, H3 e H4) são altamente conservadas entre espécies muito distantes. Por exemplo, as sequências da histona H3 do ouriço-do-mar e a do timo de bezerros diferem em um único aminoácido, e a H3 da ervilha e a do timo de bezerros diferem em apenas quatro aminoácidos. Aparentemente, variações significativas da sequência de aminoácidos das histonas sofreram uma forte seleção negativa durante a evolução. Por outro lado, a sequência de aminoácidos da H1 varia mais de um organismo para outro do que as sequências das outras histonas principais. A semelhança entre as sequências das histonas de todos os eucariotos sugere que as suas conformações tridimensionais são bastante similares e foram otimizadas para a sua função em um ancestral comum a todos os eucariotos modernos, no início do processo evolucionário.

Existem algumas variantes menores de histonas codificadas por genes que diferem dos tipos principais altamente conservados, em especial nos vertebrados. Por exemplo, uma forma especial de H2A, denominada H2AX, é incorporada em uma pequena proporção dos nucleossomos no lugar da H2A em todas as regiões da cromatina. Em locais de quebra na fita dupla de DNA, no cromossomo, a H2AX é fosforilada e participa do processo de reparo do cromossomo, provavelmente atuando como um sítio de ligação para as proteínas de reparo. Nos nucleossomos dos centrômeros, a H3 é substituída por outra forma variante denominada CENP-A, que participa na ligação dos microtúbulos do fuso durante a mitose. A maioria das histonas variantes minoritárias apresenta diferenças sutis na sua sequência em relação às histonas principais. Essas pequenas alterações na sequência das histonas podem influenciar a estabilidade do nucleossomo, assim como sua tendência de dobramento na fibra de 30 nm e em outras estruturas de ordem superior.

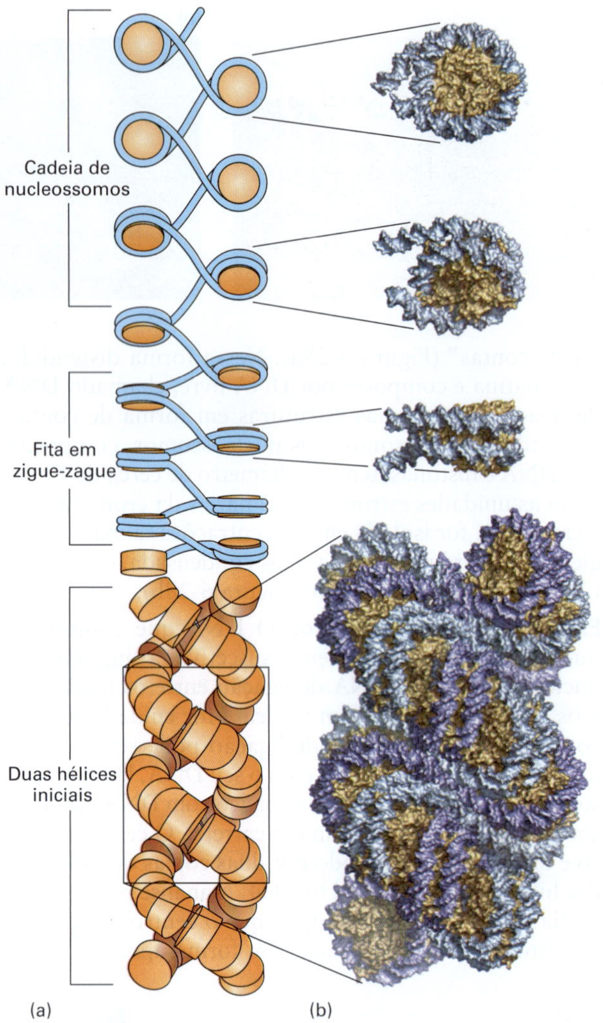

FIGURA 6-30 **Estrutura da fibra de cromatina de 30 nm.** (a) Modelo para o dobramento de uma cadeia nucleossômica na parte superior em uma "fita em zigue-zague" de nucleossomos que, a seguir, sofre dobramentos, formando as duas hélices iniciais na parte inferior. Para efeitos de clareza, o DNA não está representado nas hélices. (b) Modelo da fibra de 30 nm baseada em cristalografia por raio X de um tetranucleossomo (um pequeno segmento com quatro nucleossomos). (Parte (a) adaptada de C. L. F. Woodcock et al., 1984, *J. Cell Biol.* **99**:42. Parte (b) de T. Schalch et al., 2005, *Nature* **436**:138.)

Modificações nas caudas das histonas controlam a condensação e a função da cromatina

Cada uma das histonas que compõem o centro dos nucleossomos contém uma sequência N-terminal flexível composta por 19 a 39 resíduos que se projetam para fora da estrutura globular do nucleossomo; as proteínas H2A e H2B também contêm uma região C-terminal flexível que se projeta da estrutura globular do centro octamérico de histonas. Essas regiões terminais, chamadas **caudas das histonas**, estão representadas no modelo mostrado na Figura 6-31a. As caudas das histonas são necessárias à condensação da cromatina da conformação "colar de contas" para fibra de 30 nm. Experimentos recentes indicam que

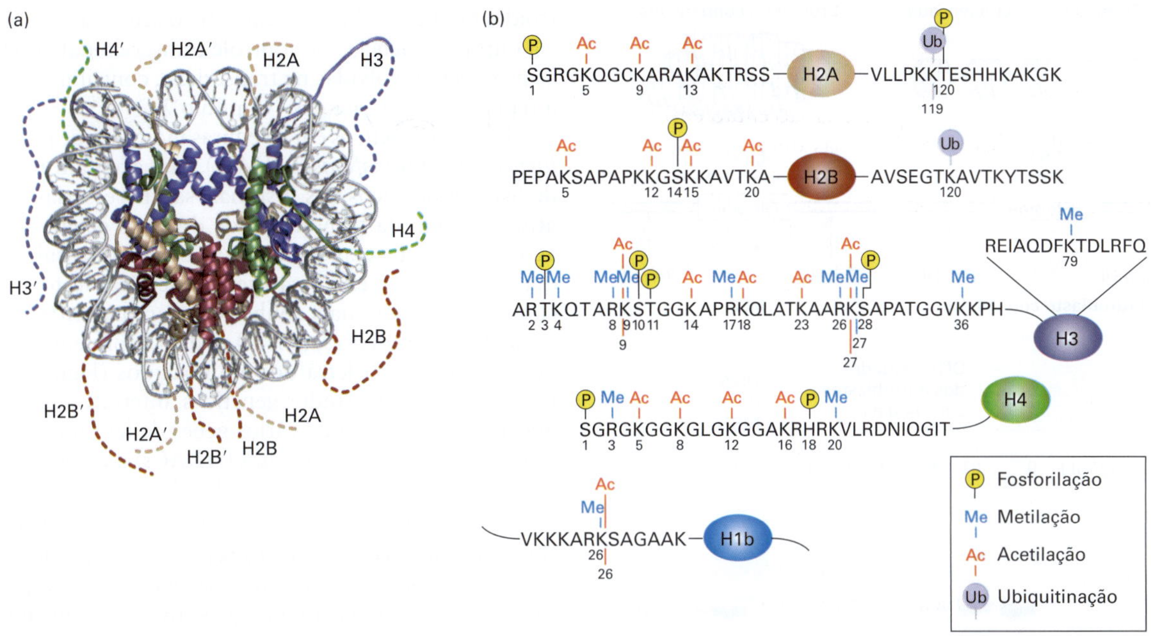

FIGURA 6-31 Modificações pós-traducionais observadas nas histonas humanas. (a) Modelo de um nucleossomo, visto de cima, no qual histonas estão representadas por diagrama de fitas. Este modelo ilustra os comprimentos das caudas das histonas (linhas pontilhadas), que não são vistas na estrutura do cristal (ver Figura 6-29). As caudas N-terminais da H2A estão na parte inferior, e as caudas C-terminais da H2A, na superior. As caudas N-terminais da H2B estão à esquerda e à direita, e as caudas C-terminais da H2B, na região inferior, ao centro. As histonas H3 e H4 possuem caudas C-terminais curtas que não são modificadas. (b) Resumo das modificações pós-traducionais observadas nas histonas humanas. As sequencias das caudas das histonas estão representadas pelo código de uma letra por aminoácido. (ver Figura 2-14). A porção principal de cada histona é representada em forma oval. Estas modificações não ocorrem todas simultaneamente em uma mesma molécula de histona. Na realidade, combinações especificas de algumas destas modificações são observadas em qualquer uma das histonas. (Parte (a) de K. Luger e T.J. Richmond, 1998, *Curr. Opin. Genet. Devel.* **8:**140. Parte (b) adaptada de R. Margueron e cols., 2005, *Curr. Opin. Genet. Devel.* **15:**163.)

as caudas N-terminais da histona H4, particularmente a lisina 16, são fundamentais para a formação da fibra de 30 nm. Esta lisina de carga positiva interage com um segmento negativo da interface H2A-H2B do próximo nucleossomo empilhado da fibra de 30 nm (ver Figura 6-30).

As caudas das histonas estão sujeitas a modificações pós-traducionais, como acetilação, metilação, fosforilação e ubiquitinação. A Figura 6-31b resume os tipos de modificações pós-traducionais observadas nas histonas humanas. Uma determinada histona nunca possui todas as modificações simultaneamente, porém as histonas de um mesmo nucleotídeo via de regra contêm várias simultaneamente. As combinações específicas das modificações pós-traducionais encontradas em diferentes regiões da cromatina sugerem a existência de um *código de histonas*. Dessa forma, influenciam a função da cromatina pela criação ou remoção de sítios de ligação para proteínas associadas à cromatina, dependendo da combinação específica de modificações apresentada. Serão descritos os tipos de modificações mais encontrados nas caudas das histonas e como controlam a condensação e a função da cromatina. Conclui-se com a discussão de um caso especial de condensação da cromatina, a inativação do cromossomo X em fêmeas de mamíferos.

Acetilação das histonas As lisinas das caudas das histonas sofrem acetilação/desacetilação reversível por enzimas que atuam em lisinas específicas da região N-terminal. Na forma acetilada, a carga positiva do grupo ε-amino da lisina é neutralizada. Como mencionado, a lisina 16 da histona H4 é especialmente importante para o dobramento da fibra de 30 nm porque interage com o segmento de carga negativa da superfície no nucleossomo adjacente na fibra. Em consequência, quando a lisina 16 da H4 está acetilada, a cromatina tende a constituir uma conformação menos compacta, o "colar de contas", favorável à transcrição e à replicação.

A acetilação em outros locais da histona H4 e em outras histonas (ver Figura 6-31a) está relacionada ao aumento da sensibilidade do DNA da cromatina à digestão por nucleases. Esse fenômeno pode ser demonstrado pela digestão de núcleos isolados com DNase I. Após a digestão, o DNA é completamente separado das proteínas da cromatina, digerido por enzimas de restrição e analisado por *Southern blotting*. Um gene intacto tratado com uma enzima de restrição produz fragmentos de tamanhos característicos. Quando o gene é exposto primeiramente à DNase, é clivado em sítios aleatórios, inclusive nas sequências dos sítios específicos clivados pelas enzimas de restrição. Como consequência, as bandas normalmente vistas no *Southern blot* para o gene serão perdidas. Esse método tem sido utilizado para mostrar que o gene da β-globina é transcricionalmente inativo em células não eritroides, onde está associado a histonas relativamente não acetiladas, é muito mais resistente à DNase I do que o gene da β-globina ativo nas células precursoras de eritroides, que está associado a histonas acetiladas (Figura

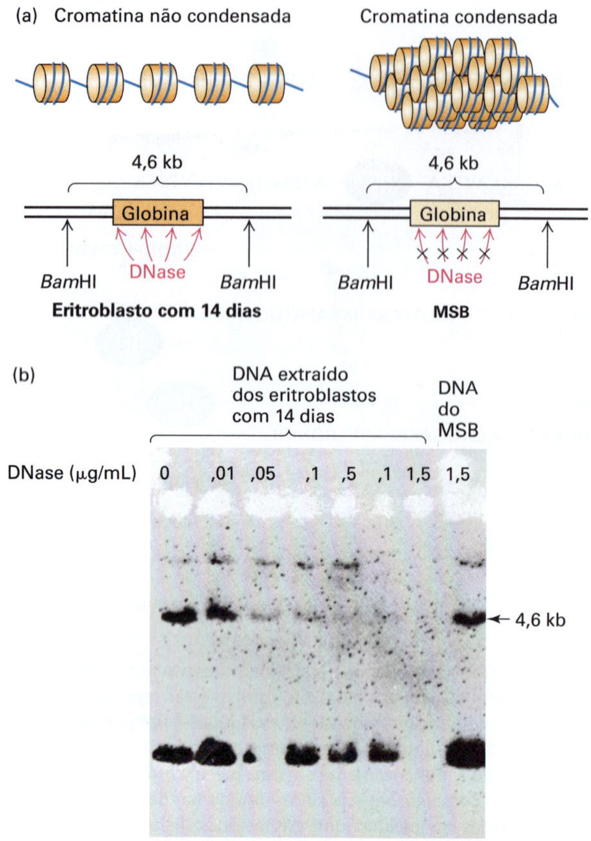

FIGURA 6-32 Os genes não transcritos são menos suscetíveis à digestão com DNase I do que os genes ativos. Os eritroblastos de embrião de galinhas com 14 dias sintetizam globina ativamente, enquanto as células não diferenciadas de leucemia linfoblástica de frango (MSB) não transcrevem a globina. (a) Os núcleos de cada tipo celular foram isolados e submetidos a concentrações aumentadas de DNase I. O DNA nuclear foi, então, extraído e tratado com a enzima de restrição *Bam*HI, que o cliva ao redor da sequência de globina e, normalmente, libera um fragmento de 4,6 kb com globina. (b) O DNA digerido com DNase I e *Bam*HI foi submetido à análise por *Southern blot* com uma sonda de DNA de globina adulta, que se hibridiza ao fragmento de 4,6 kb. Se o gene for suscetível à digestão inicial pela DNase, será clivado repetidamente e não apresentaria o fragmento. Como visto no *Southern blot*, o DNA transcricionalmente ativo das células com 14 dias, que sintetizam globina, foram sensíveis à digestão com DNase I em concentrações mais altas, o que é indicado pela ausência da banda de 4,6 kb. Em contrapartida, o DNA inativo das células MSB foi resistente à digestão. Esses resultados sugerem que o DNA inativo está em uma forma mais condensada da cromatina, na qual o gene da globina está protegido da digestão pela DNase I. (Ver J. Stalder et al., 1980, *Cell* **19:**973; fotografia cortesia de H. Weintraub.)

6-32). Esses resultados indicam que a estrutura da cromatina do DNA não transcrito na cromatina *hipoacetilada* deixa o DNA menos acessível à pequena enzima DNase I (≈10 kD) do que na cromatina transcrita, *hiperacetilada*. Isso parece ocorrer porque a cromatina contendo o gene reprimido está localizada em estruturas condensadas que inibem o acesso do DNA à nuclease (inibição estérica). Em contrapartida, o gene transcrito está associado a uma forma menos condensada da cromatina, permitindo o acesso da nuclease ao DNA associado. Supostamente, a estrutura condensada da cromatina nas células não eritroides também inibe estericamente o acesso ao promotor e a outras sequências de controle transcricional no DNA, às proteínas envolvidas na transcrição, contribuindo para a repressão transcricional (Capítulo 7).

Estudos genéticos em leveduras indicam que proteínas *histona acetiltransferases* (*HATs*), que acetilam resíduos de lisina específicos nas histonas, são necessárias para a ativação total da transcrição de diversos genes. Sabe-se agora que as enzimas utilizam também outros substratos que influenciam a expressão gênica além das histonas. Em consequência, são mais conhecidas como *acetiltransferases de lisinas nucleares*, (*KATs*) onde *K* representa a lisina no código de uma letra dos aminoácidos (Figura 2-14). Da mesma forma, estudos genéticos anteriores indicaram que a repressão total de vários genes de leveduras requer a ação de *histona-desacetilases* (*HDACs*) que removem os grupos acetil das lisinas acetiladas das caudas das histonas, como será discutido em detalhes no Capítulo 7.

Outras modificações das histonas Como ilustrado na Figura 6-31b, as caudas das histonas na cromatina podem sofrer diversas outras modificações covalentes em aminoácidos específicos. Os grupos ε-amino da lisina podem ser metilados, processo que evita sua acetilação e mantém a carga positiva. Além disso, o N dos grupos ε-amino da lisina podem ser metilados uma, duas e até três vezes. As cadeias laterais da arginina também podem ser metiladas. O átomo de oxigênio do grupo hidroxila (-OH) das cadeias laterais da serina e da treonina pode ser reversivelmente fosforilado, introduzindo-se duas cargas negativas. Cada uma dessas modificações pós-traducionais contribui para a ligação de proteínas associadas a cromatina que participam no controle do dobramento da cromatina e na estabilidade das polimerases de DNA e RNA na replicação ou transcrição do DNA na região. Finalmente, uma única molécula de ubiquitina de 76 aminoácidos pode ser reversivelmente adicionada a uma lisina da cauda C-terminal de H2A e H2B. Lembre-se que a ligação de múltiplas moléculas de ubiquitina "marca" a proteína para degradação nos proteossomos (ver Figura 3-29b). Nesse caso, porém, a adição de uma única molécula não afeta a estabilidade da histona, mas influencia a estrutura da cromatina.

Como mencionado anteriormente, é a precisa combinação dos aminoácidos modificados nas caudas das histonas que auxilia no controle da condensação ou compactação da cromatina e sua capacidade de ser transcrita, replicada e reparada. Isso pode ser observado por microscopia eletrônica e microscopia óptica usando corantes que se ligam ao DNA. As regiões condensadas da cromatina denominadas **heterocromatina** são mais fortemente coradas do que as regiões menos condensadas da cromatina, chamadas de **eucromatina** (Figura 6-33a). A heterocromatina não é completamente descondensada após a mitose, permanecendo na forma compactada durante a interfase e está normalmente associada ao envelope nuclear, nucléolo e outros locais distintos. A heterocromatina inclui os centrômeros e telômeros dos cromossomos, além dos genes com transcrição inativa. Em contrapartida, as áreas da eucromatina que estão em um estado menos compactado na interfase coram-

-se fracamente com corantes para DNA. As regiões mais transcritas estão na eucromatina. Na heterocromatina, normalmente, as histonas H3 são modificadas pela metilação das lisinas 9 ou 27, enquanto a eucromatina apresenta as H3 quase completamente acetiladas nas lisinas 9 e 14, e em menor proporção em outras lisinas da H3, a metilação na lisina 4 e a fosforilação da serina 10 (Figura 6-33b). Outras caudas das histonas também sofrem modificações específicas na eucromatina *versus* heterocromatina. Por exemplo, a lisina 16 da H4 é normalmente desaticelada na heterocromatina, permitindo sua interação com nucleossomos vizinhos que estabilizam o dobramento da cromatina na fibra de 30 nm (Figura 6-30).

Lendo o código das histonas O código formado pelos aminoácidos modificados das caudas das histonas é "lido" pelas proteínas que se ligam às caudas modificadas, que, por sua vez, promovem a condensação ou descondensação da cromatina, formando estruturas "fechadas" ou "abertas", de acordo com sua sensibilidade à digestão pela DNase I em núcleos isolados (ver Figura 6-32). Eucariotos superiores expressam diversas proteínas contendo o chamado *cromodomínio* que se ligam às caudas das histonas quando metiladas em lisinas específicas. Um exemplo é a *proteína heterocromatina 1* (*HP1*). Além das histonas, a HP1 é uma das principais proteínas associadas à heterocromatina. O cromodomínio de HP1 liga-se à cauda N-terminal de H3 apenas quando H3 está trimetilada na lisina 9 (ver Figura 6-33b). A HP1 também apresenta um segundo domínio chamado de *domínio chromoshadow* porque é com frequência encontrado em proteínas que contêm um cromodomínio. O domínio *chromoshadow* liga-se a outros domínios *chromoshadow*, e, consequentemente, as regiões da cromatina contendo a H3 trimetilada na lisina 9 ($H3K9Me_3$) são arranjadas na estrutura de cromatina condensada pela HP1, embora a estrutura desta cromatina não seja bem entendida (Figura 6-34a).

Além de ligar outros domínios *chromoshadow*, este domínio também se liga à enzima que metila a lisina 9 da H3, a H3K9 *histona metiltransferase* (*HMT*). Assim, os nucleossomos adjacentes à heterocromatina contendo HP1 também são metilados na lisina 9 (Figura 6-34b). Isso origina um sítio para outra HP1 que se liga a outra histona metiltransferase H3K9, resultando na "propagação" da estrutura da heterocromatina ao longo do cromossomo, até que um *elemento de delimitação* seja encontrado, bloqueando a propagação. Os elementos de delimitação caracterizados até o momento são, normalmente, regiões na cromatina com várias proteínas não histonas ligadas ao DNA, possivelmente impedindo a metilação das histonas no outro lado da região demarcada.

O modelo para formação da heterocromatina, ilustrado na Figura 6-34b, fornece uma explicação de como as regiões de heterocromatina de um cromossomo são restabelecidas após a replicação do DNA na fase S do ciclo celular. Quando o DNA da heterocromatina é replicado, os octâmeros de histonas que estão trimetilados na lisina 9 da H3 são distribuídos entre os cromossomos de ambas as células-filhas juntamente com um igual número de octâmeros de histonas recém-formados. A histona metiltransferase H3K9, associada aos nucleossomos H3K9 trimetilados, metila a lisina 9 dos nucleossomos recém-formados, regenerando a heterocromatina nas duas cromátides-filhas. Como consequência, a heterocromatina é marcada com um **código epigenético**, assim chamado porque não depende da sequência de bases no DNA para manter a repressão dos genes associados nas células-filhas replicadas.

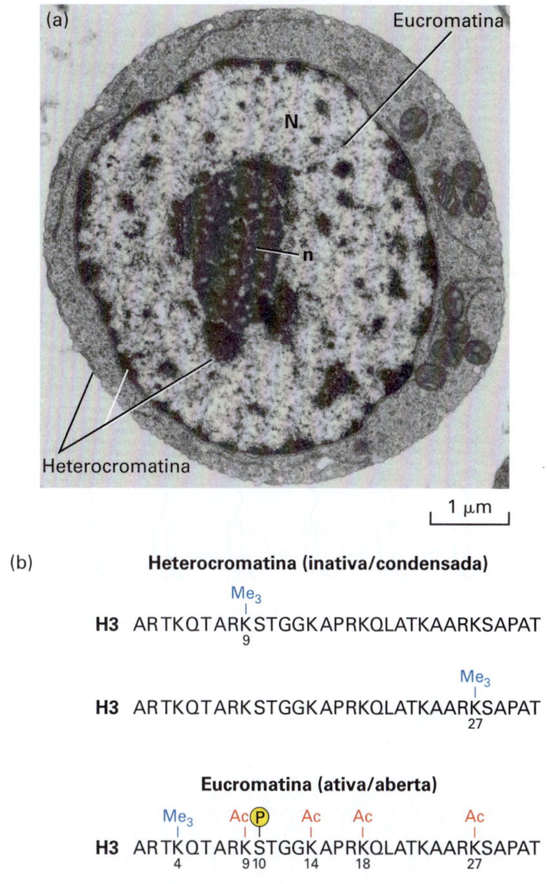

FIGURA 6-33 Heterocromatina *versus* eucromatina. (a) Nesta micrografia eletrônica de uma célula-tronco de medula óssea, as áreas escuras do núcleo (N) fora do nucléolo (n) são heterocromatina. As áreas esbranquiçadas, coradas mais levemente, são eucromatina. (b) As modificações nas caudas N-terminais das histonas na heterocromatina e na eucromatina diferem, como ilustrado na histona H3. As caudas das histonas são geralmente muito mais acetiladas na eucromatina se comparadas à heterocromatina. A heterocromatina é muito mais condensada (portanto menos acessível a proteínas), e sua transcrição é bem menos ativa do que a da eucromatina. (Parte (a) P. C. Cross and K. L. Mercer, 1993, *Cell and Tissue Ultrastructure*, W. H. Freeman and Company, p. 165. Parte (b) adaptada de T. Jenuwein and C. D. Allis, 2001, *Science*, **293**:1074.)

Outros domínios proteicos associam-se às modificações típicas das caudas das histonas na eucromatina. Por exemplo, o *bromodomínio* liga-se às caudas de histonas acetiladas e, portanto, está associado à cromatina com transcrição ativa. Diversas proteínas envolvidas na estimulação da transcrição gênica contêm bromodomínios, como no caso da subunidade maior do TFIID (ver Capítulo 7). Este *fator de transcrição* contém dois bromodomínios próximos que provavelmente auxiliam na associação do TFIID à cromatina ativa (i. e., a eucromatina).

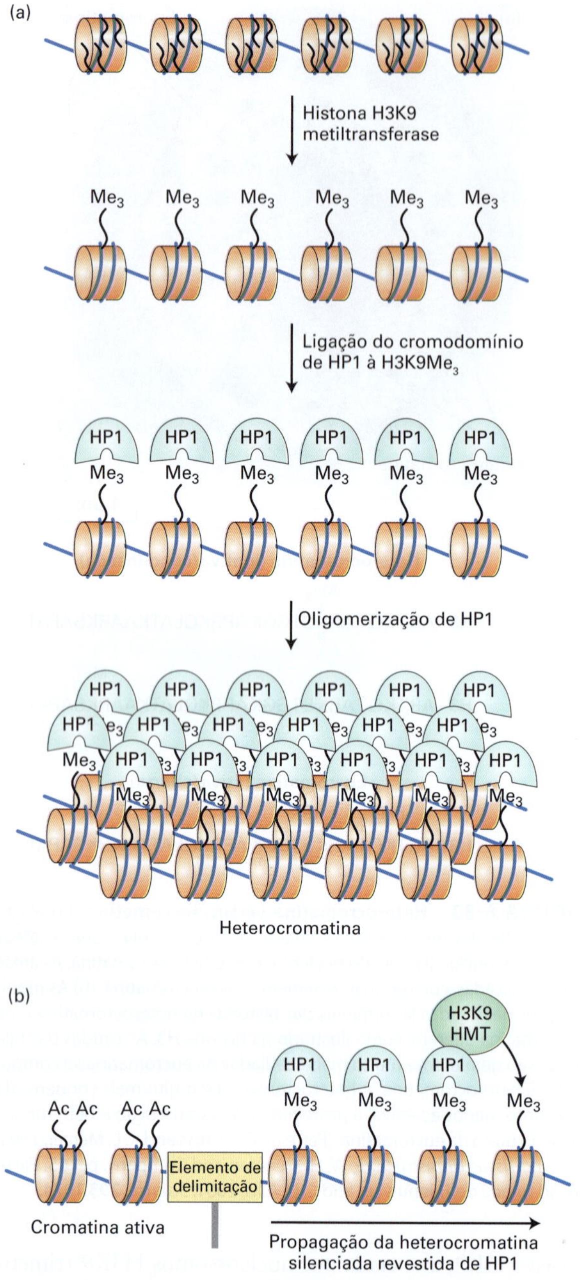

FIGURA 6-34 Modelo para a formação de heterocromatina pela ligação da HP1 à histona H3 trimetilada na lisina 9. (a) HP1 contribui para a condensação da heterocromatina pela ligação com as caudas N-terminais da histona H3 trimetiladas na lisina 9, seguida da associação da histona ligada a HP1. (b) A condensação da heterocromatina se propaga pelo cromossomo porque HP1 liga-se à histona metiltransferase (HMT) que metila a lisina 9 da H3. Isso produz um sítio de ligação para HP1 no nucleossomo vizinho. O processo de propagação continua até que um "elemento de delimitação" seja encontrado. (Parte (a) adaptada de G. Thiel et al., 2004, *Eur. J. Biochem.* **271**:2855. Parte (b) adaptada de A. J. Bannister et al., 2001, *Nature* **410**:120.)

Essa proteína e várias outras que contêm bromodomínios possuem também atividade de acetilase de histonas, o que ajuda a manter a cromatina no estado hiperacetilado, favorecendo a transcrição. Em consequência, um código epigenético associado à eucromatina auxilia na manutenção da atividade transcricional dos genes na eucromatina por sucessivas divisões celulares. Esses códigos epigenéticos para heterocromatina e eucromatina participam da manutenção dos padrões de expressão gênica estabelecidos para os diferentes tipos celulares durante o desenvolvimento embrionário precoce à medida que as células diferenciadas específicas aumentam de número pela divisão celular. É importante ressaltar que se constatou que alterações anormais desses códigos epigenéticos contribuem para a replicação patogênica e para o comportamento das células cancerosas (Capítulo 24).

Em resumo, diversos tipos de modificações covalentes das caudas das histonas influenciam a estrutura da cromatina pela alteração das interações entre os nucleossomos, e interações com as proteínas adicionais que participam ou regulam processos como a transcrição e replicação do DNA. Os mecanismos e processos moleculares que dirigem as modificações que controlam a transcrição são discutidos em mais detalhes no próximo capítulo.

Inativação do cromossomo X nas fêmeas de mamíferos Um exemplo importante de controle gênico epigenético por meio da repressão pela heterocromatina é a inativação e condensação aleatória de um dos dois cromossomos X nas fêmeas de mamíferos. Cada fêmea possui dois cromossomos X, um derivado do óvulo a partir do qual o organismo irá se desenvolver (X_m) e um derivado do esperma (X_p). Em um estágio inicial do desenvolvimento embrionário, a inativação aleatória de um dos cromossomos X, X_m ou X_p, ocorre em cada célula somática. No embrião feminino, aproximadamente metade das células possui X_m inativo, enquanto a outra metade possui X_p inativo. Todas as células-filhas subsequentes mantêm os mesmos cromossomos X inativos das células parentais. Assim, a fêmea adulta é um mosaico de clones, algumas células expressam os genes do cromossomo X_m e o restante expressa os genes do cromossomo X_p. A inativação de um dos cromossomos X nas fêmeas dos mamíferos resulta na *compensação de dosagem*, processo que assegura o mesmo nível de expressão das proteínas codificadas no cromossomo X, nas células das fêmeas e dos machos, que possuem apenas um cromossomo X.

As histonas associadas à inativação do cromossomo X apresentam modificações pós-traducionais características de outras regiões de heterocromatina: hipoacetilação das lisinas, di e trimetilação da lisina 9 da H3, e a perda da metilação na lisina 4 da H3 (ver Figura 6-33b). A inativação do cromossomo X no início do desenvolvimento embrionário é controlada por um centro de inativação de X, um lócus complexo no cromossomo X que determina qual dos dois cromossomos será inativado e em quais células. O centro de inativação de X também contém o gene *Xist*, que codifica um longo e impressionante RNA, que não codifica proteínas e que reveste apenas o cromossomo X do qual foi transcrito, desencadeando o silenciamento desse cromossomo.

Embora não seja completamente entendido, o mecanismo da inativação do cromossomo X envolve vários complexos, inclusive a ação de complexos de proteínas

Policomb, discutidos no Capítulo 7. Uma subunidade do complexo Policomb contém um cromodomínio que liga as caudas da H3 quando estão trimetiladas na lisina 27. O complexo Policomb também contém uma histona metiltransferase específica para a lisina 27 de H3. Tais descobertas ajudam a explicar como o processo de inativação do X é propagado por longas regiões do cromossomo X e como é mantido durante a replicação do DNA, semelhante à heterocromatina pela ligação da HP1 às caudas da histona H3 metiladas na lisina 9 (ver Figura 6-34b).

A inativação do cromossomo X é mais um exemplo de um processo epigenético, isto é, um processo que afeta a expressão de determinados genes e é herdado pelas células-filhas, mas que não resulta de uma alteração na sequência de DNA. Em vez disso, a atividade dos genes no cromossomo X das fêmeas de mamíferos é controlada pela estrutura da cromatina, e não pela sequência nucleotídica do DNA. O cromossomo X inativado (tanto X_m quando X_p) é mantido inativo na progênie em todas as futuras divisões celulares porque as histonas são modificadas por um mecanismo de repressão específico, herdado fielmente por todas as divisões celulares.

Proteínas não histonas organizam as longas alças da cromatina

Embora as histonas sejam as proteínas predominantes na cromatina, as proteínas não histonas, menos abundantes, associadas à cromatina e a própria molécula de DNA são também essenciais à estrutura cromossômica. Estudos recentes indicam que a estrutura apresentada pelos cromossomos na metáfase não resulta apenas das proteínas. Estudos de micromecânica nos enormes cromossomos na metáfase da salamandra, na presença de proteases ou nucleases, indicam que o DNA, e não as proteínas, é o responsável pela integridade mecânica de um cromossomo na metáfase quando este é distendido pelas extremidades. Tais resultados são conflitantes com a presença do suporte proteico contínuo no eixo do cromossomo. Na verdade, a integridade da estrutura cromossômica depende do complexo completo de cromatina, do DNA, dos octâmeros de histonas e das proteínas não histonas associadas à cromatina.

Experimentos de hibridização *in situ* com várias sondas diferentemente marcadas com fluorescência no DNA de células humanas durante a interfase confirmam que a cromatina está organizada em longas alças. Nesses experimentos, algumas sequências das sondas separadas por milhões de pares de base no DNA linear aparecem constantemente muito próximas umas das outras nos núcleos em interfase de células diferentes do mesmo tipo (Figura 6-35). Sugere-se que os sítios das sondas com espaçamento próximo estejam perto das *regiões associadas ao suporte* (*SARs*) ou *regiões de fixação à matriz* (*MARs*), localizadas nas bases das alças de DNA. As SARs e MARs foram mapeadas pela digestão de cromossomos livres de histonas com enzimas de restrição e subsequente recuperação dos fragmentos que permaneceram associados à preparação livre de histonas. As distâncias determinadas entre as sondas são consistentes com as alças de cromatina que variam de 1 milhão a 4 milhões de pares de bases em tamanho, em células de mamíferos em interfase. As alças de cromatina também são visualizadas diretamente, por microscopia óptica, na cromatina ativa de oócitos de anfíbios em crescimento ("cromossomos plumosos"), como mostra a figura de abertura do Capítulo 8. Essas células são enormes se comparadas à maioria das células (com 1 mm de diâmetro) porque armazenam todo o material nuclear e citoplasmático necessário à divisão do ovo fertilizado e às milhares de células diferenciadas necessárias para se originar um embrião que possa se alimentar e ingerir nutrientes adicionais.

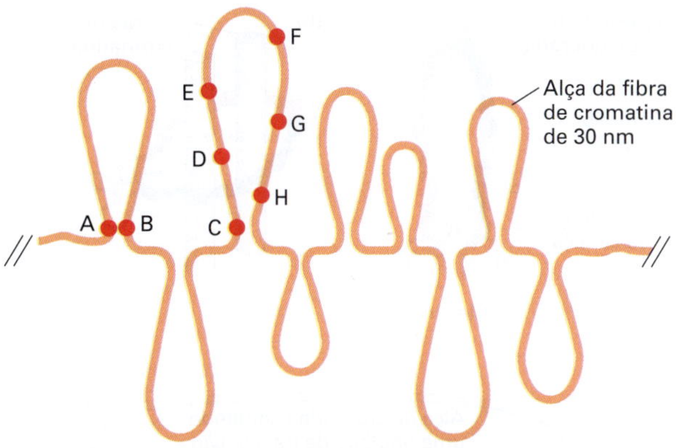

FIGURA EXPERIMENTAL 6-35 Sondas com marcação fluorescente hibridizadas a cromossomos em interfase marcam as alças de cromatina e permitem que sejam mensuradas. As células na interfase foram submetidas à hibridização *in situ* com várias sondas diferentes específicas para sequências separadas por distâncias conhecidas no DNA clonado linear. Os círculos com letras representam as sondas. A medida da distância entre as sondas, que podem ser diferenciadas pela cor, mostram que algumas sequências (p. ex., A e B) separadas por milhões de pares de base aparecem próximas umas das outras no núcleo. Em alguns grupos de sequências, a distância medida nos núcleos entre uma sonda (p. ex., C) e sequências cada vez mais distantes inicialmente parecem aumentar (p. ex., D, E e F) e, então, diminuir (p. ex., G e H). (Adaptada de H. Yokota et al., 1995, *J. Cell. Biol.* **130:**1239.)

Em geral, as SARs/MARs são encontradas entre as unidades de transcrição, e os genes estão localizados principalmente nas alças de cromatina. Como discutido adiante, as alças estão ligadas às bases por um mecanismo que não quebra a molécula dupla de DNA que se estende por todo o comprimento do cromossomo. Evidências sugerem que as SARS/MARs podem isolar genes adjacentes. Algumas SARs/MARs atuam como **isolantes**, isto é, as sequências de DNA de dezenas de milhares de pares de bases que separam uma unidade de transcrição de outra. Assim, as proteínas que regulam a transcrição de um gene não influenciam a transcrição de um gene adjacente separado por um isolante.

A estrutura em forma de anel dos complexos de proteínas SMC As bases das alças de cromatina (ver Figura 6-35) dos cromossomos na interfase são mantidas no lugar por proteínas denominadas proteínas de manutenção estrutural dos cromossomos (do inglês, *structural maintenance of chromosome proteins*), as proteínas **SMC**. Essas proteínas não histonas são fundamentais para a manutenção da es-

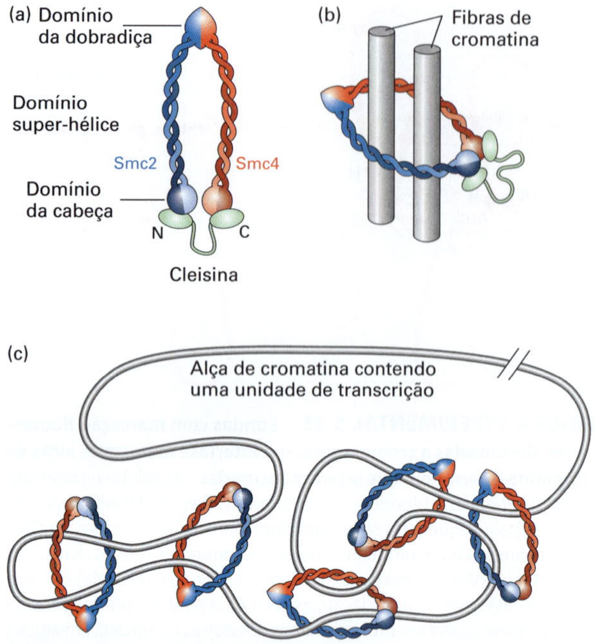

FIGURA 6-36 Modelo dos complexos SMC ligados à cromatina. (a) Modelo de um complexo de proteína SMC. (b) Modelo de complexo SMC unindo estruturalmente duas fibras de cromatina, representadas por cilindros com o diâmetro de um nucleossomo em relação às dimensões do complexo SMC. (c) Modelo da ligação dos complexos SMC à base de uma alça de cromatina transcrita. (Adaptada de K. Nasmyth and C. H. Haering, 2005, *Ann. Rev. Biochem.* **74**:595)

trutura morfológica dos cromossomos condensados durante a mitose. Em extratos preparados a partir dos enormes núcleos dos ovos de *Xenopus laevus* (o sapo africano), a condensação dos cromossomos pode ser induzida, como ocorre nas células intactas, quando entram no período de prófase da mitose. A condensação não ocorre quando um tipo de proteína SMC é retirado do extrato com anticorpos específicos. Leveduras com mutações em determinadas proteínas SMC não conseguem associar corretamente as cromátides-filhas após a replicação de DNA na fase S. Como resultado, os cromossomos não são segregados de forma adequada às células-filhas na mitose. Proteínas SMC relacionadas são necessárias para a correta segregação dos cromossomos em bactérias e arqueias, indicando que esta é uma classe muito antiga de proteínas, essenciais à estrutura e à segregação cromossômica em todos os reinos da vida.

Cada monômero SNA contém uma região articulada como uma "dobradiça" na qual o polipeptídeo é dobrado sobre si mesmo, formando uma região super-hélice muito longa, que aproxima as regiões N e C-terminal para que possam interagir formando um domínio apical globular (Figura 6-36a). O domínio articulado de um monômero (em azul) liga-se ao domínio articulado de um segundo monômero (em vermelho), formando um complexo dimérico com forma que lembra um U. Os domínios apicais dos monômeros possuem atividade ATPásica e são ligados por membros de uma família de pequenas proteínas chamadas *cleisinas*. O complexo SMC completo é um anel com um diâmetro suficientemente grande para acomodar duas fibras de 30 nm da cromatina (Figura 6-36b), capaz de unir duas moléculas circulares de DNA *in vitro*. Foi proposto que as proteínas SMC formam a base das alças de cromatina pela formação de limitações por amarrações (nós) topológicas nas fibras de 30 nm, como representado na Figura 6-36c. Isso pode explicar por que a clivagem do DNA em um número relativamente pequeno de sítios promove a rápida

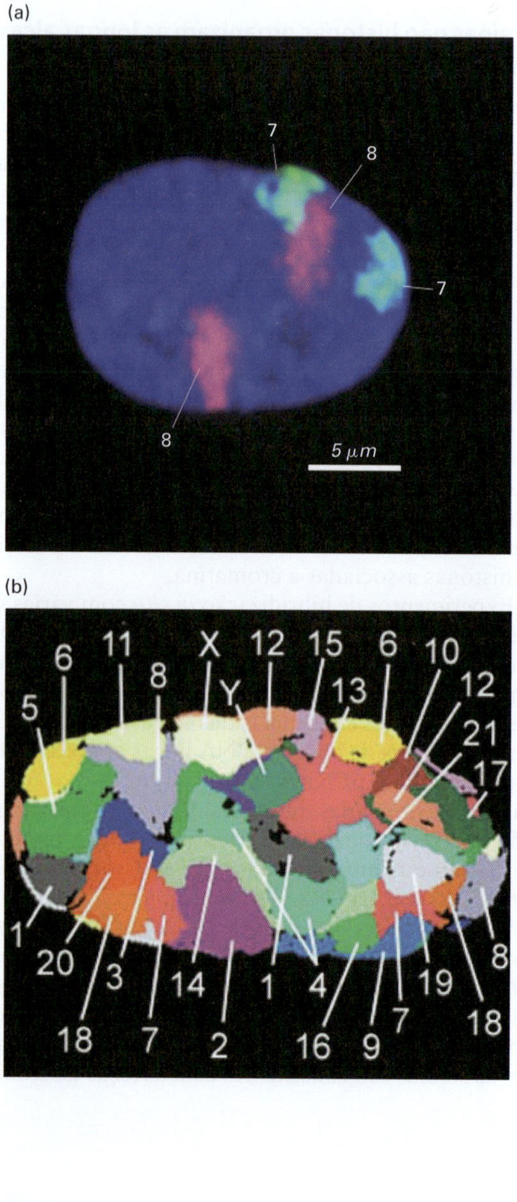

FIGURA EXPERIMENTAL 6-37 Durante a interfase, os cromossomos humanos permanecem em locais não sobrepostos no núcleo. Linfócitos humanos em interfase foram fixados e hibridizados *in situ* a sondas marcadas com fluorescência específicas para sequências ao longo de todo o cromossomo 7 (ciano) e 8 (roxo). O DNA foi corado de azul com DAPI. Na célula diploide apresentada, cada um dos dois cromossomos 7 e dos dois cromossomos 8 está restrito a um local, ou domínio, no núcleo, em vez de disseminado. Há semelhança entre (b) e (a), à exceção dos cromossomos coloridos com sondas específicas para cada um, os quais, após a hibridização, revelaram a localização de quase todos os cromossomos no fibroblasto de um homem. Alguns dos cromossomos não são observados nesta porção confocal do núcleo. (Parte (a) cortesia de Drs. I. Solovei and T. Cremer. Parte (b) de A. Bolzer et al., 2005, *PLOS Biol* **3**:826.)

dissolução dos cromossomos condensados em metáfase, enquanto a clivagem das proteínas por proteases tem um efeito mínimo na estrutura cromossômica até que a maior parte das proteínas seja digerida: quando o DNA é clivado em qualquer ponto da região da cromatina que contém várias alças, as extremidades clivadas podem deslizar do anel das proteínas SMC e desfazer as amarrações topológicas que restringem as alças de cromatina. Em contrapartida, a maioria dos anéis de proteínas SMC deve ser rompida antes que as limitações topológicas que mantêm a base das alças ligadas sejam liberadas.

Localização dos cromossomos em interfase No pequeno núcleo da maioria das células, os cromossomos individuais em interfase, menos condensados do que os cromossomos em metáfase, não podem ser diferenciados por microscopia convencional ou eletrônica. Entretanto, a cromatina de um cromossomo de células na interfase não está distribuída por todo o núcleo. Na verdade, a cromatina na interfase está organizada em *territórios cromossômicos*. Como ilustrado na Figura 6-37, a hibridização *in situ* de núcleos na interfase, marcados com sondas fluorescentes específicas para os cromossomos, mostra que as sondas estão em regiões limitadas do núcleo, em vez de estarem espalhadas por todo o núcleo. O uso de sondas específicas para cada cromossomo mostra que há pouca sobreposição entre os cromossomos no núcleo na interfase. Contudo, as posições exatas dos cromossomos não são constantes nas células.

Estrutura dos cromossomos em metáfase A condensação dos cromossomos durante a prófase envolve a formação de muito mais alças de cromatina, de forma que o comprimento de cada alça é extremamente reduzido, se comparado ao das células em interfase. A compactação da cromatina nos cromossomos em metáfase não é bem compreendida. Análises microscópicas da condensação dos cromossomos de mamíferos durante a prófase indicam que as fibras de 30 nm são compactadas a fibras de 100 a 130 nm, chamadas de fibra de *cromonema*. Como representado na Figura 6-38, uma fibra de cromonema é dobrada formando uma estrutura com um diâmetro de 200 a 250 nm, chamada de *cromátide intermediária da prófase*, que tende a se compactar nas cromátides de 500 a 750 nm, observadas na metáfase. Ao final, toda a extensão dos dois cromossomos-filhos associados, produzidos pela replicação do DNA durante a fase S do ciclo celular, é condensada formando as estruturas em forma de barra, que, na maioria dos eucariotos, está unida por uma constrição central denominada centrômero (Figura 6-39).

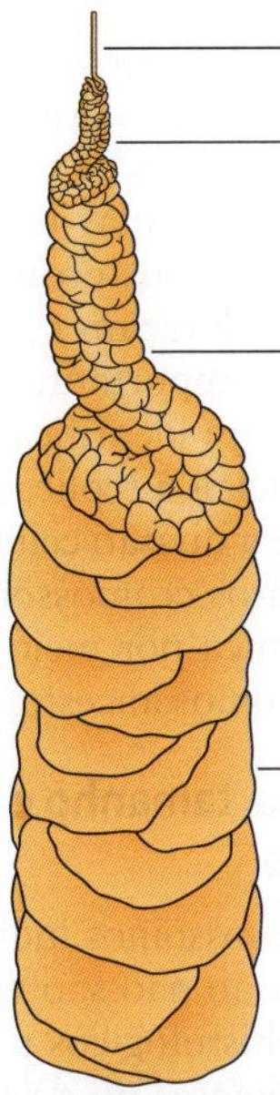

FIGURA 6-38 Modelo de dobramento da fibra de cromatina de 30 nm de um cromossomo em metáfase. Uma única cromátide de um cromossomo em metáfase está representada. (Adaptada de N. Kireeva et al., 2004, *J. Cell Biol.* **166**:775)

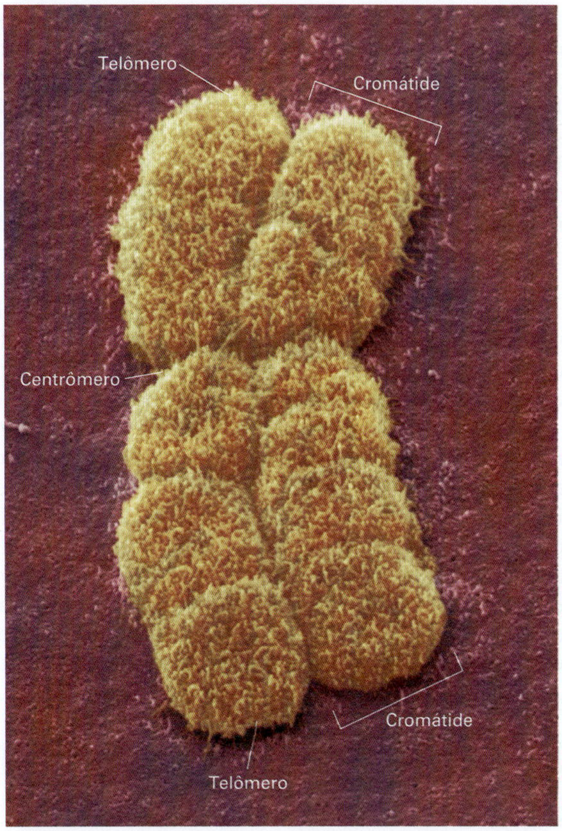

FIGURA 6-39 Cromossomo característico da metáfase. Como visto nesta micrografia eletrônica de varredura, o cromossomo foi replicado e consiste em duas cromátides, cada qual com uma das duas moléculas de DNA idênticas. O centrômero, região constrita em que as cromátides estão unidas, é necessário para a sua separação, em uma etapa posterior da mitose. Sequências teloméricas especiais, nas extremidades, atuam para impedir o encurtamento cromossômico. (Andrew Syred/Photo Researchers, Inc.)

Outras proteínas não histonas regulam a transcrição e a replicação

A massa total de histonas associadas ao DNA na cromatina é aproximadamente igual à massa de DNA. A cromatina em interfase e os cromossomos em metáfase também contêm pequenas quantidades de um conjunto complexo de outras proteínas. Por exemplo, foram identificados milhares de **fatores de transcrição** diferentes associados à cromatina em interfase. A estrutura e a função dessas proteínas não histonas essenciais que controlam a transcrição são examinadas no Capítulo 7. Outras proteínas não histonas de menor abundância associadas à cromatina regulam a replicação do DNA durante o ciclo celular eucariótico (Capítulo 20).

Algumas outras proteínas não histonas ligadoras de DNA estão presentes em quantidades muito maiores do que os fatores de transcrição ou replicação. Algumas exibem alta mobilidade quando separadas por eletroforese, e por isso foram designadas *proteínas do grupo de alta mobilidade* (HMG, *high mobility group*). Quando os genes que codificam as proteínas HMG mais abundantes são removidos das células das leveduras, a transcrição normal é alterada na maioria dos genes examinados. Algumas proteínas HMG auxiliam a ligação cooperativa de vários fatores de transcrição a sequências específicas de DNA próximas entre si, estabilizando os complexos multiproteicos que regulam a transcrição de um gene adjacente, como discutido no Capítulo 7.

CONCEITOS-CHAVE da Seção 6.6

Organização estrutural dos cromossomos eucarióticos

- Nas células eucariotas, o DNA está associado com uma igual massa de proteínas histonas em um complexo de nucleoproteínas altamente condensado, chamado cromatina. A unidade básica que compõe a cromatina é o nucleossomo, que consiste em um octâmero de histonas ao redor do qual um segmento de 147 pb de DNA é enrolado (ver Figura 6-29).
- A cromatina das regiões transcricionalmente inativas do DNA das células parece estar em uma forma condensada de fibras de 30 nm, as quais formam estruturas altamente ordenadas (ver Fig. 6-30 e 6-38).
- A cromatina das regiões de DNA com transcrição ativa nas células parece estar em uma forma aberta, distendida.
- As caudas da histona H4, especialmente a lisina 16, são necessárias para que a forma de "colar de contas" da cromatina (a fibra de 10 nm) forme a fibra de 30 nm.
- As caudas das histonas também podem ser modificadas por metilação, fosforilação e monoubiquitinação (ver Figura 6-31). Essas modificações influenciam a estrutura da cromatina pela regulação da ligação das caudas das histonas às outras proteínas associadas à cromatina menos abundantes.
- A acetilação e desacetilação reversível dos resíduos de lisina da extremidade N-terminal das histonas centrais do nucleossomo controlam a condensação da cromatina. As proteínas envolvidas na transcrição, na replicação e no reparo e as enzimas como a DNase I podem acessar a cromatina mais facilmente com caudas das histonas hiperacetiladas (eucromatina) do que a cromatina com caudas de histonas hipoacetiladas (heterocromatina).
- Quando os cromossomos são descondensados na metáfase, algumas áreas da heterocromatina permanecem muito mais condensadas do que as regiões da eucromatina.
- A proteína da heterocromatina 1 (HP1) liga-se à histona H3 trimetilada na lisina 9, por meio de cromodomínio. Além de se ligar a histona metiltransferase que metila a lisina 9 de H3, o domínio *cromoshadow* de HP1 também se liga a outros domínios *cromoshadow*. Essas interações provocam a condensação da fibra de cromatina de 30 nm e a propagação da estrutura de heterocromatina ao longo do cromossomo até que encontre um elemento de delimitação (ver Figura 6-34).
- Um dos cromossomos X em quase todas as células de fêmeas de mamíferos está na forma de heterocromatina supercondensada, causando a repressão da expressão de quase todos os genes no cromossomo inativo. Essa inativação resulta na compensação de dosagem, de forma que os genes no cromossomo X sejam expressos no mesmo nível em machos e fêmeas.
- Cada cromossomo eucariótico contém uma única molécula de DNA compactada nos nucleossomos e arranjada na fibra de cromatina de 30 nm, a qual está fixada a uma proteína de suporte em sítios específicos (ver Figura 6-36c). O dobramento adicional do suporte compacta ainda mais a estrutura na forma altamente condensada dos cromossomos em metáfase (ver Figura 6-38).

6.7 Morfologia e elementos funcionais dos cromossomos eucarióticos

Após a análise da organização estrutural detalhada dos cromossomos na seção anterior, nesta seção, os cromossomos serão estudados a partir de uma perspectiva mais global. As observações microscópicas realizadas há algum tempo sobre o número e o tamanho dos cromossomos e dos seus padrões de coloração levaram à descoberta de muitas características gerais importantes da estrutura dos cromossomos. Depois, foram identificadas regiões cromossômicas específicas, essenciais à replicação e à segregação das células-filhas durante a divisão celular. Nesta seção, serão discutidos os elementos cromossômicos funcionais e a evolução cromossômica por meio de eventos raros de rearranjos em cromossomos ancestrais.

Os cromossomos apresentam número, tamanho e forma específicos durante a metáfase

Como observado anteriormente, os cromossomos individuais das células que não estão em divisão não são visíveis, mesmo com o auxílio de corantes histológicos para DNA (como corantes de Feulgen ou Giemsa) ou da microscopia eletrônica. Durante a mitose e a meiose, porém, os cromossomos são condensados e tornam-se visíveis ao microscópio óptico. Dessa forma, quase todo o trabalho citogenético (i. e., estudos da morfologia cromossômica) foi realizado em cromossomos em metáfase condensados obtidos de células em divisão – células somáticas, durante a mitose, e gametas, durante a meiose.

A condensação dos cromossomos na metáfase provavelmente é o resultado de vários níveis de dobramentos e enrolamentos helicoidais das fibras de cromatina de 30 nm (ver Figura 6-38). Na mitose, as células já passaram pela fase S do ciclo celular e já replicaram todo o seu DNA. Portanto, os cromossomos visíveis na metáfase são estruturas *duplicadas*. Cada cromossomo em metáfase consiste em duas **cromátides**-irmãs, unidas pelo centrômero (ver Figura 6-39). O número, o tamanho e a forma dos cromossomos durante a metáfase constituem o **cariótipo**, que é diferente para cada espécie. Na maioria dos organismos, todas as células apresentam o mesmo cariótipo. Também há espécies que parecem bastante semelhantes, mas que têm cariótipos muito diferentes, indicando que o potencial genético semelhante pode ser organizado nos cromossomos de várias formas diferentes. Por exemplo, duas espécies de pequenos cervos – muntjac indiano e muntjac de Reeves – contêm aproximadamente a mesma quantidade de DNA genômico. Em uma espécie, o DNA está organizado em 22 pares de cromossomos **autossômicos** homólogos e dois cromossomos sexuais fisicamente separados. Em contrapartida, a outra espécie contém apenas três pares de autossomos; um cromossomo sexual é fisicamente separado, mas o outro é ligado à extremidade de um cromossomo autossômico.

Durante a metáfase, os cromossomos podem ser distinguidos pelo padrão de bandas e pela coloração dos cromossomos

Certos corantes coram seletivamente algumas regiões dos cromossomos em metáfase mais intensamente do que outros, produzindo padrões de bandas característicos específicos de cada cromossomo. A regularidade das bandas cromossômicas servem como referências visuais importantes ao longo de cada cromossomo e auxiliam na distinção dos cromossomos com tamanhos e formas semelhantes.

Atualmente, o método de *coloração de cromossomos* simplificou muito a diferenciação de cromossomos com tamanho e forma semelhantes. Essa técnica, uma variação da **hibridização *in situ* por fluorescência** (FISH), utiliza sondas específicas para os sítios distribuídos ao longo de cada cromossomo. As sondas são marcadas com vários corantes fluorescentes diferentes, com comprimentos de onda de excitação e emissão diferentes. As sondas específicas para cada cromossomo são marcadas com uma fração predeterminada de cada um dos dois corantes. Após a hibridização das sondas aos cromossomos e a lavagem do excesso, a amostra é observada ao microscópio de fluorescência, no qual um detector estabelece a fração de cada corante presente em cada posição fluorescente no campo do microscópio. Essa informação é enviada ao computador, e um programa especial gera uma imagem com cores artificiais para cada tipo de cromossomo (Figura 6-40, *à esquerda*). Os gráficos gerados por computador permitem que os dois homólogos de cada cromossomo sejam colocados lado a lado e arranjados em ordem decrescente de tamanho. Este arranjo demonstra claramente o cariótipo da célula. A Figura 6-40 mostra o cariótipo humano normal de um homem. A coloração dos cromossomos é um método eficiente para detecção de um número anormal de cromossomos, como a trissomia do 21 em pacientes com **síndrome de Down**, ou translocações que ocorrem raramente em indivíduos e em células cancerosas (Figura 6-41). O uso de sondas com diferentes proporções de corantes fluorescentes que se hibridizam a diferentes posições em cada um dos cro-

(a) (b)

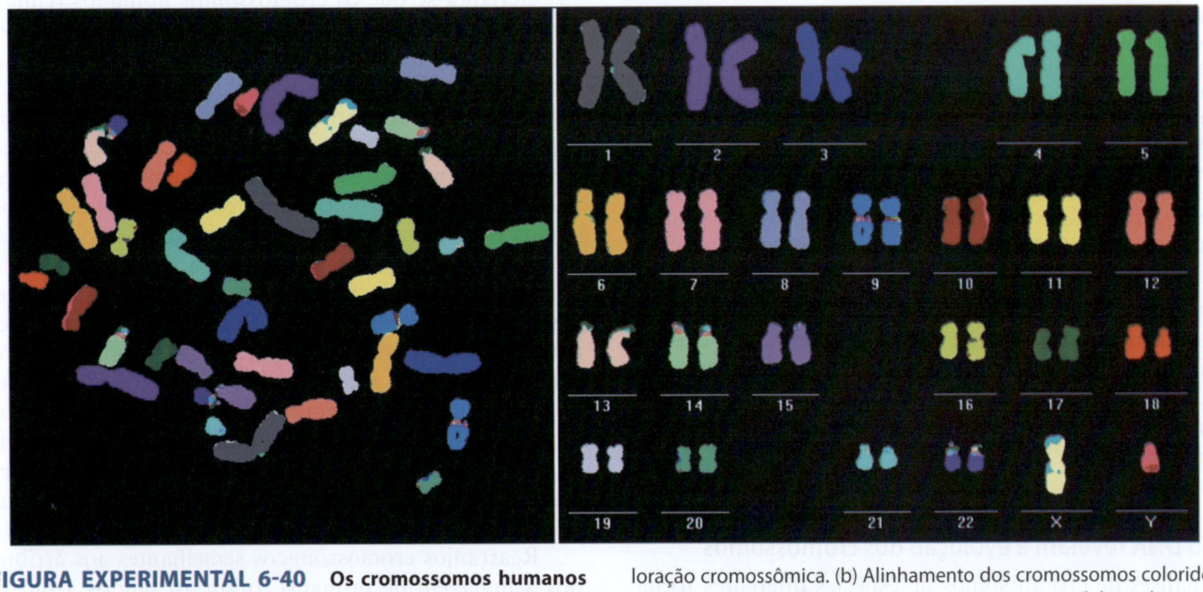

FIGURA EXPERIMENTAL 6-40 Os cromossomos humanos são identificados de imediato pela coloração de cromossomos. (a) Hibridização *in situ* por fluorescência (FISH) de cromossomos humanos em uma célula masculina em mitose, usando sondas para coloração cromossômica. (b) Alinhamento dos cromossomos coloridos por computação gráfica, que revela o cariótipo normal de um homem. (Cortesia de M. R. Speicher.)

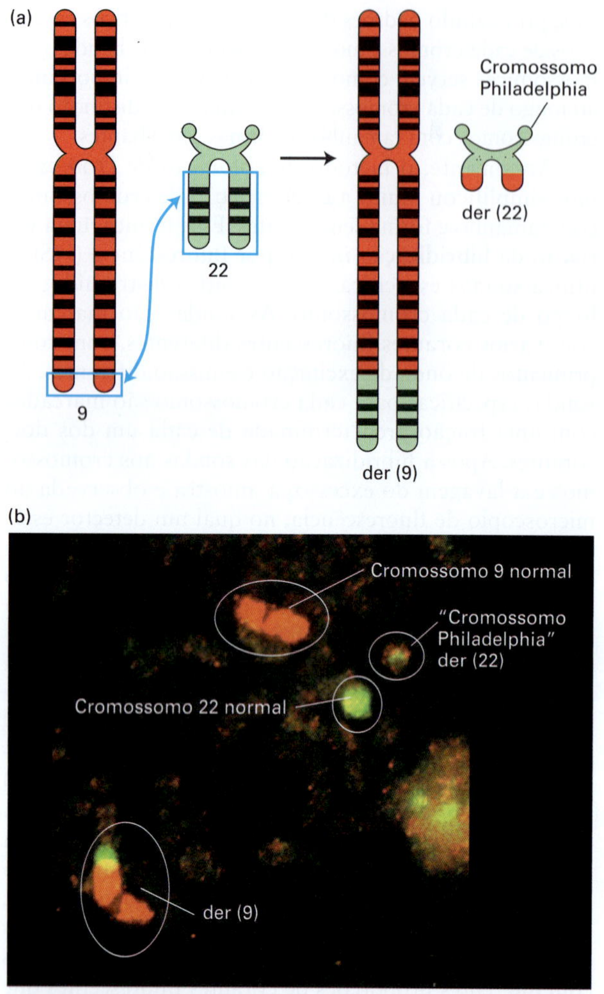

FIGURA EXPERIMENTAL 6-41 As translocações cromossômicas podem ser analisadas usando sondas coloridas para FISH. Translocações cromossômicas características estão associadas a determinadas doenças genéticas e a tipos específicos de câncer. Por exemplo, em quase todos os pacientes com leucemia mielogênica crônica, as células leucêmicas contêm o cromossomo Philadelphia, um cromossomo 22 encurtado [der (22)] e um cromossomo 9 anormalmente longo [der (9)] (usa-se "der" para derivado). Estes resultam de uma translocação entre os cromossomos 9 e 22 normais. Esta translocação pode ser detectada pela análise clássica das bandas (a) ou por FISH multicolorido com sondas para coloração de cromossomos (b). (Parte (a) de J. Kuby, 1997, *Immunology*, 3d ed., W. H. Freeman and Company, p. 578. Parte (b) cortesia de J. Rowley e R. Espinosa.)

mossomos normais humanos permite refinar a análise da estrutura cromossômica e revela, de imediato, a existência de deleções ou duplicações de regiões cromossômicas. A figura no início deste capítulo ilustra o uso da *FISH multicolorida* na análise do cariótipo normal humano de uma mulher.

A coloração de cromossomos e o sequenciamento do DNA revelam a evolução dos cromossomos

Análises de cromossomos de espécies diferentes forneceram evidências importantes sobre a evolução dos cromossomos. Por exemplo, a hibridização das sondas para o cromossomo 16 do musaranho arborícola ou tupaia (*Tupaia belangeri*), aos cromossomos do tupaia em metáfase, revelou duas cópias do cromossomo 16, como esperado (Figura 6-42a). Contudo, quando a mesma sonda colorida foi hibridizadas a cromossomos humanos em metáfase, a maioria das sondas se hibridizou ao braço longo do cromossomo 10 (Figura 6-42b). Além disso, quando diversas sondas com corantes fluorescentes diferentes para o braço longo do cromossomo 10 humano foram hibridizadas aos cromossomos humanos em metáfase e a cromossomos do tupaia em metáfase, sequências homólogas a cada uma das sondas foram identificadas ao longo do cromossomo 16 de tupaia na mesma ordem que aparecem no cromossomo 10 humano.

Esses resultados indicam que, durante a evolução de humanos e tupaias a partir de um ancestral comum, que viveu cerca de 85 milhões de anos atrás, uma longa sequência contínua de DNA em um cromossomo ancestral tornou-se o cromossomo 16 em tupaias e desenvolveu-se no braço longo do cromossomo 10 em humanos. O fenômeno de genes ocorrendo na mesma ordem de um cromossomo em duas espécies diferentes é referido como **sintenia** ("na mesma fita", em Latim) conservada. A presença de dois ou mais genes em uma região cromossômica comum em duas ou mais espécies indica um segmento de sintenia conservada.

As relações entre os cromossomos de vários primatas foram determinadas por hibridizações cruzadas de sondas coloridas para cromossomos, como mostrado para humanos e tupaias na Figura 6-42a e b. A partir de relações e análises de alta resolução das regiões de sintenia por sequenciamento de DNA e outros métodos, foi possível propor o cariótipo do ancestral comum a todos os primatas, com base no número mínimo de rearranjos cromossômicos necessários à produção das regiões de sintenia nos cromossomos dos primatas modernos.

Acredita-se que os cromossomos humanos tenham derivado de um primata ancestral com 23 autossomos mais os cromossomos sexuais X e Y por vários mecanismos diferentes (Figura 6-42c). Alguns cromossomos derivaram sem rearranjos de larga escala da estrutura cromossômica. Outros parecem ter se desenvolvido pela quebra de um cromossomo ancestral em dois e também pela fusão de dois cromossomos em um. Outros cromossomos parecem ainda terem sido originados por trocas de partes de braços de cromossomos distintos, isto é, pela translocação recíproca entre dois cromossomos ancestrais. Análises das regiões de sintenia cromossômica conservada em diversos mamíferos indicaram que os rearranjos cromossômicos como quebras, fusões e translocações raramente ocorreram na evolução dos mamíferos, cerca de uma vez a cada cinco milhões de anos. Quando os rearranjos ocorreram, muito provavelmente contribuíram para o surgimento de novas espécies incapazes de entrecruzamento com as espécies que as originaram.

Rearranjos cromossômicos semelhantes aos atribuídos à linhagem de primatas foram atribuídos a outros grupos de organismos relacionados, incluindo linhagens de invertebrados, de vegetais e de fungos. A excelente con-

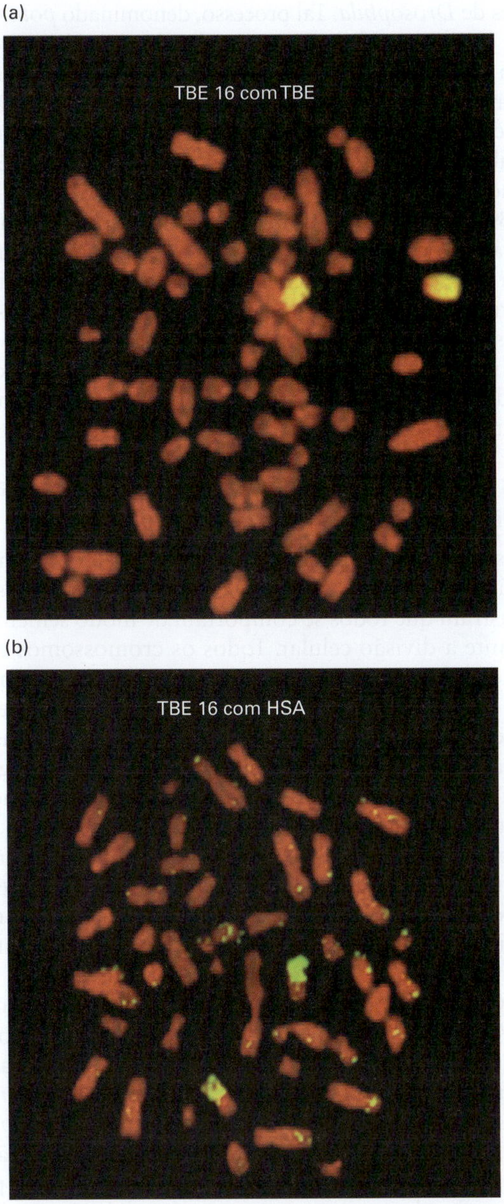

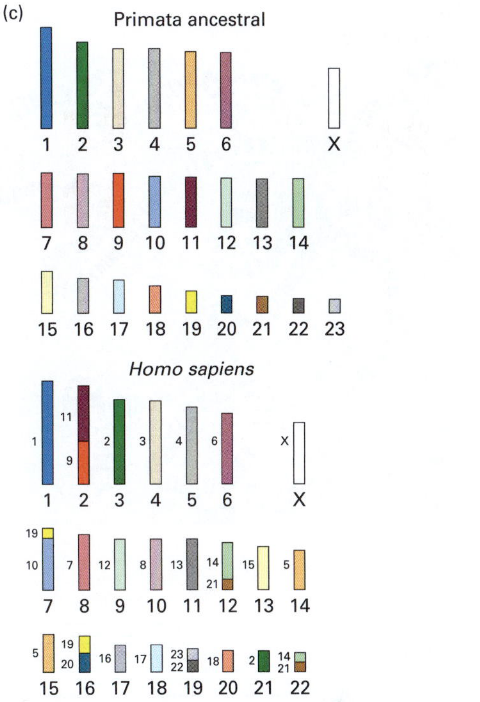

FIGURA 6-42 Evolução dos cromossomos dos primatas. (a) Sondas coloridas para o cromossomo 16 de tupaia (*T. belangeri*, TBE, muito distante em relação aos humanos) foram hibridizadas (amarelo) aos cromossomos de tupaia em metáfase (vermelho). (b) As mesmas sondas coloridas para o cromossomo 16 foram hibridizadas a cromossomos humanos (HSA, *Homo sapiens*) em metáfase. (c) Evolução proposta dos cromossomos humanos (*parte inferior*) a partir de cromossomos de um ancestral primata comum a todos os primatas (*parte superior*). Os cromossomos propostos para o ancestral primata comum estão numerados de acordo com seus tamanhos, e cada cromossomo está representado por uma cor. Os cromossomos humanos também estão numerados em função dos tamanhos, e as cores correspondem às usadas nos cromossomos do ancestral comum do qual um é derivado. Os números menores à esquerda das regiões coloridas dos cromossomos humanos indicam o número do cromossomo ancestral da qual a região deriva. Os cromossomos humanos são derivados dos cromossomos propostos para o ancestral comum dos primatas, sem um rearranjo significativo (como no cromossomo 1 humano), por fusão (como no cromossomo 2 humano, formado pela fusão dos cromossomos ancestrais 9 e 11), por quebra (p. ex., cromossomos humanos 14 e 15 formados pela quebra do cromossomo ancestral 5) ou translocações cromossômicas (p. ex., a translocação recíproca entre os cromossomos ancestrais 14 e 21 que produziram os cromossomos humanos 12 e 22). (Partes (a) e (b) Muller et al. 1999. *Cromosoma* **108**:393. Parte (c) derivada de L. Froenicke, 2005, *Cytogenet. Genome Res.* **108**:122.)

cordância entre as relações evolucionárias previstas pelas análises das regiões de sintenia cromossômica de organismos com estruturas anatômicas relacionadas (p. ex., entre mamíferos, entre insetos com organização corporal semelhante, entre plantas semelhantes, etc.) e as relações evolucionárias baseadas nos registros fósseis e na extensão da divergência das sequências de DNA para genes homólogos é um forte argumento para validar a evolução como o processo que gerou a diversidade de organismos modernos.

Cromossomos politênicos em interfase surgem por amplificação do DNA

As glândulas salivares de larvas de espécies de *Drosophila* e de outros insetos dípteros contêm cromossomos de interfase aumentados, visíveis ao microscópio óptico. Quando fixados e corados com corantes para DNA, esses **cromossomos politênicos** são caracterizados por um grande número de bandas reprodutíveis e bem demarcadas, às quais foram dados números padronizados (Figura 6-43a). As bandas mais densamente coradas representam regiões em que a cromatina está mais condensada, e as bandas mais claras, regiões entre as bandas escuras, representam a cromatina menos condensada. Embora os mecanismos moleculares que controlam a formação das bandas nos cromossomos politênicos não seja entendida por completo, o padrão de bandas reprodutível observado nos cromossomos das glândulas salivares da

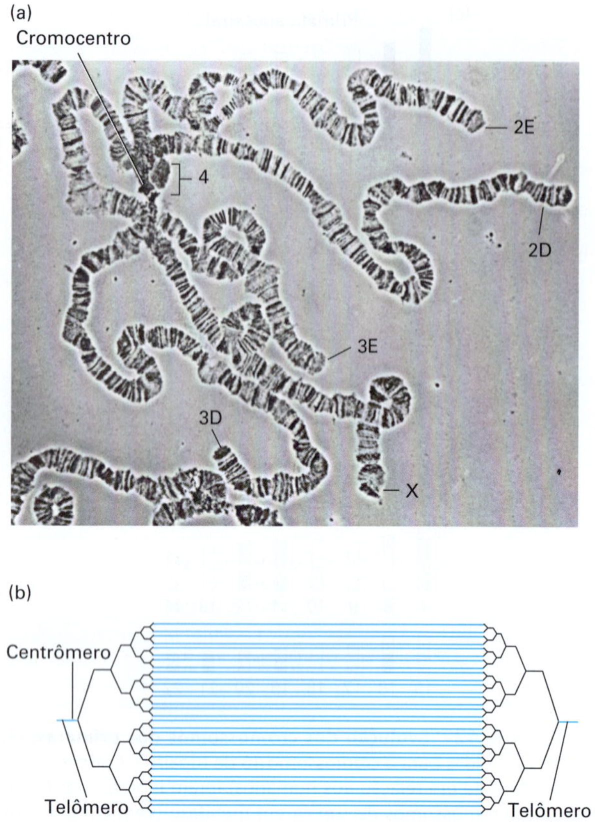

FIGURA EXPERIMENTAL 6-43 O bandeamento nos cromossomos politênicos das glândulas salivares da *Drosophila*. (a) Nesta micrografia dos cromossomos da glândula salivar das larvas de *Drosophila melanogaster*, são observados quatro cromossomos (X, 2, 3 4) com um total aproximado de 5 mil bandas distintas. O padrão de bandas resulta da compactação reprodutível do DNA e de proteínas de cada sítio amplificado ao longo do cromossomo. As bandas escuras correspondem às regiões de alta compactação da cromatina. Os centrômeros dos quatro cromossomos geralmente aparecem fusionados no cromocentro. As extremidades dos cromossomos 2 e 3 estão marcadas (E = braço esquerdo; D = braço direito), bem como a extremidade do cromossomo X. (b) Trata-se do padrão de amplificação de um cromossomo após cinco replicações. O DNA de fita dupla está representado por uma linha simples. Os DNAs do centrômero e telômero não são amplificados. Nos cromossomos politênicos das glândulas salivares, cada cromossomo parental sofre cerca de 10 replicações (2^{10} = 1.024 fitas). (Parte (a) cortesia de J. Gall. Parte (b) adaptada de C. D. Laird et al., 1973, *Cold Spring Harbor Symp. Quant. Biol.* **38**:311)

Drosophila é um método importante para a localização de sequências de DNA específicas ao longo dos cromossomos dessa espécie. As translocações e inversões cromossômicas são detectadas de imediato nesses cromossomos, e proteínas cromossômicas específicas podem ser localizadas nos cromossomos politênicos em interfase por imunocoloração com anticorpos específicos contra eles (ver Figura 7-13). Os cromossomos politênicos de insetos oferecem o único sistema experimental em toda natureza em que é possível estudos de imunolocalização dos cromossomos descondensados em interfase.

Uma amplificação generalizada do DNA produz os cromossomos politênicos encontrados nas glândulas salivares de *Drosophila*. Tal processo, denominado *politenização*, ocorre quando o DNA é replicado repetidamente, em toda sua extensão, exceto nos telômeros e centrômeros, e os cromossomos-filhos não são separados. O resultado é um cromossomo aumentado, composto por várias cópias paralelas de si mesmo, são 1.024, após 10 replicações nas glândulas salivares de *Drosophila melanogaster* (Figura 6-43b). A amplificação do DNA cromossômico aumenta bastante o número de cópias de um gene, provavelmente para fornecer mRNAs suficientes à síntese de proteínas nas enormes células das glândulas salivares. As bandas nos cromossomos politênicos da *Drosophila* representam de 50 a 100 mil pares de bases, e o padrão de bandas revela que a condensação de DNA varia muito nestas regiões relativamente curtas de um cromossomo em interfase.

Três elementos funcionais são necessários para a replicação e herança estável dos cromossomos

Apesar de os cromossomos diferirem em comprimento e número entre as espécies, estudos citogenéticos demonstram que todos se comportam de modo semelhante durante a divisão celular. Todos os cromossomos eucarióticos devem conter, também, três elementos funcionais para se replicarem e segregarem corretamente: (1) **origens de replicação**, nas quais as DNA-polimerases e outras proteínas iniciam a síntese do DNA (ver Figuras 4-31 e 4-33); (2) **centrômero**, uma região constrita necessária à segregação correta dos cromossomos-filhos; e (3) duas extremidades, os **telômeros**. Os estudos com transformação em leveduras, representados na Figura 6-44, demonstraram as funções desses três elementos cromossômicos e estabeleceram sua importância para a função cromossômica.

Como discutido no Capítulo 4, a replicação do DNA inicia em sítios distribuídos pelos cromossomos eucarióticos. O genoma das leveduras contém várias sequências com cerca de 100 pb, denominadas *sequências de replicação autônoma* (ARSs, *autonomously replicating sequences*) que atuam como origens de replicação. A observação de que a inserção de uma ARS em um plasmídeo circular permite que esse plasmídeo se replique nas células de levedura forneceu a primeira identificação funcional das sequências de origem de replicação do DNA eucariótico (ver Figura 6-44a).

Mesmo que os plasmídeos circulares contendo ARS possam ser replicados nas células de levedura, somente de 5 a 20% das células-filhas conterão o plasmídeo, uma vez que a segregação mitótica do plasmídeo é imperfeita. Entretanto, os plasmídeos que também carregam uma sequência CEN, derivada dos centrômeros dos cromossomos de leveduras, são segregadas do mesmo modo, ou quase, que às células parental e filhas durante a mitose (ver Figura 6-44b).

Se um plasmídeo circular contendo uma ARS e uma sequência CEN for clivado uma vez com uma enzima de restrição, o plasmídeo linear resultante não produzirá colônias LEU^+ a menos que contenha também sequências teloméricas especiais (TEL) ligadas às suas extre-

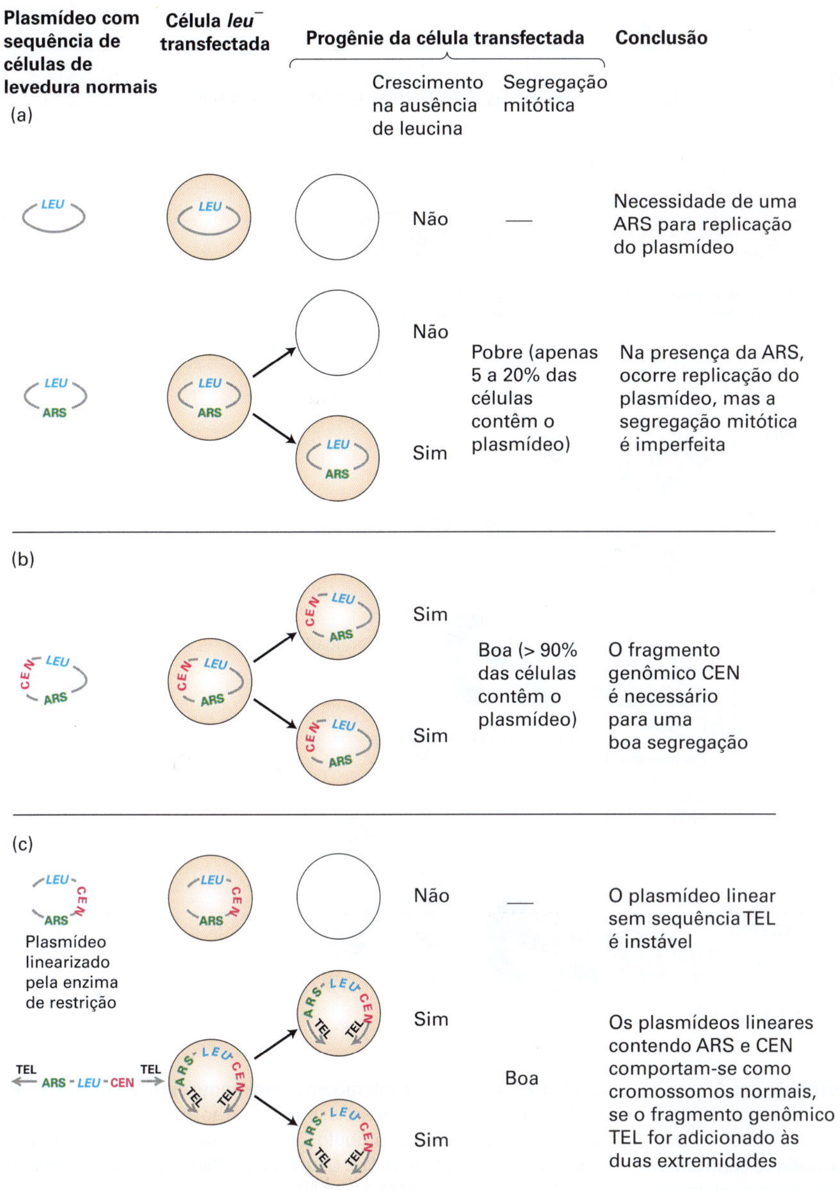

FIGURA EXPERIMENTAL 6-44 Experimentos de transfecção de leveduras identificam os elementos funcionais necessários à replicação e à segregação cromossômicas normais. Nestes experimentos, os plasmídeos que contêm o gene *LEU* de leveduras normais foram construídos e transfectados em células *leu*$^-$. Se o plasmídeo for mantido nas células *leu*$^-$, elas serão transformadas em *LEU*$^+$ pela presença do gene *LEU* no plasmídeo e formarão colônias em meio sem leucina. (a) Foram identificadas as sequências que permitem replicação autônoma (ARS) de um plasmídeo, porque sua inserção no vetor plasmidial contendo um gene *LEU* clonado resultou em alta frequência de transformação para *LEU*$^+$. No entanto, mesmo plasmídeos com ARS exibem uma segregação pobre durante a mitose e, portanto, não estão presentes nas células-filhas. (b) Quando segmentos aleatórios de DNA genômico de levedura foram inseridos nos plasmídeos que contêm ARS e *LEU*, algumas células produziram enormes colônias após a transfecção, indicando que há uma alta taxa de segregação mitótica entre os plasmídeos, o que permite o crescimento contínuo da célula-filha. O DNA recuperado dos plasmídeos dessas colônias contém sequências do centrômero de levedura (CEN). (c) Quando as células de levedura *leu*$^-$ são transfectadas com plasmídeos linearizados contendo *LEU*, ARS e CEN, nenhuma colônia é obtida. A adição de sequências teloméricas (TEL) às extremidades do DNA linear conferiram aos plasmídeos linearizados a capacidade de replicar como novos cromossomos, que se comportam de modo muito semelhante aos cromossomos normais tanto na mitose quanto na meiose. (Ver A. W. Murray and J. W. Szostak, 1983, *Nature* **305**:89, and L. Clarke and J. Carbon, 1985, *Ann. Rev. Genet.* **19**:29.)

midades (ver Figura 6-44c). Os primeiros experimentos realizados com sucesso envolvendo a transfecção de células de levedura com plasmídeos lineares utilizaram as extremidades de uma molécula de DNA que sabidamente se replicava como uma molécula linear no protozoário ciliado *Tetrahymena*. Durante uma parte do ciclo vital da *Tetrahymena*, grande parte do DNA nuclear é repetidamente copiado em pequenos segmentos, formando o chamado *macronúcleo*. Um desses fragmentos repetidos foi identificado como um dímero de DNA ribossômico, cujas extremidades contêm uma sequência repetida $(G_4T_2)_n$. Quando uma porção dessa sequência repetida TEL foi ligada às extremidades do plasmídeo linear de levedura contendo ARS e CEN, tanto a replicação quanto uma boa segregação dos plasmídeos lineares foram alcançados. Essa primeira clonagem e caracterização dos telômeros recebeu o Prêmio Nobel em Medicina e Fisiologia em 2009.

As sequências dos centrômeros variam muito em comprimento e complexidade

Uma vez clonadas as regiões do centrômero da levedura, que permitem a segregação mitótica, suas sequências foram determinadas e comparadas, revelando três regiões (I, II e III) conservadas entre os centrômeros dos diferentes cromossomos de leveduras (Figura 6-45a). Sequências nucleotídicas curtas, relativamente bem conservadas, estão presentes nas regiões I e III. A região II não apresenta uma sequência específica, mas sim uma região rica em resíduos A-T de comprimento razoavelmente constante, de maneira que provavelmente as regiões I e III estejam dispostas do mesmo lado de um octâmero de histonas especializado associado aos centrômeros. Este octâmero especializado associado aos centrômeros contém as histonas H2A, H2B e H4 normais, mas uma forma variante da histona H3. Da

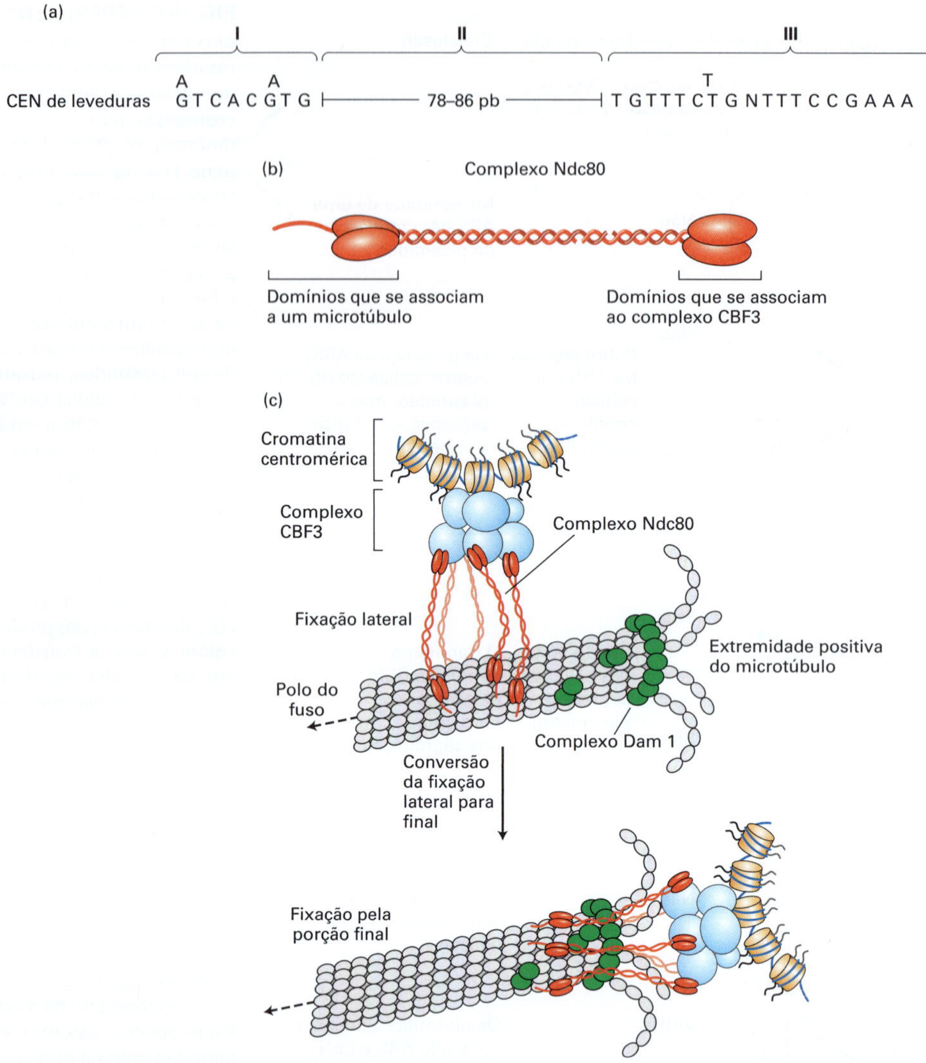

FIGURA 6-45 Interação cinetocoro-microtúbulo em *S. cerevisiae*. (a) Sequência dos centrômeros simples de *S. cerevisiae*. (b) Complexos Ndc80 que se associam tanto ao microtúbulo quanto ao complexo CBF3. (c) Diagrama do complexo CBF3 associado ao centrômero e os complexos Ndc80 associados que interagem com o anel de proteínas Dam1 na extremidade de um microtúbulo do fuso. Os complexos Ndc80 inicialmente interagem lateralmente com um microtúbulo do fuso (*parte superior*) e depois se associam ao anel, fazendo a fixação pela porção final do microtúbulo (*parte inferior*). (Parte (a) de L. Clarke and J. Carbon, 1985, *Ann. Rev. Genet.* **19**:29. Partes (b) e (c) adaptadas de T. U. Tanaka, 2010, *EMBO J.* **29**:4070)

mesma forma, os centrômeros de todos os eucariotos contêm nucleossomos com a histona H3 especializada específica de centrômeros, denominada CENP-A em humanos. Na levedura *S. cerevisiae*, o complexo de proteínas CBF3 associa-se a esse nucleossomo especializado. O complexo CBF3, por sua vez, liga-se a complexos multiproteicos alongados de Ncd80 (Figura 6-45b), que no começo interagem lateralmente com os microtúbulos do fuso e logo após com o complexo Dam1, que forma o anel em torno da extremidade dos microtúbulos (Figura 6-45c). Isso resulta na interação final entre o centrômero e os microtúbulos do fuso. A levedura *S. cerevisiae* apresenta a sequência centromérica mais simples conhecida na natureza.

Na levedura *S. pombe*, os centrômeros têm de 40 a 100 kb de comprimento e são compostos por cópias repetidas de sequências semelhantes às sequências dos centrômeros de *S. cerevispae*. Múltiplas cópias de proteínas homólogas às que interagem com os centrômeros de *S. cerevisiae* ligam-se aos complexos de centrômeros de *S. pombe*, os quais, por sua vez, fixam os cromossomos de *S. pombe*, muito maiores, aos vários microtúbulos da maquinaria do fuso mitótico. Nas plantas e nos animais, os centrômeros apresentam comprimentos na ordem de megabases e são compostos por repetições múltiplas de DNA de sequência simples. Em humanos, os centrômeros contêm arranjos de 2 a 4 megabases de uma sequência simples de DNA, com 171 pb, denominado DNA *alfoide*, que é ligado pelos nucleossomos contendo a histona H3 variante CENP-A, além de outras sequências simples de DNA.

Nos eucariotos superiores, uma estrutura proteica complexa denominada **cinetocoro** é formada nos centrômeros e se associa às diversas fibras do fuso mitótico du-

ANIMAÇÃO EM FOCO: Replicação dos telômeros

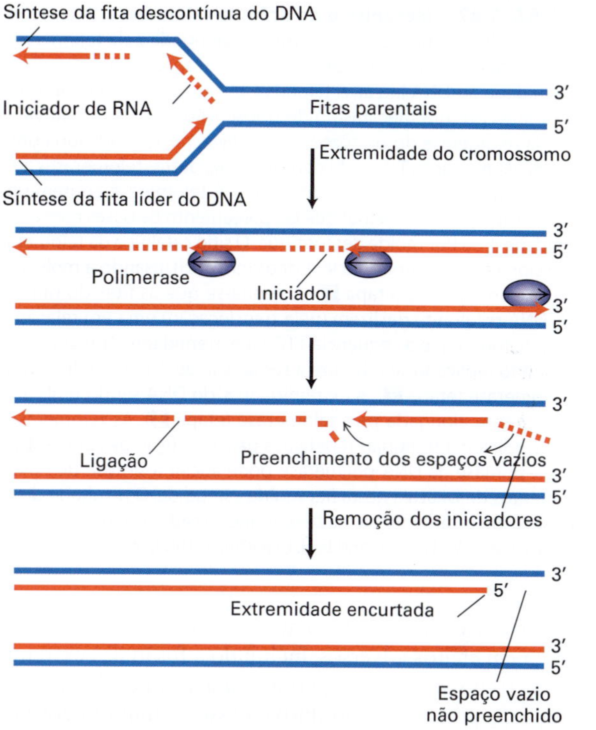

FIGURA 6-46 A replicação normal do DNA leva à perda de DNA na extremidade 3′ de cada fita de uma molécula linear de DNA. A replicação da extremidade direita de um DNA linear está representada; o mesmo processo ocorre na extremidade esquerda (visualizada invertendo-se a figura). À medida que a forquilha de replicação se aproxima do final da molécula parental de DNA, a fita líder é sintetizada até o final da fita-molde parental sem perda de desoxirribonucleotídeos. Entretanto, como a síntese da fita descontínua requer iniciadores de RNA, a extremidade direita da fita-filha descontínua de DNA permaneceria com os ribonucleotídeos, que são removidos e não podem servir de molde para a DNA-polimerase. Mecanismos alternativos precisam ser utilizados para evitar o encurtamento sucessivo da fita descontínua a cada ciclo de replicação. (Adaptada de Nobel Assembly at the Karolinska Institute.)

rante a mitose (ver Figura 18-39). Homólogos da maioria das proteínas centroméricas encontradas nas leveduras são também encontrados nos humanos e em outros eucariotos superiores. Foi proposto, para as proteínas que não possuem homólogos evidentes nos organismos superiores por comparações da sequência de aminoácidos (como as do complexo Dam1), a existência de complexos alternativos com propriedades semelhantes que atuam nos cinetocoros e são ligados aos vários microtúbulos do fuso. A função das proteínas que se ligam ao centrômero e ao cinetocoro durante a segregação das cromátides-irmãs, na mitose e na meiose, está descrita nos Capítulos 18 e 19.

A adição das sequências teloméricas pela telomerase evita o encurtamento cromossômico

O sequenciamento dos telômeros de diversos organismos, inclusive humanos, mostrou que, na sua maioria, são constituídos por oligômeros repetidos com alto conteúdo de G na fita com a orientação 3′ na extremidade do cromossomo. A sequência repetida nos telômeros humanos e de outros vertebrados é TTAGGG. Essas sequências simples são repetidas na porção terminal dos cromossomos, por algumas centenas de pares de base nas leveduras e protozoários, e por alguns milhares de pares de base nos vertebrados. A extremidade 3′ da fita rica em Gs estende-se 12 a 16 nucleotídeos além da extremidade 5′ da fita complementar, rica em Cs. Esta região é ligada por proteínas específicas que protegem as extremidades lineares dos cromossomos da ação das exonucleases.

A necessidade de uma região especializada nas extremidades dos cromossomos eucarióticos torna-se clara quando considera-se que todas as DNA-polimerases alongam as cadeias de DNA na extremidade 3′, e todas requerem um iniciador de DNA ou RNA. À medida que a forquilha de replicação crescente aproxima-se da extremidade de um cromossomo linear, a síntese da fita-líder segue até o final da fita de DNA molde, completando a dupla-hélice de DNA da célula-filha. Entretanto, como a fita descontínua é copiada de modo descontínuo, não pode ser replicada na sua totalidade (ver Figura 6-46). Quando o iniciador de RNA final é removido, não há sequência de 5′ para a DNA-polimerase se ligar e preencher o intervalo resultante. Sem um mecanismo especial, a fita de DNA-filha resultante da síntese da fita descontínua sofreria um encurtamento a cada divisão celular.

O problema do encurtamento dos telômeros é solucionado por uma enzima que adiciona sequências teloméricas (TEL) às extremidades de cada cromossomo. Essa enzima é um complexo de proteína e RNA chamada *telômero terminal transferase*, ou *telomerase*. Como a sequência do RNA associado à telomerase atua como um molde para a adição dos desoxirribonucleotídeos às extremidades dos telômeros, a origem da enzima – e não a origem do iniciador de DNA telomérico – determina a sequência adicionada. Isso foi confirmado pela transformação de *Tetrahymena* com uma forma mutada do gene que codifica o RNA associada à telomerase. A telomerase resultante adicionou uma sequência complementar ao RNA mutado às extremidades dos iniciadores teloméricos. Portanto, a telomerase é uma forma especializada de transcriptase reversa que transporta seu próprio molde de RNA para sintetizar DNA. Esses experimentos também ganharam o Prêmio Nobel em Fisiologia e Medicina pela descoberta e caracterização do mecanismo da telomerase.

A Figura 6-47 mostra como a telomerase, por meio da transcrição reversa do RNA associado, alonga a extremidade 3′ de um DNA de fita simples, na porção terminal rica em Gs, mencionada anteriormente. As células de um camundongo nocaute que não produz o RNA associado à telomerase não exibem atividade telomerásica, e seus telômeros encurtam sucessivamente a cada geração celular. Esses camundongos podem ser cruzados e se reproduzir normalmente por três gerações, antes que as repetições teloméricas tornem-se significativamente deterioradas. A

ANIMAÇÃO EM FOCO: Replicação dos telômeros

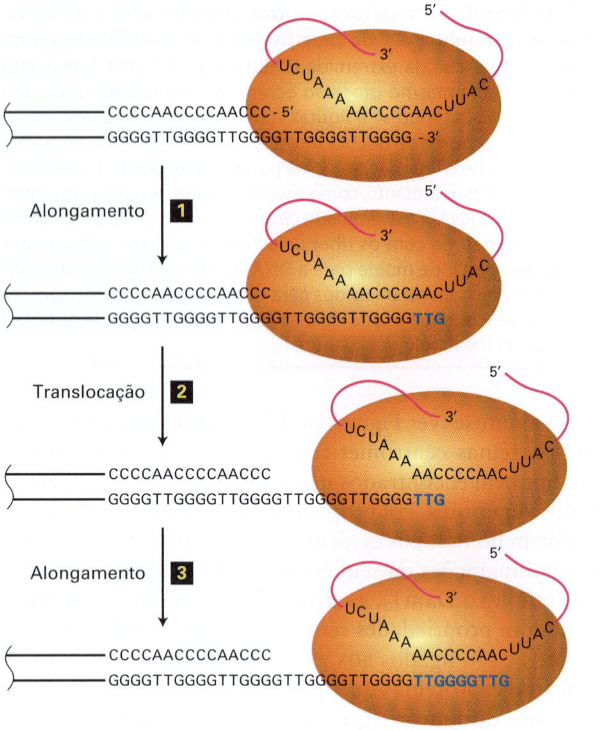

FIGURA 6-47 Mecanismo de ação da telomerase. A extremidade 3′ da fita simples de um telômero é alongada pela telomerase, pois o mecanismo de replicação do DNA é incapaz de sintetizar esta extremidade no DNA linear. A telomerase estende a extremidade de fita simples por um mecanismo de transcrição reversa repetitiva. A ação da telomerase do protozoário *Tetrahymena*, que adiciona uma unidade de repetição T_2G_4, está demonstrada; outras telomerases adicionam sequências um pouco diferentes. A telomerase contém um molde de RNA (em vermelho) que faz pareamento de bases com a extremidade 3′ da fita-molde descontínua. O sítio catalítico da telomerase adiciona os desoxirribonucleotídeos (em azul), usando a molécula de RNA como molde (etapa **1**). Acredita-se que as fitas do dúplex RNA/DNA resultante deslizem (pela translocação) uma em relação à outra, de forma que a sequência TTG na extremidade 3′ do DNA que está sendo replicado se hibridize à sequência de RNA complementar na telomerase (etapa **2**). A extremidade 3′ do DNA sendo replicado é novamente alongada pela telomerase (etapa **3**). As telomerases podem adicionar múltiplas repetições pela repetição das etapas **2** e **3**. A α-primase da DNA-polimerase pode iniciar a síntese de novos fragmentos de Okazaki nesta fita-molde estendida. O resultado disso impede o encurtamento da fita descontínua a cada ciclo de replicação do DNA. (De C. W. Greider and E. H. Blackburn, 1989, *Nature* **337**:331)

partir da terceira geração, a ausência do DNA telomérico resulta em efeitos adversos, incluindo a fusão das extremidades cromossômicas e a perda cromossômica. Na quarta geração, o potencial reprodutivo desses camundongos nocaute diminui, e não há mais prole após a sexta geração.

Os genes humanos que expressam a telomerase e o RNA a ela associado estão ativos nas células germinativas e nas células-tronco, mas inativos na maioria das células dos tecidos adultos, que se reproduzem apenas por um número limitado de vezes, ou que não se reproduzem novamente (estas células são chamadas *pós-mitóticas*). Contudo, esses genes são reativados na maior parte das células humanas cancerosas, pois a telomerase é necessária para o enorme número de divisões celulares que formam um tumor. Esse fenômeno tem estimulado a pesquisa de inibidores da telomerase humana como potencial agente terapêutico para o tratamento do câncer. ■

Enquanto a telomerase evita o encurtamento do telômero na maioria dos eucariotos, alguns organismos utilizam estratégias alternativas. Algumas espécies de *Drosophila* mantêm o comprimento dos telômeros pela inserção regulada de retrotransposons não LTR. É um dos poucos exemplos de um elemento móvel que tem função específica no organismo hospedeiro.

CONCEITOS-CHAVE da Seção 6.7

Morfologia e elementos funcionais dos cromossomos eucarióticos

- Durante a metáfase, os cromossomos eucarióticos tornam-se tão condensados que podem ser observados individualmente ao microscópio óptico.
- O cariótipo cromossômico é característico de cada espécie. Espécies muito relacionadas podem exibir cariótipos muito diferentes, indicando que a informação genética similar pode ser organizada nos cromossomos de maneiras diferentes.
- A análise de bandeamento e a coloração de cromossomos são utilizadas para identificar os diferentes cromossomos humanos em metáfase e para detectar translocações e deleções (ver Figura 6-41).
- A análise dos rearranjos cromossômicos e das regiões de sintenia conservada entre espécies relacionadas permitiu a previsão da evolução dos cromossomos (ver Figura 6-42c). As relações evolucionárias entre organismos indicaram que estes estudos confirmam as propostas de relação evolutiva baseadas em registros fósseis e análises da sequência de DNA.
- O padrão de bandas reprodutível dos cromossomos politênicos permitiu a visualização de deleções cromossômicas e rearranjos que provocam alterações no padrão normal de bandas.
- Três tipos de sequências de DNA são necessárias para que uma longa molécula de DNA linear atue como cromossomo: uma origem de replicação, chamada ARS em leveduras; uma sequência de centrômero (CEN); duas sequências teloméricas (TEL) nas extremidades do DNA (ver Figura 6-44).
- A telomerase, um complexo proteína-RNA, possui uma atividade de transcriptase reversa especial que completa a replicação dos telômeros durante a síntese de DNA (ver Figura 6-47). Na ausência da telomerase, a fita-filha de DNA resultante da síntese da fita descontínua seria encurtada a cada ciclo de divisão celular na maioria dos eucariotos (ver Figura 6-46).

Perspectivas

O sequenciamento do genoma humano é uma rica fonte para novas descobertas em biologia molecular da célula, na identificação de novas proteínas que podem ser a base de terapias efetivas para as doenças humanas e, para descobertas no campo da história e evolução do homem. Contudo, a descoberta de novos genes é muito difícil, porque apenas cerca de 1,5% da sequência total codifica proteínas ou RNAs funcionais. A identificação dos genes no genoma bacteriano é relativamente simples, porque os íntrons são muito raros: a simples procura por longas fases abertas de leitura sem códons de terminação no meio é suficiente para identificar a maioria dos genes. Em contrapartida, a procura de genes humanos é muito complicada por sua estrutura: a maioria deles contém múltiplos éxons relativamente curtos, separados por íntrons muito mais longos, não codificantes. A identificação de unidades de transcrição complexas pela análise das sequências genômicas por si só é extremamente desafiadora. O avanço dos métodos de bioinformática para identificação dos genes e a caracterização das cópias de cDNA dos mRNAs isolados das centenas de tipos celulares humanos, provavelmente, levará à descoberta de novas proteínas, e o seu estudo, a uma nova compreensão dos processos biológicos e das aplicações na medicina e na agricultura.

Embora a maioria dos transposons não tenha uma função direta nos processos celulares, eles auxiliaram na formação dos genomas modernos, promovendo as duplicações gênicas, o embaralhamento dos éxons, a geração de novas combinações de sequências de controle transcricional e outros aspectos dos genomas atuais. Também ensinam sobre nossa própria história e origens, porque os retrotransposons L1 e *Alu* foram inseridos em novos locais nos indivíduos ao longo do tempo. Diversas dessas sequências repetidas intercaladas são polimórficas na população e ocorrem em uma determinada posição em alguns indivíduos e não em outros. Os indivíduos que têm uma mesma inserção em um determinado sítio descendem do mesmo ancestral comum que se desenvolveu do óvulo ou espermatozoide em que ocorreu a inserção. O tempo decorrido desde a inserção inicial pode ser estimado pelas diferenças nas sequências dos elementos entre os indivíduos, porque essas diferenças surgem pelo acúmulo de mutações aleatórias. O avanço da pesquisa sobre o polimorfismo desses retrotransposons irá, sem dúvida, auxiliar muito no entendimento das migrações humanas, desde a evolução inicial do *Homo sapiens* até a história das populações contemporâneas.

Como descrito no Capítulo 5, o transposon de DNA elemento-P de *Drosophila* foi explorado pela transformação estável e fácil de genes na linhagem germinativa de *Drosophila*. Esse método tem sido importante na experimentação em biologia celular e molecular em tal organismo. Uma área ativa de pesquisa em andamento é o uso de transposons e retrotransposons de mamíferos na transformação de células humanas para terapia gênica. Promete ser uma área excitante da medicina para o tratamento futuro de doenças genéticas como anemia falciforme e fibrose cística, bem como de outras doenças mais comuns, especialmente quando acoplada a técnicas recentes para a produção de células-tronco pluripotentes (células iPS) a partir de células diferenciadas de pacientes adultos ou pediátricos.

Termos-chave

bioinformática 252
cariótipo 267
caudas das histonas 258
centrômero 270
código epigenético 261
cromátide 267
cromatina 225
cromossomo politênico 269
DNA de sequência simples (satélite) 232
DNA repetitivo 223
elementos de DNA transponíveis 224
embaralhamento de éxons 244
eucromatina 260
família de genes 228
família de proteínas 228
fase aberta de leitura (ORF) 254
genômica 225
herança citoplasmática 246
heterocromatina 260
hibridização *in situ* por fluorescência (FISH) 267
histonas 225
LINEs 239
monocistrônico 225
nucleossomo 225
proteínas SMC 263
pseudogene 229
regiões associadas a matriz (MARs) 263
regiões associadas ao suporte (SARs) 263
repetições terminais longas (LTRs) 238
retrotransposon 235
SINEs 239
telômero 270
transposon de DNA 235
unidade de transcrição 226

Revisão dos conceitos

1. Os genes podem ser transcritos em mRNA para os genes que codificam proteínas, ou em RNA para genes como o RNA ribossomal e o transportador. Quanto às seguintes características, explique se elas se aplicam a unidades de transcrição (a) contínuas, (b) simples ou (c) complexas.
   (i) Encontrada em eucariotos
   (ii) Contém íntrons
   (iii) Capaz de produzir apenas uma única proteína de um determinado gene
2. O sequenciamento do genoma humano revelou informações a respeito da organização dos genes. Descreva as diferenças entre genes simples, famílias de genes, pseudogenes e genes consecutivos repetidos.
3. Grande parte do genoma humano consiste em DNA repetitivo. Descreva as diferenças entre o DNA de microssatélites e o de minissatélites. Como esse DNA repetitivo pode ser útil para a identificação de indivíduos pela técnica de "impressão digital" do DNA?
4. Os elementos de DNA móvel que podem se transpor a um novo sítio diretamente como DNA são chamados transposons de DNA. Descreva o mecanismo pelo qual uma sequência de inserção bacteriana pode ser transposta.
5. Os retrotransposons são uma classe de elementos móveis transpostos por um intermediário de RNA. Compare o mecanismo de retrotransposição entre

os transposons que contêm e os que não contêm repetições terminais longas (LTRs).

6. Discuta o papel que os elementos móveis desempenharam durante a evolução dos organismos modernos. O que é o processo conhecido como embaralhamento de éxons, e qual a função dos transposons neste processo?
7. As mitocôndrias e os cloroplastos parecem ter evoluído a partir de bactérias simbiontes presentes em células nucleadas. Quais as evidências experimentais descritas neste capítulo que sustentam esta hipótese?
8. O que são genes parálogos e ortólogos? Cite algumas explicações para os humanos, organismos muito mais complexos do que o nematódeo *C. elegans*, apresentarem apenas cerca de uma vez e meia mais genes (25 mil *versus* 18 mil) se comparados a ele.
9. O DNA em uma célula se associa a proteínas para formar a cromatina. O que é um nucleossomo? Qual a função das histonas nos nucleossomos? Como os nucleossomos estão arranjados nas fibras de 30 nm?
10. Como as modificações da cromatina regulam a transcrição? Quais as modificações observadas em regiões do genoma em transcrição ativa? E quanto às regiões que não são ativamente transcritas?
11. Descreva a organização geral de um cromossomo eucariótico. Qual a função estrutural das regiões associadas ao suporte (SARs) ou regiões de fixação à matriz (MARs)? Qual a razão para os genes que codificam proteínas não estarem localizados nessas regiões?
12. O que é FISH? Descreva brevemente como é realizada. Como a técnica de FISH pode ser usada para caracterizar as translocações cromossômicas associadas a algumas doenças genéticas e a alguns tipos específicos de câncer?
13. O que é coloração de cromossomos e como esta técnica é utilizada? Como as sondas que colorem os cromossomos podem ser usadas na análise da evolução dos cromossomos de mamíferos?
14. Determinados organismos possuem células com cromossomos politênicos. O que são cromossomos politênicos, onde são encontrados e para que servem?
15. A replicação e a segregação dos cromossomos eucarióticos dependem de três elementos funcionais: origens de replicação, centrômero e telômeros. O que ocorreria com um cromossomo caso não houvesse (a) origem de replicação ou (b) centrômero?
16. Descreva o problema que ocorre durante a replicação do DNA nas extremidades cromossômicas. Qual o envolvimento dos telômeros neste problema?

Análise dos dados

1. Para determinar se uma transferência gênica do genoma de uma organela para o núcleo pode ser observada em laboratório, um vetor de transformação de cloroplasto foi construído, contendo dois marcadores de resistência a antibióticos selecionáveis, cada um com seu próprio promotor: o gene da resistência à espectinomicina e o gene de resistência à canamicina (ver S. Stegemann et al., 2003, *Proc. Nat'l Acad Sci. USA* **100**:8828-8833). O gene de resistência à espectinomicina estava sob o controle de um promotor do cloroplasto, gerando um marcador específico para o cloroplasto. Plantas capazes de crescer em meio com espectinomicina são brancas, a menos que expressem o gene de resistência à espectinomicina presente no cloroplasto. O gene da resistência à canamicina, inserido no plasmídeo adjacente ao gene da espectinomicina, estava sob o controle de um forte promotor nuclear. Plantas do tabaco transgênicas, resistentes à espectinomicina, foram selecionadas para a presença do plasmídeo, pelo crescimento em meio contendo espectinomicina de plantas verdes. Estas plantas contêm os dois genes de resistência inseridos no genoma do cloroplasto por um evento de recombinação; a resistência à canamicina, porém, não é expressa porque está sob o controle do promotor nuclear. As plantas resistentes à espectinomicina foram cultivadas por várias gerações e usadas nos seguintes estudos.
   a. Folhas das plantas transgênicas resistentes à espectinomicina foram colocadas em meio regenerador contendo canamicina. Algumas das células das folhas eram resistentes a canamicina e desenvolveram-se como plantas resistentes a canamicina. O pólen (paterno) dessas plantas foi usado para polinizar plantas selvagens (não transgênicas). No tabaco, os cloroplastos são herança paterna (do pólen). As sementes resultantes germinaram em meio com e sem canamicina. Metade das mudas era resistente à canamicina. Quando estas plantas sofreram autopolinização, as mudas resultantes exibiram um fenótipo de sensibilidade e resistência a canamicina em uma proporção de 3:1. Com base nesses dados, o que se pode deduzir sobre a localização do gene de resistência à canamicina?
   b. Para determinar se a transferência do gene de resistência à canamicina (Kan) ao núcleo foi mediada por um intermediário de DNA ou RNA, foi extraído DNA de 10 mudas de plantas germinadas a partir de sementes produzidas por uma planta selvagem polinizada por uma planta resistente à canamicina. As 10 mudas, numeradas de 1 a 10 nas colunas de gel mostradas na figura abaixo, consistem em 5 plantas resistentes à canamicina (+) e 5 sensíveis (−). Cada amostra de DNA foi amplificada por PCR usando iniciadores para o gene de resistência à canamicina (gel à esquerda) ou para o gene da espectinomicina (gel à direita). A coluna marcada com M mostra os marcadores de peso molecular. O que a correspondência entre a presença e a ausência de produtos de PCR produzidos pela mesma planta

com os mesmos iniciadores sugere sobre o modo de transferência do gene de canamicina ao núcleo?

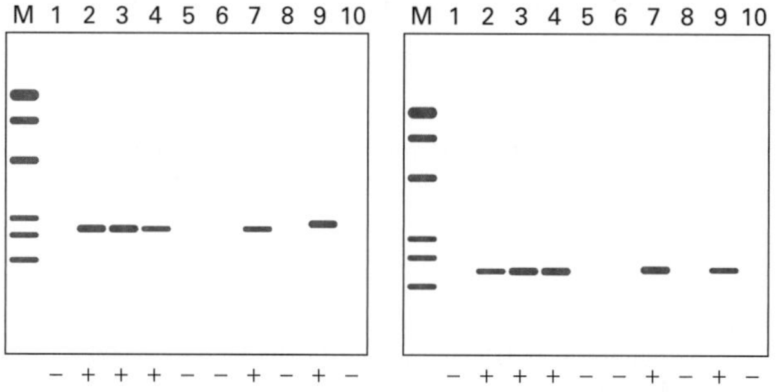

Resistência a Kan (produtos de PCR usando iniciadores para os genes de resistência a canamicina)

Resistência a Kan (produtos de PCR usando iniciadores para os genes de resistência a espectinomicina)

c. Quando as plantas transgênicas originais, selecionadas em espectinomicina, mas não em canamicina, foram usadas para polinizar plantas selvagens, nenhuma das plantas da progênie era resistente à canamicina. O que se pode deduzir dessas observações?

2. O DNA satélite é um componente conhecido do nosso genoma e pode ser encontrado tanto no DNA codificante quanto no não codificante. Quando encontrado no DNA codificante, o número de repetições pode produzir proteínas alteradas. Nas regiões não codificantes, porém, o efeito das repetições não é bem compreendido. Para determinar se as repetições na região do promotor podem alterar a expressão e a compactação da cromatina, Vinces e colaboradores (Vinces et al., 2009, *Science* **324**:1213-1216) pesquisaram a presença de DNA repetitivo em promotores no genoma do *Saccharomyces cerevisiae* e examinaram como a variação no número de repetições afetou a expressão gênica e o empacotamento do DNA.

   a. O resultado da busca por DNA satélite no genoma de várias cepas de *S. cerevisiae* mostrou que 25% dos promotores continham pelo menos uma região de repetição. Além disso, um único promotor em cepas diferentes geralmente continha números variados de repetições em cada DNA satélite. Qual o mecanismo pelo qual o número de repetições em uma determinada região de DNA satélite pode aumentar?

   b. Para determinar se existe uma correlação entre o número de repetições e expressão gênica, a transcrição do gene SDT1 foi analisada. O promotor do SDT1 contém DNA satélite, e o número de repetições na região foi modificado, variando de 0 até 60 repetições. Descobriu-se que a expressão do SDT1, analisada por PCR quantitativo por transcrição reversa (Q RT-PCR, ver Capítulo 5), aumentou quando as repetições aumentavam de 0 a 13. A partir daí, a expressão do SDT1 foi progressivamente reduzida com o aumento das repetições de 13 a 60. O que pode ser concluído com esses resultados experimentais? Explique por que a Q RT-PCR pode ser utilizada para analisar a expressão do gene SDT1.

   c. A conclusão da parte (b) levou o grupo a verificar se uma célula poderia se adaptar ao meio pela alteração do número de repetições no DNA-satélite no promotor. O promotor do gene SDT1 (contendo 48 repetições) foi ligado à fase aberta de leitura URA3, um gene responsável pela síntese do nucleotídeo uracila. Células com a proteína híbrida foram cultivadas em meio com e sem uracila. Após crescimento em cada meio, o número de repetições no promotor promovendo a expressão de URA3 foi analisada. As células cultivadas no meio sem uracila mostraram uma diminuição no número de repetições do promotor, enquanto as cultivadas em meio contendo uracila ainda continham em média as 48 repetições. O que se pode concluir a partir de tais resultados? Com base nos dados da parte (b), quantas repetições seriam provavelmente encontradas nos promotores de URA3 nas células cultivadas em meio sem uracila?

   d. A localização do DNA repetitivo nos promotores foi comparada à localização dos nucleossomos, e foi visto que a densidade de nucleossomos em um promotor é inversamente proporcional ao número de repetições no mesmo sítio do DNA. O que se pode concluir dos dados anteriores, sobre DNA repetitivo e compactação da cromatina? Qual o efeito da diminuição do número de repetições na ligação das histonas do cerne ao DNA?

Referências

Estrutura gênica dos eucariotos

Black, D. L. 2003. Mechanisms of alternative pre-messenger RNA splicing. *Ann. Rev. Biochem.* **72**:291–336.

Davuluri, R. V., et al. 2008. The functional consequences of alternative promoter use in mammalian genomes. *Trends Genet.* **24**:167–177.

Wang, E. T., et al. 2008. Alternative isoform regulation in human tissue transcriptomes. *Nature* **456**:470–476.

Organização cromossômica dos genes e do DNA não codificante

Celniker, S. E., and G. M. Rubin. 2003. The *Drosophila melanogaster* genome. *Ann. Rev. Genomics Hum. Genet.* **4**:89–117.

Crook, Z. R., and D. Housman. 2011. Huntington's disease: can mice lead the way to treatment? *Neuron* **69**:423–435.

Feuillet, C., et al. 2011. Crop genome sequencing: lessons and rationales. *Trends Plant Sci.* **16**:77–88.

International Human Genome Sequencing Consortium. 2004. Finishing the euchromatic sequence of the human genome. *Nature* **431**:931–945.

Giardina, E., A. Spinella, and G. Novelli. 2011. Past, present and future of forensic DNA typing. *Nanomedicine (Lond.)* **6**:257–270.

Hannan, A. J. 2010. TRPing up the genome: tandem repeat polymorphisms as dynamic sources of genetic variability in health and disease. *Discov. Med.* **10**:314–321.

Jobling, M. A., and P. Gill. 2004. Encoded evidence: DNA in forensic analysis. *Nat. Rev. Genet.* **5**:739–751.

Lander, E. S., et al. 2001. Initial sequencing and analysis of the human genome. *Nature* **409**:860–921.

Todd, P. K., and H. L. Paulson. 2010. RNA-mediated neurodegeneration in repeat expansion disorders. *Ann. Neurol.* **67**:291–300.

Venter, J. C., et al. 2001. The sequence of the human genome. *Science* **291**:1304–1351.

Elementos móveis de DNA transponíveis (DNA móvel)

Curcio, M. J., and K. M. Derbyshire. 2003. The outs and ins of transposition: from mu to kangaroo. *Nat. Rev. Mol. Cell Biol.* **4**:865–877.

Goodier, J. L., and H. H. Kazazian, Jr. 2008. Retrotransposons revisited: the restraint and rehabilitation of parasites. *Cell* **135**:23–35.

Jones, R. N. 2005. McClintock's controlling elements: the full story. *Cytogenet. Genome Res.* **109**:90–103.

Lisch, D. 2009. Epigenetic regulation of transposable elements in plants. *Ann. Rev. Plant Biol.* **60**:43–66.

DNA de organelas

Bendich, A. J. 2004. Circular chloroplast chromosomes: the grand illusion. *Plant Cell* **16**:1661–1666.

Bonawitz, N. D., D. A. Clayton, and G. S. Shadel. 2006. Initiation and beyond: multiple functions of the human mitochondrial transcription machinery. *Mol. Cell* **24**:813–825.

Chan, D. C. 2006. Mitochondria: dynamic organelles in disease, aging, and development. *Cell* **125**:1241–1252.

Genômica: análise da estrutura e expressão de genes em genomas

BLAST Information can be found at: http://blast.ncbi.nlm.nih.gov/Blast.cgi

1000 Genomes Project Consortium, G.P. 2010. A map of human genome variation from population-scale sequencing. *Nature* **467**:1061–1073.

Alkan, C., B. P. Coe, and E. E. Eichler. 2011. Genome structural variation discovery and genotyping. *Nat. Rev. Genet.* **12**:363–376.

Chimpanzee Sequencing and Analysis Consortium. 2005. Initial sequence of the chimpanzee genome and comparison with the human genome. *Nature* **437**:69–87.

du Plessis, L., N. Skunca, and C. Dessimoz. 2011. The what, where, how and why of gene ontology—a primer for bioinformaticians. *Brief Bioinform.* 2011 Feb 17. [Epub ahead of print]

Ideker, T., J. Dutkowski, and L. Hood. 2011. Boosting signal-tonoise in complex biology: prior knowledge is power. *Cell* **144**:860–863.

International Human Genome Sequencing Consortium. 2004. Finishing the euchromatic sequence of the human genome. *Nature* **431**:931–945.

Lander, E. S. 2011. Initial impact of the sequencing of the human genome. *Nature* **470**:187–197. Mills, R. E., et al. 2011. Mapping copy number variation by population-scale genome sequencing. *Nature* **470**:59–65. Picardi, E., and G. Pesole. 2010. Computational methods for ab initio and comparative gene finding. *Meth. Mol. Biol.* **609**:269–284.

Ramskold, D., et al. 2009. An abundance of ubiquitously expressed genes revealed by tissue transcriptome sequence data. *PLoS Comput. Biol.* **5**:e1000598.

Raney, B. J., et al. 2011. ENCODE whole-genome data in the UCSC genome browser (2011 update). *Nucl. Acids Res.* **39**:D871–D875.

Sleator, R. D. 2010. An overview of the current status of eukaryote gene prediction strategies. *Gene* **461**:1–4.

Sonah, H., et al. 2011. Genomic resources in horticultural crops: status, utility and challenges. *Biotechnol. Adv.* **29**:199–209.

Stratton, M. R. 2011. Exploring the genomes of cancer cells: progress and promise. *Science* **331**:1553–1558.

Venter, J. C. 2011. Genome-sequencing anniversary. The human genome at 10: successes and challenges. *Science* **331**:546–547.

Organização estrutural dos cromossomos eucarióticos

Bannister, A. J., and T. Kouzarides. 2011. Regulation of chromatin by histone modifications. *Cell Res.* **21**:381–395.

Bernstein, B. E., A. Meissner, and E. S. Lander. 2007. The mammalian epigenome. *Cell* **128**:669–681.

Horn, P. J., and C. L. Peterson. 2006. Heterochromatin assembly: a new twist on an old model. *Chromosome Res.* **14**:83–94.

Kurdistani, S. K. 2011. Histone modifications in cancer biology and prognosis. *Prog. Drug Res.* **67**:91–106.

Luger, K. 2006. Dynamic nucleosomes. *Chromosome Res.* **14**:5–16.

Luger, K., and T. J. Richmond. 1998. The histone tails of the nucleosome. *Curr. Opin. Genet. Dev.* **8**:140–146.

Nasmyth, K., and C. H. Haering. 2005. The structure and function of SMC and kleisin complexes. *Ann. Rev. Biochem.***74**:595–648.

Schalch, T., et al. 2005. X-ray structure of a tetranucleosome and its implications for the chromatin fibre. *Nature* **436**:138–141.

Woodcock, C. L., and R. P. Ghosh. 2010. Chromatin higher-order structure and dynamics. *Cold Spring Harbor Perspect. Biol.* **2**:a000596.

Morfologia e elementos funcionais dos cromossomos eucarióticos

Armanios, M., and C. W. Greider. 2005. Telomerase and cancer stem cells. *Cold Spring Harbor Symp. Quant. Biol.***70**:205–208.

Belmont, A. S. 2006. Mitotic chromosome structure and condensation. *Curr. Opin. Cell Biol.* **18**:632–638.

Blackburn, E. H. 2005. Telomeres and telomerase: their mechanisms of action and the effects of altering their functions. *FEBS Lett.* **579**:859–862.

Cvetic, C., and J. C. Walter. 2005. Eukaryotic origins of DNA replication: could you please be more specific? *Semin. Cell Dev. Biol.* **16**:343–353.

Froenicke, L. 2005. Origins of primate chromosomes as delineated by Zoo-FISH and alignments of human and mouse draft genome sequences. *Cytogenet. Genome Res.* **108**:122–138.

MacAlpine, D. M., and S. P. Bell. 2005. A genomic view of eukaryotic DNA replication. *Chromosome Res.* **13**:309–326.

Ohta, S., et al. 2011. Building mitotic chromosomes. *Curr. Opin. Cell Biol.* **23**:114–121.

Tanaka, T. U. 2010. Kinetochore-microtubule interactions: steps towards bi-orientation. *EMBO J.* **29**:4070–4082.

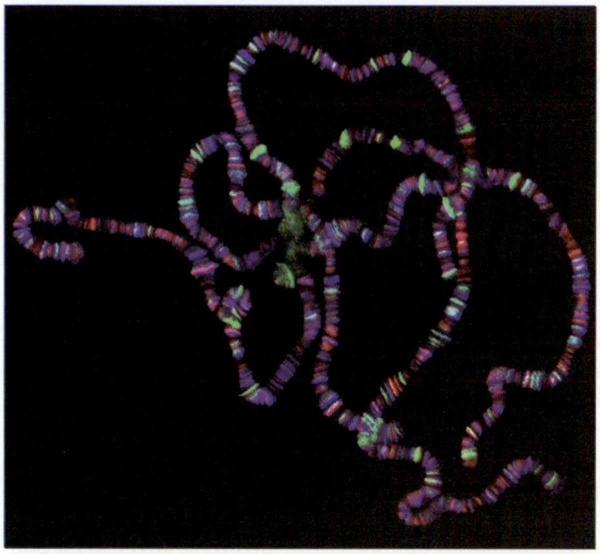

Cromossomos politênicos de *Drosophila* marcados com anticorpos Kismet (azul) contra a ATPase remodeladora de cromatina; RNA-polimerase II com domínio de repetição C-terminal (CTD, do inglês *C-terminal repeat domain*) pouco fosforilado (vermelho); e RNA-polimerase II com alto grau de fosforilação do CTD (verde). (Cortesia de John Tamkun; ver S. Srinivasan et al., 2005, *Development* **132**:1623.)

CAPÍTULO

7

Controle transcricional da expressão gênica

SUMÁRIO

Nos capítulos anteriores, foi visto que as ações e as propriedades de cada tipo de célula são determinadas pelas proteínas que elas contêm. Neste capítulo e no próximo, o foco será investigar como são controlados os diferentes tipos e as quantidades das várias proteínas produzidas por um determinado tipo de célula em um organismo multicelular. Essa regulação da **expressão gênica** é o processo fundamental que controla o desenvolvimento de organismos multicelulares como nós, desde uma simples célula-ovo fertilizada até os milhares de tipos celulares dos quais somos feitos. Quando a expressão gênica não é controlada corretamente, as propriedades celulares são alteradas, processo que frequentemente leva ao desenvolvimento de tumores. Conforme discutido adiante, no Capítulo 25, genes que codificam proteínas que controlam o crescimento celular são reprimidos de modo anormal nas células cancerígenas, ao passo que os genes que codificam proteínas que promovem o crescimento e a replicação celular são ativados de modo inapropriado nessas células. Anomalias na expressão gênica também podem resultar em defeitos de desenvolvimento como palato fendido, tetralogia de Fallot (grave defeito de desenvolvimento do coração que pode ser corrigido cirurgicamente) e muitos outros. A regulação da expressão gênica também desempenha um papel vital em bactérias e outros microrganismos unicelulares, onde permite que a célula ajuste sua maquinaria enzimática e componentes estruturais em resposta às alterações nutricionais e físicas do ambiente. Consequentemente, para entender como microrganismos respondem ao ambiente e como organismos multicelulares se desenvolvem normalmente, assim como para entender como ocorrem anormalidades patológicas na expressão gênica, é essencial compreender as interações moleculares que controlam a produção de proteínas.

As etapas básicas da expressão gênica, ou seja, o processo completo pelo qual a informação codificada em determinado gene é decodificada em uma proteína específica, estão detalhadas no Capítulo 4. A síntese de mRNA necessita que uma **RNA-polimerase** inicie a transcrição (**iniciação**), polimerize os ribonucleotídeos trifosfatos complementares à fita codificante de DNA (**elongação**) e, então, termine a transcrição (**terminação**) (ver Figura 4-11).

Em bactérias, os ribossomos e os fatores de iniciação de tradução têm acesso imediato aos transcritos de RNA recém-formados, os quais funcionam como mRNAs, sem a necessidade de alterações posteriores. Nos eucariotos, no entanto, o transcrito primário de RNA sofre um processamento que dá origem ao mRNA funcional (ver Figura 4-15). A seguir, o mRNA é transportado de seu local de síntese, no núcleo, para o citoplasma, onde é traduzido em proteínas com o auxílio dos ribossomos, dos tRNAs e dos fatores de tradução (ver Figuras 4-24, 4-25 e 4-27).

A regulação pode ocorrer em várias das etapas da expressão gênica citadas acima: iniciação da transcrição, elongação, processamento de RNA, transporte do RNA do núcleo e sua tradução em proteínas. Isso resulta na produção *diferencial* de proteínas em diferentes tipos de células ou estágios do desenvolvimento, ou em resposta a condições externas. Apesar de terem sido encontrados exemplos de regulação em cada uma das etapas da expressão gênica, o controle da iniciação da transcrição e da elongação – as duas etapas iniciais – são os mecanismos mais importantes para determinar se um gene será expresso ou não e quanto de mRNA e, consequentemente, de proteína, será produzido. Os mecanismos moleculares que regulam a iniciação da transcrição e a elongação são essenciais para diversos fenômenos biológicos, incluindo o desenvolvimento de organismos multicelulares a partir de uma única célula-ovo fertilizada, conforme mencionado anteriormente, as respostas imunes que nos protegem de microrganismos patogênicos, e os processos neurológicos de memória e aprendizagem. Quando esses mecanismos regulatórios de controle da transcrição funcionam inadequadamente, podem ocorrer processos patológicos. Por exemplo, a atividade reduzida do gene *Pax6* causa *aniridia*, a falha do desenvolvimento da íris (Figura 7-1a). Pax6 é um **fator de transcrição** que normalmente regula a transcrição de genes envolvidos no desenvolvimento dos olhos. Em outros organismos, mutações em fatores de transcrição levam à formação de um par extra de asas durante o desenvolvimento em *Drosophila* (Figura 7-1b), alteram as estruturas florais em plantas (Figura 7-1c) ou são responsáveis por diversas outras anormalidades no desenvolvimento.

A transcrição é um processo complexo que envolve diversos eventos de regulação. Neste capítulo, serão abordados os eventos moleculares que determinam quando será iniciada a transcrição dos genes. Inicialmente, serão considerados os mecanismos de expressão gênica em bactérias, onde o DNA não se encontra ligado a histonas ou empacotado em nucleossomos. Proteínas **repressoras** e **ativadoras** reconhecem e se ligam a regiões específicas do DNA para controlar a transcrição de um gene próximo. No restante do capítulo, será dada ênfase à regulação da transcrição em eucariotos e a como os princípios gerais da regulação bacteriana são aplicados de modo mais complexo nos organismos superiores. Esses mecanismos incluem a associação do DNA com octâmeros de histonas, formando estruturas de cromatina com variados graus de condensação e modificações pós-tradução como a acetilação e metilação para regular a transcrição. A Figura 7-2 fornece uma visão geral da regulação da transcrição em metazoários (organismos multicelulares) e dos processos descritos neste capítulo. Será discutido de que modo sequências específicas de DNA atuam como **regiões de controle da transcrição**, servindo como sítios de ligação para fatores de transcrição (repressores e ativadores), e de que modo as enzimas RNA-polimerase responsáveis pela transcrição se ligam às sequências **promotoras** para iniciar a síntese de uma molécula de RNA complementar ao molde de DNA. A seguir, será investigado como ativadores e repressores influenciam a transcrição por meio da interação com grandes complexos multiproteicos. Alguns desses complexos multiproteicos modificam a condensação da cromatina, alterando o acesso do DNA cromossômico aos fatores de transcrição e à RNA-polimerase. Outros complexos influenciam o processo de ligação da RNA-polimerase ao DNA no local de iniciação da transcrição, assim como a frequência da iniciação. Pesquisas recentes revelaram que, em organismos multicelulares, para diversos genes, a RNA-polimerase sofre uma pausa após a transcrição de uma pequena sequência de RNA e que a regulação da transcrição envolve a ativação da polimerase pausada, permitindo que ela transcreva o restante do gene. Será abordado como a transcrição de genes específicos pode ser determinada por combinações particulares dos aproximadamente 2.000 fatores de transcrição codificados no genoma humano, dando origem a padrões de expressão gênica específicos a cada tipo celular. Serão considerados os vários modos pelos quais os próprios fatores de transcrição são controlados para garantir que os genes sejam expressos apenas no momento e local apropriados. Também serão discutidos estudos recentes que revelam que os complexos RNA-proteína presentes no núcleo podem regular a transcrição. Novos métodos de sequenciamento de DNA, em conjunto com a transcrição reversa do RNA em DNA *in vitro*, revelaram que grande parte do genoma de eucariotos é transcrita como RNAs de baixa abundância que não codificam para proteínas, dando origem à hipótese de que o controle da transcrição por essas moléculas não codificantes de RNA possa ser um processo mais geral do que é entendido até então. O processamento do RNA e vários mecanismos pós-transcricionais de controle da expressão dos genes eucariotos serão abordados no próximo capítulo. Os capítulos seguintes, especialmente os Capítulos 15, 16 e 21, fornecerão exemplos de como a transcrição é regulada por meio de interações entre as células e de como o **controle gênico** resultante contribui para o desenvolvimento e a função dos diferentes tipos celulares, em organismos multicelulares.

7.1 Controle da expressão gênica em bactérias

Uma vez que a estrutura e função de uma célula são determinadas pelas proteínas que ela contém, o controle da expressão gênica é um aspecto fundamental da biologia molecular de uma célula. Mais comumente, a "decisão" de transcrever um gene que codifica uma proteína específica é o principal mecanismo de controle da produção da proteína codificada em uma célula. Por meio do controle da transcrição, a célula pode regular quais proteínas serão produzidas e em que velocidade. Quando a transcrição de um gene é *reprimida*, o mRNA correspondente e a proteína, ou proteínas, codificadas são sintetizadas em baixa

FIGURA 7-1 Fenótipos correspondentes a mutações em genes que codificam fatores de transcrição. (a) Uma mutação que inativa uma cópia do gene *Pax6* no cromossomo 9 tanto do cromossomo materno quanto paterno resulta na falha de desenvolvimento da íris, ou *aniridia*. (b) Mutação homozigota que previne a expressão do gene *Ubx* no terceiro segmento torácico em *Drosophila* resulta na transformação do terceiro segmento, que geralmente apresenta um órgão relacionado com o equilíbrio, chamado haltere, em uma segunda cópia do segmento torácico que desenvolve asas. (c) Mutações em *Arabdopsis thaliana* que inativam as duas cópias dos três genes de *identidade de órgãos florais* transformam as partes normais de uma flor em estruturas semelhantes a folhas. Neste caso, estas mutações afetam fatores mestres de regulação da transcrição, que regulam múltiplos genes, incluindo diversos genes que codificam outros fatores de transcrição. (Parte (a), esquerda, © Simon Fraser/ Photo Researchers, Inc.; direita, Visuals Unlimited. Parte (b) obtido de E. B. Lewis, 1978, *Nature* **276**:565. Parte (c) obtido de D. Wiegel e E. M. Meyerowitz, 1994, *Célula* **78**:203.)

quantidade. Ao contrário, quando a transcrição de um gene é *ativada*, o mRNA e a(s) proteína(s) codificada(s) são produzidos em quantidades muito maiores.

Na maior parte das bactérias e de outros organismos unicelulares, a expressão gênica é altamente regulada para ajustar a maquinaria enzimática da célula e seus componentes estruturais às alterações nutricionais e ao ambiente físico. Dessa forma, em qualquer momento, a célula bacteriana sintetiza apenas as proteínas necessárias, dentre todas as proteínas do seu proteoma, para a sua sobrevivência em determinada condição específica. Aqui serão descritas as características gerais do controle da transcrição em bactérias, utilizando o óperon *lac* e o gene glutamina sintase de *E. coli* como exemplos principais. Muitos desses processos, assim como outros, estão envolvidos no controle da expressão gênica em eucariotos, tópico abordado no restante deste capítulo.

O início da transcrição pela RNA-polimerase bacteriana requer a sua associação com o fator sigma

Em *E. coli*, cerca de metade dos genes estão agrupados em **óperons**, cada qual codifica enzimas envolvidas em uma via metabólica específica, ou proteínas que interagem para formar uma proteína composta por múltiplas subunidades. Por exemplo, o óperon *trp*, discutido no Capítulo 4, codifica cinco polipeptídeos necessários para a síntese de triptofano (ver Figura 4-13). De modo similar, o óperon *lac* codifica três proteínas necessárias para o meta-

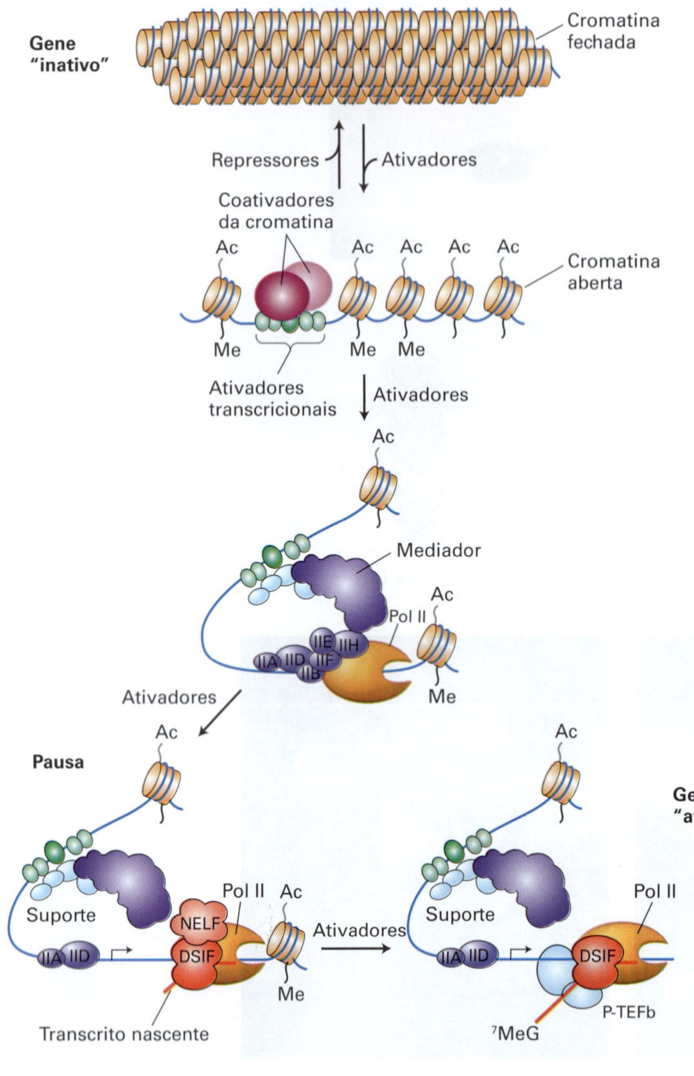

FIGURA 7-2 Visão geral do controle da transcrição em eucariotos. Genes inativos estão localizados em regiões de cromatina condensada que inibem a interação da RNA-polimerase e seus fatores gerais de transcrição associados com os promotores. Proteínas ativadoras se ligam a sequências específicas de DNA – elementos controladores – na cromatina e interagem com complexos multiproteicos coativadores da cromatina para descondensar a cromatina e com o mediador composto por múltiplas subunidades que faz a mediação da ligação da RNA-polimerase e dos fatores gerais de transcrição nos promotores. De modo alternativo, proteínas repressoras se ligam a outros elementos controladores para inibir a fase de iniciação mediada pela RNA-polimerase e interagem com complexos multiproteicos correpressores para condensar a cromatina. A RNA-polimerase inicia a transcrição, mas é interrompida após a transcrição de 20 a 50 nucleotídeos pela ação dos inibidores da elongação. Ativadores promovem a associação de fatores de elongação que liberam a dissociação dos inibidores da elongação e permitem a elongação produtiva ao longo do gene. DSIF é o fator de indução de sensibilidade DRB (do inglês *DRB sensitivity-inducing factor*), NELF é o fator de elongação negativo (do inglês *negative elongation factor*) e P-TEFb é uma proteína-cinase composta por CDK9 e ciclina T. (Adaptada de S. Malik e R. G. Roeder, 2010, *Nat. Rev. Genet.* **11**:761.)

bolismo da lactose, um açúcar presente no leite. Uma vez que um óperon bacteriano é transcrito a partir de um sítio de iniciação em uma única molécula de mRNA, todos os genes de um óperon são **regulados de modo coordenado**; ou seja, todos são ativados ou reprimidos de modo igual.

A transcrição de óperons, assim como a transcrição de genes isolados, é controlada pela relação entre a RNA-polimerase e proteínas repressoras e ativadoras específicas. No entanto, para dar início à transcrição, a RNA-polimerase de *E. coli* precisa estar associada a um pequeno número de *fatores σ (sigma)*. O fator mais comum nas células de eubactérias é o σ^{70}. O fator σ^{70} se liga à RNA-polimerase e a sequências promotoras de DNA, aproximando a RNA-polimerase ao promotor. O fator σ^{70} reconhece e se liga a uma sequência de seis pares de bases aproximadamente centralizada na região −10, e a uma sequência de sete pares de bases aproximadamente centralizada na região −35 a partir da posição +1 do início da transcrição. Consequentemente, as sequências −10 e −35 constituem uma sequência promotora para a RNA-polimerase de *E. coli* associada ao fator σ^{70} (ver Figura 4-10b). Embora as sequências promotoras conectadas pelo fator σ^{70} estejam localizadas nas posições −35 e −10, a RNA-polimerase de *E. coli* se liga à região promotora do DNA entre as posições −50 e +20, por meio de interações que não dependem da sequência do DNA. O fator σ^{70} também auxilia a RNA-polimerase na separação das fitas de DNA no sítio de início da transcrição e na inserção da fita codificadora no sítio ativo da polimerase, de modo que a transcrição seja iniciada na posição +1 (ver Figura 4-11, etapa **2**). A sequência promotora ótima para o complexo σ^{70}-RNA-polimerase, determinada como uma "sequência consenso" para diversos promotores fortes é

região −35 região −10

TTGACAT——15–17 pb——TATAAT

A sequência consenso apresenta os pares de bases de ocorrência mais comum em cada uma das posições das regiões −35 e −10. O tamanho da fonte indica a importância da base em cada posição, determinada pela influência das mutações nessas bases. A sequência mostra a cadeia de DNA com a mesma orientação 5′→3′ do transcrito de RNA (ou seja, da fita não molde). No entanto, a RNA-polimerase- σ^{70} se liga inicialmente ao DNA fita dupla. Após a polimerase transcrever algumas dezenas de pares de bases, o fator σ^{70} é liberado. Assim, o fator σ^{70} age como *fator de iniciação* necessário para o início da transcrição, mas não para a elongação da cadeia de RNA uma vez que a iniciação da transcrição já tenha ocorrido.

A iniciação da transcrição do óperon *lac* pode ser reprimida ou ativada

Quando a bactéria *E. coli* se encontra em ambiente com baixa concentração de lactose, a síntese do mRNA *lac* é reprimida para que a energia celular não seja desperdiçada na síntese de enzimas não necessárias para a célula. Em ambientes que apresentam tanto lactose quanto glicose, as células de *E. coli* metabolizam preferencialmente a glicose, a molécula central do metabolismo de carboidratos. A lactose é metabolizada em altas taxas apenas quando a lactose estiver presente no meio e a glicose não se encontrar disponível no meio. Esse ajuste metabólico é atingido pela repressão da transcrição do óperon *lac* até que a lactose esteja presente, permitindo a síntese apenas de baixas quantidades do mRNA *lac* até que a concentração citosólica de glicose caia a níveis bem baixos. A transcrição do óperon *lac* em diferentes condições é controlada pelo repressor *lac* e pela proteína ativadora catabólica (CAP, do inglês *catabolic activator protein*, também chamada CRP, proteína receptora catabólica, do inglês *catabolic receptor protein*), cada qual com afinidade de ligação por uma sequência específica de DNA na região de controle da transcrição do óperon *lac*, chamada de **operador** e **sítio CAP**, respectivamente (Figura 7-3, *parte superior*).

Para que a transcrição do óperon *lac* inicie, a subunidade σ^{70} da RNA-polimerase deve se ligar ao promotor *lac* nas sequências promotoras −35 e −10. Quando a lactose está ausente, o repressor *lac* se liga ao operador *lac*, que se sobrepõe ao sítio de início da transcrição. Portanto, o repressor *lac* ligado ao sítio do operador bloqueia a ligação do fator σ^{70} e a iniciação da transcrição mediada pela RNA-polimerase (Figura 7-3a). Quando a lactose está presente, ela se associa a sítios de ligação específicos em cada subunidade do repressor *lac* tetramérico, induzindo uma alteração conformacional da proteína que causa a sua dissociação do operador *lac*. Como resultado, a polimerase pode se ligar ao promotor e iniciar a transcrição do óperon *lac*. Porém, quando a glicose também está presente, a taxa de início da transcrição (ou seja, o número de vezes por minuto em que diferentes moléculas de RNA-polimerase iniciam a transcrição) é bastante baixa, resultando na síntese de apenas pequenas quantidades de mRNA *lac*, assim como das proteínas codificadas pelo óperon *lac* (Figura 7-3b). A frequência de iniciação da transcrição é baixa, pois as sequências −35 e −10 do promotor *lac* diferem da sequência ideal de ligação do fator σ^{70}, mostradas anteriormente.

Quando a glicose do meio é consumida e a concentração intracelular de glicose cai, as células de *E. coli* respondem com a síntese de AMP cíclico, ou AMPc. Conforme a concentração de AMPc aumenta, ele se liga em cada subunidade da proteína CAP dimérica, induzindo uma alteração conformacional que permite à proteína se ligar ao sítio CAP na região de controle da transcrição *lac*. Os complexos CAP-AMPc ligados interagem com a polimerase ligada ao promotor, estimulando significativamente a taxa de iniciação da transcrição. Essa ativação leva à síntese de elevadas quantidades de mRNA *lac*, e, consequentemente, das enzimas codificadas pelo óperon *lac* (Figura 7-3c).

Na realidade, o óperon *lac* é mais complexo do que indica o modelo simplificado da Figura 7-3, partes (a)–(c). O repressor *lac* tetramérico na verdade se liga a dois sítios simultaneamente: um no operador primário (*lacO1*) que se sobrepõe à região do DNA ligada à RNA-polimerase no promotor e em um dos dois operadores secundários localizados nas posições +412 (*lacO2*) e −82 (*lacO3*) (Figura 7-3d). O repressor *lac* é um dímero de dímeros. Cada dímero se liga a um operador. A ligação simultânea de um repressor *lac* tetramérico ao operador *lac* primário *O1* e a um dos operadores secundários é possível por que o DNA

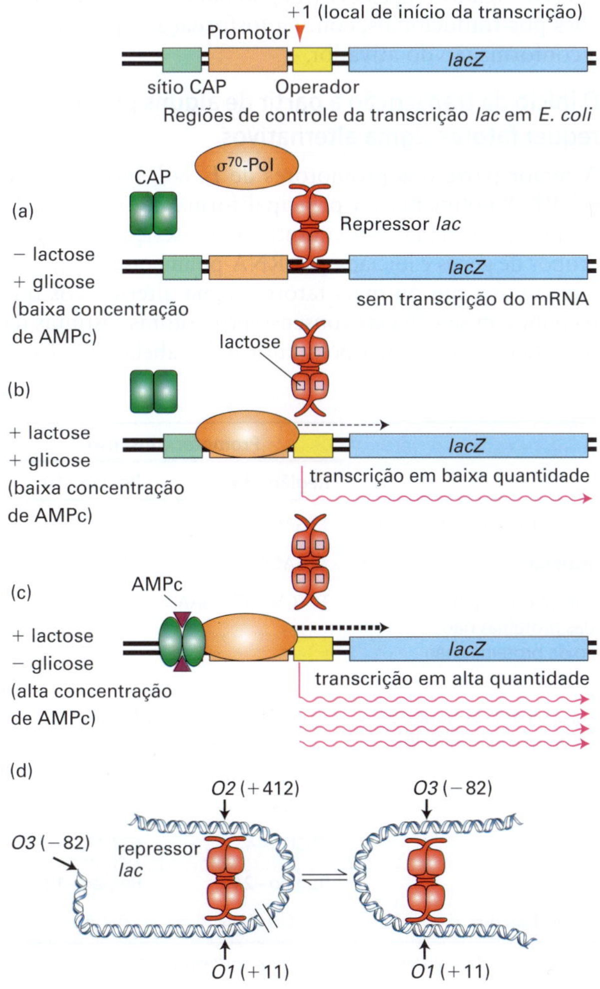

FIGURA 7-3 Regulação da transcrição do óperon *lac* de *E. coli*. (*Parte superior*) A região de controle da transcrição, composta por aproximadamente 100 pares de bases, inclui três regiões de ligação de proteínas: o sítio CAP, de ligação da proteína de ativação catabólica; o promotor *lac*, de ligação do complexo σ^{70}-RNA-polimerase; e o operador *lac*, de ligação do repressor *lac*. O gene *lacZ* codificando a enzima β-galactosidase, o primeiro dos três genes deste óperon, é mostrado à direita. (a) Na ausência de lactose, pouco mRNA *lac* é produzido, pois o repressor *lac* se liga ao operador, inibindo o início da transcrição mediada pela σ^{70}-RNA-polimerase. (b) Na presença de glicose e lactose, o repressor *lac* se liga à lactose e se dissocia do operador, permitindo que a σ^{70}-RNA-polimerase inicie a transcrição em baixa quantidade. (c) A transcrição máxima do óperon *lac* ocorre na presença de lactose e na ausência de glicose. Nesta situação, a concentração de AMPc aumenta em resposta à baixa concentração de glicose, formando o complexo CAP-AMPc, que se liga ao sítio CAP, onde interage com a RNA-polimerase, estimulando a taxa de início da transcrição. (d) O repressor *lac* tetramérico se liga ao operador primário (*O1*) e a um dos dois operadores secundários (*O2* ou *O3*) simultaneamente. As duas estruturas se encontram em equilíbrio. (Parte (d) adaptada de B. Muller-Hill, 1998, *Curr. Opin. Microbiol.* **1**:145.)

é bastante flexível, conforme foi visto no enrolamento do DNA ao redor da superfície do octâmero de histonas nos nucleossomos de eucariotos (Figura 6-29). Esses operadores secundários atuam aumentando a concentração local de repressores *lac* na adjacência do operador primário, onde a ligação do repressor bloqueia a ligação da RNA-polimerase. Uma vez que o equilíbrio das reações de ligação depende da concentração dos ligantes, o aumento resultante da concentração local de repressor *lac* nas adjacências do operador *O1* aumenta a ligação do repressor ao sítio *O1*. Existem aproximadamente 10 tetrâmeros de repressor *lac* em cada célula de *E. coli*. Como consequência da ligação aos sítios *O2* e *O3*, quase sempre há um repressor *lac* tetramérico mais próximo ao sítio *O1* do que haveria caso os 10 repressores estivessem difundidos de modo aleatório pela célula. Caso os dois sítios *O2* e *O3* sofram mutações de modo que o repressor *lac* não mais se ligue a eles com alta afinidade, a repressão do promotor *lac* é reduzida por um fator igual a 70. Mutações apenas em *O2* ou *O3* reduzem a repressão duas vezes, indicando que qualquer um desses operadores secundários fornece grande parte do estímulo da repressão.

Embora os promotores de diferentes genes de *E. coli* exibam homologia considerável, as suas sequências exatas diferem. A sequência promotora determina a taxa intrínseca com que um complexo RNA-polimerase-σ inicia a transcrição de um gene na ausência de uma proteína repressora ou ativadora. Promotores relacionados com altas taxas de iniciação da transcrição possuem as sequências −10 e −35 semelhantes à sequência do promotor ideal mostrado anteriormente e são chamados de *promotores fortes*. Aqueles relacionados com baixas taxas de iniciação da transcrição diferem da sequência ideal e são chamados de *promotores fracos*. O óperon *lac*, por exemplo, tem um promotor fraco. A sua sequência difere da sequência consenso dos promotores fortes em diversas posições. Essa baixa taxa de iniciação intrínseca é ainda reduzida pelo repressor *lac* e aumentada significativamente pelo ativador AMPc-CAP.

Pequenas moléculas regulam a expressão de diversos genes bacterianos como repressores e ativadores de ligação ao DNA

A transcrição da maior parte dos genes de *E. coli* é regulada por processos semelhantes àqueles descritos para o óperon *lac*, embora os detalhes das interações sejam diferentes para cada promotor. O mecanismo geral envolve um repressor específico que se liga à região do operador de um gene ou óperon, bloqueando assim o início da transcrição. Uma pequena molécula de ligante (ou ligantes) se associa ao repressor, controlando a sua atividade de ligação ao DNA, e consequentemente, a taxa de transcrição de acordo com as necessidades da célula. Assim como no óperon *lac*, diversas regiões de controle da transcrição em eubactérias contêm um ou mais operadores secundários que contribuem para o grau de repressão.

Proteínas ativadoras específicas, como as proteínas CAP no óperon *lac*, também controlam a transcrição de um subconjunto de genes bacterianos que possuem sítios de ligação para ativadores. Assim como as proteínas CAP, outros ativadores se ligam ao DNA juntamente com a RNA-polimerase, estimulando a transcrição a partir de um promotor específico. A atividade de ligação ao DNA de um ativador pode ser modulada em resposta às necessidades celulares pela ligação de pequenas moléculas de ligantes (p. ex., AMPc) ou por meio de modificações pós-traducionais, como a fosforilação, que alteram a conformação do ativador.

O início da transcrição a partir de alguns promotores requer fatores sigma alternativos

A maior parte dos promotores de *E. coli* interage com σ^{70}-RNA-polimerase, a principal forma de iniciação da enzima bacteriana. No entanto, a transcrição de certos grupos de genes é iniciada por RNA-polimerases de *E. coli* que contêm um ou mais fatores sigma alternativos que reconhecem sequências consenso promotoras distintas da sequência reconhecida pelo fator σ^{70} (Tabela 7-1). Esses

TABELA 7-1 Fatores σ em *E. coli*

Fator sigma	Promotores reconhecidos	Promotor consenso	
		Região −35	**Região −10**
σ^{70} (σ^{D})	Genes *housekeeping*, a maior parte dos genes das células em replicação exponencial	TTGACA	TATAAT
σ^{S} (σ^{38})	Genes da fase estacionária e genes da resposta geral ao estresse	TTGACA	TATAAT
σ^{32} (σ^{H})	Induzido pela presença de proteínas não enoveladas no citoplasma; genes codificam chaperonas que promovem o enovelamento das proteínas não enoveladas e sistemas de protease induzem a degradação de proteínas não enoveladas presentes no citoplasma	TCTCNCCCTTGAA	CCCCATNTA
σ^{E} (σ^{24})	Ativado pela presença de proteínas não enoveladas no espaço periplasmático e na membrana celular; genes codificam proteínas que restauram a integridade do envelope celular	GAACTT	TCTGA
σ^{F} (σ^{28})	Genes envolvidos na formação do flagelo	CTAAA	CCGATAT
FecI (σ^{18})	Genes necessários para a absorção de ferro	TTGGAAA	GTAATG
		Região −24	**Região −12**
σ^{54} (σ^{N})	Genes necessários para o metabolismo de nitrogênio e outras funções	CTGGNA	TTGCA

Fontes: T. M. Gruber e C. A. Gross, 2003, *Ann. Rev. Microbiol.* **57**:441, S. L. McKnight e K. R. Yamamoto, eds., Cold Spring Harbor Laboratory Press; R. L. Gourse, W. Ross e S. T. Rutherford, 2006, *J. Bacteriol.* **188**:4627; U. K. Sharma e D. Chatterji, 2010, *FEMS Microbiol. Rev.* **34**:646.

fatores σ alternativos são necessários para a transcrição de conjuntos de genes de funções relacionadas, como aqueles envolvidos na resposta ao choque térmico ou privação de nutrientes, mobilidade ou esporulação nas eubactérias gram-positivas. Em *E. coli*, existem seis fatores σ alternativos além do principal fator σ de *housekeeping*, o fator σ^{70}. O genoma de *Streptomyces coelicolor*, bactéria gram-positiva e capaz de formar esporos, codifica para 63 fatores σ, o atual recorde, com base na análise de sequência de centenas de genomas de eubactérias. A maior parte desses fatores está estrutural e funcionalmente relacionada com o fator σ^{70}. Porém, uma classe não apresenta essa relação, representada em *E. coli* pelo fator σ^{54}. O início da transcrição mediado por RNA-polimerases que contêm fatores sigma semelhantes ao fator σ^{70} é regulado por repressores e ativadores que se ligam ao DNA em regiões próximas ao sítio de ligação da polimerase, de modo similar à iniciação da própria σ^{70}-RNA-polimerase.

A transcrição mediada pela σ^{54}-RNA-polimerase é controlada por ativadores que se ligam em regiões distantes do promotor

A sequência de um dos fatores sigma de *E. coli*, o fator σ^{54}, é consideravelmente distinta da sequência dos fatores semelhantes ao fator σ^{70}. A transcrição de genes realizada pela RNA-polimerase que contém o fator σ^{54} é regulada apenas por ativadores cujo sítio de ligação no DNA, chamados de **estimuladores** (do inglês *enhancers*), geralmente estão localizados 80-160 pares de base a montante do sítio de início. Mesmo quando esses estimuladores são deslocados a mais de um quilobase de distância do sítio de início, os ativadores σ^{54} ainda são capazes de ativar a transcrição.

O ativador σ^{54} melhor caracterizado – a proteína NtrC (proteína C reguladora de nitrogênio, do inglês *nitrogen regulatory protein* C) – estimula a transcrição do gene *glnA*. O gene *glnA* codifica para a enzima glutamina sintase, que sintetiza o aminoácido glutamina a partir de glutamato e amônia. A RNA-polimerase-σ^{54} se liga ao promotor *glnA*, mas não se associa às cadeias DNA e inicia a transcrição até que seja ativada pela proteína dimérica NtrC. A proteína NtrC, por sua vez, é regulada por uma proteína-cinase chamada NtrB. Em resposta aos baixos níveis de glutamina, NtrB fosforila o dímero NtrC, que então se liga ao estimulador a montante ao promotor *glnA*. A proteína NtrC fosforilada e ligada ao estimulador estimula a σ^{54}-polimerase ligada ao promotor para que separe as fitas de DNA e inicie a transcrição.

Estudos de microscopia eletrônica mostraram que a proteína NtrC fosforilada e ligada ao estimulador, e a σ^{54}-polimerase ligada ao promotor interagem diretamente, formando uma alça no DNA que se localiza entre os dois sítios de ligação (Figura 7-4). Conforme discutido adiante neste capítulo, esse mecanismo de ativação se assemelha ao principal mecanismo de ativação da transcrição em eucariotos.

A proteína NtrC tem atividade ATPase, e a hidrólise de ATP realizada pela NtrC fosforilada é necessária para a ativação da σ^{54}-polimerase ligada ao promotor. Evidências para esse mecanismo foram obtidas por meio dos mutantes da proteína NtrC incapazes de realizar a hidrólise do ATP e invariavelmente incapazes de estimular a separação das fitas de DNA realizada pela σ^{54}-polimerase no local do início da transcrição. Acredita-se que a hidrólise do ATP fornece a energia necessária para a separação das fitas do DNA. Em contrapartida, a σ^{70}-polimerase não requer hidrólise de ATP para a separação das fitas de DNA no sítio de iniciação.

Diversas respostas bacterianas são reguladas por sistemas reguladores de dois componentes

Conforme foi visto há pouco, o controle do gene *glnA* de *E. coli* depende de duas proteínas, NtrC e NtrB. Tais sistemas reguladores de dois componentes controlam diversas respostas das bactérias às alterações no seu ambiente. Em altas concentrações de glutamina, esta se liga ao domínio sensor da proteína NtrB, induzindo uma alteração conformacional na enzima que inibe a sua atividade de histidina cinase (Figura 7-5a). Ao mesmo tempo, o domínio regulador da proteína NtrC bloqueia o domínio de ligação ao DNA, que se torna incapaz de se ligar aos estimuladores *glnA*. Em condições de baixa concentração de glutamina, a glutamina se dissocia do domínio sensor da proteína NtrB, causando a ativação do domínio *transmissor* histidina cinase da proteína NtrB, que então transfere o fosfato γ do ATP para um resíduo de histidina (H) localizado no domínio *transmissor*. Essa fosfo-histidina então transfere o fosfato para uma resíduo de ácido aspártico (D) da proteína NtrC. Essa transferência induz uma alteração conformacional na proteína NtrC que libera o seu domínio de ligação ao DNA, de modo que ela possa se ligar aos estimuladores *glnA*.

Diversas outras respostas bacterianas são reguladas por duas proteínas homólogas à NtrB e NtrC (Figura 7-5b). Em cada um desses sistemas reguladores, uma proteína chamada de *sensor histidina cinase* contém um domínio transmissor histidina cinase latente, regulado em resposta às alterações ambientais detectadas pelo domínio sensor. Quando ativado, o domínio transmissor transfere o fosfato γ do ATP para um resíduo de histidina do domínio transmissor. A segunda proteína, chamada de *regulador da resposta*, contém um domínio *receptor* homólogo à região da proteína NtrC que contém o resíduo de ácido aspártico fosforilado pela proteína NtrB ativada. O regulador da resposta tem um segundo domínio funcional regulado pela fosforilação do domínio receptor. Em muitos casos, esse domínio de regulação da resposta é um domínio de ligação a uma sequência específica de DNA que se liga à sequência de DNA relacionada e age tanto como repressor, como o repressor *lac*, quanto ativador, como CAP ou NtrC, regulando a transcrição de genes específicos. No entanto, o domínio efetor pode apresentar ainda outras funções, como o controle da direção na qual a bactéria se desloca em resposta a um gradiente de concentração de nutrientes. Embora todos os domínios transmissores sejam homólogos (assim como os domínios receptores), o domínio sensor de uma proteína sensora específica irá fosforilar apenas os domínios receptores de reguladores da respos-

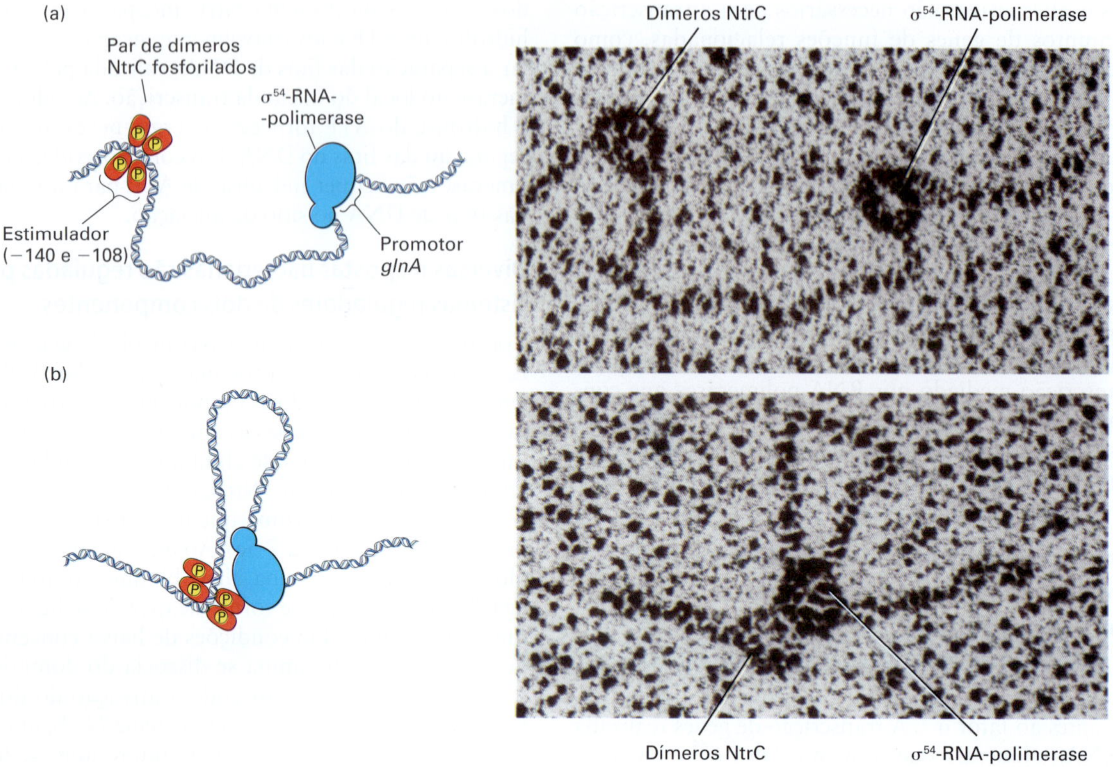

FIGURA EXPERIMENTAL 7-4 A formação de alças de DNA permitem a interação da proteína NtrC e da σ^{54}-RNA-polimerase ligadas ao DNA. (a) Representação (*esquerda*) e micrografia eletrônica (*direita*) de fragmentos de restrição do DNA com dímeros NtrC fosforilados ligados à região do estimulador próxima a uma extremidade e com a σ^{54}-RNA-polimerase ligada ao promotor *glnA* próxima à outra extremidade. (b) Representação (*esquerda*) e micrografia eletrônica (*direita*) da preparação do mesmo fragmento mostrando a ligação dos dímeros NtrC e da σ^{54}-RNA-polimerase, um ao outro, com o DNA interveniente formando uma alça entre eles. (Micrografias de W. Su et al., 1990, *Proc. Natl. Acad. Sci. USA* **87**:5505; cortesia de S. Kustu.)

ta específicos, permitindo respostas específicas a cada alteração ambiental distinta. Sistemas reguladores de dois componentes de retransmissão hisitidil-aspartil-fosfato semelhantes são encontrados também em plantas.

Controle da elongação da transcrição

Além da regulação da iniciação da transcrição por ativadores e repressores, a expressão de diversos óperons de bactérias é controlada pela regulação da elongação da transcrição nas regiões próximas aos promotores. Este fenômeno foi inicialmente descoberto pelos estudos da transcrição do óperon *Trp* de *E. coli* (Figura 4-13). A transcrição do óperon *Trp* é reprimida pelo repressor Trp quando a concentração de triptofano no citoplasma é alta. Porém, o baixo nível de iniciação da transcrição que ainda ocorre é controlado pelo processo denominado *atenuação*, quando a concentração de moléculas carregadas de $tRNA^{Trp}$ é suficiente para manter uma alta taxa de síntese de proteína. Os primeiros 140 nucleotídeos do óperon Trp não codificam proteínas necessárias para a síntese de triptofano e correspondem a uma sequência líder, conforme indicado na Figura 7-6a. A região 1 dessa sequência líder contém dois códons Trp sucessivos. A região 3 pode se parear com as regiões 2 e 4. Um ribossomo segue logo atrás da RNA-polimerase, iniciando a tradução do peptídeo líder assim que a extremidade 5′ da sequência líder do Trp emerge da RNA-polimerase. Quando a concentração de $tRNA^{Trp}$ é suficiente para manter uma alta taxa de síntese proteica, o ribossomo traduz as regiões 1 e 2, impedindo que a região 2 forme pares de base com a região 3 conforme ela emerge na superfície da RNA-polimerase ativa (Figura 7-6b, *esquerda*). Em vez disso, a região 3 forma pares de base com a região 4 assim que emerge da superfície da polimerase, formando um grampo de RNA (ver Figura 4-9a) seguido de diversos nucleotídeos de uracila, o que serve de sinal para a RNA-polimerase bacteriana pausar e finalizar a transcrição. Como consequência, o restante do longo óperon *Trp* não é transcrito, e a célula não desperdiça a energia necessária para a sua síntese ou para a tradução das proteínas codificadas quando a concentração de triptofano é alta.

Entretanto, quando a concentração de $tRNA^{Trp}$ não é suficiente para manter uma alta taxa de síntese proteica, o ribossomo fica "preso" nos dois códons sucessivos de Trp na região 1 (Figura 7-6b, *direita*). Consequentemente, a região 2 forma pares de bases com a região 3 assim que esta emerge da RNA-polimerase que está transcrevendo o óperon. Isso evita que a região 3 forme pares de bases com a região 4; assim, o grampo 3-4 não se forma e não induz a pausa da RNA-polimerase e nem a terminação da transcrição. Como resultado, as proteínas necessárias para a síntese de triptofano são traduzidas pelos ribossomos, que

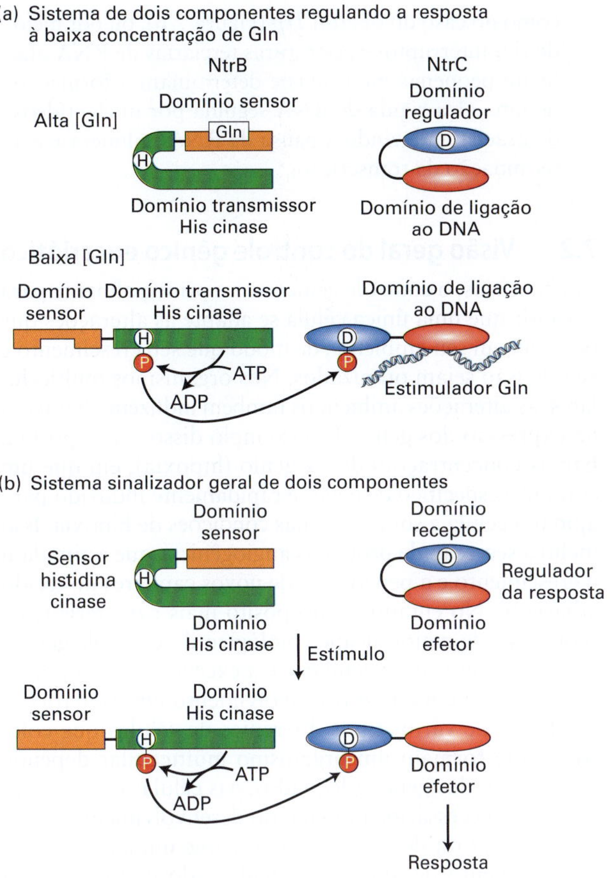

FIGURA 7-5 Sistemas reguladores de dois componentes. Em baixas concentrações citoplasmáticas de glutamina, este composto se dissocia da proteína NtrB, resultando em alteração conformacional que ativa o domínio transmissor de uma proteína-cinase e transfere um fosfato γ do ATP para um resíduo conservado de histidina (H) presente no domínio transmissor. Este fosfato é então transferido para um resíduo de ácido aspártico (D) do domínio regulador do regulador de resposta NtrC. Isto converte NtrC em sua forma ativada, que se liga aos sítios estimuladores localizados a montante e a jusante do promotor *glnA* (Figura 7-4). (b) Organização geral do sistema regulador de dois componentes retransmissão-histidil-aspartil-fosfato, em bactérias e plantas. (Adaptada de A. H. West e A. M. Stock, 2001, *Trends Biochem. Sci.* **26**:369.)

iniciam a tradução no codon de início de cada uma dessas proteínas ao longo do mRNA Trp policistrônico.

A atenuação da elongação da transcrição também ocorre em alguns óperons e genes individuais que codificam enzimas envolvidas na biossíntese de outros aminoácidos e metabólitos, por meio da função dos *ribointerruptores*. Esses ribointerruptores formam estruturas terciárias de RNA, capazes de ligar pequenas moléculas quando estas estão presentes em concentração suficientemente alta. Em alguns casos, isso resulta na formação de estruturas em grampo que induzem a terminação precoce da transcrição, do mesmo modo que o óperon *Trp*. Quando a concentração dessas pequenas moléculas ligantes é baixa, os metabólitos não se ligam ao RNA e as estruturas alternativas formadas pelo RNA não induzem a terminação da transcrição. Conforme discutido a seguir, embora os mecanismos de pausa e terminação da transcrição em eucariotos sejam distintos, a regulação da pausa e terminação da transcrição por meio de promotores proximais foi também recentemente descoberta na regulação da expressão gênica de organismos multicelulares.

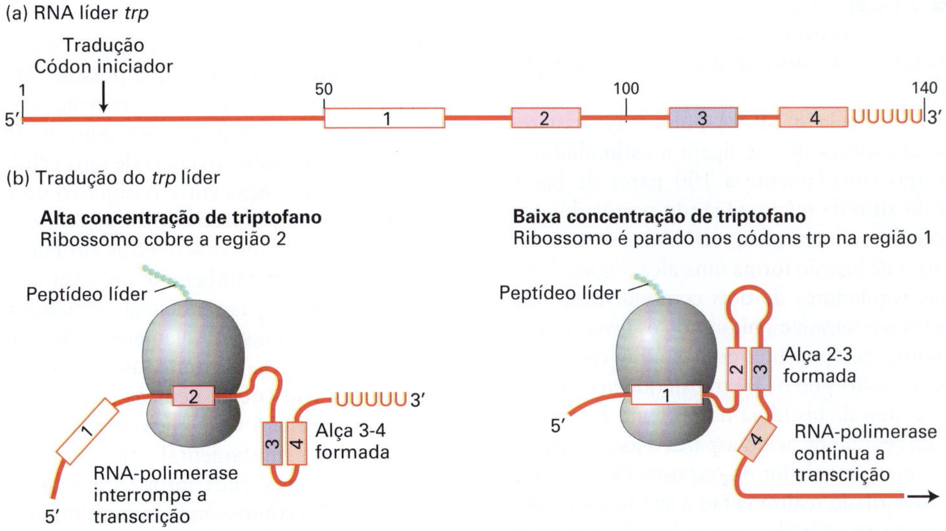

FIGURA 7-6 Controle da transcrição pela regulação da elongação mediada pela RNA-polimerase e terminação do óperon *Trp* de *E. coli*. (a) Diagrama do RNA líder *trp* composto por 140 nucleotídeos. As regiões em destaque são cruciais para o controle da atenuação. (b) A tradução da sequência do líder *trp* inicia na extremidade 5′ logo após a sua síntese, enquanto a síntese do restante da molécula policistrônica de mRNA continua. Em presença de altas concentrações de $tRNA^{Trp}$ amino-acetilado, a formação da alça de RNA 3-4, seguida por uma série de nucleotídeos de Us, induz a terminação da transcrição. Em baixas concentrações de $tRNA^{Trp}$ amino-acetilado, a região 3 forma a alça 2-3 e não pode ser pareada com a região 4. Na ausência da estrutura secundária em alça necessária para a terminação, a transcrição do óperon *trp* continua. (Ver C. Yanofsky, 1981, *Nature* **289**:751.)

CONCEITOS-CHAVE da Seção 7.1

Controle da expressão gênica em bactérias

- A expressão gênica em procariotos e eucariotos é regulada principalmente por meio de mecanismos que controlam o início da transcrição.
- A primeira etapa na iniciação da transcrição em *E. coli* é a ligação da subunidade σ complexada com uma RNA-polimerase a um promotor.
- A sequência de nucleotídeos de um promotor determina a sua força, ou seja, a frequência por minuto com que diferentes moléculas de RNA-polimerase podem se ligar a ela e iniciar a transcrição.
- Repressores são proteínas que se ligam a sequências do operador sobrepostas ou adjacentes aos promotores. A ligação de um repressor a um operador inibe a iniciação da transcrição.
- A atividade de ligação ao DNA da maior parte dos repressores de bactérias é modulada por pequenas moléculas ligantes. Isso permite que a célula bacteriana regule a transcrição de genes específicos em resposta a alterações na concentração de vários nutrientes no ambiente a de metabólitos no citoplasma.
- O óperon *lac* e alguns outros genes de bactérias também são regulados por proteínas ativadoras que se ligam a sítios próximos ao promotor e aumentam a taxa de iniciação da transcrição por meio da sua interação direta com a RNA-polimerase ligada ao promotor adjacente.
- O principal fator sigma de *E. coli* é o fator σ^{70}, mas diversos outros fatores sigma menos abundantes são encontrados, cada um reconhecendo diferentes sequências promotoras consenso ou interagindo com diferentes ativadores.
- A iniciação da transcrição por todas as RNA-polimerase de *E. coli*, exceto as que contêm o fator σ^{54}, pode ser regulada por repressores e ativadores que se ligam em sítios próximos ao sítio de início da transcrição (ver Figura 7-3).
- Genes transcritos pela σ^{54}-RNA-polimerase são regulados por ativadores que se ligam a estimuladores localizados aproximadamente a 100 pares de bases a montante do sítio de início. Quando o ativador e a σ^{54}-RNA-polimerase interagem, o DNA localizado entre os seus sítios de ligação forma uma alça (Figura 7-4).
- Nos sistemas reguladores de dois componentes, uma proteína atua como sensor, monitorando os níveis de nutrientes ou outros componentes do meio. Em condições apropriadas, o fosfato γ do ATP é transferido inicialmente para um resíduo de histidina na proteína sensora; e então para um resíduo de ácido aspártico localizado na segunda proteína, o regulador da resposta. O regulador da resposta fosforilado realiza então a sua função específica em resposta ao estímulo, como a ligação a sequências reguladoras de DNA, estimulando ou reprimindo a transcrição de genes específicos (ver Figura 7-5).
- A transcrição em bactérias também pode ser regulada por meio do controle da elongação da transcrição na região proximal do promotor. A elongação pode ser regulada pela ligação do ribossomo ao mRNA nascente, como no caso do óperon *Trp* (Figura 7-6), ou por meio de ribointerruptores, estruturas terciárias de RNA que ligam pequenas moléculas e determinam a formação de uma alça rígida de RNA seguida por nucleotídeos de uracila, induzindo a pausa da RNA-polimerase e a terminação da transcrição.

7.2 Visão geral do controle gênico eucariótico

Em bactérias, o controle gênico serve principalmente para permitir que uma única célula se adapte às alterações que ocorrem em seu ambiente, de modo que seu crescimento e sua divisão sejam otimizados. Nos organismos multicelulares, as alterações ambientais também induzem alterações na expressão dos genes. Um exemplo disso é a resposta a baixas concentrações de oxigênio (hipoxia), em que um conjunto específico de genes é rapidamente induzido para ajudar a célula a sobreviver nas condições de hipoxia. Isso inclui a secreção de proteínas angiogênicas que estimulam o crescimento e a penetração de novos capilares no tecido adjacente. No entanto, o propósito mais característico e o objetivo de maior alcance biológico do controle gênico nos organismos multicelulares é a execução do programa genético que conduz o desenvolvimento embrionário. A produção de vários tipos diferentes de células que coletivamente formam um organismo multicelular depende da ativação dos genes adequados, nas células corretas, no momento necessário, ao longo do desenvolvimento.

Na maioria dos casos, uma vez que um passo no desenvolvimento de uma célula tenha sido dado, este não poderá ser revertido. Dessa forma, essas decisões são fundamentalmente diferentes da ativação e repressão reversíveis dos genes bacterianos em resposta às condições ambientais. Na execução desse programa genético, muitas células diferenciadas (p. ex., as células da pele, as hemácias e as células produtoras de anticorpos) seguem por uma via rumo à morte celular, sem que possam dar origem a uma progênie. Os padrões fixos do controle gênico que levam à diferenciação servem às necessidades do organismo como um todo e não à sobrevivência de uma célula em particular. Apesar das diferenças entre o objetivo do controle gênico nas bactérias e nos eucariotos, duas características fundamentais, inicialmente descobertas em bactérias e descritas na seção anterior, também se aplicam às células dos eucariotos. Primeiro, as sequências reguladoras de DNA de ligação às proteínas, ou elementos de controle, estão associadas aos genes. Segundo, as proteínas específicas que se ligam às sequências gênicas reguladoras determinam onde a transcrição terá início e a ativam ou reprimem. Uma diferença fundamental entre o controle da transcrição em bactérias e eucariotos é consequência da associação do DNA cromossômico eucariótico com octâmeros de histonas; formando os nucleossomos que se associam em fibras de cromatina que apresentam graus variados de condensação (Figuras 6-29, 6-30, 6-32 e 6-33). As células eucarióticas utilizam a estrutura da cromatina para regular a transcrição, mecanismo de controle transcricional ausente em bactérias. Conforme apresentado na Figura 7-2, nos eucariotos multicelulares os genes inativos estão agrupados em cromatina condensada, o que inibe a ligação das RNA-polimerases e dos fatores gerais de transcrição necessários para a iniciação da transcrição. As proteínas ativadoras se ligam aos elementos controladores localizados tanto na proximidade do sítio de início da transcrição de um gene quanto a quilobases de distância e promovem a descondensação da cromatina, a ligação da RNA-polimerase ao promotor e a elongação da transcrição ao longo da cromatina. As proteínas repressoras se ligam a elementos controladores alternativos, provocando a condensação da cromatina e a inibição da ligação da polimerase ou da elongação. Nesta seção, serão discutidos os princípios gerais do controle gênico em eucariotos e destacadas algumas das semelhanças e diferenças entre os sistemas de bactérias e de eucariotos. Nas próximas seções deste capítulo, serão considerados aspectos específicos da transcrição eucariótica em mais detalhes.

Elementos reguladores no DNA eucarioto são encontrados em regiões próximas ao sítio de início da transcrição e também a muitas quilobases de distância

As medidas diretas das taxas de transcrição de muitos genes em diferentes tipos celulares mostram que a regulação da iniciação da transcrição, tanto na etapa de iniciação quanto durante a elongação a partir do sítio de início da transcrição, é a forma mais comum de controle gênico nos eucariotos, assim como nas bactérias. Nos eucariotos, assim como nas bactérias, a sequência de DNA que especifica onde a RNA-polimerase deve se ligar e iniciar a transcrição de um gene chama-se "promotor". A transcrição a partir de um promotor específico é controlada pelas proteínas de ligação ao DNA funcionalmente equivalentes aos repressores e ativadores bacterianos. Resultados recentes sugerem que a habilidade intrínseca de uma sequência de DNA de uma região promotora de se associar aos octâmeros de histonas também influencia a transcrição. Uma vez que as proteínas reguladoras da transcrição podem frequentemente atuar como ativadores ou como repressores da transcrição, dependendo da sua associação com outras proteínas, elas são denominadas, de modo geral, como *fatores de transcrição*. No DNA dos genomas dos organismos eucarióticos, os elementos de controle presentes que se ligam aos fatores de transcrição frequentemente estão localizados mais distantes do promotor que regulam do que se observa em genomas procariotos. Em alguns casos, fatores de transcrição que regulam a expressão dos genes que codificam proteínas nos eucariotos superiores se ligam a sítios reguladores localizados dezenas a centenas de pares de bases tanto a **montante** (ou na direção oposta à da transcrição) quanto a **jusante** (ou na mesma direção da transcrição) do promotor. Como resultado desse arranjo, a transcrição de um único gene pode ser regulada pela ligação de múltiplos fatores de transcrição distintos a elementos alternativos de controle, determinando a expressão de um mesmo gene em diferentes tipos celulares e em momentos distintos do desenvolvimento.

Por exemplo, diversas sequências de DNA independentes de controle da transcrição regulam a expressão do gene de mamíferos que codifica o fator de transcrição *Pax6*. Conforme mencionado, a proteína Pax6 é necessária ao desenvolvimento dos olhos. A proteína Pax6 também é necessária ao desenvolvimento de algumas regiões do cérebro e da medula espinal, assim como das células do pâncreas que secretam hormônios como a insulina. Também já foi mencionado anteriormente que humanos heterozigotos com apenas um gene *Pax6* funcional nascem com *aniridia*, ausência da íris nos olhos (Figura 7-1a). O gene *Pax6* é expresso a partir de ao menos três promotores alternativos funcionais em diferentes tipos celulares e em diferentes momentos durante a embriogênese (Figura 7-7a).

Em geral, pesquisadores analisam as regiões de controle dos genes por meio da preparação de moléculas de DNA recombinante que podem conter um fragmento de DNA a ser testado com a região codificadora de um **gene repórter** que seja facilmente ensaiado. Genes repórteres típicos incluem a luciferase, proteína que gera luz e que pode ser ensaiada com grande sensibilidade e amplificada em diversas ordens de magnitude de intensidade utilizando um medidor de luminescência. Outros genes repórteres frequentemente utilizados codificam para a proteína fluorescente verde, que pode ser visualizada por microscopia de fluorescência (ver Figuras 9-8d e 9-15); e a *β-galactosidase* de *E. coli*, que gera um precipitado insolúvel de cor azul intensa quando incubada com o análogo da sacarose, incolor e solúvel, X-gal. Quando camundongos transgênicos são preparados (ver Figura 5-43) contendo o gene repórter da β-galactosidase fusionado 8 kb de DNA a montante do éxon 0 do gene *Pax6*, a β-galactosidase é detectada no cristalino em desenvolvimento, na córnea e no pâncreas do embrião na metade da gestação (Figura 7-7b). Análises dos camundongos transgênicos utilizando fragmentos menores de DNA dessa região permitiram o mapeamento das regiões independentes de controle transcricional, regulando a transcrição do gene no pâncreas, no cristalino e na córnea. Camundongos transgênicos com outras construções de genes repórteres revelaram regiões adicionais de controle da transcrição (Figura 7-7a). Essas regiões são responsáveis pelo controle da transcrição na retina em desenvolvimento, e em diferentes regiões do cérebro em desenvolvimento (encéfalo). Algumas dessas regiões de controle transcricional estão localizadas nos íntrons entre os éxons 4 e 5, e entre os éxons 7 e 8. Por exemplo, um gene repórter controlado pela região denominada *retina* na Figura 7-7a, entre os éxons 4 e 5, é responsável pela expressão do gene repórter especificamente na retina (Figura 7-7c).

Regiões de controle para diversos genes são encontradas a diversas centenas de quilobases de distância dos éxons que codificam um gene. Um método para a identificação destas regiões distantes de controle é a comparação de sequências entre organismos menos relacionados filogeneticamente. Regiões de controle transcricional para um gene conservado frequentemente também são conservadas e podem ser identificadas entre as sequências não funcionais que divergem durante a evolução. Por exemplo, existe uma sequência no DNA humano localizada a

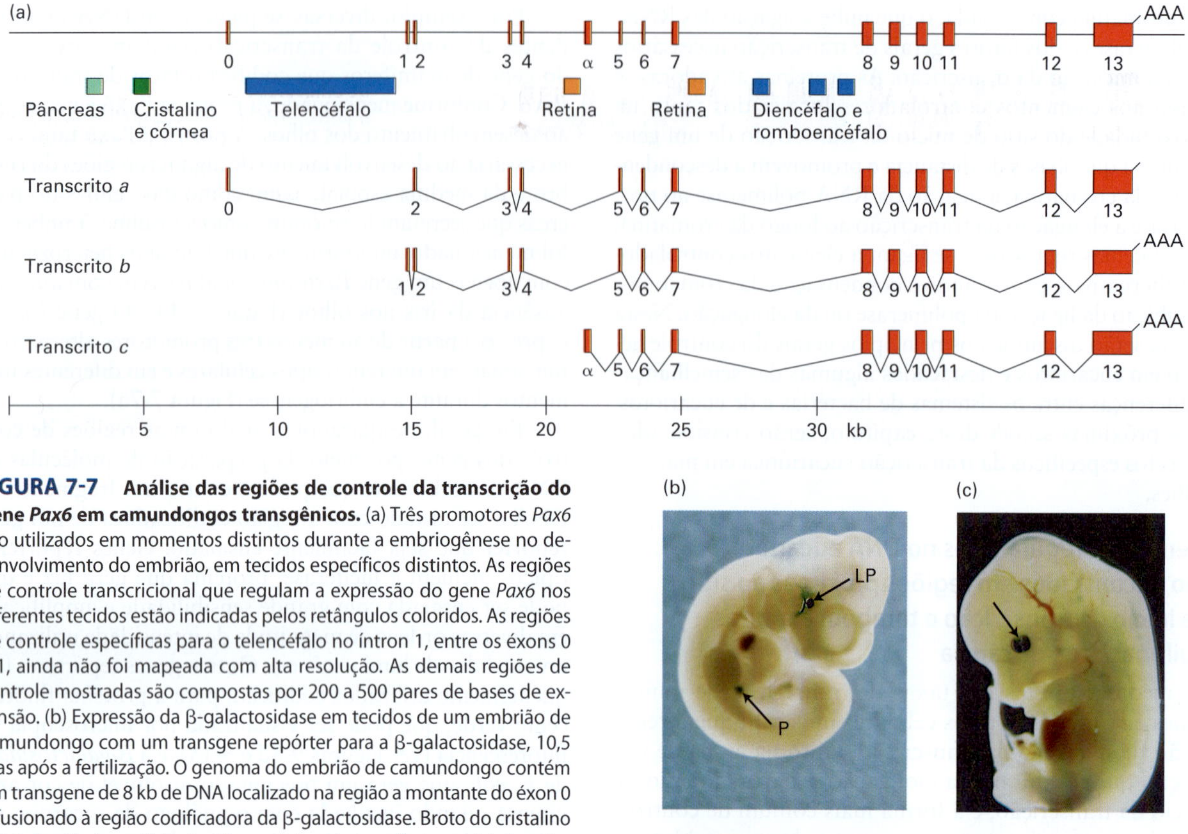

FIGURA 7-7 Análise das regiões de controle da transcrição do gene *Pax6* em camundongos transgênicos. (a) Três promotores *Pax6* são utilizados em momentos distintos durante a embriogênese no desenvolvimento do embrião, em tecidos específicos distintos. As regiões de controle transcricional que regulam a expressão do gene *Pax6* nos diferentes tecidos estão indicadas pelos retângulos coloridos. As regiões de controle específicas para o telencéfalo no íntron 1, entre os éxons 0 e 1, ainda não foi mapeada com alta resolução. As demais regiões de controle mostradas são compostas por 200 a 500 pares de bases de extensão. (b) Expressão da β-galactosidase em tecidos de um embrião de camundongo com um transgene repórter para a β-galactosidase, 10,5 dias após a fertilização. O genoma do embrião de camundongo contém um transgene de 8 kb de DNA localizado na região a montante do éxon 0 e fusionado à região codificadora da β-galactosidase. Broto do cristalino (LP, do inglês *lens pit*) é o tecido que irá se desenvolver no cristalino dos olhos. A expressão também foi observada nos tecidos que irão se desenvolver em pâncreas (P). (c) Expressão da β-galactosidase em um embrião de 13,5 dias com gene repórter para a β-galactosidase sob controle da sequência mostrada na parte (a), entre os éxons 4 e 5, marcada como Retina. As setas indicam as regiões nasal e temporal da retina em desenvolvimento. Regiões de controle do gene *Pax6* também foram encontradas em aproximadamente 17 kb a jusante ao éxon 3', em um íntron do gene adjacente. (Parte (a) adaptada de B. Kammendal et al., 1999, *Dev. Biol.* **205**: 79. Partes (b) e (c) cortesia de Peter Gruss.)

aproximadamente 500 kb a jusante do gene *SALL1*, que é altamente conservado em camundongos, sapos, galinhas e peixes (Figura 7-8a). O gene *SALL1* codifica um repressor transcricional necessário ao desenvolvimento normal do intestino, rim, membros e orelhas. Quando foram gerados camundongos transgênicos contendo essa sequência de DNA conservado ligada ao gene repórter β-galactosidase (Figura 7-8b), os embriões transgênicos expressaram alta quantidade do gene repórter β-galactosidase especificamente nos brotos dos membros em desenvolvimento (Figura 7-8c). Pacientes humanos com deleções nessa região do genoma desenvolvem anomalias nos membros. Esses resultados indicam que essa região conservada determina a transcrição do gene *SALL1* nos membros em desenvolvimento. Presumivelmente, outros estimuladores controlam a expressão desse gene em outros tipos celulares, onde atua no desenvolvimento normal das orelhas, do intestino e dos rins. Após a discussão acerca das proteínas que realizam a transcrição nas células eucarióticas e dos promotores eucarióticos, será retomada a discussão sobre o modo como se acredita que essas regiões distantes de controle transcricional, chamadas **estimuladores**, exercem suas funções.

Três RNA-polimerases eucarióticas catalisam a síntese de diferentes moléculas de RNA

O núcleo de todas as células eucarióticas analisadas até o momento (p. ex., vertebrados, *Drosophila*, levedura e células vegetais) contém três RNA-polimerases diferentes, designadas I, II e III. Essas enzimas podem ser eluídas em diferentes concentrações salinas durante uma cromatografia de troca iônica, refletindo as suas propriedades distintas. As três polimerases também diferem quanto a sua suscetibilidade à α-amanitina, octapeptídeo cíclico venenoso produzido por alguns cogumelos (Figura 7-9). A RNA-polimerase I é extremamente insensível à α-amanitina, mas a RNA-polimerase II é muito sensível – o fármaco se liga a uma região próxima ao sítio ativo da enzima e inibe a sua translocação ao longo do DNA molde. A RNA-polimerase II apresenta sensibilidade intermediária.

Cada RNA-polimerase eucariótica catalisa a transcrição de genes codificadores de diferentes classes de RNA (Tabela 7-2). A *RNA-polimerase I* (Pol I), localizada nos nucléolos, transcreve genes codificadores dos precursores de rRNA (**pré-rRNA**) que, processados, originarão os rRNAs 28S, 5,8S e 18S. A *RNA-polimerase III* (Pol III) transcreve os genes codificadores dos tRNAs, do rRNA 5S e de vários RNAs pequenos e estáveis, entre os quais se incluem um envolvido no *splicing* de RNA (U6) e o componente de RNA da partícula de reconhecimento de sinal (SRP) envolvida no direcionamento das proteínas nascentes ao retículo endoplasmático (Capítulo 13). A *RNA-polimerase II* (Pol II) transcreve todos os genes codificadores de proteína; ou seja, ela atua na produção de mRNAs. A RNA-polimerase II também produz qua-

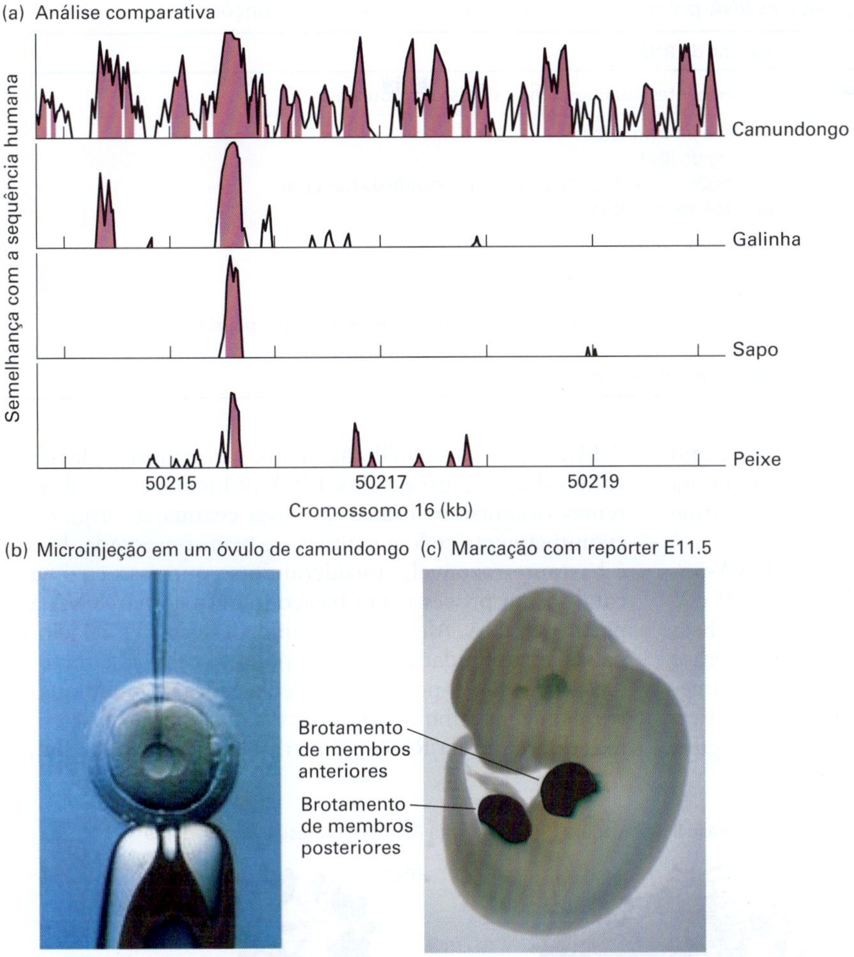

FIGURA EXPERIMENTAL 7-8 O estimulador do gene humano *SALL1* ativa a expressão de um gene repórter nos brotos dos membros de embriões de camundongos em desenvolvimento. (a) Representação gráfica da conservação da sequência de DNA em uma região do genoma humano (de 50.214 a 50.220,5 kb na sequência do cromossomo 16), localizada a aproximadamente 500 kb a jusante ao gene *SALL1* que codifica um repressor dedo de zinco da transcrição. Uma região de aproximadamente 500 pb da sequência não codificadora é conservada desde peixes até humanos. Novecentos pares de bases, incluindo esta região conservada, foram inseridos em um plasmídeo próximo à região codificadora para a β-galactosidase em *E. coli*. (b) Com microinjeção, o plasmídeo foi inserido no pró-núcleo de um óvulo fertilizado de camundongo e implantado no útero de um camundongo fêmea com pseudogravidez, para dar origem a um embrião de camundongo transgênico com os "genes repórteres" presentes no plasmídeo injetado incorporados no seu genoma (ver Figura 5-43). (c) Após 11,5 dias de desenvolvimento, quando os brotos dos membros se desenvolvem, o embrião fixado e permeabilizado foi incubado com X-gal, convertida pela β-galactosidase em um composto azul intenso e insolúvel. A região de aproximadamente 900 pb do DNA humano contém um estimulador que aumenta significativamente a transcrição do gene repórter para a β-galactosidase especificamente nos brotos dos membros. (Adaptada de VISTA Enhancer Browser, http://enhancer.lbl.gov. Partes (b) e (c) cortesia de Len A. Pennacchio, Joint Genome Institute, EUA, Lawrence Berkeley National Laboratory, EUA.)

tro dos cinco pequenos RNAs nucleares que participam do *splicing* do RNA e microRNAs (miRNAs) envolvidos no controle da tradução; assim como os pequenos RNAs endógenos de interferência (siRNAs) (ver Capítulo 8).

Por si só, cada uma das três RNA-polimerases dos eucariotos é mais complexa do que a RNA-polimerase da *E.coli*, apesar de apresentarem estruturas semelhantes (Figura 7-10a, b). Todas as três contêm duas grandes subunidades e entre 10 e 14 subunidades menores, algumas das quais presentes em duas ou mesmo nas três polimerases. As RNA-polimerases eucarióticas mais bem caracterizadas são as da levedura *S. cerevisiae*. Cada um dos genes codificadores de subunidades de polimerase da levedura já foi submetido a mutações de nocaute gênico, e os fenótipos resultantes já foram caracterizados. Além disso, foi também determinada a estrutura tridimensional da RNA-polimerase II de levedura (Figura 7-10b, c). As três RNA-polimerases nucleares de todos os eucariotos examinados até o momento são muito semelhantes às da levedura. As plantas contêm duas RNA-polimerases nucleares adicionais (RNA-polimerases IV e V), muito semelhantes à RNA-polimerase II, mas que

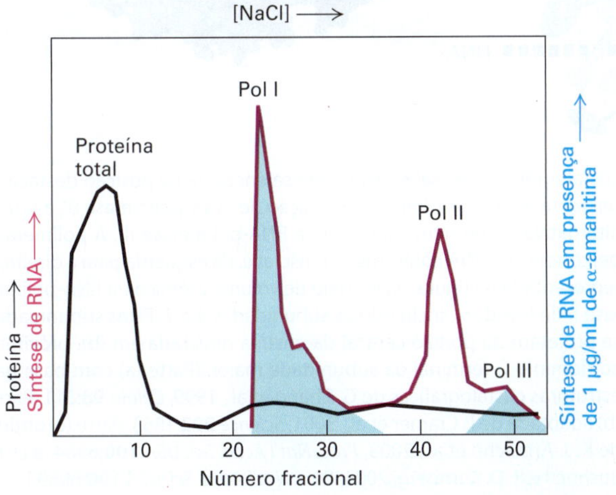

FIGURA EXPERIMENTAL 7-9 A cromatografia em colunas separa e identifica as três RNA-polimerases eucarióticas, cada uma com sensibilidade específica à α-amanitina. Um extrato de proteínas do núcleo de células eucarióticas em cultura foi passado por uma coluna DEAE Sephadex e as proteínas adsorvidas foram eluídas (curva em preto) com solução de concentrações crescentes de NaCl. As frações eluídas foram analisadas quanto à atividade de RNA-polimerase (curva em vermelho). A concentração de 1 μg/mL de α-amanitina inibe a atividade da polimerase II, mas não tem efeito sobre a atividade das polimerases I e III (destacado em verde). A polimerase III é inibida por 10 μg/mL de α-amanitina, enquanto a polimerase I não é afetada, mesmo em concentrações maiores. (Ver R. G. Roeder, 1974, *J. Biol. Chem.* **249**:241.)

TABELA 7-2 Classes de RNA transcritas pelas três RNA-polimerases nucleares eucarióticas e suas funções

Polimerase	RNA transcrito	Função do RNA
RNA-polimerase I	Pré-rRNA (28S, 18S, 5.8S rRNAs)	Componentes dos ribossomos, síntese de proteínas
RNA-polimerase II	mRNA snRNAs siRNAs miRNAs	Codifica para proteínas *Splicing* do RNA Repressão mediada pela cromatina, controle da tradução Controle da tradução
RNA-polimerase III	tRNAs 5S rRNA snRNA U6 7S RNA Outros RNAs pequenos estáveis	Síntese de proteínas Componente dos ribossomos, síntese de proteínas *Splicing* do RNA Partícula de reconhecimento de sinal para a inserção de polipeptídeos no retículo endoplasmático Várias funções, muitas desconhecidas

apresentam uma subunidade maior distinta, assim como algumas subunidades menores. Essas enzimas atuam na repressão mediada por siRNAs em plantas, conforme será discutido na parte final deste capítulo.

As duas subunidades maiores das três RNA-polimerases eucarióticas (e das RNA-polimerases IV e V das plantas) estão relacionadas entre si, sendo também semelhantes às subunidades β′ e β da RNA-polimerase de *E. coli*, respectivamente (Figura 7-10). Cada polimerase eucariótica também contém subunidades do tipo ω e duas subunidades não idênticas do tipo α (Figura 7-11). A grande semelhança entre as estruturas dessas subunidades centrais das RNA-polimerases de diferentes organismos indica que essa enzima se originou evolutivamente cedo e manteve-se bem conservada. Isso é bastante razoável, considerando-se que essa enzima catalisa um processo tão básico quanto copiar RNA a partir de DNA. Além das subunidades centrais relacionadas às subunidades da RNA-polimerase de *E. coli*, todas as três RNA-polimerases de leveduras contêm quatro pequenas subunidades adicionais, comuns entre si, mas diferentes da RNA-polimerase bacteriana. Por fim,

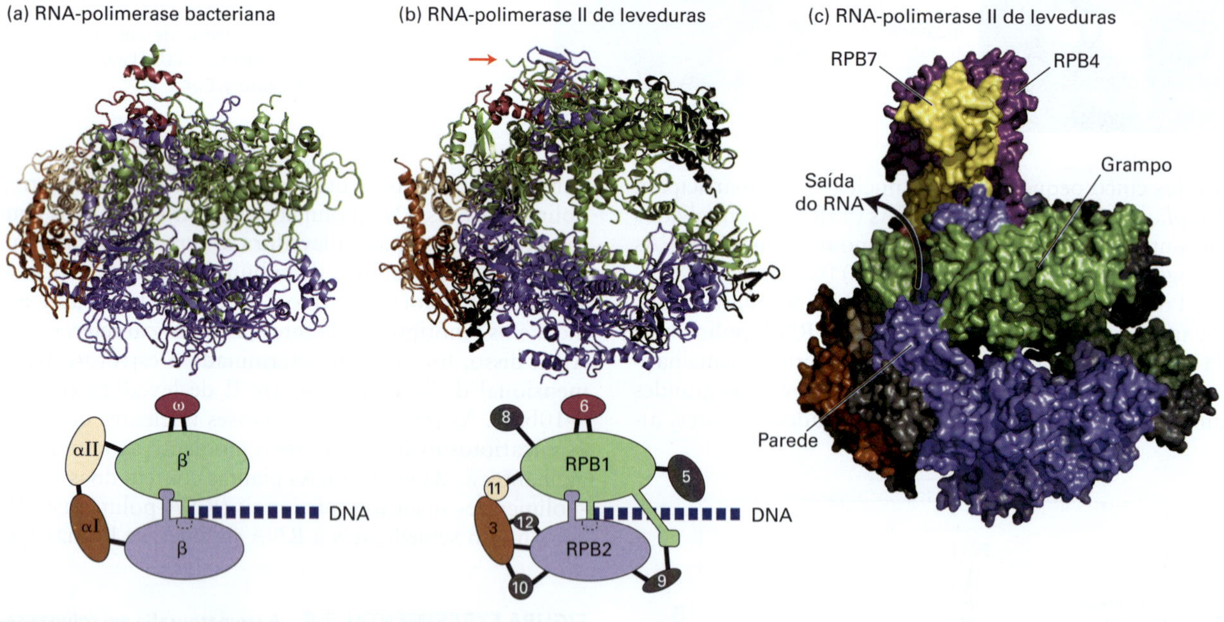

FIGURA 7-10 Comparação da estrutura tridimensional da RNA-polimerase bacteriana e de leveduras. (a, b) Estes modelos de traçado de carbonos α baseiam-se em análises de estruturas cristalográficas por raios X da RNA-polimerase da bactéria *T. aquaticus*, e estrutura central da RNA-polimerase II de *S. cerevisiae*. (a) As cinco subunidades da enzima bacteriana estão destacadas em cores diferentes. Apenas os domínios N-terminais das subunidades α estão incluídos neste modelo. (b) Dez das 12 subunidades que constituem a RNA-polimerase II de leveduras estão representados neste modelo. As subunidades que apresentam semelhança estrutural com a enzima bacteriana estão representadas nas mesmas cores que a estrutura mostrada em (a). O domínio C-terminal da subunidade maior RPB1 não foi observado na estrutura cristalográfica, mas sabe-se que ele se encontra na posição destacada pela seta vermelha. (RPB é a abreviação de "RNA-polimerase B", a forma alternativa de nomenclatura para a RNA-polimerase II). A polimerase percorrendo o DNA conforme o transcreve, da esquerda para a direita, é representada na figura. (c) Modelo de volume atômico da RNA-polimerase II de levedura, incluindo as subunidades 4 e 7. Estas subunidades se projetam da porção central da enzima mostrada em (b), próximas ao domínio C-terminal da subunidade maior. (Parte (a) com base nas estruturas cristalográficas de G. Zhang et al., 1999, *Célula* **98**:811. Parte (b) adaptada de P. Cramer et al., 2001, *Science* **292**:1863. Parte (c) obtida de K. J. Armache et al., 2003, *Proc. Nat'l Acad. Sci. USA* **100**:6964, e D. A. Bushnell e R. D. Kornberg, 2003, *Proc. Nat'l Acad. Sci. USA* **100**:6969.)

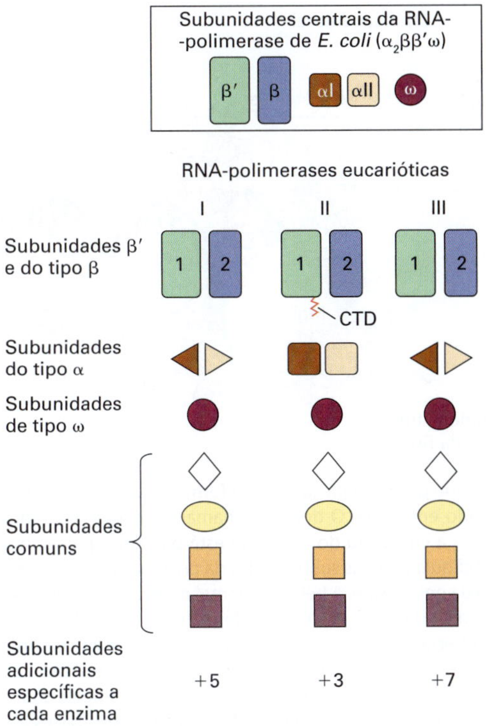

FIGURA 7-11 Representação esquemática da estrutura das subunidades centrais da RNA-polimerase de *E. coli* e da RNA-polimerase nuclear de leveduras. Todas as três polimerases de leveduras têm cinco subunidades centrais β', β, duas subunidades α, e uma subunidade ω, homólogas às subunidades da RNA-polimerase de *E. coli*. A subunidade maior (RPB1) da RNA-polimerase II também tem um domínio essencial C-terminal (CTD, do inglês *C-terminal domain*). As RNA-polimerases I e III contêm as mesmas subunidades tipo α não idênticas, enquanto a RNA-polimerase II contém outras duas subunidades α não idênticas. Todas as três polimerases compartilham a mesma subunidade tipo e quatro outras subunidades comuns. Cada polimerase de levedura contém, ainda, três a sete outras subunidades menores específicas.

cada RNA-polimerase nuclear eucariótica tem várias subunidades enzima-específicas ausentes nas outras duas RNA-polimerases nucleares (Figura 7-11). Três dessas subunidades adicionais da Pol I e Pol III são homólogas às três subunidades adicionais específicas à enzima Pol II. As outras duas subunidades específicas à enzima Pol I são homólogas ao fator geral de transcrição TFIIF da Pol II, discutido a seguir; e as quatro subunidades adicionais da Pol III são homólogas aos fatores gerais de transcrição TFIIF e TFIIE da Pol II.

O domínio grampo da RPBI recebe essa denominação por ter sido observado em duas conformações distintas nas estruturas cristalográficas da enzima na sua forma livre (Figura 7-12a) e no complexo que mimetiza a forma da enzima na etapa de elongação (Figura 7-12b, c). Esse domínio se move como dobradiça e provavelmente se encontra na conformação aberta quando o DNA a jusante (cadeia molde em azul-escuro, cadeia não molde em azul-claro) está inserido nesta região da polimerase, e na conformação fechada quando a enzima está na fase de elongação. O RNA pareado com a fita-molde é mostrado em vermelho na Figura 7-12b e c. Acredita-se que quando uma região de 8 a 9 bases pareadas no híbrido RNA-DNA próxima ao sítio ativo (Figura 7-12c) esteja ligada entre as subunidades RBP1 e RBP2, e a cadeia nascente de RNA sai pelo canal, o grampo se encontra bloqueado na sua conformação fechada, sustentando a polimerase sobre o DNA fita dupla a jusante. Adicionalmente, um fator de elongação da transcrição chamado DSIF, discutido a seguir, se associa à polimerase na fase de elongação, mantendo o grampo na sua conformação fechada. Como consequência, a polimerase se torna extremamente processiva, ou seja, ela continua a polimerizar ribonucleotídeos até o término da transcrição. Após o término da transcrição, o RNA é liberado por um canal de saída, e o grampo muda para a conformação aberta, dissociando a enzima da fita-molde de DNA. Isso pode explicar como a RNA-polimerase II humana é capaz de transcrever o mais longo gene humano, que codifica a distrofina (*DMD*), com aproximadamente 2 milhões de pares de bases de extensão, sem dissociar do DNA e interromper a transcrição. Como durante a elongação da transcrição são sintetizados 1 a 2 kb por minuto, a transcrição do gene *DMD* requer aproximadamente um dia!

Experimentos de nocaute de genes em levedura indicaram que a maior parte dessas subunidades das três RNA-polimerases nucleares é essencial à viabilidade celular. A interrupção dos poucos genes de subunidades da polimerase não absolutamente essenciais para a viabilidade (p. ex., subunidades 4 e 7 da RNA-polimerase II) leva, no entanto, a um crescimento celular extremamente fraco. Assim, todas as subunidades são necessárias ao funcionamento normal das RNA-polimerases eucarióticas. Arqueias, assim como as eubactérias, têm um único tipo de RNA-polimerase envolvida na transcrição gênica. No entanto, a RNA-polimerase observada em Arqueias, assim como as RNA-polimerases nucleares eucarióticas, têm dezenas de subunidades. Arqueias também apresentam fatores gerais de transcrição relacionados aos fatores eucarióticos, o que é consistente com a sua relação evolutiva mais próxima aos eucariotos que às eubactérias (Figura 1-1a).

A maior subunidade da RNA-polimerase II tem uma repetição essencial carboxiterminal

A extremidade carboxila da maior das subunidades da RNA-polimerase II (RPB1) contém um fragmento de sete aminoácidos repetido muitas vezes quase exatamente. Essa unidade repetitiva não é encontrada nem na RNA-polimerase I, nem na RNA-polimerase III. Esse heptapeptídeo repetitivo, com uma sequência consenso Tyr-Ser-Pro-Thr-Ser-Pro-Ser, é conhecido como **domínio carboxiterminal** (**CTD**, do inglês *carboxyl-terminal domain*) (Figura 7-10b, se projetando a partir da seta vermelha). A RNA-polimerase II das leveduras contém 26 repetições ou mais desse segmento; a enzima dos vertebrados apresenta 52 repetições, e números intermediários dessas repetições podem ser encontrados nas RNA-polimerases II de praticamente todos os outros eucariotos.

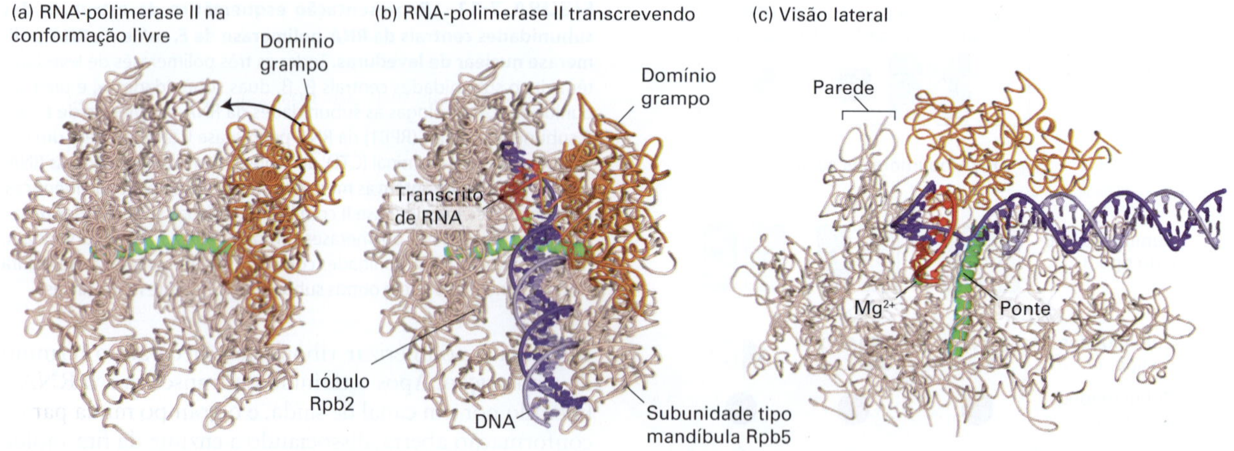

FIGURA 7-12 O domínio grampo da RPBI. As estruturas da RNA-polimerase na conformação livre (a) e durante a transcrição (b) diferem principalmente na posição do domínio grampo na subunidade RPB1 (cor de laranja), que se move sobre a fenda entre as subunidades tipo mandíbula da polimerase durante a formação do complexo de transcrição, prendendo a fita-molde de DNA e o transcrito. A ligação do domínio grampo ao híbrido RNA-DNA de 8 a 9 pares de bases pode auxiliar o seu fechamento na presença de RNA, estabilizando o complexo fechado de elongação. Neste modelo do complexo de elongação, o RNA está representado em vermelho, fita-molde de DNA em azul-escuro, fita de DNA a jusante não molde em azul-claro. (c) O domínio grampo se fecha sobre o DNA a jusante. Este modelo está representado sem um segmento do domínio RBP2, que compõem um dos lados da estrutura, de modo que a cadeia de ácidos nucleicos possa ser visualizada. O íon Mg^{2+} que participa da catálise da formação da ligação fosfodiéster é mostrado em verde. O domínio chamado "parede" na subunidade RPB2 força a curvatura do DNA que está passando pela subunidade tipo mandíbula entre as subunidades da polimerase, antes que ele seja liberado da polimerase. A hélice α "ponte" mostrada em verde se estende sobre a fenda entre as subunidades (ver Figura 7-10b) e acredita-se que ela alterne entre uma conformação curvada e linear conforme a polimerase se desloca sobre cada base da fita-molde. Acredita-se que a fita não molde forme um região flexível de fita simples sobre a fenda (não representada) se estendendo a partir de três bases a jusante da fita-molde pareada com a base da extremidade 3' da cadeia de RNA nascente e se estendendo até a fita-molde conforme ela emerge da polimerase, onde se hibridiza com a fita-molde para dar origem à bolha de transcrição. (Adaptada de A. L. Gnatt et al., 2001, *Science* **292**: 1876.)

O CTD é essencial para a viabilidade, e é necessária a presença de pelo menos 10 cópias da repetição para que a levedura consiga sobreviver.

Experimentos *in vitro* com promotores-modelo mostraram que as moléculas de RNA-polimerase II que iniciam a transcrição têm um CTD não fosforilado. Uma vez que a polimerase tenha iniciado a transcrição e começado a movimentar-se, liberando o sítio promotor, vários resíduos de serina e alguns resíduos de tirosina no CTD são fosforilados. A análise dos cromossomos politênicos das glândulas salivares da *Drosophila* preparados na fase anterior ao empupamento da larva indica que o CTD também é fosforilado durante a transcrição *in vivo*. Os grandes "*puffs*" cromossômicos induzidos neste ponto do desenvolvimento representam regiões do genoma ativamente transcritas. A marcação com anticorpos específicos para CTD fosforilado e não fosforilado demonstra que a RNA-polimerase II associada às regiões de *puffs* com alta taxa de transcrição contém CTD fosforilado (Figura 7-13).

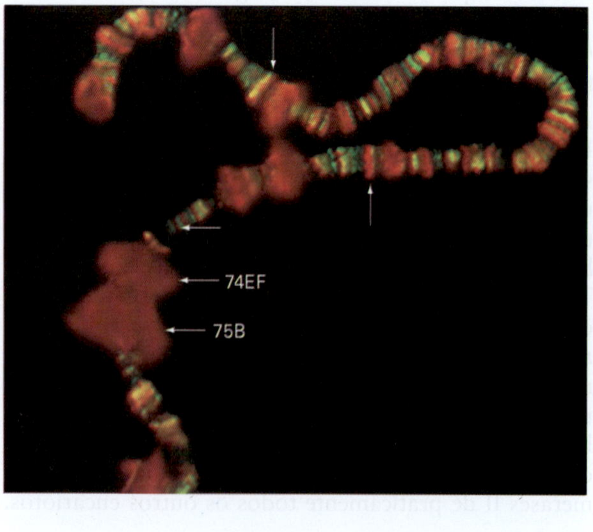

FIGURA EXPERIMENTAL 7-13 A marcação com anticorpos mostra que o domínio carboxiterminal (CTD) da RNA-polimerase é fosforilado durante a transcrição *in vivo*. Os cromossomos politênicos das glândulas salivares de larvas *Drosophila* foram preparados antes da fase de pupa. As preparações foram tratadas com anticorpos de coelhos específicos para CTD fosforilado e com anticorpos de cabras específicos para CTD não fosforilado. A preparação foi então marcada com anticorpos secundários para cabras marcados com fluoresceína (verde) e com anticorpos secundários para coelhos marcados com rodamina (vermelho). Portanto, moléculas de polimerase com CTD não fosforilado são marcadas em verde, e moléculas com CTD fosforilado são marcadas em vermelho. O hormônio de empupamento ecdisona induz altas taxas de transcrição nas regiões alargadas indicadas por 74EF e 75B; observe que apenas CTD fosforilado está presente nestas regiões. Também são visíveis regiões alargadas menores, com alta taxa de transcrição. Estão indicadas também regiões não alargadas, marcadas em vermelho (seta para cima) ou verde (seta horizontal), assim como uma região com marcações em vermelho e verde, produzindo uma coloração amarela (seta para baixo). (Obtida de J. R. Weeks et al., 1993, *Genes Dev.* **7**:2329; cortesia de J. R. Weeks e A. L. Greenleaf.)

CONCEITOS-CHAVE da Seção 7.2

Visão geral do controle gênico eucariótico

- O propósito primordial do controle gênico em organismos multicelulares é a execução de decisões precisas relacionadas ao desenvolvimento, de modo que os genes adequados sejam expressos nas células apropriadas durante o desenvolvimento embriológico e a diferenciação celular.
- O controle transcricional é o mecanismo principal de regulação da expressão gênica em eucariotos, assim como nas bactérias.
- Nos genomas eucarióticos, os elementos de controle da transcrição do DNA podem estar localizados a muitas quilobases de distância do promotor que regulam. Diferentes regiões de controle podem controlar a transcrição de um mesmo gene em diferentes tipos celulares.
- Os eucariotos apresentam três tipos de RNA-polimerase nuclear. As três formas contêm duas subunidades centrais maiores e três menores, homólogas às subunidades β′, β, α e ω da RNA-polimerase de *E. coli*, assim como diversas subunidades menores adicionais (ver Figura 7-11).
- A RNA-polimerase I sintetiza apenas pré-RNA. A RNA-polimerase II sintetiza mRNAs, alguns RNAs pequenos nucleares e participam do *splicing* do mRNA, microRNAs (miRNAs) que regulam a tradução dos mRNAs complementares, e pequenos RNAs de interferência (siRNAs) que regulam a estabilidade dos mRNAs complementares. A RNA-polimerase III sintetiza tRNAs, rRNA 5S, e diversas outras moléculas de RNA relativamente curtas e estáveis (ver Tabela 7-2).
- O domínio carboxiterminal (CTD) das subunidades maiores da RNA-polimerase II são fosforilados durante a iniciação da transcrição e permanecem fosforilados conforme a enzima transcreve a fita-molde.

7.3 Promotores da RNA-polimerase II e fatores gerais de transcrição

Os mecanismos que regulam a iniciação e elongação da transcrição pela RNA-polimerase II têm sido amplamente estudados, pois essa polimerase transcreve as moléculas de mRNA. A iniciação e a elongação da transcrição pela RNA-polimerase II, processos bioquímicos iniciais necessários à expressão dos genes que codificam proteínas, são as etapas da expressão gênica mais frequentemente reguladas para determinar quando e em quais tipos celulares as proteínas serão sintetizadas. Conforme destacado nas seções anteriores, a expressão dos genes que codificam proteínas nos eucariotos é regulada por múltiplas sequências de DNA de ligação a proteínas, genericamente referidas como regiões de controle transcricional. Essas regiões incluem os promotores, que determinam quando a transcrição de um DNA molde será iniciada, e outros tipos de elementos controladores localizados em regiões próximas aos sítios de início, assim como sequências localizadas em regiões distantes dos genes por elas regulados, as quais controlam o tipo de célula no qual um gene será transcrito e com que frequência ele será transcrito. Nesta seção, serão abordadas com mais detalhes as propriedades dos diversos elementos de controle encontrados nos genes codificadores de proteínas em eucariotos, assim como algumas das técnicas utilizadas para a sua identificação.

A RNA-polimerase II inicia a transcrição nas sequências de DNA correspondentes ao quepe 5′ do mRNA

Experimentos de transcrição *in vitro* – utilizando RNA-polimerase II purificada, um extrato de proteínas preparado a partir do núcleo de células em cultura e moldes de DNA contendo as sequências que codificam a extremidade 5′ do mRNA de diversos genes expressos em abundância – revelaram que os transcritos produzidos sempre continham uma estrutura de proteção nas suas extremidades 5′ idêntica à região presente na extremidade 5′ das moléculas de mRNA processadas obtidas a partir desses genes (ver Figura 4-14). Nesses experimentos, o quepe 5′ (do inglês *5′cap*) foi adicionado à extremidade 5′ da molécula nascente de RNA pelas enzimas presentes no extrato nuclear, capazes de adicionar essa estrutura apenas a moléculas de RNA com tri ou difosfato 5′. Como a extremidade 5′ gerada pela clivagem de uma molécula longa de RNA tinha um monofosfato 5′, não acontecia adição do quepe. Consequentemente, os pesquisadores concluíram que os nucleotídeos com quepe gerados na reação de transcrição *in vitro* devem necessariamente ser os nucleotídeos com os quais a transcrição foi iniciada. As análises de sequências revelaram que, para determinado gene, a sequência presente na extremidade 5′ de um transcrito de RNA produzido *in vitro* é a mesma sequência da extremidade 5′ de moléculas de mRNA isoladas de células, confirmando que os nucleotídeos com quepe nas moléculas de mRNA de eucariotos coincidem com os sítios de início da transcrição. Atualmente, o sítio de início da transcrição de uma molécula de mRNA recém-caracterizada geralmente é determinado pela simples identificação da sequência de DNA que codifica os nucleotídeos com quepe na molécula de mRNA codificada.

O TATA *box*, os iniciadores e as ilhas CpG funcionam como promotores no DNA eucariótico

Diversas sequências distintas de DNA podem atuar como promotores para a RNA-polimerase II, direcionando a polimerase para o local de início da transcrição de uma molécula de RNA complementar à fita-molde de uma cadeia de DNA fita dupla. Essas sequências incluem **TATA *box***, **iniciadores** e **ilhas CpG**.

TATA *box* Os primeiros genes a serem sequenciados e estudados em sistemas de transcrição *in vitro* eram genes virais e genes codificadores de proteínas celulares, transcritos de forma bastante ativa em momentos determinados do ciclo celular ou em tipos específicos de células diferenciadas. Em todos esses genes com altas taxas de transcrição, foi encontrada uma sequência conservada, chamada **TATA *box***, a aproximadamente 26 a 31 pares de bases a montante do sítio de iniciação (Figura 7-14). Estudos de mutagênese mostraram que a alteração de uma única base nessa sequência diminui drasticamente a transcrição *in vitro* mediada pela RNA-polimerase II dos

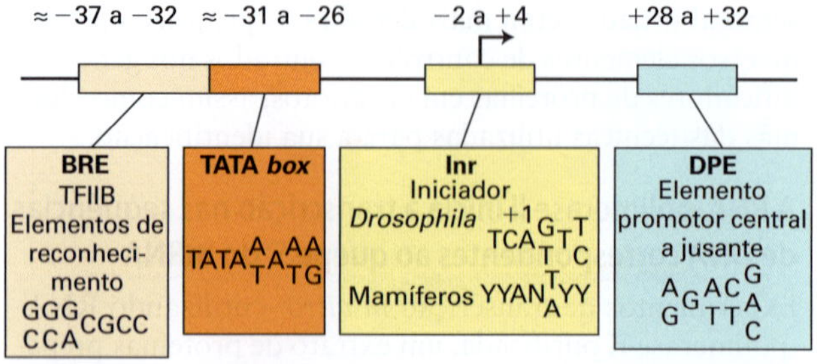

FIGURA 7-14 Elementos promotores centrais dos promotores distintos das ilhas CpG, em metazoários. A sequência da cadeia com a extremidade 5′ à esquerda e com a extremidade 3′ à direita é mostrada. As bases mais frequentemente observadas nos promotores TATA *box* são mostradas em letras maiúsculas. A^{+1} é a base na qual a transcrição é iniciada, Y corresponde a uma pirimidina (C ou T), N corresponde a qualquer uma das quatro bases. (Adaptada de S. T. Smale e J. T. Kadonaga, 2003, *Ann. Rev. Biochem.* **72**:449.)

genes adjacentes ao TATA *box*. Se os pares de base entre o TATA *box* e o sítio normal de iniciação da transcrição são removidos, a transcrição do molde alterado e diminuído é iniciada sobre um novo sítio aproximadamente 25 pares de bases a jusante do TATA *box*. Consequentemente, o TATA *box* atua de modo similar a um promotor de *E. coli*, posicionando a RNA-polimerase II para a iniciação da transcrição (ver Figura 4-12).

Sequências iniciadoras Em vez de um TATA *box*, alguns genes eucariotos contêm um elemento promotor alternativo denominado *iniciador*. A maioria dos elementos iniciadores que existem naturalmente tem um nucleotídeo citosina (C) na posição –1 e um nucleotídeo adenina (A) no sítio de iniciação de transcrição (+1). A mutagênese dirigida em genes de mamíferos que têm um promotor contendo iniciador revelou que a sequência de nucleotídeos imediatamente em torno do ponto de iniciação da transcrição determina a força desse tipo de promotor. No entanto, ao contrário da sequência TATA *box*, que é bem conservada, foi possível definir apenas uma sequência consenso iniciadora extremamente degenerada:

$$(5') \text{ Y-Y-A}^{+1}\text{-N-T/A-Y-Y-Y } (3')$$

onde A^{+1} é a base na qual ocorre a iniciação da transcrição, Y é uma pirimidina (C ou T), N pode ser qualquer uma das quatro bases e T/A indica a possibilidade de um T ou um A na posição +3. Conforme será visto após a discussão acerca dos fatores gerais de transcrição necessários para a iniciação da transcrição mediada pela RNA-polimerase II, outras sequências específicas de DNA, denominadas BRE e DPE, podem interagir com essas proteínas e influenciar a força do promotor (Figura 7-14).

Ilhas CpG A transcrição de genes com promotores que contêm um TATA *box* ou um elemento iniciador é iniciada em um sítio de iniciação bem definido. No entanto, a transcrição da maioria dos genes codificadores de proteínas em mamíferos (aproximadamente 60 a 70%) ocorre em taxas mais baixas quando comparada aos promotores que contêm TATA *box* ou sequências iniciadoras e pode ser iniciada em diversos sítios alternativos em uma região de aproximadamente 100 a 1.000 pares de bases que apresenta frequência inesperadamente alta de sequências CG. Tais genes geralmente codificam proteínas não necessárias em grande quantidade (p. ex., enzimas envolvidas nos processos metabólicos necessários em todas as células, frequentemente chamados de genes *housekeeping*). Essas regiões promotoras são denominadas **ilhas CpG** (onde "p" representa o fosfato entre os nucleotídeos C e G), pois são de ocorrência relativamente rara na sequência do genoma dos mamíferos.

Nos mamíferos, a maior parte dos nucleotídeos C seguidos de um nucleotídeo G não associados a um promotor ilha CpG são metilados na posição 5 do anel pirimídico (5-metil C, representada como C^{Me}; ver Figura 2-17). Sequências CG estão presentes em baixa quantidade no genoma de mamíferos devido à desaminação espontânea do nucleotídeo 5-metil C, que gera um nucleotídeo timina. Ao longo da escala de tempo da evolução dos mamíferos, isso levou à conversão da maior parte das sequências CG em TG, por meio do mecanismo de reparo do DNA. Consequentemente, a frequência de sequências CG no genoma humano é de apenas 21% do total esperado caso os nucleotídeos C fossem aleatoriamente seguidos por nucleotídeos G. Entretanto, nucleotídeos C em um promotor ilha CpG ativo não são metilados. Dessa forma, quando sofrem desaminação espontânea, são convertidos em um nucleotídeo U, base reconhecida pelas enzimas de reparo de DNA e convertida novamente em C. Como resultado, a frequência das sequências CG nos promotores ilhas CpG é próxima ao número esperado caso um nucleotídeo C fosse seguido por qualquer um dos demais nucleotídeos, de modo aleatório.

Sequências ricas em CG se ligam a octâmeros de histonas mais fracamente que sequências pobres em CG, pois mais energia é necessária para curvar essas sequências nas estruturas de pequeno diâmetro necessárias para enrolar os octâmeros de histonas, formando os nucleossomos (Figura 6-29). Como consequência, as ilhas CpG coincidem com as regiões do DNA livres de nucleossomos. Ainda há muito a ser aprendido acerca dos mecanismos moleculares que controlam a transcrição a partir de promotores ilhas CpG; no entanto, uma hipótese recorrente é que os fatores gerais de transcrição discutidos na próxima seção possam se ligar a essas sequências porque elas não formam nucleossomos.

Transcrição divergente a partir de promotores ilha CpG Outra característica notável das ilhas CpG é que a transcrição é iniciada nas duas direções, mesmo que apenas a transcrição da fita-molde dê origem a uma molécula de mRNA. Por meio de mecanismos ainda não elucidados, muitas moléculas de RNA-polimerase II iniciam a transcrição na direção "errada", ou seja, transcrevendo a fita não molde, ocorrendo a pausa e interrupção em aproximadamente 1 kb de distância do sítio de início da transcrição. Esse processo foi descoberto pela estabilidade do complexo de elongação, presumivelmente conferida pelo domínio grampo da RNA-polimerase II quando o híbrido RNA-DNA está ligado próximo ao seu sítio ativo (Figura 7-12b, c).

Núcleos foram isolados de células humanas em cultura e incubados em uma solução tampão contendo uma concentração de sal e leve detergente que remove as RNA-polimerases, exceto aquelas em processo de elongação, devido a sua associação estável com o DNA molde. Nucleotídeos trifosfatados foram então adicionados, sendo o UTP substituído por bromo-UTP, contendo uracila com um átomo de Br na posição 5 do anel pirimídico (Figura 2-17). Os núcleos foram então incubados a 37°C por um período longo o suficiente para que aproximadamente 100 nucleotídeos fossem polimerizados pelas moléculas de RNA-polimerase II (Pol II) que estavam no processo de elongação da transcrição no momento em que os núcleos foram isolados. O RNA foi então isolado, e as moléculas contendo bromo-U foram imunoprecipitadas com anticorpos específicos para RNA marcado com bromo-U. Trinta e três nucleotídeos na extremidade 5′ dessas moléculas de RNA foram analisados por meio de sequenciamento massivo de DNA em paralelo para transcritos reversos, e as sequências foram mapeadas no genoma humano.

A Figura 7-15 mostra um gráfico com o número de sequências lidas por quilobase do total de RNA marcado com Br-U e sua relação com os principais sítios de iniciação da transcrição (TSS, do inglês *transcription starting sites*) para todos os genes humanos codificadores de proteínas e conhecidos atualmente. Esse resultado mostra que um número aparentemente igual de moléculas de RNA-polimerase transcreve a maior parte dos promotores (principalmente promotores ilhas CpG) tanto na direção da fita-molde (vermelho, representado no gráfico na parte positiva do eixo y e para indicar a transcrição no sentido da fita-molde) quanto na direção da fita não molde (azul, representado no gráfico na parte negativa do eixo y e para indicar a transcrição no sentido da fita não molde). Um pico de transcrição da fita-molde foi observado próximo à região +50 do principal sítio de iniciação da transcrição (TSS), indicando que a Pol II sofre uma pausa entre as regiões +50 e +250 antes de prosseguir a elongação. Também foi observado um pico nas regiões −250 a −500 em relação ao principal sítio de iniciação da transcrição da Pol II transcrevendo a fita não molde, revelando a pausa das moléculas de RNA-polimerase II na outra extremidade dos promotores ilhas CpG. Observe que o número de sequências lidas e, portanto, o número de polimerases em elongação é menor para as polimerases transcrevendo fitas não molde em mais de 1 kb além do sítio de iniciação da transcrição do que o número de polimerases transcrevendo mais de 1 kb a partir do sítio de iniciação da transcrição na direção da fita-molde. Os mecanismos moleculares responsáveis por essa diferença constituem, atualmente, uma área de grande interesse. Observe que um pequeno número de sequências também foi identificado para polimerases transcrevendo na direção "errada", a montante dos principais sítios de iniciação da transcrição (sequências lidas em vermelho, à esquerda do 0 e sequências lidas em azul, à direita do 0), indicando a existência de uma baixa taxa de transcrição a partir de sítios aparentemente aleatórios no genoma. Essas descobertas recentes de transcrição divergente a partir dos promotores ilhas CpG e de baixas taxas de transcrição em grande parte dos genomas de eucariotos foi uma grande surpresa para a maioria dos pesquisadores.

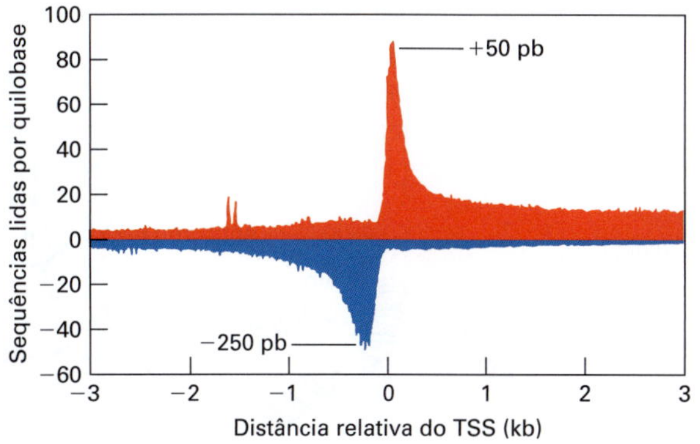

FIGURA EXPERIMENTAL 7-15 Análise das moléculas de RNA-polimerase II em fase de elongação em fibroblastos humanos. Núcleos de fibroblastos em cultura foram isolados e incubados em tampão contendo detergentes não iônicos que evitam que a RNA-polimerase II inicie a transcrição. Os núcleos tratados foram incubados com ATP, CTP, GTP e Br-UTP por cinco minutos a 30°C, tempo suficiente para que aproximadamente 100 nucleotídeos fossem incorporados. O RNA foi então isolado e fragmentado em aproximadamente 100 nucleotídeos por meio da incubação controlada em pH elevado. Oligonucleotídeos específicos de RNA foram ligados às extremidades 5′ e 3′ dos fragmentos de RNA e então submetidos à transcrição reversa. O DNA resultante foi amplificado por meio de reações em cadeia da polimerase e submetido ao maciço sequenciamento paralelo de DNA. As sequências determinadas foram alinhadas aos sítios de iniciação da transcrição (TSS) de todos os genes humanos conhecidos e o número de sequências lidas por quilobase do total de DNA sequenciado foi representado graficamente para cada intervalo de 10 pares de bases dos transcritos da fita-molde (vermelho) e da fita não molde (azul). Mais detalhes no texto. (Obtida de L. J. Core, J. J. Waterfall, e J. T. Lis, 2008, *Science*, **322**:1845.)

Imunoprecipitação de cromatina A técnica de imunoprecipitação de cromatina descrita na Figura 7-16a fornece dados adicionais que sustentam a ocorrência de transcrição divergente na maior parte dos promotores ilhas CpG de mamíferos. Nesse tipo de análise, os dados são relatados como o número de vezes que uma sequência específica de uma região do genoma foi identificada em relação ao número total de sequências analisadas (Figura 7-16b). Nos genes que apresentam transcrição divergente, tal como o gene *Hsd17b12* que codifica uma enzima envolvida no metabolismo intermediário, dois picos de DNA imunoprecipitado são detectados, correspondendo à transcrição da Pol II nas direções da fita-molde e não molde (*sense* e *antisense*). No entanto, a Pol II só foi detectada com transcritos maiores de 1 kb a partir do sítio de iniciação, no sentido da fita-molde. O número de contagens por milhão nessa região do genoma foi bastante baixo, pois esse gene é transcrito com baixa frequência. No entanto, o número de contagens por milhão tanto para a transcrição da fita-molde quanto da fita não molde foi muito maior, indicando que moléculas de Pol II iniciaram a transcrição nas duas direções a partir desse promotor, mas pausaram a transcrição antes de polimerizar mais de 500 pares de bases a partir do sítio de iniciação, em cada direção. Em contrapartida, o

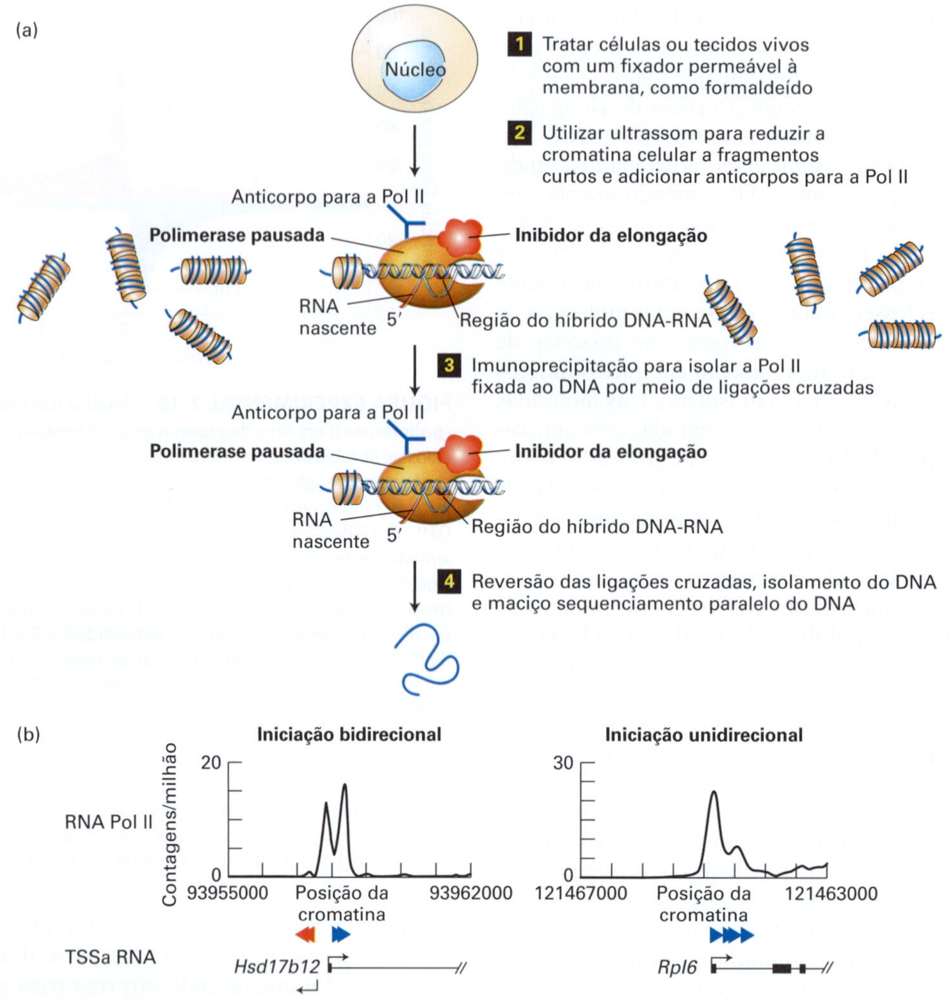

FIGURA EXPERIMENTAL 7-16 Técnica de imunoprecipitação da cromatina. (a) etapa **1**: células ou tecidos vivos são incubados com formaldeído 1% para ligar de modo covalente as proteínas ao DNA e proteínas a proteínas. Etapa **2**: a preparação é então submetida ao ultrassom para solubilizar e fragmentar a cromatina em segmentos de 200 a 500 pares de bases de DNA. Etapa **3**: um anticorpo para a proteína de interesse, neste caso a RNA-polimerase II, é adicionado, e o DNA ligado covalentemente à proteína de interesse é precipitado. Etapa **4**: a ligação cruzada covalente é então revertida e o DNA é isolado. O DNA isolado pode ser analisado por meio de reações em cadeia da polimerase com oligonucleotídeos específicos para a sequência de interesse. De modo alternativo, o DNA total recuperado pode ser amplificado, marcado por incorporação de nucleotídeos fluorescentes e, então, hibridizado a um microarranjo (Figura 5-29), ou submetido ao maciço sequenciamento em paralelo. (b) Resultado do sequenciamento de DNA da cromatina de células-tronco de embriões de camundongos imunoprecipitada com anticorpos para a RNA-polimerase II, para um gene com transcrição divergente (*esquerda*) e para um gene transcrito apenas na direção da fita-molde (*direita*). Os dados estão representados como o número de vezes que uma sequência de DNA em um intervalo de 50 pares de bases foi observada por milhões de pares de bases sequenciadas. A região que codifica a extremidade de 5′ do gene é mostrada na parte inferior da figura, com os éxons representados como retângulos e os íntrons como linhas retas. TSSa RNAs (setas em azul e vermelho) representam RNAs de aproximadamente 20 a 50 nucleotídeos isolados das mesmas células. A cor azul indica moléculas de RNA transcritas na direção da fita-molde, e a cor vermelha indica moléculas de RNA transcritas na direção da fita não molde. (Parte (a), ver A. Hecht e M. Grunstein, 1999, *Methods Enzymol.* **304**:399. Parte (b) adaptada de P. B. Rahl et al., 2010, *Célula* **141**:432.)

gene *Rpl6* que codifica uma proteína da subunidade ribossômica maior e é transcrito em abundância nessas células em proliferação, foi transcrito quase que exclusivamente na direção da fita-molde. O número de contagem de sequências por milhão acima de 1 kb a jusante do sítio de iniciação da transcrição foi muito maior, refletindo a alta taxa de transcrição desse gene.

O sítio de iniciação da transcrição associado aos RNAs (TSSa RNAs, *transcription start-site-associated RNAs*, setas em vermelho e azul na parte inferior da Figura 7-16b) representa sequências curtas de RNA isoladas dessas células, provavelmente resultantes da degradação das moléculas de RNA nascentes liberadas das moléculas de Pol II pausadas e com a transcrição interrompida. Observe que elas incluem os transcritos tanto na direção da fita-molde (setas azuis) quanto na direção da fita não molde (setas vermelhas) oriundos de genes com transcrição divergente, enquanto apenas TSSa RNAs correspondentes à fita-molde foram observados nos genes com transcrição unidirecional. A observação desses TSSa RNAs a partir de promotores ilhas CpG reforçam a conclusão de que esses promotores são transcritos nas duas direções.

RECURSO DE MÍDIA: Formação do complexo de pré-iniciação da Pol II

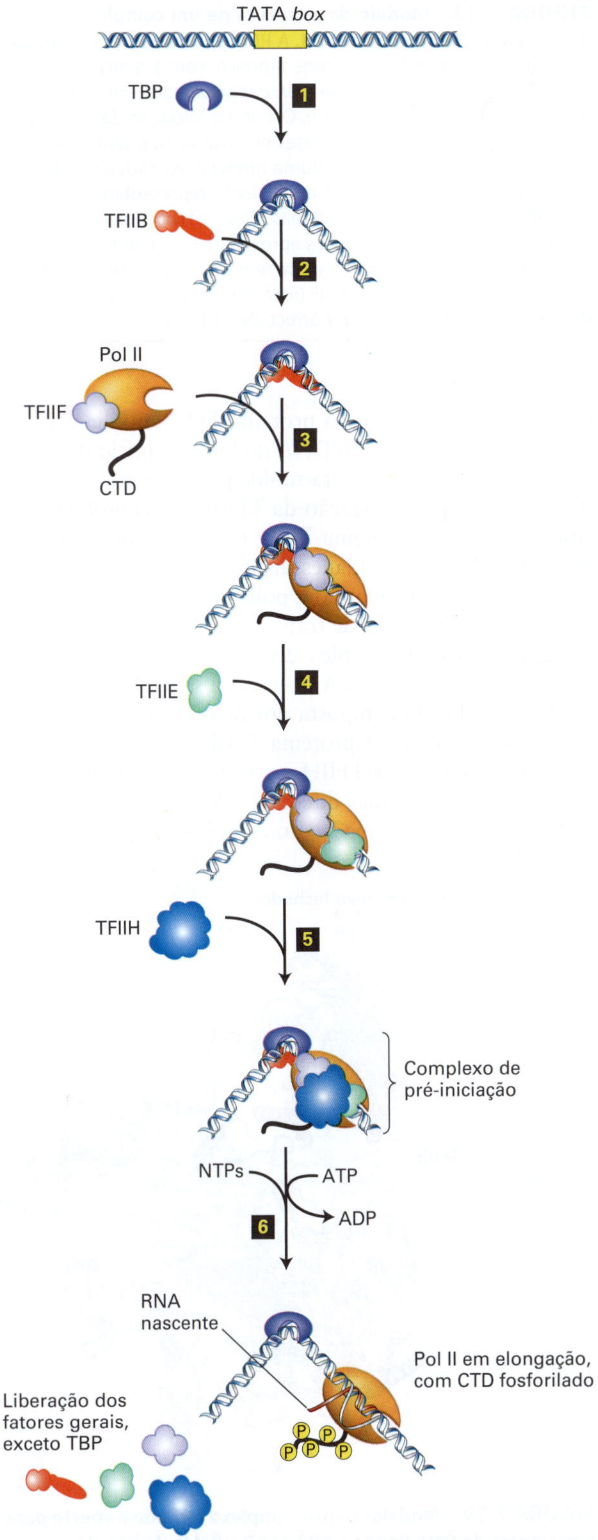

FIGURA 7-17 Formação *in vitro* do complexo de pré-iniciação da RNA-polimerase II. Os fatores gerais da transcrição indicados e a RNA-polimerase II (Pol II) purificada se ligam de modo sequencial à região do TATA *box* do DNA para formar o complexo de pré-iniciação. A hidrólise do ATP fornece energia para a abertura das fitas do DNA no sítio de início, mediada pela subunidade TFIIH. Conforme a Pol II inicia a transcrição no complexo aberto resultante, a polimerase se distancia do promotor e seu CTD se torna fosforilado. Nas condições *in vitro*, os fatores gerais da transcrição (exceto a TBP) se dissociam do complexo TBP-promotor, mas ainda não se sabe quais fatores de transcrição permanecem associados a regiões do promotor em cada rodada de iniciação da transcrição *in vivo*.

Fatores gerais da transcrição posicionam a RNA-polimerase II nos sítios de início e auxiliam a iniciação da transcrição

A iniciação mediada pela RNA-polimerase II requer a presença de diversos fatores de iniciação. Esses fatores de iniciação posicionam as moléculas de Pol II nos sítios de início da transcrição e ajudam a separar as fitas de DNA para que a fita-molde possa entrar no sítio ativo da enzima. São chamados de **fatores gerais da transcrição**, pois são necessários para a maioria, se não todos, os promotores transcritos pela RNA-polimerase II. Essas proteínas são denominadas *TFIIA*, *TFIIB*, etc., e em sua maioria são proteínas multiméricas. A maior dessas proteínas é o fator de transcrição TFIID, composto por uma **proteína de ligação ao TATA *box* *(TBP)*** de 38 kDa e 13 fatores associados à TBP (TAFs, do inglês *TBP associated factors*). Fatores gerais da transcrição com atividades semelhantes e sequências homólogas são observados em todos os eucariotos. O complexo da Pol II e seus fatores gerais da transcrição associados a um promotor e pronto para iniciar a transcrição é chamado de *complexo pré-iniciação*. A Figura 7-17 resume a formação em etapas do complexo de pré-iniciação da transcrição da Pol II *in vitro* em um promotor que contém TATA *box*. A subunidade TBP do TFIID e não o complexo TFIID intacto foi utilizada nos estudos que revelaram a ordem de associação dos fatores gerais da transcrição e da RNA-polimerase II, pois pode ser expressa em grandes quantidades em *E. coli* e pode ser prontamente purificada, ao passo que o TFIID intacto é de difícil purificação a partir de células eucarióticas.

TBP é a primeira proteína a se ligar ao promotor TATA *box*. Todas as proteínas TBP eucarióticas analisadas até o momento têm o domínio C-terminal de 180 aminoácidos bastante similar. Esse domínio da TBP enovela-se em uma estrutura em forma de sela; as duas metades da molécula exibem simetria geral similar, mas não idêntica. A TBP interage com o sulco menor da cadeia de DNA, curvando a hélice consideravelmente (ver Figura 4-5). A superfície de ligação ao DNA da TBP é conservada em todos os eucariotos, o que explica a alta conservação do elemento promotor TATA *box* (ver Figura 7-14).

Uma vez que a TBP esteja ligada ao TATA *box*, a proteína TFIIB pode se ligar. TFIIB é uma proteína monomérica, ligeiramente menor que a TBP. O domínio C-terminal da TFIIB faz contatos com a TBP e com o DNA nos dois lados do promotor TATA *box*. Durante a iniciação da transcrição, o seu domínio N-terminal é inserido no canal de saída do RNA na RNA-polimerase II (ver Figura 7-10).

VÍDEO: Modelo 3D de um complexo de pré-iniciação da RNA-polimerase II

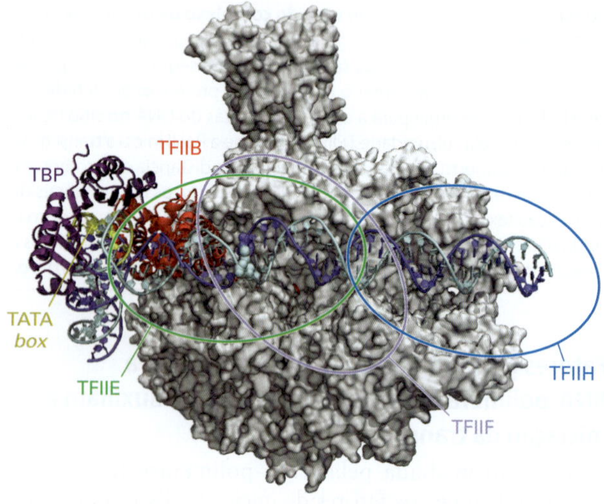

FIGURA 7-18 Modelo da estrutura de um complexo de pré-iniciação da RNA-polimerase II. A RNA-polimerase II de leveduras é mostrada no modelo de volume atômico, com a direção da transcrição à direita. A fita-molde de DNA é representada em azul-escuro, e a fita não molde em azul-claro. O sítio de iniciação da transcrição é mostrado como os pares de bases em azul-claro e azul-escuro, representados em modelo de volume atômico. As cadeias principais polipeptídica das proteínas TBP e TFIIB estão representadas em lilás e vermelho. As estruturas das proteínas TFIIE, F e H não foram resolvidas em alta resolução. Suas posições aproximadas no complexo de pré-iniciação, sobrepostas ao DNA, estão representadas pelas elipses, correspondendo à TFIIE (verde), TFIIF (roxo) e TFIIH (azul-claro). (Adaptada de G. Miller e S. Hans, 2006, *Nat. Struct. Biol.* **13**:603.)

O domínio N-terminal da proteína TFIIB auxilia a Pol II na separação das fitas do DNA no local de início da transcrição e interage com a fita-molde próximo ao sítio ativo da Pol II. Depois da ligação da TFIIB, um complexo pré-formado entre a proteína TFIIF (um heterodímero composto por duas subunidades distintas nos mamíferos) e a Pol II se liga, posicionando a polimerase sobre o sítio ativo. Dois fatores gerais de transcrição adicionais precisam se ligar antes que o duplex de DNA possa ser separado para expor a fita-molde. A primeira a se ligar é a proteína tetramérica TFIIE, composta por duas cópias de duas subunidades distintas. A proteína TFIIE cria um sítio de ligação para a proteína TFIIH, outro fator multimérico que contém 10 subunidades diferentes. A ligação da proteína TFIIH completa a formação do complexo de pré-iniciação *in vitro* (Figura 7-17). A Figura 7-18 mostra um modelo atual da estrutura de um complexo de pré-iniciação.

A atividade **helicase** de uma das subunidades da TFIIH utiliza energia da hidrólise de ATP para ajudar a separar o duplex de DNA no sítio de iniciação, permitindo que a Pol II forme o complexo *aberto*, no qual o duplex de DNA na região adjacente ao sítio de iniciação é separado e a fita-molde é ligada ao sítio ativo da polimerase. A Figura 7-19 mostra modelos moleculares com base na estrutura cristalográfica do complexo TBP (roxo),

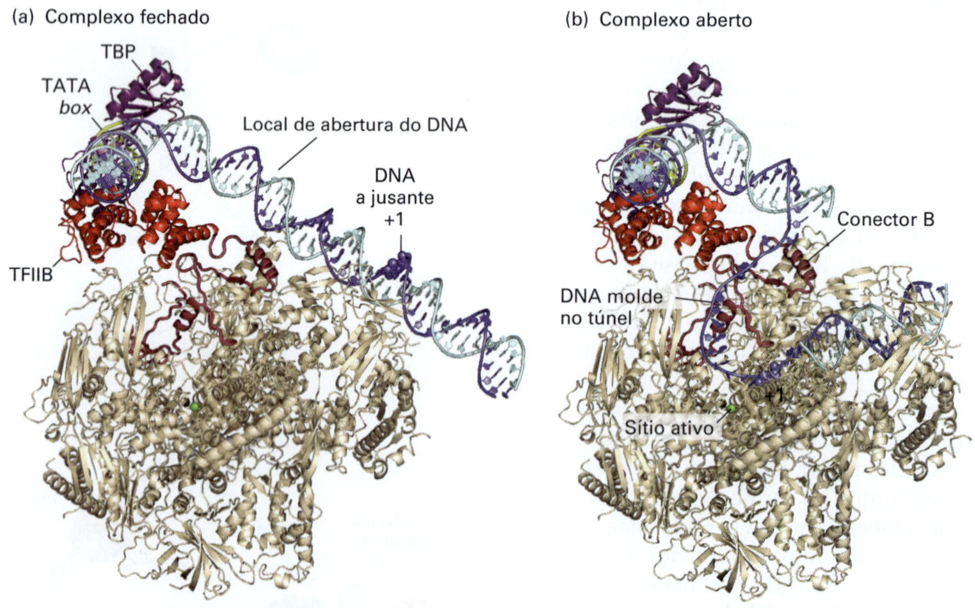

FIGURA 7-19 Modelos para o complexo fechado e aberto para o promotor de DNA ligado à TBP, TFIIB e Pol II, de acordo com as estruturas de cristalografia por raios X. A proteína Pol II é mostrada em castanho, TBP em roxo, TFIIB em vermelho, DNA fita-molde em azul-escuro, e DNA fita complementar (não molde) em azul-claro. As bases que codificam o sítio de iniciação da transcrição (+1) estão representadas no modelo de volume atômico. A região de conexão B da proteína TFIIB interage com o DNA no complexo fechado (a), onde as fitas de DNA são inicialmente separadas (local de abertura do DNA). O íon Mg^{2+} no sítio ativo é representado como uma esfera verde. A fita complementar na bolha de transcrição do complexo aberto (b) não aparece nos modelos das estruturas cristalográficas do complexo aberto, pois apresenta conformações alternativas em complexos distintos. (Adaptada de D. Kostrewa et al., 2009, *Nature* **462**:323.)

TFIIB (vermelho) e Pol II (dourado) associados ao promotor de DNA antes de a cadeia próxima ao sítio de iniciação da transcrição ser separada (complexo fechado, Figura 7-19a) e após as fitas serem separadas e a fita-molde se ligar ao complexo Pol II-TFIIB, posicionando o sítio de início da transcrição (+1) no sítio ativo (complexo aberto, Figura 7-19b). Um íon Mg^{2+} ligado ao sítio ativo da Pol II participa da catálise durante a síntese da ligação fosfodiéster. Se todos os ribonucleotídeos trifosfatos estiverem presentes, a Pol II inicia a transcrição da fita-molde.

Quando a polimerase inicia a transcrição a partir da região do promotor, o domínio N-terminal da proteína TFIIB se dissocia do canal de saída de RNA conforme a extremidade 5′ da cadeia nascente de mRNA o ocupa. A subunidade TFIIH fosforila o CTD da Pol II diversas vezes no resíduo de serina na posição 5 (sublinhado) na repetição Tyr-Ser-Pro-Thr-*Ser*-Pro-Ser que compõem o CTD. Conforme será discutido no Capítulo 8, o CTD fosforilado múltiplas vezes no resíduo de serina na posição 5 é um sítio de ligação para as enzimas que formam a estrutura do quepe (Figura 4-14) na extremidade 5′ do RNA transcrito pela RNA-polimerase II. No ensaio de transcrição *in vitro* mínimo, contendo apenas esses fatores gerais da transcrição e a RNA-polimerase II purificada, a TBP permanece ligada ao TATA *box*, enquanto a polimerase inicia a transcrição a partir da região do promotor, mas os demais fatores gerais de transcrição se dissociam.

De forma interessante, as primeiras subunidades da enzima humana TFIIH a serem clonadas foram identificadas porque mutações nessas subunidades causam defeitos no reparo do DNA danificado. Em indivíduos normais, quando a RNA-polimerase em transcrição é pausada em uma região do DNA molde danificada, um subcomplexo composto por diversas subunidades da TFIIH, incluindo a subunidade helicase mencionada anteriormente, reconhece a polimerase pausada e então se associa a outras proteínas que juntamente com a TFIIH fazem a mediação do reparo da região danificada do DNA. Nos pacientes portadores dessas subunidades TFIIH com mutações, esse reparo do DNA danificado em genes sendo ativamente transcritos não é funcional. Como resultado, indivíduos afetados têm extrema sensibilidade epitelial à luz solar (causa comum de danos no DNA é a luz ultravioleta) e exibem alta incidência de câncer. Consequentemente, essas subunidades da TFIIH têm duas funções nas células, uma no processo de iniciação da transcrição e a segunda no processo de reparo do DNA. Dependendo da severidade do defeito da função da TFIIH, esses indivíduos podem sofrer de doenças como xeroderma pigmentosa e síndrome de Cockayne (Capítulo 24). ■

A iniciação da transcrição *in vivo* pela RNA-polimerase II requer proteínas adicionais

Apesar de os fatores gerais de transcrição, apresentados anteriormente, permitirem que a Pol II dê início à transcrição *in vitro*, outro fator geral de transcrição, o TFIIA, é necessário para a iniciação da transcrição *in vivo* pela Pol II. A TFIIA purificada forma um complexo com a TBP e com o TATA *box* no DNA. A cristalografia por raios X desse complexo mostrou que a TFIIA interage com a lateral da TBP que se encontra a montante da direção de transcrição dos promotores que contêm a região de TATA *box*. Em metazoários (animais multicelulares), as proteínas TFIIA e TFIID, com suas múltiplas subunidades TAF, se ligam inicialmente ao TATA *box* no DNA, permitindo, então, que outros fatores gerais de transcrição se liguem posteriormente, como indicado na Figura 7-17.

As subunidades TAF da TFIID participam da iniciação da transcrição dos promotores sem TATA *box*. Por exemplo, algumas subunidades TAF entram em contato com o elemento iniciador em promotores onde ele ocorre, o que, provavelmente, explica como tais sequências podem substituir um TATA *box*. As subunidades TFIID e TAF adicionais podem se ligar a uma sequência consenso A/G-G-A/T-C/T-G/A/C centralizada em um segmento de aproximadamente 30 pares de bases a jusante ao sítio de iniciação de transcrição nos genes que não possuem um promotor TATA *box*. Devido à sua posição, essa sequência regulatória é denominada de elemento promotor a jusante (DPE, do inglês *downstream promoter element*) (Figura 7-14). O DPE facilita a transcrição de genes sem TATA *box* em que o DPE está presente, aumentando a afinidade de ligação da TFIID. Além disso, uma hélice α da proteína TFIIB se liga ao sulco maior do DNA a montante ao TATA *box* (ver Figura 7-19), e os promotores mais fortes apresentam uma sequência ótima para essa interação, a sequência BRE indicada na Figura 7-14.

Ensaios de imunoprecipitação de cromatina (Figura 7-16) utilizando anticorpos para TBP mostraram que ela se liga à região entre os sítios de iniciação da transcrição na fita-molde e não molde nos promotores ilhas CpG. Consequentemente, os mesmo fatores gerais da transcrição são provavelmente necessários para a iniciação a partir dos promotores mais fracos de ilhas CpG e dos promotores que contêm TATA *box*. A ausência dos elementos promotores listados na Figura 7-14 pode ser responsável pela transcrição divergente a partir dos sítios de iniciação da transcrição múltiplos observados nesses promotores, uma vez que elementos adicionais da sequência de DNA não estão presentes para orientar o complexo de pré-iniciação. TFIID e outros fatores gerais da transcrição podem escolher entre sítios de ligação alternativos, de baixa afinidade de ligação quase equivalentes, nessa classe de promotores, o que potencialmente explica a baixa frequência de iniciação da transcrição, assim como os sítios alternativos de iniciação da transcrição em direções divergentes geralmente observados nos promotores ilhas CpG.

Fatores de elongação regulam as etapas iniciais da transcrição na região proximal do promotor

Em metazoários, na maior parte dos promotores, a Pol II é pausada após a transcrição de aproximadamente 20 a 50 nucleotídeos, devido à ligação de uma proteína composta por cinco subunidades chamada NELF (fator de elongação negativo, do inglês *negative elongation factor*). Isso é seguido pela ligação de um fator de elongação com duas subunidades, o DSIF (fator indutor de sensibilidade DRB, do inglês *DRB sensitivity-inducing factor*), assim chamado porque um análogo do ATP, o DRB, inibe o prosseguimento da elongação quando presente. A inibição da elongação pela Pol II que ocorre com a ligação da NELF é revertida quando DSIF, NELF e o resíduo de serina na posição 2 da repetição CTD da Pol II (Tyr-Ser-Pro-Thr-Ser-Pro-Ser) são fosforilados por uma proteína cinase composta por duas subunidades, a CDK9-ciclina T, também chamada de P-TEFb, que se associa ao complexo Pol II, NELF, DSIF. Os mesmos fatores de elongação regulam a transcrição a partir dos promotores ilhas CpG. Esses fatores que regulam a elongação na região proximal ao promotor constituem um mecanismo de controle da transcrição gênica adicional à regulação da iniciação da transcrição. Essa estratégia para a regulação da transcrição tanto na etapa de iniciação quanto na etapa de elongação na região proximal ao promotor é similar à regulação do óperon *Trp* de *E. coli* (Figura 7-6), embora os mecanismos moleculares envolvidos sejam distintos.

A transcrição do HIV (vírus da imunodeficiência humana), agente causador da Aids, é dependente da ativação da CDK9-ciclina T por uma pequena proteína viral chamada **Tat**. Células infectadas com mutantes *tat*$^-$ produzem transcritos virais curtos com aproximadamente 50 nucleotídeos de extensão. Em contrapartida, células infectadas com o HIV tipo selvagem sintetizam longos transcritos virais que se estendem pelo genoma do pró-vírus integrado (ver Figura 4-49 e Figura 6-13). Dessa forma, a proteína Tat age como **fator antiterminação**, permitindo que a RNA-polimerase II vença o bloqueio transcricional. (A proteína Tat é inicialmente sintetizada a partir de transcritos raros cuja finalização é falha quando o promotor HIV é transcrito em altas taxas nos linfócitos T "ativados", um tipo de leucócito do sangue; ver Capítulo 23). Tat é uma proteína de ligação a uma sequência específica do RNA.

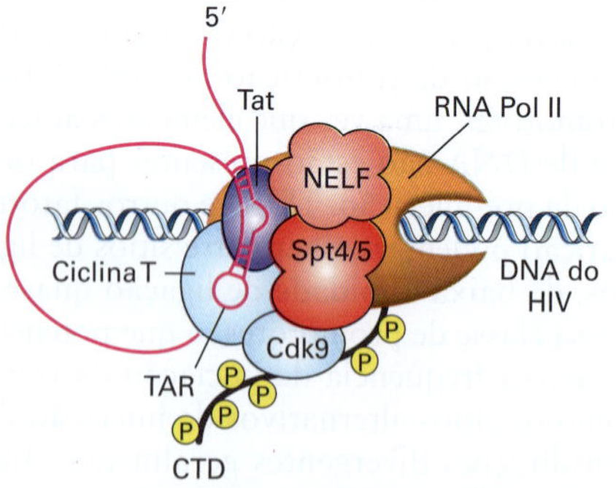

FIGURA 7-20 Modelo do complexo antiterminação composto pela proteína Tat e diversas proteínas celulares. O elemento TAR no transcrito do HIV contém sequências reconhecidas pela proteína Tat e pela proteína celular ciclina T. A ciclina T ativa e auxilia o posicionamento da proteína-cinase CDK9 próximo ao seu substrato, o CTD da RNA-polimerase II. A fosforilação do CTD no resíduo de serina 2 na repetição de heptâmeros no CTD da Pol II é necessária à elongação da transcrição. As proteínas celulares DSIF (também chamadas Spt4/5) e o complexo NELF também estão envolvidos na regulação da elongação mediada pela Pol II, conforme discutido no texto. (Ver P. Wei et al., 1998, *Célula* **92**:451; T. Wada et al., 1998, *Genes Dev.* **12**:357; e Y. Yamaguchi et al., 1999, *Cell* **97**:41.)

Ela se liga a uma cópia de RNA de uma sequência chamada TAR, que forma uma estrutura rígida em alça, próxima à extremidade 5′ do transcrito do HIV (Figura 7-20). TAR também se liga à ciclina T, mantendo o complexo CDK9-ciclina T próximo à polimerase, onde ele fosforila de modo eficiente o seu substrato, resultando na elongação da transcrição. Ensaios de imunoprecipitação de cromatina realizados após o tratamento de células com inibidores específicos da CDK9 indicam que a transcrição de aproximadamente 30% dos genes de mamíferos é regulada pelo controle da atividade da CDK9-ciclina T (P-TEFb), embora provavelmente esse controle se realize com maior frequência por fatores de transcrição de ligação a sequências específicas de DNA e não por proteínas de ligação ao RNA, como no caso da proteína Tat do HIV. ■

CONCEITOS-CHAVE da Seção 7.3

Promotores da RNA-polimerase II e fatores gerais de transcrição

- A RNA-polimerase II inicia a transcrição de genes no nucleotídeo do DNA molde que corresponde ao nucleotídeo 5′ ligado ao quepe na molécula de mRNA.
- A transcrição de genes codificadores de proteínas pela Pol II pode ser iniciada *in vitro* pela ligação sequencial das seguintes proteínas, na ordem indicada: TBP, que se liga à região TATA *box* do DNA; TFIIB; complexo Pol II e TFIIF; TFIIE; e por fim, TFIIH (ver Figura 7-17). A atividade helicase da subunidade TFIIH ajuda a separar as fitas do DNA molde no sítio de iniciação da maior parte dos promotores, processo que exige a hidrólise do ATP. Conforme a Pol II inicia a transcrição a partir do sítio de iniciação, seu CTD é fosforilado na serina 5 no heptapeptídeo CDT por outra subunidade da proteína TFIIH.
- A iniciação da transcrição *in vivo* pela Pol II também requer a proteína TFIIA e, em metazoários, um complexo proteína TFIID completo, incluindo as múltiplas subunidades da proteína TAF, assim como a subunidade TBP.
- Nos metazoários, a proteína NELF se associa à Pol II após a iniciação, inibindo a elongação após a síntese de aproximadamente 50 a 200 pares de bases a partir do sítio de iniciação da transcrição. A inibição da elongação é revertida quando os fatores de elongação heterodiméricos DSIF e CDK9-ciclina T (P-TEFb) se associam ao complexo de elongação e a CDK9 fosforila as subunidades NELF, DSIF e a serina 2 do heptapeptídeo repetido no CTD da Pol II.

7.4 Sequências reguladoras dos genes codificadores de proteínas e as proteínas responsáveis por mediar essas funções

Conforme destacado nas seções anteriores, a expressão dos genes que codificam proteínas em eucariotos é regulada por meio de múltiplas sequências de DNA de ligação a proteínas, referidas genericamente como regiões de controle da transcrição. Essas regiões incluem os promotores e outros tipos de elementos de controle localizados próximos aos sítios de iniciação da transcrição, assim como sequências localizadas a grandes distâncias dos genes que regulam. Nesta seção, serão discutidas com mais detalhes as propriedades dos vários elementos de controle observados nos genes codificadores de proteínas em eucariotos, e as proteínas que se ligam a esses elementos de controle.

Elementos promotores proximais ajudam a regular os genes eucarióticos

Técnicas de DNA recombinante têm sido utilizadas para a realização de mutações sistemáticas nas sequências de nucleotídeos de vários genes eucarióticos para identificar regiões de controle transcricional. Por exemplo, *mutações de varredura de ligação* podem identificar sequências em uma região regulatória com atividade de controle transcricional. Com essa abordagem, um conjunto de construções contendo mutações contíguas e que se sobrepõem podem ser testados quanto aos seus efeitos na expressão de um gene repórter, ou na produção de uma molécula específica de mRNA (Figura 7-21a). Esse tipo de análise permitiu a identificação de **elementos promotores proximais** no gene da timidina cinase (*tk*) do vírus herpes simples tipo 1 (HSV-I). Os resultados demonstraram que a região do DNA a montante no gene *tk* do HSV contém três sequências separadas de controle da transcrição: um TATA *box* no intervalo entre −32 e −16, e dois outros elementos de controle localizados a uma distância maior a montante (Figura 7-21b). Experimentos com mutantes que continham alterações em uma única base nos elementos de controle próximos ao promotor revelaram que esses elementos geralmente são compostos por aproximadamente 6 a 10 pares de bases de extensão. Estudos recentes indicaram que esses elementos são observados tanto na região a montante quanto a jusante do sítio de iniciação da transcrição nos genes humanos, com igual frequência. Embora literalmente o termo *promotor* refira-se apenas à sequência de DNA que determina onde a polimerase inicia a transcrição, o termo é frequentemente utilizado para se referir

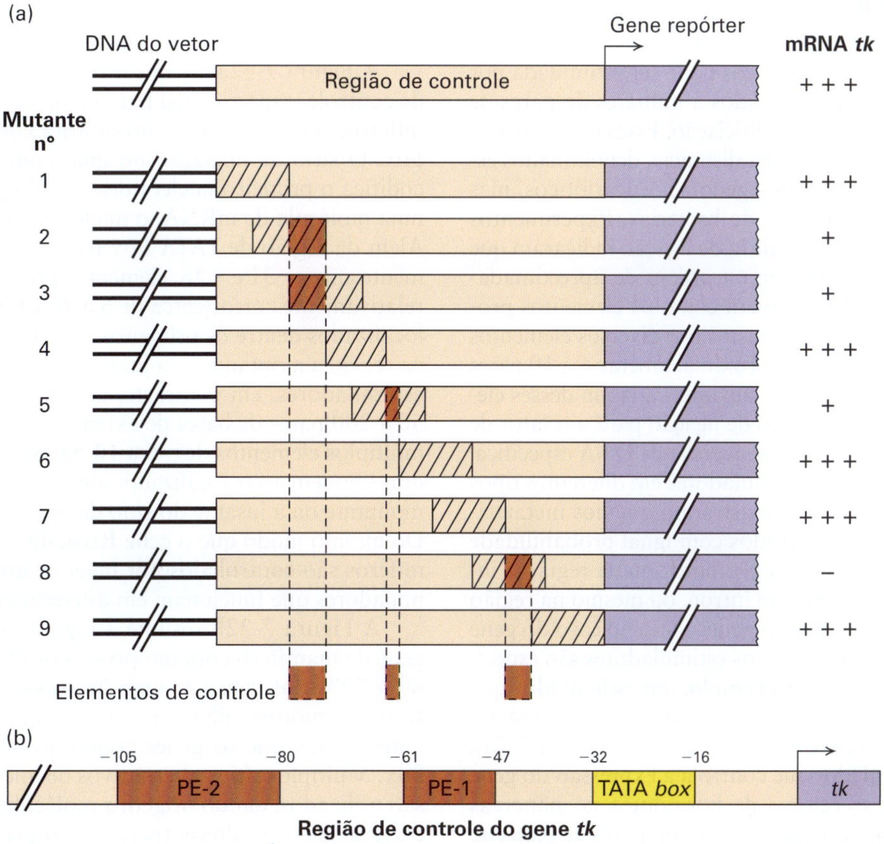

FIGURA EXPERIMENTAL 7-21 Mutações de varredura de ligação identificam elementos de controle da transcrição. (a) Uma região do DNA eucariótico (bege) que mantém a expressão em alta quantidade de um gene repórter (lilás) é clonada em um vetor plasmidial conforme representado na parte superior da figura. Mutações de varredura de ligação (LS, do inglês *linker scanning*) sobrepostas são introduzidas a partir de uma extremidade da região sendo analisada, até a outra. Estas mutações resultantes da troca da sequência de nucleotídeos em um curto segmento de DNA. Após os plasmídeos mutantes serem transfectados separadamente em células em cultura, a atividade do produto do gene repórter é ensaiada. No exemplo mostrado aqui, a sequência entre -120 e +1 do gene que codifica a timidina cinase no vírus herpes simplex, as mutações LS 1, 4, 6, 7 e 9 têm pouco ou nenhum efeito na expressão do gene repórter, indicando que as regiões alteradas nestes mutantes não contêm elementos de controle. A expressão do gene repórter é significativamente reduzida nos mutantes 2, 3, 5 e 8, indicando que os elementos de controle (marrom) estão presentes nos intervalos mostrados na parte inferior da figura. (b) Análises destas mutações LS identificaram uma região TATA *box* e dois elementos promotores proximais (PE-1 e PE-2). (Parte (b), ver S. L. McKnight e R. Kingsbury, 1982, *Science* **217**:316.)

ao promotor e aos seus elementos promotores proximais de controle associados.

Para avaliar as limitações de distanciamento nos elementos de controle na região promotora do gene *tk* de HSV identificada por meio das mutações de varredura de ligação, pesquisadores prepararam e testaram construções com pequenas deleções e inserções entre esses elementos. Alterações no espaçamento entre o promotor e os elementos promotores proximais de 20 nucleotídeos ou menos tiveram pouco efeito. No entanto, inserções de 30 a 50 pares de bases entre os elementos promotores proximais do gene *tk* de HSV e o TATA *box* tiveram o mesmo efeito que a deleção do elemento de controle. Análises semelhantes em outros promotores eucarióticos também identificaram que uma considerável flexibilidade no espaçamento entre os elementos promotores proximais em geral é bem tolerada, mas que o distanciamento por várias dezenas de pares de bases pode diminuir a transcrição.

Estimuladores distantes frequentemente impulsionam a transcrição mediada pela RNA-polimerase II

Como destacado anteriormente, a transcrição a partir de diversos promotores eucarióticos pode ser estimulada por elementos de controle localizados a milhares de pares de bases de distância do sítio de iniciação. Esses elementos de controle da transcrição a longa distância, denominados estimuladores, são comuns nos genomas eucarióticos, mas bastante raros nos genomas de bactérias. Experimentos como a mutagênese de varredura de ligação indicaram que os estimuladores, geralmente na ordem de aproximadamente 200 pares de bases, assim como os elementos promotores proximais, são compostos por diversos elementos de sequências funcionais de aproximadamente 6 a 10 pares de bases. Conforme discutido adiante, cada um desses elementos reguladores é um sítio de ligação para um fator de transcrição de ligação a uma sequência de DNA específica.

Análises de diversos estimuladores em diferentes tipos celulares em eucariotos demonstraram que nos metazoários eles podem ser encontrados com igual probabilidade na região a montante de um promotor ou na região a jusante de um promotor, em um íntron, ou mesmo na região a jusante ao éxon final de um gene, como no caso do gene *Sall1* (ver Figura 7-8a). Diversos estimuladores são específicos a um tipo celular. Por exemplo, um estimulador que controla a expressão do gene *Pax6* na retina foi caracterizado no íntron entre os éxons 4 e 5 (ver Figura 7-7a), enquanto o estimulador que controla a expressão do gene *Pax6* nas células secretoras de hormônios no pâncreas está localizado aproximadamente a 200 pares de bases na região a montante ao éxon 0 (assim denominado porque foi descoberto depois do éxon já denominado "éxon 1"). No importante organismo-modelo *Saccharomyces cerevisiae* (levedura), os genes têm menor espaçamento (Figura 6-4b) e poucos genes apresentam íntrons. Nesse organismo, os estimuladores geralmente se encontram a aproximadamente 200 pares de bases a montante dos genes que regulam e são chamados de *sequências ativadoras a montante* (UAS, do inglês *upstream activating sequence*).

A maioria dos genes eucarióticos é regulada por múltiplos elementos de controle transcricional

Inicialmente, acreditava-se que os estimuladores e os elementos promotores proximais eram tipos distintos de elementos de controle da transcrição. No entanto, conforme mais estimuladores e mais elementos promotores proximais foram analisados, as diferenças entre eles se tornaram menos claras. Por exemplo, em geral, os dois tipos de elementos podem ser estimulados mesmo quando invertidos e também são específicos a cada tipo celular. O consenso agora é que um conjunto de elementos de controle regula a transcrição mediada pela RNA-polimerase II. Em um extremo estão os estimuladores, capazes de estimular a transcrição a partir de um promotor localizado a dezenas ou milhares de pares de bases de distância. No outro extremo estão os elementos promotores proximais, como os elementos de controle na região a montante do gene *tk* de HSV, que perdem a sua atividade quando deslocados a 30 a 50 pares de bases de distância do promotor. Pesquisadores identificaram um grande número de elementos de controle da transcrição capazes de estimular a transcrição quando localizados a certas distâncias entre esses dois extremos.

A Figura 7-22a resume a localização das sequências de controle transcricional para um gene hipotético de mamíferos, com uma região promotora contendo um TATA *box*. O sítio de iniciação no qual começa a transcrição codifica o primeiro nucleotídeo (5′) do primeiro éxon de uma molécula de mRNA, o nucleotídeo ligado ao quepe. Além da região de TATA *box* nas posições aproximadamente entre −31 e −26, elementos promotores proximais relativamente curtos(cerca de 6 a 10 pares de bases) estão localizados dentre os primeiros ≈200 pares de bases, seja na região a montante ou a jusante ao sítio de iniciação. Os estimuladores, em contraste, geralmente apresentam de 50 a 200 pares de bases de extensão e são compostos por múltiplos elementos de ≈6 a 10 pares de bases. Estimuladores podem estar localizados até 50 quilobases ou mais a montante ou a jusante do sítio de início ou em um íntron. Do mesmo modo que o gene *Pax6*, diversos genes de mamíferos são controlados por mais de uma região de estimuladores que funcionam em diferentes tipos celulares.

A Figura 7-22b resume a região promotora de um gene de mamífero com um promotor ilha CpG. Cerca de 60 a 70% dos genes de mamíferos são expressos a partir de promotores ilhas CpG, geralmente em taxas muito mais baixas que os genes contendo promotores TATA *box*. Múltiplos sítios alternativos de início da transcrição são utilizados, dando origem a moléculas de mRNA com extremidades 5′ alternativas para o primeiro éxon derivado de cada sítio de iniciação. A transcrição ocorre nas duas direções, mas as moléculas de Pol II transcrevendo na direção da fita-molde têm suas moléculas de mRNA elongadas acima de 1 kb com maior eficiência que os transcritos na direção da fita não molde.

O genoma de *S. cerevisiae* contém elementos reguladores denominados **sequências ativadoras a montante** (UASs, do inglês upstream activating sequences), cuja função é similar aos estimuladores e aos elementos pro-

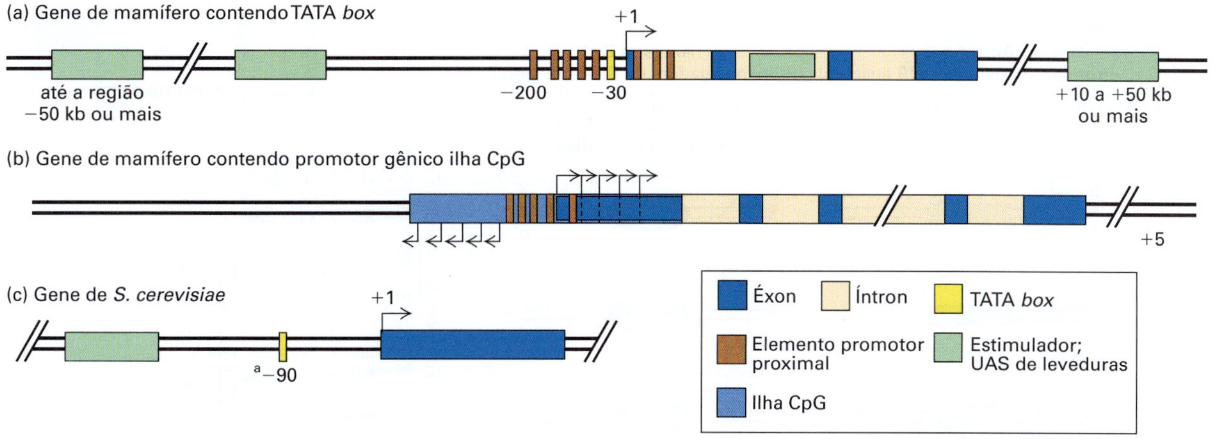

FIGURA 7-22 Organização geral dos elementos de controle que regulam a expressão gênica em eucariotos multicelulares e leveduras. (a) Genes de mamíferos com promotores TATA *box* são regulados por elementos promotores proximais e estimuladores. Os elementos promotores mostrados na Figura 7-14 posicionam a RNA-polimerase II para a iniciação da transcrição no sítio de início e influenciam a taxa de transcrição. Estimuladores podem estar nas regiões a montante ou a jusante e tão distantes quanto centenas de quilobases do sítio de início da transcrição. Em alguns casos, os estimuladores se encontram nos íntrons. Os elementos promotores proximais são encontrados nas regiões a montante e a jusante do sítio de início da transcrição na mesma proporção nos genes de mamíferos. (b) Promotores ilhas CpG de mamíferos. A transcrição é iniciada em diferentes locais na direção da fita-molde e não molde a partir das extremidades da região rica em CpG. A transcrição na direção da fita-molde passa pela fase de elongação e é processada em mRNAs pelo processo de *splicing* de RNA. Eles expressam mRNAs com éxons 5′ alternativos determinados pelo sítio de iniciação da transcrição. Promotores ilhas CpG contêm elementos de controle proximal. Atualmente não se sabe se esses promotores também são controlados por estimuladores distantes. (c) A maior parte dos genes de *S. cerevisiae* contém apenas uma região reguladora, denominada *sequência ativadora a montante* (*UAS*, do inglês *upstream activating sequence)*, e uma região de TATA *box*, localizada aproximadamente 90 pares de bases a montante ao sítio de início.

motores proximais dos eucariotos superiores. A maior parte dos genes de leveduras contém apenas uma UAS, que geralmente se encontra a poucas centenas de pares de bases do sítio de iniciação. Além disso, os genes de *S. cerevisiae* contêm uma região TATA *box* cerca de 90 pares de bases a montante do sítio de iniciação da transcrição (Figura 7-22c).

Ensaios de *footprinting* e de mobilidade eletroforética detectam interações proteína-DNA

Os vários elementos de controle da transcrição observados no DNA de eucariotos são sítios de ligação para proteínas reguladoras geralmente chamadas **fatores de transcrição**. As células eucarióticas mais simples codificam centenas de fatores de transcrição, e o genoma humano codifica mais de 2.000. A transcrição de cada gene no genoma é regulada de modo independente por uma combinação de *fatores de transcrição específicos* que se ligam às suas regiões de controle transcricional. O número de combinações possíveis desses diversos fatores de transcrição é astronômico, suficiente para gerar modos de controle únicos para cada gene codificado em um genoma.

Em leveduras, *Drosophila*, e outros eucariotos manipulados geneticamente, diversos genes codificando ativadores e repressores transcricionais foram identificados por análises genéticas clássicas, como aquelas descritas no Capítulo 5. No entanto, em mamíferos e outros vertebrados, menos disponíveis para essas análises genéticas, a maior parte dos fatores de transcrição foi primeiro detectada e após purificada utilizando técnicas bioquímicas. Nessa metodologia, um elemento regulador de DNA que tenha sido identificado por análises de mutações descritas anteriormente é utilizado para identificar as proteínas *cognatas* que se ligam a esses elementos de modo específico. Duas técnicas comuns para a detecção dessas proteínas cognatas são o *footprinting* com DNase I e o ensaio de alteração de mobilidade eletroforética.

O ***footprinting* com DNase I** se baseia no fato de que as proteínas, ao se ligarem a uma região do DNA, protegem a sequência de DNA contra a digestão por nucleases. Como ilustrado na Figura 7-23a, amostras de um fragmento de DNA com uma das extremidades marcada são digeridas cuidadosamente em condições controladas, na presença e na ausência de proteínas de ligação ao DNA, então desnaturadas, submetidas à eletroforese, e o gel resultante submetido a uma autorradiografia. A região protegida pela ligação das proteínas aparece como uma lacuna ou "pegada" (no original em inglês, *footprint*), no conjunto de bandas resultantes da digestão realizada na ausência da proteína. Quando o *footprinting* é realizado com um fragmento de DNA que contém um elemento controlador de DNA conhecido, o aparecimento dessas lacunas indica a presença de um fator de transcrição capaz de se ligar ao elemento controlador na amostra sendo testada. O *footprinting* também identifica a sequência específica de DNA à qual o fator de transcrição se liga.

Por exemplo, o *footprinting* com DNase I de um forte promotor tardio de um adenovírus mostra uma região protegida na região do TATA *box* quando a proteína TBP é adicionada ao DNA marcado antes da digestão com DNase I (Figura 7-23b). A DNase I não digere todas as ligações fosfodiéster de uma fita dupla de DNA com a mesma velocidade. Consequentemente, na ausência da

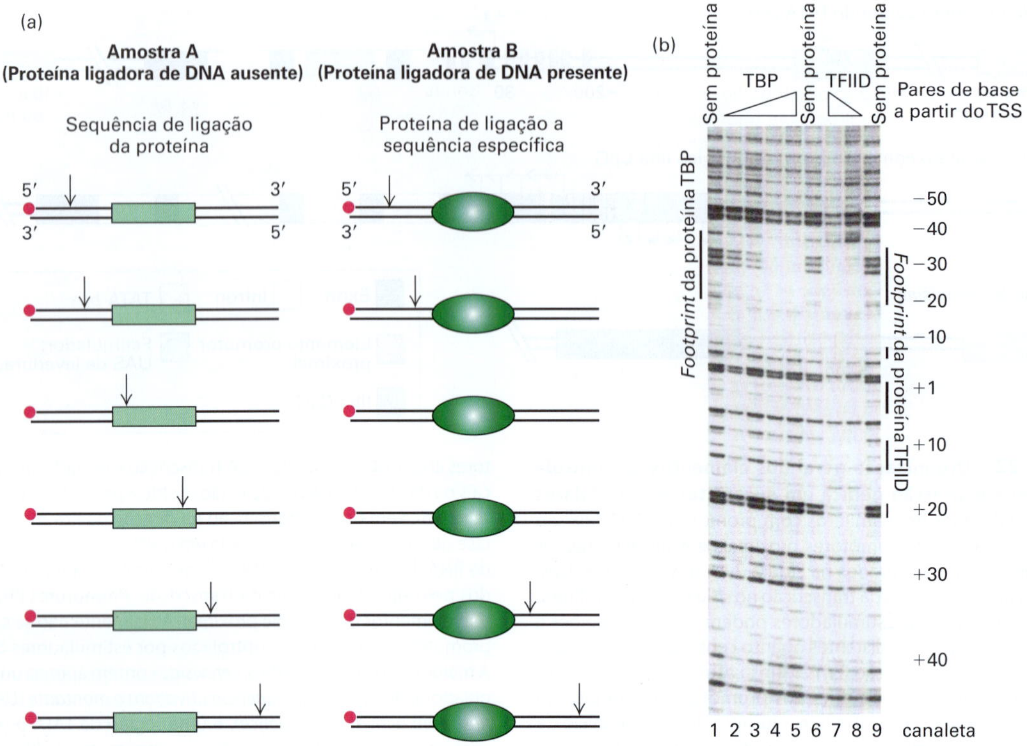

FIGURA EXPERIMENTAL 7-23 Experimentos de *footprinting* com DNase I revelam a região de uma sequência de DNA onde o fator de transcrição se liga. (a) Um fragmento de DNA que sabidamente contém um elemento de controle é marcado em uma extremidade com ^{32}P (ponto vermelho). Porções da amostra de DNA marcada são então digeridas com DNase I na presença e na ausência de amostras de proteínas contendo uma proteína de ligação a uma sequência específica de DNA. A DNase I hidrolisa as ligações fosfodiéster do DNA entre o oxigênio 3′ da desoxirribose de um nucleotídeo e o fosfato 5′ do próximo nucleotídeo. Uma baixa concentração de DNase I é utilizada de modo que, em média, cada molécula de DNA é clivada apenas uma vez (setas verticais). Caso a amostra de proteínas não contenha uma proteína ligadora de DNA cognata, o fragmento de DNA é clivado em múltiplas posições entre a extremidade marcada e a não marcada do fragmento original, como é mostrado para a amostra A (*esquerda*). Caso a amostra de proteínas contenha uma proteína que se ligue a uma sequência específica do DNA marcado, como mostrado na amostra B (*direita*), a proteína se liga ao DNA e protege esta porção do fragmento, impedindo que seja digerido. Após o tratamento com DNase, o DNA é separado da proteína, desnaturado em bandas individuais e submetido à eletroforese. A autorradiografia do gel resultante detecta apenas as fitas marcadas e revela os fragmentos que se estendem da extremidade marcada até o sítio de clivagem pela DNase I. Fragmentos de clivagem contendo a sequência controle são observados no gel para a amostra A, mas não observados na amostra B, pois a ligação da proteína cognata bloqueia a clivagem da sequência e, portanto, a produção dos fragmentos correspondentes. As bandas ausentes no gel constituem o *footprint*. (b) *Footprints* gerados com concentrações crescentes de TBP (indicadas pelo triângulo) e de TFIID e com o promotor tardio forte principal de adenovírus. (Parte (b) obtida de Q. Zhou et al., 1992, *Genes Dev.* **6**:1964.)

proteína adicionada (canaletas 1, 6 e 9), observa-se um padrão de bandas específico, que depende da sequência do DNA e resulta da clivagem de algumas ligações fosfodiéster e da manutenção de outras. Porém, quando concentrações crescentes de TBP são inoculadas com o DNA marcado em uma extremidade antes da digestão com DNase I, a TBP se liga ao TATA *box* e protege a região entre ≈−35 e −20 da digestão quando TBP suficiente é adicionada para que se ligue a todas as moléculas marcadas de DNA. Em contrapartida, concentrações crescentes de TFIID (canaletas 7 e 8) protegem a região do TATA *box* da digestão com DNase I, assim como as regiões próximas −7, +1 a +5, +10 a +15 e +20, gerando um padrão de bandas distinto do *footprint* obtido na presença de TBP. Resultados como esse indicam que outras subunidades da TFIID (os fatores associados à TBP, ou TAFS) também se ligam ao DNA na região a jusante ao TATA *box*.

O *ensaio de alteração da mobilidade eletroforética* (EMSA, do inglês *electrophoretic mobility shift assay*), também chamado de *mobilidade eletroforética* ou *ensaio de alteração de bandas*, é mais útil que o ensaio *footprinting* no que diz respeito à análise quantitativa das proteínas de ligação ao DNA. Em geral, a mobilidade eletroforética de um fragmento de DNA é reduzida quando esse fragmento está complexado a uma proteína, provocando alteração no posicionamento do fragmento. Esse ensaio pode ser usado para detectar um fator de transcrição em frações proteicas incubadas com um fragmento de DNA marcado radiativamente que contenha um elemento controlador conhecido (Figura 7-24). Quanto maior a concentração de fator de transcrição adicionada à reação de ligação, maior será a quantidade de sonda marcada com posição alterada correspondente ao complexo DNA-proteína.

No isolamento bioquímico de um fator de transcrição, um extrato de núcleos celulares é geralmente submetido a uma purificação sequencial em diferentes colunas cromatográficas (Capítulo 3). As frações eluídas das colunas são testadas por *footprinting* com DNase I ou

FIGURA EXPERIMENTAL 7-24 Ensaios de alteração de mobilidade eletroforética podem ser utilizados para detectar fatores de transcrição durante a purificação. Neste exemplo, frações de proteínas separadas por meio de cromatografia em colunas são testadas quanto à capacidade de se ligar a um fragmento de DNA sonda, marcado radiativamente, contendo um elemento regulador conhecido. Uma alíquota da amostra de proteína é aplicada na coluna (ON) e sucessivas frações eluídas da coluna (números) foram incubadas com a sonda marcada; as amostras foram submetidas à eletroforese em condições que não rompem as interações proteína-DNA. A sonda livre não ligada a proteínas migra até a parte inferior do gel. Uma proteína, presente na preparação aplicada na coluna e nas frações 7 e 8, se liga à sonda, formando um complexo DNA-proteína que migra de modo mais lento que a sonda livre. Portanto, estas frações provavelmente contêm a proteína reguladora alvo. (Obtida de S. Yoshinaga et al., 1989, *J. Biol. Chem.* **264**:10529.)

Fração ON 1 2 3 4 5 6 7 8 9 10 11 12 14 16 18 20 22

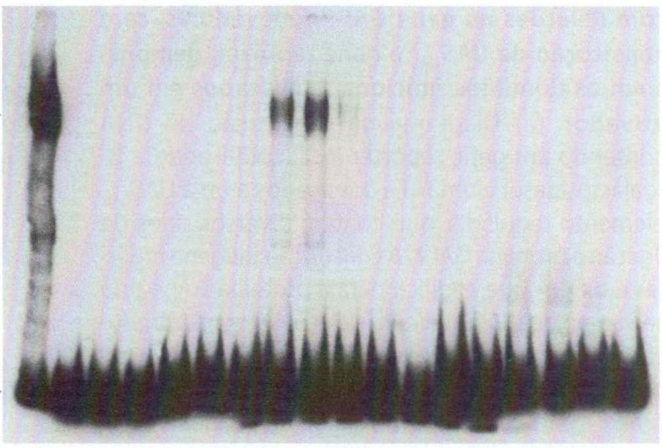

EMSA utilizando fragmentos de DNA que contêm um elemento regulador identificado (ver Figura 7-21). As frações que contêm a proteína que se liga ao elemento regulador nesses ensaios provavelmente contêm um potencial fator de transcrição. Uma técnica eficiente, geralmente usada como etapa final na purificação de fatores de transcrição, é a *cromatografia de afinidade por uma sequência específica de DNA*, tipo particular de cromatografia de afinidade em que longas fitas de DNA com várias cópias de um sítio de ligação para um fator de transcrição são ligadas à matriz da coluna.

Uma vez que o fator de transcrição seja isolado e purificado, sua sequência parcial de aminoácidos pode ser determinada e utilizada para a clonagem do gene ou do cDNA que o codifica, conforme descrito no Capítulo 5. O gene isolado pode, então, ser utilizado para testar a capacidade da proteína codificada de ativar ou reprimir a transcrição, em um ensaio de transfecção *in vivo* (Figura 7-25).

Os ativadores que promovem a transcrição são compostos por domínios funcionais distintos

Estudos realizados sobre um ativador de transcrição de levedura denominado GAL4 forneceram as primeiras evidências a respeito da estrutura dos domínios dos fatores de transcrição. O gene codificador da proteína GAL4, que promove a expressão das enzimas necessárias para o metabolismo da galactose, foi identificado pela análise de complementação de mutantes *gal4* incapazes de formar colônias em meio ágar nos quais a galactose foi a única fonte de carbono e energia (Capítulo 5). Estudos de mutagênese dirigida, como os descritos anteriormente, identificaram as UASs para os genes ativados por GAL4. Foi observado que cada uma dessas UASs continha uma ou mais cópias de uma sequência relacionada de 17 pb chamada de UAS_{GAL}. Ensaios de *footprinting* com DNase I realizados com a proteína GAL4 recombinante produzida em *E. coli* a partir do gene *GAL4* de levedura mostraram que a proteína GAL4 se liga a sequências UAS_{GAL}. Quando uma cópia de UAS_{GAL} foi clonada na região a montante de um TATA *box* seguido de um gene repórter, a expressão da β-galactosidase foi ativada em meio contendo galactose nas células do tipo selvagem, mas não nos mutantes *gal4*. Esses resultados demonstraram que UAS_{GAL} é um elemento controlador de transcrição ativado pela proteína GAL4 em meio com galactose.

Um admirável conjunto de experimentos realizado com mutantes de deleção *gal4* demonstrou que o fator de transcrição GAL4 é composto por domínios funcionais separados: um **domínio de ligação ao DNA** N-terminal, que se liga a sequências específicas de DNA, e um **domínio de ativação** C-terminal, que interage com outras proteínas para estimular a transcrição de um promotor próximo (Figura 7-26). Quando o domínio N-terminal de ligação ao DNA de GAL4 foi diretamente fusionado a várias porções da sua própria região C-terminal, as proteínas truncadas resultantes mantiveram sua capacidade de estimular a expressão de um gene repórter em um en-

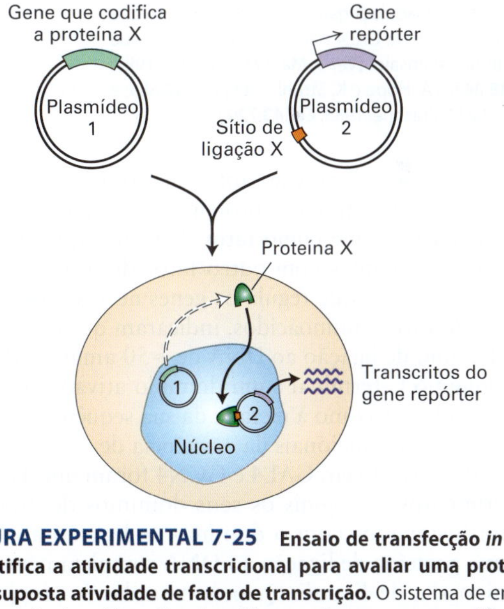

FIGURA EXPERIMENTAL 7-25 Ensaio de transfecção *in vivo* quantifica a atividade transcricional para avaliar uma proteína com suposta atividade de fator de transcrição. O sistema de ensaio requer dois plasmídeos. Um plasmídeo contém o gene que codifica um suposto fator de transcrição (proteína X). O segundo plasmídeo contém um gene repórter (p. ex., luciferase) e um ou mais sítios de ligação para a proteína X. Os dois plasmídeos são inseridos simultaneamente em células que não codificam o gene para a proteína X. A produção de transcritos de RNA para o gene repórter é quantificada; alternativamente, a atividade da proteína codificada pode ser avaliada. Se a transcrição do gene repórter for maior na presença do plasmídeo que codifica a proteína X do que na sua ausência, então a proteína é um ativador; se a transcrição for menor, ela é um repressor. Por meio do uso de plasmídeos que codifiquem versões com mutações ou rearranjos do fator de transcrição, importantes domínios da proteína podem ser identificados.

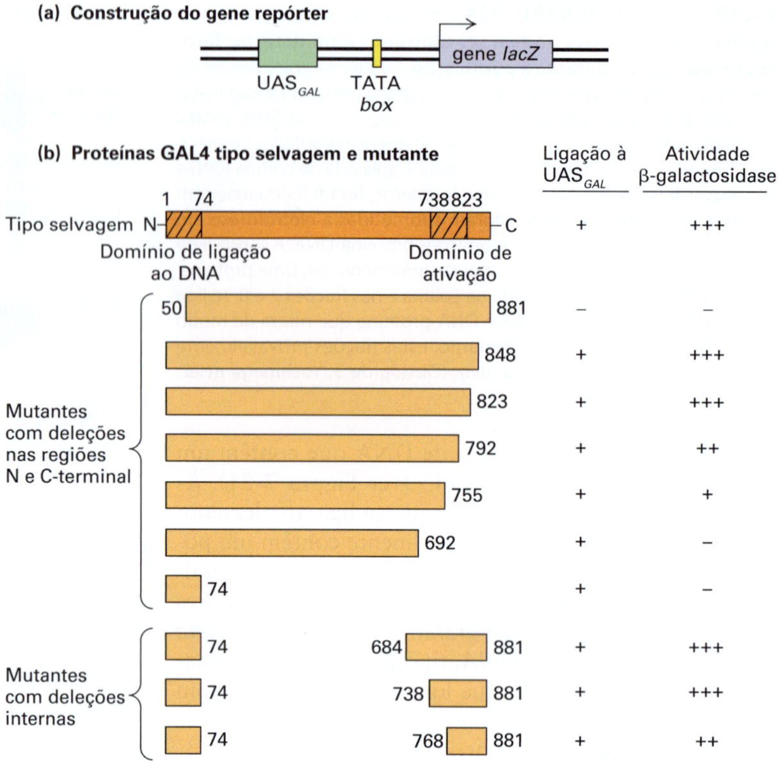

FIGURA EXPERIMENTAL 7-26 Mutantes com deleções no gene *GAL4* de leveduras, com construção de UAS$_{GAL}$ e gene repórter, demonstram os domínios funcionais separados em um ativador. (a) Diagrama da construção de DNA contendo um gene repórter *lacZ* (codificando a β-galactosidase) e um TATA *box* ligados a uma UAS$_{GAL}$, elemento regulador que contém diversos sítios de ligação à proteína GAL4. A construção do gene repórter e o DNA que codifica para a proteína GAL4 tipo selvagem ou mutante (com deleções) foram introduzidos simultaneamente em células mutantes de leveduras (*gal4*), onde a atividade da β-galactosidase expressa a partir de *lacZ* foi testada. A atividade será alta se o DNA *GAL4* inserido codificar para uma proteína funcional. (b) Diagramas para a proteína GAL4 tipo selvagem, e várias formas mutantes. Os números em fonte menor se referem à posição equivalente na sequência tipo selvagem. Deleções de 50 aminoácidos a partir da posição N-terminal aboliram a capacidade de GAL4 de se ligar à UAS$_{GAL}$ e estimular a expressão da β-galactosidase a partir do gene repórter. Proteínas com grandes deleções a partir da extremidade C-terminal ainda se ligam à UAS$_{GAL}$. Estes resultados indicam que o domínio de ligação ao DNA está localizado na extremidade N-terminal da GAL4. A capacidade de ativar a expressão da β-galactosidase não foi completamente abolida a não ser quando os aminoácidos entre as posições 126 e 189, ou mais, foram removidos da extremidade C-terminal. Portanto, o domínio ativador se encontra na extremidade C-terminal da GAL4. Proteínas com deleções internas (*parte inferior da figura*) também foram capazes de estimular a expressão da β-galactosidase, indicando que a região central da GAL4 não é essencial para a sua função neste ensaio. (Ver J. Ma e M. Ptashne, 1987, *Cell* **48**:847; I. A. Hope e K. Struhl, 1986, *Cell* **46**:885; e R. Brent e M. Ptashne, 1985, *Cell* **43**:729.)

saio *in vivo* semelhante ao apresentado na Figura 7-25. Assim, a porção interna da proteína não é necessária para que GAL4 funcione como fator de transcrição. Experimentos semelhantes com outro fator de transcrição de levedura, GCN4, que regula os genes necessários para a síntese de vários aminoácidos, indicaram que ele contém um domínio de ligação ao DNA de ≈50 aminoácidos no seu domínio C-terminal e um domínio ativador de ≈20 aminoácidos próximo à metade da sua sequência.

Evidências adicionais da existência de domínios distintos de ativação em GAL4 e GCN4 foram obtidas com experimentos nos quais os seus domínios de ativação foram fusionados com o domínio de ligação ao DNA de uma proteína de ligação ao DNA completamente não relacionada, de *E. coli*. Quando testadas *in vivo*, essas proteínas fusionadas ativaram a transcrição de um gene repórter que continha o sítio cognato para a proteína de *E. coli*. Assim, fatores transcricionais funcionais podem ser construídos a partir de combinações inteiramente novas de elementos de procariotos e eucariotos.

Estudos desse tipo já foram realizados com diversos ativadores eucarióticos. A partir desses estudos, estabeleceu-se um modelo estrutural dos ativadores eucarióticos em módulos, no qual um ou mais domínios ativadores estão conectados a domínios de ligação a sequências específicas de DNA por meio de domínios proteicos flexíveis (Figura 7-27). Em alguns casos, os aminoácidos pertencentes ao domínio de ligação ao DNA também contribuem para a ativação transcricional. Conforme discutido em seção posterior, acredita-se que os domínios de ativação funcionem por meio da ligação a outras proteínas envolvidas na transcrição. A presença de do-

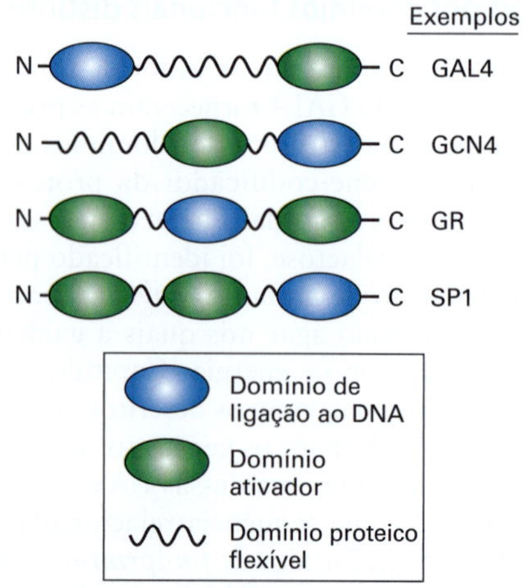

FIGURA 7-27 Diagrama esquemático ilustrando a estrutura modular dos ativadores da transcrição eucarióticos. Fatores de transcrição podem conter mais de um domínio ativador, mas raramente contêm mais de um domínio de ligação ao DNA. GAL4 e GCN4 são ativadores transcricionais de leveduras. O receptor de glicocorticoides (GR) promove a transcrição de seus genes-alvo quando hormônios específicos se ligam ao domínio ativador C-terminal. SP1 se liga aos elementos promotores ricos em GC em um grande número de genes de mamíferos.

mínios flexíveis que conectam os domínios de ligação ao DNA aos domínios de ativação pode explicar por que as alterações no espaçamento entre os elementos controladores são bem toleradas nas regiões controladoras dos eucariotos. Dessa forma, mesmo quando a posição dos fatores de transcrição ligados ao DNA é trocada, seus domínios de ativação podem permanecer com capacidade de interação, pois estão ligados aos domínios de ligação ao DNA por meio de regiões proteicas flexíveis.

Repressores inibem a transcrição e são os opostos funcionais dos ativadores

A transcrição eucariótica é regulada tanto por repressores quanto por ativadores. Por exemplo, geneticistas identificaram mutações em levedura que levam à expressão contínua e em altos níveis de determinados genes. Esse tipo de expressão não regulada e anormalmente alta é chamado de expressão **constitutiva** e resulta da inativação de um repressor que normalmente inibe a transcrição desses genes. Do mesmo modo, foram isolados mutantes de *Drosophila* e de *Caenorhabditis elegans* defectivos no desenvolvimento embrionário por expressarem genes em células embrionárias que normalmente deveriam estar reprimidos. As mutações, nesses mutantes, inativam repressores, levando a um desenvolvimento anormal.

Foram identificados sítios de ligação de repressores no DNA por meio de análises de triagem sistemática de mutações (*linker scanning mutation*) semelhantes àquela ilustrada na Figura 7-21. Nesse tipo de análise, uma mutação em um sítio de ligação de um ativador diminui a expressão de um gene repórter, ao passo que uma mutação em um sítio de ligação de um repressor aumenta a expressão do gene repórter. As proteínas repressoras que se ligam a esses sítios podem ser purificadas e testadas pelas mesmas técnicas bioquímicas descritas anteriormente para as proteínas ativadoras.

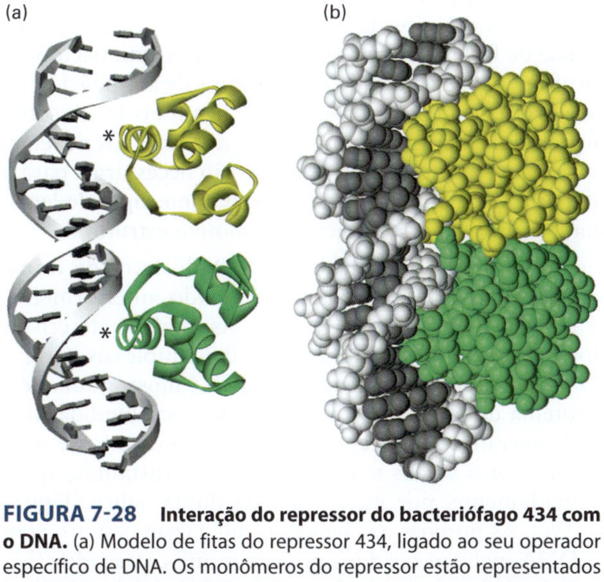

FIGURA 7-28 Interação do repressor do bacteriófago 434 com o DNA. (a) Modelo de fitas do repressor 434, ligado ao seu operador específico de DNA. Os monômeros do repressor estão representados em amarelo e verde. As hélices de reconhecimento estão indicadas pelos asteriscos. Um modelo de volume atômico do complexo repressor-operador (b) mostra como a proteína interage intimamente com um dos lados da molécula de DNA, em uma extensão equivalente a 1,5 volta. (Adaptada de A. K. Aggarwal et al., 1988, *Science* **242**:899.)

Os repressores de transcrição em eucariotos são o oposto funcional dos ativadores. Podem inibir a transcrição de um gene normalmente não encontrado sob seu controle quando os seus sítios de ligação cognatos são colocados entre dezenas de pares de bases até muitas quilobases de distância do sítio de iniciação do gene. Assim como os ativadores, a maioria dos repressores eucarióticos são proteínas modulares contendo dois domínios funcionais: um domínio de ligação ao DNA e um **domínio repressor**. Assim como os domínios de ativação, os domínios repressores mantêm sua função quando fusionados a outros tipos de domínios de ligação ao DNA. Se os sítios de ligação para esse segundo tipo de domínio de ligação ao DNA são inseridos a uma distância de algumas centenas de pares de bases de um promotor, a expressão da proteína fusionada inibe a transcrição a partir desse promotor. Também de modo similar aos domínios de ativação, os domínios de repressão funcionam pela interação com outras proteínas, conforme será discutido adiante neste capítulo.

Os domínios de ligação ao DNA podem ser classificados em numerosos tipos estruturais

Os domínios de ligação do DNA dos ativadores e repressores eucarióticos contêm diversos motivos estruturais que se ligam a sequências específicas do DNA. A capacidade das proteínas de ligação ao DNA em se ligar a sequências específicas de DNA é, normalmente, o resultado de interações não covalentes entre os átomos de uma hélice α do domínio de ligação ao DNA e os átomos que existem nas bases presentes no sulco maior do DNA. As interações iônicas entre os resíduos de arginina e lisina com carga positiva, e os átomos de fosfato de carga negativa na cadeia principal açúcar-fosfato e, em alguns casos, interações com os átomos no sulco menor da cadeia de DNA também contribuem para a ligação.

Os princípios das interações específicas proteína-DNA foram inicialmente descobertos durante o estudo dos repressores bacterianos. Vários repressores bacterianos são proteínas diméricas nas quais uma hélice α de cada monômero se insere no sulco maior de uma hélice de DNA (Figura 7-28). Essa hélice α é denominada *hélice de reconhecimento* ou *hélice leitora de sequência*, pois a maioria das cadeias laterais de aminoácidos que faz contatos com o DNA se estende a partir dessa hélice. A hélice de reconhecimento que se projeta da superfície dos repressores bacterianos para penetrar o sulco maior do DNA e estabelecer múltiplas interações específicas com os átomos do DNA é orientada na estrutura proteica em parte por meio de interações hidrofóbicas com uma segunda hélice α localizada na posição N-terminal em relação à primeira hélice. Esse elemento estrutural, presente em muitos repressores bacterianos, é chamado de motivo *hélice-volta-hélice*.

Vários outros motivos que podem apresentar hélices α ao sulco maior do DNA são encontrados em fatores de transcrição eucarióticos, frequentemente classificados de acordo com o tipo de domínio de ligação ao DNA que contêm. Visto que a maioria desses motivos possui sequências consenso de aminoácidos características, fatores de transcrição em potencial podem ser identificados entre as sequências de cDNAs de vários tecidos que já tenham sido caracterizados em humanos e em outras espécies. O genoma humano, por exemplo, codifica cerca de 2.000 fatores de transcrição.

Nesta seção, serão discutidas várias classes comuns de proteínas de ligação a DNA cujas estruturas tridimensionais já foram determinadas. Em todos esses exemplos, e em muitos outros fatores de transcrição, pelo menos uma hélice α é inserida no sulco maior do DNA. No entanto, alguns fatores de transcrição contêm motivos estruturais alternativos (p. ex., fitas β e alças, ver NFAT na Figura 7-32 como exemplo) que interagem com DNA.

Proteínas homeodomínio Vários fatores de transcrição eucarióticos que funcionam durante o desenvolvimento contêm um motivo de ligação ao DNA conservado de 60 pares de bases, chamado **homeodomínio**, similar ao motivo hélice-volta-hélice dos repressores bacterianos. Esses fatores de transcrição foram identificados inicialmente nos mutantes de *Drosophila* que apresentavam a transformação de uma parte do corpo em outra, durante o desenvolvimento (ver Figura 7-1b). A sequência homeodomínio conservada foi também encontrada nos fatores de transcrição dos vertebrados, inclusive nos fatores de transcrição com funções de controle essenciais semelhantes para o desenvolvimento humano.

Proteínas dedo de zinco Uma série de proteínas eucarióticas têm regiões que se enovelam em torno a um íon Zn^{2+} central gerando um domínio compacto a partir de uma cadeia polipeptídica de tamanho relativamente pequeno. Conhecido como **dedo de zinco**, esse motivo estrutural foi inicialmente identificado nos domínios de ligação ao DNA, mas atualmente sabe-se que ocorre também nas proteínas que não se ligam ao DNA. A seguir serão descritas duas das várias classes de motivos dedos de zinco identificadas nos fatores de transcrição eucarióticos.

O *dedo de zinco* C_2H_2 é o mais comum dos motivos de ligação ao DNA codificado no genoma humano e no genoma da maioria dos outros animais multicelulares. Nas plantas multicelulares esse é, também, um motivo comum; no entanto, não é o tipo dominante de domínio de ligação ao DNA nos vegetais, ao contrário do que ocorre nos animais. Esse motivo tem uma sequência consenso de 23 a 26 resíduos, contendo dois resíduos conservados de cisteína (C) e dois resíduos conservados de histidina (H), cujas cadeias laterais ligam um íon Zn^{2+} (ver Figura 3-9c). O nome "dedo de zinco" foi cunhado porque o diagrama bidimensional dessa estrutura se assemelha a um dedo. Quando a estrutura tridimensional foi descoberta, ficou evidente que a ligação do íon Zn^{2+} pelos dois resíduos de cisteína e dois resíduos de histidina dobra a sequência relativamente curta de polipeptídeos em um domínio compacto, que pode inserir a sua hélice α no sulco maior do DNA. Diversos fatores de transcrição contêm múltiplos dedos de zinco C_2H_2, que interagem com grupos sucessivos de pares de bases, no sulco maior do DNA, à medida que a proteína se enrola em torno da dupla-hélice de DNA (Figura 7-29a).

Um segundo tipo de estrutura em dedo de zinco, conhecida como *dedo de zinco* C_4 (por ter quatro resíduos de cisteína conservadas em contacto com o íon Zn^{2+}), é observado em ≈50 fatores de transcrição humanos. Os primeiros membros dessa classe foram identificados como proteínas intracelulares específicas de ligação de alta afinidade, ou "receptores", para hormônios esteroides; o que levou ao nome *superfamília de receptores esteroides*. Visto que receptores intracelulares semelhantes para hormônios não esteroides foram posteriormente encontrados, esses fatores de transcrição são atualmente chamados de **receptores nucleares**. A característica típica dos dedos de zinco C_4 é a presença de dois grupos de quatro resíduos de cisteína essenciais, em direção a cada extremidade do domínio de 55 ou 56 resíduos de aminoácidos. Apesar do dedo de zinco C_4 ter recebido esse nome inicialmente em analogia ao dedo de zinco C_2H_2, as estruturas tridimensionais das proteínas que contêm esses motivos de ligação ao DNA mais tarde revelaram-se bastante distintas. Uma diferença particularmente importante entre esses dois motivos é que as proteínas dedo de zinco C_2H_2 geralmente contêm três ou mais unidades repetidas do dedo de zinco e se ligam como monômeros, ao passo que as proteínas dedo de zinco C_4 geralmente contêm apenas duas unidades dedo de zinco e, normalmente, se ligam ao DNA como homodímeros ou heterodímeros. Os domínios homodímeros dedo de zinco C_4 de ligação ao DNA têm simetria rotacional bilateral (Figura 7-29b). Consequentemente, os receptores nucleares homodiméricos se ligam às sequências consenso de DNA compostas por repetições invertidas.

Proteínas zíper de leucina Outro motivo estrutural presente nos domínios de ligação ao DNA em uma grande classe de fatores de transcrição contém o aminoácido hidrofóbico leucina a cada sete resíduos de aminoácido na sua sequência. Essas proteínas se ligam ao DNA sob a forma de dímeros, e a mutagênese dos resíduos de leucina demonstrou que esses resíduos são necessários para a dimerização. Consequentemente, o nome **zíper de leucina** foi cunhado para indicar esse motivo estrutural.

O domínio de ligação ao DNA do fator de transcrição GCN4 de levedura, mencionado anteriormente, é um domínio zíper de leucina. As análises de cristalografia por difração de raios X de complexos entre o DNA e o domínio de ligação de GCN4 mostraram que a proteína dimérica contém duas hélices α estendidas que se "agarram" à molécula de DNA, como se fosse uma tesoura, nos sulcos maiores adjacentes distantes, aproximadamente, por meia volta da dupla-hélice (Figura 7-29c). As porções das hélices α que fazem contato com o DNA incluem resíduos positivamente carregados (básicos) que interagem com os fosfatos da cadeia principal do DNA e resíduos adicionais que interagem com bases específicas no sulco maior.

Por meio de interações hidrofóbicas entre as regiões C-terminais das hélices α, o GCN4 forma dímeros e

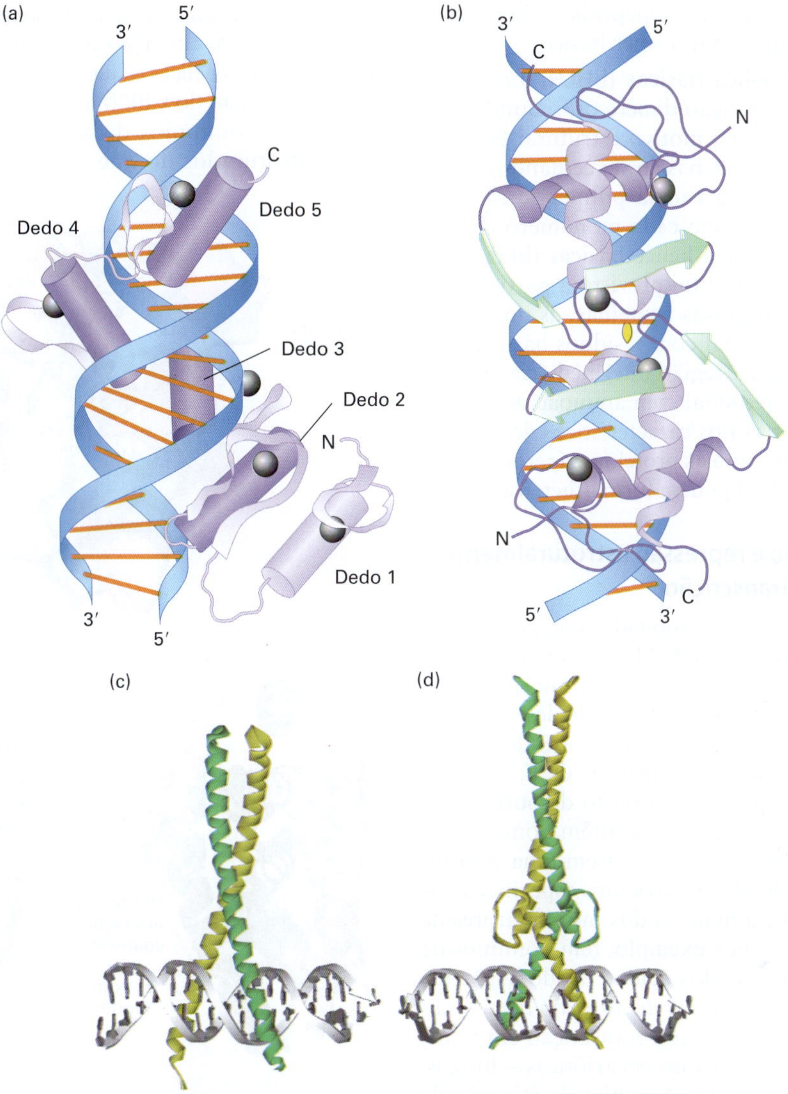

FIGURA 7-29 Domínios eucarióticos de ligação ao DNA que utilizam uma hélice α para interagir com o sulco maior de sequências específicas de DNA. (a) O domínio de ligação ao DNA GL1 é monomérico e contém cinco dedos de zinco C_2H_2. As hélices α estão representadas como cilindros e os íons Zn^{2+} estão representados como esferas. O dedo de zinco 1 não interage com o DNA, ao passo que os demais 4 dedos de zinco interagem. (b) O receptor glicocorticoide é uma proteína dedo de zinco C_4 homodimérica. As hélices α estão representadas como fitas roxas, as fitas β como setas verdes, íons de Zn^{2+} como esferas. Duas hélices α (tom mais escuro), uma em cada monômero, interagem com o DNA. Assim como todos os dedos de zinco homodiméricos C_4, este fator de transcrição apresenta simetria rotacional bilateral; o centro de simetria é indicado pela elipse amarela. (c) Nas proteínas zíper de leucina, os resíduos básicos se projetam das regiões de hélice α dos monômeros que interagem com a cadeia principal do DNA, em sulcos maiores adjacentes. Os domínios de formação de dímeros das super-hélices são estabilizados pelas interações hidrofóbicas entre os monômeros. (d) Nas proteínas bHLH, as hélices de ligação ao DNA na parte inferior (extremidade N-terminal dos monômeros) são separadas por alças não helicoidais localizadas em uma região similar aos zíperes de leucina, contendo domínios super-hélice de formação de dímeros. (Parte (a), ver N. P. Pavletich e C. O. Pabo, 1993, *Science* **261**:1701. Parte (b), ver B. F. Luisi et al., 1991, *Nature* **352**:497. Parte (c), ver T. E. Ellenberger et al., 1992, *Cell* **71**:1223. Parte (d), ver A. R. Ferred'Amare et al., 1993, *Nature* **363**:38.)

origina uma estrutura de **super-hélice**. Essa estrutura é comum nas proteínas que contêm hélices α anfipáticas, nas quais os resíduos de aminoácidos hidrofóbicos estão espaçados regularmente a cada três ou quatro aminoácidos na sua sequência, formando uma linha em um dos lados da hélice α. Esses resíduos hidrofóbicos alinhados formam superfícies de interação entre os monômeros das hélices α um dímero super-hélice (ver Figura 3-9a).

Apesar de os primeiros fatores de transcrição zíper de leucina a ser analisados conterem resíduos de leucina a cada sete aminoácidos na região de dimerização, outras proteínas de ligação ao DNA com outros aminoácidos hidrofóbicos nessas posições foram posteriormente identificadas. Como as proteínas com zíper de leucina, elas formam dímeros contendo uma região de dimerização C-terminal em super-hélice e um domínio N-terminal de ligação ao DNA. O termo *zíper básico* (*bZIP*) é hoje bastante usado para se referir a todas as proteínas que compartilham essas características estruturais. Muitos fatores de transcrição zíperes básicos são heterodímeros compostos por duas cadeias polipeptídicas diferentes, cada uma contendo um domínio zíper básico.

Proteínas hélice-alça-hélice básicas (bHLH) Em outra classe de fatores de transcrição diméricos, o domínio de ligação ao DNA contém um motivo estrutural bastante semelhante ao motivo zíper básico, excetuando-se que uma alça não helicoidal na cadeia polipeptídica separa duas regiões de hélice α em cada monômero (Figura 7-29d). O motivo **hélice-alça-hélice básicas (bHLH**, do inglês *basic helix-loop-helix*) foi previsto a partir da sequência de aminoácidos dessas proteínas, as quais contêm uma hélice α N-terminal com resíduos básicos, que interage com o DNA, uma região intermediária em alça (*loop*) e uma região C-terminal com aminoácidos hidrofóbicos espaçados a intervalos característicos de uma hélice α anfipática. Assim como as proteínas zíperes básicas, diferentes proteínas bHLH podem formar heterodímeros.

Domínios de ativação e repressão estruturalmente distintos regulam a transcrição

Experimentos com proteínas fusionadas compostas pelo domínio de ligação ao DNA GAL4 e por segmentos aleatórios de proteínas de *E. coli* indicaram que outro grupo de sequências de aminoácidos pode desempenhar o papel de domínio de ativação, correspondendo a aproximadamente 1% de todas as sequências de *E. coli*, embora tenham evoluído para a realização de outras funções. Vários fatores de transcrição contêm domínios de ativação caracterizados por apresentarem uma porcentagem incomumente alta de aminoácidos específicos. Os fatores GAL4, GCN4 e a maioria dos outros fatores de transcrição de levedura, por exemplo, têm domínios de ativação ricos em aminoácidos ácidos (ácido aspártico e ácido glutâmico). Os *domínios de ativação ácidos* são geralmente capazes de estimular a transcrição em praticamente todos os tipos de células eucarióticas – fungos, células animais ou vegetais. Os domínios de ativação de alguns fatores de transcrição em *Drosophila* ou dos mamíferos são ricos em glutamina e outros em prolina; ainda outros são ricos nos aminoácidos relacionados serina e treonina, ambos contendo grupamentos hidroxila. No entanto, alguns domínios ativadores fortes não são particularmente ricos em qualquer aminoácido específico.

Estudos biofísicos indicam que os domínios ácidos de ativação têm uma conformação de enovelamento aleatória e não estruturada. Esses domínios estimulam a transcrição quando estão ligados a uma proteína **coativadora**. A interação com um coativador provoca a ativação do domínio, que assume conformação mais estruturada, como uma hélice α, no complexo domínio de ativação-coativador. Um exemplo bem estudado de fator de transcrição contendo um domínio de ativação ácido é a proteína CREB dos mamíferos, fosforilada em resposta ao aumento nos níveis de AMPc. Essa fosforilação regulada é necessária para que a CREB ligue-se ao coativador CBP (do inglês CREB *binding protein*), resultando na transcrição de genes cujas regiões controladoras contêm um sítio de ligação à CREB (ver Figura 15-32). Quando o domínio de ativação fosforilado e aleatoriamente enovelada da proteína CREB interage com o CBP, ela sofre alteração conformacional, que leva à formação de duas hélices α que se enrolam em torno do domínio de interação do CBP (Figura 7-30a).

Alguns domínios de ativação são maiores e mais bem estruturados do que os domínios de ativação áci-

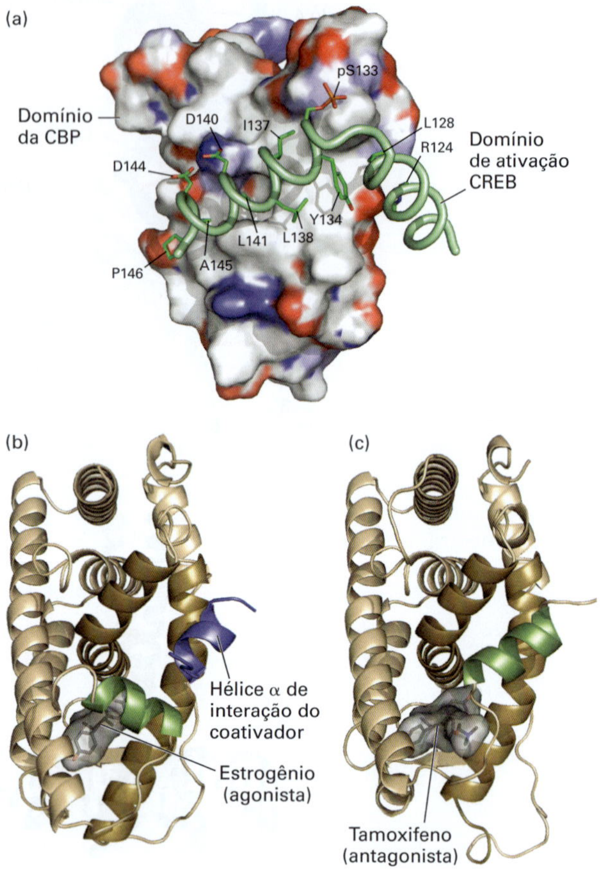

FIGURA 7-30 Domínios de ativação podem apresentar enovelamento aleatório até a sua interação com proteínas coativadoras ou domínios proteicos enovelados. (a) O domínio de ativação da proteína CREB (do inglês *cyclic AMP response element-binding protein*) é ativado pela fosforilação da serina 123. A proteína apresenta conformação não enovelada até a sua interação com um domínio do coativador CBP (representado no modelo de volume atômico com as regiões de carga negativa em vermelho e regiões de carga positiva em azul). Quando o domínio de ativação CREB se liga à proteína CBP, ele se enovela em duas hélices α anfipáticas. As cadeias laterais do domínio de ativação que interagem com a superfície do domínio CBP estão indicadas. (b) O domínio de ativação de associação a ligantes do receptor de estrogênio é um domínio proteico enovelado. Quando o estrogênio está ligado ao domínio, a hélice α em verde interage com o ligante, gerando um sulco hidrofóbico no domínio de associação ao ligante (hélices em marrom), que se liga a uma hélice α anfipática da subunidade do coativador (azul). (c) A conformação no receptor de estrogênio na ausência do hormônio é estabilizada pela ligação do tamoxifeno, um antagonista do estrogênio. Nesta conformação, a hélice em verde do receptor adota uma conformação que interage com o sulco de ligação do coativador no receptor ativo, bloqueando espacialmente a ligação do coativador. (Parte (a) obtida de I. Radhakrishnan et al. (1997) *Cell* **91**:741, cortesia de Peter Wright. Partes (b) e (c) obtidas de A. K. Shiau et al., 1998, *Cell* **95**:927.)

dos. Por exemplo, os domínios de associação a ligantes dos receptores nucleares funcionam como domínios de ativação quando se ligam a seus ligantes específicos (Figura 7-30b, c). A associação com os ligantes induz uma grande alteração conformacional que permite ao domínio de associação ligado a um hormônio interagir com uma pequena hélice α nos coativadores dos receptores nucleares; o complexo resultante pode, então, ativar a transcrição dos genes cujas regiões controladoras se ligam ao receptor nuclear.

Desse modo, o domínio de ativação ácido da CREB e os domínios de ativação de associação a ligantes dos receptores nucleares representam dois extremos estruturais. O domínio de ativação ácido da CREB apresenta um enovelamento aleatório que gera duas hélices α quando se liga à superfície de um domínio globular de um coativador. Em contrapartida, o domínio de ativação de associação a ligantes de receptores nucleares é um domínio globular estruturado que interage com uma pequena hélice α em um coativador, o qual provavelmente apresenta uma estrutura de enovelamento aleatório antes de ser ligado. Em ambos os casos, no entanto, interações específicas proteína-proteína entre os coativadores e os domínios de ativação permitem que os fatores de transcrição estimulem a expressão gênica.

Atualmente, pouco se sabe a respeito da estrutura dos domínios de repressão. Os domínios globulares de associação a ligantes de alguns receptores nucleares funcionam como domínios repressores na ausência de seus ligantes hormonais específicos. Assim como os domínios de ativação, os domínios de repressão podem ser relativamente curtos, com 15 ou menos aminoácidos. Estudos bioquímicos e genéticos indicam que os domínios de repressão também são responsáveis por mediar interações proteína-proteína e se ligam a proteínas **correpressoras**, formando um complexo que inibe a iniciação da transcrição utilizando mecanismos que serão discutidos adiante neste capítulo.

A interação entre os fatores de transcrição aumenta as opções de controle gênico

Dois tipos de proteínas de ligação ao DNA discutidos anteriormente – as proteínas zíperes básicas e as proteínas bHLH – muitas vezes ocorrem em combinações heterodiméricas alternativas de monômeros. Outras classes de fatores de transcrição, não apresentadas aqui, também formam proteínas heterodiméricas. Em alguns fatores de transcrição heterodiméricos, cada monômero reconhece a mesma sequência. Nessas proteínas, a formação de heterodímeros alternativos não aumenta o número de sítios distintos aos quais os monômeros podem ser ligar, mas permite que os domínios de ativação associados a cada monômero sejam unidos em combinações alternativas que se ligam ao mesmo sítio (Figura 7-31a). Como será visto a seguir, e nos próximos capítulos, a atividade dos fatores de transcrição individuais pode ser regulada por vários mecanismos. Consequentemente, um único elemento regulador bZIP ou bHLH na região controladora de um gene pode desencadear respostas transcricionais diferentes, dependendo de

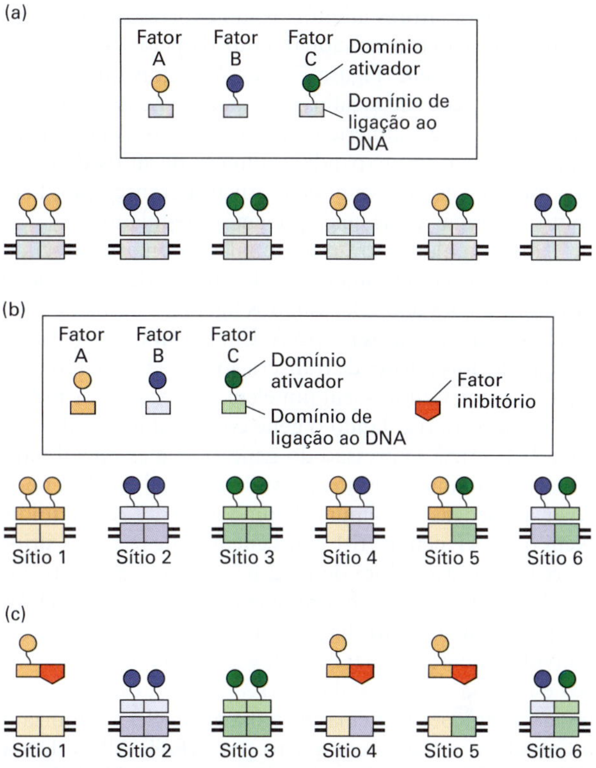

FIGURA 7-31 Possibilidades combinatórias devido à formação de fatores de transcrição heterodiméricos. (a) Em alguns fatores de transcrição heterodiméricos, cada monômero reconhece a mesma sequência de DNA. No exemplo hipotético mostrado, os fatores de transcrição A, B e C podem interagir uns com os outros, criando seis combinações alternativas distintas de domínios de ativação, todos capazes de se ligar ao mesmo sítio. Cada sítio de ligação composto é dividido em duas metades, e cada fator heterodimérico contém domínios ativadores oriundos dos seus dois monômeros constituintes. (b) Quando os monômeros que compõem o fator de transcrição reconhecem sequências diferentes de DNA, combinações alternativas dos três fatores se ligam a seis sequências distintas de DNA (sítios 1 a 6), cada qual com uma combinação única de domínios ativadores. (c) A expressão de um fator inibitório (vermelho) que interage apenas com o fator A inibe a ligação; portanto, a ativação transcricional nos sítios 1, 4 e 5 é inibida, mas a ativação nos sítios 2, 3 e 6 não é afetada.

qual dos monômeros – bZIP ou bHLH – se ligar ao sítio que está sendo expresso em certa célula em determinado momento e de como sua atividade é regulada.

Em alguns fatores de transcrição heterodiméricos, no entanto, cada monômero tem especificidades de ligação ao DNA diferentes. As possibilidades combinatórias resultantes aumentam o número de sequências de DNA em potencial às quais uma família de fatores de transcrição pode se ligar. Teoricamente, três diferentes monômeros de fatores de transcrição podem se combinar para formar seis fatores homo e heterodiméricos, conforme ilustrado na Figura 7-31b. Quatro monômeros diferentes de fatores de transcrição podem formar um total de 10 fatores diméricos; cinco monômeros poderão originar 16 fatores diméricos e assim por diante. Além disso, são conhecidos fatores inibitórios que se ligam a alguns monômeros zíper básicos e a bHLH, bloqueando sua ligação ao DNA.

Quando esses fatores inibitórios são expressos, eles reprimem a ativação transcricional induzida pelos fatores com os quais interagem (Figura 7-31c). As regras que controlam as interações de membros de uma classe de fatores de transcrição heterodiméricos são complexas. A complexidade combinatória expande o número de sítios de DNA nos quais esses fatores podem ativar a transcrição, bem como as formas pelas quais podem ser regulados.

Uma regulação transcricional combinatória semelhante é obtida pela interação de fatores de transcrição estruturalmente não relacionados ligados a sítios de ligação bastante próximos no DNA. Um exemplo disso é a interação de dois fatores de transcrição, NFAT e AP1, que se ligam a sítios vizinhos, em um elemento promotor proximal composto, regulando o gene codificador da interleucina-2 (IL-2). A expressão do gene *IL-2* é essencial para a resposta imune; mas a expressão anormal da IL-2 pode levar a doenças autoimunes, como a artrite reumatoide. Nem o NFAT nem o AP1 conseguem se ligar a seus sítios na região controladora de *IL-2* na ausência do outro fator. A afinidade desses fatores a essas sequências de DNA em particular é muito baixa para que cada fator possa, individualmente, formar complexos estáveis com o DNA. No entanto, quando ambos, NFAT e AP1, estão presentes, as interações proteína-proteína entre eles estabilizam o complexo ternário composto por NFAT, AP1 e DNA (Figura 7-32a). Essa *ligação cooperativa ao DNA* de vários fatores de transcrição gera uma complexidade combinatória considerável no controle transcricional. Como resultado, os aproximadamente 2 mil fatores de transcrição codificados pelo genoma humano podem se ligar ao DNA por meio de um número muito maior de interações cooperativas, resultando no controle transcricional específico de cada um dos aproximadamente 25.000 genes humanos. No caso de *IL-2*, a transcrição ocorre apenas quando NFAT está ativada, resultando em seu transporte do citoplasma para o núcleo, e as duas subunidades de AP1 são sintetizadas. Esses eventos são controlados por vias de transdução de sinal diferentes (Capítulos 15 e 16), permitindo um rígido controle da expressão de IL-2.

A ligação cooperativa de NFAT e AP1 ocorre apenas quando seus sítios de ligação fraca estão posicionados próximos um ao outro no DNA. Os sítios precisam estar localizados a uma distância exata um do outro para uma ligação efetiva. Não há tanta rigidez nas exigências para a ligação cooperativa no caso de outros fatores de transcrição e regiões controladoras. Por exemplo, a região controladora *EGR-1* contém um sítio de ligação composto ao qual se ligam cooperativamente os fatores de transcrição SRF e SAP-1 (ver Figura 7-32b). Como a proteína SAP-1 tem um domínio longo e flexível que interage com o SRF, as duas proteínas podem se ligar cooperativamente mesmo quando seus sítios individuais de ligação ao DNA estão separados por uma distância de até ≈30 pares de bases ou quando estão invertidos um em relação ao outro.

Complexos multiproteicos formam os estimuladores

Como observado anteriormente, os estimuladores variam desde aproximadamente 50 até 200 pares de bases e incluem sítios de ligação para vários fatores de transcrição. A análise do estimulador de cerca de 50 pb que regula a expressão do interferon-β, importante proteína de defesa contra infecções virais dos vertebrados, fornece um bom exemplo entre os poucos exemplos já conhecidos da estrutura dos domínios de ligação ao DNA ligados aos vários sítios de ligação de fatores de transcrição que compõem um estimulador (Figura 7-33). O termo **enhanceossomo** foi cunhado para descrever esses grandes complexos multiproteicos que se formam a partir de fatores de transcrição, à medida que se ligam aos múltiplos sítios de ligação em um estimulador.

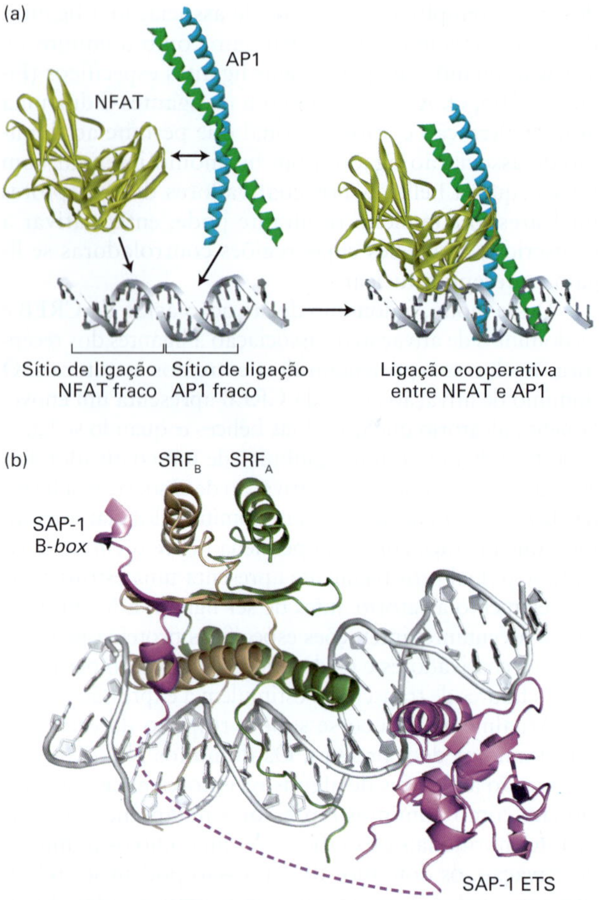

FIGURA 7-32 A ligação cooperativa de dois fatores de transcrição não relacionados em sítios adjacentes em um elemento de controle composto. (a) Quando sozinhos, o fator de transcrição monomérico NFAT e o fator de transcrição heterodimérico AP1 têm afinidade fraca por seus respectivos sítios de ligação na região promotora proximal *IL-2*. Interações proteína-proteína entre NFAT e AP1 aumentam a estabilidade do complexo NFAT-AP1-DNA, de modo que as duas proteínas se ligam ao sítio composto cooperativamente. (b) A ligação cooperativa ao DNA do dímero SRF e do monômero SAP-1 pode ocorrer quando os seus sítios de ligação estão separados por 5 até aproximadamente 30 pares de bases e quando o sítio de ligação da SAP-1 está invertido, pois o domínio B-*box* da proteína SAP-1 que interage com a proteína SRF está conectado ao domínio de ligação ao DNA ETS da SAP-1 por meio de uma região conectora flexível da cadeia polipeptídica da proteína SAP-1 (linha pontilhada). ((a) Ver L. Chen et al., 1998, *Nature* **392**:42; (b) ver M. Hassler e T. J. Richmond, 2001, *EMBO J.* **20**:3018.)

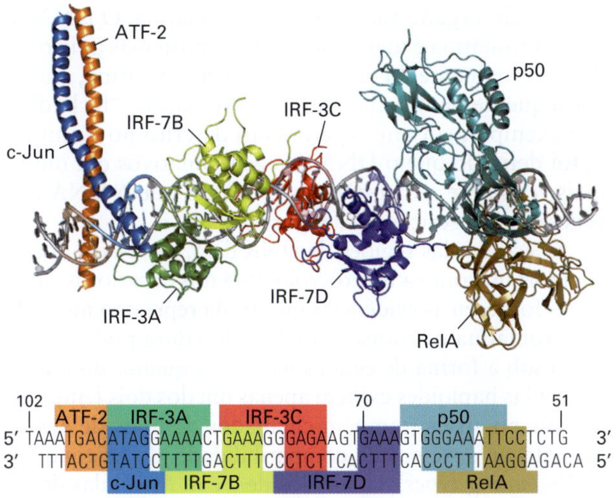

FIGURA 7-33 Modelo de enhanceossomo que se forma no estimulador do interferon-β. Dois fatores heterodiméricos, Jun/ATF-2 e p50/RelA (NF-κB), e duas cópias de cada fator de transcrição monomérico IRF-3 e IRF-7, se ligam a seis sítios de ligação sobrepostos neste estimulador. (Adaptada de D. Penne, T. Manniatis, e S. Harrison, 2007, *Cell* **129**:1111.)

Devido à presença de regiões flexíveis que conectam os domínios de ligação ao DNA e os domínios de ativação ou repressão dos fatores de transcrição (ver Figura 7-27), e à capacidade das proteínas ligadas a sítios distantes do DNA em formar alças de DNA entre os seus sítios de ligação (Figura 7-4), é permitida uma considerável liberdade no espaçamento entre os elementos das regiões controladoras de transcrição. Essa tolerância para o espaçamento entre os sítios de ligação dos fatores de transcrição reguladores e os sítios de ligação promotores para os fatores gerais de transcrição e para a Pol II provavelmente contribuiu para a rápida evolução do controle gênico dos eucariotos. A transposição das sequências de DNA e a recombinação entre sequências repetidas ao longo da evolução deram origem a novas combinações de elementos controladores que sofreram seleção natural e foram mantidos quando benéficos. A liberdade no espaçamento entre os elementos regulatórios provavelmente permitiu que muito mais combinações funcionais fossem submetidas à experimentação evolutiva do que seria possível no caso da existência de limitações estritas de espaçamento entre os elementos, como no caso da maioria dos genes de bactérias.

CONCEITOS-CHAVE da Seção 7.4

Sequências reguladoras dos genes codificadores de proteínas e as proteínas responsáveis por mediar essas funções

- A expressão dos genes codificadores de proteínas em eucariotos geralmente é regulada por múltiplas regiões controladoras de ligação de proteínas localizadas em regiões próximas ou distantes do sítio de iniciação da transcrição (Figura 7-22).
- Promotores direcionam a ligação da RNA-polimerase II ao DNA, determinam o sítio de iniciação da transcrição e influenciam a taxa de transcrição.
- Três tipos principais de sequências promotoras foram identificados no DNA de eucariotos. O TATA *box* é predominante nos genes com alta taxa de transcrição. Promotores iniciadores são observados em alguns genes, e as ilhas CpG, promotores em 60 a 70% dos genes codificadores de proteínas em vertebrados, são típicas dos genes com baixas taxas de transcrição.
- Elementos promotores proximais ocorrem a ≈200 pares de bases de distância do sítio de iniciação. Diversos desses elementos, contendo em torno de 6 a 10 pares de bases, podem ajudar a regular um gene em particular.
- Estimuladores, que contêm múltiplos elementos curtos de controle, podem estar localizados entre 200 pares de bases até dezenas de quilobases a montante ou a jusante de um promotor, em um íntron, ou na região a jusante ao éxon final de um gene.
- Elementos promotores proximais e estimuladores frequentemente são específicos a cada tipo celular, sendo ativos apenas em alguns tipos diferenciados de células.
- Fatores de transcrição, que ativam ou reprimem a transcrição, se ligam aos elementos promotores proximais reguladores e aos estimuladores no DNA eucariótico.
- Ativadores e repressores da transcrição geralmente são proteínas modulares que contêm um único domínio de ligação ao DNA e um ou poucos domínios de ativação (para ativadores) ou de repressão (para repressores). Os diferentes domínios frequentemente estão ligados por regiões polipeptídicas flexíveis (ver Figura 7-27).
- Entre os motivos estruturais mais comuns observados nos domínios de ligação ao DNA dos fatores de transcrição eucarióticos estão os dedos de zíper C_2H_2, homeodomínio, hélice-alça-hélice básica (bHLH) e zíper básico (zíper de leucina). Esses e diversos outros motivos de ligação ao DNA contêm uma ou mais hélices α que interagem com o sulco maior do seu sítio cognato de DNA.
- Os domínios de ativação e repressão dos fatores de transcrição exibem diversas sequências de aminoácidos e estruturas tridimensionais. Em geral, esses domínios funcionais interagem com coativadores ou correpressores essenciais para a capacidade de modulação da expressão gênica dos fatores de transcrição.
- As regiões de controle transcricional da maior parte dos genes contêm sítios de ligação para múltiplos fatores de transcrição. A transcrição desses genes varia dependendo do conjunto específico de fatores de transcrição expressos e ativados em determinada célula, em dado momento.
- A complexidade combinatória do controle da transcrição resulta da combinação alternativa dos monômeros que formam os fatores de transcrição heterodiméricos (ver Figura 7-31) e da ligação cooperativa entre os fatores de transcrição nos sítios compostos de controle (ver Figura 7-32).
- A ligação de múltiplos ativadores a sítios próximos em um estimulador forma complexos multiproteicos chamados de enhanceossomos (ver Figura 7-33).

7.5 Mecanismos moleculares de ativação e repressão da transcrição

Os ativadores e os repressores que se ligam a sítios específicos no DNA e regulam a expressão dos genes codificadores de proteínas a que estão associados realizam essa tarefa utilizando três mecanismos gerais. Primeiro, essas proteínas reguladoras atuam em conjunto com outras proteínas para modular a estrutura da cromatina, inibindo ou estimulando a capacidade dos fatores gerais de transcrição de se ligarem aos promotores. No Capítulo 6, foi visto que o DNA das células eucarióticas não está livre, mas se encontra associado a uma massa mais ou menos equivalente de proteínas, formando a **cromatina.** A unidade estrutural básica da cromatina é o **nucleossomo**, composto por cerca de 147 pares de base de DNA fortemente enrolados em torno de um núcleo proteico de **histonas** em forma de disco. Resíduos da região N-terminal de cada histona, e da região C-terminal das histonas H2A e H2B, denominados *caudas de histona*, se projetam a partir da superfície do nucleossomo e podem ser reversivelmente modificados (ver Figura 6-31b). Essas modificações influenciam a condensação relativa da cromatina e, portanto, o acesso às proteínas necessárias para a iniciação da transcrição. Além de seu papel nesse controle transcricional mediado pela cromatina, os ativadores e os repressores interagem com um grande complexo multiproteico denominado de *complexo mediador de transcrição* ou, simplesmente, **mediador.** Esse complexo, por sua vez, se liga à Pol II e regula diretamente a formação dos complexos de pré-iniciação de transcrição. Além disso, alguns domínios de ativação interagem com as subunidades TFIID-TAF, ou outros componentes do complexo de pré-iniciação, e essas interações contribuem para a formação do complexo de pré-iniciação. Por fim, os domínios de ativação também podem interagir com o fator de elongação P-TEFb (CDK9-ciclina T) e com outros fatores ainda não identificados para estimular a elongação mediada pela Pol II a partir da região promotora.

Nesta seção, será revisado o conhecimento atual sobre como os repressores e ativadores controlam a estrutura da cromatina e a formação dos complexos de pré-iniciação. Na seção seguinte deste capítulo, será discutido como a concentração e a atividade dos ativadores e repressores *per se* são controladas, de tal forma que a expressão gênica é precisamente regulada conforme as necessidades da célula e do organismo.

A formação da heterocromatina silencia a expressão gênica nos telômeros, na região próxima aos centrômeros e em outras regiões

Há muito tempo está estabelecido que os genes inativos nas células eucarióticas estão frequentemente associados à **heterocromatina**, região da cromatina que se encontra mais fortemente condensada e que se colore mais intensamente com corantes de DNA do que a **eucromatina**, na qual se localiza a maioria dos genes sendo transcritos (ver Figura 6-33a). As regiões dos cromossomos próximas dos centrômeros e telômeros, além de regiões adicionais específicas que variam em diferentes tipos de células, estão organizadas em heterocromatina. O DNA na heterocromatina é menos acessível às proteínas adicionadas externamente do que o DNA na eucromatina, sendo, consequentemente, chamado de cromatina "fechada". Por exemplo, em um experimento descrito no Capítulo 6, foi definido que o DNA dos genes inativos era muito mais resistente à digestão por DNase I que o DNA dos genes em transcrição (ver Figura 6-32).

O estudo das regiões de DNA da *S. cerevisiae* que se comportam como a heterocromatina dos eucariotos superiores forneceu as evidências iniciais da **repressão mediada por cromatina** na transcrição. Essa levedura pode crescer tanto sob a forma de células haploides quanto diploides. As células haploides exibem apenas um dos dois fenótipos sexuais possíveis (também chamados de tipos de acasalamento ou sistemas de compatibilidade, do original em inglês *mating types*), chamados de **a** e α. As células de diferentes tipos de acasalamento podem "acasalar", ou fusionar, gerando uma célula diploide. Quando uma célula haploide se divide por brotamento, a maior "célula-mãe" altera seu sistema de compatibilidade. Análises genéticas e moleculares revelaram que três *loci* genéticos no cromossomo III da levedura controlam o sistema de compatibilidade dessas células (Figura 7-34). Apenas o *locus* central, do tipo de acasalamento, denominado *MAT*, é ativamente transcrito e expressa fatores de transcrição (a1, ou α1 e α2) que regulam o genes que controlam o fenótipo sexual. Em cada célula, a sequência de DNA **a** ou α estará localizada no *locus MAT*. Os dois *loci* adicionais, chamados de *HML* e *HMR*, próximos aos telômeros esquerdo e direito, respectivamente, contêm cópias "silenciadas" (não transcritas) dos genes **a** ou α. Essas sequências são transferidas alternativamente de *HML*α ou de *HMR***a** para o *locus MAT* por meio de um tipo de recombinação não recíproca entre as cromátides-irmãs, durante a divisão celular. Quando o *locus MAT* contém a sequência de DNA de *HML*α, a célula se comporta como uma célula α. Quando o *locus MAT* contém a sequência de DNA de *HMR***a**, a célula se comporta como célula **a.**

Nosso interesse aqui é saber como os *loci* silenciados do sistema de compatibilidade *HML* e *HMR* são reprimidos. Se ambos os genes desses *loci* são expressos, como é o caso em mutantes de levedura com mecanismos de repressão defectivos, tanto a proteína **a** quanto a proteína α são expressas, fazendo com que as células se comportem como células diploides, as quais não podem cruzar. Os promotores e UASs que controlam a transcrição dos genes **a** e α se encontram próximos do centro da sequência de DNA transferida e são idênticos, não importando se as sequências se encontram no *locus MAT* ou em um dos *loci* silenciados. Isso indica que o funcionamento dos fatores de transcrição que interagem com essas sequências deve estar bloqueado de alguma forma nos *loci HML* e *HMR*, mas não no *locus MAT*. Essa repressão dos *loci* silenciados depende das **sequências silenciadoras** localizadas próximo à região do DNA transferido de *HML* e *HMR* (Figura 7-34). Se o silenciador for removido, o *locus* adjacente será transcrito. Notavelmente, qualquer gene colocado próximo à sequência silenciadora do sistema de compatibilidade de leveduras por meio de técnicas

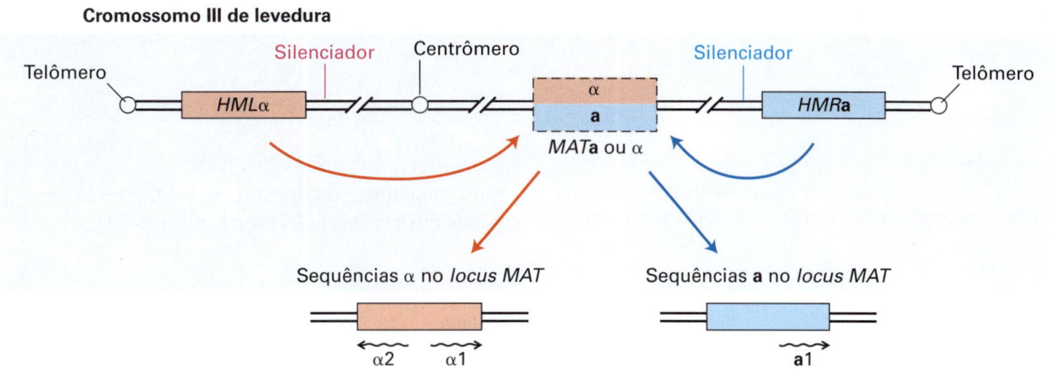

FIGURA 7-34 Disposição do *locus* do sistema de compatibilidade no cromossomo III da levedura *S. cerevisiae*. Genes silenciados (não expressos) para o fenótipo sexual (tanto **a** ou α, dependendo da cepa) estão localizados no *locus HML*. O gene do sistema de compatibilidade oposto é encontrado no *locus* silenciado *HMR*. Quando as sequências α ou **a** estão presentes no *locus MAT*, elas podem ser transcritas em uma molécula de mRNA cujas proteínas codificadas especificam o fenótipo sexual da célula. As sequências silenciadas próximas aos *loci HML* e *HMR* se ligam a proteínas essenciais para a repressão destes *loci* silenciados. Células haploides podem mudar de fenótipo sexual em um processo que transfere a sequência de DNA de *HML* ou *HMR* para o *locus* transcricionalmente ativo *MAT*.

de DNA recombinante é reprimido, ou "silenciado", mesmo sendo um gene de tRNA transcrito por uma RNA-polimerase III, que usa um conjunto de fatores gerais de transcrição diferente daquele utilizado pela RNA-polimerase II, conforme será discutido adiante.

Várias linhas de evidências indicam que a repressão dos *loci HML* e *HMR* resulta de uma estrutura condensada de heterocromatina que bloqueia espacialmente os fatores de transcrição, impedindo-os de interagir com o DNA. Em um experimento bastante informativo, o gene codificador de uma enzima de *E. coli* que metila resíduos de adenina em sequências GATC foi introduzido em células de levedura sob o controle de um promotor de levedura, de forma a expressar a proteína. Pesquisadores descobriram que as sequências GATC presentes no *locus MAT* e na maioria das outras regiões do genoma dessas células eram metiladas, com exceção daquelas que se encontravam nos *loci HML* e *HMR*. Esses resultados indicam que o DNA dos *loci* silenciados está inacessível para a metilase da *E. coli* e, presumivelmente, para as proteínas em geral, inclusive para os fatores de transcrição e para a RNA-polimerase. Experimentos semelhantes realizados com várias histonas mutantes em levedura indicaram que eram necessárias interações específicas, envolvendo as caudas das histonas H3 e H4, para a formação de uma estrutura de cromatina completamente repressora. Outros estudos demonstraram que os telômeros de todos os cromossomos de levedura também se comportam como sequências silenciadoras. Por exemplo, quando um gene é colocado a uma distância de poucas quilobases de um telômero qualquer de levedura, sua expressão é reprimida. Além disso, sua repressão é revertida pelas mesmas mutações nas caudas das histonas H3 e H4 que interferem com a repressão dos *loci* do sistema de compatibilidade.

Estudos genéticos levaram à identificação de várias proteínas – a RAP1 e três proteínas SIR – essenciais à repressão dos *loci* silenciados do sistema de compatibilidade e dos telômeros em leveduras. Foi descoberto que a RAP1 se liga à região interna do DNA das sequências silenciadoras associadas a *HML* e *HMR* e a uma sequência repetida múltiplas vezes em cada telômero dos cromossomos de levedura. Estudos bioquímicos subsequentes mostraram que a proteína SIR2 é uma *histona desacetilase*; ela remove grupamentos acetila dos resíduos de lisina das caudas das histonas. Além disso, as proteínas RAP1, SIR2, 3 e 4 se ligam umas às outras, e as proteínas SIR3 e SIR4 se ligam às caudas N-terminais das histonas H3 e H4 mantidas em estado não acetilado pela atividade desacetilase da proteína SIR2. Diversos experimentos usando microscopia confocal de fluorescência com células de levedura coradas com anticorpos marcados com fluorescência dirigidos contra qualquer uma das proteínas SIR ou RAP1, ou hibridizadas a uma sonda marcada, específica para regiões teloméricas de DNA, revelaram que essas proteínas formam grandes estruturas de nucleoproteínas teloméricas condensadas semelhantes à heterocromatina encontrada nos eucariotos superiores (Figura 7-35a, b, c).

A Figura 7-35d mostra um modelo de silenciamento mediado por cromatina em telômeros de levedura, com base nesses e em outros estudos. A formação da heterocromatina nos telômeros é nucleada por várias proteínas RAP1 que se ligam a sequências repetitivas em uma região livre de nucleossomos na extremidade terminal de um telômero. Uma rede de interações proteína-proteína envolvendo a RAP1 ligada ao telômero, três proteínas SIR (2, 3 e 4) e as histonas H3 e H4 hipoacetiladas cria um complexo nucleoproteico que inclui vários telômeros e no qual o DNA encontra-se quase completamente inacessível às proteínas externas. Uma proteína adicional, a SR1, também é necessária para o silenciamento dos *loci* do sistema de compatibilidade. Ela se liga às regiões silenciadoras associadas a *HML* e *HMR* juntamente com a proteína RAP1, e outras proteínas, para dar início à formação de um complexo multiproteico de silenciamento similar, envolvendo *HML* e *HMR*.

Uma característica importante desse modelo é a dependência da repressão da *hipoacetilação* das caudas das

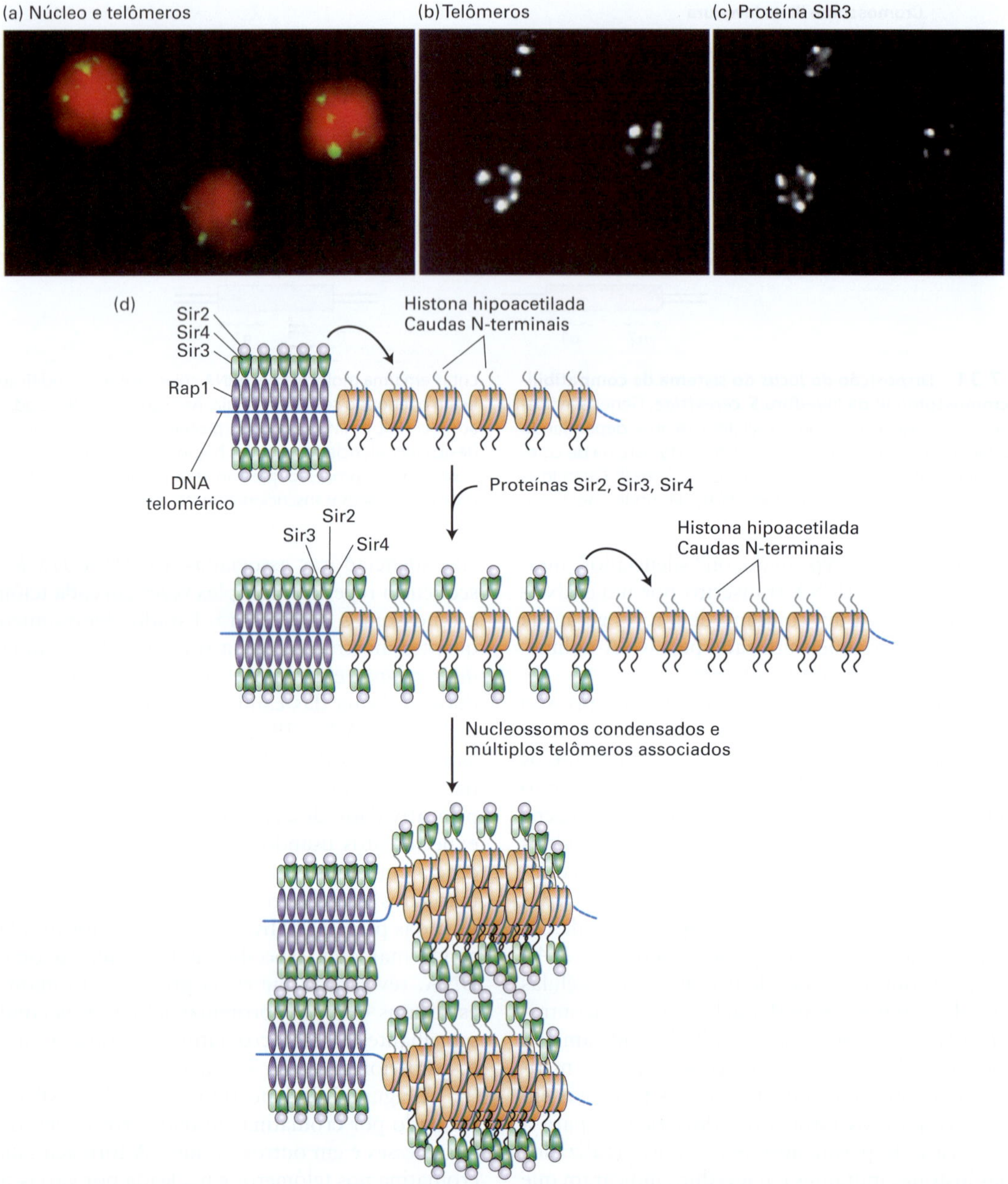

FIGURA EXPERIMENTAL 7-35 Anticorpos e sondas de DNA localizam a proteína SIR3 na heterocromatina dos telômeros no núcleo de leveduras. (a) Micrografia confocal de 0,3 mm de espessura por meio de três células diploides de levedura, cada uma com 68 telômeros. Os telômeros foram marcados por meio de hibridização com uma sonda fluorescente específica para telômeros (amarelo). O DNA foi marcado em vermelho para destacar o núcleo. Os 68 telômeros se agrupam em um número muito menor de regiões próximas à periferia do núcleo. (b, c) Micrografias confocais de células de levedura marcadas com sondas de hibridização específicas para telômeros (b) e com anticorpo marcado fluorescente específico para a proteína SIR3 (c). Observe que a proteína SIR3 está localizada na heterocromatina dos telômeros reprimidos. Experimentos semelhantes com as proteínas RAP1, SIR2 e SIR4 mostraram que essas proteínas também estão localizadas na heterocromatina dos telômeros reprimidos. (d) Modelo esquemático para o mecanismo de silenciamento nos telômeros de leveduras. (*Canto superior esquerdo*) Múltiplas cópias da proteína RAP1 se ligam a uma sequência simples repetida em cada região dos telômeros que não apresenta nucleossomos. As proteínas SIR3 e SIR4 se ligam à proteína RAP1, e a proteína SIR2 se liga à proteína SIR4. A proteína SIR2 é uma histona desacetilase que desacetila as caudas das histonas adjacentes ao sítio repetido de ligação à proteína RAP-1. (*Parte central*) As caudas desacetiladas das histonas também são sítios de ligação para as proteínas SIR3 e SIR4, que ligam proteínas SIR2 adicionais, desacetilando as histonas adjacentes. A repetição desse processo resulta na expansão da região de histonas desacetiladas e associadas às proteínas SIR2, SIR3 e SIR4. (*Parte inferior*) Interações entre os complexos SIR2, SIR3 e SIR4 induzem a condensação da cromatina e a associação de diversos telômeros, conforme mostrado nas imagens a-c. A estrutura da cromatina geralmente leva ao impedimento espacial da interação de outras proteínas com o DNA subjacente. (Partes (a)-(c), obtidas de M. Gotta et al., 1996, *J. Cell Biol.* **134**:1349; cortesia de M. Gotta, T. Laroche, e S. M. Gasser. Parte (d) adaptada de M. Grunstein, 1997, *Curr. Opin. Cell Biol.* **9**:383.)

histonas. Isso foi demonstrado em experimentos com mutantes de levedura que expressam histonas nas quais os resíduos de lisina das regiões N-terminais foram substituídos por resíduos de arginina, glutamina ou glicina. A arginina é positivamente carregada, como a lisina, mas não pode ser acetilada. A glutamina, por outro lado, é neutra e simula a carga neutra de um resíduo de lisina acetilado; e a glicina, sem cadeia lateral, também mimetiza a ausência de um resíduo de lisina com carga positiva. A repressão nos telômeros e nos *loci* silenciados do sistema de compatibilidade foi defectiva nos mutantes com substituição por glutamina e glicina, mas não nos mutantes com substituições arginina. Posteriormente, demonstrou-se que a acetilação dos resíduos de lisina das histonas H3 e H4 interfere na ligação das proteínas SIR3 e SIR4, o que previne a repressão nos *loci* silenciados e nos telômeros. Por fim, experimentos de imunoprecipitação de cromatina (Figura 7-16a) utilizando anticorpos específicos para resíduos acetilados de lisina em regiões definidas das caudas N-terminais das histonas (Figura 6-31a) confirmaram que as histonas nas regiões reprimidas próximas aos telômeros e nos *loci* silenciados do sistema de compatibilidade estão hipoacetiladas, mas se tornam hiperacetiladas nos mutantes *sir*, quando os genes nessas regiões têm a repressão revertida.

Repressores podem determinar a desacetilação das histonas em genes específicos

A importância da **desacetilação de histonas** na repressão gênica mediada por cromatina foi reforçada pelo estudo dos repressores eucarióticos que regulam os genes localizados em posições cromossômicas internas. Sabe-se que essas proteínas atuam, em parte, por meio da desacetilação das caudas de histona nos nucleossomos que se ligam ao TATA *box* e à região promotora proximal dos genes que elas reprimem. Estudos *in vitro* demonstraram que, quando um DNA promotor está localizado em um nucleossomo com histonas não acetiladas, os fatores gerais de transcrição são incapazes de se ligar ao TATA *box* e à região de iniciação. Nas histonas não acetiladas, os resíduos de lisina N-terminais estão carregados positivamente e podem interagir com os fosfatos do DNA. As caudas das histonas não acetiladas também interagem com os octâmeros das histonas adjacentes e outras proteínas associadas à cromatina, favorecendo o enovelamento da cromatina em estruturas de alta condensação, cuja conformação exata ainda não é bem compreendida. O efeito final é que os fatores gerais de transcrição não podem formar o complexo de pré-iniciação sobre um promotor associado às histonas hipoacetiladas. Em contrapartida, a ligação dos fatores gerais de transcrição é muito menos reprimida por histonas com caudas hiperacetiladas, nas quais os resíduos de lisina positivamente carregados estão neutralizados e as interações eletrostáticas com os fosfatos do DNA são eliminadas.

A conexão entre a desacetilação das histonas e a repressão da transcrição em promotores específicos de leveduras se tornou evidente quando foi observada a alta homologia entre o cDNA humano codificando a *desacetilase de histonas* e o gene *RPD3* de leveduras, sabidamente necessário para a repressão normal de uma série de genes. Estudos posteriores demonstraram que a proteína RPD3 apresenta atividade de desacetilação de histonas. A capacidade da RPD3 de desacetilar as histonas em diferentes promotores depende de duas outras proteínas: a UME6, repressora que se liga a uma sequência reguladora específica a montante (URS1), e a SIN3, integrante de um grande complexo multiproteico que também contém a RPD3. A SIN3 também se liga ao domínio repressor da UME6, posicionando, assim, a desacetilase de histonas RPD3 no complexo, de forma a interagir com os nucleossomos associados aos promotores adjacentes e remover os grupamentos acetil dos resíduos de lisina das caudas das histonas. Experimentos adicionais, usando a técnica de imunoprecipitação da cromatina descrita na Figura 7-16a e anticorpos específicos para resíduos acetilados de lisina nas histonas, demonstraram que, em leveduras de tipo selvagem, um ou dois nucleossomos adjacentes aos sítios de ligação da UME6 são hipoacetilados. Essas regiões do DNA incluem os promotores dos genes reprimidos pela UME6. Nos mutantes por deleção *sin3* e *rpd3*, não apenas esses promotores tiveram sua repressão revertida, mas também os nucleossomos próximos aos sítios de ligação da UME6 foram hiperacetilados.

Todas essas descobertas reforçam o modelo de desacetilação direcionada por repressor mostrado na Figura 7-36a. O complexo SIN3-RPD3 funciona como *correpressor*. Complexos correpressores contendo desacetilases de histonas também foram observados em associação a vários repressores de células de mamíferos. Alguns desses complexos contêm o homólogo mamífero da SIN3 (mSin3), que interage com o domínio de repressão da proteína repressora, como nas leveduras. Outros complexos desacetilases de histonas identificados em células de mamíferos parecem conter proteínas de ligação a repressores adicionais ou diferentes. Essas várias combinações de repressores e correpressores controlam a desacetilação de histonas em promotores específicos por meio de um mecanismo similar ao mecanismo das leveduras (ver Figura 7-36a). Além da repressão por meio da formação das estruturas "fechadas" de cromatina, alguns domínios de repressão também inibem a formação dos complexos de pré-iniciação em experimentos *in vitro* com fatores gerais de transcrição purificados e na ausência de histonas. Essa atividade provavelmente contribui para a repressão da transcrição por meio desses domínios repressores também *in vivo*.

Ativadores podem direcionar a acetilação de histonas em genes específicos

Assim como os repressores exercem suas funções por meio de correpressores que se ligam aos seus domínios de repressão, os domínios de ativação dos ativadores de ligação ao DNA exercem suas funções por meio da ligação de complexos *coativadores* multiproteicos. Um dos primeiros complexos de coativação a ser caracterizado foi o complexo *SAGA* de leveduras, que funciona com a proteína ativadora GCN4 descrita na Seção 7.4. Estudos genéticos iniciais indicaram que a atividade plena do ativador GCN4 requer a presença de uma proteína denominada GCN5. A indicação da função da proteína GCN5

- Os receptores nucleares formam uma superfamília de fatores de transcrição dedos de zinco C_4 diméricos que se liga a hormônios lipossolúveis e interage com elementos responsivos específicos no DNA (ver Figuras 7-41 a 7-43).
- A ligação dos hormônios aos receptores nucleares induz alterações conformacionais que modificam suas interações com outras proteínas (Figura 7-30b, c).
- Os receptores nucleares heterodiméricos (p. ex., para retinoides, vitamina D e hormônios da tireoide) são encontrados apenas no núcleo. Na ausência do hormônio, eles reprimem a transcrição de genes-alvo com o elemento responsivo correspondente. Quando associados a seus ligantes, eles ativam a transcrição.
- Os receptores de hormônios esteroides são receptores nucleares homodiméricos. Na ausência dos hormônios, eles ficam presos no citoplasma por proteínas inibidoras. Quando associados a seus ligantes, podem se deslocar para o núcleo e ativar a transcrição dos genes-alvo (ver Figura 7-44).

7.7 Regulação epigenética da transcrição

O termo **epigenética** se refere às alterações hereditárias no fenótipo de uma célula que não resultam de alterações na sequência de DNA. Por exemplo, durante a diferenciação das células-tronco da medula óssea nos diferentes tipos de células do sangue, uma célula-tronco hematopoiética (HSC, do inglês *hematopoieic stem cell*) se divide em duas células-filhas, uma das quais continua apresentando propriedades de HSC com potencial de se diferenciar em todos os tipos de células sanguíneas. No entanto, a outra célula-filha se torna uma célula-tronco linfoide ou uma célula-tronco mieloide (ver Figura 21-18). As células-tronco linfoides dão origem a células-filhas que se diferenciam em linfócitos, os quais desempenham diferentes funções envolvidas na resposta imune a patógenos (Capítulo 23). As células-tronco mieloides se dividem em células-filhas comprometidas com a diferenciação em hemácias, diferentes tipos de leucócitos fagocíticos, ou nas células que dão origem às plaquetas envolvidas na coagulação sanguínea. Tanto as células-tronco linfoides quanto as mieloides têm uma sequência de DNA idêntica ao zigoto gerado pela fertilização da célula-ovo por uma célula de espermatozoide, mas têm potencial de desenvolvimento restrito devido às diferenças epigenéticas entre elas. Tais alterações epigenéticas são inicialmente consequência da expressão de fatores de transcrição específicos, que são os principais reguladores da diferenciação celular, controlando a expressão de outros genes que codificam fatores de transcrição e proteínas envolvidas na comunição célula-célula e em complexas redes de controle gênico, atualmente objeto de intensa investigação.

Alterações na expressão gênica iniciadas pelos fatores de transcrição são frequentemente reforçadas e mantidas ao longo de múltiplas divisões celulares por meio de modificações pós-traducionais das histonas e da metilação do DNA na posição 5 do anel pirimídico da citosina (Figura 2-17) que são mantidas e propagadas às células-filhas quando a célula se divide. Consequentemente, o termo *epigenética* é utilizado para se referir a essas modificações pós-traducionais das histonas e da modificação do grupamento 5-metil C do DNA.

Repressão epigenética pela metilação do DNA

Conforme já mencionado, a maioria dos promotores de mamíferos pertence à classe de ilhas CpG. Promotores ilhas CpG ativos têm nucleotídeos C não metilados nas sequências CG. Promotores ilhas CpG não metilados geralmente não apresentam octâmeros de histonas, mas os nucleossomos imediatamente adjacentes aos promotores ilhas CpG não metilados apresentam os resíduos de lisina 4 das histonas H3 modificados por di ou trimetilação e apresentam ainda moléculas de Pol II associadas, que foram pausadas durante a transcrição das cadeias de DNA da fita-molde e não molde, conforme discutido anteriormente (Figuras 7-16 e 7-17). Pesquisas recentes indicam que a metilação da lisina 4 da histona H3 ocorre nas células de camundongos porque uma proteína chamada Cfp1 (proteína 1 dedo CXXC) se liga ao DNA rico em CpG não metilado por meio de um domínio dedo de zinco (CXXC) e se associa a uma metilase de histona específica para o resíduo de lisina 4 da histona H3 (Setd1). Complexos de remodelagem da cromatina e o fator geral de transcrição TFIID, que inicia a formação do complexo de pré-iniciação da Pol II (Figura 7-17), se associam aos nucleossomos com marca H3-metil-lisina 4 no nucleotídeo, promovendo a iniciação da transcrição mediada pela Pol II.

No entanto, em células diferenciadas, uma pequena porcentagem de promotores ilhas CpG específicos, dependendo do tipo celular, tem CpGs marcados pela C 5-metil. Essa modificação do DNA na ilha CpG desencadeia a condensação da cromatina. Uma família de proteínas que se liga ao DNA rico em CpGs modificados com C 5-metil (proteínas de ligação ao metil CpG, MBDs, do inglês *methyl CpG-binding proteins*) se associam às desacetilases de histonas e reprimem os complexos de remodelagem da cromatina, o que resulta na repressão transcricional. Esses grupamentos metila são adicionados pelas DNA metiltransferases *de novo*, denominadas DNMT3a e DNMT3b. Muito ainda precisa ser estudado acerca de como essas enzimas são direcionadas para ilhas CpG específicas, mas assim que elas tenham metilado uma sequência de DNA, essa metilação é transmitida por meio da replicação do DNA pela ação da uma metiltransferase de *manutenção* ubíqua, DNMT1:

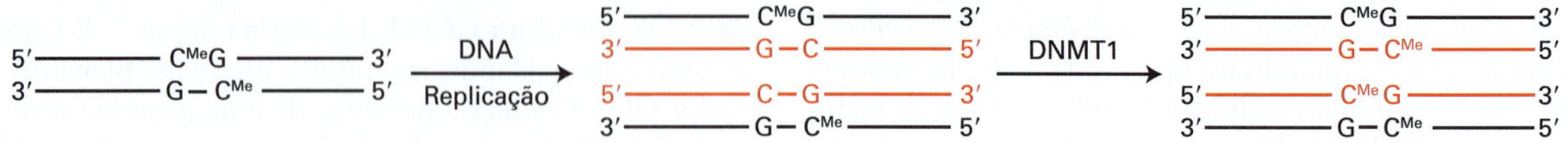

(A cor vermelha indica as cadeias filhas.) A DNMT1 também mantém a metilação dos nucleotídeos C nas sequências CpG presentes em menor quantidade na maior parte do genoma. Conforme discutido anteriormente, a sequência CG está presente em menor quantidade na maior parte das sequências do genoma de mamíferos, provavelmente porque a desaminação espontânea de um nucleotídeo C 5-metil origina um nucleotídeo timidina, levando à substituição das sequências CpG por TpG ao longo da evolução dos mamíferos, a menos que haja pressão seletiva contra essa mutação resultante, o que provavelmente ocorre quando os promotores ilhas CpG são modificados. Esse mecanismo de repressão epigenética está sendo intensamente estudado, uma vez que os genes supressores de tumores que codificam proteínas que atuam na supressão do desenvolvimento de tumores são geralmente inativados nas células de tumores por meio de padrões anormais de metilação das sequências CpG das suas regiões promotoras, conforme será discutido no Capítulo 24.

A metilação de histonas em outros resíduos específicos de lisina está relacionada com os mecanismos epigenéticos de repressão gênica

A Figura 6-31b resume os diferentes tipos de modificações pós-tradução observados em histonas, incluindo a acetilação de resíduos de lisina e a metilação de resíduos de lisina no átomo de nitrogênio do grupamento ε-aminoterminal da cadeia lateral da lisina (ver Figura 2-14). Resíduos de lisina podem ser modificados pela adição de um, dois ou três grupamentos metila ao seu átomo de nitrogênio terminal, originando resíduos de lisina mono, di e trimetilados, todos com uma única carga positiva. Experimentos de radiomarcação de carga pulsada demonstraram que os grupamentos acetila nos resíduos de lisina das histonas são reciclados rapidamente, ao passo que os grupamentos metila são muito mais estáveis. O estado de acetilação de um resíduo de lisina específico em uma histona em determinado nucleossomo é resultado do equilíbrio dinâmico entre a acetilação e desacetilação promovidos, respectivamente, pelas acetilases e desacetilases de histonas. A acetilação das histonas em uma região da cromatina é predominante quando os ativadores ligados aos DNA se ligam de modo transitório aos complexos de acetilase de histonas. A desacetilação predomina quando os repressores se ligam de modo transitório aos complexos de desacetilação de histonas.

Diferente do que acontece com os grupamentos acetila, os grupamentos metila dos resíduos de lisina das histonas são muito mais estáveis e modificados mais lentamente que os grupamentos acetila. Grupamentos metila dos resíduos de lisina das histonas podem ser removidos por *demetilases de resíduos de lisina de histonas*. No entanto, a modificação resultante dos grupamentos metila dos resíduos de lisina das histonas é muito mais lenta do que a modificação dos grupamentos acetila dos resíduos de lisina das histonas, tornando-os adequados para as modificações pós-tradução que propagam a informação epigenética. Diversas outras modificações pós-tradução das histonas já foram caracterizadas (Figura 6-31b). Todas elas têm potencial para regular de modo positivo ou negativo a ligação das proteínas que interagem com a fibra de cromatina para regular a transcrição e outros processos como o enovelamento dos cromossomos nas estruturas altamente condensadas que se formam durante a mitose (Figuras 6-39 e 6-40). Foi encontrada uma estrutura da cromatina na qual as caudas das histonas que se projetam da fibra de cromatina como estruturas aleatórias são modificadas após a tradução para dar origem a uma das muitas combinações possíveis de modificações que regulam a transcrição e outros processos por meio do controle da ligação de um grande número de diferentes complexos de proteínas. Esse controle das interações de proteínas com regiões específicas da cromatina como resultado da influência combinada de diversas modificações pós-tradução das histonas tem sido chamado de *código das histonas*. Algumas dessas modificações, como a acetilação dos resíduos de lisina das histonas, são de reversão rápida, enquanto outras, como a metilação dos resíduos de lisina das histonas, podem servir de molde para a cópia durante a replicação da cromatina, gerando padrões de herança epigenética, além do padrão de herança das sequências de DNA. A Tabela 7-3 resume a influência das modificações pós-tradução de resíduos específicos de aminoácidos das histonas geralmente observados na transcrição.

Metilação da lisina 9 da histona 3 na heterocromatina Na maior parte dos eucariotos, alguns complexos correpressores contêm subunidades com atividade histona metiltransferase que metilam a histona H3 no resíduo de lisina 9, dando origem a resíduos de lisina di e trimetilados. Esses resíduos de lisina metilados são sítios de ligação para isoformas da proteína HP1 que atuam na condensação da heterocromatina, conforme discutido no Capítulo 6 (ver Figura 6-34). Por exemplo, o complexo correpressor KAP1 age em uma classe de mais de 200 fatores de transcrição dedo de zinco, codificados no genoma humano. Esse complexo correpressor inclui a histona H3 lisina 9 metiltransferase, que metila nucleossomos ao longo da região promotora dos genes reprimidos, induzindo a ligação da proteína HP1 e a repressão da transcrição. Um transgene integrado em fibroblastos de camundongos em cultura que tenha sido reprimido por meio da ação do correpressor KAP1 se localiza na heterocromatina na maioria das células, ao passo que a forma ativa do mesmo transgene é localizada na eucromatina (Figura 7-45). Ensaios de imunoprecipitação da cromatina (ver Figura 7-16) mostraram que o gene reprimido está associado à histona H3 com o resíduo de lisina 9 metilado, e à proteína HP1, enquanto o gene ativo não apresenta essas associações.

É importante ressaltar que a metilação do resíduo de lisina 9 da histona H3 é mantida durante a replicação do cromossomo na fase S por meio dos mecanismos representados na Figura 7-46. Quando os cromossomos são replicados na fase S, os nucleossomos associados ao DNA parental são distribuídos de modo aleatório nas moléculas de DNA filhas. Novos octâmeros de histonas não metilados no resíduo de lisina 9 se associam aos cromossomos dessas cadeias, mas uma vez que os nucleossomos parentais estejam distribuídos nos dois cromosso-

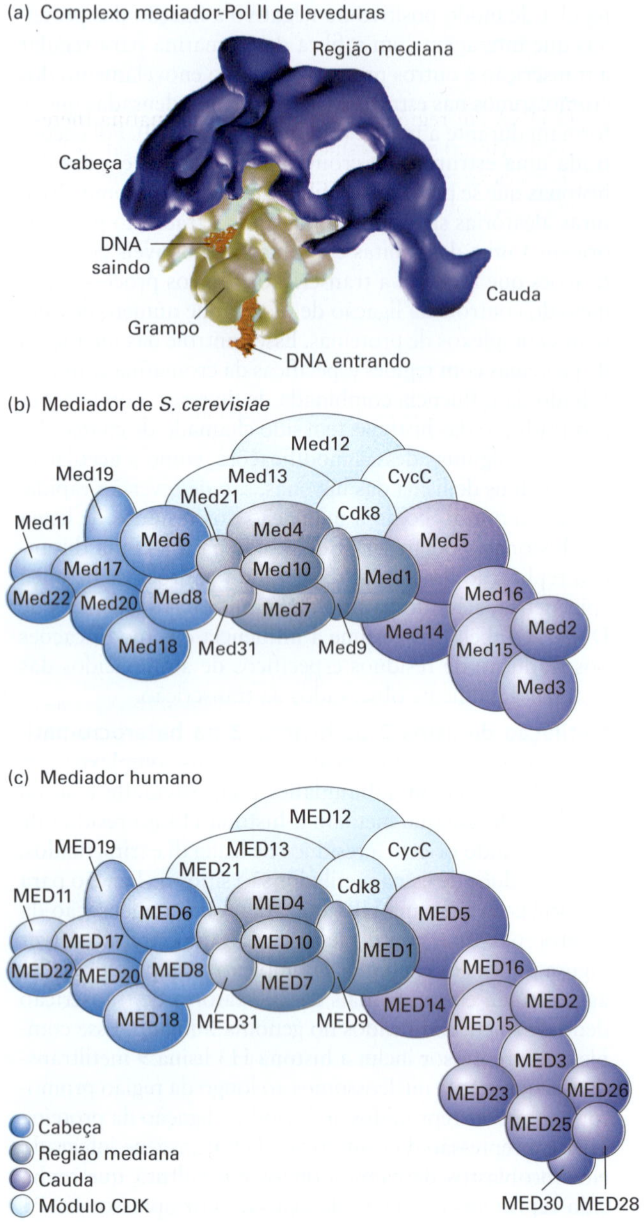

FIGURA 7-38 Estrutura do mediador humano e de leveduras. (a) Imagem reconstruída do mediador de *S. cerevisiae* ligado à Pol II. Múltiplas imagens de microscopia eletrônica foram alinhadas e processadas por computadores para gerar esta imagem consenso na qual a estrutura tridimensional da Pol II (alaranjado) é mostrada em associação com o complexo mediador de leveduras (azul-escuro). (b) Representação esquemática das subunidades do mediador de *S. cerevisiae*. Acredita-se que as subunidades representadas na mesma cor formem um módulo. Mutações em uma subunidade de um módulo podem inibir a associação de outras subunidades do mesmo módulo com o restante do complexo. (c) Representação esquemática das subunidades do mediador humano. (Parte (a) obtida de S. Hahn, 2004, *Nat. Struct. Mol. Biol.* **11**:394, com base em J. Davis et al., 2002, *Mol. Cell* **10**:409. Parte (b) obtida de B. Gugliemi et al., 2004, *Nucl. Acids. Res.* **32**:5379. Parte (c) adaptada de S. Malik e R. G. Roeder, 2010, *Nat. Rev. Genet.* **11**:761. Ver H. M. Bourbon, 2008, *Nucl. Acids Res.* **36**:3993.)

pecíficos; assim, quando uma subunidade é defectiva, a transcrição dos genes controlados pelos ativadores que se ligam a essa subunidade é muito diminuída, ao passo que a transcrição de outros genes permanece inalterada. Estudos recentes sugerem que a maior parte dos domínios de ativação possa interagir com mais de uma subunidade do mediador.

Vários resultados experimentais indicando que subunidades mediadoras individuais se ligam a domínios ativadores específicos sugerem que múltiplos ativadores influenciam a transcrição a partir de um único promotor por meio da interação simultânea a um complexo mediador (Figura 7-39). Os ativadores ligados ao estimulador ou a elementos promotores proximais podem interagir com os mediadores associados com um promotor, porque a cromatina, assim como o DNA, é flexível e pode formar uma alça, aproximando as regiões reguladoras e promotoras, conforme observado para o ativador NtrC de *E. coli* e a σ^{54}-RNA-polimerase (ver Figura 7-4). Os complexos nucleoproteicos de múltiplas proteínas que se formam nos promotores eucariotos podem conter até 100 polipeptídeos, com massa total de $\approx$3 megadaltons (MDa), sendo tão grandes quanto um ribossomo.

O sistema de híbridos duplos de leveduras

Um método da genética molecular muito eficaz, denominado **sistema de híbridos duplos de levedura** explora a flexibilidade da estrutura dos ativadores para a identificação de genes cujos produtos se ligam a uma proteína específica de interesse. Devido à importância das interações proteína-proteína em praticamente todos os processos biológicos, o sistema de híbridos duplos de leveduras é amplamente utilizado na pesquisa biológica.

Esse método emprega um vetor de levedura para a expressão de um domínio de ligação ao DNA e uma

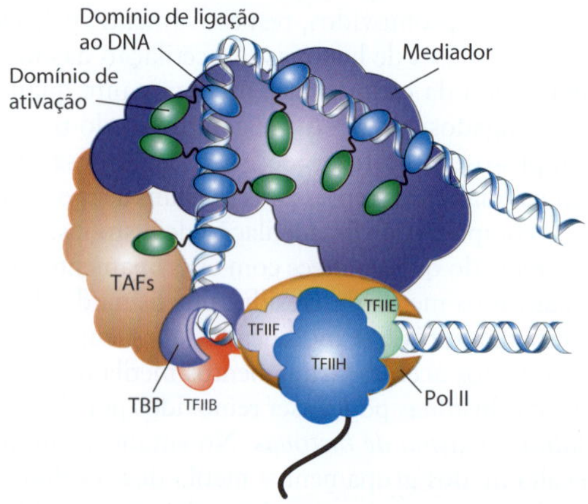

FIGURA 7-39 Modelo da interação de diversos ativadores ligados ao DNA com um único complexo mediador. A habilidade de diferentes subunidades do mediador de interagir com domínios de ativação específicos podem contribuir para a integração de sinais de diversos ativadores ligados a um único promotor. Mais detalhes no texto.

região conectora flexível, sem o domínio de ativação associado, como o GAL4 removido, contendo os aminoácidos 1-692 (ver Figura 7-26b). Uma sequência de cDNA codificadora de uma proteína ou de um domínio proteico de interesse, denominado de *domínio isca* (do inglês *bait domain*), é fusionada em fase de leitura à região conectora flexível de modo que o vetor expressará uma proteína híbrida composta pelo domínio de ligação ao DNA, pela região conectora e pelo domínio isca (Figura 7-40a, *à esquerda*). Uma biblioteca de cDNA é clonada em múltiplas cópias em um segundo vetor de levedura que codifica um forte domínio de ativação e um conector flexível, para a produção de uma biblioteca de vetores que expressam múltiplas proteínas híbridas, cada qual contendo um *domínio peixe* (do inglês *fish domain*) diferente (Figura 7-40a, *à direita*).

O vetor isca e a biblioteca de vetores peixe são transfectados em células de levedura manipuladas nas quais a única cópia de um gene necessário para a síntese de histidina (*HIS*) está sob o controle de uma UAS com sítios de ligação para o domínio de ligação ao DNA da proteína isca híbrida. A transcrição do gene *HIS* requer a ativação por meio de proteínas que se ligam à UAS. As células transformadas que expressam o híbrido isca e um híbrido peixe *de interação* serão capazes de ativar a transcrição do gene *HIS* (Figura 7-40b). Esse sistema funciona devido à flexibilidade existente no espaçamento entre os domínios de ligação ao DNA e os domínios de ativação nos ativadores eucariotos.

Um processo de seleção em duas etapas é utilizado (Figura 7-40c). O vetor isca também expressa um gene *TRP* selvagem, e o vetor híbrido expressa um gene *LEU* selvagem. As células transfectadas são inicialmente cultivadas em meio sem triptofano ou leucina, mas contendo histidina. Apenas as células que contêm o vetor isca e um dos plasmídeos peixe podem sobreviver nesse meio. As células sobreviventes são, então, plaqueadas em meio sem histidina. Aquelas células que expressam um híbrido peixe que não se liga ao híbrido isca são incapazes de transcrever o gene *HIS* e, consequentemente, de formar colônias em um meio em que a histidina estiver ausente. As poucas células que expressam um híbrido peixe capaz de interagir com o híbrido isca crescerão e formarão colônias, na ausência de histidina. A coleta dos vetores peixe dessas colônias proverá cDNAs codificadores de domínios proteicos que interagem com o domínio isca.

CONCEITOS-CHAVE da Seção 7.5

Mecanismos moleculares de ativação e repressão da transcrição

- Os ativadores e repressores transcricionais dos eucariotos exercem seus efeitos fundamentalmente pela ligação às multissubunidades coativadoras ou correpressoras que influenciam a formação dos complexos de pré-iniciação de transcrição mediada por Pol II por meio da modulação da estrutura da cromatina (efeito indireto) ou pela interação com a Pol II e aos fatores gerais de transcrição (efeito direto).
- O DNA em regiões condensadas de cromatina (heterocromatina) é relativamente inacessível aos fatores de transcrição e a outras proteínas; consequentemente, a expressão gênica é reprimida.
- As interações de várias proteínas umas com as outras e com as caudas N-terminais hipoacetiladas das histonas H3 e H4 são responsáveis pela repressão da transcrição mediada por cromatina que ocorre nos telômeros e nos *loci* silenciados do sistema de compatibilidade em *S. cerevisiae* (Ver Figura 7-35).
- Alguns domínios de repressão funcionam por meio da interação com correpressores, complexos desacetilase de histonas. A posterior desacetilação das caudas N-terminais de histonas em nucleossomos próximos ao sítio de ligação do repressor inibe a interação entre o DNA promotor e os fatores gerais de transcrição, reprimindo a iniciação da transcrição (ver Figura 7-36a).
- Alguns domínios de ativação funcionam por meio da ligação aos complexos coativadores multiproteicos, como os complexos acetilase de histonas. A posterior hiperacetilação das caudas N-terminais de histonas nos nucleossomos adjacentes ao sítio de ligação do ativador facilita as interações entre o DNA promotor e os fatores gerais de transcrição, estimulando a iniciação da transcrição (ver Figura 7-36b).
- Os fatores remodeladores de cromatina SWI/SNF constituem outro tipo de coativador. Esses complexos com múltiplas subunidades podem dissociar o DNA dos núcleos de histonas por meio de uma reação dependente de ATP, podendo também descondensar regiões de cromatina e, dessa forma, promover a ligação das proteínas de ligação ao DNA necessárias para que a iniciação ocorra em alguns promotores.
- O mediador, outro tipo de coativador, é um complexo de aproximadamente 30 subunidades que estabelece conexões moleculares entre os domínios de ativação e a RNA-polimerase II pela ligação direta à polimerase e aos domínios de ativação. Ligando-se simultaneamente a vários ativadores diferentes, o mediador provavelmente auxilia a integração do efeito de vários ativadores sobre um único promotor (ver Figura 7-39).
- Os ativadores ligados a estimuladores distantes podem interagir com os fatores de transcrição ligados ao promotor, pois o DNA é flexível e a região entre esses dois pontos do DNA pode formar uma grande alça.
- A formação extremamente cooperativa dos complexos de pré-iniciação *in vivo* geralmente requer vários ativadores. Uma célula deve produzir o conjunto específico de ativadores necessários para a transcrição de um gene em particular para que o mesmo seja expresso.
- O sistema de híbridos duplos de levedura é amplamente utilizado para a detecção de cDNAs que codificam domínios proteicos capazes de se ligar a uma proteína específica de interesse (ver Figura 7-40).

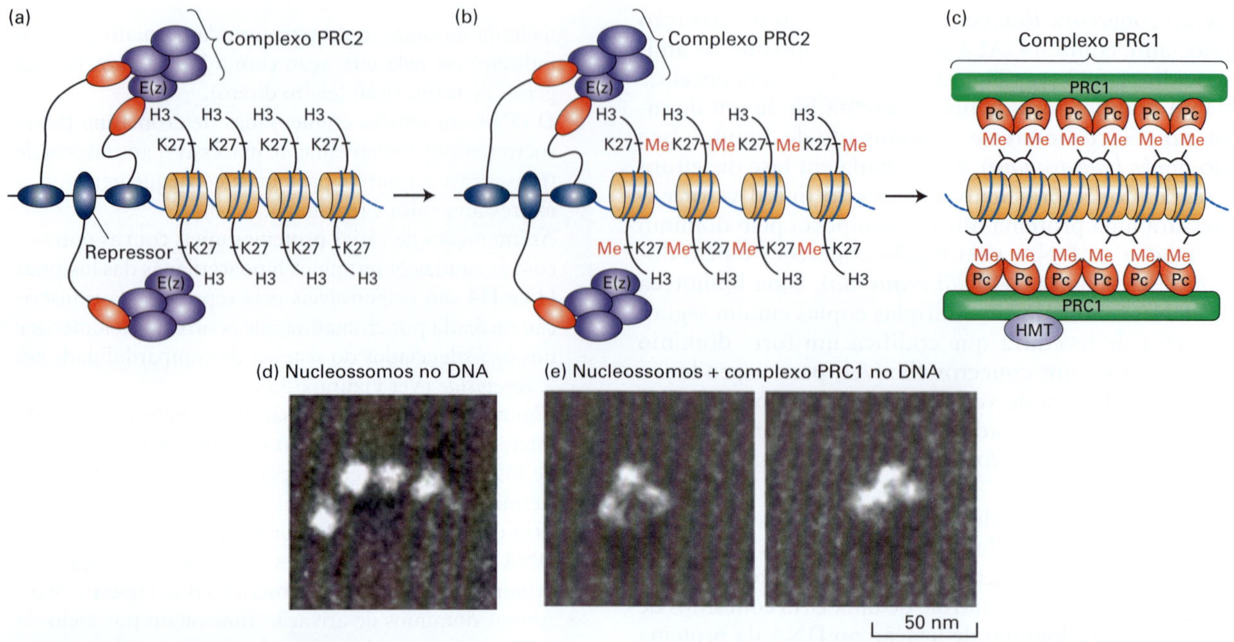

FIGURA 7-47 Modelo para a repressão mediada pelos complexos Policomb. (a) Durante o início da embriogênese, os repressores se associam ao complexo PRC2. (b) Esta associação resulta na metilação (Me) dos nucleossomos adjacentes ao resíduo de lisina 27 da histona H3 pelo domínio SET que contém a subunidade E(z). (c) O complexo PRC1 se liga a nucleossomos metilados nos resíduos de lisina 27 da histona H3 por meio de um cromodomínio dimérico que contém uma subunidade Pc. O complexo PRC1 condensa a cromatina em uma estrutura de cromatina reprimida. Os complexos PRC2 se associam aos complexos PRC1 para manter a metilação dos resíduos de lisina 27 da histona H3 das histonas adjacentes. Como consequência, a associação dos complexos PRC1 e PRC2 ao DNA é mantida quando a expressão das proteínas repressoras mostradas em (a) é impedida. (d, e) Micrografia eletrônica de um fragmento de DNA de aproximadamente 1 kb, ligado a quatro nucleossomos na ausência (d) e na presença (e) de um complexo PRC1 a cada cinco nucleossomos. (Partes (a)-(c) adaptadas de A. H. Lund e M. van Lohuizen, 2004, *Curr. Opin. Cell Biol.* **16**:239. Partes (d, e) obtidas de N. J. Francis, R. E. Kingston, e C. L. Woodcock, 2004, *Science* **306**:1574.)

de um mecanismo similar ao mostrado na Figura 7-46. Essa é uma importante característica da repressão Policomb, mantida ao longo de sucessivas divisões celulares durante a vida de um organismo (aproximadamente 100 anos para alguns vertebrados, 2.000 anos para o pinheiro *Pinus lambertiana*!).

As proteínas Tritórax têm efeito contrário ao mecanismo de repressão das proteínas Policomb, conforme mostrado em estudos da expressão dos fatores de transcrição Hox Abd-B no embrião de *Drosophila* (Figura 7-48). Quando o sistema Policomb não é efetivo, a proteína Abd-B tem sua repressão revertida em todas as células do embrião. Quando o sistema Tritórax é defectivo e não consegue contrabalancear a repressão do sistema Policomb, a proteína Abd-B é reprimida na maioria das células, exceto naquelas na extremidade mais posterior do embrião. Os complexos Tritórax incluem uma histona metiltransferase que induz a trimetilação do resíduo de lisina 4 da histona H3, metilação de histona associada aos promotores dos genes em transcrição ativa. Essa modificação de histona dá origem a um sítio de ligação para a acetilase de histonas e para os complexos de remodelagem da cromatina que promovem a transcrição, assim como para a proteína TFIID, o fator geral de transcrição que inicia a formação do complexo de pré-iniciação (Figura 7-17). Nucleossomos modificados com o grupamento metila no resíduo de lisina 4 na histona H3 também são sítios de ligação para histonas demetilases específicas que previnem a metilação do resíduo de lisina 9 na histona H3, impedindo a ligação da proteína HP1, e no resíduo de lisina 27, impedindo a ligação dos complexos de repressão PRC. De modo similar, uma histona demetilase específica para resíduos de lisina 4 na histona H3 se associa aos complexos PRC2. Acredita-se que nucleossomos marcados com a metilação do resíduo de lisina 4 na histona H3 sejam distribuídos nas duas moléculas de DNA filhas durante a replicação, resultando na manutenção dessa marcação epigenética por meio de uma estratégia similar à mostrada na Figura 7-46.

Moléculas não codificantes de RNA determinam a repressão epigenética em metazoários

Foram descobertos complexos repressores que são complexos de proteínas ligadas a moléculas de RNA. Em alguns casos, isso resulta na repressão de genes no mesmo cromossomo a partir do qual o RNA é transcrito, como no caso da inativação do cromossomo X nas fêmeas de mamíferos. Em outros casos, esses complexos repressores RNA-proteína podem ter como alvo genes transcritos a partir de outros cromossomos, por meio do pareamento de bases com moléculas nascentes de RNA, conforme elas são transcritas.

Inativação do cromossomo X em mamíferos O fenômeno de inativação do cromossomo X em fêmeas de mamí-

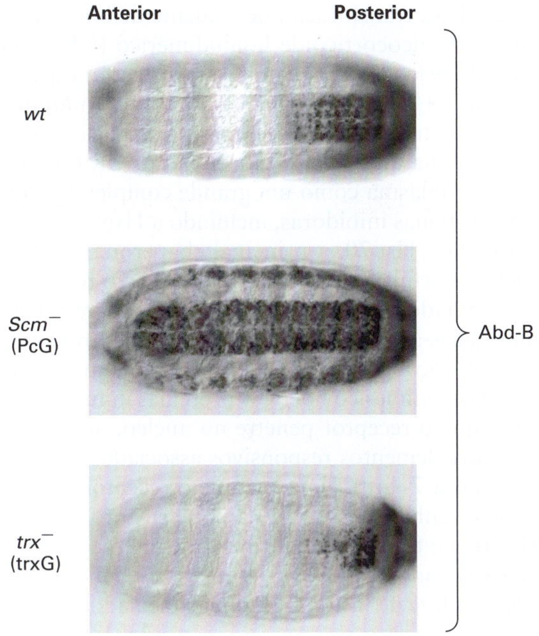

FIGURA 7-48 Influências opostas dos complexos Policomb e Tritórax na expressão do fator de transcrição Hox Abd-B em embriões de *Drosophila*. Nos estágios mostrados da embriogênese de *Drosophila*, a proteína Abd-B é normalmente expressa apenas nos segmentos posteriores do embrião em desenvolvimento, conforme mostrado na figura superior com imunomarcação com anticorpos específicos anti-Adb-B. Nos embriões com mutações homozigotas para o gene *Scm* (gene Policomb – PcG – que codifica uma proteína associada ao complexo PRC1), a expressão da proteína Abd-B tem sua repressão revertida em todos os segmentos do embrião. Em contraste, nos mutantes homozigotos para o gene *trx* (gene Tritórax – trxG), a repressão da proteína Adb-B é aumentada de modo a ser expressa em altas quantidades no segmento posterior. (Cortesia de Juerg Mueller, Laboratório de Biologia Molecular Europeu, Alemanha.)

feros é um dos exemplos mais intensamente estudados de repressão epigenética mediada por um longo RNA não codificante de proteínas. A inativação do cromossomo X é controlada por um domínio de aproximadamente 100 kb no cromossomo X, chamado centro de inativação do X. O centro de inativação do X não expressa proteínas e sim codifica diversos RNA não codificantes (ncRNAs) que participam da inativação aleatória de todo um cromossomo X nas etapas iniciais do desenvolvimento de fêmeas de mamíferos. Os ncRNAs cujas funções são parcialmente compreendidas são transcritos a partir da cadeia complementar de DNA, perto do meio do centro de inativação do X: o RNA Tsix de 40 kb, o RNA Xist processado em uma molécula de RNA de aproximadamente 17 kb, e uma molécula menor de 1,6 kb de RNA RepA, a partir da região 5′ do RNA Xist (Figura 7-49a).

Nas células diferenciadas de fêmeas, o cromossomo X inativo está associado a complexos de RNA Xist e proteínas ao longo de toda a sua extensão. A deleção do gene *Xist* (Figura 5-42) em culturas de células-tronco embrionárias mostrou que ele é necessário para a inativação do X. Ao contrário do que ocorre com a maior parte dos genes que codificam proteínas no cromossomo X inativo, o gene *Xist* é transcrito a partir do centro de inativação do X no cromossomo X em geral inativo. Os complexos RNA Xist-proteína não se difundem para interagir com o cromossomo X ativo e permanecem associados ao cromossomo X inativo. Uma vez que toda a extensão do cromossomo X se torna revestida pelos complexos RNA Xist-proteína (Figura 7-49b), esses complexos se espalham ao longo do cromossomo a partir do centro de inativação do X, onde Xist é transcrito. O cromossomo X inativo também se encontra associado aos complexos Policomb PRC2 que catalisam a trimetilação do resíduo de lisina 27 da histona H3. Isso resulta na associação do complexo PRC1 e na repressão da transcrição, como descrito anteriormente.

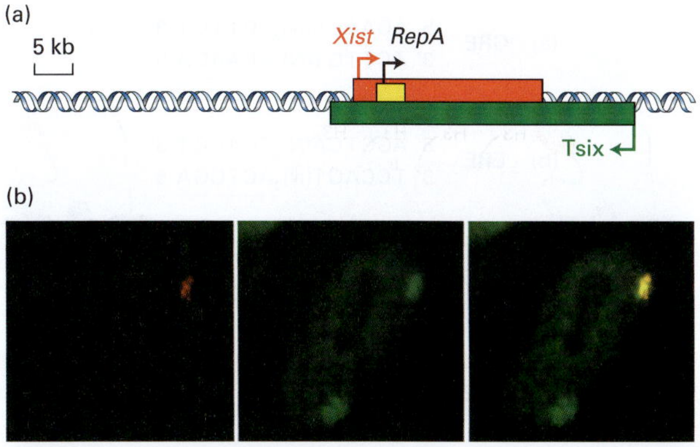

FIGURA 7-49 O RNA não codificante Xist, codificado no centro de inativação do X, protege o cromossomo X inativo nas células das mulheres. (a) A região do centro de inativação do X humano, codificando os RNAs não codificantes *Xist*, *RepA* e *Tsix*. (b) Uma cultura de fibroblastos de uma mulher foi analisada por hibridização *in situ* com uma sonda complementar ao RNA *Xist* marcada com fluoróforo vermelho (*esquerda*), um conjunto de sondas cromossômicas para o cromossomo X marcadas com fluoróforo verde (*centro*) e uma sobreposição das duas micrografias de fluorescência. O cromossomo X condensado inativo está associado ao RNA *Xist*. (Parte (a) adaptada de J. T. Lee, 2010, *Cold Spring Harbor Perspect. Biol.* **2**:a003749. Parte (b) obtida de C. M. Clemson et al., 1996, *J. Cell Biol.* **131**:259.)

Nos embriões iniciais de fêmeas, compostos por células-tronco embrionárias capazes de se diferenciar em todos os tipos celulares (ver Capítulo 21), os genes de ambos os cromossomos X são transcritos e a molécula de 40 kb do ncRNA Tsix é transcrita a partir do centro de inativação do X das duas cópias dos cromossomo X. Experimentos utilizando deleções planejadas no centro de inativação do X mostraram que a transcrição do RNA Tsix previne significativamente a transcrição do RNA Xist de 17 kb a partir da cadeia complementar de DNA. Em etapas posteriores do desenvolvimento do embrião inicial, conforme as células começam a se diferenciar, Tsix passa a ser transcrito apenas a partir do cromossomo X ativo. O(s) mecanismo(s) que controla(m) essa transcrição assimétrica de Tsix ainda não é(são) conhecido(s). No entanto, o processo ocorre de modo aleatório nos dois cromossomos X.

No atual modelo de inativação do X, a inibição da transcrição de Tsix permite a transcrição do RNA RepA a partir da cadeia complementar de DNA (Figura 7-49a). O

(a) **GRE** 5′ AGAACA$(N)_3$TGTTCT 3′
3′ TCTTGT$(N)_3$ACAAGA 5′

(b) **ERE** 5′ AGGTCA$(N)_3$TGACCT 3′
3′ TCCAGT$(N)_3$ACTGGA 5′

(c) **VDRE** 5′ AGGTCA$(N)_3$AGGTCA 3′
3′ TCCAGT$(N)_3$TCCAGT 5′

(d) **TRE** 5′ AGGTCA$(N)_4$AGGTCA 3′
3′ TCCAGT$(N)_4$TCCAGT 5′

(e) **RARE** 5′ AGGTCA$(N)_5$AGGTCA 3′
3′ TCCAGT$(N)_5$TCCAGT 5′

FIGURA 7-43 Sequências consenso de elementos responsivos de DNA que ligam três receptores nucleares. Os elementos responsivos para o receptor de glicocorticoide (GRE) e receptor de estrogênio (ERE) contêm sequências repetidas invertidas que ligam estas proteínas homodiméricas. Os elementos responsivos para receptores heterodiméricos contêm uma sequência repetida comum, na mesma orientação, separadas por três e cinco pares de bases para a ligação dos receptores de vitamina D_3 (VDRE), receptor de hormônio da tireoide (TRE) e receptores de ácido retinoico (RARE). As sequências repetidas estão indicadas pelas setas vermelhas. (Ver K. Umesono et al., 1991, *Cell* **65**:255, e A. M. Naar, et al., 1991, *Cell* **65**:1267.)

que compõem esses heterodímeros interagem uns com outros de tal forma que os dois domínios de ligação ao DNA se posicionam sob a mesma orientação, e não com orientação invertida, permitindo que os heterodímeros RXR se liguem às repetições diretas do sítio de ligação de cada monômero. Em contrapartida, os monômeros dos receptores nucleares homodiméricos (p. ex., GRE e ERE) apresentam orientação invertida.

A ligação do hormônio a um receptor nuclear regula sua atividade como fator de transcrição

O mecanismo pelo qual a ligação de hormônios controla a atividade dos receptores nucleares difere entre os receptores homodiméricos e os heterodiméricos. Os receptores nucleares heterodiméricos (p. ex., RXR-VDR, RXR-TR e RXR-RAR) se localizam exclusivamente no núcleo. Na ausência de seus hormônios ligantes eles reprimem a transcrição, quando ligados a seus sítios cognatos no DNA. Isso ocorre pela desacetilação direta de histonas nos nucleossomos próximos, por meio dos mecanismos descritos anteriormente (ver Figura 7-36a). Na conformação associada ao ligante, os receptores nucleares heterodiméricos que contêm RXR podem levar à hiperacetilação de histonas nos nucleossomos adjacentes, revertendo, assim, os efeitos repressores do domínio livre de associação ao ligante. Na presença do ligante, os domínios de associação ao ligante dos receptores nucleares também se ligam ao mediador, estimulando a formação dos complexos de pré-iniciação.

Ao contrário dos receptores nucleares heterodiméricos, os receptores homodiméricos são encontrados no citoplasma na ausência de seus ligantes. A ligação dos hormônios a esses receptores leva à sua translocação para o núcleo. Essa translocação dependente de hormônio do receptor de glicocorticoide homodimérico (GR) foi demonstrada pelos experimentos de transfecção ilustrados na Figura 7-44. O domínio de ligação ao hormônio GR controla esse transporte sozinho. Estudos adicionais mostraram que, na ausência do hormônio, o GR está ancorado ao citoplasma como um grande complexo proteico com as proteínas inibidoras, incluindo a Hsp90, proteína relacionada à Hsp70, a principal chaperona de choque térmico nas células eucarióticas. Enquanto o receptor estiver confinado ao citoplasma, ele não poderá interagir com os genes-alvo e, consequentemente, não poderá ativar a transcrição. A ligação do hormônio a um receptor nuclear homodimérico libera as proteínas inibidoras, permitindo que o receptor penetre no núcleo, onde poderá se ligar aos elementos responsivos associados aos genes-alvo (Figura 7-44d). Uma vez que o receptor ligado ao hormônio tenha se associado a um elemento de resposta, ele ativa a transcrição por meio de interações com os complexos remodeladores de cromatina, com os complexos de acetilase de histonas e com os mediadores.

Metazoários regulam a transição da Pol II da fase de iniciação para a elongação

Uma recente e inesperada descoberta, resultante da aplicação da técnica de imunoprecipitação da cromatina, é que grande parte dos genes de metazoários apresenta a Pol II pausada na fase de elongação a ≈200 pares de bases do sítio de iniciação da transcrição (Figura 7-16). Assim, a expressão da proteína codificada é controlada não apenas pela iniciação da transcrição, mas também pela elongação da transcrição precoce na unidade de transcrição. Os primeiros genes descobertos controlados pela elongação da transcrição foram os **genes de choque térmico** (p. ex., *hsp70*) codificadores das proteínas chaperoninas que auxiliam no reenovelamento de proteínas desnaturadas e de outras proteínas que ajudam a célula a lidar com as proteínas desnaturadas. Quando o choque térmico ocorre, o fator de transcrição de choque térmico (HSTF) é ativado. A ligação do HSTF a sítios específicos na região proximal ao promotor dos genes de choque térmico estimula a polimerase pausada a continuar a elongação da cadeia e promove a reiniciação rápida por meio de moléculas adicionais de RNA-polimerase II. Esse mecanismo de controle transcricional permite uma resposta rápida: esses genes estão sempre pausados em estado de suspensão da transcrição e, portanto, quando surge uma emergência, dispensam o tempo necessário para a remodelação e acetilação da cromatina no promotor e a formação do complexo de pré-iniciação da transcrição.

A MYC é outro fator de transcrição que regula a transcrição por meio de controle da elongação da Pol II pausada próxima ao sítio de iniciação, atuando na regulação do crescimento e da divisão celular. A proteína MYC é geralmente expressa em alta concentração nas células de tumores e é um fator de transcrição essencial na reprogramação das células somáticas em células-tronco pluripotentes capazes de se diferenciar em qualquer tipo celular. A capacidade de induzir células diferenciadas a se converterem em célu-

VÍDEO: Translocação nuclear do receptor de glicocorticoides regulada por hormônios

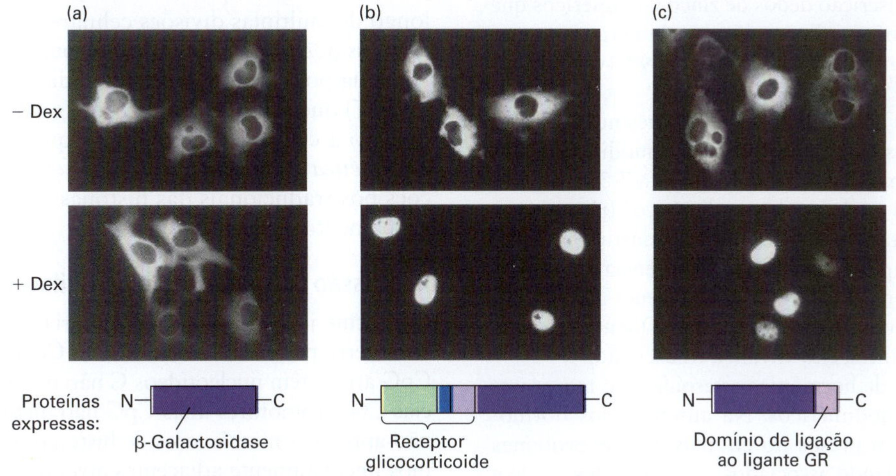

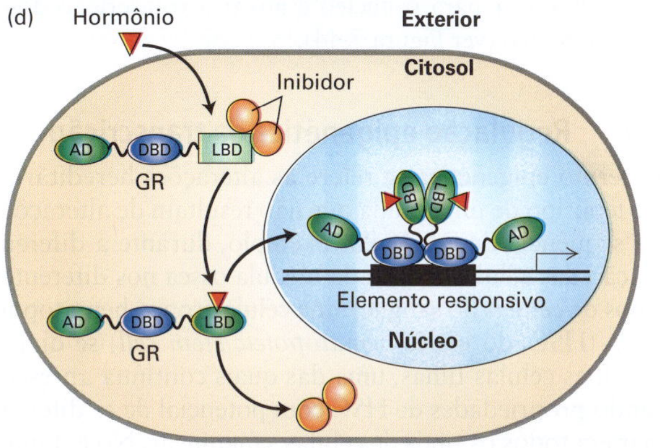

FIGURA EXPERIMENTAL 7-44 Proteínas de fusão obtidas a partir de vetores de expressão demonstraram que o domínio de ligação a hormônios do receptor glicocorticoide (GR) controla a translocação para o núcleo na presença do hormônio. Células animais em cultura foram transformadas com vetores de expressão codificando as proteínas representadas na parte inferior da figura. Imunofluorescência com antibióticos específicos marcados para a β-galactosidase foi utilizada para detectar as proteínas expressas nas células transformadas. (a) Nas células expressando apenas a β-galactosidase, a enzima foi localizada no citoplasma na presença e na ausência do hormônio glicocorticoide dexametasona (Dex). (b) Nas células expressando a proteína de fusão formada pela β-galactosidase e o receptor glicocorticoide completo (GR), a proteína de fusão estava presente no citoplasma na ausência do hormônio, mas foi transportada para o núcleo na presença do hormônio. (c) As células expressando a proteína de fusão formada pela β-galactosidase e apenas o domínio de associação ao ligante GR (lilás) também exibiram o transporte da proteína de fusão para o núcleo dependente de hormônio. (d) Modelo da ativação gênica dependente de hormônio para um receptor nuclear homodimérico. Na ausência do hormônio, o receptor é mantido no citoplasma por meio de interações entre o domínio de associação ao ligante (LBD, do inglês *ligand-binding domain*) e proteínas de inibição. Quando o hormônio está presente, ele se difunde através da membrana plasmática e se liga ao domínio de associação ao ligante, induzindo uma alteração conformacional que dissocia o receptor das proteínas de inibição. O receptor associado ao ligante é então translocado para o núcleo, onde o seu domínio de ligação ao DNA (DBD, do inglês *DNA-binding domain*) se liga aos elementos responsivos, permitindo que o domínio de associação ao ligante e os domínios de ativação adicionais (AD) na região N-terminal estimulem a transcrição dos genes-alvo. (Partes (a)-(c) obtidas de D. Picard e K. R. Yamamoto, 1987, *EMBO J.* **6**:3333; cortesia dos autores.)

las-tronco pluripotentes desencadeou um enorme interesse de pesquisas pelo seu potencial para o desenvolvimento de tratamentos terapêuticos para os danos por trauma no sistema nervoso e para doenças degenerativas (Capítulo 21).

A terminação da Pol II também é regulada

Uma vez que a Pol II tenha transcrito cerca de 200 nucleotídeos a partir do sítio de início da transcrição, a elongação ao longo dos genes é altamente processiva, embora a imunoprecipitação da cromatina com anticorpos para a Pol II indiquem que a quantidade de Pol II em diferentes posições em uma unidade de transcrição em uma população de células seja muito variável (Figura 7-16b, *à direita*). Isso indica que a enzima pode realizar a elongação por meio de algumas regiões com mais rapidez que em outras. Na maioria dos casos, a Pol II não é finalizada até que seja transcrita uma sequência que determine a clivagem e a poliadenilação do RNA na sequência que forma a extremidade 3′ do mRNA codificado. A RNA-polimerase-II pode então realizar a terminação da transcrição em diferentes sítios localizados em uma distância entre 0,5 e 2 kb além do sítio de adição de poli(A). Experimentos com genes mutantes indicaram que essa terminação é associada ao processo de clivagem e poliadenilação da extremidade 3′ do transcrito, processo discutido no próximo capítulo.

CONCEITOS-CHAVE da Seção 7.6

Regulação da atividade dos fatores de transcrição

- A atividade de diversos fatores de transcrição é indiretamente regulada pela ligação de proteínas e peptídeos extracelulares aos receptores da superfície celular. Esses receptores ativam rotas de transdução de sinal intracelulares que regulam fatores de transcrição específicos por meio de vários mecanismos a serem discutidos no Capítulo 16.

- Os receptores nucleares formam uma superfamília de fatores de transcrição dedos de zinco C_4 diméricos que se liga a hormônios lipossolúveis e interage com elementos responsivos específicos no DNA (ver Figuras 7-41 a 7-43).
- A ligação dos hormônios aos receptores nucleares induz alterações conformacionais que modificam suas interações com outras proteínas (Figura 7-30b, c).
- Os receptores nucleares heterodiméricos (p. ex., para retinoides, vitamina D e hormônios da tireoide) são encontrados apenas no núcleo. Na ausência do hormônio, eles reprimem a transcrição de genes-alvo com o elemento responsivo correspondente. Quando associados a seus ligantes, eles ativam a transcrição.
- Os receptores de hormônios esteroides são receptores nucleares homodiméricos. Na ausência dos hormônios, eles ficam presos no citoplasma por proteínas inibidoras. Quando associados a seus ligantes, podem se deslocar para o núcleo e ativar a transcrição dos genes-alvo (ver Figura 7-44).

7.7 Regulação epigenética da transcrição

O termo **epigenética** se refere às alterações hereditárias no fenótipo de uma célula que não resultam de alterações na sequência de DNA. Por exemplo, durante a diferenciação das células-tronco da medula óssea nos diferentes tipos de células do sangue, uma célula-tronco hematopoiética (HSC, do inglês *hematopoieic stem cell*) se divide em duas células-filhas, uma das quais continua apresentando propriedades de HSC com potencial de se diferenciar em todos os tipos de células sanguíneas. No entanto, a outra célula-filha se torna uma célula-tronco linfoide ou uma célula-tronco mieloide (ver Figura 21-18). As células-tronco linfoides dão origem a células-filhas que se diferenciam em linfócitos, os quais desempenham diferentes funções envolvidas na resposta imune a patógenos (Capítulo 23). As células-tronco mieloides se dividem em células-filhas comprometidas com a diferenciação em hemácias, diferentes tipos de leucócitos fagocíticos, ou nas células que dão origem às plaquetas envolvidas na coagulação sanguínea. Tanto as células-tronco linfoides quanto as mieloides têm uma sequência de DNA idêntica ao zigoto gerado pela fertilização da célula-ovo por uma célula de espermatozoide, mas têm potencial de desenvolvimento restrito devido às diferenças epigenéticas entre elas. Tais alterações epigenéticas são inicialmente consequência da expressão de fatores de transcrição específicos, que são os principais reguladores da diferenciação celular, controlando a expressão de outros genes que codificam fatores de transcrição e proteínas envolvidas na comunicação célula-célula e em complexas redes de controle gênico, atualmente objeto de intensa investigação.

Alterações na expressão gênica iniciadas pelos fatores de transcrição são frequentemente reforçadas e mantidas ao longo de múltiplas divisões celulares por meio de modificações pós-traducionais das histonas e da metilação do DNA na posição 5 do anel pirimídico da citosina (Figura 2-17) que são mantidas e propagadas às células-filhas quando a célula se divide. Consequentemente, o termo *epigenética* é utilizado para se referir a essas modificações pós-traducionais das histonas e da modificação do grupamento 5-metil C do DNA.

Repressão epigenética pela metilação do DNA

Conforme já mencionado, a maioria dos promotores de mamíferos pertence à classe de ilhas CpG. Promotores ilhas CpG ativos têm nucleotídeos C não metilados nas sequências CG. Promotores ilhas CpG não metilados geralmente não apresentam octâmeros de histonas, mas os nucleossomos imediatamente adjacentes aos promotores ilhas CpG não metilados apresentam os resíduos de lisina 4 das histonas H3 modificados por di ou trimetilação e apresentam ainda moléculas de Pol II associadas, que foram pausadas durante a transcrição das cadeias de DNA da fita-molde e não molde, conforme discutido anteriormente (Figuras 7-16 e 7-17). Pesquisas recentes indicam que a metilação da lisina 4 da histona H3 ocorre nas células de camundongos porque uma proteína chamada Cfp1 (proteína 1 dedo CXXC) se liga ao DNA rico em CpG não metilado por meio de um domínio dedo de zinco (CXXC) e se associa a uma metilase de histona específica para o resíduo de lisina 4 da histona H3 (Setd1). Complexos de remodelagem da cromatina e o fator geral de transcrição TFIID, que inicia a formação do complexo de pré-iniciação da Pol II (Figura 7-17), se associam aos nucleossomos com marca H3-metil-lisina 4 no nucleotídeo, promovendo a iniciação da transcrição mediada pela Pol II.

No entanto, em células diferenciadas, uma pequena porcentagem de promotores ilhas CpG específicos, dependendo do tipo celular, tem CpGs marcados pela C 5-metil. Essa modificação do DNA na ilha CpG desencadeia a condensação da cromatina. Uma família de proteínas que se liga ao DNA rico em CpGs modificados com C 5-metil (proteínas de ligação ao metil CpG, MBDs, do inglês *methyl CpG-binding proteins*) se associam às desacetilases de histonas e reprimem os complexos de remodelagem da cromatina, o que resulta na repressão transcricional. Esses grupamentos metila são adicionados pelas DNA metiltransferases *de novo*, denominadas DNMT3a e DNMT3b. Muito ainda precisa ser estudado acerca de como essas enzimas são direcionadas para ilhas CpG específicas, mas assim que elas tenham metilado uma sequência de DNA, essa metilação é transmitida por meio da replicação do DNA pela ação da uma metiltransferase de *manutenção* ubíqua, DNMT1:

$$5'-\text{C}^{Me}\text{G}-3'\quad\xrightarrow{\text{DNA Replicação}}\quad\begin{array}{l}5'-\text{C}^{Me}\text{G}-3'\\3'-\text{G}-\text{C}-5'\\5'-\text{C}-\text{G}-3'\\3'-\text{G}-\text{C}^{Me}-5'\end{array}\quad\xrightarrow{\text{DNMT1}}\quad\begin{array}{l}5'-\text{C}^{Me}\text{G}-3'\\3'-\text{G}-\text{C}^{Me}-5'\\5'-\text{C}^{Me}\text{G}-3'\\3'-\text{G}-\text{C}^{Me}-5'\end{array}$$

(A cor vermelha indica as cadeias filhas.) A DNMT1 também mantém a metilação dos nucleotídeos C nas sequências CpG presentes em menor quantidade na maior parte do genoma. Conforme discutido anteriormente, a sequência CG está presente em menor quantidade na maior parte das sequências do genoma de mamíferos, provavelmente porque a desaminação espontânea de um nucleotídeo C 5-metil origina um nucleotídeo timidina, levando à substituição das sequências CpG por TpG ao longo da evolução dos mamíferos, a menos que haja pressão seletiva contra essa mutação resultante, o que provavelmente ocorre quando os promotores ilhas CpG são modificados. Esse mecanismo de repressão epigenética está sendo intensamente estudado, uma vez que os genes supressores de tumores que codificam proteínas que atuam na supressão do desenvolvimento de tumores são geralmente inativados nas células de tumores por meio de padrões anormais de metilação das sequências CpG das suas regiões promotoras, conforme será discutido no Capítulo 24.

A metilação de histonas em outros resíduos específicos de lisina está relacionada com os mecanismos epigenéticos de repressão gênica

A Figura 6-31b resume os diferentes tipos de modificações pós-tradução observados em histonas, incluindo a acetilação de resíduos de lisina e a metilação de resíduos de lisina no átomo de nitrogênio do grupamento ε-aminoterminal da cadeia lateral da lisina (ver Figura 2-14). Resíduos de lisina podem ser modificados pela adição de um, dois ou três grupamentos metila ao seu átomo de nitrogênio terminal, originando resíduos de lisina mono, di e trimetilados, todos com uma única carga positiva. Experimentos de radiomarcação de carga pulsada demonstraram que os grupamentos acetila nos resíduos de lisina das histonas são reciclados rapidamente, ao passo que os grupamentos metila são muito mais estáveis. O estado de acetilação de um resíduo de lisina específico em uma histona em determinado nucleossomo é resultado do equilíbrio dinâmico entre a acetilação e desacetilação promovidos, respectivamente, pelas acetilases e desacetilases de histonas. A acetilação das histonas em uma região da cromatina é predominante quando os ativadores ligados aos DNA se ligam de modo transitório aos complexos de acetilase de histonas. A desacetilação predomina quando os repressores se ligam de modo transitório aos complexos de desacetilação de histonas.

Diferente do que acontece com os grupamentos acetila, os grupamentos metila dos resíduos de lisina das histonas são muito mais estáveis e modificados mais lentamente que os grupamentos acetila. Grupamentos metila dos resíduos de lisina das histonas podem ser removidos por *demetilases de resíduos de lisina de histonas*. No entanto, a modificação resultante dos grupamentos metila dos resíduos de lisina das histonas é muito mais lenta do que a modificação dos grupamentos acetila dos resíduos de lisina das histonas, tornando-os adequados para as modificações pós-tradução que propagam a informação epigenética. Diversas outras modificações pós-tradução das histonas já foram caracterizadas (Figura 6-31b). Todas elas têm potencial para regular de modo positivo ou negativo a ligação das proteínas que interagem com a fibra de cromatina para regular a transcrição e outros processos como o enovelamento dos cromossomos nas estruturas altamente condensadas que se formam durante a mitose (Figuras 6-39 e 6-40). Foi encontrada uma estrutura da cromatina na qual as caudas das histonas que se projetam da fibra de cromatina como estruturas aleatórias são modificadas após a tradução para dar origem a uma das muitas combinações possíveis de modificações que regulam a transcrição e outros processos por meio do controle da ligação de um grande número de diferentes complexos de proteínas. Esse controle das interações de proteínas com regiões específicas da cromatina como resultado da influência combinada de diversas modificações pós-tradução das histonas tem sido chamado de *código das histonas*. Algumas dessas modificações, como a acetilação dos resíduos de lisina das histonas, são de reversão rápida, enquanto outras, como a metilação dos resíduos de lisina das histonas, podem servir de molde para a cópia durante a replicação da cromatina, gerando padrões de herança epigenética, além do padrão de herança das sequências de DNA. A Tabela 7-3 resume a influência das modificações pós-tradução de resíduos específicos de aminoácidos das histonas geralmente observados na transcrição.

Metilação da lisina 9 da histona 3 na heterocromatina Na maior parte dos eucariotos, alguns complexos correpressores contêm subunidades com atividade histona metiltransferase que metilam a histona H3 no resíduo de lisina 9, dando origem a resíduos de lisina di e trimetilados. Esses resíduos de lisina metilados são sítios de ligação para isoformas da proteína HP1 que atuam na condensação da heterocromatina, conforme discutido no Capítulo 6 (ver Figura 6-34). Por exemplo, o complexo correpressor KAP1 age em uma classe de mais de 200 fatores de transcrição dedo de zinco, codificados no genoma humano. Esse complexo correpressor inclui a histona H3 lisina 9 metiltransferase, que metila nucleossomos ao longo da região promotora dos genes reprimidos, induzindo a ligação da proteína HP1 e a repressão da transcrição. Um transgene integrado em fibroblastos de camundongos em cultura que tenha sido reprimido por meio da ação do correpressor KAP1 se localiza na heterocromatina na maioria das células, ao passo que a forma ativa do mesmo transgene é localizada na eucromatina (Figura 7-45). Ensaios de imunoprecipitação da cromatina (ver Figura 7-16) mostraram que o gene reprimido está associado à histona H3 com o resíduo de lisina 9 metilado, e à proteína HP1, enquanto o gene ativo não apresenta essas associações.

É importante ressaltar que a metilação do resíduo de lisina 9 da histona H3 é mantida durante a replicação do cromossomo na fase S por meio dos mecanismos representados na Figura 7-46. Quando os cromossomos são replicados na fase S, os nucleossomos associados ao DNA parental são distribuídos de modo aleatório nas moléculas de DNA filhas. Novos octâmeros de histonas não metilados no resíduo de lisina 9 se associam aos cromossomos dessas cadeias, mas uma vez que os nucleossomos parentais estejam distribuídos nos dois cromosso-

TABELA 7-3 Modificações pós-tradução das histonas associadas aos genes ativados e reprimidos

Modificação	Sítios de modificação	Efeito na transcrição
Acetilação de resíduos de lisina	H3 (K9, K14, K18, K27, K56) H4 (K5, K8, K13, K16) H2A (K5, K9, K13) H2B (K5, K12, K15, K20)	Ativação
Hipoacetilação de resíduos de lisina		Repressão
Fosforilação de resíduos de serina/treonina	H3 (T3, S10, S28) H2A (S1, T120) H2B (S14)	Ativação
Metilação de resíduos de arginina	H3 (R17, R23) H4 (R3)	Ativação
Metilação de resíduos de lisina	H3 (K4) Me3 nas regiões promotoras H3 (K4) Me1 nos estimuladores H3 (K36, K79) nas regiões transcritas H3 (K9, K27) H4 (K20)	Ativação Elongação Repressão
Ubiquitinação de resíduos de lisina	H2B (K120 em mamíferos, K123 em *S. cerevisiae*) H2A (K119 em mamíferos)	Ativação Repressão

mos filhos, aproximadamente metade dos nucleossomos estará metilada no resíduo de lisina 9. A associação da histona H3 lisina metiltransferase (direta ou indiretamente) aos nucleossomos parentais metilados induz a metilação dos novos octâmeros de histonas recém-formados. A repetição desse processo a cada divisão celular resulta na manutenção da metilação do resíduo de lisina 9 na histona H3 nessa região do cromossomo.

Controle epigenético pelos complexos Policomb e Tritórax

Outro tipo de marcação epigenética essencial à repressão dos genes em tipos celulares específicos em animais e plantas multicelulares envolve um conjunto de proteínas conhecidas coletivamente como proteínas Policomb e um conjunto de efeito contrário de proteínas conhecidas como Tritórax, de acordo com os fenótipos relacionados com

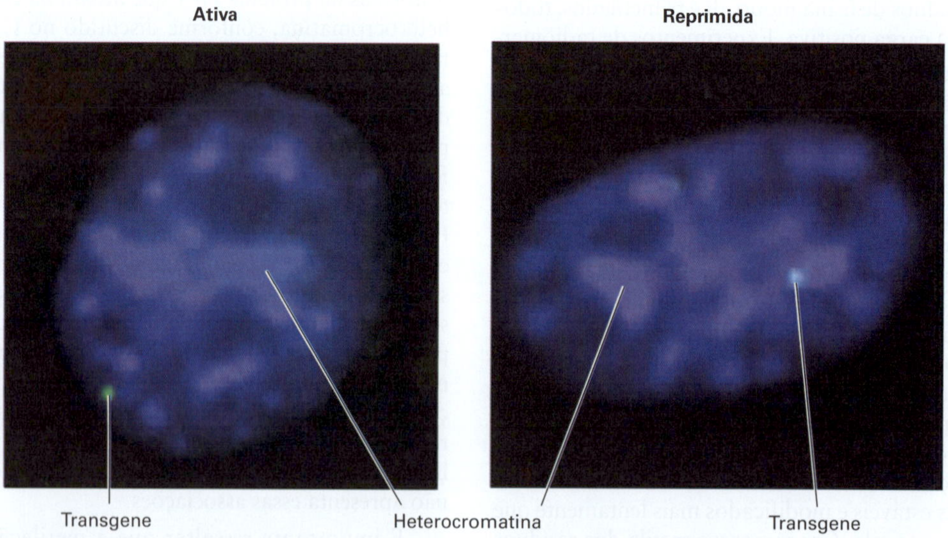

FIGURA 7-45 Localização de um transgene reprimido na heterocromatina. Fibroblastos de camundongos foram transformados de modo estável com um transgene com sítios de ligação para um repressor modificado. O repressor é uma proteína de fusão entre um domínio de ligação ao DNA, um domínio repressor que interage com o complexo correpressor KAP1, e um domínio de associação ao ligante de um receptor nuclear que permite a importação para o núcleo da proteína de fusão que será controlada experimentalmente (ver Figura 7-44). O DNA foi marcado em azul com o marcador DAPI. As regiões de maior marcação correspondem às regiões de heterocromatina, onde a concentração de DNA é maior que na eucromatina. O transgene foi detectado por hibridização com uma sonda complementar de marcação fluorescente (verde). Quando o repressor recombinante foi retido no citoplasma, o transgene foi transcrito (*esquerda*) e localizado na eucromatina na maior parte das células. Quando hormônio foi adicionado, de modo que o repressor recombinante foi transportado para o núcleo, o transgene foi reprimido (*direita*) e detectado na heterocromatina. Ensaios de imunoprecipitação da cromatina (ver Figura 7-16) mostraram que o gene reprimido estava associado a um resíduo de lisina 9 metilado na histona H3 e à proteína HP1, enquanto o gene ativo não apresentava esta associação. (Cortesia de Frank Rauscher, de Ayyanathan et al., 2003, *Genes Dev.* **17**:1855.)

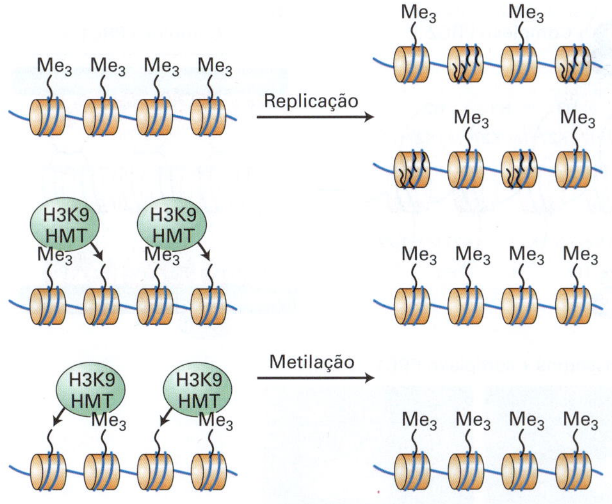

FIGURA 7-46 Manutenção da metilação do resíduo de lisina 9 da histona H3 durante a replicação dos cromossomos. Quando o DNA cromossômico é replicado, as histonas parentais se associam de modo aleatório com as duas moléculas filhas de DNA, enquanto histonas não metiladas sintetizadas durante a fase S formam outros nucleossomos nos cromossomos irmãos. A associação da histona H3 lisina 9 metiltransferase (H3K9 HMT) com os nucleossomos parentais portadores de resíduos de lisina 9 da histona H3 di ou trimetilados promove a metilação dos novos nucleossomos recém-adicionados. Consequentemente, a metilação dos resíduos de lisina 9 da histona H3 é mantida durante repetidos ciclos de divisão celular, a menos que seja removida de modo específico por uma histona demetilase.

mutações nos genes que codificam essas proteínas em *Drosophila*, onde foram inicialmente descobertos. O mecanismo de repressão Policomb é essencial para a manutenção da repressão de genes em tipos celulares específicos e em todas as células que se desenvolvem a partir desses tipos celulares ao longo da vida de um organismo. Genes importantes são regulados pelas proteínas Policomb, incluindo os genes *Hox*, que codificam fatores mestres de controle da transcrição. Diferentes combinações de fatores de transcrição Hox ajudam a controlar o desenvolvimento de tecidos e órgãos específicos nos embriões em desenvolvimento. Nas etapas iniciais da embriogênese, a expressão dos genes *Hox* é controlada por proteínas ativadoras e repressoras típicas. No entanto, a expressão desses ativadores e repressores é terminada em uma etapa inicial da embriogênese. A expressão correta dos genes *Hox* nas células que descendem das células embrionárias iniciais é mantida ao longo do restante da embriogênese e durante a vida adulta pelas proteínas Policomb que mantêm a *repressão* de genes *Hox* específicos. As proteínas Tritórax desempenham função oposta à das proteínas Policomb, mantendo a *expressão* dos genes *Hox* expressos em uma célula específica nas etapas iniciais da embriogênese e em todos os descendentes dessa célula. Proteínas Policomb e Tritórax controlam centenas de genes, incluindo genes que regulam o crescimento e a divisão celular (ou seja, o ciclo celular, conforme será discutido no Capítulo 19). Os genes Policomb e Tritórax frequentemente sofrem mutações nas células de tumores, sendo uma contribuição importante para as propriedades anormais dessas células (Capítulo 24).

É notável como praticamente todas as células de um embrião em desenvolvimento e de adultos expressam conjuntos semelhantes de proteínas Policomb e Tritórax, e como todas as células contêm o mesmo conjunto de genes *Hox*. Apenas os genes *Hox* nas células em que foram inicialmente reprimidos nas etapas iniciais da embriogênese permanecem reprimidos, mesmo que esses mesmos genes *Hox* permaneçam ativos em outras células na presença das mesmas proteínas Policomb. Consequentemente, como no caso dos *loci* silenciados para o sistema de compatibilidade de leveduras, a expressão dos genes *Hox* é regulada por meio de um processo que envolve mais do que a simples interação de sequências de DNA e proteínas que se difundem por nucleoplasma.

Um modelo atual para a repressão mediada pelas proteínas Policomb está representado na Figura 7-47. A maior parte das proteínas Policomb são subunidades de uma ou duas classes de complexos multiproteicos, complexos tipo PRC1 e complexos PRC2. Acredita-se que os complexos PRC2 atuem inicialmente por meio da associação com repressores específicos que se liguem à sequências cognatas de DNA nas etapas iniciais da embriogênese ou a complexos de ribonucleoproteínas contendo longos RNAs não codificantes, conforme discutido em uma próxima seção. Esses complexos também têm uma subunidade [E(z) em *Drosophila*, EZH2 em mamíferos] com um *domínio SET*, o domínio enzimaticamente ativo de diversas histonas metiltransferases. Esse domínio SET dos complexos PRC2 metila os resíduos de lisina 27 das histonas H3, gerando lisinas di e trimetiladas. O complexo PRC1 se liga então aos nucleossomos metilados por meio das subunidades diméricas Pc (CBXs nos mamíferos), cada uma contendo um domínio de ligação à metil-lisina (chamado **cromodomínio**) específico para o resíduo de lisina 27 metilado da histona H3. Propõe-se que a ligação do dímero Pc aos nucleossomos adjacentes induza a condensação da cromatina em uma estrutura que inibe a transcrição. Essa hipótese é sustentada por estudos de micrografia eletrônica mostrando que complexos PRC1 induzem a associação dos nucleossomos *in vitro* (Figura 7-47d, e).

Complexos PRC1 também contêm uma ligase de ubiquitina que induz a monoubiquitinação da histona H2A no resíduo de lisina 119 na porção C-terminal da histona H2A. Essa modificação da histona H2A inibe a elongação da Pol II ao longo da cromatina por meio da inibição da associação de uma chaperona de histonas necessária para remover os octâmeros de histonas do DNA enquanto a Pol II transcreve ao longo de um nucleossomo, e substituí-los quando a polimerase tiver passado. Foi postulado que os complexos PRC2 se associem aos nucleossomos marcados por essa trimetilação dos resíduos de lisina 27 na histona H3, mantendo essa metilação nos nucleossomos presentes na região. Isso resulta na associação da cromatina com os complexos PRC1 e PRC2 mesmo após o término da expressão das proteínas repressoras iniciais, mostrado na Figura 7-47a, b. Esse processo também mantém a metilação do resíduo de lisina 27 da histona H3 e a monoubiquitinação da histona H2A durante a replicação do DNA, por meio

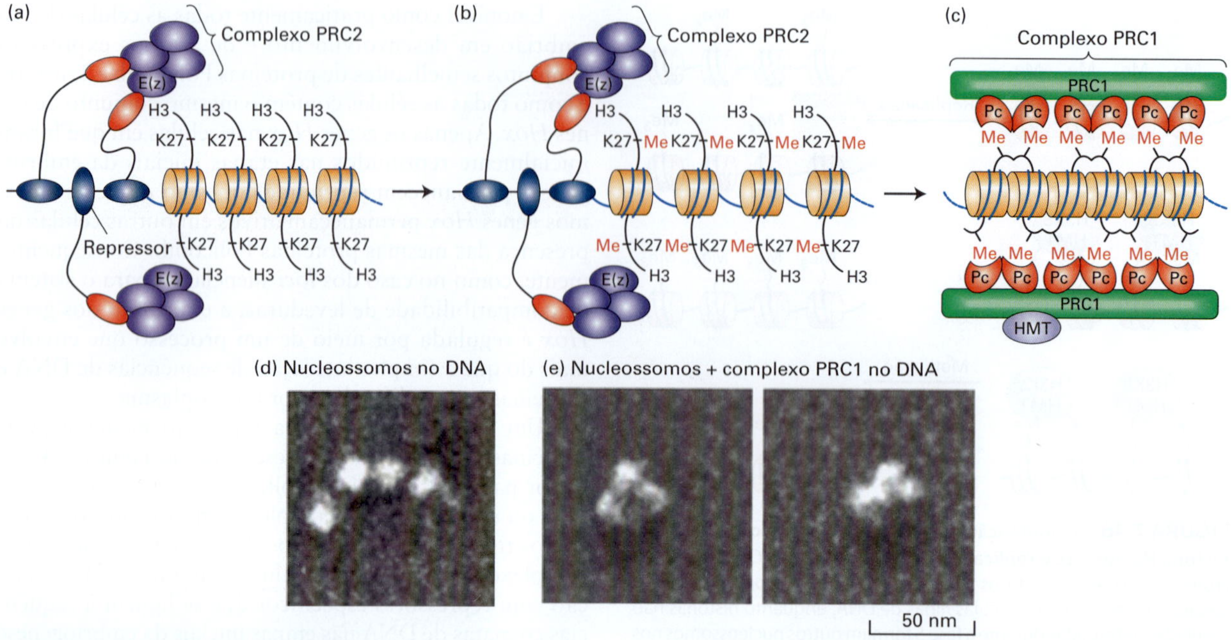

FIGURA 7-47 Modelo para a repressão mediada pelos complexos Policomb. (a) Durante o início da embriogênese, os repressores se associam ao complexo PRC2. (b) Esta associação resulta na metilação (Me) dos nucleossomos adjacentes ao resíduo de lisina 27 da histona H3 pelo domínio SET que contém a subunidade E(z). (c) O complexo PRC1 se liga a nucleossomos metilados nos resíduos de lisina 27 da histona H3 por meio de um cromodomínio dimérico que contém uma subunidade Pc. O complexo PRC1 condensa a cromatina em uma estrutura de cromatina reprimida. Os complexos PRC2 se associam aos complexos PRC1 para manter a metilação dos resíduos de lisina 27 da histona H3 das histonas adjacentes. Como consequência, a associação dos complexos PRC1 e PRC2 ao DNA é mantida quando a expressão das proteínas repressoras mostradas em (a) é impedida. (d, e) Micrografia eletrônica de um fragmento de DNA de aproximadamente 1 kb, ligado a quatro nucleossomos na ausência (d) e na presença (e) de um complexo PRC1 a cada cinco nucleossomos. (Partes (a)-(c) adaptadas de A. H. Lund e M. van Lohuizen, 2004, *Curr. Opin. Cell Biol.* **16**:239. Partes (d, e) obtidas de N. J. Francis, R. E. Kingston, e C. L. Woodcock, 2004, *Science* **306**:1574.)

de um mecanismo similar ao mostrado na Figura 7-46. Essa é uma importante característica da repressão Policomb, mantida ao longo de sucessivas divisões celulares durante a vida de um organismo (aproximadamente 100 anos para alguns vertebrados, 2.000 anos para o pinheiro *Pinus lambertiana*!).

As proteínas Tritórax têm efeito contrário ao mecanismo de repressão das proteínas Policomb, conforme mostrado em estudos da expressão dos fatores de transcrição Hox Abd-B no embrião de *Drosophila* (Figura 7-48). Quando o sistema Policomb não é efetivo, a proteína Abd-B tem sua repressão revertida em todas as células do embrião. Quando o sistema Tritórax é defectivo e não consegue contrabalancear a repressão do sistema Policomb, a proteína Abd-B é reprimida na maioria das células, exceto naquelas na extremidade mais posterior do embrião. Os complexos Tritórax incluem uma histona metiltransferase que induz a trimetilação do resíduo de lisina 4 da histona H3, metilação de histona associada aos promotores dos genes em transcrição ativa. Essa modificação de histona dá origem a um sítio de ligação para a acetilase de histonas e para os complexos de remodelagem da cromatina que promovem a transcrição, assim como para a proteína TFIID, o fator geral de transcrição que inicia a formação do complexo de pré-iniciação (Figura 7-17). Nucleossomos modificados com o grupamento metila no resíduo de lisina 4 na histona H3 também são sítios de ligação para histonas demetilases específicas que previnem a metilação do resíduo de lisina 9 na histona H3, impedindo a ligação da proteína HP1, e no resíduo de lisina 27, impedindo a ligação dos complexos de repressão PRC. De modo similar, uma histona demetilase específica para resíduos de lisina 4 na histona H3 se associa aos complexos PRC2. Acredita-se que nucleossomos marcados com a metilação do resíduo de lisina 4 na histona H3 sejam distribuídos nas duas moléculas de DNA filhas durante a replicação, resultando na manutenção dessa marcação epigenética por meio de uma estratégia similar à mostrada na Figura 7-46.

Moléculas não codificantes de RNA determinam a repressão epigenética em metazoários

Foram descobertos complexos repressores que são complexos de proteínas ligadas a moléculas de RNA. Em alguns casos, isso resulta na repressão de genes no mesmo cromossomo a partir do qual o RNA é transcrito, como no caso da inativação do cromossomo X nas fêmeas de mamíferos. Em outros casos, esses complexos repressores RNA-proteína podem ter como alvo genes transcritos a partir de outros cromossomos, por meio do pareamento de bases com moléculas nascentes de RNA, conforme elas são transcritas.

Inativação do cromossomo X em mamíferos O fenômeno de inativação do cromossomo X em fêmeas de mamí-

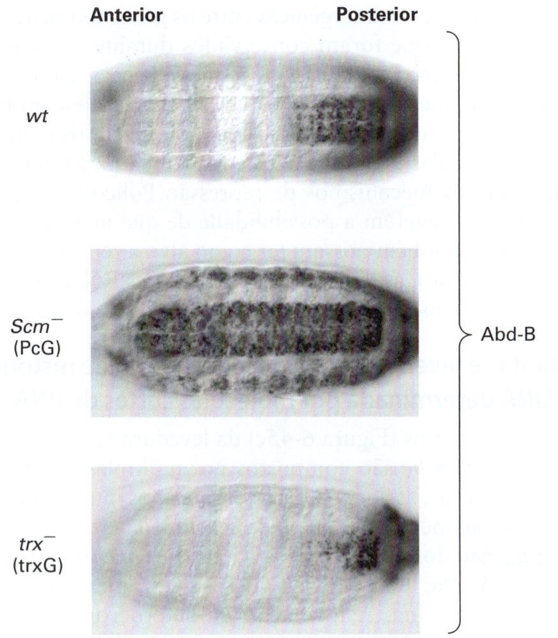

FIGURA 7-48 Influências opostas dos complexos Policomb e Tritórax na expressão do fator de transcrição Hox Abd-B em embriões de *Drosophila*. Nos estágios mostrados da embriogênese de *Drosophila*, a proteína Abd-B é normalmente expressa apenas nos segmentos posteriores do embrião em desenvolvimento, conforme mostrado na figura superior com imunomarcação com anticorpos específicos anti-Adb-B. Nos embriões com mutações homozigotas para o gene *Scm* (gene Policomb – PcG – que codifica uma proteína associada ao complexo PRC1), a expressão da proteína Abd-B tem sua repressão revertida em todos os segmentos do embrião. Em contraste, nos mutantes homozigotos para o gene *trx* (gene Tritórax – trxG), a repressão da proteína Adb-B é aumentada de modo a ser expressa em altas quantidades no segmento posterior. (Cortesia de Juerg Mueller, Laboratório de Biologia Molecular Europeu, Alemanha.)

feros é um dos exemplos mais intensamente estudados de repressão epigenética mediada por um longo RNA não codificante de proteínas. A inativação do cromossomo X é controlada por um domínio de aproximadamente 100 kb no cromossomo X, chamado centro de inativação do X. O centro de inativação do X não expressa proteínas e sim codifica diversos RNA não codificantes (ncRNAs) que participam da inativação aleatória de todo um cromossomo X nas etapas iniciais do desenvolvimento de fêmeas de mamíferos. Os ncRNAs cujas funções são parcialmente compreendidas são transcritos a partir da cadeia complementar de DNA, perto do meio do centro de inativação do X: o RNA Tsix de 40 kb, o RNA Xist processado em uma molécula de RNA de aproximadamente 17 kb, e uma molécula menor de 1,6 kb de RNA RepA, a partir da região 5′ do RNA Xist (Figura 7-49a).

Nas células diferenciadas de fêmeas, o cromossomo X inativo está associado a complexos de RNA Xist e proteínas ao longo de toda a sua extensão. A deleção do gene *Xist* (Figura 5-42) em culturas de células-tronco embrionárias mostrou que ele é necessário para a inativação do X. Ao contrário do que ocorre com a maior parte dos genes que codificam proteínas no cromossomo X inativo, o gene *Xist* é transcrito a partir do centro de inativação do X no cromossomo X em geral inativo. Os complexos RNA Xist-proteína não se difundem para interagir com o cromossomo X ativo e permanecem associados ao cromossomo X inativo. Uma vez que toda a extensão do cromossomo X se torna revestida pelos complexos RNA Xist-proteína (Figura 7-49b), esses complexos se espalham ao longo do cromossomo a partir do centro de inativação do X, onde Xist é transcrito. O cromossomo X inativo também se encontra associado aos complexos Policomb PRC2 que catalisam a trimetilação do resíduo de lisina 27 da histona H3. Isso resulta na associação do complexo PRC1 e na repressão da transcrição, como descrito anteriormente.

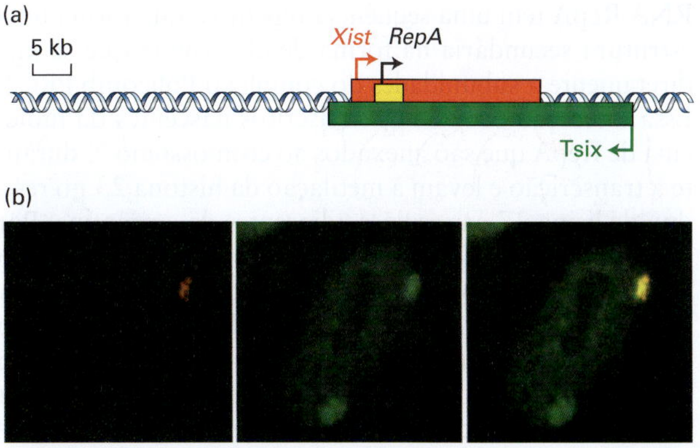

FIGURA 7-49 O RNA não codificante Xist, codificado no centro de inativação do X, protege o cromossomo X inativo nas células das mulheres. (a) A região do centro de inativação do X humano, codificando os RNAs não codificantes *Xist*, *RepA* e *Tsix*. (b) Uma cultura de fibroblastos de uma mulher foi analisada por hibridização *in situ* com uma sonda complementar ao RNA *Xist* marcada com fluoróforo vermelho (*esquerda*), um conjunto de sondas cromossômicas para o cromossomo X marcadas com fluoróforo verde (*centro*) e uma sobreposição das duas micrografias de fluorescência. O cromossomo X condensado inativo está associado ao RNA *Xist*. (Parte (a) adaptada de J. T. Lee, 2010, *Cold Spring Harbor Perspect. Biol.* **2**:a003749. Parte (b) obtida de C. M. Clemson et al., 1996, *J. Cell Biol.* **131**:259.)

Nos embriões iniciais de fêmeas, compostos por células-tronco embrionárias capazes de se diferenciar em todos os tipos celulares (ver Capítulo 21), os genes de ambos os cromossomos X são transcritos e a molécula de 40 kb do ncRNA Tsix é transcrita a partir do centro de inativação do X das duas cópias dos cromossomo X. Experimentos utilizando deleções planejadas no centro de inativação do X mostraram que a transcrição do RNA Tsix previne significativamente a transcrição do RNA Xist de 17 kb a partir da cadeia complementar de DNA. Em etapas posteriores do desenvolvimento do embrião inicial, conforme as células começam a se diferenciar, Tsix passa a ser transcrito apenas a partir do cromossomo X ativo. O(s) mecanismo(s) que controla(m) essa transcrição assimétrica de Tsix ainda não é(são) conhecido(s). No entanto, o processo ocorre de modo aleatório nos dois cromossomos X.

No atual modelo de inativação do X, a inibição da transcrição de Tsix permite a transcrição do RNA RepA a partir da cadeia complementar de DNA (Figura 7-49a). O

RNA RepA tem uma sequência repetitiva que forma uma estrutura secundária na forma de alça rígida que se liga diretamente a subunidades do complexo Policomb PRC2. Essa interação ocorre nos transcritos nascentes da molécula de RepA que são anexados ao cromossomo X durante a transcrição e levam à metilação da histona 23 no resíduo de lisina 27 nas regiões adjacentes da cromatina. Por meio de mecanismos ainda desconhecidos, esse processo ativa a transcrição do promotor Xist próximo. O RNA Xist transcrito contém sequências de RNA que, por meio de mecanismos não conhecidos, induz o seu espalhamento ao longo do cromossomo X. A sequência RepA repetida próxima à extremidade 5′ do RNA Xist se liga ao complexo PRC2, levando à di e trimetilação H3K27 ao longo de toda a extensão do cromossomo X. Isso, por sua vez, resulta na ligação do complexo Policomb PRC1 e na repressão da transcrição, conforme discutido anteriormente. Ao mesmo tempo, a transcrição de Tsix a partir do outro cromossomo X ativo é mantida e reprime a transcrição de Xist a partir desse cromossomo X, consequentemente prevenindo a repressão mediada por Xist do X ativo. Em um momento posterior do desenvolvimento, o DNA do X inativo também se torna metilado na maior parte dos seus promotores ilhas CpG associados, o que provavelmente contribui para a sua inativação estável ao longo de múltiplas divisões celulares que ocorrem nas etapas posteriores da embriogênese e ao longo da vida adulta.

Repressão *trans* mediada por longos RNAs não codificantes Recentemente, outro exemplo de repressão transcricional mediada por longas moléculas de RNA não codificantes foi descoberto por pesquisadores que estudavam a função de moléculas de RNA não codificantes transcritas a partir de uma região que codifica um conjunto de genes *HOX*, o *locus HOXC*, em culturas de fibroblastos humanos. A depleção de uma sequência de RNA de 2,2 kb expressa a partir do *locus HOXC* por siRNA (Figura 5-45) levou, de modo inesperado, à reversão da repressão do *locus HOXD* nessas células, de uma região de aproximadamente 40 kb em outro cromossomo codificando diversas proteínas HOX e múltiplos outros RNAs não codificantes. Ensaios semelhantes à imunoprecipitação da cromatina mostraram que esse RNA não codificante, denominado HOTAIR (do inglês *HOX antisense intergenic RNA*), se associa ao *locus HOXD* e a complexos Policomb PRC2. Isso resulta na di e trimetilação do resíduo de lisina 27 na histona H3, na associação do complexo PRC1, na demetilação do resíduo de lisina 4 da histona H3 e na repressão da transcrição. Esse processo é similar ao recrutamento dos complexos Policomb pelo RNA Xist, exceto pelo fato de o RNA Xist exercer sua função *em cis*, permanecendo associado ao cromossomo a partir do qual é transcrito, enquanto HOTAIR induz a repressão Policomb *em trans*, nas duas cópias do cromossomo.

Recentemente, a caracterização do DNA associado à histona H3 marcada pela trimetilação do resíduo de lisina 4 associada às regiões promotoras e da metilação do resíduo de lisina 36 da histona H3 associada à elongação da transcrição da Pol II levou à descoberta de aproximadamente 1.600 longos RNAs não codificantes transcritos a partir de regiões intergênicas entre os genes codificadores de proteínas que foram conservados durante a evolução dos mamíferos. Essa conservação de sequências é um forte indício de que esses RNAs não codificantes exercem funções importantes. Os exemplos de Xist, HOTAIR e outras duas moléculas de ncRNAs recentemente descobertas que orientam os mecanismos de repressão Policomb a genes específicos sugerem a possibilidade de que muitas dessas moléculas também possam ter como alvo a repressão Policomb. Por isso, atualmente o estudo desses RNAs não codificantes conservados é outra área de intensa investigação.

Plantas e leveduras utilizam a metilação de histonas e DNA determinada por moléculas curtas de RNA

Os centrômeros (Figura 6-45c) da levedura *Schizosaccharomyces pombe* são compostos por múltiplas repetições de sequências, assim como nos organismos multicelulares. O funcionamento adequado desses centrômeros durante a segregação dos cromossomos na mitose e meiose (Figuras 18-36, 5-10a, 19-38) exige que os centrômeros formem heterocromatina. A formação de heterocromatina nos centrômeros de *S. pombe* é controlada pelas sequências curtas de RNA de interferência (siRNA), inicialmente descobertos em *C. elegans* pela sua função no citoplasma, onde controlam a degradação das moléculas de mRNA aos quais se hibridizam (Figura 5-45 e discussão detalhada no Capítulo 8). A RNA-polimerase II transcreve baixas quantidades de transcritos não codificantes a partir das repetições dos centrômeros (cenRNA, Figura 7-50). Esses transcritos são convertidos em RNA fita dupla por uma RNA-polimerase dependente de RNA identificada em plantas e em diversos fungos (mas não na levedura *S. cerevisiae*, onde o sistema de siRNA não existe, e nem em mamíferos, que não apresentam esse mecanismo de repressão transcricional). As longas moléculas de RNA fita dupla resultantes são clivadas por uma ribonuclease específica para RNA fita dupla, chamada *Dicer*, em fragmentos de 22 nucleotídeos com extremidades 3′ coesivas compostas por dois nucleotídeos. Uma cadeia dos fragmentos Dicer se liga a uma proteína pertencente à família de proteínas *Argonauta*, que se associa ao siRNA nos mecanismos de repressão da tradução e da transcrição. A proteína Argonauta de *S. pombe*, Ago1, se associa a duas outras proteínas para formar o complexo RITS (do inglês *RNA-induced transcripticonal silencing*).

O complexo RITS se associa às regiões dos centrômeros pelo pareamento de bases entre o siRNA associado à sua subunidade Ago1 e os transcritos nascentes a partir dessa região e interações com sua subunidade Ch1 (proteína cromodomínio 1), que contém um cromodomínio específico para a ligação de resíduos de lisina metilados para a ligação do resíduo de lisina 9 di e trimetilado da histona H3 associada à heterocromatina. O complexo RITS também se associa a uma RNA-polimerase dependente de RNA que contém um complexo, RDRC. Uma vez que múltiplas moléculas de siRNA são geradas a partir do RNA fita dupla, isso resulta em um ciclo de retroalimentação positiva que aumenta a associação dos complexos RITS com a heterocromatina dos centrômeros. O complexo

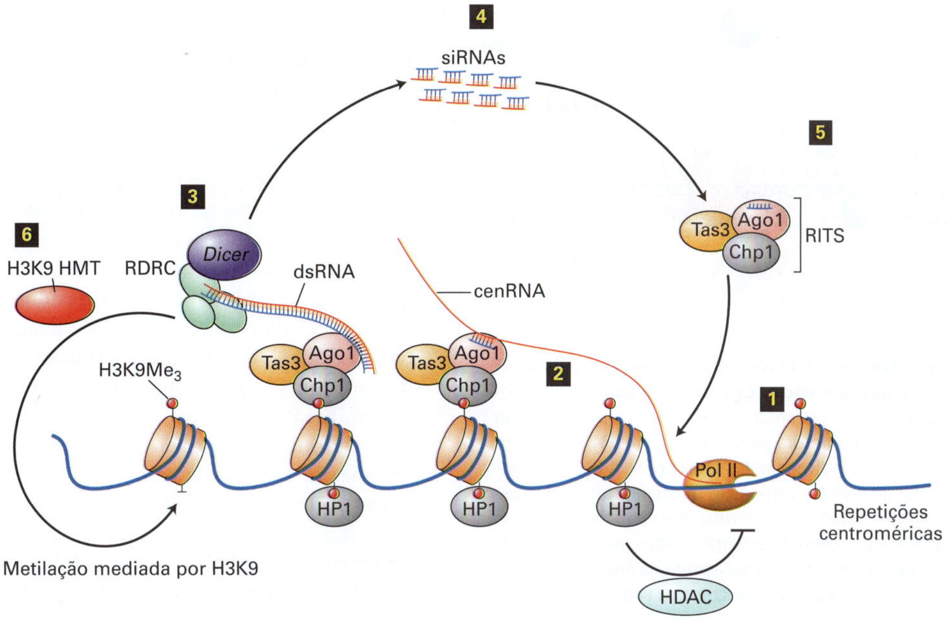

FIGURA 7-50 Modelo para a geração da heterocromatina nos centrômeros de *S. pombe* mediada por moléculas não codificantes de RNA. Etapa **1**: a transcrição mediada pela Pol II das sequências repetidas não codificantes de proteínas localizadas nos centrômeros ocorre em baixa quantidade. Etapa **2**: a molécula nascente de RNA é ligada ao complexo RITS pelo pareamento de bases com a pequena molécula complementar de RNA de interferência da subunidade Chp1 com a histona H3 metilada no resíduo de lisina 9. Etapa **3**: o complexo RITS se associa ao complexo RDRC, que inclui a RNA-polimerase dependente de RNA que converte o transcrito nascente da Pol II em uma molécula de RNA fita dupla. Etapa **4**: a molécula de RNA de fita dupla é clivada pela ribonuclease Dicer específica para moléculas de fita dupla em fragmentos de fita dupla de aproximadamente 22 nucleotídeos com extremidades coesivas compostas por duas bases na extremidade 3′ de cada cadeia. Etapa **5**: uma das duas cadeias de aproximadamente 22 nucleotídeos gerada é ligada pela subunidade Ago1 de um complexo RITS. Uma vez que múltiplos siRNAs associados aos complexos RITS são gerados para cada transcrito da Pol II, isto resulta em um ciclo de retroalimentação positiva que concentra os complexos RITS na região do centrômero. Etapa **6**: o complexo RITS também se associa a uma histona 3 lisina 9 metiltransferase (H3K9 HMT), que metila a histona 3 na região do centrômero. Isto gera um sítio de ligação para as proteínas HP1 de *S. pombe*, e também para a subunidade Chp1 dos complexos RITS. A ligação da proteína HP1 condensa a região em heterocromatina, conforme indicado na Figura 6-35a. (Adaptada de D. Moazed, 2009, *Nature* **457**:413.)

RITS também se associa à histona 3 lisina 9 metiltransferase. A marcação resultante da metilação do resíduo de lisina 9 da histona H3 na cromatina dos centrômeros serve como sítio de ligação para as proteínas HP1 e para uma desacetilase de histonas (HDAC) de *S. pombe*, induzindo a condensação da região dos centrômeros em heterocromatina.

Indução de 5-metil C por ncRNAs em plantas O organismo-modelo de plantas, *Arabidopsis thaliana*, utiliza extensivamente a metilação do DNA para reprimir a transcrição de transposons e retrotransposons (discutidos no Capítulo 6) e alguns genes específicos. Além de metilar os nucleotídeos C na posição 5 nas sequências CG, as plantas também metilam genes nas sequências CHG (onde H corresponde a qualquer outro nucleotídeo) e CHH. Existe um grau de redundância, mas a DNA metiltransferase MET1 catalisa a metilação CpG e é funcionalmente similar à enzima DNMT1 dos animais multicelulares. A proteína CMT3 (cromometilase 3) metila as sequências CHG, e a proteína DRM2 é a principal metiltransferase das sequências CHH. A metilação das sequências CpG e CHG é mantida ao longo da replicação do DNA, respectivamente, pelas enzimas MET1 e CMT3, pelo reconhecimento do nucleotídeo C metilado na cadeia parental, e pela metilação dos nucleotídeos C das novas cadeias filhas recém-replicadas de DNA, conforme discutido para a enzima humana DNMT1. No entanto, um dos cromossomos filhos de um sítio de metilação CHH terá um nucleotídeo G não modificado na posição complementar ao nucleotídeo C metilado e não apresentará modificações no DNA que possam ser reconhecidas pela metiltransferase DRM2. Consequentemente, sítios de metilação CHH precisam ser mantidos ao longo das divisões celulares por um mecanismo alternativo.

O gene *FWA* codifica um fator de transcrição homeodomínio envolvido na regulação da época da floração em resposta à temperatura, de modo que as plantas não floresçam antes da chegada dos dias amenos da primavera. Na *A. thaliana* tipo selvagem, o gene *FWA* é reprimido por metilação CHH na sua região promotora. Falhas na metilação do promotor *FWA* resultam no fenótipo facilmente reconhecido pelo florescimento tardio, permitindo o isolamento de múltiplos genes mutantes de *A. thaliana* que falham na metilação das sequências CHH. Esses genes foram clonados utilizando os métodos descritos no Capítulo 5, revelando um mecanismo complexo de metilação do DNA controlada por RNA que envolve as RNA-polimerases IV e V específicas de plantas mencionadas anteriormente (Figura 7-51) e siRNAs nucleares específicos de plantas com 24 nucleotídeos de extensão.

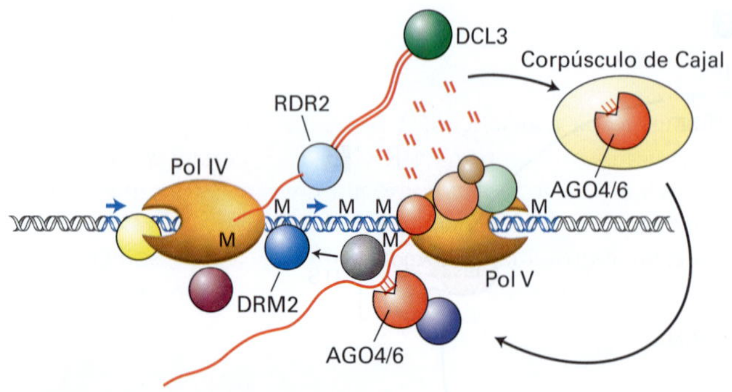

FIGURA 7-51 Modelo para o mecanismo de metilação do DNA nos nucleotídeos de C nas sequências CHH de *A. thaliana*. A RNA-polimerase VI específica para plantas transcreve sequências repetidas como os transposons e a região promotora proximal do gene *FWA* (DNA em azul, com a região duplicada indicada pelas setas azuis). A RNA-polimerase RDR2 dependente de RNA converte estes transcritos em moléculas de RNA fita dupla, que são clivadas pela enzima Dicer em fragmentos de RNA de fita dupla e 24 nucleotídeos de extensão, com duas bases nas extremidades coesivas. Uma cadeia é ligada pela proteína Argonauta AGO4 ou AGO6 e forma pares de bases com transcritos da sequência de DNA repetida transcrita pela RNA-polimerase V específica de plantas. Isto leva à metilação dos nucleotídeos de C (M) pela DNA metiltransferase DRM2. Diversas outras proteínas que participam desse elaborado processo estão representadas por círculos coloridos. Elas foram identificadas porque mutações nelas produzem fenótipo com florescimento tardio e por serem incapazes de metilar nucleotídeos de C na região promotora *FWA*. (Adaptada de M. V. C. Greenberg et al., 2011, *Epigenetics* **6**:344.)

O gene *FWA* tem duplicação direta na sua região promotora, e múltiplas cópias de transposons estão presentes nos genomas de plantas. Por meio de um mecanismo ainda não elucidado, a Pol IV é direcionada para a transcrição de sequências repetidas de DNA, independente da sua sequência de nucleotídeos. Uma RNA-polimerase dependente de RNA (RDR2) converte o transcrito fita simples da Pol IV em uma cadeia de RNA fita dupla, que é clivada pelas ribonucleases Dicer, principalmente DCL3, em fragmentos de RNA fita dupla de 24 nucleotídeos com extremidades coesivas de dois nucleotídeos. Uma cadeia desses fragmentos de RNA se liga a uma proteína Argonauta (AGO4 ou 6) em densos corpúsculos localizados no núcleo, denominados corpúsculos de Cajal em homenagem ao biólogo espanhol que primeiro os descreveu no início do século XX. Os fragmentos de RNA fita simples de 24 nucleotídeos nesses complexos Argonauta formam pares de bases com o transcrito nascente do DNA repetitivo sintetizado pela Pol V. Isso regula a DRM2 DNA metiltransferase para que metile os nucleotídeos C nas repetições de DNA. Assim como nos metazoários, uma histona desacetilase interage com os nucleotídeos C metilados, levando à hipoacetilação dos nucleossomos associados às repetições de DNA e a repressão da transcrição mediada pela Pol II. ■

CONCEITOS-CHAVE da Seção 7.7

Regulação epigenética da transcrição

- O termo controle *epigenético* da transcrição se refere à repressão ou à ativação mantida após a replicação celular como resultado da metilação do DNA e/ou de modificações pós-tradução das histonas, especialmente a metilação de histonas.
- A metilação de sequências CpG nos promotores ilhas CpG em mamíferos dá origem a sítios de ligação para uma família de proteínas de ligação ao grupamento metila (MBTs) que se associam às histonas desacetilases, induzindo a hipoacetilação das regiões promotoras e à repressão da transcrição.
- A metilação dupla ou tripla do resíduo de lisina 9 da histona H3 dá origem a sítios de ligação para a proteína HP1 associada à heterocromatina, o que resulta na condensação da cromatina e na repressão da transcrição. Essas modificações pós-tradução são perpetuadas durante a replicação dos cromossomos, pois as histonas metiladas são associadas aleatoriamente com as moléculas de DNA filhas que se ligam a histonas H3 lisina 9 metiltransferases, que metilam o resíduos de lisina 9 na histona H3 nas proteínas histonas H3 recém-sintetizadas formadas nas moléculas de DNA filhas.
- Os complexos Policomb mantêm a repressão dos genes inicialmente reprimidos pela ligação de fatores de repressão da transcrição para sequências específicas de DNA expressos nas etapas iniciais da embriogênese. Acredita-se que uma classe de complexos de repressão Policomb, os complexos PRC2, se associem a esses repressores nas células embrionárias iniciais, resultando na metilação do resíduo de lisina 27 da histona H3. Essa metilação cria sítios de ligação para subunidades do complexo PRC2 e de complexos tipo PRC1, que inibem a formação dos complexos de iniciação Pol II e inibem a elongação da transcrição. Uma vez que os octâmeros de histonas parentais contendo resíduos de lisina 27 metilados na histona H3 são distribuídos entre ambas as moléculas de DNA filhas após a replicação do DNA, os complexos PRC2 que se associam a esses nucleossomos mantêm a metilação dos resíduos de lisina 27 nas histonas 23 durante as divisões celulares.
- Os complexos Tritórax opõem-se à repressão dos complexos Policomb por meio da metilação do resíduo de lisina 4 da histona H3 e manutenção dessa marcação durante a replicação do cromossomo.
- A inativação do cromossomo X nas fêmeas de mamíferos requer longos RNAs não codificantes (ncRNAs) chamados Xist, transcritos a partir do centro de inativação do X e espalhadas por meio de mecanismos ainda não completamente compreendidos ao longo do mesmo cromossomo. Xist se liga aos complexos PRC2 nas etapas iniciais da embriogênese, iniciando a inativação do X que é mantida ao longo do restante da embriogênese e da vida adulta.
- Foram descobertos longos ncRNAs que induzem a repressão dos genes *em trans*, em oposição à inativação *em cis* promovida pelo Xist. A repressão é iniciada pela interação com os complexos PRC2. Muito ainda precisa ser compreendido sobre como essas moléculas são direcionadas para regiões específicas dos cromossomos, mas a descoberta de 1.600 longos ncRNAs entre

os mamíferos levantou a hipótese de que esse seja um mecanismo de repressão bastante utilizado.

- Em diversos fungos e plantas, uma RNA-polimerase dependente de RNA gera moléculas de RNA fita dupla a partir do transcrito nascente de sequências repetidas. Essas moléculas de RNA fita dupla são processadas pelas ribonucleases Dicer em moléculas de siRNA de 22 ou 24 nucleotídeos que se ligam às proteínas Argonautas. As moléculas de siRNA formam pares de bases com os transcritos nascentes das sequências repetidas de DNA, induzindo a metilação dos resíduos de lisina 9 das histonas H3 nas repetições dos centrômeros na levedura *S. pombe*, bem como a metilação do DNA nas plantas, resultando na formação da heterocromatina que reprime a transcrição.

7.8 Outros sistemas de transcrição eucarióticos

Como conclusão, este capítulo traz uma breve discussão sobre a iniciação da transcrição mediada por duas outras RNA-polimerases nucleares eucarióticas, Pol I e Pol III, e pelas distintas polimerases que transcrevem o DNA mitocondrial e dos cloroplastos. Apesar desses sistemas – principalmente a sua regulação – não estarem tão bem compreendidos como a transcrição via RNA-polimerase II, eles são igualmente fundamentais para a sobrevivência das células eucarióticas.

A iniciação da transcrição mediada pela Pol I e pela Pol III é análoga à da Pol II

A formação de complexos de iniciação de transcrição envolvendo a Pol I e a Pol III é semelhante, em alguns aspectos, à formação dos complexos de iniciação da Pol II (ver Figura 7-17). No entanto, cada uma das três RNA-polimerases nucleares eucarióticas requer seus próprios fatores gerais de transcrição específicos a cada polimerase e reconhece diferentes elementos controladores de DNA. Além disso, a Pol I e a Pol III não necessitam da hidrólise de ATP por uma DNA-helicase para ajudar a separar as fitas-molde do DNA para a iniciação da transcrição, ao passo que a Pol I precisa. A iniciação da transcrição pela Pol I, que sintetiza o pré-rRNA, e pela Pol III, que sintetiza tRNAs, 5S rRNA e outros pequenos RNAs estáveis (ver tabela 7-2), está fortemente associada à taxa de crescimento e proliferação celular.

Iniciação pela Pol I Os elementos reguladores que controlam a iniciação pela Pol I estão posicionados relativamente ao sítio de iniciação da transcrição de forma similar, tanto em leveduras quanto nos mamíferos. Um *elemento central*, que engloba o sítio de iniciação de −40 a +5, é essencial para a transcrição via Pol I. Um *elemento de controle a montante* adicional, se estendendo aproximadamente de −155 a −60 estimula a transcrição *in vitro* via Pol I dez vezes. Em humanos, a formação de um complexo de pré-iniciação da Pol I (Figura 7-52) tem início com a ligação cooperativa da proteína UBF (do inglês *upstream binding factor*) e SL1 (fator de seletividade), fator composto por múltiplas subunidades contendo a proteína TBP e quatro fatores específicos à Pol I associados à TBP (TAF_Is), à região promotora da Pol I. As subunidades TAF_I interagem diretamente com subunidades específicas da Pol I, direcionando essa RNA-polimerase específica para o sítio de iniciação da transcrição. A proteína TIF-1A, o homólogo em mamíferos à proteína RRN3 de *S. cerevisiae*, é outro fator necessário, assim como a abundante proteína-cinase nuclear CK2 (caseína cinase 2), a actina nuclear, a miosina nuclear, a proteína desacetilase SIRT7 e a topoisomerase I, que evita o superenrolamento do DNA (Figura 4-8) capaz de se formar durante a transcrição rápida da Pol I da unidade de transcrição de aproximadamente 14 kb.

A transcrição do precursor de aproximadamente 14 kb das moléculas de rRNA 18S, 5,8S e 28S (ver Capítulo 8) é altamente regulada para coordenar a síntese de ribossomos com o crescimento e divisão celular. Isso é realizado pela regulação da atividade dos fatores de iniciação da Pol I por meio de modificações pós-tradução, incluindo a fosforilação e a acetilação em locais específicos, o controle da taxa de elongação da Pol I e o controle do número dos aproximadamente 300 genes humanos para rRNA que terão sua transcrição ativada por mecanismos epigenéticos que transformam as cópias inativas em heterocromatina. A variação entre a forma ativa e as cópias silenciadas de heterocromatina dos genes de rRNA é realizada por um complexo de remodelagem da cromatina composto por múltiplas subunidades chamado NoRC ("No" se refere ao nucléolo, local da transcrição do rRNA no núcleo). O complexo NoRC localiza um nucleossomo no sítio de iniciação da transcrição da Pol I, bloqueando a formação do complexo de pré-iniciação. O complexo também interage com uma DNA metiltransferase que metila uma sequência CpG essencial no elemento de controle a montante, inibindo a ligação da proteína UBF, assim como a ligação das metiltransferases de histonas que promovem a adição de dois ou três grupamentos metila no resíduo de lisina 9 da histona H3, criando sítios de ligação para a proteína HP1 na heterocromatina e para histonas desacetilases. Simultaneamente, um RNA não codificante de aproximadamente 250 nucleotídeos de extensão, chamado pRNA (indicando a associação ao promotor), transcrito pela Pol I a partir de uma unidade de transcrição a montante de aproximadamente 2 kb (seta vermelha na Figura 7-52), é ligado a uma subunidade do complexo NoRC e é necessário para o silenciamento da transcrição. Acredita-se que o pRNA seja direcionado pelo complexo NoRC para as regiões promotoras da Pol I formando hélices tríplices de RNA:DNA na sequência terminadora T_0. Isso cria um sítio de ligação para a DNA metiltransferase DNMT3b, que metila uma sequência CpG essencial no elemento promotor a montante.

Iniciação por Pol III Ao contrário dos genes codificadores de proteínas e dos genes de pré-rRNA, as regiões promotoras dos genes para tRNAs e para o rRNA 5S se encontram inteiramente no interior da sequência transcrita (Figura 7-53a, b). Dois desses elementos promotores *internos*, denominados *box A* e *box B*, estão presentes em todos os genes tRNA. Essas sequências altamente conservadas funcionam não só como promotores, mas também codificam duas porções invariáveis das moléculas

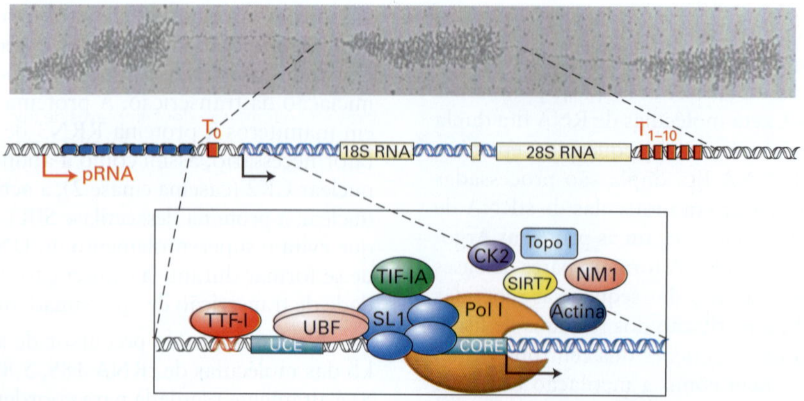

FIGURA 7-52 Transcrição do RNA precursor do rRNA pela RNA-polimerase I. *Acima*: micrografia eletrônica dos complexos RNA-proteína transcritos a partir dos genes rRNA repetidos. Uma unidade de transcrição da Pol I está representada no centro da figura. Estimuladores que promovem a transcrição pela Pol I a partir de um único sítio de iniciação da transcrição estão representados pelos quadrados azuis. Os sítios de terminação da transcrição para a Pol I (T_0, T_1–T_{10}) ligados ao fator de terminação TTF-1 específico para a Pol I estão representados como retângulos vermelhos. pRNA indica a transcrição de um pRNA não codificante necessário para o silenciamento da transcrição. As regiões do DNA representadas em azul estão presentes no transcrito primário, mas são removidas e degradadas durante o processamento do rRNA. O elemento promotor central e o elemento de controle a montante estão representados na parte inferior da figura, com a indicação da localização da Pol I e dos seus fatores gerais da transcrição UBF, SL1 e TIF-1A, assim como outras proteínas necessárias para a elongação e controle da Pol I. (Adaptada de I. Grummt, 2010, *FEBS J.* **277**:4626.)

de tRNA eucarióticas necessárias para a síntese proteica. Nos genes RNA 5S, uma única região controladora interna, o *box C*, atua como promotor.

Três fatores gerais de transcrição são necessários para que a Pol III inicie a transcrição dos genes de tRNA e rRNA 5S *in vitro*. Dois fatores multiméricos TFIIIC e TFIIIB participam da iniciação dos promotores de tRNA e de rRNA 5S; um terceiro fator, TFIIIA, é necessário para a iniciação dos promotores rRNA 5S. Assim como ocorre na formação dos complexos de iniciação Pol I e Pol II, os fatores gerais de transcrição de Pol III se ligam aos promotores do DNA em uma sequência definida.

A metade N-terminal de uma subunidade TFIIIB, denominada *BRF* (do inglês *TFIIB-related factor*), apresenta sequência similar à TFIIB (um fator de Pol II). Essa semelhança sugere que as proteínas BRF e TFIIB desempenham funções semelhantes na iniciação, ou seja, auxiliar na separação das cadeias de DNA molde no sítio de iniciação da transcrição (Figura 7-19). Uma vez que a proteína TFIIIB tenha se ligado a um gene tRNA ou rRNA 5S, a Pol III pode se ligar e iniciar a transcrição na presença de ribonucleosídeos trifosfato. A subunidade BRF do TFIIIB interage especificamente com uma das subunidades da polimerase única à Pol III, e é responsável pela iniciação mediada por essa RNA-polimerase nuclear específica.

Uma das outras três subunidades que compõem o TFIIIB é o TBP, componente de um fator geral de transcrição em todas as três RNA-polimerases nucleares eucarióticas. A descoberta da participação da proteína TBP na iniciação da transcrição mediada por Pol I e Pol III foi surpreendente, pois os promotores reconhecidos por essas enzimas frequentemente não contêm TATA *box*. No entanto, no caso da transcrição mediada por Pol III, a subunidade TBP do TFIIIB interage com o DNA de modo semelhante à sua interação com os TATA *box*.

A Pol III também transcreve os genes para os pequenos e estáveis RNAs cujos promotores a montante contêm um TATA *box*. Um exemplo é o U6 snRNA envolvido no processamento do pré-mRNA, conforme discutido no Capítulo 8. Nos mamíferos, esse gene contém um elemento promotor a montante chamado PSE além do TATA *box* (Figura 7-53c), ligado por um complexo de múltiplas subunidades denominado $SNAP_C$, enquanto o TATA *box* é ligado pela subunidade TBP de uma forma especializada do fator TFIIB contendo uma subunidade BRF alternativa.

MAF1 é um inibidor específico da transcrição mediada por Pol III que atua pela interação com a subunidade BRF do fator TFIIIB e Pol III. A sua função é regulada pelo controle do seu transporte do citoplasma para o núcleo por fosforilações em sítios específicos em resposta à cascata de transdução de sinais pela proteína-cinase que responde ao estresse celular e à privação de nutrientes (ver Capítulos 16 e 24). Nos mamíferos, a transcrição mediada por Pol III também é reprimida por uma proteína essencial supressora de tumores, p53, e pela família retinoblastoma (RB). Nos humanos, existem dois genes que codificam a subunidade RPC32. Um desses genes é expresso especificamente nas células em replicação, e a indução da sua expressão pode contribuir para a transformação oncogênica de culturas de fibroblastos humanos.

O DNA de mitocôndrias e cloroplastos é transcrito por RNA-polimerases específicas a essas organelas

Como discutido no Capítulo 6, as mitocôndrias e os cloroplastos provavelmente evoluíram de eubactérias endocitadas por células ancestrais que continham um núcleo eucariótico. Nos eucariotos atuais, as duas organelas contêm DNA distinto que codifica algumas das proteínas essenciais para suas funções específicas. As RNA-polimerases que

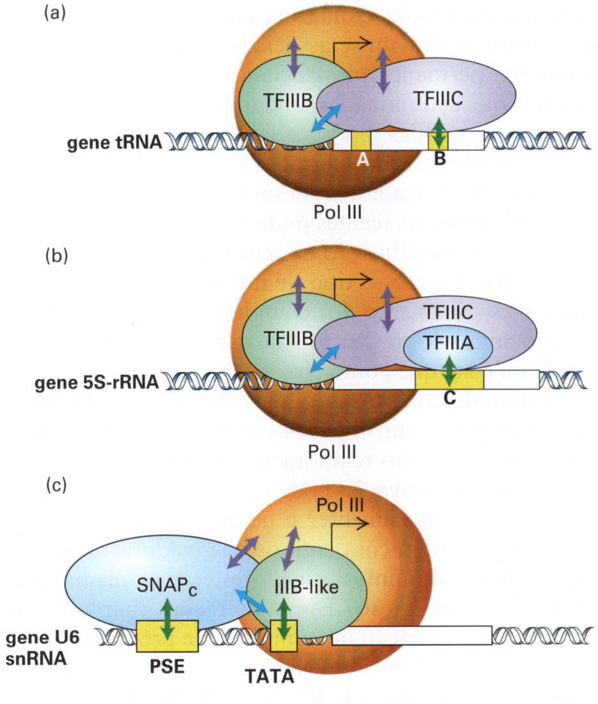

FIGURA 7-53 Elementos de controle da transcrição dos genes transcritos pela RNA-polimerase III. Os genes que codificam tRNA (a) e 5S-rRNA (b) contêm elementos promotores internos (amarelo) localizados a jusante do sítio de iniciação, e denominados *boxes* A, B e C, como indicado. A formação dos complexos de iniciação da transcrição destes genes começa com a ligação dos fatores de transcrição específicos para a Pol III, TFIIIA, TFIIIB e TFIIIC a estes elementos de controle. As setas verdes indicam as fortes interações proteína-DNA sequência específicas. As setas azuis indicam as interações entre os fatores de transcrição. As setas roxas indicam as interações entre os fatores gerais da transcrição e a Pol III. (c) A transcrição do gene U6 snRNA nos mamíferos é controlada por um promotor a montante com TATA *box* ligado a uma subunidade TBP de uma forma especializada da proteína TFIIIB com uma subunidade BRF alternativa e um elemento regulador a montante denominado PSE ligado a um fator de múltiplas subunidades, chamado SNAP$_C$. (Adaptada de L. Schramm e N. Hernandez, 2002, *Genes Dev.* **16**:2593.)

transcrevem o DNA mitocondrial (mt) e o DNA dos cloroplastos são semelhantes às polimerases das eubactérias e dos bacteriófagos, um reflexo da sua origem evolutiva.

Transcrição nas mitocôndrias A RNA-polimerase que transcreve o mtDNA está codificada no DNA nuclear. Após a síntese da enzima no citosol, ela é importada para a matriz mitocondrial por meio dos mecanismos descritos no Capítulo 13. As RNA-polimerases mitocondriais de *S. cerevisiae* e do sapo *Xenopus laevis* são compostas por uma grande subunidade com atividade de polimerização de ribonucleotídeos e uma subunidade pequena B (TFBM). Nos mamíferos, outra proteína da matriz, o fator de transcrição mitocondrial A (TFAM), se liga aos promotores do mtDNA e é essencial para a iniciação da transcrição nos sítios de início utilizados na célula. A maior subunidade da RNA-polimerase mitocondrial de leveduras é claramente relacionada com as RNA-polimerases monoméricas do bacteriófago T7 e outros bacteriófagos semelhantes. No entanto, a enzima mitocondrial é funcionalmente distinta da enzima dos bacteriófagos na sua dependência de dois outros polipeptídeos para a transcrição a partir dos sítios de iniciação apropriados.

As sequências promotoras reconhecidas pela RNA-polimerase mitocondrial incluem os sítios de iniciação da transcrição. Essas sequências promotoras, ricas em resíduos de A, já foram caracterizadas para o mtDNA de leveduras, plantas e animais. O genoma mitocondrial humano circular contém duas sequências promotoras relacionadas de 15 pb, uma para a transcrição de cada fita do DNA. Cada fita é transcrita na sua totalidade; o longo transcrito primário é então processado por clivagem dos genes tRNA, que separam cada um dos mRNAs e rRNAs mitocondriais. Um segundo promotor parece ser responsável pela transcrição de cópias adicionais do rRNAs. Atualmente, pouco se sabe sobre como a transcrição do genoma mitocondrial é regulada para coordenar a produção das poucas proteínas mitocondriais que codifica com a síntese e importação de centenas de outras proteínas que pertencem à mitocôndria e são codificadas pelo DNA nuclear.

Transcrição nos cloroplastos O DNA dos cloroplastos é transcrito por dois tipos de RNA-polimerases: uma proteína composta por múltiplas subunidades e similar às RNA-polimerases de bactérias e outra proteína similar às enzimas compostas por uma única subunidade de bacteriófagos e mitocôndrias. As subunidades centrais da enzima similar à enzima bacteriana, subunidades α, β, β' e ω, são codificadas no DNA do cloroplasto nas plantas superiores, enquanto os seis fatores σ semelhantes ao fator σ^{70} são codificados no DNA nuclear nas plantas superiores. Esse é outro exemplo da transferência de genes do genoma de uma organela para o genoma nuclear ao longo da evolução. Nesse caso, os genes que codificam os fatores de iniciação reguladores da transcrição foram transferidos para o núcleo, onde o controle da sua transcrição pela RNA-polimerase nuclear II controla indiretamente a expressão de conjuntos de genes do cloroplasto. A RNA-polimerase do cloroplasto, similar à enzima bacteriana, é chamada de polimerase do plastídeo, pois o seu centro catalítico é codificado pelo genoma do cloroplasto. A maior parte dos genes do cloroplasto é transcrita por essas enzimas e possui regiões de controle −35 e −10 semelhantes aos promotores de cianobactérias, das quais os cloroplastos evoluíram. A RNA-polimerase similar ao T7 dos cloroplastos também é codificada pelo genoma nuclear nas plantas superiores. Ela transcreve um conjunto distinto de genes do cloroplasto. Curiosamente, esse conjunto inclui genes que codificam subunidades da polimerase do plastídeo composta por múltiplas subunidades, similar à enzima bacteriana. Estudos recentes indicam que a transcrição mediada pela polimerase com múltiplas subunidades é regulada por fatores sigma cuja atividade é regulada pela luz e pelo estresse metabólico.

CONCEITOS-CHAVE da Seção 7.8

Outros sistemas de transcrição eucarióticos

- O processo de iniciação da transcrição de Pol I e Pol III é semelhante ao de Pol II, mas requer diferentes fatores gerais de transcrição, é controlado por diferentes elementos promotores e não requer da hidrólise da ligação fosfodiéster β-γ do ATP para a separação das cadeias de DNA no sítio de iniciação.

- O DNA mitocondrial é transcrito por uma RNA-polimerase codificada no núcleo, composta por duas subunidades. Uma subunidade é homóloga à RNA-polimerase monomérica do bacteriófago T7; a outra se assemelha aos fatores σ bacterianos.
- O DNA dos cloroplastos é transcrito por uma RNA-polimerase codificada no cloroplasto e homóloga às RNA-polimerases bacterianas, com diversos fatores σ alternativos codificados pelo núcleo, e por uma RNA-polimerase composta por uma única subunidade, similar à enzima do bacteriófago T7.

Perspectivas

Grandes avanços foram realizados nos últimos anos quanto à compreensão do controle da transcrição nos eucariotos. Aproximadamente 2 mil genes que codificam ativadores e repressores podem ser identificados no genoma humano. Hoje tem-se uma ideia de como o astronômico número de combinações possíveis desses fatores de transcrição pode gerar o complexo controle gênico necessário para dar origem a organismos tão incríveis como os que nos rodeiam. No entanto, muito ainda resta a ser descoberto. Apesar da compreensão atual sobre quais processos ativam ou reprimem determinado gene, pouco se sabe a respeito de como é controlada a frequência da transcrição para prover a célula com a quantidade apropriada de suas várias proteínas. Nos precursores das hemácias, por exemplo, os genes da globina são transcritos em taxas muito maiores do que os genes que codificam as enzimas do metabolismo intermediário (os chamados genes *housekeeping*). Como são alcançadas essas enormes diferenças entre as taxas de iniciação de transcrição de vários genes? O que acontece com as múltiplas interações entre os domínios de ativação, os complexos coativadores, os fatores gerais de transcrição e a RNA-polimerase II quando a polimerase dá início à transcrição a partir da região promotora? Todos esses elementos se dissociam completamente dos promotores transcritos raramente, de forma que a combinação dos múltiplos fatores necessários para a transcrição deva recomeçar inteiramente a cada novo ciclo de transcrição? Os complexos de ativadores com seus múltiplos coativadores interativos permanecem associados aos promotores com altas taxas de reiniciação para que não seja necessário reconstruir todo o sistema cada vez que uma polimerase promove a iniciação?

Ainda há muito a aprender sobre a estrutura da cromatina e sua influência sobre a transcrição. Quais componentes adicionais além da proteína HP1 e o resíduo de lisina 9 metilado na histona H3 são necessários para marcar determinadas regiões da cromatina para a formação de heterocromatina, onde a transcrição é reprimida? Como, exatamente, a estrutura da cromatina é alterada por ativadores e repressores, e como essa alteração promove ou inibe a transcrição? Uma vez que os complexos de remodelagem da cromatina e os complexos acetilase de histona tenham se associado à região promotora, como eles permanecem associados? Os modelos atuais sugerem que determinadas unidades desses complexos se associam às caudas modificadas das histonas de modo que a combinação da ligação a uma cauda de histona específica modificada e a mesma modificação das caudas de histonas adjacentes pode resultar na retenção do complexo de modificação na região promotora ativada. Em alguns casos, esse tipo de mecanismo de formação induz o espalhamento dos complexos ao longo da fibra de cromatina. O que controla quando esses complexos se espalham e até que ponto eles irão?

Foram descobertos domínios ativadores individuais que interagem com diversos complexos coativadores. Essas interações são temporárias, de forma que o mesmo domínio de ativação pode interagir com vários coativadores sequencialmente? É necessária uma sequência específica de interações com os coativadores? Como a interação dos domínios ativadores com os mediadores estimula a transcrição? Essas interações simplesmente estimulam a formação do complexo de pré-iniciação ou elas também podem influenciar a taxa de iniciação da transcrição mediada pela RNA-polimerase II a partir de um complexo de pré-iniciação já formado?

A ativação transcricional é um processo altamente cooperativo, para que os genes expressos em determinado tipo de célula sejam expressos apenas quando o conjunto completo de ativadores que controlam esses genes esteja expresso e ativado. Como mencionado anteriormente, alguns dos fatores de transcrição que controlam a expressão do gene *TTR* no fígado também são expressos nas células do intestino e nas células renais. No entanto, o gene *TTR* não é expresso nesses outros tecidos, pois sua transcrição requer dois fatores de transcrição adicionais expressos apenas no fígado. Quais mecanismos são responsáveis por essa ação altamente cooperativa entre os fatores de transcrição essencial para a expressão dos genes em tipos celulares específicos?

A descoberta dos longos RNAs não codificantes capazes de reprimir a transcrição de genes-alvo específicos tem suscitado grande interesse. Esses RNAs sempre reprimem a transcrição tendo como alvo os complexos Policomb? Os RNAs não codificantes também ativam a transcrição dos genes-alvo específicos? Como elas são direcionadas a genes específicos? A sequência de aproximadamente 1.600 longos RNAs não codificantes conservada entre os mamíferos sempre atua na regulação da transcrição de genes-alvo específicos, aumentando o grau de complexidade do controle da transcrição por proteínas de ligação a sequências específicas de DNA? Pesquisadores que abordem essas questões estarão trabalhando em uma interessante área nos próximos anos.

O entendimento completo do desenvolvimento normal e dos processos anormais associados às doenças só será possível quando essas e muitas outras perguntas forem respondidas. À medida que forem feitas novas descobertas sobre os princípios do controle da transcrição, surgirão novas aplicações desses conhecimentos. Essa compreensão poderá permitir um controle preciso da expressão de genes terapêuticos introduzidos por meio dos vetores de terapia gênica que estão sendo desenvolvidos. A compreensão detalhada das interações moleculares que regulam a transcrição pode fornecer novos alvos para o desenvolvimento de fármacos terapêuticos que inibam ou estimulem genes específicos. Uma compreensão mais completa dos mecanismos de controle transcricional pode levar ao desenvolvimento de novas variedades geneticamente modificadas de plantas com características desejáveis. Certamente, avanços futuros na área do controle da transcrição nos ajudarão a satisfazer o desejo de compreender como funcionam e se desenvolvem organismos complexos como o nosso.

Termos-chave

ativadores 281
bromodomínio 319
coativadora 312
correpressora 312
cromodomínio 331
desacetilação de histonas 319
dedo de zinco 310
domínio carboxiterminal (CTD) 293
domínio de ativação 307
domínio repressor 309
elemento promotor proximal 303
enhanceossomo 314
estimuladores 285
fator antiterminação 302
fatores de transcrição específicos 305
fatores gerais da transcrição 299
footprinting com DNase I 305
genes de choque térmico 326
locus MAT (em leveduras) 316
mediador 316
promotor 280
proteína de ligação ao TATA *box* (TBP) 299
receptores nucleares 310
repressão mediada por cromatina 316
repressora 280
RNA-polimerase II 290
sequências ativadoras a montante (UASs) 304
sequências silenciadoras 316
sistema de híbridos duplos de leveduras 322
TATA *box* 295
zíper de leucina 310

Revisão dos conceitos

1. Descreva os eventos moleculares que ocorrem no óperon *lac* quando as células de *E. coli* são transferidas de um meio que contém glicose para um meio que contém galactose.
2. A concentração de glutamina livre afeta a transcrição da enzima glutamina sintase em *E. coli*. Descreva esse mecanismo.
3. Quais tipos de genes são transcritos pelas RNA-polimerases I, II e III? Planeje um experimento para determinar se um gene específico é transcrito pela RNA polimerase II.
4. O CTD da subunidade maior da RNA-polimerase II pode ser fosforilado em diversos resíduos de serina. Quais são as condições que determinam a fosforilação e a defosforilação do DTC da RNA-polimerase II?
5. O que TATA *box*, iniciadores e ilhas CpG têm comum? Qual deles foi o primeiro a ser identificado? Por quê?
6. Descreva os métodos utilizados para identificar a localização dos elementos de controle do DNA nas regiões promotoras proximais dos genes.
7. Qual é a diferença entre um elemento promotor proximal e um estimulador distal? Quais são as semelhanças entre eles?
8. Descreva os métodos utilizados para a identificação da localização das proteínas de ligação ao DNA nas regiões reguladoras dos genes.
9. Descreva as características estruturais das proteínas que ativam e reprimem a transcrição.
10. Dê exemplos sobre como a expressão de um gene pode ser reprimida sem a alteração da sequência codificante do gene.
11. Utilizando a proteína CREB e os receptores nucleares como exemplos, compare as semelhanças e diferenças entre as alterações estruturais que ocorrem quando esses fatores de transcrição se ligam a seus coativadores.
12. Quais são os fatores gerais da transcrição que se associam a um promotor reconhecido pela RNA-polimerase II, além da própria polimerase? Qual é a sua ordem de ligação *in vitro*? Quais alterações estruturais ocorrem no DNA quando um complexo de iniciação "aberto" é formado?
13. A expressão de proteínas recombinantes em leveduras é uma ferramenta importante para a indústria biotecnológica produzir fármacos para uso humano. Na tentativa de obter a expressão de um novo gene X em leveduras, um pesquisador integrou o gene X no genoma da levedura, próximo a um telômero. Essa estratégia resultará em boa expressão do gene X? Por quê? Qual seria a diferença no resultado desse experimento se a linhagem de levedura utilizada conter uma mutação nas caudas das histonas H3 ou H4?
14. Você isolou uma nova proteína chamada STICKY e consegue prever, pela comparação com outras proteínas já conhecidas, que a proteína STICKY contém um domínio bHLH e um domínio de interação Sin3. Qual pode ser a função da proteína STICKY; e qual é a importância desses domínios para a sua função?
15. O método de dois híbridos de leveduras é uma ferramenta de genética molecular poderosa para identificar uma proteína(s) que interage com uma proteína ou domínio proteico conhecido. Você isolou um receptor glicocorticoide (GR) e tem evidências de que ele seja uma proteína modular contendo um domínio de ativação, um domínio de ligação ao DNA e um segundo domínio de ativação de associação a um ligante. Análises adicionais revelaram que nas células pituitárias essa proteína se encontra ancorada no citoplasma na ausência do seu hormônio ligante, resultado que o leva a especular se esse receptor se liga a outras proteínas inibitórias. Descreva como a análise de dois híbridos pode ser utilizada para identificar as proteínas com as quais o GR interage. Como você identificaria de modo específico o domínio do GR que se liga ao inibidor?

16. Os procariotos e os eucariotos inferiores, como as leveduras, têm elementos de DNA regulador chamados sequências ativadoras a montante. Quais são as sequências semelhantes encontradas nas espécies de eucariotos superiores?
17. Relembre que o repressor Trp se liga a um sítio na região do operador dos genes de produção de triptofano quando este é abundante, impedindo a sua transcrição. O que aconteceria com a expressão dos genes das enzimas de biossíntese de triptofano nos seguintes cenários? Preencha as lacunas com uma das seguintes frases:

nunca serão expressos /
sempre serão (constitutivamente) expressos

a. A célula produz um repressor Trp mutante incapaz de se ligar ao operador. Os genes das enzimas _________.
b. A célula produz um repressor Trp mutante que se liga ao seu operador mesmo quando o Triptofano está ausente. Os genes das enzimas _________.
c. A célula produz um fator sigma mutante incapaz de se ligar à região promotora. Os genes das enzimas _________.
d. A elongação da sequência líder é sempre pausada após a transcrição da região 1. Os genes das enzimas _________.

18. Compare as semelhanças e diferenças dos mecanismos de expressão gênica em bactérias e eucariotos.
19. Você quer identificar a região da sequência do gene X que serve como estimulador para a sua expressão. Proponha um experimento para abordar este problema.
20. Alguns organismos têm mecanismos para burlar a terminação da transcrição. Um desses mecanismos inclui a proteína Tat e é utilizado pelo retrovírus do HIV. Explique o porquê de a proteína Tat ser um bom alvo para a vacinação contra o HIV.
21. Após a identificação de uma sequência de DNA reguladora responsável pela tradução de um dado gene, você percebe que essa sequência é rica em CG. Esse gene poderá ser um transcrito com alta taxa de expressão?
22. Liste as quatro principais classes de proteínas de ligação ao DNA responsáveis pelo controle da transcrição e descreva as suas características estruturais.

Análise dos dados

Nos eucariotos, as três RNA-polimerases, Pol I, II e III, transcrevem, cada uma, genes específicos necessários para a síntese dos ribossomos: 25S e 18S rRNAs (Pol I), 5S rRNA (Pol III), e mRNAs para as proteínas ribossômicas (Pol II). Há bastante tempo, pesquisadores especulam se a atividade das três RNA-polimerases é regulada de modo coordenado com a demanda para a síntese de ribossomos: alta nas células em replicação e em condições da alta disponibilidade de nutrientes, e baixa nas células em que os nutrientes sejam escassos. Para determinar se a atividade das três polimerases é coordenada, Laferte e colaboradores modificaram uma cepa de leveduras para ser parcialmente resistente à inibição do crescimento celular pelo fármaco rapamicina (2006, *Genes Dev.* 20:2030-2040). Conforme discutido no Capítulo 8, a rapamicina inibe uma proteína-cinase (chamada TOR, do inglês *target of rapamycin*) que regula a taxa geral de síntese de proteínas e ribossomos. Quando a proteína TOR é inibida pela rapamicina, a transcrição de rRNAs mediada pela Pol I e Pol III e a transcrição de mRNAs pela RNA-polimerase II são rapidamente reprimidas. Parte da inibição da síntese de rRNA pela Pol I resulta da dissociação do fator de transcrição Rrn3 da Pol I. Na cepa modificada por Laferte e colaboradores, o gene tipo selvagem *Rrn3* e o gene tipo selvagem *A43*, codificando as subunidades da Pol I às quais o fator Rrn3 se liga, foram substituídos por um gene que codifica uma proteína de fusão da subunidade A43 da Pol I com a Rrn3. A lógica do experimento é que a fusão covalente das duas proteínas evitaria a dissociação da Rrn3 da Pol I, que seria o resultado do tratamento com rapamicina. A cepa resultante CARA (do inglês *constitutive association of Rrn3 and A43*) se mostrou parcialmente resistente à rapamicina. Na ausência de rapamicina, a cepa CARA cresce na mesma velocidade e tem o mesmo número de ribossomos que as células tipo selvagem.

a. Para analisar a transcrição do rRNA pela Pol I, o RNA total foi isolado de células tipo selvagem (WT, do inglês *wild-type*) e células CARA em crescimento rápido, em diferentes intervalos de tempo, após a adição de rapamicina. A concentração de rRNA 35S precursor transcrito pela Pol I (ver Figura 8-38) foi determinada utilizando o método de extensão com oligonucleotídeos iniciadores. Uma vez que a extremidade 5′ do rRNA 35S precursor é degradada durante o processamento do rRNA 25S e 18S, esse método quantifica o pré-rRNA precursor de curta meia-vida. Essa é uma quantificação indireta da taxa de transcrição de rRNA pela Pol I. O resultado o ensaio de extensão é mostrado abaixo. Como a proteína de fusão CARA Pol I-Rrn3 afeta a resposta da transcrição mediada pela Pol I à rapamicina?

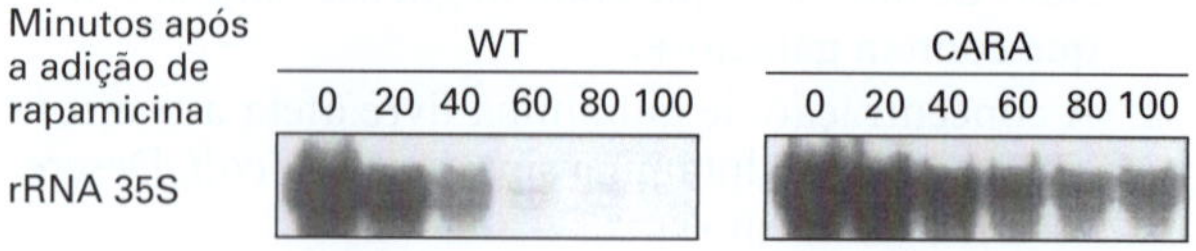

b. A concentração de quatro mRNAs codificando as proteínas ribossômicas RPL30, RPS6a, RPL7a e RPL5, e o mRNA para actina (ACT1), proteína presente no citoesqueleto, foi determinada nas células tipo selvagem e nas células CARA por meio do método de *Northern* em diversos intervalos de tempo após a adição de rapamicina às células em crescimento rápido (autorradiogramas superiores). A transcrição do rRNA 5S foi determinada pela marcação pulsada das células WT e CARA em crescimento rápido com ^{3}H uracila (por 20 minutos), em diferentes intervalos de tempo, após a adição de rapamicina ao meio. O RNA total das células foi isolado e submetido a eletroforese em gel e autorradiografia. O autorradiograma inferior mostra a região do gel contendo o rRNA 5S. Com base nesses dados, o que é possível concluir acerca da influência da transcrição pela Pol I na transcrição dos genes que codificam as proteínas ribossômicas pela Pol II e 5S rRNA pela Pol III?

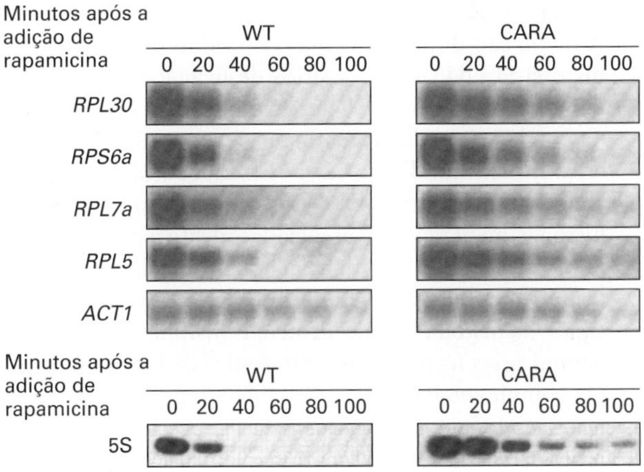

c. Para determinar se a diferença no comportamento das células tipo selvagem e CARA podem ser observadas em condições fisiológicas normais (ou seja, sem o tratamento com o fármaco), as células foram submetidas a uma alteração na sua fonte de alimento, de um meio rico em nutrientes para um meio pobre em nutrientes. Nessas condições, nas células tipo selvagem, a proteína-cinase TOR se torna inativa. Consequentemente, a troca das células de um meio rico em nutrientes para um meio pobre em nutrientes resulta em resposta fisiológica normal equivalente ao tratamento das células com rapamicina, que é um inibidor da proteína TOR. Para determinar como a proteína de fusão CARA afeta a resposta à alteração do meio, RNA extraído das células tipo selvagem e das células CARA foi utilizado como sonda em microarranjos contendo todas as fases abertas de leitura de leveduras. A extensão da hibridização de RNA nos ensaios foi quantificada e representada nos gráficos como $\log_2$ da proporção da concentração de RNA das células CARA em relação à concentração de RNA das células tipo selvagem para cada fase aberta de leitura. Um valor igual a zero indica que as duas cepas de leveduras exibem o mesmo nível de expressão para um RNA específico. Um valor igual a 1 indica que as células CARA contêm duas vezes a quantidade de um RNA específico quando comparadas às células tipo selvagem. Os gráficos abaixo mostram o número de fases abertas de leitura (eixo y) que possuem valor de $\log_2$ nesta proporção, indicada no eixo x. Os resultados de hibridização às fases abertas de leitura que codificam mRNA para as proteína ribossômicas estão representados pelas barras em preto, os resultados para outras moléculas de mRNA estão representados pelas barras em branco. O gráfico da esquerda corresponde aos resultados para as células cultivadas em meio rico em nutrientes; o gráfico da direita corresponde às células transferidas para um meio pobre em nutrientes por 90 minutos. O que estes dados sugerem acerca da regulação dos genes que codificam proteínas ribossômicas e são transcritos pela Pol II?

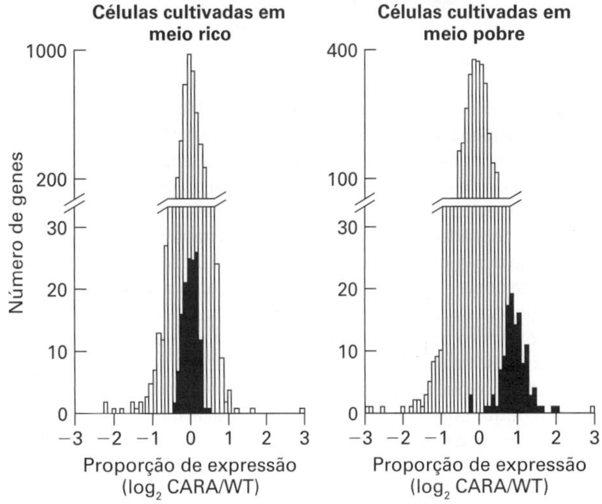

Referências

Controle da expressão gênica em bactérias

Campbell, E. A., L. F. Westblade, and S. A. Darst. 2008. Regulation of bacterial RNA polymerase sigma factor activity: a structural perspective. *Curr. Opin. Microbiol.* **11**:121–127.

Casino, P., V. Rubio, and A. Marina. 2010. The mechanism of signal transduction by two-component systems. *Curr. Opin. Struct. Biol.* **20**:763–771.

Halford, S. E., and J. F. Marko. 2004. How do site-specific DNA-binding proteins find their targets? *Nucl. Acids Res.* **32**:3040–3052.

Hsieh, Y. J., and B. L. Wanner. 2010. Global regulation by the seven-component Pi signaling system. *Curr. Opin. Microbiol.* **13**:198–203.

Lawson, C. L., et al. 2004. Catabolite activator protein: DNA binding and transcription activation. *Curr. Opin. Struct. Biol.* **14**:10–20.

Muller-Hill, B. 1998. Some repressors of bacterial transcription. *Curr. Opin. Microbiol.* **1**:145–151.

Murakami, K. S., and S. A. Darst. 2003. Bacterial RNA polymerases: the whole story. *Curr. Opin. Struct. Biol.* **13**:31–39.

Sharma, U. K., and D. Chatterji. 2010. Transcriptional switching in *Escherichia coli* during stress and starvation by modulation of sigma activity. *FEMS Microbiol. Rev.* **34**:646–657.

Wigneshweraraj, S. R., et al. 2008. Modus operandi of the bacterial RNA polymerase containing the sigma54 promoter-specificity factor. *Mol. Microbiol.* **68**:538–546.

Visão geral do controle gênico eucariótico

Brenner, S., et al. 2002. Conserved regulation of the lymphocyte-specific expression of lck in the Fugu and mammals. *Proc. Natl Acad. Sci. USA* **99**:2936–2941.

Cramer P., et al. 2008. Structure of eukaryotic RNA polymerases. *Ann. Rev. Biophys.* **37**:337–352.

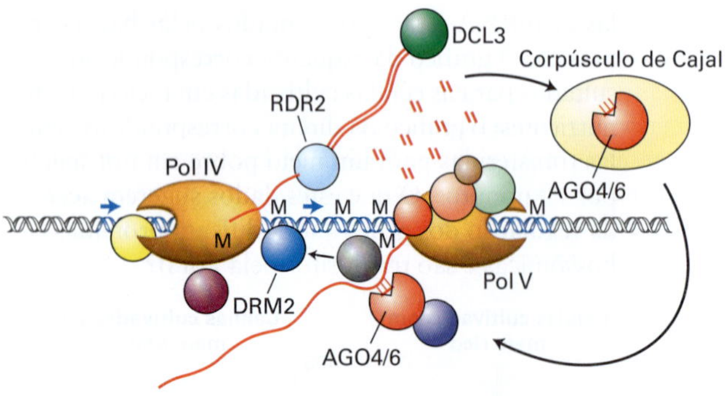

FIGURA 7-51 Modelo para o mecanismo de metilação do DNA nos nucleotídeos de C nas sequências CHH de *A. thaliana*. A RNA-polimerase VI específica para plantas transcreve sequências repetidas como os transposons e a região promotora proximal do gene *FWA* (DNA em azul, com a região duplicada indicada pelas setas azuis). A RNA-polimerase RDR2 dependente de RNA converte estes transcritos em moléculas de RNA fita dupla, que são clivadas pela enzima Dicer em fragmentos de RNA de fita dupla e 24 nucleotídeos de extensão, com duas bases nas extremidades coesivas. Uma cadeia é ligada pela proteína Argonauta AGO4 ou AGO6 e forma pares de bases com transcritos da sequência de DNA repetida transcrita pela RNA-polimerase V específica de plantas. Isto leva à metilação dos nucleotídeos de C (M) pela DNA metiltransferase DRM2. Diversas outras proteínas que participam desse elaborado processo estão representadas por círculos coloridos. Elas foram identificadas porque mutações nelas produzem fenótipo com florescimento tardio e por serem incapazes de metilar nucleotídeos de C na região promotora *FWA*. (Adaptada de M. V. C. Greenberg et al., 2011, *Epigenetics* **6**:344.)

O gene *FWA* tem duplicação direta na sua região promotora, e múltiplas cópias de transposons estão presentes nos genomas de plantas. Por meio de um mecanismo ainda não elucidado, a Pol IV é direcionada para a transcrição de sequências repetidas de DNA, independente da sua sequência de nucleotídeos. Uma RNA-polimerase dependente de RNA (RDR2) converte o transcrito fita simples da Pol IV em uma cadeia de RNA fita dupla, que é clivada pelas ribonucleases Dicer, principalmente DCL3, em fragmentos de RNA fita dupla de 24 nucleotídeos com extremidades coesivas de dois nucleotídeos. Uma cadeia desses fragmentos de RNA se liga a uma proteína Argonauta (AGO4 ou 6) em densos corpúsculos localizados no núcleo, denominados corpúsculos de Cajal em homenagem ao biólogo espanhol que primeiro os descreveu no início do século XX. Os fragmentos de RNA fita simples de 24 nucleotídeos nesses complexos Argonauta formam pares de bases com o transcrito nascente do DNA repetitivo sintetizado pela Pol V. Isso regula a DRM2 DNA metiltransferase para que metile os nucleotídeos C nas repetições de DNA. Assim como nos metazoários, uma histona desacetilase interage com os nucleotídeos C metilados, levando à hipoacetilação dos nucleossomos associados às repetições de DNA e a repressão da transcrição mediada pela Pol II. ■

CONCEITOS-CHAVE da Seção 7.7

Regulação epigenética da transcrição

- O termo controle *epigenético* da transcrição se refere à repressão ou à ativação mantida após a replicação celular como resultado da metilação do DNA e/ou de modificações pós-tradução das histonas, especialmente a metilação de histonas.
- A metilação de sequências CpG nos promotores ilhas CpG em mamíferos dá origem a sítios de ligação para uma família de proteínas de ligação ao grupamento metila (MBTs) que se associam às histonas desacetilases, induzindo a hipoacetilação das regiões promotoras e à repressão da transcrição.
- A metilação dupla ou tripla do resíduo de lisina 9 da histona H3 dá origem a sítios de ligação para a proteína HP1 associada à heterocromatina, o que resulta na condensação da cromatina e na repressão da transcrição. Essas modificações pós-tradução são perpetuadas durante a replicação dos cromossomos, pois as histonas metiladas são associadas aleatoriamente com as moléculas de DNA filhas que se ligam a histonas H3 lisina 9 metiltransferases, que metilam o resíduos de lisina 9 na histona H3 nas proteínas histonas H3 recém-sintetizadas formadas nas moléculas de DNA filhas.
- Os complexos Policomb mantêm a repressão dos genes inicialmente reprimidos pela ligação de fatores de repressão da transcrição para sequências específicas de DNA expressos nas etapas iniciais da embriogênese. Acredita-se que uma classe de complexos de repressão Policomb, os complexos PRC2, se associem a esses repressores nas células embrionárias iniciais, resultando na metilação do resíduo de lisina 27 da histona H3. Essa metilação cria sítios de ligação para subunidades do complexo PRC2 e de complexos tipo PRC1, que inibem a formação dos complexos de iniciação Pol II e inibem a elongação da transcrição. Uma vez que os octâmeros de histonas parentais contendo resíduos de lisina 27 metilados na histona H3 são distribuídos entre ambas as moléculas de DNA filhas após a replicação do DNA, os complexos PRC2 que se associam a esses nucleossomos mantêm a metilação dos resíduos de lisina 27 nas histonas 23 durante as divisões celulares.
- Os complexos Tritórax opõem-se à repressão dos complexos Policomb por meio da metilação do resíduo de lisina 4 da histona H3 e manutenção dessa marcação durante a replicação do cromossomo.
- A inativação do cromossomo X nas fêmeas de mamíferos requer longos RNAs não codificantes (ncRNAs) chamados Xist, transcritos a partir do centro de inativação do X e espalhadas por meio de mecanismos ainda não completamente compreendidos ao longo do mesmo cromossomo. Xist se liga aos complexos PRC2 nas etapas iniciais da embriogênese, iniciando a inativação do X que é mantida ao longo do restante da embriogênese e da vida adulta.
- Foram descobertos longos ncRNAs que induzem a repressão dos genes *em trans*, em oposição à inativação *em cis* promovida pelo Xist. A repressão é iniciada pela interação com os complexos PRC2. Muito ainda precisa ser compreendido sobre como essas moléculas são direcionadas para regiões específicas dos cromossomos, mas a descoberta de 1.600 longos ncRNAs entre

os mamíferos levantou a hipótese de que esse seja um mecanismo de repressão bastante utilizado.

- Em diversos fungos e plantas, uma RNA-polimerase dependente de RNA gera moléculas de RNA fita dupla a partir do transcrito nascente de sequências repetidas. Essas moléculas de RNA fita dupla são processadas pelas ribonucleases Dicer em moléculas de siRNA de 22 ou 24 nucleotídeos que se ligam às proteínas Argonautas. As moléculas de siRNA formam pares de bases com os transcritos nascentes das sequências repetidas de DNA, induzindo a metilação dos resíduos de lisina 9 das histonas H3 nas repetições dos centrômeros na levedura *S. pombe*, bem como a metilação do DNA nas plantas, resultando na formação da heterocromatina que reprime a transcrição.

7.8 Outros sistemas de transcrição eucarióticos

Como conclusão, este capítulo traz uma breve discussão sobre a iniciação da transcrição mediada por duas outras RNA-polimerases nucleares eucarióticas, Pol I e Pol III, e pelas distintas polimerases que transcrevem o DNA mitocondrial e dos cloroplastos. Apesar desses sistemas – principalmente a sua regulação – não estarem tão bem compreendidos como a transcrição via RNA-polimerase II, eles são igualmente fundamentais para a sobrevivência das células eucarióticas.

A iniciação da transcrição mediada pela Pol I e pela Pol III é análoga à da Pol II

A formação de complexos de iniciação de transcrição envolvendo a Pol I e a Pol III é semelhante, em alguns aspectos, à formação dos complexos de iniciação da Pol II (ver Figura 7-17). No entanto, cada uma das três RNA-polimerases nucleares eucarióticas requer seus próprios fatores gerais de transcrição específicos a cada polimerase e reconhece diferentes elementos controladores de DNA. Além disso, a Pol I e a Pol III não necessitam da hidrólise de ATP por uma DNA-helicase para ajudar a separar as fitas-molde do DNA para a iniciação da transcrição, ao passo que a Pol I precisa. A iniciação da transcrição pela Pol I, que sintetiza o pré-rRNA, e pela Pol III, que sintetiza tRNAs, 5S rRNA e outros pequenos RNAs estáveis (ver tabela 7-2), está fortemente associada à taxa de crescimento e proliferação celular.

Iniciação pela Pol I Os elementos reguladores que controlam a iniciação pela Pol I estão posicionados relativamente ao sítio de iniciação da transcrição de forma similar, tanto em leveduras quanto nos mamíferos. Um *elemento central*, que engloba o sítio de iniciação de −40 a +5, é essencial para a transcrição via Pol I. Um *elemento de controle a montante* adicional, se estendendo aproximadamente de −155 a −60 estimula a transcrição *in vitro* via Pol I dez vezes. Em humanos, a formação de um complexo de pré-iniciação da Pol I (Figura 7-52) tem início com a ligação cooperativa da proteína UBF (do inglês *upstream binding factor*) e SL1 (fator de seletividade), fator composto por múltiplas subunidades contendo a proteína TBP e quatro fatores específicos à Pol I associados à TBP (TAF_Is), à região promotora da Pol I. As subunidades TAF_I interagem diretamente com subunidades específicas da Pol I, direcionando essa RNA-polimerase específica para o sítio de iniciação da transcrição. A proteína TIF-1A, o homólogo em mamíferos à proteína RRN3 de *S. cerevisiae*, é outro fator necessário, assim como a abundante proteína-cinase nuclear CK2 (caseína cinase 2), a actina nuclear, a miosina nuclear, a proteína desacetilase SIRT7 e a topoisomerase I, que evita o superenrolamento do DNA (Figura 4-8) capaz de se formar durante a transcrição rápida da Pol I da unidade de transcrição de aproximadamente 14 kb.

A transcrição do precursor de aproximadamente 14 kb das moléculas de rRNA 18S, 5,8S e 28S (ver Capítulo 8) é altamente regulada para coordenar a síntese de ribossomos com o crescimento e divisão celular. Isso é realizado pela regulação da atividade dos fatores de iniciação da Pol I por meio de modificações pós-tradução, incluindo a fosforilação e a acetilação em locais específicos, o controle da taxa de elongação da Pol I e o controle do número dos aproximadamente 300 genes humanos para rRNA que terão sua transcrição ativada por mecanismos epigenéticos que transformam as cópias inativas em heterocromatina. A variação entre a forma ativa e as cópias silenciadas de heterocromatina dos genes de rRNA é realizada por um complexo de remodelagem da cromatina composto por múltiplas subunidades chamado NoRC ("No" se refere ao nucléolo, local da transcrição do rRNA no núcleo). O complexo NoRC localiza um nucleossomo no sítio de iniciação da transcrição da Pol I, bloqueando a formação do complexo de pré-iniciação. O complexo também interage com uma DNA metiltransferase que metila uma sequência CpG essencial no elemento de controle a montante, inibindo a ligação da proteína UBF, assim como a ligação das metiltransferases de histonas que promovem a adição de dois ou três grupamentos metila no resíduo de lisina 9 da histona H3, criando sítios de ligação para a proteína HP1 na heterocromatina e para histonas desacetilases. Simultaneamente, um RNA não codificante de aproximadamente 250 nucleotídeos de extensão, chamado pRNA (indicando a associação ao promotor), transcrito pela Pol I a partir de uma unidade de transcrição a montante de aproximadamente 2 kb (seta vermelha na Figura 7-52), é ligado a uma subunidade do complexo NoRC e é necessário para o silenciamento da transcrição. Acredita-se que o pRNA seja direcionado pelo complexo NoRC para as regiões promotoras da Pol I formando hélices tríplices de RNA:DNA na sequência terminadora T_0. Isso cria um sítio de ligação para a DNA metiltransferase DNMT3b, que metila uma sequência CpG essencial no elemento promotor a montante.

Iniciação por Pol III Ao contrário dos genes codificadores de proteínas e dos genes de pré-rRNA, as regiões promotoras dos genes para tRNAs e para o rRNA 5S se encontram inteiramente no interior da sequência transcrita (Figura 7-53a, b). Dois desses elementos promotores *internos*, denominados *box A* e *box B*, estão presentes em todos os genes tRNA. Essas sequências altamente conservadas funcionam não só como promotores, mas também codificam duas porções invariáveis das moléculas

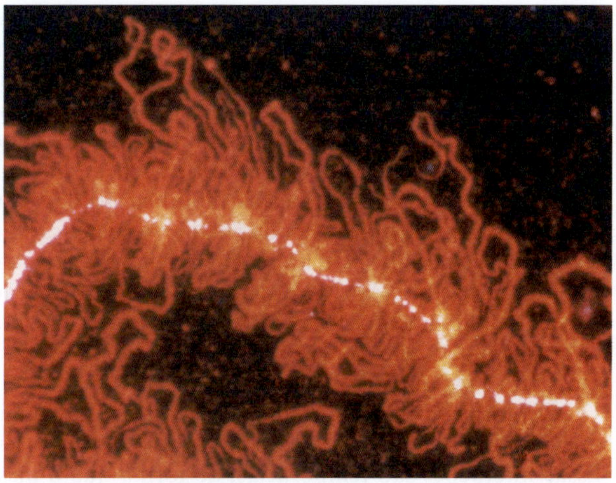

Porção de um "cromossomo em escova" de um oócito da salamandra *Nophthalmus viridescens*; a proteína hnRNP associada aos transcritos nascentes de RNA fluoresce em vermelho após a coloração com um anticorpo monoclonal. (Cortesia de M. Roth e J. Gall.)

CAPÍTULO

8

O controle gênico pós-transcricional

SUMÁRIO

No capítulo anterior, foi visto que a maior parte dos genes é regulada na primeira etapa da expressão gênica, a transcrição, pelo controle da formação do complexo de pré-iniciação da transcrição na sequência promotora do DNA e pela regulação da elongação da transcrição na região promotora proximal. Uma vez que a transcrição tenha sido iniciada, a síntese do RNA codificado requer que a RNA-polimerase transcreva todo o gene e não seja terminada prematuramente. Além disso, o **transcrito primário** inicial produzido a partir dos genes eucarióticos precisa passar por várias reações de processamento para dar origem ao RNA funcional correspondente. Para moléculas de mRNA, a estrutura de quepe 5′ necessária para a tradução deve ser adicionada (ver Figura 4-14), íntrons devem ser retirados do pré-mRNA (Tabela 8-1) e a extremidade 3′ precisa ser poliadenilada (ver Figura 4-15). Uma vez formadas no núcleo, moléculas maduras de RNA funcional são exportadas ao citosol como componentes das ribonucleoproteínas. O processamento das moléculas de RNA e a sua exportação do núcleo oferecem, ambos, oportunidades adicionais de controle da expressão gênica após a iniciação da transcrição.

Recentemente, a grande quantidade de dados de sequências de moléculas de mRNA humano expresso em diferentes tecidos e em momentos distintos durante a embriogênese e a diferenciação celular revelou que aproximadamente 95% dos genes humanos originam moléculas de mRNA obtidas pelo processo de *splicing* alternativo. Essas moléculas de mRNA obtidas por *splicing* alternativo codificam proteínas relacionadas com diferenças em suas sequências limitadas a domínios funcionais específicos. Em muitos casos, o *splicing* alternativo do RNA é regulado de acordo com a necessidade da isoforma específica de uma proteína em tipos celulares específicos. Devido à complexidade do *splicing* do pré-mRNA, não é surpreendente que erros sejam cometidos ocasionalmente, dando origem a precursores de mRNA com éxons unidos inapropriadamente. No entanto, as células eucarióticas desenvolveram mecanismos de vigilância do RNA que previnem o transporte de moléculas de RNA processadas inadequadamente para o citosol ou que induzem a sua degradação caso tenham sido transportadas.

Etapas adicionais de controle da expressão gênica podem ocorrer no citoplasma. No caso dos genes que codificam proteínas, por exemplo, a quantidade de proteína produzida depende da estabilidade da molécula correspondente de mRNA no citoplasma e da sua taxa de tradução. Por exemplo, durante a resposta imune, linfócitos se comunicam por meio da secreção de hormônios polipeptídicos chamados citocinas, que sinalizam aos linfócitos adjacentes pela ação de receptores de citocinas que se projetam através da membrana plasmática (Capítulo 23). É importante que os linfócitos sintetizem e secretem citocinas rapidamente. Isso é possível por que o mRNA que codifica citocinas é extremamente instável. Consequentemente, a concentração de mRNA no citoplasma cai rapidamente uma vez que a síntese é interrompida. Em contrapartida, moléculas de mRNA que codificam proteínas necessárias em grande quantidade e permanecem ativas durante longos períodos, como as proteínas ribossômicas, tores gerais de transcrição, é controlado por diferentes elementos promotores e não requer da hidrólise da ligação fosfodiéster β-γ do ATP para a separação das cadeias de DNA no sítio de iniciação.

- O DNA mitocondrial é transcrito por uma RNA-polimerase codificada no núcleo, composta por duas subunidades. Uma subunidade é homóloga à RNA-polimerase monomérica do bacteriófago T7; a outra se assemelha aos fatores σ bacterianos.
- O DNA dos cloroplastos é transcrito por uma RNA-polimerase codificada no cloroplasto e homóloga às RNA-polimerases bacterianas, com diversos fatores σ alternativos codificados pelo núcleo, e por uma RNA-polimerase composta por uma única subunidade, similar à enzima do bacteriófago T7.

Perspectivas

Grandes avanços foram realizados nos últimos anos quanto à compreensão do controle da transcrição nos eucariotos. Aproximadamente 2 mil genes que codificam ativadores e repressores podem ser identificados no genoma humano. Hoje tem-se uma ideia de como o astronômico número de combinações possíveis desses fatores de transcrição pode gerar o complexo controle gênico necessário para dar origem a organismos tão incríveis como os que nos rodeiam. No entanto, muito ainda resta a ser descoberto. Apesar da compreensão atual sobre quais processos ativam ou reprimem determinado gene, pouco se sabe a respeito de como é controlada a frequência da transcrição para prover a célula com a quantidade apropriada de suas várias proteínas. Nos precursores das hemácias, por exemplo, os genes da globina são transcritos em taxas muito maiores do que os genes que codificam as enzimas do metabolismo intermediário (os chamados genes *housekeeping*). Como são alcançadas essas enormes diferenças entre as taxas de iniciação de transcrição de vários genes? O que acontece com as múltiplas interações entre os domínios de ativação, os complexos coativadores, os fatores gerais de transcrição e a RNA-polimerase II quando a polimerase dá início à transcrição a partir da região promotora? Todos esses elementos se dissociam completamente dos promotores transcritos raramente, de forma que a combinação dos múltiplos fatores necessários para a transcrição deva recomeçar inteiramente a cada novo ciclo de transcrição? Os complexos de ativadores com seus múltiplos coativadores interativos permanecem associados aos promotores com altas taxas de reiniciação para que não seja necessário reconstruir todo o sistema cada vez que uma polimerase promove a iniciação?

Ainda há muito a aprender sobre a estrutura da cromatina e sua influência sobre a transcrição. Quais componentes adicionais além da proteína HP1 e o resíduo de lisina 9 metilado na histona H3 são necessários para marcar determinadas regiões da cromatina para a formação de heterocromatina, onde a transcrição é reprimida? Como, exatamente, a estrutura da cromatina é alterada por ativadores e repressores, e como essa alteração promove ou inibe a transcrição? Uma vez que os complexos de remodelagem da cromatina e os complexos acetilase de histona tenham se associado à região promotora, como eles permanecem associados? Os modelos atuais sugerem que determinadas unidades desses complexos se associam às caudas modificadas das histonas de modo que a combinação da ligação a uma cauda de histona específica modificada e a mesma modificação das caudas de histonas adjacentes pode resultar na retenção do complexo de modificação na região promotora ativada. Em alguns casos, esse tipo de mecanismo de formação induz o espalhamento dos complexos ao longo da fibra de cromatina. O que controla quando esses complexos se espalham e até que ponto eles irão?

Foram descobertos domínios ativadores individuais que interagem com diversos complexos coativadores. Essas interações são temporárias, de forma que o mesmo domínio de ativação pode interagir com vários coativadores sequencialmente? É necessária uma sequência específica de interações com os coativadores? Como a interação dos domínios ativadores com os mediadores estimula a transcrição? Essas interações simplesmente estimulam a formação do complexo de pré-iniciação ou elas também podem influenciar a taxa de iniciação da transcrição mediada pela RNA-polimerase II a partir de um complexo de pré-iniciação já formado?

A ativação transcricional é um processo altamente cooperativo, para que os genes expressos em determinado tipo de célula sejam expressos apenas quando o conjunto completo de ativadores que controlam esses genes esteja expresso e ativado. Como mencionado anteriormente, alguns dos fatores de transcrição que controlam a expressão do gene *TTR* no fígado também são expressos nas células do intestino e nas células renais. No entanto, o gene *TTR* não é expresso nesses outros tecidos, pois sua transcrição requer dois fatores de transcrição adicionais expressos apenas no fígado. Quais mecanismos são responsáveis por essa ação altamente cooperativa entre os fatores de transcrição essencial para a expressão dos genes em tipos celulares específicos?

A descoberta dos longos RNAs não codificantes capazes de reprimir a transcrição de genes-alvo específicos tem suscitado grande interesse. Esses RNAs sempre reprimem a transcrição tendo como alvo os complexos Policomb? Os RNAs não codificantes também ativam a transcrição dos genes-alvo específicos? Como elas são direcionadas a genes específicos? A sequência de aproximadamente 1.600 longos RNAs não codificantes conservada entre os mamíferos sempre atua na regulação da transcrição de genes-alvo específicos, aumentando o grau de complexidade do controle da transcrição por proteínas de ligação a sequências específicas de DNA? Pesquisadores que abordem essas questões estarão trabalhando em uma interessante área nos próximos anos.

O entendimento completo do desenvolvimento normal e dos processos anormais associados às doenças só será possível quando essas e muitas outras perguntas forem respondidas. À medida que forem feitas novas descobertas sobre os princípios do controle da transcrição, surgirão novas aplicações desses conhecimentos. Essa compreensão poderá permitir um controle preciso da expressão de genes terapêuticos introduzidos por meio dos vetores de terapia gênica que estão sendo desenvolvidos. A compreensão detalhada das interações moleculares que regulam a transcrição pode fornecer novos alvos para o desenvolvimento de fármacos terapêuticos que inibam ou estimulem genes específicos. Uma compreensão mais completa dos mecanismos de controle transcricional pode levar ao desenvolvimento de novas variedades geneticamente modificadas de plantas com características desejáveis. Certamente, avanços futuros na área do controle da transcrição nos ajudarão a satisfazer o desejo de compreender como funcionam e se desenvolvem organismos complexos como o nosso.

Termos-chave

ativadores 281
bromodomínio 319
coativadora 312
correpressora 312
cromodomínio 331
desacetilação de histonas 319
dedo de zinco 310
domínio carboxiterminal (CTD) 293
domínio de ativação 307
domínio repressor 309
elemento promotor proximal 303
enhanceossomo 314
estimuladores 285
fator antiterminação 302
fatores de transcrição específicos 305
fatores gerais da transcrição 299
footprinting com DNase I 305
genes de choque térmico 326
locus MAT (em leveduras) 316
mediador 316
promotor 280
proteína de ligação ao TATA *box* (TBP) 299
receptores nucleares 310
repressão mediada por cromatina 316
repressora 280
RNA-polimerase II 290
sequências ativadoras a montante (UASs) 304
sequências silenciadoras 316
sistema de híbridos duplos de leveduras 322
TATA *box* 295
zíper de leucina 310

Revisão dos conceitos

1. Descreva os eventos moleculares que ocorrem no óperon *lac* quando as células de *E. coli* são transferidas de um meio que contém glicose para um meio que contém galactose.
2. A concentração de glutamina livre afeta a transcrição da enzima glutamina sintase em *E. coli*. Descreva esse mecanismo.
3. Quais tipos de genes são transcritos pelas RNA-polimerases I, II e III? Planeje um experimento para determinar se um gene específico é transcrito pela RNA polimerase II.
4. O CTD da subunidade maior da RNA-polimerase II pode ser fosforilado em diversos resíduos de serina. Quais são as condições que determinam a fosforilação e a defosforilação do DTC da RNA-polimerase II?
5. O que TATA *box*, iniciadores e ilhas CpG têm comum? Qual deles foi o primeiro a ser identificado? Por quê?
6. Descreva os métodos utilizados para identificar a localização dos elementos de controle do DNA nas regiões promotoras proximais dos genes.
7. Qual é a diferença entre um elemento promotor proximal e um estimulador distal? Quais são as semelhanças entre eles?
8. Descreva os métodos utilizados para a identificação da localização das proteínas de ligação ao DNA nas regiões reguladoras dos genes.
9. Descreva as características estruturais das proteínas que ativam e reprimem a transcrição.
10. Dê exemplos sobre como a expressão de um gene pode ser reprimida sem a alteração da sequência codificante do gene.
11. Utilizando a proteína CREB e os receptores nucleares como exemplos, compare as semelhanças e diferenças entre as alterações estruturais que ocorrem quando esses fatores de transcrição se ligam a seus coativadores.
12. Quais são os fatores gerais da transcrição que se associam a um promotor reconhecido pela RNA-polimerase II, além da própria polimerase? Qual é a sua ordem de ligação *in vitro*? Quais alterações estruturais ocorrem no DNA quando um complexo de iniciação "aberto" é formado?
13. A expressão de proteínas recombinantes em leveduras é uma ferramenta importante para a indústria biotecnológica produzir fármacos para uso humano. Na tentativa de obter a expressão de um novo gene X em leveduras, um pesquisador integrou o gene X no genoma da levedura, próximo a um telômero. Essa estratégia resultará em boa expressão do gene X? Por quê? Qual seria a diferença no resultado desse experimento se a linhagem de levedura utilizada conter uma mutação nas caudas das histonas H3 ou H4?
14. Você isolou uma nova proteína chamada STICKY e consegue prever, pela comparação com outras proteínas já conhecidas, que a proteína STICKY contém um domínio bHLH e um domínio de interação Sin3. Qual pode ser a função da proteína STICKY; e qual é a importância desses domínios para a sua função?
15. O método de dois híbridos de leveduras é uma ferramenta de genética molecular poderosa para identificar uma proteína(s) que interage com uma proteína ou domínio proteico conhecido. Você isolou um receptor glicocorticoide (GR) e tem evidências de que ele seja uma proteína modular contendo um domínio de ativação, um domínio de ligação ao DNA e um segundo domínio de ativação de associação a um ligante. Análises adicionais revelaram que nas células pituitárias essa proteína se encontra ancorada no citoplasma na ausência do seu hormônio ligante, resultado que o leva a especular se esse receptor se liga a outras proteínas inibitórias. Descreva como a análise de dois híbridos pode ser utilizada para identificar as proteínas com as quais o GR interage. Como você identificaria de modo específico o domínio do GR que se liga ao inibidor?

é importante para protegê-lo de enzimas que digerem rapidamente as moléculas de RNA não capeadas geradas durante o processamento do RNA, com os íntrons que sofreram *splicing* e o RNA transcrito a jusante de um sítio de poliadenilação. O quepe 5′ e a cauda de poli(A) distinguem as moléculas de pré-mRNA dos diversos outros tipos de moléculas de RNA presentes no núcleo. As moléculas de pré-mRNA (ver Tabela 8-1) são ligadas por proteínas nucleares que atuam na exportação do mRNA a partir do núcleo. Após a exportação dos mRNAs ao citoplasma, eles são ligados por um conjunto de proteínas citoplasmáticas que estimulam a tradução e são essenciais para a estabilidade do mRNA no citoplasma. Antes da exportação do núcleo, os íntrons devem ser removidos para dar origem à região codificadora correta do mRNA. Nos eucariotos superiores, incluindo humanos, o *splicing* alternativo é finamente regulado para substituir domínios funcionais distintos nas proteínas, gerando considerável expansão do proteoma desses organismos.

Os eventos de processamento de capeamento, *splicing* e poliadenilação do pré-mRNA ocorrem no núcleo conforme o precursor nascente do mRNA é transcrito. Portanto, o processamento do pré-mRNA é *cotranscricional*. Conforme o RNA emerge na superfície de uma RNA-polimerase II, a sua extremidade 5′ é imediatamente modificada pela adição da estrutura do quepe 5′ encontrada em todas as moléculas de mRNA (ver Figura 4-14). Conforme o pré-mRNA nascente continua a emergir na superfície da polimerase, ele é imediatamente ligado por um complexo grupo de proteínas de ligação ao RNA que auxiliam o processo de *splicing* do RNA e a exportação da molécula de mRNA totalmente processada por meio dos complexos do poro nuclear para o citoplasma. Algumas dessas proteínas permanecem associadas ao mRNA no citoplasma, mas a maioria permanece no núcleo ou é enviada de volta ao núcleo logo após a exportação do mRNA ao citoplasma. Proteínas citoplasmáticas de ligação ao RNA substituem as proteínas nucleares. Consequentemente, o mRNA nunca é encontrado na forma de moléculas livres de RNA na célula e está sempre associado a proteínas como os **complexos *ri*bo*nu*cleo*p*roteicos** (**RNP**), inicialmente como *pré-mRNPs* capeados que sofrem *splicing* conforme são transcritos. Então, após a clivagem e a poliadenilação, essas moléculas são chamadas *mRNPs nucleares*. Após a troca das proteínas que acompanham a exportação para o citosol, essas moléculas passam a ser chamadas de *mRNPs citoplasmáticos*. Embora essas moléculas sejam frequentemente chamadas de pré-mRNA e mRNA, é importante lembrar que elas estão sempre associadas a proteínas nos complexos RNP.

O quepe 5′ é adicionado às moléculas nascentes de RNA logo após a iniciação da transcrição

Conforme as moléculas de RNA nascente emergem do canal de RNA da RNA-polimerase II e alcançam um tamanho de ~25 nucleotídeos, um quepe protetor composto por 7-metilguanosina e riboses metiladas é adicionado à extremidade 5′ do mRNA eucariótico (ver Figura 4-14). O *quepe 5'* marca as moléculas de RNA como precursoras de mRNA e as protegem da ação das enzimas de digestão de RNA (5′-exoribonucleases) no núcleo e no citoplasma. Essa etapa inicial do processamento do RNA é catalisada por uma enzima de capeamento dimérica que se associa ao domínio carboxiterminal (CTD) fosforilado da RNA-polimerase II. Lembre-se de que o CTD se torna fosforilado pelo fator geral da transcrição TFIIH em múltiplos resíduos de serina na posição 5 da sequência repetida de sete peptídeos do CTD durante a iniciação da transcrição (ver Figura 7-17). A ligação ao CTD fosforilado estimula a atividade das enzimas de capeamento para que se concentrem

ANIMAÇÃO: O ciclo de vida de um mRNA

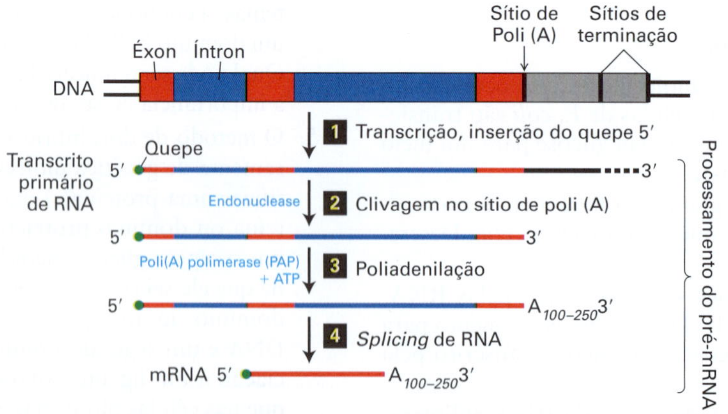

FIGURA 8-2 Visão geral do processamento do mRNA em eucariotos. Logo após a RNA-polimerase II dar início à transcrição no primeiro nucleotídeo do primeiro éxon de um gene, a extremidade 5′ nascente do RNA é capeada com um 7-metilguanilato (etapa **1**). A transcrição mediada pela RNA-polimerase II termina em qualquer um dos vários sítios de terminação a jusante ao sítio de poli(A), localizado na extremidade 3′ do éxon final. Após o transcrito primário ter sido clivado no sítio de poli(A) (etapa **2**), uma cadeia de resíduos adenosina (A) é adicionada (etapa **3**). A cauda de poli(A) contém ~250 resíduos nos mamíferos, ~150 nos insetos e ~100 nas leveduras. No caso dos transcritos primários curtos, com poucos íntrons, o *splicing* (etapa **4**) geralmente ocorre após a clivagem e a poliadenilação, como mostrado. No caso de genes grandes com múltiplos íntrons, os íntrons geralmente sofrem *splicing* a partir do RNA nascente durante a transcrição, ou seja, antes que a transcrição do gene seja concluída. Observe que o quepe 5′ e a sequência adjacente à cauda de poli(A) são mantidos nos mRNAs maduros.

nas moléculas de RNA com grupamento 5′-trifosfato que emergem da RNA-polimerase II, e não nas moléculas de RNA transcritas pelas RNA-polimerases I ou III, sem CTD. Isso é importante, pois a síntese de pré-mRNA representa ~80% do total de RNA sintetizado nas células em replicação. Cerca de 20% desse total corresponde ao RNA pré-ribossômico (transcrito pela RNA-polimerase I) e a rRNA 5S, tRNAs e outras moléculas estáveis de pequenos RNAs (transcritos pela RNA-polimerase III). Os dois mecanismos de (1) especificidade de ligação da enzima de capeamento à RNA-polimerase II ativa por meio de seu CTD único fosforilado, e (2) ativação da enzima de capeamento pelo CTD fosforilado resultam no capeamento específico das moléculas de RNA transcritas pela RNA-polimerase II.

Uma subunidade da enzima de capeamento remove o fosfato γ da extremidade 5′ na molécula nascente de RNA (Figura 8-3). Outro domínio dessa subunidade transfere a porção GMP do GTP para o 5′-difosfato do transcrito nascente, criando uma estrutura incomum de guanosina 5′-5′-trifosfato. Nas etapas finais, enzimas individuais transferem grupamento metila da *S*-adenosilmetionina para a posição N_7 da guanina e um ou dois átomos de oxigênio 2′ da ribose na extremidade 5′ do RNA nascente.

Existem evidências consideráveis indicando que o capeamento do transcrito nascente é acoplado com a elongação da RNA-polimerase II, de modo que os seus transcritos sejam capeados nas etapas iniciais da elongação. Conforme discutido no Capítulo 7, em metazoários, durante a fase inicial da transcrição, a polimerase alonga o transcrito nascente lentamente devido à associação da proteína NELF (do inglês *negative elongation factor*) com a RNA-polimerase II na região promotora proximal (ver Figura 7-20). Uma vez que a extremidade 5′ do RNA nascente esteja capeada, a fosforilação do CTD da RNA-polimerase na posição 2 da repetição de heptapeptídeos e das proteínas NELF e DSIF pela proteína-cinase CDK9-ciclina T induz a liberação da NELF. Isso permite que a RNA-polimerase II entre no modo rápido de elongação que transcreve rapidamente a partir do promotor. O efeito final desse mecanismo é que a polimerase espera que o RNA nascente seja capeado antes de iniciar a elongação no modo rápido.

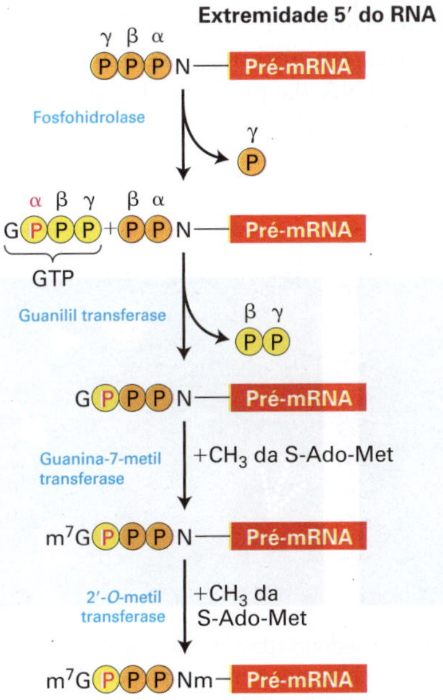

FIGURA 8-3 Síntese do quepe 5′ nas moléculas de mRNA eucarióticas. A extremidade 5′ de uma molécula nascente de RNA contém um trifosfato 5′ no nucleotídeo trifosfato iniciador. O fosfato γ é removido na primeira etapa do capeamento, enquanto os fosfatos α e β remanescentes (laranja) permanecem associados ao quepe. O terceiro fosfato da ligação trifosfato 5′-5′ é derivado de um fosfato α de uma molécula de GTP doadora de guanina. O doador do grupamento metila para a metilação da guanina do quepe e da primeira das duas moléculas de ribose para o mRNA é a *S*-adenosilmetionina (S-Ado-Met). (Obtida de S. Venkatesan e B. Moss, 1982, *Proc. Natl. Acad. Sci. USA* **79**:304.)

Um conjunto diverso de proteínas com domínios conservados de ligação ao RNA se associa às moléculas de pré-mRNA

Conforme destacado anteriormente, os transcritos de RNA nascente dos genes codificadores de proteínas e dos intermediários do processamento de mRNA, coletivamente chamados de **pré-mRNAs**, não ocorrem sob a forma de moléculas livres de RNA no núcleo das células dos eucariotos. A partir do momento em que o transcrito emerge da RNA-polimerase II, até o momento em que os mRNAs maduros são transportados para o citoplasma, as moléculas de RNA estão associadas a um conjunto abundante de proteínas nucleares. Essas proteínas são os principais componentes das *partículas ribonucleoproteicas heterogêneas (hnRNPs)*, que contêm *RNA heterogêneo nuclear (hnRNA)*, termo geral que se refere tanto ao pré-mRNA quanto a outros RNAs nucleares de diversos tamanhos. Essas proteínas hnRNPs participam das próximas etapas do processamento do RNA, incluindo *splicing*, poliadenilação e exportação para o citoplasma pelos complexos do poro nuclear.

Pesquisadores identificaram inicialmente as proteínas hnRNP por meio da exposição de células em cultura a altas doses de radiação UV, que forma ligações covalentes entre as bases do RNA e as proteínas associadas. A cromatografia de extratos nucleares obtidos dessas células tratadas, utilizando uma coluna oligo-dT celulose, que se liga a moléculas de RNA com cauda poli(A), foi utilizada para recuperar as proteínas que formaram ligações cruzadas com moléculas de RNA nuclear poliadeniladas. O posterior tratamento dos extratos celulares de células não irradiadas, com anticorpos monoclonais específicos para as principais proteínas identificadas por essa técnica de ligação cruzada revelou um conjunto complexo e abundante de proteínas hnRNP com tamanhos variados entre ~30 e ~120 kDa.

Da mesma forma que os fatores de transcrição, a maioria das proteínas hnRNP tem estrutura modular. Elas contêm um ou mais *domínios de ligação ao RNA* e, pelo menos, um domínio adicional de interação com outras proteínas. Vários motivos diferentes de ligação ao RNA foram identificados por meio da construção de proteínas hnRNP com sequências de aminoácidos removidas e análise da sua capacidade de ligação ao RNA.

Funções das proteínas hnRNP A associação dos pré-mRNAs com as proteínas hnRNP evita que as moléculas de pré-mRNA formem estruturas secundárias curtas dependentes do pareamento de bases em regiões complementares, tornando, assim, os pré-mRNAs acessíveis para interações com outras moléculas de RNA ou proteínas. Os pré-mRNAs associados às proteínas hnRNP representam um substrato mais uniforme para as etapas seguintes do processamento, pois cada pré-mRNA livre, não ligado, forma uma estrutura secundária característica que depende de sua sequência específica.

Os estudos de ligação com proteínas hnRNP purificadas sugerem que diferentes proteínas hnRNP se associam a diferentes regiões de uma molécula de pré-mRNA recém-sintetizada. Por exemplo, as proteínas hnRNP A1, C e D se ligam, preferencialmente, às sequências ricas em pirimidinas nas extremidades 3′ dos íntrons (ver Figura 8-7). Algumas proteínas hnRNP podem interagir com as sequências de RNA que determinam o *splicing* ou a clivagem/poliadenilação de RNA, podendo contribuir para a estrutura reconhecida pelos fatores de processamento do RNA. Por fim, experimentos de fusão celular mostraram que algumas proteínas hnRNP permanecem no núcleo, ao passo que outras se alternam dentro e fora do citoplasma, sugerindo que atuem no transporte do mRNA (Figura 8-4).

Motivos conservados de ligação ao RNA O *motivo de reconhecimento de RNA (RRM)*, também chamado de motivo RNP ou domínio de ligação ao RNA (RBD), é o mais comum dentre os domínios de ligação ao RNA nas proteínas hnRNP. Esse domínio de cerca de 80 resíduos, que ocorre em muitas outras proteínas de ligação ao RNA, contém duas sequências altamente conservadas (RNP1 e RNP2) em diversos organismos, de leveduras a humanos – indicando que assim como diversos domínios de ligação ao DNA, esses domínios surgiram muito cedo na evolução dos eucariotos.

Análises estruturais mostraram que o domínio RRM é formado por uma folha β composta por quatro fitas β, flanqueada em um lado por duas hélices α. Para interagir com os átomos de fosfato do RNA com carga negativa, a folha β forma uma superfície com carga positiva. As sequências conservadas RPN1 e RPN2 se posicionam lado a lado nas duas folhas β centrais, e suas cadeias laterais estabelecem contatos múltiplos com a região de fita simples do RNA que se encontra ao longo da superfície da folha β (Figura 8-5).

O *motivo KH* de 45 resíduos é encontrado na proteína hnRNP K e em várias outras proteínas de ligação ao RNA. A estrutura tridimensional de domínios KH representativos é similar à estrutura do domínio RRM, embora menor, sendo composta por uma folha β de três fitas, sustentada, em um lado, por duas hélices α. No entanto, o domínio KH interage com o RNA de modo bastante diferente da interação entre o domínio RRM e o RNA. O RNA se liga ao motivo KH por meio da interação com a superfície hidrofóbica formada pelas duas hélices α e uma fita β. Assim, apesar da semelhança entre suas estruturas, os domínios RRM e KH interagem de forma diferente com o RNA. O *box RGG*, outro motivo de ligação ao RNA observado nas proteínas hnRNP, é composto por cinco repetições Arg-Gly-Gly (RGG) com diversos aminoácidos aromáticos intercalados. Embora ainda falte determinar a estrutura desse domínio, a sua composição rica em arginina é semelhante ao domínio de ligação ao RNA da proteína Tat do HIV. Com frequência, domínios KH e repetições RGG se intercalam

VÍDEO: Deslocamento nucleocitoplasmático da proteína hnRNP A1

FIGURA 8-4 A proteína humana hnRNP A1 pode circular para dentro e para fora do citoplasma, ao contrário da proteína hnRNP C. Células HeLa em cultura e células de *Xenopus* foram fusionadas por meio do tratamento com polietileno glicol, gerando heterocários com um núcleo de cada tipo celular. As células híbridas foram tratadas com cicloeximidina imediatamente após a fusão para evitar a síntese de proteínas. Após duas horas, as células foram fixadas e coradas com anticorpos fluorescentes marcados específicos para as proteínas humanas hnRNP C e A1. Esses anticorpos não se ligam às proteínas homólogas de *Xenopus*. (a) Uma preparação das células fixadas visualizadas com microscopia de contraste de fase, incluindo células HeLa não fusionadas (triângulos), células de *Xenopus* não fusionadas (setas pontilhadas) e as células fusionadas heterocários (setas sólidas). No heterocário mostrado nesta micrografia, o núcleo redondo da célula HeLa está à direita de um núcleo oval de *Xenopus*. (b, c) Quando a mesma preparação foi visualizada por microscopia de fluorescência, a proteína hnRNP C marcada aparece em verde, e a proteína hnRNP A1 marcada aparece em vermelho. Observe que a célula não fusionada de *Xenopus*, à esquerda, não está marcada, confirmando que os anticorpos são específicos para proteínas humanas. No heterocário, a proteína hnRNP C só aparece no núcleo da célula HeLa (b), enquanto a proteína A1 aparece no núcleo da célula HeLa e no núcleo de *Xenopus* (c). Uma vez que a síntese de proteínas estava bloqueada após a fusão celular, algumas proteínas humanas hnRNPs A1 se difundiram do núcleo das células HeLa, se deslocaram pelo citoplasma e penetraram o núcleo de *Xenopus* no heterocário. (Ver S. Pinol-Roma e G. Dreyfuss, 1992, *Nature* **355**:730; cortesia de G. Dreyfuss.)

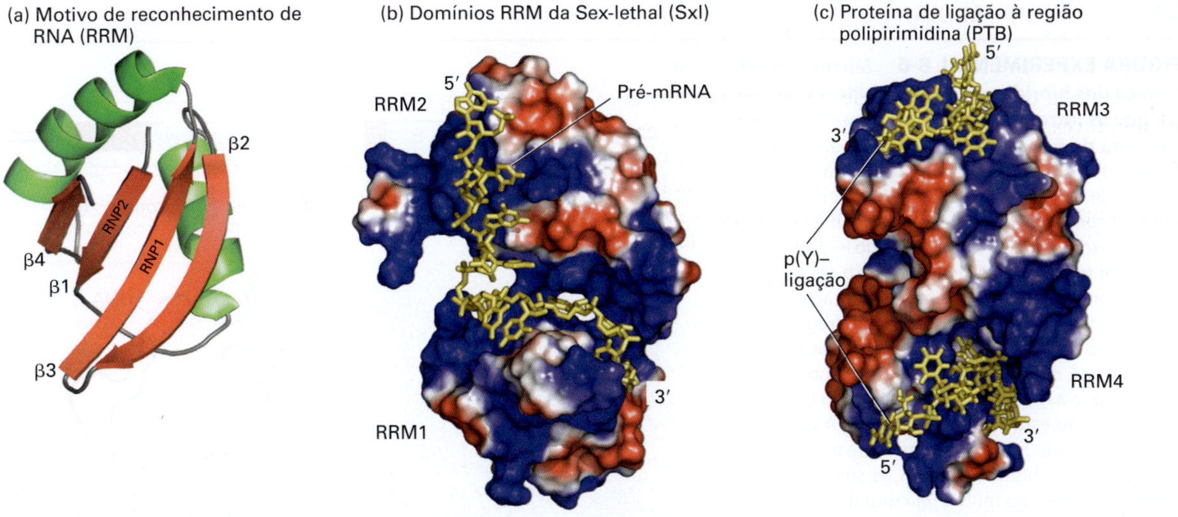

FIGURA 8-5 Estrutura do domínio RRM e sua interação com o RNA. (a) Diagrama do domínio RRM mostrando as duas hélices α (verde) e as quatro fitas β (vermelho) que caracterizam este motivo. As regiões conservadas RNP1 e RNP2 estão localizadas nas duas fitas β centrais. (b) Representação da superfície de dois domínios RRM na proteína Sex-lethal (Sxl) de *Drosophila*, que se liga a uma sequência de nove bases no pré-mRNA transformador (amarelo). Os dois domínios RRMs estão orientados como as duas metades de um par de castanholas abertas, com a folha β do domínio RRM1 voltado para cima e a folha β do domínio RRM2 voltado para baixo. As regiões carregadas positivamente na proteína Sxl estão representadas em tonalidades de azul; as regiões carregadas negativamente, em tonalidades de vermelho. O pré-mRNA está ligado às superfícies das folhas β positivamente carregadas, fazendo a maior parte de seus contatos com as regiões RNP1 e RNP2 de cada domínio RRM. (c) Orientação notavelmente distinta dos domínios RRM em uma proteína hnRNP diferente, a proteína de ligação à região polipirimidina (PTB), ilustrando como os domínios RRM adotam orientações distintas em diferentes proteínas hnRNP; colorida como em (b). Uma cadeia de RNA fita simples composta por polipirimidinas (p(Y)) está ligada aos domínios voltados para cima (RRM3) e para baixo (RRM4) das folhas β. O RNA está representado em amarelo. (Parte (a) adaptada de K. Nagai et al., 1995, *Trends Biochem. Sci.* **20**:235. Parte (b) de N. Harada et al., 1999, *Nature* **398**:579. Parte (c) de F. C. Oberstrass et al., 2006, *Science* **309**:2054.)

em duas ou mais repetições em uma única proteína de ligação ao RNA.

O *splicing* ocorre em sequências curtas conservadas no pré-mRNA por meio de duas reações de transesterificação

Durante a formação de um mRNA maduro e funcional, os **íntrons** são removidos e os **éxons** são unidos entre si. No caso de unidades transcricionais pequenas, o ***splicing* do RNA** normalmente ocorre após a clivagem e a poliadenilação da extremidade 3′ do transcrito primário, como mostrado na Figura 8-2. No entanto, no caso de unidades transcricionais longas que contêm múltiplos éxons, o *splicing* normalmente tem início sobre o RNA nascente, antes que a transcrição do gene esteja completa.

Pesquisas pioneiras sobre o processamento nuclear de moléculas de mRNA revelaram que essas moléculas são inicialmente transcritas com moléculas de RNA muito mais longas que as moléculas maduras de mRNA encontradas no citoplasma. Também foi demonstrado que as sequências de RNA próximas ao quepe 5′ adicionado logo após a iniciação da transcrição são mantidas na molécula madura de mRNA, e que as sequências próximas à extremidade poliadenilada nos intermediários no processamento do mRNA são mantidas nos hnRNAs nas moléculas maduras de mRNA no citoplasma. A solução desse aparente enigma veio com a descoberta dos íntrons por meio de microscopia eletrônica de híbridos de RNA-DNA do DNA do adenovírus e do mRNA que codifica a proteína héxon, a principal proteína do capsídeo do víron (Figura 8-6). Outros estudos revelaram, no núcleo, RNAs virais que eram colineares ao DNA viral (transcritos primários) e RNAs com um ou dois íntrons removidos (intermediários de processamento). Esses resultados, em conjunto com a descoberta de que o quepe 5′ e a cauda de poli(A) em cada uma das extremidades dos longos mRNAs precursores eram retidos nos mRNAs maduros citoplasmáticos menores, levaram à conclusão de que os íntrons são removidos dos transcritos primários, enquanto os éxons são unidos entre si.

A localização dos *sítios de splicing* – isto é, das junções éxon-íntron – em um pré-mRNA pode ser determinada pela comparação da sequência do DNA genômico com o cDNA preparado a partir do mRNA correspondente (Figura 5-15). As sequências presentes no DNA genômico, mas ausentes no cDNA, representam os íntrons e indicam as posições dos sítios de *splicing*. As análises desse tipo, realizadas em grande quantidade de mRNAs diferentes, revelaram a existência de pequenas sequências consenso moderadamente conservadas nos sítios de *splicing* que flanqueiam os íntrons dos pré-mRNAs eucarióticos; região rica em pirimidinas a montante ao sítio de *splicing* 3′ também é comum (Figura 8-7). Estudos de genes com mutações inseridas nos íntrons mostraram que grande parte da porção central dos íntrons pode ser removida sem que isso afete o *splicing*; geralmente são necessários apenas 30 a 40 nucleotídeos em cada extremidade de um íntron para que a sua remoção ocorra normalmente.

RECURSO DE MÍDIA: Descoberta dos íntrons

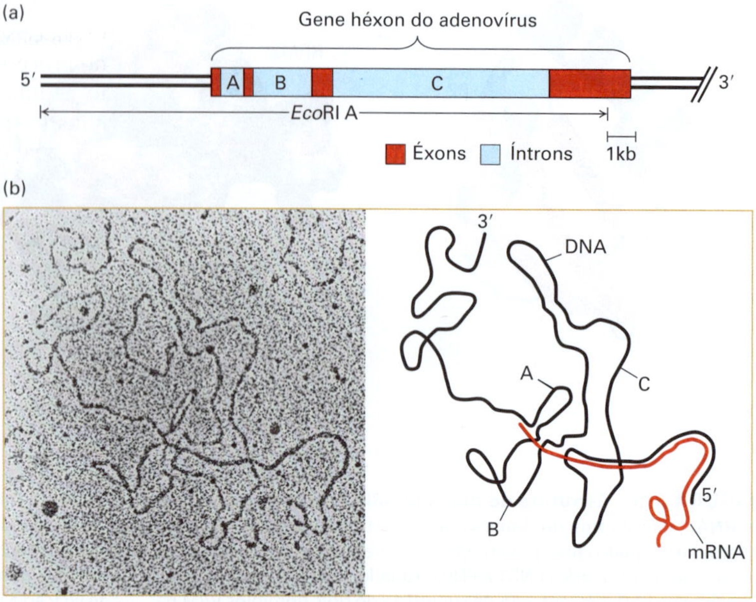

FIGURA EXPERIMENTAL 8-6 Microscopia eletrônica dos híbridos de mRNA-molde e DNA mostra que os íntrons são retirados durante o processamento do pré-mRNA. (a) Diagrama do fragmento *Eco*RI A do DNA do adenovírus, que se estende da extremidade esquerda do genoma até quase o final do último éxon do gene da héxon. O gene é composto por três éxons curtos e um éxon longo (~3,5 kb) separados por três íntrons de ~1, 2,5 e 9 kb. (b) Microscopia eletrônica (*à esquerda*) e representação esquemática (*à direita*) de um híbrido entre um fragmento de *Eco*RI A e o mRNA do gene héxon. As alças marcadas como A, B e C correspondem aos íntrons indicados em (a). Visto que as sequências dos íntrons do DNA genômico viral não estão presentes no mRNA maduro do gene héxon, são formadas alças entre as sequências dos éxons que hibridizam com as suas sequências complementares no mRNA. (Micrografia de S. M. Berget et al., 1977, *Proc. Nat'l. Acad. Sci. USA* **74**:3171; cortesia de P. A. Sharp.)

A análise dos intermediários formados durante o *splicing* de pré-mRNAs *in vitro* levou à descoberta de que a união dos éxons ocorre por meio de duas *reações de transesterificação* sequenciais (Figura 8-8). Os íntrons são removidos sob a forma de estrutura semelhante a um laço, na qual o G 5′ do íntron é unido por uma ligação 2′,5′-fosfodiéster incomum a uma adenosina próxima à extremidade 3′ do íntron. Esse resíduo A é chamado de *ponto de ramificação*, pois forma uma ramificação de RNA na estrutura em forma de laço. Em cada reação de transesterificação, uma ligação fosfodiéster é substituída por outra. Uma vez que o número de ligações fosfodiéster em uma molécula não sofre alterações ao longo de cada reação, não há consumo de energia. O resultado final dessas duas reações é que dois éxons são ligados e o íntron existente entre eles é liberado sob a forma de uma estrutura em laço ramificado.

Durante o *splicing*, moléculas de snRNA formam pares de bases com o pré-mRNA

A reação de *splicing* requer a presença de **pequenos RNAs nucleares (snRNAs)**, importantes para o pareamento de bases com o pré-mRNA e com aproximadamente 170 proteínas associadas. Cinco snRNAs ricos em U, denominados U1, U2, U4, U5 e U6, participam do *splicing* do pré-mRNA. Esses snRNAs variam em comprimento de 107 a 210 nucleotídeos e estão associados, cada um, a cerca de 6 a 10 proteínas em diversas partículas ribonucleoproteicas nucleares pequenas (snRNPs) no núcleo das células eucarióticas.

A evidência definitiva da participação do snRNA U1 no *splicing* veio de experimentos que indicaram que o pareamento de bases entre o sítio de *splicing* 5′ de um pré-mRNA e a região 5′ do snRNA U1 era necessário para a ocorrência do *splicing* do RNA (Figura 8-9a). Experimentos *in vitro* mostraram que um oligonucleotídeo sintético que se hibridiza com a região 5′ terminal do snRNA U1 bloqueia o *splicing* de RNA. Experimentos *in vivo* mostraram que as mutações que interrompem o pareamento de bases no sítio de *splicing* 5′ de um pré-mRNA também bloqueiam o *splicing* do RNA; nesse caso, porém, o *splicing* pode ser restabelecido pela expressão de um snRNA U1 mutante com mutação compensatória que restabeleça o pareamento de bases com o sítio de *splicing* 5′ mutante do pré-mRNA (Figura 8-9b). O envolvimento do snRNA U2 no *splicing* foi inicialmente

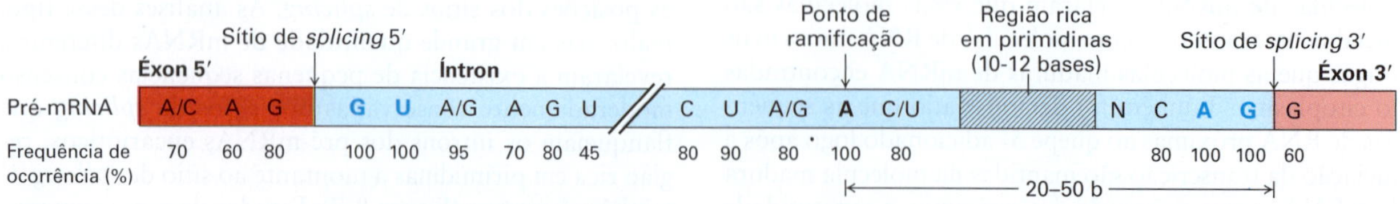

FIGURA 8-7 As sequências consenso em torno dos sítios de *splicing* nas moléculas de pré-mRNA dos vertebrados. As únicas bases praticamente invariáveis são o 5′GU e o 3′AG do íntron (azul), apesar de as bases flanqueadoras indicadas serem encontradas em frequências mais elevadas do que seria esperado em uma distribuição aleatória. Uma região rica em pirimidina (sombreada) próxima à extremidade 3′ do íntron é observada na maioria dos casos. A adenosina do ponto de ramificação, também invariável, geralmente se encontra entre 20 a 50 bases do sítio de *splicing* 3′. A região central do íntron, cujo comprimento pode variar de 40 bases a 50 quilobases, geralmente não é necessária para a ocorrência do *splicing*. (Ver R. A. Padgett et al., 1986, *Ann. Rev. Biochem.* **55**:1119, e E. B. Keller e W. A. Noon, 1984, *Proc. Nat'l. Acad. Sci. USA* **81**:7417.)

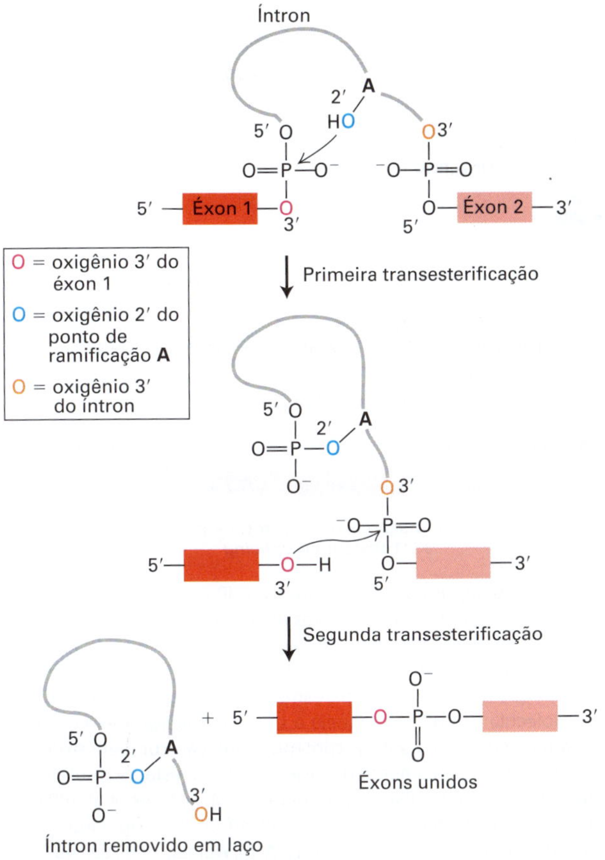

FIGURA 8-8 As duas reações de transesterificação que resultam no *splicing* de éxons no pré-mRNA. Na primeira reação, a ligação éster entre o fósforo 5′ do íntron e o oxigênio 3′ (vermelho escuro) do éxon 1 é trocada por uma ligação éster com o oxigênio 2′ (azul) do resíduo **A** do ponto ramificação. Na segunda reação, a ligação éster entre o fósforo 5′ do éxon 2 e o oxigênio 3′ (cor de laranja) do íntron é trocada por uma ligação éster com o oxigênio 3′ do éxon 1, liberando o íntron sob a forma de estrutura em laço e unindo os dois éxons. As setas indicam onde os átomos de oxigênio da hidroxila ativada reagem com os átomos de fósforo.

inferido quando se descobriu que ele tinha uma sequência interna altamente complementar à sequência consenso adjacente ao do ponto de ramificação no pré-mRNAs (ver Figura 8-7). Experimentos de compensação das mutações, similares àquele realizado com o snRNA U1 e os sítios de *splicing* 5′, demonstraram que o pareamento de bases entre o snRNA U2 e a sequência do ponto de ramificação do pré-mRNA é essencial para o *splicing*.

A Figura 8-9a ilustra a estrutura geral dos snRNAs U1 e U2 e mostra como eles formam pares de bases com o pré-mRNA durante o *splicing*. O ponto de ramificação A, que não forma pares de bases com o snRNA U2, é saliente (Figura 8-10a), permitindo que seu grupamento 2′ hidroxila participe da primeira reação de transesterificação do *splicing* do RNA (ver Figura 8-8).

Estudos similares com outros snRNAs demonstraram que o pareamento de bases entre eles também ocorre durante o *splicing*. Além disso, rearranjos nessas interações RNA-RNA são essenciais ao longo da via de *splicing*, como será descrito a seguir.

Spliceossomos, formados por snRNPs e pelo pré-mRNA, realizam o *splicing*

Os cinco snRNPs de *splicing* e outras proteínas envolvidas no processo de *splicing* se organizam em um pré-mRNA, formando um grande complexo ribonucleoproteico denominado **spliceossomo** (Figura 8-11). O spliceossomo tem massa similar à do ribossomo. A formação do spliceossomo tem início com o pareamento de bases entre o U1 snRNA e o sítio 5′ de *splicing*, e com a ligação cooperativa da proteína SF1 (do inglês *splicing factor 1*) ao nucleotídeo A do sítio de ramificação (sítio de ramificação A), e com a ligação da proteína heterodimérica U2AF (do inglês *U2 associated factor*) à região rica em pirimidinas e aos nucleotídeos AG da extremidade 3′ do íntron por meio de suas subunidades grande e pequena, respectivamente. U2 snRNP se pareia então com a região da ramificação (Figura 8-9a), quando a proteína SF1 é dissociada. O pareamento de bases extensivo entre o snRNA nas moléculas U4 e U6 snRNP forma um complexo que se associa com U5 snRNP. O complexo "triplo snRNP" U4/U6/U5 então se associa com o complexo U1/U2/pré-mRNA previamente formado, dando origem ao spliceossomo.

Após a formação do spliceossomo, extensivos rearranjos no pareamento dos snRNAs e do pré-mRNA levam à dissociação do U1 snRNP. A Figura 8-10b mostra uma estrutura determinada por meio de microscopia crioeletrônica desse intermediário no processo de *splicing*. Modificações conformacionais adicionais dos componentes do spliceossomo ocorrem com a dissociação do U4 snRNP. Isso gera um complexo que catalisa a primeira reação de transesterificação que forma uma ligação 2′,5′-fosfodiéster entre o grupamento 2′-hidroxila do resíduo A do ponto de ramificação e a extremidade 5′ do íntron (Figura 8-9). Após uma modificação conformacional dos snRNPs, a segunda reação de transesterificação liga os dois éxons por uma ligação padrão 3′,5′-fosfodiéster, liberando o íntron sob a forma de estrutura em laço associada aos snRNPs. Esse complexo final íntron-snRNP se dissocia rapidamente, e os snRNPs liberados individualmente podem participar em um novo ciclo de *splicing*. O íntron removido é rapidamente degradado por uma enzima que atua sobre sua ramificação e outras RNases nucleares que serão detalhadas adiante.

Conforme mencionado acima, o spliceossomo tem o tamanho aproximado de um ribossomo e é composto por aproximadamente 170 proteínas, incluindo cerca de 100 "fatores de *splicing*", além das proteínas associadas aos cinco snRNPs. Isso torna o *splicing* de RNA comparável, em complexidade, à iniciação da transcrição e à síntese proteica. Alguns dos fatores de *splicing* estão associados aos snRNPs, mas outros não. Por exemplo, a subunidade de 65 kD do fator associado ao U2 (U2AF) se liga à região rica em pirimidina próxima à extremidade 3′ dos íntrons e ao U2 snRNP. A subunidade de 35 kD do U2AF se liga ao dinucleotídeo AG na extremidade 3′ do íntron e também interage com a subunidade U2AF maior, ligada próximo dali. Essas duas subunidades U2AF atuam em conjunto com SF1 para ajudar a determinar o sítio de *splicing* 3′, promovendo a interação do

ANIMAÇÃO EM FOCO: *Splicing* de mRNA

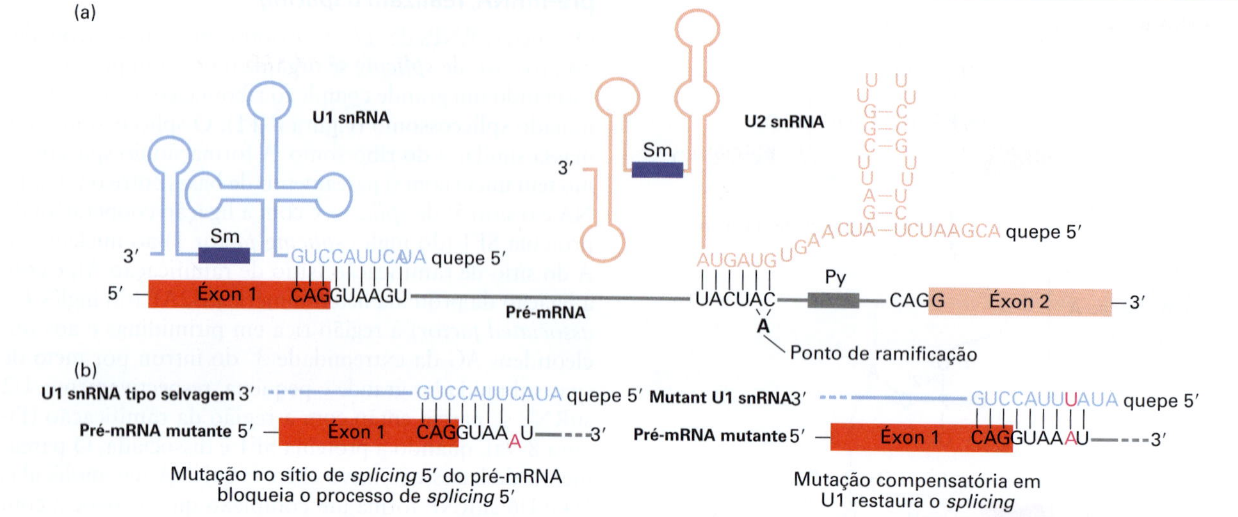

FIGURA 8-9 Pareamento de bases entre o pré-mRNA, U1 snRNA e U2 snRNA em uma etapa inicial do processo de *splicing*. (a) Neste diagrama estão representadas esquematicamente as estruturas secundárias nos snRNAs inalteradas durante o *splicing*. A sequência do ponto de ramificação de leveduras é mostrada. Observe que o U2 snRNA forma pares de bases com a sequência que inclui o nucleotídeo A do ponto de ramificação, apesar de este resíduo não estar pareado. Os retângulos roxos representam as sequências que se ligam às proteínas snRNP reconhecidas por anticorpos anti-Sm. Por razões desconhecidas, o antissoro de pacientes com a doença autoimune lúpus eritematoso sistêmico (SLE, do inglês *systemic lupus erythematosus*) contém anticorpos para as proteínas snRNP, o que têm sido útil para a caracterização dos componentes da reação de *splicing*. (b) Apenas as extremidades 5′ dos sítios de *splicing* 5′ dos pré-mRNAs estão representadas. (*Esquerda*) Mutação (A) no sítio de *splicing* de um pré-mRNA que interfere com o pareamento de bases da extremidade 5′ da molécula U1 snRNA bloqueia o *splicing*. (*Direita*) A expressão de uma molécula de U1 snRNA contendo mutação compensatória (U), que restaura o pareamento de bases, também restaura o *splicing* do pré-mRNA mutante. (Parte (a) adaptada de M. J. Moore et al, 1993, em R. Gesteland e J. Atkins, eds., *The RNA World*, Cold Spring Harbor Press, pp. 303-357. Parte (b) ver Y. Zhuang e A. M. Weiner, 1986, *Cell* **46**:827.)

U2 snRNP com o ponto de ramificação (ver Figura 8-11, etapa **1**). Alguns fatores de *splicing* também exibem homologia de sequência com RNA-helicases conhecidas; eles são necessários, provavelmente, para os rearranjos no pareamento de bases que ocorrem nos snRNAs, durante o ciclo de *splicing* no spliceossomo.

Após o *splicing* do RNA, um conjunto específico de proteína hnRNP permanece ligado ao RNA unido a aproximadamente 20 nucleotídeos de cada junção éxon-éxon, formando um *complexo de junção de éxons*. Uma das proteínas hnRNP associadas ao complexo de junção de éxons é o Fator de Exportação de RNA (REF), que atua na exportação de moléculas de mRNPs totalmente processadas, do núcleo para o citoplasma, como será discutido na Seção 8.3. Outras proteínas associadas ao complexo de junção de éxons atuam em um mecanismo de controle de qualidade que leva à degradação de moléculas de mRNA que sofreram um processo inadequado de *splicing*, conhecido como mecanismo NMD (do inglês, *nonsense-mediated decay*) (Seção 8.4).

VÍDEO: A natureza dinâmica do movimento do fator de *Splicing* do Pré-mRNA nas células vivas

FIGURA 8-10 Estruturas dos nucleotídeos A proeminentes em uma hélice RNA-RNA e um intermediário no processo de *splicing*. (a) A estrutura de um duplex de RNA com a sequência mostrada, contendo resíduos de A proeminentes (vermelho) na posição 5 da hélice de RNA, foi determinada por cristalografia por raios X. (b) Os resíduos de A proeminentes se projetam da hélice RNA-RNA tipo A. A cadeia principal de fosfato de uma fita é mostrada em verde; a outra é mostrada em roxo. A estrutura à direita foi girada 90° para a visualização superior ao longo do eixo da hélice. (c) Estrutura com 40 Å de resolução de um intermediário do processo de *splicing* contendo as proteínas snRNP U2, U4, U5 e U6, determinada por microscopia crioeletrônica e reconstrução de imagens. O complexo trisnRNP U4/U6/U5 tem estrutura semelhante ao corpo triangular desse complexo, sugerindo que essas proteínas snRNPs estejam na parte inferior da estrutura mostrada aqui, e que a porção indicada como cabeça seja composta principalmente pela proteína snRNP U2. (Partes (a) e (b) de J. A. Berglund et al., 2001, *RNA* **7**:682. Parte (c) de D. Boehringer et al., 2004, *Nat. Struct. Mol. Biol.* **11**:463. Ver também H. Stark e R. Luhmann, 2006, *Annu. Rev. Biophys. Biomol. Struct.* **35**:435.)

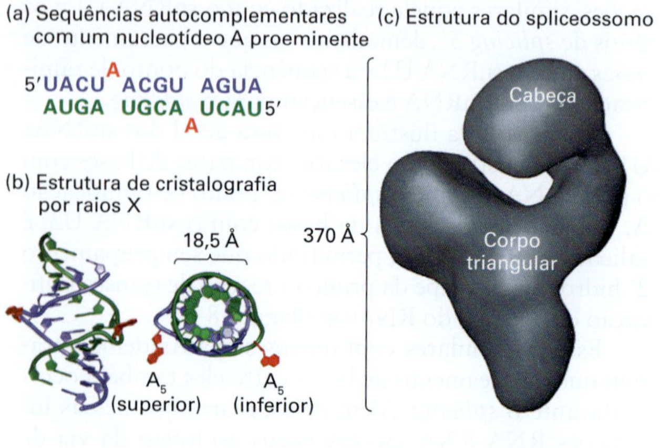

ANIMAÇÃO EM FOCO: *Splicing* de mRNA

FIGURA 8-11 Modelo do *splicing* de pré-mRNA mediado por spliceossomo. Etapa **1**: após U1 formar pares de bases com o sítio de *splicing* consenso 5', a proteína SF1 (fator de *splicing* 1) se liga ao ponto de ramificação A; a proteína U2AF (fator associado à proteína U2 snRNP) se associa à região polipirimidina e ao sítio de *splicing* 3'; a proteína U2 snRNP se associa ao ponto de ramificação A por meio de interações de pareamento de bases, como mostrado na Figura 8-9, dissociando a proteína SF1. Etapa **2**: um complexo snRNP trimérico de U4, U5 e U6 se une ao complexo inicial para a formação do spliceossomo. Etapa **3**: rearranjos nas interações de pareamento de bases entre os snRNAs convertem o spliceossomo em sua conformação cataliticamente ativa e desestabilizam os snRNPs U1 e U4, que são liberados. Etapa **4**: o núcleo catalítico, que se acredita ser formado por U6 e U2, catalisa a primeira reação de transesterificação, formando o intermediário com uma ligação 2',5'-fosfodiéster, como mostrado na Figura 8-8. Etapa **5**: após rearranjos adicionais entre os snRNPs, uma segunda reação de transesterificação une os dois éxons por meio de uma ligação 3'-5-fosfodiéster padrão e libera o íntron, sob a forma de estrutura em laço, e os snRNPs remanescentes. Etapa **6**: o íntron em laço liberado é convertido em RNA linear pela ação de uma enzima que desfaz a ligação no ponto de ramificação. (Adaptada de T. Villa et al., 2002, *Cell* **109**:149.)

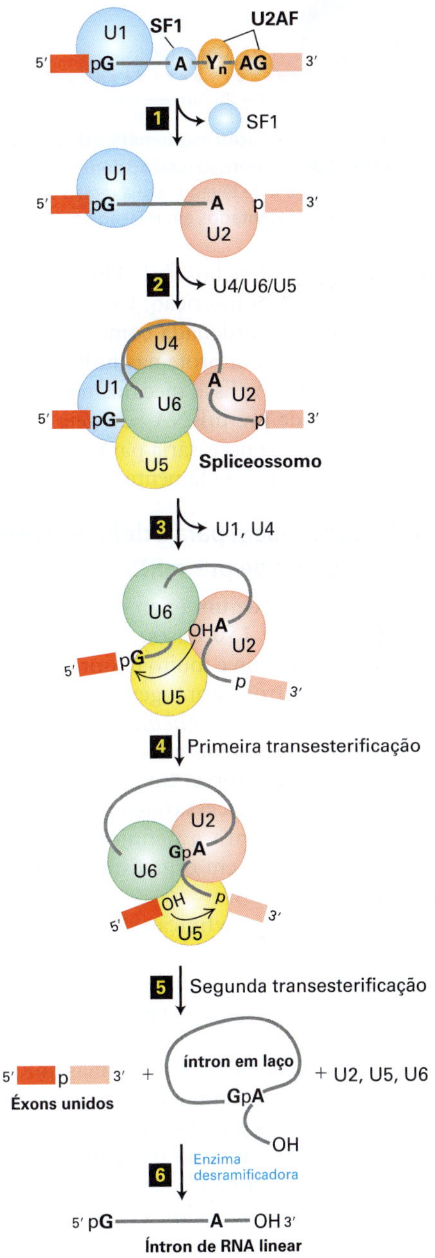

Uma pequena fração dos pré-mRNAs (<1% em humanos) contém íntrons cujos sítios de *splicing* não se adaptam à sequência consenso padrão. Essa classe de íntrons começa com AU e termina com AC, em vez de seguir a regra padrão "GU-AG" (ver Figura 8-7). O *splicing* dessa classe especial de íntrons ocorre em ciclo análogo ao mostrado na Figura 8-11, exceto pela participação de quatro novos snRNPs de baixa abundância juntamente com o U5 snRNP.

Praticamente todos os mRNAs funcionais de vertebrados, insetos e células vegetais são derivados de uma única molécula do pré-mRNA correspondente que sofre a remoção dos íntrons internos e a união dos éxons. No entanto, em dois tipos de protozoários – tripanossomos e euglenas –, os mRNAs são construídos pela união de moléculas separadas de RNA. Esse processo, denominado *trans-splicing*, é também utilizado na síntese de 10 a 15% dos mRNAs no nematódeo *Caenorhabditis elegans*, importante organismo-modelo para o estudo do desenvolvimento embrionário. O *trans-splicing* é realizado pelos snRNPs por um processo semelhante ao *splicing* de éxons em um único pré-mRNA.

A elongação da cadeia mediada pela RNA-polimerase II está associada à presença de fatores de processamento de RNA

Como o processamento do RNA é acoplado de modo eficiente à transcrição do pré-mRNA? O segredo está no longo domínio carboxiterminal (CTD) da RNA-polimerase II, que, como discutido no Capítulo 7, é composto por múltiplas repetições de uma sequência de sete resíduos (heptapeptídeo). Quando completamente estendido, o domínio CTD da enzima de levedura tem o comprimento de aproximadamente 65 nm (Figura 8-12); o CTD da RNA-polimerase II humana tem, aproximadamente, o dobro desse comprimento. O incrível comprimento do CTD aparentemente permite que múltiplas proteínas se associem simultaneamente a uma única molécula da RNA-polimerase II. Assim, como já foi mencionado, a enzima que adiciona o quepe 5' ao transcrito nascente se associa ao CTD fosforilado em múltiplos resíduos de serina na posição 5 da repetição de heptapeptídeos (Ser-5), durante ou logo após a iniciação da transcrição por uma das subunidades do TFIIH. Além disso, foram encontrados fatores de *splicing* de RNA e de poliadenilação associados ao CTD fosforilado. Como consequência, esses fatores de processamento estão presentes em altas concentrações locais, quando os sinalizadores de sítios de *splicing* e de poli(A) são transcritos pela polimerase, aumentando a taxa e a especificidade do processamento do RNA. De modo recíproco, a associação das proteínas hnRNP com o RNA nascente aumenta a interação da RNA-polimerase II com os fatores de elonga-

FIGURA 8-12 Representação esquemática da RNA-polimerase II com o CTD estendido. A extensão total do domínio carboxiterminal (CTD) da RNA-polimerase II de leveduras e a região conectora que o liga à polimerase são apresentados em relação ao domínio globular da polimerase. O CTD da RNA-polimerase II dos mamíferos tem o dobro desta extensão. Na sua forma estendida, o CTD pode se associar simultaneamente a múltiplos fatores de processamento de RNA. (De P. Cramer, D. A. Bushnell e R. D. Kornberg, 2001, *Science* **292**: 1863.)

ção como DSIF e CDK9-ciclina 7 (P-TEFb) (Figura 7-20), aumentando a taxa de transcrição. Consequentemente, a taxa de transcrição é coordenada com a taxa de associação do RNA nascente com proteínas hnRNP e fatores de processamento do RNA. Esse mecanismo pode garantir que uma molécula de pré-mRNA não seja sintetizada a menos que a maquinaria necessária para seu processamento esteja posicionada adequadamente.

Proteínas SR contribuem para a definição dos éxons em moléculas longas de pré-mRNA

O comprimento médio de um éxon no genoma humano é de aproximadamente 150 bases, enquanto o comprimento médio de um íntron é muito maior (cerca de 3.500 bases). Os maiores íntrons abrangem até 500 kb! Como as sequências dos sítios de *splicing* 3′ e 5′ e do ponto de ramificação são tão degeneradas, é provável que existam múltiplas cópias aleatórias em íntrons muito longos. Consequentemente, são necessárias informações adicionais nessas sequências para a definição dos éxons que devem ser unidos entre si em organismos superiores que apresentam íntrons longos.

A informação para a definição dos sítios de *splicing* que demarcam os éxons está codificada nas suas sequências. Uma família de proteínas de ligação ao RNA, **proteínas SR**, interage com as sequências presentes nos éxons, chamadas de *amplificadores do splicing de éxons*. As proteínas SR são um subconjunto das proteínas hnRNP discutidas anteriormente e contêm um ou mais domínios RRM de ligação ao RNA. Essas proteínas também contêm vários domínios de interação proteína-proteína, ricos em resíduos de arginina (R) e serina (S), chamados domínios RS. Quando ligadas aos amplificadores de *splicing* de éxons, as proteínas SR fazem a mediação da ligação cooperativa do U1 snRNP a um sítio verdadeiro de *splicing* 5′, e do U2 snRNP a um ponto de ramificação, por meio de uma rede de interações proteína-proteína que se estende ao longo do éxon (Figura 8-13). O complexo de proteínas SR, snRNPs e de outros fatores de *splicing* (p. ex., U2AF) que se organiza ao longo de um éxon, e que tem sido chamado de **complexo de reconhecimento do éxon**, permite a determinação exata dos éxons em moléculas longas de pré-mRNA.

Nas unidades transcricionais dos organismos superiores com íntrons longos, os éxons não apenas codificam as sequências de aminoácidos das diferentes porções de uma proteína, mas também contêm sítios de ligação para as proteínas SR. As mutações que interferem com a ligação de uma proteína SR a um amplificador de *splicing* de éxons, mesmo que não levem a uma alteração na sequência de aminoácidos codificada, evitam a formação do complexo de reconhecimento do éxon. Como resultado, o éxon afetado será ignorado durante o processamento, não sendo incluído no mRNA final processado. O mRNA truncado produzido nesse caso é degradado ou então transcrito em uma proteína mutante que apresenta funcionamento anormal. Este tipo de mutação ocorre em algumas doenças genéticas humanas. Por exemplo, *a atrofia muscular espinal* é uma das causas genéticas de mortalidade infantil mais comum. Essa doença é o resultado de mutações em uma região do genoma que contém dois genes relacionados, *SMN1* e *SMN2*, originados por duplicação gênica. O gene *SMN2* é expresso em níveis muito mais baixos devido a uma mutação silenciosa em um éxon que interfere com a ligação de uma proteína SR. Isso leva à perda de um éxon na maioria dos mRNAs derivados do gene *SMN2*. O gene *SMN* homólogo em camundongos, presente em uma única cópia, é essencial para a viabilidade celular. A atrofia muscular espinal em humanos resulta da homozigose das mutações que inativam o gene *SMN1*. O baixo nível de tradução proteica a partir da pequena fração de mRNAs do gene *SMN2* que sofreu *splicing* corretamente é suficiente para manter a viabilidade celular durante a embriogênese e o desenvolvimento fetal, mas é insuficiente para a manutenção da viabilidade dos neurônios motores da medula espinal durante a infância, levando à morte desses neurônios e ao desenvolvimento da doença associada.

Aproximadamente 15% das mutações de um único par de bases que provocam doenças genéticas nos humanos interferem com a adequada *identificação dos éxons*. Algumas dessas mutações ocorrem nos sítios de *splicing* 5′ ou 3′, frequentemente levando à utilização de sítios "crípticos" de *splicing* alternativo presentes na sequência normal do gene. Na ausência do sítio de *splicing* normal, o complexo de reconhecimento do éxon encontra esses sítios alternativos. Outras mutações que causam um *splicing* anormal provocam o aparecimento de uma nova sequência consenso de sítio de *splicing*, que passa a ser reconhecida em detrimento do sítio normal de *splicing*. Por fim, algumas mutações podem interferir com a ligação de proteínas hnRNP específicas aos pré-mRNAs. Essas mutações inibem o *splicing* nos sítios normais, como no caso do gene *SMN2*, e levam à perda do éxon. ■

Íntrons de *autosplicing* do grupo II fornecem evidências acerca da evolução das moléculas de snRNA

Em determinadas condições não fisiológicas *in vitro*, preparações de alguns transcritos de RNA puros lentamente

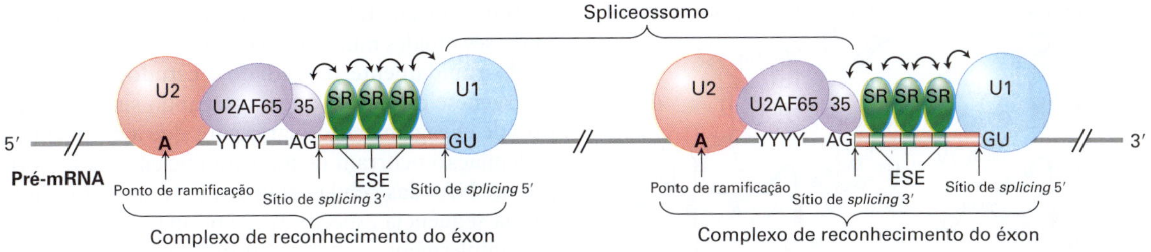

FIGURA 8-13 Reconhecimento dos éxons por ligação cooperativa das proteínas SR e dos fatores de *splicing* ao pré-mRNA. Os sítios corretos de *splicing* 5′ GU e 3′ AG são reconhecidos pelos fatores de *splicing* devido à sua proximidade aos éxons. Os éxons contêm estimuladores de *splicing* dos éxons (ESEs), os sítios de ligação para as proteínas SR. Quando estão ligadas aos ESEs, as proteínas SR interagem umas com as outras e promovem a ligação cooperativa de U1 snRNP ao sítio de *splicing* 5′ do íntron a jusante; da proteína SF1 e então da proteína U2 snRNP ao ponto de ramificação do íntron a montante, e das subunidades de 65 kD e 35 kD da proteína U2AF à região rica em pirimidina e ao sítio 3′ AG de *splicing* do íntron a montante, e de outros fatores de *splicing* (não representados). O complexo de reconhecimento do éxon proteína-RNA resultante abrange um éxon e ativa os sítios corretos para o *splicing* do RNA. Observe que as proteínas snRNPs U1 e U2 nesta unidade não fazem parte do mesmo spliceossomo. A proteína U2 snRNP à direita forma um spliceossomo com a proteína U1 snRNP ligada à extremidade 5′ do mesmo íntron. A proteína U1 snRNP mostrada à direita forma um spliceossomo com a proteína U2 snRNP ligada ao ponto de ramificação do íntron a jusante (não representado), e a proteína U2 snRNP à esquerda forma um spliceossomo com a U1 snRNP ligada ao sítio de *splicing* 5′ do íntron a montante (não representado). As setas com duas pontas indicam interações proteína-proteína. (Adaptada de T. Maniatis, 2002, *Nature* **418**:236; ver também S. M. Berget, 1995, *J. Biol. Chem.* **270**:2411.)

sofrem *splicing* de seus íntrons na ausência de quaisquer proteínas. Essa observação levou ao reconhecimento de que alguns íntrons realizam *autosplicing*. Dois tipos de íntrons de *autosplicing* foram descobertos: os **íntrons do grupo I**, presentes nos genes de rRNA nucleares dos protozoários, e os **íntrons do grupo II**, presentes nos genes codificadores de proteínas e em alguns genes de rRNA e de tRNA das mitocôndrias e nos cloroplastos das plantas e dos fungos. A descoberta da atividade catalítica dos íntrons de *autosplicing* revolucionou os conceitos sobre as funções do RNA. Como discutido no Capítulo 4, atualmente se sabe que o RNA catalisa a formação das ligações peptídicas durante a síntese proteica nos ribossomos. Aqui, será discutida a provável participação dos íntrons do grupo II, atualmente encontrados apenas no DNA de mitocôndrias e cloroplastos, na evolução dos snRNAs; o funcionamento dos íntrons do grupo I será abordado na última seção sobre o processamento do rRNA.

Embora sua sequência exata não seja altamente conservada, todos os íntrons do grupo II se enovelam em uma estrutura secundária complexa e conservada que contém numerosas alças rígidas (Figura 8-14a). O *autosplicing* de um íntron do grupo II ocorre por meio de duas reações de transesterificação, envolvendo intermediários e produtos análogos àqueles encontrados no *splicing* do pré-mRNA nuclear. As semelhanças dos mecanismos de *autosplicing* dos íntrons do grupo II e do *splicing* no spliceossomo levaram à hipótese de que os snRNAs atuam de maneira análoga às alças rígidas da estrutura secundária dos íntrons do grupo II. De acordo com essa hipótese, os snRNAs interagem com os sítios de *splicing* 5′ e 3′ dos pré-mRNAs, e interagem uns com os outros, produzindo uma estrutura tridimensional de RNA funcionalmente análoga àquela dos íntrons de *autosplicing* do grupo II (Figura 8-14b).

Uma extensão dessa hipótese é que os íntrons, nos pré-mRNAs antigos, evoluíram a partir de íntrons de *autosplicing* do grupo II devido à perda progressiva de estruturas internas de RNA, as quais simultaneamente evoluíram em snRNAs atuantes em *trans* que desempenham as mesmas funções. Evidências para esse tipo de modelo evolutivo vêm de experimentos com mutantes de íntrons do grupo II, nos quais o domínio V e parte do domínio I foram removidos. Os transcritos de RNA que contêm esses íntrons mutantes são incapazes de realizar *autosplicing*, mas quando as moléculas de RNA equivalentes às regiões removidas são adicionadas às reações *in vitro*, ocorre *autosplicing*. Essas descobertas demonstraram que esses domínios dos íntrons do grupo II, assim como os snRNAs, podem atuar em *trans*.

A semelhança entre os mecanismos de *autosplicing* dos íntrons do grupo II e do *splicing* de pré-mRNAs no spliceossomo também sugere que a reação de *splicing* é catalisada pelos componentes snRNA e não pelos componentes proteicos do spliceossomo. Apesar de os íntrons do grupo II realizarem *autosplicing in vitro* em temperaturas elevadas e altas concentrações de Mg^{2+}, sob condições *in vivo*, proteínas denominadas maturases, que se ligam ao RNA dos íntrons do grupo II, são necessárias para um rápido *splicing*. Acredita-se que as maturases estabilizem as interações tridimensionais precisas do RNA do íntron, necessárias para a catálise das duas reações de transesterificação do *splicing*. Assim, acredita-se que, por analogia, as proteínas snRNP nos spliceossomos estabilizem a exata geometria dos snRNAs e nucleotídeos dos íntrons, necessária para catalisar o *splicing* do pré-mRNA.

A evolução dos snRNAs pode ter sido uma etapa importante na rápida evolução dos eucariotos superiores. Conforme as sequências internas dos íntrons foram perdidas e suas funções no *splicing* do RNA suplantadas por snRNAs atuantes em *trans*, as sequências remanescentes dos íntrons ficavam livres para divergir. Isso, por sua vez, provavelmente facilitou a evolução de novos genes pelo **rearranjo de éxons**, uma vez que existiam poucas restrições para a sequência de novos íntrons gerados segundo esse processo (ver Figuras 6-18 e 6-19). Isso também permitiu o aumento na diversidade de proteínas, resultante do *splicing* alternativo do RNA e de um nível adicional de controle gênico resultante da regulação do *splicing* do RNA.

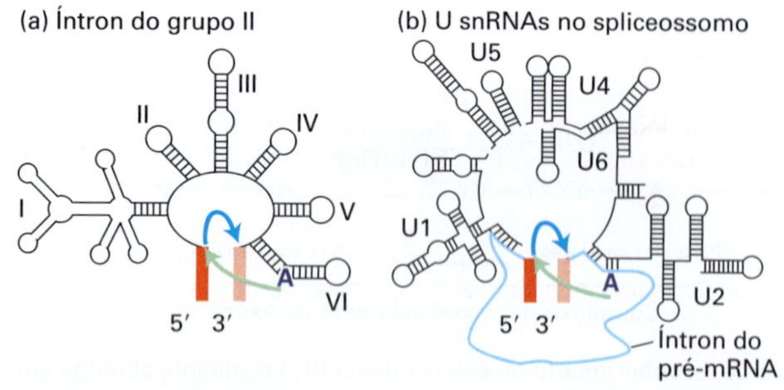

FIGURA 8-14 Comparação dos íntrons de *autosplicing* do grupo II e do spliceossomo. As representações esquemáticas comparam as estruturas secundárias de um íntron de *autosplicing* do grupo II (a) e de uma proteína U snRNA presente no spliceossomo. A primeira reação de transesterificação está indicada pelas setas verde-claro; a segunda reação, pelas setas azuis. O nucleotídeo A do ponto de ramificação está em negrito. A semelhança entre estas estruturas sugere que os snRNAs dos spliceossomos evoluíram a partir de íntrons do grupo II, pois os snRNAs que atuam em *trans* são funcionalmente análogos aos domínios correspondentes nos íntrons do grupo II. As barras coloridas flanqueando os íntrons em (a) e (b) representam éxons. (Adaptada de P. A. Sharp, 1991, *Science* **254**:663.)

A clivagem da extremidade 3′ e a poliadenilação das moléculas de pré-mRNA estão associadas

Nas células dos eucariotos, todos os mRNAs, com exceção do mRNA das histonas, apresentam uma **cauda poli(A) 3′**. (As principais moléculas de mRNA das histonas são transcritas a partir de genes repetidos em altas taxas de transcrição nas células em replicação durante a fase S. Essas moléculas passam por uma forma especial de processamento da extremidade 3′ que envolve a clivagem, mas não a poliadenilação. Proteínas especializadas de ligação ao RNA que ajudam a controlar a tradução do mRNA das histonas se ligam à extremidade 3′ gerada por esse sistema especializado.) Os primeiros estudos do RNA SV40 e dos adenovírus com marcação pulsada demonstraram que o transcrito primário viral se estende além do sítio a partir do qual a cauda de poli(A) se estende. Esses resultados sugeriram que os resíduos A eram adicionados ao grupamento 3′ hidroxila gerado a partir de uma clivagem endonucleotídica de um transcrito mais longo, no entanto, os fragmentos previstos resultantes de RNA nunca foram detectados *in vivo*, presumivelmente devido à sua rápida degradação. Porém, a presença dos dois produtos de clivagem previstos foi observada em reações de processamento *in vitro* realizadas com extratos nucleares de culturas de células humanas. Os processos de clivagem e poliadenilação, além da degradação do RNA resultante do sítio de clivagem, ocorrem muito mais lentamente nessas reações *in vitro*, simplificando a detecção dos produtos da clivagem.

O sequenciamento de clones de cDNA derivados de células animais mostrou que praticamente todas as moléculas de mRNA contêm a sequência AAUAAA situada de 10 a 35 nucleotídeos a montante da cauda de poli(A) (Figura 8-15). A poliadenilação dos transcritos de RNA é praticamente eliminada quando a sequência correspondente em um DNA molde é alterada para qualquer outra sequência, exceto para uma sequência bastante similar (AUUAAA). Os transcritos de RNA não processados, produzidos a partir desses moldes mutantes, não são acumulados no núcleo, sendo rapidamente degradados. Estudos posteriores de mutagênese revelaram que um segundo sinal, a jusante ao sítio de clivagem, é necessário para que a clivagem e a poliadenilação ocorram de maneira eficiente na maioria dos pré-mRNAs das células animais. Esse sinal a jusante não é uma sequência específica, e sim uma região rica em GU ou, simplesmente, uma região rica em U, a uma distância de aproximadamente 50 nucleotídeos do sítio de clivagem.

A identificação e a purificação das proteínas necessárias para a clivagem e a poliadenilação do pré-mRNA levaram ao desenvolvimento do modelo ilustrado na Figura 8-15. Um fator de especificidade de clivagem e poliadenilação (CPSF) de 360 kDa, composto por cinco diferentes polipeptídeos, forma inicialmente um complexo instável com o sinal de poli(A) a montante, AAUAAA. A seguir, pelo menos outras três proteínas se ligam ao complexo CPSF-RNA: um heterotrímero de 200 kDa, denominado *fator estimulatório de clivagem (CStF)*, que interage com a sequência rica em G/U; um heterotetrâmero de 150 kDa denominado *fator de clivagem I (CFI)* e um segundo fator de clivagem heterodimérico (CFII). Uma proteína de aproximadamente 150 kDa chamada *simplecina* compõe a estrutura principal à qual esses fatores de clivagem e poliadenilação se ligam. Por fim, *uma polimerase poli(A) (PAP)* se liga ao complexo *antes* que a clivagem possa ocorrer. Essa necessidade de ligação da PAP acopla a clivagem e a poliadenilação, de forma que a extremidade 3′ livre gerada é rapidamente poliadenilada e nenhuma informação essencial é perdida devido à degradação mediada por uma exonuclease da extremidade 3′ não protegida.

A formação de um grande **complexo de clivagem/poliadenilação** multiproteico em torno do sinal poli(A) rico em AU em uma molécula de pré-mRNA é um processo análogo, em diversos aspectos, à formação do complexo de pré-iniciação da transcrição no TATA *box* rico em AT de uma molécula de DNA molde (ver Figura 7-16). Nos dois casos, complexos multiproteicos se organizam cooperativamente por uma rede de interações específicas entre proteínas e ácidos nucleicos e proteína-proteína.

Após a clivagem sobre o sítio poli(A), a poliadenilação ocorre em duas fases. A adição dos 12 ou mais primeiros resíduos A ocorre lentamente, seguida de uma rápida adição de até mais de 200 a 250 resíduos A. A fase rápida requer a ligação de múltiplas cópias de uma *proteína de ligação à poli(A)*, que contém o motivo RRM. Essa proteína é designada de *PABPII* para diferenciá-la da proteína de ligação à poli(A) presente no citoplasma. A PABPII se liga à curta cauda A, inicialmente adicionada pela PAP, e estimula a taxa de polimerização de resíduos A adicionais pela PAP, resultando na fase rápida de poliadenilação (Figura 8-15). A proteína PABPII é também responsável pela sinalização que indicará à polimerase poli(A) o término da polimerização, quando a cauda de poli(A) atingir um tamanho de 200 a 250 resíduos, embora o mecanismo de controle do tamanho da cauda ainda não seja bem compreendido. A ligação da proteína PABPII à cauda de poli(A) é essencial para a exportação do mRNA para o citoplasma.

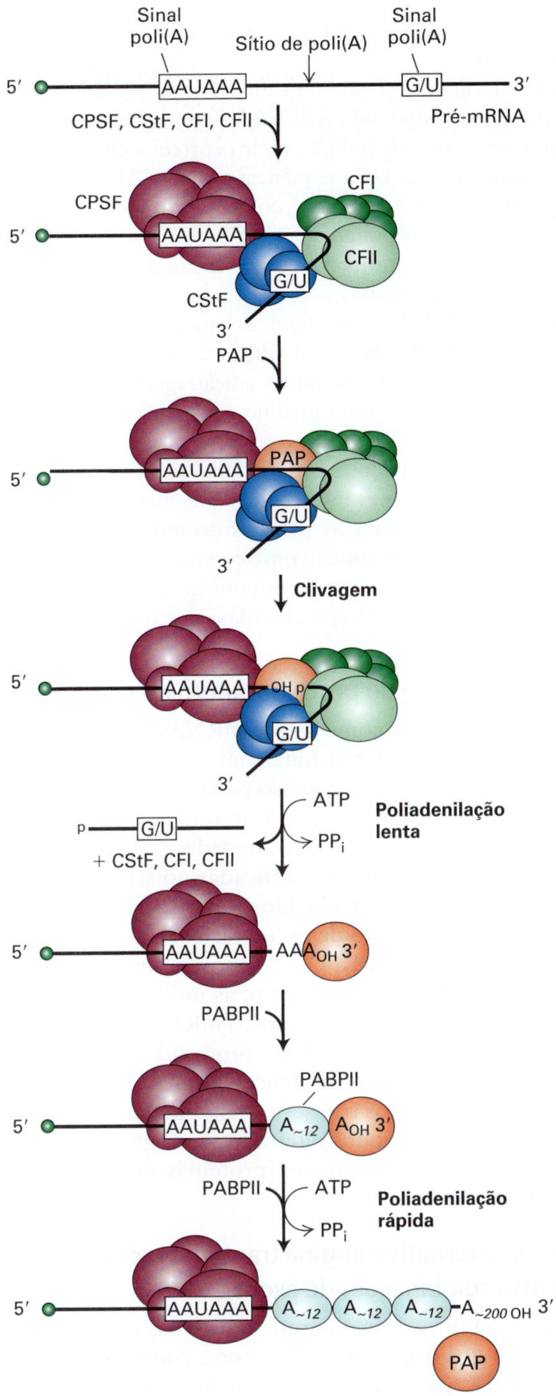

FIGURA 8-15 Modelo da clivagem e da poliadenilação dos pré-mRNAs nas células de mamíferos. O fator de especificidade de clivagem e poliadenilação (CPSF) se liga ao sinal poli(A) AAUAAA a montante. A proteína CStF interage com uma sequência a jusante rica em GU ou rica em U e com o CPSF ligado, formando uma alça sobre o RNA; a ligação de CFI e CFII auxilia a estabilização do complexo. A seguir, a ligação da poli(A) polimerase (PAP) estimula a clivagem no sítio de poli(A), que normalmente está de 10 a 35 nucleotídeos 3′ a montante do sinal poli(A). Os fatores de clivagem são liberados, assim como o RNA produto da clivagem a jusante também é rapidamente degradado. A proteína PAP ligada adiciona então, lentamente, aproximadamente 12 resíduos ao grupamento 3′-hidroxila gerado pela reação de clivagem. A ligação da proteína II de ligação à poli(A) (PABPII) à curta cauda de poli(A) inicial acelera a taxa de adição de PAP. Após adicionar 200 a 250 resíduos A, a PABPII sinaliza o término de polimerização para a PAP.

Exonucleases do núcleo degradam o RNA que é removido das moléculas de pré-mRNA

Visto que o genoma humano contém íntrons longos, apenas aproximadamente 5% dos nucleotídeos polimerizados pela RNA-polimerase II durante a transcrição são mantidos no mRNA maduro processado. Embora esse processo pareça ineficiente, ele provavelmente evoluiu em organismos multicelulares porque o processo de embaralhamento de éxons facilita a evolução de novos genes nos organismos com íntrons longos (Capítulo 6). Os íntrons removidos e as regiões a jusante ao sítio de clivagem e de poliadenilação são degradados por exoribonucleases que hidrolisam as bases uma a uma, tanto na extremidade 5′ quanto na extremidade 3′ de uma fita de RNA.

Como já mencionado, a ligação 2′,5′-fosfodiéster nos íntrons removidos é hidrolisada por uma enzima de desramificação, dando origem a uma molécula linear com extremidades desprotegidas que podem ser atacadas pelas exonucleases (ver Figura 8-11). A via de degradação predominante no núcleo é a hidrólise 3′ → 5′, pela ação de 11 exonucleases que se associam, formando um grande complexo proteico chamado **exossomo**. Outras proteínas desse complexo incluem as helicases de RNA que rompem o pareamento de bases e as interações RNA-proteína que, de outra forma, poderiam impedir a ação das exonucleases. Os exossomos também atuam no citoplasma, como será discutido mais tarde. Além dos íntrons, o exossomo parece degradar moléculas de pré-mRNA que não sofreram *splicing* ou poliadenilação adequados. Ainda não está claro como os exossomos reconhecem os pré-mRNAs inadequadamente processados. Em células de leveduras com mutantes da proteína poli(A) polimerase sensíveis à temperatura (Figura 8-15), as moléculas de pré-mRNA são retidas nos seus locais de transcrição no núcleo quando em temperatura permissiva. Essas moléculas de pré-mRNA com processamento anormal são liberadas nas células com uma segunda mutação em uma subunidade do exossomo observada apenas nos exossomos no núcleo, e não nos exossomos do citoplasma (PM-Scl; 100 kD em humanos). Além disso, os exossomos são encontrados em maior concentração nos locais de transcrição dos genes politênicos de *Drosophila*, onde estão associados aos fatores de elongação da RNA-polimerase II. Esses resultados sugerem que os exossomos são parte de um sistema de controle de qualidade ainda pouco compreendido que reconhece moléculas de pré-mRNA processadas de modo inadequado, evitando a sua exportação para o citoplasma, e que induz a sua degradação.

Para evitar a degradação mediada pelas exonucleases nucleares, os transcritos nascentes, os pré-mRNAs intermediários de processamento e os mRNAs maduros presentes no núcleo, precisam ter as suas extremidades protegidas. Como discutido acima, a extremidade 5′ de um transcrito nascente é protegida pela adição da estrutura quepe 5′, imediatamente após haver emergido da polimerase. O quepe 5′, por sua vez, é protegido pela ligação do *complexo nuclear de ligação ao quepe*, que o protege da ação das exonucleases 5′ e também participa na exportação do mRNA para o citoplasma. A extremidade 3′ de um transcrito nascente se localiza dentro da RNA-polimerase, sendo, desta forma, inacessível às exonucleases (ver Figura 4-12). Como discutido anteriormente, a extremidade 3′ livre gerada pela clivagem de um pré-mRNA a jusante do sinal poli(A) é rapidamente poliadenilada pela poli(A) polimerase associada a outros fatores de processamento 3′, sendo a cauda poli(A) resultante ligada pela PABPII (ver Figura 8-15). Essa forte associação entre a clivagem e a poliadenilação protege a extremidade 3′ dos ataques de exonucleases.

CONCEITOS-CHAVE da Seção 8.1

Processamento do pré-mRNA eucariótico

- No núcleo das células eucarióticas, os pré-mRNAs estão associados às proteínas hnRNPs e são processados por meio de capeamento 5′, clivagem e poliadenilação 3′ e *splicing*, antes de serem transportados para o citoplasma (ver Figura 8-2).
- Logo após a iniciação da transcrição, enzimas de capeamento associadas ao domínio carboxiterminal (CTD) da RNA-polimerase II, que é fosforilado múltiplas vezes no resíduo de serina 5 na repetição de heptapeptídeos pela proteína TFIIH durante a iniciação da transcrição, adicionam o quepe 5′ ao transcrito nascente. Outros fatores de processamento do RNA envolvidos no *splicing* do RNA, clivagem da extremidade 3′ e poliadenilação, se associam ao CTD quando ele está fosforilado no resíduo de serina 2 na repetição de heptapeptídeos, aumentando a taxa de elongação da transcrição. Consequentemente, a transcrição não ocorre em altas taxas até que os fatores de processamento do RNA estejam associados ao CTD, onde estão localizados para interagir com o pré-mRNA nascente assim que ele emerge na superfície da polimerase.
- Cinco snRNPs diferentes interagem por pareamento de bases entre si e com o pré-mRNA para a formação do spliceossomo (ver Figura 8-11). Esse grande complexo ribonucleoproteico catalisa duas reações de transesterificação que unem dois éxons e removem o íntron sob a forma de estrutura em laço, posteriormente degradada (ver Figura 8-8).
- As proteínas SR que se ligam às sequências *estimuladoras do splicing de éxons* presentes nos éxons são essenciais para a definição dos éxons nas longas moléculas de pré-mRNA dos organismos superiores. Uma rede de interações entre as proteínas SR, os snRNPs e os fatores de *splicing* forma um complexo de reconhecimento de éxon que especifica os sítios corretos de *splicing* (ver Figura 8-13).
- Acredita-se que os snRNAs do spliceossomo apresentem uma estrutura terciária geral semelhante àquela dos íntrons de *autosplicing* do grupo II.
- No caso das unidades transcricionais longas nos organismos superiores, geralmente o *splicing* dos éxons inicia enquanto o pré-mRNA ainda está sendo formado. A clivagem e a poliadenilação que formam a extremidade 3′ do mRNA ocorrem após a transcrição do sítio de poli(A).
- Na maioria dos genes codificadores de proteína, um sinal poli(A) conservado AAUAAA é encontrado a montante a um sítio de poli(A), onde ocorrem a clivagem e a poliadenilação. Uma sequência rica em GU ou em U, a jusante do sítio de poli(A), contribui para a eficiência da clivagem e da poliadenilação.
- Um complexo multiproteico que inclui a poli(A) polimerase (PAP) realiza a clivagem e a poliadenilação do pré-mRNA. Uma proteína do núcleo de ligação à poli(A), PABPII, estimula a adição de resíduos A, mediada pela PAP, e interrompe a adição quando a cauda de poli(A) alcança um tamanho entre 200 e 250 resíduos (ver Figura 8-15).
- Os íntrons removidos e o RNA localizado na posição a jusante ao sítio de clivagem e poliadenilação são degradados principalmente pelos exossomos, complexos multiproteicos que contêm onze exonucleases 3′→ 5′ e RNA-helicases. Os exossomos também degradam moléculas de pré-mRNAs processadas inadequadamente.

8.2 Regulação do processamento do pré-mRNA

Após a análise sobre como os pré-mRNAs são processados em mRNAs maduros funcionais, será considerado como a regulação desse processo pode contribuir para o controle gênico. Lembre-se, do Capítulo 6, que os eucariotos superiores contêm tanto unidades transcricionais simples quanto complexas codificadas no seu DNA. Os transcritos primários produzidos a partir das unidades simples contêm um sítio de poli(A) e exibem apenas um padrão de *splicing* de RNA, mesmo que múltiplos íntrons estejam presentes; portanto, as unidades transcricionais simples codificam um único mRNA. Em contrapartida, os transcritos primários produzidos a partir de unidades transcricionais complexas (aproximadamente 92 a 94% do total dos transcritos em humanos) podem ser processados de modos alternativos, originando diferentes mRNAs, que codificam proteínas distintas (ver Figura 6-3).

O *splicing* alternativo origina transcritos com diferentes combinações de éxons

A descoberta de que uma grande fração das unidades de transcrição dos organismos superiores codifica moléculas de mRNA que podem sofrer *splicing* alternativo e de que moléculas de mRNA originadas por *splicing* alternativo são expressas em tipos celulares distintos revelou que a regulação do *splicing* de RNA é um importante mecanismo de controle gênico nos eucariotos superiores. Apesar de conhecermos diversos exemplos de clivagem em sítios alternativos de poli(A) nos pré-mRNAs, o ***splicing* alternativo** de diferentes éxons é o mecanismo mais comum para a expressão de diferentes proteínas a partir de uma unidade transcricional complexa. No Capítulo 4, por exemplo, foi mencionado que os fibroblastos produzem certo tipo da proteína fibronectina extracelular, ao passo que os hepatócitos produzem outro tipo. Ambas as **isoformas** de fibronectina são codificadas pela mesma unidade transcricional, a qual sofre *splicing* diferente em cada um dos tipos celulares, gerando dois mRNAs diferentes (ver Figura 4-16). Em outros casos, o processamento alternativo pode ocorrer simultaneamente no mesmo tipo celular, em resposta a diferentes sinais ambientais ou a sinais de desenvolvimento. Inicialmente será discutido um dos exemplos mais bem compreendidos de processamento de RNA regulado e, a seguir, serão consideradas as consequências do *splicing* de RNA no desenvolvimento do sistema nervoso.

Uma cascata regulada de *splicing* de RNA controla a diferenciação sexual em *Drosophila*

Um dos primeiros exemplos de *splicing* alternativo regulado do pré-mRNA surgiu dos estudos de diferenciação sexual de *Drosophila*. Os genes necessários para a diferenciação sexual normal de *Drosophila* foram inicialmente caracterizados pelo isolamento de mutantes de *Drosophila* defectivos nesse processo. Quando as proteínas codificadas pelos genes do tipo selvagem foram bioquimicamente caracterizadas, demonstrou-se que duas delas regulavam uma cascata de *splicing* alternativo de RNA nos embriões da *Drosophila*. Pesquisas mais recentes têm fornecido novas informações sobre os mecanismos utilizados por essas proteínas para regular o processamento do RNA e originar dois diferentes repressores transcricionais específicos para cada gênero sexual que suprimem o desenvolvimento das características do sexo oposto.

A proteína Sxl, codificada pelo gene *sex-lethal*, é a primeira proteína que atua nessa cascata (Figura 8-16). A proteína Sxl está presente apenas nos embriões de fêmeas. No início do desenvolvimento, esse gene é transcrito a partir de um promotor funcional apenas nos embriões do sexo feminino. Nas etapas posteriores do desenvolvimento, esse promotor específico das fêmeas é inativado e outro promotor de *sex-lethal* torna-se ativo, tanto nos embriões machos quanto nos embriões fêmeas. No entanto, na ausência da proteína Sxl inicial, o pré-mRNA *sex-lethal* nos embriões dos machos sofre *splicing* que produz um mRNA que contém um códon de terminação no início da sua sequência. O resultado final é que os embriões do sexo masculino não produzem a proteína Sxl funcional, seja nas etapas iniciais ou nas etapas finais do desenvolvimento.

Em contrapartida, a proteína Sxl expressa nas etapas iniciais do desenvolvimento dos embriões femininos controla o *splicing* do pré-mRNA *sex-lethal* de forma a produzir um mRNA *sex-lethal* funcional (Figura 8-16a). A proteína Sxl realiza esse controle ligando-se a uma sequência do pré-mRNA próximo à extremidade 3′ do íntron, entre os éxons 2 e 3, bloqueando, dessa forma, a associação adequada da proteína U2AF com o snRNP U2 (Figura 8-11). Como consequência, o snRNP U1 ligado à extremidade 3′ do éxon 2 se associa ao snRNP U2 de um spliceossomo ligado ao ponto de ramificação da extremidade 3′ do íntron existente entre os éxons 3 e 4, levando à ligação dos éxons 2 a 4 e à perda do éxon 3. O sítio de ligação para a proteína Sxl no pré-mRNA Sxl é chamado de *silenciador de splicing do íntron*, devido à sua localização em um íntron e à sua função de bloqueio, ou "silenciamento", de um sítio de *splicing*. O mRNA *sex-lethal* resultante, específico das fêmeas, é traduzido em uma proteína Sxl funcional que reforça sua própria expressão nos embriões das fêmeas pela indução contínua da perda do éxon 3. A ausência da pro-

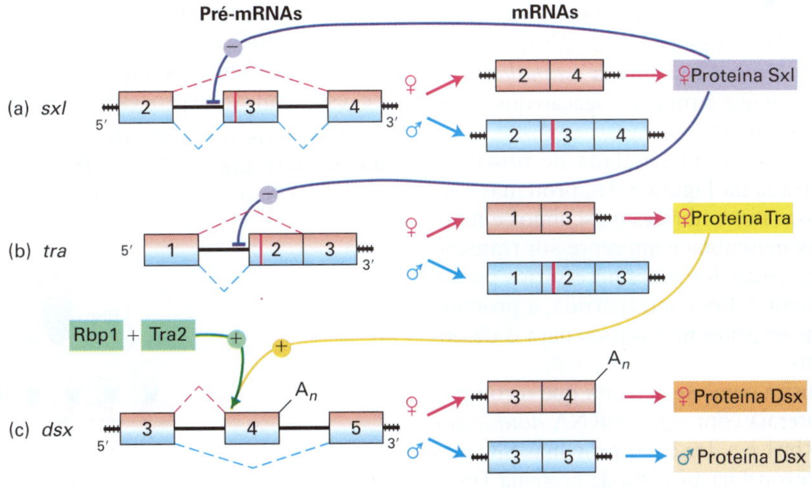

FIGURA 8-16 Cascata de *splicing* regulado que controla a determinação do sexo em embriões de *Drosophila*. Para maior clareza, apenas os éxons (quadrados) e os íntrons (linhas pretas) nos quais ocorre o *splicing* regulado estão representados. O *splicing* é indicado pelas linhas pontilhadas vermelhas acima (no caso de fêmeas) e pelas linhas pontilhadas azuis abaixo (no caso de machos) dos pré-mRNAs. As linhas vermelhas verticais nos éxons indicam os códons de terminação em fase de leitura que impedem a síntese de uma proteína funcional. Apenas os embriões de fêmeas produzem a proteína Sxl funcional, que *reprime* o *splicing* entre os éxons 2 e 3 no pré-mRNA *sxl* (a) e entre os éxons 1 e 2 no pré-mRNA *tra* (b). (c) Em contrapartida, a ligação cooperativa da proteína Tra e de duas proteínas SR, Rbp1 e Tra2, *ativa* o *splicing* entre os éxons 3 e 4 e a clivagem/poliadenilação A_n na extremidade 3′ do éxon 4 no pré-mRNA *dsx* nos embriões das fêmeas. Nos embriões dos machos sem proteína Tra funcional, as proteínas SR não se ligam ao éxon 4 e, consequentemente, o éxon 3 é ligado ao éxon 5. As proteínas Dsx distintas produzidas nos embriões machos e fêmeas, como resultado dessa cascata de *splicing* regulado, reprimem a transcrição dos genes necessários para a diferenciação sexual do sexo oposto ao do embrião. (Adaptada de M. J. Moore et al., 1993, em R. Gesteland e J. Atkins, eds., *The RNA World*, Cold Spring Harbor Press, pp. 303-357.)

teína Sxl nos embriões masculinos permite a inclusão do éxon 3 e, consequentemente, do códon de terminação que evita a tradução da proteína Sxl funcional.

A proteína Sxl também regula o *splicing* alternativo do pré-mRNA do gene *transformer* (Figura 8-16b). Nos embriões masculinos, nos quais não há expressão da proteína Sxl, o éxon 1 é ligado ao éxon 2, que contém um códon de terminação que evita a síntese de uma proteína *transformer* funcional. Nos embriões femininos, no entanto, a ligação da proteína Sxl ao silenciador de *splicing* do íntron na extremidade 3′ do íntron localizado entre os éxons 1 e 2, bloqueia a ligação de U2AF a este sítio. A interação da Sxl com o pré-mRNA *transformer* é mediada por dois domínios RRM da proteína (ver Figura 8-5). Quando a proteína Sxl está ligada, U2AF se liga a um sítio de menor afinidade que está mais distante da extremidade 3′ no pré-mRNA; como resultado, o éxon 1 é ligado a esse sítio 3′ de *splicing* alternativo, eliminando o éxon 2 e seu códon de terminação. O mRNA *transformer* resultante, específico das fêmeas, que contém os éxons adicionais que sofrem *splicing* constitutivo, é traduzido em uma proteína Transformer (Tra) funcional.

Por fim, a proteína Tra regula o processamento alternativo do pré-mRNA transcrito a partir do gene *double-sex* (Figura 8-16c). Nos embriões das fêmeas, um complexo formado pela proteína Tra e duas proteínas expressas constitutivamente, Rbp1 e Tra2, controla a ligação do éxon 3 para o éxon 4, promovendo, também, a clivagem/poliadenilação de um sítio alternativo de poli(A), na extremidade 3′ do éxon 4 – originando uma versão curta e específica de fêmeas da proteína Dsx. Nos embriões dos machos, que não produzem a proteína Tra, o éxon 4 é removido, de tal forma que o éxon 3 é ligado ao éxon 5. O éxon 5 é ligado ao éxon 6 constitutivamente, cuja extremidade 3′ sofre poliadenilação – originando uma versão longa e específica de machos da proteína Dsx. A sequência de RNA à qual a proteína Tra se liga no éxon 4 é chamada *estimulador de splicing do éxon*, uma vez que estimula a ligação dos éxons em um sítio de *splicing* próximo.

Como resultado da cascata regulada de processamento do RNA, ilustrada na Figura 8-16, proteínas Dsx diferentes são expressas nos embriões masculinos e femininos. A proteína Dsx masculina é um repressor transcricional que inibe a expressão dos genes necessários para o desenvolvimento feminino. Em contrapartida, a proteína Dsx feminina reprime os genes necessários para o desenvolvimento masculino.

A Figura 8-17 ilustra como se acredita que o complexo Tra/Tra2/Rbp1 interaja com o pré-mRNA *double-sex (dsx)*. As proteínas Rbp1 e a Tra2 são proteínas SR, mas não interagem com o éxon 4 na ausência da proteína Tra. A proteína Tra interage com Rbp1 e Tra2, resultando na ligação cooperativa de todas as três proteínas aos seis estimuladores de *splicing* de éxons no éxon 4. As proteínas Tra2 e Rbp1 ligadas promovem a ligação de U2AF e snRNP U2 à extremidade 3′ do íntron entre os éxons 3 e 4, assim como outras proteínas SR o fazem nos éxons constitutivamente unidos (ver Figura 8-13). Os complexos Tra/Tra2/Rbp1 podem, também, estimular a ligação do complexo de clivagem/poliadenilação à extremidade 3′ do éxon 4.

Os repressores e ativadores de *splicing* controlam o *splicing* em sítios alternativos

Como fica evidente na Figura 8-16, a proteína Sxl de *Drosophila* e a proteína Tra têm efeitos opostos: Sxl evita o *splicing*, removendo os éxons, ao passo que a Tra promove o *splicing*. A ação de proteínas similares pode explicar a expressão em tipos celulares específicos das isoformas de fibronectina dos humanos. Por exemplo, um repressor de *splicing* semelhante a Sxl expresso nos hepatócitos poderia se ligar aos sítios de *splicing* dos éxons EIIIA e EIIIB no pré-mRNA da fibronectina, removendo-os durante o *splicing* do RNA (ver Figura 4-16). Alternativamente, um ativador de *splicing* semelhante à Tra, expresso nos fibroblastos, poderia ativar os sítios de *splicing* associados aos éxons EIIIA e EIIIB da fibronectina, levando à inclusão desses éxons no mRNA maduro. Análises experimentais em alguns sistemas demonstraram que a inclusão de um éxon em alguns tipos de células *versus* a remoção desse mesmo éxon em outros tipos celulares é resultado da influência combinada de diversos repressores e amplificadores de *splicing*. Sítios de ligação no RNA para repressores, geralmente proteínas hnRNP, também podem ser encontrados nos éxons, sendo chamados *silenciadores de splicing de éxons*. E sítios de ligação para ativadores de *splicing*, geralmente proteínas SR, também podem ser encontrados em íntrons, onde são chamados de *estimuladores de splicing de íntrons*.

O *splicing* alternativo de éxons é especialmente comum no sistema nervoso, gerando múltiplas isoformas de diversas proteínas necessárias ao desenvolvimento e ao funcionamento neuronal nos vertebrados e nos invertebrados. O transcrito primário desses genes frequentemente apresenta padrões de *splicing* bastante complexos que podem dar origem a vários mRNAs diferentes, com diferentes formas de *splicing* expressas em diferentes regiões anatômicas do sistema nervoso central. Serão abordados dois exemplos impressionantes que ilustram o papel essencial desse processo no funcionamento neural.

Expressão de proteínas de canal de K^+ nas células ciliadas de vertebrados Na orelha interna dos vertebrados, "células ciliadas" individuais, que são neurônios ciliados,

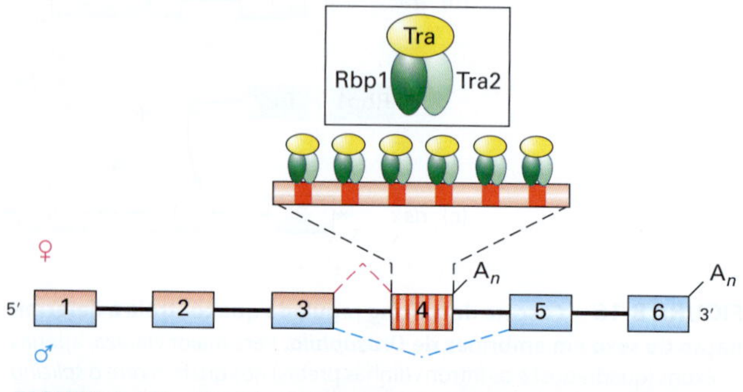

FIGURA 8-17 Modelo de ativação do *splicing* pela proteína Tra e pelas proteínas SR Rbp1 e Tra2. Nos embriões de fêmeas de *Drosophila*, o *splicing* dos éxons 3 e 4 no pré-mRNA *dsx* é ativado pela ligação dos complexos Tra/Tra2/Rbp1 a seis sítios no éxon 4. Visto que as proteínas Rbp1 e Tra2 não podem se ligar ao pré-mRNA na ausência de Tra, o éxon 4 é ignorado nos embriões masculinos. Mais detalhes no texto. A_n = poliadenilação. (Adaptada de T. Maniatis e B. Tasic, 2002, *Nature* **418**:236.)

respondem mais fortemente a uma frequência específica de som. As células sintonizadas para baixas frequências (~50 Hz) são encontradas em uma extremidade da cóclea tubular que forma a orelha interna; as células que respondem a altas frequências (~5.000 Hz) são encontradas na outra extremidade (Figura 8-18a). As células localizadas entre essas extremidades respondem a um gradiente de frequências entre esses extremos. Um dos componentes no ajuste da sintonia das células ciliadas nos répteis e nos pássaros é a abertura de canais de íon K^+ em resposta ao aumento da concentração intracelular de Ca^{2+}. A concentração de Ca^{2+} na qual o canal se abre determina a frequência na qual o potencial de membrana oscila e, consequentemente, a frequência na qual a célula está sintonizada.

O gene que codifica este canal de K^+ ativado por Ca^{2+} é expresso sob a forma de múltiplos mRNAs que sofreram *splicing* alternativo. As várias proteínas codificadas por esses mRNAs alternativos se abrem em diferentes concentrações de Ca^{2+}. As células ciliadas com diferentes frequências de resposta expressam diferentes isoformas da proteína de canal dependendo de sua posição ao longo da cóclea. A variação da sequência da proteína é bastante complexa: existem pelo menos oito regiões no mRNA onde éxons alternativos são utilizados, permitindo a expressão de 576 isoformas possíveis (Figura 8-18b). Análises por PCR do mRNA de células ciliadas isoladas mostraram que cada célula ciliada expressa uma mistura de diferentes mRNAs alternativos para o canal de K^+ ativado por Ca^{2+}, com formas diferentes predominando em células diferentes, de acordo com sua posição ao longo da cóclea. Essa organização impressionante sugere que o *splicing* do pré-mRNA que codifica o canal de K^+ ativado por Ca^{2+} é controlado em resposta a sinais extracelulares que informam à célula sua posição ao longo da cóclea.

Outros estudos mostraram que o *splicing* alternativo em um dos sítios alternativos de *splicing* no pré-mRNA dos canais de K^+ ativado por Ca^{2+} em ratos é suprimido quando uma proteína-cinase específica é ativada pela despolarização do neurônio em resposta à atividade sináptica de neurônios interativos. Essa observação sugere a possibilidade de que um repressor de *splicing* específico para esse sítio possa ser ativado quando é fosforilado por essa proteína-cinase, cuja atividade, por sua vez, seria regulada pela atividade sináptica. Visto que as proteínas hnRNP e SR são extensivamente modificadas por fosforilação e outras modificações pós-traducionais, parece plausível que a complexa regulação do *splicing* alternativo do RNA por meio de alterações pós-traducionais dos fatores de *splicing* desempenhe um papel significativo na modulação do funcionamento dos neurônios.

Diversos exemplos de genes similares aos que codificam os canais de K^+ da cóclea foram identificados nos neurônios de vertebrados; moléculas de mRNA geradas por *splicing* alternativo e coexpressas a partir de um gene específico em um tipo de neurônio são expressas em diferentes concentrações relativas em diferentes regiões do sistema nervoso central. O aumento no número de repetições de microssatélites nas regiões transcritas dos genes expressos nos neurônios podem induzir a alteração na

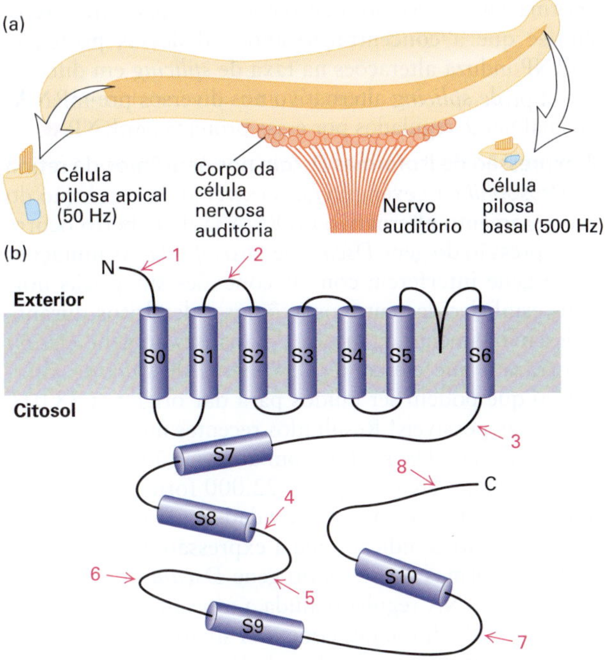

FIGURA 8-18 Papel do *splicing* alternativo do mRNA na percepção de sons de frequências diferentes. (a) A cóclea das galinhas, um tubo de 5 mm de comprimento, contém um epitélio de células pilosas auditivas que está sintonizado para um gradiente de frequências vibratórias de 50 Hz na extremidade apical (*esquerda*) a 5.000 Hz na extremidade basal (*direita*). (b) O canal de Ca^{2+} ativado por K^+ contém sete hélices α transmembrana (S0-S6) que se associam para formar um canal. O domínio citosólico, que inclui quatro regiões hidrofóbicas (S7-S10) regula a abertura do canal em resposta aos íons Ca^{2+}. Isoformas do canal, codificadas por formas de *splicing* alternativo do mRNA, geradas a partir do mesmo transcrito primário, se abrem na presença de diferentes concentrações do íon Ca^{2+} e respondem a diferentes frequências. Os números em vermelho se referem às regiões onde o *splicing* alternativo gera diferentes sequências de aminoácidos nas diferentes isoformas. (Adaptada de K. P. Rosenblatt et al., 1997, *Neuron* **19**:1061.)

concentração relativa das formas alternativas de mRNA transcritas a partir de múltiplos genes. No Capítulo 6, foi abordado como o processo de *backward slippage* durante a replicação do DNA induz a expansão das repetições de microssatélites (ver Figura 6-5). Ao menos 14 tipos diferentes de doenças neurológicas resultam da expansão de regiões de microssatélites nas unidades de transcrição expressas nos neurônios. As longas regiões resultantes de repetições de sequência nas moléculas de RNA nuclear nesses neurônios causam anomalias na concentração relativa de cada mRNA alternativo. Por exemplo, o tipo mais comum dessas doenças, a distrofia muscular, é caracterizado pela paralisia, perda cognitiva e alterações de personalidade e comportamento. A distrofia miotônica é resultado do aumento de cópias de repetições CUG em um transcrito, em alguns pacientes, ou de repetições CCUG em outro transcrito, em outros pacientes. Quando o número repetições aumenta 10 ou mais vezes nesses genes, são observadas anomalias em duas proteínas hnRNP que se ligam a essas sequências repetidas. Isso ocorre provavelmente porque essas proteínas hnRNP se ligam a essas sequências de RNA presentes em altas concentrações anormais no núcleo dos neurônios desses pacientes. Acredita-se que a concentração anormal dessas proteínas hnRNP induza alterações na taxa de *splicing* em diferentes sítios de *splicing* alternativo nos diversos pré-mRNAs normalmente regulados por essas proteínas hnRNP. ■

A expressão de isoformas *Dscam* nos neurônios da retina de *Drosophila* O exemplo mais extremo da regulação do processamento alternativo do RNA já descoberto ocorre na expressão do gene *Dscam* de *Drosophila*. As mutações nesse gene interferem com as conexões sinápticas normais estabelecidas entre os axônios e dendritos durante o desenvolvimento da mosca. As análises do gene *Dscam* mostraram que ele contém 95 éxons de *splicing* alternativo que podem ser unidos para dar origem a 38.016 isoformas possíveis! Resultados recentes mostraram que os mutantes de *Drosophila* com uma versão do gene que pode originar cerca de apenas 22.000 formas de mRNA apresentam defeitos na conectividade entre os neurônios. Esses resultados indicam que a expressão da maior parte das isoformas possíveis do gene *Dscam* por meio do *splicing* de RNA regulado ajuda a especificar as dezenas de milhões de diferentes conexões sinápticas específicas entre os neurônios no cérebro de *Drosophila*. Em outras palavras, as conexões corretas entre os neurônios no cérebro requerem o *splicing* de RNA regulado.

A edição do RNA altera as sequências de algumas moléculas de pré-mRNA

Em meados da década de 1980, o sequenciamento de numerosos clones de cDNA e do DNA genômico correspondente, derivados de diversos organismos, levou à inesperada descoberta de um tipo de processamento de pré-mRNA. Nesse tipo de processamento, denominado **edição de RNA**, a sequência de um pré-mRNA é alterada; como resultado, a sequência do mRNA maduro correspondente difere da sequência encontrada nos éxons codificados no DNA genômico.

A edição de RNA está presente nas mitocôndrias dos protozoários e das plantas e também nos cloroplastos. Nas mitocôndrias de alguns tripanossomos patogênicos, mais da metade da sequência de alguns mRNAs é alterada a partir da sequência do transcrito primário correspondente. Adições e deleções de um número específico de nucleotídeos U ocorrem de acordo com "moldes" fornecidos pelo pareamento de bases com moléculas "guias" curtas de RNA. Esses RNAs são codificados por milhares de pequenas moléculas de DNA mitocondrial circular, associadas a moléculas de DNA mitocondrial um pouco maiores. O funcionamento desse mecanismo rebuscado para a codificação de proteínas mitocôndrias nesses protozoários ainda não está claro. No entanto, esse sistema representa um alvo em potencial para fármacos que inibam as complexas enzimas de processamento essenciais para o micróbio e que não existem nas células dos hospedeiros humanos ou outros vertebrados.

Nos eucariotos superiores, a edição do RNA é muito mais rara e; até o momento, apenas alterações em uma única base foram observadas. Em alguns casos, no entanto, essa pequena edição tem importantes consequências funcionais. Um exemplo importante da edição de RNA nos mamíferos envolve o gene *apoB*. Esse gene codifica duas formas alternativas de uma proteína sérica responsável pela absorção e pelo transporte do colesterol. Portanto, esse gene é importante em um processo patogênico que leva à *aterosclerose*, doença arterial que é a principal causa de morte nos países desenvolvidos. O gene *apoB* expressa tanto a proteína sérica apoliproteína B-100 (apoB-100) nos hepatócitos, o principal tipo celular no fígado, quanto a apoB-48, expressa nas células do epitélio intestinal. A apoB-48, de aproximadamente 240 kDa, corresponde à região N-terminal da proteína apoB-100, de aproximadamente 500 kDa. Como será detalhado no Capítulo 10, ambas as proteínas apoB são componentes de grandes complexos lipoproteicos que transportam os lipídeos no soro. No entanto, apenas os complexos de lipoproteína de baixa densidade (LDL), que contêm a apo-100 em sua superfície, transportam colesterol para os tecidos do organismo por meio de sua ligação ao receptor LDL presente em todas as células.

A expressão célula-específica das duas formas da apoB é resultado da edição do pré-mRNA *apoB* de tal forma que ocorre uma alteração do nucleotídeo da posição 6666 da sequência, de um C para um U. Essa alteração, que ocorre apenas nas células intestinais, converte o códon CAA de glutamina em um códon de terminação UAA, levando à síntese da apoB-48, mais curta (Figura 8-19).

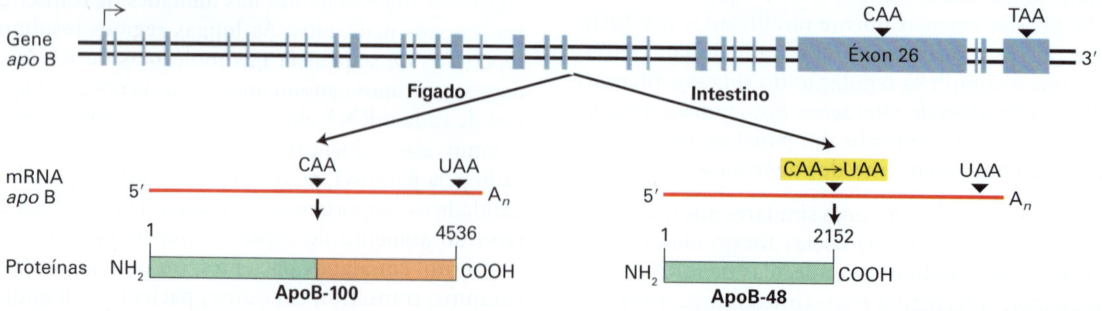

FIGURA 8-19 Edição de RNA do pré-mRNA do *apo*-B. O mRNA do *apoB* produzido no fígado tem a mesma sequência dos éxons do transcrito primário. Esse mRNA é traduzido, dando origem à apoB-100, que tem dois domínios funcionais: um domínio N-terminal (verde) que se associa a lipídeos, e um domínio C-terminal (cor de laranja), que se liga aos receptores LDL presentes nas membranas celulares. No mRNA *apo-B* produzido no intestino, o códon CAA no éxon 26 é editado, tornando-se um códon de terminação UAA. Como resultado, as células intestinais produzem a apoB-48, que corresponde ao domínio N-terminal da apo-100. (Adaptada de P. Hodges e J. Scott, 1992, *Trends Biochem. Sci.* **17**:77.)

Estudos realizados com a enzima parcialmente purificada que realiza a desaminação pós-transcricional do C_{6666} para U mostraram que ela pode reconhecer e editar um RNA composto por apenas 26 nucleotídeos com a sequência que circunda o C_{6666} no transcrito primário da *apoB*.

CONCEITOS-CHAVE da Seção 8.2

Regulação do processamento do pré-mRNA

- Devido ao *splicing* alternativo dos transcritos primários, ao uso de promotores alternativos e à clivagem em diferentes sítios da poli(A), diferentes mRNAs podem ser expressos a partir do mesmo gene em diferentes tipos de células ou em diferentes estágios do desenvolvimento (ver Figura 6-3 e Figura 8-16).
- O *splicing* alternativo pode ser regulado por proteínas de ligação ao RNA que se ligam a sequências específicas próximas aos sítios de *splicing* regulado. Os repressores de *splicing* podem bloquear espacialmente a ligação dos fatores de *splicing* a sítios específicos do pré-mRNA ou inibir sua função. Os ativadores de *splicing* estimulam o *splicing*, interagindo com os fatores de *splicing* e promovendo, desse modo, sua associação aos sítios de *splicing* regulado. As sequências de RNA às quais os repressores de *splicing* se ligam são chamadas silenciadores de *splicing* de íntrons ou de éxons, dependendo da sua localização em íntrons ou éxons. As sequências de RNA às quais os ativadores de *splicing* se ligam são chamadas estimuladores de *splicing* de íntrons ou de éxons.
- Na edição do RNA, a sequência de nucleotídeos de um pré-mRNA é alterada no núcleo. Esse processo é bastante raro nos vertebrados e envolve a desaminação de uma única base na sequência do mRNA, resultando na alteração do aminoácido especificado pelo códon correspondente e na produção de uma proteína funcionalmente diferente (ver Figura 8-19).

8.3 Transporte do mRNA através do envelope nuclear

As moléculas de mRNA completamente processadas no núcleo permanecem ligadas pelas proteínas hnRNP a complexos denominados *mRNPs nucleares*. Antes que uma molécula de mRNA possa ser traduzida na proteína que codifica, ela deve ser exportada do núcleo ao citoplasma. O **envelope nuclear** é uma membrana dupla que separa o núcleo do citoplasma (ver Figura 9-32). Assim como a membrana plasmática que delimita as células, cada membrana nuclear é composta por uma bicamada de fosfolipídeos impermeáveis à água, e múltiplas proteínas associadas. mRNPs e outras macromoléculas, incluindo tRNAs e subunidades ribossômicas, atravessam o envelope nuclear pelos *poros nucleares*. Esta seção se concentrará na exportação de mRNPs através do poro nuclear e nos mecanismos que permitem algum grau de regulação dessa etapa. O transporte de outras moléculas pelo poro nuclear será discutido no Capítulo 13.

Macromoléculas entram e saem do núcleo através de complexos do poro nuclear

Os **complexos do poro nuclear** (**NPCs**) são grandes estruturas simétricas compostas por múltiplas cópias de aproximadamente 30 proteínas distintas chamadas **nucleoporinas.** Os NPCs embebidos no envelope nuclear apresentam formato cilíndrico com diâmetro de aproximadamente 30 nm (Figura 8-20a). Uma classe especial de nucleoporinas chamadas **nucleoporinas FG** reveste o canal central do NPC. As nucleoporinas FG formam uma barreira semipermeável que permite a difusão livre de pequenas moléculas, mas que restringe a passagem de moléculas maiores. O domínio globular das nucleoporinas FG ancora a proteína na estrutura do NPC. A partir desse domínio âncora, longas estruturas de enovelamento aleatório se projetam na luz do canal. Essas projeções são compostas por sequências de aminoácidos hidrofílicos intermeados por *repetições FG* hidrofóbicas, sequências curtas ricas em aminoácidos hidrofóbicos fenilalanina (F) e glicina (G). Esses domínios FG repetidos formam uma massa de cadeias polipeptídicas no canal central que se estende ao nucleoplasma e ao citoplasma, limitando de modo eficaz a difusão livre de macromoléculas ao longo do canal. Água, íons, metabólitos e pequenas proteínas globulares de 40 a 60 kDa são capazes de se difundir da massa de domínios FG repetidos. No entanto, os domínios FG no canal central formam uma barreira que restringe a difusão de macromoléculas maiores entre o citoplasma e o núcleo.

As proteínas e RNPs maiores que 40 a 60 kDa devem ser transportadas de modo seletivo por meio do envelope nuclear com o auxílio de proteínas transportadoras solúveis que se ligam a essas moléculas e também interagem de modo reversível com as repetições FG das nucleoporinas FG. Como consequência dessas interações reversíveis com os domínios FH, o transportador e sua carga ligada de modo estável podem atravessar os domínios FG, permitindo que ambas as moléculas se difundam ao longo de um gradiente de concentração, do núcleo para o citoplasma.

Moléculas mRNPs são transportadas através do NPC pelos *exportadores mRNP*, heterodímeros compostos por uma subunidade maior, chamada fator de exportação nuclear 1 (NXF1), e uma subunidade menor, transportador de exportação nuclear 1 (NXT1) (Figura 8-20b). NXF1 se liga às moléculas mRNP no núcleo pela associação com o RNA e outras proteínas do complexo mRNP. Uma das mais importantes dessas proteínas é a REF (do inglês *RNA export factor*, fator de exportação de RNA), componente dos complexos de junção de éxons discutidos anteriormente, que se encontra ligada a aproximadamente 20 nucleotídeos de cada junção éxon-éxon na direção da extremidade 5′ (ver Figura 8-21). O exportador mRNP NXF1/NXT1 também se associa a proteínas SR ligadas aos estimuladores de *splicing* de éxons. Logo, as proteínas SR associadas aos éxons agem tanto no controle do *splicing* do pré-mRNA quanto na exportação da molécula de mRNA completamente processada através do NPC para o citoplasma. Provavelmente, múltiplos exportadores mRNP NXF1/NXT1 se ligam ao longo do comprimento

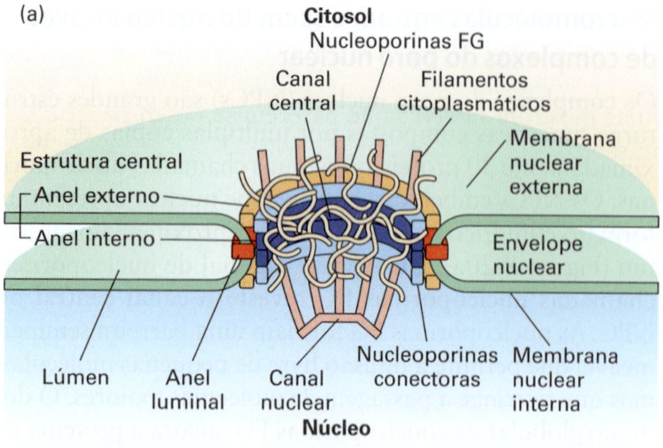

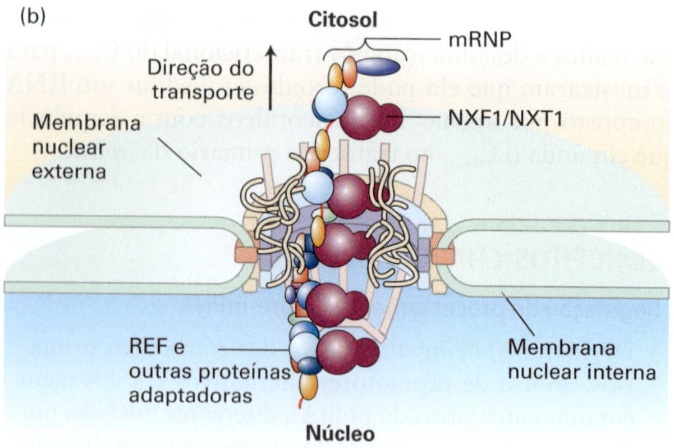

FIGURA 8-20 Modelo de transporte através de um NPC. (a) Diagrama da estrutura de um NPC. O envelope nuclear tem uma bicamada lipídica representada em verde. As proteínas transmembrana representadas em vermelho formam um anel luminal ao redor do qual a membrana do envelope nuclear se dobra para formar as membranas nucleares internas e externas. Os domínios transmembrana destas proteínas estão conectados aos domínios globulares na face interna do poro ao qual as demais nucleoporinas se ligam, formando a estrutura central. Os domínios globulares das nucleoporinas FG estão representados em roxo. Os domínios FG das nucleoporinas FG (estruturas helicoidais) apresentam conformação estendida helicoidal não organizada que compõe uma massa molecular de polipeptídeos de estrutura helicoidal não organizada em contínuo movimento. (b) Os transportadores nucleares (NXF1/NXT1) têm regiões hidrofóbicas nas suas superfícies que se ligam reversivelmente aos domínios FG das nucleoporinas FG. Como consequência, são capazes de penetrar a massa molecular no canal central do NPC e se difundir para dentro e para fora do núcleo. (Adaptada de D. Grünwald, R. H. Singer, e M. Rout, *Nature* **475**:333.)

das moléculas mRNP, interagindo com os domínios FG das nucleoporinas FG para facilitar a exportação dos mRNPs pelo canal central dos NPC (Figura 8-20b).

Filamentos de proteína se projetam da estrutura principal para o nucleoplasma, formando um "canal central" em forma de cesto (ver Figura 8-20a). Filamentos de proteínas também se projetam para o citoplasma. Esses filamentos auxiliam a exportação de moléculas de mRNP. A proteína Gle2, proteína adaptadora que se liga de modo reversível à proteína NXF1 e a uma nucleoporina no canal nuclear, aproxima as moléculas de mRNP nucleares do poro, na sua preparação para a exportação. Uma nucleoporina presente nos filamentos citoplasmáticos no NPC se liga a uma RNA-helicase (Dbp5) que atua na dissociação do complexo NXF1/NXT1 e outras proteínas hnRNP da molécula de mRNP quando ela chega ao citoplasma.

No processo chamado *remodelagem mRNP*, as proteínas associadas a um mRNA no complexo nuclear mRNP são substituídas por um conjunto diferente de proteínas conforme o mRNP é transportado pelo NPC (Figura 8-21). Algumas proteínas mRNP nucleares se dissociam no início do transporte, permanecendo no núcleo para se ligarem a novas moléculas nascentes de pré-mRNA. Outras proteínas mRNP nucleares permanecem no complexo mRNP enquanto ele atravessa o poro, e não se dissociam do mRNP até que ele chegue ao citoplasma. As proteínas desse tipo incluem o exportador mRNP NXF1/NXT1, o complexo de ligação ao quepe (CBC) ligado ao quepe 5′, e PABPII ligada à cauda poli(A). Essas proteínas se dissociam do mRNP na face citoplasmática do NPC pela ação da RNA-helicase Dbp5, que está associada aos filamentos NPC citoplasmáticos, como descrito anteriormente. Essas proteínas são então novamente importadas ao núcleo, da mesma forma que outras proteínas nucleares descritas no Capítulo 13, onde agem na exportação de outra molécula de mRNP. No citoplasma, o fator de iniciação da tradução e ligação ao quepe

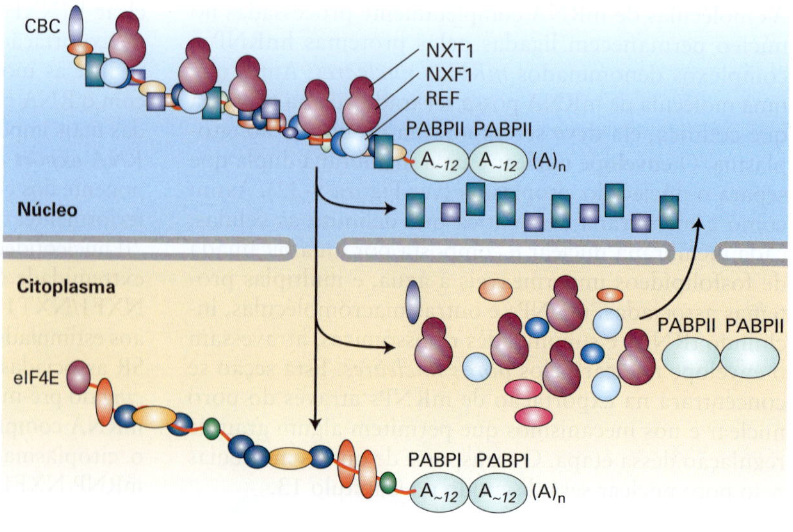

FIGURA 8-21 Remodelagem das proteínas mRNPs durante a exportação do núcleo. Algumas proteínas mRNP (retângulos) se dissociam dos complexos nucleares mRNP antes de serem exportadas através de um NPC. Outras (formas ovais) são exportadas por meio do NPC associada a uma proteína mRNP, mas se dissociam no citoplasma e são enviadas de volta ao núcleo pelo NPC. No citoplasma, o fator de iniciação da tradução eIF4E substitui o CBC ligado ao quepe 5′ e a proteína PABPI substitui a proteína PABPII.

5′ eIF4E substitui o CBC ligado ao quepe 5′ das moléculas nucleares de mRNP (Figura 4-24). Nos vertebrados, a proteína nuclear de ligação à cauda poli(A) PABPII é substituída pela proteína citoplasmática de ligação à cauda poli(A) PABPI (assim denominada por ter sido descoberta antes da proteína PABPII). Uma única proteína PABP está presente em leveduras, tanto no núcleo quanto no citoplasma.

A proteína SR de leveduras Estudos com *S. cerevisiae* indicam que a direção do transporte de mRNP do núcleo para o citoplasma é controlada pela fosforilação e desfosforilação de proteínas mRNP adaptadoras como REF, que auxiliam a ligação do exportador NXF1/NXT1 ao mRNP. Em um caso, uma proteína SR de leveduras (Npl3) atua como proteína adaptadora que promove a ligação do exportador mRNP de leveduras (Figura 8-22). A proteína SR se liga inicialmente ao pré-mRNA nascente na sua forma fosforilada. Quando a clivagem 3′ e a poliadenilação estão completas, a proteína adaptadora é desfosforilada por uma proteína fosfatase nuclear específica essencial para a exportação do mRNP. Apenas a proteína adaptadora desfosforilada pode se ligar ao exportador mRNP, acoplando assim a exportação do mRNP à poliadenilação correta. Essa é uma forma de "controle de qualidade" do mRNA. Se a molécula nascente de mRNP não for processada corretamente, ela não será reconhecida pela fosfatase que desfosforila a Npl3. Consequentemente, ela não será ligada pelo exportador de mRNA e não será exportada do núcleo. Em vez disso, essa molécula será degradada por exossomos, complexos formados por múltiplas proteínas que degradam moléculas de RNA não protegidas no núcleo e no citoplasma (ver Figura 8-1).

Após a exportação para o citoplasma, a proteína SR Npl3 é fosforilada por uma proteína-cinase citoplasmática específica. Isso induz a sua dissociação do mRNP, juntamente com o exportador mRNP. Dessa forma, a desfosforilação das proteínas adaptadoras mRNP no núcleo, uma vez que o processamento do RNA esteja completo, e a sua fosforilação e dissociação resultante no citoplasma resultam no aumento da concentração de complexos exportador mRNP-mRNP no núcleo, onde são formados, e na diminuição da concentração destes complexos no citoplasma, onde se dissociam. Como resultado, a direção da exportação do mRNP pode ser regulada pela simples difusão ao longo do gradiente de concentração dos complexos exportador mRNP transportadores competentes-mRNP pelo NPC, da alta concentração nuclear para a baixa concentração no citoplasma.

Exportação nuclear de mRNPs dos anéis de Balbiani As glândulas salivares das larvas do inseto *Chironomous tentans* fornecem um bom sistema modelo para o estudo de microscopia eletrônica sobre a formação das hnRNPs e a sua exportação através dos NPCs. Nessas larvas, genes em grandes *puffs* cromossômicos, denominados anéis de Balbiani, são abundantemente transcritos em pré-mRNAs nascentes que se associam com as proteínas hnRNP e são processados em mRNPs enrolados com extensão final de mRNA de cerca de 75 kb (Figura 8-23a, b). Esses mRNAs gigantes codificam grandes proteínas adesivas que aderem a larva em desenvolvimento a uma folha. Após o processamento do pré-mRNA dos anéis de Balbiani, os mRNPs resultantes se movem pelos poros nucleares em direção ao citoplasma. Micrografias eletrônicas de secções dessas células mostram mRNPs que parecem se desenrolar durante sua passagem pelos poros nucleares e, a seguir, se ligar aos ribossomos, à medida que chegam ao citoplasma. Esse desenrolamento provavelmente é consequência da remodelagem dos mRNPs como resultado da fosforilação das proteínas mRNP por cinases citoplasmáticas e da ação da RNA-helicase associada aos filamentos citoplasmáticos do NPC, conforme discutido na seção anterior. A observação de que os mRNPs se associam aos ribossomos durante o transporte indica que a extremidade 5′ precede a molécula durante a travessia do complexo do poro nuclear. Estudos detalhados de microscopia eletrônica do transporte dos mRNPs dos anéis de Balbiani através dos complexos do poro nuclear levaram ao desenvolvimento do modelo ilustrado na Figura 8-23c.

Moléculas de pré-mRNA dos spliceossomos não são exportadas do núcleo

É crucial que apenas moléculas maduras de mRNA completamente processadas sejam exportadas do núcleo, pois a tradução de pré-mRNAs incompletamente processados, contendo íntrons, levaria à produção de proteínas defectivas que poderiam interferir no funcionamento da célula. Para evitar que isso ocorra, moléculas de pré-mRNAs associadas aos snRNPs nos spliceossomos geralmente são impedidas de serem transportadas ao citoplasma.

Em um tipo de experimento que demonstra essa restrição, um gene que codifica um pré-mRNA com um único íntron, normalmente removido por *splicing*, teve sua sequência alterada, diferenciando-a das sequências consenso dos sítios de *splicing*. As mutações tanto na extremidade 5′ quanto na extremidade 3′ das bases invariáveis do sítio de *splicing* do íntron resultaram em pré-mRNAs ligados pelos snRNPs para a formação de spliceossomos; no entanto, o *splicing* do RNA foi bloqueado, e o pré-mRNA ficou retido no núcleo. Em contrapartida, a mutação em *ambos* os sítios de *splicing* 5′ e 3′ no mesmo pré-mRNA resultou na exportação do pré-mRNA não processado, apesar de ser menos eficiente do que a exportação do mRNA processado. Quando ambos os sítios de *splicing* sofreram mutação, os pré-mRNAs não eram de maneira eficiente ligados por snRNPs e, consequentemente, sua exportação não era bloqueada.

Estudos recentes em leveduras demonstraram que uma proteína nuclear que se associa a uma nucleoporina no canal nuclear do NPC é necessária para reter no núcleo as moléculas de pré-mRNA associadas às moléculas de snRNP. Se essa proteína ou a nucleoporina a que ela se liga não estiverem presentes, moléculas não processadas de pré-mRNA são exportadas.

Muitos casos de talassemia, doença hereditária que leva a níveis anormalmente baixos de proteínas globina, são resultado de mutações nos sítios de *splicing* no gene da globina, que diminuem a eficiência do *splicing*, mas não evitam a associação do pré-mRNA aos snRNPs. Os pré-mRNAs não processados de globina resultantes

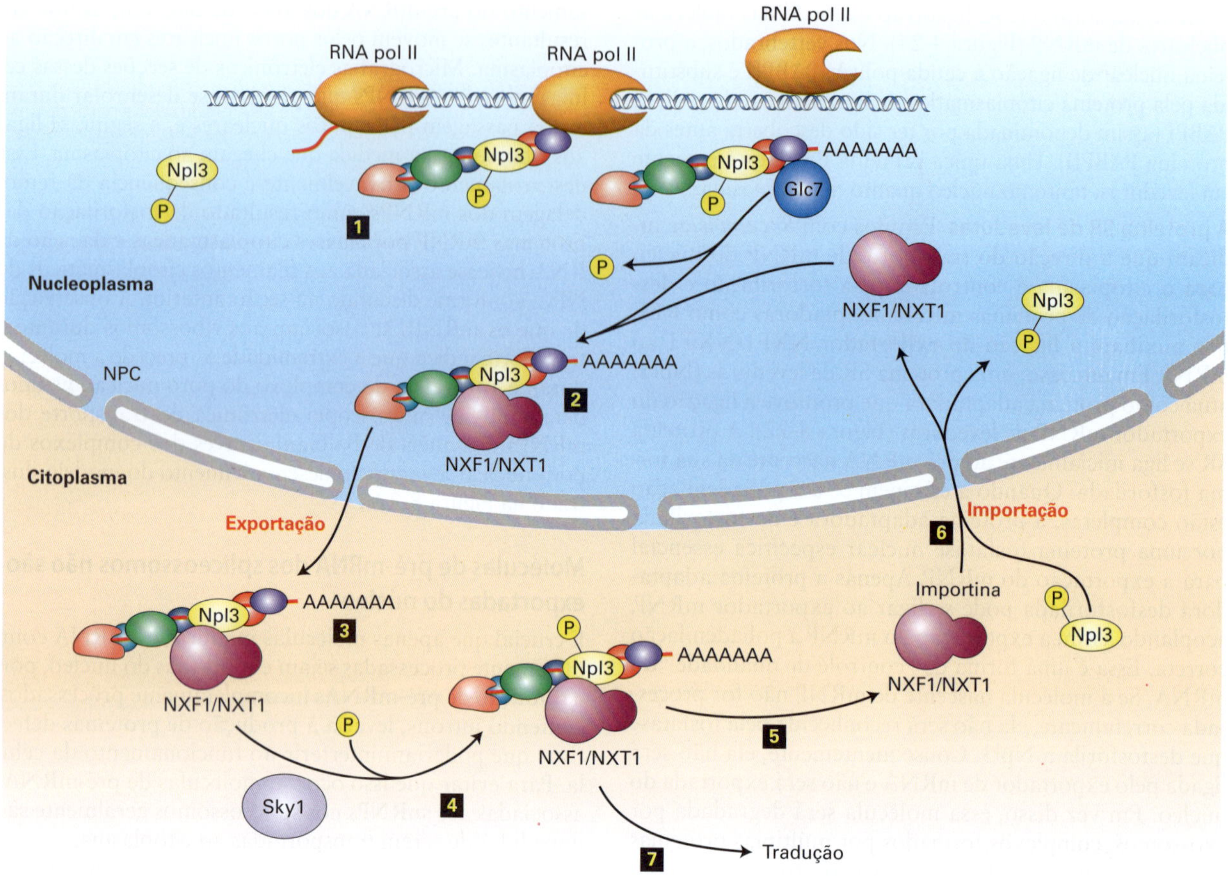

FIGURA 8-22 Fosforilação reversível e direcionamento da exportação nuclear de mRNP. Etapa **1**: a proteína Npl3 de leveduras SR se liga às moléculas de pré-mRNA nascentes na sua forma fosforilada. Etapa **2**: quando a poliadenilação é bem-sucedida, a proteína fosfatase Glc7 nuclear essencial para a exportação de mRNP desfosforila a proteína Npl3, promovendo a ligação do mRNP exportador de leveduras, NXF1/NXT1. Etapa **3**: o mRNP exportador permite a difusão dos complexos mRNP através do canal central do complexo do poro nuclear (NPC). Etapa **4**: a proteína-cinase citoplasmática Sky1 fosforila a proteína Npl3 no citoplasma, induzindo **5** a dissociação do mRNP exportador e da Npl3 fosforilada, provavelmente pela ação de uma RNA-helicase associada aos filamentos citoplasmáticos do NPC. **6** o mRNA transportador e a proteína Npl3 fosforilada são transportados de volta ao núcleo através do NPC. **7** o mRNA transportado fica disponível para a tradução no citoplasma. (De E. Izaurralde, 2004, *Nat. Struct. Mol. Biol.* **11**:210-212. Ver W. Gilbert e C. Guthrie, 2004, *Mol. Cell* **13**:201-212.)

ficam retidos no núcleo dos reticulócitos e são rapidamente degradados. ■

A proteína Rev do HIV regula o transporte de moléculas de mRNA virais que não sofreram *splicing*

Como já discutido, o transporte de mRNPs que contêm mRNAs maduros funcionais do núcleo para o citoplasma envolve um complexo mecanismo crucial para a expressão gênica (ver Figuras 8-21, 8-22 e 8-23). A regulação desse transporte teoricamente pode fornecer outro ponto de controle gênico, mas esse sistema de controle parece ser relativamente raro. De fato, os únicos exemplos conhecidos da exportação regulada de mRNA ocorrem durante a resposta celular a condições (p. ex., choque térmico) que provocam desnaturação de proteínas ou durante a infecção viral, quando alterações induzidas pelo vírus no transporte nuclear maximizam a replicação viral. A seguir, será descrita a regulação da exportação de mRNP mediada por uma proteína codificada pelo vírus da imunodeficiência humana (HIV).

Sendo um retrovírus, o HIV integra uma cópia do DNA de seu genoma RNA no DNA da célula hospedeira (ver Figura 4-49). O DNA viral integrado, ou pró-vírus, contém uma única unidade transcricional, transcrita como um único transcrito primário pela RNA-polimerase II celular. O transcrito de HIV pode sofrer *splicing* alternativo para formar três classes de mRNAs: uma molécula de mRNA de 9 kb que não sofreu *splicing*; moléculas de mRNA de aproximadamente 4 kb formadas pela remoção de um íntron; e moléculas de mRNA de aproximadamente 2 kb formadas pela remoção de dois ou mais íntrons (Figura 8-24). Após a sua síntese no núcleo da célula hospedeira, todas as três classes de mRNA do HIV são transportadas para o citoplasma e traduzidas em proteínas virais; alguns dos mRNAs de 9 kb que não sofreram *splicing* são usados como genoma viral na progênie dos vírions que brotam da superfície celular.

Como as moléculas de mRNA do HIV de 9 kb e 4 kb contêm sítios de *splicing*, elas podem ser consideradas moléculas de mRNA com processamento incom-

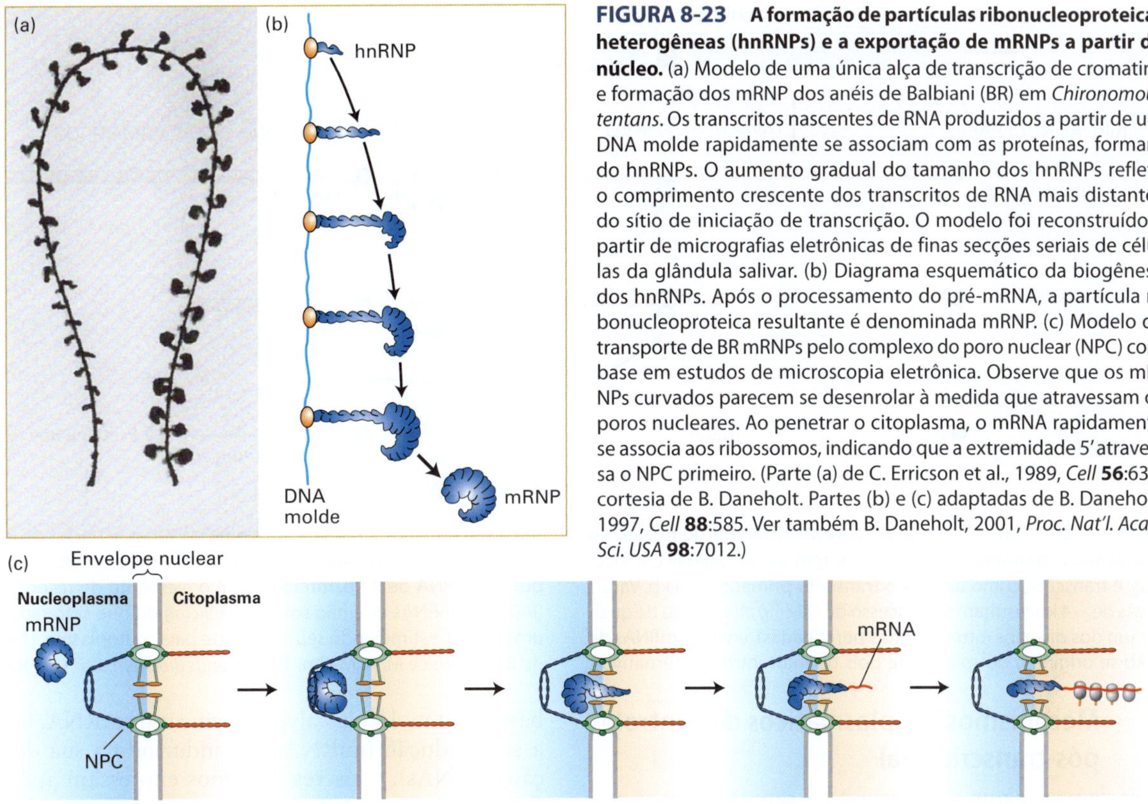

FIGURA 8-23 A formação de partículas ribonucleoproteicas heterogêneas (hnRNPs) e a exportação de mRNPs a partir do núcleo. (a) Modelo de uma única alça de transcrição de cromatina e formação dos mRNP dos anéis de Balbiani (BR) em *Chironomous tentans*. Os transcritos nascentes de RNA produzidos a partir de um DNA molde rapidamente se associam com as proteínas, formando hnRNPs. O aumento gradual do tamanho dos hnRNPs reflete o comprimento crescente dos transcritos de RNA mais distantes do sítio de iniciação de transcrição. O modelo foi reconstruído a partir de micrografias eletrônicas de finas secções seriais de células da glândula salivar. (b) Diagrama esquemático da biogênese dos hnRNPs. Após o processamento do pré-mRNA, a partícula ribonucleoproteica resultante é denominada mRNP. (c) Modelo de transporte de BR mRNPs pelo complexo do poro nuclear (NPC) com base em estudos de microscopia eletrônica. Observe que os mRNPs curvados parecem se desenrolar à medida que atravessam os poros nucleares. Ao penetrar o citoplasma, o mRNA rapidamente se associa aos ribossomos, indicando que a extremidade 5′ atravessa o NPC primeiro. (Parte (a) de C. Ericson et al., 1989, *Cell* **56**:631; cortesia de B. Daneholt. Partes (b) e (c) adaptadas de B. Daneholt, 1997, *Cell* **88**:585. Ver também B. Daneholt, 2001, *Proc. Nat'l. Acad. Sci. USA* **98**:7012.)

pleto. Conforme discutido anteriormente, a associação desses mRNAs com processamento incompleto com os snRNPs nos spliceossomos normalmente bloquearia sua exportação do núcleo. Assim, o HIV, bem como outros retrovírus, deve ter algum mecanismo para superar este bloqueio, permitindo a exportação de mRNAs virais mais longos. Alguns retrovírus têm uma sequência chamada *elemento de transporte constitutivo (CTE)*, que se liga ao mRNP exportador NXF1/NXT1 com alta afinidade, permitindo, assim, a exportação do RNA retroviral não processado para o citoplasma. O HIV apresentou uma solução diferente para esse problema.

Estudos com mutantes do HIV mostraram que o transporte do núcleo para o citoplasma do mRNA viral de 9 kb não processado e do mRNA viral de 4 kb com apenas um íntron removido requer a participação da proteína Rev, codificada pelo vírus. Experimentos bioquímicos posteriores demonstraram que a proteína Rev se liga a elementos específicos de resposta à Rev (RRE) presentes no RNA do HIV. Nas células infectadas com HIV mutantes sem os RRE, as formas de mRNA não processadas ou parcialmente processadas permanecem no núcleo, demonstrando que o RRE é necessário para a estimulação da exportação do núcleo, mediada pela proteína Rev. Na fase inicial da infecção, antes que qualquer proteína Rev seja sintetizada, apenas moléculas processadas de mRNA de 2 kb podem ser exportadas. Uma dessas moléculas de mRNA de 2 kb codifica a proteína Rev, que contém um sinal de exportação nuclear rico em leucina que interage com a proteína transportadora Exportina1. Como será discutido no Capítulo 13, a tradução e a importação para o núcleo da proteína Rev resultam na exportação das moléculas maiores não processadas, e parcialmente processadas, de mRNA do HIV através do complexo do poro nuclear.

CONCEITOS-CHAVE da Seção 8.3

Transporte do mRNA através do envelope nuclear

- A maior parte das moléculas de mRNP são exportadas do núcleo por exportadores mRNP heterodiméricos que interagem com repetições FG das nucleoporinas FG (ver Figura 8-20). A direção do transporte (núcleo → citoplasma) pode resultar da dissociação do complexo exportador mRNP no citoplasma mediada pela fosforilação das proteínas mRNPs por cinases citoplasmáticas e pela ação de RNA-helicases associadas aos filamentos citoplasmáticos dos complexos do poro nuclear.
- O mRNP exportador se liga cooperativamente à maioria das moléculas de mRNA que apresentam proteínas SR ligadas aos seus éxons e com proteínas REF associadas aos complexos de junção de éxons que se ligam ao mRNA após o *splicing* do RNA, e também se liga a proteínas mRNP adicionais.
- Moléculas de pré-mRNA ligadas pelos spliceossomos normalmente não são exportadas para o núcleo, garantindo que apenas as moléculas de mRNA completamente processadas e funcionais cheguem ao citoplasma para a tradução.

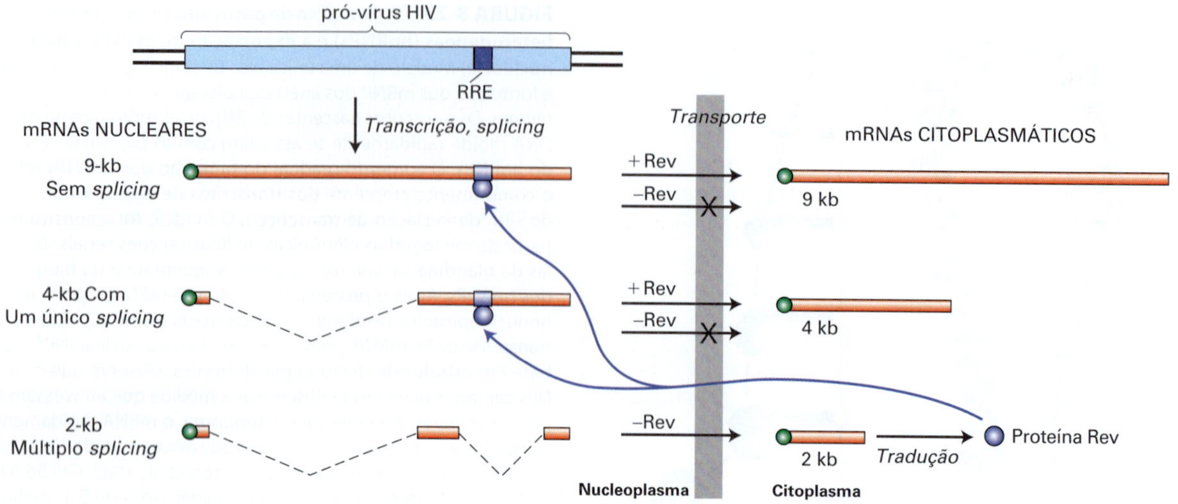

FIGURA 8-24 Transporte de mRNAs do vírus HIV do núcleo ao citoplasma. O genoma do HIV, que contém várias regiões codificadoras, é transcrito como um único transcrito primário de 9 kb. Vários mRNAs de ~4 kb resultam do processo de *splicing* alternativo de qualquer um dos diversos íntrons (linhas pontilhadas), e vários mRNAs de ~2 kb se originam do *splicing* de dois ou mais íntrons alternativos. Após seu transporte para o citoplasma, as várias espécies de RNA são traduzidas em proteínas virais diferentes. A proteína Rev, codificada por um mRNA de 2 kb, interage com o elemento de resposta à Rev (RRE) nos mRNAs que não sofreram *splicing* ou que sofreram apenas um *splicing*, estimulando seu transporte para o citoplasma. (Adaptada de B. R. Cullen e M. H. Malim, 1991, *Trends Biochem. Sci.* **16**:346.)

8.4 Mecanismos citoplasmáticos de controle pós-transcricional

Antes de prosseguir, serão revisadas rapidamente as etapas da expressão gênica nas quais é exercido controle. O capítulo anterior mostrou que a regulação da iniciação transcrição e da elongação da transcrição nas regiões promotoras proximais são os mecanismos iniciais de controle da expressão de genes na via DNA→RNA→ proteína de expressão gênica. Nas seções prévias deste capítulo, foi aprendido que a expressão de isoformas de uma proteína é controlada pela regulação do *splicing* alternativo do RNA e pela clivagem e poliadenilação de sítios poli(A) alternativos. Apesar de a exportação do núcleo para o citoplasma de moléculas de mRNP completa e corretamente processadas ser raramente regulada, a exportação de moléculas de pré-mRNP processadas de modo impróprio ou aberrante é evitada, e esses transcritos anormais são degradados pelo exossomo. No entanto, retrovírus, incluindo o HIV, desenvolveram mecanismos que permitem a exportação e a tradução de moléculas de pré-mRNA contendo sítios de *splicing*.

Nesta seção, serão estudados outros mecanismos de controle pós-transcricional que contribuem para a regulação da expressão de alguns genes. A maioria desses mecanismos opera no citoplasma, controlando a estabilidade e a localização do mRNA, ou sua tradução em proteína. Como introdução, serão abordados dois mecanismos de controle gênico correlatos, descobertos recentemente, que fornecem novas e poderosas técnicas para a manipulação da expressão de genes específicos com fins experimentais e terapêuticos. Esses mecanismos são controlados por pequenas moléculas de RNA simples fita de aproximadamente 22 nucleotídeos chamadas **microRNAs (miRNAs)** e **RNA curto de interferência (siRNAs,** do inglês, *short interfering RNA*). Essas duas moléculas formam pares de bases com moléculas-alvo específicas de mRNA, inibindo a sua tradução (miRNAs) ou induzindo a sua degradação (siRNAs). Os seres humanos expressam aproximadamente 500 miRNAs. A maior parte dessas moléculas é expressa em tipos celulares específicos em momentos determinados da embriogênese e após o nascimento. Diversos miRNAs podem ter como alvo mais de um mRNA. Como consequência, esses novos mecanismos descobertos contribuem de modo significativo para a regulação da expressão gênica. Moléculas de siRNA, envolvidas no processo denominado RNA de interferência, também são importantes para a defesa contra as infecções virais e a transposição excessiva dos transposons.

Moléculas de microRNA reprimem a tradução de moléculas específicas de mRNA

Os microRNAs (miRNAs) foram inicialmente descobertos durante as análises de mutações nos genes *lin-4* e *let-7* do nematódeo *C. elegans*, que influenciam o desenvolvimento desse organismo. A clonagem e a análise dos genes *lin-4* e *let-7* tipo selvagem revelaram que eles não codificavam produtos proteicos, mas RNAs de apenas 21 e 22 nucleotídeos de comprimento, respectivamente. Essas moléculas de RNA se hibridizavam com regiões 3′ não traduzidas de moléculas de mRNA alvo específicas. Por exemplo, o miRNA *lin-4*, expresso nas etapas iniciais da embriogênese, hibridiza com a região 3′ não traduzida tanto do mRNA do *lin-14* quanto do mRNA do *lin-28* no citoplasma, reprimindo a sua tradução pelo mecanismo discutido a seguir. A expressão do miRNA *lin-4* é interrompida nas etapas seguintes da embriogênese, permitindo a tradução dos mRNAs *lin-14* e *lin-28* recém-sintetizados. A expressão do miRNA do *let-7* ocorre em momentos semelhantes da embriogênese em todos os animais que apresentam simetria bilateral.

A regulação da tradução do miRNA parece estar presente em todos os animais e plantas multicelulares. Nos últimos anos, pequenos RNAs de 20 a 26 nucleotídeos foram isolados, clonados e sequenciados a partir de vários tecidos de múltiplos organismos-modelo. Estimativas recentes sugerem que a expressão de um terço de todos os genes humanos é regulada por aproximadamente 500 miRNAs humanos isolados de vários tecidos. O potencial para a regulação de múltiplas moléculas de mRNA por um miRNA é bastante alto, pois o pareamento de bases entre o miRNA e a sequência da extremidade 3′ das moléculas de mRNA que eles regulam não precisam ser perfeitos (Figura 8-25). De fato, vários experimentos utilizando miRNAs sintéticos demonstraram que a complementaridade entre seis ou sete nucleotídeos da extremidade 5′ de um miRNA e a região 3′ não traduzida do mRNA alvo é a mais importante para a seleção do mRNA alvo.

A maior parte dos miRNAs é processada a partir de transcritos da RNA-polimerase II de várias centenas a milhares de nucleotídeos de extensão chamados pri-miRNAs (de transcrito *pri*mário) (Figura 8-26). Moléculas de pri-miRNA podem conter a sequência de um ou mais miRNAs. Os miRNAs também são processados a partir de alguns íntrons removidos e a partir de regiões 3′ não traduzidas de alguns pré-mRNAs. Nesses longos transcritos se encontram sequências que se enovelam em estruturas de grampo de ~70 nucleotídeos de extensão com pareamento de bases imperfeito na região da alça dessa estrutura. Uma RNase específica para RNA fita dupla, chamada ***Drosha***, age juntamente com uma proteína de ligação ao RNA fita dupla, chamada DGCR8 em humanos (Pasha em *Drosophila*), e cliva a região do grampo, removendo-o do longo RNA precursor e gerando um pré-miRNA. Pré-miRNAs são reconhecidos e ligados por um transportador nuclear específico, *Exportina5*, que interage com os domínios FG das nucleoporinas, permitindo a difusão do complexo através do canal interno do complexo do poro nuclear, conforme discutido anteriomente (ver Figura 8-20 e Capítulo 13). Uma vez no citoplasma, a RNase citoplasmática específica para RNA fita dupla, chamada ***Dicer***, age em conjunto com uma proteína citoplasmática de ligação ao RNA fita dupla, chamada *TRBP* em humanos (do inglês *Tar binding protein*; chamada *Loquacious* em *Drosophila*), para o processamento adicional do pré-miRNA em uma molécula de miRNA fita dupla. O miRNA fita dupla corresponde a aproximadamente a extensão de duas voltas de uma hélice de RNA tipo A, com cadeias de 21 a 23 nucleotídeos de extensão e dois nucleotídeos não pareados em cada extremidade 3′. Por fim, uma das duas fitas é selecionada para a formação de um **complexo de silenciamento induzido por RNA** (**RISC**) maduro, contendo um miRNA maduro fita simples ligado a uma proteína *Argonauta* com múltiplos domínios, membro de uma família de proteínas com uma sequência de reconhecimento conservada. Diversas proteínas Argonauta são expressas em alguns organismos, especialmente nas plantas, e são encontradas em diferentes complexos RISC com funções distintas.

Os complexos miRNA-RISC se associam aos mRNPs alvo por formação de pares de bases entre o miRNA maduro ligado pela proteína Argonauta e segmentos complementares nas regiões 3′ não traduzidas (3′ UTR) dos mRNAs alvo (ver Figura 8-25). A inibição da tradução do mRNA alvo requer a ligação de dois ou mais complexos RISC adicionais a regiões complementares distintas na porção 3′ UTR do mRNA alvo. Já foi sugerido que esse processo pode permitir a regulação combinada da tradução do mRNA pela regulação independente da transcrição de duas ou mais moléculas diferentes de pré-miRNA, processados em miRNAs e cujas presenças são necessárias em combinação para a supressão da tradução de moléculas específicas de mRNA alvo.

A ligação de diversos complexos RISC a um mRNA inibe a iniciação da tradução por um mecanismo ainda em estudo. A ligação dos complexos RISC induz a associação do mRNP ligado a domínios citoplasmáticos densos muitas vezes maiores que os ribossomos, chamados corpúsculos de processamento de RNA, ou simplesmente corpúsculos P. Os **corpúsculos P**, que serão descritos em mais

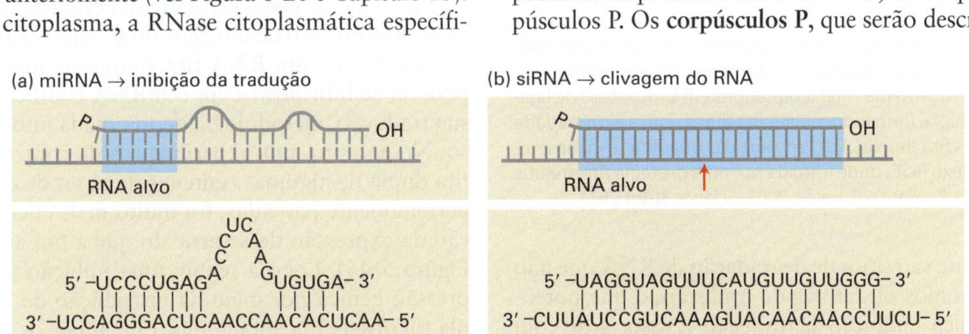

FIGURA 8-25 O pareamento de bases com o RNA alvo distingue molécula de miRNA e siRNA. (a) Moléculas de miRNA se hibridizam de modo imperfeito às suas moléculas de mRNA alvo, reprimindo a tradução do mRNA. Os nucleotídeos 2 a 7 da molécula de miRNA (destacados em azul) são os mais importantes para o seu direcionamento para uma molécula específica de mRNA. (b) Moléculas de siRNA se hibridizam perfeitamente às suas moléculas de mRNA alvo, induzindo a clivagem do mRNA na posição indicada pela seta vermelha, iniciando a sua rápida degradação. (Adaptada de P. D. Zamore e B. Haley, 2005, *Science* **309**:1519.)

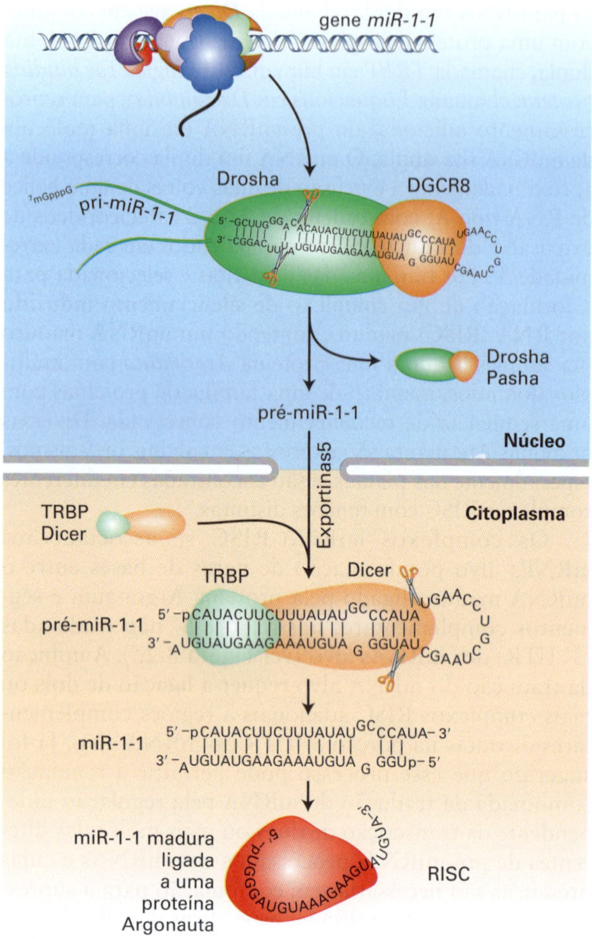

FIGURA 8-26 Processamento de miRNA. Este diagrama mostra a transcrição e o processamento do miRNA tipo miR-1-1. O transcrito primário de miRNA (pri-miRNA) é transcrito pela RNA-polimerase II. A endonuclease nuclear Drosha específica para RNA fita dupla, com a sua proteína parceira DGCR8 (Pasha em *Drosophila*) de ligação ao RNA fita dupla, faz a clivagem inicial do pri-miRNA, gerando um pré-mRNA de aproximadamente 70 nucleotídeos que é exportado para o citoplasma pela proteína nuclear transportadora Exportina5. A pré-miRNA sofre processamento adicional no citoplasma pela proteína Dicer em conjunto com a proteína TRBP (Loquatious em *Drosophila*) de ligação ao RNA fita dupla, formando miRNA fita dupla com a extremidade 3′ com duas bases fita simples. Por fim, uma das duas fitas é incorporada em um complexo RISC, onde é ligada por uma proteína Argonauta. (Adaptada de P. D. Zamore e B. Haley, 2005, *Science* **309**:1519.)

detalhes a seguir, são sítios de degradação de RNA que não contêm ribossomos ou fatores de tradução, o que potencialmente explica a inibição da tradução. A associação com os corpúsculos P também pode explicar por que a expressão de um miRNA frequentemente diminui a estabilidade do mRNA alvo.

Como mencionado anteriormente, aproximadamente 500 miRNAs diferentes foram identificados em humanos, muitos deles expressos apenas em tipos celulares específicos. A determinação da função desses miRNAs é atualmente uma área de pesquisa bastante ativa. Por exemplo, um miRNA específico chamado miR-133 é induzido quando mioblastos se diferenciam em células musculares. O miR-133 suprime a tradução da proteína PTB, um fator de regulação do *splicing* de função similar à proteína Sxl em *Drosophila* (ver Figura 8-16). A proteína PTB se liga ao sítio de *splicing* 3′ do pré-mRNA de diversos genes, induzindo a perda do éxon ou o uso de sítios de *splicing* 3′ alternativos. Quando miR-133 é expresso nos mioblastos diferenciados, a concentração de PTB cai sem que haja uma diminuição significativa na concentração do mRNA PTB. Como resultado, isoformas alternativas de diversas proteínas importantes para o funcionamento da célula muscular são expressas nas células diferenciadas.

Outros exemplos da regulação via miRNA em diversos organismos estão sendo rapidamente descobertos. O nocaute do gene *dicer* elimina a formação de miRNAs nos mamíferos. Isso induz a morte embrionária nas etapas iniciais do desenvolvimento em camundongos. No entanto, quando o gene *dicer* é nocauteado apenas nos primórdios dos membros, a influência do miRNA no desenvolvimento de membros não essenciais pode ser observada (Figura 8-27). Embora todos os principais tipos celulares se diferenciem e os aspectos fundamentais dos membros sejam mantidos, o desenvolvimento não é normal – demonstrando a importância dos miRNAs na regulação dos níveis apropriados de tradução de múltiplos mRNAs. Dos aproximadamente 500 miRNAs humanos, 53 parecem ser exclusivos aos primatas. Parece provável que novos miRNAs tenham surgido rapidamente durante a evolução por duplicação de genes pri-miRNA seguida pela mutação das bases que codificam o miRNA maduro. Os miRNAs são particularmente abundantes em plantas – mais de 1,5 milhão de miRNAs diferentes já foram caracterizados em *Arabdopsis thaliana*.

O RNA de interferência induz a degradação de moléculas de mRNA precisamente complementares

O **RNA de interferência** (**RNAi**) foi inesperadamente descoberto durante tentativas de manipulação experimental da expressão de genes específicos. Pesquisadores tentavam inibir a expressão de um gene do *C. elegans* através de microinjeções de um RNA fita simples complementar que poderia se hibridizar com o mRNA codificado e inibir a sua tradução, metodologia denominada inibição antissenso. No entanto, nos experimentos de controle, um RNA fita dupla de algumas centenas de bases de comprimento, perfeitamente pareadas, foi muito mais eficiente na inibição da expressão desse gene do que a fita antissenso (ver Figura 5-45). Logo a seguir, uma inibição similar da expressão gênica por meio da introdução de RNA fita dupla foi observada em plantas. Em ambos os casos, o RNA fita dupla induziu a degradação de todos os RNAs celulares que continham uma sequência exatamente igual a uma das fitas do RNA fita dupla. Devido à especificidade do RNA de interferência na marcação das moléculas de mRNA para a degradação, ele se tornou uma ferramenta experimental poderosa para o estudo da função de genes.

Estudos bioquímicos posteriores, com extratos de embriões de *Drosophila*, mostraram que um longo RNA fita dupla que controla a interferência é inicialmente processado, dando origem ao pequeno RNA de interferência

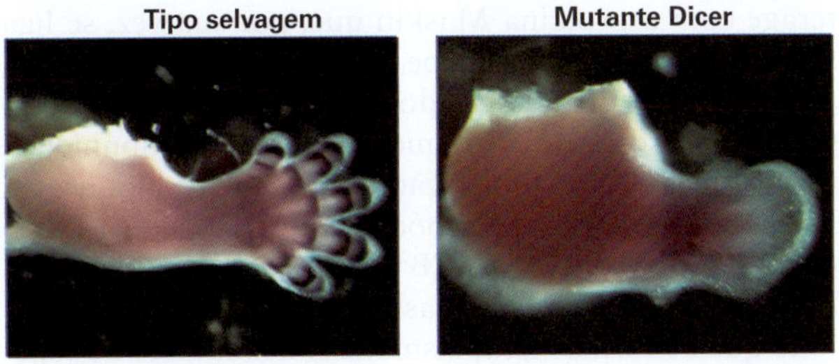

FIGURA EXPERIMENTAL 8-27 Função do miRNA no desenvolvimento de membros. Micrografias comparando membros normais (*esquerda*) e *knockdown* Dicer (*direita*) no dia 13 do desenvolvimento embrionário de camundongos, com imunomarcação para a proteína Gd5, um marcador para a formação de articulações. O nocaute da proteína Dicer nos embriões de camundongos em desenvolvimento foi realizado através da expressão condicional da proteína Cre para induzir a deleção do gene da proteína Dicer apenas nestas células (ver Figura 5-42). (De B. D. Harfe et al., 2005, *Proc. Nat'l. Acad. Sci. USA* **102**:10898.)

(siRNA). As fitas do siRNA contêm de 21 a 23 nucleotídeos hibridizados entre si de tal modo que as duas bases na extremidade 3′ de cada fita encontram-se sob forma de fita simples. Estudos adicionais revelaram que a ribonuclease citoplasmática específica para RNA fita dupla responsável pela clivagem da longa cadeia de RNA fita dupla em moléculas de siRNA é a mesma enzima Dicer envolvida no processamento do pré-miRNA após a sua exportação do núcleo para o citoplasma (ver Figura 8-26). Esta descoberta revelou que o RNA de interferência e a repressão da tradução mediada por miRNA são processos relacionados. Nos dois casos, a molécula madura de RNA fita simples, seja siRNA maduro ou miRNA maduro, se associa aos complexos RISC nos quais a molécula curta de RNA é ligada por uma proteína Argonauta. O que diferencia um complexo RISC contendo um siRNA de um complexo RISC contendo um miRNA é que as moléculas siRNA forma pares de bases complementares com o seu RNA alvo e induz a sua clivagem, enquanto um complexo RISC associado a um miRNA reconhece seu alvo por meio de um pareamento de bases imperfeito e induz a inibição da tradução.

A proteína Argonauta é responsável pela clivagem do RNA alvo; um domínio da proteína Argonauta é homólogo às enzimas RNase H que degradam o RNA nos híbridos RNA-DNA (ver Figura 6-14). Quando a extremidade 5′ do pequeno RNA do complexo RISC forma pares de bases precisos com o mRNA alvo ao longo da extensão de uma volta de uma hélice de RNA (10 a 12 pares de bases), esse domínio da Argonauta cliva a ligação fosfodiéster do RNA alvo entre os nucleotídeos 10 e 11 do siRNA (ver Figura 8-25). O RNA clivado é liberado e depois degradado por exossomos citoplasmáticos e exoribonucleases 5′. Se o pareamento de bases não for perfeito, o domínio da proteína Argonauta não cliva e nem libera o mRNA alvo. Nesse caso, se diversos complexos miRNA-RISC se associarem ao mRNA alvo, a sua tradução é inibida e o mRNA se associa a corpúsculos P, onde, como mencionado anteriormente, é degradado por um mecanismo distinto e mais lento do que a via de degradação iniciada com a clivagem realizada pelo complexo RISC de um RNA alvo perfeitamente complementar.

Quando um RNA fita dupla é inserido no citoplasma de células eucarióticas, ele segue a via de associação de siRNAs em complexos RISC por ser reconhecido pela enzima citoplasmática Dicer e pela proteína TRBP de ligação ao RNA fita dupla, que processa pré-miRNAs (ver Figura 8-26). Acredita-se que esse processo de RNA de interferência seja mecanismo celular antigo de defesa contra alguns vírus e elementos genéticos móveis, tanto em plantas quanto em animais. Plantas com mutações nos genes que codificam as proteínas Dicer e RISC apresentam sensibilidade aumentada a infecções por vírus de RNA e aumento no movimento de **transposons** nos seus genomas. Acredita-se que os intermediários de RNA fita dupla gerados durante a replicação dos vírus de RNA sejam reconhecidos pela ribonuclease Dicer, induzindo uma resposta RNAi que leva à degradação do mRNA viral. Durante a transposição, transposons são inseridos nos genes das células em orientações aleatórias, e a sua transcrição a partir de diferentes promotores dá origem a RNAs complementares capazes de se hibridizar uns com os outros, desencadeando o sistema RNAi que então interferirá com a expressão das proteínas dos transposons necessárias para transposições adicionais.

Em plantas e em *C. elegans*, a resposta RNAi pode ser induzida em todas as células do organismo pela introdução de um RNA fita dupla em apenas algumas poucas células. Essa indução geral no organismo requer a produção de uma proteína homóloga às RNA replicases dos vírus de RNA. Descobriu-se que os siRNAs fita dupla são replicados e, então, transferidos para outras células nesses organismos. Nas plantas, a transferência dos siRNAs pode ocorrer pelos **plasmodesmos**, as conexões citoplásmicas entre as células vegetais que cruzam as paredes celulares entre essas células (ver Figura 20-38). A indução geral em todo o organismo do RNA de interferência não pode ocorrer na *Drosophila* e nos mamíferos, provavelmente porque os seus genomas não codificam homólogos da RNA replicase.

Nas células de mamíferos, a introdução de longas moléculas fita dupla RNA-RNA no citoplasma resulta na inibição generalizada da síntese de proteínas através da via PKR, discutida adiante. Isto limita grandemente o uso de longas moléculas de RNA fita dupla para a indução experimental de uma resposta RNAi contra um mRNA alvo específico. Felizmente, pesquisadores descobriram que uma das fitas do siRNA fita dupla de 21 a 23 nucleotídeos de comprimento com duas bases fita simples em cada extremidade 3′ induz a formação de complexos siRNA RISC maduros sem a indução da inibição generalizada da síntese de proteínas. Isso permitiu que pesquisadores utilizassem siRNAs fita dupla sintéticos para diminuir (*knockdown*) a expressão de genes específicos em células humanas e de outros mamíferos. Hoje esse método de **siRNA *knockdown*** é amplamente utilizado no estudo de diversos processos, incluindo a própria via de RNAi.

A poliadenilação citoplasmática promove a tradução de algumas moléculas de mRNA

Além da repressão da tradução mediada pelo miRNA, outros mecanismos de controle da tradução mediados por proteínas auxiliam a regular a expressão de alguns genes. As sequências, ou elementos, reguladoras nos mRNAs que interagem com proteínas específicas para o controle da tradução geralmente estão presentes na região não traduzida (UTR), nas extremidades 3′ ou 5′ do mRNA. Aqui, será discutido um tipo de controle da tradução mediado por proteínas, o qual envolve elementos reguladores 3′. Um mecanismo diferente, que envolve as proteínas de ligação ao RNA que interagem com elementos reguladores 5′, será discutido posteriormente.

A tradução de diversos mRNAs eucarióticos é regulada por proteínas de ligação a sequências específicas de RNA que se ligam de modo cooperativo a sítios 3′ UTR adjacentes. Essa ligação permite que essas proteínas atuem de modo combinatório, similar à ligação cooperativa dos fatores de transcrição aos sítios reguladores em uma região de estimulador ou promotor. Na maior parte dos casos estudados, a tradução é reprimida pela ligação de uma proteína a elementos reguladores 3′, e regulação ocorre com reversão da repressão em um dado momento ou lugar em uma célula ou embrião em desenvolvimento. O mecanismo dessa repressão é melhor compreendido para moléculas de mRNA que precisam passar pela *poliadenilação citoplasmática* antes de serem traduzidas.

A poliadenilação citoplasmática é um aspecto essencial da expressão gênica nas etapas iniciais da embriogênese. As células-ovo (oócitos) dos organismos multicelulares contêm diversos mRNAs codificando numerosas proteínas diferentes, apenas traduzidos após o óvulo ter sido fertilizado pelo espermatozoide. Alguns desses mRNAs "estocados" têm cauda de poli(A) curta, que consiste em 20 a 40 resíduos A, sobre a qual podem se ligar apenas poucas moléculas da proteína citoplasmática de ligação a poli(A) (PABPI). Como discutido no Capítulo 4, múltiplas moléculas PABPI ligadas à longa cauda de poli(A) de um mRNA interagem com o fator de iniciação eIF4G, estabilizando a interação do quepe 5′ do mRNA com eIF4E, o que é necessário para a iniciação da tradução (ver Figura 4-24). Como essa estabilização não ocorre em mRNAs com caudas de poli(A) curtas, os mRNAs estocados nos oócitos não são traduzidos de modo eficiente. No momento apropriado durante a maturação do oócito ou após a fertilização de uma célula-ovo, geralmente em resposta a sinais externos, aproximadamente 150 resíduos A são adicionados às curtas caudas de poli(A) desses mRNAs no citoplasma, estimulando sua tradução.

Estudos com mRNAs estocados em oócitos de *Xenopus* têm ajudado a elucidar o mecanismo desse tipo de controle da tradução. Experimentos nos quais mRNAs com caudas de poli(A) curtas são injetados em oócitos mostraram que duas sequências em sua região 3′ UTR são necessárias para a poliadenilação no citoplasma: um sinal AAUAAA poli(A), também necessário para a poliadenilação nuclear dos pré-mRNAs, e uma ou mais cópias de um *elemento de poliadenilação citoplasmática (CPE)* a montante, rico em U. Esse elemento regulador é ligado por uma *proteína de ligação ao CPE (CPEB)* altamente conservada, que contém um domínio RRM e um domínio dedo de zinco.

De acordo com o modelo atual, na ausência de um sinal estimulatório, a CPEB ligada ao CPE rico em U interage com a proteína Maskin que, por sua vez, se liga ao eIF4E associado ao quepe 5′ do mRNA (Figura 8-28, *à esquerda*). Como resultado, o eIF4E não pode interagir com outros fatores de iniciação e com a subunidade ribossômica 40S, e a iniciação da tradução é bloqueada. Durante a maturação do oócito, um resíduo específico de serina da proteína CPEB é fosforilado, induzindo a dissociação da proteína Maskin do complexo. Isso permite que as formas citoplasmáticas dos fatores de especificidade de clivagem e de poliadenilação (CPSF) e que a polimerase poli(A) se liguem de modo cooperativo ao mRNA ligado à proteína CPEB. Após a poli(A) polimerase ter catalisado a adição dos resíduos A, a PABPI pode se ligar à cauda aumentada de poli(A), levando à interação estabilizadora de todos os fatores necessários para a iniciação da tradução (Figura 8-28, *à direita*; ver também Figura 4-24). No caso da maturação do oócito de *Xenopus*, a proteína-cinase que fosforila a CPEB é ativada em resposta ao hormônio progesterona. Assim, a determinação do momento de tradução dos mRNAs estocados que codificam as proteínas necessárias para a maturação do oócito é regulada por esse sinal externo.

Evidências consideráveis indicam que um mecanismo similar de controle da tradução desempenha um papel importante na aprendizagem e na memória. No sistema nervoso central, os axônios de aproximadamente mil neurônios podem estabelecer conexões (sinapses) com os dendritos de um único neurônio pós-sináptico (Figura 22-23). Quando um desses axônios é estimulado, o neurônio pós-sináptico "lembra" qual foi a sinapse estimulada. Na próxima vez em que essa sinapse for estimulada, a intensidade da resposta gerada pela célula pós-sináptica será diferente daquela da primeira vez. Foi demonstrado que essa alteração na resposta resulta, em grande parte, da ativação da tradução dos mRNAs estocados na região de sinapse, levando à síntese local de novas proteínas que aumentam o tamanho e alteram as características neurofisiológicas da sinapse. A descoberta da existência da CPEB nos dendritos neuronais levou à proposta de que a poliadenilação citoplasmática estimularia a tradução de mRNAs específicos nos dendritos, de forma bastante semelhante ao que ocorre nos oócitos. Nesse caso, presumivelmente, a atividade sináptica (em vez de um hormônio) seria o sinal que induziria a fosforilação da CEPB e a posterior ativação da tradução.

A degradação das moléculas de mRNA no citoplasma ocorre por meio de diversos mecanismos

A concentração de um mRNA depende tanto de sua taxa de síntese quanto de sua taxa de degradação. Por essa razão, se dois genes são transcritos em uma mesma taxa, a concentração fixa do mRNA correspondente que for mais estável será maior do que a concentração do mRNA derivado do outro gene. A estabilidade de um mRNA também determina o quão rapidamente a síntese da proteína codificada pode ser inibida. No caso de um mRNA estável, a síntese da proteína codificada continua por um longo tempo após ter ocorrido a repressão da transcrição do gene. A maior parte dos mRNAs bacterianos é instável, e sua concentração decai exponencialmente, com meia-vida ca-

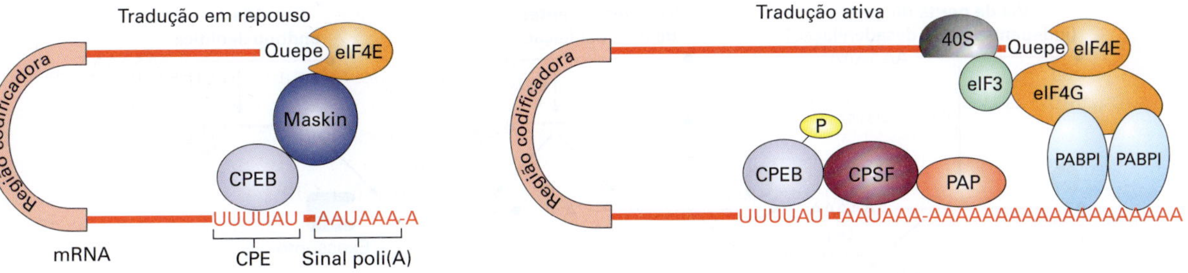

FIGURA 8-28 Modelo de controle da poliadenilação citoplasmática e iniciação da tradução. (*Esquerda*) Em oócitos imaturos, moléculas de mRNAs contendo um elemento de poliadenilação citoplasmática (CPE) rico em U têm caudas de poli(A) curtas. A proteína de ligação com o CPE (CPEB) é responsável por mediar a repressão da tradução por meio das interações ilustradas, que impedem a formação do complexo de iniciação na extremidade 5′ do mRNA. (*Direita*) A estimulação hormonal dos oócitos ativa uma proteína-cinase que fosforila a CPEB, provocando a liberação da proteína Maskin. A seguir, o fator de especificidade de clivagem e poliadenilação se liga ao sítio de poli(A), interagindo com a proteína CPEB ligada e com a forma citoplasmática da poli(A) polimerase (PAP). Após a extensão da cauda de poli(A), múltiplas cópias da proteína I citoplasmática de ligação ao poli(A) (PABPI) podem se ligar a esta cauda e interagir com o eIF4G, que atua com outros fatores de iniciação para se ligar à subunidade ribossômica 40S e iniciar da tradução. (Adaptada de R. Mendez e J. D. Richter, 2001, *Nature Rev. Mol. Cell Biol.* **2**:521.)

racterística de poucos minutos. Por essa razão, uma célula bacteriana pode ajustar rapidamente a síntese de proteínas para se adaptar a alterações no ambiente celular. Por outro lado, a maioria das células dos organismos multicelulares vive em ambientes relativamente constantes e desempenha um conjunto de funções específicas ao longo de dias, meses ou até mesmo na vida inteira do organismo (p. ex., as células nervosas). Portanto, a maioria dos mRNAs dos eucariotos superiores tem meia-vida de várias horas.

No entanto, algumas proteínas das células eucarióticas são necessárias apenas durante curtos períodos e devem ser expressas rapidamente. Por exemplo, como discutido na introdução deste capítulo, determinadas moléculas de sinalização, chamadas **citocinas**, envolvidas na resposta imune dos mamíferos, são sintetizadas e secretadas rapidamente, em picos (ver Capítulo 23). De modo similar, muitos fatores de transcrição que regulam o início da fase S do ciclo celular, como c-Fos e c-Jun, também são sintetizados apenas durante breves períodos (Capítulo 19). A expressão dessas proteínas ocorre em picos curtos porque a transcrição dos seus genes pode ser ativada e inativada rapidamente; e seus mRNAs têm meia-vida atipicamente curta, em torno de 30 minutos ou menos.

Os mRNAs citoplasmáticos são degradados por uma das três vias ilustradas na Figura 8-29. Para a maior parte das moléculas de mRNA, a via adotada é a *via dependente de desadenilação*: o comprimento da cauda de poli(A) diminui gradativamente com o tempo, pela ação de uma nuclease desadeniladora. Quando a cauda encontra-se suficientemente reduzida, as moléculas de PABPI não são mais capazes de se ligar e estabilizar a interação do quepe 5′ e dos fatores de iniciação (ver Figura 4-24). O quepe exposto é então removido pela enzima de decapeamento (Dcp1/Dcp2 em *S. cerevisiae*), e o mRNA desprotegido é degradado por uma exonuclease 5′→3′ (Xrn1 em *S. cerevisiae*). A remoção da cauda de poli(A) também torna o mRNA suscetível à degradação por exossomos citoplasmáticos que contêm exonucleases 3′→5′. As exonucleases 5′→3′ predominam em leveduras e os exossomos 3′→5′ predominam nas células de mamíferos. As enzimas de decapeamento a exonucleases 5′→3′ se concentram nos corpúsculos P, regiões do citoplasma de rara alta densidade.

Algumas moléculas de mRNA são degradadas principalmente pela *via de decapeamento independente de desadenilação* (ver Figura 8-29). Isso ocorre porque algumas sequências na extremidade 5′ de um mRNA parecem torná-lo mais sensível à ação da enzima de decapeamento. Para essas moléculas, a taxa com que perdem o quepe controla a taxa com que são degradadas, pois uma vez que o quepe 5′ é removido, o RNA é rapidamente hidrolisado pela exonuclease 5′→3′.

A taxa de desadenilação é inversa à frequência de iniciação da tradução de um mRNA: quanto maior a frequência de iniciação, menor será a taxa de desadenilação. Essa relação provavelmente se deve às interações recíprocas entre os fatores de iniciação da tradução ligados ao quepe 5′ e a PABPI ligada à cauda de poli(A). Para uma molécula de mRNA transcrita em altas taxas, os fatores de iniciação se encontram ligados ao quepe na maior parte do tempo, estabilizando a ligação da proteína PABPI e, portanto, protegendo a cauda poli(A) da ação da exonuclease de desadenilação.

Muitos dos mRNAs de vida curta das células dos mamíferos contêm múltiplas cópias, algumas vezes sobrepostas, de uma sequência AUUUA, em sua região 3′ não traduzida. Foram identificadas proteínas específicas de ligação ao RNA que se ligam a essas sequências 3′ ricas em AU e que também interagem com a enzima desadeniladora e com o exossomo. Isso induz a rápida desadenilação e posterior degradação 3′→5′ desses mRNAs. Nesse mecanismo, a taxa de degradação do mRNA é acoplada à frequência de tradução. Dessa forma, moléculas de mRNA contendo a sequência AUUUA podem ser traduzidas com alta frequência e serem rapidamente degradadas, permitindo que as proteínas codificadas sejam expressas em picos.

Como ilustrado na Figura 8-29, alguns mRNAs são degradados pela *via endonucleolítica*, que não envolve a perda do quepe 5′ ou desadenilação significativa. Um exemplo é a via do RNAi discutida anteriormente (ver Figura 8-25). Cada complexo siRNA-RISC pode degradar milhares de moléculas de RNA marcadas. Os fragmentos gerados pela clivagem interna são então degradados por exonucleases.

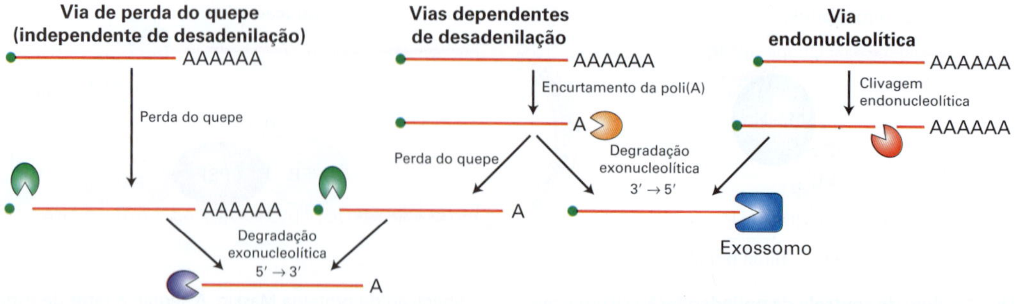

FIGURA 8-29 Vias de degradação das moléculas de mRNA em eucariotos. Nas vias dependentes de desadenilação (*centro*), a cauda de poli(A) é encurtada progressivamente por uma desadenilase (cor de laranja), até alcançar o tamanho de 20 ou menos resíduos A, ponto em que a interação com PABPI é desestabilizada, levando ao enfraquecimento das interações entre o quepe 5′ e os fatores de iniciação da tradução. O mRNA desadenilado poderá então (1) perder o quepe e ser degradado por uma exonuclease 5′→3′ ou (2) ser degradado por uma exonuclease 3′→5′ nos exossomos citoplasmáticos. Algumas moléculas de mRNA (*direita*) são clivadas internamente por uma endonuclease e os fragmentos são degradados por um exossomo. Outras moléculas de mRNA (*esquerda*) perdem o quepe antes de serem desadeniladas e, a seguir, são degradados por uma exonuclease 5′→3′. (Adaptada de M. Tucker e R. Parker, 2000, *Ann. Rev. Biochem.* **69**:571.)

Corpúsculos P Como mencionado anteriormente, os corpúsculos P são sítios de repressão da tradução de moléculas de mRNA ligadas por um complexo miRNA-RISC. Também são o principal local de degradação do mRNA no citoplasma. Essas regiões densas do citoplasma contêm a enzima de decapeamento (Dcp1/Dcp2 em leveduras), ativadores do decapeamento (Dhh, Pat1, Lsm1-7 em leveduras), a principal exonuclease 5′→3′ (Xrn1), e mRNAs densamente associados. Corpúsculos P são estruturas dinâmicas que aumentam e diminuem de tamanho dependendo da taxa com que mRNPs se associam a eles, da taxa de degradação do mRNA, e da taxa com a qual moléculas de mRNP deixam os corpúsculos P e voltam ao conjunto de mRNPs traduzidos. Moléculas de mRNA cuja tradução é inibida pelo pareamento imperfeito de bases com moléculas de miRNA (Figura 8-25) são o principal componente dos corpúsculos P.

A síntese de proteínas pode ser regulada globalmente

Assim como as proteínas envolvidas em outros processos, os fatores de iniciação da tradução e as proteínas ribossômicas podem ser regulados por meio de modificações pós-tradução como a fosforilação. Esses mecanismos afetam a taxa de tradução da maior parte das moléculas de mRNA e, portanto, a taxa geral de síntese de proteínas nas células.

A via TOR A via TOR foi descoberta durante o estudo do mecanismo de ação da rapamicina, antibiótico produzido por uma cepa da bactéria *Streptomyces*, útil para a supressão da resposta imune em pacientes que passaram pelo transplante de órgãos. O *alvo da rapamicina (TOR*, do inglês *target of rapamycin)* foi identificado por meio do isolamento de leveduras mutantes resistentes à inibição do crescimento celular induzido pela rapamicina. A proteína TOR é uma grande proteína-cinase (de aproximadamente 2.400 resíduos de aminoácidos) que regula diversos processos celulares nas células de leveduras em resposta à disponibilidade de nutrientes. Nos eucariotos multicelulares, a proteína *TOR metazoária (mTOR)* também responde a múltiplos sinais de proteínas da superfície celular que coordenam o crescimento celular com o programa de desenvolvimento, bem como com o estado nutricional.

O conhecimento atual acerca da via mTOR é resumido na Figura 8-30. A proteína mTOR ativa estimula a taxa geral de síntese proteica pela fosforilação de duas proteínas essenciais que regulam a tradução diretamente. TORm também ativa fatores de transcrição que controlam a expressão de componentes dos ribossomos, tRNAs e fatores de transcrição, também ativando a síntese de proteínas e o crescimento celular.

Como já foi visto, a primeira etapa da tradução de uma molécula eucariótica de mRNA é a ligação do complexo de iniciação eIF4 ao quepe 5′ por meio da sua subunidade de ligação ao quepe (ver Figura 4-24). A concentração de complexos eIF4 ativos é regulada por uma pequena família de *proteínas de ligação a eIF4E (4E-BPs)*, homólogas entre si, que inibem a interação da proteína eIF4E com o quepe 5′ das moléculas de mRNA. As proteínas 4E-BP são alvos diretos da mTOR. Quando é fosforilada pela proteína mTOR, a proteína 4E-BP se dissocia do complexo eIF4E, estimulando a iniciação da tradução. mTOR também fosforila e ativa outra proteína-cinase (S6K) que fosforila a proteína S6 da subunidade ribossômica menor, e provavelmente outros substratos adicionais, levando ao aumento da taxa da síntese de proteínas.

A tradução de um subconjunto específico de mRNAs que contém uma sequência de nucleotídeos de pirimidina nas suas regiões 5′ não traduzidas (chamados mRNAs TOP, do inglês *tract of oligopyrimidine*) é particularmente estimulada por mTOR. Os mRNAs TOP codificam proteínas ribossômicas e fatores de elongação da tradução. mTOR também ativa o fator de transcrição TIF-1A da RNA-polimerase I, estimulando a transcrição de um longo precursor de rRNA (ver Figura 7-52).

mTOR também ativa a transcrição mediada pela RNA-polimerase III, pela fosforilação e ativação de proteína-cinases que fosforilam MAF1, inibidor proteico da transcrição da transcrição mediada pela RNA-polimerase III. A fosforilação de MAF1 induz a exportação do núcleo, revertendo a repressão da transcrição mediada pela RNA-

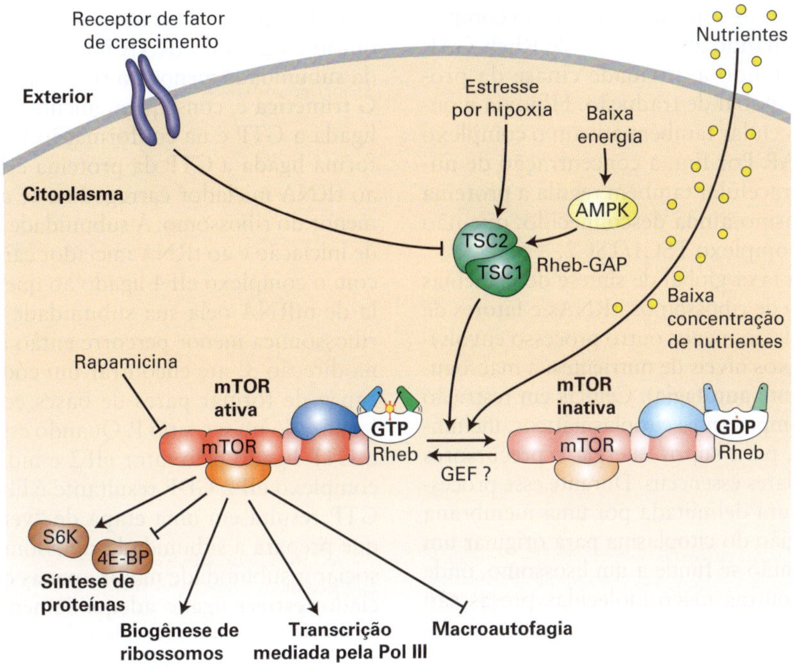

FIGURA 8-30 Via mTOR. TORm é uma proteína-cinase ativa quando ligada ao complexo formado por Rheb e GTP (*parte inferior, à esquerda*). Em contrapartida, mTOR é inativada quando ligada por um complexo formado pela proteína Rheb e GDP (*parte inferior, à direita*). Quando ativo, o complexo TSC1/TSC2 de ativação da proteína Rheb-GTP (Rheb-GAP) induz a hidrólise do GTP ligado à proteína Rheb em GDP, inativando mTOR. O complexo TSC1/TSC2 Rheb-GAP é ativado (setas) pela fosforilação mediada por uma AMP cinase (AMPK) quando a energia celular está baixa e por outras respostas de estresse celular. Vias de transmissão de sinais ativadas pelos receptores de superfície celular para fatores de crescimento induzem a fosforilação dos sítios de inativação em TSC1/TSC2, inibindo a sua atividade GAP. Consequentemente, há maior concentração celular da proteína Rheb na conformação com GTO que ativa a função proteína-cinase de mTOR. A baixa concentração de nutrientes também regula a atividade Rheb GTPase por meio de um mecanismo que não exige TSC1/TSC2. A proteína TORm ativa fosforila a proteína 4E-BP, induzindo a liberação de eIF4E, estimulando o início da tradução. Também fosforila e ativa a cinase S6 (S6K), que fosforila proteínas ribossômicas, estimulando a tradução. A proteína mTOR ativada também ativa os fatores de transcrição para as RNA-polimerases I, II e III, levando à síntese e à formação de ribossomos, tRNAs e fatores de tradução. Na ausência da atividade de mTOR, todos estes processos são inibidos. Em contrapartida, a ativação de mTOR inibe a macroautofagia, a qual é estimulada em células com mTOR inativa. (Adaptada de S. Wulldchleger et al., 2006, *Cell* **124**:471.)

-polimerase III. Quando a atividade da proteína mTOR diminui, a proteína MAF1 no citoplasma é rapidamente desfosforilada e transportada de volta ao núcleo, onde reprime a transcrição mediada pela RNA-polimerase III.

Além disso, mTOR ativa dois ativadores da RNA-polimerase II que estimulam a transcrição de genes que codificam proteínas ribossômicas e fatores de tradução. Por fim, TORm estimula o processamento do precursor de rRNA (Seção 8.5). Como consequência da fosforilação desses vários substratos da proteína mTOR, a síntese e formação dos ribossomos, assim como a síntese de fatores de tradução e de tRNAs é significativamente aumentada. De modo alternativo, quando a atividade da cinase mTOR é inibida, seus substratos se tornam desfosforilados, diminuindo a taxa de síntese de proteínas e de produção de ribossomos, fatores de tradução, e tRNAs, impedindo o crescimento celular.

A atividade da cinase mTOR é regulada por uma **pequena proteína G monomérica** da família de proteínas Ras, chamada Rheb. Assim como outras proteínas G pequenas, Rheb se encontra na sua conformação ativa quando estiver ligada a um GTP. Rheb·GTP se liga aos complexos mTOR, estimulando a sua atividade cinase, provavelmente pela indução de uma alteração conformacional no seu domínio cinase. Por sua vez, a Rheb é regulada por um heterodímero composto pelas subunidades TSC1 e TSC2, nomeados pelo seu envolvimento na síndrome médica complexo esclerose tuberosa, descrita a seguir. Na sua conformação ativa, o heterodímero TSC1/TSC2 atua como proteína de ativação de GTPase para Rheb (Rheb-GAP), causando a hidrólise da molécula de GTP ligada à Rheb em GDP. Essa reação converte Rheb para a sua conformação ligada a GDP, que se liga ao complexo mTOR e inibe a sua atividade cinase. Por fim, a atividade do complexo TSC1/TSC2 Rheb-GAP é regulada por diversos sinais, permitindo que a célula integre diferentes vias de sinalização celular para controlar a taxa geral de síntese de proteínas. A sinalização a partir dos receptores de superfície celular para fatores de crescimento induz a fosforilação dos sítios de inibição do complexo TSC1/TSC2, levando ao aumento de Rheb·GTP e à ativação da atividade cinase da proteína mTOR. Esse tipo de regulação por meio de receptores de superfície celular conecta o controle do crescimento celular aos processos do desenvolvimento regulados por interações célula-célula.

A atividade de mTOR também é regulada em resposta ao estado nutricional. Quando a energia derivada de nutrientes não é suficiente para o crescimento celular, a consequente queda na proporção da concentração de ATP para AMP é percebida pela AMP cinase (AMPK). A

AMPK ativada fosforila os sítios de ativação do complexo TSC1/TSC2, estimulando a sua atividade Rheb-GAP, consequentemente inibindo a atividade cinase da proteína mTOR e a taxa global de tradução. Hipoxia e outros sinais de estresse celular também ativam o complexo TSC1/TSC2 Rheb-GAP. Por fim, a concentração de nutrientes no espaço extracelular também regula a proteína Rheb, por um mecanismo ainda desconhecido, que não exige a atividade do complexo TSC1/TSC2.

Além de regular a taxa global de síntese de proteínas da célula e a produção de ribossomos, tRNAs e fatores de tradução, mTOR regula ao menos outro processo envolvido na resposta aos baixos níveis de nutrientes: a macroautofagia (ou simplesmente **autofagia**). Células em restrição nutritiva degradam componentes citoplasmáticos, incluindo organelas inteiras, para suprir energia e precursores para os processos celulares essenciais. Durante esse processo, uma grande estrutura delimitada por uma membrana dupla engolfa uma região do citoplasma para originar um autofagossomo, que então se funde a um lisossomo, onde proteínas, lipídeos e outras macromoléculas presas são degradados, completando o processo de macroautofagia. Quando ativada, mTOR inibe a macroautofagia nas células em crescimento quando há disponibilidade de nutrientes. A macroautofagia é estimulada quando a atividade da proteína mTOR cai nas células privadas de nutrientes.

Os genes que codificam componentes da via mTOR apresentam mutações em diversos tumores humanos, resultando no crescimento celular na ausência da sinalização normal de crescimento. TSC1 e TSC2 (ver Figura 8-30) foram inicialmente identificadas, pois cada uma dessas proteínas apresenta mutações em uma síndrome genética humana rara: complexo esclerose tuberosa. Pacientes com esse distúrbio desenvolvem tumores benignos em diversos tecidos. A doença ocorre porque a inativação de TSC1 ou TSC2 elimina a atividade Rheb-GAP do heterodímero TSC1/TSC2, resultando na elevação anômala e na desregulação da concentração de Rheb·GTP, que leva ao aumento e à perda da regulação da atividade da proteína mTOR. Mutações nos componentes da via de transmissão de sinais dos receptores de superfície celular que levam à inibição da atividade TSC1/TSC2 Rheb-GAP também são comuns em tumores humanos e contribuem para o crescimento e a replicação celular na ausência dos sinais normais de crescimento e de proliferação.

A alta atividade da proteína-cinase mTOR em tumores está correlacionada com o mau prognóstico clínico. Consequentemente, inibidores de mTOR estão atualmente em testes clínicos para avaliar a sua eficácia no tratamento do câncer em conjunto com outras formas de terapia. A rapamicina e outros inibidores de mTOR estruturalmente relacionados são potentes supressores da resposta imune, pois inibem a ativação e a replicação dos linfócitos T em resposta a antígenos estranhos (Capítulo 23). Diversos vírus codificam proteínas que ativam mTOR logo após a infecção viral. A estimulação resultante da tradução tem óbvia vantagem seletiva para esses parasitas celulares. ■

Cinases eIF2 As cinases eIF2 também regulam a taxa global de síntese de proteínas. A Figura 4-24 resume as etapas da iniciação da tradução. O fator de iniciação da tradução eIF2 leva o tRNA iniciador carregado até o sítio P da subunidade menor do ribossomo. eIF2 é uma **proteína G trimérica** e, consequentemente, existe na conformação ligada a GTP e na conformação ligada a GDP. Apenas a forma ligada a GTP da proteína eIF2 é capaz de se ligar ao tRNA iniciador carregado e se associar à subunidade menor do ribossomo. A subunidade menor ligada ao fator de iniciação e ao tRNA iniciador carregado interage então com o complexo eIF4 ligado ao quepe 5′ de uma molécula de mRNA pela sua subunidade eIF4E. A subunidade ribossômica menor percorre então a molécula de mRNA na direção 3′ até encontrar um códon de iniciação AUG capaz de formar pares de bases com o tRNA iniciador localizado no seu sítio P. Quando esse pareamento ocorre, o GTP ligado pelo fator eIF2 é hidrolisado em GDP, e o complexo eIF2·GDP resultante é liberado. A hidrólise do GTP resulta em uma etapa de "verificação" irreversível que prepara a subunidade ribossômica menor para se associar à subunidade maior apenas quando um tRNA iniciador estiver ligado adequadamente ao sítio P e formar pares de bases com o códon de iniciação AUG. Antes que o fator eIF2 possa fazer parte de outro ciclo de iniciação, a molécula de GDP ligada deve ser substituída por uma molécula de GTP. Esse processo é catalisado pelo fator de iniciação da tradução eIF2B – fator de substituição de nucleotídeo de guanina (GEF) específico para eIF2.

Um mecanismo para a inibição geral da síntese de proteínas em células submetidas a estresse envolve a fosforilação da subunidade α do fator eIF2 em um resíduo específico de serina. A fosforilação desse sítio não interfere diretamente com a função do fator eIF2 na síntese de proteínas. Em vez disso, o fator eIF2 fosforilado tem afinidade bastante alta pelo fator de substituição de nucleotídeos de guanina, eIF2B, incapaz de se dissociar do fator eIF2 fosforilado e, consequentemente, impedido de catalisar a substituição de moléculas de GTP em fator eIF2 adicionais. Uma vez que há excesso de eIF2 em relação a eIF2B, a fosforilação de uma fração de fatores eIF2 resulta na inibição de todo eIF2B da célula. Os fatores eIF2 restantes se acumulam na forma ligada a GDP, incapaz de participar da síntese de proteínas, inibindo quase toda a síntese de proteínas na célula. Porém, algumas moléculas de mRNA têm regiões 5′ que permitem a iniciação da tradução na presença da baixa concentração de eIF2-GTP resultante da fosforilação do fator eIF2. Essas moléculas de mRNA incluem as que codificam proteínas chaperonas que atuam no enovelamento de proteínas celulares desnaturadas em resposta ao estresse celular, proteínas adicionais auxiliam a célula a lidar com o estresse, bem como fatores de transcrição que ativam a transcrição de genes que codificam essas proteínas induzidas por estresse.

As células humanas contêm quatro cinases eIF2 que fosforilam o mesmo resíduo de serina eIF2α inibitório. Cada uma dessas cinases é regulada por um tipo diferente de estresse celular, inibindo a síntese de proteínas e permitindo que a célula desvie uma grande fração dos recursos celulares, normalmente utilizada na síntese de proteínas e no crescimento celular, para responder ao estresse.

A proteína-cinase GCN2 (do inglês, *general control non-derepressible*) eIF2 é ativada pela ligação de tRNAs não carregados. A concentração de tRNAs não carregados aumenta quando a célula tem baixa concentração de aminoácidos, acionando a atividade da proteína-cinase GCN2 eIF2 e inibindo a síntese de proteínas.

A proteína PEK (cinase eIF2 pancreática) é ativada quando as proteínas transportadas ao interior do retículo endoplasmático (RE) não se enovelam adequadamente devido a anomalias no ambiente do lúmen do RE. Seus indutores incluem concentração anormal de carboidratos, pois isso inibe a glicosilação de diversas proteínas do RE, e mutações que inativam as chaperonas do RE necessárias ao enovelamento correto de diversas proteínas do RE (Capítulos 13 e 14).

O inibidor regulado pelo heme (HRI) é ativado nas hemácias em desenvolvimento quando o suprimento do grupamento prostético heme for muito baixo para se adequar à taxa de síntese de proteína globina. Esse ciclo de retroalimentação negativa diminui a taxa de síntese de globina até ela se igualar à taxa de síntese do heme. HRI também é ativado em outros tipos celulares em resposta ao estresse oxidativo ou choque térmico.

Por fim, a proteína-cinase ativada por RNA (PKR) é ativada por moléculas de RNA fita dupla compostas por mais de ~30 pares de bases. Nas condições normais das células de mamíferos, essas moléculas de RNA fita dupla são produzidas apenas durante a infecção viral. Longas regiões de RNA fita dupla são geradas nos intermediários de replicação de RNA dos vírus, ou a partir da hibridização de regiões complementares de RNA transcrito a partir das duas cadeias de DNA do genoma dos vírus. A inibição da síntese de proteínas evita a produção da progênie de vírions, protegendo as células adjacentes da infecção. É interessante citar que os adenovírus desenvolveram uma defesa contra PKR: expressam grandes quantidades de uma molécula de RNA associada ao vírus (VA) de aproximadamente 160 nucleotídeos com longas regiões fita dupla com estrutura de grampo. O RNA VA é transcrito pela RNA-polimerase III e exportado do núcleo pela Exportina5, a exportina do pré-miRNA (ver Figura 8-27). O RNA VA se liga à PKR com alta afinidade, inibindo a sua atividade cinase e evitando a inibição da síntese de proteínas observada nas células infectadas com formas mutantes do adenovírus, com deleção do gene VA.

Proteínas de ligação a sequências específicas de RNA controlam a tradução de moléculas específicas de mRNA

Ao contrário da regulação global do mRNA, alguns mecanismos evoluíram para o controle da tradução de moléculas específicas de mRNA. Esse controle geralmente é realizado por proteínas de ligação a sequências específicas de RNA que se ligam a uma sequência ou estrutura de RNA específica do mRNA. Quando a ligação ocorre na região 5′ não traduzida (5′ UTR) de uma molécula de mRNA, a capacidade do ribossomo de percorrer essa molécula em busca do primeiro códon de iniciação é bloqueada, inibindo a iniciação da tradução. A ligação a outras regiões da molécula pode promover ou inibir a degradação do mRNA.

O controle da concentração intracelular de ferro pela **proteína de ligação ao elemento de resposta ao ferro (IREBP)** é um exemplo elegante de uma única proteína que regula a tradução de mRNA e a degradação de outro. A regulação precisa da concentração celular de íons ferro é essencial para a célula. Diversas enzimas e proteínas contêm Fe^{2+} como cofator, tais como as enzimas do ciclo de Krebs (ver Figura 12-10), e as proteínas transportadoras de elétrons envolvidas na geração de ATP pelas mitocôndrias e pelos cloroplastos (Capítulo 12). Por outro lado, o excesso de Fe^{2+} gera radicais livres que reagem com macromoléculas celulares e as danificam. Quando o estoque intracelular de ferro está baixo, um sistema duplo age para aumentar a sua concentração celular; quando há excesso de ferro, o sistema atua na prevenção do acúmulo de níveis tóxicos de íons livres.

Um dos componentes desse sistema é a regulação da produção de ferritina, proteína intracelular de ligação ao ferro que se liga ao e armazena o excesso de ferro celular. A região 5′ não traduzida do mRNA da ferritina contém elementos de resposta ao ferro (IRE) que apresentam estrutura de alça rígida. A proteína de ligação ao IRE (IREBP) reconhece cinco bases específicas na alça do IRE e a fita dupla da alça. Na presença de baixas concentrações de ferro, a proteína IREBP se encontra na conformação ativa que se liga aos IREs (Figura 8-31a). A proteína IREBP ligada bloqueia a subunidade ribossômica menor, impedindo que percorra o mRNA em busca do códon de iniciação AUG (ver Figura 4-24), inibindo assim a iniciação da tradução. A diminuição resultante da concentração de ferritina significa que menos íons ferro serão complexados à ferritina e, portanto, mais íons ferro estarão disponíveis para as enzimas que requerem ferro. Na presença de alta concentração de ferro, as proteínas IREBP estão na sua conformação inativa que não se liga aos 5′ IREs, e a iniciação da tradução ocorre. As moléculas de ferritina recém-sintetizadas podem ligar os íons livres de ferro, evitando que se acumulem em níveis tóxicos.

A outra parte desse sistema de regulação controla a absorção de ferro pelas células. Nos vertebrados, o ferro ingerido é transportado ao longo do sistema circulatório ligado a uma proteína chamada transferrina. Após a ligação a um receptor de transferrina (TfR) na membrana plasmática, o complexo transferrina-ferro é internalizado pelas células por endocitose mediada por receptores (Capítulo 14). A região 3′ não traduzida do mRNA TfR contém IREs cujas alças são ricas em sequências AU desestabilizadoras (Figura 8-31b). Na presença de altas concentrações de ferro, quando a proteína IREBP estiver na conformação inativa não ligadora, as sequências ricas em AU promovem a degradação do mRNA TfR pelo mesmo mecanismo que induz a degradação rápida de outras moléculas de mRNA de meia-vida curta, conforme descrito anteriormente. A queda resultante na produção de receptor transferrina rapidamente diminui a absorção de ferro, protegendo a célula do excesso de ferro. Na presença de baixas concentrações de ferro, no entanto, proteínas IRE-

BP se ligam aos 3′ IREs das moléculas de mRNA TfR. A ligação da IREBP bloqueia o reconhecimento das sequências desestabilizadoras ricas em AU pelas proteínas que iriam promover a degradação rápida do mRNA. Como resultado, a produção de receptores de transferrina aumenta, e mais íons ferro são absorvidos pela célula.

Outras proteínas de ligação ao RNA também podem atuar no controle da tradução ou da degradação do mRNA, de modo similar à ação dupla da proteína IRE-BP. Por exemplo, a proteína de ligação ao RNA sensível ao heme controla a tradução do mRNA que codifica a enzima aminolevulinato (ALA) sintase, enzima chave para a síntese do heme. De modo semelhante, estudos *in vitro* demonstraram que o mRNA que codifica a enzima caseína do leite é estabilizado na presença do hormônio prolactina e rapidamente degradado na sua ausência.

Mecanismos de controle evitam a tradução de moléculas de mRNA processadas inadequadamente

A tradução de moléculas de mRNA processadas inadequadamente pode levar à produção de uma proteína anômala que pode interferir com a função normal do gene. Esse efeito é equivalente ao resultado de mutações negativas dominantes, discutidas no Capítulo 5 (Figura 5-44). Diversos mecanismos, chamados coletivamente de **controle do mRNA**, ajudam as células a evitar a tradução de moléculas de mRNA processadas de modo inadequado. Já foram mencionados previamente dois desses mecanismos de controle: o reconhecimento de moléculas de pré-mRNA processadas inadequadamente no núcleo e a sua degradação pelo exossomo; e a restrição geral da exportação do núcleo de moléculas de pré-mRNA com *splicing* incompleto e que permanecem associadas ao spliceossomo.

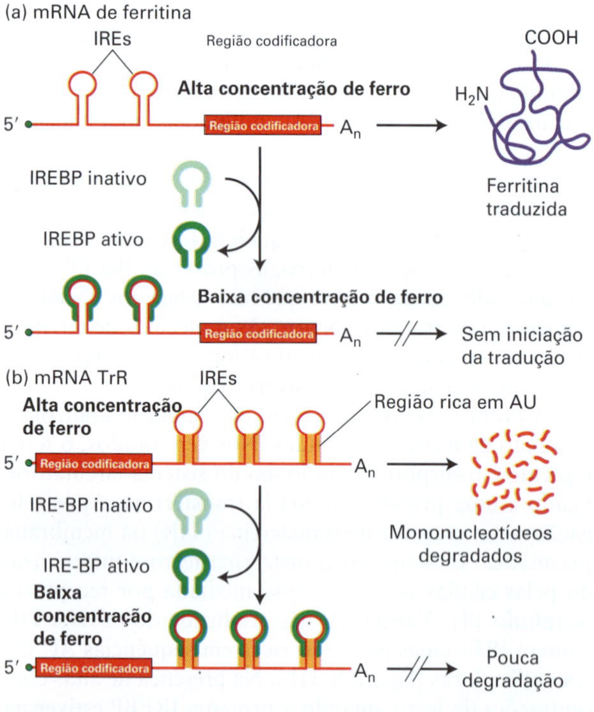

FIGURA 8-31 Regulação da tradução e da degradação do mRNA dependente de ferro. A proteína de ligação aos elementos de resposta ao ferro (IRE-BP) controla (a) a tradução do mRNA da ferritina e (b) a degradação do mRNA do receptor da transferrina (TfR). Em presença de baixas concentrações intracelulares de ferro, IRE-BP se liga aos elementos de resposta ao ferro (IREs) nas regiões 5′ ou 3′ não traduzidas destas moléculas de mRNA. Em presença de altas concentrações de ferro, a proteína IRE-BP sofre alteração conformacional e não pode se ligar ao mRNA. O controle duplo pela IRE-BP regula precisamente o nível de íons ferro livres no interior das células. Mais detalhes no texto.

Outro mecanismo, chamado mecanismo NMD (do inglês, *nonsense-mediated decay*) induz a degradação de moléculas de mRNA nas quais um ou mais éxons tenham sido unidos incorretamente. Essa ligação incorreta frequentemente altera a fase aberta de leitura do mRNA na posição 3′ da junção incorreta dos éxons, resultando na introdução de mutação de substituição de aminoácidos fora da fase de leitura e em um códon de terminação incorreto. Para quase todos os mRNAs processados corretamente, o códon de terminação se encontra no último éxon. O mecanismo NMD resulta na rápida degradação das moléculas de mRNA que apresentam códons de terminação antes da última junção de éxons da cadeia, uma vez que na maior parte dos casos essas moléculas são originadas por erros no processo de *splicing*. No entanto, o mecanismo NMD também pode ser o resultado de uma mutação que dá origem a um códon de terminação na sequência do gene, ou de uma deleção ou inserção de pares de bases que ocasiona uma mudança de fase de leitura. Esse mecanismo foi inicialmente descoberto durante estudos com pacientes com talassemia β^0, os quais produzem baixa quantidade de β-globina em decorrência da baixa quantidade de mRNA que codifica a β-globina (Figura 8-32a, b).

A procura por possíveis sinais moleculares que pudessem indicar a posição das junções do processo de *splicing* em uma molécula de mRNA processada levou à descoberta dos complexos de junção de éxons. Conforme já descrito, esses complexos formados por diversas proteínas (incluindo Y14, Magoh, eIF4IIIA, UPF2, UPF3 e REF) se ligam a aproximadamente 20 nucleotídeos localizados a 5′ de uma junção éxon-éxon formada após o *splicing* do RNA (Figura 8-32c), estimulando a exportação dos mRNPs do núcleo pela interação com um mRNA exportador (ver Figura 8-21). Análises de mutações observadas em leveduras indicaram que uma das proteínas do complexo de junção de éxons (UPF3) atua no mecanismo NMD. No citoplasma, essa proteína componente do complexo de junção de éxons interage com outra proteína (UPF1) e com uma proteína-cinase (SMG1) que fosforila UPF1, induzindo a associação do mRNA aos corpúsculos P, reprimindo a tradução do mRNA. Uma proteína adicional (UPF2) associada ao complexo mRNP se liga a desanilase associada aos corpúsculos P, que remove rapidamente a cauda poli(A) do mRNA ligado, levando à rápida perda do quepe 5′ e à degradação mediada pela exonuclease 5′ → 3′ dos corpúsculos P (ver Figura 8-29). No caso de moléculas de mRNA processadas adequadamente, os complexos de junção de éxons se associam ao complexo nuclear de ligação ao quepe (CBP80, CBP20) conforme o mRNP é transportado ao longo do complexo do poro nuclear, protegendo o mRNA da degradação. Acredita-se que os complexos de junção de éxons sejam dissociados do mRNA pela passagem do primeiro ribossomo que traduz o mRNA. No entanto, em moléculas de mRNA com códon de terminação antes da junção de éxons final, um ou mais complexos de junção de éxons permanecem ligados ao mRNA, induzindo o mecanismo NMD (Figura 8-32).

A localização das moléculas de mRNA permite a síntese de proteínas em regiões específicas do citoplasma

Vários processos celulares dependem do posicionamento de determinadas proteínas em estruturas ou regiões específicas da célula. Nos últimos capítulos, examinou-se como algumas proteínas são transportadas, *após* sua síntese, para os locais adequados da célula. Por outro lado, o posicionamento das proteínas pode ser determinado pelo posicionamento dos mRNAs em regiões específicas do citoplasma, onde as proteínas que eles codificam são necessárias. Na maioria dos casos examinados até o momento, o posicionamento de mRNAs é determinado por sequências existentes na região 3′ não traduzida do mRNA. Um estudo genômico recente sobre a localização do mRNA em embriões de *Drosophila* revelou que aproximadamente 70% dos 3.000 mRNAs analisados estavam localizados em regiões subcelulares específicas, originando a hipótese de que esse fenômeno pode ser mais geral do que inicialmente imaginado.

A localização de moléculas de mRNA nos embriões de leveduras O exemplo melhor compreendido acerca do posicionamento do mRNA vem dos embriões de *S. cerevisiae*. Conforme foi discutido no Capítulo 7, uma célula ha-

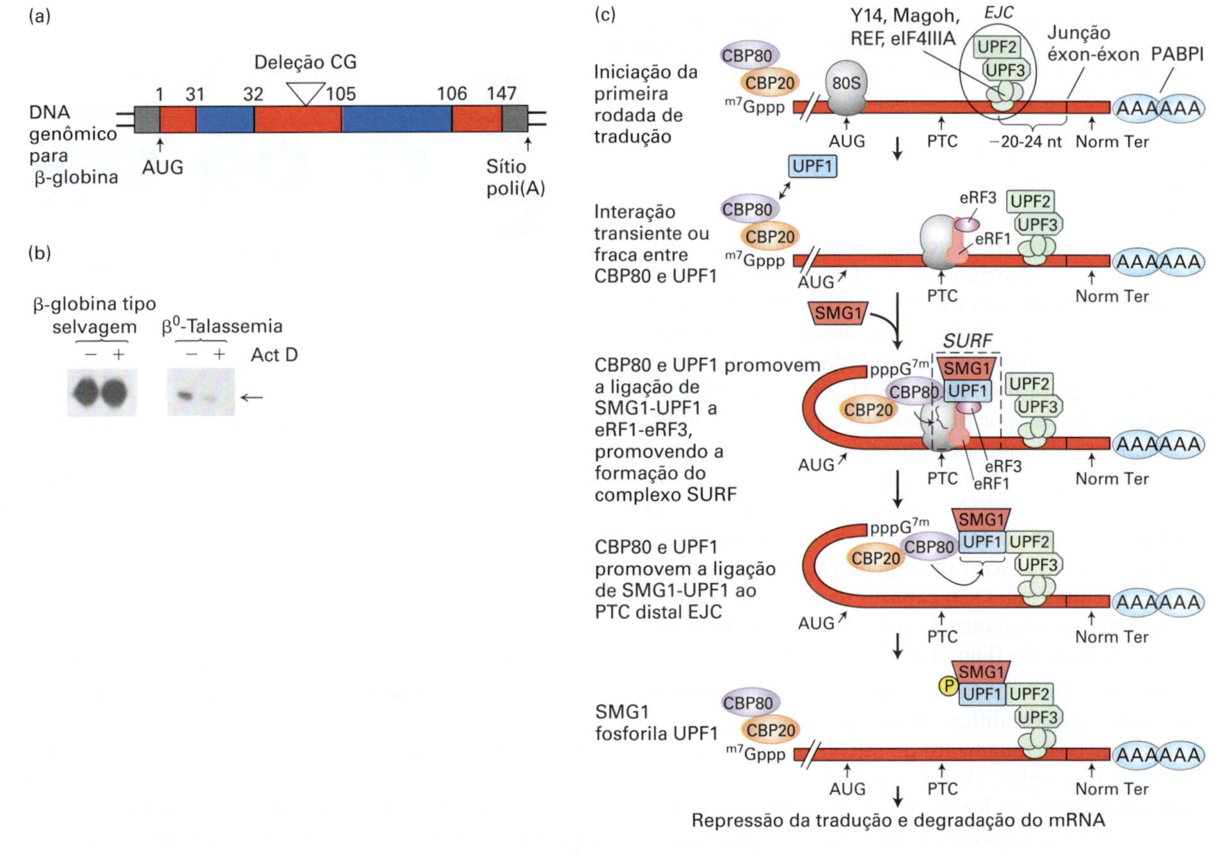

FIGURA 8-32 Descoberta da degradação do mRNA mediada pelo mecanismo NMD (do inglês *nonsense-mediated mRNA decay*). (a) Pacientes com β^0-talassemia expressam baixos níveis de mRNA para β-globina. Uma causa comum desta síndrome é a deleção de um único par de bases no éxon 1 ou no éxon 2 do gene da β-globina. Após a deleção, ribossomos traduzindo o mRNA mutante passam a traduzir fora da fase de leitura e encontram um códon de terminação na fase de leitura errada antes da tradução da última junção de éxons no mRNA. Consequentemente, eles não dissociam o complexo de junção de éxons (EJC, do inglês éxon-*junction complex*) do mRNA. Proteínas citoplasmáticas se associam ao EJC e induzem a degradação do mRNA. (b) Foram obtidas amostras de medula óssea de um paciente com o gene tipo selvagem da β-globina e de uma paciente com β^0-talassemia. O RNA foi isolado das células da medula óssea logo após a sua coleta, ou após a incubação por 30 minutos em meio com actinomicina D, fármaco que inibe a transcrição. O RNA para β-globina foi quantificado utilizando o método de proteção da nuclease S1 (seta). O paciente com talassemia β^0 apresenta menor quantidade de mRNA para β-globina quando comparado ao paciente com o gene tipo selvagem para a β-globina (- Act D). O mRNA mutante da β-globina é degradado rapidamente quando a transcrição foi inibida (+ Act D), ao passo que o mRNA para a β-globina tipo selvagem permanece estável. (c) Modelo atua para o processo de NMD. PTC: códon de terminação prematuro. Norm Term: códon de terminação normal. SURF: complexo proteína-cinase SMG1, UPF1 e fatores de terminação da tradução eRF1 e eRF3. A formação do complexo SURF leva à fosforilação da proteína UPF1 e à associação da UPF1 fosforilada ao complexo UPF2-UPF3 ligado a um dos complexos junção de éxons que não tenha sido dissociado do mRNA pelo primeiro ribossomos a traduzir esta molécula mensageira. Isso leva à associação da molécula de mRNA contendo o PTC aos corpúsculos P, à remoção da cauda poli(A) e à degradação do mRNA. (Parte (b) de L. E. Maquat et al., 1981, *Cell* **27**:543. Parte (c) adaptada de J. Hwang et al., 2010, *Mol. Cell* **39**:396.)

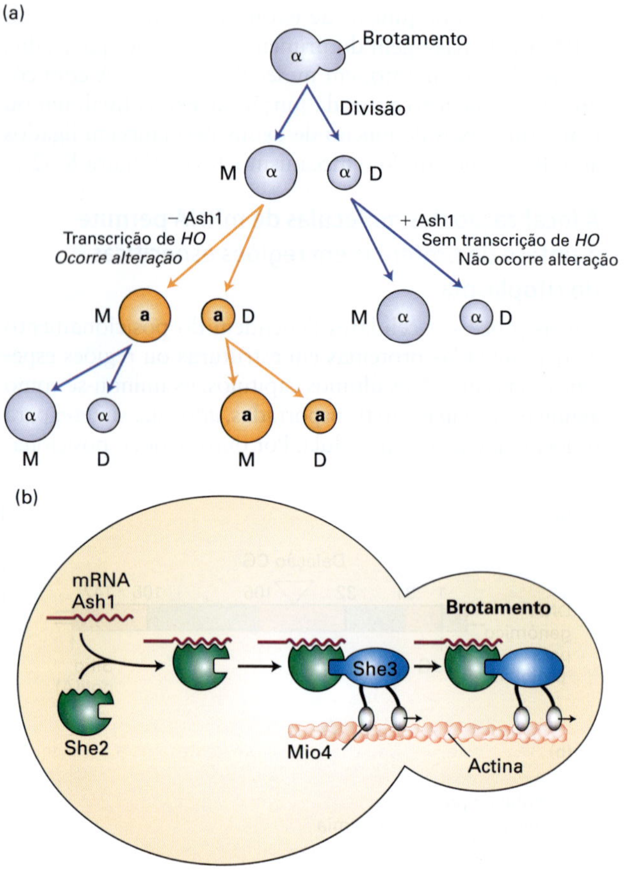

FIGURA 8-33 **Alteração do tipo de acasalamento em células haploides de leveduras.** (a) A divisão por brotamento origina uma célula-mãe maior (M) e uma célula-filha menor (D), ambas com o mesmo fenótipo sexual (sistema de compatibilidade) da célula original (neste exemplo, representado como α). A célula-mãe pode mudar de fenótipo sexual durante a fase G_1 do próximo ciclo celular e, então, se dividir, originando células com o fenótipo oposto (neste exemplo, **a**). A alteração do sistema de compatibilidade depende da transcrição do gene *HO*, o que ocorre apenas na ausência da proteína Ash1. As células-filhas menores, que expressam a proteína Ash1, não podem alterar seus sistemas de compatibilidade; após aumentarem de tamanho durante a interfase, elas se dividem para dar origem a uma célula-mãe e uma célula-filha. (b) Modelo de restrição de alteração do sistema de compatibilidade em células-mães de *S. cerevisiae*. A proteína Ash1 evita que a célula transcreva o gene *HO* cuja proteína que codifica inicia o rearranjo do DNA que resulta na alteração do sistema de compatibilidade da forma **a** para a forma α, ou de α para **a**. Esta alteração ocorre apenas na célula-mãe, após a separação de célula-filha por brotamento, pois a proteína Ash1 está presente apenas na célula-filha. O mecanismo molecular para esta localização diferencial da proteína Ash1 é o transporte unidirecional do mRNA *ASH1* para a célula em brotamento. Uma proteína de ligação, She2, se liga às sequências 3′ não traduzidas específicas no mRNA *ASH1*, assim como à proteína She3. Esta proteína, por sua vez, se liga a uma proteína motora miosina, Myo4, que se desloca ao longo de filamento de actina até a célula em brotamento. (Ver S. Koon e B. J. Schnapps, 2001, *Curr. Biology* **11**:R166.)

ploide de levedura apresenta o fenótipo **a** ou α do tipo de acasalamento, dependendo da presença do gene **a** ou α no *locus* MAT expresso no cromossomo III (ver Figura 7-33). O processo que transfere os genes **a** ou α do *locus* silenciado do tipo de acasalamento para o *locus* MAT expresso é iniciado por uma endonuclease chamada HO, que reconhece sequências específicas. A transcrição do gene *HO* é dependente do complexo SWI/SNF de remodelagem da cromatina (ver Capítulo 7, Seção 7.5). As células-filhas de levedura, originadas por brotamento a partir de células-mães, contêm um repressor transcricional chamado Ash1 (do inglês, *asymmetric synthesis of HO*) que impede a ligação do complexo SWI/SNF ao gene *HO*, evitando a sua transcrição. A ausência da proteína Ash1 nas células-mães permite que elas transcrevam o gene *HO*. Como consequência, as células-mães são capazes de alterar o seu tipo de acasalamento, enquanto as células-filhas geradas por brotamento não o são (Figura 8-33a).

A proteína Ash1 se acumula apenas nas células-filhas, pois o mRNA que a codifica está localizado nessas células. O processo de posicionamento do mRNA requer três proteínas: She2 (do inglês, *SWI-dependent HO expression*), proteína de ligação ao RNA que se liga especificamente a um sinal de localização em uma estrutura específica de RNA presente no mRNA ASH1; Myo4, proteína motora miosina capaz de deslocar ligantes ao longo de filamentos de actina (ver Capítulo 17); e a proteína She3, que liga a proteína She2 e o mRNA ASH1 à proteína Myo4 (Figura 8-33b). O mRNA ASH1 é transcrito no núcleo da célula-mãe antes da mitose. O movimento da proteína Myo4 e do mRNA ASH1 a ela ligado ao longo dos filamentos de actina que se estendem da célula-mãe até a célula em brotamento transporta o mRNA ASH1 até a célula em brotamento antes da divisão celular.

Foi descoberto que ao menos 23 outras moléculas de mRNA são transportadas pelo sistema She2, She3, Myo4. Todas essas moléculas têm um sinal de localização de RNA ao qual a proteína She2 se liga, geralmente na sua região 3′ UTR. Esse processo pode ser visualizado em células vivas pelo experimento descrito na Figura 8-34. O RNA pode ser marcado por fluorescência adicionando à sua sequência sítios de ligação de alta afinidade para proteínas de ligação ao RNA, como a proteína MS2 do capsídeo de bacteriófagos, e a proteína λN, também de bacteriófagos, que se ligam a diferentes estruturas secundárias de alças rígidas, compostas por sequências específicas (Figura 8-34a). Quando essas moléculas modificadas de mRNA são expressas em células de leveduras, juntamente com as proteínas de bacteriófagos fusionadas a proteínas que emitem diferentes cores de fluorescência, as proteínas fusionadas se ligam a sequências específicas do RNA, marcando-o com diferentes cores. No experimento mostrado na Figura 8-34b, o mRNA ASH1 foi marcado pela ligação de uma proteína verde fluorescente fusionada à proteína λN. Outra molécula de mRNA posicionada na célula de levedura em brotamento, o mRNA IST2 que codifica um componente da membrana da célula em crescimento, foi marcado pela ligação de uma proteína vermelha fluorescente fusionada à proteína de revestimento MS2. O vídeo da célula em brotamento mostra que os mRNAs ASH1 e IST2, de marcações distintas, se acumulam na mesma partícula RNP citoplasmática que contém múltiplos mRNAs no citoplasma da célula-mãe, como pode ser visto pela convergência dos sinais de fluorescência verde e vermelho.

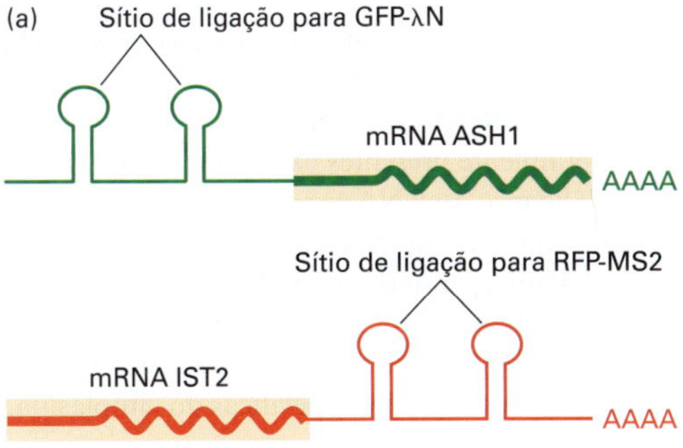

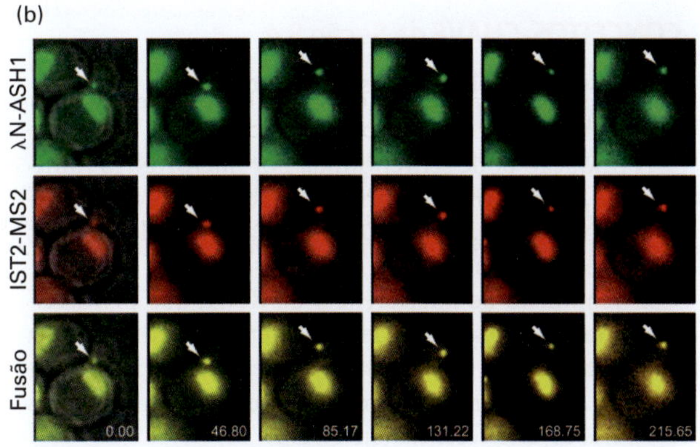

FIGURA EXPERIMENTAL 8-34 Transporte de partículas de mRNP da célula-mãe de leveduras para a célula em brotamento. (a) Células de leveduras foram modificadas para expressar o mRNA ASH1 com sítios de ligação para a proteína λN de bacteriófagos na sua região 5′ não traduzida e o mRNA IST2 com sítios de ligação para a proteína MS2 do envelope do bacteriófago na sua região 3′ não traduzida. Uma proteína de fusão entre a proteína verde fluorescente e a proteína λN (GFP-λN) e uma proteína de fusão entre a proteína vermelha fluorescente e a proteína MS2 (RFP-MS2) também foram expressas nas mesmas células. Em outro experimento, foi demonstrado que estas proteínas de ligação a sequências específicas de RNA marcadas com fluoróforos se ligam, cada uma, ao seu sítio específico de ligação incluído nas moléculas de mRNA ASH1 e IST2, sem que ocorra ligação inespecífica ao outro sítio. As duas proteínas com marcação fluorescente também contêm um sinal de localização nuclear, de modo que as moléculas das proteínas não ligadas aos seus sítios de alta afinidade de ligação nestas moléculas de mRNA sejam transportadas para o núcleo pelos complexos do poro nuclear (ver Capítulo 13). Isso foi necessário para prevenir o excesso de sinal fluorescente das proteínas GFP-λN e RFP-MS2 no citoplasma. À direita, as proteínas GFP-λN e RFP-MS2 foram visualizadas de modo independente utilizando milissegundos de excitação alternada com *laser* para GFP e RFP. (b) São mostradas imagens de um vídeo com as células fluorescentes. Os núcleos próximos ao grande vacúolo nas células-mães próximos ao centro das micrografias, assim como os núcleos das células adjacentes, apresentaram fluorescência verde e vermelha, conforme indicado pela linha superior e pela linha do meio. Uma fusão das duas imagens é mostrada na linha inferior, que também indica o tempo transcorrido entre as imagens. A partícula RNP contendo o mRNA ASH1 com os sítios de ligação λN, e o mRNA com os sítios de ligação MS2 foi observada no citoplasma da célula-mãe, na coluna da esquerda (seta). A partícula aumenta de intensidade entre o tempo 0,00 e 46,80 segundos, indicando que um maior número destas moléculas de mRNA se juntou à partícula RNP. A partícula RNP foi transportada para a célula em brotamento entre o tempo 46,80 e 85,17 segundos e, então, observada na extremidade do brotamento. (Obtida de S. Lange et al., 2008, *Traffic* **9**:1256. Consulte o artigo para assistir ao vídeo.)

A partícula RNP é então transportada para a célula em brotamento em aproximadamente um minuto.

Posicionamento de moléculas de mRNA nas sinapses no sistema nervoso de mamíferos Como foi mencionado anteriormente, nos neurônios, o posicionamento de moléculas específicas de mRNA nas sinapses afastadas do núcleo da estrutura da célula desempenha uma função essencial no aprendizado e na memória (Figura 8-35). Assim como as moléculas de mRNA de leveduras, esses mRNAs contêm sinais de localização do RNA nas suas regiões 3′ não traduzidas. Algumas dessas moléculas são inicialmente sintetizadas com curtas caudas poli(A) que não permitem a iniciação da tradução. Novamente, grandes partículas RNP, contendo múltiplas moléculas de mRNA portadoras de sinais de localização, são formadas no citoplasma, próximo ao núcleo. Nesse caso, as partículas RNP são transportadas ao longo do axônio até as sinapses por proteínas motoras cinesinas, que se deslocam ao longo dos microtúbulos que percorrem a extensão do axônio (ver Capítulo 18). Então, a atividade elétrica em determinada sinapse pode estimular a poliadenilação das moléculas de mRNA na região da sinapse, ativando a tradução das proteínas codificadas, o que aumenta o tamanho e altera as propriedades neurofisiológicas dessa sinapse e, ao mesmo tempo, mantém inalteradas as demais (de centenas a milhares) sinapses realizadas pelo mesmo neurônio.

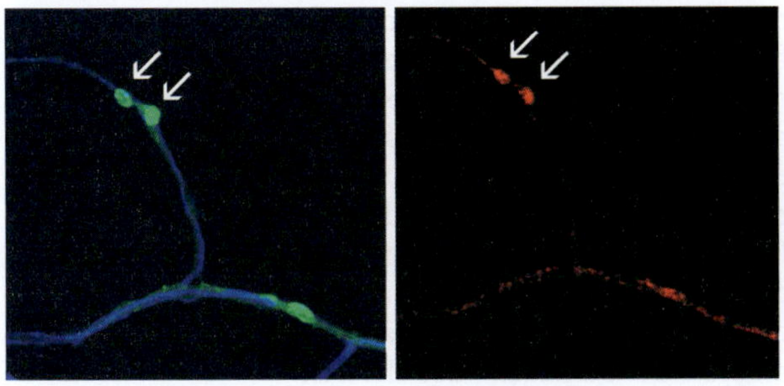

FIGURA EXPERIMENTAL 8-35 mRNA neuronal específico localizado nas sinapses. Neurônios sensoriais da lesma marinha *Aplysia californica* foram mantidas em cultura com neurônios motores alvo, de modo que os processos dos neurônios sensoriais formassem sinapses com os processos dos neurônios motores. A micrografia à esquerda mostra os processos dos neurônios motores visualizados com marcador fluorescente azul. A proteína GFP-VAMP (verde) foi expressa nos neurônios sensoriais e marca a localização das sinapses formadas entre os processos sensoriais e motores (setas). A micrografia à direita mostra a fluorescência vermelha da hibridização *in situ* com uma sonda de mRNA antissensorina. Sensorina é um neurotransmissor expresso apenas pelo neurônio sensor; processos neuronais sensoriais não são visualizados de outra maneira nesta preparação, mas sua localização é adjacente aos processos dos neurônios motores. Os resultados da hibridização *in situ* indica que o mRNA da sensorina está localizado nas sinapses. (De V. Lyles, Y. Zhao, e K. C. Martin, 2006, *Neuron* **49**:323.)

CONCEITOS-CHAVE da Seção 8.4

Mecanismos citoplasmáticos de controle pós-transcricional

- A tradução pode ser reprimida por microRNAS (miRNAs), que formam híbridos imperfeitos com as sequências da região 3′ não traduzida (UTR) de mRNAs alvo específicos.
- O fenômeno de interferência de RNA, que provavelmente evoluiu a partir de um sistema inicial de defesa contra os vírus e os transposons, leva à degradação de mRNAs que formam híbridos perfeitos, com pequenos RNAs de interferência (siRNAs).
- Tantos os miRNAs quanto os siRNAs têm entre 21 a 23 nucleotídeos, são gerados a partir de moléculas precursoras longas e são ligados por uma proteína Argonauta, compondo um complexo silenciador induzido por RNA (RISC) multiproteico que pode tanto reprimir a tradução quanto clivar moléculas-alvo de mRNA (ver Figura 8-25 e 8-26).
- A poliadenilação citoplasmática é necessária para a tradução dos mRNAs com caudas curtas de poli(A). A ligação de uma proteína específica aos elementos reguladores nas regiões 3′ UTR desses mRNAs reprime a sua tradução. A fosforilação dessa proteína de ligação ao RNA, induzida por um sinal externo, leva à extensão da cauda de poli(A) 3′ e à tradução (ver Figura 8-28).
- A maioria dos mRNAs é degradada como resultado do encurtamento gradual de sua cauda de poli(A) (desadenilação) seguida de digestão 3′→5′ mediada por exossomo ou por remoção do quepe 5′ e digestão por uma exonuclease 5′→3′ (ver Figura 8-29).
- Os mRNAs eucarióticos que codificam proteínas expressas em picos curtos geralmente têm cópias repetidas de uma sequência rica em AU na região 3′ UTR. Proteínas específicas que se ligam a esses elementos também interagem com a enzima de desadenilação e com os exossomos citoplasmáticos, promovendo a rápida degradação do RNA.
- A ligação de diversas proteínas aos elementos reguladores nas regiões 3′ UTR ou 5′ UTR dos mRNAs regula a tradução ou degradação de vários mRNAs no citoplasma.
- Tanto a tradução do mRNA da ferritina quanto a degradação do mRNA do receptor da transferrina (TfR) são reguladas pela mesma proteína de ligação ao RNA sensível ao ferro. Em baixas concentrações de ferro, essa proteína se encontra na conformação que se liga a elementos específicos nos mRNAs, inibindo a tradução do mRNA da ferritina ou a degradação do mRNA TfR (ver Figura 8-31). Esse controle duplo regula precisamente os níveis de ferro nas células.
- O mecanismo NMD e outros mecanismos de controle do mRNA evitam a tradução dos mRNAs processados de forma inadequada que codificam proteínas anormais, as quais poderiam interferir com o funcionamento das proteínas correspondentes normais.
- Diversos mRNAs são transportados a locais subcelulares específicos por meio de proteínas de ligação a sequências específicas de RNA que se ligam às sequências localizadoras, geralmente presentes na região 3′ UTR. Essas proteínas de ligação ao RNA se associam então, diretamente ou por proteínas intermediárias, a proteínas motoras que deslocam os grandes complexos RNP associados a várias moléculas de mRNA portadoras do mesmo sinal localizador ao longo de filamentos de actina ou fibras de microtúbulos, até regiões específicas do citoplasma.

8.5 Processamento do rRNA e tRNA

Aproximadamente 80% do RNA total presente nas células de mamíferos em crescimento rápido (p. ex., células HeLa em cultura) são compostos por rRNA, e 15% são compostos por tRNA; assim, o mRNA codificador de proteínas constitui apenas uma pequena parcela do RNA total. Os transcritos primários produzidos a partir da maioria dos genes de rRNA e a partir dos genes de tRNA, assim como as moléculas de pré-mRNA, são extensivamente processados para dar origem às formas maduras e funcionais desses RNAs.

O ribossomo é uma estrutura complexa (ver Figura 4-23), altamente organizada e otimizada para a sua função na síntese de proteínas. A síntese de ribossomos requer a função e coordenação de todas as três RNA polimerases. Os rRNAs 28S e 5,8S associados à subunidade ribossômica maior, e o rRNA 18S da subunidade ribossômica menor, são transcritos pela RNA-polimerase I. O rRNA 5S da subunidade maior é transcrito pela RNA-polimerase III, e as moléculas de mRNA que codificam as proteínas ribossômicas são transcritos pela RNA-polimerase II. Além das quatro moléculas de rRNA e aproximadamente 70 proteínas ribossômicas, ao menos 150 outras moléculas de RNA e proteínas interagem temporariamente com as duas subunidades ribossômicas durante a sua formação através de uma série de etapas coordenadas. Adicionalmente, múltiplas bases específicas e riboses do rRNA maduro são modificadas para otimizar a sua função na síntese de proteínas. Embora a maior parte das etapas da síntese das subunidades e formação do ribossomo ocorra no **nucléolo** (subcompartimento do núcleo, não delimitado por membrana), algumas etapas ocorrem no nucleoplasma, durante a passagem pelo núcleo até os complexos do poro nuclear. Uma etapa de controle de qualidade é realizada antes da exportação do núcleo, de modo que apenas subunidades completamente funcionais cheguem ao citoplasma, onde as etapas finais de maturação das subunidades ribossômicas são realizadas. Moléculas de tRNA também são processadas a partir de transcritos primários precursores no núcleo e modificadas amplamente antes de serem exportadas para o citoplasma e utilizadas na síntese de proteínas. Inicialmente, serão discutidos o processamento e a modificação do rRNA, e a formação e a exportação nuclear dos ribossomos. Por fim, serão considerados o processamento e a modificação dos tRNAs.

Os genes pré-rRNA atuam como organizadores nucleolares e são similares em todos os eucariotos

Os rRNAs 28S e 5,8S associados à subunidade ribossômica maior (60S), e o rRNA 18S associado à subunidade ribossômica menor (40S) nos eucariotos superiores (e os rRNAs funcionalmente equivalentes em todos os outros eucariotos), são codificados por um único tipo de unidade de transcrição **pré-rRNA.** Nas células humanas, a transcrição mediada pela RNA-polimerase I dá origem a um transcrito primário (pré-rRNA) 45S (aproximadamente 13,7 kb), processado nos rRNAs maduros 28S, 18S e 5,8S encontrados nos ribossomos citoplasmáticos. O quarto rRNA, 5S, é codificado separadamente e transcrito fora do nucléolo. O sequenciamento do DNA que codifica o pré-rRNA 45S de diversas espécies mostrou que esses DNAs compartilham diversas propriedades, em todos os eucariotos. Primeiro, os genes de pré-rRNA estão organizados em longos arranjos em *tandem* separados por regiões espaçadoras não transcritas que variam em comprimento de cerca de 2 kb, nos sapos, até 30 kb, em humanos (Figura 8-36). Segundo, as regiões do genoma correspondentes aos três rRNAs maduros estão sempre ordenadas na mesma ordem 5′→3′: 18S, 5,8S e 28S. Terceiro, em todas as células eucarióticas (e mesmo nas bactérias), o gene de pré-rRNA codifica regiões que serão removidas durante o processamento e degradadas. Essas regiões provavelmente contribuem para o enovelamento correto dos rRNAs, e não são mais necessárias uma vez que o enovelamento esteja completo. A estrutura geral dos pré-rRNAs está ilustrada na Figura 8-37.

A síntese e grande parte do processamento do pré-rRNA ocorre no *nucléolo.* Quando os genes de pré-rRNA foram inicialmente identificados no nucléolo por hibridização *in situ*, ainda não se sabia se qualquer outro DNA era necessário para a formação do nucléolo. Experimentos posteriores com linhagens transgênicas de *Drosophila* demonstraram que uma única unidade transcricional completa de pré-rRNA induzia a formação de um pequeno nucléolo. Dessa forma, um único gene de pré-rRNA é suficiente como *organizador nucleolar*, e todos os outros componentes do ribossomo difundem para o pré-rRNA recém-formado. A estrutura do nucléolo observada por microscopia de luz polarizada e eletrônica resulta do processamento do pré-RNA e da formação das subunidades ribossômicas.

Pequenos RNAs nucleolares auxiliam o processamento das moléculas de pré-rRNA

A associação das subunidades do ribossomo, sua maturação e exportação para o citoplasma são melhor compreendidas na levedura *S. cerevisiae*. No entanto, aproximadamente todas as proteínas e moléculas de RNA envolvidas são altamente conservadas nos eucariotos multicelulares, onde os aspectos fundamentais da biossíntese dos ribossomos são provavelmente os mesmos. Assim como o pré-mRNA, os transcritos nascentes de pré-rRNA são imediatamente ligados por proteínas, formando partículas ribonucleoproteicas pré-ribossômicas (pré-rRNPs). Por razões ainda não conhecidas, a clivagem do pré-rRNA não é iniciada até que a transcrição do pré-rRNA esteja quase completa. Em leveduras, são necessários aproximadamente seis minutos para que o pré-rRNA seja transcrito. Uma vez que a transcrição esteja completa, o rRNA é clivado, e bases e riboses são modificadas em cerca de 10 segundos. Em uma célula de levedura em crescimento rápido, aproximadamente 40 pares de subunidades ribossômicas são sintetizados, processados e transportados ao citoplasma a cada segundo. Essa taxa extremamente alta de síntese de ribossomos, apesar do período aparentemente longo necessário para a transcrição do rRNA, é possível devido à associação dos genes de rRNA com moléculas de RNA-polimerase I que transcrevem o mesmo gene simultaneamente (ver Figura 8-36) e à presença de 100 a 200 desses genes no cromossomo XII, o organizador nucleolar de leveduras.

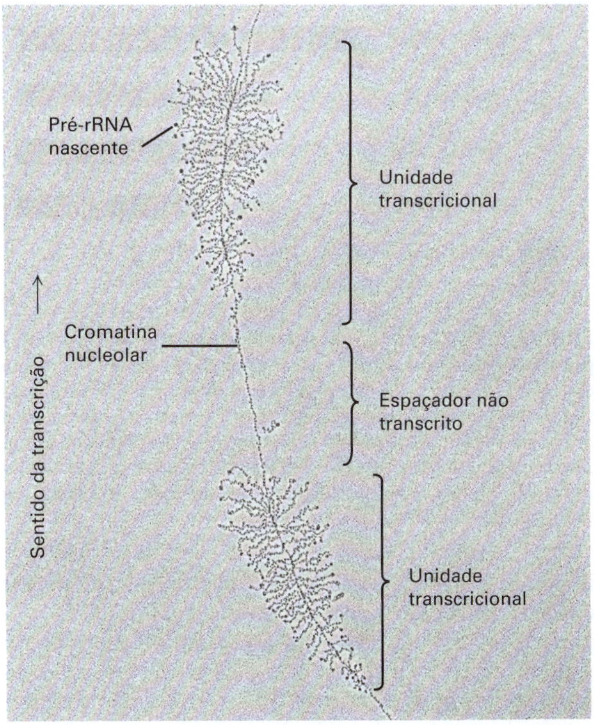

FIGURA 8-36 Micrografia eletrônica de unidades transcricionais de pré-rRNA em nucléolos de oócitos de sapo. Cada "pluma" representa múltiplas moléculas de pré-rRNA associadas com proteínas em um complexo de pré-ribonucleoproteína (pré-rRNP) emergindo de uma unidade transcricional. Observe os "nós" na extremidade 5′ de cada pré-RNP nascente, possivelmente um processomo. As unidades transcricionais pré-rRNA estão organizadas em sucessão, separadas por regiões intercalantes não transcritas de cromatina nucleolar. (Cortesia de Y. Osheim e O. J. Miller Jr.)

O transcrito primário de aproximadamente 7 kb é processado em uma série de etapas de clivagem e excisão de nucleotídeos que dão origem às moléculas de rRNA maduras observadas nos ribossomos (Figura 8-38). Durante o processamento, o pré-rRNA também é extensivamente modificado, principalmente por metilação dos grupamentos 2′-hidroxila de riboses específicas e conversão de resíduos específicos de uridina em pseudouridina. Provavelmente, essas modificações pós-transcricionais do rRNA são

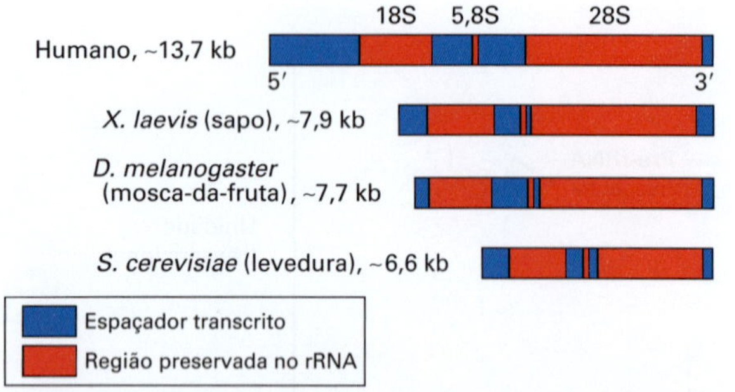

FIGURA 8-37 Estrutura geral das unidades transcricionais dos pré-rRNAs dos eucariotos. As três regiões codificadoras (vermelho) dos rRNAs 18S, 5,8S e 28S encontrados nos ribossomos dos eucariotos superiores e suas equivalentes em outras espécies. A ordem destas regiões codificadoras no genoma é sempre 5′→ 3′. Variações na extensão das regiões intercalantes transcritas (azul) são responsáveis pelas principais diferenças no comprimento das unidades de transcrição pré-rRNA entre os diferentes organismos.

importantes para a síntese de proteínas, pois são altamente conservadas. Praticamente todas essas modificações ocorrem na região central mais conservada do ribossomo, a região diretamente envolvida com a síntese de proteínas. As posições dos sítios específicos de 2′-O-metilação e de formação de pseudouridina são determinadas por aproximadamente 150 diferentes moléculas de pequenas espécies de RNA restritos ao nucléolo, denominados **pequenos RNAs nucleolares (snoRNA)**, que se hibridizam temporariamente a moléculas de pré-mRNA. Assim como os snRNAs atuam no processamento do pré-mRNA, os snoRNAs se associam a proteínas, formando partículas de ribonucleoproteínas chamadas snoRNPs. Uma classe de mais de 40 snoRNPs (contendo snoRNAs com *box* C + D) posiciona a enzima metiltransferase próxima aos sítios de metilação no pré-mRNA. Os vários snoRNAs *box* C +D diferentes controlam a metilação em diversos sítios por meio de mecanismos semelhantes. Compartilham uma sequência e características estruturais comuns e são ligados por um conjunto comum de proteínas. Uma ou duas regiões de cada um desses snoRNAs são precisamente complementares a sítios do pré-rRNA e direcionam a metiltransferase para riboses específicas presentes na região do híbrido (Figura 8-39a). A segunda principal classe de snoRNPs (contendo snoRNAs *box* H + ACA) é responsável pelo posicionamento da enzima que converte uridina em pseudouridina (Figura 8-39b). Essa conversão envolve a rotação do anel pirimídico (Figura 8-39c). As bases em cada um dos lados da uridina modificada no pré-rRNA formam pares de bases com bases presentes da região protuberante das alças das moléculas de snoRNA H + ACA, fazendo a uridina modificada projetar-se da região de hélice fita dupla, da mesma forma como o nucleotídeo A se projeta nos pontos de ramificação durante o *splicing* do pré-mRNA (ver Figura 8-10). Outras modificações dos nucleotídeos do pré-rRNA, como a dimetilação de nucleotídeos de adenina, são realizadas por enzimas específicas sem o auxílio de moléculas de snoRNA.

O snoRNA U3 compõe uma grande partícula snoRNP com aproximadamente 72 proteínas, chamada subunidade menor do processomo (SSU), que determina a clivagem nos sítios A_0, a clivagem inicial próxima à extremidade 5′ do pré-rRNA (ver Figura 8-38). O snoRNA U3 forma pares de bases com região a montante do pré-rRNA para especificar o local da clivagem. Acredita-se que o processomo forme o "nó 5′" visível em micrografias eletrônicas de moléculas de pré-rRNP (ver Figura 8-36). O pareamento de bases com outra molécula snoRNP especifica reações adicionais de clivagem que removem as regiões espaçadoras transcritas. A primeira clivagem que inicia o processamento dos rRNAs 5,8S e 25S da subunidade maior é realizada pela RNase MRP, complexo formado por nove proteínas e um RNA. Uma vez clivadas dos pré-rRNAs, essas sequências são degradadas pelas mesmas exonucleases nucleares 3′→5′ associadas aos exossomos que degradam os íntrons removidos das moléculas de pré-mRNA. Exonucleases nucleares 5′→3′ (Rat1; Xrn1) também removem algumas regiões do espaçador 5′.

Alguns snoRNAs são expressos a partir de seus próprios promotores pela RNA-polimerase II ou III. Notavelmente, no entanto, a grande maioria dos snoRNAs é processada a partir dos íntrons removidos dos genes que codificam mRNAs funcionais, que codificam proteínas envolvidas na síntese ou na tradução dos ribossomos. Alguns snoRNAs são processados a partir de íntrons removidos de mRNAs aparentemente não funcionais. Os genes que codificam esses mRNAs parecem existir apenas para expressar os snoRNAs a partir dos íntrons removidos.

Diferentemente dos genes 18S, 5,8S e 28S, os genes do rRNA 5S são transcritos pela RNA-polimerase III no nucleoplasma, fora do nucléolo. Passando por apenas um pequeno processamento adicional para a remoção de nucleotídeos na extremidade 3′, o rRNA 5S difunde para o nucléolo, onde se associa ao pré-rRNA precursor e permanece associado à região clivada que corresponde ao precursor da subunidade ribossômica maior.

A maior parte das proteínas ribossômicas da subunidade menor 40S do ribossomo se associa ao pré-rRNA nascente durante a transcrição (Figura 8-40). A clivagem do pré-rRNA completo no precursor RNP 90S libera a partícula pré-40S que requer apenas poucas outras etapas adicionais de remodelagem antes de ser transportada para o citoplasma. Quando a partícula pré-40S deixa o nucléolo, ela atravessa o nucleoplasma rapidamente e é exportada pelos complexos do poro nuclear (NPCs), como discutido a seguir. A maturação final da subunidade ribossômica menor ocorre no citoplasma: o processamento exonucleolítico do rRNA 20S na subunidade menor 18S madura pela exoribonuclease citoplasmática 5′→3′ Xrn1, e a dimetilação de dois nucleotídeos de adenina próximos à extremidade 3′ do rRNA 18S pela enzima citoplasmática Dim1.

Ao contrário da partícula pré-40S, o precursor da maior subunidade requer consideravelmente mais remodelagens por meio de um número maior de interações transitórias com proteínas não ribossômicas antes de se encontrar em estado suficientemente maduro para ser exportado para o citoplasma. Consequentemente, é necessário um período mais longo para a maturação da subunidade 60S para que ela saia do núcleo (30 minutos, em comparação com cinco minutos para a exportação da subunidade 40S,

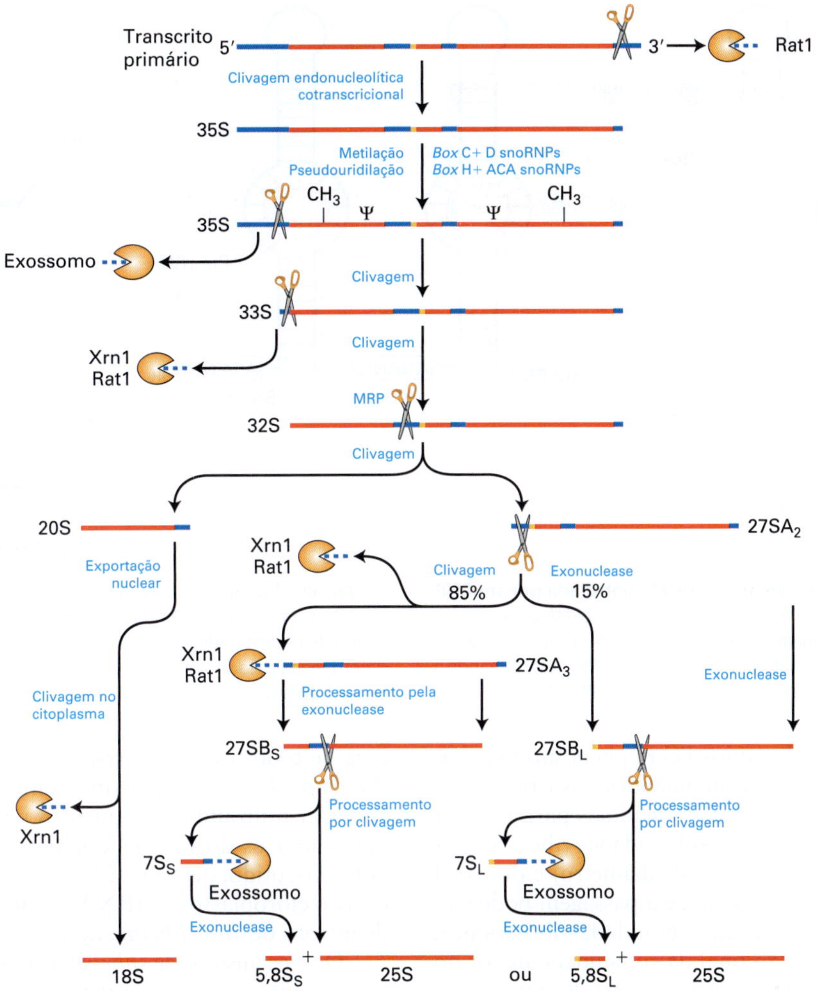

FIGURA 8-38 Processamento do rRNA. As endorribonucleases que realizam as clivagens internas estão representadas pelas tesouras. Exorribonucleases que digerem as moléculas a partir de uma extremidade, tanto 5′ quanto 3′, estão representadas como *Pac-Men*. A maior parte da metilação dos grupamentos 2′-*O*-ribose (CH_3) e a geração de pseudouridinas nas moléculas de rRNA ocorrem após a clivagem inicial na extremidade 3′ e antes da clivagem inicial na extremidade 5′. As proteínas e moléculas de snoRNP que sabidamente participam deste processo estão indicadas. (De J. Venema e D. Tollervey, 1999, *Ann. Rev. Genetics* **33**:261.)

em culturas de células humanas). Múltiplas RNA-helicases e pequenas proteínas G estão associadas com a maturação das subunidades pré-60S. Algumas RNA-helicases são necessárias para dissociar as partículas snoRNPs que se pareiam perfeitamente com o pré-rRNA ao longo de até 30 pares de bases. Outras RNA-helicases podem atuar no rompimento das interações proteína-RNA. A necessidade de tantas GTPases sugere a existência de diversos pontos de verificação e controle de qualidade na formação e remodelagem da subunidade maior RNP, onde uma etapa deve ser completada antes que a GTPase seja ativada para permitir que a próxima etapa seja iniciada. Membros da família **ATPase AAA** também fazem interações transitórias. Essa classe de proteínas está frequentemente envolvida em grandes movimentos moleculares e pode ser necessária para o enovelamento de rRNAs maiores e complexos na sua conformação apropriada. Algumas etapas da maturação da subunidade 60S ocorrem no nucleoplasma, durante a passagem a partir do nucléolo até os complexos do poro nuclear (ver Figura 8-40). Muito ainda precisa ser compreendido acerca do complexo, fascinante e essencial processo de remodelagem que ocorre durante a formação das subunidades ribossômicas.

A subunidade ribossômica maior é uma das maiores estruturas que atravessam os complexos do poro nuclear. A maturação da subunidade maior no nucleoplasma dá origem a sítios de ligação para uma proteína adaptadora de exportação nuclear, Nmd3. A Nmd3 está ligada à proteína de transporte nuclear Exportina1 (também chamada Crm1). Essa é outra etapa de controle de qualidade, pois apenas as subunidades unidas corretamente podem se ligar à Nmd3 e ser exportadas. A menor subunidade do mRNP exportador (NXT1) também se associa à subunidade ribossômica maior quase madura. Esses transportadores nucleares interagem com os domínios FG das nucleoporinas FG. Esse mecanismo permite a imersão na massa de moléculas que preenche a maior parte do canal central dos NPC (ver Figura 8-20). Diversas nucleopo-

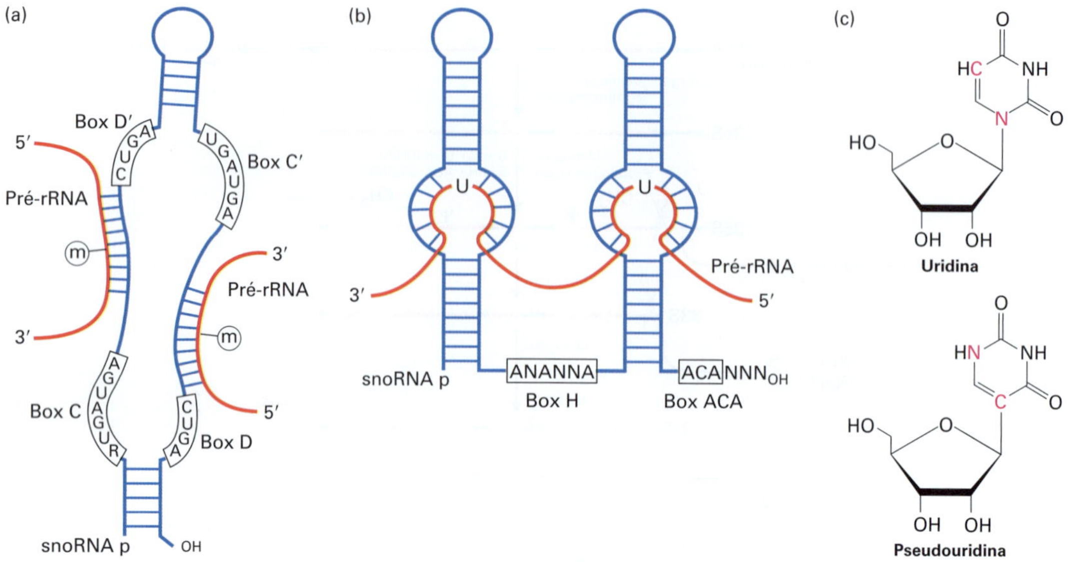

FIGURA 8-39 Modificação do pré-rRNA controlada por snoRNP. (a) Uma molécula de snoRNA chamada Box C+D snoRNA está envolvida na *O*-metilação do grupamento ribose 2′. Sequências desta molécula de snoRNA se hibridizam em duas regiões do pré-rRNA, determinando a metilação nos sítios indicados. (b) Moléculas de snoRNA Box H+ACA se dobram em duas alças rígidas com as regiões centrais das alças como fita simples. O Pré-rRNA se hibridiza às regiões de fita simples, demarcando o local de pseudouridilação. (c) Conversão de uridina em pseudouridina, determinada pelo snoRNA Box H+ACA em (b). (Parte (a) de T. Kiss, 2001, *EMBO J.* **20**:3617. Parte (b) de U. T. Meier, 2005, *Chromosoma* **114**:1.)

rinas específicas sem domínios FG também são necessárias para a exportação das subunidades dos ribossomos e podem ter funções específicas adicionais para realizar essa tarefa. As dimensões das subunidades ribossômicas (aproximadamente 25 a 30 nm de diâmetro) e do canal central do NPC são semelhantes, e a passagem pode não requerer a distorção nem da subunidade ribossômica, nem do canal. Maturação final da subunidade maior no citoplasma inclui a remoção desses fatores de exportação. Assim como para a exportação da maioria das macromoléculas a partir do núcleo, incluindo tRNAs e pré-mRNAs (mas não mRNPs), a exportação das subunidades ribossômicas requer a função de uma pequena proteína G chamada Ran, como será discutido no Capítulo 13.

Os íntrons de *autosplicing* do grupo I foram os primeiros exemplos do RNA catalítico

Durante a década de 1970, foi descoberto que os genes que codificam os pré-rRNAs no protozoário *Tetrahymena thermophila* contêm um íntron. Mesmo pesquisas detalhadas foram infrutíferas na tentativa de encontrar um único gene de pré-rRNA que não apresentasse sequências adicionais, indicando que o *splicing* é necessário para a produção de rRNAs maduros nesses organismos. Em 1982, estudos *in vitro* mostrando que o pré-rRNA havia sofrido *splicing* nos sítios corretos na ausência de qualquer proteína forneceram a primeira indicação de que, assim como as enzimas, o RNA pode funcionar como catalisador.

Uma grande quantidade de sequências de *autosplicing* foi depois identificada nos pré-rRNAs de outros organismos unicelulares, nos pré-rRNAs mitocondriais e de cloroplastos, em vários pré-mRNAs de determinados bacteriófagos de *E. coli* e em alguns transcritos primários de tRNA bacterianos. As sequências de *autosplicing* de todos esses precursores, referidos como *íntrons do grupo I*, usam guanosina como cofator e podem se enovelar utilizando pareamentos internos de bases para aproximar os dois éxons que devem ser unidos. Como já foi discutido, determinados pré-mRNAs (de mitocôndrias e cloroplastos) e tRNAs contêm um segundo tipo de íntrons de *autosplicing*, designado grupo II.

Os mecanismos de *splicing* utilizados pelos íntrons do grupo I, íntrons do grupo II e spliceossomos são bastante similares e envolvem duas reações de transesterificação que necessitam de aporte de energia (Figura 8-41). Estudos estruturais dos íntrons do grupo I do pré-rRNA de *Tetrahymena*, combinados com experimentos bioquímicos e de mutagênese, revelaram que o RNA se enovela em uma estrutura tridimensional precisa que, assim como as enzimas proteicas, contém sulcos para a ligação de substratos e regiões inacessíveis aos solventes, que atuam na catálise. Os íntrons do grupo I atuam como metaloenzima para a exata orientação dos átomos que participam nas duas reações de transesterificação, adjacentes aos íons catalíticos Mg^{2+}. Um conjunto considerável de evidências atualmente indica que o *splicing* dos íntrons do grupo II e de snRNAs no spliceossomo também envolvem a ligação de íons Mg^{2+} catalíticos. Tanto nos íntrons de *autosplicing* do grupo I quanto nos do grupo II e, provavelmente, nos spliceossomos, o RNA atua como **ribozima**, sequência de RNA com capacidade catalítica.

Os pré-tRNAs sofrem extensas modificações no núcleo

Os tRNAs citosólicos maduros, com comprimento médio de 75 a 80 nucleotídeos, são produzidos a partir de precursores maiores (pré-tRNAs) sintetizados pela RNA-polimerase III no nucleoplasma. Os tRNAs maduros também

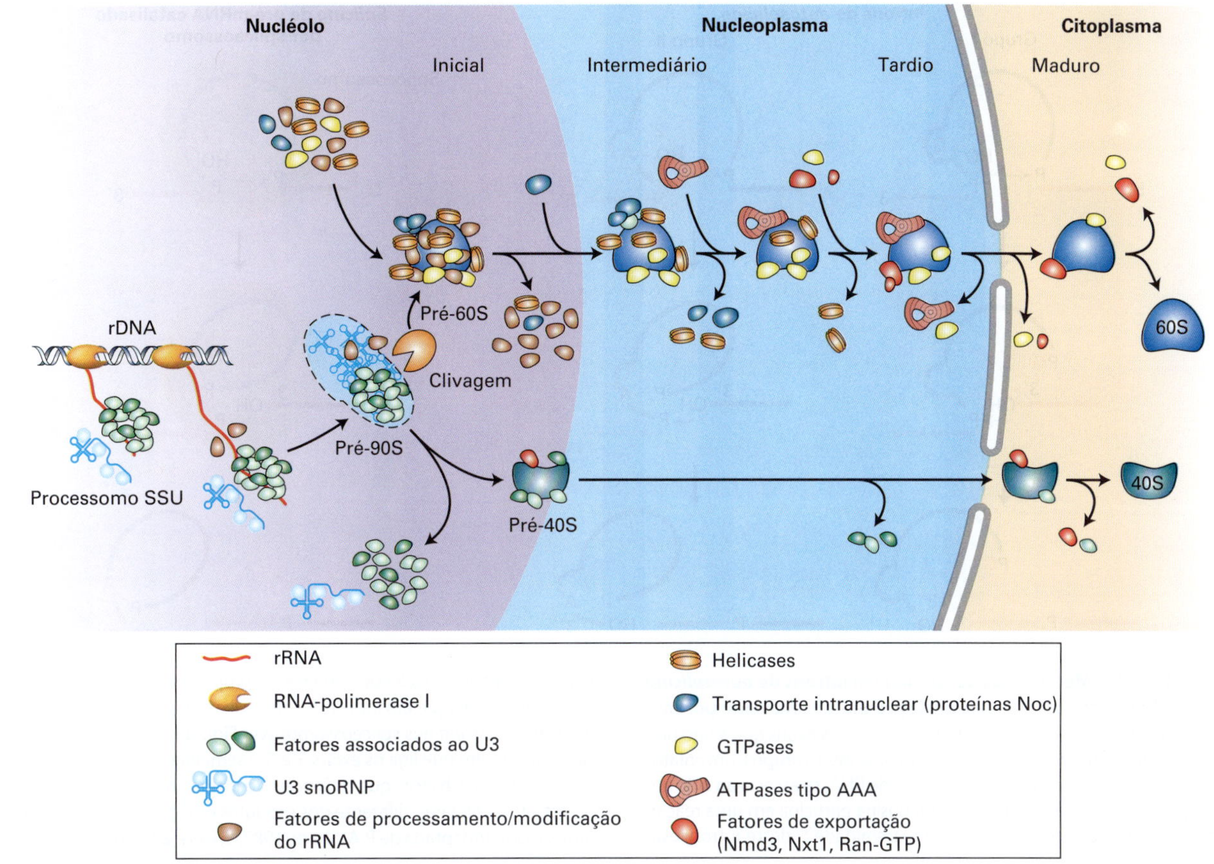

FIGURA 8-40 Formação das subunidades dos ribossomos. As proteínas ribossômicas e moléculas de RNA nas subunidades ribossômicas menores e maiores em maturação estão representadas em azul, em formatos similares à representação das subunidades maduras no citoplasma. Outros fatores que se associam de modo transitório com as subunidades em maturação estão representados em diferentes cores, como indicado na legenda. (De H. Tschochner e E. Hurt, 2003, *Trends Cell Biol.* **13**:255.)

contêm numerosas bases modificadas que não estão presentes nos transcritos primários do tRNA. A clivagem e as modificações de bases ocorrem durante o processamento de todos os pré-tRNAs; alguns pré-tRNAs também sofrem *splicing* durante o processamento. Todos estes eventos de processamento e de modificações ocorrem no núcleo.

Uma sequência 5′ de tamanho variável, ausente nos tRNAs maduros, está presente em todos os pré-tRNAs (Figura 8-42). Isto ocorre porque a extremidade 5′ dos tRNAs maduros é gerada por meio da clivagem endonucleolítica especificada pela estrutura tridimensional do tRNA, e não por um sítio de iniciação da transcrição. Esses nucleotídeos 5′ extras são removidos por uma ribonuclease P (RNase P), uma endonuclease ribonucleoproteica. Estudos realizados com a RNase P de *E. coli* indicam que, em presença de altas concentrações de Mg^{2+}, o componente RNA sozinho pode reconhecer e clivar os pré-tRNAs de *E. coli*. O polipeptídeo RNase P aumenta a taxa de clivagem catalisada pelo RNA, permitindo que este funcione em concentrações fisiológicas de Mg^{2+}. Uma RNase P semelhante atua nos eucariotos.

Aproximadamente 10% das bases de um pré-tRNA são modificadas enzimaticamente durante o processamento. Ocorrem três classes de modificações (Figura 8-42): (1) substituição de resíduos U da extremidade 3′ do pré-tRNA por uma sequência CCA. A sequência CCA é encontrada na extremidade 3′ de todos os tRNAs, e é necessária para seu carregamento mediado pelas aminoacil-tRNA sintetases durante a síntese de proteínas. Esta etapa da síntese de tRNAs atua como ponto de controle de qualidade, uma vez que apenas os tRNAs corretamente enovelados são reconhecidos pela enzima de adição CCA. (2) Adição de grupamentos metila e isopentenil ao anel heterocíclico de bases de purinas, e a metilação do grupamento 2′-OH à ribose de diferentes resíduos. (3) Conversão de uridinas específicas em di-hidrouridinas, pseudouridinas ou resíduos ribotimidina. As funções das modificações das bases e da ribose ainda não são compreendidas, mas, uma vez que são altamente conservadas, provavelmente têm efeito positivo na síntese de proteínas.

Como ilustrado na Figura 8-42, em leveduras, o pré-tRNA expresso a partir do gene de tRNA da tirosina ($tRNA^{Tyr}$) contém um íntron de 14 pares de bases que não está presente no $tRNA^{Tyr}$ maduro. Alguns outros genes de tRNA de eucariotos, e alguns genes de tRNA de arqueobactérias, também contêm íntrons. Os íntrons dos pré-tRNAs nucleares são menores do que os íntrons dos pré-mRNAs e não possuem as sequências consenso de sítios de *splicing* encontradas nos pré-mRNAs (ver Figura 8-7). Os íntrons dos pré-tRNAs também são claramente

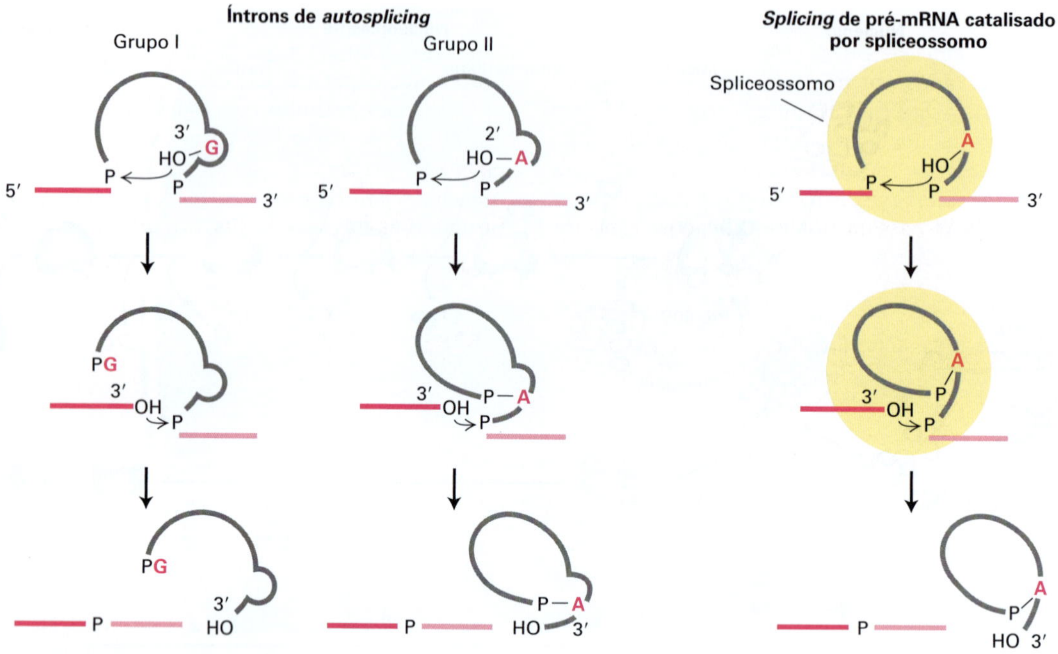

FIGURA 8-41 Mecanismos de *splicing* em íntrons de *autosplicing* do grupo I e do grupo II e de *splicing* de pré-mRNA catalisado por spliceossomo. O íntron está representado em cinza, os éxons que serão unidos estão representados em vermelho. Nos íntrons do grupo I, um cofator guanosina (G), que não faz parte da cadeia de RNA, se associa ao sítio ativo. O grupamento 3′-hidroxila desta guanosina participa em uma reação de transesterificação com o fosfato da extremidade 5′ deste íntron; esta reação é análoga à reação que envolve os grupamentos 2′-hidroxila do A do sítio de ramificação em íntrons do grupo II e em íntrons do pré-mRNAs que sofrem *splicing* nos spliceossomos (ver Figura 8-8). A transesterificação subsequente que liga os éxons 5′ e 3′ é semelhante nos três mecanismos de *splicing*. Observe que os íntrons do grupo I que sofreram *splicing* são estruturas lineares, diferente dos produtos em forma de laço dos dois outros casos. (Adaptada de P. A. Sharp, 1987, *Science* **235**:769.)

diferentes dos íntrons de *autosplicing* do grupo I e II, que são bem maiores e são encontrados nos pré-rRNAs dos cloroplastos e das mitocôndrias. O mecanismo de *splicing* nos pré-tRNAs difere em três pontos fundamentais daquele utilizado pelos íntrons de *autosplicing* e pelos spliceossomos (ver Figura 8-41). Primeiro, o *splicing* dos pré-tRNAs é catalisado por proteínas, e não por RNAs. Segundo, um íntron de pré-tRNA é removido em uma única etapa que envolve a clivagem simultânea em ambas as extremidades do íntron. Por fim, a hidrólise de GTP e ATP é necessária para a junção das duas metades do tRNA geradas pela clivagem nos dois lados do íntron.

Após o seu processamento no nucleoplasma, os tRNAs maduros são transportados para o citoplasma pelos complexos do poro nuclear, com a Exportina-t, como já discutido. No citoplasma, os tRNAs se unem às aminoacil-tRNA sintases, aos fatores de elongação e aos ribossomos, ao longo da síntese de proteínas (Capítulo 4). Assim, os tRNAs geralmente estão associados a proteínas, permanecendo pouco tempo livres nas células, assim como os mRNAs e os rRNAs.

Os corpúsculos nucleares são domínios funcionalmente especializados do núcleo

A visualização em alta resolução dos núcleos de células de plantas e de animais por meio de microscopia eletrônica, e posterior marcação com anticorpos fluorescentes, revelou domínios adicionais nos núcleos, além do território dos cromossomos e do nucléolo. Esses domínios especializados do núcleo, chamados **corpúsculos nucleares**, não são delimitados por membranas, sendo regiões de alta concentração de proteínas e RNAs específicos que formam estruturas distintas e esféricas no interior do núcleo. Os corpúsculos nucleares mais proeminentes são os nucléolos, o local de síntese e associação das subunidades ribossômicas discutidas anteriormente. Diversos outros tipos de corpúsculos nucleares já foram descritos em estudos estruturais.

Experimentos com proteínas nucleares marcadas por fluorescência revelaram que o núcleo é um ambiente altamente dinâmico, com a rápida difusão de proteínas através do nucleoplasma. Proteínas associadas aos corpúsculos nucleares também são frequentemente observadas em menores concentrações no nucleoplasma, fora dos corpúsculos nucleares, e estudos de fluorescência indicam que elas difundem para dentro e para fora destas estruturas. Com base nessas medidas de mobilidade molecular nas células vivas, os corpúsculos nucleares puderam ser modelados matematicamente conforme o esperado para o estado estacionário de difusão de proteínas que interagem com afinidade suficiente para dar origem a regiões de organização independente e com altas concentrações de proteína específicas, mas com afinidade baixa o suficiente para que essas proteínas sejam capazes de se associarem à estrutura e se dissociarem dela. Nas imagens de micrografias eletrônicas, essas estruturas parecem ser uma rede heterogênea e intrincada, similar a uma esponja, de componentes que interagem entre si. Aqui serão discutidos alguns exemplos de corpúsculos nucleares.

Corpúsculos de Cajal Os corpúsculos de Cajal são estruturas esféricas de aproximadamente 0.2 a 1 μm, que vêm sendo observados nos núcleos maiores há mais de um século (Figura 8-43). Pesquisas recentes indicam que, assim como os nucléolos, os corpúsculos de Cajal são centros para a formação de complexos RNP para snRNPs do spliceossomo e outros RNPs. Assim como os rRNAs, os snRNAs passam por modificações específicas, como a conversão de resíduos específicos de uridina em pseudouridina, e a adição de grupamentos metila aos grupamentos 2′-hidroxila de riboses específicas. Essas modificações pós-transcricionais são importantes para a formação correta e para funcionamento dos snRNPs no *splicing* do pré-mRNA. Essas modificações ocorrem nos corpúsculos de Cajal, onde são controladas por uma classe de moléculas guias de RNA semelhantes ao snoRNA, chamadas *scaRNAs* (do inglês, *small Cajal body-associated RNAs*). Também há evidências de que os corpúsculos de Cajal sejam o local da associação novamente dos complexos U4/U6/U5 tri-snRNP necessários para o *splicing* do pré-mRNA a partir dos snRNPs U4, U5 e U6 livres, liberados durante a remoção de cada íntron (ver Figura 8-11). Uma vez que os corpúsculos de Cajal também contêm alta concentração de *U7 snRNP* envolvida no processamento especializado da extremidade 3′ da principal histona do mRNA, é provável que esse processo também ocorra nos corpúsculos de Cajal, assim como também podem ocorrer a formação da RNP telomerase.

Grânulos nucleares Os grânulos nucleares foram observados por meio de anticorpos marcados com fluorescência contra proteínas snRNP e outras proteínas envolvidas no *splicing* do pré-mRNA. Os grânulos nucleares consistem em aproximadamente 25 a 50 estruturas irregulares e amorfas, com 0,5 a 2 μm de diâmetro, distribuídos por todo o nucleoplasma das células dos vertebrados. Uma vez que esses grânulos não estão localizados nos locais de *splicing* do pré-mRNA simultâneo à transcrição, os quais são fortemente associados à cromatina, acredita-se que eles sejam regiões de armazenamento de snRNPs e proteínas envolvidas no *splicing* do pré-mRNA e liberadas nos nucleoplasma quando necessárias.

Corpúsculos nucleares da leucemia pró-mielocítica (PML) O gene *PML* foi originalmente descoberto quando translocações de cromossomos ao longo do gene foram observadas nas células leucêmicas de pacientes com a rara doença leucemia pró-mielocítica (PML). Quando anticorpos específicos para a proteína PML foram utilizados em estudos de microscopia de fluorescência, a proteína foi localizada em aproximadamente 10 a 30 regiões esféricas de 0.3 a 1 μm de diâmetro no núcleo das células de mamíferos. Diversas funções foram propostas para esses corpúsculos nucleares PML, mas começa a haver consenso de que eles são sítios de formação e modificação de complexos de proteínas envolvidos no reparo do DNA e na indução da apoptose. Por exemplo, a importante proteína supressora de tumores, p53, parece sofrer modificações pós-tradução, por fosforilação e acetilação, nos corpúsculos nucleares PML, em resposta a danos no DNA, aumentando a sua capacidade de ativar a expressão de genes de resposta a danos no DNA. Corpúsculos nucleares PML também são necessários para as defesas celulares contra vírus de DNA que são induzidos por interferons; proteínas secretadas pelas células infectadas pelos vírus e por células T envolvidas na resposta imune (ver Capítulo 23).

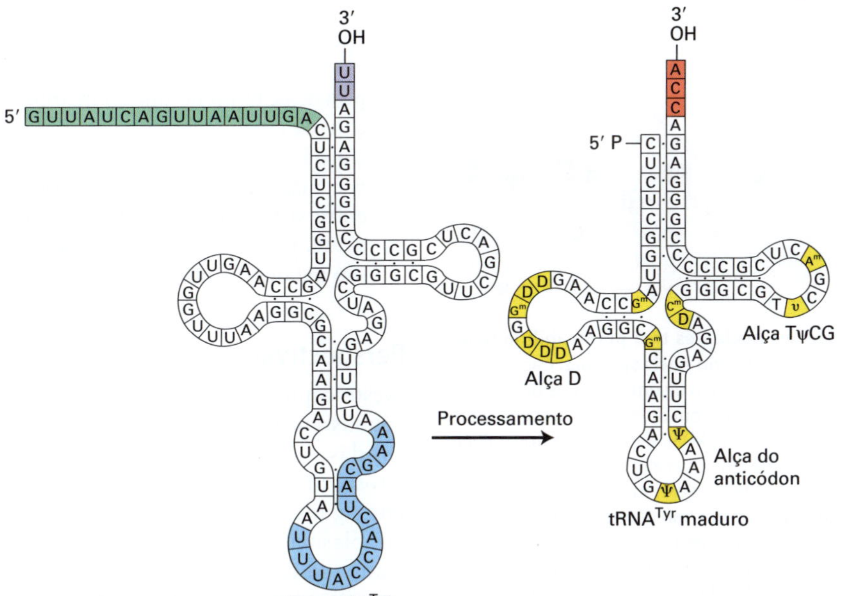

FIGURA 8-42 Alterações que ocorrem durante o processamento do pré-tRNA de tirosina. Um íntron de 14 nucleotídeos (azul) é removido da alça anticódon por *splicing*. Uma sequência de 16 nucleotídeos (verde) na extremidade 5′ é clivada pela RNase P. Os resíduos U da extremidade 3′ são substituídos por uma sequência CCA (vermelho) observada em todos os tRNAs maduros. Várias bases nas alças rígidas são convertidas em bases modificadas características (amarelo). Nem todos os pré-tRNAs contêm íntrons que sofrem *splicing* durante o processamento; no entanto, todos passam pelos outros tipos de alterações mostradas aqui. D = di-hidrouridina; ψ= pseudouridina.

Os corpúsculos nucleares PML também são o local da modificação pós-tradução de proteínas pela adição de uma pequena proteína semelhante à ubiquitina, chamada *SUMO1* (do inglês *small ubiquitin-like moiety-1*), que controla a atividade e a localização subcelular de proteínas modificadas. Diversos ativadores da transcrição são inibidos quando são sumoilados, e mutações nos seus sítios de sumoilação aumentam a sua atividade de estimulação da transcrição. Essas observações indicam que os corpúsculos nucleares PML estão envolvidos em um mecanismo de repressão da transcrição ainda não completamente estudado nem compreendido.

Funções nucleolares além da síntese de subunidades ribossômicas Os primeiros corpúsculos nucleares observados, os nucléolos, podem ter regiões especializadas de subestruturas dedicadas a funções distintas da biogênese de ribossomos. Existem evidências de que os complexos ribonucleoproteicos SRP imaturos envolvidos na secreção de proteínas e na inserção de proteínas na membrana do RE (Capítulo 13) são formados nos nucléolos e então exportados para o citoplasma, onde sua maturação final ocorre. A proteína fosfatase Cdc14, que regula processos nos estágios finais da mitose, é sequestrada nos nucléolos das células de leveduras até os cromossomos terem sido segregados adequadamente na célula em brotamento (Capítulo 19). Além disso, uma proteína supressora de tumores chamada ARF, envolvida na regulação da proteína codificada pelo gene humano cujas mutações estão mais frequentemente associadas ao câncer, p53, também é sequestrada no nucléolo e liberada em resposta a danos no DNA (Capítulo 24). Também, a heterocromatina frequentemente se forma na superfície do nucléolo (Figura 6-33), sugerindo que proteínas associadas com os nucléolos também participam da formação dessa estrutura de repressão da cromatina.

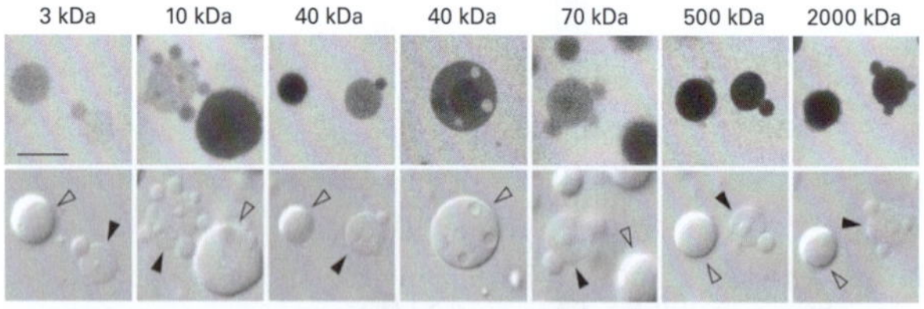

FIGURA 8-43 Corpúsculos nucleares têm permeabilidade diferenciada às moléculas presentes no nucleoplasma. Cada par de painéis mostra uma única área do núcleo de um oócito de uma célula viva de *Xenopus* previamente injetada com dextran fluorescente com a massa molecular indicada (3 a 2.000 kDa). Cada sessão dos painéis superiores é uma imagem confocal na qual a intensidade da fluorescência corresponde à concentração de dextran (ou seja, as áreas escuras correspondem às áreas onde o dextran não está presente). Cada sessão dos painéis inferiores é uma imagem de contraste diferencial de interferência da mesma área. As setas vazadas indicam os nucléolos, as setas sólidas indicam os corpúsculos de Cajal (CBs) com grânulos nucleares associados muito maiores nos oócitos de *Xenopus* que na maior parte das células somáticas. Moléculas de dextran de baixa massa molecular (p. ex., 3 kDa) penetram quase completamente os CBs, mas são excluídas dos grânulos nucleares e dos nucléolos. A exclusão do dextran aumenta com o aumento da massa molecular. Barra = 10 μm. (De K. E. Handwerger et al., 2005, *Mol. Biol. Cell* **16**:202.)

CONCEITOS-CHAVE da Seção 8.5

Processamento do rRNA e tRNA

- Um grande pré-rRNA precursor (13,7 kb em humanos) sintetizado pela RNA-polimerase I sofre clivagem, digestão exonucleolítica e modificações de bases para dar origem aos rRNAs 28S, 18S, e 5,8S maduros, que se associam às proteínas ribossômicas, formando as subunidades dos ribossomos.
- A síntese e o processamento do pré-rRNA ocorrem no nucléolo. O rRNA 5S, componente da subunidade ribossômica maior, é sintetizado no nucleoplasma pela RNA-polimerase III.
- Aproximadamente 150 snoRNAs, associado a proteínas nos snoRNPs, formam pares de bases com sítios específicos do pré-rRNA, onde direcionam a metilação da ribose, as modificações da uridina em pseudouridina, e a clivagem em sítios específicos durante o processamento do rRNA no nucléolo.
- Os íntrons de *autosplicing* dos grupos I e II, e provavelmente os snRNAs nos spliceossomos, agem todos como ribozimas, ou sequências de RNA cataliticamente ativas, que realizam o *splicing* por meio de reações análogas de transesterificação na presença de íons de Mg^{2+} ligados (ver Figura 8-41).
- As moléculas de pré-tRNA sintetizadas pela RNA-polimerase III no nucleoplasma são processadas pela remoção da sequência presente na extremidade 5′, pela adição de CCA à extremidade 3′ e por modificações de diversas bases internas (ver Figura 8-42).
- Algumas moléculas de pré-tRNA contêm um íntron curto removido por um mecanismo catalisado por proteína distinto do *splicing* do pré-mRNA e dos íntrons de *autosplicing*.
- Todas as espécies de moléculas de RNA se associam a proteínas em diversos tipos de partículas ribonucleoproteicas, tanto no núcleo quanto após a sua exportação para o citoplasma.
- Corpúsculos nucleares são regiões funcionalmente especializadas do núcleo, onde proteínas que interagem entre si formam estruturas de organização independente. Diversos desses corpúsculos, como o nucléolo, são regiões de formação de complexos RNP.

Perspectivas

Neste capítulo, e no capítulo anterior, foi visto que nas células eucarióticas as moléculas de mRNA são sintetizadas e processadas no núcleo, transportadas para o citosol através dos complexos do poro nuclear, e então, em alguns casos, transportadas até áreas específicas do citoplasma antes de serem traduzidas pelos ribossomos. Cada um desses processos fundamentais é realizado por complexos macromoleculares compostos por várias proteínas e, em muitos casos, também por RNA. A complexidade dessas máquinas macromoleculares garante a acurácia do processo de localização de promotores e de sítios de *splicing* ao longo da extensão das sequências de DNA e de RNA, e fornece vários mecanismos para a regulação da síntese de uma cadeia polipeptídica. Muito ainda precisa ser compreendido acerca da estrutura, do funcionamento e regulação de complexos tão complexos como os spliceossomos e o sistema de clivagem e poliadenilação.

Exemplos recentes da regulação do *splicing* do pré-mRNA levantaram a questão sobre como os sinais extracelulares podem controlar tais eventos, especialmente no sistema nervoso de vertebrados. Um exemplo dessa situação notável ocorre na orelha interna de galinhas, onde múltiplas isoformas do canal de K^+ ativado por Ca^{2+}, chamadas *Slo*, são produzidas por meio do *splicing* alternativo do RNA. Interações entre as células parecem informar cada célula sobre a sua posição na cóclea, induzindo o *splicing* alternativo do pré-mRNA Slo. O desafio enfrentado pelos pesquisadores é descobrir como essas interações célula-célula regulam a atividade dos fatores de processamento do RNA.

O mecanismo de transporte do mRNP pelos complexos do poro nuclear impõe diversas questões intrigantes. Pesquisas futuras provavelmente revelarão atividades adicionais das proteínas hnRNP e mRNP nucleares, esclarecendo seus mecanismos de ação. Por exemplo, existe uma pequena família de genes que codificam proteínas homólogas à subunidade maior do exportador de mRNA. Quais são as funções dessas proteínas relacionadas? Elas participam do transporte de grupos comuns de mRNPs? Algumas proteínas hnRNP contêm sinais de retenção no núcleo que previnem a sua exportação do núcleo quando fusionadas a proteínas hnRNP que apresentam sinais de exportação nuclear (NES, do inglês *nuclear-export signals*). Como essas proteínas hnRNP são removidas seletivamente das moléculas de mRNA processadas no núcleo, permitindo que o mRNA seja transportado para o citoplasma?

A localização de determinadas moléculas de mRNA a locais subcelulares específicos é fundamental para o desenvolvimento de organismos multicelulares. Conforme será discutido no Capítulo 21, durante o desenvolvimento, uma célula individual frequentemente se divide em células-filhas com funções distintas. Em termos de biologia do desenvolvimento, diz-se que cada uma das células-filhas tem um destino de desenvolvimento distinto. Em diversos casos, essa diferença no destino de desenvolvimento resulta da localização de mRNA em uma região da célula antes da mitose, para que após a divisão ele esteja presente em uma célula-filha e ausente na outra. Diversos trabalhos de pesquisa ainda precisam ser feitos para a completa compreensão dos mecanismos moleculares que controlam a localização do mRNA, processo essencial para o desenvolvimento normal de organismos multicelulares.

Algumas das descobertas recentes mais empolgantes e inesperadas na área da biologia molecular e celular trataram da existência e função de moléculas de miRNA e o processo de RNA de interferência. O RNA de interferência (RNAi) confere aos biólogos moleculares e celulares um método poderoso para o estudo da função de genes. A descoberta de aproximadamente 500 miRNAs em humanos e outros organismos sugere que muitos exemplos significativos de controle da tradução por meio desses mecanismos ainda precisam ser caracterizados. Estudos recentes em *S. pombe* e plantas implicam moléculas similares de pequenos RNAs nucleares com o controle da metilação do DNA e a formação da heterocromatina. Processos similares de controle da expressão gênica por meio da formação da heterocromatina estão presentes em humanos e outros animais? Quais outros processos de regulação podem ser mediados por outros tipos de moléculas de RNA? Uma vez que esses mecanismos de controle dependem do pareamento de bases entre o miRNA e o mRNA alvo ou gene-alvo, métodos de genômica e bioinformática podem sugerir genes que possam ser controlados por esses mecanismos. Quais outros processos, além do controle da transcrição, degradação do mRNA, e formação da heterocromatina, podem ser controlados por miRNAs?

Essas questões são apenas algumas sobre o processamento do RNA, controle pós-transcricional e transporte nuclear que irão desafiar os biólogos moleculares e celulares nas próximas décadas. As descobertas fascinantes de mecanismos completamente inesperados de controle gênico por moléculas de miRNA nos lembram de que muitas outras surpresas podem surgir no futuro.

Termos-chave

Revisão dos conceitos

1. Descreva três tipos de controle pós-transcricional de genes que codificam proteínas.
2. Verdadeiro ou falso? O CTD é responsável pelas etapas de processamento do mRNA que são específicas para o mRNA e não para outras formas de RNA. Explique.
3. Existem sequências conservadas observadas no mRNA que determinam o local de ocorrência do *splicing*. Qual é a localização destas sequências em relação à junção éxon/íntron? Qual é a importância dessas sequências no processo de *splicing*? Uma dessas importantes regiões é o ponto de ramificação A, localizado no íntron. Qual é o papel do ponto de ramificação A no processo de *splicing*, e esse processo

pode ser realizado na presença de grupamentos OH no carbono 2′ ou 3′?

4. Qual é a diferença entre hnRNA, snRNA, miRNA, siRNA e snoRNA?
5. Quais são as semelhanças entre os mecanismos de *splicing* dos íntrons de *autosplicing* do grupo II e do spliceossomo? Qual é a evidência da relação evolutiva entre esses processos?
6. Obtém-se uma sequência de um gene contendo 10 éxons, 9 íntrons, e uma região 3′ UTR contendo uma sequência consenso de poliadenilação. O quinto íntron também contém um sítio de poliadenilação. Para testar a funcionalidade dos dois sítios de poliadenilação, é isolado mRNA e detectado um transcrito longo nos tecidos musculares, e um transcrito mais curto nos demais tecidos. Quais são os mecanismos envolvidos na produção desses transcritos distintos?
7. A edição do RNA é um processo comum que ocorre na mitocôndria de tripanossomos e plantas, nos cloroplastos, e, em casos raros, nos eucariotos superiores. O que é a edição do RNA, e quais são os seus benefícios demonstrados no exemplo da proteína apoB em humanos?
8. Como o DNA se encontra no núcleo, a transcrição é um processo localizado no núcleo. Os ribossomos são responsáveis pela síntese de proteínas no citoplasma. Por que o tráfego de hnRNP ao citoplasma está restrito aos complexos do poro nuclear? Como as repetições FG dos complexos do poro nuclear atuam como barreiras seletivas no transporte nuclear?
9. Um complexo proteico nuclear é responsável pelo transporte de moléculas de mRNA para o citoplasma. Descreva as proteínas que compõem esse transportador. Quais são os dois grupos de proteínas provavelmente responsáveis pelos mecanismos envolvidos no movimento direcional do mRNP e do exportador no citosol?
10. O processo de RNA *knockdown* se tornou uma ferramenta importante dentre os métodos de interferência da expressão gênica. Descreva brevemente como a expressão gênica pode ser atenuada. Quais são os efeitos da introdução de siRNAs no TSC1 em células humanas?
11. Especule por que plantas deficientes na atividade da proteína Dicer apresentam maior sensibilidade a infecções por vírus de RNA.
12. A estabilidade do mRNA é um fator essencial na regulação dos níveis de proteínas nas células. Descreva brevemente as três vias de degradação do mRNA. Uma célula de levedura apresenta mutação no gene DCP1, resultando na diminuição da atividade de remoção do quepe. Você esperaria observar alguma alteração nos corpúsculos P desta célula mutante?
13. A especificação da localização do mRNA parece agora ser um fenômeno comum. Quais são os seus benefícios para a célula? Qual é a evidência de que algumas moléculas de mRNA se acumulam em localizações subcelulares específicas?

Análise dos dados

A maioria das pessoas está infectada pelo vírus herpes simplex 1 (HSV-1), causador de pequenas bolhas nos lábios e ao redor da boca. O genoma do HSV-1 contém aproximadamente 100 genes, a maior parte dos quais é expressa na célula hospedeira, no local da infecção oral. O processo de infecção envolve a replicação do DNA viral, a transcrição e tradução dos genes do vírus, a formação de novas partículas virais e a morte da célula hospedeira durante a liberação da progênie do vírus. Diferente dos demais vírus, o vírus de herpes também apresenta uma fase de latência, na qual o vírus permanece escondido nos neurônios. Os neurônios com infecção latente são a fonte de infecção ativa, causando os ferimentos típicos da herpes quando a latência é rompida.

É interessante notar que apenas um único transcrito viral é expresso durante a latência. Esse transcrito, *LAT* (do inglês *latency-associated transcript*), não codifica uma proteína, e neurônios infectados com formas latentes do HSV-1 sem o gene *LAT* sofrem morte celular por apoptose duas vezes mais rápida que as células infectadas com o vírus tipo selvagem. Para determinar se as funções do gene *LAT* envolvem o bloqueio da apoptose pela codificação de um miRNA, os seguintes estudos foram realizados (ver Gupta et al., 2006, *Nature* **442**:82-85).

a. Uma linhagem celular foi transfectada (processo que insere uma molécula de DNA na célula) com um vetor de expressão que expressa o fragmento Pst-Mlu do gene *LAT* (ver diagrama na parte b). A porcentagem dessas células transfectadas que sofreram morte celular induzida por um fármaco foi comparada com células controle. O experimento foi repetido em células nas quais a expressão da proteína Dicer foi atenuada pelo siRNA Dicer. Os dados obtidos estão representados no gráfico abaixo. Quais conclusões podem ser obtidas a partir desses dados? Por que os cientistas que realizaram esse experimento examinaram os efeitos do silenciamento da proteína Dicer?

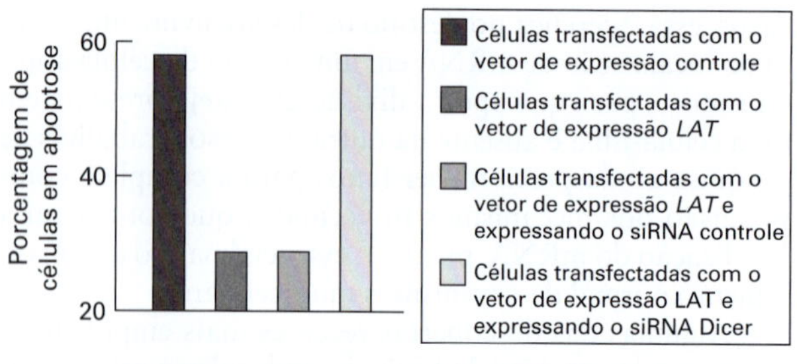

b. Células foram transfectadas com um vetor de expressão contendo o fragmento Pst-Mlu do gene *LAT*, do qual a região entre os dois sítios de restrição Sty foi retirada (DSty, diagrama a seguir). Quando essas células foram submetidas à indução da apoptose, elas apresentaram morte celular na mesma taxa que as células não transfectadas. Em estudos adicionais, células foram transfectadas com vetor de expressão contendo a região

Sty-Sty do gene *LAT*. Essas células exibiram a mesma resistência à apoptose que as células transfectadas com o fragmento Pst-Mlu. O que pode ser inferido acerca das regiões do gene *LAT* necessárias para proteger as células da apoptose?

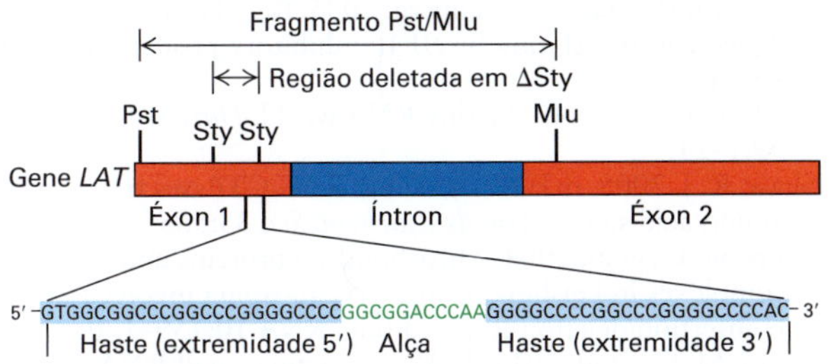

c. O RNA codificado entre a região Sty-Sty forma uma haste rígida (ver diagrama na parte b). Análises por *Northern blot* foram realizadas no RNA total isolado de células controle, células infectadas com o HSV-1 tipo selvagem, células infectadas com HSV-1 mutante com a deleção da sequência entre os dois sítios Sty do gene *LAT* (DSty), e células infectadas com o vírus DSty complementadas, nos quais a região removida entre os sítios Sty foi inserida novamente no genoma do vírus (StyR). A sonda utilizada no experimento foi a região marcada da haste 3′ do RNA *LAT*, na região Sty-Sty, representada na parte (b). O RNA reconhecido por essa sonda apresenta aproximadamente 55 nucleotídeos ou 20 nucleotídeos, conforme mostrado na imagem abaixo. Por que ocorre a detecção de dois tamanhos distintos de RNA? Quando uma segunda sonda foi utilizada para marcar a região da haste 5′ da sequência de RNA mostrada na parte (b), apenas o RNA de aproximadamente 55 nucleotídeos foi detectado. O que é possível inferir acerca do processamento do RNA expresso a partir do gene *LAT*? Qual enzima provavelmente é responsável pela síntese do RNA de aproximadamente 55 nucleotídeos? Em qual parte da célula? Qual enzima provavelmente é responsável pela síntese do RNA de 20 nucleotídeos? Em qual parte da célula?

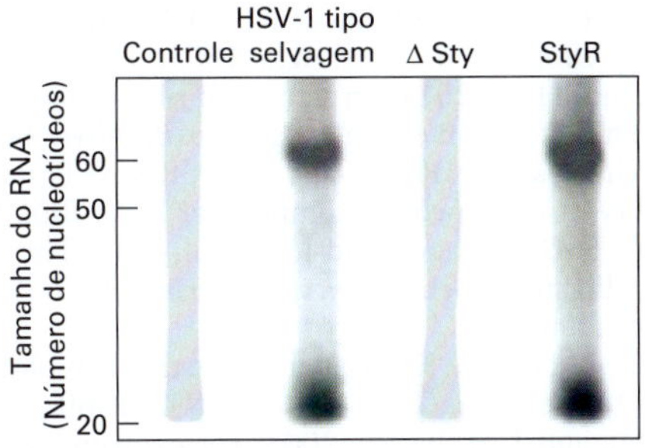

d. O mRNA TGF-β codifica uma proteína, o fator de crescimento β transformador, que inibe o crescimento celular e induz a apoptose. A região 3′ não traduzida (3′UTR) do mRNA TGF-β forma um dúplex imperfeito com o miRNA codificado pela região da haste 5′ do domínio Sty-Sty do gene *LAT* (miR-LAT), conforme mostrado abaixo. De que forma os níveis de expressão de TGF-β diferem nas células infectadas com o vírus HSV-1 tipo-selvagem e nas células não infectadas? O que é possível inferir acerca da infecção latente pelo HSV-1, a partir desses estudos?

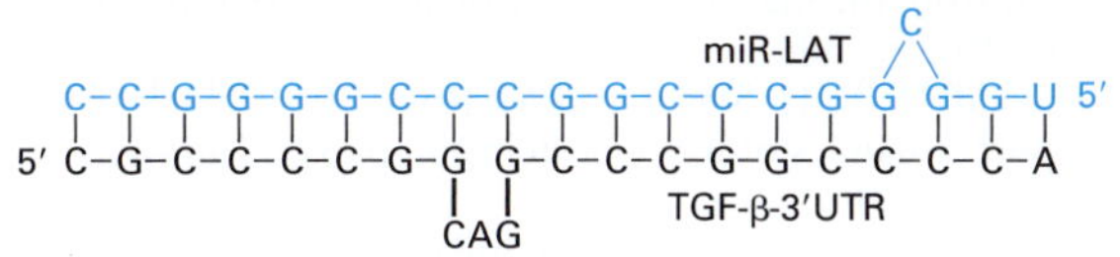

Referências

Processamento do pré-mRNA eucariótico

Bergkessel, M., G. M. Wilmes, and C. Guthrie. 2009. SnapShot: formation of mRNPs. *Cell* **136**:794.

Blanc, V., and N. O. Davidson. 2010. APOBEC-1-mediated RNA editing. *Wiley Interdiscip. Rev. Syst. Biol. Med.* **2**:594–602.

de Almeida, S. F., and M. Carmo-Fonseca. 2008. The CTD role in cotranscriptional RNA processing and surveillance. *FEBS Lett.* **582**:1971–1976.

Gu, M., and C. D. Lima. 2005. Processing the message: structural insights into capping and decapping mRNA. *Curr. Opin. Struct. Biol.* **15**:99–106.

Hocine, S., R. H. Singer, and D. Grünwald. 2010. RNA processing and export. *Cold Spring Harb. Perspect. Biol.* **2**(12):a000752.

Houseley, J., and D. Tollervey. 2009. The many pathways of RNA degradation. *Cell* **136**:763–776.

Lambowitz, A. M., and S. Zimmerly. 2004. Mobile group II introns. *Annu. Rev. Genet.* **38**:1–35.

Moore, M. J., and N. J. Proudfoot. 2009. Pre-mRNA processing reaches back to transcription and ahead to translation. *Cell* **136**: 688–700.

Pawlicki, J. M., and J. A. Steitz. 2010. Nuclear networking fashions pre-messenger RNA and primary microRNA transcripts for function. *Trends Cell Biol.* **20**:52–61.

Perales, R., and D. Bentley. 2009. "Cotranscriptionality": the transcription elongation complex as a nexus for nuclear transactions. *Mol. Cell.* **36**:178–191.

Pyle, A. M. 2010. The tertiary structure of group II introns: implications for biological function and evolution. *Crit. Rev. Biochem. Mol. Biol.* **45**:215–232.

Sharp, P. A. 2005. The discovery of split genes and RNA splicing. *Trends Biochem. Sci.* **30**:279–281.

Valadkhan, S. 2010. Role of the snRNAs in spliceosomal active site. *RNA Biol.* **7**:345–353.

Wahl, M. C., C. L. Will, and R. Lührmann. 2009. The spliceosome: design principles of a dynamic RNP machine. *Cell* **136**:701–718.

Regulação do processamento do pré-mRNA

Black, D. L. 2003. Mechanisms of alternative pre-mRNA splicing. *Ann. Rev. Biochem.* **72**:291–336.

Chen, M., and J. L. Manley. 2009. Mechanisms of alternative splicing regulation: insights from molecular and genomics approaches. *Nat. Rev. Mol. Cell Biol.* **10**:741–754.

Licatalosi, D. D., and R. B. Darnell. 2010. RNA processing and its regulation: global insights into biological networks. *Nat. Rev. Genet.* **11**:75–87.

Maniatis, T., and B. Tasic. 2002. Alternative pre-mRNA splicing and proteome expansion in metazoans. *Nature* **418**:236–243.

Raponi, M., and D. Baralle. 2010. Alternative splicing: good and bad effects of translationally silent substitutions. *FEBS J.* **277**:836–840.

Wang, E. T., et al. 2008. Alternative isoform regulation in human tissue transcriptomes. *Nature* **456**:470-476.

Zhong, X. Y., et al. 2009. SR proteins in vertical integration of gene expression from transcription to RNA processing to translation. *Curr. Opin. Genet. Dev.* **19**:424-436.

Transporte do mRNA através do envelope nuclear

Cole, C. N., and J. J. Scarcelli. 2006. Transport of messenger RNA from the nucleus to the cytoplasm. *Curr. Opin. Cell Biol.* **18**:299–306.

Grünwald, D., R. H. Singer, and M. Rout. 2011. Nuclear export dynamics of RNA-protein complexes. *Nature* **475**:333–341.

Iglesias, N., and F. Stutz. 2008. Regulation of mRNP dynamics along the export pathway. *FEBS Lett.* **582**:1987–1996.

Katahira, J., and Y. Yoneda. 2009. Roles of the TREX complex in nuclear export of mRNA. *RNA Biol.* **6**:149–152.

Rodríguez-Navarro, S., and E. Hurt. 2011. Linking gene regulation to mRNA production and export. *Curr. Opin. Cell Biol.* **23**:302–309.

Stewart, M. 2010. Nuclear export of mRNA. *Trends Biochem. Sci.* **35**:609–617.

Wente, S. R., and M. P. Rout. 2010. The nuclear pore complex and nuclear transport. *Cold Spring Harb. Perspect. Biol.* 2(10):a000562.

Mecanismos citoplasmáticos de controle pós-transcricional

Ambros, V. 2004. The functions of animal microRNAs. *Nature* **431**:350–355.

Buchan, J. R., and R. Parker. 2009. Eukaryotic stress granules: the ins and outs of translation. *Mol. Cell* **36**:932–941.

Carthew, R. W., and E. J. Sontheimer. 2009. Origins and mechanisms of miRNAs and siRNAs. *Cell* **136**:642–655.

Doma, M. K., and R. Parker. 2007. RNA quality control in eukaryotes. *Cell* **131**:660–668.

Eulalio, A., I. Behm-Ansmant, and E. Izaurralde. 2007. P bodies: at the crossroads of post-transcriptional pathways. *Nat. Rev. Mol. Cell Biol.* **8**:9–22.

Fabian, M. R., N. Sonenberg, and W. Filipowicz. 2010. Regulation of mRNA translation and stability by microRNAs. *Annu. Rev. Biochem.* **79**:351–379.

Ghildiyal, M., and P. D. Zamore. 2009. Small silencing RNAs: an expanding universe. *Nat. Rev. Genet.* **10**:94–108.

Groppo, R., and J. D. Richter. 2009. Translational control from head to tail. *Curr. Opin. Cell Biol.* **21**:444–451.

Hirokawa, N. 2006. mRNA transport in dendrites: RNA granules, motors, and tracks. *J. Neurosci.* **26**:7139–7142.

Huntzinger, E., and E. Izaurralde. 2011. Gene silencing by microRNAs: contributions of translational repression and mRNA decay. *Nat. Rev. Genet.* **12**:99–110.

Jobson, R. W., and Y. L. Qiu. 2008. Did RNA editing in plant organellar genomes originate under natural selection or through genetic drift? *Biol. Direct.* **3**:43.

Kidner, C. A., and R. A. Martienssen. 2005. The developmental role of microRNA in plants. *Curr. Opin. Plant Biol.* **8**:38–44.

Leung, A. K., and P. A. Sharp. 2010. MicroRNA functions in stress responses. *Mol. Cell.* **40**:205–215.

Lodish, H. F., et al. 2008. Micromanagement of the immune system by microRNAs. *Nat. Rev. Immunol.* **8**:120–130.

Maquat, L. E., W. Y. Tarn, and O. Isken. 2010. The pioneer round of translation: features and functions. *Cell* **142**:368–374.

Martin, K. C., and A. Ephrussi. 2009. mRNA localization: gene expression in the spatial dimension. *Cell* **136**:719–730.

Mello, C. C., and D. Conte Jr. 2004. Revealing the world of RNA interference. *Nature* **431**:338–342. C. C. Mello's Nobel Prize lecture can be viewed at http://nobelprize.org/nobel_prizes/medicine/ laureates/2006/announcement.html

Michels, A. A. 2011. MAF1: a new target of mTORC1. *Biochem. Soc. Trans.* **39**:487–491.

Mihaylova, M. M., and R. J. Shaw. 2011. The AMPK signalling pathway coordinates cell growth, autophagy and metabolism. *Nature Cell Biol.* **13**:1016–1023.

Parker, R., and H. Song. 2004. The enzymes and control of eukaryotic mRNA turnover. *Nat. Struct. Mol. Biol.* **11**:121–127.

Richter, J. D., and N. Sonenberg. 2005. Regulation of cap-dependent translation by eIF4E inhibitory proteins. *Nature* **433**:477–480.

Ruvkun, G. B. 2004. The tiny RNA world. *Harvey Lect.* **99**:1–21.

Shaw, R. J. 2008. mTOR signaling: RAG GTPases transmit the amino acid signal. *Trends Biochem. Sci.* **33**:565–568.

Simpson, L., et al. 2004. Mitochondrial proteins and complexes in Leishmania and Trypanosoma involved in U-insertion/deletion RNA editing. *RNA* **10**:159–170.

Siomi, M. C., et al. 2011. PIWI-interacting small RNAs: the vanguard of genome defence. *Nat. Rev. Mol. Cell Biol.* **12**:246–258.

Willis, I. M., and R. D. Moir. 2007. Integration of nutritional and stress signaling pathways by Maf1. *Trends Biochem. Sci.* **32**:51–53.

Wullschleger, S., R. Loewith, and M. N. Hall. 2006. TOR signaling in growth and metabolism. *Cell* **124**:471–484.

Zhang, H., J. M. Maniar, and A. Z. Fire. 2011. 'Inc-miRs': functional intron-interrupted miRNA genes. *Genes Dev.* **25**:1589– 1594. A. Z. Fire's Nobel Prize lecture can be viewed at http:// nobelprize.org/nobel_prizes/medicine/ laureates/2006/announcement. html

Zoncu, R., A. Efeyan, and D. M. Sabatini. 2011. mTOR: from growth signal integration to cancer, diabetes and ageing. *Nat. Rev. Mol. Cell Biol.* **12**:21–35.

Processamento do rRNA e tRNA

Evans, D., S. M. Marquez, and N. R. Pace. 2006. RNase P: interface of the RNA and protein worlds. *Trends Biochem. Sci.* **31**:333–341.

Fatica, A., and D. Tollervey. 2002. Making ribosomes. *Curr. Opin. Cell Biol.* **14**:313–318.

Hage, A. E., and D. Tollervey. 2004. A surfeit of factors: why is ribosome assembly so much more complicated in eukaryotes than bacteria? *RNA Biol.* **1**:10–15.

Hamma, T., and A. R. Ferré-D'Amaré. 2010. The box H/ACA ribonucleoprotein complex: interplay of RNA and protein structures in post-transcriptional RNA modification. *J. Biol. Chem.* **285**:805–809.

Handwerger, K. E., and J. G. Gall. 2006. Subnuclear organelles: new insights into form and function. *Trends Cell Biol.* **16**:19–26.

Kressler, D., E. Hurt, and J. Bassler. 2010. Driving ribosome assembly. *Biochim. Biophys. Acta.* **1803**:673–683.

Liang, B., and H. Li. 2011. Structures of ribonucleoprotein particle modification enzymes. *Q. Rev. Biophys.* **44**:95–122.

Marvin, M. C., and D. R. Engelke. 2009. RNase P: increased versatility through protein complexity? *RNA Biol.* **6**:40–42.

Nizami, Z., S. Deryusheva, and J. G. Gall. 2010. The Cajal body and histone locus body. *Cold Spring Harb. Perspect. Biol.* 2(7):a000653.

Phizicky, E. M., and A. K. Hopper. 2010. tRNA biology charges to the front. *Genes Dev.* **24**:1832–1860.

Schmid, M., and T. H. Jensen. 2008. The exosome: a multipurpose RNA-decay machine. *Trends Biochem. Sci.* **33**:501–510.

Stahley, M. R., and S. A. Strobel. 2006. RNA splicing: group I intron crystal structures reveal the basis of splice site selection and metal ion catalysis. *Curr. Opin. Struct. Biol.* **16**:319–326.

Tschochner, H., and E. Hurt. 2003. Pre-ribosomes on the road from the nucleolus to the cytoplasm. *Trends Cell Biol.* **13**:255–263.

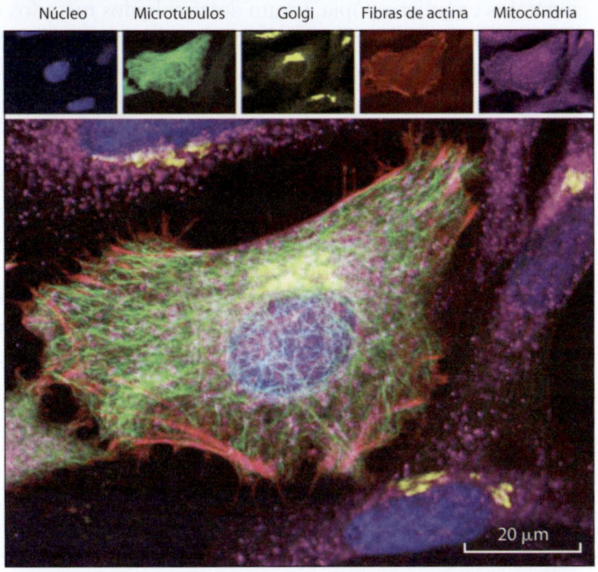

A microscopia de fluorescência mostra a localização do DNA e de várias proteínas no interior de uma mesma célula. Aqui a técnica de marcação utilizando diferentes moléculas fluorescentes revelam proteínas do citoesqueleto α-tubulina (verde) e actina (vermelha), DNA (azul), o aparelho de Golgi (amarelo) e mitocôndrias (roxo). As figuras superiores mostram imagens coloridas artificialmente de cada estrutura marcada individualmente. A imagem maior funde estas imagens separadas para retratar a célula completa. (Reproduzida de B. N. G. Giepmans et al., 2006, *Science* **312:**217.)

CAPÍTULO

9

Cultivo, visualização e perturbação de células

SUMÁRIO

É difícil de acreditar que 400 anos atrás ainda não se sabia que todos os seres vivos são constituídos por células. Em 1655, Robert Hooke utilizou um microscópio primitivo para examinar um pedaço de cortiça e viu um arranjo ordenado de retângulos – as paredes das células vegetais mortas – que o lembraram de celas de monges em um monastério, então ele cunhou o termo *células*. Pouco tempo depois, Antonie van Leeuwenhook descreveu os microrganismos que visualizou em seu microscópio simples, a primeira descrição de células vivas. Duzentos anos depois, Matthias Schleiden e Theodore Schwann observaram que células individuais constituem a unidade fundamental da vida em uma diversidade de plantas, animais e organismos unicelulares. Coletivamente, essas foram algumas das maiores descobertas na Biologia e suscitaram a questão acerca de como as células estão organizadas e como elas atuam. Entretanto, várias limitações técnicas dificultaram o estudo de células em plantas e animais intactos. Uma alternativa é o uso de órgãos intactos removidos de animais e tratados para manter suas integridades fisiológica e funcional. Porém, a organização dos órgãos, mesmo daqueles isolados, é suficientemente complexa para apresentar numerosos problemas para a pesquisa. Assim, biólogos celulares moleculares geralmente conduzem estudos experimentais em células isoladas de um organismo. Na Seção 9.1, será explicado como manter e cultivar diversos tipos celulares e como isolar tipos celulares específicos a partir de misturas complexas. Entretanto, as células em cultivo não estão em seu ambiente nativo, então será discutido como os pesquisadores hoje cultivam e examinam células em ambientes tridimensionais para mimetizar, de maneira mais próxima da condição real, sua situação em um animal.

Em muitos casos, as células isoladas podem ser mantidas em laboratório sob condições que permitem sua sobrevivência e seu crescimento, procedimento conhecido como **cultivo**. Células cultivadas possuem várias vantagens quando comparadas a organismos intactos para pesquisa em biologia celular. Células de um único tipo específico podem ser mantidas em cultura, as condições experimentais podem ser melhor controladas e, em muitos casos, uma única célula pode prontamente originar uma colônia de muitas células idênticas. A linhagem celular resultante, a qual é geneticamente homogênea, é chamada de **clone**.

Descobertas acerca da organização celular estiveram intimamente ligadas a progressos tanto na microscopia de luz quanto na microscopia eletrônica. Hoje, isso continua sendo válido, como há 400 anos. A microscopia de luz revelou inicialmente a bela organização interna das células; hoje, microscópios altamente sofisticados são continuamente melhorados para sondar cada vez mais fundo e revelar mecanismos moleculares pelos quais as células funcionam. Na Seção 9.2, será discutida a microscopia de luz e as diferentes tecnologias disponíveis, métodos antigos, mas ainda válidos. Depois, serão investigados diversos métodos inteligentes que foram desenvolvidos desde então, culminando com as mais novas tecnologias de ponta. Um dos principais avanços surgiu nos anos 1960 e 1970, com o desenvolvimento da **microscopia de fluorescência**, que permite a localização de proteínas específicas em células fixadas, fornecendo uma imagem estática de sua localização, conforme ilustrado na figura de abertura deste capítulo. Esses estudos levaram ao importante conceito de que as membranas e os espaços internos de cada tipo de organela contêm um grupo distinto de proteínas essencial para que a organela realize suas funções únicas. Um grande avanço ocorreu em meados da década de 1990, com a simples ideia de expressar **proteínas quiméricas** – consistindo em uma proteína de interesse covalentemente ligada a uma proteína naturalmente fluorescente – para permitir a biólogos a visualização dos movimentos de proteínas individuais em células vivas. De repente, a natureza dinâmica das células podia ser apreciada, o que mudou a visão das células disponível anteriormente a partir de imagens estáticas. Isso também representou um desafio tecnológico – quanto mais sensível o microscópio a ser construído para detectar a proteína fluorescente, mais informações o investigador poderia obter dos dados. Assim, também houve o desenvolvimento de técnicas de fluorescência para monitorar interações entre proteínas nas células vivas, bem como de uma miríade de outras tecnologias moleculares sofisticadas, algumas das quais também serão discutidas nesta seção.

Apesar dos desenvolvimentos impressionantes na microscopia de luz, a luz visível fornece uma resolução muito baixa para examinar células em detalhe ultraestrutural. A microscopia eletrônica fornece resolução muito maior, mas a tecnologia geralmente exige que as células sejam fixadas e seccionadas e, portanto, todos os movimentos celulares fiquem congelados no tempo. A microscopia eletrônica também permite que os investigadores examinem a estrutura de complexos macromoleculares ou de macromoléculas únicas. Na Seção 9.3, serão delineadas as várias abordagens no preparo de espécimes para observação no microscópio eletrônico e descritos os tipos de informações que podem ser obtidos a partir delas.

As microscopias de luz e eletrônica revelaram que todas as células eucarióticas – sejam elas de fungos, plantas ou animais – contêm um repertório de compartimentos delimitados por membranas chamados de **organelas**. Na Seção 9.4, será fornecida uma introdução simples à estrutura e à função básicas das principais organelas de células animais e vegetais, como um prefácio para a sua descrição detalhada nos próximos capítulos. Em paralelo aos desenvolvimentos em microscopia, foram desenvolvidos métodos de fracionamento subcelular, permitindo a biólogos celulares isolar organelas individuais com alto grau de pureza. Essas técnicas, também detalhadas na Seção 9.4, continuam fornecendo importantes informações acerca da composição proteica e da função bioquímica das organelas.

A microscopia e a caracterização das organelas são inerentemente tecnologias descritivas. Como é possível investigar os mecanismos moleculares responsáveis pelos processos biológicos celulares? Se há interesse em saber como um carro funciona, pode-se explorar os efeitos de remoção, ou interferência em componentes individuais para ver o que acontece. Em princípio, esse é o conceito da análise genética descrito no Capítulo 5: como a interferência em um componente específico pode ser usada para explorar sua função. Na Seção 9.5, descreve-se como moléculas pequenas que interferem com a função de proteínas específicas também podem ser usadas para dissecar processos celulares. Finalmente, é descrito como a descoberta de pequenos RNAs de interferência que atuam destruindo mRNAs específicos foi explorada para suprimir a expressão de proteínas específicas em células cultivadas e organismos inteiros para expandir e complementar o uso da genética clássica na análise de processos biológicos.

9.1 Cultivo de células

O estudo das células é amplamente facilitado pelo seu cultivo, quando elas podem ser examinadas por microscopia e submetidas a tratamentos específicos com condições controladas. Geralmente, é bastante fácil cultivar células de organismos unicelulares como bactérias, fungos ou protistas; por exemplo, colocando-as em meio rico que favoreça seu crescimento. Células animais, porém, são derivadas de organismos multicelulares, tornando mais difícil cultivar grupos únicos ou pequenos de células. Nesta seção, será discutido como as células animais são cultivadas e como diferentes tipos celulares podem ser purificados para estudo.

O cultivo de células animais requer meios ricos em nutrientes e superfícies sólidas especiais

Para permitir a sobrevivência e o funcionamento normal de tecidos ou células cultivados, é preciso simular, com a maior precisão possível, a temperatura, o pH, a força iônica e o acesso a nutrientes essenciais verificados em um organismo intacto. Células animais isoladas são geralmente colocadas em um líquido rico em nutrientes, chamado de meio de cultura, em placas ou frascos de cultivo especialmente revestidos. As culturas são mantidas em incubadoras nas quais a temperatura, a pressão atmosférica e a umidade podem ser controladas. Para reduzir as chances de contaminação bacteriana ou fúngica, antibióticos são geralmente adicionados ao meio de cultura. Para proteger ainda mais contra contaminação, investigadores geralmente transferem as células entre as placas, adicionam reagentes ao meio de cultura e manipulam de outras maneiras as amostras dentro de cabines estéreis especiais contendo ar circulante filtrado para remover microrganismos e outros contaminantes trazidos pelo ar.

Meios para cultivo de células animais devem fornecer os nove aminoácidos (fenilalanina, valina, treonina, triptofano, isoleucina, metionina, leucina, lisina e histidina) que não podem ser sintetizados por células animais adultas de vertebrados. Além disso, a maioria das células cultivadas requer três outros aminoácidos (cisteína, tirosina e arginina) sintetizados apenas por células especializadas em animais intactos, bem como glutamina, que serve como fonte de nitrogênio. Os outros componentes necessários em um meio para cultivar células animais são vitaminas, vários sais, ácidos graxos, glicose e soro – o fluido restante após a coagulação da porção não celular do sangue (plasma). O soro contém vários fatores proteicos necessários à proliferação de células de mamíferos em cultivo, incluindo o hormônio polipeptídico insulina; a transferrina, que fornece ferro de maneira bioacessível; e vários fatores de crescimento. Além disso, certos tipos celulares necessitam de fatores de crescimento proteico especializados ausentes no soro. Por exemplo, os progenitores de hemácias necessitam de eritropoietina, e os linfócitos T precisam de interleucina 2 (ver Capítulo 16). Alguns tipos celulares de mamíferos podem ser cultivados em um meio quimicamente definido, livre de soro, contendo aminoácidos, glicose, vitaminas e sais, além de certos minerais, fatores de crescimento proteico específicos e outros componentes.

Ao contrário de células bacterianas e de leveduras, que podem ser cultivadas em suspensão, a maioria dos tipos celulares animais cresce apenas quando aderida a superfícies sólidas. Essa necessidade ressalta a importância de proteínas de superfície celular, chamadas de **moléculas de adesão celular** (*cell-adhesion molecules*, **CAMs**), que as células utilizam para se ligar a células adjacentes e a componentes da matriz extracelular (*extracelular matrix*, ECM), como colágeno ou fibronectina (ver Capítulo 20). Essas proteínas da ECM revestem a superfície sólida (geralmente vidro ou plástico) e são fornecidas pelo soro ou secretadas pelas células em cultivo. Uma única célula, cultivada em placa de vidro ou plástico, prolifera, formando uma massa visível, ou colônia, contendo milhares de células geneticamente idênticas em quatro a 14 dias, dependendo da taxa de crescimento. Algumas células sanguíneas e tumorais especializadas podem ser mantidas ou cultivadas em suspensão como células únicas.

Culturas e linhagens celulares primárias têm um tempo de vida finito

Tecidos animais normais (p. ex., pele, rim, fígado) ou embriões inteiros são comumente utilizados para estabelecer *culturas celulares primárias*. Para preparar células de tecidos individuais para uma cultura primária, as interações célula-célula e célula-matriz devem ser rompidas. Para isso, fragmentos de tecido são tratados com uma combinação de uma protease (p. ex., tripsina, colagenase, enzima que hidrolisa colágeno, ou ambas) e um quelante de cátion divalente (p. ex., EDTA) que depleta o meio de Ca^{2+}. Muitas moléculas de adesão celular necessitam de cálcio e, portanto, são inativadas quando ele é removido; outras moléculas de adesão celular cálcio-independentes precisam ser proteolisadas para que as células se separem. As células liberadas são então colocadas em placas com meio rico em nutrientes, suplementado com soro, onde podem aderir à superfície e umas às outras. A mesma solução de protease-quelante é usada para remover células aderentes de uma placa de cultivo para estudos bioquímicos ou subcultivo (transferência para outra placa).

Os **fibroblastos** são as células predominantes no tecido conectivo e normalmente produzem componentes da ECM, como o colágeno, que se liga a moléculas de adesão celular, ancorando as células à superfície. Em cultivo, os fibroblastos geralmente se dividem mais rapidamente do que as outras células de um tecido, tornando-se o tipo celular predominante em uma cultura primária, a menos que precauções especiais sejam tomadas para removê-los para o isolamento de outros tipos celulares.

Quando as células removidas de um embrião ou de um animal adulto são cultivadas, a maioria das células aderentes irá se dividir um número finito de vezes e então parar de crescer (senescência). Por exemplo, fibroblastos fetais humanos dividem-se cerca de 50 vezes antes de parar de crescer (Figura 9-1a). Iniciando com 10^6 células,

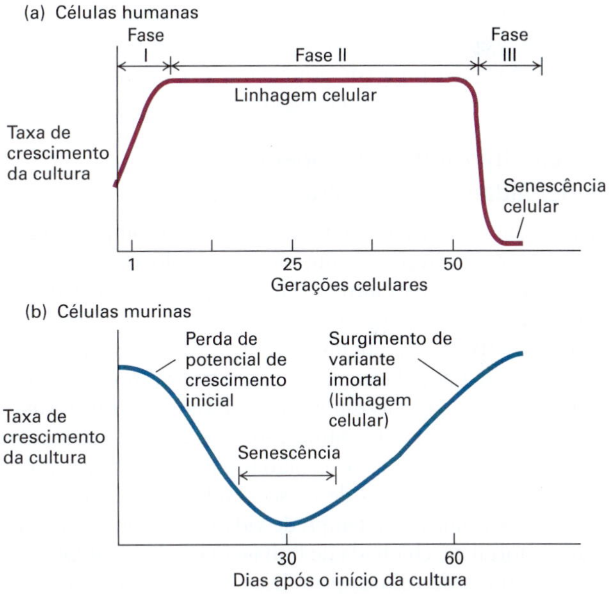

FIGURA 9-1 Estágios no estabelecimento de uma cultura de células. (a) Quando células isoladas de tecidos humanos são inicialmente cultivadas, algumas células morrem e outras (principalmente fibroblastos) começam a crescer; de maneira geral, a taxa de crescimento aumenta (fase I). Se as células remanescentes forem coletadas, diluídas e replaqueadas em novas placas repetidamente, a linhagem celular continuará a se dividir em uma taxa constante por cerca de 50 gerações (fase II), após a taxa de crescimento cai rapidamente. No período subsequente (fase III), todas as células da cultura param de crescer (senescência). (b) Em uma cultura preparada a partir de células de camundongo ou outro roedor, a morte celular inicial (não representada) é acoplada ao surgimento de células saudáveis em crescimento. À medida que as células em proliferação são diluídas e lhes é permitido continuar crescendo, logo começam a perder o potencial para proliferar, e a maioria delas para de crescer (i.e., a cultura entra em senescência). Raras células sofrem mutações oncogênicas que as permitem sobreviver e continuar dividindo até que suas descendentes ocupem a cultura. Estas células constituem uma linhagem celular, que irá crescer indefinidamente se for adequadamente diluída e suprida com nutrientes. Estas células são ditas imortais.

50 duplicações têm o potencial para gerar $10^6 \times 2^{50}$, ou mais de 10^{20} células, o equivalente ao peso de cerca de 1.000 pessoas. Normalmente, apenas uma pequena fração dessas células é utilizada em um experimento qualquer. Portanto, embora seu tempo de vida seja limitado, uma única cultura, se cuidadosamente mantida, pode ser estudada por muitas gerações. Essa linhagem de células originada a partir de uma cultura primária inicial é chamada de **linhagem celular finita*** (*cell strain*).

Uma exceção importante para a vida finita das células normais é a *célula-tronco embrionária*, a qual, como o nome sugere, é derivada de um embrião e irá dividir e originar todos os tecidos durante o desenvolvimento. Conforme discutido no Capítulo 21, as células-tronco embrionárias podem ser cultivadas indefinidamente sob condições apropriadas.

A pesquisa com linhagens celulares finitas é simplificada pela bem-sucedida habilidade de congelar e descongelar células para análises experimentais posteriores. As linhagens celulares finitas podem ser congeladas em um estado de animação suspensa e estocadas por extensos períodos na temperatura do nitrogênio líquido, desde que um preservativo que evite a formação de cristais de gelo prejudiciais seja utilizado. Embora nem todas as células sobrevivam ao descongelamento, muitas delas sobrevivem e retomam seu crescimento.

Células transformadas podem crescer indefinidamente em cultura

Para clonar células individuais, modificar o comportamento celular ou selecionar mutantes, os biólogos geralmente precisam manter cultivos celulares por bem mais de 50 duplicações. Esse crescimento prolongado é exibido por células derivadas de alguns tumores. Além disso, células raras em uma população de células primárias podem sofrer mutações oncogênicas espontâneas, levando à **transformação** oncogênica (ver Capítulo 24). Tais células, chamadas de oncogenicamente transformadas ou simplesmente *transformadas*, são capazes de crescer indefinidamente. Uma cultura de células com tempo de vida indefinido é considerada imortal e é chamada de **linhagem celular** (*cell line*).*

Culturas de células primárias de células normais de roedores comumente sofrem transformação espontânea para linhagem celular. Depois que células de roedores são crescidas em cultura por muitas gerações, o cultivo entra em senescência (Figura 9-1b). Nesse período, a maioria das células cessa o crescimento, mas em geral surge espontaneamente uma célula transformada de divisão rápida que toma conta da cultura ou cresce mais do que ela. Uma linhagem celular derivada de uma variante transformada como essa irá crescer indefinidamente se suprida com os nutrientes necessários. Ao contrário das células de roedores, células humanas normais raramente sofrem transformação espontânea para linhagem celular. A linhagem celular HeLa, a primeira linhagem humana estabelecida, foi originalmente obtida em 1952 a partir de um tumor maligno (carcinoma) de colo uterino. Outras linhagens celulares humanas são geralmente derivadas de cânceres, e outras foram imortalizadas por sua transformação para expressão de oncogenes.

Independentemente da fonte, as células de linhagens imortalizadas geralmente têm cromossomos com sequências de DNA anormais. Além disso, o número de cromossomos dessas células é geralmente maior do que aquele de uma célula normal a partir da qual elas surgiram, e o número de cromossomos muda à medida que a célula se divide em cultura. Uma exceção digna de nota é a linhagem de ovário de hamster chinês (CHO) e suas derivadas, que têm menos cromossomos que suas progenitoras de hamster. Células com um número cromossômico anormal são chamadas de *aneuploides*.

A citometria de fluxo separa diferentes tipos celulares

Alguns tipos celulares diferem suficientemente em densidade para permitir sua separação com base nessa propriedade física. Glóbulos brancos (leucócitos) e glóbulos vermelhos (hemácias), por exemplo, apresentam densidades muito diferentes porque as hemácias não têm núcleo; assim, essas células podem ser separadas por centrifugação em gradiente de densidade de equilíbrio (descrito na Seção 9.4). Como a maioria dos tipos celulares não pode ser distinguida assim tão facilmente, outras técnicas, como a citometria de fluxo, precisam ser usadas para separá-los.

Para identificar um tipo de célula em uma mistura complexa, é necessário ter alguma forma para marcar e então separar as células desejadas. Diferentes tipos celulares geralmente expressam moléculas diferentes em sua superfície. Se uma determinada molécula de superfície for expressa apenas no tipo celular desejado, ela poderá ser usada para marcar tais células. A mistura celular pode ser incubada com um corante fluorescente conjugado a um anticorpo específico para a molécula de superfície celular, tornando fluorescentes apenas as células desejadas. As células podem ser analisadas em um *citômetro de fluxo*. Esse equipamento submete as células em fluxo a um raio *laser* que mede a luz que elas dispersam e a fluorescência que emitem; assim, ele pode quantificar o número de células do tipo desejado em uma mistura. Um **separador de células ativado por fluorescência** (*fluorescence-activated cell sorter, FACS*), com base em citometria de fluxo, pode analisar as células e selecionar uma ou algumas células a partir de milhares de outras e separá-las em uma placa de cultura isolada (Figura 9-2). Para separar as células, sua concentração precisa ser ajustada de maneira que as gotículas produzidas e analisadas pelo FACS contenham apenas uma célula cada. Uma corrente de gotículas é analisada para fluorescência, e aquelas com o sinal desejado são separadas daquelas sem esse sinal. Tendo sido separadas das outras células, as células selecionadas podem ser crescidas em cultura.

O procedimento de FACS é comumente utilizado para purificar diferentes tipos de leucócitos; cada tipo tem em sua superfície uma ou mais proteínas distintas e, por-

* N. de T.: Os termos *cell strain* e *cell line* têm a mesma tradução literal para o português, mas se referem a tipos distintos de cultivos celulares. Por isso, utilizou-se aqui "linhagem celular finita" para traduzir *cell strain* e simplesmente "linhagem celular" para *cell line*, conforme o jargão da biologia celular.

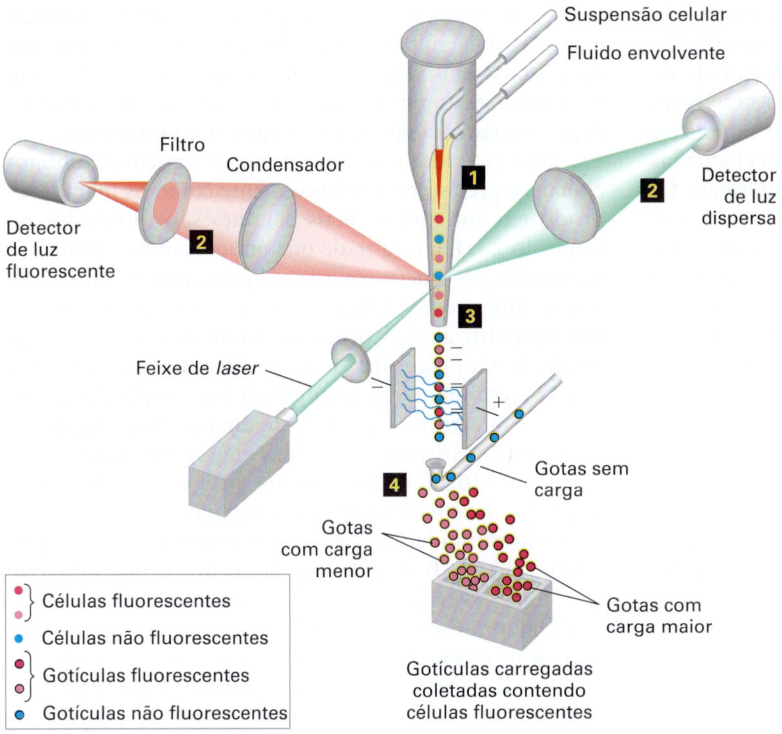

FIGURA 9-2 O separador de células ativado por fluorescência (FACS) isola células marcadas diferencialmente com um reagente fluorescente. Etapa **1**: uma suspensão concentrada de células marcadas é misturada a um tampão (o fluido envolvente, *sheath fluid*) de forma que as células passem uma a uma por um feixe de luz *laser*. Etapa **2**: ambas a luz fluorescente emitida e a luz dispersa por cada célula são medidas; a partir de medidas da luz dispersa, o tamanho e a forma da célula podem ser determinados. Etapa **3**: a suspensão é então forçada através de um capilar, que forma pequenas gotículas contendo no máximo uma única célula. No momento da formação na ponta do capilar, cada gotícula contendo uma célula recebe uma carga elétrica negativa proporcional à fluorescência daquela célula determinada a partir da medida anterior. Etapa **4**: as gotículas agora passam por um campo elétrico, de maneira que aquelas sem carga são descartadas, enquanto aquelas com diferentes cargas elétricas são separadas e coletadas. Como leva apenas milissegundos para separar cada gotícula, mais de 10 milhões de células por hora podem passar pelo equipamento. (Adaptada de D. R. Parks e L. A. Herzenberg, 1982, *Meth. Cell Biol.* **26**:283.)

tanto, se ligará a anticorpos monoclonais específicos para aquela proteína. Apenas as células T do sistema imune, por exemplo, têm as duas proteínas, CD3 e Thy1.2, em suas superfícies. A presença dessas proteínas de superfície permite que as células T sejam facilmente separadas de outros tipos de células sanguíneas ou de células do baço (Figura 9-3).

Outros usos da citometria de fluxo incluem a medida do conteúdo de DNA ou RNA de uma célula e a determinação de seu formato e tamanho. O FACS pode medir simultaneamente o tamanho de uma célula (a partir da quantidade de luz dispersada) e a quantidade de DNA que ela contém (a partir da quantidade de fluorescência emitida por um corante de ligação ao DNA). Medidas do conteúdo de DNA de células individuais são usadas para acompanhar a replicação do DNA à medida que as células progridem pelo ciclo celular (ver Capítulo 19).

Um método alternativo para separar tipos celulares específicos utiliza pequenas esferas magnéticas acopladas a anticorpos para moléculas de superfície específicas. Por exemplo, para isolar células T, as esferas são revestidas com anticorpo monoclonal para uma proteína de superfície, como CD3 ou Thy1.2. Apenas células com essas proteínas irão afixar-se às esferas e poderão ser recuperadas dessa preparação por adesão a um pequeno ímã colocado na lateral do tubo de ensaio.

O cultivo de células em culturas bi- e tridimensionais mimetiza o ambiente *in vivo*

Embora muito tenha sido aprendido pela utilização de células cultivadas em uma superfície de vidro ou de plástico, essas superfícies estão longe de ser o ambiente normal do tecido das células. Conforme detalhado no Capítulo

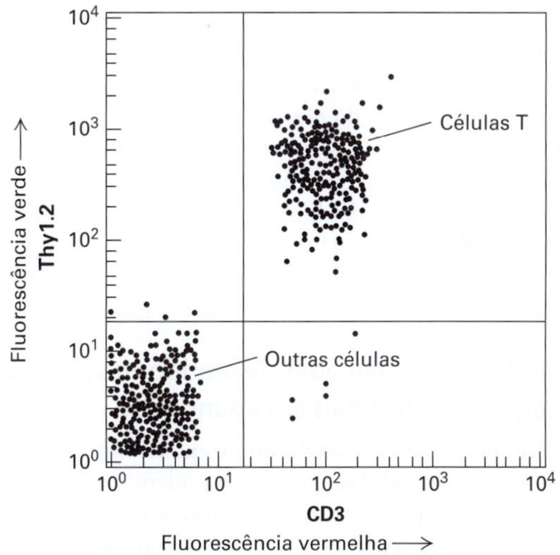

FIGURA EXPERIMENTAL 9-3 Células T ligadas a anticorpos contra duas proteínas de superfície, conjugados com fluorescência, são separadas de outros leucócitos por FACS. Células de baço murinas foram tratadas com anticorpo monoclonal fluorescente vermelho específico para a proteína de superfície celular CD3 e com anticorpo monoclonal fluorescente verde específico para uma segunda proteína de superfície celular, Thy1.2. À medida que as células foram passadas através do equipamento de FACS, a intensidade das fluorescências verde e vermelha emitidas por cada célula foi registrada. Cada ponto representa uma única célula. Este gráfico da fluorescência verde (eixo vertical) *versus* a fluorescência vermelha (eixo horizontal) para milhares de células esplênicas mostra que cerca de metade delas – as células T – expressa ambas as proteínas CD3 e Thy1.2 em sua superfície (quadrante superior direito). As células remanescentes, que exibem baixa fluorescência (quadrante inferior esquerdo), expressam apenas níveis basais destas proteínas e são outros tipos de leucócitos. Observe a escala logarítmica em ambos os eixos. (Cortesia de Chengcheng Zhang, Whitehead Institute, EUA.)

20, muitos tipos celulares funcionam apenas quando intimamente ligados a outras células. Exemplos importantes incluem as camadas de tecido epitelial em formato de lâminas, chamadas de **epitélios**, que recobrem as superfícies internas e externas dos órgãos. Geralmente, as superfícies distintas de uma célula epitelial polarizada são chamadas de superfícies **apical** (superior), **basal** (base, inferior) e **lateral** (lado) (ver Figura 20-10). A superfície basal geralmente faz contato com a matriz extracelular subjacente chamada de **lâmina basal**, cujas funções e composição são discutidas na Seção 20.3. Células epiteliais geralmente atuam no transporte de classes específicas de moléculas através da camada epitelial; por exemplo, o revestimento epitelial do intestino transporta nutrientes para a célula pela superfície apical e para a circulação sanguínea pela superfície basolateral. Quando cultivadas em plástico ou vidro, as células epiteliais não conseguem realizar essa função facilmente. Por isso, recipientes especiais foram projetados com uma superfície porosa que atua como lâmina basal na qual as células epiteliais aderem e formam uma camada bidimensional uniforme (Figura 9-4). Uma linhagem celular comumente usada, derivada de epitélio de rim canino, chamada de *células de rim canino Madin-Darby (MDCK)*, é geralmente usada para estudar a formação e a função de camadas epiteliais.

Entretanto, mesmo uma camada bidimensional muitas vezes não permite às células mimetizarem completamente o comportamento de seu ambiente normal. Hoje já existem métodos desenvolvidos para cultivar células em três dimensões pelo fornecimento de um suporte infiltrado com componentes da matriz extracelular. Se as células MDCK forem cultivadas sob condições apropriadas, elas irão formar uma camada tubular, mimetizando um órgão tubular ou ducto de glândula secretora. Nessas estruturas tridimensionais, a superfície apical da camada epitelial reveste o lúmen, enquanto o lado basal de cada célula fica em contato com a matriz extracelular (Figura 9-5).

Células híbridas chamadas de hibridomas produzem anticorpos monoclonais em abundância

Além de servir como modelo de pesquisa para estudos de função celular, as células em cultivo podem ser convertidas em "fábricas" para a produção de proteínas específicas. No Capítulo 5, foi descrito como a introdução de genes codificando insulina, fatores de crescimento e outras proteínas terapeuticamente úteis em células bacterianas ou eucarióticas podem ser utilizadas para expressar e recuperar essas proteínas (ver Figuras 5-31 e 5-32). Neste capítulo, é considerado o uso de células especialmente cultivadas para gerar anticorpos monoclonais, os quais são ferramentas experimentais amplamente utilizadas em vários aspectos da pesquisa em biologia celular. Cada vez mais eles vêm sendo utilizados para diagnóstico e tratamento em medicina, conforme será discutido em capítulos posteriores.

Para entender o desafio de gerar anticorpos monoclonais, é preciso revisar brevemente como os mamíferos produzem anticorpos; mais detalhes são fornecidos no Capítulo 23. Lembre-se de que anticorpos são proteínas secretadas por leucócitos que se ligam com alta afinidade a seus antígenos (ver Figura 3-19). Cada linfócito B normal produtor de anticorpos em um mamífero é capaz de produzir um único tipo de anticorpo capaz de se ligar a certo **determinante** ou **epítopo** em uma molécula de antígeno. Um epítopo é geralmente uma pequena região do antígeno, consistindo em apenas alguns aminoácidos. Se um animal for injetado com um antígeno, os linfócitos B que produzem anticorpos que reconhecem esse antígeno serão estimulados a proliferar e secretar anticorpos. Cada linfócito B ativado por antígeno forma um clone de células no baço ou nos linfonodos, com cada célula do clone produzindo um anticorpo idêntico – isto é, um **anticorpo monoclonal**. Como a maioria dos antígenos naturais contém múltiplos epítopos, a exposição de um animal a um antígeno geralmente estimula a formação de múltiplos clones de linfócitos B diferentes, cada um produzindo um anticorpo específico diferente. A mistura de anticorpos resultante dos vários clones de linfócitos B que reconhecem diferentes epítopos do mesmo antígeno é chamada de **policlonal**. Esses anticorpos policlonais circulam no sangue e podem ser isolados como um grupo.

Embora os anticorpos policlonais sejam muito úteis, anticorpos monoclonais são apropriados para vários tipos de experimentos e aplicações médicas quando é necessário um reagente que se ligue apenas a um sítio de uma proteína; por exemplo, um que compete com um ligante de um receptor de superfície celular. Infelizmente, a purificação bioquímica de qualquer tipo de anticorpo monoclonal do sangue não é possível por duas razões principais: a concentração de qualquer anticorpo é bastante baixa, e todos os anticorpos têm a mesma arquitetura molecular básica (ver Figura 3-19).

Para produzir e então purificar anticorpos monoclonais, é preciso primeiro ser capaz de cultivar o clone de linfócito B adequado. Entretanto, culturas primárias de linfócitos B normais têm utilidade limitada para a produção de anticorpos monoclonais, porque apresentam tem-

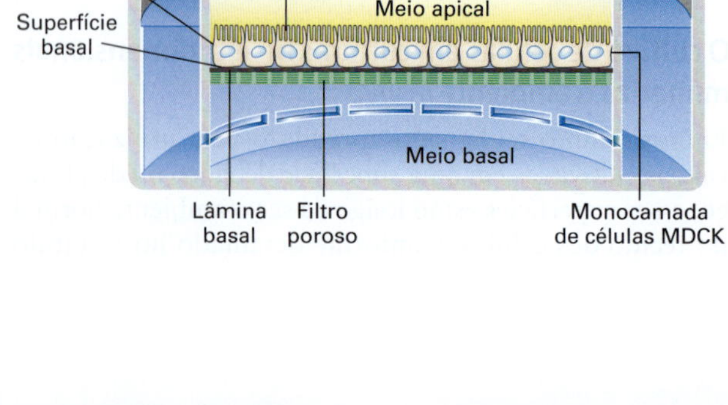

FIGURA 9-4 Células de rim canino Madin-Darby (MDCK) cultivadas em recipientes especializados fornecem um sistema experimental útil para estudar células epiteliais. As células MDCK formam um epitélio polarizado quando cultivadas em filtro de membrana porosa revestida em uma das superfícies com colágeno e outros componentes da lâmina basal. Com o uso da placa de cultura especial mostrada aqui, o meio em cada lado do filtro (superfícies apical e basal da monocamada) pode ser experimentalmente manipulado e o movimento das moléculas na camada pode ser monitorado. Várias junções celulares que interconectam as células se formam apenas se o meio de cultivo possuir Ca^{2+} suficiente.

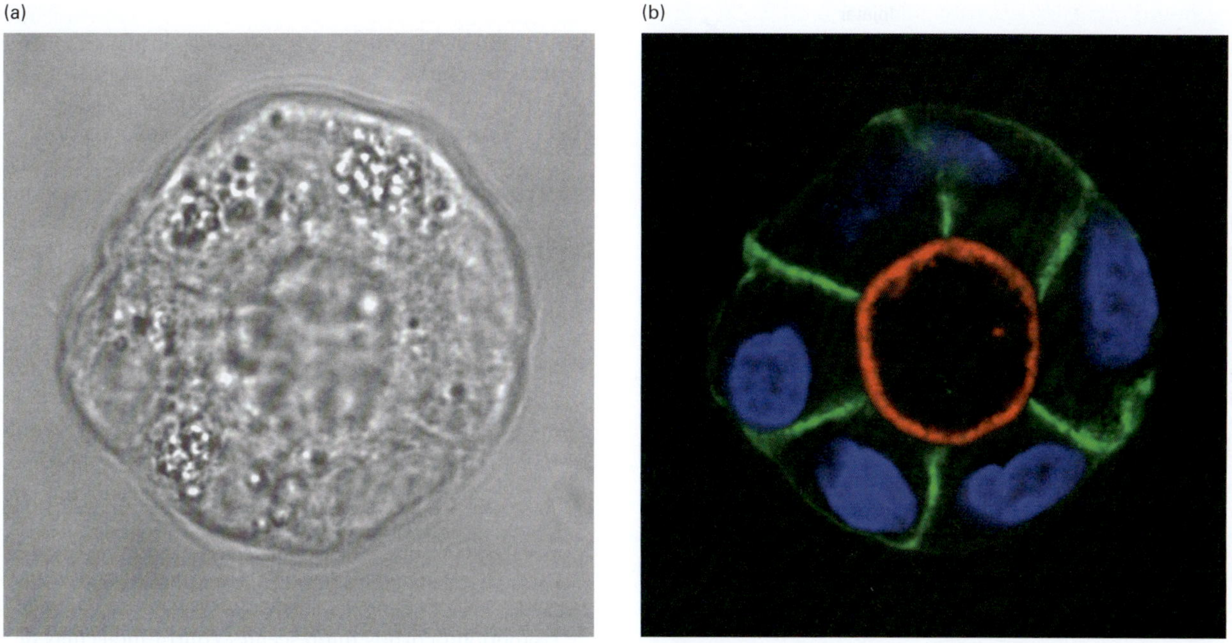

FIGURA EXPERIMENTAL 9-5 Células MDCK podem formar cistos em cultura. (a) Células MDCK cultivadas sobre uma matriz extracelular irão formar grupos de células que irão se polarizar, compondo uma camada única esférica, com um lúmen em seu interior, estrutura denominada cisto. (b) Investigando a localização das proteínas encontradas nas membranas apicais (vermelho) e laterais (verde), pode-se observar que estas células são completamente polarizadas, com a face apical voltada para o lúmen; o que lembra a sua organização nos túbulos renais, de onde são derivadas. O DNA do núcleo está marcado em azul. (Partes (a) e (b) obtidas de D. M. Bryant et al., 2010, *Nat. Cell Biol.* **12:**1035.)

po de vida finito. Assim, a primeira etapa para produzir um anticorpo monoclonal é gerar células produtoras de anticorpos imortais (Figura 9-6). Essa imortalidade é alcançada pela fusão de linfócitos B normais de um animal imunizado com linfócitos transformados imortais, chamados *células de mieloma*, que não sintetizam as cadeias leves nem as cadeias pesadas que constituem todos os anticorpos (Figura 3-19). O tratamento com certas glicoproteínas virais ou com o químico polietilenoglicol promove a fusão entre as membranas plasmáticas das duas células, permitindo que seus citoplasmas e suas organelas se misturem. Algumas das células fusionadas sofrem divisão, e seus núcleos acabam coalescendo, produzindo *células híbridas* viáveis de núcleo único com cromossomos das duas "células parentais". A fusão das duas células geneticamente diferentes pode gerar uma célula híbrida com novas características. Por exemplo, a fusão de uma célula de mieloma com uma célula produtora de anticorpos normal do baço de um rato ou camundongo gera um híbrido que prolifera em um clone chamado de **hibridoma**. Assim como as células de mieloma, as células do hibridoma crescem rapidamente e são imortais. Cada hibridoma produz o anticorpo monoclonal codificado por seu linfócito B original.

A segunda etapa nesse procedimento para produção de anticorpo monoclonal é separar, ou selecionar, as células do hibridoma das células parentais não fusionadas e das células autofusionadas geradas pela reação de fusão. Essa seleção é geralmente feita pela incubação da mistura de células em um meio de cultivo especial, chamado de *meio de seleção*, que permite apenas o crescimento de células do hibridoma devido às suas novas características. As células de mieloma usadas para a fusão têm uma mutação que bloqueia uma rota metabólica; portanto, pode-se usar um meio de seleção que seja letal para elas, mas não para seus parceiros de fusão sem a mutação, os linfócitos. Nas células híbridas imortais, o gene funcional do linfócito pode fornecer o produto gênico ausente e, assim, as células do hibridoma serão capazes de proliferar no meio de seleção. Como os linfócitos usados na fusão não são imortalizados, apenas as células do hibridoma irão proliferar rapidamente no meio de seleção e, portanto, poderão ser prontamente isoladas da mistura inicial de células. Por fim, cada clone de hibridoma selecionado é então testado para a produção do anticorpo desejado; qualquer clone que produza esse anticorpo é então crescido em grandes culturas, a partir das quais uma quantidade substancial de anticorpo monoclonal puro pode ser obtida.

Anticorpos monoclonais tornaram-se reagentes muito valiosos como ferramentas de pesquisa específica. São comumente empregados em cromatografia de afinidade para isolar e purificar proteínas a partir de misturas complexas (ver Figura 3-38b). Como será discutido posteriormente neste capítulo, também podem ser empregados em microscopia de imunofluorescência para localizar uma determinada proteína no interior das células. Podem ser usados ainda para identificar proteínas específicas em frações celulares com o uso de imunotransferência (ver Figura 3-39). Anticorpos monoclonais tornaram-se importantes ferramentas de diagnóstico e terapia na medicina; por exemplo, anticorpos monoclonais que se ligam e inativam toxinas secretadas por patógenos bacterianos são usados para tratar doenças. Outros anticorpos monoclonais são

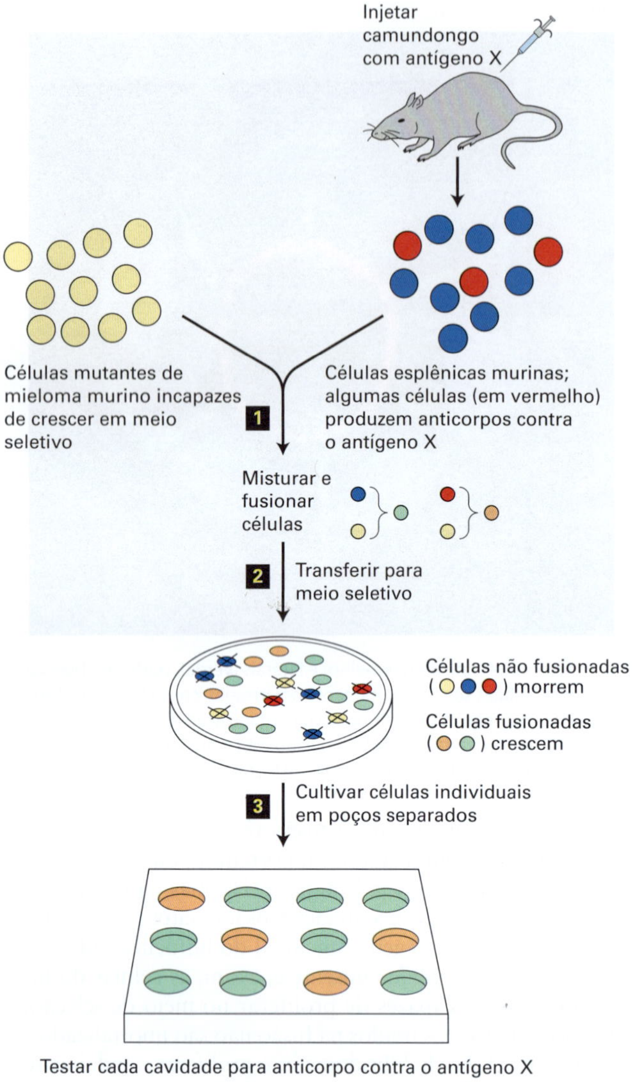

FIGURA 9-6 O uso de fusão celular e de seleção para obter hibridomas produtores de anticorpos monoclonais contra uma proteína específica. Etapa **1**: células imortais de mieloma, incapazes de sintetizar purinas sob condições especiais porque são desprovidas de tirosina-cinase, são fusionadas com células esplênicas normais produtoras de anticorpos de um animal que foi imunizado com o antígeno X. Etapa **2**: quando cultivadas em um meio seletivo apropriado, células não fusionadas ou autofusionadas não crescem: as células mutantes de mieloma não crescem porque o meio seletivo não contém purinas, e as células esplênicas, porque elas têm tempo de vida limitado em cultivo. Assim, apenas células fusionadas formadas a partir de uma célula de mieloma *e* uma célula esplênica sobrevivem no meio especial, proliferando em clones chamados de hibridomas. Cada hibridoma produz um único anticorpo. Etapa **3**: o teste de clones individuais identifica aqueles que reconhecem o antígeno X. Após a identificação de um hibridoma que produza um anticorpo desejado, o clone pode ser cultivado para gerar grandes quantidades daquele anticorpo.

específicos para proteínas de superfície celular expressas por certos tipos de células tumorais. Vários desses anticorpos antitumorais são amplamente utilizados no tratamento do câncer, incluindo anticorpos monoclonais contra uma forma mutante do receptor Her2 superexpresso em alguns cânceres de mama (ver Figura 16-7).

CONCEITOS-CHAVE da Seção 9.1

Cultivo de células

- Células animais precisam ser cultivadas em condições que mimetizem seu ambiente natural, geralmente exigindo a suplementação com aminoácidos e fatores de crescimento necessários.
- A maioria das células animais precisa aderir-se a uma superfície sólida para proliferar.
- Células primárias – aquelas isoladas diretamente do tecido – apresentam tempo de vida finito.
- Células transformadas, como aquelas derivadas de tumores, podem crescer indefinidamente em cultura.
- Células que podem crescer indefinidamente são chamadas de linhagem celular.
- Várias linhagens celulares são aneuploides, com um número de cromossomos diferente daquele do animal parental do qual foram derivadas.
- Células diferentes expressam diferentes proteínas marcadoras em sua superfície, as quais podem ser usadas para distingui-las.
- Usando anticorpos fluorescentes contra moléculas de superfície celular, um equipamento chamado de separador de células ativado por fluorescência pode selecionar células com diferentes marcadores de superfície.
- Para mimetizar o crescimento em tecidos, células epiteliais são geralmente cultivadas em recipientes especiais que permitem mimetizar sua polaridade funcional. As células podem ser cultivadas em matrizes tridimensionais para refletir mais precisamente seu ambiente normal.
- Anticorpos monoclonais, reagentes que se ligam a um epítopo de um antígeno, podem ser secretados por células cultivadas chamadas hibridomas. Essas células híbridas são obtidas fusionando uma célula B produtora de anticorpo com uma célula de mieloma imortalizada e então identificando aqueles clones que produzem o anticorpo. Anticorpos monoclonais são importantes para pesquisa básica e como agentes terapêuticos.

9.2 Microscopia de luz: explorando a estrutura celular e visualizando proteínas no interior das células

A existência da base celular da vida foi primeiramente apreciada utilizando microscópios de luz primitivos. Desde então, o progresso em biologia celular tem se dado em paralelo a, e geralmente promovido por, avanços tecnológicos na microscopia de luz (Figura 9-7). Nesta seção, será discutido cada um dos principais desenvolvimentos e como eles permitiram o avanço no estudo de processos celulares. Inicialmente, serão descritos os usos básicos da microscopia de luz para observar células e estruturas não coradas. Depois, serão descritos o desenvolvimento da microscopia de fluorescência e seu uso para localizar proteínas específicas em células fixadas. Utilizando abordagens de genética molecular para expressar uma fusão entre uma proteína de interesse e uma proteína naturalmente fluorescente, é possível acompanhar a localização de proteínas específicas em células vivas – uma capaci-

(a) (b) (c)

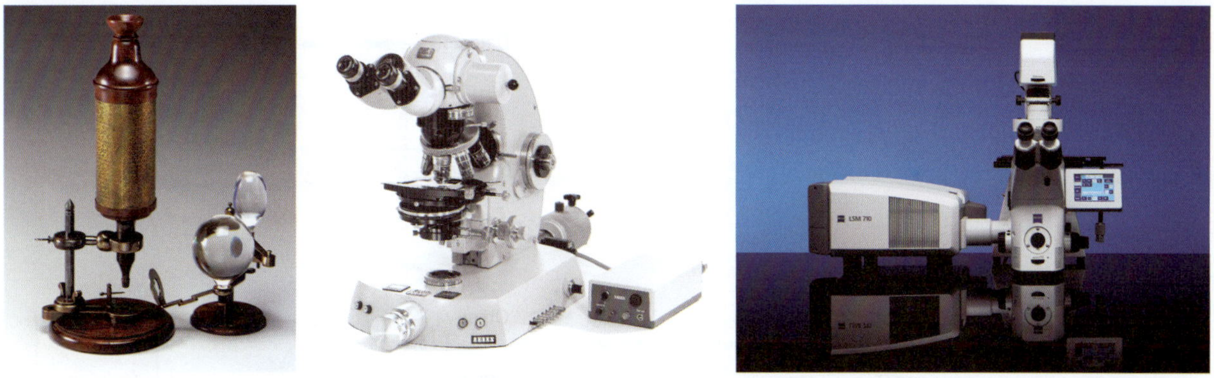

FIGURA 9-7 Desenvolvimento do microscópio de luz. (a) Os primeiros microscópios, como aqueles usados por Robert Hooke nos anos de 1660, utilizavam lentes ou um espelho para iluminar a amostra. (b) Em geral, a óptica, e, em particular, os microscópios de luz, se desenvolveram muito durante o século XIX, e na metade do século XX microscópios altamente sofisticados limitados apenas pela resolução da luz eram comuns. (c) Na segunda metade do século XX, a microscopia de fluorescência e a imagem digital juntamente com técnicas confocais foram desenvolvidas para gerar os versáteis microscópios de hoje. (Parte [a] SSPL via Getty Images; parte [b] cortesia de Carl Zeiss Archive; parte [c] Zeiss.com.)

dade que revelou o quão dinâmica é a organização das células vivas. Em paralelo a esses avanços na preparação de amostras, avanços ópticos foram feitos para aperfeiçoar as imagens fornecidas pela microscopia de fluorescência, revelando estruturas celulares com clareza sem precedentes. Várias tecnologias especializadas surgiram desses avanços, e serão descritas algumas das mais importantes.

A resolução do microscópio de luz é aproximadamente 0,2 μm

Todos os microscópios produzem imagens ampliadas de objetos pequenos, mas a natureza da imagem depende do tipo de microscópio empregado e da maneira como a amostra é preparada. O microscópio composto, utilizado na *microscopia de campo claro* convencional, contém várias lentes que ampliam a imagem de uma amostra em estudo (Figura 9-8a). A ampliação total é um produto da ampliação das lentes individuais; se a *lente objetiva*, aquela mais próxima da amostra, ampliar 100 vezes (lente 100X, o máximo geralmente empregado), e a *lente de projeção*, às vezes chamada de ocular, ampliar 10 vezes, a ampliação final registrada pelo olho humano ou em uma câmera será de 1.000 vezes.

A propriedade mais importante de qualquer microscópio, porém, não é sua ampliação, mas seu poder de resolução, ou simplesmente **resolução** – a capacidade de distinguir entre dois objetos posicionados muito próximos um do outro. Simplesmente aumentar a imagem de uma amostra não adianta nada se a imagem não for clara. A resolução da lente de um microscópio é numericamente equivalente a D, a distância mínima entre dois objetos distinguíveis. Quanto menor o valor de D, melhor a resolução. O valor de D é dado pela equação

$$D = \frac{0{,}61\lambda}{N \operatorname{sin}\alpha} \qquad (9\text{-}1)$$

onde α é a abertura angular, ou semiângulo, do cone da entrada de luz da lente objetiva a partir da amostra (ver Figura 9-8a), N é o índice de refração do meio entre a amostra e a lente objetiva (i.e., a velocidade relativa da luz no meio comparada com a velocidade no ar) e λ é o comprimento de onda da luz incidente. A resolução é aumentada pelo uso de luz com comprimentos de onda curtos (diminuindo o valor de λ) ou aglomerando mais luz (aumentando N ou α). Lentes para microscopia de alta resolução são projetadas para funcionar com óleo entre a lente e a amostra, já que o óleo tem maior índice de refração (1,56, comparado com 1,0 para o ar e 1,3 para a água). Para maximizar o ângulo α e, portanto, o sinα, as lentes também são projetadas para focar bem próximo da fina lamínula que cobre a amostra. O termo N sinα é conhecido como *abertura numérica* (*NA*). Uma boa lente de alta ampliação tem um NA de aproximadamente 1,4, e as melhores lentes têm um índice que se aproxima de 1,7 e custam quase o mesmo que um carro de passeio! Observe que a ampliação não faz parte dessa equação.

Devido a limitações nos valores de α, λ e N com base nas propriedades físicas da luz, o *limite de resolução* de um microscópio de luz utilizando luz visível é de cerca de 0,2 μm (200 nm). Não importa quantas vezes a imagem seja ampliada, um microscópio de luz convencional nunca poderá distinguir objetos com menos de ~0,2 μm de distância ou revelar detalhes menores do que ~0,2 μm de tamanho. Entretanto, algumas novas tecnologias sofisticadas foram concebidas para "superar" essa barreira da resolução e são capazes de distinguir objetos com apenas alguns nanômetros de distância; esse microscópio de alta resolução será discutido em uma seção posterior.

Apesar da falta de resolução, um microscópio convencional é capaz de rastrear um único objeto dentro de alguns nanômetros. Se soubermos o tamanho e a forma exatos de um objeto – digamos, uma esfera de ouro com 5 nm ligada a um anticorpo que, por sua vez, está ligado a uma proteína de superfície em uma célula viva – e se utilizarmos uma câmera para fazer várias imagens digitais rapidamente, então um computador poderá calcular a posição média para revelar o centro do objeto em alguns poucos nanômetros. Dessa forma, algoritmos de computador podem ser usados para localizar objetos

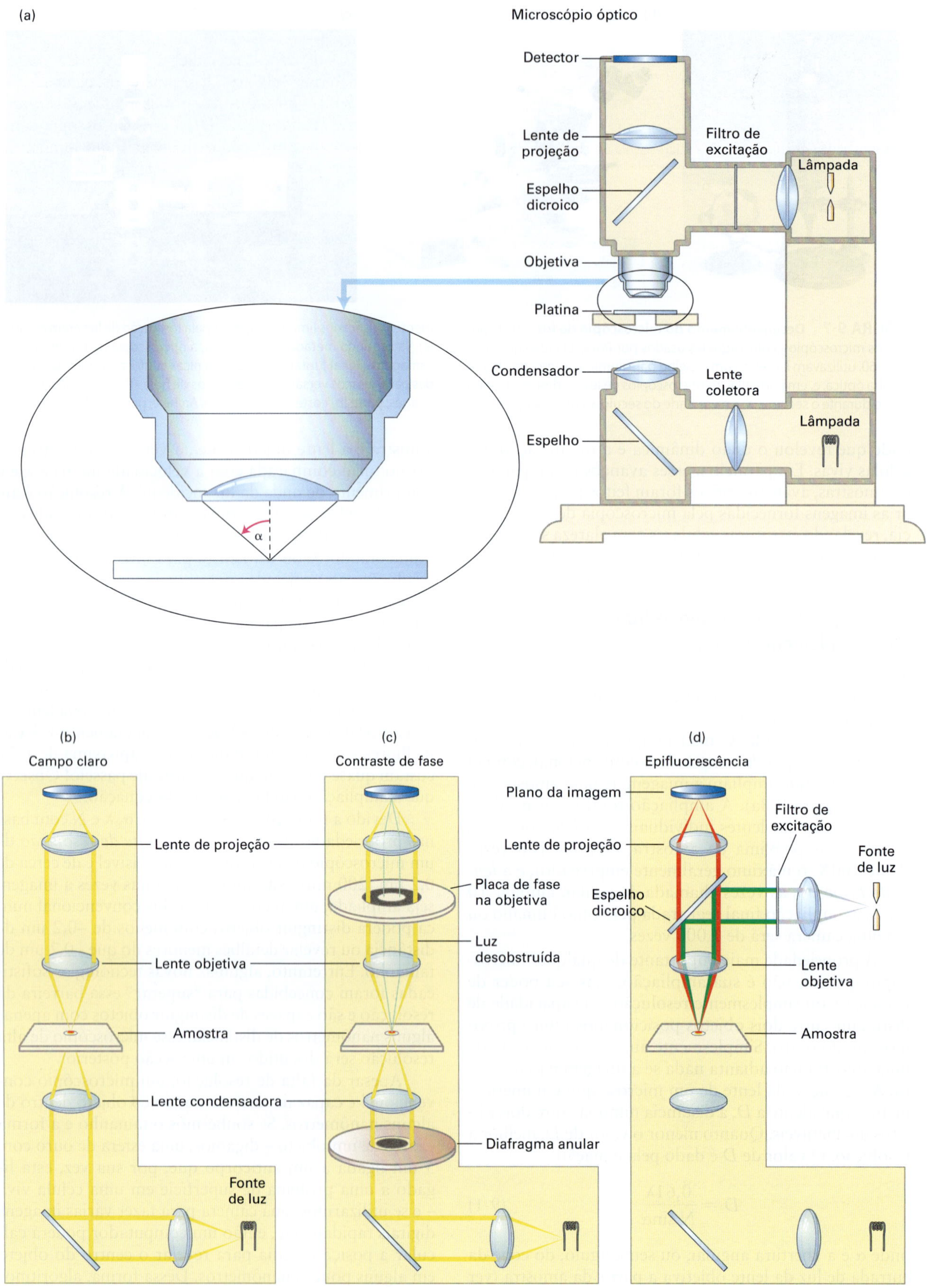
(a)
Microscópio óptico
Detector
Lente de projeção
Filtro de excitação
Lâmpada
Espelho dicroico
Objetiva
Platina
Condensador
Lente coletora
Lâmpada
Espelho
α
(b)
Campo claro
Lente de projeção
Lente objetiva
Amostra
Lente condensadora
Fonte de luz
(c)
Contraste de fase
Placa de fase na objetiva
Luz desobstruída
Diafragma anular
(d)
Epifluorescência
Plano da imagem
Lente de projeção
Filtro de excitação
Fonte de luz
Espelho dicroico
Lente objetiva
Amostra

FIGURA 9-8 Microscópios ópticos são comumente configurados para microscopias de campo claro (de transmissão), contraste de fase e epifluorescência. (a) Em um típico microscópio de luz, a amostra é geralmente montada em uma lâmina de vidro transparente e posicionada na platina (parte móvel: *charriot*). (b) Na microscopia de luz de campo claro, a luz de uma lâmpada de tungstênio é focada na amostra por uma lente condensadora abaixo da platina; a luz viaja pela rota mostrada em amarelo. (c) Na microscopia de contraste de fase, a luz incidente passa por um diafragma anular, que focaliza um anel de luz na amostra. A luz que passa desobstruída através da amostra é focalizada pela lente objetiva no anel cinza mais espesso da placa de fase, que absorve parte da luz direta e altera sua fase em um quarto de comprimento de onda. Se uma amostra refratar (desviar) ou difratar a luz, a fase de parte das ondas de luz será alterada (linhas verdes) e as ondas de luz passam pela região clara da placa de fase. As luzes refratadas e não refratadas são recombinadas no plano da imagem para formar a imagem. (d) Na microscopia de epifluorescência, um feixe de luz de uma lâmpada de mercúrio (linhas cinzas) é direcionado para um filtro de excitação que permite apenas passar a luz de comprimento de onda correto (linhas verdes). A luz é então refletida de um filtro dicroico e através da objetiva que a focaliza na amostra. A luz fluorescente emitida pela amostra (linhas vermelhas) passa pela objetiva, então pelo espelho dicroico e é focalizada e registrada pelo detector no plano da imagem.

únicos em nível mais preciso – nesse caso, a localização e o movimento ao longo do tempo de uma proteína de superfície celular marcada com o anticorpo ligado à esfera de ouro – do que seria possível apenas com base na resolução do microscópio de luz. Essa técnica foi utilizada para medir distâncias na escala de nanômetros à medida que moléculas e vesículas se movem ao longo de filamentos do citoesqueleto (ver Figuras 17-29 e 17-30).

Microscopias de contraste de fase e de contraste de interferência diferencial visualizam células vivas não coradas

As células têm cerca de 70% de água, 15% de proteína, 6% de RNA e pequenas quantidades de lipídeos, DNA e pequenas moléculas. Já que nenhuma dessas classes de moléculas apresenta cor, outros métodos precisam ser usados para a visualização das células ao microscópio. O microscópio mais simples visualiza as células sob a óptica do *campo claro* (Figura 9-8b), e poucos detalhes podem ser vistos (Figura 9-9). Dois métodos comuns para visualizar células vivas e tecidos não corados geram contraste tirando vantagem das diferenças no índice de refração e na espessura dos materiais celulares. Esses métodos, chamados de *microscopia de contraste de fase* e *microscopia de contraste de interferência diferencial* (*DIC*) (ou microscopia de interferência Nomarski), produzem imagens que diferem em aparência e revelam diferentes características da arquitetura celular. A Figura 9-9 compara imagens de células vivas cultivadas obtidas a partir desses dois métodos com aquelas obtidas por microscopia de campo claro padrão. Uma vez que os microscópios ópticos são caros, eles são geralmente criados para realizar vários tipos diferentes de microscopia no mesmo aparelho (ver Figura 9-8a-d).

A microscopia de contraste de fase gera uma imagem na qual o grau de escuridão ou claridade de uma região da amostra depende do *índice de refração* daquela região. A luz se move mais lentamente em um meio com maior índice de refração. Assim, um raio de luz é refratado (desviado) quando passa do meio para um objeto transparente e novamente quando ele retorna ao meio. Em um microscópio de contraste de fase, um cone de luz gerado por um diafragma anular no condensador ilumina a amostra (ver Figura 9-8c). A luz passa através da amostra para a objetiva, e a luz direta desobstruída passa por uma região da placa de fase que ao mesmo tempo transmite apenas uma pequena porcentagem da luz e altera levemente sua fase. A porção de uma onda de luz que passa por uma amostra será refratada e estará fora de fase (sem sincronia) com a porção da onda que não passa através da amostra. O quanto suas fases diferem depende da diferença no índice de refração ao longo das duas rotas e da espessura da amostra. A luz refratada e a não refratada são recombinadas no plano da imagem para formar a imagem. Se as duas porções da onda de luz forem recombinadas, a luz resultante será mais brilhante se estiver em fase e menos brilhante se estiver fora de fase. A microscopia de contraste de fase é apropriada para observar células isoladas ou finas camadas celulares, mas não para tecidos espessos. Ela é particularmente útil para examinar a localização e o movimento de grandes organelas em células vivas.

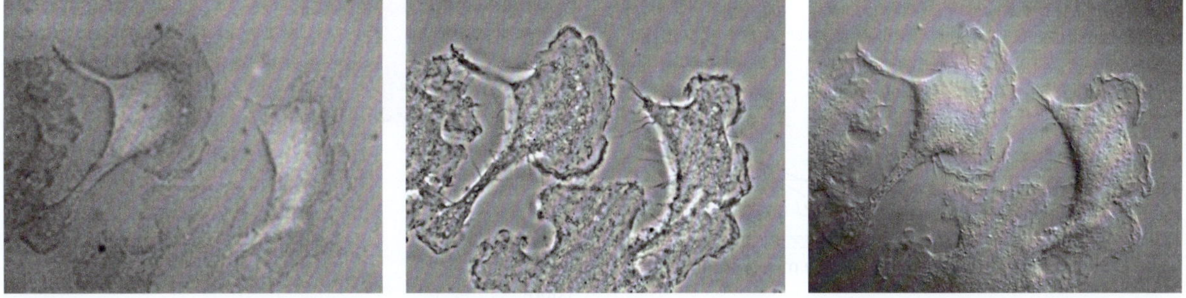

FIGURA 9-9 Células vivas podem ser visualizadas por técnicas de microscopia que geram contraste por interferência. Estas micrografias mostra macrófagos vivos em cultivo vistos por microscopia de campo claro (*à esquerda*), microscopia de contraste de fase (*centro*) e por microscopia de contraste de interferência diferencial (DIC) (*à direita*). Em uma imagem de contraste de fase, as células são rodeadas por faixas claras e escuras; detalhes em foco e fora de foco são visualizados simultaneamente em um microscópio de contraste de fase. Em uma imagem DIC, as células aparecem em pseudorrelevo. Como apenas uma estreita região com foco é visualizada, uma imagem DIC é uma camada óptica através do objeto. (Cortesia de N. Watson e J. Evans.)

A microscopia DIC baseia-se na interferência entre luz polarizada e é o método preferido para visualizar detalhes extremamente pequenos e objetos espessos. O contraste é gerado por diferenças entre o índice de refração do objeto e seu meio circundante. Em imagens DIC, os objetos parecem fazer sombra em um lado. A "sombra" representa principalmente uma diferença no índice de refração de um espécime em vez de sua topografia. A microscopia DIC define facilmente os contornos de grandes organelas, tais como o núcleo e os vacúolos. Além de ter uma aparência de "relevo", uma imagem DIC é uma fina *secção óptica*, ou camada, através do objeto (Figura 9-9, *à direita*). Assim, detalhes internos em amostras espessas (p. ex., um verme cilíndrico *Caenorhabditis elegans* intacto; ver Figura 21-31) podem ser observados em uma série dessas secções ópticas, e a estrutura tridimensional do objeto pode ser reconstruída pela combinação das imagens DIC individuais.

Tanto a microscopia de contraste de fase quanto a DIC podem ser usadas na *microscopia de time-lapse*, na qual a mesma célula é fotografada em intervalos regulares ao longo do tempo para gerar um filme. Esse procedimento permite ao observador estudar o movimento celular, desde que a fase do microscópio consiga controlar a temperatura da amostra e o ambiente seja apropriado.

A visualização de detalhes subcelulares geralmente requer que as amostras sejam fixadas, seccionadas e coradas

Células e tecidos vivos são geralmente desprovidos de componentes que absorvem luz e, portanto, são praticamente invisíveis em um microscópio de luz. Embora tais amostras possam ser visualizadas pelas técnicas especiais já discutidas, esses métodos não revelam os detalhes sutis da estrutura.

Amostras para microscopias de luz e eletrônica são comumente fixadas com uma solução contendo químicos que se ligam à maioria das proteínas e dos ácidos nucleicos. O formaldeído, um fixador comum, se liga aos grupamentos amino em moléculas adjacentes; essas ligações covalentes estabilizam as interações proteína-proteína e proteína-ácidos nucleicos, tornando as moléculas insolúveis e estáveis para procedimentos seguintes. Após a fixação, uma amostra de tecido para exame por microscopia de luz é geralmente incorporada em parafina e cortada em secções com cerca de 50 μm de espessura (Figura 9-10a). Células cultivadas em lamínulas de vidro, como previamente descrito, são finas o suficiente para serem fixadas *in situ* e visualizadas por microscopia de luz sem necessidade de seccionamento.

Uma etapa final no preparo de uma amostra para microscopia de luz é corá-la para permitir a visualização das principais características estruturais da célula ou do tecido. Muitos corantes químicos ligam-se a moléculas com características específicas. Por exemplo, amostras histológicas são geralmente coradas com *hematoxicilina* e *eosina* ("corante H&E"). A hematoxicilina se liga a aminoácidos básicos (lisina e arginina) em vários tipos diferentes de proteínas, enquanto a eosina se liga a moléculas ácidas (tais como DNA e cadeias laterais do aspartato e do glutamato). Por conta de suas diferentes capacidades de ligação, esses corantes marcam vários tipos celulares de forma suficientemente diferente para permitir que sejam visualmente distinguíveis (Figura 9-10b). Se uma enzima catalisar uma reação que produz um precipitado colorido ou visível de alguma outra maneira a partir de um precursor incolor, a

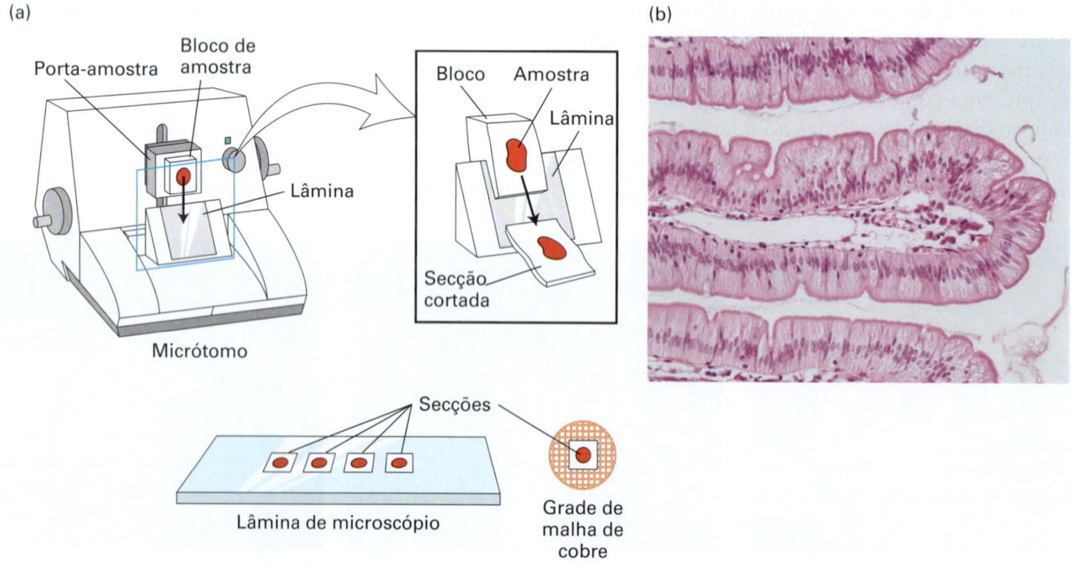

FIGURA 9-10 Tecidos para microscopia de luz são comumente fixados, incorporados a um meio sólido, e cortados em secções finas. (a) Tecido fixado é desidratado por imersão em uma série de soluções alcoólicas, terminando com um solvente orgânico compatível com o meio de incorporação. Para incorporar o tecido para o seccionamento, o tecido é colocado em parafina líquida para microscopia de luz. Depois que o bloco contendo a amostra tiver endurecido, ele é montado no braço de um micrótomo e fatias são cortadas com uma lâmina. Secções típicas cortadas para microscopia de luz têm de 0,5 a 50 μm de espessura. As secções são coletadas em lâminas de microscópio e coradas com agente apropriado. (b) Secção de intestino murino corada com H&E. (Parte [b] © Dr. Gladden Willis/ Visuals Unlimited/Corbis.)

enzima poderá ser detectada em secções celulares por seus produtos de reação coloridos. Essas técnicas de coloração, embora tenham sido bastante comuns um dia, foram amplamente substituídas por outras técnicas para a visualização de determinadas proteínas, como será visto a seguir.

A microscopia de fluorescência localiza e quantifica moléculas específicas em células vivas

Talvez a técnica mais versátil e eficaz para localizar moléculas em uma célula por microscopia de luz seja a **marcação fluorescente** das células e sua observação por *microscopia de fluorescência*. Diz-se que uma substância química é fluorescente quando absorve luz em um comprimento de onda (o comprimento de onda de excitação) e emite luz (fluoresce) em um comprimento de onda específico e mais longo. Microscópios modernos para observar amostras fluorescentes são configurados para passar a luz de excitação pela objetiva para a amostra e então observar seletivamente a luz fluorescente emitida pela amostra através da objetiva. Isso é alcançado refletindo-se a luz de excitação em um tipo especial de filtro chamado de espelho dicroico para a amostra e permitindo que a luz emitida em um comprimento de onda mais longo passe pelo observador (ver Figura 9-8d).

Determinação dos níveis intracelulares de Ca^{2+} e H^+ por corantes fluorescentes sensíveis a íons

As concentrações de Ca^{2+} e H^+ em células vivas podem ser medidas com o auxílio de corantes fluorescentes, ou *fluorocromos*, cuja fluorescência depende da concentração desses íons. Conforme será discutido em capítulos posteriores, as concentrações intracelulares de Ca^{2+} e H^+ têm efeito pronunciado em muitos processos celulares. Por exemplo, muitos hormônios e outros estímulos causam um aumento no Ca^{2+} citosólico do nível de repouso de 10^{-7} M para 10^{-6} M, o que induz várias respostas celulares, como a contração muscular.

O corante fluorescente *fura-2*, sensível a Ca^{2+}, contém cinco grupos carboxilados que formam ligações éster com o etanol. O éster fura-2 resultante é lipofílico e pode difundir do meio para dentro das células através da membrana plasmática. No citosol, esterases hidrolisam o éster fura-2, gerando fura-2, cujos grupos carboxilados livres tornam a molécula não lipofílica e incapaz de atravessar a membrana celular, assim ela permanece no citosol. Dentro das células, cada molécula de fura-2 é capaz de se ligar a um único íon de Ca^{2+} mas a nenhum outro cátion celular. Essa ligação, proporcional à concentração citosólica de Ca^{2+} dentro de certa faixa, aumenta a fluorescência de fura-2 em determinado comprimento de onda. Em um segundo comprimento de onda, a fluorescência de fura-2 é a mesma com ou sem Ca^{2+} e fornece uma medida da quantidade total de fura-2 em uma região da célula. Examinando as células continuamente no microscópio de fluorescência e medindo alterações rápidas na proporção da fluorescência de fura-2 nesses dois comprimentos de onda, pode-se quantificar mudanças rápidas na fração de fura-2 que se liga a um íon de Ca^{2+} e, portanto, na concentração de Ca^{2+} citosólico (Figura 9-11).

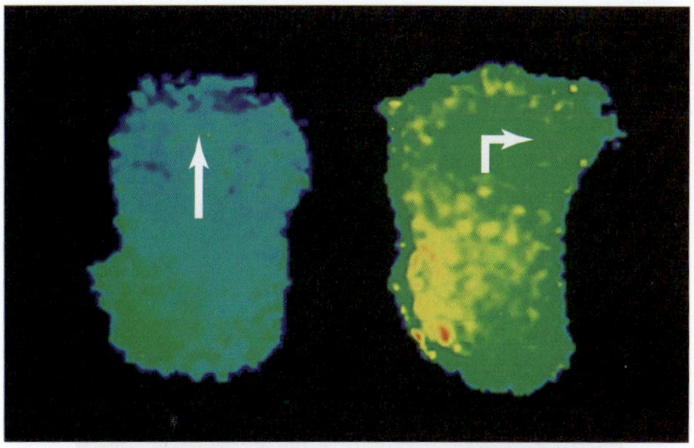

FIGURA EXPERIMENTAL 9-11 Fura-2, fluorocromo sensível a Ca^{2+}, pode ser usado para monitorar as concentrações relativas de Ca^{2+} citosólico em diferentes regiões de células vivas. (*À esquerda*) Em um leucócito em movimento, um gradiente de Ca^{2+} é estabelecido. Os níveis mais altos (verde) estão na região posterior da célula, onde ocorre a concentração cortical, e os níveis mais baixos (azul) estão na região anterior da célula, onde a actina sofre polimerização. (*À direita*) Quando uma pipeta cheia de moléculas quimiotáticas e disposta ao lado da célula a induz a se virar, a concentração de Ca^{2+} aumenta momentaneamente em todo o citoplasma, e um novo gradiente é estabelecido. O gradiente é orientado de forma que a região com menos Ca^{2+} (azul) fique na direção para onde a célula irá se virar, enquanto uma região de alta concentração de Ca^{2+} (amarelo) sempre se forme no sítio que se tornará a parte posterior da célula. (Reproduzida de R. A. Brundage et al., 1991, *Science* **254**:703; cortesia de F. Fay.)

Corantes fluorescentes (p. ex., SNARF-1) sensíveis a concentrações de H^+ podem ser usados de forma semelhante para monitorar o pH citosólico de células vivas. Outras sondas úteis consistem em um fluorocromo ligado a uma base fraca apenas parcialmente protonada em pH neutro, capaz de atravessar livremente membranas celulares. Em organelas ácidas, no entanto, essas sondas se tornam protonadas; como as sondas protonadas não conseguem atravessar novamente a membrana da organela, elas se acumulam no lúmen em concentrações muito maiores do que no citosol. Assim, esse tipo de corante fluorescente pode ser usado para marcar mitocôndrias e lisossomos especificamente em células vivas (Figura 9-12).

A microscopia de imunofluorescência detecta proteínas específicas em células fixadas

Os corantes químicos comuns previamente mencionados marcam ácidos nucleicos ou classes mais amplas de proteínas, mas é muito mais informativo detectar a presença e a localização de proteínas específicas. A *microscopia de imunofluorescência* é o método mais amplamente utilizado para detectar proteínas específicas com um anticorpo ao qual um corante fluorescente foi covalentemente ligado. Para fazer isso, é necessário antes gerar anticorpos para uma proteína específica. Como discutido brevemente na Seção 9.1 e em detalhes no Capítulo 23, como parte da resposta à infecção, o sistema imune dos vertebrados gera proteínas chamadas de anticorpos, que se ligam especificamente ao agente infeccioso. Biólogos celulares fizeram uso dessa resposta imunológica para gerar anticorpos contra proteínas específicas. A proteína X foi purificada e então

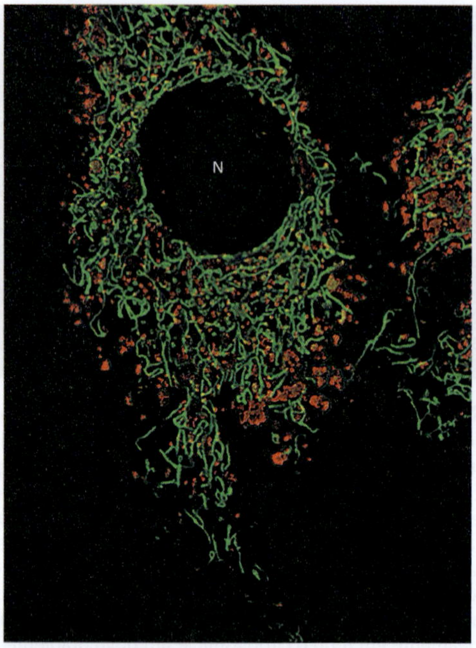

FIGURA EXPERIMENTAL 9-12 A localização de lisossomos e mitocôndrias em uma célula endotelial viva de artéria pulmonar bovina em cultivo. A célula foi corada com um corante de fluorescência verde que se liga especificamente às mitocôndrias e um corante de fluorescência vermelha especificamente incorporado nos lisossomos. A imagem foi melhorada utilizando-se um programa de computador de deconvolução discutido posteriormente no capítulo. N, núcleo. (Cortesia Invitrogen/Molecular Probes Inc.)

injetada em um animal experimental de maneira que ele reagisse a ela como molécula estranha. Ao longo de um período de semanas, o animal irá montar uma resposta imune e gerar anticorpos contra a proteína X (o "antígeno"). O sangue coletado do animal conterá anticorpos contra a proteína X misturados a anticorpos contra vários outros antígenos, juntamente com todas as outras proteínas sanguíneas. Agora é possível ligar a proteína X covalentemente a uma resina e, utilizando cromatografia de afinidade, ligar e reter seletivamente apenas aqueles anticorpos específicos para a proteína X. Os anticorpos podem ser eluídos da resina, obtendo-se um reagente que se liga especificamente à proteína X. Essa abordagem gera *anticorpos policlonais*, já que várias células diferentes do animal contribuíram com os anticorpos. Alternativamente, como já descrito neste capítulo, é possível gerar uma linhagem celular clonal que secrete anticorpos contra um epítopo específico ou a proteína X; esses anticorpos são chamados de *monoclonais*.

Para usar qualquer um desses anticorpos para localizar a proteína, as células ou o tecido devem primeiramente ser fixados para assegurar que todos os seus componentes permaneçam no lugar e que a célula seja permeabilizada para permitir a entrada do anticorpo, o que é comumente feito pela incubação das células com um detergente não iônico ou pela extração dos lipídeos com um solvente orgânico. Em uma das versões da microscopia de imunofluorescência, o anticorpo é covalentemente ligado a um fluorocromo. Fluorocromos comumente usados incluem rodamina e vermelho do Texas, que emitem luz vermelha; e a fluoresceína, que emite luz verde. Quando um complexo fluorocromo-anticorpo é adicionado a uma célula ou secção de tecido permeabilizada, o complexo irá se ligar ao antígeno correspondente e então emitirá luz quando iluminado pelo comprimento de onda excitante. A marcação de uma amostra com diferentes corantes que fluorescem em diferentes comprimentos de onda permite a localização de múltiplas proteínas bem como do DNA dentro da mesma célula (ver a figura de abertura do capítulo).

A variação mais comumente usada dessa técnica é chamada de *microscopia de imunofluorescência indireta*, pois o anticorpo específico é detectado indiretamente. Nessa técnica, um anticorpo monoclonal ou policlonal não marcado é aplicado às células ou à secção de tecido fixada, seguido por um segundo anticorpo marcado por fluorocromo que se liga à porção constante (Fc) do primeiro anticorpo. Por exemplo, um anticorpo "secundário" pode ser gerado pela imunização de uma cabra com o segmento Fc comum a todos os anticorpos IgG de coelho; quando combinado a um fluorocromo, essa preparação com o anticorpo secundário (chamado de "cabra anticoelho") irá detectar qualquer anticorpo de coelho usado para marcar um tecido ou uma célula (Figura 9-13). Como várias moléculas de anticorpo de cabra anticoelho podem se ligar a uma única molécula de anticorpo de coelho em uma secção, a fluorescência é geralmente muito maior do que se fosse utilizado um único anticorpo diretamente acoplado a um fluorocromo. Essa abordagem é geralmente estendida para fazer a *microscopia de fluorescência de dupla marcação*, na qual duas proteínas podem ser visualizadas simultaneamente. Por exemplo, ambas as proteínas podem ser visualizadas por microscopia de imunofluorescência indireta utilizando anticorpos primários feitos em diferentes animais (p. ex., coelho e galinha) e anticorpos secundários (p. ex., de cabra anticoelho e de ovelha antigalinha) marcados com diferentes fluorocromos. Em outra variação, uma proteína pode ser visualizada por microscopia de imunofluorescência indireta e a segunda proteína por um corante que se ligue especificamente a ela. Uma vez que as imagens individuais tenham sido geradas no microscópio de fluorescência, elas podem ser eletronicamente sobrepostas (Figura 9-14).

Em outra versão amplamente usada dessa tecnologia, técnicas de biologia molecular são utilizadas para produzir um cDNA codificando uma proteína recombinante à qual é fusionada uma pequena sequência de aminoácidos chamada de *marcador de epítopo* (*epitope tag*). Quando expresso em células, esse cDNA irá gerar a proteína ligada ao marcador específico. Dois marcadores de epítopo comumente utilizados são chamados FLAG, codificando a sequência de aminoácidos DYKDDDDK (código de uma letra), e myc, codificando a sequência EQKLISEEDL. Então, anticorpos monoclonais comerciais conjugados a fluorocromos contra os epítopos FLAG ou myc podem ser usados para detectar a proteína recombinante na célula. Em uma extensão dessa tecnologia para permitir a visualização simultânea de duas proteínas, uma proteína pode ser marcada com FLAG e

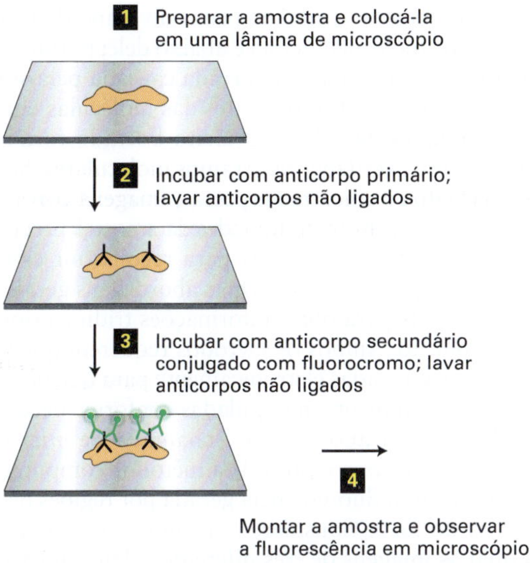

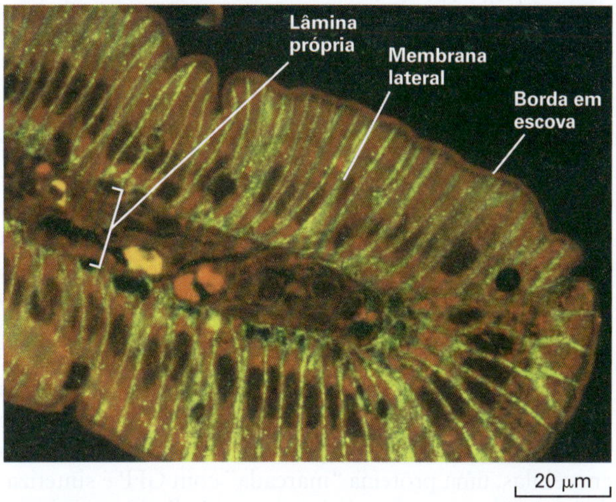

FIGURA 9-13 Uma proteína específica pode ser localizada por microscopia de imunofluorescência indireta. Para localizar uma proteína por microscopia de imunofluorescência, uma secção tecidual ou amostra de células precisa ser quimicamente fixada e permeabilizada para anticorpos (etapa **1**). A amostra é então incubada com um anticorpo primário que se liga especificamente ao antígeno de interesse e os anticorpos não ligados são removidos por lavagens (etapa **2**). Em seguida, a amostra é incubada com um anticorpo secundário ligado a um fluorocromo que se liga especificamente ao anticorpo primário, e novamente o excesso de anticorpo secundário é removido por lavagem (etapa **3**). A amostra é então montada em meio especializado para isso e examinada em um microscópio de fluorescência (etapa **4**). Neste exemplo, uma secção da parede intestinal do rato foi corada com azul de Evans, que gera uma fluorescência vermelha inespecífica, e GLUT2, uma proteína transportadora de glicose, foi localizada por microscopia de imunofluorescência indireta. Nota-se que a GLUT2 está presente nas superfícies basal e lateral das células intestinais, mas está ausente da borda em escova, composta por microvilosidades intimamente ligadas na superfície apical voltada ao lúmen intestinal. Capilares passam pela lâmina própria, um tecido conectivo frouxo abaixo da camada epitelial. (B. Thorens et al., 1990, *Am. J. Physiol.* **259**:C279; cortesia de B. Thorens.)

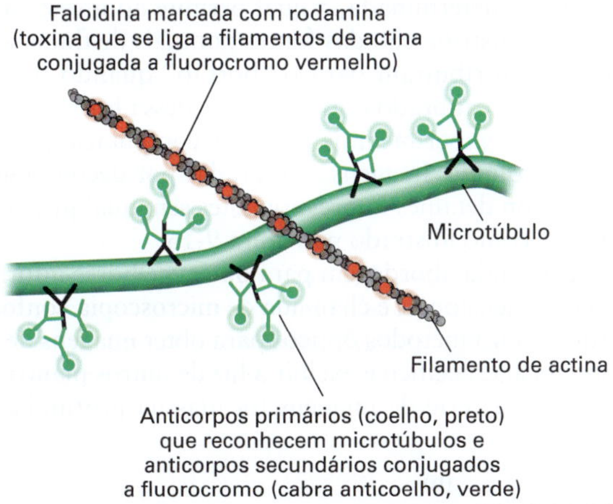

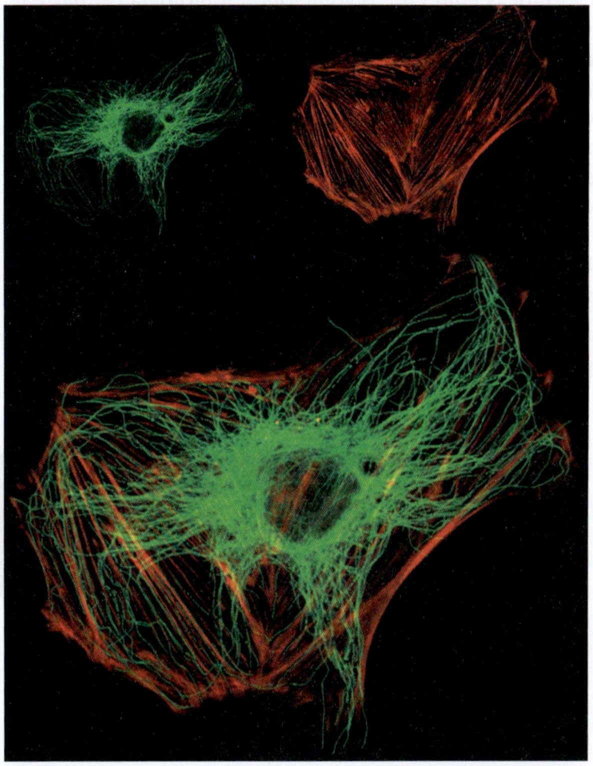

FIGURA EXPERIMENTAL 9-14 A microscopia de fluorescência de dupla marcação pode visualizar a distribuição relativa de duas proteínas. Na microscopia de fluorescência de dupla marcação, cada proteína precisa ser marcada especificamente com diferentes fluorocromos. O diagrama à esquerda mostra como isso pode ser feito: uma célula cultivada foi fixada e permeabilizada, e então incubada com faloidina conjugada com rodamina, reagente que se liga especificamente à actina filamentosa. Ela também foi incubada com anticorpos de coelho contra tubulina, o principal componente dos microtúbulos, seguido por um anticorpo secundário de cabra anticoelho conjugado com fluoresceína. Os painéis superiores à direita mostram a tubulina corada com fluoresceína (*à esquerda*) e a actina corada com rodamina (*à direita*) e o painel inferior, mostra as imagens eletronicamente sobrepostas. (Parte [a] cortesia de A. Bretscher.)

outra com myc. Cada proteína marcada é então visualizada com cor diferente, por exemplo, com um anticorpo conjugado à rodamina contra o epítopo myc e um anticorpo conjugado à fluoresceína contra o epítopo FLAG.

A marcação com proteínas fluorescentes permite a visualização de proteínas específicas em células vivas

A água-viva *Aequorea victoria* expressa uma proteína naturalmente fluorescente, chamada *proteína fluorescente verde* (*green fluorescent protein, GFP*, cerca de 27 kD). A GFP tem uma sequência de serina, tirosina e glicina cujas cadeias laterais ciclizam espontaneamente, formando um cromóforo fluorescente verde quando iluminado com luz azul. Utilizando tecnologias de DNA recombinante, é possível fazer um construto de DNA no qual a sequência codificadora de GFP é fusionada à sequência codificadora da proteína de interesse. Quando introduzida e expressa em células, uma proteína "marcada" com GFP é sintetizada para que a proteína de interesse seja ligada covalentemente à GFP como parte do mesmo polipeptídeo. Embora a GFP seja uma proteína de tamanho moderado, a função da proteína de interesse geralmente não é afetada por sua fusão a ela. Isso permite agora que se visualize a GFP – e, consequentemente, a proteína de interesse. Pode-se não apenas visualizar imediatamente a localização da proteína marcada com GFP, mas também ver sua distribuição em uma célula viva ao longo do tempo e dessa forma avaliar sua dinâmica ou rastrear sua localização após vários tratamentos celulares. A simples ideia de marcar proteínas específicas com GFP revolucionou a biologia celular e levou ao desenvolvimento de várias proteínas fluorescentes diferentes (Figura 9-15). O uso dessa variedade de proteínas fluorescentes coloridas permite a visualização de duas ou mais proteínas simultaneamente se elas estiverem marcadas com proteína fluorescente de cor diferente. Em seções posteriores, serão descritas técnicas adicionais que exploram proteínas fluorescentes.

As microscopias de deconvolução e confocal realçam a visualização de objetos fluorescentes tridimensionais

A microscopia de fluorescência convencional possui duas grandes limitações. Primeiro, a luz fluorescente emitida por uma amostra vem não apenas do plano de foco, mas também de moléculas acima e abaixo dele; portanto, o observador vê uma imagem borrada causada pela sobreposição das imagens fluorescentes das moléculas em várias profundidades da célula. O efeito borrado torna difícil determinar os verdadeiros arranjos moleculares. Segundo, para visualizar amostras espessas, imagens consecutivas (seriais) em várias profundidades da amostra precisam ser coletadas e então alinhadas para reconstruir estruturas do tecido espesso original. Duas abordagens gerais foram desenvolvidas para obter informações tridimensionais de alta resolução. Ambos os métodos requerem que as imagens sejam coletadas eletronicamente para que possam ser computacionalmente manipuladas conforme necessário.

A primeira abordagem é chamada de *microscopia de deconvolução*, a qual utiliza métodos computacionais para remover a fluorescência gerada por regiões da amostra fora do foco. Considere uma amostra tridimensional na qual as imagens de três diferentes planos focais sejam registradas. Uma vez que toda a amostra é iluminada, a imagem do plano 2 irá conter fluorescência fora de foco dos planos 1 e 3. Sabendo exatamente quanto de fluorescência fora de foco dos planos 1 e 3 contribuiu para a luz coletada no plano 2, seria possível removê-la computacionalmente. Para obter essa informação em determinado microscópio, uma série de imagens de planos focais é feita a partir de uma lâmina de teste contendo pequenas esferas fluorescentes. Cada esfera representa um ponto de luz que se torna um objeto borrado fora de seu plano focal; a partir dessas imagens, uma *função de propagação de ponto* é determinada, a qual permite ao investigador calcular a distribuição das fontes pontuais de fluorescência que contribuíram para o "borrão" quando fora de foco. Tendo calibrado o microscópio dessa forma, a série de imagens experimentais pode ser computacionalmente deconvoluída. Imagens restauradas por deconvolução apresentam detalhes impressionantes sem qualquer interferência, como ilustrado na Figura 9-16.

A segunda abordagem para obter melhores informações tridimensionais é chamada de **microscopia confocal**, porque utiliza métodos ópticos para obter imagens de um plano focal específico e excluir a luz de outros planos. Ao coletar uma série de imagens focadas na profundidade

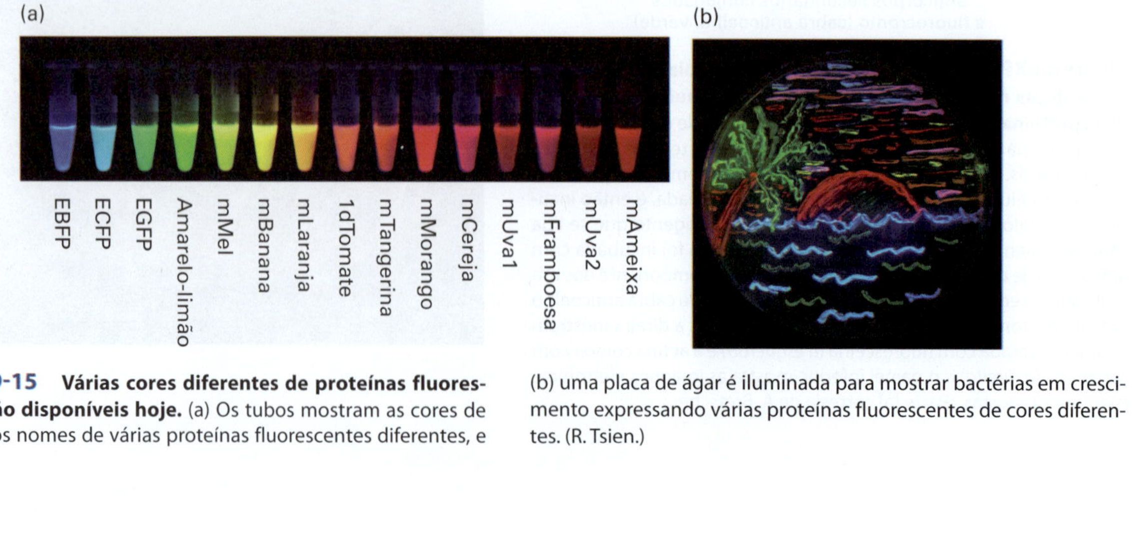

FIGURA 9-15 Várias cores diferentes de proteínas fluorescentes estão disponíveis hoje. (a) Os tubos mostram as cores de emissão e os nomes de várias proteínas fluorescentes diferentes, e (b) uma placa de ágar é iluminada para mostrar bactérias em crescimento expressando várias proteínas fluorescentes de cores diferentes. (R. Tsien.)

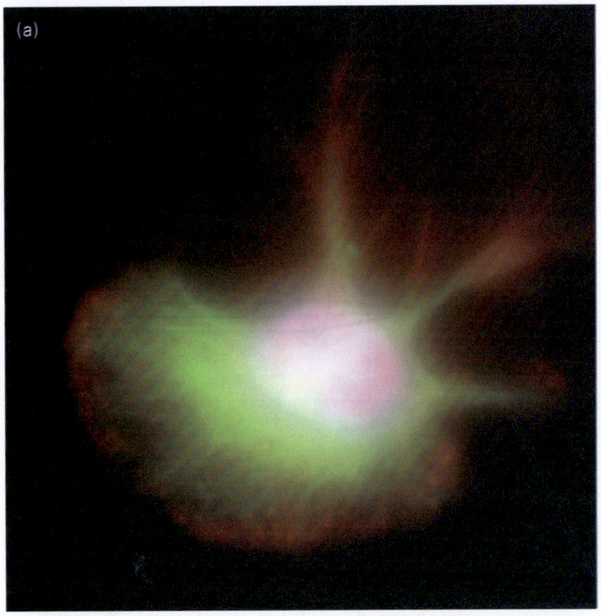

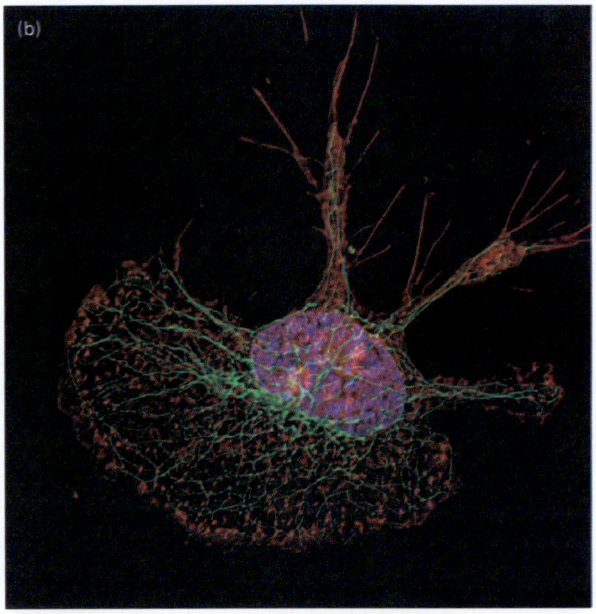

FIGURA EXPERIMENTAL 9-16 A microscopia de fluorescência de deconvolução gera secções ópticas de alta resolução que podem ser reconstruídas em uma imagem tridimensional. Um macrófago foi corado com reagentes conjugados a fluorocromos específicos para DNA (azul), microtúbulos (verde) e microfilamentos de actina (vermelho). A série de imagens fluorescentes obtidas em planos focais consecutivos (secções ópticas) através da célula foi recombinada em três dimensões. (a) Nesta reconstrução tridimensional de imagens brutas, o DNA, os microtúbulos e a actina aparecem como zonas difusas na célula. (b) Após a aplicação do algoritmo de deconvolução às imagens, a organização fibrilar dos microtúbulos e a localização da actina às adesões se tornam prontamente visíveis na reconstrução. (Cortesia de J. Evans, Whitehead Institute, EUA.)

vertical da amostra, uma representação tridimensional precisa pode ser gerada computacionalmente. Dois tipos de microscópios confocais são de uso comum atualmente, um microscópio confocal de *varredura de ponto* (também conhecido como microscópio confocal de varredura a *laser*, LSCM) e um microscópio confocal de *feixes múltiplos* (disco giratório). A ideia por trás de cada microscópio é ao mesmo tempo iluminar e coletar a luz fluorescente emitida em apenas uma pequena área do plano focal em determinado tempo, de forma que a luz fora de foco seja excluída. Isso pode ser feito coletando-se a luz emitida por um orifício antes de atingir o detector – a luz do plano focal atravessa, enquanto a luz dos outros planos focais é amplamente excluída. A área iluminada é então movimentada por todo o plano focal para construir a imagem eletronicamente. Os dois tipos de microscópios diferem na maneira como cobrem a imagem. O microscópio de varredura de ponto utiliza um ponto de *laser* como fonte de luz no comprimento de onda de excitação para sondar rapidamente o plano focal em um padrão *raster*, com a fluorescência emitida sendo coletada por um tubo fotomultiplicador, formando assim uma imagem (Figura 9-17a). Então, ele pode fazer uma série de imagens em diferentes profundidades da amostra para gerar uma reconstrução tridimensional. Um microscópio confocal de varredura de ponto pode fornecer imagens bi-e tridimensionais de resolução excepcionalmente alta (Figura 9-18), embora tenha duas pequenas limitações. Primeiro, ele pode levar um tempo considerável para sondar cada plano focal, então se um processo muito dinâmico estiver sendo visualizado, o microscópio talvez não seja capaz de coletar imagens com a rapidez suficiente para acompanhar a dinâmica. Segundo, ele ilumina cada ponto com luz de *laser* intensa que pode eliminar o fluorocromo sendo visualizado e, portanto, limitar o número de imagens passíveis de serem coletadas.

O microscópio de feixes múltiplos contorna esses dois problemas (ver Figura 9-17b). A luz de excitação de um *laser* é dispersa e ilumina uma pequena parte de um disco girando em alta velocidade, por exemplo, a 3.000 rpm. O disco na verdade consiste em dois discos ligados: um com 20.000 lentes que foca precisamente a luz do *laser* em 20.000 orifícios do segundo disco. Os orifícios são arranjados de forma que sondam completamente o plano focal da amostra várias vezes a cada giro do disco. A luz fluorescente emitida retorna através dos orifícios do segundo disco e é refletida por um espelho dicroico e focada em uma câmera digital altamente sensível. Dessa forma, a amostra é examinada em menos de um milissegundo e, portanto, a localização de um repórter fluorescente pode ser capturada em tempo real mesmo que ele seja altamente dinâmico (Figura 9-19). Uma limitação atual de um microscópio de feixes múltiplos é que o tamanho dos orifícios é fixo e precisa ser combinado à ampliação da objetiva, por isso é geralmente configurado para uso com objetivas de 63X ou 100X e é menos útil para visualização em baixa ampliação que pode ser necessária em secções de tecidos. Assim, os microscópios confocais de varredura de ponto e de feixes múltiplos representam forças sobrepostas e complementares.

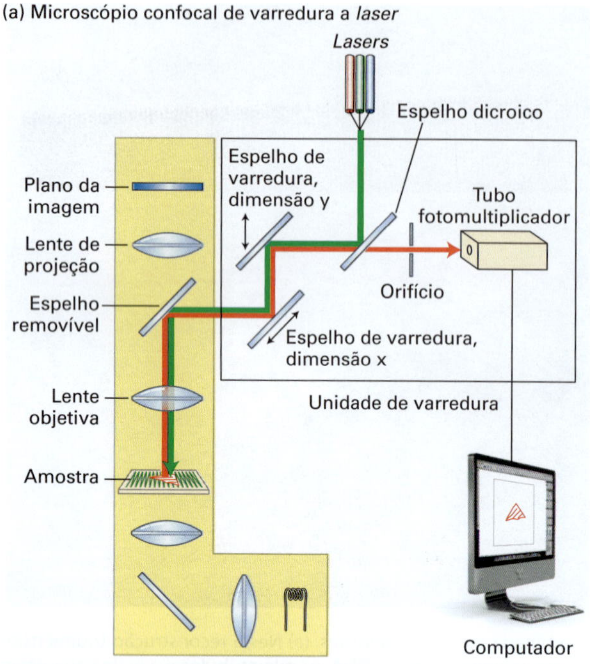

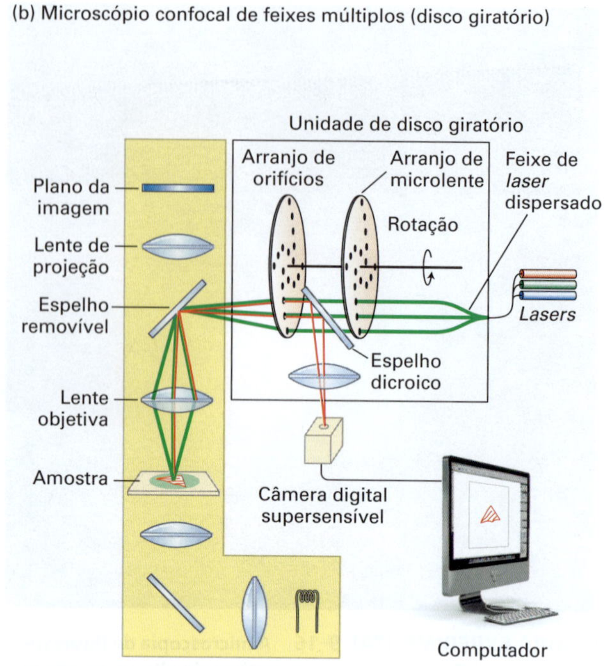

FIGURA 9-17 Rotas da luz para dois tipos de microscopia confocal. Ambos os tipos de microscopia são montadas em torno de um microscópio de fluorescência convencional (sombreamento amarelo). O diagrama em (a) representa o caminho da luz em um microscópio confocal de varredura a *laser*. Um ponto de luz de comprimento de onda único de um *laser* apropriado é refletido de um espelho dicroico e passa por dois espelhos de varredura e de lá pela objetiva para iluminar um ponto da amostra. Os espelhos de varredura se movem para frente e para trás de maneira que a luz varre a amostra em um padrão *raster* (ver as linhas verdes na amostra). A fluorescência emitida pela amostra passa de volta através da objetiva e é desviada para os espelhos de varredura e para o espelho dicroico. Isso permite que a luz passe pelo orifício. Este orifício exclui a luz de planos focais fora de foco, de maneira que a luz que chega ao tubo fotomultiplicador venha exclusivamente do ponto iluminado no plano focal. Um computador então capta estes sinais e reconstrói a imagem. O diagrama em (b) representa o caminho da luz em um microscópio confocal de feixes múltiplos (disco giratório). Aqui, em vez de usar dois espelhos de varredura, o feixe do *laser* se dispersa para focalizar os orifícios em um disco giratório. A luz de excitação passa através da objetiva para fornecer iluminação pontual de uma série de pontos na amostra. A fluorescência emitida passa de volta pela objetiva, pelos furos no disco giratório e, então, é desviada pelo espelho dicroico para uma câmera digital sensível. Os orifícios do disco são arranjados para, à medida que o disco gira, iluminarem rapidamente todas as regiões da amostra várias vezes. Como o disco gira rápido, por exemplo, a 3.000 rpm, eventos muito dinâmicos em células vivas podem ser registrados.

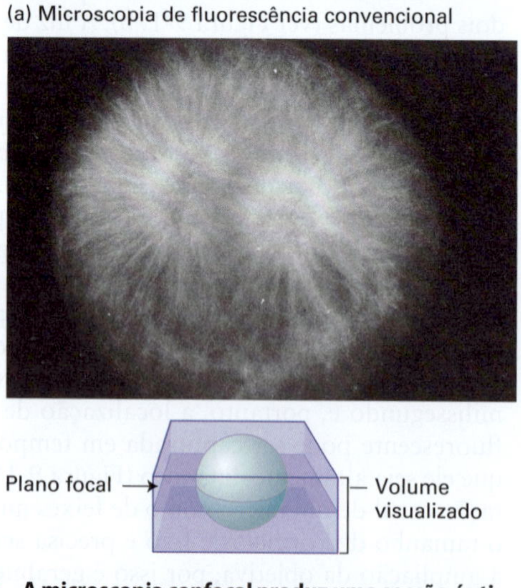

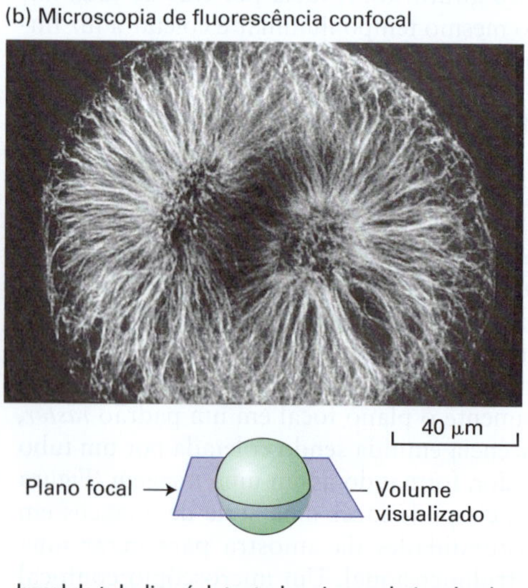

FIGURA 9-18 A microscopia confocal produz uma secção óptica em foco através de células espessas. Um óvulo fertilizado de um ouriço-do-mar (*Psammechinus*) em mitose foi lisado com um detergente, exposto a um anticorpo antitubulina, e então exposto a um anticorpo marcado com fluoresceína que se liga ao anticorpo antitubulina. (a) Quando visto por microscopia de fluorescência convencional, o fuso mitótico fica borrado. Este borrão ocorre porque a fluorescência basal da tubulina é detectada acima e abaixo do plano focal conforme representado no esboço. (b) A imagem microscópica confocal é nítida, particularmente no centro do fuso mitótico. Neste caso, a fluorescência é detectada apenas a partir das moléculas no plano focal, gerando uma secção focal muito fina. (Micrografias reproduzidas de J. G. White et al., 1987, *J. Cell Biol.* **104:**41.)

VÍDEO: Dinâmica dos microtúbulos em levedura

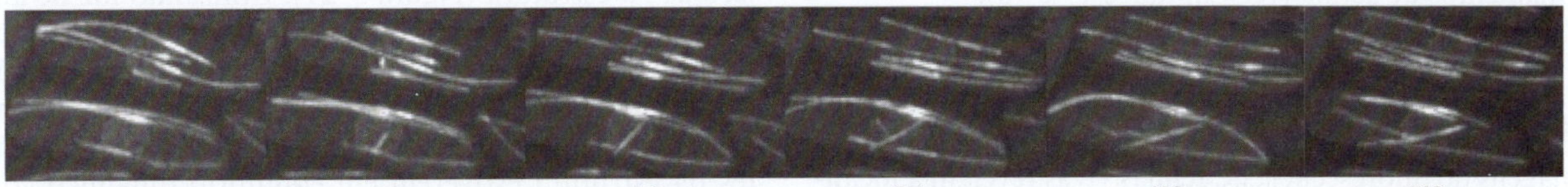

FIGURA EXPERIMENTAL 9-19 A dinâmica dos microtúbulos pode ser visualizada no microscópio confocal de feixes múltiplos (disco giratório). Seis quadros de um filme de GFP-tubulina em duas células em formato de haste são reproduzidos. (Cortesia de Fred Chang.)

A microscopia TIRF fornece imagens excepcionais em um plano focal

Os microscópios confocais descritos anteriormente fornecem imagens incríveis e informativas. Entretanto, eles não são perfeitos, e algumas situações experimentais exigem imagens fluorescentes em um plano focal fino adjacente à superfície. Por exemplo, a imagem confocal não é ideal para explorar os detalhes das proteínas em sítios de adesão entre uma célula e uma lamínula ou para acompanhar a cinética da polimerização de microtúbulos ligados a uma lamínula. Essas duas situações podem ser visualizadas com alta sensibilidade utilizando a **microscopia de fluorescência de reflexão interna total** (*total internal reflection fluorescence, TIRF*), ou microscopia de campo evanescente. Na configuração mais comum da microscopia TIRF, o raio de luz de excitação passa pela lente objetiva (Figura 9-20a). Porém, o ângulo no qual a luz chega à lamínula é ajustado ao ângulo crítico de forma que a luz seja refletida pela lamínula e retorne através da objetiva. Isso gera uma faixa estreita, chamada de *onda evanescente*, que ilumina apenas cerca de 50 a 100 nm da amostra adjacente à lamínula, sem iluminar o resto da amostra. Assim, se a amostra tiver uma mistura complexa de estruturas fluorescentes, a microscopia TIRF mostrará apenas as que estiverem entre 50 a 100 nm (2 a 4 vezes a espessura de um microtúbulo) da lamínula. Quando as células são cultivadas em uma lamínula, a TIRF é extremamente útil para identificar estruturas na base das células e, portanto, mais próximas à lamínula (Figura 9-20b), e para medir a cinética de poli-

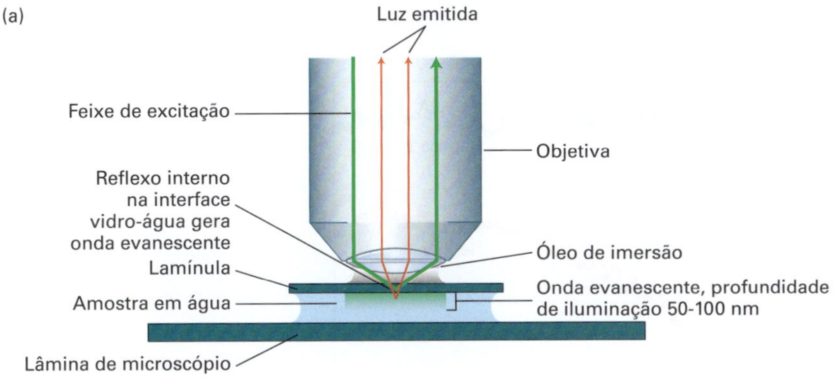

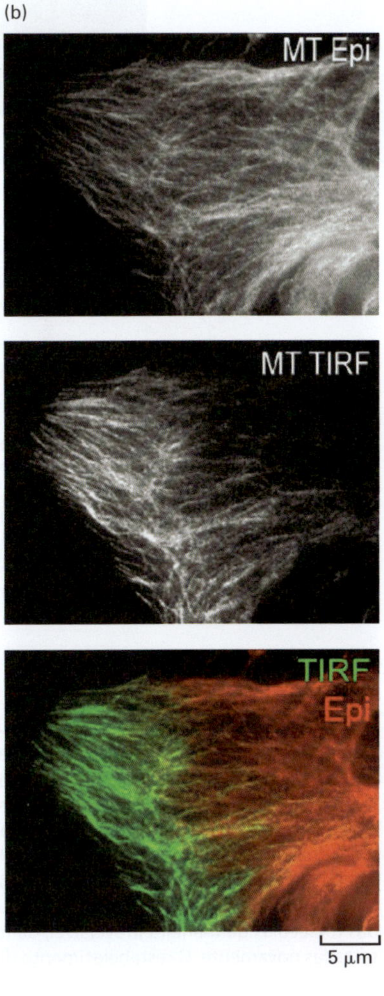

FIGURA EXPERIMENTAL 9-20 Amostras fluorescentes em um plano focal restrito podem ser visualizadas por microscopia de fluorescência de reflexão interna total (TIRF). (a) Na microscopia TIRF, apenas cerca de 50 a 100 nm adjacentes à lamínula são iluminados de maneira que moléculas fluorescentes no restante da amostra não são excitadas. Esta iluminação limitada é alcançada direcionando-se a luz em um ângulo onde ela seja refletida a partir da interface vidro-água da lamínula em vez de atravessá-la. Enquanto a maior parte da luz é refletida, ela também gera uma região iluminada muito pequena chamada de onda evanescente (representada em azul-claro). (b) A microscopia de imunofluorescência com anticorpo contra tubulina foi utilizada para visualizar microtúbulos vistos por microscopia de fluorescência convencional (painel superior), TIRF (painel central) e uma imagem sobreposta. As duas imagens foram coletadas e coloridas artificialmente em verde e vermelho de forma que a sobreposição pudesse realçar aqueles microtúbulos que estão próximos da lamínula (verde). (Parte [b] reproduzida de J. B. Manneville et al., 2010, *J. Cell Biol.* **191**:585.)

merizante e dissociação de estruturas como microtúbulos e filamentos de actina (ver Capítulos 17 e 18).

A técnica FRAP revela a dinâmica dos componentes celulares

Imagens de fluorescência de células vivas revelam a localização e a dinâmica em massa de moléculas fluorescentes, mas não o quão dinâmicas são as moléculas individuais. Por exemplo, quando uma proteína marcada com GFP forma uma estrutura na superfície de uma célula, isso representa uma coleção estável de moléculas proteicas fluorescentes ou um equilíbrio dinâmico com proteínas fluorescentes entrando e saindo da estrutura? É possível investigar essa questão observando a dinâmica das moléculas na estrutura (Figura 9-21). Utilizando luz de alta intensidade para clarear permanentemente o fluorocromo (p. ex., GFP) apenas na estrutura, inicialmente ela não emitirá nenhuma fluorescência e aparecerá escuro no microscópio de fluorescência. Entretanto, se os componentes da estrutura estiverem em equilíbrio dinâmico com moléculas não clareadas em outras regiões da célula, as moléculas clareadas serão substituídas por moléculas não clareadas, e a fluorescência começará a voltar. A taxa de recuperação de fluorescência é uma medida da dinâmica das moléculas. Essa técnica, conhecida como **recuperação de fluorescência após fotoclareamento** (*fluorescence recovery after photobleaching, FRAP*), revelou que vários dos

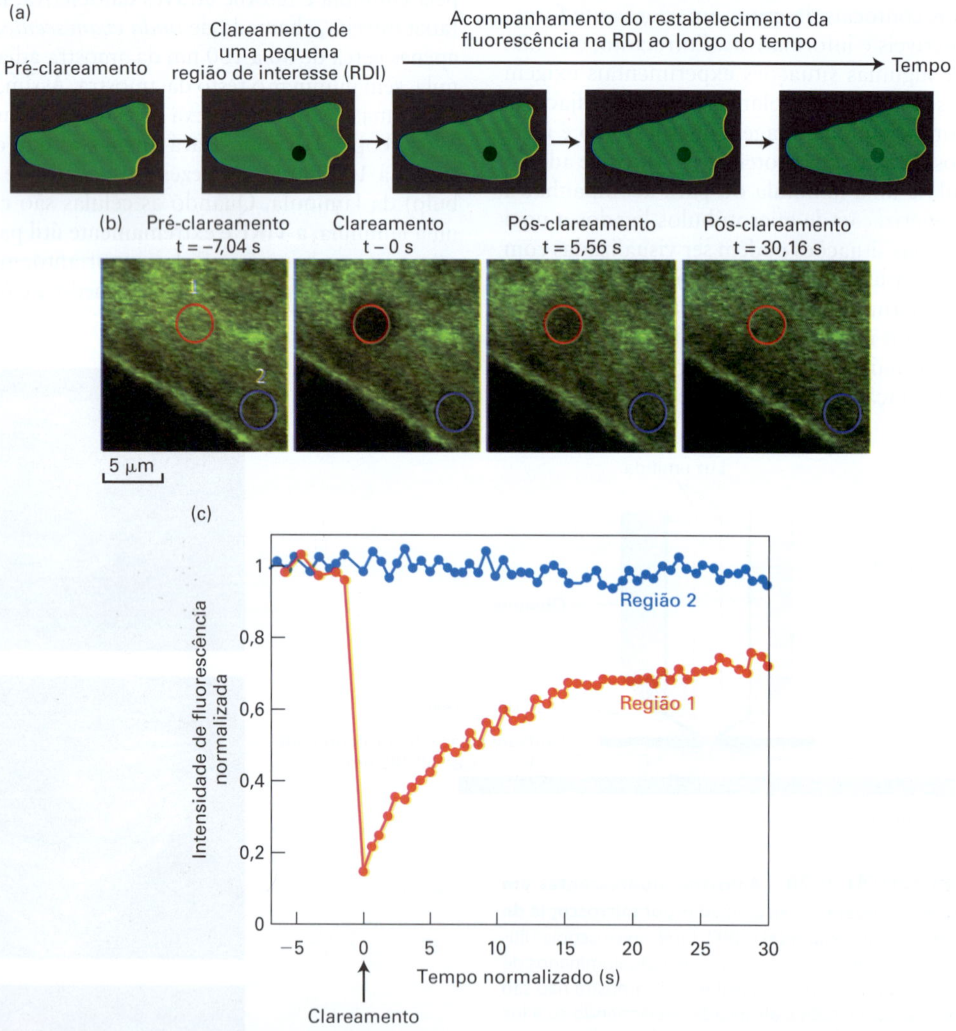

FIGURA EXPERIMENTAL 9-21 A recuperação de fluorescência após fotoclareamento (FRAP) revela a dinâmica das moléculas. Em uma célula viva, seguir a distribuição de uma proteína marcada com GFP fornece uma visão da distribuição geral da proteína, mas não diz o quão dinâmicas podem ser populações de moléculas individuais. Isso pode ser determinado por FRAP. (a) Nesta técnica, o sinal da GFP é eliminado por um curto pulso de luz *laser* focalizado na região de interesse (RDI). Isso elimina a fluorescência rapidamente das moléculas de maneira irreversível, de forma que não sejam detectadas novamente. O restabelecimento da fluorescência na região representa moléculas não clareadas que migraram para a RDI. (b) Mobilidade dos receptores GFP-serotonina na superfície celular observada utilizando FRAP. A fluorescência é seguida em duas regiões – uma clareada (região 1) e uma região controle não clareada (região 2). (c) Ao quantificar a recuperação, as propriedades dinâmicas dos receptores de serotonina podem ser estabelecidas. (Parte [b] reproduzida de S. Kalipatnapu, 2007, *Membrane Organization and Dynamics of the Serotonin 1A Receptor Monitored using Fluorescence Microscopic Approaches*, em *Serotonin Receptors in Neurobiology*, A. Chattopadhyay, ed. CRC press.)

componentes celulares são muito dinâmicos. Por exemplo, ela foi usada para determinar o coeficiente de difusão de proteínas de membrana (ver Figura 10-10), a dinâmica de componentes específicos da via secretora.

A técnica FRET mede a distância entre cromóforos

A microscopia de fluorescência também pode ser utilizada para determinar se duas proteínas interagem *in vivo* usando uma técnica chamada *transferência de energia por ressonância de Förster* (*Förster resonance energy transfer, FRET*). Essa técnica utiliza duas proteínas fluorescentes nas quais o comprimento de onda de emissão da primeira é o mesmo comprimento de onda de excitação da segunda (Figura 9-22). Por exemplo, quando a proteína fluorescente azul (CFP) é excitada com luz de 440 nm de comprimento de onda, ela fluoresce e emite luz a 480 nm. Se a proteína fluorescente amarela (YFP) estiver perto, ela irá absorver a luz a 480 nm e emitir luz a 535 nm. A eficiência da transferência de energia é proporcional a R^{-6}, onde R é a distância entre os fluoróforos – e, portanto, muito sensível a alterações na distância e na prática não é detectável em > 10nm. Assim, iluminando uma amostra adequada com luz de 440 nm e observando a 535 nm, pode-se determinar se proteínas marcadas com CFP e YFP estão muito próximas. Por exemplo, sensores FRET foram desenvolvidos para determinar em que região da célula ocorre a sinalização entre uma pequena proteína ligante a GTP e sua efetora (Figura 9-22b).

Uma versão modificada dessa técnica pode ser usada para medir alterações conformacionais em uma proteína. Por exemplo, um sensor chamado *cameleon* foi projetado para medir níveis intracelulares de Ca^{2+}. O *cameleon* consiste em um polipeptídeo único contendo ambas CFP e YFP unidas por um pedaço de polipeptídeo capaz de se ligar a Ca^{2+} (Figura 9-23a). Na ausência de Ca^{2+}, a CFP e a YFP não ficam próximas o suficiente para que ocorra FRET. Entretanto, na presença de uma concentração local adequada de Ca^{2+}, o *cameleon* se liga ao Ca^{2+} e sofre uma alteração conformacional que aproxima CFP e YFP, e agora elas podem sofrer FRET. Sensores como o *cameleon* são usados para medir o nível de Ca^{2+} em células vivas, por exemplo, na ponta de uma raiz em crescimento (Figura 9-23b). Pesquisadores criativos estão desenvolvendo sensores FRET para iluminar vários tipos diferentes de ambientes locais; por exemplo, é possível fazer uma sonda que sofre FRET apenas quando se torna fosforilada por uma cinase específica e, desse modo, revela onde a cinase ativa está localizada na célula.

A microscopia de super-resolução localiza proteínas com precisão nanométrica

Como discutido anteriormente, o limite de resolução teórico do microscópio de fluorescência é de cerca de 0,2 µm (200 nm). Para entender o porquê disso, considere duas estruturas fluorescentes a 100 nm de distância uma da outra. Quando se tenta visualizá-las, cada uma delas gera uma distribuição gaussiana de fluorescência, as quais se sobrepõem tanto que aparentam ser apenas uma estrutura. Novos métodos foram desenvolvidos para contornar

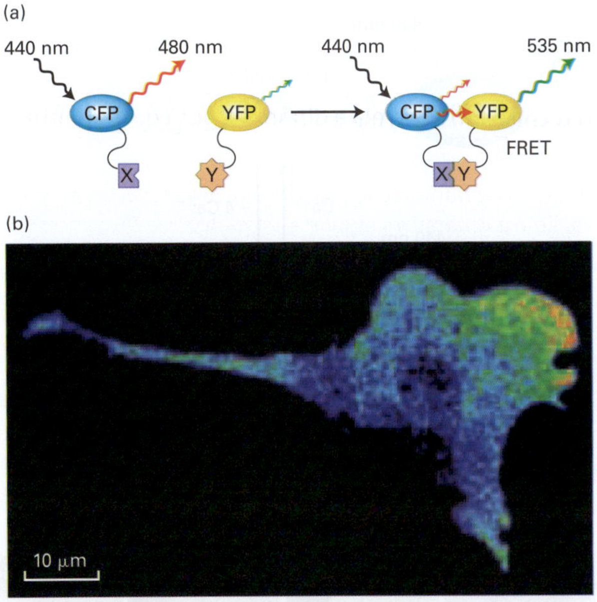

FIGURA 9-22 Interações proteína-proteína podem ser visualizadas por FRET. A ideia por trás da FRET é utilizar duas proteínas fluorescentes diferentes de maneira que quando uma delas for excitada, sua emissão irá excitar a segunda proteína fluorescente, desde que estejam suficientemente próximas (painel superior). Neste exemplo, a proteína fluorescente azul (CFP) é fusionada à proteína X, a proteína fluorescente amarela (YFP) é fusionada à proteína Y, e ambas as proteínas são expressas em uma célula viva. Se a célula for agora iluminada por luz com 440 nm, a CFP irá emitir um sinal de fluorescência a 480 nm. Se a YFP não estiver próxima o bastante, não irá absorver a luz de 480 nm e nenhuma luz de 535 nm será emitida. Entretanto, se a proteína X interagir com a proteína Y (como mostrado), ela aproximará CFP de YFP, a luz emitida de 480 nm será capturada pela YFP, e ela emitirá luz a 535 nm. (b) Neste fibroblasto murino, a FRET foi utilizada para revelar que a interação entre uma proteína reguladora ativa (Rac) e seu ligante está localizada na região anterior de uma célula migratória. (Parte [b] reproduzida de R. B. Sekar e Periasamy, 2003, *J. Cell Biol.* **160**:629.)

esse problema. Um deles, a **microscopia de localização fotoativada** (*photo-activated localization microscopy, PALM*), depende da capacidade de uma variante da GFP de ser fotoativada; isto é, ela só se torna fluorescente quando ativada por um comprimento de onda de luz específico, diferente de seu comprimento de onda de excitação. Considere o que aconteceria se fosse possível ativar apenas uma molécula de GFP. Quando a amostra é excitada, a molécula de GFP ativada emite várias centenas de fótons, originando uma distribuição gaussiana (Figura 9-24a). Embora a análise de cada fóton não diga precisamente onde está a GFP, o centro do pico pode dizer onde a GFP está localizada com precisão nanométrica. Se agora outra GFP for ativada, será possível localizá-la individualmente com a mesma precisão. Na PALM, uma pequena porcentagem de GFPs é ativada e cada uma é localizada com grande precisão; assim, outro conjunto é ativado e localizado e, à medida que ciclos adicionais de ativação e localização são registrados, uma imagem de alta resolução é formada. Por exemplo, a distribuição tridimensional dos microtúbulos pode ser vista com clareza muito maior do que com qualquer outro método de mi-

(a)

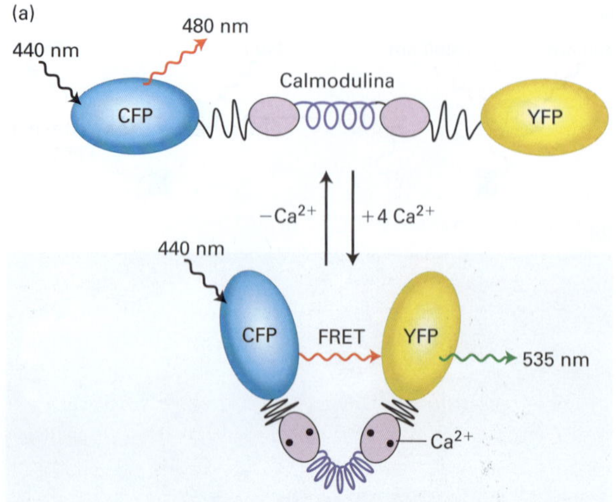

(b)

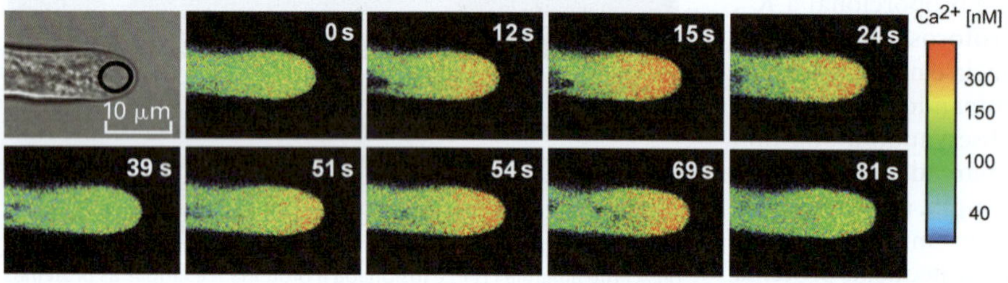

FIGURA EXPERIMENTAL 9-23 Biodetectores FRET podem detectar ambientes bioquímicos específicos. (a) Um biossensor FRET é uma proteína de fusão contendo duas proteínas fluorescentes ligadas por uma região sensível ao ambiente em estudo. Neste exemplo, um construto proteico chamado *cameleon* consiste em CFP ligada a YFP por uma sequência com base na proteína calmodulina que sofre grande alteração conformacional quando se liga a Ca^{2+}. Na ausência de Ca^{2+}, as duas proteínas fluorescentes ficam muito distantes para sofrer FRET, ao passo que quando o Ca^{2+} local aumenta, elas são aproximadas o suficiente para sofrer FRET. (b) Um exemplo do uso do *cameleon* revela a oscilação dos níveis locais de Ca^{2+} na ponta de uma raiz de *Arabidopsis* em crescimento. (Parte [b] reproduzida de G. B. Monshausen et al., 2008, *Plant Physiol.* **147**:1690-1698.)

(a)

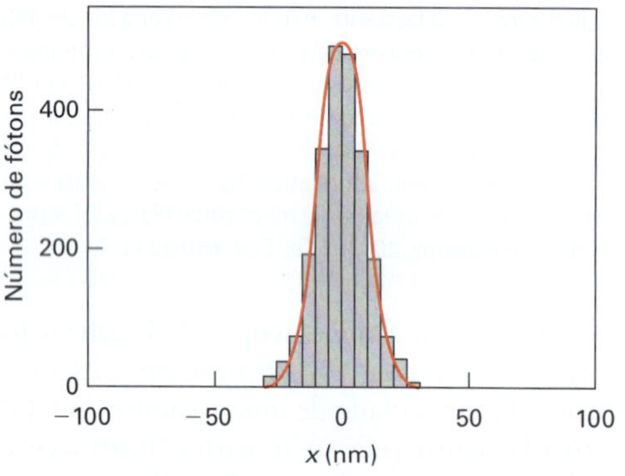

FIGURA EXPERIMENTAL 9-24 A microscopia de super-resolução pode gerar imagens de microscópio de luz com resolução nanométrica. A resolução teórica do microscópio de luz pode ser contornada pela microscopia de super-resolução, em que moléculas individuais são visualizadas separadamente para gerar uma imagem composta. Uma versão desta tecnologia visualiza proteínas fusionadas à GFP fotoativável em amostras fixadas. (a) Quando uma GFP é ativada e então excitada, irá emitir milhares de fótons que podem ser coletados. Isso gera uma curva gaussiana centrada em torno da localização da GFP emissora; o centro fornece a localização da GFP com precisão nanométrica. Este processo é reiterado centenas de vezes para excitar outras moléculas de GFP, e assim surge uma imagem de alta resolução. (b) Uma imagem confocal de microtúbulos (*à esquerda*) é comparada com uma imagem de super-resolução correspondente (*à direita*) na qual o arranjo tridimensional dos microtúbulos é codificado por cor. (c) A natureza circular de um sulco revestido por clatrina (discutido no Capítulo 14) é mostrada – uma imagem confocal desta estrutura apareceria como dois pontos brilhantes sem qualquer detalhe visível. (Partes [b] e [c] reproduzidas de B. Huang et al., 2008, *Science* **319:**810-813.)

(b) (c)

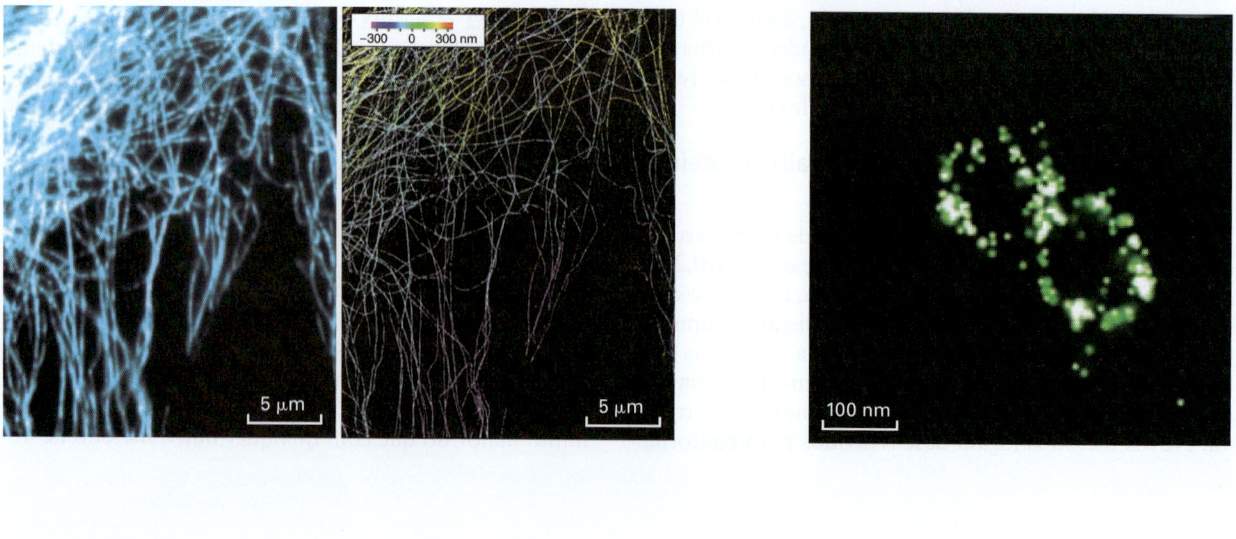

croscópio de luz (Figura 9-24b), e um sulco revestido com clatrina – cerca de 100 nm de diâmetro – pode ser visto em extraordinário detalhe (Figura 9-24c). Esses tipos de imagens podem levar uma hora para serem geradas; por isso, são restritos a imagens fixas e atualmente não podem ser usados para visualizar proteínas em células vivas.

CONCEITOS-CHAVE da Seção 9.2

Microscopia de luz: explorando a estrutura celular e visualizando proteínas no interior das células

- A resolução da microscopia de luz, cerca de 0,2 μm, é limitada pelo comprimento de onda da luz.
- Como a maioria dos componentes celulares é incolor, as diferenças de índice de refração podem ser usadas para observar partes de células individuais empregando as microscopias de contraste de fase e de contraste de interferência.
- Tecidos geralmente precisam ser fixados, seccionados e marcados para que as células e as estruturas subcelulares possam ser visualizadas.
- A microscopia de fluorescência utiliza compostos que absorvem luz em um comprimento de onda e a emitem em um comprimento de onda maior.
- Corantes fluorescentes sensíveis a íons podem medir concentrações intracelulares de íons, tais como Ca^{2+}.
- A microscopia de fluorescência utiliza anticorpos para localizar componentes específicos em células fixadas e permeabilizadas.
- A microscopia de imunofluorescência indireta utiliza um anticorpo primário não marcado, seguido de um anticorpo secundário marcado com fluorescência, que reconhece o primário e permite que ele seja localizado.
- Sequências curtas codificando marcadores de epítopos podem ser anexadas a sequências codificadoras de proteínas para permitir a localização da proteína expressa usando um anticorpo contra o marcador de epítopo.
- A proteína fluorescente verde (GFP) e suas derivadas são proteínas fluorescentes de ocorrência natural.
- A fusão da GFP com uma proteína de interesse permite explorar sua localização e sua dinâmica em uma célula viva.
- As microscopias de deconvolução e confocal fornecem clareza muito maior em imagens fluorescentes ao remover a luz fluorescente fora de foco.
- A microscopia de reflexão interna total (TIRF) permite que amostras fluorescentes adjacentes a uma lamínula sejam visualizadas com grande clareza.
- A fluorescência recuperada após fotoclareamento (FRAP) de uma proteína fusionada à GFP permite que a dinâmica de uma população de moléculas seja analisada.
- A transferência de energia por ressonância de Förster (FRET) é uma técnica na qual a energia luminosa é transferida de uma proteína fluorescente para outra quando as proteínas estão muito perto uma da outra, revelando, desse modo, quando as duas proteínas estão próximas dentro da célula.
- A microscopia de super-resolução permite a geração de imagens fluorescentes detalhadas com resolução nanométrica.

9.3 Microscopia eletrônica: imagens de alta resolução

A microscopia eletrônica de amostras biológicas, tais como proteínas, organelas, células e tecidos, oferece uma resolução muito maior das ultraestruturas do que aquela passível de ser obtida por microscopia de luz. O curto comprimento de onda dos elétrons implica que o limite de resolução para uma microscopia eletrônica de transmissão seja teoricamente de 0,005 nm (menos que o diâmetro de um único átomo), ou 40.000 vezes melhor que a resolução do olho humano nu. Entretanto, a resolução efetiva da microscopia eletrônica de transmissão no estudo de sistemas biológicos é consideravelmente menor do que esse ideal. Sob condições ótimas, uma resolução de 0,10 nm pode ser obtida com microscópios eletrônicos de transmissão, cerca de 2.000 vezes melhor do que aquela dos microscópios de luz de alta resolução convencionais.

Os princípios fundamentais da microscopia eletrônica são semelhantes àqueles da microscopia de luz; a principal diferença é que lentes eletromagnéticas focam um feixe de elétrons de alta velocidade em vez da luz visível utilizada pelas lentes ópticas. No **microscópio eletrônico de transmissão** (*transmission electron microscope,TEM*), elétrons são emitidos a partir de um filamento e acelerados em um campo elétrico. Uma lente condensadora foca o feixe de elétrons na amostra; a lente objetiva e a lente projetora focam os elétrons que passam pela amostra e os projetam em uma tela de visualização ou em outro detector (Figura 9-25, *à esquerda*). Como os átomos no ar absorvem elétrons, todo o tubo entre a fonte de elétrons e o detector é mantido sob um vácuo ultra-alto. Desse modo, a matéria viva não pode ser visualizada por microscopia eletrônica.

Nesta seção, serão descritas várias abordagens diferentes para visualizar material biológico por microscopia eletrônica. O instrumento mais amplamente utilizado é o microscópio eletrônico de transmissão, mas é também de uso comum o **microscópio eletrônico de varredura** (*scanning electron microscope, SEM*), que fornece informações complementares, como discutido no fim desta seção.

Moléculas ou estruturas individuais são visualizadas após marcação negativa ou sombreamento metálico

Em biologia, é comum explorar o formato detalhado de macromoléculas individuais, tais como proteínas ou ácido nucleicos, ou de estruturas, como vírus e filamentos, que constituem o citoesqueleto. É relativamente fácil de visualizar tais estruturas no microscópio eletrônico de transmissão, desde que elas estejam marcadas com um metal pesado que difratem os elétrons incidentes. Para preparar uma amostra, ela é primeiramente adsorvida em uma *grade de microscópio eletrônico* de 3 mm (Figura 9-26a) revestido por um fino filme plástico e carbono. A amostra é então banhada em uma solução de metal pesado, tal como acetato de uranila, e o excesso de solução é removido (Figura 9-26b). Como resultado desse procedimento, o acetato de uranila reveste a grade, mas é excluído das regiões onde a amostra aderiu.

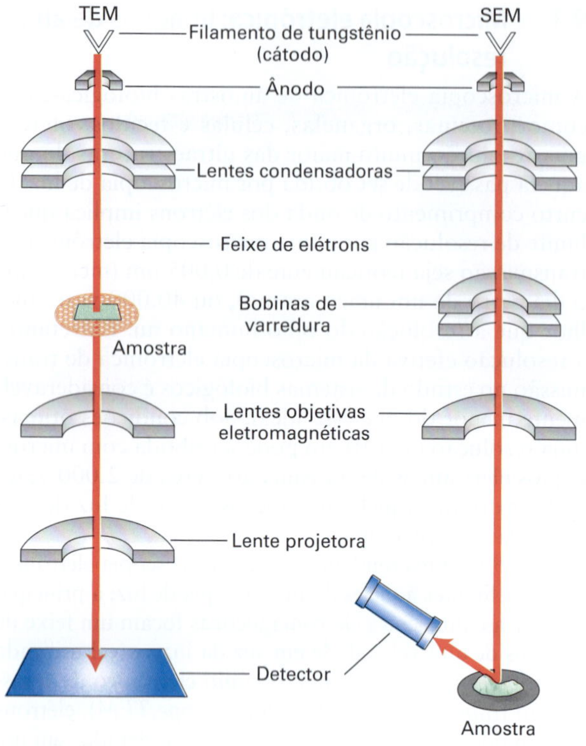

FIGURA 9-25 Na microscopia eletrônica, as imagens são formadas a partir de elétrons que passam por uma amostra ou se dispersam por uma amostra revestida por metal. Em um microscópio eletrônico de transmissão (TEM), os elétrons são extraídos de um filamento aquecido, acelerados por um campo elétrico, e focalizados na amostra por uma lente condensadora magnética. Elétrons que passam pela amostra são focalizados por uma série de lentes objetivas magnéticas e lentes projetoras para formar uma imagem ampliada da amostra em um detector, que pode ser uma tela de visualização fluorescente, um filme fotográfico ou uma câmera digital de alta definição (CCD). Em um microscópio eletrônico de varredura (SEM), os elétrons são focalizados por lentes condensadora e objetiva em uma amostra revestida por metal. Bobinas de varredura movem o feixe através da amostra, e os elétrons dispersados do metal são coletados por um tubo detector fotomultiplicador. Em ambos os tipos de microscópios, como os elétrons são facilmente dispersados por moléculas de ar, a coluna inteira é mantida em alto vácuo.

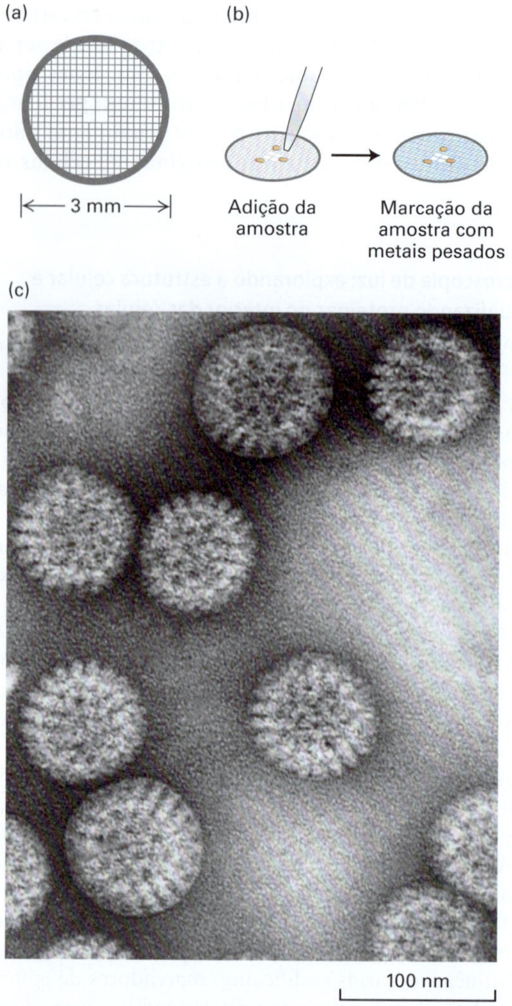

FIGURA 9-26 A microscopia eletrônica de transmissão de amostras negativamente coradas revela estruturas finas. (a) Amostras para microscopia eletrônica de transmissão (TEM) são geralmente montadas em uma pequena grade de cobre ou ouro. Em geral, a grade é revestida com um filme muito fino de plástico e carbono ao qual uma amostra pode aderir. (b) A amostra é então incubada em um metal pesado, como acetato de uranila, e o excesso de corante é removido. (c) Quando observada no TEM, a amostra exclui o corante, portanto é visualizada com contorno negativo. O exemplo em (c) é uma coloração negativa de rotavírus. (Parte [c] ISM/Phototake.)

Quando visualizada no TEM, observa-se onde a marcação foi excluída e, por isso, diz-se que a amostra está *negativamente marcada*. Como a marcação pode revelar precisamente a topologia da amostra, uma imagem de alta resolução pode ser obtida (Figura 9-26c).

As amostras também podem ser preparadas por *sombreamento metálico*. Nessa técnica, a amostra é adsorvida em um pequeno pedaço de mica, então revestida por um fino filme de platina por evaporação do metal, seguida por dissolução da amostra com ácido ou alvejante. O revestimento de platina pode ser gerado a partir de um ângulo fixo ou de um ângulo baixo à medida que a amostra é girada, o qual é chamado de *sombreamento rotatório de baixo ângulo*. Quando a amostra é transferida para uma grade e examinada no TEM, essas técnicas fornecem informações acerca da topologia tridimensional da amostra (Figura 9-27).

Células e tecidos são cortados em finas secções para visualização em microscopia eletrônica

Células individuais e pedaços de tecidos são muito espessos para serem diretamente visualizados no microscópio eletrônico de transmissão padrão. Para contornar isso, foram desenvolvidos métodos para preparar e cortar *finas secções* de células e tecidos. Quando essas secções foram examinadas no microscópio eletrônico, a organização, a beleza e a complexidade do interior da célula foram reveladas e levaram a uma revolução na biologia celular – pela primeira vez, foram vislumbrados novas organelas e o citoesqueleto.

Para preparar finas secções, é necessário fixar quimicamente a amostra, desidratá-la, impregná-la com um

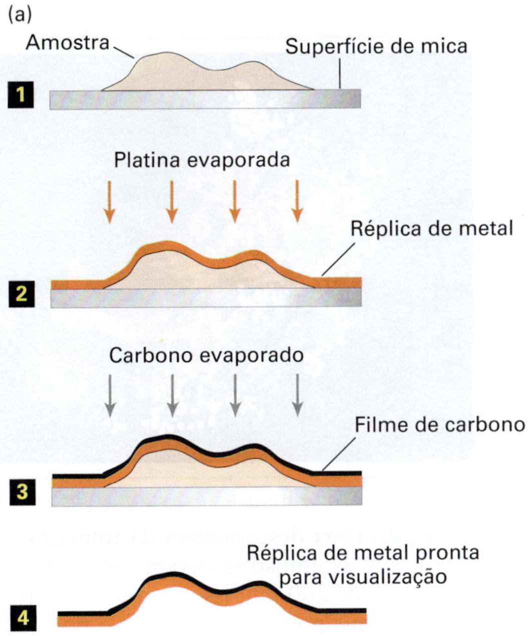

FIGURA 9-27 O sombreamento metálico torna visíveis detalhes em objetos muito pequenos por microscopia eletrônica de transmissão. (a) A amostra é espalhada em uma superfície de mica e então secada em evaporador a vácuo (etapa **1**). A grade da amostra é revestida com uma fina camada de um metal pesado, como platina ou ouro, evaporado a partir de um filamento de metal eletricamente aquecido (etapa **2**). Para estabilizar a réplica, a amostra é então revestida com um filme de carbono evaporado de um eletrodo de sobrecarga (etapa **3**). O material biológico é então dissolvido por ácido e clareado (etapa **4**), e a réplica de metal remanescente é visualizada em um TEM. Nas micrografias eletrônicas destas preparações, as áreas revestidas por carbono aparecem claras – o reverso de micrografias de preparações simples coradas com metal, nas quais as áreas mais coradas com metal aparecem mais escuras. (b) Uma réplica sombreada com platina das fibras subestruturais do colágeno da pele de bezerro, a principal proteína estrutural de tendões ossos e tecidos similares. As fibras têm cerca de 200 nm de espessura; um padrão repetido de 64 nm característico (linhas paralelas brancas) é visível ao longo do comprimento de cada fibra. (Cortesia de R. Kessel e R. Kardon.)

plástico líquido que endureça (como o Plexiglas) e então cortar secções com cerca de 5 a 100 nm de espessura. Para que as estruturas sejam vistas, a amostra precisa ser marcada com metais pesados tais como sais de urânio e chumbo, o que pode ser feito antes da incorporação ao plástico ou depois que as secções forem cortadas. Exemplos de células e tecidos vistos por microscopia eletrônica de secção fina aparecem ao longo deste livro (ver, p. ex., a Figura 9-33). É importante notar que as imagens obtidas representam apenas uma fina fatia de uma célula; assim, para se ter uma visão tridimensional, é necessário cortar *secções seriais* ao longo da amostra e reconstruí-la a partir de uma série de imagens sequenciais (Figura 9-28).

A microscopia imunoeletrônica localiza proteínas em nível ultraestrutural

A exemplo da microscopia de imunofluorescência para localização de proteínas em nível de microscopia de luz, métodos que utilizam anticorpos foram desenvolvidos para localizar proteínas em finas secções em nível de microscópio eletrônico. Entretanto, os rigorosos procedimentos utilizados no preparo de secções finas tradicionais – fixação química e incorporação em plástico – podem desnaturar ou modificar os antígenos de maneira a não serem mais reconhecidos por anticorpos específicos. Métodos mais suaves foram desenvolvidos, como fixação por luz, seccionamento do material após congelamento à temperatura do nitrogênio líquido, seguidos por incubações com anticorpo em temperatura ambiente. Para tornar o anticorpo visível no microscópio eletrônico, ele precisa ser conjugado a um marcador elétron-denso. Uma maneira de fazer isso é usar partículas de ouro elétron-densas revestidas por proteína A, proteína bacteriana que se liga à porção Fc de todas as moléculas de anticorpos (Figura 9-29). Como as partículas de ouro difratam elétrons incidentes, elas aparecem como pontos escuros.

A microscopia crioeletrônica permite a visualização de amostras sem fixação ou marcação

A microscopia eletrônica de transmissão padrão não pode ser usada para estudar células vivas, e a ausência de água desnatura as macromoléculas e as torna não funcionais. Entretanto, amostras biológicas hidratadas, não fixadas e não coradas podem ser diretamente visualizadas em um microscópio eletrônico de transmissão se forem congeladas. Nessa técnica de *microscopia crioeletrônica*, uma suspensão aquosa de uma amostra é aplicada a uma grade em um filme extremamente fino, congelada em nitrogênio líquido, e mantida nesse estado por meio de uma estrutura especial. A amostra congelada é então colocada no microscópio eletrônico. A temperatura muito baixa (-196°C) impede que a água evapore, mesmo no

VÍDEO: Modelo tridimensional de um aparelho de Golgi

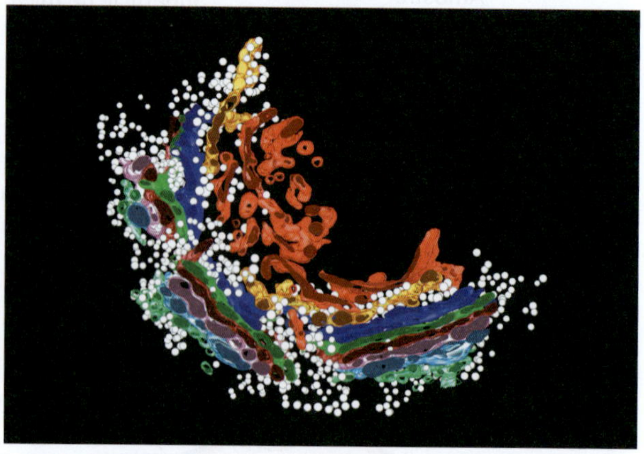

FIGURA 9-28 Modelo do aparelho de Golgi com base na reconstrução tridimensional de imagens de microscopia eletrônica. Vesículas de transporte (esferas brancas) que brotaram do RE rugoso se fundem com as membranas em *cis* (azul-claro) do aparelho de Golgi. Por mecanismos descritos no Capítulo 14, as proteínas migram da região *cis* para a região *medial* e finalmente para a região *trans* do aparelho de Golgi. Por fim, as vesículas brotam das membranas *trans* (laranja e vermelho) do Golgi; algumas migram para a superfície celular e outras, para os lisossomos. O aparelho de Golgi, assim como o retículo endoplasmático rugoso, é especialmente proeminente em células secretoras. (Brad J. Marsh & Katheryn E. Howell, *Nature Reviews Molecular Cell Biology* 3, 789-785 (2002).)

vácuo. Dessa forma, a amostra pode ser observada em detalhes em seu estado nativo, hidratado, sem fixação ou marcação com metal pesado. Pela média de centenas de imagens de computador, um modelo tridimensional pode ser gerado com resolução quase atômica. Por exemplo, esse método foi usado para gerar modelos de ribossomos, a bomba de cálcio muscular discutida no Capítulo 11 e outras grandes proteínas difíceis de cristalizar.

Muitos vírus têm revestimentos, ou capsídeos, com múltiplas cópias de uma ou algumas proteínas organizadas em arranjo simétrico. Em um microscópio crioeletrônico, imagens dessas partículas podem ser vistas a partir de vários ângulos. Uma análise computacional de múltiplas imagens pode fazer uso da simetria da partícula para calcular a estrutura tridimensional do capsídeo com resolução de cerca de 5 nm. Exemplos dessas imagens são mostrados na Figura 4-44.

Uma extensão dessa técnica, a **tomografia crioeletrônica**, permite aos pesquisadores determinar a arquitetura de organelas ou mesmo de células inteiras incorporadas em gelo, isto é, em estado próximo ao da vida. Nessa técnica, o suporte da amostra é inclinado em pequenos incrementos em torno do eixo perpendicular ao feixe de elétrons; dessa forma, são obtidas imagens do objeto visto de diferentes direções (Figura 9-30a, b). As imagens são então fundidas computacionalmente em uma reconstrução tridimensional denominada *tomograma* (Figura 9-30c, d). Uma desvantagem da tomografia crioeletrônica é que as amostras devem ser relativamente finas, com cerca de 200 nm; isso é muito mais fino do que as amostras que podem ser estudadas por microscopia de luz confocal (200 μm de espessura).

A microscopia eletrônica de varredura de amostras revestidas por metal revela características da superfície

A *microscopia eletrônica de varredura* (*SEM*) permite ao investigador visualizar as superfícies de amostras não seccionadas revestidas por metal. Um intenso feixe de elétrons dentro do microscópio faz uma rápida

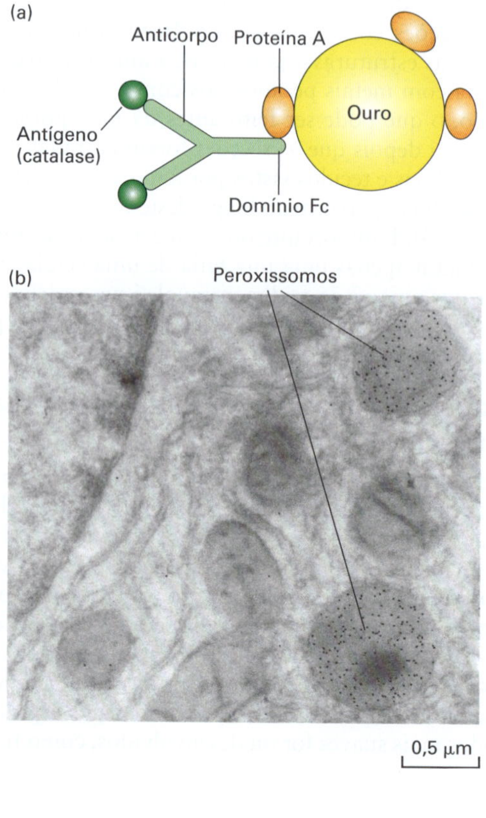

FIGURA 9-29 Partículas de ouro revestidas com proteína A são usadas para detectar uma proteína ligada a anticorpo por microscopia eletrônica de transmissão. (a) Primeiramente, permite-se que os anticorpos interajam com seus antígenos específicos (p. ex., catalase) em uma secção de tecido fixado. Então a secção é tratada com partículas de ouro elétron-densas, revestidas com proteína A da bactéria *S. aureus*. A ligação da proteína A marcada aos domínios Fc das moléculas de anticorpo torna visível a localização da proteína-alvo, neste caso a catalase, no microscópio eletrônico. (b) Uma porção do tecido hepático foi fixada com glutaraldeído, seccionada, e então tratada conforme descrito na parte (a) para localizar a catalase. As partículas de ouro (pontos pretos) indicando a presença da catalase estão localizadas exclusivamente em peroxissomos. (H. J. Geuze et al., 1981, *J. Cell Biol.* **89**:653. Reproduzida do *Journal of Cell Biology* por permissão de direitos autorais de The Rockefeller University Press.)

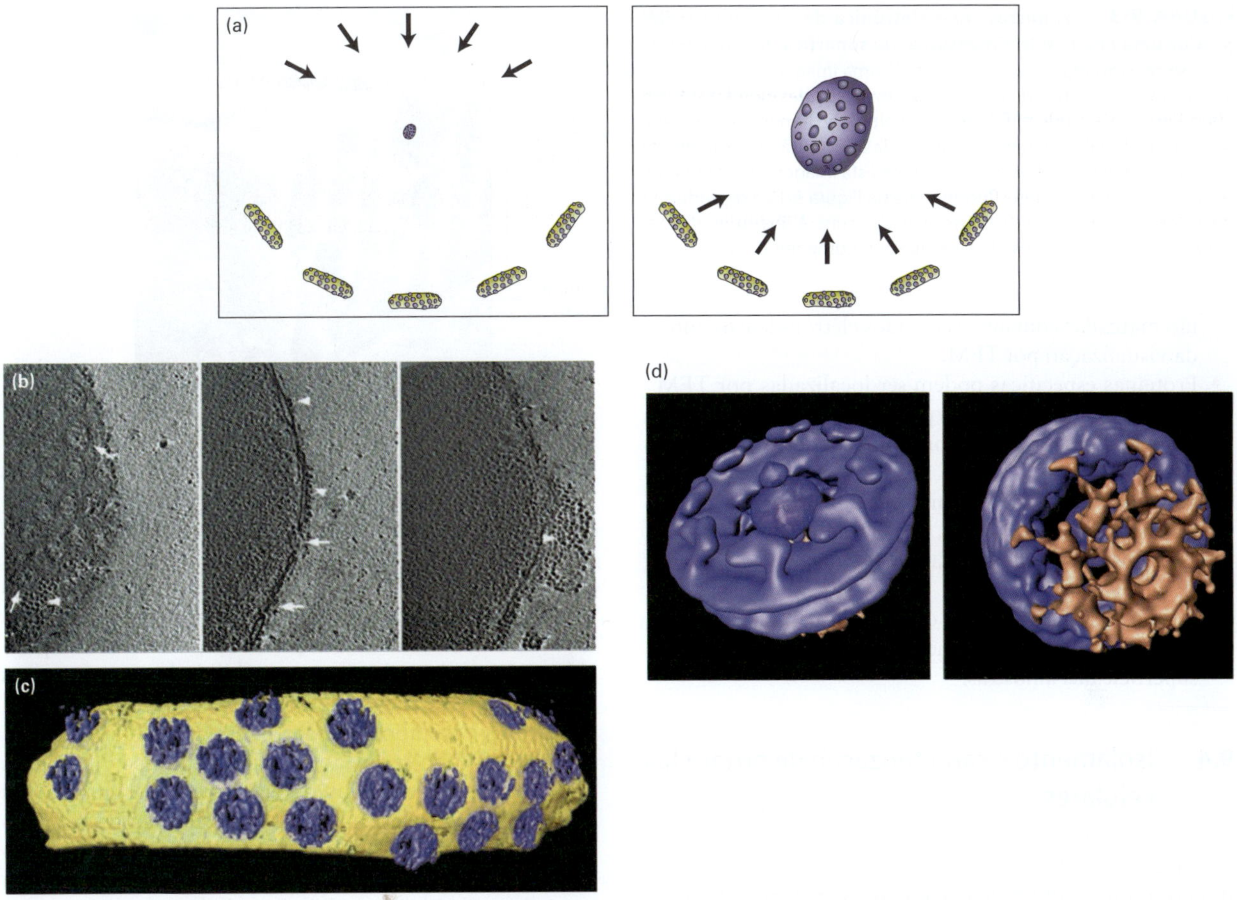

FIGURA 9-30 Estrutura do complexo de poros nucleares (CPN) por tomografia crioeletrônica. (a) Na tomografia eletrônica, uma série semicircular de duas imagens de projeção bidimensional é registrada a partir da amostra tridimensional que está localizada no centro; a amostra é inclinada enquanto a óptica e o detector eletrônicos permanecem parados. A estrutura tridimensional é computada a partir das imagens bidimensionais individuais obtidas quando o objeto é registrado por elétrons vindos de diferentes direções (setas no painel esquerdo). Estas imagens individuais são utilizadas para gerar uma imagem tridimensional do objeto (setas, painel direito). (b) Núcleos isolados do fungo celular *Dictyostelium discoideum* (bolor do limo) foram rapidamente congelados em nitrogênio e mantidos neste estado à medida que a amostra era visualizada no microscópio eletrônico. O painel mostra três imagens inclinadas em sequência. Diferentes orientações do CPN (setas) são mostradas vistas de cima (*à esquerda e ao centro*) e de lado (*à direita*). Ribossomos conectados à membrana nuclear externa são visíveis, bem como um fragmento de RE rugoso (setas). (c) Representação gerada por computador da superfície de um segmento da membrana do envelope nuclear (amarelo) cravejada por CPNs (azul). (d) Calculando-se a média das imagens de múltiplos poros nucleares, muito mais detalhes podem ser identificados. (Parte [a] de S. Nickell et al., 2006, *Nature Rev. Mol. Cell Biol.* **7**:225. Partes [b], [c], e [d] de M. Beck et al., 2004, *Science* **306:**1387.)

varredura da amostra. As moléculas do revestimento são excitadas e liberam elétrons secundários focados em um detector de cintilação; o sinal resultante é exibido em um tubo de raios catódicos muito semelhantes a uma televisão convencional (ver Figura 9-25, *à direita*). A micrografia eletrônica de varredura resultante tem aparência tridimensional, pois o número de elétrons secundários produzidos por qualquer ponto da amostra depende do ângulo do feixe de elétrons em relação à superfície (Figura 9-31). O poder de resolução dos microscópios eletrônicos de varredura, o qual é limitado pela espessura do revestimento metálico, é de apenas cerca de 10 nm, muito menor do que aquele dos instrumentos de transmissão.

CONCEITOS-CHAVE da Seção 9.3

Microscopia eletrônica: imagens de alta resolução

- A microscopia eletrônica fornece imagens de resolução muito alta devido ao curto comprimento de onda dos elétrons de alta energia utilizados para visualizar a amostra.
- Amostras simples, tais como proteínas e vírus, podem ser marcadas negativamente ou sombreadas com metais pesados para exame em um microscópio eletrônico de transmissão (TEM).
- Em geral, secções mais espessas devem ser fixadas, desidratadas, incorporadas em plástico, seccionadas e en-

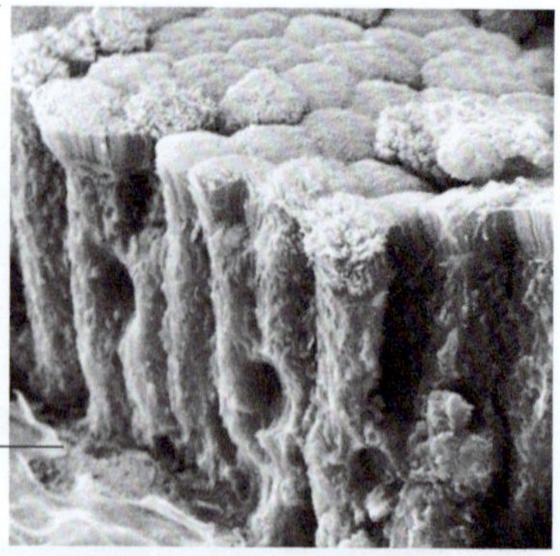

FIGURA 9-31 A microscopia eletrônica de varredura (SEM) produz uma imagem tridimensional da superfície de uma amostra não seccionada. Aqui é apresentada uma imagem SEM do epitélio que reveste o lúmen do intestino. Microvilosidades digitiformes em abundância se estendem da superfície voltada ao lúmen de cada célula. A lâmina basal abaixo do epitélio ajuda a sustentá-lo e a ancorá-lo ao tecido conectivo subjacente. Compare esta imagem das células intestinais com a micrografia fluorescente da Figura 9-13. (Reproduzida de R. Kessel e R. Kardon, 1979, *Tissues and Organs: A Text-Atlas of Scanning Electron Microscopy*, W. H. Freeman and Company, p. 176.)

tão marcadas com metais pesados elétron-densos antes da visualização por TEM.

- Proteínas específicas podem ser localizadas por TEM com o emprego de anticorpos específicos associados a um metal pesado marcador, como pequenas partículas de ouro.
- A microscopia crioeletrônica permite examinar amostras biológicas hidratadas, não fixadas e não marcadas no TEM mantendo-as a alguns graus acima do zero absoluto.
- A microscopia eletrônica de varredura (SEM) de materiais sombreados com metal revela características da superfície das amostras.

9.4 Isolamento e caracterização de organelas celulares

O exame de células por microscopias de luz e eletrônica levou à estimativa de que células eucarióticas contêm um conjunto comum de organelas. A maioria das organelas é delimitada por uma bicamada lipídica e realiza uma função específica. Para realizar essa função, cada tipo de organela tem uma estrutura reconhecível e contém um conjunto específico de proteínas para realizar a função. Biólogos celulares utilizam esse fato para identificar organelas específicas. Por exemplo, conforme discutido no Capítulo 12, a maior parte do ATP de uma célula é sintetizada pela ATP-sintase. Como será discutido a seguir, a disponibilidade de marcadores específicos para organelas ajudou no desenvolvimento da purificação de organelas.

Esta seção primeiro fornecerá uma breve visão geral das organelas das células eucarióticas como introdução à discussão mais detalhada sobre elas em capítulos posteriores. Então serão discutidos métodos usados para romper as células para a purificação de organelas. Encerra a seção uma análise dos avanços recentes em proteômica que visam definir o registro completo das proteínas das organelas.

Organelas da célula eucariótica

As principais organelas das células animais e vegetais estão ilustradas na Figura 9-32, e algumas são apresentadas em maior detalhe na Figura 9-33.

A *membrana plasmática* delimita a célula e é uma barreira de importância vital, uma vez que é a interface que a célula tem com seu ambiente, separando o mundo exterior do **citoplasma** interno. Ela é composta por uma massa praticamente igual de lipídeos e proteínas. Embora as propriedades físicas da membrana plasmática sejam em grande parte determinadas por seu conteúdo lipídico, o complemento proteico de uma membrana é o principal responsável pelas propriedades funcionais da membrana. Como será discutido no Capítulo 13, a membrana plasmática é uma barreira de permeabilidade com **proteínas de transporte de membrana** específicas, necessárias para trazer íons e metabólitos para dentro da célula. Ela também é o sítio de recepção de sinais químicos de outras células; portanto, ela contém **receptores** que captam esses sinais e transmitem a informação pela membrana plasmática para o citosol, tópico que será abordado no Capítulo 15. A membrana plasmática define a forma da célula e, por isso, está intimamente associada com o citoesqueleto e com outras células e a matriz celular, interações que serão estudadas nos Capítulos 17 ao 19.

Moléculas maiores do que íons e metabólitos podem ser captadas por *endocitose*, processo que envolve a invaginação da membrana plasmática, a qual então se destaca para formar um **endossomo** no citoplasma. Durante a forma mais estudada de endocitose, são formadas regiões especiais na membrana plasmática chamadas de *poços revestidos* (*coated pits*) nas quais os receptores coletam e trazem para a célula moléculas ou partículas específicas (Figura 9-33a). Esse processo é conhecido como **endocitose mediada por receptor**. Após terem sido internalizados, os materiais são classificados e podem retornar à membrana plasmática ou ser entregues a **lisossomos** para degradação. Os lisossomos contêm uma bateria de enzimas digestivas que degradam essencialmente qualquer molécula biológica em componentes menores. O lúmen dos lisossomos possui pH ácido de 4,5; isso ajuda a desnaturar proteínas, e as enzimas digestivas – coletivamente chamadas de *hidrolases ácidas* – suportam esse ambiente e, na verdade, funcionam de maneira ideal nesse pH.

O maior sistema de membrana interno é uma organela conhecida como **retículo endoplasmático** (**RE**), consistindo em uma extensa rede interconectada de vesículas e túbulos achatados ligados à membrana. O RE pode ser dividido em *retículo endoplasmático liso*, chamado assim porque a membrana tem superfície lisa, e

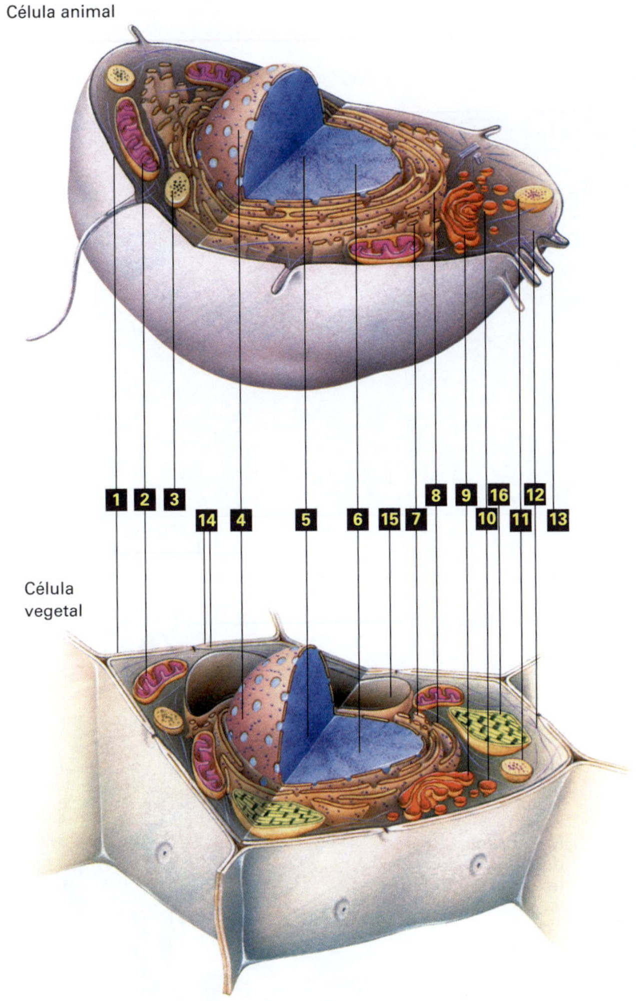

1 A membrana plasmática controla o movimento de moléculas para dentro e para fora da célula e atua na sinalização célula-célula e na adesão celular.

2 As mitocôndrias, circundadas por uma membrana dupla, geram ATP pela oxidação de glicose e de ácidos graxos.

3 Os lisossomos, que têm lúmen ácido, degradam material internalizado pela célula e membranas celulares e organelas desgastadas.

4 O envelope nuclear é uma membrana dupla que envolve os conteúdos do núcleo; a membrana externa é contínua ao RE rugoso.

5 O nucléolo é um subcompartimento nuclear onde a maior parte do rRNA celular é sintetizada.

6 O núcleo é preenchido por cromatina composta por DNA e proteínas; é o local de síntese de mRNA e tRNA.

7 O retículo endoplasmático (RE) liso sintetiza lipídeos e detoxifica certos compostos hidrofóbicos.

8 O retículo endoplasmático (RE) rugoso atua na síntese, no processamento e na distribuição de proteínas secretadas, proteínas lisossomais e certas proteínas de membrana.

9 O aparelho de Golgi processa e distribui proteínas secretadas, proteínas lisossomais e proteínas de membrana sintetizadas no RE rugoso.

10 Vesículas secretoras estocam proteínas de secreção e se fundem com a membrana plasmática para liberar seus conteúdos.

11 Os peroxissomos detoxificam várias moléculas e também degradam ácidos graxos para produzir grupos acetila para biossíntese.

12 As fibras do citoesqueleto formam redes e feixes que dão suporte a membranas celulares, ajudam a organizar organelas e participam na migração celular.

13 As microvilosidades aumentam a superfície de absorção de nutrientes do meio circundante.

14 A parede celular, composta principalmente por celulose, ajuda a manter a forma celular e fornece proteção contra o estresse mecânico.

15 Os vacúolos estocam água, íons e nutrientes, degradam macromoléculas, e atuam no alongamento da célula durante o crescimento.

16 Os cloroplastos, que realizam a fotossíntese, são envolvidos por uma membrana dupla e contêm uma rede de vesículas ligadas à membrana interna.

FIGURA 9-32 Visão esquemática de célula animal (*acima*) e de célula vegetal (*abaixo*) "típicas" e de suas principais subestruturas. Nem todas as células têm todos os grânulos, as organelas e as estruturas fibrosas mostrados aqui, e outras subestruturas podem estar presentes em algumas delas. As células também diferem consideravelmente na forma e na proeminência de várias organelas e subestruturas.

retículo endoplasmático rugoso, o qual é revestido por ribossomos (Figura 9-33b). O retículo endoplasmático liso é o local de síntese de ácidos graxos e fosfolipídeos. Em contrapartida, o retículo endoplasmático rugoso com seus ribossomos associados é o sítio de síntese de proteínas de membrana e proteínas que serão secretadas pela célula, sendo responsável por cerca de um terço de todos os diferentes tipos de proteínas sintetizadas por uma célula. Após a síntese no RE, proteínas destinadas para a membrana plasmática ou para secreção são primeiramente transportadas para o **aparelho de Golgi**, um conjunto de membranas achatadas chamadas *cisternas* (Figura 9-33b), nas quais as proteínas são modificadas e classificadas antes de serem transportadas ao seu destino na membrana plasmática ou, em alguns casos, transferidos a endossomos. À medida que as proteínas destinadas para secreção são sintetizadas no retículo endoplasmático, transportadas pelo aparelho de Golgi e liberadas pela célula, esse processo todo é coletivamente conhecido como *via secretora*, embora também inclua a síntese e o transporte de proteínas de membrana, que irão permanecer no retículo endoplasmático, no aparelho de Golgi e na membrana plasmática e, portanto, não serão secretadas. Conhecidas como *vias de transporte de membrana*, incluem ambas as vias endocítica e secretora e serão discutidas em maior detalhe no Capítulo 14.

Outra organela comum é o **peroxissomo**, classe de organelas quase esféricas que contêm *oxidases* – enzimas que utilizam oxigênio molecular para oxidar toxinas e transformá-las em produtos inofensivos e para a oxidação de ácidos graxos para a produção de grupos acetila, tópico a ser abordado no Capítulo 12.

Todas as organelas discutidas até o momento são delimitadas por uma única membrana formada por uma bicamada lipídica. Algumas organelas, a saber: o **núcleo**, as **mitocôndrias** e, nas células vegetais, os **cloroplastos**, têm uma membrana adicional que realiza diversas funções, como será descrito a seguir.

VÍDEO: Modelo tridimensional de uma mitocôndria.

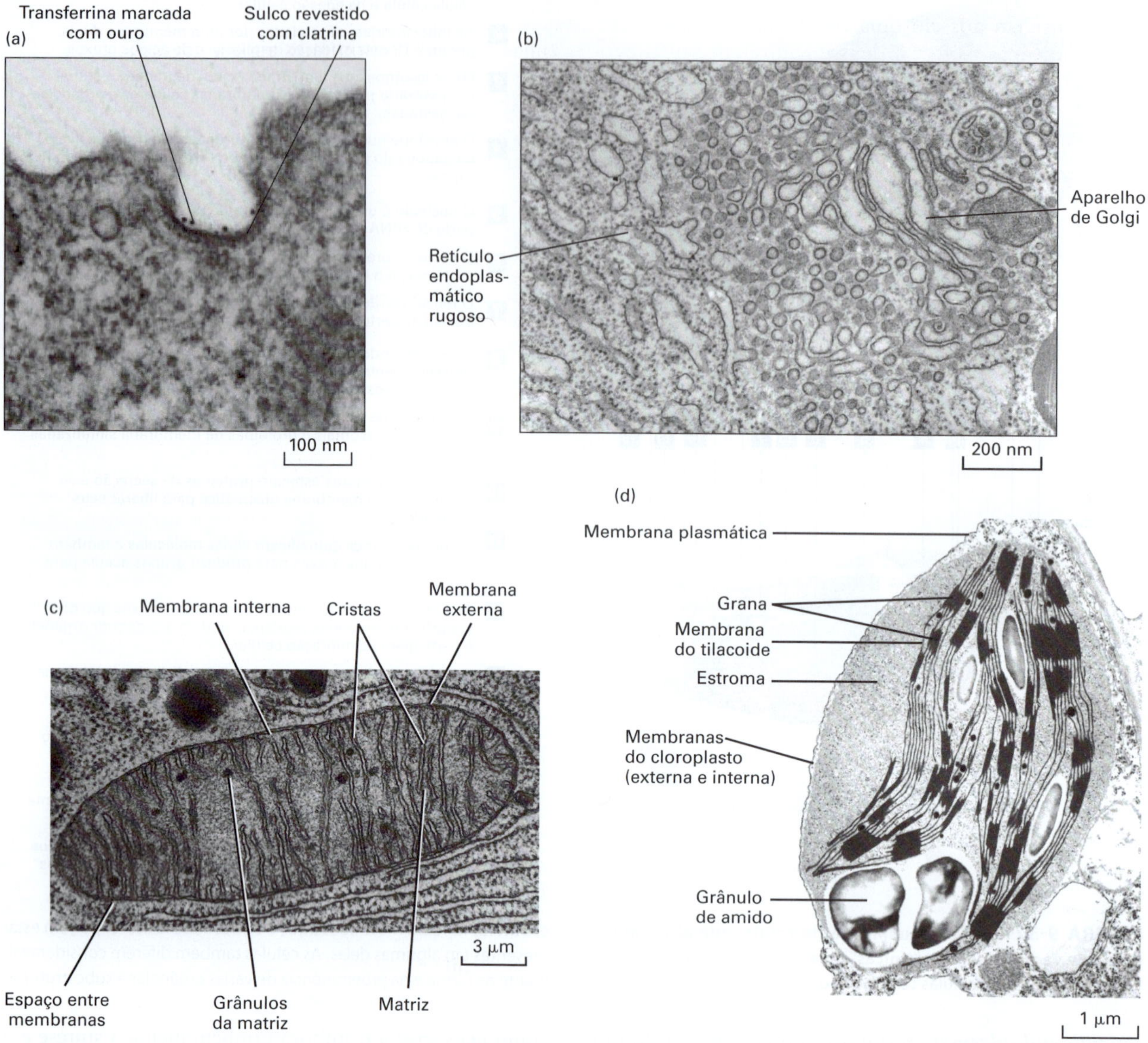

FIGURA 9-33 Exemplos de organelas visualizadas por microscopia eletrônica de transmissão de secções finas. (a) A membrana plasmática contém um sulco revestido por clatrina. Antes da fixação, as células foram incubadas com transferrina, proteína envolvida na absorção de ferro por um receptor localizado nos sulcos revestidos (ver Capítulo 14), marcada com ouro coloidal. (b) Uma secção através de uma célula secretora mostra o retículo endoplasmático revestido por ribossomos e o aparelho de Golgi. (c) As duas membranas de uma mitocôndria e as invaginações de membrana chamadas cristas são mostradas. (d) As plantas contêm cloroplastos, outra organela de membrana dupla. As membranas dos tilacoides contêm as enzimas da via fotossintética que envolve a conversão da energia luminosa em ATP. (Parte [a] reproduzida de C. Lamaze et al., 1997, *Journal of Biological Chemistry* **272:**20332; parte [b], da coleção de G. Palade, parte [c], de D. W. Fawcett, 1981, *The Cell*, 2nd ed., Saunders, p. 415; parte [d] cortesia de Biophoto Associates/M. C. Ledbetter/Brookhaven National Laboratory, EUA.)

O núcleo contém o DNA do genoma e é o local da transcrição do DNA em RNA mensageiro. O núcleo tem uma membrana interna que o define. Tem também uma membrana externa contínua à membrana do retículo endoplasmático de forma que o espaço entre as membranas nucleares interna e externa é contínuo ao do retículo endoplasmático (ver Figura 9-32). O acesso à parte interna e externa do núcleo é fornecido por conexões tubulares entre as membranas interna e externa estabilizados por estruturas chamadas **poros nucleares.** Os poros nucleares não apenas definem o local de transporte na membrana nuclear, mas também atuam como barreiras, permitindo apenas o transporte de macromoléculas específicas para dentro e fora do núcleo – tópico importante e fascinante que foi mencionado no Capítulo 8 e que será discutido com mais detalhe no Capítulo 13.

Acredita-se que as mitocôndrias e os cloroplastos tenham evoluído a partir de um evento muito tempo atrás, quando uma célula eucariótica fagocitou um tipo de bactéria que originou as mitocôndrias e um tipo diferente que deu origem aos cloroplastos. O fato de mitocôndrias e cloroplastos terem duas membranas é uma evidência que sustenta essa hipótese. A membrana interna teria provavelmente se originado a partir da membrana da bactéria original, enquanto a membrana externa seria um vestígio da membrana plasmática do evento de captura. Existem muitas evidências para a origem bacteriana dessas organelas, incluindo o fato de que tanto as mitocôndrias quanto os cloroplastos têm o seu próprio DNA genômico e que a biossíntese de proteínas nessas organelas é mais semelhante à síntese proteica bacteriana do que à síntese proteica eucariótica.

As mitocôndrias podem ocupar até 25% do volume do citoplasma. São organelas filamentosas cuja membrana externa contém proteínas porina que tornam a membrana permeável a moléculas com peso molecular de até 10.000. A membrana mitocondrial interna é altamente retorcida com dobras chamadas de *cristas*, que formam saliências no espaço central, chamado de *matriz* (Figura 9-33c). Uma das principais funções das mitocôndrias é completar os estágios finais da degradação da glicose por oxidação para gerar a maior parte do suprimento de ATP da célula. Assim, as mitocôndrias podem ser consideradas as "usinas" da célula.

Todos os vegetais e algas verdes são caracterizados pela presença de cloroplastos (Figura 9-33d), organelas que usam a fotossíntese para capturar a energia luminosa com pigmentos coloridos, incluindo o pigmento verde *clorofila* e, por fim, estocar a energia capturada em forma de ATP. Os processos pelos quais o ATP é sintetizado nas mitocôndrias e nos cloroplastos serão descritos no Capítulo 12.

O rompimento das células libera suas organelas e outros conteúdos

A etapa inicial na purificação de estruturas subcelulares é a liberação dos conteúdos da célula pelo rompimento da membrana plasmática e da parede celular, quando presente. Primeiro, as células são suspensas em uma solução com pH e concentração de sal adequados, geralmente sacarose isotônica (0,25 M) ou uma combinação de sais semelhante em composição àquela no interior da célula. Várias células podem então ser rompidas por agitação da suspensão celular em agitador de alta velocidade ou por sua exposição a som de frequência ultra-alta (*sonicação*). Alternativamente, as membranas plasmáticas podem ser rompidas por homogeneizadores de tecido pressurizados especiais nos quais as células são forçadas a passar por um espaço muito estreito entre um êmbolo e a parede do vaso; a pressão de ser forçada entre a parede do vaso e o êmbolo rompe a célula.

Lembre-se de que a água flui para o interior das células quando elas são colocadas em solução hipotônica, ou seja, solução com concentração menor de íons e pequenas moléculas do que aquela encontrada no interior da célula. Esse fluxo osmótico pode ser usado para causar dilatação das células, enfraquecendo a membrana plasmática e facilitando sua ruptura. A solução celular é geralmente mantida a 0°C para melhor conservar enzimas e outros constituintes após a liberação das forças estabilizadoras da célula.

O rompimento da célula produz uma mistura de componentes celulares em suspensão, o homogeneizado, a partir do qual as organelas desejadas podem ser recuperadas. Como o fígado de rato contém um único tipo celular em abundância, esse tecido tem sido usado em muitos estudos clássicos de organelas celulares. Entretanto, os mesmos princípios de isolamento se aplicam a praticamente todas as células e tecidos, e modificações dessas técnicas de fracionamento celular podem ser usadas para separar e purificar qualquer componente desejado.

A centrifugação pode separar diferentes tipos de organelas

No Capítulo 3, foram considerados os princípios da centrifugação e os usos das técnicas de centrifugação para separar proteínas e ácidos nucleicos. Abordagens semelhantes são utilizadas para separar e purificar as várias organelas, que diferem em tamanho e densidade e, dessa forma, sofrem sedimentação em diferentes taxas.

A maioria dos procedimentos de fracionamento celular começa com uma **centrifugação diferencial** de um homogeneizado celular filtrado em velocidades cada vez maiores (Figura 9-34). Após a centrifugação em cada velocidade por um tempo adequado, o líquido que permanece no topo do tubo, chamado de sobrenadante, é removido e centrifugado em alta velocidade. As frações precipitadas obtidas por centrifugação diferencial geralmente contêm uma mistura de organelas, embora núcleos e partículas virais possam às vezes serem purificados completamente por esse procedimento.

Uma fração de organelas impura obtida por centrifugação diferencial pode ser adicionalmente purificada por **centrifugação em gradiente de densidade de equilíbrio**, que separa componentes celulares de acordo com sua densidade. Depois de suspender a fração novamente, ela é aplicada na porção superior de uma solução que contém um gradiente de uma substância não iônica densa (p. ex., sacarose ou glicerol). O tubo é centrifugado em alta velocidade (cerca de 40.000 rpm) por várias horas, permitindo que cada partícula migre para uma posição de equilíbrio onde a densidade do líquido circundante é igual à densidade da partícula (Figura 9-35). As diferentes camadas de líquido são então recuperadas pela aspiração dos conteúdos do tubo da centrífuga por meio de um tubo muito estreito e pela coleta das frações.

Como cada organela tem uma característica morfológica única, a pureza das preparações de organelas pode ser determinada pelo exame em um microscópio eletrônico. Alternativamente, é possível quantificar moléculas marcadoras organela-específicas. Por exemplo, a proteína citocromo *c* está presente apenas nas mitocôndrias, assim a presença dessa proteína em uma fração de lisossomos indicaria sua contaminação com mitocôndrias. Similar-

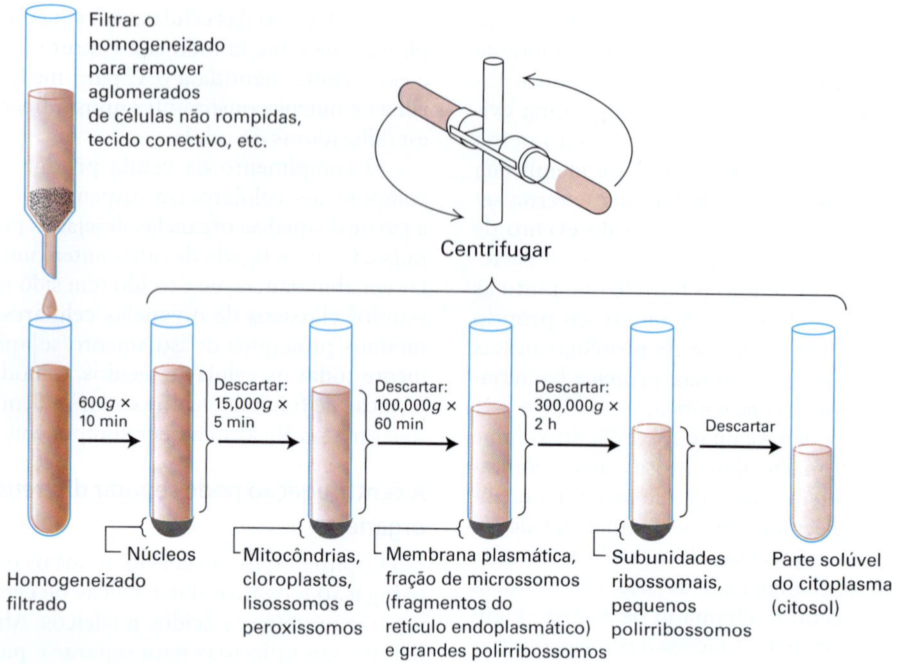

FIGURA 9-34 A centrifugação diferencial é uma primeira etapa comum no fracionamento de um homogeneizado celular. O homogeneizado resultante do rompimento celular é geralmente filtrado para remover células íntegras e então centrifugado em uma velocidade relativamente baixa para peletar seletivamente o núcleo – a maior organela. O material em suspensão (sobrenadante) é centrifugado depois a uma velocidade maior para sedimentar mitocôndrias, cloroplastos, lisossomos e peroxissomos. A posterior centrifugação na ultracentrífuga a 100.000*g* por 60 minutos resulta na deposição da membrana plasmática, de fragmentos de retículo endoplasmático, e de grandes polirribossomos. A recuperação das unidades ribossomais, de pequenos polirribossomos e de partículas como complexos enzimáticos necessita de centrifugação adicional em velocidades ainda maiores. Apenas o citosol – a parte aquosa solúvel do citoplasma – permanece no sobrenadante após a centrifugação a 300.000*g* por 2 horas.

mente, a catalase está presente apenas em peroxissomos; a fosfatase ácida, apenas em lisossomos; e ribossomos, apenas no retículo endoplasmático rugoso ou no citosol.

Anticorpos organela-específicos são úteis para preparar organelas altamente purificadas

Frações celulares remanescentes após centrifugações diferenciais e em gradiente de densidade de equilíbrio geralmente contêm mais de um tipo de organela. Anticorpos monoclonais para várias proteínas de membrana organela-específicas são uma ferramenta poderosa para purificar adicionalmente tais frações. Um exemplo é a purificação de vesículas cuja superfície externa é revestida pela proteína **clatrina**; essas vesículas revestidas são derivadas de sulcos revestidos (*coated pits*) da membrana plasmática durante a endocitose mediada por receptor (ver Figura 9-33a), tópico discutido em detalhe no Capítulo 14. Um anticorpo contra clatrina, ligado a um carreador bacteriano, pode ligar-se seletivamente a essas vesículas em uma preparação bruta de membranas, e o complexo todo com o anticorpo pode então ser isolado por centrifugação em baixa velocidade (Figura 9-36). Uma técnica relacionada utiliza pequenas esferas metá-

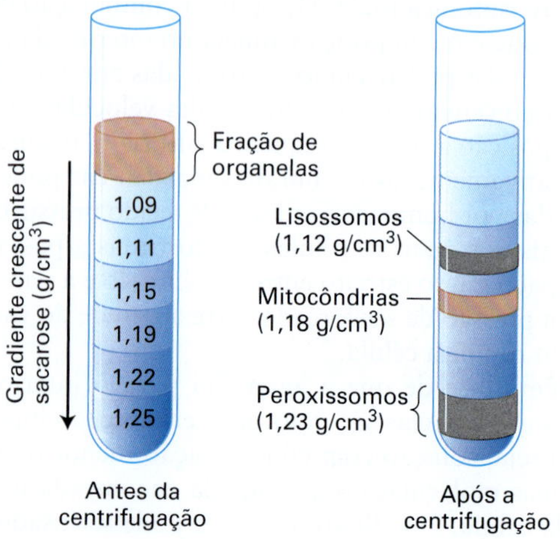

FIGURA 9-35 Uma fração mista de organelas pode ser adicionalmente separada por centrifugação em gradiente de densidade de equilíbrio. Neste exemplo, utilizando fígado de rato, o material precipitado por centrifugação a 15.000*g* (ver Figura 9-34) é novamente suspenso e aplicado em um gradiente de densidade crescente de soluções de sacarose em um tubo de centrífuga. Durante a centrifugação por várias horas, cada organela migra para sua respectiva densidade de equilíbrio apropriada e lá permanece. Para obter uma boa separação entre lisossomos e mitocôndrias, o fígado é perfundido com uma solução contendo uma pequena quantidade de detergente antes que o tecido seja rompido. Durante o período de perfusão, o detergente é captado pela célula por endocitose e transferido para os lisossomos, tornando-os menos densos do que o normal e permitindo uma separação "limpa" entre lisossomos e mitocôndrias.

licas revestidas com anticorpos específicos. As organelas que se ligam aos anticorpos e, portanto, são ligadas às esferas metálicas, são recuperadas da preparação por adesão a um pequeno ímã posicionado na lateral do tubo de ensaio.

Todas as células têm uma dúzia ou mais de tipos diferentes de pequenas vesículas envoltas por membrana com o mesmo tamanho aproximado (50 a 100 nm de diâmetro), o que torna difícil separá-las umas das outras por técnicas de centrifugação. Técnicas imunológicas são particularmente úteis para purificar classes específicas dessas vesículas. Células adiposas e musculares, por exemplo, contêm um determinado transportador de glicose (GLUT4) que está localizado na membrana de um desses tipos de vesícula. Quando insulina é adicionada às células, essas vesículas se fundem à membrana plasmática e aumentam o número de transportadores de glicose capazes de captar glicose do sangue. Conforme será visto no Capítulo 15, esse processo é crucial para manter a concentração adequada de açúcar no sangue. As vesículas contendo GLUT4 podem ser purificadas pelo uso de um anticorpo que se liga a um segmento da proteína GLUT4 voltado para o citosol. Da mesma forma, as várias vesículas de transporte que serão discutidas no Capítulo 14 caracterizam-se por proteínas de superfície únicas que permitem sua separação com o auxílio de anticorpos específicos.

Uma variação dessa técnica é empregada quando não há anticorpo específico disponível para a organela em estudo. Um gene codificando uma proteína de membrana organela-específica é modificado pela adição de um segmento que codifica uma etiqueta de epítopo; a etiqueta é colocada em um segmento da proteína voltado para o citosol. Seguindo a expressão estável da proteína recombinante na célula em estudo, um anticorpo monoclonal antiepítopo (previamente descrito) pode ser usado para purificar a organela.

A proteômica revela a composição proteica das organelas

A identificação de todas as proteínas de uma organela requer três etapas. Primeiro, precisa-se obter a organela com alta pureza. Segundo, é preciso ter uma forma de identificar todas as sequências das proteínas da organela. Essa identificação é geralmente feita pela digestão de todas as proteínas com uma protease como a tripsina, que cliva todos os polipeptídeos em resíduos de lisina e arginina, e então pela determinação da massa e da sequência de todos esses peptídeos por espectrometria de massa. Terceiro, é preciso ter a sequência genômica para identificar as proteínas de onde todos os peptídeos vieram. O "proteoma" de muitas organelas foi determinado dessa maneira. Como exemplo, um recente estudo proteômico em mitocôndrias purificadas de cérebro, coração, rim e

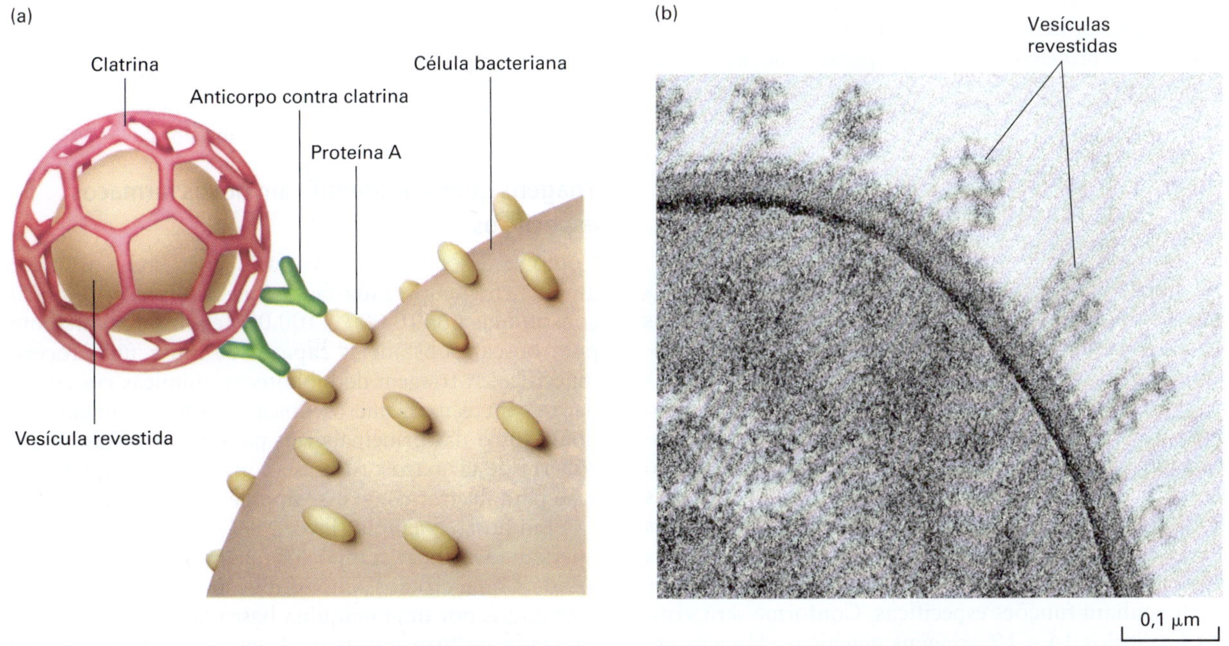

FIGURA 9-36 Pequenas vesículas revestidas podem ser purificadas por ligação a anticorpos específicos para uma proteína de superfície da vesícula e ligação a células bacterianas. Neste exemplo, uma suspensão de membranas de fígado de rato é incubada com um anticorpo específico para clatrina, proteína que reveste a superfície externa de algumas vesículas citosólicas. Adiciona-se a esta mistura uma suspensão de bactérias *Staphylococcus aureus* mortas, cuja membrana de superfície contém proteína A, a qual se liga à região constante (Fc) dos anticorpos. (a) A interação da proteína A com anticorpos ligados a vesículas revestidas por clatrina une as vesículas às células bacterianas. Os complexos vesícula-bactérias podem então ser recuperados por centrifugação em baixa velocidade. (b) Uma micrografia eletrônica de secção fina revela vesículas revestidas por clatrina ligadas a uma célula de *S. aureus*. (Ver E. Merisko et al., 1982, *J. Cell Biol.* **93**:846. A micrografia foi cortesia de G. Palade.)

fígado murinos revelou 591 proteínas mitocondriais, incluindo 163 proteínas cuja associação com essa organela era previamente desconhecida. Várias proteínas foram encontradas apenas em mitocôndrias de tipos celulares específicos. Determinar as funções associadas a essas proteínas mitocondriais recém-identificadas é um dos principais objetivos da pesquisa atual nessa organela.

CONCEITOS-CHAVE da Seção 9.4

Isolamento e caracterização de organelas celulares

- A microscopia revelou um conjunto comum de organelas presente nas células eucarióticas (ver Figura 9-32).
- O rompimento de células por homogeneização vigorosa, sonicação ou outras técnicas libera suas organelas. A dilatação das células em solução hipotônica enfraquece a membrana plasmática, tornando mais fácil o seu rompimento.
- A centrifugação diferencial sequencial de um homogeneizado celular gera frações de organelas parcialmente purificadas que diferem em massa e densidade.
- A centrifugação em gradiente de densidade de equilíbrio, que separa componentes celulares de acordo com suas densidades, é capaz de purificar adicionalmente frações celulares obtidas por centrifugação diferencial.
- Técnicas imunológicas utilizando anticorpos contra proteínas de membrana organela-específicas são particularmente úteis para a purificação de organelas e vesículas com tamanho e densidade semelhantes.
- A análise proteômica pode identificar todos os componentes proteicos em uma preparação de organelas purificadas.

9.5 Perturbação de funções celulares específicas

Que abordagens gerais foram utilizadas por cientistas para entender a função de proteínas específicas nos processos celulares biológicos? Já foi discutido no Capítulo 3 como as proteínas podem ser purificadas e suas propriedades foram detalhadas. Em muitos casos, isso levou à reconstituição bioquímica *in vitro* de processos bioquímicos complicados, tais como a replicação do DNA ou a síntese de proteínas. Essas abordagens bioquímicas foram complementadas por abordagens genéticas e, como foi visto no Capítulo 5, as mutações podem ser usadas para identificar genes cujos produtos desempenham funções específicas. Conforme será visto nos Capítulos 14 e 19, triagens genéticas clássicas em leveduras foram usadas para identificar proteínas que participam da via secretora e do ciclo celular, respectivamente. Abordagens genéticas em outros organismos, tais como o verme nematódeo, a mosca-da-fruta e o camundongo, contribuíram imensamente para revelar aspectos básicos da biologia e do desenvolvimento celulares (ver Capítulo 1).

Ao longo dos últimos anos, abordagens adicionais e muito eficazes foram desenvolvidas para perturbar componentes específicos de células vivas e dessa forma lançar luz sobre suas funções. Nesta seção, serão discutidas duas dessas abordagens: o uso de substâncias químicas específicas para perturbar a função celular e o uso de RNA de interferência para suprimir a expressão de genes específicos.

Fármacos são comumente usados em biologia celular

Fármacos de ocorrência natural têm sido usados por séculos, mas seu funcionamento era geralmente desconhecido. Por exemplo, extratos do açafrão-do-prado eram usados para tratar a gota, dolorosa doença caracterizada pela inflamação das articulações. Hoje se sabe que o extrato contém colchicina, uma substância que despolimeriza os microtúbulos e interfere na capacidade dos leucócitos de migrar para locais de inflamação (ver Capítulo 18). Alexander Fleming descobriu que certos fungos secretam compostos que matam bactérias (antibióticos), resultando na descoberta da penicilina. Apenas mais tarde descobriu-se que a penicilina inibe a divisão celular bacteriana pelo bloqueio da síntese da parede celular de determinadas bactérias.

Muitos exemplos como esses resultaram na descoberta de uma grande variedade de compostos disponíveis para inibir processos celulares específicos e essenciais. Na maioria dos casos, pesquisadores finalmente conseguiram identificar o alvo molecular do composto. Por exemplo, há muitos outros antibióticos que afetam aspectos da síntese proteica procariótica. Uma seleção das substâncias mais comumente usadas que afetam uma ampla variedade de processos biológicos está listada na Tabela 9-1, agrupadas de acordo com o processo que inibem.

Triagens químicas identificam novos fármacos específicos

Como se descobre um novo fármaco? Uma abordagem amplamente empregada faz uso de *bibliotecas químicas* constituídas por 10.000 a 100.000 compostos diferentes para buscar substâncias capazes de inibir um processo específico. A triagem de bibliotecas químicas em combinação com técnicas microscópicas de alto rendimento tornou-se uma das principais vias para novas pistas na descoberta de fármacos. Aqui, será apresentado apenas um caso para ilustrar como esse tipo de abordagem funciona.

Em nosso exemplo (Figura 9-37a), os pesquisadores queriam identificar compostos que inibem a mitose, processo no qual cromossomos duplicados são precisamente segregados por uma máquina baseada em microtúbulos chamada de fuso mitótico (discutido no Capítulo 18). Sabia-se que se a polimerização do fuso é comprometida, as células ficam paradas na mitose. Portanto, a triagem utilizou inicialmente um método robótico automatizado para buscar compostos que bloqueiam as células em mitose. A base para a inibição dos compostos candidatos foi então explorada para ver se eles afetavam a polimerização dos microtúbulos. Uma vez que a inibição

TABELA 9-1 Conjunto selecionado de pequenas moléculas utilizadas em pesquisas de biologia celular

Algumas das moléculas a seguir apresentam ampla especificidade, enquanto outras são altamente específicas. Mais informações sobre vários destes compostos podem ser encontradas nos capítulos relevantes deste livro.
Inibidores da replicação do DNA – Afidicolina (inibidor da DNA-polimerase eucariótica); camptotecina, etoposide (inibidores da topoisomerase eucariótica)
Inibidores da transcrição – α-amanitina (inibidor da RNA-polimerase II eucariótica); actinomicina D (inibidor do alongamento da transcrição eucariótica); rifampicina (inibidor da RNA-polimerase bacteriana); tiolutina (inibidor da RNA-polimerase bacteriana e de leveduras)
Inibidores da síntese proteica – bloqueio geral da produção de proteínas; tóxicos após exposição prolongada – ciclo-heximidina (inibidor traducional em eucariotos); geneticina/G418, higromicina, puromicina (inibidores traducionais em bactérias e eucariotos); cloranfenicol (inibidor traducional em bactérias e mitocôndrias); tetraciclina (inibidor traducional em bactérias)
Inibidores de protease – bloqueio da degradação proteica– MG-132, lactacistina (inibidores de proteassomo); E-64, leupeptina (inibidores de serina e/ou cisteína protease); fenilmetanosulfonilfluoreto (PMSF) (inibidor de serina protease); tosil-L-lisina clorometil cetona (TLCK) (inibidor de serina protease semelhante à tripsina)
Compostos que afetam o citoesqueleto – faloidina, jasplaquinolídeo (estabilizador de F-actina); latrunculina, citocalasina (inibidores da polimerização de F-actina); taxol (estabilizador de microtúbulos); colchicina, nocodazol, vimblastina, podofilotoxina (inibidores da polimerização de microtúbulos); monastrol (inibidor de cinesina-5)
Compostos que afetam o tráfego pela membrana, o movimento intracelular e a via secretora, glicosilação de proteínas – brefeldina A (inibidor de secreção); leptomicina B (inibidor de exportação de proteína nuclear); dinasore (inibidor de dinamina); tunicamicina (inibidor de glicosilação ligada a N)
Inibidores de cinase – genisteína, rapamicina, gleevec (inibidores de tirosina-cinase com várias especificidades); wortmanina, LY294002 (inibidores de cinase PI3); estaurosporina (inibidor de proteína-cinase); roscovitina (inibidor de CDK1 e CDK2)
Inibidores de fosfatase – ciclosporina A, FK506, caliculina (inibidores de fosfatase proteicacom várias especificidades); ácido ocadaico (inibidor geral de serina/treonina fosfatase); óxido de fenilarsina, ortovadanato de sódio (inibidores de tirosina fosfatase)
Compostos que afetam os níveis intracelulares de AMPc – forscolina (ativador de adenilato ciclase)
Compostos que afetam íons (p. ex., K^+, Ca^{2+}) – A23187 (ionóforo de Ca^{2+}); valinomicina (ionóforo de K^+); BAPTA [agente ligante/sequestrante de íon divalente (p. ex., Ca^{2+})]; tapsigargina (inibidor de ATPase de Ca^{2+} do retículo endoplasmático); ouabaína (inibidor de ATPase de Na^+/K^+)
Alguns fármacos usados em medicina – propanolol (antagonista de receptor β-adrenérgico), estatinas (inibidores de HMG-CoA redutase, bloqueio da síntese de colesterol)

da polimerização dos microtúbulos não era de interesse, o efeito dos candidatos remanescentes na estrutura do fuso foi determinado por microscopia de imunofluorescência com anticorpos contra a tubulina, a principal proteína dos microtúbulos. Mais de 16.000 compostos foram examinados, e identificou-se um composto que produzia células com fusos aberrantes – em vez de dois ásteres, elas apresentavam um único áster, no chamado arranjo monoastral (Figura 9-37b). Demonstrou-se que essa substância, hoje chamada de *monastrol*, interfere na polimerização do fuso pela inibição de uma proteína motora composta por microtúbulos chamada cinesina-5 (mais detalhes sobre o fuso mitótico no Capítulo 18). Derivados do monastrol estão hoje sendo testados como agentes antitumorais para o tratamento de determinados tumores.

Pequenos RNAs de interferência (siRNAs) suprimem a expressão de proteínas específicas

O RNA de interferência (RNAi) é um mecanismo utilizado pelas células para suprimir a expressão de genes por meio do bloqueio da tradução de mRNAs específicos por mRNAs (miRNAs) ou pela degradação de mRNAs específicos que são alvos de pequenos RNAs de interferência (siRNAs). O uso extensivo de miRNAs para regular a expressão gênica, especialmente durante o desenvolvimento, foi discutido no Capítulo 8. Aqui será focalizado o uso experimental da tecnologia de siRNA para suprimir a expressão de genes em células animais.

A descoberta da via siRNA surgiu a partir de várias observações diferentes. Por exemplo, descobriu-se em plantas que a expressão recombinante de um gene poderia levar à redução da expressão do gene-alvo em vez do resultado esperado de expressão aumentada. Um tipo semelhante de resultado foi visto no nematódeo *C. elegans*. Investigando esse fenômeno, Andrew Fire e Craig Mello relataram, em 1998, que a supressão não poderia ser alcançada pela expressão de mRNA senso ou antissenso, mas necessitava a expressão de RNA fita dupla. Fire e Mello receberam o Prêmio Nobel em Fisiologia ou Medicina em 2006 por essa descoberta. Trabalhos seguintes em uma série de sistemas mostraram que o RNA fita dupla precisa ser clivado por uma proteína chamada Dicer para produzir fragmentos fita dupla com 21 a 23 pares de bases contendo uma projeção de dois nucleotídeos em cada uma das extremidades 3′. Esse RNA fita dupla é reconhecido pelo complexo RISC (*RNA-induced silencing complex*), e uma das fitas é degradada pela proteína associada argonauta. Se a sequência do siRNA de fita simples puder parear exatamente com uma sequência-alvo

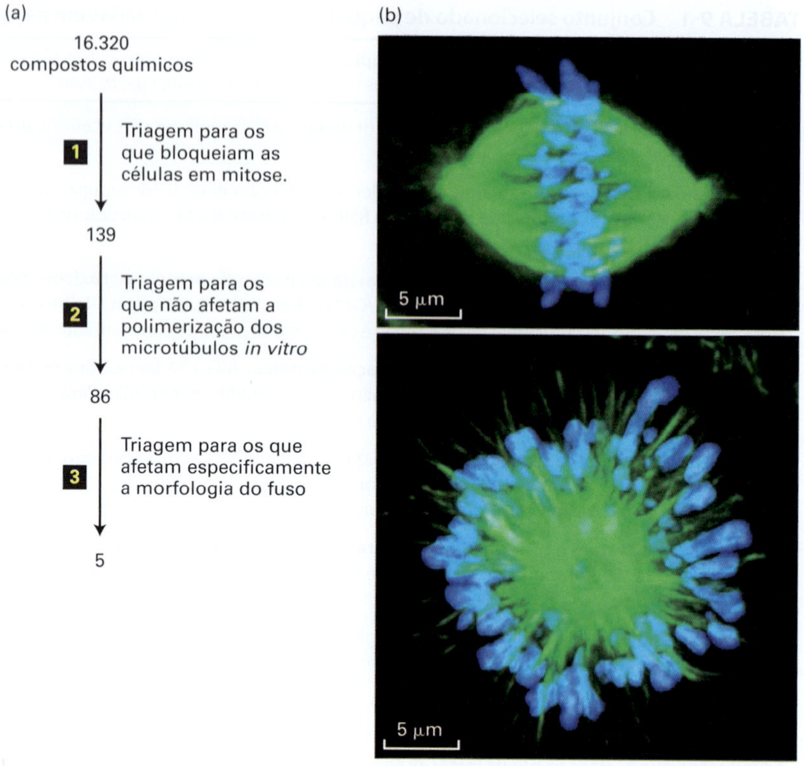

FIGURA 9-37 Triagem para fármacos que afetam processos biológicos específicos. Neste exemplo, uma biblioteca química com 16.320 substâncias diferentes foi submetida a uma série de triagens para inibidores de mitose. Como se espera que um inibidor deste tipo bloqueie as células no estágio de mitose do ciclo celular, a primeira triagem **1** foi feita para verificar se algum dos químicos aumentava o nível de um marcador para células mitóticas, e isso gerou 139 candidatos. Os microtúbulos constituem a estrutura do fuso mitótico, e os pesquisadores não estavam interessados em novos fármacos cujos alvos fossem microtúbulos; portanto, na segunda triagem **2** os 139 compostos foram testados quanto à capacidade de afetar a polimerização dos microtúbulos, e isso eliminou 53 candidatos. A microscopia de imunofluorescência com anticorpos contra tubulina (a principal subunidade dos microtúbulos) juntamente com um corante para DNA foi utilizada na terceira triagem **3** para identificar compostos que rompem a estrutura do fuso. (b) Localização da tubulina (verde) e do DNA (azul) são mostradas para um fuso mitótico não tratado e um tratado com um dos compostos identificados, hoje chamado de monastrol. O monastrol inibe uma proteína motora composta por microtúbulos chamada cinesina-5, discutida no Capítulo 18, necessária para separar os pólos do fuso mitótico. Quando a cinesina-5 é inibida, os dois polos permanecem associados para produzir um fuso monopolar. (Parte [b] reproduzida de T. U. Mayer et al., *Science* **286**:971-974.)

de mRNA, o complexo proteína argonauta-RNA cliva o mRNA alvo, o qual é então degradado (Figura 9-38a). Embora esse sistema tenha provavelmente evoluído como mecanismo de defesa contra vírus invasores, ele forneceu aos pesquisadores uma ferramenta muito poderosa para suprimir experimentalmente a expressão de determinados genes e explorar as consequências resultantes. Ele tem sido usado de maneira muito eficiente em vários sistemas diferentes, como será resumido a seguir.

Supressão (*knock down*) por siRNA em células cultivadas Desde a descoberta, em 2001, de que o tratamento de células cultivadas com siRNA suprime a expressão gênica pela degradação do mRNA alvo, o siRNA tem sido utilizado em milhares de estudos para suprimir – "*knock down*" – os níveis de proteínas-alvo. Para fazer isso, pesquisadores usam programas de computador para identificar uma sequência com aproximadamente 21 pares de bases no mRNA que é única ao gene-alvo e tem as características ótimas para siRNA. O RNA fita dupla é então sintetizado e aplicado às células em cultivo (Figura 9-38a). Se for eficiente, isso resultará na degradação do mRNA específico, e nenhuma proteína-alvo nova será sintetizada. Entretanto, a proteína-alvo está presente no início do experimento, então as células precisam ser capazes de proliferar para permitir que a proteína endógena sofra seu ciclo normal bem como seja diluída pela divisão celular – isso leva geralmente de 24 a 72 horas. O nível da proteína-alvo geralmente é determinado por imunotransferência (ver Figura 3-39) e, caso seja significativamente reduzido, o fenótipo das células é examinado. A supressão da expressão gênica por siRNAs tornou-se uma técnica padrão; um exemplo é apresentado nas Figuras 9-38b e 9-38c, e muitos outros exemplos podem ser encontrados ao longo deste livro.

Uma estratégia alternativa para suprimir a expressão proteica é introduzir construtos de DNA adequados nas células que irão gerar siRNAs quando forem transcritos (ver Figura 9-38a). Para fazer isso, a sequência-alvo é apresentada como uma repetição invertida na sequência de DNA. Quando transcrito, o mRNA irá formar um curto grampo de RNA fita dupla (shRNA), reconhecido e clivado pela Dicer para gerar siRNAs. A vantagem dessa abordagem é que uma vez que o shRNA tenha sido expresso, os siRNAs serão sempre produzidos, resultando na supressão permanente da proteína-alvo. Isso não irá funcionar se a proteína for essencial, e neste caso o tratamento das células com siRNAs será o método de escolha. O construto de DNA para expressar shRNAs pode ser introduzido nas células pela simples adição do DNA sob condições adequadas que permitem que as células o capturem ou pelo uso de vetores virais que introduzem o DNA de maneira mais eficiente.

Atualmente, grandes esforços estão sendo feitos para explorar os efeitos de suprimir a expressão de cada gene

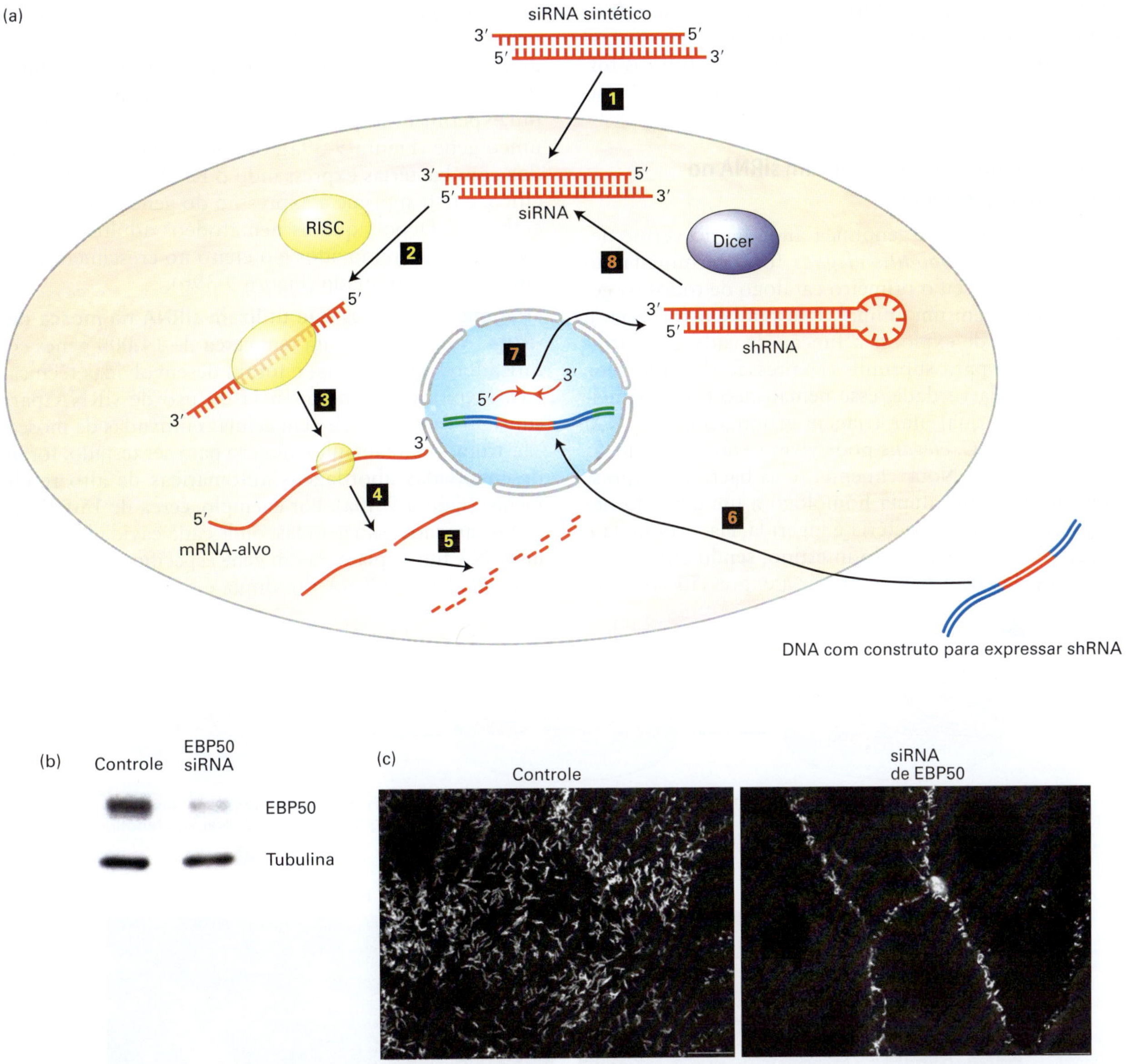

FIGURA 9-38 O siRNA e o DNA expressando shRNA podem direcionar a degradação de mRNAs específicos em células cultivadas. Na primeira etapa 1, um siRNA fita dupla que possui homologia com o mRNA-alvo é introduzido nas células por transfecção. Este RNA fita dupla é reconhecido pelo complexo RISC 2, o qual degrada uma fita do RNA e tem como alvo o mRNA de sequência homóloga 3. O mRNA-alvo é clivado 4 e degradado 5. Em uma estratégia alternativa, um construto de DNA contendo uma sequência que quando transcrita irá formar um grampo é introduzido na célula 6. Este DNA pode ser introduzido por transfecção ou pode ser carregado por uma partícula viral. Em qualquer um dos casos, ele é projetado para carregar junto a ele um marcador de seleção por fármaco (não mostrado) de maneira que as células nas quais o DNA tenha se integrado ao genoma possam ser selecionadas. Quando transcrito 7 é transportado para fora do núcleo, o grampo de RNA se torna um substrato para a nuclease Dicer para gerar o siRNA apropriado. (b) Como exemplo desta tecnologia, os pesquisadores quiseram examinar o efeito de suprimir a expressão de uma proteína chamada EBP50, que é um componente das microvilosidades da superfície celular (ver Figura 17-21d). siRNAs foram projetados e sua capacidade para suprimir a expressão de EBP50 em células cultivadas foi examinada por imunotransferência com anticorpos contra EBP50 e anticorpos contra tubulina como controle. (c) Eles examinaram então as microvilosidades das células corando-as para a proteína específica ezrina. Nestas seções confocais na região superior da célula, células não tratadas possuem microvilosidades em abundância, enquanto células nas quais a EBP50 foi suprimida têm apenas algumas microvilosidades em torno da periferia celular. (Partes [b] e [c] reproduzidas de Hanono et al., *J. Cell Biol.* **175:**803.)

em linhagens celulares cultivadas e então examinar os efeitos em rotas específicas. Esse esforço está em sua fase inicial; por isso, análises e aprimoramentos futuros fornecerão uma visão de "biologia de sistemas" sobre a organização e a função celulares.

Triagens genômicas que utilizam siRNA no nematódeo *C. elegans*

Quando a sequência genômica anotada do verme nematódeo *Caenorhabditis elegans* foi determinada em 1998, ela forneceu o primeiro catálogo de todos os genes presentes em um animal. Isso também forneceu a possibilidade de explorar a função de cada gene utilizando RNAi para suprimir a expressão de cada gene individual. Na verdade, esse nematódeo foi o primeiro animal no qual uma triagem genômica com RNAi foi tentada. O *C. elegans* pode viver se alimentando da bactéria *E. coli*. Notavelmente, se as bactérias expressam um RNA fita dupla homólogo a um gene do nematódeo, quando a bactéria é ingerida, ela é rompida e seu RNA é absorvido pelo intestino, sendo então processado pela Dicer para suprimir a expressão do gene-alvo. Já que há cerca de 20.000 genes diferentes no nematódeo, foram geradas várias linhagens diferentes de *E. coli*, cada uma expressando um RNA fita dupla direcionado a um gene específico do nematódeo. Em um experimento típico para suprimir a expressão de um único gene (Figura 9-39a), os nematódeos são cultivados com bactérias expressando o RNA fita dupla específico, e isso suprime a expressão do gene-alvo em seus embriões. Depois que os nematódeos adultos postam ovos, eles são removidos e o efeito no crescimento dos embriões é examinado (Figura 9-39b).

Triagens genômicas que utilizam siRNA na mosca-da-fruta A mosca-da-fruta tem cerca de 14.000 genes codificadores de proteína, e foram desenvolvidas técnicas para explorar a consequência do uso de siRNA para suprimir cada um deles em células cultivadas de mosca-da-fruta. Com tamanho número para ser testado, foram desenvolvidas abordagens automáticas de alto rendimento (Figura 9-40a). Por exemplo, cerca de 150 placas de 96 cavidades são geradas, onde cada cavidade contém um RNA fita dupla para um gene específico. Células são adicionadas, e o RNA fita dupla é capturado e proces-

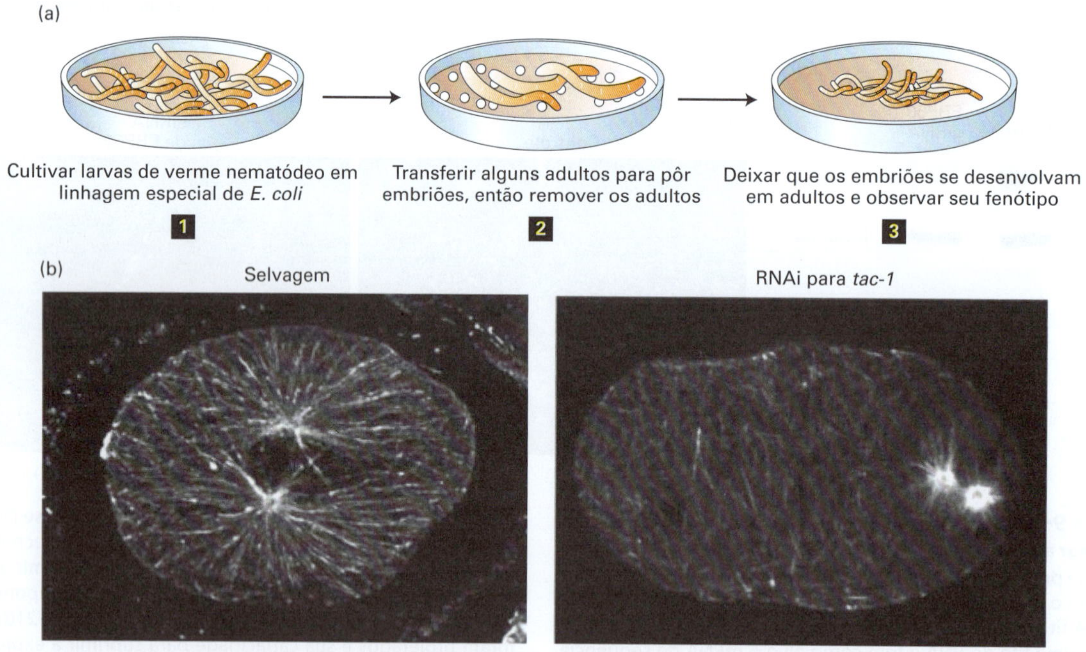

FIGURA 9-39 Triagens de RNAi podem explorar a função de todos os genes no nematódeo *Caenorhabditis elegans*. A determinação da sequência genômica de *C. elegans* em 1998 revelou que ela contém cerca de 20.000 genes codificadores de proteína. Esta informação abriu a possibilidade para o uso de RNAi para suprimir a expressão de cada gene para explorar que efeito isso teria. Hoje isso é feito rotineiramente. O nematódeo pode viver alimentando-se da bactéria *Escherichia coli*, e é possível expressar na bactéria uma longa sequência de RNA fita dupla correspondendo a um gene individual do nematódeo. Notavelmente, quando o nematódeo ingere a bactéria, o RNA fita dupla entra nas células do intestino e é reconhecido pela Dicer e processado em siRNAs que se espalham por quase todas as células do animal. Assim, os pesquisadores fizeram uma biblioteca de linhagens de *E. coli* onde cada uma expressa um RNA fita dupla correspondente a um gene do nematódeo. (a) Nesta abordagem, uma linhagem específica de *E. coli* é fornecida a larvas de nematódeo **1** e a expressão do gene-alvo é suprimida na linhagem germinativa. Como estes nematódeos são hermafroditas de autofecundação (possuindo os órgãos reprodutivos de ambos os gêneros), não é necessário acasalá-los, mas simplesmente deixar que os vermes adultos ponham ovos **2**. Quando estes viram adultos, o efeito do RNAi no gene-alvo pode ser examinado. (b) Neste exemplo, pesquisadores estavam fazendo uma triagem para genes necessários para movimento nuclear. Eles identificaram um gene chamado TAC-1, cujo produto está localizado nos centrossomos e é necessário para a distribuição normal dos microtúbulos, conforme revelado por microscopia de imunofluorescência com anticorpos contra tubulina. (Parte [b] reproduzida de N. Le Bot et al., *Current Biology* **13**:1499 (2003).)

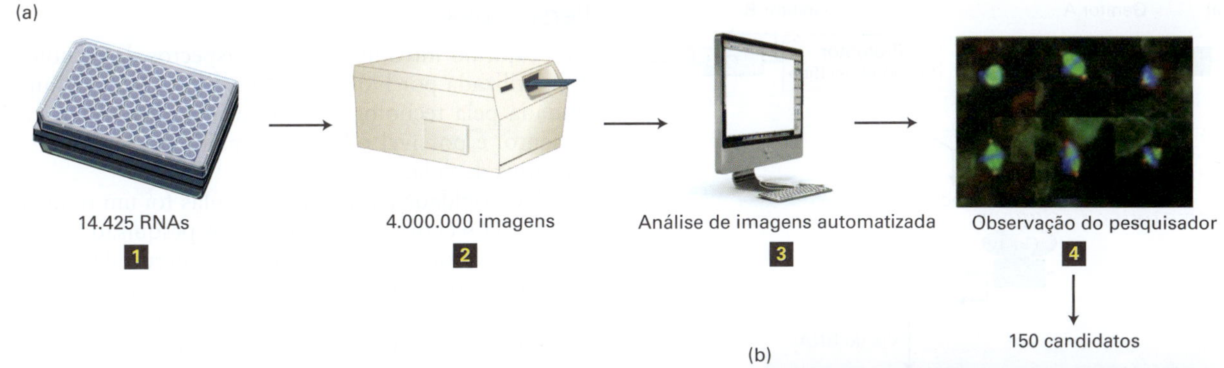

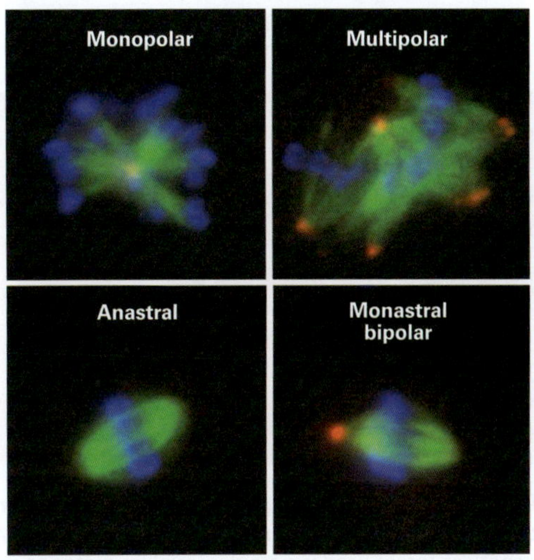

FIGURA 9-40 Triagens de RNAi podem explorar a função de todos os genes em células cultivadas. Células cultivadas da mosca--da-fruta *Drosophila melanogaster* podem capturar RNAi para inibir a expressão de genes específicos. Neste exemplo, pesquisadores queriam identificar genes que afetam o fuso mitótico. 14.425 RNAs fita dupla diferentes são arranjados em placas de 96 cavidades **1**. Células de *Drosophila* são adicionadas a cada cavidade, o gene-alvo é suprimido, e as células são coradas para microtúbulos e um componente do polo do fuso. As células são então examinadas em um microscópio automatizado. **2**. As imagens são então analisadas por um computador, e uma galeria de imagens é montada. **3**. Um pesquisador então examina as imagens em busca daquelas que possuem um efeito consistente na organização do fuso. (b) Vários exemplos de fusos aberrantes foram recuperados nesta triagem e corados para microtúbulos (verde), um componente do polo do fuso (vermelho), e DNA (azul). (Partes [a] etapa **4** e parte [b] reproduzidas de G. Goshima et al., 2007, *Science* **316:**417.)

sado pela Dicer em siRNAs, os quais então suprimem a expressão do gene-alvo. As células podem então ser examinadas quanto a um fenótipo específico. No exemplo apresentado na Figura 9-40b, pesquisadores exploraram o efeito da supressão gênica em células bloqueadas em mitose. Sendo essa triagem morfológica, eles coraram as células com marcadores apropriados e utilizaram um microscópio robotizado para tirar fotos e um programa de computador para analisá-las. Dessa forma, eles identificaram cerca de 150 novos genes cujos produtos contribuem para mitose e, portanto, são excelentes candidatos para estudos adicionais mais aprofundados.

Ao contrário do que ocorre no nematódeo descrito anteriormente, não é possível suprimir a expressão de genes alimentando larvas de moscas com RNA fita dupla. Entretanto, é possível utilizar RNAi para supressão tecido-específica. Isso é alcançado pela geração de uma mosca na qual um grampo de RNA específico é expresso juntamente a uma sequência de ativação a montante (*upstream activating sequence, UAS*) para a proteína de ligação ao DNA Gal4. Na ausência de Gal4, o grampo não é expresso, então não ocorre supressão. Entretanto, se a Gal4 for expressa sob um promotor tecido-específico, ela será expressa naquele tecido, se ligará à UAS, e dirigirá a expressão do grampo de RNA, o qual será processado pela Dicer em siRNAs e suprimirá o gene específico (Figura 9-41a). O sistema foi estabelecido dessa maneira para que possa ser feito em escala genômica: 14.000 linhagens diferentes de mosca foram produzidas, cada uma delas com a UAS para regular a expressão de um grampo específico para um gene-alvo. Quando cada uma dessas moscas é cruzada com uma mosca portadora do gene Gal4 tecido-específico, o efeito da supressão de cada gene do genoma pode ser testado em cada tecido. Essa abordagem está sendo atualmente utilizada, e resultados animadores são esperados no futuro próximo.

CONCEITOS-CHAVE da Seção 9.5

Perturbação de funções celulares específicas

- Técnicas genéticas foram cruciais para a análise de vias complexas da biologia celular. Abordagens genéticas estão sendo hoje estendidas e complementadas por triagens químicas e pelo uso da tecnologia de RNAi.
- Grandes bibliotecas químicas podem ser triadas para compostos que atingem processos específicos para estudar esses processos e para identificar novos componentes.
- O tratamento de células cultivadas com siRNAs apropriados leva à destruição dos mRNAs-alvo e, conse-

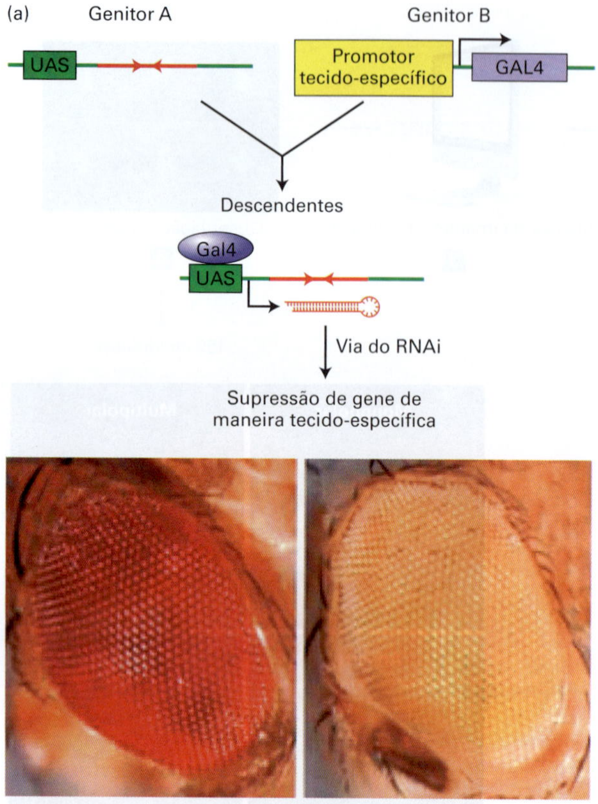

FIGURA 9-41 O RNAi pode ser usado para suprimir genes de maneira tecido-específica na mosca-da-fruta. Abordagens genéticas foram usadas para desenvolver métodos para suprimir a expressão de genes-alvo em tecidos específicos. Isso envolve o uso de dois grandes conjuntos de moscas. No primeiro conjunto com cerca de 14.000 moscas diferentes, cada uma delas projetada para suprimir um gene-alvo (conjunto A), são geradas moscas nas quais um grampo de RNA específico para o gene-alvo está sob o controle de uma sequência de ativação a montante (*upstream activating sequence, UAS*) para o ativador transcricional Gal4. Em cada uma das moscas do segundo conjunto (conjunto B), a expressão de GAL4 é controlada por um promotor tecido-específico. Quando uma mosca do conjunto A é acasalada com uma mosca do conjunto B, Gal4 será expresso em um tecido e, portanto, o grampo de RNAi será expresso também, o que silenciará o gene neste tecido. (b) Um olho de mosca selvagem (*à esquerda*), e um no qual o gene *white* foi especificamente suprimido no olho (*à direita*). (Parte [b] reproduzida com permissão de N. Perrimon et al., 2010, *Cold Spring Harbor Perspect. Biol.* **2**:a003640.)

quentemente, à supressão da expressão da proteína codificada.

- Com a disponibilidade de genomas anotados, triagens de RNAi podem ser usadas para explorar o efeito da supressão da expressão de cada gene individual em um organismo. Isso foi feito no verme nematódeo e em células cultivadas da mosca-da-fruta.
- O RNAi pode ser usado para suprimir a expressão de genes específicos de maneira tecido-específica; essa técnica está sendo atualmente aplicada em escala genômica na mosca-da-fruta.

Perspectivas

Este capítulo introduziu muitos aspectos da tecnologia hoje utilizada por biólogos celulares. A ciência é impulsionada pela tecnologia disponível e, a cada desenvolvimento, é possível olhar com maior profundidade os mistérios da vida.

A capacidade para cultivar células foi um tremendo avanço da tecnologia – permitiu aos pesquisadores examinar e explorar o funcionamento interno das células. As técnicas de cultivo celular ainda estão em desenvolvimento; por exemplo, elas contribuem atualmente para os emocionantes avanços na pesquisa com células-tronco (ver Capítulo 21). Embora a maioria dos estudos tenha utilizado placas planas para cultivar essas células, no corpo elas formam uma estrutura tridimensional. As principais áreas de pesquisa estão agora examinando as funções das células em ambientes tridimensionais e gerando organizações celulares tridimensionais, tais como tubos epiteliais, em sistemas de cultivo com suporte.

A descoberta e o uso da GFP e de outras proteínas fluorescentes revolucionaram a biologia celular. Ao marcar proteínas com GFP e acompanhar sua localização em células vivas, tornou-se aparente que o citoplasma das células é muito mais dinâmico do que anteriormente previsto. Cada ano traz novas tecnologias associadas a proteínas fluorescentes; abordagens como FRAP, FRET, e TIRF tornaram-se ferramentas amplamente difundidas para explorar a dinâmica e os mecanismos moleculares das proteínas, *in vivo* ou *in vitro*. No momento da redação deste texto, está acontecendo uma revolução na microscopia de super-resolução, ampliando a capacidade para localizar moléculas por microscopia de luz de maneira muito mais precisa do que se acreditava ser possível. A microscopia de super-resolução pode ser realizada atualmente apenas com amostras fixadas; otimistas acreditam que em breve será possível alcançar esse nível de resolução em células vivas e, assim, abrir a possibilidade de observar processos dinâmicos em nível molecular. À medida que essas técnicas se desenvolvem, menos pessoas precisam usar a microscopia eletrônica, e, portanto, a especialidade nesta área está desaparecendo.

O RNAi forneceu uma incrível e inesperada tecnologia nova para o arsenal de técnicas disponíveis para biólogos celulares e do desenvolvimento. A capacidade para realizar triagens no genoma inteiro do verme nematódeo e da mosca-da-fruta tornou sistemas genéticos tradicionalmente excelentes ainda mais potentes. Combinar essas tecnologias com triagens visuais abre ainda outra dimensão. Considere o seguinte problema: quais genes do nematódeo afetam a organização de um pequeno conjunto de neurônios? Alguns anos atrás, esse problema teria sido tecnicamente desafiador. Hoje é possível produzir um nematódeo no qual apenas aqueles neurônios estejam marcados com GFP e então submetê-los à triagem genômica visual de RNAi para ver quais produtos gênicos são necessários para a morfologia normal daqueles neurônios. Abordagens cada vez mais criativas estão sendo desenvolvidas combinando o RNAi com triagens visuais e funcionais em ambos o verme nematódeo e a mosca-

-da-fruta, permitindo uma compreensão cada vez mais profunda dos processos da vida. Além disso, hoje estão sendo feitos esforços para explorar os efeitos de suprimir a expressão de cada gene em linhagens celulares cultivadas e então examinar os efeitos em rotas específicas. Esse esforço está em sua fase inicial; portanto, análises e aprimoramentos futuros fornecerão uma visão de biologia de sistemas sobre a organização e a função celulares.

A tecnologia de RNAi pode ser utilizada em medicina? Ela poderia ser usada para suprimir a expressão de oncogenes no tratamento do câncer? Os problemas de administração da tecnologia são significativos uma vez que o siRNA precisa ser entregue às células corretas, permanecer estável no paciente, e ser efetivo na supressão da proteína adequada. Atualmente, pelo menos uma dúzia de ensaios clínicos está testando a viabilidade dessa abordagem. Se os obstáculos técnicos puderem ser ultrapassados, o RNAi poderá se tornar uma grande classe de agentes terapêuticos.

Que novas tecnologias serão trazidas pela próxima década? Na última década, o RNAi e a GFP revolucionaram a biologia celular. Sem dúvida, a próxima década trará novos e inesperados avanços.

Termos-chave

anticorpo monoclonal 404
anticorpo policlonal 404
aparelho de Golgi 427
centrifugação diferencial 429
centrifugação em gradiente de densidade de equilíbrio 429
citoplasma 426
clone 399
cloroplasto 427
cultivo 399
endossomo 426
hibridoma 405
linhagem celular finita 402
linhagem celular 402
lisossomo 426
marcação fluorescente 411
microscopia confocal 414
microscopia de contraste de fase 409
microscopia de contraste de interferência diferencial (DIC) 409
microscopia de deconvolução 414
microscopia de fluorescência de reflexão interna total (TIRF) 417
microscopia de imunofluorescência indireta 412
microscopia de imunofluorescência 400
microscopia de localização fotoativada (PALM) 419
microscopia de campo claro 407
microscópio eletrônico de transmissão (TEM) 421
microscópio eletrônico de varredura (SEM) 421
mitocôndria 427
organelas 400
peroxissomo 427
proteína de transporte de membrana 426
proteínas quiméricas 400
recuperação de fluorescência após clareamento (FRAP) 418
resolução 407
retículo endoplasmático (RE) 426
separador de célula ativado por fluorescência (FACS) 402
sombreamento metálico 420
tomografia crioeletrônica 424
transferência de energia por ressonância de Förster (FRET) 416

Revisão dos conceitos

1. Tanto a microscopia de luz quanto a eletrônica são comumente utilizadas para visualizar células, estruturas celulares e a localização de moléculas específicas. Explique por que um cientista poderá escolher uma ou outra técnica de microscopia para uso em pesquisa.
2. A ampliação possível com qualquer tipo de microscópio é uma propriedade importante, mas a sua resolução, a capacidade de distinguir entre dois objetos muito próximos, é ainda mais essencial. Descreva por que o poder de resolução de um microscópio é mais importante para ver detalhes mais finos do que sua capacidade de ampliação. Qual a fórmula que descreve a resolução de uma lente de microscópio e quais são as limitações colocadas nos valores da fórmula?
3. Por que são necessários corantes químicos para visualizar células e tecidos com o microscópio de luz comum? Que vantagens têm os corantes fluorescentes e a microscopia de fluorescência em comparação aos corantes químicos utilizados para corar amostras para microscopia de luz? Que vantagens a microscopia de varredura confocal e a microscopia de deconvolução fornecem em comparação à microscopia de fluorescência convencional?
4. Em determinados métodos de microscopia eletrônica, a amostra não é visualizada diretamente. Como esses métodos fornecem informações sobre a estrutura celular, e que tipos de estruturas eles visualizam? Que limitações se aplicam à maioria das formas de microscopia eletrônica?
5. Qual é a diferença entre linhagem celular finita, linhagem celular e clone?
6. Explique por que o processo de fusão celular é necessário para produzir anticorpos monoclonais utilizados em pesquisa.
7. Muito do que sabemos acerca da função celular depende de experimentos que utilizam células específicas e partes específicas das células (p. ex., organelas). Que técnicas os cientistas comumente usam para isolar células e organelas a partir de misturas complexas? Como essas técnicas funcionam?
8. O Hoechst 33258 é um corante químico que se liga especificamente ao DNA de células vivas, e quando excitado por luz UV, fluoresce no espectro visível. Cite o nome e descreva um método específico, empregando Hoechst 33258, que um pesquisador poderia utilizar para isolar fibroblastos em fase G_2 do ciclo celular dos fibroblastos em interfase.
9. shRNAs e siRNAs podem ser utilizados para suprimir a expressão de qualquer proteína específica de maneira bem-sucedida em determinada linhagem celular ou organismo. A utilidade de um *versus* a do outro é discutível, mas há méritos em utilizá-los para aplicações

terapêuticas em organismos vivos. Qual dos dois métodos tem maior probabilidade de ser mais vantajoso no longo prazo e qual seria uma de suas limitações?

Análise dos dados

1. Células de fígado murino foram homogeneizadas e o homogeneizado foi centrifugado em gradiente de densidade de equilíbrio com gradientes de sacarose. Frações obtidas a partir desses gradientes foram examinadas quanto à presença de *moléculas marcadoras* (i.e., moléculas limitadas a organelas específicas). Os resultados desses ensaios são apresentados na figura. As moléculas marcadoras têm as seguintes funções: a citocromo oxidase é uma enzima envolvida no processo pelo qual o ATP é formado na degradação aeróbia completa de glicose ou ácidos graxos; o RNA ribossomal forma parte dos ribossomos que sintetizam proteínas; a catalase catalisa a decomposição do peróxido de hidrogênio; a fosfatase ácida hidrolisa ésteres de monofosfato em pH ácido; a citidilil transferase está envolvida na biossíntese de fosfolipídeos; e a aminoácido permease auxilia no transporte de aminoácidos pelas membranas.
   a. Cite o nome da molécula marcadora e forneça o número da fração *mais* enriquecida para cada um dos seguintes componentes celulares: lisossomos; peroxissomos; mitocôndrias; membrana plasmática; retículo endoplasmático rugoso; retículo endoplasmático liso.
   b. O retículo endoplasmático rugoso é mais ou menos denso do que o retículo endoplasmático liso? Por quê?
   c. Descreva uma abordagem alternativa com a qual seria possível identificar qual fração está enriquecida para qual organela.

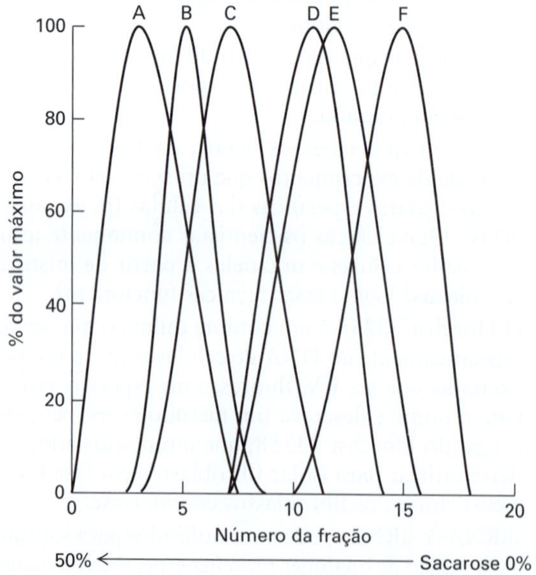

Curva A = citocromo oxidase
Curva B = RNA ribossomal
Curva C = catalase
Curva D = fosfatase ácida
Curva E = citidilil transferase
Curva F = aminoácido permease

   d. Como a adição de detergente, que rompe membranas pela solubilização de seus componentes lipídicos e proteicos, ao homogeneizado afetaria os resultados do gradiente de densidade de equilíbrio?

2. O verme nematódeo *C. elegans* é um bom modelo para estudos com siRNA. Neste experimento, nematódeos adultos são alimentados com bactérias expressando um RNA fita dupla para suprimir a expressão do gene unc18, cujo homólogo mamífero codifica uma proteína que participa na integração de vesículas de estocagem GLUT4 na membrana plasmática. Antes de avaliar os efeitos no organismo propriamente dito, é necessário usar RT-PCR para analisar se o experimento com o siRNA funcionou. As amostras são de embriões de cinco adultos alimentados com bactérias, e os resultados são aqueles seguidos de RT-PCR com iniciadores (*primers*) para amplificar mRNA dos dois diferentes genes, *unc18* e *GLUT4*.

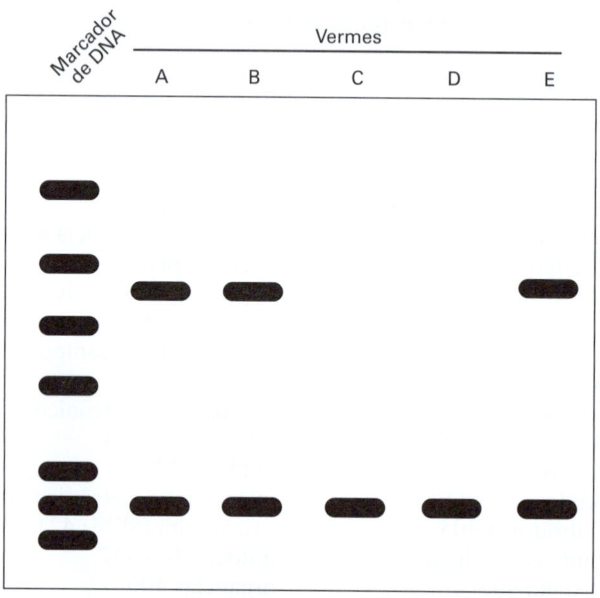

   a. Dentre os embriões examinados, quais amostras demonstram que os adultos capturaram de maneira bem-sucedida bactérias contendo o RNA fita dupla unc18? Justifique suas conclusões.
   b. Marque o conjunto de bandas que resultou da amplificação com *primers* para unc18 e aquele com *primers* para GLUT4. Por que o RT-PCR com *primers* para GLUT4 foi utilizado como controle positivo? O que isso lhe diz a respeito da relação entre a supressão dos mRNAs de unc18 e de GLUT4?
   c. Com anticorpos contra unc18, desenhe um *Western blot* representativo mostrando os resultados esperados de amostras proteicas de cada uma destas cinco amostras.
   d. Para investigações adicionais acerca da relação entre as proteínas unc18 e GLUT4, o experi-

mento com siRNA é repetido, mas em células embrionárias expressando uma GLUT4 marcada com GFP. Desenhe uma célula incluindo mitocôndrias, núcleo, e retículo endoplasmático rugoso, e mostre onde a fluorescência da GFP estaria localizada nas células expressando o siRNAs de unc18, conforme visualizado com um microscópio confocal de varredura a *laser*. Não se esqueça de desenhar a célula que representa o controle negativo.

e. A capacidade de colocalização de uma proteína com outra sugere, mas não comprova, que as duas interagem fisicamente uma com a outra. Ter duas proteínas marcadas, neste caso unc18 com GFP e GLUT4 com proteína fluorescente vermelha, fornece ao pesquisador reagentes para solucionar a questão de colocalização *versus* interação. Utilizando esses reagentes, descreva uma técnica que iria simplesmente demonstrar que unc18 está colocalizada com GLUT4 e outra técnica que prove que as duas proteínas interagem fisicamente.

Referências

Cultivo de células

Bissell, M. J., A. Rizki, and I. S. Mian. 2003. Tissue architecture: the ultimate regulator of breast epithelial function. *Curr. Opin. Cell Biol.* **15**:753–762.

Battye, F. L., and K. Shortman. 1991. Flow cytometry and cell-separation procedures. *Curr. Opin. Immunol.* **3**:238–241.

Davis, J. M., ed. 1994. *Basic Cell Culture: A Practical Approach*. IRL Press.

Edwards, B., et al. 2004. Flow cytometry for high-throughput, high-content screening. *Curr. Opin. Chem. Biol.* **8**:392–398.

Goding, J. W. 1996. *Monoclonal Antibodies: Principles and Practice. Production and Application of Monoclonal Antibodies in Cell Biology, Biochemistry, and Immunology*, 3d ed. Academic Press.

Griffith, L. G., and M. A. Swartz. 2006. Capturing complex 3D tissue physiology in vitro. *Nature Rev. Mol. Cell. Biol.* **7**:211–224.

Krutzik, P., et al. 2004. Analysis of protein phosphorylation and cellular signaling events by flow cytometry: techniques and clinical applications. *Clin. Immunol.* **110**:206–221.

Paszek, M. J., and V. M. Weaver. 2004. The tension mounts: mechanics meets morphogenesis and malignancy. *J. Mammary Gland Biol. Neoplasia* **9**:325–342.

Shaw, A. J., ed. 1996. *Epithelial Cell Culture*. IRL Press.

Tyson, C. A., and Frazier, eds. 1993. *Methods in Toxicology. Vol. I (Part A): In Vitro Biological Systems*. Academic Press. Descreve métodos para cultivar vários tipos de células primárias.

Microscopia de luz: explorando a estrutura celular e visualizando proteínas no interior das células

Chen, X., M. Velliste, and R. F. Murphy. 2006. Automated interpretation of subcellular patterns in fluorescence microscope images for location proteomics. *Cytometry* (Part A) **69A**:631–640.

Egner, A., and S. Hell. 2005. Fluorescence microscopy with super-resolved optical sections. *Trends Cell Biol.* **15**:207–215.

Gaietta, G., et al. 2002. Multicolor and electron microscopic imaging of connexin trafficking. *Science* **296**:503–507.

Giepmans, B. N. G., et al. 2006. The fluorescent toolbox for assessing protein location and function. *Science* **312**:217–224.

Gilroy, S. 1997. Fluorescence microscopy of living plant cells. *Ann. Rev. Plant Physiol. Plant Mol. Biol.* **48**:165–190.

Huang, B., H. Babcock, and X. Zhuang. 2010. Breaking the diffraction barrier: super-resolution imaging of cells. *Cell* **143**: 1047–1058.

InouŽ, S., and K. Spring. 1997. *Video Microscopy*, 2d ed. Plenum Press.

Lippincott-Schwartz, J. 2010. Imaging: visualizing the possibilities. *J. Cell Science* **123**:3619–3620.

Lippincott-Schwartz, J. 2011. Emerging in vivo analyses of cell function using fluorescence imaging. *Ann. Rev. Biochem.* **80**:327–332.

Matsumoto, B., ed. 2002. *Methods in Cell Biology*. Vol. 70: *Cell Biological Applications of Confocal Microscopy*. Academic Press.

Mayor, S., and S. Bilgrami. 2007. Fretting about FRET in cell and structural biology. In *Evaluating Techniques in Biochemical Research*, D. Zuk, ed. Cell Press.

Misteli, T., and D. L. Spector. 1997. Applications of the green fluorescent protein in cell biology and biotechnology. *Nature Biotech.* **15**:961–964.

Pepperkok, R., and Ellenberg, J. 2006. High-throughput fluorescence microscopy for systems biology. *Nature Rev. Mol. Cell Biol.* AOP, publicado online em julho de 2006.

Roukos, V., T. Misteli, and C. K. Schmidt. 2010. Descriptive no more: the dawn of high-throughput microscopy. *Trends in Cell Biology* **20**:503–506.

Sako, Y., S. Minoguchi, and T. Yanagida. 2000. Single-molecule imaging of EGFR signalling on the surface of living cells. *Nature Cell Biol.* **2**:168–172.

Simon, S., and J. Jaiswal. 2004. Potentials and pitfalls of fluorescent quantum dots for biological imaging. *Trends Cell Biol.* **14**:497–504.

Sluder, G., and D. Wolf, eds. 1998. *Methods in Cell Biology*. Vol. 56: *Video Microscopy*. Academic Press.

So, P. T. C., et al. 2000. Two-photon excitation fluorescence microscopy. *Ann. Rev. Biomed. Eng.* **2**:399–429.

Tsien, R. Y. 2009. Indicators based on fluorescence resonance energy transfer (FRET). *Cold Spring Harbor Protoc.*, doi:10.1101/ pdb.top57.

Willig, K. I., et al. 2006. STED microscopy reveals that synaptotagmin remains clustered after synaptic vesicle exocytosis. *Nature* **440**:935–939.

Microscopia eletrônica: imagens de alta resolução

Beck, M., et al. 2004. Nuclear pore complex structure and dynamics revealed by cryoelectron tomography. *Science* **306**:1387–1390.

Frey, T. G., G. A. Perkins, and M. H. Ellisman. 2006. Electron tomography of membrane-bound cellular organelles. *Ann. Rev. Biophy. Biomol. Struc.* **35**:199–224.

Hyatt, M. A. *Principles and Techniques of Electron Microscopy*, 4th ed. 2000. Cambridge University Press.

Koster, A., and J. Klumperman. 2003. Electron microscopy in cell biology: integrating structure and function. *Nature Rev. Mol. Cell Biol.* **4**:SS6–SS10.

Lučić«, V., et al. 2005. Structural studies by electron tomography: from cells to molecules. *Ann. Rev. Biochem.* 74:833–865.

Medalia, O., et al. 2002. Macromolecular architecture in eukaryotic cells visualized by cryoelectron tomography. *Science* **298:**1209–1213.

Nickell, S., et al. 2006. A visual approach to proteomics. *Nature Rev. Mol. Cell Biol.* **7:**225–230.

Isolamento e caracterização de organelas celulares

Bainton, D. 1981. The discovery of lysosomes. *J. Cell Biol.* **91:**66s–76s.

Cuervo, A. M., and J. F. Dice. 1998. Lysosomes: a meeting point of proteins, chaperones, and proteases. *J. Mol. Med.* **76:**6–12.

de Duve, C. 1996. The peroxisome in retrospect. *Ann. NY Acad. Sci.* **804:**1–10.

de Duve, C. 1975. Exploring cells with a centrifuge. *Science* **189:**186–194. The Nobel Prize lecture of a pioneer in the study of cellular organelles.

de Duve, C. 1975. Exploring cells with a centrifuge. *Science* **189:**186–194. The Nobel Prize lecture of a pioneer in the study of cellular organelles.

Foster, L. J., et al. 2006. A mammalian organelle map by protein correlation profiling. *Cell* **125:**187–199.

Holtzman, E. 1989. *Lysosomes.* Plenum Press.

Howell, K. E., E. Devaney, and J. Gruenberg. 1989. Subcellular

fractionation of tissue culture cells. *Trends Biochem. Sci.* **14:**44–48. Lamond, A., and W. Earnshaw. 1998. Structure and function in the nucleus. *Science* **280:**547–553.

Mootha, V. K., et al. 2003. Integrated analysis of protein composition, tissue diversity, and gene regulation in mouse mitochondria. *Cell* **115:**629–640.

Palade, G. 1975. Intracellular aspects of the process of protein synthesis. *Science* **189:**347–358. The Nobel Prize lecture of a pioneer in the study of cellular organelles.

Ormerod, M. G., ed. 1990. *Flow Cytometry: A Practical Approach.* IRL Press.

Rickwood, D. 1992. *Preparative Centrifugation: A Practical Approach.* IRL Press.

Wanders, R., and H. R. Waterham. 2006. Biochemistry of mammalian peroxisomes revisited. *Ann. Rev. Biochem.* 75:295–332.

Perturbação de funções celulares específicas

Eggert, U. S., and T. J. Mitchison. 2006. Small molecule screening by imaging. *Curr. Opin. Chem. Biol.* **10:**232–237.

Elbashir, S. M., et al. 2001. Duplexes of 21-nucleotide RNAs mediate RNA interference in cultured mammalian cells. *Nature* **411:**494–498.

Fire, A., et al. 1998. Potent and specific genetic interference by double-stranded RNA in *Caenorhabditis elegans. Nature* **391:**806–811.

Goshima, G., et al. 2007. Genes required for mitotic spindle assembly in *Drosophila* S2 cells. *Science* **316:**417–421.

Kamath, R. S., et al. 2003. Systematic functional analysis of the *Caenorhabditis elegans* genome using RNAi. *Nature* **421:**231–237.

Mayer, T. U., et al. 1999. Small molecule inhibitor of mitotic spindle bipolarity identified in a phenotype-based screen. *Science* **286:**971–974.

Meister, G., and T. Tuschl 2004. Mechanisms of gene silencing by double-stranded RNA. *Nature* **431:**343–349.

Mohr, S., et al. 2010. Genomic screening with RNAi: result and challenges. *Ann. Rev. Biochem.* **79:**37–64.

Perrimon, N., et al. 2010. In vivo RNAi: today and tomorrow. *Cold Spring Harbor Perspect. Biol.* **2:**a003640.

Separação de organelas

H. Beaufay et al., 1964, *Biochemical Journal* **92:**191

Nos anos 1950 e 1960, cientistas usaram duas técnicas para estudar as organelas celulares: a microscopia e o fracionamento. Christian de Duve estava à frente do fracionamento celular. No início da década de 1950, ele utilizou a centrifugação para distinguir uma nova organela, o lisossomo, de frações previamente caracterizadas: o núcleo, a fração enriquecida em mitocôndrias e os microssomos. Logo depois, ele empregou a centrifugação em densidade de equilíbrio para revelar mais uma organela.

Introdução

Células eucarióticas são altamente organizadas e compostas por estruturas celulares conhecidas como organelas que realizam funções específicas. Embora a microscopia tenha permitido aos biólogos descrever a localização e a aparência de várias organelas, ela apresenta uso limitado na descoberta da função de uma organela. Para fazer isso, biólogos celulares contaram com uma técnica conhecida como fracionamento celular. Nessa técnica, as células são rompidas e os componentes celulares são separados com base no tamanho, na massa e na densidade, utilizando várias técnicas de centrifugação. Os cientistas podiam então isolar e analisar os componentes celulares com diferentes densidades, chamados de *frações*. Utilizando esse método, biólogos dividiram a célula em quatro frações, núcleos, fração enriquecida em mitocôndrias, microssomos e fluido celular.

De Duve era um bioquímico interessado na localização subcelular de enzimas metabólicas. Ele já havia completado um grande volume de trabalho no fracionamento de células hepáticas, no qual determinou a localização subcelular de várias enzimas. Ao localizar essas enzimas em frações celulares específicas, ele pôde começar a elucidar a função da organela. Ele observou que seu trabalho foi guiado por duas hipóteses: o "postulado da homogeneidade bioquímica" e o "postulado da localização única". Em resumo, essas hipóteses propõem que toda a composição de uma população subcelular irá conter as mesmas enzimas e que cada enzima estará localizada em uma pequena região da célula. Armado com essas hipóteses e com a poderosa ferramenta da centrifugação, de Duve subdividiu ainda mais a fração enriquecida em mitocôndrias. Primeiro, ele identificou a fração mitocondrial leve, a qual é composta por enzimas hidrolíticas que, hoje se sabe, fazem parte dos lisossomos. Então, em uma série de experimentos descritos aqui, ele identificou outra fração subcelular distinta, a qual chamou de peroxissomo, dentro da fração enriquecida em mitocôndrias.

O experimento

De Duve estudou a distribuição das enzimas em células hepáticas de rato. Altamente ativo em metabolismo energético, o fígado contém uma série de enzimas úteis a serem estudadas. Para procurar pela presença de várias enzimas durante o fracionamento, de Duve contou com testes conhecidos, chamados ensaios enzimáticos, para atividade das enzimas. Para reter o máximo de atividade enzimática, ele precisou tomar precauções, o que incluiu realizar todas as etapas do fracionamento a 0°C para reduzir a atividade da protease.

De Duve utilizou a centrifugação zonal para separar os componentes celulares por sucessivas etapas de centrifugação. Removeu o fígado do rato e o rompeu por homogeneização. A preparação bruta de células homogeneizadas foi então centrifugada em velocidade relativamente baixa. Essa etapa inicial separou o núcleo celular, o qual é coletado como um sedimento na base do tubo, do extrato citoplasmático, que permanece no sobrenadante. Depois disso, de Duve subdividiu ainda mais o extrato citoplasmático em fração mitocondrial pesada, fração mitocondrial leve e fração microssomal. Conseguiu separar o citoplasma empregando sucessivas etapas de centrifugação de força crescente. Em cada etapa ele coletou e estocou as frações para subsequente análise enzimática. Uma vez que o fracionamento estava completo, de Duve realizou ensaios enzimáticos para determinar a distribuição subcelular de cada enzima. Ele então representou graficamente a distribuição da enzima por toda a célula. Conforme havia sido previamente demonstrado, a atividade da citocromo oxidase, uma importante enzima no sistema de transferência de elétrons, foi encontrada principalmente na fração mitocondrial pesada. A fração microssomal demonstrou ter outra enzima previamente caracterizada, a glicose-6-fosfatase. A fração mitocondrial leve, constituída pelo lisossomo, apresentou atividade de fosfatase ácida típica. Inesperadamente, de Duve observou um quarto padrão quando investigou a atividade de uricase. Em vez de seguir o padrão das enzimas de referência, a atividade da uricase estava acentuadamente concentrada na fração mitocondrial leve. Essa forte concentração, ao contrário de uma distribuição ampla, sugeriu a de Duve que a uricase poderia estar isolada em outra população subcelular separada das enzimas lisossomais.

Para testar essa teoria, de Duve empregou uma técnica conhecida como centrifugação em gradiente de densidade de equilíbrio, que separa macromoléculas com base na densidade. A centrifugação em gradiente de densidade de equilíbrio pode ser realizada utilizando-se uma série de gradientes diferentes, incluindo sacarose e glicogênio. Além disso, o gradiente pode ser feito em água ou

FIGURA 1 Representação gráfica da análise enzimática dos produtos de um gradiente de sacarose. A fração enriquecida em mitocôndrias foi separada conforme representado na Figura 9-35, e então foram realizados ensaios enzimáticos. A concentração relativa de enzima ativa está plotada no eixo y; a altura no tubo está plotada no eixo x. O pico das atividades da citocromo oxidase (*acima*) e da fosfatase ácida (*abaixo*) são observados próximos ao topo do tubo. O pico da atividade da uricase (*centro*) migra para a porção inferior do tubo.

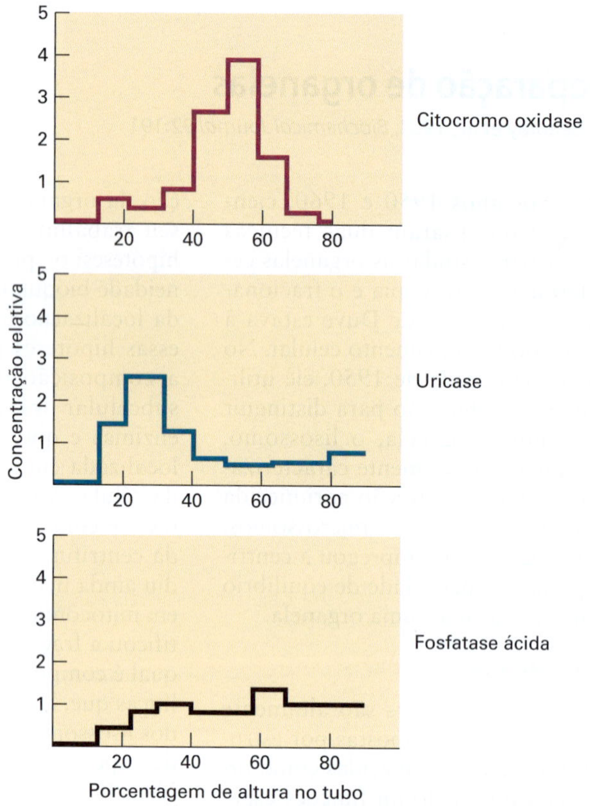

em "água pesada", a qual contém o isótopo de hidrogênio deutério em vez do hidrogênio. Neste experimento, de Duve separou a fração enriquecida em mitocôndrias preparada por centrifugação zonal em cada um destes diferentes gradientes (ver Figura 9-35). Se a uricase fizesse parte de um compartimento subcelular separado, ela iria se separar das enzimas lisossomais em cada gradiente testado. De Duve realizou os fracionamentos nessa série de gradientes e então ensaios enzimáticos como antes. Em cada caso, ele encontrou a uricase em uma população separada da enzima lisossomal fosfatase ácida e da enzima mitocondrial citocromo oxidase (Figura 1). Observando repetidamente a atividade da uricase em uma fração distinta da atividade das enzimas lisossomais e mitocondriais, de Duve concluiu que a uricase fazia parte de uma organela diferente. O experimento também demonstrou que duas outras enzimas, a catalase e a D-aminoácido oxidase, segregavam na mesma fração da uricase. Como cada uma dessas enzimas ou produz ou usa peróxido de hidrogênio, de Duve propôs que essa fração representava uma organela responsável pelo metabolismo de peróxido e a denominou peroxissomo.

Discussão

O trabalho de Duve em fracionamento celular forneceu uma visão sobre a função das estruturas celulares à medida que ele procurou mapear a localização de enzimas conhecidas. A investigação do registro das enzimas em uma determinada fração celular deu a ele *pistas* sobre sua função. Seu trabalho cuidadoso resultou na descoberta de duas organelas: o lisossomo e o **peroxissomo**. Seu trabalho também forneceu pistas importantes sobre a função das organelas. O lisossomo, onde de Duve encontrou tantas enzimas potencialmente destrutivas, é hoje conhecido como importante local para a degradação de biomoléculas. Demonstrou-se que o **peroxissomo** é o sítio de oxidação de ácidos graxos e aminoácidos, reações que produzem uma grande quantidade de peróxido de hidrogênio. Em 1974, de Duve recebeu o Prêmio Nobel de Fisiologia ou Medicina em reconhecimento por seu trabalho pioneiro.

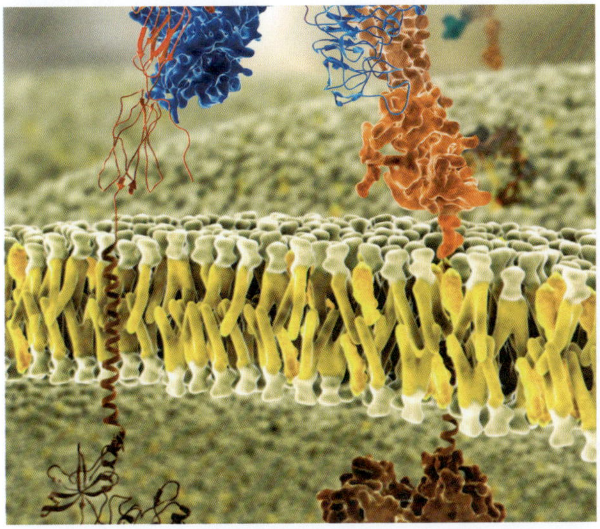

Modelo molecular de uma bicamada lipídica com proteínas de membrana embebidas. As proteínas integrais de membrana têm domínios distintos: exoplásmico, citosólico e o que atravessa a membrana. Na imagem são mostradas porções do receptor de insulina, que regula o metabolismo celular. (Ramon Andrade 3Dciencia/Science Photo Library.)

CAPÍTULO

10

Estrutura das biomembranas

SUMÁRIO

As membranas participam de muitos aspectos da estrutura e da função celular. A **membrana plasmática** delimita a célula e separa o interior do exterior. Nos eucariotos, as membranas também delimitam as organelas intracelulares, como o núcleo, a mitocôndria e o lisossomo. Todas essas biomembranas têm a mesma arquitetura básica – uma bicamada fosfolipídica nas quais as proteínas estão embebidas (Figura 10-1). Ao evitar o deslocamento não facilitado da maioria das substâncias hidrossolúveis de um lado da membrana para o outro, a bicamada fosfolipídica atua como barreira à permeabilidade, ajudando a manter as diferenças características entre o interior e o exterior da célula ou da organela; as proteínas embebidas, por sua vez, conferem à membrana funções específicas, como o transporte regulado de substâncias de um lado ao outro. Cada membrana celular tem seu próprio conjunto de proteínas que permite o desempenho de um grande número de funções distintas.

Os procariotos, as células mais simples e menores, têm cerca de 1 a 2 μm de comprimento e são circundados por uma membrana plasmática simples; na maioria dos casos, não contêm subcompartimentos internos delimitados por membrana (ver Figura 1-11). No entanto, essa membrana plasmática simples tem centenas de tipos diferentes de proteínas integradas ao funcionamento da célula. Algumas dessas proteínas, por exemplo, catalisam a síntese de ATP e a iniciação da replicação de DNA. Outras incluem os muitos tipos de **proteínas de transporte de membrana** que possibilitam a entrada na célula de íons, açúcares, aminoácidos e vitaminas através da bicamada fosfolipídica, que, de outra maneira, é impermeável; essas proteínas permitem também a saída da célula de produtos metabólicos específicos. Os **receptores** na membrana plasmática são proteínas que permitem à célula reconhecer sinais químicos presentes em seu ambiente e, em resposta, ajustar seu metabolismo ou padrão de expressão gênica.

Os eucariotos também têm uma membrana plasmática provida de muitas proteínas que desempenham uma diversidade de funções, entre as quais o transporte de membrana, a sinalização celular e a conexão de células em tecidos. Além disso, as células eucarióticas – geralmente muito maiores do que os procariotos – também apresentam uma diversidade de organelas internas ligadas por membranas (ver Figura 9-32). Cada membrana de organela tem um complemento único de proteínas que a capacita a desempenhar suas funções celulares características, como a geração de ATP (nas mitocôndrias) e a síntese de DNA (no núcleo). Muitas proteínas de membrana plasmática também unem componentes do **citoesqueleto**, uma densa rede de filamentos proteicos que entrecruza o citosol para propiciar suporte mecânico às membranas celula-

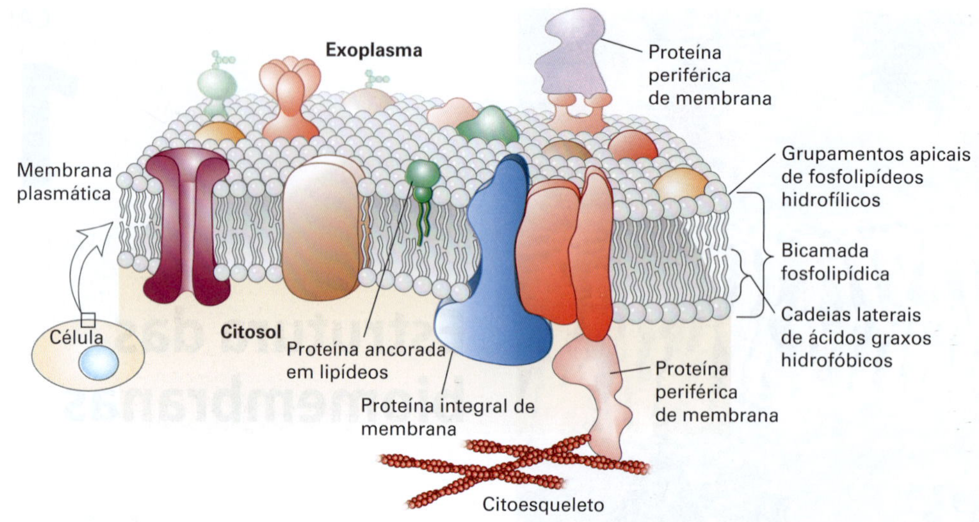

FIGURA 10-1 Modelo do mosaico fluido de biomembranas. Uma bicamada de fosfolipídeos de aproximadamente 3 nm de espessura compõem a arquitetura básica de todas as membranas celulares; as proteínas de membrana fornecem para cada membrana celular seu conjunto único de funções. Os fosfolipídeos individuais podem se mover lateralmente e giram no interior da membrana, conferindo-lhe uma consistência fluida semelhante à do óleo de oliva. Interações não covalentes entre fosfolipídeos, e entre fosfolipídeos e proteínas, concedem força e resiliência à membrana, enquanto o centro hidrofóbico da bicamada evita o movimento não facilitado de substâncias hidrossolúveis de um lado para o outro. As proteínas integrais (transmembranas) atravessam a bicamada e geralmente formam dímeros e oligômeros de ordem superior. Proteínas ancoradas a lipídeos são ligadas a uma das camadas por meio de uma cadeia de hidrocarbonetos ligada covalentemente. As proteínas periféricas se associam à membrana principalmente por interações não covalentes específicas com proteínas integrais ou lipídeos de membrana. As proteínas na membrana plasmática também estabelecem amplo contato com o citoesqueleto. (Segundo D. Engelman, 2005, *Nature* **438**:578-580.)

res, interações essenciais para a célula assumir sua forma específica e para muitos tipos de movimentos celulares.

Embora desempenhem um papel estrutural nas células, as membranas não são estruturas rígidas. Podem curvar-se, dobrar-se em três dimensões e ainda conservar sua integridade, devido, em parte, a abundantes interações não covalentes que mantêm unidos os lipídeos e as proteínas. Além disso, no interior do plano da membrana há uma considerável mobilidade de lipídeos e proteínas individuais. De acordo com o *modelo do mosaico fluido* de biomembranas, inicialmente proposto por pesquisadores na década de 1970, a bicamada lipídica se comporta em alguns aspectos como um fluido bidimensional, com moléculas individuais capazes de se mover uma após a outra e girar no seu local. Essa fluidez e essa flexibilidade permitem às organelas não apenas assumir suas formas típicas, mas também capacitam a propriedade dinâmica de brotamento e fusão de membranas, como ocorre quando são liberados os vírus de uma célula infectada (Figura 10-2a) e quando as membranas celulares internas

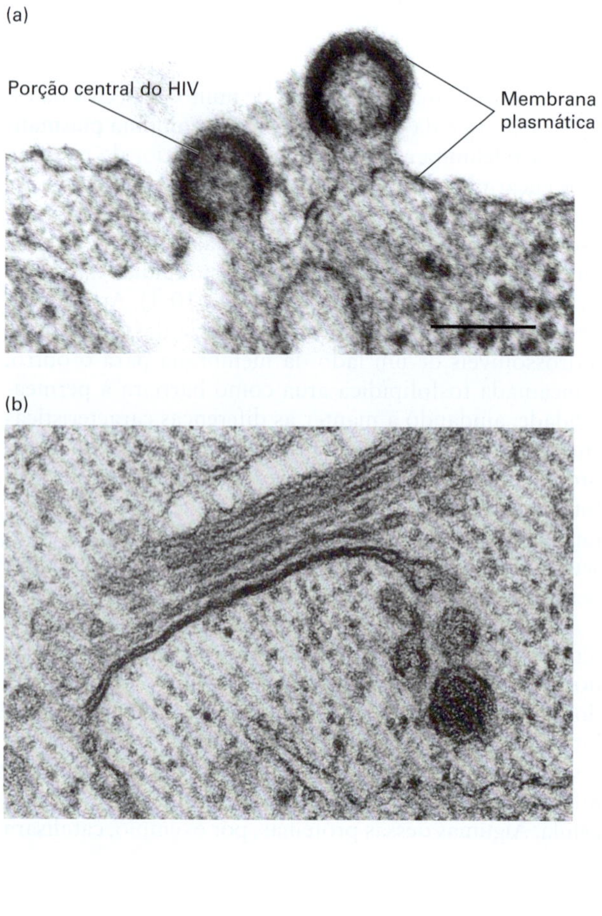

FIGURA 10-2 As membranas de células eucarióticas são estruturas dinâmicas. (a) Micrografia ao microscópio eletrônico, mostrando a membrana plasmática de uma célula infectada por HIV, com partículas de HIV brotando no meio de cultura. À medida que a porção central do vírus brota da célula, ele se torna envolvido por uma membrana derivada da membrana plasmática da célula que contém proteínas virais específicas. (b) Membranas empilhadas do aparelho de Golgi com vesículas de brotamento. Observe a forma irregular e a curvatura destas membranas. (Parte [a] de W. Sundquist e U. von Schwedler, University of Utah, EUA; parte [b] de Biology Pics/Photo Researchers, Inc.)

do aparelho de Golgi exibem brotamentos em forma de vesículas no citosol (Figura 10-2b) e, então, fundem-se com outras membranas para o transporte de seus conteúdos de uma organela para outra (Capítulo 14).

O exame das biomembranas é iniciado considerando seus componentes lipídicos. Esses componentes afetam não só a forma e a função das membranas, mas também ajudam a ancorar proteínas nas membranas, modificam as atividades de proteínas de membrana e fazem a transdução de sinais para o citoplasma. Em seguida, será abordada a estrutura de proteínas de membrana. Muitas dessas proteínas têm grandes segmentos embebidos no centro de hidrocarbonetos da bicamada fosfolipídica, e serão enfocadas as principais classes dessas proteínas de membrana. Por fim, será considerado como lipídeos, como fosfolipídeos e colesterol, são sintetizados nas células e distribuídos para as muitas membranas e organelas. O colesterol é um componente essencial da membrana plasmática de todas as células animais, mas é tóxico ao organismo se presente em excesso.

10.1 Bicamada lipídica: composição e organização estrutural

No Capítulo 2, foi visto que os fosfolipídeos são a principal unidade estrutural básica das biomembranas. Os fosfolipídeos mais comuns nas membranas são os fosfoglicerídeos (ver Figura 2-20), mas conforme será examinado neste capítulo, existem muitos tipos de fosfolipídeos. Todos os fosfolipídeos são moléculas **anfipáticas** – consistem em dois segmentos com propriedades químicas muito distintas: uma "cauda" **hidrofóbica** de hidrocarbonetos composta por ácidos graxos (acil graxa), que não interage com a água, além de um "grupo apical" polar, fortemente **hidrofílico** (afinidade à água), com tendência a interagir com as moléculas de água. As interações de fosfolipídeos entre si e com a água determinam a estrutura das biomembranas.

Além dos fosfolipídeos, as biomembranas contêm quantidades menores de outros lipídeos anfipáticos, como glicolipídeos e colesterol, que contribuem para o funcionamento das membranas. Inicialmente, serão consideradas a estrutura e as propriedades de bicamadas fosfolipídicas puras e, após, serão examinadas a composição e o comportamento de membranas celulares naturais. Será visto como a exata composição lipídica de uma determinada membrana influencia suas propriedades físicas.

Os fosfolipídeos formam biocamadas espontaneamente

A natureza anfipática dos fosfolipídeos, que determina suas interações, é fundamental para a estrutura das biomembranas. Quando uma suspensão de fosfolipídeos é dispersada mecanicamente em solução aquosa, os fosfolipídeos se agregam em uma das três formas: **micelas** esféricas, **lipossomos** ou **bicamadas fosfolipídicas**, que têm a espessura de duas moléculas (Figura 10-3). O tipo de estrutura formada por fosfolipídeos puros ou uma mistura de fosfolipídeos depende de vários fatores, incluindo o comprimento das cadeias acil graxas na cauda hidrofóbica, seu grau de saturação (i.e., o número de ligações de C—C e C═C) e a temperatura. Em todas as três estruturas, o efeito hidrofóbico agrega as cadeias acil graxas, excluindo moléculas de água do "centro" (em inglês, *core*). As micelas raramente são formadas a partir de fosfolipídeos naturais, cujas cadeias acil graxas geralmente são demasiadamente volumosas para se ajustarem no interior de uma micela. Contudo, as micelas são formadas se uma das duas cadeias acil graxas que constituem a cauda de um fosfolipídeo for removida por

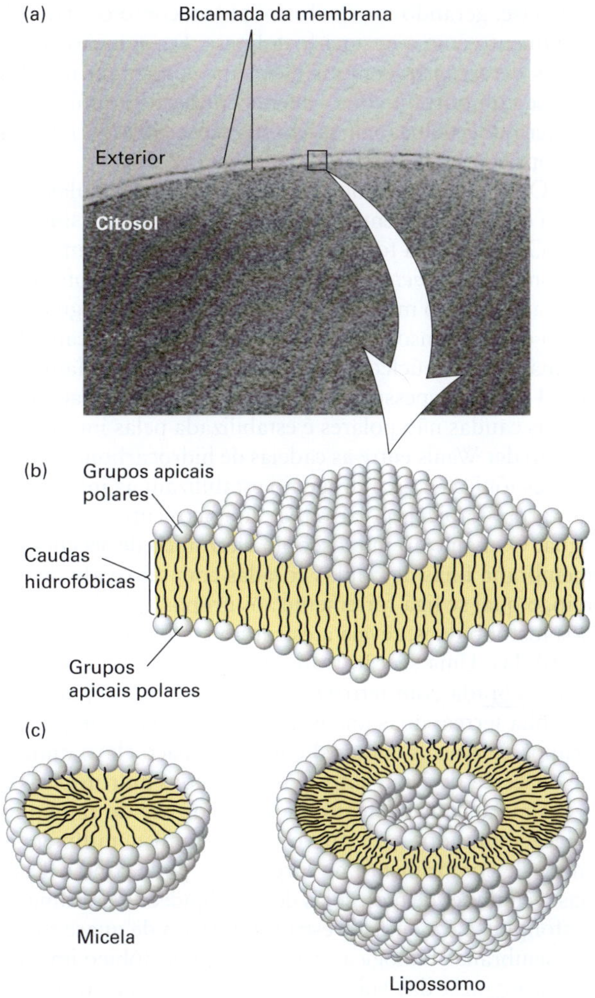

FIGURA 10-3 Estrutura em bicamada das biomembranas. (a) Micrografia eletrônica de uma secção fina através de membrana de eritrócito corada com tetróxido de ósmio. A aparência de "linha férrea" característica da membrana indica a presença de duas camadas polares, coerente com a estrutura em bicamada das membranas fosfolipídicas. (b) Interpretação esquemática da bicamada fosfolipídica na qual os grupos polares voltam-se para fora, a fim de proteger da água as caudas hidrofóbicas acil graxas. O efeito hidrofóbico e as interações de van de Waals entre as caudas acil graxas controlam a união da bicamada (Capítulo 2). (c) Secções transversais de duas outras estruturas formadas pela dispersão de fosfolipídeos na água. A micela esférica tem interior hidrofóbico composto inteiramente por cadeias acil graxas; o lipossomo esférico consiste em uma bicamada fosfolipídica envolvendo um centro aquoso. (Parte [a] cortesia de J. D. Robertson.)

hidrólise, gerando um lisofosfolipídeo, como ocorre sob tratamento com a enzima fosfolipase. Em solução aquosa, os detergentes comuns e os sabões formam micelas que se comportam como esferas em hastes minúsculas, conferindo à solução de sabão sua sensação escorregadia e propriedades lubrificantes.

Os fosfolipídeos dessa composição nas células formam espontaneamente bicamadas fosfolipídicas simétricas. Cada camada fosfolipídica dessa estrutura lamelar é denominada *folheto*. As cadeias acil graxas hidrofóbicas em cada folheto minimizam seu contato com a água por meio do seu denso alinhamento no centro da bicamada, formando um núcleo hidrofóbico de aproximadamente 3 a 4 nm de espessura (Figura 10-3b). A compactação dessas caudas não polares é estabilizada pelas interações de van der Waals entre as cadeias de hidrocarbonetos. Ligações iônicas e de hidrogênio estabilizam as interações dos grupos apicais polares fosfolipídicos entre si e com a água. O exame ao microscópio eletrônico de secções de membrana finas de células coradas com tetróxido de ósmio, o qual se liga fortemente aos grupos apicais polares dos fosfolipídeos, revela a estrutura em bicamada (Figura 10-3a). Uma secção transversal de uma única membrana corada com tetróxido de ósmio tem a aparência de linha férrea: duas linhas escuras delgadas (complexos grupos de apicais corados) com um espaço claro uniforme de cerca de 2 nm entre elas (as caudas hidrofóbicas).

Uma bicamada fosfolipídica pode ser de tamanho quase ilimitado – de micrômetros (μm) a milímetros (mm) de comprimento ou largura – e pode conter dezenas de milhões de moléculas de fosfolipídeos. A bicamada fosfolipídica é a unidade estrutural básica de quase todas as membranas biológicas. Seu centro hidrofóbico impede que a maioria das substâncias hidrossolúveis atravesse de um lado da membrana para o outro. Embora as biomembranas contenham outras moléculas (p. ex., colesterol, glicolipídeos, proteínas), a bicamada fosfolipídica é que separa duas soluções aquosas e atua como barreira à permeabilidade. A bicamada lipídica, portanto, define os compartimentos celulares e permite a separação do interior da célula em relação ao mundo exterior.

As bicamadas fosfolipídicas formam um compartimento fechado que envolve um espaço aquoso interno

As bicamadas fosfolipídicas podem ser geradas em laboratório mediante procedimentos simples, empregando fosfolipídeos quimicamente puros ou misturas lipídicas da composição encontrada nas membranas celulares (Figura 10-4). Essas bicamadas sintéticas possuem três propriedades importantes. Primeiro, são praticamente impermeáveis a solutos hidrossolúveis (hidrofílicos), que não se difundem facilmente através da bicamada; isso inclui sais, açúcares e a maioria das outras moléculas hidrofílicas pequenas – incluindo a própria água. Segundo, sua estabilidade, pois interações hidrofóbicas e de van der Waals entre as cadeias acil graxas mantêm a integridade do interior da estrutura da bicamada; mesmo que o ambiente aquoso externo possa variar amplamente em poder iônico e pH, a bicamada tem força para reter sua arquitetura característica. Terceiro, todas as bicamadas fosfolipídicas podem formar espontaneamente compartimentos fechados, onde o espaço aquoso no interior é separado daquele do exterior. Uma "borda" da bicamada fosfolipídica, como mostra a Figura 10-3b, com o centro de hidrocarbonetos da bicamada exposto a uma solução aquosa, é instável; as cadeias laterais acil graxas expostas estariam em estado energeticamente muito mais estável caso não estivessem adjacentes às moléculas de água, mas circundadas por outras cadeias acil graxas (efeito hidro-

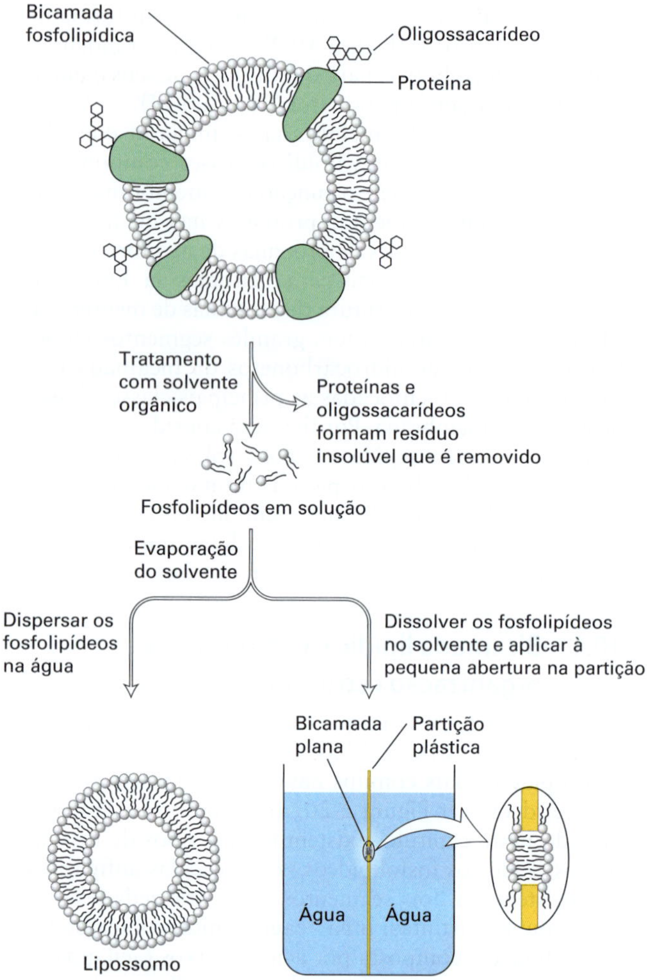

FIGURA EXPERIMENTAL 10-4 Formação e estudo de bicamadas fosfolipídicas puras. (*Parte superior*) Uma preparação de membranas biológicas é tratada com um solvente orgânico, tal como uma mistura de clorofórmio e metanol (3:1), que solubiliza seletivamente os fosfolipídeos e o colesterol. As proteínas e os carboidratos permanecem em um resíduo insolúvel. O solvente é removido por evaporação. (*Parte inferior, à esquerda*) Se forem dispersos mecanicamente na água, os lipídeos formam um lipossomo, mostrado em secção transversal, com um compartimento aquoso interno. (*Parte inferior, à direita*) Uma bicamada plana, também mostrada em secção transversal, pode formar uma pequena abertura em uma partição que separa as duas fases aquosas; este sistema pode ser usado para estudar as propriedades físicas das bicamadas, tal como sua permeabilidade a solutos.

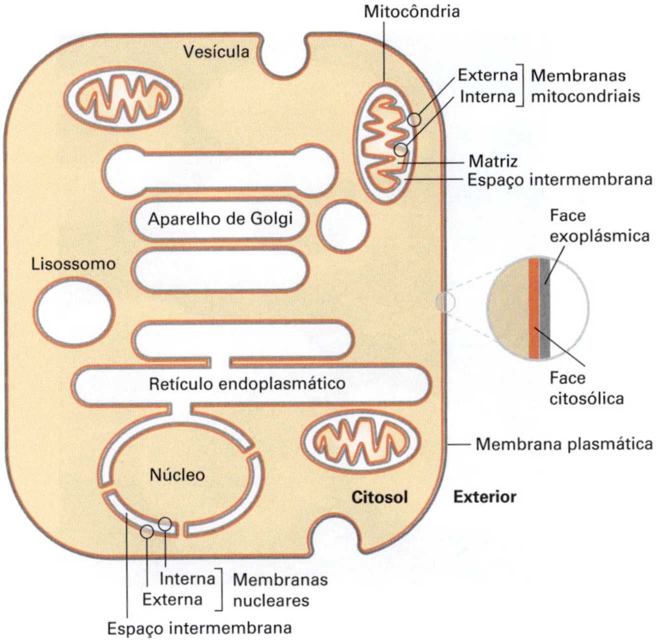

FIGURA 10-5 As faces das membranas celulares. A membrana plasmática, membrana única em bicamada, envolve a célula. Nesta representação bastante esquemática, o citosol (castanho) e o ambiente externo (branco) definem as faces citosólica (vermelho) e exoplásmica (cinza) da bicamada. As vesículas e algumas organelas têm uma membrana simples e seu espaço aquoso interno (branco) é topologicamente equivalente ao exterior da célula. Três organelas – núcleo, mitocôndria e cloroplasto (não mostrado) – são circundadas por duas membranas separadas por um espaço intermembrana pequeno. As faces exoplásmicas das membranas interna e externa em torno dessas organelas margeiam o espaço entre elas. Por simplicidade, o interior hidrofóbico da membrana não está representado neste diagrama.

fóbico; Capítulo 2). Desse modo, em solução aquosa, folhetos de bicamadas fosfolipídicas vedam espontaneamente suas bordas, formando uma bicamada esférica que envolve um compartimento aquoso central. O lipossomo representado na Figura 10-3c é um exemplo de uma estrutura desse tipo vista em secção transversal.

Essa propriedade físico-química de uma bicamada lipídica tem implicações importantes nas membranas celulares: nenhuma membrana em uma célula pode ter "borda" com cadeias acil graxas de hidrocarbonetos expostas. Todas as membranas formam compartimentos fechados, semelhantes aos lipossomos quanto à arquitetura básica. Como todas as membranas celulares envolvem uma célula completa ou um compartimento interno, elas têm uma *face interna* (a superfície orientada para o interior do compartimento) e uma *face externa* (a superfície voltada para o ambiente). Geralmente, as duas superfícies de uma membrana celular são chamadas de **face citosólica** e **face exoplasmática.** Essa nomenclatura é útil para ressaltar a equivalência topológica das faces em diferentes membranas, como visto nos diagramas das Figuras 10-5 e 10-6. Por exemplo, a face exoplasmática da membrana plasmática está voltada para longe do citosol, para o espaço extracelular ou ambiente externo e define o limite externo da célula. A face citosólica da membrana plasmática volta-se para o citosol. Do mesmo modo, para as organelas e vesículas circundadas por uma membrana simples, a face citosólica está voltada para o citosol. A face exoplásmica é sempre direcionada para longe do citosol e, nesse caso, fica no interior da organela em contato com o espaço interno aquoso (**lúmen**). O lúmen dessas vesículas é topologicamente equivalente ao espaço extracelular, conceito mais facilmente compreendido para vesículas que surgem por invaginação (endocitose) da membrana plasmática. A face externa da membrana plasmática torna-se a face interna da membrana da vesícula, ao passo que, na vesícula, a face citosólica da membrana plasmática sempre se volta para o citosol (Figura 10-6).

Três organelas – núcleo, mitocôndria e cloroplasto – são circundadas não por membrana única, mas por duas membranas. A superfície exoplasmática de cada membrana está voltada para o espaço entre as duas membranas. Isso talvez possa ser melhor compreendido por meio da

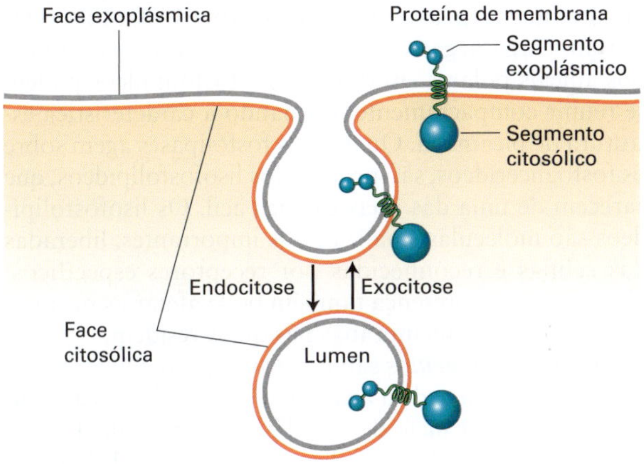

FIGURA 10-6 As faces das membranas celulares são conservadas durante o brotamento e a fusão das membranas. As superfícies vermelhas da membrana são as faces citosólicas; as superfícies em cinza são as faces exoplásmicas. Durante a endocitose, um segmento da membrana plasmática brota para dentro em direção ao citosol e, por fim, forma uma vesícula separada. Durante este processo, a face citosólica da membrana plasmática permanece voltada para o citosol e a face exoplásmica da nova membrana da vesícula está voltada para o lúmem da vesícula. Durante a exocitose, uma vesícula intracelular funde-se com a membrana plasmática e o lúmen da vesícula (face exoplásmica) conecta-se com o meio extracelular. As proteínas que atravessam a membrana retêm sua orientação assimétrica durante o brotamento e a fusão das vesículas; em especial, o mesmo segmento sempre está voltado para o citosol.

hipótese endossimbionte, discutida no Capítulo 6, que postula que as mitocôndrias e os cloroplastos surgiram precocemente na evolução das células eucarióticas mediante engolfamento de bactérias com capacidade de fosforilação oxidativa ou fotossíntese, respectivamente (ver Figura 6-20).

As membranas naturais de diferentes tipos de células exibem uma diversidade de formas, que complementam a função celular. A superfície lisa e flexível da membrana plasmática da hemácia (Figura 10-7a) permite que a célula passe comprimindo-se pelos capilares sanguíneos estreitos. Algumas células têm uma extensão longa e delgada da membrana plasmática, denominada **cílio** ou **flagelo** (Figura 10-7b), que apresenta batimentos à maneira de um chicote. Esse batimento provoca a passagem do fluido através de uma camada de células ou o deslocamento de uma célula espermática em direção ao óvulo. As formas e propriedades diferentes das biomembranas propõem uma questão fundamental na biologia celular: como a composição das membranas biológicas é regulada visando estabelecer e manter a identidade das diferentes estruturas de membrana e dos distintos compartimentos delimitados por membrana. Na Seção 10.3 e no Capítulo 14, esse tema será retomado.

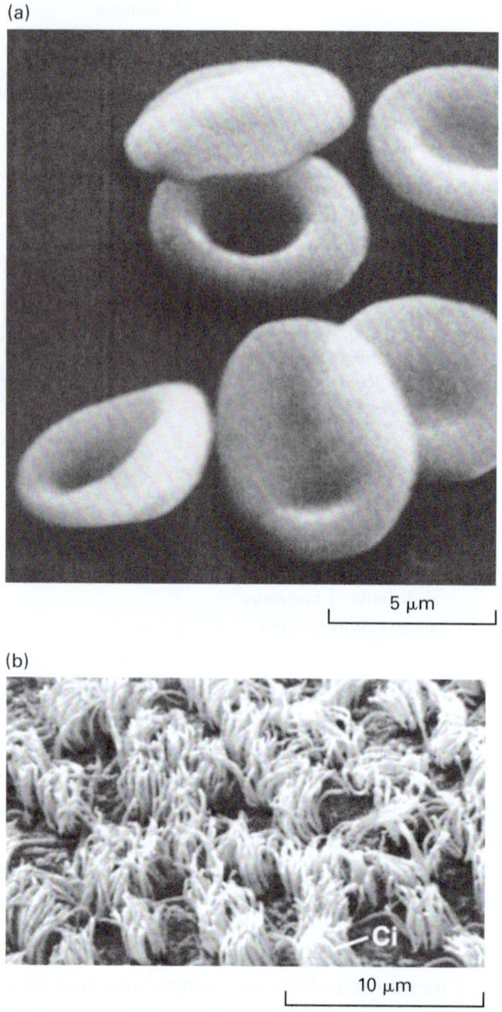

FIGURA 10-7 Variação nas biomembranas de diferentes tipos de células. (a) Micrografia ao microscópio eletrônico de varredura, mostrando uma membrana lisa e flexível que reveste a superfície da célula discoide da hemácia. (b) Tufos de cílios (Ci) projetados de células ependimárias que revestem os ventrículos cerebrais. (Parte [a] Copyright © Omi Kron/Photo Researchers, Inc. Parte [b] de R. G. Kessel e R. H. Kardon, 1979, Tissues and Organs: A A Text-Atlas of Scanning Electron Microscopy, W. H. Freeman and Company.)

As biomembranas contêm três classes principais de lipídeos

O termo *fosfolipídeo* é genérico, englobando múltiplas moléculas distintas, pertencentes a muitas classes. Refere-se a todo o lipídeo anfipático com um grupo apical composto por fosfato e uma cauda hidrofóbica dupla. Uma biomembrana típica, de fato, contém três classes de lipídeos anfipáticos: fosfoglicerídeos, esfingolipídeos e esteróis, que diferem quanto a estruturas químicas, abundância e funções na membrana (Figura 10-8). Enquanto todos os fosfoglicerídeos são fosfolipídeos, apenas alguns esfingolipídeos o são e os esteróis não o são.

Os **fosfoglicerídeos**, representantes da classe mais abundante de fosfolipídeos na maioria das membranas, são derivados de glicerol-3-fosfato (ver Figura 10-8a). Uma molécula típica de fosfoglicerídeo consiste em uma cauda hidrofóbica composta por duas cadeias de ácidos graxos (acil) esterificadas com os dois grupos hidroxila no glicerol fosfato e em um grupo apical polar unido a um grupo fosfato. As duas cadeias acil graxas podem diferir no número de carbonos que contêm (geralmente, 16 ou 18) e no seu grau de saturação (0, 1 ou 2 ligações duplas). Um fosfoglicerídeo é classificado de acordo com a natureza dos seus lipídeos apicais. Nas fosfatidilcolinas, os fosfolipídeos mais abundantes na membrana plasmática, o grupo apical consiste em colina, um álcool carregado positivamente, esterificado com o fosfato carregado negativamente. Em outros fosfoglicerídeos, uma molécula contendo OH – como etanolamina, serina ou inositol, um derivado de açúcar – é ligada ao grupo fosfato. O grupo fosfato carregado negativamente e os grupos carregados positivamente, ou grupos hidroxila no grupo apical, interagem fortemente com a água. Em pH neutro, alguns fosfoglicerídeos (p. ex., fosfatidilcolina e fosfatidiletanolamina) não têm carga elétrica líquida, enquanto outros (p. ex., fosfatidilinositol e fosfatidilserina) portam carga negativa líquida simples. Todavia, os grupos apicais polares em todos esses fosfolipídeos podem se reunir compactamente, formando a característica estrutura de bicamada. Quando as fosfolipases agem sobre os fosfoglicerídeos, são produzidos lisofosfolipídeos, que carecem de uma das duas cadeias acil. Os lisofosfolipídeos são moléculas sinalizadoras importantes, liberadas das células e reconhecidas por receptores específicos; além disso, sua presença também pode afetar as propriedades físicas das membranas nas quais residem.

Os *plasmalogênios* são um grupo de fosfoglicerídeos que contêm uma cadeia acil graxa conectada ao carbono 2 do glicerol por meio de uma ligação éster e uma longa cadeia de hidrocarbonetos ligada ao carbono 1 do glice-

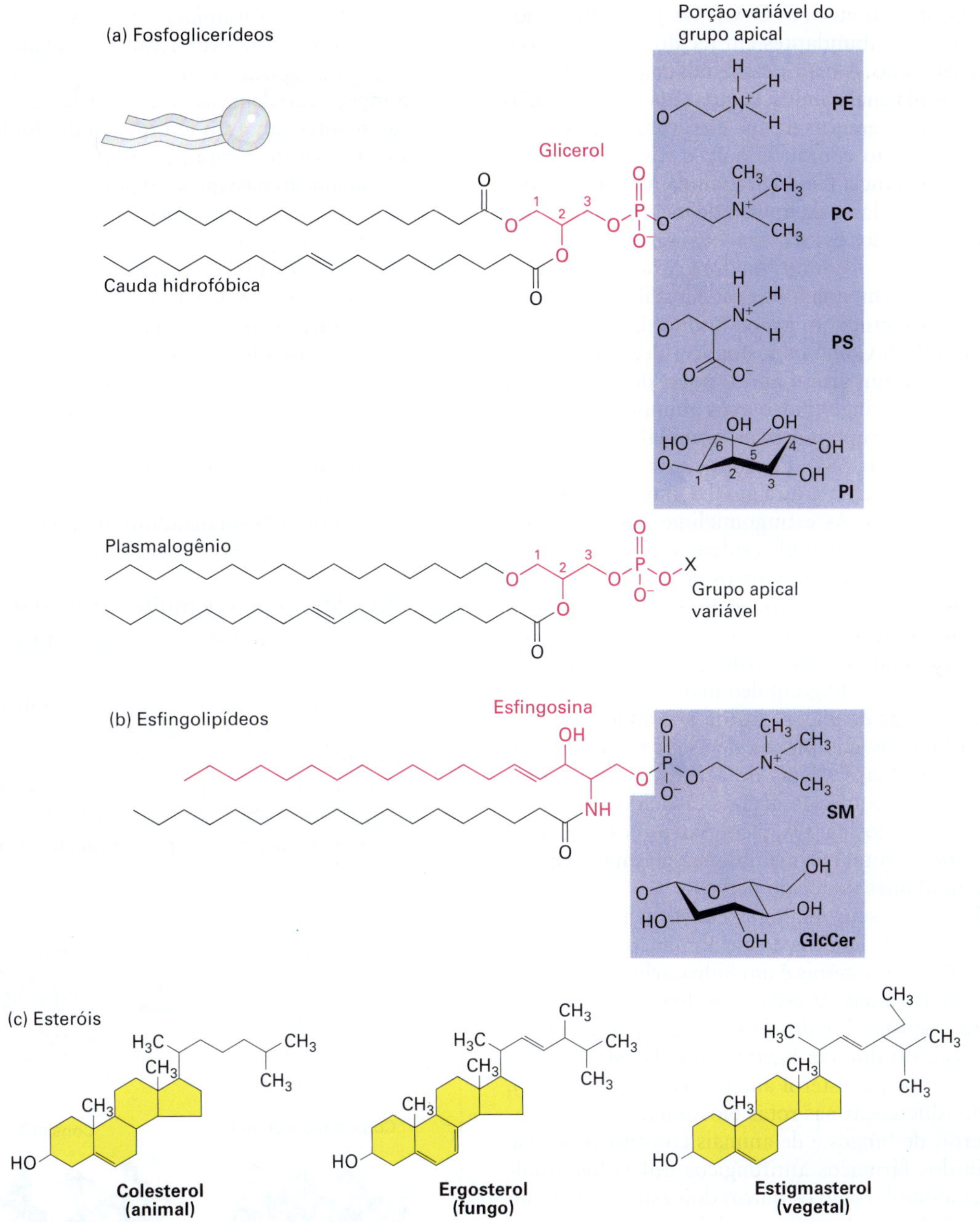

FIGURA 10-8 Três classes de lipídeos de membrana. (a) Na sua maioria, os fosfoglicerídeos são derivados de glicerol-3-fosfato (vermelho), o qual contém duas cadeias acil graxas esterificadas que constituem a "cauda" hidrofóbica e um "grupo apical" polar esterificado com o fosfato. Os ácidos graxos variam em comprimento e são saturados (sem ligações duplas) ou insaturados (uma, duas ou três ligações duplas). Na fosfatidilcolina (PC), o grupo apical é a colina. Também são mostradas as moléculas ligadas ao grupo fosfato em três outros fosfolicerídeos comuns: fosfatidiletanolamina (PE), fosfatidilserina (PS) e fosfatidilinositol (PI). Os plasmalogênios contêm uma cadeia acil graxa ligada ao glicerol por meio de uma ligação éster e outra ligada por uma ligação éter, com grupos apical similares, a exemplo de outros fosfoglicerídeos. (b) Os esfingolipídeos são derivados de esfingosina (vermelho), um aminoálcool com longa cadeia de hidrocarbonetos. Cadeias acil graxas diversas são conectadas à esfingosina por uma ligação amida. As esfingomielinas (SM), que contêm um grupo apical de fosfocolina, são fosfolipídeos. Outros esfingolipídeos são glicolipídeos em que um resíduo de açúcar simples ou oligossacarídeo ramificado é unido à esfingosina. Por exemplo, o glicosilcerebrosídeo (GlcCer), um glicolipídeo simples, tem um grupo apical de glicose. (c) Os principais esteróis em animais (colesterol), fungos (ergosterol) e vegetais (estigmasterol) diferem ligeiramente em estrutura, mas servem como componentes essenciais de membranas celulares. A estrutura básica dos esteróis é um hidrocarboneto com quatro anéis (amarelo). Como outros lipídeos de membrana, os esteróis são anfipáticos. O grupo hidroxila simples é equivalente ao grupo polar apical em outros lipídeos; o anel conjugado e a cadeia de hidrocarbonetos pequena formam a cauda hidrofóbica. (Ver H. Sprong et al., 2001, *Nature Rev. Mol. Cell Biol.* **2**:504.)

rol por uma ligação éter (C–O–C). Os plasmalogênios são especialmente abundantes em tecidos do cérebro e do coração humano. A maior estabilidade química da ligação éter nos plasmalogênios, comparada com a ligação éster, ou as sutis diferenças na sua estrutura tridimensional, em comparação com a de outros fosfoglicerídeos, podem ter importância fisiológica, ainda não conhecida.

Uma segunda classe de lipídeo de membrana é a dos **esfingolipídeos.** Todos esses compostos são derivados da esfingosina, um álcool amino com longa cadeia de hidrocarbonetos, e contêm uma longa cadeia acil graxa ligada por uma ligação amida ao grupo amino da esfingosina (ver Figura 10-8b). Como os fosfoglicerídeos, alguns esfingolipídeos têm um grupo apical polar de fosfato. Na esfingomielina, o esfingolipídeo mais abundante, a fosfocolina é ligada ao grupo hidroxila terminal da esfingosina (ver Figura 10-8b, SM). Portanto, a esfingomielina é um fosfolipídeo e sua estrutura geral é muito semelhante à da fosfatidilcolina. As esfingomielinas são similares, quanto à forma, aos fosfoglicerídeos e podem formar bicamadas mistas com eles. Outros esfingolipídeos são **glicolipídeos** anfipáticos cujos grupos apicais polares são açúcares não ligados por um grupo fosfato (e, desse modo, tecnicamente não são fosfolipídeos). O glicosilcerebrosídeo, o glicoesfingolipídeo mais simples, contém uma única unidade de glicose ligada à esfingosina. Nos glicoesfingolipídeos complexos denominados *gangliosídeos*, uma ou duas cadeias de açúcares ramificadas (oligossacarídeos) contendo grupos de ácido siálico estão ligadas à esfingosina. Os glicolipídeos constituem 2 a 10% do lipídeo total nas membranas plasmáticas; eles são mais abundantes no tecido nervoso.

O **colesterol** e seus análogos constituem a terceira classe importante de lipídeos de membrana, os **esteróis.** A estrutura básica dos esteróis é um hidrocarboneto isoprenoide com quatro anéis. As estruturas do principal esterol da levedura (ergosterol) e dos fitoesteróis (de vegetais; p. ex., estigmasterol) diferem ligeiramente da estrutura do colesterol, o principal esterol animal (ver Figura 10-8c). As pequenas diferenças nas rotas biossintéticas e estruturas de esteróis de fungos e de animais constituem a base da maioria dos fármacos antifúngicos utilizados atualmente. O colesterol, como os outros dois esteróis, tem um substituinte de hidroxila em um anel. Embora o colesterol tenha a composição quase inteiramente de hidrocarboneto, ele é anfipático porque seu grupo hidroxila pode interagir com a água. O colesterol não é um fosfolipídeo, pois carece de um grupo apical de fosfato. O colesterol é especialmente abundante nas membranas plasmáticas de células de mamíferos, mas inexiste na maioria das células procarióticas e em todas as células vegetais. Cerca de 30 a 50% dos lipídeos de membranas plasmáticas vegetais consiste em certos esteróis exclusivos de plantas. Entre 50 e 90% do colesterol da maioria das células vegetais estão presentes na membrana plasmática e nas vesículas associadas. O colesterol e outros esteróis são demasiadamente hidrofóbicos para formar sua própria estrutura de bicamada. Em vez disso, em concentrações encontradas nas membranas naturais, esses esteróis precisam intercalar-se nas moléculas de fosfolipídeos, para serem incorporados às biomembranas. Uma vez assim intercalados, os esteróis proporcionam suporte estrutural às membranas, impedindo a compactação demasiada das cadeias de fosfolipídeos, a fim de manter um grau expressivo de fluidez de membrana e, ao mesmo tempo, conferir a rigidez necessária para a sustentação mecânica. Alguns desses efeitos podem ser altamente localizados, como no caso das balsas lipídicas, discutidas a seguir.

Além do seu papel estrutural nas membranas, o colesterol é o precursor de várias moléculas bioativas importantes. Entre essas moléculas, estão os *ácidos biliares*, produzidos no fígado, que ajudam a emulsificar as gorduras da dieta para digestão e absorção nos intestinos; hormônios esteroides produzidos por células endócrinas (p. ex., glândula suprarrenal, ovário, testículos); vitamina D produzida na pele e nos rins. Outra função fundamental do colesterol é sua adição covalente à proteína Hedgehog, molécula sinalizadora fundamental no desenvolvimento embrionário (Capítulo 16).

A maioria dos lipídeos e muitas proteínas se deslocam lateralmente nas biomembranas

No plano bidimensional de uma bicamada, a ação térmica permite a rotação livre das moléculas lipídicas ao redor dos seus longos eixos e a difusão lateral dentro de cada folheto. Uma vez que esses movimentos são laterais ou rotacionais, as cadeias acil graxas permanecem no interior hidrofóbico da bicamada. Em membranas naturais e artificiais, uma típica molécula lipídica troca

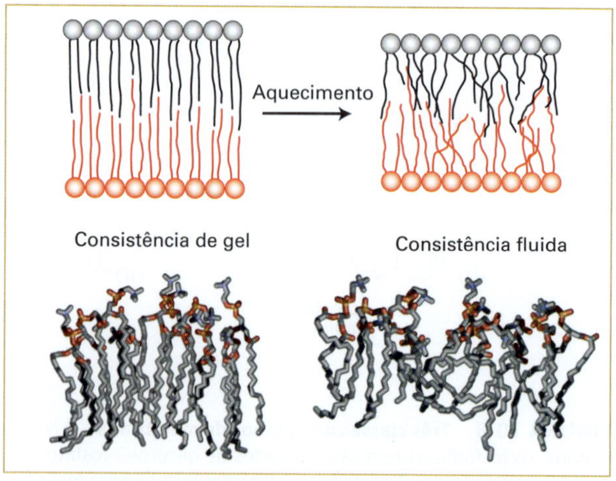

FIGURA 10-9 Formas de gel e de fluido da bicamada fosfolipídica. (*Parte superior*) Representação da transição gel-para-fluido. Os fosfolipídeos com cadeias acil graxas saturadas tendem a se reunir em uma bicamada semelhante a gel, altamente organizada, em que há uma pequena sobreposição das caudas apolares nos dois folhetos. Em uma faixa de temperatura de apenas poucos graus, o aquecimento desorganiza as caudas apolares e induz a transição de gel para fluido. À medida que as caudas tornam-se desorganizadas, a bicamada também decresce em espessura. (*Parte inferior*) Modelos moleculares de monocamadas fosfolipídicas nos estados de gel e de fluido, determinados por cálculos de dinâmica molecular. (Parte inferior com base em H. Heller et al., 1993, *J. Phys. Chem.* **97**:8343.)

de lugar com suas vizinhas cerca de 10^7 vezes por segundo e se difunde vários micrômetros por segundo a 37°C. Essas taxas de difusão indicam que a bicamada é 100 vezes mais viscosa do que a água – aproximadamente a mesma viscosidade do óleo de oliva. Embora os lipídeos se difundam mais lentamente na bicamada do que em solvente aquoso, um lipídeo de membrana pode difundir-se o correspondente ao comprimento de uma célula bacteriana típica (1 µm) em apenas 1 segundo e ao comprimento de uma célula animal em aproximadamente 20 segundos. Quando membranas fosfolipídicas puras artificiais são submetidas a menos de 37°C, os lipídeos experimentam uma *transição de fases* do estado semelhante a líquido (fluido) ao estado semelhante a gel (semissólido), análoga à transição de líquido para sólido quando a água líquida congela (Figura 10-9). Abaixo da temperatura de transição de fases, a velocidade de difusão dos líquidos cai abruptamente. Sob temperaturas fisiológicas normais, o interior hidrofóbico de membranas naturais geralmente tem uma viscosidade baixa e uma consistência semelhante a fluido, em comparação à consistência semelhante a gel observada sob temperaturas mais baixas.

Em bicamadas de membranas puras (i.e., na ausência de proteínas), os fosfolipídeos e os esfingolipídeos apresentam rotação e se movem lateralmente, mas não migram espontaneamente, de um folheto a outro (movimento denominado *flip-flop* em inglês). A barreira energética é demasiadamente alta; a migração necessitaria mover o grupo apical polar do seu ambiente aquoso, por meio do centro de hidrocarbonetos da bicamada, até a solução aquosa no outro lado. Proteínas especiais de membrana, discutidas no Capítulo 11, são requeridas para impelir os lipídeos de membrana e outras moléculas polares de um folheto para outro.

Os movimentos laterais de proteínas e lipídeos específicos de membrana plasmática podem ser quantificados pela técnica denominada *recuperação da fluorescência após fotoemissão* (*FRAP, fluorescence recovery after photobleaching*). Os fosfolipídeos que contêm um substituinte fluorescente são usados para monitorar o movimento de lipídeos. Em proteínas, um fragmento de um anticorpo monoclonal, específico para o domínio exoplásmico da proteína desejada e com apenas um único sítio de ligação ao antígeno, é marcado com um corante fluorescente. Com essa técnica, descrita na Figura 10-10, a taxa em

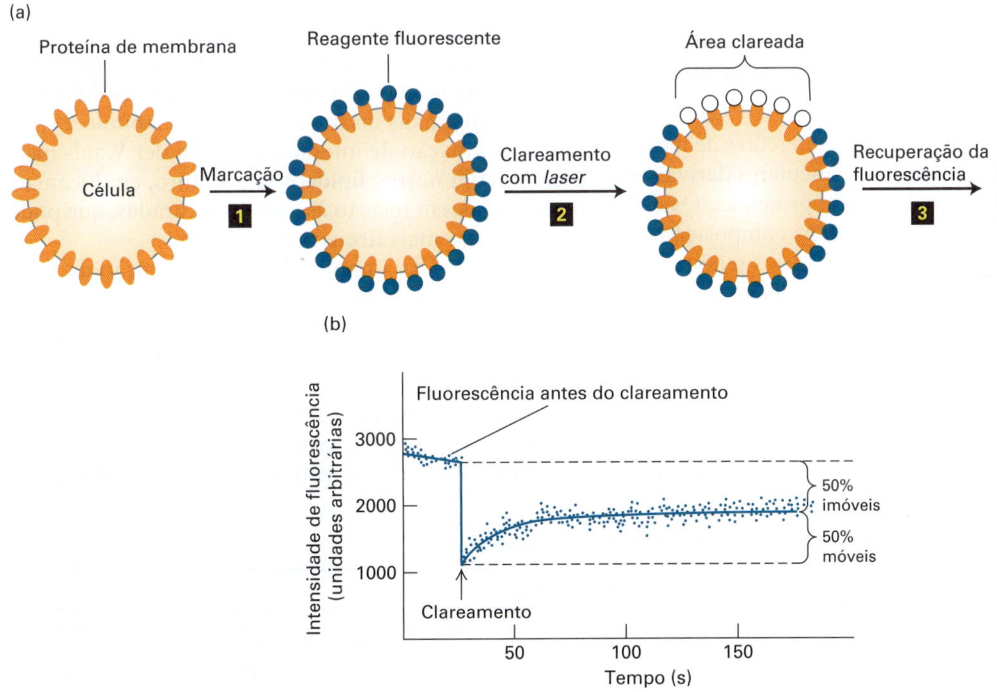

FIGURA 10-10 A recuperação da fluorescência após experimentos de fotoemissão (FRAP) permite quantificar o movimento lateral de proteínas e lipídeos na membrana plasmática. (a) Protocolo experimental. Etapa **1**. As células são inicialmente marcadas com reagente fluorescente que se liga uniformemente a um lipídeo ou a uma proteína específicos de membrana. Etapa **2**. A seguir, uma luz *laser* é focalizada sobre uma pequena área da superfície, eliminando (clareando) irreversivelmente os reagentes ligados e, assim, reduzindo a fluorescência na área iluminada. Etapa **3**. Com o tempo, a fluorescência da área clareada aumenta, à medida que as moléculas da superfície fluorescente não clareada se difundem para ela e as da superfície clareada se difundem para além desta área. A extensão da recuperação de fluorescência na área clareada é proporcional à fração de moléculas marcadas que são móveis na membrana. (b) Resultados de um experimento utilizando a técnica de FRAP com células de hepatoma humano, tratadas com um anticorpo fluorescente específico para a proteína receptora da asialoglicoproteína. O fato de metade da área clareada recuperar a fluorescência indica que 50% das moléculas receptoras na porção da membrana que foi iluminada eram móveis e 50% eram imóveis. Uma vez que a taxa de recuperação da fluorescência é proporcional à taxa com que as moléculas marcadas se movem para a região clareada, o coeficiente de difusão de uma proteína ou lipídeo de membrana pode ser calculado a partir destes dados. (Ver Y. I. Henis et al., 1990, *J. Cell Biol.* **111**: 1409.)

que as moléculas de membrana se movem – o coeficiente de difusão – pode ser determinada, assim como a proporção das moléculas que se deslocam lateralmente.

Os resultados de estudos utilizando a técnica de FRAP com fosfolipídeos marcados com fluorescência revelaram que, em membranas plasmáticas de fibroblasto, todos os fosfolipídeos são livremente móveis por distâncias de aproximadamente 0,5 μm, mas a maioria não consegue difundir-se por distâncias muito mais longas. Esses achados sugerem que regiões da membrana plasmática ricas em proteínas, de cerca de 1 μm de diâmetro, separam regiões ricas em lipídeos contendo a maior porção do fosfolipídeo de membrana. Os fosfolipídeos são livres para se difundir dentro dessas regiões, mas não de uma região rica em lipídeos para uma região adjacente. Além disso, a velocidade da difusão lateral de lipídeos na membrana plasmática é quase uma ordem de grandeza mais lenta do que em bicamadas fosfolipídicas puras: as constantes de difusão de 10^{-8} cm^2/s e 10^{-7} cm^2/s são características da membrana plasmática e de uma bicamada lipídica, respectivamente. Essa diferença sugere que os lipídeos podem ser fortemente (mas não irreversivelmente) ligados a certas proteínas integrais em algumas membranas, conforme resultados de pesquisas recentes (ver discussão sobre fosfolipídeos anelares, a seguir).

A composição de lipídeos influencia as propriedades físicas de membranas

Uma célula típica contém muitos tipos diferentes de membranas, cada qual com propriedades singulares derivadas da sua mistura particular de lipídeos e proteínas. Os dados da Tabela 10-1 ilustram a variação na composição de lipídeos em biomembranas diferentes. Vários fenômenos contribuem para essas diferenças. Por exemplo, as abundâncias relativas de fosfoglicerídeos e esfingolipídeos diferem entre as membranas do retículo endoplasmático (RE), onde os fosfolipídeos são sintetizados, e as do aparelho de Golgi, onde os esfingolipídeos são sintetizados. A proporção de esfingomielina como porcentagem do total de fosfolipídeos de membrana é aproximadamente seis vezes mais alta nas membranas do aparelho de Golgi do que nas membranas do RE. Em outros casos, o movimento de membranas de um compartimento celular para outro pode enriquecer seletivamente certas membranas em lipídeos como o colesterol. Em resposta a ambientes distintos encontrados em um organismo, tipos diferentes de células geram membranas com composições lipídicas diferentes. Nas células que revestem o trato intestinal, por exemplo, as membranas voltadas para o ambiente estressante em que os nutrientes da dieta são digeridos têm uma razão esfingolipídeo:fosfoglicerídeo:colesterol de 1:1:1, em vez da razão 0,5:1,5:1 encontrada em células sujeitas a menor estresse. A concentração relativamente alta de esfingolipídeo nessa membrana intestinal pode aumentar sua estabilidade, devido ao grande número de ligações de hidrogênio formadas pelos grupos –OH livres na porção de esfingosina (ver Figura 10-8).

O grau de fluidez da bicamada depende da composição lipídica, da estrutura das caudas hidrofóbicas fosfolipídicas e da temperatura. Conforme já observado, as interações de van der Waals e o efeito hidrofóbico provocam a agregação das caudas apolares de fosfolipídeos. As longas cadeias acil graxas saturadas têm maior tendência em se agregar, reunindo-se firmemente em estado semelhante a gel. Os fosfolipídeos com cadeias acil graxas curtas, que têm menor área de superfície e, por isso, menos interações de van der Waals, formam bicamadas mais fluidas. Da mesma maneira, as dobras nas cadeias acil graxas insaturadas no *cis* (Capítulo 2) resultam na formação de interações de van der Waals menos estáveis com outros lipídeos e, portanto, em bicamadas mais fluidas, em relação às cadeias saturadas, que podem empacotar-se mais firmemente.

O colesterol é importante na manutenção da fluidez apropriada de membranas naturais, propriedade que se revela essencial para o crescimento e a reprodução celulares normais. O colesterol restringe o movimento aleatório de grupos apicais fosfolipídicos junto às superfícies externas dos folhetos, mas seu efeito sobre o movimento de caudas fosfolipídicas longas depende da concentração. Nas concentrações de colesterol presentes

TABELA 10-1 Principais componentes lipídicos de biomembranas selecionadas

	Composição (mol %)			
Fonte/localização	PC	PE + PS	SM	Colesterol
Membrana plasmática (hemácias humanas)	21	29	21	26
Membrana de mielina (neurônios humanos)	16	37	13	34
Membrana plasmática (*E. coli*)	0	85	0	0
Membrana do retículo endoplasmático (rato)	54	26	5	7
Membrana do aparelho de Golgi (rato)	45	20	13	13
Membrana mitocondrial interna (rato)	45	45	2	7
Membrana mitocondrial externa (rato)	34	46	2	11
Localização no folheto primário	Exoplasmática	Citosólica	Exoplasmática	Ambas

PC = fosfatidilcolina; PE = fosfatidiletanolamina; PS = fosfatidilserina; SM = esfingomielina

Fonte: W. Dowhan and M. Bogdanov, 2002, em D. E. Vance and J. E. Vance, eds., *Biochemistry of Lipids, Lipoproteins, and Membranes*, Elsevier.

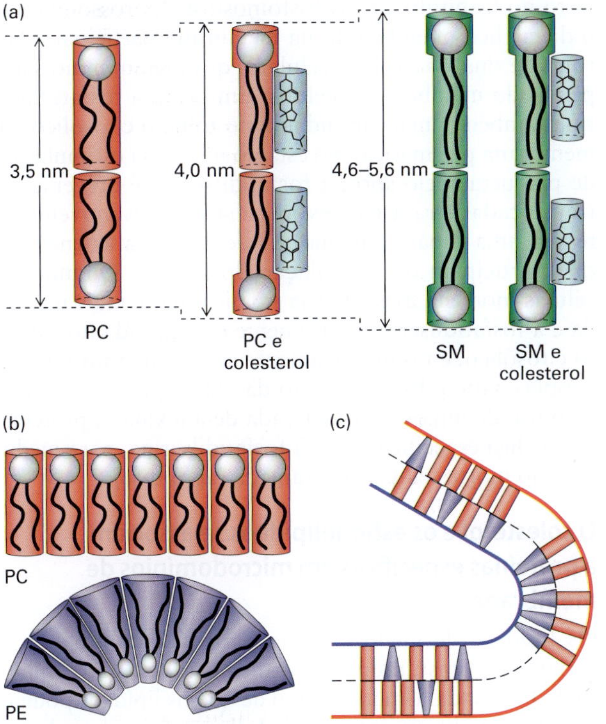

FIGURA 10-11 Efeito da composição lipídica sobre a espessura e a curvatura da bicamada. (a) Uma bicamada de esfingomielina (SM) pura é mais espessa do que uma formada a partir de um fosfoglicerídeo como a fosfatidilcolina (PC). O colesterol tem efeito na ordenação de lipídeos nas bicamadas de fosfoglicerídeo que aumenta sua espessura, mas não afeta a espessura da bicamada de SM mais ordenada. (b) Os fosfolipídeos como PC têm forma cilíndrica e produzem essencialmente monocamadas planas, enquanto aqueles com grupos apicais menores, como fosfatidiletanolamina (PE), têm forma cônica. (c) Uma bicamada enriquecida com PC no folheto exoplásmico e com PE na face citosólica, como em muitas membranas plasmáticas, teria uma curvatura natural. (Adaptada de H. Sprong et al., 2001, *Nature Rev. Mol. Cell Biol.* **2**:504.)

na membrana plasmática, a interação do anel esteroide com as caudas hidrofóbicas longas de fosfolipídeos tende a imobilizar esses lipídeos e, assim, diminuir a fluidez da biomembrana. Essa propriedade é que ajuda a organizar a membrana plasmática em subdomínios discretos de composição única de lipídeos e proteínas. Em concentrações de colesterol mais baixas, entretanto, o anel esteroide separa e dispersa as caudas fosfolipídicas, tornando as regiões internas da membrana ligeiramente mais fluidas.

A composição lipídica de uma bicamada também influencia sua espessura, que, por sua vez, pode influenciar a distribuição de outros componentes de membrana – como as proteínas – em determinada membrana. Tem sido questionado se segmentos transmembranas, relativamente curtos, de certas enzimas presentes no aparelho de Golgi (glicosiltransferases) são uma adaptação à composição lipídica da membrana de Golgi e contribuem para a retenção dessas enzimas nessa organela. Os resultados de estudos biofísicos com membranas artificiais demonstram que a esfingomielina associa-se em uma bicamada mais espessa e mais semelhante a um gel, diferentemente dos fosfoglicerídeos (Figura 10-11a). O colesterol e outras moléculas que reduzem a fluidez da membrana também aumentam a espessura dela. Uma vez que as caudas de esfingomielina são quase otimamente estabilizadas, a adição de colesterol não tem efeito na espessura de uma bicamada de esfingomielina.

Outra propriedade dependente da composição lipídica de uma bicamada é a sua curvatura, que depende dos tamanhos relativos dos grupos apicais polares e das caudas apolares dos seus constituintes fosfolipídicos. Lipídeos com caudas longas e grupos apicais grandes têm forma cilíndrica; aqueles com grupos apicais pequenos têm forma cônica (Figura 10-11b). Como consequência, as bicamadas compostas por lipídeos cilíndricos são relativamente planas, enquanto as que contêm um grande número de lipídeos cônicos são curvadas (Figura 10-11c). Esse efeito da composição lipídica sobre a curvatura da bicamada exerce um papel na formação de membranas altamente curvadas, como os sítios de brotamento viral (ver Figura 10-2) e a formação de vesículas internas a partir da membrana plasmática (ver Figura 10-6), bem como na estrutura especializada de membranas estáveis, como as microvilosidades. Diversas proteínas se ligam à superfície de bicamadas fosfolipídicas e causam a curvatura da membrana; tais proteínas são importantes na formação de vesículas de transporte que brotam de uma membrana doadora (Capítulo 14).

A composição lipídica é diferente nos folhetos exoplasmático e citosólico

Uma característica de todas as biomembranas é a assimetria na composição lipídica através da bicamada. Embora a maioria dos fosfolipídeos esteja presente em ambos os folhetos da membrana, alguns são geralmente mais abundantes em um ou outro folheto. Por exemplo, em membranas plasmáticas de hemácias humanas e em células de rim canino Madin Darby (MDCK, *Madin Darby canine kidney*) desenvolvidas em cultura, a quase totalidade de esfingomielina e fosfatidilcolina – ambas formando camadas menos fluidas – é encontrada no folheto exoplasmático. Por outro lado, fosfatidiletanolamina, fosfatidilserina e fosfatidilinositol, que formam bicamadas mais fluidas, são preferencialmente localizados no folheto citosólico. Como fosfatidilserina e fosfatidilinosiol apresentam carga negativa líquida, o trecho de aminoácidos na face citoplasmática de uma proteína de membrana de passagem única (*single-pass*), em íntima proximidade ao segmento transmembrana, é geralmente enriquecido de resíduos carregados positivamente (Lys, Arg), a regra do "interior positivo". Essa segregação de lipídeos através da bicamada pode influenciar a curvatura da membrana (ver Figura 10-11c). Ao contrário de fosfolipídeos específicos, o colesterol é distribuído de forma relativamente uniforme em ambos os folhetos de membranas celulares. A abundância relativa de um fosfolipídeo em particular nos dois folhetos de uma membrana plasmática pode ser determinada experimentalmente com base na suscetibilidade de fosfolipídeos à hidrólise por **fosfolipases**, enzimas que clivam as ligações éster pe-

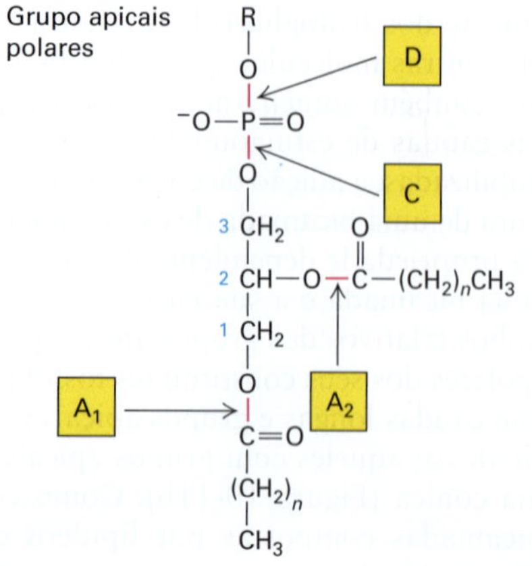

FIGURA 10-12 Especificidade de fosfolipases. Cada tipo de fosfolipase cliva uma das ligações suscetíveis mostrada em vermelho. Os átomos de carbono do glicerol são indicados por números pequenos. Em células intactas, apenas os fosfolipídeos no folheto exoplasmático da membrana plasmática são clivados por fosfolipases no meio circundante. A fosfolipase C, enzima citosólica, cliva certos fosfolipídeos no folheto citosólico da membrana plasmática.

las quais cadeias acil e grupos apicais são conectados à molécula lipídica (Figura 10-12). Quando adicionadas ao meio externo, as fosfolipases são incapazes de atravessar a membrana e, desse modo, elas clivam os grupos apicais de apenas aqueles lipídeos presentes na face exoplasmática; os fosfolipídeos no folheto citosólico são resistentes à hidrólise porque as enzimas não conseguem penetrar na face citosólica da membrana plasmática.

Ainda não está esclarecido como surge a distribuição assimétrica nos folhetos da membrana. Conforme observado, em bicamadas puras os fosfolipídeos não migram espontaneamente *(flip-flop)*, de um folheto a outro. Em parte, a assimetria na distribuição de fosfolipídeos pode refletir onde esses lipídeos são sintetizados no retículo endoplasmático e no aparelho de Golgi. A esfingomielina é sintetizada na face luminal (exoplasmática) do aparelho de Golgi, que se torna a face exoplasmática da membrana plasmática. Por outro lado, os fosfoglicerídeos são sintetizados na face citosólica da membrana do RE, topologicamente equivalente à face citosólica da membrana plasmática (ver Figura 10-5). Claramente, contudo, essa explanação não responde pela locação preferencial da fosfatidilcolina (um fosfoglicerídeo) no folheto exoplasmático. Em algumas membranas naturais, o movimento desse fosfoglicerídeo, e talvez de outros, de um folheto a outro é mais provavelmente catalisado por proteínas de transporte denominadas **flipases**, a serem discutidas no Capítulo 11.

A localização preferencial de lipídeos em uma face da bicamada é necessária para uma diversidade de funções das membranas. Por exemplo, os grupos apicais de todas as formas fosforiladas de fosfatidilinositol (ver Figura 10-8; PI), fontes importantes de segundos mensageiros, estão voltados ao citosol. A estimulação de muitos receptores de superfície celular por seu ligante correspondente resulta na ativação da enzima citosólica fosfolipase C, que pode, então, hidrolisar a ligação que conecta os fosfoinositóis ao diacilglicerol. Como será visto no Capítulo 15, os fosfoinositóis hidrossolúveis e o diacilglicerol embebido na membrana participam das rotas de sinalização intracelulares que afetam muitos aspectos do metabolismo celular. Em geral, a fosfatidilserina também é mais abundante no folheto citosólico da membrana plasmática. No estágio inicial da estimulação de plaquetas pelo soro, a fosfatidilserina é brevemente translocada para a face exoplasmática presumivelmente por uma flipase (enzima), onde ela ativa as enzimas que participam da coagulação do sangue. Quando as células morrem, a assimetria lipídica não é mais mantida e a fosfatidilserina, geralmente enriquecida no folheto citosólico, é progressivamente encontrada no folheto exoplasmático. Esse aumento da exposição é detectado pelo uso de uma versão marcada de anexina V, proteína que se liga especificamente à fosfatidilserina, para medir o início morte celular programada (apoptose).

O colesterol e os esfingolipídeos se associam a proteínas específicas em microdomínios de membrana

Os lipídeos de membrana não são distribuídos aleatoriamente (misturados uniformemente) em cada folheto da bicamada. Um indicativo de que os lipídeos podem ser organizados no interior de folhetos foi a descoberta que os lipídeos remanescentes após a extração (solubilização) de membranas plasmáticas com detergentes não iônicos (como o Triton X-100) contêm predominantemente duas espécies: colesterol e esfingomielina. Considerando que esses dois lipídeos são encontrados em bicamadas mais ordenadas, menos fluidas, pesquisadores formularam a hipótese que eles formam microdomínios, denominados **balsas lipídicas** (***lipid rafts***); esses microdomínios são envolvidos por outros fosfolipídeos, mais fluidos, extraídos com mais facilidade por detergentes não iônicos. (Na Seção 10.2, será discutido com mais profundidade o papel de detergentes iônicos e não iônicos na extração de proteínas de membrana.)

Algumas evidências bioquímicas e microscópicas sustentam a existência de balsas lipídicas, que em membranas naturais têm em média 50 nm de diâmetro. As balsas podem ser rompidas por metil-β-ciclodextrina, extraindo especificamente colesterol das membranas, ou por antibióticos como a filipina, sequestrando o colesterol e formando agregados dentro da membrana. Essas descobertas denotam a importância do colesterol na manutenção da integridade dessas balsas. Essas frações de balsas, definidas por sua insolubilidade em detergentes não iônicos, contêm um subconjunto de proteínas de membrana plasmática, muitas das quais estão implicadas na percepção de sinais extracelulares e na transmissão deles para o citosol. Considerando que as frações de balsas são enriquecidas em glicolipídeos, uma técnica importante para visualização microscópica de estruturas semelhantes a balsas em células intactas é a marcação (com fluorescência) da toxina do cólera, proteína que se liga especificamente a certos gangliosídeos. Ao aproximar muitas proteínas fundamentais e estabilizar suas interações, as balsas lipídicas podem facilitar a sinalização por receptores de superfície celular e a posterior ativação de eventos citosólicos. Todavia, ainda há muito a ser pesquisado sobre a estrutura e a função biológica das balsas lipídicas.

As células armazenam em gotículas lipídicas os lipídeos em excesso

Gotículas lipídicas são estruturas vesiculares, compostas por triglicerídeos e ésteres de colesterol, que se originam do RE e têm a função de armazenamento lipídico. Quando o suprimento de lipídeos da célula é superior à necessidade imediata para construção de membranas, os lipídeos em excesso são enviados para essas gotículas, facilmente visualizados em células vivas mediante emprego de um corante lipofílico como o vermelho do Congo. Quando o ácido oleico, tipo de ácido graxo, é fornecido às células, a formação de gotículas lipídicas é intensificada. As gotículas lipídicas não são apenas compartimentos de reserva de triglicerídeos e ésteres de colesterol, mas também servem como plataformas para armazenagem de proteínas destinadas à degradação. A biogênese de gotículas lipídicas começa com a deslaminação da bicamada lipídica do RE, mediante inserção de triglicerídeos e ésteres de colesterol (Figura 10-13). A protusão lipídica continua a crescer pela inserção de mais lipídeos, até que finalmente uma gotícula lipídica é produzida por cisão do RE. Desse modo, a gotícula citoplasmática resultante é revestida por uma monocamada fosfolipídica. Os detalhes da biogênese de gotículas lipídicas, bem como suas funções, ainda precisam ser definidos mais claramente.

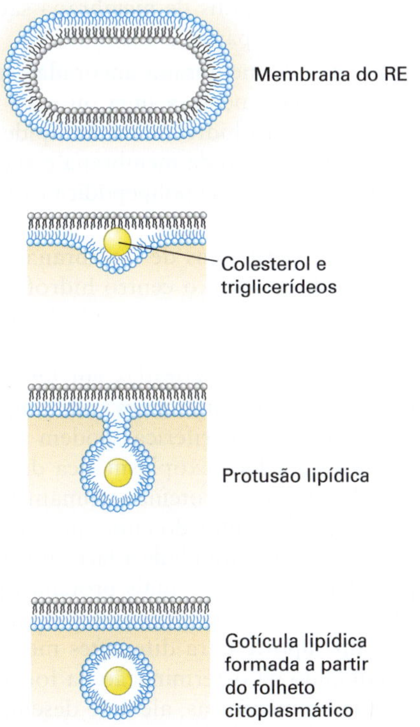

FIGURA 10-13 As gotículas lipídicas formam-se por brotamento e cisão da membrana do RE. A formação da gotícula lipídica inicia com a acumulação de ésteres de colesterol e triglicerídeos (amarelo) no interior do cerne hidrofóbico da bicamada lipídica. A resultante deslaminação das duas monocamadas lipídicas causa a formação de uma protusão; e, na continuidade do crescimento, estabelece-se uma gotícula esférica, então liberada por cisão. A gotícula recém-formada é circundada por uma monocamada lipídica, derivada do folheto citosólico da membrana do RE.

CONCEITOS-CHAVE da Seção 10.1

Bicamada lipídica: composição e organização estrutural

- As membranas são cruciais para a estrutura e a função das células. A célula eucariótica é delimitada do ambiente externo por uma membrana plasmática e organizada em compartimentos internos limitados por membrana (organelas e vesículas).
- A bicamada fosfolipídica, a unidade estrutural básica de todas as biomembranas, é um envoltório lipídico bidimensional com faces hidrofílicas e centro hidrofóbico, impermeável a moléculas hidrossolúveis e íons; as proteínas embebidas na bicamada conferem à membrana funções específicas (ver Figura 10-1).
- Os principais componentes lipídicos das biomembranas são fosfoglicerídeos, esfingolipídeos e esteróis, como o colesterol (ver Figura 10-8). O termo "fosfolipídeo" aplica-se a toda a molécula lipídica anfipática com cauda de hidrocarbonetos acil graxa e um grupo apical polar de fosfato.
- Os fosfolipídeos formam espontaneamente bicamadas e compartimentos fechados circundando um espaço aquoso (ver Figura 10-3).
- Sendo bicamadas, todas as membranas têm face interna (citosólica) e face externa (exoplasmática) (ver Figura 10-5). Algumas organelas são circundadas por duas bicamadas de membrana, em vez de uma.
- A maioria dos lipídeos e muitas proteínas têm mobilidade lateral em biomembranas (ver Figura 10-10). As membranas podem sofrer transições de fases de estados semelhantes a fluido para semelhantes a gel, dependendo da temperatura e da composição da membrana (ver Figura 10-9).
- Membranas celulares diferentes variam quanto à composição lipídica (ver Tabela 10-1). Os fosfolipídeos e os esfingolipídeos são distribuídos assimetricamente nos dois folhetos da bicamada, enquanto o colesterol é distribuído uniformemente em ambos os folhetos.
- As biomembranas naturais geralmente têm consistência viscosa com propriedades semelhantes a um fluido. Em geral, a fluidez de membrana é diminuída por esfingolipídeos e colesterol e aumentada por fosfoglicerídeos. A composição lipídica de uma membrana também influencia sua espessura e curvatura (ver Figura 10-11).
- As balsas lipídicas são microdomínios contendo colesterol, esfingolipídeos e certas proteínas de membrana que se formam no plano da bicamada. Esses agregados lipidicoproteicos têm capacidade de facilitar a sinalização por certos receptores de membrana plasmática.
- As gotículas lipídicas são vesículas de armazenamento de lipídeos que se originam no RE (ver Figura 10-13).

10.2 Proteínas de membrana: estrutura e funções básicas

As proteínas de membrana são definidas pela sua localização dentro da superfície de uma bicamada fosfolipídica ou junto a ela. Embora toda a membrana biológica tenha a mesma estrutura básica de bicamada, as proteínas associadas a uma membrana em particular são responsáveis por suas atividades diferenciais. Os tipos e as quantidades de proteínas associadas a biomembranas variam de acordo com a natureza da célula e localização subcelular. Por exemplo, a membrana mitocondrial interna tem 76% de proteína; a membrana de mielina que envolve os axônios das células nervosas, apenas 18%. O elevado conteúdo de fosfolipídeos da mielina permite a ela isolar eletricamente o nervo do seu ambiente, como será discutido no Capítulo 22. A importância das proteínas de membrana é evidente a partir da descoberta que aproximadamente um terço de todos os genes de levedura codifica uma proteína de membrana. A abundância relativa de genes de proteínas de membrana é maior em organismos multicelulares, em que essas proteínas têm funções adicionais na adesão celular.

A bicamada lipídica apresenta um ambiente hidrofóbico bidimensional característico para proteínas de membrana. Algumas proteínas contêm segmentos embebidos no centro hidrofóbico da bicamada fosfolipídica; outras proteínas estão associadas ao folheto exoplasmático ou citosólico da bicamada. Os domínios proteicos sobre a superfície extracelular da membrana plasmática geralmente se ligam a moléculas extracelulares, incluindo proteínas de sinalização externa, íons e pequenos metabólitos (p. ex., glicose, ácidos graxos), bem como proteínas sobre outras células ou no ambiente externo. Os segmentos de proteínas no interior da membrana plasmática cumprem múltiplas funções, como a formação de canais e poros através dos quais moléculas e íons entram e saem das células. Segmentos intramembranas também servem para organizar múltiplas proteínas de membrana em conjuntos maiores dentro do plano da membrana. Os domínios dispostos ao longo da face citosólica da membrana plasmática têm uma ampla gama de funções, desde ancoramento na membrana de proteínas do citoesqueleto até o desencadeamento de rotas de sinalização intracelular.

Em muitos casos, a função de uma proteína de membrana e a topologia da sua cadeia polipeptídica na membrana pode ser prevista, tendo por base a sua semelhança com outras proteínas bem caracterizadas. Nesta seção, serão examinadas as características estruturais distintivas de proteínas de membrana e algumas das suas funções básicas. Serão descritas as estruturas de várias proteínas, a fim de auxiliar a compreensão de como as proteínas de membrana interagem com membranas. A caracterização mais completa das propriedades de tipos diferentes de proteínas de membrana é apresentada em capítulos posteriores, que destacam suas estruturas e atividades no contexto das suas funções celulares.

As proteínas interagem com membranas por meio de três maneiras diferentes

Com base na sua posição com relação à membrana, as proteínas (de membrana) podem ser classificadas em três categorias: integrais, ancoradas em lipídeos e periféricas (ver Figura 10-1). As **proteínas integrais de membrana,** também denominadas *proteínas transmembranas*, atravessam uma bicamada fosfolipídica e compreendem três segmentos. Os domínios citosólico e exoplasmático têm superfícies exteriores hidrofílicas que interagem com o ambiente aquoso nas faces citosólica e exoplásmica da membrana. Em sua estrutura e composição de aminoácidos, esses domínios assemelham-se a segmentos de outras proteínas hidrossolúveis. Por outro lado, os segmentos que atravessam a membrana geralmente contêm muitos aminoácidos hidrofóbicos cujas cadeias laterais projetam-se para fora e interagem com o centro de hidrocarbonetos hidrofóbico da bicamada lipídica. Em todas as proteínas transmembranas examinadas até hoje, os domínios que atravessam a membrana consistem em uma ou mais hélices α de múltiplas fitas β. Nos Capítulos 4 e 8, foram discutidos a síntese ribossômica e o processamento pós-tradução de proteínas citosólicas solúveis; no Capítulo 13, será discutido o processo pelo qual as proteínas integrais de membrana são inseridas nas membranas como parte da sua síntese.

As **proteínas de membrana ancoradas em lipídeos** são ligadas covalentemente a uma ou mais moléculas lipídicas. O segmento hidrofóbico do lipídeo ligado é embebido em um folheto da membrana e ancora a proteína à membrana. A cadeia polipeptídica não penetra na bicamada fosfolipídica.

As **proteínas periféricas de membrana** não estabelecem contato direto com o centro hidrofóbico da bicamada lipídica. Em vez disso, elas são ligadas à membrana indiretamente mediante interações com proteínas integrais ou proteínas ancoradas em lipídeos ou diretamente por meio de interações com grupos apicais lipídicos. As proteínas periféricas podem ser ligadas à face citosólica ou à face exoplasmática da membrana plasmática. Além dessas proteínas intimamente associadas à bicamada, filamentos do citoesqueleto podem ser associados com menor afinidade à face citosólica, geralmente por meio de uma ou mais proteínas periféricas (adaptadoras). Essas associações com o citoesqueleto proporcionam suporte para diferentes membranas celulares, auxiliando na determinação da forma celular e das propriedades mecânicas, além de desempenhar um papel na comunicação bidirecional entre o interior celular e o exterior, como será estudado no Capítulo 17. Por fim, as proteínas periféricas na superfície externa da membrana plasmática e dos domínios exoplasmáticos de proteínas integrais de membrana são frequentemente conectadas a componentes da matriz extracelular ou à parede celular que reveste células bacterianas ou células vegetais, propiciando uma interface crucial entre a célula e o seu ambiente.

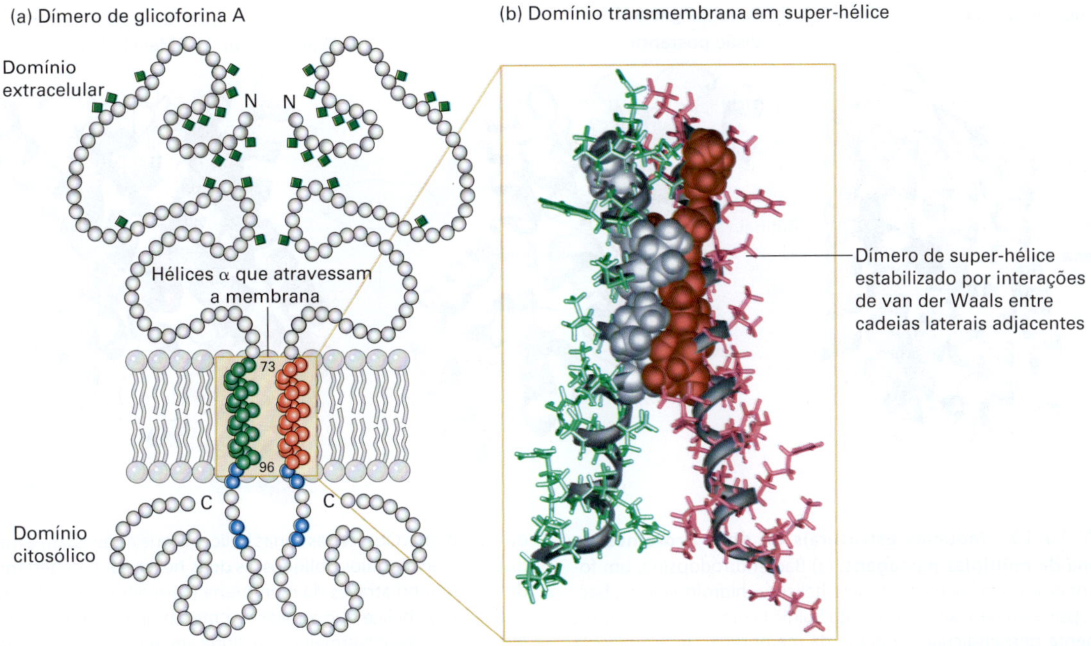

FIGURA 10-14 Estrutura da glicoforina A, típica proteína transmembrana de uma só passagem. (a) Diagrama da glicoforina dimérica mostrando as principais características da sequência e sua relação com a membrana. A única hélice α de 23 resíduos que atravessa a membrana em cada monômero é composta por aminoácidos com cadeias laterais (esferas vermelhas) hidrofóbicas (não carregadas). Mediante ligação aos grupos apicais dos fosfolipídeos carregados negativamente, os resíduos de arginina e lisina carregados positivamente (esferas azuis) próximos ao lado citosólico da hélice ajudam a ancorar a glicoforina na membrana. Os domínios extracelulares e citosólicos são ricos em resíduos carregados e resíduos polares não carregados; o domínio extracelular é abundantemente glicosilado, com as cadeias laterais de carboidratos (quadrados verdes) ligados a resíduos específicos de serina, treonina e asparagina. (b) Modelo molecular do domínio transmembrana da glicoforina dimérica, correspondendo aos resíduos 73-96. As cadeias laterais hidrofóbicas da hélice α em um monômero são exibidas em vermelho; as do outro monômero são mostradas em cinza. Os resíduos representados com o modelo de volume atômico participam das interações de van der Waals que estabilizam o dímero de super-hélice. Observe como as cadeias laterais hidrofóbicas projetam-se para fora da hélice, na direção do que seriam as cadeias acil graxas circundantes. (Parte [b] adaptada de K. R. MacKenzie et al., 1997, *Science* **276**:131.)

A maioria das proteínas transmembranas tem hélices α que atravessam a membrana

As proteínas solúveis apresentam centenas de estruturas enoveladas distintas, ou motivos (ver Figura 3-9). Comparativamente, o repertório de estruturas enoveladas nos domínios transmembranas de proteínas integrais de membrana é muito limitado, com predomínio da hélice α hidrofóbica. As proteínas dotadas de domínios hélices α que atravessam a membrana são embebidas nas membranas de maneira estável, devido a interações hidrofóbicas energeticamente favoráveis e interações de van der Waals das cadeias laterais hidrofóbicas do domínio com lipídeos específicos e, provavelmente, também por interações iônicas com os grupos apicais polares dos fosfolipídeos.

Um domínio hélice α é suficiente para incorporar à membrana uma proteína integral. Entretanto, muitas proteínas têm mais de uma hélice α transmembrana. Em geral, uma hélice α embebida na membrana é composta por um segmento contínuo de 20 a 25 aminoácidos hidrofóbicos (não carregados) (ver Figura 2-14). O comprimento previsto de uma hélice α (3,75 nm) é apenas o suficiente para atravessar o centro de hidrocarbonetos de uma bicamada fosfolipídica. Em muitas proteínas de membrana, essas hélices são perpendiculares ao plano da membrana, enquanto em outras, as hélices atravessam a membrana em ângulo oblíquo. As cadeias laterais hidrofóbicas projetam-se para fora da hélice e formam interações de van der Waals com as cadeias acil graxas na bicamada. Em contrapartida, as ligações peptídicas hidrofílicas de amida estão no interior da hélice α (ver Figura 3-4); cada grupo carbonil (C═O) forma uma ligação de hidrogênio com o átomo de hidrogênio da amida localizada quatro resíduos de aminoácido adiante na cadeia, em direção à extremidade C-terminal. Esses grupos polares são protegidos do interior hidrofóbico da membrana.

Para auxiliar na melhor percepção das estruturas de proteínas com domínios hélice α, serão discutidos brevemente quatro tipos de proteínas: glicoforina A, proteína G acoplada a receptores, aquaporinas (canais de água/glicerol) e receptor de célula T para antígeno.

A glicoforina A, a principal proteína na membrana plasmática de hemácias, é uma representativa proteína transmembrana de *uma só passagem*, que contém apenas uma hélice α que atravessa a membrana (Figura 10-14). A hélice α de 23 resíduos que atravessa a membrana é composta por aminoácidos com cadeias laterais hidrofóbicas (não carregadas), que interagem com cadeias acil graxas na bicamada circundante. Nas células, a glicoforina A forma dímeros: a hélice transmembrana de polipeptídeo de glicoforina A associa-se à hélice transmembrana correspondente em uma segunda glicoforina A, formando

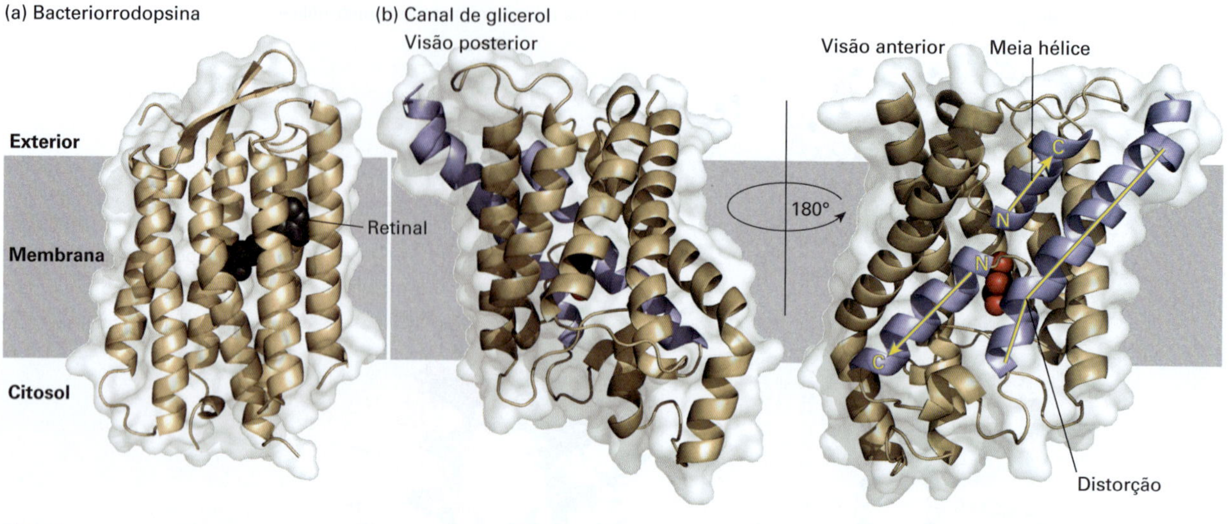

FIGURA 10-15 Modelos estruturais de duas proteínas de membrana de múltiplas passagens. (a) Bacteriorrodopsina, um fotorreceptor em certas bactérias. As sete hélices α hidrofóbicas na bacteriorrodopsina atravessam a bicamada lipídica com orientação aproximadamente perpendicular ao plano da membrana. Uma molécula retinal (preto), covalentemente ligada a uma hélice, absorve luz. A grande classe dos receptores acoplados à proteína G em células eucarióticas também tem sete hélices α que atravessam a membrana; sua estrutura tridimensional é considerada semelhante à da bacteriorrodopsina. (b) Duas visualizações do canal de glicerol Glpf, com rotação de 180° de uma em relação à outra ao longo de um eixo perpendicular ao plano da membrana. Observe as várias hélices α que atravessam a membrana dispostas em ângulos oblíquos, as duas hélices que penetram a metade do caminho através da membrana (vermelho com setas amarelas) e uma longa hélice que atravessa a membrana com uma "ruptura" ou distorção no meio (vermelho com linha amarela). A molécula de glicerol no "centro" hidrofílico apresenta cor vermelha. A estrutura foi aproximadamente posicionada no centro de hidrocarbonetos da membrana ao encontrar a camada mais hidrofóbica de 3 μm, da proteína perpendicular ao plano da membrana. (Parte [a] segundo H. Luecke et al., 1999, *J. Mol. Biol.* **291**:899. Parte [b] segundo J. Bowie, 2005, *Nature* **438**:581-589 e D. Fu et al., 2000, *Science* **290**:481-486.)

uma estrutura de super-hélice (Figura 10-14b). Essas interações de hélices α que atravessam a membrana constituem um mecanismo comum para produção de proteínas diméricas de membrana. Além disso, muitas proteínas de membrana formam oligômeros (dois ou mais polipeptídeos unidos por ligação não covalente) por meio de interações entre suas hélices que atravessam a membrana.

Um grande e importante grupo de proteínas integrais de membrana é definido pela presença de sete hélices α que atravessam a membrana. Esse grupo inclui a grande família dos receptores de superfície celular acoplados à proteína G discutidos no Capítulo 15, muitos dos quais têm sido cristalizados. Uma dessas proteínas transmembrana de *múltiplas passagens* de estrutura conhecida é a bacteriorrodopsina, encontrada na membrana de certas bactérias fotossintéticas; ela ilustra a estrutura geral de todas estas proteínas (Figura 10-15a). A absorção de luz pelo grupo retinal covalentemente ligado à bacteriorrodopsina provoca mudança conformacional nessa proteína, resultando no bombeamento de prótons do citosol através da membrana bacteriana para o espaço extracelular. O gradiente de concentrações de prótons gerado através da membrana é usado para sintetizar ATP durante a fotossíntese (Capítulo 12). Na estrutura em alta resolução da bacteriorrodopsina, as posições de todos os aminoácidos individuais, retinal e lipídeos circundantes estão claramente definidas. Conforme esperado, praticamente todos os aminoácidos da bacteriorrodopsina posicionados no exterior dos segmentos que atravessam a membrana são hidrofóbicos, permitindo interações energeticamente favoráveis com o centro de hidrocarbonetos da bicamada lipídica circundante.

As **aquaporinas** constituem em uma grande família de proteínas altamente conservadas que transportam água, glicerol e outras moléculas hidrofílicas através de biomembranas. Elas ilustram vários aspectos da estrutura de proteínas transmembranas de múltiplas passagens. As aquaporinas são tetrâmeros de quatro subunidades idênticas. Cada uma das quatro subunidades tem seis hélices α que atravessam a membrana, algumas das quais atravessam-na obliquamente, em vez de perpendicularmente. Já que as aquaporinas têm estruturas semelhantes, será destacada uma, o canal de glicerol Glpf, que tem estrutura especialmente bem definida, determinada por estudos com difração de raios X (Figura 10-15b). Essa aquaporina tem uma longa hélice transmembrana com uma curvatura no meio e, o mais admirável, duas hélices α que atravessam apenas a *metade* da membrana. Os segmentos N-terminais dessas hélices estão voltados um para o outro (N amarelo na figura) e juntos atravessam a membrana obliquamente. Portanto, algumas hélices embebidas na membrana – e outras estruturas, não helicoidais, a serem examinadas adiante – não atravessam a bicamada inteira. Como será visto no Capítulo 11, essas hélices pequenas nas aquaporinas fazem parte do poro seletivo de glicerol/água no meio de cada subunidade. Isso ressalta a considerável diversidade de maneiras com que as hélices α que atravessam a membrana interagem com a bicamada lipídica e com outros segmentos da proteína.

A especificidade das interações fosfolipídeo-proteína fica evidente a partir da estrutura de uma aquaporina diferente, a aquaporina 0 (Figura 10-16). A aquaporina 0 é a proteína mais abundante na membrana plasmática das células fibrosas que constituem a parte principal do crista-

RECURSO DE MÍDIA: Fosfolipídeos anelares

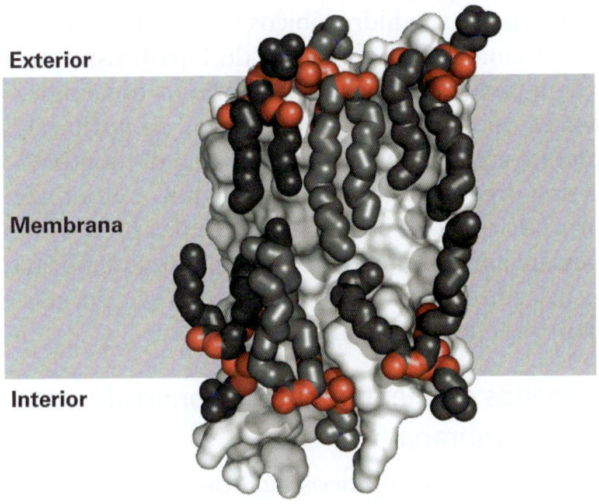

FIGURA 10-16 Fosfolipídeos anelares. Visão lateral da estrutura tridimensional de uma subunidade da aquaporina 0 homotetramérica, específica do cristalino, cristalizada na presença de dimiristoilfosfatidilcolina, fosfolipídeo com cadeias acil graxas saturadas de 14 carbonos. Observe as moléculas lipídicas formando um revestimento de bicamada envolvendo a proteína. A proteína é mostrada como parte da superfície (a molécula com fundo mais claro). As moléculas lipídicas são apresentadas no modelo de volume atômico; os grupos apicais polares lipídicos (cinza e vermelho) e as cadeias lipídicas acil graxas (preto e cinza) formam uma bicamada de espessura quase uniforme ao redor da proteína. Presume-se que, na membrana, as cadeias lipídicas acil graxas cubram inteiramente a superfície hidrofóbica da proteína; apenas as moléculas lipídicas mais ordenadas serão podem ser determinadas na estrutura cristalográfica. (Segundo A. Lee, 2005, *Nature* **438**:569-570 e T. Gomes et al., 2005, *Nature* **438**:633-688.)

lino do olho humano. Como outras aquaporinas, ela é um tetrâmero de subunidades idênticas. A superfície da proteína não é coberta por um conjunto de sítios de ligação uniformes para moléculas fosfolipídicas. Em vez disso, as cadeias laterais acil graxas se ligam com alta afinidade à superfície externa hidrofóbica e irregular da proteína; esses lipídeos são conhecidos como fosfolipídeos anelares, porque formam um anel rígido de lipídeos que permutam menos facilmente com os fosfolipídeos da bicamada. Algumas das cadeias acil graxas são retas, na conformação *completamente-trans* (Capítulo 2), enquanto outras são curvadas, a fim de interagir com as volumosas cadeias laterais hidrofílicas na superfície da proteína. Alguns dos grupos apicais lipídicos são paralelos à superfície da membrana, como no caso de bicamadas fosfolipídicas purificadas. Outros, no entanto, estão orientados quase perpendicularmente ao plano da membrana. Assim, é possível a existência de interações específicas entre fosfolipídeos e proteínas que atravessam a membrana, e a função de muitas proteínas de membrana pode ser afetada por tipos específicos de fosfolipídeos presentes na bicamada.

Além dos resíduos predominantemente hidrofóbicos (não carregados) que servem para embeber as proteínas integrais de membrana na bicamada, muitos desses segmentos transmembranas formados por hélices α contêm resíduos polares e/ou carregados. Suas cadeias laterais de aminoácidos podem ser usadas para orientar a reunião e a estabilização de proteínas de membrana multiméricas. O receptor de antígeno na célula T ilustra essa situação: é composto por quatro dímeros separados, cujas interações são determinadas por interações carga-carga entre as hélices α na "profundidade" apropriada no centro de hidrocarbonetos da bicamada lipídica (Figura 10-17). A atração eletrostática de cargas positivas e negativas em cada dímero auxilia os dímeros a "se encontrarem mutuamente". Portanto, os resíduos carregados em segmentos transmembranas hidrofóbicos diferentes auxiliam a reunião de proteínas de membrana multiméricas.

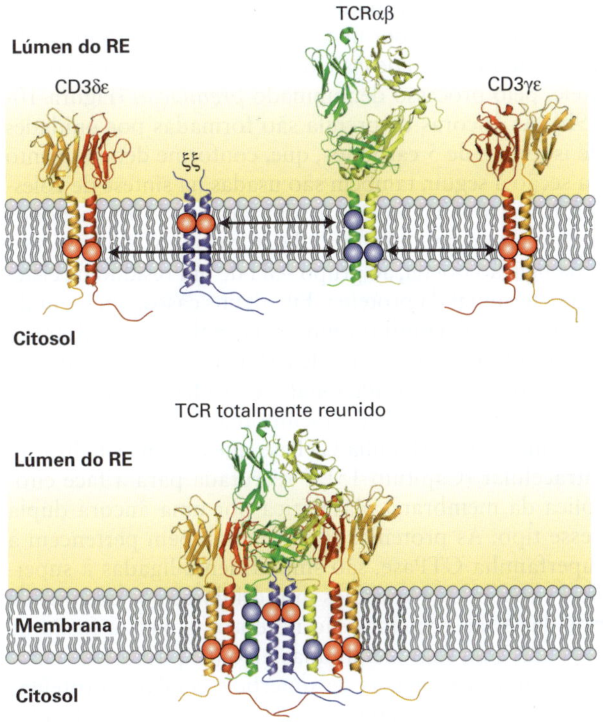

FIGURA 10-17 Os resíduos carregados podem organizar a reunião de proteínas de membrana multiméricas. O receptor de antígeno na célula T (TCR) é composto por quatro dímeros separados: um par αβ diretamente responsável pelo reconhecimento do antígeno e subunidades acessórias coletivamente chamadas de complexo CD3. Estes acessórios incluem as subunidades γ, δ, ϵ e ζ. As subunidades ζ formam um homodímero com ligação dissulfeto. As subunidades γ e δ ocorrem em complexo com uma subunidade ϵ, gerando um par γϵ e um par δϵ. Cada um dos segmentos transmembranas das cadeias α e β do TCR contêm resíduos carregados positivamente (azul). Estes resíduos possibilitam o recrutamento de heterodímeros δϵ e γϵ correspondentes, que possuem cargas negativas (vermelho) na profundidade apropriada do centro hidrofóbico da bicamada. O heterodímero ζ prende-se a cargas na cadeia α do TCR (verde escuro), enquanto os pares γϵ e δϵ de subunidades encontram seus parceiros correspondentes mais profundamente no centro hidrofóbico da cadeia α do TCR e cadeia β do TCR (verde-claro). Os resíduos carregados em segmentos transmembranas apolares diferentes podem, portanto, orientar a reunião de estruturas de ordem superior. (Segundo K. W. Wucherpfennig et al., 2010, *Cold Spring Harb Perspect Biol.* **2**.)

Múltiplas fitas β nas porinas formam "barris" que atravessam a membrana

As **porinas** constituem uma classe de proteínas transmembranas cuja estrutura difere radicalmente da de outras proteínas integrais, com base nos domínios transmembranas de hélices α. Diversos tipos de porinas são encontrados na membrana externa de bactérias gram-negativas como *E. coli* e nas membranas externas de mitocôndrias e cloroplastos. A membrana externa protege bactérias intestinais dos agentes nocivos (p. ex., antibióticos, sais biliares e proteases), mas permite a captação e o descarte de pequenas moléculas hidrofílicas, incluindo nutrientes e produtos residuais. Tipos diferentes de porinas na membrana externa de uma célula de *E. coli* estabelecem canais para a passagem de tipos específicos de dissacarídeos ou outras moléculas pequenas, bem como de íons como o fosfato. As sequências de aminoácidos das porinas não contêm os segmentos hidrofóbicos longos e contínuos, típicos de proteínas integrais com domínios de hélices α que atravessam a membrana. Ao contrário, é a superfície externa da porina completamente enovelada que expõe sua porção hidrofóbica ao centro de hidrocarbonetos da bicamada lipídica. A cristalografia por raios X revela que as porinas são trímeros de subunidades idênticas. Em cada subunidade, 16 fitas β constituem uma estrutura em forma de barril, com um poro no centro (Figura 10-18). Ao contrário de uma proteína globular hidrossolúvel típica, uma porina tem interior hidrofílico e exterior hidrofóbico; nesse sentido, é como se as porinas estivessem ao avesso. Em um monômero de porina, os grupos laterais voltados para fora de cada uma das fitas β são hidrofóbicos e formam uma faixa apolar que circunda o lado externo do barril. Essa faixa hidrofóbica interage com grupos acil graxos dos lipídeos de membrana ou com outros monômeros de porina. Os grupos laterais voltados para o interior de um monômero de porina são predominantemente hidrofílico; eles revestem o poro por onde as pequenas moléculas hidrossolúveis atravessam a membrana. (Observe que as aquaporinas discutidas a seguir, apesar do seu nome, não são porinas e contêm múltiplas hélices α transmembranas.)

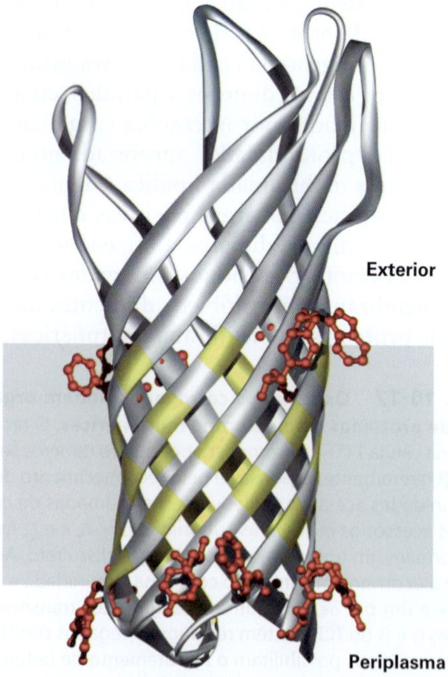

FIGURA 10-18 Modelo estrutural de uma subunidade de OmpX, porina encontrada na membrana externa de *E. coli*. Todas as porinas são proteínas transmembranas triméricas. Cada subunidade tem a forma de barril, com fitas β formando a parede e um poro transmembrana no centro. Uma faixa de cadeias laterais (amarelo) alifáticas (hidrofóbicas e não cíclicas) e uma borda de cadeias laterais (vermelho) aromáticas (contendo anéis) posicionam a proteína na bicamada. (Segundo G. E. Schulz, 2000, *Curr. Opin. Struc. Biol.* **10**:443.)

Lipídeos ligados covalentemente ancoram algumas proteínas à membrana

Em células eucarióticas, lipídeos ligados covalentemente podem ancorar algumas proteínas hidrossolúveis a um ou outro folheto da membrana. Nessas proteínas ancoradas em lipídeos, as cadeias lipídicas de hidrocarbonetos são embebidas na bicamada, mas a proteína propriamente não penetra a bicamada. As âncoras lipídicas usadas para ancorar proteínas à face citosólica não são usadas para a face exoplásmica e vice-versa.

Um grupo de proteínas citosólicas é ancorado à face citosólica de uma membrana por um grupo acil graxo (p. ex., miristato ou palmitato) covalentemente ligado a um resíduo de glicina N-terminal, no processo denominado *acilação* (Figura 10-19a). A retenção dessas proteínas junto à membrana pela âncora acil N-terminal pode exercer um papel importante em uma função associada à membrana. Por exemplo, v-Src, forma mutante de uma tirosina-cinase celular, induz o crescimento celular anormal que pode levar ao câncer, mas tão somente quando tem um N-terminal miristilado.

Um segundo grupo de proteínas citosólicas é ancorado às membranas por uma cadeia de hidrocarbonetos ligada a um resíduo de cisteína no C-terminal ou próximo a ele, pelo processo denominado *prenilação* (Figura 10-19b). As âncoras de prenila são formadas por unidades de isopreno de 5 carbonos, que, conforme detalhamento na seção a seguir, também são usadas na síntese de colesterol. Na prenilação, um grupo farnesil de 15 carbonos ou um grupo geranilgeranil de 20 carbonos é ligado, por uma ligação tioéter, ao grupo –SH de um resíduo de cisteína C-terminal da proteína. Em alguns casos, um segundo grupo geranilgeranil ou um grupo palmitato acil graxo é conectado a um resíduo de cisteína próximo. A âncora de hidrocarbonetos adicional é considerada um reforço da ligação da proteína à membrana. Por exemplo, Ras, proteína da superfamília GTPase que atua na sinalização intracelular (Capítulo 15), é recrutada para a face citosólica da membrana plasmática por uma âncora dupla desse tipo. As proteínas Rab, que também pertencem à superfamília GTPase, são similarmente ligadas à superfície citosólica de vesículas intracelulares por âncoras de prenila; essas proteínas são necessárias para a fusão de vesículas com suas membranas-alvo (Capítulo 14).

Algumas proteínas de superfície celular e proteínas especializadas, com polissacarídeos característicos ligados

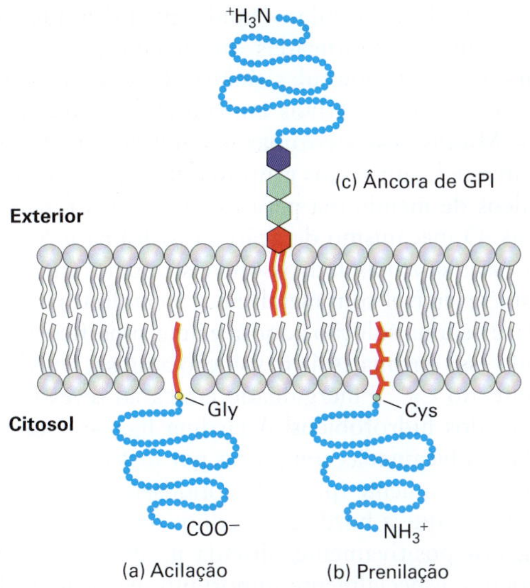

FIGURA 10-19 Ligação de proteínas de membrana plasmática à bicamada por grupos de hidrocarbonetos ligados covalentemente. (a) As proteínas citosólicas, como as v-Src, estão associadas à membrana plasmática por meio de uma cadeia acil graxa simples ligada ao resíduo de glicina (Gly) N-terminal do polipeptídeo. Miristato (C14) e palmitato (C16) são âncoras acil comuns. (b) Outras proteínas citosólicas (p. ex., proteínas Ras e Rab) são ancoradas à membrana mediante prenilação de um ou dois resíduos de cisteína (Cys) no C-terminal ou próximo a ele. As âncoras são grupos farnesil (C15) e geranilgeranil (C20), ambos insaturados. (c) A âncora lipídica na superfície exoplasmática da membrana plasmática é o glicosilfosfatidilinositol (GPI). A parte de fosfatidilinositol (vermelho) desta âncora contém duas cadeias acil graxas que se estendem para dentro da bicamada. A unidade de fosfoetanolamina (roxo) da âncora liga-se à proteína. Os dois hexágonos verdes representam unidades de açúcares, que variam em número, natureza e arranjo nas diferentes âncoras de GPI. A estrutura completa da âncora de GPI de levedura é apresentada na Figura 13-15. (Adaptada de H. Sprong et al., 2001, *Nature Rev. Mol. Cell Biol.* **2**:504.)

covalentemente denominados proteoglicanos (Capítulo 20), são ligadas à face exoplásmica da membrana plasmática por um terceiro tipo de grupo âncora, o glicosilfosfatidilinositol (GPI). As estruturas exatas das *âncoras de GPI* variam muito em diferentes tipos celulares, mas sempre contêm fosfatidilinositol (PI), cujas duas cadeias acil graxas se estendem para a bicamada lipídica, exatamente como aquelas de fosfolipídeos típicos de membrana; fosfoetanolamina, que liga covalentemente a âncora ao C-terminal de uma proteína; e diversos resíduos de açúcar (Figura 10-19c). Por isso, as âncoras de GPI são glicolipídeos. A âncora de GPI é necessária e suficiente para a ligação de proteínas à membrana. Por exemplo, o tratamento de células com fosfolipase C, que cliva a ligação fosfato-glicerol nos fosfolipídeos e em âncoras de GPI (ver Figura 10-12), libera proteínas ancoradas ao GPI como Thy-1 e fosfatase alcalina placentária (PLAP) da superfície celular.

As proteínas e os glicolipídeos transmembranas apresentam orientação assimétrica na bicamada

Com relação às faces da membrana, cada tipo de proteína transmembrana tem uma orientação específica, conhecida como sua *topologia*. Seus segmentos citosólicos voltam-se sempre para o citoplasma e os segmentos exoplasmáticos estão sempre voltados para o lado oposto da membrana. Essa assimetria na orientação das proteínas proporciona propriedades distintas às duas faces da membrana. A orientação dos diferentes tipos de proteínas transmembranas é estabelecida durante sua síntese, conforme será descrito no Capítulo 13. As proteínas de membrana nunca foram observadas em movimento *flip-flop*; esse movimento, que requer um deslocamento transitório de resíduos hidrofílicos de aminoácidos através do interior hidrofóbico da membrana, seria energeticamente desfavorável. Dessa maneira, a topologia assimétrica de uma proteína transmembrana, estabelecida pela sua inserção na membrana durante sua síntese, é mantida durante toda existência da proteína. A Figura 10-6 mostra que as proteínas de membrana retêm sua orientação assimétrica na membrana durante os eventos de brotamento e fusão das membranas; o mesmo segmento sempre se volta ao citosol e está sempre exposto à face exoplasmática. Em proteínas com múltiplos segmentos transmembranas (proteínas de membrana politópicas ou de passagens múltiplas), a orientação de segmentos transmembranas individuais pode ser afetada por alterações na composição fosfolipídica.

Muitas proteínas transmembranas contêm cadeias de carboidratos covalentemente ligadas a cadeias laterais da serina, treonina ou asparagina do polipeptídeo. Essas **glicoproteínas** transmembranas estão sempre orientadas de modo que todas as cadeias de carboidratos estejam no domínio exoplasmático (ver Figura 10-14 para o exemplo de glicoforina A). Da mesma maneira, os glicolipídeos, nos quais uma cadeia de carboidratos está ligada à cadeia principal de glicerol ou de esfingosina de um lipídeo de membrana, estão sempre localizados no folheto exoplasmático, com a cadeia de carboidratos projetando-se a partir da superfície da membrana. A base biossintética da glicosilação assimétrica de proteínas está descrita no Capítulo 14. As glicoproteínas e os glicolipídeos são especialmente abundantes nas membranas plasmáticas de células eucarióticas e nas membranas dos compartimentos intracelulares que estabelecem as rotas secretoras e endocíticas; eles inexistem na membrana mitocondrial interna, nas lamelas dos cloroplastos e em diversas outras membranas intracelulares. As cadeias de carboidratos de glicoproteínas e glicolipídeos da membrana plasmática estão disponíveis para interagir com componentes da matriz extracelular, bem como com **lectinas** (proteínas que ligam açúcares específicos), fatores de crescimento e anticorpos, pois elas se estendem para o espaço extracelular.

Uma consequência importante dessas interações é ilustrada pelos antígenos dos grupos sanguíneos A, B e O. Esses três oligossacarídeos, estruturalmente relacionados e componentes de certos glicolipídeos e glicoproteínas, são expressos nas superfícies de hemácias humanas e muitos outros tipos celulares (Figura 10-20). Todos os seres humanos têm enzimas para a síntese de antígeno. As pessoas com tipo sanguíneo A também têm uma enzima glicosiltransferase que adiciona um monossacarídeo extra modificado denominado *N*-acetilgalactosamina ao antígeno O, formando o antígeno A. As pessoas com tipo san-

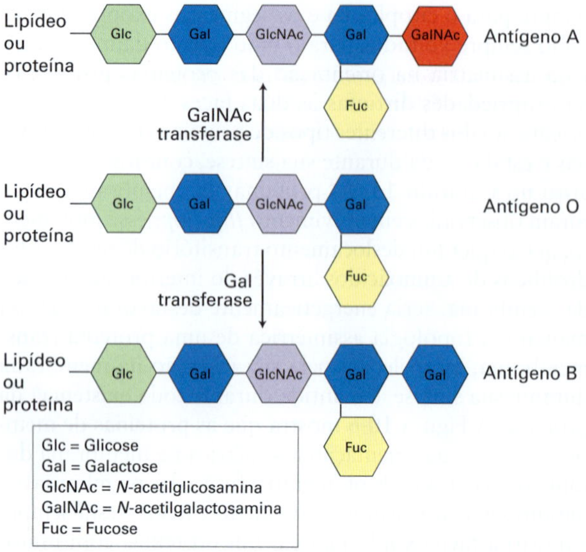

FIGURA 10-20 Antígenos do grupo sanguíneo ABO. Estes antígenos são cadeias de oligossacarídeos ligadas covalentemente a glicolipídeos ou glicoproteínas na membrana plasmática. O açúcar oligossacarídeo terminal distingue os três antígenos. A presença ou a ausência das glicotransferases que adicionam galactose (Gal) ou *N*-acetilgalactosamina (GalNAc) ao antígeno O determina o tipo sanguíneo da pessoa.

guíneo B têm uma transferase diferente que adiciona uma galactose extra ao antígeno O, formando o antígeno B. As pessoas com as duas transferases produzem os antígenos A e B (tipo sanguíneo AB); aquelas sem essas transferases produzem apenas o antígeno O (tipo sanguíneo O).

As pessoas cujas hemácias não têm o antígeno A, o antígeno B ou ambos na superfície, normalmente têm no seu soro anticorpos contra o(s) antígeno(s) ausente(s). Assim, se uma pessoa do tipo A ou O receber uma transfusão do tipo sanguíneo B, os anticorpos contra o antígeno B irão se ligar às hemácias introduzidas e desencadearão sua destruição. Para evitar essas reações prejudiciais, em todas as transfusões são necessárias a tipagem do grupo sanguíneo e a correspondência apropriada de doadores e receptores (Tabela 10-2). ■

Os motivos de ligação a lipídeos ajudam a direcionar proteínas periféricas à membrana

Muitas enzimas hidrossolúveis fosfolipídeos como seus substratos e, portanto, devem ligar-se às superfícies de membranas. As fosfolipases, por exemplo, hidrolisam ligações variadas nos grupos apicais de fosfolipídeos (ver Figura 10-12) e, desse modo, desempenham uma diversidade de papéis nas células – ajudando a degradar membranas celulares danificadas ou envelhecidas, gerando precursores para moléculas sinalizadoras e servindo até como componentes ativos em muitos venenos de serpentes. Muitas dessas enzimas, incluindo as fosfolipases, inicialmente ligam-se aos grupos apicais polares dos fosfolipídeos de membrana para executar suas funções catalíticas. O mecanismo de ação da fosfolipase A_2 ilustra como essas enzimas hidrossolúveis podem interagir de maneira reversível com membranas e catalisar reações na interface de uma solução aquosa e uma superfície lipídica. Quando essa enzima está em solução aquosa, seu sítio ativo contendo Ca^{2+} é mergulhado em canal revestido com aminoácidos hidrofóbicos. A enzima liga-se com maior afinidade a bicamadas compostas por fosfolipídeos carregados negativamente (p. ex., fosfotidilserina). Essa descoberta sugere que a borda de resíduos de lisina e arginina carregados positivamente, situada na entrada do canal catalítico, é especialmente importante na ligação (Figura 10-21a). A ligação induz mudança conformacional na fosfolipase A_2, que fortalece sua ligação às cabeças de fosfolipídeos e abre o canal hidrofóbico. À medida que uma molécula fosfolipídica se move da bicamada para o canal, o Ca^{2+} ligado à enzima liga-se ao fosfato no grupo apical, posicionando, desse modo, a ligação éster a ser clivada no sítio catalítico (Figura 10-21b) e liberando a cadeia acil.

As proteínas podem ser removidas das membranas por detergentes ou soluções altamente salinas

Com frequência, é difícil purificar e estudar proteínas de membrana devido à sua forte associação com lipídeos de membrana e outras proteínas de membrana. Os *detergentes* são moléculas anfipáticas que rompem as membranas mediante intercalação nas bicamadas fosfolipídicas e, desse modo, podem ser usados para solubilizar lipídeos e muitas proteínas de membrana. A parte hidrofóbica de uma molécula de detergente é atraída pelos hidrocarbonetos fosfolipídicos e rapidamente se mistura a eles; a parte hidrofílica é fortemente atraída pela água. Alguns detergentes, como os sais biliares, são produtos naturais, mas, em sua maioria, são moléculas sintéticas desenvolvidas para limpeza e para dispersão de misturas de óleo e água na indústria de alimentos (p. ex., manteiga de amendoim) (Figura 10-22). Os detergentes iônicos, como o desoxicolato de sódio e o dodecilssulfato de sódio (SDS), contêm um grupo carregado; os detergentes não iônicos, como Triton X-100 e octilglicosídeo, não têm grupo carregado. Em concentrações muito baixas, os detergentes se dissolvem em água pura como moléculas isoladas. À me-

TABELA 10-2 Grupos sanguíneos ABO

Grupo sanguíneo	Antígenos nas hemáceas*	Anticorpos no soro	Pode receber tipos sanguíneos
A	A	Anti-B	A e O
B	B	Anti-A	B e O
AB	A e B	Nenhum	Todos
O	O	Anti-A e anti-B	O

*Estruturas dos antígenos na Figura 10-20.

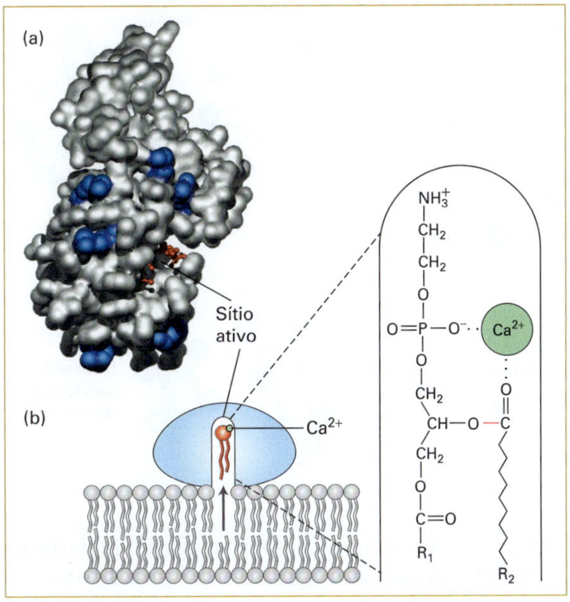

FIGURA 10-21 Superfície de ligação lipídica e mecanismo de ação da fosfolipase A_2. (a) Modelo estrutural da enzima mostrando a superfície que interage com a membrana. Esta superfície de ligação lipídica contém uma borda de resíduos de arginina e lisina carregados positivamente, mostrados em azul, que revestem a cavidade do sítio ativo catalítico, no qual o substrato catalítico (estrutura de palitos vermelha) está ligado. (b) Diagrama da catálise pela fosfolipase A_2. Quando encaixados em um modelo de membrana lipídica, os resíduos do sítio de ligação, carregados positivamente, ligam-se aos grupos polares da superfície da membrana, carregados negativamente. Esta ligação desencadeia uma pequena mudança conformacional, abrindo um canal revestido com aminoácidos hidrofóbicos que se estende da bicamada até o sítio catalítico. À medida que o fosfolipídeo se move para dentro do canal, um íon Ca^{2+} ligado à enzima (verde) liga-se ao grupo de cabeça, posicionando a ligação éster a ser clivada (vermelha) perto do sítio catalítico. (Parte [a] adaptada de M. H. Gelb et al., 1999, *Curr. Opin. Struc. Biol.* **9**:428. Parte [b], ver D. Blow, 1991, *Nature* **351**:444.)

dida que a concentração aumenta, as moléculas começam a formar micelas – pequenos agregados esféricos em que as partes hidrofílicas das moléculas voltam-se para fora e as partes hidrofóbicas agrupam-se no centro (ver Figura 10-3c). A *concentração crítica das micelas* (CMC, *critical micelle concentration*) em que elas se formam é característica de cada detergente e varia conforme as estruturas das suas partes hidrofóbica e hidrofílica.

Os detergentes iônicos e os não iônicos interagem diferentemente com proteínas e têm funções distintas no laboratório. Os detergentes iônicos ligam-se às regiões hidrofóbicas expostas de proteínas de membrana, bem como aos centros hidrofóbicos de proteínas hidrossolúveis. Devido à sua carga, esses detergentes também podem romper ligações iônicas e ligações de hidrogênio. Em concentrações altas, por exemplo, o dodecilssulfato de sódio desnatura completamente proteínas mediante ligação a cada cadeia lateral, propriedade explorada na eletroforese de SDS em gel (ver Figura 3-36). Os detergentes não iônicos geralmente não desnaturam proteínas e, assim, são úteis na extração de proteínas – nas suas formas enoveladas e ativa – da membrana, antes que elas sejam purificadas. As interações proteína-proteína, especialmente as fracas, podem ser sensíveis aos detergentes iônicos e aos não iônicos.

Em concentrações altas (acima da CMC), os detergentes não iônicos solubilizam membranas biológicas por meio da formação de micelas mistas de detergente, fosfolipídeo e proteínas integrais de membrana; essas micelas são estruturas volumosas hidrofóbicas que não se dissolvem em solução aquosa (Figura 10-23, parte superior). Em concentrações baixas (abaixo da CMC), esses detergentes se ligam a regiões hidrofóbicas da maioria das proteínas integrais de membrana, mas sem formar micelas, permitindo que elas permaneçam solúveis em solução aquosa (Figura 10-23, parte inferior). A produção de uma solução aquosa de proteínas integrais de membrana é a primeira etapa necessária na purificação de proteínas.

O tratamento de células em cultura com solução salina tamponada, contendo detergente não iônico como o Triton X-100, extrai as proteínas hidrossolúveis e também as proteínas integrais de membrana. Conforme já observado, os domínios exoplásmicos e citosólicos de proteínas integrais de membrana são geralmente hidrofílicos e hidrossolúveis. Os domínios que atravessam a membrana, no entanto, são ricos em resíduos hidrofó-

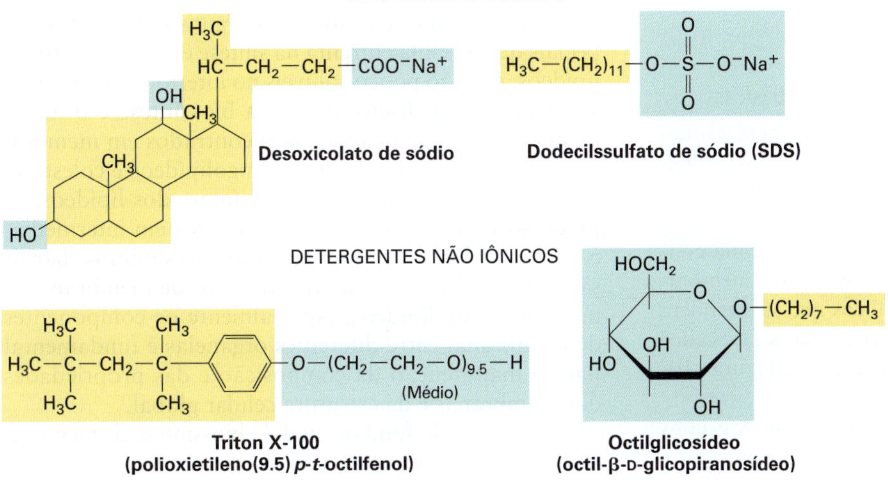

FIGURA 10-22 Estruturas de quatro detergentes comuns. A parte hidrofóbica de cada molécula é mostrada em amarelo; a parte hidrofílica, em azul. O desoxicolato de sódio é um sal biliar natural; os outros são sintéticos. Os detergentes iônicos geralmente causam desnaturação de proteínas; os detergentes não iônicos não têm este comportamento e, desse modo, são úteis na solubilização de proteínas integrais de membrana.

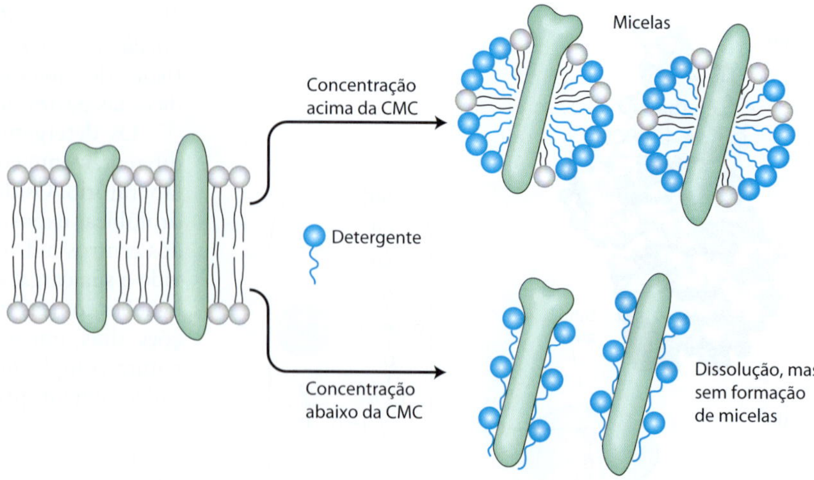

FIGURA 10-23 Solubilização de proteínas integrais de membrana por detergentes não iônicos. Em concentração mais alta do que sua concentração crítica das micelas (CMC), um detergente solubiliza lipídeos e proteínas integrais de membrana, formando micelas mistas que contêm detergente, proteína e moléculas lipídicas. Em concentrações abaixo da CMC, os detergentes não iônicos (p. ex., octilglicosídeo, Triton X-100) podem dissolver proteínas de membrana sem formar micelas, mediante revestimento das regiões que atravessam a membrana.

bicos e não carregados (ver Figura 10-14). Quando separados das membranas, esses segmentos hidrofóbicos expostos tendem a interagir um com o outro, fazendo as moléculas proteicas se agregarem e precipitarem das soluções aquosas. As partes hidrofóbicas de moléculas detergentes não iônicas preferencialmente ligam-se aos segmentos hidrofóbicos de proteínas transmembranas, impedindo a agregação proteica e permitindo a permanência das proteínas na solução aquosa. As proteínas transmembranas solubilizadas por detergentes podem, então, ser purificadas por cromatografia de afinidade e outras técnicas empregadas na purificação de proteínas hidrossolúveis (ver Capítulo 3).

Conforme discutido anteriormente, a maioria das proteínas periféricas de membrana é ligada a proteínas transmembranas específicas ou a fosfolipídeos de membrana por interações iônicas ou outras interações não covalentes fracas. Geralmente, as proteínas periféricas podem ser removidas da membrana por soluções de elevada força iônica (concentrações salinas altas), que rompem ligações iônicas, ou por substâncias químicas que ligam cátions divalentes, como o Mg^{2+}. Diferentemente das proteínas integrais, a maioria das proteínas periféricas é solúvel em solução aquosa e não necessita ser solubilizada por detergentes não iônicos.

CONCEITOS-CHAVE da Seção 10.2

Proteínas de membrana: estrutura e funções básicas

- As membranas biológicas geralmente contêm proteínas integrais de membrana (transmembranas) e proteínas periféricas, que não penetram no centro hidrofóbico da bicamada (ver Figura 10-1).
- A maioria das proteínas integrais de membrana contém uma ou mais hélices α que atravessam a membrana, unidas por domínios hidrofílicos que se estendem para o ambiente aquoso, o qual circunda as faces citosólica e exoplasmática da membrana (ver Figuras 10-14, 10-15 e 10-17).
- As cadeias laterais acil graxas, assim como os grupos apicais polares de membranas lipídicas, se ligam firme e irregularmente em torno dos segmentos hidrofóbicos das proteínas integrais de membrana (ver Figura 10-16).
- As porinas, diferentemente de outras proteínas integrais de membrana, contêm folhas β que formam um canal do tipo barril através da bicamada (ver Figura 10-18).
- Os lipídeos de cadeias longas ligados a certos aminoácidos ancoram algumas proteínas em um ou outro folheto da membrana (ver Figura 10-19).
- As proteínas e os glicolipídeos transmembranas têm orientação assimétrica na bicamada. Invariavelmente, as cadeias de carboidratos estão presentes apenas na superfície exoplasmática de uma glicoproteína ou de um glicolipídeo.
- Muitas enzimas hidrossolúveis (p. ex., fosfolipases) utilizam fosfolipídeos como seus substratos e precisam ligar-se à superfície da membrana para executar sua função. Essa ligação ocorre muitas vezes devido à atração entre cargas positivas de resíduos básicos na proteína e cargas negativas de grupos apicais fosfolipídicos na bicamada.
- As proteínas transmembranas são seletivamente extraídas (solubilizadas) e purificadas com o uso de detergentes não iônicos.

10.3 Fosfolipídeos, esfingolipídeos e colesterol: síntese e movimento intracelular

Nesta seção, serão considerados alguns dos desafios especiais que a célula enfrenta na síntese e no transporte de lipídeos, que são pouco solúveis no interior celular aquoso. A ênfase da discussão será a biossíntese e o movimento dos principais lipídeos encontrados em membranas celulares – fosfolipídeos, esfingolipídeos e colesterol – e de seus precursores. Na biossíntese dos lipídeos, os precursores hidrossolúveis são reunidos em intermediários associados à membrana; então, esses intermediários são convertidos em produtos lipídicos de membrana. O movimento de lipídeos, especialmente os componentes de membrana, entre diferentes organelas é fundamental para a manutenção da composição e das propriedades das membranas e da estrutura celular global.

Um princípio fundamental da biossíntese de membranas é que as células sintetizam novas membranas somente pela expansão de membranas existentes. (Uma exceção pode ser a autofagia, em que a nova membrana é formada inicialmente por meio da formação de um crescente autofágico, cuja construção envolve modificação da fosfatidiletanolamina com o modificador Atg8 semelhante à ubiquitina [ver Figura 14-35].) Embora algumas etapas iniciais da síntese de lipídeos de membrana ocorram no citoplasma, as etapas finais são catalisadas por enzimas ligadas a membranas celulares preexistentes, e os produtos são incorporados às membranas à medida que elas são geradas. Esse fenômeno é evidenciado quando células são expostas brevemente a precursores radiativos (p. ex., fosfato ou ácidos graxos): todos os fosfolipídeos e esfingolipídeos que incorporam essas substâncias precursoras estão associados às membranas intracelulares; conforme esperado pela hidrofobicidade das cadeias acil graxas, nenhum deles é encontrado livre no citosol. Após sua formação, os lipídeos de membrana devem ser distribuídos apropriadamente em ambos os folhetos de certa membrana e entre as membranas independentes de diferentes organelas de células eucarióticas, bem como na membrana plasmática. Nesta seção, é considerado como é realizada essa exata distribuição de lipídeos; nos Capítulos 13 e 14, será discutido como as proteínas de membrana são inseridas nas membranas celulares e conduzidas à sua localização apropriada dentro da célula.

Os ácidos graxos são formados a partir de unidades básicas de 2 carbonos, por diversas enzimas importantes

Os ácidos graxos (Capítulo 2) desempenham muitos papéis importantes nas células. Além de serem fonte de combustível celular (ver discussão sobre oxidação aeróbia no Capítulo 12), os ácidos graxos são componentes básicos de fosfolipídeos e esfingolipídeos na constituição de membranas celulares e também ancoram algumas proteínas às membranas celulares (ver Figura 10-19). Portanto, a regulação da síntese de ácidos graxos exerce um papel essencial na regulação da síntese de membranas como um todo. Os principais ácidos graxos nos fosfolipídeos contêm 14, 16, 18 ou 20 átomos de carbono e incluem tanto cadeias saturadas quanto insaturadas. As cadeias acil graxas encontradas nos esfingolipídeos podem ser mais longas do que as dos fosfoglicerídeos, contendo mais de 26 átomos de carbono, e também experimentar outras modificações químicas (p. ex., hidroxilação).

Os ácidos graxos são sintetizados a partir do acetato, CH_3COO^-, bloco construtor de dois carbonos. Nas células, tanto o acetato quanto os intermediários na biossíntese de ácidos graxos são esterificados à grande molécula hidrossolúvel da coenzima A (CoA), conforme exemplificado pela estrutura da **acetil-CoA**:

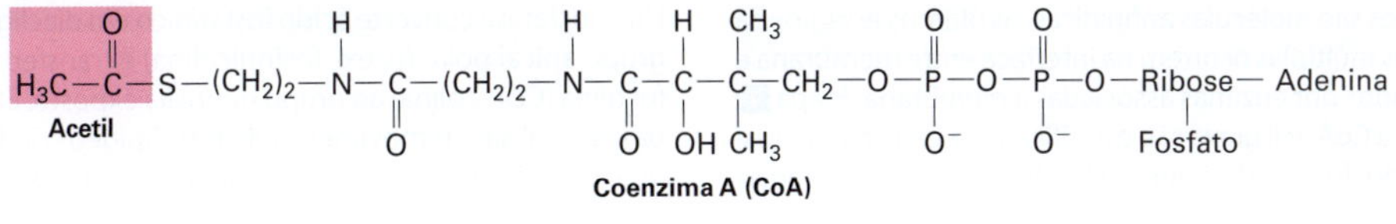

Coenzima A (CoA)

A acetil-CoA é um intermediário importante no metabolismo da glicose, ácidos graxos e muitos aminoácidos, como detalhado no Capítulo 12. Também contribui com grupos acetil em muitas rotas biossintéticas. Os ácidos graxos **saturados** (sem ligações duplas carbono-carbono) contendo 14 ou 16 átomos de carbono são formados a partir da acetil CoA por duas enzimas: *acetil-CoA carboxilase* e *ácido graxo sintase*. Em células animais, estas enzimas são encontradas no citosol; em plantas, elas são encontradas nos cloroplastos. A palmitoil-CoA (grupo acil graxo com 16 átomos de carbono ligado à CoA) pode ser alongada para 18 a 24 átomos de carbono, pela adição sequencial de unidades de dois carbonos no retículo endoplasmático (RE) ou, às vezes, na mitocôndria. As enzimas dessaturases, também localizadas no RE, introduzem ligações duplas em posições específicas de alguns ácidos graxos, produzindo ácidos graxos **insaturados**. A oleil-CoA (oleato ligado à CoA, ver Tabela 2-4), por exemplo, é formada pela remoção de dois átomos de H da estearil-CoA. Ao contrário dos ácidos graxos livres, os derivados de CoA acil graxa são solúveis em soluções aquosas devido à hidrofilicidade do segmento CoA.

Pequenas proteínas citosólicas facilitam o movimento de ácidos graxos

Para serem transportados livres ou não esterificados por meio do citoplasma celular, os ácidos graxos (os não ligados a uma CoA) geralmente são ligados por *proteínas de ligação de ácidos graxos* (FABPs, *fatty-acid-binding proteins*), que facilitam o movimento intracelular de muitos lipídeos. Essas proteínas contêm uma porção hidrofóbica revestida por folhas β (Figura 10-24). Um ácido graxo de cadeia longa pode ajustar-se a essa porção e interagir não covalentemente com a proteína circundante.

A expressão das FABPs celulares é regulada coordenadamente com as exigências celulares para a captação e a liberação de ácidos graxos. Assim, os níveis de FABP são elevados em músculos ativos usando ácidos graxos para a geração de ATP e em adipócitos, quando estão captando ácidos graxos para armazenagem como triglicerídeos ou liberando-os para a utilização por outras células. A importância das FABPs no metabolismo dos ácidos graxos é realçada pelas constatações que podem representar cerca de 5% de todas as proteínas citosólicas no fígado; além disso, a inativação genética da FABP do músculo cardíaco converte o coração de um músculo que queima principalmente ácidos graxos como fonte de energia em um que queima principalmente glicose.

Os ácidos graxos são incorporados aos fosfolipídeos principalmente na membrana do RE

Os ácidos graxos não são incorporados diretamente aos fosfolipídeos; em vez disso, nas células eucarióticas, eles são primeiramente convertidos em ésteres de CoA. Em

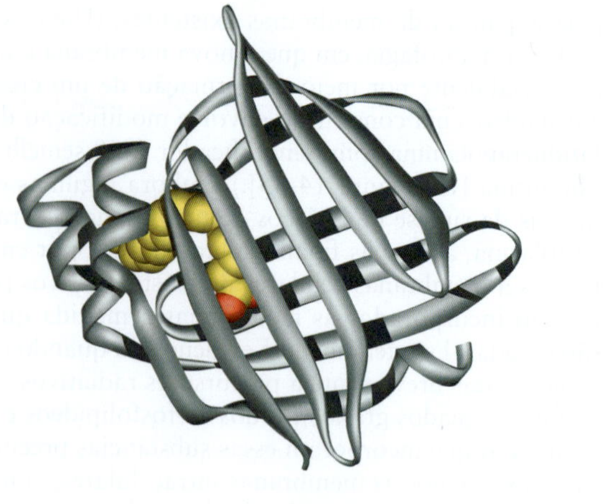

FIGURA 10-24 Ligação de um ácido graxo à porção hidrofóbica de uma proteína de ligação de ácidos graxos (FABP). A estrutura cristalina da FABP do adipócito (diagrama em fita) revela que a porção de ligação hidrofóbica é formada por duas folhas β dispostas quase perpendicularmente entre si, formando uma estrutura semelhante a uma concha de molusco. Um ácido graxo (carbonos em amarelo; oxigênios em vermelho) interagem não covalentemente com resíduos hidrofóbicos de aminoácidos dentro desta porção. (Ver A. Reese-Wagoner et al., 1999, *Biochim. Biophys. Acta* **23:**1441(2-3):106-116.)

células animais, a síntese subsequente de fosfolipídeos, como os fosfoglicerídeos, é realizada por enzimas associadas à face citosólica da membrana do RE (geralmente o RE liso); por meio de uma série de etapas, CoAs acil graxas, glicerol-3-fosfato e precursores dos grupos apicais polares são ligados e, após, inseridos na membrana do RE (Figura 10-25). O fato de essas enzimas serem localizadas no lado citosólico da membrana significa que existe uma assimetria inerente na biogênese da membrana: novas membranas são sintetizadas inicialmente apenas em um folheto – fato com consequências importantes para a distribuição assimétrica de lipídeos nos folhetos da membrana. Uma vez sintetizados no RE, os fosfolipídeos são transportados para outras organelas e para a membrana plasmática. As mitocôndrias sintetizam alguns dos seus próprios lipídeos de membrana e importam outros.

Os esfingolipídeos são também sintetizados indiretamente a partir de precursores múltiplos. A esfingosina, o bloco construtor desses lipídeos, é formada no RE, começando com a ligação de um grupo palmitoil (oriundo da palmitoil-CoA) à serina; a adição seguinte de um segundo grupo acil graxo para formar *N*-acil esfingosina (ceramida) também ocorre no RE. Mais tarde, um grupo apical polar é adicionado à ceramida, produzindo *esfingomielina*, cujo grupo apical é fosforilcolina e diversos *glicoesnfingolipídeos*, em que o grupo apical pode ser um monossacarídeo ou um oligossacarídeo mais complexo (ver Figura 10-8b). Alguma síntese de esfingolipídeos também pode ocorrer nas mitocôndrias. Além de servir como cadeia principal para esfingolipídeos, a ceramida e seus produtos metabólicos são moléculas sinalizadoras importantes que podem influenciar o crescimento e a proliferação celulares, a endocitose, a resistência ao estresse e a morte celular programada.

Após a conclusão da sua síntese no aparelho de Golgi, os esfingolipídeos são transferidos para outros compartimentos celulares por mecanismos mediados por vesículas, similares aos empregados no transporte de proteínas discutido no Capítulo 14. Todo tipo de transporte vesicular resulta em movimento não apenas da carga proteica, mas também dos lipídeos que compõem a membrana vesicular. Além disso, os fosfolipídeos, os

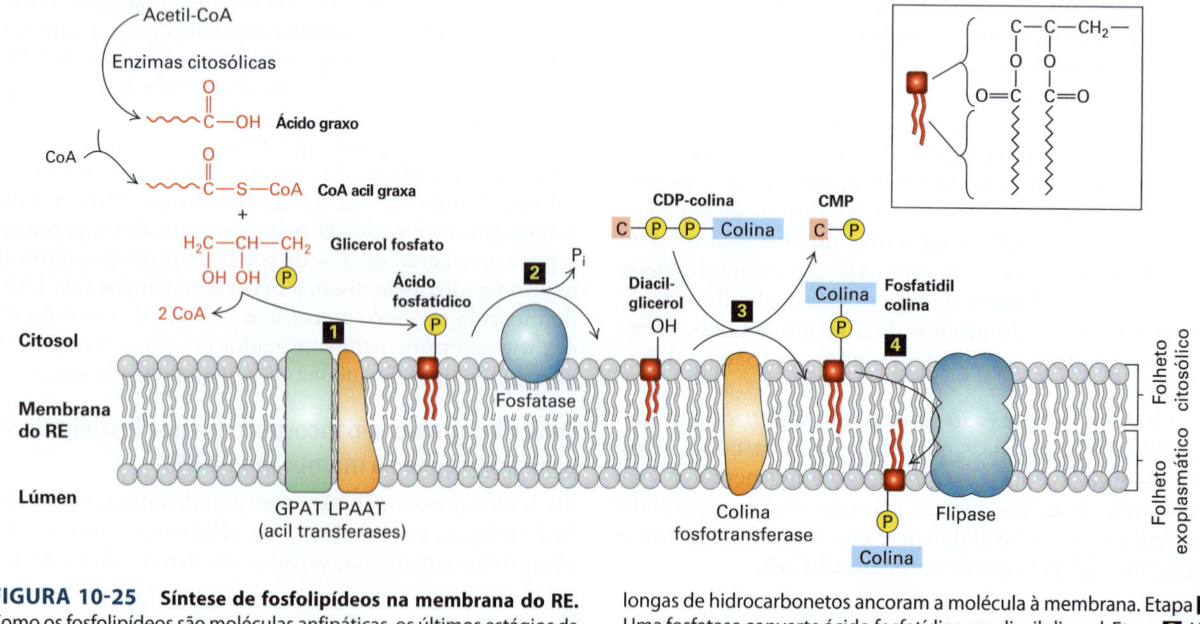

FIGURA 10-25 Síntese de fosfolipídeos na membrana do RE. Como os fosfolipídeos são moléculas anfipáticas, os últimos estágios da sua síntese de etapas múltiplas ocorrem na interface entre membrana e citosol e são catalisados por enzimas associadas à membrana. Etapa **1**: Dois ácidos graxos da CoA acil graxa são esterificados à cadeia principal de glicerol fosforilado, formando ácido fosfatídico, cujas duas cadeias longas de hidrocarbonetos ancoram a molécula à membrana. Etapa **2**: Uma fosfatase converte ácido fosfatídico em diacilglicerol. Etapa **3**: Um grupo apical polar (p. ex., fosforilcolina) é transferido da citosina difosfocolina (CDP-colina) ao grupo hidroxila exposto. Etapa **4**: Proteínas flipases catalisam o movimento de fosfolipídeos do folheto citosólico no qual são inicialmente formados para o folheto exoplasmático.

glicerídeos e o colesterol movem-se entre organelas por diferentes mecanismos descritos a seguir.

As flipases movem fosfolipídeos de um folheto da membrana ao folheto oposto

Ainda que os fosfolipídeos sejam inicialmente incorporados ao folheto citosólico da membrana do RE, diversos fosfolipídeos são assimetricamente distribuídos nos dois folhetos da membrana do RE e de outras membranas celulares. Conforme foi observado anteriormente, os fosfolipídeos não se deslocam (*flip-flop*) facilmente de um folheto a outro. Para que a membrana do RE se expanda mediante o crescimento de ambos os folhetos e tenham fosfolipídeos distribuídos assimetricamente, seus componentes fosfolipídicos devem ser capazes de mover-se de um folheto da membrana para o outro. Embora os mecanismos empregados para gerar e manter a assimetria dos fosfolipídeos de membrana ainda não sejam bem compreendidos, fica evidente que as flipases desempenham um papel preponderante. Conforme foi descrito no Capítulo 11, essas proteínas integrais de membrana utilizam a energia da hidrólise do ATP para facilitar o movimento de moléculas de fosfolipídeos de um folheto a outro (ver Figura 11-15).

O colesterol é sintetizado por enzimas no citosol e na membrana do RE

A seguir, é destacado o colesterol, o principal esterol em células animais. O colesterol é sintetizado principalmente no fígado. As primeiras etapas da síntese do colesterol (Figura 10-26) – conversão de três grupos acetil ligados à CoA (acetil-CoA), formando a molécula β-hidroxi-β-metilglutaril, de seis átomos de carbono, ligada à CoA (HMG-CoA) – ocorre no citosol. A conversão de HMG-CoA em mevalonato, etapa essencial no controle da velocidade da biossíntese do colesterol, é catalisada por *HMG-CoA redutase*, proteína integral de membrana do RE, embora o seu substrato e o seu produto sejam hidrossolúveis. O domínio catalítico hidrossolúvel da HMG-CoA estende-se para o citosol, mas suas oito hélices α transmembranas encaixam firmemente a enzima na membrana do RE. Cinco das hélices α transmembranas compõem o chamado *domínio sensor de esterol* e regulam a estabilidade enzimática. Quando os níveis de colesterol estão altos na membrana do RE, a ligação do colesterol a esse domínio provoca a ligação da proteína a duas outras proteínas integrais de membrana do RE: Insig-1 e Insig-2. Isso, por sua vez, induz a ubiquitinação (ver Figura 3-29) da HMG-CoA redutase e sua degradação pela rota do proteassomo, reduzindo a produção de mevalonato, o intermediário essencial na biossíntese do colesterol.

A **aterosclerose**, frequentemente chamada de obstrução das artérias dependente do colesterol, é caracterizada pela deposição progressiva de colesterol e outros lipídeos, células e material da matriz extracelular na camada interna da parede de uma artéria. A resultante distorção da parede celular pode levar, isoladamente ou em combinação com um coágulo sanguíneo, a um importante bloqueio do fluxo sanguíneo. A aterosclerose é

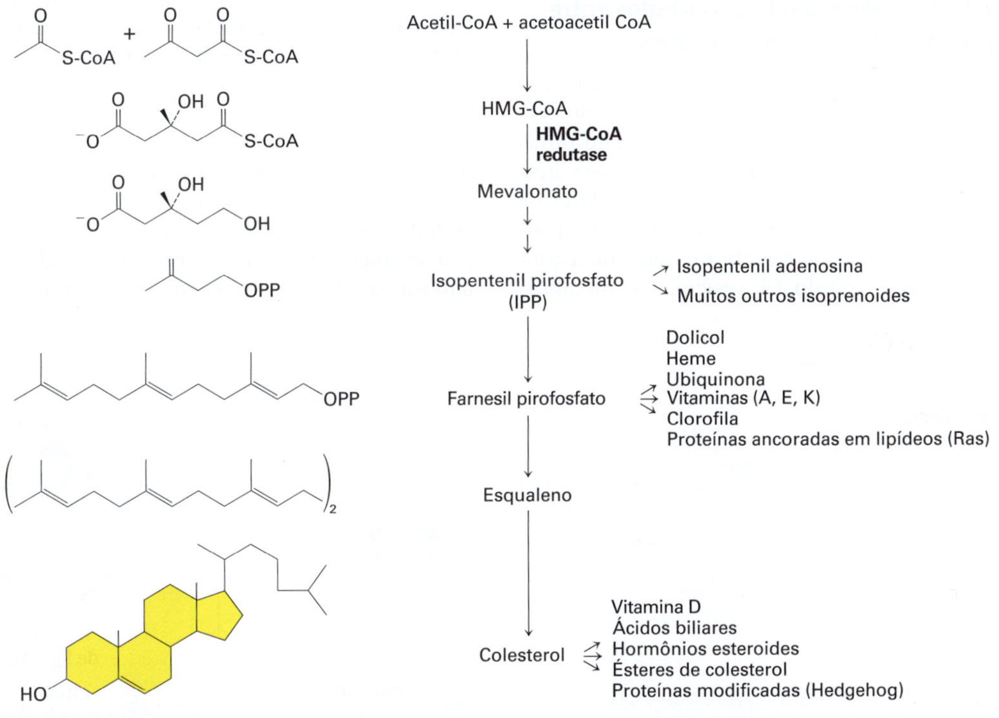

FIGURA 10-26 Rota da biossíntese do colesterol. A etapa regulada de controle da velocidade na biossíntese do colesterol é a conversão de β-hidroxi-β-metilglutaril CoA (HMG-CoA) em ácido mevalônico pela HMG-CoA redutase, proteína da membrana do RE. Após, o mevalonato é convertido no isopentenil pirofosfato (IPP), que tem a estrutura básica de isoprenoide de cinco carbonos. O IPP pode ser convertido em colesterol e em muitos outros lipídeos, geralmente por meio de intermediários de poli-isoprenoide mostrados aqui. Alguns dos numerosos compostos derivados de intermediários de isoprenoide e o próprio colesterol são indicados.

responsável por 75% de óbitos relacionados a doenças cardiovasculares nos EUA.

Talvez os medicamentos antiaterosclerose com maior êxito sejam as **estatinas**. Esses fármacos ligam-se à HMG-CoA redutase e inibem diretamente sua atividade, reduzindo, desse modo, a biossíntese do colesterol. Como consequência, a quantidade de lipoproteínas de baixa densidade (ver Figura 14-27) – partículas pequenas, envolvidas por membrana e contendo colesterol esterificado a ácidos graxos, conhecido justificadamente como "mau colesterol" – é diminuída no sangue, reduzindo a formação de placas de aterosclerose. ■

O mevalonato, o produto de seis carbonos formado pela HMG-CoA redutase, é convertido em várias etapas em isopentenil pirofosfato (IPP) – composto isoprenoide de cinco carbonos – e seu estereoisômero, dimetilalil pirofosfato (DMPP) (ver Figura 10-26). Essas reações são catalisadas por enzimas citosólicas, como são as reações seguintes na rota da síntese do colesterol, em que seis unidades de IPP condensam-se para produzir esqualeno, intermediário de cadeia ramificada composto por 30 átomos de carbono. Enzimas ligadas à membrana do RE catalisam reações múltiplas que, em mamíferos, convertem esqualeno em colesterol ou em esteróis relacionados, em outras espécies. O farnesil pirofosfato, um dos intermediários nessa rota, é o precursor do lipídeo de prenila que ancora Ras e outras proteínas à superfície citosólica da membrana plasmática (ver Figura 10-19), assim como outras biomoléculas importantes (ver Figura 10-26).

Colesterol e fosfolipídeos são transportados entre organelas por meio de vários mecanismos

Como já foi observado, as etapas finais da síntese de colesterol e fosfolipídeos ocorrem principalmente no RE. Desse modo, a membrana plasmática e as membranas que delimitam outras organelas devem obter esses lipídeos por meio de um ou mais processos intracelulares de transporte. Os lipídeos de membrana acompanham proteínas solúveis e proteínas de membrana durante a rota secretora descrita no Capítulo 14; vesículas de membrana brotam do RE e fundem-se com membranas no aparelho de Golgi; outras vesículas de membrana brotam do aparelho de Golgi e fundem-se com a membrana plasmática (Figura 10-27a). No entanto, várias linhas de evidência sugerem que, por meio de outros mecanismos, existe entre organelas um substancial movimento de colesterol e fosfolipídeos. Por exemplo, os inibidores químicos da clássica rota secretora e as mutações que impedem o tráfico vesicular nessa rota não evitam o transporte de colesterol ou fosfolipídeos entre membranas.

Um segundo mecanismo estabelece o contato direto (mediado por proteína) de membranas do RE ou de membranas derivadas do RE com membranas de outras organelas (Figura 10-27b). No terceiro mecanismo, pequenas proteínas de transferência de lipídeos facilitam a troca de fosfolipídeos ou colesterol entre membranas diferentes (Figura 10-27c). Embora essas proteínas de transferência tenham sido identificadas em ensaios *in vitro*, seu papel nos movimentos intracelulares da maioria dos fosfolipídeos não está bem definido. Por exemplo, os camundongos com mutação nocaute no gene que codifica a proteína de transferência da fosfatidilcolina parecem ser normais na maioria dos aspectos, indicando que essa proteína não é essencial para o metabolismo fosfolipídico celular.

Como observado anteriormente, as composições lipídicas de diferentes membranas de organelas variam consideravelmente (ver Tabela 10-1). Algumas dessas diferenças são atribuídas a sítios distintos de síntese. Por exemplo, um fosfolipídeo denominado cardiolipina, localizado na membrana mitocondrial, é produzido apenas nas mitocôndrias e uma pequena quantidade é transferida para outras organelas. O transporte diferencial de lipídeos também exerce um papel na determinação das composições lipídicas de diferentes membranas celulares. Por exemplo, ainda que o colesterol seja formado no RE, sua concentração (razão molar colesterol-para-fosfolipídeo) é 1,5 a 13 vezes mais alta na membrana plasmática do que em outras organelas (RE, aparelho de Golgi, mitocôndria, lisossomo). Embora os mecanismos responsáveis pelo estabelecimento e pela manutenção dessas diferenças não estejam bem compreendidos, constata-se que a com-

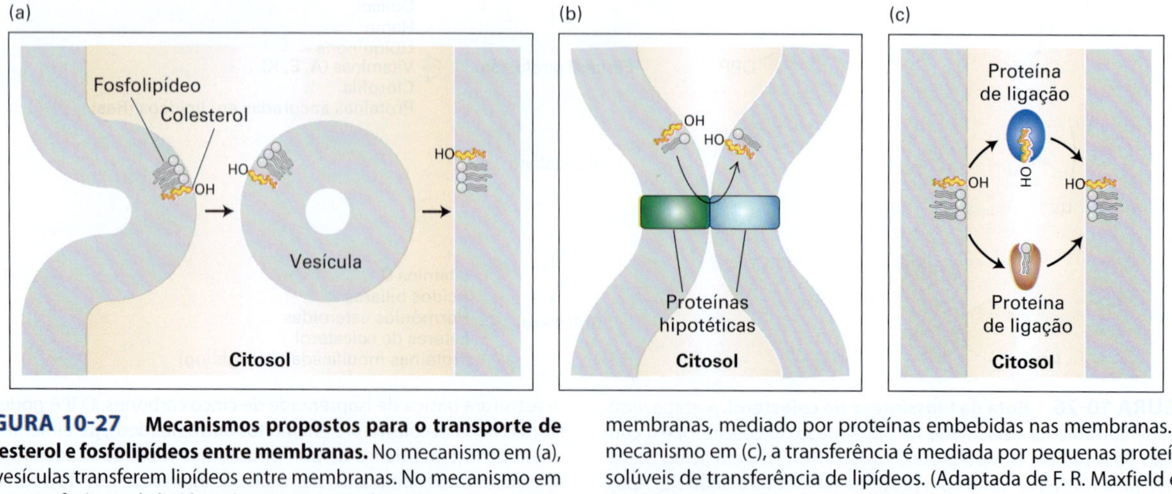

FIGURA 10-27 Mecanismos propostos para o transporte de colesterol e fosfolipídeos entre membranas. No mecanismo em (a), as vesículas transferem lipídeos entre membranas. No mecanismo em (b), a transferência de lipídeos é consequência do contato direto entre membranas, mediado por proteínas embebidas nas membranas. No mecanismo em (c), a transferência é mediada por pequenas proteínas solúveis de transferência de lipídeos. (Adaptada de F. R. Maxfield e D. Wustner, 2002, *J. Clin. Invest.* **110**:891.)

posição lipídica distintiva de cada membrana tem grande influência nas suas propriedades físicas e biológicas.

CONCEITOS-CHAVE da Seção 10.3

Fosfolipídeos, esfingolipídeos e colesterol: síntese e movimento intracelular

- Os ácidos graxos saturados e insaturados com cadeias de diversos comprimentos são componentes de fosfolipídeos e esfingolipídeos.
- Os ácidos graxos são sintetizados por enzimas hidrossolúveis a partir de acetil-CoA e modificados por alongamento e dessaturação no retículo endoplasmático (RE).
- Os ácidos graxos livres são transportados dentro das células por proteínas de ligação de ácidos graxos (FABPs).
- Os ácidos graxos são incorporados aos fosfolipídeos por meio de um processo de múltiplas etapas. As etapas finais na síntese de fosfoglicerídeos e esfingolipídeos são catalisadas por enzimas associadas a membranas principalmente na face citosólica do RE (ver Figura 10-25).
- Cada tipo de lipídeo recém-sintetizado é incorporado às membranas preexistentes, onde foi sintetizado; assim, as próprias membranas são plataformas para a síntese de novo material de membrana.
- Os fosfolipídeos de membrana, na maioria, estão preferencialmente distribuídos no folheto exoplasmático ou no citosólico. Essa assimetria resulta em parte da ação de flipases de fosfolipídeos, que movem rapidamente lipídeos de um folheto ao outro.
- As etapas iniciais na biossíntese do colesterol ocorrem no citosol, enquanto as últimas etapas são catalisadas por enzimas associadas à membrana do RE.
- A etapa de controle da velocidade na biossíntese do colesterol é catalisada pela HMG-CoA redutase, cujos segmentos transmembranas são embebidos na membrana do RE e contêm um domínio de percepção de esterol.
- Evidências consideráveis indicam que o tráfico vesicular independente do aparelho de Golgi, os contatos diretos entre membranas diferentes mediados por proteínas e os carreadores proteicos solúveis, ou todos os três, podem ser responsáveis por parte do transporte de colesterol e fosfolipídeos entre organelas (ver Figura 10-27).

Perspectivas

Uma questão fundamental na biologia dos lipídeos diz respeito à geração, manutenção e função da distribuição assimétrica de lipídeos no interior dos folhetos de uma membrana, bem como a variação na composição lipídica entre as membranas de diferentes organelas. Quais são os mecanismos subjacentes a essa complexidade e por que ela é necessária? Já se sabe que certos lipídeos podem interagir especificamente com algumas proteínas e influenciar sua atividade. Por exemplo, as grandes proteínas multiméricas que participam da fosforilação oxidativa na membrana mitocondrial interna reúnem-se em supercomplexos, cuja estabilidade talvez dependa das propriedades físicas e da ligação de fosfolipídeos especializados como a cardiolipina (ver Capítulo 12).

A existência de balsas lipídicas em membranas biológicas e sua função na sinalização celular permanecem tópicos de debates acalorados. Muitos estudos bioquímicos usando membranas-modelo revelam que ligações laterais estáveis de esfingolipídeos e colesterol – balsas lipídicas – podem facilitar interações seletivas proteína-proteína, mediante exclusão ou inclusão de proteínas específicas. Porém, existem pesquisas intensas sobre a existência ou não de balsas lipídicas em membranas biológicas naturais, bem como sobre suas dimensões e dinâmica. Novas ferramentas biofísicas e microscópicas começam a proporcionar uma base mais sólida para a existência, o tamanho e o comportamento das balsas.

A despeito do expressivo progresso na compreensão do metabolismo celular e do movimento de lipídeos, os mecanismos para o transporte de colesterol e fosfolipídeos entre membranas de organelas permanecem pouco caracterizados. Em especial, inexiste uma compreensão detalhada de como diferentes proteínas de transporte movem lipídeos de um folheto de membrana para outro (atividade da flipase) e para dentro e para fora das células. Essa compreensão demandará a determinação de estruturas de alta resolução dessas moléculas, sua captura em diversos estágios do processo de transporte, bem como cuidadosa análise cinética e outras análises biofísicas de sua função, de modo semelhante às abordagens discutidas no Capítulo 11 para elucidação da operação de canais de íons e bombas movidas por ATP.

Os avanços recentes na solubilização e cristalização de proteínas integrais de membrana levaram ao delineamento das estruturas moleculares de muitos tipos importantes de proteínas, tais como canais íons, receptores acoplados à proteína G, bombas de íons movidas ATP e aquaporinas, conforme será visto no Capítulo 11. Entretanto, muitas classes importantes de proteínas de membrana não são reveladas com essas novas abordagens. Por exemplo, desconhece-se a estrutura das proteínas que transportam glicose para dentro de uma célula eucariótica. Conforme será estudado nos Capítulos 15 e 16, muitas classes de receptores transpõem a membrana plasmática com uma ou mais hélices α. Talvez surpreendentemente, não se conhece a estrutura molecular do segmento de membrana de qualquer receptor de passagem única na superfície de célula eucariótica e, desse modo, muitos aspectos da função dessas proteínas são ainda obscuros. A transmissão de informações através da membrana, conforme ocorre quando um receptor de passagem única se liga a um ligante apropriado, ainda não foi descrita em resolução molecular adequada. A resolução de estruturas moleculares desses e de outros tipos de proteínas de membrana esclarecerá muitos aspectos da biologia celular molecular.

Termos-chave

anfipática 447
aquaporina 460
aterosclerose 469
balsa lipídica 456
bicamada fosfolipídica 447
cílio 450
citoesqueleto 445

colesterol 452
esfingolipídeo 452
estatina 470
esterol 452
face citosólica 449
face exoplasmática 449
flagelo 450
flipase 456
fosfoglicerídeo 450
fosfolipase 455
glicolipídeo 452
glicoproteína 463
gotícula lipídica 457
hidrofílico 447
hidrofóbica 447
insaturado 467
lectina 463
lipossomo 447
lúmen 449
membrana plasmática 445
micela 447
porina 462
proteína de membrana ancorada em lipídeo 458
proteína de transporte de membrana 445
proteína integral de membrana 458
proteína periférica de membrana 458
receptores 445
saturado 467

Revisão dos conceitos

1. Quando vista ao microscópio eletrônico, a bicamada lipídica é frequentemente descrita como semelhante a um trecho de ferrovia. Explique como a estrutura da bicamada cria essa imagem.
2. Explique a seguinte afirmação: a estrutura de todas as biomembranas depende das propriedades químicas de fosfolipídeos, ao passo que a função de cada biomembrana específica depende de proteínas específicas associadas a esta membrana.
3. As biomembranas contêm muitos tipos diferentes de moléculas lipídicas. Quais são os três tipos principais de moléculas lipídicas encontradas em biomembranas? Em que os três tipos são semelhantes e em que são diferentes?
4. As bicamadas lipídicas são consideradas fluidos bidimensionais. O que isso significa? O que aciona o movimento de moléculas lipídicas e proteínas no interior da bicamada? Como esse movimento pode ser medido? Que fatores afetam o grau de fluidez da membrana?
5. Por que as substâncias hidrossolúveis são incapazes de atravessar livremente a bicamada lipídica da membrana celular? Como a célula supera essa barreira à permeabilidade?
6. Designe os três grupos em que as proteínas associadas à membrana podem ser classificadas. Explique o mecanismo pelo qual cada grupo se associa com uma biomembrana.
7. Identifique as seguintes proteínas associadas à membrana, com base em sua estrutura: (a) tetrâmeros de subunidades idênticas, cada qual com seis hélices α que atravessam a membrana; (b) trímeros de subunidades idênticas, cada qual com 16 folhas β formando uma estrutura em barril.
8. As proteínas podem ser encontradas na face exoplasmática ou na face citosólica da membrana plasmática através de lipídeos ligados covalentemente. Quais são os três tipos de âncoras lipídicas responsáveis pela ligação de proteínas à bicamada da membrana plasmática, e que tipo é usado pelas proteínas da superfície celular voltadas para o meio externo e pelos proteoglicanos glicosilados?
9. Embora ambas as faces de uma biomembrana sejam compostas pelos mesmos tipos gerais de macromoléculas, principalmente lipídeos e proteínas, as duas faces da bicamada não são idênticas. Qual o responsável pela assimetria entre as duas faces?
10. O que são detergentes? Como os detergentes iônicos e não iônicos diferem quanto à capacidade de romper a estrutura de membrana celular?
11. Qual é a identidade provável dessas proteínas associadas à membrana: (a) liberadas da membrana por solução altamente salina, causando o rompimento de ligações iônicas; (b) não liberadas da membrana pela exposição a uma solução altamente salina somente, mas liberadas quando incubadas com enzima que cliva ligações fosfato-glicerol e ligações covalentes são rompidas; (c) não liberadas da membrana pela exposição a solução altamente salina, mas liberadas após adição do detergente dodecilssulfato de sódio (SDS). A atividade da proteína liberada em (c) será mantida após a sua liberação?
12. Após a produção de extratos de membrana usando o detergente Triton X-100, é realizada a análise dos lisados de membrana por meio de espectrometria de massa e observado um conteúdo alto de colesterol e esfingolipídeos. Além disso, a análise bioquímica dos lisados revela atividade potencial de cinase. O que provavelmente foi isolado?
13. A biossíntese de fosfolipídeos na interface entre o retículo endoplasmático (RE) e o citosol apresenta muitos desafios que devem ser solucionados pela célula. Explique como cada um deles é tratado.
    a. Todos os substratos para a biossíntese de fosfolipídeos são hidrossolúveis, embora os produtos finais não sejam.
    b. O sítio imediato de incorporação de todos os fosfolipídeos recém-sintetizados é o folheto citosólico da membrana do RE, embora os fosfolipídeos devam ser incorporados em ambos os folhetos.
    c. Muitos sistemas de membranas na célula, por exemplo, a membrana plasmática, são incapazes de sintetizar seus próprios fosfolipídeos, embora essas membranas devam também expandir-se, se a célula crescer e se dividir.
14. Quais são as cadeias de ácidos graxos comuns em fosfoglicerídeos e por que essas cadeias diferem em múltiplos de 2 no seu número de átomos de carbono?
15. Os ácidos graxos devem se associar com chaperonas lipídicas, a fim de mover-se dentro da célula. Por que essas chaperonas são necessárias e qual é o nome dado a um grupo de proteínas responsáveis por esse tráfego intracelular de ácidos graxos? Qual é a principal característica distintiva dessas proteínas que permite o movimento de ácidos graxos dentro da célula?
16. A biossíntese do colesterol é um processo altamente regulado. Qual é a enzima chave regulada na bios-

síntese do colesterol? Essa enzima está sujeita à inibição por retroalimentação. O que é inibição por retroalimentação? Como essa enzima percebe os níveis de colesterol em uma célula?

17. Os fosfolipídeos e o colesterol devem ser transportados do seu sítio de síntese para diversos sistemas de membranas no interior das células. Uma maneira de realizar essa tarefa é o transporte vesicular, como no caso de muitas proteínas na rota secretora (Capítulo 14). Todavia, a maior parte do transporte celular de membrana a membrana de fosfolipídeos e colesterol não é vesicular. Qual é a evidência para essa afirmação? Quais seriam os principais mecanismos para o transporte de fosfolipídeos e colesterol?
18. Explique o mecanismo pelo qual as estatinas diminuem o "mau" colesterol.

Análise dos dados

1. O comportamento do receptor X (XR), proteína transmembrana presente na membrana plasmática de células de mamíferos, está sendo investigado. A proteína é produzida por engenharia genética e contém a proteína verde fluorescente (GFP, *green fluorescent protein*) na sua porção N-terminal. GFP-XR é uma proteína funcional e pode substituir XR nas células.
   a. As células que expressam GFP-XR ou vesículas lipídicas artificiais (lipossomos) contendo GFP-XR estão sujeitas à recuperação da fluorescência após a fotoemissão (FRAP). A intensidade da fluorescência de uma pequena área sobre a superfície das células (linha contínua) ou sobre a superfície dos lipossomos (linha pontilhada) é medida antes e depois do clareamento a *laser* (seta). Os dados são apresentados abaixo.

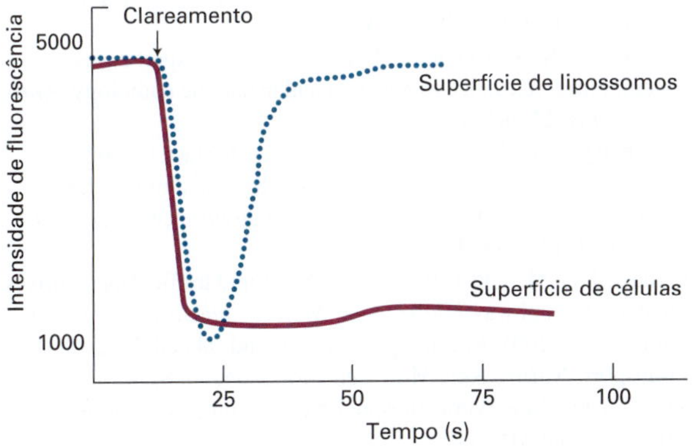

   Como poderia ser explicada a diferença de comportamento de GFP-XR nos lipossomos e na membrana plasmática de uma célula?

   b. Minúsculas partículas de ouro podem ser aderidas a moléculas individuais e o seu movimento é, então, acompanhado em um microscópio óptico por rastreamento de partículas individuais. Esse método permite observar o comportamento de proteínas individuais em uma membrana. Abaixo, são mostrados os vestígios gerados, durante um período de observação de 5 segundos, por uma partícula aderida ao XR presente na célula (à esquerda) ou no lipossomo (centro) ou ao XR disposto sobre lâmina de microscópio (à direita).

   Que informação adicional esses dados fornecem, além do que pode ser determinado a partir dos dados de FRAP?

   c. A transferência de energia por ressonância de fluorescência (FRET, *fluorescence resonance energy transfer*) é uma técnica pela qual uma molécula fluorescente, após ser excitada com um comprimento de onda de luz apropriado, transferir sua energia de emissão para uma molécula fluorescente próxima e excitá-la (ver Figura 15-18). A proteína fluorescente azul (CFP, *cyan fluorescent protein*) e a proteína fluorescente amarela (YFP, *yellow fluorescent protein*) são relacionadas à GFP, mas fluorescem nos comprimentos de onda do azul e amarelo e não do verde. Se a CFP for excitada com o comprimento de onda de luz apropriado e uma molécula de YFP estiver muito perto, a energia pode ser transferida da emissão da CFP e usada para excitar YFP, conforme indicam a perda de emissão da fluorescência azul e o aumento de emissão da fluorescência amarela. CFP-XR e YFP-XR são expressos juntos em uma linhagem celular ou ambos são incorporados em lipossomos. O número de YFP-XR e CFP-XR por cm^2 de membrana é equivalente nas células e nos lipossomos. As células e os lipossomos são então irradiados com um comprimento de onda de luz que provoca fluorescência na CFP, mas não na YFP. A seguir, a quantidade de fluorescências azul esverdeada (CFP) e amarela (YFP) emitida pelas células (linha contínua) ou lipossomos (linha pontilhada) é monitorada, conforme representação abaixo.

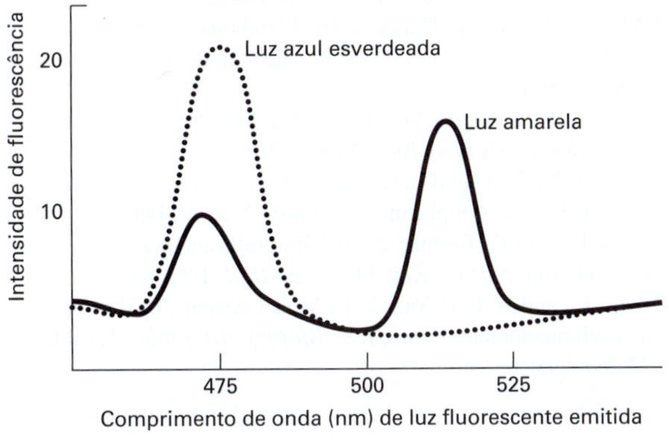

A partir desses dados, o que pode ser deduzido sobre XR?

2. Após realizar a calorimetria exploratória diferencial (*differential scanning calorimetry*; procedimento usado para determinar a temperatura de transição de determinada membrana por meio do registro da quantidade de calor absorvido antes da transição de fase [estado sólido para fluido]) em membrana de três organismos diferentes, são obtidos os seguintes resultados:

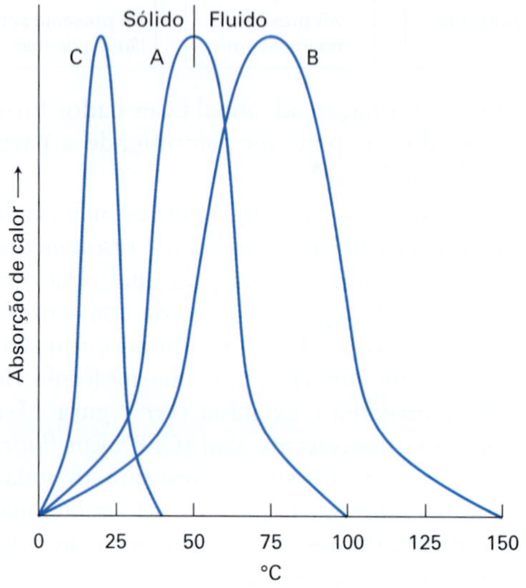

A respeito da composição lipídica da membrana C, qual das seguintes afirmações provavelmente seja verdadeira?

i. Tem níveis elevados de hidrocarbonetos saturados e caudas de hidrocarboneto longas, em comparação com A e B.
ii. Tem níveis elevados de hidrocarbonetos saturados e caudas de hidrocarboneto curtas, em comparação com A e B.
iii. Tem níveis elevados de hidrocarbonetos insaturados e caudas de hidrocarboneto longas, em comparação com A e B.
iv. Tem níveis elevados de hidrocarbonetos insaturados e caudas de hidrocarboneto curtas, em comparação com A e B.

Referências

Bicamada lipídica: composição e organização estrutural

McMahon, H., and J. L. Gallop. 2005. Membrane curvature and mechanisms of dynamic cell membrane remodeling. *Nature* **438**:590–596.

Mukherjee, S., and F. R. Maxfield. 2004. Membrane domains. *Annu. Rev. Cell Dev. Biol.* **20**:839–866.

Ploegh, H. 2007. A lipid-based model for the creation of an escape hatch from the endoplasmic reticulum. *Nature* **448**:435–438.

Simons, K., and D. Toomre. 2000. Lipid rafts and signal transduction. *Nature Rev. Mol. Cell Biol.* **1**:31–41.

Simons, K., and W. L. C. Vaz. 2004. Model systems, lipid rafts, and cell membranes. *Annu. Rev. Biophys. Biomolec. Struct.* **33**:269–295.

Tamm, L. K., V. K. Kiessling, and M. L. Wagner. 2001. Membrane dynamics. *Encyclopedia of Life Sciences.* Nature Publishing Group.

Vance, D. E., and J. E. Vance. 2002. *Biochemistry of Lipids, Lipoproteins, and Membranes,* 4th ed. Elsevier.

Van Meer, G. 2006. Cellular lipidomics. *EMBO J.* **24**:3159–3165.

Yeager, P. L. 2001. Lipids. *Encyclopedia of Life Sciences.* Nature Publishing Group.

Zimmerberg, J., and M. M. Kozlov. 2006. How proteins produce cellular membrane curvature. *Nature Rev. Mol. Cell Biol.* **7**:9–19.

Proteínas de membrana: estrutura e funções básicas

Bowie, J. 2005. Solving the membrane protein folding problem. *Nature* **438**:581–589.

Cullen, P. J., G. E. Cozier, G. Banting, and H. Mellor. 2001. Modular phosphoinositide-binding domains: their role in signalling and membrane trafficking. *Curr. Biol.* **11**:R882–R893.

Engelman, D. Membranes are more mosaic than fluid. 2005. *Nature* **438**:578–580.

Lanyi, J. K., and H. Luecke. 2001. Bacteriorhodopsin. *Curr. Opin. Struc. Biol.* **11**:415–519.

Lee, A. G. 2005. A greasy grip. *Nature* **438**:569–570.

MacKenzie, K. R., J. H. Prestegard, and D. M. Engelman. 1997. A transmembrane helix dimer: structure and implications. *Science* **276**:131–133.

McIntosh, T. J., and S. A. Simon. 2006. Roles of bilayer material properties in function and distribution of membrane proteins *Ann. Rev. Biophys. Biomolec. Struct.* **35**:177–198.

Wucherpfennig, K.W., E. Gagnon, M .J. Call, E. S. Huseby, and M. E. Call. 2010. *Cold Spring Harb Perspect Biol,* **2**.:a005140.

Schulz, G. E. 2000. β-Barrel membrane proteins. *Curr. Opin. Struc. Biol.* **10**:443–447.

Fosfolipídeos, esfingolipídeos e colesterol: síntese e movimento intracelular

Bloch, K. 1965. The biological synthesis of cholesterol. *Science* **150:**19–28.

Daleke, D. L., and J. V. Lyles. 2000. Identification and purification of aminophospholipid flippases. *Biochim. Biophys. Acta* **1486**:108–127.

Futerman, A., and H. Riezman. 2005. The ins and outs of sphingolipid synthesis. *Trends Cell Biol.* **15**:312–318.

Hajri, T., and N. A. Abumrad. 2002. Fatty acid transport across membranes: relevance to nutrition and metabolic pathology. *Ann. Rev. Nutr.* **22**:383–415.

Henneberry, A. L., M. M. Wright, and C. R. McMaster. 2002. The major sites of cellular phospholipid synthesis and molecular determinants of fatty acid and lipid head group specificity. *Mol. Biol. Cell* **13**:3148–3161.

Holthuis, J. C. M., and T. P. Levine. 2005. Lipid traffic: floppy drives and a superhighway *Nature Rev. Molec. Cell Biol.* **6**:209–220.

Ioannou, Y. A. 2001. Multidrug permeases and subcellular cholesterol transport. *Nature Rev. Mol. Cell Biol.* **2**:657–668.

Kent, C. 1995. Eukaryotic phospholipid biosynthesis. *Ann. Rev. Biochem.* **64**:315–343.

Maxfield, F. R., and I. Tabas. 2005. Role of cholesterol and lipid organization in disease. *Nature* **438**:612–621.

Stahl, A., R. E. Gimeno, L. A. Tartaglia, and H. F. Lodish. 2001. Fatty acid transport proteins: a current view of a growing family. *Trends Endocrinol. Metab.* **12**(6):266–273.

van Meer, G., and H. Sprong. 2004. Membrane lipids and vesicular traffic. *Curr. Opin. Cell Biol.* **16**:373–378.

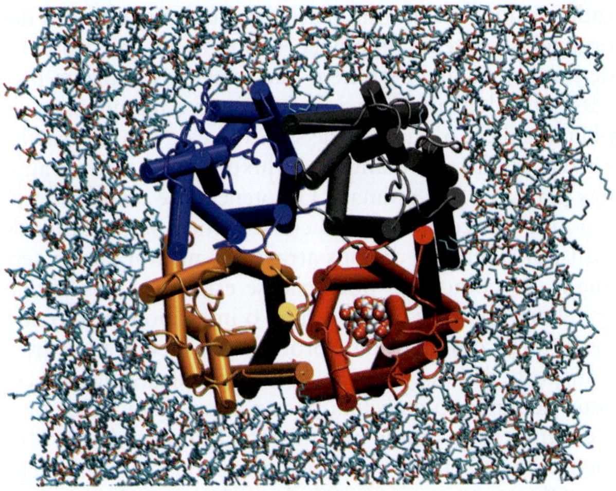

Visão externa de uma proteína aquaporina bacteriana, responsável pelo transporte de água e glicerol para dentro e para fora da célula, embebida na membrana fosfolipídica. Os quatro monômeros idênticos estão coloridos individualmente; cada monômero tem um canal no seu centro. (De M. Ø. Jensen et al., 2002, *Proc. Nat'l Acad. Sci. USA* **99**:6731-6736.)

CAPÍTULO

11

O transporte transmembrana de íons e pequenas moléculas

SUMÁRIO

Em todas as células, a membrana plasmática forma uma barreira permeável que separa o citoplasma do ambiente externo, definindo os limites físicos e químicos da célula. Por meio da prevenção do movimento livre de moléculas e íons para dentro e para fora das células, a membrana plasmática mantém diferenças essenciais entre a composição do líquido extracelular e do citosol; por exemplo, a concentração de NaCl no sangue e nos líquidos extracelulares de animais geralmente está acima de 150 mM, semelhante à concentração da água do mar, onde se acredita que as células tenham evoluído, enquanto a concentração de Na^+ no citosol é dez vezes menor. Em contrapartida, a concentração de íons potássio (K^+) é maior no citosol que no meio extracelular.

As membranas de organelas, que separam o citosol do interior das organelas, também formam barreiras permeáveis. Por exemplo, a concentração de prótons no interior dos lisossomos, a pH 5, é cerca de 100 vezes maior que a do citosol; e diversos metabólitos específicos acumulam-se em concentrações mais altas no interior de outras organelas, como o retículo endoplasmático ou o aparelho de Golgi, do que no citosol.

Todas as membranas celulares, seja a membrana plasmática ou a membrana de organelas, são compostas por uma bicamada de fosfolipídeos onde outros lipídeos e tipos específicos de proteínas estão embebidos. É esta combinação de lipídeos e proteínas que confere às membranas celulares suas propriedades de permeabilidade seletiva. Se as membranas celulares fossem compostas apenas pela bicamada de lipídeos (ver Figura 10-4), elas seriam excelentes barreiras químicas, impermeáveis a praticamente todos os íons, aminoácidos, açúcares e outras moléculas solúveis em água. Na verdade, apenas alguns poucos gases e pequenas moléculas sem carga e solúveis em água são capazes de difundir rapidamente através de uma bicamada fosfolipídica pura (Figura 11-1). No entanto, as membranas celulares devem atuar não apenas como barreiras, mas também como condutoras, transportando seletivamente moléculas e íons de um lado ao outro da membrana. Moléculas de glicose ricas em energia, por exemplo, devem ser importadas pela célula, e os resíduos devem ser eliminados.

O movimento de praticamente todos os íons e pequenas moléculas pelas membranas celulares é mediado por **proteínas transportadoras de membrana** – proteínas integrais de membrana, embebidas nas membranas celulares por múltiplos domínios transmembrana. Essas proteínas transmembrana atuam como balsas, canais ou bombas para o transporte de moléculas e íons através do interior hidrofóbico da membrana. Em alguns casos, moléculas e íons são transportados de locais de alta concentração para locais de baixa concentração, processo

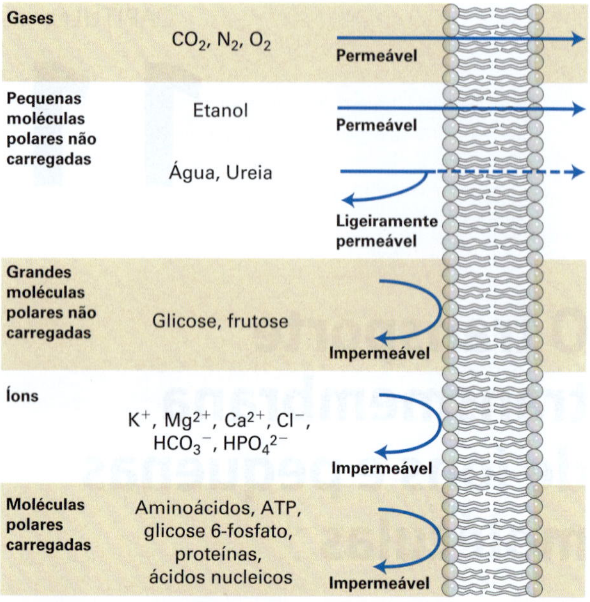

FIGURA 11-1 Permeabilidade relativa de uma bicamada pura de fosfolipídeos a várias moléculas. A bicamada é permeável a diversos gases e a moléculas pequenas, não carregadas, e solúveis em água (polares). É ligeiramente permeável à água e essencialmente impermeável a íons e moléculas grandes polares.

termodinamicamente favorável, facilitado pelo aumento de entropia. Exemplos incluem o transporte de água e de glicose do sangue para as células do corpo. Em outros casos, moléculas e íons devem ser transportados de locais de baixa concentração para locais de alta concentração, processo termodinamicamente desfavorável que só pode ocorrer quando uma fonte externa de energia estiver disponível para deslocar as moléculas contra o gradiente de concentração. Um exemplo é a capacidade da célula de concentrar prótons no interior dos lisossomos para gerar o baixo pH no seu lúmen. Frequentemente, a energia necessária é fornecida pelo acoplamento mecânico da liberação de energia pela hidrólise da ligação fosfoanidro terminal do ATP com o movimento de uma molécula ou íon pela membrana. Outras proteínas acoplam o movimento de íons ou moléculas contra seu gradiente de concentração com o movimento de outros a favor do seu gradiente, utilizando a energia liberada pelo movimento favorável de certos íons e moléculas para promover termodinamicamente o movimento desfavorável de outros íons e moléculas. O funcionamento adequado de qualquer célula depende do equilíbrio preciso entre a importação e a exportação de diversos íons e moléculas.

Inicia-se a discussão sobre as proteínas transportadoras de membrana pela revisão de alguns princípios gerais do transporte através das membranas, distinguindo as três principais classes dessas proteínas. Em seguida, serão descritos a estrutura e o funcionamento de exemplos específicos de cada classe, mostrando como os membros das famílias de proteínas de transporte homólogas têm propriedades diferentes que possibilitam o funcionamento correto dos diversos tipos de células. Também será explicado como a membrana plasmática e as membranas das organelas contêm combinações específicas das proteínas de transporte que permitem que as células realizem processos fisiológicos essenciais, incluindo a manutenção do pH citosólico, o acúmulo de sacarose e de sais nos vacúolos das células das plantas e o fluxo direcionado de água nas plantas e nos animais. O potencial de membrana de repouso das células é uma consequência importante do transporte seletivo de íons através de membranas, e será analisado como esse potencial se estabelece. As células epiteliais, como as que revestem o intestino delgado, utilizam uma combinação de proteínas de membrana para o transporte de íons, açúcares, outras pequenas moléculas e água de um lado da célula para o outro. Será visto como a compreensão desses mecanismos levou ao desenvolvimento desde bebidas esportivas até terapias para o cólera.

Observe que neste capítulo será abordado apenas o transporte de íons e pequenas moléculas; o transporte de moléculas maiores, como proteínas e oligossacarídeos, será considerado nos Capítulos 13 e 14.

11.1 Visão geral do transporte transmembrana

Nesta seção, serão descritos inicialmente os fatores que influenciam a permeabilidade das membranas lipídicas; depois, brevemente, as três principais classes de proteínas transportadoras de membrana que permitem que moléculas e íons as atravessem. Diferentes tipos de proteínas embebidas na membrana realizam a tarefa de deslocar moléculas e íons de modos distintos.

Apenas gases e pequenas moléculas não carregadas atravessam membranas por difusão simples

Com sua densa região central hidrofóbica, a bicamada fosfolipídica é amplamente impermeável a moléculas solúveis em água e íons. Apenas gases, como O_2 e CO_2, e moléculas polares pequenas sem carga, como ureia e etanol, conseguem atravessar por **difusão simples** uma membrana artificial composta apenas por fosfolipídeos ou por fosfolipídeos e colesterol (ver Figura 11-1). Essas moléculas também podem difundir pelas membranas celulares sem o auxílio das proteínas de transporte. Nenhuma energia metabólica é despendida, porque o movimento é de uma região de alta concentração para uma região de baixa concentração da molécula, a favor do seu gradiente de concentração química. Como observado no Capítulo 2, essas reações de transporte são espontâneas, porque têm um valor positivo de ΔS (aumento da entropia) e, portanto, um valor negativo de ΔG (diminuição da energia livre).

A taxa de difusão relativa de qualquer substância através de uma bicamada de fosfolipídeos é proporcional ao seu gradiente de concentração pela bicamada e à sua hidrofobicidade e tamanho; o deslocamento de moléculas carregadas também é afetado por qualquer potencial elétrico pela membrana. Quando uma bicamada de fosfolipídeos separa dois espaços aquosos, ou "compartimentos", a permeabilidade da membrana pode ser facilmente determinada adicionando-se uma pequena quantidade de material radiativo a um dos compartimentos e medindo sua taxa de aparição no outro compartimento. Quanto maior o gradiente de concentração da substância, mais rápida será a sua taxa de difusão através da bicamada.

A hidrofobicidade de uma substância é determinada pela mensuração do seu coeficiente de partição *K*, que é a constante de equilíbrio para a sua partição entre o óleo e a água. Quanto maior o coeficiente de partição de uma substância (quanto maior for a sua fração observada em óleo em relação à água), mais solúvel ela é em lipídeos e, portanto, mais rápida será a sua difusão através de uma bicamada. O primeiro passo, que também é a etapa limitante, do transporte por difusão simples é o movimento da molécula da solução aquosa para o interior hidrofóbico da bicamada de fosfolipídeos, que tem propriedades químicas semelhantes às do azeite de oliva. É por essa razão que quanto mais hidrofóbica for uma molécula, mais rapidamente ela difundirá por meio de uma bicamada de fosfolipídeos. Por exemplo, a dietilureia, com um grupamento etila ligado a cada átomo de nitrogênio:

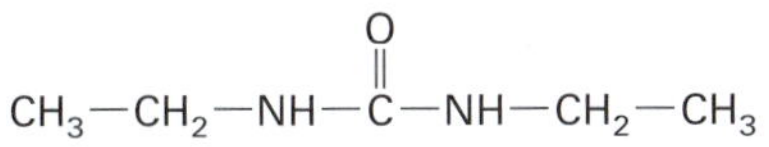

tem um *K* de 0,01, ao passo que a ureia

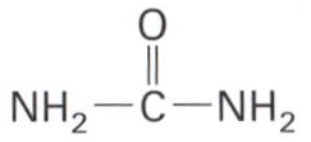

tem um *K* de 0,0002. A dietilureia, 50 vezes (0,01/0,0002) mais hidrofóbica do que a ureia, irá difundir através das membranas de bicamada de fosfolipídeos cerca de 50 vezes mais rápido do que a ureia. De maneira similar, os ácidos graxos com cadeias de hidrocarbonetos longas são mais hidrofóbicos do que aqueles com cadeias menores e irão difundir mais rapidamente através de uma bicamada de fosfolipídeos, independentemente da sua concentração.

Se a substância transportada tiver uma carga elétrica efetiva, seu movimento através de uma membrana será influenciado tanto pelo gradiente de concentração quanto pelo **potencial de membrana**, o potencial elétrico (voltagem) da membrana. A combinação dessas duas forças, chamada **gradiente eletroquímico**, determina a direção energeticamente favorável ao transporte de uma molécula carregada pela membrana. O potencial elétrico que existe na maioria das membranas celulares é resultado de uma pequena diferença na concentração de íons positivos e negativos em ambos os lados da membrana. Nas Seções 11.4 e 11,5, será discutida como essa diferença iônica e o potencial resultante surgem e são mantidos.

Três principais classes de proteínas transportam moléculas e íons através de biomembranas

Como é destacado pela Figura 11-1, apenas algumas poucas moléculas e nenhum tipo de íon podem atravessar uma bicamada de fosfolipídeos pura, a taxas apreciáveis, por difusão simples ou passiva. Portanto, o transporte da maioria das moléculas para dentro e para fora das células requer o auxílio de proteínas de membrana especializadas. Mesmo no caso de moléculas com coeficiente de partição relativamente alto (p. ex., água e ureia) e de certos gases (p. ex., CO_2 – dióxido de carbono – e NH_3 – amônia), o transporte é frequentemente acelerado por proteínas específicas, porque seu transporte por difusão simples não é suficientemente rápido para satisfazer as necessidades celulares.

Todas as proteínas de transporte são proteínas transmembrana que contêm vários segmentos que cruzam a membrana e que são, geralmente, hélices α. Ao formar uma passagem delimitada por proteínas através da membrana, acredita-se que as proteínas de transporte permitam o movimento das substâncias hidrofílicas sem entrarem em contato com o interior hidrofóbico da membrana. Aqui serão apresentados os três tipos principais de proteínas de transporte discutidas neste capítulo (Figura 11-2).

As bombas movidas por ATP (ou simplesmente bombas) são **ATPases** que usam a energia da hidrólise do

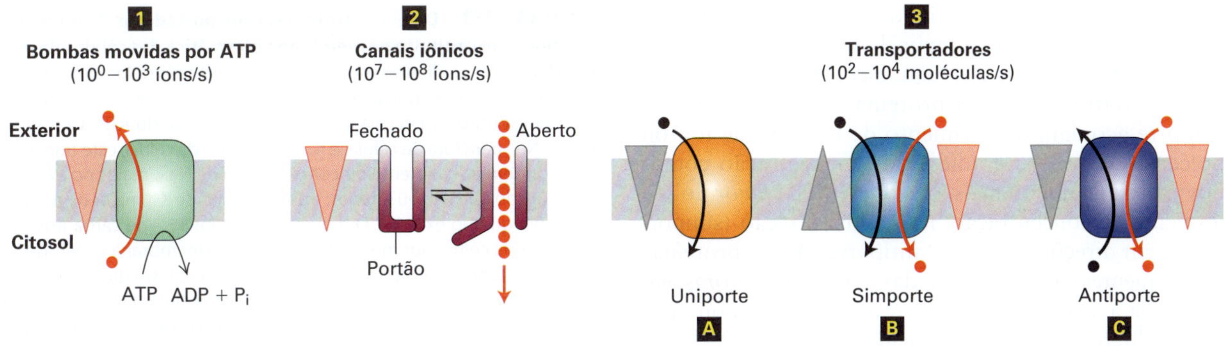

FIGURA 11-2 Visão geral das proteínas de transporte de membrana. Os gradientes estão indicados pelos triângulos com a ponta em direção à concentração mais baixa, ao potencial elétrico ou a ambos. **1** As bombas utilizam a energia liberada pela hidrólise do ATP para promover o movimento de íons específicos ou de moléculas pequenas (círculos vermelhos) contra o seu gradiente eletroquímico. **2** Os canais permitem o movimento de íons específicos (ou água) a favor do seu gradiente eletroquímico. **3** Transportadores, que se dividem em três grupos, facilitam o movimento de moléculas pequenas específicas ou íons. Uniporte é o transporte de um único tipo de molécula a favor do seu gradiente de concentração **3A**. As proteínas cotransportadoras (simporte, **3B**, e antiporte, **3C**) catalisam o movimento de uma molécula contra o seu gradiente de concentração (círculos pretos), impulsionados pelo movimento de um ou mais íons a favor de um gradiente eletroquímico (círculos vermelhos). As diferenças no mecanismo de transporte dessas três classes principais de proteínas explicam as diferentes taxas de movimento de solutos.

ATP para mover íons ou moléculas pequenas por uma membrana *contra* um gradiente de concentração química, um potencial elétrico, ou ambos. Esse processo, chamado **transporte ativo**, é um exemplo de reação química acoplada (Capítulo 2). Nesse caso, o transporte de íons ou de moléculas pequenas contra gradientes eletroquímicos, que exige energia, é acoplado à hidrólise do ATP, que libera energia. A reação total – hidrólise do ATP e o movimento contra o gradiente dos íons ou das moléculas pequenas – é energeticamente favorável.

Canais transportam a água, íons específicos ou moléculas hidrofóbicas pequenas através de membranas *a favor* dos seus gradientes de concentração ou potencial elétrico. Como esse processo requer a participação de proteínas de transporte, mas não requer energia, ele é, algumas vezes, chamado de "transporte passivo" ou "difusão facilitada", mas é mais apropriadamente denominado **transporte facilitado**. Os canais formam um "tubo", ou passagem hidrofílica, que atravessa a membrana e pelo qual múltiplos íons ou moléculas de água se deslocam simultaneamente, em fila única e a taxas bastante rápidas. Alguns canais, denominados canais *não controlados*, ficam abertos a maior parte do tempo. A maioria dos canais iônicos, entretanto, abre somente em resposta a sinais químicos ou elétricos específicos. São os denominados canais *controlados*, pois uma proteína de "controle" alternadamente bloqueia o canal ou se desloca para abri-lo (ver Figura 11-2). Os canais, assim como todas as proteínas de transporte, são muito seletivos quanto ao tipo de molécula que transportam.

Transportadores (também chamados **carreadores**) são responsáveis pelo deslocamento de grande variedade de íons e de moléculas através de membranas celulares, mas em taxas mais lentas que os canais. Foram identificados três tipos de transportadores. As proteínas de *uniporte* transportam um único tipo de molécula *a favor* do seu gradiente de concentração. Glicose e aminoácidos cruzam a membrana plasmática para o interior da maioria das células dos mamíferos com o auxílio do uniporte. Coletivamente, o transporte por meio de canais e de proteínas de uniporte é denominado *transporte facilitado*, indicando o movimento a favor do gradiente de concentração ou do gradiente eletroquímico.

Em contrapartida, as proteínas de *antiporte* e de *simporte* acoplam o movimento de um tipo de íon ou molécula *contra* seu gradiente de concentração com o movimento de um ou mais íons diferentes *a favor* do seu gradiente de concentração, na mesma direção (simporte), ou em direções opostas (antiporte). Essas proteínas são frequentemente denominadas *cotransportadoras*, em referência a sua capacidade de transportar dois ou mais solutos diferentes simultaneamente.

Assim como as bombas de ATP, as proteínas de cotransporte fazem a mediação de reações acopladas, nas quais uma reação energeticamente desfavorável (ou seja, movimento contra o gradiente de um tipo de molécula ou íon) é acoplada a uma reação energeticamente favorável (ou seja, o movimento a favor do gradiente de outra molécula ou íon). Contudo, a natureza das reações que fornecem a energia para o transporte ativo nessas duas classes de proteínas é diferente. As bombas de ATP utilizam a energia da hidrólise do ATP, ao passo que o cotransporte utiliza a energia armazenada em um gradiente eletroquímico. Esse último processo é, às vezes, denominado *transporte ativo secundário*.

Mudanças conformacionais são essenciais para a função de todas as proteínas de transporte. As bombas de ATP e as proteínas de transporte passam por um ciclo de mudanças conformacionais, expondo um sítio (ou sítios) de ligação em um lado da membrana em uma conformação, e para outro lado noutra conformação. Uma vez que cada ciclo resulta no movimento de somente uma (ou algumas) molécula de substrato, essas proteínas são caracterizadas por taxas de transporte relativamente baixas, variando de 10^0 a 10^4 íons ou moléculas por segundo (ver Figura 11-2). A maior parte dos canais iônicos alterna entre um estado fechado e um aberto; muitos íons, porém, podem atravessar um canal sem a necessidade de uma mudança conformacional adicional. Por essa razão, os canais são caracterizados por taxas de transporte muito rápidas, de até 10^8 íons por segundo.

Com frequência, vários tipos distintos de proteínas de transporte agem em conjunto para a realização de uma função fisiológica. Um exemplo pode ser visto na Figura 11-3, onde uma ATPase bombeia Na^+ para fora da célula e íons K^+ para dentro; essa bomba, encontrada em quase

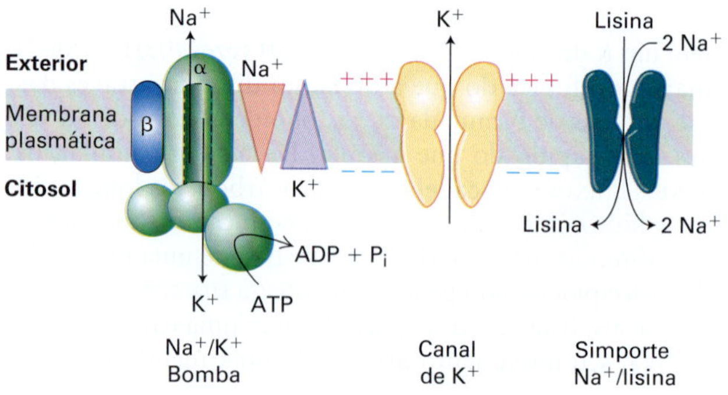

FIGURA 11-3 Diversas proteínas transportadoras de membrana atuam em conjunto na membrana plasmática das células de metazoários. Os gradientes estão indicados pelos triângulos com a ponta em direção à concentração mais baixa. A ATPase Na^+/K^+ na membrana plasmática utiliza a energia liberada pela hidrólise do ATP para transportar Na^+ para fora de célula, e K^+ para dentro da célula; este transporte dá origem ao gradiente de concentração de Na^+, maior no exterior da célula do que no seu interior; e ao gradiente de K^+, maior no interior da célula que no exterior. O movimento de íons K^+ de carga positiva para fora da célula por meio das proteínas de membrana canais de K^+ cria um potencial elétrico através da membrana plasmática – a face citosólica é negativa em comparação à face extracelular. O transportador Na^+/lisina, típico cotransportador sódio/aminoácido, desloca dois íons Na^+ junto a uma lisina, do meio extracelular para o interior da célula. O movimento "contra o gradiente" do aminoácido é favorecido pelo movimento "a favor do gradiente" dos íons Na^+, e ambos são favorecidos pela maior concentração de Na^+ no interior da célula do que no meio externo e pelo potencial negativo na face interna da membrana celular, o que atrai os íons Na^+ de carga positiva. A fonte final de energia para a absorção de aminoácidos vem de moléculas de ATP hidrolisadas pela ATPase Na^+/K^+, já que esta bomba dá origem ao gradiente de concentração de íons Na^+ e, pelos canais de K^+, ao potencial de membrana, que juntos favorecem o influxo de íons Na^+.

TABELA 11-1 Mecanismos de transporte de íons e pequenas moléculas através de membranas celulares

Propriedade	Difusão simples	Transporte facilitado	Transporte ativo	Cotransporte*
Requer proteínas específicas	–	+	+	+
O soluto é transportado contra o seu gradiente	–	–	+	+
Acoplado à hidrólise do ATP	–	–	+	–
Determinado pelo movimento de um íon cotransportado a favor do seu gradiente	–	–	–	+
Exemplos de moléculas transportadas	O_2, CO_2, hormônios esteroides, diversos fármacos	Glicose e aminoácidos (uniporte); íons e água (canais)	Íons, pequenas moléculas hidrofílicas, lipídeos (bombas movidas por ATP)	Glicose e aminoácidos (simporte); diversos íons e sacarose (antiporte)

* Também chamado de *transporte ativo secundário*.

todas as células de metazoários, estabelece os gradientes de concentração opostos de íons Na^+ e K^+ da membrana plasmática (concentrações relativamente altas de K^+ no interior das células, e de Na^+ no meio externo) utilizados para favorecer a importação de aminoácidos. O genoma humano codifica centenas de tipos diferentes de proteínas de transporte que utilizam a energia armazenada na membrana plasmática na forma do gradiente de concentração de Na^+, e seu potencial elétrico associado, para transportar uma ampla variedade de moléculas ao interior das células, contra seus gradientes de concentração.

A Tabela 11-1 resume os quatro mecanismos pelos quais moléculas pequenas e íons são transportados pelas membranas celulares. Na próxima seção, serão abordardadas algumas das proteínas de membrana de transporte mais simples, aquelas responsáveis pelo transporte de glicose e água.

CONCEITOS-CHAVE da Seção 11.1

Visão geral do transporte transmembrana

- As membranas celulares regulam o tráfego de moléculas e íons para dentro e para fora das células e das suas organelas. A taxa de difusão simples de uma substância através de uma membrana é proporcional ao seu gradiente de concentração e à sua hidrofobicidade.
- Com a exceção dos gases (p. ex., O_2 e CO_2) e pequenas moléculas não carregadas e solúveis em água, a maioria das moléculas não difunde por meio de uma bicamada de fosfolipídeos puros em taxas suficientes para satisfazer as necessidades celulares.
- As proteínas transportadoras de membrana criam uma passagem hidrofílica para que moléculas e íons cruzem o interior hidrofóbico de uma membrana.
- Três classes de proteínas transmembrana fazem a mediação do transporte de íons, açúcares, aminoácidos e outros metabólitos pelas membranas celulares: bombas ativadas por ATP, canais e transportadores (ver Figura 11-2).
- As bombas movidas por ATP acoplam o movimento de um substrato *contra* seu gradiente de concentração à hidrólise do ATP, processo conhecido como transporte ativo.
- Canais formam um "tubo" hidrofílico pelo qual as moléculas de água ou íons se deslocam *a favor* do gradiente de concentração, processo conhecido como transporte facilitado ou difusão facilitada.
- Transportadores se dividem em três grupos: o uniporte é responsável pelo transporte de uma molécula a favor do seu gradiente de concentração (transporte facilitado); o simporte e o antiporte acoplam o movimento de um substrato contra seu gradiente de concentração ao movimento de um segundo substrato a favor do seu gradiente de concentração, processo conhecido como transporte ativo secundário, ou cotransporte (ver Tabela 11-1).
- Mudanças conformacionais são essenciais para a função de todas as proteínas de transporte das membranas; a velocidade do transporte depende do número de moléculas de substrato capazes de passar por uma proteína de uma só vez.

11.2 O transporte facilitado da glicose e da água

A maior parte das células de animais utiliza glicose como substrato para a produção de ATP; essas células geralmente utilizam o uniporte de glicose para a sua absorção a partir do sangue e outros líquidos extracelulares. Diversas células utilizam proteínas transportadoras de membrana semelhantes aos canais, chamadas aquaporinas, para aumentar a taxa de deslocamento de moléculas de água através das suas membranas de superfície. Aqui, serão discutidas a estrutura e a função destes e de outros transportes facilitados.

O transporte uniporte é mais rápido e mais específico que a difusão simples

O transporte mediado por proteínas de um único tipo de molécula, como a glicose ou outras moléculas hidrofílicas pequenas, a favor do gradiente de concentração através de uma membrana celular é conhecido como **uni-**

porte. Diversas características distinguem o uniporte da difusão simples:

1. A taxa de movimento de substrato no uniporte é muito maior do que a difusão simples através de uma bicamada de fosfolipídeos puros.
2. Como as moléculas transportadas nunca entram no núcleo hidrofóbico da bicamada de fosfolipídeos, o coeficiente de partição K é irrelevante.
3. O transporte é feito por um número limitado de moléculas de uniporte. Consequentemente, há uma taxa máxima de transporte, $V_{máx}$, que depende do número de proteínas de uniporte presentes na membrana. A $V_{máx}$ é alcançada quando o gradiente de concentração através da membrana é muito grande e cada proteína de uniporte está trabalhando na sua taxa máxima.
4. O transporte é reversível, e a direção do transporte irá mudar se a direção do gradiente de concentração for alterada.
5. O transporte é específico. Cada proteína de uniporte transporta apenas um único tipo de molécula ou um único grupo de moléculas relacionadas. A medida da afinidade de uma proteína de transporte pelo seu substrato é o valor de K_m, que é a concentração de substrato na qual a taxa do seu transporte é a metade do valor máximo.

Essas propriedades também se aplicam ao transporte mediado pelas outras classes de proteínas descritas na Figura 11-2.

Uma das proteínas de uniporte mais bem entendida é a transportadora de glicose chamada *GLUT1*, encontrada na membrana plasmática da maioria das células de mamíferos. GLUT1 é especialmente abundante na membrana plasmática dos eritrócitos. Como essas células apresentam uma única membrana e não possuem núcleo ou outras organelas internas (ver Figura 10-7a), as propriedades de GLUT1 e diversas outras proteínas de transporte dos eritrócitos maduros foram extensivamente estudadas. A estrutura simplificada dessas células tornou o isolamento e a purificação das proteínas de transporte processos relativamente simples.

A Figura 11-4 mostra que a absorção da glicose por eritrócitos e células do fígado exibe propriedades cinéticas características de uma reação simples catalisada por enzimas, envolvendo um único substrato. A cinética das reações de transporte mediadas por outros tipos de proteínas são mais complicadas do que a das proteínas de uniporte. Apesar disso, todas as reações de transporte mediadas por proteínas (transporte facilitado) são mais rápidas do que as reações por difusão simples através da membrana, são específicas para seu substrato e exibem uma taxa máxima ($V_{máx}$).

O baixo valor de K_m da proteína de uniporte GLUT1 permite que ela transporte glicose para a maioria das células de mamíferos

Como outras proteínas de uniporte, a GLUT1 alterna entre dois estados de conformação: em um deles, o sítio de ligação da glicose volta-se para fora da célula; no outro, o sítio de ligação da glicose volta-se para o citosol. Uma vez que a concentração de glicose geralmente é mais alta no meio extracelular (sangue, no caso dos eritrócitos) do que na célula, o uniporte GLUT1 catalisa a absorção de glicose a partir do meio extracelular para dentro da célula. A Figura 11-5 ilustra a sequência de eventos que ocorre durante o transporte unidirecional de glicose do exterior da célula para o citosol. A proteína GLUT1 também pode catalisar a exportação de glicose do citosol para o meio exterior extracelular, quando a concentração de glicose dentro da célula é mais alta do que fora.

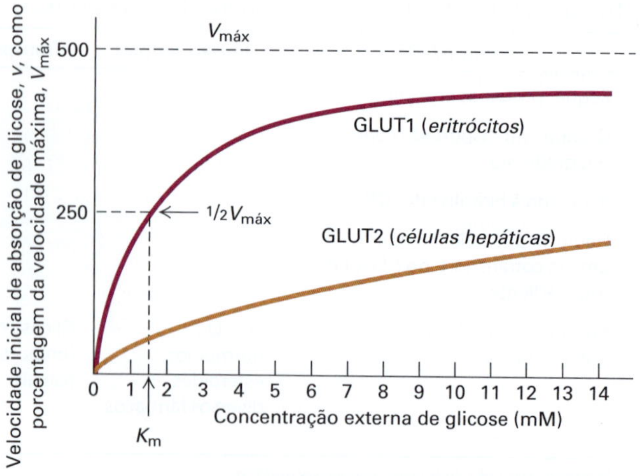

FIGURA EXPERIMENTAL 11-4 A absorção celular da glicose mediada pelas proteínas GLUT exibe uma cinética enzimática simples. A taxa inicial de absorção da glicose, v (medida em micromol por mililitro de células por hora), nos primeiros segundos é representada como porcentagem da velocidade máxima, $V_{máx}$, em função do aumento da concentração de glicose no meio extracelular. Neste experimento, a concentração inicial de glicose nas células é sempre zero. GLUT1, expressa por eritrócitos, e GLUT2, expressa por células do fígado, catalisam a absorção de glicose (curvas em lilás e castanho). Como nas reações catalisadas por enzimas, a absorção da glicose facilitada pela GLUT exibe uma velocidade máxima ($V_{máx}$). A constante K_m é a concentração na qual a taxa de absorção de glicose é igual à metade da absorção máxima. GLUT2, com K_m em torno de 20 mM (não mostrado), tem uma afinidade muito mais baixa pela glicose do que GLUT1, com K_m em torno de 1,5 mM.

A cinética do transporte unidirecional da glicose do meio externo para o interior de uma célula, por meio da GLUT1, pode ser descrita pelo mesmo tipo de equação utilizada para descrever uma reação química simples catalisada por enzimas. Para simplificar, assume-se que o substrato glicose, S, esteja inicialmente presente apenas no lado de fora da célula; isso pode ocorrer pela incubação inicial das células em meio sem glicose, de modo que seu estoque interno seja consumido. Nesse caso, pode-se escrever:

$$S_{ext} + \text{GLUT1} \overset{K_m}{\rightleftharpoons} S_{ext} - \text{GLUT1} \overset{V_{máx}}{\rightleftharpoons} S_{int} + \text{GLUT1}$$

Onde S_{ext} – GLUT1 representa GLUT1 na conformação voltada para o lado externo da célula, com a glicose ligada. Esta equação é similar àquela que descreve o caminho de uma reação simples catalisada por uma enzima, onde a proteína se liga a um único substrato e então o converte em uma molécula diferente. Aqui, no entanto, nenhuma modificação química ocorre ao açúcar ligado à GLUT1; em vez disso, ele é deslocado por uma membrana celular. Mesmo assim, a cinética dessa reação de transporte é similar àquela das reações simples catalisadas por enzimas, podendo ser usada a mesma derivação da equação de Michaelis-Menten do Capítulo 3 para derivar a seguinte expressão para v_0, a taxa inicial de transporte de S para dentro da célula, catalisada pela GLUT1:

$$v_0 = \frac{V_{máx}}{1 + \frac{K_m}{C}} \qquad (11\text{-}1)$$

onde C é a concentração de S_{ext} (inicialmente, a concentração de $S_{int} = 0$). $V_{máx}$, a taxa de transporte quando todas as moléculas GLUT1 contêm S ligado, ocorre em concentração infinitamente alta de S_{ext}. Quanto mais baixo o valor de K_m, mais forte será a ligação do substrato à proteína de transporte. A Equação 11-1 descreve a curva de absorção de glicose nos eritrócitos mostrada na Figura 11-4, assim como as curvas similares de outras proteínas de uniporte.

Para a GLUT1 presente na membrana do eritrócito em humanos, o valor de K_m para o transporte de glicose é 1,5 mM. Portanto, quando a concentração extracelular de glicose é igual a 1,5 mM, aproximadamente metade das transportadoras GLUT1 com sítios de ligação voltados para o meio externo estará ligada a uma molécula de glicose, e o transporte ocorrerá a 50% da taxa máxima. Como a concentração de glicose no sangue normalmente é igual a 5 mM, a transportadora de glicose do eritrócito normalmente funciona a 77% da sua taxa máxima, como pode ser visto a partir da Equação 11-1. A proteína de transporte GLUT1 (ou a proteína de transporte GLUT3, bastante similar) é expressa em todas as células do corpo que precisam absorver glicose do sangue continuamente e a taxas altas; a taxa de absorção de glicose dessas células permanecerá alta independentemente de pequenas alterações na concentração de glicose do sangue, porque a concentração no sangue permanece mais alta que o valor de K_m, e a concentração intracelular de glicose é mantida baixa pelo metabolismo.

Além da glicose, os açúcares isoméricos D-manose e D-galactose, que diferem da D-glicose na configuração de apenas um átomo de carbono, são transportados pela GLUT1 a taxas mensuráveis. No entanto, o valor de K_m da glicose (1,5 mM) é muito mais baixo do que o K_m da D-manose (20 mM) ou da D-galactose (30 mM). Portanto, a proteína GLUT1 é bastante específica, tendo uma afinidade muito maior (indicada pelo baixo valor de K_m) pelo substrato natural D-glicose do que por outros substratos.

GLUT1 representa 2% do total de proteínas da membrana plasmática dos eritrócitos. Após a glicose ser transportada para o eritrócito, ela é rapidamente fosforilada, formando a glicose 6-fosfato, que não pode sair da célula. Como essa reação, que é a primeira etapa do metabolismo da glicose (ver Figura 12-3), é rápida e ocorre em velocidade constante, a concentração intracelular de glicose é mantida baixa mesmo quando ela é importada do meio extracelular. Consequentemente, o gradiente de concentração de glicose (maior fora da célula do que no seu interior) é mantido suficientemente alto para manter a absorção rápida e contínua de moléculas de glicose, fornecendo glicose suficiente para o metabolismo celular.

O genoma humano codifica uma família de proteínas GLUT transportadoras de açúcar

O genoma humano codifica ao menos 14 **proteínas GLUT** de alta homologia, GLUT1 a GLUT14, e todas parecem conter 12 hélices α transmembrana, sugerindo que todas evoluíram de uma única proteína ancestral de transporte. Embora nenhuma estrutura tridimensional de uma proteína GLUT esteja disponível, estudos bioquímicos detalhados da proteína GLUT1 mostraram que os resíduos de aminoácidos nas hélices α transmembrana são predominantemente hidrofóbicos; várias hélices α, no entanto, têm resíduos de aminoácidos (por exemplo, serina, treonina, asparagina e glutamina) cujas cadeias laterais podem formar ligações de hidrogênio com os grupamentos hidroxila da glicose. Acredita-se que esses resíduos formem os sítios de ligação da glicose da proteína, voltados para dentro e para fora da célula (ver Figura 11-5).

Acredita-se que as estruturas de todas as isoformas das proteínas GLUT sejam bastante semelhantes, e todas transportam açúcares. Apesar disso, sua expressão diferenciada nos diversos tipos de células, a regulação do número de proteínas GLUT transportadoras presentes na superfície da célula e as propriedades funcionais de cada isoforma permitem que diferentes células do corpo regulem, de modo independente, o metabolismo da glicose e, ao mesmo tempo, mantenham constante a concentração de glicose no sangue. Por exemplo, a proteína GLUT3 é observada nas células neuronais do cérebro. Os neurônios dependem de um influxo constante de glicose para o seu metabolismo, e o baixo valor de K_m de GLUT3 para a glicose (K_m= 1,5 mM), similar ao da GLUT1, garante que essas células incorporem glicose a partir dos líquidos cerebrais extracelulares em uma taxa alta e constante.

GLUT2, expressa no fígado e nas células β do pâncreas, que secretam insulina, possui K_m de aproximadamente 20 mM, cerca de 13 vezes maior que o K_m da proteína GLUT1. Como resultado, quando a glicose do sangue passa do seu valor basal de 5 mM para cerca de 10 mM após uma refeição, a taxa de absorção de glicose quase dobrará nas células que expressam GLUT2, enquanto haverá apenas um pequeno aumento de absorção nas células que expressam GLUT1 (ver Figura 11-4). No fígado, o "excesso" de glicose absorvido pela célula é armazenado na forma do polímero glicogênio. Nas células β das ilhotas, o aumento da glicose ativa a secreção do hormônio insulina (ver Figura 16-38), que, por sua vez, reduz a glicose do sangue ao aumentar a sua absorção e o metabolismo pelos músculos, e ao inibir a sua produção no fígado (ver Figura 15-38). De fato, a inativação específica de GLUT2 nas células β pancreáticas previne a secreção de insulina estimulada por glicose; nas células hepáticas (hepatócitos), desencadeia a expressão de genes sensíveis à glicose.

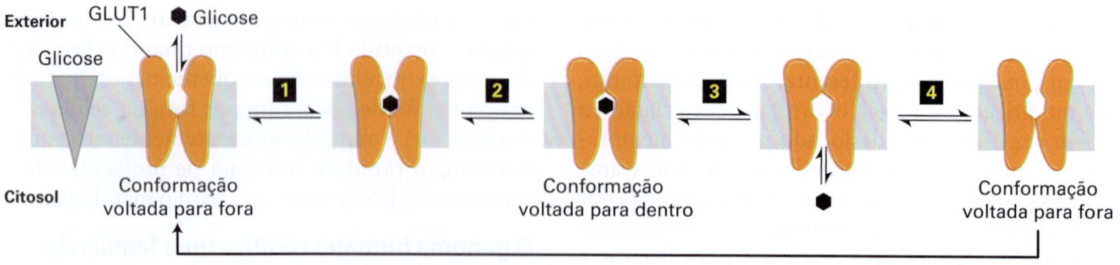

FIGURA 11-5 Modelo de transporte uniporte pela GLUT1. Em uma conformação, o sítio de ligação da glicose volta-se para o meio externo; na outra, volta-se para o citosol. A ligação da glicose no sítio voltado para o meio externo (etapa **1**) induz uma mudança conformacional no transportador, e o sítio de ligação volta-se para o citosol (etapa **2**). A glicose é então liberada no interior da célula (etapa **3**). Por fim, a proteína transportadora passa por uma mudança conformacional reversa, regenerando o sítio de ligação da glicose voltado para o exterior (etapa **4**). Se a concentração de glicose for mais alta no interior da célula do que no meio externo, o ciclo funcionará no sentido contrário (etapa **4** → etapa **1**), resultando no movimento efetivo da glicose para fora da célula. As mudanças conformacionais são, provavelmente, menores do que as ilustradas aqui.

Outra isoforma da proteína GLUT, GLUT4, é expressa somente nas células de gordura e nos músculos, as células que respondem à insulina com o aumento de absorção da glicose, removendo a glicose do sangue. Na ausência da insulina, a GLUT4 é encontrada nas membranas intracelulares e não na membrana plasmática, portanto, não é capaz de facilitar a absorção de glicose a partir do líquido extracelular. Por um processo detalhado na Figura 16-39, a insulina induz a fusão dessas membranas internas ricas em GLUT4 com a membrana plasmática, aumentando o número de moléculas de GLUT4 presentes na superfície celular e, desse modo, a taxa de absorção de glicose. Esse é um dos principais mecanismos pelo qual a insulina reduz a glicose do sangue; defeito no deslocamento de GLUT4 para a membrana plasmática é uma das causas de diabetes em adultos, ou diabetes tipo II, doença caracterizada pela concentração alta contínua de glicose no sangue.

GLUT5 é a única proteína GLUT com alta especificidade (preferência) por frutose; o seu principal local de expressão é a membrana apical das células do epitélio do intestino, onde é responsável pelo transporte de frutose da dieta do lúmen do intestino até o interior das células.

As proteínas de transporte podem ser estudadas com o uso de membranas artificiais e células recombinantes

Existem diversas metodologias para o estudo das propriedades intrínsecas das proteínas de transporte, como a definição dos seus parâmetros $V_{máx}$ e K_m e a identificação dos principais resíduos responsáveis pela ligação. A maioria das membranas celulares contém diversos tipos diferentes de proteínas de transporte, mas em concentração relativamente baixa, tornando difícil o estudo funcional de uma única proteína. A fim de facilitar esses estudos, pesquisadores utilizam duas metodologias para aumentar o número de unidades de uma proteína de transporte de interesse, de modo que ela predomine na membrana: purificação e reconstituição de membranas artificiais, e superexpressão em células recombinantes.

Na primeira metodologia, uma proteína de transporte específica é extraída da membrana com detergentes e purificada. Embora as proteínas de transporte possam ser isoladas de membranas e purificadas, as suas propriedades funcionais (ou seja, o seu papel no deslocamento de substratos através de membranas) só podem ser estudadas quando essas proteínas estão associadas a uma membrana. Portanto, a proteína purificada é geralmente reincorporada em membranas compostas por bicamada de fosfolipídeos, tais como os lipossomos (ver Figura 10-3), pelas quais o transporte do substrato pode ser prontamente mensurado. Uma boa fonte de GLUT1 são as membranas dos eritrócitos. Outra boa fonte são culturas de células recombinantes de mamíferos, expressando um transgene GLUT1, ou frequentemente expressando uma proteína GLUT1 modificada que contém um epítopo marcador (porção de molécula à qual um anticorpo monoclonal [ver Capítulo 9] pode se ligar) fusionado à sua região N ou C-terminal. Todas as proteínas integrais de membrana desses dois tipos de células podem ser solubilizadas com detergentes não iônicos, como o octilglucosídeo. A proteína GLUT1 de uniporte da glicose pode ser purificada a partir da mistura solubilizada por meio de cromatografia de afinidade (Capítulo 3) em uma coluna que contenha um anticorpo monoclonal específico para GLUT1, ou um anticorpo específico para o epítopo marcador, e então incorporada em lipossomos compostos apenas por fosfolipídeos.

Alternativamente, o gene que codifica uma proteína de transporte específica pode ser expresso em grandes quantidades em um tipo de célula que normalmente não o expressa. A diferença no transporte de uma substância pelas células transfectadas e pelas células controle, que não foram transfectadas, será o resultado da expressão das proteínas de transporte. Nesses sistemas, as propriedades funcionais das diferentes proteínas de membrana podem ser examinadas sem a ambiguidade causada, por exemplo, pela desnaturação parcial das proteínas durante os procedimentos de isolamento e purificação. Por exemplo, a superexpressão de GLUT1 em linhagens de fibroblastos em cultura aumenta diversas vezes a absorção de glicose, e a expressão de proteínas GLUT1 mutantes, com alteração de diversos aminoácidos específicos, pode ajudar a identificar os resíduos de aminoácidos importantes para a ligação do substrato.

A pressão osmótica causa o movimento da água através das membranas

O movimento da água para dentro e para fora das células é uma propriedade importante da vida dos microrganismos, plantas e animais. As **aquaporinas** são uma família de proteínas que permitem que a água e outras poucas pequenas moléculas não carregadas, como glicerol, atravessem as biomembranas de modo eficiente. Antes da discussão sobre essas proteínas de transporte, será revisada a osmose, a força que rege o movimento da água através de membranas.

A água se move espontaneamente, por uma membrana semipermeável, de soluções de baixa concentração de soluto (alta concentração relativa de água) para regiões de alta concentração de soluto (baixa concentração relativa de água), processo denominado **osmose** ou fluxo osmótico. Na realidade, a osmose é equivalente à "difusão" da água através de uma membrana semipermeável. A pressão osmótica é definida como a pressão hidrostática necessária para impedir o fluxo efetivo de água por uma membrana que separa soluções com diferentes concentrações de água (Figura 11-6). Em outras palavras, a pressão osmótica equilibra a força termodinâmica regida pela entropia do gradiente de concentração de água. Nesse contexto, a "membrana" pode ser uma camada de células ou uma membrana plasmática permeável à água, mas não aos solutos. A pressão osmótica é diretamente proporcional à diferença na concentração do número total de moléculas do soluto em cada lado da membrana. Por exemplo, uma solução 0,5 M NaCl é composta por 0,5 M de íons Na^+ e 0,5 M de íons Cl^-, e tem a mesma pressão osmótica de uma solução 1 M de glicose ou sacarose.

O movimento de água através da membrana plasmática determina o volume individual das células, que deve ser regulado para evitar danos celulares. Pequenas alterações nas condições osmóticas extracelulares causam a rápida turgescência ou murchez da maioria das células animais. Quando colocadas em solução **hipotônica** (ou seja, a solução na qual a concentração de solutos que não penetram na membrana é *menor* que a concentração de solutos do citosol), as células animais ficam túrgidas pelo fluxo osmótico de água para o seu interior. Quando colocadas em solução **hipertônica** (ou seja, a solução na qual a concentração de solutos que não penetram na membrana é *maior* que a concentração de solutos do citosol), as células animais murcham à medida que a água deixa as células pelo fluxo osmótico. Como consequência, células de animais em cultura devem ser mantidas em meio **isotônico**, com concentração de soluto e, portanto, força osmótica, semelhantes às do citosol das células.

Nas plantas vasculares, água e minerais são absorvidos a partir do solo pelas raízes, e se deslocam verticalmente na planta por tubos condutores (o xilema); a água perdida pela planta, principalmente pela evaporação a partir das folhas, direciona esse movimento da água. Ao contrário das células animais, as células de plantas, algas, fungos e bactérias são revestidas por uma parede celular rígida, que resiste à expansão de volume da célula quando a pressão osmótica intracelular aumenta. Sem essa parede, as células animais se expandem quando sua pressão osmótica interna aumenta – e se essa pressão aumentar demais, as células se romperão como balões superinflados. Devido à parede celular presente nas plantas, o influxo osmótico de água que ocorre quando essas células são colocadas em solução hipotônica (como a água pura) leva ao aumento da pressão intracelular, mas não do volume celular. Nas células vegetais, a concentração de solutos (p. ex., açúcares e sais) geralmente é mais alta no vacúolo (ver Figura 9-32) do que no citosol, que tem concentração de solutos maior que do espaço extracelular. A pressão osmótica, chamada *turgor osmótico*, gerada pela entrada de água no citosol, e então no vacúolo, empurra o citosol e a membrana plasmática contra a parede celular. As células vegetais podem aproveitar essa pressão para permanecerem eretas e também para o seu crescimento. O alongamento durante o crescimento ocorre pelo estreitamento localizado induzido por hormônios de uma região definida da parede celular, seguido pelo influxo de água no vacúolo, aumentando o seu tamanho e, consequentemente, aumentando o tamanho da célula. ■

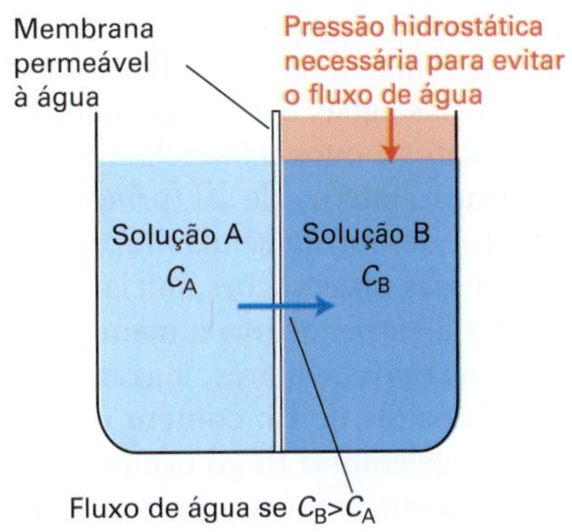

FIGURA 11-6 Pressão osmótica. As soluções A e B estão separadas por uma membrana permeável à água, mas impermeável a todos os solutos. Se C_B (a concentração total de solutos na solução B) é maior do que C_A, a água tenderá a fluir através da membrana da solução A para a solução B. A pressão osmótica π entre as soluções é a pressão hidrostática que deveria ser aplicada à solução B para evitar esse fluxo de água. Na equação de van't Hoff, a pressão osmótica é dada por $\pi = RT(C_B - C_A)$, onde R é a constante universal dos gases e T é a temperatura absoluta.

Embora a maioria dos protozoários (assim como as células animais) não tenha uma parede celular rígida, muitos apresentam um **vacúolo contrátil** que os permite evitar a lise por pressão osmótica. O vacúolo contrátil absorve água do citosol e, diferentemente do vacúolo das plantas, descarrega periodicamente o seu conteúdo por meio da fusão com a membrana plasmática. Assim, mesmo que a água seja absorvida continuamente pela célula do protozoário por pressão osmótica, o vacúolo contrátil evita que o excesso de água seja acumulado na célula, causando sua turgescência e ruptura.

As aquaporinas aumentam a permeabilidade das membranas celulares à água

A tendência natural do fluxo de água através das membranas celulares como resultado da pressão osmótica cria uma questão óbvia: por que as células dos animais aquáticos não se rompem na água? Por exemplo, rãs colocam seus ovos nas águas de lagoas (solução hipotônica), mas seus oócitos e ovos não incham de água apesar de sua concentração interna de sal (principalmente KCl) ser comparável à de outras células (aproximadamente 150 mM KCl). Essas observações, inicialmente, levaram os pesquisadores a suspeitar que a membrana plasmática da maioria dos tipos celulares, mas não a membrana plasmática dos oócitos de rã, contém proteínas de canal de água que aceleram o fluxo osmótico da água. Os resultados experimentais mostrados na Figura 11-7 demonstram que a aquaporina da membrana plasmática do eritrócito funciona como um canal de água.

Em sua forma funcional, a aquaporina é um tetrâmero de subunidades idênticas de 28 kDa (Figura 11-8a). Cada subunidade contém seis hélices α que cruzam a membrana e formam um poro central pelo qual a água pode se deslocar em ambas as direções, dependendo do gradiente osmótico (Figura 11-8b, c). No centro de cada monômero, o canal seletivo de água, ou poro, de aproximadamente 2 nm de comprimento, tem apenas 0,28 nm de diâmetro, apenas ligeiramente maior do que o diâmetro de uma molécula de água. As propriedades de seleção molecular da constrição são determinadas por diversos resíduos de aminoácidos hidrofílicos conservados cujas cadeias laterais e grupamentos carbonila se projetam para o centro do canal, e por uma superfície relativamente hidrofóbica que reveste um dos lados do canal. Várias moléculas de água passam simultaneamente pelo canal, cada uma delas formando, sequencialmente, ligações de hidrogênio específicas com os aminoácidos que formam o canal, deslocando outra molécula de água ao longo do canal. Uma vez que as aquaporinas não passam por alterações conformacionais durante o transporte da água, elas são capazes de transportar água com mais rapidez que a proteína GLUT1 é capaz de transportar glicose. A formação das ligações de hidrogênio entre o átomo de oxigênio da água e os grupamentos amino de duas cadeias laterais de aminoácidos garante que somente a água não carregada (ou seja, H_2O, e não H_3O^+) passe pelo canal; a orientação das moléculas de água no canal previne a transferência de prótons entre as moléculas adjacentes, evitando o fluxo de prótons pelo canal. Como resultado, os gradientes de íons são mantidos através das membranas, mesmo quando a água flui pelas aquaporinas.

Os mamíferos expressam uma família de aquaporinas; 11 desses genes foram identificados no homem. A aquaporina 1 é expressa em abundância nos eritrócitos; e a aquaporina 2 homóloga é encontrada nas células epiteliais dos rins, que reabsorvem a água da urina, controlando a quantidade de água no corpo. A atividade da aquaporina 2 é regulada pela vasopressina, também chamada de hormônio antidiurético. A regulação da atividade da aquaporina 2 nas células renais em repouso é similar à regulação da proteína GLUT4 nas células adiposas e musculares, de modo que se a sua atividade não é necessária quando as células estão no seu estado de repouso e a água é excretada na urina, a aquaporina 2 é sequestrada na membrana das vesículas intracelulares, incapaz de mediar o transporte de água para as células. Quando o hormônio peptídico vasopressina se liga ao receptor de vasopressina na superfície das células, ele ativa uma via de sinalização que utiliza AMPc como sinalizador intracelular (detalhes no Capítulo 15), induzindo a fusão dessas vesículas que contêm aquaporina 2 com a membrana plasmática, aumentando a taxa de retirada de água

VÍDEO: Rompimento em solução hipotônica do oócito de rã expressando aquaporina

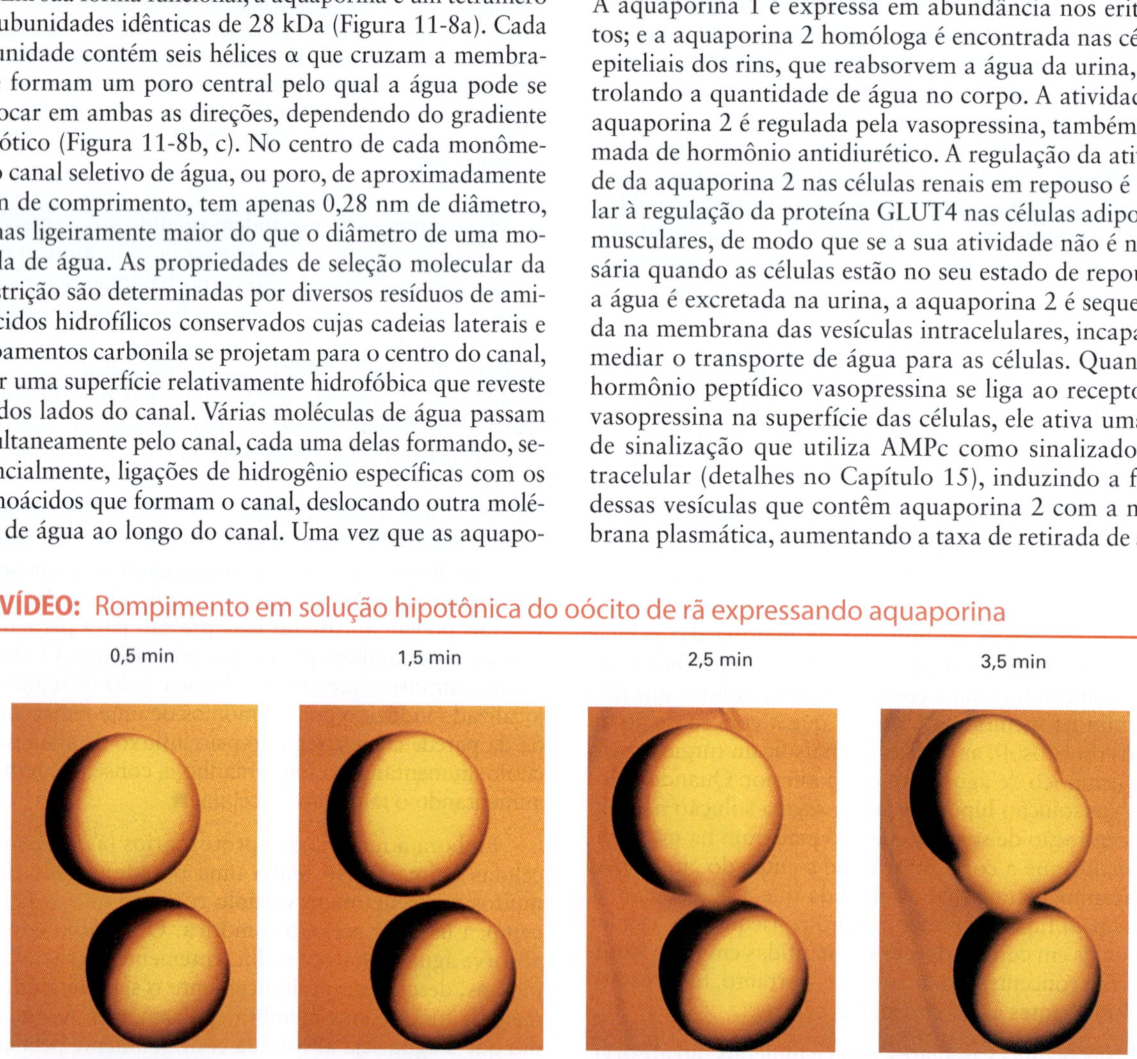

FIGURA EXPERIMENTAL 11-7 A expressão de aquaporinas nos oócitos de rã aumenta sua permeabilidade à água. Os oócitos de rã, que normalmente são impermeáveis à água e não expressam aquaporina, foram microinjetados com o mRNA que codifica a aquaporina. Estas fotografias mostram os oócitos-controle (a célula inferior em cada painel) e os oócitos microinjetados (a célula superior em cada painel), nos tempos indicados, depois da sua transferência de uma solução salina isotônica (0,1 mM) para uma solução salina hipotônica (0,035 M). O volume dos oócitos-controle permanece inalterado, pois são pouco permeáveis à água. Por sua vez, os oócitos microinjetados que expressam a aquaporina incharam e romperam com o influxo osmótico de água, indicando que a aquaporina é uma proteína de canal de água. (Cortesia de M. Preston e Peter Agre, Johns Hopkins University School of Medicine, EUA. Ver L. S. King, D. Kozono, e P. Agre, 2004, *Nat. Rev. Mol. Cell Biol.* **5**:687-698.)

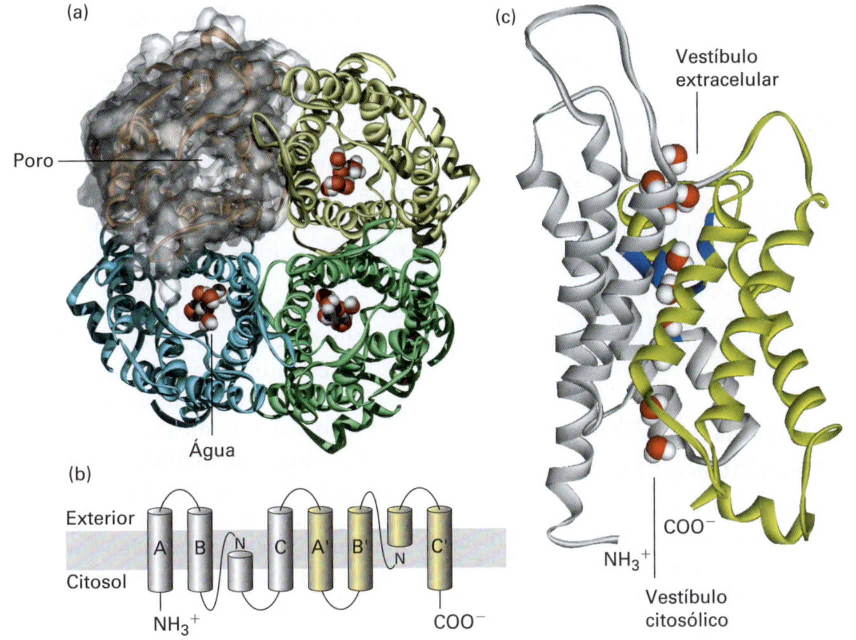

FIGURA 11-8 A estrutura da proteína do canal de água, aquaporina. (a) Modelo estrutural da proteína tetramérica composta por quatro subunidades idênticas. Cada subunidade forma um canal de água, como observado nesta representação da proteína, vista a partir da superfície exoplasmática. Um dos monômeros está representado no modelo de superfície molecular na qual a entrada do poro pode ser observada. (b) Representação esquemática da topologia de uma subunidade da aquaporina em relação à membrana. Três pares de hélices α transmembrana homólogas (A e A', B e B', C e C') estão orientados em direções opostas com relação à membrana e conectados por duas alças hidrofílicas, contendo hélices pequenas que não cruzam a membrana e resíduos conservados de asparagina (N). As alças se dobram no interior da cavidade formada pelas seis hélices α transmembrana, convergindo na região central, compondo parte do canal seletivo de água. (c) Visão lateral do poro de uma subunidade da aquaporina, na qual várias moléculas de água (átomos de oxigênio em vermelho e átomos de hidrogênio em branco) são vistas no interior do canal seletivo de água, de 2 nm de comprimento, que separa o vestíbulo citosólico preenchido por água e o vestíbulo extracelular. O canal contém resíduos de arginina e histidina altamente conservados, assim como os dois resíduos de asparagina cujas cadeias laterais formam ligações de hidrogênio com as moléculas de água transportadas. (Resíduos importantes do canal estão destacados em azul.) As moléculas de água transportadas também formam ligações de hidrogênio com o grupamento carbonila da cadeia principal de um resíduo de cisteína. O arranjo dessas ligações de hidrogênio e o diâmetro estreito do poro, de 0,28 nm, evitam a passagem de prótons (ou seja, H_3O^+) ou outros íons. (Adaptada de H. Sui et al, 2001, *Nature* **414**:872. Ver também T. Zeuthen, 2001, *Trends Biochem. Sci.* **26**:77, e K. Murata et al, 2000, *Nature* **407**:599.)

e o seu retorno para a circulação, em vez de para a urina. Mutações que causam a perda de função dos genes do receptor de vasopressina ou da aquaporina 2 causam *diabetes insípido*, doença marcada pela excreção de grandes volumes de urina diluída. Esses resultados demonstram que o nível de aquaporina 2 é um fator limitante para a reabsorção de água a partir da urina formada nos rins. ■

Outros membros da família de aquaporinas transportam moléculas que contêm hidroxila, como o glicerol, e não água. A proteína aquaporina 3 humana, por exemplo, transporta glicerol e apresenta sequência de aminoácidos e estrutura similares à proteína GlpF transportadora de glicerol de *E. coli*.

CONCEITOS-CHAVE da Seção 11.2

O transporte facilitado da glicose e da água

- O transporte catalisado por proteínas de solutos biológicos através de uma membrana ocorre mais rapidamente que a simples difusão, tem valor igual ao $V_{máx}$ quando o número limitado de moléculas de transporte está saturado com substrato e é altamente específico para o seu substrato (Figura 11-4).
- Proteínas de uniporte, como as de transporte de glicose (GLUTs), oscilam entre dois estados conformacionais, um com os sítios de ligação de substrato voltados para o meio externo, e outro com os sítios de ligação de substrato voltados para o meio intracelular (ver Figura 11-5).
- Todos os membros da família de proteínas GLUT transportam açúcares e têm estruturas semelhantes. Nessas proteínas, as diferenças nos valores de K_m, a expressão em diferentes tipos celulares e as especificidades de substrato são propriedades importantes para o metabolismo de açúcar no corpo.
- Dois sistemas experimentais comuns para o estudo da função das proteínas de transporte são os lipossomos contendo proteínas de transporte purificadas e células transfectadas com o gene que codifica uma proteína de transporte específica.
- A maior parte das membranas biológicas é semipermeável, mais permeável à água do que a íons e à maioria dos solutos. A água se desloca por osmose pelas mem-

branas, de soluções de menor concentração de soluto para soluções com maior concentração de soluto.

- A parede celular rígida que envolve as células vegetais previne o seu turgor e leva à formação de pressão de turgor em resposta ao influxo osmótico de água.
- As aquaporinas são proteínas canais de água que aumentam especificamente a permeabilidade das biomembranas à água (ver Figura 11-8).
- A aquaporina 2, presente na membrana plasmática de algumas células renais, é essencial para a reabsorção de água a partir da urina formada; a ausência de aquaporina 2 leva à condição médica diabetes insípido.

11.3 As bombas movidas por ATP e o ambiente iônico intracelular

Nas seções anteriores, o foco foi as proteínas de transporte que deslocam moléculas a favor dos seus gradientes de concentração (transporte facilitado). Aqui, em uma das principais classes de proteínas – as bombas movidas por ATP – que utilizam a energia liberada pela hidrólise da ligação fosfoanidro terminal do ATP para o transporte de íons e diversas moléculas pequenas através de membranas *contra* o seu gradiente de concentração. Todas as bombas movidas por ATP são proteínas transmembrana com um ou mais sítios de ligação para ATP, localizados nas subunidades ou nos segmentos da proteína e sempre voltados para o citosol. Essas proteínas, comumente chamadas *ATPases*, normalmente não hidrolisam ATP em ADP e P_i, a menos que íons ou outras moléculas sejam transportadas simultaneamente. Devido a esse forte *acoplamento* entre a hidrólise do ATP e o transporte, a energia armazenada na ligação fosfoanidro não é dissipada na forma de calor, sendo utilizada para o deslocamento de íons ou outras moléculas contra ou gradiente eletroquímico.

Existem quatro classes principais de bombas movidas por ATP

A estrutura geral das quatro classes de bombas movidas por ATP é mostrada na Figura 11-9, com exemplos específicos de cada classe listados abaixo da figura. Observe que os membros de três classes (P, F e V) transportam apenas íons, assim como alguns membros da quarta classe, a superfamília ABC. A maior parte dos membros da superfamília ABC transporta pequenas moléculas como aminoácidos, açúcares, peptídeos, lipídeos e outras moléculas pequenas, incluindo diversos tipos de fármacos.

Todas as **bombas de íons classe P** são compostas por duas subunidades α catalíticas idênticas, cada uma contendo um sítio de ligação do ATP. A maioria delas também possui duas subunidades β menores que, normalmente, desempenham funções reguladoras. Durante o processo de transporte, ao menos uma das subunidades α é fosforilada (daí o nome classe "P"), e os íons transportados movem-se por meio da subunidade fosforilada. As sequências de aminoácidos próximas ao resíduo fosforilado são conservadas em diferentes bombas. Essa classe inclui a ATPase Na^+/K^+ da membrana plasmática, que gera a baixa concentração citosólica de Na^+ e a alta concentração citosólica de K^+, típicas das células animais (ver Figura 11-3). Determinadas ATPases Ca^{2+} bombeiam os íons Ca^{2+} para fora do citosol, levando-os para o meio externo; outras bombeiam o Ca^{2+} do citosol para o retículo endoplasmático ou para dentro do RE especializado, chamado **retículo sarcoplasmático**, encontrado nas células musculares. Outro membro da classe P, encontrado em células secretoras de ácido do estômago dos mamíferos, transporta prótons (íons H^+) para fora da célula e íons K^+ para dentro da célula.

As estruturas das **bombas de íons classe F** e **classe V** são semelhantes, mas não têm relação e são mais complicadas do que as bombas classe P. As bombas classes F e V contêm várias subunidades transmembrana e citosólicas distintas. Todas as bombas F e V conhecidas transportam apenas prótons, em um processo que não envolve uma fosfoproteína (proteína fosforilada) intermediária. As bombas classe V geralmente trabalham para manter o pH baixo dos vacúolos das plantas e dos lisossomos e de outras vesículas ácidas nas células animais, pelo bombeamento de prótons do lado citosólico para o lado exoplasmático da membrana, contra um gradiente eletroquímico de prótons. Em contrapartida, as bombas H^+ que geram e mantêm o potencial elétrico da membrana plasmática nas células de plantas, fungos e diversas bactérias, pertencem à classe P de bombas de prótons.

As bombas da classe F são encontradas nas membranas plasmáticas das bactérias, nas mitocôndrias e nos cloroplastos. Ao contrário das bombas V, elas geralmente funcionam como bombas de prótons reversas, onde a energia liberada pelo movimento energeticamente favorável de prótons (a partir do lado exoplasmático rumo ao lado citosólico da membrana, *a favor* do gradiente eletroquímico do próton) é utilizada para promover a síntese energeticamente desfavorável de ATP a partir de ADP e P_i. Devido à sua importância na síntese do ATP nos cloroplastos e na mitocôndria, as bombas de próton classe F, comumente chamadas ATP-sintases, são tratadas separadamente no Capítulo 12 (Energética celular).

A última classe de bombas ativadas por ATP corresponde a uma grande família, de diversos membros, que apresenta maior diversidade de função que as demais classes. Conhecida como a **superfamília ABC** (do inglês *ATP-binding cassete*), essa classe inclui várias centenas de proteínas de transporte diferentes, encontradas em organismos que vão desde bactérias a humanos. Conforme detalhado abaixo, algumas dessas proteínas de transporte foram inicialmente identificadas como proteínas de resistência a múltiplos fármacos que, quando superexpressas em células de tumores, promovem a exportação dos fármacos contra o câncer, tornando os tumores resistentes à sua atividade. Cada proteína ABC é específica para um único substrato; ou para um grupo de substratos relacionados que podem ser íons, açúcares, aminoácidos, fosfolipídeos, colesterol, peptídeos, polissacarídeos ou até mesmo proteínas. Todas as proteínas ABC de transporte compartilham uma organização estrutural composta por

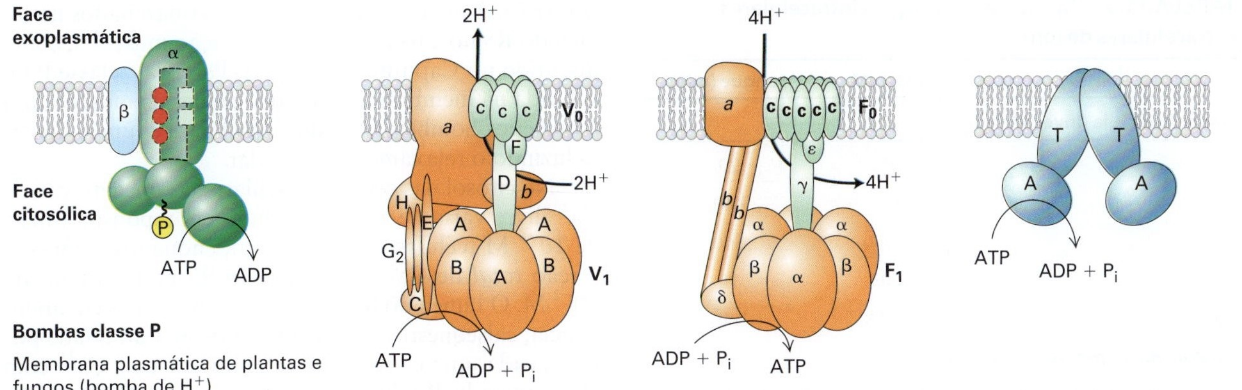

Bombas classe P

Membrana plasmática de plantas e fungos (bomba de H^+)

Membrana plasmática de eucariotos superiores (bombas de Na^+/K^+)

Membrana plasmática apical do estômago dos mamíferos (bombas de H^+/K^+)

Membrana plasmática de todas as células eucarióticas (bombas de Ca^{2+})

Membrana do retículo sarcoplasmático das células musculares (bombas de Ca^{2+})

Bombas de próton classe V

Membranas vacuolares de plantas, leveduras e outros fungos

Membranas endossômicas e lisossômicas das células animais

Membrana plasmática de osteoclastos e algumas células tubulares do rim

Bombas de próton classe F

Membrana plasmática de bactérias

Membrana mitocondrial interna

Membrana tilacoide do cloroplasto

Superfamília ABC

Membrana plasmática de bactérias (transportadores de aminoácidos, açúcares e peptídeos)

Membrana plasmática de mamíferos (transportadores de fosfolipídeos, pequenos fármacos lipofílicos, colesterol e outras moléculas pequenas)

FIGURA 11-9 As quatro classes de proteínas de transporte movidas pelo ATP. A localização das bombas específicas está indicada abaixo de cada classe. As bombas da classe P são compostas por duas subunidades α catalíticas que são fosforiladas como parte do ciclo de transporte. Duas subunidades β, presentes em algumas destas bombas, podem regular o transporte. Apenas uma subunidade α e uma subunidade β estão representadas. As bombas das classes V e F não formam intermediários de fosfoproteínas e quase todos transportam apenas prótons. Suas estruturas são semelhantes e contêm proteínas similares, mas nenhuma de suas subunidades está relacionada àquelas das bombas da classe P. As bombas da classe V acoplam a hidrólise do ATP ao transporte contra um gradiente de concentração, ao passo que as bombas da classe F normalmente operam na direção inversa, utilizando a energia da concentração de prótons ou o gradiente de voltagem para sintetizar ATP. Todos os membros da grande superfamília de proteínas ABC contêm dois domínios transmembrana (T) e dois domínios citosólicos de ligação ao ATP (A), que acoplam a hidrólise do ATP ao movimento do soluto. Esses domínios principais estão presentes como subunidades separadas em algumas proteínas ABC (representadas aqui), mas estão fusionadas em um único polipeptídeo em outras proteínas ABC. (Ver T. Nishi & M. Forgac, 2002, *Nature Rev. Mol. Cell Biol.* **3**:94; C. Toyoshima et al., 2000, *Nature* **405**:647; D. McIntosh, 2000, *Nature Struc. Biol.* **7**:532; e T. Elston, H. Wang & G. Oster, 1998, *Nature* **391**:510.)

quatro domínios "principais": dois domínios transmembrana (T), que formam a passagem pela qual as moléculas transportadas cruzam a membrana, e dois domínios citosólicos de ligação do ATP (A). Em algumas proteínas ABC, principalmente nas bactérias, os domínios principais estão presentes em quatro polipeptídeos separados; em outras, os domínios principais estão fusionados em um ou dois polipeptídeos com domínios múltiplos.

As bombas de íons movidas por ATP geram e mantêm os gradientes de íons através das membranas celulares

A composição iônica específica do citosol normalmente difere significativamente daquela do líquido extracelular que envolve a célula. Em praticamente todas as células – incluindo as células microbianas, de plantas e de animais – o pH citosólico é mantido próximo a 7,2, *independentemente* do pH extracelular. Nos casos mais extremos, existe uma diferença de um milhão de vezes na concentração de H^+ entre o pH do citosol das células epiteliais que revestem o estômago e o pH do conteúdo estomacal após uma refeição. Além disso, a concentração citosólica de K^+ é muito maior do que a de Na^+. Tanto nos invertebrados quanto nos vertebrados, a concentração de K^+ é de 20 a 40 vezes maior no citosol do que no sangue, enquanto a concentração de Na^+ é de 8 a 12 vezes mais baixa no citosol do que no sangue (Tabela 11-2). Alguns íons Ca^{2+} no citosol encontram-se ligados aos grupos carregados negativamente do ATP e de outras proteínas e moléculas, mas é a concentração de Ca^{2+} não ligado ("livre"), que é crucial para as suas funções nas cascatas de sinalização e na contração muscular. A concentração de Ca^{2+} livre no citosol geralmente é menor do que 0,2 micromolar (2×10^{-7} M), mais de mil vezes inferior à do sangue. As células das plantas e de muitos microrganismos também mantêm concentrações citosólicas altas de K^+ e concentrações baixas de Ca^{2+} e Na^+, mesmo quando as células são cultivadas em soluções salinas bastante diluídas.

As bombas de íons discutidas nesta seção são, em grande parte, responsáveis por estabelecer e manter os gradientes normais de íons entre a membrana intracelular e a membrana plasmática. Ao realizar esse trabalho, as células despendem considerável energia. Por exemplo, até 25% do ATP produzido pelas células nervosas e renais é utilizado no transporte de íons; os eritrócitos humanos

TABELA 11-2 Típicas concentrações intracelulares e extracelulares de íons

Íon	Célula (mM)	Sangue (mM)
Axônio de lula (invertebrado)*		
K^+	400	20
Na^+	50	440
Cl^-	40 a 150	560
Ca^{2+}	0,0003	10
X^{-} †	300 a 400	5-10
Célula de mamíferos (vertebrado)		
K^+	139	4
Na^+	12	145
Cl^-	4	116
HCO_3^-	12	29
X^-	138	9
Mg^{2+}	0,8	1,5
Ca^{2+}	<0,0002	1,8

* O grande nervo axônio da lula tem sido amplamente utilizado em estudos acerca do mecanismo de condução de impulsos elétricos.
† X^- representa proteínas que apresentam carga líquida negativa no pH neutro do sangue e das células.

consomem até 50% do ATP disponível para essa finalidade; em ambos os casos, a maior parte do ATP é usada para ativar as bombas Na^+/K^+ (ver Figura 11-3). Os gradientes resultantes de Na^+ e K^+ nas células nervosas são essenciais para a sua capacidade de condução de sinais elétricos de modo rápido e eficiente, como detalhado no Capítulo 22. Algumas enzimas necessárias para a síntese de proteínas em todas as células requerem altas concentrações de K^+ e são inibidas por altas concentrações de Na^+; essas enzimas não teriam atividade sem as bombas Na^+/K^+. Em células tratadas com venenos que inibem a produção de ATP (p. ex., 2,4-dinitrofenol em células aeróbias), as bombas param de funcionar e as concentrações de íons dentro da célula aproximam-se gradativamente daquelas do meio externo à medida que os íons atravessam espontaneamente os canais da membrana plasmática a favor dos seus gradientes eletroquímicos. Com o tempo, as células tratadas com o veneno morrem, em parte porque a síntese de proteínas exige alta concentração de íons K^+ e em parte porque, na ausência de um gradiente de Na^+ através da membrana celular, a célula não consegue importar certos nutrientes, como os aminoácidos (ver Figura 11-3). Estudos sobre os efeitos desses venenos forneceram as primeiras evidências quanto à existência e importância das bombas de íons.

O relaxamento muscular depende de ATPases Ca^{2+} que bombeiam Ca^{2+} do citosol para o retículo sarcoplasmático

Nas células da musculatura esquelética, os íons Ca^{2+} são concentrados e armazenados no **retículo sarcoplasmático (RS)**, um tipo especializado de retículo endoplasmático (RE). A liberação dos íons Ca^{2+} armazenados no lúmen do RS no citosol causa a contração muscular, como discutido no Capítulo 17. Uma ATPase Ca^{2+} classe P localizada na membrana do RS das células da musculatura esquelética bombeia Ca^{2+} do citosol para o lúmen do RS, induzindo o relaxamento muscular.

No citosol das células musculares, a concentração de Ca^{2+} livre varia de 10^{-7} M (células em repouso) a mais de 10^{-6} M (células em contração), enquanto a concentração *total* de Ca^{2+} no lúmen do RS pode atingir até 10^{-2} M. O lúmen do RS contém duas proteínas em abundância, calsequestrina e a proteína de alta afinidade por Ca^{2+}, cada uma capaz de ligar múltiplos íons Ca^{2+} com alta afinidade. Por ligarem grande parte do Ca^{2+} presente no lúmen do RS, essas proteínas reduzem a concentração de íons Ca^{2+} "livres" nas vesículas do RS. Isso reduz o gradiente de concentração de Ca^{2+} entre o citosol e o lúmen do RS e, consequentemente, reduz a energia necessária para bombear íons Ca^{2+} ao RS a partir do citosol. A atividade da ATPase Ca^{2+} muscular aumenta com o aumento da concentração de Ca^{2+} livre no citosol. Nas células da musculatura esquelética, a bomba de cálcio na membrana do RS atua em conjunto com uma bomba de Ca^{2+} similar, localizada na membrana plasmática, para garantir que a concentração citosólica de Ca^{2+} livre no músculo em repouso permaneça abaixo de 1 μM.

O mecanismo de ação da bomba Ca^{2+} é conhecido em detalhes

Como as bombas de cálcio constituem mais de 80% do total de proteínas integrais de membrana do RS nas células musculares, elas são facilmente purificadas e separadas de outras proteínas de membrana, tendo sido estudadas extensivamente. A determinação da estrutura tridimensional dessa proteína em diversas conformações que representam diferentes etapas do processo de bombeamento revelou muito acerca do seu mecanismo de ação, servindo de paradigma para a compreensão de vários bombas ATPase classe P.

O modelo atual do mecanismo da ATPase Ca^{2+} presente na membrana do RS envolve múltiplos estados conformacionais. Para maior clareza, essas conformações foram agrupadas em estados E1, nos quais os dois sítios de ligação de Ca^{2+}, localizados no centro do domínio que atravessa a membrana, estão voltados ao citosol; e em estados E2, nos quais esses sítios de ligação estão voltados à face exoplasmática da membrana, em direção ao lúmen do RS. O acoplamento da hidrólise do ATP com o bombeamento dos íons envolve várias mudanças conformacionais da proteína, que devem ocorrer em uma ordem definida, como mostrado na Figura 11-10. Quando a proteína estiver na conformação E1, dois íons Ca^{2+} se ligam a dois sítios de ligação de alta afinidade acessíveis pelo citosol; mesmo que a concentração citosólica de Ca^{2+} seja baixa (ver Tabela 11-2), os íons cálcio se ligarão a esses sítios.

A seguir, uma molécula de ATP se liga a um sítio localizado na superfície citosólica (etapa **1**). O ATP ligado é hidrolisado em ADP em uma reação que requer Mg^{2+},

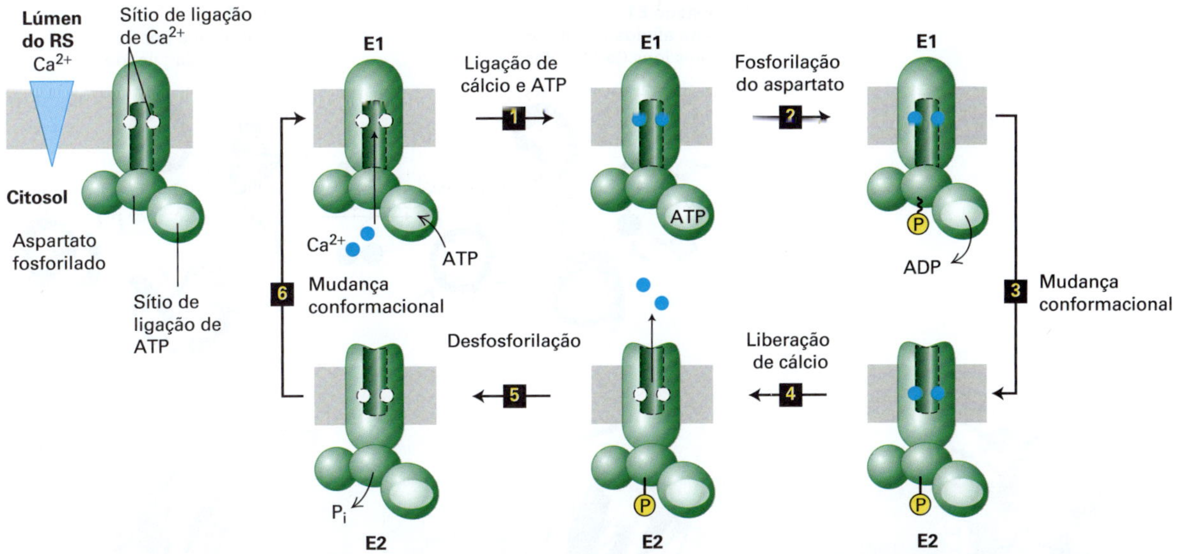

FIGURA 11-10 Modelo operacional da ATPase de Ca^{2+} na membrana do RS das células do músculo esquelético. Apenas uma das duas subunidades α catalíticas desta bomba de classe P está representada. E1e E2 são conformações alternativas da proteína nas quais os sítios de ligação de Ca^{2+} são acessíveis às faces do citosol e do exoplasma (lúmen RS), respectivamente. Uma sequência ordenada de etapas, como a mostrada aqui, é essencial para o acoplamento da hidrólise de ATP e o transporte de íons de Ca^{2+} através da membrana. Na figura, ~P indica uma ligação aspartil fosfato de alta energia; –P indica uma ligação de baixa energia. Como a afinidade do Ca^{2+} pelo sítio de ligação voltado para o citosol em E1 é mil vezes maior do que a afinidade do Ca^{2+} pelo sítio de ligação voltado para o exoplasma em E2, esta bomba transporta Ca^{2+} em um único sentido, do citosol para o lúmen do RS. Consulte mais detalhes no texto e na Figura 11-11. (Ver C. Toyoshima e G. Inesi, 2004, *Ann. Rev. Biochem.* **73**:269-292.)

e o fosfato liberado é transferido para um resíduo de aspartato específico na proteína, formando a ligação acil-fosfato de alta energia, representada por E1~P (etapa **2**). A proteína, então, sofre uma mudança conformacional que dá origem à E2, conformação na qual a afinidade dos dois sítios de ligação de Ca^{2+} é reduzida (ver detalhes na próxima figura), e os dois sítios têm acesso ao lúmen do RS (etapa **3**). A energia livre de hidrólise da ligação aspartil-fosfato em E1~P é maior do que em E2–P, e essa redução na energia livre da ligação aspartil-fosfato é responsável pela mudança conformacional E1 →E2.

Os íons Ca^{2+} se dissociam espontaneamente dos sítios de ligação de baixa afinidade para entrar no lúmen do RS, pois, embora a concentração de Ca^{2+} no lúmen do RS seja maior que a do citosol, ela ainda é menor que o valor de K_d do Ca^{2+} nos sítios de ligação de baixa afinidade (etapa **4**). Por fim, a ligação aspartil-fosfato é hidrolisada (etapa **5**). Essa desfosforilação, associada à posterior ligação de íons Ca^{2+} do citosol aos sítios de ligação de Ca^{2+} E1 de alta afinidade, estabiliza a conformação E1 em comparação com a conformação E2 e provoca a mudança conformacional E2 →E1 (etapa **6**). Agora, a proteína na conformação E1 está pronta para transportar mais dois íons Ca^{2+}. Assim, o ciclo se completa e a hidrólise de uma ligação fosfoanidro do ATP permite o bombeamento de dois íons Ca^{2+} contra seu gradiente de concentração, para o interior do lúmen do RS.

Diversas evidências estruturais e biofísicas corroboram o modelo descrito na Figura 11-10. Por exemplo, a bomba de cálcio do músculo foi isolada com um fosfato ligado ao resíduo de aspartato, e estudos espectroscópicos detectaram pequenas alterações na conformação da proteína durante a conversão E1 →E2. Os dois estados fosforilados podem ser distinguidos bioquimicamente; a adição de ADP ao estado fosforilado E1 resulta na síntese de ATP, a reação reversa da etapa **2** da Figura 11-10; enquanto a adição de ADP ao estado fosforilado E2 não o faz. Cada estado conformacional principal do ciclo da reação pode ser caracterizado por sua sensibilidade distinta a várias enzimas proteolíticas, tais como a tripsina.

A Figura 11-11 mostra a estrutura tridimensional de uma bomba Ca^{2+} no estado E1. Como pode ser visto nos dois painéis à direita da parte c, na metade inferior da figura, as 10 hélices α transmembrana da subunidade catalítica formam a passagem que os íons Ca^{2+} utilizam para atravessar a membrana. Aminoácidos de quatro dessas hélices formam os sítios de ligação de Ca^{2+} E1 de alta afinidade (Figura 11-11a, *esquerda*). Um sítio é formado por átomos de oxigênio de carga negativa dos grupamentos carboxila (COO-) das cadeias laterais do glutamato e do aspartato, assim como de moléculas de água. O outro sítio é formado por átomos de oxigênio das cadeias laterais e da cadeia principal. Dessa forma, quando os íons Ca^{2+} se ligam à bomba Ca^{2+}, eles se dissociam das moléculas de água que normalmente formam a camada de solvatação dos íons Ca^{2+} em soluções aquosas (ver Figura 2-7), mas essas moléculas de água são substituídas por átomos de oxigênio com geometria semelhante, que compõem a proteína de transporte. Em contrapartida, no estado E2 (Figura 11-11a, *direita*), muitas dessas cadeias laterais envolvidas na ligação foram deslocadas em frações de um nanômetro e são incapazes de interagir com os íons Ca^{2+} ligados, contribuindo para a baixa afinidade do estado E2 pelos íons Ca^{2+}.

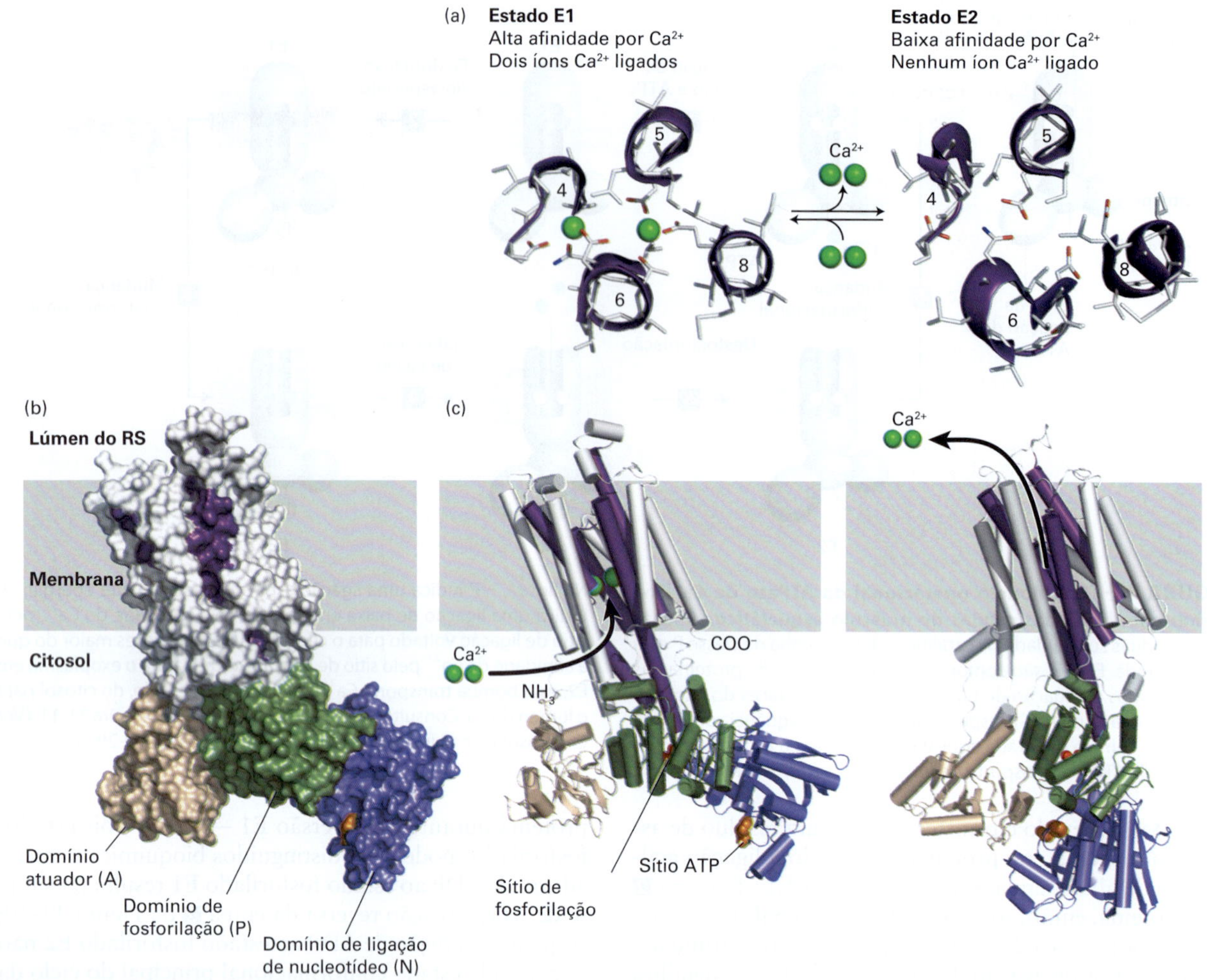

FIGURA 11-11 Estrutura da subunidade α catalítica da ATPase Ca^{2+} muscular. (a) Sítios de ligação de Ca^{2+} no estado E1 (*esquerda*), com dois íons Ca^{2+} ligados, e o estado de baixa afinidade E2 (*direita*), sem íons ligados. As cadeias laterais de aminoácidos essenciais estão representadas em branco; os átomos de oxigênio nas cadeias laterais do glutamato e aspartato estão representados em vermelho. Na conformação E1 de alta afinidade, os íons Ca^{2+} se ligam a dois sítios entre as hélices 4, 5, 6, e 8, no interior da membrana. Um dos sítios é composto por átomos de oxigênio de carga negativa das cadeias laterais dos resíduos de glutamato e aspartato, e por moléculas de água (não representadas); e o outro é formado por átomos de oxigênio das cadeias laterais e da cadeia principal. Sete átomos de oxigênio circundam o íon Ca^{2+} nos dois sítios. (b) Modelo tridimensional da proteína no estado E1, com base na estrutura determinada por cristalografia de difração por raios X. Existem 10 hélices α transmembrana, quatro das quais (lilás) contêm resíduos que participam da ligação de Ca^{2+}. O segmento citosólico forma três domínios: o domínio de ligação de nucleotídeo N (azul), o domínio de fosforilação P (verde) e o domínio atuador A (bege), que conecta duas das hélices transmembrana. (c) Modelos da bomba no estado E1 (esquerda) e E2 (direita). Observe as diferenças entre os estados E1 e E2 nas conformações do domínio de ligação do nucleotídeo e do domínio atuador; esses movimentos são responsáveis pelas alterações conformacionais das hélices α transmembrana (lilás) que constituem os sítios de ligação de Ca^{2+}, convertendo-os de um estado em que são acessíveis pelo citosol (estado E1), para um estado em que os íons Ca^{2+} agora ligados com baixa afinidade têm acesso ao exoplasma (estado E2). (Adaptada de C. Toyoshima e H. Nomura, 2002, *Nature* **418**:605-611; C. Toyoshima e G. Inesi, 2004, *Ann. Rev. Biochem.* **73**:269-292; e E. Gouaux e R. MacKinnon, 2005, *Science* **310**:1461.)

A ligação dos íons Ca^{2+} à bomba Ca^{2+} ilustra um princípio geral da ligação dos íons às proteínas de canais ou de transporte, onipresente neste capítulo: com a ligação, os íons dissociam a maior parte das moléculas de água da camada de solvatação, mas interagem com átomos de oxigênio da proteína com geometria similar à geometria dos átomos de oxigênio da água, ligados aos íons em soluções aquosas. Essa característica diminui a barreira termodinâmica da ligação de íons à proteína e permite a ligação de alta afinidade dos íons, mesmo em soluções em que sua concentração é relativamente baixa.

A região citoplasmática da bomba Ca^{2+} é composta por três domínios bastante distantes uns dos outros no estado E1 (Figura 11-11b). Cada um desses domínios está conectado às hélices transmembrana por curtos segmentos de aminoácidos. Movimentos desses domínios citosólicos durante o ciclo de bombeamento induzem movimentos dos segmentos de conexão que são transmitidos às hélices α transmembrana. Por exemplo, o resíduo fosforilado Asp 351 está localizado no domínio P. A porção adenosina do ATP se liga ao domínio N, mas o fosfato γ do ATP se liga a resíduos específicos do domínio P, requerendo o movimento dos domínios N e P. Portanto, após a ligação de ATP e Ca^{2+}, o fosfato γ do ATP ligado se encontra em posição adjacente ao aspartato do domínio P que receberá o fosfato. Embora os detalhes precisos acerca dessa e de outras mudanças conformacionais ainda não estejam claros, os movimentos dos domínios N e P são transmitidos pelo deslocamento dos segmentos de conexão, induzindo o rearranjo de diversas hélices α transmembrana. Essas alterações são especialmente aparentes nas quatro hélices que contêm os dois sítios de ligação de Ca^{2+}: elas evitam que os íons Ca^{2+} ligados se desloquem de volta ao citosol após a sua dissociação, mas permitem que eles se dissociem no espaço exoplasmático (lúmen).

Todas as bombas de íon classe P, independentemente do tipo de íons que transportam, são fosforiladas em um resíduo de aspartato altamente conservado, durante o processo de transporte. Como pode ser deduzido a partir das sequências de DNAc, as subunidades α catalíticas de todas as bombas P estudadas até o presente momento têm sequências similares de aminoácidos, e se presume que tenham arranjos similares de hélices α transmembrana e dos domínios A, P e N voltados para o citosol (ver Figura 11-10). Essas observações são forte indício de que todas essas proteínas evoluíram a partir de um precursor comum, embora agora transportem íons diferentes. Essa hipótese se baseia na semelhança das estruturas tridimensionais dos segmentos transmembrana da ATPase Na^+/K^+ e da bomba Ca^{2+} (Figura 11-12); e na grande semelhança entre as estruturas moleculares dos três domínios citoplasmáticos. Assim, o modelo operacional apresentado na Figura 11-11 é aplicável a todas as bombas de íons classe P ativadas por ATP.

A calmodulina regula as bombas da membrana plasmática que controlam a concentração de Ca^{2+} no citosol

Como explicado no Capítulo 15, em vários tipos celulares além das células musculares, pequenos aumentos na concentração de íons Ca^{2+} livres no citosol desencadeiam uma série de respostas celulares. Para que o Ca^{2+} atue na sinalização intracelular, a concentração dos íons Ca^{2+} livres no citosol deve ser mantida, normalmente, abaixo de 0,1 a 0,2 μM. As células dos animais, de leveduras e, provavelmente, das plantas, expressam na membrana plasmática ATPases Ca^{2+} que transportam Ca^{2+} para fora da célula, contra o seu gradiente eletroquímico. A subunidade α catalítica dessas bombas classe P possui sequência e estrutura similares às da subunidade α da bomba de Ca^{2+} do RS das células musculares.

A atividade das ATPases Ca^{2+} da membrana plasmática é regulada pela **calmodulina**, proteína ligadora de Ca^{2+} do citosol (ver Figura 3-31). Um aumento do Ca^{2+} citosólico induz a ligação de íons Ca^{2+} à calmodulina, o que desencadeia a ativação da ATPase Ca^{2+}. Como consequência, a exportação de íons Ca^{2+} da célula é acelerada, restabelecendo rapidamente a concentração baixa de Ca^{2+} livre no citosol, característica da célula em repouso.

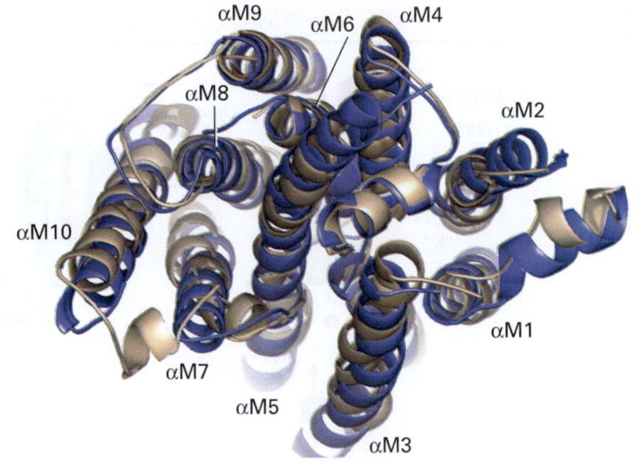

FIGURA 11-12 Comparação estrutural da ATPase Na^+/K^+ e da ATPase Ca^{2+} muscular. Estrutura tridimensional da ATPase Na^+/K^+ (dourado) comparada à estrutura da ATPase Ca^{2+} muscular (lilás), vistas a partir da superfície citoplasmática. αM1 a 10 indicam as dez hélices α transmembrana da ATPase Na^+/K^+. (De J. P. North et al., 2007, *Nature* **450**:1043 e H. Ogawa et al., 2009, *Proc. Nat'l Acad. Sci. USA* **106**:13742.)

A ATPase Na^+/K^+ mantém as concentrações intracelulares de Na^+ e K^+ nas células animais

Uma importante bomba de íons classe P presente na membrana plasmática de todas as células animais é a **ATPase Na^+/K^+**. Essa bomba de íons é um tetrâmero composto pelas subunidades $\alpha_2\beta_2$, sendo homóloga estrutural da bomba Ca^{2+} (ver Figura 11-12). O menor polipeptídeo β transmembrana glicosilado aparentemente não está diretamente envolvido no bombeamento de íons. Durante o seu ciclo catalítico, a ATPase Na^+/K^+ transporta três íons Na^+ *para fora*, e dois íons K^+ *para dentro* da célula, por molécula de ATP hidrolisada. O mecanismo de ação da ATPase Na^+/K^+, esquematizado na Figura 11-13, é semelhante ao da bomba de cálcio muscular, exceto pelo fato de os íons serem bombeados em *ambas* as direções através da membrana, onde cada íon é transportado *contra* seu gradiente de concentração. Em sua conformação E1, a ATPase Na^+/K^+ tem três sítios de ligação de Na^+ de alta afinidade e dois sítios de ligação de K^+ de baixa afinidade voltados para o citosol. O calor de K_m para a ligação do Na^+ a esses sítios citosólicos é 0,6 mM, valor consideravelmente menor do que a concentração intracelular de Na^+, de aproximadamente 12 mM; como resultado, os íons Na^+ normalmente ocuparão esses sítios por completo. Por outro lado, a afinidade dos sítios de ligação de K^+ voltados para o citosol é tão baixa que os íons K^+ transportados para o interior da célula pela proteína se dissociam de E1 para o citosol, apesar da alta concentração intracelular de K^+. Durante a transição E1 →E2, os três íons Na^+ ligados passam a ter acesso ao lado exoplasmático e, simultaneamente, a afinidade dos três sítios de ligação de Na^+ é reduzida. Os três íons Na^+ agora ligados aos sítios de baixa afinidade de Na^+ dissociam-se um de cada vez para o meio extracelular, apesar da alta concentração extracelular de Na^+. A transição para a conformação E2 também gera dois sítios de alta afinidade de K^+ voltados à região exo-

ANIMAÇÃO: Interconversões biológicas de energia

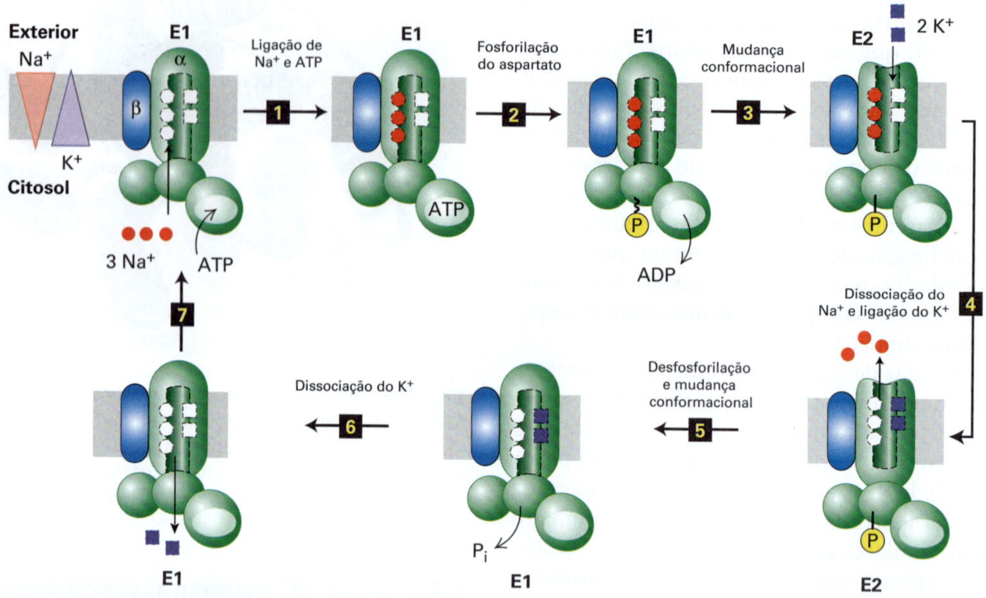

FIGURA 11-13 Modelo operacional da ATPase Na^+/K^+da membrana plasmática. Apenas uma das duas subunidades α catalíticas desta bomba de classe P está representada. Não se sabe se os íons são transportados por apenas uma ou pelas duas subunidades da molécula de ATPase de transporte de íons. O bombeamento de íons pela ATPase Na^+/K^+ envolve a fosforilação, desfosforilação e mudanças conformacionais similares àquelas da ATPase Ca^{2+} muscular (ver Figura 11-11). Neste caso, a hidrólise do intermediário E2-P facilita a mudança conformacional E2 ⟶ E1 e o transporte concomitante de dois íons K^+ para o interior da célula. Os íons Na^+ estão indicados por círculos vermelhos; os íons K^+ estão indicados por quadrados lilás; a ligação acilfosfato de alta energia, por ~P; a ligação fosfoéster de baixa energia, por –P.

plasmática. Como o valor de K_m para a ligação do K^+ a esses sítios (0,2 mM) é menor do que a concentração extracelular de K^+ (4 mM), esses sítios serão ocupados por íons K^+ conforme os íons Na^+ se dissociam. De maneira análoga, durante a transição E2 ⟶E1 subsequente, os dois íons K^+ ligados são transportados para dentro da célula e então liberados no citosol.

Alguns fármacos (p. ex., a ouabaína e a digoxina) se ligam ao domínio exoplasmático da ATPase Na^+/K^+ da membrana plasmática e inibem de maneira específica sua atividade ATPase. A perturbação resultante no equilíbrio de Na^+/K^+ das células é uma indicação da importância da bomba de íons na manutenção dos gradientes de concentração normais dos íons Na^+/K^+. A seção Experimento Clássico 11.1, no fim deste capítulo, narra a descoberta dessa importante enzima, essencial para a vida.

As ATPases H^+ classe V mantêm a acidez de lisossomos e vacúolos

Todas as ATPases classe V transportam apenas íons H^+. Essas bombas de próton, presentes nas membranas dos lisossomos, dos endossomos e dos vacúolos das plantas, atuam na acidificação do lúmen dessas organelas. O pH do lúmen lisossômico pode ser medido com precisão, em células vivas, com o uso de partículas marcadas com um corante fluorescente sensível ao pH. Quando essas partículas são adicionadas ao meio extracelular, a célula as engolfa e as internaliza (fagocitose, ver Capítulo 17), as transportando, por fim, para os lisossomos. O pH lisossômico pode ser calculado a partir do espectro de fluorescência emitido. O DNA que codifica uma proteína naturalmente fluorescente, e cuja fluorescência depende do pH, pode ser modificado (pela adição de segmentos de DNA que codificam "sequências sinalizadoras", detalhadas nos Capítulos 13 e 14) de modo que a proteína seja transportada para o lúmen do lisossomo; a quantificação da fluorescência pode ser utilizada para determinar o pH do lúmen da organela. A manutenção de um gradiente de prótons de 100 vezes ou mais entre o lúmen lisossômico (pH ~ 4,5 a 5,0) e o citosol (pH ~ 7,0) depende de uma ATPase classe V e, portanto, da produção de ATP pela célula.

O bombeamento de relativamente poucos prótons é necessário para acidificar uma vesícula intracelular. Para entender o porquê, lembre-se de que soluções com pH 4 têm concentração de H^+ igual a 10^{-4} mol por litro, ou 10^{-7} mol de íons H^+ por mililitro. Como há $6{,}02 \times 10^{23}$ moléculas por mol (número de Avogadro), um mililitro de uma solução com pH 4 contém $6{,}02 \times 10^{16}$ íons H^+. Portanto, no pH 4, um lisossomo esférico, com volume igual a $4{,}18 \times 10^{-15}$ mL (0,2 μm de diâmetro), conterá apenas 252 prótons. No pH 7, a mesma organela terá, em média, apenas 0,2 prótons no seu lúmen, e, portanto, o bombeamento de apenas 250 prótons é necessário para a acidificação do lisossomo.

Sozinhas, as bombas de próton ativadas por ATP não podem acidificar o lúmen de uma organela (ou o espaço extracelular), porque essas bombas são *eletrogênicas*; ou seja, durante o transporte ocorre um movimento efetivo de carga elétrica. O bombeamento de apenas poucos prótons acarreta o aumento de íons H^+ positivamente carregados no lado exoplasmático (interno) da membrana da organela. Para cada H^+ bombeado através da membrana, um íon negativo (p. ex., OH^- ou Cl^-) será "deixado para trás" no lado citosólico, levando ao acúmulo de íons carregados negativamente. Esses íons de cargas opostas atraem-se nos lados opostos da membrana, gerando uma separação de cargas, ou potencial elétrico, entre os dois lados da membrana. A membrana do lisossomo funciona então como o capacitor de um circuito elétrico, armazenando cargas opostas (ânions e cátions) nos lados opostos de uma barreira impermeável ao deslocamento de partículas carregadas.

À medida que mais prótons são bombeados, gerando excesso de carga positiva no lado exoplasmático, a energia necessária para o transporte de prótons adicionais contra esse gradiente de potencial elétrico em crescimento aumenta drasticamente, prevenindo o bombeamento adicional de prótons até que um gradiente transmembrana significativo de íons H^+ seja estabelecido (Figura 11-14a). Na verdade, é dessa maneira que as bombas de H^+ classe P criam um potencial negativo no lado citosólico das membranas plasmáticas das células de plantas e de leveduras.

Para que o lúmen de uma organela ou um espaço extracelular (p. ex., o lúmen do estômago) se torne ácido,

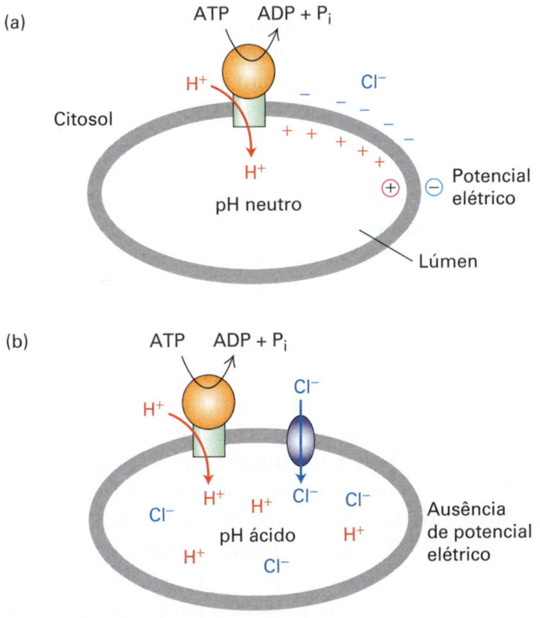

FIGURA 11-14 Efeito das bombas H^+ classe V no gradiente de concentração de H^+ e nos gradientes de potencial elétrico através das membranas celulares. (a) Se uma organela intracelular contém apenas bombas da classe V, o bombeamento de prótons gera um potencial elétrico pela membrana (lado voltado para o citosol negativo e lado do lúmen positivo), mas sem alteração significativa no pH do lúmen. (b) Se a membrana da organela também contém canais de Cl^-, os ânions acompanham passivamente os prótons bombeados, resultando no acúmulo de íons H^+ e Cl^- no lúmen (pH do lúmen baixo), mas sem potencial elétrico através da membrana.

o movimento de prótons deve ser acompanhado (1) pelo movimento de um número igual de ânions (por exemplo, Cl^-) no mesmo sentido ou (2) pelo movimento de um número igual de um cátion diferente no sentido oposto. O primeiro processo ocorre nos lisossomos e nos vacúolos das plantas, cujas membranas contêm ATPases H^+ classe V e canais de íons pelos quais íons Cl^- se deslocam (Figura 11-14b). O segundo processo ocorre no revestimento interno do estômago, que contém uma ATPase H^+/K^+ classe P não eletrogênica que, portanto, bombeia um H^+ para fora e um K^+ para dentro. O funcionamento dessa bomba é discutido adiante neste capítulo.

As bombas de prótons ativadas por ATP nas membranas lisossômicas e vacuolares já foram isoladas, purificadas e incorporadas a lipossomos. Como ilustrado na Figura 11-9, essas bombas de prótons classe V contêm dois domínios distintos: um domínio citosólico hidrofílico (V_1) e um domínio transmembrana (V_0), com múltiplas subunidades compondo cada domínio. A ligação e a hidrólise de ATP pelas subunidades B do domínio V_1 fornecem a energia para bombear os íons H^+ pelo canal de condução de prótons formado pelas subunidades 'c' e 'a'do domínio V_0. Ao contrário das bombas de íon classe P, as bombas de próton classe V não são fosforiladas e desfosforiladas durante o transporte de prótons. As bombas de prótons classe F, estruturalmente semelhantes, descritas no Capítulo 12, normalmente operam no sentido "inverso", gerando ATP em vez de bombear prótons. A sua função e o seu mecanismo já são compreendidos em grande detalhe.

As proteínas ABC exportam uma ampla variedade de fármacos e toxinas das células

Conforme destacado anteriormente, todos os membros da ampla e diversa superfamília ABC de proteínas de transporte contêm dois domínios transmembrana (T) e dois domínios citosólicos de ligação ao ATP (A) (ver Figura 11-9). Cada um dos domínios T é constituído por seis hélices α transmembrana, formando a passagem pela qual a substância (substrato) transportada cruza a membrana (Figura 11-15a) e determinando a especificidade de substrato de cada proteína ABC. As sequências dos domínios A são homólogas, com aproximadamente 30 a 40% de identidade entre todos os membros dessa superfamília, indicando uma origem evolutiva comum.

A descoberta da primeira proteína ABC eucariótica se originou de estudos com células tumorais e com culturas de células que exibiam resistência a vários fármacos com estruturas químicas distintas. Por fim, demonstrou-se que essas células expressavam níveis elevados de uma *proteína de transporte resistente a múltiplos fármacos (MDR)*, denominada inicialmente *MDR1*, sendo hoje conhecida como ABCB1. Essa proteína utiliza a energia derivada da hidrólise do ATP para *exportar* uma grande variedade de fármacos do citosol para o meio extracelular. O gene *Mdr1* encontra-se frequentemente amplificado nas células resistentes a múltiplos fármacos, resultando na grande superprodução da proteína MDR1. Ao contrário das proteínas ABC de bactérias, que são compostas por quatro subunidades independentes, todos os quatro domínios da

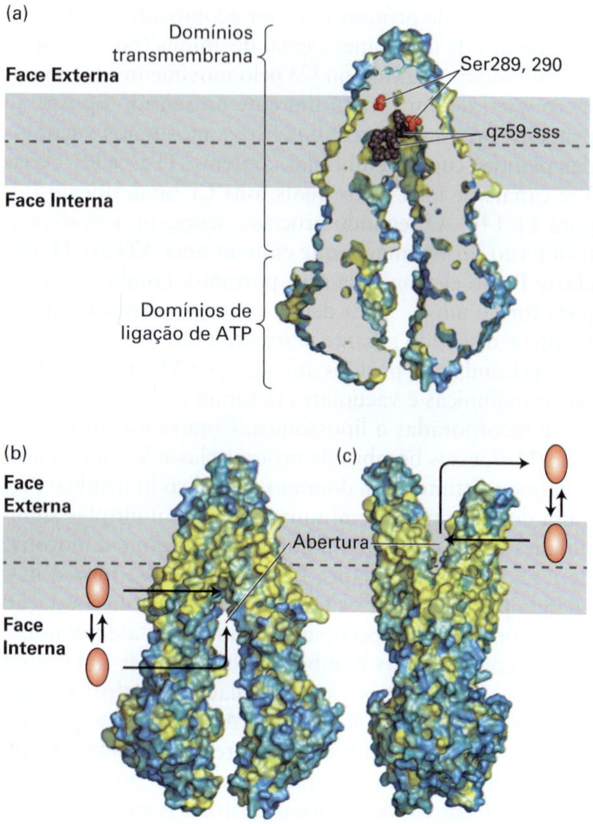

FIGURA 11-15 O transportador ABCB1 de múltiplos fármacos (MDR1): estrutura e modelo de exportação de ligante. (a) Visão do corte longitudinal ao longo do centro de uma proteína ABCB1 ligada a duas moléculas de um análogo de fármaco qz59-sss (preto) revelando a localização central do sítio de associação do ligante em relação à bicamada fosfolipídica: a cavidade central de associação do ligante se localiza próxima à interface das camadas da membrana. Durante o transporte, esta cavidade de ligação fica exposta alternadamente nas superfícies exoplasmática e citosólica da membrana. As serinas 289 e 290 afetam a especificidade de ligação do transportador e estão representadas como esferas vermelhas para destacar a sua justaposição ao substrato ligado. Os resíduos da superfície estão coloridos em amarelo para indicar os aminoácidos hidrofóbicos, e em azul para indicar os aminoácidos hidrofílicos. (b) Estrutura tridimensional do transportador ABCB1 com seu sítio de associação do ligante voltado para o citosol. Nesta conformação, um ligante hidrofílico pode se ligar diretamente a partir do citosol. Um ligante mais hidrofóbico pode se inserir na camada interna da membrana plasmática e então se ligar ao sítio de associação do ligante por uma abertura na proteína acessível diretamente a partir do centro hidrofóbico da camada interna. (c) Modelo da estrutura do transportador ABCB1 com seu sítio de associação do ligante voltado para a face externa, com base nas estruturas das proteínas ABC bacterianas homólogas. Quando o transportador assume esta conformação, o ligante pode se difundir para a camada externa da membrana ou diretamente para o meio extracelular aquoso. (De D. Gutman et al., 2009, *Trends Biochem. Sci.* **35**:36-42. Estruturas de S. G. Aller et al., 2009, *Science* **323**:1718-1722.)

proteína ABCB1 de mamíferos são fusionados em uma única proteína de massa molecular igual 170.000 Mw.

Os substratos da proteína ABCB1 de mamíferos são principalmente moléculas planas e solúveis em lipídeos, com uma ou mais cargas positivas; esses substratos competem entre si pelo transporte, sugerindo que se associam ao mesmo sítio de ligação, ou a sítios de ligação sobrepostos na estrutura da proteína. Muitos dos fármacos transportados pela ABCB1 difundem do meio extracelular pela membrana plasmática, sem o auxílio das proteínas de transporte, para o citosol da célula, onde bloqueiam várias funções celulares. Dois destes fármacos são a colchicina e a vimblastina, que bloqueiam a formação dos microtúbulos (Capítulo 18). A exportação ativada por ATP desses fármacos pela MDR1 reduz sua concentração no citosol. Consequentemente, uma concentração extracelular muito maior do fármaco é necessária para matar as células que expressam ABCB1 do que aquelas células que não a expressam. A demonstração de que a proteína ABCB1 é uma bomba de moléculas pequenas ativadas por ATP foi realizada com lipossomos contendo a proteína purificada. A atividade de ATPase desses lipossomos é aumentada por fármacos diferentes, de uma forma dependente da dose, que corresponde à sua capacidade de serem transportados pela ABCB1.

A estrutura tridimensional da proteína ABCB1, além da estrutura das proteínas ABC transportadoras homólogas presentes em bactérias, revelou o seu mecanismo de transporte e a sua capacidade de ligar e transportar uma ampla variedade de substratos hidrofílicos e hidrofóbicos (Figura 11-15). Os dois domínios T formam um sítio de ligação no centro da membrana que alterna entre a conformação voltada para dentro (Figura 11-15b) e para fora (Figura 11-15c). Essa alternância entre os dois estados de conformação da proteína é ativada pela ligação do ATP às duas subunidades A, e sua posterior hidrólise em ADP e P_i; porém, os detalhes sobre como esse processo ocorre ainda não são conhecidos.

A cavidade de ligação do substrato formada pela proteína ABCB1 é grande. Alguns dos aminoácidos que revestem a cavidade têm cadeias laterais aromáticas, principalmente tirosina e fenilalanina, permitindo que a proteína ABCB1 faça ligação com diversos tipos de ligantes hidrofóbicos. Outras áreas da cavidade são revestidas por resíduos hidrofílicos, permitindo a ligação de moléculas hidrofílicas e anfipáticas. Na conformação voltada para dentro, o sítio de ligação se abre diretamente nas soluções aquosas adjacentes, permitindo que moléculas hidrofílicas entrem no sítio de ligação diretamente a partir do citosol. Uma abertura da proteína permite seu acesso direto a partir do centro hidrofóbico da camada interna da bicamada lipídica da membrana; com isso, as moléculas hidrofóbicas chegam ao sítio ativo a partir da camada interna da bicamada lipídica (Figura 11-15b). Após a mudança para a conformação voltada para fora, ativada por ATP, as moléculas podem deixar o sítio de ligação, passando para a camada externa da membrana ou para o meio extracelular (Figura 11-15c).

Cerca de 50 proteínas de transporte ABC diferentes de mamíferos são conhecidas atualmente (Tabela 11-3). Muitas são expressas em abundância no fígado, nos intestinos e nos rins – locais onde produtos naturais tóxicos e detritos são removidos do corpo. Os substratos para essas proteínas ABC incluem açúcares, aminoácidos, colesterol, sais biliares, peptídeos, toxinas e substâncias estranhas. A função normal da proteína ABCB1 é,

TABELA 11-3 Proteínas ABC humanas selecionadas

Proteína	Tecido de expressão	Função	Doença causada pela proteína defectiva
ABCB1 (MDR1)	Glândulas suprarrenais, rins, cérebro	Exportação de fármacos lipofílicos	
ABCB4 (MDR2)	Fígado	Exportação de fosfatidilcolina na bile	
ABCB11	Fígado	Exportação de sais biliares na bile	
CFTR	Tecido exócrino	Transporte de íons Cl	Fibrose cística
ABCDI	Ubíquo na membrana de peroxissomos	Influencia a atividade de enzimas do peroxissomo que oxidam cadeias longas de ácidos graxos	Adrenoleucodistrofia (ADL)
ABCG5/8	Fígado, intestino	Exportação de colesterol e outros esteróis	Sitosterolemia-β
ABCA1	Ubíquo	Exportação de colesterol e fosfolipídeos para a absorção de lipoproteínas de alta densidade (HDL)	Doença de Tangier

provavelmente, transportar várias toxinas naturais e metabólicas para a bile ou para o lúmen do intestino para a sua excreção, ou para a urina sendo formada nos rins. Durante o curso da sua evolução, a proteína ABCB1 parece ter adquirido a capacidade de transportar fármacos cujas estruturas são semelhantes a essas toxinas endógenas. Os tumores derivados das células que expressam ABCB1, como os hepatomas (câncer do fígado), muitas vezes são resistentes a quase todos os agentes quimioterápicos e, por isso, são difíceis de tratar, presumivelmente por que os tumores exibem expressão elevada de ABCB1 ou de uma proteína ABC relacionada.

Algumas proteínas ABC transferem fosfolipídeos e outros substratos solúveis em lipídeos de uma camada da membrana para a outra

Como é mostrado na Figura 11-15b e c, a proteína ABCB1 pode transferir, ou "inverter" (no inglês, "*flip*"), uma molécula de substrato hidrofóbica ou anfipática da camada interna da membrana para a camada externa. Essa reação é energeticamente desfavorável, acionada pela atividade acoplada de ATPase da proteína. Esse modelo de transporte mediado pela ABCB1, chamado **flipase**, se baseia em evidências experimentais oriundas de estudos com a proteína ABCB4 (originalmente chamada MDR2), proteína homóloga à ABCB1, presente na região da membrana plasmática das células hepáticas que faz contato com os canais biliares. A ABCB4 transporta fosfatidilcolina do citosol para a camada externa da membrana plasmática, para a sua posterior liberação na bile em conjunto com o colesterol e sais biliares, cada qual transportado por outras proteínas da família ABC. Diversos outros membros da superfamília ABC participam do processo de exportação celular de vários lipídeos, presumivelmente por meio de mecanismos similares ao da proteína ABCB1 (ver Tabela 11-3).

A atividade de flipase de fosfolipídeos foi inicialmente atribuída à proteína ABCB4 por que camundongos homozigotos com mutação de perda de função no gene *ABCB4* exibiam problemas de secreção de fosfatidilcolina na bile. Para determinar diretamente se a proteína ABCB4 era de fato uma flipase, pesquisadores realizaram experimentos em um conjunto homogêneo de vesículas purificadas isoladas de uma linhagem mutante de células de levedura com a proteína ABCB4 presente na membrana com a face citosólica voltada para fora (Figura 11-16). Após a purificação dessas vesículas, os pesquisadores as marcaram *in vitro* com um derivado fluorescente da fosfatidilcolina. O ensaio de neutralização da fluorescência descrito na Figura 11-16 foi utilizado para demonstrar que as vesículas contendo ABCB4 exibiam atividade flipase dependente de ATP.

O regulador ABC transmembrana da fibrose cística (CFTR) é um canal de cloro e não uma bomba

Várias doenças genéticas humanas estão associadas a proteínas ABC defeituosas (ver Tabela 11-3). O exemplo mais estudado e frequente é a fibrose cística (FC), causada por mutação no gene que codifica o *regulador transmembrana da fibrose cística (CFTR, também chamado ABCC7)*. Assim como as demais proteínas ABC, CFTR tem dois domínios T transmembrana e dois domínios A citosólicos. A proteína CFTR contém ainda um domínio adicional R (regulador) na face citosólica; o domínio R conecta as duas metades homólogas da proteína, criando a organização geral dos domínios T1-A1-R-T2-A2. No entanto, CFTR é uma proteína de canal, não uma bomba de íons. Ela é expressa na membrana plasmática apical das células epiteliais do pulmão, das glândulas sudoríparas, do pâncreas e de outros tecidos. Por exemplo, a proteína CFTR é importante para a reabsorção do íon Cl^- perdido no suor nas células das glândulas sudoríparas; bebês com fibrose cística, se lambidos, frequentemente têm gosto "salgado", pois essa reabsorção está inibida.

O canal de Cl^- da proteína CFTR normalmente se encontra fechado. A abertura dos canais é ativada pela fosforilação do domínio R por uma proteína cinase (PKA, discutida no Capítulo 15), que é ativada pelo aumento de AMP cíclico (AMPc), pequena molécula de sinalização intracelular. A abertura do canal também requer a ligação de duas moléculas de ATP aos dois domínios A (Figura 11-17).

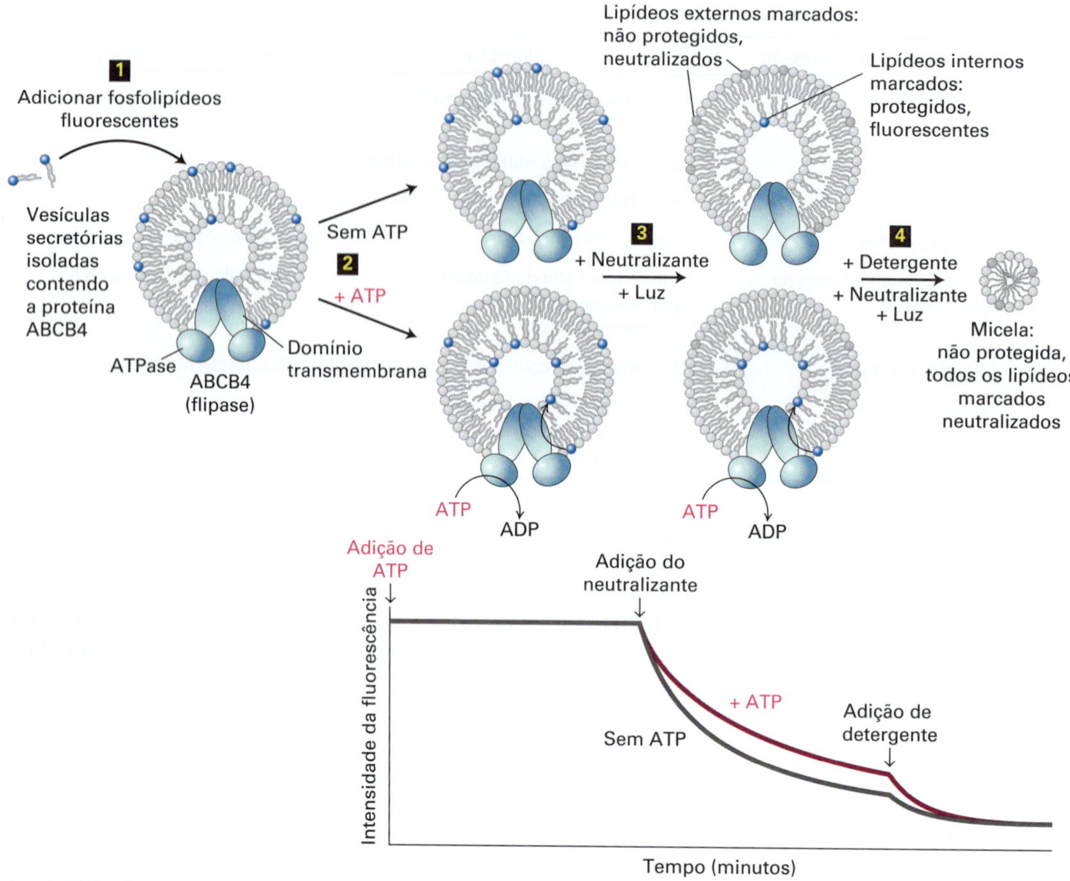

FIGURA EXPERIMENTAL 11-16 Ensaios *in vitro* de neutralização da fluorescência podem detectar a atividade de flipase de fosfolipídeos da proteína ABCB4. Um conjunto homogêneo de vesículas secretórias contendo a proteína ABCB4 foi obtido com a introdução do cDNA que codifica a proteína ABCB4 de mamíferos em células de leveduras mutantes *sec* sensíveis à temperatura, de modo que a proteína ABCB4 foi expressa nas vesículas intracelulares do retículo endoplasmático na sua orientação normal, e com a face citosólica dos vesículas voltadas para fora (ver Figura 14-4). Etapa **1**: fosfolipídeos sintéticos contendo um grupamento apical modificado e fluorescente (azul) foram incorporados principalmente à camada externa citosólica das vesículas purificadas. Etapa **2**: se a proteína ABCB4 agir como flipase, com a adição de ATP ao meio externo à vesícula, uma pequena fração dos fosfolipídeos marcados voltados para o exterior será invertida e posicionada na camada interna da vesícula. Etapa **3**: a inversão foi detectada pela adição de uma substância neutralizante e impermeável à membrana, chamada ditionita, ao meio externo. A ditionita reage com os grupamentos apicais fluorescentes, neutralizando a sua fluorescência (cinza). Na presença do neutralizante, apenas os fosfolipídeos marcados que se encontram no ambiente protegido da camada interna da vesícula serão fluorescentes. Após a adição do agente neutralizante, a fluorescência total diminui com o tempo até atingir um platô, onde toda a fluorescência externa foi neutralizada e apenas a fluorescência dos fosfolipídeos internos pode ser detectada. A detecção de mais fluorescência (menor neutralização) na presença de ATP do que na sua ausência indica que a proteína ABCB4 inverteu alguns dos fosfolipídeos marcados para a camada interna. Na figura não aparecem as vesículas "controle", isoladas de células que não expressam ABCB4 e não exibem atividade flipase. Etapa **4**: a adição de detergentes às vesículas dá origem a micelas e tornam todos os lipídeos fluorescentes acessíveis ao agente neutralizante, diminuindo a fluorescência até a linha de base. (Adaptada de S. Ruetz e P. Gros, 1994, *Cell* **77**:1071.)

Aproximadamente dois terços de todos os casos de FC podem ser atribuídos a uma única mutação na proteína CFTR: a deleção do resíduo Phe 508 no domínio A1 de ligação de ATP. Na temperatura corporal, a proteína mutante não se enovela corretamente e não é transportada até a superfície celular, onde normalmente é ativa. Um dado interessante é que se as células que expressam a proteína mutante forem incubadas em temperatura ambiente, a proteína se acumula normalmente na membrana plasmática e é quase tão funcional quanto a proteína de canal CFTR tipo selvagem. Muitos esforços se concentram na identificação de pequenas moléculas que possam permitir o transporte normal da proteína CFTR mutante até a superfície celular, revertendo os efeitos da doença. ■

CONCEITOS-CHAVE da Seção 11.3

As bombas ativadas por ATP e o ambiente iônico intracelular

- Quatro classes de proteínas transmembrana acoplam a energia liberada pela hidrólise do ATP ao transporte de substâncias contra seus gradientes de concentração, processo que demanda energia: as bombas classe P, V e F, e as proteínas ABC (ver Figura 11-9).
- A ação combinada das ATPases Na^+/K^+ classe P na membrana plasmática e das ATPases Ca^{2+} homólogas na membrana plasmática ou no retículo sarcoplasmá-

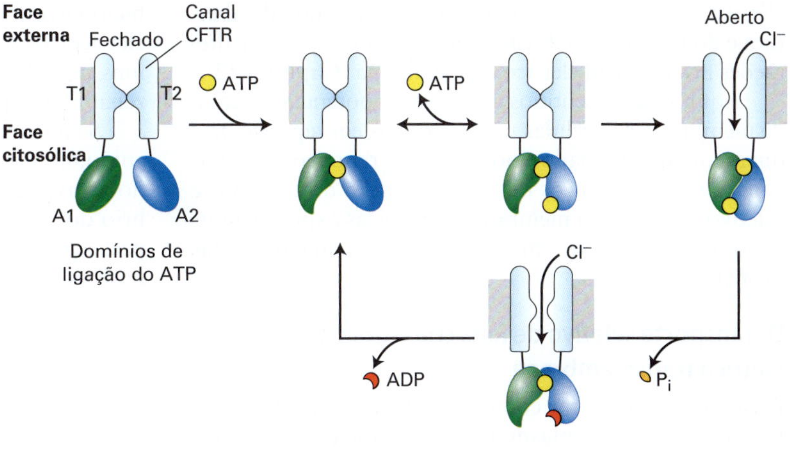

FIGURA 11-17 Estrutura e função do regulador transmembrana da fibrose cística (CFTR). Representação esquemática da estrutura dos canais CFTR controlados dependentes de ATP durante o ciclo de fosforilação. O domínio regulador (R, não representado) deve ser fosforilado antes de o ATP ser capaz de mediar a abertura do canal. Uma molécula de ATP (círculo amarelo) se liga com alta afinidade ao domínio A1 (verde). A ligação da segunda molécula de ATP ao domínio A2 (azul) é seguida pela formação de um heterodímero intramolecular de alta afinidade A1-A2 e lenta abertura do canal. A conformação aberta relativamente estável é desestabilizada pela hidrólise do ATP ligado ao domínio A2 em ADP (meia lua vermelha) e P_i. A dissociação do dímero A1-A2 leva ao fechamento do canal. T=domínio transmembrana; A=domínio citosólico de ligação do ATP. (De D. C. Gadsby et al., 2006, *Nature* **440**:477 e S. G. Aller, 2009, *Science* **323**:1718.)

tico cria o ambiente iônico comum das células animais: alta concentração de K^+ e baixa concentração de Ca^{2+} e Na^+ no citosol; baixa concentração de K^+ e alta concentração de Ca^{2+} e Na^+ no líquido extracelular.

- Nas bombas classe P, a fosforilação da subunidade α (catalítica) e alterações conformacionais são essenciais para o acoplamento da hidrólise do ATP com o transporte dos íons H^+, Na^+, K^+ ou Ca^{2+} (ver Figuras 11-10 a 11-13).
- As ATPases classes V e F, que transportam exclusivamente prótons, são complexos com múltiplas subunidades, um canal condutor de prótons no domínio transmembrana e sítios de ligação de ATP no domínio citosólico.
- As bombas de H^+ nas membranas dos lisossomos, endossomos e dos vacúolos das plantas são responsáveis pela manutenção do pH mais baixo dentro das organelas do que no citosol circundante (ver Figura 11-14).
- Todos os membros da grande e diversa superfamília ABC de proteínas de transporte têm quatro domínios principais: dois domínios transmembrana, que formam uma passagem para o movimento do soluto e determinam a especificidade pelo substrato, e dois domínios citosólicos de ligação do ATP (ver Figura 11-15).
- A superfamília ABC inclui as permeases bacterianas de açúcar e os aminoácidos, bem como cerca de 50 proteínas de mamíferos (p. ex., ABCB1 e ABCA1) que transportam uma ampla gama de substratos, incluindo toxinas, fármacos, fosfolipídeos, peptídeos e proteínas, para dentro e para fora da célula.
- Os dois domínios T da proteína ABCB1 de transporte de múltiplos fármacos formam o sítio de associação do ligante na região central da membrana; ligantes podem se associar ao sítio ativo diretamente a partir do citosol ou a partir da camada interna da membrana por meio de uma abertura na proteína.
- Experimentos bioquímicos demonstraram diretamente que a proteína ABCB4 (MDR2) tem atividade de flipase de fosfolipídeos (ver Figura 11-16).
- A CFTR, uma proteína ABC, é um canal de Cl^-, e não uma bomba de íons. A abertura do canal é desencadeada pela fosforilação da proteína e pela ligação de ATP aos dois domínios A (Figura 11-17)

11.4 Canais iônicos abertos e o potencial de repouso das membranas

Além das bombas de íons ativadas por ATP, que transportam íons *contra* o seu gradiente de concentração, a membrana plasmática contém proteínas de canal que permitem que os principais íons celulares (Na^+, K^+, Ca^{2+} e Cl^-) os atravessem com taxas diferentes, *a favor* do gradiente de concentração. O gradiente de concentração de íons gerado pelas bombas e o movimento seletivo dos íons pelos canais constituem o principal mecanismo responsável pela diferença na voltagem, ou potencial elétrico, gerada através da membrana plasmática. Em outras palavras, as bombas de íons movidas por ATP geram as diferenças na concentração de íons na membrana plasmática, e os canais iônicos utilizam esses gradientes de concentração para gerar o potencial elétrico, finamente controlado, através da membrana (ver Figura 11-3).

Em todas as células, a magnitude desse potencial elétrico geralmente é de cerca de 70 milivolts (mV), com a face *interna* citoplasmática de membrana celular sempre *negativa* em relação à face exoplasmática. Esse valor não parece muito expressivo até ser considerada a espessura da membrana plasmática, de aproximadamente 3,5 nm. Portanto, o gradiente de voltagem da membrana plasmática é 0,07 V por $3{,}5 \times 10^{-7}$ cm, ou 200.000 volts por centímetro! (Para entender o que isso significa, considere que as linhas de transmissão de eletricidade de alta voltagem utilizam gradientes de cerca de 200.000 volts por quilômetro, valor 10^5 vezes menor que o gradiente de voltagem da membrana!)

Os gradientes iônicos e o potencial elétrico através da membrana plasmática desempenham papéis cruciais em diversos processos biológicos. Como visto anteriormente, um aumento na concentração citosólica de Ca^{2+} é um importante sinal de regulação, iniciando a contração nas células do músculo e ativando a secreção de proteínas em diversas células, como as enzimas digestivas nas células pancreáticas exócrinas. Em muitas células animais, a força combinada do gradiente de concentração de Na^+ e o potencial elétrico de membrana promovem a absorção de aminoácidos e de outras moléculas contra o seu gradiente de concentração pelas proteínas de antiporte e simporte (ver Figura 11-3 e Seção 11.5). Além disso, a sinalização elétrica mediada pelas células nervosas depende da abertura e do fechamento de canais iônicos em resposta a alterações no potencial elétrico da membrana (Capítulo 22).

Aqui, serão discutidos a origem do potencial elétrico de membrana nas células não neuronais em repouso, frequentemente chamado "potencial de repouso" celular; como os canais iônicos fazem a mediação do transporte seletivo de íons pela membrana; e técnicas experimentais valiosas para caracterizar as propriedades funcionais das proteínas de canais.

O transporte seletivo de íons cria o gradiente elétrico transmembrana

Para ajudar a explicar como um potencial elétrico através da membrana plasmática se estabelece, primeiro considere um conjunto de sistemas experimentais simplificado nos quais uma membrana separa uma solução 150 mM de NaCl/15 mM de KCl (semelhante ao meio extracelular que circunda as células dos metazoários) no lado direito de uma solução 15mM de NaCl/150 mM de KCl no lado esquerdo (Figura 11-18a). Um potenciômetro (voltímetro) é conectado a ambas as soluções para medir qualquer diferença de potencial elétrico através da membrana. Se a membrana for impermeável a todos os íons, nenhum íon fluirá por dela. Inicialmente, as duas soluções contêm um número igual de íons positivos e íons negativos. Além disso, não haverá diferença de voltagem, ou de gradiente de potencial elétrico, através da membrana, como mostrado na Figura 11-18a.

Agora suponha que a membrana contenha proteínas de canal de Na^+ que transportam íons Na^+, mas excluem íons K^+ e Cl^- (Figura 11-18b). Os íons Na^+ tendem a se mover a favor do seu gradiente de concentração, da direita para a esquerda, gerando excesso de íons Na^+ positivos no lado direito em comparação aos íons Cl^- no lado esquerdo. O excesso de Na^+ à esquerda e Cl^- à direita permanece próximo das respectivas superfícies da membrana, porque o excesso de cargas positivas em um lado da membrana é atraído pelo excesso de cargas negativas do outro lado. A separação de cargas resultante através da membrana constitui um potencial elétrico, ou voltagem, com o lado esquerdo da membrana (citosólico) apresentando excesso de cargas positivas em relação ao lado direito.

Conforme mais íons Na^+ atravessam os canais da membrana, a magnitude dessa diferença de carga (ou seja, a voltagem) aumenta. No entanto, o movimento contínuo da direita para a esquerda de íons Na^+ finalmente é inibido pela repulsão mútua entre o excesso de cargas positivas (Na^+) acumuladas no lado esquerdo da membrana e pela atração de íons Na^+ pelo excesso de cargas negativas acumuladas no lado direito. O sistema rapidamente atinge o ponto de equilíbrio no qual os dois fatores opostos que determinam o movimento dos íons Na^+ – o potencial elétrico da membrana e o gradiente de concentração de íons – entram em equilíbrio. No ponto de equilíbrio, não há movimento efetivo de íons Na^+ na membrana. Portanto, essa membrana, como todas as membranas biológicas, atua como um *capacitor* – dispositivo composto por uma lâmina fina de material não condutor (o interior hidrofóbico) envolto em ambos os lados por material condutor elétrico (os grupamentos polares dos fosfolipídeos e os íons na solução aquosa circundante) – que pode armazenar cargas positivas em um lado e negativas no outro.

Se a membrana é permeável somente aos íons Na^+, então, no ponto de equilíbrio, o potencial elétrico medido através da membrana é igual ao potencial de equilíbrio do sódio em volts, E_{Na}. A magnitude de E_{Na} é dada pela *equação de Nernst*, derivada a partir dos princípios básicos da físico-química:

$$E_{Na} = \frac{RT}{ZF} \ln \frac{[Na_D]}{[Na_E]} \qquad (11\text{-}2)$$

onde R (a constante de gás) = 1,987 cal/(grau·mol), ou 8,28 joules/(grau·mol); T (a temperatura absoluta em Kelvin) = 293° K a 20°C; Z (a carga, também chamada de valência) aqui é igual a +1; F (a constante de Faraday) é igual a 23.062 cal/(mol·V), ou 96.000 Coulomb/(mol · V); e $[Na_D]$ e $[Na_E]$ são as concentrações nos lados direito e esquerdo, respectivamente, no ponto de equilíbrio. Por convenção, o potencial é expresso como a concentração de íons na face *citosólica* em relação à face *exoplasmática*; a equação é escrita com a concentração de íons na solução extracelular no numerador (aqui, o lado direito da membrana) e a concentração de íons do citosol no denominador.

A 20°C, a Equação 11-2 se reduz para:

$$E_{Na} = 0{,}059 \times \log_{10} \frac{[Na_D]}{[Na_E]} \qquad (11\text{-}3)$$

Se $[Na_D]/[Na_E] = 10$, uma razão de 10 entre as concentrações, como na Figura 11-18b, então $E_{Na} = +0{,}059$ V (ou +59 mV), com o lado esquerdo, citosólico, positivo em relação ao lado direito, exoplasmático.

Se a membrana for permeável somente aos íons K^+ e não aos íons Na^+ e Cl^-, então, uma equação similar descreve o potencial de equilíbrio do potássio E_K.

$$E_k = 0{,}059 \log_{10} \frac{[K_D]}{[K_E]} \qquad (11\text{-}4)$$

A *magnitude* do potencial elétrico de membrana é a mesma (59 mV para uma diferença de 10 vezes na concentração de íons), exceto porque o lado esquerdo, citosólico, agora é *negativo* em relação ao lado direito (Figura 11-18c), o oposto da polaridade observada em membranas seletivamente permeáveis a íons Na^+.

O potencial de membrana de repouso nas células animais depende principalmente do efluxo de íons K^+ pelos canais de K^+ abertos

A membrana plasmática das células animais contém vários canais de K^+ abertos, mas poucos canais de Na^+, Cl^- ou Ca^{2+} abertos. Como consequência, o principal movimento de íons através da membrana plasmática é de íons K^+ *de dentro para fora*, promovido pelo gradiente de concentração de K^+, deixando um excesso de cargas *negativas* na face citosólica da membrana plasmática,

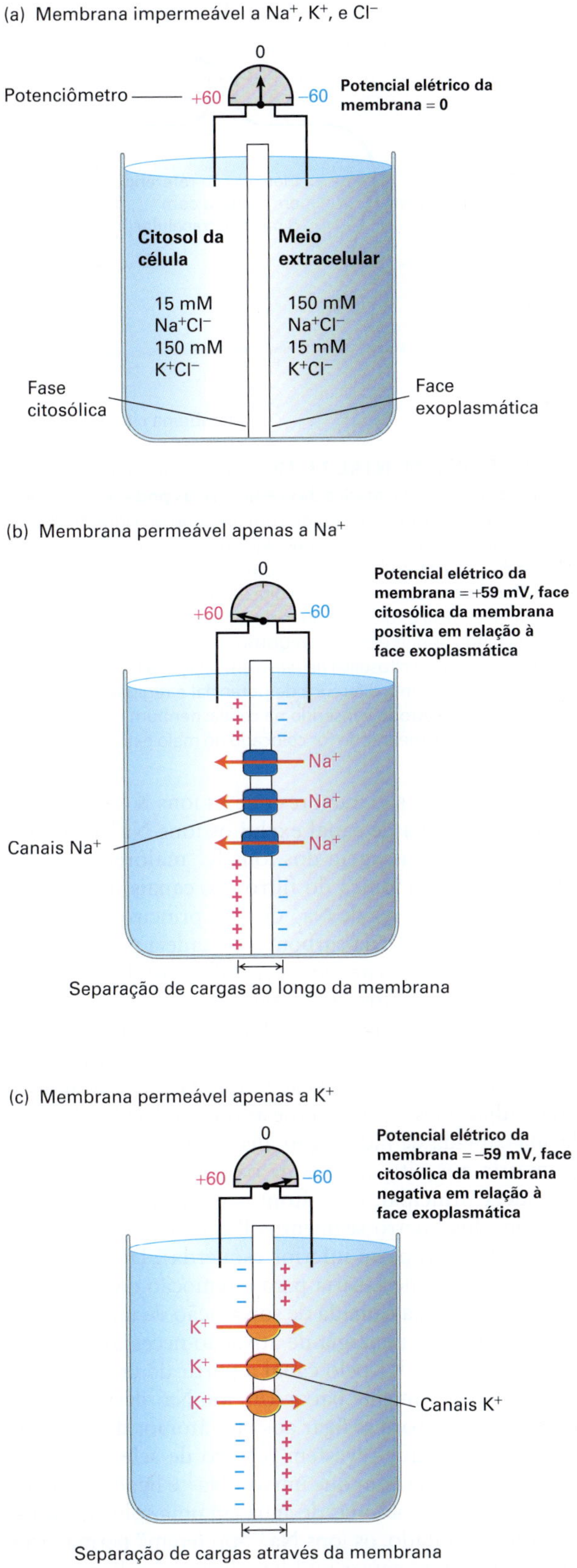

FIGURA EXPERIMENTAL 11-18 A geração do potencial elétrico transmembrana (voltagem) depende do movimento seletivo de íons através de uma membrana semipermeável. Neste sistema experimental, uma membrana separa uma solução 15 mM de NaCl, 150 mM de KCl (*esquerda*) de uma solução 150 mM de NaCl, 15 mM de KCl (*direita*); estas concentrações de íons são similares àquelas no citosol e no sangue, respectivamente. Se a membrana que separa as duas soluções é impermeável a todos os íons (a), nenhum íon pode atravessar a membrana e não é registrada nenhuma diferença de potencial elétrico no potenciômetro conectado às duas soluções. Se a membrana é seletivamente permeável apenas aos íons Na^+ (b) ou K^+ (c), a difusão dos íons através dos seus respectivos canais leva a uma separação de cargas ao longo da membrana. No equilíbrio, o potencial de membrana causado pela separação de cargas torna-se igual ao potencial de Nernst E_{Na} ou E_K registrado no potenciômetro. Consulte no texto as explicações complementares.

criando um excesso de cargas *positivas* na face exoplasmática, similar ao sistema experimental mostrado na Figura 11-18c. Esse efluxo de íons K^+ através desses canais, denominados **canais de K^+ em repouso**, é o principal determinante do potencial interno negativo da membrana. Esses canais, como todos os demais, alternam-se entre estado aberto e estado fechado (Figura 11-2), mas como a abertura e o fechamento não são afetados pelo potencial de membrana ou por pequenas moléculas de sinalização, esses canais são denominados *não controlados*. Os vários canais controlados das células nervosas (Capítulo 22) se abrem apenas em resposta a ligantes específicos ou às mudanças no potencial de membrana.

Quantitativamente, o potencial de repouso normal da membrana de −70 mV é próximo ao potencial de equilíbrio do potássio, calculado pela equação de Nernst, e da concentração de K^+ nas células e no meio adjacente, como mostrado na Tabela 11-2. Geralmente, o potencial é menor (menos negativo) do que o valor calculado pela equação de Nernst devido à presença de poucos canais abertos de Na^+. Esses canais abertos de Na^+ permitem o *influxo* efetivo de íons Na^+, tornando a face citosólica da membrana plasmática mais positiva, ou seja, menos negativa, do que o previsto pela equação de Nernst para íons K^+. O gradiente de concentração de K^+ que promove o fluxo dos íons pelos canais de K^+em repouso é gerado pela ATPase Na^+/K^+ descrita previamente (ver Figuras 11-3 e 11-13). Na ausência dessa bomba, ou quando ela é inibida, o gradiente de concentração de K^+ não pode ser mantido e, por fim, a magnitude do potencial de membrana cai para zero, e a célula morre.

Embora os canais de K^+ em repouso tenham papel determinante na geração do potencial elétrico através da membrana plasmática das células animais, o mesmo não ocorre nas células das plantas e dos fungos. O potencial interno negativo da membrana nas células de plantas e fungos é gerado pelo transporte de prótons positivamente carregados (H^+) para fora da célula pelas bombas de prótons ativadas por ATP, processo similar ao que ocorre nas membranas dos lisossomos na ausência de canais de Cl^- (ver Figura 11-14a): cada H^+ bombeado para fora da célula deixa para trás um íon Cl^-, gerando um gradiente de potencial elétrico (face citosólica negativa) por meio da membrana. Nas células das bactérias aeróbias, o potencial interno negativo é gerado pelo bombeamento de prótons para fora da célula durante o transporte de elétrons, processo semelhante ao bombeamento de prótons na membrana interna das mitocôndrias, que será discutido em detalhes no Capítulo 12 (ver Figura 12-16).

O potencial da membrana plasmática de células grandes pode ser medido com um microeletrodo inserido na célula e um eletrodo de referência colocado no líquido extracelular. Os dois são conectados a um potenciômetro capaz de medir pequenas diferenças de potencial (Figura 11-19). O potencial das duas faces da superfície da membrana da maioria das células animais geralmente não varia com o tempo. Em contrapartida, os neurônios e as células musculares – os principais tipos de células eletricamente ativas – sofrem mudanças controladas no seu potencial de membrana, como será discutido no Capítulo 22.

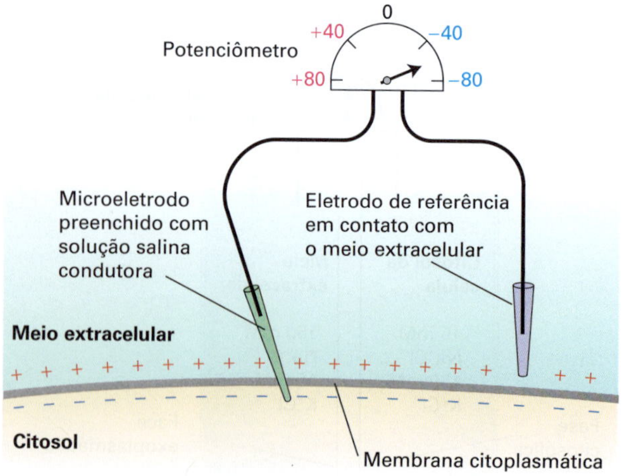

FIGURA EXPERIMENTAL 11-19 O potencial elétrico através da membrana citoplasmática das células vivas pode ser mensurado. Um microeletrodo, construído com um tubo de vidro de diâmetro extremamente pequeno preenchido com fluido condutor (p. ex., solução de KCl), é inserido no interior da célula de forma que a superfície da membrana esteja selada em volta da ponta do eletrodo.Um eletrodo de referência é colocado no meio extracelular.Um potenciômetro conectando os dois eletrodos registra o potencial, neste caso igual a -60mV, com a face citosólica *negativa* em relação à face exoplasmática da membrana.Uma diferença de potencial é registrada somente quando o microeletrodo é inserido na célula; nenhum potencial será registrado se o microeletrodo for colocado no meio extracelular.

Os canais iônicos são seletivos para certos íons em virtude da ação de um "filtro seletivo" molecular

Todos os canais iônicos exibem especificidade por determinados íons: os canais de K^+ permitem a entrada de K^+, mas não dos íons Na^+, que são muito parecidos, ao passo que os canais de Na^+ admitem Na^+, mas não K^+. A determinação da estrutura tridimensional de um canal de K^+ bacteriano revelou pela primeira vez como essa delicada seletividade iônica é atingida. Comparações entre as sequências e as estruturas dos canais de K^+ em organismos tão diversos como bactérias, fungos e humanos mostraram que todos compartilham uma estrutura comum e, muito provavelmente, evoluíram a partir de um único tipo de proteína de canal.

Como todos os outros canais de K^+, os canais de K^+ bacterianos são compostos por quatro subunidades transmembrana idênticas, simetricamente arranjadas em torno de um poro central (Figura 11-20). Cada subunidade contém duas hélices α transmembrana (S5 e S6) e um pequeno segmento P (poro) que penetra parcialmente a bicamada da membrana a partir da superfície exoplasmática. No canal de K^+ tetramérico, as oito hélices α transmembrana (duas de cada subunidade) formam um cone invertido, gerando uma cavidade cheia de água, chamada *vestíbulo*, na porção central do canal e que se estende através da membrana até a face citosólica. Quatro alças estendidas que fazem parte dos quatro segmentos P formam o *filtro de seleção de íons* na parte mais estreita do poro, próximo à superfície exoplasmática, acima do vestíbulo.

Vários tipos de evidências corroboram o papel do segmento P na seleção do íon. Primeiro, a sequência de aminoácidos do segmento P é altamente conservada em todos os canais de K^+ conhecidos e diferente da sequência dos outros canais de íons. Segundo, a mutação de alguns aminoácidos nesse segmento altera a habilidade do canal de K^+ em distinguir Na^+ de K^+. Por fim, a substituição do segmento P do canal de K^+ bacteriano pelo segmento homólogo de um canal de K^+ de mamífero produz uma proteína quimérica que apresenta seletividade normal para K^+. Portanto, acredita-se que todos os canais de K^+ utilizam o mesmo mecanismo para distinguir o K^+ dos demais íons.

Os íons Na^+ são menores que os íons K^+. Como então uma proteína de canal exclui os íons Na^+ menores, mas permite a passagem dos íons K^+ maiores? A habilidade de seleção iônica do filtro nos canais de K^+ para selecionar K^+ em vez de Na^+ deve-se principalmente aos átomos de oxigênio da carbonila da cadeia principal dos resíduos localizados na sequência Gly-Tyr-Gly, encontrada em posição análoga no segmento P em cada um dos canais de K^+ conhecidos. À medida que o íon K^+ entra no estreito filtro de seleção – o espaço entre as sequências de seleção do segmento P de cada uma das quatro subunidades adjacentes –, o íon perde as oito moléculas de água da sua camada de hidratação, mas liga-se com a mesma geometria aos oito átomos de oxigênio das carbonilas da cadeia principal, dois átomos da alça estendida de cada um dos quatro segmentos P que revestem o canal (Figura 11-21a, parte inferior esquerda). Dessa forma, pouca energia é necessária para a remoção das oito moléculas de água da camada de solvatação de um íon K^+ e, como resultado, a energia de ativação necessária para a passagem do íon K^+ pelo canal a partir de uma solução aquosa é relativamente baixa. Um íon Na^+ desidratado é muito pequeno para se ligar aos oito átomos de oxigênio das carbonilas que revestem o filtro de seleção com a mesma geometria com que um íon Na^+ é ligado normalmente por oito moléculas de água em uma solução aquosa. Como resultado, os íons Na^+ "preferem" permanecer na água e evitam entrar no filtro de seleção. Portanto, a variação de energia livre para a passagem de íons Na^+ pelo canal é relativamente alta (Figura 11-21a, à direita). Essa diferença na energia livre favorece a passagem

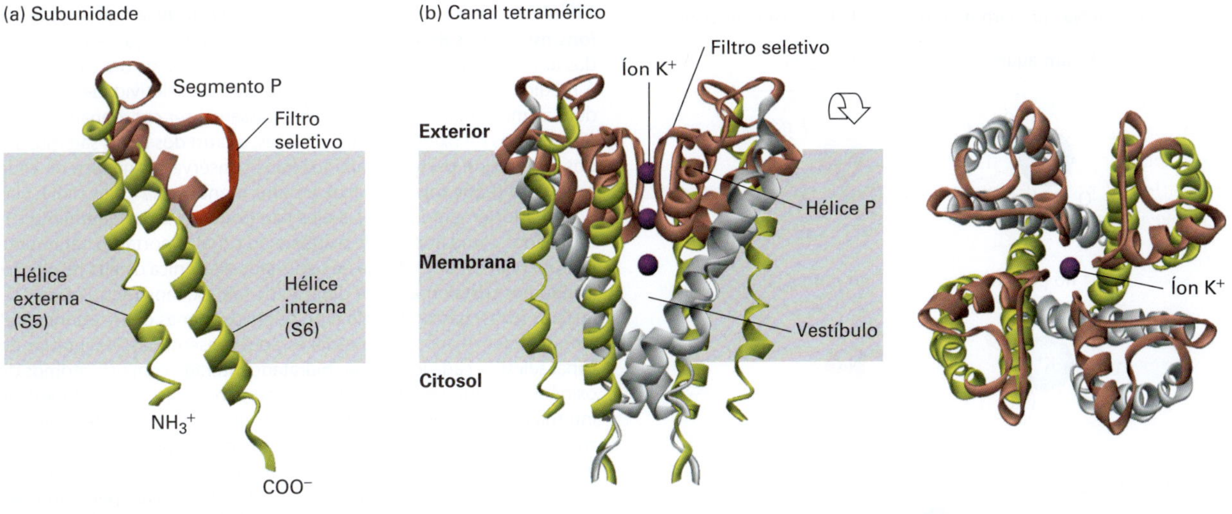

FIGURA 11-20 Estrutura do canal de K^+ em repouso, da bactéria *Streptomyces lividans*. Todas as proteínas dos canais de K^+ são tetrâmeros formados por quatro subunidades idênticas, cada uma composta por duas hélices α transmembrana conservadas denominadas, por convenção, S5 e S6, e um segmento menor P, ou poro. (a) Visão lateral de uma das subunidades, com suas principais características estruturais indicadas. (b) Visão lateral (*esquerda*) e extracelular (*direita*) do canal tetramérico completo. Os segmentos P (rosa) estão localizados perto da superfície exoplasmática e conectam as hélices α S5 e S6 (amarelo e prata), formando: uma "pequena torre" não helicoidal, subjacente à parte superior do poro; uma hélice α pequena; e uma alça estendida que se projeta para dentro da parte mais estreita do poro, formando uma barreira de seleção de íons. Essa barreira ou filtro permite a passagem somente de íons K^+ (esferas lilás), impedindo a passagem de outros íons. Abaixo do filtro está a cavidade central, ou vestíbulo, delimitada pelas hélices α internas, ou S6. As subunidades dos canais de K^+ controlados, que se abrem e fecham em resposta a estímulos específicos, contêm hélices transmembrana adicionais não mostradas aqui; estas estruturas serão discutidas no Capítulo 22. (Ver Y. Zhouet al., 2001, *Nature* **414**:43.)

dos íons K^+ pelo canal em relação aos íons Na^+ por um fator igual a mil. Assim como os íons Na^+, os íons Ca^{2+} desidratados são menores que os íons K^+ desidratados e incapazes de interagir apropriadamente com os átomos de oxigênio presentes no filtro de seleção. Além disso, como os íons Ca^{2+} têm duas cargas positivas e se ligam aos átomos de oxigênio da água com maior afinidade do que os íons positivos Na^+ e K^+ com uma única carga, é necessária mais energia para a remoção das moléculas de água de solvatação do Ca^{2+} do que dos íons K^+ ou Na^+.

Estudos cristalográficos recentes revelam que, aberto ou fechado, o canal contém íons K^+ dentro do filtro de seleção; sem esses íons o canal provavelmente colapsaria. Acredita-se que os íons K^+ estejam presentes nas posições 1 e 3 ou nas posições 2 e 4, envoltos pelos oito átomos de oxigênio das carbonilas (Figura 11-21b e c). Diversos íons K^+ são transportados simultaneamente através do canal, de forma que, quando o íon na face exoplasmática com águas de hidratação removidas move-se para a posição 1, o íon na posição 2 salta para a posição 3 e o da posição 4 deixa o canal (Figura 11-21c).

As sequências de aminoácidos dos segmentos P dos canais de Na^+ e K^+ são um pouco diferentes, mas suficientemente parecidas para sugerir que a estrutura geral dos filtros de seleção de íons é comparável nos dois tipos de canal. Provavelmente, o diâmetro do filtro nos canais de Na^+ é pequeno o bastante para permitir que os íons Na^+ se liguem aos átomos de oxigênio das carbonilas da cadeia principal e para evitar que os íons K^+ maiores entrem no canal; no entanto, a primeira estrutura tridimensional de um canal de sódio só foi resolvida em 2011, e o mecanismo de seleção de íons só agora está sendo determinado.

A técnica de *patch clamping* permite a mensuração do movimento de íons através de um canal

Após ter sido determinado que na maior parte das células há apenas um ou poucos canais de íons por micrômetro quadrado na membrana plasmática, se tornou possível estudar o movimento de íons por meio de um único canal iônico, bem como mensurar a taxa com que esses canais se abrem e fecham para conduzir íons específicos, utilizando a técnica conhecida como ***patch clamping***, ou fixação de voltagem. Como ilustrado na Figura 11-22, uma pequena pipeta é fixada na superfície de uma célula; o segmento da membrana plasmática localizado no interior da ponta da pipeta contém apenas um ou poucos canais iônicos. Um aparelho detector de corrente elétrica detecta o fluxo de íons, medindo a corrente elétrica através dos canais; o que geralmente ocorre em pequenos picos quando o canal se abre. O detector fixa o potencial elétrico através da membrana em um valor predeterminado (o que dá origem ao termo *patch clamping*).

O movimento de íons que entram e saem de uma pequena área da membrana é medido segundo a quantidade de corrente elétrica necessária para manter o potencial de membrana em determinado valor "fixo" (Figura 11-22a, b). Para preservar a neutralidade elétrica e para manter o potencial de membrana constante, apesar do movimento de íons pelos canais nessa região da membrana, a entrada de cada íon positivo (p. ex., um íon Na^+) na célula através de um canal na região da membrana é equilibrada pela adição de um elétron no citosol, por meio de um microeletrodo ali inserido; um dispositivo eletrônico mede o número de elétrons (corrente)

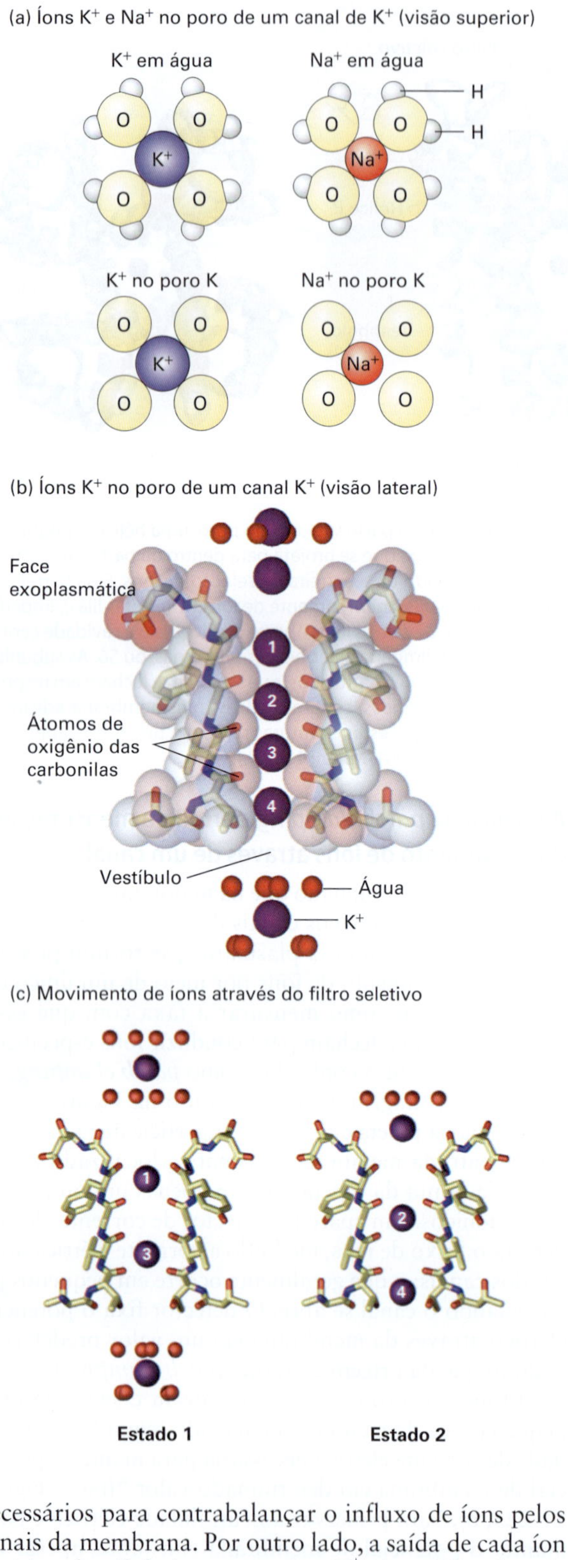

FIGURA 11-21 Mecanismo de seletividade e transporte de íons nos canais de K^+ em repouso. (a) Representação esquemática dos íons K^+ e Na^+ hidratados em solução e no poro de um canal de K^+. À medida que os íons K^+ passam pelo filtro de seletividade, eles perdem as moléculas de água ligadas e passam a ser coordenados pelos oito átomos de oxigênio das carbonilas, quatro dos quais são mostrados, que fazem parte dos aminoácidos conservados na alça de cada segmento P que forma o canal. Os íons menores Na^+ e as moléculas de água fortemente ligadas a eles não podem ser perfeitamente coordenados como átomos de oxigênio do canal e, portanto, raramente passam pelo canal. (b) Mapa de densidade eletrônica de alta resolução, obtido por cristalografia por difração de raios X, mostrando os íons K^+ (esferas roxas) passando pelo filtro seletivo. Apenas duas subunidades diagonalmente opostas do canal estão representadas. No interior do canal seletivo, cada íon K^+ não hidratado interage com oito átomos de oxigênio de grupamentos carbonila (vermelho) presentes na superfície interna do canal, dois de cada uma das quatro subunidades, mimetizando as oito moléculas de água da camada de solvatação do íon. (c) Interpretação do mapa de densidade eletrônica, mostrando a alternância dos dois estados pelos quais os íons K^+ se deslocam pelo canal. No estado 1, numerado de cima para baixo, do lado exoplasmático para o interior do canal, é possível observar um íon K^+ hidratado ligado a oito moléculas de água, íons K^+ nas posições 1 e 3 no interior do canal seletivo, e um íon K^+ completamente hidratado no interior do vestíbulo. Durante o movimento, cada íon no estado 1 se desloca gradativamente para dentro, formando o estado 2. No estado 2, o íon K^+ na face exoplasmática do canal perdeu quatro das oito moléculas de água ligadas a ele, o íon na posição 1 passou para a posição 2, e o íon na posição 3 do estado 1 passou para a posição 4. Na passagem do estado 2 para o estado 1, o íon K^+ na posição 4 se desloca para o vestíbulo e se associa a oito moléculas de água, enquanto outro íon K^+ hidratado se desloca para a abertura do canal, e outro íon K^+ se desloca uma etapa a frente. Observe que os íons K^+ aqui representados estão se deslocando da face exoplasmática do canal para a face citosólica, pois esta é a direção normal do movimento destes íons em bactérias. Nas células dos animais, a direção típica do movimento dos íons K^+ é inversa – de dentro para fora. (Parte [a] adaptada de C. Armstrong, 1998, *Science* **280**:56. Partes [b] e [c] adaptadas de Y. Zhou et al., 2001, *Nature* **414**:43.)

necessários para contrabalançar o influxo de íons pelos canais da membrana. Por outro lado, a saída de cada íon positivo da célula (p. ex., um íon K^+) é equilibrada pela remoção de um elétron do citosol. A técnica de *patch clamping* pode ser empregada em células inteiras ou em pequenas áreas da membrana para medir os efeitos de diferentes substâncias e concentrações iônicas no fluxo de íons (Figura 11-22c).

O gráfico de *patch clamping* da Figura 11-23 ilustra o uso dessa técnica para estudar as propriedades dos canais de Na^+ controlados por voltagem na membrana plasmática de células musculares. Conforme discutido no Capítulo 22, esses canais estão normalmente fechados nas células musculares em repouso e se abrem após um estímulo nervoso. Pequenas áreas da membrana do músculo, contendo em média um canal de Na^+, foram fixadas a uma voltagem predeterminada que, nesse estudo, era ligeiramente menor que o potencial de membrana em repouso. Nessas circunstâncias, pulsos temporários de cargas positivas (íons Na^+) cruzam a membrana da face exoplasmática para a face citosólica quando os canais individuais de Na^+ abrem e fecham. Cada canal está completamente aberto ou completamente fechado. A partir desses registros, é possível determinar o tempo em que o canal permanece aberto e o fluxo de íons através dele. Nos canais medidos na Figura 11-23, o fluxo é de cerca de 10 milhões de íons Na^+ por canal e por segundo, valor característico dos canais iônicos. A troca de NaCl na região da membrana no interior da pipeta (correspondendo ao lado externo da célula) por KCl ou cloreto de colina anula a corrente que passa pelos canais, confirmando que eles podem conduzir apenas íons Na^+, e não K^+ ou outros íons.

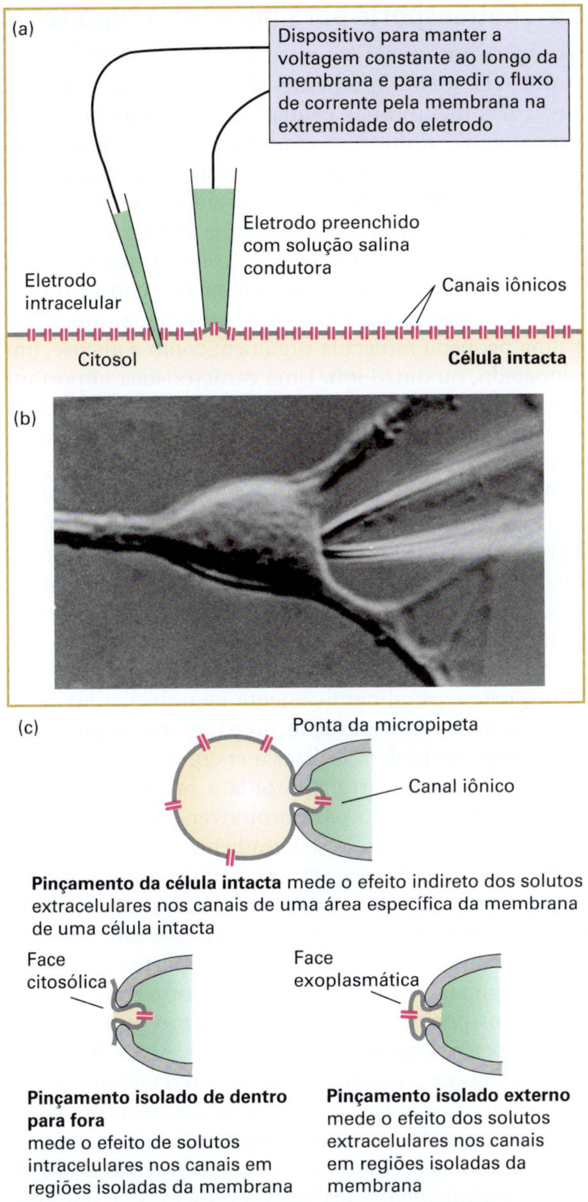

FIGURA EXPERIMENTAL 11-22 O fluxo de corrente através de canais iônicos individuais pode ser medido pela técnica de fixação de voltagem, ou *patch clamping* (fixação de voltagem). (a) Arranjo experimental básico para medir o fluxo de corrente através de canais iônicos individuais na membrana citoplasmática de uma célula viva. O eletrodo imobilizador preenchido com uma solução salina condutora de corrente é aplicado com uma leve sucção à membrana plasmática. O diâmetro da ponta do eletrodo, de 0,5 μm, cobre uma região que contém apenas um ou poucos canais iônicos. O segundo eletrodo é inserido, atravessando a membrana no citosol. Um dispositivo de registro mede o fluxo de corrente que passa apenas pelos canais nesta área específica da membrana plasmática. (b) Micrografia do corpo celular de um neurônio em cultura e a ponta de uma pipeta imobilizadora tocando a membrana celular. (c) Diferentes configurações da técnica. O registro do fluxo de íons em áreas isoladas e separadas são as melhores configurações para estudar os efeitos sobre os canais das diferentes concentrações de íons e solutos, como hormônios extracelulares e segundos mensageiros intracelulares (p. ex., AMPc). O pinçamento de dentro para fora, no qual é feito o isolamento de uma área da célula intacta e então o seu isolamento, é utilizado no experimento descrito na Figura 11-23. (Parte [b] de B. Sakmann, 1992, *Neuron* **8**:613 (Nobel Lecture); também publicada em E. Neher e B. Sakmann, 1992, *Sci. Am.* **266**(3):44. Parte [c] adaptada de B. Hille, 1992, *Ion Channels of Excitable Membranes*, 2d ed., Sinauer Associates, p. 89.)

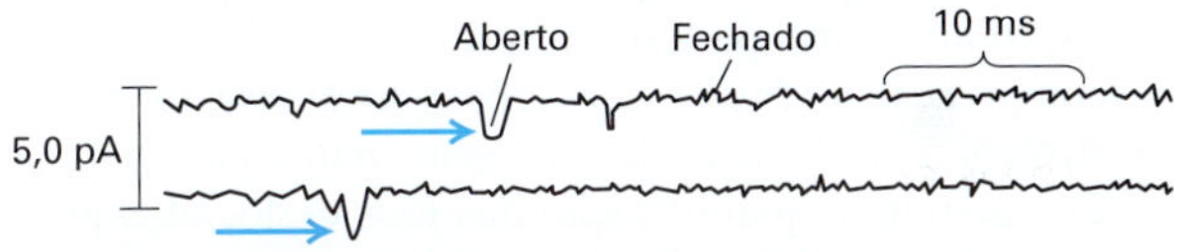

FIGURA EXPERIMENTAL 11-23 O fluxo de íons através de um canal individual de Na^+ pode ser calculado a partir de medições pela técnica de *patch clamping*. Duas áreas da membrana citoplasmática de células musculares foram pinçadas de dentro para fora, e a voltagem nestas áreas foi fixada em um potencial levemente inferior ao do potencial de membrana em repouso. O eletrodo imobilizador contém NaCl. Pulsos intermitentes de corrente elétrica em pico ampéres (pA), registrados como grandes desvios para baixo (setas azuis), indicam a abertura de um canal de Na^+ e o movimento de cargas positivas (íons Na^+) para dentro, através da membrana. Os desvios menores na corrente representam ruídos. A corrente média através de um canal aberto é 1,6 pA, ou $1{,}6 \times 10^{-12}$ ampéres. Como 1 ampére = 1 coulomb (C) de carga por segundo, essa corrente é equivalente ao movimento de cerca de 9.900 íons Na^+ por canal por milissegundo: $(1{,}6 \times 10^{-12}$ C/s$)$ $(10^{-3}$s/ms$)$ $(6 \times 10^{23}$ moléculas/mol$)$ $\div$ 96.500 C/mol. (Ver F. J. Sigworth e E. Neher, 1980, *Nature* **287**:447.)

Novos canais iônicos podem ser identificados por uma combinação de expressão de oócitos e a técnica *patch clamping*

A clonagem de genes humanos causadores de doenças e o sequenciamento do genoma humano identificaram diversos genes que codificam supostas proteínas de canais, incluindo 67 supostas proteínas de canais de K^+. Uma maneira de identificar a função dessas proteínas é transcrever um cDNA clonado em um sistema não celular, para produzir o mRNA correspondente. A introdução deste mRNA em oócitos de rã e a medida, com a técnica *patch clamping*, das proteínas de canal recém-sintetizadas podem revelar sua função (Figura 11-24). Essa técnica experimental é especialmente útil porque os oócitos de rã normalmente não expressam nenhum tipo de proteína de canal nas suas membranas superficiais; portanto, apenas o canal em estudo está presente na membrana. Além disso, devido ao grande tamanho dos oócitos de rã, é mais fácil executar a técnica de *patch clamping* nessas células do que em células menores.

CONCEITOS-CHAVE da Seção 11.4

Canais iônicos abertos e o potencial de repouso das membranas

- Um potencial elétrico interno negativo (voltagem) de aproximadamente –70 mV existe na membrana plasmática de todas as células.
- O potencial de membrana em repouso das células animais é resultado da ação combinada da bomba Na^+/K^+ ativada por ATP, que estabelece os gradientes de concentração de Na^+ e K^+ na membrana, e dos canais

de K^+ em repouso, que permitem o transporte seletivo apenas de íons K^+ de volta ao meio externo, a favor do seu gradiente de concentração (ver Figura 11-3).

- Ao contrário dos canais de íons controlados, de ocorrência mais comum e que se abrem apenas em resposta a diferentes sinais, esses canais de K^+ não controlados geralmente estão abertos.
- O potencial elétrico gerado pelo fluxo seletivo de íons através de uma membrana pode ser calculado pela equação de Nernst (ver Equação 11-2).
- Nas plantas e nos fungos, o potencial de membrana é mantido pelo bombeamento de prótons movido por ATP, do citosol para fora da célula.
- Canais de K^+ são formados por quatro subunidades idênticas, cada uma com pelo menos duas hélices α transmembrana conservadas e um segmento P não helicoidal que reveste o poro do íon e compõe o filtro de seletividade (ver Figura 11-20).
- A seletividade das proteínas de canal de K^+ se deve à coordenação do íon específico por oito átomos de oxigênio de grupamentos carbonila de aminoácidos específicos dos segmentos P, o que diminui a energia de ativação necessária para o transporte desses íons K^+ em comparação ao Na^+ e outros íons (ver Figura 11-21).
- A técnica de fixação de voltagem (*patch clamping*), que permite a quantificação dos íons deslocados por um único canal, é utilizada para determinar a condutividade de íons de um canal, e o efeito de diferentes sinalizadores na sua atividade (ver Figura 11-22).
- As técnicas de DNA recombinante e *patch clamping* permitem a expressão e caracterização funcional de proteínas de canal em oócitos de rãs (ver Figura 11-24).

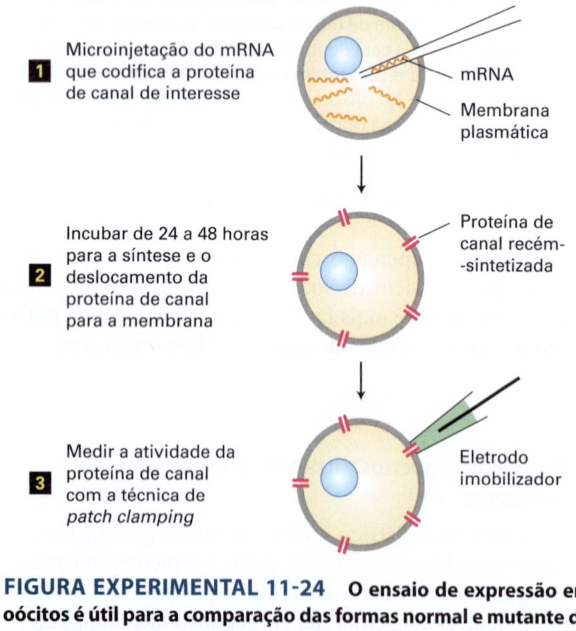

FIGURA EXPERIMENTAL 11-24 O ensaio de expressão em oócitos é útil para a comparação das formas normal e mutante de uma proteína de canal. Um oócito folicular de rã é inicialmente tratado com colagenase para remover as células foliculares adjacentes, deixando o oócito desnudado, que é microinjetado com mRNA que codifica a proteína de canal em estudo. (Adaptada de T. P. Smith, 1988, *Trends Neurosci.* **11**:250.)

11.5 Cotransporte por simporte e antiporte

Nas seções anteriores foi visto como as bombas ativadas por ATP geram gradientes de concentração de íons através das membranas celulares, e como as proteínas de canal de K^+ utilizam o gradiente de concentração de K^+ para estabelecer um potencial elétrico na membrana plasmática. Nesta seção, será analisado como as proteínas de cotransporte utilizam a energia armazenada como potencial elétrico e gradientes de concentração de íons Na^+ ou H^+ para favorecer o movimento contra o gradiente de concentração de outra substância, que pode ser uma pequena molécula orgânica, como a glicose, um aminoácido, ou outro íon. Uma característica importante desse **cotransporte** é que nenhuma das moléculas pode ser transportada sozinha; o movimento coordenado de ambas é obrigatório, ou *acoplado*.

As proteínas de cotransporte compartilham algumas características com as proteínas de uniporte, como as proteínas GLUT. Os dois tipos de transportadoras exibem certas semelhanças estruturais, operam a taxas equivalentes e sofrem mudanças conformacionais cíclicas durante o transporte de seus substratos. A diferença é que as proteínas de uniporte podem acelerar apenas o transporte termodinamicamente favorável, a favor de um gradiente de concentração, ao passo que as proteínas de cotransporte podem utilizar a energia liberada quando uma substância é transportada a favor do seu gradiente de concentração para promover o movimento de outra substância contra o seu gradiente.

Quando a molécula transportada e o íon cotransportado se movem na mesma direção, o processo é denominado **simporte**; quando se movem em direções opostas, o processo é denominado **antiporte** (ver Figura 11-2). Algumas proteínas de cotransporte transportam apenas íons positivos (cátions), enquanto outras transportam apenas íons negativos (ânions). Além disso, outras proteínas de cotransporte medeiam o movimento de cátions e ânions juntos. Proteínas de cotransporte estão presentes em todos os organismos, incluindo bactérias, plantas e animais. Nesta seção, serão descritos a operação e o funcionamento de diversas proteínas de simporte e uniporte com importantes papéis fisiológicos.

A entrada de Na^+ nas células de mamíferos é energeticamente favorável

As células de mamíferos expressam diversos tipos de proteínas de simporte acoplado ao Na^+. O genoma humano codifica literalmente centenas de tipos diferentes de proteínas de transporte, que utilizam a energia armazenada na membrana plasmática na forma de gradiente de concentração de Na^+ e de potencial elétrico interno negativo da membrana para transportar uma ampla variedade de moléculas para o interior das células, contra seus gradientes de concentração. Para compreender por que esses transportadores permitem que as células acumulem substratos contra um considerável gradiente de concentração, primeiro é preciso calcular a variação de energia livre (ΔG) que ocorre durante a importação de íons Na^+. Como mencionado anteriormente, duas forças regem o movimento de íons pelas membranas seletivamente permeáveis: a voltagem e o gradiente de concentração dos íons da membrana. A soma dessas forças constitui o gradiente eletroquímico. Para calcular a variação da energia livre, ΔG, correspondente ao transporte de qualquer íon através de uma membrana, é necessário considerar as contribuições independentes de cada uma das forças para o gradiente eletroquímico.

Por exemplo, quando íons Na^+ movem-se de fora para dentro da célula, a variação da energia livre gerada do gradiente de concentração de Na^+ é dada por

$$\Delta G_c = RT \ln \frac{[Na_I]}{[Na_E]} \qquad (11\text{-}5)$$

Nas concentrações Na_I (interna) e Na_E (externa) mostradas na Figura 11-25, típicas de muitas células de mamíferos, ΔG_c, a variação da energia livre devido ao gradiente de concentração, é –1,45 kcal para o transporte de 1 mol de íons Na^+ de fora para dentro da célula, assumindo que não exista potencial elétrico de membrana. Observe que a energia livre é negativa, indicando o movimento espontâneo de Na^+ para o interior da célula, a favor do seu gradiente de concentração.

A variação da energia livre gerada do potencial elétrico de membrana é dada por

$$\Delta G_m = FE \qquad (11\text{-}6)$$

onde F é a constante de Faraday [= 23.062 cal/(mol V)]; e E é o potencial elétrico de membrana. Se $E = -70$ mV, então ΔG_m, a variação da energia livre devido ao potencial de membrana, será –1,61 kcal/mol para o transporte de 1 mol de íons Na^+ de fora para dentro da célula, assumindo que não há gradiente de concentração de Na^+. Como ambas as forças de fato atuam sobre os íons Na^+, o valor total de ΔG é a soma dos dois valores parciais:

$$\Delta G = \Delta G_c + \Delta G_m = (-1{,}45) + (-1{,}61) = -3{,}06 \text{ kcal/mol}$$

Neste exemplo, o gradiente de concentração de Na^+ e o potencial elétrico de membrana contribuem quase igualmente para a ΔG total para o transporte de íons Na^+. Como ΔG é < 0, o movimento de íons Na^+ para dentro da célula é termodinamicamente favorável. Como discutido na próxima seção, o movimento de Na^+ para o interior da célula é utilizado para promover o movimento de outros íons e de vários tipos de moléculas pequenas para dentro ou para fora das células animais. O movimento rápido e energeticamente favorável de íons Na^+ através de canais controlados de Na^+ é também importante para a geração de potenciais de ação em células nervosas e musculares, como discutido no Capítulo 22.

As proteínas de simporte ligadas ao Na^+ permitem que as células animais importem glicose e aminoácidos contra altos gradientes de concentração

A maioria das células do corpo importa glicose a partir do sangue *a favor* do seu gradiente de concentração, utilizando uma das proteínas GLUT para facilitar esse transporte. Contudo, certas células, como as que revestem o intestino delgado e os túbulos dos rins, precisam importar glicose a partir de líquidos extracelulares (produtos da digestão ou urina) contra um gradiente de concentração bastante alto (maior concentração de glicose no interior das células). Essas células utilizam o *simporte dois Na^+/molécula de glicose*, proteína que acopla a importação de uma molécula de glicose à importação de dois íons Na^+:

$$2\, Na^+_E + \text{glicose}_E \rightleftharpoons 2\, Na^+_I + \text{glicose}_I$$

Quantitativamente, a variação de energia livre para o transporte simporte de dois íons Na^+ e uma molécula de glicose pode ser escrito como

$$\Delta G = RT \ln \frac{[\text{glicose}_I]}{[\text{glicose}_E]} + 2RT \ln \frac{[Na_I]}{[Na_E]} + 2FE \qquad (11\text{-}7)$$

Assim, o ΔG para a reação total é a soma das variações de energia livre geradas pelo gradiente de concentração de glicose (uma molécula transportada), o gradiente de concentração do Na^+ (dois íons Na^+ transportados) e o potencial de membrana (dois íons Na^+ transportados). Como ilustrado na Figura 11-25, a energia livre liberada pelo movimento de 1 mol de Na^+ para dentro das células de mamíferos a favor do seu gradiente eletroquímico tem uma variação de energia livre, ΔG, de cerca de –3 kcal por mol de Na^+ transportado. Assim, o ΔG para o transporte de dois mols de Na^+ para dentro da célula será o dobro desse valor, ou cerca de –6 kcal. Essa variação de energia livre negativa para a importação de sódio é acoplada ao transporte de glicose contra o seu gradiente de concentração, um processo de ΔG positivo. Pode-se calcular o gradiente de concentração de glicose, maior no interior da célula, que pode ser estabelecido pela ação desse simporte ativado por Na^+, ao determinar que no equilíbrio da reação de importação de glicose acoplada à importação de Na^+, $\Delta G = 0$. Ao substituir esse valor na Equação 11-7, e definindo $\Delta G = 0$, obtém-se

$$0 = RT \ln \frac{[\text{glicose}_I]}{[\text{glicose}_E]} - 6 \text{ kcal}$$

e pode-se calcular que no ponto de equilíbrio a razão $\text{glicose}_I/\text{glicose}_E = \sim 30.000$. Portanto, o influxo de dois mols de Na^+ pode gerar uma concentração de glicose intracelular ~ 30.000 vezes maior do que a sua concentração extracelular. Se apenas um íon Na^+ fosse importado (ΔG de aproximadamente –3 kcal/mol) por molécula de glicose, a energia disponível poderia gerar um gradiente de concentração de glicose (interno/externo) de apenas 170 vezes. Desse modo, acoplando o transporte de dois íons Na^+ ao transporte de uma molécula de glicose, o simporte de dois Na^+/molécula de glicose permite que as células acumulem uma concentração muito alta de glicose em relação à concentração externa. Isso significa que moléculas de glicose presentes em concentrações bastante baixas no lúmen do intestino ou nos túbulos renais podem ser eficientemente transportadas para as células de revestimento destes órgãos, evitando a sua excreção.

ANIMAÇÃO: Interconversões biológicas de energia

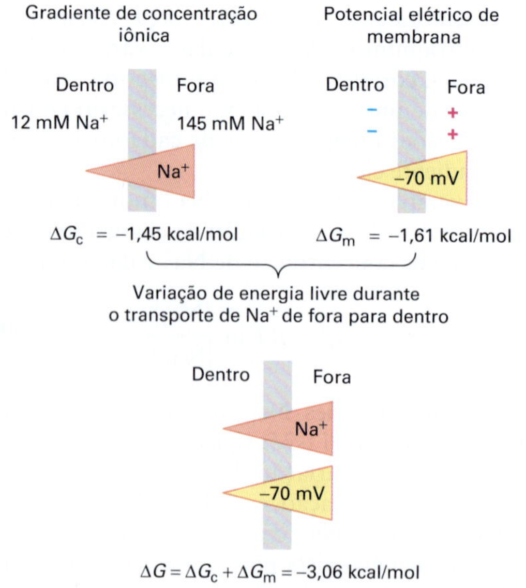

FIGURA 11-25 As forças da transmembrana que agem sobre os íons Na^+. Como acontece com todos os íons, o movimento de íons Na^+ na membrana plasmática é controlado pela soma de duas forças distintas – o gradiente de concentração do íon e o potencial elétrico da membrana. Nas típicas concentrações internas e externas das células de mamíferos, essas duas forças geralmente agem na mesma direção, tornando o movimento de íons Na^+ para dentro da célula energicamente favorável.

Acredita-se que a proteína de simporte dois Na^+/molécula de glicose contém 14 hélices α transmembrana, com suas regiões N e C-terminais projetando-se para o citosol. Uma proteína recombinante truncada, composta por apenas cinco hélices α transmembrana C-terminais, pode transportar glicose independentemente de Na^+ pela membrana plasmática, *a favor* do seu gradiente de concentração. Essa parte da molécula, portanto, funciona como proteína de uniporte de glicose. A porção N-terminal da proteína, incluindo as hélices 1 a 9, é necessária para acoplar a ligação e influxo de Na^+ ao transporte de glicose contra o gradiente de concentração.

A Figura 11-26 mostra o modelo vigente de transporte pelas proteínas de simporte Na^+/glicose. Esse modelo envolve mudanças conformacionais na proteína análoga àquela que realiza uniporte, como GLUT1, que não requer o cotransporte de um íon (compare com a Figura 11-5). É necessária a ligação de todos os substratos aos seus sítios no domínio extracelular antes de a proteína sofrer a mudança conformacional que converte os sítios de ligação de substrato da conformação voltada para fora para a conformação voltada para dentro; isso assegura que o transporte de glicose e dos íons Na^+ seja acoplado.

Observe que as células utilizam sistemas similares de simporte ativado por Na^+ para o transporte de outras substâncias além da glicose para o seu interior, contra altos gradientes de concentração. Por exemplo, diversos tipos de proteínas de simporte Na^+/aminoácidos permitem que as células importem aminoácidos para o interior das células.

A proteína bacteriana de simporte Na^+/aminoácidos revela o funcionamento do simporte

Nenhuma estrutura tridimensional foi ainda determinada para qualquer uma das proteínas de simporte de sódio de mamíferos; no entanto, as estruturas de diversas proteínas homólogas de bactérias, responsáveis pelo simporte de sódio e outro substrato, têm fornecido informações acerca da função do simporte. A proteína bacteriana de simporte de dois Na^+/molécula de leucina, mostrada na Figura 11-27a, é composta por 12 hélices α transmembrana. Duas dessas hélices (número 1 e número 6) têm segmentos não helicoidais na região central da membrana, formando parte do sítio de ligação de leucina.

Resíduos de aminoácidos envolvidos na ligação da leucina e dos dois íons Na^+ estão localizados na região central do segmento transmembrana (como mostrado para a proteína de simporte de dois Na^+/molécula de glicose, na Figura 11-26) e bastante próximos na estrutura tridimensional. Isso demonstra que o acoplamento do transporte de aminoácidos e íons nessas proteínas de transporte é consequência direta, ou aproximadamente direta, das interações físicas dos substratos. De fato, um dos íons Na^+ faz ligações com o grupamento carboxila da molécula de leucina transportada (Figura 11-27b). Nesse caso, nenhuma das substâncias pode se ligar à proteína transportadora na ausência da outra, indicando como o transporte de sódio e leucina é acoplado. Cada um dos dois íons Na^+ faz ligações com seis átomos de oxigênio. O íon sódio 1, por exemplo, se liga aos átomos de oxigênio da carbonila de diferentes aminoácidos da proteína transportadora, assim como aos átomos de oxigênio da carbonila e da hidroxila de uma treonina. De igual importância, não há moléculas de água ligadas a qualquer um dos íons Na^+ ligados, como no caso dos íons K^+ nos canais de potássio (ver Figura 11-21). Assim, conforme os íons Na^+ perdem as moléculas de água da camada de solvatação durante a ligação com a proteína de transporte, eles se ligam a seis átomos de oxigênio com simetria semelhante. Essas ligações reduzem a variação de energia necessária para a ligação de íons Na^+, e evitam que outros íons, como K^+, se liguem ao sítio de Na^+.

Uma característica peculiar da estrutura mostrada na Figura 11-27 é que os íons Na^+ ligados e a leucina se encontram *oclusas* – ou seja, são incapazes de difundir da proteína para o meio extracelular ou para o citoplasma. Essa estrutura representa um intermediário no processo de transporte (ver Figura 11-26), onde a proteína parece estar variando da conformação com o sítio de ligação voltado para o meio externo para a conformação com o sítio de ligação voltado para o citosol.

A proteína de antiporte de Ca^{2+} ligada ao Na^+ controla a força de contração da musculatura cardíaca

Em todas as células musculares, o aumento da concentração de Ca^{2+} no citosol desencadeia o processo de contração. Nas células do músculo cardíaco, uma proteína de

ANIMAÇÃO: Interconversões biológicas de energia

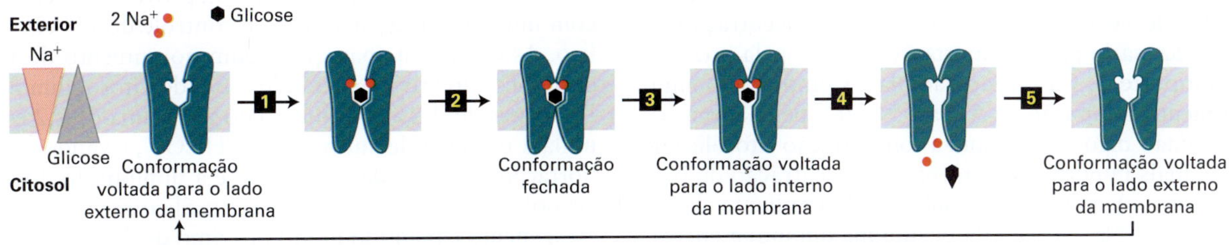

FIGURA 11-26 Modelo operacional do simporte de dois íons Na^+ e uma molécula de glicose. A ligação simultânea de Na^+ e glicose à conformação com os sítios de ligação voltados para o lado externo da membrana (etapa **1**) induz uma alteração conformacional da proteína, de modo que os substratos ligados fiquem transitoriamente oclusos, incapazes de se dissociar para o meio (etapa **2**). Na etapa **3**, a proteína assume uma terceira conformação, com os sítios de ligação voltados para o lado interno da membrana. A dissociação do Na^+ e da glicose ligados para o citosol (etapa **4**) permite que a proteína reverta à sua conformação original, com os sítios de ligação voltados para o lado externo da membrana (etapa **5**), pronta para transportar mais substratos. (Ver H. Krishnamurthy et al., 2009, *Nature* **459**:347-355 para mais detalhes sobre a estrutura e função dessa e de outras proteínas de transporte acoplado ao Na^+.)

antiporte de três Na^+/um Ca^{2+}, e não a ATPase Ca^{2+} da membrana plasmática discutida anteriormente, é a principal responsável pela manutenção da baixa concentração de Ca^{2+} no citosol. A reação de transporte mediada por essa proteína de *antiporte de cátions* pode ser escrita como

$$3\ Na^+_E + Ca^{2+}_I \rightleftharpoons 3Na^+_I + Ca^{2+}_E$$

Observe que o influxo de três íons Na^+ é necessário para promover a exportação de um íon Ca^{2+} do citosol, com $[Ca^{2+}]$ de aproximadamente 2×10^{-7} M, para o meio extracelular, com $[Ca^{2+}]$ de aproximadamente 2×10^{-3} M, um gradiente de cerca de 10.000 vezes (maior no meio externo). Ao reduzir a concentração de Ca^{2+} no citosol, o funcionamento da proteína de antiporte de Na^+/Ca^{2+} reduz a força da contração do músculo do coração.

RECURSO DE MÍDIA: O simporte de dois íons Na^+ e uma molécula de leucina

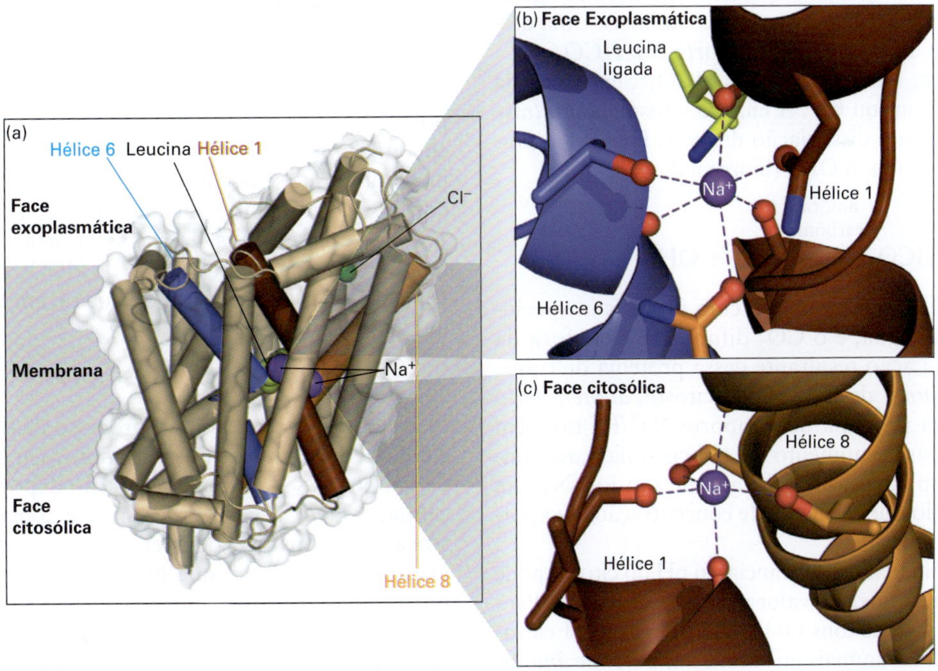

FIGURA 11-27 Estrutura tridimensional da proteína de simporte de dois íons Na^+ e uma molécula de leucina, da bactéria *Aquifex aeolicus*. (a) Uma molécula de L-leucina, dois íons Na^+ e um íon Cl^- ligados aparecem em amarelo, roxo e verde, respectivamente. As três hélices α transmembrana de ligação ao Na^+ ou à leucina estão coloridas em marrom, azul, e laranja. (b, c) A ligação de dois íons Na^+ aos átomos de oxigênio do grupamento carbonila da cadeia principal ou aos átomos de oxigênio do grupamento carbonila da cadeia lateral (vermelho), que fazem parte das hélices 1 (marrom), 6 (azul), ou 8 (laranja). É importante destacar que um dos íons sódio também faz ligação com o grupamento carbonila da molécula de leucina transportada (parte b). (De A. Yamashita et al., 2005, *Nature* **437**:215; para mais detalhes sobre a estrutura e função dessa e de outras proteínas de transporte acoplado ao Na^+, consultar H. Krishnamurthy et al., 2009, *Nature* **459**:347-355.)

A ATPase Na^+/K^+ na membrana plasmática das células cardíacas musculares, assim como em outras células do corpo, gera o gradiente de concentração de Na^+ necessário para a exportação de Ca^{2+} pela proteína de antiporte de Ca^{2+} ligada ao Na^+. Como citado anteriormente, a inibição da ATPase Na^+/K^+ pelos fármacos ouabaína e digoxina diminui a concentração citosólica de K^+ e, mais importante, aumenta a concentração de Na^+ no citosol. A diminuição resultante do gradiente eletroquímico de Na^+ através da membrana diminui a eficiência da proteína de antiporte de Ca^{2+} ligada ao Na^+. Como resultado, menos íons Ca^{2+} são exportados, e a concentração de Ca^{2+} no citosol aumenta, causando contrações musculares mais fortes. Devido à sua capacidade de aumentar a força das contrações do músculo do coração, os inibidores da ATPase Na^+/K^+ são amplamente utilizados no tratamento de falha cardíaca congestiva. ■

Várias proteínas de cotransporte regulam o pH do citosol

O metabolismo anaeróbio de glicose produz ácido lático; e o metabolismo aeróbio produz CO_2, que se combina com água para formar ácido carbônico (H_2CO_3). Esses ácidos fracos se dissociam, produzindo íons H^+ (prótons); se esses prótons em excesso não forem removidos das células, o pH do citosol cairia abruptamente, prejudicando as funções celulares. Dois tipos de proteínas de cotransporte ajudam a remover alguns dos prótons "em excesso" gerados durante o metabolismo nas células animais. Uma dessas proteínas é a proteína de *antiporte* $Na^+HCO_3^-/Cl^-$, que importa um íon Na^+ com um HCO_3^-, em troca da exportação de um íon Cl^-. A enzima citosólica *anidrase carbônica* catalisa a dissociação dos íons HCO_3^- importados em CO_2 e um íon OH^- (hidroxila):

$$HCO^-_3 \xrightleftharpoons{\text{anidrase carbônica}} CO_2 + OH^-$$

Os íons OH^- se combinam com prótons intracelulares formando água, e o CO_2 difunde-se para fora da célula. Assim, a ação resultante dessa proteína de transporte é o *consumo* de íons H^+ do citosol, *aumentando* o seu pH. Uma proteína de antiporte Na^+/H^+ também é importante para o aumento do pH citosólico, responsável pelo acoplamento da entrada de um íon Na^+ na célula a favor do seu gradiente de concentração, à exportação de um íon H^+.

Em determinadas circunstâncias, o pH do citosol pode aumentar além da faixa de valor normal de 7,2 a 7,5. Para suportar o excesso de íons OH^- associados ao pH elevado, diversas células animais utilizam o *antiporte de ânions*, que catalisa a troca um-para-um de HCO_3^- e Cl^- através da membrana plasmática. Em pH alto, essas proteínas de *antiporte* Cl^-/HCO_3^- exportam uma molécula de HCO_3^- (o qual pode ser considerado um "complexo" de OH^- e CO_2) em troca da importação de uma molécula de Cl^-, baixando, assim, o pH citosólico. A importação de Cl^- a favor do seu gradiente de concentração ($Cl^-_{meio} > Cl^-_{citosol}$, ver Tabela 11-2) promove a exportação de HCO_3^-.

A atividade desses três tipos de proteínas de antiporte é regulada pelo pH do citosol, provendo as células com um mecanismo acurado de controle do pH citosólico. As duas proteínas que atuam no aumento do pH citosólico são ativadas quando o pH do citosol diminui. De forma similar, um aumento do pH acima de 7,2 estimula a proteína de antiporte Cl^-/HCO_3^-, levando à exportação mais rápida de HCO_3^- e à diminuição do pH citosólico. Dessa maneira, o pH citosólico das células em crescimento é mantido muito próximo de 7,4.

Uma proteína de antiporte de ânions é essencial para o transporte de CO_2 pelas hemácias

A troca de ânions na membrana é essencial para uma importante função das hemácias – o transporte de CO_2 residual dos tecidos periféricos até os pulmões, para a sua exalação. O CO_2 residual liberado pelas células nos capilares do sangue difunde livremente através da membrana das hemácias (Figura 11-28a). Na sua forma gasosa, o CO_2 é pouco solúvel em soluções aquosas, como o citosol e o plasma sanguíneo, como pode ser observado por qualquer pessoa que já abriu uma garrafa de bebida gaseificada. No entanto, a enzima anidrase carbônica, presente em grandes quantidades no interior das hemácias, promove a combinação do CO_2 e íons hidroxila (OH^-) para a formação de ânions bicarbonato (HCO_3^-), uma molécula solúvel em água. Esse processo ocorre enquanto as hemácias se encontram nos capilares sistêmicos (teciduais), com a liberação de oxigênio no plasma sanguíneo. A liberação de oxigênio a partir da hemoglobina induz uma alteração em sua conformação que permite a ligação de um próton à cadeia lateral de um resíduo de histidina do polipeptídeo da globina. Portanto, quando as hemácias se encontram nos capilares sistêmicos, a água se divide em um próton que se liga à hemoglobina, e o íon OH^- reage com o CO_2, formando um ânion HCO_3^-.

Na reação catalisada por uma proteína de antiporte AE1 da hemácia, moléculas de HCO_3^- do citosol são transportadas para fora do eritrócito, em troca da entrada de um ânion Cl^-:

$$HCO_3^-{}_I + Cl^-{}_E \rightleftharpoons HCO_3^-{}_E + Cl^-{}_I$$

(ver Figura 11-28a). Todo o processo de troca de ânions é completado em 50 milissegundos (ms); nesse intervalo de tempo, 5×10^9 íons HCO_3^- são exportados de cada célula, a favor do seu gradiente de concentração. Se a troca de ânions não ocorrer, durante períodos como o exercício físico – em que grande quantidade de CO_2 é produzida – ocorre o acúmulo de HCO_3^- no interior da hemácia, atingindo níveis tóxicos quando o citosol se torna alcalino. A troca de HCO_3^- (igual a $OH^- + CO_2$) por Cl^- faz o pH do citosol manter-se próximo da neutralidade. Normalmente, cerca de 80% do CO_2 presente no sangue é transportado na forma de HCO_3^- produzido no interior das hemácias; a troca de ânions permite que aproximadamente dois terços dessas moléculas de HCO_3^- sejam transportadas pelo plasma sanguíneo fora das células, aumentando a quantidade de CO_2 que pode ser transportada dos tecidos para os pulmões. Nos pul-

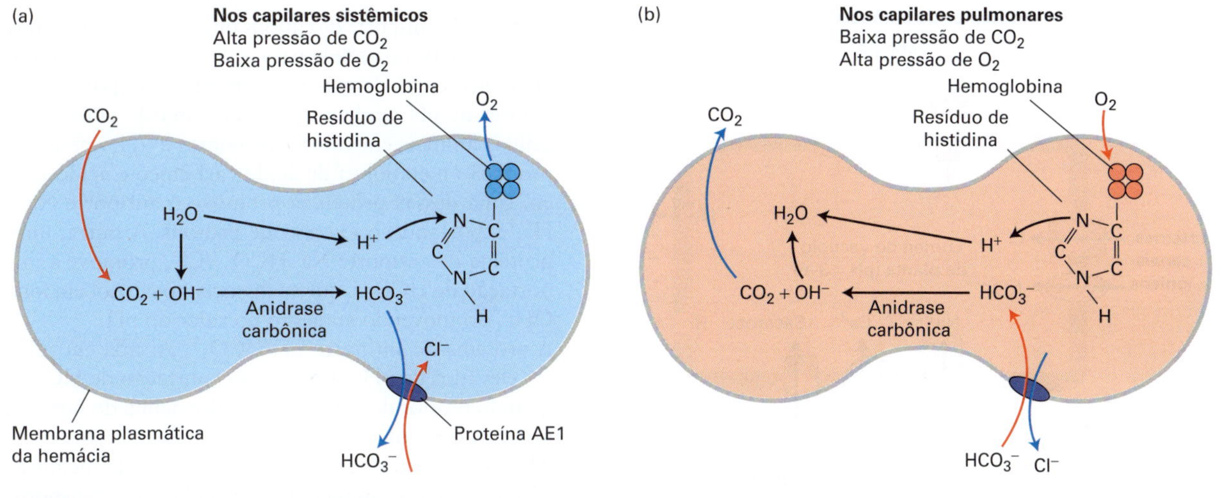

FIGURA 11-28 O transporte de dióxido de carbono no sangue requer o antiporte de Cl^-/HCO_3^-. (a) Nos capilares sistêmicos, o gás dióxido de carbono difunde pela membrana plasmática das hemácias e é convertido na forma solúvel HCO_3^- pela enzima anidrase carbônica; ao mesmo tempo, o oxigênio deixa as células e a hemoglobina liga um próton. A proteína AE1 (roxo), que realiza o antiporte de ânions, catalisa a troca reversível de Cl^- e HCO_3^- através da membrana. A reação induz a liberação de HCO_3^- da célula, essencial para a eficiência máxima do transporte de CO_2 dos tecidos para os pulmões e para a manutenção do pH neutro da célula sanguínea. (b) Nos pulmões, quando o dióxido de carbono é excretado, a reação é reversa. Consulte no texto uma análise mais aprofundada.

mões, onde o dióxido de carbono deixa o corpo, a direção geral desse processo de troca de ânions é invertida (Figura 11-28b).

A proteína AE1 catalisa a precisa troca sequencial de ânions um a um e oriundos de lados opostos da membrana, reação necessária para a preservação da neutralidade elétrica da célula; apenas uma vez a cada 10.000 ciclos de transporte um ânion é transportado unidirecionalmente, de um lado da membrana para o outro. AE1 é uma proteína formada por um domínio embebido na membrana, enovelado em pelo menos 12 hélices α que catalisam o transporte de ânions e por um domínio voltado para o citosol que ancora algumas proteínas do citoesqueleto à membrana (ver Figura 17-21).

Diversas proteínas de transporte permitem que os vacúolos das plantas acumulem metabólitos e íons

O lúmen dos vacúolos das plantas é muito mais ácido (pH de 3 a 6) do que o citosol (pH 7,5). A acidez dos vacúolos é mantida por uma bomba de prótons classe V ativada por ATP (Figura 11-9) e por uma bomba ativada por pirofosfato, encontrada apenas nas plantas. As duas bombas, localizadas na membrana vacuolar, importam íons H^+ para dentro do lúmen vacuolar contra o gradiente de concentração. A membrana vacuolar também contém canais de Cl^- e NO_3^- que transportam esses ânions do citosol para o vacúolo. A entrada desses ânions contra os seus gradientes de concentração é promovida pelo potencial de membrana interno positivo gerado pelas bombas de H^+. O funcionamento combinado dessas bombas de prótons e canais de ânions produz um potencial elétrico interno positivo de cerca de 20 mV através da membrana vacuolar, e também um gradiente de pH considerável (Figura 11-29).

O gradiente eletroquímico de prótons através da membrana vacuolar das plantas é utilizado praticamente da mesma maneira que o gradiente eletroquímico de Na^+ através da membrana plasmática das células animais: para promover a absorção ou excreção seletiva de íons e moléculas pequenas por várias proteínas de antiporte. Na folha, por exemplo, o excesso de sacarose gerado durante a fotossíntese durante o dia é armazenado no vacúolo; durante a noite a sacarose armazenada entra no citoplasma e é metabolizada a CO_2 e H_2O com a concomitante geração de ATP a partir de ADP e P_i. A proteína de *antiporte próton/sacarose* na membrana vacuolar se dedica a acumular sacarose nos vacúolos das plantas. O influxo de sacarose é promovido pelo efluxo de H^+, favorecido por seu gradiente de concentração (lúmen > citosol) e pelo potencial citosólico negativo através da membrana vacuolar (ver Figura 11-29). A absorção de Ca^{2+} e Na^+ pelo vacúolo, contra os seus gradientes de concentração é, de maneira similar, mediada por proteínas de antiporte de prótons.

A compreensão sobre as proteínas de transporte nas membranas vacuolares das plantas tem o potencial de aumentar a produção agrícola nos solos com alta concentração de sal (NaCl), encontrados em todo o mundo. Como a maioria útil das plantas de lavoura não consegue crescer nesses solos salinos, há muito os cientistas da área agrícola buscam desenvolver plantas tolerantes ao sal pelos métodos tradicionais de cruzamento. Com a disponibilidade do gene clonado que codifica a proteína de antiporte Na^+/H^+ vacuolar, os pesquisadores agora conseguem produzir plantas transgênicas que superexpressam essa proteína de transporte, levando ao aumento do sequestro de Na^+ no vacúolo. Por exemplo, tomateiros transgênicos que superexpressam a proteína de antiporte Na^+/H^+ vacuolar crescem, florescem e produzem frutos na presença de concentrações de NaCl no solo que normalmente matariam as plantas tipo-selvagem. É interessante notar que, apesar de as folhas desses tomateiros transgênicos acumularem grandes quantidades de sal, o fruto tem um conteúdo de sal muito baixo. ■

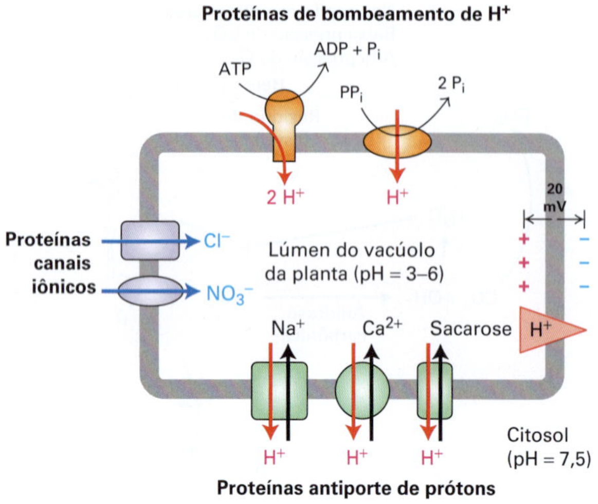

FIGURA 11-29 Concentração de íons e sacarose no vacúolo das plantas. A membrana do vacúolo contém dois tipos de bombas de prótons (laranja): bomba ATPase H^+ da classe V (*esquerda*) e bomba pirofosfatase de hidrólise de prótons (*direita*), que difere de todas as demais proteínas de transporte de íons e, provavelmente, é exclusiva de plantas. Estas bombas são responsáveis pelo baixo pH do lúmen, assim como pelo potencial elétrico da membrana do vacúolo, com o lado interno positivo, devido ao influxo de íons H^+. O potencial interno positivo impulsiona o deslocamento de Cl^- e NO_3^- do citosol, por meio de proteínas distintas (roxo). O antiporte de prótons (verde), impulsionado pelo gradiente de H^+, promove o acúmulo de Na^+, Ca^{2+} e sacarose no interior do vacúolo. (De acordo com B. J. Barkla e O. Pantoja, 1996, *Rev. Plant Physiol. Plant Mol. Biol.* **47**:159-184 e P. A. Rea et al., 1992, *Trends Biochem. Sci.* **17**:348.)

CONCEITOS-CHAVE da Seção 11.5

Cotransporte por simporte e antiporte

- O gradiente eletroquímico de uma membrana semipermeável determina a direção do movimento de íons por proteínas transmembrana. As duas forças que compõem o gradiente eletroquímico – o potencial elétrico de membrana e o gradiente de concentração de íons – podem agir na mesma direção ou em direções opostas (ver Figura 11-25).
- Proteínas de cotransporte utilizam a energia liberada pelo transporte de um íon (geralmente H^+ ou Na^+) a favor do seu gradiente eletroquímico para promover a importação ou a exportação de uma molécula pequena, ou de um íon diferente, contra o seu gradiente de concentração.
- As células que revestem o intestino delgado e os túbulos renais possuem proteínas de simporte que acoplam a entrada energeticamente favorável de Na^+ à importação de glicose contra seu gradiente de concentração (ver Figura 11-26). Os aminoácidos também entram nas células pelas proteínas de simporte acoplado a Na^+.
- A estrutura molecular de proteína de simporte Na^+/aminoácido de bactérias revelou como a ligação de Na^+ e de leucina estão acopladas e forneceu uma visão do intermediário do processo de transporte ocluso, onde os substratos ligados são incapazes de se difundir a partir da proteína (ver Figura 11-27).
- Nas células musculares cardíacas, a exportação de Ca^{2+} é promovida pela importação de Na^+ por meio de uma proteína de antiporte de cátions que transporta três íons Na^+ ao interior da célula para cada íon Ca^{2+} exportado.
- Duas proteínas de cotransporte ativadas por baixos valores de pH ajudam a manter o pH do citosol das células animais em valores próximos a 7,4, apesar da produção metabólica de ácido carbônico e ácido lático. Uma dessas proteínas promove o antiporte Na^+/H^+, exportando o excesso de prótons. A outra, uma proteína de antiporte $Na^+HCO_3^-/Cl^-$, promove a importação de HCO_3^-, que se dissocia no citosol em íons OH^-, promovendo aumento no valor do pH.
- A proteína de antiporte Cl^-/HCO_3^-, ativada em valores elevados de pH, promove a exportação de HCO_3^- quando o valor de pH do citosol fica acima do normal, induzindo a redução do pH.
- AE1, a proteína de antiporte Cl^-/HCO_3^- da membrana das hemácias, aumenta a capacidade de transporte de CO_2 do sangue, dos tecidos para os pulmões (ver Figura 11-28).
- A absorção de sacarose, Na^+, Ca^+ e outras substâncias pelo vacúolo das plantas é promovida por proteínas de antiporte de prótons localizadas na membrana vacuolar. Canais iônicos e bombas de prótons presentes na membrana são essenciais para a geração de gradientes de concentração de prótons grandes o suficiente para promover o acúmulo de íons e metabólitos nos vacúolos, transporte que ocorre através do antiporte de prótons (ver Figura 11-29).

11.6 Transporte transcelular

As seções anteriores mostraram como os diferentes tipos de transporte atuam em conjunto para desempenhar importantes funções celulares. Aqui, esse conceito será estendido, focando no transporte de diversos tipos de moléculas e íons por meio de células polarizadas, as células assimétricas (com "lados" diferentes) e, portanto, com regiões bioquimicamente distintas na membrana plasmática. Uma classe de células polarizadas particularmente estudada é a classe de células epiteliais que compõem o epitélio de revestimento da maior parte das superfícies externas e internas dos órgãos do corpo. As células epiteliais serão discutidas em mais detalhes no Capítulo 20. Assim como muitas das células epiteliais, uma célula do epitélio intestinal envolvida na absorção de nutrientes a partir do trato gastrintestinal tem a sua membrana plasmática organizada em duas principais regiões: a superfície voltada para o exterior do organismo, chamada de superfície **apical**, ou superior; e a superfície voltada para o interior do organismo (ou para a circulação sanguínea), chamada superfície **basolateral** (ver Figura 20-10).

Regiões especializadas da membrana plasmática das células epiteliais, chamadas **junções compactas**, separam a membrana apical da membrana basolateral e previnem o movimento de muitas, mas não de todas, substâncias solúveis em água de um lado para o outro através do espaço extracelular entre as células. Por essa razão, a absorção de diversos nutrientes (a partir do lúmen do intestino, através da camada de células epiteliais até chegar finalmente à circulação sanguínea) ocorre por um processo de duas etapas chamado **transporte transcelular:** a importação de moléculas através da membrana plasmática da superfície apical das células do epitélio intestinal e sua exportação pela membrana plasmática da superfície basolateral (voltada para a circulação sanguínea – Figura 11-30). A porção apical da membrana plasmática, voltada para o lúmen do intestino, é especializada na absorção de açúcares, aminoácidos, e outras moléculas obtidas a partir dos alimentos, pela ação de diversas enzimas digestivas.

Diversas proteínas de transporte são necessárias para transportar glicose e aminoácidos através dos epitélios

A Figura 11-30 mostra as proteínas responsáveis por mediar a absorção de glicose do lúmen intestinal para o sangue, além do importante conceito de que diferentes tipos de proteínas estão localizadas na membrana apical e na membrana basolateral das células epiteliais. Na primeira etapa do processo, uma proteína de simporte dois Na^+/molécula de glicose, localizada na membrana apical, importa glicose contra o seu gradiente de concentração, do lúmen intestinal através da superfície apical das células epiteliais. Como notado anteriormente, esse simporte acopla o influxo energeticamente desfavorável de uma molécula de glicose ao influxo energeticamente favorável de dois íons Na^+ (ver Figura 11-26). No estado estacionário, todos os íons Na^+ transportados do lúmen intestinal para a célula, durante o simporte Na^+/glicose, ou no processo similar de simporte Na^+/aminoácido que também ocorre na membrana apical, são bombeados para fora pela membrana basolateral, voltada à corrente sanguínea. Portanto, a baixa concentração intracelular de Na^+ é mantida.

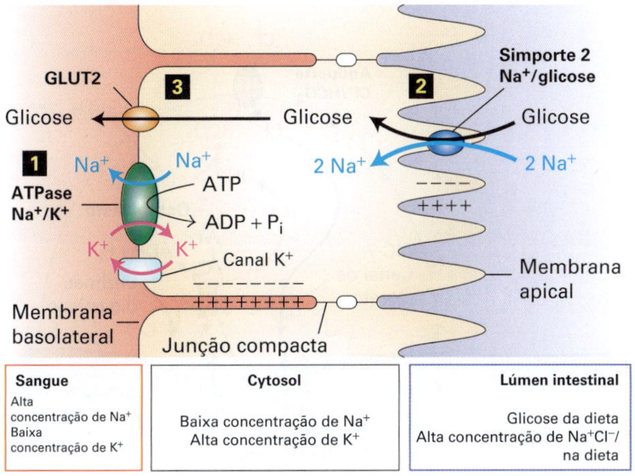

FIGURA 11-30 O transporte transcelular de glicose do lúmen intestinal para o sangue. A ATPase Na^+/K^+ na superfície da membrana basolateral gera gradientes de concentração de Na^+ e K^+ (etapa **1**). O efluxo de íons K^+ pelos canais de K^+ não controlados gera um potencial de membrana ao longo de toda a membrana plasmática, com a face interna negativa. O gradiente de concentração de Na^+ e o potencial de membrana são, ambos, utilizados para promover a absorção de glicose do lúmen intestinal pelo simporte dois Na^+/glicose localizado na superfície da membrana apical (etapa **2**). A glicose deixa a célula por difusão facilitada catalisada pela GLUT2, proteína que faz a mediação do uniporte de glicose, localizada na membrana basolateral (etapa **3**).

A ATPase Na^+/K^+ que realiza esse processo é encontrada exclusivamente na membrana basolateral das células epiteliais do intestino. A operação conjunta dessas duas proteínas de transporte permite o movimento contra o gradiente de glicose e aminoácidos, do intestino para a célula. Essa primeira etapa do transporte transcelular é promovida pela hidrólise de ATP pela ATPase Na^+/K^+.

Na segunda etapa, a glicose e os aminoácidos concentrados no interior das células intestinais pela ação das proteínas de simporte são exportados, a favor de seus gradientes de concentração, para o sangue por meio de proteínas de uniporte na membrana basolateral. No caso da glicose, esse movimento é mediado pela GLUT2 (ver Figura 11-30). Como visto antes, essa isoforma da GLUT tem afinidade relativamente baixa pela glicose, mas aumenta consideravelmente a sua taxa de transporte quando o gradiente de glicose através da membrana aumenta (ver Figura 11-4).

O resultado final desse processo em duas etapas é o transporte de íons Na^+, glicose e aminoácidos, do lúmen intestinal, através do epitélio intestinal, para o meio extracelular que circunda a superfície basolateral das células do epitélio intestinal, e por fim, até a corrente sanguínea. As junções compactas entre as células epiteliais impedem que essas moléculas retornem ao lúmen intestinal. A pressão osmótica elevada gerada pelo transporte transcelular de sal, glicose e aminoácidos através do epitélio intestinal transfere água do lúmen intestinal para o meio extracelular que envolve a superfície basolateral, principalmente pelas junções compactas; as aquaporinas não parecem ter papel importante nesse transporte. De certa forma, os sais, a glicose e os aminoácidos "carregam" a água consigo durante o seu transporte.

A terapia de reidratação simples depende do gradiente osmótico gerado pela absorção de glicose e Na^+

A compreensão da osmose e da absorção intestinal de sal e glicose é a base de uma terapia simples que salva milhões de vidas todos os anos, principalmente nos países menos desenvolvidos. Nestes países, o cólera e outros patógenos intestinais são a principal causa da morte de crianças pequenas. Uma toxina liberada pela bactéria ativa a secreção de cloreto a partir da superfície apical das células do epitélio intestinal para o lúmen; a água segue por osmose, e a resultante enorme perda de água causa diarreia, desidratação e, finalmente, a morte. A cura exige não apenas a eliminação das bactérias com antibióticos, mas também a *reidratação* – a reposição da água perdida do sangue e de outros tecidos.

Simplesmente beber água não é o suficiente, porque ela é excretada pelo trato gastrintestinal logo após sua ingestão. Contudo, como recém visto, o transporte coordenado de glicose e Na^+ através do epitélio intestinal gera um gradiente osmótico transepitelial, forçando o transporte da água do lúmen intestinal pela camada de células epiteliais até a corrente sanguínea. Assim, a administração oral de uma solução de açúcar e sal para beber (mas nem açúcar nem sal sozinhos) às crianças afetadas causa o aumento do transporte transepitelial de sódio e açúcar, aumentando o fluxo osmótico de água para a corrente sanguínea a partir do lúmen intestinal, levando à reidratação. Soluções similares com açúcar e sal são a base de bebidas populares utilizadas pelos atletas para hidratar o corpo e obter açúcar de maneira rápida e eficiente. ■

As células parietais acidificam o conteúdo estomacal e mantêm neutro o pH do citosol

O estômago dos mamíferos contém uma solução 0,1 M de ácido clorídrico (HCl). Esse meio extremamente ácido mata muitos patógenos ingeridos e desnatura diversas proteínas ingeridas, antes que sejam degradadas pelas enzimas proteolíticas (p. ex., a pepsina) ativas em pH ácido. O ácido clorídrico é secretado no estômago por células epiteliais especializadas, chamadas *células parietais* (também conhecidas como *células oxínticas*), no revestimento gástrico. Essas células têm uma *ATPase* H^+/K^+ na membrana apical voltada ao lúmen do estômago, que gera um gradiente de um milhão de vezes a concentração de íons H^+: pH ~ 1,0 no lúmen do estômago, contra pH ~ 7,2 no citosol da célula. Essa proteína de transporte é uma bomba de íons classe P ativada por ATP, parecida em estrutura e função com a ATPase Na^+/K^+ da membrana plasmática, descrita anteriormente. Grandes quantidades de mitocôndrias nas células parietais produzem ATP utilizado pela ATPase H^+/K^+.

Se as células parietais simplesmente exportassem íons H^+ em troca de íons K^+, a perda de prótons levaria ao aumento na concentração de íons OH^- no citosol e, portanto, ao aumento do pH do citosol. (Lembre-se de que $[H^+] \times [OH^-]$ é sempre uma constante, 10^{-14} M^2.) As células parietais acidificam o lúmen do estômago e, ao mesmo tempo, impedem esse aumento do pH do citosol utilizando as proteínas de antiporte Cl^-/HCO_3^- da membrana basolateral para exportar o "excesso" de íons OH^- do citosol para o sangue. Como visto anteriormente, esse antiporte de ânions é ativado em valores elevados de pH no citosol.

O processo completo pelo qual as células parietais acidificam o lúmen do estômago é ilustrado na Figura 11-31. Em reações catalisadas pela anidrase carbônica, o "excesso" de OH^- citosólico é combinado com o CO_2 que se difunde a partir do sangue, formando HCO_3^-. Pela ação da proteína basolateral de antiporte de ânions, esse íon bicarbonato é exportado pela membrana basolateral (e, por fim, para o sangue) em troca de um íon Cl^-. Os íons Cl^-, então, saem das células pelos canais de Cl^- na membrana apical, entrando no lúmen do estômago. Para preservar a neutralidade elétrica, cada íon Cl^- transportado para o lúmen do estômago através da membrana apical é acompanhado por um íon K^+, transportado separadamente pelo canal de K^+. Dessa maneira, o excesso de íons K^+ bombeado para dentro da célula pela ATPase H^+/K^+ retorna ao lúmen do estômago, mantendo a concentração intracelular normal de K^+. O resultado final é a secreção de quantidades iguais de íons H^+ e Cl^- (ou seja, HCl) no lúmen do estômago, enquanto o pH do citosol permanece neutro e o excesso de íons OH^-, na forma de HCO_3^-, é transportado para o sangue.

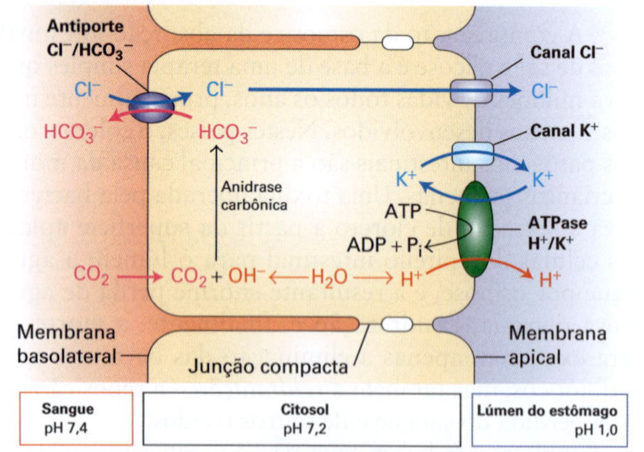

FIGURA 11-31 A acidificação do lúmen do estômago por células parietais do revestimento gástrico. A membrana apical das células parietais contém uma ATPase H^+/K^+ (bomba da classe P), assim como proteínas de canal de Cl^- e K^+. Observe o transporte cíclico de K^+ através da membrana apical: íons K^+ são bombeados para dentro pela ATPase H^+/K^+ e saem da célula por um canal de K^+. A membrana basolateral contém uma proteína de antiporte de ânions que troca íons HCO_3^- por Cl^-. O trabalho combinado dessas quatro proteínas de transporte diferentes, e da anidrase carbônica, acidifica o lúmen do estômago, enquanto mantém o pH neutro e a eletroneutralidade do citosol.

A reabsorção óssea requer a ação combinada de uma bomba de prótons classe V e de um canal de cloreto específico

O crescimento ósseo em mamíferos se mantém após a puberdade, mas o equilíbrio fino e altamente dinâmico entre a degradação (reabsorção) e a síntese (formação) ósseas é continuado ao longo da vida adulta. Essa contínua *remodelagem* óssea permite o reparo de ossos danificados e pode liberar cálcio, fosfato e outros íons a par-

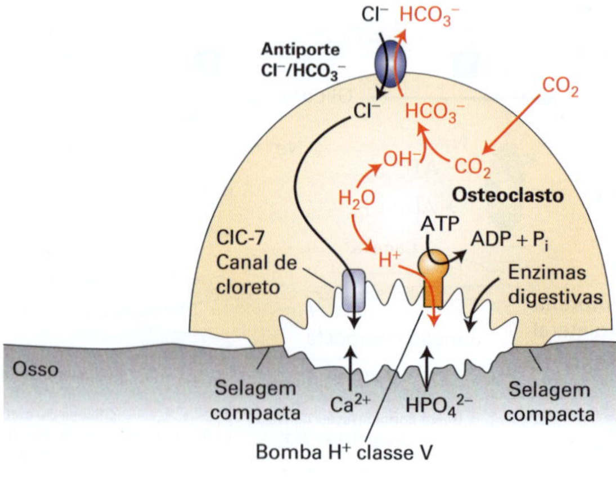

FIGURA 11-32 A dissolução óssea por células polarizadas de osteoclastos requer uma bomba de prótons classe V e uma proteína canal de cloreto ClC-7. A membrana plasmática dos osteoclastos é dividida em dois domínios separados por uma selagem compacta entre um anel de membrana e a superfície óssea. O domínio de membrana voltado para o osso contém bombas de prótons classe V e canais Cl^- ClC-7. O domínio de membrana oposto contém proteínas de antiporte de ânions que trocam íons HCO_3^- e Cl^-. A operação combinada destas três proteínas de transporte, e da anidrase carbônica, acidifica o espaço delimitado, permite a reabsorção óssea e, ao mesmo tempo, mantém neutro o pH do citosol. (Consultar, em R. Planells-Cases e T. Jentsch, 2009, *Biochim. Biophys. Acta* **1792**:173, uma discussão sobre a proteína ClC-7.)

tir dos ossos mineralizados para a circulação sanguínea, para uso em outras partes do corpo.

Os *osteoclastos*, as células que promovem a reabsorção óssea, são macrófagos mais conhecidos pelo seu papel na proteção do corpo contra infecções. Os osteoclastos são células polarizadas que formam vesículas especializadas e isoladas entre a própria célula e o osso, criando um espaço extracelular delimitado (Figura 11-32). Um osteoclasto aderido secreta nesse espaço uma mistura corrosiva de HCl e proteases que dissolvem os componentes inorgânicos do osso em Ca^{2+} e fosfato, além de digerir seus componentes proteicos. Esse mecanismo de secreção de HCl é similar ao mecanismo utilizado pelo estômago para gerar o suco digestivo (ver Figura 11-31). Assim como na secreção gástrica de HCl, a anidrase carbônica e uma proteína de antiporte de ânions são importantes para a função do osteoclasto. Os osteoclastos utilizam uma bomba de prótons classe V para exportar íons H^+ no espaço voltado para o osso, diferente das células epiteliais gástricas, que utilizam uma bomba H^+/K^+ classe P ativada por ATP.

A rara doença hereditária *osteopetrose*, caracterizada pelo aumento da densidade óssea, ocorre pela baixa taxa de reabsorção óssea. Diversos pacientes apresentam uma mutação que inativa o gene que codifica a proteína CIC-7, um canal de cloreto localizado no domínio da membrana plasmática do osteoclasto voltado para o osso. Assim como ocorre nos lisossomos (ver Figura 11-14), na ausência de canais de cloreto, a bomba de prótons é incapaz de acidificar o espaço extracelular, impedindo a reabsorção óssea. ■

CONCEITOS-CHAVE da Seção 11.6

Transporte transcelular

- Os domínios apical e basolateral da membrana das células epiteliais apresentam diferentes proteínas de transporte e realizam processos de transporte distintos.
- Na célula epitelial do intestino, a ação conjunta de proteínas de simporte associadas a Na^+ na membrana apical, e de ATPases Na^+/K^+ e proteínas de uniporte na membrana basolateral, faz a mediação do transporte transcelular de aminoácidos e glicose do lúmen do intestino para a circulação sanguínea (ver Figura 11-30).
- O aumento da pressão osmótica (gerado pelo transporte transcelular de sal, glicose e aminoácidos através do epitélio intestinal) faz a água presente no lúmen do intestino se deslocar para o corpo, fenômeno que serve de base para a terapia de reidratação com soluções de açúcar e sal.
- A ação combinada da anidrase carbônica e de quatro proteínas de transporte permite que as células parietais do epitélio do estômago secretem HCl no lúmen, mantendo, ao mesmo tempo, o pH do citosol próximo da neutralidade (ver Figura 11-31).
- A reabsorção óssea promovida pelos osteoclastos requer a ação coordenada de uma bomba de prótons classe V e do canal de cloreto CIC-7 (Figura 11-32).

Perspectivas

Neste capítulo explicou-se a ação de proteínas específicas de transporte de membrana e seu impacto em alguns aspectos da fisiologia humana; essa abordagem da fisiologia molecular tem diversas aplicações médicas. Atualmente, inibidores específicos, ou ativadores de canais, bombas e proteínas de transporte constituem a maior classe de fármacos. Por exemplo, um inibidor da ATPase H^+/K^+ gástrica que acidifica o estômago é um fármaco amplamente utilizado para o tratamento de úlceras estomacais e síndromes de refluxo gástrico. Inibidores das proteínas de canal dos rins são utilizados para controlar a hipertensão (pressão sanguínea alta); através do bloqueio da reabsorção de água a partir do sangue e da urina formada nos rins, esses fármacos aumentam o volume e a pressão sanguíneos. Bloqueadores de canais de cálcio são utilizados para controlar a intensidade da contração cardíaca. Fármacos que inibem um canal de potássio específico nas células das ilhas β aumentam a excreção de insulina (ver Figura 16-36) e são amplamente utilizados para tratar o diabetes tipo II surgido na vida adulta.

O término do Projeto Genoma Humano tornou disponível o sequenciamento de todas as proteínas humanas envolvidas no transporte de membrana. Já são conhecidas mutações relacionadas a doenças em diversas proteínas – um exemplo é a fibrose cística causada por mutações na proteína CFTR; outro exemplo é a osteopetrose, causada por mutações no canal de cloreto CIC-7. Mais recentemente, foi demonstrado que mutações que induzem a perda de função em qualquer uma das subunidades de outro canal de cloreto (CIC-K) causam a perda de sal nos rins e surdez. Esse aumento de informações que associam doenças genéticas a proteínas específicas de transporte permitirá que pesquisadores identifiquem novos tipos de compostos que inibam seletivamente a atividade de uma dessas proteínas de transporte, sem afetar as demais proteínas homólogas. Um desafio importante, no entanto, é a compreensão do papel de uma proteína de transporte individual em cada um dos muitos tecidos em que ela é expressa.

Outro grande desafio é compreender como cada canal, proteína de transporte, e bomba é regulado de acordo com as necessidades da célula. Assim como outras proteínas celulares, muitas dessas proteínas sofrem fosforilação reversível, ubiquitinação e outras modificações covalentes que afetam a sua atividade; porém, na grande maioria dos casos, ainda não foi compreendido como essa regulação afeta a função celular. Muitos canais, proteínas de transporte e bombas normalmente se encontram em membranas intracelulares e não na membrana plasmática, sendo transportadas para a membrana plasmática apenas quando um hormônio específico estiver presente. A adição de insulina às células musculares, por exemplo, induz o transporte das proteínas GLUT4 transportadoras de glicose de membranas intracelulares para a membrana plasmática, aumentando a taxa de absorção de glicose. Já foi destacado anteriormente que a adição de vasopressina a algumas células renais permite o transporte de uma aquaporina para a membrana plasmática, aumentando a taxa de transporte de água. No entanto, apesar do grande número de pesquisas, os mecanismos celulares pelos quais os hormônios estimulam o deslocamento de proteínas de transporte para a membrana plasmática e também a sua remoção da membrana plasmática, bem como a regulação desses processos, ainda não são conhecidos.

Termos-chave

antiporte 504
ATPase Na^+/K^+ 491
bomba movida por ATP 477
bomba de íon classe F 486
bomba de íon classe P 486
bomba de íon classe V 486
canal de K^+ em repouso 499
cotransporte 504
difusão simples 476
flipase 495
gradiente eletroquímico 477
hipertônica 483
hipotônica 483
isotônico 483
junção compacta 510
patch clamping 501
potencial de membrana 477
potencial de repouso 497
proteínas GLUT 481
retículo sarcoplasmático 486
simporte 504
superfamília ABC 486
transportador 478
transporte ativo 478
transporte facilitado 478
transporte transcelular 511
uniporte 480

Revisão dos conceitos

1. O óxido nítrico (NO) é uma molécula gasosa com solubilidade em lipídeos similar ao O_2 e ao CO_2. As células endoteliais que revestem as artérias utilizam NO como sinalizador para as células da musculatura lisa adjacente para induzir o seu relaxamento, aumentando o fluxo sanguíneo. Qual(is) é(são) o(s) mecanismo(s) de transporte do NO a partir do local onde é produzido no citoplasma de uma célula endotelial até o citoplasma de uma célula da musculatura lisa, onde se torna ativo?
2. O ácido acético (ácido fraco com pK_a igual a 4,75) e o etanol (um álcool) são compostos, cada um, por dois átomos de carbono, hidrogênio e oxigênio; e ambos são capazes de entrar em uma célula por meio de difusão simples. Em pH 7, uma dessas moléculas é muito mais permeável à membrana do que a outra. Qual delas será mais permeável? Por quê? Como a permeabilidade de cada molécula será alterada com o pH for reduzido a 1,0, valor característico do estômago?
3. Proteínas de uniporte e canais iônicos promovem a difusão facilitada através de biomembranas. Embora ambos sejam exemplos de difusão facilitada, a taxa de transporte de um íon por um canal iônico é aproximadamente 10^4 a 10^5 vezes mais rápido do que através de uma proteína de uniporte. Que importante diferença no mecanismo dessas proteínas resulta nessa diferença na taxa de transporte? Qual componente da variação de energia livre (ΔG) determina a direção do transporte?
4. Liste as três classes de proteínas de transporte. Explique qual, ou quais, dessas classes é capaz de transportar glicose e qual transporta bicarbonato (HCO_3^-) contra o gradiente eletroquímico. No caso do bicarbonato, mas não da glicose, o valor de ΔG do processo de transporte possui dois termos. Quais são esses dois termos e por que o segundo termo não se aplica ao transporte de glicose? Por que o cotransporte muitas vezes é considerado um exemplo de transporte ativo secundário?
5. Um íon H^+ é menor do que uma molécula de H_2O, e uma molécula de glicerol, um álcool de três átomos de carbono, é ainda maior. Ambos podem ser rapidamente dissolvidos em água. Por que as aquaporinas são incapazes de transportar H^+ e capazes de transportar glicerol?
6. A proteína GLUT1, presente na membrana plasmática das hemácias, é um exemplo clássico de uniporte.
   a. Planeje um experimento que comprove o papel de GLUT1 como proteína de uniporte específico de glicose e não como proteína de uniporte específico de galactose ou manose.
   b. A glicose é um açúcar composto por seis átomos de carbono, enquanto a ribose é um açúcar composto por cinco átomos de carbono. Apesar de menor, a ribose não é transportada de modo eficiente pela GLUT1. Como isso pode ser explicado?
   c. A queda de concentração de açúcar no sangue, de 5 mM para 2,8 mM ou menos, pode causar confusão e desmaio. Calcule o efeito dessa queda no transporte de glicose para as células que expressam GLUT1.
   d. Como o fígado e as células musculares maximizam a absorção de glicose sem a alteração do valor de $V_{máx}$?
   e. Células de tumores que expressam GLUT1 muitas vezes têm valores mais altos de $V_{máx}$ para o transporte de glicose do que as células normais do mesmo tipo. Como essas células aumentam o valor de $V_{máx}$?
   f. As células musculares e adiposas modulam o valor de $V_{máx}$ para a absorção de glicose em resposta à sinalização por insulina. Como isso ocorre?
7. Liste as quatro classes de bombas ativadas por ATP que realizam o transporte ativo de íons e moléculas. Indique quais dessas classes transportam apenas íons e quais transportam principalmente pequenas moléculas orgânicas. A descoberta de uma dessas classes de bombas movidas por ATP foi resultado de estudos de transporte não do substrato natural, mas de um substrato artificial utilizado como medicamento na terapia do câncer. O que os pesquisadores consideram atualmente como exemplos comuns de substratos naturais dessa classe de bombas movidas por ATP em particular?
8. Explique por que a reação acoplada $ATP \rightarrow ADP + P_i$ no mecanismo da bomba de íons classe P não envolve diretamente a hidrólise de uma ligação fosfoanidro.
9. Descreva o mecanismo de retroalimentação negativa que controla o aumento da concentração citoplasmática de Ca^{2+} em células que requerem a va-

riação rápida de concentração de Ca^{2+} para o seu funcionamento normal. Como um fármaco que inibe a atividade da calmodulina afeta a concentração citoplasmática de Ca^{2+} regulada por esse mecanismo? Qual seria o seu efeito no funcionamento, por exemplo, de uma célula da musculatura esquelética?

10. Atualmente, alguns inibidores de bombas de prótons que inibem a secreção de ácido estomacal estão entre os fármacos mais vendidos no mundo. Que tipo de bomba esses fármacos inibem e onde essas bombas se localizam?
11. O potencial de membrana nas células animais, mas não nas plantas, depende em grande parte dos canais de K^+ de repouso. Como esses canais contribuem para o potencial de repouso? Por que esses canais são considerados canais não controlados? Como esses canais conseguem ser seletivos para K^+, não transportando Na^+, mesmo esse íon sendo menor?
12. A técnica de fixação de voltagem (*patch clamping*) pode ser utilizada para quantificar as propriedades de condutância de canais iônicos individuais. Descreva como ela pode ser utilizada para determinar se um gene codifica um possível canal de K^+ ou um canal de Na^+.
13. As plantas utilizam o gradiente eletroquímico de prótons através da membrana do vacúolo para promover o acúmulo de sais e açúcares no interior da organela. Esse transporte dá origem a uma situação hipertônica. Por que isso não causa o turgor ou rompimento celular? Mesmo em condições isotônicas, há um lento efluxo de íons nas células animais. Como a ATPase Na^+/K^+ da membrana plasmática permite que as células evitem a lise por osmose em condições isotônicas?
14. No caso da proteína bacteriana de transporte de sódio/leucina, qual é a principal característica da ligação do íon sódio que assegura que outros íons, principalmente K^+, não irão se ligar à proteína?
15. Descreva o processo de simporte pelo qual as células de revestimento do intestino delgado absorvem glicose. Qual é o íon responsável pelo transporte, e quais são as duas características específicas que facilitam o transporte energeticamente favorável desse íon através da membrana plasmática?
16. O transporte de glicose de um lado para outro de uma célula do epitélio intestinal é um dos principais exemplos de transporte transcelular. Como a ATPase Na^+/K^+ promove esse processo? Por que as junções compactas são essenciais para esse processo? Por que a localização específica dessas proteínas de transporte na membrana apical e na membrana basolateral é essencial para o transporte transcelular? Suplementos para a reidratação, como as bebidas esportivas, têm adição de açúcar e sal. Por que ambos são importantes para a reidratação?

Análise dos dados

Imagine que você está investigando o transporte transepitelial de glicose radiativa. As células do epitélio intestinal são mantidas em cultura para a formação de uma camada, de modo que o fluido sobre o domínio apical das células (meio apical) fique completamente separado do meio que banha o domínio basolateral das células (meio basolateral). Glicose radiativa (com marcação de ^{14}C) é adicionada ao meio apical, e a detecção de radiatividade no meio basolateral é monitorada em contagens por minuto por mililitro (cpm/mL), medida da radiatividade por unidade da volume.

Tratamento 1: O meio apical e o meio basolateral contém, cada um, Na^+ 150 mM (curva 1).

Tratamento 2: O meio apical contém Na^+ 1 mM, e o meio basolateral contém Na^+ 150 mM (curva 2).

Tratamento 3: O meio apical contém Na^+ 150 mM, e o meio basolateral contém Na^+ 1 mM (curva 3).

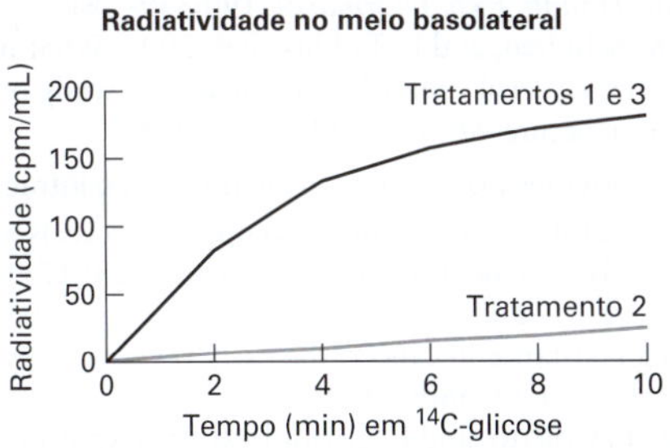

a. Qual é a explicação provável para a diferença entre os resultados obtidos pelos tratamentos 1 e 3 e pelo tratamento 2?

Em estudos extras, o fármaco ouabaína, que inibe ATPases Na^+/K^+, foi incluído nos seguintes tratamentos:

Tratamento 4: O meio apical e o meio basolateral contém Na^+ 150 mM, e o meio apical contém ouabaína (curva 4).

Tratamento 5: O meio apical e o meio basolateral contém Na^+ 150 mM, e o meio basolateral contém ouabaína (curva 5).

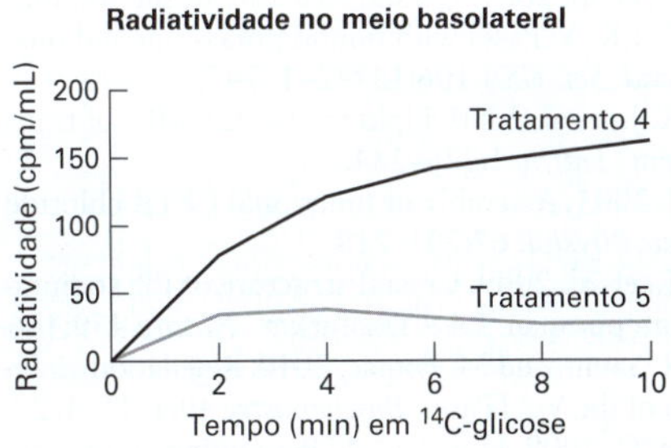

b. Qual é a explicação provável para a diferença entre os resultados obtidos no Tratamento 4 e no Tratamento 5?

c. Alguns compostos naturais e alguns fármacos sendo testados para o tratamento de diabetes promovem a diminuição do transporte de glicose nas células epiteliais do intestino ou rins, diminuindo os níveis de glicose do sangue. A adição de um desses fármacos ao meio apical gera um padrão de transporte similar ao Tratamento 5, enquanto a sua adição ao meio basolateral gera um padrão de transporte similar ao Tratamento 4. Qual é o provável alvo desse fármaco e qual o seu efeito sobre esse alvo?

Referências

O transporte facilitado da glicose e da água

Engel, A., Y. Fujiyoshi, and P. Agre. 2000. The importance of aquaporin water channel protein structures. *EMBO J.* **19**:800–806.

Hedfalk, K., et al. 2006. Aquaporin gating. *Curr. Opinion Structural Biology* **16**:1–10.

Hruz, P. W., and M. M. Mueckler. 2001. Structural analysis of the GLUT1 facilitative glucose transporter (review). *Mol. Memb. Biol.* **18**:183–193.

King, L. S., D. Kozono, and P. Agre. 2004. From structure to disease: the evolving tale of aquaporin biology. *Nat. Rev. Mol. Cell Biol.* **5**:687–698.

Thorens, B., and M. Mueckler, Glucose transporters in the 21st century. *Am. J. Physiol.-Endoc. M.* **298**:E141–E145, 2010.

Verkman, A. S. 2009. Knock-out models reveal new aquaporin functions. *Handb. Exp. Pharmacol.* **190**:359–381.

Wang, Y., K. Schulten, and E. Tajkhorshid. 2005. What makes an aquaporin a glycerol channel? A comparative study of AqpZ and GlpF structure. *Structure* **13**:1107–1118.

As bombas movidas por ATP e o ambiente iônico intracelular

Aller, S., et al. 2009. Structure of P-glycoprotein reveals a molecular basis for poly-specific drug binding. *Science* **323**: 1718–1722.

Gottesman, M. M., and V. Ling. 2006. The molecular basis of multidrug resistance in cancer: the early years of P-glycoprotein research. *FEBS Lett.* **580**:998–1009.

Guerini, D., L. Coletto, and E. Carafoli. 2005. Exporting calcium from cells. *Cell Calcium* **38**:281–289.

Guttmann, D., et al. 2009. Understanding polyspecificity of multidrug ABC transporters: closing in on the gaps in ABCB1. *Trends Biochem. Sci.* **35**:36–42.

Hall, M., et al. 2009. Is resistance useless? Multidrug resistance and collateral sensitivity. *Trends Pharmacol. Sci.* **30**:546–556.

Jencks, W. P. 1995. The mechanism of coupling chemical and physical reactions by the calcium ATPase of sarcoplasmic reticulum and other coupled vectorial systems. *Biosci. Rept.* **15**:283–287.

Locher, K. P., A. Lee, and D. C. Rees. 2002. The *E. coli* BtuCD structure: a framework for ABC transporter architecture and mechanism. *Science* **296**:1091.

Ogawa, H., et. al. 2009. Crystal structure of the sodium-potassium pump (Na,K-ATPase) with bound potassium and ouabain. *Proc. Nat'l Acad. Sci. USA* **106**:13742–13747.

Raggers, R. J., et al. 2000. Lipid traffic: the ABC of transbilayer movement. *Traffic* **1**:226–234.

Riordan, J. 2005. Assembly of functional CFTR chloride channels. *Ann. Rev. Physiol.* **67**:701–718.

Shinoda, T., et. al. 2009. Crystal structure of the sodium–potassium pump at 2.4 Å resolution. *Nature* **459**:446–450.

Toel, M., R. Saum, and M. Forgac. 2010. Regulation and isoform function of the V-ATPases. *Biochemistry* **49**:4715–4723.

Toyoshima, C. 2009. How Ca^2-ATPase pumps ions across the sarcoplasmic reticulum membrane. *Biochim. Biophys. Acta* **1793**: 941–946.

Verkman, A. S., G. L. Lukacs, and L. J. Galietta. 2006. CFTR chloride channel drug discovery—inhibitors as antidiarrheals and activators for therapy of cystic fibrosis. *Curr. Pharm. Des.* **12**:2235–2247.

Canais iônicos abertos e o potencial de repouso das membranas

Dutzler, R., et al. 2002. X-ray structure of a ClC chloride channel at 3.0 Å reveals the molecular basis of anion selectivity. *Nature* **415**:287–294.

Hibino, H., et al. 2010. Inwardly rectifying potassium channels: their structure, function, and physiological roles. *Physiol. Rev.* **90**:291–366.

Hille, B. 2001. *Ion Channels of Excitable Membranes*, 3rd ed. Sinauer Associates.

Jentsch, T.J. 2008. ClC chloride channels and transporters: from genes to protein structure, pathology and physiology. *Crit. Rev. Biochem. Mol.* **43**:3–36.

Jouhaux, E., and R. Mackinnon. 2005. Principles of selective ion transport in channels and pumps. *Science* **310**:1461–1465.

MacKinnon, R. 2004. Potassium channels and the atomic basis of selective ion conduction. Nobel Lecture reprinted in *Biosci. Rep.* **24**:75–100.

Montello, C., L. Birnbaumer, and V. Flickers. 2002. The TRP channels, a remarkably functional family. *Cell* **108**:595–598.

Neher, E. 1992. Ion channels for communication between and within cells. Nobel Lecture reprinted in *Neuron* **8**:605–612 and *Science* **256**:498–502.

Neher, E., and B. Sakmann. 1992. The patch clamp technique. *Sci. Am.* **266**(3):28–35.

Planells-Cases, R., and T. J. Jentsch. 2009. Chloride channelopathies. *Biochim. Biophys. Acta* **1792**:173–189.

Roux, B. 2005. Ion conduction and selectivity in K channels. 2005. *Ann. Rev. Biophys. Biomol. Struct.* **34**:153–171.

Zhou, Y., et al. 2001. Chemistry of ion coordination and hydration revealed by a K channel–Fab complex at 2 Å resolution. *Nature* **414**:43–48.

Cotransporte por simporte e antiporte

Alper, S. L. 2009. Molecular physiology and genetics of Naindependent SLC4 anion exchangers. *J. Exp. Biol.* **212**:1672–1683.

Barkla, B. J., R. Vera-Estrella, and O. Pantoja. 1999. Towards the production of salt-tolerant crops. *Adv. Exp. Med. Biol.* **464**:77–89.

Diallinas, G. 2008. An almost- complete movie: structural snapshots of transporter proteins reveal how they transport species across membranes. *Science* **322**:1644–1645.

Gao, X., et al. 2009. Structure and mechanism of an amino acid antiporter. *Science* **324**:1565–1568.

Gouaux, E. 2009. Review: The molecular logic of sodium-coupled neurotransmitter transporters. *Phil. Trans. R. Soc. Lond. B Biol. Sci.* **364**:149–154.

Krishnamurthy, H., C. L. Piscitelli, and E. Gouaux. 2009. Unlocking the molecular secrets of sodium-coupled transporters. *Nature* **459**:347–355.

Orlowski, J., and S. Grinstein. 2007. Emerging roles of alkali cation/proton exchangers in organellar homeostasis. *Curr. Opin. Cell Biol.* **19**:483–492.

Shabala, S., and T. A. Cuin. 2008. Potassium transport and plant salt tolerance. *Physiol. Plant* **133**:651–669.

Wakabayashi, S., M. Shigekawa, and J. Pouyssegur. 1997. Molecular physiology of vertebrate Na/H exchangers. *Physiol. Rev.* **77**:51–74.

Wright, E. M. 2004. The sodium/glucose cotransport family SLC5. *Pflugers Arch.* **447**:510–518.

Wright, E. M., and D. D. Loo. 2000. Coupling between Na , sugar, and water transport across the intestine. *Ann. NY Acad. Sci.* **915**:54–66.

Transporte transcelular

Anderson, J. M., and C. M. Van Itallie. 2009. Physiology and function of the tight junction. *Cold Spring Harbor Perspect. Biol.* **1**:a002584.

Elkouby-Naor, L., and T. Ben-Yosef. 2010. Functions of claudin tight junction proteins and their complex interactions in various physiological systems. *Int. Rev. Cell Mol. Biol.* **279**:1–32.

Hubner, C. A., and T. J. Jentsch. 2008. Channelopathies of transepithelial transport and vesicular function. *Adv. Genet.* **63**:113–152.

Rao, M. 2004. Oral rehydration therapy: new explanations for an old remedy. *Ann. Rev. Physiol.* **66**:385–417.

Schafer, J. A. 2004. Renal water reabsorption: a physiologic retrospective in a molecular era. *Kidney Int. Suppl.* **91**:S20–27.

Schultz, S. G. 2001. Epithelial water absorption: osmosis or cotransport? *Proc. Nat'l. Acad. Sci. USA* **98**:3628–3630.

Descobrindo o transporte ativo por acaso

J. Skou, 1957, *Biochem. Biophys. Acta* **23**:394.

Em meados dos anos 1950, Jens Skou era um jovem médico pesquisando os efeitos de anestésicos locais em bicamadas lipídicas isoladas. Ele precisava de uma enzima associada à membrana para ser facilmente utilizada como marcador nos seus experimentos. O que ele descobriu foi a enzima essencial para a manutenção do potencial de membrana, a ATPase Na^+/K^+, bomba molecular que catalisa o transporte ativo.

Introdução

Durantes os anos 1950, diversos pesquisadores ao redor do mundo estavam envolvidos ativamente na pesquisa da fisiologia da membrana celular, que participa de diversos processos biológicos. Já se sabia que a concentração de vários íons era diferente no interior e no exterior da célula. Por exemplo, a membrana mantém a baixa concentração intracelular de sódio (Na^+) e a alta concentração intracelular de potássio (K^+) em relação ao meio externo. De certa maneira, a membrana é capaz de regular a concentração intracelular de sal. Além disso, o transporte de íons pela membrana havia sido observado, sugerindo a presença de algum mecanismo de transporte. Para manter os níveis intracelulares normais de Na^+ e K^+, o sistema de transporte não poderia se basear na difusão simples, pois os dois íons devem ser transportados através da membrana contra os seus gradientes de concentração. Esse processo dependente de energia foi denominado transporte ativo.

No momento em que Skou realizava seus experimentos, o mecanismo do transporte ativo ainda não era conhecido. É surpreendente saber que Skou não tinha intenção de pesquisar essa área. Ele descobriu a ATPase Na^+/K^+ completamente por acidente na sua busca por uma enzima abundante, com atividade facilmente quantificada e associada aos lipídeos de membrana. Um estudo recente havia demonstrado que membranas derivadas de axônios de lulas contêm uma enzima associada à membrana capaz de hidrolisar ATP. Considerando essa uma enzima ideal para o seu estudo, Skou tentou isolar a ATPase a partir de uma fonte de fácil disponibilidade, os neurônios das patas de caranguejos. Foi durante a caracterização dessa enzima que ele descobriu a função da proteína.

O experimento

Uma vez que o objetivo original do estudo era a caracterização da ATPase para estudos seguintes, Skou queria saber quais condições experimentais garantiriam uma atividade enzimática robusta e reprodutível. Como na caracterização de qualquer outra enzima, esse processo requer a titulação criteriosa dos diferentes componentes da reação. Antes de iniciar essa etapa, é necessário garantir que o sistema esteja livre de fontes externas de contaminação.

Para avaliar a influência de diferentes cátions, incluindo três que são essenciais para a reação – Na^+, K^+ e Mg^{2+} –, Skou precisou garantir que nenhum outro íon contaminante oriundo de outra fonte estaria presente no ensaio. Dessa forma, todos os tampões utilizados na purificação da enzima foram preparados com sais sem esses cátions. Uma fonte adicional de cátions contaminantes, o substrato ATP, contém três grupamentos fosfato, que conferem carga total negativa. Como as soluções estoque de ATP frequentemente incluem um cátion para equilibrar a carga, Skou converteu o ATP utilizado na reação em sua forma ácida, de modo que os cátions do contra íon não afetassem os seus experimentos. Após conseguir um ambiente controlado, ele pode iniciar a caracterização da enzima. Esses cuidados foram essenciais para a sua descoberta.

Skou demonstrou inicialmente que a enzima era capaz de catalisar a clivagem de ATP em ADP e fosfato inorgânico. Então passou a procurar a condição ótima para essa atividade variando o pH da reação, a concentração de sais e de outros cofatores, o que trouxe os cátions de volta à reação. Ele pode determinar facilmente o pH ótimo da reação, assim como a concentração ótima de Mg^{2+}; no entanto, a otimização da concentração de Na^+ e K^+ se mostrou bastante difícil. Independentemente da quantidade de K^+ adicionada à reação, a enzima permanecia inativa na ausência de Na^+. De modo similar, na ausência de K^+, Skou observou apenas uma baixa atividade ATPase, que não aumentava com o aumento de Na^+.

Esses resultados sugeriam que a enzima necessita de Na^+ e K^+ para a sua atividade ótima. Para demonstrar essa necessidade, Skou realizou uma série de experimentos que determinavam a atividade enzimática enquanto variavam as concentrações de Na^+ e de K^+ na reação (Figura 1). Embora os dois cátions fossem claramente necessários para que a enzima apresentasse atividade significativa, algo interessante acontecia na presença de alta concentração de cada cátion. Na concentração ótima de Na^+ e de K^+, a atividade ATPase atingia seu máximo. Uma vez no seu valor máximo, o aumento de concentração de cátions não afetava a atividade ATPase. O íon Na^+ se comportava, portanto, como substrato enzimático clássico, com o aumento da sua concentração levando ao aumento da atividade enzimática até atingir o ponto de saturação, no qual a atividade não aumentava mais. Por outro lado, o íon K^+ apresentava um comportamento distinto. Quando a concentração de K^+

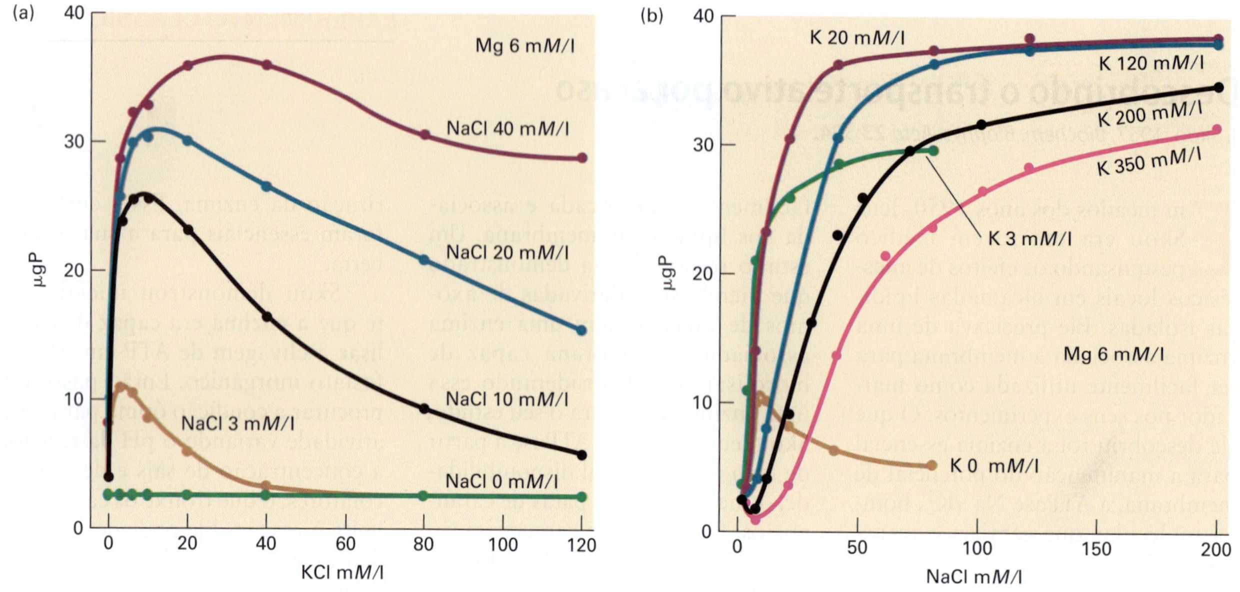

FIGURA 1 Demonstração da dependência da atividade ATPase Na^+/K^+ em relação à concentração de cada íon. O gráfico à esquerda mostra que o aumento da concentração de K^+ induz a inibição da atividade ATPase. O gráfico à direita mostra que, com o aumento da concentração de Na^+, a atividade enzimática aumenta até o seu máximo e, então, se mantém constante. Este gráfico também mostra que a atividade também depende da baixa concentração de K^+. (Adaptada de J. Skou, 1957, *Biochem. Biophys. Acta* **23**:394.)

era aumentada acima do seu nível ótimo, a atividade ATPase diminuía. Dessa forma, embora K^+ fosse necessário para a atividade ótima, em alta concentração ele inibia a enzima. Skou levantou a hipótese de que a enzima deveria possuir sítios de ligação separados para Na^+ e K^+. Para a atividade ATPase ótima, os dois sítios devem estar preenchidos. Porém, quando presente em altas concentrações, K^+ passa a competir pelo sítio de ligação de Na^+, levando à inibição da enzima. Ele também levantou a hipótese de que essa enzima estaria envolvida no transporte ativo, ou seja, no bombeamento de Na^+ para fora da célula, acoplado à importação de K^+ para a célula. Estudos posteriores iriam provar que a enzima era de fato uma bomba e que catalisava o transporte ativo. Essas descobertas foram tão interessantes que Skou dedicou toda a sua pesquisa subsequente ao estudo dessa enzima, nunca a utilizando como marcador, como tencionava inicialmente.

Discussão

A descoberta de Skou de que a ATPase da membrana utiliza Na^+ e K^+ como substrato foi o primeiro passo em direção à compreensão do transporte ativo em nível molecular. Como Skou sabia que deveria testar Na^+ e K^+? No seu discurso do prêmio Nobel, em 1997, explicou que nas primeiras tentativas de caracterização da ATPase ele não tomou precauções para evitar o uso de tampões e soluções estoque de ATP que continham Na^+ e K^+. Analisando os resultados conflitantes obtidos inicialmente, que não se reproduziam, ele chegou à conclusão de que os sais contaminantes deveriam estar influenciando a reação. Quando repetiu os experimentos evitando a contaminação com Na^+ e K^+ em todas as etapas, os resultados obtidos foram claros e reprodutíveis.

A descoberta da ATPase Na^+/K^+ teve grande impacto na biologia de membranas, levando ao melhor entendimento do potencial de membrana. A geração e a interrupção do potencial de membrana compõem a base de diversos processos biológicos, incluindo a neurotransmissão e o acoplamento da energia química e da energia elétrica. Por essa descoberta fundamental, Skou recebeu o prêmio Nobel de Química em 1997.

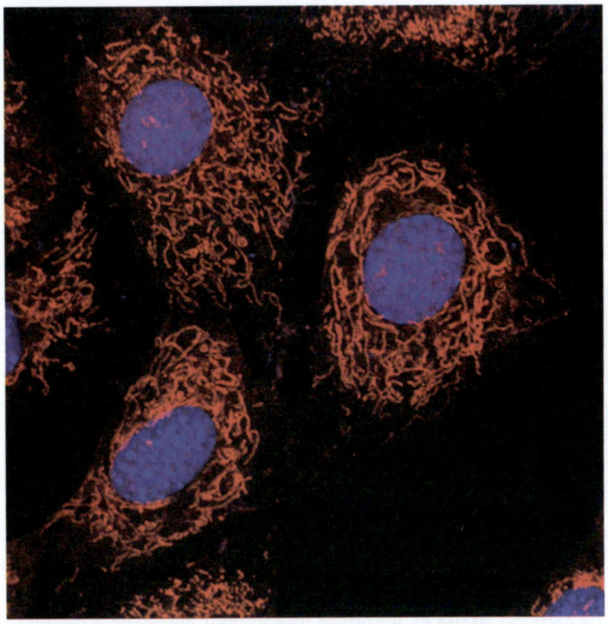

Micrografia de imunofluorescência mostrando a rede interconectada de mitocôndrias (em vermelho) em cultura de células HeLa humanas. Os núcleos das células estão corados em roxo. (Dr. Gopal Murti/Photo Researchers.)

CAPÍTULO

12

A energética celular

SUMÁRIO

Desde o crescimento e a divisão de uma célula até o batimento cardíaco, passando pela atividade elétrica de um neurônio que possibilita o pensamento, a vida requer energia. A energia é definida como a capacidade de realizar trabalho e, em nível celular, esse trabalho inclui realizar e regular uma grande quantidade de reações químicas e processos de transporte, crescer e se dividir, gerar e manter uma estrutura altamente organizada, bem como interagir com outras células. Este capítulo descreve os mecanismos moleculares pelos quais as células utilizam a luz solar ou nutrientes químicos como fonte de energia, com foco especial em como as células convertem essas fontes externas de energia em um transportador de energia química intracelular biologicamente universal, **adenosina-5'-trifosfato** ou **ATP** (Figura 12-1). O ATP, encontrado em todos os tipos de organismos e provavelmente presente nas formas de vida mais primitivas, é gerado a partir da adição química de fosfato inorgânico (HPO_4^{2-}, comumente abreviado como P_i) a uma adenosina difosfato, ou ADP, no processo denominado fosforilação. As células utilizam a energia liberada durante a hidrólise da ligação fosfoanidrido terminal do ATP (ver Figura 2-31) para impulsionar uma série de processos energeticamente não favoráveis. Como exemplos, pode-se incluir a síntese de proteínas a partir de aminoácidos e a síntese de ácidos nucleicos a partir de nucleotídeos (Capítulo 4), o transporte de moléculas contra um gradiente de concentração pelas bombas movidas por ATP (Capítulo 11), a contração muscular (Capítulo 17) e o batimento dos cílios (Capítulo 18). Um tema essencial em energética celular é o uso de proteínas para utilizar, ou "acoplar", a energia liberada em um processo (p. ex., a hidrólise de ATP) para impulsionar outros processos (p. ex., o movimento de moléculas através de membranas), que de outro modo seriam termodinamicamente desfavoráveis.

A energia para impulsionar a síntese de ATP a partir de ADP ($\Delta G°' = 7{,}3$ kcal/mol) parte essencialmente de duas fontes: da energia das ligações químicas dos nutrientes e da energia da luz solar (Figura 12-1). Os dois principais processos responsáveis pela conversão dessas fon-

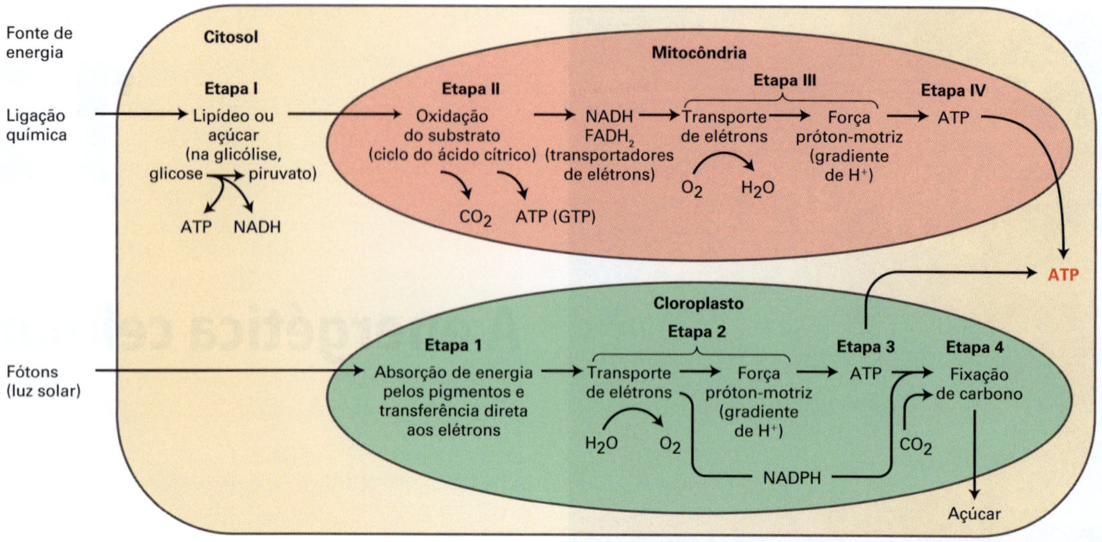

FIGURA 12-1 Visão geral da oxidação aeróbia e da fotossíntese. As células eucarióticas usam dois mecanismos fundamentais para converter fontes externas de energia em ATP. (*Parte superior*) Na oxidação aeróbia, as moléculas de "combustível" (principalmente açúcares e ácidos graxos) sofrem processamento preliminar no citosol como, por exemplo, a decomposição da glicose em piruvato (**etapa I**), sendo então transferidas para o interior da mitocôndria, onde são convertidas pela oxidação com O_2 em dióxido de carbono e água (**etapas II** e **III**), com geração de ATP (**etapa IV**). (*Parte inferior*) Na fotossíntese, que ocorre nos cloroplastos, a energia radiante da luz é absorvida por pigmentos especializados (**etapa 1**); a energia absorvida é usada para oxidar a água a O_2 e estabelecer condições (**etapa 2**) necessárias para a geração de ATP (**etapa 3**) e carboidratos a partir de CO_2 (fixação de carbono, **etapa 4**). Ambos os mecanismos envolvem a produção de transportadores de elétrons de alta energia, na forma reduzida (NADH, NADPH, $FADH_2$), e o fluxo de elétrons a favor de um gradiente de potencial elétrico em uma cadeia transportadora de elétrons localizada em membranas especializadas. A energia desses elétrons é liberada e capturada como um gradiente eletroquímico de prótons (força próton-motriz) que é então usado para promover a síntese de ATP. As bactérias usam processos similares.

tes de energia em ATP são a **oxidação aeróbia** (também conhecida como **respiração aeróbia**), que ocorre nas mitocôndrias de quase todas as células eucarióticas (Figura 12-1, *parte superior*), e a **fotossíntese**, que ocorre somente nos cloroplastos das células das folhas de plantas (Figura 12-1, *parte inferior*) e em determinados organismos unicelulares, tais como algas e cianobactérias. Dois processos adicionais, a glicólise e o ciclo do ácido cítrico (Figura 12-1, *parte superior*), também são fontes diretas ou indiretas importantes de ATP nas células animais e vegetais.

Na oxidação aeróbia, produtos de degradação de açúcares (carboidratos) e ácidos graxos (hidrocarbonetos) – ambos derivados em animais da digestão da comida – são convertidos por oxidação com O_2 em dióxido de carbono e água. A energia liberada dessa reação global é transformada em energia química nas ligações fosfoanidrido do ATP. Isso é análogo à queima de madeira (carboidratos) ou de óleo (hidrocarbonetos) para gerar calor em fornos ou movimento em motores de automóveis: ambos consomem O_2 e geram dióxido de carbono e água. A diferença essencial é que as células desmembram a reação global em muitas etapas intermediárias, onde a quantidade de energia liberada em qualquer etapa corresponde à quantidade de energia que pode ser armazenada – na forma de ATP, por exemplo – ou que é necessária para a próxima etapa. Se não houvesse essa correspondência tão exata, o excesso de energia liberada seria perdido na forma de calor (o que seria muito ineficaz) ou seria liberada energia insuficiente para gerar moléculas de armazenamento de energia como o ATP ou para direcionar a etapa seguinte do processo (o que seria ineficaz).

Na fotossíntese, a energia radiante da luz é absorvida por pigmentos como a clorofila e é usada para gerar ATP e carboidratos – principalmente sacarose e amido. Diferentemente da oxidação aeróbia, que utiliza carboidrato e O_2 para gerar CO_2, a fotossíntese utiliza CO_2 como substrato e produz O_2 e carboidrato como produtos.

A relação recíproca entre a oxidação aeróbia nas mitocôndrias e a fotossíntese nos cloroplastos constitui a base de uma profunda relação simbiótica entre organismos fotossintetizantes e não fotossintetizantes. O oxigênio gerado durante a fotossíntese é a fonte de praticamente todo oxigênio do ar, e os carboidratos produzidos são a fonte de energia determinante para praticamente todos os organismos não fotossintetizantes da Terra. (Uma exceção são as bactérias que vivem nas fontes hidrotermais profundas dos oceanos – e os organismos que delas se alimentam – que obtêm energia para a conversão de CO_2 em carboidratos pela oxidação de compostos inorgânicos reduzidos liberados nas fendas vulcânicas.)

À primeira vista, os mecanismos moleculares da fotossíntese e da oxidação aeróbia parecem ter pouco em comum, além do fato de que ambos produzem ATP. Entretanto, uma descoberta revolucionária na biologia celular demonstrou que bactérias, mitocôndrias e cloroplastos utilizam o mesmo mecanismo básico, denominado **quimiosmose**, para gerar ATP a partir de ADP e P_i.

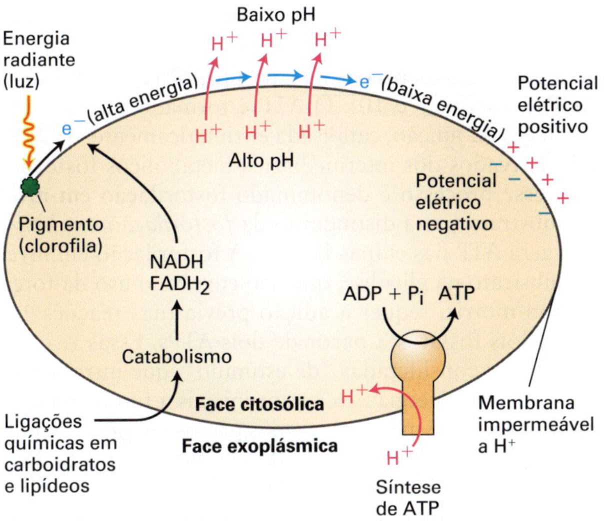

FIGURA 12-2 A força próton-motriz impulsiona a síntese de ATP. Um gradiente transmembrana de concentração de prótons e um gradiente elétrico (de voltagem), coletivamente chamados de *força próton-motriz*, são gerados durante a fotossíntese e a oxidação aeróbia em eucariotos e procariotos (bactérias). Elétrons de alta energia gerados pela absorção de luz pelos pigmentos (p. ex., clorofila), ou mantidos em transportadores de elétrons na sua forma reduzida (p. ex., NADH, $FADH_2$), produzidos durante o catabolismo de açúcares e lipídeos, fluem por uma cadeia transportadora de elétrons (setas azuis), liberando energia ao longo do processo. A energia liberada é usada para bombear prótons através da membrana (setas vermelhas), gerando a força próton-motriz. No acoplamento quimiosmótico, a energia liberada quando os prótons fluem a favor do gradiente pela ATP-sintase promove a síntese de ATP. A força próton-motriz também pode promover outros processos, tais como o transporte de metabólitos através da membrana contra os seus gradientes de concentração e a rotação dos flagelos bacterianos.

Na quimiosmose (também conhecida como acoplamento quimiosmótico), um gradiente eletroquímico de prótons é primeiramente gerado através de uma membrana, impulsionado pela energia liberada à medida que elétrons se deslocam por meio de uma **cadeia transportadora de elétrons** a favor de seu gradiente de potencial elétrico. A energia armazenada nesse gradiente eletroquímico de prótons, chamada de **força próton-motriz**, é então usada para promover a síntese de ATP (Figura 12-2) ou outros processos que requeiram energia. À medida que os prótons se deslocam a favor de seu gradiente eletroquímico com a ajuda da enzima ATP-sintase, o ATP é sintetizado a partir de ADP e P_i, processo oposto ao que ocorre com as bombas iônicas movidas por ATP discutidas no capítulo anterior. Neste capítulo, serão explorados os mecanismos moleculares dos dois processos que compartilham esse mecanismo central, enfatizando primeiramente a oxidação aeróbia e em seguida a fotossíntese.

12.1 Primeira etapa da captação de energia a partir da glicose: a glicólise

Em um motor de automóvel, os hidrocarbonetos do combustível são convertidos, de modo oxidativo e explosivo, em trabalho mecânico (ou seja, empurrar um pistão) e nos produtos CO_2 e água, por um processo que ocorre, essencialmente, em uma única etapa. O processo é relativamente ineficiente, pois quantidades substanciais de energia química armazenada no combustível são desperdiçadas na forma de calor não utilizado, e também quantidades substanciais de combustível são apenas parcialmente oxidadas, sendo liberadas pelo cano de descarga como derivados carbonados, por vezes tóxicos. Na competição para sobreviver, os organismos não podem permitir-se desperdiçar suas fontes de energia por vezes limitadas em um processo também ineficaz;, por isso, desenvolveram um mecanismo mais eficiente para converter combustível em trabalho. Esse mecanismo, conhecido como oxidação aeróbia, fornece as seguintes vantagens:

- Ao dividir o processo de conversão de energia em múltiplas etapas que geram vários intermediários transportadores de energia, ocorre uma canalização eficiente da energia das ligações químicas para a síntese de ATP, com menor perda de energia sob a forma de calor.
- Diferentes combustíveis (açúcares e ácidos graxos) são reduzidos a intermediários comuns que assim podem compartilhar as mesmas vias subsequentes para combustão e síntese de ATP.
- Já que a energia total armazenada nas ligações das moléculas de combustíveis iniciais é substancialmente maior que a necessária para promover a síntese de uma só molécula de ATP (~7,3 kcal/mol), muitas moléculas de ATP são produzidas.

Uma importante característica da produção de ATP a partir da decomposição de nutrientes combustíveis em CO_2 e água (ver Figura 12-1, *parte superior*) é a presença de um conjunto de reações, a **respiração**, que envolve tanto reações de oxidação quanto de redução, as quais constituem a *cadeia transportadora de elétrons*. A combinação dessas reações com a fosforilação do ADP para gerar ATP é denominada **fosforilação oxidativa** e ocorre nas mitocôndrias de quase todas as células eucarióticas. Quando o oxigênio disponível é usado como aceptor final dos elétrons transportados via cadeia transportadora de elétrons, o processo respiratório que converte a energia de nutrientes em ATP é denominado *respiração aeróbia* ou *oxidação aeróbia*. A respiração aeróbia representa uma forma especialmente eficiente para maximizar a conversão da energia dos nutrientes em ATP, pois o oxigênio é um oxidante relativamente forte. Se alguma outra molécula diferente do oxigênio for usada como aceptor final dos elétrons advindos da cadeia transportadora de elétrons, por exemplo, oxidantes mais fracos como o sulfato (SO_4^{2-}) ou o nitrato (NO^{3-}), esse processo é denominado **respiração anaeróbia**. A respiração anaeróbia é característica de alguns microrganismos procarióticos. Embora existam algumas exceções, a maioria dos organismos eucariotos multicelulares conhecidos usa a respiração aeróbia para gerar a maior parte das suas moléculas de ATP.

Em nossas discussões sobre oxidação aeróbia, será traçado o destino dos dois principais combustíveis celulares: os açúcares (principalmente glicose) e os ácidos graxos. Sob determinadas condições, os aminoácidos também alimentam essas vias metabólicas. Primeiramente será considerada a oxidação da glicose e após serão abordados os ácidos graxos.

A oxidação aeróbia completa de uma molécula de glicose gera seis moléculas de CO_2, e a energia liberada é acoplada à síntese de até 30 moléculas de ATP. A reação global é

$$C_6H_{12}O_6 + 6\ O_2 + 30\ P_i^{2-} + 30\ ADP^{3-} + 30\ H^+ \rightarrow 6\ CO_2 + 30\ ATP^{4-} + 36\ H_2O$$

Nos eucariotos, a oxidação da glicose acontece em quatro etapas (ver Figura 12-1, *parte superior*):

Etapa I: Glicólise No citosol, uma molécula de glicose de seis carbonos é convertida em duas moléculas de piruvato de três carbonos por uma série de reações; um saldo líquido de 2 ATPs é produzido para cada molécula de glicose.

Etapa II: Ciclo do ácido cítrico Nas mitocôndrias, a oxidação do piruvato a CO_2 é acoplada à geração dos transportadores de elétrons de alta energia NADH e $FADH_2$, que armazenam a energia para uso posterior.

Etapa III: Cadeia transportadora de elétrons Elétrons de alta energia fluem a favor do seu gradiente de potencial elétrico a partir do NADH e do $FADH_2$ para o O_2 por meio de proteínas de membrana que convertem a energia liberada nesse processo em uma força próton-motriz (gradiente de H^+).

Etapa IV: Síntese de ATP A força próton-motriz impulsiona a síntese de ATP à medida que os prótons fluem a favor do seus gradientes de concentração e voltagem com a ajuda da enzima envolvida na síntese de ATP. Estima-se que para cada molécula de glicose inicial 28 ATPs adicionais sejam produzidos por esse mecanismo de fosforilação oxidativa.

Nesta seção, será discutida a etapa I: as rotas bioquímicas que decompõem a glicose em piruvato no citosol. Serão discutidos o modo pelo qual como essas rotas são reguladas e o contraste do metabolismo de glicose em condições aeróbias com aquele que ocorre em condições anaeróbias. O destino final do piruvato ao entrar mitocôndria será discutido na Seção 12.2.

Durante a glicólise (etapa I), as enzimas citosólicas convertem a glicose em piruvato

A **glicólise**, a primeira etapa da oxidação da glicose, ocorre no citosol das células eucarióticas e procarióticas; essa etapa não requer oxigênio molecular (O_2) e, portanto, é um processo anaeróbio. A glicólise é um exemplo de **catabolismo**, o desmembramento biológico de substâncias complexas em outras mais simples. Um conjunto de 10 enzimas citosólicas solúveis em água catalisa as reações que constituem a *via glicolítica* (*glico*, "doce"; *lise*, "quebra"), na qual uma molécula de glicose é convertida em duas moléculas de piruvato (Figura 12-3). Todos os intermediários de reação produzidos por essas enzimas são compostos fosforilados solúveis em água, denominados *intermediários metabólicos*. Além de converter uma molécula de glicose em duas de piruvato, a via glicolítica gera quatro moléculas de ATP pela fosforilação de quatro ADPs (reações 7 e 10). O ATP é formado diretamente por meio da junção, catalisada enzimaticamente, de ADP e P_i derivados dos intermediários metabólicos fosforilados; esse processo é denominado **fosforilação em nível de substrato** (para distingui-lo da *fosforilação oxidativa* que gera ATP nas etapas II e IV). A fosforilação em nível de substrato na glicólise, que não envolve o uso da força próton-motriz, requer a adição prévia (nas reações 1 e 3) de dois fosfatos a partir de dois ATPs. Essas reações podem ser consideradas "de estímulo", que introduzem um pouco de energia nos passos iniciais a fim de recuperar efetivamente mais energia nos passos seguintes. Sendo assim, a glicólise produz um saldo líquido de apenas duas moléculas de ATP por molécula de glicose.

A equação química balanceada para a conversão de glicose a piruvato mostra que quatro átomos de hidrogênio (quatro prótons e quatro elétrons) são formados:

$$\underset{\text{Glicose}}{C_6H_{12}O_6} \longrightarrow 2\ \underset{\text{Piruvato}}{CH_3{-}\overset{O}{\overset{\|}{C}}{-}\overset{O}{\overset{\|}{C}}{-}OH} + 4\ H^+ + 4\ e^-$$

(Por conveniência, é mostrado aqui o piruvato em sua forma não ionizada, ácido pirúvico, mas no pH fisiológico ele estaria dissociado.) Todos os quatro elétrons e dois dos quatro prótons são transferidos (Figura 12-3, reação 6) para duas moléculas da forma oxidada da **nicotinamida adenina dinucleotídeo (NAD^+)** para produzir a forma reduzida da coenzima, NADH (ver a Figura 2-33):

$$2\ H^+ + 4\ e^- + 2\ NAD^+ \rightarrow 2\ NADH$$

Adiante será visto que a energia transportada pelos elétrons no NADH e pelo transportador de elétrons análogo $FADH_2$, a forma reduzida da **coenzima flavina adenina dinucleotídeo (FAD)**, pode ser usada para produzir ATPs adicionais via cadeia transportadora de elétrons. A equação química global para essa primeira etapa do metabolismo da glicose é

$$C_6H_{12}O_6 + 2\ NAD^+ + 2\ ADP^{3-} + 2\ P_i^{2-} \rightarrow 2\ C_3H_4O_3 + 2\ NADH + 2\ ATP^{4-}$$

Após a glicólise, apenas uma fração da energia disponível na glicose foi extraída e convertida em ATP e NADH. A energia restante permanece presa nas ligações covalentes das duas moléculas de piruvato. A capacidade de converter de maneira eficiente a energia restante no piruvato para ATP depende da presença de oxigênio molecular. Como será concluído, a conversão da energia é substancialmente mais eficiente em condições aeróbias do que em condições anaeróbias.

A taxa de glicólise é ajustada de acordo com as necessidades de ATP da célula

Para manter os níveis adequados de ATP, as células precisam controlar a taxa de catabolismo da glicose. Tanto

FIGURA 12-3 A via glicolítica. Uma série de dez reações é responsável pela degradação de glicose em piruvato. Duas reações consomem ATP, formando ADP e açúcares fosforilados (vermelho), duas geram ATP a partir de ADP por meio de fosforilação em nível de substrato (verde) e uma produz NADH por meio da redução de NAD^+ (amarelo). Observe que todos os intermediários entre a glicose e o piruvato são compostos fosforilados. As reações 1, 3 e 10, com setas unidirecionais, são essencialmente irreversíveis (grandes valores de ΔG negativos) sob as condições típicas no interior das células.

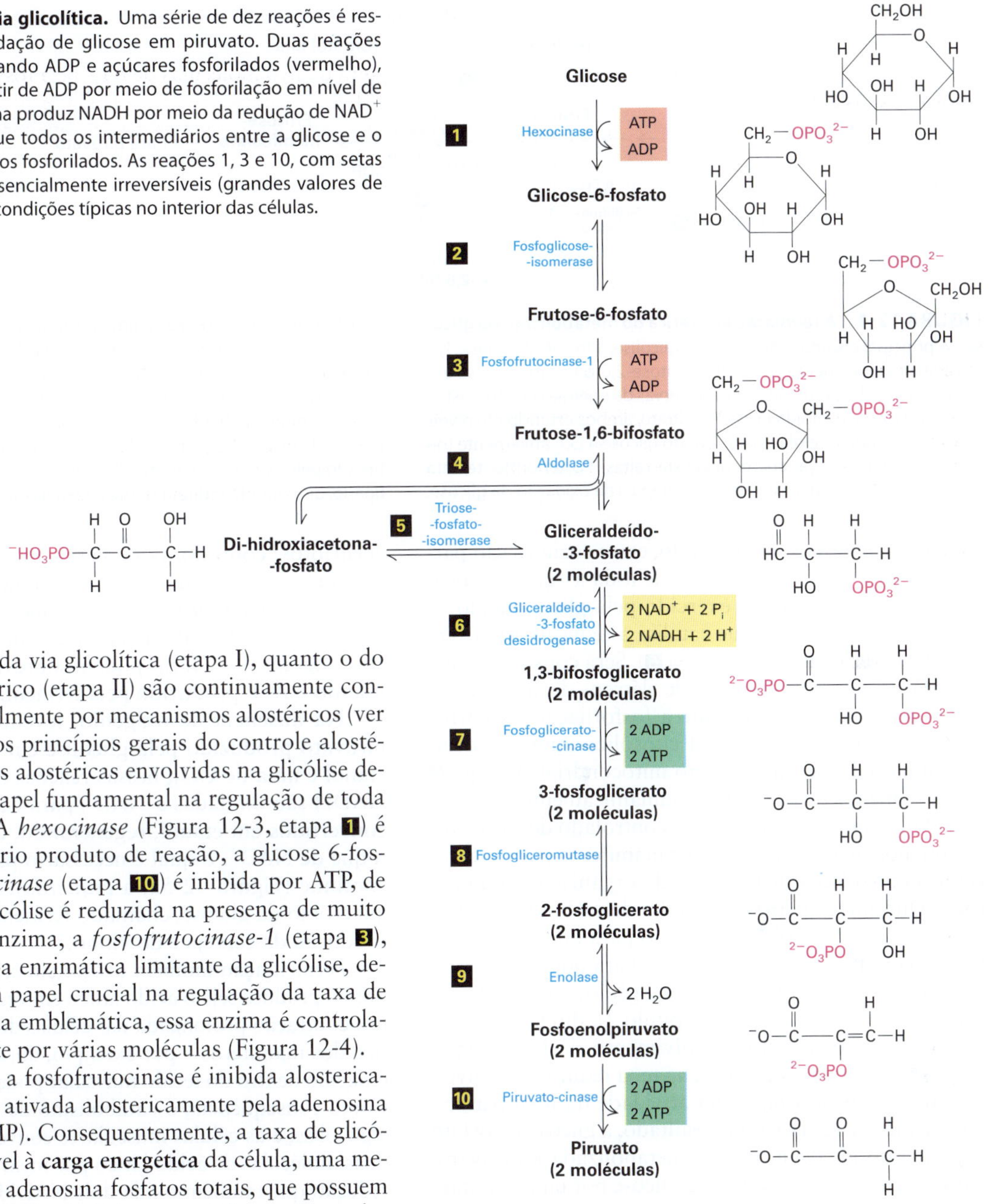

o funcionamento da via glicolítica (etapa I), quanto o do ciclo do ácido cítrico (etapa II) são continuamente controlados, principalmente por mecanismos alostéricos (ver Capítulo 3 para os princípios gerais do controle alostérico). Três enzimas alostéricas envolvidas na glicólise desempenham um papel fundamental na regulação de toda a via glicolítica. A *hexocinase* (Figura 12-3, etapa **1**) é inibida pelo próprio produto de reação, a glicose 6-fosfato. A *piruvato-cinase* (etapa **10**) é inibida por ATP, de maneira que a glicólise é reduzida na presença de muito ATP. A terceira enzima, a *fosfofrutocinase-1* (etapa **3**), é a principal etapa enzimática limitante da glicólise, desempenhando um papel crucial na regulação da taxa de glicólise. De forma emblemática, essa enzima é controlada alostericamente por várias moléculas (Figura 12-4).

Por exemplo, a fosfofrutocinase é inibida alostericamente pelo ATP e ativada alostericamente pela adenosina monofosfato (AMP). Consequentemente, a taxa de glicólise é muito sensível à **carga energética** da célula, uma medida da fração de adenosina fosfatos totais, que possuem ligações fosfoanidrido de "alta energia", que é igual a ([ATP] + 0,5 [ADP]) / ([ATP] + [ADP] + [AMP]). A inibição alostérica da fosfofrutocinase-1 por ATP parece ser incomum, já que o ATP também é um substrato para essa enzima. A afinidade do sítio de ligação do substrato pelo ATP, porém, é muito maior (possui um valor de K_m mais baixo) que aquela do sítio alostérico. Assim, em concentrações baixas, o ATP se liga ao sítio catalítico, mas não ao sítio alostérico inibitório, e a catálise enzimática prossegue próximo das taxas máximas. Em concentrações elevadas, o ATP também se liga ao sítio alostérico, induzindo uma mudança conformacional que reduz a afinidade da enzima para o outro substrato, a frutose-6-fosfato e, portanto, inibe a taxa dessa reação e a taxa total da glicólise.

Outro importante ativador alostérico da fosfofrutocinase-1 é a *frutose-2,6-bifosfato*. Esse metabólito é formado a partir da frutose 6-fosfato por uma enzima denominada *fosfofrutocinase-2*. A frutose-6-fosfato acelera a formação da frutose-2,6-bifosfato, a qual, por sua vez, ativa a fosfofrutocinase-1. Esse tipo de controle é conhecido como *ativação por pré-alimentação* (*feed-forward*), no qual a abundância de um metabólito (aqui, a frutose-6-fosfato) induz uma aceleração no seu metabolismo posterior. A frutose-2,6-bifosfato ativa alostericamente a fosfofrutocinase-1 nas células hepáticas por meio da diminuição do efeito inibitório da alta concentração de ATP e do aumento da afinidade da fosfofrutocinase-1 por um dos seus substratos, a frutose-6-fosfato.

As três enzimas glicolíticas reguladas por moléculas alostéricas catalisam reações com grandes valores de $\Delta G^{\circ\prime}$ negativos – reações essencialmente irreversíveis sob

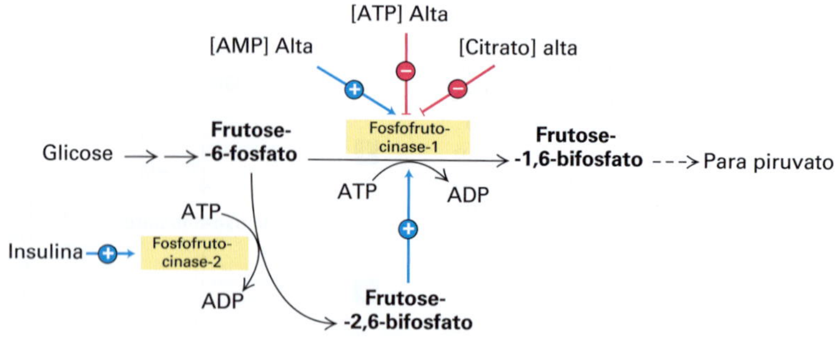

FIGURA 12-4 A regulação alostérica do metabolismo da glicose. A principal enzima regulatória da glicólise, a fosfofrutocinase-1, é ativada alostericamente por AMP e frutose-2,6-bifosfato, que se encontra em nível elevado quando as reservas de energia celulares estão baixas. A enzima é inibida por ATP e citrato, ambos estando em níveis elevados quando a célula está oxidando glicose a CO_2 ativamente (ou seja, quando as reservas energéticas estão altas). Posteriormente, será visto que o citrato é gerado durante a etapa II da oxidação da glicose. A fosfofrutocinase-2 (PFK2) é uma enzima bifuncional: sua atividade de cinase forma frutose-2,6-bifosfato a partir de frutose-6-fosfato, e sua atividade de fosfatase catalisa a reação reversa. A insulina, que é liberada pelo pâncreas quando os níveis de glicose sanguíneos estão altos, promove a atividade da PFK2 e, portanto, estimula a glicólise. Em condições de baixo nível de glicose no sangue, o glucagon é liberado pelo pâncreas e promove a atividade de fosfatase da PFK2 no fígado, diminuindo indiretamente a taxa da glicólise.

condições habituais. Desse modo, essas enzimas são particularmente úteis na regulação de toda a via glicolítica. Um controle adicional é exercido pela gliceraldeído-3--fosfato desidrogenase, que catalisa a redução do NAD^+ a NADH (ver Figura 12-3, etapa **6**). Será constatado que o NADH é um transportador de elétrons de alta energia usado posteriormente durante a fosforilação oxidativa na mitocôndria. Se o NADH citosólico aumenta devido a uma redução na oxidação mitocondrial, a etapa **6** torna-se menos favorável termodinamicamente.

O metabolismo da glicose é controlado de forma diferente nos diversos tecidos dos mamíferos para satisfazer as necessidades metabólicas do organismo como um todo. Durante os períodos de falta de carboidratos, por exemplo, este controle é necessário para que o fígado libere glicose na corrente sanguínea. Para que isso ocorra, o fígado converte o polímero glicogênio, uma forma de armazenamento de glicose (Capítulo 2), diretamente em glicose-6-fosfato (sem o envolvimento da hexocinase, etapa **1**). Sob essas condições, há uma redução nos níveis da frutose-2,6-bifosfato e na atividade da fosfofrutocinase-1(Figura 12-4). Como resultado, a glicose-6-fosfato derivada do glicogênio não é metabolizada a piruvato; em vez disso, ela é convertida a glicose por uma fosfatase e liberada no sangue para nutrir o cérebro e as hemácias, que dependem principalmente da glicose como fonte de energia. Em todos os casos, a atividade dessas enzimas reguladas é controlada pelo nível de pequenos metabólitos, geralmente por meio de interações alostéricas ou de reações de fosforilação e desfosforilação mediadas por hormônios. (O Capítulo 15 apresenta uma discussão mais detalhada do controle hormonal do metabolismo da glicose no fígado e nos músculos).

A glicose é fermentada quando o oxigênio é escasso

Muitos eucariotos, incluindo humanos, são *aeróbios obrigatórios*: crescem somente na presença de oxigênio molecular e metabolizam a glicose (ou açúcares relacionados) completamente a CO_2, com a produção concomitante de uma grande quantidade de ATP. A maioria dos eucariotos, contudo, pode gerar algumas moléculas de ATP pelo metabolismo anaeróbio. Poucos eucariotos são *anaeróbios facultativos*: crescem na presença ou na ausência de oxigênio. Por exemplo, os anelídeos, os moluscos e algumas leveduras podem sobreviver sem oxigênio, usando o ATP produzido pela fermentação.

Na ausência de oxigênio, leveduras convertem o piruvato produzido pela glicólise em uma molécula de etanol e uma de CO_2; nessas reações duas moléculas de NADH são oxidadas a NAD^+ para cada dois piruvatos convertidos em etanol, regenerando, desse modo, o estoque de NAD^+, o qual é necessário para que a glicólise continue (Figura 12-5a, à *esquerda*). Esse catabolismo anaeróbio da glicose, chamado **fermentação**, é a base da produção da cerveja e do vinho.

Fermentação também ocorre em células animais, embora o produto seja o ácido lático em vez de álcool. Durante a contração prolongada das células do músculo esquelético dos mamíferos – por exemplo, durante exercícios – o oxigênio dentro do tecido muscular pode se tornar escasso. Como consequência, o catabolismo da glicose é limitado à glicólise, e as células musculares convertem piruvato em duas moléculas de ácido lático por meio de uma reação de redução que também oxida dois NADHs em dois NAD^+s (Figura 12-5a, *à direita*). Embora o ácido lático produzido no músculo seja liberado no sangue, se as contrações forem suficientemente rápidas e fortes, o ácido lático pode se acumular transitoriamente no tecido e ocasionar dores no músculo e nas articulações durante os exercícios. Uma vez que o ácido lático é secretado no sangue, algumas moléculas atingem o fígado, onde são reoxidadas a piruvato ou, ainda, metabolizadas aerobiamente a CO_2 ou convertidas de volta em glicose. Uma grande quantidade de lactato é metabolizada a CO_2 pelo coração, que é altamente irrigado pelo sangue e pode continuar o metabolismo aeróbio durante o exercício, mesmo quando os músculos esqueléticos, devido à deficiência de oxigênio, secretam lactato. As bactérias do ácido lático (os organismos que "estragam" o leite) e outros procariotos também geram ATP pela fermentação de glicose em lactato.

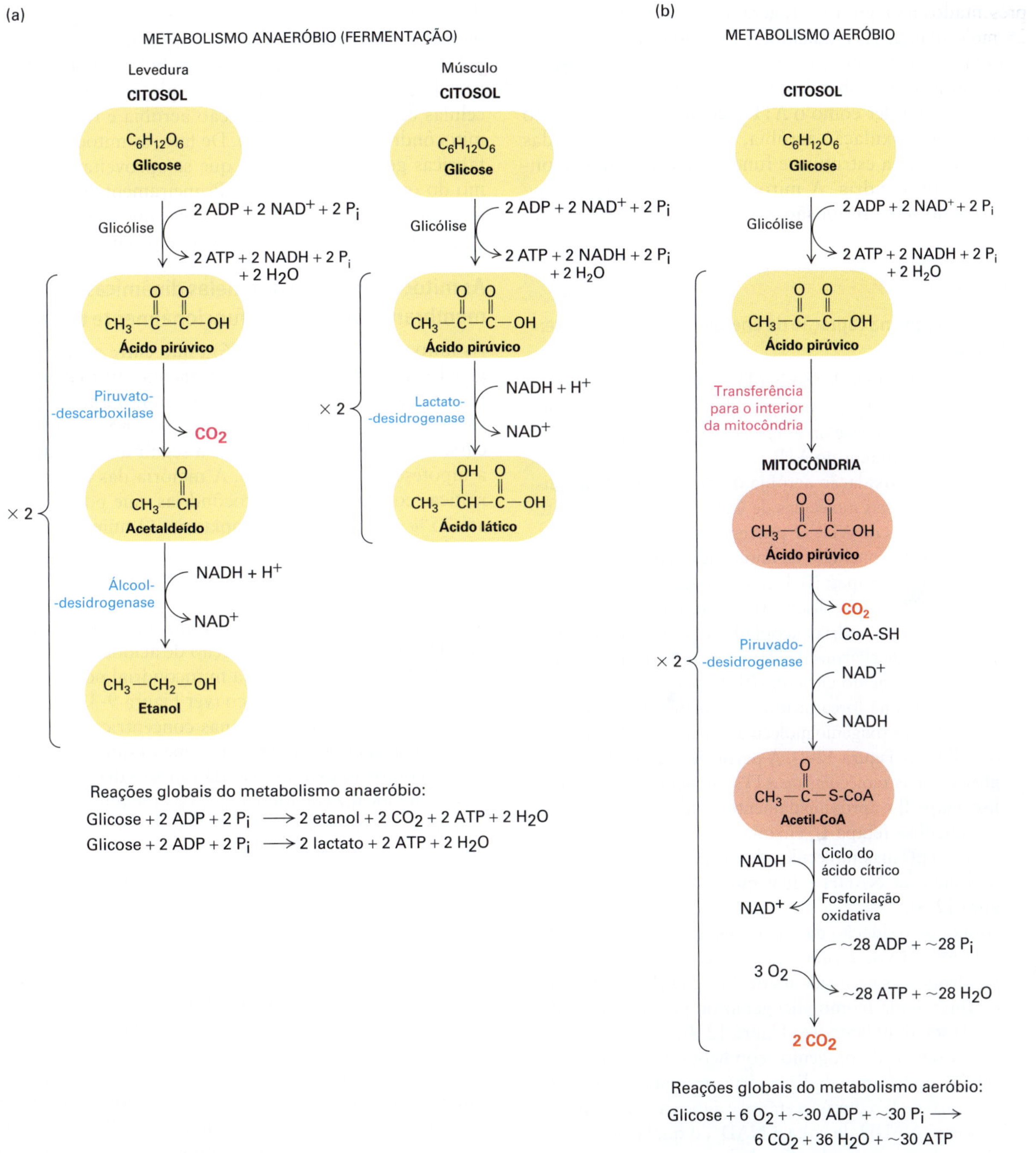

FIGURA 12-5 Metabolismo aeróbio *versus* metabolismo anaeróbio da glicose. O destino final do piruvato formado durante a glicólise depende da presença ou ausência de oxigênio. (a) Na ausência de oxigênio, o piruvato é degradado apenas parcialmente, não sendo produzidos ATPs adicionais após a glicólise. Na levedura (*esquerda*), o acetaldeído é o aceptor de elétrons e o etanol é o produto. Este processo é denominado *fermentação alcoólica*. Quando existe escassez de oxigênio nas células musculares (*direita*), o piruvato é reduzido pelo NADH, formando ácido lático e regenerando o NAD^+, no processo denominado *fermentação lática*. (b) Na presença de oxigênio, o piruvato é transportado para o interior das mitocôndrias, onde primeiramente é convertido pela piruvato-desidrogenase em uma molécula de CO_2 e em uma molécula de ácido acético, o último acoplado à coenzima A (CoA-SH) para formar acetil-CoA, concomitante com a redução de uma molécula de NAD^+ a NADH. O metabolismo da acetil-CoA e de NADH gera aproximadamente 28 moléculas adicionais de ATP por molécula de glicose oxidada.

A fermentação é um caminho muito menos eficiente para gerar ATP do que a oxidação aeróbia, e, portanto, somente ocorre em células animais quando o oxigênio é escasso. Na presença de oxigênio, o piruvato formado na glicólise é transportado para dentro da mitocôndria, onde é oxidado pelo O_2 em CO_2 e água por uma série de reações representadas na Figura 12-5b. Esse metabolismo aeróbio da glicose, que ocorre nas etapas II a IV dos processos representados na Figura 12-1, gera um número estimado de 28 moléculas de ATP adicionais por molécula de glicose, ultrapassando em muito a produção de ATP a partir do metabolismo anaeróbio de glicose (fermentação).

Para entender como o ATP é gerado de maneira tão eficiente pela oxidação aeróbia, devem ser consideradas primeiramente a estrutura e função da organela responsável, a mitocôndria. A mitocôndria e as reações que ocorrem no seu interior são o assunto da próxima seção.

CONCEITOS-CHAVE da Seção 12.1

Primeira etapa na captação de energia a partir da glicose: glicólise

- Em um processo denominado oxidação aeróbica, as células convertem a energia liberada pela oxidação (queima) da glicose ou aminoácidos em ligações fosfoanidrido terminais do ATP.
- A completa oxidação aeróbia de cada molécula de glicose produz seis moléculas de CO_2 e aproximadamente 30 moléculas de ATP. O processo inteiro, que começa no citosol e é concluído na mitocôndria, pode ser dividido em quatro etapas: (I) degradação da glicose em piruvato no citosol (glicólise); (II) oxidação do piruvato em CO_2 nas mitocôndrias acoplado à geração dos transportadores de elétrons de alta energia NADH e $FADH_2$ (via ciclo do ácido cítrico); (III) transporte de elétrons para gerar uma força próton-motriz juntamente com a conversão de oxigênio molecular em água; e (IV) síntese de ATP (ver Figura 12-1). A partir de cada molécula de glicose, duas moléculas de ATPs são geradas pela glicólise (etapa I) e aproximadamente 28 nas etapas II-IV.
- Na glicólise (etapa I), enzimas citosólicas convertem glicose em duas moléculas de piruvato, gerando duas moléculas de NADH e duas moléculas de ATP (ver Figura 12-3).
- A taxa de oxidação da glicose via glicólise é regulada pela inibição ou estimulação de algumas enzimas, dependendo das necessidades de ATP da célula. A glicose é armazenada (como glicogênio ou gordura) quando ATP está abundante (ver Figura 12-4).
- Na ausência de oxigênio (condições anaeróbias), as células podem metabolizar piruvato a ácido lático ou (em caso de leveduras) a etanol e água, convertendo no processo NADH de volta a NAD^+, o qual é necessário para que ocorra a glicólise de forma continuada. Na presença de oxigênio (condições aeróbias), o piruvato é transportado para dentro da mitocôndria, onde é metabolizado a CO_2, em um processo que gera ATP em abundância (ver Figura 12-5).

12.2 As mitocôndrias e o ciclo do ácido cítrico

As cianobactérias fotossintetizantes produtoras de oxigênio surgiram em torno de 2,7 bilhões de anos atrás. O posterior acúmulo de oxigênio (O_2) na atmosfera da Terra durante, aproximadamente, o bilhão de anos seguinte possibilitou que os organismos desenvolvessem uma via de oxidação aeróbia muito eficiente. Essa via, por sua vez, permitiu a evolução de formas corporais grandes e complexas e também de atividades metabólicas associadas, especialmente durante a chamada explosão cambriana. Nas células eucarióticas, a oxidação aeróbia é realizada pela mitocôndria (etapas II a IV). De fato, as mitocôndrias são fábricas geradoras de ATP, que se aproveitam ao máximo do oxigênio abundante. Primeiramente será descrita a estrutura e, em seguida, as reações que as mitocôndrias empregam para degradar piruvato e produzir ATP.

As mitocôndrias são organelas dinâmicas com duas membranas estrutural e funcionalmente distintas

As mitocôndrias (Figura 12-6) estão entre as maiores organelas da célula. Uma mitocôndria tem, aproximadamente, o tamanho de uma bactéria *E. coli*, o que não é uma surpresa, pois considera-se que as bactérias sejam as precursoras das mitocôndrias (ver a seguir a discussão sobre a hipótese endossimbionte). A maioria das células eucarióticas contém muitas mitocôndrias, que podem ocupar até 25% do volume do citoplasma. O número de mitocôndrias em uma célula, de centenas a milhares em células de mamíferos, é regulado para corresponder aos requerimentos da célula por ATP (p. ex., as células do estômago têm muitas mitocôndrias, pois utilizam muitas moléculas de ATP para promover a secreção de ácidos).

Os detalhes da estrutura mitocondrial podem ser vistos ao microscópio eletrônico (ver Figura 9-33). Cada mitocôndria tem duas membranas concêntricas distintas: a membrana interna e a externa. A membrana externa delimita o contorno externo liso da mitocôndria. A membrana interna localiza-se logo abaixo da membrana externa e apresenta numerosas invaginações, denominadas *cristas*, que se estendem desde o perímetro da membrana interna até o centro da mitocôndria. A elevada curvatura nas extremidades das cristas pode ser devida à presença de alta concentração de dímeros de uma proteína de membrana integral que sintetiza ATP (o complexo F_0F_1, discutido na Seção 12.3). As membranas interna e externa definem dois compartimentos submitocondriais: o *espaço intermembranas*, entre a membrana externa e a interna, e a *matriz* ou compartimento central, que forma o lúmen no interior da membrana interna. As cristas expandem muito a área superficial da **membrana mitocondrial interna**, reforçando sua capacidade de sintetizar ATP. Em mitocôndrias típicas do fígado, por exemplo, a área da membrana interna, incluindo as cristas, é cerca de cinco vezes a área da membrana externa. Na realidade, a área total de todas as membranas internas mitocondriais nas células do fígado é cerca de 17 vezes a da membrana citoplasmática. As mitocôndrias no coração e nos músculos esqueléticos contêm até três vezes mais cristas do que as mitocôndrias típicas do fígado – presumivelmente, refletindo a demanda maior por ATP pelas células musculares.

Análises de mitocôndrias marcadas fluorescentemente em células vivas mostraram que as mitocôndrias são altamente dinâmicas. Elas sofrem fusões e fissões frequentes gerando redes tubulares, às vezes ramificadas (Figura 12-7), que podem ser responsáveis pela ampla variedade de

VÍDEO: Mitocôndria reconstruída por tomografia eletrônica

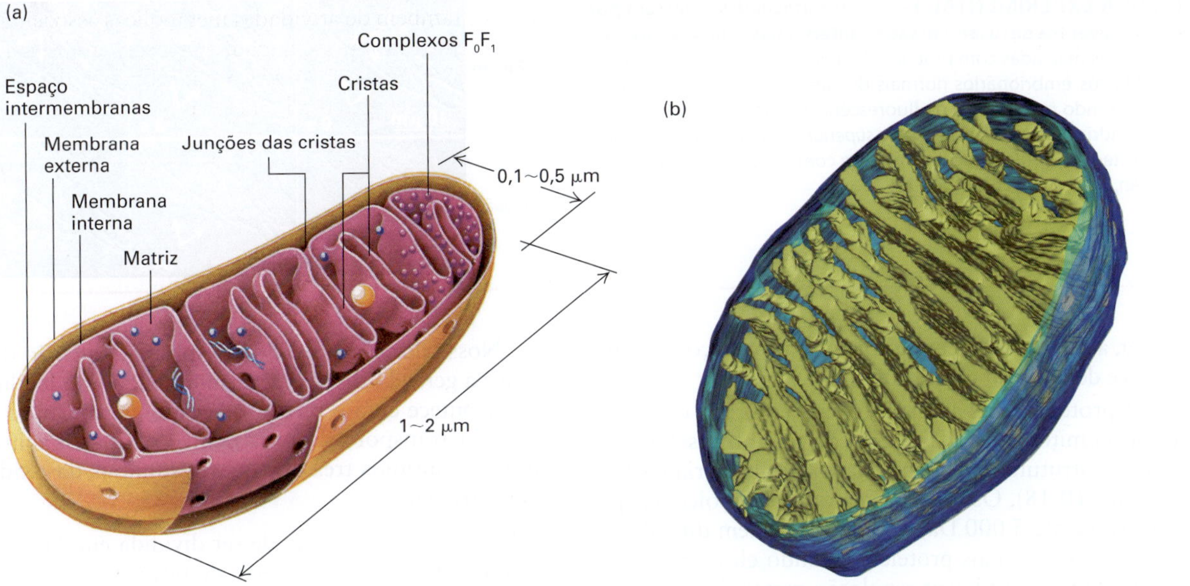

FIGURA 12-6 Estrutura interna de uma mitocôndria. (a) Diagrama esquemático mostrando as principais membranas e compartimentos. A membrana externa lisa determina os limites externos da mitocôndria. A membrana interna é distinta da membrana externa e é altamente invaginada, formando folhas e tubos denominados cristas. As estruturas tubulares uniformes e relativamente pequenas que conectam as cristas às porções da membrana interna justapostas à membrana externa são denominadas *junções da crista*. O espaço intermembranas é contínuo com o lúmen de cada crista. Os complexos F_0F_1 (pequenas esferas vermelhas), que sintetizam ATP, são partículas intramembrana que formam saliências a partir das cristas e membrana interna, para dentro da matriz. A matriz contém o DNA mitocondrial (cadeia azul), ribossomos (pequenas esferas azuis), e grânulos (grandes esferas amarelas). (b) Modelo computacional de uma secção de uma mitocôndria de cérebro de galinha. Esse modelo baseia-se em uma imagem de microscopia eletrônica tridimensional calculada a partir de uma série de micrografias eletrônicas bidimensionais gravadas em intervalos regulares. Esta técnica é análoga às tomografias de raios X tridimensionais e às tomografias axiais computadorizadas (TAC) usadas na obtenção de imagens para diagnósticos médicos. Observe as cristas firmemente empilhadas (verde-amarelado), a membrana interna (azul-claro) e a membrana externa (azul-escuro). (Parte [b] cortesia de T. Frey, de T. Frey and C. Mannela, 2000, *Trends Biochem. Sci.* **25**:319.)

morfologias mitocondriais observadas em diferentes tipos celulares. Quando as mitocôndrias individuais se fundem, cada uma das duas membranas se funde (interna com interna e externa com externa), e os compartimentos distintos se unem (matriz com matriz, espaço intermembranas com espaço intermembranas). Aparentemente, fusões e fissões também desempenham um papel funcional, pois interrupções genéticas em alguns genes da superfamília das GTPases, necessários para esses processos dinâmicos, podem interromper a função mitocondrial, tais como a manutenção adequada do potencial elétrico da membrana interna, e causar doenças humanas. Um exemplo é a doença neuromuscular hereditária Charcot-Marie-Tooth subtipo 2A, também conhecida como atrofia peroneal muscular, na qual defeitos na função dos nervos periféricos levam à fraqueza muscular progressiva, principalmente em pés e mãos. Os processos de fusão e fissão parecem proteger o DNA mitocondrial do acúmulo de mutações e podem permitir o isolamento de segmentos de mitocôndrias disfuncionais ou danificados, que passam a ser marcados especificamente para serem destruídos pela célula no processo denominado autofagia (ver Capítulo 14).

O fracionamento e a purificação dessas membranas e compartimentos possibilitaram determinar as proteínas, o DNA, e os fosfolipídeos que os compõem, assim como definir o local, em uma membrana ou compartimento específico, onde ocorrem as reações catalisadas enzimaticamente. Mais de 1.000 tipos diferentes de polipeptídeos são necessários para fazer e manter mitocôndrias e permitir-lhes funcionar. Uma detalhada análise bioquímica estabeleceu que existem pelo menos 1.098 e talvez até 1.500 proteínas em mitocôndrias de mamíferos. Apenas um pequeno número dessas proteínas – 13 em humanos – são codificadas por genes do DNA mitocondrial e sintetizadas no interior do espaço da matriz mitocondrial. As proteínas restantes são codificadas por genes nucleares (Capítulo 6), sintetizadas no citosol e então importadas para o interior das mitocôndrias (Capítulo 13). O funcionamento defeituoso de proteínas associadas às mitocôndrias (p. ex., devido a mutações genéticas hereditárias) está associado a mais de 150 doenças humanas. As mais comuns delas são as doenças da cadeia transportadora de elétrons, que se originam de mutações em qualquer um dos 92 genes codificadores de proteínas e exibem ampla variedade de anormalidades que afetam os músculos, o coração, o sistema nervoso e o fígado, entre outros sistemas fisiológicos. Outras doenças associadas às mitocôndrias incluem a síndrome de

VÍDEO: Fusão e fissão mitocondriais

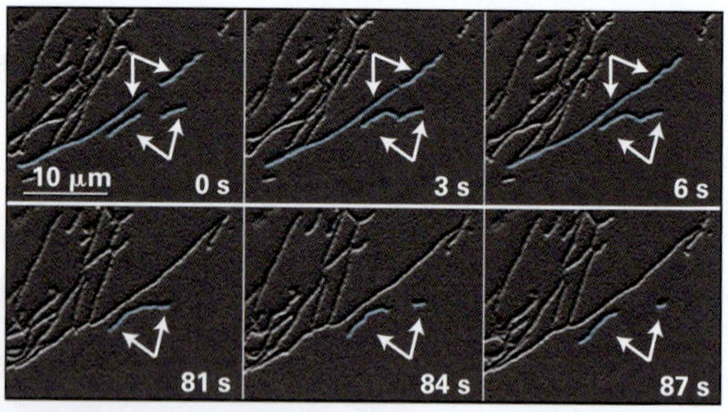

FIGURA EXPERIMENTAL 12-7 As mitocôndrias passam por rápidos eventos de fusão e fissão no interior das células vivas. Mitocôndrias marcadas com proteína fluorescente nas células vivas de fibroblastos embrionários normais de camundongos foram observadas usando microscopia de fluorescência quadro a quadro. Várias mitocôndrias sofrendo fusão (*parte superior*) ou fissão (*parte inferior*) são destacadas artificialmente em azul e com setas. (Modificada de D. C. Chan, 2006, *Cell* **125**(7):1241-1252.)

Miller, a qual resulta em múltiplas malformações anatômicas e defeitos no tecido conectivo.

A proteína mais abundante na membrana externa é a **porina** mitocondrial, proteína de canal transmembrana com estrutura semelhante às porinas bacterianas (ver a Figura 10-18). Os íons e a maioria das moléculas pequenas (de até 5.000 Da) podem passar sem dificuldade através desses canais proteicos quando eles estão abertos. Embora possa haver regulação metabólica da abertura das porinas mitocondriais e o fluxo de metabólitos através da membrana externa possa limitar sua taxa de oxidação mitocondrial e geração de ATP, a membrana interna e as cristas são as principais barreiras à permeabilidade entre o citosol e a matriz mitocondrial.

As proteínas constituem 76% do peso total da membrana interna – fração maior do que em qualquer outra membrana celular. Muitas dessas proteínas são participantes essenciais na fosforilação oxidativa, incluindo a ATP-sintase, as proteínas responsáveis pelo transporte de elétrons, e uma ampla variedade de proteínas de transporte que permitem o movimento de metabólitos entre o citosol e a matriz mitocondrial. Uma delas é chamada de carreador de ADP/ATP, proteína de antiporte que transporta o ATP recém-sintetizado fora da matriz para o espaço da membrana interna (e posteriormente para o citosol) em troca do ADP originado no citosol. Na ausência dessa proteína de antiporte essencial, a energia contida nas ligações químicas do ATP mitocondrial não estaria disponível para o restante da célula.

Observe que plantas têm mitocôndrias e também realizam oxidação aeróbia. Nas plantas, os carboidratos armazenados, a maior parte na forma de amido, são hidrolisados a glicose. A glicólise, então, produz o piruvato, que é transportado para dentro das mitocôndrias, como nas células animais. A oxidação mitocondrial do piruvato e a concomitante formação do ATP ocorrem nas células fotossintetizantes, durante os períodos escuros, quando a fotossíntese não é possível, e nas raízes e em outros tecidos não fotossintéticos, durante todo o tempo.

A membrana mitocondrial interna, as cristas e a matriz são os locais onde ocorrem a maioria das reações envolvendo a oxidação do piruvato e dos ácidos graxos a CO_2 e H_2O e a síntese acoplada do ATP a partir do ADP e do P_i, onde cada reação ocorre em uma membrana ou em locais diferentes na mitocôndria (Figura 12-8).

Nossa discussão detalhada sobre a oxidação da glicose e a geração de ATP, será continuada pela análise do que acontece com o piruvato gerado durante a glicólise após ser transportado para dentro da matriz mitocondrial. Os últimos três dos quatro estádios da oxidação da glicose são:

- **Etapa II.** A etapa II pode ser dividida em duas partes diferentes: (1) a conversão de piruvato a acetil-CoA, seguida pela (2) oxidação de acetil-CoA em CO_2 no ciclo do ácido cítrico. Essas reações são acopladas à redução de NAD^+ a NADH e de FAD a $FADH_2$. (A oxidação de ácidos graxos segue uma rota semelhante, com conversão de acil-CoA graxo em acetil-CoA.) A maioria das reações ocorre na membrana ou na superfície da membrana voltada para a matriz.
- **Etapa III.** Transferência de elétrons de NADH e $FADH_2$ para O_2 via uma cadeia transportadora de elétrons na membrana interna, que gera uma força próton-motriz através desta membrana.
- **Etapa IV.** O aproveitamento da energia da força próton-motriz para a síntese de ATP na membrana mitocondrial interna. Juntas, as etapas II e IV são chamadas de fosforilação oxidativa.

Na primeira parte da etapa II, o piruvato é convertido em acetil-CoA e elétrons de alta energia

Dentro da matriz mitocondrial, o piruvato reage com a coenzima A formando CO_2, acetil-CoA e NADH (Figura 12-8, etapa II, *à esquerda*). Essa reação, catalisada pela *piruvato-desidrogenase*, é altamente exergônica ($\Delta G°' = -8{,}0$ kcal/mol) e essencialmente irreversível.

Acetil-CoA é uma molécula que consiste em um grupamento acetila de dois carbonos ligado covalentemente a uma molécula mais longa, conhecida como coenzima A (CoA) (Figura 12-9). A coenzima A desempenha um papel central na oxidação do piruvato, ácidos graxos e aminoácidos. Além disso, ela é um intermediário em muitas reações biossintéticas, incluindo a transferência de um grupamento acetila para as proteínas histonas e para muitas proteínas de mamíferos, e na síntese de lipídeos, tais como o colesterol. Em mitocôndrias que respiram, entretanto, o grupamento acetila de dois carbonos da acetil-CoA é quase sempre oxidado a CO_2 via o ciclo do ácido cítrico. Observe que os dois carbonos do grupamento acetila são

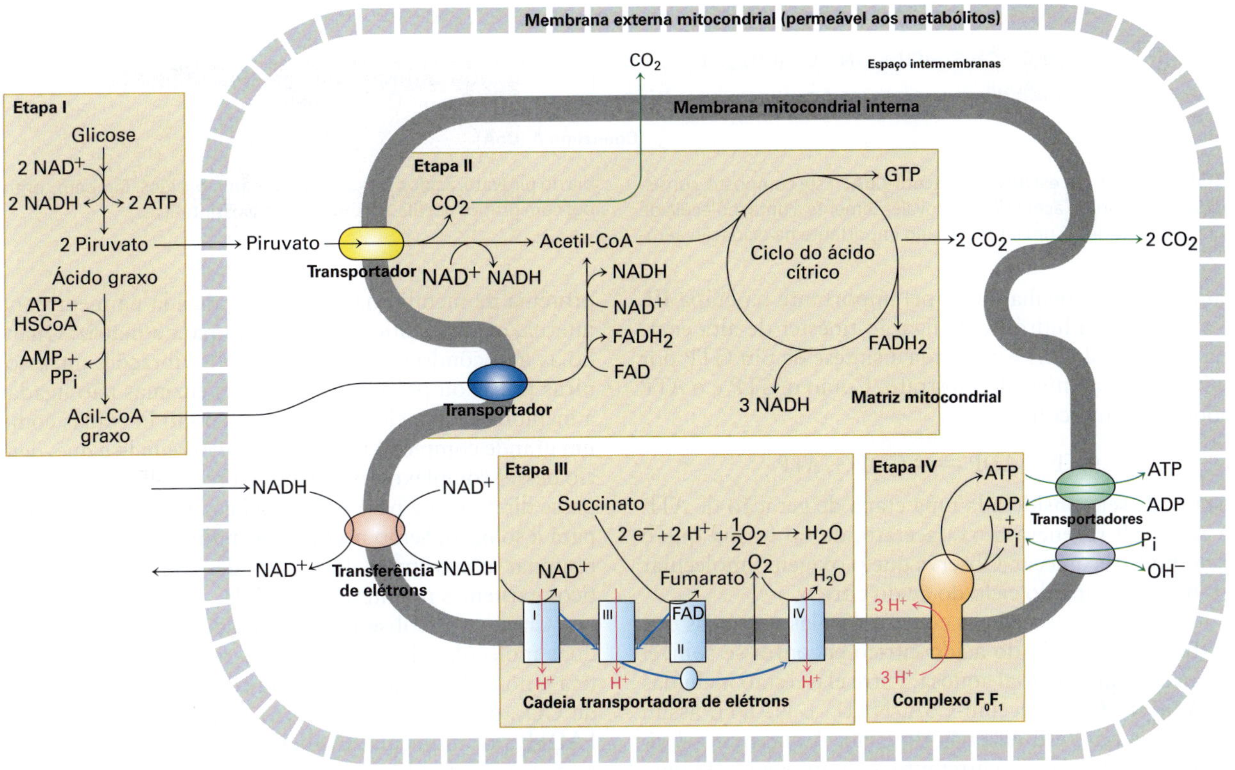

FIGURA 12-8 Resumo da oxidação aeróbia da glicose e dos ácidos graxos. Etapa I: No citosol, a glicose é convertida em piruvato (glicólise) e o ácido graxo em acil-CoA graxo. O piruvato e o acil-CoA graxo são então incorporados pelas mitocôndrias. As porinas mitocondriais tornam a membrana externa permeável a esses metabólitos, mas proteínas transportadoras específicas (formas ovais coloridas) na membrana interna são requeridas para importar o piruvato (amarelo) e os ácidos graxos (azul) para dentro da matriz mitocondrial. Grupos acil-graxos são transferidos do acil-CoA graxo para um carreador intermediário, transportados através da membrana interna (forma oval azul), e então religados à CoA no lado da matriz. **Etapa II**: Na matriz mitocondrial, o piruvato e o acil-CoA graxo são convertidos em acetil-CoA e então oxidados, liberando CO_2. O piruvato é convertido em acetil-CoA com a formação de NADH e CO_2; dois carbonos derivados do acil-CoA graxo são convertidos em acetil-CoA com a formação de $FADH_2$ e NADH. A oxidação da acetil-CoA no ciclo do ácido cítrico gera NADH, $FADH_2$, GTP e CO_2. **Etapa III**: O transporte de elétrons reduz o oxigênio, formando água, e gera a força próton-motriz. Elétrons (azul) são transferidos das coenzimas reduzidas para o O_2, via transportadores de elétrons (retângulos azuis), de maneira concomitante ao transporte de íons H^+ (vermelho) da matriz para o espaço intermembranas, gerando a força próton-motriz. Elétrons do NADH fluem diretamente do complexo I para o complexo III, contornando o complexo II. Elétrons do $FADH_2$ fluem diretamente do complexo II para o complexo III, contornando o complexo I. **Etapa IV**: A ATP-sintase, o complexo F_0F_1 (cor de laranja), capta a força próton-motriz e a utiliza para sintetizar ATP na matriz. Proteínas de antiporte (formas ovais verdes e roxas) transportam ADP e P_i para o interior da matriz e exportam grupos hidroxila e ATP. O NADH gerado no citosol não é transportado diretamente para a matriz porque a membrana interna é impermeável ao NAD^+ e ao NADH; nesse caso, um sistema de lançadeira (vermelho) transporta os elétrons a partir de NAD^+ e NADH citosólicos para o interior da matriz. O_2 se difunde para dentro da matriz, e CO_2 se difunde para fora.

provenientes do piruvato; o terceiro carbono do piruvato é liberado como dióxido de carbono.

Na segunda parte da etapa II, o ciclo do ácido cítrico oxida o grupamento acetila da acetil-CoA em CO_2 e gera elétrons de alta energia

Nove reações sequenciais atuam em um ciclo para oxidar o grupamento acetila da acetil-CoA em CO_2 (Figura 12-8, etapa II, *à direita*). O ciclo é conhecido por vários nomes: **ciclo do ácido cítrico,** ciclo dos ácidos tricarboxílicos (TCA) e o ciclo de Krebs. O resultado final é que para cada grupamento acetila que entra no ciclo como acetil-CoA, duas moléculas de CO_2, três de NADH, uma de $FADH_2$ e uma de GTP são produzidas. NADH e $FADH_2$ são **carreadores de elétrons** de alta energia que irão desempenhar um papel importante na etapa III da oxidação mitocondrial: o transporte de elétrons.

Como apresentado na Figura 12-10, o ciclo começa com a condensação do grupamento acetila de dois carbonos da acetil-CoA com a molécula *oxalacetato* de quatro carbonos para produzir o *ácido cítrico* de seis carbonos (daí o nome ciclo do ácido cítrico). Em ambas as reações, 4 e 5, uma molécula de CO_2 é liberada e NAD^+ é reduzido a NADH. A redução de NAD^+ a NADH também ocorre durante a reação 9; desse modo, três NADHs são gerados por ciclo. Na reação 7, dois elétrons e dois prótons são transferidos para FAD, produzindo a forma reduzida dessa coenzima, o $FADH_2$. A reação 7 é distinta não apenas porque é parte intrínseca do ciclo do ácido cítrico (etapa II), mas também porque é catalisada por uma enzima ligada à membrana, a qual, como será visto,

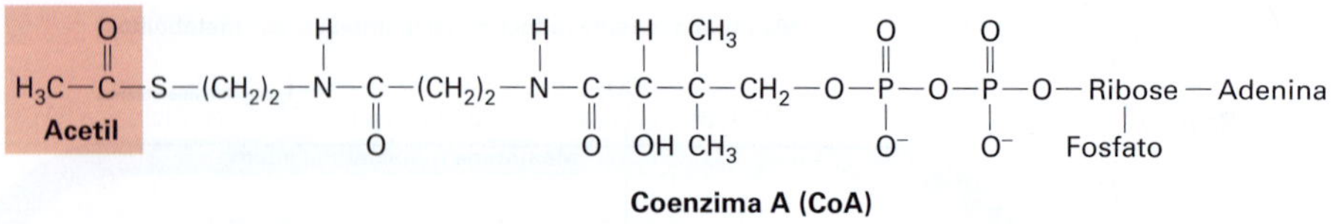

FIGURA 12-9 A estrutura da acetil-CoA. Este composto, consistindo em um grupo acetila ligado covalentemente a uma molécula de coenzima A (CoA), é um intermediário importante na oxidação aeróbia do piruvato, ácidos graxos, e muitos aminoácidos. Também contribui com grupos acetila em muitas vias biossintéticas.

também desempenha um papel importante na etapa III. Na reação 6, a hidrólise da ligação tioéster de alta energia na succinil-CoA é acoplada à síntese de um GTP por fosforilação ao nível de substrato. Como o GTP e o ATP podem ser interconvertidos,

$$GTP + ADP \rightleftharpoons GDP + ATP$$

esta pode ser considerada uma etapa de geração de ATP. A reação 9 regenera o oxalacetato, de tal forma que o ciclo pode recomeçar. Observe que o oxigênio molecular O_2 não participa do ciclo do ácido cítrico.

A maioria das enzimas e das moléculas pequenas que participam do ciclo do ácido cítrico encontra-se solúvel na matriz mitocondrial aquosa. Entre elas, estão incluídas CoA, acetil-CoA, succinil-CoA, NAD^+ e NADH, assim como seis das oito enzimas do ciclo. A *succinato-desidrogenase* (reação 7), entretanto, é componente de uma proteína de membrana integral localizada na membrana interna, com seu sítio ativo voltado para a matriz. Quando as mitocôndrias são rompidas por vibrações ultrassônicas fracas ou por lise osmótica, as enzimas não ligadas à membrana no ciclo do ácido cítrico são liberadas como um grande complexo multiproteico. Acredita-se que, dentro desses complexos, o produto da reação de uma enzima passe diretamente para a próxima enzima sem se difundir para a solução. Serão necessários muitos estudos para determinar as estruturas desses grandes complexos enzimáticos existentes no interior da célula.

Como a glicólise de uma molécula de glicose gera duas moléculas de acetil-CoA, as reações na via glicolítica e no ciclo do ácido cítrico produzem seis moléculas de CO_2, dez moléculas de NADH e duas moléculas de $FADH_2$ por molécula de glicose (Tabela 12-1). Embora essas reações também gerem quatro ligações fosfoanidri-

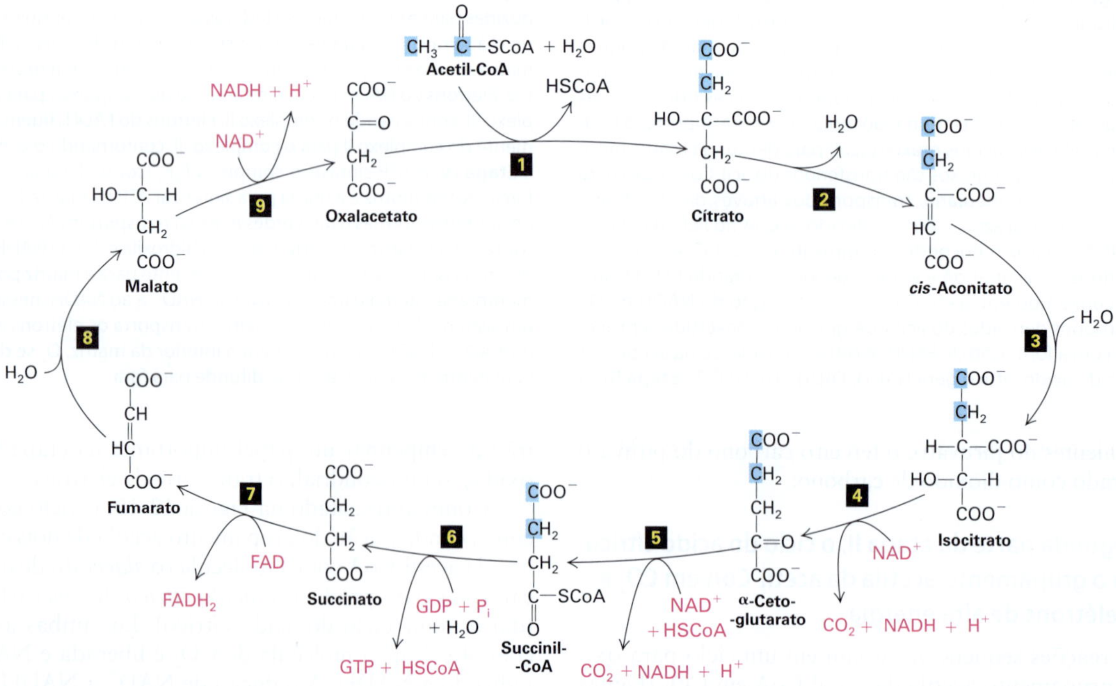

FIGURA 12-10 O ciclo do ácido cítrico. A acetil-CoA é metabolizada em CO_2, com a formação dos transportadores de elétrons de alta energia NADH e $FADH_2$. Na reação 1, um resíduo de acetila de dois carbonos proveniente da acetil-CoA condensa-se com uma molécula de quatro carbonos, o oxalacetato, para formar o citrato, de seis carbonos. Com as reações restantes (2-9), cada molécula de citrato acaba por ser convertida novamente em oxalacetato, ocorrendo a perda de duas moléculas de CO_2 durante o processo. Em cada ciclo, quatro pares de elétrons são removidos dos átomos de carbono, formando três moléculas de NADH, uma molécula de $FADH_2$, e uma molécula de GTP. Os dois átomos de carbono que entram no ciclo com a acetil-CoA estão destacados em azul até succinil-CoA. No succinato e no fumarato, que são moléculas simétricas, eles não podem mais ser identificados especificamente. Estudos com marcação isotópica mostraram que esses carbonos não são perdidos no ciclo no qual eles entram; em média, um será perdido como CO_2 durante o ciclo seguinte e o outro em ciclos seguintes.

TABELA 12-1 Resultado líquido da via glicolítica e do ciclo do ácido cítrico

Reação	Moléculas de CO_2 produzidas	Moléculas de NAD^+ reduzidas a NADH	Moléculas de FAD reduzidas a $FADH_2$	ATP (ou GTP)
Uma molécula de glicose em duas moléculas de piruvato	0	2	0	2
Dois piruvatos em duas moléculas de acetil-CoA	2	2	0	0
Duas acetil-CoA em quatro moléculas de CO_2	4	6	2	2
Total	6	10	2	4

do de alta energia na forma de duas moléculas de ATP e duas de GTP, isso representa apenas uma pequena fração da energia disponível que é liberada na oxidação aeróbia completa da glicose. A energia restante é armazenada como elétrons de alta energia nas coenzimas reduzidas NADH e $FADH_2$, que podem ser consideradas como "transportadoras de elétrons". O objetivo das etapas III e IV é recuperar essa energia na forma de ATP.

Os transportadores na membrana mitocondrial interna ajudam a manter as concentrações apropriadas de NAD^+ e NADH no citosol e na matriz

No citosol, NAD^+ é necessário para a etapa **6** da glicólise (ver Figura 12-3), e na matriz mitocondrial, NAD^+ é necessário para a conversão de piruvato em acetil-CoA e também para três etapas no ciclo do ácido cítrico (**4**, **5** e **9**, na Figura 12-10). Em todos os casos, o NADH é um produto da reação. Para que a glicólise e a oxidação do piruvato continuem, NAD^+ deve ser regenerado pela oxidação de NADH. De forma semelhante, o $FADH_2$ gerado nas reações da etapa II deve ser reoxidado a FAD para que as reações dependentes de FAD continuem. Como será visto na próxima seção, a cadeia transportadora de elétrons *dentro* da membrana mitocondrial interna converte NADH a NAD^+ e $FADH_2$ a FAD uma vez que reduz O_2 em água e converte a energia armazenada nos elétrons de alta energia das formas reduzidas dessas moléculas em força próton-motriz (etapa III). Apesar do O_2 não estar envolvido em qualquer reação do ciclo do ácido cítrico, na ausência de O_2 esse ciclo logo para de funcionar, já que os suprimentos intramitocondriais de NAD^+ e FAD diminuem devido à incapacidade da cadeia transportadora de elétrons de oxidar NADH e $FADH_2$. Essas observações levantam a questão de como o suprimento de NAD^+ no citosol é regenerado.

Se o NADH do citosol pudesse se mover para dentro da matriz mitocondrial e ser oxidado pela cadeia transportadora de elétrons, e se o produto NAD^+ pudesse ser transportado de volta para o citosol, a regeneração de NAD^+ citosólico seria simples. Entretanto, a membrana mitocondrial interna é impermeável ao NADH. Para evitar este problema e permitir que os elétrons do NADH citosólico sejam transferidos indiretamente para o O_2 via cadeia transportadora de elétrons, as células utilizam algumas *lançadeiras de elétrons* para transferir elétrons do NADH citosólico para NAD^+ na matriz. O funcionamento da lançadeira mais difundida – a *lançadeira do malato-aspartato* – está ilustrado na Figura 12-11.

Para cada volta completa do ciclo, não há nenhuma mudança global no número de moléculas de NADH e NAD^+ ou dos intermediários malato ou aspartato usados pela lançadeira. Entretanto, no citosol, NADH é oxidado a NAD^+, que pode então ser usado na glicólise e, na matriz, NAD^+ é reduzido a NADH, podendo ser usado para transportar elétrons:

$$NADH_{citosol} + NAD^+_{matriz} \rightarrow NAD^+_{citosol} + NADH_{matriz}$$

A oxidação mitocondrial de ácidos graxos gera ATP

Até o momento, o foco principal foi na oxidação de carboidratos (a glicose) para a geração de ATP. Os ácidos graxos são outra fonte importante de energia celular. As células podem captar tanto glicose quanto ácidos graxos do espaço extracelular com a ajuda de proteínas transportadoras específicas (Capítulo 11). Se a célula não precisa metabolizar imediatamente essas moléculas, ela pode armazená-las como polímeros de glicose chamados de glicogênio (especialmente no músculo ou fígado) ou como trímeros de ácidos graxos ligados covalentemente ao glicerol, denominados **triacilgliceróis** ou **triglicerídeos**. Em algumas células, a glicose em excesso é convertida em ácidos graxos e após em triacilgliceróis para armazenamento. Contudo, ao contrário dos microrganismos, os animais são incapazes de converter ácidos graxos em glicose. Quando as células precisam consumir esses estoques de energia para produzir ATP (p. ex., quando um músculo em repouso começa a trabalhar e precisa consumir glicose ou ácidos graxos como combustíveis), as enzimas decompõem glicogênio em glicose ou hidrolisam triacilgliceróis em ácidos graxos, que, por sua vez, são oxidados para gerar ATP:

$$\begin{array}{c} CH_3-(CH_2)_n-\overset{O}{\underset{\|}{C}}-O-CH_2 \\ CH_3-(CH_2)_n-\overset{O}{\underset{\|}{C}}-O-CH + 3\,H_2O \longrightarrow \\ CH_3-(CH_2)_n-\overset{O}{\underset{\|}{C}}-O-CH_2 \\ \text{Triacilglicerol} \end{array}$$

$$3\,CH_3-(CH_2)_n-\overset{O}{\underset{\|}{C}}-OH + \begin{array}{c} HO-CH_2 \\ HO-CH \\ HO-CH_2 \end{array}$$

Ácido graxo   Glicerol

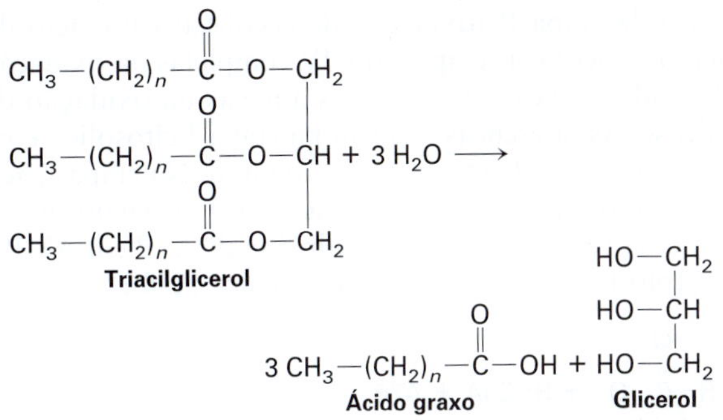

Os ácidos graxos são a principal fonte de energia de alguns tecidos, especialmente do músculo cardíaco adulto. Em humanos, de fato, mais ATP é gerado pela

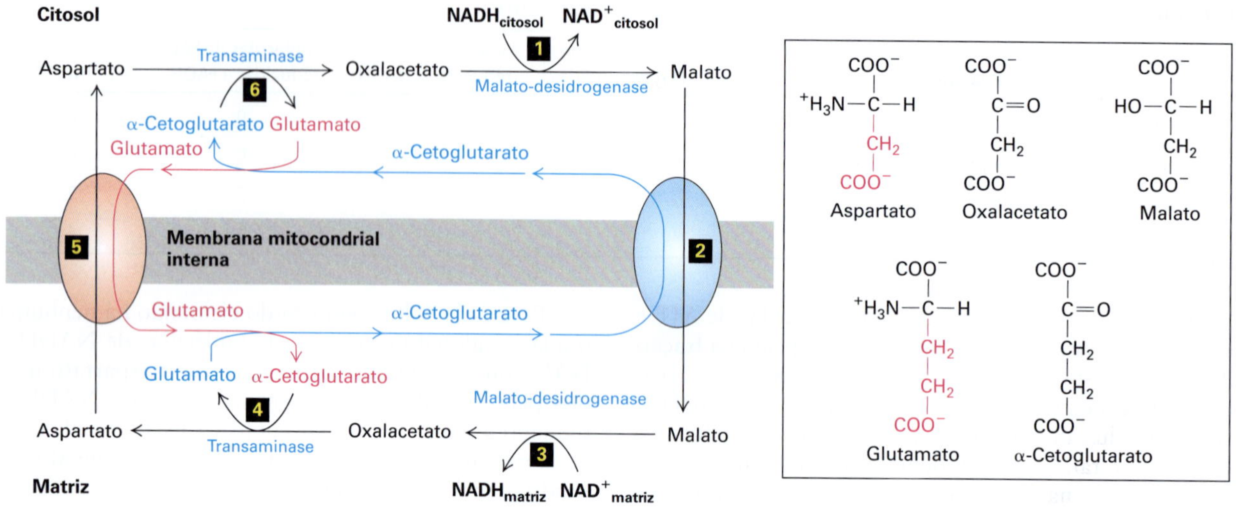

FIGURA 12-11 A lançadeira de malato-aspartato. Esta série cíclica de reações transfere elétrons do NADH no citosol (espaço intermembranas) para o NAD^+ na matriz mitocondrial, através da membrana mitocondrial interna, que é impermeável ao NADH. O resultado líquido é a substituição do NADH citosólico por NAD^+ e do NAD^+ da matriz por NADH. Etapa **1**: a malato-desidrogenase citosólica transfere elétrons do NADH citosólico para o oxalacetato, formando malato. Etapa **2**: um antiportador (elipse azul) na membrana mitocondrial interna transporta o malato para dentro da matriz em troca de α-cetoglutarato. Etapa **3**: a malato-desidrogenase mitocondrial reconverte o malato a oxalacetato, reduzindo, no processo, o NAD^+ na matriz a NADH. Etapa **4**: o oxalacetato, que não pode cruzar diretamente a membrana interna, é convertido a aspartato pela adição do grupamento amino do glutamato. Nessa reação catalisada pela transaminase na matriz, o glutamato é convertido a α-cetoglutarato. Etapa **5**: um segundo antiportador (elipse vermelha) exporta o aspartato para o citosol, em troca de glutamato. Etapa **6**: uma transaminase citosólica converte o aspartato a oxalacetato e α-cetoglutarato a glutamato, completando o ciclo. As setas azuis refletem o movimento do α-cetoglutarato, as setas vermelhas o movimento do glutamato, e as setas pretas o movimento do aspartato/malato. Observe que o aspartato e o malato ciclam no sentido horário, enquanto o glutamato e o α-cetoglutarato ciclam no sentido oposto.

oxidação de gorduras do que pela oxidação de glicose. A oxidação de 1 g de triacilglicerol a CO_2 produz cerca de seis vezes mais ATP do que a oxidação de 1 g de glicogênio hidratado. Portanto, os triglicerídeos são mais eficientes do que os carboidratos para o armazenamento de energia, em parte por serem armazenados na forma anídrica e produzirem mais energia quando oxidados, em parte por serem intrinsecamente mais reduzidos (têm mais hidrogênios) do que os carboidratos. Em mamíferos, o local principal de armazenamento de triacilglicerídeos é o tecido adiposo, enquanto os locais principais para o depósito de glicogênio são os músculos e o fígado.

Assim como existem quatro etapas na oxidação da glicose, existem quatro etapas na oxidação de ácidos graxos. Para melhorar a eficiência da geração de ATP, parte da etapa II (oxidação de acetil-CoA no ciclo do ácido cítrico) e as etapas III e IV completas da oxidação de ácidos graxos são idênticas àquelas da oxidação da glicose. As diferenças residem na etapa I citosólica e na primeira parte da etapa II mitocondrial. Na etapa I, ácidos graxos são convertidos em acil-CoA graxo no citosol em uma reação acoplada à hidrólise de ATP em AMP e PP_i (pirofosfato inorgânico) (ver Figura 12-8):

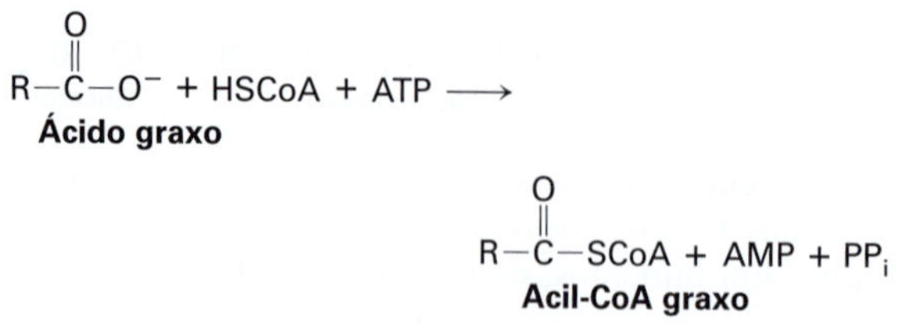

A hidrólise subsequente do PP_i em duas moléculas de fosfato (P_i) libera a energia que impulsiona esta reação à conclusão. Para transferir o grupamento acil-graxo para a matriz mitocondrial, ocorre a ligação covalente desse composto com uma molécula denominada carnitina, sendo o complexo deslocado através da membrana mitocondrial interna por uma proteína transportadora de acilcarnitina (ver a Figura 12-8, elipse azul); então, no lado da matriz, o grupamento acil-graxo é liberado da carnitina e ligado a outra molécula CoA. A atividade das transportadoras de acilcarnitina é regulada para evitar a oxidação de ácidos graxos quando as células têm suprimento adequado de energia (ATP).

Na primeira parte da etapa II, cada molécula de acil-CoA graxo na mitocôndria é oxidada em uma sequência cíclica de quatro reações nas quais todos os átomos de carbono são convertidos, de dois em dois, a acetil-CoA, com a geração de NADH e $FADH_2$ (Figura 12-12a). Por exemplo, a oxidação mitocondrial de cada molécula de ácido esteárico contendo 18 carbonos, $CH_3(CH_2)_{16}COOH$, rende nove moléculas de acetil-CoA e oito moléculas de NADH e $FADH_2$. Na segunda parte da etapa II, como ocorre com a produção de acetil-CoA a partir do piruvato, esses grupamentos acetila entram no ciclo do ácido cítrico e são oxidados a CO_2. Como será descrito detalhadamente na próxima seção, o NADH e o $FADH_2$ reduzidos com seus elétrons de alta energia serão usados na etapa III para gerar uma força próton-motriz que, por sua vez, será usada na etapa IV para ativar a síntese de ATP.

A oxidação peroxissomal de ácidos graxos não gera ATP

A oxidação mitocondrial dos ácidos graxos é a principal fonte de ATP das células do fígado dos mamíferos, e no passado os bioquímicos acreditavam que isso acontecia em todos os tipos de células. Contudo, ratos tratados com clofibrato, fármaco utilizado para reduzir o nível de lipoproteínas do sangue, exibiram aumento na taxa de oxidação de ácidos graxos e grande aumento no número de peroxissomos em suas células do fígado. Essa descoberta sugeriu que os peroxissomos, assim como as mitocôndrias, podem oxidar os ácidos graxos. Essas organelas pequenas, de ~0,2 a 1 μm de diâmetro, são revestidas por uma única membrana (ver a Figura 9-32). Presentes em todas as células de mamíferos, exceto nas hemácias, são encontradas também nas células das plantas, dos fungos e provavelmente na maioria das outras células eucarióticas.

As mitocôndrias oxidam preferencialmente ácidos graxos de cadeia curta (menos de oito carbonos na cadeia acil-graxo, ou $< C_8$), de cadeia média (C_8-C_{12}) e de cadeia longa (C_{14}-C_{20}), enquanto os peroxissomos oxidam preferencialmente ácidos graxos de cadeia muito longa ($> C_{20}$), que não podem ser oxidados pelas mitocôndrias. A maioria dos ácidos graxos da dieta tem cadeia longa, ou seja, é oxidada na sua maior parte nas mitocôndrias. Em contraste com a oxidação mitocondrial de ácidos graxos, a qual é acoplada com a geração de ATP, a oxidação peroxissomal de ácidos graxos não é ligada à formação de ATP, e a energia é liberada sob a forma de calor.

O caminho da reação de degradação dos ácidos graxos a acetil-CoA nos peroxissomos é similar àquele presente nas mitocôndrias (Figura 12-12b). No entanto, os peroxissomos não têm uma cadeia transportadora de elétrons, e os elétrons do $FADH_2$, produzidos durante a oxidação dos ácidos graxos, são imediatamente transferidos para o O_2 pelas *oxidases*, regenerando o FAD e formando o peróxido de hidrogênio (H_2O_2). Além das oxidases, os peroxissomos contêm *catalase* em abundância, que rapidamente decompõe o H_2O_2, metabólito altamente citotóxico. O NADH produzido durante a oxidação dos ácidos graxos é exportado e reoxidado no citosol; aqui não é necessária uma lançadeira de malato-aspartato. Os peroxissomos também não têm o ciclo do ácido cítrico; assim, o acetil-CoA gerado durante a degradação peroxissomal dos ácidos graxos não pode ser oxidado novamente; em vez disso, é transportado para o citosol para uso na síntese do colesterol (Capítulo 10) e de outros metabólitos.

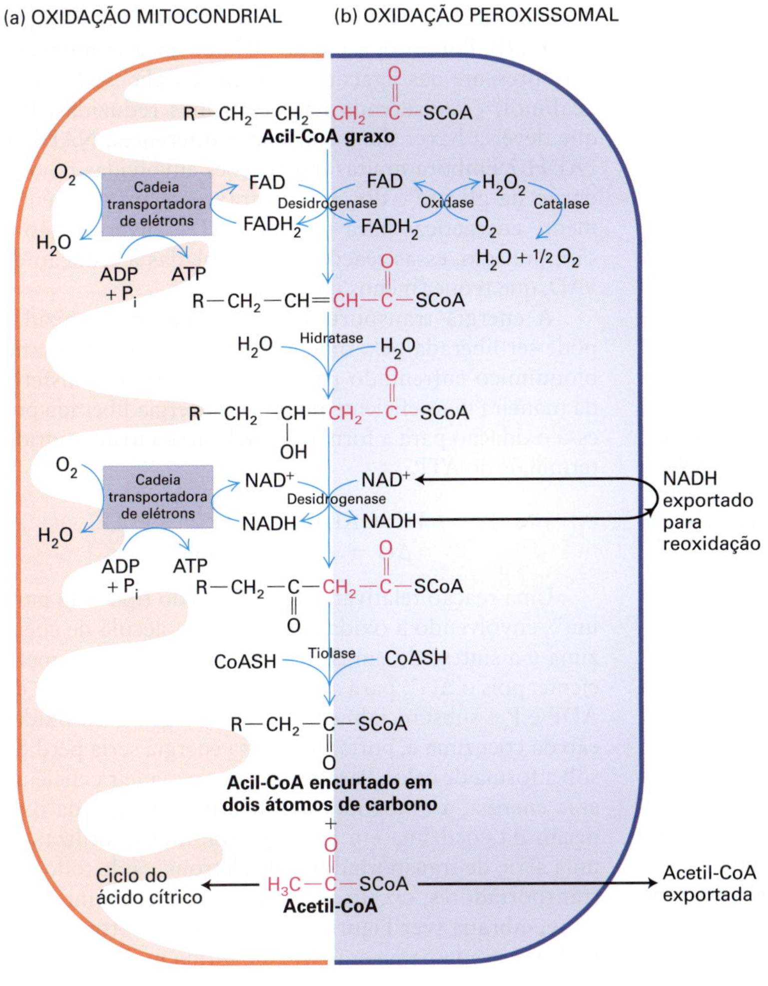

FIGURA 12-12 A oxidação dos ácidos graxos nas mitocôndrias e nos peroxissomos. Em ambas as oxidações, mitocondrial (a) e peroxissômica (b), os ácidos graxos são convertidos a acetil-CoA por uma série de quatro reações catalisadas enzimaticamente (mostradas na porção central inferior da figura). Uma molécula de acil-CoA graxo é convertida em duas moléculas, uma acetil-CoA e um novo acil-CoA graxo encurtado em dois átomos de carbono. Concomitantemente, uma molécula de FAD é reduzida a $FADH_2$, e uma molécula de NAD^+ é reduzida a NADH. O ciclo é repetido com o acil-CoA encurtado até que os ácidos graxos com um número par de átomos de carbono sejam completamente convertidos a acetil-CoA. Nas mitocôndrias, os elétrons do $FADH_2$ e do NADH entram na cadeia transportadora de elétrons e, por fim, são utilizados para produzir ATP; a acetil-CoA gerada é reduzida no ciclo do ácido cítrico, resultando na liberação de CO_2 e na síntese adicional de ATP. Como os peroxissomos não possuem os complexos de transporte de elétrons que compõem a cadeia transportadora de elétrons e as enzimas do ciclo do ácido cítrico, a oxidação dos ácidos graxos nessas organelas não produz nenhum ATP. (Adaptada de D. L. Nelson e M. M. Cox, *Lehninger Principles of Biochemistry*, 3rd ed., 2000, Worth Publishers.)

CONCEITOS-CHAVE da Seção 12.2

As mitocôndrias e o ciclo do ácido cítrico

- A mitocôndria tem duas membranas distintas (externa e interna) e dois subcompartimentos (espaço intermembranas entre as duas membranas, e a matriz delimitada pela membrana interna). A oxidação aeróbia ocorre na matriz e na membrana mitocondrial interna (ver Figura 12-6).
- Na etapa II da oxidação da glicose, a molécula de piruvato de três carbonos é primeiramente oxidada para gerar uma molécula de CO_2, NADH e acetil-CoA. O grupamento acetila da acetil-CoA é então oxidado a CO_2 pelo ciclo do ácido cítrico (ver Figura 12-8).
- Em cada volta do ciclo do ácido cítrico são liberadas duas moléculas de CO_2 e são geradas três moléculas de NADH, uma de $FADH_2$ e uma de GTP (ver Figura 12-10).
- A maior parte da energia liberada nas etapas I e II da oxidação da glicose é armazenada temporariamente nas coenzimas reduzidas NADH e $FADH_2$, que transportam elétrons de alta energia que posteriormente acionam a cadeia transportadora de elétrons (etapa III).
- Nem a glicólise e nem o ciclo do ácido cítrico usam oxigênio molecular (O_2) diretamente.
- A lançadeira de malato-aspartato regenera o suprimento de NAD^+ citosólico necessário para continuar a glicólise (ver Figura 12-11).
- Assim como na oxidação da glicose, a oxidação dos ácidos graxos se dá em quatro etapas. Na etapa I, os ácidos graxos são convertidos em acil-CoA graxos no citosol. Na etapa II, acil-CoA graxos são convertidos em múltiplas moléculas de acetil-CoA com a geração de NADH e $FADH_2$. Então, assim como na oxidação da glicose, acetil-CoA entra no ciclo do ácido cítrico. As etapas III e IV são idênticas na oxidação dos ácidos graxos e da glicose (ver Figura 12-8).
- Na maioria das células eucarióticas a oxidação dos ácidos graxos de cadeia curta e de cadeia longa ocorre nas mitocôndrias produzindo ATP, enquanto a oxidação de ácidos graxos de cadeias muito longas ocorre principalmente nos peroxissomos e não está acoplada à produção de ATP (ver Figura 12-12); a energia liberada durante a oxidação peroxissomal de ácidos graxos é convertida em calor.

12.3 A cadeia transportadora de elétrons e a geração da força próton-motriz

A maior parte da energia liberada durante a oxidação da glicose e de ácidos graxos em CO_2 (etapas I e II) é convertida em elétrons de alta energia nas formas reduzidas das coenzimas NADH e $FADH_2$. Agora o foco será na etapa III, na qual a energia armazenada transitoriamente nessas coenzimas reduzidas é convertida por uma cadeia transportadora de elétrons (também conhecida como **cadeia respiratória**) em uma força próton-motriz. Primeiro serão descritos a lógica e os componentes da cadeia transportadora de elétrons. Após, será detalhado o caminho pelo qual os elétrons fluem nessa cadeia, bem como os mecanismos de bombeamento de prótons de um lado a outro da membrana mitocondrial interna. Esta seção será concluída com uma discussão sobre a magnitude da força próton-motriz produzida pelo transporte de elétrons e pelo bombeamento de prótons. Na Seção 12.4, será visto como a força próton-motriz é utlizada para sintetizar ATP.

A oxidação de NADH e $FADH_2$ libera uma quantidade significativa de energia

Durante o transporte de elétrons, NADH e $FADH_2$ liberam elétrons que, por fim, são transferidos para o O_2, formando H_2O de acordo com as seguintes equações totais:

$$NADH + H^+ + \tfrac{1}{2} O_2 \rightarrow NAD^+ + H_2O$$
$$\Delta G = -52{,}6 \text{ kcal/mol}$$

$$FADH_2 + \tfrac{1}{2} O_2 \rightarrow FAD + H_2O$$
$$\Delta G = -43{,}4 \text{ kcal/mol}$$

Lembre-se de que a conversão de 1 g de molécula de glicose a CO_2 pela via glicolítica e pelo ciclo do ácido cítrico rende 10 moléculas de NADH e duas de $FADH_2$ (ver Tabela 12-1). A oxidação dessas coenzimas reduzidas tem um $\Delta G°'$ total de −613 kcal/mol (10[−52,6] + 2 [−43,4]). Portanto, cerca de 90% da energia potencial livre presente nas ligações químicas da glicose (−686,0 kcal/mol) é conservada nas coenzimas reduzidas. Por que deveria haver duas coenzimas diferentes, NADH e $FADH_2$? Embora muitas das reações envolvidas na oxidação da glicose e dos ácidos graxos sejam suficientemente energéticas para reduzir NAD^+, diversas não o são; por isso, essas reações são acopladas à redução de FAD, que requer menos energia.

A energia transportada nas coenzimas reduzidas pode ser liberada pela oxidação das mesmas. O desafio bioquímico enfrentado pelas mitocôndrias é transferir, da maneira mais eficiente possível, a energia liberada por essa oxidação para a formação de ligações fosfoanidrido terminais do ATP.

$$P_i^{2-} + H^+ + ADP^{3-} \rightarrow ATP^{4-} + H_2O$$
$$\Delta G = +7{,}3 \text{ kcal/mol}$$

Uma reação relativamente simples do tipo "um para um", envolvendo a oxidação de uma molécula de coenzima e a síntese de um ATP, seria tremendamente ineficiente, pois o $\Delta G°'$ para a geração de um ATP a partir de ADP e P_i é substancialmente menor do que o da oxidação da coenzima e, portanto, muita energia seria perdida sob a forma de calor. Para recuperar de maneira eficiente essa energia, a mitocôndria converte a energia da oxidação da coenzima em força próton-motriz utilizando uma série de transportadores de elétrons, onde todos os transportadores, exceto um, são componentes integrais da membrana (ver Figura 12-8). A força próton-motriz pode ser usada para gerar ATP de forma muito eficiente.

O transporte de elétrons nas mitocôndrias é acoplado ao bombeamento de prótons

Durante a transferência de elétrons do NADH e do $FADH_2$ para o O_2, os prótons da matriz mitocondrial são bombeados através da membrana interna. Esse bombeamento eleva o pH da matriz mitocondrial em relação ao do espaço intermembranas e do citosol, tornando, também, a matriz mais negativa que o espaço intermembranas. Em outras palavras, a energia livre liberada durante a oxidação de NADH ou $FADH_2$ é armazenada como um gradiente de concentração de prótons e como um potencial elétrico através da membrana – a força próton-motriz (ver Figura 12-2). Como será abordado na Seção 12.4, o movimento de retorno dos prótons através da membrana interna, impulsionado por essa força, é acoplado à síntese de ATP a partir do ADP e do P_i pela ATP-sintase (etapa IV).

A síntese de ATP a partir de ADP e P_i, impulsionada pela energia liberada na transferência de elétrons do NADH ou do $FADH_2$ para O_2, é a principal fonte de ATP nas células aeróbias não fotossintetizantes. Muitas evidências mostram que, nas mitocôndrias e nas bactérias, esse processo de *fosforilação oxidativa* depende da geração de uma força próton-motriz através da membrana interna (mitocôndrias) ou da membrana plasmática bacteriana, com o transporte de elétrons, o bombeamento de prótons e a formação de ATP ocorrendo simultaneamente. No laboratório, por exemplo, a adição de O_2 às mitocôndrias isoladas intactas e de um substrato oxidável, como o piruvato ou o succinato, resulta na síntese efetiva de ATP, se a membrana mitocondrial interna estiver intacta. Na presença de quantidades mínimas de detergentes, que tornam a membrana permeável, o transporte de elétrons e a oxidação desses metabólitos pelo O_2 ainda ocorre. Entretanto, sob essas condições, não é produzido ATP, pois o vazamento de prótons impede a manutenção da força próton-motriz.

O acoplamento entre o transporte de elétrons do NADH (ou do $FADH_2$) para o O_2 e o transporte de prótons através da membrana mitocondrial interna pode ser demonstrado experimentalmente com mitocôndrias isoladas e intactas (Figura 12-13). Assim que o O_2 é adicionado a uma suspensão de mitocôndrias em uma solução livre de O_2 que contém NADH, o meio externo às mitocôndrias se torna transitoriamente mais ácido (concentração de prótons aumentada), pois a membrana mitocondrial externa é livremente permeável aos prótons. (Lembre-se que as lançadeiras de malato-aspartato, entre outras, podem converter o NADH na solução em NADH na matriz.) Uma vez que o O_2 é esgotado pela redução, os prótons em excesso são deslocados lentamente de volta para a matriz. A partir da análise da variação do pH medido nesses experimentos, calculou-se que em torno de 10 prótons são transportados para fora da matriz para cada par de elétrons transferido de NADH para O_2.

Para obter os números de $FADH_2$, o experimento acima pode ser repetido utilizando succinato em vez de NADH como substrato. (Lembre-se de que a oxidação do succinato em fumarato no ciclo do ácido cítrico gera $FADH_2$; ver Figura 12-10.) A quantidade de succinato adicionada pode ser ajustada para que a quantidade de $FADH_2$ gerada seja equivalente à quantidade de NADH do primeiro experimento. Como no primeiro experimento, a adição de oxigênio torna o meio externo às mitocôndrias ácido, mas essa acidificação do meio externo é menor na presença de succinato do que na presença de NADH. Isso não é uma surpresa porque os elétrons do $FADH_2$ têm menor energia potencial (43,4 kcal/mol) do que os elétrons de NADH (52,6 kcal/mol), sendo assim, impelem a translocação de um número menor de prótons da matriz e, portanto, uma menor alteração no pH externo.

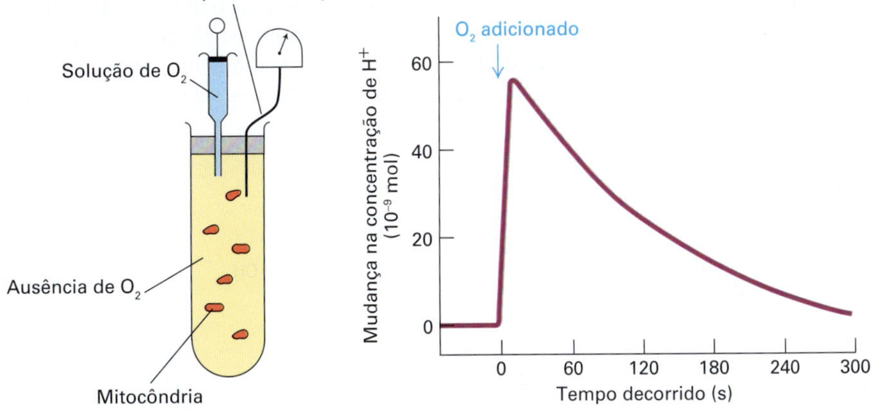

FIGURA EXPERIMENTAL 12-13 A transferência de elétrons do NADH para o O_2 é acoplada ao transporte de prótons através da membrana mitocondrial. Se o NADH for adicionado a uma suspensão de mitocôndrias sem O_2, nenhum NADH é oxidado. Quando uma pequena quantidade de O_2 é adicionada ao sistema (seta), ocorre rápido aumento na concentração de prótons do meio circundante externo às mitocôndrias (diminuição no pH). Portanto, a oxidação de NADH pelo O_2 é acoplada ao movimento de prótons para fora da matriz. Uma vez que o O_2 é consumido, o excesso de prótons move-se lentamente de volta às mitocôndrias (acionando a síntese de ATP) e o pH do meio extracelular retorna ao seu valor inicial.

Os elétrons fluem a favor do gradiente de concentração por meio de uma série de transportadores de elétrons

Agora será examinado com mais detalhe o movimento energicamente favorável de elétrons do NADH e $FADH_2$ para o aceptor final de elétrons, o O_2. Para simplificar, o NADH será o foco. Nas mitocôndrias em respiração, cada molécula de NADH libera dois elétrons para a cadeia transportadora de elétrons; esses elétrons finalmente reduzem um átomo de oxigênio (metade de uma molécula de O_2), formando uma molécula de água:

$$NADH \rightarrow NAD^+ + H^+ + 2\,e^-$$
$$2\,e^- + 2\,H^+ + \tfrac{1}{2}\,O_2 \rightarrow H_2O$$

À medida que os elétrons se movem do NADH para o O_2, seus potenciais decaem 1,14 V, o que corresponde a 26,2 kcal/mol de elétrons transferidos, ou ~53 kcal/mol para um par de elétrons. Como observado anteriormente, a maior parte dessa energia é conservada na força próton-motriz gerada pela membrana mitocondrial interna.

Quatro grandes complexos multiproteicos (os complexos I-IV) compõem uma cadeia transportadora de elétrons na membrana mitocondrial interna, responsável pela geração da força próton-motriz (ver Figura 12-8, etapa III). Cada um dos complexos contém vários **grupos prostéticos** que participam do deslocamento dos elétrons das moléculas doadoras de elétrons para as moléculas aceptoras de elétrons nas reações acopladas de oxidação-redução (ver Capítulo 2). Essas pequenas moléculas orgânicas não peptídicas, ou íons metálicos, são forte e especificamente associadas aos complexos multiproteicos (Tabela 12-2).

O heme e os citocromos Vários tipos de *heme*, um grupo prostético contendo ferro similar àquele presente na hemoglobina e na mioglobina (Figura 12-14a), são fortemente ligados (covalente ou não covalentemente) a um conjunto de proteínas mitocondriais, denominadas **citocromos**. Cada citocromo é designado por uma letra, tais como *a*, *b*, *c* ou c_1. O fluxo de elétrons pelos citocromos ocorre por meio da oxidação e redução do átomo de Fe no centro da molécula heme:

TABELA 12-2 Grupos prostéticos carreadores de elétrons na cadeia respiratória

Componente proteico	Grupos prostéticos*
NADH-CoQ redutase (complexo I)	FMN Fe-S
Succinato-CoQ redutase (complexo II)	FAD Fe-S
$CoQH_2$-citocromo *c* redutase (complexo III)	Heme b_L Heme b_H Fe-S Heme c_1
Citocromo *c*	Heme *c*
Citocromo *c* oxidase (complexo IV)	Cu_a^{2+} Heme *a* Cu_b^{2+} Heme a_3

* Não está incluída a coenzima Q, carreadora de elétrons não permanentemente associada ao complexo proteico.
FONTE: J. W. De Pierre e L. Ernster, 1977, *Ann. Rev. Biochem.* **46**:201.

$$Fe^{3+} + e^- \rightleftharpoons Fe^{2+}$$

Como o anel heme nos citocromos consiste em átomos ligados alternadamente com ligações simples e duplas, existe um grande número de formas ressonantes. Isso permite que o elétron excedente que foi transferido para o citocromo seja completamente deslocado para os átomos de carbono e nitrogênio do grupamento heme, assim como para o íon de Fe.

Os vários citocromos têm grupos heme e átomos circundantes (denominados ligantes axiais), que geram ambientes distintos para o íon de Fe. Por essa razão, cada citocromo tem um potencial de redução diferente, ou tendência a aceitar um elétron – uma propriedade importante que determina o fluxo unidirecional "a favor do gradiente de concentração" dos elétrons ao longo da cadeia. Assim como a água flui espontaneamente a favor do gradiente de concentração de estados de energia potencial mais alta para estados mais baixos – mas não contra o gradiente de concentração – os elétrons também fluem em uma única direção, de um heme (ou outro grupo prostético) para outro, devido aos seus diferentes potenciais de redução.

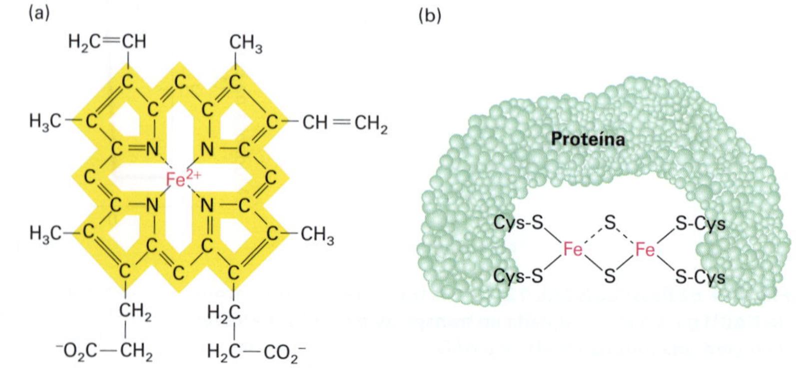

FIGURA 12-14 Os grupos prostéticos heme e ferro-enxofre na cadeia transportadora de elétrons. (a) A porção heme dos citocromos b_L e b_H, que são componentes do complexo $CoQH_2$-citocromo *c* redutase (complexo III). O mesmo anel porfirina (amarelo) está presente em todos os grupos heme. Os substituintes químicos ligados ao anel porfirina são diferentes em outros citocromos na cadeia respiratória. Todos os grupos heme aceitam e liberam um elétron de cada vez. (b) Um aglomerado dimérico de ferro-enxofre (Fe-S). Cada átomo de Fe está ligado a quatro átomos S: dois são enxofres inorgânicos e dois pertencem às cadeias laterais de cisteínas das proteínas associadas. (Observe que apenas os dois átomos S inorgânicos são contados na fórmula química.) Todos os aglomerados de Fe-S aceitam e liberam um elétron de cada vez.

(Para saber mais sobre o conceito de potencial de redução, *E*, ver Capítulo 2.) Todos os citocromos, exceto o citocromo *c*, são componentes dos complexos multiproteicos integrais na membrana mitocondrial interna.

Os aglomerados de ferro-enxofre Os *aglomerados de ferro-enxofre* são grupos prostéticos sem o heme que contêm ferro, consistindo em átomos de Fe ligados tanto aos átomos de enxofre (S) inorgânico quanto aos átomos de S em resíduos de cisteína em uma proteína (Figura 12-14b). Alguns átomos de Fe no aglomerado têm carga +2; outros têm carga +3. Contudo, a carga líquida de cada átomo de Fe fica de fato entre +2 e +3, pois os elétrons nos orbitais mais externos, juntamente com os elétrons extras transferidos via cadeia transportadora, ficam distribuídos entre os átomos de Fe e se movem rapidamente de um átomo para o outro. Os aglomerados de ferro-enxofre aceitam e liberam elétrons um de cada vez.

A coenzima Q A *coenzima Q* (CoQ), também chamada de *ubiquinona*, é a única molécula pequena carreadora de elétrons na cadeia respiratória que não é um grupo prostético ligado a uma proteína de forma essencialmente irreversível (Figura 12-15). Ela é uma molécula carreadora de prótons e elétrons. A forma quinona oxidada da CoQ pode aceitar um único elétron para formar uma semiquinona, um radical livre carregado designado por $CoQ^{\cdot -}$. A adição de um segundo elétron e de dois prótons (e, portanto, de um total de dois átomos de hidrogênio) à $CoQ^{\cdot -}$ forma a di-hidroubiquinona ($CoQH_2$), que é a forma completamente reduzida. A CoQ e a $CoQH_2$

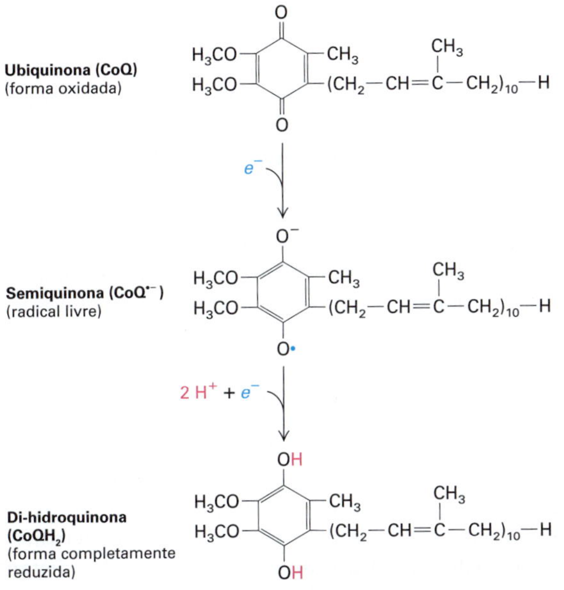

FIGURA 12-15 As formas oxidada e reduzida da coenzima Q (CoQ), que podem transportar dois prótons e dois elétrons. Por causa da sua longa "cauda" de hidrocarboneto com unidades isopreno, a CoQ, também denominada ubiquinona, é solúvel no núcleo hidrofóbico das bicamadas fosfolipídicas e é bastante móvel. A redução da CoQ à forma completamente reduzida, QH_2 (di-hidroquinona), ocorre em duas etapas, com um intermediário na forma de um radical livre parcialmente reduzido, denominado semiquinona.

são solúveis em fosfolipídeos e difundem livremente no centro hidrofóbico da membrana mitocondrial interna. Essa é a maneira como ela participa da cadeia transportadora de elétrons – transportando elétrons e prótons entre os complexos de proteínas da cadeia.

Agora, serão considerados em mais detalhes os complexos multiproteicos que utilizam esses grupos prostéticos, e os caminhos tomados pelos prótons e elétrons à medida que eles passam através dos complexos.

Os quatro grandes complexos multiproteicos acoplam o transporte de elétrons ao bombeamento de prótons através da membrana mitocondrial interna

Conforme os elétrons fluem "a favor do gradiente" de um carreador de elétrons para o próximo na cadeia transportadora de elétrons, a energia liberada é usada para promover o bombeamento de prótons contra seu gradiente eletroquímico através da membrana mitocondrial interna. Quatro grandes complexos multiproteicos acoplam o movimento de elétrons ao bombeamento de prótons: *NADH-CoQ redutase* (complexo I, > 40 subunidades), *succinato-CoQ redutase* (complexo II, 4 subunidades), *$CoQH_2$-citocromo c redutase* (complexo III, 11 subunidades) e *citocromo c oxidase* (complexo IV, 13 subunidades) (Figura 12-16). Os elétrons do NADH fluem do complexo I para o complexo III via CoQ/$CoQH_2$ e então fluem para o complexo IV pelas proteínas solúveis do citocromo *c* (cit *c*) para reduzir o oxigênio molecular (o complexo II é evitado) (ver Figura 12-16a); de forma alternativa, os elétrons do $FADH_2$ fluem do complexo II para o complexo III via CoQ/$CoQH_2$ e então fluem para o complexo IV pelo citocromo *c* para reduzir o oxigênio molecular (o complexo I é evitado) (ver Figura 12-16b).

Como mostrado na Figura 12-16, a CoQ aceita os elétrons liberados do NADH-CoQ redutase (complexo I) ou do succinato-CoQ redutase (complexo II) e os doa ao $CoQH_2$-citocromo *c* redutase (complexo III). Os prótons são transportados simultaneamente do lado da matriz (também chamada de face citosólica) da membrana para o espaço intermembranas (também chamado de face exoplasmática). Sempre que aceita elétrons, a CoQ o faz em um sítio de ligação do complexo proteico na matriz, sempre capturando os prótons presentes no meio. Sempre que a $CoQH_2$ libera seus elétrons, o faz em um sítio de ligação no espaço intermembranas do complexo proteico, liberando os prótons no fluido do espaço intermembranas. Assim, o transporte de cada par de elétrons pela CoQ é, obrigatoriamente, acoplado ao movimento de dois prótons da matriz para o espaço intermembranas.

NADH-CoQ redutase (complexo I). Os elétrons são transferidos do NADH para a CoQ pelo complexo NADH-CoQ redutase (ver Figura 12-16a). A microscopia eletrônica e a cristalografia por raios X do complexo I de bactérias (massa ~500 kDa, com 14 subunidades) e de eucariotos (~1 MDa, com 14 subunidades principais conservadas com as das bactérias, mais em torno de 26-32 subunidades acessórias) demonstraram que

ANIMAÇÃO EM FOCO: Transporte de elétrons

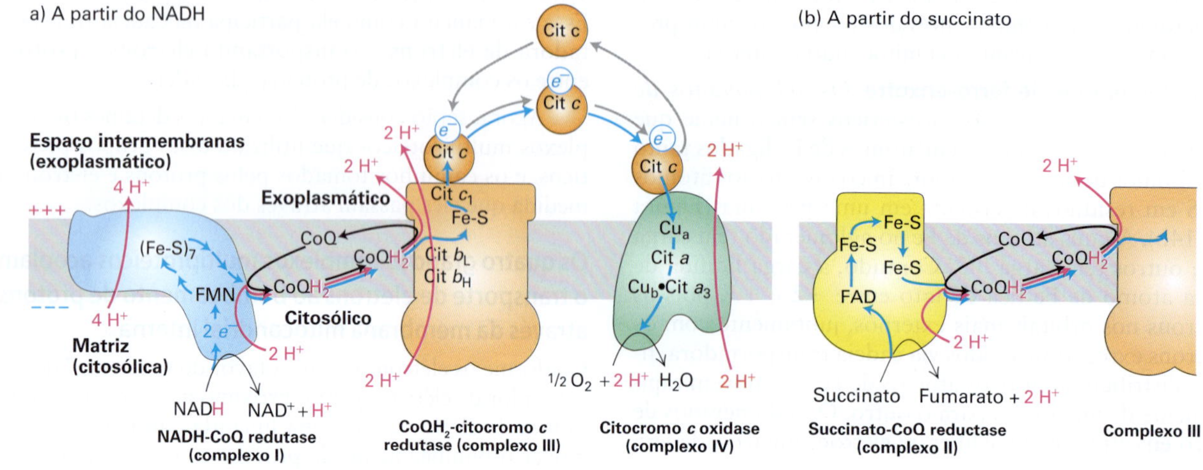

FIGURA 12-16 A cadeia transportadora de elétrons. Os elétrons (setas azuis) fluem através dos quatro principais complexos multiproteicos (I-IV). O movimentos dos elétrons entre os complexos é mediado pela molécula lipossolúvel coenzima Q (CoQ, forma oxidada; $CoQH_2$, forma reduzida), ou pela proteína hidrossolúvel citocromo *c* (Cit *c*). Os múltiplos complexos multiproteicos usam a energia liberada com a passagem dos elétrons para bombear prótons da matriz para o espaço intermembranas (setas vermelhas). (a) A via a partir de NADH. Elétrons provenientes do NADH fluem pelo complexo I, inicialmente por meio da flavina mononucleotídeo (FMN) e então via sete aglomerados ferro-enxofre (Fe-S), até a CoQ, à qual se ligam dois prótons, formando $CoQH_2$. Mudanças conformacionais no complexo I que acompanham o fluxo de elétrons, impulsionam o bombeamento de prótons da matriz para o espaço intermembranas (setas vermelhas). Os elétrons então fluem via $CoQH_2$ liberada (e reciclada) até o complexo III, e então, via Cit *c*, até o complexo IV. Um total de 10 prótons é deslocado para cada par de elétrons que fluem do NADH para o O_2. Os prótons liberados no espaço da matriz durante a oxidação do NADH pelo complexo I são consumidos na formação de água a partir do O_2 pelo complexo IV, resultando na ausência de deslocamento efetivo de prótons a partir dessas reações. (b) A via a partir do succinato. Elétrons fluem do succinato até o complexo II via FAD/$FADH_2$ e via os aglomerados ferro-enxofre (Fe-S), do complexo II até o complexo III via CoQ/$CoQH_2$, e então, via Cit *c*, até o complexo IV. Os elétrons liberados durante a oxidação do succinato a fumarato no complexo II são usados para reduzir CoQ a $CoQH_2$, sem translocação adicional de prótons. O restante do transporte de elétrons a partir da $CoQH_2$ prossegue pela mesma via do NADH em (a). Portanto, para cada par de elétrons transportados do succinato para o O_2, ocorre a translocação de seis prótons pelos complexos III e IV.

ele apresenta forma de L (Figura 12-17a). O braço do L incorporado na membrana é levemente curvado, tem ~ 180 Å de comprimento e compreende proteínas com mais de 60 hélices α transmembranas. Esse braço possui quatro subdomínios, três dos quais possuem proteínas pertencentes a uma família de antiportadores de cátions. O braço periférico hidrofílico estende-se ao longo de 130 Å, projetando-se no espaço citosólico.

O NAD^+ é exclusivamente um carreador de dois elétrons: ele aceita ou libera um par de elétrons simultaneamente. No NADH-CoQ redutase (complexo I), o sítio de ligação do NADH está localizado na extremidade do braço periférico (ver Figura 12-17a); os elétrons liberados do NADH fluem primeiramente para a FMN (flavina mononucleotídeo), cofator relacionado ao FAD, e depois são lançados ~95 Å abaixo desse braço por sete aglomerados de ferro-enxofre e, finalmente, para a CoQ, a qual é ligada, pelo menos parcialmente, ao plano da membrana. O FMN, assim como o FAD, pode aceitar dois elétrons, mas apenas um de cada vez.

Cada elétron transportado sofre uma queda no potencial de ~360 mV, equivalente a um $\Delta G°'$ de –16,6 kcal/mol para os dois elétrons transportados. A maior parte dessa energia liberada é utilizada no transporte de quatro prótons através da membrana interna por moléculas de NADH oxidadas pelo complexo I. Esses quatro prótons são distintos dos dois prótons que são transferidos para a CoQ, como ilustrado nas Figuras 12-15, 12-16a e 12-17a. A estrutura do complexo I sugere que a energia liberada pelo transporte de elétrons no braço periférico é usada para mudar a conformação das subunidades no braço da membrana e então promover o movimento de quatro prótons através da membrana. Três prótons podem passar por meio dos três domínios antiportadores de cátions enquanto a trajetória do quarto se dá por um tipo diferente de domínio. Uma hélice α transversa torcida (hélice t) de ~110 Å de comprimento no braço da membrana se estende em paralelo ao plano da membrana, potencialmente ligando de forma mecânica os domínios antiportadores ao braço periférico (Figura 12-17a) e, desse modo, transmitindo as mudanças conformacionais induzidas pelo transporte de elétrons no braço periférico para o domínio antiportador distante, acionando o transporte de prótons.

A reação global catalisada por esse complexo é

$$\underset{\text{(Reduzido)}}{\text{NADH}} + \underset{\text{(Oxidado)}}{\text{CoQ}} + 6\ \text{H}^+_{\text{interior}} \rightarrow$$

$$\underset{\text{(Oxidado)}}{\text{NAD}^+} + \text{H}^+_{\text{interior}} + \underset{\text{(Reduzido)}}{\text{CoQH}_2} + 4\ \text{H}^+_{\text{Exterior}}$$

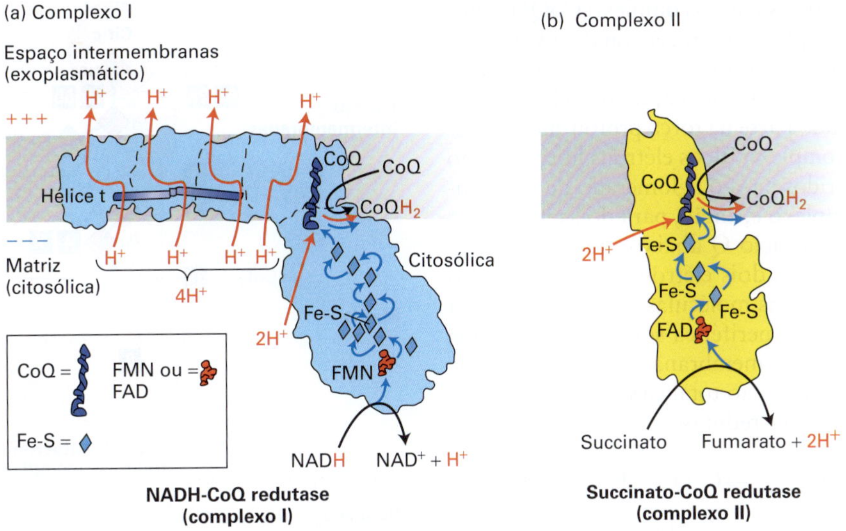

FIGURA 12-17 Transporte de prótons e elétrons pelos complexos I e II. (a) Modelo do complexo I com base na sua estrutura tridimensional. A forma do complexo I, determinada por cristalografia por raios X, está mostrado em azul-claro, e as subunidades estruturais distintas estão indicadas por linhas pretas pontilhadas. A partir do NADH, os elétrons fluem primeiramente para uma flavina mononucleotídeo (FMN) e então, via sete dos nove aglomerados Fe-S (Fe-S, losangos azuis), para o CoQ, no qual se ligam dois prótons provenientes da matriz (setas vermelhas) para formar $CoQH_2$. Mudanças conformacionais resultantes do fluxo de elétrons, que provavelmente incluem um movimento horizontal do tipo pistão da hélice t, impulsiona o bombeamento de prótons a partir da matriz para o espaço intermembranas (setas vermelhas) através das subunidades transmembrana do complexo I. (b) Modelo do complexo II com base em sua estrutura tridimensional. Elétrons fluem do succinato para o complexo II via $FAD/FADH_2$ e aglomerados ferro-enxofre (Fe-S, losangos azuis), e do complexo II ao complexo III via $CoQ/CoQH_2$. Elétrons liberados durante a oxidação do succinato a fumarato no complexo II são usados para reduzir CoQ em $CoQH_2$ sem a translocação de prótons adicionais. (Estrutura do complexo I adaptada de C. Hunte, V. Zickermann & U. Brandt, 2010, *Science* **329**:448-451 e R. G. Efremov, R. Baradaran & L. A. Sazanov, 2010, *Nature* **465**:441-445.)

Succinato-CoQ redutase (complexo II). A succinato desidrogenase, a enzima que oxida uma molécula de succinato a fumarato no ciclo do ácido cítrico (e gera a coenzima reduzida $FADH_2$ no processo), é uma das quatro subunidades do complexo II. Portanto, o ciclo do ácido cítrico é acoplado à cadeia transportadora de elétrons tanto física quanto funcionalmente. Os dois elétrons liberados na conversão do succinato a fumarato são primeiramente transferidos para o FAD na succinato desidrogenase, depois para os aglomerados de ferro-enxofre – regenerando o FAD – e finalmente para a CoQ, o qual se liga a uma fenda da porção transmembrana do complexo II no lado da matriz (Figuras 12-16b e 12-17b). A trajetória é semelhante à do complexo I (Figura 12-17a).

A reação global catalisada por esse complexo é

$$\text{Succinato} + \text{CoQ} \rightarrow \text{fumarato} + \text{CoQH}_2$$
$$\text{(Reduzido) (Oxidado) (Oxidado) (Reduzido)}$$

Apesar de a $\Delta G°'$ ser negativa para essa reação, a energia liberada é insuficiente para, além de reduzir CoQ em $CoQH_2$, promover o bombeamento de prótons. Portanto, nenhum próton é deslocado através da membrana pelo complexo succinato-CoQ redutase, e nenhuma força próton-motriz é gerada nessa parte da cadeia respiratória. Em breve será visto como os elétrons e prótons gerados pelos complexos I e II nas moléculas de $CoQH_2$ contribuem para a geração da força próton-motriz.

O complexo II gera $CoQH_2$ a partir de succinato via reações redox mediadas por $FAD/FADH_2$. Outro conjunto de proteínas na membrana mitocondrial interna e na matriz executa um conjunto de reações redox mediadas por $FAD/FADH_2$ para gerar $CoQH_2$ a partir de acil-CoA graxos. A *acil-CoA graxo desidrogenase*, enzima solúvel em água, catalisa a primeira etapa da oxidação das acil-CoA graxos na matriz mitocondrial (ver Figura 12-12). Existem muitas enzimas acil-CoA graxo desidrogenases com especificidades por cadeias de acil graxos de diferentes tamanhos. Essas enzimas servem de mediadoras da etapa inicial de um processo de quatro etapas que remove dois carbonos do grupamento acil-graxo por oxidação do carbono na posição β da cadeia acil graxa (por conseguinte, o processo completo é muitas vezes referido como β-oxidação). Essas reações geram acetil-CoA, que, por sua vez, entra no ciclo do ácido cítrico. Também geram um intermediário de $FADH_2$ e NADH. O $FADH_2$ gerado permanece ligado à enzima durante a reação redox, como no caso do complexo II. Uma proteína solúvel em água chamada *flavoproteína transportadora de elétrons (ETF*, do inglês *electron transfer flavoprotein)* transfere os elétrons de alta energia do $FADH_2$ da acil-CoA desidrogenase para uma *flavoproteína transportadora de elétrons:ubiquinona oxidorredutase (ETF:QO*, do inglês *electron transfer flavoprotein: ubiquine oxidoreductase)*, proteína de membrana que reduz CoQ a $CoQH_2$ na membrana interna. Essa $CoQH_2$ mistura-se na membrana com outras moléculas de $CoQH_2$ geradas pelos complexos I e II.

$CoQH_2$-citocromo *c* redutase (complexo III). Uma $CoQH_2$ gerada pelo complexo I, pelo complexo II, ou por

ETF:QO doa dois elétrons para o complexo $CoQH_2$-citocromo *c* redutase (complexo III), regenerando a CoQ oxidada. Simultaneamente, ela libera no espaço intermembranas dois prótons previamente captados pela CoQ na face da matriz, gerando parte da força próton-motriz (ver Figura 12-16). No complexo III, os elétrons liberados são inicialmente transferidos para o aglomerado de ferro-enxofre dentro do complexo e, então, para dois citocromos do tipo *b* (b_L e b_H, ver ciclo Q abaixo) ou para o citocromo c_1. Finalmente, os dois elétrons são transferidos sequencialmente para duas moléculas da forma oxidada do citocromo *c*, proteína periférica solúvel em água que se difunde no espaço intermembranas. Para cada par de elétrons transferidos, a reação total catalisada pelo complexo $CoQH_2$-citocromo *c* redutase é

$$\underset{\text{(Reduzido)}}{CoQH_2} + \underset{\text{(Oxidado)}}{2\ \text{Cit}\ c^{3+}} + 2\ H^+_{\text{interior}} \rightarrow \underset{\text{(Oxidado)}}{CoQ} + 4\ H^+_{\text{exterior}} + \underset{\text{(Reduzido)}}{2\ \text{Cit}\ c^{2+}}$$

A $\Delta G°'$ dessa reação é suficientemente negativa para que dois prótons adicionais aos da $CoQH_2$ sejam deslocados da matriz mitocondrial através da membrana interna para cada par de elétrons transferidos; isso envolve o ciclo Q próton-motriz, discutido adiante. A proteína heme citocromo *c* e a pequena molécula solúvel em lipídeos CoQ desempenham papéis similares na cadeia transportadora de elétrons, no sentido de que ambas servem como lançadeiras de elétrons móveis, transferindo elétrons (e, assim, a energia) entre os complexos da cadeia transportadora de elétrons.

O Ciclo Q Experimentos demonstraram que quatro prótons são deslocados através da membrana para cada par de elétrons transportados da $CoQH_2$ por meio do complexo $CoQH_2$-citocromo *c* redutase (complexo III). Esses quatro prótons são aqueles transportados nas duas moléculas de $CoQH_2$, convertidas em duas moléculas de CoQ durante o ciclo. Entretanto, outra molécula de CoQ recebe outros dois prótons da matriz mitocondrial e é convertida em uma molécula de $CoQH_2$. Assim, a reação líquida global envolve a conversão de apenas uma molécula de $CoQH_2$ em CoQ uma vez que dois elétrons são transferidos, um de cada vez, para duas moléculas de citocromo *c* aceptor. Um mecanismo conservado evolutivamente, denominado *ciclo Q*, é responsável pelo transporte dois-para-um de prótons e elétrons ao longo do complexo III (Figura 12-18).

O substrato para o complexo III, a $CoQH_2$, é gerado por várias enzimas, incluindo a NADH-CoQ redutase (complexo I), a succinato-CoQ redutase (complexo II), a *flavoproteína transportadora de elétrons:ubiquinona oxidorredutase (ETF:QO,* durante a β-oxidação*)*, e, como será visto, pelo próprio complexo III.

Como mostrado na Figura 12-18, em uma volta do ciclo Q, duas moléculas de $CoQH_2$ são oxidadas a CoQ no sítio Q_o e liberam um total de quatro prótons dentro do espaço intermembranas, mas uma molécula de $CoQH_2$ é regenerada no sítio Q_i a partir de CoQ e duas proteínas adicionais do espaço da matriz mitocondrial. Os prótons deslocados são todos derivados da $CoQH_2$,

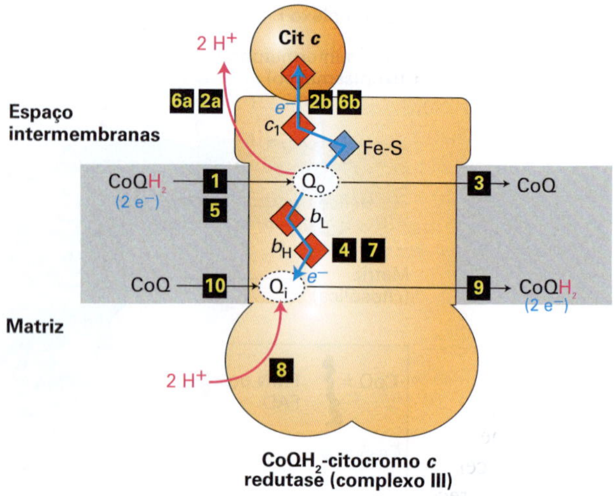

No sítio Q_o: $2\ CoQH_2\ (4\ H^+, 4\ e^-) + 2\ \text{Cit}\ c^{3+} \rightarrow 2\ CoQ + 2\ \text{Cit}\ c^{2+}\ (2\ e^-) + 2\ e^- + 4\ H^+(\text{lado de fora})$

No sítio Q_i: $CoQ + 2\ e^- + 2\ H^+(\text{lado da matriz}) \rightarrow CoQH_2\ (2\ H^+, 2\ e^-)$

Ciclo Q líquido (soma das reações em Q_o e Q_i):

$CoQH_2\ (2\ H^+, 2\ e^-) + 2\ \text{Cit}\ c^{3+} + 2\ H^+(\text{lado da matriz}) \rightarrow CoQ + 2\ \text{Cit}\ c^{2+}\ (2\ e^-) + 4\ H^+(\text{lado de fora})$

Por $2\ e^-$ transferidos pelo complexo III do citocromo *c*, $4\ H^+$ liberados para o espaço intermembranas.

FIGURA 12-18 O ciclo Q. O ciclo Q do complexo III usa a oxidação líquida de uma molécula de $CoQH_2$ para transferir quatro prótons para o espaço intermembranas e dois elétrons para duas moléculas de citocromo *c*. O ciclo inicia quando uma das moléculas disponíveis de $CoQH_2$ na membrana liga-se ao sítio Q_o no *lado do espaço intermembranas (externo)* da porção transmembrana do complexo III (etapa **1**). Uma vez ligada, a $CoQH_2$ libera dois prótons no espaço intermembranas (etapa **2a**), ocorrendo a dissociação de dois elétrons da CoQ resultante (etapa **3**). Um dos elétrons é transportado, por uma proteína ferro-enxofre e pelo citocromo c_1, diretamente ao citocromo c (etapa **2b**). (Lembre-se que cada citocromo *c* lança um elétron do complexo III para o complexo IV). O outro elétron move-se pelos citocromos b_L e b_H e reduz parcialmente uma molécula de CoQ oxidada ligada ao segundo sítio (sítio Q_i) no *lado da matriz (interno)* do complexo, formando um ânion semiquinona CoQ, $Q^{\cdot -}$ (etapa **4**). O processo é repetido com a ligação de um segundo $CoQH_2$ no sítio Q_o (etapa **5**), liberação de um próton (etapa **6a**), redução de outro citocromo *c* (etapa **6b**), e adição de outro elétron ao $Q^{\cdot -}$ ligado ao sítio Q_i (etapa **7**). Em seguida, a adição de dois prótons a partir da matriz resulta na molécula de $CoQH_2$ totalmente reduzida no sítio Q_i, que então se dissocia (etapas **8** e **9**), liberando o Q_i para se ligar a uma nova molécula de CoQ (etapa **10**) e iniciar o ciclo Q novamente. (Adaptada de B. Trumpower, 1990, *J. Biol. Chem.* **265**:11409, e E. Darrouzet et al., 2001, *Trends Biochem. Sci.* **26**:445.)

que obteve esses prótons da matriz, como já descrito. Embora aparentemente complicado, o ciclo Q aumenta o número de prótons bombeados para cada par de elétrons que se move através do complexo III. O ciclo Q é encontrado em todas as plantas e animais, assim como nas bactérias. A sua formação na fase inicial da evolução celular provavelmente foi essencial para o sucesso de todas as formas de vida, como maneira de converter a energia potencial da coenzima Q reduzida em força próton-motriz máxima através da membrana. Por sua vez, isso maximiza o número de moléculas de ATP sintetizadas para cada elétron transferido do NADH ou $FADH_2$ para o oxigênio, ao longo da cadeia transportadora de elétrons.

Como os dois elétrons liberados da $CoQH_2$ no sítio Q_o são conduzidos para os diferentes receptores, seja para o Fe-S, citocromos c_1 e depois o citocromo *c* (rota para cima na Figura 12-18) ou, de forma alternativa, para o citocromo b_L, citocromo b_H e depois para a CoQ no sítio Q_i (rota para baixo na Figura 12-18)? O mecanismo envolve uma alça flexível na subunidade da proteína contendo o Fe-S no complexo III. Inicialmente, o aglomerado de Fe-S está perto o suficiente ao sítio Q_o para perceber um elétron ligado ao $CoQH_2$. Uma vez que isso acontece, um segmento da proteína que contém esse aglomerado de Fe-S gira, afastando o aglomerado do sítio Q_o para uma posição próxima o suficiente do heme do citocromo c_1 para que a transferência do elétron ocorra. Com a subunidade Fe-S nessa conformação alternativa, o segundo elétron, liberado da $CoQH_2$ ligada ao sítio Q_o, não pode se mover para o aglomerado de Fe-S – que está muito afastado, então toma um caminho alternativo disponível a ele por uma rota um pouco menos favorecida termodinamicamente para o citocromo b_L e pelo citocromo b_H para a CoQ no sítio Q_i.

Citocromo *c* oxidase (complexo IV). O citocromo *c*, após ser reduzido por um elétron da $CoQH_2$-citocromo *c* redutase (complexo III), é reoxidado à medida que transporta os elétrons para a citocromo *c* oxidase (complexo IV) (ver Figura 12-16). As citocromos *c* oxidases mitocondriais contêm 13 subunidades distintas, mas o núcleo catalítico da enzima consiste em apenas três subunidades. As funções das subunidades restantes não são bem compreendidas. As citocromos *c* oxidases bacterianas contêm apenas três subunidades catalíticas. Tanto nas mitocôndrias quanto nas bactérias, quatro moléculas de citocromo *c* reduzidas ligam-se à oxidase, uma de cada vez. Um elétron é transferido do heme de cada citocromo *c*, primeiro ao par de íons de cobre chamados Cu_a^{2+}, depois ao heme do citocromo *a* e, finalmente, ao Cu_b^{2+} e ao heme do citocromo a_3, que juntos compõem o centro de redução do oxigênio. Os quatro elétrons são finalmente transferidos para o O_2, o último aceptor de elétrons, formando quatro H_2O, que juntamente com o CO_2 é um dos produtos finais da via global de oxidação. (Note que, para maior clareza, a Figura 12-16 mostra apenas dois elétrons em movimento e ½ O_2 sendo reduzido.) Os intermediários propostos como presentes na redução do oxigênio incluem o ânion peróxido (O_2^{2-}) e, provavelmente, o radical hidroxila (OH·), assim como complexos raros de átomos de ferro e oxigênio. Esses intermediários seriam nocivos à célula se escapassem do complexo IV, mas isso raramente acontece (ver a discussão de espécies reativas de oxigênio, a seguir). Durante o transporte de quatro elétrons através do complexo citocromo *c* oxidase, quatro prótons são deslocados do espaço da matriz através da membrana. Assim, o complexo IV transporta apenas um próton por elétron transferido, enquanto o complexo II, usando o ciclo Q, transporta dois prótons por elétron transferido. Contudo, o mecanismo de deslocamento desses prótons pelo complexo IV ainda não é conhecido.

Para cada quatro elétrons transferidos, a reação total catalisada pelo complexo citocromo *c* oxidase é

$$4\ \text{Cit}\ c^{2+} + 8\ H^+_{\text{interior}} + O_2 \rightarrow 4\ \text{Cit}\ c^{3+} + 2\ H_2O + 4\ H^+_{\text{exterior}}$$

(Reduzido) (Oxidado)

O veneno cianeto, que já foi usado como agente químico de guerra por espiões para cometer suicídio quando capturados, em câmaras de gás para executar prisioneiros, e por nazistas (o gás Zyclon B) para assassinar judeus e outros povos, é tóxico porque se liga ao heme a_3 da citocromo *c* oxidase mitocondrial (complexo IV), inibindo o transporte de elétrons e, portanto, a fosforilação oxidativa e a produção de ATP. O cianeto é uma das pequenas moléculas mais tóxicas que interfere na produção de energia nas mitocôndrias. ■

Os potenciais de redução dos carreadores de elétrons na cadeia transportadora de elétrons favorecem o fluxo de elétrons do NADH para o O_2

Como visto no Capítulo 2, o **potencial de redução *E*** para uma reação de redução parcial

$$\text{Molécula oxidada} + e^- \rightleftharpoons \text{Molécula reduzida}$$

é uma medida da constante de equilíbrio da reação parcial. Com a exceção dos citocromos *b* no complexo $CoQH_2$-citocromo *c* redutase, o potencial de redução padrão $E°'$ dos carreadores na cadeia respiratória mitocondrial aumenta constantemente do NADH para o O_2. Por exemplo, na reação parcial

$$NAD^+ + H^+ + 2\ e^- \rightleftharpoons NADH$$

o valor do potencial de redução padrão é –320 mV, o equivalente a um $\Delta G°'$ de +14,8 kcal/mol para a transferência de dois elétrons. Assim, essa reação parcial tende a proceder para a esquerda, ou seja, no sentido de oxidação do NADH a NAD^+.

Em contrapartida, o potencial de redução padrão para a reação parcial

$$\text{Citocromo}\ c_{\text{ox}}\ (Fe^{3+}) + e^- \rightleftharpoons \text{Citocromo}\ c_{\text{vermelho}}\ (Fe^{2+})$$

é +220 mV ($\Delta G°'$ = –5,1 kcal/mol) para a transferência de um elétron. Assim, essa reação parcial tende a prosseguir para a direita, ou seja, no sentido da redução do citocromo *c* (Fe^{3+}) para o citocromo *c* (Fe^{2+}).

A reação final na cadeia respiratória, a redução do O_2 a H_2O

$$2\ H^+ + \tfrac{1}{2}\ O_2 + 2\ e^- \rightarrow H_2O$$

tem um potencial de redução padrão de +816 mV ($\Delta G°'$= –37,8 kcal/mol para a transferência de dois elétrons), o mais positivo na série completa; dessa forma, essa reação também tende a prosseguir para a direita.

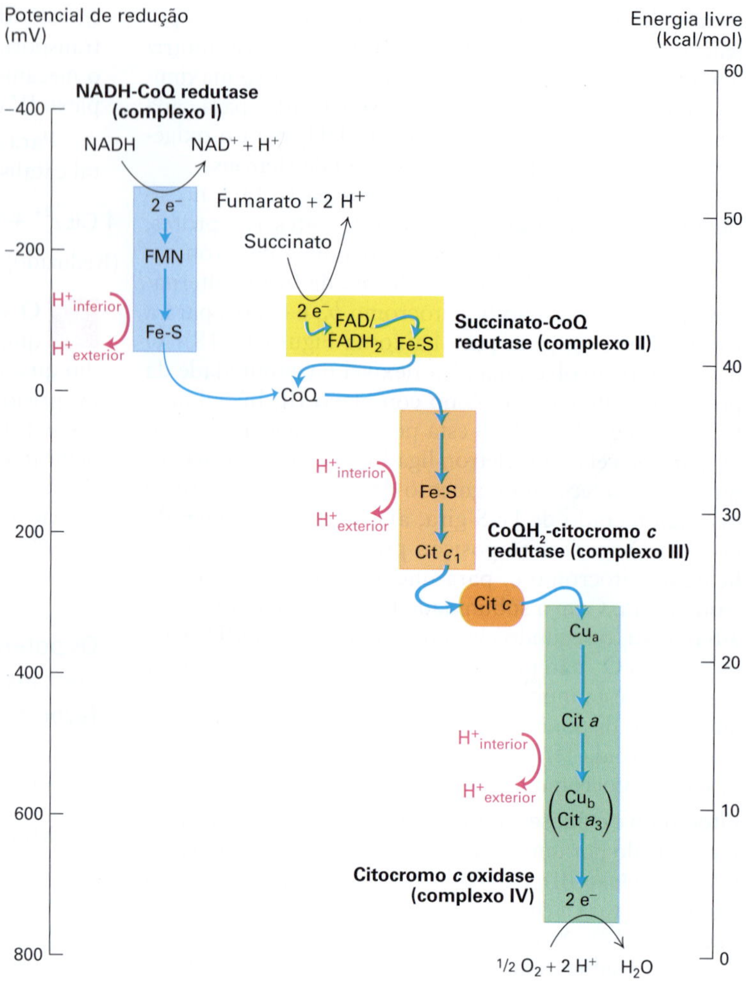

FIGURA 12-19 As mudanças no potencial de redução e na energia livre durante o fluxo gradual de elétrons ao longo da cadeia respiratória. As setas azuis indicam o fluxo de elétrons; as setas vermelhas, o deslocamento dos prótons através da membrana mitocondrial interna. Os elétrons passam por complexos multiproteicos a partir daqueles com potencial de redução mais baixo para aqueles com potencial de redução mais alto (mais positivo) (escala da esquerda), com redução correspondente na energia livre (escala da direita). A energia liberada à medida que os elétrons fluem por meio de três dos complexos é suficiente para impulsionar o bombeamento de íons H^+ através da membrana, estabelecendo uma força próton-motriz.

Como ilustrado na Figura 12-19, o aumento constante nos valores de $E°'$ e o decréscimo correspondente nos valores de $\Delta G°'$ dos carreadores na cadeia respiratória favorece o fluxo de elétrons do NADH e $FADH_2$ (gerado a partir do succinato) para o oxigênio. A energia liberada conforme os elétrons são transferidos "a favor do gradiente energético" pelos complexos da cadeia transportadora de elétrons impulsiona o bombeamento de prótons contra seu gradiente de concentração através da membrana mitocondrial interna.

Os complexos multiproteicos da cadeia transportadora de elétrons estão reunidos em supercomplexos

Há mais de 50 anos, Britton Chance propôs que os complexos transportadores de elétrons podem se reunir em grandes supercomplexos. Dessa forma, os complexos poderiam estar muito próximos e altamente organizados, o que poderia melhorar a velocidade e a eficiência do processo total. De fato, estudos genéticos, bioquímicos e biofísicos proporcionaram evidências muito fortes para a existência dos supercomplexos da cadeia transportadora de elétrons. Esses estudos envolveram os métodos de eletroforese em gel chamados azul nativo (BN, do inglês *blue native*)-PAGE e sem cor nativo (CN, do inglês *colorues native*)-PAGE, que permitem a separação de complexos proteicos macromoleculares, e a análise por microscopia eletrônica das suas estruturas tridimensionais. Um supercomplexo desse tipo contém uma cópia do complexo I, um dímero do complexo III (III_2) e uma ou mais cópias do complexo IV (Figura 12-20). Um supercomplexo que contém todos os componentes que supostamente desempenham um papel na respiração – os complexos I-IV, ubiquinona (CoQ) e citocromo *c* – foi isolado de géis de BN-PAGE e comprovou transferir elétrons do NADH para o O_2; em outras palavras, esse supercomplexo pode respirar

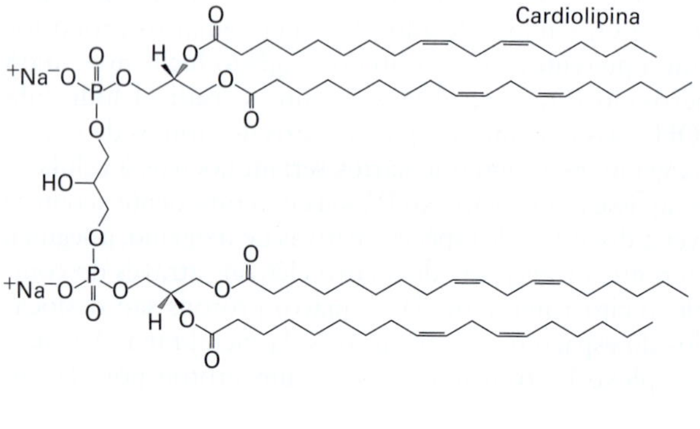

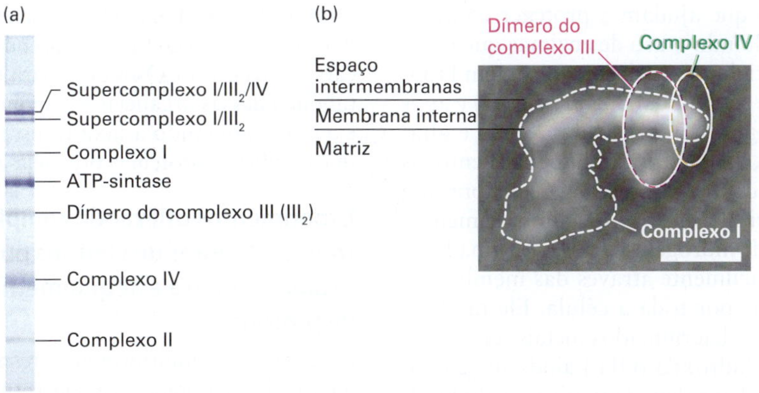

FIGURA EXPERIMENTAL 12-20 Eletroforese e imagens de microscopia eletrônica identificam um supercomplexo da cadeia transportadora de elétrons contendo os complexos I, III e IV. (a) Proteínas de membrana de mitocôndrias isoladas de coração bovino foram solubilizadas com um detergente, e os complexos e supercomplexos foram separados por eletroforese em gel usando o método de PAGE azul nativo (BN-PAGE). Cada banda corada de azul no gel representa o complexo ou supercomplexo proteico indicado, com III$_2$ representando um dímero do complexo III. A intensidade da coloração azul é aproximadamente proporcional à quantidade do complexo ou supercomplexo presente. (b) Supercomplexo I/III$_2$/IV foi extraído do gel, e as partículas foram coradas negativamente com acetato de uranila 1% e visualizadas por microscopia eletrônica de transmissão. Imagens de 228 partículas foram combinadas a uma resolução de ~3,4 nm para gerar uma imagem média do complexo visualizado a partir do plano lateral da membrana. As localizações aproximadas do dímero do complexo III e o complexo IV estão indicadas pelas formas ovais pontilhadas; os limites do complexo I também estão indicados por uma linha pontilhada (branco). Barra de escala representa 10 nm. (Adaptada de E. Shafer et al., 2006, *J. Biol. Chem.* **281**(22):15370-15375.)

– é um respirassoma. O peculiar fosfolipídeo *cardiolipina* (difosfatidilglicerol) parece desempenhar um importante papel na formação e na função desses supercomplexos. Geralmente não observada em outras membranas de células eucarióticas, a cardiolipina tem sido encontrada ligada às proteínas integrais da membrana interna (isto é, complexo II). Estudos genéticos e bioquímicos em mutantes de levedura, nos quais a síntese de cardiolipina é bloqueada, demonstraram que a cardiolipina contribui para a formação e a atividade dos supercomplexos mitocondriais e, por conseguinte, tem sido chamada de "a cola que une a cadeia transportadora de elétrons", embora o mecanismo exato permaneça indefinido. Além disso, há evidências de que a cardiolipina pode influenciar a ligação e a permeabilidade da membrana aos prótons e, consequentemente, a força próton-motriz.

Espécies reativas de oxigênio (EROs) são subprodutos tóxicos do transporte de elétrons que podem danificar as células

Uma pequena parte (1 a 2%) do oxigênio metabolizado por organismos aeróbios, em vez de ser convertida em água, é parcialmente reduzida ao ânion superóxido ($O_2^{\cdot-}$, onde o ponto representa um elétron não pareado). Os radicais são átomos com um ou mais elétrons desemparelhados na camada eletrônica externa (valência) ou moléculas que contêm tais átomos. Muitos radicais, embora não todos, são altamente reativos quimicamente, alterando as estruturas e as propriedades das moléculas com as quais reagem. Os produtos dessas reações frequentemente também são radicais e, desse modo, podem propagar uma reação em cadeia que altera muitas outras moléculas. O superóxido e outras moléculas contendo oxigênio altamente reativo, e ambos radicais (p. ex., $O_2^{\cdot-}$) e não radicais (peróxido de hidrogênio, H_2O_2) são chamados de *espécies reativas de oxigênio* (EROs). As EROs são de grande interesse porque podem reagir com muitas moléculas-chave biológicas e danificá-las, incluindo os lipídeos (especialmente os ácidos graxos insaturados e seus derivados), proteínas e DNA, e, assim, interferir gravemente com as suas funções normais. Em níveis moderados a altos, as EROs contribuem com o chamado *estresse oxidativo celular* e podem ser altamente tóxicas. Na verdade, as EROs são propositadamente geradas pelas células de defesa do corpo (p. ex., pelos macrófagos e neutrófilos) para matar os patógenos. Em humanos, a geração de EROs em excesso ou de forma inapropriada tem sido relacionada a diversas doenças, incluindo falência cardíaca, doenças neurodegenerativas, doenças do fígado induzidas pelo álcool, diabetes e envelhecimento. Embora existam muitos mecanismos para a geração de EROs nas células, a principal fonte em células eucarióticas é o transporte de elétrons nas mitocôndrias (ou em cloroplastos, como descrito a seguir). Os elétrons passando pela cadeia transportadora de elétrons podem ter energia suficiente para reduzir o oxigênio molecular (O_2) para formar os ânions superóxidos (Figura 12-21, *parte superior*). Entretanto, isso pode ocorrer apenas quando o oxigênio molecular entra em contato próximo com os carreadores de elétrons reduzidos (ferro, FMN, $CoQH_2$) na cadeia. Em geral, esses contatos são impedidos pelo sequestro dos carreadores dentro das proteínas envolvidas. Contudo, existem alguns sítios (particularmente no complexo I e na $CoQ^{\cdot-}$, ver Figura 12-15) e algumas condições (p. ex., razão de $NADH/NAD^+$ alta na matriz, alta força próton-motriz quando não é gerado ATP) quando os elétrons podem ser transferidos mais facilmente para fora da cadeia e reduzir O_2 a $O_2^{\cdot-}$.

O ânion superóxido é uma ERO especialmente instável e reativa. As mitocôndrias desenvolveram muitos mecanismos de defesa que ajudam a proteger contra a toxicidade do $O_2^{\cdot -}$, incluindo o uso de enzimas que inativam o superóxido, inicialmente pela conversão em H_2O_2 (superóxido dismutase contendo manganês, SOD) e após em H_2O (catalase) (Figura 12-21). Como o $O_2^{\cdot -}$ é altamente reativo e tóxico, a SOD e a catalase estão entre as enzimas mais rápidas conhecidas. A SOD é encontrada dentro das mitocôndrias e em outros compartimentos celulares. O peróxido de hidrogênio é por si só uma ERO capaz de se difundir facilmente através das membranas e reagir com moléculas por toda a célula. Ele também pode ser convertido por determinados metais, tais como o Fe^{2+}, em um radical hidroxila ($OH^{\cdot}$) ainda mais perigoso. Assim, as células dependem da inativação do H_2O_2 pela catalase e outras enzimas, tais como a peroxirredoxina e a glutationa peroxidase, que também desintoxicam os produtos de hidroperóxido lipídico formados quando as EROs reagem com grupos acil-graxos insaturados. As pequenas moléculas antioxidantes sequestradoras de radicais, tais como a vitamina E e o ácido α-lipoico, também protegem contra o estresse oxidativo. Embora em muitas células a catalase esteja localizada apenas nos peroxissomos, em células do músculo cardíaco elas se encontram nas mitocôndrias. Isso não é surpreendente, pois o coração é o órgão que mais consome oxigênio por grama de peso em mamíferos.

Como a taxa de produção de EROs pelas mitocôndrias e pelos cloroplastos reflete o estado metabólico dessas organelas (p. ex., a magnitude da força próton-motriz, a razão de NADH/NAD^+), as células desenvolveram sistemas de detecção de EROs, tais como os fatores de transcrição sensíveis a EROs/redox, para monitorar o estado metabólico dessas organelas e responder adequadamente, por exemplo, alterando a taxa transcrição de genes nucleares que codificam proteínas organela-específicas. ■

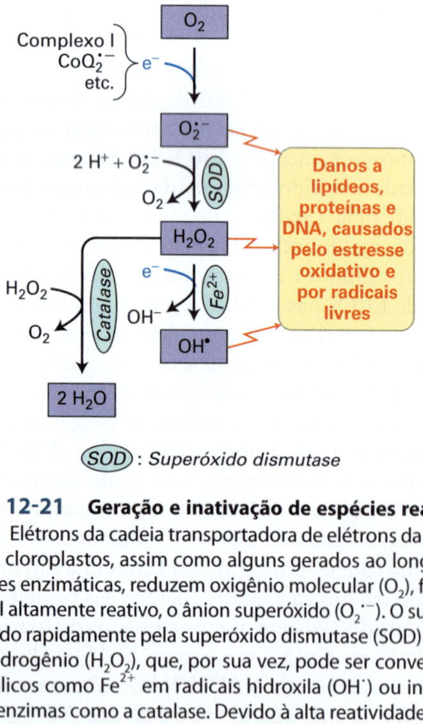

FIGURA 12-21 Geração e inativação de espécies reativas de oxigênio. Elétrons da cadeia transportadora de elétrons da mitocôndria e dos cloroplastos, assim como alguns gerados ao longo de outras reações enzimáticas, reduzem oxigênio molecular (O_2), formando um radical altamente reativo, o ânion superóxido ($O_2^{\cdot -}$). O superóxido é convertido rapidamente pela superóxido dismutase (SOD) em peróxido de hidrogênio (H_2O_2), que, por sua vez, pode ser convertido por íons metálicos como Fe^{2+} em radicais hidroxila ($OH^{\cdot}$) ou inativado a água por enzimas como a catalase. Devido à alta reatividade química, $O_2^{\cdot -}$, H_2O_2, $OH^{\cdot}$ e moléculas similares são denominadas espécies reativas de oxigênio (EROs). Elas causam danos oxidativos e de radicais livres a muitas biomoléculas, incluindo lipídeos, proteínas e DNA. Esses danos levam a estresse oxidativo celular que pode causar doenças e, se suficientemente severos, podem matar as células.

Experimentos utilizando complexos de cadeias transportadoras de elétrons purificados estabeleceram a estequiometria do bombeamento de prótons

Os complexos multiproteicos responsáveis pelo bombeamento de prótons na cadeia transportadora de elétrons foram identificados pela extração seletiva de membranas mitocondriais com detergentes, isolando cada um dos complexos na forma quase pura e, então, preparando vesículas fosfolipídicas artificiais (lipossomos) contendo cada complexo. Quando um doador e um aceptor de elétrons apropriados são adicionados a esses lipossomos, ocorre alteração no pH do meio, caso o complexo presente na membrana transporte prótons (Figura 12-22). Estudos desse tipo indicaram que a NADH-CoQ redutase (complexo I) desloca quatro prótons para cada par de elétrons transportados, ao passo que a citocromo *c* oxidase (complexo IV) desloca dois prótons por par de elétrons transportado.

As evidências atuais sugerem que, no total, 10 prótons são transportados do espaço da matriz através da membrana mitocondrial interna para cada par de elétrons transferido do NADH para o O_2 (ver Figura 12-16). Como a succinato-CoQ redutase (complexo II) não transporta prótons e o complexo I é contornado quando os elétrons vêm do $FADH_2$ derivado de succinato, apenas seis prótons são transportados através da membrana para cada par de elétrons transferido do succinato (ou $FADH_2$) para o O_2.

A força próton-motriz nas mitocôndrias se deve, em grande parte, ao gradiente de voltagem através da membrana interna

O principal resultado da cadeia transportadora de elétrons é a geração da força próton-motriz (pmf), que é a soma de um gradiente de concentração (pH) de prótons transmembrana e do potencial elétrico ou gradiente de voltagem, através da membrana mitocondrial interna. A contribuição relativa dos dois componentes para a pmf total foi determinada experimentalmente e depende da permeabilidade da membrana a outros íons que não H^+. Um gradiente de voltagem significativo pode se desenvolver somente se a membrana for pouco permeável a outros cátions e ânions. Caso contrário, os ânions poderiam se deslocar através da membrana da matriz para o espaço intermembranas juntamente com os prótons e impedir a formação de um gradiente de voltagem. Similarmente, o fluxo de cátions do espaço intermembranas para a matriz (troca de cargas similares) iria provocar um curto-circuito na formação do gradiente de voltagem. De fato, a membrana mitocondrial interna é pouco permeável a outros íons. Assim, o bombeamento de prótons gera um gradiente de voltagem que torna energeticamente desfavorável o

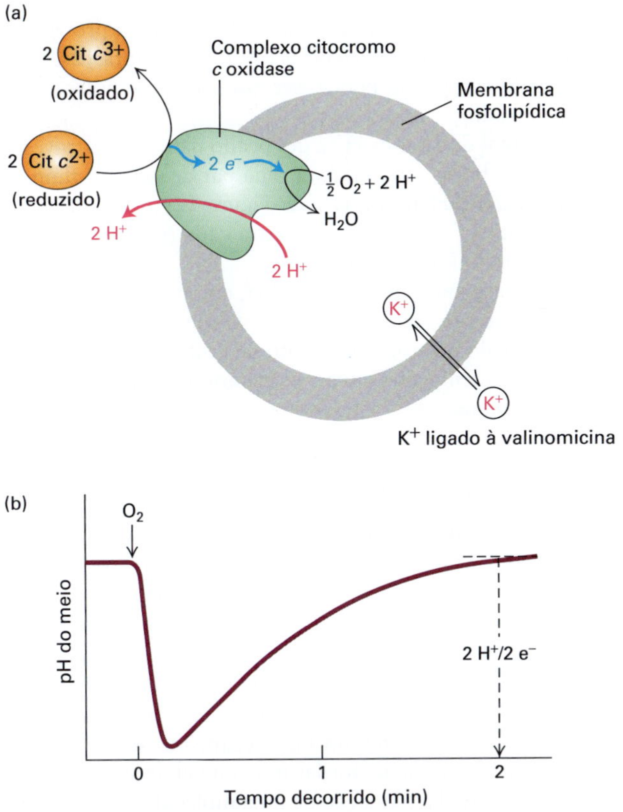

FIGURA EXPERIMENTAL 12-22 A transferência de elétrons do citocromo *c* reduzido (Cit c^{2+}) para o O_2 via complexo citocromo *c* oxidase (complexo IV) é acoplada ao transporte de prótons. O complexo oxidase é incorporado a lipossomos com um sítio de ligação para o citocromo *c* posicionado na superfície externa. (a) Quando o O_2 e o citocromo *c* reduzido são adicionados, os elétrons são transferidos para o O_2 para formar H_2O e os prótons são transportados do interior para o exterior das vesículas. Um fármaco denominado valinomicina foi adicionado ao meio para dissipar o gradiente de voltagem gerado pelo deslocamento do H^+, que, na ausência da valinomicina, reduz o número de prótons deslocados através da membrana. (b) O monitoramento do pH do meio revela uma queda brusca no pH após a adição de O_2. À medida que o citocromo *c* reduzido se torna completamente oxidado, os prótons retornam para dentro das vesículas, e o pH do meio volta ao seu valor inicial. As medidas mostram que dois prótons são transportados para cada átomo de oxigênio reduzido. Dois elétrons são necessários para reduzir um átomo de oxigênio, mas o citocromo *c* transfere apenas um elétron; assim, duas moléculas de Cit c^{2+} são oxidadas para cada átomo de oxigênio reduzido. (Adaptada de B. Reynafarje et al., 1986, *J. Biol. Chem.* **261**:8254.)

movimento de prótons adicionais através da membrana, devido à repulsão de cargas. Em consequência disso, o bombeamento de prótons pela cadeia transportadora de elétrons estabelece um forte gradiente de voltagem no contexto de um gradiente de pH bastante pequeno.

Como as mitocôndrias são muito pequenas para serem atravessadas com eletrodos, o potencial elétrico e o gradiente de pH através da membrana mitocondrial interna não podem ser determinados por medidas diretas. Contudo, o potencial elétrico pode ser determinado indiretamente, adicionando-se íons $^{42}K^+$ radiativos e uma quantidade bastante pequena de valinomicina a uma suspensão de mitocôndrias que respiram e medindo a quantidade de radiatividade que se acumula na matriz. Embora a membrana interna seja normalmente impermeável ao K^+, a valinomicina é um *ionóforo*, pequena molécula solúvel em lipídeos que se liga seletivamente a um íon específico (neste caso, K^+) e o transporta através de membranas que, de outra maneira, seriam impermeáveis. Na presença de valinomicina, o $^{42}K^+$ se equilibra através da membrana interna de mitocôndrias isoladas, de acordo com o potencial elétrico: quanto mais negativo o lado da membrana voltado para a matriz, maior será a atração e o acúmulo de $^{42}K^+$ na matriz.

Em equilíbrio, a concentração medida de íons K^+ radiativo na matriz, ($K_{interno}$) é cerca de 500 vezes maior que a do meio circundante ($K_{externo}$). A substituição desse valor na equação de Nernst (Capítulo 11) mostra que o potencial elétrico E (em volts) através da membrana interna nas mitocôndrias em respiração é – 160 mV, com o interior negativo:

$$E = -59 \log \frac{[K_{interno}]}{[K_{externo}]} = -59 \log 500 = -160 \text{ mV}$$

Os pesquisadores podem medir o pH da matriz (interno) fixando corantes fluorescentes sensíveis ao pH dentro das vesículas formadas a partir da membrana mitocondrial interna, com o lado da matriz da membrana voltado para dentro. Também podem medir o pH fora das vesículas (equivalente ao do espaço intermembranas) e então determinar o gradiente de pH (ΔpH), que mostrou ser de ~1 unidade de pH. Como a diferença de uma unidade de pH representa uma diferença de dez vezes na concentração, um gradiente de pH de uma unidade através de uma membrana equivale a um potencial elétrico de 59 mV a 20°C, de acordo com a equação de Nernst. Assim, conhecendo o gradiente de pH e de voltagem, pode-se definir a força próton-motriz, pmf, como

$$\text{pmf} = \Psi - \left(\frac{RT}{F} \times \Delta\text{pH}\right) = \Psi - 59\ \Delta\text{pH}$$

onde R é a constante dos gases, igual a 1,987 cal/(grau · mol), T é a temperatura (em graus Kelvin), F é a constante de Faraday (23.062 cal/[V · mol]) e Ψ é o potencial elétrico transmembrana; Ψ e pmf são medidos em milivolts. O potencial elétrico Ψ através da membrana interna é –160 mV (negativo no interior da matriz) e o ΔpH é equivalente a ~60 mV. Assim, o pmf total é –220 mV, com o potencial elétrico transmembrana responsável por cerca de 73% do total.

CONCEITOS-CHAVE da Seção 12.3

A cadeia transportadora de elétrons e a geração da força próton-motriz

- Ao final do ciclo do ácido cítrico (etapa II), a maior parte da energia presente originalmente nas ligações covalentes da glicose e dos ácidos graxos é convertida em elétrons de alta energia nas coenzimas reduzidas

NADH e $FADH_2$. A energia desses elétrons é usada para gerar a força próton-motriz.

- Na mitocôndria, a força próton-motriz é gerada pelo acoplamento do fluxo de elétrons (do NADH e do $FADH_2$ para o O_2) ao transporte ascendente de prótons através da membrana a partir da matriz para o espaço intermembranas. Esse processo, juntamente com a síntese de ATP a partir de ADP e P_i conduzida pela força próton-motriz, é chamado de fosforilação oxidativa.
- Conforme os elétrons fluem do $FADH_2$ e do NADH para o O_2, eles passam pelos complexos multiproteicos. Os quatro principais complexos são a NADH-CoQ redutase (complexo I), a succinato-CoQ redutase (complexo II), a $CoQH_2$-citocromo *c* redutase (complexo III) e a citocromo *c* oxidase (complexo IV) (ver Figura 12-16).
- Cada complexo contém um ou mais grupos prostéticos carreadores de elétrons: aglomerados de ferro-enxofre, flavinas, grupos heme e íons de cobre (ver Tabela 12-2). O citocromo *c*, que contém o grupo heme, e a coenzima Q (CoQ), pequena molécula lipossolúvel, são carreadores móveis que lançam os elétrons de um complexo a outro.
- Os complexos I, III e IV bombeiam prótons da matriz para o interior do espaço intermembranas. Os complexos I e II reduzem CoQ a $CoQH_2$, que transporta prótons e elétrons de alta energia para o complexo III. A proteína heme citocromo *c* transporta os elétrons do complexo III para o complexo IV, que os utiliza para bombear prótons e reduzir o oxigênio molecular à água.
- Os elétrons de alta energia do NADH entram na cadeia transportadora de elétrons pelo complexo I, enquanto os elétrons de alta energia do $FADH_2$ (derivados do succinato no ciclo do ácido cítrico) entram na cadeia transportadora de elétrons pelo complexo II. Os elétrons adicionais derivados do $FADH_2$ pela etapa inicial da β-oxidação acil-CoA graxo aumentam o suprimento da $CoQH_2$ disponível para o transporte de elétrons.
- O ciclo Q permite que quatro prótons sejam deslocados por par de elétrons movendo-se através do complexo III (ver Figura 12-18).
- Cada carreador de elétrons na cadeia aceita um elétron ou um par de elétrons de um carreador com um potencial de redução menos positivo e transfere o elétron para um carreador com um potencial de redução mais positivo. Assim, os potenciais de redução dos carreadores de elétrons favorecem o fluxo unidirecional a favor do gradiente de elétrons do NADH e do $FADH_2$ para o O_2 (ver Figura 12-19).
- No interior da membrana interna, os complexos transportadores de elétrons se reúnem em supercomplexos mantidos juntos pela cardiolipina, um fosfolipídeo especializado. A formação do supercomplexo pode aumentar a velocidade e a eficiência da geração da força próton-motriz.
- As espécies reativas de oxigênio (EROs) são subprodutos tóxicos da cadeia transportadora de elétrons que podem causar danos e modificar as proteínas, o DNA e os lipídeos. As enzimas específicas (p. ex., a glutationa peroxidase, a catalase) e as pequenas moléculas antioxidantes (p. ex., a vitamina E) ajudam a proteger contra danos induzidos pelas EROs (ver Figura 12-21). As EROs também podem ser usadas como moléculas sinalizadoras intracelulares.
- Um total de 10 íons H^+ é deslocado da matriz, através da membrana interna, para cada par de elétrons fluindo do NADH para o O_2 (ver Figura 12-16), enquanto seis íons H^+ são deslocados para cada par de elétrons fluindo do $FADH_2$ para o O_2.
- A força próton-motriz é devida, em grande parte, ao gradiente de voltagem através da membrana interna produzido pelo bombeamento de prótons; o gradiente de pH desempenha um papel quantitativamente menos importante.

12.4 Aproveitando a força próton-motriz para sintetizar ATP

A hipótese de que uma força próton-motriz através da membrana mitocondrial interna é a fonte de energia imediata para a síntese de ATP foi proposta em 1961 por Peter Mitchell. Praticamente, todos os pesquisadores que trabalhavam com a fosforilação oxidativa e a fotossíntese, inicialmente, opuseram-se à *hipótese quimiosmótica* de Mitchell. Eles preferiam um mecanismo semelhante à então bem elucidada fosforilação em nível de substrato na glicólise, no qual a oxidação de uma molécula de substrato (no caso da glicólise, o fosfoenolpiruvato) é diretamente acoplada à síntese de ATP. No entanto, apesar de intensos esforços de um grande número de investigadores, nunca foram encontradas provas convincentes para esse mecanismo mediado por fosforilação em nível de substrato.

A evidência definitiva confirmando a hipótese de Mitchell teve de aguardar o desenvolvimento das técnicas de purificação e reconstituição das membranas das organelas e das proteínas de membrana. O experimento com vesículas obtidas a partir de membranas tilacoides de cloroplastos (equivalente à membrana interna das mitocôndrias) contendo **ATP-sintase**, ilustrado na Figura 12-23, foi um dos vários a demonstrar que essa proteína é uma enzima geradora de ATP e que a geração de ATP depende do movimento descendente de prótons ao gradiente eletroquímico. Verificou-se que os prótons realmente se movem *através* da ATP-sintase, enquanto atravessam a membrana.

Como será visto, a ATP-sintase é um complexo multiproteico que pode ser dividido em dois subcomplexos chamados F_0 (que contém a porção transmembrana do complexo) e F_1 (que contém a porção globular do complexo situada acima da membrana e voltada para o espaço da matriz nas mitocôndrias). Assim, a ATP-sintase é frequentemente chamada de **complexo F_0F_1**; termos serão usados como sinônimos.

O mecanismo de síntese de ATP é compartilhado entre as bactérias, as mitocôndrias e os cloroplastos

Embora as bactérias não tenham nenhuma membrana interna, as bactérias aeróbias realizam a fosforilação oxidativa pelo mesmo processo que ocorre nas mitocôndrias

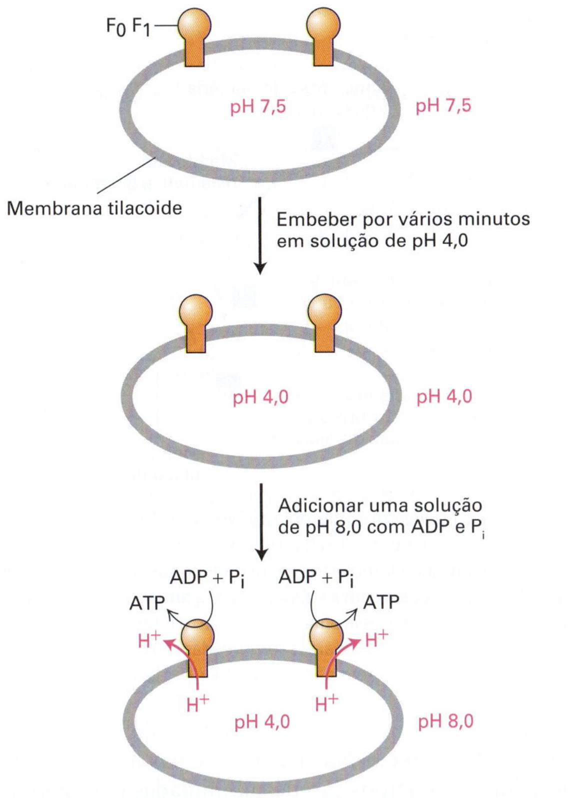

FIGURA EXPERIMENTAL 12-23 A síntese de ATP pela ATP-sintase depende de um gradiente de pH através da membrana. As vesículas tilacoides de cloroplasto isoladas contendo ATP-sintase (partículas F_0F_1) foram equilibradas no escuro com solução tampão de pH 4,0. Quando o pH no lúmen do tilacoide tornou-se 4,0, as vesículas foram misturadas rapidamente com uma solução de pH 8,0 contendo ADP e P_i. Uma explosão de síntese de ATP acompanhou o movimento transmembrana de prótons impulsionado pelo gradiente de concentração de H^+ de 10 mil vezes (10^{-4} M *versus* 10^{-8} M). Em experimentos similares, usando preparações "de dentro para fora" de vesículas submitocondriais, um potencial elétrico de membrana gerado artificialmente também resultou na síntese de ATP.

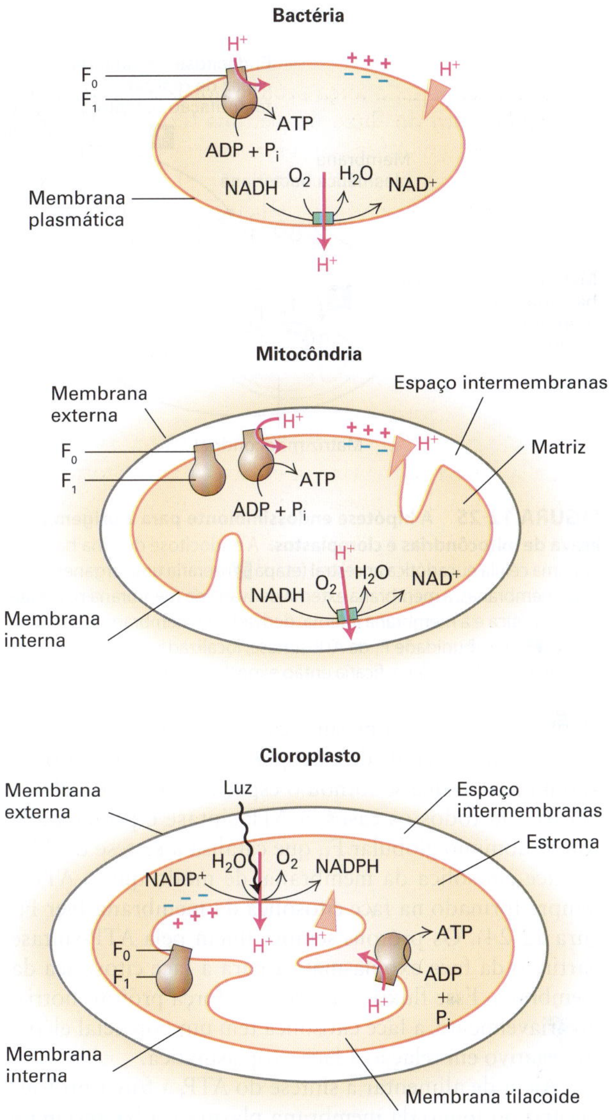

FIGURA 12-24 A síntese de ATP pela quimiosmose é similar em bactérias, mitocôndrias e cloroplastos. Na quimiosmose, uma força próton-motriz gerada pelo bombeamento de prótons através de uma membrana é usada para impulsionar a síntese de ATP. O mecanismo e a orientação do processo na membrana são semelhantes em bactérias, mitocôndrias e cloroplastos. Em cada ilustração, a superfície da membrana exposta à área sombreada é a face citosólica; a superfície exposta à área branca é a face exoplasmática. Observe que a face citosólica da membrana plasmática bacteriana, a face da matriz da membrana mitocondrial interna, e a face estromal da membrana dos tilacoides são todas equivalentes. Durante o transporte de elétrons, os prótons são sempre bombeados da face citosólica para a face exoplasmática, criando um gradiente de concentração de prótons (face exoplasmática > face citosólica) e um potencial elétrico (face citosólica negativa e face exoplasmática positiva) através da membrana. Durante a síntese de ATP, os prótons fluem na direção contrária (a favor do seu gradiente de concentração) através da ATP-sintase (complexo F_0F_1), que se projeta como uma saliência na face citosólica em todos os casos.

eucarióticas e nos cloroplastos (Figura 12-24). As enzimas que catalisam as reações da via glicolítica e do ciclo do acido cítrico estão presentes no citosol da bactéria; as enzimas que oxidam o NADH a NAD^+ e transferem os elétrons para o aceptor fundamental O_2 estão localizadas na membrana citoplasmática bacteriana. O movimento dos elétrons com a ajuda desses carreadores de membrana é acoplado ao bombeamento de prótons para fora da célula. O movimento dos prótons de volta à célula, a favor do seu gradiente de concentração pela ATP-sintase, conduz a síntese de ATP. A ATP-sintase bacteriana (complexo F_0F_1) é essencialmente idêntica em estrutura e função à ATP-sintase das mitocôndrias e dos cloroplastos, porém é mais simples de purificar e estudar.

Por que o mecanismo de síntese de ATP é compartilhado entre os organismos procarióticos e as organelas eucarióticas? As bactérias aeróbias primitivas foram, provavelmente, as progenitoras das mitocôndrias e dos cloroplastos nas células eucarióticas (Figura 12-25). De acordo com essa **hipótese endossimbionte**, a membrana mitocondrial interna seria derivada da membrana plasmática bacteriana com a face citosólica voltada para o que se tornou o espaço matriz da mitocôndria. De maneira similar, em

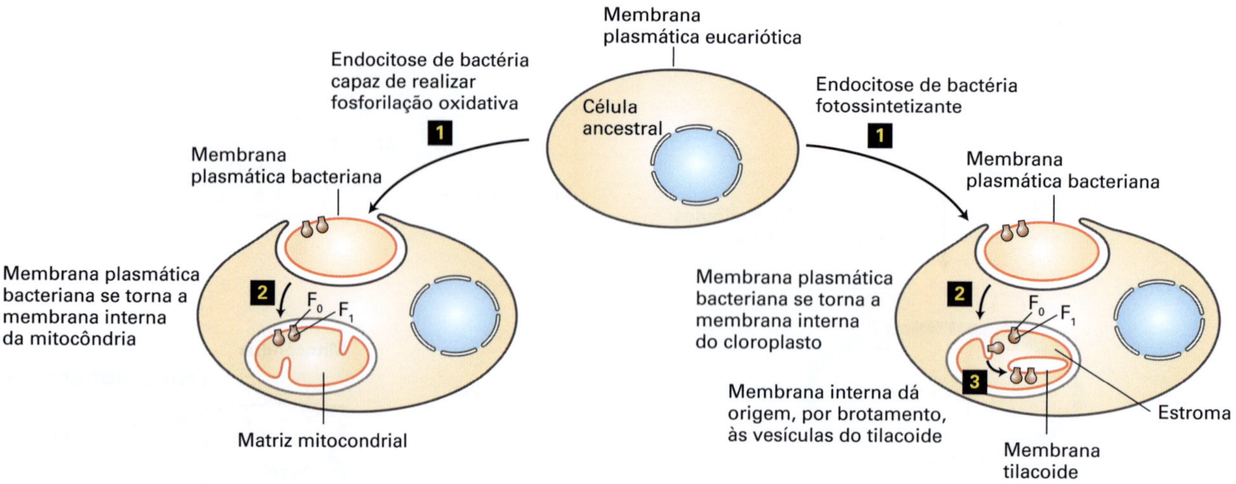

FIGURA 12-25 A hipótese endossimbionte para a origem evolutiva de mitocôndrias e cloroplastos. A endocitose de uma bactéria por uma célula eucariótica ancestral (etapa **1**) geraria uma organela com duas membranas, a membrana externa derivada da membrana plasmática eucariótica e a membrana interna, derivada da membrana bacteriana (etapa **2**). A subunidade F_1 da ATP-sintase, localizada na face citosólica da membrana bacteriana, ficaria então exposta à matriz da mitocôndria em evolução (*esquerda*) ou cloroplasto (*direita*). O brotamento de vesículas da membrana interna do cloroplasto, tal como ocorre durante o desenvolvimento dos cloroplastos em plantas contemporâneas, geraria as membranas tilacoides com a subunidade F_1 permanecendo na face citoplasmática, exposta ao estroma do cloroplasto (etapa **3**). As superfícies das membranas expostas às áreas sombreadas são faces citoplasmáticas; superfícies expostas a áreas não sombreadas são faces exoplasmáticas.

plantas, a membrana plasmática do progenitor tornou-se a membrana tilacoide do cloroplasto, e sua face citosólica aponta para o que se tornou o espaço estromal do cloroplasto. Em todos os casos, a ATP-sintase é posicionada com o domínio globular F_1, que catalisa a síntese de ATP, na face citosólica da membrana, de modo que o ATP é sempre formado na face citosólica da membrana (ver Figura 12-24). Os prótons sempre fluem pela ATP-sintase partindo da face exoplasmática para a face citosólica da membrana. Esse fluxo é guiado pela força próton-motriz. Invariavelmente, a face citosólica tem um potencial elétrico negativo em relação à face exoplasmática.

Além de alimentar a síntese do ATP, a força próton-motriz ao longo da membrana plasmática bacteriana é usada para fornecer energia para outros processos, incluindo a captação de nutrientes como açúcares (usando simportadores de próton/açúcar) e a rotação de flagelos bacterianos. O acoplamento quimiosmótico ilustra um princípio importante, introduzido em nossa discussão sobre transporte ativo no Capítulo 11: *o potencial de membrana, o gradiente de concentração de prótons (e outros íons) através da membrana e as ligações fosfoanidrido no ATP são formas equivalentes e interconversíveis de energia potencial química.* De fato, a síntese de ATP pela ATP-sintase pode ser considerada o inverso do transporte ativo ao reverso.

A ATP-sintase compreende os complexos multiproteicos F_0 e F_1

Com a aceitação geral do mecanismo quimiosmótico de Mitchell, os pesquisadores voltaram suas atenções para a estrutura e o funcionamento da ATP-sintase. O complexo possui dois componentes principais, F_0 e F_1, proteínas multiméricas (Figura 12-26a). O componente F_0 contém três tipos de proteínas integradas à membrana, designados **a**, **b** e **c**. Nas bactérias e nas mitocôndrias de leveduras, a composição de subunidades mais comum é $\mathbf{a}_1\mathbf{b}_2\mathbf{c}_{10}$, mas os complexos F_0 das mitocôndrias animais têm 12 subunidades **c** e os dos cloroplastos possuem 14. Em todos os casos, as subunidades **c** formam um anel (o "anel **c**") no plano da membrana. A subunidade **a** e as duas subunidades **b** são rigidamente ligadas umas às outras, mas não ao anel **c**, característica essencial da proteína que será abordada a seguir.

A porção F_1 é um complexo solúvel em água de cinco polipeptídeos diferentes cuja composição $\alpha_3\beta_3\gamma\delta\varepsilon$ normalmente se liga com firmeza ao subcomplexo F_0 na superfície da membrana. A extremidade inferior da subunidade γ de F_1 é uma super-hélice que se encaixa no centro do anel de subunidades **c** de F_0 e parece rigidamente ligada a ele. Assim, quando o anel **c** gira, a subunidade γ se move com ele. A subunidade ε de F_1 é rigidamente ligada a γ e também faz contatos de alta afinidade com várias das subunidades de F_0. As subunidades α e β são responsáveis pela forma globular geral do subcomplexo F1 e se associam em ordem alternada para formar um hexâmero, $\alpha\beta\alpha\beta\alpha\beta$, ou $(\alpha\beta)_3$, que se apoia sobre uma única subunidade γ longa. A subunidade δ de F_1 fica permanentemente ligada a uma das subunidades α de F_1 e também à subunidade **b** de F_0. Portanto, as subunidades **a** e **b** de F_0, a subunidade δ e o hexâmero $(\alpha\beta)_3$ do complexo F_1 formam uma estrutura rígida ancorada na membrana. As subunidades **b**, em forma de hastes, formam um "estator" que impede o hexâmero $(\alpha\beta)_3$ de se mover enquanto repousa na subunidade γ, cuja rotação, juntamente com as subunidades **c** de F_0, desempenham um papel essencial no mecanismo de síntese de ATP descrito adiante.

Quando a ATP-sintase está embebida em uma membrana, o componente F_1 forma uma saliência arredon-

ANIMAÇÃO EM FOCO: F-ATPase rotatória translocadora de prótons

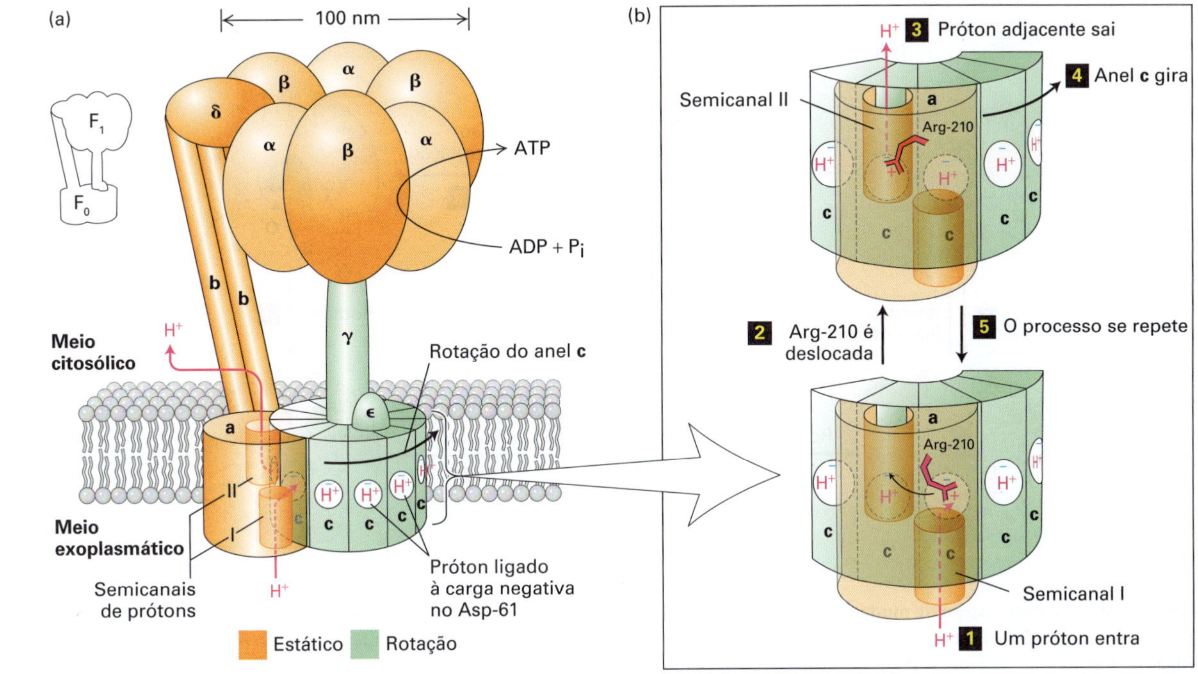

FIGURA 12-26 Estrutura da ATP-sintase (o complexo F_0F_1) na membrana plasmática bacteriana e o mecanismo de translocação de prótons através da membrana. (a) A porção F_0 embebida na membrana é constituída de proteínas de membrana integrais: uma cópia de **a**, duas cópias de **b** e, em média, 10 cópias de **c**, arranjadas em um anel no plano da membrana. Dois semicanais na subunidade **a** fazem a mediação do movimento de prótons através da membrana (a trajetória dos prótons está indicada por setas vermelhas). O semicanal I permite que os prótons se movam um de cada vez do meio exoplasmático até a cadeia lateral carregada negativamente do Asp-61 no centro de uma subunidade **c** próxima ao centro da membrana. O sítio de ligação ao próton em cada subunidade **c** está representado como um círculo branco com um "–" azul representando a carga negativa na cadeia lateral do Asp-61. O semicanal II permite que os prótons se dissociem do Asp-61 e se movam para uma subunidade **c** adjacente no meio citosólico. A porção F_1 da ATP-sintase contém três cópias das subunidades α e β, que formam um hexâmero apoiado sobre uma única subunidade γ em forma de bastão, que se encontra inserida dentro do anel **c** de F_0. A subunidade ε se encontra fortemente associada à subunidade γ e também a várias das subunidades **c**. A subunidade δ liga permanentemente uma das subunidades α do complexo F_1 à subunidade **b** de F_0. Portanto, as subunidades **a** e **b** de F_0 e a subunidade δ e o hexâmero $(\alpha\beta)_3$ de F_1 formam uma estrutura rígida ancorada na membrana (laranja). Durante o fluxo de prótons, o anel **c** e as subunidades ε e γ de F_1 giram como uma unidade (verde), causando mudanças conformacionais nas subunidades β de F_1 que levam à síntese de ATP. (b) Mecanismo potencial de translocação de prótons. Etapa **1**: um próton do espaço exoplasmático entra no semicanal I e se move em direção ao sítio de ligação a prótons "vazio" (desprotonado) do Asp-61. A carga negativa ("–" azul) da cadeia lateral desprotonada do Asp-61 é contrabalançada, em parte, pela carga positiva da cadeia lateral da Arg-210 ("+" vermelho). Etapa **2**: o próton preenche o sítio de ligação a prótons vazio e, simultaneamente, desloca a cadeia lateral da Arg-210, que gira e recobre o sítio preenchido correspondente de uma subunidade **c** adjacente. Consequentemente, o próton ligado a este sítio adjacente é deslocado. Etapa **3**: o próton adjacente deslocado move-se através do semicanal II e é liberado no espaço citosólico, deixando um sítio de ligação a prótons vazio no Asp-61. Etapa **4**: a rotação anti-horária de todo o anel c move a subunidade **c** "vazia" sobre o semicanal I. Etapa **5**: o processo é repetido. (Adaptada de M. J. Schnitzer, 2001, *Nature* **410**:878; P. D. Boyer, 1999, *Nature* **402**:247; e C. von Ballmoos, A. Wiedenmann & P. Dimroth, 2009, *Ann. Rev. Biochem.* **78**:649-672.)

dada que se projeta a partir da face citosólica (a matriz na mitocôndria). Como o F_1 separado das membranas é capaz de catalisar a hidrólise do ATP (conversão do ATP em ADP e P_i) na ausência do componente F_0, ele tem sido chamado de ATPase F_1; contudo, sua função nas células é a reversa, sintetizar ATP. A hidrólise do ATP é um processo espontâneo ($\Delta G < 0$); portanto, é necessário energia para ativar a ATPase "no sentido reverso" e gerar ATP.

A rotação da subunidade γ de F_1, ativada pelo movimento de prótons por F_0, ativa a síntese de ATP

Cada uma das três subunidades β na porção globular F_1 do complexo completo F_0F_1 pode se ligar ao ADP e ao P_i e catalisar a síntese endergônica de ATP quando acopladas ao fluxo de prótons do meio exoplasmático (espaço intermembranas, na mitocôndria) para o meio citosólico (matriz). Contudo, o acoplamento entre o fluxo de prótons e a síntese de ATP não deve ocorrer nas mesmas porções da proteína, pois os sítios de ligação do nucleotídeo nas subunidades β de F_1, onde a síntese de ATP ocorre, situam-se de 9 a 10 nm da superfície da membrana mitocondrial. O modelo mais aceito para a síntese de ATP pelo complexo F_0F_1 – o **mecanismo de mudança de ligação** – postula exatamente esse acoplamento indireto (Figura 12-27).

De acordo com esse mecanismo, a energia liberada pelo movimento a favor do gradiente de prótons por F_0

ANIMAÇÃO EM FOCO: Síntese de ATP
RECURSO DE MÍDIA: Síntese de ATP

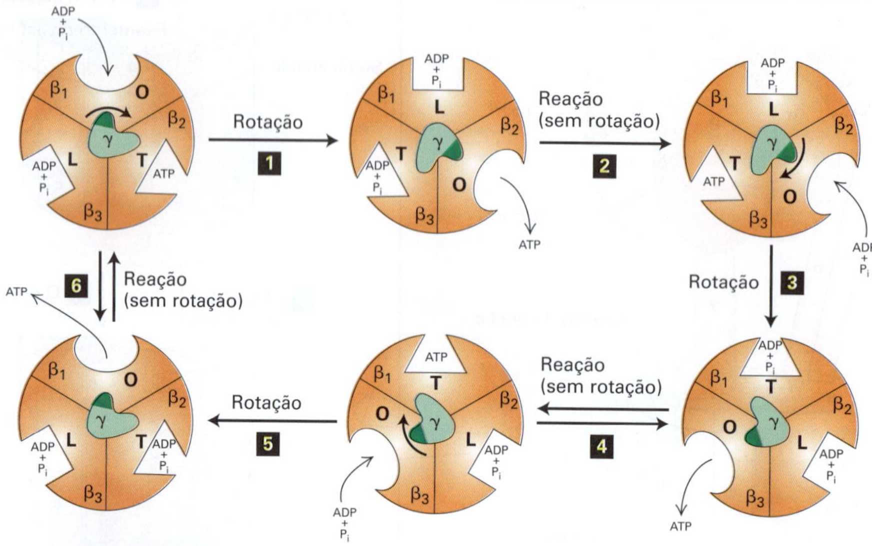

FIGURA 12-27 O mecanismo de mudança de ligação da síntese de ATP a partir de ADP e P_i. Esta visualização mostra F_1 a partir da superfície da membrana (Ver Figura 12-26). À medida que a subunidade γ gira em 120° no centro da estrutura, cada uma das subunidades β de F_1 alterna-se entre três estados conformacionais (O, do inglês *open*, aberto, com representação oval do sítio de ligação; L, do inglês *loose*, frouxo, com representação do sítio de ligação retangular; T, do inglês *tight*, apertado, com representação triangular do sítio de ligação) que diferem nas suas afinidades de ligação para ATP, ADP e P_i. O ciclo inicia (esquerda superior) quando o ADP e o P_i ligam-se fracamente a uma das três subunidades β (aqui, arbitrariamente designadas β_1) cujo sítio de ligação a nucleotídeos está na conformação O (aberta). O fluxo de prótons pela porção F_0 da proteína impulsiona uma rotação de 120° da subunidade γ (em relação às subunidades β fixas) (etapa **1**). Isso faz a subunidade γ em rotação, que é assimétrica, empurrar diferencialmente as subunidades β, resultando na subunidade β_1 em mudança conformacional e aumento na afinidade de ligação por ADP e P_i (de O → L); na subunidade β_3, em aumento na afinidade de ligação por ADP e P_i previamente ligados (de L → T); e, na subunidade β_2, em diminuição na afinidade de ligação por um ATP previamente ligado (de T → O), resultando na liberação do ATP ligado. Etapa **2**: sem rotação adicional, o ADP e P_i no sítio T (aqui, a subunidade β_3) formam ATP, reação que não requer uma entrada de energia adicional devido ao ambiente especial no sítio ativo do estado T. Ao mesmo tempo, um ADP e um P_i novos ligam-se frouxamente ao sítio O desocupado na subunidade β_2. Etapa **3**: o fluxo de prótons impulsiona outra rotação de 120° da subunidade γ, resultando em mudanças conformacionais nos sítios de ligação (L → T, O → L, T → O), e liberação do ATP da subunidade β_3. Etapa **4**: sem rotação adicional, o ADP e o P_i no sítio T da subunidade β_1 formam o ATP, e moléculas de ADP e P_i adicionais ligam-se ao sítio O desocupado da subunidade β_3. O processo continua com rotação (etapa **5**) e formação de ATP (etapa **6**) até que o ciclo se complete, com três ATPs sendo produzidos para cada rotação de 360° da subunidade γ. (Adaptada de P. Boyer, 1989, *FASEB J.* **3**:2164; Y. Zhou et al., 1997, *Proc. Natl. Acad. Sci. USA* **94**:10583; e M. Yoshida, E. Muneyuki & T. Hisabori, 2001, *Nat. Rev. Mol. Cell Biol.* 2:669-677.)

impulsiona diretamente a rotação do anel **c**, juntamente com suas subunidades associadas γ e ε (ver Figura 12-26a). A subunidade γ age como eixo rotatório assimétrico, cujo movimento dentro do centro do hexâmero estático $(\alpha\beta)_3$ de F_1 empurra sequencialmente cada uma das subunidades β, causando mudanças cíclicas nas conformações entre os três estados diferentes. Como mostrado esquematicamente na visualização da parte inferior da estrutura globular do hexâmero $(\alpha\beta)_3$ na Figura 12-27, a rotação da subunidade γ em relação ao hexâmero $(\alpha\beta)_3$ fixo faz o sítio de ligação do nucleotídeo de cada subunidade β alternar entre três estados conformacionais, na seguinte ordem:

1. Um estado O (aberto), que se liga com baixa afinidade ao ATP e ao ADP e fracamente ao P_i
2. Um estado L (frouxo), que se liga ao ADP e ao P_i com maior afinidade mas não pode ligar ATP
3. Um estado T (apertado), que se liga ao ADP e ao P_i com tanta força que eles reagem e formam ATP espontaneamente

No estado T, o ATP produzido é ligado tão fortemente que não se dissocia facilmente do sítio – ele permanece preso até que outra rotação da subunidade γ reverta essa subunidade β ao estado O e, dessa forma, libere o ATP e inicie o ciclo novamente. O ATP ou o ADP também se ligam ao sítios reguladores ou alostéricos nas três subunidades α; essa ligação modifica a taxa de síntese de ATP de acordo com o nível de ATP e ADP na matriz, mas não está diretamente envolvida na síntese de ATP a partir de ADP e P_i.

Vários tipos de evidência sustentam o mecanismo de mudança de ligação. Inicialmente, estudos bioquímicos mostraram que uma das três subunidades β em partículas isoladas de F_1 pode ligar-se firmemente ao ADP e P_i e então formar ATP, que permanece firmemente ligado. O ΔG para essa reação é próximo de zero, indicando que, tão logo ADP e P_i estejam ligados ao agora chamado estado T de uma subunidade β, eles formam ATP espontaneamente. Fato importante é a dissociação do ATP ligado da subunidade β em partículas isoladas de F_1 ocorrer de forma extremamente lenta. Essa descoberta sugeriu

VÍDEO: Rotação do filamento de actina ligado à ATP-sintase

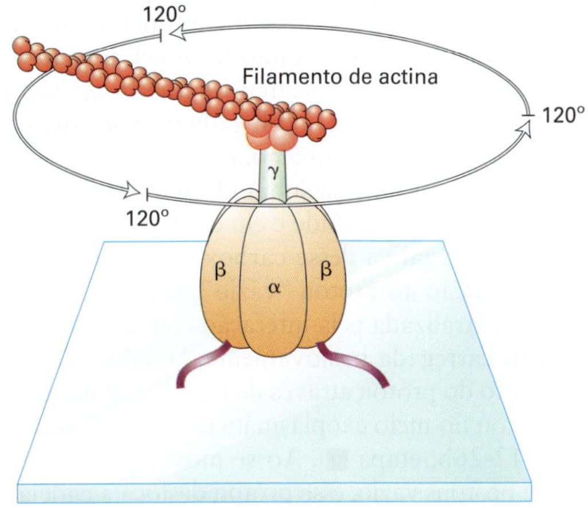

FIGURA EXPERIMENTAL 12-28 A subunidade γ do complexo F_1 gira em relação ao hexâmero $(\alpha\beta)_3$. Os complexos F_1 foram manipulados geneticamente para conter subunidades com uma sequência His-6 adicional, que promove a adesão dessas subunidades a uma lâmina de vidro coberta com um reagente metálico que se liga à histidina. A subunidade γ nos complexos F_1 manipulados geneticamente foi ligada covalentemente a um filamento de actina fluorescente. Quando visualizados em microscópio fluorescente, observou-se que os filamentos de actina giram no sentido anti-horário em passos bem definidos de 120° na presença de ATP, ativados pela hidrólise de ATP pelas subunidades β. (Adaptada de H. Noji et al., 1997, *Nature* **386**:299, e R. Yasuda et al., 1998, *Cell* **93**:1117.)

que a dissociação do ATP teria de ser ativada por uma mudança conformacional na subunidade β, a qual, por sua vez, seria causada pelo movimento de prótons.

A análise cristalográfica por raios X do hexâmero $(\alpha\beta)_3$ levou a uma conclusão surpreendente: embora as três subunidades β tenham sequências e estrutura geral idênticas, os sítios de ligação de ADP/ATP têm conformações diferentes em cada subunidade. A conclusão mais razoável foi a de que as três subunidades β se alternam entre três estados conformacionais (O, L, T) em uma reação que depende de energia, e os sítios de ligação de nucleotídeos têm estruturas substancialmente diferentes.

Em outros estudos, complexos intactos de F_0F_1 foram tratados com agentes químicos formadores de ligação cruzada que ligaram covalentemente as subunidades γ e ε e o anel **c**. A observação de que esses complexos tratados podiam sintetizar ATP ou usar ATP para ativar o bombeamento de prótons indica que as proteínas unidas com ligações cruzadas normalmente giram simultaneamente.

Finalmente, a rotação da subunidade γ relativa ao hexâmero $(\alpha\beta)_3$ fixo, como proposto no mecanismo de mudança de ligação, foi observada diretamente no engenhoso experimento ilustrado na Figura 12-28. Em uma modificação desse experimento, no qual partículas de ouro minúsculas, em vez de filamentos de actina, foram atreladas à subunidade γ, observaram-se taxas de rotação de 134 revoluções por segundo. A hidrólise de três ATPs (o reverso da reação catalisada pela mesma enzima) é responsável pela ativação de uma revolução. Esse resultado é próximo da taxa de hidrólise de ATP pelo complexo F_0F_1 determinada experimentalmente: cerca de 400 ATPs por segundo. Em um experimento relacionado, uma subunidade γ ligada a uma subunidade ε e a um anel de subunidades **c** foi vista girar em relação ao hexâmero $(\alpha\beta)_3$ fixo. A rotação da subunidade γ, nesses experimentos, foi ativada pela hidrólise de ATP, o inverso do processo normal no qual o movimento de prótons pelo complexo F_0 alimenta a rotação da subunidade γ. Essas observações comprovam que a subunidade γ, juntamente com o anel **c** e a subunidade ε, realmente sofre rotação, impulsionando, assim, as mudanças conformacionais nas subunidades β necessárias à ligação de ADP e P_i, seguidas pela síntese e liberação subsequente de ATP.

Múltiplos prótons devem passar pela ATP-sintase para sintetizar um ATP

Um cálculo simples indica que a passagem de mais que um próton é necessária para sintetizar uma molécula de ATP a partir de ADP e P_i. Embora o ΔG dessa reação em condições-padrão seja +7,3 kcal/mol, nas concentrações de reagentes na mitocôndria provavelmente o ΔG seja mais alto (+10 a +12 kcal/mol). Pode-se calcular a quantidade de energia livre liberada pela passagem de 1 mol de prótons no sentido decrescente de um gradiente eletroquímico de 220 mV (0,22 V) da equação de Nernst, estabelecendo-se $n = 1$ e medindo-se ΔE em volts:

$$\begin{aligned}\Delta G \text{ (cal/mol)} &= -n\text{F}\Delta\text{E} = -(23.062 \text{ cal} \cdot \text{V}^{-1} \cdot \text{mol}^{-1})\Delta E \\ &= (23.062 \text{ cal} \cdot \text{V}^{-1} \cdot \text{mol}^{-1})(0{,}22 \text{ V}) \\ &= -5.074 \text{ cal/mol, ou } -5{,}1 \text{ kcal/mol}\end{aligned}$$

Como o movimento a favor do gradiente de concentração de 1 mol de prótons libera cerca de 5 kcal de energia livre, a passagem de pelo menos dois prótons é necessária para a síntese de cada molécula de ATP a partir de ADP e P_i.

A rotação do anel c do F_0 é controlada pelo fluxo de prótons através dos canais transmembrana

Cada cópia da subunidade **c** contém duas hélices α que cruzam a membrana formando uma estrutura em formato de grampo. Considera-se que um resíduo de aspartato, Asp-61 (numeração da ATPase de *E. coli*), no centro de uma dessas hélices em cada subunidade, desempenhe um papel fundamental no movimento de prótons pela ligação e liberação de prótons, à medida que eles atravessam a membrana. A modificação química desse aspartato pelo veneno diciclo-hexilcarbodiimida, ou sua mutação para alanina, bloqueiam especificamente o movimento dos prótons pelo F_0. De acordo com um dos modelos em vigor, os prótons atravessam a membrana por dois semicanais de prótons adjacentes, I e II (ver Figura 12-26a e b). São chamados de semicanais porque cada um se estende somente até a metade da espessura da membrana; os terminais intermembranas dos canais estão no nível do Asp-61 no meio da membrana. O semicanal I é aberto apenas para a superfície exoplasmática, e o II é aberto somente para a face citosólica. Antes da rotação, cada cadeia lateral carboxilada de Asp-61 de uma subunidade **c** está ligada a um próton, exceto na subunidade **c** em contato com o semicanal I. A carga negativa desse carboxilato não protonado (o sítio de ligação ao próton "vazio", ver Figura 12-26b, *inferior*) é neutralizada pela interação com a cadeia lateral da Arg-210 carregada positivamente da subunidade **a**. O deslocamento do próton através da membrana inicia quando um próton do meio exoplasmático sobe pelo semicanal I (Figura 12-26b, etapa **1**). Ao se mover para o sítio de ligação de prótons vazio, esse próton desloca a cadeia lateral da Arg-210, que gira em direção ao sítio de ligação de prótons ocupado da subunidade **c** adjacente em contato com o semicanal II (etapa **2**). Como consequência disso, a cadeia lateral positiva da Arg-210 desloca o próton ligado ao Asp-61 dessa subunidade **c** adjacente. Esse próton deslocado agora está livre para se deslocar até o semicanal II e para o meio citosólico (etapa **3**). Assim, quando um próton que entra pelo semicanal I se liga ao anel **c**, um próton diferente é liberado do lado oposto da membrana pelo semicanal II. A rotação do anel **c** inteiro devido ao movimento térmico/browniano (etapa **4**) permite então que a subunidade **c** recém-desprotonada passe a ficar alinhada com o semicanal I, e que, no seu lugar, uma subunidade **c** protonada adjacente fique alinhada ao semicanal II. O ciclo inteiro é então repetido (etapa **5**), à medida que prótons adicionais se movem a favor do gradiente nos seus potenciais eletroquímicos, do meio exoplasmático para o meio citosólico. Durante cada rotação parcial (360° dividido pelo número de subunidades **c** do anel), a rotação do anel **c** é similar ao movimento de uma catraca, pois o movimento líquido do anel é sempre unidirecional. A energia que impulsiona os prótons através da membrana e, portanto, que impulsiona também a rotação do anel **c**, provém do potencial elétrico e do gradiente de pH na membrana. Se a direção do fluxo de prótons é revertida, o que pode ser feito revertendo experimentalmente a direção do gradiente de prótons e da força próton-motriz, a direção de rotação do anel **c** é revertida.

Como a subunidade γ do F_1 se encontra firmemente associada ao anel **c** do F_0, a rotação do anel **c** associada com o movimento de prótons induz a rotação da subunidade γ. De acordo com o mecanismo de mudança de ligação, uma rotação de 120° de γ impulsiona a síntese de um ATP (ver Figura 12-27). Portanto, a rotação completa do anel **c** em 360° iria gerar três ATPs. Em *E. coli*, na qual a composição de F_0 é $\mathbf{a}_1\mathbf{b}_2\mathbf{c}_{10}$, o movimento de 10 prótons impulsiona uma rotação completa e, portanto, a síntese de três ATPs. Esse valor é consistente com dados experimentais sobre o fluxo de prótons durante a síntese de ATP, fornecendo evidências indiretas para o modelo que acopla o movimento de prótons à rotação do anel **c** mostrado na Figura 12-26. O F_0 dos cloroplastos contém 14 subunidades **c** para cada anel e, portanto, seria necessário o movimento de 14 prótons para impulsionar a síntese de três ATPs. É desconhecido o motivo pelo qual esses complexos F_0F_1 similares evoluíram para possuir razões H^+:ATP diferentes.

A troca de ATP-ADP pela membrana mitocondrial interna é impulsionada pela força próton-motriz

A força próton-motriz é usada para impulsionar múltiplos processos que requerem energia nas células. Além de impulsionar a síntese de ATP, a força próton-motriz na membrana mitocondrial interna impulsiona a troca do ATP formado pela fosforilação oxidativa dentro da mitocôndria por ADP e P_i no citosol. Essa troca, que é necessária para a fosforilação oxidativa continuar, é mediada por duas proteínas da membrana interna: um *transportador de fosfato* (HPO_4^{2-}/OH^- antiportador), que controla a importação de um HPO_4^{2-} acoplado à exportação de uma OH^-, e um *antiportador ATP/ADP* (Figura 12-29).

O antiportador ATP/ADP possibilita a entrada de uma molécula de ADP somente se uma molécula de ATP sair simultaneamente. O antiportador ATP/ADP, um dímero de duas subunidades de 30.000 Da, compreende 10 a 15% da proteína na membrana interna, constituindo assim uma das proteínas mitocondriais mais abundantes. O funcionamento simultâneo dos dois antiportadores produz um influxo de um ADP^{3-} e de um P_i^{2-} e o efluxo de um ATP^{4-},

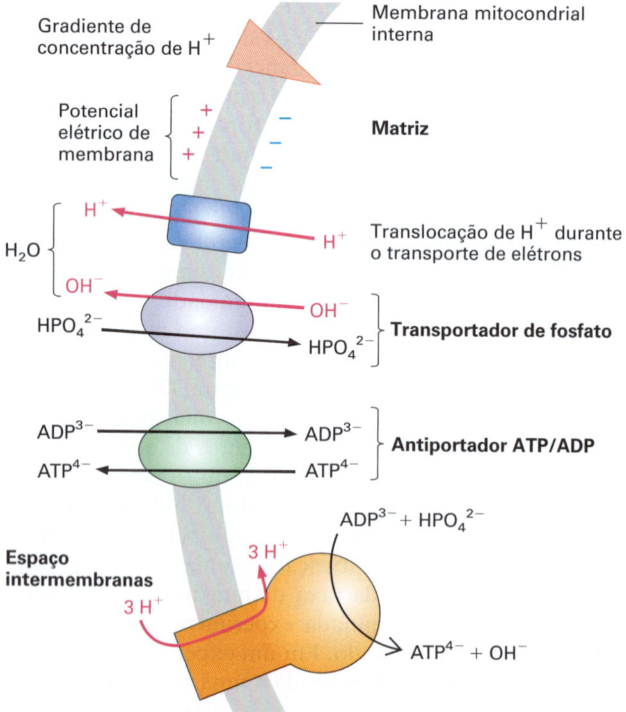

FIGURA 12-29 O sistema de transporte de fosfato e ATP/ADP na membrana mitocondrial interna. A ação coordenada de dois antiportadores (roxo e verde) resulta na captura de um ADP^{3-} e um HPO_4^{2-} em troca de um ATP^{4-} e uma hidroxila, impulsionados pela saída de um próton (mediado por proteínas da cadeia transportadora de elétrons, azul) durante o transporte de elétrons. A membrana externa não é mostrada aqui porque ela é permeável a moléculas menores que 5.000 Da.

juntamente com uma OH^-. Cada OH^- transportada para fora se combina com um próton, deslocado durante o transporte de elétrons para o espaço intermembranas, para formar H_2O. Isso alimenta a reação total na direção da exportação de ATP e da importação de ADP e P_i.

Como alguns prótons deslocados para fora da mitocôndria durante o transporte de elétrons produzem a força (ao combinar com o OH^- exportado) para a troca de ATP-ADP, menos prótons ficam disponíveis para a síntese de ATP. Estima-se que, para cada quatro prótons deslocados para fora, três sejam usados para sintetizar uma molécula de ATP e um seja usado para ativar a exportação de ATP da mitocôndria em troca por ADP e P_i. Esse gasto de energia do gradiente de concentração de prótons para exportar ATP da mitocôndria em troca por ADP e P_i assegura uma proporção alta de ATP/ADP no citosol, onde a hidrólise da ligação fosfoanidrido de alta energia do ATP é utilizada para ativar muitas reações que demandam energia.

Os primeiros estudos registrados que revelaram a atividade antiportadora de ATP/ADP são de cerca de 2.000 anos atrás, quando Dioscórides (~40-90 d.C.) descreveu uma erva venenosa de cardo, a *Atractylis gummifera*, comumente encontrada na região do Mediterrâneo. O mesmo agente se encontra no *impila* (*Callilepis laureola*), tradicional remédio multiuso zulu feito de ervas. Em zulu, *impila* significa "saúde", apesar de ter sido associado com numerosos envenenamentos. Em 1962, o princípio ativo da erva, o atractilosídeo, que inibe o antiportador ATP/ADP, mostrou inibir a fosforilação oxidativa de ADP extramitocondrial, mas não do ADP intramitocondrial. Isso demonstrou a importância do antiportador ATP/ADP e forneceu uma poderosa ferramenta para estudar os mecanismos pelos quais operam esses transportadores.

Dioscórides viveu próximo da cidade de Tarso, na época uma província romana no sudeste da Ásia Menor, onde hoje é a Turquia. Seus cinco volumes da obra *De Materia Medica*, "sobre a preparação, as propriedades e o teste de fármacos", descreveram as propriedades medicinais de cerca de 1.000 produtos naturais e 4.740 usos medicinais deles. Por aproximadamente 1.600 anos, isso foi a referência básica na Medicina, desde o norte europeu até o Oceano Índico, comparável ao *Physicians' Desk Reference* dos dias de hoje, usado como guia para o uso de fármacos. ■

A taxa de oxidação mitocondrial depende normalmente dos níveis de ADP

Se mitocôndrias isoladas intactas são supridas de NADH (ou fontes de $FADH_2$, como o succinato), além de O_2 e P_i, mas não de ADP, a oxidação do NADH e a redução do O_2 cessam rapidamente, porque a quantidade de ADP endógeno é exaurida pela formação de ATP. Se o ADP for adicionado, então a oxidação do NADH é rapidamente restabelecida. Portanto, as mitocôndrias oxidam $FADH_2$ e NADH somente enquanto houver fontes de ADP e P_i para gerar ATP. Esse fenômeno, denominado **controle respiratório**, ocorre porque a oxidação do NADH e do succinato ($FADH_2$) está acoplada obrigatoriamente ao transporte de prótons através da membrana mitocondrial interna. Se a força próton-motriz resultante não for dissipada na síntese de ATP a partir de ADP e P_i (ou durante outro processo dependente de energia), tanto o gradiente de concentração transmembrana de prótons quanto o potencial elétrico de membrana aumentarão em níveis muito elevados. Neste ponto, o bombeamento de prótons adicionais através da membrana interna requer tanta energia que, por fim, ele cessa, bloqueando a oxidação acoplada de NADH e de outros substratos.

As mitocôndrias do tecido adiposo marrom usam a força próton-motriz para gerar calor

O *tecido adiposo marrom*, cuja cor se deve à presença abundante de mitocôndrias, é especializado na geração de calor. Ao contrário, o tecido adiposo branco é especializado no armazenamento de gordura e contém relativamente poucas mitocôndrias.

A membrana interna das mitocôndrias do tecido adiposo marrom contém *termogenina*, proteína que funciona como **desacoplador** natural da fosforilação oxidativa e geração da força próton-motriz. A termogenina, ou UCP1, é uma das várias proteínas desacopladoras (UCPs, de *UnCoupling Proteins*) encontradas na maioria dos eucariotos (mas não em leveduras fermentativas). A termogenina dissipa a força próton-motriz por tornar a membrana mitocondrial interna permeável a prótons. Como consequência, a energia liberada pela oxidação do NADH na cadeia transportadora de elétrons, e usada para criar um gradiente de prótons, não é usada para sintetizar ATP via ATP-sintase. Em vez disso, quando os prótons voltam para dentro da matriz, a favor do seu gradiente de concentração via termogenina, a energia é liberada como calor. A termogenina é um transportador de prótons, não um canal de prótons, e transporta prótons através da membrana a uma velocidade um milhão de vezes mais lenta do que a velocidade característica dos canais iônicos (ver Figura 11-2). A termogenina é similar em sequência ao antiportador ATP/ADP mitocondrial, assim como são muitas outras proteínas transportadoras mitocondriais que compõem a família transportadora de ATP/ADP. Certas moléculas pequenas venenosas também funcionam como desacopladoras por tornar a membrana mitocondrial interna permeável a prótons. Um exemplo é o composto químico solúvel em lipídeo 2,4-dinitrofenol (DNP), o qual pode ligar-se de maneira reversível, liberar prótons e transportar prótons rapidamente através da membrana interna do espaço intermembranas para a matriz.

As condições ambientais regulam a quantidade de termogenina nas mitocôndrias do tecido gorduroso marrom. Por exemplo, durante a adaptação de ratos ao frio, a habilidade dos seus tecidos de gerar calor aumenta pela indução da síntese de termogenina. Em animais adaptados ao frio, a termogenina pode constituir até 15% da proteína total na membrana mitocondrial interna.

Por muitos anos, estivemos cientes de que pequenos animais e bebês humanos apresentam quantidades significativas de tecido adiposo marrom, mas havia poucas evidências de que ele desempenhasse um papel significativo em humanos adultos. Nos humanos recém-nascidos, a termogênese do tecido adiposo marrom pelas mitocôndrias é vital para a sobrevivência; o mesmo acontece em mamíferos hibernantes. Nas focas e em outros animais marinhos naturalmente aclimatados ao frio, as mitocôndrias das células do músculo contêm termogenina; em consequência, grande parte da força próton-motriz é usada para gerar calor e manter, assim, a temperatura do corpo. Recentemente, pesquisadores usaram métodos de imagens funcionais sofisticados (p. ex., tomografia por emissão de pósitrons) para determinar definitivamente a presença do tecido adiposo marrom no pescoço, na clavícula e em outras partes do corpo dos humanos adultos; mostrou-se que os níveis desse tecido aumentavam significativamente sob exposição ao frio.

CONCEITOS-CHAVE da Seção 12.4

Aproveitando a força próton-motriz para sintetizar ATP

- Peter Mitchell propôs a hipótese quimiosmótica de que uma força próton-motriz através da membrana mitocondrial interna é a fonte imediata de energia para a síntese de ATP.
- As bactérias, as mitocôndrias e os cloroplastos usam o mesmo mecanismo quimiosmótico e uma ATP-sintase similar para gerar ATP (ver Figura 12-24).
- A ATP-sintase (o complexo F_0F_1) catalisa a síntese de ATP quando prótons retornam através da membrana mitocondrial interna (membrana plasmática, nas bactérias) a favor do seu gradiente eletroquímico de prótons.
- F_0 contém um anel de 10 a 14 subunidades **c** rigidamente ligado à subunidade γ em forma de haste e à subunidade ε do F_1. Elas giram juntas durante a síntese de ATP. Apoiando-se no topo da subunidade γ fica a protuberância de F_1 ($[\alpha\beta]_3$), que se projeta dentro da matriz mitocondrial (citosol nas bactérias). As três subunidades β constituem os sítios da síntese de ATP (ver Figura 12-26).
- O movimento de prótons através da membrana via dois semicanais na interface entre a subunidade **a** e o anel **c** de F_0 aciona a rotação do anel **c** com suas subunidades ε e γ de F_1 associadas.
- A rotação da subunidade γ de F_0, que está inserida no centro do hexâmero $(\alpha\beta)_3$ não rotatório e atua como eixo de comando, provoca mudanças na conformação dos sítios de ligação de nucleotídeos nas subunidades β de F_1 (ver Figura 12-27). Por meio desse mecanismo de ligação e mudança conformacional, as subunidades β se ligam ao ADP e ao P_i, os condensam para formar ATP e, então, liberam ATP. Três ATPs são produzidos para cada rotação feita pela formação das subunidades c, γ e ε.
- A força próton-motriz também ativa a captura de P_i e ADP do citosol em troca de ATP e OH^- mitocondriais, reduzindo, assim, parte da energia necessária para a síntese de ATP. O antiportador de ATP/ADP que participa dessa troca é uma das proteínas mais abundantes na membrana mitocondrial interna (ver Figura 12-29).
- A oxidação mitocondrial continuada do NADH e a redução do O_2 dependem da presença adequada de ADP na matriz. Esse fenômeno, denominado controle respiratório, é um mecanismo importante para a coordenação da oxidação e para a síntese de ATP nas mitocôndrias.
- No tecido adiposo marrom, a membrana mitocondrial interna contém a proteína desacopladora termogenina, transportador de prótons que converte a força próton-motriz em calor. Certos agentes químicos (por exemplo, DNP) têm o mesmo efeito, desacoplando a fosforilação oxidativa do transporte de elétrons.

12.5 A fotossíntese e os pigmentos que absorvem luz

Agora será abordada a fotossíntese, o segundo processo mais importante para a síntese de ATP. Nas plantas, a fotossíntese ocorre nos **cloroplastos**, grandes organelas encontradas principalmente nas células das folhas. Durante a fotossíntese, os cloroplastos capturam a energia da luz solar, convertem-na em energia química na forma de ATP e NADPH e, então, usam essa energia para sintetizar carboidratos complexos a partir de dióxido de carbono e água. Os principais carboidratos produzidos são os polímeros de açúcares do tipo hexose (seis carbonos): a sacarose (dissacarídeo glicose-frutose, ver Figura 2-19) e o **amido** das folhas (mistura de dois tipos de um grande polímero de glicose, insolúvel, chamado amilose e amilopectina). O amido constitui o depósito principal de carboidratos nas plantas (Figura 12-30). O amido das folhas é sintetizado e armazenado no cloroplasto. A sacarose é sintetizada no citosol da folha a partir de precursores de três carbonos produzidos no cloroplasto; ela é transportada para os tecidos vegetais não fotossintetizantes (não verdes, p. ex., raízes e sementes), que então metabolizam a sacarose para gerar energia por meio das vias descritas nas seções anteriores. A fotossíntese nas plantas, assim como nas algas unicelulares eucarióticas e em várias bactérias fotossintetizantes (p. ex., as cianobactérias e os proclorófitos), também produz oxigênio. A reação total da fotossíntese que produz oxigênio,

$$6\ CO_2 + 6\ H_2O \rightarrow 6\ O_2 + C_6H_{12}O_6$$

é o reverso da reação total pela qual os carboidratos são oxidados a CO_2 e H_2O. Na realidade, a fotossíntese nos

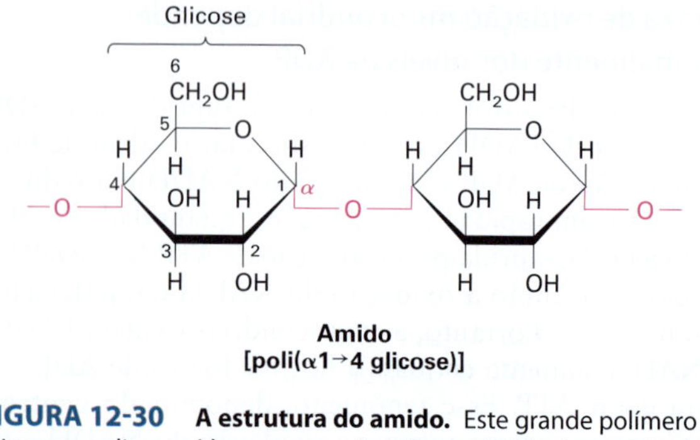

FIGURA 12-30 A estrutura do amido. Este grande polímero de glicose e o dissacarídeo sacarose (ver Figura 2-19) são os principais produtos finais da fotossíntese. Ambos são constituídos por açúcares de seis carbonos (hexoses).

cloroplastos produz açúcares ricos em energia que são quebrados e capturados pelas mitocôndrias para produzir energia por meio da fosforilação oxidativa.

Embora as bactérias verdes e púrpuras também realizem fotossíntese, elas utilizam um processo que não gera oxigênio. Como será discutido na Seção 12.6, a análise detalhada do sistema fotossintético dessas bactérias esclarece as primeiras etapas do processo mais comum da fotossíntese produtora de oxigênio. Nesta seção, serão apresentados uma visão geral das etapas da fotossíntese geradora de oxigênio e seus principais componentes, incluindo as **clorofilas**, os principais pigmentos absorvedores de luz. ■

A fotossíntese ocorre nas membranas tilacoides das plantas

Os cloroplastos têm forma de lente com diâmetro de aproximadamente 5 μm e largura de aproximadamente 2,5 μm. Contêm em torno de 3.000 proteínas diferentes, 95% das quais são codificadas no núcleo, produzidas no citosol, importadas para a organela e, então, transportadas para sua membrana ou espaço apropriados (Capítulo 13). São limitados por duas membranas sem clorofila que não participam diretamente na geração de ATP e de NADPH promovidas pela luz (Figura 12-31). Como nas mitocôndrias, a membrana externa dos cloroplastos contém porinas e, portanto, é permeável aos metabólitos de pequeno peso molecular. A membrana interna forma uma barreira de permeabilidade que contém proteínas de transporte para regular o movimento de metabólitos para dentro e para fora da organela.

Diferentemente das mitocôndrias, os cloroplastos têm uma terceira membrana – a *membrana tilacoide* – na qual ocorre a geração de ATP e NADPH promovida pela luz. Acredita-se que a membrana tilacoide dos cloroplastos constitua uma única lâmina que forma inúmeras vesículas achatadas pequenas e interconectadas, os **tilacoides**, que, comumente, encontram-se arranjados em pilhas denominadas *grana* (Figura 12-31). Os espaços dentro de todos os tilacoides constituem um único compartimento contínuo, o *lúmen do tilacoide*. A membrana tilacoide contém diversas proteínas integrais de membrana, às quais estão ligados vários grupos prostéticos e pigmentos absorvedores de luz, especialmente a clorofila. A síntese e o armazenamento de amido ocorrem no *estroma*, a fase solúvel entre a membrana tilacoide e a membrana interna. Nas bactérias fotossintetizantes, numerosas invaginações da membrana plasmática formam um conjunto de membranas internas, também denominadas membranas tilacoides, onde ocorre a fotossíntese.

Três das quatro etapas da fotossíntese ocorrem somente na presença de luz

O processo fotossintético nas plantas pode ser dividido em quatro etapas (Figura 12-32), cada qual localizada em uma área definida do cloroplasto: (1) a absorção de luz, a geração de elétrons de alta energia e a formação de O_2 a partir de H_2O; (2) o transporte de elétrons levando à redução de $NADP^+$ a NADPH e a geração de uma força próton-motriz; (3) a síntese de ATP; e (4) a conversão de

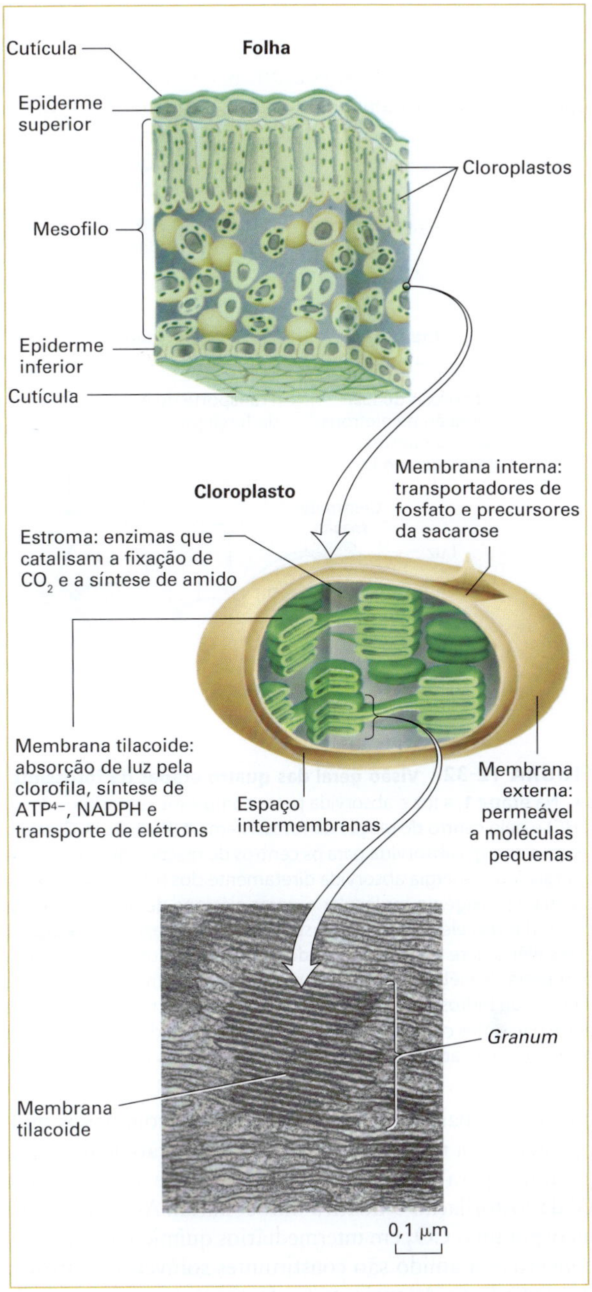

FIGURA 12-31 A estrutura celular das folhas e dos cloroplastos. A exemplo das mitocôndrias, os cloroplastos das plantas são limitados por uma membrana dupla separada por um espaço intermembranas. A fotossíntese ocorre em uma terceira membrana, a membrana tilacoide, que é cercada pela membrana interna e forma uma série de vesículas achatadas (tilacoides) que delimitam um único espaço *luminal* interconectado. A cor verde das plantas se deve à cor verde da clorofila, que está totalmente localizada na membrana tilacoide. Um *granum* é uma pilha de tilacoides adjacentes. O estroma é o espaço delimitado pela membrana interna que envolve os tilacoides. (Micrografia cortesia de Katherine Esau, University of California, Davis, EUA.)

CO_2 em carboidratos, geralmente referida como **fixação do carbono**. Todas as quatro etapas da fotossíntese estão fortemente associadas e controladas para produzir a quantidade de carboidratos exigida pela planta. Todas as rea-

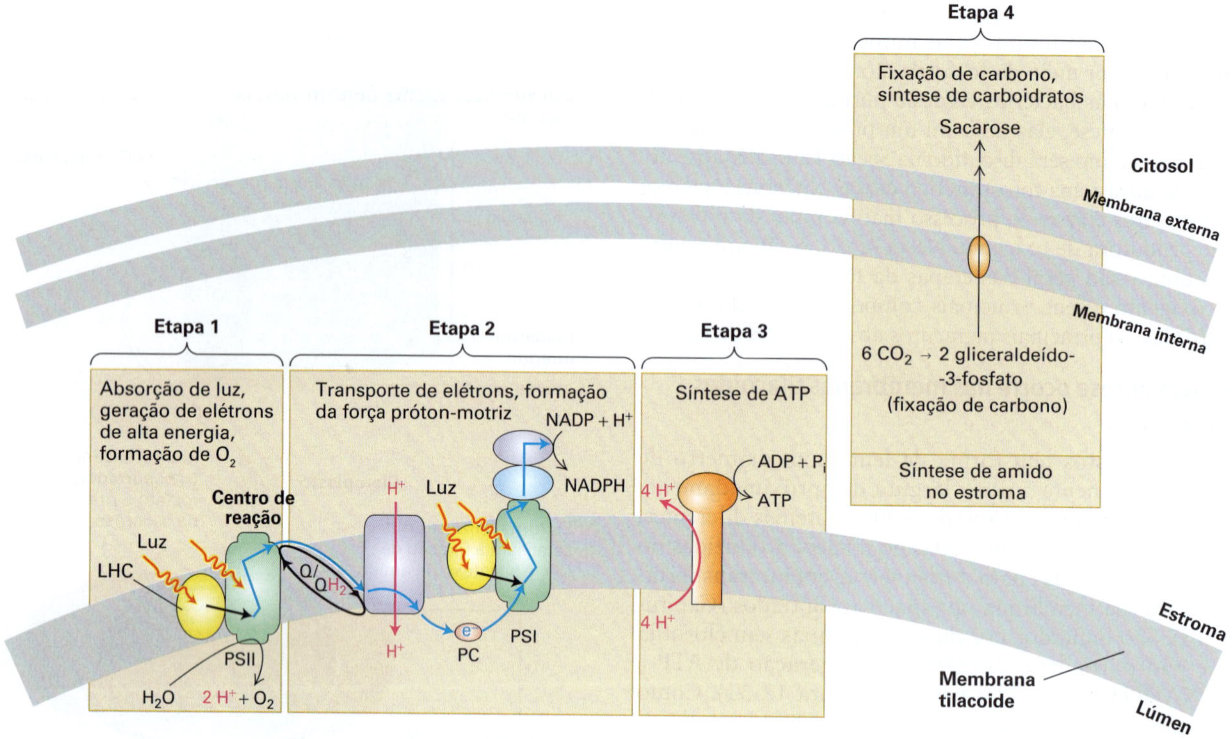

FIGURA 12-32 Visão geral das quatro etapas da fotossíntese. Na **etapa 1**, a luz é absorvida pelos complexos captadores de luz (LHC) e pelo centro de reação do fotossistema II (PSII). Os LHCs transferem a energia absorvida para os centros de reações, que usam essa energia (ou a energia absorvida diretamente dos fótons) para oxidar a água em oxigênio molecular e gerar elétrons de alta energia (as trajetórias dos elétrons estão mostradas por setas azuis). Na **etapa 2**, esses elétrons se movem a favor do gradiente em uma cadeia transportadora de elétrons, que usa carreadores de elétrons lipossolúveis (Q/QH_2) ou hidrossolúveis (plastocianina, PC) para transferir elétrons entre diferentes complexos multiproteicos. À medida que os elétrons se movem na cadeia, eles liberam energia que os complexos usam para gerar uma força próton-motriz e, após energia adicional ser introduzida pela absorção de luz no fotossistema I (PSI), para sintetizar o carreador de elétrons de alta energia NADPH. Na **etapa 3**, o fluxo de prótons a favor dos seus gradientes de concentração e voltagem pela F_0F_1 ATP-sintase impulsiona a síntese de ATP. As **etapas 1-3** em plantas ocorrem na membrana tilacoide do cloroplasto. Na **etapa 4**, no estroma do cloroplasto, a energia armazenada na forma de NADPH e ATP é usada inicialmente para converter CO_2 em moléculas de três carbonos (gliceraldeído-3-fosfato), processo conhecido como fixação do carbono. Essas moléculas são então transportadas ao citosol da célula para conversão em hexoses na forma de sacarose. O gliceraldeído-3-fosfato é também usado para produzir amido dentro do cloroplasto.

ções das etapas 1 a 3 são catalisadas por complexos multiproteicos na membrana tilacoide. A geração de uma pmf e seu uso para sintetizar ATP assemelha-se às etapas III e IV da fosforilação oxidativa mitocondrial. As enzimas que incorporam o CO_2 em intermediários químicos e depois os convertem a amido são constituintes solúveis do estroma do cloroplasto. As enzimas que formam a sacarose a partir dos intermediários de três carbonos estão no citosol.

Etapa 1: Absorção da energia da luz, geração de elétrons de alta energia e formação de O_2 A etapa inicial na fo-

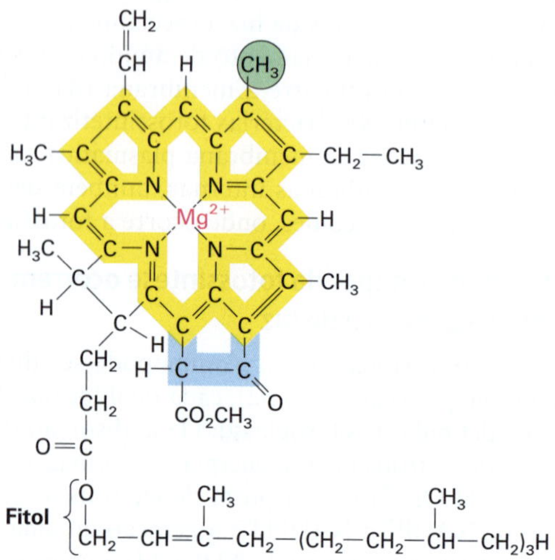

FIGURA 12-33 Estrutura da clorofila *a*, o principal pigmento que captura a energia da luz. A localização dos elétrons é alternada entre três dos quatro anéis centrais (amarelo) da clorofila *a* e os átomos que os interconectam. Na clorofila, um íon Mg^{2+}, em vez de um íon Fe^{2+}, encontrado no grupo heme, fica no centro do anel porfirina e um anel de cinco átomos adicional (azul) encontra-se presente; o restante de sua estrutura é similar àquele do heme encontrado em moléculas como a hemoglobina e os citocromos (ver Figura 12-14a). A "cauda" do hidrocarboneto fitol facilita a ligação da clorofila às regiões hidrofóbicas das proteínas ligadoras de clorofila. O grupo CH_3 (verde) é substituído por um grupo formaldeído (CHO) na clorofila *b*.

tossíntese é a absorção de luz pelas clorofilas associadas às proteínas nas membranas tilacoides. Como o componente heme dos citocromos, as clorofilas consistem em um anel porfirina ligado a uma longa cadeia lateral de hidrocarbonetos (Figura 12-33). Diferentemente dos hemes (ver Figura 12-14), as clorofilas contêm um íon Mg^{2+} central (em vez de um Fe^{2+}) e têm um anel adicional de cinco átomos. A energia da luz absorvida é usada em última instância para remover elétrons de um doador (a água, nas plantas verdes), formando oxigênio:

$$2\,H_2O \xrightarrow{\text{luz}} O_2 + 4\,H^+ + 4\,e^-$$

Os elétrons são transferidos para um *aceptor de elétrons primário*, uma quinona designada Q, parecida com a CoQ das mitocôndrias. Nas plantas, a oxidação da água ocorre em um complexo multiproteico denominado *fotossistema II (PSII*, do inglês *photosystem II*).

Etapa 2: O transporte de elétrons e a geração da força próton-motriz Os elétrons se deslocam do aceptor primário de elétrons, a quinona, por uma série de carreadores de elétrons, até alcançar o último aceptor de elétrons, normalmente a forma oxidada do **nicotinamida adenina dinucleotídeo fosfato ($NADP^+$)**, reduzindo-o a NADPH. O $NADP^+$ tem uma estrutura idêntica à do NAD^+, exceto pela presença de um grupo fosfato adicional. Ambas as moléculas ganham e perdem elétrons da mesma maneira (ver Figura 2-33). Nas plantas, a redução de $NADP^+$ ocorre em um complexo denominado *fotossistema I* (*PSI*, do inglês *photosystem I*). O transporte de elétrons na membrana tilacoide é acoplado ao movimento de prótons do estroma para o lúmen tilacoide, formando um gradiente de pH através da membrana ($pH_{\text{lúmen}} < pH_{\text{estroma}}$). Esse processo é análogo à geração de uma força próton-motriz através da membrana mitocondrial interna e em membranas bacterianas, durante o transporte de elétrons (ver Figura 12-23).

Portanto, a reação total das etapas 1 e 2 pode ser resumida da seguinte forma:

$$2\,H_2O + 2\,NADP^+ \xrightarrow{\text{luz}} 2\,H^+ + 2\,NADPH + O_2$$

Etapa 3: A síntese de ATP Os prótons se deslocam a favor de seus gradientes de concentração, a partir do lúmen dos tilacoides para o estroma, pelo complexo F_0F_1 (ATP-sintase), que acopla o movimento do próton à síntese de ATP a partir de ADP e P_i. A ATP-sintase dos cloroplastos trabalha de forma similar às ATP-sintases de mitocôndrias e de bactérias (ver Figuras 12-26 e 12-27).

Etapa 4: A fixação do carbono O ATP e o NADPH gerados pelas segunda e terceira etapas da fotossíntese fornecem a energia e os elétrons para alimentar a síntese de polímeros de açúcar de seis carbonos a partir de CO_2 e H_2O. A equação química total equilibrada é escrita como

$$6\,CO_2 + 18\,ATP^{4-} + 12\,NADPH + 12\,H_2O \rightarrow$$
$$C_6H_{12}O_6 + 18\,ADP^{3-} + 18\,P_i^{2-} + 12\,NADP^+ + 6\,H^+$$

As reações que geram o ATP e o NADPH usados na fixação do carbono dependem diretamente da energia da luz; assim, as etapas 1 a 3 são chamadas de *reações dependentes de luz (fase clara)* da fotossíntese. As reações da etapa 4 dependem indiretamente da energia da luz; algumas vezes, são denominadas *reações escuras (fase escura)* da fotossíntese, pois podem ocorrer no escuro, utilizando as reservas de ATP e NADPH gerados pela energia da luz. Contudo, as reações da etapa 4 não se restringem a condições de escuridão; na verdade, elas ocorrem principalmente em períodos iluminados.

Cada fóton de luz tem uma quantidade definida de energia

A mecânica quântica estabeleceu que a luz, uma forma de radiação eletromagnética, tem propriedades tanto de ondas quanto de partículas. Quando a luz interage com a matéria, ela se comporta como pacotes de energia (quanta), denominados *fótons*. A energia de um fóton, ε, é proporcional à frequência da onda de luz: $\varepsilon = h\gamma$, em que h é a constante de Planck ($1{,}58 \times 10^{-34}$ cal · s ou $6{,}63 \times 10^{-34}$ J · s) e γ é a frequência da onda de luz. Costuma-se se referir em biologia ao comprimento de onda da luz, λ, em vez de à sua frequência, γ. As duas estão relacionadas por uma equação simples $\gamma = c \div \lambda$, em que c é a velocidade da luz (3×10^{10} cm/s no vácuo). Observe que os fótons de comprimento de onda *mais curtos* têm energias *mais altas*. Além disso, a energia de 1 mol de fótons pode ser denotada $E = N\varepsilon$, onde N é o número de Avogadro ($6{,}02 \times 10^{-23}$ moléculas ou fótons/mol). Assim,

$$E = Nh\gamma = \frac{Nhc}{\lambda}$$

A energia da luz é considerável, pois pode-se calcular para uma luz de comprimento de onda de 550 nm (550×10^{-7} cm), típica da luz do sol:

$$E = \frac{(6{,}02 \times 10^{23}\,\text{fótons/mol})(1{,}58 \times 10^{-34}\text{cal·s})(3 \times 10^{10}\text{cm/s})}{550 \times 10^{-7}\text{cm}}$$
$$= 51.881\ \text{cal/mol}$$

ou aproximadamente 52 kcal/mol. Essa energia é suficiente para sintetizar vários moles de ATP a partir de ADP e P_i, se toda a energia for usada para esse propósito.

Os fotossistemas compreendem um centro de reação e complexos captadores de luz associados

A absorção da energia da luz e sua conversão em energia química ocorrem em complexos multiproteicos chamados **fotossistemas**. Encontrados em todos os organismos fotossintetizantes, procarióticos e eucarióticos, os fotossistemas consistem em dois componentes intimamente ligados: um *centro de reação*, onde ocorrem os eventos primários da fotossíntese (geração de elétrons de alta energia); e um complexo antena, constituído de numerosos complexos proteicos, incluindo proteínas internas da antena, do interior do fotossistema propriamente dito, e complexos externos, denominados *complexos captadores de luz* (*LHCs*, do inglês *light-harvesting complexes*), compostos por proteínas especializadas que captam a energia da luz e a transmitem ao centro de reação (ver Figura 12-32).

O centro de reação e as antenas contêm moléculas de pigmentos de absorção de luz fortemente unidas. A clorofila *a* é o pigmento principal envolvido na fotossíntese, estando presente tanto no centro de reação quanto nas antenas. Além da clorofila *a*, as antenas contêm outros pigmentos de absorção de luz: *a clorofila b*, nas plantas vasculares, e os *carotenoides*, tanto nas plantas como nas bactérias fotossintetizantes. Os carotenoides consistem em cadeias de hidrocarbonetos longas e ramificadas, com ligações simples e duplas alternadas; têm uma estrutura parecida com a do pigmento visual da retina, que absorve a luz no olho. A presença de vários pigmentos na antena, os quais absorvem a luz em diferentes comprimentos de onda, ampliam bastante a faixa de luz que pode ser absorvida e usada para fotossíntese.

Uma das evidências mais fortes da participação de clorofilas e carotenoides na fotossíntese é que o espectro de absorção desses pigmentos é parecido com o espectro de ação da fotossíntese (Figura 12-34). O último é uma medida da capacidade relativa da luz de diferentes comprimentos de onda de manter a fotossíntese.

Quando a clorofila *a* (ou qualquer outra molécula) absorve luz visível, a energia da luz absorvida eleva os elétrons da clorofila *a* para um estado de energia mais alto (excitado). Este difere muito do estado fundamental (não excitado) na distribuição de elétrons em torno dos átomos C e N do anel porfirina. Os estados excitados são instáveis e retornam ao estado fundamental por meio de um ou mais processos competitivos. Em moléculas de clorofila *a* dissolvidas em solvente orgânico, como o etanol, as reações principais que dissipam a energia do estado excitado são a emissão de luz (fluorescência e fosforescência) e emissão térmica (calor). Quando a mesma clorofila *a* se encontra ligada a um ambiente proteico exclusivo do centro de reação, a dissipação de energia do estado excitado ocorre por um processo bastante diferente, fundamental para a fotossíntese.

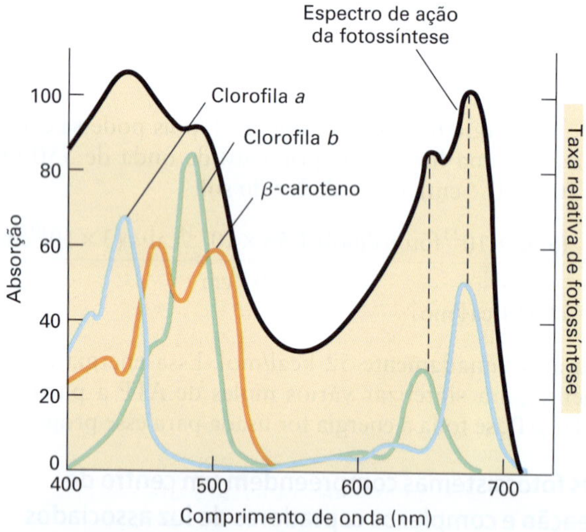

FIGURA EXPERIMENTAL 12-34 A taxa de fotossíntese é maior em comprimentos de onda de luz absorvidos pelos três pigmentos. O espectro de ação da fotossíntese nas plantas (a capacidade de a luz com diferentes comprimentos de ondas sustentar a fotossíntese) é mostrado em preto. A energia proveniente da luz pode ser convertida em ATP somente se puder ser absorvida pelos pigmentos no cloroplasto. Em cores, é mostrado o espectro de absorção para três pigmentos fotossintetizantes presentes nas antenas dos fotossistemas das plantas. Cada espectro de absorção mostra quão bem a luz de diferentes comprimentos de onda é absorvida por um dos pigmentos. Uma comparação dos espectros de ação com cada espectro de absorção individual sugere que a fotossíntese em 680 nm se deve principalmente à luz absorvida pela clorofila *a*; em 650 nm, à luz absorvida pela clorofila *b*; e em comprimentos de onda mais curtos, à luz absorvida pelas clorofilas *a* e *b* e pelos pigmentos carotenoides, incluindo o β-caroteno.

O transporte fotoelétrico da clorofila *a* energizada do centro de reação produz uma separação de carga

A absorção de um fóton de luz de comprimento de onda de ~680 nm por uma das duas moléculas de clorofila *a* do "par especial" no centro da reação aumenta a energia dessas moléculas em 42 kcal (o primeiro estado excitado). Essa molécula de clorofila energizada em um centro de reação da planta rapidamente doa um elétron a um aceptor intermediário, e o elétron é rapidamente transmitido para o aceptor primário, a quinona Q, próxima da superfície estromática da membrana tilacoide (Figura 12-35). Essa transferência de elétrons guiada pela luz, chamada **transporte fotoelétrico**, depende do ambiente exclusivo das clorofilas e do aceptor dentro do centro de reação. O transporte fotoelétrico, que ocorre praticamente cada vez que um fóton é absorvido, deixa uma carga positiva na clorofila *a* próxima à superfície do lúmen da membrana tilacoide (o lado oposto do estroma) e gera um aceptor reduzido, carregado negativamente (Q^-), próximo da superfície do estroma.

A Q^- produzida pelo transporte fotoelétrico é um agente redutor potente com forte tendência para transferir um elétron para outra molécula e, por fim, ao $NADP^+$. A clorofila a^+ carregada positivamente, forte agente oxidante, atrai um elétron de um doador de elétrons da superfície do lúmen para regenerar a clorofila *a* original. Nas plantas, o poder oxidante de quatro moléculas de clorofila a^+ é utilizado, pelos intermediários, para remover quatro elétrons de duas moléculas de H_2O ligadas a um sítio na superfície do lúmen para formar O_2:

$$2\ H_2O + 4\ \text{clorofilas}\ a^+ \rightarrow 4\ H^+ + O_2 + 4\ \text{clorofilas}\ a$$

Esses potentes agentes oxidantes e redutores fornecem toda a energia necessária para promover todas as reações seguintes da fotossíntese: o transporte de elétrons (etapa 2), a síntese de ATP (etapa 3) e a fixação do CO_2 (etapa 4).

A clorofila *a* também absorve a luz em diferentes comprimentos de ondas menores que 680 nm (ver Figura 12-34). Tal absorção eleva a molécula a um dos vários estados excitados, cujas energias são mais altas do que a do primeiro estado excitado descrito anteriormente, do qual decaem pela perda de energia, em 2×10^{-12} segundos (2 picossegundos, ps), para o primeiro estado excitado, de energia mais baixa, com a perda da energia extra como calor. Como o transporte fotoelétrico e a separa-

ANIMAÇÃO EM FOCO: Fotossíntese

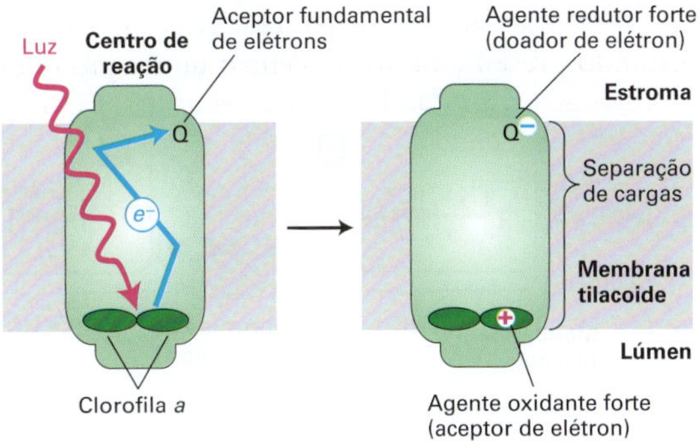

FIGURA 12-35 O transporte fotoelétrico, o evento primordial da fotossíntese. Após a absorção de um fóton de luz, uma das moléculas de clorofila *a* do par especial excitado no centro de reação (*à esquerda*) doa um elétron a uma molécula aceptora de ligação fraca, a quinona Q, na superfície do estroma na membrana tilacoide, criando uma separação de cargas essencialmente irreversível através da membrana (*à direita*). Transferências subsequentes desse elétron liberam energia que é usada para gerar ATP e NADPH (Figuras 12-38 e 12-39). A clorofila a^+ positivamente carregada, gerada quando o elétron excitado pela luz se move para Q, é, por fim, neutralizada pela transferência de outro elétron para a clorofila a^+. Em plantas, a oxidação da água em oxigênio molecular fornece este elétron neutralizante e ocorre em um complexo multiproteico denominado fotossistema II (Figura 12-39). O complexo fotossistema I usa uma via de transporte fotoelétrico similar, mas em vez de oxidar a água, ele recebe um elétron de uma proteína carreadora denominada plastocianina para neutralizar a carga positiva na clorofila a^+ (Figura 12-39).

ção de carga resultante ocorrem somente a partir do primeiro estado excitado da clorofila *a* do centro de reação, o rendimento quântico – a quantidade de fotossíntese por fóton absorvido – é igual para todos os comprimentos de onda da luz visível mais curtos (e, portanto, de energia mais alta) do que 680 nm. O quão próximo o comprimento de onda da luz coincide com o espectro de absorção dos pigmentos determina qual a probabilidade de o próton ser absorvido. Uma vez absorvido, o comprimento de onda exato do fóton não é crucial, desde que contenha ao menos a energia suficiente para estimular a clorofila para o primeiro estado excitado.

Os complexos captadores de luz e as antenas internas aumentam a eficiência da fotossíntese

Embora as moléculas de clorofila *a* de um centro de reação diretamente envolvidas com a separação de cargas e com a transferência de elétrons sejam capazes de absorver diretamente a luz e iniciar a fotossíntese, em geral elas são energizadas indiretamente pela energia transferida por outros pigmentos de absorção de luz e de transferência de energia. Esses outros pigmentos, que incluem muitas outras moléculas de clorofila, estão envolvidos na absorção dos fótons e na transferência da energia para as moléculas de clorofila *a* do centro de reação. Alguns estão ligados às subunidades de proteínas consideradas componentes intrínsecos do fotossistema e, portanto, são chamados de antenas internas; outros estão ligados aos complexos de proteínas que também se ligam, mas de maneira distinta, às proteínas do núcleo do fotossistema e são chamados de complexos captadores de luz (LHCs, do inglês *light-harvesting complexes*). Mesmo na intensidade máxima de luz encontrada pelos organismos fotossintetizantes (a luz do sol tropical ao meio-dia), cada molécula de clorofila *a* do centro de reação absorve apenas cerca de um fóton por segundo, insuficiente para sustentar a fotossíntese e suprir a necessidade da planta. A participação das antenas internas e dos LHCs aumenta muito a eficiência da fotossíntese, especialmente nas intensidades de luz mais típicas, porque aumenta a absorção da luz de 680 nm e amplia a faixa de comprimentos de onda da luz que podem ser absorvidos por outros pigmentos da antena.

Os fótons podem ser absorvidos por qualquer molécula de pigmento de uma antena interna ou de um LHC. A energia absorvida é, então, rapidamente transferida (em $< 10^{-9}$ segundos) para uma das duas moléculas de clorofila *a* do "par especial" no centro de reação associado, onde promove a separação primária de carga fotossintética (ver Figura 12-35). As proteínas do núcleo do fotossistema e as proteínas do LHC mantêm as moléculas de pigmento na posição e na orientação exatas e ideais à absorção de luz e à transferência de energia, maximizando, desse modo, a *transferência* rápida e eficiente de *ressonância* de energia dos pigmentos da antena para as clorofilas do centro de reação. A transferência de energia de ressonância não envolve a transferência de um elétron. Estudos em um dos dois fotossistemas de cianobactérias, semelhantes aos das plantas superiores, sugerem que a energia da luz absorvida é canalizada, primeiro, até uma clorofila de "conexão" em cada LHC e, então, ao par especial de clorofilas do centro de reação (ver Figura 12-36a). Surpreendentemente, contudo, as estruturas moleculares dos LHCs das plantas e das cianobactérias são completamente diferentes das estruturas das bactérias púrpuras e verdes, embora os dois tipos contenham carotenoides e clorofilas agrupados em um arranjo dentro da membrana. A Figura 12-36b mostra a distribuição dos pigmentos de clorofila no fotossistema I de *Pisum sativum* (ervilha) juntamente com as antenas periféricas do LHC. Grande número de clorofilas da antena interna e do LHC circunda o núcleo do centro de reação para permitir a transferência eficiente da energia da luz absorvida para as clorofilas especiais no centro de reação.

Embora as clorofilas da antena possam transferir a energia absorvida de um fóton, elas não liberam elétrons. Como já visto, essa função cabe às duas clorofilas do centro de reação. Para entender sua capacidade de liberação de elétrons, na próxima seção serão examinadas a estrutura e a função do centro de reação dos fotossistemas das bactérias e das plantas.

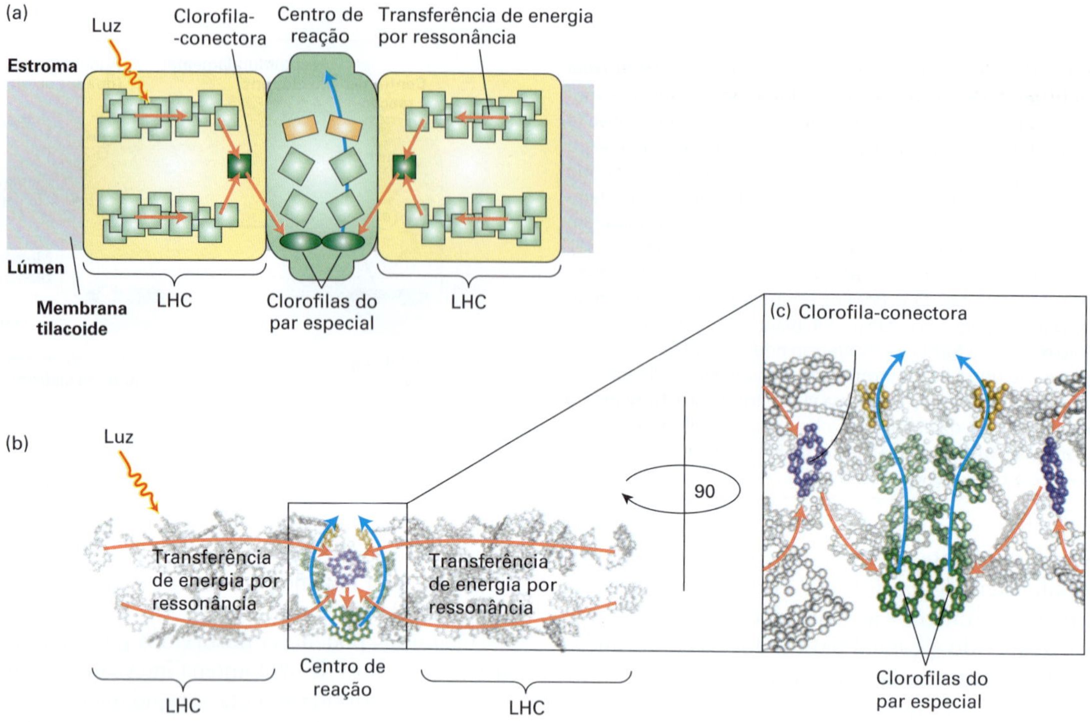

FIGURA 12-36 Complexos de captação de luz e fotossistemas em cianobactérias e plantas. (a) Diagrama de uma membrana de uma cianobactéria, na qual o complexo de captação de luz multiproteico (LHC) contém 90 moléculas de clorofila (verde) e 31 outras moléculas, mantidas em um arranjo geométrico específico para otimizar a absorção de luz e a transferência de energia. Das seis moléculas de clorofilas no centro de reação, duas constituem um par especial de clorofilas (ovais, verde-escuro) que pode iniciar o transporte fotoelétrico quando excitado (seta azul). A transferência de energia por ressonância (setas vermelhas) canaliza rapidamente a energia da luz absorvida em uma das duas "clorofilas-conectoras" (quadrados, verde-escuro) e dali para as clorofilas do centro de reação. (b) Organização tridimensional do fotossistema I (PSI) e LHCs associados de *Pisum sativum* (ervilha), como determinado por cristalografia por raios X e visto a partir do plano da membrana. Na figura aparecem apenas as clorofilas e os carreadores de elétrons do centro de reação. (c) Visão expandida do centro de reação de (b), girado em 90º sobre o eixo vertical. (Parte [a] adaptada de W. Kühlbrandt, 2001, *Nature* **411**:896, e P. Jordan et al., 2001, *Nature* **411**:909. Partes [b] e [c] com base na determinação estrutural por A. Ben-Sham et al., 2003, *Nature* **426**:630.)

CONCEITOS-CHAVE da Seção 12.5

A fotossíntese e os pigmentos que absorvem luz

- Os principais produtos finais da fotossíntese, nas plantas, são o oxigênio e os polímeros de açúcares de seis carbonos (amido e sacarose).
- As reações de captura da luz e geração de ATP da fotossíntese ocorrem na membrana tilacoide localizada dentro dos cloroplastos. A membrana externa permeável e a membrana interna em volta dos cloroplastos não participam diretamente da fotossíntese (ver Figura 12-31).
- Existem quatro etapas na fotossíntese: (1) a absorção da luz, a geração de elétrons de alta energia e a formação de O_2 a partir de H_2O; (2) o transporte de elétrons levando à redução de $NADP^+$ a NADPH e à geração de uma força próton-motriz; (3) a síntese de ATP; e (4) a conversão de CO_2 em carboidratos (fixação de carbono).
- Na etapa 1 da fotossíntese, a energia da luz é absorvida por uma das duas moléculas de clorofila *a* do "par especial" ligadas às proteínas do centro de reação na membrana tilacoide. As clorofilas energizadas doam, com a ajuda de intermediários, um elétron a uma quinona no lado oposto da membrana, criando uma separação de carga (ver Figura 12-35). Nas plantas verdes, as clorofilas carregadas positivamente removem elétrons da água, formando oxigênio molecular (O_2).
- Na etapa 2, os elétrons são transportados da quinona reduzida, via carreadores na membrana tilacoide, até atingir o ultimo aceptor de elétrons, normalmente o $NADP^+$, reduzindo-o a NADPH. O transporte de elétrons é acoplado ao movimento de prótons através da membrana do estroma para o lúmen do tilacoide, formando um gradiente de pH (força próton-motriz) através da membrana tilacoide.
- Na etapa 3, o movimento de prótons a favor do seu gradiente eletroquímico pelos complexos F_0F_1 (ATP-sintase) ativa a síntese do ATP a partir de ADP e P_i.
- Na etapa 4, o ATP e o NADPH, produzidos nas etapas 2 e 3, fornecem a energia e os elétrons para promover a fixação do CO_2, o que resulta na síntese dos carboidratos. Essas reações ocorrem no estroma tilacoide e no citosol.
- Associados a cada centro de reação estão múltiplos complexos captadores de luz (LHCs) e as antenas in-

ternas, que contêm clorofilas *a* e *b*, carotenoides, e outros pigmentos que absorvem luz em diferentes comprimentos de onda. A energia, mas não um elétron, é transferida das moléculas de clorofila da antena e do LHC às clorofilas do centro de reação, pela transferência da energia de ressonância (ver Figura 12-36).

12.6 Análise molecular de fotossistemas

Como visto na seção anterior, a fotossíntese nas bactérias verdes e púrpuras não produz oxigênio, ao passo que a fotossíntese das cianobactérias, das algas e das plantas produz.* Essa diferença é atribuída à presença de dois tipos de fotossistemas (PS) nesses últimos organismos: o PSI reduz $NADP^+$ a NADPH, e o PSII forma O_2 a partir da H_2O. Por outro lado, as bactérias verdes e púrpuras têm somente um tipo de fotossistema, que não pode formar O_2. Inicialmente será discutido o fotossistema mais simples das bactérias púrpuras e depois a intricada maquinaria da fotossíntese dos cloroplastos.

O único fotossistema das bactérias púrpuras gera uma força próton-motriz, mas não gera O_2

Foi determinada a estrutura tridimensional dos centros de reação fotossintetizantes, permitindo aos cientistas traçar os caminhos detalhados dos elétrons durante e após a absorção da luz. O centro de reação das bactérias púrpuras contém três subunidades proteicas (L, M e H), localizadas na membrana citoplasmática (ver Figura 12-37). Ligados a essas proteínas estão os grupos prostéticos que absorvem a luz e transportam os elétrons durante a fotossíntese. Os grupos prostéticos incluem um "par especial" de moléculas de bacterioclorofilas *a* equivalentes às moléculas de clorofila *a* no centro de reação das plantas, assim como vários outros pigmentos e duas quinonas, denominadas Q_A e Q_B, estruturalmente similares às ubiquinonas mitocondriais.

Separação inicial das cargas O mecanismo de separação de cargas no fotossistema das bactérias púrpuras é idêntico ao das plantas resumido anteriormente; ou seja, a energia da luz absorvida é utilizada para tirar um elétron de uma molécula de bacterioclorofila *a* de um centro de reação e transferi-la, por vários pigmentos diferentes, ao aceptor fundamental de elétrons Q_B, que se encontra fracamente ligado a um sítio na face citosólica da membrana. A clorofila, então, adquire carga positiva, e Q_B adquire carga negativa. Para determinar o caminho percorrido pelos elétrons ao longo do centro de reação bacteriano, os pesquisadores exploraram o fato de que cada pigmento absorve luz de determinados comprimentos de onda, e seu espectro de absorção muda quando ele tem um elétron extra. Como esses movimentos de elétrons se completam em menos de um milissegundo (ms), uma técnica especial, chamada *espectroscopia de absorção em picossegundos*, é necessária para monitorar as mudanças no espectro de absorção de vários pigmentos em função do tempo, logo após a absorção de um fóton de luz.

Quando uma preparação de vesículas de membrana bacteriana é exposta a um pulso intenso de luz de *laser* que dura menos de 1 ps, cada centro de reação absorve um fóton (Figura 12-38). A luz absorvida pelas moléculas de clorofila *a* em cada centro de reação converte-as para o estado excitado, e os processos seguintes de transferência de elétrons ficam sincronizados em todos os centros de reação. Em 4×10^{-12} segundos (4 ps), um elétron se move pela clorofila bacteriana acessória (ver Figura 12-37, *parte inferior*) como intermediária, até as moléculas de feofitina (Ph), deixando uma carga positiva na clorofi-

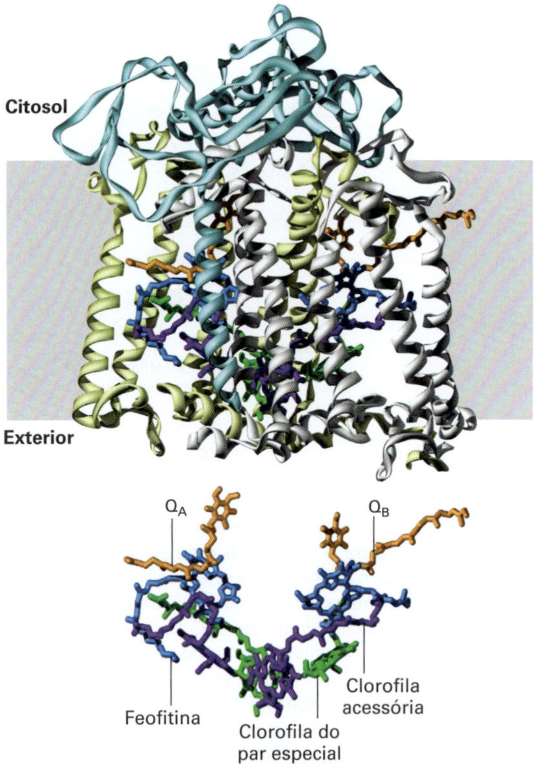

FIGURA 12-37 A estrutura tridimensional do centro de reação fotossintetizante da bactéria púrpura *Rhodobacter spheroides*. (*Parte superior*) As subunidades L (amarelo) e M (branco) formam, cada qual, cinco hélices α transmembrana e têm uma estrutural global bastante similar; a subunidade H (azul-claro) fica ancorada à membrana por uma única hélice α transmembrana. Uma quarta subunidade (não mostrada) é uma proteína periférica que se liga aos segmentos exoplasmáticos das outras subunidades. (*Parte inferior*) Dentro de cada centro de reação, mas não facilmente distinguido na figura superior, encontra-se um par especial de moléculas de bacterioclorofila *a* (verde), capaz de iniciar o transporte fotoelétrico; duas clorofilas acessórias (roxo); duas feofitinas (azul-escuro), e duas quinonas, Q_A e Q_B (cor-de-laranja). Q_B é o aceptor fundamental de elétrons durante a fotossíntese. (Conforme M. H. Stowell et al., 1997, *Science* **276**:812.)

* Um tipo muito diferente de mecanismo usado para captar a energia da luz, que ocorre somente em arqueobactérias, não é discutido, pois é muito diferente dos mecanismos dos centros de reação descritos aqui. Nesse mecanismo, a proteína da membrana plasmática que absorve um fóton de luz, denominada bacteriorrodopsina, também bombeia um próton do citosol para o espaço extracelular para cada fóton de luz absorvido.

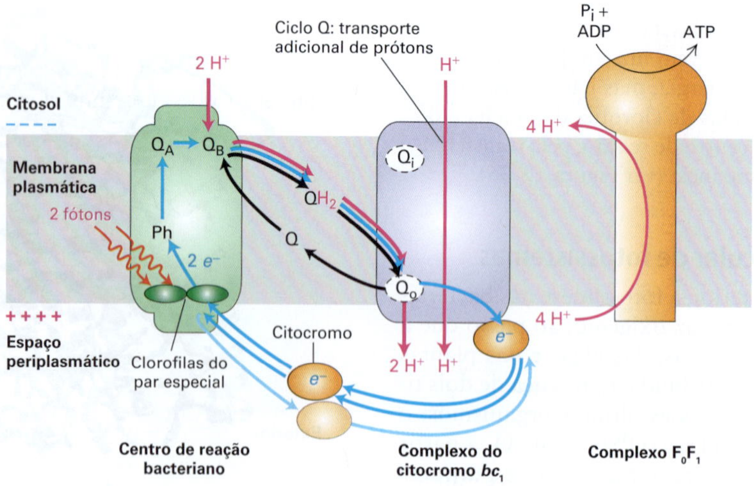

FIGURA 12-38 Fluxo cíclico de elétrons no único fotossistema da bactéria púrpura. O fluxo cíclico de elétrons gera uma força próton-motriz, mas não gera O_2. As setas azuis indicam o fluxo de elétrons; as setas vermelhas indicam o movimento dos prótons. (*À esquerda*) A energia canalizada de um LHC associado (não ilustrado aqui) energiza uma das clorofilas do par especial no centro de reação. O transporte fotoelétrico da clorofila energizada, via uma clorofila acessória, feofitina (Ph) e quinona A (Q_A), para a quinona B (Q_B) forma a semiquinona $Q^{\cdot -}$ e deixa uma carga positiva na clorofila. Após a absorção de um segundo fóton e a transferência de um segundo elétron para a semiquinona, ela rapidamente capta dois prótons do citosol para formar QH_2. (*Centro*) Após difundir através da membrana e se ligar ao sítio Q_o na face exoplasmática do complexo citocromo bc_1, QH_2 doa dois elétrons e, simultaneamente, entrega dois prótons ao meio externo no espaço periplasmático, gerando um gradiente eletroquímico de prótons (força próton-motriz). Os elétrons são transportados de volta à clorofila do centro de reação via um citocromo solúvel, que se difunde no espaço periplasmático. Observe a via cíclica (azul) dos elétrons. O funcionamento do ciclo Q no complexo do citocromo bc_1 bombeia prótons adicionais através da membrana para o meio externo, como nas mitocôndrias. (Adaptada de J. Deisenhofer e H. Mitchel, 1991, *Ann. Rev. Cell. Biol.* **7**:1.)

la *a*. Esse estado dura cerca de 200 ps antes dos elétrons se moverem para Q_A, e então, na etapa mais lenta, 200 µs para eles se moverem para Q_B. Essa via de fluxo de elétrons é traçada na parte esquerda da Figura 12-38. As etapas posteriores são mais lentas que os inerentemente rápidos movimentos de elétrons, pois envolvem mudanças conformacionais proteicas relativamente lentas.

O fluxo subsequente de elétrons e o movimento de prótons acoplado Após o primeiro aceptor de elétrons, Q_B, no centro de reação bacteriano, aceitar um elétron, formando $Q_B^{\cdot -}$, ele aceita um segundo elétron, da mesma clorofila do centro de reação, após sua reexcitação (por exemplo, pela absorção de um segundo fóton ou pela transferência de energia das moléculas da antena). A quinona, então, se liga a dois prótons do citosol, formando a quinona reduzida (QH_2), que é liberada do centro de reação (ver Figura 12-38). A QH_2 se difunde dentro da membrana bacteriana para o sítio Q_o na face exoplásmica do complexo de transporte de elétrons citocromo bc_1, similar, em estrutura, ao complexo III das mitocôndrias. Lá, ele libera seus dois prótons dentro do espaço periplasmático (o espaço entre a membrana citoplasmática e a parede celular da bactéria). Esse processo move prótons do citosol para o exterior da célula, gerando uma força próton-motriz através da membrana citoplasmática. Simultaneamente, a QH_2 libera seus dois elétrons, que se movem pelo complexo citocromo bc_1 exatamente como acontece no complexo III mitocondrial (a Co-QH_2-citocromo *c* redutase) mostrado na Figura 12-18. O ciclo Q no centro de reação bacteriano, como o ciclo Q nas mitocôndrias, bombeia prótons adicionais do citosol para o espaço intermembranas, aumentando, dessa forma, a força próton-motriz.

O aceptor de elétrons transferidos pelo complexo do citocromo bc_1 é um citocromo solúvel, carreador de um elétron, no espaço periplasmático, que é reduzido do estado Fe^{3+} a Fe^{2+}. O citocromo reduzido (análogo ao citocromo *c* nas mitocôndrias), difunde-se para um centro de reação, onde libera seu elétron para uma clorofila a^+ positivamente carregada, retornando a clorofila para o estado fundamental sem carga e o citocromo para o estado Fe^{3+}. Esse fluxo *cíclico* de elétrons não gera oxigênio nem coenzimas reduzidas, mas gera uma força próton-motriz.

Assim como em outros sistemas, essa força próton-motriz é usada pelo complexo F_0F_1 localizado na membrana plasmática bacteriana para sintetizar ATP e também transportar moléculas através da membrana contra seu gradiente de concentração.

Os cloroplastos têm dois fotossistemas funcional e espacialmente distintos

Na década de 1940, o biofísico R. Emerson descobriu que a taxa de fotossíntese das plantas gerada por uma luz de comprimento de onda de 700 nm pode ser bastante aumentada ao se adicionar luz de comprimento de onda mais curto (com maior energia). Ele descobriu que uma combinação de luz a, por exemplo, 600 e 700 nm, mantém uma taxa maior de fotossíntese do que a soma das taxas dos dois comprimentos de ondas separados. O chamado *efeito Emerson* levou os pesquisadores a concluir que a fotossíntese nas plantas envolve a interação de dois fotossistemas separados, referidos como PSI e PSII. O PSI é impulsionado por uma luz de comprimento de onda de 700 nm ou menos; o PSII, somente por luz de comprimento de onda mais curtos (< 680 nm).

Nos cloroplastos, o par especial de clorofilas do centro de reação que inicia o transporte fotoelétrico no PSI e no PSII difere em sua absorção máxima da luz devido às diferenças em seu ambiente proteico. Por isso, essas clorofilas são frequentemente denominadas P_{680} (PSII) e P_{700} (PSI). Como um centro de reação bacteriano, cada centro de reação do cloroplasto encontra-se associado com múltiplas antenas internas e complexos captadores de luz (LHCs); os LHCs associados com o PSII (p. ex., o LHCII) e o PSI (p. ex., o LHCI) contêm proteínas diferentes.

A distribuição dos dois fotossistemas na membrana tilacoide também é diferente: o PSII está principalmente nas regiões empilhadas (grana, ver Figura 12-31), e o PSI principalmente nas regiões desempilhadas. O empilhamento das membranas tilacoides pode ser devido às propriedades de ligação das proteínas do PSII, especialmente o LCHII. A evidência dessa distribuição vem de estudos nos quais as membranas tilacoides foram suavemente fragmentadas em vesículas por ultrassom. As vesículas tilacoides empilhadas e desempilhadas foram, então, fracionadas por centrifugação em um gradiente de densidade. As frações empilhadas continham principalmente proteínas PSII e a fração desempilhada, PSI.

Por último, o aspecto mais importante é que os dois fotossistemas do cloroplasto diferem significativamente em suas funções (Figura 12-39): somente o PSII oxida a água para formar oxigênio, ao passo que somente o PSI transfere elétrons para o aceitador final de elétrons, $NADP^+$. A fotossíntese nos cloroplastos pode seguir um caminho linear ou cíclico. O caminho linear, discutido primeiro, pode sustentar a fixação de carbono, assim como a síntese de ATP. Em contrapartida, o caminho cíclico sustenta somente a síntese de ATP e não gera NADPH reduzido para uso na fixação do carbono. As algas fotossintetizantes e as cianobactérias contêm dois fotossistemas análogos aos dos cloroplastos. Proteínas e pigmentos similares compõem os fotossistemas I e II das plantas e das bactérias fotossintetizantes.

O fluxo linear de elétrons pelos dois fotossistemas PSI e PSII das plantas gera uma força próton-motriz, O_2 e NADPH

O fluxo linear de elétrons nos cloroplastos envolve o PSII e o PSI em uma sequência obrigatória na qual os elétrons são transferidos do H_2O para o $NADP^+$. O processo começa com a absorção de um fóton por PSII, causando o movimento de um elétron de uma clorofila *a* P_{680} para uma plastoquinona aceptora (Q_B) na superfície do estroma (Figura 12-39). A $P_{680}{}^+$ resultante remove um elétron do fraco doador H_2O, formando um intermediário na formação de O_2 e um próton, que permanece no lúmen do tilacoide e contribui para a força próton-motriz. Após a P_{680} absorver um segundo fóton, a semiquinona $Q^{\bullet -}$ aceita um segundo elétron e apanha dois prótons do espaço do estroma, gerando a QH_2. Após difundir na

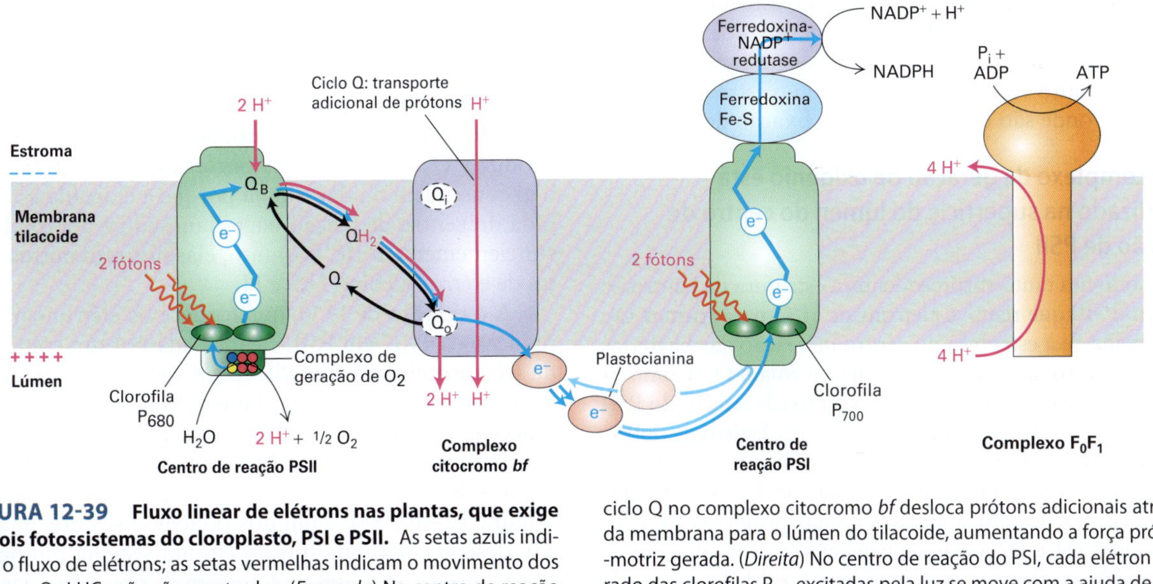

FIGURA 12-39 Fluxo linear de elétrons nas plantas, que exige os dois fotossistemas do cloroplasto, PSI e PSII. As setas azuis indicam o fluxo de elétrons; as setas vermelhas indicam o movimento dos prótons. Os LHCs não são mostrados. (*Esquerda*) No centro de reação PSII, duas excitações sequenciais induzidas pela luz das mesmas clorofilas P_{680} resultam na redução do aceptor fundamental de elétrons Q_B para QH_2. No lado do lúmen do PSII, os elétrons removidos da H_2O no lúmen do tilacoide são transferidos para $P_{680}{}^+$, restituindo as clorofilas do centro de reação ao estado fundamental e produzindo O_2. (*Centro*) O complexo citocromo *bf* então aceita elétrons de QH_2, acoplado à liberação de dois prótons dentro do lúmen. O funcionamento de um ciclo Q no complexo citocromo *bf* desloca prótons adicionais através da membrana para o lúmen do tilacoide, aumentando a força próton-motriz gerada. (*Direita*) No centro de reação do PSI, cada elétron liberado das clorofilas P_{700} excitadas pela luz se move com a ajuda de uma série de carreadores no centro de reação da superfície do estroma, onde a ferredoxina solúvel (uma proteína Fe-S) transfere o elétron para a ferredoxina-$NADP^+$ redutase (FNR). Esta enzima usa grupo prostético flavina adenina dinucleotídeo (FAD) e um próton para reduzir $NADP^+$, formando NADPH. A $P_{700}{}^+$ é restituída ao seu estado fundamental pela adição de um elétron carreado do PSII via complexo citocromo *bf* e plastocianina, um carreador solúvel de elétrons.

membrana, a QH_2 se liga ao sítio Q_o no complexo citocromo *bf*, que é análogo ao complexo citocromo bc_1 das bactérias e ao complexo III das mitocôndrias. Como acontece nesses sistemas, um ciclo Q atua, aumentando, assim, a força próton-motriz gerada pelo transporte de elétrons. Após o complexo citocromo *bf* aceitar os elétrons da QH_2, eles são transferidos, um de cada vez, para a forma Cu^{2+} da plastocianina, um carreador solúvel de elétrons (análogo ao citocromo *c*), reduzindo-a para a forma Cu^{1+}. A plastocianina reduzida, então, difunde no lúmen tilacoide, carreando o elétron para o PSI.

A absorção de um fóton pelo PSI leva à remoção de um elétron da clorofila *a* do centro de reação, a P_{700} (ver Figura 12-39). A P_{700}^+ oxidada resultante é reduzida pelo elétron passado do centro de reação de PSII via o complexo citocromo *bf* e a plastocianina. Mais uma vez, essa situação é análoga à das mitocôndrias, em que o citocromo *c* atua como lançadeira de elétrons individuais do complexo II para o complexo IV (ver Figura 12-16). O elétron recebido na superfície do lúmen pela P_{700} energizada pela absorção de um fóton se move no interior do PSI, com a ajuda de vários carreadores, para a superfície do estroma da membrana tilacoide, onde ele é aceito pela ferredoxina, uma proteína ferro-enxofre (Fe-S). No fluxo linear de elétrons, os elétrons excitados no PSI são transferidos da ferrodoxina pela enzima ferrodoxina-$NADP^+$ redutase (FNR). Essa enzima utiliza o grupo prostético FAD como carreador de elétrons para reduzir $NADP^+$, formando, juntamente com um próton recibido do estroma, a molécula reduzida NADPH.

Os complexos F_0F_1 na membrana tilacoide utilizam a força próton-motriz gerada durante o fluxo linear de elétrons para sintetizar ATP no lado do estroma da membrana. Assim, essa via explora a energia dos múltiplos fótons absorvidos pelos PSI e PSII e suas antenas para produzir tanto NADPH quanto ATP no estroma do cloroplasto, onde são utilizados para a fixação do CO_2.

Um complexo de geração de oxigênio está localizado na superfície do lúmen do centro de reação de PSII

De modo um tanto surpreendente, a estrutura do centro de reação PSII, que remove elétrons de H_2O para formar O_2, assemelha-se à estrutura do centro de reação das bactérias púrpuras fotossintetizantes, que não formam O_2. Como os centros de reação das bactérias, o centro de reação do PSII contém duas moléculas de clorofila *a* (P_{680}), além de outras duas clorofilas acessórias, duas feofitinas, duas quinonas (Q_A e Q_B) e um átomo de ferro não heme. Essas moléculas pequenas encontram-se ligadas a duas proteínas do PSII, chamadas D1 e D2, cujas sequências são notavelmente similares às sequências dos peptídeos L e M do centro de reação bacteriano (Figura 12-37), confirmando a sua origem evolutiva comum. Quando o PSII absorve um fóton com um comprimento de onda de < 680 nm, ele desencadeia a perda de um elétron de uma molécula de P_{680}, gerando P_{680}^+. Como nas bactérias púrpuras fotossintetizantes, o elétron é transportado rapidamente, provavelmente por

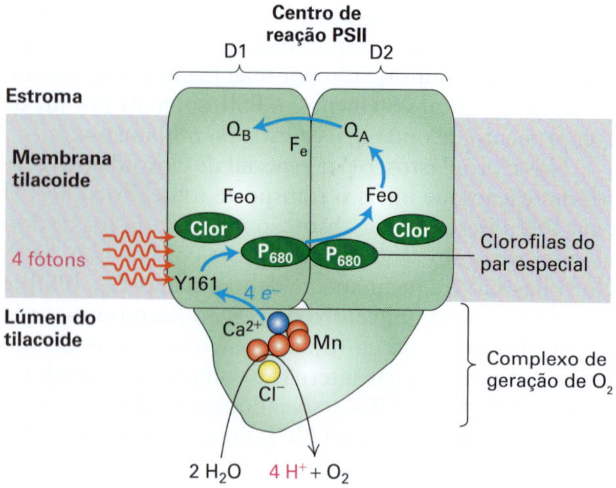

FIGURA 12-40 O fluxo de elétrons e a geração de O_2 no PSII do cloroplasto. O centro de reação PSII, compreendendo as duas proteínas integrais, D1 e D2, as clorofilas (P_{680}) do par especial e outros carreadores de elétrons, encontra-se associado com um complexo de geração de oxigênio na superfície luminal. Ligados às três proteínas extrínsecas (33, 23 e 17 kDa) do complexo de geração de oxigênio estão quatro íons de manganês (Mn, vermelho), um íon de Ca^{2+} (azul) e um íon Cl^- (amarelo). Esses íons ligados atuam no processo de rompimento da H_2O e mantêm o ambiente que é essencial para taxas altas de geração de oxigênio. A tirosina-161 (Y161) do polipeptídeo D1 conduz elétrons dos íons de Mn para a clorofila (P_{680}^+) oxidada do centro de reação, reduzindo-a ao estado fundamental P_{680}. (Adaptada de C. Hoganson e G. Babcock, 1997, *Science* **277**:1953.)

uma clorofila acessória, para uma feofitina, depois para uma quinona (Q_A), e então, para o primeiro aceptor de elétrons, Q_B, na superfície externa (estroma) da membrana tilacoide (Figuras 12-39 e 12-40).

A clorofila do PSII fotoquimicamente oxidada, P_{680}^+, do centro de reação, é o oxidante biológico *mais forte* conhecido. A P_{680}^+ tem potencial de redução mais positivo que o da água e, portanto, pode oxidar a água para produzir O_2 e íons H^+. As bactérias fotossintetizantes não conseguem oxidar a água porque a clorofila a^+ excitada do centro de reação bacteriano não é um oxidante suficientemente forte. Portanto, elas utilizam outras fontes de elétrons, como H_2S e H_2.

A oxidação de H_2O, que fornece os elétrons para a redução da P_{680}^+ em PSII, é catalisada por um complexo de três proteínas, o *complexo de geração de oxigênio*, localizado na superfície do lúmen do PSII na membrana tilacoide. O complexo de emissão de oxigênio contém quatro íons de manganês (Mn) conectados por pontes de átomos de oxigênio, assim como íons Cl^- e Ca^{2+} ligados (Figura 12-40); esse é um dos poucos casos nos quais o Mn desempenha uma função em um sistema biológico. Esses íons de Mn, juntamente com as três proteínas extrínsecas, podem ser removidos do centro de reação pelo tratamento com soluções salinas concentradas; isso inibe a formação de O_2, mas não afeta a absorção da luz ou as etapas iniciais do transporte de elétrons.

A oxidação de duas moléculas de H_2O para formar O_2 requer a remoção de quatro elétrons, mas a absorção

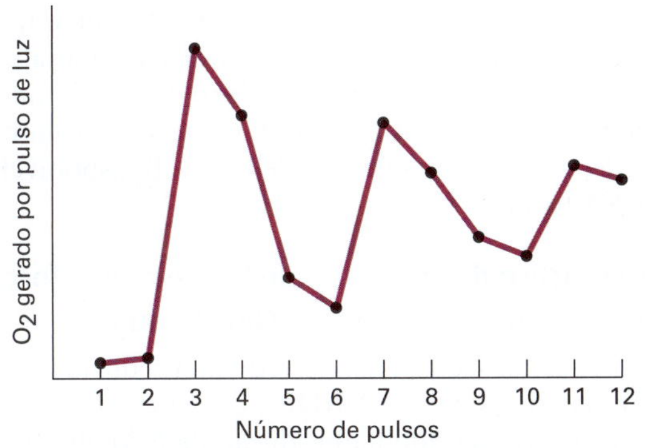

FIGURA EXPERIMENTAL 12-41 Um único PSII absorve um fóton e transfere um elétron quatro vezes para gerar um O_2. Cloroplastos adaptados ao escuro foram expostos a uma rápida série de curtos pulsos de luz (5 μs), que ativaram praticamente todos os PSIIs na preparação. Os picos na emissão de O_2 ocorreram após cada quatro pulsos, indicando que é necessária a absorção de quatro fótons pelo PSII para produzir cada molécula de oxigênio. Como os cloroplastos adaptados ao escuro estavam inicialmente em um estado reduzido, os picos na emissão de O_2 ocorreram após pulsos 3, 7 e 11. (De J. Berg et al., 2002, *Biochemistry*, 5th ed., W. H. Freeman and Company.)

de cada fóton pelo PSII resulta na transferência de apenas um elétron. Um experimento simples, descrito na Figura 12-41, esclareceu se a formação de O_2 depende de um único PSII ou de múltiplos atuando em harmonia. Os resultados indicaram que um único PSII deve perder um elétron e, então, oxidar o complexo de geração de oxigênio por quatro vezes seguidas para que uma molécula de O_2 seja formada.

Sabe-se que o manganês existe em múltiplos estados de oxidação, variando de duas a cinco cargas positivas. De fato, estudos espectroscópicos mostraram que os íons de Mn ligados ao complexo de emissão de oxigênio alternam-se entre cinco estados de oxidação diferentes, de S_0 a S_4. Neste ciclo S, um total de duas moléculas de H_2O é quebrada em quatro prótons, quatro elétrons e uma molécula de O_2. Foi proposto que os canais na estrutura do complexo de geração de oxigênio servem como ducto para o abastecimento de H_2O e para a remoção do O_2 do sítio ativo pela proteína circundante do complexo de geração de oxigênio. Os elétrons liberados de H_2O são transferidos, cada qual em sua vez, via os íons Mn e uma cadeia lateral de tirosina próxima na subunidade D1, para a P_{680}^{+} do centro de reação, onde regeneram a clorofila reduzida ao estado fundamental, P_{680}, substituindo os elétrons removidos pela absorção de luz. Os prótons liberados de H_2O permanecem no lúmen do tilacoide.

Os herbicidas que inibem a fotossíntese são muito importantes não apenas na agricultura, mas também no detalhamento da via de transporte de elétrons nas plantas. Uma classe desses herbicidas, as *s*-triazinas (p. ex., a atrazina), se liga especificamente à subunidade D1 no centro de reação do PSII, inibindo, assim, a ligação da Q_B oxidada ao seu sítio na superfície do estroma na membrana tilacoide. Quando adicionadas a cloroplastos iluminados, as *s*-triazinas causam o acúmulo de carreadores de elétrons das etapas posteriores da fotossíntese na forma oxidada, já que nenhum elétron pode ser liberado do PSII. Em mutantes resistentes à atrazina, a mudança de um único aminoácido na D1 torna-a incapaz de se ligar ao herbicida e, assim, a fotossíntese procede a taxas normais. Essas ervas daninhas são prevalentes e representam um problema importante na agricultura. ■

Múltiplos mecanismos protegem as células contra danos pelas espécies reativas de oxigênio durante o transporte fotoelétrico

Como visto anteriormente, no caso das mitocôndrias, as EROs geradas durante o transporte fotoelétrico ao longo da cadeia transportadora de elétrons (ver Figura 12-21) podem tanto servir como sinais para regular a função da organela quanto causar danos a uma variedade de biomoléculas. O mesmo é válido para os cloroplastos. Apesar de os fotossistemas PSI e PSII com seus complexos captadores de luz serem notavelmente eficientes na conversão da energia radiante em energia química utilizável, na forma de ATP e de NADPH, eles não são perfeitos. Dependendo da intensidade da luz e das condições fisiológicas das células, uma quantidade relativamente pequena – mas significante – de energia absorvida pelas clorofilas nas antenas captadoras de luz e nos centros de reação resulta na conversão de uma clorofila a um estado ativado chamado clorofila "*triplete*". Nesse estado, a clorofila pode transferir parte dessa energia para o oxigênio molecular (O_2), convertendo-o de seu estado fundamental *relativamente* não reativo habitual, chamado oxigênio triplete ($^3O_2$), para um estado altamente reativo (ERO) na forma de singlete, o $^1O_2$. Parte desse $^1O_2$ pode ser usado para sinalizar ao núcleo para que este transmita o estado metabólico dos cloroplastos para o resto da célula. Contudo, caso a maioria dos $^1O_2$ não seja rapidamente neutralizada pela reação com "moléculas sequestradoras" de $^1O_2$ especializadas, eles reagirão e em geral danificarão as moléculas próximas. Esse dano pode suprimir a eficiência da atividade tilacoide e é chamado de *fotoinibição*. Os carotenoides (polímeros com grupamentos isopreno insaturados, incluindo o beta-caroteno, que dá a cor laranja às cenouras) e o α-tocoferol (forma da vitamina E) são pequenas moléculas hidrofóbicas que desempenham importante papel como supressor de $^1O_2$ para proteger as plantas. Por exemplo, a inibição da síntese do tocoferol nas algas verdes unicelulares *Chlamydomonas reinhardtii* pelo herbicida pirazolinato pode resultar em maior fotoinibição induzida pela luz. Os carotenoides, que drenam de maneira eficiente a energia da clorofila triplete perigosa quando estão próximos, são as moléculas mais importantes quantitativamente para impedir a formação do $^1O_2$. Existem cerca de 11 moléculas de carotenoides e 35 clorofilas no monômero do PSII de cyanobacterium *Thermosynechoccus elongatus*.

Sob iluminação intensa, o fotossistema PSII é especialmente propenso a gerar dano mediado por $^1O_2$, ao passo que o PSI produzirá outras EROs, incluindo os radicais superóxido, peróxido de hidrogênio e hidroxila. A

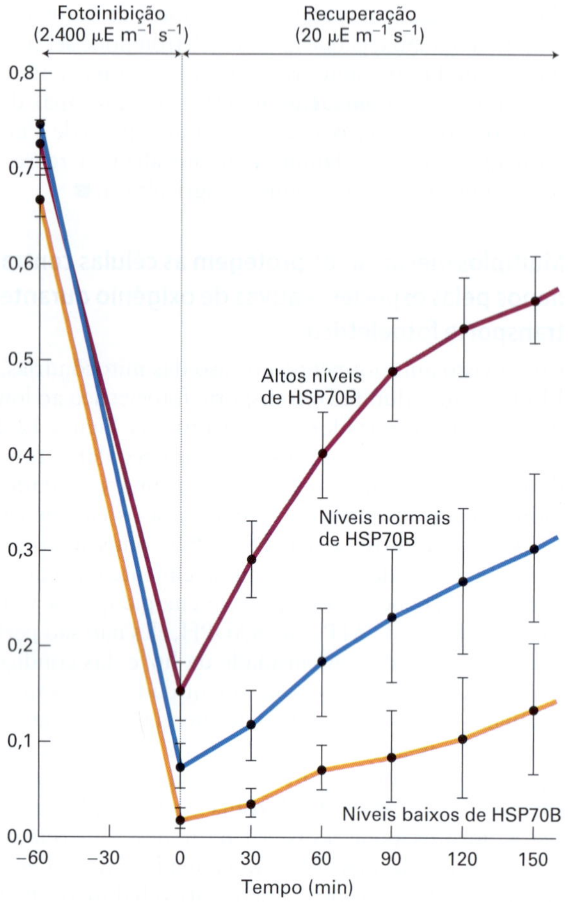

FIGURA EXPERIMENTAL 12-42 A chaperona HSP70B auxilia o PSII a se recuperar da fotoinibição após exposição à luz intensa. A alga verde unicelular *Clamydomonas reinhardtii* foi manipulada geneticamente de forma a apresentar níveis anormalmente altos ou baixos da proteína chaperona HSP70B. As linhagens alta, baixa e normal foram então expostas à luz de alta intensidade (2.400 μE $m^{-2}s^{-1}$) por 60 minutos para induzir fotoinibição seguida pela exposição a pouca luz (20 μE $m^{-2}s^{-1}$) por até 150 minutos. Os efeitos da fotoinibição pela luz de alta intensidade e a capacidade da PSII de se recuperar da fotoinibição foram medidas usando espectroscopia de fluorescência para determinar a atividade de PSII. A capacidade das células de recuperar a atividade de PSII depende dos níveis de HSP70B – quanto mais HSP70B disponível, mais rápida é a recuperação – devido à proteção conferida pela HSP70B aos centros de reação PSII que resistiram aos danos da subunidade D1 induzidos por $^1O_2$. (De Schroda et al., 1999, *Plant Cell* **11**:1165.)

subunidade D1 do centro de reação do PSII (ver Figura 12-40) está sujeita, mesmo sob condições de pouca luz, a danos quase constantes mediados por $^1O_2$. Um centro de reação danificado se move a partir do grana para as regiões desempilhadas do tilacoide, onde a subunidade D1 é degradada por uma protease e substituída por uma proteína D1 recém-sintetizada no chamado ciclo de dano e reparo da proteína D1. A rápida substituição da D1 danificada, que requer alta taxa de síntese de D1, ajuda o PSII a se recuperar da fotoinativação e a manter atividade suficiente. O experimento na Figura 12-42 mostra que um componente importante do ciclo de dano e reparo é a proteína chaperona HSP70B (ver Capítulo 3), que se liga ao PSII danificado e ajuda a evitar a perda de outros componentes do complexo à medida que subunidade D1 é substituída. A extensão da fotoinibição pode depender da quantidade de HSP70B disponível nos cloroplastos.

O fluxo cíclico de elétrons pelo PSI gera uma força próton-motriz, mas não gera NADPH ou O_2

Como visto, os elétrons da ferredoxina reduzida em PSI são transferidos para o $NADP^+$, durante o fluxo linear de elétrons, resultando na produção de NADPH (ver Figura 12-39). Em algumas circunstâncias, como na seca, em alta intensidade de luz ou em baixos níveis de dióxido de carbono, as células devem gerar quantidades relativamente mais altas de ATP em relação ao NADPH do que a produzida pelo fluxo linear de elétrons. Para isso, elas produzem ATP pela fotossíntese a partir do PSI sem a produção concomitante de NADPH. Isso é realizado usando um processo independente do PSII chamado *fotofosforilação cíclica* ou *fluxo cíclico de elétrons*. Nesse processo, os elétrons alternam entre o PSI, a ferredoxina, a plastoquinona (Q) e o complexo do citocromo *bf* (Figura 12-43); desse modo, nenhum NADPH líquido é gerado nem existe a necessidade de oxidar água e produzir O_2. Existem dois caminhos diferentes para o fluxo cíclico de elétrons: via *NAD(P)H desidrogenase* (Ndh) *dependente* (mostrado na Figura 12-43) e via *independente de Ndh*. O Ndh é um complexo enzimático, muito semelhante ao complexo I mitocondrial (ver Figura 12-16), que oxida NADPH ou NADH enquanto reduz Q a QH_2 e, assim, contribui transportando prótons para a força próton-motriz. Durante o fluxo cíclico de elétrons, o substrato para o Ndh é o NADPH gerado pela absorção de luz pelo PSI, da ferredoxina e da ferredoxina-NADP redutase (FNR). A QH_2 formada pela Ndh, então, se difunde pela membrana tilacoide para o sítio de ligação Q_o na superfície do lúmen do complexo citocromo *bf*. Ali ela libera dois elétrons para o complexo citocromo *bf* e dois prótons para o lúmen do tilacoide, gerando uma força próton-motriz. Assim como no fluxo linear de elétrons, esses elétrons retornam ao PSI via plastocianina. Esse fluxo cíclico de elétrons é similar ao processo cíclico que ocorre no único fotossistema das bactérias púrpuras (ver Figura 12-38). Um ciclo Q atua no complexo do citocromo *bf* durante o fluxo cíclico de elétrons, levando ao transporte de dois prótons adicionais para dentro do lúmen para cada par de elétrons transportados e a uma força próton-motriz ainda maior.

No fluxo cíclico de elétrons independente de Ndh, cujo mecanismo não foi ainda completamente definido, os elétrons da ferredoxina são usados para reduzir a Q, ou via ferredoxina: plastoquinona: oxidorredutase (FQR) hipotética associada à membrana, ou via sítio Q_i, parte do ciclo Q no complexo do citocromo *bf*. A análise genética de *Arabidopsis thaliana* identificou vários genes envolvidos no fluxo cíclico de elétrons independente de Ndh, incluindo a proteína integral de membrana PGRL1.

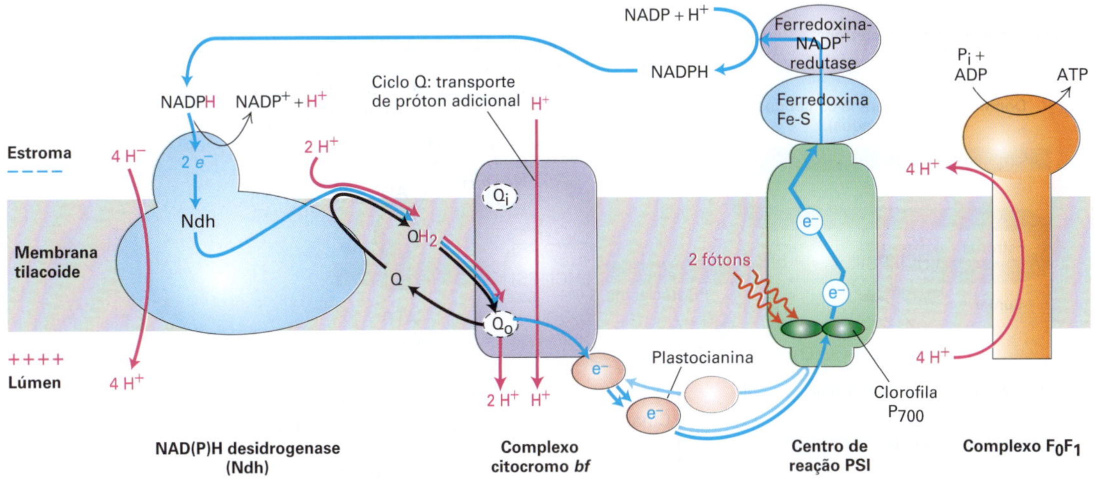

FIGURA 12-43 O fluxo cíclico de elétrons em plantas gera uma força próton-motriz e ATP, mas não produz oxigênio nem NADPH líquido. Na via dependente da NAD(P)H-desidrogenase (Ndh) para o fluxo cíclico de elétrons, a energia proveniente da luz é usada pelo PSI para transportar elétrons em um ciclo, para gerar uma força próton-motriz e ATP sem oxidar a água. O NADPH formado via PSI/ferredoxina/FNR – em vez de ser usado para fixar carbono – é oxidado pela Ndh. Os elétrons liberados são transferidos para a plastoquinona (Q) dentro da membrana para gerar QH_2, que então transfere os elétrons para o complexo citocromo *bf*, em seguida para a plastocianina, e, finalmente, de volta para o PSI, como no caso da via de fluxo de elétrons linear (ver Figura 12-39).

A atividade relativa dos fotossistemas I e II é regulada

A fim de que o PSII, localizado preferencialmente no grana empilhado, e o PSI, localizado preferencialmente nas membranas tilacoides desempilhadas, atuem em sequência durante o fluxo linear de elétrons, a quantidade de energia da luz entregue aos dois centros de reações deve ser controlada para que cada centro excite o mesmo número de elétrons. Essa condição equilibrada é chamada de estado 1 (Figura 12-44a). Se os dois fotossistemas não forem igualmente excitados, então o fluxo cíclico de elétrons ocorre apenas no PSI, e o PSII se torna menos ativo (estado 2). As variações nos comprimentos de ondas e na intensidade da luz ambiente (em consequência da hora do dia, nebulosidade, etc.) podem mudar a ativação relativa dos dois fotossistemas, perturbando potencialmente as quantidades relativas apropriadas do fluxo cíclico e linear de elétrons necessário para a produção de proporções ideais de ATP e de NADPH.

Um mecanismo para regular a contribuição relativa do PSI e do PSII, em resposta às diferentes condições de luminosidade e, portanto, às quantidades relativas de fluxo cíclico e linear de elétrons, implica na redistribuição do complexo de captação de luz LHCII entre os dois fotossistemas. Quanto mais LHCII estiver associado com um fotossistema particular, maior será a eficiência com que esse sistema será ativado pela luz e maior será a sua contribuição para o fluxo de elétrons. A redistribuição do LHCII entre o PSI e o PSII é mediada pela fosforilação e desfosforilação reversível do LHCII por uma cinase regulada e associada à membrana, além de uma fosfatase que, aparentemente, é ativa de forma constitutiva. A forma desfosforilada do LHCII é preferencialmente associada com o PSII, e a forma fosforilada difunde-se na membrana tilacoide a partir do grana para a região desempilhada e se associa com o PSI mais do que a forma desfosforilada. As condições de luminosidade em que ocorre absorção de luz preferencial pelo PSII resulta na produção de altos níveis de QH_2 que se ligam ao complexo citocromo *bf* (ver Figura 12-39). As consequentes mudanças conformacionais nesse complexo aparentemente são responsáveis pela ativação da cinase do LHCII, pela fosforilação do LHCII aumentada, pela maior ativação compensatória do PSI em relação ao PSII, e, portanto, pelo aumento do fluxo cíclico de elétrons no estado 2 (Figura 12-44a). Quando a alga verde *Chlamydomonas reinhardtii* foi forçada ao estado 2, foi possível isolar um "super-supercomplexo" contendo o PSI, o LHCI, o LHCII, o complexo citocromo *bf*, a ferredoxina (Fd), a NADPH oxidorredutase (FNR) e a proteína integral de membrana PGRL1 que participa no *fluxo cíclico de elétrons independente de Ndh* (Figura 12-44b). Assim, parece que o funcionamento eficiente da cadeia transportadora de elétrons envolve a evolução de complexos funcionais, de tamanho e complexidade crescentes, a partir de proteínas individuais para complexos, de complexos para supercomplexos, e de supercomplexos para super-supercomplexos.

A regulação da organização supramolecular dos fotossistemas das plantas tem o efeito de direcioná-los para a produção de ATP (estado 2) ou para a geração de equivalentes reduzidos (NADPH) e ATP (estado 1), dependendo das condições de luminosidade do ambiente e das necessidades metabólicas da planta. Ambos, o NADPH e o ATP, são necessários para converter o CO_2 em sacarose ou amido, a quarta etapa na fotossíntese, que será abordada na última seção deste capítulo.

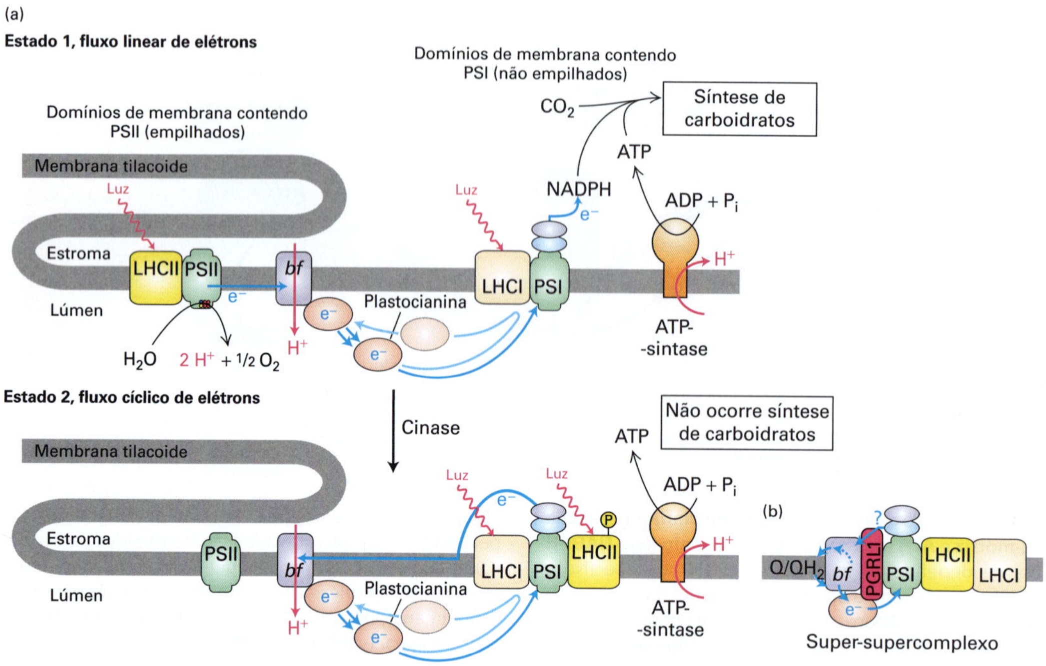

FIGURA 12-44 Fosforilação da LHCII e a regulação linear *versus* a regulação cíclica do fluxo de elétrons. (a, *parte superior*) À luz solar, o PSI e o PSII são ativados igualmente, e os fotossistemas ficam organizados no estado 1. Neste arranjo, o complexo captador de luz II (LHCII) não está fosforilado e seis cópias de trímeros de LHCII, juntamente com várias outras proteínas captadoras de luz, cercam um centro de reação constituído por um dímero de PSII em um supercomplexo firmemente associado no grana (para tornar mais claro, os detalhes moleculares dos supercomplexos não são mostrados). Como resultado, PSII e PSI podem funcionar em paralelo no fluxo linear de elétrons. (a, *parte inferior*) Quando a estimulação luminosa dos dois fotossistemas não é balanceada (p. ex., muita luz na via PSII), LHCII é fosforilada, dissocia-se de PSII, e se difunde nas membranas não empilhadas, onde esse complexo se associa ao PSI e ao LHCI permanentemente associado com o PSI. Nesta organização supramolecular alternativa (estado 2), a maior parte da energia da luz absorvida é transferida para PSI, suprindo o fluxo cíclico de elétrons e a produção de ATP, mas sem formação de NADPH e, portanto, sem fixação de CO_2. (b) Modelo de um "super-supercomplexo" de PSI envolvido com o *fluxo cíclico de elétrons independente de Ndh* que foi isolado de algas verdes na etapa 2. O super-supercomplexo contém múltiplos complexos, incluindo a proteína integral de membrana PGRL1 que foi identificada por análise genética. (Adaptada de F. A. Wollman, 2001, *EMBO J.* **20**:3623; e M. Iwai, et al., 2010, *Nature* **464**:1210-1213.)

CONCEITOS-CHAVE da Seção 12.6

Análise molecular de fotossistemas

- No único fotossistema das bactérias púrpuras, o fluxo cíclico de elétrons do par especial de moléculas de clorofila *a* excitadas pela luz, no centro de reação, gera uma força próton-motriz, que é utilizada, principalmente, para ativar a síntese do ATP pelo complexo F_0F_1 na membrana citoplasmática (Figura 12-38).
- As plantas contêm dois fotossistemas, o PSI e o PSII, que têm funções diferentes e estão separados fisicamente na membrana tilacoide. O PSII converte o H_2O em O_2. O PSI reduz o $NADP^+$ a NADPH. As cianobactérias possuem dois fotossistemas análogos.
- Nos cloroplastos, a energia da luz absorvida pelos complexos captadores de luz (LHCs) é transferida para as moléculas de clorofila *a* nos centros de reação (P_{680}, no PSII, e P_{700}, no PSI).
- Os elétrons fluem pelo PSII com a ajuda dos mesmos carreadores presentes no fotossistema bacteriano. Ao contrário do sistema bacteriano, a $P_{680}{}^+$ oxidada fotoquimicamente no PSII é regenerada a P_{680} por elétrons derivados da quebra de H_2O com a emissão de O_2 (ver Figura 12-39, *esquerda*).
- No fluxo linear de elétrons, a $P_{700}{}^+$ oxidada fotoquimicamente em PSI é reduzida, regenerando a P_{700}, por elétrons transferidos do PSII, via complexo citocromo *bf* e plastocianina solúvel. Os elétrons perdidos de P_{700} após a excitação do PSI são transportados por vários carreadores até o $NADP^+$, gerando NADPH (ver Figura 12-39, *direita*).
- A absorção de luz pelos pigmentos nos cloroplastos pode gerar espécies reativas de oxigênio (EROs), incluindo o oxigênio singlete, o $^1O_2$, e o peróxido de hidrogênio, o H_2O_2. Em pequenas quantidades, são atóxicas e usadas como moléculas sinalizadoras intracelulares para controlar o metabolismo da célula. Em grandes quantidades, elas podem ser tóxicas. As pequenas moléculas sequestradoras e as enzimas antioxidantes ajudam a proteger contra o dano induzido pelas EROs; contudo, os danos causados pelo oxigênio singlete à subunidade D1 do PSII ainda ocorrem, causando fotoinibição. Uma chaperona HSP70 ajuda o PSII a se recuperar dos danos.
- Diferentemente do fluxo linear de elétrons, que requer tanto o PSII quanto o PSI, o fluxo cíclico de elétrons nas plantas envolve somente o PSI. Nessa via, nem o NADPH nem o O_2 são formados, embora seja gerada

uma força próton-motriz. Os super-supercomplexos muito grandes podem estar envolvidos no fluxo cíclico de elétrons.

- A fosforilação e a desfosforilação reversíveis do complexo II de captação de luz (LHCII) controlam a organização funcional do aparato fotossintetizante nas membranas tilacoides. O estado 1 favorece o fluxo linear de elétrons, ao passo que o estado 2 favorece o fluxo cíclico de elétrons (ver Figura 12-44).

12.7 O metabolismo de CO_2 durante a fotossíntese

Os cloroplastos realizam muitas reações metabólicas nas folhas verdes. Além da fixação do CO_2 – a incorporação de CO_2 gasoso em pequenas moléculas orgânicas e depois em açúcares –, a síntese de quase todos os aminoácidos, de todos os ácidos graxos e carotenos, de todas as pirimidinas e, provavelmente, de todas as purinas, ocorre nos cloroplastos. Contudo, a síntese de açúcares a partir de CO_2 é a via biossintética mais estudada nas células das plantas. Primeiro será considerada a via singular, conhecida como **ciclo de Calvin** (em homenagem a seu descobridor, Melvin Calvin), que fixa o CO_2 em compostos de três carbonos, e é ativado pela energia liberada durante a hidrólise do ATP e a oxidação do NADPH.

A rubisco fixa CO_2 no estroma dos cloroplastos

A enzima **ribulose-1,5-bifosfato carboxilase**, ou **rubisco**, fixa o CO_2 em moléculas precursoras posteriormente convertidas em carboidratos. A rubisco fica localizada no espaço estromal do cloroplasto. Essa enzima adiciona CO_2 ao açúcar de cinco carbonos ribulose-1,5-bifosfato, para formar duas moléculas de 3-fosfoglicerato (Figura 12-45). A rubisco é um enzima grande (~500 kDa), com a forma mais comum composta por oito subunidades grandes idênticas e oito subunidades menores idênticas. Uma subunidade é codificada no DNA do cloroplasto; a outra, no DNA nuclear. Como a velocidade catalítica da rubisco é bastante lenta, muitas cópias da enzima são necessárias para fixar CO_2 suficiente. Na verdade, essa enzima compreende quase 50% do total de proteína solúvel do cloroplasto e acredita-se que ela seja a proteína mais abundante na Terra. Estima-se que a rubisco fixe mais que 10^{11} toneladas de CO_2 atmosférico por ano.

Quando as algas fotossintetizantes são expostas a um pulso curto de CO_2 marcado com ^{14}C e as células são rapidamente rompidas, o 3-fosfoglicerato é marcado radiativamente de forma mais rápida, e toda a radiatividade fica localizada no grupo carboxila. Como o CO_2 é incorporado inicialmente dentro de um composto de três carbonos, o ciclo de Calvin também é chamado de *via C_3* de fixação do carbono (Figura 12-46).

O destino do 3-fosfoglicerato produzido pela rubisco é complexo: parte é convertida a hexoses incorporadas ao amido ou sacarose, mas outra é utilizada para regenerar a ribulose-1,5-bifosfato. Pelo menos nove enzimas são necessárias para regenerar a ribulose-1,5-bifosfato a partir do 3-fosfoglicerato. Quantitativamente, para cada 12 moléculas de 3-fosfoglicerato produzidas pela rubisco (um total de 36 átomos de C), duas moléculas (6 átomos de C) são convertidas a duas moléculas de gliceraldeído-3-fosfato (e depois a 1 hexose), enquanto dez moléculas (30 átomos de C) são convertidas a seis moléculas de ribulose-1,5-bifosfato (Figura 12-46, *parte superior*). A fixação de seis moléculas de CO_2 e a formação total de duas moléculas de gliceraldeído-3-fosfato requer o consumo de 18 ATPs e 12 NADPHs, gerados por processos de fotossíntese que demandam luz.

A síntese da sacarose incorporando o CO_2 fixado é completada no citosol

Após sua formação no estroma do cloroplasto, o gliceraldeído-3-fosfato é transportado ao citosol em troca de fosfato. As etapas finais da síntese da sacarose (Figura 12-46, *parte inferior*) ocorrem no citosol das células das folhas.

Uma proteína de antiporte na membrana do cloroplasto traz o CO_2 fixado (como gliceraldeído-3-fosfato) para dentro do citosol quando a célula está exportando sacarose vigorosamente. Nenhum CO_2 fixado deixa o cloroplasto a não ser que fosfato lhe seja suprido para

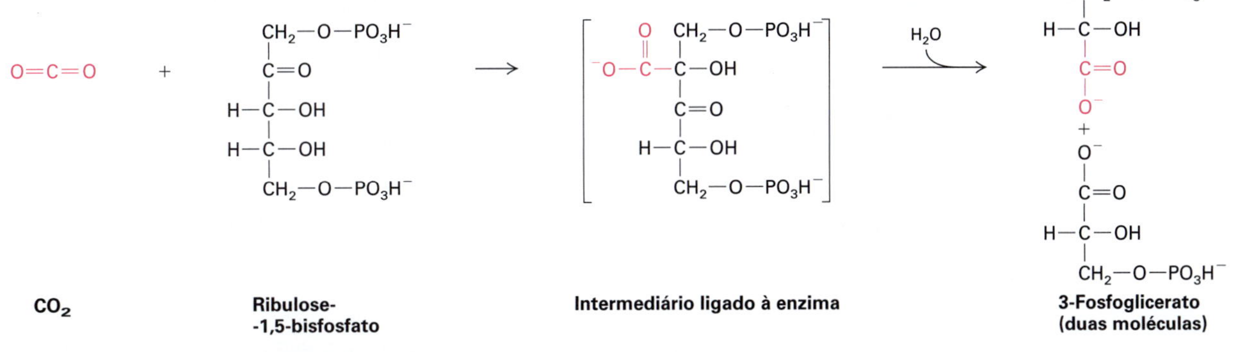

FIGURA 12-45 A reação inicial da rubisco que fixa CO_2 em compostos orgânicos. Nesta reação, catalisada pela ribulose-1,5-bisfosfato carboxilase (rubisco), CO_2 condensa com o açúcar de cinco carbonos ribulose-1,5-bisfosfato. Os produtos são duas moléculas de 3-fosfoglicerato.

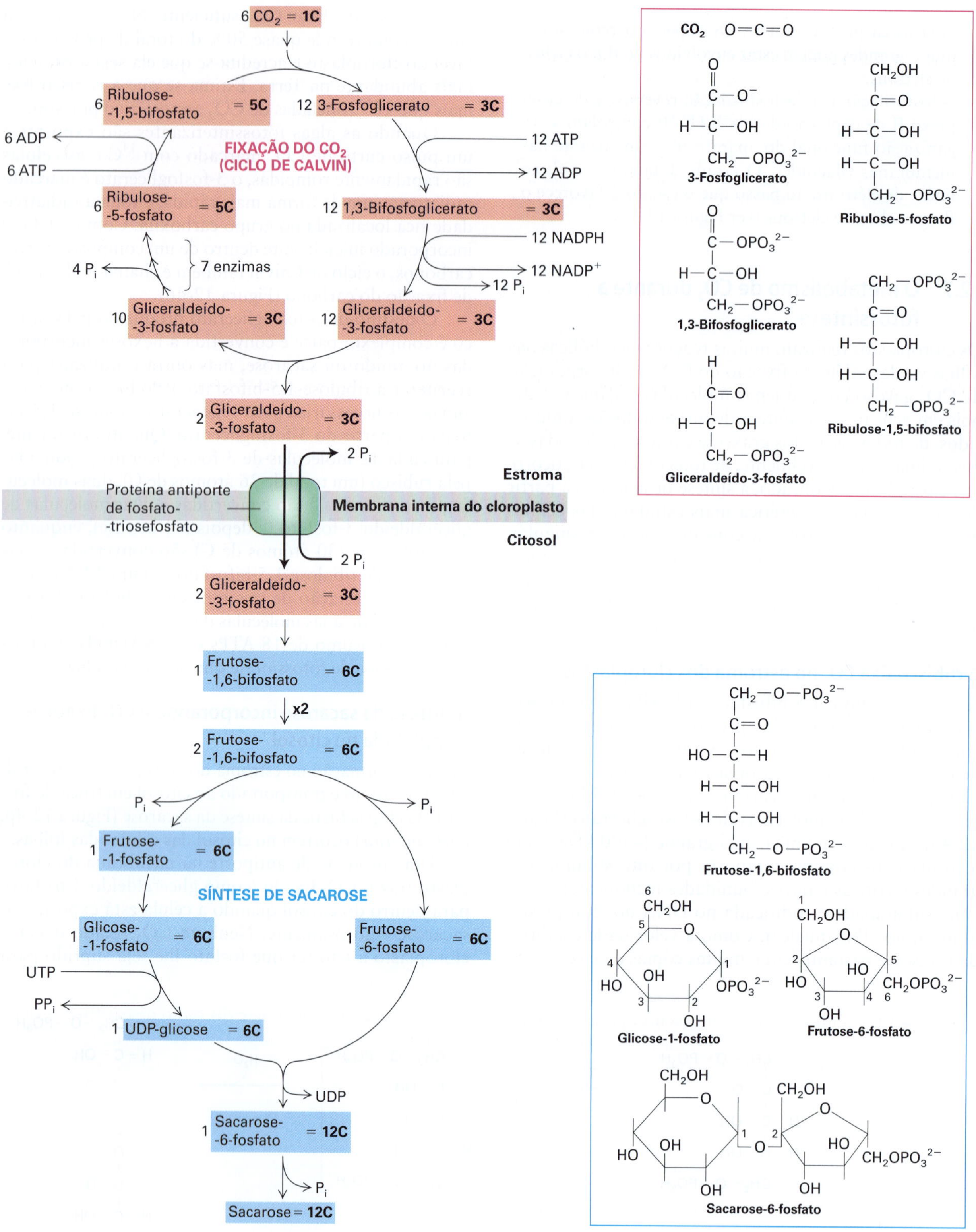
6 CO_2 = 1C
6 Ribulose--1,5-bifosfato = 5C
12 3-Fosfoglicerato = 3C
6 ADP
6 ATP
FIXAÇÃO DO CO_2 (CICLO DE CALVIN)
12 ATP
12 ADP
6 Ribulose--5-fosfato = 5C
12 1,3-Bifosfoglicerato = 3C
12 NADPH
12 $NADP^+$
12 P_i
4 P_i
7 enzimas
10 Gliceraldeído--3-fosfato = 3C
12 Gliceraldeído--3-fosfato = 3C
2 Gliceraldeído--3-fosfato = 3C
2 P_i
Estroma
Proteína antiporte de fosfato--triosefosfato
Membrana interna do cloroplasto
Citosol
2 P_i
2 Gliceraldeído--3-fosfato = 3C
1 Frutose--1,6-bifosfato = 6C
x2
2 Frutose--1,6-bifosfato = 6C
P_i
P_i
1 Frutose--1-fosfato = 6C
SÍNTESE DE SACAROSE
1 Glicose--1-fosfato = 6C
1 Frutose--6-fosfato = 6C
UTP
PP_i
1 UDP-glicose = 6C
UDP
1 Sacarose--6-fosfato = 12C
P_i
Sacarose = 12C
CO_2 O=C=O
3-Fosfoglicerato
Ribulose-5-fosfato
1,3-Bifosfoglicerato
Ribulose-1,5-bifosfato
Gliceraldeído-3-fosfato
Frutose-1,6-bifosfato
Glicose-1-fosfato
Frutose-6-fosfato
Sacarose-6-fosfato

FIGURA 12-46 O caminho do carbono durante a fotossíntese. (*Parte superior*) Seis moléculas de CO_2 são convertidas em duas moléculas de gliceraldeído-3-fosfato. Essas reações, que constituem o ciclo de Calvin, ocorrem no estroma do cloroplasto. O antiportador fosfato-triosefosfato transporta parte do gliceraldeído-3-fosfato para o citosol em troca de fosfato. (*Parte inferior*) No citosol, uma série de reações exergônicas converte o gliceraldeído-3-fosfato em frutose-1,6-bifosfato. Duas moléculas de frutose-1,6-bifosfato são usadas para sintetizar uma do dissacarídeo sacarose. Parte do gliceraldeído-3-fosfato (não mostrado aqui) também é convertida em aminoácidos e em gorduras, compostos essenciais para o crescimento da planta.

substituir o fosfato transportado para fora do estroma em forma de gliceraldeído-3-fosfato. Durante a síntese da sacarose a partir de gliceraldeído-3-fosfato, os grupamentos de fosfato inorgânicos são liberados (Figura 12-46, *parte inferior, à esquerda*). Portanto, a síntese da sacarose facilita o transporte de gliceraldeído-3-fosfato adicional do cloroplasto para o citosol, fornecendo fosfato para o antiportador. Vale a pena notar que o gliceraldeído-3-fosfato é um intermediário glicolítico e que o mecanismo de conversão do gliceraldeído-3-fosfato em hexoses é quase o contrário do que na glicólise.

A síntese de amido é mais complexa. O principal substrato monomérico usado para formar grandes polímeros de amido é a ADP-glicose. Essa polimerização ocorre no estroma, e os polímeros de amido são armazenados em agregados cristalinos densamente empacotados denominados grânulos. As enzimas que geram a ADP-glicose a partir de glicose-1-fosfato e de ATP são encontradas tanto no estroma quanto no citosol, indicando que as hexoses de várias estruturas do citosol são importadas para dentro do estroma para a síntese do amido.

A luz e a rubisco ativase estimulam a fixação de CO_2

As enzimas do ciclo de Calvin que catalisam a fixação de CO_2 são rapidamente desativadas no escuro, conservando, assim, o ATP gerado no escuro (p. ex., pela quebra de amido) para outras reações sintéticas, como a biossíntese dos lipídeos e aminoácidos. Um mecanismo que contribui para esse controle é a dependência do pH de várias enzimas do ciclo de Calvin. À medida que os prótons são transportados do estroma para dentro do lúmen tilacoide durante o transporte fotoelétrico (ver Figura 12-39), o pH do estroma aumenta de ~7 no escuro, para ~8 na luz. O aumento da atividade de várias das enzimas do ciclo de Calvin no pH mais alto promove a fixação do CO_2 quando há luz.

A proteína do estroma, chamada *tiorredoxina* (*Tx*), também participa no controle de algumas enzimas do ciclo de Calvin. No escuro, a tiorredoxina contém uma ponte dissulfeto; na luz, os elétrons são transferidos do PSI, via ferredoxina, para a tiorredoxina, reduzindo sua ponte dissulfeto:

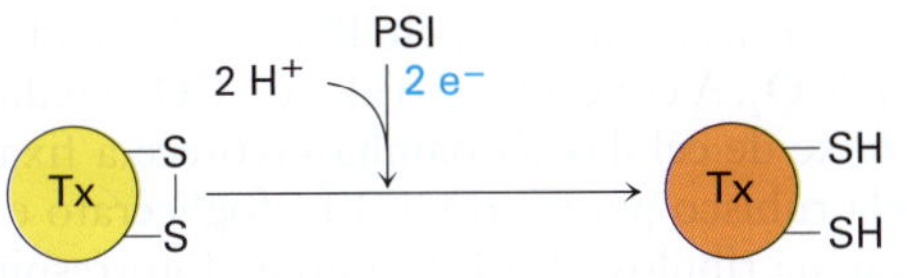

A tiorredoxina reduzida, então, ativa várias enzimas do ciclo de Calvin ao reduzir suas pontes dissulfeto. No escuro, quando a tiorredoxina se torna reoxidada, essas enzimas são reoxidadas e, assim, inativadas. Portanto, essas enzimas são sensíveis ao estado redox do estroma, que, por sua vez, é sensível à luz – um mecanismo elegante para regular a atividade enzimática por meio da luz.

A rubisco é uma dessas enzimas sensíveis à luz/redox, embora essa regulação seja muito complexa e ainda não esteja totalmente entendida. A rubisco é ativada espontaneamente na presença de concentrações altas de CO_2 e Mg^{2+}. A reação de ativação envolve a adição covalente de CO_2 ao grupo amino da cadeia lateral da lisina do sítio ativo, formando o grupo carbamato que, por sua vez, se liga ao íon Mg^{2+} necessário para a atividade enzimática. Sob condições normais, porém, com níveis-padrão de CO_2, a reação é lenta e geralmente requer a catálise pela *rubiscoativase*, membro da família AAA+ das ATPases. A rubiscoativase hidrolisa o ATP e usa a energia liberada para limpar o sítio ativo da rubisco para que o CO_2 possa ser adicionado à lisina do sítio ativo. A rubiscoativase também acelera uma mudança conformacional ativadora na rubisco (estado inativo fechado para o estado ativo aberto). A regulação da rubisco ativase pela tiorredoxina é, pelo menos em parte, em algumas espécies, responsável pela sensibilidade da rubisco à luz/redox. Além disso, a atividade da rubiscoativase é sensível à relação de ATP:ADP. Se essa relação for baixa (ADP relativamente alto), então a ativase não ativará a rubisco (e assim a célula gastará menos de seu escasso ATP para fixar o carbono). A fotossíntese é sensível a uma variedade de fatores estressantes típicos de plantas – calor moderado, temperaturas baixas, seca (água limitada), concentração elevada de sal, alta intensidade de luz e radiação UV. Pelo menos alguns desses fatores influenciam a fixação de CO_2, reduzindo a atividade da rubiscoativase e, assim, a rubisco. A inibição da fixação de CO_2 reduz o consumo do NADPH. Sob condições de luz forte, o excesso da relação de $NADPH/NADP^+$ pode reduzir o fluxo de elétrons para $NADP^+$ e aumentar o escape de O_2, resultando no aumento da formação de EROs, que pode interferir em uma série de processos celulares. Dado o papel fundamental da rubisco no controle da utilização de energia e do fluxo de carbono – tanto no cloroplasto individual e, de certo modo, também em completamente toda a biosfera – não é de estranhar que sua atividade seja estreitamente regulada.

A fotorrespiração compete com a fixação de carbono e é reduzida nas plantas C_4

Como mencionado anteriormente, a rubisco catalisa a incorporação de CO_2 na ribulose-1,5-bifosfato como parte da fotossíntese. Também pode catalisar uma segunda reação distinta *competidora* com o mesmo substrato – a ribulose-1,5-bifosfato –, mas utilizando o O_2 no lugar do CO_2 como segundo substrato, no processo conhecido como **fotorrespiração** (Figura 12-47). Os produtos da segunda reação são uma molécula de 3-fosfo-

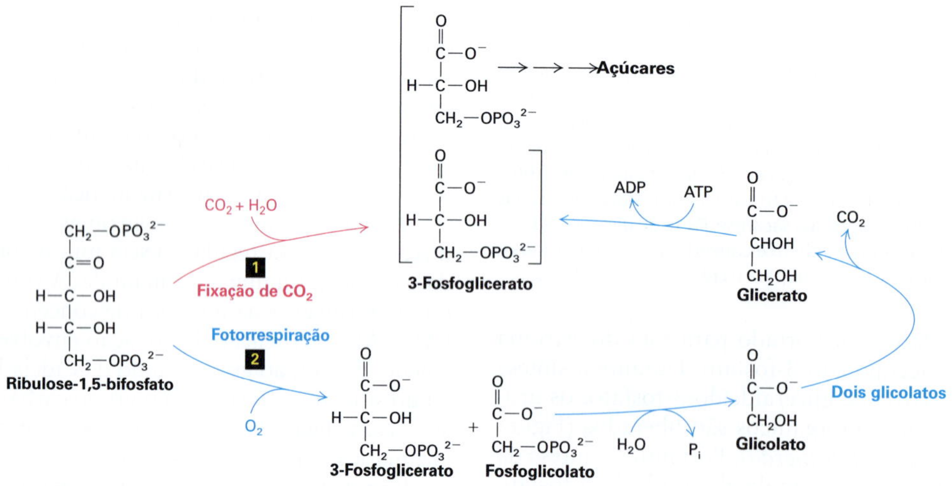

FIGURA 12-47 Fixação de CO_2 e fotorrespiração. Estas duas vias competitivas são iniciadas pela ribulose-1,5-bifosfato carboxilase (rubisco), e ambas utilizam a ribulose-1,5-bifosfato. A fixação do CO_2, via (1), é favorecida pela alta pressão de CO_2 e baixa pressão de O_2; a fotorrespiração, via (2), ocorre à baixa pressão de CO_2 e alta pressão de O_2 (ou seja, sob condições atmosféricas padrão). O fosfoglicolato é reciclado por meio de um conjunto complexo de reações que ocorrem nos peroxissomos e nas mitocôndrias, assim como nos cloroplastos. O resultado final: para cada duas moléculas de fosfoglicolato formadas pela fotorrespiração (quatro átomos de C), uma molécula de 3-fosfoglicerato é formada e reciclada, e uma molécula de CO_2 é eliminada.

glicerato e uma molécula do composto de dois carbonos fosfoglicolato. A reação de fixação do carbono é favorecida quando a concentração de CO_2 no ambiente é relativamente alta, enquanto a fotorrespiração é favorecida quando o CO_2 é baixo e o O_2 é relativamente alto. A fotorrespiração ocorre na luz, consome o O_2 e converte parte da ribulose-1,5-bifosfato em CO_2. Como mostrado na Figura 12-47, a fotorrespiração é dispendiosa na economia de energia da planta: ela consome ATP e O_2 e gera CO_2 sem fixação de carbono. De fato, quando o CO_2 está baixo e o O_2 está alto, a maior parte do CO_2 fixado pelo ciclo de Calvin é perdido como resultado da fotorrespiração. Estudos recentes têm sugerido que essa surpreendente reação alternativa dispendiosa catalisada pela rubisco pode ser consequência da dificuldade inerente da enzima para se ligar especificamente à molécula de CO_2, de estrutura relativamente simples, e da capacidade tanto do CO_2 quanto do O_2 de reagir e formar produtos distintos com a mesma enzima e intermediário inicial, a ribulose-1,5-bifosfato.

A fotorrespiração excessiva pode se tornar um problema para plantas de ambientes secos e quentes, que devem manter os poros de troca de gases (estômatos) em suas folhas fechados a maior parte do tempo para evitar a perda excessiva de umidade. Isso faz o nível de CO_2 dentro da folha cair abaixo do K_m da rubisco para CO_2. Sob essas condições, a taxa de fotossíntese é reduzida, a fotorrespiração é substancialmente favorecida, e a planta está sob o risco de fixar quantidades inadequadas de CO_2. O milho, a cana-de-açúcar, o capim-da-roça e outras plantas que crescem em ambientes quentes e secos desenvolveram uma forma de evitar esse problema utilizando uma via de duas etapas de fixação do CO_2, na qual uma etapa de acúmulo do CO_2 antecede o ciclo de Calvin. A via foi chamada de **via C_4**, porque o CO_2 marcado com [^{14}C] mostrou que as primeiras moléculas radiativas formadas nessa via, durante a fotossíntese, são composta por quatro carbonos, como o oxalacetato e o malato, em vez das moléculas de três carbonos que iniciam o ciclo de Calvin (via C_3).

A via C_4 envolve dois tipos de células: *células do mesofilo*, que se encontram adjacentes aos espaços aéreos no interior da folha, e as *células da bainha do feixe*, que circundam o tecido vascular e são sequestradas longe dos altos níveis de oxigênio ao qual as células do mesofilo são expostas (Figura 12-48a). Nas células do mesofilo das plantas C_4, o fosfoenolpiruvato, molécula de três carbonos derivada do piruvato, reage com o CO_2 para produzir o oxalacetato, composto por quatro carbonos (Figura 12-48b). A enzima que catalisa essa reação, a *fosfoenolpiruvato-carboxilase*, é encontrada quase exclusivamente nas plantas C_4 e, ao contrário da rubisco, não é sensível ao O_2. A reação total do piruvato para oxalacetato envolve a hidrólise de um ATP e tem ΔG negativo. Portanto, a fixação do CO_2 continua mesmo quando a concentração de CO_2 é baixa. O oxalacetato formado nas células do mesofilo é reduzido a malato, transferido, por um transportador especial, ao feixe de células da bainha, onde o CO_2 é liberado pela descarboxilação e entra no ciclo de Calvin (Figura 12-48b).

Devido ao transporte de CO_2 das células do mesofilo, a concentração de CO_2 no feixe de células da bainha das plantas C_4 é muito mais alta do que na atmosfera normal. O feixe de células da bainha também é incomum, pois não tem o PSII e executa somente o fluxo cíclico de elétrons catalisado pelo PSI, não havendo, assim, geração de O_2. A concentração alta do CO_2 e reduzida de O_2 no feixe de células da bainha favorece a fixação do CO_2 pela rubisco para formar 3-fosfoglicerato e inibe a utilização da ribulose-1,5-bifosfato na fotorrespiração.

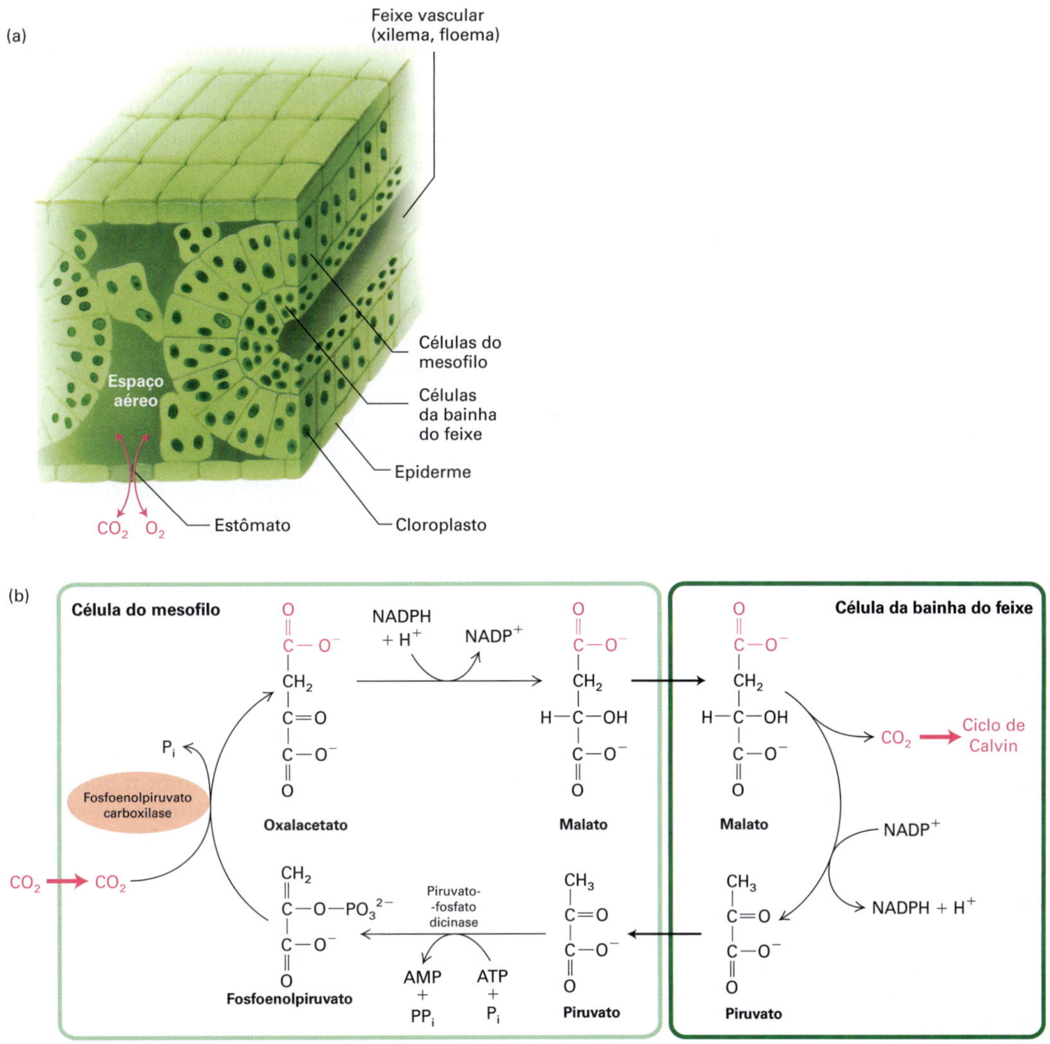

FIGURA 12-48 Anatomia da folha de plantas C_4 e a via C_4. (a) Nas plantas C_4, as células da bainha do feixe revestem os feixes vasculares contendo o xilema e floema. As células do mesofilo, que ficam adjacentes ao espaço aéreo subestomatal, podem assimilar CO_2 em moléculas de quatro carbonos a baixas pressões de CO_2 e liberá-la no interior das células da bainha do feixe, que contêm cloroplastos em abundância e são os locais de fotossíntese e síntese de sacarose. A sacarose é levada ao restante da planta pelo floema. Nas plantas C_3, que não possuem as células da bainha do feixe, o ciclo de Calvin funciona nas células mesófilas para fixar o CO_2. (b) A principal enzima na via C_4 é a fosfoenolpiruvato carboxilase, que assimila o CO_2 para formar o oxalacetato nas células do mesofilo. A descarboxilação do malato ou outros intermediários C_4 nas células da bainha do feixe libera CO_2, que entra no ciclo de Calvin padrão (ver Figura 12-46, *parte superior*).

Ao contrário, a concentração alta de O_2 na atmosfera favorece a fotorrespiração nas células do mesofilo das plantas C_3 (via 2 na Figura 12-47); como resultado, até 50% do carbono fixado pela rubisco pode ser reoxidado a CO_2 nas plantas C_3. As plantas C_4 superam as plantas C_3 na utilização do CO_2 disponível, já que a enzima da via C_4 fosfoenolpiruvato-carboxilase tem afinidade maior pelo CO_2 do que a rubisco no ciclo de Calvin. Contudo, um ATP é convertido em um AMP no processo cíclico C_4 (para gerar fosfoenolpiruvato a partir de piruvato); portanto, a eficiência total da produção fotossintética de açúcar a partir do NADPH e do ATP é mais baixa do que a das plantas C_3, que usam somente o ciclo de Calvin para a fixação do CO_2. No entanto, a taxa líquida de fotossíntese de gramíneas C_4, como milho e cana-de-açúcar, pode ser duas ou três vezes maior do que a taxa de gramíneas C_3 similares, como trigo, arroz ou aveia, devido à eliminação das perdas da fotorrespiração.

Dos dois carboidratos que são produto da fotossíntese, o amido permanece nas células do mesofilo das plantas C_3 e no feixe de células da bainha nas plantas C_4. Nessas células, o amido fica sujeito à glicólise, principalmente no escuro, formando ATP, NADH e pequenas moléculas utilizadas como elementos para a síntese de aminoácidos, de lipídeos e de outros constituintes celulares. A sacarose, ao contrário, é exportada das células fotossintetizantes e transportada para todas as partes da planta.

CONCEITOS-CHAVE da Seção 12.7

O metabolismo de CO_2 durante a fotossíntese

- No ciclo de Calvin, o CO_2 é fixado nas moléculas orgânicas, em uma série de reações no estroma do cloroplasto. Catalisada pela rubisco, a reação inicial forma um intermediário de três carbonos. Parte do gliceraldeído-3-fosfato produzido no ciclo é transportada para o citosol e convertida em sacarose (ver Figura 12-46).
- A ativação dependente da luz de várias enzimas do ciclo de Calvin e de outros mecanismos aumenta a fixação do CO_2 na presença de luz. O estado redox do estroma desempenha um papel fundamental nessa regulação, como o faz a regulação da atividade da rubisco pela rubiscoativase.
- Nas plantas C_3, a maior parte do CO_2 fixado pelo ciclo de Calvin pode ser perdida como resultado da fotorrespiração, reação dispendiosa catalisada pela rubisco e favorecida pela baixa pressão de CO_2 e altos níveis de O_2 (ver Figura 12-47).
- Nas plantas C_4, o CO_2 é inicialmente fixado nas células do mesofilo externas pela reação com o fosfoenolpiruvato. As moléculas de quatro carbonos produzidas são transportadas rapidamente para o interior das células da bainha do feixe, onde o CO_2 é liberado e, então, usado no ciclo de Calvin. A taxa de fotorrespiração das plantas C_4 é muito mais baixa do que a das plantas C_3.

Perspectivas

Apesar de os processos completos de fotossíntese e oxidação mitocondrial serem bem compreendidos, muitos detalhes importantes ainda precisam ser descobertos. Por exemplo, enquanto cada vez mais as estruturas de alta resolução dos complexos e dos supercomplexos estão sendo determinadas, muitos detalhes do mecanismo responsável pela função e pela regulação das cadeias transportadoras de elétrons e suas reações associadas (a translocação de prótons, a geração de oxigênio, etc.) ainda não foram estabelecidos. Para avanços além da atual imagem estática dessas estruturas extremamente complexas, serão necessários estudos biofísicos adicionais da dinâmica subjacente às suas atividades. Por exemplo, não sabe-se ao certo a via tomada pelos prótons durante o bombeamento de prótons em alguns dos complexos de transporte de elétrons.

Apesar de o mecanismo de ligação e mudança para a síntese do ATP pelo complexo F_0F_1 ser atualmente aceito de forma geral, ainda não é claro como as mudanças conformacionais em cada uma das subunidades β estão acopladas à ligação cíclica do ADP e do P_i, à formação de ATP e, por fim, à sua liberação. Tampouco a trajetória detalhada do movimento dos prótons pelo anel c foi definida. Restam, também, muitas dúvidas sobre o exato mecanismo de ação das proteínas de transporte na membrana mitocondrial interna e nas membranas dos cloroplastos, que têm participação fundamental na fosforilação oxidativa e na fotossíntese.

Agora, a liberação do citocromo *c* e de outras proteínas do espaço intermembranas das mitocôndrias para o citosol é percebida como essencial na ativação da apoptose (Capítulo 21). Certos membros da família Bcl-2 de proteínas apoptóticas e os canais de íons localizados em parte na membrana mitocondrial externa participam desse processo. As conexões entre o metabolismo de energia e o mecanismo subjacente à apoptose ainda não foram definidas claramente.

O reconhecimento, nas últimas décadas, da importância da dinâmica mitocondrial (p. ex., a fusão e a fissão) para a função das mitocôndrias abriu caminho para a detalhada análise molecular e genética desses processos. Vários dos atuantes fundamentais na fusão e na fissão foram identificados, mas muitos componentes adicionais ainda não foram descobertos, e os mecanismos desses processos complexos, assim como a fusão coordenada das membranas internas umas com as outras e das membranas externas umas com as outras, aguardam elucidação.

O papel das espécies reativas de oxigênio (EROs) na biologia da célula é uma área ativa de pesquisa. Acredita-se, atualmente, que o estresse celular mediado por EROs desempenha importante papel em muitas doenças e, provavelmente, continuará sendo a principal área de investigação nos próximos anos. Além do seu papel no estresse oxidativo celular, as EROs também podem servir como moléculas sinalizadoras que alteram a expressão do gene no núcleo, às vezes chamado de sinalização retrógrada. Parece que as EROs e outras pequenas moléculas liberadas da mitocôndria e do cloroplasto podem ser usadas para informar ao núcleo a condição metabólica de cada organela e, portanto, permite, em resposta, a regulação apropriada da expressão gênica. Em alguns casos, isso envolve a ativação compensatória de genes protetores. Em outros, parece envolver o aumento ou a diminuição da produção de proteínas codificadas pelo núcleo para assegurar o funcionamento correto da organela. Os mecanismos dessas vias sinalizadoras, que em alguns casos envolve reações redox com tióis nas moléculas de sinalização, permanecem desconhecidos.

À medida que compreendermos melhor os mecanismos subjacentes à fotossíntese, em particular, a ação da rubisco – tanto na regulação quanto na sua influência na fotossíntese e no metabolismo geral do cloroplasto –, possivelmente seremos capazes de explorar essas informações para melhorar a produção agrícola e fornecer comida abundante e barata a todos os que precisam.

Termos-chave

ATP-sintase 546
cadeia transportadora de elétrons 521
carreador de elétrons 529
catabolismo 522
ciclo de Calvin 567
ciclo do ácido cítrico 522
ciclo Q 540
citocromo 536
clorofilas 555
cloroplasto 554
coenzima Q 537
complexo F_0F_1 546
controle respiratório 553
desacoplador 553
espécies reativas de oxigênio 543
fermentação 524

Revisão dos conceitos

1. A força próton-motriz (pmf) é essencial tanto para a função das mitocôndrias quanto para a dos cloroplastos. O que produz a pmf e qual é sua relação com o ATP? O composto 2,4-dinitrofenol (DNP), usado em pílulas para dietas em 1930, posteriormente mostrou possuir efeitos colaterais perigosos, permitindo a difusão dos prótons através das membranas. Por que é perigoso consumir o DNP?
2. A membrana mitocondrial interna exibe todas as características fundamentais de uma membrana de célula típica, mas também apresenta características bastante peculiares e fortemente associadas com o seu papel na fosforilação oxidativa. Quais são essas características peculiares? Como cada uma delas contribui para a função da membrana interna?
3. A produção máxima de ATP a partir da glicose envolve as reações de glicólise, o ciclo do ácido cítrico e a cadeia transportadora de elétrons. Quais dessas reações demandam O_2, e por quê? Qual delas, em certos organismos ou condições fisiológicas, pode acontecer na ausência de O_2?
4. A fermentação permite a extração contínua de energia da glicose na ausência do oxigênio. Se o catabolismo da glicose é anaeróbio, por que a fermentação é necessária para a glicólise continuar?
5. Descreva o processo passo a passo pelo qual os elétrons obtidos do catabolismo da glicose no citoplasma são entregues à cadeia transportadora de elétrons na membrana mitocondrial interna. Na sua resposta, indicar se a transferência de elétrons em cada etapa é direta ou indireta.
6. A oxidação mitocondrial de ácidos graxos é a principal fonte de ATP e, ainda, os ácidos graxos podem ser oxidados em qualquer lugar. Qual organela, além da mitocôndria, pode oxidar os ácidos graxos? Qual a principal diferença entre a oxidação que ocorre nessa organela e a oxidação mitocondrial?
7. Cada um dos citocromos nas mitocôndrias contém grupos prostéticos. O que é um grupo prostético? Qual é o tipo de grupo prostético que se encontra associado aos citocromos? Que propriedade dos vários citocromos assegura o fluxo unidirecional de elétrons ao longo da cadeia transportadora de elétrons?
8. A cadeia transportadora de elétrons consiste em um número de complexos multiproteicos, que trabalham em conjunto para passar os elétrons de um carreador de elétrons, como o NADH, para o O_2. Qual é o papel desses complexos na síntese de ATP? Foi demonstrado que os supercomplexos de respiração contêm todos os componentes necessários para a respiração. Por que isso é vantajoso para a síntese de ATP, e qual a via que demonstrou a existência dos supercomplexos experimentalmente? A coenzima Q (CoQ) não é uma proteína, e sim uma pequena molécula hidrofóbica. Por que é importante para o funcionamento da cadeia transportadora de elétrons que a CoQ seja uma molécula hidrofóbica?
9. Estima-se que cada par de elétrons doado pelo NADH leve à síntese de, aproximadamente, três moléculas de ATP, enquanto cada par de elétrons doado pelo $FADH_2$ leve à síntese de, aproximadamente, duas moléculas de ATP. Qual é a explicação para a diferença no total de elétrons doados pelo $FADH_2$ *versus* NADH?
10. Descreva as principais funções dos diferentes componentes da enzima ATP-sintase na mitocôndria. Uma enzima estruturalmente similar é responsável pela acidificação dos lisossomos e dos endossomos. Dado o que você sabe sobre o mecanismo de síntese de ATP, explique como essa acidificação pode ocorrer.
11. Muito do que se sabe sobre a ATP-sintase é fruto da pesquisa com bactérias aeróbias. O que torna esses organismos úteis para essa pesquisa? Onde ocorrem as reações de glicólise, do ciclo do ácido cítrico e da cadeia de transportadora de elétrons nesses organismos? Onde a pmf é gerada nas bactérias aeróbias? Quais são os outros processos celulares que dependem da pmf nesses organismos?
12. Uma função importante da membrana mitocondrial interna é fornecer uma barreira seletivamente permeável ao movimento de moléculas solúveis em água e, assim, gerar ambientes químicos distintos em ambos os lados da membrana. Contudo, muitos substratos e produtos da fosforilação oxidativa são solúveis em água e devem cruzar a membrana interna. Como ocorre esse transporte?
13. O ciclo Q desempenha um papel fundamental na cadeia transportadora de elétrons em mitocôndrias, cloroplastos e bactérias. Qual é a função do ciclo Q e como ele executa essa função? Que componentes do transporte de elétrons participam do ciclo Q em mitocôndrias, bactérias púrpuras e cloroplastos?
14. Verdadeiro ou falso: uma vez que o ATP é gerado em cloroplastos, as células capazes de se submeter à fotossíntese não necessitam de mitocôndrias. Ex-

plique. Nomeie e descreva a proposta que explica como as mitocôndrias e os cloroplastos se originaram em células eucarióticas.

15. Escreva a reação total da fotossíntese geradora de oxigênio. Explique a seguinte afirmação: o O_2 produzido pela fotossíntese é simplesmente um subproduto das reações de geração de carboidratos e ATP.
16. A fotossíntese pode ser dividida em várias etapas. Quais são as etapas da fotossíntese e onde cada uma delas ocorre dentro do cloroplasto? Onde é gerada a sacarose produzida pela fotossíntese?
17. Os fotossistemas responsáveis pela absorção da energia da luz são compostos por dois componentes ligados, o centro de reação e um complexo de antenas. Qual é a composição dos pigmentos e o papel de cada componente no processo de absorção da luz? Que evidência existe de que os pigmentos encontrados nesses componentes estão envolvidos na fotossíntese?
18. A fotossíntese nas bactérias verde e púrpura não produz O_2. Por quê? Como esses organismos ainda utilizam a fotossíntese para produzir ATP? Que moléculas servem como doadores de elétrons nesses organismos?
19. Os cloroplastos contêm dois fotossistemas. Qual é a função de cada um? Faça um diagrama do fluxo de elétrons, em um fluxo linear de elétrons, a partir da absorção do fóton até a formação do NADPH. O que é sintetizado pela energia armazenada na forma de NADPH?
20. As reações do ciclo de Calvin que fixam o CO_2 não funcionam no escuro. Quais são as prováveis razões para isso? Como essas reações são reguladas pela luz?
21. A rubisco, que pode ser a proteína mais abundante na Terra, desempenha um papel fundamental na síntese de carboidratos em organismos que utilizam a fotossíntese. O que é a rubisco, onde está localizada e que função ela desempenha?

Análise dos dados

Um gradiente de prótons pode ser analisado com corantes fluorescentes cujos perfis da intensidade de emissão dependem do pH. Um dos corantes mais úteis para medir o gradiente de pH em membranas mitocondriais é o fluoróforo impermeável à membrana, solúvel em água, o 2',7'-bis-(2-carboxietil)-5(6)-carboxifluorosceína (BCECF). O efeito do pH na intensidade de emissão do BCECF excitado em 505 nm é mostrado na figura a seguir. Em um estudo, vesículas fechadas contendo esse composto foram preparadas pela mistura de membranas mitocondriais internas isoladas e não fechadas com o BCECF; após a reestruturação das membranas, as vesículas foram coletadas por centrifugação e novamente suspensas em meio não fluorescente.

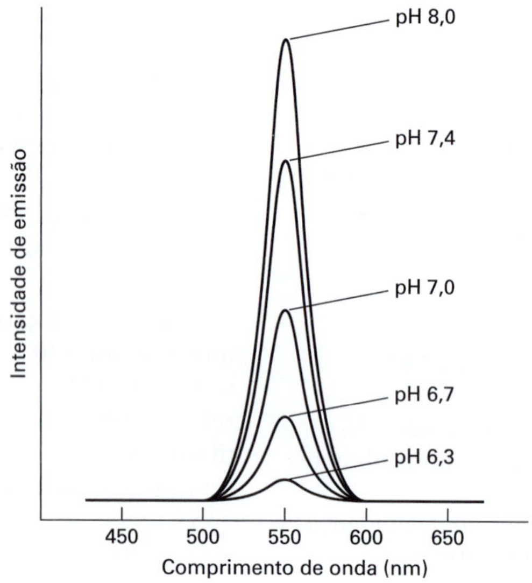

a. Quando essas vesículas foram incubadas em um tampão fisiológico contendo NADH, ADP, P_i e O_2, a fluorescência do BCECF retida em seu interior diminuiu gradualmente de intensidade. O que esse decréscimo da intensidade da fluorescência sugere sobre essa preparação vesicular?
b. Qual seria a mudança esperada nas concentrações de ADP, P_i e O_2 durante o curso do experimento descrito na parte a? Por quê?
c. Após as vesículas serem incubadas no tampão contendo ADP, P_i e O_2 por um período de tempo, a adição de dinitrofenol ocasionou um aumento na fluorescência de BCECF. Em contrapartida, a adição de valinomicina produziu somente um pequeno efeito temporário. Explique estes resultados.
d. Que resultado se esperaria encontrar se as mitocôndrias do tecido adiposo marrom fossem utilizadas como fonte de membranas mitocondriais?. Explique sua resposta.
e. Os cloroplastos também poderiam ser utilizados como uma fonte de membranas em um experimento similar envolvendo o BCECF. Neste caso, o BCECF poderia ser envolvido por quais membranas? Como a fluorescência mudaria acerca da adição de luz, ADP e P_i?

Referências

Primeira etapa da captação de energia a partir da glicose: glicólise

Berg, J., J. Tymoczko, and L. Stryer. 2002. *Biochemistry,* 5th ed. W. H. Freeman and Company, chaps. 16 and 17.
Depre, C., M. Rider, and L. Hue. 1998. Mechanisms of control of heart glycolysis. *Eur. J. Biochem.* **258**:277–290.
Fersht, A. 1999. *Structure and Mechanism in Protein Science: A Guide to Enzyme Catalysis and Protein Folding.* W. H. Freeman and Company.
Fothergill-Gilmore, L. A., and P. A. Michels. 1993. Evolution of glycolysis. *Prog. Biophys. Mol. Biol.* **59**:105–135.
Nelson, D. L., and M. M. Cox. 2000. *Lehninger Principles of Biochemistry.* Worth, chaps. 14–17, 19.
Pilkis, S. J., T. H. Claus, I. J. Kurland, and A. J. Lange. 1995. 6-Phosphofructo-2-kinase/fructose-2,6-bisphosphatase: a metabolic signaling enzyme. *Ann. Rev. Biochem.* **64**:799–835.

As mitocôndrias e o ciclo do ácido cítrico

Canfield, D. E. 2005. The early history of atmospheric oxygen: homage to Robert M. Garrels. *Annu. Rev. Earth Planet. Sci.* **33**:1–36.

Chan, D. C. 2006. Mitochondria: dynamic organelles in disease, aging, and development. *Cell* **125**(7):1241–1252.

Eaton, S., K. Bartlett, and M. Pourfarzam. 1996. Mammalian mitochondrial beta-oxidation. *Biochem. J.* **320** (Part 2):345–557.

Guest, J. R., and G. C. Russell. 1992. Complexes and complexities of the citric acid cycle in *Escherichia coli. Curr. Top. Cell Reg.* **33**:231–247.

Krebs, H. A. 1970. The history of the tricarboxylic acid cycle. *Perspect. Biol. Med.* **14**:154–170.

Rasmussen, B., and R. Wolfe. 1999. Regulation of fatty acid oxidation in skeletal muscle. *Ann. Rev. Nutrition* **19**:463–484.

Velot, C., M. Mixon, M. Teige, and P. Srere. 1997. Model of a quinary structure between Krebs TCA cycle enzymes: a model for the metabolon. *Biochemistry* **36**:14271–14276.

Wanders, R. J., and H. R. Waterham. 2006. Biochemistry of mammalian peroxisomes revisited. *Annu. Rev. Biochem.* **75**:295–332.

A cadeia transportadora de elétrons e a geração da força próton-motriz

Acin-Pérez, R., P. Fernandez-Silva, M. L. Peleato, A. Pérez-Martos, and J. A. Enriquez. 2008. Respiratory active mitochondrial supercomplexes. *Mol. Cell* **32**:529–539.

Babcock, G. 1999. How oxygen is activated and reduced in respiration. *Proc. Nat'l. Acad. Sci. USA* **96**:12971–12973.

Beinert, H., R. Holm, and E. Münck. 1997. Iron-sulfur clusters: nature's modular, multipurpose structures. *Science* **277**:653–659.

Brandt, U. 2006. Energy Converting NADH:quinone oxidoreductase (complex I). *Annu. Rev. Biochem.* **75**:165–187.

Brandt, U., and B. Trumpower. 1994. The protonmotive Q cycle in mitochondria and bacteria. *Crit. Rev. Biochem. Mol. Biol.* **29**:165–197.

Daiber, A . 2010. Redox signaling (cross-talk) from and to mitochondria involves mitochondrial pores and reactive oxygen species. *Biochim. Biophys. Acta* **6-7**:897–906.

Darrouzet, E., C. Moser, P. L. Dutton, and F. Daldal. 2001. Large scale domain movement in cytochrome bc1: a new device for electron transfer in proteins. *Trends Biochem. Sci.* **26**:445–451.

Dickinson, B. C., D. Srikun, and C. J. Chang. 2010. Mitochondrial-targeted fluorescent probes for reactive oxygen species. *Curr. Opin. Chem. Biol.* **14**:50–56.

Efremov, R. G., R. Baradaran, and L. A. Sazanov. 2010. The architecture of respiratory complex I. *Nature* **465**:441–445.

Finkel, T. 2011. Signal transduction by reactive oxygen species. *Journal Cell Biology* **194**:7 – 15.

Grigorieff, N. 1999. Structure of the respiratory NADH:ubiquinone oxidoreductase (complex I). *Curr. Opin. Struc. Biol.* **9**:476–483.

Hosler, J. P., S. Ferguson-Miller, and D. A. Mills. 2006. Energy transduction: proton transfer through the respiratory complexes. *Annu. Rev. Biochem.* **75**:165–187.

Hunte, C., V. Zickermann, and U. Brandt. 2010. Functional modules and structural basis of conformational coupling in mitochondrial complex I. *Science* **329**:448 –4 51.

Hyde, B. B ., G. Twig , and O. S. Shirihai . 2010. Organellar vs cellular control of mitochondrial dynamics. *Semin. Cell Dev. Biol.* **21**:575–581.

Koopman, W. J., et al. 2010. Mammalian mitochondrial complex I: biogenesis, regulation, and reactive oxygen species generation. *Antioxid. Redox Signal.* **12**:1431–1470.

Michel, H., J. Behr, A. Harrenga, and A. Kannt. 1998. Cytochrome *c* oxidase. *Ann. Rev. Biophys. Biomol. Struc.* **27**:329–356.

Mitchell, P. 1979. Keilin's respiratory chain concept and its chemiosmotic consequences. *Science* **206**:1148–1159. (Nobel Prize Lecture.)

Murphy, M. P. 2009. How mitochondria produce reactive oxygen species. *Biochem. J.* **417**:1 – 13.

Ramirez, B. E., B. Malmström, J. R. Winkler, and H. B. Gray. 1995. The currents of life: the terminal electron-transfer complex of respiration. *Proc. Nat'l. Acad. Sci. USA* **92**:11949–11951.

Ruitenberg, M., et al. 2002. Reduction of cytochrome *c* oxidase by a second electron leads to proton translocation. *Nature* **417**:99–102. Saraste, M. 1999. Oxidative phosphorylation at the fin de siècle. *Science* **283**:1488–1492.

Schafer, E., et al. 2006. Architecture of active mammalian respiratory chain supercomplexes. *J. Biol. Chem.* **281**(22):15370–15375.

Schultz, B., and S. Chan. 2001. Structures and proton-pumping strategies of mitochondrial respiratory enzymes. *Ann. Rev. Biophys. Biomol. Struc.* **30**:23–65.

Sheeran, F. L., and S. Pepe. 2006. Energy deficiency in the failing heart: linking increased reactive oxygen species and disruption of oxidative phosphorylation rate. *Biochim. Biophys. Acta* **1757**(5–6):543–552.

Tsukihara, T., et al. 1996. The whole structure of the 13-subunit oxidized cytochrome *c* oxidase at 2.8 Å. *Science* **272**:1136–1144.

Walker, J. E. 1995. Determination of the structures of respiratory enzyme complexes from mammalian mitochondria. *Biochim. Biophys. Acta* **1271**:221–227.

Wallace, D. C. 2005. A mitochondrial paradigm of metabolic and degenerative diseases, aging, and cancer: a dawn for evolutionary medicine. *Annu. Rev. Genet.* **39**:359–407.

Xia, D., et al. 1997. Crystal structure of the cytochrome *bc*1 complex from bovine heart mitochondria. *Science* **277**:60–66.

Zaslavsky, D., and R. Gennis. 2000. Proton pumping by cytochrome oxidase: progress and postulates. *Biochim. Biophys. Acta* **1458**:164–179.

Zhang, M., E. Mileykovskaya, and W. Dowhan. 2005. Cardiolipin is essential for organization of complexes III and IV into a supercomplex in intact yeast mitochondria. *J. Biol. Chem.* **280**(33):29403–29408.

Zhang, Z., et al. 1998. Electron transfer by domain movement in cytochrome bc_1. *Nature* **392**:677–684.

Aproveitando a força próton-motriz para sintetizar ATP

Aksimentiev, A., I. A. Balabin, R. H. Fillingame, and K. Schulten. 2004. Insights into the molecular mechanism of rotation in the F_0 sector of ATP synthase. *Biophys. J.* **86**(3):1332–1344.

Bianchet, M. A., J. Hullihen, P. Pedersen, and M. Amzel. 1998. The 2.8 Å structure of rat liver F1-ATPase: configuration of a critical intermediate in ATP synthesis/hydrolysis. *Proc. Nat'l. Acad. Sci. USA* **95**:11065–11070.

Boyer, P. D. 1997. The ATP synthase—a splendid molecular machine. *Ann. Rev. Biochem.* **66**:717–749.

Capaldi, R., and R. Aggeler. 2002. Mechanism of the F0F1-type ATP synthase—a biological rotary motor. *Trends Biochem. Sci.* **27**:154–160.

Elston, T., H. Wang, and G. Oster. 1998. Energy transduction in ATP synthase. *Nature* **391**:510–512.
Hinkle, P. C. 2005. P/O ratios of mitochondrial oxidative phosphorylation. *Biochim. Biophys. Acta* **1706**(1–2):1–11.
Junge, W., S. Hendrik, and S. Engelbrecht. 2009. Torque generation and elastic power transmission in the rotary F0F1ATPase. *Nature* **459**:364–370.
Kinosita, K., et al. 1998. F1-ATPase: a rotary motor made of a single molecule. *Cell* **93**:21–24.
Klingenberg, M., and S. Huang. 1999. Structure and function of the uncoupling protein from brown adipose tissue. *Biochim. Biophys. Acta* **1415**:271–296.
Nury, H., et al. 2006. Relations between structure and function of the mitochondrial ADP/ATP carrier. *Annu. Rev. Biochem.* 75:713–741.
Tsunoda, S., R. Aggeler, M. Yoshida, and R. Capaldi. 2001. Rotation of the c subunit oligomer in fully functional F_0F_1 ATP synthase. *Proc. Nat'l. Acad. Sci. USA* **98**:898–902.
Vercesi, A. E., et al. 2006. Plant uncoupling mitochondrial proteins. *Annu. Rev. Plant Biol.* **57**:383–404.
von Ballmoos, C., A. Wiedenmann, and P. Dimroth. 2009. Essentials for ATP synthesis by F_1F_0 ATP synthases. *Annu. Rev. Biochem.* **78**:649–672.
Yasuda, R., et al. 2001. Resolution of distinct rotational substeps by submillisecond kinetic analysis of F1-ATPase. *Nature* **410**:898–904.

A fotossíntese e os pigmentos que absorvem luz

Ben-Shem, A., F. Frolow, and N. Nelson. 2003. Crystal structure of plant photosystem I. *Nature* **426**(6967):630–635.
Blankenship, R. E. 2002. *Molecular Mechanisms of Photosynthesis*. Blackwell.
Deisenhofer, J., and J. R. Norris, eds. 1993. *The Photosynthetic Reaction Center*, vols. 1 and 2. Academic Press.
McDermott, G., et al. 1995. Crystal structure of an integral membrane light-harvesting complex from photosynthetic bacteria. *Nature* **364**:517.
Nelson, N., and C. F. Yocum. 2006. Structure and function of photosystems I and II. *Annu. Rev. Plant Biol.* **57**:521–565.
Prince, R. 1996. Photosynthesis: the Z-scheme revisited. *Trends Biochem. Sci.* **21**:121–122.
Wollman, F. A. 2001. State transitions reveal the dynamics and flexibility of the photosynthetic apparatus. *EMBO J.* **20**:3623–3630.

Análise molecular de fotossistemas

Allen, J. F. 2002. Photosynthesis of ATP—electrons, proton pumps, rotors, and poise. *Cell* **110**:273–276.
Amunts, A., H. Toporik , A. Borovikova, and N. Nelson . 2010. Structure determination and improved model of plant photosystem I. *J. Biol. Chem.* **285**:3478–3486.
Aro, E. M., I. Virgin, and B. Andersson. 1993. Photoinhibition of photosystem II: Inactivation, protein damage, and turnover. *Biochim. Biophys. Acta* **1143**:113–134.
Deisenhofer, J., and H. Michel. 1989. The photosynthetic reaction center from the purple bacterium *Rhodopseudomonas viridis*. *Science* **245**:1463–1473. (Nobel Prize Lecture.)
Deisenhofer, J., and H. Michel. 1991. Structures of bacterial photosynthetic reaction centers. *Ann. Rev. Cell Biol.* **7**:1–23.
Dekker, J. P., and E. J. Boekema. 2005. Supramolecular organization of thylakoid membrane proteins in green plants. *Biochim. Biophys. Acta* **1706**(1–2):12–39.
Finazzi, G. 2005. The central role of the green alga *Chlamydomonas reinhardtii* in revealing the mechanism of state transitions *J. Exp. Bot.* **56**(411):383–388.
Guskov, A., et al. 2010. Recent progress in the crystallographic studies of photosystem II. *Chemphyschem.* **11**(6):1160–1171.
Haldrup, A., P. Jensen, C. Lunde, and H. Scheller. 2001. Balance of power: a view of the mechanism of photosynthetic state transitions. *Trends Plant Sci.* **6**:301–305.
Hankamer, B., J. Barber, and E. Boekema. 1997. Structure and membrane organization of photosystem II from green plants. *Ann. Rev. Plant Physiol. Plant Mol. Biol.* **48**:641–672.
Heathcote, P., P. Fyfe, and M. Jones. 2002. Reaction centres: the structure and evolution of biological solar power. *Trends Biochem. Sci.* **27**:79–87.
Horton, P., A. Ruban, and R. Walters. 1996. Regulation of light harvesting in green plants. *Ann. Rev. Plant Physiol. Plant Mol. Biol.* **47**:655–684.
Iwai, M ., et al . 2010. Isolation of the elusive supercomplex that drives cyclic electron flow in photosynthesis. *Nature* **464**:1210 –1213.
Joliot, P., and A. Joliot. 2005. Quantification of cyclic and linear flows in plants. *Proc. Natl. Acad. Sci. USA* **102**(13):4913–4918.
Jordan, P., et al. 2001. Three-dimensional structure of cyano-bacterial photosystem I at 2.5 Å resolution. *Nature* **411**:909–917.
Kühlbrandt, W. 2001. Chlorophylls galore. *Nature* **411**:896–898.
Martin, J. L., and M. H. Vos. 1992. Femtosecond biology. *Ann. Rev. Biophys. Biomol. Struc.* **21**:199–222.
Penner-Hahn, J. 1998. Structural characterization of the Mn site in the photosynthetic oxygen-evolving complex. *Struc. Bonding* **90**:1–36.
Tommos, C., and G. Babcock. 1998. Oxygen production in nature: a light-driven metalloradical enzyme process. *Acc. Chem. Res.* **31**:18–25.

O metabolismo de CO_2 durante a fotossíntese

Buchanan, B. B. 1991. Regulation of CO2 assimilation in oxygenic photosynthesis: the ferredoxin/thioredoxin system. Perspective on its discovery, present status, and future development. *Arch. Biochem. Biophys.* **288**:1–9.
Gutteridge, S., and J. Pierce. 2006. A unified theory for the basis of the limitations of the primary reaction of photosynthetic CO_2 fixation: was Dr. Pangloss right? *Proc. Natl. Acad. Sci. USA* **103**:7203–7204.
Portis, A. 1992. Regulation of ribulose 1,5-bisphosphate carboxylase/oxygenase activity. *Ann. Rev. Plant Physiol. Plant Mol. Biol.* **43**:415–437.
Rawsthorne, S. 1992. Towards an understanding of C_3-C_4 photosynthesis. *Essays Biochem.* **27**:135–146.
Rokka, A., I. Zhang, and E.-M. Aro. 2001. Rubisco activase: an enzyme with a temperature-dependent dual function? *Plant J.* **25**:463–472.
Sage, R., and J. Colemana. 2001. Effects of low atmospheric CO_2 on plants: more than a thing of the past. *Trends Plant Sci.* **6**:18–24.
Schneider, G., Y. Lindqvist, and C. I. Branden. 1992. Rubisco: structure and mechanism. *Ann. Rev. Biophys. Biomol. Struc.* **21**:119–153.
Tcherkez, G. G., G. D. Farquhar, and T. J. Andrews. 2006. Despite slow catalysis and confused substrate specificity, all ribulose bisphosphate carboxylases may be nearly perfectly optimized. *Proc. Natl. Acad. Sci. USA* **103**(19):7246–7251.
Wolosiuk, R. A., M. A. Ballicora, and K. Hagelin. 1993. The reductive pentose phosphate cycle for photosynthetic CO_2 assimilation: enzyme modulation. *FASEB J.* **7**:622–637.

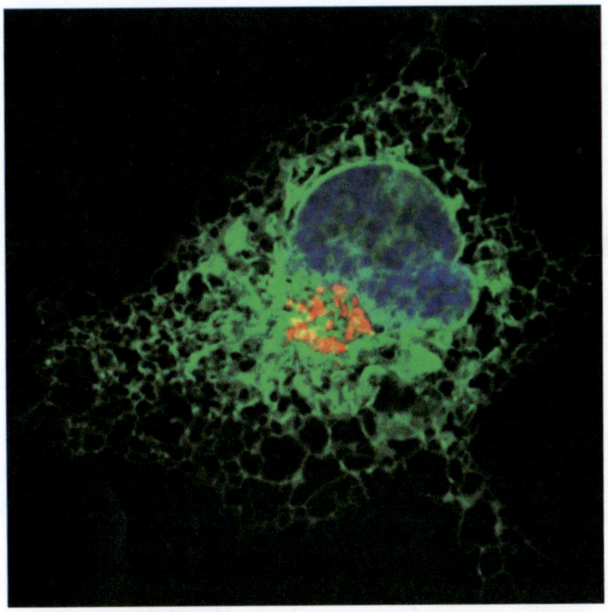

Micrografia de fluorescência de uma célula de mamífero em cultura (COS-7) mostrando a distribuição do retículo endoplasmático (verde), do aparelho de Golgi (vermelho) e do núcleo (azul). As proteínas secretoras recém-sintetizadas são inicialmente encaminhadas ao RE, onde são enoveladas e modificadas antes de serem exportadas ao Golgi e distribuídas para outros locais. (Cortesia de Jennifer Lippincott-Schwartz e Prasanna Satpute)

CAPÍTULO

13

Fluxo de proteínas para membranas e organelas

SUMÁRIO

Uma célula típica de mamífero contém até 10 mil tipos diferentes de proteínas; uma célula de levedura, cerca de 5 mil. A vasta maioria dessas proteínas é sintetizada por ribossomos do citosol e várias permanecem no citosol (Capítulo 4). Entretanto, até cerca da metade dos diferentes tipos de proteínas produzidas em uma célula típica comum é transferida para uma ou outra das várias organelas ligadas à membrana no interior da célula ou para a superfície celular. Por exemplo, várias proteínas receptoras e proteínas transportadoras devem ser transferidas para a membrana plasmática, algumas enzimas solúveis em água, como as RNA e DNA-polimerases, devem ser direcionadas para o núcleo, e os componentes da matriz extracelular, assim como as enzimas digestivas e moléculas polipeptídicas sinalizadoras, devem ser direcionados para a superfície celular para a sua secreção a partir da célula. Essas e todas as outras proteínas produzidas por uma célula devem chegar ao seu local correto para que a célula funcione apropriadamente.

O encaminhamento de proteínas recém-sintetizadas para o seu destino celular apropriado, normalmente chamado de *direcionamento de proteínas* ou *distribuição de proteínas*, compreende dois tipos de processos muito diferentes: direcionamento com base em sinais e tráfego com base em vesículas. O primeiro processo geral envolve o direcionamento de uma proteína recém-sintetizada do citoplasma para a membrana de uma organela intracelular. O direcionamento pode ocorrer durante a tradução ou logo após a síntese da proteína estar completa. Para proteínas de membranas, o direcionamento leva à inserção da proteína na bicamada lipídica da membrana, enquanto para proteínas solúveis em água, o direcionamento leva à translocação da proteína inteira pela membrana para o interior aquoso da organela. As proteínas são distribuídas para o retículo endoplasmático (RE), mitocôndrias, cloroplastos, peroxissomos e núcleo por esse processo geral (Figura 13-1).

Um segundo processo de distribuição geral, conhecido como **via secretora**, envolve o transporte de proteínas

ANIMAÇÃO: Direcionamento das proteínas

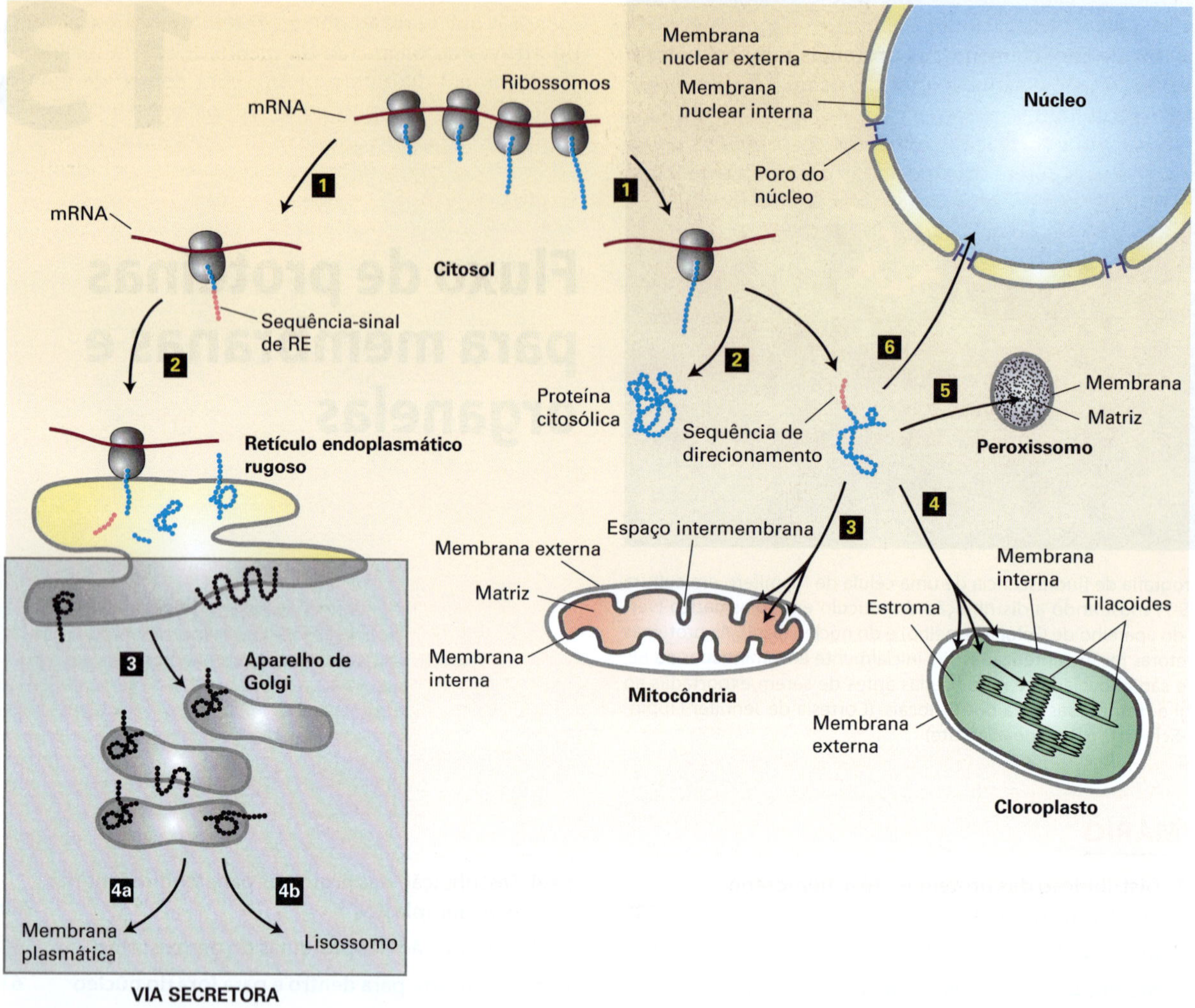

FIGURA 13-1 Visão geral da principal via de distribuição de proteínas em eucariotos. Todos os mRNAs codificados no núcleo são traduzidos nos ribossomos citosólicos. *Direita* (*vias não-secretoras*): a síntese das proteínas que não apresentam uma sequência-sinal para o RE é completada em ribossomos livres (etapa **1**). Aquelas proteínas sem as sequências de direcionamento são liberadas para dentro do citosol e lá permanecem (etapa **2**). As proteínas com sequência de direcionamento organela-específica (cor-de-rosa) inicialmente são liberadas no citosol (etapa **2**), mas, então, são importadas para dentro das mitocôndrias, dos cloroplastos, dos peroxissomos ou do núcleo (etapas **3** a **6**). As proteínas mitocondriais e as proteínas dos cloroplastos, normalmente, passam através das membranas externa e interna para entrar na matriz ou no espaço do estroma, respectivamente. Outras proteínas são distribuídas para outros subcompartimentos dessas organelas em outras etapas de distribuição. As proteínas nucleares entram e saem através dos poros nucleares visíveis no envelope nuclear. *Esquerda* (*via secretora*): os ribossomos sintetizando proteínas nascentes na via secretora são direcionados para o retículo endoplasmático (RE) rugoso por uma sequência-sinal do RE (rosa; etapas **1**, **2**). Após o final da tradução no RE, essas proteínas podem mover-se por vesículas de transporte para o aparelho de Golgi (etapa **3**). As etapas de distribuição adicionais transportam as proteínas para a membrana plasmática ou para os lisossomos (etapas **4a**, **4b**). Os processos com base em vesículas que sustentam a via secretora (etapas **3**, **4**, *destacadas em cinza*) serão discutidos no Capítulo 14.

do RE para seus destinos finais dentro de vesículas envoltas por membrana. Para várias proteínas, incluindo aquelas que compõem a matriz extracelular, o destino final é o exterior da célula (fato que explica o nome da via); proteínas integrais de membrana também são transportadas por esse processo ao Golgi, aos lisossomos e à membrana plasmática. A via secretora inicia no RE; por isso, todas as proteínas destinadas a entrar na via secretora são inicialmente direcionadas para essa organela.

O encaminhamento para o RE, geralmente, envolve proteínas *nascentes* que ainda estão no processo de síntese no ribossomo. Portanto, as proteínas recém-sintetizadas são transferidas a partir do ribossomo diretamente para a membrana do RE. Uma vez translocadas pela membrana do RE, as proteínas são organizadas na sua conformação nativa por catalisadores do enovelamento de proteínas presentes no lúmen do RE. De fato, o RE é o local onde cerca de um terço das proteínas em uma célula típica se enovelam na sua forma nativa e a maioria das proteínas residentes contribui direta, ou indiretamente, no processo de enovelamento. Como parte do processo de enovelamento, as proteínas também sofrem modificações pós-tradução específicas no RE. Esses processos são cuidadosamente monitorados e, apenas após enovelamento e formação completos, as proteínas têm a permissão para serem transportadas para fora do RE até outros locais. As proteínas cujo destino final é o Golgi, os lisossomos, a membrana plasmática ou o exterior celular são transportadas pela via secretora, com a ação de pequenas vesículas que se formam a partir da membrana de uma organela e, então, se fusionam com a membrana da próxima organela da via (ver Figura 13-1, *em cinza*). O tráfego de proteínas com base em vesículas será discutido no próximo capítulo, pois mecanicamente é muito diferente da distribuição de proteínas para as organelas intracelulares não baseada em vesículas.

Neste capítulo, será investigado como as proteínas são encaminhadas para cinco organelas intracelulares: RE, mitocôndria, cloroplasto, peroxissomo e núcleo. Inicialmente, duas características desse processo de distribuição das proteínas eram um tanto desconcertantes: como certa proteína pode ser direcionada para apenas uma membrana específica e como as moléculas proteicas relativamente grandes podem ser translocadas através de uma membrana hidrofóbica sem alterar a função de barreira para íons e pequenas moléculas. Utilizando uma combinação de métodos bioquímicos de purificação e varreduras genéticas para identificar mutantes incapazes de executar etapas particulares de translocação, biólogos celulares identificaram vários dos componentes celulares necessários para a translocação em cada uma das diferentes membranas intracelulares. Além disso, muitos dos principais processos de translocação na célula foram reconstituídos utilizando os componentes proteicos purificados incorporados em bicamadas lipídicas artificiais. Tais sistemas *in vitro* podem ser livremente manipulados experimentalmente.

Esses estudos mostraram que, apesar de algumas variações, os mesmos mecanismos básicos controlam a distribuição das proteínas para todas as várias organelas intracelulares. Sabe-se, por exemplo, que a informação para encaminhar uma proteína para uma organela-destino em particular é codificada dentro da sequência de aminoácidos da própria proteína, normalmente em sequências de cerca de 20 aminoácidos conhecidas genericamente como **sequências-sinal** (ver Figura 13-1); essas também são chamadas de **sequências de captação-direcionamento** ou *peptídeos-sinal*. Tais sequências de direcionamento normalmente estão presentes na região N-terminal de uma proteína e, por isso, são a primeira parte da proteína a ser sintetizada. Mais raramente, as sequências de direcionamento podem ocorrer na região C-terminal ou na sequência da proteína. Cada organela carrega um grupo de proteínas receptoras que se ligam apenas a tipos específicos de sequências-sinal, assegurando, assim, que a informação codificada na sequência-sinal controle a especificidade do direcionamento. Uma vez que uma proteína contendo uma sequência-sinal tenha interagido com o receptor correspondente, a cadeia proteica é transferida para um tipo de *canal de translocação*, que permite que a proteína passe para dentro ou através da bicamada da membrana. A transferência unidirecional de uma proteína para dentro de uma organela, sem deslizar de volta para o citoplasma, normalmente é alcançada combinando a translocação com um processo energeticamente favorável, como a hidrólise de GTP ou ATP. Algumas proteínas são depois distribuídas novamente para alcançar um subcompartimento dentro da organela-alvo; essa distribuição depende, ainda, de outras sequências-sinal e de outras proteínas receptoras. Por fim, as sequências-sinal muitas vezes são removidas da proteína madura por proteases específicas uma vez que a translocação pela membrana esteja completa.

Para cada evento de direcionamento de proteínas discutido neste capítulo, serão buscadas respostas para quatro questões fundamentais:

1. Qual é a natureza da *sequência-sinal* e o que a distingue de outros tipos de sequências-sinal?
2. Qual é o *receptor* dessas sequências-sinal?
3. Qual é a estrutura do *canal de translocação* que permite a transferência das proteínas através da bicamada da membrana? Particularmente, o canal é tão estreito que as proteínas podem passar apenas em um estado não enovelado, ou ele irá acomodar domínios enovelados das proteínas?
4. Qual é a fonte de *energia* que direciona a transferência unidirecional pela membrana?

Na primeira parte do capítulo, será detalhado o encaminhamento das proteínas para o RE, incluindo as modificações pós-traducionais que ocorrem nas proteínas quando estas entram na via secretora. O encaminhamento de proteínas para o RE é o exemplo melhor compreendido de encaminhamento de proteínas e servirá como exemplo do processo em geral. Então, serão descritos o direcionamento de proteínas para mitocôndrias, cloroplastos e peroxissomos, assim como o transporte de proteínas para dentro e para fora do núcleo através dos poros nucleares.

13.1 Distribuição das proteínas até a membrana do RE e através dela

Todas as células eucarióticas têm retículo endoplasmático (RE). O RE é uma grande organela convoluta composta por túbulos e sacos achatados, cuja membrana é contínua com a membrana do núcleo. A membrana do RE é onde os lipídeos celulares são sintetizados (Capítulo 10), e o RE é onde a maioria das proteínas é formada, incluindo aquelas da membrana plasmática e da membrana dos lisossomos, RE e Golgi. Além disso, todas as proteínas solúveis que serão secretadas pela célula, assim como aquelas destinadas para o lúmen do RE, do Golgi e dos lisossomos, são encaminhadas inicialmente para o lúmen do RE (ver Figura 13-1). Uma vez que o RE tem função tão importante na secreção de proteínas, a via de tráfego das proteínas que flui pelo RE é denominada como "via secretora". Para simplificar, todas as proteínas inicialmente encaminhadas para o RE serão denominadas como "proteínas de secreção", *mas* nem todas as proteínas encaminhadas ao RE são realmente secretadas pela célula.

Nesta primeira seção, será discutido como as proteínas são identificadas inicialmente como proteínas de secreção e como essas proteínas são translocadas pela membrana do RE. Inicialmente, serão consideradas as proteínas solúveis, aquelas que atravessam a membrana do RE até o seu lúmen. Na próxima seção, serão discutidas as proteínas integrais de membrana, que estão inseridas na membrana do RE.

Experimentos de marcação por pulso com membranas do RE purificadas demonstraram que as proteínas secretadas cruzam a membrana do RE

Embora todas as células secretem várias proteínas (p. ex., proteínas da matriz extracelular), certos tipos de células são especializados na secreção de grandes quantidades de proteínas específicas. As células acinares pancreáticas, por exemplo, sintetizam grande quantidade de várias enzimas digestivas secretadas nos ductos que levam ao intestino. Como essas células secretoras contêm organelas da via secretora (p. ex., RE e Golgi) em grande abundância, elas têm sido amplamente utilizadas no estudo dessa via, incluindo as etapas iniciais que ocorrem na membrana do RE.

A sequência de eventos que ocorre imediatamente após a síntese de uma proteína secretória foi inicialmente elucidada por meio de experimentos de marcação por pulso com células acinares pancreáticas. Em tais células, aminoácidos marcados radiativamente são incorporados nas proteínas de secreção à medida que são sintetizadas nos ribossomos ligados à superfície do RE. A porção do RE que recebe as proteínas que entram na via secretora é conhecida como **RE rugoso**, porque essas membranas estão tão densamente cobertas com ribossomos que sua superfície parece morfologicamente distinta de outras membranas do RE (Figura 13-2). A partir desses experimentos ficou claro que durante ou logo após sua síntese no ribossomo, as proteínas secretadas são translocadas pela membrana do RE para o lúmen do RE.

Para delinear as etapas no processo de translocação, foi necessário isolar o RE do resto da célula. Não é possível o isolamento do RE intacto com sua estrutura delicada entrelaçada e interconectada com outras organelas. Entretanto, cientistas descobriram que depois de as células serem homogeneizadas, o retículo endoplasmático rugoso se parte em pequenas vesículas fechadas com ribossomos no exterior, denominadas **microssomos rugosos**, que mantêm a maioria das propriedades bioquímicas do RE, incluindo a capacidade de translocação de proteínas. Os experimentos representados na Figura 13-3, em que os microssomos isolados de células marcadas por pulso são tratados com proteases, demonstram que, embora as proteínas secretadas sejam sintetizadas nos ribossomos aderidos à face citosólica da membrana do RE, os polipeptídeos produzidos por esses ribossomos se encontram no lúmen das vesículas do RE. Experimentos assim levantaram a questão de como os polipeptídeos

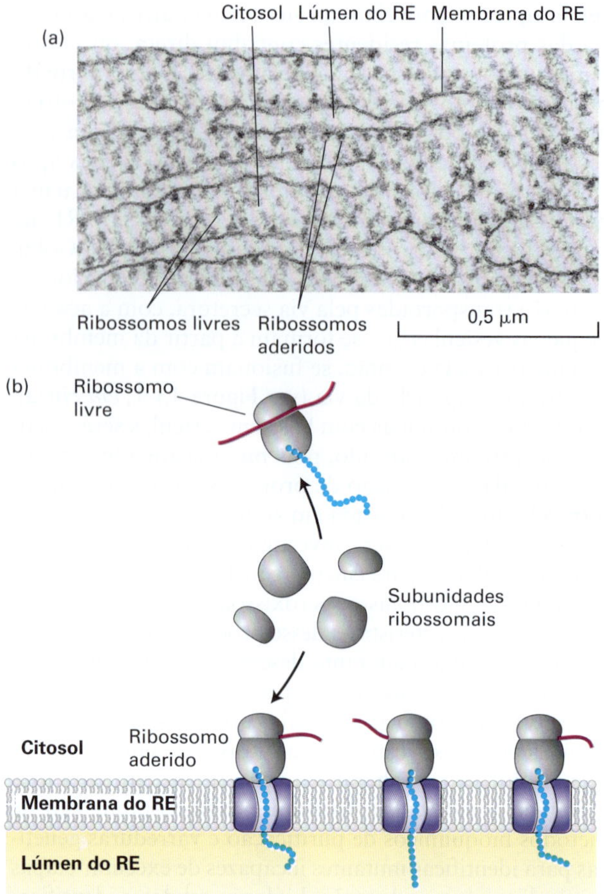

FIGURA 13-2 Estrutura do RE rugoso. (a) Micrografia eletrônica dos ribossomos aderidos ao RE rugoso em uma célula pancreática acinar. A maioria das proteínas sintetizadas por esse tipo de célula deve ser secretada e é sintetizada nos ribossomos aderidos à membrana. Alguns poucos ribossomos não aderidos à membrana (livres) também podem ser observados, presumivelmente, sintetizando proteínas citosólicas ou outras proteínas não secretadas. (b) Representação esquemática da síntese proteica no RE. Observe que os ribossomos ligados à membrana e os ribossomos livres no citosol são idênticos. Os ribossomos ligados à membrana são recrutados para o retículo endoplasmático durante a síntese proteica de um polipeptídeo contendo uma sequência-sinal para o RE. (Parte (a) cortesia de G. Palade.)

são reconhecidos como proteínas secretoras logo após o início de sua síntese e de como a proteína secretória nascente é deslocada através da membrana do RE.

Uma sequência-sinal hidrofóbica na extremidade N-terminal direciona as proteínas de secreção nascentes para o RE

Depois que a síntese de uma proteína de secreção teve início nos ribossomos livres no citosol, uma sequência-sinal para o RE na proteína nascente, com 16 a 30 resíduos, direciona o ribossomo para a membrana do RE, iniciando a translocação do polipeptídeo crescente pela membrana do RE (ver Figura 13-1, *esquerda*). Uma sequência-sinal para o RE normalmente está localizada na extremidade

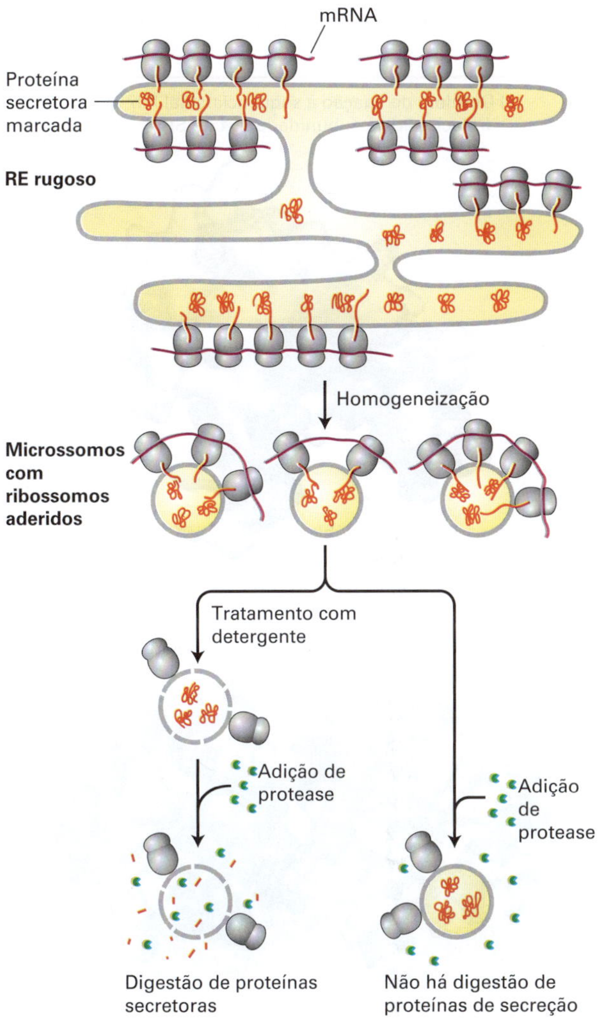

FIGURA EXPERIMENTAL 13-3 Proteínas de secreção entram no RE. Experimentos de marcação demonstram que as proteínas secretadas estão localizadas no lúmen do RE logo após a síntese. As células são incubadas por um breve período com aminoácidos marcados radiativamente, de modo que apenas as proteínas recém-sintetizadas fiquem marcadas. As células são, então, homogeneizadas, partindo a membrana plasmática e fracionando o RE rugoso em pequenas vesículas chamadas *microssomos*. Devido aos ribossomos aderidos, os microssomos têm uma densidade de flutuação muito maior do que outras organelas delimitadas por membranas e podem ser separados destas por uma combinação de centrifugação diferencial e centrifugação em gradiente de densidade de sacarose (Capítulo 9). Os microssomos purificados são tratados com uma protease na presença ou na ausência de um detergente. As proteínas de secreção marcadas, associadas com os microssomos, são digeridas pelas proteases apenas se a barreira de permeabilidade da membrana microssomal for rompida pelo tratamento com detergente. Esse achado indica que as proteínas recém-sintetizadas estão dentro dos microssomos, o equivalente ao lúmen do RE rugoso.

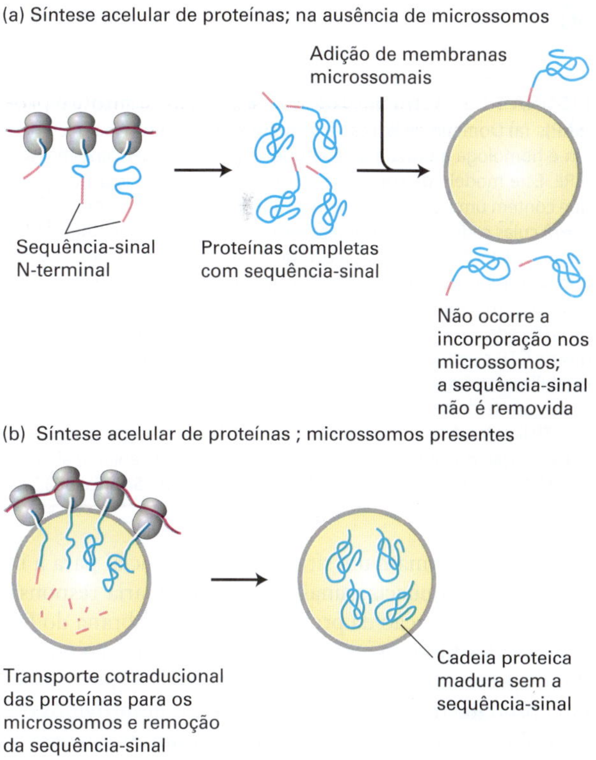

FIGURA EXPERIMENTAL 13-4 Tradução e translocação ocorrem simultaneamente. Experimentos acelulares demonstram que a translocação de proteínas secretadas para dentro dos microssomos está ligada à tradução. O tratamento dos microssomos com EDTA, responsável pela quelação dos íons Mg^{2+}, os retira dos ribossomos associados, permitindo o isolamento de microssomos livres de ribossomos, equivalentes às membranas de RE (ver Figura 13-3). A síntese proteica ocorre em um sistema isento de células contendo ribossomos funcionais, tRNAs, ATP, GTP e enzimas citosólicas às quais é adicionado um mRNA que codifica uma proteína secretada. A proteína secretora é sintetizada na ausência de microssomos (a), mas é transportada através da membrana da vesícula e perde sua sequência-sinal (resultando em diminuição no peso molecular) apenas se os microssomos estiverem presentes durante a síntese da proteína (b).

N-terminal da proteína, a primeira parte da proteína a ser sintetizada. As sequências-sinal de diferentes proteínas de secreção contêm um ou mais aminoácidos carregados positivamente adjacentes a um trecho contínuo de 6 a 12 resíduos hidrofóbicos (conhecidos como o centro hidrofóbico), mas, sob outros aspectos, essas proteínas têm pouco em comum. Para a maioria das proteínas de secreção, a sequência-sinal é clivada da proteína enquanto ela continua a ser sintetizada no ribossomo; desse modo, as sequências-sinal normalmente estão ausentes nas proteínas "maduras" encontradas nas células.

O centro hidrofóbico das sequências-sinal para RE é essencial para sua função. Por exemplo, a deleção específica de vários dos aminoácidos hidrofóbicos de uma sequência-sinal, ou a introdução de aminoácidos carregados no centro hidrofóbico por mutação, pode abolir a capacidade da região N-terminal de uma proteína de funcionar como uma sequência-sinal. Em consequência, a proteína modificada permanece no citosol, incapaz de atravessar da membrana do RE para o lúmen. De modo oposto, sequências-sinal podem ser adicionadas a proteínas citosólicas normais utilizando técnicas de DNA recombinante. Desde que a sequência adicionada seja suficientemente longa e hidrofóbica, essa proteína citosólica modificada adquire a capacidade de ser translocada para o lúmen do RE. Desse modo, os resíduos hidrofóbicos no centro das sequências-

RECURSO DE MÍDIA: Estrutura e função da partícula de reconhecimento de sinal na translocação de proteínas

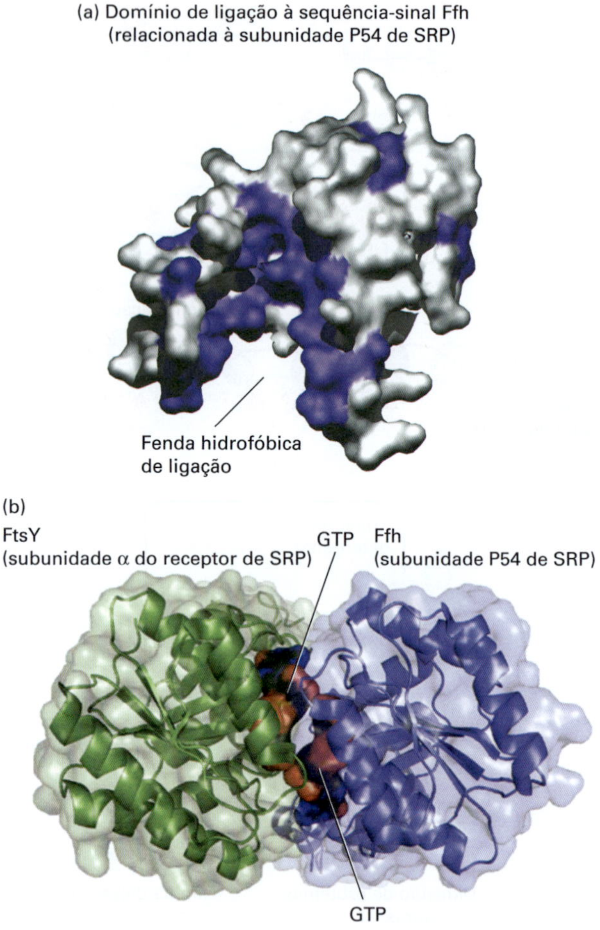

FIGURA 13-5 Estrutura da partícula de reconhecimento de sinal (SRP). (a) Domínio de ligação à sequência-sinal: a proteína bacteriana Ffh é homóloga à porção da P54 que se liga às sequências-sinal para o RE. Este modelo de superfície mostra o domínio de ligação em Ffh, que contém uma grande fenda revestida por aminoácidos hidrofóbicos (roxo) cujas cadeias laterais interagem com as sequências-sinal. (b) Domínio de ligação a GTP e ao receptor: a estrutura de GTP ligada a proteínas FtsY ilustra como a interação entre essas proteínas é controlada pela ligação e hidrólise de GTP. Ffh e FtsY podem se ligar a uma molécula de GTP, cada uma, e quando Ffh e FtsY se ligam, as duas moléculas ligadas de GTP se encaixam na interface entre as subunidades proteicas e estabilizam o dímero. A formação do dímero semissimétrico permite a formação de dois sítios ativos para a hidrólise de ambas as moléculas de GTP ligadas. A hidrólise para GDP desestabiliza a interface, causando a dissociação do dímero. (Parte (a) adaptada de R. J. Keenan et al., 1998, *Cell* **94**:181. Parte (b) adaptada de P.J. Focia et al., 2004, Science 303:373.)

-sinal do RE formam um sítio de ligação crucial para a interação das sequências-sinal com a maquinaria responsável pela translocação da proteína para a membrana do RE.

Estudos bioquímicos utilizando um sistema sintetizador de proteínas isento de células, um mRNA que codifica uma proteína de secreção e microssomos desprovidos dos seus ribossomos ligados esclareceram a função e o destino das sequências-sinal para o RE. Os primeiros experimentos com esse sistema demonstraram que uma proteína de secreção normal é incorporada nos microssomos e tem sua sequência-sinal removida apenas se os microssomos estiverem presentes durante a síntese da proteína. Caso microssomos sejam adicionados ao sistema depois que a síntese da proteína estiver completa, não ocorre o transporte de proteínas para dentro dos microssomos (Figura 13-4). Experimentos seguintes foram projetados para determinar o estágio preciso da síntese proteica no qual os microssomos devem estar presentes para que ocorra translocação. Nesses experimentos, microssomos foram adicionados às misturas de reação em diferentes momentos após o início da síntese proteica. Esses experimentos mostraram que os microssomos devem ser adicionados antes que os primeiros 70 aminoácidos, aproximadamente, sejam traduzidos para que a proteína secretada completa seja localizada no lúmen do microssomo. Nesse ponto, os primeiros 40 aminoácidos, aproximadamente, projetam-se dos ribossomos, incluindo a sequência-sinal que mais tarde será retirada, e os próximos 30 aminoácidos, aproximadamente, continuam inseridos dentro de um canal no ribossomo (ver Figura 4-26). Desse modo, o transporte da maioria das proteínas de secreção para o lúmen do RE inicia enquanto a proteína sendo sintetizada (nascente) ainda está ligada ao ribossomo, processo chamado de **translocação cotraducional.**

O transporte cotraducional é iniciado por duas proteínas que hidrolisam GTP

Uma vez que as proteínas de secreção são sintetizadas em associação com a membrana do RE, mas não com qualquer outra membrana celular, um mecanismo de reconhecimento da sequência-sinal deve direcioná-las para lá. Os dois componentes principais nesse direcionamento são a **partícula de reconhecimento de sinal** (**SRP**, *signal-recognition particle*) e o seu receptor localizado na membrana do RE. A SRP é uma partícula ribonucleoproteica do citosol que se liga temporariamente à sequência-sinal de RE na proteína nascente e à unidade ribossomal maior, formando um grande complexo; então, a SRP direciona o complexo proteoribossomo para a membrana do RE por meio de sua ligação ao receptor SRP na membrana.

A SRP é composta por seis proteínas ligadas a um RNA de 300 nucleotídeos, que atua como suporte para o hexâmero. Uma das proteínas SRP (P54) pode ser quimicamente interligada às sequências-sinal para o RE, evidenciando que essa proteína é a subunidade que se liga à sequência-sinal em uma proteína de secreção nascente. Uma região da P54, conhecida como domínio M, contendo várias metioninas e outros resíduos de aminoácidos com cadeias laterais hidrofóbicas, contém uma fenda cuja superfície interna é revestida por cadeias laterais hidrofóbicas (Figura 13-5a). O centro hidrofóbico do peptídeo sinal se liga a essa fenda por meio de interações

ANIMAÇÃO EM FOCO: Síntese de proteínas de secreção e de proteínas ligadas à membrana

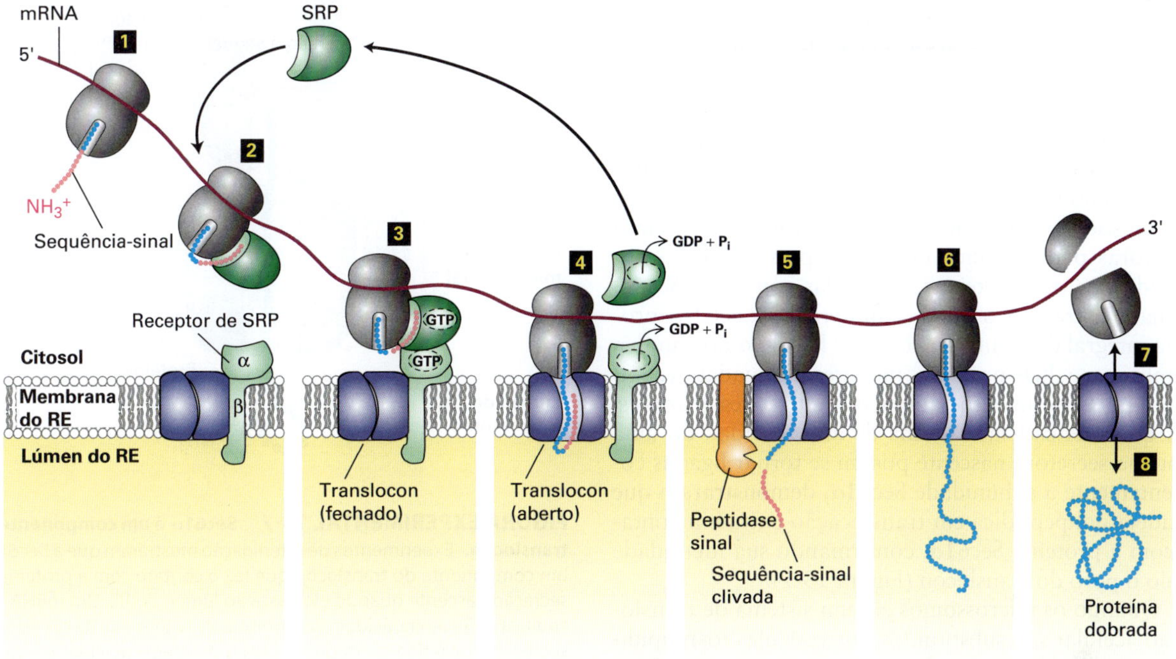

FIGURA 13-6 Translocação cotradutional. Etapas **1**, **2**: uma vez que a sequência-sinal para o RE emerge do ribossomo, ela é ligada por uma partícula de reconhecimento de sinal (SRP). Etapa **3**: a SRP encaminha o complexo ribossomo/polipeptídeo nascente para o receptor de SRP na membrana do RE. Essa interação é fortalecida pela ligação de GTP à SRP e ao seu receptor. Etapa **4**: a transferência do ribossomo/ polipeptídeo nascente para o translocon leva à abertura deste canal de translocação e à inserção da sequência-sinal e do segmento adjacente do polipeptídeo crescente para dentro do poro central. Tanto a SRP quanto o receptor de SRP, uma vez dissociados do translocon, hidrolisam seu GTP ligado e estão prontos para iniciar a inserção de outra cadeia polipeptídica. Etapa **5**: enquanto a cadeia polipeptídica se alonga, ela atravessa o canal do translocon para dentro do RE, onde a sequência-sinal é clivada por uma peptidase-sinal e é rapidamente degradada. Etapa **6**: a cadeia peptídica continua a se alongar enquanto o mRNA é traduzido em direção à extremidade 3´. Como o ribossomo está ligado ao translocon, a cadeia crescente é expelida através do translocon para o lúmen do RE. Etapas **7**, **8**: uma vez que a tradução esteja completa, o ribossomo é liberado, o resto da proteína é transferido para o lúmen, o translocon fecha-se e a proteína assume sua conformação enovelada nativa.

hidrofóbicas. Outros peptídeos na SRP interagem com o ribossomo ou são necessários para a translocação da proteína para o lúmen do RE.

A SRP traz o complexo ribossomo-cadeia nascente para a membrana do RE pela ligação com o receptor SRP, proteína integral da membrana do RE constituída de duas subunidades: uma subunidade α e uma subunidade menor, β. A interação do complexo SRP/cadeia nascente/ribossomo com o receptor SRP é promovida quando tanto a subunidade P54 da SRP quanto a subunidade α do receptor de SRP estiverem ligadas ao GTP. A estrutura da subunidade P54 da SRP e da subunidade α do receptor SRP (FtsY), da arqueobactéria *Thermus aquaticus*, fornece pistas de como um ciclo de ligação hidrólise de GTP e pode controlar a ligação e dissociação dessas proteínas. A Figura 13-5b mostra que P54 e FstY, cada uma ligada a uma única molécula de GTP, se unem para formar um heterodímero pseudossimétrico. Nenhuma das subunidades sozinhas contém um sítio ativo completo para a hidrólise de GTP, mas quando as duas proteínas se unem, elas formam dois sítios ativos completos e capazes de hidrolisar ambas as moléculas de GTP ligadas.

A Figura 13-6 resume nosso conhecimento atual sobre a síntese de proteínas de secreção e o papel da SRP e seu receptor nesse processo. A hidrólise do GTP ligado acompanha a dissociação da SRP e do receptor da SRP, e, de maneira desconhecida, inicia a transferência da cadeia nascente e do ribossomo a um sítio na membrana do RE, onde a translocação pode ocorrer. Após dissociar-se de cada uma, tanto a SRP quanto seu receptor liberam seu GDP ligado, a SRP é reciclada de volta para o citosol e ambos estão prontos para iniciar outro ciclo de interação com ribossomos sintetizando novas cadeias de proteínas de secreção e a membrana do RE.

A passagem dos polipeptídeos em crescimento através do translocon é dirigida pela tradução

Uma vez que a SRP e o seu receptor tiverem direcionado um ribossomo sintetizando uma proteína de secreção para a membrana do RE, o ribossomo e a cadeia nascente são rapidamente transferidos ao **translocon,** um complexo de proteínas que forma um canal embebido na membrana do RE. Enquanto a tradução continua, a cadeia em alongamento passa diretamente da subunidade maior do ribossomo para o poro central do translocon. A subunidade 60S do ribossomo é alinhada com o poro do translocon, de modo que a cadeia crescente nunca seja exposta ao citoplasma e não se enovele enquanto não alcançar o lúmen do RE (ver Figura 13-6).

O translocon foi identificado pela primeira vez por mutações no gene de levedura que codifica a Sec61α, o que causou um bloqueio na translocação das proteínas secretoras para o lúmen do RE. Depois disso, foi observado que três proteínas, chamadas *complexo Sec61*, formam o translocon dos mamíferos: a Sec61α, proteína integral da membrana com 10 hélices α cruzando a membrana, e duas proteínas menores, chamadas Sec61β e Sec61γ. Experimentos químicos de ligações cruzadas, nos quais as cadeias laterais de aminoácidos de uma proteína secretora nascente podem se tornar ligadas covalentemente à subunidade Sec61α, demonstraram que a cadeia polipeptídica em translocação entra em contato com a proteína Sec61α, confirmando sua identidade como o poro do translocon (Figura 13-7).

Quando os microssomos em um sistema de translocação acelular são substituídos por vesículas fosfolipídicas reconstituídas contendo apenas o receptor da SRP e o complexo Sec61, a proteína de secreção nascente foi translocada a partir do complexo SRP/ribossomo para dentro das vesículas. Esse achado indica que o receptor da SRP e o complexo Sec61 são as únicas proteínas de membrana do RE absolutamente necessárias para a translocação. Como nenhuma dessas pode hidrolisar ou fornecer energia para direcionar a translocação, a energia derivada a partir da elongação da cadeia no ribossomo parece ser suficiente para a translocação unidirecional da cadeia polipeptídica através da membrana.

O translocon deve ser capaz de permitir a passagem de uma ampla variedade de sequências polipeptídicas enquanto permanece impermeável a pequenas moléculas como ATP, para manter a barreira de permeabilidade da membrana do RE. Além disso, deve haver alguma maneira para regular o translocon de modo que ele fique fechado no seu estado padrão, abrindo apenas quando um complexo ribossomo/cadeia nascente estiver ligado. Uma estrutura de alta resolução do complexo Sec61 de arqueobactérias mostra como o translocon preserva a integridade da membrana (Figura 13-8). As 10 hélices transmembrana de Sec61α formam um canal central pelo qual passa a cadeia polipeptídica em translocação. Uma constrição no meio do poro central está revestida com resíduos hidrofóbicos de isoleucina que, em efeito, formam uma vedação em torno do peptídeo em translocação. O modelo estrutural do complexo Sec61, isolado sem um peptídeo em translocação e, por isso, com presumível conformação fechada, revela um peptídeo helicoidal curto fechando o canal central. Estudos bioquímicos do complexo Sec61 mostraram que, na ausência de um polipeptídeo em translocação, o peptídeo que forma o plugue sela efetivamente o translocon para prevenir a passagem de íons e pequenas moléculas. Uma vez que um peptídeo entra no canal, o peptídeo plugue muda de conformação para permitir que a translocação ocorra.

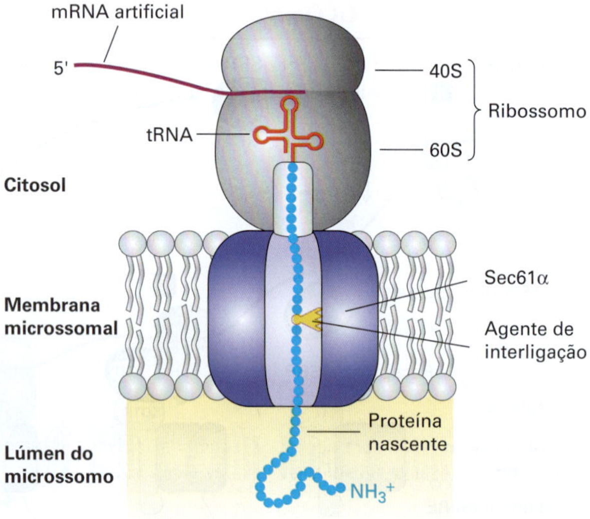

FIGURA EXPERIMENTAL 13-7 Sec61α é um componente do translocon. Experimentos de interligação mostraram que a Sec61α é um componente do translocon que faz o contato com a proteína de secreção nascente quando ela passa ao lúmen do RE. Um mRNA que codifica os 70 aminoácidos da extremidade N-terminal da proteína de secreção prolactina foi traduzido em um sistema acelular contendo microssomos (ver Figura 13-4b). O mRNA não tinha um códon de terminação da cadeia e continha um códon de lisina próximo à metade da sequência. As reações continham um lisil tRNA modificado quimicamente no qual um reagente de interligação ativado pela luz foi ligado à cadeia lateral lisina. Embora todo o mRNA tenha sido traduzido, o polipeptídeo completo não pôde ser liberado do ribossomo sem um códon de terminação da cadeia e, portanto, ficou preso ao atravessar a membrana do RE. As misturas de reações foram, então, expostas à luz intensa, tornando a cadeia nascente covalentemente ligada a quaisquer proteínas próximas no translocon. Quando o experimento foi realizado usando microssomos de células de mamíferos, a cadeia nascente se tornou ligada covalentemente à Sec61α. Versões diferentes do mRNA para prolactina foram criadas, de modo que o resíduo de lisina modificada fosse posicionado em diferentes distâncias do ribossomo; a interligação com a Sec61α foi observada apenas quando a lisina modificada foi posicionada dentro do canal de translocação. (Adaptada de T. A. Rapoport, 1992, *Science* **258**:931, e D. Görlich e T. A. Rapoport, 1993, *Cell* **75**:615.)

Enquanto a cadeia polipeptídica crescente entra no lúmen do RE, a sequência-sinal é clivada pela *peptidase-sinal*, proteína transmembrana do RE associada ao translocon (ver Figura 13-6, etapa **5**). A peptidase-sinal reconhece a sequência na região C-terminal do núcleo hidrofóbico do peptídeo-sinal e cliva a cadeia especificamente nessa sequência, assim que ela emerge no espaço luminal do RE. Depois que a sequência-sinal foi clivada, o polipeptídeo em crescimento atravessa o translocon para o lúmen do RE. O translocon permanece aberto até que a translocação esteja completa e a cadeia polipeptídica inteira tenha atravessado para o lúmen do RE. Depois que a translocação estiver completa, o plugue em hélice retorna para o poro para novamente selar o canal do translocon.

VÍDEO: Modelo tridimensional de um canal de translocação de proteínas

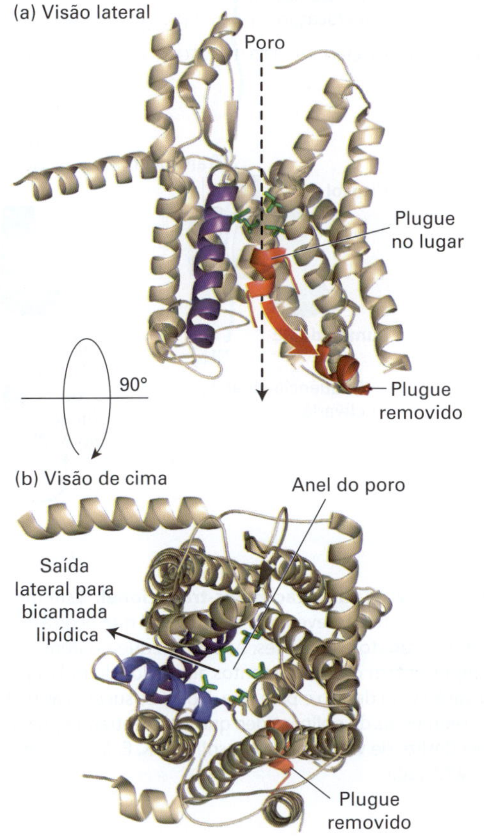

FIGURA EXPERIMENTAL 13-8 Estrutura de um complexo bacteriano Sec61. A estrutura do complexo Sec61 da arqueobactéria *M. jannaschii* (também conhecido como complexo SecY) solubilizado com detergente foi determinada por cristalografia por raios X. (a) Uma visão lateral mostra um canal em forma de ampulheta através do centro do poro. Um anel de resíduos de isoleucina na região de constrição mediana do poro forma uma vedação que mantém o canal selado para pequenas moléculas mesmo quando um polipeptídeo em translocação passa através do canal. Quando nenhum peptídeo de translocação estiver presente, o canal é fechado por um plugue helicoidal curto (vermelho). Este plugue se move para fora do canal durante a translocação. Nesta visualização, a metade frontal da proteína foi removida para mostrar melhor o poro. (b) Uma visão observando através do centro do canal mostra uma região (no lado esquerdo) onde as hélices podem se separar, permitindo a passagem lateral do domínio transmembrana hidrofóbico para dentro da bicamada lipídica. (Adaptada de A.R. Osborne et al., 2005, *Ann. Rev. Cell Dev. Biol.* **21**:529.)

A hidrólise de ATP aciona a translocação pós-traducional de algumas proteínas de secreção em leveduras

Na maioria dos eucariotos, as proteínas de secreção entram no RE pela translocação cotraducional. Nas leveduras, entretanto, algumas proteínas de secreção entram no lúmen do RE depois que a tradução foi completada. Nesse **transporte pós-traducional**, a proteína sendo translocada passa pelo mesmo translocon Sec61 utilizado na translocação cotraducional. Entretanto, a SRP e o receptor da SRP não estão envolvidos na translocação pós-traducional e, nesses casos, uma interação direta entre o translocon e a sequência-sinal da proteína pronta parece ser suficiente para o direcionamento à membrana do RE. Além disso, a força desencadeadora para translocação unidirecional pela membrana do RE é fornecida por um complexo de proteínas adicional, conhecido como o *complexo Sec63* e um membro da família Hsc70 das **chaperonas moleculares** conhecidas como *BiP* (ver Capítulo 3 para discussões adicionais sobre chaperonas moleculares). O complexo tetramérico Sec63 está embebido na membrana do RE nas proximidades do translocon, enquanto a BiP está localizada no lúmen do RE. Assim, como outros membros da família das Hsc70, a BiP tem um domínio que se liga ao peptídeo e um domínio de ATPase. Essas chaperonas ligam e estabilizam as proteínas não enoveladas ou parcialmente enoveladas (ver Figura 3-16).

O modelo atual para a translocação pós-traducional de uma proteína para dentro do RE está resumido na Figura 13-9. Uma vez que o segmento N-terminal da proteína entra no lúmen do RE, a peptidase-sinal cliva a sequência-sinal, assim como na translocação cotraducional (etapa **1**). A interação de BiP·ATP com a porção luminal do complexo Sec63 causa a hidrólise do ATP ligado, produzindo uma mudança na conformação da BiP que promove sua ligação a uma cadeia polipeptídica exposta (etapa **2**). Visto que o complexo Sec63 está localizado perto do translocon, a BiP é ativada em sítios onde os polipeptídeos nascentes podem entrar no RE. Certos experimentos sugerem que, na ausência da ligação com BiP, um polipeptídeo não enovelado desliza para trás e para frente dentro do canal do translocon. Esses movimentos aleatórios de deslizamento raramente ocasionam a passagem completa do polipeptídeo pela membrana do RE. A ligação de uma molécula de BiP·ADP à porção luminal do polipeptídeo evita que o polipeptídeo volte a sair do RE. Como os deslizamentos aleatórios adicionais para dentro expõem mais o polipeptídeo no lado luminal da membrana do RE, as ligações sucessivas de moléculas BiP·ADP à cadeia polipeptídica atuam como uma catraca, arrastando, por fim, o polipeptídeo inteiro para dentro do RE em poucos segundos (etapas **3** e **4**). Em uma escala de tempo mais lenta, as moléculas BiP trocam espontaneamente seus ADP ligados por ATP, levando à liberação do polipeptídeo que pode, então, se enovelar na sua conformação nativa (etapas **5** e **6**). O BiP·ATP reciclado está então pronto para uma outra interação com Sec63. BiP e o complexo Sec63 também são necessários para translocação cotraducional. Os detalhes da sua função nesse processo não são bem compreendidos, mas acredita-se que atuem em um estágio inicial do processo, como a passagem do peptídeo-sinal para dentro do poro do translocon.

A reação total realizada pela BiP é um importante exemplo de como a energia química liberada pela hidrólise de ATP aciona o movimento mecânico de uma proteína através da membrana. Células bacterianas tam-

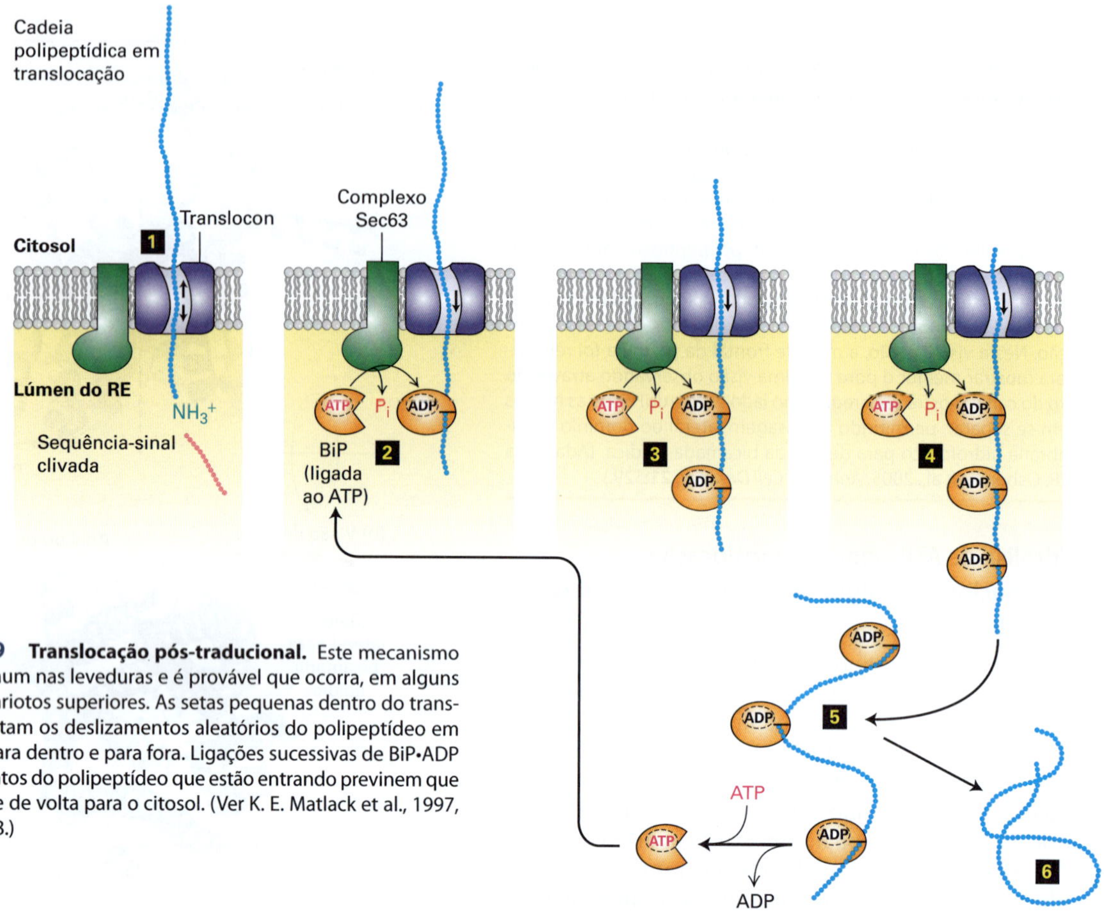

FIGURA 13-9 Translocação pós-traducional. Este mecanismo é bastante comum nas leveduras e é provável que ocorra, em alguns casos, nos eucariotos superiores. As setas pequenas dentro do translocon representam os deslizamentos aleatórios do polipeptídeo em translocação para dentro e para fora. Ligações sucessivas de BiP•ADP com os segmentos do polipeptídeo que estão entrando previnem que a cadeia deslize de volta para o citosol. (Ver K. E. Matlack et al., 1997, *Science* **277**:938.)

bém utilizam um processo ativado por ATP para translocar proteínas prontas pela membrana plasmática, neste caso, para serem liberadas da célula. Nas bactérias, a força para a translocação vem de uma ATPase citosólica conhecida como proteína SecA. SecA se liga no lado citosólico do translocon e hidrolisa ATP citosólico. Por meio de um mecanismo que se assemelha a uma agulha em uma máquina de costura, a proteína SecA empurra segmentos do polipeptídeo através da membrana em um ciclo mecânico acoplado à hidrólise de ATP.

Como será visto, a translocação de proteínas por outras membranas de organelas eucarióticas, como aquelas de mitocôndrias e cloroplastos, normalmente também ocorre por translocação pós-traducional. Isso explica por que não se observa ribossomos ligados a essas outras organelas, como acontece no RE rugoso.

CONCEITOS-CHAVE da Seção 13.1

Distribuição das proteínas até a membrana do RE e através dela:

- A síntese das proteínas de secreção, das proteínas integrais da membrana plasmática e das proteínas destinadas ao RE, ao aparelho de Golgi ou aos lisossomos inicia nos ribossomos citosólicos, que se aderem à membrana do RE, formando o RE rugoso (ver Figura 13-1, *esquerda*).
- A sequência-sinal para o RE em uma proteína de secreção nascente consiste em um segmento de aminoácidos hidrofóbicos, localizado na extremidade N-terminal.
- Na translocação cotraducional, a partícula de reconhecimento de sinal (SRP) primeiro reconhece e liga-se à sequência-sinal de RE em uma proteína de secreção nascente que, por sua vez, é ligada por um receptor da SRP na membrana do RE, direcionando, assim, o complexo ribossomo/cadeia nascente para o RE.
- A SRP e o receptor da SRP, então, fazem a mediação da inserção da proteína de secreção nascente no translocon (complexo Sec61). A hidrólise de duas moléculas de GTP pela SRP e seu receptor causam a dissociação da SRP (ver Figuras 13-5 e 13-6). À medida que o ribossomo ligado ao translocon continua a tradução, a cadeia proteica não enovelada é expelida para o lúmen do RE. Não é necessária nenhuma energia adicional para a translocação.
- Na translocação pós-traducional, uma proteína de secreção completa é direcionada para a membrana do RE pela interação da sequência-sinal com o translocon. A cadeia polipeptídica é, então, puxada para dentro do RE por um mecanismo de catraca que exige a hidrólise de ATP pela chaperona BiP, que estabiliza o polipeptídeo que está entrando (ver Figura 13-9). Nas

bactérias, a força motora para a translocação pós-traducional vem de SecA, uma ATPase citosólica que empurra os polipeptídeos pelo canal translocon.

- Em ambas as translocações, cotraducional e pós-traducional, uma peptidase-sinal na membrana do RE cliva a sequência-sinal de RE de uma proteína de secreção logo depois que a extremidade N-terminal entra no lúmen.

13.2 Inserção de proteínas de membrana no RE

Em capítulos anteriores foram encontrados, diversos representantes entre a vasta gama de proteínas integrais (transmembrana) que estão presentes nas células. Cada uma dessas proteínas tem uma única orientação em relação à bicamada fosfolipídica da membrana. As proteínas integrais de membrana localizadas no RE, no Golgi e nos lisossomos, bem como as proteínas na membrana plasmática, todas sintetizadas no RE rugoso, continuam embebidas na membrana na sua exclusiva orientação à medida que se movem para o seu destino final ao longo da mesma via seguida pelas proteínas de secreção solúveis (ver Figura 13-1, *esquerda*). Durante esse transporte, a orientação da proteína de membrana é preservada; isto é, os mesmos segmentos da proteína sempre estão voltados para o citosol, enquanto os demais segmentos sempre estão voltados para a direção oposta. Desse modo, a orientação final dessas proteínas de membrana é estabelecida durante sua biossíntese na membrana do RE. Nesta seção, inicialmente será visto como as proteínas integrais podem interagir com as membranas, e então como vários tipos de sequências, coletivamente conhecidas como **sequências topogênicas**, direcionam a inserção na membrana e a orientação de várias classes de proteínas integrais na membrana. Esses processos ocorrem pelas modificações do mecanismo básico utilizado para translocar as proteínas de secreção solúveis pela membrana do RE.

Várias classes topológicas de proteínas integrais de membrana são sintetizadas no RE

A **topologia** de uma proteína de membrana se refere ao número de vezes que a sua cadeia polipeptídica cruza a membrana e à orientação desses segmentos dentro da membrana. Os elementos essenciais de uma proteína que determinam sua topologia são os próprios segmentos que cruzam a membrana; normalmente, são hélices α contendo de 20 a 25 aminoácidos hidrofóbicos que contribuem para interações energicamente favoráveis no interior hidrofóbico da bicamada fosfolipídica.

A maioria das proteínas integrais de membrana faz parte de uma das cinco classes topológicas ilustradas na Figura 13-10. As classes topológicas I, II, III e as proteínas ancoradas pela cauda compreendem as **proteínas unipasso**, que têm apenas um segmento hélice α que cruza a membrana. As proteínas do tipo I têm uma sequência-sinal N-terminal clivada e estão ancoradas na membrana com sua região N-terminal hidrofílica na face luminal (também conhecida como face exoplasmática) e com sua região C-terminal hidrofílica na face citosólica. As proteínas do tipo II não contêm uma sequência-sinal clivável e são orientadas com sua região N-terminal hidrofílica na face citosólica e com sua região C-terminal

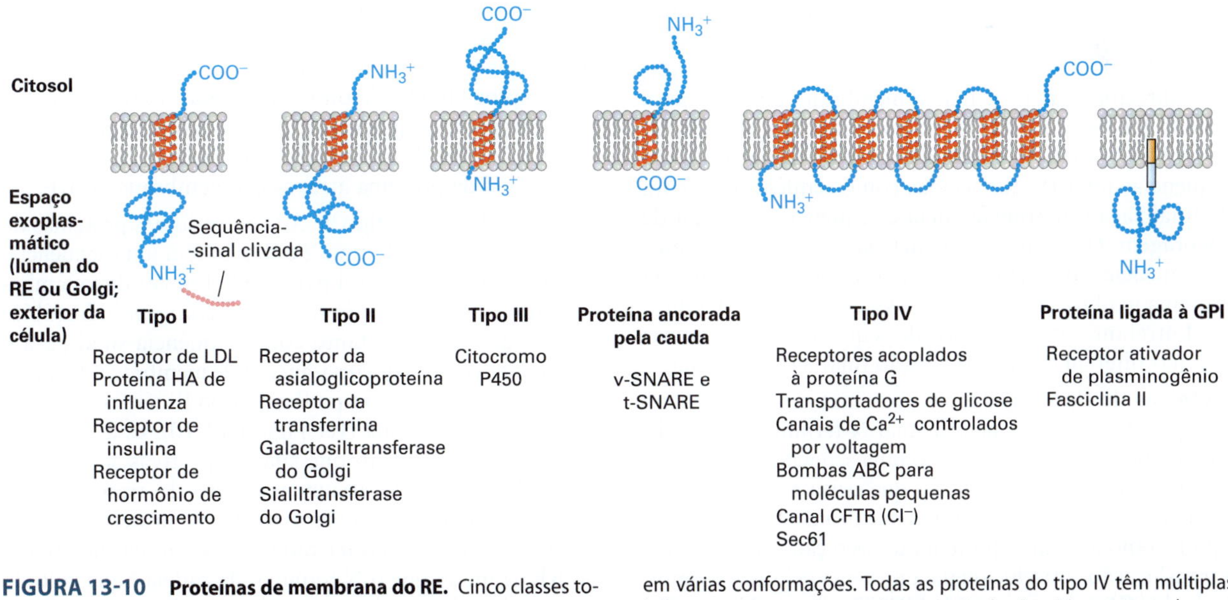

FIGURA 13-10 Proteínas de membrana do RE. Cinco classes topológicas de proteínas integrais de membrana são sintetizadas no RE rugoso assim como um sexto tipo ligado à membrana por uma âncora fosfolipídica. As proteínas de membrana são classificadas por sua orientação na membrana e os tipos de sinais que elas contêm para direcioná-las. Para as proteínas integrais de membrana, segmentos hidrofóbicos da cadeia proteica formam hélices α embebidas na bicamada da membrana; as regiões fora da membrana são hidrofílicas e se enovelam em várias conformações. Todas as proteínas do tipo IV têm múltiplas hélices α transmembrana. A topologia do tipo IV representada aqui corresponde àquela dos receptores ligados às proteínas G: sete hélices α, região N-terminal no lado exoplasmático da membrana e região C-terminal no lado citosólico. Outras proteínas do tipo IV podem ter um número diferente de hélices e várias orientações das extremidades N-terminal e C-terminal. (Ver E. Hartmann et al., 1989, *Proc. Nat'l. Acad. Sci. USA* **86**:5786, e C. A. Brown e S. D. Black, 1989, *J. Biol. Chem.* **264**:4442.)

hidrofílica na face exoplasmática (ou seja, oposta às proteínas do tipo I). As proteínas do tipo III têm um segmento hidrofóbico que cruza a membrana na sua extremidade N-terminal; por isso, têm a mesma orientação que as proteínas do tipo I, mas não contêm uma sequência-sinal clivável. Por fim, as proteínas ancoradas pela cauda têm um segmento hidrofóbico na sua extremidade C-terminal que cruza a membrana. Essas diferentes topologias refletem mecanismos distintos utilizados pela célula para estabelecer a orientação na membrana dos segmentos transmembrana, como discutido na próxima seção.

As proteínas que formam a classe topológica IV contêm dois ou mais segmentos que cruzam a membrana e às vezes são chamadas de **proteínas multipasso**. Por exemplo, pertencem a essa classe várias proteínas de transporte de membrana discutidas no Capítulo 11 e os numerosos receptores ligados à proteína G discutidos no Capítulo 15. Um tipo final de proteína de membrana não tem um segmento hidrofóbico que cruza a membrana completamente; em vez disso, essas proteínas estão ligadas a uma âncora anfipática fosfolipídica embebida na membrana (Figura 13-10, *direita*).

As sequências internas de finalização de transferência e as sequências de sinal de ancoragem determinam a topologia das proteínas unipasso

Será iniciada a discussão de como a topologia da proteína de membrana é determinada com a inserção na membrana de proteínas integrais que contêm um único segmento hidrofóbico que atravessa a membrana. Duas sequências estão envolvidas no direcionamento e na orientação das proteínas do tipo I na membrana do RE, enquanto as proteínas do tipo II e III contêm uma única sequência topogênica interna. Como será visto, existem três tipos principais de sequências topogênicas usadas para direcionar as proteínas à membrana do RE e para orientá-las dentro dela. Já foi apresentada a sequência-sinal N-terminal. As outras duas, introduzidas aqui, são sequências internas conhecidas como **sequências-âncora de finalização de transferência e sequências de sinal de ancoragem.** Diferente das sequências-sinal, os dois tipos de sequências topogênicas internas se encontram em uma proteína madura como segmentos que cruzam a membrana. Entretanto, os dois tipos de sequências topogênicas internas diferem na sua orientação final na membrana.

Proteínas do tipo I Todas as proteínas transmembrana do tipo I têm uma sequência-sinal N-terminal que as direciona para o RE, assim como uma sequência hidrofóbica interna que forma a hélice α que cruza a membrana. A sequência-sinal N-terminal de uma proteína nascente do tipo I, como a de uma proteína de secreção solúvel, inicia a translocação cotraducional da proteína pela ação combinada da SRP e do receptor da SRP. Tão logo o N-terminal de um polipeptídeo crescente chega ao lúmen do RE, a sequência-sinal é clivada e a cadeia crescente continua a ser expelida pela membrana do RE. Entretanto, ao contrário das proteínas de secreção solúveis, quando a sequência de aproximadamente 22 aminoácidos hidrofóbicos que se tornará um domínio transmembrana de uma cadeia nascente entra no translocon, aqui a transferência da proteína no canal é interrompida (Figura 13-11). Então, o complexo Sec61 está apto a se abrir em duas metades, permitindo que o segmento transmembrana hidrofóbico do peptídeo em translocação se mova lateralmente entre os domínios proteicos que constituem a parede do translocon (ver Figura 13-8). Quando o peptídeo deixa o translocon dessa maneira, ele se ancora na bicamada fosfolipídica da membrana. Pela dupla função dessa sequência, a de bloquear a passagem da cadeia polipeptídica através do translocon e a de tornar-se um segmento transmembrana hidrofóbico na bicamada da membrana, essa sequência é chamada de *sequência-âncora de finalização da transferência.*

Uma vez que a translocação foi interrompida, a tradução continua no ribossomo, que continua ancorado no translocon agora desocupado e fechado. Enquanto a região C-terminal da cadeia proteica é sintetizada, ela forma uma alça externa, no lado citosólico da membrana. Quando a tradução está completa, o ribossomo é liberado do translocon e a região C-terminal da proteína do tipo I recém-sintetizada permanece no citosol.

A fundamentação para esse mecanismo teve origem em estudos nos quais cDNAs codificando vários receptores mutantes para o hormônio de crescimento humano (HGH, *human growth hormone*) são expressos em células de mamíferos cultivadas. O receptor para HGH do tipo selvagem, típica proteína do tipo I, é transportado normalmente para a membrana plasmática. Entretanto, um receptor mutante com resíduos carregados inseridos no segmento da hélice α que cruza a membrana, ou sem a maior parte desse segmento, é translocado inteiramente ao lúmen do RE e, finalmente, secretado da célula em forma de proteína solúvel. Esse tipo de experimento estabelece que a hélice α hidrofóbica que cruza a membrana do receptor HGH e de outras proteínas do tipo I funciona tanto como sequência de finalização de transferência quanto âncora de membrana que previne que a região C-terminal da proteína atravesse a membrana do RE.

Proteínas do tipo II e tipo III Ao contrário das proteínas do tipo I, as proteínas do tipo II e III não têm uma sequência-sinal N-terminal clivável para o RE. Em vez disso, ambas têm uma única *sequência-sinal de ancoragem* hidrofóbica interna que funciona tanto como sequência-sinal para o RE quanto como sequência-âncora de membrana. Lembre-se que as proteínas do tipo II e do tipo III têm orientações opostas na membrana (ver Figura 13-10); essa diferença depende da orientação que suas respectivas sequências-sinal de ancoragem assumem dentro do translocon. A sequência-sinal de ancoragem interna em proteínas do tipo II direciona a inserção da cadeia nascente na membrana do RE de modo que o N-terminal da cadeia fique voltado para o citosol, usando o mesmo mecanismo dependente de SRP descrito para sequências-sinal (Figura 13-12a). Entretanto, a sequência-sinal de ancoragem interna *não* é clivada e move-se lateralmente entre os domínios proteicos da parede do translocon para dentro da bicamada fosfolipídica, onde ela funciona como âncora da membrana. À medida que a elongação continua, a região C-terminal da cadeia crescente é expelida ao lúmen do RE, através do translocon, por translocamento cotradicional.

No caso das proteínas do tipo III, a sequência-sinal de ligação, localizada perto da região N-terminal, insere a cadeia nascente na membrana do RE com sua região N-terminal voltada para o lúmen, na orientação oposta do sinal de ancoramento nas proteínas do tipo II. A sequência-sinal de ancoragem das proteínas do tipo III também funciona como sequência de finalização de transferência e impede a extrusão da cadeia nascente para o lúmen do RE (Figura 13-12b). A elongação contínua do C-terminal da cadeia em relação à sequência-sinal de ancoragem/de finalização da transferência prossegue da mesma forma que as proteínas do tipo I, com a sequência hidrofóbica movendo-se lateralmente entre as subunidades do translocon para ancorar o polipeptídeo na membrana do RE (ver Figura 13-11).

Uma das características das sequências-sinal-âncora que parecem determinar a orientação da sua inserção é a alta densidade de aminoácidos carregados positivamente adjacentes a uma extremidade do segmento hidrofóbico. Os resíduos carregados positivamente tendem a permanecer no lado citosólico da membrana, não atravessando a membrana para o lúmen do RE. Dessa forma, a posição dos resíduos carregados governa a orientação da sequência-sinal-âncora dentro do translocon, e o restante da cadeia polipeptídica continua a passar para o lúmen do RE: as proteínas do tipo II tendem a ter resíduos carregados positivamente no lado N-terminal da sua sequência-sinal-âncora, orientando a região N-terminal no citosol e permitindo a passagem da região C-terminal para dentro do RE (Figura 13-12a), enquanto as proteínas do tipo III tendem a ter resíduos carregados positivamente no lado C-terminal da sua sequência-sinal-âncora, inserindo a região N-terminal no translocon e restringindo a região C-terminal ao citosol (Figura 13-12b).

Uma notável demonstração experimental da importância da carga flanqueadora na determinação da orientação na membrana é fornecida pela neuraminidase, proteína tipo II da capa de superfície do vírus influenza. Três resíduos de arginina estão localizados juntos no lado N-terminal da sequência-sinal de ancoragem interna na neuraminidase. As mutações desses três resíduos carregados positivamente para resíduos de glutamato carregados negativamente levam a neuraminidase a adquirir a orientação invertida. Experimentos similares mostraram que outras proteínas, com orientação do tipo II ou do tipo III, podem ser induzidas a alterar sua orientação na membrana do RE alteração dos resíduos carregados que flanqueiam o segmento-sinal-âncora interno.

Proteínas ancoradas pela cauda Em todas as classes topológicas de proteínas abordadas até o momento, a inserção na membrana inicia quando a SRP reconhece um peptídeo topogênico hidrofóbico quando este emerge do ribossomo. O reconhecimento das proteínas ancoradas pela cauda, com uma única sequência topogênica hidrofóbica na região C-terminal, representa um grande desafio, uma

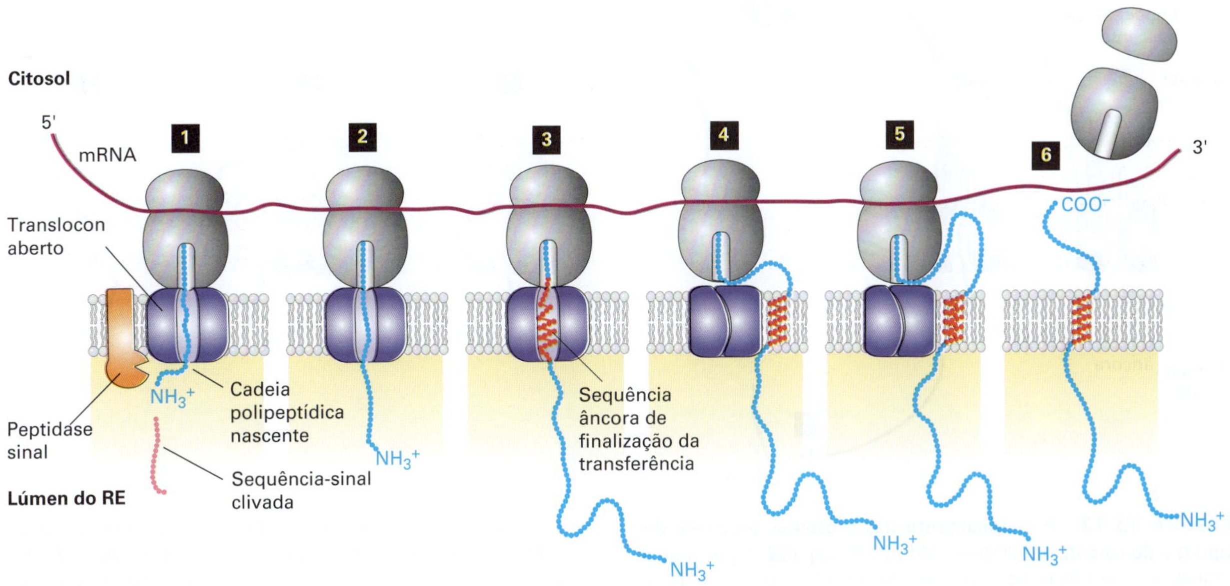

FIGURA 13-11 Posicionamento das proteínas unipasso do tipo I. Etapa **1**: depois que o complexo ribossomo/cadeia nascente se associa a um translocon na membrana do RE, a sequência-sinal na extremidade N-terminal é clivada. Esse processo ocorre pelo mesmo mecanismo das proteínas de secreção solúveis (ver Figura 13-6). Etapas **2**, **3**: a cadeia é alongada até que a sequência âncora hidrofóbica de finalização de transferência seja sintetizada e entre no translocon, onde ela impede que o restante da cadeia nascente seja translocada para dentro do lúmen do RE. Etapa **4**: a sequência âncora de finalização de transferência move-se lateralmente entre as subunidades do translocon e se ancora na bicamada fosfolipídica. Nesse momento, o translocon provavelmente se fecha. Etapa **5**: enquanto a síntese continua, a cadeia que está se alongando pode formar uma alça para dentro do citosol através do pequeno espaço entre o ribossomo e o translocon. Etapa **6**: quando a síntese está completa, as subunidades ribossomais são liberadas no citosol, deixando a proteína livre para difundir pela membrana. (Ver H. Do et al., 1996, *Cell* **85**:369, e W. Mothes et al., 1997, *Cell* **89**:523.)

vez que a região C-terminal hidrofóbica apenas se torna disponível para reconhecimento após o término da tradução e após a liberação da proteína do ribossomo. A inserção das proteínas ancoradas pela cauda na membrana no RE não emprega SRP, receptor de SRP ou translocon; em vez disso, depende de uma via dedicada para esse propósito, como mostrado na Figura 13-13. A distribuição das proteínas ancoradas pela cauda envolve uma ATPase conhecida como Get3, que se liga ao segmento hidrofóbico C-terminal das proteínas ancoradas pela cauda. O complexo de Get3 ligado a uma proteína ancorada pela cauda é recrutado para o RE por um receptor integral de membrana dimérico conhecido como Get1/Get2, e a proteína ancorada pela cauda é liberada de Get3 para ser inserida na membrana. A inserção da proteína ancorada pela cauda nas membranas do RE pelas proteínas Get compartilha semelhanças mecânicas fundamentais à distribuição das proteínas, que carregam uma sequência-sinal para o RE, pela SRP e pelo receptor de SRP. Existem duas diferenças principais entre os dois processos de distribuição: após a liberação de Get3, as proteínas ancoradas pela cauda podem ser inseridas diretamente na bicamada da membrana, enquanto a SRP transfere uma sequência-sinal para o translocon; e Get3 acopla a distribuição e a transferência das proteínas ancoradas a membrana à hidrólise de ATP, enquanto SRP acopla a distribuição das proteínas de secreção à hidrólise de GTP.

As proteínas multipasso têm múltiplas sequências topogênicas internas

A Figura 13-14 resume os arranjos de sequências topogênicas das proteínas transmembrana unipasso e multipasso. Nas proteínas multipasso (tipo IV), cada hélice que cruza a membrana atua como sequência topogênica, como já foi discutido: elas podem atuar direcionando a proteína ao RE, para ancorar a proteína na membrana do RE, ou para cessar a transferência da proteína pela membrana. As proteínas multipasso se enquadram em um dos dois tipos, dependendo se o N-terminal se estende para dentro do citosol ou do espaço exoplasmático (p. ex., lúmen do RE, exterior da célula). Essa topologia N-terminal normalmente é determinada pelo segmento hidrofóbico mais perto da extremidade N-terminal e pela carga das sequências que o flanqueiam. Se uma proteína do tipo IV tem um número *par* de hélices α transmembrana, tanto a sua extremidade N-terminal quanto C-terminal estarão orientadas no mesmo lado da membrana (ver Figura 13-14d). Inversamente, se uma proteína do tipo IV tiver um número *ímpar* de hélices α, suas duas extremidades terão orientações opostas (Figura 13-14e).

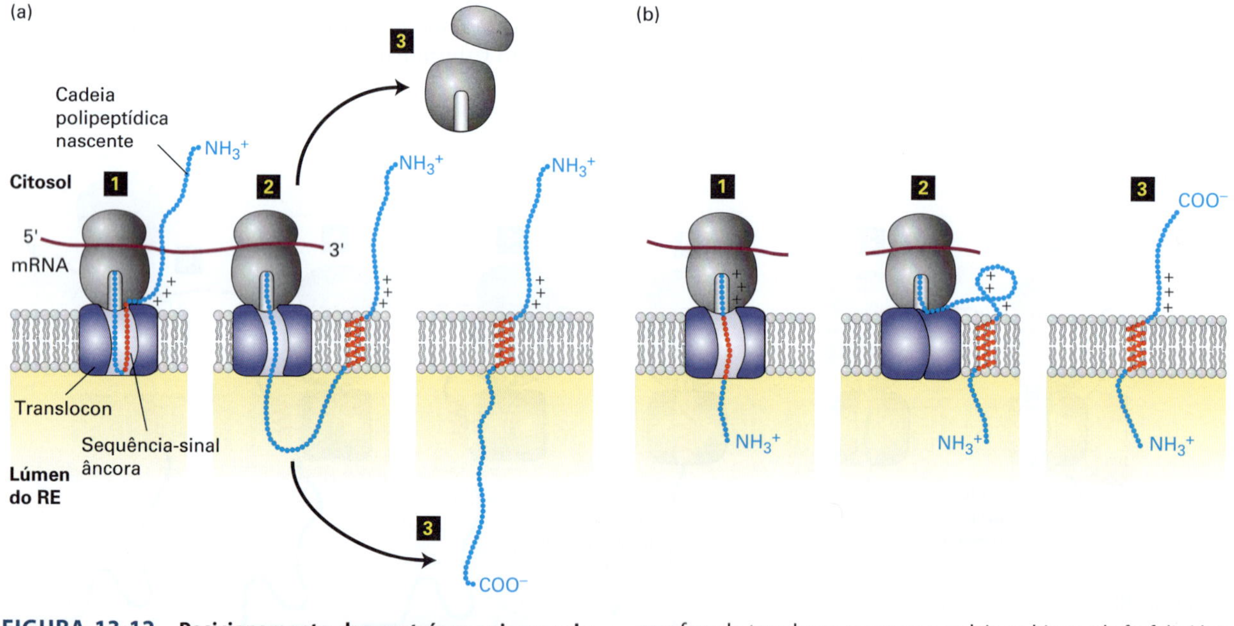

FIGURA 13-12 Posicionamento das proteínas unipasso do tipo II e do tipo III. (a) Proteínas do tipo II. Etapa 1: depois que a sequência-sinal âncora interna é sintetizada em um ribossomo do citosol, ela é ligada por uma SRP (não mostrado) que direciona o complexo ribossomo/cadeia nascente para a membrana do RE. Isso é similar ao direcionamento das proteínas de secreção solúveis, exceto que a sequência-sinal hidrofóbica não está localizada na extremidade N-terminal e não é clivada posteriormente. A cadeia nascente se orienta no translocon com a sua porção N-terminal voltada para o citosol. Acredita-se que essa orientação seja mediada pelos resíduos carregados positivamente localizados em uma posição N-terminal em relação à sequência-sinal âncora. Etapa 2: enquanto a cadeia é alongada e expelida para o lúmen, o sinal âncora interno se move lateralmente para fora do translocon e ancora a cadeia na bicamada fosfolipídica. Etapa 3: uma vez que a síntese da proteína esteja completa, a extremidade C-terminal do polipeptídeo é liberada para dentro do lúmen e as subunidades ribossomais são liberadas ao citosol. (b) Proteínas Tipo III. Etapa 1: a formação ocorre por uma via semelhante à das proteínas do tipo II exceto que os resíduos carregados positivamente no lado C-terminal de sequência-sinal âncora fazem com que o segmento transmembrana se oriente dentro do translocon com sua porção C-terminal orientada para o citosol e o lado N-terminal da proteína no lúmen do RE. Etapas 2, 3: o alongamento da cadeia da porção C-terminal da proteína é completado no citosol e as subunidades ribossomais são liberadas. (Ver M. Spiess e H. F. Lodish, 1986, *Cell* **44**:177, e H. Do et al., 1996, *Cell* **85**:369.)

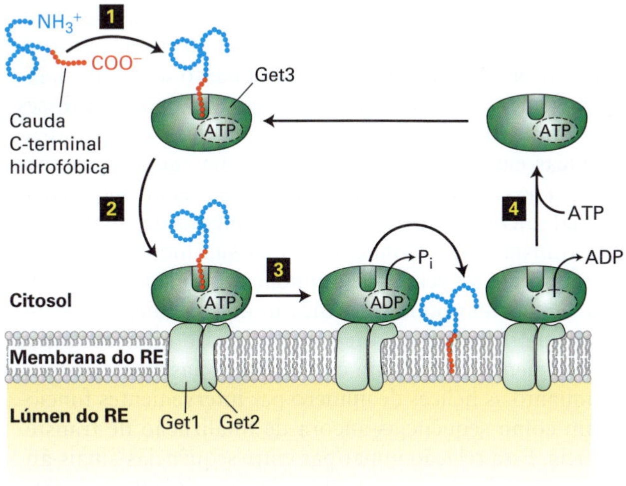

FIGURA 13-13 Inserção de proteínas ancoradas pela cauda. Para proteínas ancoradas pela cauda C-terminal a região C-terminal hidrofóbica não está disponível para inserção da membrana até que a síntese proteica esteja completa e a proteína tenha sido liberada do ribossomo. Etapa **1**: Get3 em estado ligado a ATP se liga à cauda C-terminal hidrofóbica. Esta reação de ligação é facilitada por um complexo de três proteínas, Sgt2, Get4 e Get5, que sequestram a cauda C-terminal hidrofóbica antes de transferi-la para Get3•ATP (não mostrado). Etapa **2**: o complexo ternário Get2•ATP ligado à cauda C--terminal ancora-se às proteínas Get1 e Get 2 embebidas na membrana do RE. Etapa **3**: em sucessão, ATP é hidrolisado e ADP é liberado de Get3. Ao mesmo tempo, a cauda C-terminal hidrofóbica é liberada de Get3 e se torna embebida na membrana do RE. Etapa **4**: Get3 se liga a ATP e Get3•ATP é liberado do complexo de Get1 e Get2 em forma solúvel, pronta para outro ciclo de ligação a uma cauda C-terminal hidrofóbica.

Proteínas do tipo IV com N-terminal no citosol Entre as proteínas multipasso cujos segmentos N-terminais se estendem para citosol estão os vários transportadores de glicose (GLUTs, *glucose transporters*) e a maioria das proteínas de canais de íons, discutidas no Capítulo 11. Nessas proteínas, o segmento hidrofóbico mais perto do N-terminal inicia a inserção da cadeia nascente na membrana do RE com a extremidade N-terminal orientada em direção ao citosol; desse modo, esse segmento de hélice α funciona como a sequência-sinal-âncora interna de uma proteína do tipo II (ver Figura 13-12a). Enquanto a cadeia nascente adjacente à primeira hélice α se alonga, ela se move pelo translocon até que a segunda hélice α hidrofóbica seja formada. Essa hélice previne a expulsão da cadeia nascente pelo translocon; assim, sua função é similar à da sequência-âncora de finalização de transferência em uma proteína do tipo I (ver Figura 13-11).

Após a síntese das duas primeiras hélices α transmembrana, ambas as extremidades da cadeia nascente estão voltadas para o citosol e a alça entre elas estende-se até o lúmen do RE. A extremidade C-terminal da cadeia nascente, então, continua a crescer para dentro do citosol, como ocorre na síntese das proteínas do tipo I e do tipo III. De acordo com esse mecanismo, a terceira hélice α atua como outra sequência-sinal-âncora do tipo II, e a quarta, como outra sequência-âncora de finalização de transferência (Figura 13-14d). Aparentemente, tão logo a primeira sequência topogênica de um polipeptídeo multipasso inicia a associação com o translocon, o ribossomo permanece ligado ao translocon e as sequências topogênicas que posteriormente emergem do ribossomo são transferidas para dentro do translocon sem a necessidade da SRP e dos receptores da SRP.

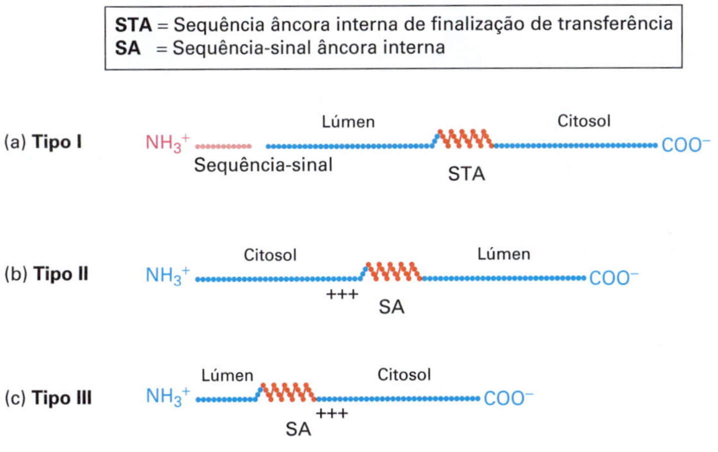

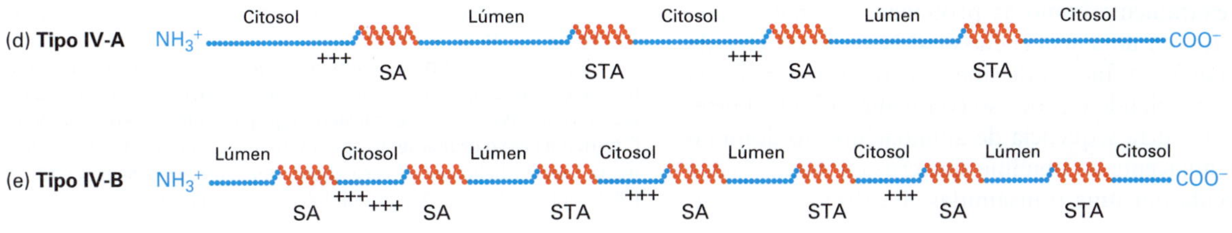

FIGURA 13-14 Sequências topogênicas determinam a orientação das proteínas de membrana do RE. As sequências topogênicas estão mostradas em vermelho; as porções hidrofílicas, solúveis, em azul. A sequência topogênica interna forma a hélice α transmembrana que ancora as proteínas ou segmentos de proteínas na membrana. (a) As proteínas do tipo I contêm uma sequência-sinal clivada e uma única âncora de finalização de transferência interna (STA). (b, c) As proteínas do tipo II e do tipo III contêm uma única sequência-sinal âncora interna (SA). A diferença na orientação dessas proteínas depende, em grande parte, da existência de alta densidade de aminoácidos carregados positivamente (+++) na extremidade N-terminal da sequência SA (tipo II) ou na extremidade C-terminal da sequência SA (tipo III). (d, e) Quase todas as proteínas multipasso não têm sequência-sinal clivável, como representado nos exemplos mostrados aqui. As proteínas do tipo IV-A, cujo N-terminal está voltado ao citosol, contêm sequências do tipo II S e sequências STA alternadas. As proteínas do tipo IV-B, cuja extremidade N-terminal está voltada ao lúmen, iniciam com uma sequência tipo III SA seguida por sequências tipo II SA e sequências STA alternadas. São conhecidas proteínas de cada tipo com diferentes números de hélices α (ímpar ou par).

Os experimentos que utilizam as técnicas de DNA recombinante para trocar hélices α hidrofóbicas fornecem informações sobre o funcionamento das sequências topogênicas nas proteínas multipasso do tipo IV-A. Esses experimentos indicam que a ordem das hélices hidrofóbicas em relação umas às outras na cadeia crescente revela se determinada hélice funciona como sequência-sinal-âncora ou como sequência-âncora de finalização da transferência. Com exceção da sua hidrofobicidade, a sequência específica de aminoácidos de uma hélice em particular tem pouco significado na sua função. Assim, a primeira hélice α N-terminal e as de número ímpar subsequentes funcionam como sequências-sinais-âncora, enquanto as hélices de número par intervenientes funcionam como sequências-âncora de finalização de transferência. Essa relação ímpar/par entre sequências-sinais-âncora e sequências-âncora de finalização de transferência é ditada pelo fato das hélices α transmembrana assumirem orientações alternadas na medida em que uma proteína multipasso é organizada em direções alternadas através da membrana; as sequências-sinais-âncora são orientadas com seu N-terminal em direção do lado citoplasmático da bicamada, enquanto as sequências-âncora de finalização de transferência possuem seu N-terminal orientado em direção do lado exoplasmático da bicamada.

Proteínas do tipo IV com o N-terminal no espaço exoplasmático A grande família dos receptores acoplados à proteína G, os quais, todos, contêm sete hélices α transmembrana, constitui a família das mais numerosas proteínas do tipo IV-B, cuja extremidade N-terminal se estende para dentro do espaço exoplasmático. Nessas proteínas, a hélice α hidrofóbica mais próxima da extremidade N-terminal frequentemente é seguida por um grupo de aminoácidos carregados positivamente, similar a uma sequência sinal-âncora do tipo III (Figura 13-12b). Como resultado, a primeira hélice α insere a cadeia nascente no translocon com o N-terminal se estendendo para o lúmen (ver Figura 13-14e). Enquanto a cadeia é elongada, ela é inserida na membrana do RE, alternando sequências sinal-âncora do tipo II e sequências de finalização de transferência, como descrito para proteínas do tipo IV-A.

Uma âncora fosfolipídica prende algumas proteínas de superfície celular à membrana

Algumas proteínas de superfície da célula estão ancoradas na bicamada fosfolipídica não por uma sequência de aminoácidos hidrofóbicos, mas por uma molécula anfipática ligada covalentemente, o *glicosilfosfatidilinositol* (*GPI*) (Figura 13-15a e Capítulo 10). Essas proteínas são sintetizadas e inicialmente ancoradas na membrana do RE exatamente como as proteínas transmembrana do tipo I, com uma sequência-sinal N-terminal clivada e uma sequência-âncora de finalização de transferência interna controlando o processo (ver Figura 13-11). Entretanto, uma curta sequência de aminoácidos no domínio luminal, adjacente ao domínio que cruza a membrana, é reconhecida por uma transamidase localizada na membrana do RE. Essa enzima, simultaneamente, retira a sequência-âncora de finalização de transferência original e transfere a porção luminal da proteína para uma âncora de GPI pré-formada na membrana (Figura 13-15b).

Por que trocar um tipo de âncora de membrana por outro? A ligação da âncora de GPI, que resulta na remoção do domínio hidrofílico voltado para o citosol da proteína, pode ter várias consequências. As proteínas com âncoras de GPI, por exemplo, podem difundir relativamente rápido no plano da bicamada fosfolipídica da membrana. Em contrapartida, várias proteínas ancoradas por hélices α que cruzam a membrana são impedidas de se mover lateralmente na membrana, porque os segmentos voltados para o citosol interagem com o citoesqueleto. Além disso, a âncora de GPI direciona a proteína ligada ao domínio apical da membrana plasmática (em vez de ao domínio basolateral) em certas células epiteliais polarizadas, como discutido no Capítulo 14.

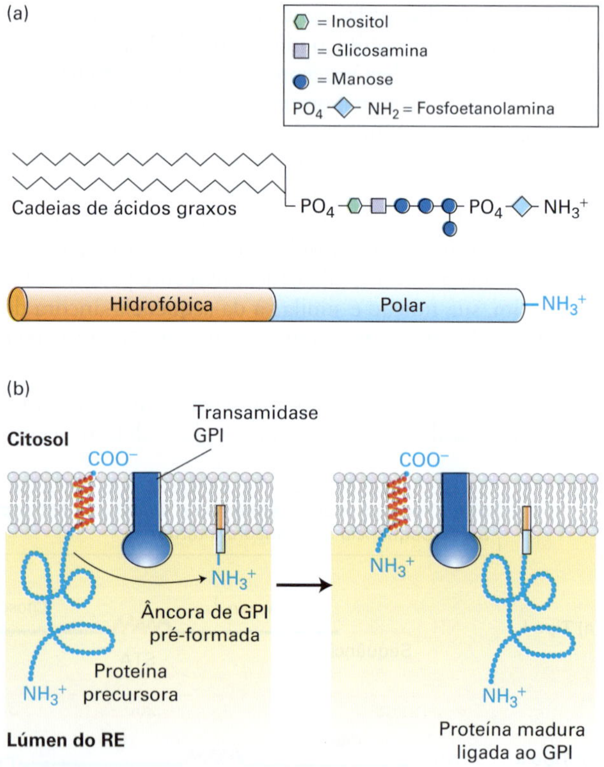

FIGURA 13-15 Proteínas ancoradas ao GPI. (a) Estrutura de um glicosilfosfatidilinositol (GPI) de levedura. A porção hidrofóbica da molécula é composta por cadeias de ácidos graxos, enquanto a porção polar (hidrofílica) da molécula é composta por resíduos de carboidratos e grupos fosfato. Em outros organismos, tanto o comprimento das cadeias aciladas quanto as porções dos carboidratos podem variar consideravelmente da estrutura mostrada. (b) Formação das proteínas ancoradas ao GPI na membrana do RE. A proteína é sintetizada e inicialmente inserida na membrana do RE, como mostrado na Figura 13-11. Uma transamidase específica cliva simultaneamente a proteína precursora no domínio voltado ao exoplasma, perto da sequência-âncora de finalização de transferência (vermelho), e transfere o grupamento carboxila do novo C-terminal para o grupamento aminoterminal da âncora de GPI pré-formada. (Ver C. Abeijon e C. B. Hirschberg, 1992, *Trends Biochem. Sci.* **17**:32, e K. Kodukula et al., 1992, *Proc. Nat'l. Acad. Sci. USA* **89**:4982.)

A topologia de uma proteína de membrana frequentemente pode ser deduzida a partir da sua sequência

Como visto, várias sequências topogênicas nas proteínas integrais de membrana sintetizadas no RE controlam a interação da cadeia nascente com o translocon. Quando cientistas começam a estudar uma proteína de função desconhecida, a identificação das sequências topogênicas dentro da sequência do gene correspondente pode fornecer indícios importantes sobre a classe topológica e a função da proteína. Suponha, por exemplo, que o gene de uma proteína sabidamente necessária para uma via de sinalização entre as células contenha sequências de nucleotídeos que codificam uma aparente sequência-sinal N-terminal e uma sequência hidrofóbica interna. Esses achados sugerem que a proteína é uma proteína integral de membrana do tipo I e, desse modo, pode ser um receptor de superfície celular para um ligante extracelular. Além disso, a topologia do tipo I implícita sugere que o segmento N-terminal que está entre a sequência-sinal e a sequência hidrofóbica interna constitui o domínio extracelular que provavelmente participa da ligação do ligante, enquanto o segmento C-terminal que está depois da sequência hidrofóbica interna provavelmente é citosólico e pode ter função de sinalização intracelular.

A identificação das sequências topogênicas requer uma maneira de rastrear os bancos de dados de sequências em busca de segmentos suficientemente hidrofóbicos para ser uma sequência-sinal ou uma sequência-âncora transmembrana. As sequências topogênicas podem, frequentemente, ser identificadas com o auxílio de programas de computador que geram um **perfil de hidropatia** para a proteína de interesse. A primeira etapa é designar um valor conhecido como *índice de hidropatia* para cada aminoácido na proteína. Por convenção, aos aminoácidos hidrofóbicos são designados valores positivos e aos aminoácidos hidrofílicos valores negativos. Embora existam diferentes escalas para o índice hidropático, todas designam o valor mais positivo para os aminoácidos com cadeias laterais compostas, na maior parte, por resíduos hidrocarbonados (p. ex., fenilalanina e metionina) e os valores mais negativos para aminoácidos carregados (p.ex., arginina e aspartato). A segunda etapa é identificar segmentos mais longos de hidrofobicidade geral suficiente para serem sequências sinal N-terminal ou sequências de finalização de transferência internas e sequências sinal-âncora. Para realizar isso, o índice hidropático total para cada segmento sucessivo de 20 aminoácidos consecutivos é calculado ao longo de toda a extensão da proteína. Os gráficos desses valores calculados contra a posição na sequência de aminoácidos geram um perfil de hidropatia.

A Figura 13-16 mostra os perfis de hidropatia de três proteínas de membrana diferentes. Os picos proeminentes nesses gráficos identificam prováveis sequências topogênicas, assim como sua posição e seu comprimento aproximado. Por exemplo, o perfil de hidropatia do receptor para o hormônio de crescimento humano revela a presença tanto de uma sequência-sinal hidrofóbica na extremidade N-terminal da proteína quanto de uma sequência de finalização de transferência hidrofóbica interna (Figura 13-16a). Com base nesse perfil, pode-se deduzir, corretamente, que o receptor para o hormônio de crescimento humano é uma proteína integral de membrana do tipo I. O perfil de hidropatia do receptor para a asialoglicoproteína, proteína da superfície celular que faz a mediação da remoção de glicoproteínas extracelulares anormais, revela uma sequência-sinal-âncora hidrofóbi-

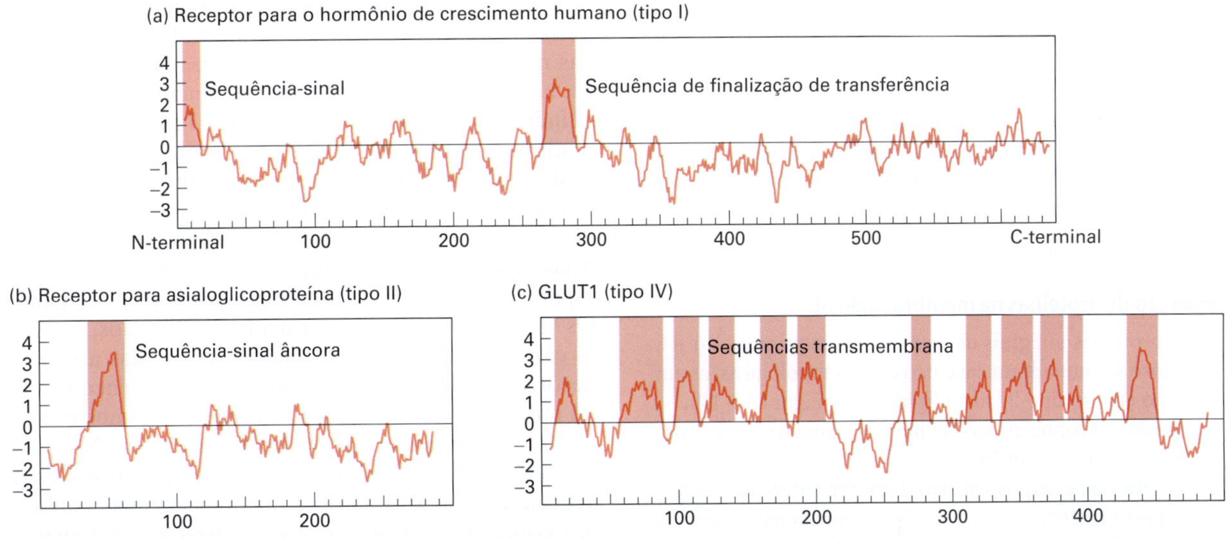

FIGURA EXPERIMENTAL 13-16 Perfis de hidropatia. Os perfis de hidropatia podem identificar prováveis sequências topogênicas nas proteínas integrais de membrana. Os perfis de hidropatia são gerados pela representação gráfica da hidrofobicidade total de cada segmento de 20 aminoácidos contínuos ao longo do comprimento da proteína. Os valores positivos indicam porções relativamente hidrofóbicas da proteína; os valores negativos indicam as porções relativamente polares da proteína. As prováveis sequências topogênicas estão marcadas. Os perfis complexos de proteínas multipasso (tipo IV), como as GLUT1, na parte (c), frequentemente devem ser suplementados com outras análises para determinar a sua topologia.

ca interna proeminente, mas não dá indicação de uma sequência-sinal hidrofóbica N-terminal (Figura 13-16b). Desse modo, pode-se prever que o receptor para a asialoglicoproteína é uma proteína de membrana do tipo II ou do tipo III. A distribuição de resíduos carregados em qualquer lado da sequência-sinal-âncora frequentemente pode distinguir entre essas possibilidades, já que os aminoácidos carregados positivamente que flanqueiam o segmento que cruza a membrana, normalmente, estão orientados em direção à face citosólica da membrana. Por exemplo, no caso do receptor para a asialoglicoproteína, a observação dos resíduos que flanqueiam a sequência-sinal-âncora revela que os resíduos no lado N-terminal carregam uma carga líquida positiva, prevendo, de forma correta, que esta é uma proteína do tipo II.

O perfil de hidropatia do transportador de glicose GLUT1, proteína de membrana multipasso, revela a presença de vários segmentos suficientemente hidrofóbicos para serem hélices que cruzam a membrana (Figura 13-16c). A complexidade desse perfil ilustra a dificuldade tanto em identificar inequivocamente todos os segmentos que cruzam a membrana em uma proteína multipasso como em prever a topologia das sequências-sinal-âncora e de finalização de transferência individuais. Foram desenvolvidos algoritmos computacionais mais sofisticados que levam em conta a presença de aminoácidos carregados positivamente adjacentes aos segmentos hidrofóbicos, assim como o comprimento e o espaço entre os segmentos. Utilizando toda essas informações, os melhores algoritmos conseguem prever a topologia complexa das proteínas multipasso com uma precisão maior do que 75%.

Finalmente, a homologia de sequência com uma proteína conhecida pode permitir uma previsão precisa da topologia de proteínas multipasso recentemente descobertas. Por exemplo, os genomas dos organismos multicelulares codificam um grande número de proteínas multipasso com sete hélices α transmembrana. As similaridades entre as sequências dessas proteínas indicam que todas têm a mesma topologia dos receptores acoplados a proteínas G, que já foram bem estudados e que têm a extremidade N-terminal orientada para o lado exoplasmático e a extremidade C-terminal orientada para o lado citosólico da membrana.

CONCEITOS-CHAVE da Seção 13.2

Inserção de proteínas na membrana do RE

- As proteínas integrais de membrana sintetizadas no RE rugoso se enquadram em cinco classes topológicas, assim como em um tipo ligado a lipídeo (ver Figura 13-10).
- Sequências topogênicas – sequências-sinal na extremidade N-terminal, sequências de finalização de transferência internas e sequências-sinal-âncora internas – determinam a inserção e a orientação das proteínas nascentes na membrana do RE. Essa orientação é mantida durante o transporte da proteína de membrana completa até o seu destino final, p. ex., a membrana plasmática
- As proteínas de membrana unipasso contêm uma ou duas sequências topogênicas. Nas proteínas de membrana multipasso, cada segmento de hélice α pode funcionar como sequência topogênica interna, dependendo da sua localização na cadeia polipeptídica e da presença de resíduos adjacentes carregados positivamente (ver Figura 13-14).
- Algumas proteínas de superfície celular são inicialmente sintetizadas como proteínas do tipo I no RE e depois são clivadas com seu domínio luminal transferido para uma âncora de GPI (ver Figura 13-15).
- A topologia das proteínas de membrana pode frequentemente ser prevista corretamente por programas de computador que identificam segmentos topogênicos hidrofóbicos dentro da sequência de aminoácidos e geram perfis de hidropatia (ver Figura 13-16).

13.3 Modificações, enovelamento e controle de qualidade das proteínas no RE

As proteínas de membrana e as proteínas de secreção solúveis sintetizadas no RE rugoso sofrem quatro modificações principais antes de alcançar seu destino final: (1) adição covalente e processamento de carboidratos (*glicosilação*) no RE e no Golgi, (2) formação de pontes dissulfeto no RE, (3) enovelamento apropriado das cadeias polipeptídicas e associação de proteínas com múltiplas subunidades no RE e (4) clivagens proteolíticas específicas no RE, no Golgi e nas vesículas secretoras. Em geral, essas modificações promovem o enovelamento das proteínas secretoras nas suas estruturas nativas e adicionam estabilidade estrutural às proteínas expostas ao meio extracelular. Modificações como glicosilação também permitem que a célula produza um vasto arranjo de moléculas distintas quimicamente na superfície celular, que constituem a base das interações moleculares específicas usadas na adesão e comunicação entre células.

Uma ou mais cadeias de carboidratos são adicionadas na maioria das proteínas sintetizadas no RE rugoso; na verdade, a glicosilação é a principal modificação química da maioria dessas proteínas. Proteínas com carboidratos ligados são conhecidas como **glicoproteínas.** Cadeias de carboidratos nas glicoproteínas ligadas ao grupamento hidroxila (-OH) dos resíduos de serina e treonina são chamadas de **oligossacarídeos O-ligados,** e cadeias de carboidratos ligadas ao nitrogênio da amida da asparagina são chamadas de **oligossacarídeos N-ligados.** Os vários tipos de oligossacarídeos O-ligados, incluem as cadeias O-ligadas tipo mucina (chamadas assim em decorrência das abundantes glicoproteínas encontradas no muco) e as modificações de carboidratos nos proteoglicanos, descritas no Capítulo 20. As cadeias *N*-ligadas normalmente contêm apenas um a quatro resíduos de açúcar, adicionados às proteínas por enzimas conhecidas como glicosiltransferases, localizadas no lúmen do aparelho de Golgi. Os oligossacarídeos *N*-ligados mais comuns são maiores e mais complexos, contendo várias ramificações. Nesta seção, o foco será direcionado aos oligossacarídeos *N*-ligados, cuja síntese inicial ocorre no RE. Após a *N*-glicosilação inicial de uma proteína no

RE, a cadeia de oligossacarídeo é modificada no RE e, frequentemente, também no Golgi.

A formação de pontes dissulfeto, o enovelamento das proteínas e a associação das proteínas multiméricas, que ocorrem exclusivamente no RE rugoso, também serão discutidos nesta seção. Apenas as proteínas enoveladas apropriadamente e organizadas são transportadas do RE rugoso ao aparelho de Golgi e, finalmente, à superfície da célula ou a outros destinos finais por meio da via secretora. As proteínas não enoveladas, enoveladas incorreta ou parcialmente organizadas são seletivamente retidas no RE rugoso e então podem ser degradadas. Serão abordados várias características desse "controle de qualidade" na parte final desta seção.

Como já discutido anteriormente, as sequências-sinal para o RE na extremidade N-terminal são clivadas das proteínas de secreção solúveis e das proteínas de membrana do tipo I no RE. Algumas proteínas também sofrem outras clivagens proteolíticas específicas no aparelho de Golgi ou nas vesículas de secreção. No próximo capítulo, serão discutidos essas hidrólises, assim como as modificações de carboidratos que ocorrem principal ou exclusivamente no aparelho de Golgi.

O oligossacarídeo *N*-ligado pré-formado é adicionado a várias proteínas no RE rugoso

A biossíntese de todos os oligossacarídeos *N*-ligados inicia-se no RE rugoso com a adição de precursores de oligossacarídeos pré-formados contendo 14 resíduos (Figura 13-17). A estrutura desse precursor é a mesma nas plantas, nos animais e nos eucariotos unicelulares – um oligossacarídeo ramificado com três glicoses (Glc), nove manoses (Man) e duas moléculas de *N*-acetilglucosamina (GlcNAc), que pode ser representado por $Glc_3Man_9(GlcNAc)_2$. Uma vez adicionada a uma proteína, essa estrutura de carboidrato ramificado é modificada pela adição ou remoção de monossacarídeos nos compartimentos do RE e do Golgi. As modificações das cadeias *N*-ligadas diferem de uma glicoproteína para outra e entre organismos diferentes, mas cinco dos 14 resíduos são conservados nas estruturas de todos os oligossacarídeos *N*-ligados das proteínas de secreção e de membrana.

Antes de ser transferido para uma cadeia nascente no lúmen do RE, o oligossacarídeo precursor é formado sobre uma âncora ligada à membrana chamada **dolicol fosfato**, lipídeo poli-isoprenoide de cadeia longa (Capítulo 10). Após o primeiro açúcar, GlcNAc, ser ligado ao dolicol fosfato por uma ligação pirofosfato, os outros açúcares são adicionados por ligações glicosídicas em um conjunto complexo de reações catalisadas por enzimas ligadas à face citosólica da membrana ou ao lúmen do RE rugoso (Figura 13-17). O oligossacarídeo dolicol pirofosforil final é orientado de modo que a porção do oligossacarídeo fique voltada ao lúmen do RE.

O precursor inteiro de 14 resíduos é transferido do carreador de dolicol para um resíduo de asparagina em um polipeptídeo nascente, quando ele emerge para o lúmen do RE (Figura 13-18, etapa **1**). Apenas os resíduos de asparagina nas sequências tripeptídicas Asn-X-Ser e Asn-X-Thr (onde X é qualquer aminoácido, com exceção da prolina) são substratos para a *oligossacaril trans-*

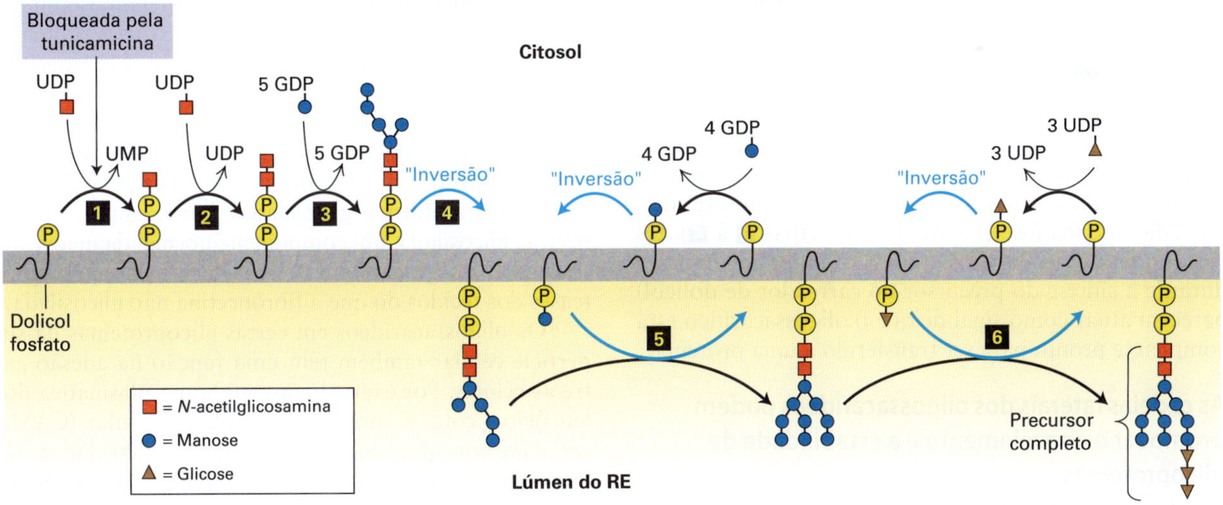

FIGURA 13-17 Biossíntese de precursores de oligossacarídeos. O dolicol fosfato, lipídeo muito hidrofóbico, contém 75 a 95 átomos de carbono e está embebido na membrana do RE. Duas *N*-acetilglicosaminas (GlcNAc) e cinco resíduos de manose são adicionados, um de cada vez, a um dolicol fosfato na face citosólica da membrana do RE (etapas **1** a **3**). Os doadores de nucleotídeos contendo açúcar, nestas reações e em outras adiante, são sintetizados no citosol. Observe que o primeiro resíduo de açúcar está ligado ao dolicol por uma ligação pirofosfato de alta energia. A tunicamicina, que bloqueia a primeira enzima nesta via, inibe a síntese de todos os oligossacarídeos *N*-ligados nas células. Depois que o intermediário dolicol pirofosforil de sete resíduos é invertido para a face luminal (etapa **4**), as quatro manoses remanescentes e todos os três resíduos de glicose são adicionados um de cada vez (etapas **5**, **6**). Na última reação, o açúcar a ser adicionado é inicialmente transferido de um nucleotídeo contendo açúcar a um carreador de dolicol fosfato na face citosólica do RE; o carreador é, então, girado à face luminal, onde o açúcar é transferido para o oligossacarídeo em crescimento; depois disso, o carreador "vazio" é girado de volta à face citosólica. (Segundo C. Abeijon e C. B. Hirschberg, 1992, *Trends Biochem. Sci.* **17**:32.)

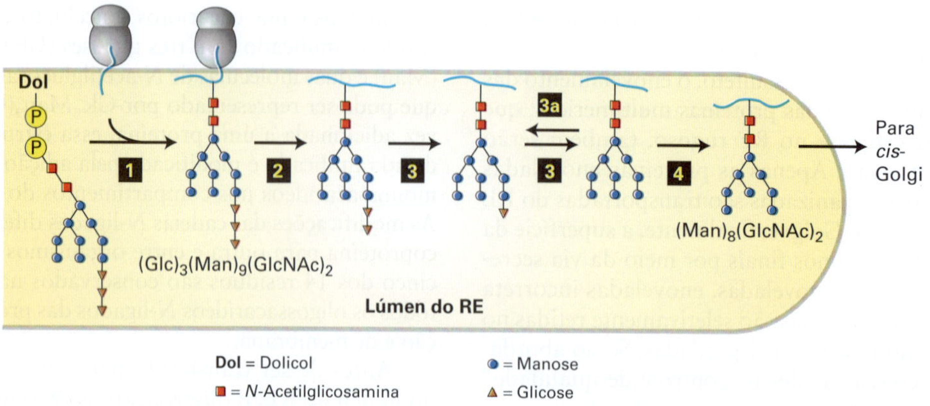

FIGURA 13-18 Adição e processamento inicial dos oligossacarídeos *N*-ligados. No RE rugoso das células dos vertebrados, o precursor $Glc_3Man_9(GlcNAc)_2$ é transferido do carreador de dolicol para um resíduo de asparagina suscetível em uma proteína nascente tão logo a asparagina cruza para o lado luminal do RE (etapa **1**). Em três reações separadas, primeiro um resíduo de glicose (etapa **2**), depois dois resíduos de glicose (etapa **3**) e, finalmente, um resíduo de manose (etapa **4**) são removidos. A readição de um resíduo de glicose (etapa **3a**) tem função no enovelamento correto de várias proteínas no RE, como discutido adiante. O processo de glicosilação *N*-ligada de uma proteína de secreção solúvel é mostrado aqui, mas as porções luminais de uma proteína integral de membrana podem ser modificadas nos resíduos de asparagina pelo mesmo mecanismo. (Ver R. Kornfeld e S. Kornfeld, 1985, *Ann. Rev. Biochem.* **45**:631, e M. Sousa e A. J. Parodi, 1995, *EMBO J.* **14**:4196.)

ferase, a enzima que catalisa essa reação. Duas das três subunidades dessa enzima são proteínas de membrana do RE cujos domínios voltados para o citosol se ligam ao ribossomo, localizando uma terceira subunidade da transferase, a subunidade catalítica próxima à cadeia polipeptídica crescente, no lúmen do RE. Nem todas as sequências Asn-X-Ser/Thr se tornam glicosiladas e não é possível predizer somente a partir da sequência de aminoácidos quais sítios de glicosilação N-ligados em potencial serão modificados; por exemplo, o enovelamento rápido de um segmento de proteína que contenha uma sequência Asn-X-Ser/Thr pode impedir a transferência do precursor do oligossacarídeo para a proteína.

Imediatamente após o precursor inteiro, Glc_3Man_9 $(Glc\text{-}NAc)_2$, ser transferido para um polipeptídeo nascente, três enzimas diferentes, chamadas glicosidases, removem todos os três resíduos de glicose e um resíduo específico de manose (Figura 13-18, etapas **2** a **4**). Os três resíduos de glicose (os últimos resíduos adicionados durante a síntese do precursor no carreador de dolicol) parecem atuar como sinal de que o oligossacarídeo está completo e pronto para ser transferido a uma proteína.

As cadeias laterais dos oligossacarídeos podem promover o enovelamento e a estabilidade de glicoproteínas

Os oligossacarídeos ligados às glicoproteínas cumprem várias funções. Por exemplo, algumas proteínas necessitam dos oligossacarídeos *N*-ligados para enovelarem-se apropriadamente no RE. Essa função foi demonstrada em estudos com o antibiótico tunicamicina, que bloqueia a primeira etapa na formação do precursor oligossacarídeo ligado ao dolicol e assim inibe a síntese de todos os oligossacarídeos *N*-ligados nas células (ver Figura 13-17, parte superior *à esquerda*). Na presença de tunicamicina, por exemplo, o polipeptídeo precursor da hemaglutinina (HA_0) do vírus do resfriado é sintetizado, mas não pode se enovelar apropriadamente e formar um trímero normal; nesse caso, a proteína permanece enovelada incorretamente no RE rugoso. Além disso, a mutação em determinada asparagina na sequência de HA para um resíduo de glutamina impede a adição de um oligossacarídeo *N*-ligado a esse sítio e leva, assim, ao acúmulo da proteína no RE, em estado não enovelado.

Além de promover o enovelamento apropriado, os oligossacarídeos *N*-ligados também conferem estabilidade para várias glicoproteínas secretadas. Várias proteínas de secreção se enovelam apropriadamente e são transportadas para o seu destino final, mesmo se a adição de todos os oligossacarídeos *N*-ligados estiver bloqueada, por exemplo, pela tunicamicina. Entretanto, foi mostrado que essas proteínas não glicosiladas são menos estáveis do que as suas formas glicosiladas. Por exemplo, a fibronectina glicosilada, um componente normal da matriz extracelular, é degradada muito mais lentamente pelas proteases dos tecidos do que a fibronectina não glicosilada.

Os oligossacarídeos em certas glicoproteínas da superfície celular também têm uma função na adesão entre as células. Por exemplo, a membrana plasmática dos leucócitos contém moléculas de adesão celular (CAMs, *cell-adhesion molecules*) extensamente glicosiladas. Os oligossacarídeos nessas moléculas interagem com um domínio de ligação aos açúcares em certas CAMs encontradas nas células endoteliais de revestimento dos vasos sanguíneos. Essa interação prende os leucócitos ao endotélio e auxilia sua movimentação para os tecidos durante a resposta inflamatória a infecções (ver Figura 20-39). Outras glicoproteínas da superfície celular têm cadeias laterais de oligossacarídeos que podem induzir uma resposta imune. Um exemplo comum são os antígenos do grupo sanguíneo A, B, O, oligossacarídeos *O*-ligados a glicoproteínas e glicolipídeos na superfície das hemácias e de outros tipos de células (ver Figura 10-20). Em ambos os casos, os oligossacarídeos são adicionados à face luminal dessas proteínas de membrana, de uma maneira similar àquela mostrada na Figura 13-18 para proteínas solúveis. A face luminal dessas proteínas de membrana é topologicamente equivalente a face exterior da membrana plasmática, onde essas proteínas são dispostas por fim.

As pontes dissulfeto são formadas e rearranjadas por proteínas no lúmen do RE

No Capítulo 3, foi visto que tanto as **pontes dissulfeto** (–S–S–) intramoleculares quanto as intermoleculares ajudam a estabilizar a estrutura terciária e quaternária de várias proteínas. Essas ligações covalentes se formam pela ligação oxidativa de **grupamentos sulfidrila** (–SH), também conhecidos como grupamentos *tiol*, em dois resíduos de cisteína na mesma cadeia polipeptídica ou em cadeias diferentes. Essa reação pode prosseguir espontaneamente apenas quando um oxidante adequado estiver presente. Nas células eucarióticas, as pontes dissulfeto são formadas apenas no lúmen do RE rugoso. Desse modo, as pontes dissulfeto são encontradas apenas nas proteínas de secreção e nos domínios exoplasmáticos das proteínas de membrana. As proteínas citosólicas e as proteínas das organelas sintetizadas em ribossomos livres (i.e., aquelas destinadas a mitocôndrias, cloroplastos, peroxissomos, etc...) normalmente não têm pontes dissulfeto.

A formação eficiente de pontes dissulfeto no lúmen do RE depende da enzima **proteína dissulfeto isomerase** (PDI), presente em todas as células eucarióticas. Essa enzima é especialmente abundante no RE das células secretoras de órgãos como o fígado e o pâncreas, onde é produzida grande quantidade de proteínas que contêm pontes dissulfeto. Como mostrado na Figura 13-19a, a ponte dissulfeto no sítio ativo de PDI pode ser prontamente transferida para uma proteína por duas reações de transferência tiol-dissulfeto em sequência. A PDI reduzida gerada por essa reação retorna a uma forma oxidada pela ação de uma proteína residente no RE, chamada de *Ero1*, que carrega uma ponte dissulfeto que pode ser transferida para a PDI. A própria Ero1 se torna oxidada

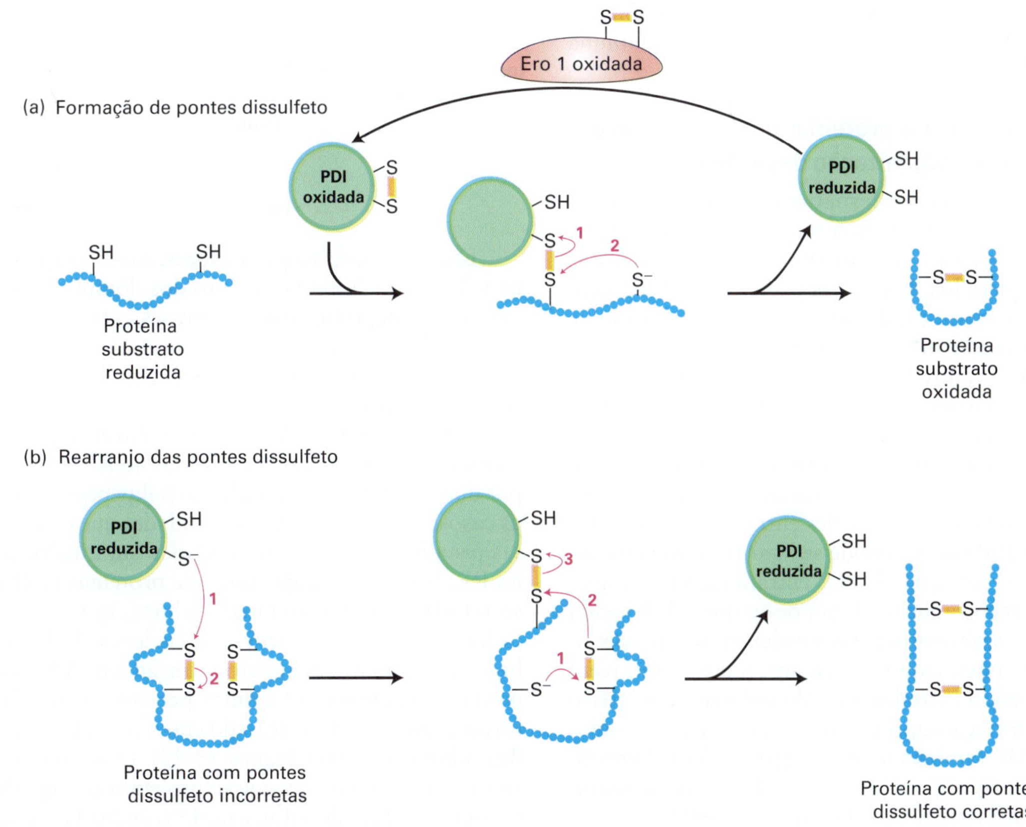

FIGURA 13-19 Ação da proteína dissulfeto isomerase (PDI). A PDI forma rearranja as pontes dissulfeto via um sítio ativo com dois resíduos de cisteína próximos facilmente interconvertidos entre a forma ditiol reduzida e a forma dissulfeto oxidada. As setas numeradas em vermelho indicam a sequência das transferências de elétrons. As barras em amarelo representam as pontes dissulfeto. (a) Na formação das pontes dissulfeto, a forma ionizada (–S–) de um tiol de cisteína na proteína-substrato reage com as pontes dissulfeto (S–S) na PDI oxidada para formar o intermediário da proteína PDI-substrato ligada por ponte dissulfeto. Um segundo tiol ionizado no substrato reage então com este intermediário, formando uma ponte dissulfeto entre a proteína-substrato e a PDI reduzida liberada. A PDI por sua vez, transfere elétrons para uma ponte dissulfeto na proteína luminal Ero1, regenerando assim a forma oxidada de PDI. (b) A PDI reduzida pode catalisar o rearranjo das pontes dissulfeto formadas inapropriadamente por meio de reações de transferência tiol-dissulfeto similares. Nesse caso, a PDI a forma reduzida da PDI tanto inicia quanto é regenerada na rota da reação. Essas reações são repetidas até que a conformação mais estável da proteína seja alcançada. (Ver M. M. Lyles e H. F. Gilbert, 1991, *Biochemistry* **30**:619.)

pela reação com o oxigênio molecular difundido para o interior do RE.

Nas proteínas com mais de uma ponte dissulfeto, o pareamento apropriado de resíduos de cisteína é essencial para a estrutura e a atividade normais. As pontes dissulfeto, normalmente, são formadas entre cisteínas que ocorrem sequencialmente na sequência de aminoácidos enquanto um polipeptídeo está em crescimento no ribossomo. Essa formação sequencial, entretanto, às vezes gera pontes dissulfeto entre cisteínas erradas. Por exemplo, a proinsulina, precursor do hormônio peptídico insulina, tem três pontes dissulfeto que ligam as cisteínas 1 e 4, 2 e 6 e 3 e 5. Nesse caso, as pontes dissulfeto formadas inicialmente de forma sequencial (p. ex., entre as cisteínas 1 e 2) devem ser rearranjadas para que a proteína alcance sua conformação enovelada adequada. Nas células, o rearranjo das pontes dissulfeto também é acelerado pela PDI, que atua em amplo espectro de substratos proteicos, permitindo-lhes alcançar a conformação mais estável termodinamicamente (Figura 13-19b). As pontes dissulfeto geralmente se formam em ordem específica, primeiro estabilizando pequenos domínios de um polipeptídeo, depois estabilizando as interações dos segmentos mais distantes; esse fenômeno é ilustrado pelo enovelamento da proteína hemaglutinina (HA) de influenza, discutido na próxima seção.

As chaperonas e outras proteínas do RE facilitam o enovelamento e a organização de proteínas

Embora várias proteínas desnaturadas possam se enovelar espontaneamente para o seu estado nativo *in vitro*, esses reenovelamentos normalmente requerem horas para ser completados. Porém, as proteínas novas, solúveis e de membrana produzidas no RE geralmente se enovelam na conformação apropriada minutos depois de sua síntese. O enovelamento rápido dessas proteínas recém-sintetizadas nas células depende da ação sequencial de várias proteínas presentes no lúmen do RE. Já foi visto como as chaperonas BiP orientam a translocação pós-traducional nas leveduras ligando polipeptídeos totalmente sintetizados quando eles entram no RE (ver Figura 13-9). A BiP também pode se ligar transitoriamente às cadeias nascentes quando elas entram no RE, durante a translocação cotraducional. Supõe-se que a BiP ligada previna que os segmentos de uma cadeia nascente se enovelem incorretamente ou formem agregados, promovendo, dessa forma, o enovelamento do polipeptídeo inteiro na sua conformação apropriada. A proteína dissulfeto isomerase (PDI) também contribui para o enovelamento apropriado, porque a conformação 3-D correta é estabilizada por pontes dissulfeto em várias proteínas.

Como ilustrado na Figura 13-20, duas outras proteínas do RE, as **lectinas** homólogas (proteínas que se ligam aos carboidratos) *calnexina* e *calreticulina*, se ligam seletivamente a certos oligossacarídeos *N*-ligados em cadeias nascentes em crescimento. O ligante para essas duas lectinas, que lembra o precursor oligossacarídeo *N*-ligado, mas que contém um único resíduo de glicose $[Glc_1Man_9(GlcNAc)_2]$, é gerado por uma glicosiltransferase específica no lúmen do RE (ver Figura 13-18, etapa **3a**). Essa enzima atua apenas em cadeias polipeptídicas não enoveladas ou enoveladas incorretamente. Nesse sentido, a glicosiltransferase atua como um dos principais mecanismos de controle para assegurar o controle de qualidade do enovelamento de proteínas no RE. Porém, o mecanismo pelo qual a glicosiltransferase distingue as proteínas enoveladas e não enoveladas ainda não é compreendido. A ligação de calnexina e calreticulina às cadeias nascentes não enoveladas marcadas com oligossacarídeos *N*-ligado glicosilados previne a agregação dos segmentos adjacentes de uma proteína enquanto ela está sendo sintetizada no RE. Desse modo, a calnexina e a calreticulina, como a BiP, ajudam a prevenir o enovelamento incorreto prematuro dos segmentos de proteínas recém-sintetizadas.

Outros catalisadores importantes no enovelamento das proteínas no lúmen do RE são as *peptidilpropil isomerases*, família de enzimas que acelera a rotação em torno das ligações peptidilpropil nos resíduos de prolina em segmentos não enovelados de um polipeptídeo:

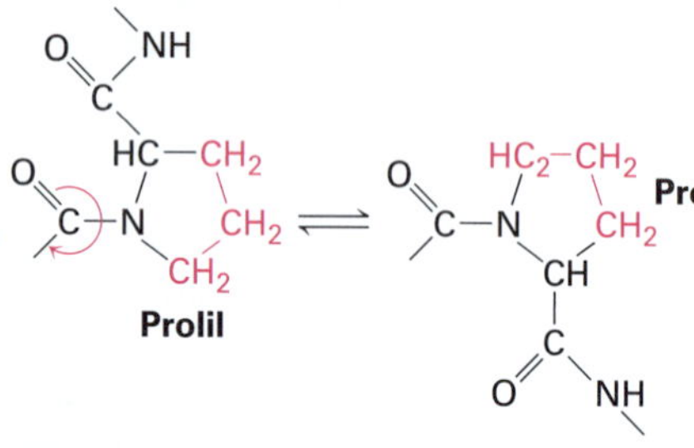

Essas isomerizações, às vezes, são a etapa limitante na velocidade de enovelamento dos domínios das proteínas. Várias peptidilprolil isomerases catalisam a rotação das ligações peptidilprolil expostas indiscriminadamente em várias proteínas, mas algumas têm substratos proteicos muito específicos.

Várias proteínas de secreção solúveis e proteínas de membrana importantes sintetizadas no RE são compostas por duas ou mais subunidades de polipeptídeos. Em todos os casos, a associação das subunidades que constituem essas proteínas de multissubunidades (multimérica) ocorre no RE. Uma classe importante de proteínas multiméricas secretadas é a das imunoglobulinas, que contêm duas cadeias pesadas (H, *heavy*) e duas leves (L, *light*), todas ligadas por pontes dissulfeto intracadeias. A hemaglutinina (HA, *hemaglutinin*) é outra proteína multimérica que fornece uma boa ilustração do enovelamento e associação das subunidades (ver Figura 13-20). Essa proteína trimérica forma as espículas que se projetam da superfície das partículas virais de influenza. O trímero HA é formado dentro do RE de uma célula hospedeira infectada a partir de três cópias de uma proteína precursora, chamada de HA_0, com uma única hélice α que cruza a membrana. No aparelho de Golgi, cada uma das três proteínas HA_0 é clivada para formar dois polipeptídeos, HA_1 e HA_2; desse modo, cada molécula HA presente na superfície viral contém três cópias de HA_1 e três de HA_2 (ver Figura 3-10). O trímero é estabilizado por interações entre os grandes domínios exoplasmáticos dos polipeptídeos constituintes,

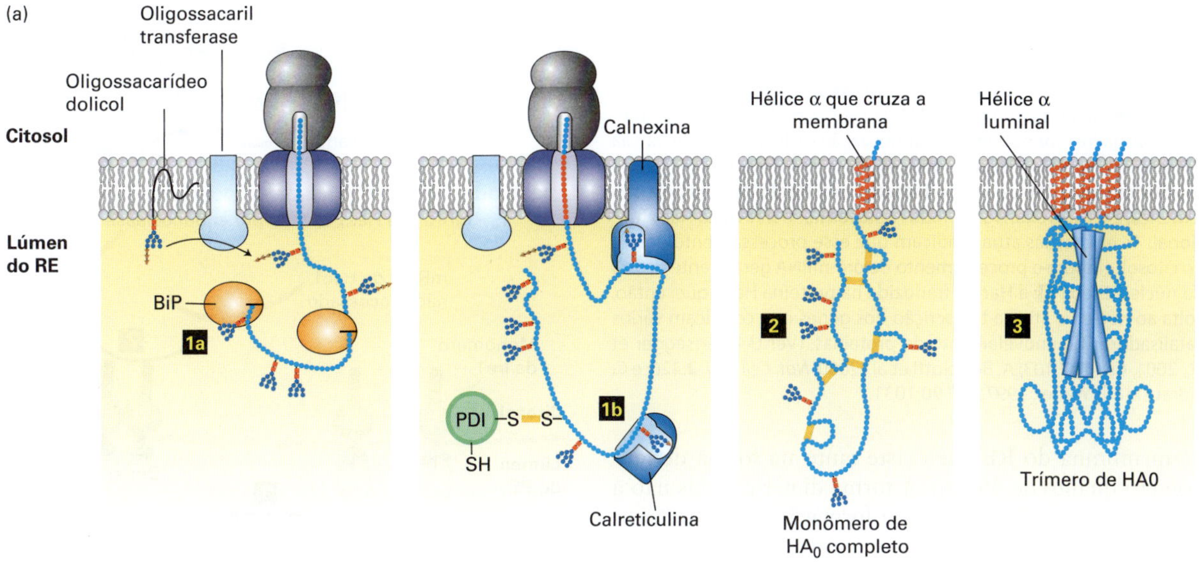

FIGURA 13-20 Enovelamento e organização da hemaglutinina. (a) Mecanismo da formação do trímero (HA_0). A ligação transitória da chaperona BiP (etapa **1a**) a uma cadeia nascente, e de duas lectinas, calnexina e calreticulina, a certas cadeias de oligossacarídeos (etapa **1b**) promove o enovelamento apropriado dos segmentos adjacentes. Um total de sete cadeias de oligossacarídeos *N*-ligados é adicionado à porção luminal da cadeia nascente durante o transporte cotraducional, e a PDI catalisa a formação de seis pontes dissulfeto por monômero. Os monômeros completos de HA_0 estão ancorados na membrana por uma única hélice α que cruza a membrana, com seu domínio N-terminal no lúmen (etapa **2**). A interação de três cadeias HA_0, umas com as outras, inicialmente, por suas hélices α transmembrana, aparentemente, desencadeia a formação de uma haste longa, contendo uma hélice α, da parte luminal de cada polipeptídeo HA_0. Finalmente, ocorrem interações entre as três cabeças globulares, gerando um trímero de HA_0 estável (etapa **3**). (b) Micrografia eletrônica de um vírion influenza completo mostrando os trímeros da proteína HA se projetando como pontas a partir da superfície da membrana viral. (Parte (a) Ver U. Tatu et al., 1995, *EMBO J.* **14**:1340, e D. Hebert et al., 1997, *J. Cell Biol.* **139**:613. Parte (b), Chris Bjornberg/ Photo Researchers, Inc.)

que se projetam ao lúmen do RE; depois que HA é transportada para a superfície celular, esses domínios se projetam ao espaço extracelular. As interações entre as porções menores citosólicas e as que cruzam a membrana das subunidades de HA também ajudam a estabilizar a proteína trimérica. Estudos mostraram que leva apenas 10 minutos para que os polipeptídeos HA_0 se enovelem e se associem na sua conformação trimérica apropriada.

As proteínas enoveladas inadequadamente no RE induzem a expressão dos catalisadores do enovelamento de proteínas

As proteínas do tipo selvagem sintetizadas no RE rugoso não podem sair desse compartimento enquanto não atingirem sua conformação totalmente enovelada. Da mesma forma, quase qualquer mutação que impede o enovelamento apropriado de uma proteína no RE também bloqueia o movimento do polipeptídeo do lúmen do RE ou da membrana para o aparelho de Golgi. O mecanismo para reter as proteínas não enoveladas ou enoveladas incompletamente dentro do RE, provavelmente, aumenta a eficiência total de enovelamentos, mantendo as formas intermediárias na proximidade dos catalisadores do enovelamento, mais abundantes no RE. As proteínas enoveladas inadequadamente retidas dentro do RE geralmente são encontradas ligadas permanentemente às chaperonas do RE, BiP e calnexina. Dessa forma, esses catalisadores do enovelamento do lúmen realizam duas funções relacionadas: assistência no enovelamento das proteínas normais, impedindo sua agregação, e ligação às proteínas dobradas incorretamente para mantê-las no RE.

Tanto as células dos mamíferos quanto as das leveduras respondem à presença de proteínas não enoveladas no RE rugoso, aumentando a transcrição de vários genes que codificam as chaperonas do RE e outros catalisadores do enovelamento. Uma importante colaboradora nessa **resposta às proteínas não enoveladas** é a Ire1, proteína

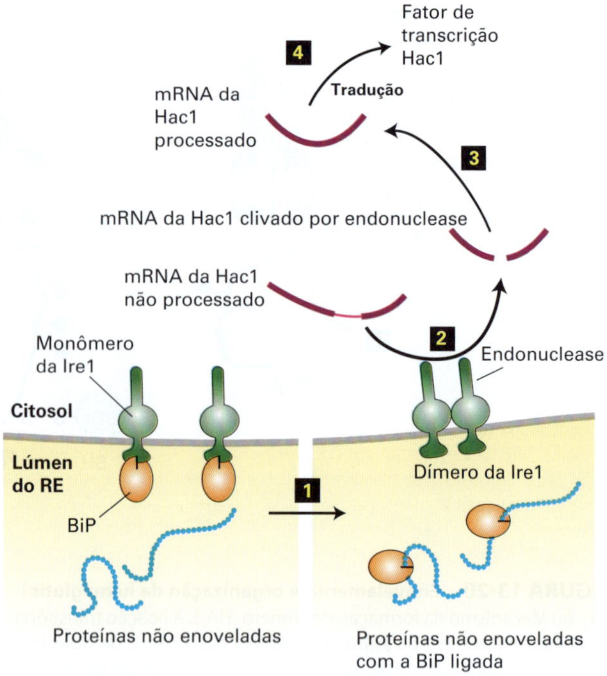

FIGURA 13-21 A resposta à proteína não enovelada. A Ire1, proteína transmembrana na membrana do RE, tem um sítio de ligação para a BiP no seu domínio luminal; o domínio citosólico contém uma endonuclease específica de RNAs. Etapa **1**: as proteínas não enoveladas acumuladas no lúmen do RE ligam-se às moléculas da BiP, liberando-as da Ire1 monomérica. A dimerização da Ire1, então, ativa sua atividade de endonuclease. Etapas **2**, **3**: o precursor de mRNA não processado que codifica o fator de transcrição Hac1 é clivado pela Ire1 dimérica, e os dois éxons são unidos para formar o mRNA da Hac1 funcional. As evidências atuais indicam que esse processamento ocorre no citosol, embora o processamento de pré-mRNA geralmente ocorra no núcleo. Etapa **4**: a Hac1 é traduzida na proteína Hac1 que, então, volta ao núcleo e ativa a transcrição dos genes que codificam vários catalisadores do enovelamento de proteínas. (Ver U. Ruegsegger et al., 2001, *Cell* **107**:103; A. Bertolotti et al., 2000, *Nat. Cell Biol.* **2**:326; e C. Sidrauski & P. Walter, 1997, *Cell* **90**:1031.)

de membrana do RE que existe tanto na forma de monômero quanto de dímero. A forma dimérica, mas não a forma monomérica, promove a formação do Hac1, fator de transcrição das leveduras que ativa a expressão dos genes induzidos na resposta às proteínas não enoveladas. Como representado na Figura 13-21, a ligação da BiP ao domínio luminal da Ire1 monomérica impede a formação do dímero da Ire1. Desse modo, a quantidade de BiP livre no lúmen do RE, determina a proporção relativa da Ire1 monomérica e dimérica. O acúmulo de proteínas não enoveladas dentro do lúmen do RE sequestra as moléculas da BiP, tornando-as indisponíveis para ligação com a Ire1. Como resultado, o nível da Ire1 dimérica aumenta, levando a um aumento no nível da Hac1 e à produção das proteínas que auxiliam no enovelamento de proteínas.

As células dos mamíferos contêm uma via regulatória adicional, que funciona em resposta às proteínas não dobradas no RE. Nessa via, o acúmulo de proteínas não dobradas no RE provoca a proteólise da ATF6, uma proteína transmembrana, na membrana do RE, em um sítio dentro do segmento que cruza a membrana. O domínio citosólico da ATF6 liberado pela proteólise move-se, então, para o núcleo, onde estimula a transcrição de genes que codificam as chaperonas do RE. A ativação de um fator de transcrição por essa *proteólise intramembrana regulada* também ocorre na via de sinalização Notch e durante a ativação do fator de transcrição SREBP em resposta ao colesterol (ver Figuras 16-35 e 16-37).

A forma hereditária de enfisema ilustra o efeito maligno que pode resultar do enovelamento incorreto das proteínas no RE. Essa doença é causada por uma mutação pontual na α_1-antitripsina, normalmente secretada por hepatócitos e macrófagos. A proteína do tipo selvagem liga-se, inibindo a tripsina e, também, a protease do sangue elastase. Na ausência de α_1-antitripsina, a elastase degrada o fino tecido dos pulmões que participa da absorção do oxigênio, produzindo, finalmente, os sintomas do enfisema. Embora a α_1-antitripsina mutante seja sintetizada no RE rugoso, ela não se enovela apropriadamente, formando um agregado quase cristalino não exportado do RE. Nos hepatócitos, a secreção de outras proteínas também se torna defeituosa, uma vez que o RE rugoso está cheio de α_1-antitripsina agregada. ■

Com frequência, as proteínas dissociadas ou enoveladas incorretamente no RE são transportadas ao citosol para degradação

As proteínas secretadas e de membrana enoveladas incorretamente, assim como as subunidades não associadas das proteínas multiméricas, muitas vezes são degradadas uma hora ou duas depois de sua síntese no RE rugoso. Durante vários anos os pesquisadores pensaram que as enzimas proteolíticas dentro do RE catalisavam a degradação dos polipeptídeos enovelados incorretamente ou não montados, mas essas proteases nunca foram encontradas. Estudos mais recentes mostraram que as proteínas de secreção enovelados incorretamente são reconhecidas por proteínas de membrana do RE enoveladas e são marcadas para serem transportadas do lúmen do RE para o citosol, por um processo conhecido como **deslocamento**.

O deslocamento das proteínas enoveladas incorretamente para fora do RE depende de um conjunto de proteínas, localizadas na membrana do RE e no citosol, que realizam três funções básicas. A primeira função é o reconhecimento das proteínas enoveladas incorretamente, que serão os substratos para a reação de deslocamento. Um dos mecanismos para o reconhecimento envolve a clivagem das cadeias de carboidratos *N*-ligadas pela enzima *α-manosidase I* (Figura 13-22). Os glicanos clivados a partir da estrutura $Man_8(GlcNAc)_2$ são reconhecidos pela proteína semelhante à lectina conhecida como EDEM, e glicanos adicionalmente clivados em $Man_7(GlcNAc)_2$ são reconhecidos pela proteína semelhante a lectina OS-9. Tanto EDEM quanto OS-9 direcionam a glicoproteína clivada para o complexo de deslocamento para ser degradada. Não se sabe precisamente como a α-manosidase I distingue as proteínas que não se enovelam apropria-

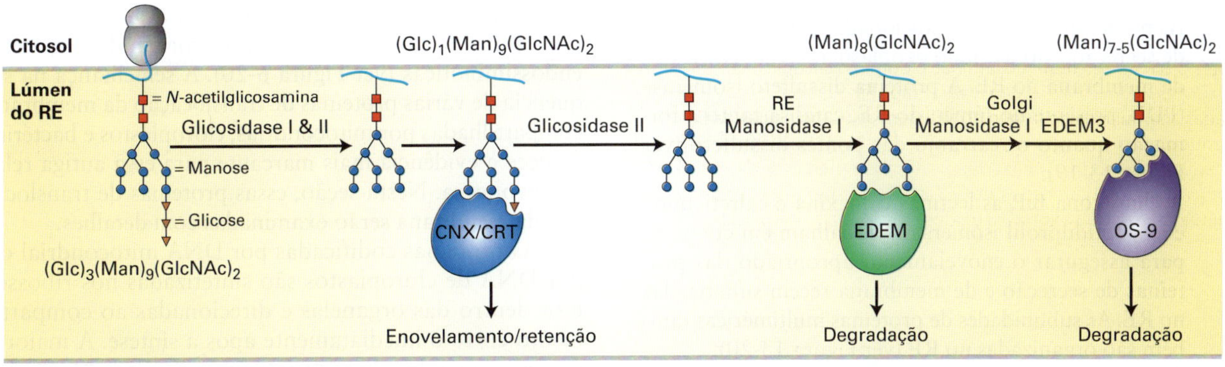

FIGURA 13-22 Modificações dos oligossacarídeos *N*-ligados são usadas para monitorar o enovelamento e o controle de qualidade. Após a remoção de três resíduos de glicose dos oligossacarídeos *N*-ligados no RE, um única glicose pode ser readicionada por uma glicosil transferase para formar $(Glc)_1(Man)_9(GlcNAc)_2$ (ver Figura 13-18, etapa **3a**). Este carboidrato *N*-ligado modificado se liga às lectinas calnexina (CNX) e calreticulina (CRT) para retenção no RE e engajamento das chaperonas de enovelamento. As proteínas que não podem se dobrar (e, por isso, ficam retidas no RE por mais tempo) sofrem a clivagem da manose pela manosidase I para formar $(Man)_8(GlcNAc)_2$ reconhecida pela lectina EDEM, ou sofre mais cortes até $(Man)_{7\text{-}5}(GlcNAc)_2$ que é reconhecida por OS-9. O reconhecimento por EDEM ou OS-9 leva ao deslocamento da proteína mal enovelada para fora do RE, ubiquinação e degradação pelo proteassomo.

damente e, por isso, são substratos verdadeiros para o processo de deslocamento, das proteínas normais com estados transientes parcialmente enovelados, enquanto adquirem sua conformação totalmente enovelada. Uma possibilidade é que a clivagem das cadeias de carboidratos *N*-ligadas pela α-manosidase I possa ocorrer lentamente, de tal forma que apenas aquelas glicoproteínas que permanecem enoveladas incorretamente no lúmen do RE por um tempo suficientemente longo sejam clivadas e, por isso, marcadas para degradação. Proteínas luminais que não possuem cadeias de carboidratos também podem ser marcadas para degradação, indicando que outros processos para o reconhecimento de proteínas não enoveladas também devem existir. Outro mecanismo para reconhecer as proteínas não enoveladas que não envolve a clivagem das cadeias de carboidratos *N*-ligadas deve existir, pois as proteínas de membrana enoveladas incorretamente sem quaisquer cadeias de carboidratos *N*-ligadas podem, apesar disso, ser marcadas para degradação.

Uma vez que uma proteína não enovelada tenha sido identificada, ela é marcada para o deslocamento pela membrana do RE. Algum tipo de canal deve existir para o deslocamento das proteínas enoveladas incorretamente através da membrana do RE, e um complexo de no mínimo quatro proteínas integrais de membrana, conhecidas como complexo ERAD (*ER-associated degradation* – degradação associada ao RE), parece satisfazer essa função. A estrutura do canal de deslocamento e o mecanismo pelo qual as proteínas enoveladas incorretamente cruzam a membrana do RE ainda permanecem desconhecidos.

À medida que os segmentos do polipeptídeo deslocado são expostos ao citosol, eles encontram enzimas citosólicas que controlam o deslocamento. Uma dessas enzimas, a ATPase chamada p97, pertence à família de proteínas conhecida como **família AAA ATPase**, que acopla a energia da hidrólise de ATP à degradação dos complexos proteicos. Na retrotranslocação, a hidrólise de ATP por p97 pode fornecer a força para puxar as proteínas enoveladas incorretamente da membrana do RE para o citosol. À medida que as proteínas enoveladas incorretamente entram novamente no citosol, as enzimas ligase ubiquitina específicas na membrana do RE adicionam resíduos de ubiquitina ao peptídeo deslocado. Assim como a ação de p97, a reação de ubiquitinação está acoplada a hidrólise de ATP; essa liberação de energia possivelmente também contribui para a localização das proteínas no citosol. Os polipeptídeos poliubiquitinados resultantes, agora totalmente no citosol, são todos removidos da célula por degradação no proteassomo. O papel da poliubiquinição na distribuição das proteínas para o proteassomo será melhor discutido no Capítulo 3 (ver Figura 3-29 e Figura 3-34).

CONCEITOS-CHAVE da Seção 13.3

Modificações, enovelamento e controle de qualidade das proteínas no RE

- Todos os oligossacarídeos *N*-ligados conectados aos resíduos de asparagina contêm um núcleo de no mínimo três resíduos de manose e dois de *N*-acetilglicosamina e, normalmente, têm várias ramificações. Os oligossacarídeos O-ligados e conectados aos resíduos de serina ou de treonina são geralmente curtos, contendo, frequentemente, apenas um a quatro resíduos de açúcar.
- A formação dos oligossacarídeos *N*-ligados inicia com a formação de um precursor rico em manose que contém 14 resíduos conservados no dolicol (um lipídeo na membrana do RE rugoso, ver Figura 13-17). Depois que esse oligossacarídeo pré-formado é transferido para resíduos específicos de asparagina das cadeias polipeptídicas nascentes no lúmen do RE, três resíduos de glicose e um de manose são removidos (ver Figura 13-18).
- As cadeias laterais dos oligossacarídeos podem auxiliar no enovelamento apropriado das glicoproteínas, ajudar a proteger as proteínas maduras da proteólise, participar na adesão entre células e atuar como antígenos.

- As pontes dissulfeto são adicionadas a várias proteínas de secreção e ao domínio exoplasmático das proteínas de membrana no RE. A proteína dissulfeto isomerase (PDI), presente no lúmen do RE, catalisa tanto a formação quanto o rearranjo das pontes dissulfeto (ver Figura 13-19).
- A chaperona BiP, as lectinas calnexina e calreticulina e as peptidilprolil isomerases trabalham em conjunto para assegurar o enovelamento apropriado das proteínas de secreção e de membrana recém-sintetizadas no RE. As subunidades de proteínas multiméricas também são organizadas no RE (ver Figura 13-20).
- Apenas as proteínas enoveladas apropriadamente e as subunidades associadas são transportadas do RE rugoso para o aparelho de Golgi, em vesículas.
- O acúmulo de proteínas enoveladas anormalmente e de subunidades não associadas no RE pode induzir a expressão aumentada de catalisadores do enovelamento de proteínas pela resposta às proteínas não enoveladas (ver Figura 13-21).
- As proteínas não enoveladas ou enoveladas incorretamente no RE, frequentemente, são transportadas de volta para o citosol, onde são degradadas na via ubiquitina/proteassomo (ver Figura 13-22).

13.4 Distribuição das proteínas para as mitocôndrias e os cloroplastos

No restante deste capítulo, será analisado como as proteínas sintetizadas nos ribossomos do citosol são distribuídas para as mitocôndrias, os cloroplastos e os peroxissomos (ver Figura 13-1). Tanto nas mitocôndrias quanto nos cloroplastos, o lúmen interno chamado de *matriz* está envolto por uma membrana dupla e existem subcompartimentos internos dentro da matriz. Em contrapartida, os peroxissomos são delimitados por uma única membrana e têm como único compartimento luminal a matriz. Por essas e outras diferenças, os peroxissomos serão analisados em separado na próxima seção. O mecanismo de transporte de proteínas para dentro e fora do núcleo difere em vários aspectos da distribuição para outras organelas; isto é discutido na última seção.

Além de serem limitados por duas membranas, as mitocôndrias e os cloroplastos compartilham tipos similares de proteínas de transporte de elétrons e utilizam uma ATPase da classe F para sintetizar ATP (ver Figura 12-24). Extraordinariamente, essas características são compartilhadas por bactérias gram-negativas. Assim como as células bacterianas, as mitocôndrias e os cloroplastos contêm seu próprio DNA, que codifica rRNAs, tRNAs e algumas proteínas da organela (Capítulo 6). Além disso, o crescimento e a divisão das mitocôndrias e dos cloroplastos não estão associados à divisão nuclear. Em vez disso, essas organelas crescem pela incorporação de proteínas celulares e lipídeos, e as novas organelas se formam pela divisão das organelas preexistentes. As numerosas semelhanças entre as células bacterianas de vida livre e as mitocôndrias e os cloroplastos levaram à compreensão de que essas organelas surgiram pela incorporação de bactérias por células eucarióticas ancestrais, formando organelas endossimbióticas (ver Figura 6-20). A semelhança na sequência de várias proteínas de translocação da membrana compartilhadas por mitocôndrias, cloroplastos e bactérias fornece a evidência mais marcante para essa antiga relação evolutiva. Nesta seção, essas proteínas de translocação da membrana serão examinadas com detalhes.

As proteínas codificadas por DNA mitocondrial ou por DNA de cloroplastos são sintetizadas nos ribossomos dentro das organelas e direcionadas ao compartimento correto imediatamente após a síntese. A maioria das proteínas localizadas nas mitocôndrias e nos cloroplastos, entretanto, é codificada por genes no núcleo e importada para dentro das organelas depois de sua síntese no citosol. Aparentemente, enquanto as células eucarióticas evoluíram durante um bilhão de anos, muito da informação genética do DNA das bactérias ancestrais nessas organelas endossimbióticas moveu-se, por um mecanismo desconhecido, ao núcleo. As proteínas precursoras sintetizadas no citosol e destinadas para a matriz das mitocôndrias ou para o espaço equivalente, o estroma, nos cloroplastos, normalmente contêm sequências específicas de captação-direcionamento na extremidade N-terminal que especificam a ligação com proteínas receptoras na superfície das organelas. Geralmente, essa sequência é clivada quando alcança a matriz ou o estroma. Claramente, essas sequências de captação-direcionamento são similares, em sua localização e função geral, às sequências-sinal que direcionam as proteínas nascentes ao lúmen do RE. Embora os três tipos de sinais compartilhem algumas características comuns na sequência, suas sequências específicas diferem consideravelmente, como resumido na Tabela 13-1.

Tanto nas mitocôndrias quanto nos cloroplastos, a importação de proteínas requer energia e ocorre em pontos em que as membranas externas e internas das organelas estejam em contato próximo. Como as mitocôndrias e os cloroplastos contêm múltiplas membranas e espaços limitados por membranas, a distribuição de várias proteínas para sua localização correta frequentemente requer a ação sequencial de duas sequências de direcionamento e dois sistemas de translocação ligados à membrana: uma para direcionar as proteínas para dentro das organelas e outra para direcioná-las para dentro do compartimento ou membrana correta da organela. Como será visto, os mecanismos para distribuir as várias proteínas para as mitocôndrias e os cloroplastos estão relacionados com alguns dos mecanismos discutidos anteriormente.

Sequências-sinal anfipáticas na extremidade N-terminal direcionam as proteínas para a matriz mitocondrial

Todas as proteínas transportadas do citosol para o mesmo destino na mitocôndria têm sinais de direcionamento que compartilham motivos comuns, embora as sequências-sinal geralmente não sejam idênticas. Dessa manei-

TABELA 13-1 Sequências de captação-direcionamento que encaminham as proteínas do citosol para as organelas*

Organela-alvo	Localização da sequência dentro da proteína	Remoção da sequência	Natureza da sequência
Retículo endoplasmático (lúmen)	N-terminal	Sim	Núcleo de 6 a 12 aminoácidos hidrofóbicos, frequentemente precedidos de um ou mais aminoácidos básicos (Arg, Lys)
Mitocôndria (matriz)	N-terminal	Sim	Hélice anfipática, com 20 a 50 resíduos de comprimento, com os resíduos de Arg e Lys de um lado e os resíduos hidrofóbicos no outro
Cloroplasto (estroma)	N-terminal	Sim	Sem motivos comuns; geralmente rica em Ser, Thr e resíduos hidrofóbicos pequenos e pobre em Glu e Asp
Peroxissomo (matriz)	C-terminal (a maioria das proteínas); N-terminal (poucas proteínas)	Não	Sinal PTS1 (Ser-Lys-Leu) na extremidade C-terminal; sinal PTS2 no N-terminal
Núcleo (nucleoplasma)	Variável	Não	Múltiplos tipos diferentes; um motivo comum inclui um segmento curto rico em resíduos de Lys e Arg

*Sequências diferentes ou adicionais direcionam as proteínas para as membranas ou subcompartimentos das organelas.

ra, os receptores que reconhecem esses sinais são capazes de se ligar a diversas sequências diferentes, porém relacionadas. As sequências mais estudadas para direcionar proteínas às mitocôndrias são as *sequências de direcionamento para a matriz*. Essas sequências, localizadas na extremidade N-terminal, têm normalmente 20 a 50 aminoácidos de comprimento. São ricas em aminoácidos hidrofóbicos, aminoácidos básicos carregados positivamente (arginina e lisina) e hidroxilados (serina e treonina), mas tendem a não ter resíduos ácidos carregados negativamente (aspartato e glutamato).

Supõe-se que as sequências de direcionamento para a matriz mitocondrial assumam conformação de hélice α, na qual os aminoácidos carregados positivamente predominam em um lado da hélice e os aminoácidos hidrofóbicos predominam no outro lado. Sequências como essas, que contêm tanto regiões hidrofóbicas quanto hidrofílicas são ditas **anfipáticas**. As mutações que rompem com esse caráter anfipático normalmente interrompem o direcionamento para a matriz, embora várias outras substituições de aminoácidos não o façam. Essas observações indicam que a anfipacidade das sequências de direcionamento para a matriz é crucial para a sua função.

O experimento acelular descrito na Figura 13-23 tem sido amplamente utilizado em estudos para definir as etapas bioquímicas na importação de proteínas mitocondriais precursoras. Nesse sistema, as mitocôndrias em processo de respiração (energizadas) extraídas das células podem incorporar proteínas mitocondriais precursoras carregando sequências de captação-direcionamento apropriadas, que foram sintetizadas na ausência de mitocôndrias. O sucesso da incorporação do precur-

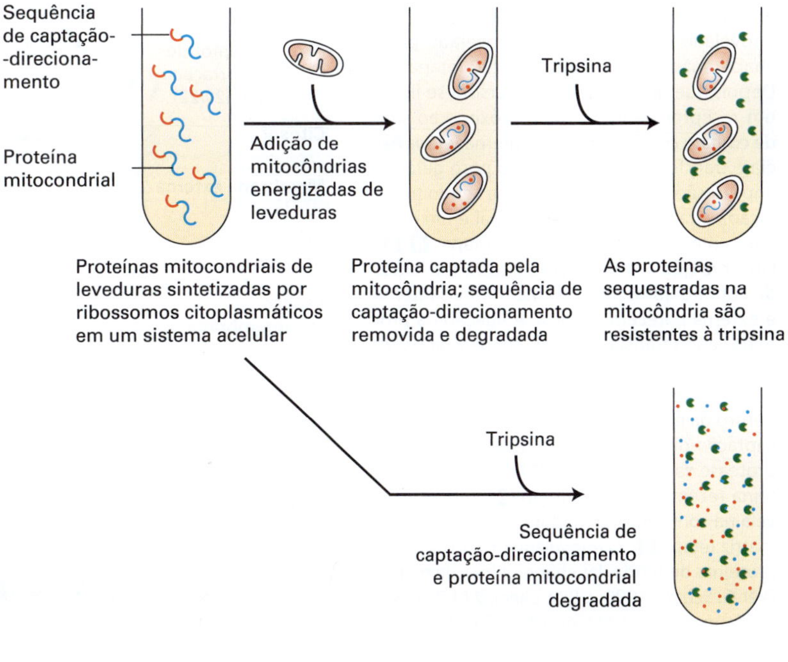

FIGURA EXPERIMENTAL 13-23 A importação de proteínas mitocondriais precursoras é observada em um sistema acelular. Proteínas mitocondriais precursoras com sinais de captação-direcionamento ligados podem ser sintetizadas nos ribossomos em uma reação livre de células. Quando mitocôndrias respirando são adicionadas à proteína mitocondrial precursora sintetizada (*topo*), as proteínas são captadas pela mitocôndria. Dentro das mitocôndrias, as proteínas são protegidas da ação das proteases como a tripsina. Quando nenhuma mitocôndria estiver presente (parte inferior), as proteínas mitocondriais são degradadas pelas proteases adicionadas. A captação de proteínas ocorre apenas com mitocôndrias energizadas (em respiração), que têm um gradiente eletroquímico de prótons (força próton-motriz) através da membrana interna. A proteína importada deve conter uma sequência de captação-direcionamento apropriada. A captação também requer ATP e um extrato citosólico contendo proteínas chaperonas que mantêm as proteínas precursoras em uma conformação não enovelada. Este ensaio tem sido usado para estudar sequências de direcionamento e outras características do processo de translocação.

sor na organela pode ser verificado também pela resistência à digestão por uma protease adicionada, como a tripsina. Em outros ensaios, a importação com sucesso de uma proteína precursora pode ser mostrada pela clivagem apropriada das sequências de direcionamento N-terminais por proteases mitocondriais específicas. A captação de proteínas mitocondriais precursoras pré-sintetizadas por completo pela organela nesse sistema contrasta com a translocação cotraducional acelular de proteínas de secreção para o RE, que geralmente ocorre apenas quando as membranas microssomais (derivadas do RE) estiverem presentes durante a síntese (ver Figura 13-4).

A importação de proteínas mitocondriais requer receptores na membrana externa e translocons em ambas as membranas

A Figura 13-24 apresenta uma visão geral da importação de proteínas a partir do citosol para a matriz mitocondrial, a rota para o interior da mitocôndria seguida pela maioria das proteínas importadas. Será discutida em detalhe cada etapa no transporte das proteínas para a matriz e, após, como algumas proteínas são posteriormente direcionadas a outros compartimentos da mitocôndria.

Após a síntese no citosol, os precursores solúveis das proteínas mitocondriais (incluindo as proteínas integrais hidrofóbicas da membrana) interagem diretamente com a membrana mitocondrial. Em geral, apenas as proteínas não enoveladas podem ser importadas para as mitocôndrias. Proteínas chaperonas, como a Hsc70 citosólica, mantêm as proteínas nascentes e recém-sintetizadas em estado não enovelado, de modo que elas possam ser absorvidas pelas mitocôndrias. Esse processo requer a hidrólise de ATP. A importação de um precursor mitocondrial não enovelado é iniciada pela ligação de uma sequência de direcionamento das mitocôndrias a um *receptor de importação* na membrana mitocondrial externa. Esses receptores foram primeiramente identificados por experimentos nos quais anticorpos contra proteínas

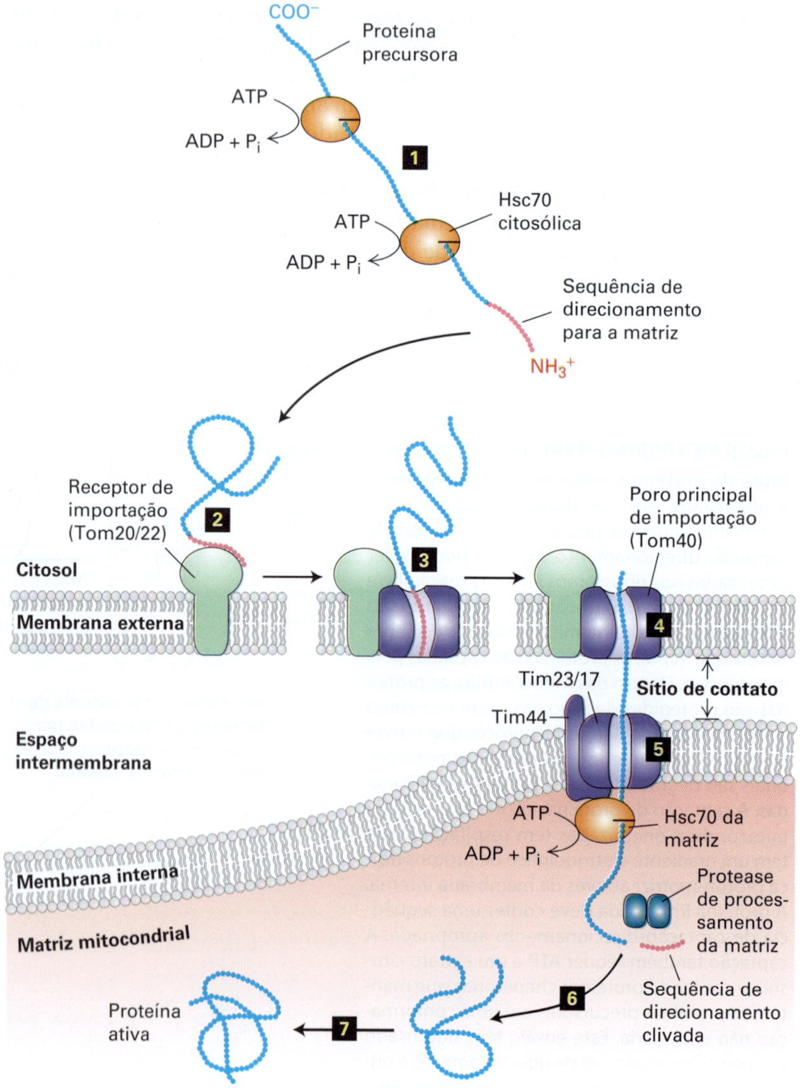

FIGURA 13-24 Importação de proteínas para o interior da matriz mitocondrial. As proteínas precursoras sintetizadas nos ribossomos citosólicos são mantidas em estado não enovelado ou parcialmente enovelado pelas chaperonas ligadas, como a Hsc70 (etapa **1**). Depois que uma proteína precursora se liga a um receptor de importação próximo ao sítio de contato com a membrana interna (etapa **2**), ela é transferida para dentro do poro geral de importação (etapa **3**). A proteína sendo translocada atravessa, então, esse canal e um canal adjacente na membrana interna (etapas **4**, **5**). Observe que a translocação ocorre em "sítios de contato" raros, onde as membranas interna e externa parecem se tocar. A ligação da proteína sendo translocada pela chaperona Hsc70 da matriz e a hidrólise de ATP subsequente pela Hsc70 ajudam a direcionar a importação para dentro da matriz. Uma vez que a sequência de captação-direcionamento é removida por uma protease da matriz e a Hsc70 é liberada da proteína recém-importada (etapa **6**), ela se enovela na conformação madura e ativa dentro da matriz (etapa **7**). O enovelamento de algumas proteínas depende das chaperoninas da matriz. (Ver G. Schatz, 1996, *J. Biol. Chem.* **271**:31763, e N. Pfanner et al., 1997, *Ann. Rev. Cell Devel. Biol.* **13**:25.)

específicas da membrana mitocondrial externa inibiram a importação das proteínas para mitocôndrias isoladas. Experimentos genéticos seguintes, nos quais os genes para proteínas específicas da membrana externa das mitocôndrias foram alterados, mostraram que proteínas receptoras específicas são responsáveis pela importação de diferentes classes de proteínas mitocondriais. Por exemplo, as sequências de direcionamento para a matriz, na extremidade N-terminal, são reconhecidas por Tom20 e Tom22. (Proteínas da membrana mitocondrial externa envolvidas no direcionamento e na importação são designadas proteínas *Tom – translocon of the outer membrane* ou translocon da membrana externa.)

Os receptores de importação transferem, em seguida, as proteínas precursoras para um canal de importação na membrana externa. Esse canal, composto principalmente pelas proteínas Tom40, é conhecido como *poro principal de importação*, porque todas as proteínas mitocondriais precursoras conhecidas têm acesso aos compartimentos interiores da mitocôndria por meio desse canal. Quando purificada e incorporada nos lipossomos, a Tom40 forma um canal transmembrana com um poro suficientemente amplo para acomodar uma cadeia polipeptídica não enovelada. O poro principal de importação forma um canal passivo maior através da membrana mitocondrial externa e a força que conduz o transporte unidirecional para dentro das mitocôndrias vem de dentro da mitocôndria. No caso de precursores destinados à matriz mitocondrial, a transferência pela membrana externa ocorre simultaneamente com a transferência por um canal da membrana interna composto pelas proteínas Tim23 e Tim17. (Tim – *translocon of the inner membrane*, translocon da membrana interna.) A translocação para dentro da matriz, portanto, ocorre em "sítios de contato" onde a membrana externa e a interna estão bem próximas.

Logo depois que a sequência N-terminal de direcionamento para a matriz da proteína entra na matriz mitocondrial, ela é removida por uma protease que reside na matriz. A proteína emergente também está ligada pela Hsc70, chaperona localizada nos canais de transporte da membrana mitocondrial interna pela interação com a proteína transmembrana Tim44. Essa interação estimula a hidrólise de ATP pela Hsc70 da matriz e, juntas, essas duas proteínas parecem controlar a translocação das proteínas para dentro da matriz.

Algumas proteínas importadas podem se enovelar na sua conformação final ativa sem assistência adicional. O enovelamento final de várias proteínas da matriz, entretanto, requer uma **chaperonina.** Como discutido no Capítulo 3, as chaperoninas facilitam ativamente o enovelamento das proteínas em um processo que depende de ATP. Por exemplo, mutantes de leveduras defectivos em Hsc60, chaperonina da matriz mitocondrial, podem importar proteínas da matriz e clivar suas sequências de captação-direcionamento normalmente, mas os polipeptídeos importados não conseguem se enovelar se organizar nas estruturas terciárias e quaternárias nativas.

Estudos com proteínas quiméricas demonstram características importantes da importação mitocondrial

Uma evidência significativa da capacidade das sequências de direcionamento para a matriz mitocondrial em direcionar a importação foi obtida com proteínas quiméricas produzidas por técnicas de DNA recombinante. Por exemplo, a sequência de direcionamento para a matriz da álcool-desidrogenase pode ser fusionada ao N-terminal da di-hidrofolato redutase (DHFR), que normalmente reside no citosol. Na presença das chaperonas, que impedem que o segmento DHFR da extremidade C-terminal se enovele no citosol, ensaios de translocação livre de células mostraram que a proteína quimérica é transportada para a matriz (Figura 13-25a). O inibidor metotrexato, que se liga fortemente ao sítio ativo da DHFR e estabiliza a sua conformação enovelada, faz a proteína quimérica resistir ao não enovelamento por chaperonas citosólicas. Quando são realizados ensaios de translocação na presença de metotrexato, a proteína quimérica não entra completamente na matriz. Esse resultado demonstra que o precursor deve estar não enovelado para ingressar nos poros de importação nas membranas mitocondriais.

Outros estudos revelaram que, se uma sequência espaçadora suficientemente longa separa a sequência de direcionamento para a matriz na extremidade N-terminal da porção DHFR da proteína quimérica, então, na presença de metotrexato, um intermediário de translocação que cruza ambas as membranas pode ser aprisionado caso parte suficiente do polipeptídeo projete-se para dentro da matriz para prevenir que a cadeia polipeptídica retorne para o citosol, possivelmente pela associação estável com Hsc70 da matriz (Figura 13-25b). Para que um desses intermediários estáveis de translocação se forme, a sequência espaçadora deve ser suficientemente longa para cruzar ambas as membranas; um espaçador de 50 aminoácidos esticado até seu comprimento máximo é adequado para isso. Se a quimera contém um espaçador mais curto – em torno de 35 aminoácidos – não é obtido nenhum intermediário estável de translocação, porque o espaçador não pode cruzar ambas as membranas. Essas observações proporcionam nova evidência de que as proteínas translocadas podem cruzar tanto as membranas mitocondriais internas e externas quanto atravessar essas membranas em estado não enovelado.

Os estudos microscópicos de intermediários estáveis de translocação mostraram que eles se acumulam em sítios onde a membrana mitocondrial interna e a externa estejam próximas; isso é evidência de que proteínas precursoras entram somente nesses locais (Figura 13-25c). A distância da face citosólica da membrana externa da face da matriz da membrana interna nesses *sítios de contato* é consistente com o comprimento de uma sequência espaçadora não enovelada necessária para a formação de um intermediário estável de translocação. Além disso, intermediários estáveis de translocação podem ser quimicamente interligados a subunidades de proteínas que compreendem os canais de transporte tanto da membrana

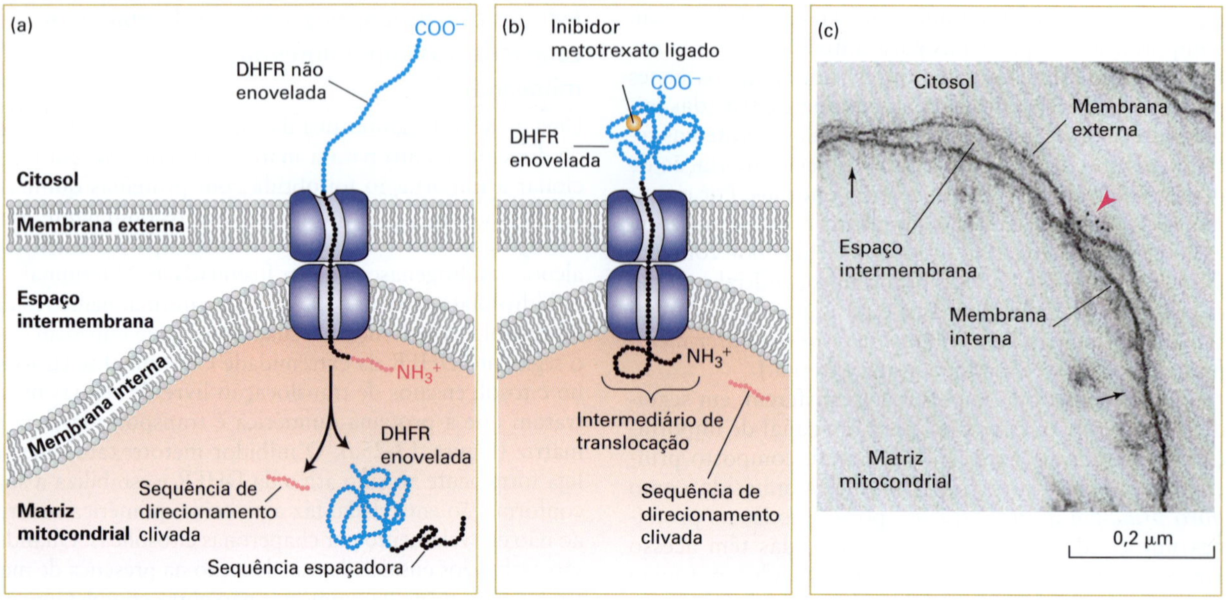

FIGURA EXPERIMENTAL 13-25 Experimentos com proteínas quiméricas elucidam a importação de proteínas mitocondriais. Este experimento mostra que uma sequência de direcionamento para a matriz por si só direciona as proteínas à matriz mitocondrial e que apenas as proteínas não enoveladas são translocadas através de ambas as membranas. A proteína quimérica nestes experimentos continha um sinal de direcionamento para a matriz na sua extremidade N-terminal (vermelho), seguido por uma sequência espaçadora sem função particular (preto) e, então, pela di-hidrofolato redutase (DHFR), enzima normalmente presente apenas no citosol. (a) Quando o segmento DHFR não está enovelado, a proteína quimérica atravessa as duas membranas para a matriz da mitocôndria energizada, e o sinal de direcionamento para a matriz é, então, removido. (b) Quando o C-terminal da proteína quimérica é estabilizado no estado enovelado pela ligação com metotrexato, a translocação é bloqueada. Se a sequência espaçadora é longa o suficiente para se estender através dos canais de transporte, um intermediário estável de translocação, com a sequência de direcionamento clivada, é gerado na presença de metotrexato, como mostrado aqui. (c) A extremidade C-terminal do intermediário de translocação em (b) pode ser detectada incubando a mitocôndria com anticorpos que se ligam ao segmento DHFR, seguido por partículas de ouro cobertas com a proteína A de bactéria, que se liga inespecificamente às moléculas de anticorpos (ver Figura 9-29). Uma micrografia eletrônica de uma amostra seccionada revela partículas de ouro (setas vermelhas) ligadas ao intermediário de translocação em um sítio de contato entre as membranas interna e externa. Outros sítios de contato (setas pretas) também são observados. (Partes (a) e (b) adaptadas de J. Rassow et al., 1990, *FEBS Letters* **275**:190. Parte (c) de Schweiger et al., 1987, *J. Cell Biol.* **105**:235, cortesia de W. Neupert.)

externa quanto da interna. Esse achado demonstra que as proteínas importadas podem ocupar simultaneamente os canais na membrana mitocondrial externa e na interna, como representado na Figura 13-24. Considerando que aproximadamente mil proteínas quiméricas podem ser observadas aprisionadas em uma típica mitocôndria de levedura, supõe-se que as mitocôndrias tenham aproximadamente mil **poros de importação geral** para a captação das proteínas mitocondriais.

Três aportes de energia são necessários para a importação de proteínas pelas mitocôndrias

Como observado anteriormente e indicado na Figura 13-24, a hidrólise de ATP, pelas proteínas chaperona Hsc70, tanto no citosol quanto na matriz mitocondrial, é necessária para a importação das proteínas mitocondriais. A Hsc70 citosólica emprega energia para manter ligadas as proteínas precursoras em um estado não enovelado que é competente para a translocação para à matriz. A importância do ATP para essa função foi demonstrada em estudos em que uma proteína mitocondrial precursora foi purificada e então desnaturada (desenovelada) por ureia. Quando testada em sistemas de transporte mitocondriais acelulares, a proteína desnaturada foi incorporada à matriz na ausência de ATP. Em contrapartida, a importação do precursor nativo não desnaturado requer ATP para a função normal de desnaturação das chaperonas citosólicas.

A ligação sequencial e a liberação conduzida por ATP de múltiplas moléculas Hsc70 da matriz para uma proteína em translocação pode simplesmente prender a proteína não enovelada na matriz. Alternativamente, a Hsc70 da matriz, ancorada na membrana pela proteína Tim44, pode atuar como motor molecular para puxar a proteína para dentro da matriz (ver Figura 13-24). Nesse caso, as funções da Hsc70 da matriz e da Tim44 seriam análogas às da chaperona BiP e do complexo Sec63, respectivamente, no transporte pós-traducional para o lúmen do RE (ver Figura 13-9).

O terceiro gasto de energia necessário para a importação de proteínas pelas mitocôndrias é um gradiente eletroquímico de H^+, ou *força próton-motriz*, através da membrana interna. Relembre-se do Capítulo 12 que os prótons são bombeados da matriz para o espaço intermembrana durante o transporte de elétrons, criando um potencial transmembrana através da membrana interna. Em geral, apenas as mitocôndrias que estão em processo ativo de respiração e que, desse modo, geraram uma força próton-motriz através da membrana interna, são capazes de transportar proteínas precursoras do citosol para o interior da matriz mitocondrial. O tratamento das mitocôndrias com inibidores ou desacopladores da fosforilação oxidativa, como o cianeto ou o dinitrofenol, dissipa essa força próton-motriz. Embora as proteínas precursoras ainda possam ligar-se com alta afinidade aos receptores nas mitocôndrias envenenadas, as proteínas não podem ser importadas, seja em células intactas ou em sistemas acelulares, até mesmo na presença de ATP e de proteínas chaperonas. Os cientistas ainda não compreendem exatamente como a força próton-motriz é utilizada para facilitar a entrada de uma proteína precursora na matriz. Uma vez que uma proteína é parcialmente inserida na membrana interna, ela é submetida a um potencial transmembrana de 200 mV (espaço da matriz negativo). Essa aparentemente pequena diferença de potencial é estabelecida por meio do centro hidrofóbico bastante estreito da bicamada lipídica, que gera um gradiente elétrico significativo, equivalente a cerca de 400.000 V/cm. Uma hipótese é que as cargas positivas na sequência anfipática de direcionamento para a matriz pudessem simplesmente ser "submetidas à eletroforese" ou puxadas para o espaço da matriz pelo potencial elétrico negativo interno da membrana.

Múltiplos sinais e vias encaminham as proteínas para os compartimentos submitocondriais

Ao contrário do direcionamento para a matriz, o direcionamento das proteínas ao espaço intermembranas, à membrana interna e à membrana externa da mitocôndria geralmente requer mais do que uma sequência de direcionamento e ocorre por uma entre várias vias. A Figura 13-26 resume a organização das sequências de direcionamento nas proteínas distribuídas para diferentes locais da mitocôndria.

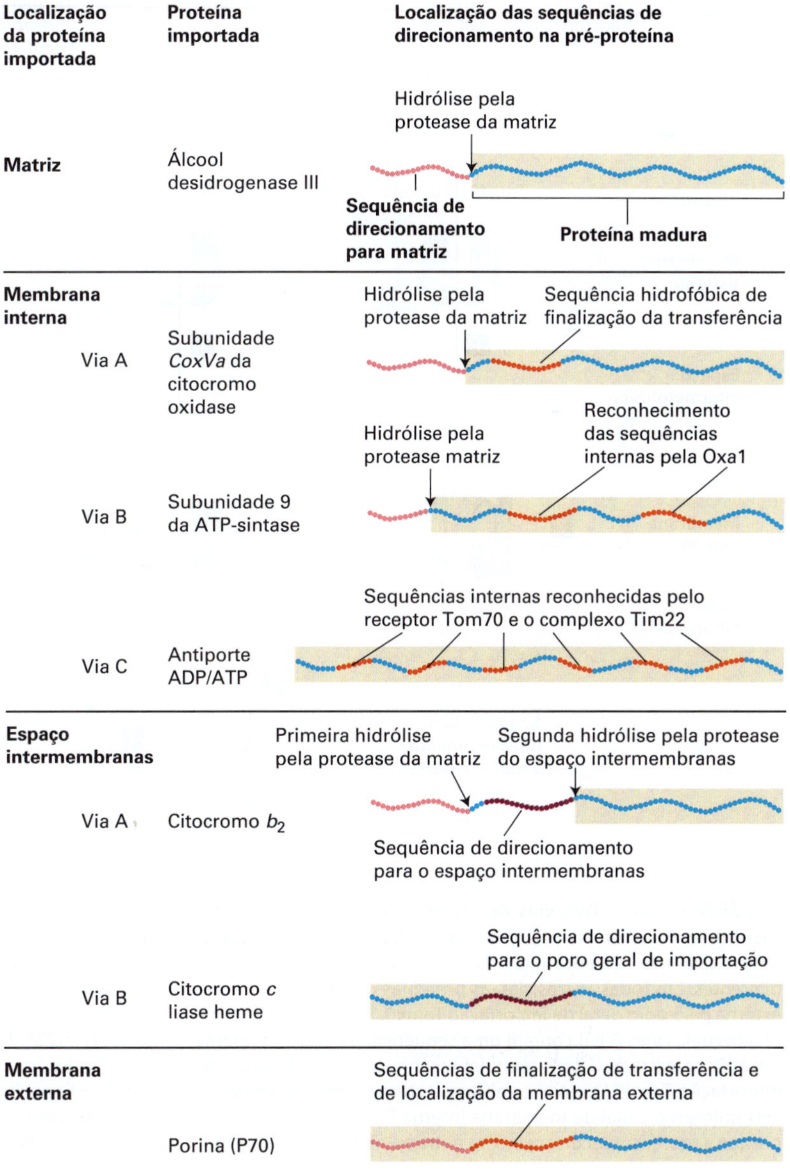

FIGURA 13-26 Sequências de direcionamento nas proteínas mitocondriais importadas. A maioria das proteínas mitocondriais tem uma sequência de direcionamento para a matriz na extremidade N-terminal (rosa) similar, mas não idêntica em proteínas diferentes. As proteínas destinadas à membrana interna, ao espaço intermembranas ou à membrana externa têm uma ou mais sequências de direcionamento adicionais que servem para endereçar as proteínas para esses locais, utilizando vários caminhos diferentes. As vias estão identificadas com letras correspondem àquelas ilustradas nas Figuras 13-26 e 13-27. (Ver W. Neupert, 1997, *Ann. Rev. Biochem.* **66**:863.)

Proteínas da membrana interna São conhecidas três vias separadas para direcionar as proteínas para a membrana mitocondrial interna. Uma via utiliza a mesma maquinaria usada para o direcionamento das proteínas da matriz (Figura 13-27, via A). Uma subunidade da citocromo oxidase, chamada de CoxVa, é uma proteína transportada por essa via. A forma precursora da CoxVa, que contém uma sequência de direcionamento para a matriz na extremidade N-terminal reconhecida pelo receptor de importação Tom20/22, é transferida através do poro de importação geral da membrana externa e pelo complexo de transporte Tim23/17 da membrana interna. Além da sequência de direcionamento para a matriz, que é clivada durante a importação, a CoxVa contém uma sequência hidrofóbica de finalização de transferência. À medida que a proteína passa pelo canal Tim23/17, a sequência de finalização de transferência bloqueia a translocação da extremidade C-terminal pela membrana interna. O intermediário ancorado à membrana é, então, transferido lateralmente para dentro da bicamada da membrana interna aproximadamente do mesmo modo que proteínas integrais de membrana do tipo I são incorporadas à membrana do RE (ver Figura 13-11).

Uma segunda via para a membrana interna é seguida pelas proteínas (p. ex., subunidade 9 da ATP-sintase) cujos precursores contêm tanto a sequência de direcionamento para a matriz quanto o domínio hidrofóbico interno reconhecido por uma proteína interna da membrana chamada de *Oxa1*. Supõe-se que essa via envolva a translocação de pelo menos uma porção do precursor para

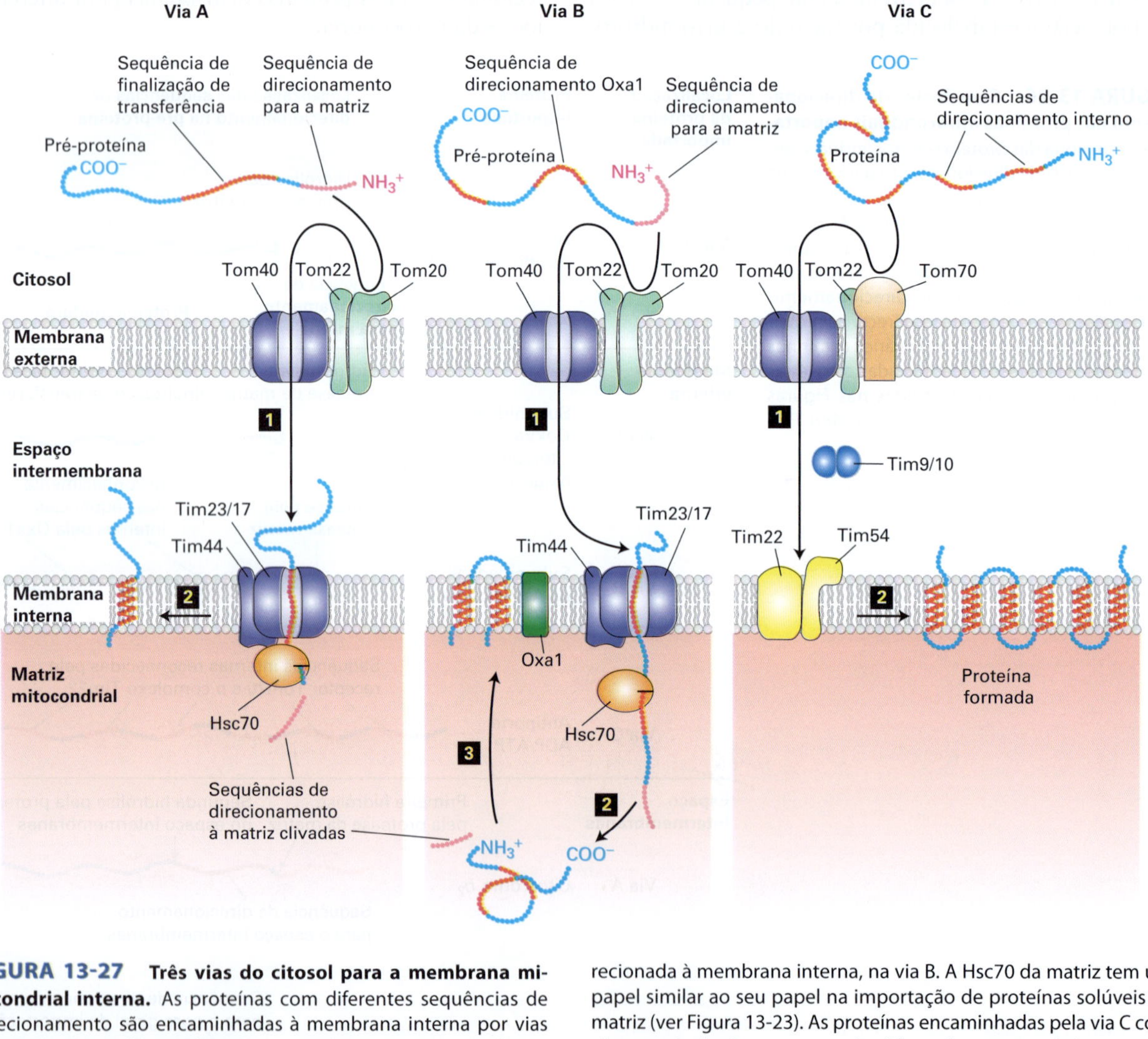

FIGURA 13-27 Três vias do citosol para a membrana mitocondrial interna. As proteínas com diferentes sequências de direcionamento são encaminhadas à membrana interna por vias diferentes. Em todas as três vias, as proteínas cruzam a membrana externa pelo poro geral de importação Tom40. As proteínas encaminhadas pelas vias A e B contêm uma sequência de direcionamento à matriz na extremidade N-terminal reconhecida pelo receptor de importação Tom20/22, na membrana externa. Embora ambas as vias utilizem o canal da membrana interna Tim23/17, elas diferem porque a proteína precursora inteira entra na matriz e, então, é redirecionada à membrana interna, na via B. A Hsc70 da matriz tem um papel similar ao seu papel na importação de proteínas solúveis da matriz (ver Figura 13-23). As proteínas encaminhadas pela via C contêm sequências internas reconhecidas pelo receptor de importação Tom70/Tom22; um canal de translocação diferente, na membrana interna (Tim22/54), é utilizado nesta via. Duas proteínas intermembranas (Tim9 e Tim10) facilitam a transferência entre os canais externo e interno. Consulte detalhes no texto. (Ver R. E. Dalbey e A. Kuhn, 2000, *Ann. Rev. Cell Dev. Biol.* **16**:51, e N. Pfanner e A. Geissler, 2001, *Nature Rev. Mol. Cell Biol.* **2**:339.)

dentro da matriz através dos canais Tom40 e Tim23/17. Depois da hidrólise da sequência de direcionamento para a matriz, a proteína é inserida na membrana interna por um processo que requer a interação com a Oxa1 e, talvez, com outras proteínas internas da membrana (Figura 13-27, via B). A Oxa1 está relacionada a uma proteína bacteriana envolvida na inserção de algumas proteínas da membrana interna nas bactérias. Essa relação sugere que a Oxa1 pode ser descendente da maquinaria de translocação das bactérias endossimbióticas que, finalmente, se tornaram mitocôndrias. As proteínas que formam os canais da membrana interna das mitocôndrias, porém, não são relacionadas com proteínas dos translocons bacterianos. A Oxa1 também participa na inserção de certas proteínas na membrana interna (p. ex., subunidade II da citocromo oxidase) codificadas por DNA mitocondrial e sintetizadas na matriz pelos ribossomos mitocondriais.

A via final para inserção na membrana interna da mitocôndria é seguida por proteínas multipasso que contêm seis domínios que cruzam a membrana, como a proteína de antiporte ADP/ATP. Essas proteínas, que não têm a sequência normal de direcionamento para a matriz na extremidade N-terminal, contêm múltiplas sequências internas de direcionamento para a mitocôndria. Depois que as sequências internas são reconhecidas por um segundo receptor de importação composto por proteínas da membrana externa Tom70 e Tom22, a proteína importada passa através da membrana externa via um poro geral de importação (Figura 13-27, via C). A proteína é então transferida para um segundo complexo de translocação na membrana interna, composto pelas proteínas Tim22, Tim18 e Tim54. A transferência para o complexo Tim22/18/54 depende de um complexo multimérico de duas proteínas pequenas, Tim9 e Tim10, que reside no espaço intermembranas. Acredita-se que as pequenas proteínas Tim atuem como chaperonas, guiando precursores proteicos importados do poro geral de importação para o complexo Tim22/18/54 na membrana interna por meio da ligação a suas regiões hidrofóbicas, prevenindo-as de formarem agregados insolúveis no meio aquoso do espaço intermembrana. Finalmente, o complexo Tim22/18/54 é responsável pela incorporação dos múltiplos segmentos hidrofóbicos da proteína importada para a membrana interna.

Proteínas do espaço intermembranas Duas vias encaminham as proteínas citosólicas para o espaço entre a membrana mitocondrial interna e a externa. A principal via é seguida pelas proteínas, como o citocromo b_2, cujo precursor carrega duas sequências de direcionamento N-terminal diferentes, clivadas ao final. A sequência mais N-terminal das duas é a sequência de direcionamento para a matriz, que é removida pela protease matricial. A segunda sequência de direcionamento é um segmento hidrofóbico que bloqueia a translocação completa da proteína pela membrana interna (Figura 13-28, via A). Depois que o intermediário

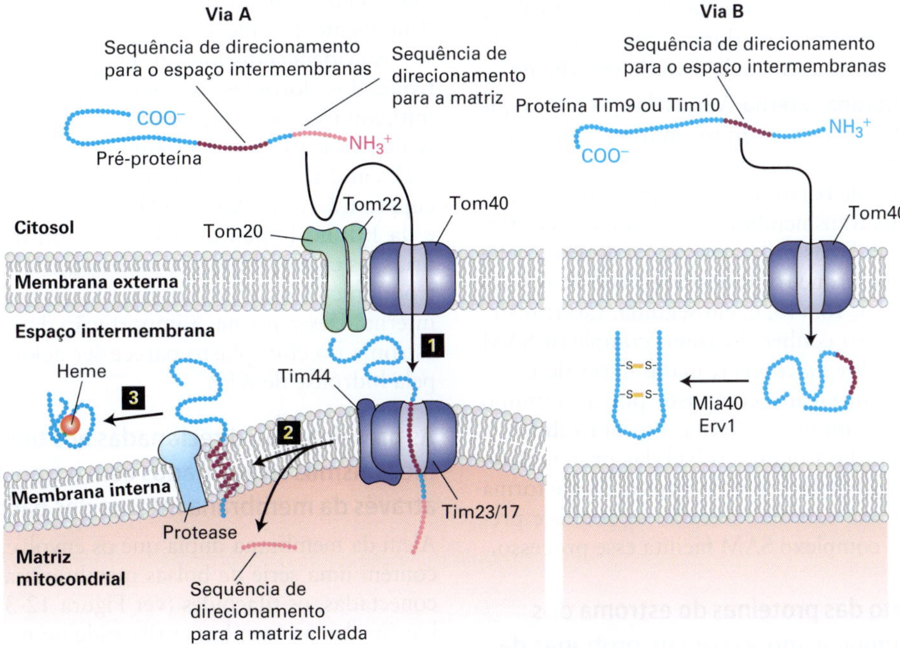

FIGURA 13-28 Duas vias para o espaço intermembrana mitocondrial. A via A, a principal via de encaminhamento de proteínas do citosol para o espaço intermembranas, é similar à via A para o encaminhamento para a membrana interna (ver Figura 13-26). A principal diferença é que a sequência de direcionamento interna nas proteínas, como a citocromo *b2* destinada ao espaço intermembrana, é reconhecida por uma protease da membrana interna, que cliva a proteína no lado do espaço intermembranas da membrana. A proteína liberada se enovela e se liga ao seu cofator heme no espaço intermembranas. A via B é uma via especializada no encaminhamento das proteínas Tim9 e Tim10 para o espaço intermembranas. Essas proteínas passam prontamente através do poro geral de importação Tom40 e uma vez que estejam no espaço intermembranana elas se enovelam e formam pontes dissulfeto que previnem a translocação contrária pela Tom 40. As pontes dissulfeto são geradas por Erv1 e são transferidas para Tim9 e Tim10 pela Mia40. (Ver R. E. Dalbey e A. Kuhn, 2000, *Ann. Rev. Cell Dev. Biol.* **16**:51; N. Pfanner e A. Geissler, 2001, *Nat. Rev. Mol. Cell Biol.* **2**:339; e K. Tokatlidis, 2005, A disulfide relay system in mitochondria. *Cell* **121**:965-967.)

resultante, embebido na membrana, se difunde lateralmente para longe do canal de translocação Tim23/17, uma protease na membrana cliva a proteína perto do segmento transmembrana hidrofóbico, liberando a proteína madura na sua forma solúvel no espaço intermembrana. Com exceção da segunda clivagem proteolítica, essa via é similar àquela das proteínas da membrana interna, como a CoxVa (ver Figura 13-27, via A).

As pequenas proteínas Tim9 e Tim10, que residem no espaço intermembranas, ilustram uma segunda via para o direcionamento para o espaço intermembranas. Nesta via, as proteínas importadas não contêm sequencia N-terminal de direcionamento para matriz e são encaminhadas diretamente ao espaço intermembranas via poro de importação geral, sem envolvimento de qualquer fator de translocação da membrana interna (Figura 13-28, via B). A translocação pelo poro de importação geral Tom40 não parece estar acoplada a qualquer processo energeticamente favorável; entretanto, uma vez localizadas no espaço intermembrana, as proteínas Tim9 e Tim10 formam duas pontes dissulfeto cada e estruturas enoveladas estáveis compactas. Aparentemente, o mecanismo que dirige a translocação unidirecional pela membrana externa envolve a difusão passiva através da membrana externa, seguido pelo enovelamento e pela formação de pontes dissulfeto que mantém a proteína de forma irreversível no espaço intermembrana. Em vários aspectos, o processo de formação das pontes dissulfeto no espaço intermembrana assemelha-se àquele do lúmen do RE e envolve uma proteína Erv1 geradora de pontes dissulfeto e uma proteína de transferência de dissulfetos, Mia40.

Proteínas da membrana externa Várias das proteínas que residem na membrana externa mitocondrial, incluindo o próprio poro Tom40 e a porina mitocondrial, têm uma estrutura em forma de barril β em que fitas antiparalelas formam segmentos transmembrana hidrofóbicos em torno do canal central. Essas proteínas são incorporadas na membrana externa, primeiro pela interação com o poro geral de importação, Tom40, e, em seguida, são transferidas a um complexo conhecido como complexo SAM (*sorting and assembly machinery*, maquinaria de encaminhamento e organização), composto por no mínimo três proteínas da membrana externa. Presumivelmente, é a natureza hidrofóbica muito estável das proteínas do barril β que as possibilitam serem incorporadas de forma estável na membrana externa, mas não se conhece precisamente como o complexo SAM facilita esse processo.

O direcionamento das proteínas do estroma dos cloroplastos é similar à importação de proteínas da matriz mitocondrial

Entre as proteínas encontradas no estroma dos cloroplastos estão as enzimas do ciclo de Calvin, que funcionam na fixação de dióxido de carbono em carboidratos, durante a fotossíntese (Capítulo 12). A subunidade grande (L, *large*) da ribulose-1,5-bifosfato carboxilase (rubisco) é codificada pelo DNA do cloroplasto e sintetizada nos ribossomos dos cloroplastos no estroma. A subunidade pequena (S, *small*) da rubisco e de todas as outras enzimas do ciclo de Calvin é codificada por genes do núcleo e transportada para os cloroplastos depois da sua síntese no citosol. As formas precursoras dessas proteínas do estroma contêm uma sequência de *importação para o estroma* na extremidade N-terminal (ver Tabela 13-1).

Experimentos com cloroplastos isolados, similares àqueles com as mitocôndrias, ilustrados na Figura 13-23, mostraram que eles podem importar o precursor da subunidade S após sua síntese. Depois que o precursor não enovelado entra no espaço do estroma, ele se liga temporariamente à chaperona Hsc70 do estroma, e a sequência N-terminal é clivada. Nas reações facilitadas pelas chaperoninas Hsc60 que residem no estroma, oito subunidades S combinam com oito subunidades L para gerar a enzima rubisco ativa.

O processo geral de importação para o estroma parece ser muito similar ao de importação das proteínas para a matriz mitocondrial (ver Figura 13-24). No mínimo três proteínas da membrana externa dos cloroplastos, incluindo um receptor que se liga à sequência de importação do estroma e uma proteína do canal de translocação, e cinco proteínas da membrana interna parecem ser essenciais ao direcionamento das proteínas para o estroma. Embora essas proteínas sejam funcionalmente análogas ao receptor e às proteínas do canal na membrana mitocondrial, elas não são homólogas estruturalmente. A inexistência de homologia entre essas proteínas dos cloroplastos e das mitocôndrias sugere que elas possam ter surgido independentemente durante a evolução.

A evidência disponível sugere que as proteínas do estroma dos cloroplastos, como as proteínas da matriz das mitocôndrias, são importadas no estado não enovelado. A importação para o estroma depende da hidrólise de ATP catalisada por uma chaperona Hsc70 do estroma, cuja função é similar à de Hsc70 na matriz mitocondrial e da BiP no lúmen do RE. Ao contrário das mitocôndrias, os cloroplastos não podem gerar um gradiente eletroquímico (força próton-motriz) através da membrana interna. Dessa forma, a importação das proteínas para o estroma do cloroplasto parece ser acionada unicamente pela hidrólise de ATP.

As proteínas são direcionadas aos tilacoides por mecanismos relacionados com a translocação através da membrana interna das bactérias

Além da membrana dupla que os envolve, os cloroplastos contêm uma série de bolsas membranosas internas interconectadas, os **tilacoides** (ver Figura 12-31). As proteínas localizadas na membrana tilacoide ou no lúmen realizam a fotossíntese. Várias dessas proteínas são sintetizadas no citosol como precursores contendo múltiplas sequências de direcionamento. Por exemplo, a plastocianina e outras proteínas destinadas para o lúmen tilacoide necessitam da ação sucessiva de duas sequências de captação-direcionamento. A primeira é uma sequência N-terminal de importação ao estroma que direciona a proteína ao estroma pela mesma via que importa a subunidade S de rubisco. A segunda sequência direciona a proteína do estroma ao lúmen do tilacoide. O papel dessas sequências de direcionamento foi demonstrado em experimentos que mediram a captação de proteínas mutantes geradas por técnicas de DNA recombinante para o interior dos cloroplastos isolados. Por exemplo, a plastocianina mutante sem a sequência de direcionamento aos tilacoides, mas com uma sequência de importação para o estroma intacta, acumula-se no estroma e não é transportada para o lúmen do tilacoide.

Quatro vias distintas para transportar as proteínas do estroma para dentro dos tilacoides foram identificadas.

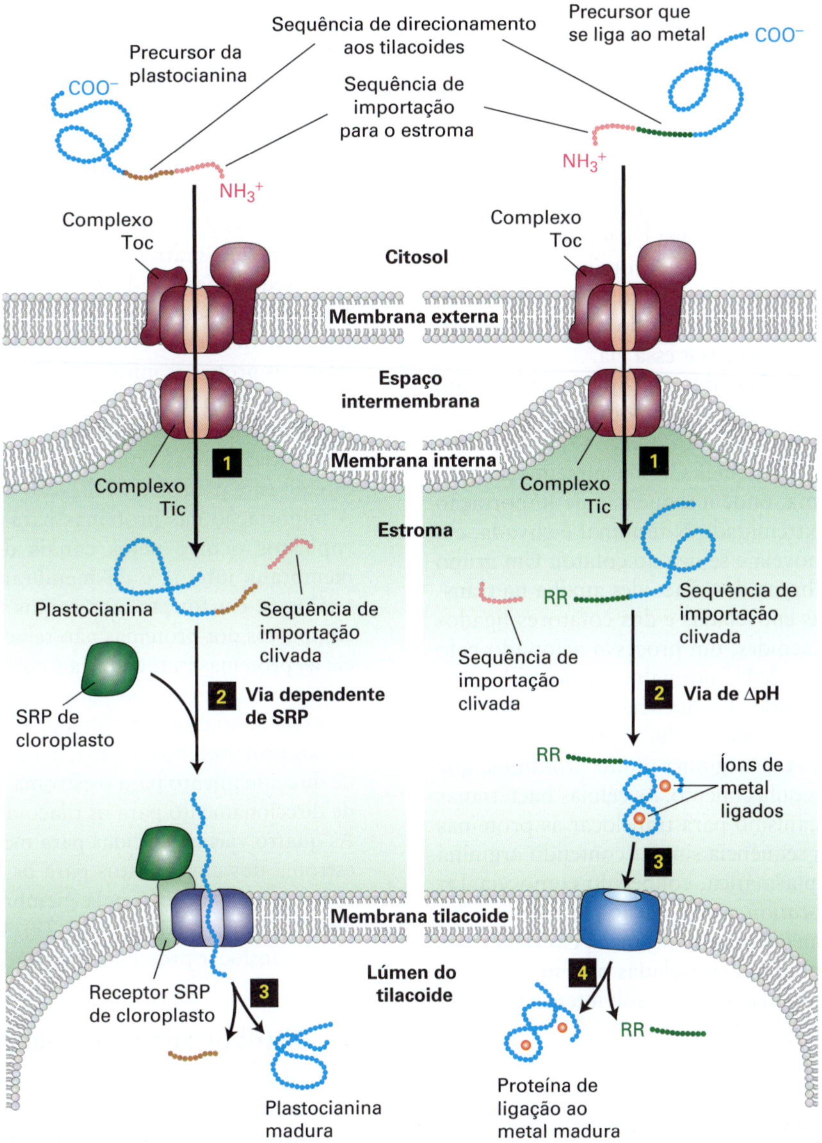

FIGURA 13-29 Transportando proteínas ao tilacoide dos cloroplastos. Duas de quatro vias para transportar proteínas a partir do citosol para o lúmen tilacoide são mostradas aqui. Nessas vias, os precursores não enovelados são encaminhados para o estroma pelas mesmas proteínas da membrana externa que importam as proteínas localizadas no estroma. A hidrólise da sequência de importação para o estroma na extremidade N-terminal por proteases do estroma revelam, então, a sequência de direcionamento aos tilacoides (etapa **1**). Nesse ponto, as duas vias divergem. Na via dependente de SRP (*esquerda*), a plastocianina e outras proteínas similares são mantidas não enoveladas no espaço do estroma por um grupo de chaperonas (não mostrado) e encaminhadas pela sequência de direcionamento aos tilacoides, ligadas com as proteínas intimamente relacionadas à SRP bacteriana, ao receptor da SRP e ao translocon SecY, os quais fazem a mediação do movimento para o lúmen (etapa **2**). Depois que a sequência de direcionamento para os tilacoides é removida, no lúmen do tilacoide, por uma endoprotease independente, a proteína se enovela na sua conformação madura (etapa **3**). Na via dependente de pH (*direita*), as proteínas que se ligam aos metais se enovelam no estroma e os cofatores redox complexos são adicionados (etapa **2**). São necessários dois resíduos de arginina (RR) na extremidade N-terminal da sequência de direcionamento para os tilacoides e um gradiente de pH através da membrana interna para a transporte da proteína enovelada para o lúmen do tilacoide (etapa **3**). O translocon na membrana tilacoide é composto por, no mínimo, quatro proteínas relacionadas com as proteínas da membrana citoplasmática bacteriana (etapa **4**). (Ver R. Dalbey e C. Robinson, 1999, *Trends Biochem. Sci.* **24**:17; R. E. Dalbey e A. Kuhn, 2000, *Ann. Rev. Cell Dev. Biol.* **16**:51; e C. Robinson e A. Bolhuis, 2001, *Nat. Rev. Mol. Cell Biol.* **2**:350.)

Todas as quatro vias estão intimamente relacionadas aos mecanismos de transporte análogos nas bactérias, ilustrando a íntima relação evolucionária entre a membrana do estroma e a membrana citoplasmática das bactérias. O transporte da plastocianina e de proteínas relacionadas para o lúmen dos tilacoides a partir do estroma ocorre por uma via dependente de SRP de cloroplastos que utiliza um translocon similar a SecY, a versão bacteriana do complexo Sec61 (Figura 13-29, *esquerda*). Uma segunda via para transportar as proteínas para o lúmen dos tilacoides utiliza uma proteína relacionada com a SecA bacteriana que utiliza a energia a partir de ATP para promover a translocação de proteínas por meio do translocon SecY. Uma terceira via, que direciona as proteínas para a membrana do tilacoide, depende de uma proteína relacionada com a proteína mitocondrial Oxa1 e com a proteína bacteriana homóloga (ver Figura 13-27, via B). Algumas proteínas codificadas pelo DNA dos cloroplastos e sintetizadas no estroma ou transportadas para o estroma a partir do citosol são inseridas na membrana do tilacoide por essa via.

Finalmente, as proteínas dos tilacoides que se ligam aos cofatores contendo metais seguem outra via para o lúmen dos tilacoides (Figura 13-29, *direita*). Os precursores não enovelados dessas proteínas são inicialmente encaminhados para o estroma, onde a sequência de importação para o estroma na extremidade N-terminal é clivada, e a proteína, então, se enovela e se liga ao cofator. Um grupo de proteínas de membrana dos tilacoides auxilia na translocação das proteínas enoveladas e dos cofatores ligados para o lúmen dos tilacoides, um processo acionado pelo gradiente eletroquímico de H^+ normalmente mantido através da membrana tilacoide. A sequência de direcionamento para os tilacoides que encaminha a proteína por essa via inclui dois resíduos de arginina muito próximos, que são cruciais para o reconhecimento. As células bacterianas também têm um mecanismo para translocar as proteínas enoveladas com uma sequência similar contendo arginina pela membrana citoplasmática, conhecido como via Tat (*twin-arginine translocation*, translocação por arginina dupla). Atualmente, o mecanismo molecular pelo qual essas grandes proteínas globulares enoveladas podem ser translocadas pela membrana tilacoide está sob intenso estudo.

CONCEITOS-CHAVE da Seção 13.4

Distribuição das proteínas para as mitocôndrias e os cloroplastos

- A maioria das proteínas mitocondriais e dos cloroplastos é codificada por genes do núcleo, sintetizada nos ribossomos do citosol e importada para as organelas após a tradução.
- Toda a informação necessária para orientar uma proteína precursora do citosol para a matriz mitocondrial ou para o estroma do cloroplasto está contida em sua sequência de captação-direcionamento na extremidade N-terminal. Depois da importação da proteína, a sequência de captação-direcionamento é removida por proteases, dentro da matriz ou do estroma.
- As chaperonas do citosol mantêm as proteínas precursoras mitocondriais e dos cloroplastos em estado não enovelado. Apenas as proteínas não enoveladas podem ser importadas as organelas. A translocação nas mitocôndrias ocorre em sítios onde a membrana externa e a membrana interna das organelas estão próximas.
- As proteínas destinadas para a matriz mitocondrial se ligam aos receptores na membrana mitocondrial externa e são, então, transferidas para o poro geral de importação (Tom40) na membrana externa. A translocação ocorre normalmente através das membranas externa e interna, conduzida pela força próton-motriz pela membrana interna e hidrólise de ATP pela ATPase Hsc70 na matriz (ver Figura 13-24).
- As proteínas distribuídas para destinos mitocondriais diferentes da matriz normalmente contêm duas ou mais sequências de direcionamento, uma das quais pode ser uma sequência de direcionamento para a matriz na extremidade N-terminal (ver Figura 13-26).
- Algumas proteínas mitocondriais destinadas para o espaço intermembrana ou para a membrana interna são inicialmente importadas para a matriz e depois redirecionadas; outras nunca entram na matriz, mas vão diretamente para sua localização final.
- A importação das proteínas para o estroma dos cloroplastos ocorre pelos canais de translocação da membrana interna e da membrana externa que são análogos, em função, aos canais mitocondriais, mas compostos por proteínas não relacionadas em sequência às proteínas mitocondriais correspondentes.
- As proteínas destinadas para os tilacoides têm sequências secundárias de direcionamento. Depois da entrada dessas proteínas no estroma, a hidrólise das sequências de direcionamento para o estroma revela as sequências de direcionamento para os tilacoides.
- As quatro vias conhecidas para mover as proteínas do estroma dos cloroplastos para os tilacoides lembram muito a translocação pela membrana citoplasmática das bactérias (ver Figura 13-29). Um desses sistemas pode translocar proteínas enoveladas.

13.5 Distribuição das proteínas do peroxissomo

Os peroxissomos são pequenas organelas delimitadas por uma única membrana. Ao contrário das mitocôndrias e dos cloroplastos, os peroxissomos não têm DNA nem ribossomos. Desse modo, todas as proteínas dos peroxissomos são codificadas pelos genes do núcleo, sintetizadas nos ribossomos livres no citosol e, então, incorporadas aos peroxissomos preexistentes ou recém-gerados. Como os peroxissomos são aumentados pela adição de proteínas (e lipídeos), eles finalmente se dividem, formando novos peroxissomos, como acontece com as mitocôndrias e os cloroplastos.

O tamanho e a composição das enzimas dos peroxissomos variam consideravelmente entre os diferentes tipos de células. Entretanto, todos os peroxissomos contêm enzimas que utilizam oxigênio molecular para oxidar vários substratos, como os aminoácidos e os ácidos graxos, quebrando-os em componentes menores para uso nas vias biossintéticas. O peróxido de hidrogênio (H_2O_2) gerado por essas reações de oxidação é extremamente reativo e potencialmente danoso para os componentes celulares; entretanto, o peroxissomo também contém enzimas, como a catalase, que de maneira eficiente converte H_2O_2 em H_2O. Nos mamíferos, os peroxissomos são mais abundantes nas células do fígado, onde constituem cerca de 1 a 2% do volume celular.

Um receptor citosólico direciona as proteínas com uma sequência SKL na extremidade C-Terminal para a matriz do peroxissomo

Os sinais de direcionamento para o peroxissomo foram inicialmente identificados testando deleções em proteínas do peroxissomo, para um determinado defeito no direcionamento para o peroxissomo. Em um estudo inicial, o gene para luciferase de vagalume foi expressado em culturas de células de insetos e se observou que a proteína resultante era direcionada de forma apropriada ao peroxissomo. Entretanto, a expressão de um gene truncado sem uma pequena porção do C terminal da proteína levou à falha no direcionamento da luciferase ao peroxissomo e à sua permanência no citoplasma. Testando várias proteínas luciferase mutantes nesse sistema, os pesquisadores descobriram que a sequência Ser-Lys-Leu (SKL no código de uma letra) ou uma sequência relacionada na extremidade C-terminal era necessária para o direcionamento ao peroxissomo. Além disso, a adição de uma sequência SKL ao C terminal de uma proteína citosólica normal leva à captação da proteína alterada pelos peroxissomos em células em cultura. Todas, com exceção de algumas das várias proteínas da matriz do peroxissomo, carregam uma sequência desse tipo, conhecida como *sequência de direcionamento para o peroxissomo 1* ou, simplesmente, *PTS1*.

A via para importação da catalase e de outras proteínas que apresentam a PTS1 para a matriz do peroxissomo está representada na Figura 13-30. A PTS1 se liga a uma proteína carreadora solúvel no citosol (Pex5), que, por sua vez, se liga a um receptor na membrana do peroxissomo (Pex14). A proteína a ser importada então se move pela membrana do peroxissomo enquanto ainda está ligada a Pex5. A maquinaria de importação do peroxissomo, ao contrário da maioria dos sistemas que fazem a mediação da importação das proteínas para o RE, mitocôndrias e cloroplastos, pode translocar proteínas enoveladas através da membrana. Por exemplo, a catalase assume uma conformação enovelada e se liga ao heme no citoplasma, antes de atravessar a membrana do peroxissomo. Os estudos isentos de células mostraram que a maquinaria de importação dos peroxissomos pode transportar objetos macromoleculares grandes, incluindo partículas de ouro de cerca de 9 nm de diâmetro, contanto que tenham uma marca PST1 ligada a eles. Entretanto, as membranas do peroxissomo não parecem conter estruturas de poros grandes e estáveis, como o poro nuclear descrito na próxima seção. O mecanismo fundamental de translocação de proteínas da matriz do peroxissomo não está bem compreendido, mas provavelmente envolve a formação de oligômeros de Pex5 ligados a moléculas carreadoras que contêm PST1 e o receptor Pex14. Existem evidências de que o tamanho do oligômero se ajusta de acordo com o tamanho das moléculas carreadoras que contêm PST1 e que os oligômeros se dissociam tão logo o complexo de Pex5 ligado às moléculas carreadoras que contêm PST1 entra na matriz do peroxissomo. Aparentemente, a formação dinâmica dos oligômeros é o mecanismo-chave pelo qual as moléculas carreadoras que contêm PST1 podem ser acomodadas sem a formação de poros grandes estáveis que prejudicariam a integridade da membrana do peroxissomo.

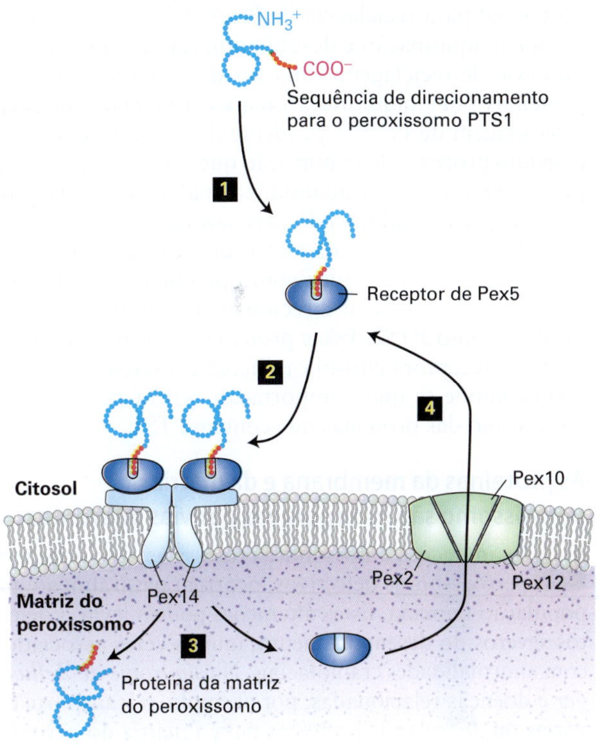

FIGURA 13-30 A Importação de proteínas da matriz peroxissomal direcionada pela PTS1. Etapa **1**: a maioria das proteínas da matriz do peroxissomo contém uma sequência de captação-direcionamento PTS1 na extremidade C-terminal (vermelho) que se liga ao receptor citosólico Pex5. Etapa **2**: Pex5 com a proteína da matriz ligada forma um complexo multimérico com o receptor Pex14 localizado na membrana do peroxissomo. Etapa **3**: o complexo proteína Pex5 da matriz é então transferido para a matriz do peroxissomo, onde Pex5 se dissocia da proteína da matriz. Etapa **4**: Pex5 é então retornado ao citosol por um processo que envolve as proteínas de membrana do peroxissomo Pex2, Pex10 e Pex12, assim como proteínas adicionais de membrana e do citosol, não mostradas. Observe que as proteínas enoveladas podem ser importadas para os peroxissomos e que a sequência de direcionamento não é removida na matriz. (Ver P. E. Purdue e P. B. Lazarow, 2001, *Ann. Rev. Cell Dev. Biol.* **17**:701; S. Subramani et al., 2000, *Ann. Rev. Biochem.* **69**:399; e V. Dammai e S. Subramani, 2001, *Cell* **105**:187.)

Tão logo o complexo de uma molécula carga que contém PST1 ligado a Pex5 entra na matriz, Pex5 se dissocia da proteína da matriz do peroxissomo para ser reciclada no citoplasma. As proteínas de membrana do peroxissomo Pex10, Pex12 e Pex2 formam um complexo crucial para reciclagem de Pex5. A Pex5 é modificada por ubiquitinação e desubiquitinação como parte do processo de reciclagem. Uma vez que a modificação de proteínas por ubiquitinação requer a hidrólise de ATP, a reciclagem de Pex5 dependente de energia pode ser a etapa no processo de importação que utiliza energia para promover a translocação unidirecional de moléculas carga através da membrana do peroxissomo.

Algumas proteínas da matriz do peroxissomo, como a tiolase, são sintetizadas como precursores com uma sequência de captação-direcionamento N-terminal conhecida como *PTS2*. Essas proteínas se ligam com uma proteína receptora citosólica diferente, mas, de qualquer forma, supõe-se que a importação ocorra pelo mesmo mecanismo das proteínas que contêm PTS1.

As proteínas da membrana e da matriz do peroxissomo são incorporadas por vias diferentes

As mutações autossômicas recessivas, que originam peroxissomos defectivos, ocorrem naturalmente na população humana. Estas alterações podem levar a defeitos severos do desenvolvimento, muitas vezes associados com anormalidades craniofaciais. Na *síndrome de Zellweger* e doenças relacionadas, por exemplo, o transporte de várias ou de todas as proteínas para a matriz do peroxissomo é defeituoso: as enzimas do peroxissomo recém-sintetizadas permanecem no citosol e são, por fim, degradadas. As análises genéticas de células em cultura de diferentes pacientes com Zellweger e de células de leveduras com mutações similares identificaram mais de 20 genes necessários à biogênese dos peroxissomos. ■

Estudos com mutantes da formação do peroxissomo mostraram que diferentes vias são utilizadas para importar as proteínas da matriz do peroxissomo e para inserir as proteínas na membrana do peroxissomo. Por exemplo, a análise das células de alguns pacientes com Zellweger levou à identificação dos genes que codificam as proteínas de reciclagem de Pex5, as proteínas Pex10, Pex12 e Pex2. As células mutantes deficientes em qualquer uma dessas proteínas não podem incorporar as proteínas da matriz nos peroxissomos; todavia, as células contêm peroxissomos vazios que têm um complemento normal de proteínas de membrana do peroxissomo (Figura 13-31b). As mutações em qualquer um de outros três genes bloquearam a inserção das proteínas da membrana do peroxissomo, assim como a importação das proteínas da matriz (Figura 13-31c). Esses achados demonstram que um grupo de proteínas transloca proteínas solúveis para a matriz do peroxissomo, mas um grupo diferente é necessário para a inserção das proteínas na membrana do peroxissomo. Essa situação difere nitidamente daquela do RE, das mitocôndrias e dos cloroplastos, nos quais, como foi visto, as proteínas de membrana e as proteínas solúveis compartilham vários dos mesmos componentes para sua inserção nessas organelas.

Embora a maioria dos peroxissomos seja gerada pela divisão das organelas preexistentes, essas organelas também podem surgir *de novo* por um processo de três estágios, representado na Figura 13-32. Nesse caso, a formação do peroxissomo inicia no RE. No mínimo duas proteínas de membrana do peroxissomo, Pex3 e Pex16, são inseridas na membrana do RE pelo mecanismo descrito na Seção 13.2. Pex3 e Pex16 então recrutam Pex19 para formar uma região especializada da membrana do RE que pode brotar do RE para formar uma membrana precursora do peroxissomo. Evidências atuais indicam que a formação das proteínas de membrana do peroxissomo em peroxissomos maduros também pode seguir a mesma via dependente de Pex19 para a formação de novos peroxissomos a partir do RE. A inserção das proteínas de membrana do peroxissomo gera membranas com todos os componentes necessários para a importação das proteínas da matriz, levando à formação de peroxissomos funcionais maduros.

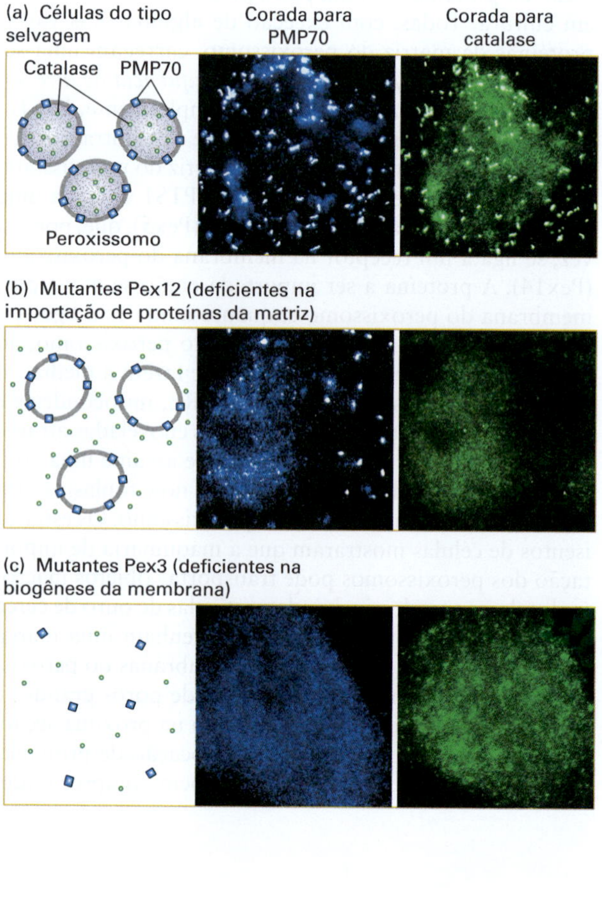

FIGURA EXPERIMENTAL 13-31 Estudos revelam diferentes vias para a incorporação de proteínas de membrana do peroxissomo e da matriz. As células foram marcadas com anticorpos fluorescentes contra PMP70, proteína de membrana do peroxissomo, ou com anticorpos fluorescentes contra catalase, proteína da matriz do peroxissomo, e então observadas em um microscópio de fluorescência. (a) Nas células do tipo selvagem, tanto as proteínas da membrana quanto as da matriz dos peroxissomos são visíveis como focos claros em numerosos corpos peroxissomais. (b) Nas células dos pacientes deficientes de Pex12, a catalase está distribuída uniformemente pelo citosol, enquanto a PMP70 está localizada normalmente nos corpos peroxissomais. (c) Nas células de pacientes deficientes em Pex3, as membranas do peroxissomo não podem ser formadas e, em consequência, os corpos peroxissomais não se formam. Assim, tanto a catalase quanto a PMP70 estão incorretamente localizadas no citosol. (Cortesia de Stephen Gould, Johns Hopkins University, EUA.)

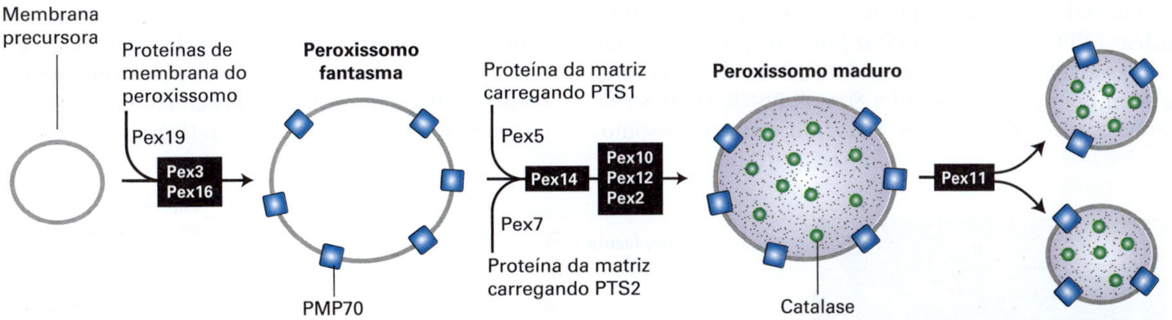

FIGURA 13-32 Modelo da biogênese e divisão do peroxissomo. A primeira etapa na formação *de novo* dos peroxissomos é a incorporação das proteínas de membrana do peroxissomo nos precursores da membrana derivados do RE. A Pex19 atua como receptor das sequências de direcionamento à membrana. Um complexo de Pex3 e Pex16 é necessário para a inserção apropriada das proteínas (p. ex., PMP70) na membrana do peroxissomo em formação. A inserção de todas as proteínas de membrana do peroxissomo produz um peroxissomo fantasma, capaz de importar proteínas direcionadas para a matriz. As vias para importação de proteínas da matriz carregando PTS1 e PTS2 diferem apenas na identidade dos receptores citosólicos (Pex5 e Pex7, respectivamente) que se ligam na sequência de direcionamento (ver Figura 13-30). A incorporação completa das proteínas da matriz gera um peroxissomo maduro. Embora os peroxissomos possam se formar *de novo* como descrito, na maioria das condições a proliferação dos peroxissomos envolve a divisão dos peroxissomos maduros, processo que depende da proteína Pex11.

A divisão dos peroxissomos maduros, que determina o número de peroxissomos dentro de uma célula, depende ainda de outra proteína, a Pex11. A superexpressão da proteína Pex11 leva a um grande aumento no número de peroxissomos, sugerindo que essa proteína controla a taxa de divisão dos peroxissomos. Os pequenos peroxissomos gerados por divisão podem ser aumentados pela incorporação de proteínas da matriz e de membranas adicionais, pela mesma via descrita anteriormente.

CONCEITOS-CHAVE da Seção 13.5

Distribuição das proteínas do peroxissomo

- Todas as proteínas do peroxissomo são sintetizadas nos ribossomos do citosol e incorporadas nas organelas após a tradução.
- A maioria das proteínas da matriz do peroxissomo contém uma sequência de direcionamento PTS1 na extremidade C-terminal; algumas têm uma sequência de direcionamento PTS2 na extremidade N-terminal. Nenhuma das sequências de direcionamento é clivada após a importação.
- Todas as proteínas destinadas para a matriz do peroxissomo se ligam a uma proteína carreadora citosólica, a qual é diferente para proteínas que carregam PTS1 e PTS2, e, então, são direcionadas aos receptores de importação comuns e à maquinaria de translocação na membrana do peroxissomo (ver Figura 13-30).
- A translocação das proteínas da matriz através da membrana do peroxissomo depende da hidrólise de ATP. Diferentemente da importação de proteínas para o RE, mitocôndrias e cloroplastos, várias proteínas da matriz do peroxissomo se enovelam no citosol e atravessam a membrana em conformação enovelada.
- As proteínas destinadas à membrana do peroxissomo contêm sequências de direcionamento diferentes das proteínas da matriz do peroxissomo e são importadas por vias diferentes.
- Ao contrário das mitocôndrias e dos cloroplastos, os peroxissomos podem ser originados *de novo* a partir de membranas precursoras provavelmente derivadas do RE assim como por divisão de organelas preexistentes (ver Figura 13-32).

13.6 Transporte para dentro e para fora do núcleo

O núcleo está separado do citoplasma por duas membranas que formam o **envelope nuclear** (ver Figura 9-32). O envelope nuclear é contínuo ao RE e forma parte dele. O transporte de proteínas do citoplasma ao núcleo e o movimento de macromoléculas, incluindo mRNAs, tRNAs e subunidades ribossomais, para fora do núcleo ocorre pelos *poros nucleares*, que atravessam ambas as membranas do envelope nuclear. A importação de proteínas para o núcleo compartilha características com a importação de proteínas para outras organelas. Por exemplo, as proteínas nucleares importadas possuem sequências específicas de direcionamento conhecidas como sequências de localização nuclear, ou NLSs (do inglês *nuclear localization sequences*). Entretanto, as proteínas são importadas para o núcleo em estado enovelado, se diferenciando da translocação de proteínas através de membranas do RE, mitocôndrias e cloroplastos, onde as proteínas estão em estado não enovelado, durante a translocação. Nesta seção, será discutido o principal mecanismo pelo qual as proteínas e algumas proteínas ribonucleares, como os ribossomos, entram e saem do núcleo. Também será analisado como mRNAs e outros complexos de proteínas ribonucleares são exportados do núcleo por um processo que difere na mecânica da importação de proteínas pelo núcleo.

Moléculas grandes e pequenas entram e saem do núcleo através dos complexos dos poros nucleares

Vários poros perfuram o envelope nuclear em todas as células eucarióticas. Cada poro nuclear é formado a partir de uma elaborada estrutura chamada **complexo do poro nuclear** (NPC, do *inglês nuclear pore complex*), uma das maiores associações de proteínas na célula. A massa total da estrutura do poro é de 60 a 80 milhões de Da nos vertebrados, cerca de 16 vezes maior do que o ribossomo. Um NPC é composto por múltiplas cópias de cerca de 30 proteínas diferentes chamadas **nucleoporinas**. Micrografias eletrônicas dos complexos dos poros revelam uma estrutura octogonal de anel embebebida na membrana que circunda um grande poro aquoso (Figura 13-33). Aproxi-

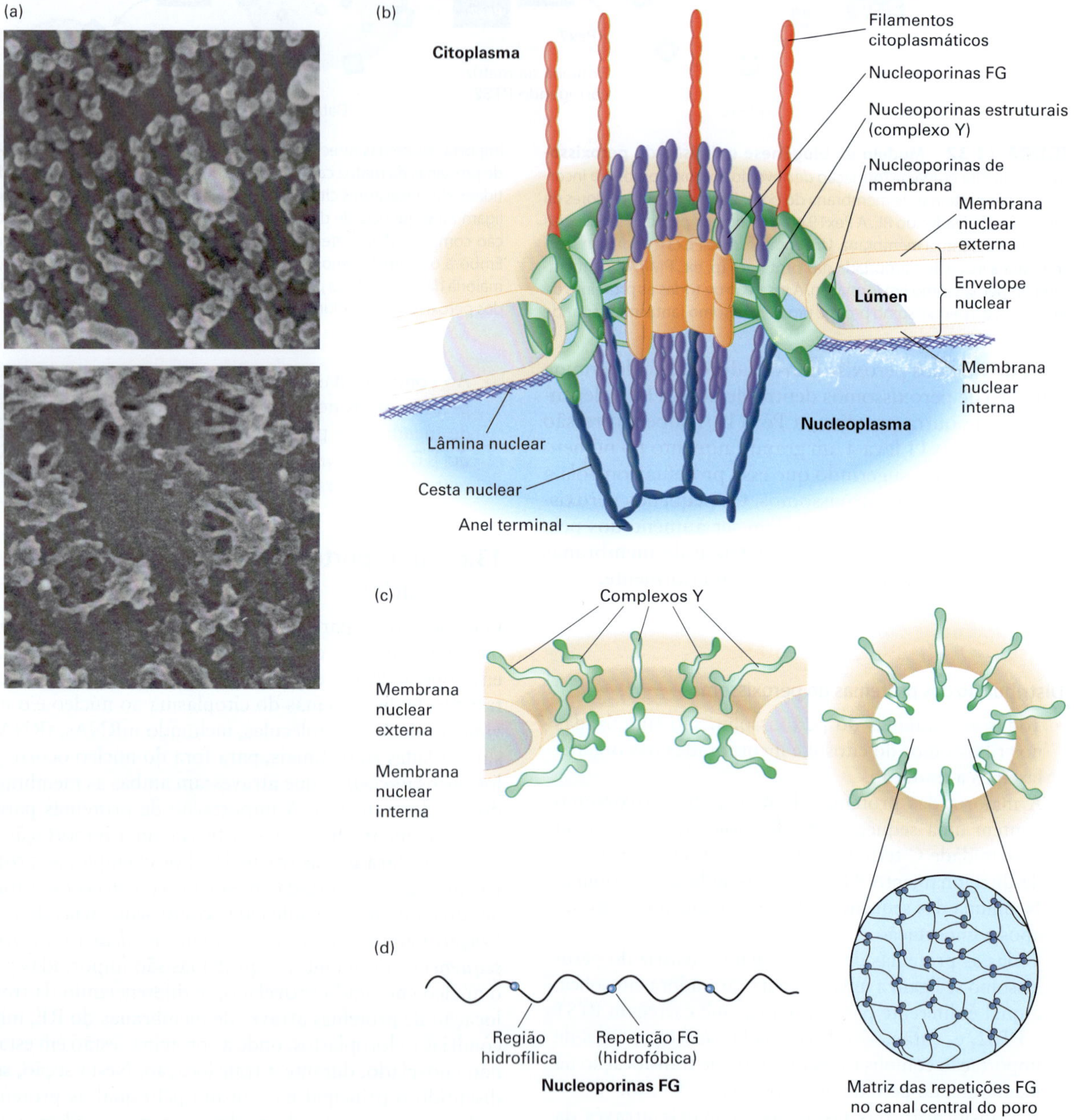

FIGURA 13-33 Complexo do poro nuclear em diferentes níveis de resolução. (a) Envelopes nucleares do grande núcleo dos oócitos de *Xenopus* visualizados por microscopia eletrônica de varredura. *Parte superior*: visão da face citoplasmática revela um formato octagonal da porção do complexo do poro nuclear embebida na membrana. *Parte inferior*: visão da face nucleoplasmática mostra a cesta nuclear que se estende a partir da porção da membrana. (b) Modelo da seção mediana do complexo do poro mostrando as principais características estruturais formadas por nucleoporinas de membrana, nucleoporinas estruturais e nucleoporinas FG. (c) Dezesseis cópias do complexo Y formam a principal parte do esqueleto estrutural do complexo do poro nuclear. Observe a simetria dupla através da membrana dupla do núcleo (*esquerda*) e a simetria rotacional óctupla em torno do eixo do poro (*direita*). (d) As nucleoporinas FG projetam estruturas desordenadas compostas por repetições da sequência Phe-Gly intercaladas com regiões hidrofílicas (*esquerda*). As nucleoporinas FG são mais abundantes na parte central do poro e acredita-se que as sequências de repetições FG preencham o canal central com uma matriz semelhante a um gel (direita). (Parte (a) de V.Doye and E.Hurt, 1997, *Curr.Opin.Cell Biol.* **9**:401, cortesia de M.W. Goldberg e T.D.Allen. Parte (b) adaptada a partir de M. P. Rout e J. D. Atchinson, 2001, *J. Biol. Chem.* **276**:16593. Parte (c) cortesia de Thomas Schwartz. Parte (d) adaptada de K.Ribbeck e D.Görlich, 2001, *EMBO J.* **20**:1320-1330.)

madamente oito filamentos de 100 nm de comprimento se estendem para dentro do nucleoplasma com as extremidades distais desses filamentos unidas por um anel terminal, formando uma estrutura chamada *cesta nuclear*. Os filamentos citoplasmáticos se estendem a partir do lado citoplasmático do NPC para dentro do citosol.

Íons, pequenos metabólitos e proteínas globulares de até 40 kDa podem difundir-se passivamente por meio da região aquosa central do complexo do poro nuclear. Entretanto, proteínas grandes e complexos de ribonucleoproteínas não podem se difundir para dentro e fora do núcleo. Em vez disto, essas macromoléculas são transportadas ativamente pelo NPC com o auxílio das proteínas transportadoras solúveis que se ligam às macromoléculas e também interagem com as nucleoporinas. A capacidade e a eficiência do NPC para esse transporte ativo são extraordinárias. Estima-se que em um minuto cada NPC transporte 50 a 250 moléculas de mRNA, 10 a 20 subunidades ribossomais e 1.000 tRNAs para fora do núcleo.

Em termos gerais, as nucleoporinas são de três tipos: *nucleoporinas estruturais*, *nucleoporinas de membrana* e *nucleoporinas FG*. As nucleoporinas estruturais formam o esqueleto do poro nuclear, anel com simetria óctupla que atravessa ambas as membranas do envelope nuclear, criando um ânulo. As membranas das camadas internas e externas do envelope nuclear se conectam no NPC através de uma região bastante curvada de membrana que contém as nucleoporinas embebidas na membrana (ver Figura 13-33b). Um conjunto de sete nucleoporinas estruturais compõe uma estrutura em formato de Y com o tamanho do ribossomo, conhecido como *complexo Y*. Dezesseis cópias do complexo Y formam o esqueleto estrutural básico do poro, com simetria bilateral através do envelope nuclear e simetria rotacional óctupla no plano do envelope (ver Figura 13-33c). Um motivo estrutural que se repete várias vezes dentro do complexo Y está intimamente relacionado a uma estrutura encontrada nas proteínas COPII que dirigem a formação de vesículas revestidas dentro das células (ver Capítulo 14). Esse relacionamento primitivo entre proteínas estruturais do poro nuclear e proteínas do revestimento das vesículas sugere que os dois tipos de complexos de cobertura de membrana compartilham a mesma origem. A função básica desse elemento pode ser a formação de uma treliça de proteínas que, em complexos com nucleoporinas de membrana, deforma a membrana em uma estrutura bastante curvada.

As nucleoporinas FG, que revestem o canal do complexo do poro nuclear e também são encontradas associadas com a cesta nuclear e os filamentos citoplasmáticos, contêm repetições múltiplas de sequências hidrofóbicas curtas ricas em resíduos de fenilalanina (F) e glicina (G) (repetições FG). Acredita-se que as repetições FG hidrofóbicas ocorram em regiões de cadeias polipeptídicas normalmente hidrofílicas em projeções que preenchem o canal transportador central. As nucleoporinas FG são essenciais para a função do NPC; entretanto, o NPC permanece funcional mesmo se até a metade das repetições FG tenham sido deletadas. Acredita-se que as nucleoporinas FG formem uma matriz flexível semelhante a gel cujas propriedades permitem a difusão de moléculas pequenas enquanto excluem proteínas hidrofílicas não associadas a chaperonas e maiores do que 40 kDa (ver Figura 13-33d).

Receptores de transporte nuclear transportam proteínas contendo sinais de localização nuclear para o núcleo

Todas as proteínas encontradas no núcleo, como as histonas, fatores de transcrição, e DNA e RNA polimerases, são sintetizadas no citoplasma e importadas para o núcleo pelos complexos do poro nuclear. Tais proteínas contêm um sinal de localização nuclear (NLS, do inglês *nuclear-localization signal*) que direciona seu transporte seletivo para o núcleo. Os NLSs foram descobertos pela análise de mutantes do gene para o antígeno T maior codificado pelo vírus símio 40 (SV40). A forma tipo selvagem do antígeno T maior está localizada no núcleo das células infectadas por vírus, enquanto algumas formas mutantes do antígeno T maior acumulam-se no citoplasma (Figura 13-34). Todas as mutações responsáveis por essa localização celular alterada ocorrem dentro de uma sequência específica de sete resíduos rica em aminoácidos básicos próxima ao C terminal da proteína: Pro-Lys-Lys-Lys-Arg-Lys-Val. Experimentos com proteínas híbridas criadas por engenharia nas quais essa sequência foi fusionada a uma proteína citosólica demonstraram que ela direciona o transporte da proteína para o núcleo e, consequentemente, funciona como NLS. Posteriormente, as sequências NLS foram identificadas em várias

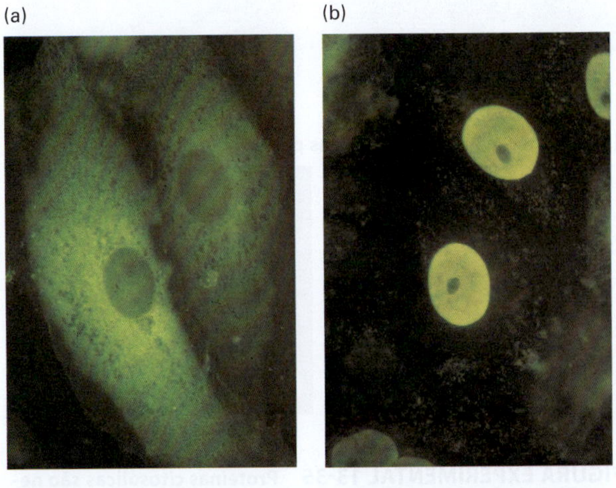

FIGURA EXPERIMENTAL 13-34 O sinal de localização nuclear (NLS) direciona as proteínas para o núcleo da célula. As proteínas citoplasmáticas podem estar localizadas no núcleo quando são fusionadas a um sinal de localização nuclear. (a) A piruvato cinase normal, visualizada por imunofluorescência após as células em cultura serem tratadas com um anticorpo específico (amarelo), está localizada no citoplasma. Esta grande proteína citosólica atua no metabolismo dos carboidratos. (b) Quando uma piruvato cinase quimérica contendo o NLS de SV40 na sua extremidade N-terminal foi expressada nas células, ela foi observada no núcleo. A proteína quimérica foi expressada a partir de um gene transfectado modificado geneticamente, produzido pela fusão de um fragmento do gene viral que codifica o NLS de SV40, ao gene da piruvato cinase. (De D.Kalderon et al., 1984, *Cell* **39**:499, cortesia de Dr. Alan Smith.)

outras proteínas importadas para o núcleo. Várias dessas sequências são similares ao NSL básico no antígeno T maior de SV40, enquanto outros NLSs são bastante diferentes quimicamente. Por exemplo, um NLS em uma proteína hnRNP A1 de ligação a RNA é hidrofóbico. Portanto, deve haver múltiplos mecanismos para o reconhecimento dessas sequências bastante diversas.

Estudos iniciais sobre o mecanismo de importação nuclear mostraram que as proteínas contendo um NLS básico, similar àquele do antígeno T maior de SV40, serão transportadas de modo eficiente para o interior de núcleos isolados se encontrarem em um extrato citosólico (Figura 13-35). Utilizando esse sistema de ensaio, pesquisadores purificaram dois componentes citosólicos necessários: Ran e um receptor de transporte nuclear. Ran é uma pequena proteína G monomérica que existe na conformação ligada a GTP ou a GDP (ver Figura 3-32). O **receptor de transporte nuclear** se liga tanto a NLS quanto à proteína carga a ser transportada para o núcleo e a repetições FG nas nucleoporinas. Por um processo físico ainda não bem compreendido, por meio da ligação transiente a repetições FG, os receptores de transporte nuclear têm a capacidade de atravessar rapidamente a matriz do canal central do poro nuclear contendo repetições FG, enquanto proteínas de tamanho similares sem essa propriedade são excluídas do canal central. Os receptores de transporte nuclear podem ser monoméricos, com um único polipeptídeo que pode se ligar a NLS e às repetições FG, ou pode ser dimérico, com uma subunidade se ligando ao NLS e a outra se ligando às repetições FG.

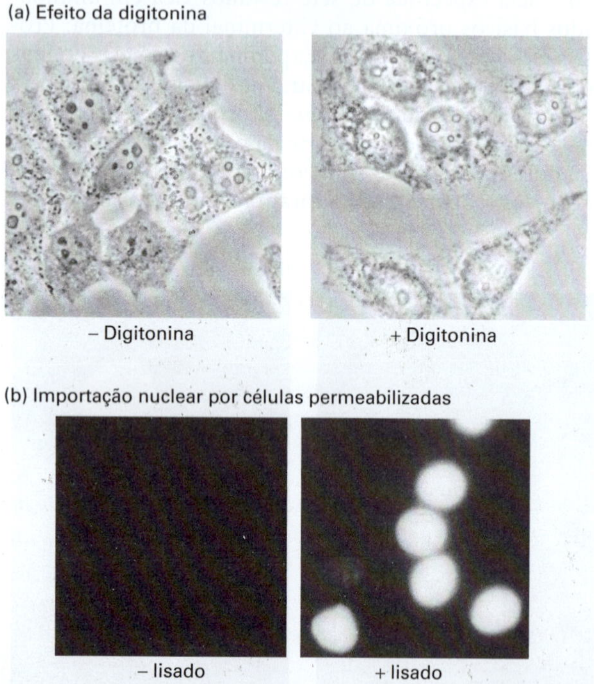

FIGURA EXPERIMENTAL 13-35 Proteínas citosólicas são necessárias para o transporte nuclear. A falha no transporte nuclear em células cultivadas permeabilizadas na ausência de lisado demonstra o envolvimento dos componentes citosólicos solúveis neste processo. (a) Micrografia de contraste de fase de células HeLa não tratadas e permeabilizadas com digitonina. Tratamento de uma monocamada de células em cultura com o detergente suave não iônico digitonina, permeabiliza a membrana plasmática de modo que os constituintes citosólicos vazem, mas mantém o envelope nuclear e os NPCs intactos. (b) Micrografias de fluorescência das células HeLa permeabilizadas com digitonina incubadas com proteína fluorescente quimicamente acoplada a um peptídeo NLS do antígeno T de SV40 na presença ou ausência do citosol (lisado). O acúmulo deste substrato de transporte no núcleo ocorreu apenas quando o citosol foi incluído na incubação (*direita*). (De S. Adam et al., 1990, *J.Cell Biol.* **111**:807, cortesia de Dr. Larry Gerace.)

O mecanismo para importação de proteína carga citoplasmática mediada por um receptor de importação nuclear está mostrado na Figura 13-36. O receptor de transporte nuclear livre no citoplasma se liga ao seu NLS cognato em uma proteína carga, formando um complexo importina-carga. O complexo carga então transloca pelo canal NPC enquanto o receptor de transporte nuclear interage com as repetições FG. O complexo carga rapidamente alcança o nucleoplasma e lá, o receptor de transporte nuclear interage com Ran·GTP, causando alteração conformacional no receptor de transporte nuclear que desloca o NLS, liberando a proteína carga no nucleoplasma. O complexo receptor nuclear-Ran·GTP então difunde de volta pelo NPC. Uma vez que o complexo receptor de transporte nuclear-Ran·GTP alcança o lado citoplasmático do NPC, Ran interage com uma **proteína ativadora de GTP (Ran-GAP)** específica, componente dos filamentos citoplasmáticos do NPC. Isso estimula Ran a hidrolisar seu GTP ligado em GDP, levando-o a se converter em uma conformação de baixa afinidade pelo receptor de transporte nuclear, de modo que o receptor de transporte nuclear livre seja liberado no citoplasma, onde pode participar de outro ciclo de importação. Ran·GDP se desloca de volta pelo poro ao nucleoplasma, onde encontra um *fator de troca de nucleotídeo guanina* (*Ran-GEF*) que faz Ran liberar seu GDP ligado em favor de GTP. O próximo resultado nessa série de reações é o acoplamento da hidrólise de GTP para a transferência de uma proteína que apresenta NLS a partir do citoplasma para o interior do núcleo, fornecendo assim uma força motora para o transporte nuclear.

Embora o complexo receptor de transporte nuclear-carga se desloque pelo poro nuclear por difusão aleatória, o processo geral de transporte de carga para o núcleo é unidirecional. Devido à rápida dissociação do complexo de importação quando ele alcança o nucleoplasma, existe um gradiente de concentração do complexo receptor de transporte nuclear-carga através do NPC: alto no citoplasma, onde o complexo se forma, e baixo no nucleoplasma, onde se dissocia. Esse gradiente de concentração é responsável pela natureza unidirecional da importação nuclear. Um gradiente de concentração similar é responsável pelo direcionamento do receptor de transporte nuclear no núcleo de volta ao citoplasma. A concentração do complexo receptor de transporte nuclear-Ran·GTP é mais alta no nucleoplasma, onde ele é formado, do que do lado citoplasmático de NPC, onde ele se dissocia. Por fim, a direção dos processos de transporte depende da distribuição assimétrica de Ran-GEF e de Ran-GAP; Ran-GEF no nucleoplasma mantém Ran no estado Ran·GTP, onde promove a dissociação do

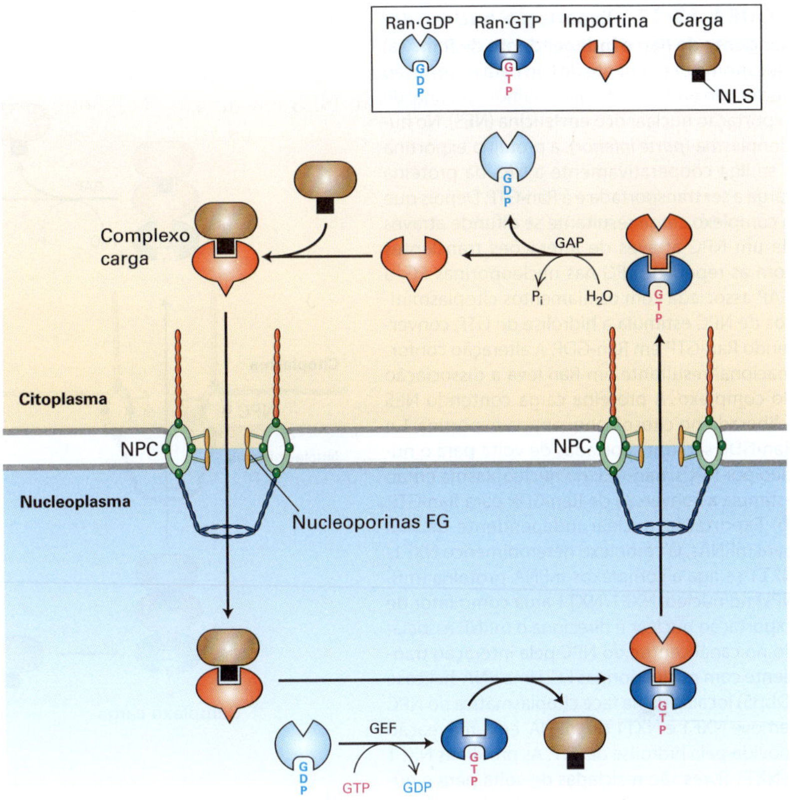

FIGURA 13-36 Importação nuclear. Mecanismo para importação nuclear de proteínas "carga". No citoplasma (*topo*), um receptor de transporte nuclear livre (importina) se liga ao NLS de uma proteína carga, formando um complexo carga bimolecular. O complexo carga se difunde através do NPC, interagindo de forma transiente com as nucleoporinas FG. No nucleoplasma, Ran•GTP se liga à importina, causando alteração na conformação que diminui sua afinidade pelo NLS e a liberação da carga. Para sustentar outro ciclo de importação, a GTPase (GAP) associada com os filamentos citoplasmáticos de NPC estimula Ran a hidrolisar o GTP ligado. Isso gera uma alteração conformacional que causa a dissociação do receptor de transporte nuclear, que pode então iniciar outro ciclo de importação. Ran•GDP é retornado para o nucleoplasma, onde o fator de troca do nucleotídeo guanina (GEF) causa a liberação de GDP e a ligação de GTP.

complexo carga. Ran-GAP no lado citosólico do NPC converte Ran·GTP a Ran·GDP, dissociando o complexo receptor de transporte nuclear-Ran·GTP e liberando o receptor de transporte nuclear livre no citosol.

Um segundo tipo de receptores de transporte nuclear transporta proteínas contendo sinais de exportação nuclear para fora do núcleo

Um mecanismo similar é utilizado para exportar proteínas, tRNAs e subunidades ribossomais do núcleo ao citoplasma. Esse mecanismo inicialmente foi elucidado a partir de estudos de complexos de proteínas ribonucleares que fazem o transporte entre o núcleo e o citoplasma. Tais proteínas transportadoras contêm um *sinal de exportação nuclear* (NES, do inglês *nuclear-export signal*) que estimula sua exportação a partir do núcleo para o citoplasma através dos poros nucleares, além de um NLS que resulta na sua captação no núcleo. Experimentos com genes híbridos modificados que codificam uma proteína restrita ao núcleo fusionada a vários segmentos de uma proteína de transporte para dentro e fora do núcleo identificaram no mínimo três classes diferentes de NESs: uma sequência rica em leucina encontrada em PKI (um inibidor da proteína-cinase A) e a proteína Rev do vírus da imunodeficiência humana (HIV), assim como duas sequências identificadas em duas partículas de ribonucleoproteínas heterogêneas (hnRNPs) diferentes. As características estruturais funcionalmente significativas que especificam a exportação nuclear permanecem pouco compreendidas.

O mecanismo pelo qual as proteínas transportadoras são exportadas do núcleo é melhor compreendido para aquelas contendo uma NES rica em leucina. De acordo com o modelo atual, mostrado na Figura 13-37a, um receptor de transporte nuclear específico no núcleo, chamado exportina 1, primeiro forma um complexo com Ran·GTP e então liga NES a uma proteína carga. A ligação da exportina 1 a Ran·GTP causa alteração conformacional na exportina 1, aumentando sua afinidade por NES de modo a formar o **complexo carga trimolecular**. Como outros receptores de transporte nuclear, a exportina 1 interage de forma transiente com as repetições FG nas nucleoporinas-FG e difunde-se através do NPC. O complexo carga se dissocia quando encontra Ran-GAP nos filamentos citoplasmáticos NPC, que estimulam Ran a hidrolisar o GTP ligado, mudando-o para uma conformação com baixa afinidade pela exportina 1. A exportina 1 liberada altera sua conformação para uma estrutura com baixa afinidade por NES, liberando a carga no citosol. A direção do processo de exportação é controlada por essa dissociação da carga a partir da exportina 1 no citoplasma, o que gera um gradiente de concentração do complexo carga através de NPC, que é alto no nucleoplasma e baixo no citoplasma. A exportina 1 e Ran·GDP são então transportados de volta para o núcleo através do NPC.

Comparando-se esse modelo para exportação nuclear com aquele na Figura 13-36 para importação nuclear, pode-se observar uma diferença óbvia: Ran·GTP faz parte do complexo carga durante a exportação, mas não durante a importação. Afora essa diferença, os dois processos

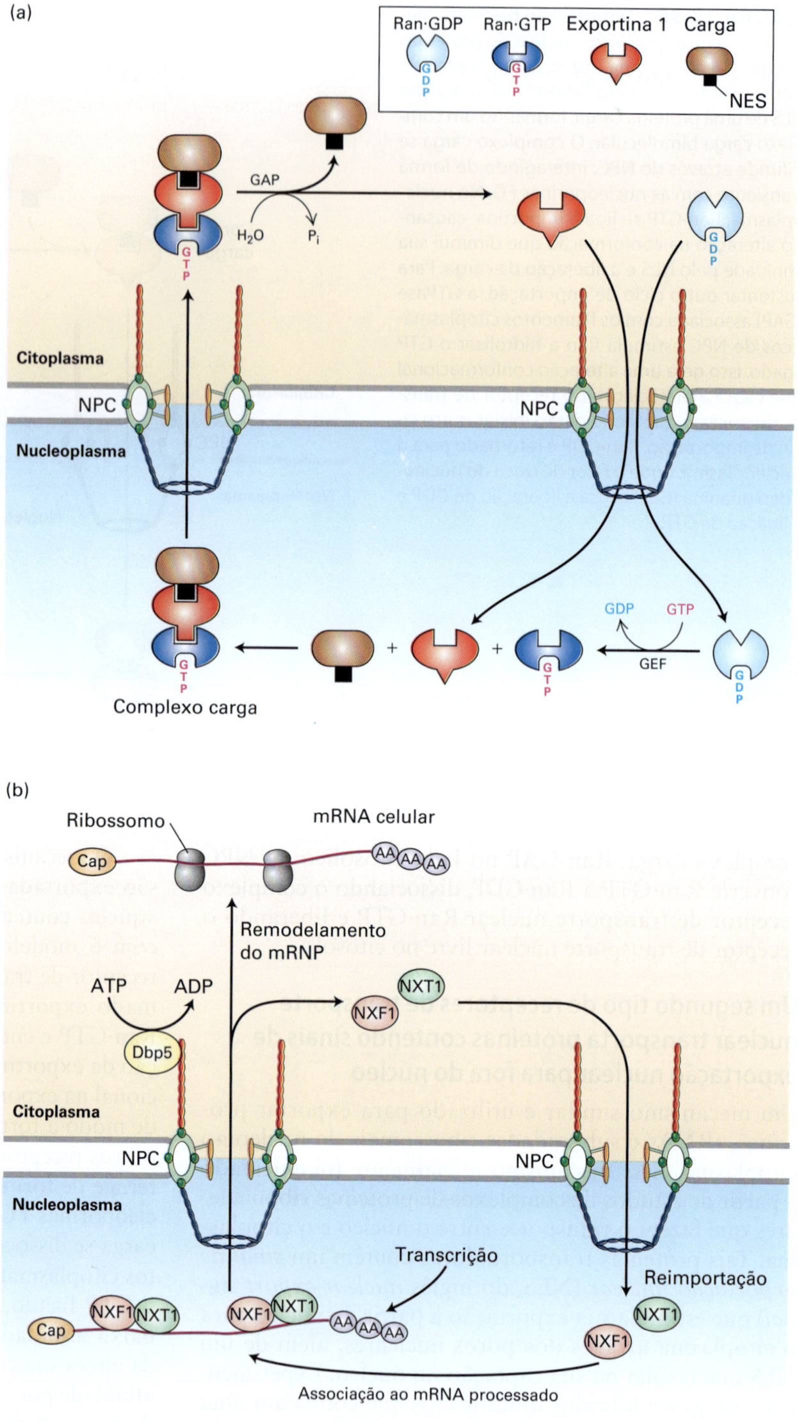

FIGURA 13-37 Exportação nuclear dependente de Ran e independente de Ran. (a) Mecanismo dependente de Ran para exportação nuclear de proteínas carga contendo um sinal de exportação nuclear rico em leucina (NES). No nucleoplasma (*parte inferior*), a proteína exportina 1 se liga cooperativamente a NES da proteína carga a ser transportada e a Ran•GTP. Depois que o complexo carga resultante se difunde através de um NPC através de interações transientes com as repetições FG nas nucleoporinas FG, a GAP associada com os filamentos citoplasmáticos de NPC estimula a hidrólise de GTP, convertendo Ran•GTP em Ran•GDP. A alteração conformacional resultante em Ran leva a dissociação do complexo. A proteína carga contendo NES é liberada no citosol, enquanto a exportina 1 e Ran•GDP são transportadas de volta para o núcleo por NPCs. Ran-GEF no nucleoplasma então estimula a conversão de Ran•GDP para Ran•GTP. (b) Exportação nuclear independente de Ran para mRNAs. O complexo heterodimérico NXF1/NXT1 se liga a complexos mRNA-proteína (mRNPs) no núcleo. NXF1/NXT1 atua como fator de exportação nuclear e direciona o mRNP associado no canal central do NPC pela interação transiente com nucleoporinas FG. Uma RNA-helicase (Dbp5) localizada na face citoplasmática do NPC remove NXF1 e NXT1 do mRNA, em uma reação movida pela hidrólise de ATP. As proteínas NXF1 e NXT1 livres são recicladas de volta para o núcleo pelo processo de importação dependente de Ran mostrado na Figura 13-36.

de transporte são bastante similares. Em ambos os processos, a associação do receptor de transporte nuclear com Ran·GTP no nucleoplasma leva a uma alteração conformacional que afeta sua afinidade pelo sinal de transporte. Durante a importação, a interação leva à liberação da carga, enquanto durante a exportação a interação promove a associação com a carga. Tanto na exportação quanto na importação o estímulo da hidrólise de Ran·GTP no citoplasma por Ran-GAP produz alteração conformacional em Ran, liberando o receptor do sinal de transporte. Durante a exportação nuclear, a carga também é liberada. A localização de Ran-GAP e –GEF no citoplasma e no núcleo, respectivamente, é a base para o transporte unidirecional de proteínas carga através do NPC.

Mantendo sua similaridade funcional, os dois tipos de receptores de transporte nuclear são bastante homólogos em sequência e estrutura. A família dos receptores de transporte nuclear possui 14 membros em células de leveduras e mais de 20 nas células de mamíferos. Os NESs ou NLSs aos quais eles se ligam foram determinados para apenas uma fração deles. Alguns receptores de transporte nuclear individuais funcionam tanto na importação quanto na exportação.

Foi demonstrado que um mecanismo de transporte similar exporta outras cargas a partir do núcleo. Por exemplo, a exportina-t atua na exportação de tRNAs. A exportina-t liga tRNAs totalmente processados em um complexo com Ran·GTP que difunde através dos NPCs e se dissocia quando interage com Ran-GAP nos filamentos citoplasmáticos NPC, liberando o tRNA no citosol. O processo dependente de Ran também é necessário para a exportação nuclear das subunidades ribossomais através dos NPCs uma vez que os componentes proteicos e de RNA tenham sido organizados apropriadamente no nucléolo. Da mesma forma, certos mRNAs específicos que se associam a determinadas proteínas hnRNP podem ser exportados por um mecanismo dependente de Ran.

A maioria dos mRNAs são exportados a partir do núcleo por um mecanismo independente de RAN

Tão logo o processamento de um mRNA estiver completo no núcleo, o mRNA permanece associado às proteínas hnRNP específicas em um *complexo proteico ribonuclear mensageiro*, ou mRNP (do inglês, *messenger ribonuclear protein complex*). O principal transportador de mRNPs para fora do núcleo é o **exportador mRNP**, proteína heterodimérica composta por uma subunidade grande chamada *fator 1 de exportação nuclear* (*NXF1*) e de uma subunidade pequena chamada *transportador de exportação nuclear 1* (*NXT1*). Múltiplos dímeros NXF1/NXT1 se ligam a mRNPs nucleares por meio de interações cooperativas com o RNA e outras proteínas adaptadoras de mRNP que se associam com os pré-mRNAs nascentes durante a elongação da transcrição e processamento do pré-mRNA. Em vários aspectos, NXF1/NXT1 atuam como receptores de transporte nuclear que se ligam a um NLS ou NES de modo que ambas as subunidades interajam com os domínios FG das nucleoporinas FG, permitindo que difundam pelo canal central do NPC.

O processo de exportação de mRNP não requer Ran e por isso o transporte unidirecional de mRNA para fora do núcleo requer uma fonte de energia diferente da hidrólise de GTP por Ran. Uma vez que o complexo mRNP-NXF1/NXT1 chega ao lado citoplasmático do NPC, NXF1 e NXT1 se dissociam do mRNP com o auxílio da RNA-helicase, Dbp5, que se associa com os filamentos NPC citoplasmáticos. Relembre que a RNA-helicase utiliza energia derivada da hidrólise de ATP para se mover ao longo das moléculas de RNA, separando as cadeias de RNA fita dupla e dissociando os complexos RNA-proteína (Capítulo 4). Isso leva à simples ideia de que Dpb5, que se associa com o lado citoplasmático do complexo do poro nuclear, atue como um motor ativado por ATP para remover NXF1/NXT1 dos complexos mRNP quando eles emergem no lado citoplasmático do NPC. A associação de NXF1/NXT1 aos mRNPs no lado nucleoplásmico do NPC e a subsequente dissociação, dependente de ATP, de NXF1/NXT1 a partir de mRNPs no lado citoplasmático de NPC cria um gradiente de concentração de mRNP-NXF1/NXT1 que dirige a exportação unidirecional. Após ser removida do mRNP, as proteínas NXF1 e NXT1 livres que foram removidas do mRNA pela helicase Dpb5 são importadas de volta, para dentro do núcleo, por um processo dependente de Ran e de um receptor de transporte nuclear (Figura 13-37b).

Na exportação nuclear dependente de Ran (discutida na subseção anterior), a hidrólise de GTP por Ran no lado citoplasmático do NPC causa a dissociação do receptor de transporte nuclear da sua carga. Em um esquema básico, a exportação nuclear *independente* de Ran discutida aqui opera por um mecanismo similar, exceto que Dpb5 no lado citosólico do NPC utiliza a hidrólise de ATP para dissociar o exportador de mRNP do mRNA.

CONCEITOS-CHAVE da Seção 13.6

Transporte para dentro e para fora do núcleo

- O envelope nuclear contém vários complexos de poros nucleares (NPCs), grandes e complexas estruturas compostas por múltiplas cópias de 30 proteínas chamadas *nucleoporinas* (ver Figura 13-33). As nucleoporinas FG, que contêm múltiplas repetições de sequências hidrofóbicas curtas (repetições FG), recobrem o canal transportador central e exercem um papel no transporte de todas as macromoléculas por meio dos poros nucleares.
- O transporte de macromoléculas maiores do que 20 a 40 kDa pelos poros nucleares requer a assistência dos receptores de transporte nuclear que interagem tanto com a molécula a ser transportada quanto com as repetições FG das nucleoporinas FG.
- As proteínas importadas ou exportadas a partir do núcleo contêm uma sequência específica de aminoácidos que funciona como sinal de localização nuclear (NLS) ou sinal de exportação nuclear (NES). Proteínas restritas ao núcleo contêm NLS, mas não NES, enquanto as proteínas que fazem o transporte entre o núcleo e o citoplasma contêm ambos os sinais.
- Alguns diferentes tipos de NES e NLS foram identificados. Acredita-se que cada tipo de sinal de transporte nuclear interaja com uma proteína de transporte nuclear específica pertencente a uma família de proteínas homólogas.
- A proteína carga que tem NES ou NLS é transportada através dos poros nucleares ligada à sua proteína de transporte nuclear cognata. As interações transientes entre os receptores de transporte nuclear e as repetições FG permitem uma difusão muito rápida do complexo proteína de transporte nuclear-carga pelo canal central do NPC, o que está preenchido por uma matriz hidrofóbica de repetições FG.
- A natureza unidirecional da exportação e importação de proteínas através do poro nuclear é resultado da participação de Ran, proteína G monomérica que existe em diferentes conformações quando ligada a GTP ou GDP. A localização do fator de troca de nucleotídeo guanina (GEF) Ran no núcleo e da proteína de ativação da GTPase (GAP) Ran no citoplasma cria

um gradiente com mais Ran·GTP no nucleoplasma e Ran·GDP no citoplasma. A interação dos complexos carga de importação com Ran·GTP no nucleoplasma causa a dissociação do complexo, liberando a carga dentro do nucleoplasma (ver Figura 13-36), enquanto a formação dos complexos carga de exportação é estimulada pela interação com Ran·GTP no nucleoplasma (ver Figura 13-37).

- A maioria das mRNPs é exportada a partir do núcleo pela ligação ao mRNP heterodimérico exportador no nucleoplasma que interage com as repetições FG. A direção do transporte (núcleo para o citoplasma) resulta da ação de uma RNA-helicase associada aos filamentos citoplasmáticos do complexo do poro nuclear que remove o mRNP heterodimérico exportador tão logo o complexo transportador tenha alcançado o citoplasma.

Perspectivas

Como visto neste capítulo, agora são compreendidas vários aspectos dos processos básicos responsáveis pelo transporte seletivo das proteínas para o retículo endoplasmático (RE), mitocôndrias, cloroplastos, peroxissomos e núcleo. Os estudos bioquímicos e genéticos, por exemplo, identificaram sequências-sinal responsáveis por direcionar as proteínas à membrana da organela correta e ao receptor de membrana que reconhece essas sequências-sinal. Também foram analisados os mecanismos fundamentais que promovem o transporte das proteínas pelas membranas das organelas e se a energia é utilizada para empurrar ou puxar as proteínas através da membrana em uma direção, o tipo de canal pelo qual as proteínas passam, e se as proteínas são translocadas em estado enovelado ou não enovelado. Todavia, várias questões fundamentais permanecem sem resposta; provavelmente a mais surpreendente é como as proteínas enoveladas se movem através da membrana.

A maquinaria de importação do peroxissomo fornece um exemplo de translocação de proteínas enoveladas. Ela não só é capaz de transportar as proteínas completamente enoveladas em cofatores ligados para dentro da matriz do peroxissomo, como pode até mesmo direcionar a importação de grandes partículas de ouro ligadas a um peptídeo de direcionamento para o peroxissomo (PTS1). Alguns pesquisadores têm especulado que o mecanismo de importação do peroxissomo pode estar relacionado com aquele da importação para o núcleo, o exemplo melhor compreendido de translocação pós-traducional de proteínas enoveladas. Tanto a maquinaria de importação do peroxissomo quanto a do núcleo podem transportar moléculas enoveladas de tamanhos variados e ambas parecem envolver um componente que circula entre o citosol e o interior da organela – o receptor Pex5 PTS1, no caso da importação peroxissomal, e o complexo Ran-importina, no caso da importação nuclear. Entretanto, também parece haver diferenças cruciais entre os dois processos de translocação. Por exemplo, os poros do núcleo representam grandes agregados macromoleculares estáveis prontamente observados por microscopia eletrônica, enquanto estruturas análogas semelhantes aos poros não foram observadas na membrana do peroxissomo. Além disso, pequenas moléculas podem passar rapidamente pelos poros nucleares, enquanto as membranas do peroxissomo mantêm uma barreira permanente para a difusão de pequenas moléculas hidrofílicas. Juntas, essas observações sugerem que a importação pelo peroxissomo pode requerer um tipo completamente novo de mecanismo de translocação.

Os mecanismos conservados evolutivamente para a translocação das proteínas enoveladas através da membrana citoplasmática das células bacterianas e pelas membranas dos tilacoides dos cloroplastos também são pouco compreendidos. Uma melhor compreensão de todos esses processos de translocação das proteínas enoveladas pela membrana irá depender do desenvolvimento futuro de sistemas de translocação *in vitro* que permitam aos pesquisadores definir os mecanismos bioquímicos que conduzem a translocação e para identificar as estruturas dos intermediários de translocação obtidos.

Em comparação ao nosso entendimento de como as proteínas solúveis são translocadas para o lúmen do RE e da matriz mitocondrial, nossa compreensão de como as sequências de direcionamento especificam a topologia das proteínas de membrana multipasso é absolutamente elementar. Por exemplo, não se sabe como o canal translocon acomoda polipeptídeos com diferentes orientações em relação à membrana, nem é compreendido como as sequências polipeptídicas locais interagem com o canal translocon para determinar a orientação dos segmentos transmembrana e para sinalizar o deslocamento lateral no interior da bicamada da membrana. Um melhor entendimento de como as sequências de aminoácidos das proteínas de membrana especificam a topologia da membrana será crucial para decodificar a vasta quantidade de informação estrutural sobre as proteínas de membrana contidas nos bancos de dados de sequências genômicas.

Uma compreensão mais detalhada de todos os processos de translocação deverá continuar a surgir dos estudos genéticos e bioquímicos tanto das leveduras quanto dos mamíferos. Esses estudos irão, sem dúvida, revelar outras proteínas importantes envolvidas no reconhecimento das sequências de direcionamento e na translocação das proteínas através da bicamada lipídica. Finalmente, os estudos estruturais sobre os canais translocon serão aprofundados no futuro, com resolução em escala atômica, para revelar os estados conformacionais associados com cada etapa do ciclo de translocação.

Termos-chave

chaperonas moleculares 587
complexo carga trimolecular 621
complexo do poro nuclear (NPC) 618
deslocamento 602
dolicol fosfato 597
microssomos 582
nucleoporinas 618
oligossacarídeos *N*-ligados 596
oligossacarídeos *O*-ligados 596
partícula de reconhecimento de sinal (SRP) 584
perfil de hidropatia 595

Revisão dos conceitos

1. Os seguintes resultados foram obtidos em estudos iniciais sobre a tradução das proteínas de secreção. Com base sobre o que hoje sabemos sobre esse processo, explique a razão pela qual cada resultado foi observado. (a) Um sistema de tradução *in vitro* consistindo apenas em mRNA e ribossomos resultou em proteínas desecreção que eram maiores do que as proteínas idênticas quando traduzidas em uma célula. (b) Um sistema similar que também incluía microssomos produziu proteínas de secreção idênticas em tamanho àquelas encontradas em uma célula. (c) Quando os microssomos eram adicionados após a tradução *in vitro*, as proteínas sintetizadas eram novamente maiores do que aquelas sintetizadas nas células.
2. Descreva a fonte ou fontes de energia necessárias para a translocação unidirecional pela membrana no (a) translocação cotraducional para o retículo endoplasmático (RE); (b) translocação pós-traducional para o RE; (c) translocação para a matriz da mitocôndria.
3. A translocação para a maioria das organelas normalmente requer a atividade de uma ou mais proteínas citosólicas. Descreva a função básica de três fatores citosólicos diferentes necessários para a translocação para o RE, mitocôndria e peroxissomos, respectivamente.
4. Descreva os princípios típicos utilizados para identificar sequências topogênicas em proteínas e como podem ser utilizados para desenvolver algoritmos computacionais. Como a identificação das sequências topogênicas leva à previsão do arranjo na membrana das proteínas multipasso? Qual é a importância da disposição das cargas positivas com relação à orientação da membrana de uma sequência-âncora-sinal?
5. O acúmulo de proteínas mal enoveladas no RE pode resultar na ativação das vias de resposta de proteínas não enoveladas (UPR) e de degradação associada ao RE (ERAD). UPR diminui a quantidade de proteínas não enoveladas pela alteração da expressão gênica de quais tipos de genes? Qual é uma maneira pela qual ERAD pode identificar proteínas mal enoveladas? Porque o transporte dessas proteínas mal enoveladas para o citoplasma é necessário?
6. Foram isolados mutantes de leveduras sensíveis à temperatura que bloqueiam cada uma das etapas enzimáticas na síntese do precursor de dolicol-oligossacarídeo para a glicosilação ligada ao *N*. Proponha uma explicação do porquê as mutações que bloqueiam a síntese do intermediário com a estrutura dolicol-PP-$(GlcNAc)_2Man_5$ impedem completamente a adição de cadeias de oligossacarídeos *N*-ligados nas proteínas secretadas, enquanto as mutações que bloqueiam a conversão desse intermediário no precursor completo – dolicol-PP-$(GlcNAc)_2Man_9Glc_3$ – permitem a adição de cadeias de oligossacarídeos *N*-ligados às glicoproteínas de secreção.
7. Cite quatro proteínas diferentes que facilitam a modificação e/ou o enovelamento das proteínas de secreção no lúmen do RE. Indique quais dessas proteínas modificam covalentemente as proteínas-substrato e quais causam apenas mudanças conformacionais nas proteínas-substrato.
8. Descreva o que aconteceria ao precursor de uma proteína de matriz da mitocôndria nos seguintes tipos de mutantes mitocondriais: (a) mutação no receptor de sinal Tom22; (b) mutação no receptor de sinal Tom70; (c) mutação na Hsc70 da matriz; e (d) mutação na peptidase-sinal da matriz.
9. Descreva similaridades e diferenças entre o mecanismo de importação para a matriz mitocondrial e para o estroma dos cloroplastos.
10. Planeje um conjunto de experimentos utilizando proteínas quiméricas compostas por uma proteína precursora mitocondrial fusionada à di-hidrofolato redutase (DHFR), que poderia ser utilizado para determinar o quanto da proteína precursora deve se projetar para dentro da matriz mitocondrial para que a sequência de direcionamento para a matriz seja clivada pela protease de processamento da matriz.
11. Os peroxissomos contêm enzimas que utilizam oxigênio molecular para oxidar vários substratos, mas no processo é formado peróxido de hidrogênio, composto que pode danificar o DNA e as proteínas. Qual é o nome da enzima responsável pela degradação do peróxido de hidrogênio em água? Qual é o mecanismo de importação dessa proteína para os peroxissomo e quais proteínas estão envolvidas?
12. Suponha que você tenha identificado uma nova linhagem celular mutante sem peroxissomos funcionais. Descreva como determinar experimentalmente se o mutante é originalmente defectivo para a inserção/organização de proteínas da membrana dos peroxissomos ou para as proteínas da matriz.
13. A importação nuclear de proteínas maiores do que 40 kDa requer a presença de qual sequência de aminoácidos? Descreva o mecanismo de importação nuclear. Como os receptores de transporte nuclear

são capazes de passar através do complexo do poro nuclear?

14. Por que a localização de Ran-GAP no núcleo e Ran-GEF no citoplasma é necessária ao transporte unidirecional de proteínas carga contendo NES?

Análise dos dados

1. Imagine que você esteja avaliando as primeiras etapas na translocação e no processamento da proteína de secreção prolactina. Utilizando uma estratégia experimental similar àquela mostrada na Figura 13-7, você pode utilizar mRNAs truncados de prolactina para controlar o comprimento dos polipeptídeos de prolactina nascentes que são sintetizados. Quando o mRNA de prolactina sem códon de terminação é traduzido *in vitro*, o polipeptídeo recém-sintetizado, terminando com o último códon incluído no mRNA, permanecerá ligado ao ribossomo, permitindo, assim, que um polipeptídeo de comprimento definido se estenda a partir do ribossomo. Você gerou um grupo de mRNAs que codifica os segmentos da extremidade N-terminal da prolactina de comprimentos cada vez maiores, e cada mRNA pode ser traduzido *in vitro* por um extrato de tradução citosólico contendo ribossomos, tRNAs, aminoacil tRNA sintetases, GTP e fatores de iniciação e elongação da tradução. Quando os aminoácidos marcados radiativamente são incluídos na mistura de tradução, apenas os polipeptídeos codificados pelo mRNA adicionado serão marcados. Depois de completada a tradução, cada mistura de reação foi resolvida por eletroforese em gel de SDS-poliacrilamida e os polipeptídeos marcados foram identificados por autorradiografia.

   a. O autorradiograma representado a seguir mostra os resultados de um experimento no qual cada reação de tradução foi realizada na presença (+) ou na ausência (-) de membranas microssomais. Com base na mobilidade dos peptídeos no gel, sintetizados na presença ou na ausência de microssomos, deduza qual deve ser o comprimento da cadeia nascente da prolactina para que o peptídeo-sinal da prolactina entre no lúmen do RE e seja clivado pela peptidase-sinal. (Observe que microssomos carregam quantidades significativas de SRP ligadas fracamente às membranas.)

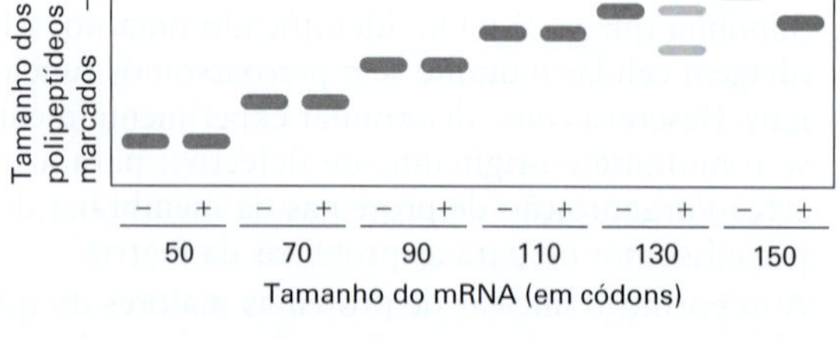

   b. Determinado esse comprimento, o que você pode concluir sobre o(s) estado(s) conformacional(is) do polipeptídeo nascente da prolactina quando ele é clivado pela peptidase-sinal? Os seguintes dados serão úteis para o seu cálculo: a sequência-sinal da prolactina é clivada depois do aminoácido 31; o canal dentro do ribossomo ocupado por um polipeptídeo nascente tem cerca de 150 Å de comprimento; uma bicamada da membrana tem cerca de 50 Å de espessura; nos polipeptídeos com conformação de hélice α um resíduo se estende 1,5 Å, enquanto em polipeptídeos totalmente estendidos, um resíduo se estende cerca de 3,5 Å.

   c. O experimento descrito na parte (a) é realizado de maneira idêntica, exceto que as membranas microssomais estão ausentes durante a tradução, mas são adicionadas depois que a tradução está completa. Nesse caso, nenhuma das amostras mostrou diferença de mobilidade, na presença ou ausência dos microssomos. O que você pode concluir sobre a possibilidade de translocar a prolactina para dentro dos microssomos isolados após a tradução?

   d. Noutro experimento, cada reação de tradução foi realizada na presença de microssomos e então as membranas dos microssomos e dos ribossomos aderidos foram separadas dos ribossomos livres e das proteínas solúveis, por centrifugação. Para cada reação de tradução, tanto a reação total (T) quanto a fração da membrana (M) foram resolvidas em canaletas vizinhas do gel. Com base nas quantidades de polipeptídeos marcados nas frações da membrana no autorradiograma representado a seguir, deduza qual deve ser o comprimento da cadeia nascente da prolactina para que os ribossomos envolvidos na tradução se liguem à SRP e, dessa forma, fiquem aderidos às membranas microssomais.

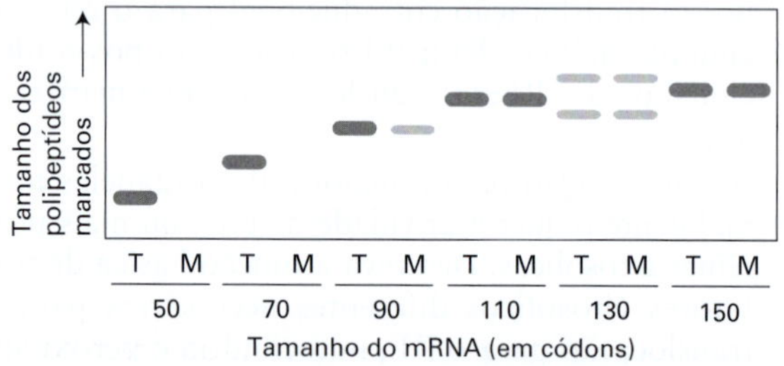

2. Recentemente, pesquisadores descobriram que tratar células de mamíferos com juniferdina, composto derivado de plantas, afeta a secreção das proteínas, e relataram que o alvo para esse fármaco é a *proteína dissulfeto isomerase* (PDI). No seguinte experimento, células β pancreáticas cultivadas foram tratadas com juniferdina e lisados proteicos foram isolados e comparados a lisados de células não tratadas usando análise por imunoblot. A sondagem com anticorpos contra PDI (57 kDa), actina (43 kDa) e pró-insulina (9,8 kDa), mostrou o seguinte:

   a. Considerando que aproximadamente a mesma quantidade de proteína foi aplicada em cada canaleta, conforme evidenciado pelo sinal da actina, como você explica o fato de os níveis de PDI

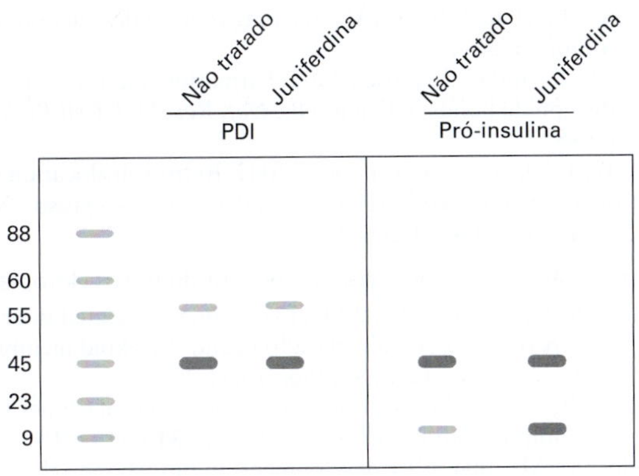

também serem similares, enquanto a maioria da pró-insulina permanece acumulada nas células tratadas com juniferdina?

b. Para confirmar seus resultados, os lisados proteicos de juniferdina e das células não tratadas foram separados por SDS-PAGE e transferidos para membranas, e então sondados com anticorpos contra Ire1 e Hac1.

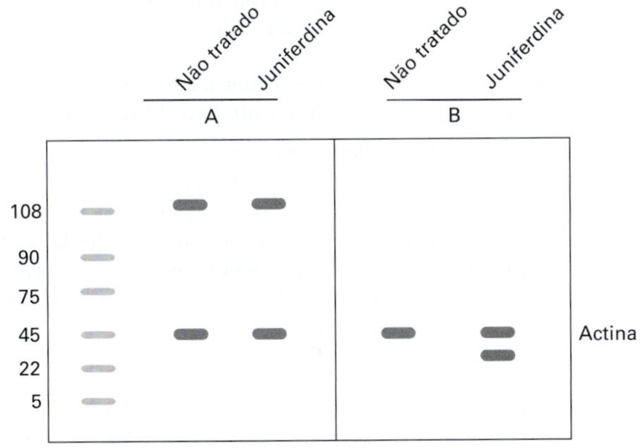

Marque cada membrana com o anticorpo utilizado para a análise. Como você explica o aumento na intensidade do sinal observado nas células tratadas com juniferdina na membrana B?

c. Uma análise por imunocitoquímica e por microscopia de fluorescência foi realizada com os anticorpos utilizados na membrana B e um anticorpo secundário marcado com rodamina (vermelho). Uma vez que a juniferdina afetam especificamente PDI, proteína residente do RE rugoso (RER), como você explica a localização do sinal no núcleo?

3. A marcação de proteínas por anticorpos, como a usada na análise de imunofluorescência, pode ser aplicada para microscopia eletrônica, mas em vez de usar marcadores fluorescentes ligados aos anticorpos, os pesquisadores utilizaram partículas de ouro que são elétron densas e aparecem como pontos uniformes em micrografia eletrônica. Além disso, variando o tamanho das partículas de ouro (p. ex., 5 nm *vs.* 10 nm), pode-se identificar a localização de mais de uma proteína na célula.

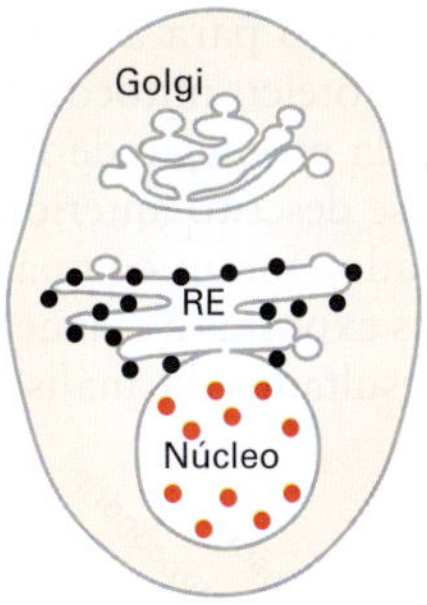

a. Utilizando essa abordagem, os pesquisadores determinaram a localização subcelular das proteínas Tim e Tom usadas na importação de proteínas para as mitocôndrias. No desenho dos resultados abaixo, marque as partículas de ouro mostrando a localização de Tim44 e Tom40. O que o fez chegar a esta conclusão?

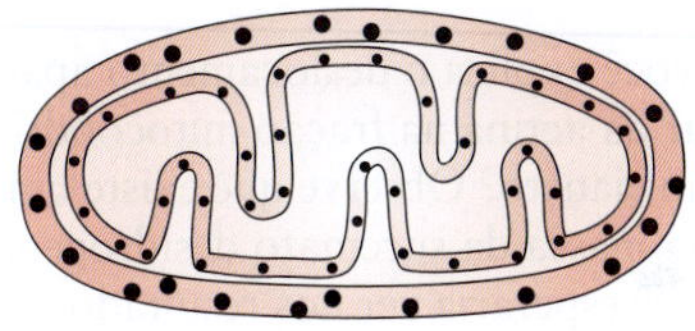
Mitocôndria

b. A modificação da extremidade N terminal da álcool desidrogenase (ADH) por engenharia genética para uma proteína citosólica altera a localização da proteína. O seguinte resultado foi observado quando células foram transfectadas com uma construção quimérica ADH-actina e proteínas foram isoladas a partir do citosol e mitocôndrias. Anticorpos contra a actina (43 kDa), a proteína citosólica GAPDH (37 kDa) e a proteína da membrana mitocondrial interna succinato desidrogenase A (72 kDa), foram utilizadas na análise.

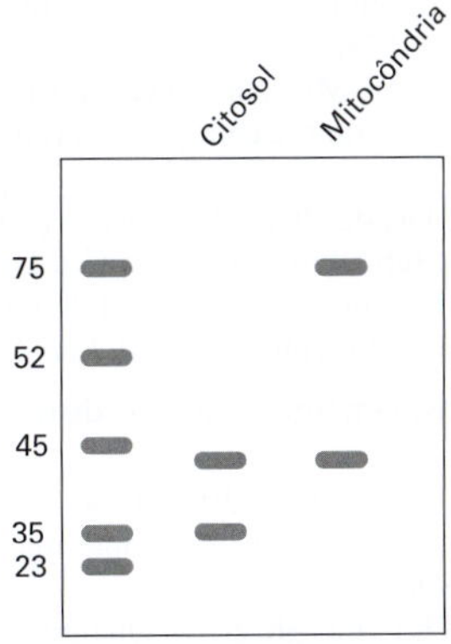

Como você explica a presença da actina em dois grupos subcelulares distintos de proteína? Como explica o mesmo tamanho de massa molecular em ambos os grupos? Se a banda fosse removida e sondada novamente com um anticorpo contra a extremidade N-terminal da álcool desidrogenase, onde você esperaria encontrar esse sinal?

c. Cianeto é tóxico para as células, pois inibe um complexo proteico mitocondrial específico responsável pela produção de ATP. Um experimento como esse descrito anteriormente foi repetido e os resultados foram comparados com aqueles para células expostas ao cianeto de hidrogênio. A seguir os resultados da análise do imunoblot.

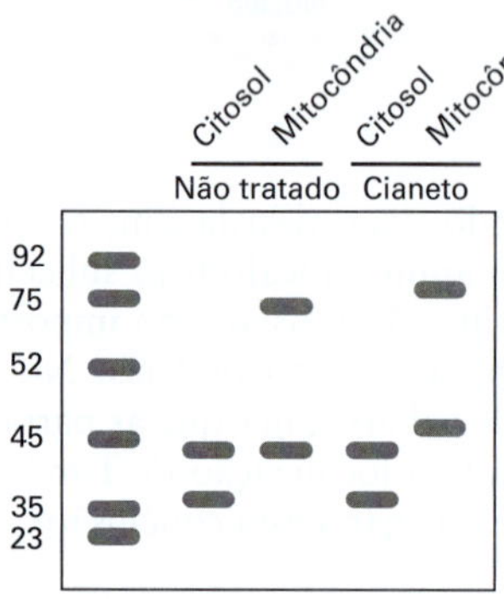

Como você explica o deslocamento aparente na massa molecular da actina na fração mitocondrial das células tratadas com cianeto? Observe que existe um deslocamento similar na massa da succinato desidrogenase A controle. O que você esperaria ver nos resultados caso as células tratadas com cianeto fossem suplementadas com ATP?

Referências

Distribuição das proteínas até a membrana do RE e através dela

Egea, P. F., R. M. Stroud, and P. Walter. 2005. Targeting proteins to membranes: structure of the signal recognition particle. *Curr. Opin. Struc. Biol.* **15**:213–220.

Osborne, A. R., T. A. Rapoport, and B. van den Berg. 2005. Protein translocation by the Sec61/SecY channel. *Ann. Rev. Cell Dev. Biol.* **21**:529–550.

Wickner, W., and R. Schekman. 2005. Protein translocation across biological membranes. *Science* **310**:1452–1456.

Inserção de proteínas de membrana no RE

Englund, P. T. 1993. The structure and biosynthesis of glycosylphosphatidylinositol protein anchors. *Ann. Rev. Biochem.* **62**:121–138.

Mothes, W., et al. 1997. Molecular mechanism of membrane protein integration into the endoplasmic reticulum. *Cell* **89**:523–533.

Shao, S., and R. S. Hegde. 2011. Membrane protein insertion at the endoplasmic reticulum. *Ann. Rev. Cell Dev. Biol.* **27**:25–56.

Wang, F., et al. 2011. The mechanism of tail-anchored protein insertion into the ER membrane. *Mol. Cell* **43**:738–750.

Modificações, enovelamento e controle de qualidade das proteínas no RE

Braakman, I., and N. J. Bulleid. 2011. Protein folding and modification in the mammalian endoplasmic reticulum. *Ann. Rev. Biochem.* **80**:71–99.

Hegde, R. S., and H. L. Ploegh. 2010. Quality and quantity control at the endoplasmic reticulum. *Curr. Opin. Cell Biol.* **22**:437–446.

Helenius, A., and M. Aebi. 2004. Roles of N-linked glycans in the endoplasmic reticulum. *Ann. Rev. Biochem.* **73**:1019–1049.

Kornfeld, R., and S. Kornfeld. 1985. Assembly of asparagine-linked oligosaccharides. *Ann. Rev. Biochem.* **45**:631–664.

Patil, C., and P. Walter. 2001. Intracellular signaling from the endoplasmic reticulum to the nucleus: the unfolded protein response in yeast and mammals. *Curr. Opin. Cell Biol.* **13**:349–355.

Meusser, B., et al. 2005. ERAD: the long road to destruction. *Nat. Cell Biol.* **7**:766–772.

Sevier, C. S., and C. A. Kaiser. 2002. Formation and transfer of disulphide bonds in living cells. *Nat. Rev. Mol. Cell Biol.* **3**:836–847.

Tsai, B., Y. Ye, and T. A. Rapoport. 2002. Retro-translocation of proteins from the endoplasmic reticulum into the cytosol. *Nat. Rev. Mol. Cell Biol.* **3**:246–255.

Distribuição das proteínas para as mitocôndrias e os cloroplastos

Dalbey, R. E., and A. Kuhn. 2000. Evolutionarily related insertion pathways of bacterial, mitochondrial, and thylakoid membrane proteins. *Ann. Rev. Cell Dev. Biol.* **16**:51–87.

Dolezal, P., et al. 2006. Evolution of the molecular machines for protein import into mitochondria. *Science* **313**:314–318.

Koehler, C. M. 2004. New developments in mitochondrial assembly. *Ann. Rev. Cell Dev. Biol.* **20**:309–335.

Li, H.-M., and C.-C. Chiu. 2010. Protein transport into chloroplasts. *Ann. Rev. Plant Biol.* **61**:157–180.

Matouschek, A., N. Pfanner, and W. Voos. 2000. Protein unfolding by mitochondria: the Hsp70 import motor. *EMBO Rep.* **1**:404–410.

Neupert, W., and M. Brunner. 2002. The protein import motor of mitochondria. *Nat. Rev. Mol. Cell Biol.* **3**:555–565.

Rapaport, D. 2005. How does the TOM complex mediate insertion of precursor proteins into the mitochondrial outer membrane? *J. Cell Biol.* **171**:419–423.

Robinson, C., and A. Bolhuis. 2001. Protein targeting by the twin-arginine translocation pathway. *Nat. Rev. Mol. Cell Biol.* **2**:350–356.

Truscott, K. N., K. Brandner, and N. Pfanner. 2003. Mechanisms of protein import into mitochondria. *Curr. Biol.* **13**:R326–R337.

Distribuição das proteínas do peroxissomo

Dammai, V., and S. Subramani. 2001. The human peroxisomal targeting signal receptor, Pex5p, is translocated into the peroxisomal matrix and recycled to the cytosol. *Cell* **105**:187–196.

Gould, S. J., and C. S. Collins. 2002. Opinion: peroxisomal-protein import: is it really that complex? *Nat. Rev. Mol. Cell Biol.* **3**:382–389.

Gould, S. J., and D. Valle. 2000. Peroxisome biogenesis disorders: genetics and cell biology. *Trends Genet.* **16**: 340–345.

Hoepfner, D., et al. 2005. Contribution of the endoplasmic reticulum to peroxisome formation. *Cell* **122**:85–95.

Ma, C., G. Agrawal, and S. Subramani. 2011. Peroxisome assembly: matrix and membrane protein biogenesis. *J. Cell Biol.* **193**:7–16.

Purdue, P. E., and P. B. Lazarow. 2001. Peroxisome biogenesis. *Ann. Rev. Cell Dev. Biol.* **17**:701–752.

Transporte para dentro e para fora do núcleo

Chook, Y. M., and G. Blobel. 2001. Karyopherins and nuclear import. *Curr. Opin. Struc. Biol.* **11**:703–715.

Cole, C. N., and J. J. Scarcelli. 2006. Transport of messenger RNA from the nucleus to the cytoplasm. *Curr. Opin. Cell Biol.* **18**:299–306.

Johnson, A. W., E. Lund, and J. Dahlberg. 2002. Nuclear export of ribosomal subunits. *Trends Biochem. Sci.* **27**:580–585.

Ribbeck, K., and D. Gorlich. 2001. Kinetic analysis of translocation through nuclear pore complexes. *EMBO J.* **20**: 1320–1330.

Rout, M. P., and J. D. Aitchison. 2001. The nuclear pore complex as a transport machine. *J. Biol. Chem.* **276**:16593–16596.

Schwartz, T. U. 2005. Modularity within the architecture of the nuclear pore complex. *Curr. Opin. Struc. Biol.* **15**:221–226.

Stewart, M. 2010. Nuclear export of mRNA. *Trends Biochem. Sci.* **35**:609–617.

Terry, L. J., and S. R. Wente. 2009. Flexible gates: dynamic topologies and functions for FG nucleoporins in nucleocytoplasmic transport. *Eukaryot. Cell* **8**:1814–1827.

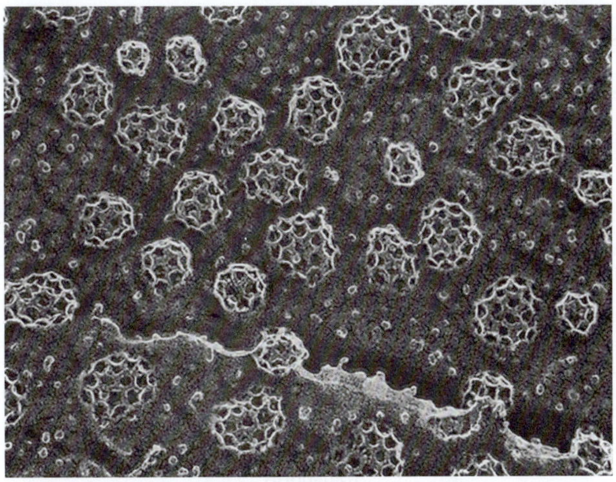

Micrografia eletrônica mostrando a formação de vesículas revestidas com clatrina na face citosólica da membrana plasmática. (John Heuser, Washington University School of Medicine, EUA.)

CAPÍTULO

14

Tráfego vesicular, secreção e endocitose

SUMÁRIO

No capítulo anterior, explorou-se como as proteínas são destinadas e transportadas pelas membranas de diferentes organelas intracelulares, incluindo o retículo endoplasmático, a mitocôndria, os cloroplastos, os peroxissomos e o núcleo. Neste capítulo, a atenção será focada nas **vias secretoras** e nos mecanismos de tráfego vesicular que permitem que as proteínas sejam secretadas das células ou entregues na membrana plasmática e no lisossomo. Serão discutidos também os processos relacionados com endocitose e autofagia, que entregam as proteínas e pequenas moléculas de fora das células ou do citoplasma para o interior dos lisossomos.

A via secretora carrega proteínas de membrana e proteínas solúveis do RE ao seu destino final na superfície celular ou nos lisossomos. As proteínas entregues à membrana plasmática incluem os receptores de superfície celular, os transportadores para captura de nutrientes e os canais iônicos que mantêm adequados os equilíbrios eletroquímico e iônico através da membrana plasmática. Uma vez na membrana plasmática, essas proteínas de membrana tornam-se imersas nela. As proteínas solúveis secretadas também seguem a via secretora para a superfície celular, mas em vez de permanecerem embebidas na membrana, são liberadas no ambiente aquoso extracelular. Exemplos de proteínas secretadas são as enzimas digestivas, os peptídeos hormonais, as proteínas séricas e o colágeno. Como descrito no Capítulo 9, o lisossomo é uma organela com interior ácido, geralmente responsável pela degradação de proteínas desnecessárias e pelo armazenamento de pequenas moléculas como os aminoácidos. Assim, os tipos de proteínas entregues na membrana lisossomal incluem subunidades da bomba de próton que bombeia H^+ do citosol para o lúmen ácido do lisossomo, bem como os transportadores que liberam as pequenas moléculas armazenadas no lisossomo para o citoplasma. As proteínas solúveis liberadas por essa via incluem as enzimas digestivas como as proteases, glicosidases, fosfatases e lipases.

Diferentemente da via secretora, a qual permite que as proteínas sejam direcionadas para a superfície celular, a **via endocítica** é usada para capturar substâncias da superfície celular e levá-las ao interior das células. A via endocítica é utilizada para ingerir determinados nutrientes que são muito grandes para serem transportados pela membrana por meio de um dos mecanismos de transporte discutidos no Capítulo 11. Por exemplo, a via endocítica é usada na captura do colesterol carregado pelas partículas de LDL e de átomos de ferro carregados pela proteína transferrina ligadora de ferro. Além disso, a via endocítica pode ser útil na remoção de proteínas receptoras da superfície celular como maneira de regular negativamente sua atividade.

Um único princípio governa todo o tráfego de proteínas nas vias secretora e endocítica: o transporte das proteínas solúveis e de membrana de um compartimento ligado à membrana para outro é mediado por **vesículas transportadoras**, que carregam *proteínas de carga* em brotos que surgem da membrana de um compartimento

ANIMAÇÃO: Secreção de proteínas

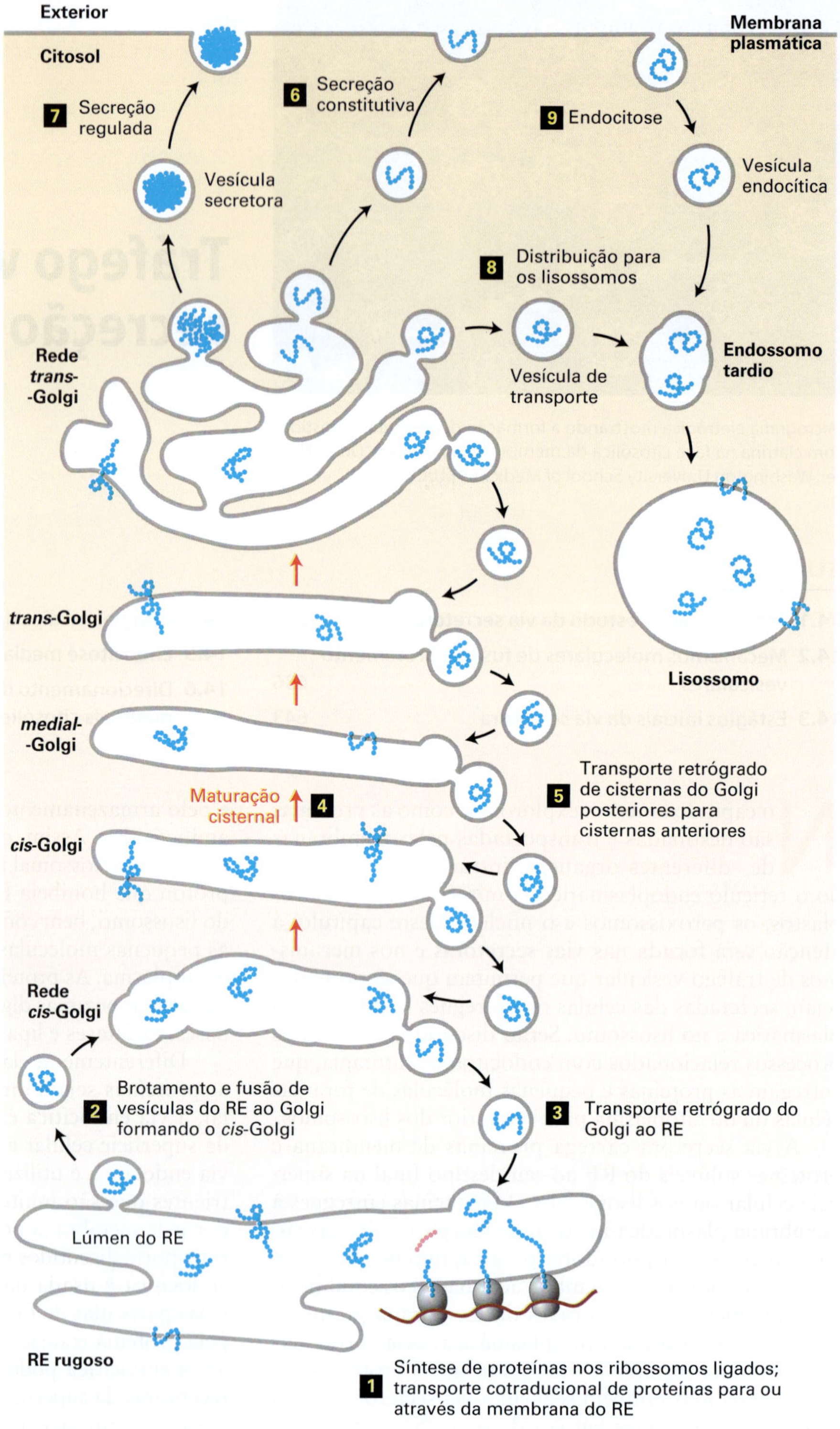

FIGURA 14-1 Visão geral das vias secretora e endocítica de distribuição das proteínas. *Via secretora*: a síntese de proteínas que contêm uma sequência-sinal do RE é completada no RE rugoso **1**, e as cadeias do polipeptídeo recém-sintetizadas são inseridas na membrana do RE ou a atravessam em direção ao lúmen (Capítulo 13). Algumas proteínas (p. ex., as enzimas do RE ou as enzimas estruturais) permanecem no RE. As restantes são empacotadas em vesículas de transporte **2** que brotam a partir do RE e fundem-se, formando novas cisternas de *cis*-Golgi. As proteínas residentes no RE transportadas erroneamente, e as proteínas de membrana das vesículas reutilizáveis são recuperadas e trazidas ao RE por vesículas **3** formadas a partir do *cis*-Golgi que se fundem ao RE. Cada cisterna do *cis*-Golgi, com seu conteúdo proteico, move-se, fisicamente, da face *cis* para a face *trans* do aparelho de Golgi **4** por um processo não vesicular chamado progressão cisternal. O transporte retrógrado **5** movimenta as proteínas residentes no Golgi para o seu compartimento correto dentro do Golgi. Em todas as células, determinadas proteínas solúveis são transportadas para a superfície celular em vesículas de transporte **6** e são secretadas continuamente (secreção constitutiva). Em certos tipos celulares, algumas proteínas solúveis são armazenadas em vesículas secretoras **7** e liberadas somente após a célula receber um sinal hormonal ou neuronal adequado (secreção regulada). As proteínas solúveis e de membrana destinadas ao lisossomo, que são transportadas em vesículas formadas no *trans*-Golgi **8**, primeiro movem-se para o endossomo tardio e daí para o lisossomo. *Via endocítica*: as proteínas extracelulares solúveis e de membrana incorporadas em vesículas formadas a partir da membrana plasmática **9** também podem ser transportadas para o lisossomo pelo endossomo.

e entregam essas proteínas de carga no próximo compartimento, fundindo-se com a membrana daquele compartimento. Um aspecto importante é que, à medida que as vesículas transportadoras brotam de uma membrana e se fundem à próxima, a mesma face da membrana permanece orientada na direção do citosol. Portanto, uma vez que uma proteína tenha sido inserida na membrana ou no lúmen do RE, ela pode ser transportada pela via secretora, deslocando-se de uma organela para outra, sem ser translocada por meio de outra membrana, e sem que sua orientação dentro da membrana se altere. Igualmente, a via endocítica usa o tráfego de vesículas para transportar proteínas da membrana plasmática para os endossomos e os lisossomos, preservando sua orientação na membrana dessas organelas. A Figura 14-1 apresenta as principais vias secretoras e endocíticas da célula.

Reduzidas aos seus mais simples elementos, a via secretora atua em duas etapas. A primeira etapa ocorre no retículo endoplasmático (RE) rugoso (Figura 14-1, etapa **1**). Como descrito no Capítulo 13, proteínas solúveis e de membrana recém-sintetizadas são translocadas para o RE, onde se dobram na sua conformação adequada e recebem modificações covalentes, como pontes dissulfeto e carboidratos ligados ao N e ao O. Quando as proteínas recém-sintetizadas estão adequadamente dobradas e receberam suas modificações corretas no lúmen do RE, elas passam à próxima etapa da via secretora: o transporte para e pelo Golgi.

A segunda etapa da via secretora pode ser resumida como se segue. No RE, as proteínas de carga são empacotadas em vesículas transportadoras anterógradas (com movimento para frente, Figura 14-1, etapa **2**). Essas vesículas são fundidas, formando um compartimento achatado ligado à membrana, conhecido como **cisterna** do *cis*-Golgi ou rede do *cis*-Golgi ("cisterna" é um compartimento que mantém água ou líquidos). Algumas proteínas, principalmente as que atuam no RE, são recuperadas da cisterna do *cis*-Golgi para o RE por meio de um grupo distinto de vesículas transportadoras retrógradas (movimento para trás) (etapa **3**). Uma nova cisterna do *cis*-Golgi com sua carga de proteínas desloca-se fisicamente da posição *cis* (próxima ao RE) à posição *trans* (mais distante do RE) em etapas sucessivas, tornando-se primeiro uma cisterna do *medial*-Golgi e, depois, uma cisterna do *trans*-Golgi (etapa **4**). Esse processo, conhecido como *maturação da cisterna*, envolve principalmente o transporte retrógrado de vesículas (etapa **5**) que recuperam enzimas e outras proteínas que residem no Golgi das cisternas mais posteriores para as mais anteriores, "maturando", assim, o *cis*-Golgi para o *medial*-Golgi e o *medial*-Golgi para o *trans*-Golgi. As proteínas secretoras movem-se pelo Golgi e podem receber mais modificações nos carboidratos ligados por glicosil transferases específicas que estão alojadas em diferentes compartimentos do Golgi.

As proteínas da via secretora finalmente são direcionadas para uma rede complexa de membranas e vesículas, denominada **rede *trans*-Golgi** (**TGN**, de *trans-Golgi network*). A TGN é o principal ponto de ramificação da via secretora. É nesse ponto que uma proteína pode ser carregada em diferentes tipos de vesículas e, portanto, trafegar para diferentes destinos. Dependendo do tipo de vesícula para a qual a proteína é carregada, ela será transportada à membrana plasmática e secretada imediatamente, armazenada para liberação posterior ou levada aos lisossomos (etapas **6** a **8**). O processo pelo qual uma vesícula se move, fusiona-se com a membrana plasmática e libera seu conteúdo é conhecido como **exocitose**. Em todos os tipos celulares, pelo menos algumas proteínas são secretadas continuamente, enquanto outras são armazenadas no interior das células até que um sinal para exocitose as libere. As proteínas secretoras destinadas aos lisossomos são transportadas, em primeiro lugar, por vesículas da rede *trans*-Golgi, para um compartimento denominado **endossomo tardio**; as proteínas são então transferidas para os lisossomos pela fusão direta do endossomo com a membrana lisossomal.

A **endocitose** está relacionada mecanisticamente com a via secretora. Na via endocítica, as vesículas brotam para dentro da membrana plasmática, levando as proteínas de membrana e seus ligantes para a célula (ver Figura 14-1, *direita*). Após a internalização por endocitose, algumas proteínas são transportadas para os lisossomos por meio dos endossomos tardios enquanto outras são recicladas para a superfície celular.

Neste capítulo, inicialmente serão discutidas as técnicas experimentais que têm contribuído para o conhecimento da via secretora e endocítica. A seguir, a ênfase será nos mecanismos gerais de brotamento e fusão de membranas. Será visto que, embora diferentes tipos de vesículas transportadoras utilizem grupos distintos de proteínas para sua formação e fusão, todas as vesículas usam os mesmos mecanismos gerais para o brotamento, para a seleção de determinados tipos de moléculas carregadas e para a fusão com a membrana alvo adequada. Nas outras seções deste capítulo, serão discutidas os estágios iniciais e tardios da via secretora, incluindo como a especificidade de diferentes destinos alvos é obtida, e a conclusão será realizada com uma discussão a respeito de como as proteínas são transportadas para os lisossomos pela via endocítica.

14.1 Técnicas para o estudo da via secretora

Um ponto fundamental para compreender como as proteínas são transportadas pelas organelas da via secretora é o desenvolvimento de uma descrição básica da função das vesículas de transporte. Diversos componentes necessários à formação e à fusão das vesículas transportadoras foram identificados na última década por uma admirável convergência de abordagens genéticas e bioquímicas, descritas nesta seção. Todos os estudos sobre o tráfego intracelular de proteínas utilizam algum método para avaliar o transporte de uma determinada proteína de um compartimento para outro. Primeiramente será descrito como o transporte intracelular de proteínas pode ser monitorado em células vivas e, a seguir, serão considerados os sistemas genéticos e *in vitro* que têm sido úteis na elucidação da via secretora.

O transporte de uma proteína ao longo da via secretora pode ser avaliado em células vivas

Os estudos clássicos de G. Palade e colaboradores, na década de 1960, estabeleceram a ordem pela qual as proteínas se movem de uma organela para outra na via secretora. Esses estudos iniciais também mostraram que as proteínas secretoras nunca são liberadas no citosol, a primeira indicação de que as proteínas transportadas estão associadas com algum tipo de intermediário ligado à membrana. Nesses experimentos, que associaram a marcação de pulso e caça (ver Figura 3-40) e a autorradiografia, os aminoácidos marcados com radiatividade foram injetados no pâncreas de hamsters. Em diferentes momentos após a injeção, os animais eram sacrificados, e as células pancreáticas foram fixadas com glutaraldeído, seccionadas e submetidas à autorradiografia para visualização das proteínas marcadas com radiatividade. Como os aminoácidos radiativos foram administrados em um pulso breve, apenas as proteínas sintetizadas imediatamente após a injeção foram marcadas, formando um grupo distinto, ou coorte, de proteínas marcadas, cujo transporte podia ser seguido. Além disso, como as células pancreáticas acinares são células secretoras dedicadas, quase todos os aminoácidos marcados nessas células são incorporados em proteínas secretoras, facilitando a observação das proteínas transportadas.

Apesar de hoje a autorradiografia ser raramente utilizada para localizar proteínas nas células, esses experimentos iniciais ilustraram dois requisitos básicos para qualquer ensaio de transporte entre compartimentos. Primeiro, é necessário marcar uma coorte de proteínas em um compartimento inicial, para que a transferência subsequente a outro compartimento possa ser monitorada com o passar do tempo. Segundo, é necessário haver uma maneira de identificar o compartimento onde a proteína reside. Serão descritos dois procedimentos experimentais modernos para a observação do tráfego intracelular de uma proteína secretora em quase quaisquer tipos celulares.

Nos dois procedimentos, o gene que codifica uma glicoproteína de membrana abundante (proteína G) do vírus da estomatite vesicular (VSV) é introduzido em células de mamíferos em cultura por transfecção ou, simplesmente, pela infecção das células com o vírus. As células tratadas, mesmo as que não são especializadas em secreção, rapidamente sintetizaram a proteína G do VSV no RE como proteínas secretoras celulares normais. O uso de um mutante, que codifica uma proteína G de VSV termossensível, permitiu que os pesquisadores alternassem o transporte da proteína entre ligado/desligado. Na temperatura restritiva de 40°C, a proteína G de VSV recém-sintetizada é malformada, sendo retida no RE pelos mecanismos de controle de qualidade, discutidos no Capítulo 13. Por outro lado, na temperatura permissiva de 32°C, a proteína acumulada está na conformação correta e é transportada até a superfície celular pela via secretora. Assim, quando as células que sintetizam a proteína G mutante de VSV são cultivadas a 40°C e depois a 32°C, a proteína G mutante malformada VSV de acumulada no RE irá recuperar a conformação correta e será transportada normalmente. Esse uso inteligente de uma mutação termossensível, na verdade, define uma coorte de proteínas cujo transporte pode ser acompanhado.

Em duas variações desse procedimento básico, o transporte da proteína G de VSV é monitorado por téc-

VÍDEO: Transporte de VSVG-GFP pela via secretora

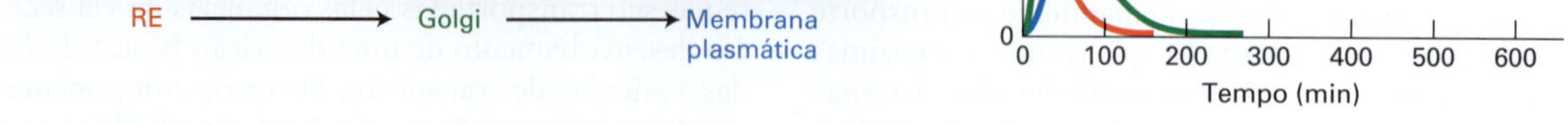

FIGURA EXPERIMENTAL 14-2 O transporte das proteínas pela via secretora pode ser visualizado por microscopia de fluorescência das células que estão produzindo uma proteína de membrana fusionada com GFP. As células em cultura foram transfectadas com um gene híbrido que codifica a glicoproteína viral de membrana do VSV, a proteína G ligada ao gene da proteína verde fluorescente (GFP). Foi usada uma versão mutante do gene viral, de modo que a proteína híbrida recém-formada (VSVG-GFP) permanece no RE a 40°C, mas é liberada para o transporte a 32°C. (a) Micrografias de fluorescência de células no tempo inicial e em dois períodos após a incubação a uma temperatura mais baixa. O movimento da VSVG-GFP do RE para o Golgi e, finalmente, para a superfície celular ocorre em 180 minutos. A escala é de 5 μm. (b) Gráfico dos níveis de VSVG-GFP no retículo endoplasmático (RE), no aparelho de Golgi e na membrana plasmática (MP) em diferentes intervalos após a incubação à menor temperatura. A cinética do transporte de uma organela para outra pode ser reconstruída pela análise computacional desses dados. É provável que a redução na fluorescência total observada na porção final do gráfico resulte da lenta inativação da fluorescência de GFP. (De Jennifer Lippincott-Schwartz e Koret Hirschberg, Metabolism Branch, National Institute of Child Health and Human Development, EUA.)

nicas diferentes. Os estudos usando tanto os ensaios modernos de tráfego quanto os experimentos de Palade chegaram todos a uma conclusão: o transporte mediado por vesículas de uma molécula proteica, em células de mamíferos, do seu local de síntese no RE rugoso até a sua chegada na membrana plasmática, leva de 30 a 60 minutos.

Microscopia da proteína G de VSV marcada Uma abordagem para a observação do transporte da proteína G de VSV utiliza um gene híbrido no qual o gene viral é fusionado ao gene que codifica a *proteína fluorescente verde* (*GFP*, do inglês *green fluorescent protein*), proteína naturalmente fluorescente (Capítulo 9). O gene híbrido é transfectado em células de mamíferos pelas técnicas descritas no Capítulo 5. Quando as células que expressam a forma termossensível da proteína híbrida (VSVG-GFP) são cultivadas na temperatura restritiva, a VSVG-GFP é acumulada no RE, aparecendo como uma rede entrelaçada de membranas, quando as células são observadas ao microscópio de fluorescência. Quando as células são incubadas à temperatura permissiva, a proteína VSVG-GFP pode ser vista, primeiramente, movendo-se para as membranas do aparelho de Golgi, densamente concentradas na extremidade do núcleo, e, a seguir, para a superfície celular (Figura 14-2a). A análise da distribuição da VSVG-GFP em diferentes intervalos após a alteração para temperatura permissiva permitiu determinar o tempo que a VSVG-GFP permanece em cada organela da via secretora (Figura 14-2b).

Detecção de modificações de oligossacarídeos compartimento-específicos Uma segunda maneira de acompanhar o transporte de proteínas secretoras utiliza a modificação das cadeias laterais de seus carboidratos, que ocorrem em diferentes estágios da via secretora. Para compreender essa abordagem, lembre-se de que várias proteínas secretoras que saem do RE contêm uma ou mais cópias do oligossacarídeo N-ligado $Man_8(GlcNac)_2$, sintetizadas e ligadas às proteínas secretoras no RE (ver Figura 13-18). À medida que uma proteína se move pelo aparelho de Golgi, diferentes enzimas localizadas nas cisternas *cis-*, *medial-* e *trans-* catalisam uma série ordenada de reações nas cadeias de $Man_8(GlcNAc)_2$, conforme discutido em uma seção posterior neste capítulo. Por exemplo, as glicosidases que residem especificamente no compartimento *cis*-Golgi sequencialmente removem resíduos de manose do centro do oligossacarídeo, produzindo uma forma encurtada, $Man_5(GlcNAc)_2$. Pode-se utilizar uma enzima especializada, que cliva os carboidratos, a endoglicosidase D, para distinguir as proteínas glicosiladas que permanecem no RE das que entraram no *cis*-Golgi: oligossacarídeos encurtados, específicos do *cis*-Golgi, são removidos das proteínas pela endoglicosidase D, enquanto as cadeias de oligossacarídeos não encurtadas do centro, ligadas às proteínas secretoras no RE, são resistentes à clivagem por essa enzima (Figura 14-3a). Como as proteínas desglicosiladas produzidas pela digestão com endoglicosidase D deslocam-se mais rápido do que a proteína glicosilada correspondente em géis de SDS, elas podem ser facilmente diferenciadas (Figura 14-3b).

Esse tipo de experimento pode ser utilizado para monitorar o movimento da proteína G de VSV em células infectadas pelo vírus, marcadas com um pulso de aminoácidos radiativos. Imediatamente após a marcação, toda a proteína G de VSV extraída ainda está no RE, sendo resistente à digestão pela endoglicosidase D; porém, com o passar do tempo, uma fração progressivamente maior da glicoproteína torna-se sensível à digestão. Essa conversão da proteína G de uma forma resistente à endoglicosidase D para a forma sensível a endoglicosidase D corresponde ao transporte vesicular da proteína do RE ao *cis*-Golgi. Observe que o transporte da proteína G de VSV do RE ao Golgi leva cerca de 30 minutos, medido tanto pelo experimento com base no processamento do oligossacarídeo quanto pela microscopia de fluorescência do VSVG-GFP (Figura 14-3c). Vários experimentos com base nas modificações em carboidratos específicos que ocorrem nos compartimentos posteriores do Golgi foram desenvolvidos para acompanhar a progressão da proteína G de VSV por todas as etapas do aparelho de Golgi.

Leveduras mutantes definem os estágios principais e vários componentes do transporte vesicular

Todas as células eucarióticas apresentam semelhanças na organização geral da via secretora e na ocorrência de vários dos componentes moleculares necessários ao tráfego intracelular. Devido a essa conservação, os estudos genéticos com leveduras são úteis para confirmar a sequência das etapas da via secretora e para identificar diversas proteínas que participam do tráfego vesicular. Apesar de as leveduras secretarem algumas poucas proteínas no meio de cultura, elas secretam continuamente várias enzimas localizadas no pequeno espaço entre a membrana plasmática e a parede celular. Entre elas, a mais bem estudada é a invertase, que hidrolisa o dissacarídeo sacarose em glicose e frutose.

Inicialmente, muitas leveduras mutantes foram identificadas por sua capacidade de secretar proteínas em determinada temperatura, mas não em temperaturas mais altas, não permissivas. Quando esses mutantes para *secreção* (*sec*) sensíveis à temperatura são transferidos de temperaturas mais baixas para mais altas, ocorre o acúmulo de proteínas secretadas na etapa da via bloqueada pela mutação. A análise desses mutantes identificou cinco classes (A a E) caracterizadas pelo acúmulo de proteínas no citosol, no RE rugoso, em pequenas vesículas que transportam proteínas do RE ao aparelho de Golgi, nas cisternas do Golgi ou na vesícula secretora constitutiva (Figura 14-4). A caracterização subsequente dos **mutantes *sec*** das várias classes auxiliou na elucidação dos componentes fundamentais e dos mecanismos moleculares do tráfego vesicular, discutidos mais adiante.

Para determinar a ordem das etapas na via, os pesquisadores analisaram mutantes *sec* duplos. Por exemplo, quando as células de leveduras contêm mutações na função das classes B e D, as proteínas são acumuladas no RE e não nas cisternas do Golgi. Já que essas proteínas se acumulam na etapa mais inicial bloqueada, essa descoberta

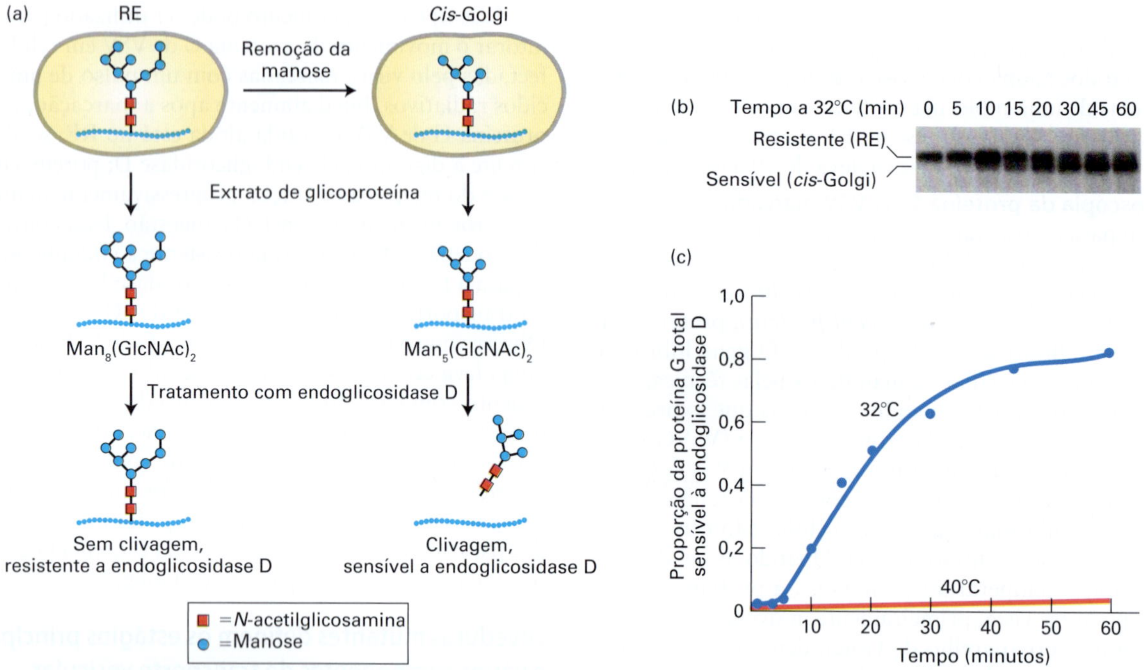

FIGURA 14-3 EXPERIMENTAL O transporte de uma glicoproteína de membrana do RE para o Golgi pode ser avaliado com base na sensibilidade à clivagem pela endoglicosidase D. Células que expressam uma proteína G de VSV sensível à temperatura foram marcadas com um pulso de aminoácidos radiativos em temperatura não permissiva, de modo que a proteína marcada foi mantida no RE. Em diferentes intervalos após o retorno à temperatura permissiva de 32°C, a VSVG foi extraída das células e digerida com endoglicosidase D. (a) As proteínas movem-se do RE para o *cis*-Golgi, e o oligossacarídeo $Man_8(GlcNAc)_2$ é clivado em $Man_5(GlcNAc)_2$ pelas enzimas localizadas no compartimento do *cis*-Golgi. A endoglicosidase D cliva as cadeias de oligossacarídeos das proteínas processadas no *cis*-Golgi, mas não das proteínas do RE. (b) A eletroforese em gel com SDS das misturas de digestão separa a forma resistente, não clivada (migração mais lenta), da forma sensível, clivada (migração mais rápida) da VSVG marcada. No eletroforetograma mostrado, inicialmente toda a VSVG era resistente à digestão; com o passar do tempo, uma proporção progressivamente maior tornava-se sensível, refletindo o transporte da proteína do RE para o Golgi e seu processamento neste último. Nas células de controle, mantidas a 40°C, apenas a VSVG de migração lenta, resistente à digestão, foi detectada após 60 minutos (não mostrado). (c) Gráfico da proporção da proteína VSVG sensível à digestão, derivada dos dados eletroforéticos, mostrando o curso do transporte do RE para o Golgi. (De C. J. Beckers et al., 1987, *Cell* **50**:523.)

mostrou que as mutações na classe B deveriam atuar em um local mais precoce da via secretora do que as mutantes da classe D. Esses estudos confirmaram que, à medida que uma proteína secretada é sintetizada e processada, ela desloca-se sequencialmente do citosol → RE rugoso → vesículas de transporte do RE ao Golgi → cisternas do Golgi → vesículas secretoras e, finalmente, à exocitose.

Os três métodos descritos nesta seção delinearam as principais etapas da via secretora e contribuíram para a identificação de muitas proteínas responsáveis pelo brotamento e pela fusão das vesículas. Atualmente, os mecanismos de cada etapa individual da via secretora estão sendo minuciosamente estudados, e, progressivamente, os estudos de genética molecular e ensaios bioquímicos são usados para avaliar a função de moléculas proteicas individuais em cada uma dessas etapas.

Os experimentos de transporte em extratos livres de células permitem a análise de cada etapa do transporte vesicular

Os ensaios de transporte intercompartimental *in vitro* são abordagens complementares importantes para o estudo de mutantes *sec* de leveduras, para identificar e analisar os componentes celulares responsáveis pelo tráfego vesicular. Em uma aplicação dessa abordagem, culturas de células mutantes com deficiência de uma das enzimas que modificam as cadeias de oligossacarídeos N-ligados no Golgi foram infectadas com o vírus da estomatite vesicular (VSV), e o destino das proteínas G de VSV foi acompanhado. Por exemplo, se as células infectadas não têm a *N*-acetilglicosamina transferase I, elas produzem enormes quantidades da proteína G de VSV, mas não conseguem adicionar resíduos de *N*-acetilglicosamina às cadeias do oligossacarídeo no *medial*-Golgi, como fazem as células selvagens (Figura 14-5a). Quando as membranas do Golgi isoladas desses mutantes são misturadas a membranas de Golgi de células selvagens não infectadas, a adição da *N*-acetilglicosamina à proteína G de VSV é restabelecida (Figura 14-5b). Essa modificação é consequência do transporte vesicular retrógrado da *N*-acetilglicosamina transferase I do *medial*-Golgi selvagem ao compartimento *cis*-Golgi das células mutantes infectadas pelo vírus. O eficiente transporte intercompartimental neste sistema livre de células depende de requerimentos típicos de um processo fisiológico normal, incluindo o extrato citosólico, uma fonte de energia química em forma de ATP ou GTP, e a incubação em temperaturas fisiológicas.

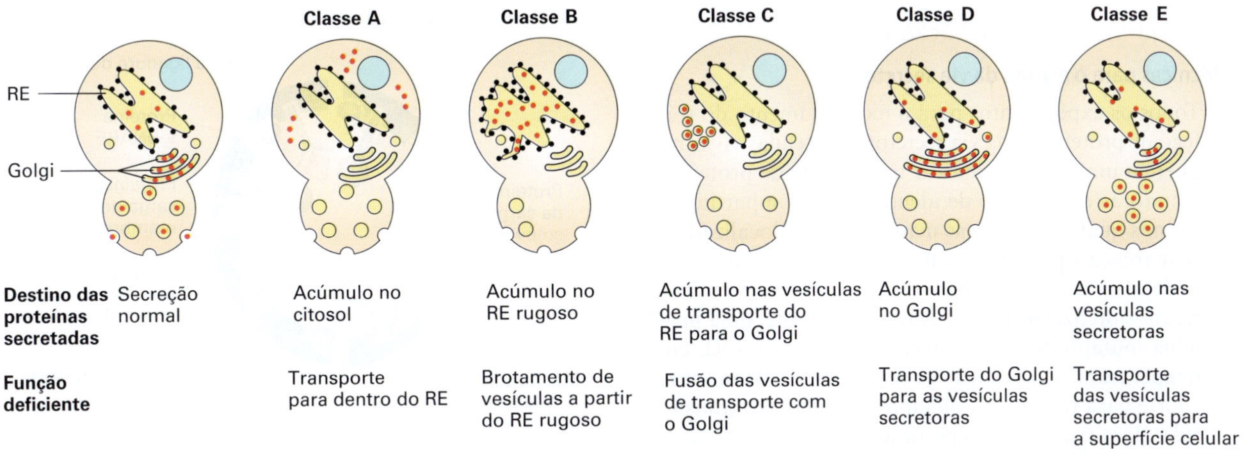

FIGURA EXPERIMENTAL 14-4 Fenótipos dos mutantes *sec* de leveduras identificaram cinco estágios da via secretora. Estes mutantes sensíveis à temperatura podem ser agrupados em cinco classes, de acordo com o local em que as proteínas secretadas recém--produzidas (pontos vermelhos) se acumulam, quando as células são transferidas da temperatura permissiva para a temperatura mais alta, não permissiva. A análise de mutantes duplos permitiu a determinação sequencial das etapas. (Ver P. Novick et al., 1981, *Cell* **25**:461, e C. A. Kaiser & R. Schekman, 1990, *Cell* **61**:723.)

Além disso, sob condições adequadas, uma população homogênea de vesículas de transporte retrógrado que transportam a *N*-acetilglicosamina transferase I do *medial*- para o *cis*-Golgi pode ser purificada do doador das membranas do aparelho de Golgi do tipo selvagem por centrifugação. A análise das proteínas em maior quantidade nessas vesículas permite a identificação de diversas proteínas integrais de membrana e de proteínas que revestem as vesículas periféricas, que são os componentes estruturais desse tipo de vesícula. Além disso, o fracionamento do extrato citosólico necessário para o transporte em misturas de reação livres de células permitiu o isolamento de várias proteínas envolvidas na formação das vesículas de transporte e das proteínas necessárias para a orientação e fusão das vesículas às membranas aceptoras apropriadas. Ensaios *in vitro*, com processo geral semelhante ao mostrado na Figura 14-5, têm sido empregados no estudo das várias etapas de transporte na via secretora.

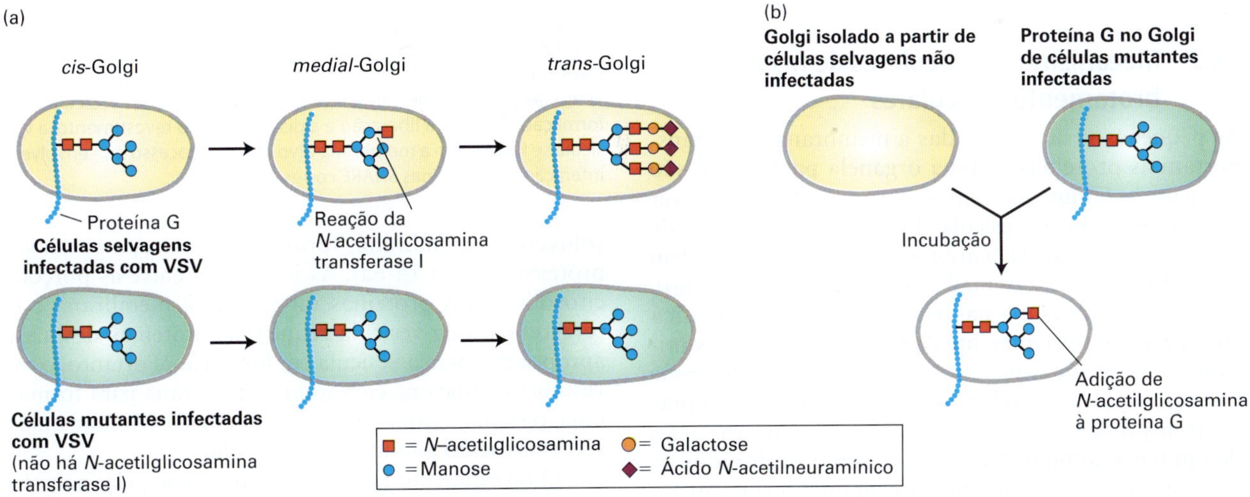

FIGURA EXPERIMENTAL 14-5 O transporte de proteínas de uma cisterna do Golgi para outra pode ser demonstrado por um sistema livre de células. (a) Uma linhagem mutante de fibroblastos em cultura é fundamental neste tipo de ensaio. Neste exemplo, as células mutantes não têm a enzima *N*-acetilglicosamina transferase I (etapa **2** na Figura 14-14). Nas células selvagens, essa enzima está localizada no *medial*-Golgi e modifica os oligossacarídeos N-ligados pela adição de uma *N*-acetilglicosamina. Nas células infectadas com VSV, o oligossacarídeo da proteína G viral é modificado, produzindo um oligossacarídeo complexo, mostrado no painel do *trans*-Golgi. Nas células infectadas, porém, a proteína G é transportada até a superfície celular com um oligossacarídeo mais simples rico em manose, contendo apenas dois resíduos de *N*-acetilglicosamina e cinco de manose. (b) Quando as cisternas do Golgi isoladas das células mutantes infectadas são incubadas com as cisternas do Golgi das células normais, não infectadas, a proteína G de VSV, produzida *in vitro*, contém a *N*-acetilglicosamina adicional. Essa modificação é realizada pela enzima transferase levada pelas vesículas de transporte retrógrado das cisternas do *medial*-Golgi selvagem para as cisternas do *cis*-Golgi mutante, na mistura de reação. (Ver W. E. Balch et al., 1984, *Cell* **39**:405 e 525, W. A. Braell et al., 1984, *Cell* **39**:511; e J. E. Rothman e T. Söllner, 1997, *Science* **276**:1212.)

CONCEITOS-CHAVE da Seção 14.1

Técnicas para o estudo da via secretora

- Todos os experimentos para o monitoramento do tráfego de proteínas pela via secretora em células vivas requerem um modo de marcar uma coorte de proteínas secretoras e um modo de identificar os compartimentos nos quais as proteínas marcadas serão localizadas.
- A marcação por pulso com aminoácidos radiativos pode marcar especificamente uma coorte de proteínas recém-sintetizadas no RE. Alternativamente, uma proteína mutante termossensível que é retida no RE em temperatura não permissiva será liberada como uma coorte para transporte, quando as células são transferidas para temperaturas permissivas.
- O transporte de uma proteína marcada por fluorescência ao longo da via secretora pode ser observado ao microscópio (ver Figura 14-2). O transporte de uma proteína radiativa é comumente monitorado seguindo-se as modificações covalentes compartimento-específicas recebidas pela proteína.
- Muitos dos componentes necessários ao tráfego intracelular de proteínas foram identificados em leveduras, por meio da análise de mutantes *sec* sensíveis à temperatura, com deficiências na secreção de proteínas, em temperaturas não permissivas (ver Figura 14-4).
- Os experimentos de transporte intercompartimental de proteínas em extratos livres de células permitiram a análise bioquímica de cada etapa da via secretora. Essas reações *in vitro* podem ser utilizadas para produzir vesículas de transporte puras e para testar a função bioquímica de cada proteína de transporte.

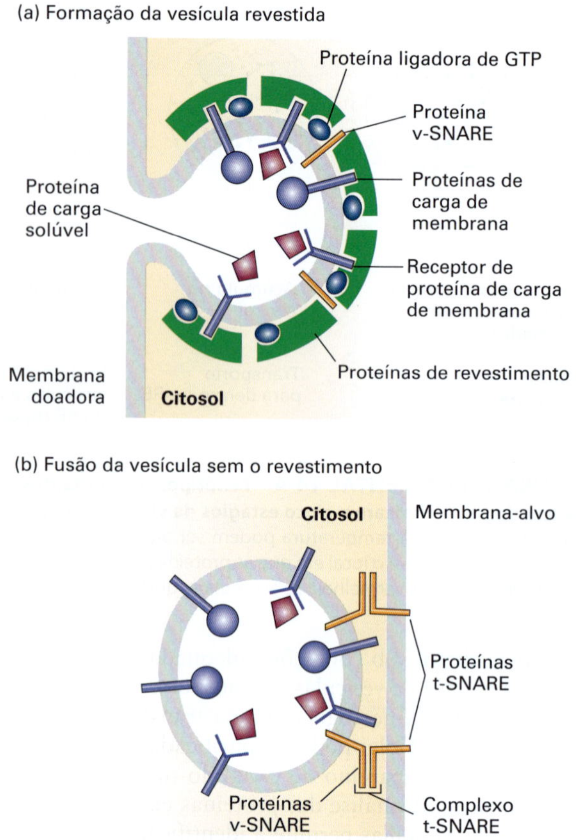

FIGURA 14-6 Visão geral da formação das vesículas e sua fusão com a membrana-alvo. (a) O brotamento é iniciado pelo recrutamento de uma pequena proteína ligadora de GTP para um segmento da membrana doadora. Os complexos de proteínas de revestimento no citosol ligam-se ao domínio citosólico das proteínas de carga da membrana, algumas das quais também atuam como receptores que se ligam com as proteínas solúveis no lúmen, recrutando, assim, as proteínas de carga luminais para dentro das vesículas em formação. (b) Após a liberação e a dissociação do revestimento, a vesícula se funde com a membrana-alvo em um processo que envolve a interação das proteínas SNARE correspondentes.

14.2 Mecanismos moleculares de fusão e brotamento vesiculares

As pequenas vesículas ligadas à membrana, que transportam as proteínas de uma organela para outra, são elementos comuns nas vias secretora e endocítica (ver Figura 14-1). Essas vesículas brotam da membrana de determinada *organela "parental"* (*doadora*) e se fundem à membrana de determinada *organela "alvo"* (*destino*). Apesar de cada etapa nas vias secretora e endocítica empregar um tipo diferente de vesícula, os estudos utilizando as técnicas genéticas e bioquímicas descritas na seção anterior revelaram que cada uma das etapas do transporte vesicular é simplesmente uma variação de um tema comum. Nesta seção, serão explorados os mecanismos básicos que fundamentam a formação e a fusão que todos os tipos de vesículas têm em comum, antes de serem discutidas detalhadamente as peculiaridades de cada via.

A formação de uma capa proteica promove a formação da vesícula e a seleção das moléculas de carga

O brotamento das vesículas da membrana parental é dirigido pela polimerização de complexos de proteínas solúveis na membrana, formando uma capa vesicular proteica (Figura 14-6a). As interações entre as porções citosólicas das proteínas integradas à membrana e o revestimento da vesícula reúnem as proteínas de carga apropriadas para a vesícula em formação. Portanto, o revestimento adiciona curvatura à membrana para formar uma vesícula e atua como filtro para determinar quais proteínas serão admitidas na vesícula.

O revestimento também é responsável pela inclusão das proteínas fusionadas à membrana conhecidas como **v-SNAREs**. Logo após se completar a formação da vesícula, o revestimento é descartado, expondo as proteínas v-SNARE da vesícula. A junção específica das v-SNARE na membrana da vesícula às correspondentes **t-SNAREs** na membrana-alvo aproxima e justapõe as duas membranas, permitindo a fusão das bicamadas lipídicas (Figura 14-6b). Independentemente da organela-alvo, todas as vesículas de transporte usam as v-SNARE e t-SNARE para brotar e fusionar.

TABELA 14-1 Vesículas revestidas envolvidas no tráfego de proteínas

Tipo de vesícula	Etapa de transporte promovida	Proteínas de revestimento	GTPase associada
COPII	RE para o *cis*-Golgi	Complexos de Sec23/Sec24 e Sec13/Sec31, Sec16	Sar1
COPI	*cis*-Golgi para o RE Cisternas posteriores para anteriores do Golgi	Coatômeros contendo sete subunidades diferentes de COP	ARF
Clatrina e proteínas adaptadoras*	*trans*-Golgi para o endossomo	Clatrina + complexos AP1	ARF
	trans-Golgi para o endossomo	Clatrina + GGA	ARF
	Membrana plasmática para o endossomo	Clatrina + complexos AP2	ARF
	Golgi para o lisossomo, melanossomo ou vesículas de plaquetas	Complexos AP3	ARF

*Cada tipo de complexo AP consiste em quatro diferentes subunidades. Não se sabe se as vesículas revestidas com AP3 possuem clatrina.

Os três principais tipos de vesículas revestidas têm sido caracterizados de acordo com o tipo distinto de proteínas de revestimento e com a polimerização reversível de um grupo distinto de subunidades proteicas (Tabela 14-1). Cada tipo de vesícula, denominada conforme sua proteína de revestimento primária, transporta proteínas de carga de uma organela para outra organela alvo.

- **COPII:** vesículas de transporte de proteínas do RE para o Golgi.
- **COPI:** vesículas que transportam principalmente as proteínas na direção retrógrada entre as cisternas do Golgi e o *cis*-Golgi e de volta para o RE.
- **Clatrina:** vesículas de transporte de proteínas da membrana plasmática (superfície celular) e da rede *trans*-Golgi para os endossomos tardios.

Acredita-se que cada etapa do tráfego mediado por vesículas utilize algum tipo de revestimento de vesícula. Entretanto, um complexo de proteínas específicas de revestimento ainda não foi identificado para cada tipo de vesícula. Por exemplo, as vesículas que movem proteínas do *trans*-Golgi para a membrana plasmática durante a secreção constitutiva ou regulada apresentam um tamanho uniforme e uma morfologia sugestiva de que sua formação é direcionada pela união de uma estrutura de revestimento regular. Mesmo assim, porém, os pesquisadores ainda não identificaram proteínas de revestimento específicas circundando essas vesículas.

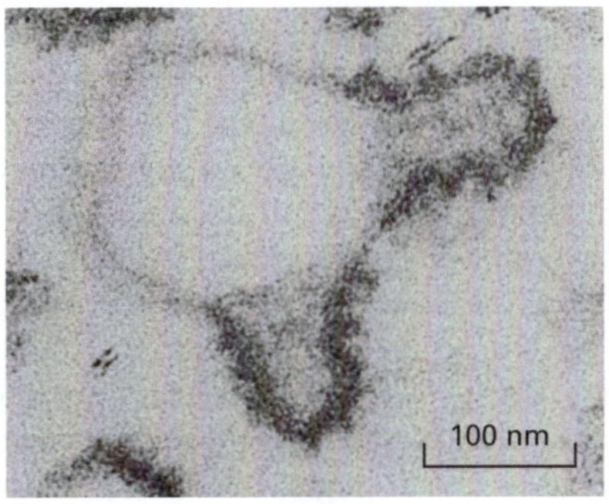

O esquema geral do brotamento das vesículas, mostrado na Figura 14-6a, aplica-se a todos os três tipos conhecidos de vesículas revestidas. Os experimentos com membranas isoladas ou artificiais e proteínas de revestimento purificadas mostraram que a polimerização das proteínas de revestimento na face citosólica da membrana de origem é indispensável para produzir a alta curvatura da membrana, típica das vesículas de transporte de cerca de 50 nm de diâmetro. As micrografias eletrônicas de reações de brotamento de vesículas *in vitro* muitas vezes revelam estruturas que mostram discretas regiões separadas da membrana de origem com uma capa densa acompanhada pela curvatura característica de uma vesícula completa (Figura 14-7). Essas estruturas, normalmente chamadas de *brotos vesiculares*, parecem ser intermediários visíveis após o início da polimerização do revestimento, mas antes do desprendimento completo da vesícula da membrana parental. Acredita-se que as proteínas de revestimento polimerizadas parecem formar um molde curvilíneo que promove a formação do broto da vesícula, aderindo-se à face citosólica da membrana.

Um grupo conservado de proteínas de controle de GTPase controla a formação dos diferentes revestimentos vesiculares

Com base nas reações de brotamento de vesículas *in vitro* realizadas com membranas isoladas e proteínas de revestimento purificadas, os pesquisadores determinaram um grupo mínimo de componentes do revestimento necessários à formação de cada um dos três tipos principais de vesículas. Apesar de a maioria das proteínas

FIGURA EXPERIMENTAL 14-7 Os brotos vesiculares podem ser visualizados durante as reações de brotamento *in vitro*. Quando os componentes purificados do revestimento COPII são incubados com as vesículas isoladas do RE ou com as vesículas artificiais de fosfolipídeos (lipossomos), a polimerização das proteínas de revestimento na superfície da vesícula induz o surgimento de brotos altamente curvados. Nesta micrografia eletrônica de uma reação de brotamento *in vitro*, observe o revestimento diferente da membrana, que aparece como uma camada proteica escura, presente nos brotos vesiculares. (De K. Matsuoka et al., 1988, *Cell* **93** (2):263.)

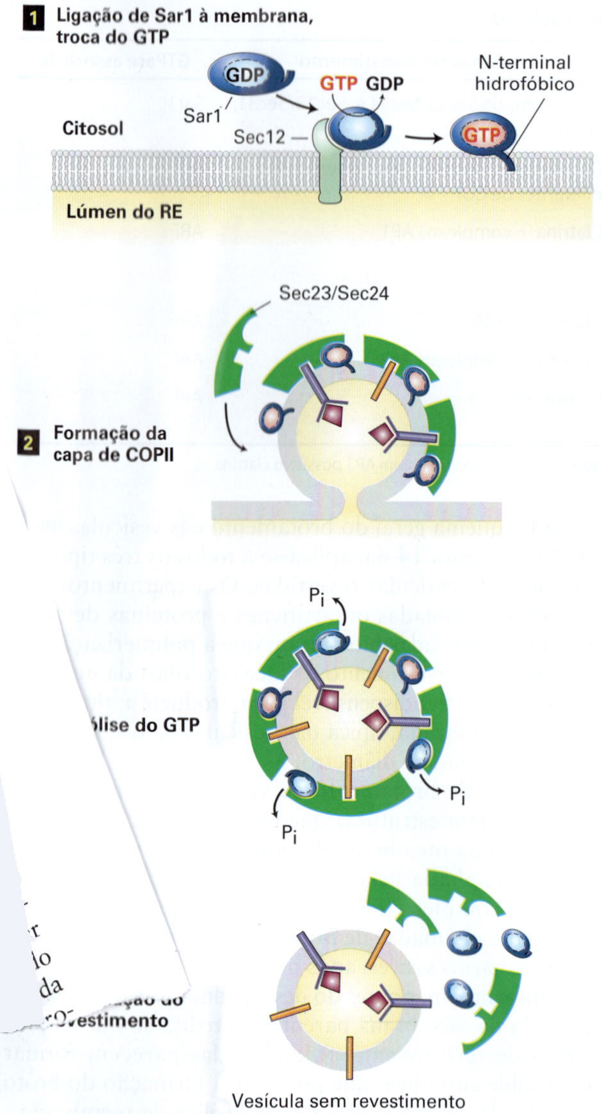

FIGURA 14-8 Modelo da função da Sar1 na formação e na dissociação das capas de COPII. Etapa **1**: a interação do GDP solúvel ligado à Sar1 com o fator de alteração Sec12, uma proteína de membrana integrada do RE, catalisa a troca do GTP por GDP, na Sar1. Na forma de Sar1 ligada ao GTP, o seu domínio N-terminal hidrofóbico projeta-se para fora da superfície da proteína, fixando a Sar1 à membrana do RE. Etapa **2**: a Sar1 fixada à membrana atua como um sítio de ligação para o complexo de revestimento Sec23/Sec24. As proteínas de carga são trazidas para a vesícula em formação pela ligação de pequenas sequências específicas (sinais de classificação), presentes nas suas regiões citosólicas, aos sítios do complexo Sec23/Sec24. O revestimento, ou capa, é completado pela formação de um segundo tipo de complexo de revestimento composto por Sec13 e Sec31 (não mostrado). Etapa **3**: após a capa estar completa, a subunidade Sec23 promove a hidrólise do GTP pela Sar1. Etapa **4**: a liberação do complexo Sar1·GDP da membrana da vesícula provoca a dissociação do revestimento. (Ver S. Springer et al., 1999, *Cell* **97**:145.)

de revestimento diferir consideravelmente de um tipo de vesícula para outro, o revestimento das três vesículas contém uma pequena proteína ligadora de GTP, que atua como subunidade reguladora no controle da formação do revestimento (ver Figura 14-6a). Nas vesículas COPI e clatrina, essa proteína ligadora de GTP é conhecida como **proteína ARF**. Uma proteína ligadora de GTP diferente, mas relacionada, denominada *proteína Sar1*, está presente nas vesículas de COPII. Tanto a ARF como a Sar1 são proteínas monoméricas, com estrutura global semelhante à Ras, proteína-chave na transdução de sinais intracelulares (ver Figura 16-19). As proteínas ARF e Sar1, como a Ras, pertencem à **superfamília das GTPases** de proteínas de controle que alternam entre as formas inativa (ligada ao GDP) e ativa (ligada ao GTP, ver Figura 3-32).

A alternância entre a ligação e a hidrólise do GTP pelas proteínas ARF e Sar1 parece controlar o início da formação do revestimento, como representado na Figura 14-8, na formação de vesículas de COPII. Primeiro, uma proteína de membrana do RE, conhecida como Sec12, catalisa a liberação do GDP do complexo Sar1·GDP e a ligação do GTP. O *fator de troca do nucleotídeo guanina*, aparentemente, recebe e integra múltiplos sinais, ainda não conhecidos, provavelmente incluindo a presença das proteínas de carga na membrana do RE prontas para serem transportadas. A ligação do GTP provoca uma alteração conformacional na Sar1 que expõe a extremidade N-terminal hidrofóbica, que, então, é inserida na bicamada fosfolipídica e provoca a fixação de Sar1·GTP à membrana do RE (Figura 14-8, etapa **1**). O complexo Sar1·GTP ligado à membrana promove a polimerização dos complexos citosólicos das subunidades de COPII na membrana, finalmente causando a formação dos brotos vesiculares (etapa **2**). Uma vez que as vesículas de COPII são liberadas da membrana doadora, a atividade GTPásica de Sar1 hidrolisa o Sar1·GTP na membrana da vesícula em Sar1·GDP, com o auxílio de uma das subunidades do revestimento (etapa **3**). Essa hidrólise desencadeia a dissociação do revestimento de COPII (etapa **4**). Portanto, a Sar1 acopla um ciclo de ligação e hidrólise de GTP para a formação e subsequente dissociação do revestimento de COPII.

A proteína ARF sofre um ciclo semelhante de troca nucleotídica e hidrólise, acoplado à formação do revestimento das vesículas compostas por COPI, clatrina ou outras proteínas de revestimento (complexos AP), discutidas mais adiante. Uma modificação covalente de uma proteína conhecida como âncora de miristato na extremidade N-terminal da proteína ARF une, fracamente, o ARF·GDP à membrana do Golgi. Quando o GTP é trocado por GDP ligado por um fator de troca de nucleotídeo ligado à membrana do Golgi, a alteração conformacional resultante na ARF permite a inserção dos resíduos hidrofóbicos do segmento N-terminal na bicamada lipídica. A forte associação resultante do complexo ARF·GTP com a membrana atua como base para a formação adicional do revestimento.

Com base nas similaridades estruturais das proteínas Sar1 e ARF a outras pequenas proteínas de troca GTPase, os pesquisadores construíram genes que codificam versões mutantes das duas proteínas que possuem efeitos previsíveis no tráfego vesicular, quando transfec-

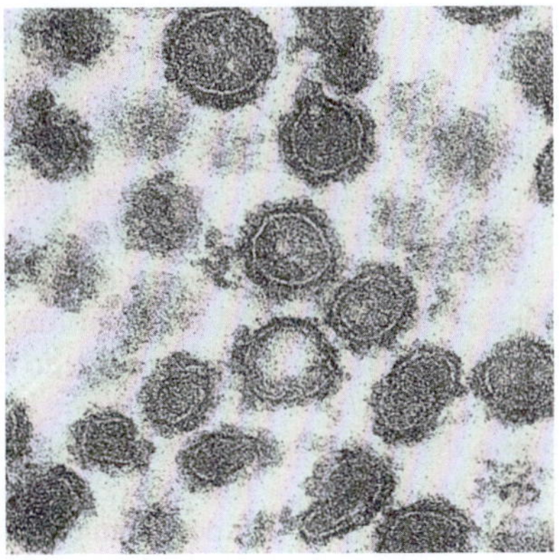

FIGURA EXPERIMENTAL 14-9 As vesículas revestidas são acumuladas durante as reações de brotamento *in vitro*, na presença de um análogo não hidrolisável do GTP. Quando as membranas isoladas do Golgi são incubadas com um extrato citosólico contendo proteínas de revestimento COPI, ocorre a formação de vesículas e seu desprendimento da membrana. A inclusão de um análogo não hidrolisável do GTP na reação de brotamento impede a dissociação da capa após a liberação da vesícula. Esta micrografia mostra vesículas de COPI produzidas por essa reação e separadas das membranas por centrifugação. As vesículas revestidas preparadas dessa forma podem ser analisadas para a determinação de seus componentes e propriedades. (Cortesia de L. Orci.)

tados nas células em cultura. Por exemplo, nas células que expressam versões mutantes da Sar1 ou da ARF que não hidrolisam GTP, os revestimentos vesiculares são formados, e as vesículas separam-se da membrana por brotamento. Entretanto, como as proteínas mutantes não podem desencadear a dissociação do revestimento, todas as subunidades de revestimento disponíveis ficam permanentemente associadas às vesículas revestidas, que não conseguem se fundir com as membranas-alvo. A adição de um análogo de GTP não hidrolisável às reações de brotamento de vesículas *in vitro* provoca um bloqueio semelhante na dissociação do revestimento. As vesículas formadas nessas reações têm revestimentos que nunca se dissociam, permitindo uma melhor análise da sua estrutura e composição. As vesículas purificadas de COPI mostradas na Figura 14-9 foram produzidas por essas reações de brotamento.

As sequências-alvo nas proteínas de carga estabelecem contatos moleculares específicos com as proteínas de revestimento

Para que as vesículas de transporte movam proteínas específicas de um compartimento para outro, os brotos vesiculares devem ser capazes de diferenciar as proteínas de membrana das proteínas de cargas solúveis em potencial, recebendo apenas as proteínas de carga que devem avan-

TABELA 14-2 Sinais de classificação conhecidos que direcionam as proteínas para vesículas de transporte específicas

Sequência-sinal*	Proteínas com sinal	Receptor do sinal	Vesículas que incorporam a proteína contendo o sinal
SINAIS DE SELEÇÃO LUMINAL			
Lys-Asp-Glu-Leu (KDEL)	Proteínas solúveis que residem no RE	Receptor de KDEL na membrana do *cis*-Golgi	COPI
Manose-6-fosfato (M6P)	Enzimas lisossomais solúveis após processamento no *cis*-Golgi	Receptor de M6P na membrana do *trans*-Golgi	Clatrina/AP1
	Enzimas lisossomais secretadas	Receptor de M6P na membrana plasmática	Clatrina/AP2
SINAIS DE SELEÇÃO CITOPLASMÁTICOS			
Lys-Lys-X-X (KKXX)	Proteínas que residem no de membrana RE	Subunidades α e β de COPI	COPI
Diarginina (X-Arg-Arg-X)	Proteínas de membrana que residem no RE	Subunidades α e β de COPI	COPI
Diácido (ex.: Asp-X-Glu)	Proteínas de membrana de carga no RE	Subunidade Sec24 de COPII	COPII
Asn-Pro-X-Tyr (NPXY)	Receptor de LDL na membrana plasmática	Complexo AP2	Clatrina/AP2
Tyr-X-X-Φ (YXXΦ)	Proteínas de membrana no *trans*-Golgi	AP1 (subunidade μ1)	Clatrina/AP1
	Proteínas da membrana plasmática	AP2 (subunidade μ2)	Clatrina/AP2
Leu-Leu (LL)	Proteínas da membrana plasmática	Complexos AP2	Clatrina/AP2

*X= qualquer aminoácido; Φ = aminoácido hidrofóbico. As abreviaturas no código de uma letra estão entre parênteses.

çar para o próximo compartimento e excluindo aquelas que devem permanecer no compartimento doador. Além disso, para compor a curvatura na membrana doadora, o revestimento vesicular também atua na seleção de proteínas específicas que serão carregadas. O mecanismo principal pelo qual o revestimento das vesículas seleciona as moléculas de carga ocorre pela ligação direta com sequências específicas, ou **sinais de seleção**, na porção citosólica das proteínas de carga na membrana (ver Figura 14-6a). O revestimento polimerizado, portanto, atua como matriz de afinidade, agrupando determinadas proteínas de carga da membrana na formação dos brotos vesiculares. As proteínas solúveis dentro do lúmen das organelas parentais não podem, por sua vez, fazer contato direto; elas necessitam de um tipo diferente de sinal de seleção. Proteínas solúveis do lúmen frequentemente contêm o que se considera um *sinal de seleção luminal*, ligando os domínios luminais de algumas proteínas de carga da membrana que atuam como receptores para as proteínas de carga luminais. As propriedades de diversos **sinais de classificação** conhecidos nas proteínas solúveis e de membrana estão resumidas na Tabela 14-2. Adiante, a função desses sinais será descrita detalhadamente.

GTPases Rab controlam a ligação das vesículas às membranas-alvo

Um segundo grupo de pequenas proteínas ligadoras de GTP, conhecidas como **proteínas Rab**, participa no direcionamento de vesículas à membrana-alvo apropriada. Da mesma forma que a Sar1 e a ARF, as proteínas Rab pertencem à superfamília das GTPases de proteínas de controle. As proteínas Rab também contêm um âncora isoprenoide que lhes permite se encaixarem na membrana da vesícula. A conversão do Rab·GDP a Rab·GTP, catalisada por um fator específico de troca de nucleotídeos guanina, induz uma alteração conformacional em Rab que permite sua interação com uma proteína de superfície em determinada vesícula de transporte, inserindo sua âncora isoprenoide na membrana da vesícula. Uma vez que a Rab·GTP está fixada à superfície da vesícula, parece que ela interage com uma das inúmeras proteínas volumosas diferentes, conhecidas como efetores de Rab, ligadas à membrana-alvo. A ligação de Rab·GTP a um efetor de Rab ancora a vesícula na membrana-alvo adequada (Figura 14-10, etapa 1). Após a fusão da vesícula, o GTP ligado à proteína Rab é hidrolisado a GDP, provocando a dissociação da Rab·GDP, que pode, então, sofrer outro ciclo de troca, ligação e hidrólise de GDP-GTP.

Várias evidências confirmam o envolvimento das proteínas Rab específicas nos eventos de fusão das vesículas. Por exemplo, o gene *SEC4* de leveduras codifica uma proteína Rab, e as células de levedura que expressam as proteínas Sec4 mutantes acumulam vesículas secretoras que não conseguem se fundir à membrana plasmática (mutantes de classe E, na Figura 14-4). Nas células dos mamíferos, a proteína Rab5 está localizada nas vesículas endocíticas, também denominadas endossomos precoces. Essas vesículas não revestidas são formadas a partir das vesículas revestidas com clatrina, logo após seu brotamento da membrana plasmática, durante a endocitose (ver Figura 14-1, etapa 9). A fusão dos endossomos precoces entre si em sistemas livres de células requer a presença da Rab5, e a adição da Rab5 e do GTP aos extratos livres de células acelera a velocidade de fusão dessas vesículas. Uma proteína longa e espiralada, conhecida como EEA1– antígeno 1 do endossomo precoce (do inglês *early endosome antigen 1*), que reside na membrana do endossomo precoce, atua como efetor para a Rab5. Nesse caso, a Rab5·GTP em uma vesícula endocítica parece ligar-se especificamente à EEA1 na membrana de outra vesícula endocítica, como preparação para a fusão das duas vesículas.

Um tipo diferente de efetor da Rab parece funcionar em cada tipo de vesícula e em cada etapa da via secretora. Ainda restam muitas perguntas sobre como as proteínas Rab são conduzidas às membranas corretas e sobre como complexos específicos são formados entre as diferentes proteínas Rab e suas proteínas efetoras correspondentes.

Os grupos pareados de proteínas SNARE promovem a fusão das vesículas às membranas-alvo

Como já foi mencionado, logo após uma vesícula ser liberada da membrana doadora, o revestimento da vesícula se dissocia, expondo uma proteína de membrana específica da vesícula, uma v-SNARE (ver Figura 14-6b). Da mesma forma, cada tipo de membrana-alvo em uma célula contém proteínas de membrana t-SNARE, que interagem especificamente com as v-SNARE. Após a fixação, mediada pela Rab, de uma vesícula a sua membrana-alvo (destino), a interação das SNARE equivalentes aproximam as duas membranas o suficiente para provocar sua fusão.

Um dos exemplos mais entendidos de fusão mediada pelas SNARE ocorre durante a exocitose de proteínas secretadas (ver Figura 14-10, etapas 2 e 3). Nesse caso, a v-SNARE, denominada *VAMP* (proteína de membrana associada à vesícula, do inglês *Vesicule-Associated Membrane Protein*), é incorporada nas vesículas secretoras à medida que essas brotam da rede *trans*-Golgi. As t-SNARE são as *sintaxinas*, proteínas integradas à membrana da membrana plasmática, e a *SNAP-25*, fixada à membrana plasmática por uma âncora lipídica hidrofílica no meio da proteína. A região citosólica em cada uma dessas três proteínas SNARE contém uma sequência heptâmera repetida que permite que as quatro hélices – uma da VAMP, uma da sintaxina e duas da SNAP-25 – se enrolem uma na outra, formando um feixe de quatro hélices (Figura 14-10b). A rara estabilidade desse complexo SNARE em feixe resulta do arranjo dos resíduos de aminoácidos hidrofóbicos e carregados na repetição heptamérica. Os aminoácidos hidrofóbicos estão inseridos no interior do feixe, e os aminoácidos de cargas opostas estão alinhados, formando interações eletrostáticas favoráveis entre as hélices. À medida que os

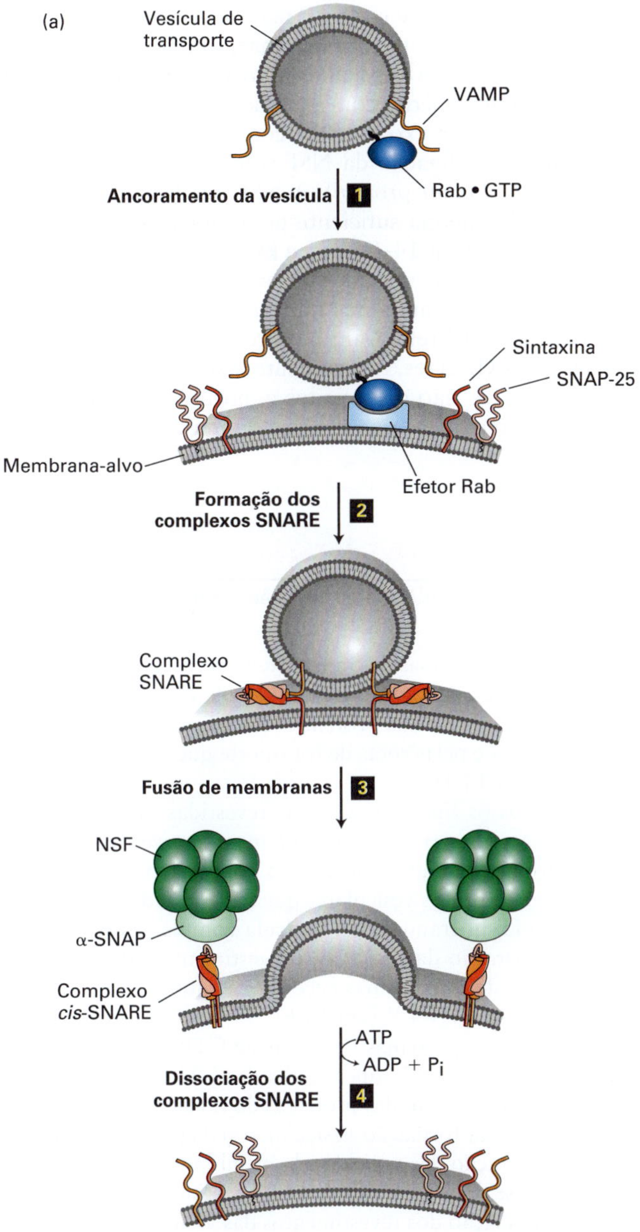

(b) Complexo SNARE

FIGURA 14-10 Modelo para a fixação e a fusão das vesículas de transporte com as suas membranas-alvo. (a) As proteínas mostradas neste exemplo participam da fusão das vesículas secretoras com a membrana plasmática, mas proteínas semelhantes promovem todos os eventos de fusão vesicular. Etapa **1**: uma proteína Rab, fixada por uma âncora lipídica à uma vesícula secretora, liga-se a um complexo efetor da proteína presente na membrana plasmática, fixando, assim, a vesícula de transporte na membrana-alvo adequada. Etapa **2**: uma proteína v-SNARE (neste caso, a VAMP) interage com os domínios citosólicos das t-SNARE correspondentes (no caso, a sintaxina e a SNAP-25). Os complexos super-helicoidais muito estáveis que são formados mantêm a vesícula próxima à membrana-alvo. Etapa **3**: a fusão das duas membranas ocorre imediatamente após a formação dos complexos SNARE, mas não se sabe exatamente como isto ocorre. Etapa **4**: após a fusão das membranas, a NSF, com a proteína α-SNAP, liga-se aos complexos SNARE. A hidrólise do ATP catalisada pela NSF efetua a dissociação dos complexos SNARE, liberando essas proteínas para outra rodada de fusão vesicular. (b) Inúmeras interações não covalentes (entre as quatro longas hélices α, duas da SNAP-25 e uma de cada sintaxina e da VAMP) estabilizam a estrutura super-helicoidal. (Ver J. E. Rothman & T. Söllner, 1997, *Science* **276**:1212, e W. Weis & R. Scheller, 1998, *Nature* **395**:328. A partir de Y. A. Chen & R. H. Scheller, 2001, *Nat. Rev. Mol. Cell Biol.* **2**(2):98.)

feixes de quatro hélices são formados, as membranas da vesícula e do alvo são aproximadas e justapostas pelos domínios transmembrana da VAMP e da sintaxina.

Os experimentos *in vitro* mostraram que quando lipossomos contendo a VAMP purificada são incubados com outros lipossomos contendo sintaxina e SNAP-25, as duas classes de membranas se fundem, ainda que lentamente. Essa descoberta é uma forte evidência de que a justaposição das membranas resultantes da formação dos complexos SNARE é suficiente para que ocorra a fusão das membranas. A fusão de uma vesícula e de uma membrana-alvo ocorre muito mais rápida e de maneira eficiente na célula do que nos experimentos com lipossomos nos quais a fusão é catalisada apenas pelas proteínas SNARE. A explicação mais provável para essa diferença é que, na célula, outras proteínas como as Rab e seus efetores estão envolvidos no direcionamento correto das vesículas à sua membrana-alvo.

As células de leveduras, como todas as células eucarióticas, expressam mais de 20 proteínas v-SNARE e t-SNARE diferentes, mas relacionadas. A análise de mutantes de leveduras deficientes em cada um dos genes SNARE permitiu a identificação dos eventos de fusão de membrana específicos, em que cada proteína SNARE participa. Em todos os eventos de fusão examinados, as proteínas SNARE formam complexos de feixes de quatro hélices, semelhantes aos complexos de VAMP/sintaxina/SNAP-25, que promovem a fusão das vesículas secretoras à membrana plasmática. Contudo, em outros eventos de fusão (como a fusão de vesículas COPII à rede do *cis*-Golgi) cada proteína SNARE participante contribui com uma única hélice α para o feixe (ao contrário da SNAP-25, que contribui com duas hélices); nesses casos, os complexos SNARE são constituídos por uma molécula de v-SNARE e três moléculas de t-SNARE.

Utilizando testes de fusão de lipossomos *in vitro*, os pesquisadores avaliaram a capacidade de diversas combinações de proteínas v- e t-SNARE individuais de promover a fusão entre membranas doadoras e alvos. Das muitas combinações diferentes analisadas, apenas algumas foram capazes de promover a fusão de maneira eficiente. Surpreendentemente, as combinações funcionais de v-SNARE e t-SNARE reveladas nesses experimentos *in vitro* corresponderam às interações de proteínas SNARE que promovem eventos conhecidos de fusão de membranas nas células das leveduras. Portanto, junto à especificidade da interação entre as proteínas Rab e efetoras Rab, a especificidade da interação entre as proteínas SNARE pode ser responsável por grande parte da especificidade da fusão entre certa vesícula à sua membrana-alvo.

A dissociação dos complexos SNARE após a fusão das membranas é promovida pela hidrólise do ATP

Após a fusão das vesículas e das membranas-alvo, os complexos SNARE devem ser dissociados, a fim de liberar as proteínas SNARE individuais para participar nos próximos eventos de fusão. Devido à estabilidade dos complexos SNARE unidos por diversas interações intermoleculares não covalentes, sua dissociação depende de proteínas e energia adicionais.

A primeira indicação de que a dissociação dos complexos SNARE dependia de outras proteínas surgiu de reações de transporte *in vitro*, deficientes de algumas proteínas citosólicas. O acúmulo de vesículas observado nessas reações indica que as vesículas poderiam ser formadas, mas que eram incapazes de se fundir à membrana-alvo. Finalmente, foi demonstrado que duas proteínas, designadas *NSF* e *α-SNAP*, são necessárias para a fusão das vesículas na reação de transporte *in vitro*. A função da NSF, *in vivo*, pode ser seletivamente bloqueada por *N*-etilmaleimida (NEM), composto químico que reage com o grupo –SH da NSF (daí o nome "fator sensível ao NEM", ou NEM-*sensitive factor*)

Leveduras mutantes também têm contribuído para a compreensão da função da SNARE. Dentre a classe C de mutantes *sec* estão as cepas com função de Sec18 ou Sec17 ausente, correspondentes às NSF e α-SNAP dos mamíferos, respectivamente. Quando esses mutantes de classe C são colocados em temperaturas não permissivas, eles acumulam vesículas de transporte do RE ao Golgi; quando as células são incubadas a temperaturas mais baixas, permissivas, as vesículas acumuladas são capazes de se fundir com o *cis*-Golgi.

Logo após a identificação das NSF e α-SNAP, por meio de estudos bioquímicos e genéticos iniciais, foram desenvolvidos testes de transporte *in vitro* mais sofisticados. Com esses novos testes, foi possível demonstrar que as proteínas NSF e α-SNAP não são, na verdade, necessárias à fusão da membrana, mas, sim, necessárias para a regeneração das proteínas SNARE livres. A NSF, uma proteína hexamérica com subunidades idênticas, associa-se a um complexo SNARE com o auxílio da α-SNAP (proteína de ligação da NSF solúvel, do inglês *soluble* NSF *attachment protein*). A NSF ligada hidrolisa ATP, liberando energia suficiente para dissociar o complexo SNARE (Figura 14-10, etapa **4**). Obviamente, os defeitos na fusão das vesículas observados nos experimentos anteriores nos mutantes de leveduras após a perda de Sec17 e Sec18 refletiram uma consequência das proteínas SNARE livres, rapidamente associadas em complexos SNARE não dissociados e, portanto, indisponíveis para promover a fusão das membranas.

CONCEITOS-CHAVE da Seção 14.2

Mecanismos moleculares de fusão e brotamento vesiculares

- As três vesículas de transporte bem caracterizadas – as vesículas de COPI, de COPII e de clatrina – são diferenciadas pelas proteínas que formam seus revestimentos e pelas rotas de transporte que promovem (ver Tabela 14-1).
- Todos os tipos de vesículas revestidas são formados pela polimerização de proteínas de revestimento citosólicas em uma membrana doadora (parental), formando brotos vesiculares que se desprendem da membrana, liberando uma vesícula completa. Logo após a liberação da vesícula, o revestimento é descartado, expondo as proteínas necessárias à fusão com a membrana-alvo (ver Figura 14-6).
- Pequenas proteínas ligadoras de GTP (ARF ou Sar1), que pertencem à superfamília das GTPases, controlam a polimerização das proteínas do revestimento, a etapa inicial da formação vesicular (ver Figura 14-8). Após a liberação das vesículas da membrana doadora, a hidrólise do GTP ligado à ARF ou à Sar1 desencadeia a dissociação dos revestimentos das vesículas.
- Sinais de classificação específicos nas proteínas luminais e nas proteínas de membrana das organelas doadoras interagem com as proteínas de revestimento durante a formação das vesículas, recrutando proteínas de carga às vesículas (ver Tabela 14-2).
- Um segundo grupo de proteínas ligadoras de GTP, as proteínas Rab, regulam a fixação das vesículas às membranas-alvo corretas. Cada Rab parece se ligar a um efetor Rab específico associado à membrana-alvo.
- Cada v-SNARE em uma membrana vesicular liga-se especificamente a um complexo equivalente de proteínas t-SNARE na membrana-alvo, induzindo a fusão das duas membranas. Após o término da fusão, o complexo SNARE é dissociado por uma reação dependente de ATP, mediado por outras proteínas citosólicas (ver Figura 14-10).

14.3 Estágios iniciais da via secretora

Nesta seção, serão descritos mais detalhadamente os estágios da via secretora que envolvem o tráfego vesicular do RE para o Golgi, bem como algumas evidências que confirmam os mecanismos discutidos na seção anterior. Lembre que o **transporte anterógrado** do RE ao Golgi, a primeira etapa do tráfego de vesículas da via secretora, é mediado pelas vesículas de COPII. Estas vesículas contêm proteínas recém-sintetizadas destinadas ao Golgi, superfície celular ou lisossomos, bem como os componentes da vesícula como os v-SNARE que são necessários ao direcionamento das vesículas para a membrana do *cis*-Golgi. A seleção adequada das proteínas entre o RE e o Golgi também requer o **transporte retrógrado** (reverso) do *cis*-Golgi para o RE, mediado pelas vesículas de COPI (Figura 14-11). O transporte vesicular retrógrado recupera as proteínas SNARE e a própria membrana de volta ao RE, fornecendo o material necessário aos ciclos adicionais de brotamento vesicular a partir do RE. O transporte retrógrado mediado pelas COPI também recupera as proteínas residentes no RE classificadas erroneamente para o *cis*-Golgi, corrigindo esses erros.

Nesta seção, também será descrito o processo pelo qual as proteínas corretamente entregues ao Golgi prosseguem nos compartimentos sucessivos do Golgi da rede *cis* para a *trans*. Este processo, conhecido como maturação das cisternas, envolve o brotamento e a fusão retrógrada e não anterógrada das vesículas de transporte.

As vesículas de COPII promovem o transporte do RE para o Golgi

As vesículas de COPII foram inicialmente identificadas quando extratos de membranas do RE rugoso das leveduras, livres de células, foram incubados com citosol e um análogo não hidrolisável de GTP. As vesículas formadas a partir das membranas do RE tinham um revestimento distinto, semelhante ao da vesícula de COPI, mas composto por proteínas diferentes, designadas proteínas COPII. As células de levedura com mutações nos genes das proteínas COPII são mutantes *sec* de classe B e acumulam proteínas no RE rugoso (ver Figura 14-4). A análise desses mutantes identificou diversas proteínas necessárias à formação das vesículas de COPII, incluindo as proteínas que formam o revestimento da vesícula COPII.

Como descrito anteriormente, a formação das vesículas de COPII é desencadeada quando o Sec12, um fator de troca de nucleotídeos guanina, catalisa a troca de um GDP por GTP ligado à Sar1. Essa troca induz a ligação da Sar1 à membrana do RE, seguida pela ligação de um complexo das proteínas Sec23 e Sec24 (ver Figura 14-8). O complexo ternário resultante formado entre Sar1·GTP, Sec23 e Sec24 é mostrado na Figura 14-12. Após a formação desse complexo na membrana do RE, um segundo complexo, composto pelas proteínas Sec13 e Sec31, associa-se a ele, completando a estrutura do revestimento. As proteínas Sec13 e Sec31 puras podem se unir espontaneamente em rede. Acredita-se que a Sec13 e Sec31 formam a base estrutural para as vesículas COPII. Finalmente,

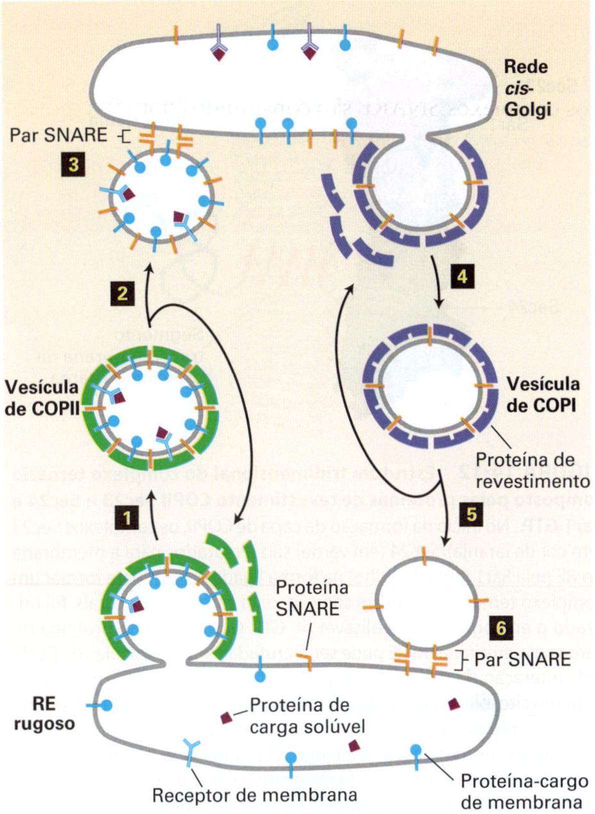

FIGURA 14-11 Tráfego de proteínas entre o RE e o *cis*-Golgi mediado por vesículas. Etapas **1** a **3**: o transporte direto (para frente, anterógrado) é mediado por vesículas de COPII, formadas pela polimerização de complexos de proteínas de revestimento COPII solúveis (em verde) na membrana do RE. As v-SNARE (em cor de laranja) e outras proteínas de carga (em azul) na membrana do RE são incorporadas na vesícula pela interação com as proteínas de revestimento. As proteínas de carga solúveis (em magenta) são recrutadas pela ligação aos receptores apropriados na membrana das vesículas em formação. A dissociação da capa libera as proteínas dos complexos de revestimento e expõe as proteínas v-SNARE na superfície da vesícula. Após a fixação da vesícula sem revestimento à membrana do Golgi, em um processo mediado por Rab, o pareamento entre as v-SNARE expostas e as correspondentes t-SNARE na membrana do Golgi permite a fusão vesicular, liberando seu conteúdo dentro do compartimento do Golgi (ver Figura 14-10). Etapas **4** a **6**: o transporte reverso (retrógrado) mediado por vesículas revestidas com COPI (em roxo) recicla a bicamada da membrana e determinadas proteínas, como as v-SNARE e das proteínas que residem no RE e que foram erroneamente transportadas (não mostrado), do *cis*-Golgi para o RE. Todas as proteínas SNARE são mostradas em cor de laranja, embora as v-SNARE e as t-SNARE sejam proteínas distintas.

uma grande proteína fibrosa, denominada Sec16, ligada à superfície citosólica do RE, interage com os complexos Sec13/31 e Sec23/24 e atua organizando as outras proteínas do revestimento, aumentando a eficiência da polimerização. Como a Sec13 e Sec31, a clatrina também possui essa capacidade de autoformação em uma estrutura de revestimento, como discutido na Seção 14.4.

Determinadas proteínas integradas à membrana do RE são recrutadas, especificamente, nas vesículas de COPII para transporte ao Golgi. Os segmentos citosólicos de

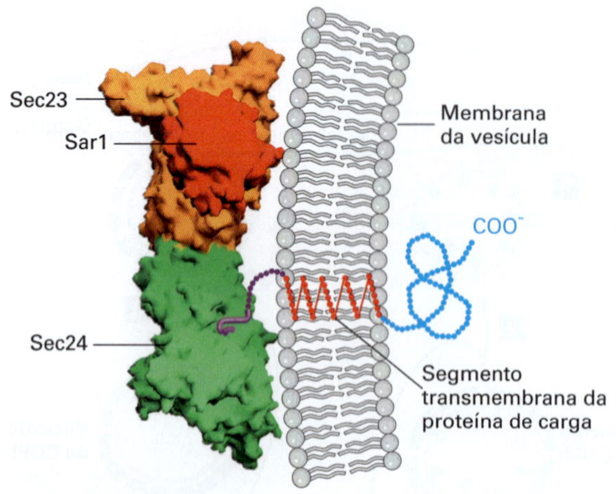

FIGURA 14-12 Estrutura tridimensional do complexo ternário composto pelas proteínas de revestimento COPII Sec23 e Sec24 e Sar1·GTP. No início da formação da capa de COPII, os complexos Sec23 (em cor de laranja)/Sec24 (em verde) são recrutados para a membrana do RE pela Sar1 (em vermelho) na forma ligada ao GTP. Para formar um complexo ternário estável em solução, para estudos estruturais, foi utilizado o análogo não hidrolisável de GTP, GppNHp. Uma proteína de carga na membrana do RE pode ser recrutada para as vesículas de COPII pela interação de um sinal tripeptídeo diácido (em roxo) presente no domínio citosólico da proteína de carga com a Sec24. A posição provável da membrana da vesícula de COPII e do segmento transmembrana da proteína de carga estão indicadas. O segmento N-terminal de Sar1 que o fixa à membrana não está mostrado. (Ver X. Bi et al., 2002, *Nature* **419**:271; interação com o peptídeo, cortesia de J. Goldberg.)

várias dessas proteínas contêm um *sinal de classificação diácido* (Asp-X-Glu, ou DXE, no código de uma letra) (ver Tabela 14-2). Esse sinal de classificação liga-se à subunidade Sec24 do revestimento de COPII e é essencial à exportação seletiva de determinadas proteínas de membrana do RE (ver Figura 14-12). Os estudos bioquímicos e genéticos estão, atualmente, identificando outros sinais que auxiliam no direcionamento das proteínas de carga de membrana nas vesículas de COPII. Outros estudos em andamento objetivam determinar como as proteínas de carga solúveis são carregadas, seletivamente, nas vesículas de COPII. Embora tenha sido encontrada uma proteína de membrana em vesículas de COPII purificadas de células de leveduras capazes de se ligar ao fator de acasalamento α, os receptores para outras proteínas de carga solúveis, como a invertase, ainda não foram identificados.

A doença hereditária fibrose cística é caracterizada por um desequilíbrio no transporte de íons sódio e cloro nas células epiteliais pulmonares, levando ao aumento de fluidos e dificuldade respiratória. A fibrose cística é causada por mutações na proteína conhecida como CFTR, sintetizada como proteína integral de membrana no RE e transportada ao Golgi antes de ser levada à membrana plasmática das células epiteliais, onde atua como canal de cloro. Os pesquisadores mostraram recentemente que a proteína CFTR contém um sinal de classificação diácido que se liga a subunidade Sec24 do revestimento COPII e é necessário ao transporte da proteína CFTR para fora do RE. A mutação mais comum da CFTR é a exclusão de uma fenilalanina na posição 508 da sequência da proteína (conhecida como ΔF508). Essa mutação impede o transporte normal da CFTR para a membrana plasmática, bloqueando seu empacotamento nas vesículas COPII que brotam do RE. Embora a mutação ΔF508 não ocorra nas vizinhanças do sinal de classificação diácido, essa mutação pode alterar a conformação da porção citosólica da CFTR de modo que o sinal diácido torna-se incapaz de se ligar à Sec24. Surpreendentemente, a CFTR com essa mutação ainda deveria ser capaz de funcionar como canal de cloro normal. Entretanto, ela nunca chega à membrana e, portanto, a doença é causada pela ausência do canal e não por um canal defeituoso. ■

Os experimentos descritos anteriormente, nos quais o trânsito de VSVG-GFP em cultura de células de mamíferos era monitorado por microscopia de fluorescência (ver Figura 14-2), forneceram informações sobre o transporte de intermediários do RE para o Golgi. Em algumas células, foram visualizadas pequenas vesículas fluorescentes contendo VSVG-GFP, formadas no RE, que se moviam menos de 1 μm e fundiam-se diretamente ao *cis*-Golgi. Em outras células, nas quais o RE estava localizado a vários micrômetros do aparelho de Golgi, diversas vesículas derivadas do RE foram vistas fundindo-se entre si, logo após sua formação, originando o chamado *compartimento intermediário do RE para a rede cis-Golgi*. Essas estruturas maiores são, então, transportadas ao longo de microtúbulos para o *cis*-Golgi, de maneira semelhante ao modo como as vesículas nas células nervosas são transportadas do corpo celular, onde são formadas, ao longo do axônio, até sua extremidade (Capítulo 18). Os microtúbulos atuam como "trilhos", permitindo que esses grandes agregados de vesículas de transporte sejam deslocados por grandes distâncias até o *cis*-Golgi de destino. No momento em que o compartimento intermediário do RE ao Golgi é formado, algumas vesículas de COPI se desprendem, reciclando algumas proteínas de volta ao RE.

As vesículas de COPI promovem o transporte retrógrado dentro do Golgi e do Golgi para o RE

As vesículas de COPI foram primeiramente descobertas quando frações isoladas do Golgi foram incubadas em uma solução contendo citosol e um análogo não hidrolisável do GTP (ver Figura 14-9). A análise posterior dessas vesículas mostrou que o revestimento é formado por grandes complexos citosólicos, chamados *coatômeros*, compostos por sete subunidades polipeptídicas. As células de levedura contendo mutações termossensíveis nas proteínas COPI acumulam proteínas no RE rugoso em temperaturas não permissivas e, portanto, são classificadas como mutantes *sec* de classe B (ver Figura 14-4). Embora a descoberta desses mutantes tenha inicialmente sugerido que as vesículas de COPI promoviam o transporte do RE para o Golgi, os experimentos posteriores mostraram que sua principal função está no transporte retrógrado, tanto entre as cisternas do Golgi quanto do *cis*-Golgi para o RE rugoso (ver Figura 14-11, *à direita*).

VÍDEO: Tráfego do receptor de KDEL

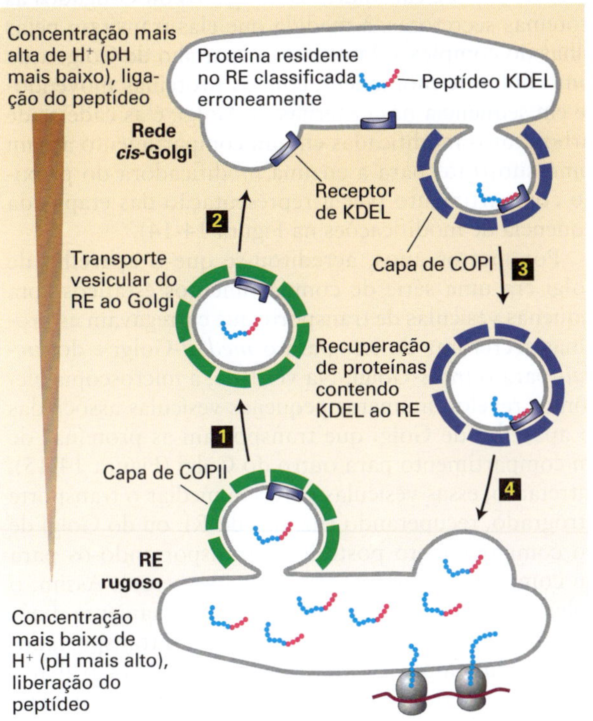

FIGURA 14-13 Função do receptor de KDEL na recuperação de proteínas luminais residentes no RE do aparelho de Golgi. As proteínas luminais do RE, especialmente aquelas presentes em altos níveis, podem ser passivamente incorporadas nas vesículas de COPII e transportadas para o Golgi (etapas **1** e **2**). Várias dessas proteínas possuem uma sequência C-terminal KDEL (Lys-Asp-Glu-Leu) (em vermelho) que permite sua recuperação. O receptor de KDEL, localizado principalmente na rede *cis*-Golgi e em ambas as vesículas de COPI e COPII, liga-se às proteínas que contêm o sinal de classificação KDEL e as traz de volta ao RE (etapas **3** e **4**). Este sistema de recuperação evita o esgotamento das proteínas luminais do RE, como as necessárias para o enovelamento correto das proteínas secretoras recém-produzidas. A afinidade da ligação do receptor de KDEL é muito sensível ao pH. A pequena diferença entre o pH do RE e do Golgi favorece a ligação das proteínas contendo KDEL ao receptor, nas vesículas derivadas do Golgi, e sua liberação no RE. (Adaptada de J. Semenza et al., 1990, *Cell* **61**:1349.)

Como os mutantes de COPI não podem reciclar importantes proteínas de membrana de volta ao RE rugoso, o RE perde gradualmente as proteínas do RE, como as v-SNARE, necessárias à função das vesículas de COPII. Finalmente, a formação de vesículas pelo RE rugoso é suspensa; as proteínas secretoras continuam a ser sintetizadas, mas se acumulam no RE, definindo as características de mutantes *sec* de classe B. A capacidade geral dos mutantes *sec* envolvidos nas funções das vesículas de COPI ou COPII em, por fim, bloquear o transporte retrógrado ou anterógrado demonstra a interdependência fundamental desses dois processos de transporte.

Como discutido no Capítulo 13, o RE contém diversas proteínas solúveis dedicadas ao enovelamento e à modificação das proteínas secretoras recém-sintetizadas. Essas incluem a chaperona BiP e a enzima dissulfeto isomerase, necessárias às funções do RE. Embora essas proteínas luminais residentes no RE não sejam especificamente seletivas para as vesículas de COPII, sua enorme abundância as deixam continuamente carregadas de forma passiva nas vesículas destinadas ao *cis*-Golgi. O transporte dessas proteínas solúveis de volta ao RE, mediado pelas vesículas de COPI, evita seu esgotamento.

A maioria das proteínas solúveis residentes no RE tem uma sequência Lys-Asp-Glu-Leu (KDEL, no código de uma letra) na extremidade C-terminal (ver Tabela 14-2). Vários experimentos demonstraram que esse *sinal de classificação KDEL* é necessário e suficiente para que essa proteína seja retida no RE. Por exemplo, quando uma proteína dissulfeto isomerase mutante sem esses quatro resíduos é sintetizada em cultura de fibroblastos, a proteína é secretada. Além disso, se uma proteína normalmente secretada for alterada para conter o sinal KDEL na sua extremidade C-terminal, essa proteína será retida no RE. O sinal de classificação KDEL é reconhecido e ligado pelo *receptor KDEL*, proteína transmembrana encontrada, principalmente, nas pequenas vesículas de transporte que circulam entre o RE e o *cis*-Golgi e no retículo do *cis*-Golgi. Além disso, as proteínas solúveis residentes no RE que contêm o sinal KDEL têm cadeias de oligossacarídeos com modificações catalisadas por enzimas encontradas apenas no *cis*-Golgi ou no retículo do *cis*-Golgi; portanto, em algum momento, essas proteínas deixam o RE e são transportadas, pelo menos, até a rede do *cis*-Golgi. Esses achados indicam que o receptor KDEL atua, principalmente, na recuperação das proteínas solúveis com o sinal de classificação KDEL que escaparam para a rede do *cis*-Golgi, devolvendo-as ao RE (Figura 14-13). O receptor KDEL se liga mais fortemente a seus ligantes em situações de baixo pH, e acredita-se que o receptor seja capaz de ligar os peptídeos KDEL no *cis*-Golgi mas libera estes peptídeos no RE, pois o pH do Golgi é um pouco mais baixo do que o pH do RE.

A proteína receptora KDEL e outras proteínas de membrana que são transportadas do Golgi de volta ao RE contêm uma sequência Lys-Lys-X-X na extremidade do segmento C-terminal, voltada para o citosol (ver Tabela 14-2). Este *sinal de classificação KKXX*, que se liga a um complexo de subunidades α e β de COPI (duas das sete subunidades polipeptídicas no coatômero COPI), é necessário e suficiente para a incorporação das proteínas de membrana nas vesículas de COPI, para seu transporte retrógrado ao RE. Os mutantes de leveduras termossensíveis deficientes em COPIα e COPIβ são incapazes de ligar o sinal KKXX e também de levar as proteínas com esse sinal de volta ao RE, indicando que as vesículas de COPI promovem o transporte retrógrado do Golgi para o RE.

Um segundo sinal de classificação que leva as proteínas para a COPI, permitindo sua reciclagem do Golgi para o RE, é uma sequência diarginina. Ao contrário do sinal de classificação KKXX, que deve estar localizado na região C-terminal da uma proteína orientada para o citoplasma, o sinal de classificação de diarginina pode estar localizado em qualquer segmento de uma proteína de membrana localizada na face citoplasmática da membrana.

A divisão das proteínas entre o RE e o aparelho de Golgi é um processo altamente dinâmico e depende das vesículas de COPII (anterógradas) e de COPII (retrógradas), sendo cada tipo de vesícula responsável pela reciclagem dos componentes necessários para a função do outro tipo de vesícula. A organização desse processo seletivo suscita uma nova questão: como as vesículas utilizam preferencialmente o v-SNARE que irá se fundir especificamente com a membrana-alvo correta e não com as v-SNAREs que estão sendo recicladas e terão especificidade para se fundir com a membrana doadora?

Essa questão básica, relacionada com a seleção correta da membrana, foi recentemente elucidada para as vesículas de COPII. Após a formação dessas vesículas, as proteínas de revestimento COPII permanecem unidas por tempo suficiente para que o complexo Sec23/Sec24 interaja com um fator de ligação específico associado à membrana *cis*-Golgi. A exposição dos v-SNAREs da vesícula é finalizada somente após a estreita associação da vesícula de COPII com a membrana do *cis*-Golgi e o COPII v-SNARE estiver localizado de modo a formar complexos com seus v-SNARE cognatos. Embora as vesículas de COPII também tenham proteínas v-SNARE específicas de COPI, que são recicladas de volta ao *cis*-Golgi, essas proteínas v-SNARE COPI incluídas nas vesículas de COPII nunca poderão formar o complexo SNARE com proteínas t-SNARE localizadas no RE.

O transporte anterógrado pelo Golgi ocorre pela maturação da cisterna

O aparelho de Golgi é organizado em três ou quatro subcompartimentos, frequentemente distribuídos em uma pilha de sacos achatados, denominados cisternas. Os subcompartimentos do Golgi diferem entre si de acordo com as enzimas que contêm. Muitas das enzimas são as glicosidases e glicosiltransferases envolvidas nas modificações de carboidratos N-ligados ou O-ligados às proteínas secretoras, à medida que elas transitam pelas pilhas do complexo. Em geral, o aparelho de Golgi atua como linha de montagem, com as proteínas movendo-se em sequência nas cisternas do Golgi, e as cadeias de carboidratos modificadas em um compartimento atuam como substrato para a enzima modificadora do próximo compartimento (ver a representação das etapas da sequência de modificações na Figura 14-14).

Por muitos anos, acreditou-se que o aparelho de Golgi era uma série de compartimentos estáticos com pequenas vesículas de transporte que carregavam as proteínas secretoras do *cis*- para o *medial*-Golgi e do *medial*- para o *trans*-Golgi. Na verdade, a microscopia eletrônica revelou inúmeras pequenas vesículas associadas ao aparelho de Golgi que transportam as proteínas de um compartimento para outro do Golgi (Figura 14-15). Entretanto, essas vesículas parecem mediar o transporte retrógrado, recuperando enzimas do RE ou do Golgi de um compartimento posterior e transportando-os para um compartimento anterior na via secretora. Assim, o Golgi parece ter uma organização extremamente dinâmica, formando continuamente vesículas transportadoras, embora sempre na direção retrógrada. Para avaliar o efeito que esse transporte retrógrado exerce na organização do Golgi, considere o efeito final no compartimento do *medial*-Golgi quando as enzimas do *trans* movem-se para o *medial*, e as enzimas do *medial* são transportadas

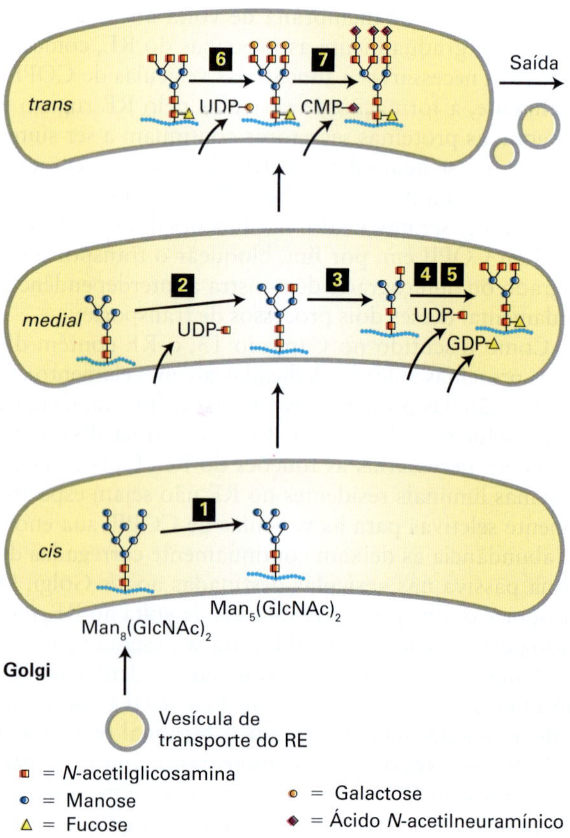

FIGURA 14-14 Processamento das cadeias de oligossacarídeos N-ligadas com as glicoproteínas nas cisternas do *cis*-, *medial*- e *trans*-Golgi nas células dos vertebrados. As enzimas que catalisam cada etapa estão localizadas nos compartimentos indicados. Após a remoção de três resíduos de manose no *cis*-Golgi (etapa **1**), a proteína move-se por progressão cisternal ao *medial*-Golgi. Nessa etapa, três resíduos de GlcNAc são adicionados (etapas **2** e **4**), outros dois resíduos de manose são removidos (etapa **3**) e uma única fucose é adicionada (etapa **5**). O processamento é completado no *trans*-Golgi pela adição de três resíduos de galactose (etapa **6**) e, finalmente, pela ligação de um resíduo de ácido *N*-acetilneuramínico a cada um dos resíduos de galactose (etapa **7**). Enzimas transferases específicas adicionam moléculas de açúcar ao oligossacarídeo, uma de cada vez, a partir de açúcares dos precursores de nucleotídeos importados do citosol. Esta via é representativa dos eventos de processamento no Golgi de uma glicoproteína característica dos mamíferos. As variações na estrutura dos oligossacarídeos N-ligados podem resultar das diferenças nas etapas de processamento no Golgi. (Ver R. Kornfeld e S. Kornfeld, 1985, *Ann. Rev. Biochem.* **45**:631.)

VÍDEO: Modelo 3D do aparelho de Golgi

FIGURA EXPERIMENTAL 14-15 A micrografia eletrônica do aparelho de Golgi de uma célula pancreática exócrina revela vesículas dos dois tipos de transporte: anterógrado e retrógrado. Uma grande vesícula secretora pode ser vista formando-se a partir da rede *trans*-Golgi. Os elementos do RE rugoso estão à esquerda, nesta micrografia. Os elementos de transição, a partir dos quais brotos lisos que parecem estar em formação podem ser vistos, estão adjacentes ao RE rugoso. Esses brotos formam as pequenas vesículas que transportam as proteínas secretoras do RE rugoso para o aparelho de Golgi. Outras pequenas vesículas, intercaladas entre as cisternas do Golgi, atuam no transporte retrógrado, mas não no anterógrado. (Cortesia de G. Palade.)

para o *cis*-Golgi. Com a continuidade do processo, o *medial* adquire enzimas do *trans* e, ao mesmo tempo, perde enzimas para o *cis* que, progressivamente, torna-se um novo compartimento *trans*-Golgi. Assim, as proteínas de carga secretoras adquirem modificações em seus carboidratos na ordem sequencial adequada, sem serem transportadas de uma cisterna a outra por meio do transporte de vesículas anterógrado.

A primeira evidência de que o transporte direto de proteínas de carga do *cis*- para o *trans*-Golgi ocorre por um mecanismo progressivo, chamado **maturação das cisternas**, surgiu da cuidadosa análise microscópica da síntese das escamas das algas. Essas glicoproteínas da parede celular são montadas no *cis*-Golgi em grandes complexos vistos por microscopia eletrônica. Assim como outras proteínas secretoras, as escamas recém-formadas vão do *cis*- para o *trans*-Golgi, mas podem ser 20 vezes maiores do que as vesículas de transporte comuns, formadas nas cisternas do Golgi. Da mesma forma, na síntese do colágeno pelos fibroblastos, enormes agregados do pró-colágeno

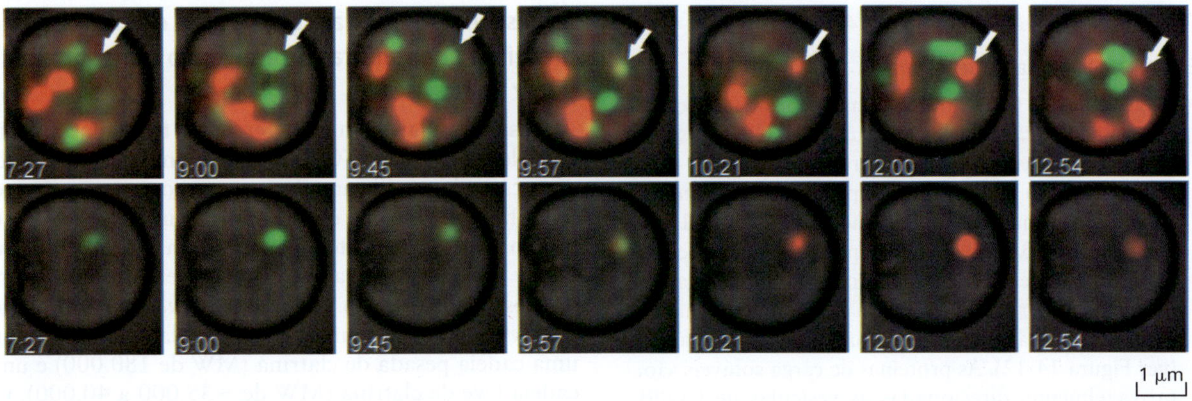

FIGURA EXPERIMENTAL 14-16 As proteínas de fusão marcadas com corantes fluorescentes mostram a maturação das cisternas do Golgi em células de levedura viva. As células de levedura que expressam a proteína Vrg4 fusionada a GFP (verde fluorescente) do Golgi inicial e a proteína Sec7 fusionada a DsRed (vermelho fluorescente) são fotografadas em intervalos de tempo com microscópio. A série de imagens superiores, tiradas com cerca de um minuto de intervalo uma da outra, mostra um conjunto de cisternas do Golgi marcada com Vrg4 ou Sec7. A série de imagens inferiores mostra apenas uma cisterna do Golgi, isolada pelo processamento digital da imagem. Primeiro, somente a Vrg4-GFP é localizada na cisterna isolada; em seguida, apenas a Sec7-DsRed é localizada na cisterna isolada. Após um breve período, as duas proteínas são colocalizadas neste compartimento. Este experimento é uma demonstração direta da hipótese da maturação das cisternas, mostrando que a composição de determinada cisterna segue o processo de maturação caracterizado pela perda das proteínas do Golgi inicial e ganho das proteínas do Golgi tardio. (De Losev et al., 2006, *Nature* **441**:1002.)

precursor normalmente são formados no lúmen do *cis*-Golgi (ver Figura 20-24). Os agregados de pró-colágeno são muito grandes para serem incorporados nas pequenas vesículas de transporte, e os pesquisadores nunca encontraram esses agregados dentro das vesículas de transporte. Essas observações sugeriram que o movimento para frente dessas proteínas (e, talvez, de todas as proteínas secretoras) de um compartimento do Golgi para outro não ocorria por meio de pequenas vesículas.

Uma demonstração particularmente apurada da maturação das cisternas em leveduras empregou marcadores fluorescentes de cores diferentes para analisar simultaneamente a imagem de duas proteínas no Golgi. A Figura 14-6 mostra como a proteína localizada no *cis*-Golgi, marcada com proteína verde fluorescente, e uma proteína do *trans*-Golgi, marcada com proteína vermelho fluorescente, comportam-se na mesma célula de levedura. Em determinado momento, cada cisterna do Golgi parece ter uma identidade distinta em cada compartimento, ou seja, elas têm proteínas do *cis* ou do *trans*-Golgi, mas raramente ambas. Entretanto, com o passar do tempo, observa-se que determinada cisterna perde progressivamente sua proteína e adquire a proteína do *trans*-Golgi. Esse comportamento é exatamente o previsto pelo modelo de maturação das cisternas, no qual a composição de determinada cisterna é alterada à medida que as proteínas residentes do Golgi movem-se dos compartimentos posteriores para os compartimentos precoces.

Embora pareça que grande parte das proteínas de tráfego mova-se pelo mecanismo de maturação das cisternas no aparelho de Golgi, existem evidências de que pelo menos algumas vesículas de transporte COPI que brotam das membranas do Golgi contenham proteínas de carga (e não enzimas do Golgi) e realizem o movimento na direção anterógrada (e não retrógrada).

CONCEITOS-CHAVE da Seção 14.3

Estágios iniciais da via secretora

- As vesículas de COPII transportam as proteínas do RE rugoso para o *cis*-Golgi; as vesículas de COPI transportam as proteínas na direção inversa (ver Figura 14-11).
- O revestimento de COPII é composto por três componentes: uma pequena proteína ligadora de GTP Sar1, um complexo Sec23/Sec24 e um complexo de Sec13/Sec31.
- Os componentes do revestimento de COPII se ligam a proteínas de carga de membrana contendo um sinal de classificação diácido, ou outro, na sua região citosólica (ver Figura 14-12). As proteínas de carga solúveis são, provavelmente, direcionadas às vesículas de COPII pela ligação a um receptor de membrana.
- Várias proteínas solúveis que residem no RE contêm um sinal de classificação KDEL. A ligação dessa sequência de recuperação a uma proteína receptora específica na membrana do *cis*-Golgi seleciona as proteínas do RE distribuídas incorretamente nas vesículas de COPI retrógradas (ver Figura 14-13).
- As proteínas de membrana necessárias à formação das vesículas de COPII podem ser recuperadas do *cis*-Golgi pelas vesículas de COPI. Um dos sinais de classificação que direciona as proteínas de membrana rumo às vesículas de COPI é a sequência KKXX, que se liga a subunidades da capa de COPI. Um sinal de classificação de diarginina atua por meio de um mecanismo similar.
- As vesículas de COPI também transportam proteínas residentes do Golgi de compartimentos mais posteriores para mais precoces, nas cisternas do Golgi.
- Proteínas solúveis e de membrana avançam pelo aparelho de Golgi por maturação das cisternas, um processo de transporte anterógrado que depende das enzimas residentes do Golgi que se movem por meio do transporte vesicular de COPI na direção retrógrada.

14.4 Estágios tardios da via secretora

À medida que as proteínas de carga movem-se da face *cis* para a face *trans* do aparelho de Golgi pela maturação das cisternas, as enzimas residentes do Golgi realizam modificações nas suas cadeias oligossacarídicas. O tráfego retrógrado de vesículas de COPI de compartimentos posteriores para os mais precoces do Golgi mantém um nível suficiente dessas enzimas modificadoras de carboidratos nos seus compartimentos funcionais. Por fim, as proteínas de carga processadas corretamente chegam à rede *trans*-Golgi, o compartimento mais distal do aparelho de Golgi, onde são distribuídas entre as vesículas para serem entregues ao destino final. Nesta seção, serão discutidos os diferentes tipos de vesículas formados na rede *trans*-Golgi, os mecanismos que segregam as proteínas de carga entre si e os eventos importantes do processamento que ocorrem na porção tardia da via secretora. As etapas de transporte mediadas pelos principais tipos de vesículas revestidas estão resumidas na Figura 14-17.

As vesículas revestidas com clatrina e/ou as proteínas adaptadoras promovem o transporte a partir do *trans*-Golgi

As vesículas mais bem caracterizadas formadas a partir da rede *trans*-Golgi (TGN) possuem um revestimento de duas camadas: uma camada externa, composta pela proteína fibrosa clatrina, e uma camada interna, composta por **complexos de proteína adaptadora (AP)**. As moléculas de clatrina purificadas, que apresentam uma forma de três membros, são chamadas *triskelions* (do grego, *com três pernas*) (Figura 14-18a). Cada "perna" contém uma cadeia pesada de clatrina (MW de 180.000) e uma cadeia leve de clatrina (MW de ~35.000 a 40.000). Os *triskelions* são polimerizados, formando uma estrutura poligonal com uma curvatura intrínseca (Figura 14-18b). Quando a clatrina é polimerizada na membrana doadora, ela se associa aos complexos AP, que preenchem os espaços entre a estrutura de clatrina e a membrana. Cada complexo AP (MW de 340.000) contém uma cópia de cada uma das quatro subunidades diferentes de proteínas adaptadoras. Uma associação específica entre o do-

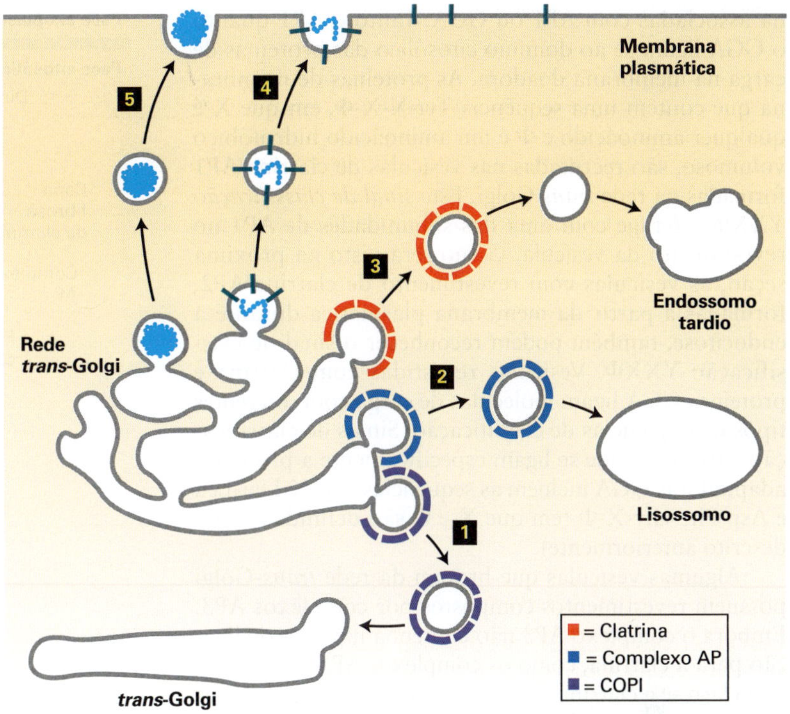

FIGURA 14-17 Tráfego de proteínas mediado por vesículas na rede *trans*-Golgi. O transporte retrógrado no Golgi é mediado pelas vesículas de COPI (roxo) (1). As proteínas que atuam no lúmen ou na membrana do lisossomo são as primeiras transportadas da rede *trans*-Golgi por meio das vesículas revestidas com clatrina (vermelho) (3). Após o desnudamento, estas vesículas fusionam-se com os endossomos tardios que entregam seu conteúdo ao lisossomo. O revestimento da maioria das vesículas de clatrina contém proteínas adicionais (complexos AP) não apresentadas. Algumas vesículas do *trans*-Golgi transportando cargas destinadas aos lisossomos fusionam-se com eles diretamente (2) sem passar pelos endossomos. Essas vesículas são revestidas com um tipo de complexo AP (azul). Não se sabe se essas vesículas também contêm clatrina. As vesículas de revestimento que circundam as vesículas constitutivas (4) e secretoras reguladas (5) ainda não foram caracterizadas. Estas vesículas levam proteínas secretadas e proteínas de membrana plasmática da rede *trans*-Golgi para a superfície celular.

mínio globular na extremidade de cada cadeia pesada de clatrina no *triskelion* e uma subunidade do complexo AP promove a junção dos *triskelions* de clatrina com os complexos de AP, aumentando a estabilidade do revestimento completo da vesícula.

As proteínas adaptadoras determinam, pela ligação à face citosólica das proteínas de membrana, quais as proteínas de carga que são especificamente incluídas, ou excluídas, da vesícula de transporte em formação. São conhecidos três complexos AP distintos (AP1, AP2, AP3), cada um com quatro subunidades proteicas diferentes, embora relacionadas. Recentemente, foi identificado um segundo tipo geral de proteína adaptadora, conhecida como GGA, que contém, em um único polipeptídeo com MW de 70.000, elementos de ligação com clatrina e com proteínas de carga semelhantes àqueles encontrados em complexos AP heterotetraméricos muito maiores. Vesículas contendo cada tipo de complexo (AP ou GGA) promovem etapas específicas do transporte (ver Tabela 14-1). Todas as vesículas cujos revestimentos contêm um desses complexos utilizam a ARF para iniciar a montagem do revestimento na membrana doadora. Como discutido anteriormente, a ARF também inicia a montagem dos revestimentos de COPI. Ainda são pouco conhecidas as demais características dos fatores proteicos ou de membrana que determinam o tipo de revestimento que será montado após a fixação da ARF.

As vesículas que brotam da rede *trans*-Golgi na rota para os lisossomos, passando pelo endossomo tardio (ver Figura 14-17, etapa 3), possuem capas de clatri-

VÍDEO: Surgimento de uma capa de clatrina

FIGURA 14-18 Estrutura das capas de clatrina. (a) Uma molécula de clatrina, chamada *triskelion*, é composta por três cadeias pesadas e por três cadeias leves. Ela apresenta uma curvatura intrínseca devido à curvatura das cadeias pesadas. (b) Os revestimentos de clatrina foram formados *in vitro* pela mistura das cadeias pesadas e leves purificadas com complexos AP2, na ausência de membranas. Micrografias crioeletrônicas de mais de mil partículas montadas foram analisadas por processamento digital de imagens, originando uma representação média da estrutura. A imagem processada mostra somente as cadeias pesadas da clatrina em uma estrutura formada por 36 *triskelions*. Três *triskelions* estão representados em vermelho, amarelo e verde. Parte do complexo AP2 organizado no interior da clatrina também está visível nesta representação. (Ver B. Pishvaee e G. Payne, 1998, *Cell* **95**:443. Parte (b) de Fotin et al., 2004. *Nature* **432**:573).

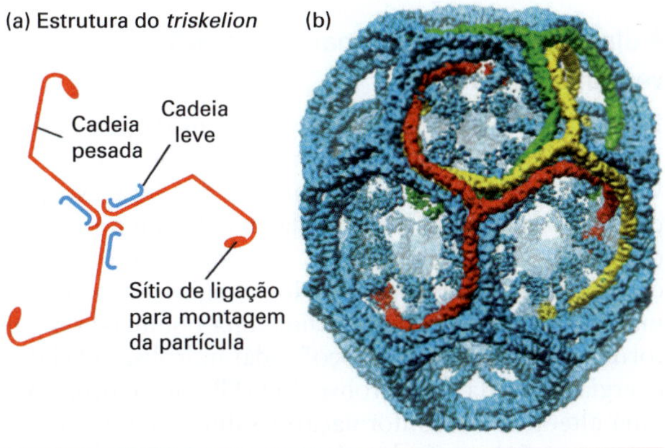

na associadas com AP1 ou GGA. Tanto o AP1 quanto o GGA ligam-se ao domínio citosólico das proteínas de carga na membrana doadora. As proteínas de membrana que contêm uma sequência Tyr-X-X-Φ, em que X é qualquer aminoácido e Φ é um aminoácido hidrofóbico volumoso, são recrutadas nas vesículas de clatrina/AP1 formadas na rede *trans*-Golgi. Este *sinal de classificação YXXΦ* interage com uma das subunidades de AP1 no revestimento da vesícula. Como será visto na próxima seção, as vesículas com revestimento de clatrina/AP2, formadas a partir da membrana plasmática durante a endocitose, também podem reconhecer o sinal de classificação YXXΦ. Vesículas revestidas com clatrina e proteínas GGA ligam moléculas de carga com diferentes tipos de sequências de classificação. Sinais de classificação citosólicos que se ligam especificamente a proteínas adaptadoras GGA incluem as sequências Asp-X-Leu-Leu e Asp-Phe-Gly-X-Φ (em que X e Φ são definidos como descrito anteriormente).

Algumas vesículas que brotam da rede *trans*-Golgi possuem revestimentos compostos por complexos AP3. Embora o complexo AP3 não contenha um sítio de ligação para a clatrina, como os complexos AP1 e AP2, não está claro se a clatrina é realmente necessária para que as vesículas contendo AP3 funcionem, pois versões mutantes de AP3 sem sítios de ligação para a clatrina parecem ser completamente funcionais. As vesículas revestidas com AP3 promovem o tráfego até o lisossomo, mas parece não passar pelo endossomo tardio e fundem-se diretamente à membrana lisossomal (ver Figura 14-17, etapa **2**). Em determinados tipos de células, as vesículas de AP3 promovem o transporte das proteínas para os compartimentos de armazenamento especializados relacionados aos lisossomos. Por exemplo, o AP3 é necessário para o transporte de proteínas até os melanossomos, que contêm o pigmento escuro melanina, nas células da epiderme e para as vesículas de armazenamento das plaquetas nos megacariócitos, uma grande célula que se fragmenta em dezenas de plaquetas. Camundongos com mutações em qualquer uma das duas subunidades diferentes de AP3 não apenas têm pigmentação anormal da pele como também apresentam doença hemorrágica. Esta última ocorre porque as lesões nos vasos sanguíneos não conseguem ser restauradas na ausência das plaquetas, contidas nas vesículas de armazenamento normais.

A dinamina é necessária para a liberação das vesículas de clatrina

Uma etapa fundamental ainda não considerada na formação de uma vesícula de transporte é como um broto vesicular se desprende da membrana doadora. No caso das vesículas revestidas com clatrina/AP, uma proteína citosólica, chamada **dinamina**, é essencial para a liberação das vesículas completas. Nos estágios finais da formação do broto vesicular, a dinamina polimeriza-se em torno da porção do "pescoço" e daí hidrolisa o GTP. A energia derivada da hidrólise do GTP parece promover uma alteração na conformação na dinamina que estica o "pescoço" da vesícula até que ela se desprenda (Figura 14-19). Curiosamente, as vesículas de COPI e COPII parecem se desprender da membrana doadora sem o auxílio de uma GTPase como a dinamina. Os experimentos de brotamento *in vitro* sugerem que a dimerização das proteínas ARF promove o desprendimento das vesículas de COPI, mas o mecanismo ainda não é entendido.

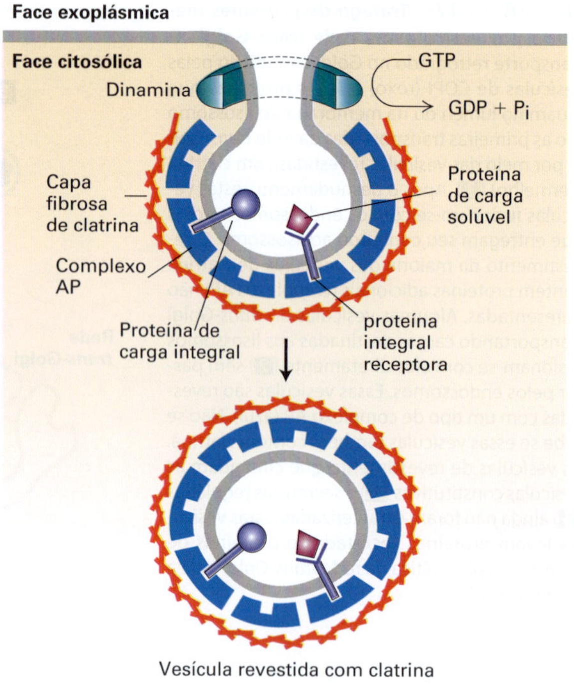

FIGURA 14-19 Modelo para o desprendimento das vesículas de clatrina/complexos AP mediado por dinamina. Após a formação do broto vesicular, a dinamina é polimerizada em torno do pescoço. Por um mecanismo que ainda não foi bem compreendido, a hidrólise do GTP catalisada pela dinamina resulta na liberação da vesícula da membrana doadora. Observe que as proteínas de membrana na membrana doadora são incorporadas nas vesículas pela interação com os complexos AP do revestimento. (Adaptada de K. Takel et al., 1995, *Nature* **374**:186.)

A incubação de extratos celulares com um derivado não hidrolisável de GTP fornece evidências críticas da importância da dinamina no desprendimento das vesículas de clatrina/AP2 durante a endocitose. Esse tratamento leva ao acúmulo de vesículas revestidas com clatrina formadas com pescoços excessivamente longos, circundados por dinamina polimerizada, mas que não se desprendem (Figura 14-20). Da mesma forma, as células que expressam formas mutantes de dinamina que não conseguem ligar GTP não formam vesículas revestidas de clatrina e acumulam brotos vesiculares com pescoços igualmente longos, envolvidos por dinamina polimerizada.

Assim como as vesículas de COPI e COPII, as vesículas de clatrina/AP, normalmente, perdem seu revestimento logo após sua formação. Uma proteína chaperona citosólica constitutiva, chamada Hsc70, encontrada em todas as células eucarióticas, parece utilizar a energia derivada da hidrólise do ATP para realizar a despolimerização do revestimento de clatrina em *triskelions*. A dissociação do revestimento não apenas libera os *triskelions*

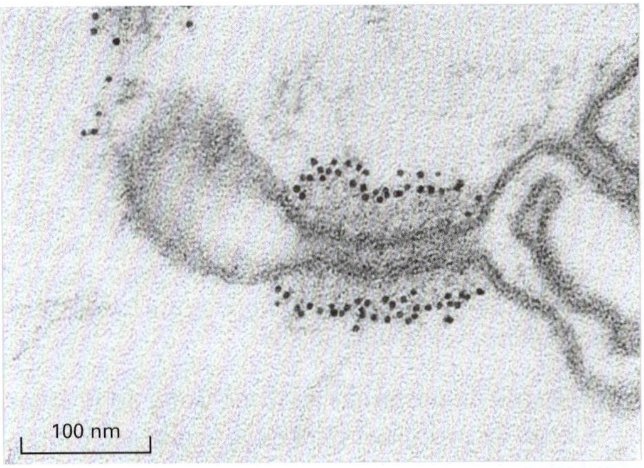

FIGURA EXPERIMENTAL 14-20 A hidrólise do GTP pela dinamina é necessária para o desprendimento das vesículas de clatrina em extratos livres de células. Uma preparação de terminações nervosas com extensiva endocitose foi lisada pelo tratamento com água destilada e incubada com GTP-γ-S, um análogo não hidrolisável derivado de GTP. Após secionada, a preparação foi tratada com anticorpos antidinamina marcados com ouro e visualizados ao microscópio eletrônico. Esta imagem, que mostra um broto com um longo pescoço revestido de clatrina/AP, com a dinamina polimerizada em torno do pescoço, demonstra que os brotos podem ser formados na ausência da hidrólise de GTP, mas as vesículas não podem se desprender. Provavelmente, a polimerização extensiva da dinamina que ocorre na presença do GTP-γ-S não ocorre durante o processo normal de brotamento. (De K. Takel et al., 1995, *Nature* **374**:186; cortesia de Pietro De Camilli.)

para serem reutilizados na formação de mais vesículas como também expõe as v-SNARE que participam no processo de fusão com as membranas-alvo. As alterações de conformação ocorridas quando a ARF alterna de seu estado ligado ao GTP para o estado ligado ao GDP parecem regular a despolimerização do revestimento de clatrina. O modo pelo qual a ação de Hsc70 é acoplada à alternância da ARF não está bem compreendido.

Resíduos de manose-6-fosfato direcionam as proteínas solúveis para os lisossomos

A maior parte dos sinais de classificação que atuam no tráfego vesicular são sequências curtas de aminoácidos na proteína-alvo. Em contrapartida, o sinal de classificação que direciona as enzimas lisossomais solúveis da rede de *trans*-Golgi para os endossomos tardios é um resíduo de carboidrato, a **manose-6-fosfato (M6P)**, formada no *cis*-Golgi. A adição e o processamento inicial de um ou mais precursores de oligossacarídeos N-ligados, pré-formados no RE rugoso, são os mesmos para as enzimas lisossomais e para as proteínas de membrana e secretadas, originando cadeias de $Man_8(GlcNac)_2$ (ver Figura 13-18). No *cis*-Golgi, os oligossacarídeos N-ligados presentes na maioria das enzimas lisossomais são submetidos a uma sequência de reações de duas etapas que produzem resíduos de M6P (Figura 14-21). A adição de resíduos de M6P às cadeias de oligossacarídeos das enzimas lisossomais solúveis evita que essas proteínas sofram reações de processamento adicionais, características das proteínas de membrana e proteínas secretadas (ver Figura 14-14).

Como mostrado na Figura 14-22, a segregação das enzimas lisossomais que contêm M6P a partir das proteínas de membrana e secretadas ocorre na rede *trans*-Golgi. Nesta, os *receptores de manose-6-fosfato* transmembrana ligam os resíduos de M6P nas proteínas destinadas aos lisossomos específica e fortemente. As vesículas de clatrina/AP1 contendo o receptor M6P e as enzimas lisossomais ligadas brotam da rede *trans*-Golgi, perdem seu revestimento e, a seguir, fundem-se ao endossomo tardio pelos mecanismos já descritos. Como os receptores M6P podem ligar M6P em pH levemente ácido (~6,5) existente na rede de *trans*-Golgi, mas não em pH abaixo de 6, as enzimas lisossomais ligadas são liberadas nos endossomos tardios, que têm um pH interno de 5 a 5,5. Além disso, uma fosfatase presente nos endossomos tardios geralmente remove os fosfatos dos resíduos de M6P das enzimas lisossomais, evitando qualquer religação do receptor de M6P que possa ocorrer, apesar do baixo pH dos endossomos. As vesículas que brotam dos endossomos tardios reciclam o receptor M6P de volta à rede *trans*-Golgi ou, às vezes, à superfície celular. Finalmente, os endossomos tardios maduros fundem-se aos lisossomos, entregando as enzimas lisossomais ao seu destino final.

A classificação das enzimas lisossomais solúveis na rede *trans*-Golgi (ver Figura 14-22, etapas **1** a **4**) compartilha muitas das características do tráfego entre o RE

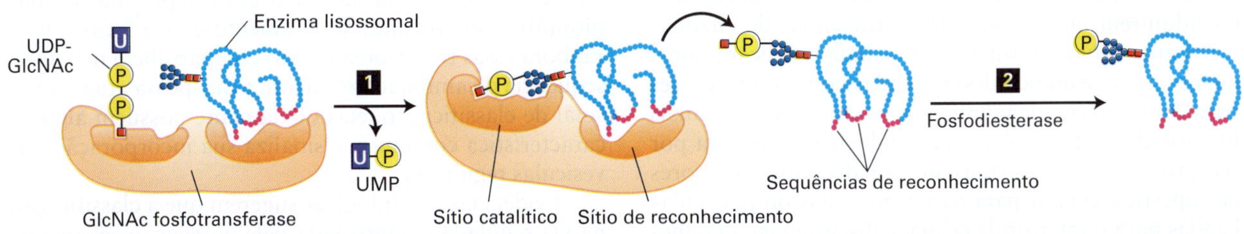

FIGURA 14-21 Formação dos resíduos de manose-6-fosfato (M6P) que direcionam as enzimas solúveis para os lisossomos. Os resíduos de M6P que direcionam proteínas para os lisossomos são produzidos no *cis*-Golgi por duas enzimas residentes no Golgi. Etapa **1**: uma *N*-acetilglicosamina (GlcNAc) fosfotransferase transfere um grupo GlcNAc para o átomo de carbono 6 de um ou mais resíduos de manose. Como as enzimas lisossomais contêm sequências (em vermelho) que são reconhecidas e ligadas por essa enzima, os grupos GlcNAc fosforilados são adicionados especificamente às enzimas lisossomais. Etapa **2**: após a liberação de uma proteína modificada pela fosfotransferase, uma fosfodiesterase remove o grupo GlcNAc, resultando em um resíduo de manose fosforilada na enzima lisossomal. (Ver A. B. Cantor et al., 1992, *J. Biol. Chem.* **267**:23349, e S. Kornfeld, 1987, *FASEB J.* **1**:462.)

e os compartimentos do *cis*-Golgi mediados pelas vesículas de COPI e COPII. Primeiro, a manose-6-fosfato atua como sinal de classificação, interagindo com o domínio luminal de uma proteína receptora na membrana doadora. Segundo, os receptores inseridos na membrana com seus ligantes são incorporados às vesículas apropriadas – neste caso, às vesículas de clatrina contendo AP1 ou GGA – pela interação com o revestimento da vesícula. Terceiro, essas vesículas de transporte se fundem apenas com uma organela específica, no caso o endossomo tardio, como o resultado de interações específicas entre as v– e t-SNARE. Finalmente, os receptores de transporte intracelular são reciclados após a dissociação de seus ligantes.

O estudo de doenças de armazenamento lisossomal revelou os componentes fundamentais da via de classificação lisossomal

Um grupo de doenças genéticas, denominadas *doenças de armazenamento lisossomal*, é causado pela ausência de uma ou mais enzimas lisossomais. Dessa forma, os glicolipídeos e os componentes extracelulares não digeridos que seriam normalmente degradados pelas enzimas lisossomais se acumulam nos lisossomos, formando grandes inclusões. Pacientes com doenças de armazenamento lisossomal podem apresentar várias anormalidades neurológicas, fisiológicas e de desenvolvimento, dependendo do tipo e da gravidade da deficiência. A *doença de células-I* é um tipo particularmente grave entre as doenças de armazenamento lisossomal em que várias enzimas estão ausentes dos lisossomos. As células dos indivíduos afetados não têm a *N*-acetilglicosamina fosfotransferase, necessária para a formação dos resíduos de M6P nas proteínas lisossomais no *cis*-Golgi (ver Figura 14-21). A comparação bioquímica das enzimas lisossomais de indivíduos normais e dos pacientes com a doença de células-I levaram à descoberta inicial de que a manose-6-fosfato é um sinal de classificação lisossomal. Na ausência desse sinal M6P, as enzimas lisossomais desses pacientes são secretadas, em vez de serem classificadas e limitadas aos lisossomos.

Quando os fibroblastos dos pacientes com a doença de células-I são cultivados em um meio contendo enzimas lisossomais com resíduos de M6P, as células doentes adquirem uma quantidade intracelular de enzimas lisossomais quase normal. Esses achados indicam que a membrana plasmática dessas células contém receptores para M6P capazes de internalizar as enzimas lisossomais fosforiladas extracelulares por endocitose mediada por receptor. Esse processo, usado por diversos receptores de superfície celular para trazer proteínas ou partículas ligadas para o interior da célula, é discutido em detalhes na próxima seção. Hoje, sabe-se que, mesmo em células normais, alguns receptores de M6P são transportados para a membrana plasmática e algumas enzimas lisossomais fosforiladas são secretadas (ver Figura 14-22). As enzimas secretadas podem ser recuperadas por endocitose mediada por receptor e direcionadas aos lisossomos. Essa via, portanto, busca quaisquer enzimas lisossomais que escapem da via normal de distribuição pelo M6P.

Os hepatócitos dos pacientes com a doença das células-I contêm um complemento normal de enzimas lisossomais e não possuem inclusões, mesmo que essas células apresentem defeitos na fosforilação da manose. Esse achado sugere que os hepatócitos (o tipo celular mais abundante no fígado) empregam uma via de classificação de enzimas lisossomais independente de M6P. A natureza dessa via, que também pode atuar em outros tipos celulares, é desconhecida. ■

A agregação de proteínas no *trans*-Golgi pode atuar na seleção de proteínas para as vesículas secretoras reguladas

Como mencionado na introdução deste capítulo, todas as células eucarióticas secretam determinadas proteínas continuamente, em um processo chamado **secreção constitutiva**. As células secretoras especializadas também armazenam outras proteínas em vesículas e as secretam apenas na presença de um estímulo específico. Um exemplo dessa **secreção regulada** ocorre nas células pancreáticas β, que armazenam a insulina recém-produzida em vesículas secretoras especiais e secretam insulina em resposta a um aumento na glicose sanguínea (ver Figura 16-38). Essas e outras células secretoras utilizam, simultaneamente, dois tipos diferentes de vesículas para deslocar as proteínas da rede *trans*-Golgi para a superfície celular: as vesículas de transporte reguladas, normalmente chamadas simplesmente de vesículas secretoras, e as vesículas de transporte não reguladas, também chamadas vesículas secretoras constitutivas.

Um mecanismo comum parece separar proteínas reguladas tão diversas como o ACTH (hormônio adrenocorticotrófico), a insulina e o tripsinogênio em vesículas secretoras reguladas. As evidências de um mecanismo comum surgiram de experimentos em que a tecnologia de DNA recombinante foi utilizada para induzir a síntese de insulina e tripsinogênio em células de tumor da glândula pituitária, que já sintetizam ACTH. Nessas células, que normalmente não expressam insulina ou tripsinogênio, as três proteínas são segregadas nas mesmas vesículas secretoras reguladas. Além disso, são secretadas juntas quando um hormônio liga-se a um receptor nas células pituitárias, provocando um aumento do Ca^{2+} citosólico. Embora essas três proteínas não compartilhem nenhuma sequência de aminoácidos idêntica que possa atuar como sinal de classificação, elas obviamente possuem alguma característica comum que sinaliza sua incorporação nas vesículas reguladas.

Evidências morfológicas sugerem que a classificação na via regulada é controlada pela agregação seletiva de proteínas. Por exemplo, as vesículas imaturas dessa via – recém-brotadas da rede *trans*-Golgi – contêm agregados difusos de proteínas secretadas, observados ao microscópio eletrônico. Esses agregados são encontrados também nas vesículas que estão em processo de brotamento, indicando que as proteínas destinadas às vesículas secreto-

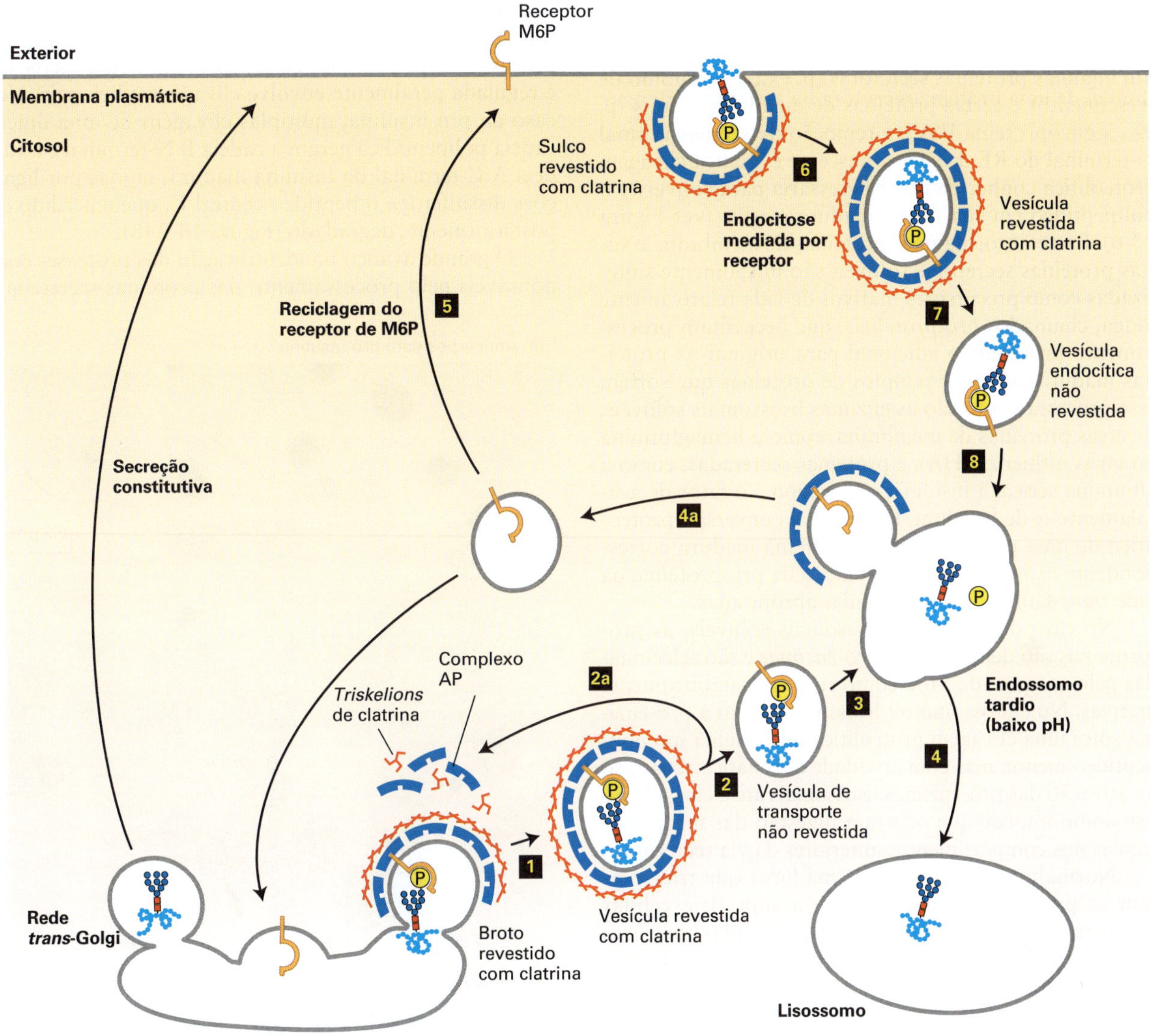

FIGURA 14-22 Tráfego das enzimas lisossomais solúveis a partir da rede *trans*-Golgi e da superfície celular para os lisossomos. As enzimas lisossomais recém-sintetizadas produzidas no RE adquirem resíduos de manose-6-fosfato (M6P) no *cis*-Golgi (ver Figura 14-21). Para simplificar, apenas uma cadeia oligossacarídica fosforilada é representada, embora as enzimas lisossomais tenham, normalmente, várias dessas cadeias. Na rede *trans*-Golgi, as proteínas que contêm o sinal de classificação M6P interagem com os receptores de M6P na membrana e são, assim, direcionadas para as vesículas de clatrina/AP1 (etapa **1**). A capa que envolve as vesículas liberadas é rapidamente despolimerizada (etapa **2**), e as vesículas de transporte não revestidas fundem-se aos endossomos tardios (etapa **3**). Após a dissociação e a desfosforilação das enzimas fosforiladas dos receptores de M6P, os endossomos tardios fundem-se ao lisossomo (etapa **4**). Observe que as proteínas de revestimento e os receptores de M6P são reciclados (etapas **2a** e **4a**), e alguns receptores são levados para a superfície celular (etapa **5**). As enzimas lisossomais fosforiladas são, às vezes, distribuídas da rede *trans*-Golgi para a superfície da célula e secretadas. Estas enzimas secretadas podem ser recuperadas via endocitose mediada por receptores (etapas **6** a **8**), processo semelhante ao tráfego das enzimas lisossomais da rede *trans*-Golgi para os lisossomos. (Ver G. Griffiths et al., 1988, *Cell* **52**:329; S. Kornfeld, 1992, *Ann. Rev. Biochem*. **61**:307; e G. Griffiths & J. Gruenberg, 1991, *Trends Cel Biol.* **1**:5.)

ras reguladas são seletivamente agregadas antes da sua incorporação nas vesículas.

Outros estudos mostraram que as vesículas secretoras reguladas das células secretoras de mamíferos contêm três proteínas, *cromogranina A*, *cromogranina B* e *secretogranina II*, que, juntas, formam agregados quando incubadas nas condições iônicas (pH 6,5 e 1 mM de Ca^{2+}), que parecem estar presentes na rede *trans*-Golgi; esses agregados não são formados no pH neutro do RE. A agregação seletiva das proteínas secretadas reguladas com a cromogranina A, a cromogranina B ou a secretogranina II pode ser a base para a classificação dessas proteínas nas vesículas secretoras reguladas. As proteínas secretadas que não se associam a essas proteínas e, portanto, não formam agregados, seriam distribuídas automaticamente para as vesículas de transporte que não são reguladas.

Algumas proteínas sofrem processamento proteolítico após sair do *trans*-Golgi

Em algumas proteínas secretoras (p. ex., o hormônio de crescimento) e certas proteínas de membrana virais (p. ex., a glicoproteína VSV), a remoção da sequência sinal N-terminal do RE da cadeia nascente é a única clivagem proteolítica conhecida que é necessária para converter o polipeptídeo em sua forma madura e ativa (ver Figura 13-6). Entretanto, algumas proteínas de membrana e várias proteínas secretoras solúveis são inicialmente sintetizadas como precursores inativos de vida relativamente longa, chamados *pró-proteínas*, que necessitam processamento proteolítico adicional para originar as proteínas maduras ativas. Exemplos de proteínas que sofrem esse processamento são as enzimas lisossomais solúveis, diversas proteínas de membrana, como a hemaglutinina do vírus influenza (HA), e proteínas secretadas, como a albumina sérica, a insulina, o glucagon e o fator de acasalamento α de levedura. Em geral, a conversão proteolítica de uma pró-proteína em proteína madura correspondente ocorre após a distribuição da pró-proteína, na rede *trans*-Golgi, para as vesículas apropriadas.

No caso das enzimas lisossomais solúveis, as pró-proteínas são denominadas *pró-enzimas* e são selecionadas pelo receptor de M6P como enzimas cataliticamente inativas. No endossomo ou lisossomo tardio a pró-enzima sofre uma clivagem proteolítica que origina um polipeptídeo menor, mas com atividade enzimática. O atraso na ativação das pró-enzimas lisossomais até a chegada no lisossomo impede que ocorra a digestão das macromoléculas nos compartimentos anteriores da via secretora.

Normalmente, as vesículas maduras que transportam as proteínas secretadas para a superfície celular são formadas pela fusão de várias vesículas imaturas contendo pró-proteínas. A clivagem proteolítica de pró-proteínas, como a pró-insulina, ocorre nas vesículas, após a saída da rede *trans*-Golgi (Figura 14-23). As pró-proteínas da maioria das proteínas secretoras constitutivas (p. ex., a albumina) são clivadas apenas uma vez no sítio C-terminal, em uma sequência de reconhecimento dibásica, como Arg-Arg ou Lys-Arg (Figura 14-24a). O processamento proteolítico das proteínas cuja secreção é regulada geralmente envolve clivagens adicionais. No caso da pró-insulina, múltiplas clivagens de uma única cadeia polipeptídica geram a cadeia B N-terminal e a cadeia A C-terminal da insulina madura, unidas por ligações dissulfeto, e o peptídeo central C, que é perdido e, posteriormente, degradado (Figura 14-24b).

O grande avanço na identificação das proteases responsáveis pelo processamento das proteínas secretadas

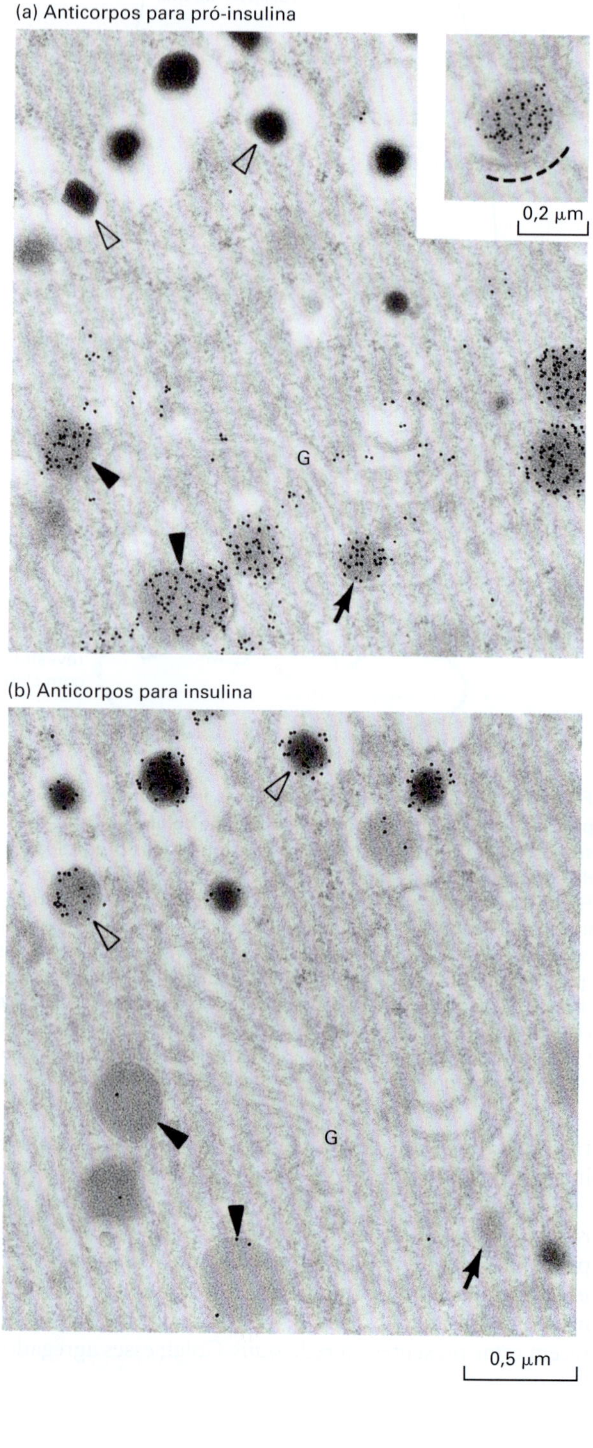

FIGURA EXPERIMENTAL 14-23 A clivagem proteolítica da pró-insulina ocorre nas vesículas secretoras após seu brotamento da rede *trans*-Golgi. As secções seriadas da região do Golgi de uma célula secretora de insulina foram coradas com (a) um anticorpo monoclonal que reconhece pró-insulina, mas não insulina, e (b) um anticorpo diferente, que reconhece a insulina, mas não a pró-insulina. Os anticorpos ligados a partículas de ouro aparecem como pontos escuros nestas micrografias eletrônicas (ver Figura 9-29). As vesículas secretoras imaturas (setas fechadas) e as vesículas que estão brotando da rede *trans*-Golgi (setas) são coradas pelo anticorpo pró-insulina, mas não pelo da insulina. Estas vesículas contêm agregados proteicos difusos que incluem a pró-insulina e outras proteínas secretadas reguladas. As vesículas maduras (setas abertas) coram-se com o anticorpo para insulina, mas não com o anticorpo para pró-insulina, e possuem uma região central densa, composta por insulina quase cristalina. Como o brotamento e as vesículas secretoras imaturas contêm pró-insulina (e não insulina), a conversão proteolítica da pró-insulina em insulina deve ocorrer dentro dessas vesículas após seu brotamento da rede *trans*-Golgi. O detalhe em (a) mostra uma vesícula secretora rica em pró-insulina envolvida por uma capa proteica (linha pontilhada). (De L. Orci et al., 1987, *Cell* **49:**865; cortesia de L. Orci.)

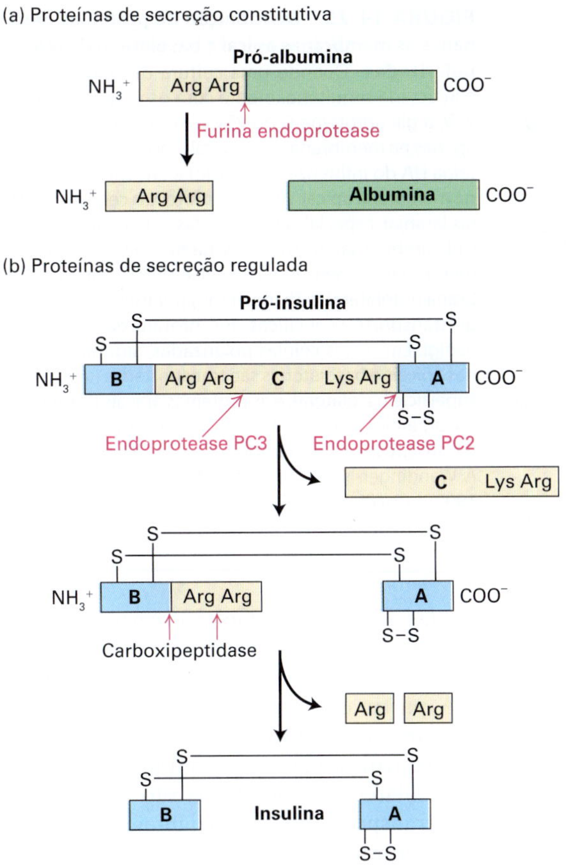

FIGURA 14-24 Processamento proteolítico de pró-proteínas nas vias de secreção constitutiva e regulada. Os processamentos da pró-albumina e da pró-insulina são característicos das vias constitutiva e regulada, respectivamente. A endoprotease que atua nestes processamentos cliva o lado C-terminal de sequências de dois aminoácidos básicos consecutivos. (a) A furina endoprotease atua nos precursores da via de proteínas de secreção constitutiva. (b) Duas endoproteases, PC2 e PC3, atuam nos precursores das proteínas secretadas reguladas. O processamento final de várias dessas proteínas é catalisado por uma carboxipeptidase que remove, sequencialmente, dois resíduos de aminoácidos básicos na extremidade C-terminal de um polipeptídeo. (Ver D. Steiner et al., 1992, *J. Biol. Chem.* **267:**23435.)

resultou da análise de leveduras com mutações no gene *KEX2*. Essas células mutantes sintetizavam o precursor do fator de acasalamento α, mas não realizavam seu processamento proteolítico, necessário à forma funcional, e eram, portanto, incapazes de acasalar com o tipo oposto de levedura (ver Figura 16-23). O gene *KEX2* selvagem codifica uma endoprotease que cliva o precursor do fator α no sítio Arg-Arg e Lys-Arg da porção C-terminal. Utilizando o gene *KEX2* como uma sonda de DNA, os pesquisadores clonaram uma família de endoproteases de mamíferos, todas clivando uma cadeia proteica no lado C-terminal da sequência Arg-Arg ou Lys-Arg. Uma dessas endoproteases, denominada *furina*, é encontrada em todas as células de mamíferos e processa proteínas como a albumina, secretadas continuamente. Em contrapartida, as *endoproteases PC2* e *PC3* são encontradas apenas nas células que apresentam secreção regulada; essas enzimas estão localizadas nas vesículas secretoras reguladas e realizam a clivagem proteolítica de precursores de diversos hormônios em sítios específicos.

Diversas vias distribuem as proteínas de membrana à região apical ou basolateral das células polarizadas

A membrana plasmática das células epiteliais polarizadas é dividida em dois domínios: o **apical** e o **basolateral**; as junções compactas, localizadas entre os dois domínios, impedem o movimento das proteínas da membrana plasmática entre os domínios (ver Figura 20-10). Diversos mecanismos de classificação conduzem as proteínas de membrana recém-sintetizadas a um dos domínios, apical ou basolateral, das células epiteliais, e qualquer proteína pode ser selecionada por mais de um mecanismo. Como resultado da distribuição e da limitação do movimento na membrana plasmática, devido às junções compactas, grupos diferentes de proteínas são encontrados nos domínios apicais e basolaterais. A localização preferencial de determinadas proteínas de transporte é fundamental para uma série de funções fisiológicas importantes, como a absorção de nutrientes no lúmen intestinal e acidificação do lúmen estomacal (ver Figuras 11-30 e 11-31).

Os estudos de microscopia e fracionamento celular indicam que, inicialmente, as proteínas destinadas às membranas apicais ou basolaterais são transportadas juntas nas membranas da rede *trans*-Golgi. Em alguns casos, as proteínas destinadas à membrana apical são distribuídas nas suas próprias vesículas de transporte formadas a partir da rede *trans*-Golgi e daí seguem para a região apical, enquanto as proteínas destinadas para a membrana basolateral são distribuídas em outras vesículas que seguem para a região basolateral. Os tipos diferentes de vesículas podem ser distinguidos pelas proteínas que os constituem, incluindo diferentes proteínas Rab e v-SNARE, que, aparentemente, as direcionam ao domínio adequado da membrana. Nesse mecanismo, a segregação das proteínas destinadas às membranas apicais e basolaterais ocorre à medida que as proteínas de carga são incorporadas em tipos específicos de vesículas formadas a partir da rede *trans*-Golgi.

Essa distribuição apical-basolateral direta foi pesquisada em cultura de células de rim canino Madin-Darby (MDCK), uma linhagem de células epiteliais polarizadas cultivada (ver Figura 9-4). Nas células MDCK infectadas com o vírus influenza, a progênie viral brota apenas da membrana apical, enquanto nas células infectadas com o vírus da estomatite vesicular (VSV), a progênie viral forma-se apenas a partir da membrana basolateral. Essa diferença ocorre porque a glicoproteína HA do vírus influenza é transportada do aparelho de Golgi exclusivamente para a membrana apical, e a proteína G do VSV é transportada apenas para a membrana basolateral (Figura 14-25). Além disso, quando o gene que codifica a proteína HA é introduzido, por técnicas de DNA recombinante, em células não infectadas, toda a HA expressa

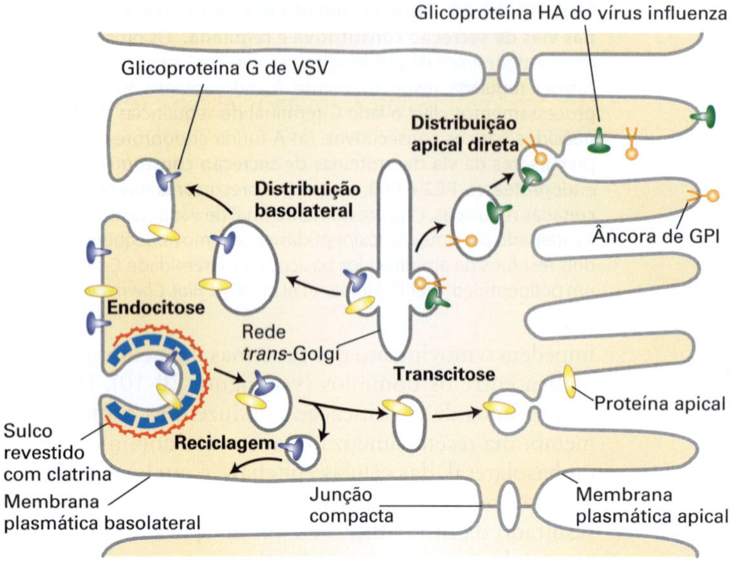

FIGURA 14-25 Distribuição de proteínas destinadas às membranas apical e basolateral de células polarizadas. Quando uma cultura de células MDCK é infectada simultaneamente com os vírus influenza e VSV, a glicoproteína G do VSV (em roxo) é encontrada apenas na membrana basolateral, enquanto a glicoproteína HA do influenza (em verde) é encontrada apenas na membrana apical. Algumas proteínas celulares (esferas laranja), especialmente aquelas com uma âncora de GPI, também são distribuídas, da mesma forma, diretamente para a membrana apical, e outras para a membrana basolateral (não mostrado) por meio de vesículas de transporte específicas que brotam da rede *trans*-Golgi. Em certas células polarizadas, algumas proteínas apicais e basolaterais são transportadas juntas até a superfície basolateral; e as proteínas apicais (forma oval em amarelo) movem-se seletivamente, por endocitose e transcitose, até a membrana apical. (De K. Simons & A. Wandinger-Ness, 1990, *Cell* **62:**207, e K. Mostov et al., 1992, *J. Cell Biol.* **116:**577.)

acumula-se na membrana apical, indicando que o sinal de classificação reside na própria glicoproteína HA e não nas outras proteínas virais produzidas durante a infecção viral.

Entre as proteínas celulares que sofrem semelhante distribuição apical-basolateral no Golgi está a *âncora de membrana glicosilfosfatidilinositol* (*GPI*). Nas células MDCK e em muitos outros tipos de células epiteliais, as proteínas ancoradas por GPI são direcionadas à membrana apical. Nas membranas ancoradas por GPI, as proteínas estão agrupadas em balsas lipídicas, ou lipídeos de extrusão, ricas em esfingolipídeos (ver Capítulo 10). Essa descoberta sugere que as balsas lipídicas estão localizadas na membrana apical junto às proteínas que se distribuem preferencialmente nelas em várias células. Contudo, a âncora de GPI não é um sinal de classificação apical para todas as células polarizadas; nas células da tireoide, por exemplo, as proteínas ancoradas por GPI são conduzidas à membrana basolateral. Além da âncora de GPI, não foi identificada nenhuma outra sequência em particular que seja necessária e suficiente para direcionar as proteínas ao domínio apical ou basolateral. Em vez disso, cada proteína de membrana pode conter diversos sinais de classificação, e qualquer um deles é capaz de direcioná-la ao domínio apropriado da membrana plasmática. Atualmente, a identificação desses sinais complexos e das proteínas de revestimento vesicular que os reconhecem está sendo estudada em várias proteínas, que são distribuídas para domínios específicos da membrana das células epiteliais polarizadas.

Outro mecanismo para a distribuição das proteínas apicais e basolaterais, também ilustrado na Figura 14-25, atua nos hepatócitos. As membranas basolaterais dos hepatócitos estão voltadas para o sangue (como nas células epiteliais intestinais), e as membranas apicais revestem os pequenos canais intercelulares nos quais a bile é secretada. Nos hepatócitos, as proteínas apicais e basolaterais recém-sintetizadas são, primeiramente, transportadas em vesículas da rede *trans*-Golgi à região basolateral e incorporadas à membrana plasmática por exocitose (i.e., fusão da membrana da vesícula com a membrana plasmática). A partir daí, tanto as proteínas apicais quanto as basolaterais são incorporadas por endocitose nas mesmas vesículas, mas seus caminhos divergem. As proteínas basolaterais endocitadas são distribuídas em vesículas de transporte que se reciclam na membrana basolateral. Em contrapartida, as proteínas destinadas à região apical são distribuídas em vesículas de transporte que atravessam a célula e se fundem com a membrana apical, em um processo chamado **transcitose**. Este processo também é utilizado para deslocar substâncias extracelulares de um lado a outro do epitélio. Mesmo em células epiteliais como as MDCK, nas quais a distribuição apical-basolateral ocorre no Golgi, a transcitose fornece um mecanismo de distribuição "à prova de erros", ou seja, uma proteína apical distribuída erroneamente à membrana basolateral pode sofrer endocitose e ser corretamente entregue na membrana apical.

CONCEITOS-CHAVE da Seção 14.4

Estágios tardios da via secretora

- A rede *trans*-Golgi (TGN) é o principal ponto de ramificação da via secretora, no qual as proteínas secretoras solúveis, as proteínas lisossomais e, em algumas células, as proteínas de membrana destinadas à membrana plasmática apical ou basolateral são segregadas em diferentes vesículas de transporte.
- Muitas vesículas formadas da rede *trans*-Golgi, bem como as vesículas endocíticas, têm um revestimento de clatrina e complexos AP (proteínas adaptadoras) (ver Figura 14-18).
- O desprendimento das vesículas revestidas de clatrina requer dinamina, que forma um colar em torno do pescoço do broto vesicular e hidrolisa GTP (ver Figura 14-19).

- As enzimas solúveis destinadas aos lisossomos são modificadas no *cis*-Golgi, produzindo vários resíduos de manose-6-fosfato (M6P) nas suas cadeias oligossacarídicas.
- Os receptores de M6P na membrana da rede *trans*-Golgi ligam as proteínas que possuem resíduos de M6P e direcionam sua transferência aos endossomos tardios, onde os receptores e seus ligantes proteicos se dissociam. Em seguida, os receptores são reciclados ao Golgi ou à membrana plasmática, e as enzimas lisossomais são entregues aos lisossomos (ver Figura 14-22).
- As proteínas secretadas reguladas são concentradas e armazenadas em vesículas secretoras e aguardam um sinal neuronal ou hormonal para exocitose. A agregação das proteínas na rede *trans*-Golgi parece ter uma função importante na distribuição das proteínas secretoras para a via regulada.
- Muitas proteínas transportadas pela via secretora sofrem clivagens proteolíticas após a sua passagem pelo Golgi, originando proteínas maduras ativas. Geralmente, a maturação proteolítica pode ocorrer nas vesículas que transportam as proteínas da rede *trans*-Golgi até a superfície celular, no endossomo tardio ou no lisossomo.
- Nas células epiteliais polarizadas, as proteínas de membrana destinadas ao domínio apical ou ao basolateral da membrana plasmática são distribuídas na rede *trans*-Golgi em diferentes vesículas de transporte (ver Figura 14-25). A âncora de GPI é o único sinal de classificação apical-basolateral identificado até hoje.
- Nos hepatócitos e em algumas outras células polarizadas, todas as proteínas da membrana plasmática são direcionadas primeiramente à membrana basolateral. As proteínas destinadas ao domínio apical sofrem endocitose e atravessam a célula até a membrana apical (transcitose).

14.5 Endocitose mediada por receptores

Nas seções anteriores, foram exploradas as principais vias pelas quais as proteínas secretoras e de membrana sintetizadas no RE rugoso são levadas até a superfície celular ou a outros destinos. As células também internalizam substâncias presentes no meio que as cerca e as distribuem a destinos específicos. Poucos tipos celulares (p. ex., os macrófagos) são capazes de incorporar bactérias inteiras e outras partículas enormes por **fagocitose**, processo não seletivo mediado por actina no qual extensões da membrana plasmática envolvem a substância ingerida, formando grandes vesículas chamadas fagossomos (ver Figura 17-19). Em contrapartida, todas as células eucarióticas realizam endocitose de modo contínuo, processo no qual uma pequena região da membrana plasmática sofre invaginação, formando uma vesícula limitada por membrana com cerca de 0,05 a 0,1 μm de diâmetro. Em uma forma de endocitose denominada *pinocitose*, pequenas gotas de líquido extracelular e quaisquer substâncias ali dissolvidas são incorporadas de modo inespecífico. Nosso foco, nesta seção, se detém na **endocitose mediada por receptor**, na qual um receptor específico presente na superfície celular reconhece e liga-se fortemente a um ligante macromolecular extracelular; a região da membrana plasmática contendo o complexo receptor-ligante sofre invaginação e desprende-se, tornando-se uma vesícula de transporte.

Entre as macromoléculas comuns internalizadas pelas células dos vertebrados por endocitose mediada por receptor estão as partículas contendo colesterol, chamadas lipoproteínas de baixa densidade (LDL), a proteína ligadora de ferro, transferrina, diversos hormônios peptídicos (como a insulina) e determinadas glicoproteínas. A endocitose mediada por receptor desses ligantes geralmente ocorre por meio de sulcos e vesículas revestidas de clatrina/AP2, em um processo semelhante ao das enzimas lisossomais pela manose-6-fosfato (M6P) na rede *trans*-Golgi (ver Figura 14-22). Como observado anteriormente, alguns receptores de M6P são encontrados na superfície celular e participam da endocitose das enzimas lisossomais que foram secretadas. Em geral, as proteínas receptoras transmembrana que atuam na incorporação de ligantes extracelulares são internalizadas a partir da superfície celular durante a endocitose e, depois, distribuídas e recicladas de volta à superfície da célula, de modo semelhante à reciclagem dos receptores de M6P para a membrana plasmática e para o *trans*-Golgi. A velocidade de internalização de um ligante é limitada pela quantidade do receptor correspondente presente na superfície celular.

Os sulcos de clatrina/AP2 respondem por cerca de 2% da superfície de células como os hepatócitos e os fibroblastos. Muitos ligantes internalizados foram observados nesses sulcos e nessas vesículas, que parecem atuar como intermediários na endocitose da maioria (mas não de todos) dos ligantes ligados aos receptores da superfície celular (Figura 14-26). Alguns receptores estão agrupados sobre os sulcos revestidos de clatrina, mesmo na ausência dos ligantes. Outros receptores se difundem livremente sobre o plano da membrana plasmática, mas sofrem alteração conformacional no momento da ligação, de modo que o complexo receptor-ligante difunde para um sulco revestido com clatrina e ali é mantido. Dois ou mais tipos de ligantes ligados aos receptores, como as LDL e a transferrina, podem ser vistos no mesmo sulco ou na vesícula revestida.

As células captam os lipídeos da circulação sanguínea na forma de grandes complexos lipoproteicos bem definidos

Os lipídeos absorvidos da dieta no intestino, ou armazenados no tecido adiposo, podem ser distribuídos para as células de todo o organismo. Para facilitar a transferência da massa de lipídeos entre as células, os animais desenvolveram uma maneira eficiente de organizar de centenas a milhares de moléculas lipídicas em carregadores macromoleculares solúveis em água denominadas **lipoproteínas**, que as células podem obter da circulação e então montá-las. As partículas de lipoproteínas possuem um revestimento composto por proteínas (*apoliprotei-*

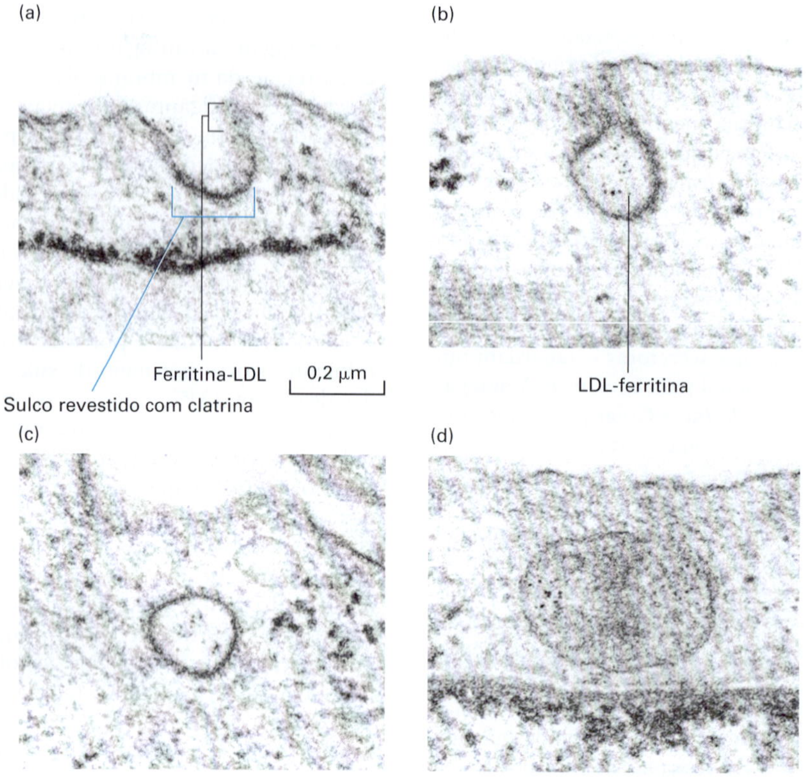

FIGURA EXPERIMENTAL 14-26 Os estágios iniciais da endocitose mediada por receptores das partículas de lipoproteína de baixa densidade (LDL) são revelados por microscopia eletrônica. Uma cultura de fibroblastos humanos foi incubada em meio contendo partículas de LDL covalentemente ligadas com a proteína ferritina, que contém ferro e tem alta densidade de elétrons; cada pequena partícula de ferro na ferritina é vista como um pequeno ponto ao microscópio eletrônico. As células inicialmente foram incubadas a 4°C; a esta temperatura a LDL pode se ligar a seu receptor, mas a internalização não ocorre. Após a lavagem do excesso de LDL não ligado às células, as células foram incubadas a 37°C e preparadas para microscopia em diferentes intervalos. (a) Sulco revestido, mostrando a capa de clatrina na superfície interna (citosólica) do sulco, logo após a elevação da temperatura. (b) Um sulco contendo LDL aparentemente se curvando e formando uma vesícula revestida. (c) Uma vesícula revestida contendo partículas de LDL marcadas com ferritina. (d) Partículas de LDL marcadas com ferritina na superfície lisa do endossomo precoce, seis minutos após o início da internalização. (Fotografias cedidas por R. Anderson. Reproduzidas com permissão de J. Goldstein et al., *Nature* **279:**679. Copyright 1979, Macmillan Journals Limited. Ver também M. S. Brown e J. Goldstein, 1986, *Science* **232:**34.)

nas) e uma monocamada fosfolipídica contendo colesterol. O revestimento é anfipático porque a superfície externa é hidrofílica, tornando estas partículas solúveis em água, e sua superfície interna é hidrofóbica. Próximo à superfície interna hidrofóbica do revestimento, encontra-se um centro de lipídeos neutros contendo, principalmente, ésteres de colesteril, triglicerídeos ou ambos. As lipoproteínas de mamíferos podem ser distribuídas em diferentes classes, definidas por suas diferentes densidades de flutuação. A classe que será considerada aqui é a das **lipoproteínas de baixa densidade** (**LDL**). Uma partícula de LDL típica, representada na Figura 14-27 é uma esfera de 20 a 25 nm de diâmetro. A camada externa anfipática do revestimento é composta por uma monocamada de fosfolipídeo e uma única molécula de uma grande proteína conhecida como *apoB-100*. O centro da partícula é preenchido com colesterol na forma de ésteres de colesteril.

Duas estratégias experimentais gerais foram empregadas para estudar como as partículas de LDL entram nas células. O primeiro método usa o LDL marcado covalentemente com I^{125} radiativo na cadeia lateral do resíduo de tirosina da apoB-100 da superfície das partículas de LDL. Após células cultivadas serem incubadas por várias horas com a LDL marcada, é possível determinar quanta LDL se liga à superfície das células, quanto é internalizado e quanto apoB-100 do LDL é degradado por hidrólise enzimática em aminoácidos individuais. A degradação da apoB100 pode ser detectada pela liberação da tirosina marcada com ^{125}I no meio de cultura. A Figura 14-28 mostra o progresso dos eventos durante o processamento da LDL celular mediada por receptor, determinado por experimentos de pulso com uma concentração fixa de LDL marcada com ^{125}I. Esses experimentos demonstraram claramente a ordem dos eventos: ligação da LDL à superfície → internalização → degradação. A segunda estratégia envolveu partículas de LDL marcadas com um marcador eletrodenso que pode ser detectado por microscopia eletrônica. Esses estudos revelaram em detalhes como as partículas de LDL inicialmente se

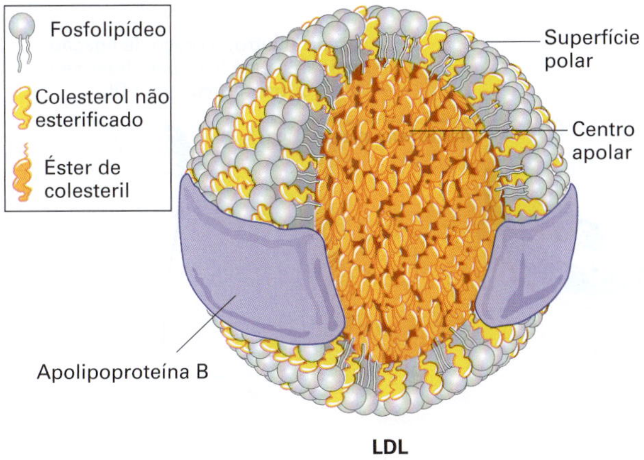

FIGURA 14-27 Modelo da lipoproteína de baixa densidade (LDL). Esta classe e outras classes de lipoproteínas têm a mesma estrutura geral: uma concha anfipática, composta por uma monocamada de fosfolipídeo, colesterol e proteína, um centro hidrofóbico, composto principalmente por ésteres de colesteril ou triglicerídeos ou ambos, mas com pequenas quantidades de lipídeos neutros (p. ex., algumas vitaminas). Este modelo de LDL baseia-se em microscopia eletrônica e em outro método biofísico de baixa resolução. O LDL é único, pois contém somente uma única molécula de um tipo de apolipoproteína (apoB), que parece revestir a porção externa da partícula como um cinto de proteína. As outras lipoproteínas contêm múltiplas moléculas de apolipoproteína, frequentemente de tipos distintos. (Adaptado de M. Krieger, 1995, em E. Haber, Ed., *Molecular Cardiovascular Medicine*, Scientific American Medicine, pp. 31 a 47).

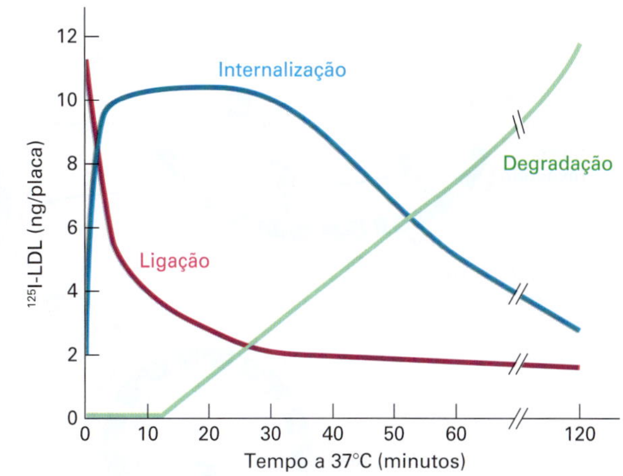

FIGURA EXPERIMENTAL 14-28 Experimento de pulso e caça demonstra as relações produto-precursor na captura celular do LDL. Fibroblastos de pele humana normal, cultivados em meio contendo ^{125}I-LDL e incubados por duas horas a 4°C (pulso). Após, o excesso de ^{125}I-LDL não ligado às células foi lavado, as células foram incubadas a 37°C pelo tempo indicado, na ausência de LDL externo (caça). As quantidades ligadas à superfície, internalizadas e degradadas (hidrolisadas) de ^{125}I-LDL foram determinadas. A ligação, mas não a internalização ou hidrólise da LDL apoB-100, ocorre durante o pulso a 4°C. Os dados mostram o rápido desaparecimento do ^{125}I-LDL ligado à superfície à medida que é internalizado após as células terem sido aquecidas, permitindo o movimento da membrana. Após o período de 15 a 20 minutos de intervalo, começa a degradação lisossomal do ^{125}I-LDL internalizado. (Ver M.S. Brown e J.L. Goldstein, 1976, *Cell* **9:**663.)

ligam a superfície das células nas vesículas endocíticas revestidas com clatrina e então permanecem associadas com as vesículas revestidas à medida que elas invaginam e se desprendem das vesículas revestidas e finalmente são transportadas para os endossomos (ver Figura 14-26).

Os receptores para lipoproteínas de baixa densidade e outros ligantes contêm sinais de classificação que os direcionam para endocitose

A descoberta do *receptor da LDL* (*LDLR*) foi fundamental para compreender como as partículas de LDL se ligam à superfície celular e então são levadas pelas vesículas endocíticas. O receptor de LDL é uma glicoproteína de 839 resíduos com um único segmento transmembrana. Possui um pequeno segmento citosólico C-terminal e um longo segmento exoplasmático N-terminal que contém o domínio de ligação da LDL. Em uma partícula de LDL há sete repetições ricas em cisteína que formam o domínio de ligação do ligante, o qual interage com a molécula apoB-100. A Figura 14-29 mostra como as proteínas do receptor da LDL facilitam a internalização das partículas de LDL por endocitose mediada por receptor. Após as partículas de LD internalizadas terem chegado aos lisossomos, as proteases lisossomais hidrolisam suas apoliproteínas da superfície e as esterases de colesteril lisossomais hidrolisam os ésteres de colesteril centrais. Assim, o colesterol não esterificado fica livre para deixar os lisossomos e, se necessário, ser usado pelas células na síntese das membranas ou de outros derivados do colesterol.

A descoberta do receptor de LDL e a compreensão de sua função foram provenientes de estudos com células de pacientes com *hipercolesterolemia familiar* (*FH*), doença genética hereditária que tem como característica níveis plasmáticos elevados de colesterol LDL e, agora se sabe, é causada por mutações no gene LDLR. Em pacientes com uma cópia do gene LDLR normal e a outra defeituosa (heterozigotos), ocorre um aumento de duas vezes nos níveis sanguíneos de colesterol LDL. Indivíduos com os dois genes de LDLR defeituosos (homozigotos) apresentam níveis sanguíneos quatro a seis vezes mais elevados que os indivíduos normais. Normalmente, os indivíduos heterozigotos para FH desenvolvem doenças cardiovasculares cerca de dez anos antes do que os indivíduos normais, enquanto os homozigotos para FH normalmente morrem de ataque cardíaco antes dos vinte anos de idade.

Várias mutações no gene que codifica o receptor da LDL podem causar a hipercolesterolemia familiar. Algumas mutações impedem a síntese da proteína LDLR, outras impedem o enovelamento adequado das proteínas no RE, causando sua degradação prematura (Capítulo 13), e ainda outras reduzem a capacidade do receptor da LDL de ligar-se fortemente à LDL. Um grupo especial de receptores mutantes forneceu informações, mostrando que esses receptores são expressos na superfície celular e ligam normalmente a LDL, mas não conseguem mediar a internalização do LDL ligado. Nos indivíduos com esse tipo de defeito, os receptores da membrana plas-

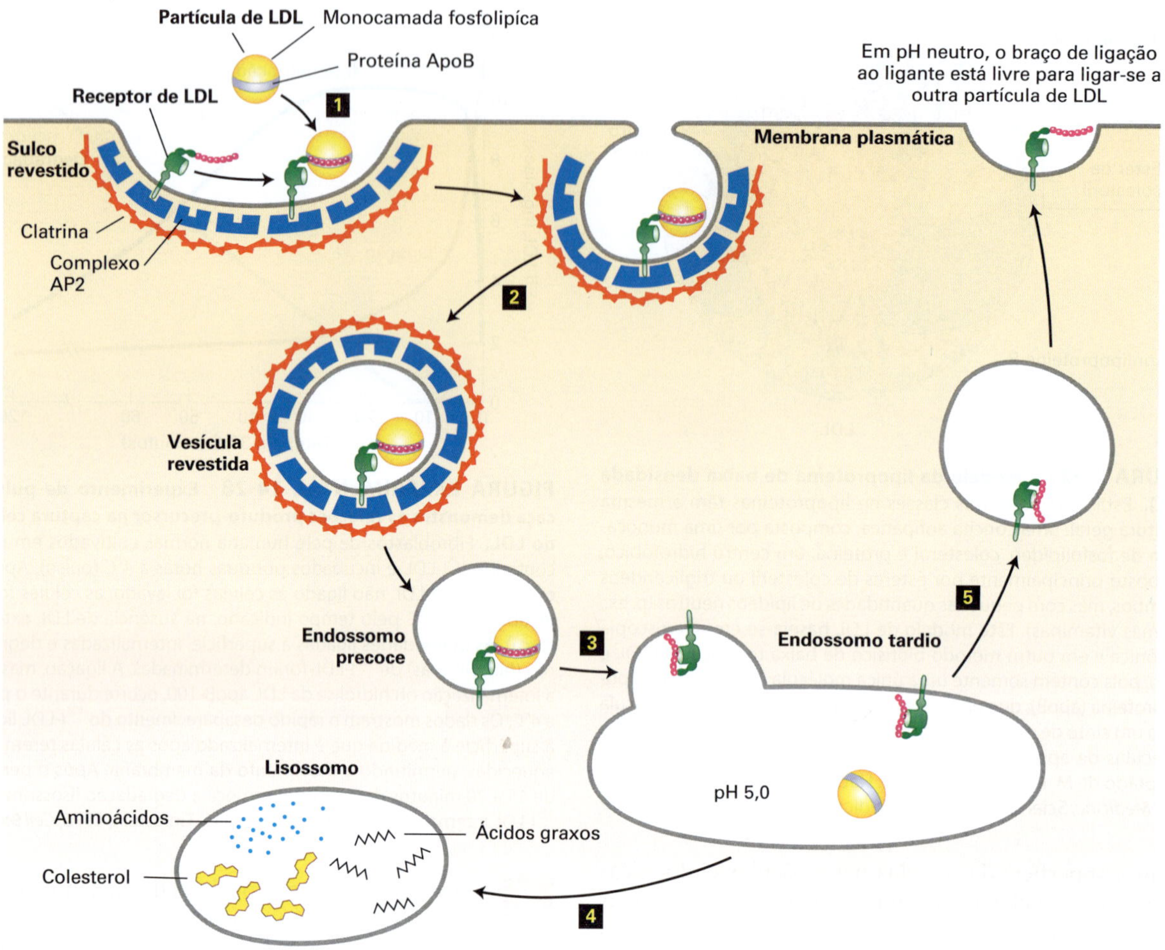

FIGURA 14-29 Via endocítica para internalização de lipoproteína de baixa densidade (LDL). Etapa **1**: os receptores de LDL da superfície celular ligam-se a uma proteína apoB inserida na camada fosfolipídica externa das partículas de LDL. A interação entre o sinal de classificação NPXY, na cauda citosólica do receptor de LDL, e o complexo AP2 incorpora o complexo receptor-ligante nas vesículas endocíticas em formação. Etapa **2**: sulcos revestidos de clatrina (ou brotos) contendo os complexos receptor-LDL são desprendidos pelo mecanismo mediado por dinamina, como na formação de vesículas de clatrina/AP1 na rede *trans*-Golgi (ver Figura 14-19). Etapa **3**: após a dissociação da capa, a vesícula endocítica não revestida (endossomo precoce) se funde com o endossomo tardio. O pH ácido deste compartimento provoca uma alteração conformacional no receptor de LDL que resulta na sua liberação do complexo com as partículas LDL. Etapa **4**: o endossomo tardio se funde com o lisossomo, e as proteínas e os lipídeos da partícula de LDL livre são degradados em suas partes constituintes pelas enzimas lisossomais. Etapa **5**: o receptor de LDL é reciclado até a superfície celular, onde sofre uma alteração conformacional no pH neutro do meio externo, permitindo sua ligação a uma próxima partícula de LDL. (Ver M. S. Brown & J. L. Goldstein, 1986, *Science* **232**:34, e G. Rudenko et al., 2002, *Science* **298**:2353.)

mática para outros ligantes são internalizados normalmente, mas o receptor de LDL mutante, aparentemente, não é levado para as vesículas revestidas. A análise desse receptor mutante e de outros receptores mutantes de LDL, produzidos experimentalmente e expressos em fibroblastos, identificou um motivo de quatro resíduos no segmento citosólico do receptor fundamental para sua internalização: Asp-Pro-X-Tyr, onde X pode ser qualquer aminoácido. Este *sinal de classificação NPXY* liga-se ao complexo AP2, ligando o revestimento de clatrina/AP2 ao segmento citosólico do receptor de LDL nas vesículas revestidas. Uma mutação em qualquer um dos resíduos conservados no sinal NPXY irá anular a capacidade de incorporação do receptor de LDL nas vesículas revestidas.

Um pequeno número de indivíduos que apresenta os sintomas normalmente associados à hipercolesterolemia familiar produz receptores de LDL normais. Nesses indivíduos, o gene que codifica a subunidade proteica da AP2, que se liga ao sinal de classificação NPXY, é defeituoso. Portanto, os receptores de LDL não são incorporados nas vesículas de clatrina/AP2 em formação, e a endocitose das partículas de LDL é comprometida. A análise dos pacientes com essa doença genética demonstra a importância das proteínas adaptadoras no tráfego de proteínas mediado pelas vesículas de clatrina. ■

Os estudos mutacionais mostraram que outros receptores de superfície celular podem ser direcionados para as vesículas de clatrina/AP2 em formação por meio de um sinal de classificação YXXF. Lembre-se que esse mesmo sinal de classificação recruta as proteínas de membrana para as vesículas de clatrina/AP2 que brotam da rede *trans*-Golgi, ligando-se a uma subunidade AP1 (ver Tabela 14-2). Todas essas observações indicam que YXXF é um sinal amplamente usado para a classificação das proteínas de membrana nas vesículas revestidas de clatrina.

Em algumas proteínas de superfície, porém, outras sequências (p. ex., Leu-Leu) ou moléculas de ubiquitina covalentemente ligadas sinalizam a endocitose. Entre as proteínas associadas às vesículas de clatrina/AP2, foi visto que diversas delas contêm domínios que se ligam especificamente à ubiquitina, e tem sido cogitada a hipótese de que essas proteínas associadas às vesículas promoveriam a incorporação seletiva das proteínas de membrana ubiquitinadas nas vesículas endocíticas. Como descrito mais adiante, a marcação das proteínas de membrana endocitadas com ubiquitina também é observada em um estágio tardio da via endocítica e tem um papel importante na condução dessas proteínas para o interior dos lisossomos, onde são degradadas.

O pH ácido dos endossomos tardios provoca a dissociação da maioria dos complexos receptor-ligante

A velocidade global da internalização endocítica da membrana plasmática é bastante alta; normalmente, os fibroblastos em cultura internalizam 50% de suas proteínas de superfície celular e fosfolipídeos a cada hora. A maioria dos receptores da superfície das células que sofrem endocitose irá depositar repetidamente seus ligantes dentro da célula e será reciclada para a membrana plasmática, para mediar a internalização de mais moléculas de ligantes. Por exemplo, o receptor de LDL faz uma viagem completa de ida e volta à superfície da célula a cada 10 a 20 minutos, totalizando várias centenas de rodadas na sua vida que dura 20 horas.

Em geral, os complexos receptor-ligante internalizados seguem a via ilustrada na Figura 14-22 para o receptor de M6P e a via ilustrada na Figura 14-29 para o receptor de LDL. Os receptores de superfície celular endocitados normalmente se dissociam de seus ligantes nos endossomos tardios, que aparecem como vesículas esféricas com membranas tubulares ramificadas localizadas a poucos micrômetros da superfície celular. Os experimentos originais que definiram a classificação das vesículas do endossomo tardio utilizaram o receptor de asialoglicoproteína. Essa proteína específica do fígado promove a ligação e a internalização das glicoproteínas anormais, cujos oligossacarídeos terminam em galactose em vez do ácido siálico normal, daí o nome *asialo*glicoproteína. A microscopia eletrônica de células hepáticas perfundidas com asialoglicoproteína revelam que, de 5 a 10 minutos após a internalização, as moléculas de ligantes podem ser encontradas no lúmen dos endossomos tardios, enquanto as extensões tubulares da membrana estão repletas de receptores e raramente contêm ligantes. Essas descobertas indicam que o endossomo tardio é a organela em que os receptores e seus ligantes são dissociados.

A dissociação dos complexos receptor-ligante nos endossomos tardios ocorre não apenas na via endocítica,

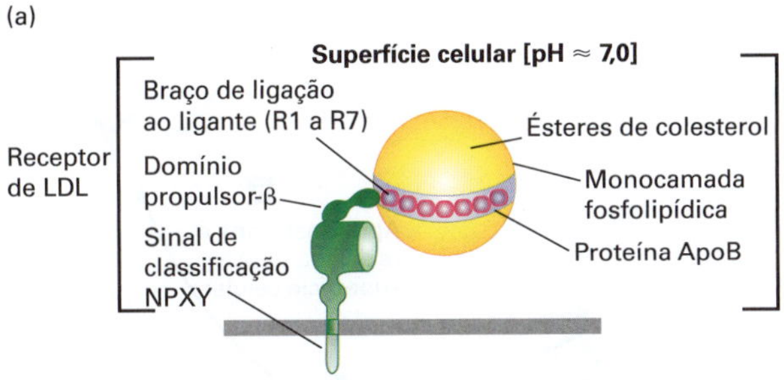

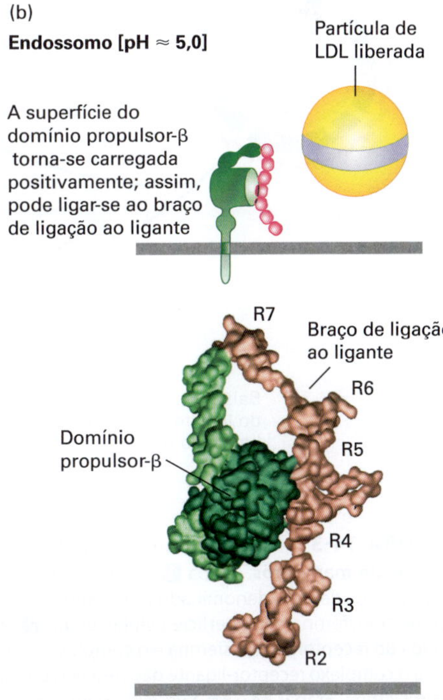

FIGURA 14-30 Modelo para a ligação dependente de pH das partículas de LDL aos receptores de LDL. Ilustração esquemática do receptor de LDL em pH neutro, encontrado na superfície celular (a) e em pH ácido, encontrado no interior do endossomo tardio (b). (a) Na superfície celular, a apoB-100 na superfície da partícula de LDL liga-se fortemente ao receptor. Das sete repetições (R1 a R7) no braço de ligação, R4 e R5 parecem ser as mais cruciais para a ligação à LDL. (b, *superior*) Dentro do endossomo, resíduos de histidina no domínio propulsor-β do receptor de LDL se tornam protonados. A carga positiva do propulsor pode se ligar com maior afinidade ao braço do ligante, que contém resíduos com carga negativa, provocando a liberação da partícula de LDL. (b, *inferior*) Modelo de densidade eletrônica experimental e modelo de traço C_α da região extracelular do receptor de LDL em pH 5,3 com base em análises de cristalografia por raio X. Nesta conformação, extensas interações hidrofóbicas e iônicas ocorrem entre as repetições R4 e R5 com o propulsor-β. (Parte (b) de G. Rudenko et al., 2002, *Science* **298:**2353.)

mas também na entrega das enzimas lisossomais solúveis pela via secretora (ver Figura 14-22). Como discutido no Capítulo 11, as membranas dos endossomos tardios e dos lisossomos contêm bombas de prótons de classe-V que atuam em conjunto com canais de Cl^-, acidificando o lúmen da vesícula (ver Figura 11-14). A maioria dos receptores (incluindo o receptor de M6P, os receptores de superfície para partículas de LDL e as asialoglicoproteínas) liga seus ligantes fortemente em pH neutro, mas os libera se o pH for reduzido para 6,0 ou menos. O endossomo tardio é a primeira vesícula encontrada pelos complexos receptor-ligante cujo pH luminal é suficientemente ácido para promover a dissociação da maioria dos receptores de seus ligantes.

O mecanismo pelo qual o receptor de LDL libera as partículas de LDL ligadas é conhecido em detalhe (Figura 14-30). No pH endossomal, que varia entre 5,0 e 5,5, os resíduos de histidina no domínio β-propulsor tornam-se protonados, formando um sítio que pode se ligar, com alta afinidade, às repetições com carga negativa do domínio de ligação. Essa interação intramolecular mantém as repetições em uma conformação que não permite sua ligação simultânea à apoB-100, provocando, assim, a liberação da partícula de LDL ligada.

A via endocítica distribui o ferro às células sem que ocorra dissociação do complexo receptor-transferrina nos endossomos

A via endocítica que envolve o transporte do receptor de transferrina e seu ligante difere da via da LDL, pois o complexo receptor-ligante não é dissociado nos endossomos tardios. Entretanto, alterações no pH também levam a dissociação dos receptores e seus ligantes na via da transferrina, que entrega o ferro às células.

A transferrina, a principal glicoproteína do sangue, transporta o ferro para todos os tecidos a partir do fígado (o principal sítio de armazenamento de ferro no organismo) e do intestino (sítio de absorção do ferro). A forma livre do ferro, a *apotransferrina*, liga fortemente

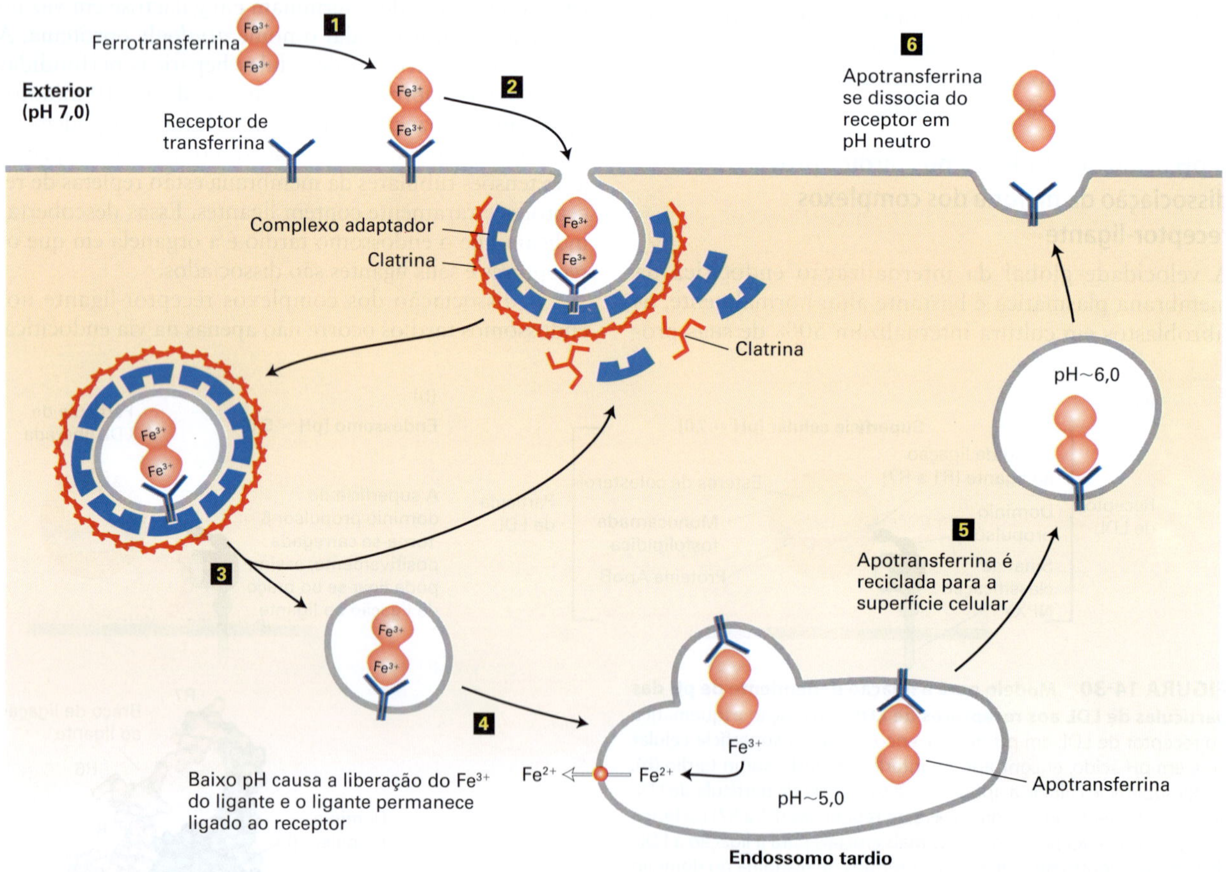

FIGURA 14-31 Ciclo da transferrina que atua em todas as células de mamíferos. Etapa **1**: o dímero de transferrina carrega dois átomos de Fe^{3+}, denominado ferrotransferrina, se liga ao receptor de transferrina na superfície celular. Etapa **2**: interação entre a cauda do receptor de transferrina e o complexo adaptador AP2 incorpora o complexo receptor-ligante nas vesículas endocíticas revestidas com clatrina. Etapas **3** e **4**: a vesícula perde seu revestimento e as vesículas endocíticas se fundem com a membrana do endossomo. O Fe^{3+} é liberado do complexo ferrotransferrina-receptor no compartimento acídico do endossomo tardio. Etapa **5**: a proteína apotransferrina permanece ligada a seu receptor neste pH e juntas são recicladas para a superfície celular. Etapa **6**: o pH neutro do meio externo causa a liberação da apotransferrina livre de ferro. (Ver A. Ciechanover et al., 1983, *J. Biol. Chem.* **258:**9681.)

dois íons Fe^{3+}, formando a *ferrotransferrina*. Todas as células dos mamíferos contêm receptores para a transferrina na superfície celular que se ligam avidamente à ferrotransferrina em pH neutro; a seguir o receptor com a ferrotransferrina ligada sofre endocitose. Da mesma forma que os componentes da partícula de LDL, os dois átomos de Fe^{3+} ligados permanecem na célula, mas a porção apotransferrina do ligante não se dissocia do receptor nos endossomos tardios e poucos minutos após sua endocitose, a apotransferrina retorna à superfície celular e é secretada.

Como apresentado na Figura 14-31, esse comportamento do complexo ligante-receptor de transferrina é devido à capacidade exclusiva da apotransferrina em permanecer ligada ao receptor de transferrina no baixo pH (5,0 a 5,5) do endossomo tardio. Em níveis de pH abaixo de 6,0, os dois átomos de Fe^{3+} se dissociam da ferrotransferrina, são reduzidos a Fe^{2+} por um mecanismo que ainda é desconhecido e são exportados nesta forma para o citosol por um transportador endossomal específico para íons de metais divalentes. O complexo receptor-apotransferrina resultante após a dissociação dos átomos de ferro é reciclado de volta à superfície celular. Apesar de a transferrina ligar-se fortemente ao seu receptor em pH 5,0 ou 6,0, ela não fica ligada em pH neutro. Assim, a apotransferrina ligada se dissocia do receptor da transferrina quando as vesículas de reciclagem fundem-se com a membrana plasmática e o complexo receptor-ligante encontra o pH neutro do líquido intersticial extracelular ou do meio de crescimento. Como resultado, o receptor reciclado está livre para se ligar a outra molécula de ferrotransferrina, e a apotransferrina liberada é levada da corrente sanguínea para o fígado ou intestino para ser recarregada com ferro.

CONCEITOS-CHAVE da Seção 14.5

Endocitose mediada por receptores

- Alguns ligantes extracelulares que se ligam a receptores específicos da superfície celular são internalizados, junto a seus receptores, nas vesículas revestidas de clatrina que também contêm os complexos AP2 (ver Figura 14-26).
- Os sinais de classificação existentes no domínio citosólico de receptores de superfície os direcionam para as vesículas revestidas com clatrina para internalização. Os sinais conhecidos incluem as sequências Asn-Pro-X-Tyr, Tyr-X-X-Φ e Leu-Leu (ver Tabela 14-2).
- A via endocítica transporta alguns ligantes (p. ex., partículas de LDL) aos lisossomos, onde são degradados. As vesículas de transporte da superfície celular primeiro fusionam com os endossomos tardios e depois com os lisossomos.
- A maioria dos complexos receptor-ligante dissocia-se no meio ácido do endossomo tardio; os receptores são reciclados para a membrana plasmática, enquanto os ligantes são levados para os lisossomos (ver Figura 14-29).
- O ferro é trazido para o interior das células pela via endocítica, na qual os íons de Fe^{3+} são liberados da ferrotransferrina nos endossomos tardios. O complexo receptor-apotransferrina é reciclado até a superfície celular, onde é dissociado, liberando o receptor e a apotransferrina para reutilização.

14.6 Direcionamento das proteínas de membrana e materiais citosólicos para o lisossomo

A principal função dos lisossomos é degradar as substâncias extracelulares incorporadas pela célula e pelos componentes intracelulares sob condições específicas. Os materiais a serem degradados devem ser transportados ao interior do lisossomo, onde se localizam as diversas enzimas degradativas. Como discutido acima, os ligantes que sofreram endocitose (p. ex., as partículas de LDL) que se dissociam de seus receptores nos endossomos tardios entram, posteriormente, no lúmen lisossomal, onde a membrana do endossomo tardio se funde à membrana do lisossomo (ver Figura 14-29). Da mesma forma, os fagossomos que transportam bactérias ou outras substâncias particuladas, podem se fundir ao lisossomo, liberando seu conteúdo para degradação.

É evidente o modo pelo qual o mecanismo geral do tráfego vesicular apresentado neste capítulo pode ser usado para levar o conteúdo do lúmen de uma organela endossomal até o lúmen do lisossomo, onde será degradado. Entretanto, as proteínas de membrana levadas aos lisossomos pelo típico processo de tráfego vesicular, discutido anteriormente, serão entregues na membrana dos lisossomos no final do processo. Então, como as proteínas de membrana são degradadas pelos lisossomos? Como será visto nessa seção, as células possuem duas diferentes vias especializadas para a entrega dos materiais para o lúmen dos lisossomos para degradação, uma para as proteínas de membrana e uma para os materiais citosólicos. A primeira via, usada para degradar as proteínas de membrana que sofreram endocitose, utiliza um tipo raro de vesícula que brota para o lúmen do endossomo, produzindo um endossomo multivesicullar. A segunda via, conhecida como **autofagia**, envolve a nova formação de uma organela com membrana dupla conhecida como autofagossomo, que circunda o material citosólico, como as proteínas citosólicas solúveis ou, algumas vezes, organelas como os peroxissomos e as mitocôndrias. As duas vias levam à fusão do endossomo multivesicular ou do autofagossomo com o lisossomo, depositando o conteúdo dessas organelas no lúmen lisossomal para degradação.

Os endossomos multivesiculares separam as proteínas de membrana destinadas à membrana dos lisossomos da proteínas destinadas à degradação nos lisossomos

As proteínas lisossomais residentes, como as bombas de prótons de classe-V e outras proteínas de membrana lisossomais, podem realizar suas funções e permanecer na membrana lisossomal, onde estão protegidas da degradação por enzimas hidrolíticas solúveis do lúmen. Essas enzimas são trazidas à membrana lisossomal por vesículas de transporte formadas a partir da rede *trans*-Golgi, segundo os mesmos mecanismos básicos descritos nas seções anteriores. Em contrapartida, as proteínas de membrana endocitadas para ser degradadas são transferidas, na sua totalidade, para o interior do lisossomo, por um mecanismo especializado. A degradação lisossomal dos receptores da superfície celular por moléculas de sinalização extracelular é um mecanismo comum para controlar a sensibilidade das células a esses sinais (Capítulo 15). Os receptores danificados também são conduzidos para degradação lisossomal.

As evidências iniciais de que as membranas poderiam ser conduzidas para o interior dos compartimentos surgiram de micrografias eletrônicas mostrando vesículas de membranas e fragmentos de membrana dentro dos endossomos e dos lisossomos. Experimentos paralelos em leveduras revelaram que os receptores proteicos endocitados direcionados ao vacúolo (organela das leveduras equivalente ao lisossomo) estavam principalmente associados com os fragmentos de membranas e pequenas vesículas presentes dentro do vacúolo e não na membrana da superfície do vacúolo.

Essas observações sugerem que as proteínas de membrana endocitadas podem ser incorporadas em vesículas especializadas formadas na membrana do endossomo (Figura 14-32). Embora essas vesículas sejam semelhantes em tamanho e aparência às vesículas de transporte, elas diferem na topologia. As vesículas de transporte brotam *pelo lado de fora* da superfície de uma organela doadora para o citosol, enquanto as vesículas dentro do endossomo brotam *pelo lado de dentro* da superfície para o lúmen (sem contato com o citosol). Os endossomos maduros que contêm inúmeras vesículas no seu interior são normalmente denominados *endossomos multivesiculares*. A superfície da membrana de um endossomo multivesicular acaba por fundir-se à membrana do lisossomo, depositando suas vesículas internas e as proteínas de membrana nelas contidas no interior do lisossomo para degradação. Portanto, a distribuição das proteínas na membrana endossomal determina quais são as proteínas que permanecerão na superfície do lisossomo (como as bombas e os transportadores) e quais serão incorporadas nas vesículas internas e degradadas nos lisossomos.

Muitos dos processos necessários para o brotamento da membrana para o interior do endossomo foram inicialmente identificados por mutações em leveduras que bloqueavam a entrega das proteínas de membrana para o interior do vacúolo. Mais de dez dessas proteínas de brotamento já foram identificadas em leveduras, e muitas apresentam semelhança significativa com as proteínas de mamíferos que, evidentemente, realizam a mesma função nas células de mamíferos. O modelo atual de brotamento do endossomo para formar o endossomo

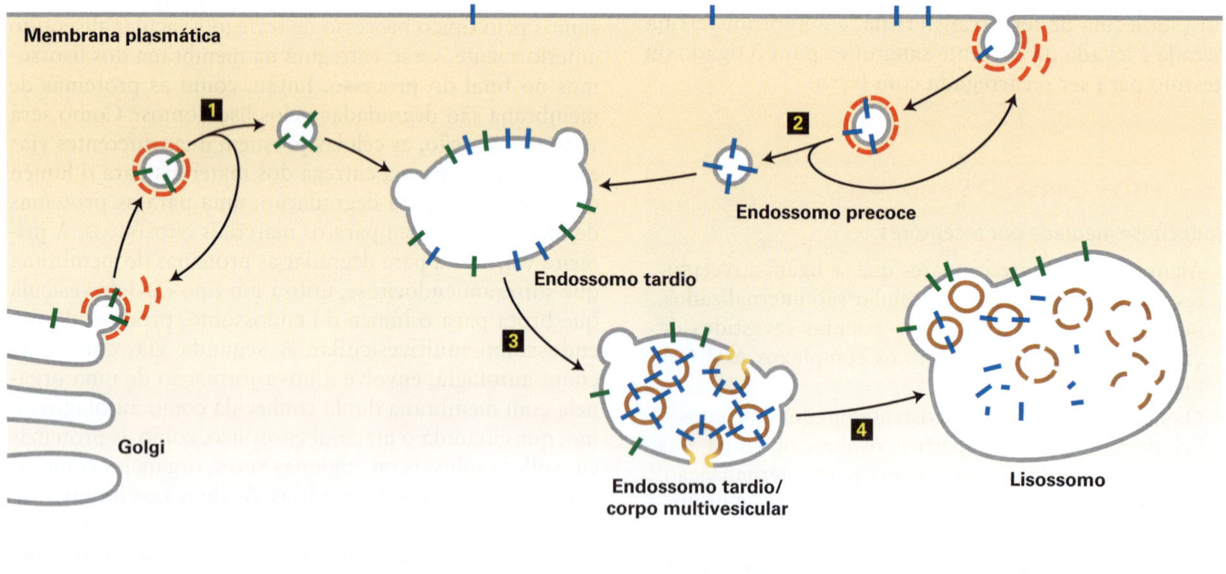

FIGURA 14-32 Entrega de proteínas da membrana plasmática para o interior do lisossomo, para degradação. Os endossomos precoces carregando proteínas da membrana plasmática endocitadas (em azul) e as vesículas carregando proteínas de membrana lisossomais (em verde) da rede *trans*-Golgi se fundem ao endossomo tardio, transferindo suas proteínas de membrana para a membrana endossomal (etapas **1** e **2**). As proteínas a serem degradadas são incorporadas em vesículas formadas dentro do interior do endossomo tardio, que, finalmente, formam um endossomo multivesicular contendo várias vesículas internas (etapa **3**). A fusão de um endossomo multivesicular diretamente com o lisossomo libera as vesículas internas no lúmen do lisossomo, onde podem ser degradadas (etapa **4**). Como as bombas de prótons e outras proteínas de membrana lisossomais normalmente não são incorporadas nas vesículas internas do endossomo, elas são entregues na membrana lisossomal e ficam protegidas da degradação. (Ver F. Reggiori & D. J. Klionsky, 2002, *Eukaryot. Cell* **1**:11, e D. J. Katzmann et al., 2002, *Nature Rev. Mol. Cell Biol.* **3**:893.)

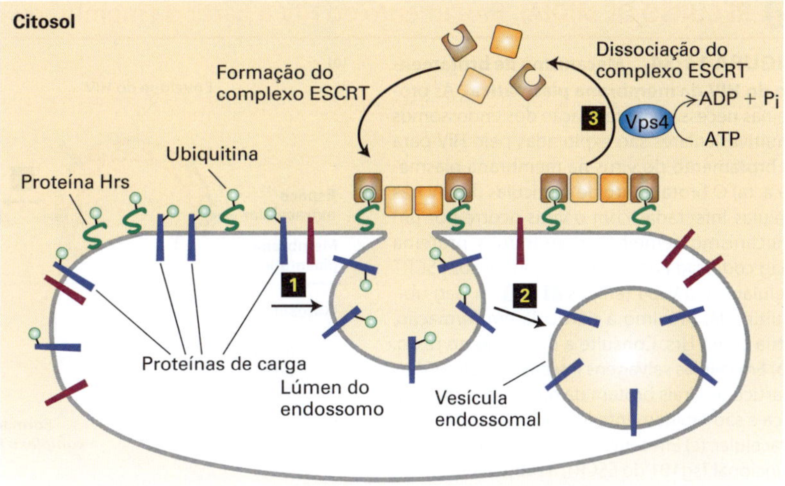

FIGURA 14-33 Modelo do mecanismo de formação dos endossomos multivesiculares. No brotamento endossomal, a Hrs ubiquitinada na membrana endossomal direciona o carregamento das proteínas de carga de membrana específicas (em azul) em brotos vesiculares e a seguir recruta complexos ESCRT citosólicos até a membrana (etapa **1**). Observe que tanto as Hrs quanto as proteínas de carga recrutadas são marcadas com ubiquitina. Após o conjunto de complexos ESCRT ligados promover a fusão das membranas e o desprendimento da vesícula completa (etapa **2**), eles são dissociados pela ATPase da Vsp4 e retornam ao citosol (etapa **3**). Ver comentários no texto. (Adaptada de O. Pornillos et al., 2002, *Trends Cell Biol.* **12**:569.)

multivesicular em células de mamíferos baseia-se principalmente no estudo com leveduras (Figura 14-33). A maioria das proteínas de carga que entram nos endossomos multivesiculares é marcada com ubiquitina. As proteínas de carga destinadas para entrar nos endossomos multivesiculares normalmente recebem sua marca de ubiquitina na membrana plasmática, o TNG, ou na membrana endossomal. Já foi descrito como a marcação da ubiquitina pode atuar como sinal para a degradação das proteínas citosólicas ou malformadas no RE pelos proteossomos (ver Capítulos 3 e 13). Quando usada como sinal para degradação no proteossomo, a marca de ubiquitina normalmente é formada por uma cadeia covalente ligada à molécula de ubiquitina (poliubiquitina), enquanto a ubiquitina usada para marcar as proteínas para entrada nos endossomos multivesiculares normalmente é formada por uma única molécula (monoubiquitina). Na membrana do endossomo, a proteína de membrana periférica marcada com ubiquitina, conhecida como Hrs, facilita o recrutamento de um grupo de três proteínas diferentes complexadas com a membrana. Essas **proteínas ESCRT** (do inglês *e*ndosomal *s*orting *c*omplexes *r*equired for *t*ransport) incluem a proteína ligadora de ubiquitina Tsg101. As proteínas ESCRT associadas à membrana atuam direcionando o brotamento das vesículas para o interior do endossomo bem como o carregamento de proteínas de carga de membrana monoubiquitinadas específicas para as vesículas em brotamento. Finalmente, as proteínas ESCRT se desprendem das vesículas, liberando-as, junto às proteínas de carga de membrana específicas que trazem consigo, no interior do endossomo. Uma ATPase conhecida como Vps4, usa a energia da hidrólise da ATP para dissociar as proteínas ESCRT, liberando-as no citosol para outro ciclo de brotamento. No caso de fusão, que desprende uma vesícula endossômica completa, as proteínas ESCRT e a Vps4 podem atuar como SNARE e NSF, respectivamente, no processo típico de fusão de membrana apresentado anteriormente (ver Figura 14-10).

Os retrovírus brotam da membrana plasmática por um processo semelhante à formação dos endossomos multivesiculares

As vesículas formadas no interior dos endossomos apresentam uma topologia semelhante à das partículas virais com envelope que se formam a partir da membrana plasmática das células infectadas pelo vírus. Além disso, experimentos recentes demonstraram que um grupo comum de proteínas é necessário aos dois tipos de eventos de brotamento a partir da membrana. Na verdade, os detalhes mecânicos dos dois processos são tão similares que foi sugerido que os vírus com envelope desenvolveram mecanismos para empregar as proteínas celulares utilizadas no brotamento interno do endossomo em seu próprio benefício.

O vírus da imunodeficiência humana (HIV) é um retrovírus com envelope, formado por brotamento a partir da membrana plasmática das células infectadas. Esse processo de brotamento é dirigido pela proteína viral Gag, principal componente estrutural da partícula viral. Várias moléculas de proteína Gag ligam-se à membrana plasmática de uma célula infectada e ~ 4.000 moléculas de Gag se polimerizam em formato de uma concha esférica, produzindo uma estrutura com aparência de um broto vesicular que se projeta para fora da membrana plasmática. Estudos mutacionais com HIV demonstraram que o segmento N-terminal da proteína Gag é necessário para a associação com a membrana plasmática, enquanto o segmento C-terminal é necessário para a liberação das partículas de HIV completas. Por exemplo, se a porção do genoma viral que codifica o segmento C-terminal for removida, há formação dos brotos de HIV nas células infectadas, mas elas não se desprendem e, portanto, não há liberação de partículas virais livres.

A primeira indicação de que o brotamento do HIV utiliza a mesma maquinaria molecular da formação de vesículas nos endossomos surgiu da observação de que a Tsg101, que compõe o complexo ESCRT, liga-se ao segmento C-terminal da proteína Gag. Descobertas sub-

RECURSO DE MÍDIA: Brotamento do HIV a partir da membrana plasmática

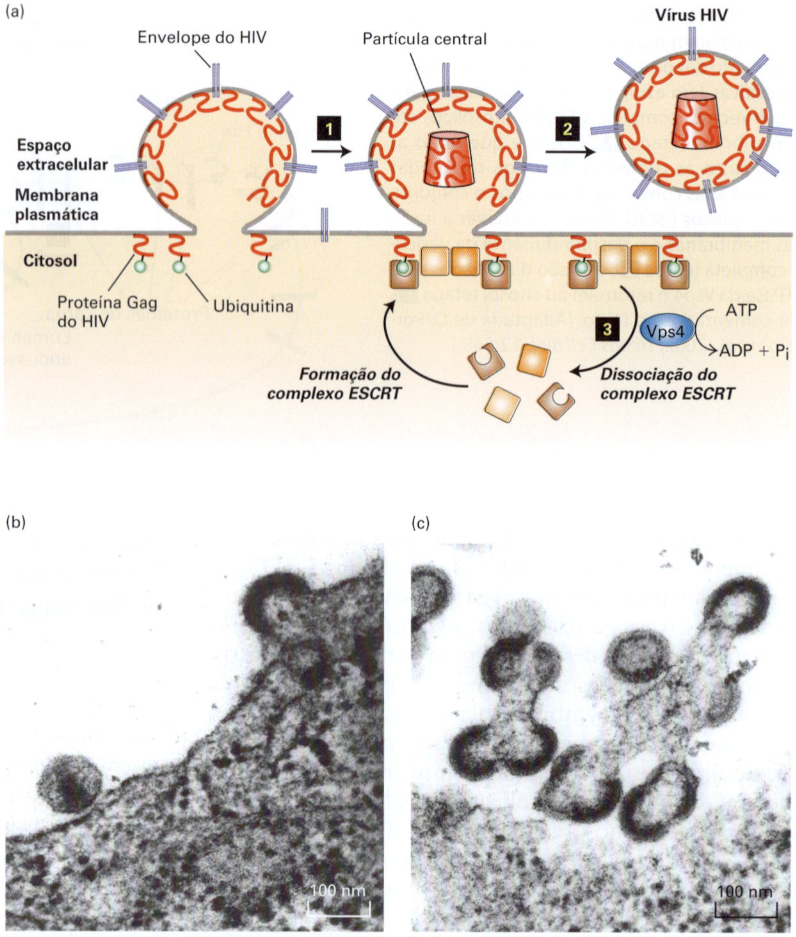

FIGURA 14-34 Mecanismo de brotamento do HIV da membrana plasmática. As proteínas necessárias à formação dos endossomos multivesiculares são exploradas pelo HIV para o brotamento do vírus na membrana plasmática. (a) O brotamento de partículas de HIV nas células infectadas com o vírus ocorre por um mecanismo semelhante, usando a proteína Gag codificada pelo vírus, os complexos ESCRT celulares e a Vsp4 (etapas 1 a 3). A Gag ubiquitinada, próximo à partícula em formação, atua como Hrs. Consulte a discussão no texto. (b) Em células selvagens infectadas pelo HIV, as partículas virais brotam da membrana plasmática e são rapidamente liberadas no espaço extracelular. (c) Em células deficientes da proteína funcional Tsg101 do ESCRT, a proteína viral Gag forma densas estruturas similares ao vírus, mas o brotamento destas estruturas da membrana plasmática não pode ser completado e ocorre o acúmulo de cadeias de brotos virais incompletos, que permanecem ligadas com a membrana plasmática. (Wes Sundquist, University of Utah, EUA.)

sequentes demonstraram, claramente, as semelhanças mecânicas entre os dois processos. Por exemplo, a Gag é ubiquitinada como parte do processo de brotamento viral e nas células com mutações na Tsg101 ou na Vsp4, os brotos de HIV se acumulam, mas não se desprendem da membrana (Figura 14-34). Além disso, quando um segmento da proteína celular Hrs é adicionado a uma proteína Gag truncada, o brotamento e a liberação das partículas virais são restaurados. Combinados, esses resultados indicam que a proteína Gag simula a função da Hrs, redirecionando os complexos ESCRT para a membrana plasmática, onde atua no brotamento das partículas virais.

Foi demonstrado que outros retrovírus com envelope, como o vírus da leucemia de murinos e o vírus do sarcoma de Rous, também necessitam dos complexos ESCRT para realizar seu brotamento, embora, aparentemente, cada vírus tenha desenvolvido um mecanismo um pouco diferente para levar o complexo ESCRT ao local do brotamento viral.

A via autofágica entrega as proteínas citosólicas ou organelas inteiras aos lisossomos

Quando as células se encontram sob estresse, como em situações onde há falta de nutrientes, elas têm a capacidade de reciclar macromoléculas para usá-las como nutrientes, em um processo de degradação lisossomal conhecido como **autofagia** ("comer a si mesmo"). A via autofágica envolve a formação de uma estrutura em forma de cálice com dupla membrana plana que envolve uma porção do citoplasma ou uma organela inteira (por exemplo, uma mitocôndria), formando um *autofagossomo*, ou *vesícula autofágica* (Figura 14-35). A membrana externa da vesícula autofágica pode se fundir com um lisossomo, entregando no interior do lisossomo uma grande vesícula ligada por uma única membrana dupla. Como ocorre quando os componentes dos endossomos multivesiculares são entregues aos lisossomos, as lipases e proteases irão degradar a vesícula autofágica e seu conteúdo em seus componentes moleculares. As permeases de aminoácidos da membrana lisossomal permitem o transporte dos aminoácidos livres de volta para o citosol para o uso na síntese de novas proteínas.

O estudo de mutantes com defeitos nas vias autofágicas permitiu aos cientistas identificarem outro processo além da reciclagem dos componentes celulares em momentos de carência nutricional, que também dependem da autofagia. Os experimentos realizados principalmente em *Drosophila* e camundongos mostraram que a

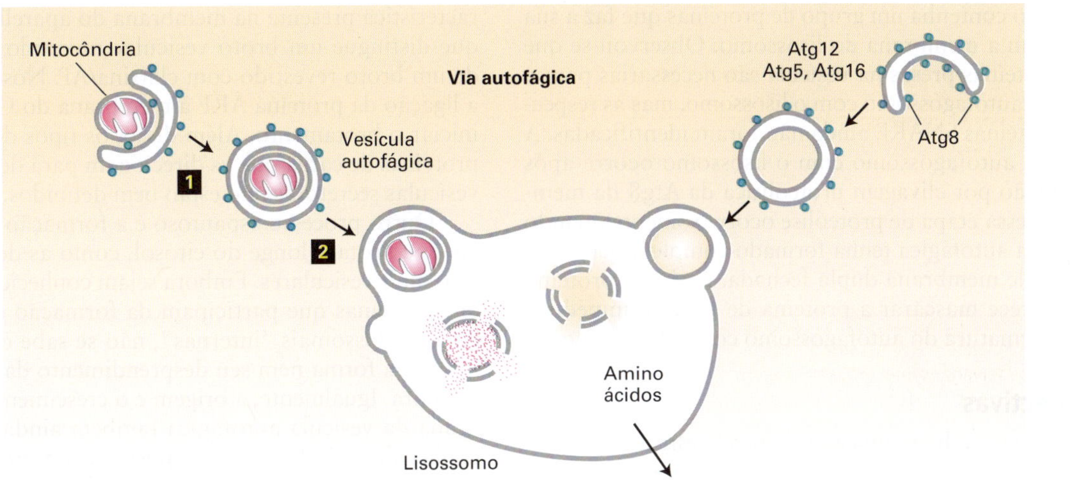

FIGURA 14-35 A via autofágica. A via autofágica permite que proteínas citosólicas e organelas sejam levadas ao interior dos lisossomos para degradação. Na via autofágica, uma estrutura em forma de taça se forma ao redor de regiões do citosol (direita) ou de organelas como as mitocôndrias aqui representadas (esquerda). A adição contínua de membrana finalmente leva à formação de uma vesícula de autofagossomo que circunda seu conteúdo com duas membranas completas (etapa **1**). A fusão da membrana externa com a membrana do lisossomo libera uma vesícula de camada única e seu conteúdo para o interior dos lisossomos (etapa **2**). Após a degradação dos componentes proteicos e lipídicos pelas hidrolases do interior do lisossomo, os aminoácidos liberados são transportados da membrana do lisossomo para o citosol. As proteínas que participam da via autofágica incluem a Atg8, que forma a estrutura de revestimento ao redor do autofagossomo.

autofagia participa em um tipo de controle de qualidade que remove as organelas que não estão mais desempenhando suas funções adequadamente. Particularmente, a via autofágica pode ter como alvo de destruição as mitocôndrias não funcionais que perderam sua integridade e não possuem mais um gradiente eletroquímico que atravesse sua membrana interna. Em certos tipos celulares, bactérias e vírus patogênicos que se multiplicam no citosol da célula hospedeira podem ser os alvos da via autofágica de destruição nos lisossomos, como parte dos mecanismos de defesa do hospedeiro contra infecção.

Para cada um desses processos, e em todos os organismos eucariotos, a via autofágica ocorre em três etapas básicas. Embora os mecanismos de cada uma dessas etapas não sejam bem conhecidos, acredita-se que estejam relacionados com os mecanismos básicos de tráfego vesicular apresentados neste capítulo.

Nucleação da vesícula autofágica Acredita-se que a vesícula autofágica tenha se originado de um fragmento de uma organela ligada à membrana. É difícil definir a origem dessa membrana, pois se sabe que nenhuma proteína integral de membrana que auxilia na identificação de sua fonte necessita a formação de vesículas autofágicas. Estudos com leveduras mostraram que alguns mutantes com defeitos no tráfego do Golgi também possuem defeitos em autofagia, sugerindo que a vesícula autofágica é, inicialmente, derivada de um fragmento do Golgi. A autofagia induzida por falta de nutrientes parece ser um processo inespecífico no qual uma porção qualquer do citoplasma, incluindo organelas, torna-se circundada por um autofagossomo. Nesses casos, o local de nucleação é aleatório. No caso onde organelas defeituosas são envolvidas pelo autofagossomo, algum tipo de sinal ou sítio de ligação deve estar presente na superfície da organela para identificar a nucleação da vesícula autofágica.

A vesícula autofágica cresce e é finalizada Uma nova membrana deve ser entregue à membrana do autofagossomo para que essa organela em forma de cálice cresça. É provável que esse crescimento ocorra pela fusão de vesículas de transporte com a membrana do autofagossomo. Cerca de 30 proteínas participam na formação dos autofagossomos que foram identificados por meio da avaliação genética de mutantes de leveduras com defeitos em autofagia. Uma dessas proteínas é a Atg8, apresentada na Figura 14-35, que é ligada covalentemente ao lipídeo fosfatidiletanolamina, tornando-se ligada à porção citosólica da vesícula autofágica. A associação da Atg8 com uma membrana da vesícula parece ser a etapa crucial na capacitação da fusão da vesícula com o autofagossomo em crescimento.

A fusão das vesículas contendo Atg8 com o autofagossomo envolve a formação de uma associação citosólica da Atg12, Atg5 e Atg16. A Atg12 tem estrutura similar à da ubiquitina, e um grupo de proteínas relacionadas com as enzimas conjugadoras da ubiquitina é responsável pela ligação covalente da Atg12 à Atg5, em um processo similar àquele usado para a ligação covalente da ubiquitina com a proteína-alvo (ver Figura 3-29). O dímero covalentemente ligado Atg12-Atg5 se coassocia com a Atg16 para formar um complexo polimérico localizado no sítio de crescimento do autofagossomo. Por meio de um mecanismo desconhecido, acredita-se que o complexo citosólico realize a fusão das vesículas contendo Atg8 com o autofagossomo em forma de cálice.

Direcionamento e fusão da vesícula autofágica Acredita-se que a membrana externa de um autofagossomo finalizado contenha um grupo de proteínas que faz a sua fusão com a membrana do lisossomo. Observou-se que duas proteínas presas na vesícula são necessárias para a fusão do autofagossomo com o lisossomo, mas as respectivas proteínas SNARE ainda não foram identificadas. A fusão do autofagossomo com o lisossomo ocorre após a liberação por clivagem proteolítica da Atg8 da membrana, e essa etapa de proteólise ocorre somente quando a vesícula autofágica tenha formado completamente um sistema de membrana dupla fechada. Assim, a proteína Atg8 parece mascarar a proteína de fusão e impedir a fusão prematura do autofagossomo com o lisossomo.

Perspectivas

As informações bioquímicas, genéticas e estruturais apresentadas neste capítulo mostram que temos um conhecimento básico de como o tráfego vesicular flui de um compartimento ligado à membrana para outro. Nossa compreensão desses processos deve-se em grande parte aos experimentos funcionais dos vários tipos de vesículas de transporte. Esses estudos levaram à identificação de diversos componentes das vesículas e à descoberta de como esses componentes atuam em conjunto para promover a formação vesicular, incorporar um determinado grupo de moléculas de carga da organela doadora e, então, promover a fusão da vesícula completa com a membrana da organela-alvo.

Apesar desses avanços, sabemos relativamente pouco sobre estágios importantes das vias secretora e endocítica. Por exemplo, ainda não sabemos quais os tipos de proteínas formam o revestimento das vesículas secretoras reguladas e constitutivas compostas a partir da rede *trans*-Golgi. Da mesma forma, não sabemos qual é a característica presente na membrana do aparelho de Golgi que distingue um broto vesicular revestido com COPI de um broto revestido com clatrina/AP. Nos dois casos, a ligação da proteína ARF à membrana do Golgi parece iniciar o brotamento. Além disso, os tipos de sinais nas proteínas de carga que as direcionam para determinadas vesículas secretoras não estão bem definidos.

Outro processo espantoso é a formação das vesículas que brotam longe do citosol, como as dos endossomos multivesiculares. Embora sejam conhecidas algumas das proteínas que participam da formação dessas vesículas endossomais "internas", não se sabe o que determina sua forma nem seu desprendimento da membrana doadora. Igualmente, a origem e o crescimento da membrana da vesícula autofágica também ainda são pouco conhecidos. No futuro, será possível compreender essas e outras etapas pouco entendidas do tráfego vesicular pelo uso combinado de métodos bioquímicos e genéticos que caracterizaram as partes funcionais das vesículas de COPI, COPII e de clatrina/AP.

Além da compreensão do mecanismo básico que direciona o tráfego das proteínas de carga para as vias endocítica e secretora, o principal objetivo da pesquisa nesta área é definir os sinais que direcionam as proteínas para localizações intracelulares específicas. Embora já se conheçam várias sequências (ver Tabela 14-2), se configura o início da relação desses sinais-alvo e o contexto no qual eles são interpretados. O objetivo final será deduzir, a partir de uma sequência codificadora primária de um determinado gene, o padrão de tráfego e localização intracelular do produto proteico do gene. Nossa capacidade de extrair informação biológica de sequências genômicas somente será realidade quando houver capacidade de interpretar as informações das sequências proteicas primárias.

CONCEITOS-CHAVE da Seção 14.6

Direcionamento das proteínas de membrana e materiais citosólicos para os lisossomos

- As proteínas de membrana endocitadas, destinadas para degradação no lisossomo, são incorporadas em vesículas formadas no interior do endossomo. Os endossomos multivesiculares, que contêm várias dessas vesículas internas, são capazes de fundir-se com o lisossomo, liberando-as no seu interior (ver Figura 14-32).
- Alguns componentes celulares (p. ex., os complexos ESCRT) que promovem o brotamento interno da membrana endossomal são utilizados no brotamento e na liberação dos vírus com envelope, como o HIV, da membrana plasmática das células infectadas com o vírus (ver Figura 14-33 e 14-34).
- Uma porção do citoplasma, ou mesmo uma organela inteira (p. ex., uma mitocôndria), pode ser envelopada em uma membrana plana e, finalmente, incorporada em uma dupla membrana vesicular autofágica. A fusão da membrana externa da vesícula com o lisossomo libera o conteúdo envelopado para ser degradado no interior do lisossomo (ver Figura 14-35).

Termos-chave

autofagia 663
clatrina 637
complexos AP (proteína adaptadora) 648
COPI 637
COPII 637
dinamina 650
endocitose mediada por receptor 657
endossomo multivesicular 663
endossomo tardio 631
lipoproteína de baixa densidade (LDL) 658
manose-6-fosfato (M6P) 651
maturação das cisternas 647
mutantes *sec* 633
proteína ARF 638
proteínas ESCRT 665
proteínas Rab 640
rede *trans*-Golgi (TNG) 631
secreção constitutiva 652
secreção regulada 652
sinais de classificação 640
transcitose 656
transporte anterógrado 643
transporte retrógrado 643
t-SNARE 636
vesículas transportadoras 629
via endocítica 629
via secretora 629
v-SNARE 636

Revisão dos conceitos

1. Os estudos de Palade e colaboradores usaram a marcação de pulso e caça com aminoácidos marcados com radiatividade e autorradiografia para visualizar a localização das proteínas marcadas em células pancreáticas acinares. Esses experimentos iniciais forneceram valiosas informações sobre a síntese proteica e o transporte entre compartimentos. Novos métodos substituíram essas estratégias iniciais, mas dois requisitos básicos ainda são necessários para qualquer estudo desse tipo. Quais são eles e como os novos experimentos satisfazem esses critérios?
2. A formação das vesículas está associada às proteínas do revestimento. Qual a função dessas proteínas na formação das vesículas? Como essas proteínas são trazidas para as membranas? Que tipos de moléculas poderiam ser incluídos ou excluídos das vesículas recém-formadas? Qual o exemplo mais conhecido de uma proteína que pode estar envolvida no desprendimento da vesícula?
3. O tratamento das células com o fármaco brefeldina A (BFA) tem o efeito de dissociar o revestimento das membranas do aparelho de Golgi, resultando em uma célula na qual a grande maioria das proteínas do Golgi está localizada no RE. Quais inferências podem ser feitas, partindo dessa observação, sobre a função das outras proteínas de revestimento não envolvidas na formação de vesículas? Discorra sobre o tipo de mutação na Arf1 que pode produzir os mesmos efeitos que o tratamento com BFA.
4. A microinjeção de um anticorpo conhecido como EAGE, que reage com a região da "dobradiça" da subunidade β da COPI, causa o acúmulo das enzimas do Golgi nas vesículas de transporte e inibe o transporte anterógrado de vesículas recém-sintetizadas do RE para a membrana plasmática. Quais os efeitos desse anticorpo na atividade da COPI? Explique os resultados.
5. A especificidade da fusão entre as vesículas envolve dois processos distintos e sequenciais. Descreva o primeiro dos dois processos e sua regulação pelas proteínas de controle por GTPase. Que efeito no tamanho dos endossomos precoces pode resultar da superexpressão de uma forma mutante de Rab5 que está presa no estado ligado ao GTP?
6. O gene *sec18* é um gene de levedura que codifica o NSF. É um mutante de classe C na via secretora de leveduras. Qual a função mecânica do NSF no tráfego de membranas? Como indicado pelo seu fenótipo de classe C, por que uma mutação no NSF produz o acúmulo de vesículas no que parece ser o único estágio da via secretora?
7. Quais características da síntese do pró-colágeno forneceram as evidências iniciais para o modelo de maturação das cisternas do Golgi?
8. Os sinais de classificação que causam o transporte retrógrado de uma proteína na via secretora são algumas vezes conhecidos como sequências de recuperação. Liste os dois exemplos conhecidos de sequências de recuperação das proteínas solúveis e de membrana do RE. Como a presença de uma sequência de recuperação em uma proteína solúvel do RE resulta na sua recuperação do complexo *cis*-Golgi? Descreva como o conceito de uma sequência de recuperação é essencial ao modelo da progressão cisternal.
9. Os complexos da proteína adaptadora (AP) da clatrina ligam-se diretamente à face citosólica das proteínas de membrana, além de interagir com a clatrina. Quais são os quatro complexos de proteínas adaptadoras conhecidos? Que observação relacionada à AP3 sugere que a clatrina pode ser considerada uma proteína acessória para a estrutura central do revestimento composto pelas proteínas adaptadoras?
10. A doença das células-I é um exemplo clássico de um defeito genético humano herdado no direcionamento de proteínas que afeta uma classe inteira de proteínas, as enzimas solúveis do lisossomo. Qual o defeito molecular na doença de células-I? Por que ele afeta o direcionamento de toda uma classe de proteínas? Que outros tipos de mutações poderiam produzir o mesmo fenótipo?
11. A rede *trans*-Golgi (TGN) é o sítio de diversos processos de distribuição à medida que as proteínas e os lipídeos saem do aparelho de Golgi. Compare e contraste a distribuição das proteínas para o lisossomo *versus* o empacotamento das proteínas em grânulos secretores regulados, como aqueles que contêm insulina. Compare e contraste a classificação das proteínas destinadas à superfície basolateral *versus* apical nas células MDCK e nos hepatócitos.
12. O que o brotamento do vírus influenza e do vírus da estomatite vesicular (VSV) das células MDCK polarizadas revela acerca da seleção das proteínas plasmáticas de membrana celular recém-sintetizadas para o domínio apical ou basocelular? Agora considere o seguinte resultado: um peptídeo com sequência idêntica ao domínio citoplasmático da proteína G de VSG inibe o direcionamento da proteína G para a superfície basolateral e não tem efeito no direcionamento da HA para a membrana apical, mas um peptídeo no qual um único resíduo de tirosina é mutado para uma alanina não tem efeito no direcionamento basolateral da proteína G. O que isso significa no processo de classificação?
13. Descreva como o pH atua de modo essencial na regulação da interação entre a manose-6-fosfato e o receptor para manose-6-fosfato. Por que uma elevação no pH endossomal leva à secreção de enzimas lisossomais recém-sintetizadas para o meio extracelular?
14. Quais as características mecânicas compartilhadas (a) pela formação de endossomos multivesiculares por brotamento no interior do endossomo e (b) pelo brotamento para o exterior do vírus HIV na

superfície celular? Você deseja planejar um peptídeo inibidor/competidor do brotamento de HIV e decide imitar em um peptídeo sintético uma porção da proteína Gag do HIV. Qual porção da proteína Gag do HIV seria a escolha mais lógica? Que processo celular normal esse inibidor poderia bloquear?

15. As vias autofágica e fagocítica desempenham dois papéis fundamentais, mas ambos entregam suas vesículas aos lisossomos. Quais as diferenças básicas entre as duas vias? Descreva as três etapas na formação e fusão das vesículas autofágicas.
16. Compare e diferencie a localização e sensibilidade ao pH das interações ligante-receptor nas vias de endocitose mediada por receptor (EMR) da transferrina e da LDL.
17. O que as mutações no domínio citoplasmático do receptor de LDL (LDLR), que causam a hipercolesterolemia familiar, revelam acerca da via de endocitose mediada por receptor (EMR)?

Análise dos dados

1. Para avaliar a especificidade da fusão da membrana proporcionada por v-SNARE e t-SNARE, os pesquisadores reconstituíram lipossomos (membranas lipídicas artificiais) com complexos t-SNARE ou v-SNARE específicos (ver McNew et al., 2000, *Nature* 407:153 a 159). Para avaliar a fusão, os lipossomos t-SNARE também continham um lipídeo fluorescente e concentrações relativamente altas, de modo que sua fluorescência fosse inibida (a inibição é a redução da fluorescência relativa à esperada; neste caso, a inibição ocorre porque os lipídeos são muito concentrados e interferem na capacidade um do outro de tornarem-se excitados). Durante a fusão desses lipossomos com aqueles que não possuem lipídeos fluorescentes, os lipídeos fluorescentes ficam diluídos, e a inibição é reduzida. Três grupos de lipossomos foram preparados usando os complexos t-SNARE de levedura: contendo os t-SNARE da membrana plasmática, t-SNARE do Golgi ou t-SNARE dos vacúolos. Cada um deles foi misturado com lipossomos fluorescentes contendo um dos três v-SNARE de levedura. Foram obtidos os seguintes dados:

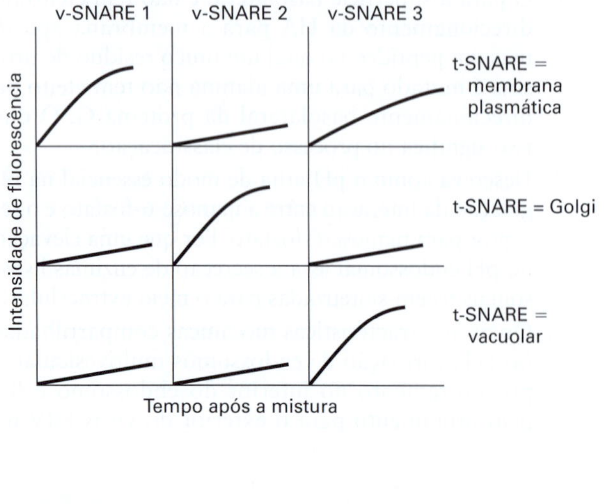

a. A partir desses dados, o que pode ser deduzido acerca da especificidade dos eventos de fusão da membrana?
b. O que você esperava encontrar nos v-SNARE 1, 2 e 3 de levedura?
c. Que tipo de experimento poderia ser planejado para determinar onde, na via secretora, um determinado v-SNARE é necessário *in vivo*?
d. O domínio citoplasmático do v-SNARE 2 foi expresso e purificado de *E. coli*. Quantidades variáveis desse domínio são incubadas com lipossomos com v-SNARE 2 ou com lipossomos com t-SNARE do Golgi. Em seguida, os lipossomos são lavados para retirar as proteínas não ligadas. Então, os vários lipossomos são misturados, como descrito a seguir, e a fluorescência de cada amostra é quantificada por uma hora após a mistura. Como os dados podem ser explicados? Qual seria a previsão do resultado se a levedura superexpressasse o domínio citoplasmático de v-SNARE 2?

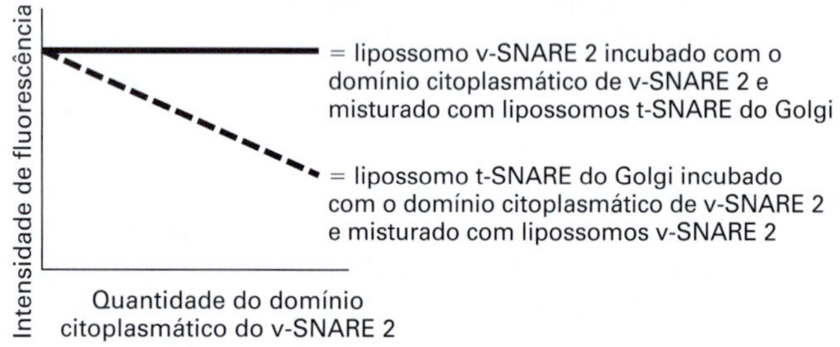

2. Você clonou a proteína fluorescente verde (GFP) contendo a sequência KDEL. Quando o construto é transferido para fibroblastos humanos normais e avaliado por microscopia de fluorescência, a fluorescência aparece no citoplasma, como representado a seguir.

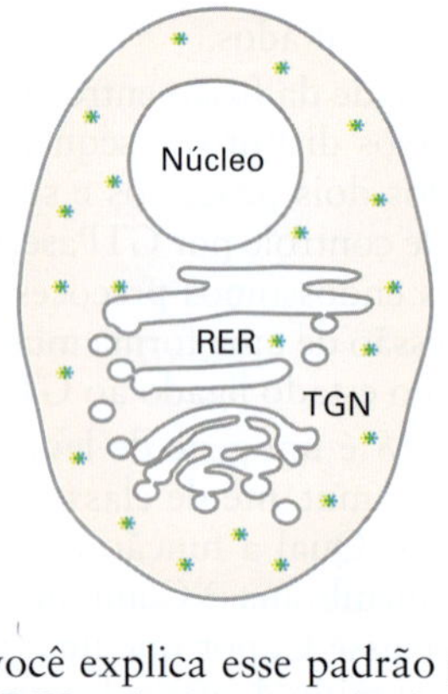

a. Como você explica esse padrão já que se supõe que o KDEL seja uma sequência de classificação específica do RE?
b. Para analisar ainda mais os resultados, frações de diferentes organelas e citoplasma foram obtidas de células que expressam a construção GFP contendo KDEL e então avaliadas por *Western*

blotting, usando anticorpos contra GFP (27 kDa) e a proteína isomerase dissulfeto (PDI), uma proteína constitutiva do retículo endoplasmático rugoso (RER) de aproximadamente 55 kDa.

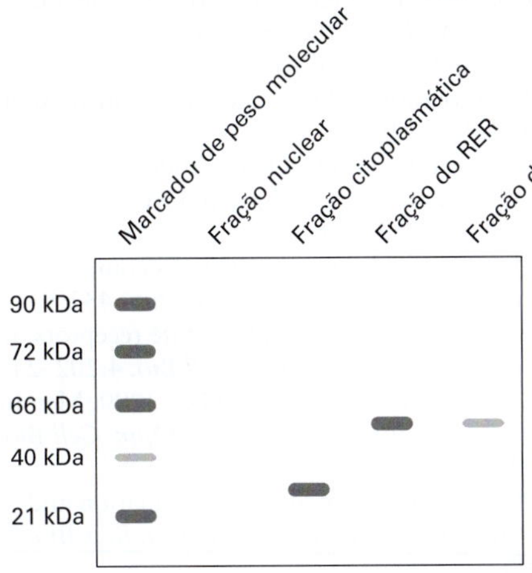

O *blot* confirma a presença da GFP exclusivamente no citoplasma e, como esperado, o sinal PDI na fração do RER. Como você explica a banda de PDI, embora fraca, na fração do Golgi? De acordo com a função da proteína PDI, o que você esperaria se os dois alelos do gene PDI fossem nocauteados em camundongos?

c. Os anticorpos usados no experimento não detectaram sinal na fração nuclear, o que indica sua especificidade ou o fato de que nenhuma proteína foi isolada e colocada na coluna da fração nuclear. Que anticorpo poderia ser usado para mostrar onde as proteínas nucleares estariam presentes nesta amostra?

3. Uma criança parece estar com a doença de célula-I. Entretanto, quando a amostra de sua proteína (coluna 3* a seguir), isolada de fibroblastos cutâneos, é comparada, pelo método de *Western blotting*, com amostras de proteínas de fibroblastos dos pais (colunas 1 e 2) e de seus irmãos (colunas 4 a 6) saudáveis com anticorpos contra a fosfotransferase *N*-acetilglucosamina (~145 kDa) e actina (controle, ~43 kDa), observa-se o seguinte:

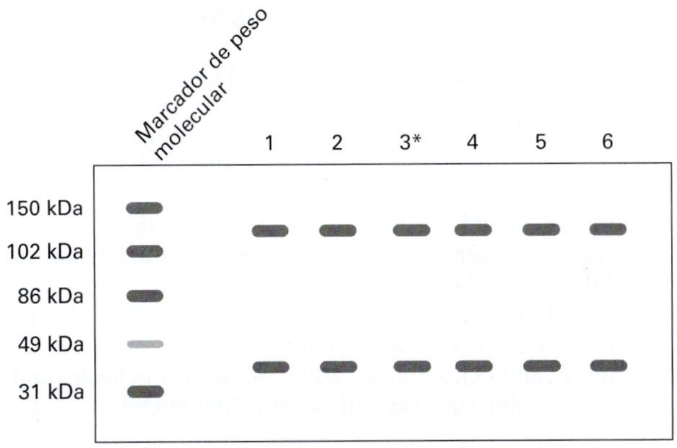

Em um segundo experimento, a fosfotransferase *N*-acetilglucosamina foi isolada das células da criança doente e de seus pais saudáveis e usada em um ensaio com ^{32}P para quantificar a atividade enzimática e a produção de manose-6-fosfato. Obteve-se o seguinte resultado:

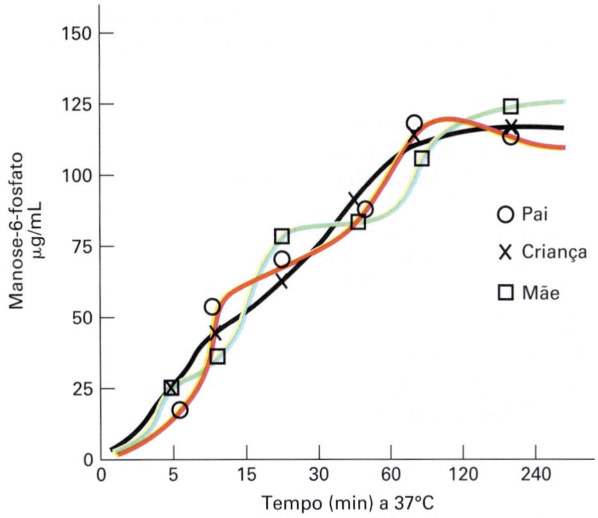

a. Usando cultura de fibroblastos da criança, planeje um experimento usando o anticorpo contra a fosfotransferase *N*-acetilglucosamina e microscopia de fluorescência e descreva os resultados que possam explicar porque a criança apresenta sintomas similares aos da doença de célula-I.

b. Conforme os resultados desses três experimentos, como você explica os sintomas da doença de célula-I observados na criança? E que experimento você faria para confirmar sua hipótese?

c. Uma micrografia confocal a *laser* das células MDCK marcadas com anticorpo contra o receptor da manose-6-fosfato apresenta o seguinte:

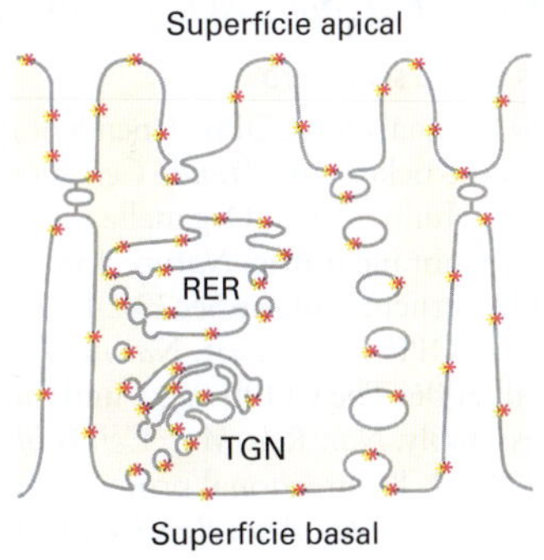

Como você explica a marcação nas superfícies apical *e* basolateral para um receptor cuja função é direcionar as enzimas da rede *trans*-Golgi (TNG) até o lisossomo? Igualmente, como você explica a marcação observada no RER?

Referências

Técnicas para o estudo da via secretora

Beckers, C. J., et al. 1987. Semi-intact cells permeable to macromolecules: use in reconstitution of protein transport from the endoplasmic reticulum to the Golgi complex. *Cell* **50**:523–534.

Kaiser, C. A, and R. Schekman. 1990. Distinct sets of SEC genes govern transport vesicle formation and fusion early in the secretory pathway. *Cell* **61**:723–733.

Novick, P., et al. 1981. Order of events in the yeast secretory pathway. *Cell* **25**:461–469.

Lippincott-Schwartz J., et al. 2001. Studying protein dynamics in living cells. *Nature Rev. Mol. Cell Biol.* **2**:444–456.

Orci, L., et al. 1989. Dissection of a single round of vesicular transport: sequential intermediates for intercisternal movement in the Golgi stack. *Cell* **56**:357–368.

Palade, G. 1975. Intracellular aspects of the process of protein synthesis. *Science* **189**:347–358.

Mecanismos moleculares de fusão e brotamento vesiculares

Bonifacino, J.S. and B.S. Glick. 2004. The mechanisms of vesicle budding and fusion. *Cell* **116**:153-166.

Grosshans, B.L., D. Ortiz and P. Novick. 2006. Rabs and their effectors: achieving especificity in membrane traffic. *Proc. Nat. Acad. Sci.* USA **103**: 11821-11827.

Jahn, R., et al. 2003. Membrane fusion. *Cell* **112**:519–533.

Kirchhausen, T. 2000. Three ways to make a vesicle. *Nature Rev. Mol. Cell Biol.* **1**:187–198.

McNew, J. A, et al. 2000. Compartmental specificity of cellular membrane fusion encoded in SNARE proteins. *Nature* **407**:153–159.

Ostermann, J., et al. 1993. Stepwise assembly of functionally active transport vesicles. *Cell* **75**:1015–1025.

Schimmöller, F., I. Simon, and S. Pfeffer. 1998. Rab GTPases, directors of vesicle docking. *J. Biol. Chem.* **273**:22161–22164.

Weber, T., et al. 1998. SNAREpins: minimal machinery for membrane fusion. *Cell* **92**:759-772.

Wickner, W. and A. Haas. 2000. Yeast homotypic vacuole fusion: a window on organelle trafficking mechanisms. *Ann. Rev. Biochem.* **69**:247-275.

Zerial, M., and H. McBride. 2001. Rab proteins as membrane organizers. *Nature Rev. Mol. Cell Biol.* **2**:107–117.

Estágios iniciais da via secretora

Barlowe, C. 2003. Signals for COPII-dependent export from the ER: what's the ticket out? *Trends Cell Biol.* **13**:295–300.

Behinia, R. and S. Munro. 2005. Organelle identity and the signposts for membrane traffic. *Nature* **438**:597-604.

Bi, X., et al. 2002. Structure of the Sec23/24-Sar1 prebudding complex of the COPII vesicle coat. *Nature* **419**:271–277

Gurkan, C., et al. 2006. The COPII cage: unifying principles of vesicle coat assembly. *Nat. Rev. Mol. Cell Biol.* **7**:727-738.

Lee, M. C. et al. 2004. Bi-directional protein transport between the ER and Golgi. *Ann. Rev. Cell Dev. Biol.* **20**:87-123.

Letourneur, F., et al. 1994. Coatomer is essential for retrieval of dilysine-tagged proteins to the endoplasmic reticulum. *Cell* **79**:1199–1207.

Losev. E. et al. 2006. Golgi maturation visualized in living yeast. *Nature* **441**:1002-1006.

Pelham, H. R. 1995. Sorting and retrieval between the endoplasmic reticulum and Golgi apparatus. *Curr. Opin. Cell Biol.* **7**:530–535.

Estágios tardios da via secretora

Bonifacino, J. S. 2004. The GGA proteins: adaptors on the move. *Nat. Rev. Mol. Cell Biol.* **5**:23-32.

Bonifacino, J. S., and E. C. Dell'Angelica. 1999. Molecular bases for the recognition of tyrosine-based sorting signals. *J. Cell Biol.* **145**:923–926.

Edeling, M. A., C. Smith, and D. Owen. 2006. Life of a clathrin coat: insights from clathrin and AP structures. *Nat. Rev. Mol. Cell Biol.* **7**:32-44.

Fotin, A., et al. 2004. Molecular model for a complete clathrin lattice from electron cryomicroscopy. *Nature* **432**:573-579.

Ghosh, P., et al. 2003. Mannose 6-phosphate receptors: new twists in the tale. *Nature Rev. Mol. Cell Bio.* **4**:202–213.

Mostov, K. E., M. Verges, and Y. Altschuler. 2000. Membrane traffic in polarized epithelial cells. *Curr. Opin. Cell Biol.* **12**:483–490.

Schmid, S. 1997. Clathrin-coated vesicle formation and protein sorting: an integrated process. *Ann. Rev. Biochem.* **66**:511–548.

Simons, K., and E. Ikonen. 1997. Functional rafts in cell membranes. *Nature* **387**:569–572.

Song, B.D. and S.L. Schmid. 2003. A molecular motor or a regulator? Dynamin's in a class of its own. *Biochemistry* **42**:1369-1376.

Steiner, D. F., et al. 1996. The role of prohormone convertases in insulin biosynthesis: evidence for inherited defects in their action in man and experimental animals. *Diabetes Metab.* **22**:94–104.

Tooze, S. A., et al. 2001. Secretory granule biogenesis: rafting to the SNARE. *Trends Cell Biol.* **11**: 116–122.

Endocitose mediada por receptores

Brown, M. S., and J. L. Goldstein. 1986. Receptor-mediated pathway for cholesterol homeostasis. Nobel Prize Lecture. *Science* **232**:34–47.

Kaksomen, M., C.P. Toret, and D.G. Drubin. 2006. Harnessing actin dynamicas for clathrin-mediated endocytosis. *Nat. Rev. Mol. Cell Biol.* **7**:404-414.

Rudenko, G., et al. 2002. Structure of the LDL receptor extracellular domain at endosomal pH. *Science* **298**:2353–2358.

Direcionamento das proteínas de membrana e materiais citosólicos para os lisossomos

Geng, J. and D. J. Klionsky. 2008. The Atg8 e Atg12 ubiquitin-like conjugation systems in macroautophagy. *EMBO Rep.* **9**:859-864.

Henne, W.M. N.J. Buchkovich, and S. D. Emr. 2011. The ESCRT pathway. *Dev. Cell* **21**:77-91.

Katzmann, D.J. ET al., 2002. Receptor downregulation and multivesicular-body sorting. *Nat. Rev. Mol. Cell. Biol.* **3**:893-905.

Lemmon S.K., and L.M. Traub. 2000. Sorting in the endossomal system in yeast and animal cells. *Curr. Opin. Cell Biol.* **12**:457-466.

Pornillos, O. et al., 2002. Mechanisms of enveloped RNA virus budding. *Trends Cell Biol.* **12**:569-579.

Shintani, T., and D.J. Klionsky. 2004. Autophagy in health and disease: a doble-edged sword. Science **306**:990.995.

Seguindo uma proteína para fora da célula

J. Jamieson e G. Palade, 1966, *Proc. Natl. Acad. Sci. USA* **55**(2):424-431.

O desenvolvimento da microscopia eletrônica permitiu aos pesquisadores observar as células e suas estruturas com um nível de detalhes sem precedentes. George Palade utilizou essa ferramenta não somente para observar os detalhes finos das células, mas também para analisar o processo de secreção. Combinando a microscopia eletrônica e experimentos de pulso e caça, Palade descobriu as vias que as proteínas seguem para deixar as células.

Introdução

Além de sintetizar proteínas para desempenhar suas funções celulares, muitas células também produzem e secretam proteínas adicionais que realizam suas funções fora das células. Os biologistas celulares, incluindo Palade, se perguntavam como as proteínas secretadas conseguiam sair de dentro para fora das células. Os primeiros experimentos a sugerir que as proteínas destinadas para secreção eram sintetizadas em determinada localização intracelular e então seguiam uma rota para a superfície celular empregavam métodos que rompiam as células durante a síntese de determinada proteína secretada e separavam suas organelas por centrifugação. Esses estudos de fracionamento celular mostraram que as proteínas secretadas podiam ser encontradas em vesículas ligadas às membranas derivadas do retículo endoplasmático (RE), onde eram sintetizadas, e dentro de grânulos zimógenos, dos quais eram finalmente liberadas das células. Infelizmente, foi difícil interpretar os resultados desses estudos devido às dificuldades de obtenção de separações puras das diferentes organelas que contêm as proteínas secretoras. Para elucidar ainda mais essa via, Palade passou a usar uma técnica recém-desenvolvida, a autorradiografia de alta resolução, que lhe permitiu detectar a posição de proteínas marcadas radiativamente em finos cortes celulares preparados para microscopia eletrônica de organelas intracelulares. Esta pesquisa levou à descoberta de que as proteínas secretadas seguem dentro das vesículas do RE para o aparelho de Golgi e então para a membrana plasmática.

O experimento

Palade queria identificar as estruturas e organelas celulares que participavam da secreção de proteínas. Para estudar esse processo complexo, ele escolheu cuidadosamente um modelo adequado para seus estudos, a célula exócrina pancreática, a qual é responsável pela produção e secreção de grandes quantidades de enzimas digestivas. Como essas células possuem a propriedade pouco comum de expressar somente as proteínas secretadas, uma marcação para proteínas recém-sintetizadas, como a leucina marcada radiativamente, seria incorporada somente nas moléculas de proteínas que seguiriam a via secretora.

Inicialmente, Palade examinou a via de secreção de proteínas *in vivo* injetando [^{3}H]-leucina em cobaias vivas, a qual era incorporada nas proteínas recém-sintetizadas, marcando-as radiativamente. Em períodos entre 4 minutos e 15 horas, os animais eram sacrificados, e o tecido pancreático, fixado. O tecido foi submetido à autorradiografia e observado ao microscópio eletrônico. Palade detectou onde estavam as proteínas marcadas dentro das células nos diferentes períodos. Como esperado, a radiatividade era detectada nas vesículas do RE em períodos imediatamente após a injeção de [^{3}H]-leucina e na membrana plasmática nos períodos mais tardios. A surpresa veio nos períodos intermediários. Em vez de seguir diretamente do RE para a membrana plasmática, as proteínas radiomarcadas pareciam parar no aparelho de Golgi no meio de sua jornada. Além disso, em nenhum momento as proteínas encontravam-se fora das vesículas.

A observação de que o aparelho de Golgi estava envolvido na secreção de proteínas foi surpreendente e intrigante. Para avaliar detalhadamente a função dessa organela na secreção de proteínas, Palade realizou experimentos de pulso e caça *in vitro*, que permitem o monitoramento mais preciso do destino das proteínas marcadas. Nessa técnica de marcação, as células são expostas ao precursor radiomarcado, neste caso, a [^{3}H]-leucina, por um curto período de tempo conhecido como *pulso*. Então, o precursor radiativo é substituído por sua forma não marcada pelo período subsequente de *caça*. As proteínas sintetizadas durante o período de pulso serão marcadas e detectadas por autorradiografia, enquanto aquelas sintetizadas durante o período de caça, não radiomarcadas, não são detectadas. Palade começou a fatiar o pâncreas das cobaias em cortes grossos que eram incubados por três minutos em meio contendo [^{3}H]-leucina. No final do pulso, ele adicionava um excesso de leucina não marcada. Os cortes de tecidos eram fixados para autorradiografia ou usados para fracionamento celular. Para se certificar que seus resultados eram o reflexo preciso da secreção de proteínas *in vivo*, Palade meticulosamente caracterizou o sistema. Uma vez convencido de que seu sistema *in vitro* mimetizava precisamente a secreção de proteínas *in vivo*, ele realizou o seguinte experimento crucial. Marcou cortes de tecido com [^{3}H]-leucina por três minutos (pulso) e então caçou a marcação por sete, 17, 37, 57 e 117 minutos com leucina não marcada. A radiatividade, novamente confinada às vesículas, iniciava no RE, passava pelo Golgi e então para

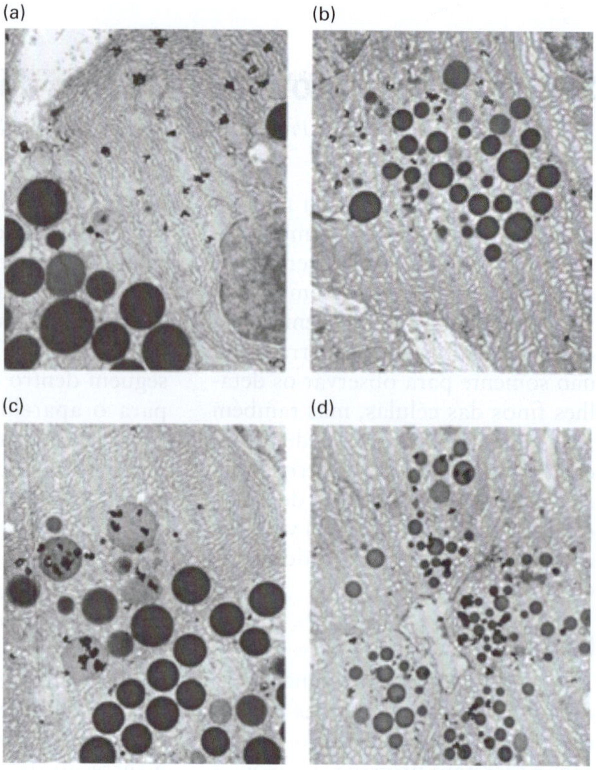

FIGURA 1 Síntese e movimento das proteínas secretoras pancreáticas de cobaias reveladas por autorradiografia e microscopia eletrônica. Após um período de marcação com [^{3}H]-leucina, o tecido é fixado, fatiado para microscopia eletrônica e submetido à autorradiografia. A redução do [^{3}H] nas proteínas recém-sintetizadas produz grânulos autorradiográficos na emulsão colocada sobre os cortes (que aparecem na autorradiografia como grânulos densos em forma de vermes) marcando a posição das proteínas recém-sintetizadas. (a) Após três minutos de marcação, os grânulos estão no RE rugoso. (b) Após o período de sete minutos de caça com leucina não marcada, a maioria das proteínas move-se para as vesículas do Golgi. (c) Após 37 minutos de caça, a maioria das proteínas está nas vesículas secretoras imaturas. (d) Após 117 minutos de caça, a maioria das proteínas está nos grânulos de zimógenos imaturos. (Cortesia de J. Jamieson e G. Palade).

a membrana plasmática (ver Figura 1). À medida que as vesículas passavam adiante na via, elas se tornavam cada vez mais densas com proteínas radiativas. Após essa espetacular série de autorradiogramas em diferentes períodos de caça, Palade chegou à conclusão de que as proteínas secretadas trafegam das vesículas do RE para o Golgi e daí para a membrana plasmática, e que durante esse processo elas permanecem em vesículas sem se misturar com outros componentes celulares.

Discussão

Os experimentos de Palade forneceram aos biólogos as primeiras evidências claras das etapas da via secretora. Seus estudos com células exócrinas pancreáticas mostraram dois pontos fundamentais. Primeiro: as proteínas secretadas passam pelo aparelho de Golgi no seu caminho para fora da célula. Segundo: as proteínas secretadas nunca se misturam com outras proteínas celulares do citosol; elas são segregadas em vesículas por toda a via. Esses resultados foram atribuídos a dois importantes aspectos de planejamento experimental. Palade empregou cuidadosamente a microscopia eletrônica e a autorradiografia, que lhe permitiram avaliar os mínimos detalhes da via. Igualmente importante foi a escolha do tipo celular como modelo dedicado à secreção, a célula exócrina pancreática. Em um tipo diferente de célula, quantidades significativas de proteínas não secretadas teriam sido produzidas, obscurecendo o destino das proteínas secretoras.

A pesquisa de Palade foi o primeiro passo para estudos mais detalhados. A descrição evidente da via secretora abriu um campo de investigação sobre a síntese e o movimento de proteínas de membrana e secretadas. Por essa descoberta fundamental, Palade recebeu o Prêmio Nobel de Fisiologia e Medicina em 1974.

CAPÍTULO

15

Transdução de sinal e receptores acoplados à proteína G

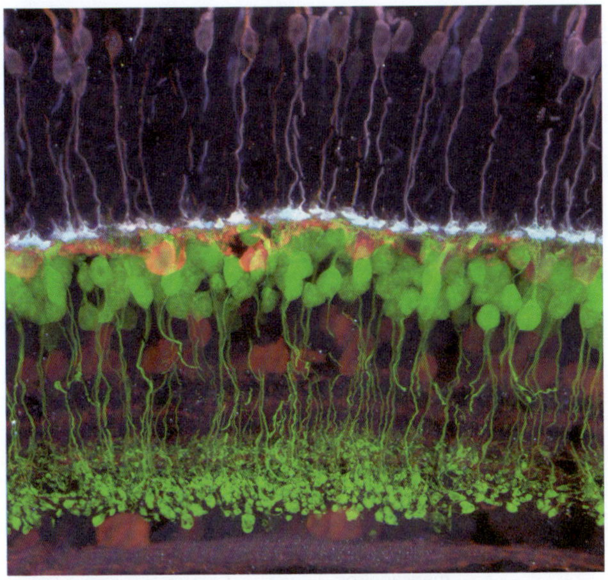

A retina do camundongo contém fotorreceptores (roxo) que percebem a luz utilizando receptores acoplados à proteína G e quatro outros tipos de neurônios marcados em amarelo, verde, rosa e azul, que conectam as células fotorreceptoras ao cérebro. (Rachel Wong, University of Washington, EUA.)

SUMÁRIO

Nenhuma célula vive isoladamente. A comunicação celular é uma propriedade fundamental de todas as células e dá forma ao desenvolvimento e à função de cada organismo vivo. Até mesmo microrganismos eucariotos unicelulares, como as leveduras, os fungos filamentosos e os protozoários, se comunicam por sinais extracelulares: secretam moléculas, denominadas **feromônios**, que coordenam a agregação das células de vida livre para o cruzamento sexual ou para a diferenciação, sob determinadas condições ambientais. No caso das plantas e dos animais, são mais importantes os **hormônios** e outras moléculas de sinalização extracelular que funcionam *dentro* de um organismo para controlar uma variedade de processos, incluindo o metabolismo de açúcares, gorduras e aminoácidos; o crescimento e a diferenciação de tecidos; a síntese a secreção de proteínas; e a composição dos líquidos intracelulares e extracelulares. Muitos tipos de células também respondem a sinais do ambiente externo, como luz, oxigênio, odores e sabores em alimentos.

Em qualquer sistema, para um sinal ter um efeito em um alvo, ele deve ser recebido. Nas células, um sinal produz uma resposta específica apenas em células-alvo com **receptores** para aquele sinal. Para alguns receptores, esse sinal é um estimulo físico, como luz, toque ou calor. Para outros, é uma molécula química. Muitos tipos de moléculas químicas são usados como sinal: moléculas pequenas (p. ex., derivados de aminoácidos ou lipídeos, acetilcolina), gases (óxido nítrico), peptídeos (p. ex., ACTH e vasopressina), proteínas solúveis (p. ex., insulina e hormônio do crescimento) e proteínas ligadas à superfície de uma célula ou à matriz extracelular. Muitas dessas moléculas sinalizadoras extracelulares são sintetizadas e liberadas por células de sinalização especializadas no interior de organismos multicelulares. A maioria dos receptores se liga a uma única molécula ou a um grupo de moléculas estreitamente relacionadas.

Algumas moléculas sinalizadoras, especialmente moléculas hidrofóbicas como os esteroides, os retinoides e a tiroxina, difundem espontaneamente por meio da membrana plasmática e se ligam a receptores intracelulares. A sinalização por meio desse tipo de receptor intracelular é minuciosamente discutida no Capítulo 7.

A maioria das moléculas sinalizadoras extracelulares, entretanto, é muito grande e muito hidrofílica para

ANIMAÇÃO: Sinalização extracelular

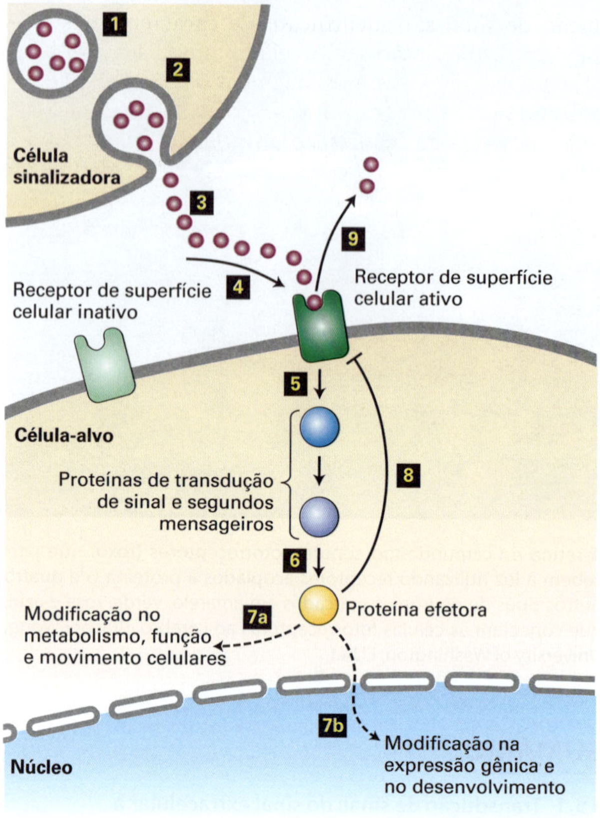

FIGURA 15-1 Visão geral da sinalização por receptores de superfície celular. A comunicação por sinais extracelulares geralmente envolve as seguintes etapa: síntese da molécula sinalizadora pela célula sinalizadora e sua incorporação em pequenas vesículas intracelulares (etapa **1**), sua liberação no espaço extracelular por exocitose (etapa **2**) e transporte do sinal até a célula-alvo (etapa **3**). A ligação da molécula sinalizadora a uma proteína receptora de superfície celular específica leva a uma mudança conformacional no receptor, ativando-o (etapa **4**). O receptor ativado, em seguida, ativa um ou mais proteínas de transdução de sinal ou moléculas pequenas que são segundos mensageiros (etapa **5**), levando, por fim, à ativação de uma ou mais proteínas efetoras (etapa **6**). O resultado final de uma cascata de sinalização pode ser uma alteração de curto prazo na função celular, metabolismo ou movimento (etapa **7a**) ou uma mudança de longo prazo na expressão gênica ou no desenvolvimento (etapa **7b**). A finalização ou a modulação (diminuição) da resposta celular é causada por *feedback* negativo de moléculas sinalizadoras intracelulares (etapa **8**) e por remoção do sinal extracelular (etapa **9**).

penetrar pela membrana plasmática. Como, então, essas moléculas são capazes de afetar os processos intracelulares? Essas moléculas sinalizadoras se ligam a receptores de superfície celular que são proteínas integrais de membrana incorporadas na membrana plasmática. Receptores de superfície celular geralmente consistem em domínios ou segmentos distintos: um domínio extracelular em contato com o líquido extracelular, um domínio abrangendo a membrana (domínio transmembrana), e o domínio intracelular, em contato com o citosol. A molécula sinalizadora atua como **ligante**, que se liga a um sítio estruturalmente complementar no domínio extracelular ou no domínio transmembrana do receptor. A ligação do ligante ao seu sítio do receptor induz uma mudança conformacional no receptor que é transmitida através do domínio transmembrana até ao domínio citosólico, resultando em ligação e subsequente ativação ou inibição de outras proteínas citosólicas ou ligadas à membrana plasmática. Em muitos casos, essas proteínas ativadas catalisam a síntese de algumas moléculas pequenas ou alteram a concentração de um íon intracelular, como o Ca^{2+}. Essas proteínas intracelulares ou pequenas moléculas deniminadas **segundos mensageiros** carregam, então, o sinal para uma ou mais proteínas efetoras. O processo global da conversão de sinais extracelulares em respostas intracelulares, assim como as etapas individuais desse processo, é denominado **transdução de sinal** (Figura 15-1).

Em eucariotos, existem cerca de uma dúzia de classes de receptores de superfície celular, que ativam vários tipos de vias de transdução de sinais intracelulares. O nosso conhecimento sobre transdução de sinal tem avançado bastante nos últimos anos, em grande parte devido ao fato de que esses receptores e vias são bastante conservados e as suas funções são essencialmente as mesmas em diversos organismos, como moscas, vermes, macacos e seres humanos. Estudos genéticos combinados com análises bioquímicas têm permitido aos pesquisadores rastrear muitas rotas completas de sinalização celular, desde a ligação da molécula ligante até as respostas celulares finais.

Talvez a classe mais numerosa de receptores – encontrada em organismos desde as leveduras até os seres humanos – seja a dos **receptores acoplados à proteína G** (**GPCRs**, do inglês *G protein-coupled receptors*). Como o nome sugere, os receptores acoplados à proteína G consistem em uma proteína receptora íntegra de membrana acoplada a uma proteína G intracelular que transmite sinais para o interior da célula. O genoma humano codifica aproximadamente 900 receptores acoplados à proteína G, incluindo receptores dos sistemas olfatório (cheiro), gustativo (sabor) e visual, muitos receptores de neurotransmissores, além da maioria dos receptores de hormônios que controla o metabolismo de carboidratos, de aminoácidos e de lipídeos, e até mesmo o comportamento. A transdução de sinal pelos GPCRs geralmente induz mudanças no curto prazo na função celular, tais como mudanças no metabolismo ou no movimento. Em contrapartida, a ativação de outros receptores de superfície celular altera o padrão celular de expressão gênica, levando à diferenciação ou divisão celular e outras consequências de longo prazo. Esses receptores mencionados por último e as vias de sinalização intracelular que eles ativam são explorados no Capítulo 16.

Neste capítulo, primeiramente serão revisados alguns princípios gerais da transdução de sinal, como as bases moleculares da ligação entre ligante e receptor e alguns componentes evolucionariamente conservados das vias de transdução de sinal. A seguir, será descrito como os receptores de superfície celular e as proteínas de transdução de sinal são identificadas e caracterizadas bioquimicamente. Então será iniciada uma discussão mais aprofundada dos receptores acoplados à proteína G, focalizando primeiro a estrutura e o mecanismo de ação e, depois, as vias de sinalização ativadas por eles. É mostrado como essas vias afetam muitos aspectos da função celular, incluindo o metabolismo da glicose, a contração muscular, a percepção da luz e a expressão gênica.

15.1 Transdução de sinal: do sinal extracelular à resposta celular

Como mostrado na Figura 15-1, a transdução de sinal começa quando moléculas sinalizadoras extracelulares se ligam aos receptores de superfície celular. A ligação de moléculas sinalizadoras aos seus receptores induz dois tipos principais de respostas celulares: (1) alterações na atividade ou na função de enzimas específicas e de outras proteínas já existentes no interior da célula e (2) mudanças nas quantidades de proteínas específicas produzidas pela célula, mais comumente por meio de modificações de **fatores de transcrição** que estimulam ou reprimem a expressão gênica (ver Figura 15-1, etapas 7a e 7b). Em geral, o primeiro tipo de resposta ocorre mais rapidamente que o segundo. Fatores de transcrição ativados no citosol por essas vias se movem para o núcleo, onde estimulam (ou ocasionalmente reprimem) a transcrição de genes-alvo específicos.

A conexão entre um receptor ativado e uma resposta celular não é direta; em geral, envolve muitas proteínas intermediárias ou moléculas pequenas. Coletivamente, essa cadeia de intermediários é chamada de *via de transdução de sinal*, pois ela transduz ou converte a informação de uma forma em outra por meio de um sinal que é repassado de um receptor aos seus alvos. Algumas vias de transdução de sinal contêm apenas dois ou três intermediários; outras podem envolver muitos intermediários. Muitas vias contêm membros de algumas classes de proteínas transdutoras de sinal que foram altamente conservadas durante a evolução.

Nesta seção, é fornecido um panorama das principais etapas da transdução de sinal, começando pelas moléculas sinalizadoras. Também são exploradas as bases moleculares da ligação ligante-receptor e a cadeia de eventos iniciada na célula-alvo após a ligação do sinal no seu receptor, com especial atenção a alguns componentes cruciais para muitas vias de transdução de sinal.

As moléculas de sinalização podem atuar no local ou a distância

As células respondem a muitos tipos de sinais – alguns originados de fora do organismo, outros gerados no seu interior. Aqueles que são gerados internamente podem ser descritos conforme alcançam seu alvo. Algumas moléculas sinalizadoras são transportadas por longas distâncias pelo sangue; outras têm efeitos locais. Em animais, a sinalização por moléculas extracelulares pode ser classificada em três tipos – endócrina, **parácrina** e autócrina –, com base na distância sobre a qual o sinal atua (Figura 15-2a-c). Além disso, algumas proteínas ligadas à membrana de uma célula podem sinalizar diretamente uma célula adjacente.

Na sinalização **endócrina**, as moléculas sinalizadoras são sintetizadas e secretadas por células sinalizadoras (p. ex., aquelas encontradas nas glândulas endócrinas), transportadas pelo sistema circulatório do organismo e, finalmente, atuam em células-alvo distantes do seu local de síntese. O termo *hormônio* geralmente refere-se a moléculas sinalizadoras que participam na sinalização endócrina. A insulina secretada pelo pâncreas e a epinefrina secretada pelas glândulas suprarrenais são exemplos de hormônios que viajam pelo sangue e, então, servem de mediadores da sinalização endócrina.

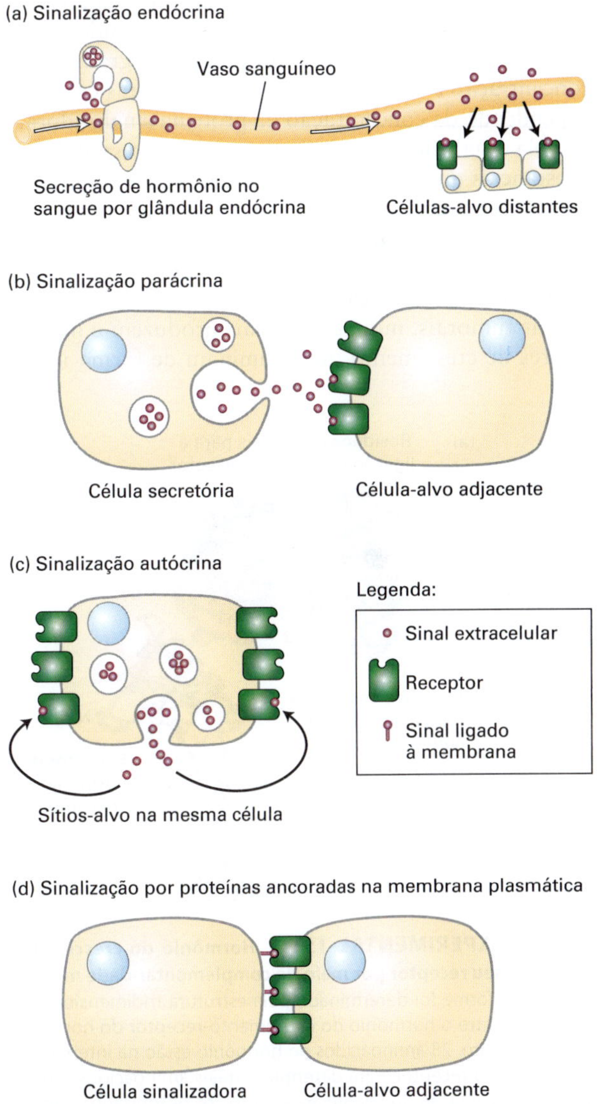

FIGURA 15-2 Tipos de sinalização extracelular. (a-c) Sinalização celular por substâncias químicas extracelulares ocorre a distâncias entre poucos micrômetros na sinalização autócrina e parácrina até muitos metros na sinalização endócrina. (d) Proteínas ligadas à membrana plasmática de uma célula podem interagir diretamente com receptores de superfície celular de células adjacentes.

Na sinalização **parácrina**, as moléculas sinalizadoras liberadas por uma célula afetam apenas aquelas células que se encontram em sua estreita proximidade. Uma célula nervosa liberando um neurotransmissor (p. ex., a acetilcolina) que atua sobre uma célula nervosa adjacente ou sobre uma célula muscular (induzindo ou inibindo a contração muscular) são exemplos de sinalização parácrina. Além dos neurotransmissores, muitas proteínas chamadas **fatores de crescimento** regulam o desenvolvimento em organismos multicelulares e atuam em curtas distâncias. Alguns desses fatores de crescimento se ligam fortemente a componentes da matriz extracelular e são incapazes de sinalizar para células adjacentes; a posterior degradação desses componentes da matriz, desencadeada por ferimento ou infecção, irá liberar o fator de crescimento ativado para que esses possam sinalizar. Muitas proteínas de sinalização importantes se difundem para longe da célula sinalizadora, formando um gradiente de concentração e induzindo diferentes respostas celulares, dependendo da concentração da proteína sinalizadora.

Na sinalização **autócrina**, as células respondem a substâncias que elas mesmas liberam. Esse é o modo de atuação de alguns fatores de crescimento, e, muitas vezes, as células em cultura secretam fatores de crescimento que estimulam seu próprio crescimento e proliferação. Esse tipo de sinalização é particularmente comum em células tumorais, muitas das quais produzem e liberam fatores de crescimento que estimulam de forma inadequada e descontrolada a sua própria proliferação; esse processo pode ocasionar a formação de um tumor.

Algumas proteínas integradas na membrana, localizadas na superfície celular, também desempenham um importante papel na sinalização (Figura 15-2d). Em alguns casos, esses sinais ligados à membrana de uma célula se ligam a receptores existentes na superfície de uma célula-alvo adjacente, induzindo sua diferenciação. Em outros casos, a clivagem proteolítica de uma proteína sinalizadora ligada à membrana libera seu segmento extracelular, que funciona como molécula sinalizadora solúvel.

Algumas moléculas sinalizadoras tanto podem atuar localmente quanto sobre um ponto distante do seu sítio de liberação. Por exemplo, a epinefrina (também conhecida como adrenalina) atua como neurotransmissor (sinalização parácrina) e como hormônio sistêmico (sinalização endócrina). Outro exemplo é o fator de crescimento epidérmico (EGF), o qual é sintetizado como proteína integrada à membrana plasmática. O EGF ligado à membrana pode se ligar a um sinal sobre uma célula adjacente pelo contato direto. A sua clivagem por uma protease extracelular libera uma forma solúvel de EGF que pode sinalizar tanto de forma autócrina quanto parácrina.

Moléculas sinalizadoras ligam-se e ativam receptores nas células-alvo

Proteínas receptoras para todas as pequenas moléculas extracelulares hidrofílicas estão localizadas na superfí-

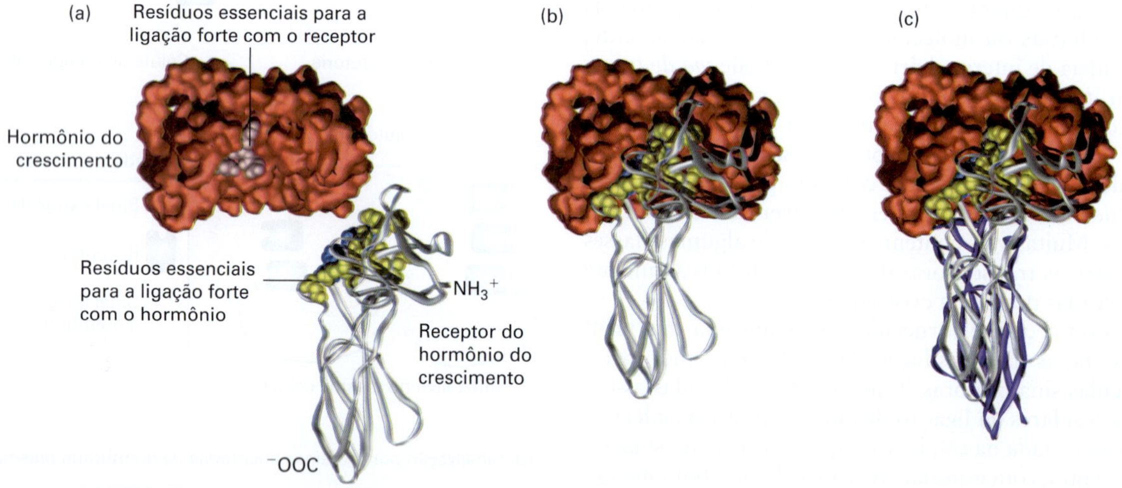

FIGURA EXPERIMENTAL 15-3 Hormônio do crescimento liga-se ao seu receptor por meio de complementaridade molecular. (a) Conforme foi determinado pela estrutura tridimensional do complexo entre o hormônio do crescimento-receptor do hormônio do crescimento, 28 aminoácidos no hormônio estão na interface de ligação com o receptor. Para determinar quais aminoácidos são importantes na ligação do ligante ao receptor, os pesquisadores mutaram cada um desses aminoácidos de cada vez, por alanina, e mediram o efeito na ligação ao receptor. Deste estudo, foi demonstrado que somente oito aminoácidos do hormônio do crescimento (rosa) contribuem com 85% da energia responsável pela ligação forte ao receptor; esses aminoácidos estão distantes uns dos outros na sequência primária, mas são adjacentes na proteína madura. Estudos semelhantes demonstraram que dois resíduos de triptofano (azul) do receptor contribuem com a maioria da energia responsável pela ligação forte ao hormônio do crescimento, embora outros aminoácidos na interface com o hormônio (amarelo) também sejam importantes. (b) A ligação do hormônio do crescimento a uma molécula receptora é seguida pela (c) ligação de um segundo receptor (roxo) ao lado oposto do hormônio; isso envolve o mesmo grupo de aminoácidos amarelos e azuis do receptor, mas diferentes resíduos no hormônio. Como será visto no próximo capítulo, essa dimerização do hormônio-receptor é um mecanismo comum para a ativação de receptores por hormônios proteicos. (B. Cunningham e J. Wells, 1993, *J.Mol.Biol.* **234:**554, e T. Clackson e J. Wells, 1995, *Science* **267:**383.)

cie da célula-alvo. A molécula sinalizadora, ou ligante, se liga a um sítio no domínio extracelular do receptor com grande especificidade e afinidade. Em geral, cada receptor se liga apenas a uma única molécula sinalizadora ou a um grupo de moléculas muito semelhantes estruturalmente. A *especificidade de ligação* de um receptor refere-se à sua habilidade de ligar-se ou não a substâncias estreitamente relacionadas.

A ligação do ligante depende de múltiplas forças fracas e não covalentes (p. ex., interações iônicas, de van der Walls e hidrofóbicas) e da **complementaridade molecular** entre as superfícies de interação de um receptor e um ligante (ver Figura 2-12). Por exemplo, o receptor do hormônio de crescimento (Figura 15-3) se liga ao hormônio do crescimento, mas não a outros hormônios com estruturas muito semelhantes, embora não idênticas. Similarmente, os receptores de acetilcolina ligam-se somente a essa pequena molécula e não a outras que diferem levemente em suas estruturas químicas, enquanto o receptor de insulina liga-se à insulina e a hormônios relacionados chamados de fatores de crescimento semelhantes à insulina 1 e 2 (IGF-1 e IGF-2), mas não a outros hormônios.

A ligação do ligante ao receptor causa uma mudança conformacional no receptor, iniciando a sequência de reações que desencadeia uma resposta específica dentro da célula. Os organismos desenvolveram a capacidade de usar um ligante único para estimular diferentes células a responder de formas distintas. Por exemplo, diferentes tipos de células podem ter diferentes conjuntos de receptores para o mesmo ligante, e cada um deles induz uma via distinta de sinais intracelulares. Alternativamente, o mesmo receptor pode ser encontrado em vários tipos de células de um organismo, mas a ligação de um ligante específico ao receptor conduz a uma resposta diferente em cada tipo de célula, devido ao padrão único de proteínas expressas pela célula. Dessa forma, o mesmo ligante pode induzir diferentes células a responder de variadas maneiras. Isso é conhecido como a *especificidade efetora* do complexo ligante-receptor.

São exemplos as células musculares esqueléticas, as células da musculatura cardíaca e as células pancreáticas que produzem enzimas digestivas hidrolíticas; cada uma dessas células tem diferentes tipos de receptores para a acetilcolina. Em uma célula muscular esquelética, a liberação da acetilcolina de um neurônio motor que inerva essa célula causa a contração muscular por meio da ativação de um canal iônico ligado à acetilcolina. No músculo cardíaco, a liberação da acetilcolina por alguns neurônios ativa o receptor acoplado à proteína G e diminui a taxa de contração e, assim, a taxa cardíaca. O estímulo causado pela acetilcolina nas células acinares do pâncreas causa um aumento na concentração de Ca^{2+} citosólico que induz a exocitose de enzimas digestivas armazenadas em grânulos secretórios para facilitar a digestão dos alimentos. Assim, a formação de diferentes complexos de receptor com a acetilcolina, em diferentes tipos de células, leva a diferentes respostas celulares.

Proteínas-cinases e fosfatases são empregadas em praticamente todas as vias de sinalização

A ativação de quase todos os receptores de superfície celular leva, direta ou indiretamente, a alterações na fosforilação de proteínas pela ativação de **proteínas-cinases**, que adicionam grupamentos fosfato a resíduos específicos de proteínas-alvo específicas. Outros receptores ativam proteínas **fosfatases**, que removem grupamentos fosfato de resíduos específicos de proteínas-alvo. As fosfatases atuam em conjunto com as cinases para modular o funcionamento de várias proteínas, ligando-as ou desligando-as (Figura 15-4).

De acordo com os últimos dados, o genoma humano codifica 600 proteínas-cinases e 100 diferentes fosfatases. Em geral, cada proteína-cinase fosforila resíduos de aminoácidos específicos em um conjunto de proteínas-alvo cujos padrões de expressão são geralmente diferentes de acordo com o tipo celular. As células animais contêm dois tipos de proteínas-cinases: as que adicionam fosfato ao grupamento hidroxil em resíduos tirosina e as que adicionam fosfato ao grupamento hidroxil em resíduos serina e/ou treonina. Todas as cinases também se ligam a sequências específicas de aminoácidos em torno do resíduo fosforilado. Assim, pode-se analisar as sequências que cercam os resíduos de tirosina, treonina e serina de uma proteína e ter uma boa ideia sobre qual cinase poderia fosforilar esse resíduo.

Em algumas vias de sinalização, o receptor por si próprio possui atividade de cinase intrínseca ou o receptor está fortemente ligado a uma cinase citosólica. A

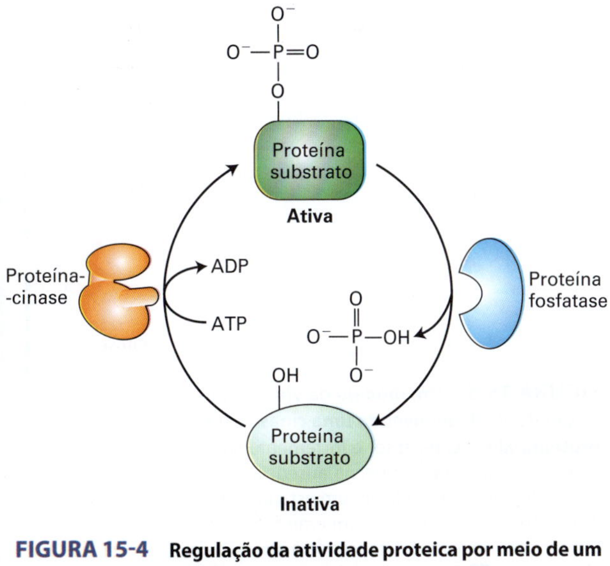

FIGURA 15-4 Regulação da atividade proteica por meio de um comutador cinase/fosfatase. A fosforilação e a desfosforilação cíclicas de uma proteína são mecanismos celulares comuns para a regulação da atividade de uma proteína. Neste exemplo, o alvo ou substrato proteico está inativo (verde claro) quando não está fosforilado e ativo (verde escuro) quando fosforilado; algumas proteínas apresentam o padrão oposto. As proteínas-cinase e fosfatase atuam apenas sobre proteínas-alvo específicas e as suas atividades são geralmente bastante reguladas.

Figura 15-5 ilustra uma via de transdução de sinal envolvendo uma cinase estreitamente ligada a um receptor e uma proteína-alvo predominante. Na ausência de um ligante ligado, a cinase é mantida no estado inativo. A ligação do ligante desencadeia uma mudança conformacional no receptor, levando a ativação da cinase anexa. A cinase, então, fosforila a forma monomérica inativa de um fator de transcrição específico, levando à sua dimerização e ao movimento do citosol para o núcleo, onde ele ativa a transcrição de genes específicos. Uma fosfatase, no núcleo, posteriormente remove o grupamento fosfato do fator de transcrição, levando-o a formar dois monômeros inativos e, assim, a se mover de volta para o citosol, onde poderá ser reativado por uma cinase associada a receptor.

Conforme esse exemplo ilustra, a atividade de todas as proteínas-cinases é oposta à atividade das proteínas fosfatases, algumas das quais são autorreguladas por sinais extracelulares. Assim, a atividade de uma proteína na célula pode ser uma função complexa de atividades de cinases e fosfatases que atuam sobre ela, direta ou indiretamente, pela fosforilação de outras proteínas. Muitos exemplos desse fenômeno ocorrem na regulação do ciclo celular e estão descritos no Capítulo 19.

Muitas proteínas são substratos para múltiplas cinases, e cada uma fosforila diferentes aminoácidos. Cada evento de fosforilação pode modificar a atividade de uma proteína específica de diferentes maneiras, algumas ativando a sua função, outras inibindo. Um exemplo a seguir será a glicogênio-fosforilase-cinase, enzima regulatória essencial para o metabolismo do glicogênio. Em muitos casos, a adição de um grupamento fosfato a um aminoácido resulta em uma superfície de ligação que permite a uma segunda proteína se ligar; no capítulo seguinte, são descritos muitos exemplos desses fenômenos gerados por cinases em complexos multiproteicos.

Geralmente, a atividade catalítica de uma proteína cinase por si própria é modulada por fosforilação de outras cinases, pela ligação de outras proteínas nela e por mudanças nos níveis de várias moléculas sinalizadoras intracelulares pequenas e seus metabólitos. As cascatas resultantes da atividade de cinases são uma característica comum de muitas vias de sinalização.

As proteínas de ligação a GTP são frequentemente usadas na transdução de sinal como comutadoras de "ligar/desligar"

Muitas vias de transdução de sinal utilizam proteínas "comutadoras" intracelulares que "ligam" ou "desligam" as proteínas subsequentes na cascata de sinalização. O grupo mais importante de proteínas "comutadoras" intracelulares é a **superfamília GTPase.** Todas as proteínas GTPase existem em duas formas (Figura 15-6): (1) a forma ativa ("ligada") ligada ao GTP (guanosina trifosfato) que modula a atividade de proteínas-alvo específicas e (2) a forma inativa ("desligada") ligada a GDP (guanosina difosfato).

A conversão do estado inativo para o estado ativo é desencadeada por um sinal (p. ex., a ligação de um hormônio a um receptor) e mediada pelo *fator de troca de nucleotídeo guanina* (*GEF*), que causa liberação de GDP da proteína alterada. A posterior ligação do GTP, favore-

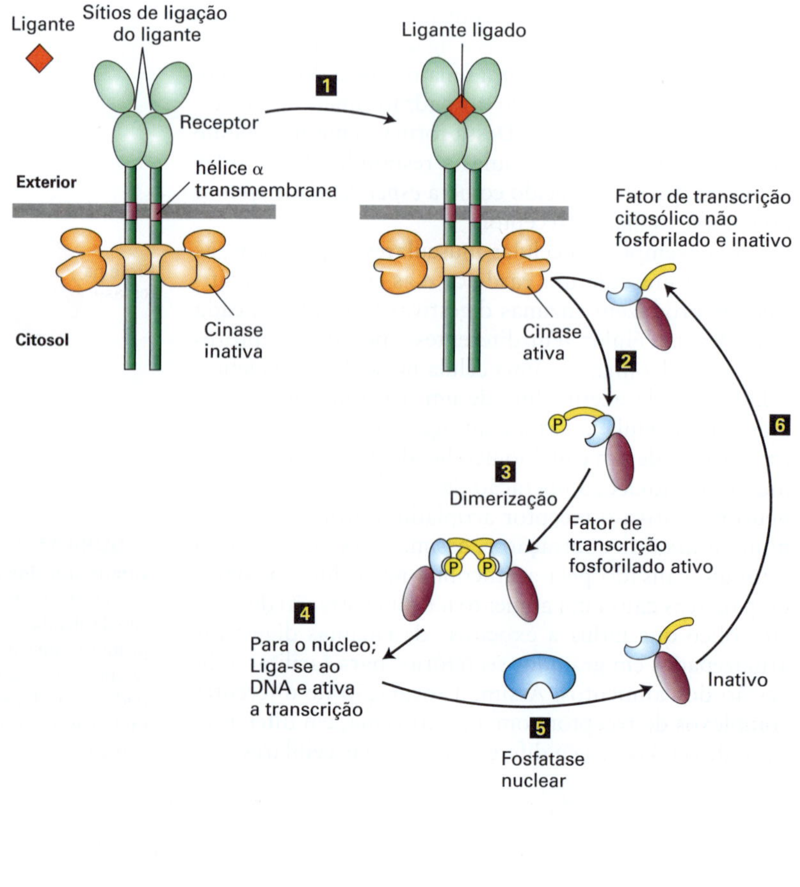

FIGURA 15-5 Um modelo de via de transdução de sinal envolvendo uma cinase e uma proteína-alvo. O receptor é fortemente ligado a uma proteína-cinase que, na ausência de um ligante ligado, é mantida em um estado inativo. A ligação do ligante leva a uma mudança conformacional no receptor, causando a ativação da cinase anexa **1**. Esta cinase, então, fosforila a forma monomérica e inativa de um fator de transcrição específico **2**, levando à sua dimerização **3** e ao movimento do citosol para o núcleo **4**, onde é ativada a transcrição de genes-alvo. Uma proteína fosfatase do núcleo removerá o grupamento fosfato do fator de transcrição **5**, causando a formação de um monômero inativo e a sua volta ao citosol **6**.

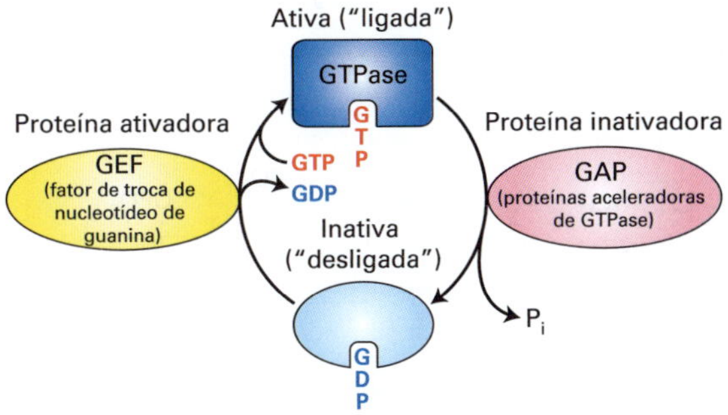

FIGURA 15-6 Proteínas comutadoras GTPase alteram entre as formas ativa e inativa. As proteínas comutadoras estão ativas com GTP ligado e inativas com GDP ligado. A conversão da forma ativa para a inativa pela hidrólise do GTP ligado é acelerada pelas GAPs (proteínas aceleradoras de GTPase) e outras proteínas. A reativação é promovida pelos GEFs (fatores trocadores de nucleotídeos de guanina) que catalisam a dissociação do GDP ligado e a sua substituição por GTP.

cida pela sua alta concentração intracelular relativa à sua afinidade de ligação, induz mudança conformacional para a forma ativa. As principais mudanças conformacionais envolvem dois segmentos altamente conservados da proteína, denominados comutador I e comutador II, os quais permitem que a proteína se ligue e ative outras proteínas sinalizadoras da via (Figura 15-7). A conversão da forma ativa de volta ao estado inativo é mediada pela GTPase, que hidrolisa lentamente o GTP ligado, formando GDP e P_i, alterando, assim, a conformação dos segmentos dos comutadores I e II, de modo que eles não sejam capazes de se ligar à proteína efetora. A GTPase pode ser uma parte intrínseca da proteína G ou uma proteína independente.

A taxa de hidrólise do GTP regula o tempo que a proteína comutadora permanece na conformação ativa e é capaz de sinalizar suas proteínas-alvo que estão na cascata: quanto mais lenta é a taxa de hidrólise do GTP, maior é o tempo que a proteína permanece no estado ativado. Frequentemente, a taxa de hidrólise do GTP é modulada por outras proteínas. Por exemplo, tanto as *proteínas ativadoras de GTPase* (*GAP*) quanto a *proteína reguladora da sinalização via proteína G* (*RGS*) aceleram a hidrólise do GTP. Muitos reguladores da atividade da proteína G são regulados por sinais extracelulares.

Duas grandes classes de proteínas comutadoras GTPase são usadas na sinalização. As **proteínas G (grandes) triméricas** se ligam diretamente a determinados receptores de superfície, sendo por eles ativadas. Como será visto na Seção 15.3, receptores acoplados à proteína G funcionam como fatores de troca de nucleotídeo guanina (GEFs), levando à liberação de GDP e à ligação de GTP, ativando, assim, a proteína G. As **proteínas G (pequenas) monoméricas**, como Ras e diversas proteínas semelhantes à Ras, não se ligam a receptores, mas têm papel fundamental em muitas vias que regulam a divisão celular e a motilidade celular, como evidenciado pelo fato de que mutações nos genes que codificam essas proteínas G muitas vezes levam ao câncer. Outros membros de ambas as classes de GTPase, pela mudança entre as formas com o GTP ligado ("ligada") e GDP ligado ("desligado"), participam na síntese de proteínas, no transporte de proteínas entre o núcleo e o citoplasma, na formação das vesículas revestidas e na sua fusão com membranas e também em rearranjos no citoesqueleto de actina.

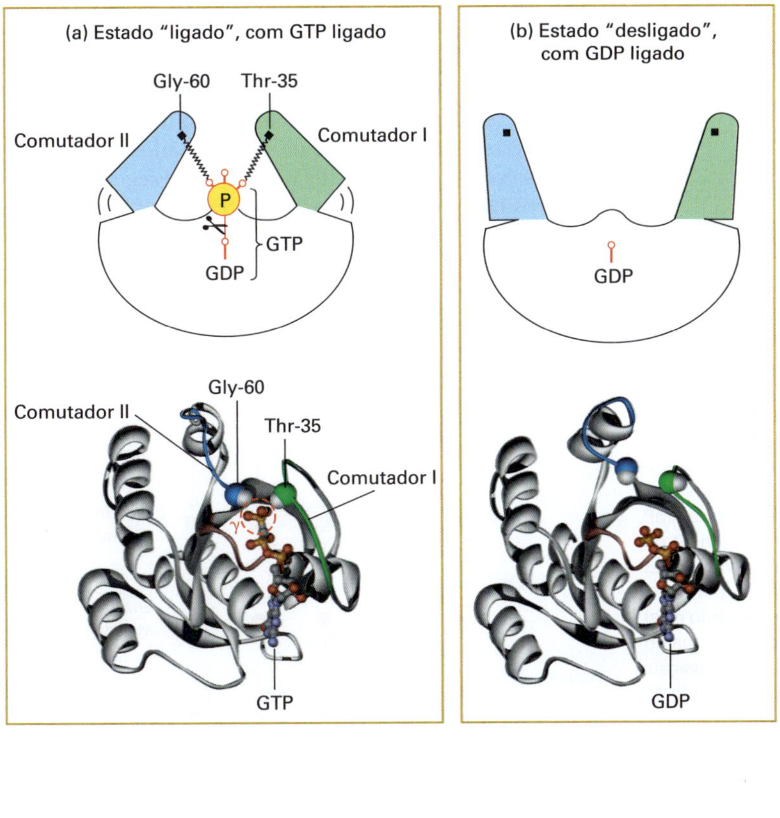

FIGURA 15-7 Mecanismos de comutação das proteínas G. A habilidade de uma proteína G de interagir com outras proteínas e, assim, transduzir um sinal difere no estado "ligado", com GTP ligado, e estado "desligado", com GDP ligado. (a) No estado ativo "ligado", dois domínios denominados comutador I (verde) e comutador II (azul), estão ligados ao fosfato gama terminal do GTP por meio de interações com os grupos amida de um resíduo conservado treonina ou glicina. Quando ligado ao GTP desta forma, os dois domínios comutadores estão em tal conformação que conseguem ligar e, assim, ativar proteínas efetoras específicas. (b) A liberação do fosfato gama pela hidrólise catalisada pela GTPase leva as proteínas comutadoras I e II a relaxarem em uma conformação diferente, o estado "desligado" inativo; neste estado elas não são capazes de se ligar a proteínas efetoras. Os modelos de fitas mostrados aqui representam as conformações da Ras, proteína G monomérica. Um mecanismo de molas semelhante altera a subunidade alfa em proteínas G triméricas entre as conformações ativa e inativa pelo movimento de três segmentos. (Adaptada de I. Vetter e A. Wittinghofer, 2001, *Science* **294**:1299.)

ANIMAÇÃO EM FOCO: Segundos mensageiros nas vias de sinalização

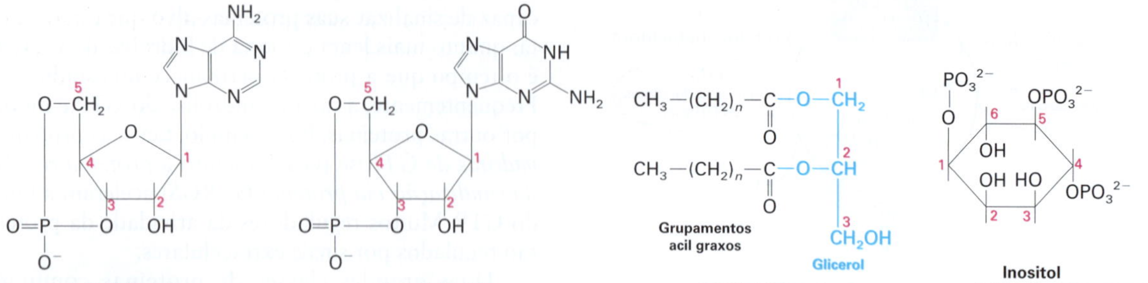

3′,5′-AMP cíclico (AMPc) — Ativa a proteína-cinase A (PKA)

3′,5′-GMP cíclico (GMPc) — Ativa a proteína-cinase G (PKG) e abre canais catiônicos nos bastonetes

1,2-Diacilglicerol (DAG) — Ativa a proteína-cinase C (PKC)

Inositol 1,4,5-trifosfato (IP_3) — Abre canais de Ca^{2+} no retículo endoplasmático

FIGURA 15-8 Quatro segundos mensageiros intracelulares comuns. O principal efeito ou efeitos diretos de cada composto está indicado abaixo da sua forma estrutural. Íons de cálcio (Ca^{2+}) e muitos derivados de fosfatidilinositol ligados à membrana também atuam como segundos mensageiros.

"Segundos mensageiros" intracelulares transmitem e amplificam sinais de muitos receptores

A ligação dos ligantes ("primeiros mensageiros") a muitos receptores da superfície celular leva ao aumento (ou à diminuição) de curta duração na concentração de algumas moléculas sinalizadoras intracelulares de baixo peso molecular, denominadas **segundos mensageiros**, que, por sua vez, se ligam a outras proteínas, modificando as suas atividades.

Um segundo mensageiro usado em praticamente todas as células metazoárias são os íons Ca^{2+}. Foi visto no Capítulo 11 que a concentração de Ca^{2+} livre no citosol é mantida bastante baixa ($<10^{-7}$ M) pela ação de bombas (utilizando a energia do ATP) que continuamente transportam Ca^{2+} para fora da célula ou para o interior do retículo endoplasmático (RE). O nível de Ca^{2+} citosólico pode aumentar de 10 a 100 vezes após a liberação de Ca^{2+} (dos estoques mantidos no RE ou pela importação do ambiente extracelular através de canais de cálcio) induzida por um sinal; essa mudança pode ser detectada por corantes fluorescentes introduzidos no interior da célula (ver Figura 9-11). No músculo, um aumento do Ca^{2+} citosólico induzido por um sinal desencadeia a contração (ver Figura 17-35). Nas células endócrinas, um aumento semelhante do Ca^{2+} citosólico induz a exocitose de vesículas secretórias contendo hormônios, que são, então, liberados na circulação. Nas células nervosas, um aumento do Ca^{2+} citosólico leva à exocitose de vesículas contendo neurotransmissores (ver Capítulo 22). Em todas as células, esse aumento no Ca^{2+} citosólico é percebido por proteínas ligadoras de Ca^{2+}, particularmente aquelas da *família de não EF*, como a proteína **calmodulina**, que possuem um motivo hélice-alça-hélice em sua estrutura (ver Figura 3-9b). A ligação do Ca^{2+} à calmodulina ou a outra proteína de não EF causa uma mudança conformacional que permite à proteína se ligar a várias proteínas-alvo, modificando, assim, as suas atividades de "ligada" ou "desligada" (ver Figura 3-31).

Outro segundo mensageiro bastante comum é o **AMP cíclico (AMPc)**. Em muitas células eucarióticas, um aumento no AMPc desencadeia a ativação de uma proteína cinase específica, a proteína-cinase A, que, por sua vez, fosforila proteínas-alvo a fim de induzir mudanças específicas no metabolismo celular. Em algumas células, o AMPc regula a atividade de determinados canais iônicos. As estruturas do AMPc e outros três segundos mensageiros bastante comuns são mostradas na Figura 15-8.

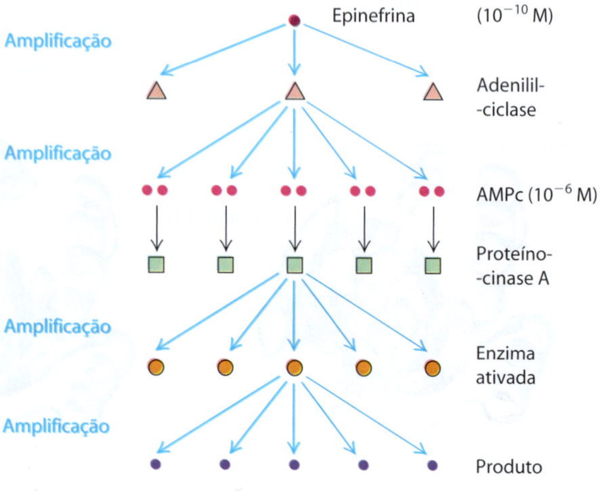

FIGURA 15-9 Amplificação de um sinal extracelular. Neste exemplo, a ligação de uma única molécula de epinefrina a uma molécula de receptor acoplado à proteína G induz ativação de várias moléculas de adenilil-ciclase, a enzima que catalisa a síntese de AMP cíclico, e cada uma destas enzimas sintetiza um grande número de moléculas de AMPc, o primeiro nível de amplificação. Duas moléculas de AMPc ativam uma molécula de proteína-cinase A (PKA), mas cada PKA ativada fosforila e ativa muitas proteínas-alvo. Este segundo nível de amplificação pode envolver muitas reações sequenciais nas quais o produto de uma reação ativa a enzima que catalisa a próxima reação. Quanto mais etapas cada cascata possuir, maior é a possibilidade de amplificação do sinal.

Adiante neste capítulo serão abordadas as funções específicas dos segundos mensageiros nas vias de sinalização ativadas por vários receptores acoplados à proteína G.

Segundos mensageiros como o Ca^{2+} e o AMPc difundem através do citosol muito mais rapidamente do que as proteínas; por isso, eles são empregados em vias onde o alvo está localizado em uma organela intracelular (assim como em vesículas secretórias ou no núcleo) distante do receptor da membrana plasmática onde o mensageiro é gerado.

Outra vantagem dos segundos mensageiros é que eles facilitam a *amplificação* de um sinal extracelular. A ativação de uma *única* molécula receptora da superfície celular pode resultar no aumento de até milhares de vezes nas moléculas de AMPc ou nos íons Ca^{2+} no citosol. Cada uma dessas, por sua vez, ativando a sua proteína-alvo, afeta a atividade de muitas proteínas que se encontram a seguir na cascata de sinalização. Em muitas vias de transdução de sinal, a amplificação é necessária, porque os receptores de superfície celular são proteínas geralmente menos abundantes, presentes em apenas cerca de mil cópias em cada célula. No entanto, as respostas celulares induzidas pela ligação de um relativo pequeno número de hormônios aos receptores disponíveis frequentemente exigem a produção de dezenas ou centenas de milhares de moléculas efetoras ativadas em cada célula. No caso dos receptores de hormônios acoplados à proteína G, a **amplificação de sinal** é possível em parte porque um único receptor é capaz de ativar muitas proteínas G, e cada uma dessas, ativa uma proteína efetora. Por exemplo, um único complexo epinefrina-GPCR causa a ativação de mais de 100 moléculas adenilil-ciclase; cada uma delas, por sua vez, catalisa a síntese de moléculas de AMPc durante o período que permanece no estado ativo. Duas moléculas de AMPc ativam uma molécula de proteína-cinase A, que fosforila e ativa múltiplas moléculas-alvo (Figura 15-9). Em seguida, neste capítulo, será visto como essa cascata de amplificação permite que níveis de epinefrina tão baixos quanto 10^{-10} M estimulem a glicogenólise (conversão de glicogênio a glicose) pelo fígado e a liberação de glicose na corrente sanguínea.

CONCEITOS-CHAVE da Seção 15.1

Transdução de sinal: do sinal extracelular à resposta celular

- Todas as células se comunicam por sinais extracelulares. Em organismos unicelulares, as moléculas sinalizadoras extracelulares regulam as interações entre os indivíduos, enquanto nos organismos multicelulares elas regulam a fisiologia e o desenvolvimento.
- Sinais externos incluem proteínas e peptídeos ancorados na membrana e secretados (p. ex., vasopressina e insulina), moléculas hidrofóbicas pequenas (por exemplo, hormônios esteroides e tiroxina), moléculas hidrofílicas pequenas (p. ex., epinefrina), gases (p. ex., O_2, óxido nítrico) e estímulos físicos (por exemplo, luz).
- A ligação das moléculas de sinalização extracelular aos receptores de superfície celular induz uma mudança conformacional no receptor, que leva à ativação de vias de transdução de sinal intracelulares que, então, modulam o metabolismo celular, o funcionamento e a expressão dos genes (Figura 15-1).
- Os sinais provenientes de uma célula podem atuar sobre células distantes na sinalização endócrina, sobre células vizinhas na sinalização parácrina, ou na sinalização para a própria célula na sinalização autócrina (Figura 15-2).
- A fosforilação e a desfosforilação de proteínas, catalisadas por proteínas-cinases e fosfatases, são empregadas na maioria das vias de sinalização. As atividades de cinases e fosfatases são altamente reguladas por muitos receptores e proteínas de transdução de sinal (Figuras 15-4 e 15-5).
- Proteínas de ligação ao GTP da superfamília das GTPases atuam como comutadores, regulando muitas vias de transdução de sinal (Figuras 15-6 e 15-7).
- Ca^{2+}, AMPc e outras moléculas intracelulares não proteicas de baixo peso molecular (Figura 15-8) atuam como "segundos mensageiros", transmitindo e, com frequência, amplificando o sinal do "primeiro mensageiro", que é o ligante. A ligação da molécula ligante aos receptores de superfície celular muitas vezes resulta em rápido aumento (ou, ocasionalmente, diminuição) na concentração intracelular desses íons ou moléculas.

15.2 Estudando receptores de superfície celular e proteínas de transdução de sinal

A resposta de uma célula a um sinal externo específico é ditada por receptores particulares que reconhecem o sinal e pelas vias de transdução de sinal ativadas por esses receptores. Nesta seção, são exploradas as bases bioquímicas da especificidade da ligação receptor-ligante, assim como a habilidade de diferentes concentrações de ligante capazes de ativar uma via. Também são mencionadas técnicas experimentais usadas para caracterizar proteínas receptoras. Muitos desses métodos também se aplicam a receptores que fazem a mediação da endocitose (Capítulo 14) ou a adesão celular (Capítulo 20). A seção é finalizada com uma discussão de técnicas comumente usadas para medir a atividade de componentes da transdução de sinal, como proteínas-cinases e comutadoras ligadoras de GTP.

A constante de dissociação é uma medida da afinidade de um receptor pelo seu ligante

A ligação de um ligante a um receptor geralmente pode ser vista como uma reação reversível simples, em que R e L são as concentrações, respectivamente, do receptor e do ligante livres e RL é a concentração do complexo receptor-ligante.

$$R + L \underset{k_{\text{ligado}}}{\overset{k_{\text{desligado}}}{\rightleftarrows}} RL \qquad (15\text{-}1)$$

$K_{desligado}$ é a taxa constante de dissociação de um ligante de seu receptor, e K_{ligado} é a taxa constante de formação de um complexo receptor-ligante a partir do ligante livre e do receptor.

No ponto de equilíbrio, a taxa de formação do complexo ligante-receptor é igual à taxa da sua dissociação e pode ser descrita como a equação do equilíbrio de ligação:

$$K_d = \frac{[R][L]}{[RL]} \qquad (15\text{-}2)$$

em que R e L são as concentrações, respectivamente, do receptor livre (i.e., receptor sem ligante ligado) e do ligante, no ponto de equilíbrio, e [RL] é a concentração do complexo receptor-ligante. K_d, a **constante de dissociação** do complexo receptor-ligante, mede a *afinidade* do receptor pelo ligante (ver também Capítulo 2). Para uma reação de ligação simples, $K_d = K_{desligado}/K_{ligado}$. Quanto menor for $K_{desligado}$ em relação a K_{ligado}, mais *estável* será o complexo RL e, consequentemente, menor será o valor de K_d. Outra maneira de ver este ponto é que o valor de K_d é equivalente à concentração do ligante na qual metade dos receptores está com um ligante conectado, quando o sistema está em equilíbrio; nessa concentração do ligante, [R] = [RL] e, então, na Equação 15-2, K_d = [L]. Quanto mais baixo o valor de K_d, mais baixa é a concentração de ligante necessária para ligar 50% dos receptores de superfície celular. O K_d para uma reação de ligação é essencialmente equivalente à constante K_m de Michaelis, que reflete a afinidade de uma enzima por seu substrato (ver Capítulo 3). No entanto, assim como quaisquer constantes de equilíbrio, o valor de K_d não depende dos valores *absolutos* de $K_{desligado}$ e K_{ligado}, mas apenas de sua razão. Na próxima seção, será demonstrado como os valores de K_d são determinados experimentalmente.

Receptores de hormônios são caracterizados por sua alta afinidade e especificidade por seus ligantes. Por conta de suas altas afinidade e especificidade por seu hormônio-alvo, os domínios extracelulares de ligação ao ligante dos receptores da superfície celular podem ser convertidos em fármacos potentes. Considere o hormônio fator alfa de necrose tumoral (TNFα), secretado por algumas células do sistema imune. O TNFα induz a inflamação pelo recrutamento de diversas células imunes para um sítio de ferimento ou infecção; níveis anormais de TNFα causam a inflamação excessiva vista em pacientes com doenças autoimunes, como a psoríase (doença da pele) ou a artrite reumatoide (doença das articulações). Essas doenças vêm sendo tratadas com uma proteína quimérica de "fusão", produzida por DNA recombinante, que contém o domínio extracelular de um receptor TNFα unido à região conservada (Fc) de uma imunoglobulina humana (Figuras 3-19 e 23-8). O fármaco se liga fortemente ao TNFα livre e previne que este se ligue aos seus receptores de superfície, causando a inflamação; o domínio Fc ligado permite que a proteína permaneça estável quando injetada em humanos. ■

Ensaios de ligação são usados para detectar receptores e determinar a sua afinidade e especificidade por ligantes

Geralmente, receptores são detectados e medidos pela sua habilidade em ligar ligantes radiativos ou fluorescentes a células intactas ou a fragmentos de células. A Figura 15-10 ilustra esse *ensaio de ligação* para a interação do hormônio formador de glóbulos vermelhos, eritropoietina (Epo), com os receptores da Epo expressos por técnicas de DNA recombinante em uma linhagem de células

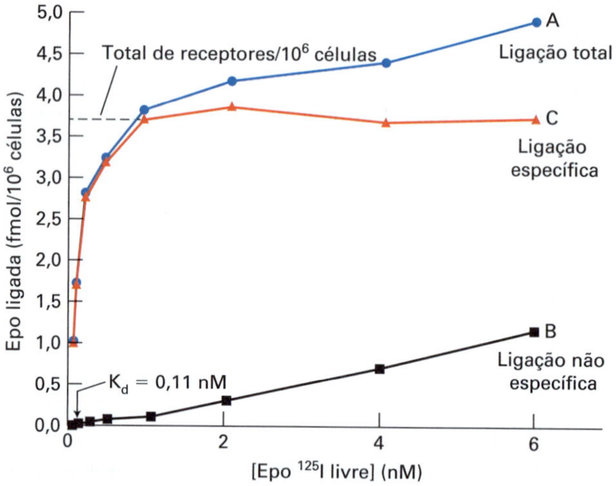

FIGURA EXPERIMENTAL 15-10 Ensaios de ligação podem determinar o valor de K_d e o número de receptores por célula. Os dados apresentados aqui se referem a receptores específicos para a eritropoietina (Epo) na superfície de uma linhagem celular de camundongos em cultivo que expressa o receptor humano recombinante da eritropoietina comparados com células controle que não expressam normalmente o receptor. Uma suspensão de células é incubada por uma hora a 4°C, na presença de concentrações crescentes de Epo marcada com ^{125}I; a temperatura baixa é utilizada para evitar a endocitose dos receptores de superfície celular. As células são separadas da Epo ^{125}I não ligada, geralmente por centrifugação, e a quantidade de radiatividade ligada às células é medida. A curva total de ligação A representa a Epo ligada especificamente aos receptores de alta afinidade assim como a Epo ligada não especificamente, por baixa afinidade, a outras moléculas na superfície celular. A contribuição da ligação não específica sobre o total da ligação é determinada pela repetição do ensaio de ligação com a linhagem celular controle, onde a Epo liga-se apenas a sítios não específicos, gerando a curva B. A curva de ligação específica C é calculada pela diferença entre as curvas A e B. Como determinado pelo máximo da ligação específica, pela curva C, o número de sítios específicos de ligação da Epo (receptores de superfície) por célula é cerca de 2.200 ($3{,}7 \times 10^{-15}$ mol x $6{,}02 \times 10^{23}$ moléculas/mol/10^6 células = 2.227 moléculas/célula). O valor de K_d é a concentração de Epo necessária para ligar 50% dos receptores de superfície de Epo (neste caso, cerca de 1.050 receptores/célula). Assim, o K_d é cerca de $1{,}1 \times 10^{-10}$ M, ou 0,1 nM. (Cortesia Alec Gross; A. Gross e H. Lodish, 2006, *J. Biol. Chem.* **281**:2024.)

em cultivo. As quantidades de Epo radiativa ligada ao seu receptor em células em crescimento (eixo vertical) foram medidas como uma função de concentrações crescentes de Epo marcada com ^{125}I adicionada ao líquido extracelular (eixo horizontal). O número de sítios de ligação ao ligante por célula e o valor de K_d são facilmente determinados em uma curva de ligação específica (curva C). Considerando que cada receptor se liga a apenas uma molécula de ligante, o número total de sítios de ligação a ligante em uma célula equivale ao número de receptores ativos em cada célula. No exemplo mostrado na Figura 15-10, o valor de K_d é aproximadamente $1{,}1 \times 10^{-10}$ M, ou 0,1 nM. Em outras palavras, uma concentração de Epo de $1{,}1 \times 10^{-10}$ M no líquido extracelular é necessária para 50% dos receptores celulares de Epo possuírem uma molécula de Epo ligada.

Ensaios diretos de ligação como o da Figura 15-10 são possíveis com receptores que possuem uma grande afinidade por seus ligantes, como o receptor da eritropoietina e o receptor de insulina nas células hepáticas ($K_d = 1{,}4 \times 10^{-10}$ M). Entretanto, muitos ligantes, como a **epinefrina** e outras catecolaminas, se ligam a seus receptores com afinidade muito menor. Se o K_d para a ligação for maior do que $\sim 1 \times 10^{-7}$ M, quando a constante $K_{desligado}$ for relativamente alta com relação a K_{ligado}, então é provável que durante os segundos a minutos necessários para medir a quantidade de ligante ligado, alguns dos ligantes ligados a receptores se dissociarão e, assim, os valores de ligação observados serão sistematicamente baixos demais.

Uma maneira de medir a ligação relativamente fraca de um ligante ao seu receptor é em um **ensaio de competição** com outro ligante que se liga ao mesmo receptor com alta afinidade (valor de K_d baixo). Nesse tipo de ensaio, quantidades crescentes de um ligante de baixa afinidade (o competidor) são adicionadas a uma amostra com uma quantidade constante de um ligante de alta afinidade e radiomarcado (Figura 15-11). A ligação do competidor ao receptor bloqueia a ligação do ligante radiomarcado ao receptor. A dependência de concentração dessa competição pode ser usada junto ao valor de K_d do ligante radiativo para calcular a constante inibitória, K_i, que é muito próxima ao valor de K_d para a ligação do competidor ao receptor. É possível medir acuradamente a quantidade do ligante de alta afinidade ligado neste ensaio, pois pouco se dissocia durante a manipulação experimental necessária para a mensuração (relativamente baixo $K_{desligado}$).

A ligação competitiva é frequentemente usada para estudar análogos sintéticos de hormônios naturais que ativam ou inibem receptores. Esses análogos são largamente usados na pesquisa de receptores de superfície celular e como fármacos se dividem em duas classes: **agonistas**, que mimetizam a função do hormônio natural se ligando ao seu receptor e induzindo a resposta normal, e **antagonistas**, que se ligam ao receptor, mas não induzem resposta. Quando um antagonista ocupa sítios de ligação de ligante em um receptor, ele pode bloquear a ligação do hormônio natural (ou agonista) e, assim, re-

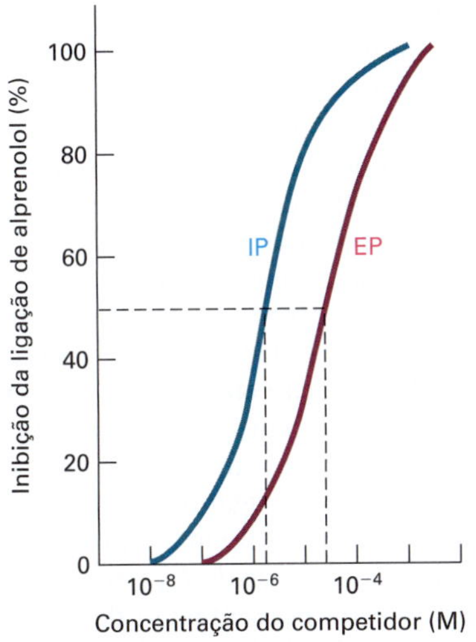

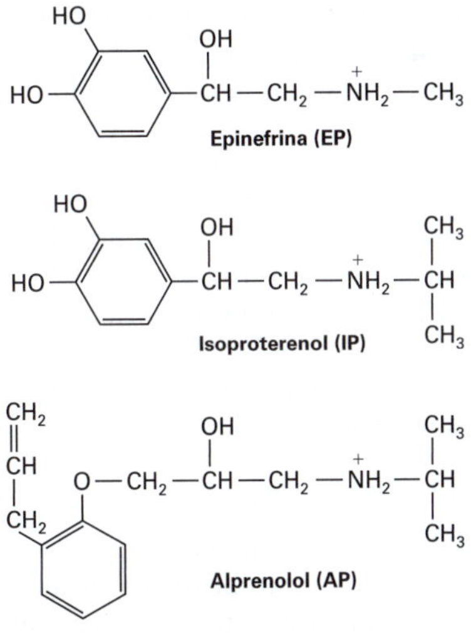

FIGURA EXPERIMENTAL 15-11 Para ligantes de baixa afinidade, a ligação pode ser detectada em ensaios de competição. Neste exemplo, o ligante sintético alprenolol, que se liga com alta afinidade ao receptor de epinefrina nas células do fígado ($K_d \sim 3 \times 10^{-9}$ M), é usado para detectar a ligação de dois ligantes de baixa afinidade, o hormônio natural epinefrina (EP) e um ligante sintético denominado isoproterenol (IP). Os ensaios são realizados conforme descrito na Figura 15-10, mas na presença de uma quantidade constante de [^{3}H] alprenolol, à qual são acrescentadas quantidades crescentes de epinefrina ou isoproterenol não marcados. Sob cada concentração de competidor, é determinada a quantidade ligada de alprenolol marcado. Em uma curva da inibição da ligação do [^{3}H] alprenolol *versus* a concentração de epinefrina ou de isoproterenol, como a curva aqui ilustrada, a concentração do competidor que inibe 50% da ligação do alprenolol é aproximadamente o valor de K_d para a ligação do competidor. Observe que as concentrações dos competidores estão expressas em escala logarítmica. A K_d para a ligação da epinefrina ao seu receptor nos hepatócitos é de apenas $\sim 5 \times 10^{-5}$ M e não pode ser medida pelo ensaio direto da ligação com a [^{3}H] epinefrina. A K_d para a ligação do isoproterenol, que induz a resposta celular normal, é mais de dez vezes inferior.

duzir a atividade fisiológica normal do hormônio. Em outras palavras, os antagonistas inibem a sinalização do receptor. ■

Considere, por exemplo, o fármaco isoproterenol, usado para o tratamento da asma. O isoproterenol é sintetizado pela adição química de dois grupos metila à epinefrina (Figura 15-11, *direita*). O isoproterenol, um agonista dos receptores acoplados à proteína G responsivos à epinefrina nas células musculares lisas dos brônquios, se liga cerca de dez vezes mais fortemente (K_d dez vezes mais baixo) do que a epinefrina (Figura 15-11, *esquerda*). Já que a ativação desses receptores promove o relaxamento da musculatura lisa brônquica e, assim, a abertura das passagens de ar nos pulmões, o isoproterenol é usado no tratamento da asma brônquica, bronquite crônica e enfisema. De modo contrário, a ativação de diferentes tipos de receptores acoplados à proteína G responsivos à epinefrina nas células musculares cardíacas (chamados de receptores β-adrenérgicos) aumenta a taxa de contração cardíaca. Antagonistas desse receptor, como o alprenolol e compostos relacionados, são chamados de *betabloqueadores*; tais antagonistas são usados para diminuir as contrações cardíacas no tratamento de arritmias cardíacas e angina.

A resposta celular máxima de uma molécula sinalizadora geralmente não requer a ativação de todos os receptores

Todos os sistemas de sinalização evoluíram de tal modo que um aumento no nível de moléculas de sinalização extracelular induz uma resposta proporcional na célula. Para isso acontecer, a afinidade de ligação (valor de K_d) de um receptor de superfície celular por uma molécula sinalizadora deve ser maior do que o nível normal (não estimulado) dessa molécula nos líquidos extracelulares ou no sangue. Esse princípio pode ser visto em prática comparando os níveis de insulina presentes no corpo e o K_d de ligação da insulina ao seu receptor nos hepatócitos, $1{,}4 \times 10^{-10}$ M. Suponha, por exemplo, que a concentração normal de insulina no sangue é 5×10^{-12} M. Substituindo esse valor e o valor de K_d da insulina na Equação 15-2, a fração de receptores ligada à insulina pode ser calculada,

$$[RL] / ([RL] + [R])$$

em equilíbrio, como 0,0344; ou seja, cerca de 3% do total de receptores de insulina estão ligados à insulina. Se a concentração de insulina aumenta cinco vezes até $2{,}5 \times 10^{-11}$ M, o número de complexos hormônio-receptor aumentará proporcionalmente, quase cinco vezes, de forma que cerca de 15% do total de receptores estejam ligados à insulina. Se a dimensão da resposta celular induzida equivale ao número de complexos insulina-receptor, [RL], como geralmente é o caso, então a resposta celular também aumentará cerca de cinco vezes.

Por outro lado, suponha que a concentração normal de insulina no sangue fosse a mesma que o valor do K_d de $1{,}4 \times 10^{-10}$ M; nesse caso, 50% do total de receptores estaria ligado à insulina. Um aumento de cinco vezes na concentração de insulina (para 7×10^{-10} M) resultaria em 83% de todos os receptores de insulina tendo a insulina ligada (aumento de 66%). Assim, a fim de que um aumento na concentração hormonal cause um aumento proporcional na fração de receptores com o ligante ligado, a concentração normal do hormônio deve estar bem abaixo do valor do K_d.

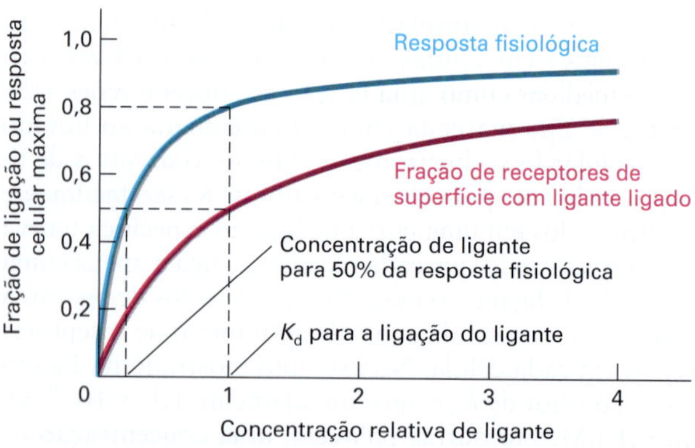

FIGURA EXPERIMENTAL 15-12 A resposta fisiológica máxima a um sinal externo ocorre apenas quando uma fração das moléculas receptoras encontra-se ocupada pelo ligante. Para vias de sinalização que exibem este comportamento, as curvas da extensão da ligação de um ligante a um receptor e da resposta fisiológica sob diferentes concentrações de ligante são diferentes. No exemplo ilustrado, 50% da resposta fisiológica máxima são induzidos sob uma concentração de ligante na qual apenas 18% dos receptores estão ocupados. Do mesmo modo, 80% da resposta máxima são induzidos quando a concentração do ligante equivale ao valor de K_d no qual 50% dos receptores encontram-se ocupados.

Em geral, a resposta celular máxima a um ligante específico é induzida quando muito menos do que 100% dos seus receptores estão ligados aos ligantes. Esse fenômeno pode ser mostrado determinando a magnitude da resposta e da ligação receptor-ligante em diferentes concentrações de ligante (Figura 15-12). Por exemplo, uma célula vermelha progenitora (eritroide) típica tem ~1.000 receptores de superfície para a eritropoietina, o hormônio proteico que induz essas células à proliferação e à diferenciação em hemácias do sangue. Como apenas 100 desses receptores precisam ligar-se à eritropoietina para induzir a divisão de uma célula progenitora, a concentração de ligante necessária para induzir 50% da resposta celular máxima é proporcionalmente mais baixa do que o valor de K_d para a ligação. Em tais casos, o gráfico da porcentagem de ligação máxima *versus* a concentração de ligante difere do gráfico da porcentagem de resposta celular máxima *versus* a concentração de ligante.

A sensibilidade de uma célula a sinais externos é determinada pelo número de receptores de superfície e sua afinidade pelos ligantes

Visto que a resposta celular a uma molécula sinalizadora específica depende do *número* de complexos receptor-ligante, quanto menos receptores estiverem presentes na superfície de uma célula, menor será a *sensibilidade* dessa célula em relação ao ligante em questão. Em consequência, para induzir uma resposta fisiológica, será necessária uma concentração de ligante maior no caso de maior quantidade de receptores presentes.

Para ilustrar esse importante ponto, vamos estender nosso exemplo da célula progenitora eritroide característica. O K_d para a ligação de eritropoietina (Epo) ao seu receptor é de aproximadamente 10^{-10} M. Como mencionado anteriormente, a ligação de apenas 10% dos ~ 1.000 receptores de superfície celular para eritropoietina de uma célula é suficiente para que o ligante induza a resposta celular máxima. Podemos determinar a concentração de ligante, [L], necessária para induzir a resposta máxima reescrevendo a Equação 15-2 como segue:

$$[\mathrm{L}] = \frac{K_\mathrm{d}}{\dfrac{R_\mathrm{T}}{[\mathrm{RL}]} - 1} \qquad (15\text{-}3)$$

em que $R_T = [R] + [RL]$, é a concentração total de receptores da célula. Se o número total de receptores de Epo por célula, R_T, é 1.000, $K_d = 10^{-10}$ M e [RL] = 100 (o número necessário de receptores de Epo ocupados para indução da resposta máxima), então uma concentração de Epo igual a $1{,}1 \times 10^{-11}$ M apresentará a resposta máxima. Se R_T for reduzido para 200/célula, uma concentração nove vezes maior de Epo (10^{-10} M) será necessária para ocupar 100 receptores e induzir a resposta máxima. Claramente, portanto, a sensibilidade de uma célula a uma molécula sinalizadora é altamente influenciada pelo número de receptores para aquele ligante que está presente, assim como o K_d.

O Fator de Crescimento Epitelial (EGF), como o nome sugere, estimula a proliferação de muitos tipos de células epiteliais, incluindo aquelas dos canais das glândulas mamárias. Em cerca de 25% dos cânceres de mama, as células tumorais produzem elevados níveis de um receptor para EGF específico, chamado HER2. A superprodução de HER2 faz as células serem hipersensíveis aos níveis ambientais de EGF que normalmente são baixos demais para estimular a proliferação celular; como consequência, o crescimento dessas células tumorais é inapropriadamente estimulado pelo EGF. No Capítulo 16, será visto que o entendimento do papel do HER2 em alguns tipos de cânceres de mama levou ao desenvolvimento de anticorpos monoclonais que se ligam a HER2 e, assim, bloqueiam a sinalização derivada de EGF; esses anticorpos têm sido úteis no tratamento desses pacientes com câncer de mama. ■

A conexão entre o HER2 e o câncer de mama demonstra, de maneira brilhante, que a regulação dos números de receptores para uma dada molécula sinalizadora produzida por uma célula tem um papel fundamental em dirigir eventos fisiológicos e de desenvolvimento. Essa regulação pode ocorrer em nível de transcrição, tradução e processamentos pós-traducionais ou no controle da taxa de degradação de receptores. Alternativamente, a endocitose de receptores na superfície celular pode reduzir substancialmente o número de receptores ali presentes, de modo que a resposta celular seja suspendida. Como será discutido mais tarde, outros mecanismos podem reduzir a afinidade do receptor pelo ligante e, assim, reduzir a resposta celular a uma dada concentração de ligante. Desse modo, a redução na sensibilidade celular a um ligante específico, chamada **dessensibilização**, pode resultar de vários mecanismos e é muito importante para a habilidade de células de responder apropriadamente a sinais externos.

Os receptores podem ser purificados por meio de técnicas de afinidade

A fim de entender como os receptores funcionam, é necessário purificá-los e analisar as suas propriedades bioquímicas. A determinação das suas estruturas moleculares com e sem um ligante ligado, por exemplo, pode elucidar as mudanças conformacionais que ocorrem na ligação do ligante que ativa as proteínas de transdução de sinal seguintes. Mas isso pode ser desafiador. Uma célula "típica" de mamífero tem 1.000 a 50.000 cópias de um único tipo de receptor de superfície celular. Isso pode ser visto como um grande número, mas quando considera-se que essa mesma célula contém $\sim 10^{10}$ moléculas proteicas totais e $\sim 10^{6}$ proteínas na membrana plasmática, constata-se que esses receptores constituem apenas 0,1 a 5% das proteínas de membrana. Essa baixa abundância complica o isolamento e a purificação dos receptores de superfície celular. A purificação dos receptores também é difícil, porque essas proteínas integrais de membrana primeiramente devem ser solubilizadas da membrana com um detergente não iônico (Figura 10-23) e, então, separadas das outras proteínas da célula.

Como visto anteriormente com o receptor de Epo, técnicas de DNA recombinante podem ser usadas para produzir células que expressam grandes quantidades dessas proteínas. Mesmo quando as técnicas de DNA recombinante são usadas para produzir células que expressem receptores em grandes quantidades, técnicas específicas são necessárias para isolá-las e purificá-las de outras proteínas de membrana. Uma técnica frequentemente usada na purificação de receptores de superfície celular que retém sua habilidade de ligação ao ligante quando solubilizadas por detergentes é similar à *cromatografia de afinidade* usando anticorpos (Figura 3-38c). Para purificar um receptor por meio dessa técnica, um ligante para o receptor de interesse, em vez de um anticorpo, é ligado quimicamente aos polímeros usados para formar a coluna. Uma preparação de proteínas de membrana solubilizadas por um detergente é passada pela coluna; somente o receptor se liga, enquanto outras proteínas são lavadas e passam sem ligar à coluna. A passagem de um excesso de ligantes solúveis pela coluna leva ao deslocamento do receptor que estava ligado da coluna e a sua eluição. Em alguns casos, um receptor pode ser purificado em até 100.000 vezes em uma única etapa de cromatografia de afinidade.

Ensaios de imunoprecipitação e técnicas de afinidade podem ser usados para estudar a atividade de proteínas de transdução de sinal

Após a ligação do ligante, os receptores ativam uma ou mais proteínas de transdução de sinal que, por sua vez, podem afetar a atividade de variadas proteínas efetoras (Figura 15-1); para entender uma cascata de sinalização é necessário que o pesquisador seja apto a quantificar a atividade dessas proteínas de transdução de sinal. Proteínas-cinases e ligadoras de GTP são encontradas em muitas cascatas de sinalização. Nesta seção, serão descritos alguns ensaios usados para medir essas atividades.

Imunoprecipitação de cinases As cinases funcionam em quase todas as vias de sinalização, e células de mamíferos típicas contêm centenas ou mais diferentes cinases, e cada uma é altamente regulada e pode fosforilar muitas proteínas-alvo. Geralmente, ensaios de imunoprecipitação são usados para medir a atividade de uma cinase específica num extrato celular. Em uma versão do método, um anticorpo específico para a cinase desejada é, inicialmente, adicionado a pequenas esferas cobertas com proteína A; isso leva o anticorpo a se ligar às esferas através do seu segmento Fc (Figura 9-29). As esferas são, então, misturadas com uma preparação de citosol celular ou núcleo, recuperadas após centrifugação, e intensamente lavadas com uma solução de sal para remover proteínas ligadas fracamente que provavelmente não estejam ligadas especificamente ao anticorpo. Dessa forma, apenas proteínas celulares que se ligam especificamente ao anticorpo – a cinase e proteínas fortemente ligadas à cinase – estão presentes nas esferas. As esferas são incubadas em uma solução tamponada com uma proteína substrato e γ-[^{32}P] ATP, em que apenas o fosfato γ é marcado. A quantidade de [^{32}P] transferido à proteína substrato é uma medida da atividade cinase e pode ser quantificada por eletroforese em gel de poliacrilamida seguida de autoradiografia (ver Figura 3-36) ou por imunoprecipitação com um anticorpo específico para o substrato, seguido por contagem da radiatividade do imunoprecipitado. Comparando extratos de células antes e depois da adição do ligante, pode-se facilmente determinar se uma cinase específica é ativada ou não na via de transdução de sinal desencadeada por aquele ligante.

Observa-se que muitas proteínas podem ser fosforiladas por muitas cinases diferentes, geralmente em resíduos distintos de serina, treonina ou tirosina. Dessa maneira, é importante medir a extensão da fosforilação de uma única cadeia lateral de um aminoácido de uma proteína específica, antes e após o estímulo do hormônio. Os anticorpos têm papel fundamental na detecção desses eventos de fosforilação.

Para produzir um anticorpo que possa reconhecer um aminoácido fosforilado específico em uma determinada proteína, deve-se, em primeiro lugar, sintetizar quimicamente um peptídeo de cerca de 15 aminoácidos que tenha a sequência de aminoácidos que se localiza em torno do aminoácido fosforilado da determinada proteína, mas onde um grupamento fosfato tenha sido ligado quimicamente à serina, treonina ou tirosina desejada. Após acoplar esse peptídeo a um adjuvante, aumentando a sua imunogenicidade, ele é usado para gerar um conjunto de anticorpos monoclonais (ver Figura 9-6). Seleciona-se, então, um anticorpo monoclonal específico que reaja somente com o peptídeo fosforilado, e não com o não fosforilado; tal anticorpo geralmente vai ligar à proteína de origem somente quando esse aminoácido específico estiver fosforilado. Essa especificidade é possível porque o anticorpo se liga simultaneamente ao aminoácido fosforilado e a cadeias laterais de aminoácidos adjacentes. Como exemplo do uso desses anticorpos, a Figura 15-13 mostra que três proteínas transdutoras de sinal nos progenitores de hemácias se tornam fosforiladas em resíduos específicos de aminoácidos dentro de 10 minutos de estímulo com concentrações variadas do hormônio eritropoietina; a fosforilação aumenta com a concentração de Epo e é a primeira etapa que desencadeia a diferenciação dessas células em eritrócitos.

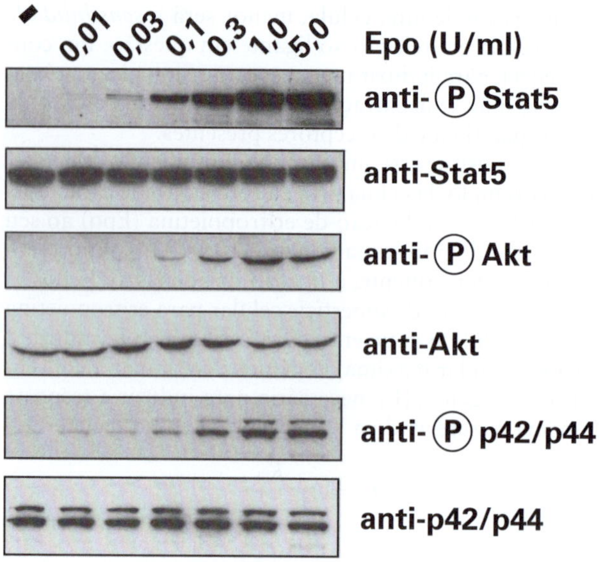

FIGURA EXPERIMENTAL 15-13 Ativação de três proteínas de transdução de sinal por meio de fosforilação. Células progenitoras de eritrócitos de camundongos foram tratadas durante 10 minutos com diferentes concentrações do hormônio eritropoietina (Epo). Os extratos celulares foram analisados por *Western blotting* com três anticorpos específicos diferentes para as formas fosforiladas de três proteínas transdutoras de sinal e de três que reconhecem um segmento de aminoácidos não fosforilado da mesma proteína. Os dados mostram que com concentrações crescentes de Epo, as três proteínas se tornam fosforiladas. O tratamento com uma unidade de Epo por ml é suficiente para fosforilar (maximamente) e, assim, ativar todas as três vias. Stat 5 = fator de transcrição fosforilado na tirosina 694; Akt = cinase fosforilada na serina 473; p42/p44 = p42/p44 MAP cinase fosforilada na treonina 202 e tirosina 204. (Cortesia de Jing Zhang; Zhang et al., 2003, *Blood* **102:**3938.)

Ensaios de proteínas ligadoras de GTP Foi visto que a superfamília GTPase de proteínas "comutadoras" intracelulares alterna entre uma forma ativa ("ligada") com GTP ligado que modula a atividade de proteínas-alvo específicas e uma forma inativa ("desligada") com GDP ligado. O principal teste que mede a ativação

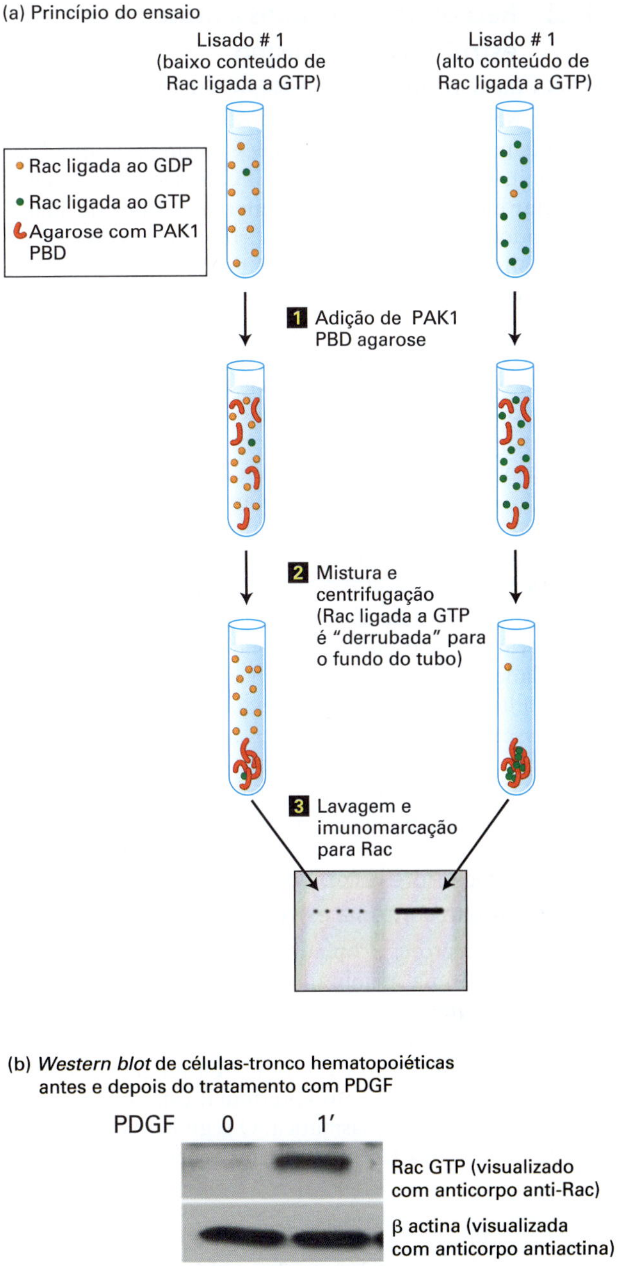

FIGURA EXPERIMENTAL 15-14 Um experimento demonstra que a pequena proteína de ligação a GTP Rac1 é ativada pelo fator de crescimento derivado de plaquetas (PDGF). Assim como outras GTPases pequenas, Rac1 regula eventos moleculares por meio da alteração de uma forma inativa com GDP ligado e uma forma ativa com GTP ligado. No seu estado ativo (GTP ligado), Rac1 liga-se especificamente ao domínio de ligação p21 (PBD) da proteína-cinase p21 ativada (PAK) para controlar a cascata de sinalização posterior. (a) Princípio do ensaio: o domínio PBD de ligação a Rac é produzido por meio de técnicas de DNA recombinante e ligado a esferas de agarose, misturadas com extratos celulares (etapa **1**). As esferas são separadas por centrifugação (etapa **2**) e a quantidade de Rac1 ligada a GTP é quantificada por *Western blotting* usando um anticorpo antirrac1 (etapa **3**). (b) *Western blot* demonstrando a ativação de Rac1 após o tratamento de células tronco hematopoiéticas durante 1 minuto com o hormônio fator de crescimento derivado de plaquetas (PDGF). O mesmo ensaio é realizado usando actina e serve como um controle de que a mesma quantidade de proteína total seja adicionada em cada canaleta do gel. ((a) Cell Biolabs Inc.; (b) extraído de G. Ghiaur et al., 2006, *Blood* **108:**2087-2094.)

dessa classe de proteínas se baseia no fato de que cada proteína tem um ou mais alvos nos quais ela se liga somente quando possui um GTP ligado; a proteína-alvo geralmente tem um domínio de ligação específico que liga aos segmentos "comutadores" da proteína ligadora de GTP. Os ensaios denominados de *pull-down*, usados para quantificar a ativação de uma proteína ligadora de GTP específica, são similares aos ensaios de imunoprecipitação, exceto pelo fato de que o domínio de ligação específico da proteína-alvo é imobilizado em esferas pequenas (Figura 15-14). As esferas são misturadas com um extrato celular e, então, recuperadas após centrifugação; a quantidade de proteína ligada a GTP nas esferas é quantificada por meio de *Western blotting*. O exemplo na Figura 15-14 mostra que a fração da pequena GTPase Rac1 que tem um GTP ligado aumenta consideravelmente após estímulo pelo hormônio fator de crescimento derivado de plaquetas (PDGF), indicando que a Rac1 é uma proteína de transdução de sinal ativada pelo receptor para PDGF.

CONCEITOS-CHAVE da Seção 15.2

Estudando receptores de superfície celular e proteínas de transdução de sinal

- A concentração de ligante na qual metade dos receptores desse ligante está ocupada, o K_d, pode ser determinada experimentalmente e é uma medida da afinidade do receptor pelo ligante (ver Figura 15-10).
- Por conta da alta afinidade do receptor pelo seu ligante-alvo, o domínio extracelular dos receptores pode ser usado como ferramenta farmacológica para reduzir os níveis de hormônio livre.
- A resposta máxima de uma célula a um ligante específico geralmente ocorre em concentrações de ligante nas quais menos do que 100% dos seus receptores estão ligados ao ligante (ver Figura 15-12).
- Técnicas de cromatografia com base na afinidade podem ser usadas para purificar receptores até mesmo quando eles estão disponíveis em quantidades baixas.
- Ensaios de imunoprecipitação usando anticorpos específicos para proteínas-cinases podem medir a atividade de cinases. Ensaios de imunoprecipitação usando anticorpos específicos para peptídeos fosforilados podem medir a fosforilação de aminoácidos específicos em qualquer proteína dentro de uma célula (ver Figura 15-13).
- Ensaios de *pull-down* usando o domínio ligador de proteína de uma proteína-alvo podem ser usados para quantificar a ativação de proteínas ligadoras de GTP dentro de uma célula (ver Figura 15-14).

15.3 Receptores acoplados à proteína G: estrutura e mecanismo

Como mencionado anteriormente, talvez a classe mais numerosa de receptores seja a dos receptores acoplados à proteína G (GPCRs, do inglês *G protein-coupled receptors*). Em seres humanos, GPCRs são usados para detectar e responder a muitos diferentes tipos de sinais, incluindo neurotransmissores, hormônios envolvidos no metabolismo do glicogênio e de gorduras e até mesmo fótons de luz. Todas as vias de transdução de sinal dos GPCRs compartilham os seguintes elementos comuns: (1) um receptor que contém sete hélices α transmembranas; (2) uma proteína G trimérica acoplada, que funciona como "comutadora", alterando entre as formas ativa e inativa; (3) uma proteína efetora ligada à membrana; e (4) proteínas que participam da regulação e dessensibilização da via de sinalização. Um segundo mensageiro também ocorre em muitas vias dos GPCR. As vias dos GPCR geralmente têm efeitos de curto prazo na célula devido a rápidas modificações nas proteínas já existentes, sejam elas enzimas ou canais iônicos. Assim, essas vias permitem que a célula responda rapidamente a uma variedade de sinais, quer sejam estímulos ambientais como a luz ou estímulos hormonais como a epinefrina.

Nesta seção, serão discutidos a estrutura básica e o mecanismo dos GPCRs e suas proteínas G triméricas associadas. Nas Seções 15.4 a 15.6, serão descritas as vias dos GPCRs que ativam muitas proteínas efetoras distintas.

Todos os receptores acoplados à proteína G compartilham a mesma estrutura básica

Todos os receptores acoplados à proteína G têm a mesma orientação na membrana e contêm sete regiões hélices α transmembrana (H1 a H7), quatro segmentos extracelulares e quatro segmentos citosólicos (Figura 15-15). Invariavelmente, o segmento N-terminal está na face exoplásmica e o segmento C-terminal está na face citosólica da membrana plasmática. O segmento carboxiterminal (C4), a alça C3 e, em alguns receptores, também

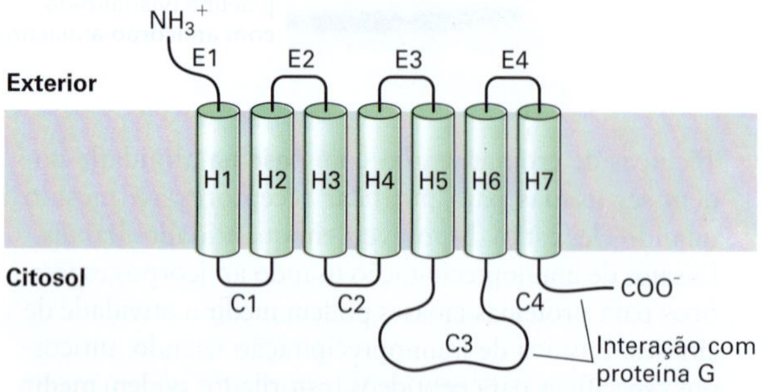

FIGURA 15-15 Estrutura geral de receptores acoplados à proteína G. Todos os receptores deste tipo possuem a mesma orientação na membrana e contêm sete regiões transmembranas α-helicais (H1 a H7), quatro segmentos extracelulares (E1 a E4) e quatro segmentos citosólicos (C1 a C4). O segmento carboxiterminal (C4), a alça C3 e, em alguns receptores, também a alça C2, estão envolvidos em interações com uma proteína G trimérica acoplada.

a alça C2, estão envolvidos em interações com uma proteína G trimérica acoplada. Muitas subfamílias de receptores acoplados à proteína G foram conservadas durante a evolução; membros dessas subfamílias são semelhantes principalmente na sequência de aminoácidos e estrutura.

Receptores acoplados à proteína G são ancorados estavelmente no núcleo hidrofóbico da membrana plasmática por muitos aminoácidos hidrofóbicos das camadas mais externas dos sete segmentos que abrangem a membrana. Um grupo de receptores acoplados à proteína G cuja estrutura é conhecida com detalhes moleculares são os **receptores β-adrenérgicos**, que se ligam a hormônios como a epinefrina e norepinefrina (Figura 15-16). Nesses receptores, e em muitos outros, segmentos de muitas hélices α incorporadas à membrana e alças extracelulares formam o sítio de ligação que é aberto para a superfície exoplásmica. O antagonista cianopindolol, mostrado na Figura 15-16, se liga com uma afinidade muito maior ao receptor do que a maioria dos agonistas, e o complexo receptor-ligante foi cristalizado e sua estrutura foi determinada. Cadeias laterais de 15 aminoácidos localizados em quatro hélices α transmembranas e a alça extracelular 2 fazem contatos não covalentes com o ligante. Os aminoácidos que formam o interior de diferentes receptores acoplados à proteína G são variados, permitindo aos diferentes receptores ligarem moléculas pequenas muito diversas, tanto hidrofílicas, como a epinefrina, quanto hidrofóbicas, como muitas substâncias que geram odor.

Enquanto todos os receptores acoplados à proteína G compartilham a mesma estrutura básica, diferentes subtipos de GPCRs podem ligar-se ao mesmo hormônio, causando diferentes efeitos celulares. Para ilustrar a versatilidade desses receptores, considere o grupo de receptores acoplados à proteína G para a epinefrina encontrado em diferentes tipos de células de mamíferos. O hormônio **epinefrina** é particularmente importante como mediador da resposta corporal ao estresse, também conhecido como resposta de luta ou fuga. Durante momentos de medo ou de exercício pesado, quando os tecidos podem ter uma necessidade aumentada de catabolizar glicose e ácidos graxos para produzir ATP, a epinefrina sinaliza a rápida degradação de glicogênio a glicose no fígado e de triacilgliceróis a ácidos graxos nas células adiposas (de gordura); em segundos, esses principais combustíveis metabólicos são fornecidos ao sangue. Em mamíferos, a liberação de glicose e ácidos graxos é desencadeada pela ligação da epinefrina (ou seu derivado norepinefrina) a receptores β-adrenérgicos na superfície das células hepáticas (do fígado) e adipócitos.

A epinefrina também tem outro efeito sobre o corpo. A epinefrina ligada a receptores β-adrenérgicos das células musculares cardíacas, por exemplo, aumenta a taxa de contração, que eleva o suprimento de sangue aos tecidos. Em contrapartida, o estímulo por epinefrina dos receptores β-adrenérgicos em células musculares lisas do intestino provoca o relaxamento dessas células. Outro tipo de GPCR para a epinefrina, o *receptor α-adrenérgico*, é encontrado nas células musculares lisas das paredes

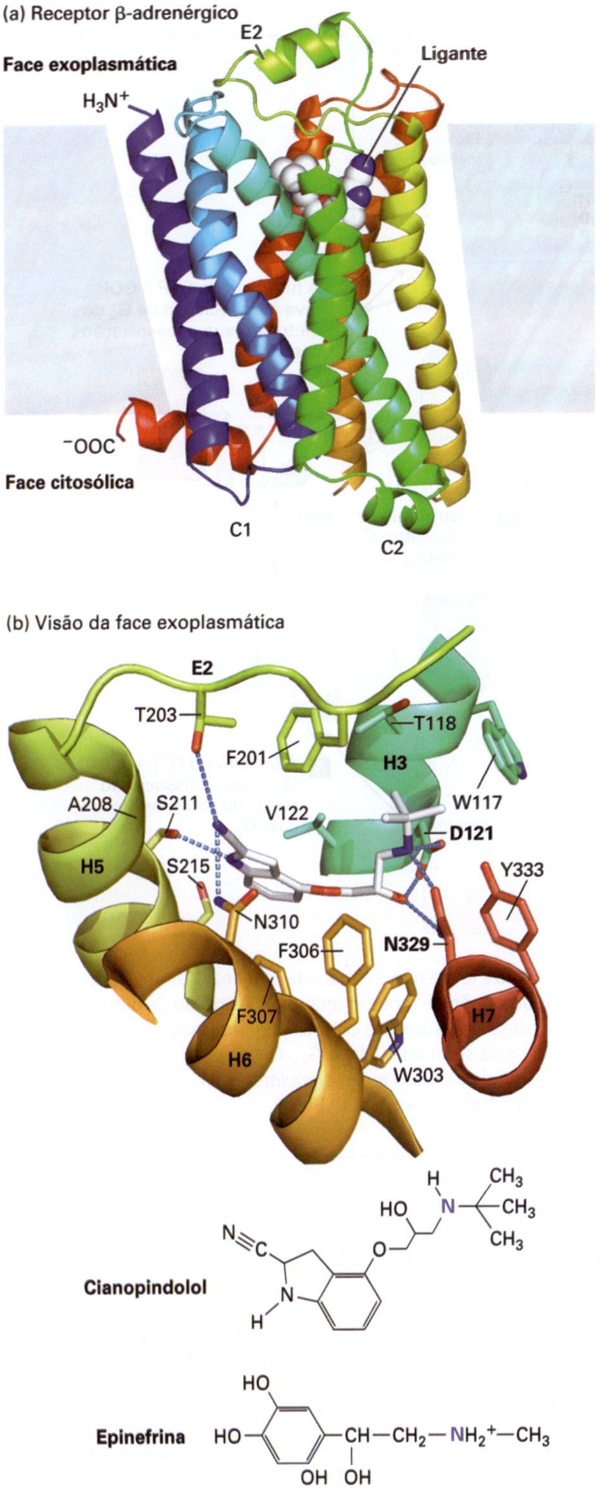

FIGURA 15-16 Estrutura do receptor β_1-adrenérgico do peru complexado com o antagonista cianopindolol. (a) Visão lateral mostrando a localização aproximada da bicamada fosfolipídica da membrana. Uma representação em fitas da estrutura do receptor está nas cores do arco-íris (N-terminal, azul; C-terminal, vermelho), com cianopindolol como um modelo de preenchimento cinza. A alça extracelular 2 (E2) e as alças citoplasmáticas 1 e 2 (C1, C2) estão marcadas. (b) Visão da face externa mostrando uma aproximação do local de ligação do ligante que é formado por aminoácidos das hélices 3, 5, 6 e 7, assim como pela alça extracelular 2, localizada entre as hélices 4 e 5. Os átomos do cianopindolol estão coloridos de cinza (carbono), azul (nitrogênio) e vermelho (oxigênio). O local de ligação ao ligante compreende 15 cadeias laterais de resíduos de aminoácidos em quatro hélices α transmembranas e da alça extracelular 2. Como exemplos de interações específicas com ligantes, o átomo positivamente carregado N do grupo amino encontrado tanto no cianopindolol quanto na epinefrina forma uma ligação iônica com a cadeia lateral carboxilato do aspartato 121 (D^{121}) na hélice 3 e o carboxilato da asparagina 329 (N^{329}), na hélice 7. (Extraído de T. Wayne et al., 2008, *Nature* **454:**486.)

dos vasos sanguíneos do trato intestinal, da pele e dos rins. A ligação da epinefrina a esses receptores causa a constrição das artérias, interrompendo a circulação para esses órgãos. Os diferentes efeitos da epinefrina ajudam a formar respostas integradas pelo corpo direcionadas a um final comum: o fornecimento de energia aos músculos locomotores principais, e, ao mesmo tempo, o desvio da energia de outros órgãos não tão cruciais para a execução da resposta na situação de estresse corporal.

Os receptores acoplados à proteína G ativados por ligantes catalisam a troca de GTP por GDP na subunidade α de uma proteína G trimérica

As proteínas G triméricas contêm três subunidades designadas α, β e γ. Tanto as subunidades G_α quanto Gγ estão ligadas à membrana por lipídeos covalentemente ligados. As subunidades β e γ permanecem sempre unidas entre si, sendo geralmente referidas como subunidade $G_\beta\gamma$. Em estado de repouso, quando não existe ligante associado ao receptor, a subunidade G_α está ligada à GDP e complexada com $G_{\beta\gamma}$. A ligação de um ligante (p. ex., a epinefrina) ou de um agonista (p. ex., o isoproterenol) a um receptor acoplado à proteína G altera a conformação das alças orientadas para o citosol fazendo com que este se ligue à subunidade G_α (Figura 15-17, etapas **1** e **2**). Essa ligação libera o GDP; assim, o receptor ativado com um ligante associado funciona como fator de troca de nucleotídeos guanina (GEF) para a subunidade G_α (etapa **3**). A seguir, o GTP se liga rapidamente aos sítios "vazios" do nucleotídeo guanina da subunidade G_α, levando à alteração na conformação dos seus segmentos de mudança (Figura 15-17). Essas alterações enfraquecem a ligação de G_α com o receptor e com a subunidade $G_{\beta\gamma}$ (etapa **4**). Na maior parte dos casos, G_α·GTP, que permanece ancorado na membrana, interage com e ativa uma proteína efetora, como descrito na Figura 15-17 (etapa **5**). Em alguns casos, G_α·GTP inibe o efetor. Além disso, dependendo do tipo de célula e de proteína G, a subunidade $G_{\beta\gamma}$, liberada da subunidade α, irá, algumas vezes, interagir com uma proteína efetora e, assim, transduzir um sinal.

O estado ativo G_α·GTP é de curta duração, pois o GTP ligado é hidrolisado a GDP em poucos minutos, catalisado pela atividade GTPásica intrínseca da subunidade G_α (Figura 15-17, etapa **6**). A conformação de G_α

ANIMAÇÃO: Sinalização extracelular

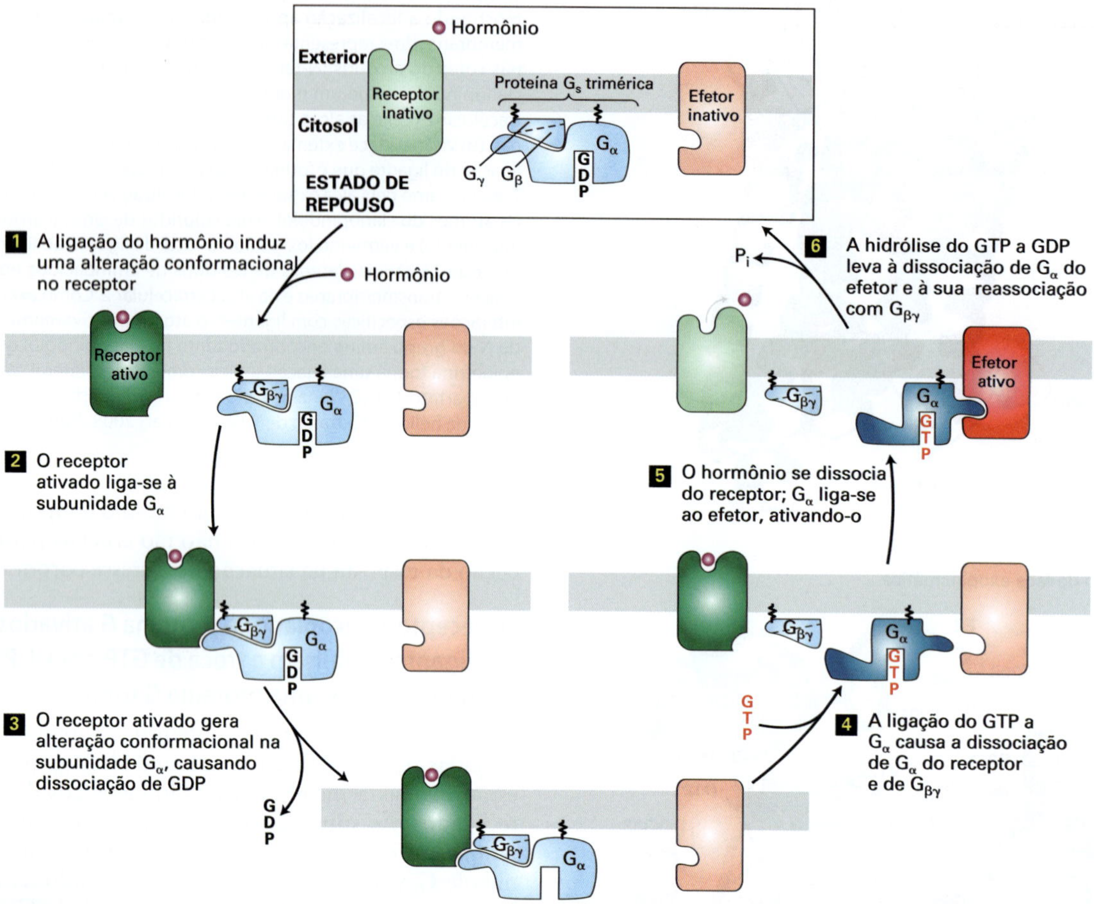

FIGURA 15-17 Mecanismo geral da ativação de proteínas efetoras associadas a receptores acoplados à proteína G. As subunidades G_α e $G_{\beta\gamma}$ de proteínas G triméricas são "amarradas" à membrana por moléculas lipídicas ligadas covalentemente (linhas pretas tracejadas). Após a ligação do ligante, a troca do GDP por GTP e dissociação das subunidades da proteína G (etapas 1 a 4), o complexo G_α·GTP se liga e ativa uma proteína efetora (etapa 5). A hidrólise de GTP finaliza a sinalização e leva à remontagem da proteína G trimérica, voltando o sistema ao estado de repouso (etapa 6). A ligação de outra molécula ligante causa a repetição do ciclo. Em algumas vias, a proteína efetora é ativada pela subunidade livre $G_{\beta\gamma}$. O *s* na *proteína trimérica* G_s significa "estimuladora" (do inglês *stimulatory*). (W. Oldham e H. Hamm, 2006, *Quart. Ver. Biophys.* **39:**117.)

altera novamente ao estado inativo G_α·GDP, bloqueando qualquer ativação de proteínas efetoras. A taxa de hidrólise de GTP é, algumas vezes, aumentada pela ligação do complexo G_α.GTP ao efetor; assim, o efetor funciona como proteína ativadora de GTPase (GAP). Esse mecanismo reduz significativamente a duração da ativação do efetor e evita uma resposta exacerbada da célula. Em muitos casos, um segundo tipo de proteína GAP, chamado de regulador da sinalização da proteína G (RGS), também acelera a hidrólise do GTP pela subunidade G_α, reduzindo ainda mais o tempo durante o qual o efetor permanece ativado. O G_α·GDP resultante rapidamente se reassocia com $G_{\beta\gamma}$, e o complexo se torna disponível para interagir com um receptor ativado e iniciar o processo novamente. Dessa forma, o sistema de transdução de sinal GPCR está associado a mecanismos que asseguram que a proteína efetora permaneça ativada apenas durante poucos segundos ou minutos após a ativação do receptor; a ativação contínua de receptores pela ligação de ligantes aliados com a posterior ativação da proteína G correspondente é essencial para a ativação prolongada do efetor.

Evidências anteriores apoiando o modelo mostrado na Figura 15-17 resultaram de estudos com substâncias denominadas de análogos de GTP estruturalmente semelhantes ao GTP e que conseguem se ligar às subunidades G_α assim como o GTP, mas não podem ser hidrolisadas pela GTPase intrínseca. Em algumas dessas substâncias, a ligação fosfodiéster P-O-P que conecta os fosfatos β e γ do GTP é substituída por uma ligação não hidrolisável P-CH_2-P ou P-NH-P. A adição de um desses análogos do GTP a uma preparação de membrana plasmática na presença de um agonista de um receptor específico resulta em uma ativação muito mais prolongada da proteína G e sua proteína efetora associada, do que no caso de ativação pelo GTP. Neste experimento, uma vez que o

RECURSO DE MÍDIA: A ativação de proteínas G medida por meio de transferência de energia de ressonância fluorescente (FRET)

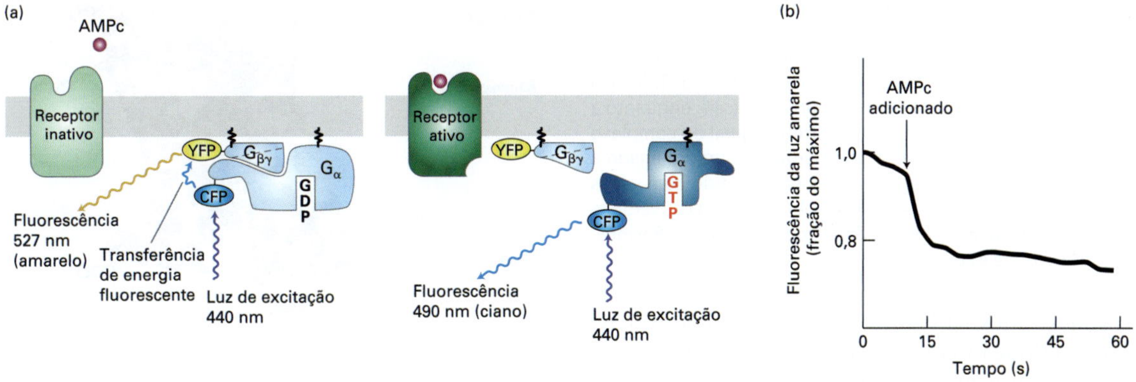

FIGURA EXPERIMENTAL 15-18 A ativação de proteínas G ocorre em segundos após a ligação do ligante em células de ameba. Na célula da ameba *Dictyostelium discoideum*, o AMPc atua como molécula sinalizadora extracelular e liga-se a um receptor acoplado à proteína G; ele não é um segundo mensageiro. Células de ameba são transfectadas com genes codificantes de duas proteínas de fusão: uma G_α fusionada com proteína fluorescente ciano (CFP), uma forma mutante da proteína fluorescente verde (GFP) e uma G_β fusionada com outra variante de GFP, a proteína fluorescente amarela (YFP). CFP normalmente fluoresce a 490 nm; YFP a 527 nm. (a) Quando YFP e CFP estão próximas, como no complexo em repouso $G_\alpha \cdot G_{\beta\gamma}$, a transferência de energia fluorescente pode ocorrer entre CFP e YFP (*esquerda*). Como resultado, a irradiação de células em repouso com 440 nm de luz (que diretamente excita CFP, mas não YFP) causa emissão de 527 nm (amarelo), característica de YFP. Entretanto, se a ligação do ligante levar à dissociação das subunidades G_α e $G_{\beta\gamma}$, então a transferência de energia fluorescente não pode ocorrer. Neste caso, a irradiação de células com 440 nm causa a emissão de luz a 490 nm (ciano), característica de CFP (*direita*). (b) Gráfico da emissão de luz amarela (527 nm) de uma única célula de ameba transfectada antes e depois da adição de AMPc (seta), o ligante dos receptores acoplados à proteína G, nesta célula. A diminuição na fluorescência amarela, que resulta da dissociação do complexo G_α-proteína de fusão CFP do complexo G_β-proteína de fusão YFP, ocorre em segundos da adição de AMPc. (Adaptada de C. Janetopoulos et al., 2001, *Science* **291**:2408.)

análogo não hidrolisável do GTP é alterado para GDP ligado a G_α, ele se mantém permanentemente ligado a G_α. Devido ao fato de que o complexo formado por G_α.análogo do GTP é tão funcional quanto o complexo normal $G_\alpha \cdot$GTP em ativar a proteína efetora, essa proteína continua permanentemente ativada.

A dissociação de proteínas G triméricas mediada por GPCR pode ser detectada em células vivas. Esses estudos exploram o fenômeno de *transferência de energia fluorescente*, que altera o comprimento de onda da fluorescência emitida quando duas proteínas fluorescentes interagem (Figura 9-22). A Figura 15-18 mostra como essa abordagem experimental tem demonstrado a dissociação do complexo $G_\alpha \cdot G_{\beta\gamma}$ em poucos segundos após a adição do ligante, gerando uma evidência adicional para o modelo da proteína G. Este experimento pode ser usado para determinar a formação e dissociação de outros complexos de proteína-proteína nas células vivas.

Durante muitos anos, foi impossível determinar a estrutura do mesmo GPCR nos estados ativos e inativos. Isso agora está sendo realizado para o receptor β-adrenérgico (assim como a rodopsina, discutida na Seção 15.4). As sete hélices α incorporadas na membrana do receptor β-adrenérgico rodeiam completamente um segmento central no qual um agonista ou antagonista é ligado não covalentemente (Figura 15-19). A ligação de um agonista ao receptor induz uma grande mudança conformacional (Figura 15-19a) na qual existem movimentos substanciais das hélices transmembrana 5 e 6 e mudança na estrutura da alça C3; no conjunto, essas alterações resultam em uma superfície que agora consegue ligar-se a um segmento da subunidade $G_{\alpha s}$ (Figura 15-19b).

Estudos de cristalografia por raios X do complexo do receptor ativado com G_s têm também demonstrado como as subunidades de uma proteína G interagem entre si e fornecem pistas sobre como a ligação do GTP leva à dissociação da subunidade G_α da $G_{\beta\gamma}$. Como mostrado no modelo estrutural da Figura 15-19b, uma grande superfície de $G_\alpha \cdot$GDP interage com a subunidade G_β; parte dessa superfície está localizada na alfa hélice αN do segmento N-terminal de $G_\alpha \cdot$GDP. Observe que G_α entra em contato diretamente com G_β, mas não com G_γ. A ligação dos segmentos alfa-helicais N-terminais αN e α5 da proteína $G_{\alpha s}$ às hélices transmembrana 5 e 6 do receptor ativado (Figura 15-19b), assim como de outras proteínas G, será seguida pela abertura da subunidade G_α, expulsão do GDP ligado e sua substituição por GTP; isso é imediatamente seguido por mudanças conformacionais nos comutadores I e II que rompem as interações moleculares entre G_α e $G_{\beta\gamma}$, levando à sua dissociação.

Diferentes proteínas G são ativadas por diferentes GPCRs e regulam diferentes proteínas efetoras

Todas as proteínas efetoras das vias de GPCR são canais iônicos ligados à membrana ou enzimas ligadas à membrana que catalisam a formação dos segundos men-

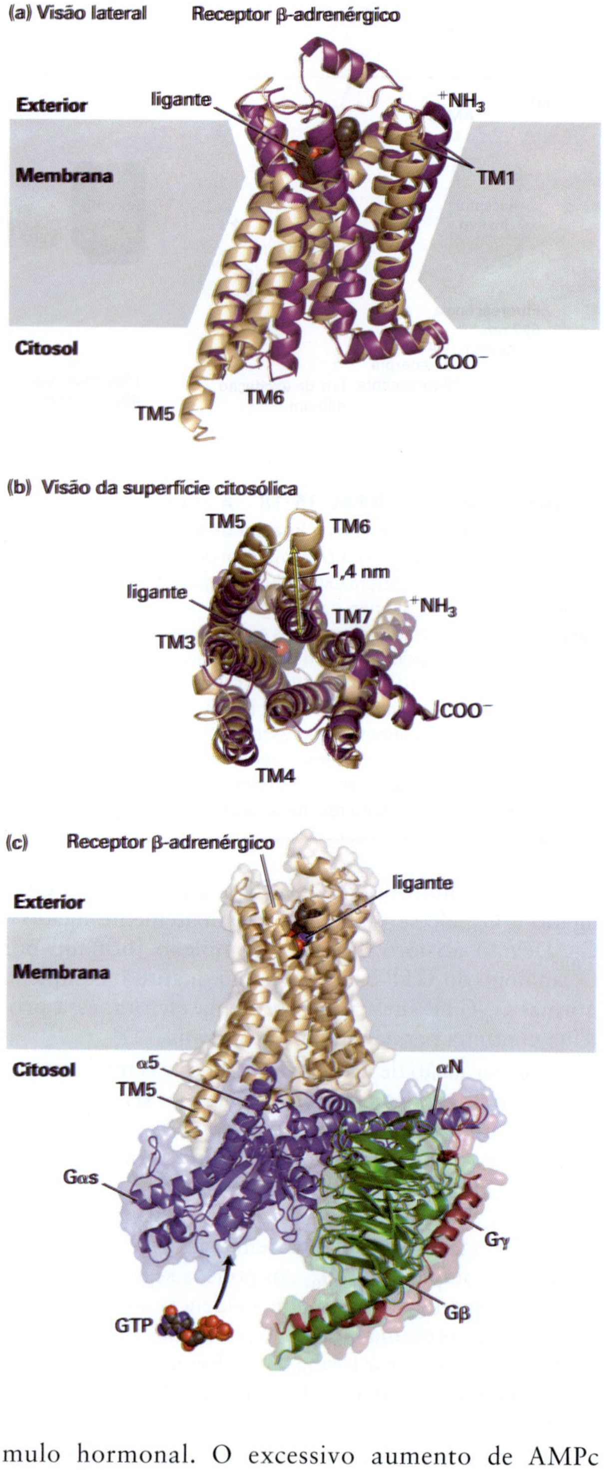

FIGURA 15-19 Estrutura do receptor β-adrenérgico nos estados ativo e inativo e com a sua proteína G trimérica associada, $G_{\alpha s}$. (a) Comparação das estruturas tridimensionais do receptor β-adrenérgico ativado (dourado) ligado a um agonista forte e o receptor inativo (roxo) ligado a um antagonista. (b) Visão da superfície citosólica. Observe as alterações vistas nas conformações dos domínios intracelulares das hélices transmembrana 5 (TM5) e 6 (TM6). No estado ativo, a TM5 é estendida por duas curvas helicais, enquanto a TM6 é movida para fora em 1,4 nm. (c) A estrutura geral do complexo do receptor ativo mostra o receptor adrenérgico (dourado) ligado a um agonista (esferas preta e vermelha) e comprometido com várias interações com um segmento da $G_{\alpha s}$ (roxo). A $G_{\alpha s}$, junto à G_{β} (verde) e G_{γ} (vermelho), constituem a proteína G heterotrimérica G_s. (S. Rasmussen et al., 2011, *Nature* **476:**387-390.)

sageiros mostrados na Figura 15-8. As variações no assunto de sinalização por GPCR examinadas nas Seções 15.4 até 15.6 surgem porque múltiplas proteínas G são codificadas pelos genomas eucariotos. Na última contagem, os humanos tinham 21 subunidades G_{α} diferentes codificadas por 16 genes, e muitos destes sofrem *splicing* alternativo; seis subunidades G_{β} e 12 subunidades G_{γ}. De acordo com estudos, as diferentes subunidades $G_{\beta\gamma}$ são essencialmente intercambiáveis nas suas funções, enquanto as diferentes subunidades G_{α} proporcionam especificidade às suas diversas proteínas G. Desse modo, uma proteína G de três subunidades pode ser referida pelo nome da sua subunidade alfa.

A Tabela 15-1 resume as funções das principais classes de proteínas G com diferentes subunidades G_{α}. Por exemplo, os diferentes tipos de receptor de epinefrina mencionados anteriormente são acoplados a diferentes subunidades G_{α} que influenciam de maneira distinta as proteínas efetoras, causando efeitos diversos no comportamento celular de uma célula-alvo. Ambos os subtipos dos receptores β-adrenérgicos, denominados β_1 e β_2, são acoplados à proteína G *estimulatória* (G_s), cuja subunidade alfa ($G_{\alpha s}$) ativa uma enzima efetora ligada à membrana, denominada **adenilil-ciclase**. Uma vez ativada, essa enzima catalisa a síntese do segundo mensageiro AMPc. Em contrapartida, o subtipo α_2 do receptor β-adrenérgico é acoplado a uma proteína G *inibitória* (G_i) cuja subunidade alfa $G_{\alpha i}$ inibe a adenilil-ciclase, a mesma enzima efetora relacionada com os receptores β-adrenérgicos. A subunidade $G_{\alpha q}$, que é acoplada ao receptor α_1-adrenérgico, ativa um efetor distinto, a **fosfolipase C**, que gera outros dois segundo mensageiros, DAG e IP_3 (ver Figura 15-8). Exemplos de vias de sinalização que usam as subunidades G_{α} listadas na Tabela 15-1 são descritos nas três seções a seguir.

Algumas toxinas bacterianas contêm uma subunidade que penetra a membrana plasmática de células-alvo de mamíferos e, no citosol, catalisam uma modificação química em proteínas G_{α} que previne a hidrólise do GTP a GDP. Por exemplo, toxinas produzidas pela bactéria *Vibrio cholera*, causador do cólera, ou algumas cepas de *E. coli*, modificam a proteína $G_{\alpha s}$ das células epiteliais do intestino. Como resultado, $G_{\alpha s}$ permanece no estado ativo, continuamente ativando o efetor adenilil ciclase mesmo na ausência de qualquer estímulo hormonal. O excessivo aumento de AMPc intracelular resultante leva à perda de eletrólitos e água para dentro do lúmen intestinal, produzindo a diarreia aquosa característica de infecção causada por essas bactérias. A toxina produzida por *Bordetella pertussis*, bactéria que geralmente infecta o trato respiratório e causa coqueluche, catalisa uma modificação na $G_{\alpha i}$ que previne a liberação do GDP ligado. Como resultado, a $G_{\alpha i}$ é bloqueada no estado inativo, reduzindo a inibição da adenilil-ciclase. O aumento de AMPc resultante nas

TABELA 15-1 Principais classes de proteínas G triméricas dos mamíferos e seus efetores*

Classe G_α	Efetor associado	Segundo mensageiro	Exemplos de receptor
$G_{\alpha s}$	Adenilil ciclase	AMPc (aumentado)	Receptor β-adrenérgico (epinefrina); receptores de glucagon, serotonina, vasopressina
$G_{\alpha i}$	Adenilil ciclase Canal de K^+ ($G_{\beta\gamma}$ ativa o efetor)	AMPc (diminuído) Alteração no potencial de membrana	Receptor α_1-adrenérgico Receptor muscarínico de acetilcolina
$G_{\alpha olf}$	Adenilil ciclase	AMPc (aumentado)	Receptores nasais do olfato
$G_{\alpha q}$	Fosfolipase C	IP_3, DAG (aumentado)	Receptor α_2-adrenérgico
$G_{\alpha o}$	Fosfolipase C	IP_3, DAG (aumentado)	Receptor de acetilcolina nas células endoteliais
$G_{\alpha t}$	Fosfodiesterase do GMPc	GMPc (diminuído)	Rodopsina (receptor de luminosidade) nos bastonetes

*Uma determinada subclasse G_α pode estar associada a mais de uma proteína efetora. Até o momento, apenas uma classe $G_{\alpha s}$ principal foi identificada, mas várias proteínas $G_{\alpha q}$ e $G_{\alpha i}$ foram descritas. As proteínas efetoras geralmente são reguladas por G_α, mas, em alguns casos, são reguladas por $G_{\beta\gamma}$ ou sofrem a ação combinada de G_α e $G_{\beta\gamma}$. IP_3 = inositol 1,4,5-trifosfato; DAG = 1,2-diacilglicerol.
FONTES: Ver L. Birnbaumer, 1992, *Cell* **71:**1069; Z. Farfel et al., 1999, *New Eng. J. Med.* **340:**1012; e K. Pierce et al., 2002, *Nature Rev. Mol. Cell Biol.* **3:**639.

células epiteliais das vias aéreas promove perda de líquidos e eletrólitos e de secreção de muco. ■

CONCEITOS-CHAVE da Seção 15.3

Receptores acoplados à proteína G: Estrutura e mecanismo

- Receptores acoplados à proteína G (GPCR) são uma família grande e diversificada com estrutura comum de sete hélices α incorporadas na membrana e uma porção interna de ligação que é específica dos seus ligantes (Figuras 15-15 e 15-16).
- GPCRs podem ter uma série de efeitos celulares dependendo do subtipo do receptor que liga o ligante. O hormônio epinefrina, por exemplo, que serve de mediador da resposta de luta ou fuga, se liga a múltiplos subtipos dos GPCRs em diferentes tipos celulares, gerando efeitos fisiológicos variados.
- GPCRs são acoplados a proteínas G triméricas que contêm três subunidades designadas α, β e γ. A subunidade G_α é uma proteína GTPase que alterna entre um estado ativo ("ligado") com GTP ligado e inativo ("desligado") com GDP. A forma "ligada" se separa das subunidades β e γ e ativa um efetor ligado à membrana. As subunidades β e γ se mantêm ligadas e apenas ocasionalmente transduzem sinais (Figura 15-17).
- A ligação do ligante causa uma mudança conformacional em algumas hélices que atravessam a membrana e alças intracelulares do GPCR, permitindo que este se ligue e funcione como fator de conversão de nucleotídeos guanina (GEF) para a sua subunidade G_α acoplada, catalisando a dissociação do GDP e permitindo a ligação do GTP. A mudança conformacional resultante em regiões "comutadoras" da subunidade G_α causa a sua dissociação da subunidade $G_{\beta\gamma}$ e do receptor e a interação com uma proteína efetora (Figura 15-17).
- Experimentos de transferência de energia de fluorescência demonstram a dissociação mediada por receptor das subunidades acopladas G_α e $G_{\beta\gamma}$ em células vivas (Figura 15-18).
- As proteínas efetoras ativadas (ou inativadas) por proteínas G triméricas são enzimas que formam segundos mensageiros (p. ex., adenilil-ciclase, fosfolipase C) ou canais iônicos (Tabela 15-1). Em cada caso, é a subunidade G_α que determina a função da proteína G e confere a sua especificidade.

15.4 Receptores acoplados à proteína G que regulam canais iônicos

Uma das respostas celulares mais simples a um sinal é a abertura de canais iônicos essenciais para a transmissão de impulsos nervosos. Os impulsos nervosos são essenciais para a percepção dos sentidos dos estímulos do meio ambiente como luz e odores, e para o estímulo do movimento muscular. Durante a transmissão dos impulsos nervosos, a abertura e o fechamento de canais iônicos causam mudanças no potencial de membrana. Muitos receptores de neurotransmissores são canais iônicos controlados por ligantes, que se abrem em resposta à ligação do ligante. Esses receptores abrangem alguns tipos de receptores para glutamato, serotonina e acetilcolina, incluindo o receptor de acetilcolina encontrado nas sinapses entre nervos e músculos. Canais iônicos controlados por ligantes que funcionam como receptores para neurotransmissores serão discutidos no Capítulo 22.

Muitos receptores de neurotransmissores, entretanto, são receptores acoplados à proteína G cujas proteínas efetoras são canais de Na^+ ou K^+. A ligação dos neurotransmissores a esses receptores leva os canais iônicos associados a abrir ou fechar, causando mudanças no potencial de membrana. Ainda outros receptores de neurotransmissores, assim como receptores de odor do nariz e fotorreceptores dos olhos, são receptores acoplados à proteína G que modulam indiretamente a atividade de canais iônicos pela ação de segundos mensageiros. Nesta seção, serão abordados dois receptores acoplados à proteína G que ilustram os mecanismos diretos e indiretos para a regulação de canais iônicos: no coração, o receptor muscarínico da acetilcolina; e no olho, a proteína **rodopsina** ativada por luz.

Receptores de acetilcolina no músculo cardíaco ativam uma proteína G que abre canais de potássio

Receptores muscarínicos de acetilcolina são um tipo de GPCR encontrado no músculo cardíaco. Quando ativados, esses receptores *diminuem* a taxa de contração da musculatura cardíaca. Já que a muscarina, um análogo da acetilcolina, também ativa esses receptores, eles são denominados "muscarínicos". Esse tipo de receptor de acetilcolina é acoplado a uma subunidade $G_{\alpha i}$, e a ligação do ligante leva à abertura de canais de K^+ associados (a proteína efetora) na membrana plasmática (Figura 15-20). O efluxo subsequente de íons K^+ do citosol causa um aumento na magnitude do potencial negativo do interior da membrana plasmática que permanece por muitos segundos. Esse estado da membrana, chamado de **hiperpolarização**, reduz a frequência de contração muscular. Esse efeito pode ser demonstrado experimentalmente adicionando-se acetilcolina a células do músculo cardíaco isoladas e medindo-se o potencial de membrana usando um microeletrodo inserido no interior da célula (Figura 11-19).

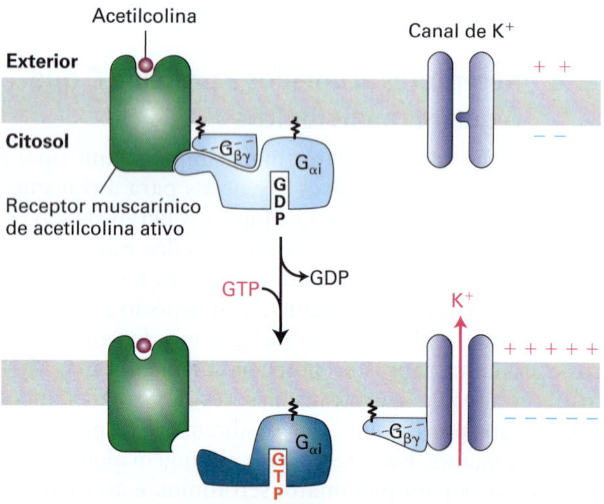

FIGURA 15-20 Ativação do receptor muscarínico de acetilcolina e seu canal de K^+ efetor no músculo cardíaco. A ligação da acetilcolina leva à ativação da subunidade $G_{\alpha i}$ e à sua dissociação da subunidade $G_{\beta\gamma}$ na forma normal (Figura 15-17). Neste caso, a subunidade $G_{\beta\gamma}$ liberada (em vez de $G_{\alpha i}$·GTP) se liga e abre a proteína efetora associada, um canal de K^+. O aumento na permeabilidade do K^+ hiperpolariza a membrana, que reduz a frequência de contração do músculo cardíaco. Embora não mostrado aqui, a ativação é finalizada quando o GTP ligado a $G_{\alpha i}$ é hidrolisado (por uma enzima GAP que é parte intrínseca da subunidade $G_{\alpha i}$) a GDP, e a $G_{\alpha i}$·GDP volta a se associar a $G_{\beta\gamma}$. (K. Ho et al., 1993, *Nature* **362:**31, e Y. Kubo et al., 1993, *Nature* **362:**127.)

Como mostrado na Figura 15-20, o sinal de receptores muscarínicos de acetilcolina ativados é transduzido à proteína canal efetora pela subunidade $G_{\beta\gamma}$ liberada e não por $G_{\alpha i}$·GTP. O fato de o $G_{\beta\gamma}$ ativar diretamente o canal de K^+ foi demonstrado em experimentos de *patch-clamping*, que podem medir o fluxo iônico através de um único canal iônico em um fragmento pequeno da membrana (ver Figura 11-22). Quando a proteína $G_{\beta\gamma}$ purificada foi adicionada à superfície citosólica do fragmento de membrana plasmática de músculo cardíaco, canais de K^+ abriram-se imediatamente, mesmo na ausência de acetilcolina ou outros neurotransmissores – indicando claramente que é a proteína $G_{\beta\gamma}$ a responsável pela abertura dos canais de K^+ efetores, e não G_α·GTP.

A luz ativa rodopsinas acopladas à proteína G em células bastonetes do olho

A retina humana contém dois tipos de células fotorreceptoras, os *bastonetes* e os *cones*, que são os recipientes primários do estímulo visual. Os cones estão envolvidos na visão das cores, enquanto os bastonetes são estimulados por luminosidade de fraca intensidade, como o luar, em um amplo espectro de comprimentos de onda. Os fotorreceptores estabelecem sinapses com camadas de interneurônios que são inervados por diferentes combinações de células fotorreceptoras. Todos esses sinais são processados e interpretados pela região do cérebro denominada *córtex visual*.

Os bastonetes percebem a luz com a ajuda de um receptor acoplado à proteína G sensível a ela, conhecido por *rodopsina*. A rodopsina consiste na proteína opsina, que possui a estrutura comum dos GPCR, covalentemente ligada a um pigmento que absorve luz, chamado retinal. A rodopsina, encontrada apenas nos bastonetes, encontra-se nos aproximadamente mil discos membranários planos que constituem o segmento exterior dos bastonetes (Figura 15-21). Um bastonete humano contém aproximadamente 4×10^7 moléculas de rodopsina. A proteína G trimérica acoplada à rodopsina, chamada de **transducina** (G_t), contém uma unidade G_α referida como $G_{\alpha t}$; assim como a rodopsina, a unidade $G_{\alpha t}$ é encontrada exclusivamente nos bastonetes.

A rodopsina difere de outros GPCRs no sentido de que a ligação de um ligante não é o fato que ativa o receptor. A absorção de um fóton de luz pelo retinal ligado é o sinal ativador. Durante a absorção de um fóton, a porção retinal da rodopsina é convertida, imediatamente, da forma *cis* (conhecida como 11-*cis*-retinal) a um isômero *all-trans*, o que causa uma mudança conformacional na proteína opsina (Figura 15-22). Essa alteração é equivalente à mudança conformacional ativadora que ocorre quando um ligante se liga a outros receptores acoplados à proteína G; essa mudança conformacional permite que a rodopsina ligue-se a uma subunidade adjacente $G_{\alpha t}$ da proteína G acoplada, levando à troca de GTP por GDP. A rodopsina ativada, R*, é instável e se dissocia espontaneamente em seus componentes, liberando opsina, que não poderá mais se ligar a uma subunida-

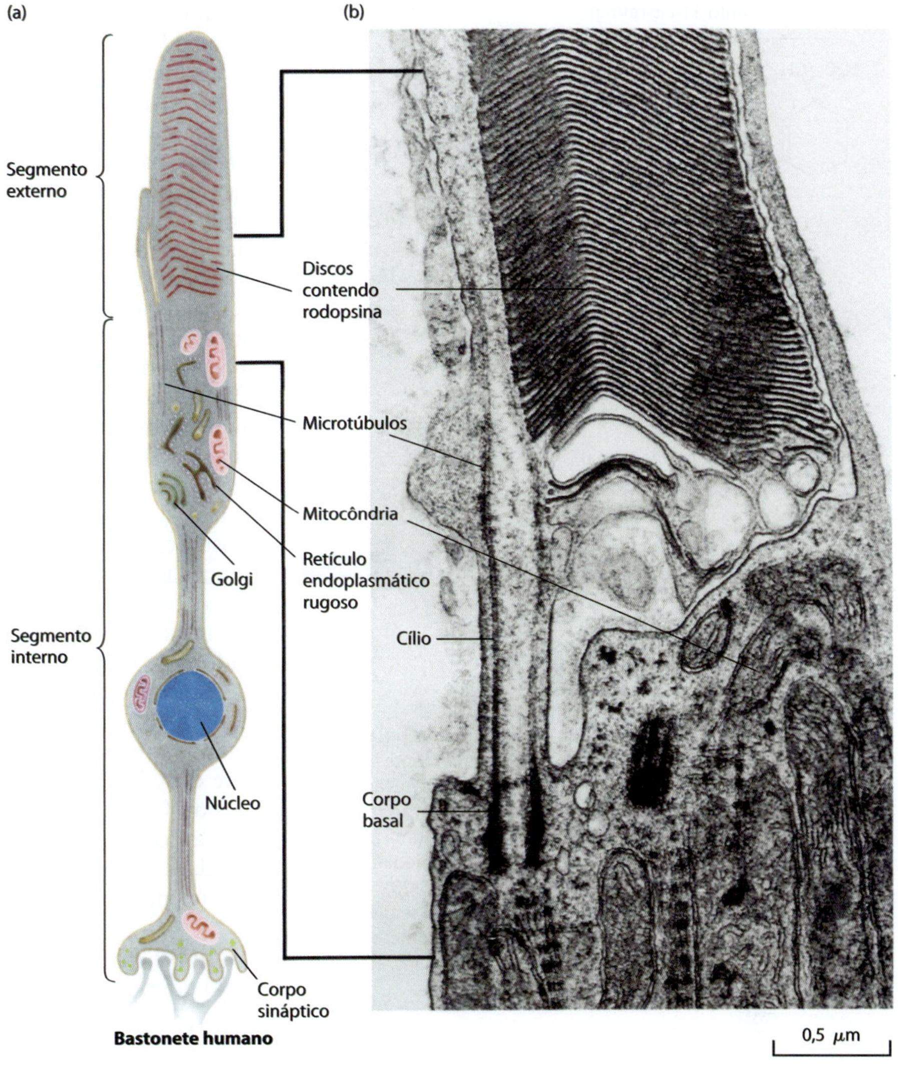

FIGURA 15-21 Bastonete humano. (a) Diagrama esquemático de um bastonete. No corpo sináptico, o bastonete forma sinapses com um ou mais interneurônios. A rodopsina, receptor acoplado à proteína G sensível à luz, está localizada nos discos achatados da membrana do segmento externo da célula. (b) Micrografia eletrônica da região do bastonete indicada pelos colchetes em (a). Esta região inclui a junção dos segmentos internos e externos. (Parte (b) extraída de R. G. Kessel e R. H. Kardon, 1979, *Tissues and Organs: A Text-Atlas of Scanning Electron Microscopy*, W. H. Freeman and Company, p. 91.)

de $G_{\alpha t}$ e *all-trans*-retinal, encerrando a sinalização visual. No escuro, o *all-trans*-retinal livre é reconvertido novamente em 11-*cis*-retinal, o qual pode ligar-se novamente à opsina, formando rodopsina.

A ativação da rodopsina pela luz induz o fechamento dos canais catiônicos controlados por GMPc

No escuro, o potencial de membrana de um bastonete é de aproximadamente –30 mV, consideravelmente menor do que o potencial de repouso (–60 a –90 mV) típico dos neurônios e outras células eletricamente ativas. Esse estado da membrana, chamado de **despolarização**, leva os bastonetes a secretar constantemente, no escuro, neurotransmissores; assim, os neurônios com os quais esses neurotransmissores se comunicam por meio de sinapses estão constantemente sendo estimulados. O estado despolarizado da membrana plasmática de bastonetes em repouso deve-se à presença de um grande número de canais iônicos *não seletivos* abertos que admitem tanto Na^+ e Ca^{2+} quanto K^+; recordemos do Capítulo 11 que o movimento de íons carregados positivamente como Na^+ e Ca^{2+} do exterior da célula para o interior reduz a magnitude do potencial de membrana negativo do interior. A absorção de luz pela rodopsina leva ao fechamento desses canais, tornado o potencial de membrana *mais* negativo no interior.

Quanto mais fótons forem absorvidos pela rodopsina, maior número de canais será fechado, menos íons Na^+ cruzarão a membrana vindos do exterior, mais negativo se tornará o potencial de membrana e menos neurotransmissores serão liberados. Essa diminuição na liberação de neurotransmissores é transmitida para o cérebro por uma série de neurônios, onde é percebida como luz.

Ao contrário do receptor muscarínico de acetilcolina discutido anteriormente, proteínas G ativadas pela rodopsina não atuam diretamente sobre canais iônicos. O fechamento de canais de cátions na membrana plasmática dos bastonetes requer alterações na concentração dos segundos mensageiros **GMP cíclico** (**GMPc**; ver Figura 15-8). Os segmentos externos dos bastonetes contêm

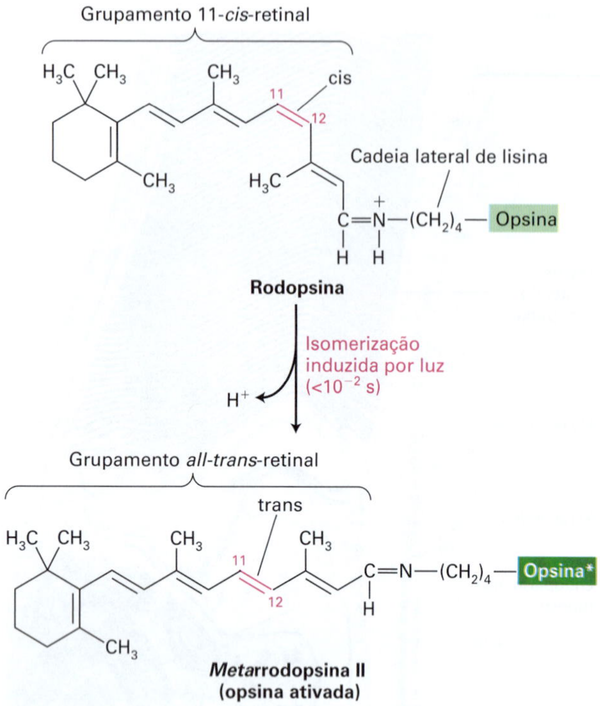

FIGURA 15-22 A etapa da visão desencadeada pela luz. O pigmento absorvente de luz 11-*cis*-retinal é covalentemente ligado ao grupamento amino de um resíduo de lisina da opsina, a fração proteica da rodopsina. A absorção de luz causa fotoisomerização rápida do *cis*-retinal ligado, formando o isômero *trans*. Isso causa uma alteração conformacional na proteína opsina, formando o intermediário instável *meta*rrodopsina II, ou opsina ativada (ver Figura 15-23), que, por sua vez, ativa proteínas G_t. Em segundos, o *trans*-retinal se dissocia da opsina e é convertido, por uma enzima, de volta ao isômero *cis*, que liga-se novamente a outra molécula de opsina. (J. Nathans, 1992, *Biochemistry* **31:**4923.)

uma concentração excepcionalmente alta (~0,07 mM) de GMPc, o qual é continuamente formado a partir do GTP, em uma reação catalisada por uma guanilil ciclase. No entanto, a absorção de luz via rodopsina induz a ativação de uma *fosfodiesterase GMPc*, que hidrolisa o GMPc em 5´-GMP. Como resultado, a concentração de GMPc diminui após a iluminação. O alto nível de GMPc presente no escuro mantém os *canais catiônicos controlados por GMPc* abertos; a diminuição de GMPc induzida pela luz leva ao fechamento do canal, à hiperpolarização da membrana e à redução da liberação do neurotransmissor.

Como ilustrado na Figura 15-23, a fosfodiesterase do GMPc é a proteína efetora de $G_{\alpha t}$, e ambos estão localizados na membrana dos bastonetes. O complexo $G_{\alpha t}$·GTP livre, gerado após a absorção da luz pela rodopsina, se liga a duas subunidades γ inibidoras da fosfodiesterase do GMPc, liberando as subunidades catalíticas ativas α e β, que, a seguir, convertem o GMPc em GMP. Esse é um exemplo de como a remoção de um inibidor induzida por um sinal pode rapidamente ativar uma enzima, mecanismo comum nas vias de sinalização. Por sua vez, a concentração diminuída de GMPc leva ao fechamento dos canais iônicos controlados por GMPc na membrana plasmática dos bastonetes, reduzindo, assim, a liberação de neurotransmissores.

Uma confirmação direta da função do GMPc na atividade dos bastonetes foi obtida em estudos de *patch-clamp* usando áreas isoladas dos segmentos externos da membrana plasmática dos bastonetes, os quais contêm canais catiônicos controlados por GMPc em abundância. Quando o GMPc é adicionado à superfície citosólica dessas áreas, ocorre um rápido aumento no número de canais iônicos abertos; o GMPc se liga diretamente a um sítio das proteínas canais para mantê-las abertas. De forma semelhante aos canais de K^+, discutidos no Capítulo 11, a proteína canal controlada por GMPc contém quatro subunidades (ver Figura 11-20). Neste caso, cada uma das subunidades é capaz de se ligar a uma molécula do GMPc. Três ou quatro moléculas do GMPc devem se ligar a um canal para que este se abra; essa interação alostérica torna a abertura do canal bastante sensível a pequenas alterações nos níveis de GMPc.

A reconversão da forma ativa $G_{\alpha t}$·GTP para a forma inativa $G_{\alpha t}$·GDP é acelerada por uma proteína ativadora de GTPase (GAP) específica. Nos mamíferos, a $G_{\alpha t}$ normalmente permanece no estado ativo ligado ao GTP apenas por uma curta fração de segundo. Assim, quando o estímulo luminoso é removido, a fosfodiesterase do GMPc se torna rapidamente inativada e os níveis do GMPc gradualmente se elevam, atingindo o seu padrão original. Isso permite que os olhos respondam rapidamente a modificações nos objetos ou a objetos em movimento.

A amplificação de sinal torna a via de transdução de sinal da rodopsina apuradamente sensível

Incrivelmente, mesmo um único fóton absorvido por um bastonete em repouso produz uma resposta que pode ser medida, um decréscimo no potencial de membrana de aproximadamente 1 mV, que, nos anfíbios, permanece por um ou dois segundos. Os humanos são capazes de detectar um brilho tão fraco quanto o emitido por apenas cinco fótons. O sistema de detecção de luz é assim tão sensível por conta da grande amplificação do sinal durante a via de transdução de sinal. Uma única molécula de opsina ativada na membrana discoide pode ativar 500 moléculas de $G_{\alpha t}$, e cada uma é capaz de ativar, por sua vez, uma fosfodiesterase de GMPc. Cada molécula de fosfodiesterase hidrolisa centenas de moléculas de GMPc durante a fração de segundo que permanece ativa. A absorbância de um único próton – que produza uma única molécula de opsina ativada – pode levar ao fechamento de milhares de canais iônicos na membrana plasmática e a uma alteração mensurável no potencial de membrana da célula.

A rápida finalização da via de transdução de sinal da rodopsina é essencial para uma visão aguçada

Como ocorre em todas as vias de sinalização acopladas à proteína G, a finalização da via de sinalização da rodop-

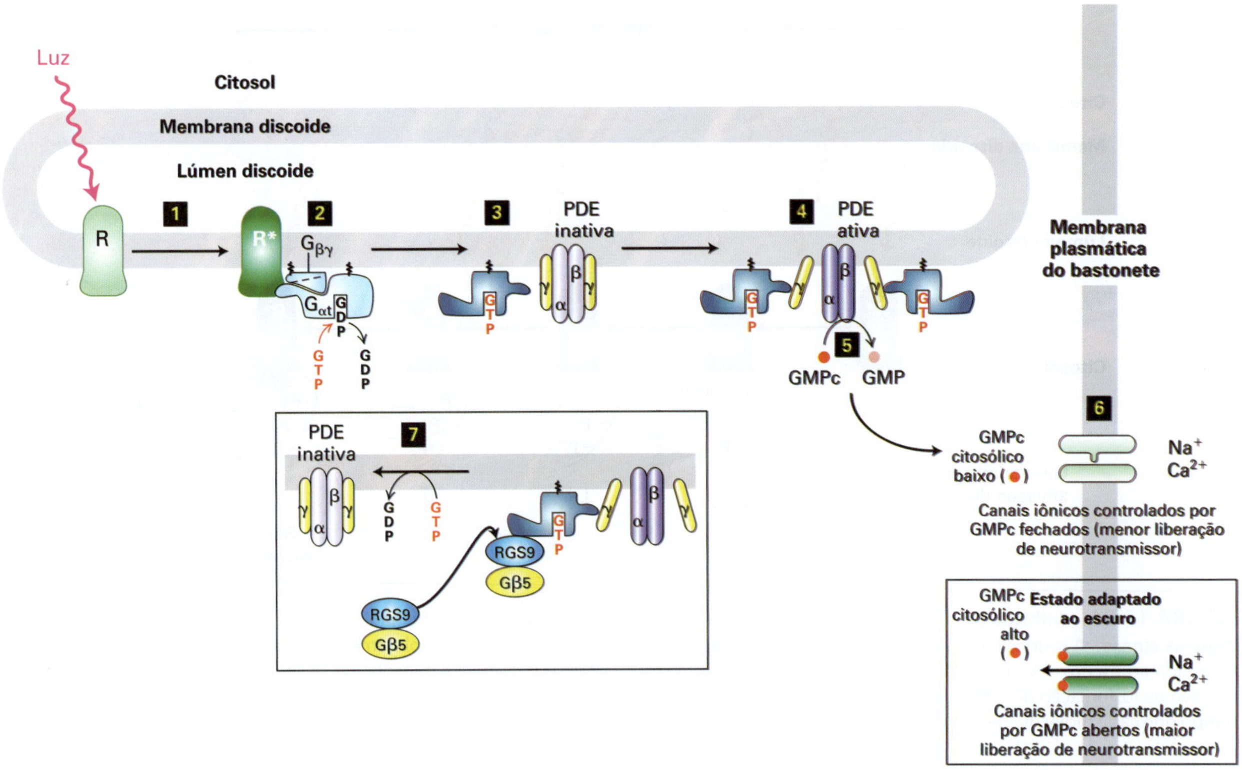

FIGURA 15-23 Via da rodopsina ativada por luz e o fechamento de canais catiônicos nos bastonetes. Em bastonetes adaptados ao escuro, um nível elevado de GMPc mantém abertos canais catiônicos não seletivos controlados por nucleotídeos, levando à despolarização da membrana plasmática e liberação de neurotransmissores. A absorção de luz produz a rodopsina ativada, R* (etapa **1**), que se liga à proteína inativa $G_{\alpha t}$ complexada ao GDP e medeia a substituição do GDP por GTP (etapa **2**). A $G_{\alpha t}$·GTP livre resultante, por sua vez, ativa a fosfodiesterase do GMPc (PDE) por meio da ligação a suas subunidades inibitórias γ (etapa **3**), e dissociação das subunidades catalíticas α e β (etapa **4**). Livres de inibição, as subunidades α e β da PDE hidrolisam GMPc a GMP (etapa **5**). A diminuição resultante no GMPc citosólico leva à dissociação do GMPc dos canais controlados por nucleotídeos na membrana plasmática e fechamento dos canais (etapa **6**). Assim, a membrana se torna transientemente hiperpolarizada, e a liberação de neurotransmissores é reduzida. O complexo $G_{\alpha t}$·GTP e a subunidade γ da PDE se ligam a um complexo ativador de GTPase denominado RGS9-Gβ5 (etapa **7**); por meio da hidrólise do GTP ligado, isso leva à inativação fisiologicamente rápida da fosfodiesterase. (Adaptada de V. Arshavsky e E. Pugh, 1998, *Neuron* **20:**11 e V. Arshavsky, 2002, *Trends Neurosci.* **25:**124.)

sina requer que todos os intermediários ativados sejam inativados rapidamente, restaurando o sistema para o seu estado basal. Dessa forma, as três proteínas intermediárias, a rodopsina ativada (R*), $G_{\alpha t}$·GTP e a fosfodiesterase de GMPc ativada (PDE) devem ser inativadas, e a concentração do mensageiro citoplasmático GMPc deve ser restaurada a seu nível correspondente ao escuro pela guanilil ciclase. Durante uma resposta de um bastonete de mamífero a um único fóton, o processo completo de ativação da rodopsina e sua inativação é completado durante cerca de 50 milissegundos, permitindo que o olho detecte movimentos rápidos ou outras mudanças de objetos ao nosso redor. Muitos mecanismos atuam em conjunto para viabilizar essa resposta rápida.

Proteínas GAP que inativam $G_{\alpha t}$·GTP O complexo da subunidade inibitória fosfodiesterase γ e $G_{\alpha t}$·GTP recruta um complexo de duas proteínas, RGS9 e Gβ5, que juntas atuam como uma proteína GAP e hidrolisam o GTP ligado a GDP. Isso libera a subunidade inibitória γ e conclui a ativação da fosfodiesterase. Experimentos em camundongos que possuem o gene RGS9 nocauteado demonstraram que essa proteína é essencial para uma inativação normal da cascata *in vivo*. Em bastonetes isolados de camundongos, o tempo de restabelecimento após um único brilho súbito aumentou dos 0,2 s normais para cerca de 9 s para a célula mutante, um aumento de 45 vezes, provando a importância dessa proteína GAP.

Proteínas sensíveis a Ca^{2+} que ativam a guanilato ciclase O fechamento de canais de Na^+ e Ca^{2+} controlados por GMPc desencadeado pela luz causa uma diminuição na concentração de Ca^{2+}, já que o Ca^{2+} é continuamente retirado da célula independentemente do estado desses canais. A queda no Ca^{2+} intracelular é percebida por proteínas ligadoras de Ca^{2+} denominadas proteínas ativadoras de adenilato ciclase, ou GCAPs. Isso resulta no rápido estímulo à síntese de GMPc pela guanilato ciclase, causando a reabertura de canais iônicos.

A fosforilação da rodopsina e a ligação de arrestina Um grande processo que modula e finaliza a resposta visual envolve a fosforilação da rodopsina na sua conformação ativa (R*), mas não na forma inativa, ou forma do es-

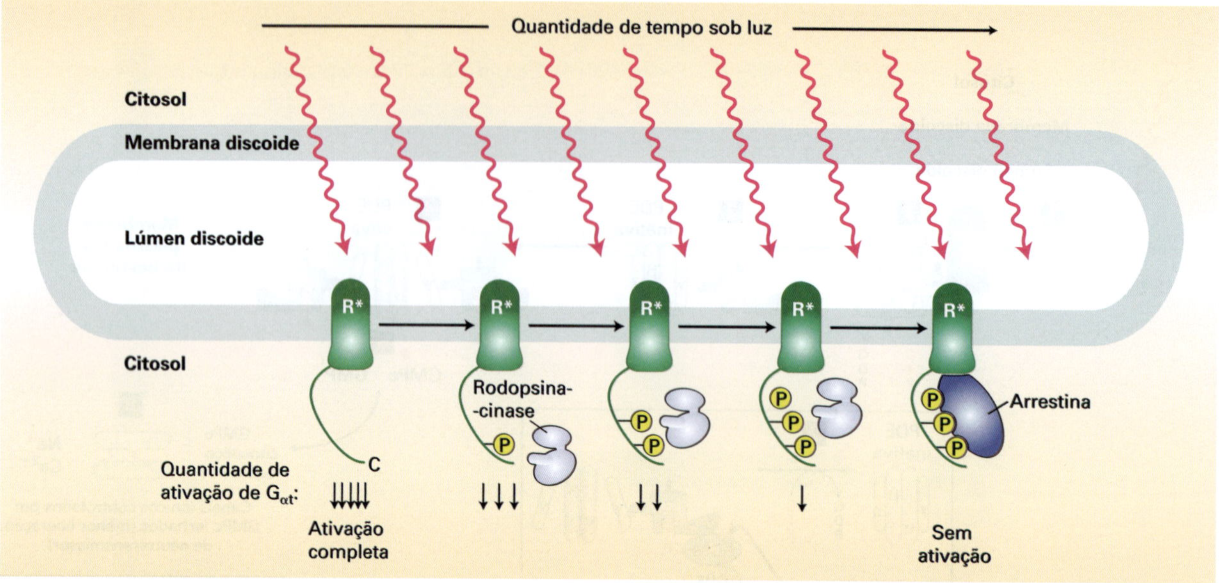

FIGURA 15-24 Inibição da sinalização da rodopsina pela rodopsina cinase. A rodopsina ativada por luz (R*), e não a rodopsina adaptada ao escuro, é um substrato para a rodopsina-cinase. A dimensão da fosforilação da rodopsina é proporcional à quantidade de tempo que cada molécula de rodopsina permanece na forma ativada por luz e reduz a habilidade da R* de ativar a transducina. A arrestina liga-se à opsina completamente fosforilada, formando um complexo incapaz de ativar a transducina. (A. Mendez et al., 2000, *Neuron* **28:**153 e V. Arshavsky, 2002, *Trends Neurosci.* **25:**124.)

curo (R) pela *rodopsina-cinase* (Figura 15-24), membro de uma classe de cinases de GPCR. Cada molécula de opsina possui três sítios principais de fosforilação de serina no seu segmento C4 C-terminal da face citosólica; quanto mais sítios forem fosforilados, menos R* é capaz de ativar $G_{\alpha t}$ e, consequentemente, induzir o fechamento dos canais catiônicos controlados por GMPc. A proteína *arrestina* se liga a três resíduos de serina fosforilados no segmento C-terminal da opsina. A arrestina ligada previne completamente a interação do $G_{\alpha t}$ com o R* fosforilado, bloqueando totalmente a formação do complexo $G_{\alpha t}$·GTP ativo e impedindo ativações adicionais da fosfodiesterase de GMPc. Durante uma resposta de um bastonete de mamífero a um único fóton, o processo completo de ativação múltipla da rodopsina e o impedimento da ligação é completado em cerca de 50 milissegundos. Os fosfatos ligados à rodopsina vão sendo continuamente retirados por enzimas fosfodiesterases, levando à dissociação da arrestina e ao restabelecimento da rodopsina à sua forma original, o estado nativo.

Os bastonetes se adaptam a níveis variáveis de luz ambiental pelo movimento intracelular da arrestina e transducina

Os bastonetes não são sensíveis a baixos níveis de iluminação, e a sua atividade é inibida em altos níveis de luz. Assim, quando nos movimentamos de um ambiente com a luz do dia brilhante até uma sala com iluminação fraca, ficamos inicialmente "cegos". Lentamente, entretanto, os bastonetes se tornam sensíveis à luz fraca, e gradualmente nos tornamos aptos a ver e distinguir os objetos. Durante esse intervalo, o bastonete demonstra a sua sensibilidade a clarões de luz, ou contraste. Por meio desse processo de *adaptação visual*, um bastonete pode perceber contraste em uma faixa de 100.000 vezes de níveis de luz ambiental, entre muito escuro e luz brilhante do dia. Essa ampla faixa de sensibilidade é possível porque diferenças em níveis de luz no campo visual, em vez de na quantidade absoluta de luz absorvida, são finalmente percebidas pelo cérebro e usadas para formar as imagens visuais. Um mecanismo de regulação da via de sinalização da rodopsina dependente de luz que envolve o movimento subcelular de duas proteínas-chave de transdução de sinal (Figura 15-25) é responsável por essa faixa extraordinariamente ampla de sensibilidade.

Em bastonetes adaptados ao escuro, cerca de 80 a 90% das subunidades $G_{\alpha t}$ e $G_{\beta\gamma}$ da transducina estão em segmentos externos, enquanto menos de 10% da arrestina se encontram nesse local (Figura 15-25). Isso permite ativação máxima do próximo efetor da via, a fosfodiesterase do GMPc, e, assim, máxima sensibilidade a alterações pequenas na luz. Contudo, a exposição diária por 10 minutos à luz de intensidade moderada causa uma redistribuição completa dessas proteínas: mais de 80% das subunidades $G_{\alpha t}$ e $G_{\beta\gamma}$ se movem para fora do segmento externo para outras partes da célula, enquanto mais de 80% do inibidor arrestina se movimenta para o segmento externo. O mecanismo pelo qual essas proteínas se movimentam não está muito bem compreendido, mas provavelmente envolve proteínas motoras ligadas a microtúbulos que se deslocam ligados a proteínas e partículas para os lados externos e internos (ver Capí-

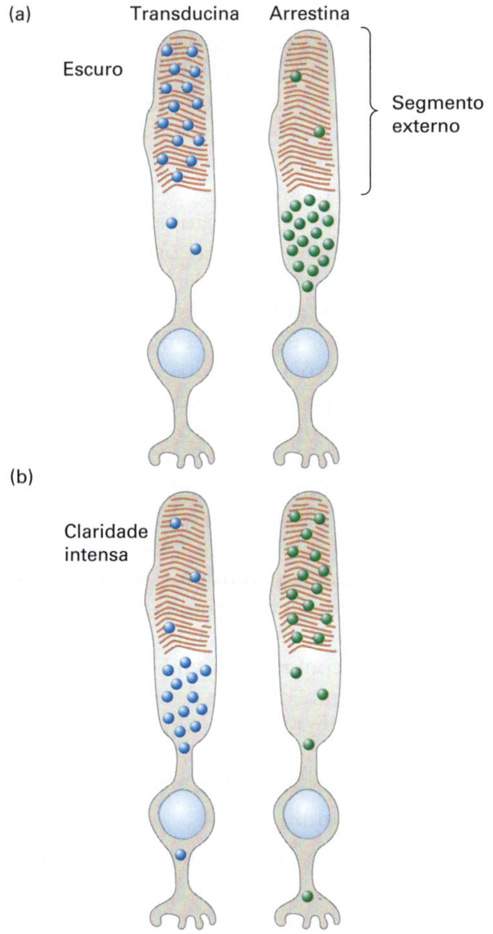

FIGURA 15-25 Ilustração esquemática da distribuição da transducina e arrestina em bastonetes adaptados ao escuro e à luz. (a) No escuro, a maior parte da transducina está localizada no segmento externo, enquanto a maior parte da arrestina está localizada em outras partes da célula; nesta condição, a visão é mais sensível a níveis de luz muito baixos. (b) Durante a claridade intensa, pouca transducina é encontrada no segmento externo e muita arrestina é encontrada neste local; nesta condição, a visão é relativamente insensível a pequenas alterações de luz. O movimento coordenado destas proteínas contribui para a habilidade de perceber imagens em uma faixa maior que 100.000 vezes de níveis de luz ambiental. (P. Calvert et al., 2006, *Trends Cell Biol.* **16:**560.)

tulo 18). A redução em $G_{\alpha t}$ e $G_{\beta\gamma}$ no segmento externo significa que as proteínas $G_{\alpha t}$ são fisicamente incapazes de ligar-se à rodopsina ativada e, assim, ativar a fosfodiesterase do GMPc. Da mesma forma, o aumento de arrestina no segmento externo significa que qualquer rodopsina ativada se tornará inativada mais rapidamente. Juntos, a queda na transdução e o aumento de arrestina diminuem grandemente a habilidade de pequenos aumentos nos níveis de luz ativarem o efetor fosfodiesterase do GMPc; assim, apenas grandes mudanças nos níveis de luz serão sentidas pelos bastonetes. Esses movimentos proteicos são revertidos quando o nível de luz do ambiente é diminuído.

CONCEITOS-CHAVE da Seção 15.4

Receptores acoplados à proteína G que regulam canais iônicos

- O receptor muscarínico de acetilcolina cardíaco é um GPCR cuja proteína efetora é um canal de K^+. A ativação do receptor libera a subunidade $G_{\beta\gamma}$, que se liga e abre canais de K^+ (ver Figura 15-20). A hiperpolarização da membrana plasmática resultante diminui a taxa de contração da musculatura cardíaca.
- A rodopsina, o GPCR fotossensível dos bastonetes, inclui a proteína opsina ligada ao 11-*cis*-retinal. A isomerização induzida pela luz da molécula de 11-*cis*-retinal resulta na opsina ativada, que então ativa a proteína G trimérica acoplada (G_t), catalisando a troca de GTP livre por GDP ligado à subunidade $G_{\alpha t}$ (ver Figuras 15-22 e 15-23).
- A proteína efetora na via da rodopsina é a fosfodiesterase GMPc, ativada pela liberação de subunidades inibitórias mediada pela $G_{\alpha t}$·GTP. A redução no nível de GMPc por essa enzima leva ao fechamento de canais de Na^+/Ca^{2+} sensíveis a GMPc, à hiperpolarização da membrana e à diminuição na liberação de neurotransmissor (ver Figura 15-23).
- Muitos mecanismos atuam na sinalização visual: proteínas GAP inativam $G_{\alpha t}$·GTP, proteínas sensíveis a Ca^{2+} ativam a guanilato ciclase, e a fosforilação da rodopsina e a ligação da arrestina inibem a ativação da transducina.
- A adaptação a uma ampla faixa de níveis de luz ambiental é mediada pelos movimentos da transducina e arrestina para dentro e para fora do segmento externo do bastonete, que juntos modulam a habilidade de pequenos aumentos no nível de luminosidade para ativarem o efetor fosfodiesterase de GMPc e, portanto, a sensibilidade do bastonete em diferentes níveis ambientais de luminosidade.

15.5 Receptores acoplados à proteína G que ativam ou inibem a adenilil-ciclase

As vias do receptor acoplado à proteína G que utilizam a **adenilil-ciclase** como proteína efetora e AMPc como o segundo mensageiro são encontradas na maioria das células de mamíferos, onde elas regulam funções celulares tão diversas quanto o metabolismo da gordura e dos açúcares, a síntese e secreção de hormônios e a contração muscular. Essas vias seguem o mecanismo geral dos GPCR delineado na Figura 15-17: a ligação da molécula ligante ao receptor ativa uma proteína G trimérica acoplada que ativa uma proteína efetora – neste caso, a adenilil-ciclase, que sintetiza o segundo mensageiro difusível AMPc do ATP (Figura 15-26). O AMPc, por sua vez, ativa uma proteína-cinase dependente de AMPc que fosforila proteínas-alvo específicas.

A fim de explorar a via de GPCR/AMPc, o foco será na primeira via desse tipo a ser descoberta: a geração es-

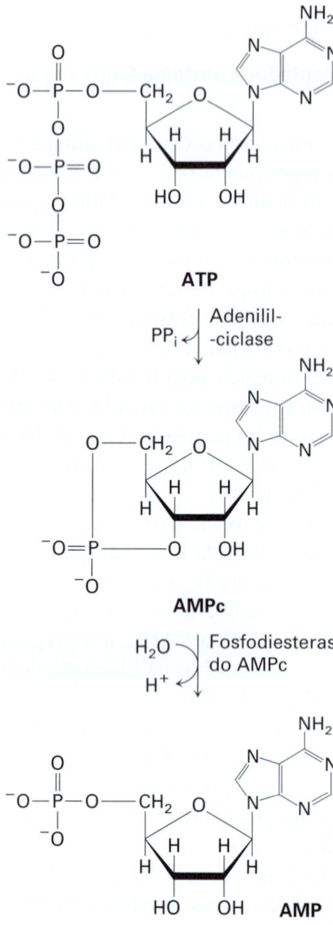

FIGURA 15-26 Síntese e hidrólise do AMPc pela adenilil-ciclase e fosfodiesterase do AMPc. As reações são semelhantes às que ocorrem para a produção do GMPc do GTP e hidrólise do GMPc.

timulada por hormônio de glicose-1-fosfato a partir de **glicogênio**, um polímero de glicose de armazenamento. A quebra do glicogênio (**glicogenólise**), que ocorre no músculo e nas células do fígado em resposta a hormônios como a epinefrina e o **glucagon**, é uma maneira importante pela qual a glicose é colocada à disposição das células que precisam de energia. Esse exemplo mostra como a ativação de um GPCR pode estimular a atividade de uma série de enzimas intracelulares, todas envolvidas em um importante processo fisiológico: o metabolismo do glicogênio.

A adenilil-ciclase é estimulada e inibida por diferentes complexos receptor-ligante

Em condições em que a demanda por glicose é alta por conta do baixo açúcar no sangue, o *glucagon* é liberado pelas células alfa das ilhotas pancreáticas; em casos de estresse repentino, a epinefrina é liberada pelas glândulas suprarrenais. Ambos, o glucagon e a epinefrina, sinalizam às células do fígado e musculares a realizarem a despolimerização do glicogênio, liberando moléculas de glicose. No fígado, o glucagon e a epinefrina se ligam a diferentes receptores acoplados à proteína G, mas ambos os receptores interagem com e ativam a mesma proteína estimulatória G_s que ativa a adenilil-ciclase. Consequentemente, os dois hormônios induzem as mesmas respostas metabólicas. A ativação da adenilil-ciclase e, portanto, o nível de AMPc, é proporcional à concentração total de $G_{\alpha s}$·GTP resultante da ligação de ambos os hormônios aos seus respectivos receptores.

A regulação positiva (ativação) e negativa (inibição) da atividade da adenilil-ciclase ocorre em muitos tipos de células, proporcionando um controle aperfeiçoado do nível de AMPc e, portanto, da resposta celular seguinte (Figura 15-27). Por exemplo, em células adiposas, a quebra de triacilgliceróis em ácidos graxos e glicerol (*lipólise*) é estimulada pela ligação da epinefrina, glucagon ou hormônio adrenocorticotrópico (ACTH) a receptores que ativam a adenilil-ciclase. Reciprocamente, a ligação de outros dois hormônios, prostaglandina E_1 (PGE_1) ou adenosina, aos seus respectivos receptores acoplados à proteína G inibe a adenilil-ciclase. Os receptores de prostaglandina e adenosina ativam uma proteína inibitória G_i que contém as mesmas subunidades β e γ, como a proteína estimulatória G_s, mas uma subunidade α diferente ($G_{\alpha i}$). Após o complexo ativo $G_{\alpha i}$·GTP se dissociar de $G_{\beta\gamma}$, ele se liga e inibe (em vez de estimular) a adenilil-ciclase, resultando em níveis mais baixos de AMPc.

Estudos estruturais estabeleceram como a $G_{\alpha s}$·GTP liga-se e ativa a adenilil-ciclase

Análises de cristalografia por raios X mostraram as regiões do complexo $G_{\alpha s}$·GTP que interagem com a adenilil-ciclase. Essa enzima é uma proteína transmembrana de múltiplas passagens com dois segmentos citosólicos grandes que contêm os domínios catalíticos que convertem ATP a AMPc (Figura 15-28a). Considerando que essas proteínas transmembranas são particularmente difíceis de cristalizar, os pesquisadores prepararam dois fragmentos proteicos que abrangessem os dois domínios catalíticos de adenilil-ciclase que se associam fortemente com cada um, formando um heterodímero. Quando se permite que esses fragmentos catalíticos se associem na presença de $G_{\alpha s}$·GTP e forscolina (substância derivada de planta que se liga à e ativa a adenilil-ciclase), os fragmentos são estabilizados em suas conformações ativas.

O complexo hidrossolúvel resultante (dois fragmentos de domínios de adenilil-ciclase/$G_{\alpha s}$·GTP/forscolina) apresentou uma atividade catalítica de síntese de AMPc semelhante àquela da adenilil-ciclase intacta e completa. Nesse complexo, duas regiões de $G_{\alpha s}$·GTP – a hélice II e a alça α3-β5 – estão em contato com fragmentos da adenilil-ciclase (Figura 15-28b). Acredita-se que esses contatos sejam responsáveis pela ativação da enzima pelo complexo $G_{\alpha s}$·GTP. Relembremos que a hélice II "comutadora" é um dos segmentos de uma subunidade G_α cuja conformação é diferente nos estados de GTP ligado e GDP ligado (ver Figura 15-7). A conformação de G_α induzida por GTP que favorece a sua dissociação de $G_{\beta\gamma}$ é precisamente a conformação essencial para a ligação de $G_{\alpha s}$ à adenilil-ciclase.

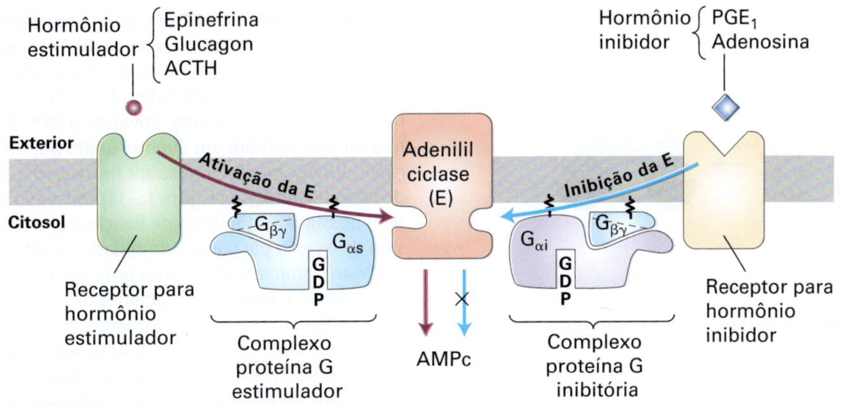

FIGURA 15-27 Ativação e inibição da adenilil-ciclase, induzidas por hormônio, em células adiposas. A ligação de ligantes aos receptores acoplados à $G_{\alpha s}$ provoca a ativação da adenilil-ciclase, ao passo que a ligação dos ligantes aos receptores acoplados à $G_{\alpha i}$ provoca a inibição desta enzima. A subunidade $G_{\beta\gamma}$ é idêntica em ambas as proteínas G, inibidora e estimuladora; as subunidades G_α e seus receptores correspondentes, no entanto, são diferentes. A formação dos complexos G_α·GTP ativos estimulada por ligante ocorre seguindo o mesmo mecanismo nas proteínas $G_{\alpha s}$ e $G_{\alpha i}$ (ver Figura 15-17). No entanto, $G_{\alpha s}$·GTP e $G_{\alpha i}$·GTP interagem de forma diferente com a adenilil-ciclase, de tal modo que uma estimula e a outra inibe sua atividade catalítica. (Ver A. G. Gilman, 1984, *Cell* **36:**577.)

O AMPc ativa a proteína-cinase A por meio da liberação de subunidades inibidoras

O segundo mensageiro AMPc, sintetizado pela adenilil-ciclase, transduz uma ampla variedade de sinais fisiológicos em diferentes tipos celulares nos animais multicelulares. Praticamente todos os diferentes efeitos do AMPc são mediados pela ativação da **proteína-cinase A (PKA)**, também chamada de *proteína-cinase dependente de AMPc*, que fosforila diferentes proteínas-alvo intracelulares expressas em diversos tipos celulares. A PKA inativa é um tetrâmero que consiste em duas subunidades regulatórias (R) e duas subunidades catalíticas (C) (Figura 15-29a). Cada subunidade R liga-se ao sítio ativo em um domínio catalítico e inibe a atividade das subunidades catalíticas. A PKA inativada é "ligada" pela ligação do AMPc. Cada subunidade R possui dois sítios de ligação ao AMPc distintos, denominados CNB-A e CNB-B (Figura 15-29b). A ligação do AMPc aos dois sítios em uma subunidade R causa uma alteração conformacional nesta subunidade, o que leva à liberação da subunidade C associada, descobrindo seu sítio catalítico e ativando a atividade de cinase (Figura 15-29c).

A ligação do AMPc por uma subunidade R de proteína cinase A ocorre de forma cooperativa; isso significa que a ligação da primeira molécula de AMPc ao sítio CNB-B diminui o K_d para a ligação da segunda molécula de AMPc em CNB-A. Dessa forma, pequenas mudanças no nível do AMPc citosólico podem causar alterações proporcionalmente grandes no número de subunidades C dissociadas e, consequentemente, na atividade de cinase celular. A ativação rápida de enzimas por dissociação de um inibidor causada por hormônios é uma característica comum de muitas vias de sinalização.

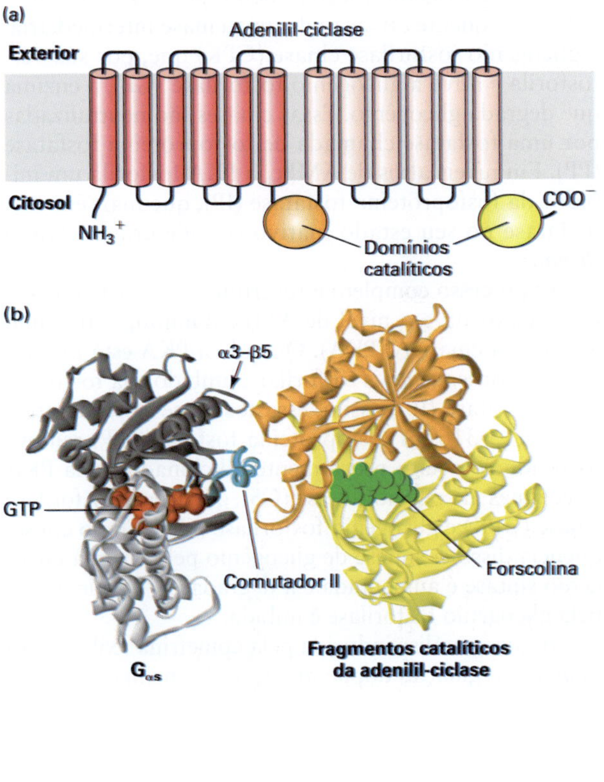

FIGURA 15-28 Estrutura da adenilil-ciclase de mamíferos e sua interação com a $G_{\alpha s}$·GTP. (a) Diagrama esquemático da adenilil-ciclase de mamíferos. A enzima ligada à membrana contém dois domínios catalíticos similares, que convertem ATP a AMPc, na face citosólica da membrana, e dois domínios integrais de membrana, os quais, acredita-se que possuam, cada um, seis hélices α transmembranas. (b) Estrutura tridimensional de $G_{\alpha s}$·GTP complexado a dois fragmentos que compreendem um domínio catalítico da adenilil-ciclase determinado por cristalografia por raios X. A alça α3-β5 (cinza) e a hélice na região do comutador II (azul) do $G_{\alpha s}$·GTP interagem simultaneamente com uma região específica da adenilil-ciclase. A porção colorida mais escura da $G_{\alpha s}$ representa o domínio GTPase, o qual é estruturalmente similar à Ras (ver Figura 15-7); a porção mais clara é um domínio helicoidal. Os dois fragmentos adenilil-ciclase estão representados em laranja e amarelo. A forscolina (verde) bloqueia os fragmentos ciclase em suas conformações ativas. (Parte (a) ver W.-J. Tang e A. G. Gilman, 1992, *Cell* **70:**869; parte (b) adaptada de J. J. G. Tesmer et al., 1997, *Science* **278:**1907.)

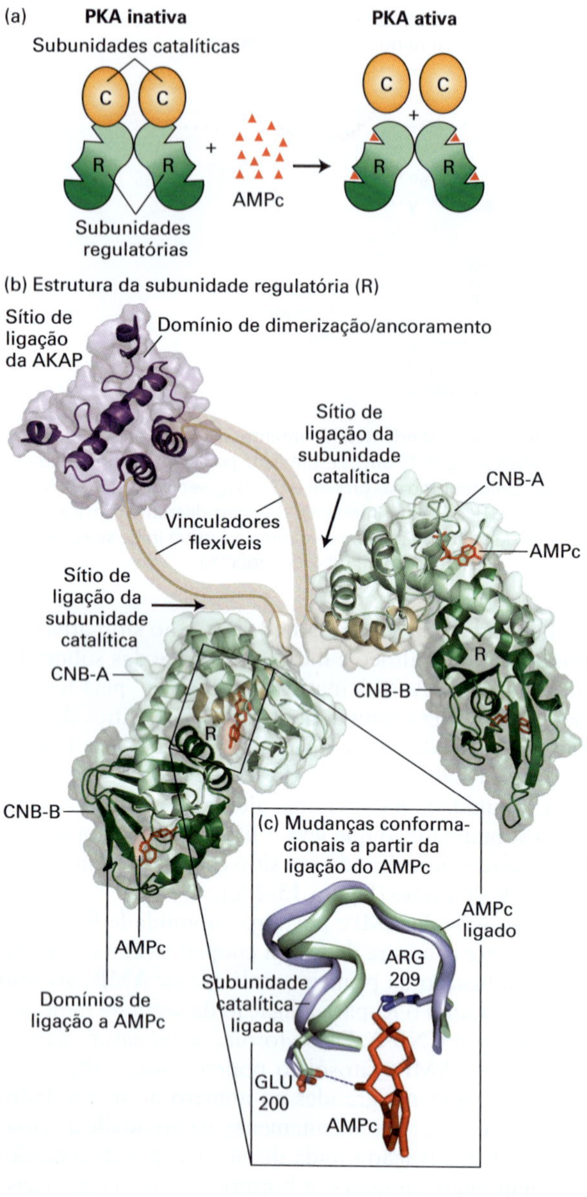

FIGURA 15-29 Estrutura da proteína-cinase A e sua ativação por AMPc. (a) A proteína-cinase A (PKA) consiste em duas subunidades regulatórias (R; verde) e duas subunidades catalíticas (C). Quando o AMPc (triângulo vermelho) liga-se à subunidade regulatória, a subunidade catalítica é liberada, ativando a PKA. (b) As duas subunidades regulatórias formam um dímero, unido por um domínio de dimerização e um fragmento vinculador flexível ao qual a proteína ativadora de cinase A (AKAP, ver Figura 15-33) consegue se ligar. Cada subunidade de R possui dois domínios de ligação ao AMPc, CNB-A e CNB-B, e um sítio de ligação para uma subunidade catalítica (seta). (c) A ligação do AMPc ao domínio CNB-A causa uma súbita mudança de conformação que desloca a subunidade catalítica de R, levando à sua ativação. Sem o AMPc ligado, uma alça do domínio CNB-A (roxo) fica em uma conformação que consegue ligar-se à subunidade catalítica (C). Um resíduo de glutamato (E200) e de arginina (R209) participam na ligação do AMPc (vermelho), que causa uma mudança conformacional (verde) na alça que previne a ligação da alça à subunidade C. (Parte (b) S. S. Taylor et al., 2005, *Biochim. Biophys. Acta* **1754:**25; parte (c) C. Kim, N. H. Xuong e S. S. Taylor, 2005, *Science* **307:**690.)

O metabolismo do glicogênio é regulado pela ativação induzida por hormônio da proteína-cinase A

O glicogênio, um grande polímero de glicose, é a principal forma de armazenamento de glicose nos animais. Como todos os biopolímeros, o glicogênio é sintetizado por um grupo de enzimas e degradado por outro (Figura 15-30). A degradação do glicogênio, ou glicogenólise, envolve a remoção passo a passo de resíduos de glicose de uma extremidade do polímero por uma reação de fosforólise, catalisada pela *glicogênio fosforilase*, produzindo glicose-1-fosfato.

Tanto nas células hepáticas quanto nas musculares, a glicose-1-fosfato produzida do glicogênio é convertida a glicose-6-fosfato. Nas células musculares, esse metabólito entra na via glicolítica e é metabolizado até gerar ATP, que será usado na contração muscular pesada (ver Capítulo 12). Ao contrário das células musculares, as células hepáticas contêm uma fosfatase que hidrolisa a glicose-6-fosfato em glicose, que é exportada dessas células principalmente por meio de um transportador de glicose (GLUT2) da membrana plasmática (ver Capítulo 11). Assim, as reservas de glicogênio no fígado são essencialmente quebradas para produzir glicose, que é imediatamente liberada na corrente sanguínea e transportada a outros tecidos, principalmente aos músculos e ao cérebro, para sustentá-los.

A ativação da adenilil-ciclase estimulada pela epinefrina, o resultante aumento de AMPc e a posterior ativação da proteína-cinase A (PKA) aprimoram a conversão de glicogênio a glicose-1-fosfato de duas formas: *inibindo* a síntese de glicogênio e *estimulando* a degradação de glicogênio (Figura 15-31a). A PKA fosforila e, ao fazê-lo, inativa a glicogênio sintase (GS), a enzima que sintetiza glicogênio. A PKA promove a degradação de glicogênio indiretamente pela fosforilação e pela consequente ativação de uma cinase intermediária, a glicogênio fosforilase cinase (GPK) que, por sua vez, fosforila e ativa a glicogênio fosforilase (GP), a enzima que degrada glicogênio. Essas cinases são neutralizadas por uma fosfatase chamada de fosfoproteína fosfatase (PP). Em níveis altos de AMPc, a PKA fosforila um inibidor da fosfoproteína fosfatase (IP), que mantém essa fosfatase no seu estado inativo (ver Figura 15-31a, *à direita*).

O processo completo é revertido quando a epinefrina é removida e o nível de AMPc diminui, inativando a proteína-cinase A (PKA). Quando a PKA está inativa, ela não consegue mais fosforilar o inibidor da fosfoproteína fosfatase (IP); assim, essa fosfatase se torna ativa (Figura 15-31b). A fosfoproteína fosfatase (PP) remove os resíduos fosfato previamente adicionados pela PKA às enzimas glicogênio sintase (GS), glicogênio fosforilase cinase (GPK) e glicogênio fosforilase (GP). Como consequência disso, a síntese de glicogênio pela enzima glicogênio sintase é aumentada e a degradação de glicogênio pela glicogênio fosforilase é inibida.

A glicogenólise induzida pela epinefrina exibe, dessa maneira, regulação dupla: ativação de enzimas, levando

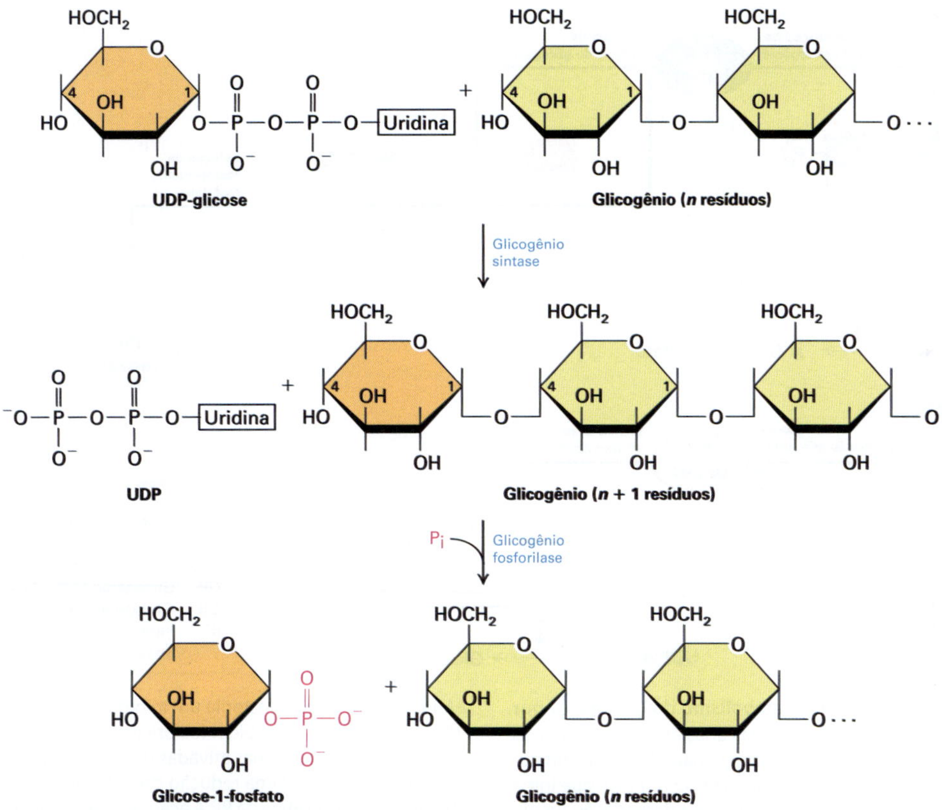

FIGURA 15-30 Síntese e degradação do glicogênio. A incorporação de glicose da UDP-glicose em glicogênio é catalisada pela glicogênio sintase. A remoção de unidades de glicose do glicogênio é catalisada pela glicogênio fosforilase. Já que duas enzimas catalisam a formação e degradação do glicogênio, as duas reações podem ser reguladas independentemente.

à degradação de glicogênio, e a inibição de enzimas promovendo a síntese de glicogênio. Essa regulação dupla proporciona um mecanismo eficiente para a regulação de uma resposta celular específica e é um fenômeno comum em biologia celular.

A ativação da proteína-cinase A mediada pelo AMPc produz diferentes respostas em diferentes tipos de células

Em adipócitos, a ativação da proteína-cinase A (PKA) induzida por epinefrina promove a fosforilação e a ativação da lipase que hidrolisa os triglicerídeos estocados a fim de produzir ácidos graxos livres e glicerol. Esses ácidos graxos são liberados no sangue e absorvidos como fontes de energia por células de outros tecidos como rins, coração e músculos (ver Capítulo 12). Assim, a ativação da PKA pela epinefrina em dois tipos diferentes de células, hepatócitos e adipócitos, possui efeitos diferentes. De fato, o AMPc e a PKA fazem a mediação de uma grande quantidade de respostas induzidas por hormônios em diversos tecidos (Tabela 15-2).

Embora a proteína-cinase A atue sobre diferentes substratos em variados tipos de células, ela sempre fosforila um resíduo serina ou treonina que ocorre dentro da mesma sequência: X-Arg-(Arg/Lys)-X-(Ser/Thr)-Φ, sendo X qualquer aminoácido e Φ um aminoácido hidrofóbico. Outras cinases de serina/treonina fosforilam resíduos-alvo dentro de outros motivos de sequências.

Amplificação de sinal ocorre na via da proteína-cinase A-AMPc

Foi visto que receptores como o receptor β-adrenérgico são proteínas de ocorrência baixa, geralmente estando presentes apenas poucos milhares de cópias em cada célula. Já as respostas celulares induzidas por um hormônio como a epinefrina podem necessitar a produção de grandes quantidades de AMPc e moléculas de enzima ativadas em cada célula. Como um exemplo, após a ativação de receptores acoplados à proteína G_α, a concentração intracelular de AMPc aumentará para cerca de 10^{-6} M; em uma célula normal que é um cubo de ~15 μm de um lado, chegam a cerca de 2 milhões de moléculas de AMPc produzidas em cada célula. Dessa forma, uma substancial amplificação de sinal é necessária a fim de que o hormônio induza uma resposta celular significante. Já foi considerado o modo pelo qual a amplificação de sinal ocorre após a absorção de fótons nos bastonetes. No caso dos receptores de hormônios acoplados à proteína G, a amplificação do sinal é possível em parte porque ambos, receptores e proteínas G, podem se difundir rapidamente na membrana plasmática. Um único complexo de epinefrina-GPCR causa a conversão de mais de 100 molécu-

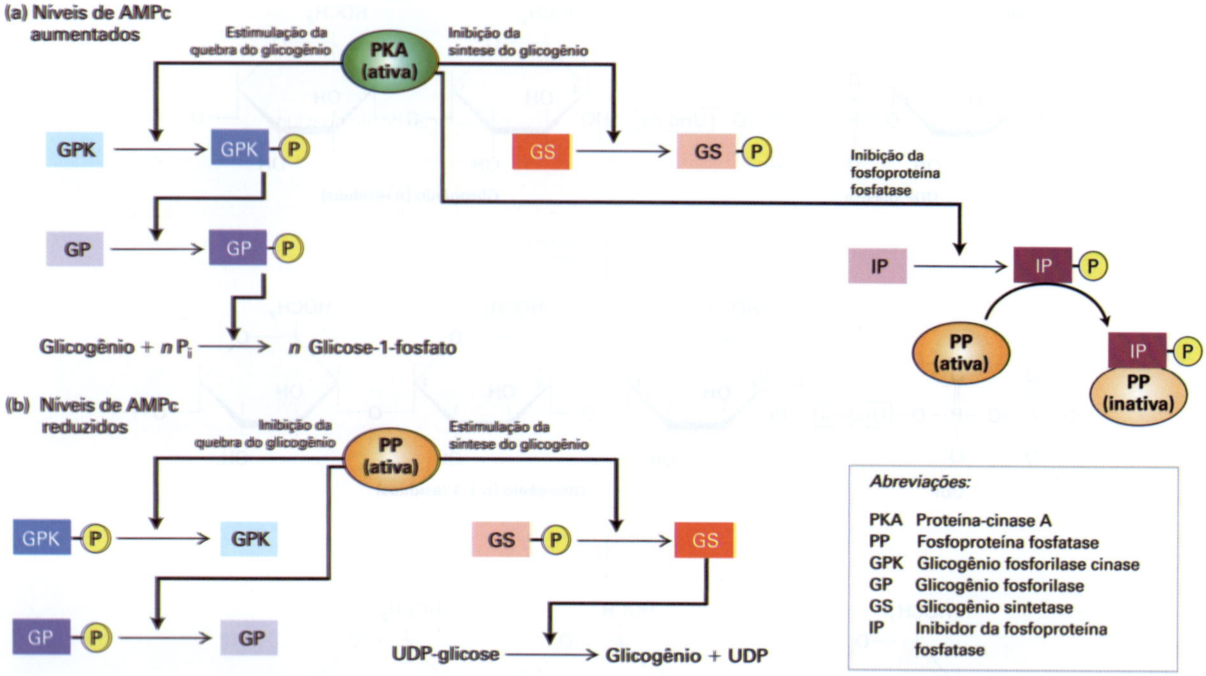

FIGURA 15-31 Regulação do metabolismo do glicogênio por AMPc e PKA. As enzimas ativas estão realçadas em tons escuros; as formas inativas estão identificadas em cores mais claras. (a) Um aumento do AMPc citosólico ativa a proteína-cinase A (PKA), que inibe diretamente a síntese do glicogênio e promove a degradação do glicogênio por meio de uma cascata proteína-cinase. Em altos níveis de AMPc, a PKA também fosforila um inibidor da fosfoproteína fosfatase (PP). A ligação à PP do inibidor fosforilado evita que esta fosfatase atue desfosforilando as enzimas ativadas da cascata cinase ou a glicogênio sintetase inativa. (b) Uma redução do AMPc inativa a PKA, levando à liberação da forma ativa da PP. A ação dessa enzima promove a síntese e inibe a degradação do glicogênio.

las $G_{\alpha s}$ inativas à forma ativa antes que a epinefrina se dissocie do receptor. Cada $G_{\alpha s}$·GTP ativa, por sua vez, ativa uma única molécula de adenilil-ciclase que, então, catalisa a síntese de muitas moléculas de AMPc durante o período que $G_{\alpha s}$·GTP está ligado a ela.

A amplificação que ocorre em tal cascata de transdução de sinal depende de seu número de etapas e das concentrações relativas dos seus vários componentes. Na cascata induzida por epinefrina mostrada na Figura 15-9, por exemplo, níveis sanguíneos de epinefrina tão baixos quanto 10^{-10} M podem estimular a glicogenólise hepática e a liberação de glicose. Um estímulo de epinefrina dessa magnitude gera uma concentração intracelular de AMPc de 10^{-6} M, um aumento de 10^4 vezes. Já que três etapas catalíticas adicionais precedem a liberação de glicose, outra amplificação de 10^4 pode ocorrer, resultando em uma amplificação de 10^8 vezes o sinal da epinefrina. No músculo estriado, a amplificação é menos elevada, pois a concentração de três enzimas sucessivas na cascata de glicogenólise – proteína-cinase A, glicogênio fosforilase cinase e glicogênio fosforilase – está presente em uma razão de 1:10:240 (potencial de amplificação máximo de 240 vezes).

CREB liga AMPc e proteína-cinase A à ativação da transcrição gênica

A ativação da proteína-cinase A também estimula a expressão de muitos genes, gerando efeitos de longo prazo nas células que frequentemente aumentam os efeitos de curto prazo da proteína-cinase A ativada. Por exemplo, em células hepáticas, a proteína-cinase A induz a expressão de muitas enzimas envolvidas na gliconeogênese – a conversão de compostos de três carbonos como o piruvato (ver Figura 12-3) em glicose – aumentando o nível de glicose no sangue.

Todos os genes regulados pela proteína-cinase A contêm uma sequência de DNA de atuação *cis*, o *elemento de resposta ao AMPc (CRE)*, que se liga à forma fosforilada de um fator de transcrição chamado de *proteína de ligação ao CRE (CREB)*, que é encontrada somente no núcleo. Após a elevação dos níveis de AMPc e da liberação da subunidade catalítica ativa da proteína-cinase A, algumas das subunidades catalíticas se translocam para o núcleo. Lá, essas subunidades fosforilam a serina-133 da proteína CREB. A proteína CREB fosforilada se liga a genes-alvo que contêm CRE e também se liga a um *coativador*, chamado *CBP/300*. O CBP/300 conecta a CREB à RNA polimerase 2 e outras proteínas reguladoras de genes, estimulando, assim, a transcrição gênica (Figura 15-32).

Portanto, a proteína-cinase A fosforila muitos tipos de proteínas: algumas que possuem efeitos relativamente de curto prazo no metabolismo celular, durando segundos ou minutos; outros substratos como a CREB, ativando a expressão de genes específicos, afetando o metabolismo celular durante horas e dias.

TABELA 15-2 Respostas celulares ao aumento do AMPc induzido por hormônios em vários tecidos*

Tecido	Hormônio indutor de aumento de AMPc	Resposta celular
Adiposo	Epinefrina; ACTH; glucagon	Aumento da hidrólise de triglicerídeos; diminuição da captação de aminoácidos
Fígado	Epinefrina; norepinefrina; glucagon	Aumento na conversão de glicogênio a glicose; inibição na síntese do glicogênio; aumento da captação de aminoácidos; aumento na gliconeogênese (síntese de glicose a partir de aminoácidos)
Folículo ovariano	FSH; LH	Aumento na síntese de estrogênio, progesterona
Córtex suprarrenal	ACTH	Aumento na síntese de aldosterona, cortisol
Músculo cardíaco	Epinefrina	Aumento na taxa de contração
Glândula tireoide	TSH	Secreção de tiroxina
Osso	Hormônio paratireoide	Aumento na reabsorção de cálcio do osso
Musculoesquelético	Epinefrina	Conversão de glicogênio a glicose-1-fosfato
Intestino	Epinefrina	Secreção de fluido
Rins	Vasopressina	Reabsorção de água
Plaquetas do sangue	Prostaglandina I	Inibição da agregação e secreção

*Quase todos os efeitos do AMPc são mediados pela proteína-cinase A (PKA), que é ativada pela ligação de AMPc.
FONTE: E. W. Sutherland, 1972, *Science* **177:**401.

Proteínas de ancoragem localizam os efeitos do AMPc a regiões específicas da célula

Em muitos tipos celulares, um aumento no nível de AMPc pode produzir uma resposta que é necessária em uma parte da célula, mas não é necessária, e talvez até deletéria, em outra parte. Uma família de proteínas de ligações direciona isoformas da proteína-cinase A (PKA) a localizações subcelulares específicas, restringindo, dessa maneira, as respostas dependentes de AMPc a esses locais. Essas proteínas, referidas como *proteínas associadas à cinase A (AKAPs)*, têm uma estrutura com dois domínios, com um domínio conferindo uma localização subcelular específica e o outro que liga à subunidade regulatória (R) da proteína-cinase A (ver Figura 15-29b).

Uma dessas proteínas de ancoragem (AKAP15) é ligada à face citosólica da membrana plasmática próxima de um tipo específico de canal de passagem de Ca^{2+} em alguns tipos de células do músculo cardíaco. No coração, a ativação de receptores β-adrenérgicos pela epinefrina (como parte da resposta de luta ou fuga) leva à fosforilação desses canais de Ca^{2+}, catalisada pela PKA, causando a abertura desses canais; o influxo de Ca^{2+} resultante aumenta a taxa de contração da musculatura cardíaca. A ligação da AKAP15 à proteína-cinase A localiza a cinase próxima a esses canais, reduzindo, assim, o tempo que, de outra forma, seria necessário para a difusão das subunidades catalíticas da PKA dos seus sítios de geração até os seus substratos, os canais de Ca^{2+}.

Uma proteína AKAP diferente, no músculo cardíaco, ancora a proteína-cinase A e a fosfodiesterase do AMPc (PDE) – a enzima que hidrolisa AMPc a AMP (Figura 15-26) – na membrana nuclear externa. Por conta da grande proximidade da PDE à proteína-cinase A, um *feedback* negativo proporciona grande controle da concentração de AMPc local e, consequentemente, da atividade da PKA (Figura 15-33). Como os níveis de AMPc aumentam em resposta a estímulos hormonais, a PKA é ativada. A PKA ativada fosforila a PDE, que se torna mais ativa e hidrolisa AMPc, fazendo, assim, a PKA retornar ao seu estado inativo. A localização da proteína cinase A próxima à membrana nuclear também facilita a entrada das suas subunidades catalíticas para dentro do núcleo, onde elas fosforilam e ativam o fator de transcrição CREB (ver Figura 15-32).

Diversos mecanismos regulam a sinalização da via GPCR/AMPc/PKA

Para que as células respondam efetivamente a mudanças no seu ambiente, elas devem não apenas ativar uma via de sinalização, mas também diminuir ou finalizar a resposta uma vez que esta não seja mais necessária; caso contrário, as vias de transdução de sinal permaneceriam "ligadas" por períodos longos demais ou a um nível tão elevado que a célula se tornaria superestimulada. A regulação anormal de vias de sinalização é muito comum em células cancerosas, nas quais proteínas mutantes que estimulam a proliferação celular ou que previnem a morte celular programada permanecem ativas até mesmo quando os sinais que normalmente as ativam estão ausentes.

Anteriormente, os vários mecanismos que finalizam rapidamente a via de transdução de sinal da rodopsina, incluindo proteínas GAP que estimulam a hidrólise de GTP ligado a $G_{\alpha t}$, proteínas sensíveis a Ca^{2+} que ativam a guanilil-ciclase, e fosforilação da rodopsina ativa pela rodopsina-cinase, seguidos por ligação da arrestina (ver Figura 15-24). De fato, a maioria dos receptores acoplados à proteína G é modulada por mecanismos variados

ANIMAÇÃO: Sinalização extracelular

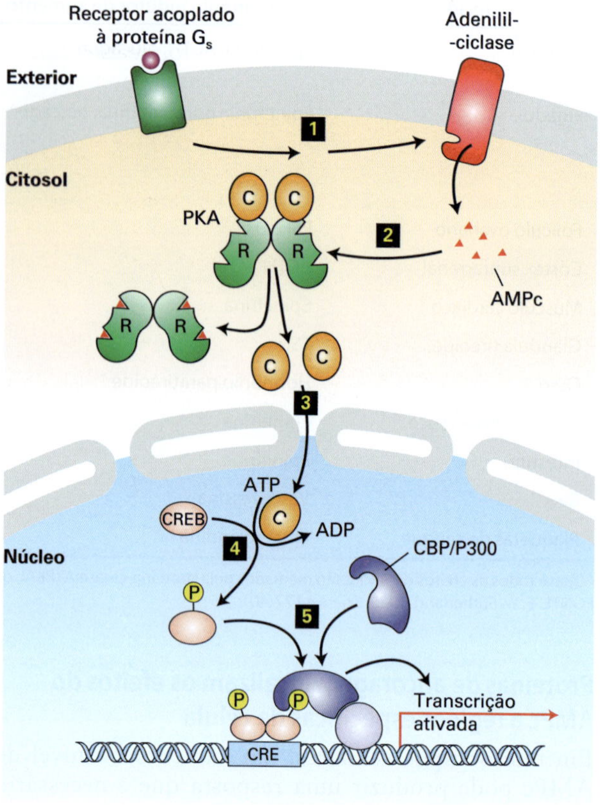

FIGURA 15-32 Ativação do fator de transcrição CREB após a ligação do ligante a receptores acoplados à proteína G_s. O estímulo de receptores **1** leva à ativação da proteína-cinase A (PKA) **2**. As subunidades catalíticas da PKA se translocam para o núcleo **3** e, lá, fosforilam e ativam o fator de transcrição CREB **4**. O CREB fosforilado associa-se com o coativador CBP/P300 **5** e outras proteínas para estimular a transcrição de vários genes-alvo controlados pelo elemento regulatório CRE. (K. A. Lee e N. Masson, 1993, *Biochim. Biophys. Acta* **1174:**221 e D. Parker et al., 1996, *Mol. Cell Biol.* **16**(2):694.)

que diminuem a sua atividade, como é exemplificado pelos receptores β-adrenérgicos e outros acoplados a $G_{\alpha s}$ que ativam a adenilil-ciclase.

- Primeiramente, a afinidade do receptor pelo seu ligante diminui quando o GDP ligado à $G_{\alpha s}$ é substituído por GTP. Esse aumento no K_d do complexo receptor-hormônio aumenta a dissociação do ligante do receptor e, assim, limita o número de proteínas $G_{\alpha s}$ que são ativadas.
- A seguir, a atividade de GTPase intrínseca da $G_{\alpha s}$ converte o GTP ligado em GDP, resultando em inativação da $G_{\alpha s}$ e ativação diminuída do seu próximo alvo, a adenilil-ciclase. De forma importante, a taxa de hidrólise do GTP ligado a $G_{\alpha s}$ é aumentada quando $G_{\alpha s}$ se liga à adenilil-ciclase, diminuindo a duração da produção de AMPc; assim, a adenilil-ciclase funciona como GAP para $G_{\alpha s}$. De maneira geral, a ligação da maioria ou de todos os complexos G_α·GTP às suas respectivas proteínas efetoras acelera a taxa de hidrólise de GTP.
- Finalmente, a *fosfodiesterase de AMPc* atua hidrolisando o AMPc em 5'-AMP, finalizando a resposta celular. Dessa forma, a presença contínua de hormônio em uma concentração alta e suficiente é necessária para a ativação contínua da adenilil-ciclase e para a manutenção de um nível elevado de AMPc. Uma vez que a concentração de hormônio diminua suficientemente, a resposta celular é finalizada rapidamente.

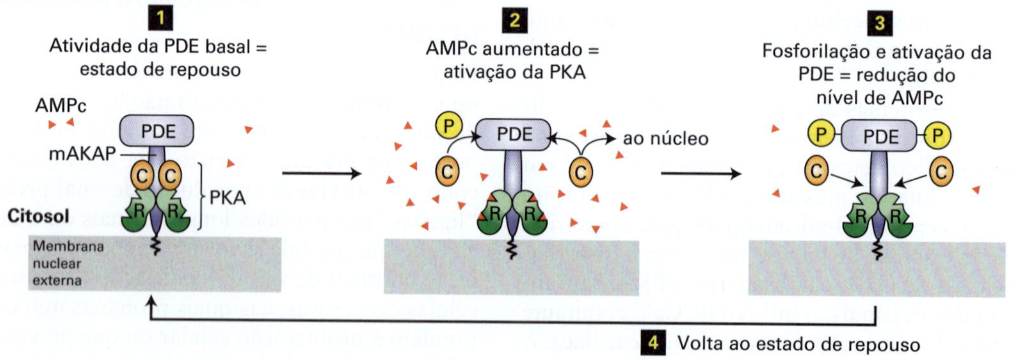

FIGURA 15-33 Localização da proteína-cinase A (PKA) na membrana nuclear no músculo cardíaco por uma proteína-cinase A associada (AKAP). Este membro da família AKAP, designada mAKAP, ancora a fosfodiesterase do AMPc (PDE) e a subunidade regulatória (R, Figura 15-29b) da PKA na membrana nuclear, mantendo-as numa alça de *feedback* negativo que controla localmente o nível de AMPc e a atividade da PKA. Etapa **1**: O nível basal da atividade da PDE na ausência de hormônio (estado de repouso) mantém os níveis de AMPc abaixo do necessário para a ativação da PKA. Etapas **2** e **3**: A ativação dos receptores β-adrenérgicos causa um aumento no nível de AMPc além daquele que pode ser degradado pela PDE. A ligação resultante do AMPc às subunidades regulatórias (R) da PKA libera as subunidades catalíticas (C) no citosol. Algumas subunidades catalíticas entram no núcleo, onde fosforilam e ativam alguns fatores de transcrição (Figura 15-32). Outras subunidades C fosforilam a PDE, estimulando a sua atividade catalítica. A PDE ativa hidrolisa AMPc, levando os níveis de AMPc de volta ao basal e causando, novamente, a formação do complexo inativo PKA-R. Etapa **4**: A desfosforilação subsequente da PDE retorna o complexo ao estado de repouso. (Adaptada de K. L. Dodge et al., 2001, *EMBO J.* **20:**1921.)

A maioria dos GPCR são também regulados por *repressão de feedback*, termo que descreve a situação na qual o produto final de uma via de sinalização bloqueia uma etapa anterior da via. Por exemplo, quando um receptor acoplado à proteína $G_{\alpha s}$ é exposto a um estímulo hormonal por muitas horas, muitos resíduos de serina e treonina do domínio citosólico do receptor se tornam fosforilados pela proteína-cinase A (PKA), o produto final da via de sinalização da $G_{\alpha s}$. O receptor fosforilado pode se ligar ao seu ligante, mas não pode ativar de maneira eficiente a $G_{\alpha s}$; assim, a ligação do ligante ao receptor fosforilado leva a uma ativação reduzida da adenilil-ciclase, comparando com um receptor não fosforilado. Já que a atividade da PKA é aumentada pelo alto nível de AMPc induzido por algum hormônio que ative a $G_{\alpha s}$, a exposição prolongada a tal hormônio, como a epinefrina, dessensibiliza não apenas os receptores β-adrenérgicos, mas também outros receptores acoplados à proteína $G_{\alpha s}$ que se ligam a ligantes diferentes (p. ex., o receptor de glucagon no fígado). Essa regulação cruzada é denominada de *dessensibilização cruzada*.

Semelhante à fosforilação da rodopsina ativada pela rodopsina-cinase, resíduos específicos do domínio citosólico do receptor β-adrenérgico, não aqueles fosforilados pela PKA, podem ser fosforilados pela enzima *cinase do receptor β-adrenérgico (BARK)*, mas *somente* quando a epinefrina ou um agonista estiver ligado ao receptor

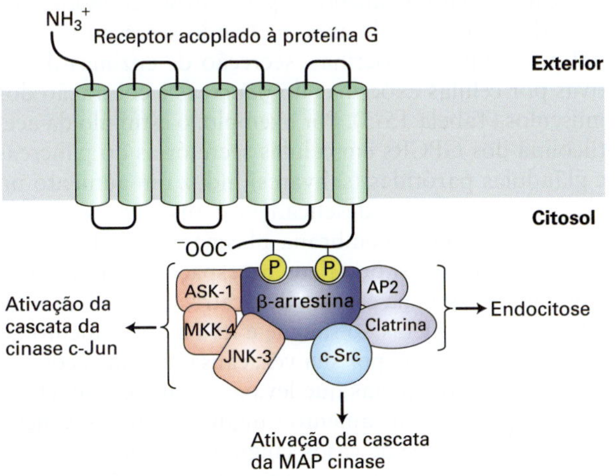

FIGURA 15-34 O papel da β-arrestina na dessensibilização da GPCR e na transdução de sinal. A β-arrestina se liga aos resíduos fosforilados serina e tirosina no segmento C-terminal dos receptores acoplados à proteína G (GPCRs). A clatrina e a AP2, duas outras proteínas que se ligam à β-arrestina, promovem a endocitose do receptor. A β-arrestina também atua na transdução dos sinais derivados dos receptores ativados, ligando-se e ativando várias proteínas-cinases citosólicas. A c-Src ativa a via da MAP cinase, levando à fosforilação de importantes fatores de transcrição (ver Capítulo 16). A interação da β-arrestina com três outras proteínas, incluindo a JNK-3 (uma Jun-cinase N-terminal), resulta na fosforilação e na ativação de outro fator de transcrição, c-Jun. (Adaptada de W. Miller e R. J. Lefkowitz, 2001, *Curr. Opin. Cell Biol.* **13:**139, e K. Pierce et al., 2002, *Nature Rev. Mol. Cell Biol.* **3:**639.)

e, dessa forma, o receptor estiver na sua conformação ativa. Esse processo é chamado de *dessensibilização homóloga*, pois somente aqueles receptores que estão nas suas conformações ativas estão sujeitos à desativação pela desfosforilação.

Observe que a ligação da arrestina à opsina extensivamente fosforilada inibe completamente a ativação de proteínas G acopladas pela opsina ativada (ver Figura 15-24). De fato, uma proteína relacionada denominada *β-arrestina* desempenha um papel semelhante na dessensibilização de outros receptores acoplados à proteína G, incluindo os receptores β-adrenérgicos. Inicialmente, foi sugerida uma função adicional da β-arrestina como reguladora dos receptores de superfície celular, devido à observação que o desaparecimento dos receptores β-adrenérgicos da superfície celular em resposta à ligação do ligante é estimulado pela superexpressão de BARK e β-arrestina. Estudos subsequentes revelaram que a β-arrestina se liga não apenas a receptores fosforilados, mas também à clatrina e a uma proteína associada denominada AP2, dois componentes essenciais das vesículas cobertas envolvidas em um tipo de endocitose da membrana plasmática (Figura 15-34). Essas interações promovem a formação de cavidades cobertas e endocitose dos receptores associados, diminuindo o número de receptores expostos na superfície celular. Por fim, alguns dos receptores internalizados são degradados no interior da célula, enquanto outros são desfosforilados nos endossomos. Após a dissociação da β-arrestina, os receptores ressensibilizados (desfosforilados) são reciclados para a superfície celular, de modo semelhante à reciclagem do receptor de LDL (ver Capítulo 14).

Além desse papel na regulação da atividade de receptores, a β-arrestina funciona como proteína adaptadora em transduzir sinais de receptores acoplados à proteína G até o núcleo (ver Capítulo 16). O complexo GPCR-arrestina atua como esqueleto para a ligação e ativação de muitas cinases citosólicas (Figura 15-34), que iremos discutir detalhadamente nos próximos capítulos. Uma dessas cinases é a c-Src, a proteína citosólica tirosina-cinase que ativa a via da MAP cinase e outras vias, levando à transcrição de genes necessários para a divisão celular (ver Capítulo 19). Um complexo de três proteínas ligadas à arrestina, incluindo uma cinase Jun N-terminal (JNK-3), inicia uma cascata de cinases que ativa, por fim, o fator de transcrição c-Jun, que promove a expressão de algumas enzimas promotoras de crescimento e outras proteínas que auxiliam nas respostas celulares ao estresse. Assim, a via da BARK-β-arrestina, inicialmente vista apenas como supressora da sinalização por GPCRs, na verdade funciona como "comutador", desligando a sinalização de proteínas G e ligando outras vias de sinalização. As múltiplas funções da β-arrestina ilustram a importância das proteínas adaptadoras na regulação da sinalização e na transdução de sinais dos receptores da superfície celular.

CONCEITOS-CHAVE da Seção 15.5

Receptores acoplados à proteína G que ativam ou inibem a adenilil-ciclase

- A ligação de ligantes de receptores acoplados à proteína G que ativam $G_{\alpha s}$ resulta na ativação da enzima ligada à membrana adenilil-ciclase, que converte ATP no segundo mensageiro AMP cíclico (AMPc, ver Figura 15-26). A ligação do ligante de receptores acoplados à proteína G que ativa $G_{\alpha i}$ resulta na inibição da adenilil-ciclase e níveis mais baixos de AMPc (ver Figura 15-27).
- $G_{\alpha s}$·GTP e $G_{\alpha i}$·GTP se ligam aos domínios do sítio ativo do heterodímero da adenilil-ciclase para ativar ou inibir a enzima, respectivamente (ver Figura 15-28).
- O AMPc se liga cooperativamente a uma subunidade regulatória da proteína-cinase A (PKA), liberando a subunidade catalítica da cinase ativa (ver Figura 15-29).
- A PKA medeia os diversos efeitos do AMPc na maioria das células (ver Tabela 15-2). Os substratos para a PKA e, dessa forma, as respostas celulares para a ativação da PKA induzida por hormônios, variam entre os tipos celulares.
- Em células musculares e hepatócitos, a ativação da PKA induzida por epinefrina e por outros hormônios exerce um efeito duplo, a inibição da síntese do glicogênio e o estímulo à quebra do glicogênio via uma cascata de cinases (ver Figura 15-31).
- O sinal que ativa a via de sinalização GPCR/adenilil-ciclase/AMPc/PKA é amplificado enormemente por segundos mensageiros e cascatas de cinases (ver Figura 15-9).
- A ativação da PKA geralmente leva à fosforilação da proteína nuclear CREB que, junto ao coativador CBP/300, estimula a transcrição de genes, iniciando uma alteração de longo prazo na composição de proteínas da célula (ver Figura 15-32).
- A localização da PKA em regiões específicas da célula por meio de proteínas de ancoragem restringe os efeitos do AMPc a locais subcelulares específicos (ver Figura 15-33).
- A sinalização de receptores acoplados à G_s é diminuída por muitos mecanismos: (1) a afinidade do receptor pelo seu ligante diminui quando o GDP ligado à $G_{\alpha s}$ é substituído por GTP; (2) a atividade de GTPase intrínseca de $G_{\alpha s}$ que converte o GTP ligado a GDP é aumentada quando $G_{\alpha s}$ se liga à adenilil-ciclase (o que ocorre quando muitos complexos G_α·GTP se ligam às suas respectivas proteínas efetoras); e (3) a *fosfodiesterase do AMPc* atua hidrolisando AMPc a 5'-AMP, finalizando a resposta celular.
- A maioria dos GPCRs é também regulada por *repressão por feedback*, na qual o produto final de uma via (p. ex., a PKA) bloqueia uma etapa anterior da via. A exemplo do que acontece com a opsina, a ligação da β-arrestina a receptores β-adrenérgicos fosforilados inibe completamente a ativação de proteínas G acopladas (ver Figura 15-24).
- Os receptores β-adrenérgicos são desativados pela cinase β-adrenérgica (BARK), que fosforila resíduos citosólicos do receptor na sua conformação ativa. A fosforilação de BARK de receptores β-adrenérgicos ligados a ligantes também causa a ligação da β-arrestina e endocitose dos receptores. A redução consequente no número de receptores de superfície celular torna a célula menos sensível a mais hormônio.
- O complexo GPCR-arrestina funciona como estrutura que ativa muitas cinases citosólicas, iniciando cascatas que levam à ativação transcricional de muitos genes que controlam o crescimento celular (ver Figura 15-34).

15.6 Receptores acoplados à proteína G que causam elevações no Ca^{2+} citosólico

Os íons cálcio têm um papel essencial na regulação das respostas celulares a muitos sinais, e muitos GPCRs e outros tipos de receptores exercem seus efeitos nas células influenciando a concentração citosólica de Ca^{2+}. Como visto no Capítulo 11, o nível de Ca^{2+} no citosol é mantido a um nível submicromolar (~0,2 μM) pela contínua ação de bombas de Ca^{2+} alimentadas por ATP, que transportam íons Ca^{2+} pela membrana plasmática para o exterior da célula ou para o lúmen do retículo endoplasmático e outras vesículas. Muito do Ca^{2+} intracelular é também sequestrado na mitocôndria.

Um aumento pequeno no Ca^{2+} citosólico induz uma série de respostas celulares, incluindo secreção hormonal por células endócrinas, secreção de enzimas digestivas por células exócrinas do pâncreas e contração dos músculos (Tabela 15-3). Por exemplo, o estímulo da acetilcolina dos GPCRs em células secretórias do pâncreas e glândulas parótidas (salivares) induz um aumento no Ca^{2+} citosólico que desencadeia a fusão de vesículas secretórias com a membrana plasmática e a liberação dos seus conteúdos proteicos no espaço extracelular. A trombina, enzima na cascata de cicatrização, se liga a um GPCR nas plaquetas do sangue e leva a um aumento no Ca^{2+} citosólico que, por sua vez, causa mudança conformacional nas plaquetas que leva à sua agregação, etapa importante no estancamento sanguíneo e na prevenção de perda de sangue de vasos sanguíneos danificados.

Nesta seção, primeiramente será discutida uma importante via de transdução de sinal que resulta na elevação no Ca^{2+} citosólico: a ativação da **fosfolipase C (PLC)** estimulada por GPCR. Fosfolipases C (PLCs) são uma família de enzimas que hidrolisam uma ligação fosfoéster em alguns fosfolipídeos, produzindo dois segundos mensageiros que funcionam aumentando o nível de Ca^{2+} citosólico e ativando uma família de cinases conhecidas como proteínas-cinases C (PKCs); as PKCs afetam muitos processos celulares importantes, como crescimento e diferenciação. Algumas PLCs são ativadas por GPCRs, como descritas aqui; outras, que serão abordadas no capítulo seguinte, são ativadas por outros tipos de receptores. As fosfolipases C também produzem segundos mensageiros importantes para o remodelamento do citoesqueleto de

TABELA 15-3 Respostas celulares ao aumento do Ca^{2+} citosólico induzido por hormônios em vários tecidos*

Tecido	Hormônio indutor de aumento de Ca^{2+} citosólico	Resposta celular
Pâncreas (células acinares)	Acetilcolina	Secreção de enzimas digestivas, como a amilase e o tripsinogênio
Glândula parótida (salivar)	Acetilcolina	Secreção de amilase
Musculatura lisa vascular ou do estômago	Acetilcolina	Contração
Fígado	Vasopressina	Conversão de glicogênio a glicose
Plaquetas sanguíneas	Trombina	Agregação, mudança de forma, secreção de hormônios
Mastócitos	Antígeno	Secreção de histamina
Fibroblastos	Fatores de crescimento peptídicos	Síntese de DNA, divisão celular (p. ex., bombesina e PDGF)

*Estímulo hormonal leva à produção de inositol 1,4,5-trifosfato (IP_3), segundo mensageiro que promove a liberação de Ca^{2+} estocado no retículo endoplasmático.
FONTE: M. J. Berridg, 1987, Ann. *Ver. Biochem.* **56:**159 e M. J. Berridge e R. F. Irvine, 1984, *Nature* **312:**315.

actina (ver Capítulo 17) e para a ligação de proteínas importantes na endocitose e na fusão de vesículas (ver Capítulo 14). Posteriormente, nesta seção, será visto como uma via de PLC leva à síntese de um gás, o **óxido nítrico** (NO), que sinaliza em células adjacentes. Na parte final da seção, será analisado como segundos mensageiros como o Ca^{2+} são usados para ajudar as células integrarem suas respostas a mais de um sinal extracelular.

A fosfolipase C ativada gera dois segundos mensageiros importantes derivados do lipídeo de membrana fosfatidilinositol

Vários segundos mensageiros importantes, usados em muitas vias de transdução de sinal, são derivados do lipídeo de membrana *fosfatidilinositol (PI)*. O grupamento inositol desse fosfolipídeo, que sempre defronta o citosol, pode ser fosforilado reversivelmente em uma ou mais posições pelas ações combinadas de várias cinases e fosfatases, discutidas no Capítulo 16. Um derivado do PI, o lipídeo fosfatidilinositol 4,5-bisfosfato (PIP_2), é clivado pela fosfolipase C ativada em dois importantes segundos mensageiros: o **1,2-diacilglicerol (DAG)**, molécula lipofílica que permanece associada à membrana, e o **inositol 1,4,5-trifosfato (IP_3)**, que pode difundir-se livremente no citosol (Figura 15-35). O conjunto de eventos posteriores que envolvem esses dois segundos mensageiros são chamados de a **via IP_3/DAG.**

A fosfolipase C é ativada por proteínas G contendo subunidades $G_{\alpha o}$ ou $G_{\alpha q}$. Em resposta à ativação hormonal do GPCR, as subunidades $G_{\alpha o}$ ou $G_{\alpha q}$ se ligam ao GTP separado de $G_{\beta\gamma}$ e se ligam e ativam a fosfolipase C na membrana (Figura 15-36a, etapa **1**). Por sua vez, a fosfolipase C ativada cliva PIP_2 em DAG, que permanece associado com a membrana, e IP_3, que se difunde livremente no citosol (Figura 15-36a, etapa **2**). Os dois segundos mensageiros desencadeiam efeitos posteriores diferentes.

A liberação de Ca^{2+} a partir do RE desencadeada por IP_3 Receptores acoplados à proteína G que ativam a fosfolipase C induzem um aumento no Ca^{2+} citosólico mesmo quando os íons Ca^{2+} estão ausentes do líquido extracelular circundante. Neste caso, o Ca^{2+} é liberado no citosol do lúmen do RE por meio do funcionamento do *canal de Ca^{2+} controlado por IP_3* na membrana do RE, como mostrado na Figura 15-36a (etapas **3** e **4**). Essa proteína canal grande é composta por quatro subunidades idênticas, cada uma contendo um sítio de ligação a IP_3 no domínio citosólico N-terminal. A ligação de IP_3 induz a abertura do canal, permitindo ao Ca^{2+} alterar o seu gradiente de concentração do RE até o citosol. Quando vários inositóis fosforilados encontrados nas células são adicionados a preparações de vesículas do RE, somente o IP_3 causa a liberação de íons Ca^{2+} a partir das vesículas. Esse experimento simples demonstra a especificidade do efeito do IP_3.

O aumento mediado por IP_3 no nível de Ca^{2+} citosólico é transiente, pois as bombas de Ca^{2+} localizadas na membrana plasmática e na membrana do RE transportam ativamente Ca^{2+} do citosol para fora da célula e do lúmen do RE, respectivamente. Além disso, logo após sua formação, o fosfato ligado ao carbono 5 do IP_3 (Figura 15-35) é hidrolisado, produzindo inositol 1,4-bisfosfato. Esse composto não consegue ligar à proteína canal de Ca^{2+} controlado por IP_3 e, assim, não estimula a liberação de Ca^{2+} do RE.

Não possuindo maneiras para restaurar as reservas exauridas de Ca^{2+} intracelular, uma célula logo seria capaz de aumentar o nível de Ca^{2+} citosólico em resposta ao IP_3 induzido por hormônio. Experimentos de *patch-clamping* (ver Figura 11-22) demonstraram que um canal de Ca^{2+} da membrana plasmática, chamado de *canal manejável por reserva*, se abre em resposta à depleção de reservas de Ca^{2+} do RE. Estudos nos quais cada proteína canal potencial teve sua produção diminuída utilizando shRNAs estabeleceram a identidade dessa proteína canal como a Orai1. A proteína sensível a Ca^{2+} é STIM, proteína transmembrana na membrana do retículo endoplasmático (Figura 15-36b). Um domínio EF, semelhante àquele da calmodulina (ver Figura 3-31), no lado luminal da membrana do RE, se liga a Ca^{2+} quando o seu nível no lúmen é alto. Quando as reservas de Ca^{2+} do retículo endoplasmático são depletadas, as proteínas

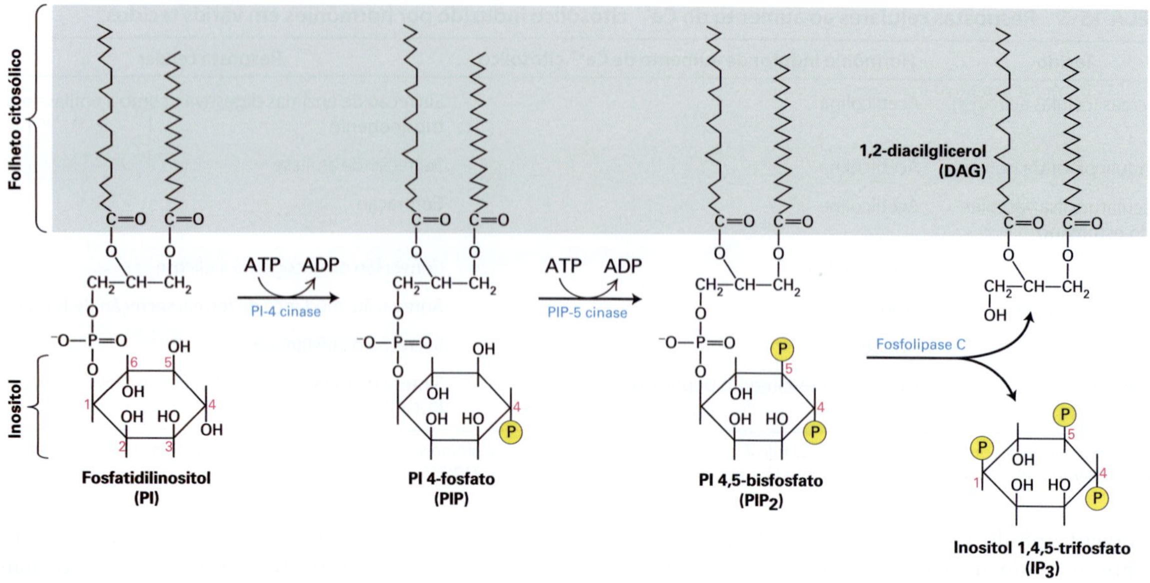

FIGURA 15-35 Síntese dos segundos mensageiros DAG e do IP_3 a partir do fosfatidilinositol (IP). Cada fosfatidilinositol (PI) cinase ligada à membrana posiciona um fosfato (círculos amarelos) sobre um grupamento hidroxila específico no anel inositol, produzindo os derivados fosforilados PIP e PIP_2. A clivagem do PIP_2 pela fosfolipase C (PLC) dá origem a dois importantes segundos mensageiros, DAG e IP_3. (A. Toker e L. C. Cantley, 1997, *Nature* **387:**673, e C. L. Carpenter e L. C. Cantley, 1996, *Curr. Opin. Cell Biol.* **8:**153.)

STIM perdem o Ca^{2+} ligado, oligomerizam e, de maneira ainda desconhecida, se reposicionam em áreas da membrana do ER próximas à membrana plasmática (Figura 15-36b, *à direita*). Lá, os domínios STIM CAD se ligam e levam à abertura de Orai1, permitindo o influxo do Ca^{2+} extracelular. A superexpressão da Orai1 junto à STIM em células cultivadas leva a um grande aumento no influxo de Ca^{2+}, demonstrando que essas duas proteínas são os principais componentes da via de Ca^{2+} operada de acordo com as reservas.

A ativação contínua de alguns receptores acoplados à proteína G induz rápidos e repetidos picos no nível de Ca^{2+} citosólico. Esses picos nos níveis de Ca^{2+} citosólico são causados por uma interação complexa entre a concentração citosólica de Ca^{2+} e a proteína canal de Ca^{2+} controlada por IP_3. O nível submicromolecular de Ca^{2+} citosólico no estado de repouso potencializa a abertura desses canais por IP_3, facilitando o aumento rápido de Ca^{2+} citosólico, seguindo o estímulo hormonal do receptor acoplado à proteína G da superfície da célula. Entretanto, os níveis mais altos de Ca^{2+} citosólico, quando alcançam os topos dos picos, inibem a liberação de Ca^{2+} das reservas intracelulares induzida por IP_3, diminuindo a afinidade dos canais de Ca^{2+} por IP_3. Como resultado, os canais fecham, e o nível de Ca^{2+} citosólico diminui rapidamente. Dessa forma, o Ca^{2+} citosólico é um inibidor por *feedback* da proteína, canal de Ca^{2+} controlada por IP_3, cuja abertura causa elevação no Ca^{2+} citosólico. Os picos do íon cálcio ocorrem nas células das glândulas pituitárias que secretam o hormônio luteinizante (LH), que tem importante papel no controle da ovulação e na fertilidade feminina. A secreção do LH é induzida pela ligação do hormônio liberador do hormônio luteinizante (LHRH) nos seus receptores acoplados à proteína G nestas células; a ligação do LHRH induz repetidos picos de Ca^{2+}. Cada pico de Ca^{2+} induz exocitose de poucas vesículas secretórias que contêm LH, presumivelmente aquelas vesículas próximas à membrana plasmática.

Ativação da proteína-cinase C por DAG Após a sua formação pela hidrólise do PIP_2 causada pela fosfolipase C, o DAG permanece associado com a membrana plasmática. A principal função do DAG é ativar uma família de proteínas-cinases, coletivamente denominadas de **proteínas-cinases C (PKC)**. Na ausência de estímulo hormonal, a proteína-cinase C está presente como proteína-citosólica solúvel cataliticamente inativa. Um aumento no nível de Ca^{2+} citosólico causa a translocação da proteína cinase C para o lado citosólico da membrana plasmática, onde ela consegue interagir com o DAG associado à membrana (ver Figura 15-36a, etapas **5** e **6**). A ativação da proteína-cinase C, portanto, depende de um aumento tanto dos íons Ca^{2+} quanto do DAG, sugerindo uma interação entre duas partes da via IP_3/DAG.

A ativação da proteína-cinase C em diferentes células resulta em uma série variada de respostas celulares, indicando que ela possa ter um papel fundamental em muitos aspectos do crescimento celular e no metabolismo. Nas células do fígado, por exemplo, a proteína-cinase C ajuda a regulação do metabolismo do glicogênio, fosforilando e, assim, inibindo a glicogênio sintase. A proteína-cinase C também fosforila vários fatores de transcrição que, em algumas células, ativam genes necessários para a divisão celular.

ANIMAÇÃO EM FOCO: Segundos mensageiros nas vias de sinalização

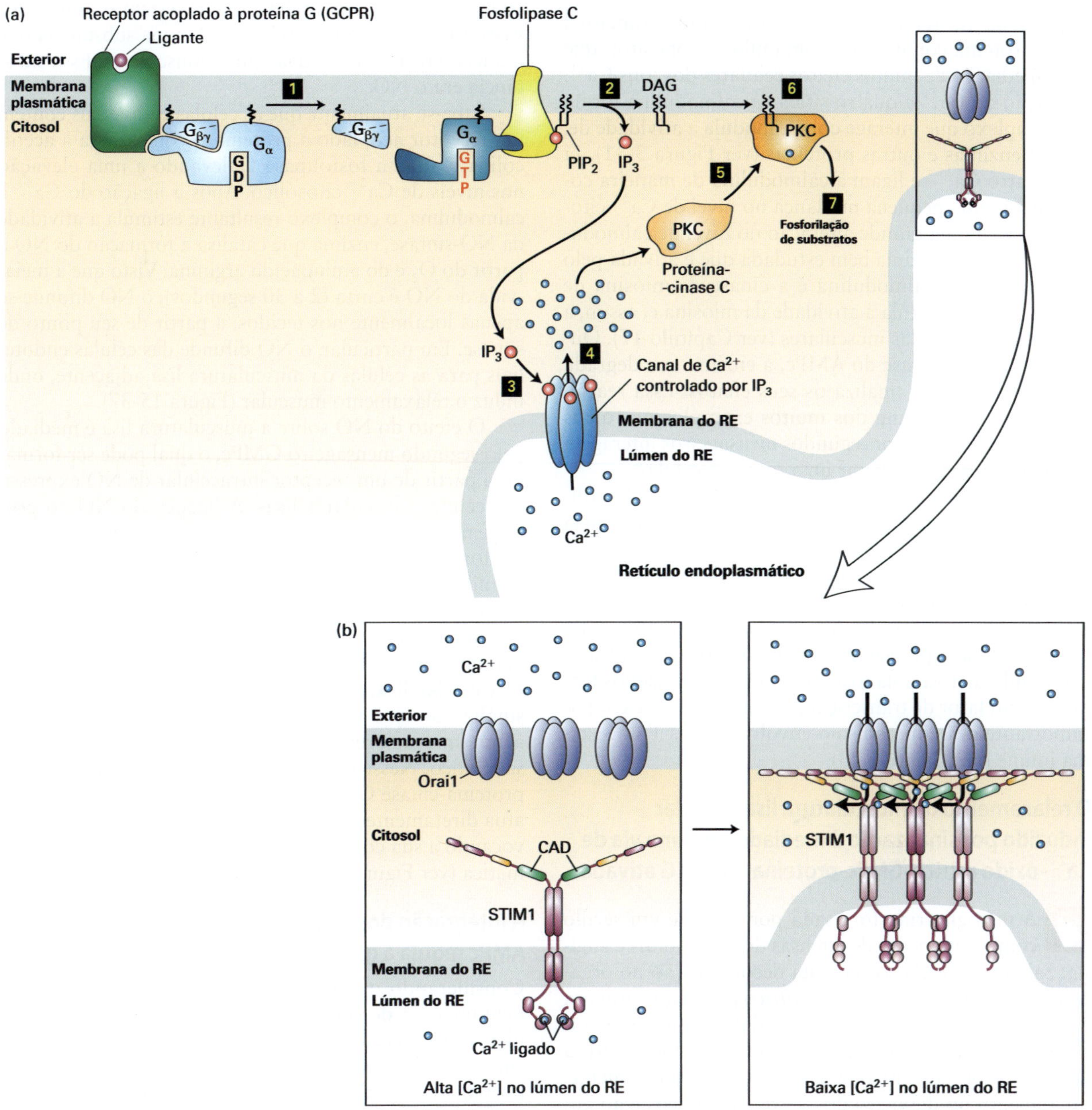

FIGURA 15-36 A via IP_3/DAG e a elevação do Ca^{2+} citosólico. (a) Abertura dos canais de Ca^{2+} do retículo endoplasmático. Esta via pode ser iniciada pela ligação do ligante a GPCR que ativam a subunidade alfa $G_{\alpha o}$ ou $G_{\alpha q}$, levando à ativação da fosfolipase C (etapa **1**). A clivagem do PIP_2 pela fosfolipase C dá origem a IP_3 e a DAG (etapa **2**). Após sua difusão pelo citosol, o IP_3 interage com os canais de Ca^{2+} na membrana do retículo endoplasmático, abrindo-os (etapa **3**), provocando a liberação dos íons Ca^{2+} estocados para o citosol (etapa **4**). Uma das várias respostas celulares induzidas por uma elevação do Ca^{2+} citosólico é o recrutamento da proteína cinase C (PKC) para a membrana plasmática (etapa **5**), onde será ativada pela DAG (etapa **6**). A cinase ativada pode fosforilar diversas enzimas e receptores celulares, alterando, deste modo, suas atividades (etapa **7**). (b) Abertura dos canais de Ca^{2+} da membrana plasmática. *Esquerda*: na célula em repouso, os níveis de Ca^{2+} no lúmen do retículo endoplasmático são altos, e os íons Ca^{2+} (círculos azuis) se ligam aos domínios EF das proteínas transmembranas STIM. *Direita*: conforme os estoques de Ca^{2+} são depletados do retículo endoplasmático e os íons Ca^{2+} se dissociam dos domínios EF, as STIM sofrem oligomerização e realocação em áreas da membrana do RE próximas à membrana plasmática. Lá, os domínios CRAC ativadores de STIM (CAD, verde) se ligam e causam abertura de Orai1, os canais de Ca^{2+} operados por estoque na membrana plasmática, permitindo o influxo de Ca^{2+} extracelular. (Adaptada de J. W. Putney, 1999, *Proc. Nat'l. Acad. Sci. USA* **96:**14669; Y. Zhou, 2010, *Proc. Nat'l. Acad. Sci. USA* **107:**4896 e M. Cahalan, 2010, *Science* **130:**43.)

O complexo Ca^{2+}-calmodulina faz a mediação de muitas respostas celulares a sinais externos

A pequena proteína citosólica calmodulina funciona como proteína comutadora com muitos propósitos, que faz a mediação de muitos efeitos celulares dos íons Ca^{2+}. A ligação do Ca^{2+} a quatro sítios da calmodulina forma um complexo que interage com, e modula a atividade de, muitas enzimas e outras proteínas (ver Figura 3-31). Já que quatro Ca^{2+} se ligam à calmodulina de maneira cooperativa, uma pequena mudança no nível de Ca^{2+} citosólico leva a uma grande alteração no nível de calmodulina ativa. Uma enzima bem estudada que é ativada pelo complexo Ca^{2+}-calmodulina é a cinase de miosina de cadeia leve, que regula a atividade da miosina e, assim, a contração das células musculares (ver Capítulo 17). Outra é a fosfodiesterase do AMPc, a enzima que degrada AMPc a 5'-AMP e finaliza os seus efeitos. Essa reação liga Ca^{2+} e AMPc, um dos muitos exemplos nos quais duas vias mediadas por segundos mensageiros interagem em fina sintonia para gerar uma resposta celular.

Em muitas células, o aumento do Ca^{2+} citosólico após a sinalização do receptor via IP_3 gerado pela fosfolipase C leva à ativação de fatores de transcrição específicos. Em alguns casos, Ca^{2+}-calmodulina ativa proteínas-cinases que, por sua vez, fosforilam fatores de transcrição, modificando, desta forma, as suas atividades e regulando a expressão gênica. Em outros casos, Ca^{2+}-calmodulina ativa uma fosfatase que remove grupos fosfato de um fator de transcrição, ativando-o. Um exemplo importante desse mecanismo envolve células T do sistema imune (ver Capítulo 23).

O relaxamento da musculatura lisa vascular induzido por sinalização é mediado por uma via de Ca^{2+}-óxido nítrico-GMPc-proteína-cinase G ativada

A nitroglicerina foi usada por mais de um século como tratamento de intensas dores peitorais e angina. Sabia-se que ela sofria lenta decomposição no organismo, dando origem ao *óxido nítrico (NO)*, que provoca o relaxamento das células da musculatura lisa que envolve os vasos sanguíneos que "alimentam" a musculatura cardíaca propriamente dita, levando, consequentemente, ao aumento no diâmetro dos vasos sanguíneos e ao aumento do fluxo de sangue que transporta oxigênio à musculatura cardíaca. Uma das mais intrigantes descobertas da medicina moderna é que o NO, gás tóxico presente na descarga dos automóveis é, na verdade, uma molécula natural de sinalização. ■

A comprovação definitiva da função do NO na indução do relaxamento da musculatura lisa adveio de uma série de análises nas quais foi adicionada acetilcolina às preparações experimentais de células musculares lisas que envolvem os vasos sanguíneos. A aplicação direta de acetilcolina nessas células causou sua contração, efeito esperado da acetilcolina nessas células musculares. No entanto, a adição de acetilcolina ao lúmen de pequenos vasos sanguíneos isolados provocou o relaxamento da musculatura lisa adjacente, em vez de contração. Estudos posteriores mostraram que, em resposta à acetilcolina, as células endoteliais que revestem o lúmen dos vasos sanguíneos estavam liberando uma substância que induzia o relaxamento das células musculares. Essa substância era o NO.

Sabe-se atualmente que as células endoteliais contêm um receptor acoplado à proteína G_o que se liga à acetilcolina e ativa a fosfolipase C, levando a uma elevação nos níveis de Ca^{2+} citosólico. Após a ligação do Ca^{2+} à calmodulina, o complexo resultante estimula a atividade da NO-sintase, enzima que catalisa a formação do NO a partir do O_2 e do aminoácido arginina. Visto que a meia-vida do NO é curta (2 a 30 segundos), o NO difunde-se apenas localmente nos tecidos, a partir de seu ponto de síntese. Em particular, o NO difunde das células endoteliais para as células da musculatura lisa adjacente, onde induz o relaxamento muscular (Figura 15-37).

O efeito do NO sobre a musculatura lisa é mediado pelo segundo mensageiro GMPc, o qual pode ser formado a partir de um receptor intracelular de NO expresso nas células musculares lisas. A ligação do NO ao grupamento heme nesse receptor provoca uma alteração conformacional que aumenta a atividade intrínseca da guanilil-ciclase, ocasionando elevação no nível citosólico de GMPc. A maioria dos efeitos do GMPc é mediada por uma proteína cinase dependente de GMPc, também denominada **proteína-cinase G (PKG)**. Na musculatura vascular lisa, a proteína cinase G ativa uma via de sinalização que resulta em inibição de um complexo actina-miosina, relaxamento celular e dilatação do vaso sanguíneo. Nesse caso, o GMPc atua indiretamente, via proteína-cinase G, ao passo que nos bastonetes o GMPc atua diretamente, ligando-se aos canais catiônicos e provocando a sua consequente abertura na membrana plasmática (ver Figura 15-23).

A integração dos segundos mensageiros Ca^{2+} e AMPc regula a glicogenólise

Considerando que nenhuma célula vive isoladamente, nenhuma via de sinalização intracelular funciona sozinha. Todas as células constantemente recebem múltiplos sinais do seu ambiente, incluindo alterações nos níveis hormonais, metabólitos e gases, como o NO e o oxigênio; esses sinais devem ser integrados. A quebra de glicogênio em glicose (glicogenólise) fornece um excelente exemplo de como as células conseguem integrar as suas respostas a mais de um sinal. Conforme foi discutido na Seção 15.5, o estímulo da epinefrina nas células musculares e nos hepatócitos leva ao aumento no segundo mensageiro AMPc, que promove a quebra do glicogênio (Figura 15-31a). Nas células musculares e hepáticas, outros segundos mensageiros também produzem a mesma resposta celular.

Em células musculares, o estímulo por impulsos nervosos causa a liberação de íons Ca^{2+} do retículo sarcoplásmico e um aumento na concentração citosólica de Ca^{2+}, que leva à contração muscular. O aumento no Ca^{2+} citosólico também ativa a glicogênio fosforilase ci-

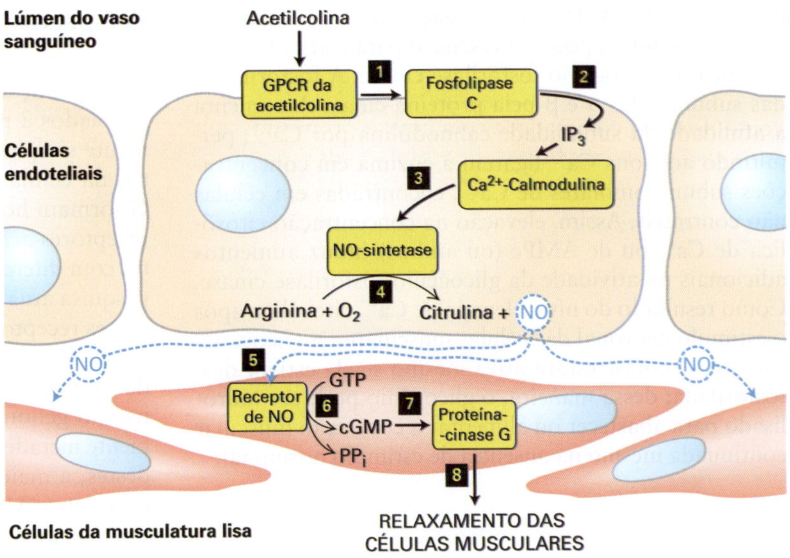

FIGURA 15-37 A via do Ca^{2+}/óxido nítrico (NO)/GMPc e o relaxamento da musculatura arterial lisa. O óxido nítrico é sintetizado nas células endoteliais em resposta à ativação de GPCR por acetilcolina e à posterior elevação do Ca^{2+} citosólico (etapas **1** a **4**). O NO difunde localmente por meio dos tecidos e ativa um receptor intracelular de NO que apresenta atividade guanilil-ciclase sobre as células musculares lisas adjacentes **5**. A consequente elevação do GMPc **6** conduz à ativação da proteína-cinase G **7**, levando ao relaxamento da musculatura e, dessa forma, à vasodilatação **8**. PP_i = pirofosfato. (C. S. Lowenstein et al., 1994, *Ann. Intern. Med.* **120:**227.)

nase (GPK), estimulando a degradação de glicogênio em glicose-1-fosfato, que alimenta a contração prolongada. Lembremos que a fosforilação pela proteína-cinase A dependente de AMPc também ativa a glicogênio fosforilase cinase (Figura 15-31). Assim, essa enzima regulatória fundamental na glicogenólise está sujeita à regulação neural e hormonal no músculo (Figura 15-38a).

Nos hepatócitos, a ativação da proteína efetora fosfolipase C, induzida por hormônios, também regula a quebra do glicogênio, gerando os segundos mensageiros DAG e IP_3. Como visto recentemente, o IP_3 induz um aumento no Ca^{2+} citosólico, que ativa a glicogênio fosforilase cinase, como nas células musculares, levando à degradação do glicogênio. Além disso, o efeito combinado de DAG e Ca^{2+} aumentado ativa a proteína-cinase C (ver Figura 15-36). Essa cinase pode fosforilar a glicogênio sintase, inibindo a enzima e reduzindo a taxa de síntese de glicogênio. Nesse caso, múltiplas vias de transdução de sinal intracelulares são ativadas pelo mesmo sinal (Figura 15-38b).

A regulação dupla da glicogênio fosforilase cinase por meio de Ca^{2+} e proteína-cinase A nas células musculares e hepáticas resulta da estrutura em subunidade multimérica $(\alpha\beta\gamma\delta)_4$. A subunidade γ é a enzima catalítica; as subunidades regulatórias α e β, semelhantes estruturalmente, são fosforiladas pela proteína-cinase A; a subunidade δ é o sensor de cálcio, calmodulina. A glicogênio fosforilase cinase possui sua atividade maximizada quando íons Ca^{2+} estiverem ligados à subunidade calmodulina e a subunidade α tiver sido fosforilada pela

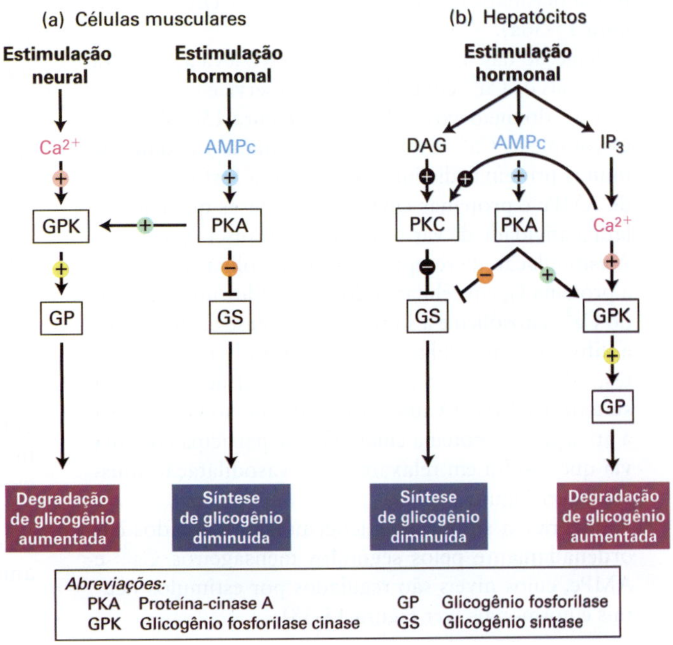

FIGURA 15-38 Regulação integrada da glicogenólise por meio de Ca^{2+} e as vias AMPc/PKA. (a) O estímulo neuronal das células musculares estriadas ou a ligação de epinefrina a receptores β-adrenérgicos nas suas superfícies leva a concentrações citosólicas aumentadas dos segundos mensageiros Ca^{2+} e AMPc, respectivamente. A enzima regulatória essencial, a glicogênio fosforilase cinase (GPK), é ativada pela ligação de íons Ca^{2+} e pela fosforilação da proteína-cinase A (PKA) dependente de AMPc. (b) Nas células hepáticas, o estímulo hormonal a receptores β-adrenérgicos leva a concentrações citosólicas aumentadas de AMPc e a dois outros segundos mensageiros, diacilglicerol (DAG) e inositol 1,4,5-trifosfato (IP_3). As enzimas estão destacadas em quadrados brancos. (+) = ativação da atividade enzimática; (-) = inibição.

proteína-cinase A. De fato, a ligação do Ca^{2+} à subunidade calmodulina pode ser essencial para a atividade enzimática da glicogênio fosforilase-cinase. A fosforilação das subunidades α e β pela proteína-cinase A aumenta a afinidade da subunidade calmodulina por Ca^{2+}, permitindo aos íons Ca^{2+} ligarem à enzima em concentrações submicromolares de Ca^{2+}, encontradas em células não contráteis. Assim, elevação na concentração citosólica de Ca^{2+} ou de AMPc (ou ambos) induz aumentos adicionais na atividade da glicogênio fosforilase-cinase. Como resultado do nível elevado de Ca^{2+} citosólico após o estímulo neuronal das células musculares, a glicogênio fosforilase cinase estará ativa mesmo se ela estiver desfosforilada; dessa maneira, o glicogênio pode ser hidrolisado para abastecer ou alimentar a contração muscular continuada mesmo na ausência de estímulo hormonal.

CONCEITOS-CHAVE da Seção 15.6

Receptores acoplados à proteína G que causam elevações no Ca^{2+} citosólico

- Um pequeno aumento no Ca^{2+} citosólico induz uma variedade de respostas em diferentes células, incluindo a secreção hormonal, contração muscular e agregação plaquetária (ver Tabela 15-3).
- Muitos hormônios se ligam a GPCRs acoplados a proteínas G contendo uma subunidade $G_{\alpha o}$ ou $G_{\alpha q}$. A proteína efetora ativada por $G_{\alpha o}$ ou $G_{\alpha q}$ ligado a GTP é a enzima fosfolipase C.
- A fosfolipase C cliva um fosfolipídeo conhecido como PIP_2, produzindo dois segundos mensageiros: IP_3, difusível, e DAG, ligado à membrana (ver Figura 15-35).
- O IP_3 causa a abertura de canais de Ca^{2+} controlados por IP_3 no retículo endoplasmático e a elevação do Ca^{2+} citosólico livre. Em resposta ao Ca^{2+} citosólico elevado, a proteína-cinase C é recrutada para a membrana plasmática, onde ela é ativada por DAG (ver Figura 15-36a).
- A depleção das reservas de Ca^{2+} do RE leva à abertura de canais de Ca^{2+} controlados por reserva e um influxo de Ca^{2+} do meio extracelular (ver Figura 15-36b).
- O complexo Ca^{2+}-calmodulina regula a atividade de muitas proteínas distintas, incluindo a fosfodiesterase de AMPc e proteínas-cinases e fosfatases que controlam a atividade de vários fatores de transcrição.
- A estimulação de receptores de acetilcolina, acoplados à proteína G, em células endoteliais induz um aumento no Ca^{2+} citosólico e a subsequente síntese de NO. Após a difusão pelas células da musculatura lisa circundantes, o NO ativa uma guanilil-ciclase intracelular para sintetizar GMPc. O aumento resultante no GMPc leva à ativação da proteína cinase G, que participa em uma via que resulta em relaxamento e vasodilatação muscular (ver Figura 15-37).
- A quebra e a síntese do glicogênio são regulados coordenadamente pelos segundos mensageiros Ca^{2+} e AMPc, cujos níveis são regulados por estímulos neurais e hormonais (ver Figura 15-38).

Perspectivas

Neste capítulo, foram abordadas principalmente as vias de transdução de sinal ativadas por receptores únicos acoplados à proteína G. Entretanto, essas vias relativamente simples preveem a situação mais complexa dentro da célula. Muitos receptores acoplados à proteína G formam homodímeros ou heterodímeros com outros receptores acoplados à proteína G que se ligam a ligantes com diferentes especificidades e afinidades. Muito da pesquisa atual é com o objetivo de determinar as funções desses receptores diméricos no corpo.

Com cerca de 900 membros, os receptores acoplados à proteína G representam a maior família de proteínas no genoma humano. Acredita-se que aproximadamente metade desses genes codifique receptores sensores; destes, a maioria são do sistema olfatório e se ligam a odorantes. Muitos receptores proteínas G restantes em que o ligante natural não foi identificado são chamados de *GPCRs órfãos* – ou seja, supostos GPCRs sem ligantes conhecidos. Provavelmente, muitos desses receptores órfãos ligam-se a moléculas sinalizadoras não identificadas até agora, incluindo novos hormônios peptídicos. Os receptores acoplados à proteína G já abrangem os alvos de mais de 30% de todos os fármacos aprovados e, nesse contexto, os GPCRs representam interessantes candidatos para a área de descobrimento de novos fármacos pela indústria farmacêutica.

Uma estratégia que tem sido empregada na identificação de ligantes para GPCRs órfãos envolve a expressão dos genes desses receptores em células transfectadas e o seu uso como sistema para detectar substâncias em extratos de tecidos que ativam vias de transdução de sinal nessas células. Essa estratégia já resultou em percepções muito relevantes para o entendimento do comportamento humano. Como exemplo, podem ser citados dois novos peptídeos denominados orexina-A e orexina-B (do grego *orexis*, apetite) que foram identificados como ligantes de dois GPCRs órfãos. Experimentos adicionais demonstraram que o gene *orexin* é expresso somente no hipotálamo, a parte do cérebro que regula a alimentação. Injeções de orexina nos ventrículos cerebrais levaram os animais a comerem mais, e a expressão do gene *orexin* aumentou significativamente durante o jejum. Esses achados são consistentes com o papel da orexina em aumentar o apetite. Notavelmente, camundongos deficientes de orexina sofrem de narcolepsia, distúrbio caracterizado em humanos por causar sonolência diurna (nos camundongos, sonolência noturna). Além disso, estudos mais recentes sugerem que o sistema orexina não é funcional na maioria dos pacientes humanos com narcolepsia: peptídeos orexina não são detectados no líquido cerebrospinal (embora não existam evidências de mutações nos genes *orexin*). Essas observações associam claramente os neuropeptídeos orexina e os seus receptores ao comportamento alimentar e do sono, em animais e humanos.

Mais recentemente, um novo neuropeptídeo, o neuropeptídeo S, foi identificado como ligante de outro

GPCR previamente órfão. Os pesquisadores demonstraram que este neuropeptídeo modula uma série de funções biológicas, incluindo a ansiedade, excitação, locomoção e memória. Podemos imaginar que faltam ser descobertos outros peptídeos e hormônios pequenos, e o que os resultados dos estudos dessas moléculas irão gerar para a nossa compreensão do metabolismo, crescimentos e comportamento humanos.

Termos-chave

adenilil-ciclase 694
agonistas 685
AMP cíclico (AMPc) 682
amplificação de sinal 683
antagonistas 685
arrestina 699
autócrina 678
calmodulina 682
dessensibilização 687
endócrina 677
ensaio de competição 685
epinefrina 685
fosfatase 679
fosfolipase C (PLC) 710
glicogenólise 702
glucagon 702
hormônios 675
óxido nítrico 711
parácrina 677
proteína-cinase A (PKA) 703
proteínas-cinases C (PKC) 712
proteína-cinase G (PKG) 714
proteínas G triméricas 681
cinase 679
receptores β-adrenérgicos 690
receptores acoplados à proteína G (GPCRs) 676
receptores muscarínicos de acetilcolina 696
rodopsina 699
segundos mensageiros 676
superfamília GTPase 680
transducina 696
transdução de sinal 676
via IP_3/DAG 711

Revisão dos conceitos

1. Quais as características comuns que são compartilhadas pela maioria dos sistemas de sinalização celular?
2. A sinalização feita por moléculas extracelulares solúveis pode ser classificada em três tipos: endócrina, parácrina e autócrina. Descreva as diferenças entre esses três métodos de sinalização celular. O hormônio do crescimento é secretado na pituitária, que está localizada na base do cérebro, e atua por meio de receptores para o hormônio do crescimento localizado no fígado. Esse é um exemplo de sinalização endócrina, parácrina ou autócrina? Por quê?
3. Um ligante se liga a dois diferentes receptores com um valor de K_d de 10^{-7} M, no caso do receptor 1, e um valor de K_d de 10^{-9} M, no caso do receptor 2. Em relação a qual dos receptores o ligante apresenta maior afinidade? Calcule a fração de receptores que possuem um ligante associado ($[RL]/R_T$) tanto para ligante com receptor 1 quanto para ligante com receptor 2, se a concentração de ligante livre é 10^{-8} M.
4. Para compreender como uma via de sinalização funciona, é usado, com frequência, o isolamento de receptores de superfície celular e a medida da atividade de proteínas efetoras sob condições diferentes. Como pode ser utilizada a cromatografia de afinidade para isolar receptores de superfície celular? Com qual técnica pode-se medir a quantidade de proteína G ativada (a forma ligada ao GTP) em células estimuladas por ligantes? Descreva a abordagem que você utilizaria.
5. Como receptores acoplados à proteína G com sete domínios transmembranas transmitem um sinal através da membrana plasmática? Na sua resposta, inclua as mudanças conformacionais que ocorrem no receptor em resposta à ligação do ligante.
6. As proteínas G triméricas de transdução de sinal são compostas por três subunidades designadas α, β e γ. A subunidade G_α é uma proteína comutadora GTPase que oscila entre um estado ativo e um estado inativo, dependendo de sua ligação ao GTP ou ao GDP. Revise as etapas para a ativação induzida por ligante de uma proteína efetora mediada pelo complexo da proteína G trimérica. Suponha que você tenha isolado uma subunidade G_α mutante que apresenta uma atividade GTPase aumentada. Qual o efeito desse mutante sobre a proteína G e sobre a proteína efetora?
7. Explique como FRET poderia ser usado para monitorar a associação entre $G_{\alpha s}$ e adenilil-ciclase após a ativação do receptor de epinefrina.
8. Quais dos seguintes passos amplifica a resposta ao sinal da epinefrina nas células: a ativação da proteína G por receptores, a ativação da adenilil-ciclase (AC) pela proteína G, a ativação da PKA pelo AMPc ou a fosforilação da glicogênio fosforilase-cinase (GPK) pela PKA? Qual mudança irá gerar um efeito maior na amplificação de sinal: aumento no número de receptores de epinefrina ou aumento no número de proteínas $G_{\alpha s}$?
9. A toxina do cólera, produzida pela bactéria *Vibrio cholera*, causa diarreia nos indivíduos infectados. Qual é a base molecular para esse efeito causado por essa toxina?
10. Tanto a rodopsina na visão quanto o sistema de receptores muscarínicos de acetilcolina no músculo cardíaco estão acoplados a canais iônicos via proteínas G. Descreva as similaridades e as diferenças entre esses dois sistemas.
11. A epinefrina se liga tanto a receptores β-adrenérgicos quanto α-adrenérgicos. Descreva as ações opostas sobre a proteína efetora, adenilil-ciclase, provocadas pela ligação da epinefrina a esses dois tipos de receptores. Descreva o efeito da adição de um antagonista do receptor β-adrenérgico sobre a atividade da adenilil-ciclase.
12. No fígado e nas células musculares, a estimulação da via do AMPc causada pela epinefrina ativa a quebra de glicogênio e a inibição da síntese de glicogênio, enquanto no tecido adiposo a epinefrina ativa a hidrólise de triglicerídeos e, em outras células, causa uma variedade de outras respostas. Qual eta-

pa das vias de sinalização do AMPc nessas células especifica a resposta celular?

13. A exposição contínua de um receptor acoplado à proteína $G_{\alpha S}$ ao seu ligante leva a um fenômeno conhecido como dessensibilização. Descreva alguns mecanismos moleculares para a dessensibilização dos receptores. Como um receptor pode readquirir seu estado original de sensibilidade? Qual efeito teria sobre uma célula um receptor mutante que não apresentasse sítios de fosforilação serina ou treonina?
14. Qual é a função de proteínas associadas à cinase A (AKAPs)? Descreva como as AKAPs funcionam nas células musculares do coração.
15. O inositol 1,4,5-trifosfato (IP_3) e o diacilglicerol (DAG) são moléculas que atuam como segundos mensageiros derivadas da clivagem do fosfoinositídeo PIP_2 (fosfatidilinositol 4,5-bifosfato) pela fosfolipase C ativada. Descreva o papel do IP_3 na liberação de Ca^{2+} do retículo endoplasmático. Como as células repõem os estoques de Ca^{2+} do retículo endoplasmático? Qual é a principal função do DAG?
16. No Capítulo 3, o K_d do domínio EF da calmodulina para a ligação do Ca^{2+} é descrito como aproximadamente 10^{-6} M. Muitas proteínas têm afinidade muito maior pelos seus respectivos ligantes. Por que a afinidade específica da calmodulina é importante para o processo de sinalização por Ca^{2+}, tal como aquele iniciado pela produção de IP_3?
17. A maioria das respostas fisiológicas de curta duração das células ao AMPc é mediada pela ativação da PKA. O GMPc é outro segundo mensageiro comum. Quais são os alvos do GMPc nos bastonetes e nas células da musculatura lisa?

Análise dos dados

1. Mutações em proteínas G triméricas podem provocar diversas doenças nos humanos. Os pacientes com acromegalia muitas vezes apresentam tumores da pituitária que secretam em excesso um hormônio pituitário denominado hormônio do crescimento (GH). O hormônio de liberação do GH (GHRH) estimula a liberação do GH na pituitária por meio de ligação aos receptores do GHRH e a estimulação da adenilil-ciclase. Pesquisadores objetivavam saber se mutações na $G_{\alpha S}$ tinham algum papel nessa condição. A clonagem e o sequenciamento dos tipos selvagem e mutante do gene $G_{\alpha S}$ proveniente de indivíduos normais e de pacientes com tumor da pituitária revelaram uma mutação não sinônima na sequência do gene $G_{\alpha S}$.
   a. Para investigar o efeito da mutação sobre a atividade do $G_{\alpha S}$, os DNAcs de $G_{\alpha S}$ dos tipos selvagem e mutante foram transfectados em células sem o gene $G_{\alpha S}$. Essas células expressam um receptor β_2-adrenérgico que pode ser ativado pelo isoproterenol, um agonista do receptor β_2-adrenérgico. Foram isoladas membranas das células transfectadas e elas foram testadas quanto à atividade adenilil-ciclase na presença do GTP ou do GTP-γS, um análogo do GTP resistente à hidrólise. Com base na seguinte figura, o que você pode concluir sobre o efeito da mutação na atividade do $G_{\alpha S}$ na presença apenas do GTP em comparação com a presença apenas de GTP-γS ou de GTP mais isoproterenol (iso)?

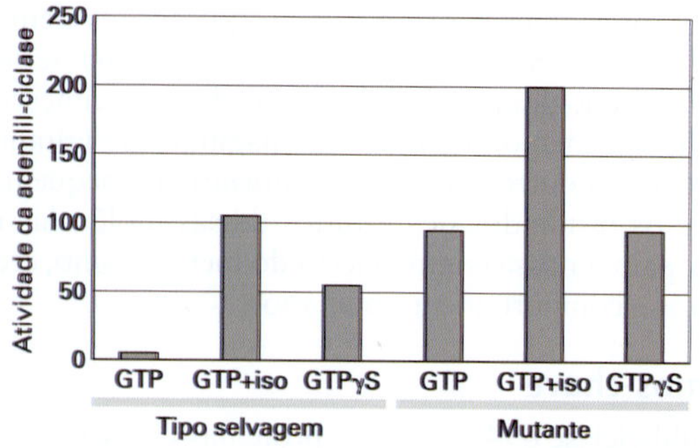

   b. Nas células transfectadas descritas na questão a, como você esperaria que estivessem os níveis do AMPc em células transfectadas com o $G_{\alpha S}$ tipo selvagem e em células transfectadas com o $G_{\alpha S}$ mutante? Que efeito isso deve ocasionar sobre as células?
   c. Para melhor caracterizar o defeito molecular causado por essa mutação, a atividade GTPase intrínseca presente tanto no $G_{\alpha S}$ tipo selvagem quanto no mutante foi testada. Os testes da atividade GTPase mostraram que a mutação reduzia a $K_{cat\text{-}GTP}$ (taxa constante de catálise para hidrólise do GTP) de um valor no tipo selvagem igual a 4,1 min^{-1} para 0,1 min^{-1} no mutante. O que você conclui sobre o efeito da mutação na atividade GTPase presente na subunidade $G_{\alpha S}$ mutante? Como esses resultados de GTPase explicam os resultados da adenilil-ciclase apresentados em a?
2. A fosforilação de uma proteína pode influenciar a sua habilidade de interagir com outras proteínas. Essas interações entre proteínas têm um papel fundamental nas vias de transdução de sinal e podem ser identificadas usando diversas técnicas, incluindo transferência de energia fluorescente (ver Figura 15-18). A proteína-cinase A (PKA) tem muitos substratos; um deles é a glicogênio fosforilase cinase, que possui estrutura multimérica $(\alpha\beta\gamma\delta)_4$ contendo duas subunidades regulatórias (α e β), a subunidade catalítica γ e a subunidade sensora de cálcio δ.
   a. Você está usando a transferência de energia fluorescente para investigar as interações da PKA com a glicogênio fosforilase-cinase e tem construtos fusionados de cDNA clonados para três das quatro subunidades diferentes (β, γ e δ), todos contendo uma cauda fluorescente que, quando expressa, excita a 480 nm e emite a fluo-

rescência a 535 nm. Você também possui cDNA codificando o domínio catalítico da PKA fusionado a uma cauda que, quando expressa, excita a 440 nm e emite a 480 nm. No ensaio, se a proteína de fusão PKA interagir com um ou mais dos substratos da glicogênio fosforilase-cinase ligada, a transferência de energia da cauda da PKA excita uma cauda no substrato, levando-o a emitir fluorescência a 535 nm, e isso pode ser detectado.

Células do fígado são transfectadas com somente um construto de PKA fusionada (controle) ou com o construto da PKA de fusão mais um dos três construtos da glicogênio fosforilase-cinase e, a seguir, são tratadas com epinefrina. A emissão de fluorescência a 535 nm, resultante dos quatro experimentos de transfecção, repetidos três diferentes vezes, estão mostrados no gráfico a seguir. Rotule as quatro barras no gráfico, mostrando a emissão da PKA por si própria, PKA mais a subunidade γ, PKA mais a subunidade β e PKA mais a subunidade δ. Explique porque existe apenas um grande pico e porque os valores representados pelas outras três barras não são significantemente diferentes uns dos outros.

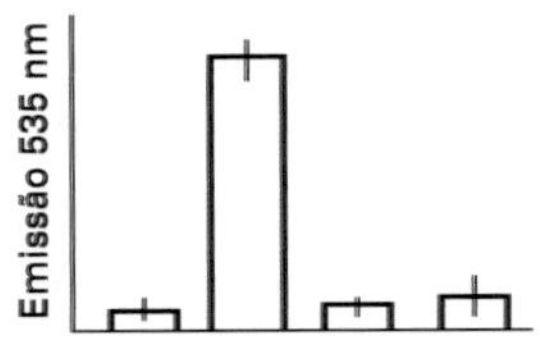

b. Quais das combinações acima produziriam emissão a 535 nm se o experimento fosse repetido com, em vez de epinefrina, dibutiril-AMPc, que atravessa livremente a membrana plasmática?

c. Como descrito acima, existem duas subunidades regulatórias da glicogênio fosforilase cinase, ambas sujeitas a modificações pós-traducionais. Se o gene codificante da subunidade α tivesse mutações por meio das quais, durante a tradução, todos os resíduos serina, treonina e tirosinas fossem convertidos em outros aminoácidos, como isso afetaria a subunidade sensora de cálcio da glicogênio fosforilase-cinase? A atividade de glicogênio fosforilase-cinase em células tratadas com epinefrina é mostrada no próximo gráfico.

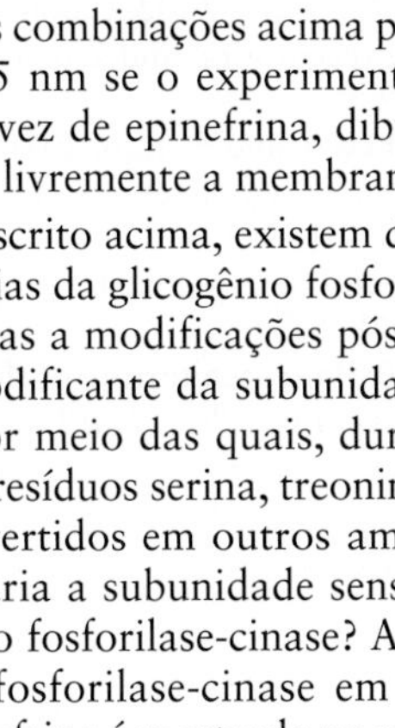

Desenhe como a atividade seria semelhante em comparação com células tratadas com epinefrina expressando a subunidade α contendo as mutações descritas acima.

3. O AMPc é um segundo mensageiro que regula muitas funções celulares diferentes. No lúmen intestinal, o AMPc é responsável pela manutenção dos eletrólitos e pelo balanço de água. Algumas toxinas bacterianas, incluindo aquela produzida pelo *Vibrio cholera*, podem alterar os níveis de AMPc, levando à desidratação severa.

   a. Considerando os seus conhecimentos acerca do mecanismo da toxina de *Vibrio cholera*, analise o gráfico a seguir e mostre as concentrações de AMPc em (1) células epiteliais intestinais normais com um agonista GPCR para ativar $G_{\alpha S}$ e (2) células tratadas com a toxina da cólera estimuladas com o mesmo agonista de GPCR. Explique como você chegou a essas conclusões.

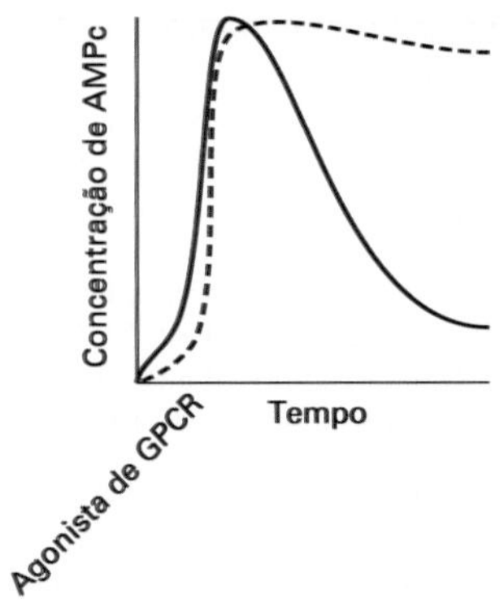

   b. Você esperaria níveis mais altos ou mais baixos de PKA em células tratadas com a toxina da cólera? Explique como você chegou a essas conclusões.

Referências

Transdução de sinal: do sinal extracelular à resposta celular

Cabrera-Vera, T. M., et al. 2003. Insights into G protein structure, function, and regulation. *Endocr. Rev.* **24**:765–781.

Grecco, H., M. Schmick, and P. Bastiaens. 2011. Signaling from the living plasma membrane. *Cell* **144**:897–909.

Kornev, A., and S. S. Taylor. 2010. Defining the conserved internal architecture of a protein kinase. *Biochim. Biophys. Acta* **1804**:440–444.

Manning, G., et al. 2002. Evolution of protein kinase signaling from yeast to man. *Trends Biochem. Sci.* **27**:514–520.

Manning, G., et al. 2002. The protein kinase complement of the human genome. *Science* **298**:1912–1934.

Taylor, S. S., and A. Kornev. 2011. Protein kinases: evolution of dynamic regulatory proteins. *Trends Biochem. Sci.* **36**:65–77.

Vetter, I. R., and A. Wittinghofer. 2001. The guanine nucleotide-binding switch in three dimensions. *Science* **294**:1299–1304.

Estudando receptores de superfície celular e proteínas de transdução de sinal

Gross, A., and H. F. Lodish. 2006. Cellular trafficking and degradation of erythropoietin and NESP. *J. Biol. Chem.* **281:** 2024–2032.

Lauffenburger, D., and J. Linderman. 1993. Receptors: models for binding, trafficking, and signaling. New York: Oxford University Press.

Selinger, Z. 2008. Discovery of G protein signaling. *Ann. Rev. Biochem.* **77:**1–13.

Tarrant, M., and P. Cole. 2009. The chemical biology of protein phosphorylation. *Ann. Rev. Biochem.* **78:**797–825.

Receptores acoplados à proteína G: estrutura e mecanismo

Birnbaumer, L. 2007. The discovery of signal transduction by G proteins: a personal account and an overview of the initial findings and contributions that led to our present understanding. *Biochim. Biophys. Acta* **1768:**756–771.

Oldham, W. M., and H. E. Hamm. 2008. Heterotrimeric G protein activation by G-protein-coupled receptors. *Nat. Rev. Mol. Cell Biol.* **9:**60–71.

Rosenbaum, D., S. Rasmussen, and B. Kobilka. 2008. The structure and function of G-protein-coupled receptors *Nature* **459:**356–363.

Schwartz, T., and W. Hubbell. 2008. Structural biology: a moving story of receptors. *Nature* **454:**473.

Sprang, S. 2011. Cell signaling: binding the receptor at both ends. *Nature* **469:**172–173.

Tesmer, J. 2010. The quest to understand heterotrimeric G protein signalling. *Nat. Struct. Mol. Biol.* **17:**650–652.

Warne, T., et. al. 2008 Structure of a β1-adrenergic G-protein-coupled receptor. *Nature* **454:** 486–491.

Receptores acoplados à proteína G que regulam canais iônicos

Burns, M., and V. Arshavsky. 2005. Beyond counting photons: trials and trends in vertebrate visual transduction. *Neuron* **48:**387–401.

Calvert, P., et al. 2006. Light-driven translocation of signaling proteins in vertebrate photoreceptors. *Trends Cell Biol.* **16:**560–568.

Hofmann, K. P., et al. 2009. A G protein-coupled receptor at work: the rhodopsin model. *Trends Biochem. Sci.* **34:**540–552.

Smith, S. O. 2010. Structure and activation of the visual pigment rhodopsin. *Ann. Rev. Biophys.* **39:**309–328.

Receptores acoplados à proteína G que ativam ou inibem a adenilil-ciclase

Agius, L. 2010. Physiological control of liver glycogen metabolism: lessons from novel glycogen phosphorylase inhibitors. *Mini-Rev. Med. Chem.* **10:**1175–1187.

Carnegie, G., C. Means, and J. Scott. 2009. A-kinase anchoring proteins: from protein complexes to physiology and disease. *IUBMB Life* **61**(4):394–406.

Dessauer, C. 2009. Adenylyl cyclase–A-kinase anchoring protein complexes: the next dimension in cAMP signaling. *Mol. Pharmacol.* **76:**935–941.

DeWire, S., et al. 2007. j-Arrestins and cell signaling. *Ann. Rev. Physiol.* **69:**483–510. Johnson, L. N. 1992. Glycogen phosphorylase: control by phosphorylation and allosteric effectors. *FASEB J.* **6:**2274–2282.

Lefkowitz, R. J., and S. K. Shenoy. 2005. Transduction of receptor signals by β-arrestins. *Science* **308:**512–517.

Rajagopal, S., K. Rajagopal, and R. J. Lefkowitz. 2010. Teaching old receptors new tricks: biasing seven-transmembrane receptors. *Nat. Rev. Drug Discov.* **9:**373–386.

Somsak, L., et al. 2008. New inhibitors of glycogen phosphorylase as potential antidiabetic agents. *Curr. Med. Chem.* **15:**2933–2983. Taylor, S. S., et al. 2005. Dynamics of signaling by PKA. *Biochim. Biophys. Acta* **1754:**25–37.

Taylor, S. S., et al. 2008. Signaling through cAMP and cAMP-dependent protein kinase: diverse strategies for drug design. *Biochim. Biophys. Acta* **1784:**16–26.

Receptores acoplados à proteína G que causam elevações no Ca^{2+} citosólico

Cahalan, M. 2010. How to STIMulate calcium channels. *Science* **130:**43. Chin, D., and A. R. Means. 2000. Calmodulin: a prototypical calcium sensor. *Trends Cell Biol.* **10:**322–328.

Duda, T. 2009. Atrial natriuretic factor-receptor guanylate cyclase signal transduction mechanism. *Mol. Cell Biochem.* **334:**37–51.

Hoeflich, K. P., and M. Ikura. 2002. Calmodulin in action: diversity in target recognition and activation mechanisms. *Cell* **108:**739–742.

Hogan, P. G., R. S. Lewis, and A. Rao. 2010. Molecular basis of calcium signaling in lymphocytes: STIM and ORAI. *Ann. Rev. Immunol.* **28:**491–533.

Parekh, A. 2011. Decoding cytosolic Ca^{2+} oscillations. *Trends Biochem. Sci.* **36:**78–87.

Zhou, Y., et al. 2010. Pore architecture of the ORAI1 store-operated calcium channel. *Proc. Nat'l Acad. Sci. USA* **107:**4896– 4901.

A infância da transdução de sinal – O estímulo da síntese de AMPc causado pelo GTP

M. Rodbell et al., 1971, *J. Biol. Chem.* **246** :1877

No final dos anos 1960, o estudo da ação hormonal resultou na descoberta de que o AMPc (adenosina monofosfato cíclico) funciona como segundo mensageiro, acoplando a ativação mediada por hormônio de um receptor a uma resposta celular. Na criação de um sistema experimental para investigar a síntese de AMPc induzida por hormônio, Martin Rodbell descobriu outra importante molécula na sinalização intracelular, o GTP (guanosina trifosfato).

Introdução

A descoberta do papel do GTP na regulação da transdução de sinal começou com estudos de como o glucagon e outros hormônios enviam um sinal pela membrana plasmática que acaba gerando uma resposta celular. No início dos experimentos de Rodbell, sabia-se que a ligação do glucagon a proteínas receptoras específicas incorporadas na membrana na estimulava a produção de AMPc. A formação de AMPc a partir de ATP é catalisada por uma enzima ligada à membrana chamada adenil ciclase. Foi proposto que a ação do glucagon e outros hormônios estimulados por AMPc era baseada em outros mecanismos moleculares que acoplam a ativação do receptor à produção de AMPc. Entretanto, em estudos com membranas isoladas de adipócitos conhecidas como "fantasmas", Rodbell e colaboradores não foram capazes de descobrir como a ligação do glucagon leva a um aumento de AMPc. Assim, Rodbell iniciou uma série de estudos com um sistema recém-desenvolvido, com membranas purificadas de hepatócitos de ratos, que retinham as proteínas ligadas e associadas à membrana. Esses experimentos, por fim, resultaram em achados que sugeriam que o GTP fosse necessário para que o glucagon induzisse a estimulação da adenil-ciclase.

O experimento

Uma das primeiras metas de Rodbell foi caracterizar a ligação do glucagon ao seu receptor no sistema de membranas de hepatócitos de ratos. Primeiramente, membranas purificadas de hepatócitos de ratos foram incubadas com glucagon marcado com o isótopo radiativo de iodo (^{125}I). As membranas foram separadas, por centrifugação, do glucagon (^{125}I) não ligado. Uma vez estabelecido que o glucagon marcado de fato ligar-se-ia às membranas de hepatócitos de ratos, o estudo prosseguiu a fim de determinar se essa ligação levou diretamente à ativação da adenil-ciclase e à produção de AMPc nas membranas purificadas de hepatócitos de ratos.

A produção do AMPc nesse sistema necessitou a adição de ATP; o substrato para a adenil-ciclase, Mg^{2+}; um sistema regenerador de ATP consistindo da enzima creatina cinase e fosfocreatina. Surpreendentemente, quando o experimento de ligação do glucagon foi repetido na presença desses fatores adicionais, Rodbell observou uma diminuição de 50% na ligação do glucagon. A ligação completa poderia ser restaurada somente quando o ATP estivesse ausente da reação. Essa observação inspirou uma investigação sobre o efeito de nucleosídeos trifosfato na ligação do glucagon ao seu receptor. Foi demonstrado que concentrações relativamente altas (micromolares) não só de ATP, mas também de uridina trifosfato (UTP) e citidina trifosfato (CTP), reduzem a ligação de glucagon marcado. De forma contrária, a redução da ligação do glucagon na presença de GTP ocorreu em concentrações muito mais baixas (micromolares). Além disso, concentrações baixas de GTP estimularam a dissociação do glucagon ligado do seu receptor. Esses estudos sugeriram que o GTP altera o receptor de glucagon de maneira a diminuir a sua afinidade pelo glucagon. Essa afinidade diminuída afeta a habilidade do glucagon de ligar-se ao receptor e estimula a dissociação do glucagon ligado.

A observação que o GTP estava envolvido na ação do glucagon levou a uma segunda pergunta: poderia o GTP apresentar também um efeito de adenil-ciclase? Para investigar essa questão experimentalmente, necessitou-se a adição de ATP como substrato da adenil-ciclase, e GTP como o fator a ser examinado nas membranas purificadas de fígado de ratos. Entretanto, o estudo anterior demonstrou que a concentração de ATP necessária como substrato da adenil-ciclase poderia afetar a ligação do glucagon. Isso poderia também estimular a adenil-ciclase? A concentração de ATP usada no experimento não poderia ser reduzida, pois o ATP é rapidamente hidrolisado por ATPases presentes na membrana de fígado de ratos. Para contornar esse problema, Rodbell substituiu ATP por um análogo AMP, 59-adenil-imidodifosfato (AMP-PNP), que pode ser convertido a AMPc pela adenil-ciclase e ainda é resistente à hidrólise por ATPases de membrana. O experimento poderia ser feito diante desse cenário. Membranas purificadas de hepatócitos de ratos foram tratadas com glucagon na presença e na ausência de GTP e a produção de AMPc de AMP-PNP foi medida. A adição de GTP claramente estimulou a produção de AMPc quando comparada à adição somente de glucagon (Figura 1), indicando que o GTP afeta não apenas a ligação do glucagon ao seu receptor, mas também estimula a ativação da adenilil-ciclase.

FIGURA 1 Efeito do GTP sobre a produção de AMPc estimulada por glucagon de AMP-PNP de membranas de hepatócitos de ratos purificadas. Na ausência de GTP, o glucagon estimula a formação de AMPc cerca de duas vezes mais do que o nível basal, na ausência de hormônios. Quando o GTP é adicionado, a produção de AMPc aumenta mais cinco vezes. (Adaptada de M. Rodbell et al., 1971, *J. Biol. Chem.* **246:**1877.)

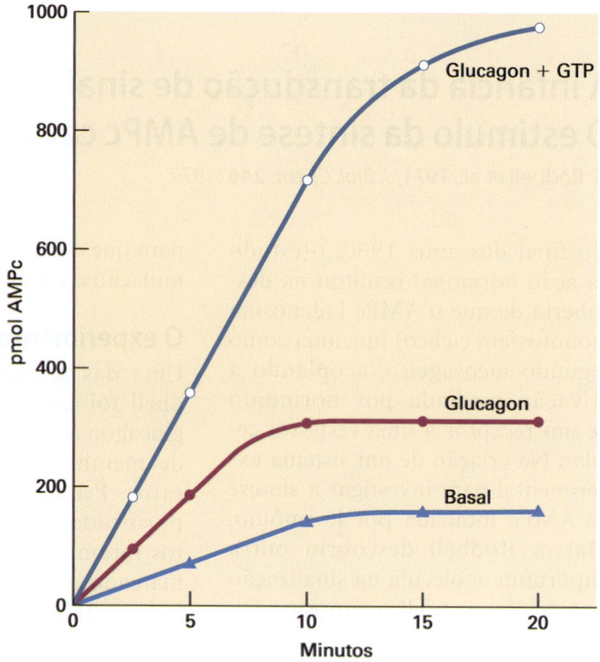

Discussão

Dois fatores importantes levaram Rodbell e colaboradores a detectarem o papel do GTP na transdução de sinal, já que estudos anteriores não conseguiram demonstrar isso. Primeiro, com a alteração de células de gordura para o sistema de membranas de fígado de ratos, os pesquisadores do grupo de Rodbell evitaram a contaminação com GTP, o problema associado ao experimento com as células isoladas. Essa contaminação mascararia os efeitos do GTP sobre a ligação do glucagon e ativação da adenil-ciclase. Segundo, quando foi visto pela primeira vez que o ATP influenciava a ligação do glucagon, Rodbell simplesmente não aceitou a explicação plausível que o ATP, o substrato da adenilil-ciclase, também afeta a ligação do glucagon. Ao contrário: ele escolheu testar os efeitos sobre a ligação de outros nucleosídeos trifosfatados comuns. Posteriormente, Rodbell notou que preparações comerciais de ATP eram contaminadas com baixas concentrações de outros nucleosídeos trifosfato. A possibilidade de contaminação lhe sugeriu que pequenas concentrações de GTP pudessem exercer efeitos maiores sobre a ligação do glucagon e a estimulação da adenil ciclase.

Essa importante série de experimentos estimulou um grande número de estudos investigando o papel do GTP sobre a ação hormonal, levando, por fim, à descoberta de proteínas G, as proteínas ligadoras de GTP que se acoplam a alguns receptores à adenil-ciclase. Subsequentemente, uma enorme família de receptores que requerem proteínas G para transduzir seus sinais foi identificada em eucariotos, desde leveduras até humanos. Esses receptores acoplados à proteína G estão envolvidos na ação de muitos hormônios bem como em muitas outras atividades biológicas, incluindo a neurotransmissão e a resposta imune. Atualmente, sabe-se que a ligação de ligantes a seus receptores acoplados à proteína G cognata estimula as proteínas G associadas a ligarem-se a GTP. Essa ligação causa a transdução de um sinal que estimula a adenil ciclase a produzir AMPc e também dessensibilização do receptor que, então, libera o seu ligante. Esses dois efeitos foram observados nos experimentos de Rodbell sobre a ação do glucagon. Por essas observações, Rodbell foi premiado com o Prêmio Nobel em Fisiologia e Medicina, em 1994.

CAPÍTULO

16

Vias de sinalização que controlam a expressão gênica

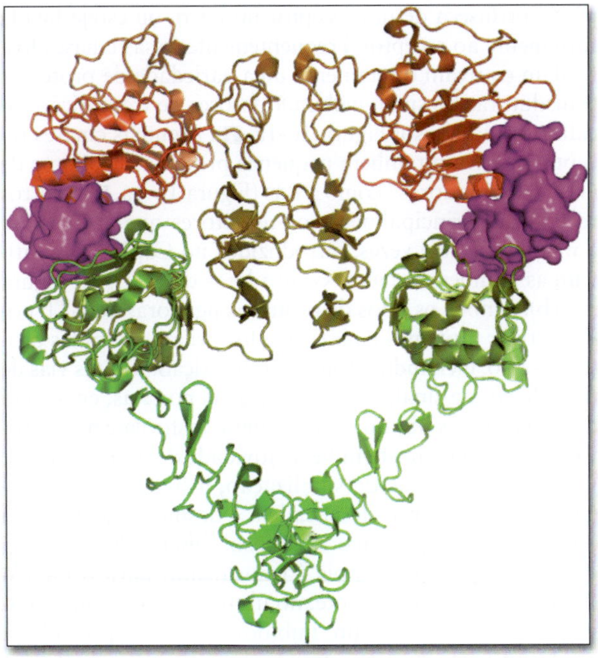

Um namorado molecular – domínio extracelular dimerizado do receptor de crescimento epidermal (vermelho, amarelo e verde) ligado a duas moléculas do fator de crescimento epidermal (magenta). (Cortesia de Jiahai Shi.)

SUMÁRIO

Os sinais extracelulares podem ter tanto efeitos de curto quanto de longo prazo nas células. Os efeitos de curto prazo são normalmente acionados por modificações de proteínas ou enzimas existentes, como visto no Capítulo 15. Diversos sinais extracelulares também afetam a expressão gênica e, assim, induzem mudanças de longo prazo na função celular. As mudanças de longo prazo incluem alterações na divisão e diferenciação celular, como aquelas que ocorrem durante o desenvolvimento e a determinação do destino da célula. A produção corporal de hamácias, leucócitos e plaquetas em resposta a **citocinas** é um bom exemplo de mudanças induzidas por sinais na expressão gênica que influenciam na proliferação e na diferenciação celular. As mudanças na expressão gênica também possibilitam que células diferenciadas respondam ao seu ambiente, mudando sua forma, seu metabolismo ou seu movimento. Nas células do sistema imune, por exemplo, diversos hormônios ativam um tipo de fator de transcrição (NF-κB) que, por fim, afeta a expressão de mais de 150 genes envolvidos na resposta imune contra a infecção. Dado o amplo papel da transcrição gênica na mediação de aspectos fundamentais do desenvolvimento, do metabolismo e do movimento, não é surpreendente que mutações nessas vias de sinalização causem muitas doenças humanas, incluindo o câncer, o diabetes e os distúrbios imunes.

A transcrição de genes é influenciada pela estrutura da cromatina, por modificações epigenéticas em histonas e outras proteínas nucleares e pela complementação celular de fatores de transcrição e outras proteínas (ver Capítulo 7). Essas propriedades determinam quais genes a célula pode transcrever a qualquer momento; chamamos essa propriedade de “memória” celular, determinada pela sua história e pela sua resposta a sinais prévios. Sobretudo, diversos fatores de transcrição regulatórios são mantidos em estado inativo no citosol ou no núcleo e se tornam ativos apenas em resposta a sinais externos, induzindo a expressão de um conjunto de genes específicos para esse tipo celular.

Neste capítulo, serão exploradas as principais vias de sinalização que as células utilizam para influenciar a expressão gênica. Em eucariotos, existem em torno de doze classes de receptores de superfície celular, altamente conservadas, que ativam diversos tipos de vias de transdução de sinal intracelular, altamente conservados. Muitas dessas vias são formadas por múltiplas proteínas, pequenas moléculas intracelulares e íons como o Ca^{2+}, os quais, juntos, formam uma cascata complexa. Dada essa complexidade, a sinalização celular pode parecer, à primeira vista, um tema complexo para se aprender; os muitos nomes e as abreviações de moléculas encontradas em cada via podem realmente ser desafiadores. O assunto necessita de um estudo cuidadoso; porém, quando se familiariza com essas vias, entende-se a um nível profundo os mecanismos regulatórios que controlam uma vasta gama de processos biológicos.

Para simplificação, as vias de transdução de sinal podem ser agrupadas em diversos tipos básicos, com base na sequência de eventos intracelulares. Em um tipo bem comum de via de transdução de sinal (Figura 16-1a), a ligação do ligante ao receptor desencadeia a ativação de um receptor associado à cinase. Essa cinase talvez seja uma parte intrínseca de um receptor proteico, ou esteja ligada fortemente ao receptor. Frequentemente, essas cinases fosforilam e ativam diretamente uma variedade de proteínas transdutoras de sinal, incluindo fatores de transcrição localizados no citosol Figura 16-1a, **1**). Algumas cinases receptoras ativam também pequenas proteínas ligadoras de GTP "comutadoras" como a Ras (Figura 16-1a, **2**). Outros receptores, principalmente os receptores que atravessam a membrana sete vezes, introduzidos no Capítulo 15, ativam as grandes proteínas G_α ligadoras de GTP (ver Figura 16-1b). Ambos os tipos de proteínas ligadoras de GTP podem ativar proteínas-cinases que fosforilam múltiplas proteínas-alvo, incluindo fatores de transcrição. Muitas vias de transdução de sinal, como as ativadas por Ras, envolvem diversas cinases nas quais uma cinase fosforila e assim ativa (ou ocasionalmente inibe) a atividade de outras cinases.

Em outras vias de sinalização, a ligação de um ligante a um receptor desencadeia a desmontagem de um complexo multiproteico no citosol, liberando um fator de transcrição que depois é translocado para o núcleo (Figura 16-1c). Finalmente, no último tipo comum, a clivagem proteolítica de um inibidor ou do receptor libera um fator de transcrição ativo, o qual é conduzido para o

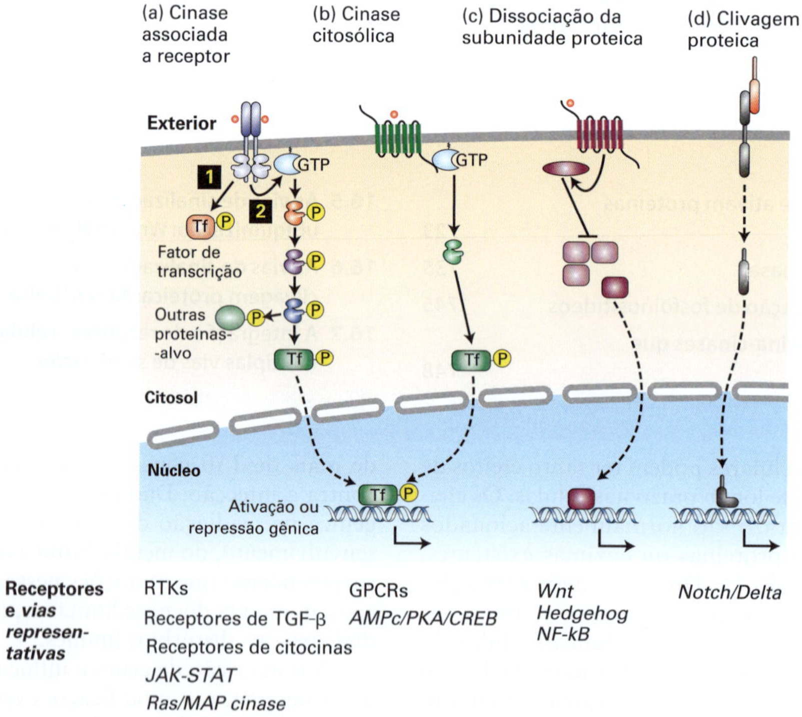

FIGURA 16-1 Diversos receptores de superfície celular comuns e vias de transdução de sinal. (a) O domínio citosólico de muitos receptores contém domínios de proteínas cinase ou são fortemente associados com uma cinase citosólica; comumente, as cinases são ativadas pela ligação do ligante seguida da dimerização do receptor. Algumas dessas cinases fosforilam e ativam diretamente fatores de transcrição **1** ou outras proteínas de sinalização. Muitos desses receptores também ativam pequenas proteínas "comutadoras" de ligação ao GTP como a Ras **2**. Muitas vias de transdução de sinal, como aquelas ativadas por Ras, envolvem diversas cinases onde uma cinase fosforila e depois ativa (ou ocasionalmente inibe) a atividade de outra cinase. Muitas cinases dessas vias fosforilam múltiplas proteínas-alvo que podem ser distintas em diferentes tipos celulares, incluindo os fatores de transcrição. (b) Outros receptores, principalmente os receptores de sete domínios transmembrana, ativam muitas proteínas G_α de ligação ao GTP, que ativam cinases específicas ou outras proteínas de sinalização. (c) Diversas vias de sinalização envolvem a desmontagem de um complexo multiproteína no citosol, liberando um fator de transcrição que, depois, transloca-se para o núcleo. (d) Algumas vias de sinalização são irreversíveis; em muitos casos, a clivagem proteolítica de um receptor libera um fator de transcrição ativo.

núcleo (Figura 16-1d). Enquanto cada via de sinalização tem suas nuances e distinções próprias, quase todas podem ser agrupadas em um desses tipos básicos.

As vias discutidas nesse capítulo têm sido conservadas ao longo da evolução e funcionam da mesma maneira em moscas, vermes e humanos. A homologia exibida entre proteínas dessas vias tem permitido que pesquisadores as estudem em uma variedade de sistemas experimentais. Por exemplo, a proteína sinalizadora secretada Hedgehog (Hh) e seu receptor foram identificados primeiramente em mutantes de *Drosophila*. Posteriormente, as proteínas homólogas de humanos e camundongos foram clonadas e mostraram participar de vários importantes eventos de sinalização durante a diferenciação, resultando na descoberta de que a ativação anormal da via da Hh ocorre em diversos tumores humanos. Tais descobertas ilustram a importância do estudo de vias de sinalização tanto geneticamente – em moscas, camundongos, vermes, leveduras e outros organismos – quanto bioquimicamente.

Nenhuma via de sinalização age isolada. Diversas células respondem a múltiplos tipos de hormônios e outras moléculas sinalizadoras; algumas células de mamíferos expressam aproximadamente 100 tipos diferentes de receptores de superfície celular, e cada um se liga a um ligante diferente. Visto que muitos genes são regulados por múltiplos fatores de transcrição que são ativados ou reprimidos por diferentes vias de sinalização intracelular, a expressão de qualquer um desses genes pode ser regulada por múltiplos sinais extracelulares. Especialmente durante o desenvolvimento inicial, tal "cruzamento de informações" entre as vias de sinalização e as alterações sequenciais no padrão de expressão gênica resultantes pode se tornar tão extenso que a célula assume um destino de desenvolvimento diferente. Neste capítulo, será visto como múltiplas vias de sinalização interagem na regulação de aspectos cruciais do metabolismo, como o nível de glicose no sangue e a formação de células adiposas.

16.1 Os receptores que ativam proteínas tirosina-cinases

Inicia-se a discussão sobre duas das maiores classes de receptores que ativam proteínas tirosina-cinases. As proteínas tirosina-cinases, que são em torno de 90 no genoma humano, fosforilam resíduos de tirosina específicos em proteínas-alvo, normalmente no contexto de uma sequência linear específica de aminoácidos nos quais as tirosinas estão incorporadas. As proteínas-alvo fosforiladas podem então ativar uma ou mais vias de sinalização. Essas vias são notáveis, pois regulam diversos aspectos da proliferação celular, da diferenciação, da sobrevivência e do metabolismo.

Duas categorias principais de receptores ativam tirosina-cinases: (1) aqueles em que a enzima tirosina-cinase é uma parte intrínseca da cadeia polipeptídica do receptor (codificada pelo mesmo gene), chamados **receptores tirosina-cinase** (**RTKs**) e (2) aqueles, como **receptores de citocinas**, em que o receptor e a cinase são codificados por genes diferentes, mas firmemente conectados. Para os receptores de citocina, a cinase ligada fortemente é conhecida como *JAK cinase*. Ambas as classes de receptores ativam vias intracelulares de transdução de sinal similares, e, portanto, serão considerados em conjunto nesta seção (Figura 16-2).

Serão exploradas cada uma dessas vias em seções posteriores deste capítulo. Nesta seção, o foco será nos receptores, mostrando como a ligação do ligante leva à ativação da cinase. Primeiramente, a discussão será sobre os RTKs e, então, sobre os receptores de citocina. Após discutir a ativação dos dois tipos de receptores, serão analisadas algumas das moléculas a jusante que estão envolvidas na ativação. Na última parte da seção, será discutido como a sinalização dos RTKs e dos receptores de citocina é reprimida.

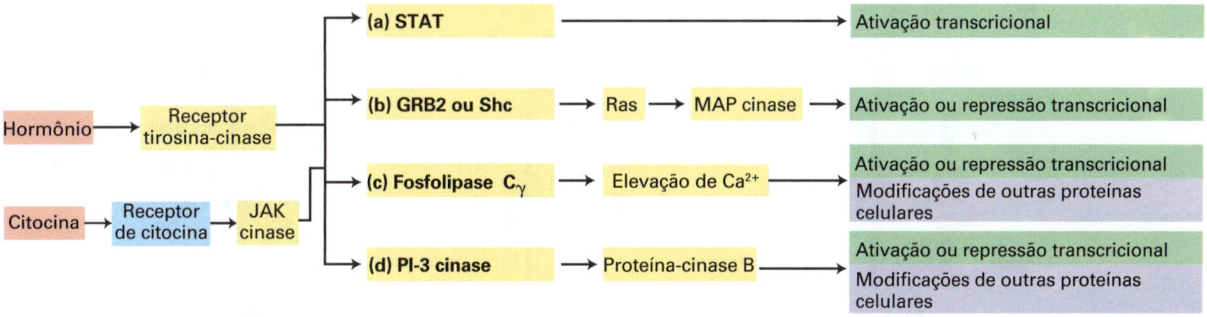

FIGURA 16-2 Resumo das vias de transdução de sinal desencadeadas por receptores que ativam proteínas tirosina-cinases. Tanto os receptores de citocinas quanto os RTKs ativam múltiplas vias de transdução de sinal que regulam a expressão de genes. (a) Na via mais direta, empregada principalmente pelos receptores de citocinas, um fator de transcrição STAT liga-se ao receptor ativado, torna-se fosforilado, move-se para o núcleo e ativa diretamente a transcrição (ver Seção 16.1). (b) A ligação de um tipo de proteína adaptadora (GRB2 ou Shc) a um receptor ativado leva à ativação da via Ras/MAP cinase (ver Seção 16.2). (c,d) Duas vias de fosfoinositídeo são disparadas por recrutamento da fosfolipase Cγ e da PI-3 cinase para a membrana (ver Seção 16.3). O aumento do nível de Ca^{+2} e a proteína-cinase B ativada também modulam a atividade de fatores de transcrição assim como das proteínas citosólicas que estão envolvidas em vias metabólicas, movimento ou forma celular.

Diversos fatores que regulam a divisão celular e o metabolismo são ligantes de receptores tirosina-cinase

As moléculas sinalizadoras que ativam os RTKs são solúveis ou peptídeos ligados a membrana ou hormônios, incluindo diversos que foram inicialmente identificados como fatores de crescimento para tipos celulares específicos. Esses ligantes de RTK incluem o fator de crescimento neural (NGF), o fator de crescimento derivado de plaquetas (PDGF), o fator de crescimento de fibroblastos (FGF) e o fator de crescimento epidermal (EGF), que estimulam a proliferação e a diferenciação de tipos celulares específicos. Outros, como a insulina, regulam a expressão de múltiplos genes que controlam o metabolismo de açúcar e lipídeos no fígado, nos músculos e nas células adiposas (gordura). Muitos RTKs e seus ligantes foram identificados em estudos de cânceres humanos associados com formas mutantes dos receptores de fatores de crescimento que estimulam a proliferação mesmo na ausência do fator de crescimento. A mutação "engana" o receptor se comportando com o ligante presente todo o tempo e assim o receptor permanece em constante estado ativo (ativo *constitutivamente*). Outros RTKs foram descobertos durante análises de mutações de desenvolvimento que levam ao bloqueio da diferenciação em certos tipos celulares em *C. elegans*, *Drosophila* e em camundongos.

A ligação de ligantes promove a dimerização de um RTK e leva à ativação de sua cinase intrínseca

Todos os RTKs têm três componentes essenciais: um domínio extracelular contendo um sítio de ligação ao ligante uma hélice α transmembrana hidrofóbica e um segmento citosólico que inclui um domínio com atividade de proteína tirosina-cinase (Figura 16-3). A maioria dos RTKs é monomérica, e a ligação de um ligante ao domínio extracelular induz a formação de receptores diméricos. A formação de dímeros funcionais é uma etapa necessária na ativação de todos os RTKs. Esse processo é chamado de união de dois (ou mais) receptores de "ativação por oligomerização do receptor". Essas oligomerizações de receptores de superfície celular são um mecanismo comum para a ativação de múltiplos tipos de receptores.

A ativação do RTK pode ser assim resumida: no repouso, no estado não estimulado (sem a ligação do ligante), a atividade intrínseca de cinase de um RTK é muito baixa (ver Figura 16-3, etapa **1**). Como muitas outras cinases, RTKs contêm um domínio flexível denominado **borda de ativação**. No estado de repouso, a borda de ativação é desfosforilada e assume uma conformação que bloqueia a atividade de cinase. Em alguns receptores (como no receptor de insulina), ela previne a ligação do ATP. Em outros (como no receptor FGF), ela previne a ligação do substrato. A ligação do ligante causa uma mudança conformacional que promove a dimerização dos domínios extracelulares dos RTKs, os quais trazem seus segmentos transmembrana – e por consequência seus domínios citosólicos – próximos uns dos outros. A cinase de uma subunidade, em seguida, fosforila um resíduo particular de tirosina na borda de ativação da outra subunidade (Figura 16-3, etapa **2**). Essa fosforilação leva a uma mudança conformacional na borda de ativação que desbloqueia e, assim, aciona a atividade de cinase pela redução do K_m para o ATP ou o substrato a ser fosforilado. A atividade de cinase resultante pode então fosforilar resíduos de tirosina adicionais no domínio citosólico do receptor (Figura 16-3, etapa **3**) assim como fosforilar outras proteínas-alvo, gerando a sinalização intracelular.

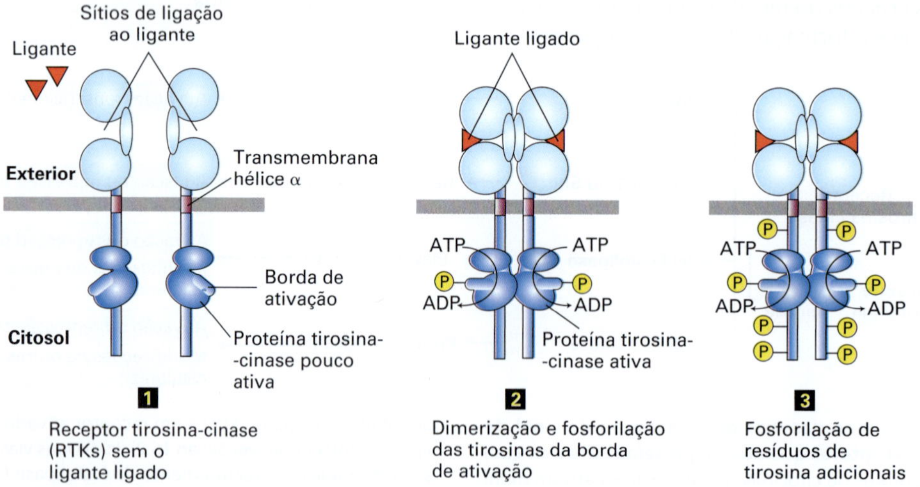

FIGURA 16-3 Estrutura geral e ativação dos receptores tirosina-cinase (RTKs). O domínio citosólico dos RTKs contém um sítio catalítico intrínseco de uma proteína tirosina-cinase. Na ausência do ligante **1**, os RTKs existem normalmente como monômeros com atividade de cinase reduzida. A ligação do ligante causa uma mudança conformacional que promove a formação de um receptor dimérico funcional, trazendo para perto duas cinases pouco ativas que, assim, fosforilam uma a outra em um resíduo de tirosina na borda de ativação **2**. A fosforilação faz a borda sair do sítio catalítico da cinase, aumentando, dessa forma, a capacidade de ligação do ATP e do substrato proteico. Após, a cinase ativada fosforila diversos resíduos de tirosina no domínio citosólico do receptor **3**. As fosfotirosinas resultantes funcionam como sítios de ancoramento para várias proteínas de transdução de sinal.

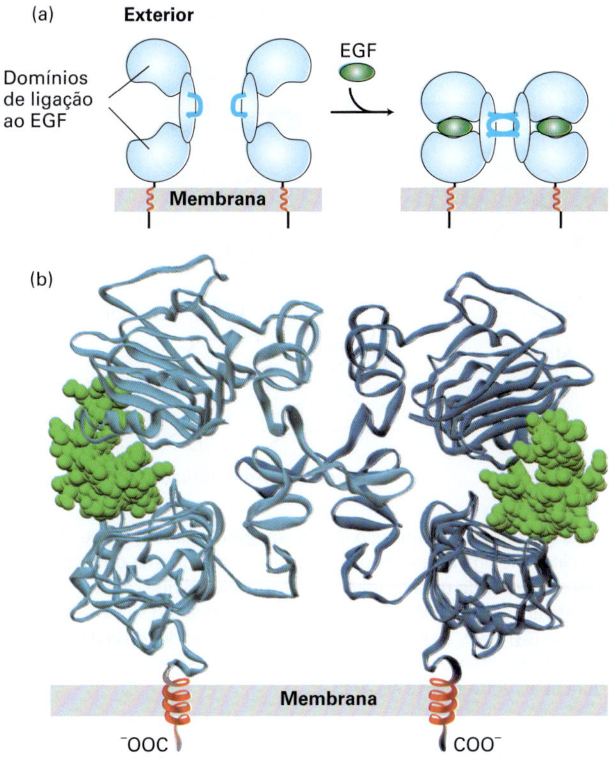

FIGURA 16-4 A dimerização induzida por ligante de HER1, um receptor humano para o fator de crescimento epidermal (EGF). (a) Representação esquemática dos domínios extracelular e transmembrana de HER1, um receptor tirosina-cinase. A ligação de uma molécula de EGF ao receptor monomérico causa alteração na estrutura da alça localizada entre dois domínios de ligação ao EGF. A dimerização de dois monômeros idênticos do receptor ligado ao ligante na superfície da membrana ocorre primeiramente por meio da interação entre dois segmentos de alça "ativados". (b) A estrutura de uma proteína HER1 dimérica ligada ao fator de crescimento transformante α (TGF-α), um membro da família EGF. Os domínios extracelulares do receptor estão mostrados em azul; o domínio transmembrana está mostrado em vermelho como uma hélice α, porém sua estrutura não é conhecida em detalhe. As duas pequenas moléculas de TGF-α estão em verde. Observe a interação entre os segmentos da alça "ativados" nos dois monômeros do receptor. (Parte (a) adaptada de J. Schlessinger, 2002, *Cell* **110:**669; parte (b) de T. Garrett et al., 2002, *Cell* **110:**763.)

Embora a dimerização seja uma etapa necessária na ativação de todos os RTKs, dímeros funcionais podem ser formados de várias maneiras. A ligação do EGF ao seu RTK, por exemplo, desencadeia uma mudança conformacional no domínio extracelular do receptor à medida que ele "grampeia" o ligante. Essa ação impulsiona para fora uma alça localizada entre os dois segmentos de alça estendidos ("ativado"), permitindo a formação de um receptor dimérico funcional (Figura 16-4). Em outros casos, como no receptor do fator de crescimento de fibroblastos (FGF), cada um dos dois ligantes liga simultaneamente ao domínio extracelular das duas subunidades do receptor. O FGF também se liga fortemente ao heparan sulfato, componente de polissacarídeo negativamente carregado de algumas proteínas de superfície celular e da matriz extracelular (ver Capítulo 20); essa associação aumenta a ligação do ligante e a formação de um complexo

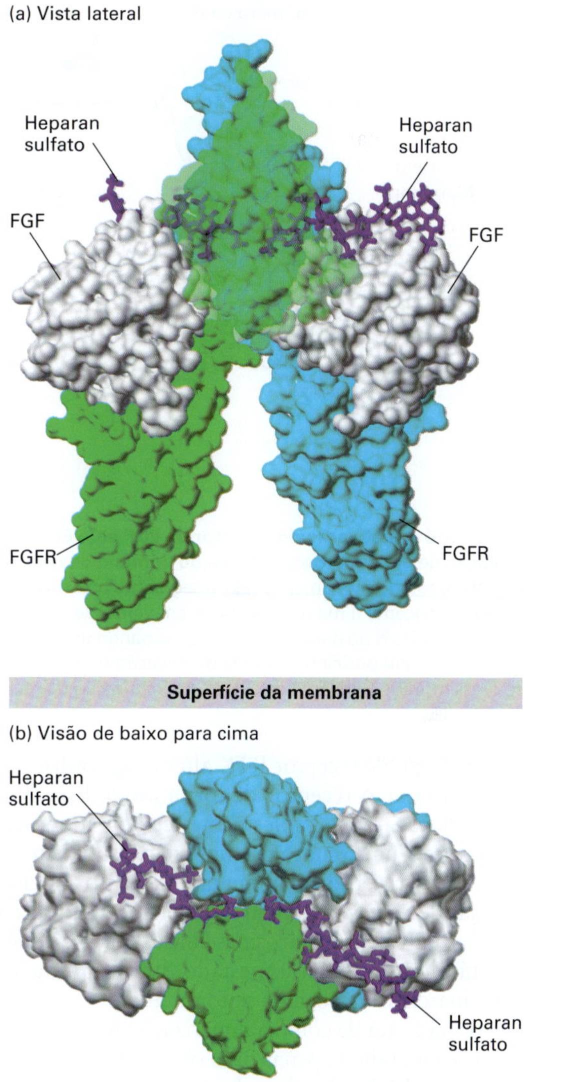

FIGURA 16-5 A estrutura do receptor do fator de crescimento de fibroblastos (FGF), estabilizado pelo heparan sulfato. Estão mostradas aqui as visões laterais e superior do complexo que compreende os domínios extracelulares de dois monômeros do receptor de FGF (FGFR) (em verde e azul), duas moléculas de FGF ligadas (em branco) e duas cadeias curtas de heparan sulfato (roxo), as quais se ligam fortemente ao FGF. (a) Na visão lateral, o domínio superior de um monômero do receptor (em azul) está situado atrás do outro receptor (em verde); a superfície da membrana plasmática está abaixo. Um pequeno segmento do domínio extracelular, cuja estrutura não é conhecida, se conecta ao segmento hélice α transmembrana de cada um dos dois monômeros do receptor (não mostrado) que se projetam para dentro da membrana. (b) Na visão superior, as cadeias de heparan sulfato são vistas conectadas entre, e fazendo diversos contatos, com a porção superior de ambos os monômeros do receptor. (Adaptada de J. Schlessinger et al., 2000, *Mol. Cell* **6:**743.)

dimérico receptor-ligante (Figura 16-5). A participação do heparan sulfato é essencial para a ativação eficiente do receptor. Os ligantes são diméricos para alguns RTKs, e suas ligações trazem dois monômeros dos receptores diretamente um ao outro. Contudo, outros RTKs, como o receptor de insulina, formam dímeros ligados por dissulfito mesmo na ausência do hormônio; a ligação do li-

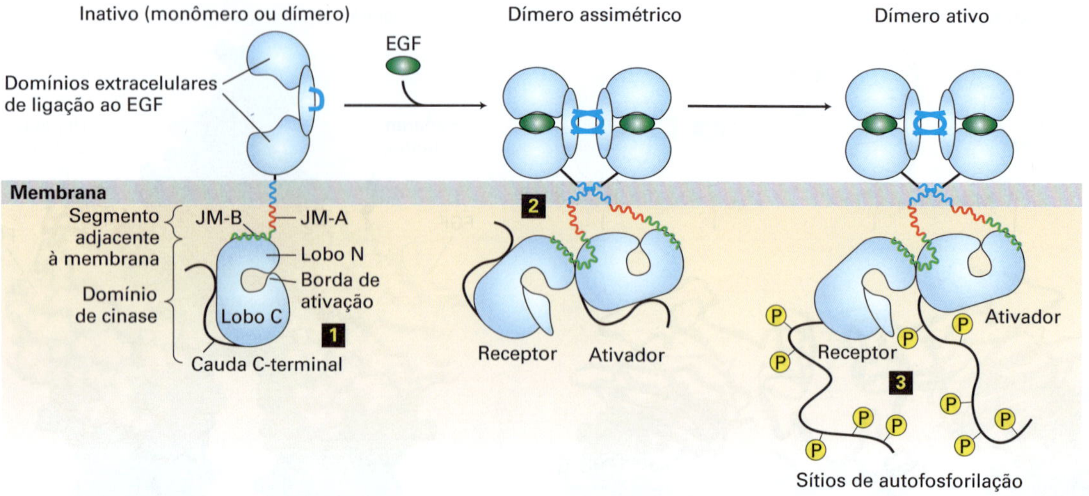

FIGURA 16-6 A ativação do receptor de EGF pelo EGF resulta na formação de um dímero assimétrico do domínio de cinase. Na forma inativa, estado monomérico (1), o segmento não estruturado do domínio adjacente à membrana (JM-B, em verde) se liga à parte superior ou ao lobo N do domínio de cinase, causando uma mudança conformacional que posiciona a borda de ativação no sítio ativo da cinase e, assim, inibe a ativação da cinase. A dimerização do receptor gera um dímero assimétrico da cinase (2) de tal forma que *ativador de cinase* se liga ao segmento adjacente à membrana do *receptor de cinase*, causando uma mudança conformacional que remove a borda de ativação do sítio de cinase do receptor, ativando sua atividade de cinase. (3) Após, a cinase ativa fosforila resíduos de tirosina (em amarelo) no segmento C-terminal do domínio citosólico do receptor. (N. Jura et al., 2009, *Cell* **137:**1293.)

gante nesse tipo de receptor RTK altera sua conformação de tal modo que o receptor de torna ativo. Esse último exemplo destaca que simplesmente ter dois monômeros do receptor em um contato próximo não é suficiente para a ativação do receptor – as mudanças conformacionais adequadas devem acompanhar a dimerização do receptor para gerar a ativação da tirosina-cinase. Uma vez que um RTK está bloqueado em um estado dimérico funcional, sua tirosina-cinase associada se torna ativa.

A forma exata de como a dimerização leva à ativação da cinase é entendida apenas para os membros da família de receptores EGF, e foi descoberta por meio de estudos estruturais dos domínios citosólicos do receptor em ambos os estados, ativo e inativo. Os domínios das cinases são separados dos segmentos transmembrana por um segmento adjacente à membrana, cujas duas partes estão coloridas em vermelho e em verde na Figura 16-6. No estado inativo, o estado monomérico, uma parte do segmento adjacente à membrana se liga ao lobo superior, ou N, do domínio cinase adjacente na mesma molécula. Isso gera uma mudança conformacional de modo que a borda de ativação é localizada no sítio ativo da cinase, bloqueando sua atividade. Assim, a cinase é mantida em um estado "desligado" (Figura 16-6, etapa 1). A dimerização do receptor gera um dímero assimétrico de cinase (Figura 16-6, etapa 2) de tal modo que um domínio de cinase (denominado o ativador) liga-se ao segmento adjacente à membrana do segundo domínio de cinase (o receptor). Isso modifica a conformação do lobo N do receptor, causando o movimento da borda de ativação para fora do sítio ativo de cinase e permitindo que a cinase funcione (etapa 3). De certo modo, um RTK pode ser considerado uma enzima alostérica cujo sítio ativo situa-se dentro da célula e cujo efetor alostérico – o ligante – liga-se a um sítio regulatório extracelular na enzima. A evolução tem produzido diversas variações sobre esse simples tema do mecanismo RTK-ligante, como exemplificado pelas famílias de ligantes e receptores de EGF discutido abaixo.

Homo- e hetero-oligômeros dos receptores do fator de crescimento epidermal ligam os membros da superfamília do fator de crescimento epidermal

Quatro receptores tirosina-cinase (RTKs) participam da sinalização por meio de diversos membros da família de moléculas sinalizadoras do **fator de crescimento epidermal (EGF)**. Em humanos, os quatros membros da **família de HER** (*r*eceptores do fator de crescimento *e*pidermal *h*umano) são denominados HER1, 2, 3 e 4. O HER1 liga-se diretamente a três membros da família do EGF: EGF, heparina ligadora de EGF (HB-EGF) e o fator de crescimento α derivado de tumores (TGF-α). A ligação de qualquer um desses ligantes ao domínio extracelular do monômero de HER1 leva à homodimerização do domínio extracelular de HER1 (Figura 16-7).

Outros dois membros da família EGF, neuregulinas 1 e 2 (NRG1 e NRG2), ligam-se a ambos, HER3 e HER4; HB-EGF também liga-se ao HER4. Sobretudo, HER2 não liga diretamente um ligante, porém existe na membrana em uma conformação pré-ativa com o segmento da alça saliente para fora e o domínio de ligação do ligante muito próximo (Figura 16-7a). HER2, entretanto, não consegue formar homodímeros. Consegue apenas sinalizar a formação de heterocomplexos com o ligante ligado a HER1, HER3 ou HER4. Assim, ele facilita a sinalização para todos os membros da família EGF (Figura 16-7b); um aumento de HER2 na superfície celular irá tornar a célula mais sensível à sinalização por

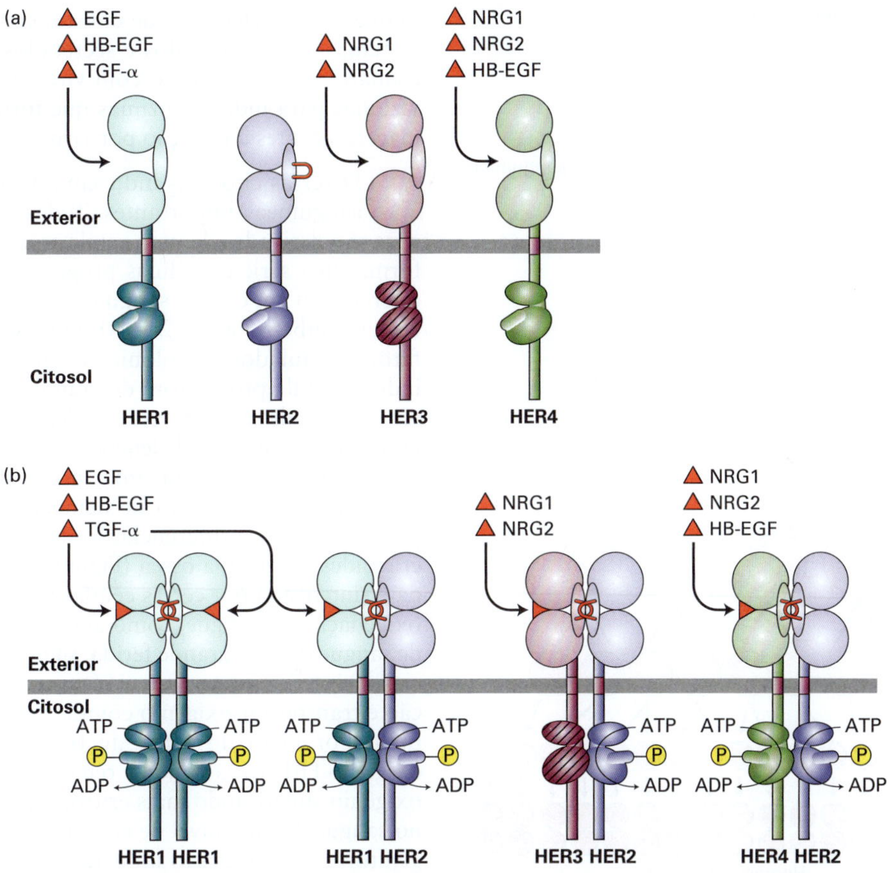

FIGURA 16-7 A família de receptores HER e seus ligantes. Os humanos expressam quatro receptores tirosina-cinase – chamados de HER1, 2, 3 e 4 – que se ligam ao fator de crescimento epidermal (EGF) e a outros membros da família EGF. (a) Como ilustrado, as proteínas HER ligam-se de forma diferente ao EGF, ao EGF de ligação o heparino (HB-EGF), ao fator de crescimento derivado de tumor alfa (TGF-α) e às neuregulinas 1 e 2 (NRG1 e NRG2). Observe que HER2, que não se liga diretamente ao ligante, existe na superfície da membrana plasmática em um estado pré-ativado indicado pelo gancho vermelho. (b) O HER1 ligado ao ligante pode formar homodímeros ativados ligados juntos pelos segmentos de alça (gancho vermelho), como detalhado na Figura 16-4. O HER2 forma heterodímeros com o HER1 ligado ao ligante, ao HER3 e ao HER4, e facilita a sinalização por todos os membros da família FGF. O HER3 tem um domínio fraco de atividade de cinase e pode apenas sinalizar quando complexado com o HER2. (N. E. Hynes e H. A. Lane, 2005, *Nature Ver. Cancer* **5:**341 (errata em *Nature Rav. Cancer* **5:**580) e A. B. Singh e R. C. Harris, 2005, *Cell Signal* **17(Oct.):**1183.)

diversos membros da família de EGF, pois a velocidade com que a sinalização de heterodímeros é formada após a ligação do ligante será aumentada. Apesar de HER3 não possuir um domínio de cinase funcional, ele ainda participa na sinalização; após a ligação do ligante, ele dimeriza com o HER2 a se torna fosforilado pela cinase de HER2. Isso ativa as vias de sinais de transdução a jusante, como indicado a seguir.

O conhecimento sobre os HERs tem auxiliado a explicar por que uma forma particular de câncer de mama é tão perigosa e tem levado a uma importante terapia com fármacos. O câncer de mama pode envolver o crescimento anormal de células epiteliais da mama. Células epiteliais normais expressam uma pequena quantidade da proteína HER2 nas suas membranas plasmáticas em padrões tecido-específicos, e elas não crescem inapropriadamente. Nas células tumorais, erros na replicação do DNA muitas vezes resultam na formação de múltiplas cópias de um dado gene de um único cromossomo, alteração conhecida como amplificação do gene (ver Capítulo 24). A amplificação do gene *HER2* ocorre em aproximadamente 25% dos cânceres de mama, resultando na superexpressão da proteína HER2 nas células tumorais. Pacientes com câncer de mama com a superexpressão de HER2 apresentam um prognóstico pior, incluindo a diminuição da sobrevivência, comparado com aqueles pacientes sem essa anormalidade. Como a Figura 16-7 enfatiza, a superexpressão de HER2 torna as células tumorais sensíveis ao estímulo de crescimento por níveis baixos de qualquer membro da família dos fatores de crescimento EGF, níveis esses que não deveriam estimular a proliferação das células com níveis normais de HER2. A descoberta do papel da superexpressão de HER2 em certos cânceres de mama levou os pesquisadores a desenvolverem anticorpos monoclonais específicos para a proteína HER2. Isso tem se mostrado uma terapia efetiva para esses tipos de pacientes com câncer de mama no qual a HER2 é superexpressa, reduzindo o reaparecimento nesses pacientes em torno de 50%. ■

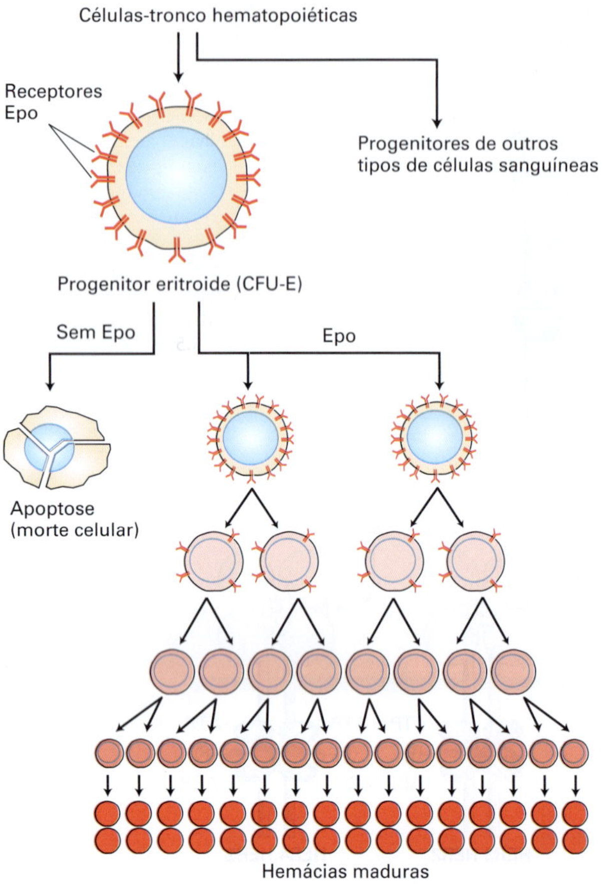

FIGURA 16-8 A eritropoietina e a formação de hemácias. As células progenitoras eritroides, chamadas de unidades formadoras de colônias de eritroides (CFU-E), são derivadas de células-tronco hematopoiéticas, que dão origem também a progenitores de outros tipos de células sanguíneas (ver Figura 21-18). Na ausência da eritropoietina (Epo), as células CFU-E sofrem apoptose. A ligação da Epo aos seus receptores em uma CFU-E induz a transcrição de vários genes que codificam proteínas que evitam a morte celular programada (apoptose), permitindo a sobrevivência celular. Outras proteínas induzidas por Epo desencadeiam o programa de desenvolvimento de três a cinco divisões celulares. Se as células CFU-E são cultivadas em um meio semissólido com Epo (p. ex., contendo metilcelulose), as células-filhas não conseguem se mover, e, assim, cada CFU-E produz uma colônia de 30 a 100 células eritroides. (Ver M. Socolovsky et al., 2001, *Blood* **98:**261.)

As citocinas influenciam o desenvolvimento de diversos tipos celulares

As citocinas formam uma família relativamente pequena e secretam moléculas sinalizadoras (geralmente contendo em torno de 160 aminoácidos) que controlam o crescimento e a diferenciação de tipos celulares específicos. Durante a gravidez, por exemplo, a citocina *prolactina* induz as células epiteliais que revestem os dutos imaturos da glândula mamária a se diferenciarem em células acinares, que produzem as proteínas do leite e as secretam nos dutos. Outras citocinas, as **interleucinas**, são essenciais para a proliferação e o funcionamento das células T e das células B produtoras de anticorpos do sistema imune. Os **interferons**, que constituem outra família de citocinas, são produzidos e secretados por certos tipos celulares após a infecção com vírus e agem nas células vizinhas para induzir enzimas que tornam essas células mais resistentes à infecção por vírus.

Diversas citocinas induzem a formação de células sanguíneas importantes. Todas as células sanguíneas são derivadas de uma célula-tronco comum, a qual forma uma série de células progenitoras que depois se diferenciam em células sanguíneas maduras (Figura 16-8; ver também Figura 21-18). Por exemplo, a citocina fator estimulador de colônias de granulócitos (G-CSF) induz a célula progenitora de granulócito na medula óssea a se dividir diversas vezes e depois se diferenciar em granulócitos, um tipo de leucócito que inativa bactérias e outros patógenos. Outra citocina, a **eritropoietina** (**Epo**), desencadeia a produção de hemácias pela indução da proliferação e da diferenciação de células progenitoras eritroides na medula óssea (Figura 16-8). A eritropoietina é sintetizada por certas células renais. Uma queda na oxigenação do sangue, como aquela causada pela perda de sangue de uma grande ferida, significa níveis de hemácias mais baixos que os níveis ótimos, cuja principal função é transportar oxigênio complexado com a hemoglobina. Por meio do fator de transcrição sensível ao oxigênio HIF-1α, as células renais respondem ao baixo oxigênio sintetizando mais eritropoietina e secretando-a no sangue. Com o nível de eritropoietina alto, mais progenitores eritroides são induzidos a se dividir e se diferenciar; cada progenitor produz em torno de 50 ou mais hemácias em um período de apenas poucos dias. Desse modo, o corpo pode responder à perda de sangue pela aceleração da produção de hemácias. Ambos, Epo e GCSF, são produzidos comercialmente por expressão recombinante em células de mamíferos em cultura. Pacientes com doenças renais, em especial aqueles em diálise, frequentemente são anêmicos (possuem contagem baixa de hemácias) e, portanto, são tratados com Epo recombinante para reforçar os níveis das hemácias. A Epo e o GCFS são utilizados como adjuvantes para certas terapias para o tratamento do câncer visto que muitos tratamentos afetam a medula óssea e reduzem a produção de hemácias e granulócitos. ■

A ligação de uma citocina ao seu receptor ativa uma proteína JAK tirosina-cinase fortemente ligada

Todas as citocinas evoluíram a partir de uma proteína ancestral comum e têm uma estrutura terciária semelhante consistindo em quatro longas hélices α conservadas dobradas juntas. Do mesmo modo, os vários receptores de citocinas sem dúvida evoluíram de um único ancestral comum, visto que todos os receptores de citocinas têm estruturas semelhantes. Seus domínios extracelulares são constituídos por dois subdomínios, e cada um contém sete folhas β conservadas dobradas juntas de modo característico. A interação de uma molécula de eritropoietina com dois receptores de eritropoietina (EpoR)

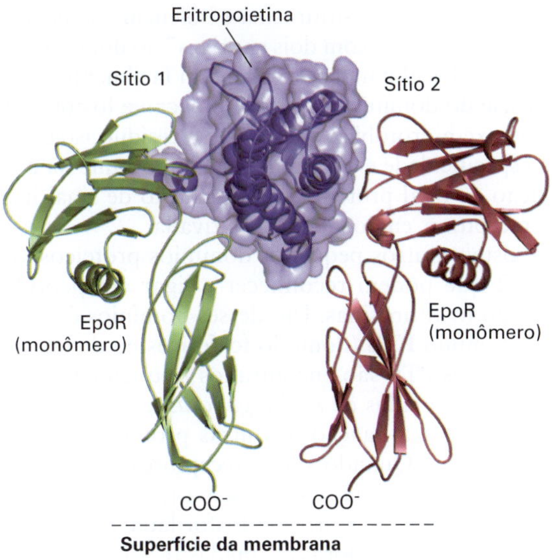

FIGURA 16-9 A estrutura da eritropoietina ligada a um receptor de eritropoietina. A eritropoietina (Epo) contém quatro longas hélices α conservadas e enoveladas em um arranjo particular. O receptor de eritropoietina (EpoR) ativado é um dímero de subunidades idênticas; o domínio extracelular de cada monômero é constituído de dois subdomínios, cada um contendo sete folhas β conservadas, enoveladas de forma característica. As cadeias laterais dos resíduos em duas das hélices α da Epo, chamadas de sítio 1, fazem contato com alças em um monômero do EpoR, enquanto resíduos nas outras duas hélices α da Epo, o sítio 2, se ligam ao mesmo segmento de alça no segundo monômero do receptor, estabilizando o receptor dimérico em uma conformação específica. As estruturas das outras citocinas e seus receptores são similares à Epo e ao EpoR. (Cortesia Lucy Zhang; adaptada de R. S. Syed et al., 1998, *Nature* **395:**511 e L. Zhang et al., 2009, *Mol. Cell* **33:**266-274.)

idênticos, retratada na Figura 16-9, exemplifica a ligação da citocina no seu receptor.

Os receptores de citocina não têm atividade enzimática intrínseca. Em vez disso, a **JAK cinase** é fortemente ligada ao domínio citosólico de todos os receptores de citocinas (Figura 16-10). Os quatro membros da família JAK de cinases contêm um domínio de ligação ao receptor no N-terminal, um domínio de cinase no C-terminal normalmente pouco ativo cataliticamente e um domínio intermediário que regula a atividade de cinase por um mecanismo desconhecido. (As JAKs têm esse nome pois quando foram clonadas e caracterizadas, suas funções eram desconhecidas; foram denominadas de "apenas outra cinase", do inglês *just another kinase*). Assim como nos RTKs, essa cinase se torna ativa após a ligação do ligante e da dimerização do receptor (Figura 16-10, etapa **1**).

Como resultado da dimerização do receptor, as JAKs associadas são trazidas perto o suficiente para uma conseguir fosforilar a outra em uma tirosina importante na borda de ativação (Figura 16-10, etapa **2**). Assim como em diversas outras cinases, a fosforilação da borda de ativação leva a uma mudança conformacional que aumenta a afinidade pelo ATP ou pelo substrato a ser fosforilado, elevando, assim, a atividade de cinase (Figura 16-10, etapa **3**). Uma parte da evidência para esse mecanismo de ativação vem do estudo com a JAK2 mutante no qual a tirosina crucial é trocada pela fenilalanina. A JAK2 mutante liga-se normalmente ao EpoR, mas não pode ser fosforilada e é cataliticamente inativa. Em células eritroides, a expressão de JAK2 mutante em quantidades maiores que as normais bloqueia totalmente a sinalização de EpoR, porque a JAK2 mutante se liga na maioria dos receptores de citocinas, evitando a ligação e a função da proteína selvagem JAK2. Esse tipo de mutação, definida como **dominante negativa**, causa a perda da função mesmo em células que possuem cópias do gene selvagem, pois a proteína mutante impede a proteína normal de funcionar (ver Capítulo 5).

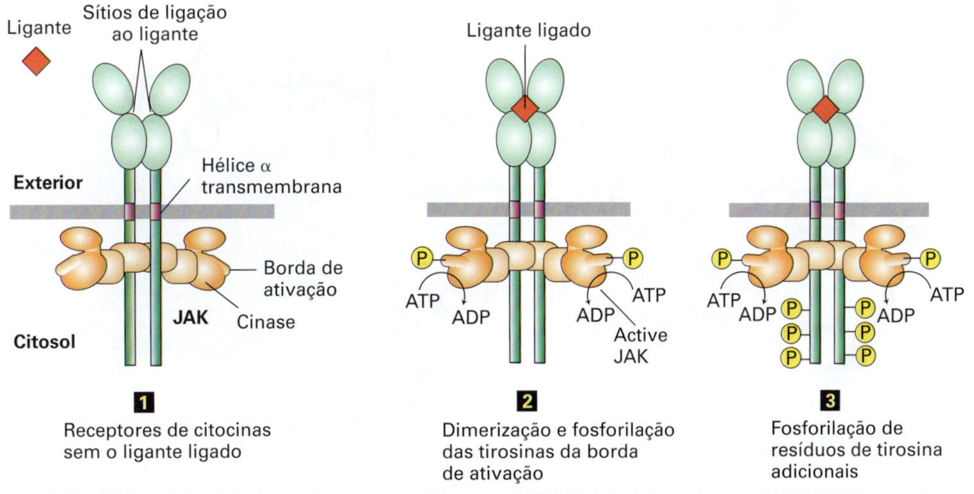

FIGURA 16-10 A estrutura geral e ativação dos receptores de citocinas. O domínio citosólico dos receptores de citocinas se liga forte e irreversivelmente a uma proteína tirosina-cinase JAK. Na ausência do ligante (**1**), os receptores formam um homodímero, porém as JAK cinases estão pouco ativas. A ligação do ligante causa uma mudança conformacional que traz para perto os domínios JAK cinases associados, que, assim, fosforilam um ao outro nos resíduos de tirosina na borda de ativação (**2**). A sinalização a jusante (**3**) prossegue de maneira similar àquela do receptor tirosina-cinase.

Resíduos de fosfotirosina são superfícies ligadoras para múltiplas proteínas com domínios conservados

Uma vez que os RTK de cinases ou as JAK cinases se tornam ativas, elas fosforilam primeiro diversos resíduos de tirosina no domínio citosólico do receptor (ver Figuras 16-3 e 16-10). Muitos desses resíduos de fosfotirosinas servem depois como sítios de ligação para proteínas que possuem domínios de ligação à fosfotirosina conservados. Um domínio de ligação à fosfotirosina é chamado de **domínio SH2**. O domínio SH2 recebeu seu nome completo, domínio 2 de homologia Src (*Src homology 2 domain)*, por sua homologia com uma região na tirosina-cinase citosólica prototípica codificada pelo gene *src*. (*Src* é uma sigla para sarcoma, e a forma mutante do gene *src* foi encontrada em galinhas com sarcomas, como o Capítulo 24 descreve). As estruturas tridimensionais dos domínios SH2 de diferentes proteínas são muito semelhantes, mas cada uma liga-se a uma sequência distinta de aminoácidos próximos a um resíduo fosfotirosina. A sequência característica de aminoácidos de cada domínio SH2 determina os resíduos de fosfotirosina específicos a que ele se liga (Figura 16-11). Variações no encaixe hidrofóbico nos domínios SH2 de diferentes proteínas de transdução de sinal permitem que elas se liguem às fosfotirosinas adjacentes em diferentes sequências, o que explica as diferenças em seus padrões de ligação. Por exemplo, o domínio SH2 da tirosina-cinase Src liga-se fortemente a qualquer peptídeo que contenha uma sequência específica de quatro resíduos centrais: fosfotirosina-ácido glutâmico-ácido glutâmico-isoleucina (Figura 16-11). Esses quatro aminoácidos fazem contato estreito com o sítio de ligação peptídico no domínio SH2 de Src. A ligação lembra a inserção de uma "tomada de dois pinos" – o lado das cadeias de fosfotirosina e isoleucina do peptídeo – em uma "conexão com dois encaixes" no domínio SH2. Os dois ácidos glutâmicos se adaptam facilmente sobre a superfície do domínio SH2 entre o encaixe fosfotirosina e o encaixe hidrofóbico que recebe o resíduo isoleucina. Essa especificidade exerce um papel importante na determinação de qual proteína de transdução de sinal liga a qual receptor e, então, qual via é ativada.

Existem outros pequenos domínios proteicos além do SH2 que podem reconhecer e ligar em peptídeos contendo fosfotirosinas. Um desses domínios é chamado de **domínio PTB (domínio fosfotirosina de ligação)**. Os domínios PTB são encontrados frequentemente em proteínas chamadas de *multiligadoras*, as quais servem como sítios para ligação de outras proteínas de transdução de sinal. Quando vários receptores RTKs (p. ex., o receptor de insulina) e de citocina (p. ex., o receptor IL-4) são ativados e a tirosina fosforilada, eles se ligam a proteínas multiligadoras chamadas IRS-1 (descobertas por serem um substrato para o receptor de insulina) (Figura 16-12). Então, o receptor ativado fosforila a ligação da proteína ligada, formando muitas fosfotirosinas que servem como sítios de ligação para as proteínas de sinalização que contêm SH2. Algumas dessas proteínas também são fosforiladas pelo receptor ativado e, assim, essas proteínas multiligadoras expandem o número de vias de sinalização intracelulares que podem ser ativadas pelo receptor.

Os domínios SH2 em ação: JAK cinases ativam fatores de transcrição STAT

Para ilustrar como a ligação de domínios SH2 a resíduos específicos de fosfotirosina induz vias de sinalização es-

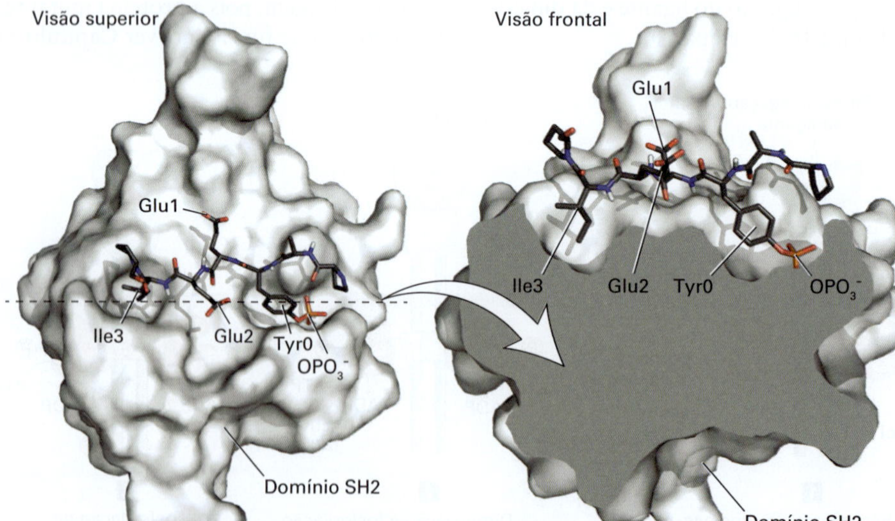

FIGURA 16-11 Modelo da superfície do domínio SH2 ligado a um peptídeo contendo fosfotirosina. O peptídeo ligado por este domínio SH2 da tirosina-cinase Src (esqueleto em azul com átomos de oxigênio em vermelho) é mostrado em forma de esferas. O domínio SH2 se liga fortemente aos pequenos peptídeos-alvo contendo uma sequência central de quatro resíduos fundamentais: fosfotirosina (Tyr0 e OPO_3^-)-ácido glutâmico (Glu1)-ácido glutâmico (Glu2)-isoleucina (Ile3). A ligação se assemelha à inserção como uma tomada de dois pinos sobre o domínio SH2 – as cadeias laterais da fosfotirosina e da isoleucina do peptídeo. Os dois resíduos glutamato estão ligados a sítios na superfície do domínio SH2 entre os dois encaixes. (Ver G. Waksman et al., 1993, *Cell* **72:**779.)

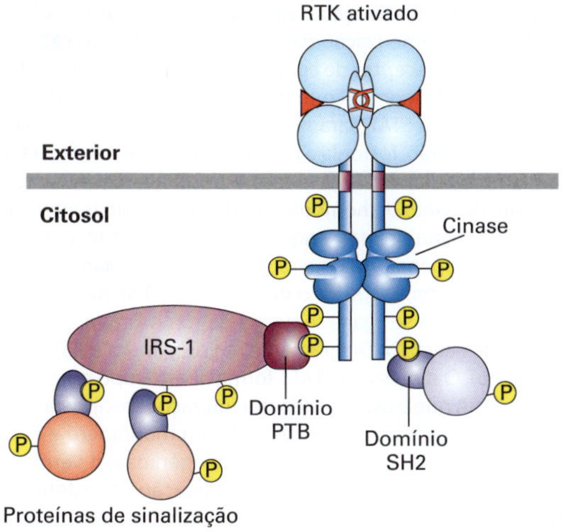

FIGURA 16-12 Recrutamento das proteínas de transdução de sinal intracelular para a membrana celular por meio da ligação aos resíduos fosfotirosina nos receptores ou nas proteínas associadas a receptores. As proteínas citosólicas com domínios SH2 (roxo) ou PTB (marrom) podem se ligar aos resíduos de fosfotirosina específicos nos RTKs ativados (vistos aqui) ou aos receptores de citocina. Em alguns casos, estas proteínas de transdução de sinal são, então, fosforiladas por receptores intrínsecos ou associados a proteínas tirosina-cinase, reforçando sua atividade. Certos RTKs e receptores de citocina utilizam proteínas multiligadoras, como a IRS-1, para aumentar o número de proteínas sinalizadoras que são recrutadas e ativadas. A fosforilação subsequente da IRS-1 ligada ao receptor por meio do receptor de cinase cria sítios de ligação adicionais para as proteínas de sinalização que contêm SH2.

pecíficas, será discutido o mecanismo direto pelo qual todas as JAK cinases e alguns RTKs ativam diretamente membros da família de fatores de transcrição STAT. Todas as proteínas STAT contêm um domínio N-terminal de ligação ao DNA, um domínio SH2 que se liga a uma ou mais fosfotirosina no domínio citosólico do receptor de citocina e um domínio C-terminal com um resíduo de tirosina crucial. Logo que uma STAT monomérica é ligada ao receptor pelo seu domínio SH2, a tirosina C-terminal é fosforilada por uma JAK cinase associada (Figura 16-13a). Esse arranjo garante que em uma célula em particular apenas aquelas proteínas STAT com um domínio SH2 que pode ligar-se a uma proteína receptora específica serão ativadas e apenas quando este receptor estiver ativo. O receptor de eritropoietina, por exemplo, ativa a STAT5, mas não as STAT 1, 2, 3 ou 4; essas são ativadas por outros receptores. Uma STAT fosforilada se dissocia espontaneamente do receptor, e duas proteínas STAT fosforiladas formam um dímero no qual o domínio SH2 em cada uma delas liga-se à fosfotirosina na outra. Como a dimerização envolve mudanças conformacionais que expõem o sinal de localização nuclear (NLS), os dímeros STAT migram para o núcleo, onde se ligam a **estimuladores** específicos (sequências regulatórias de DNA) que controlam genes-alvo (Figura 16-13b) e, assim, alteram a expressão gênica.

Certas STAT podem ativar diferentes genes em diferentes células dependendo da "memória celular" discutida no capítulo de introdução. Pelo fato de diferentes tipos celulares terem complementos únicos de fatores de transcrição e modificações epigenéticas únicas em suas cromatinas, os genes que estão disponíveis para serem ativados por qualquer STAT são diferentes também. Por exemplo, a STAT5 em células da glândula mamária, a mesma STAT ativada pelo receptor Epo em células eritroides, se torna ativa devido à ligação da prolactina ao receptor de prolactina e induz a transcrição de genes que codificam certas proteínas do leite. Em contrapartida, quando a STAT5 torna-se ativa em células progenitoras eritroides seguida pela ligação de Epo ao receptor de Epo, ocorre a indução da transcrição do gene Bcl-x_L. O Bcl-x_L evita a morte celular programada, ou **apoptose**, desses progenitores, permitindo que eles proliferem e se diferenciem em hemácias. Aqui há um caso de diferentes receptores de citocinas em diferentes células ativando a mesma molécula intermediária de sinalização, a STAT5, levando à ativação de diferentes genes. A diversidade combinatória permite um conjunto relativamente limitado de vias de sinalização para controlar a vasta gama de atividades celulares.

A sinalização dos receptores RTKs e de citocinas é regulada negativamente por múltiplos mecanismos

No capítulo anterior, foram vistas algumas vias nas quais a sinalização de receptores acoplados a proteína G é finalizada. Por exemplo, a fosforilação de receptores e de proteínas sinalizadores supressoras de sinalização e essa supressão podem ser revertidas pela ação controlada das fosfatases. Aqui serão discutidos alguns mecanismos pelos quais a sinalização do RTK e do receptor de citocina é regulada.

Endocitose mediada por receptor Muitas vezes, o tratamento prolongado de células com ligantes reduz o número de receptores de superfície celular disponíveis, ocasionando uma resposta menos robusta das células à exposição a dadas concentrações de ligantes se comparadas com antes do tratamento. Essa resposta de dessensibilização ajuda a evitar a atividade inapropriadamente prolongada do receptor. Na ausência do fator de crescimento epidermal (EGF), por exemplo, receptores de superfície celular HER1 são relativamente de longa duração para esse ligante, com meia-vida de 10 a 15 horas. Os receptores não ligados são internalizados para dentro de endossomos via fendas revestidas de clatrinas a uma taxa relativamente lenta, em média uma vez a cada 30 minutos; com frequência, são rapidamente retornados para a membrana plasmática de modo a haver pouca redução no número de receptores de superfície. Seguindo a ligação de um ligante EGF, a taxa de endocitose de HER1 é elevada em torno de 10 vezes, e apenas uma fração dos receptores internalizados retorna para a membrana plasmática; o resto é degradado nos lisossomos. Cada vez que o complexo HER1-EGF é internalizado, por um processo chamado **endocitose mediada por receptor** (ver Figura 14-29), o receptor tem em torno de 20 a 80% de chances de ser degradado, dependendo do tipo celular. A exposição de fibroblastos a altos níveis de EGF

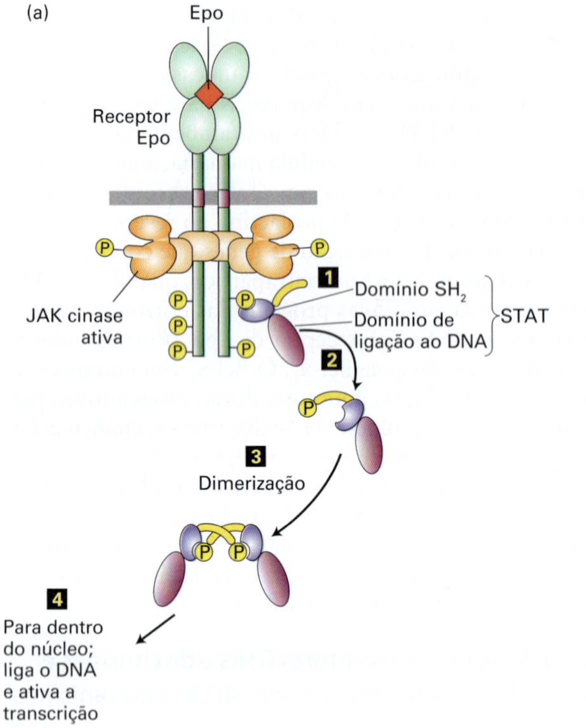

FIGURA 16-13 A ativação e a estrutura das proteínas STAT. (a) A fosforilação e a dimerização das proteínas STAT. Etapa **1**: seguido da ativação de um receptor de citocina (ver Figura 16-10), um fator de transcrição STAT monomérico inativo se liga a uma fosfotirosina no receptor, trazendo a STAT para perto da JAK ativa associada com um receptor. A JAK, então, fosforila a tirosina C-terminal na STAT. Etapas **2** e **3**: as STAT fosforiladas dissociam-se espontaneamente do receptor e dimerizam. Pelo fato do homodímero da STAT ter duas interações de domínios SH2-fosfotirosinas, enquanto o complexo receptor-STAT é estabilizado por apenas uma interação, a STAT fosforilada tende a não se religar ao receptor. Etapa **4**: o dímero da STAT se move para o núcleo, onde consegue se ligar a sequências promotoras e ativar a transcrição de genes-alvo. (b) Diagrama de fita do dímero da STAT1 ligada ao DNA (preto). O dímero da STAT1 forma um grampo em forma de C ao redor do DNA que é estabilizado por interações recíprocas e de alta afinidade entre o domínio SH2 (roxo) de um monômero e o resíduo de tirosina fosforilado (amarelo com os oxigênios em vermelho) do segmento C-terminal do outro. O sítio de ligação da fosfotirosina do domínio SH2 de cada monômero é estruturalmente acoplado ao domínio de ligação ao DNA (magenta), sugerindo um papel importante para a interação SH2-fosfotirosina na estabilização dos elementos de interação ao DNA. (Parte (b) X. Chen et al., 1998, *Cell* **93:**827.)

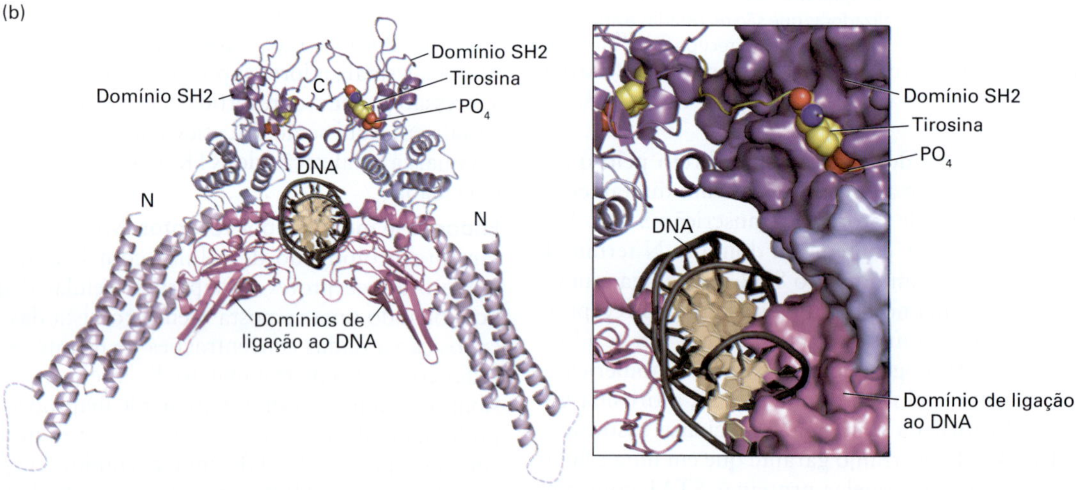

por algumas horas induz diversos ciclos de endocitose, resultando na degradação da maioria dos receptores de superfície celular e, assim, ocorrendo a redução da sensibilidade da célula ao EGF. Desse modo, o tratamento prolongado com certas concentrações de EGF dessensibiliza a célula a esse nível de hormônio, embora a célula possa responder se o nível de EGF estiver elevado.

Os mutantes de HER1 que perderam a atividade de cinase não sofrem endocitose acelerada na presença de um ligante. É provável que a ativação induzida pelo ligante na atividade de cinase em HER1 normais induza uma mudança conformacional na cauda citosólica, expondo um motivo de triagem que facilite o recrutamento do receptor para as fendas revestidas de clatrina e a subsequente internalização do complexo receptor-ligante. Apesar dos amplos estudos dos domínios citosólicos mutantes de HER1, a identidade desses "motivos de triagem" é controversa e muito provavelmente multiplique os motivos funcionais para elevar a endocitose. De forma interessante, receptores internalizados podem continuar a sinalizar dos endossomos ou de outros compartimentos intracelulares antes de sua degradação, como evidenciado por suas ligações a proteínas sinalizadoras como Grb-2 e Sos, as quais são discutidas na próxima seção.

Degradação lisossomal Após a internalização, alguns receptores de superfície celular (p. ex., o receptor LDL) são eficazmente reciclados para a superfície (ver Figura 14-29). Como notado acima, a fração de receptores HER1 ativados que são encaminhados para o lisossomo pode variar de 20 a 80% em diferentes tipos celulares.

Diversos processos podem influenciar a reciclagem *versus* o destino de degradação lisossomal de receptores de superfície. Um deles é a modificação covalente pela pequena proteína ubiquitina (ver Capítulo 3). Existe uma forte correlação entre a monoubiquitinação (a adição de apenas uma ubiquitina a uma lisina da proteína) do domínio citosólico de HER1 e a sua degradação. A monoubiquitinação é mediada pela enzima c-Cbl. A c-Cbl é uma ubiquitina E3 ligase (ver Figura 3-29) com um domínio de ligação EGFR (que se liga diretamente ao receptor EGF fosforilado) e um domínio de dedo RING (que recruta enzimas conjugadoras de ubiquitina e faz a mediação da transferência da ubiquitina para o receptor). A ubiquitina funciona como "marca" no receptor, estimulando sua incorporação dos endossomos para corpos multivesiculares (ver Figura 14-33) que são degradados dentro dos lisossomos. O papel para c-Cbl no tráfego dos receptores EGF surgiu de estudos genéticos em *C. elegans*, os quais estabeleceram que a c-Cbl regula negativamente a função do receptor EGF do nematódeo (Let-23), provavelmente induzindo sua degradação. Da mesma maneira, camundongos nocaute sem c-Cbl mostraram hiperproliferação do epitélio da glândula mamária, consistente com o papel da c-Cbl como um regulador negativo da sinalização de EGF.

Experimentos com linhagens celulares mutantes demonstraram que a internalização dos RTKs exerce um papel importante na regulação da resposta celular ao EGF e a outros fatores de crescimento. Por exemplo, uma mutação no receptor EGF (HER1), que previne que ele seja incorporado em fendas revestidas, o torna resistente à endocitose mediada por receptor (induzida por ligante). Como resultado, essa mutação leva a um número de receptores EGF acima do normal nas células, elevando a sensibilidade das células ao EGF como sinal mitogênico. Tais células mutantes são propensas à **transformação** induzida por EGF em células tumorais (ver Capítulo 24). Curiosamente, os outros receptores da família EGF – HER2, HER3 e HER4 – não sofrem internalização induzida por ligante, observação que enfatiza como cada receptor envolvido pode ser regulado de sua própria maneira.

Fosfatases de fosfotirosinas Essas enzimas que desfosforilam especialmente a fosfotirosina hidrolase ligam-se em proteínas-alvo específicas. Um ótimo exemplo de como as enzimas fosfatases de fosfotirosinas funcionam para suprimir a atividade de proteínas tirosina-cinase é fornecido pela SHP1, fosfatase que regula negativamente a sinalização de vários tipos de receptores de citocinas. O seu papel foi identificado primeiramente a partir da análise de camundongos sem essa proteína; eles morreram devido ao excesso de produção de hemácias e diversos outros tipos de células sanguíneas.

A SHP1 atenua a sinalização de citocinas pela ligação a um receptor de citocina e inativação de uma proteína JAK associada, como é retratado na Figura 16-14a. Além do domínio catalítico fosfatase, a SHP1 possui dois domínios SH2. Quando as células estão em estado

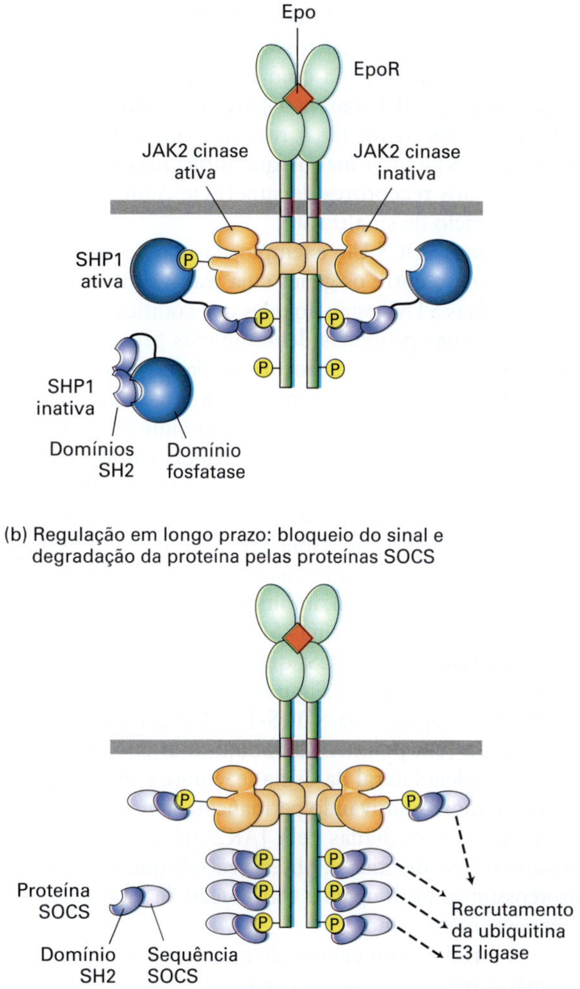

FIGURA 16-14 Dois mecanismos para encerramento da transdução de sinal a partir do receptor de eritropoietina (EpoR). (a) Regulação em curto prazo: a SHP1, uma fosfatase de fosfotirosina, está presente na forma inativa nas células que não estão estimuladas. A ligação de um domínio SH2 de SHP1 a uma fosfotirosina específica no receptor ativado expõe seu sítio catalítico de fosfatase e o posiciona próximo à tirosina fosforilada na região da borda de ativação da JAK2. A remoção do fosfato desta tirosina inativa a JAK cinase. (b) Regulação em longo prazo: as proteínas SOCS, cuja expressão é induzida pela STAT em células eritroides estimuladas por eritropoietina, inibe ou encerra permanentemente a sinalização, durante longos períodos de tempo. A ligação de SOCS aos resíduos fosfotirosina no EpoR ou na JAK2 bloqueia a ligação de outras proteínas sinalizadoras (*esquerda*). A sequência *box* SOCS também pode agir em proteínas como a JAK2 por meio de degradação pela via ubiquitina-proteossomo (*direita*). Mecanismos semelhantes regulam a sinalização a partir de outros receptores de citocina. (Parte (a) adaptada de S. Constantinescu et al., 1999, *Trends Endocrin. Metabol.* **10:**18; parte (b) adaptada de B. T. Kile e W. S. Alexander, 2001, *Cell Mol. Life Sci.* **58:**1.)

de repouso, não estimuladas por uma citocina, um dos domínios SH2 na SHP1 liga-se fisicamente e inativa o sítio catalítico no domínio fosfatase. No estado estimulado, porém, esse domínio SH2 bloqueado liga-se a um resíduo específico de fosfotirosina no receptor ativo. A mudança conformacional que acompanha essa ligação desmascara o sítio catalítico de SHP1 e também o traz adjacente ao resíduo de fosfotirosina na borda de ativação da JAK associada com o receptor. Pela remoção desse fosfato, SHP1 inativa a JAK, de modo que ela não consegue mais fosforilar o receptor ou outros substratos (p. ex., STAT), a menos que moléculas de citocinas liguem-se aos receptores de superfície celular, iniciando um novo ciclo de sinalização.

Proteínas SOCS Um exemplo clássico de retroalimentação negativa entre os genes cuja transcrição é induzida por proteínas STAT estão aqueles que codificam uma classe de pequenas proteínas denominadas *proteínas SOCS*, que terminam a sinalização originada nos receptores de citocina. Esses reguladores negativos atuam de duas maneiras (Figura 16-14b). Primeiro, o domínio SH2 de várias proteínas SOCS se liga às fosfotirosinas em um receptor ativado, impedindo a ligação de outras proteínas sinalizadoras contendo SH2 (p. ex., STAT) e inibindo, assim, o receptor de sinalização. Uma proteína SOCS, a SOCS-1, também se liga à fosfotirosina crucial na borda de ativação da cinase JAK2 ativa, inibindo sua atividade catalítica. Segundo, todas as proteínas SOCS contêm um domínio, chamado sequência SOCS, que recruta componentes de ubiquitina E3 ligase (ver Figura 3-29). Por exemplo, como resultado da ligação da SOCS-1, a JAK2 torna-se poliubiquitinada (um polímero de ubiquitinas covalentemente ligado à cadeia lateral da lisina) e, então, é degradada em **proteossomos**, desativando permanentemente todas as vias de sinalização mediadas pela JAK2 até que novas JAK2 possam ser produzidas. A observação de que inibidores de proteossomos prolongam a transdução de sinal JAK2 sustenta esse mecanismo.

Os estudos com células de mamífero em cultivo demonstraram que o receptor para o hormônio do crescimento, que pertence à superfamília de receptores de citocina, é regulado negativamente por outra proteína SOCS, a SOCS-2. Surpreendentemente, os camundongos deficientes nessa proteína SOCS-2 crescem significativamente mais do que os seus pares normais e têm os ossos longos mais compridos e um aumento proporcional de vários órgãos. Assim, as proteínas SOCS desempenham um papel negativo essencial na regulação da sinalização intracelular dos receptores para a eritropoietina, o hormônio do crescimento e outras citocinas.

CONCEITOS-CHAVE da Seção 16.1

Os receptores que ativam proteínas tirosina-cinases

- Duas amplas classes de receptores ativam tirosinas-cinases: (1) o receptor tirosina-cinase (RTKs), no qual a cinase é parte intrínseca do receptor e (2) receptores de citocinas, nos quais a cinase é fortemente ligada ao domínio citosólico do receptor. A sinalização dos receptores tirosina-cinase e receptores de citocinas ativam vias de sinalização similares (ver Figura 16-2).
- O receptor tirosina-cinase, o qual se liga a peptídeos e proteínas de sinalização como fatores de crescimento e insulina, pode existir como dímeros pré-formados ou sofrer dimerização durante a ligação dos ligantes. A ligação de moléculas desencadeia a formação de receptores diméricos funcionais, etapa necessária na ativação de cinases associadas a receptores.
- A ativação de um RTK leva à fosforilação da borda de ativação nas proteínas tirosina-cinase que são parte intrínseca dos seus domínios citoplasmáticos, elevando sua atividade catalítica (ver Figura 16-3). A cinase ativa e depois fosforila resíduos de tirosina no domínio citosólico do receptor e em outros substratos.
- Os humanos expressam muitos RTKs, quatro dos quais (HER1 a 4) definem a família de receptores do fator de crescimento epidermal que faz a mediação da sinalização de diferentes membros da família de fatores de crescimento epidermal de moléculas de sinalização (ver Figura 16-7). Um desses receptores, o HER2, não liga moléculas; ele forma um heterodímero ativo com monômeros ligados a ligantes das outras três proteínas HER. A superexpressão de HER2 está envolvida em torno de 25% dos cânceres de mama.
- As citocinas exercem diversos papéis no desenvolvimento. A eritropoietina, uma citocina secretada por células renais, promove a proliferação e a diferenciação de células progenitoras eritroides na medula óssea (ver Figura 16-8) para aumentar o número de hemácias vermelhas maduras no sangue.
- Todos os receptores de citocinas têm estruturas similares, e seus domínios citosólicos são ligados fortemente à proteína tirosina-cinase JAK, a qual se torna ativa após a ligação da citocina e da dimerização do receptor (ver Figura 16-10).
- Em ambos os receptores RTKs e citocinas, pequenas sequências de aminoácidos contendo resíduos de fosfotirosina são ligados por proteínas com os domínios SH2 ou PTB conservados, os quais são encontrados em muitas proteínas de transdução de sinal. A sequência de aminoácidos que circunda a tirosina fosforilada determina a qual domínio ele irá se ligar. Algumas interações proteína-proteína são importantes em muitas vias de sinalização (ver Figura 16-11 e 16-12).
- A **via JAK/STAT** opera a jusante de todos os receptores de citocinas e alguns RTKs. Os monômeros de STAT ligado a fosfotirosinas em receptores são fosforilados por receptores associados a JAK, dimerizando e migrando para o núcleo, onde ativam a transcrição (ver Figura 16-13).
- A endocitose do complexo receptor-hormônio e sua degradação nos lisossomos é a principal forma de redução do número de receptores tirosina-cinase e receptores de citocinas na superfície celular, diminuindo, assim, a sensibilidade das células a vários hormônios.
- A sinalização a partir de receptores de citocinas é finalizada pela fosfatase de fosfotirosina SHP1 e por algumas proteínas SOCS (ver Figura 16-14).

16.2 A via Ras/MAP cinase

Quase todos os receptores tirosina-cinase e receptores de citocinas ativam a *via Ras/***MAP cinase** (ver Figura 16-2b). A **proteína Ras**, uma proteína G monomérica (pequena), pertence à **superfamília de GTPase** de proteínas intracelulares ativadoras (ver Figura 15-7). A Ras ativa promove a formação, na membrana, de um complexo de transdução de sinal contendo três proteínas-cinases atuando sequencialmente. Essa **cascata de cinase** culmina na ativação de certos membros da família **MAP cinase**, os quais podem translocar para o interior do núcleo e fosforilar muitas proteínas diferentes. Dentre as proteínas-alvo para MAP cinase estão os fatores de transcrição que regulam a expressão de proteínas com papéis importantes no ciclo celular e na diferenciação. Diferentes tipos de sinais extracelulares frequentemente ativam diferentes vias de sinalização que resulta na ativação de diferentes membros da família MAP cinase.

Devido a uma mutação ativadora em RTK, Ras ou em uma proteína da cascata de MAP cinase, que pode ser encontrada na maioria dos tipos de tumores humanos, a via RTK/Ras/MAP cinase tem sido tópico de um estudo extensivo e muito se sabe sobre os componentes dessa rota. A discussão começará revisando como a Ras muda entre o estado ativo e inativo. Depois, descrevendo como a Ras é ativada e transmite um sinal para a via MAP cinase. Por fim, examinando estudos recentes que indicam que tanto as leveduras quanto as células de eucariotos superiores contêm múltiplas vias MAP cinase e consideraremos como as células mantêm separadas as vias de MAP cinases umas das outras por meio do uso de proteínas de sustentação (*scaffold proteins*).

Ras, uma proteína GTPase comutadora, opera a jusante da maioria dos receptores RTKs e citocinas

Como a subunidade G_α das proteínas G triméricas discutida no Capítulo 15, a proteína G monomérica conhecida como Ras alterna entre um estado ativo "ligado", quando ligada a um GTP, e um estado inativo "desligada", quando ligada a um GDP (ver Figura 15-6 para revisar esse conceito). Ao contrário das proteínas G triméricas, Ras não é diretamente conectada a receptores de superfície celular. A Ras (~170 aminoácidos) é menor que as proteínas G_α (~300 aminoácidos), mas sua estrutura é semelhante à do domínio de ligação do GTP de duas proteínas (ver Figura 15-7 para revisar a estrutura de Ras). Os estudos estruturais e bioquímicos mostram que a G_α também contém um domínio de proteína de ativação de GTPase (GAP) que aumenta a taxa intrínseca de hidrólise de GTP pela G_α. Devido ao fato desse domínio não estar presente em Ras, ele tem uma taxa de hidrólise de GTP intrinsicamente lenta. Desse modo, a média de tempo de vida de um GTP ligado a Ras é em torno de um minuto, o qual é muito mais longo do que a média do tempo de vida do complexo G_α·GTP.

A atividade da proteína Ras é regulada por diversos fatores. A ativação da Ras é acelerada por um fator *de troca do nucleotídeo guanina* (*GEF*) que se liga ao complexo Ras·GDP, causando a dissociação do GDP ligado (ver Figura 15-6). Uma vez que o GTP está presente nas células em uma concentração mais elevada do que o GDP, o GTP liga-se espontaneamente às moléculas "livres" da Ras, com liberação do GEF e formação da Ras·GTP ativa. A hidrólise posterior desse GTP ligado em GDP desativa a Ras. Devido à baixa atividade intrínseca de GTPase comparada a G_α·GTP, Ras·GTP necessita a assistência de outra proteína, uma proteína ativadora de GTPase (GAP) para desativar. A ligação de GAP ao complexo Ras-GTP acelera sua atividade GTPase intrínseca em mais de cem vezes; a hidrólise de GTP é catalisada por aminoácidos de ambos, Ras e GAP. Em particular, a inserção de uma arginina da cadeia lateral da GAP no sítio ativo da Ras estabiliza um intermediário na reação de hidrólise.

As proteínas Ras de mamíferos têm sido estudadas detalhadamente, porque as proteínas Ras mutantes estão associadas a muitos tipos de câncer humano. Essas proteínas mutantes que ligam, mas não podem hidrolisar o GTP, estão permanentemente no estado ativo e contribuem para a transformação neoplásica (ver Capítulo 24). A determinação da estrutura tridimensional do complexo Ras-GAP e testes de formas mutantes de Ras explicaram a observação intrigante de que a maioria das proteínas Ras oncogênicas (Ras^D) ativas constitutivamente contêm uma mutação na posição 12. A substituição da glicina-12 normal por qualquer outro aminoácido (exceto a prolina) bloqueia a ligação funcional da GAP e, essencialmente, "prende" a Ras no estado ativo ligado ao GTP. ■

A primeira indicação de que a Ras funciona em cascata a partir de RTKs em uma via de sinalização comum foi obtida em experimentos nos quais fibroblastos cultivados foram induzidos a proliferar por meio do tratamento com uma mistura de dois hormônios: fator de crescimento derivado de plaquetas (PDGF) e o fator de crescimento epidermal (EGF). A microinjeção de anticorpos anti-ras nessas células bloqueia a proliferação celular. Por outro lado, a injeção de Ras^D, proteína Ras mutante ativa constitutivamente que hidrolisa o GTP de forma muito pouco eficiente e, assim, permanece no estado ativo, causou a proliferação celular, na ausência dos fatores de crescimento. Esses resultados são consistentes com os estudos usando o método de ensaio suspenso detalhado na Figura 15-14, mostrando que a adição de FGF aos fibroblastos leva a um rápido aumento na proporção de Ras presente na forma ativa ligada ao GTP. Porém, como será visto, um RTK ativado (ou um receptor de citocina) não consegue ativar Ras diretamente. Em vez disso, outras proteínas devem primeiro ser recrutadas para ativar o receptor e servirem de adaptadores.

Estudos genéticos em *Drosophila* identificaram proteínas essenciais na transdução de sinal na via Ras/MAP cinase

Nosso conhecimento a respeito de proteínas envolvidas na via Ras/MAP cinase vem principalmente de análises genéti-

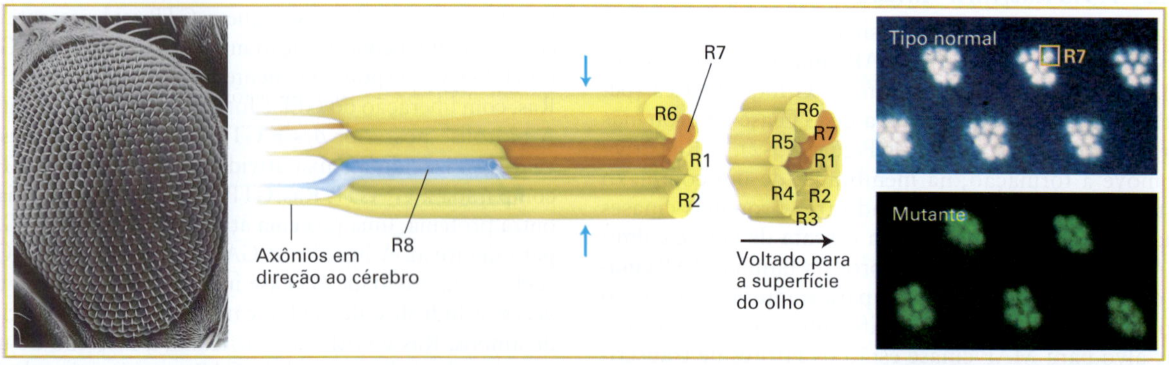

FIGURA 16-15 O olho composto da *Drosophila melanogaster*. (a) Micrografia eletrônica de varredura mostrando os omatídeos que compõem o olho da mosca-da-fruta. (b) Visão longitudinal e corte transversal de um omatídeo. Cada uma dessas estruturas tubulares contém oito fotorreceptores, designados de R1 a R8, que são células longas, com forma cilíndrica, sensíveis à luz. Os receptores R1 a R6 (amarelo) se estendem até o fundo da retina, enquanto o R7 (marrom) está localizado voltado para a superfície do olho, e o R8 (azul) próximo à parte posterior, para onde os axônios se direcionam. (c) Comparação dos olhos de moscas normais e de mutantes *sevenless*, observados por meio de uma técnica especial que pode distinguir os fotorreceptores em um omatídeo. O plano de corte é indicado pelas setas azuis em (b), e a célula R8 está fora do plano destas imagens. Os sete fotorreceptores neste plano são vistos facilmente nos omatídeos normais (parte superior), enquanto apenas seis são visíveis nos omatídeos mutantes (parte inferior). As moscas com a mutação *sevenless* carecem da célula R7 em seus olhos. (Parte (a) de E. Hafen e K. Basler, 1991, *Development* **1** (suppl.):123; parte (b) adaptada de R. Reinke e S. L. Zipursky, 1988, *Cell* **55:**321; parte (c) cortesia de U. Banerjee.)

cas de moscas-da-fruta (*Drosophila*) e vermes (*C. elegans*) mutantes que foram bloqueadas em estágios particulares da diferenciação. Para ilustrar o impacto dessa técnica experimental, é considerado o desenvolvimento de um tipo particular de célula no olho composto da *Drosophila*.

O olho composto da mosca é formado por cerca de 800 olhos individuais chamados *omatídeos* (Figura 16-15a). Cada omatídeo consiste em 22 células, oito das quais são neurônios fotossensíveis chamados *retínula*, ou células R, designadas R1 a R8 (Figura 16-15b). Um RTK chamado *Sevenless* (*Sev*) regula especificamente o desenvolvimento da célula R7 e não é essencial para nenhuma outra função conhecida. Nas moscas com o gene *sevenless* (*sev*) mutante, a célula R7 de cada omatídeo não se forma (Figura 16-15c, *inferior*). Uma vez que o fotorreceptor R7 é necessário apenas para que as moscas enxerguem sob a luz ultravioleta, os mutantes que carecem das células R7 funcionais, mas são normais quanto às outras características, são isolados facilmente.

Durante o desenvolvimento de cada omatídeo, uma proteína chamada *Boss* (*Bride of Sevenless*) é expressa na superfície da célula R8. Essa proteína aderida à membrana é o ligante para o RTK Sev na superfície da célula vizinha precursora de R7, sinalizando para que ela se desenvolva em um neurônio fotossensível (Figura 16-16a). Nas moscas mutantes que não expressam uma proteína Boss funcional ou RTK Sev, não ocorre a interação entre a Boss e as proteínas Sev, e as células R7 não se desenvolvem (Figura 16-16b); essa é a origem do nome *sevenless* para o RTK em células R7.

Para identificar as proteínas de transdução de sinal intracelular na via RTK Sev, os pesquisadores produziram

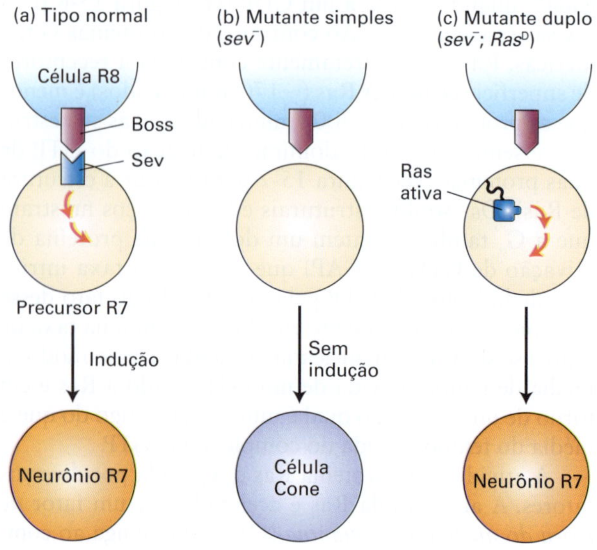

FIGURA EXPERIMENTAL 16-16 Estudos genéticos revelam que a ativação de Ras induz o desenvolvimento de fotorreceptores R7 no olho da *Drosophila*. (a) Durante o desenvolvimento larval das moscas normais, a célula R8 em cada omatídeo em desenvolvimento expressa uma proteína de superfície celular, chamada Boss, que se liga ao RTK Sev na superfície de sua célula vizinha precursora de R7. Essa interação induz alterações na expressão gênica que resultam na diferenciação da célula precursora em um neurônio R7 funcional. (b) Nos embriões de mosca com uma mutação no gene *sevenless* (*sev*), as células precursoras R7 não conseguem realizar a ligação com Boss e, portanto, não se diferenciam normalmente em células R7. Ao contrário, a célula precursora entra em uma via de desenvolvimento alternativa e, finalmente, se torna uma célula chamada cone. (c) As larvas com mutação dupla (sev^-; Ras^D) expressam uma Ras ativa constitutiva (Ras^D) na célula precursora R7 que induz a diferenciação de células precursoras R7 na ausência do sinal mediado por Boss. Esse achado demonstra que Ras ativada é suficiente para mediar a indução de uma célula R7. (Ver M. A. Simon et al., 1991, *Cell* **67:**701, e M. E. Fortini et al., 1992, *Nature* **355:**559.)

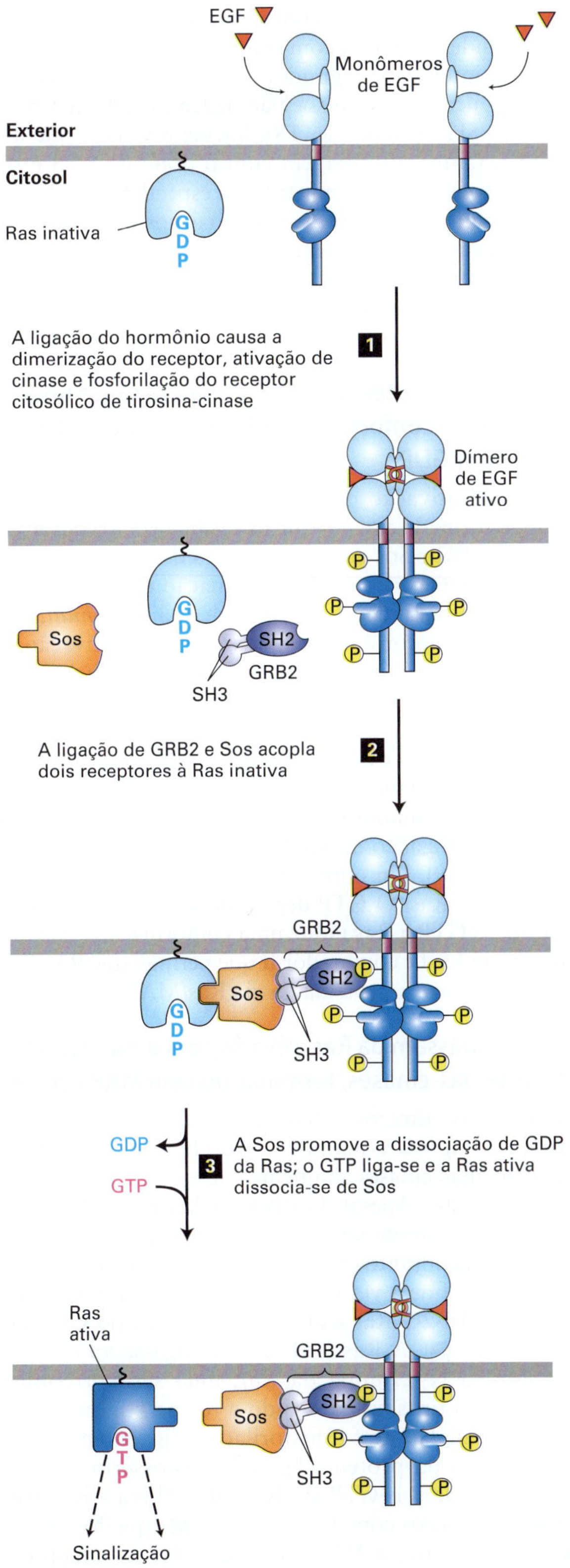

FIGURA 16-17 Ativação de Ras em consequência da ligação do ligante aos receptores tirosina-cinase (RTKs) ou receptores de citocinas. Os receptores para o fator de crescimento epidermal (EGF) e muitos outros fatores de crescimento são RTKs. A proteína adaptadora citosólica GRB2 liga-se a uma fosfotirosina específica em um receptor ativado ligado ao ligante e a uma proteína citosólica Sos, aproximando-a de seu substrato, o complexo Ras-GDP inativo. A atividade da Sos como fator de troca do nucleotídeo guanina (GEF) promove, então, a formação de um Ras-GTP ativo. Deve-se notar que a Ras está presa à membrana por uma âncora farnesil hidrofóbica (ver Figura 10-19). (Ver J. Schlessinger, 2000, *Cell* **103:**211, e M. A. Simon, 2000, *Cell* **103:**13.)

moscas mutantes que expressam uma proteína Sev sensível à temperatura. Quando essas moscas foram mantidas à temperatura permissível, todos os seus omatídeos continham células R7; quando foram submetidas a temperaturas não permissíveis, as células R7 não se desenvolveram. No entanto, a uma temperatura intermediária em particular, apenas o suficiente do RTK Sev foi funcional para mediar o desenvolvimento da R7. Os pesquisadores fundamentaram que a essa temperatura intermediária a via de sinalização se tornaria defeituosa (e, assim, nenhuma célula R7 se desenvolveria), se o nível de outra proteína envolvida na via fosse reduzida, diminuindo a atividade total da via de sinalização abaixo do nível necessário para formar uma célula R7. Uma mutação recessiva que afetasse cada uma das proteínas teria esse efeito, porque nos organismos diploides, como a *Drosophila*, um heterozigoto contendo um alelo normal e um mutante para um gene produzirá metade da quantidade normal do produto do gene; portanto, mesmo que a mutação recessiva esteja em um gene essencial, o organismo será viável. No entanto, seria de esperar que uma mosca com uma mutação termossensível no gene *sev* e uma segunda mutação que afetasse outra proteína da via de sinalização não desenvolvesse as células R7 na temperatura intermediária.

Com o uso dessa triagem, os pesquisadores identificaram os genes que codificam três proteínas importantes na via Sev: uma **proteína adaptadora** contendo SH2, que apresenta 64% de identidade com a GRB2 humana (*growth factor receptor-bound protein 2*); um fator de troca do nucleotídeo guanina chamado Sos (*Son of Sevenless*), que apresenta 45% de identidade com o seu equivalente em camundongo; e uma proteína Ras com 80% de identidade com suas equivalentes nos mamíferos. Mais tarde, descobriu-se que essas três proteínas funcionam em outras vias de sinalização iniciadas pela ligação dos ligantes a diferentes RTK e utilizadas em momentos e locais diferentes no desenvolvimento da mosca.

Em estudos posteriores, os pesquisadores introduziram um gene ras^D mutante nos embriões de mosca que continham a mutação *sevenless*. Como já mencionado, o gene ras^D codifica uma proteína Ras constitutivamente ativa, presente na forma ativa ligada ao GTP, mesmo na ausência de um sinal hormonal. Embora nenhum RTK Sev funcional tenha sido expressado nestas moscas com mutação dupla (sev^-; ras^D), as células R7 se formaram normalmente, indicando que a ativação da Ras é suficiente para indução do desenvolvimento das células R7 (Figura 16-16c). Esse resultado, que é consistente com os resultados do cultivo de fibroblastos descrito anteriormente, sustenta a conclusão de que a ativação da Ras é a principal etapa na sinalização intracelular mediada pela maioria, se não todos, dos RTKs e receptores de citocinas.

O receptor tirosina-cinase e JAK cinases estão ligados a Ras por proteínas adaptadoras

A fim de que RTKs e receptores de citocinas ativados ativem Ras, duas proteínas citosólicas – GRB2 e Sos – devem ser recrutadas primeiramente para gerar um vínculo entre o receptor e Ras (Figura 16-17). A GRB2 é uma *proteína adaptadora*, ou seja, ela não possui atividade enzimática e serve como vínculo, ou sustentação, entre duas proteínas – neste caso entre o receptor ativado e Sos. Sos é uma proteína de troca do nucleotídeo de guanina (GEF), o qual catalisa a conversão de Ras inativa ligada ao GDP para a forma ativa ligada ao GTP.

A GRB2 é capaz de servir como uma proteína adaptadora devido ao seu domínio SH2, que se liga a resíduos de fosfotirosina específicos no RTK ativado (ou receptor de citocina). Além de seu domínio SH2, a proteína adaptadora GRB2 contém dois *domínios SH3*, que se ligam ao Sos, um fator de troca do nucleotídeo guanina (Figura 16-17). Da mesma forma que os domínios SH2 e PTB de ligação à fosfotirosina, os domínios SH3 estão presentes em um grande número de proteínas envolvidas em sinalização intracelular. Embora as estruturas tridimensionais de vários domínios SH3 sejam similares, suas sequências específicas de aminoácidos diferem. Os domínios SH3 em GRB2 se ligam seletivamente às sequências ricas em prolina no Sos; os domínios SH3 diferentes, em outras proteínas, se ligam às sequências ricas em prolina diferentes daquelas presentes no Sos.

Os resíduos prolina desempenham dois papéis na interação entre um domínio SH3 em uma proteína adaptadora (p. ex., a GRB2) e uma sequência rica em prolina em outra proteína (p. ex., Sos). Primeiro, a sequência rica em prolina assume uma conformação estendida que permite grandes contatos com o domínio SH3, facilitando, assim, a interação. Segundo, um subgrupo dessas prolinas se encaixa em bolsões de ligação na superfície do domínio SH3 (Figura 16-18). Vários resíduos, que não prolina, também interagem com o domínio SH3 e são responsáveis pela determinação da especificidade de ligação. Portanto, a ligação de proteínas aos domínios SH3 e SH2 segue uma estratégia semelhante: certos resíduos proporcionam o formato estrutural geral necessário para a ligação, e os resíduos vizinhos conferem a especificidade para a ligação.

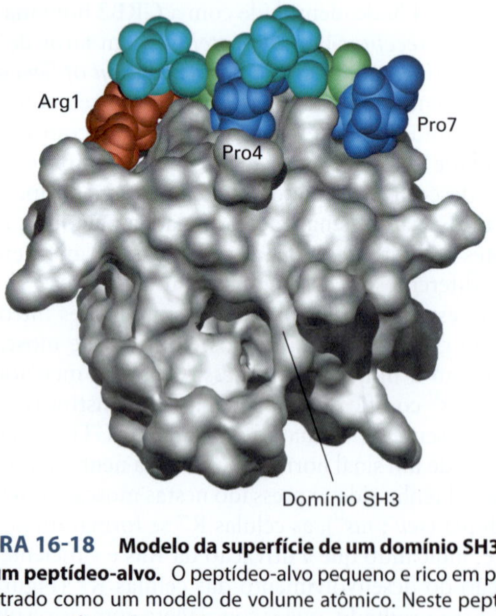

FIGURA 16-18 Modelo da superfície de um domínio SH3 ligado a um peptídeo-alvo. O peptídeo-alvo pequeno e rico em prolina é mostrado como um modelo de volume atômico. Neste peptídeo-alvo, duas prolinas (Pro4 e Pro7, azul escuro) se fixam em encaixes de ligação na superfície do domínio SH3. As interações que envolvem uma arginina (Arg1, vermelho), duas outras prolinas (azul claro) e outros resíduos no peptídeo-alvo (verde) determinam a especificidade da ligação. (Segundo H. Yu et al., 1994, *Cell* **76:**933.)

A ligação da proteína Sos à Ras inativa causa uma alteração na conformação que desencadeia a troca de GTP por GDP

Depois da ativação de um RTK (p. ex., o receptor de EGF), é formado um complexo contendo o receptor ativado, a GRB2 e Sos na face citosólica da membrana plasmática (ver Figura 16-17). A formação desse complexo depende da habilidade da GBR2 de se ligar *simultaneamente* ao receptor e a Sos. Dessa forma, a ativação do receptor leva ao reposicionamento de Sos do citosol para a membrana, aproximando Sos de seu substrato, isso é, a Ras·GDP ligada à membrana por meio de um lipídeo ligado de forma covalente. A ligação de Sos à Ras·GDP leva a uma mudança conformacional nos segmentos comutador I e comutador II da Ras, abrindo, dessa forma, o bolsão de ligação ao GDP e, assim, ele pode difundir (Figura 16-19). Em outras palavras, Sos funciona como a GEF para Ras. O GTP depois de se ligar ativa Ras. A ligação do GTP à Ras induz uma conformação específica do comutador I e comutador II que permite que Ras·GTP ativem a próxima proteína na via Ras/MAP cinase.

Os sinais passam da Ras ativada para uma cascata de proteínas-cinases, terminando com MAP cinase

Estudos bioquímicos e genéticos em leveduras, *C. elegans*, *Drosophila* e mamíferos revelou uma cascata de três proteínas-cinases altamente conservada, culminando na MAP cinase. Apesar da ativação da cascata de cinases não gerar os mesmos resultados biológicos em todas as células, um conjunto comum de cinases atuando sequencialmente define a via Ras/MAP cinase, como mostrado na Figura 16-20. Ras é ativada pela troca do GDP por GTP (etapa **1**). A Ras·GTP ativada liga-se ao domínio regulatório N-terminal da *Raf*, uma serina/treonina-cinase (não tirosina), ativando-a (etapa **2**). Em células não estimuladas, Raf é fosforilada e ligada em um estado inativo da proteína ligadora fosfosserina 14-3-3. A hidrólise de Ras·GTP em Ras·GDP libera a Raf ativa do seu complexo com 14-3-3 (etapa **3**), que fosforila e, dessa forma, ativa a *MEK* (etapa **4**). (Por ser uma proteína-cinase de especificidade dupla, a MEK fosforila suas proteínas-alvo tanto nos resíduos de tirosina quanto em resíduos serina ou treonina.) Então, a MEK ativada fosforila e ativa a MAP cinase, outra serina/treonina-cinase também conhecida como ERK (etapa **5**). A MAP cinase

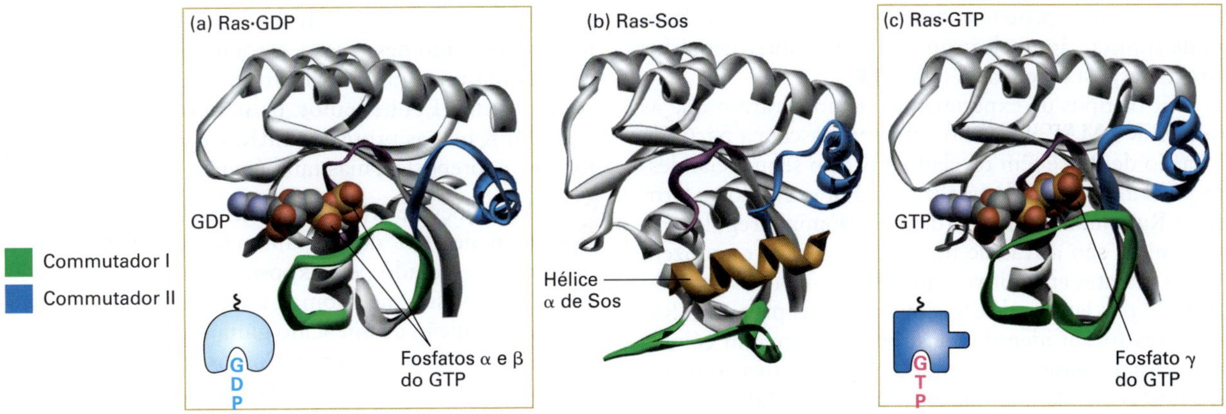

FIGURA 16-19 Estruturas da Ras ligada ao GDP, à proteína Sos e ao GTP. (a) No complexo Ras·GDP, os segmentos comutador I (verde) e comutador II (azul) não interagem diretamente com o GDP. (b) Uma hélice α (marrom) da Sos liga-se a ambas as regiões comutadoras do Ras·GDP, levando a uma grande alteração de conformação na Ras. Em consequência, a Sos provoca uma abertura da Ras por exposição da região comutador I, permitindo, assim, que o GDP difunda para fora. (c) Acredita-se que o GTP primeiro se ligue ao Ras-Sos por meio de sua base; a ligação subsequente dos fosfatos do GTP completa a interação. A alteração resultante na conformação dos segmentos comutador I e comutador II da Ras, permitindo que ambos se liguem ao fosfato γ do GTP, expõe a Sos e promove a interação do Ras·GTP com seus efetores (discutido mais tarde). Ver Figura 15-8 para outras representações de Ras·GDP e Ras·GTP. (Adaptada de P. A. Boriack-Sjodin e J. Kuriyan, 1998, *Nature* **394:**341.)

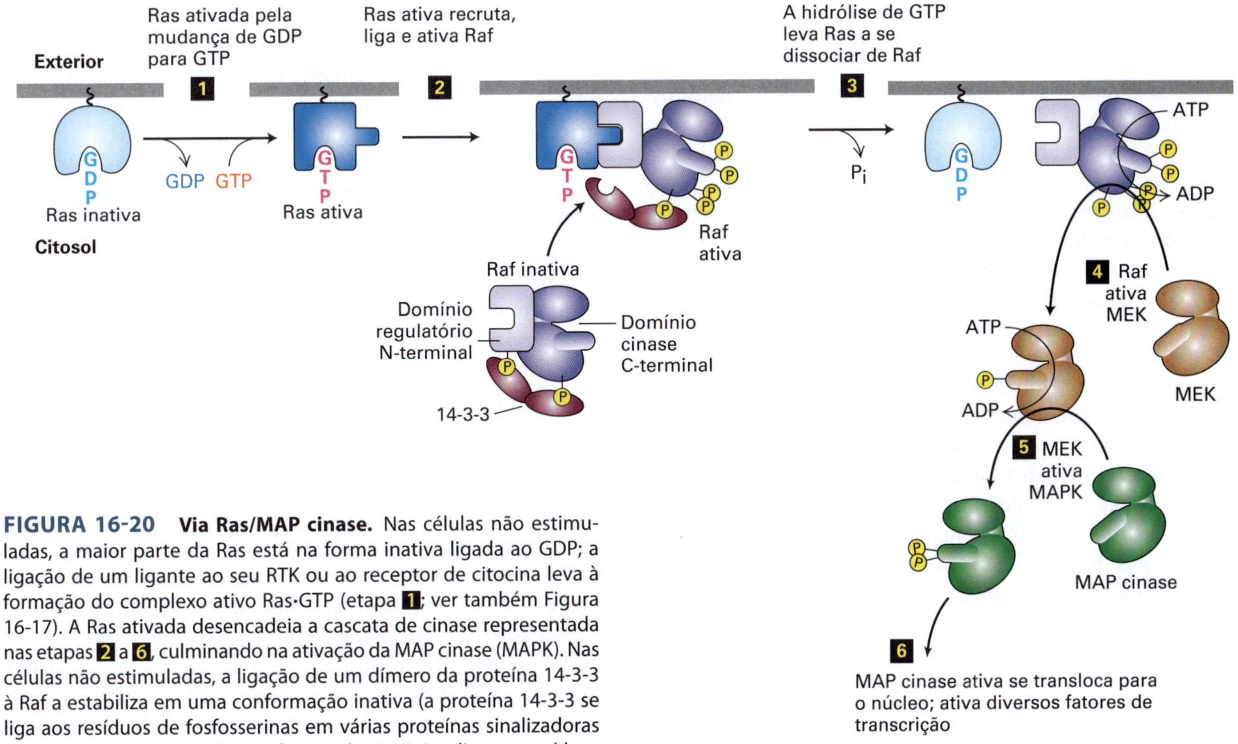

FIGURA 16-20 Via Ras/MAP cinase. Nas células não estimuladas, a maior parte da Ras está na forma inativa ligada ao GDP; a ligação de um ligante ao seu RTK ou ao receptor de citocina leva à formação do complexo ativo Ras·GTP (etapa **1**; ver também Figura 16-17). A Ras ativada desencadeia a cascata de cinase representada nas etapas **2** a **6**, culminando na ativação da MAP cinase (MAPK). Nas células não estimuladas, a ligação de um dímero da proteína 14-3-3 à Raf a estabiliza em uma conformação inativa (a proteína 14-3-3 se liga aos resíduos de fosfosserinas em várias proteínas sinalizadoras importantes). Cada monômero da proteína 14-3-3 se liga aos resíduos de fosfosserinas da Raf, um a fosfosserina-259 no domínio N-terminal e o outro a fosfosserina-621 do domínio de cinase. A interação do domínio regulador N-terminal da Raf com o Ras·GTP resulta na desfosforilação de uma das serinas que ligam a Raf à 14-3-3, fosforilação de outros resíduos e leva à ativação da atividade cinase da Raf. Supõe-se que o complexo Ras·GDT inativa se dissocia da Raf, pode ser reativado por sinais de receptores ativados, recrutando moléculas Raf adicionais para a membrana. (Ver E. Kerkhoff e U. Rapp, 2001, *Adv. Enzyme Regul.* **41:**261; J. Avruch et al., 2001, *Recent Prog. Hormone Res. 56:*127; e M. Yip-Schneider et al., 2000, *Biochem. J.* **351:**151.)

fosforila muitas proteínas diferentes, incluindo os fatores de transcrição nuclear que servem de intermediários para as respostas celulares (etapa 6).

Vários tipos de experimentos demonstraram que as Raf, MEK e MAP cinase situam-se em cascata a partir da ativação de Ras e têm revelado a ordem sequencial dessas proteínas na via de sinalização. Por exemplo, as proteínas Raf mutantes que perderam o domínio regulatório N-terminal são ativas de forma constitutiva e induzem células latentes em cultivo à proliferação na ausência do estímulo por fatores de crescimento. Essas proteínas Raf mutantes foram identificadas, inicialmente, em células tumorais; da mesma forma que a proteína ativa constitutiva Ras^D, considera-se que essas proteínas Raf mutantes são codificadas por **oncogenes**, cujas proteínas codificadas promovem a transformação de células nas quais são expressas (ver Capítulo 24). Por outro lado, as células de mamíferos cultivadas que expressam uma proteína Raf mutante não funcional não podem ser estimuladas a proliferar de forma descontrolada por uma proteína ativa constitutiva Ras^D. Essas descobertas estabeleceram uma ligação entre as proteínas Raf e Ras e que Raf está a jusante de Ras na via de sinalização. Mais estudos de ligação *in vitro* mostraram que o complexo Ras·GTP purificado liga-se diretamente ao domínio regulatório N-terminal da Raf e ativa sua atividade catalítica.

Os estudos feitos com células latentes em cultivo que expressam uma proteína ativa constitutiva Ras^D demonstraram que a MAP cinase é ativada em resposta à ativação da Ras. Nessas células, MAP cinase ativada é produzida na ausência do estímulo por hormônios promotores de crescimento. Mais importante, os fotorreceptores R7 desenvolvem-se normalmente no olho em crescimento de *Drosophila* mutantes que carecem de uma proteína Ras ou Raf funcional, mas expressam uma MAP cinase ativa constitutiva. Essa descoberta indica que a ativação da MAP cinase é suficiente para transmitir um sinal de proliferação ou diferenciação iniciado normalmente pela ligação do ligante a um receptor tirosina-cinase como o *sevenless* (ver Figura 16-16). No entanto, estudos bioquímicos mostraram que a Raf não pode fosforilar diretamente a MAP cinase, ou induzir de outra maneira sua atividade.

O último vínculo de ligação na cascata de cinases ativada por Ras·GTP surgiu de estudos em que os pesquisadores fracionaram extratos de células cultivadas procurando por uma atividade cinase que fosse capaz de fosforilar a MAP cinase e que estivesse presente apenas nas células estimuladas com fatores de crescimento, em vez de em células não estimuladas. Esse trabalho levou à identificação da MEK, cinase que fosforila especificamente um resíduo treonina e uma tirosina na borda de ativação da MAP cinase, ativando, assim, sua atividade catalítica. (O acrônimo *MEK* surgiu de *M*AP *E*RK *K*inase.) Estudos posteriores mostraram que a MEK liga-se ao domínio catalítico C-terminal da Raf e é fosforilada pela serina/treonina-cinase Raf; essa fosforilação induz a atividade catalítica da MEK.

Portanto, a ativação da Ras induz a cascata de cinase que inclui as Raf, MEK e MAP cinase: RTK ativado → Ras → Raf → MEK → MAP cinase. Embora não considerado nesse caso, a complexidade dessa via é aumentada por múltiplas isoformas de cada um desses componentes. Em humanos, existem três RAS, três Raf, duas MEK e duas proteínas ERK, e cada uma delas tem funções sobrepostas, mas também não redundantes.

Mutações de ativação no gene *B-Raf* ocorrem em mais de 40% dos melanomas, câncer de pele frequentemente gerado pela exposição à radiação ultravioleta do sol. Nesses melanomas, uma mutação em particular, a substituição de um ácido glutâmico por uma valina na posição 600, ocorre em 90% dos casos. Esse gene *B-Raf* mutante estimula a sinalização MEK-ERK nas células na ausência de fatores de crescimento, e transgenes *B-Raf* mutantes induzem melanomas em camundongos. Inibidores muito potentes e seletivos da cinase *B-Raf* entraram recentemente na clínica e estão gerando respostas excelentes nos pacientes com melanomas com o *B-Raf* mutante. ■

A fosforilação de MAP cinases resulta em mudanças conformacionais que aumentam sua atividade catalítica e promovem a dimerização da cinase

Os estudos bioquímicos e por cristalografia por raio X proporcionam um quadro detalhado de como a fosforilação ativa a MAP cinase. Da mesma forma que nas JAK cinases e no receptor tirosina-cinase, o sítio catalítico na forma inativa não fosforilada da MAP cinase está bloqueado por uma sequência de aminoácidos, a borda de ativação (Figura 16-21a). A ligação da MEK à MAP cinase desestabiliza a estrutura da borda, resultando na exposição da tirosina-185, que é ocultada na conformação inativa. Após a fosforilação dessa tirosina fundamental, a MEK fosforila a treonina-183 vizinha (Figura 16-21b).

Tanto o resíduo de tirosina fosforilado quanto o de treonina fosforilado da MAP cinase interagem com aminoácidos adicionais, conferindo uma conformação alterada à região da borda de ativação, que permite a ligação do ATP ao sítio catalítico, o qual, em todas as cinases, está no sulco em os domínios superior e inferior da cinase. O resíduo fosfotirosina (pY185) também desempenha um papel importante na ligação de substratos proteicos específicos à superfície da MAP cinase. A fosforilação promove não apenas a atividade catalítica da MAP cinase, mas também a sua dimerização. A forma dimérica da MAP cinase é translocada para o núcleo, onde regula a atividade de muitos fatores de transcrição nuclear.

A MAP cinase regula a atividade de diversos fatores de transcrição controlando genes de resposta precoce

A adição de um fator de crescimento (p. ex., o EGF ou o PDGF) às células latentes (não em crescimento) cultivadas de mamíferos causa um rápido aumento na expressão de cerca de 100 diferentes genes. Estes são chamados

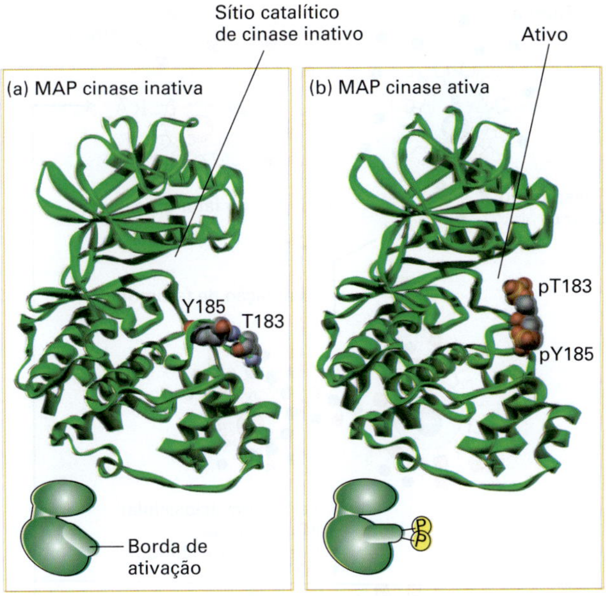

FIGURA 16-21 Estrutura da MAP cinase em sua forma inativa e não fosforilada e sua forma ativa e fosforilada. (a) Na MAP cinase inativa, a borda de ativação está em uma conformação que bloqueia o sítio ativo de cinase. (b) A fosforilação por MEK na tirosina-185 (Y185) e na treonina-183 (T183) leva a uma grande alteração na conformação na borda de ativação. Essa alteração promove tanto a dimerização da MAP cinase quanto a ligação de seus substratos – do ATP e suas proteínas-alvo. Um mecanismo dependente de fosforilação semelhante ativa as JAK cinases e a atividade cinase intrínseca dos RTKs. (Segundo B. J. Canagarajah et al., 1997, *Cell* **90:**859.)

genes de resposta precoce, pois são induzidos logo após as células entrarem na fase S e replicarem seu DNA (ver Capítulo 20). Um importante gene de resposta precoce codifica o fator de transcrição c-Fos. Junto a outros fatores de transcrição, como o c-Jun, o c-Fos induz a expressão de muitos genes que codificam as proteínas necessárias para que as células avancem no ciclo celular. A maioria dos RTKs que se ligam aos fatores de crescimento utiliza a via MAP cinase para ativar os genes que codificam proteínas como o c-Fos, que impulsiona a célula ao longo das fases do ciclo celular.

O estimulador (do inglês *enhancer*) que regula o gene c-*fos* contém um *elemento de resposta ao soro* (*SRE*), assim denominado porque é ativado por muitos fatores de crescimento presentes no soro. Esse estimulador complexo contém sequências de DNA que se ligam a múltiplos fatores de transcrição. Como esquematizado na Figura 16-22, a MAP cinase dimérica ativada (fosfo-

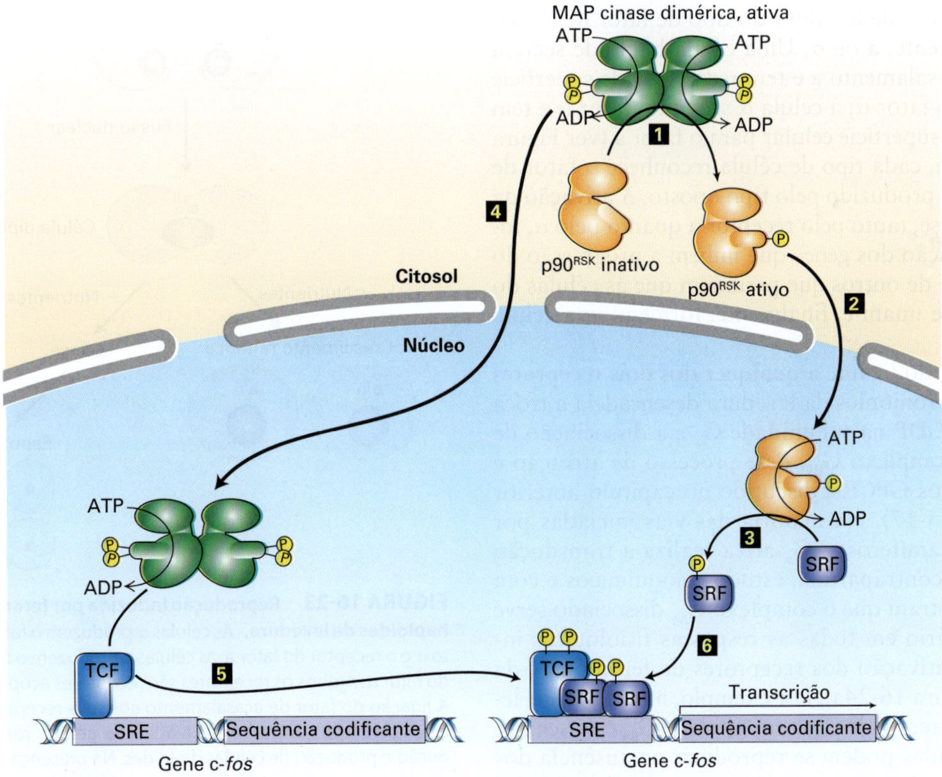

FIGURA 16-22 A indução da transcrição gênica pela MAP cinase. Etapas **1** a **3**: No citosol, a MAP cinase fosforila e ativa a cinase $p90^{RSK}$, que, depois, entra no núcleo e fosforila o fator de transcrição SRF. Etapas **4** a **5**: Após a translocação para dentro do núcleo, a MAP cinase fosforila diretamente o fator de transcrição TCF que já está ligado ao promotor do gene *c-fos*. Etapa **6**: TCF e SRF fosforilados agem juntos para estimular a transcrição dos genes (p. ex., *c-fos*) que contêm uma sequência SRE em seu promotor. Ver texto para mais detalhes. (Ver R. Marais et al., 1993, *Cell* **73:**381, e V. M. Rivera et al., 1993, *Mol. Cell Biol.* **13:**6260.)

rilada) induz a transcrição do gene *c-fos* pela ativação direta de um fator de transcrição, o *fator do complexo ternário* (*TCF*), e pela ativação indireta de outro, o *fator de resposta ao soro* (*SRF*). No citosol, a MAP cinase fosforila e ativa outra cinase chamada $p90^{RSK}$, que sofre translocação para o núcleo, onde fosforila uma serina específica no SRF. Após a sua própria translocação para o núcleo, a MAP cinase fosforila diretamente uma serina específica no TCF. A associação do TCF fosforilado com duas moléculas do SRF fosforilado forma um fator trimérico ativo que ativa a transcrição de genes.

Receptores acoplados à proteína-G transmitem sinais à MAP cinase nas vias de reprodução de leveduras

Embora em animais multicelulares a MAP cinase seja ativada por RTKs ou receptores de citocina, a sinalização a partir de outros receptores pode ativar a MAP cinase em tipos diferentes de células eucarióticas (ver Figura 15-34). Para ilustração, será considerada a via de reprodução da *S. cerevisiae*, exemplo bem estudado de uma cascata de MAP cinase ligada aos receptores acoplados à proteína G (GPRCs), neste caso, para dois feromônios peptídicos secretados, os fatores **a** e α.

As células haploides de levedura são do tipo de acasalamento **a** ou α e secretam sinais proteicos conhecidos como feromônios, os quais induzem a reprodução entre células haploides de levedura do tipo de fator de acasalamento diferente, **a** ou α. Uma célula haploide secreta o fator de acasalamento **a** e tem receptores de superfície celular para o fator α; a célula α secreta o fator α e tem receptores de superfície celular para o fator **a** (ver Figura 16-23). Assim, cada tipo de célula reconhece o fator de acasalamento produzido pelo tipo oposto. A ativação da via MAP cinase, tanto pelo receptor **a** quanto pelo α, induz a transcrição dos genes que inibem a progressão do ciclo celular e de outros que permitem que as células do tipo oposto se unam e, finalmente, formem uma célula diploide.

A ligação do ligante a qualquer dos dois receptores GPCRs dos feromônios da levedura desencadeia a troca do GTP por GDP na subunidade G_α e a dissociação de G_α·GTP do complexo $G_{\beta\gamma}$. Esse processo de ativação é idêntico ao dos GPCRs, discutido no capítulo anterior (ver Figura 15-17). Na maioria das vias iniciadas por GPCR nos mamíferos, a G_α ativa realiza a transdução do sinal. Em contrapartida, estudos bioquímicos e com mutantes mostram que o complexo $G_{\beta\gamma}$ dissociado serve de intermediário em todas as respostas fisiológicas induzidas por ativação dos receptores de feromônios da levedura (Figura 16-24a). Por exemplo, nas células de levedura que carecem de G_α, a subunidade $G_{\beta\gamma}$ está sempre livre. Tais células podem se reproduzir na ausência dos fatores de acasalamento; ou seja, a resposta de reprodução está constitutivamente ativa. No entanto, nas células defeituosas quanto à subunidade G_β ou G_γ, a via de acasalamento não pode ser induzida. Se a G_α dissociada fosse o transdutor, seria de esperar que a via fosse ativa de forma constitutiva nessas células mutantes.

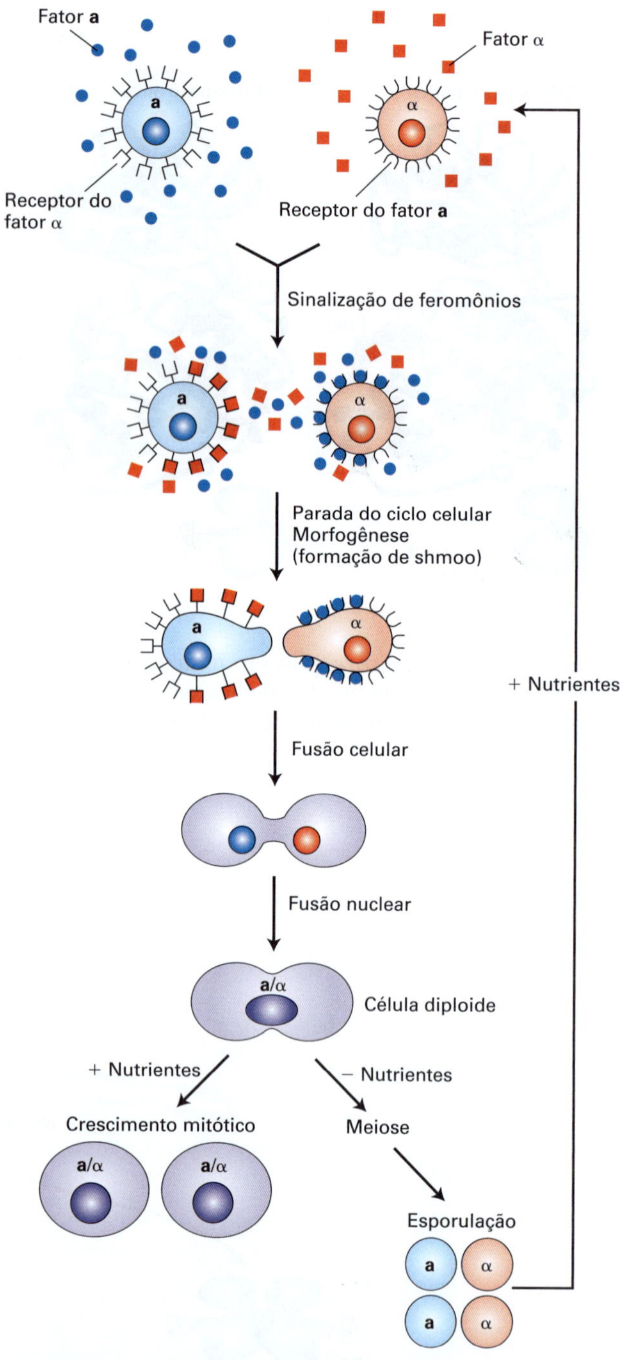

FIGURA 16-23 Reprodução induzida por feromônios de células haploides de levedura. As células α produzem o fator de acasalamento α e o receptor do fator **a**; as células **a** produzem o fator **a** e o receptor do fator α. Ambos os receptores são receptores acoplados à proteína G. A ligação do fator de acasalamento aos seus receptores cognatos nas células do tipo contrário leva à ativação gênica, resultando na reprodução e produção de células diploides. Na presença de nutrientes suficientes, essas células irão crescer como diploides. Sem nutrientes suficientes, as células irão sofrer meiose e formar quatro esporos haploides.

Nas vias de reprodução da levedura, a $G_{\beta\gamma}$ funciona pelo desencadeamento de uma cascata cinase análoga àquela ativada pela Ras; cada proteína possui um nome

RECURSO DE MÍDIA: Proteínas de ancoragem nas cascatas de MAP cinase em leveduras

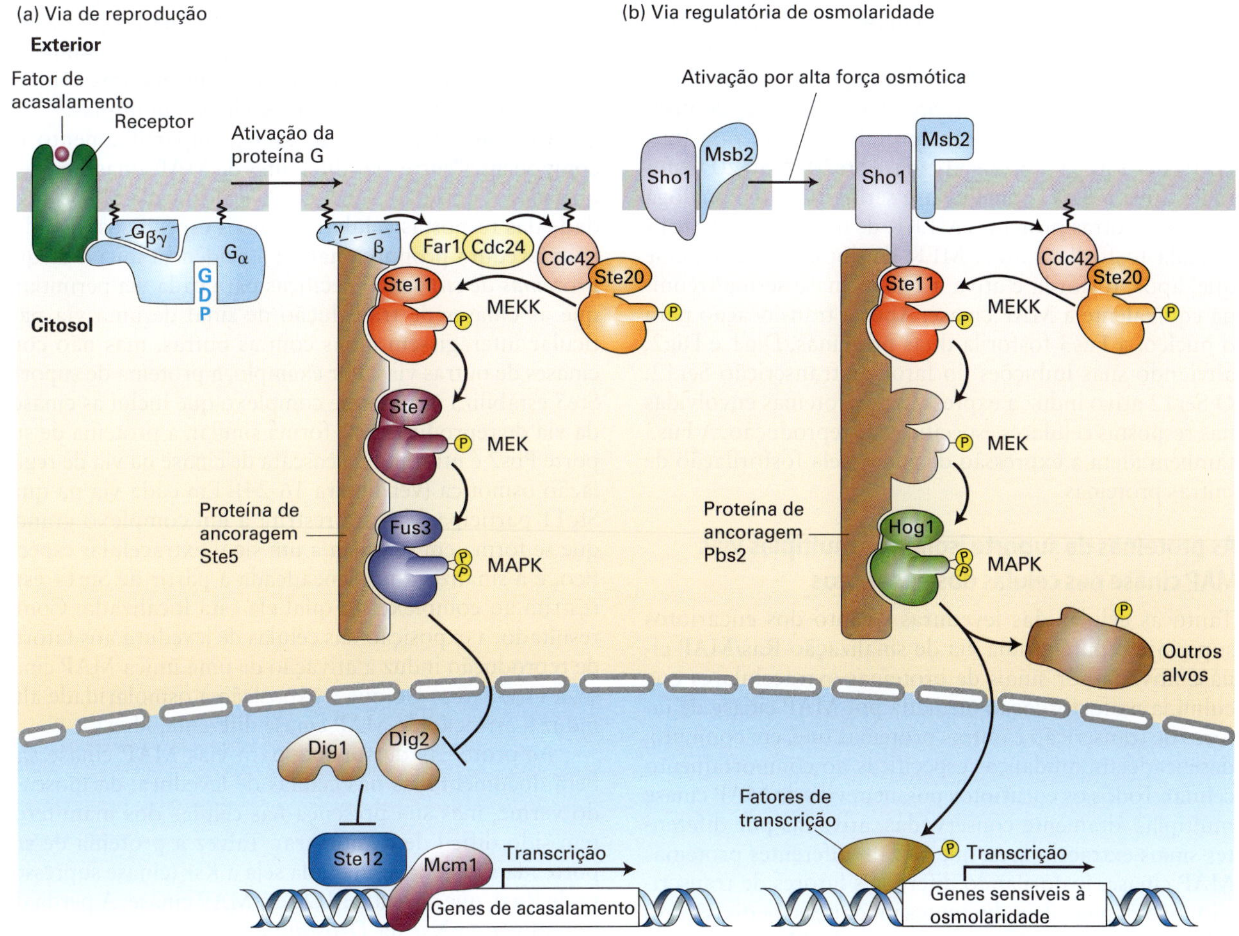

FIGURA 16-24 A cascata de MAP cinase de levedura nas vias de reprodução e regulação da osmolaridade. Na levedura, diferentes receptores ativam diferentes vias MAP cinase, duas delas estão mostradas aqui. As duas MEKs representadas, como todas as MEKs, são duplamente específicas por treonina/tirosina cinases; todas as outras são serina/treonina-cinases. (a) *Via de acasalamento*: os receptores de levedura para os fatores α e **a** são acoplados a mesma proteína G trimérica. Seguida da ligação do ligante e da dissociação das subunidades da proteína G, as subunidades $G_{\beta\gamma}$ presas à membrana ligam a proteína de ancoragem Ste5 na membrana plasmática. A $G_{\beta\gamma}$ ativa também a Cdc42, um GEF para a proteína Cdc42 tipo Ras; a Cdc42 ativa ligada ao GTP liga-se a e ativa a cinase Ste20 residente. Após, a Ste20 fosforila e ativa a Ste11, análoga do Raf e outras proteínas MEK cinase (MEKK) de mamíferos. Desse modo, a Ste20 serve como cinase MAPKKK. A Ste11 inicia a cascata de cinase na qual o componente final, Fus3, é funcionalmente equivalente a MAP cinase (MAPK) em eucariotos superiores. Como outras MAP cinases, a Fus3 ativada transloca-se para o núcleo. Lá, ela fosforila duas proteínas, Dig1 e Dig2, diminuindo suas inibições do fator de transcrição Ste12, permitindo-o ligar no DNA e iniciar a transcrição de genes que inibem a progressão do ciclo celular e outros genes que permitem que as células de tipos de acasalamento opostos se fundam e formem uma célula diploide. (b) *Via regulatória de osmolaridade:* duas proteínas da membrana plasmática, Sho1 e Msb1, são ativadas de maneira desconhecida pela exposição de células de leveduras a um meio com elevada osmolaridade. A Sho1 ativada recruta a proteína de ancoragem Pbs2, que contém um domínio MEK, para a membrana plasmática. De forma semelhante à via de reprodução, na membrana plasmática o complexo Sho1 Msb1 ativa também a Cdc2, que ativa a cinase Ste20 residente. A Ste20 fosforila e ativa a Ste11, iniciando a cascata de cinase que ativa Hog1, uma MAP cinase. No citosol, Hog1 fosforila proteínas-alvo específicas, incluindo canais iônicos; translocando-se, posteriormente, para o núcleo, Hog1 fosforila diversos fatores de transcrição e enzimas de modificação de cromatina. Hog1 também aparenta promover a elongação transcricional. Juntas, as proteínas recentemente sintetizadas e modificadas sobrevivem em meios com elevada osmolaridade. (Segundo N. Dard e M. Peter, 2006, *BioEssays* **28:**146, e R. Chen e J. Thorner, 2007, *Biochim. Biophys. Acta* **1773:**1311.)

específico para levedura, mas compartilham a sequência e são análogas na estrutura e na função com as proteínas correspondentes de mamíferos mostradas na Figura 16-20. Os componentes dessa cascata foram descobertos principalmente por meio de análises de mutantes que possuem receptores **a** e α e proteínas G funcionais, mas que são estéreis (*Ste*) ou apresentam defeitos nas respostas de reprodução. As interações físicas entre os componentes foram avaliadas por meio de experimentos de imunoprecipitação com extratos de células de levedura e outros tipos de estudos. Com base nesses estudos, os cientistas propuseram a cascata de cinase esquematizada na Figura 16-24a. A $G_{\beta\gamma}$ livre, presa à membrana por meio de uma ligação lipídica da subunidade γ, liga-se à proteína Ste5, recrutando as cinases para a membrana plasmática. O Ste5 não tem função catalítica evidente e atua como suporte para a organização de outros componentes na cascata (Ste11, Ste7 e Fus3). A $G_{\beta\gamma}$ também ativa a cdc24, um GEF para proteínas cdc42 tipo Ras; GTP·cdc42 ativa a proteína-cinase Ste20. A Ste20 fosforila e ativa a Ste11, uma cinase serina/treonina análoga à Raf e a outras proteínas MEKK de mamíferos. A Ste11 ativada fosforila a Ste7, MEK de dupla especificidade que, após, fosforila e ativa a Fus3, cinase serina/treonina equivalente a MAP cinase. Após a translocação para o núcleo, a Fus3 fosforila duas proteínas, Dig1 e Dig2, aliviando suas inibições do fator de transcrição Ser12. O Ser12 ativo induz a expressão de proteínas envolvidas nas respostas celulares específicas de reprodução. A Fus3 também afeta a expressão de genes pela fosforilação de outras proteínas.

As proteínas de suporte isolam as múltiplas vias MAP cinase nas células dos eucariotos

Tanto as células das leveduras quanto dos eucariotos superiores contêm uma via de sinalização Ras/MAP cinase ativada por sinais de proteínas extracelulares que culmina na fosforilação mediada por MAP cinase de fatores de transcrição e outras proteínas que, em conjunto, desencadeiam mudanças específicas no comportamento celular. Todos os eucariotos possuem vias de MAP cinase múltiplas altamente conservadas, ativadas por diferentes sinais extracelulares, que ativam diferentes proteínas MAP cinase, fosforilando diferentes fatores de transcrição; isso desencadeia diferentes mudanças na divisão celular, na diferenciação ou na função. As MAP cinases de mamíferos incluem as *cinases N-terminais Jun* (*JNKs*) e as *cinases p38*, as quais se tornam ativas por vias de sinalização em resposta a vários tipos de estresse e fosforilam diferentes fatores de transcrição e outros tipos de proteínas sinalizadoras que afetam a divisão celular.

Estudos genéticos e bioquímicos atuais em camundongos e *Drosophila* visam a determinação de quais MAP cinases medeiam quais respostas a quais sinais em eucariotos superiores. Isso já tem sido realizado em grande parte em um organismo simples de *S. cerevisiae*. Cada uma das seis MAP cinases codificadas no genoma de *S. cerevisiae* tem sido designada por análises genéticas a vias de sinalização específicas desencadeadas por diversos sinais extracelulares, como feromônios, osmolaridade elevada, falta de nutrientes, choque hipotônico e privação de carbono/nitrogênio. Uma segunda cascata de MAP cinase de levedura, conhecida como via de regulação osmótica, é mostrada na Figura 16-24b. Cada MAP cinase da levedura faz a mediação de respostas celulares específicas, como exemplificados pela Fus3 na via de reprodução e Hog1 na via de regulação osmótica.

Tanto nas leveduras quanto nas células dos eucariotos, cascatas de MAP cinases diferentes partilham alguns componentes comuns. Por exemplo, o MEKK Ste11 funciona em três vias de sinalização da levedura: na via de reprodução, na via de regulação osmótica e no crescimento filamentoso, o qual é induzido pela falta de nutrientes. Contudo, cada via ativa sua própria MAP cinase. De forma semelhante, nas células dos mamíferos, as proteínas de transdução de sinal em cascatas comuns participam na ativação das JNK cinases múltiplas.

Uma vez tendo identificado compartilhamento de componentes entre vias diferentes de MAP cinase, os pesquisadores quiseram saber como é alcançada a especificidade das respostas celulares a sinais específicos. Estudos com levedura proporcionaram a evidência inicial de que *proteínas de suporte* específicas para cada via permitiam que as cinases de transdução de sinal de uma via particular interagissem umas com as outras, mas não com cinases de outras vias. Por exemplo, a proteína de suporte Ste5 estabiliza um grande complexo que inclui as cinases da via de reprodução; de forma similar, a proteína de suporte Pbs2 é utilizada na cascata de cinase na via de regulação osmótica (ver Figura 16-24). Em cada via na qual Ste11 participa, ela está restrita a um complexo grande que se forma em resposta a um sinal extracelular específico, e a sinalização desencadeada a partir de Ste11 está restrita ao complexo no qual ela está localizada. Como resultado, a exposição das células de levedura aos fatores de reprodução induz a ativação de uma única MAP cinase, a Fus3, ao passo que a exposição à osmolaridade alta induz a ativação de MAP cinase diferente, Hog1.

As proteínas de suporte para vias MAP cinase são bem documentadas nas células de levedura, da mosca e do verme, mas sua presença nas células dos mamíferos tem sido difícil de demonstrar. Talvez a proteína de suporte mais bem documentada seja a *Ksr* (cinase supressora de Ras), que se liga à MEK e à MAP cinase. A perda da homóloga da Ksr na *Drosophila* bloqueia a sinalização por uma proteína Ras ativa de forma constitutiva, sugerindo que a Ksr tem um papel positivo na via Ras/MAP cinase nas células da mosca. Embora os camundongos nocaute que carecem da Ksr sejam aparentemente normais, a ativação da MAP cinase pelos fatores de crescimento ou pelas citocinas é menor que o normal em vários tipos de células desses animais. Esse achado sugere que a Ksr funciona como proteína de suporte que estimula, mas não é essencial, para a sinalização da Ras/MAP cinase nas células dos mamíferos. Assim, a especificidade do sinal das diferentes MAP cinases em células animais pode se originar da sua associação com várias proteínas semelhantes às proteínas de suporte, mas ainda são necessárias outras pesquisas para testar essa possibilidade.

CONCEITOS-CHAVE da Seção 16.2

A via Ras/MAP cinase

- Ras é uma proteína intracelular GTPase de sustentação que atua a jusante da maioria dos RTKs e receptores de citocinas. Como G_{α}, Ras alterna entre a forma inativa ligada a GDP e a forma ativa ligada a GTP. Esse ciclo de Ras requer o auxílio de duas proteínas: o fator de troca do nucleotídeo de guanina (GEF) e a proteína ativadora de GTPase (GAP).

- Os RTKs estão conectados indiretamente com Ras por duas proteínas: GRB2 (proteína adaptadora) e Sos (que tem atividade de GEF, ver Figura 16-17).
- Na GRB2, o domínio SH2 liga-se à fosfotirosina em RTKs ativados, enquanto seus dois domínios SH3 ligam-se ao fator Sos, aproximando, dessa forma, o Sos da Ras-GDP ligada à membrana e ativando sua atividade de troca de nucleotídeo.
- A ligação da Sos à Ras inativa causa uma grande alteração de conformação que permite a liberação do GDP e a ligação do GTP, formando a Ras ativa (ver Figura 16-19).
- A Ras ativada desencadeia uma cascata de cinase na qual Raf, MEK e MAP cinase são posteriormente fosforiladas e ativadas. A MAP cinase ativada transloca-se para o núcleo (ver Figura 16-20).
- A ativação da MAP cinase seguida da estimulação do receptor do fator de crescimento leva à fosforilação e à ativação de dois fatores de transcrição, os quais se associam a um complexo trimérico que promove a transcrição de vários genes de resposta precoce (ver Figura 16-22).
- Diferentes sinais extracelulares induzem em conjunto a ativação de diferentes vias da MAP cinase, que regulam processos celulares diversos pela fosforilação de diferentes conjuntos de fatores de transcrição.
- As cinases que compõem cada cascata de MAP cinase se organizam em grandes complexos específicos de cada via, estabilizados por proteínas de suporte (ver Figura 16-24). Isso assegura que a ativação de uma via por um sinal extracelular em particular não leve à ativação de outras vias que contenham componentes em comum.

16.3 As vias de sinalização de fosfoinositídeos

Nas seções anteriores, foi descrito como a transdução de sinal originada a partir de receptores tirosina-cinases (RTKs) e de receptores de citocinas inicia a formação de complexos multiproteicos associados com a membrana plasmática (ver Figuras 16-12 e 16-13) e como esses complexos ativam a via Ras/MAP cinase. Aqui será discutido como esses receptores iniciam as vias de sinalização que envolvem como intermediários fosfolipídeos fosforilados derivados de fosfatidil inositol. Como discutido no Capítulo 15, esses lipídeos ligados à membrana são denominados coletivamente como **fosfoinositídeos**. Essas vias de sinalização de fosfoinositídeos incluem diversas enzimas que sintetizam vários fosfoinositídeos e proteínas com domínios que podem ligar-se a essas moléculas e são, assim, recrutadas para a superfície da membrana plasmática. Além do efeito de curto prazo no metabolismo celular abordado no Capítulo 15, essas vias de fosfoinositídeos possuem efeitos de longo prazo no padrão de expressão gênica. Será visto que a via de fosfoinositídes termina com uma variedade de cinases, incluindo a proteína cinase C (PKC) e a **proteína-cinase B (PKB)**, que exercem um papel importante no crescimento celular e no metabolismo. Como exemplo, no final deste capítulo, será observado o papel fundamental da ativação da insulina por PKB na estimulação da importação de glicose para o músculo.

A fosfolipase C_γ é ativada por alguns RTKs e receptores de citocina

Como discutido no Capítulo 15, a estimulação hormonal de alguns receptores acoplados à proteína G leva à ativação da fosfolipase C (PLC). Então, essa enzima associada à membrana cliva o fosfatidilinositol 4,5-bifosfato (PIP_2) para gerar dois segundos mensageiros importantes: o 1,2-diacilglicerol (DAG) e o inositol 1,4,5-trifosfato (IP_3). A sinalização por meio da *via IP_3/DAG* leva ao aumento do Ca^{+2} citosólico e à ativação da proteína-cinase C (ver Figura 15-36).

Embora não tenha sido mencionado durante a discussão sobre a fosfolipase C no Capítulo 15, é especificamente a isoforma β dessa enzima (PLC_β) que é ativada pelos GPCRs. Muitos RTKs e receptores de citocina também podem iniciar a via IP_3/DAG pela ativação de outra isoforma da fosfolipase C, a isoforma γ (PLC_γ), isoforma que contém domínios SH2. Os domínios SH2 da PLC_γ ligam-se a fosfotirosinas específicas dos receptores ativados, posicionando, assim, a enzima próximo ao seu substrato fosfatidil inositol 4,5-bifosfato (PIP_2) ligado à membrana. Além disso, a atividade de cinase associada com a ativação do receptor causa a fosforilação de resíduos de tirosina na PLC_γ que está ligada a ele, estimulando sua atividade hidrolase. Assim, os RTKs e os receptores de citocina ativados promovem a atividade da PLC_γ de duas maneiras: posicionando a enzima junto à membrana e fosforilando-a. Como visto no Capítulo 15, a via IP3/DAG iniciada pela PCL possui múltiplos efeitos fisiológicos.

O recrutamento da PI-3 cinase para os receptores ativados leva à síntese de três fosfatidil inositois fosforilados

Além de iniciarem a via IP_3/DAG, alguns RTKs e receptores de citocina ativados iniciam outra via fosfoinositídeo, pelo recrutamento da enzima *fosfatidilinositol-3 cinase (PI-3)* para a membrana. A PI-3 cinase é recrutada para a membrana plasmática pela ligação aos seus domínios SH2 pelas fosfotirosinas no domínio citosólico de diversos RTKs e receptores de citocinas ativados. Esse recrutamento posiciona o domínio catalítico da PI-3 cinase próximo ao seu substrato fosfoinositídeo na porção citosólica da membrana plasmática. Ao contrário de cinases anteriormente mencionadas, as quais fosforilam proteínas, a PI-3 cinase adiciona um fosfato no carbono 3' lipídeo fosfatidilinositol, levando à formação de dois fosfatidil inositol 3-fosfatos separados: PI 3,4-bifosfato ou PI 3,4,5-trifosfato (Figura 16-25). Atuando como sítios de ancoramento para várias proteínas de transdução de sinal, esses produtos PI 3-fosfatos ligados à membrana das reações de PI-3 cinase, por sua vez, realizam a transdução de sinal em cascata em várias vias importantes.

FIGURA 16-25 Geração de fosfatidilinositol 3-fosfato. A enzima fosfatidilinositol-3 cinase (PI-3 cinase) é recrutada para a membrana por muitos receptores tirosina-cinases (RTKs) e receptores de citocina ativados. O 3-fosfato adicionado por essa enzima, para formar PI 3,4-bifosfato ou PI 3,4,5-trifosfato, é um sítio de ligação para várias proteínas de transdução de sinal, como o domínio PH da proteína-cinase B. O PI 4,5-bifosfato é também o substrato da fosfolipase C (ver Figura 15-35). (Ver L. Rameh e L. C. Cantley, 1999, *J. Biol. Chem.* **274:**8347.)

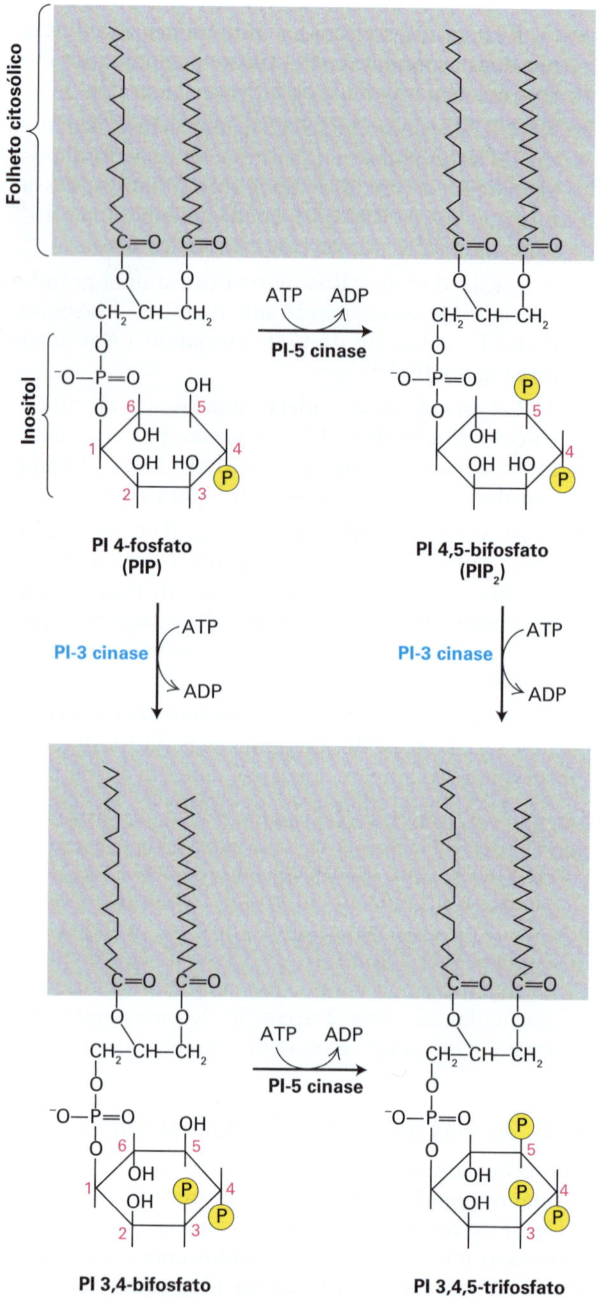

Em algumas células, essa **via PI-3 cinase** pode desencadear a divisão celular e prevenir a morte celular programada (apoptose), garantindo a sobrevivência celular. Em outras células, essa via induz mudanças específicas no metabolismo celular.

A PI-3 cinase foi identificada primeiramente em estudos sobre o polioma vírus, um vírus de DNA que provoca um crescimento descontrolado de certas células de mamíferos. A transformação requer diversas oncoproteínas codificadas pelo vírus, incluindo uma denominada *middle* T. Na tentativa de descobrir como a *middle* T funciona, investigadores descobriram a proteína PI-3 cinase em preparações parcialmente purificadas da *middle* T, sugerindo uma interação específica entre as duas proteínas. Posteriormente, eles partiram para a determinação de como a PI-3 cinase pode afetar o comportamento celular.

Quando uma versão inativa dominante negativa da PI-3 cinase foi expressa em células transformadas por polioma vírus, ela inibiu a proliferação celular descontrolada característica das células transformadas por vírus. Esse achado sugeriu que a cinase normal é importante em certas vias de sinalização essenciais para a proliferação celular ou para a prevenção da apoptose. Trabalhos posteriores mostraram que as PI-3 cinases participam em muitas vias de sinalização relacionadas ao crescimento celular e à apoptose. Das nove PI-3 cinase homólogas codificadas pelo genoma humano, a mais bem caracterizada contém uma subunidade p110 com atividade catalítica e uma subunidade p85 com um domínio SH2 de ligação à fosfatirosina.

O acúmulo de PI 3-fosfato na membrana plasmática leva à ativação de diversas cinases

Muitas proteínas-cinases se tornam ativas pela ligação ao fosfatidil inositol 3-fosfato na membrana plasmática. Por sua vez, essas cinases afetam a atividade de muitas proteínas celulares. Uma cinase importante que se liga ao PI 3-fosfato é a **proteína-cinase B** (**PKB**), uma serina/treonina-cinase também chamada de **Akt.** Além de seu domínio de cinase, a proteína-cinase B contém também um *domínio PH*, um domínio proteico conservado presente em grande variedade de proteínas de sinalização que se ligam com alta afinidade ao 3-fosfato tanto em PI 3,4-bifosfato quanto em PI 3,4,5-trifosfato. Já que esse inositol fosfato está presente na porção citosólica da membrana plasmática, a ligação recruta a proteína inteira para a membrana celular. Nas células latentes, não estimuladas, o nível desses fosfoinositídeos (chamados coletivamente de PI 3-fosfatos) é baixo, e a proteína-cinase B está presente no citosol na forma inativa (Figura 16-26). Após a estimulação hormonal e a resultante elevação da PI 3-fosfato, a proteína-cinase B liga-se a moléculas ligadas a membrana através de seu domínio PH e é posicionada na membrana plasmática. A ligação da proteína cinase B aos PI 3-fosfatos não somente recruta a enzima para a membrana plasmática, mas também libera a inibição do sítio catalítico pelo domínio PH. No entanto, a ativação máxima da proteína-cinase B depende do recrutamento de outras duas cinases, a PDK1 e a PDK2.

A PDK1 é recrutada para a membrana plasmática pela ligação de seu domínio PH aos PI 3-fosfatos. Tanto a proteína-cinase B associada à membrana quanto a PDK1 podem difundir na estrutura da membrana, posi-

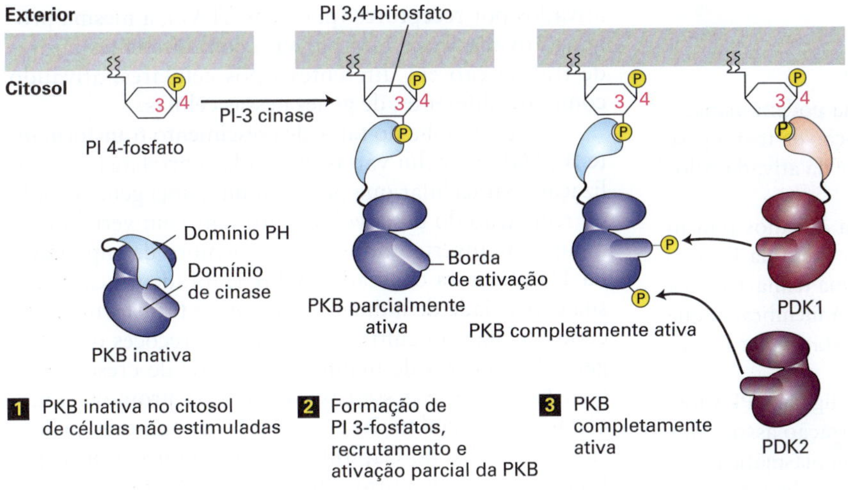

FIGURA 16-26 Recrutamento e ativação da proteína-cinase B (PKB) nas vias PI-3 cinase. Em células não estimuladas **1**, a PKB está no citosol com seu domínio PH ligado ao domínio de cinase catalítico, inibindo sua atividade. A estimulação por hormônio leva à ativação da PI-3 cinase e formação subsequente de fosfatidilinositol (PI) 3-fosfato (ver Figura 16-25). O grupamento 3-fosfato serve como sítio de ligação na membrana plasmática para o domínio PH da PKB **2** e outra cinase, a PDK1. A ativação completa da PKB necessita da fosforilação tanto na borda de ativação pela PDK1 quanto no C-terminal por uma segunda cinase, a PDK2 **3**. (Adaptada de A. Toker e A. Newton, 2000, *Cell* **103:**185; e S. Sarbassov et al., 2005, *Curr. Opin. Cell Biol.* **17:**596.)

cionando-se suficientemente próximas para que a PDK1 fosforile a proteína-cinase B no resíduo crucial de treonina na borda de ativação – promovendo, ainda, outro exemplo de ativação de cinase por fosforilação. A fosforilação de uma segunda serina, que não está na região da borda, pela PDK2 é necessária para a máxima atividade da proteína-cinase B (Figura 16-26). Dessa forma, assim como acontece com a Raf (Figura 16-20), um domínio inibitório e a fosforilação por outras cinases regulam a atividade da proteína-cinase B.

A proteína-cinase B ativada induz várias respostas celulares

Uma vez totalmente ativada, a proteína-cinase B pode se dissociar da membrana plasmática e fosforilar suas diversas proteínas-alvo por toda a célula, causando uma grande gama de efeitos no comportamento celular. A ativação da PKB leva apenas de 5 a 10 minutos, mas os seus efeitos podem durar algumas horas.

Em várias células, a proteína-cinase B ativada fosforila diretamente e inativa proteínas pró-apoptóticas como Bad, um efeito de curto prazo que evita a ativação de uma via de apoptose que leva a célula à morte (Figura 21-38). A proteína-cinase B ativada também promove a sobrevivência de muitas células cultivadas pela fosforilação do fator de transcrição Forkhead FOXO3a em múltiplos resíduos serina ou treonina, reduzindo, assim, sua habilidade de induzir a expressão de diversos genes pró-apoptóticos.

Na ausência dos fatores de crescimento, FOXO3a não está fosforilado e se localiza no núcleo, onde ativa a transcrição de vários genes que codificam as proteínas pró-apoptose. Quando os fatores de crescimento são adicionados às células, a proteína-cinase B torna-se ativa e fosforila FOXO3a. Isso permite que a proteína citosólica de ligação à fosfotirosina 14-3-3 se ligue ao FOXO3a e sequestre-o no citosol. (Lembre-se que 14-3-3 é a mesma proteína que retém a proteína Raf fosforilada em um estado inativo no citosol; ver Figura 16-20.) Um FOXO3a mutante no qual os três resíduos-alvo serina para proteína-cinase B estão mutados para alaninas é "ativo de forma constitutiva" e inicia a apoptose mesmo na presença da proteína-cinase B ativada. Esse achado demonstra a importância do FOXO3a e da proteína-cinase B no controle da apoptose das células em cultivo. Esse é outro exemplo de uma via de sinalização controlando diferentes funções celulares em diferentes células.

A via PI-3 cinase é regulada negativamente pela fosfatase PTEN

Assim como quase todos os eventos de sinalização intracelular, a fosforilação pela PI-3 cinase é reversível. A fosfatase apropriada, denominada **fosfatase PTEN**, tem uma especificidade excepcionalmente ampla. Embora a PTEN possa remover grupamentos fosfato presos aos resíduos de serina, de treonina e de tirosina das proteínas, considera-se que sua habilidade para remover o 3-fosfato do PI 3,4,5-trifosfato é sua maior função na célula. A superrexpressão da PTEN em células cultivadas de mamíferos promove a apoptose porque reduz o nível do PI 3,4,5-trifosfato e, portanto, a ativação e o efeito antiapoptose da proteína-cinase B.

O gene que codifica a *PTEN* é eliminado em muitos tipos de cânceres humanos avançados. A perda resultante de PTEN contribui para o crescimento descontrolado das células. Na verdade, as células que carecem da PTEN têm níveis elevados de PI 3,4,5-trifosfato e de atividade PKB. Visto que a proteína-cinase B exerce um efeito antiapoptótico, a perda da PTEN indiretamente reduz a morte celular programada, que é o destino normal de muitas células. Em certas células, como as células-tronco neuronais, a ausência da PTEN não apenas evita a apoptose, mas também leva à estimulação da progressão do ciclo celular e a uma taxa estimulada de proliferação. Dessa forma, os camundongos nocaute que perderam a PTEN têm cérebros grandes, com número excessivo de neurônios, o que atesta a importância da PTEN no controle do desenvolvimento normal. ■

CONCEITOS-CHAVE da Seção 16.3

As vias de sinalização de fosfoinositídeo

- Muitos RTKs e receptores de citocina podem iniciar a via de sinalização IP_3/DAG pela ativação da fosfolipase C_γ (PLC_γ), isoforma da PLC diferente da ativada pelos receptores acoplados à proteína G.
- Os RTKs e os receptores de citocina ativados podem iniciar outra via fosfoinositídeo por meio da ligação às PI-3 cinase, permitindo que a enzima tenha acesso a seus substratos fosfotirosina ligados à membrana, que são fosforilados na posição 3 (PI 3-fosfatos; ver Figura 16-26).
- O domínio PH de várias proteínas se liga aos PI 3-fosfatos, formando complexos de sinalização associados com a porção citosólica da membrana plasmática.
- A proteína-cinase B (PKB) torna-se parcialmente ativada ao se ligar aos PI 3-fosfatos com seu domínio PH. A ativação total da PKB necessita da fosforilação por outra cinase, PDK1, que também é recrutada para a membrana por ligação aos PI 3-fosfatos e por uma segunda cinase, a PDK2 (ver Figura 16-26).
- A proteína-cinase B ativada promove a sobrevivência de muitas células pela fosforilação direta e inativação de várias proteínas pró-apoptóticas e pela fosforilação e inativação do fator de transcrição FOXO3a, o qual induz a síntese de proteínas pró-apoptóticas.
- A sinalização pela via PI-3 cinase é terminada pela fosfatase PTEN, que hidrolisa o 3-fosfato dos PI 3-fosfatos. A perda da PTEN, ocorrência comum nos tumores humanos, promove sobrevivência e proliferação celular.

16.4 Os receptores serina-cinases que ativam Smads

Foi visto como muitos receptores ativam cinases que fosforilam proteínas-alvo em resíduos de tirosinas e ativam um conjunto conservado de vias de transdução de sinal. Também foi analisado como diversas cinases citosólicas que fosforilam proteínas-alvo em resíduos de serina ou treonina se tornam ativadas e funcionam em vias de sinalização; isso inclui os membros das famílias PKA, PKB e PKC, assim como MAP cinases. Nesta seção, serão discutidas uma família de receptores serina-cinase conservada evolutivamente (a superfamília de receptores TGF-β) e a grande família conservada de moléculas de sinalização (a superfamília TGF-β) que se liga a esses receptores. Esses receptores fosforilam e desencadeiam a ativação de uma classe conservada de fatores de transcrição (Smads) que regulam diversas vias de crescimento e diferenciação. Em células não estimuladas, as proteínas Smads estão no citosol, mas quando ativadas, elas se movem para o núcleo para regular a transcrição. A via TGF-β possui efeitos amplamente diversificados em tipos de células diferentes devido ao fato de que diferentes membros da superfamília TGF-β ativam diferentes membros da classe de fatores de transcrição Smad. Além disso, como já visto com outros fatores de transcrição ativados por receptores (p. ex., as STAT), a mesma proteína ativada Smad fará parceria com diferentes fatores de transcrição em diferentes tipos celulares, ativando conjuntos diferentes de genes nessas células.

A superfamília do **fator de crescimento transformante β (TGF-β)** inclui várias moléculas correlatas de sinalização extracelular que possuem um papel generalizado na regulação do desenvolvimento tanto em vertebrados quanto em invertebrados. Outro membro da superfamília TGFβ, agora chamado TGFβ-1, foi identificado por sua capacidade de induzir um fenótipo transformado de certas células em cultivo em estágios precoces de linhagens de cânceres de mamíferos ("fator de crescimento transformante"); nesse caso, o TGF-β1 promove a metástase, a disseminação e a invasão de tumores primários, discutidas no Capítulo 24. Entretanto, a principal função das três isoformas humanas de TGF-β, TGF-β1, 2 e 3 na maioria das células de mamíferos normais (não cancerosas) é prevenir potencialmente sua proliferação pela indução da síntese de proteínas que inibem o ciclo celular. O TGF-β é produzido por muitas células no corpo e inibe o crescimento tanto de células secretadas (sinalização autócrina) quanto de células vizinhas (sinalização parácrina). A perda dos receptores TGF-β ou de certas proteínas intracelulares de transdução de sinal na via TGF-β que libera as células dessa inibição do crescimento ocorre frequentemente em tumores humanos. As proteínas TGF-β também promovem a expressão das moléculas de adesão celular e das moléculas da matriz extracelular, as quais realizam um importante papel na organização tecidual (ver Capítulo 20). Uma homóloga da TGF-β em *Drosophila*, chamada proteína Dpp, controla a padronização dorsoventral dos embriões da mosca. Outros membros da superfamília TGF-β nos mamíferos, as ativinas e as inibinas, afetam o desenvolvimento inicial do trato genital.

Outro membro dessa superfamília, a *proteína morfogenética óssea* (*BMP*), foi inicialmente identificada por sua capacidade de induzir a formação de osso em cultivo celular. Agora chamada BMP7, ela é utilizada clinicamente para fortalecer os ossos após fraturas graves. Das numerosas proteínas BMP posteriormente identificadas, muitas ajudam a induzir etapas importantes do desenvolvimento, incluindo a formação do mesoderma e das células precoces formadoras de sangue. A maioria não tem relação nenhuma com os ossos.

A maior parte das células animais produz e secreta membros da superfamília TGF-β de forma inativa, estocados perto de moléculas da superfície celular especializada ou matriz celular. A liberação da forma ativa da matriz por digestão por protease ou inativação de um inibidor leva à rápida ativação das moléculas de sinalização que já estão no local – característica importante de muitas vias de sinalização. A forma monomérica do fator de crescimento TGF-β contém três pontes dissulfeto intramoleculares conservadas. Uma cisteína adicional no centro de cada monômero liga os monômeros de TGF-β em homodímeros ou heterodímeros funcionais (Figura 16-27).

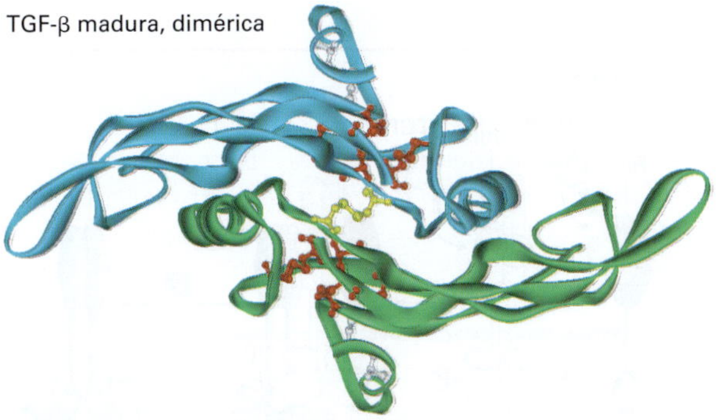

FIGURA 16-27 A estrutura da superfamília TGF-β de moléculas de sinalização. Nesse diagrama de fitas da TGF-β madura e dimérica, as duas subunidades são mostradas em azul e verde. Os resíduos de cisteina ligados por pontes dissulfeto (amarelo e vermelho) são mostradas na forma de bola e bastão. As três ligações dissulfeto intra cadeias (vermelho) em cada monômero formam um domínio de enovelamento de cisteínas, que é resistente à degradação. (De S. Daopin et al., 1992, *Science* **257**:369.)

Três receptores proteicos TGF-β separados participam na ligação do TGF-β e da ativação da transdução de sinal

Os pesquisadores identificaram primeiramente TGF-β1 como o fator inibitório de crescimento, mas para entender o modo como ele funcionava, tiveram de encontrar receptores aos quais ele se ligava. A lógica de suas conclusões é a representação da típica abordagem bioquímica para a identificação de receptores (ver Seção 15.2). Para identificar os receptores TGF-β de superfície celular, os pesquisadores em primeiro lugar provocaram a reação do fator de crescimento purificado com o isótopo radiativo iodo-125 (I^{125}), sob condições tais que o radioisótopo ligou-se de forma covalente aos resíduos de tirosina expostos. A proteína TGF-β marcada com I^{125} foi incubada com células em cultivo e, então, a mistura incubada foi tratada com um agente químico que faz a ligação covalente cruzada da TGF-β marcada com os seus receptores na superfície celular. A purificação dos receptores marcados revelou três polipeptídeos diferentes com pesos moleculares aparentes de 55, 85 e 280 KDa, referidos como receptores TGF-β tipos RI, RII e RIII, respectivamente.

A Figura 16-28 (etapas **1** e **2**) ilustra a relação e a função dos três receptores proteicos TGF-β. O receptor TGF-β mais abundante, RIII, é um **proteoglicano** de superfície celular, também chamado β-glicano. Um proteoglicano consiste em uma proteína ligada a cadeias de **glicosaminoglicano** (**GAG**) como o heparan sulfato e o condroitina sulfato (ver Figura 20-31). A RIII, uma proteína transmembrana, liga-se e concentra moléculas maduras de TGF-β próximas à superfície celular, facilitando a sua ligação aos receptores RII. Os receptores tipo I e tipo II são proteínas diméricas transmembrana com serina/treonina-cinases como parte de seus domínios citosólicos. A RII é uma cinase ativa **constitutiva**, ou seja, ela é ativa mesmo quando não ligada ao TGF-β. A ligação da TGF-β induz a formação de complexos contendo duas cópias do RI e duas do RII, outro exemplo de oligomerização induzida por ligantes em receptores de superfície celular. Então, uma subunidade RII fosforila os resíduos serina e treonina em uma sequência altamente conservada da subunidade RI adjacente à face citosólica da membrana plasmática, acionando, assim, a atividade cinase do RI.

Receptores TGF-β ativados fosforilam fatores de transcrição Smad

Os pesquisadores identificaram os fatores de transcrição ativados a jusante dos receptores TGF-β de *Drosophila* em estudos de mutantes. Esses fatores de transcrição de *Drosophila* e as proteínas dos vertebrados relacionadas são chamados agora de **Smad**. Três tipos de proteínas Smad funcionam na via de sinalização TGF-β: *R-Smad* (Smad reguladas por receptores; Smad 2 e 3), as *co-Smads* (Smad4) e as *I-Smads* (Smad inibitórias).

Como mostra a Figura 16-28, uma R-Smad (Smad2 ou Smad3) contém dois domínios, MH1 e MH2, separados por uma região de ligação flexível. O domínio N-terminal MH1 contém o segmento específico de ligação ao DNA e também um domínio chamado **sinal de localização nuclear** (**NLS**). Os NLS estão presentes em todos os fatores de transcrição encontrados no citosol e são exigidos para seus transportes para o núcleo (ver Capítulo 13). Quando as R-Smads estão em seu estado inativo, não fosforilado, o NLS está encoberto e os domínios MH1 e MH2 associados de tal maneira que eles não conseguem se ligar ao DNA ou a uma co-Smad. A fosforilação de três resíduos de serina próximos à região C-terminal de uma R-Smad por receptores TGF-β tipo I ativados separa os domínios, permitindo a ligação da importina (ver Figura 13-36) ao NLS, o que permite a entrada da Smad no núcleo.

Simultaneamente, duas das serinas fosforiladas em cada Smad3 que foi adicionada no receptor cinase RI liga-se ao sítio ativo da fosfosserina no domínio MH2 na Smad3 e na Smad4, formando um complexo estável contendo duas moléculas de Smad3 (ou Smad2) e uma molécula de co-Smad (Smad4). A importina ligada faz a mediação da translocação do complexo heteromérico R-Smad/co-Smad para o núcleo. Após a dissociação da importina dentro do núcleo, o complexo Smad3/Smad4 (ou Smad2/Smad4) liga-se a outros fatores de transcrição para ativar a transcrição de genes-alvo específicos.

Dentro do núcleo, as R-Smads estão continuamente sendo desfosforiladas pela fosfatase nuclear, o que resulta na dissociação do complexo R-Smad/co-Smad e na exportação dessas Smads do núcleo. Em função desse contínuo "vaivém" das Smads do núcleo para o citoplasma, a concentração de Smads ativas dentro do núcleo reflete rigorosamente os níveis de receptores TGF-β ativados na superfície celular.

Praticamente, todas as células dos mamíferos secretam pelo menos uma isoforma da TGF-β, e a maioria tem receptores TGF-β em sua superfície. No entanto, uma vez que tipos diferentes de células contêm tipos diferentes de fatores de transcrição com os quais as Smads ativadas

ANIMAÇÃO EM FOCO: Via de sinalização TGF-beta

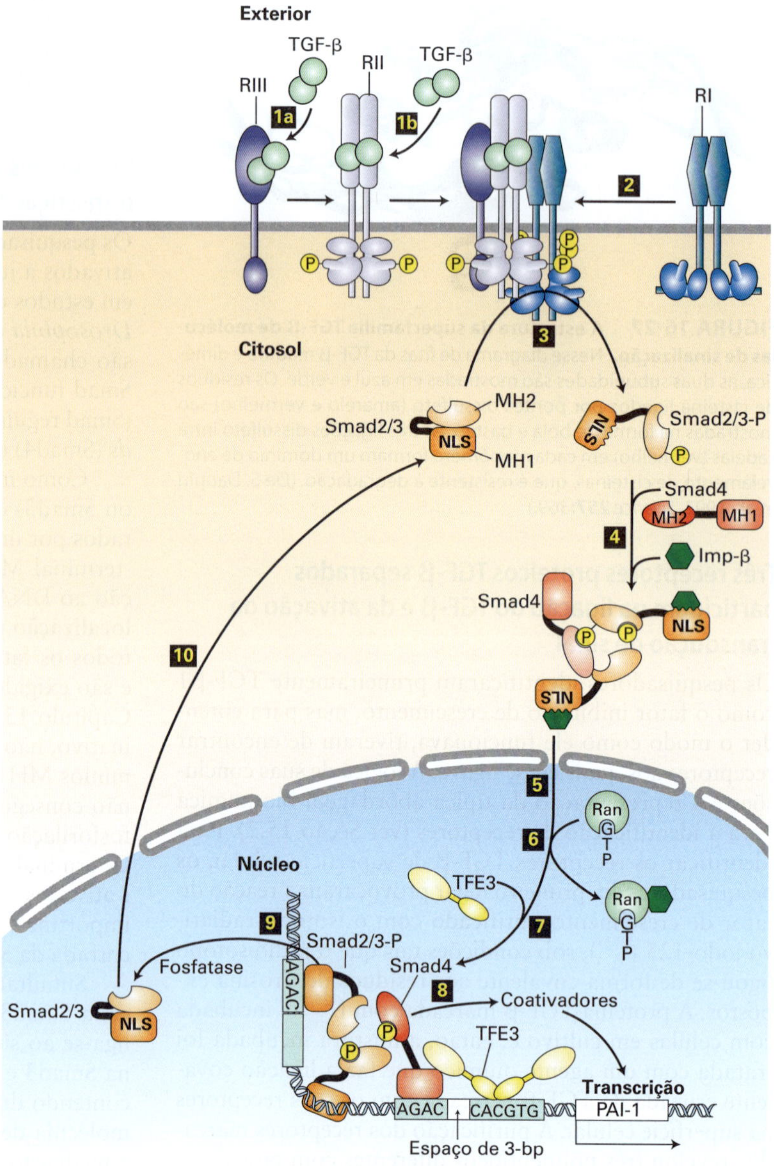

FIGURA 16-28 A via de sinalização TGF-β/Smad. Etapa 1a: em algumas células, o TGF-β se liga ao receptor TGF-β tipo III (RIII), que aumenta a concentração de TGF-β próximo à superfície celular e também o apresenta ao receptor tipo II (RII). Etapa 1b: em outras células, o TGF-β se liga diretamente ao RII, uma cinase fosforilada de forma constitutiva e ativa. Etapa 2: o RII ligado ao ligante recruta e fosforila o segmento justaposto à membrana do receptor tipo I (RI), o qual não se liga diretamente ao TGF-β. Isto libera a inibição da atividade cinase do RI que, de outro modo, é imposta pelo segmento do RI localizado entre a membrana e o domínio cinase. Etapa 3: então, o RI ativado fosforila Smad2 ou Smad3 (vista aqui como Smad2/3), causando uma alteração conformacional que deixa descoberto seu sinal de localização nuclear (NLS). Etapa 4: duas moléculas de Smad2/3 fosforiladas interagem com uma co-Smad (Smad4), que não está fosforilada, e com uma importina, formando um grande complexo citosólico. Etapas 5 e 6: depois que o complexo inteiro sofre translocação para o núcleo, Ran-GTP causa a dissociação da importina, como foi discutido no Capítulo 13. Etapa 7: um fator de transcrição nuclear (p. ex., TFE3) se associa com o complexo Smad2/3/Smad4, formando um complexo de ativação que se liga de forma cooperativa em uma geometria precisa a sequências regulatórias de um gene-alvo. Etapa 8: então, esse complexo recruta coativadores transcricionais e induz a transcrição gênica (ver Capítulo 7). As Smad2/3 são desfosforiladas pela fosfatase nuclear (etapa 9) e recicladas por um poro nuclear para o citosol (etapa 10), onde elas podem ser reativadas por outro complexo de receptor do TGF-β. Abaixo está mostrado o complexo de ativação do gene que codifica o inibidor do ativador de plasminogênio (PAI-1) e um complexo de transcrição similar que ativa a expressão de genes que codificam outras proteínas de matriz extracelular como a fibrinectina. (Ver A. Moustakas e C. -H. Heldin, 2009, *Development* **136:**3699; e D. Clarke e X. liu, 2008, *Trends Cell Biol.* **18:**430.)

podem se ligar, as respostas celulares induzidas por TGF-β variam de acordo com o tipo celular. Por exemplo, nas células epiteliais e nos fibroblastos, a TGF-β induz a expressão não apenas das proteínas de matriz extracelular (p. ex., fibronectinas e colágenos; ver Capítulo 20), mas também das proteínas que inibem proteases séricas que, de outra forma, degradariam essas proteínas de matriz extracelular. A inibição estabiliza a matriz, permitindo que as células formem tecidos estáveis. As proteínas inibitórias incluem o inibidor-1 do ativador de plasminogênio (PAI-1). A transcrição do gene *PAI-1* necessita a formação de um complexo do fator de transcrição TFE3 com o complexo R-Smad/co-Smad (Smad3/Smad4) e a ligação de todas essas proteínas a sequências específicas dentro da região regulatória do gene *PAI-1* (ver Figura 16-28, *parte inferior*). Em parceria com outros fatores de transcrição, os complexos R-Smad/co-Smad promovem a expressão de genes que codificam outras proteínas como a p15, que detém o ciclo celular na fase G_1, bloqueando, assim, a proliferação celular (ver Capítulo 19).

As proteínas BMP, as quais também pertencem à superfamília TGF-β, ligam-se e ativam um conjunto diferente de receptores semelhantes às proteínas TGF-β RI e RII, mas fosforilam outras Smads. Duas dessas Smads fosforiladas formam um complexo trimérico com a Smad4, e esse complexo Smad ativa diferentes respostas trascricionais daquelas induzidas pelo receptor TGF-β.

A perda da sinalização TGF-β exerce um papel fundamental no desenvolvimento inicial de muitos cânceres. Muitos tumores humanos contêm mutações

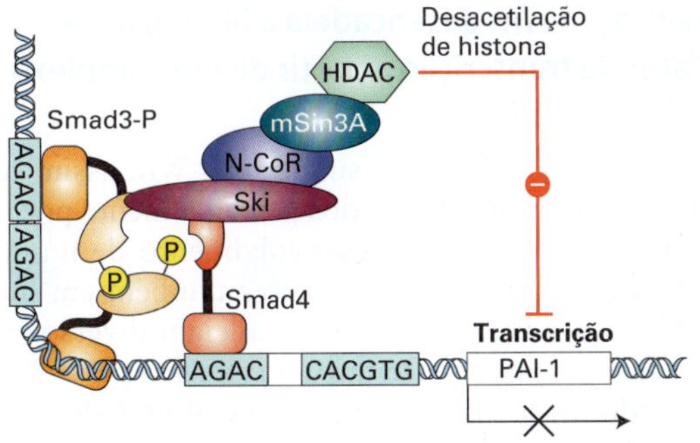

FIGURA 16-29 O modelo de regulação negativa mediada por Ski da função de ativação da transcrição de Smad. Ski reprime a função de Smad por meio da ligação direta a Smad4. Visto que o domínio de ligação de Ski na Smad4 se sobrepõe significativamente ao domínio MH2 da Smad4, necessário para a ligação da cauda fosforilada da Smad3, a ligação de Ski interrompe as interações normais entre a Smad3 e a Smad4 necessárias para a ativação transcricional. Além disso, Ski recruta a proteína N-CoR, que se liga diretamente a mSin3A; por sua vez, mSin3A interage com a histona desacetilase (HDAC), enzima que promove a desacetilação da histona próximo ao promotor, reprimindo a transcrição gênica (ver Capítulo 7). Como resultado de ambos os processos, a ativação da transcrição induzida por TGF-β e mediada pelo complexo Smad é desligada. A proteína relacionada SnoN funciona de forma similar a Ski na repressão da sinalização TGF-β. (Ver J. Deheuninck e K. Luo, 2009, *Cell Res.* **19:**47.)

inativadoras nos receptores TGF-β ou nas proteínas Smad e, assim, são resistentes à inibição do crescimento pela TGF-β (ver Figura 24-24). A maioria dos cânceres pancreáticos humanos, por exemplo, contém uma deleção no gene que codifica a Smad4 e, dessa maneira, não podem induzir inibidores do ciclo celular em resposta à TGF-β. A Smad4 foi chamada originalmente *DPC* (*deleted in pancreatic cancer*). O retinoblastoma, o câncer de colo e o gástrico, o hepatoma e algumas malignidades das células T e B também não respondem à inibição do crescimento pela TGF-β. Essa perda da capacidade de resposta correlaciona-se com a perda dos receptores TGF-β tipo I ou tipo II; a capacidade de resposta à TGF-β pode ser restaurada pela expressão recombinante da proteína "perdida". As mutações na Smad2 também são comuns em vários tipos de tumores humanos. ■

Alças de retroalimentação negativa regulam a sinalização TGF-β/Smad

Na maioria das vias de sinalização, a resposta a fatores de crescimento e outras moléculas de sinalização diminui com o tempo (dessensibilização). Essa resposta é adaptativa, evitando uma reação exagerada e possibilitando um fino controle das respostas celulares. Diversas proteínas intracelulares suprimem as vias TGF-β/Smad, incluindo duas proteínas citosólicas chamadas *SnoN* e *Ski* (*Ski* representa *Sloan-Kettering Cancer Institute*). Essas proteínas foram originalmente identificadas como **oncoproteínas**, porque a expressão de Ski e SnoN é elevada em muitos cânceres, incluindo melanomas e certos cânceres de mama. Quando superexpressa em células de fibroblastos primários cultivadas, Ski e SnoN causam proliferação celular anormal, e a supressão de Ski em câncer pancreático reduz o crescimento do tumor. Não foi compreendido como elas conseguiam fazer isso até anos depois, quando foram encontradas SnoN e Ski ligadas a ambos co-Smad (Smad4) e a R-Smad fosforilada (Smad3) após a estimulação da TGF-β. A SnoN e a Ski não evitam a formação do complexo R-Smad/co-Smad nem afetam a habilidade de um complexo Smad de se ligar às regiões de controle do DNA. Ao contrário, elas bloqueiam a ativação da transcrição por meio da ligação aos complexos Smad, em parte pela indução de desacetilação de histonas em segmentos de cromatina adjacentes. Isso torna as células resistentes à ação inibitória de crescimento induzida pela TGF-β (Figura 16-29). Curiosamente, a estimulação pela TGF-β causa a degradação rápida de Ski e SnoN, mas, após poucas horas, a expressão de SnoN torna-se fortemente induzida pela ligação do complexo Smad2/Smad4 ao promotor do gene SnoN. Os níveis aumentados dessas proteínas amorteceram os efeitos de sinalização de longa duração, devido à exposição continuada ao TGF-β. Esse é outro exemplo de retroalimentação negativa, onde um gene induzido pela sinalização de TGF-β, nesse caso SnoN, inibe outras sinalizações por TGF-β.

Entre as proteínas induzidas após a estimulação pelo TGF-β estão as I-Smad, especialmente a Smad7. A Smad7 bloqueia a capacidade dos receptores ativados tipo I (RI) de fosforilar as proteínas R-Smad, e elas podem também marcar receptores TGF-β para a degradação. Desse modo, a Smad7, como a Ski e a SnoN, participa em uma alça de retroalimentação negativa: sua indução serve para inibir a sinalização intracelular pela exposição por longo tempo a um hormônio estimulante.

CONCEITOS-CHAVE da Seção 16.4

Os receptores serina-cinases que ativam Smads

- A superfamília de fatores de crescimento transformante (TGF-β) inclui várias moléculas de sinalização extracelular que possuem papéis amplos na regulação do desenvolvimento.
- Os monômeros de TGF-β são armazenados na forma inativa na superfície celular ou na matriz extracelular; a liberação dos monômeros ativos (pela digestão por proteases) leva à formação de homodímeros ou heterodímeros funcionais.
- Os receptores TGF-β consistem em três tipos (RI, RII e RIII). A ligação de membros da superfamília TGF-β ao receptor de cinase RII permite que RII fosforile o domínio citosólico do receptor RI e ative sua atividade serina/treonina intrínseca de cinase. RI fosforila, depois, um R-Smad, expondo um sinal de localização nuclear (ver Figura 16-28).
- R-Smad após fosforilado, liga-se ao co-Smad resultando na translocação do complexo para o núcleo, onde ele interage com vários fatores de transcrição para induzir a expressão de genes-alvo (ver Figura 16-28).

- As oncoproteínas (p. ex., a Ski e a SnoN) e as I-Smad (p. ex., a Smad7) atuam como reguladores negativos da sinalização TGF-β (Figura 16-29) pela inibição da transcrição mediada pelo complexo Smad2/Smad4.
- A sinalização TGF-β geralmente inibe a proliferação celular. A perda de vários componentes da via de sinalização contribui para a proliferação celular anormal e a malignidade.

16.5 As vias de sinalização controladas por ubiquitinação: Wnt, Hedgehog e NF-κB

Todas as vias de sinalização discutidas até agora são reversíveis e podem ser desativadas com relativa rapidez se o sinal extracelular for removido. Nesta seção, serão discutidas diversas vias irreversíveis ou de reversão lenta nas quais o componente principal – fatores de transcrição ou inibidores dos fatores de transcrição – é ubiquitinado e, depois, clivado proteoliticamente. Primeiro, será abordada a sinalização por **Wnt** e **Hedgehog**, duas famílias de proteínas de sinalização evolutivamente conservadas que possuem papéis fundamentais em várias vias de desenvolvimento e induzem, frequentemente, a expressão de genes necessários para uma célula adquirir nova identidade ou um novo destino. Embora as vias de sinalização Wnt e Hedgehog usem conjuntos diferentes de receptores e proteínas sinalizadoras, elas compartilham semelhanças, motivo pelo qual foram reunidas em um mesmo grupo:

- A Wnt e a Hedgehog ligam-se a receptores estruturalmente similares para receptores acoplados a proteína G com sete domínios transmembrana, mas não ativam a proteína G.
- No estado de repouso, fatores de transcrição essenciais em ambas as vias são ubiquitinados e passam por clivagem proteolítica, tornando-os inativos.
- A ativação de cada via envolve desmontagem de um grande complexo proteico citosólico, inibição da ubiquitinação e a liberação do fator de transcrição ativo.
- As cinases, incluindo a glicogenio sintase cinase 3 (GSK3), têm um papel importante em ambas as vias de sinalização.

Em seguida, será examinada a *via NK-κB*, a terceira via de sinalização controlada pela ubiquitinação. Nesse caso, um inibidor de um fator de transcrição, em vez do próprio fator de transcrição, é desativado pela ubiquitinação. No estado de repouso, um importante fator de transcrição denominado *NF-κB* é sequestrado no citosol ligado a um inibidor. Diversas condições que induzem estresse causam ubiquitinação e degradação imediata do inibidor, permitindo que as células respondam imediata e vigorosamente pela ativação da transcrição de genes. Ao aprender como a **via NF-κB** é ativada por uma classe de receptores de superfície, também será vista uma função bem distinta de poliubiquitinação: a formação de um suporte para reunir um complexo de transdução de sinal essencial.

A sinalização Wnt desencadeia a liberação de um fator de transcrição a partir de um complexo proteico citosólico

Os componentes da via de sinalização Wnt assim como da Hedgehog foram elucidados principalmente por meio de análises genéticas do desenvolvimento de mutantes em *Drosophila*, mas são operantes também em humanos. Mutações nessas vias desencadeiam diversos tipos de cânceres humanos. De fato, o primeiro gene *Wnt* de vertebrado a ser descoberto, o gene *Wnt-1* de camundongo, chamou a atenção, pois ele estava superexpresso em certos cânceres mamários. Trabalhos posteriores mostraram que a superexpressão foi causada pela inserção do genoma do vírus de tumor mamário de camundongo (MMTV) próximo ao gene *Wnt-1*. Assim, o *Wnt-1* é um proto-oncogene, ou seja, um gene celular normal cuja expressão inapropriada promove o câncer (ver Capítulo 24). A palavra *Wnt* é uma fusão de *wingless*, o gene correspondente em mosca, com *int* para o sítio de integração do retrovírus em camundongos.

A ativação da **via Wnt** controla vários eventos cruciais do desenvolvimento, como o desenvolvimento cerebral, a padronização dos membros e a organogênese. O principal papel da sinalização Wnt na formação dos ossos foi revelado pelo achado de que mutações de inativação de componentes da via Wnt afetam a densidade dos ossos em humanos. A sinalização Wnt é conhecida agora por controlar a formação de osteoblastos (células formadoras de ossos). Além disso, os sinais Wnt são importantes no controle das células-tronco (ver Capítulo 21) e em muitos outros aspectos do desenvolvimento.

Devido à conservação da via de sinalização Wnt na evolução de metazoários, estudos genéticos em *Drosophila* e *C. elegans*, estudos em camundongos de proto-oncogenes e genes supressores tumorais e estudos de componentes de junções celulares têm contribuído para a identificação de vários componentes da via. As proteínas Wnt são secretadas como moléculas de sinalização extracelular, as quais são modificadas pela adição de um grupo palmitato próximo ao N-terminal. Esse grupamento hidrofóbico prende as proteínas Wnt na membrana plasmática de células secretoras de Wnt, limitando sua gama de ação às células adjacentes. As proteínas Wnt agem por meio de dois receptores proteicos de superfície celular: *Frizzled* (*Fz*), o qual contém sete hélices α transmembrana e liga-se diretamente à Wnt, e o correceptor denominado de *LRP*, o qual aparece associado com *Frizzled* em um método dependente de sinal Wnt (ver Figura 20-30). Mutações em genes que codificam proteínas Wnt, Frizzled ou LRP (chamadas de Arrow em *Drosophila*) possuem efeitos similares no desenvolvimento de embriões.

De acordo com um recente modelo da *via Wnt*, o componente central na transdução intracelular de sinal Wnt é chamado, em vertebrados, de *β-catenina* e em *Drosophila* é chamado de Armadillo. Essa proteína multifuncional funciona como ativador transcricional e como proteína de ligação membrana-citoesqueleto (ver Figura 20-13). Na ausência de um sinal Wnt, a β-cateni-

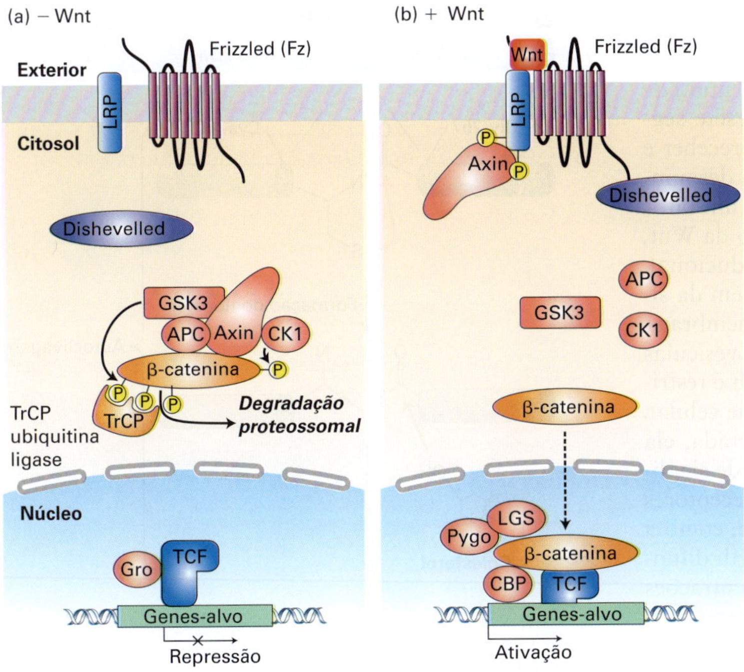

FIGURA 16-30 A via de sinalização Wnt. (a) Na ausência de Wnt, o fator de transcrição TCF está ligado para promover ou aumentar os genes-alvo, porém sua associação com um repressor transcricional como o Groucho (Gro) inibe a ativação gênica. A β-catenina é encontrada em um complexo com a Axin (proteína de ancoragem), APC e as cinases CK1 e GSK3, que fosforilam em sequência a β-catenina. A formação desse complexo mediada pela Axin facilita a fosforilação da β-catenina pela GSK3 por um fator estimado de 20.000. Então, a E3 TrCP ubiquitina ligase se liga a dois desses resíduos de β-cateninas fosforilados, levando à ubiquitinação e à degradação da β-catenina nos proteossomos. (b) A ligação da Wnt aos seus receptores Frizzled (Fz) e ao correceptor LRP desencadeia a fosforilação de LRP pela GSK3 e outra cinase, permitindo a ligação subsequente da Axin. Isso interrompe o complexo Axin-APC-CK1-GSK3-β-catenina, evitando a fosforilação da β-catenina pela CK1 e GSK3 e levando ao acúmulo de β-catenina na célula. Após a translocação para o núcleo, a β-catenina se liga ao TCF para deslocar o repressor Gro e recrutar Pygo, LGS e outras proteínas para a ativação da expressão gênica. (Segundo R. van Amerongen e R. Nusse, 2009, *Development* **136:**3205; F. Staal e J. Sem, 2008, *Eur. J. Immunol.* **38:**1788; e E. Verheyen e C. Gottardi, 2010, *Dev. Dyn.* **239:**34. Ver também a página da Wnt, www.stanford.edu/group/nussselab/cgi-bin/wnt/.)

na, que não está ligada a moléculas de adesão celular na membrana ou no citoesqueleto, é ligada a um complexo com base na proteína de sustentação Axin, contendo a proteína polipose adenomatosa do colo (APC), chamada assim pois a sua perda pode resultar em câncer colorretal. No estado de repouso, duas cinases no complexo, a caseína cinase 1 (CK1) e a GSK3, fosforilam sequencialmente a β-catenina em diversos resíduos de serina e treonina. Alguns desses resíduos fosforilados servem como sítios de ligação para a proteína ubiquitina-ligase chamada TrCP. A β-catenina é posteriormente ubiquitinada e degradada rapidamente pelo proteossomo 26S (Figura 16-30a; para mais sobre ubiquitinação, ver Figura 3-29 e 3-34).

A via completa pela qual a sinalização Wnt bloqueia a degradação de β-catenina ainda não foi determinada. Sabe-se que a ligação da Wnt tanto em Fz como em LRP leva à fosforilação do domínio citosólico LRP, provavelmente pelas GKS3 e CK1 livres. Isso permite que a Axin ligue-se ao domínio citosólico do correceptor LRP. Essa mudança de localização da Axin rompe as interações que estabilizam o complexo citosólico contendo Axin, GSK3, CK1 e β-catenina, evitando, assim, a fosforilação da β-catenina pela CK1 e GSK3. Isso evita a ubiquitinação e a subsequente degradação da β-catenina, estabilizando-a no citosol (Figura 16-30b). Esse processo requer a proteína Dishevelled (Dsh), a qual se liga ao domínio citosólico do receptor Frizzled. A β-catenina liberada transloca para o núcleo, onde se associa com um fator de transcrição (TCF) e funciona como coativador para induzir a expressão de genes-alvo, frequentemente incluindo aqueles que promovem a proliferação celular. (Lembre-se de que o TCF também atua na via MAP cinase; ver Figura 16-22.)

A ativação inapropriada da via Wnt é uma característica de muitos cânceres humanos. Em muitos tumores, o nível de β-catenina livre é elevado de forma anormal, e essa observação fornece uma das primeiras pistas de que a β-catenina consegue ativar vários genes promotores do crescimento. Mutações de inativação em genes que codificam APC e Axin são encontradas em múltiplos tipos de cânceres humanos, como mutações na fosforilação de β-catenina por GSK3 ou CK1; essas mutações reduzem a formação do complexo citosólico (Figura 16-30a), reduzem a degradação de β-catenina e permitem que a β-catenina ative a expressão de genes na ausência do sinal Wnt normal.

Entre os genes-alvo da Wnt estão muitos que controlam também a sinalização Wnt, indicando um grau elevado de regulação por retroalimentação. A importância da estabilidade e da localização da β-catenina significa que sinais Wnt afetam um equilíbrio fundamental entre os três reservatórios de β-catenina na célula: a interface membrana-citoesqueleto, o citosol e o núcleo.

A fim de sinalizar, a Wnt deve ligar-se também a proteoglicanos de superfíce celular. Evidências da participação de proteoglicanos na sinalização Wnt vêm de *Drosophila sugarless* (*sgl*) (sem açúcar) mutantes, as quais perdem uma enzima fundamental necessária para sintetizar a heparina GAG e a condroitina sulfato. Esses mutantes têm níveis bem baixos de Wingless (a proteína Wnt de mosca) e exibem outros fenótipos associados com defeitos na sinalização Wnt. É desconhecido como os proteoglicanos facilitam a sinalização Wnt, mas talvez a ligação de Wnt a cadeias específicas de glicosaminoglicanos seja necessária para a sua ligação em receptores Fz ou correceptores LRP. Esse mecanismo poderia ser análogo à ligação do fator de crescimento de fibroblastos (FGF) ao heparan sulfato, o qual eleva a ligação do FGF ao seu receptor tirosina-cinase (ver Figura 16-5).

A sinalização Hedgehog alivia a repressão de genes-alvo

A **via Hedgehog (Hh)** é similar à via Wnt no sentido de que duas proteínas de membrana, uma com sete segmentos transmembrana, são necessárias para receber e transduzir o sinal. A via Hh envolve também a desmontagem de um complexo intracelular contendo um fator de transcrição, como na via Wnt. Ao contrário da Wnt, a proteína Hh sofre processamento pós-traducional, descrito abaixo. A sinalização Hh difere também da sinalização Wnt, pois seus dois receptores de membrana movem-se entre a membrana plasmática e as vesículas intracelulares, e em mamíferos a sinalização Hh é restrita ao **cílio primário** que se projeta da superfície celular. Embora a Hedgehog seja uma proteína secretada, ela move-se apenas a curtas distâncias das células de sinalização, na ordem de 1 a 20 células, e se liga a receptores nas células receptoras. Assim, a sinalização Hh, como a Wnt, tem muitos efeitos localizados. Como a Hh difunde mais longe das células secretoras, suas concentrações decaem e diferentes concentrações de Hh induzem destinos diferentes nas células-alvo: células que recebem grande quantidade de Hh ativam certos genes e formam certas estruturas; células que recebem uma quantidade pequena ativam genes diferentes e, portanto, formam estruturas diferentes. Os sinais que induzem diferentes destinos celulares dependendo de suas concentrações em suas células-alvo são chamados de **morfógenos**. Durante o desenvolvimento, a produção de Hedgehog e outros morfógenos é fortemente regulada no tempo e espaço.

O processamento da proteína precursora Hh A Hedgehog é formada a partir de uma proteína precursora com atividade autoproteolítica que permite à proteína se cortar ao meio. A clivagem produz um fragmento N-terminal, o qual é posteriormente secretado como sinal para outras células, e um fragmento C-terminal, que é degradado. Como mostrado na Figura 16-31, a clivagem do precursor é acompanhada pela adição covalente de um lipídeo de colesterol ao novo terminal carboxil do fragmento N-terminal. O domínio C-terminal do precursor, que catalisa essas reações, é encontrado em outras proteínas e pode promover um mecanismo similar de autoproteólise.

Uma segunda modificação a Hedgehog, a adição de um grupamento palmitoil ao N-terminal, torna a proteína ainda mais hidrofóbica. Juntos, os dois grupamentos hidrofóbicos ligados podem fazer a Hedgehog secretada ligar-se de forma não específica e irreversível a células da membrana plasmática, limitando sua difusão e sua gama de ações nos tecidos. Restrições espaciais têm um papel crucial restringindo os efeitos de poderosas sinalizações como a Hh. Lembre-se de que o grupamento palmitoil também é adicionado às células, restringindo a sinalização Wnt a células adjacentes para a sinalização celular.

A via Hh em *Drosophila* Estudos genéticos em *Drosophila* indicam que duas proteínas de membrana, *Smoothened* (*Smo*) e *Patched* (*Ptc*), são necessárias para receber e transduzir um sinal Hedgehog no interior da célula. A proteína Smoothened possui sete hélices α transmembrana e tem sequência correlata com o receptor Fz de Wnt. A proteína Patched é prevista para conter 12 hélices α transmembrana e é mais estruturalmente similar à proteína Niemann-Pick C1 (NPC1), membro da **superfamília ABC** de proteínas da membrana (ver Tabela 11-3).

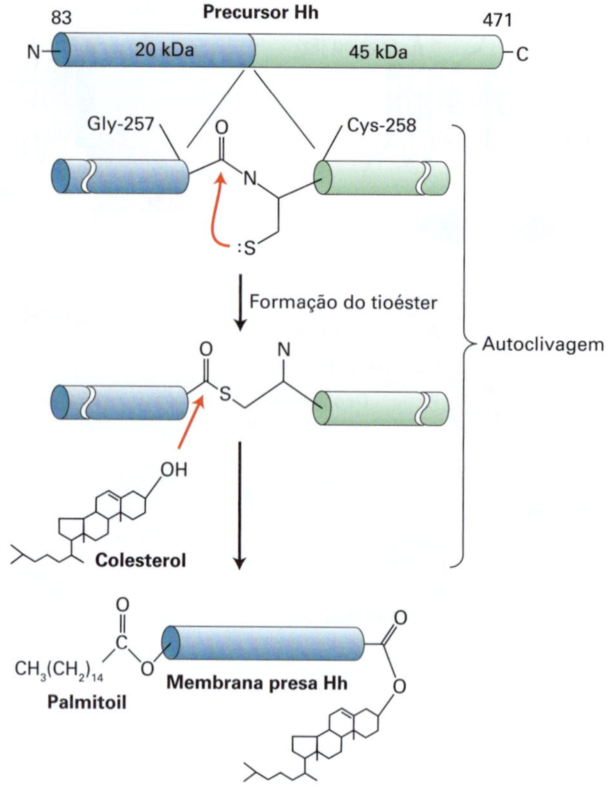

FIGURA 16-31 Processamento da proteína precursora Hedgehog (Hh). As células sintetizam um precursor de Hh de 45-kDa, que sofre um ataque nucleofílico pelo grupo tiol da cadeia lateral da cisteína 258 (Cys-258) no carbono carbonil do resíduo adjacente da glicina 257 (Gly-257), formando um tioéster intermediário de alta energia. Uma atividade enzimática no domínio C-terminal catalisa a formação de uma ligação de éster entre o grupamento β-3 hidroxil do colesterol com a glicina 257, clivando o precursor em dois fragmentos. O fragmento N-terminal de sinalização (azul) retém o motivo do colesterol e é modificado pela adição de um grupamento palmitoil ao N-terminal. Acredita-se que esse processamento ocorre, na maioria das vezes, intracelularmente. As duas âncoras hidrofóbicas podem prender a proteína Hh secretada e processada à membrana plasmática. (Adaptada de J. A. Porter et al., 1996, *Science* **274:**255.)

A Figura 16-32 ilustra um modelo atual da *via de Hedgehog* (*Hh*) em *Drosophila*. As evidências sustentando esse modelo inicialmente vieram de estudos de embriões de moscas com mutações de perda de função nos genes *hedgehog* (*hh*) ou *smoothened* (*smo*). Ambos os tipos de embriões mutantes possuem o desenvolvimento de fenótipos bem semelhantes. Além disso, ambos os genes *hh* e *smo* são necessários para ativar a transcrição dos mesmos genes-alvo (p. ex., *patched* e *wingless*) durante o desenvolvimento embrionário. Em contrapartida, mutações de perda de função no gene *patched* (*ptc*) produzem um fenótipo bastante diferente, similar ao efeito de "inundação" do embrião com a proteína Hedgehog. As-

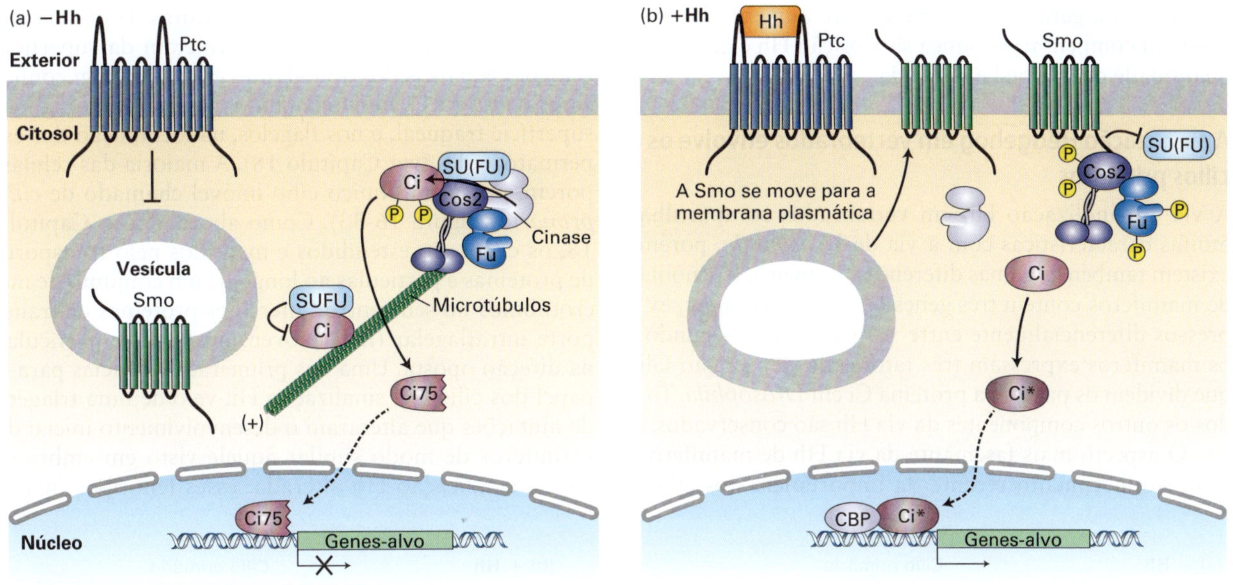

FIGURA 16-32 A sinalização Hedgehog em moscas. (a) Na ausência de Hedgehog (Hh), a proteína Patched (Ptc) inibe a smoothened (Smo), que está amplamente presente na membrana das vesículas internas. Um complexo contendo Fused (Fu), uma cinase; outras cinases; Costal-2 (Cos2), uma proteína motora relacionada a cinase; e *Cubitus interruptus* (Ci), um fator de transcrição dedo de zinco, liga-se aos microtúbulos. O Ci é fosforilado em uma série de etapas envolvendo a proteína-cinase A (PKA), a glicogênio sintase cinase 3 (GSK3) e caseína cinase 1 (CK1). O Ci fosforilado é clivado proteoliticamente pela via ubiquitina-proteossomo, gerando um fragmento Ci75, que funciona como repressor transcricional de genes responsivos a Hh. Su(Fu) também pode associar-se com o Ci completo para evitar a sua translocação para o núcleo. (b) Hh liga-se a Ptc, movendo a Ptc para compartimentos internos (não mostrado) e diminuindo a inibição de Smo. Então, Smo move-se para a membrana plasmática, é fosforilada, liga-se a Cos2 e é estabilizada contra a degradação. Ambas, Fu e Cos2 tornam-se extensivamente fosforiladas e, o mais importante: o complexo Fu-Cos2-Ci dissocia-se. Isso leva à estabilização completa, Ci alternadamente modificada, Ci*, a qual desloca o repressor Ci75 do promotor dos genes-alvo, recrutando a proteína ativadora de ligação a CREB (CBP) e induzindo a expressão dos genes-alvo. O compartimento exato da membrana no qual a Ptc e a Smo respondem a Hh e sua função são desconhecidos.

sim, Patched parece antagonizar as ações da Hedgehog e vice-versa. Os achados sugerem que, na ausência de Hedgehog, Patched reprime genes-alvo pela inibição da via de sinalização necessária para a ativação gênica. Observações adicionais que Smoothened é necessária para a transcrição de genes-alvo em mutantes sem a função de *patched* colocam Smoothened a jusante de Patched na via Hh. As evidências indicam que Hedgehog liga-se diretamente a Patched e evita que Patched bloqueie a ação de Smoothened, ativando, assim, a transcrição de genes-alvo.

Na ausência de Hedgehog, Patched é enriquecida na membrana plasmática, mas a Smoothened é no revestimento das membranas das vesículas internas. O complexo proteico citosólico na via Hh consiste em várias proteínas (Figura 16-32a), incluindo Fused (Fu, serina-treonina-cinase); Costal-2 (Cos2, proteína como a cinesina associada a microtúbulos); e *Cubitus interruptus* (Ci), um fator de transcrição. Esse complexo é ligado a microtúbulos no citosol. A fosforilação do Ci por pelo menos três cinases causa a ligação de um componente do complexo ubiquitina-ligase que, por sua vez, encaminha a ubiquitinação do Ci e seu direcionamento para os proteossomos. O Ci sofre clivagem proteolítica; o fragmento Ci resultante, designado de Ci75, transloca-se para o núcleo e reprime a expressão de genes-alvo Hh.

Seguindo a ligação de Hedgehog ao receptor Patched, ambas as proteínas se movem da superfície celular para as vesículas internas enquanto Smoothened move-se das vesículas internas para a membrana plasmática; a ligação de Hedgehog a Patched inibe também sua habilidade de inibir Smoothened (Figura 16-32a). Isso desencadeia diversas respostas celulares, incluindo um aumento na fosforilação de Fu e Cos2. De forma importante, o complexo de Fu, Cos2 e Ci se dissocia dos microtúbulos, e Cos2 torna-se associada com a cauda C-terminal da Smoothened. O rompimento resultante do complexo Fus/Cos2/Ci gera a redução da fosforilação e da clivagem de Ci. Como resultado, uma forma modificada de Ci completa é gerada, chamada de Ci*, que se transloca para o núcleo, onde se liga à proteína coativadora transcricional proteína ligadora de CREB (CBP), promovendo a expressão de genes-alvo.

Regulação da sinalização Hh O controle de retroalimentação da via Hh é importante, pois a sinalização Hh desenfreada pode gerar um crescimento canceroso exacerbado ou a formação de tipos celulares errados. Em *Drosophila*, um dos genes induzidos pela sinalização Hh é o *patched*. O aumento subsequente na expressão de Patched antagoniza a sinalização Hh em grande escala pela redução da proteína Smoothened ativa. Assim, o sistema é tamponado: se durante o desenvolvimento muita sinalização Hh é gerada, um consequente aumento de Patched irá compensar; se pouca sinalização Hh é gerada, a quantidade de Patched é reduzida.

A sinalização Hedgehog em vertebrados envolve os cílios primários

A via de sinalização Hh em vertebrados compartilha muitas características com a via de *Drosophila*, porém existem também algumas diferenças. Primeiro, o genoma de mamíferos contém três genes *hh* e dois genes *ptc*, expressos diferencialmente entre vários tecidos. Segundo, os mamíferos expressam três fatores de transcrição Gli que dividem os papéis da proteína Ci em *Drosophila*. Todos os outros componentes da via Hh são conservados.

O aspecto mais fascinante da via Hh de mamíferos é o reconhecimento recente da importância dos cílios primários. Os cílios são longas estruturas de plasma envolvidas em membranas que se projetam da superfície celular. Os papéis dos abundantes cílios são bem conhecidos na traqueia, movimentando materiais ao longo da superfície traqueal, e nos flagelos, na locomoção dos espermatozoides (ver Capítulo 18). A maioria das células, porém, possui um único cílio imóvel chamado de *cílio primário* (Figura 16-33). Como abordado no Capítulo 18, os cílios são estendidos e mantidos pelo transporte de proteínas e partículas ao longo de um conjunto de microtúbulos no seu centro; diferentes proteínas de transporte intraflagelar (IFT) movem proteínas e partículas na direção oposta. Uma das primeiras evidências para o papel dos cílios na sinalização Hh veio de uma triagem de mutações que alteraram o desenvolvimento inicial de mamíferos de modo similar àquele visto em embriões com a sinalização Hh alterada: esses fenótipos incluí-

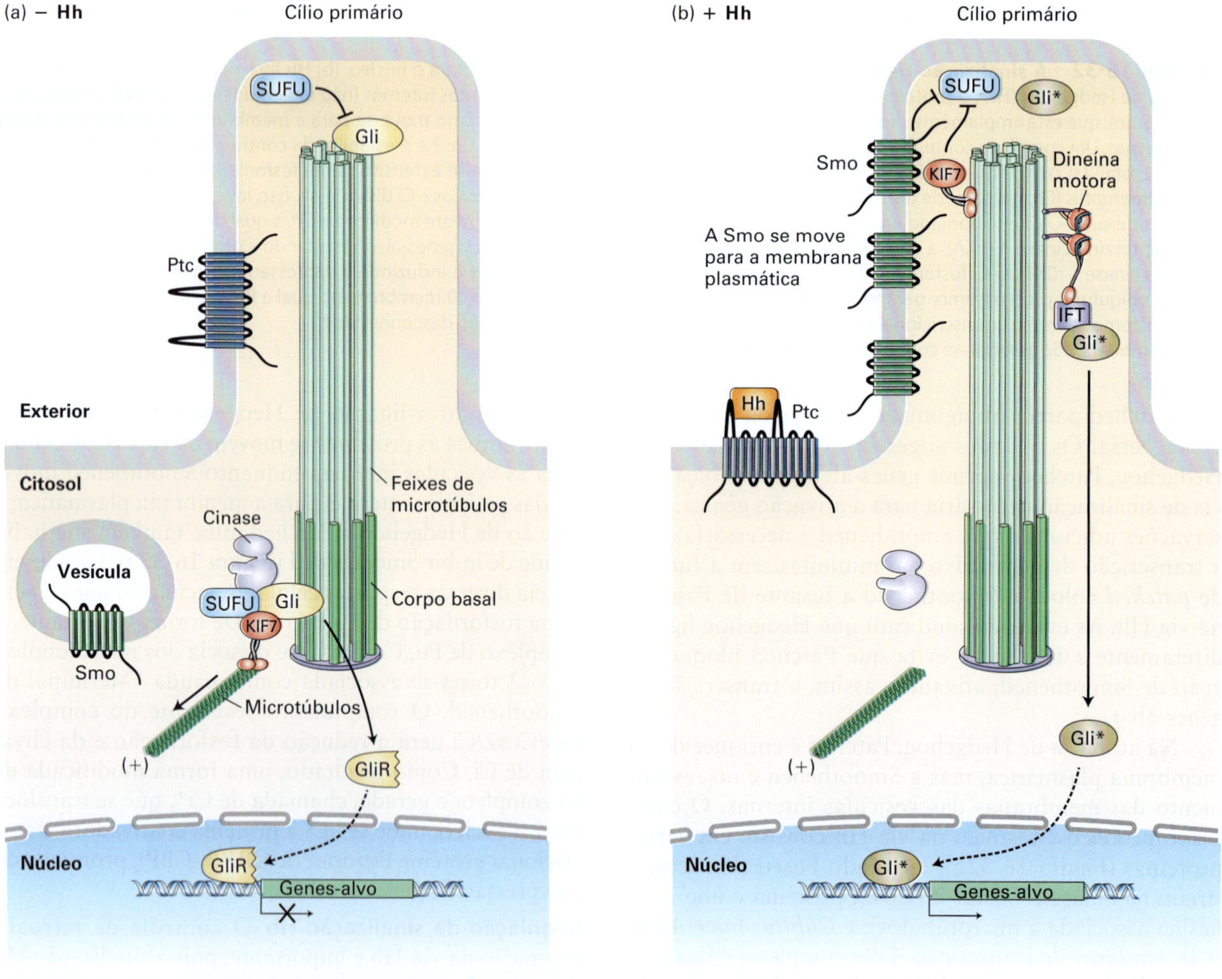

FIGURA 16-33 A sinalização Hedgehog em vertebrados. A sinalização Hedgehog (Hh) ocorre em cílios primários, mas por outro lado o processo geral é similar àquele das moscas. (a) Na ausência de Hh, Patched é localizada na membrana ciliar e de uma maneira desconhecida bloqueia a entrada da Smoothened no cílio; Smo está presente principalmente na membrana de vesículas internas. A cinesina KIF7 (homóloga de Cos) se liga aos microtúbulos na base dos cílios, onde ela pode formar um complexo com o fator de transcrição Gli (o homólogo de Ci em vertebrados), SuFu e cinases. A KIF7 evita o enriquecimento de Gli dentro dos cílios e promove o processamento proteolítico do repressor de Gli, GliR. (b) A ligação de Hh desencadeia o movimento de Smo para a membrana ciliar e o movimento da proteína motora KIF7 do microtúbulo para a ponta ciliar, onde Gli acumula e fica ativada por um mecanismo ainda desconhecido. Então, a Gli ativada é transportada pelo cílio e liberada no citosol. (Segundo S. Goetz e K. Anderson, 2010, *Nature Ver. Genet.* **11:**331.)

ram a perda de certos tipos celulares no tubo neural que necessitam de altos níveis de uma proteína Hh. Muitas dessas mutações aconteceram em genes que codificam proteínas IFT, indicando um papel para os cílios (ou flagelos) na sinalização Hh.

Análises seguintes mostraram que, na ausência da sinalização Hh, a Ptc é localizada na membrana dos cílio primário e Smo está em vesículas internas perto da base do cílio (Figura 16-33a). Após a adição de Hh, Smo se torna localizada na membrana ciliar, enquanto a Ptc move-se para fora da membrana ciliar (Figura 16-33b). Esse movimento da Smo envolve a fosforilação do receptor C-terminal do domínio citosólico pelo *receptor de cinase β-adrenérgico* (*BARK*), a mesma enzima que modifica os receptores acoplados à proteína G. Posteriormente, a β-arrestina liga-se à Smo. A β-arrestina, por sua vez, recruta a proteína motora de microtúbulos Kif3A, que se liga aos microtúbulos no núcleo do cílio e move a Smo acima da membrana ciliar. Ao mesmo tempo, a degradação da Gli ao fragmento repressor é bloqueada, e a proteína motora Kif7 move a Gli para a ponta do cílio. Ali, ela se torna ativa pela Smo por meio de um mecanismo ainda desconhecido, e, após, outra proteína motora, a dineína, move a Gli ativada para a base do cílio (Figura 16-31b). Como nas moscas, esse fator transcricional ativo move-se para o núcleo, onde consegue ativar a expressão de vários genes-alvo.

Não está claro por que durante a evolução dos vertebrados os cílios primários se tornaram necessários para a sinalização Hh, uma vez que o mesmo resultado – a conversão de um fator de transcrição de um repressor para um ativador da expressão gênica – ocorre a jusante da sinalização Hh em ambos os sistemas de mamíferos e invertebrados.

A ativação inapropriada da sinalização Hh é a causa de vários tipos de tumores humanos, incluindo meduloblastomas (tumores do cerebelo) e rabdomiossarcomas (tumores dos músculos). Os cílios primários são essenciais para essa sinalização Hh anormal, e fármacos que inibem a função dos cílios primários estão começando a ser testados em modelos animais de câncer. Por exemplo, a expressão de uma forma mutante ativada de Smoothened em cérebro de camundongo pós-natal irá causar meduloblastoma, porém esse tumor não irá se formar se, simultaneamente, um gene que codifica uma proteína ciliar essencial é inativado. ■

A degradação de inibidor proteico ativa o fator de transcrição NF-κB

No estado de repouso de ambas as vias Wnt e Hedgehog, um fator de transcrição essencial é ubiquitinado e submetido à degradação proteolítica; a ativação da via de sinalização envolve o bloqueio da ubiquitinação e a liberação do fator de transcrição no seu estado ativado. A *via NF-κB* trabalha de modo contrário: no estado de repouso, o fator de transcrição *NF-κB* é retido no citosol ligado a um inibidor; a ativação da via de sinalização envolve a ubiquitinação seguida pela degradação do inibidor, desencadeando a liberação do fator de transcrição ativo. Esse mecanismo permite às células responderem a uma variedade de sinais de estresse pela ativação da transcrição gênica imediata e vigorosamente. As etapas na via NF-κB foram reveladas em estudos com células de mamíferos e *Drosophila*.

O NF-κB (acrônimo para um descritor um pouco desorganizado, "fator nuclear de cadeia leve kappa intensificador de células B ativadas") é rapidamente ativado em células do sistema imune de mamíferos em resposta a infecções bacterianas ou virais, inflamação e um grande número de outras situações de estresse, como a radiação ionizante. A via NF-κB é ativada em algumas células do sistema imune quando componentes das paredes celulares de bactérias ou de fungos se ligam a certos *receptores Toll-like* na superfície celular (ver Figura 23-23). Essa via é ativada também por citocinas inflamatórias, como o *fator alfa de necrose tumoral* (*TNFα*) e a *interleucina 1* (*IL-1*), liberadas por células próximas em resposta a infecções. Em todos os casos, a ligação de um ligante ao seu receptor induz a montagem de um complexo multiproteico no citosol, próximo à membrana plasmática, que desencadeia a via de sinalização, resultando na ativação do fator de transcrição NF-κB.

O NF-κB foi originalmente descoberto com base na sua ativação de transcrição do gene que codifica a cadeia leve de anticorpos (imunoglobulinas) das células B. Atualmente, o NF-κB é considerado o principal regulador de transcrição do sistema imune dos mamíferos. Embora as moscas não produzam anticorpos, homólogos NF-κB da *Drosophila* induzem a síntese de um grande número de peptídeos antimicrobianos secretados em resposta a infecções bacterianas e virais. Esse fenômeno indica que o sistema regulador NF-κB tem sido conservado durante a evolução e tem mais do que a metade de um bilhão de anos.

Os estudos bioquímicos das células dos mamíferos e os estudos genéticos das células das moscas têm proporcionado a compreensão do funcionamento da via NF-κB. As duas subunidades do NF-κB heterodimérico (p65 e p50) compartilham uma região de homologia no seu domínio N-terminal necessária para a sua dimerização e ligação ao DNA. Nas células latentes, a NF-κB fica sequestrada em estado inativo no citosol pela ligação direta a um inibidor chamado I-κBα. Uma única molécula do I-κBα liga-se aos domínios N-terminal de cada subunidade no heterodímero p50-p65, ocultando os sinais de localização nuclear (Figura 16-34a). Um complexo de três proteínas denominado *I-κB cinase* atua imediatamente a montante do NF-κB e é responsável por liberá-lo do sequestro. A subunidade β do I-κB cinase é o ponto de convergência de todos os sinais extracelulares que ativam NF-κB. Minutos após a estimulação das células por um agente infeccioso ou citocina inflamatória, a subunidade β cinase IKK torna-se ativa e fosforila dois resíduos de serina N-terminal no I-κBα (Figura 16-34a, etapas **1** e **2**). Então, uma ligase ubiquitina E3 liga-se a essas fosfosserinas e incorpora várias moléculas de ubiquitina ao I-κBα, desencadeando sua degradação imediata por um proteossomo (etapas **3** e **4**). Nas células que expressam

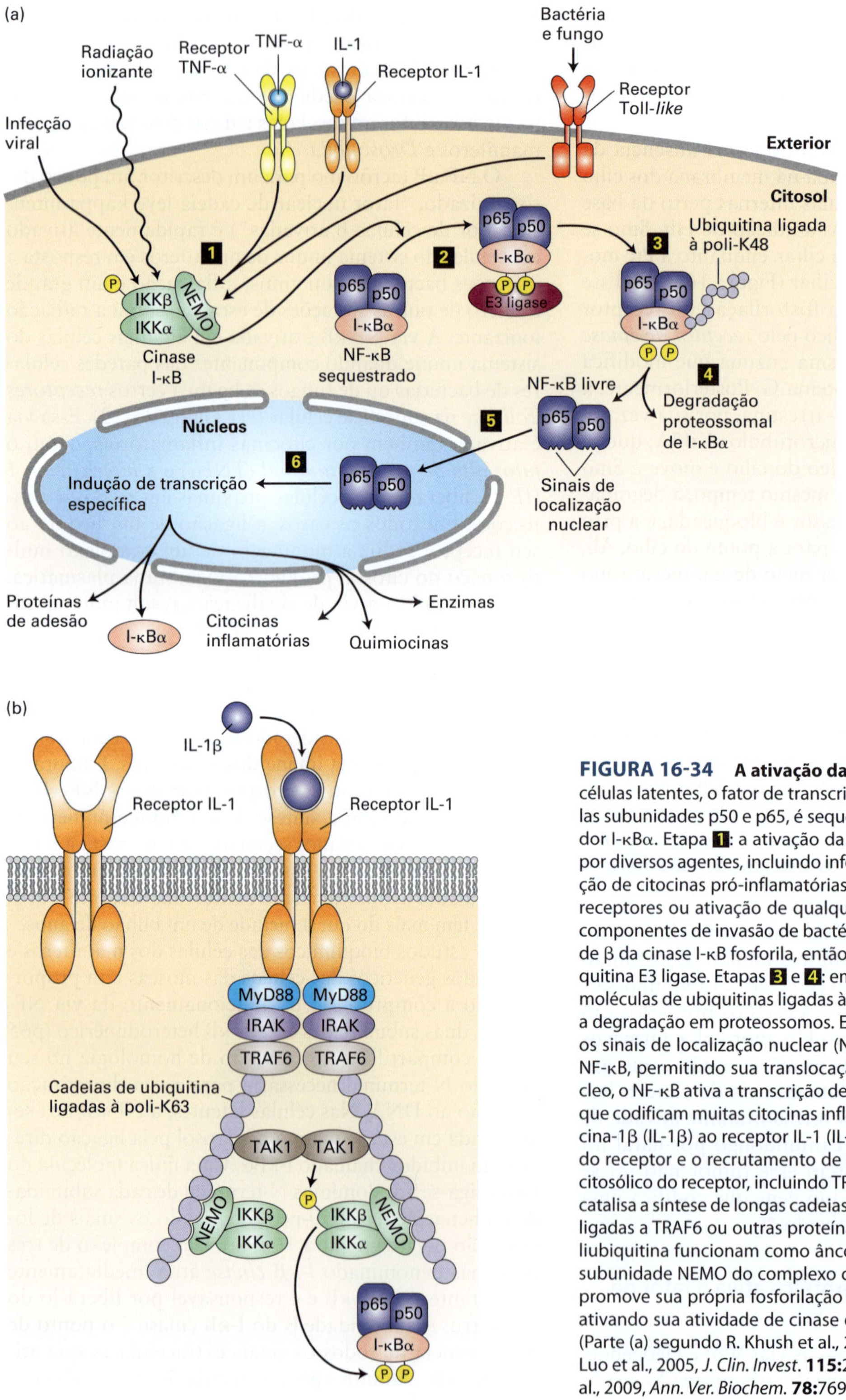

FIGURA 16-34 A ativação da via de sinalização NF-κB. (a) Em células latentes, o fator de transcrição NF-κB dimérico, composto pelas subunidades p50 e p65, é sequestrado no citosol e ligado ao inibidor I-κBα. Etapa **1**: a ativação da cinase I-κB trimérica é estimulada por diversos agentes, incluindo infecção viral, radiação ionizante, ligação de citocinas pró-inflamatórias TNFα ou IL-1 aos seus respectivos receptores ou ativação de qualquer um dos receptores Toll-*like* por componentes de invasão de bactérias e fungos. Etapa **2**: a subunidade β da cinase I-κB fosforila, então, o inibidor I-κBα, que se liga à ubiquitina E3 ligase. Etapas **3** e **4**: em seguida, a incorporação de várias moléculas de ubiquitinas ligadas à lisina 48 na I-κBα torna-a alvo para a degradação em proteossomos. Etapa **5**: a remoção de I-κBα expõe os sinais de localização nuclear (NLS) em ambas as subunidades do NF-κB, permitindo sua translocação para o núcleo. Etapa **6**: no núcleo, o NF-κB ativa a transcrição de vários genes-alvo, incluindo genes que codificam muitas citocinas inflamatórias. (b) A ligação da interleucina-1β (IL-1β) ao receptor IL-1 (IL-1R) desencadeia a oligomerização do receptor e o recrutamento de diversas proteínas para o domínio citosólico do receptor, incluindo TRAF6, uma ubiquitina E3 ligase, que catalisa a síntese de longas cadeias de poliubiquitina ligada à lisina-63 ligadas a TRAF6 ou outras proteínas no complexo. As cadeias de poliubiquitina funcionam como âncora para recrutar a cinase TAK1 e a subunidade NEMO do complexo cinase I-κB trimérico. Então, a TAK1 promove sua própria fosforilação e da subunidade β da cinase I-κB, ativando sua atividade de cinase e permitindo que fosforile a I-κBα. (Parte (a) segundo R. Khush et al., 2001, *Trends Immunol.* **22:**260, e J-L Luo et al., 2005, *J. Clin. Invest.* **115:**2625; parte (b) segundo B. Skaug et al., 2009, *Ann. Ver. Biochem.* **78:**769.)

formas mutantes do I-κBα, nas quais essas duas serinas foram trocadas por alanina e, assim, não podem ser fosforiladas, o NF-κB está permanentemente inativo, demonstrando que a fosforilação do I-κBα é essencial para a ativação da via.

A degradação do I-κB expõe os sinais de localização nuclear do NF-κB, que sofre translocação para o núcleo e ativa a transcrição de vários genes-alvo (Figura 16-34a, etapas **5** e **6**). Apesar de sua ativação por proteólise, a sinalização NF-κB é, por fim, desativada por meio de uma alça de retroalimentação negativa, uma vez que um dos genes cuja transcrição é induzida imediatamente pelo NF-κB codifica o I-κBα. Como resultado, há um aumento no nível da proteína I-κBα que se liga ao NF-κB ativo no núcleo e o faz retornar para o citosol.

Em muitas células do sistema imune, o NF-κB estimula a transcrição de mais de 150 genes, incluindo aqueles que codificam citocinas e quimocinas, estas atraem outras células do sistema imune e os fibroblastos para o local da infecção. Ele também promove a expressão de proteínas receptoras que permitem aos neutrófilos (tipo de leucócito) migrar do sangue para o tecido adjacente (ver Figura 20-39). Além disso, o NF-κB estimula a expressão de iNOS, a isoforma indutora da enzima que produz óxido nítrico, tóxico para células bacterianas, bem como de várias proteínas antiapoptose, que evitam a morte celular. Portanto, um único fator de transcrição coordena e ativa a defesa do organismo diretamente, pela resposta aos patógenos e ao estresse, ou indiretamente, respondendo às moléculas sinalizadoras liberadas por outros tecidos e células infectados ou lesados.

Cadeias com várias ubiquitinas servem como receptores de ligação de sustentação para as proteínas na via NF-κB

Acima foi visto que a subunidade cinase β da I-κB é o ponto de convergência para sinais extracelulares transmitidos por vários receptores, incluindo os receptores Toll e IL-1. Visto que os domínios citosólicos dos receptores Toll e IL-1 não possuem atividade enzimática, por muitos anos foi um mistério como a ativação desses receptores leva à fosforilação e à ativação da subunidade cinase β de I-κB. Estudos recentes mostraram que a presença de IL-1 leva à oligomerização do receptor IL-1 e à ligação de diversas proteínas ao seu domínio citosólico, incluindo TRAF6, ubiquitina E3 ligase que sintetiza cadeias com diversas ubiquitinas (poliubiquitinação). Uma vez que toda poliubiquitinação foi pensada para a degradação de sinal por proteossomos, os pesquisadores procuraram por proteínas-alvo ubiquitinadas que fossem rapidamente degradadas. Não encontrando, os cientistas procuraram por outros possíveis papéis para a poliubiquitinação e logo descobriram que, dependendo da ubiquitina E3 ligase específica, a ubiquitina forma diversos tipos de polímeros com diferentes estruturas e funções biológicas.

A ubiquitina E3 ligase que modifica I-κBα liga o terminal carboxil de uma ubiquitina à lisina 48 (K48) de outra; essa ubiquitina poli-K48 tem como alvo a proteína ligada ao proteossomo (Figura 16-36a). Em contrapartida, a TRAF6 E3 ligase liga o terminal carboxil de uma ubiquitina à lisina 63 (K63) de outra (ver Figura 3-34). A cadeia de ubiquitina poliK63 resultante não tem como alvo proteínas para a degradação; em vez disso, essa cadeia de ubiquitinas atua como suporte que liga proteínas ao *domínio de ligação ubiquitina poli-K63*. Uma dessas é a proteína cinase TAK1, que se torna ativa pela ligação à cadeia de poliubiquitina; outra é a subunidade NEMO da I-κB cinase. A ligação à ubiquitina poli-K63 traz a cinase e seu alvo, a subunidade β da I-κB, tão próximos que a TAK1 pode fosforilar e ativar essa cinase (Figura 16-36b). Como mencionado anteriormente, essa cinase fosforila a I-κBα. Desse modo, diferentes tipos de cadeia de poliubiquitinas participam de formas bem diferentes na transmissão do sinal de IL-1 para a ativação dos fatores de transcrição NF-κB.

CONCEITOS-CHAVE da Seção 16.5

As vias de sinalização controladas por ubiquitinação: Wnt, Hedgehog e NF-κB

- Várias vias de sinalização envolvem a ubiquitinação e a proteólise de proteínas-alvo e, assim, são irreversíveis ou apenas de reversão lenta. As proteínas-alvo podem ser tanto um fator de transcrição quanto um inibidor de um fator de transcrição.
- A Wnt controla vários eventos importantes, como o desenvolvimento cerebral, padrão de membros e organogênese. A Hedgehog funciona como um morfógeno durante o desenvolvimento. Mutações de ativação em ambas as vias podem causar o câncer.
- Tanto a Hedgehog quanto a Wnt são proteínas secretadas com lipídeos ancorados que as prendem à membrana da célula, reduzindo sua gama de sinalização.
- Os sinais Wnt atuam por meio de duas proteínas de superfície celular, o receptor Frizzled e o correceptor LRP e um complexo intracelular contendo β-catenina (ver Figura 16-30). A ligação de Wnt promove a estabilidade e localização nuclear da β-catenina, que, direta ou indiretamente, promove a ativação do fator de transcrição TCF.
- O sinal Hedgehog atua também por meio de duas proteínas de superfície celular, Smoothened e Patched, e um complexo intracelular contendo o fator de transcrição Cubitis interruptus (Ci) (ver Figura 16-32). Uma forma ativa de Ci é gerada na presença de Hedgehog; um fragmento reprimido de Ci é gerado na ausência de Hedgehog. Tanto Patched quanto Smoothened mudam suas localizações subcelulares em resposta à ligação de Hedgehog a Patched.
- A sinalização Hh em vertebrados necessita de cílios primários e proteínas de transporte intraflagelar. A Patched localiza-se na membrana ciliar na ausência de Hh e Smo move-se para o cílio quando Hh está presente (ver Figura 16-33).
- O fator de transcrição NF-κB regula vários genes que permitem às células responderem a infecções e inflamações.

- Em células não estimuladas, o NF-κB está localizado no citosol, ligado ao inibidor proteico I-κBα. Em resposta a diversos tipos de sinais extracelulares, a ubiquitinação dependente de fosforilação e degradação da I-κBα nos proteossomos libera o NF-κB ativo, que transloca para o núcleo (ver Figura 16-34a).
- Cadeias de várias ubiquitinas ligadas ao receptor IL-1 ativado formam um suporte que traz a cinase TAK1 próxima ao seu substrato, a subunidade da cinase I-κB, e permite, assim, que sinais sejam transmitidos do receptor para componentes a jusante da via NF-κB (ver Figura 16-34b).

16.6 As vias de sinalização controladas por clivagem proteica: Notch/Delta, SREBP

Nesta seção, serão consideradas vias de sinalização ativadas por clivagem proteica em um espaço extracelular – frequentemente na superfície das células – geralmente por membros da **família de metaloprotease de matriz (MMP)**. Na **via Notch/Delta**, por exemplo, a clivagem de MMP da parte extracelular do receptor Notch é seguida pela sua clivagem na membrana plasmática por proteases diferentes, liberando o domínio citosólico que funciona como fator de transcrição. Essa via determina o destino de muitos tipos celulares durante o desenvolvimento.

No início desse capítulo, foi visto que múltiplos fatores de crescimento sinalizam por meio de receptores tirosina-cinase. Muitos fatores de crescimento, incluindo membros da família de fatores de crescimento epidermal (EGF), são produzidos como precursores transmembrana e podem sinalizar células adjacentes pela ligação ao receptor EGF nas suas superfícies. Porém, a clivagem dessas proteínas por metaloproteases de matriz libera os fatores de crescimento ativos no meio extracelular, permitindo-os sinalizar células a distância e mesmo liberar as próprias células (sinalização autócrina). Visto que esse processo é uma forma de clivagem proteolítica similar àquela que ocorre na via Notch/Delta, será abordado aqui também. A ativação e a liberação de fatores de crescimento por clivagem proteica falham em muitos cânceres e podem levar a um aumento do coração, muitas vezes fatal. A clivagem inapropriada por MMP de outras proteínas transmembrana tem sido implicada na patologia da doença de Alzheimer.

A clivagem proteica regulada é utilizada também em algumas vias de sinalização *intra*celular. Desse modo, chega-se à descrição de uma dessas vias: a clivagem intramembrana de um precursor de fator de transcrição dentro da membrana do Golgi responde a baixos níveis de colesterol. Essa via é essencial para a manutenção do colesterol e fosfolipídeos para a construção das membranas celulares (ver Capítulo 10).

Na ligação de Delta, o receptor Notch é clivado, liberando um fator de transcrição componente

Tanto o receptor chamado Notch quanto seu ligante Delta são proteínas encontradas na superfície celular de um domínio transmembrana. O receptor Notch também possui outros ligantes, mas o mecanismo molecular de ativação é o mesmo para cada um deles. O Delta de uma célula se liga ao Notch de uma célula adjacente (mas não na mesma célula), ativando o Notch e nele provocando dois eventos de clivagem; isso resulta na liberação do domínio citosólico de Notch, que funciona como fator de transcrição.

A proteína Notch é sintetizada como proteína de membrana monomérica no retículo endoplasmático. No aparelho de Golgi, ela sofre clivagem proteolítica, gerando uma subunidade extracelular e uma subunidade citosólica transmembrana; as duas subunidades permanecem associadas covalentemente uma com a outra. Seguido da ligação de Delta, a proteína Notch, na resposta celular, sofre duas clivagens proteolíticas adicionais em uma ordem proscrita (Figura 16-35). A primeira é catalisada pela ADAM 10, uma metaloprotease de matriz. (O nome ADAM representa *a disintegrin and metalloprotease*; a desintegrina é um domínio proteico conservado que liga integrinas e rompe as interações células-matriz – ver Capítulo 20). A segunda clivagem ocorre dentro da região hidrofóbica transmembrana de Notch e é catalisada por um complexo de quatro proteínas transmembranas chamadas de *γ-secretase*. Essa clivagem libera o segmento citosólico de Notch, que imediatamente transloca para o núcleo, onde afeta a transcrição de vários genes-alvo. Ainda não está bem claro como a hidrólise da ligação peptídica pode ocorrer dentro de um ambiente hidrofóbico intramembrana. Tal sinal induzido por **proteólise intramembrana regulada (RIP)** é utilizado em diversos sistemas de sinalização, incluindo a resposta celular ao baixo colesterol (ver abaixo) e a presença de proteínas não enoveladas no retículo endoplasmático (ver Capítulo 13).

O complexo γ-secretase contém uma proteína chamada de **presenilina 1** e outras três subunidades essenciais, aph-1, pen-2 e nicastrina. A presenilina 1 (PS1) foi identificada primeiramente como o produto do gene que está frequentemente mutado em pacientes com uma forma autossomal dominante de início precoce da doença de Alzheimer. Estudo com células deficientes de niscastrina revelaram porque a γ-secretase pode clivar apenas proteínas que tenham sido clivadas anteriormente pela ADAM ou por outra metaloproteína de matriz. A nicastrina liga-se ao pedaço do N-terminal extracelular da proteína de membrana que é gerado pela primeira protease (ver Figura 16-35). Sem esse pedaço, a nicastrina e, portanto, todo o complexo γ-secretase, não consegue interagir com suas proteínas-alvo. A seguir, será averiguado o papel das proteínas ADAM e γ-secretase no desenvolvimento da doença de Alzheimer.

A localização do Notch e do Delta em células adjacentes diferentes é essencial, pois elas participam de um importante e conservado processo de diferenciação celular tanto em vertebrados quanto em invertebrados, chamado de **inibição lateral**. Neste processo, células adjacentes e de desenvolvimento inicial equivalente assumem destinos completamente diferentes. De fato, uma célula em um grupo de células equivalentes instrui as outras ao redor a escolherem um destino diferente. Como exemplo de como isso ocorre na *Drosophila*, o segmento intrace-

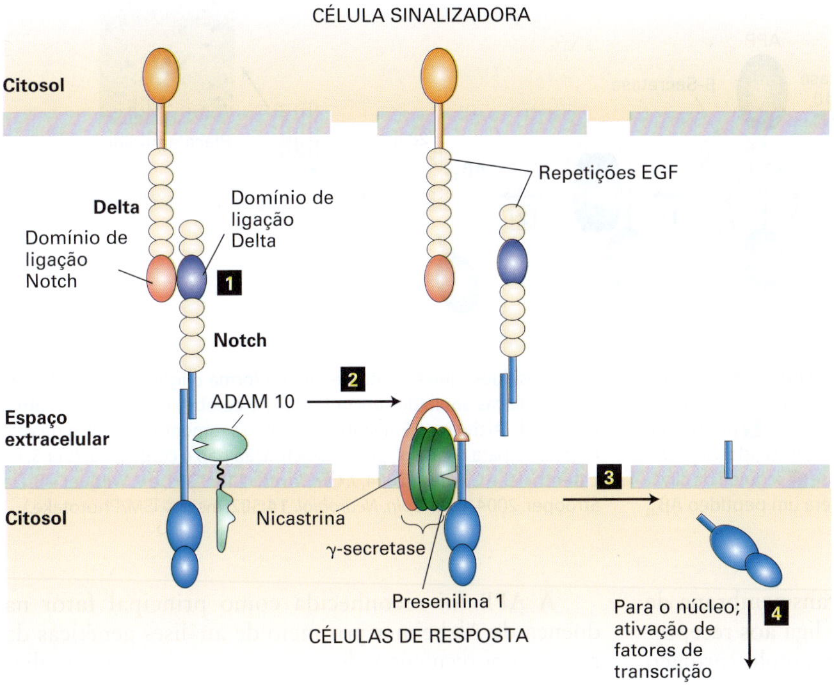

FIGURA 16-35 A via de sinalização Notch/Delta. Na ausência de Delta, a subunidade extracelular de Notch de uma célula de resposta está associada de forma não covalente à sua subunidade citosólica transmembrana. Quando Notch se liga ao seu ligante Delta em uma célula sinalizadora adjacente (etapa **1**) primeiramente Notch é clivada pela metaloprotease de matriz ADAM 10, que é ligada à membrana, liberando o segmento extracelular de Notch (etapa **2**). Então, a subunidade nicastrina de quatro proteínas γ-secretase complexadas se liga à porção gerada pela ADAM 10, e a protease suposta, presenilina 1, catalisa uma clivagem intramembrana que libera o segmento citosólico da Notch (etapa **3**). Após a translocação para o núcleo, este segmento da Notch interage com vários fatores de transcrição que afetam a expressão de outros genes que, por sua vez, influenciam a determinação do destino celular durante o desenvolvimento (etapa **4**). (Ver M. S. Brown et al., 2000, *Cell* **100:**391, e D. Seals e S. Courtneidge, 2003, *Genes Dev.* **17:**7.)

lular de Notch liberado forma um complexo com uma proteína de ligação ao DNA chamada Supressora de Hairless, ou Su(H). Esse complexo estimula a transcrição de diversos genes cujo efeito final é influenciar a determinação do destino celular durante o desenvolvimento. Uma das proteínas aumentadas nesse modo é a própria Notch, e a produção de Delta é reduzida proporcionalmente. Portanto, a células que possuem um pouco mais de Notch que suas células vizinhas serão estimuladas a produzir mais Notch e menos Delta e, assim, assumem um destino celular diferente das células adjacentes ricas em Delta. A regulação recíproca é uma característica essencial na interação entre células iniciais equivalentes, que lhes permite assumir diferentes destinos celulares.

As metaloproteases de matriz catalisam a clivagem de muitas proteínas de sinalização de superfície celular

Muitas moléculas de sinalização são sintetizadas como proteínas transmembrana cujo domínio de sinalização estende-se para o espaço extracelular. Tais proteínas de sinalização, como a Delta descrita anteriormente, são frequentemente ativas biologicamente, mas conseguem sinalizar apenas pela ligação aos receptores de células adjacentes. Entretanto, muitos fatores de crescimento e outras proteínas de sinalização são sintetizados como precursores transmemebrana cuja clivagem libera a molécula sinalizadora solúvel no espaço extracelular. Essa clivagem é muitas vezes realizada por metaloproteases de matriz (MMP), enzimas contendo metal que clivam o segmento extracelular de proteínas-alvo próximas à face exterior da membrana plasmática. O genoma humano codifica 19 metaloproteases na família das ADAM, e muitas estão envolvidas na clivagem de precursores de sinalização apenas fora de seus segmentos transmembrana. Essa proteólise mediada por ADAM de tais precursores é similar à clivagem de Notch pela ADAM 10 (ver Figura 16-35), exceto que o segmento extracelular liberado tem atividade sinalizadora. A atividade de ADAM e, consequentemente, a liberação da proteína de sinalização ativa, deve ser fortemente regulada pela célula, mas ainda não está claro como isso ocorre. Uma falha nos mecanismos de regulação das proteases ADAM pode levar a uma proliferação celular anormal.

Exemplos médicos importantes de clivagem regulada de precursores de proteínas de sinalização são os membros da família EGF, incluindo EGF, HB-EGF, TGF-α, NRG1 e NRG2 (ver Figura 16-7). A atividade elevada de um ou mais ADAM, que é vista em muitos tipos de cânceres, pode promover o desenvolvimento de câncer de duas formas. Primeira, a atividade intensificada de ADAM pode levar a elevados níveis de fatores de transcrição extracelular da família EGF, que estimulam células secretoras (sinalização autócrina) ou células adjacentes (sinalização parácrina) a proliferarem inapropriadamente. Segunda, pela destruição de componentes da matriz extracelular, acredita-se que a atividade elevada de ADAM facilita a metástase, o movimento de células tumorais para outros locais do corpo.

As proteases ADAM são também um importante fator em doenças cardíacas. Como mencionado no capítulo anterior, a estimulação por epinefrina (adrenalina) de receptores β-adrenérgicos no músculo cardíaco causa glicogenólise e aumento na taxa de contração muscular. O tratamento prolongado com epinefrina nas células do músculo do coração, entretanto, leva à ativação da ADAM 9 por um mecanismo desconhecido. Essa metalo-

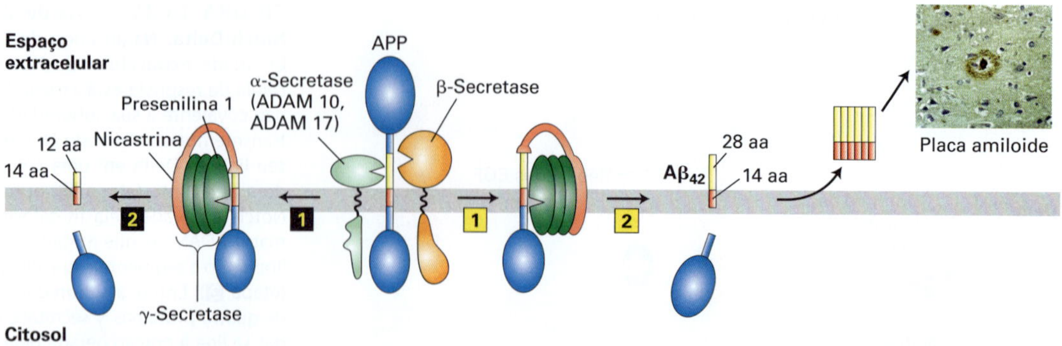

FIGURA 16-36 A clivagem proteolítica de APP e a doença de Alzheimer. (*Esquerda*) A clivagem proteolítica sequencial pela α-secretase (ADAM 10 ou ADAM 17) **1** e pela γ-secretase **2** produz um inócuo peptídeo incorporado a membrana de 26 aminoácidos. (*Direita*) A clivagem no domínio extracelular por β-secretase **1** seguida da clivagem dentro da membrana pela γ-secretase **2** gera um peptídeo $A\beta_{42}$ de 42 resíduos, que espontaneamente forma oligômeros e, então, as amplas placas amiloides encontradas no cérebro de pacientes com a doença de Alzheimer. Em ambas as vias, o segmento citosólico de APP é liberado para o citosol, porém sua função não é conhecida. (Ver S. Lichtenthaler e C. Haass, 2004, *J. Clin. Invest.* **113:**1384, e V. Wilquet e B. De Strooper, 2004, *Curr. Opin. Neurobiol.* **14:**582. Inset © ISM/Phototake.)

protease de matriz cliva o precursor transmembrana de HB-EGF. O HB-EGF liberado então se liga aos receptores EGF nas células de sinalização do músculo cardíaco e estimula sua proliferação inapropriada. Essa proliferação excessiva pode gerar um aumento do coração, mas um coração enfraquecido – condição conhecida como hipertrofia, que pode causar a morte precoce. ■

A clivagem inapropriada da proteína precursora amiloide pode levar à doença de Alzheimer

A doença de Alzheimer é outro distúrbio marcado pela atividade inapropriada de metaloproteases de matriz. A mudança patológica principal associada à doença de Alzheimer é a acumulação de *placas amiloides* contendo agregados de um pequeno peptídeo (contendo 42 resíduos) chamado $A\beta_{42}$ no cérebro. Esse peptídeo é derivado da clivagem proteolítica da proteína precursora amiloide (APP), proteína de superfície celular transmembrana de função ainda desconhecida e expressa por neurônios.

Como a proteína Notch, a APP sofre clivagem extracelular e clivagem intracelular (Figura 16-36). Primeiro, o domínio extracelular é clivado em ao menos um dos dois sítios no domínio extracelular: pela ADAM10 (frequentemente chamada de *α-secretase*) ou por outra protease de matriz chamada de *β-secretase*. Em ambos os casos, a γ-secretase catalisa a segunda clivagem em um único sítio intramembrana, liberando o mesmo domínio citosólico APP, porém diferentes pequenos peptídeos, dependendo de qual sítio extracelular foi clivado. A via iniciada pela α-secretase gera um peptídeo com 26 resíduos que aparentemente não causa dano. Em contrapartida, a via iniciada pela β-secretase gera o peptídeo patogênico $A\beta_{42}$, que espontaneamente forma oligômeros e a seguir as maiores placas amiloides encontradas no cérebro de pacientes com a doença de Alzheimer.

A APP foi reconhecida como principal fator na doença de Alzheimer por meio de análises genéticas da pequena porcentagem de pacientes com história familiar dessa doença. Muitos tinham mutações na proteína APP e, intrigantemente, essas mutações estão agrupadas ao redor dos sítios de clivagem de α-, β- e γ- secretases, ilustrado na Figura 16-36. Outros casos de doença de Alzheimer familiar envolve mutações sem sentido na presenilina 1, uma subunidade da γ-secretase que aumenta a formação do peptídeo $A\beta_{42}$, levando à formação de placas e, por fim, à morte de neurônios.

De uma vez só, inibidores da atividade de γ-secretase foram propostos como terapias ideais para o tratamento da doença de Alzheimer. No entanto, conforme esperado, eles tiveram muitos efeitos adversos severos devido à inibição concomitante da clivagem de Notch e outras proteínas transmembrana. A proteína de *ativação de γ-secretase* (*GSAP*) recentemente descoberta, aumenta drástica e seletivamente a produção do $A\beta_{42}$ amiloide por meio de um mecanismo envolvendo suas interações com γ-secretase e seu substrato, o fragmento carboxiterminal APP gerado pela β-secretase. Visto que a GSAP não afeta a clivagem de Notch pela γ-secretase, compostos que se ligam seletivamente a GRASP e inibem suas interações com a γ-secretase ou seu substrato, o fragmento carboxiterminal APP, parecem uma terapia promissora para a doença de Alzheimer. ■

A proteólise intramembrana regulada de SREBP libera um fator de transcrição que atua na manutenção dos níveis de fosfolipídeo e colesterol

Embora este capítulo seja focado nas vias de sinalização iniciadas por moléculas extracelulares (p. ex., fatores de transcrição), as vias de sinalização intracelular que detectam os níveis de moléculas internas e reagem de acordo com eles, às vezes, compartilham os princípios da regulação metabólica e até mesmo os mecanismos com vias iniciadas do lado de fora da célula. Um desses casos é o controle dos lipídeos da membrana celular. Uma célula iria enfrentar em breve uma crise se ela não tivesse fosfolipídeos suficientes para produzir quantidades adequadas de membrana ou tivesse colesterol demais, que formasse grandes cristais, danificando as estruturas celulares. As células detectam as quantidades relativas de colesterol e fosfolipídeos nas suas membranas; elas respondem pelo ajuste das taxas de biossíntese de colesterol, fator importante para que a razão colesterol:fosfolipídeo seja mantida dentro de uma faixa desejável estreita. A proteólise intramembrana regulada, que ocorre na via Notch, possui também um papel importante nessa resposta celular para alterar os níveis de colesterol.

Como apontado no Capítulo 14, a lipoproteína de baixa densidade (LDL) é rica em colesterol e funciona no transporte desse lipídeo por meio do sistema circulatório aquoso (ver Figura 14-27). Tanto a via de biossíntese de colesterol (ver Figura 10-26) quanto os níveis celulares dos receptores de LDL que medeiam a captação celular de LDL são suprimidos quando os níveis celulares de colesterol estão adequados. Visto que LDL é importado para dentro das células por endocitose mediada por receptor (ver Figura 14-29), uma diminuição no número de receptores de LDL leva à redução da importação de colesterol. Tanto a biossíntese quanto a importação de colesterol são reguladas no nível de transcrição de genes. Quando células em cultura em crescimento que necessitam de novas membranas para sustentar sua divisão são incubadas com uma fonte exógena de colesterol (por exemplo, LDL adicionado ao meio de cultura), o nível e a atividade da HMG-CoA redutase (a enzima que controla a taxa na biossíntese de colesterol) são diminuídos, enquanto a atividade da acil:colesterol aciltransferase (ACAT), que converte o colesterol na sua forma de armazenamento esterificado, é aumentada. Assim, a energia não é desperdiçada na produção de colesterol adicional desnecessária e a homeostase do colesterol é conseguida.

Genes cuja expressão é controlada pelo nível de esteróis, como o colesterol, contêm frequentemente um ou mais *elementos regulatórios de esteróis* (*SREs*) de 10 pares de base, ou meio-sítios SRE, em seus promotores. (Esses SREs diferem dos *e*lementos de *r*esposta *s*érica que controlam muitas respostas iniciais de genes, discutidos na Seção 16.2) A interação de fatores de transcrição dependentes de colesterol, chamados **proteínas de ligação SRE** (**SREBP**), modula, com esses elementos de resposta, a expressão de genes-alvo. Como as células detectam quanto colesterol elas têm, e como esse "sinal" é usado para controlar os níveis de SREBP no núcleo e, portanto, a expressão gênica? A via mediada por SREBP começa na membrana do retículo endoplasmático (RE) e inclui ao menos outras duas proteínas além de SREBP.

Quando as células têm concentrações adequadas de colesterol, a SREBP é encontrada na membrana do RE complexada com SCAP (proteína de ativação de clivagem da SREBP), insig-1 (ou sua homóloga insig-2) e talvez outras proteínas (Figura 16-37a). A SREBP possui três domínios distintos: um domínio citosólico N-terminal, contendo um motivo de ligação ao DNA hélice-*alça*-hélice básico (bHLH) (ver Figura 7-29) que funciona como fator de transcrição quando clivado do resto da SREBP; um domínio central de ancoragem de membrana contendo duas hélices α transmembrana e um domínio regulatório citosólico C-terminal. A SCAP tem oito hélices α transmembrana e um grande domínio citosólico C-terminal que interage com o domínio regulatório da SREBP. Cinco das hélices α transmembrana da SCAP formam um *domínio de detecção de esterol* similar àquele na HMG-CoA redutase (Figura 16-37a; ver Seção 10.3). Quando o domínio de detecção de esterol na SCAP é ligado ao colesterol, a proteína se liga também ao insig-1(2). Quando insig-1(2) está ligado firmemente ao complexo SCAP-colesterol, ele bloqueia a ligação de SCAP à subunidade da proteína de revestimento Sec24 das vesículas COPII, evitando, assim, a incorporação do complexo SCAP-SREBP para dentro das vesículas de transporte RE-para-Golgi (ver Capítulo 14). Isso ocorre quando as concentrações de colesterol na membrana do RE passam de 5% do total de lipídeos da membrana do RE. Dessa forma, a ligação dependente de colesterol do insig para o complexo SCAP-colesterol-SREBP aprisiona o complexo no RE.

O colesterol ligado ao SCAP é liberado quando os níveis de colesterol celular caem para menos que 5% dos lipídeos do RE, valor que reflete os níveis celulares totais de colesterol. Consequentemente, insig-1(2) já não se liga ao SCAP livre de colesterol, e o complexo SCAP-SREBP move-se do RE para o aparelho de Golgi pelas vesículas COPII (Figura 16-37b). No aparelho de Golgi, SREBP é sequencialmente clivada em dois sítios por duas proteases ligadas à membrana, S1P e S2P; a última é um exemplo adicional de proteólise intramembrana regulada. A segunda clivagem no sítio 2 libera o domínio contendo bHLH N-terminal no citosol. Esse fragmento, chamado de *SREBPn* (*SREBP nuclear*), é translocado rapidamente para dentro do núcleo. No núcleo, ele ativa a transcrição de genes que contêm *elementos regulatórios de esterol* (SREs) em seus promotores, como aqueles que codificam o receptor LDL e a HMG-CoA redutase. Assim, a redução no colesterol celular, pela ativação da via **insig1(2)/SCAP/SREBP**, desencadeia a expressão de genes que codificam proteínas que importam o colesterol para dentro da células (receptor LDL) e sintetizam o colesterol a partir de moléculas precursoras pequenas (HMG-CoA redutase).

Após a clivagem da SREBP no aparelho de Golgi, aparentemente a SCAP recicla de volta ao RE, onde pode interagir com insig-1(2) e outras moléculas intactas de SREBP. Elevados níveis de transcrição de genes controlados por SRE necessitam a geração contínua de novas SREBPn, pois ela é rapidamente degradada pela via proteossomal mediada por ubiquitina (ver Capítulo 3). As rápidas geração e degradação de SREBPn auxiliam as células a responder prontamente a mudanças em nível de colesterol intracelular.

Em algumas circunstâncias (p. ex., durante o crescimento celular), as células necessitam de um fornecimento elevado de todos os lipídeos essenciais e seus precursores de ácidos graxos para as membranas (regulação coordenada). Porém, as células às vezes necessitam de grande quantidade de alguns lipídeos, como o colesterol para fa-

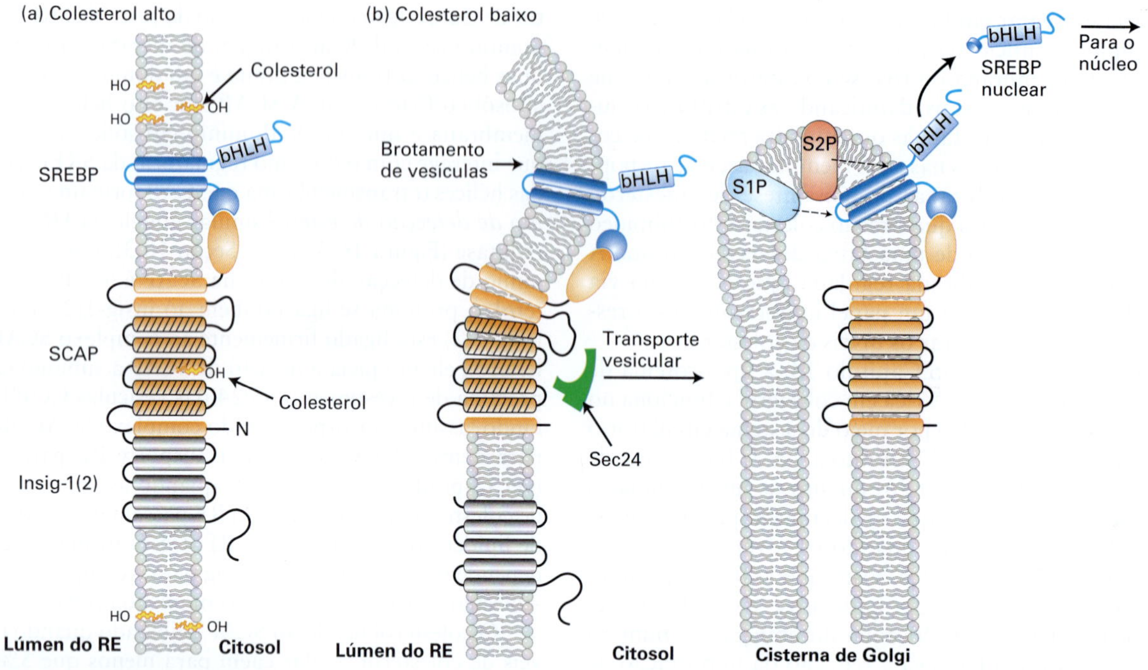

FIGURA 16-37 O controle sensível a colesterol da ativação de SREBP. O reservatório celular de colesterol é monitorado pela ação combinada de insig-1(2) e SCAP, ambas são proteínas transmembrana localizadas na membrana do RE. As hélices 2 a 6 transmembrana da SCAP (cor de laranja com linhas pretas) formam um domínio de ligação ao esterol e um segmento C-terminal que se liga à SREBP. (a) Quando os níveis de colesterol são elevados de modo que o colesterol do RE exceda 5 % do total de lipídeos do RE, o colesterol se liga ao domínio sensível ao esterol na SCAP, desencadeando uma mudança conformacional que permite o domínio N-terminal da SCAP se ligar ao insig-1(2), ancorando o complexo SCAP-SREBP na membrana do RE. (b) Em níveis baixos de colesterol, o colesterol de dissocia do domínio sensível a esterol da SCAP, desencadeando uma mudança conformacional reversa que dissocia a SCAP da insig-1(2) e permite que a SCAP se ligue a Sec24, uma subunidade do complexo COPII (ver Figura 14-8). Esse evento inicia o movimento do complexo SCAP-SREBP para o aparelho de Golgi por meio do transporte vesicular. No aparelho de Golgi, a clivagem sequencial de SREBP pelos sítios 1 e 2 das proteases (S1P, S2P) libera o domínio bHLH N-terminal da SREBP. Após o domínio ser liberado, ele controla a transcrição de genes contendo elementos regulatórios de esterol (SREs) nos seus promotores. (Adaptada de A. Radhakrishnan, 2008, *Cell Metab.* **8:**451 e M. Brown e J. Goldstein, 2009, *J. Lipid. Res.* **50:**S15.)

zer hormônios esteróis, em comparação com a de outros, como fosfolipídeos (regulação diferencial). Como essa produção diferencial é ativada? Os mamíferos expressam três isoformas conhecidas de SREBP: SREBP-1a e SREBP-1c, geradas a partir de *splicing* alternativo de RNA produzido pelo mesmo gene, e SREBP-2, codificada por um gene diferente. Juntos, esses fatores de transcrição regulados por RIP controlam a expressão de proteínas que regulam a disponibilidade não apenas do colesterol, mas também de ácidos graxos, bem como de triglicerídeos e fosfolipídeos feitos a partir dos ácidos graxos. Nas células de mamíferos, SREBP-1a e SREBP-1c exercem maior influência no metabolismo de ácidos graxos do que no metabolismo do colesterol, caso contrário da SREBP-2.

Visto que o risco de aterosclerose, a maior causa de ataques cardíacos, é proporcional ao nível do colesterol LDL no plasma (o chamado colesterol ruim) e inversamente proporcional aos níveis do colesterol HDL, a principal meta da saúde pública tem sido diminuir os níveis de LDL e elevar os de HDL. Os fármacos mais bem-sucedidos para o controle da taxa LDL:HDL são as estatinas, que geram a redução do LDL no plasma. Como discutido no Capítulo 10, esses fármacos se ligam à HMG-CoA redutase e inibem diretamente sua atividade, baixando, assim, a biossíntese de colesterol e o reservatório de colesterol no fígado. A ativação da SREBP em resposta a essa depleção de colesterol promove um aumento da síntese de HMG-CoA redutase e do receptor de LDL. O mais importante aqui é o número elevado de receptores hepáticos de LDL resultantes, que controlam o aumento da importação de colesterol LDL do sangue e diminuem os níveis desse colesterol na circulação. Desse modo, as estatinas podem inibir a aterosclerose e as doenças cardíacas por mecanismos independentes de sua inibição da biossíntese de colesterol, porém esses mecanismos ainda não estão bem claros. ■

CONCEITOS-CHAVE da Seção 16.6

As vias de sinalização controladas por clivagem proteica: Notch/Delta, SREBP

- Muitos fatores de crescimento importantes e outras proteínas de sinalização como as EGF são sintetizadas como proteínas transmembrana; a clivagem regulada do precursor próximo à membrana plasmática por membros da família de metaloproteases de matriz (MMP) libera a molécula ativa no espaço extracelular para sinalizar células distantes.

- Na ligação do seu ligante Delta na superfície de uma célula adjacente, a proteína receptora Notch sofre duas clivagen proteolíticas (ver Figura 16-35). O segmento citosólico Notch liberado transloca-se, então, para o núcleo e modula a transcrição de genes-alvo importantes na determinação do destino celular durante o desenvolvimento.
- A clivagem dos precursores ligados à membrana de membros da família EGF de moléculas sinalizadoras é catalisada pela metaloprotease ADAM. A clivagem inapropriada desses precursores pode resultar na proliferação anormal, levando ao câncer, à hipertrofia cardíaca e a outras doenças.
- A γ-secretase, que catalisa a proteólise intramembrana regulada de Notch, participa também da clivagem da proteína precursora amiloide (APP) em um peptídeo que forma placas características da doença de Alzheimer (ver Figura 16-36).
- Na via insig-1(2)/SCAP/SREBP, o fator de transcrição SREBPn ativo é liberado da membrana do aparelho de Golgi por meio de proteólise intramembrana quando o colesterol celular é baixo (ver Figura 16-37). Ele estimula a expressão de genes que codificam proteínas que atuam na biossíntese do colesterol (p. ex., a HMG-CoA redutase) e na importação celular de colesterol (p. ex., o receptor LDL). Quando o colesterol está elevado, SREBP é retida na membrana do RE complexada com insig-1(2) e SCAP.

16.7 A integração de respostas celulares às múltiplas vias de sinalização

Nesta seção, será discutido como interagem as múltiplas vias de transdução de sinal. Será abordado apenas um dos inúmeros sistemas controlados por múltiplas vias de sinalização – a regulação do corpo necessita de metabólitos de glicose e ácidos graxos. Primeiramente, serão discutidas as diversas respostas celulares importantes para a variação na demanda dos metabólitos de glicose importantes. Depois, será analisado o controle da produção de um tipo de célula no corpo adulto que pode aumentar, quase sem limite, em massa e número – o adipócito, ou a célula armazenadora de gordura. As respostas celulares às mudanças em outros nutrientes e ao oxigênio, que são amplamente refletidas na alteração da expressão gênica, são abrangidas no Capítulo 7.

A insulina e o glucagon trabalham juntos para manter estável o nível de glicose no sangue

Durante a vida diária normal, a manutenção das concentrações normais de glicose sanguíneas depende do equilíbrio entre dois hormônios peptídicos, **insulina** e **glucagon**, produzidos por células distintas das ilhotas pancreáticas e extraídos de diferentes respostas celulares. A insulina, a qual contém duas cadeias polipeptídicas ligadas por pontes dissulfeto, é sintetizada pelas células β nas ilhotas (ver Figuras 14-23 e 14-24); o glucagon, peptídeo monomérico, é produzido pelas células α nas ilhotas. A insulina *reduz* o nível de glicose no sangue, enquanto o glucagon o *eleva*. A disponibilidade de glicose no sangue é regulada durante períodos de abundância (após uma refeição) ou escassez (após jejum) pelo ajuste das concentrações de insulina e glucagon no sangue.

Após uma refeição, quando a glicose sanguínea fica acima de seu nível normal de 5 mM, as células β pancreáticas respondem ao aumento de glicose (e aminoácido) pela liberação de insulina no sangue (Figura 16-38). A insulina liberada circula no sangue e liga-se aos receptores de insulina presentes em diferentes tipos de células, incluindo células musculares e adipócitos. O receptor de insulina (receptor tirosina-cinase) ativa diversas vias de transdução de sinal, incluindo aquela que leva à ativação da proteína-cinase B (PKB; ver Figura 16-26). Nesse caso, as principais ações dessa via de sinalização manifestam-se em poucos minutos. A PKB ativa fosforila uma proteína-alvo específica que desencadeia a rápida fusão de vesículas intracelulares contendo o transportador de glicose GLUT4 com a membrana plasmática (Figura 16-39). O imediato aumento de dez vezes no número de moléculas GLUT4 na superfície celular aumenta proporcionalmente o influxo de glicose, diminuindo a glicose sanguínea.

Em poucos minutos, a estimulação de insulina de células musculares aumenta a conversão de glicose em glicogênio, e a PKB, ativada a jusante do receptor de insulina, novamente exerce um papel fundamental. A PKB

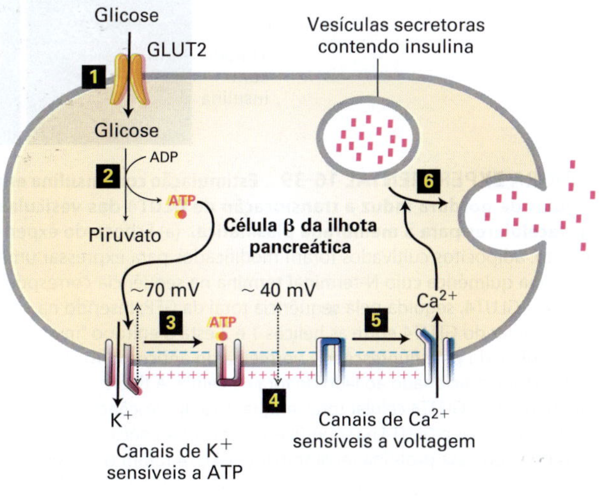

FIGURA 16-38 Secreção de insulina em resposta ao aumento de glicose sanguínea. A entrada da glicose nas células β pancreáticas é mediada pelo transportador de glicose GLUT2 (1). Pelo fato de o K_m da glicose do GLUT2 ser~20 mM, um aumento na glicose extracelular de 5 mM, característico do estado de jejum, causa um aumento proporcional na taxa de entrada da glicose (ver Figura 11-4). A conversão de glicose em piruvato é acelerada, resultando em aumento da concentração de ATP no citosol (2). A ligação do ATP aos canais de K^+ sensíveis ao ATP causa o fechamento desses canais (3), reduzindo, assim, o efluxo de íons de K^+ da célula. A pequena despolarização resultante da membrana plasmática (4) desencadeia a abertura dos canais de Ca^{2+} sensíveis a voltagem (5). O influxo de Ca^{2+} aumenta a concentração citosólica de Ca^{2+}, desencadeando a fusão das vesículas secretoras contendo insulina com a membrana plasmática e ocorrendo a secreção de insulina (6). (Adaptada de J. Q. Henquin, 2000, *Diabetes* **49:**1751.)

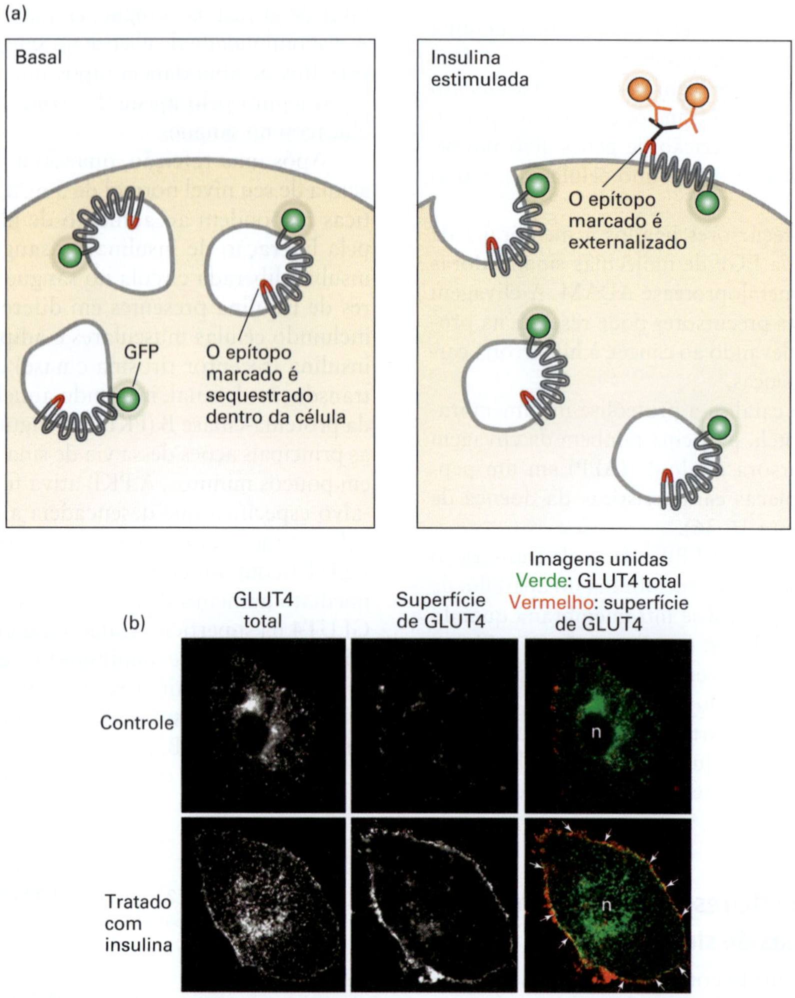

FIGURA EXPERIMENTAL 16-39 Estimulação com insulina em células de gordura induz a translocação de GLUT4 das vesículas intracelulares para a membrana plasmática. (a) Esboço do experimento: adipócitos cultivados foram modificados para expressar uma proteína quimérica cujo N-terminal termina na sequência correspondente a GLUT4, seguida pela sequência total da GFP; inserido na alça extracelular do GLUT4 entre as hélices 1 e 2 está o epítopo "myc", que é reconhecido pela fluorescência vermelha do anticorpo monoclonal antiepítopo adicionado ao lado de fora da célula. A fluorescência verde monitora o GLUT4 celular total, enquanto a fluorescência vermelha mensura apenas o GLUT4 na superfície celular. (b) Adipócitos cultivados expressando essa proteína recombinante GLUT4 foram tratados (embaixo) ou não tratados (em cima) com insulina, reagiram com o anticorpo antiepítopo de flurescência vermelha, foram fixados e visualizados em um microscópio de fluorescencência confocal. Na ausência de insulina, praticamente todos os GLUT4 estão em membranas intracelulares não conectadas à membrana plasmática; há uma pequena coloração na superfície. A insulina desencadeia a fusão das membranas que contêm o GLUT4 com a membrana plasmática, movendo, assim, o GLUT4 para a superfície celular, permitindo que transporte a glicose da corrente sanguínea ao interior da célula. Células musculares contêm também transportadores GLUT4 responsivos a insulina. As setas destacam o GLUT4 presente na membrana plasmática; *N* indica a posição dos núcleos. (Cortesia de J. Bogan; ver C. Yu et al., 2007, *J. Biol. Chem.* **282:**7710.)

ativa fosforila *g*licogênio *s*intase *cinase* 3 (GSK3, mesma enzima que age nas vias Wnt e Hh). Embora a GSK possa fosforilar a glicogênio sintase em células não estimuladas por insulina e, assim, inibir sua atividade, em músculos tratados com insulina, a GSK fosforilada pela PKB não consegue fosforilar a glicogênio sintase; assim, a ativação estimulada por insulina da PKB resulta em um conjunto de ativação em curto prazo da glicogênio sintase e da síntese de glicogênio. A insulina atua também em hepatócitos (células hepáticas) para inibir a síntese de glicose a partir de moléculas pequenas, como a lactose e o acetato, e para aumentar a síntese de glicogênio a partir de glicose. Muitos desses efeitos são manifestados em nível de transcrição de genes, visto que a sinalização da insulina reduz a expressão de genes cujas enzimas codificadas estimulam a síntese de glicose a partir de metabólitos pequenos como o ácido pirúvico. O conjunto de efeitos de todas essas ações é a volta da baixa glicemia para a concentração de jejum em torno de 5 mM durante armazenamento do excesso de glicose intracelular, como glicogênio para uso futuro.

À medida que os níveis de glicose sanguínea caem, a secreção de insulina e os níveis sanguíneos caem, e os receptores de insulina não são mais ativados tão fortemente. Nos músculos, a resposta é que o GLUT4 de superfície celular é internalizado por endocitose, diminuindo seus níveis e, assim, a importação de glicose. Se o nível de glicose no sangue cai abaixo de 5 mM, devido, por exemplo, à atividade muscular repentina, a secreção reduzida de insulina pelas células β pancreáticas induz as células α pancreáticas a elevar a secreção de glucagon no sangue. A exemplo do receptor de epinefrina, o receptor de glucagon, primeiramente encontrado em células hepáticas, é acoplado à proteína G, cuja proteína efetora é a adenilil-ciclase. A estimulação de glucagon das células hepáticas induz um aumento de AMPc, levando à ativação da proteína-cinase A, que inibe a síntese de glicogênio e promove a glicogenólise, gerando glicose 1-fosfato (ver Figuras 15-31a e 15-38b). As células hepáticas convertem glicose 1-fosfato em glicose, que é liberada na corrente sanguínea, elevando, assim, os níveis de glicose de volta ao seu nível em jejum.

Infelizmente, esse sistema de controle intrínseco e poderoso às vezes não funciona, causando doenças graves e até mesmo risco de morte. O **diabetes melito** resulta da deficiência da quantidade de insulina liberada pelo pâncreas em resposta ao aumento de glicose no sangue (tipo I) ou da diminuição da capacidade do músculo e das células de gordura em responderem a insulina (tipo II). Em ambos os casos, a regulação da glicemia é comprometida, levando a uma concentração de glicose no sangue permanentemente elevada (hiperglicemia) e a outras complicações se não tratada. O diabetes tipo I é causado por um processo autoimune que destrói as células β produtoras de insulina no pâncreas. Chamada também de diabetes dependente de insulina, essa forma da doença é geralmente sensível à terapia com insulina. A maioria dos cidadãos dos Estados Unidos com diabetes melito tem o tipo II, ou diabetes independente de insulina. Embora a causa básica dessa forma da doença não seja bem compreendida, a obesidade está correlacionada com um enorme aumento na incidência de diabetes. Identificações adicionais das vias de sinalização que controlam o metabolismo energético deverão fornecer informações sobre a patofisiologia do diabetes, levando esperançosamente a métodos novos para sua prevenção e tratamento. ■

Múltiplas vias de transdução de sinal interagem para regular a diferenciação de adipócitos por meio de PPARγ, o regulador transcricional mestre

Os adipócitos brancos, comumente chamados de "células de gordura", são os principais depósitos para estocagem de gordura; adipócitos maduros têm alguns glóbulos de triglicerídeos que ocupam a maior parte da célula. Os adipócitos são também células endócrinas e secretam diversas proteínas de sinalização que afetam as funções metabólicas do músculo, fígado e outros órgãos. Os adipócitos são um tipo de célula corporal que pode aumentar tanto em número quanto em tamanho, quase sempre sem limite. Os leitores de todos os países não precisam ser lembrados que a obesidade – a superabundância de adipócitos – é um problema de saúde pública crescente, e a obesidade é o principal fator de risco não apenas para o diabetes, mas para doenças cardiovasculares também, como ataques cardíacos e derrame, além de certos cânceres. Assim, muito esforço foi canalizado para a compreensão dos fatores que regulam a formação das células de gordura, com o auxílio de fármacos desenvolvidos que podem diminuir ou reverter esse processo.

Como discutido no Capítulo 21, vários tipos de células-tronco existem em vertebrados e são utilizadas para gerar tipos específicos de células diferenciadas. A célula-tronco mesenquimal situa-se na medula óssea e em outros órgãos e dá origem a células progenitoras que podem formar adipócitos, células produtoras de cartilagem ou osteoblastos formadores de osso. O progenitor de adipócito, chamado de pré-adipócito, perdeu o potencial de diferenciação em outros tipos celulares. Quando tratado com hormônios específicos, os pré-adipócitos sofrem diferenciação terminal; eles adquirem as proteínas necessárias para o transporte lipídico e síntese, para a capacidade de resposta à insulina e para a secreção de proteínas específicas de adipócitos. Diversas linhagens de pré-adipócitos cultivados podem diferenciar em adipócitos e expressar mRNA e proteínas específicas de adipócitos, como as enzimas necessárias para a síntese de triglicerídeos.

O fator de transcrição **PPARγ**, membro da superfamília de receptores nucleares, é o regulador transcricional mestre de diferenciação de adipócitos. Como prova, a expressão recombinante de PPARγ em várias linhagens de fibroblastos é suficiente para desencadear sua diferenciação em adipócitos. Por outro lado, a retirada do gene que codifica para PPARγ em pré-adipócitos evita totalmente sua diferenciação em adipócitos. A maioria dos hormônios, como a insulina, que promove a adipogênese o faz, pelo menos em parte, pela ativação da expressão de PPARγ. O PPARγ, por sua vez, liga-se aos promotores da maioria dos genes específicos para adipócitos e induz suas expressões, incluindo genes que codificam proteínas necessárias na via de sinalização da insulina, como o receptor de insulina e o GLUT4. Como outros membros da superfamília de receptores nucleares, como os receptores de hormônios esteróis (ver Capítulo 7), que se tornam ativos quando se ligam aos seus ligantes, o PPARγ também é ativado por meio da ligação a um ligante, provavelmente um ácido graxo oxidado derivado.

Outro fator de transcrição, C/EBPα, é induzido durante a diferenciação de adipócitos e induz também diretamente muitos genes dos adipócitos. De forma importante, o C/EBPα induz a expressão do gene PPARγ e PPARγ induz a expressão de C/EBPα, levando ao rápido aumento das duas proteínas durante os primeiros dois dias de diferenciação. O PPARγ junto ao C/EBPα induz a expressão de todos os genes necessários para a diferenciação dos pré-adipócitos em células de gordura maduras.

Muitas proteínas de sinalização, como a Wnt e o TGF-β, opõem-se à ação da insulina e impedem a diferenciação de pré-adipócitos em adipócitos. Como ilustra a Figura 16-40, fatores de transcrição ativados por receptores para esses hormônios evitam a expressão do gene PPARγ, em parte pelo bloqueio da habilidade de C/EBPα em induzir a expressão gênica de PPARγ. Desse modo, múltiplos sinais extracelulares atuam em conjunto para regular a adipogênese, e as vias de transdução de sinal ativadas por eles se cruzam na regulação da expressão de um gene "mestre" importante, que codifica para PPARγ.

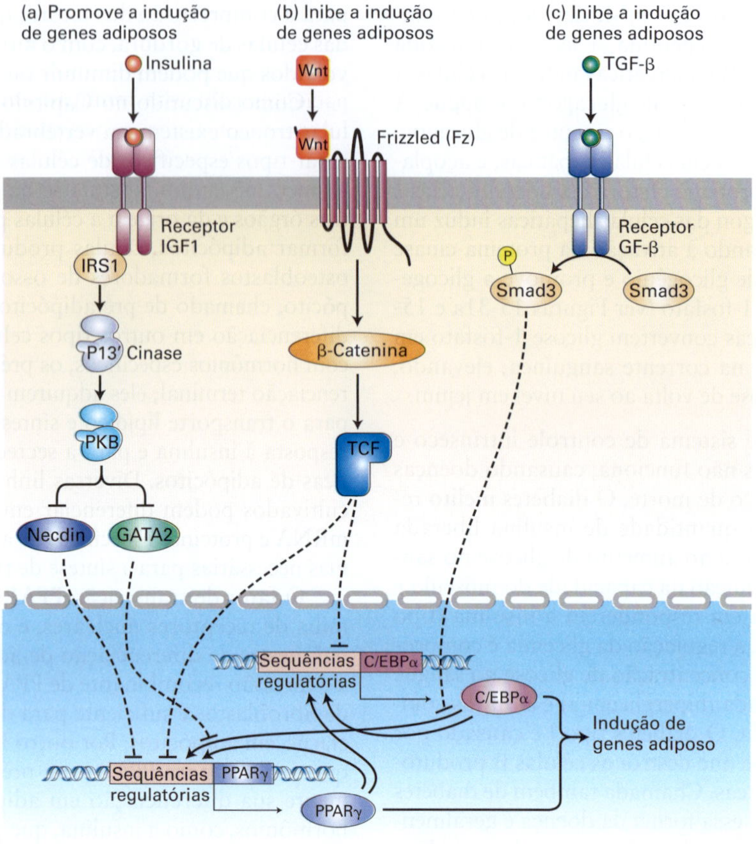

FIGURA 16-40 Múltiplas vias de transdução de sinais interagem para regular a diferenciação de adipócitos. O fator de transcrição PPARγ (forma oval roxa) é o principal regulador da diferenciação de adipócitos; juntamente ao C/EBPα, ele induz a expressão de todos os genes necessários para a diferenciação dos pré-adipócitos em células maduras. Tanto o PPARγ como o C/EBPα são induzidos prematuramente na adipogênese; cada um deles eleva a transcrição de outros genes (as setas no fim da linha indica o aumento da expressão dos genes-alvo), levando ao aumento rápido na expressão de ambas proteínas durante os primeiros dois dias da diferenciação. Sinais de hormônios como a insulina e fatores de crescimento como o Wnt e TGF-β que ativam ou reprimem a adipogênese são integrados no núcleo por fatores de transcrição que regulam – direta ou indiretamente – a expressão dos genes PPARγ e C/EBPα. O *T* no final da linha indica a inibição da expressão do gene-alvo. (a) A insulina ativa a adipogênese por meio de várias vias levando à ativação da expressão de PPARγ, duas das quais são descritas aqui. A ativação da proteína-cinase B (PKB) a jusante do receptor tirosina-cinase IGF1 e IRS1 leva à repressão da expressão de Necdin; Necdin, por meio da modulação de outros fatores de transcrição, reprime a expressão do gene PPARγ de outra forma. A PKB fosforila e, assim, inativa o fator de transcrição GATA2, o qual quando não fosforilado se liga à proteína C/EBPα e evita a ativação da expressão do gene PPARγ. Pela inibição de dois repressores do gene PPARγ, a insulina estimula a expressão de PPARγ. (b) Wnt e TGF-β inibem a adipogênese pela redução da expressão do gene PPARγ. A sinalização Wnt desencadeia a liberação da β-catenina do complexo citoplásmico, e a β-catenina livre se liga ao fator transcricional TCF (ver Figura 16-30). O TCF ativo bloqueia a expressão dos genes PPARγ e C/EBPα, provavelmente por meio da ligação às suas sequências regulatórias. (c) Smad3, ativada por fosforilação seguida da ligação de TGF-β aos receptores do tipo I e II, se liga à proteína C/EBPα e evita a ativação da expressão do gene PPARγ. (Segundo E. Rosen e O. MacDougald, 2006, *Nature Rev. Mol. Cell. Biol.* **7:**885.)

CONCEITOS-CHAVE da Seção 16.7

A integração de respostas celulares às múltiplas vias de sinalização

- Um aumento na glicose sanguínea estimula a liberação de insulina de células β pancreáticas (ver Figura 16-38). A ligação subsequente de insulina ao seu receptor em células musculares e adipócitos leva à ativação da proteína-cinase B, que promove a captação da glicose e a síntese de glicogênio, resultando na diminuição da glicose no sangue (ver Figura 16-39).
- Uma redução da glicose sanguínea estimula a liberação de glucagon de células α pancreáticas. A ligação do glucagon no fígado ao seu receptor acoplado à proteína G promove a glicogenólise pela cascata de cinase desencadeada pelo AMPc (similar à estimulação por epinefrina em condições de estresse) e um aumento da glicose no sangue (ver Figuras 15-31a e 15-38b).
- O PPARγ, membro da superfamília de receptores nucleares, é o regulador transcricional mestre da diferenciação de adipócitos.
- Os hormônios extracelulares, como a insulina, que promovem a diferenciação de adipócitos, induzem vias de transdução de sinal que levam à produção elevada de PPARγ. De forma contrária, proteínas de sinalização como Wnt e TGF-β que evitam a diferenciação de pré-adipócitos ativam vias de sinalização que impedem a expressão do gene PPARγ (ver Figura 16-40).

Perspectivas

A confluência da genética, da bioquímica e da biologia estrutural tem proporcionado uma visão bastante detalhada de como os sinais são transmitidos da superfície celular e traduzidos em alterações no comportamento celular. Os vários sinais extracelulares diferentes, seus receptores e as vias de transdução de sinal intracelulares convergem para um número relativamente pequeno de classes, e um dos principais objetivos é entender como vias de sinalização semelhantes muitas vezes regulam processos celulares muito distintos. Por exemplo, a STAT5 ativa grupos muito diferentes de genes nas células precursoras eritroides, após a estimulação do receptor de eritropoietina e nas células do epitélio mamário, após a estimulação do receptor de prolactina. Provavelmente, a STAT5 liga-se a grupos diferentes de fatores de transcrição nessas e em outros tipos de células, mas ainda não se descobriu a natureza dessas proteínas nem como elas colaboram para induzir um padrão celular específico de expressão gênica.

Por outro lado, a ativação do mesmo componente de transdução de sinal na mesma célula, por meio de receptores diferentes, muitas vezes provoca respostas celulares diversas. Geralmente, se considera que a duração da ativação da MAP cinase e de outras vias de sinalização afeta o padrão de expressão gênica, mas como essa especificidade é determinada continua a ser uma incógnita importante em transdução de sinal. Estudos genéticos e moleculares em moscas, vermes e camundongos contribuirão para a compreensão da interação entre os componentes de vias diferentes e dos princípios reguladores básicos que controlam a especificidade nos organismos multicelulares.

Os pesquisadores determinaram as estruturas tridimensionais de várias proteínas de sinalização durante os últimos anos, permitindo análises mais detalhadas de muitas vias de transdução de sinal. As estruturas moleculares de diferentes cinases, por exemplo, mostram extraordinárias semelhanças e variações importantes que lhes conferem características reguladoras inesperadas. A atividade de diversas cinases, como a Raf e a proteína cinase B (PKB), é controlada por domínios inibitórios, assim como por fosforilações múltiplas catalisadas por diversas outras cinases. No entanto, a compreensão de como a atividade dessas e de outras cinases é regulada precisamente para satisfazer as necessidades da célula requer estudos complementares da estrutura e da biologia celular.

As anomalias na transdução de sinal estão por trás de muitas doenças diferentes, incluindo a maioria dos cânceres e muitas doenças inflamatórias. O conhecimento detalhado das vias de sinalização envolvidas e da estrutura de suas proteínas constituintes continuará proporcionando indícios moleculares importantes para o desenvolvimento de terapias específicas. Apesar da íntima relação estrutural entre as diferentes moléculas de sinalização (p. ex., as cinases), os estudos recentes sugerem que podem ser projetados inibidores seletivos para subclasses específicas. Em muitos tumores de origem epitelial, o receptor de EGF sofreu uma mutação específica que aumenta sua atividade. Notavelmente, um fármaco pequeno (Iressa) inibe a atividade de cinase do receptor EGF mutante, mas não possui nenhuma atividade sobre o receptor EGF normal ou outros receptores. Assim, o fármaco diminui apenas o crescimento do câncer em pacientes com essa mutação em particular. De maneira semelhante, anticorpos monoclonais ou receptores-chamariz (proteínas solúveis que contêm um domínio de ligação ao ligante de um receptor e assim sequestram o ligante), que impedem a ligação das citocinas pró-inflamatórias, como a IL-1 e a TNF-α aos seus receptores análogos, agora estão sendo utilizados no tratamento de muitas doenças inflamatórias, como a artrite.

Termos-chave

borda de ativação 726
cascata de cinase 737
cílio primário 756
citocinas 723
constitutiva 751
diabetes melito 769
domínio PTB (domínio fosfotirosina de ligação) 732
domínio SH2 732
eritropoietina (Epo) 730
família de HER 728
família de metaloprotease de matriz (MMP) 762
fator de crescimento transformante β 750
fosfatase PTEN 749
fosfoinositídeos 747
insulina 767
MAP cinase 737
PPARγ 769
presenilina 1 762
proteína adaptadora 739
proteínas de ancoragem 745
proteína-cinase B (PKB) 747
proteína Ras 737
proteína SER de ligação (SREBP) 765
proteólise intramembrana regulada (RIP) 762
receptores tirosina-cinase (RTKs) 725
sinal de localização nuclear (NLS) 751
Smads 749
via Hedgehog (Hh) 756
via insig-1(2)/SCAP/SREBP 765
via JAK/STAT 736
via NF-κB 754
via Notch/Delta 762
via PI-3 cinase 748
via Wnt 754

Revisão dos conceitos

1. Cite três características comuns da ativação dos receptores de citocina e dos receptores tirosina-cinase. Cite uma diferença relacionada à atividade enzimática desses receptores.
2. A eritropoietina (Epo) é um hormônio naturalmente produzido no organismo em resposta a baixos níveis de O_2 no sangue. Os eventos intracelulares que se seguem quando a Epo se liga ao seu receptor de superfície celular são exemplos bem caracterizados. Qual molécula sofre translocação do citosol para o núcleo após (a) JAK2 ativar STAT5 e (b) GRB2 se ligar ao receptor Epo? Por que alguns atletas de resistência usaram a Epo para melhorar suas performances (*dopping* sanguíneo) até ela ter sido banida da maioria dos esportes?
3. Explique como a expressão de um mutante dominante negativo da JAK bloqueia a via de sinalização citocina-eritropoietina (Epo).
4. A GRB2 é um componente fundamental da via de sinalização do fator de crescimento epidérmico

(EGF) que ativa a MAP cinase, mesmo quando a GRB2 carece de atividade enzimática intrínseca. Qual é a função da GRB2? Qual é a função dos domínios SH2 e SH3 no funcionamento da GRB2? Muitas outras proteínas de sinalização têm domínios SH2. O que determina a especificidade das interações do SH2 com as outras moléculas?

5. Uma vez que uma via de sinalização ativada tenha provocado as alterações apropriadas na expressão do gene-alvo, ela deve ser inativada. Caso contrário, pode haver consequências patológicas, como é exemplificado pela persistência da via de sinalização para o fator de crescimento, em muitos tipos de câncer. Muitas vias de sinalização possuem retroalimentação negativa intrínseca, pela qual um evento em cascata em uma via inibe um evento anterior na mesma via. Descreva o mecanismo de retroalimentação negativa que regula negativamente os sinais induzidos por (a) eritropoietina e (b) TGF-β.
6. Uma mutação na proteína Ras torna a atividade da Ras constitutivamente ativa (Ras^D). O que é ativação constitutiva? Como a Ras de atividade constitutiva promove o câncer? Que tipo de mutação pode tornar constitutiva a atividade das seguintes proteínas: (a) Smad3; (b) MAP cinase e (c) NF-κB?
7. A enzima Ste11 participa em várias vias de sinalização MAP cinase distintas na levedura de brotamento *S. cerevisiae*. Qual é o substrato para Ste11 na via de sinalização do fator de acasalamento? Quando uma célula de levedura é estimulada pelo fator de acasalamento, o que impede a indução de osmólitos necessários para a sobrevivência em meios com alta força osmótica, uma vez que a Ste11 também participa na via de sinalização MAP cinase induzida pela elevada osmolaridade?
8. Descreva os eventos necessários para a ativação completa da proteína-cinase B. Cite dois efeitos da insulina mediados pela proteína-cinase B nas células musculares.
9. Descreva a função da fosfatase PTEN na via de sinalização PI-3 cinase. Por que uma mutação com perda de função na PTEN promove o câncer? Quais seriam os efeitos da PTEN com atividade constitutiva sobre o crescimento e a sobrevivência celulares?
10. A ligação do TGF-β aos seus receptores pode provocar várias respostas em tipos diferentes de células. Por exemplo, o TGF-β induz o inibidor do ativador de plasminogênio nas células epiteliais e em imunoglobulinas específicas das células B. Nos dois tipos de célula, a Smad3 é ativada. Dada a conservação das vias de sinalização, o que explica a diversidade da resposta ao TGF-β em vários tipos celulares?
11. Como o sinal produzido pela ligação do TGF-β aos receptores de superfície celular é transmitido para o núcleo, onde ocorrem as alterações na expressão dos genes-alvo? Qual atividade no núcleo garante que a concentração de Smad ativa reflita de forma aproximada os níveis dos receptores TGF-β ativados na superfície celular?
12. A proteína de sinalização extracelular Hedgehog pode permanecer ancorada às membranas celulares. Que modificações em Hedgehog a torna capaz de se ligar à membrana? Por que essa propriedade é útil?
13. Explique por que as mutações de perda de função *hedgehog* e *smoothened* geram o mesmo fenótipo, mas uma mutação de perda de função *patched* gera um fenótipo contrário em moscas.
14. A maioria das células de mamíferos possui um único cílio imóvel chamado de cílio primário, em que proteínas motoras de microtúbulos do transporte intraflagelar (IFT) (discutido em maior detalhe no Capítulo 18) movem elementos da via de sinalização Hedgehog (Hh). Quais partes da via de sinalização Hh fariam mutações nas proteínas motoras IFT Kif3A, Kif7 e rompem a dineína?
15. Por que a via de sinalização que ativa o NF-κB é considerada relativamente irreversível quando comparada às vias de sinalização citocina ou RTK? Apesar disso, ao final, a sinalização NF-κB deve ser regulada de forma negativa. Como a via de sinalização NF-κB é inibida?
16. Descreva dois papéis para a poliubiquitinação na via de sinalização NF-κB.
17. Qual característica de Delta garante que apenas as células adjacentes serão sinalizadas?
18. Qual reação bioquímica é catalisada pela γ-secretase? Por que foi proposto que um inibidor dessa atividade pudesse ser um fármaco útil para o tratamento da doença de Alzheimer? Qual possível efeito adverso desse fármaco poderia complicar esse uso?

Análise dos dados

1. G. Johnson e colaboradores analisaram a cascata de MAP cinase na qual a MEKK2 participa em células de mamíferos. Por meio de uma triagem dupla-híbrida em levedura (ver Capítulo 7), foi descoberto que a MEKK2 se liga à MEK5, que pode fosforilar a MAP cinase. Para esclarecer a via de sinalização transmitida pela MEKK2 *in vivo*, os seguintes estudos foram realizados em células embrionárias de rim humano (HEK293) em cultivo.
   a. As células HEK293 foram transfectadas com um plasmídeo que codificava uma MEKK2 recombinante marcada com um plasmídeo que codificava a MEK5 ou um vetor controle que não codificava uma proteína (falsa). A MEK5 recombinante foi precipitada do extrato celular por absorção com um anticorpo específico. Então, o material imunoprecipitado foi separado por eletroforese em gel de poliacrilamida, transferido para uma membrana e examinado pela técnica de *Western blotting* com um anticorpo que reconhecia a MEKK2 marcada. Os resultados são mostrados na figura apresentada a seguir (parte a). Que informação sobre a cascata de MAP cinase pode ser deduzida desse experimento? Os dados na parte (a) da figura provam que a MEKK2 ativa a MEK5, ou vice-versa?

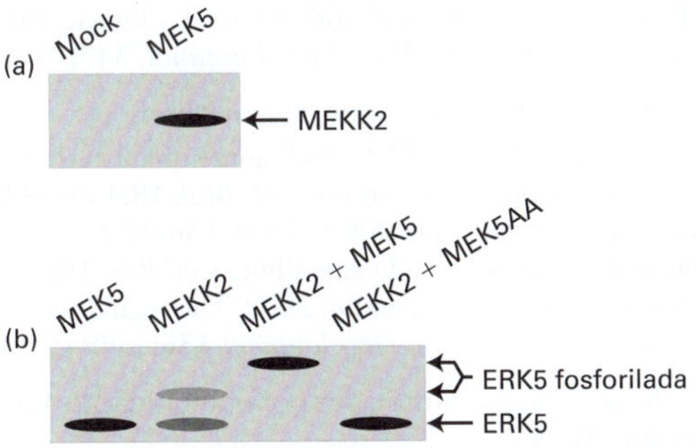

b. A ERK5 é uma MAP cinase ativada ao sofrer fosforilação pela MEK5. Quando a ERK5 é fosforilada pela MEK5, sua migração em um gel de poliacrilamida é retardada. Em outro experimento, células HEK293 foram transfectadas com um plasmídeo que codifica ERK5 junto aos plasmídeos que codificam MEK5, MEKK2, MEKK2 e MEK5, ou MEKK2 e MEK5AA. A MEK5AA é uma versão mutante, inativa, da MEK5, que funciona como um dominante negativo. A expressão da MEK5AA nas células HEK293 impede a sinalização por meio da MEK5 ativa endógena. Os extratos das células transfectadas foram analisados por *Western blotting* com um anticorpo contra ERK5 recombinante. A partir dos dados na parte (b) da figura, qual a conclusão sobre o papel da MEKK2 na ativação da ERK5? Como os dados obtidos quando as células são cotransfectadas com ERK5, MEKK2 e MEK5AA ajudam a esclarecer a ordem de participação nesta cascata de cinase?

2. Proteínas de ancoragem podem segregar diferentes vias de sinalização MAPK que compartilham componentes comuns. Na via de reprodução das leveduras, a MEK (MAPKK) Ste7 fosforila e ativa a MAPK Fus3, enquanto a Ste7 fosforila e ativa a MAPK Kss1 na via de jejum. A via de acasalamento é ativada pela ativação do receptor de fator de acasalamento de uma proteína G; $G_{\beta\gamma}$ recruta a proteína de ancoragem Ste5 e Ste11 e os componentes Ste7 e Fus3 da cascata de cinase. A mutação do sítio de ligação da Ste5 para Ste11 e Ste7 interrompe a resposta de reprodutiva, demonstrando claramente a importância da Ste5 para prender as cinases juntas. A mutação do sítio de ligação da Fus3 em Ste5 gera uma resposta mais complicada, sugerindo que a interação Ste5-Fus3 pode envolver mais do que apenas prender. Essa possibilidade foi investigada com proteínas de leveduras expressas como proteínas recombinantes em células de bactérias ou insetos e, depois, purificadas (ver Good et al., 2009, *Cell* **136**:1085-1097).

   a. Um ensaio de redução de fluorescência foi utilizado para mensurar a atividade das MAP cinases Fus3 e Kss1 utilizando um substrato peptídico que pode ser fosforilado por ambas as cinases. O peptídeo fosforilado liga-se ao gálio acoplado a esferas fluorescentes e sequestra a fluorescência. A taxa de fluorescência sequestrada (perda de fluorescência) corresponde à atividade de cinase da Fus3 e Kss1. Os resultados da fosforilação da Ste7 e, assim, ativação da Kss1 e Fus3 na presença ou na ausência de Ste5 estão descritas abaixo:

Curvas de sequestro:

1. Apenas Fus3 ou Kss1 (controle)
2. Fus3 ou Kss1 + Ste7
3. Fus3 ou Kss1 + Ste7 + Ste5

A Ste5 é necessária para a atividade da Ste7? A Ste7 ativa de forma equivalente a Fus3 e a Kss1? O que a presença ou a ausência da Ste5 no ensaio diz a respeito da fosforilação de Ste7 e ativação de Fus3 e Kss1?

   b. As sequências das proteínas Fus3 e Kss1 possuem uma identidade de 55%, porém cada uma possui uma alça de inserção única chamada de MAPK próximo ao domínio de ativação fosforilado pela Ste7. Tanto a mutação de um resíduo de isoleucina na alça de inserção da Fus3 quanto uma substituição da alça de inserção da Fus3 por uma região equivalente da Kss1 geram curvas similares à curva 2 de Kss1. O que isso sugere sobre Fus3 e Kss1 como substratos para a Ste7 e o papel da Ste5 na estimulação da fosforilação de Ste7 sobre Fus3?

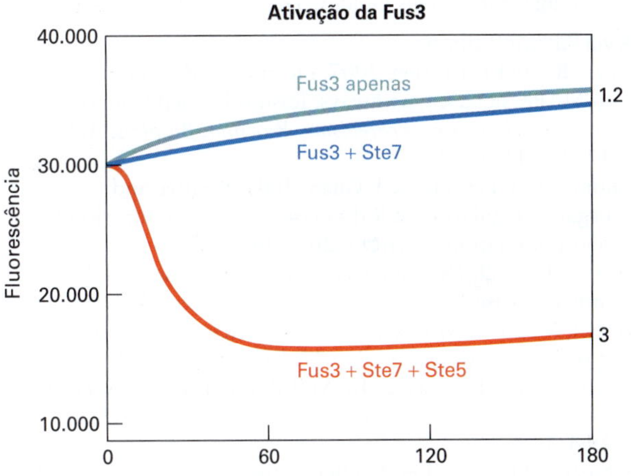

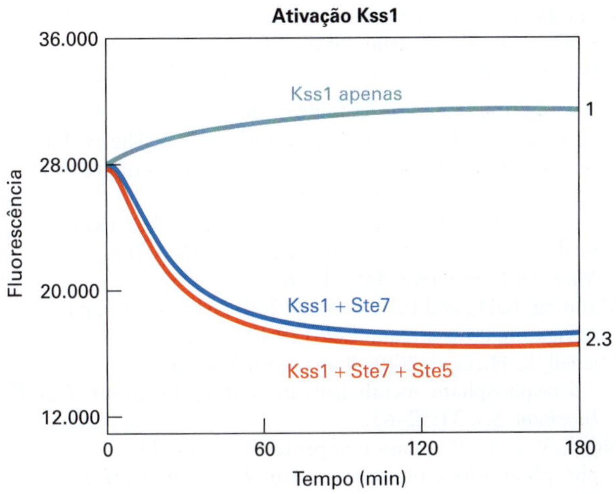

Referências

Os receptores que ativam proteínas tirosina-cinases

Brewer, M., 2009. The juxtamembrane region of the EGF receptor functions as an activation domain. *Mol. Cell* **34**:641–651.

Goh, K., et al. 2010. Multiple mechanisms collectively regulate clathrin-mediated endocytosis of the epidermal growth factor receptor. *J. Cell Biol.* **189**:871–883.

Jura, N., et. al. 2009. Mechanism for activation of the EGF receptor catalytic domain by the juxtamembrane segment. *Cell* **137**:1293–1307.

Lazzara, M. J., and D. A. Lauffenburger. 2009. Quantitative modeling perspectives on the ErbB system of cell regulatory processes. *Exp. Cell Res.* **315**:717–725.

Lemmon, M. A., and J. Schlessinger. 2010. Cell signaling by receptor tyrosine kinases. Cell **141**:1117–1134.

Lodish, H. F., et al. 2009. *Intracellular Signaling by the Erythropoietin Receptor in Erythropoiesis and Eythropoietins*, 2d ed. G. Molineux, M. A. Foote, and S. G. Elliott, eds. Birkhauser, pp. 155–174.

Pfeifer, A. C., J. Timmer, and U. Klingmuller. 2008. Systems biology of JAK/STAT signalling. *Essays Biochem.* **45**:109–120.

Schindler, C., D. E. Levy, and T. Decker. 2007. JAK-STAT signaling: from interferons to cytokines. *J. Biol. Chem.* **282**:20059– 20063.

Wiley, H. S., S. Y. Shvartsman, and D. A. Lauffenburger. 2003. Computational modeling of the EGF-receptor system: a paradigm for systems biology. *Trends Cell Biol.* **13**:43–50.

A via Ras/MAP cinase

Chen, R., and J. Thorner. 2007. Function and regulation in MAPK signaling pathways: lessons learned from the yeast *Saccharomyces cerevisiae*. *Biochim. Biophys. Acta* **1773**:1311–1340.

Chong, H., J. Lee, and K-L Guan. 2001. Positive and negative regulation of Raf kinase activity and function by phosphorylation. *EMBO J.* **20**:3716–3727.

Delpire, E. 2009. The mammalian family of sterile 20p-like protein kinases. *Pflugers Arch.—Eur. J. Physiol.* **458**:953–967.

Gastel, M. 2006. MAPKAP kinases—MKs—two's company, three's a crowd. *Nature Rev. Mol. Cell Biol.* **7**:211–224.

Nadal, E., and F. Posas. 2010. Multilayered control of gene expression by stress-activated protein kinases. *EMBO J.* **29**:4–13.

Schwartz, M. A., and H. Madhani. 2004. Principles of MAP kinase signaling specificity in *Saccharomyces cerevisiae*. *Ann. Rev. Genet.* **38**:725–748.

Wiley, H. S., S. Y. Shvartsman, and D. A. Lauffenburger. 2003. Computational modeling of the EGF-receptor system: a paradigm for systems biology. *Trends Cell Biol.* **13**:43–50.

As vias de sinalização de fosfoinositídeos

Engelman, J. A., J. Luo, and L. C. Cantley. 2006. The evolution of phosphatidylinositol 3-kinases as regulators of growth and metabolism. *Nat. Rev. Genet.* **7**:606–619.

Fayard, E., et al. 2010. Protein kinase B (PKB/Akt), a key mediator of the PI3K signaling pathway. *Curr. Top. Microbiol. Immunol.* **346**:31–56.

Manning, B. D., and L. C. Cantley. 2007. AKT/PKB signaling: navigating downstream. *Cell* **129**:1261–1274.

Michell, R. H., et al. 2006. Phosphatidylinositol 3,5-bisphosphate: metabolism and cellular functions. *Trends Biochem. Sci.* **31**:52–63.

Niggli, V. 2005. Regulation of protein activities by phosphoinositide phosphates. *Ann. Rev. Cell Devel. Biol.* **21**:57–79.

Vogt, P. K., et al. 2010. Phosphatidylinositol 3-kinase: the oncoprotein. *Curr. Top. Microbiol. Immunol.* **347**:79–104.

Os receptores serina-cinases que ativam Smads

Clarke, D., and X. Liu. 2008. Decoding the quantitative nature of TGF-/Smad signalling. *Trends Cell Biol.* **18**:430–442.

Deheuninck, J., and K. Luo. 2009. Ski and SnoN, potent negative regulators of TGF- signalling. *Cell Res.* **19**:47–57.

Moustakas, A., and C.-H. Heldin. 2009. The regulation of TGF signal transduction. *Development* **136**:3699–3714.

As vias de sinalização controladas por ubiquitinação: Wnt, Hedgehog e NF-κB

Bianchi, K., and P. Meier. 2010. A tangled web of ubiquitin chains: breaking news in TNF-R1 signaling. *Mol. Cell* **36**:736–742.

Goetz, S., and K. Anderson. 2010. The primary cilium: a signalling centre during vertebrate development. *Nature Rev. Genet.* **11**:331–344.

Hayden, M., and S. Ghosh. 2008. Shared principles in NF-B signaling *Cell* **132**:344–362.

Iwai, K., and F. Tokunaga. 2009. Linear polyubiquitination: a new regulator of NF-B activation *EMBO Reports* **10**:706–713.

Skaug, B., X. Jiang, and Z. Chen. 2009. The role of ubiquitin in NF-κB regulatory pathways *Ann. Rev. Biochem.* **78**:769–796.

Van Amerongen, R., and R. Nusse. 2009. Towards an integrated view of Wnt signaling in development. *Development* **136**:3205–3214.

Verheyen, E., and C. Gottardi. 2010. Regulation of Wnt/ -catenin signaling by protein kinases. *Dev. Dyn.* **239**:34–44.

Wan, F., and M. Lenardo. 2010. The nuclear signaling of NF-κB: current knowledge, new insights, and future perspectives *Cell Res.* **20**:24–33.

Wu, D., and W. Pan. 2009. GSK3: a multifaceted kinase in Wnt signaling. *Trends Biochem. Sci.* **35**:161–168.

As vias de sinalização controladas por clivagem proteica: Notch/Delta, SREBP

Blobel, C., G. Carpenter, and M. Freeman. 2009. The role of protease activity in ErbB biology. *Exp. Cell Res.* **315**:671–682.

Brown, M. S., and J. L. Goldstein. 2009. Cholesterol feedback: from Schoenheimer's bottle to Scap's MELADL. *J. Lipid Res.* **50**:S15–S27.

De Strooper, B. 2005. Nicastrin: gatekeeper of the γ-secretase complex. *Cell* **122**:318–320.

Goldstein, J., R. DeBose-Boyd, and M. Brown. 2006. Protein sensors for membrane sterols. *Cell* **124**:35–46.

He, G., et al. 2010. Gamma-secretase activating protein is a therapeutic target for Alzheimer's disease. *Nature* **467**:95–98.

Seals, D., and S. A. Courtneidge. 2003. The ADAMs family of metalloproteases: multidomain proteins with multiple functions. *Genes Dev.* **17**:7–30.

A integração das respostas celulares às múltiplas vias de sinalização

Bogan, J., and K. Kandror. 2010. Biogenesis and regulation of insulin-responsive vesicles containing GLUT4. *Curr. Opin. Cell Biol.* **22**:506–512.

Boura-Halfon, S., and Y. Zick. 2008. Phosphorylation of IRS proteins, insulin action, and insulin resistance. *Am. J. Physiol. Endocrinol. Metab.* **296**:E581–E591.

Rosen, E., and O. MacDougald. 2006. Adipocyte differentiation from the inside out. *Nature Rev. Mol. Cell Biol.* **7**:885–896.

Wang, Z., and D. Thurmond. 2009. Mechanisms of biphasic insulin-granule exocytosis—roles of the cytoskeleton, small GTPases and SNARE proteins. *J. Cell Sci.* **122**:893–903.

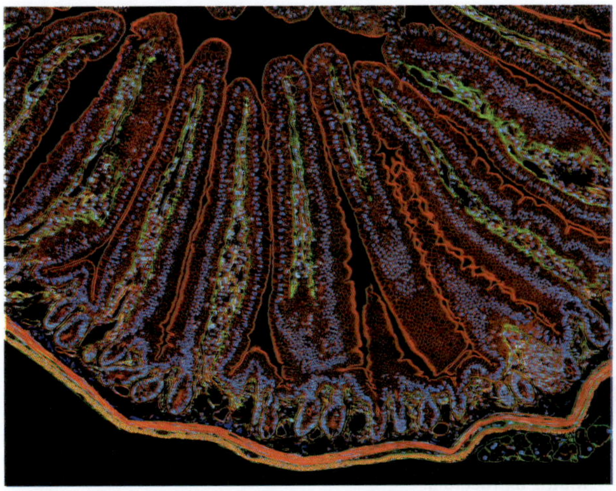

Secção de intestino de camundongo corado para actina (vermelho), para a proteína laminina da matriz extracelular (verde) e para DNA (azul). Cada ponto azul de DNA indica a presença de uma célula. Pode-se observar a actina delineando a superfície voltada para o lúmen das microvilosidades na extremidade apical das células epiteliais (*topo*). A actina também pode ser observada no músculo liso que envolve o intestino (*parte inferior*). (Micrografia cortesia de Thomas Deerinck e Mark Ellisman.)

CAPÍTULO

17

Organização celular e movimento I: microfilamentos

SUMÁRIO

Quando observadas através de um microscópio a maravilhosa diversidade de células na natureza e a variedade de formas e movimentos celulares, verificam-se detalhes impressionantes. Primeiro observa-se que algumas células, como os espermatozoides de vertebrados ciliados como *Tetrahymena*; ou flagelados como *Chlamydomonas*, nadam rapidamente, impulsionadas por cílios e flagelos. Outras células, como amebas e macrófagos humanos, se movem com mais lentidão, impulsionadas não por apêndices externos e sim pelo movimento coordenado da própria célula. Também observa-se que algumas células em tecidos se ligam umas as outras, formando uma camada, enquanto outras células (p. ex., os neurônios) têm longos processos, de até um metro de comprimento, e fazem contatos seletivos entre as células. Observando mais de perto a organização interna das células, vê-se que as organelas têm localizações características; por exemplo, o aparelho de Golgi geralmente situa-se próximo ao núcleo central. Como essa diversidade de forma, organização celular e motilidade foi alcançada? Por que é importante para as células ter um formato distinto e uma organização interna clara? Primeiro, considerados dois exemplos de células com funções e organizações muito diferentes.

As células epiteliais que revestem o intestino formam uma camada coesa de células com formato de tijolos conhecida como epitélio (Figura 17-1a, b). Sua função é importar nutrientes (como glicose) a partir do lúmen intestinal pela membrana plasmática apical (região superior) e exportá-los através da membrana plasmática basolateral (região inferior e lateral) em direção à circulação sanguínea. Para realizar esse transporte direcionado, as membranas plasmáticas apical e basolateral das células epiteliais devem ter diferentes composições proteicas. As células epiteliais estão ligadas e seladas por junções celulares (discutidas no Capítulo 20), que criam uma barreira física entre os domínios apical e basolateral da membrana. Essa separação permite que as células disponham as proteínas de transporte corretas nas membranas plasmáticas das duas superfícies. Além disso, a membrana apical possui uma morfologia única, com numerosas projeções semelhantes a dedos chamadas **microvilosidades**, que aumentam a área da membrana plasmática disponível para absorção de nutrientes. Para alcançar essa organização,

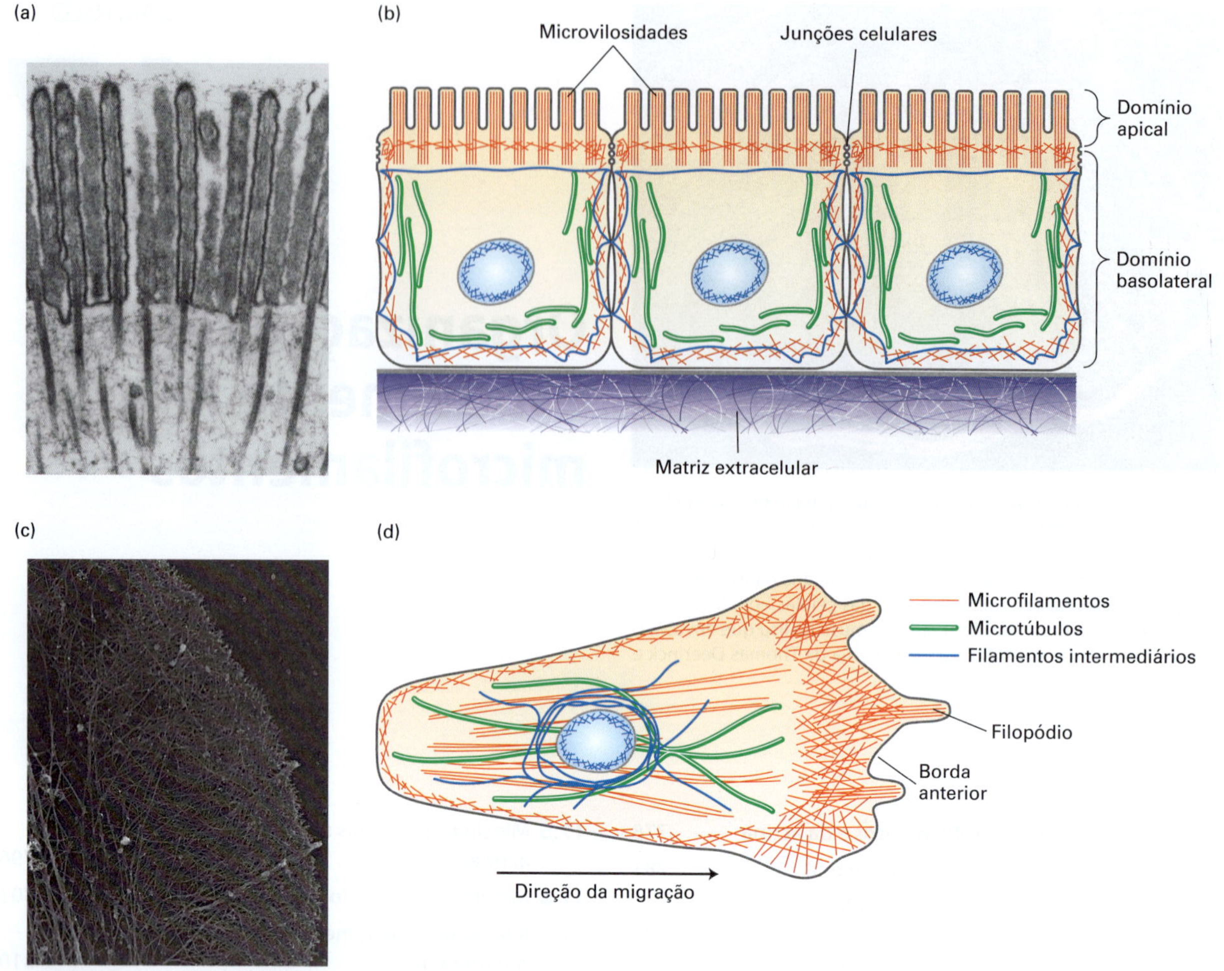

FIGURA 17-1 Visão geral dos citoesqueletos de uma célula epitelial e de uma célula em deslocamento. (a) Micrografia eletrônica de transmissão de uma secção fina de uma célula epitelial do intestino delgado mostrando os componentes citoesqueléticos das microvilosidades. (b) As células epiteliais são altamente polarizadas, com domínios apicais e basolaterais distintos. Uma célula epitelial do intestino transporta nutrientes para dentro da célula por meio do domínio apical e para fora da célula pelo domínio basolateral. (c) Micrografia eletrônica de transmissão de parte da borda anterior de uma célula migratória. A célula foi tratada com um detergente suave para dissolver as membranas, permitindo também a solubilização da maioria dos componentes citoplasmáticos. O citoesqueleto remanescente foi sombreado com platina e visualizado ao microscópio eletrônico. Observe a rede de filamentos de actina visíveis nesta micrografia. (d) Uma célula migratória, como um fibroblasto ou macrófago, possui domínios morfologicamente distintos, com uma borda anterior na frente. Os microfilamentos estão marcados em vermelho, os microtúbulos em verde e os filamentos intermediários em azul escuro. A posição do núcleo (azul claro) também está mostrada. (Parte (a) Cortesia de Mark Mooseker; Parte (c) de T.M. Svitkina et al., 1999, *J. Cell Biol.* **145**:1009, cortesia de Tatyana Svitkina.)

as células epiteliais devem ter uma estrutura interna para dar-lhes forma e para encaminhar as proteínas apropriadas para a superfície celular correta.

Agora considere os macrófagos, um tipo de leucócito que procura por agentes infecciosos e os destrói por um processo de engolfamento chamado fagocitose. As bactérias liberam compostos que atraem os macrófagos e os guiam até a infecção. À medida que o macrófago segue o gradiente químico, girando e dando voltas para chegar até a bactéria e fagocitá-la, ele precisa reorganizar constantemente sua maquinaria de locomoção. Como será visto, a maquinaria de motilidade interna dos macrófagos e outras células com movimento sempre está orientada na direção em que as células se movem (Figura 17-1c, d).

Esses são apenas dois exemplos de **polaridade celular**, a capacidade das células em gerar regiões distintas funcionalmente. Na verdade, enquanto você pensa sobre todos esses tipos de células, você pode imaginar que a maioria delas tem algum tipo de polaridade celular. Um exemplo adicional e fundamental de polaridade celular é a capacidade das células em se dividir: primeiro elas devem selecionar um eixo para divisão celular e então organizar a maquinaria para segregar suas organelas ao longo desse eixo.

O formato, a organização interna e a polaridade funcional da célula são determinados por uma rede de proteína filamentosa tridimensional chamada **citoesqueleto**. O citoesqueleto pode ser isolado e visualizado depois de tratar as células com detergentes suaves que solubilizam

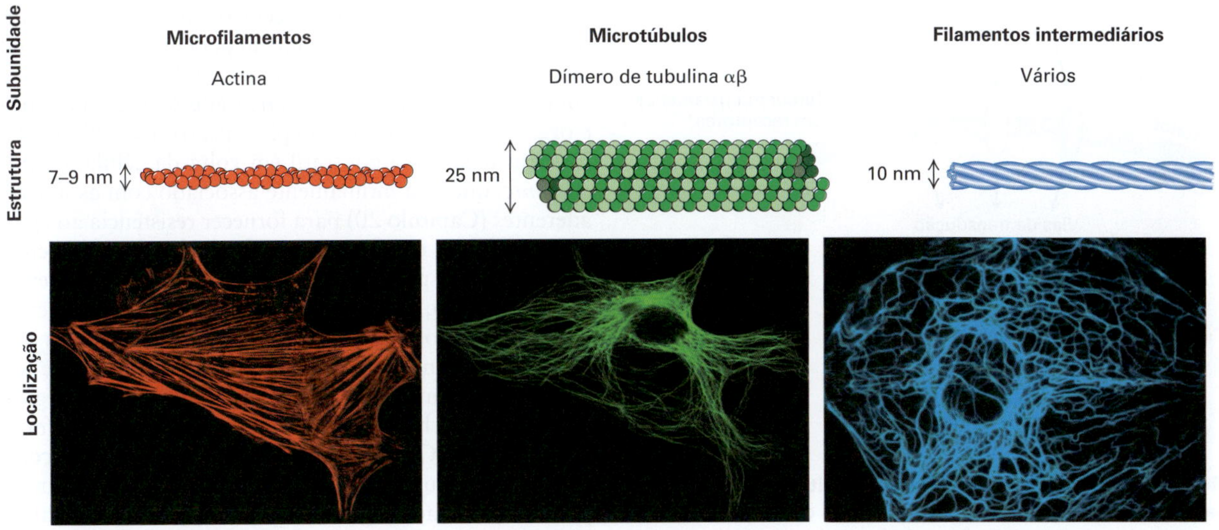

FIGURA 17-2 Componentes do citoesqueleto. Cada tipo de filamento é formado a partir de subunidades específicas em um processo reversível, de modo que as células montem e desmontem os filamentos conforme necessário. Os painéis inferiores mostram a localização dos três sistemas de filamentos em células cultivadas como visto por microscopia de imunofluorescência da actina, tubulina e uma proteína do filamento intermediário, respectivamente. (Actina e tubulina cortesia de D. Garbett e A. Bretscher; filamentos intermediários Copyright Molecular Expressions, Nikon & FSU.)

a membrana plasmática e organelas internas, liberando a maioria do citoplasma (Figura 17-1c). O citoesqueleto se estende pela célula e está ligado à membrana plasmática e às organelas internas, fornecendo assim uma estrutura para organização celular. O termo *citoesqueleto* pode implicar uma estrutura fixa como um esqueleto de ossos. De fato, o citoesqueleto pode ser bastante dinâmico, seus componentes são capazes de reorganizar-se em menos de um minuto ou podem ser bastante estáveis por horas. Como resultado, os comprimentos e a dinâmica dos filamentos podem variar bastante, os filamentos podem ser montados em diversos tipos de estruturas e regulados localmente na célula.

O citoesqueleto é composto por três sistemas de filamentos principais, mostrados na Figura 17-1b, d e na Figura 17-2, que são organizados e regulados no tempo e espaço. Cada sistema de filamento é composto por um polímero de subunidades associadas/organizadas. As subunidades que compõem os filamentos sofrem montagem e desmontagem reguladas, dando às células flexibilidade para montar e desmontar diferentes tipos de estruturas conforme necessário.

- **Microfilamentos** são polímeros da proteína **actina** organizados em feixes funcionais e em redes, por proteínas que se ligam à actina. Os microfilamentos são especialmente importantes na organização da membrana plasmática, dando forma a estruturas da superfície como as microvilosidades. Os microfilamentos podem funcionar por si só ou servir como trilhos para as **proteínas motoras** miosina ativadas por ATP, responsáveis pela função contrátil (como no músculo) ou transporte de carga ao longo dos microfilamentos.
- **Microtúbulos** são tubos longos formados pela proteína *tubulina* e são organizados por proteínas associadas aos microtúbulos. Eles muitas vezes se estendem pela célula, compondo uma estrutura organizadora para organelas associadas e suporte estrutural para cílios e flagelos. Também compõem a estrutura do fuso mitótico, a maquinaria para separar cromossomos duplicados na mitose. Os motores moleculares chamados cinesinas e dineínas transportam carga ao longo dos microtúbulos e, como a miosina, também são ativados pela hidrólise de ATP.
- **Filamentos intermediários** são estruturas filamentosas presentes em tecidos específicos, que servem para diferentes funções, incluindo o suporte estrutural para a membrana nuclear, a integridade estrutural para células como tecidos e a atuação na estrutura e como barreiras na pele, cabelo e unhas. Diferente da situação para os microfilamentos e microtúbulos, não existem proteínas motoras que utilizem os filamentos intermediários para seu deslocamento.

Como observado na Figura 17-1, as células podem construir arranjos muito diferentes do seu citoesqueleto. Para estabelecer esses arranjos, as células devem perceber os sinais – a partir dos fatores solúveis externos às células, das células adjacentes ou da matriz extracelular – e interpretá-los (Figura 17-3). Os sinais são detectados por receptores da superfície celular que ativam as vias de transdução de sinal, convergindo, por fim, em fatores que regulam a organização citoesquelética.

A importância do citoesqueleto para função e mobilidade normais da célula é evidente quando um defeito em um componente do citoesqueleto, ou na regulação do citoesqueleto, causa uma doença. Por exemplo, cerca de 1 em 500 pessoas apresenta um defeito que afeta o aparelho contrátil do coração, o que resulta em miocardiopatias de variados graus de severidade. Várias doenças

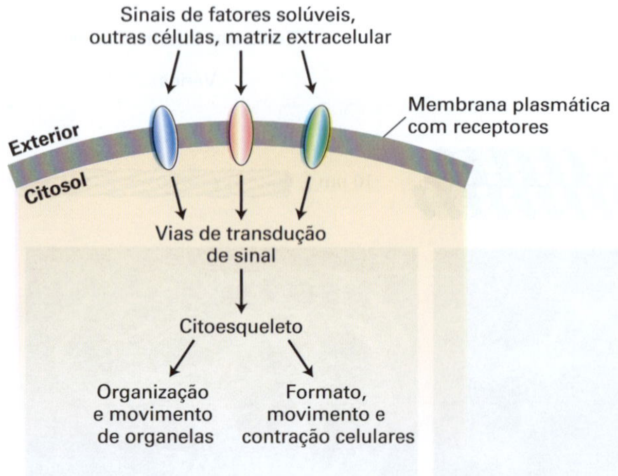

FIGURA 17-3 Regulação da função do citoesqueleto por sinalização celular. As células usam receptores da superfície celular para perceber sinais externos a partir da matriz extracelular, outras células ou fatores solúveis. Esses sinais são transmitidos pela membrana plasmática e ativam vias de sinalização citosólica específicas. Os sinais, muitas vezes integrados a partir de mais de um receptor, levam à organização do citoesqueleto para fornecer às células o seu formato, assim como para determinar a distribuição e o movimento das organelas. Na ausência de sinais externos, as células ainda organizam sua estrutura interna, mas não de maneira polarizada.

das hemácias afetam os componentes do citoesqueleto que dão suporte às membranas plasmáticas das células. As células cancerosas metastáticas exibem uma mobilidade desregulada devido a um problema na regulação do citoesqueleto, desligando-se do seu tecido de origem e migrando para novos locais para formar novas colônias de crescimento descontrolado.

Neste capítulo e no próximo, serão discutidas a estrutura, a função e a regulação do citoesqueleto. Será visto como a célula organiza seu citoesqueleto para determinar o formato e a polaridade celulares, para fornecer organização e mobilidade para suas organelas, e para ser a moldura estrutural em processos como nado e arraste de células. Será discutido como as células montam os três sistemas de filamentos diferentes e como as vias de transdução de sinal regulam essas estruturas tanto localmente como globalmente. Como o citoesqueleto é regulado durante o ciclo celular será discutido no Capítulo 19 e como ele participa na organização funcional do tecido será abordado no Capítulo 20. O foco neste capítulo é nas estruturas compostas por microfilamentos e actina. Inicialmente, serão estudados os sistemas de microfilamentos de forma separada; no entanto, no próximo capítulo será visto que os microfilamentos cooperam com os microtúbulos e filamentos intermediários no funcionamento normal das células.

17.1 Estruturas dos microfilamentos e da actina

Os microfilamentos podem se organizar em uma ampla variedade de diferentes tipos de estruturas dentro da célula (Figura 17-4a). Cada uma dessas diferentes estruturas é responsável por determinadas funções celulares. Os microfilamentos podem existir na forma de um feixe compacto de filamentos que compõe o centro das *microvilosidades* semelhantes a dedos, mas também podem estar ligados em uma rede menos ordenada sob a membrana plasmática, conhecida como *córtex celular*, onde fornecem suporte e organização. Nas células epiteliais, os microfilamentos formam uma faixa contrátil em volta da célula, o *cinto aderente*, que está intimamente associado com as junções aderentes (Capítulo 20) para fornecer resistência ao epitélio. Nas células migratórias, uma rede de microfilamentos é observada na parte anterior da célula na **borda anterior**, ou **lamelipódio**, que também pode ter feixes protuberantes de filamentos chamados **filopódio**. Várias células possuem microfilamentos contráteis chamados **fibras de tensão**, que se ligam ao substrato externo por meio de regiões especializadas chamadas *adesões focais* ou *contatos focais* (discutidos no Capítulo 20). Células especializadas como os macrófagos utilizam microfilamentos contráteis em um processo chamado *fagocitose* para engolfar e internalizar patógenos (como bactérias), que então são destruídos internamente. Pulsos rápidos, e altamente dinâmicos, de organização dos filamentos de actina podem gerar energia para o movimento das *vesículas endocíticas* para longe da membrana plasmática. Em um estágio mais avançado da divisão celular em animais, depois que todas as organelas foram duplicadas e segregadas, um *anel contrátil* se forma e contrai para gerar duas células-filhas em processo conhecido como *citocinese*. Portanto, as células utilizam os filamentos de actina de várias formas: pelo seu papel estrutural, aproveitando a força da polimerização da actina para trabalho ou como substrato para a proteína motora miosina. A micrografia eletrônica na Figura 17-4b mostra os microfilamentos nas microvilosidades. Diferentes arranjos de microfilamentos muitas vezes coexistem dentro de uma única célula, como mostrado na Figura 17-4c, para um fibroblasto migratório como exemplo.

A unidade estrutural básica dos microfilamentos é a **actina**, proteína com a notável propriedade de se organizar reversivelmente em um filamento polarizado com extremidades funcionalmente distintas. Esses filamentos são então moldados nas várias estruturas descritas no parágrafo anterior pelas proteínas de ligação à actina. O nome *microfilamento* se refere à actina na sua forma polimerizada com suas proteínas associadas. Nesta seção, serão estudados a própria actina e os filamentos nos quais ela se organiza.

A actina é antiga, abundante e bastante conservada

A actina é uma proteína intracelular abundante na maioria das células eucarióticas. Nas células musculares, por exemplo, a actina equivale a 10% do peso das proteínas celulares totais; até mesmo nas células não musculares, a actina representa 1 a 5% das proteínas celulares. A concentração citosólica de actina nas células não musculares varia de 0,1 a 0,4 mM; em estruturas especiais, como as microvilosidades, no entanto, a concentração de actina pode ser de até 5 mM. Para compreender o quanto de actina as células contêm, considere uma célula típica do fígado, que tem 2×10^4 moléculas receptoras de insulina, mas aproximadamente 5×10^8, ou meio bilhão, de moléculas de actina. Como elas formam estruturas que ocupam grande parte

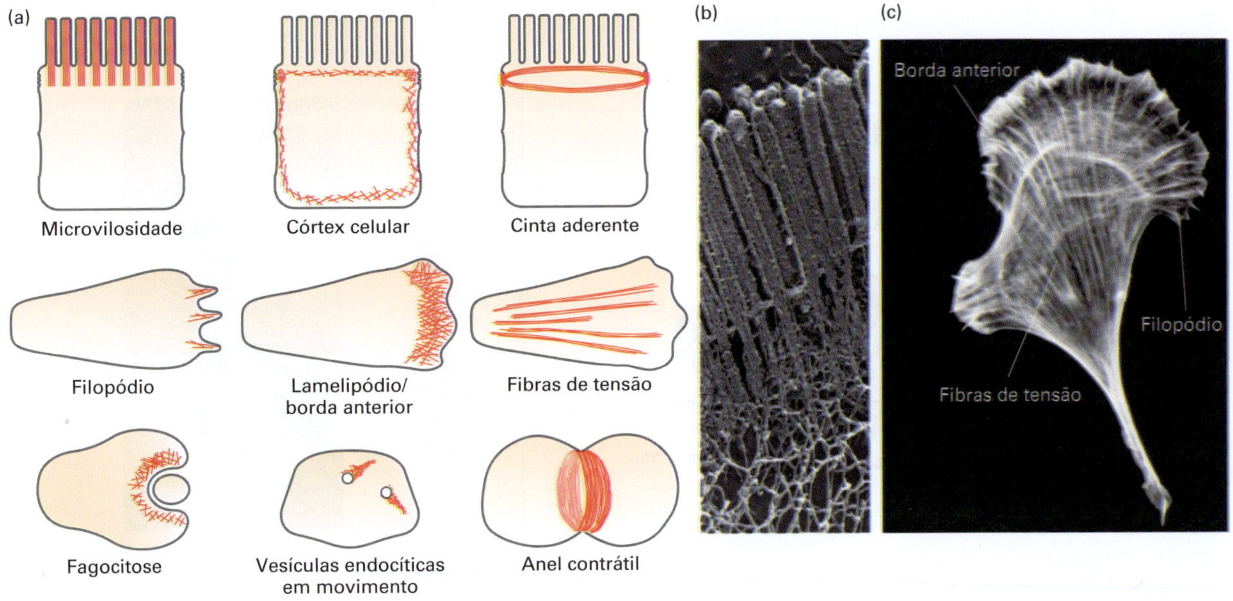

FIGURA 17-4 Exemplos de estruturas compostas por microfilamentos. (a) Em cada painel, os microfilamentos estão em vermelho. (b) Micrografia eletrônica de varredura da região apical de uma célula epitelial polarizada, mostrando os feixes de filamentos de actina que compõem os centros das microvilosidades. (c) Uma célula movendo-se para a parte superior da página, corada para actina com faloidina fluorescente, substância tóxica que se liga especificamente à actina F. Observe como diferentes formas de organização podem existir em uma célula. (Parte (b) cortesia de N. Hirokawa; Parte (c) cortesia de J.V.Small.)

do interior da célula, as proteínas citoesqueléticas estão entre as proteínas mais abundantes da célula.

A actina é codificada por uma grande família de genes que dão origem a algumas das proteínas mais conservadas nas espécies e entre as espécies. As sequências proteicas das actinas de amebas e de animais são idênticas em 80% das posições dos aminoácidos, apesar de cerca de um bilhão de anos de evolução. Os múltiplos genes de actina encontrados nos eucariotos modernos estão relacionados a um gene bacteriano que evoluiu para ter uma função na síntese da parede celular bacteriana. Alguns organismos unicelulares, como as leveduras e as amebas, têm um ou dois genes ancestrais de actina, enquanto vários organismos multicelulares muitas vezes contêm múltiplos genes. Por exemplo, os humanos têm seis genes de actina, e algumas plantas têm mais de 60 genes de actina (embora a maioria seja pseudogenes, que não codificam uma proteína actina funcional). Cada gene de actina funcional codifica uma isoforma diferente da proteína. As isoformas de actina podem ser classificadas em três grupos: α-actinas, β-actinas e γ-actinas. Nos vertebrados, quatro isoformas de actina estão presentes em células musculares e duas isoformas de tipos específicos, são encontradas nas células não musculares. Essas seis isoformas diferem apenas em cerca de 25 dos 375 resíduos na proteína completa, ou seja, apresentam cerca de 93% de identidade. Embora essas diferenças pareçam mínimas, os três tipos de isoformas têm diferentes funções: a α-actina está associada a estruturas contráteis; a γ-actina está relacionada com filamentos nas fibras de tensão; e a β-actina está presente em maior quantidade no córtex celular e na borda anterior das células em movimento.

Os monômeros da actina G se organizam em longos polímeros helicoidais de actina F

A actina existe na forma de um monômero globular chamado de **actina G** e na forma de um polímero filamentoso chamado de **actina F**, que é uma cadeia linear de subunidades de actina G. Cada molécula de actina contém um íon Mg^{2+} complexado com ATP ou com ADP. A importância da interconversão entre as formas ATP e ADP de actina será discutida mais adiante.

Análises por cristalografia por raios X revelam que o monômero de actina G está separado em dois lóbulos por uma fenda profunda (Figura 17-5a). Na base da fenda está o *motivo estrutural ATPase*, o sítio onde ATP e Mg^{2+} são ligados. A parte inferior da fenda atua como dobradiça que permite que os lóbulos se flexionem um em relação ao outro. Quando o ATP ou o ADP está ligado à actina G, o nucleotídeo afeta a conformação da molécula; na realidade, sem um nucleotídeo ligado, a actina G desnatura-se rapidamente. A adição de cátions – Mg^{2+}, K^+ ou Na^+ – a uma solução de actina G irá induzir a polimerização de actina G em filamentos de actina F. O processo é reversível: a actina F se despolimeriza em actina G quando a força iônica da solução for reduzida. Os filamentos da actina F que se formam *in vitro* são indistinguíveis dos microfilamentos observados nas células, indicando que a actina F é o principal componente dos microfilamentos.

A partir dos resultados dos estudos de difração de raios X dos filamentos de actina e da estrutura dos monômeros de actina, mostrados na Figura 17-5a, os cientistas determinaram que as subunidades em um filamento de actina estão organizadas como uma estrutura de hélice (Figura 17-5b). Nesse arranjo, o filamento pode ser consi-

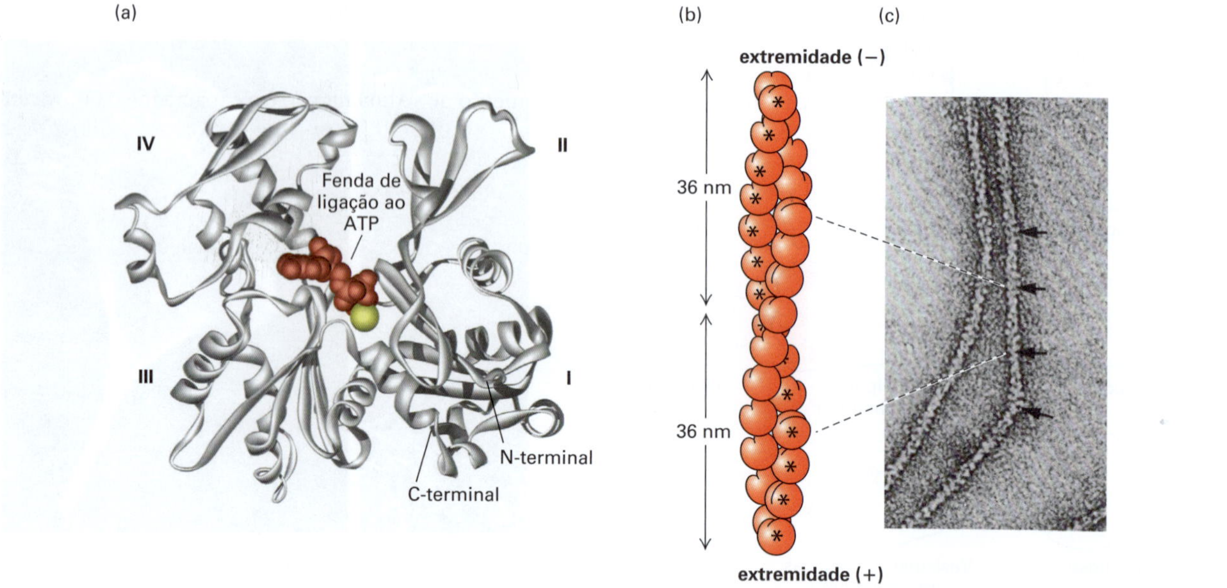

FIGURA 17-5 Estruturas da actina G monomérica e dos filamentos de actina F. (a) Modelo de um monômero de actina (medindo 5,5 × 5,5 × 3,5 nm) mostrando ser dividido por uma fenda central em dois lóbulos aproximadamente do mesmo tamanho e quatro subdomínios, numerados de I a IV. O ATP (vermelho) se liga no fundo da fenda e entra em contato com ambos os lóbulos (o círculo amarelo representa Mg^{2+}). As extremidades N-terminal e C-terminal situam-se no subdomínio I. (b) Um filamento de actina aparece como duas cadeias de subunidades. Uma unidade repetitiva consiste em 28 subunidades (14 em cada fita, indicado pelo * para uma fita), cobrindo a distância de 72 nm. A fenda de ligação do ATP está orientada na mesma direção da extremidade do filamento. A extremidade de um filamento com uma fenda de ligação exposta é designado como extremidade (–); a extremidade oposta é a extremidade (+). (c) Ao microscópio eletrônico, os filamentos de actina corados negativamente aparecem como cordões longos, flexíveis e torcidos de subunidades em forma de contas. Devido à torção, o filamento parece alternadamente mais fino (7 nm de diâmetro) e mais grosso (9 nm de diâmetro) (setas). (Os microfilamentos visualizados em uma célula por microscopia eletrônica são filamentos de actina F e uma proteína qualquer ligada.) (Parte (a) adaptada de C. E. Schutt et al., 1993, *Nature* **365**:810; cortesia de M. Rozycki. Parte (c) cortesia de R. Craig.)

derado como duas fitas helicoidais enroladas uma na outra. Cada subunidade na estrutura faz contato com uma subunidade acima e uma abaixo em uma das fitas e com duas subunidades na outra fita. As subunidades em uma única fita se enrolam por trás da outra fita e repetem esse processo depois de 72 nm, ou 14 subunidades de actina. Como existem duas fitas, o filamento de actina parece se repetir a cada 36 nm (ver Figura 17-5b). Quando a actina F é corada negativamente por acetato de uranila para microscopia eletrônica, ela aparece como cordões torcidos cujo diâmetro varia entre 7 e 9 nm (Figura 17-5c).

A actina F tem polaridade estrutural e funcional

Todas as subunidades em um filamento de actina estão orientadas da mesma maneira. Consequentemente, o filamento exibe polaridade; isso é, uma extremidade difere da outra. Como será visto, uma extremidade do filamento é favorecida pela adição das subunidades de actina e é designada como extremidade (+), enquanto a outra é favorecida pela dissociação de subunidades, designada extremidade (−). Na extremidade (+), o sítio de ligação ao ATP da subunidade de actina faz contato com a subunidade de actina adjacente, enquanto na extremidade (−), o sítio está exposto à solução circundante (ver Figura 17-5b).

Sem a resolução atômica proporcionada pela cristalografia por raios X, o sítio de ligação em uma subunidade de actina e, portanto, a polaridade de um filamento, não seria detectável. De qualquer maneira, a polaridade dos filamentos de actina pode ser demonstrada por microscopia eletrônica em experimentos de "revestimento", que exploram a capacidade da proteína motora miosina de se ligar especificamente aos filamentos de actina. Nesse tipo de experimento, um excesso da miosina S1, o domínio apical globular de miosina, é misturado com filamentos de actina e permite-se que ocorra a ligação. A miosina liga-se às laterais de um filamento com uma

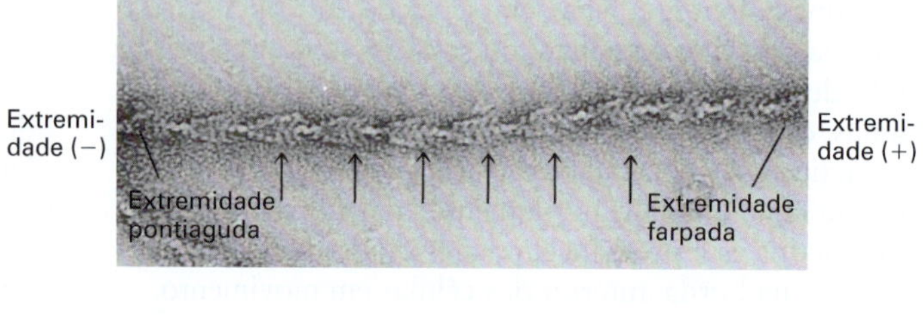

FIGURA EXPERIMENTAL 17-6 Revestimento da miosina S1 demonstra a polaridade de um filamento de actina. Os domínios apicais S1 da miosina se ligam às subunidades de actina em uma determinada orientação. Quando ligada a todas as subunidades em um filamento, S1 parece espiralar-se em torno do filamento. Este revestimento com as regiões apicais da miosina produz uma série de estruturas em forma de setas, mais facilmente visualizadas em imagens do filamento com maior amplitude. A polaridade ligação define uma extremidade pontiaguda (–) e uma extremidade farpada (+); (Cortesia de R. Craig.)

leve inclinação. Quando todas as subunidades de actina estão ligadas à miosina, o filamento parece coberto ("revestido") com cabeças de setas que apontam em direção a uma extremidade do filamento (Figura 17-6).

A capacidade da cabeça da miosina S1 em se ligar e revestir a actina F é muito útil experimentalmente, permitindo aos pesquisadores identificar a polaridade dos filamentos, tanto *in vitro* quanto nas células. As setas apontam a direção da extremidade (−) e, desse modo, a extremidade (−), é muitas vezes chamada extremidade "pontiaguda" de um filamento de actina; a extremidade (+) é conhecida como extremidade "farpada". Como a miosina se liga aos filamentos de actina e não se liga aos microtúbulos ou filamentos intermediários, o revestimento com cabeças de setas é um critério pelo qual os filamentos de actina podem ser definitivamente identificados em meio a outras fibras citoesqueléticas nas micrografias eletrônicas de células.

CONCEITOS-CHAVE da Seção 17.1

Estruturas dos microfilamentos e da actina

- Os microfilamentos podem ser montados em diversas estruturas associadas à membrana plasmática (ver Figura 17-4a).
- A actina, a unidade estrutural básica dos microfilamentos, é a principal proteína das células eucarióticas e é altamente conservada.
- A actina pode se organizar de forma reversível em filamentos que consistem em duas hélices de subunidades de actina.
- As subunidades de actina em um filamento são todas orientadas na mesma direção, com o sítio de ligação a nucleotídeos exposto na extremidade (−) (ver Figura 17-5).

17.2 A dinâmica dos filamentos de actina

O citoesqueleto de actina não é uma estrutura estática inalterável composta por feixes e redes de filamentos. Embora os microfilamentos possam ser relativamente estáticos em algumas estruturas, em outras eles são bastante dinâmicos, aumentando ou diminuindo seu comprimento. Essas alterações na organização dos filamentos de actina geram forças que causam grandes mudanças na forma da célula ou promovem os movimentos intracelulares. Nesta seção, serão considerados o mecanismo e a regulação da polimerização da actina, que é, em grande parte, responsável pela natureza dinâmica do citoesqueleto. Será visto que diversas proteínas de ligação a actina fazem importantes contribuições a esses processos.

A polimerização da actina *in vitro* ocorre em três etapas

A polimerização *in vitro* dos monômeros da actina G, para formar os filamentos de actina F, pode ser monitorada por viscometria, sedimentação, espectroscopia de fluorescência ou microscopia de fluorescência (Capítulo 9). Quando os filamentos de actina tornam-se suficientemente longos para serem enredados, a viscosidade da solução aumenta, e é medida como uma diminuição na sua velocidade de fluxo em um viscômetro. A base do experimento de sedimentação é a capacidade da ultracentrifugação (100.000 g por 30 minutos) de sedimentar a actina F, mas não a actina G. O terceiro experimento utiliza a actina G marcada covalentemente com um corante fluorescente; o espectro de fluorescência do monômero de actina G marcado altera-se quando ela é polimerizada em actina F. Finalmente, o crescimento dos filamentos marcados fluorescentemente pode ser visualizado por microscopia de fluorescência em vídeo. Esses experimentos são úteis para os estudos de cinética de polimerização da actina e para caracterização das proteínas que se ligam à actina para determinar como elas afetam a dinâmica da actina ou como elas interligam os filamentos de actina.

O mecanismo de montagem da actina vem sendo amplamente estudado. Notavelmente, pode-se purificar a actina G em altas concentrações de proteína sem a formação de filamentos, contanto que seja mantida em um tampão com ATP e baixos níveis de cátions. Entretanto, como visto anteriormente, se o nível de cátions é aumentado (p. ex., para 100 mM de K^+ e 2 mM de Mg^{2+}), a actina G polimerizará, com a cinética da reação dependendo da concentração inicial de actina G. A polimerização *in vitro* da actina G pura ocorre em três fases sequenciais (Figura 17-7a):

1. A *fase de nucleação* é marcada por um período de retardo (*lag*) no qual as subunidades da actina G combinam em duas ou três subunidades.
   Quando os oligômeros alcançam o comprimento de três subunidades, eles atuam como origem, ou núcleo, para a próxima fase.
2. Durante a *fase de alongamento*, o oligômero curto rapidamente aumenta de comprimento pela adição de monômeros de actina a ambas as extremidades. À medida que os filamentos de actina F crescem, a concentração dos monômeros de actina G diminui, até que seja alcançado o equilíbrio entre as extremidades dos filamentos e os monômeros, e um estado estacionário seja alcançado.
3. Na *fase de estado estacionário*, os monômeros de actina G permutam com subunidades nas extremidades dos filamentos, mas não ocorre mudança no comprimento total dos filamentos.

As curvas cinéticas apresentadas na Figura 17-7b, c mostram o estado de massa dos filamentos durante cada fase de polimerização. Na Figura 17-7c é visto que o período de retardo é devido à nucleação, pois pode ser eliminado pela adição de um pequeno número de núcleos de actina F à solução de actina G.

Quanta actina G é necessária para a organização espontânea do filamento? Cientistas testaram várias concentrações de actina G-ATP sob condições de polimerização e observaram que abaixo de certas concentrações, os filamentos não se formam (Figura 17-8). Acima dessas concentrações, os filamentos começam a se formar; quando o estado estacionário é alcançado, a incorporação de mais subunidades livres é equilibrada pela

ANIMAÇÃO EM FOCO: Polimerização da Actina

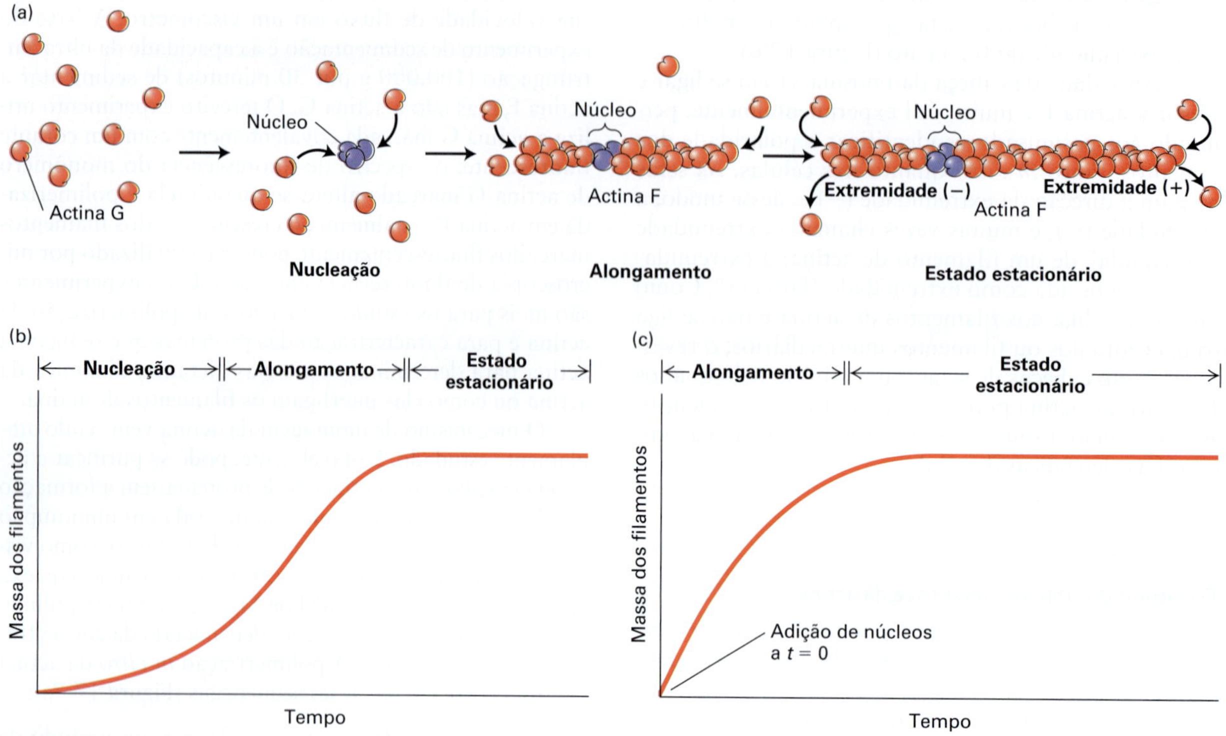

FIGURA 17-7 A polimerização da actina G *in vitro* ocorre em três fases. (a) Na fase de nucleação inicial, os monômeros de actina G-ATP (vermelho) lentamente formam complexos estáveis de actina (roxo). Estes núcleos são rapidamente alongados, na segunda fase, pela adição de subunidades a ambas as extremidades do filamento. Na terceira fase, as extremidades dos filamentos de actina permanecem em estado estacionário com a actina G monomérica. (b) A linha de tempo da reação de polimerização *in vitro* mostra o período de retardo (*lag*) inicial associado com a nucleação, fase de alongamento e estado estacionário. (c) Se alguns fragmentos de filamentos de actina curtos estáveis são adicionados no início da reação, para atuarem como núcleos, o alongamento prossegue imediatamente, sem qualquer período de retardo.

dissociação das subunidades a partir das extremidades dos filamentos para gerar uma mistura de filamentos e monômeros. A concentração na qual os filamentos são formados é conhecida como **concentração crítica**, C_c. Abaixo da C_c, os filamentos não se formarão; acima da C_c, os filamentos se formarão. No estado estacionário, a concentração da actina monomérica permanece na concentração crítica (ver Figura 17-8).

Os filamentos de actina crescem mais rapidamente na extremidade (+) do que na extremidade (–)

Foi visto que os experimentos de revestimento com miosina apical S1 revelaram a polaridade estrutural inerente da actina F (ver Figura 17-6). Se a actina G-ATP for adicionada a um filamento preexistente revestido com miosina, as duas extremidades crescerão a velocidades muito diferentes (Figura 17-9). Na realidade, a velocidade de adição da actina G-ATP é aproximadamente 10 vezes mais rápida na extremidade (+) do que na extremidade (–). É claro que a velocidade de adição é determinada pela concentração de actina G-ATP livre. Experimentos de cinética mostraram que a velocidade de adição na extremidade (+) é cerca de 12 $\mu M^{-1}s^{-1}$ e cerca de 1,3 $\mu M^{-1}s^{-1}$ na extremidade (–) (Figura 17-10a). Isso significa que se 1 μM de actina G-ATP livre for adicionado a filamentos pré-formados, 12 subunidades, em média, serão adicionadas à extremidade (+) a cada segundo, enquanto apenas 1,3 serão adicionados à extremidade (–) a cada segundo. E quanto à velocidade de dissociação das subunidades a partir de cada

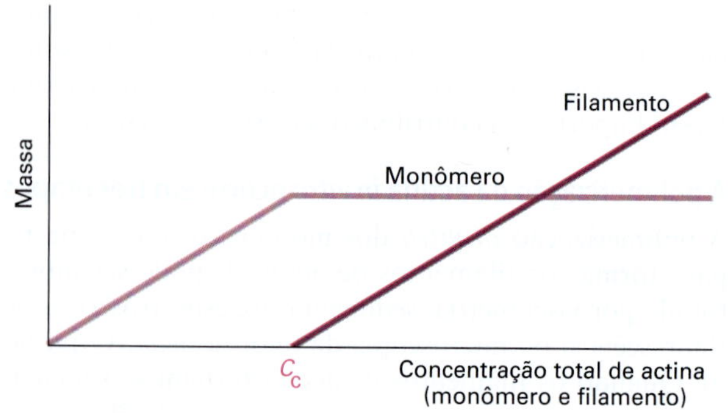

FIGURA 17-8 Determinação da formação dos filamentos pela concentração de actina. A concentração crítica (C_C) é a concentração de monômeros de actina G em equilíbrio com os filamentos de actina. Em concentrações de monômeros inferiores à C_C, não ocorre a polimerização. Quando a polimerização é induzida em concentrações de monômeros superiores à C_C, os filamentos são formados até que o estado estacionário seja alcançado e a concentração caia até a C_c.

extremidade? Ao contrário, as velocidades de dissociação das subunidades actina G-ATP a partir das duas extremidades são bastante semelhantes, cerca de 1,4 s^{-1} a partir da extremidade (+) e 0,8 s^{-1} a partir da extremidade (−). Uma vez que essa dissociação é simplesmente a velocidade na qual as subunidades deixam as extremidades, ela não depende da concentração de actina G-ATP livre.

Quais implicações essas velocidades de associação e dissociação têm sobre a dinâmica da actina? Primeiro será considerada apenas uma extremidade, a extremidade (+). Como observado anteriormente, a velocidade de adição depende da concentração de actina G-ATP livre, enquanto a velocidade de dissociação das subunidades não depende. Assim, subunidades serão adicionadas em concentrações altas de actina G-ATP livre, mas à medida que a concentração é diminuída, um ponto no qual a velocidade de adição é equilibrada pela velocidade de dissociação será alcançado e nenhum crescimento líquido ocorrerá naquela extremidade. Isso é chamado de C^+_c, ou concentração crítica para a extremidade (+), que pode ser calculada igualando a velocidade de associação com a velocidade de dissociação. Desse modo, na concentração crítica, a velocidade de associação é C^+_c vezes a velocidade medida de adição de 12 $\mu M^{-1}s^{-1}$ (C^+_c 12 s^{-1}), enquanto a velocidade de dissociação é independente da concentração de actina livre, ou seja, 1,4 s^{-1}. Igualando essas duas, temos $C^+_c = 1{,}4\ s^{-1}/12\ \mu M^{-1}s^{-1}$ ou 0,12 μM para a extremidade (+). Acima dessa concentração de actina G-ATP livre, as subunidades são adicionadas à extremidade (+) e o crescimento líquido ocorre, enquanto abaixo dessa concentração existe uma perda líquida das subunidades, e o encurtamento ocorre.

Agora considere apenas a extremidade (−). Como a velocidade de adição é muito mais baixa (1,3 $\mu M^{-1}s^{-1}$), mas a velocidade de dissociação é quase a mesma (0,8 s^{-1}), espera-se que a concentração crítica C^-_c na extremidade (−) seja maior do que a C^+_c. De fato, como feito na extremidade (+), pode-se calcular que C^-_c seja cerca de 0,8 $s^{-1}/1{,}3\ \mu M^{-1}s^{-1}$, ou 0,6 μM. Dessa forma, com menos de 0,6 μM de actina G-ATP livre, por exemplo, 0,3 μM, a extremidade (−) perderá subunidades. Mas observe que nessa concentração a extremidade (+) crescerá, uma vez que 0,3 μM está acima da C^+_c. Como as concentrações críticas são diferentes, no estado estacionário a actina G-ATP livre será intermediária entre C^+_c e C^-_c, de modo que a extremidade (+) crescerá e a extremidade (−) perderá subunidades. Esse fenômeno é conhecido como **rolamento** (do inglês *treadmilling*), pois determinadas subunidades, como aquelas mostradas em azul na Figura 17-10b, parecem se mover por meio dos filamentos.

A habilidade dos filamentos de actina em aumentar e diminuir é movida pela hidrólise de ATP. Quando a actina G-ATP se liga à extremidade (+), o ATP é hidrolisado em ADP e P_i. O P_i é liberado lentamente das subunidades no filamento, de modo que o filamento se torna assimétrico, com as subunidades actina-ATP na extremidade (+) dos filamentos seguidas por uma região com actina-ADP-P_i e, então, após a liberação de P_i, seguidas pelas subunidades actina-ADP em direção à extremidade (−) (ver Figura 17-10a). Durante a hidrólise do ATP e posterior liberação de P_i das subunidades de um filamento, a actina sofre uma alteração conformacional responsável pelas velocidades de associação e dissociação diferentes nas duas extremidades. Aqui são consideradas apenas a cinética da actina G-ATP, mas na verdade é a actina G-ADP que se dissocia da extremidade (−). Nossas análises também se baseiam em um suprimento pleno de actina G-ATP que, como será visto, é o que ocorre *in vivo*. Assim, a actina pode usar a força gerada pela hidrólise de ATP para o rolamento das subunidades, e filamentos em expansão podem trabalhar *in vivo*, como observado mais adiante.

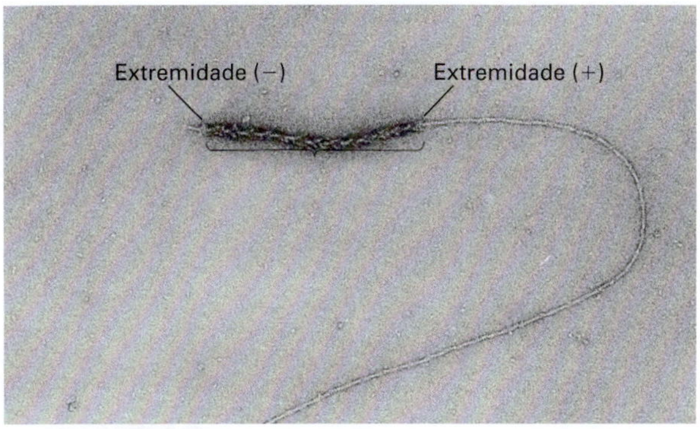

FIGURA EXPERIMENTAL 17-9 As duas extremidades de um filamento de actina revestido com miosina crescem de forma desigual. (a) Quando os filamentos curtos de actina são revestidos com miosina S1 e então usados para nuclear a polimerização da actina, as subunidades de actina resultantes são adicionadas de maneira muito mais eficiente à extremidade (+) do que à extremidade (−). Este resultado indica que os monômeros de actina G são adicionados com muito mais rapidez à extremidade (+) do que à extremidade (−). (Cortesia de T. Pollard.)

A expansão do filamento de actina é acelerado pela profilina e cofilina

Medidas da velocidade do rolamento das subunidades de actina *in vivo* mostram que ela pode ser algumas vezes maior do que a que pode ser obtida com a actina pura *in vitro* sob condições fisiológicas. Consistente com um modelo de rolamento, o crescimento dos filamentos de actina *in vivo* apenas ocorre na extremidade (+). De que modo o rolamento aumentado é obtido e de que modo a célula recarrega a actina-ADP que está se dissociando da extremidade (−) para actina-ATP a ser adicionada na extremidade (+)? Duas proteínas de ligação à actina fazem importantes contribuições para esses processos.

A primeira é a **profilina**, pequena proteína que se liga à actina G no sítio oposto à fenda de ligação ao nucleotídeo. Quando a actina G se liga à actina-ADP, ela abre a fenda e aumenta muito a perda de ADP, que é substituído pelo ATP celular mais abundante, gerando um complexo actina-ATP-profilina. Esse complexo não consegue se ligar à extremidade (−), pois a profilina bloqueia os sítios na actina G para a associação à extremidade (−). Entretanto, o complexo actina-ATP-profilina é capaz de se ligar de modo eficaz à extremidade (+), e a profilina se dissocia após a ligação de uma nova subunidade de actina (Figura 17-11). Essa função da profilina por si só não aumenta

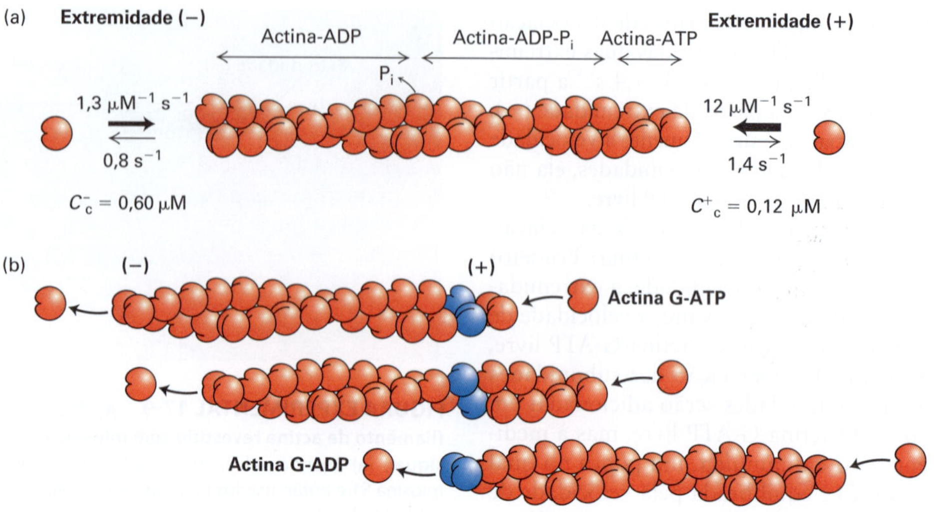

FIGURA 17-10 Rolamento das subunidades de actina. Subunidades de actina-ATP adicionam mais rápido à extremidade (+) do que à extremidade (−) de um filamento de actina, resultando em uma concentração crítica mais baixa e rolamento das subunidades em estado estacionário. (a) A taxa de adição de actina G-ATP é muito mais rápida da extremidade (+) do que na extremidade (−), enquanto a taxa de dissociação de actina-ADP é similar nas duas extremidades. Essa diferença resulta em uma concentração crítica mais baixa na extremidade (+). No estado estacionário, a actina-ATP é adicionada preferencialmente à extremidade (+), dando origem a uma região curta do filamento contendo actina-ATP e regiões contendo actina-P_i-ADP e actina-ADP em direção da extremidade (+). (b) No estado estacionário, as subunidades de actina G-ADP se dissociam da extremidade (−) dando origem ao rolamento das subunidades.

a velocidade de rolamento das subunidades, mas fornece um suprimento de actina-ATP a partir da actina-ADP liberada; como consequência, essencialmente toda a actina-G livre em uma célula se encontra ligada ao ATP.

A profilina possui outra propriedade importante: ela pode se ligar a outras proteínas com sequências ricas em resíduos de prolina ao mesmo tempo em que se liga à actina. Adiante considera-se como essa propriedade é importante na montagem dos filamentos de actina.

A **cofilina** também é uma pequena proteína envolvida no rolamento da actina, mas ela se liga especificamente à actina F na qual as subunidades contêm ADP, que são as subunidades mais antigas no filamento em direção à extremidade (−) (ver Figura 17-10a). A ligação da cofilina forma uma "ponte" que conecta dois monômeros de actina e induz uma pequena alteração na torção do filamento. Essa pequena torção desestabiliza o filamento, quebrando-o em pedaços curtos. Com essa fragmentação dos filamentos, a cofilina gera muito mais extremidades (−) livres e, por isso, aumenta muito a dissociação da extremidade (−) do filamento (ver Figura 17-11). As subunidades de actina-ADP liberadas são então recarregadas pela profilina e adicionadas à extremidade (+), como já descrito. Assim, a profilina e a cofilina podem aumentar o rolamento das subunidades *in vitro* mais de dez vezes, até os níveis observados *in vivo*. Como seria de esperar, a célula utiliza vias de transdução de sinal para regular tanto a profilina quanto a cofilina, e, dessa forma, a renovação dos filamentos de actina.

A timosina β_4 fornece um reservatório de actina para polimerização

Há muito tempo é sabido que as células muitas vezes têm um grande conjunto de actinas não polimerizadas, algumas vezes metade da actina na célula. Uma vez que os níveis de actina celular podem chegar a 100-400 μM, isso significa que pode haver 50-200 μM de actina não polimerizada nas células. Já que a concentração crítica *in vitro* é cerca de 0,2 μM, por que toda essa actina não polimeriza? A resposta está, em parte, na presença de proteínas que sequestram os monomeros de actina. Uma dessas é a **timosina-β_4**, pequena proteína que se liga à actina G-ATP de modo a inibir a adição da subunidade de actina em ambas extremidades do filamento. A timosina-β_4 pode ser bastante abundante, por exemplo, nas plaquetas do sangue humano. Esses fragmentos de células em forma discoide são bastante abundantes no sangue, e, quando ativados durante a coagulação sanguínea, sofrem uma explosão de montagem de actina. As plaquetas são ricas em actina: estima-se que tenham uma concentração total de 550 μM de actina, dos quais cerca de 220 μM estão na forma não polimerizada. Também contêm cerca de 550 μM de timosina-β_4, que sequestra grande parte da actina livre. Entretanto, como em qualquer interação proteína-proteína, a actina livre e a timosina-β_4 estão em equilíbrio dinâmico com a actina–timosina-β_4. Se parte da actina livre é utilizada para polimerização, mais actina–timosina-β_4 irá dissociar, fornecendo mais actina livre para polimerização (ver Figura 17-11). Por isso, a timosina-β_4 funciona como um tampão de actina não polimerizada, para quando ela for necessária.

Proteínas de revestimento bloqueiam a associação e dissociação nas extremidades dos filamentos de actina

O rolamento das subunidades e a dinâmica dos filamentos de actina ainda são regulados nas células pelas *proteínas* de revestimento *(capping)* que se ligam espe-

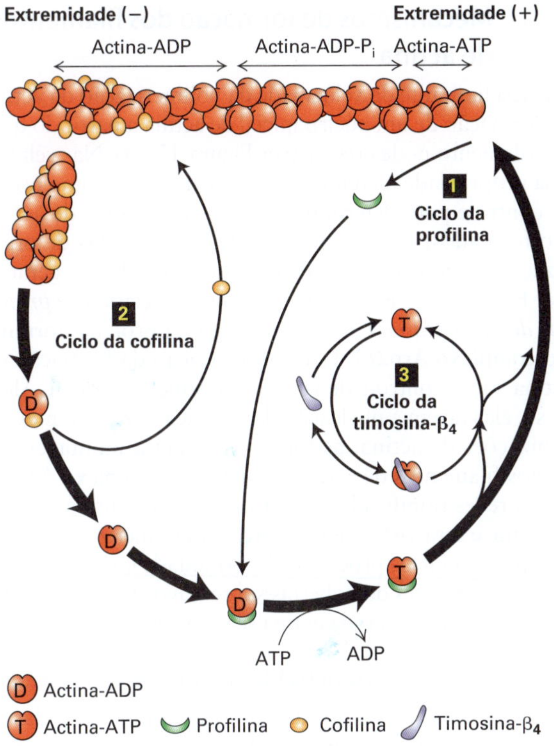

FIGURA 17-11 Regulação da formação do filamento pelas proteínas de ligação à actina. As proteínas de ligação à actina regulam a taxa de associação e dissociação, assim como a disponibilidade da actina G para polimerização. No ciclo da profilina **1**, a profilina se liga à actina G-ADP e catalisa a troca de ADP por ATP. O complexo profilina–actina G-ATP pode encaminhar a actina para a extremidade (+) de um filamento com dissociação e reciclagem da profilina. No ciclo da cofilina **2**, a cofilina se liga preferencialmente aos filamentos que contêm actina-ADP, induzindo-os a fragmentar e assim estimular a despolimerização, por gerar mais extremidades. No ciclo da timosina-β$_4$ **3**, a actina G disponível a partir do equilíbrio da profilina-actina é ligada pela timosina-β$_4$, sequestrando-a da polimerização. Como a concentração de actina G livre é diminuída pela polimerização, a timosina-β$_4$-actina G se dissocia para tornar a actina G livre disponível para associação com profilina e promover a polimerização.

cificamente às extremidades dos filamentos. Não fosse assim, os filamentos de actina continuariam a crescer e a se dissociar de maneira descontrolada. Como esperado, duas classes de proteínas foram descobertas: as que se ligam à extremidade (+) e as que se ligam à extremidade (−) (Figura 17-12).

Uma proteína conhecida como **CapZ**, composta por duas subunidades bastante relacionadas, se liga com alta afinidade (≈ 0,1 nM) à extremidade (+) dos filamentos de actina, inibindo a adição ou a perda das subunidades. A concentração de CapZ nas células geralmente é suficiente para bloquear rapidamente qualquer extremidade (+) recém-formada. Como, então, os filamentos crescem na extremidade (+)? Pelo menos dois mecanismos regulam a atividade de CapZ. Inicialmente, a atividade de bloqueamento de CapZ é inibida pelo lipídeo regulador PI(4,5)P_2, encontrado na membrana plasmática (Capítulo 16). Posteriormente, trabalhos recentes mostraram que certas proteínas reguladoras são capazes de se ligar à extremidade (+) e, simultaneamente, protegê-la de CapZ enquanto ainda permitem que ocorra a associação de novas subunidades. Dessa forma, as células desenvolveram um mecanismo elaborado para bloquear a montagem dos filamentos de actina nas suas extremidades (+), exceto quando e onde a formação for necessária.

Outra proteína chamada **tropomodulina** se liga à extremidade (−) dos filamentos de actina, inibindo também a associação e a dissociação. Essa proteína é encontrada predominantemente em células nas quais os filamentos de actina precisam ser bastante estáveis. Dois exemplos serão fornecidos adiante no capítulo, os filamentos curtos de actina nas hemácias e os filamentos de actina nos músculos. Como observado, em ambos os casos, a tropomodulina trabalha com outra proteína, a tropomiosina, que se localiza ao longo do filamento para estabilizá-lo. A tropomodulina se liga à tropomiosina e à actina na extremidade (−) para estabilizar fortemente o filamento.

Além da CapZ, outra classe de proteínas pode bloquear as extremidades (+) dos filamentos de actina. Essas proteínas também podem cortar os filamentos de actina. Um membro dessa família, a *gelsolina*, é regulado por níveis aumentados dos íons Ca^{2+}. Ao se ligar a Ca^{2+}, a gelsolina sofre alteração conformacional que permite sua ligação na lateral de um filamento de actina e sua inserção entre as subunidades da hélice, quebrando assim o filamento. Ela então permanece ligada ao filamento e bloqueia a extremidade (+), gerando uma nova extremidade (−) que pode desmontar. Como discutido na seção anterior, as proteínas que fazem interligações com a actina podem dar origem a ligações entre filamentos de actina individuais para tornar uma solução de actina F em gel. Se a gelsolina for adicionada a esse gel, e o nível de Ca^{2+} estiver elevado, a gelsolina cortará os filamentos de actina e a transformará novamente em solução líquida. Essa capacidade de tornar um gel em solução é que deu origem ao nome "gelsolina".

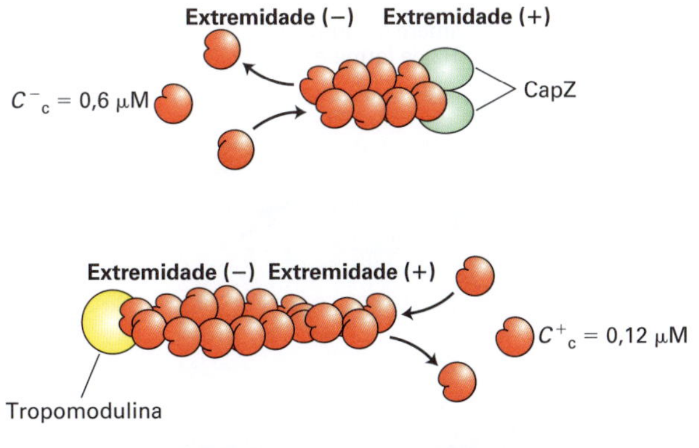

FIGURA EXPERIMENTAL 17-12 Proteínas de revestimento. As proteínas de revestimento bloqueiam a associação e a dissociação nas extremidades dos filamentos. A CapZ bloqueia a extremidade (+), que é onde normalmente os filamentos crescem, assim sua função é limitar a dinâmica da actina à extremidade (−). A proteína de revestimento tropomodulina bloqueia as extremidades (−), onde normalmente ocorre a dissociação do filamento; assim, a principal função da tropomodulina é estabilizar os filamentos.

CONCEITOS-CHAVE da Seção 17.2

A dinâmica dos filamentos de actina

- A etapa limitante da velocidade na associação da actina é a formação de um oligômero curto de actina (núcleo) que pode então ser alongado em filamentos.
- A concentração crítica (C_c) é a concentração de actina G livre na qual a adição a uma extremidade do filamento é equilibrada pela perda daquela extremidade.
- Quando a concentração de actina G estiver acima da C_c, a extremidade do filamento crescerá; quando for menor do que a C_c, o filamento encurtará (ver Figura 17-8).
- A actina G-ATP se associa com maior velocidade à extremidade (+) do que à extremidade (-), resultando em uma concentração crítica mais baixa na extremidade (+) do que na (-).
- No estado estacionário, as subunidades de actina se associam e se dissociam ao longo de um filamento. A actina-ATP é adicionada à extremidade (+); o ATP é então hidrolisado em ADP e P_i; P_i é liberado; e a actina-ADP se dissocia da extremidade (-).
- O comprimento e taxa de rolamento dos filamentos de actina é regulado por proteínas especializadas de ligação à actina (ver Figura 17-11). A profilina aumenta a troca de ADP por ATP na actina G; a cofilina aumenta a taxa de perda de actina-ADP a partir da extremidade (-) do filamento, e a timosina-β_4 se liga à actina G para fornecer reserva de actina quando necessário. As proteínas de revestimento se ligam às extremidades dos filamentos, bloqueando a sua associação e dissociação de subunidades.

17.3 Mecanismos de formação dos filamentos de actina

A etapa limitante da velocidade da polimerização da actina é a formação de um núcleo inicial de actina a partir do qual um filamento pode crescer (ver Figura 17-7a). Nas células, essa propriedade inerente da actina é utilizada como ponto de controle para determinar onde os filamentos de actina são formados; é assim que as diferentes formas de organização da actina dentro de uma única célula são geradas (ver Figuras 17-1 e 17-4). Duas principais classes de *proteínas de nucleação da actina*, a família da proteína **formina** e o **complexo Arp2/3**, fazem a nucleação da formação da actina sob o controle de vias de transdução de sinal. Além disso, elas fazem a nucleação da formação de diferentes organizações de actina: as forminas levam à montagem de longos filamentos de actina, enquanto o complexo Arp2/3 leva a redes ramificadas. Cada uma será discutida separadamente e será visto como a força da polimerização da actina pode guiar os processos de motilidade em uma célula. Então, as recentes descobertas sobre novos fatores especializados em nucleação da actina serão abordadas.

As forminas organizam os filamentos não ramificados

As forminas são encontradas em essencialmente todas as células eucarióticas como uma família bastante diversa de proteínas: sete diferentes classes estão presentes nos vertebrados. Embora elas sejam diversas, todos os membros das forminas possuem dois domínios adjacentes em comum, os domínios FH1 e FH2 (domínios de homologia à formina 1 e 2). Os dois domínios FH2 de dois monô-

ANIMAÇÃO EM FOCO: Alongamento do filamento de actina pelo dímero FH2 da formina

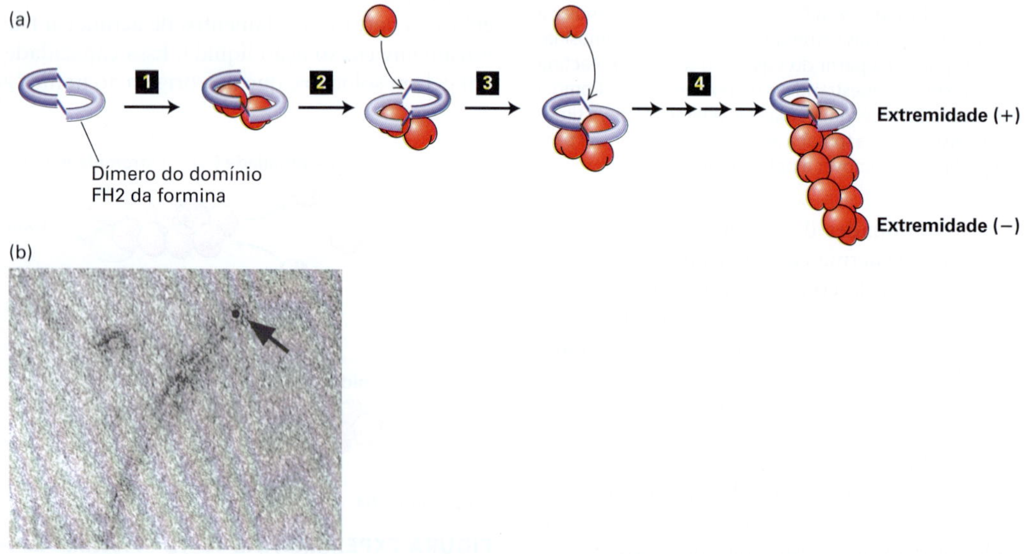

FIGURA 17-13 Nucleação da actina pelo domínio FH2 da formina. (a) As forminas têm um domínio chamado FH2 que pode formar um dímero e fazer a nucleação da montagem do filamento. O dímero liga duas subunidades de actina (etapa **1**) e, ao balançar-se para trás e para frente (etapas **2** a **4**), pode permitir a inserção de subunidades adicionais entre o domínio FH2 e a extremidade (+) do filamento em crescimento. O domínio FH2 protege a extremidade (+) de ser bloqueada pelas proteínas de revestimento. (b) O domínio FH2 da formina foi marcado com ouro coloidal (pontos pretos) e usado para nuclear a montagem de um filamento de actina. O filamento resultante foi visualizado por microscopia eletrônica após coloração com uranil acetato. As forminas organizam longos filamentos não ramificados. (Parte (b) a partir de D. Pruyne et al., 2002, *Science* **297**;612.)

meros individuais se associam para formar um complexo em forma de rosca (Figura 17-13a). Esse complexo tem a habilidade de fazer a nucleação da associação da actina pela ligação de duas subunidades de actina, mantendo-as de modo que a extremidade (+) esteja voltada para os domínios FH2. O filamento nascente agora pode crescer na extremidade (+), enquanto o dímero do domínio FH2 permanece ligado. Como isso é possível? Como visto antes, um filamento de actina pode ser imaginado como duas fitas de subunidades entrelaçadas. O dímero FH2 pode se ligar às duas subunidades terminais. Ele então provavelmente oscila entre as duas subunidades da extremidade, deixando uma escapar para permitir a adição de uma nova subunidade e então a ligação da nova subunidade adicionada, liberando espaço para a adição de outra subunidade na outra fita. Dessa forma, oscilando entre as duas subunidades na extremidade, ele consegue permanecer ligado enquanto simultaneamente permite o crescimento na extremidade (+) (ver Figura 17-13a).

O domínio FH1 adjacente ao domínio FH2 também faz uma importante contribuição para o crescimento do filamento de actina (Figura 17-14). Esse domínio é rico em resíduos de prolina que são sítios para a ligação de algumas moléculas de profilina. Foi discutido anteriormente como a profilina pode trocar nucleotídeos ADP na actina G para gerar actina-ATP-profilina. O domínio FH1 se comporta como um local de recrutamento para aumentar a concentração local dos complexos actina G-ATP-profilina. A actina dos complexos actina-profilina localizados é transferida para o domínio FH2 para adicionar actina à extremidade (+) do filamento com a liberação concomitante da profilina, permitindo a rápida montagem de filamentos mediada por FH2 (ver Figura 17-14). Uma vez que a formina permite a adição das subunidades de actina à extremidade (+), longos filamentos com formina na sua extremidade (+) são gerados (Figura 17-13b). Dessa forma, as forminas fazem a nucleação da montagem da actina e possuem a notável capacidade de permanecer ligadas à extremidade (+) e ao mesmo tempo permitem a rápida associação no local. Para assegurar o crescimento contínuo do filamento, as forminas se ligam à extremidade (+) de modo a impedir a ligação de uma proteína de revestimento na extremidade (+) como CapZ, que normalmente terminaria a formação.

Para ser útil à célula, a atividade da formina deve ser regulada. Muitas forminas existem em uma conformação inativa dobrada como resultado da interação entre a primeira metade da proteína e a região C-terminal. Essas forminas são ativadas por Rho-GTP ligadas a membrana, pequena GTPase relacionada a Ras (discutido na Seção 17.7). Quando Rhos é trocada da forma Rho-GDP inativa para seu estado Rho-GTP ativado, ela pode se ligar e ativar a formina (ver Figura 17-14).

Estudos recentes mostraram que as forminas são responsáveis pela montagem de longos filamentos de actina como aqueles encontrados nas fibras de tensão, filopódios e no anel contrátil durante a citocinese (ver Figura 17-4). O papel de nucleação da actina das forminas apenas foi descoberto recentemente, de modo que os papéis realizados por essa versátil família de proteínas estão sendo descobertos apenas agora. Como existem muitas classes de forminas diferentes nos animais, é provável que as forminas participem da formação de outras estruturas baseadas na actina.

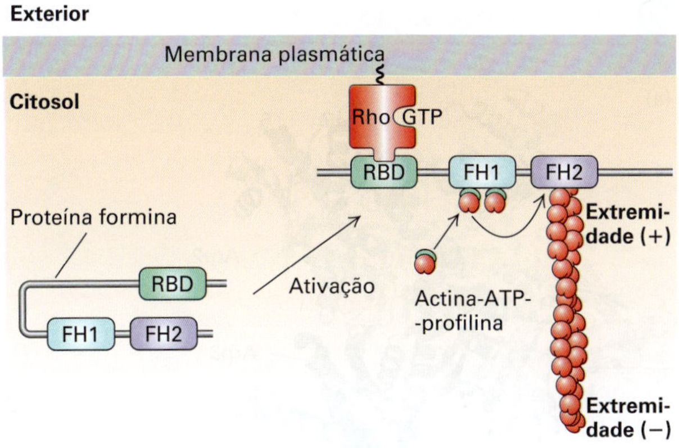

FIGURA 17-14 Regulação das forminas por uma interação intramolecular. Algumas das classes da forminas encontradas nos vertebrados são reguladas por uma interação intramolecular. A formina inativa é ativada pela ligação do seu domínio de ligação a Rho (RBD) à Rho-GTP ativa ligada à membrana, resultando na exposição do domínio FH2 da formina, que pode então nuclear a montagem de um novo filamento. Todas as forminas têm um domínio FH1 adjacente ao domínio FH2; o domínio FH1 rico em prolina é um sítio para recrutamento dos complexos actina G-ATP-profilina que pode então ser adicionado à extremidade (+) crescente. Para simplicidade da representação, uma única proteína formina é mostrada; porém, como apresentado na Figura 17-13, o domínio FH2 funciona como um dímero para nuclear a montagem da actina. A regulação da família Rho de pequenas GTPases está detalhada na Figura 17-42.

O complexo Arp2/3 faz a nucleação da formação dos filamentos ramificados

O complexo Arp2/3 – máquina proteica composta por sete subunidades, duas das quais são proteínas relacionadas à actina ("Arp", do inglês *actin-related proteins*) (Figura 17-15a) – é encontrado em essencialmente todos eucariotos, incluindo células vegetais, leveduras e animais. Por si só, o complexo Arp2/3 é um nucleador muito fraco. Para promover a nucleação da formação da actina ramificada, o Arp2/3 deve ser ativado pela interação com um **fator promotor da nucleação (NPF)**, além de se associar com a lateral de um filamento de actina preexistente. Embora existam muitos NPFs diferentes, a principal família é caracterizada pela presença de uma região chamada WCA (WH2, conector, acídico). Experimentos têm mostrado que a adição do domínio WCA a um ensaio de associação da actina juntamente com filamentos de actina pré-formados, o Arp2/3 torna-se um potente nucleador para a associação da actina.

Como o complexo Arp2/3 e o NPF fazem a nucleação dos filamentos? O NPF liga uma subunidade de actina por meio do seu domínio WH2 e ativa o complexo Arp2/3 pela interação com seu domínio acídico. No complexo Arp2/3 inativo, os dois polipeptídeos relacionados à actina, Arp2 e

VÍDEO: Observação direta da ramificação dos filamentos de actina mediada por Arp2/3

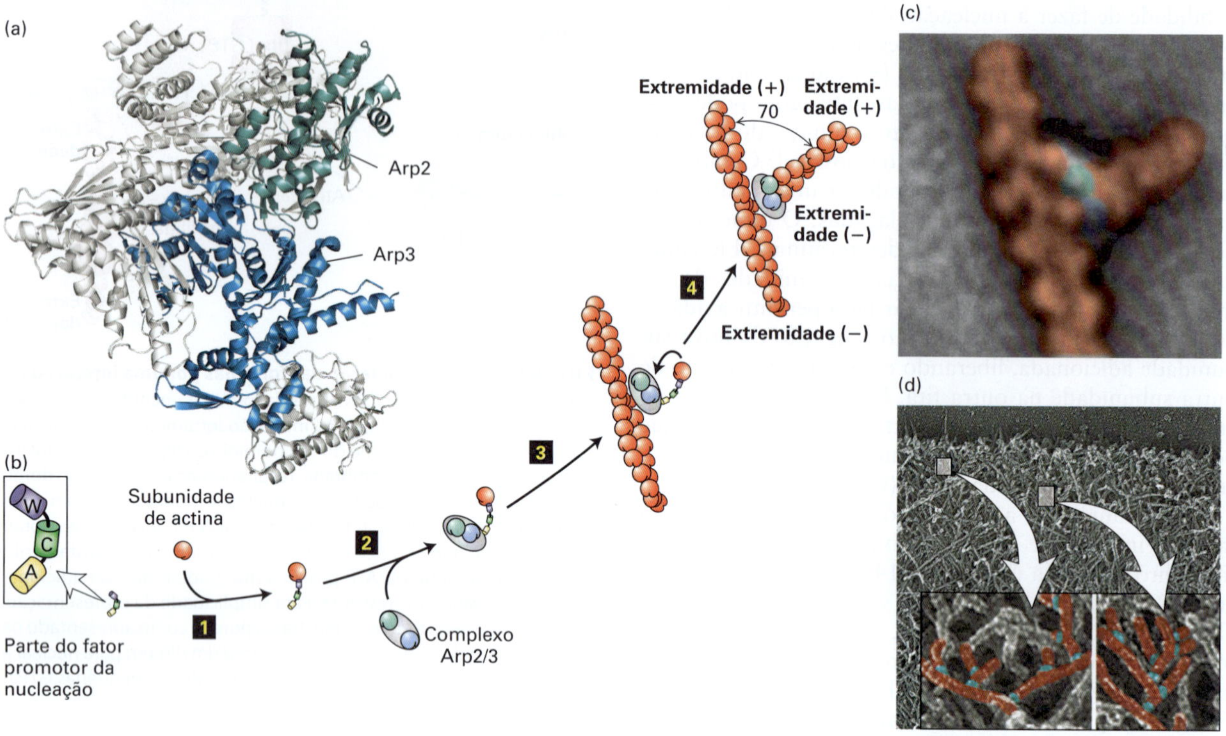

FIGURA 17-15 Nucleação da actina pelo complexo Arp2/3. (a) Uma estrutura por raios X do complexo Arp2/3, com cinco das subunidades em cinza e as subunidades Arp2 e Arp3 em verde e azul. (b) Para nuclear a associação da actina de maneira eficiente, a parte ativadora de um NPF está mostrada com seus domínios W (WH2), C (conector) e A (acídico). Uma subunidade de actina se liga ao domínio W (etapa 1), e então o domínio A se liga ao complexo Arp2/3 (etapa 2). Esta interação induz a alteração conformacional no complexo Arp2/3 e depois de se ligar à lateral de um filamento de actina, a subunidade actina ligada ao domínio W se liga ao complexo Arp2/3 (etapa 3), que então inicia a associação de um filamento de actina na extremidade (+) disponível (etapa 4). A ramificação Arp2/3 gera um ângulo característico de 70° entre os filamentos. (c) Média das imagens compiladas a partir de micrografias eletrônicas de Arp2/3 em uma ramificação da actina. (d) Imagem dos filamentos de actina na borda anterior, com aumento e coloração de filamentos ramificados individuais. (Parte (a) PDB ID 2P9I; parte (c) de C. Egile et al., 2006, *PLos Biol.* **3**:e383; parte (d) de T. M. Svitkina and G.G. Borisy, 1999, *J.Cell Biol.* **145**:1009.)

Arp3, estão na configuração inadequada para promover a nucleação da associação do filamento (ver Figura 17-15a). Quando ativados por NPF, Arp2 e Arp3 se alteram para sua conformação correta e o complexo se liga à lateral do filamento de actina preexistente. A subunidade de actina trazida pelo domínio WH2 de NPF se liga ao molde Arp2/3 para fazer a nucleação da montagem do filamento na extremidade (+) (Figura 17-15b). Essa nova extremidade (+) então cresce enquanto actina G-ATP estiver disponível ou até ela ser bloqueada por uma proteína de revestimento da extremidade (+), como CapZ. O ângulo entre o filamento antigo e o novo é de 70° (Figura 17-15c). Esse ângulo também é observado experimentalmente nos filamentos ramificados na borda anterior das células migratórias, o qual se acredita que seja formado pela ação do complexo Arp2/3 ativado (Figura 17-15d). Como será discutido nas próximas seções, o complexo Arp2/3 pode ser usado para ativar a polimerização da actina a fim de permitir a motilidade intracelular.

A nucleação da actina pelo complexo Arp2/3 é controlada perfeitamente, e os NPFs fazem parte desses processos reguladores. Uma NPF é chamada **WASp**, por ser defectiva em pacientes com a síndrome de Wiskott-Aldrich, doença ligada ao X caracterizada por eczema, baixa contagem de plaquetas e deficiência imune. WASp existe na conformação inativa, de modo que o domínio WCA não está disponível (Figura 17-16). Um mecanismo para ativar a proteína envolve a pequena proteína de ligação ao GTP relacionada à Ras, Cdc42 (discutida na Seção 17.7), que, no estado ligado a GTP, se liga e abre WASp, tornando acessíveis os domínios de ligação à actina WH2 e de ativação acídica.

Embora as forminas e o complexo Arp2/3 sejam encontrados em fungos, plantas e animais, outros nucleadores da actina foram recentemente descobertos nas células animais. Um desses, chamado Spire, possui quatro domínios WH2 adjacentes, de modo a ligar quatro monômeros de actina. Isso é feito de maneira a permitir a associação da actina em filamentos, embora o mecanismo exato ainda não seja compreendido. Como os filamentos de actina realizam tantas funções nas células, é provável que outros nucleadores sejam descobertos.

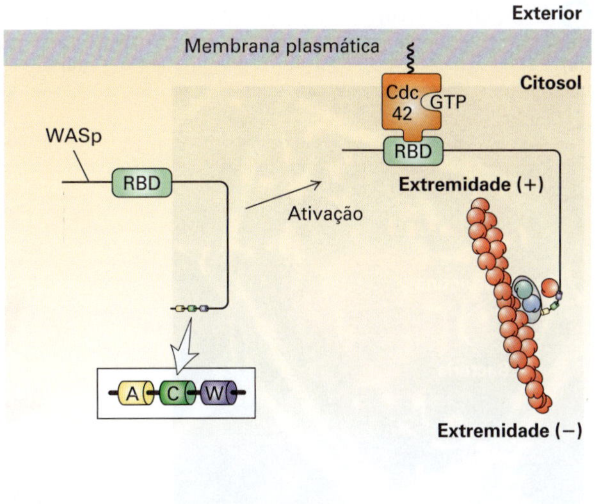

FIGURA 17-16 Regulação do complexo Arp2/3 por WASp. WASp está inativa devido a uma interação intramolecular que mascara o domínio WCA. Ao ligar a pequena proteína Cdc42-GTP (membro da família Rho) ativa, ligada a membrana, por seu domínio de ligação a Rho (RBD), a interação intramolecular em WASp é aliviada, expondo o domínio W para ligar actina e o domínio A acídico para ativação do complexo Arp2/3. A regulação da família Rho das pequenas GTPases está detalhada na Figura 17-42.

Os movimentos intracelulares podem ser ativados pela polimerização da actina

Como a polimerização da actina pode ser aproveitada para realizar trabalho? Como visto, a polimerização da actina envolve a hidrólise de actina-ATP em actina-ADP, o que permite que a actina cresça preferencialmente na extremidade (+) e se dissocie na extremidade (-). Se um filamento de actina fosse fixado em uma rede do citoesqueleto e você pudesse se ligar e montar sobre a extremidade (+) em formação, você seria transportado através célula. Isso é o que o parasita bacteriano intracelular *Listeria monocytogenes* faz para se mover dentro da célula. O estudo da motilidade da *Listeria* foi, na verdade, a maneira como a atividade de nucleação da proteína Arp2/3 foi descoberta. Como será visto brevemente, a *Listeria* usou um processo de motilidade celular normal para seus próprios propósitos; primeiramente será discutida a *Listeria*, já que hoje ela é mais bem compreendida do que os processos normais que empregam mecanismos semelhantes.

A *Listeria* é uma bactéria patogênica de origem alimentar que causa sintomas gastrintestinais leves na maioria dos adultos, mas pode ser fatal em indivíduos mais velhos ou imunocomprometidos. Ela entra nas células animais e se divide no citoplasma. Para se mover de uma célula hospedeira para outra, ela se move dentro da célula pela actina em polimerização em uma cauda de cometa, como a nuvem de fumaça atrás de um foguete (Figura 17-17a, b), e, quando entra na membrana plasmática, penetra na célula adjacente para infectá-la. Como ela recruta a actina celular do hospedeiro para se impulsionar? A *Listeria* possui na sua superfície uma proteína chamada ActA, que mimetiza um NPF por ter um sítio de ligação à actina e uma região acídica para ativar o complexo Arp2/3 (Figura 17-17c). A proteína ActA também se liga a uma proteína conhecida como VASP, que possui três propriedades importantes. Primeiro, a VASP possui uma região rica em prolina que pode se ligar a actina-ATP-profilina para estimular a montagem da actina-ATP nas extremidades farpadas recém-formadas geradas pelo complexo Arp2/3. Segundo, ela pode permanecer sobre a extremidade dos filamentos recém-formados. Terceiro, ela pode proteger a extremidade (+) do filamento em crescimento de ser bloqueado por CapZ. Essas propriedades permitem que a VASP estimule a associação de subunidades de actina e as confinem na parte de trás da bactéria. Os filamentos em formação então empurram a bactéria. Uma vez que os filamentos estão embebidos na matriz citoesquelética estacionária da célula, a *Listeria* é empurrada para frente, na frente da actina em polimerização. Pesquisadores reconstituíram a motilidade da *Listeria* no tubo de ensaio usando proteínas purificadas para saber quais são as necessidades mínimas para motilidade da *Listeria*. Notavelmente, a bactéria irá se mover apenas quando quatro proteínas forem adicionadas: actina G-ATP, complexo Arp2/3, CapZ e cofilina (ver Figura 17-17b, c). Foi discutido o papel da actina e de Arp2/3, mas por que CapZ e cofilina são necessárias? Como visto, CapZ rapidamente bloqueia a extremidade (+) livre dos filamentos de actina; então, quando um filamento em crescimento não contribui mais para o movimento bacteriano, ele é rapidamente bloqueado e impedido de se alongar. Dessa forma, a formação ocorre apenas adjacente à bactéria onde ActA estiver estimulando o complexo Arp2/3. A cofilina é necessária para acelerar a dissociação da extremidade (−) do filamento de actina, regenerando a actina livre para manter o ciclo de polimerização em andamento (ver Figura 17-11). Essa taxa mínima de motilidade pode ser aumentada pela presença de outras proteínas, como VASP e profilina, como mencionado anteriormente.

Para se mover dentro das células, as bactérias *Listeria*, assim como outros patógenos oportunistas como espécies de *Shigella* que causam disenteria, aproveitam um processo celular normal regulado envolvido na locomoção da célula. Como será discutido com mais detalhes adiante (Seção 17.7), as células em movimento têm uma fina camada de citoplasma que forma uma protuberância a partir da parte frontal da célula, chamada de borda anterior (ver Figuras 17-1c, 17-4 e 17-15d). Essa fina camada de citoplasma e composta por uma densa rede de filamentos de actina que estão se alongando continuamente na porção anterior da célula, para empurrar a membrana para frente. Os fatores na borda anterior da membrana ativam o complexo Arp2/3 para fazer a nucleação desses filamentos. Por isso, a força da formação dos filamentos de actina empurra a membrana para frente, contribuindo para locomoção da célula.

Os microfilamentos funcionam na endocitose

Como visto no Capítulo 14, a endocitose descreve o processo que as células usam para captar partículas, molé-

VÍDEO: Formação *in vivo* das caudas de actina na bactéria infectada por *Listeria*

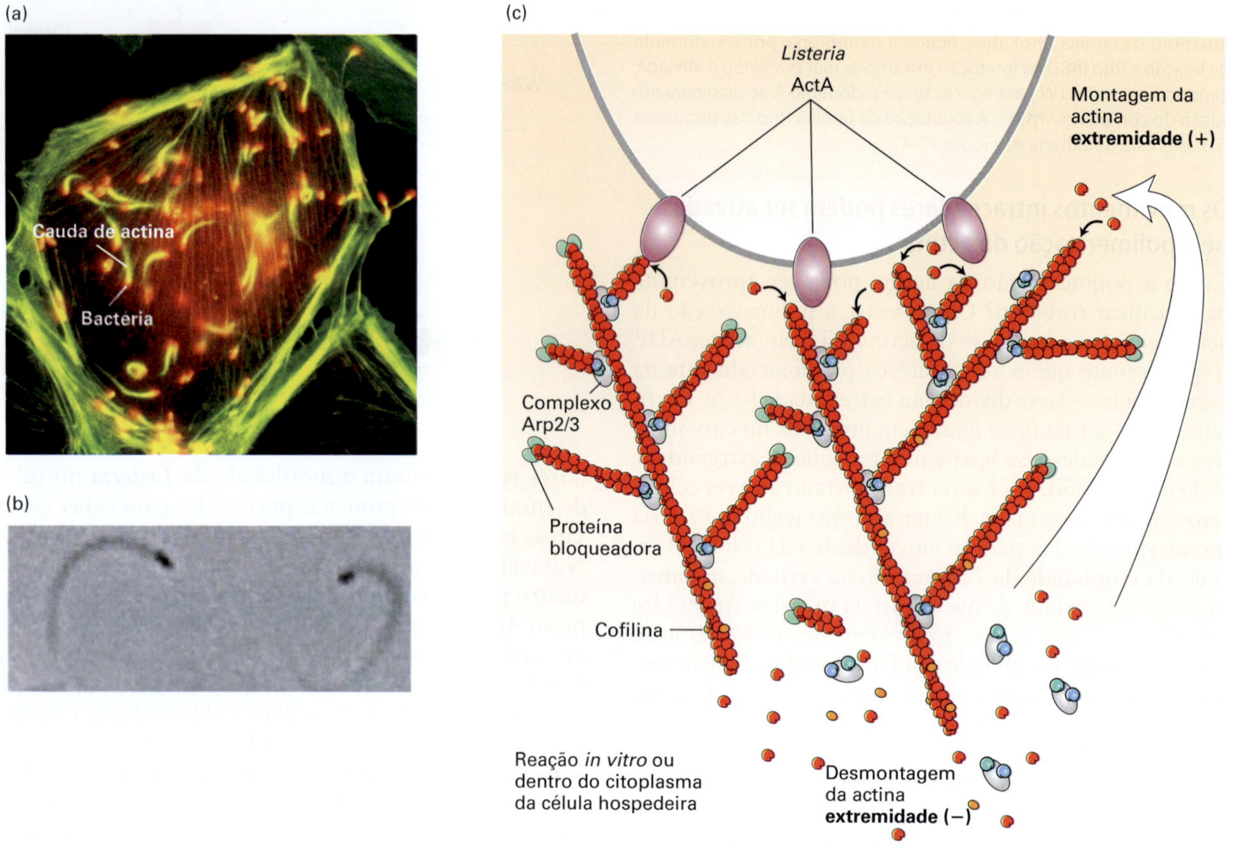

FIGURA EXPERIMENTAL 17-17 ***Listeria* utiliza a força da polimerização da actina para o movimento intracelular.** (a) Microscopia de fluorescência de uma célula em cultura corada com um anticorpo contra uma proteína de superfície bacteriana (vermelho) e faloidina fluorescente para localizar actina F (verde). Após cada bactéria *Listeria*, existe uma "cauda de cometa" que impulsiona a bactéria para frente pela polimerização da actina. Quando a bactéria entra na membrana plasmática, ela empurra a membrana para fora em uma estrutura semelhante ao filopódio, que forma uma protuberância para dentro de uma célula vizinha. (b) A motilidade da *Listeria* pode ser reconstituída *in vitro* com bactérias e apenas quatro proteínas: actina G-ATP, complexo Arp2/3, CapZ e cofilina. Esta micrografia de fase mostra bactérias (preto), atrás das quais estão caudas de actina de fase densa. (c) Um modelo de como a *Listeria* se move usando apenas quatro proteínas. A proteína ActA na superfície da célula ativa o complexo Arp2/3 para nuclear a nova montagem dos filamentos a partir de filamentos preexistentes. Os filamentos crescem na sua extremidade (+) até serem bloqueados pela CapZ. A actina é reciclada pela ação da cofilina, que estimula a despolimerização na extremidade (−) dos filamentos. Assim, a polimerização fica confinada à parte posterior da bactéria, que é impulsionada para frente. (Parte (a) cortesia de J. Theriot and T. Michison; parte (b) de T.P. Loisel et al., 1999, *Nature* **401**:613.)

culas ou líquidos a partir do meio externo através do seu envolvimento pela membrana plasmática e internalização. A captação de moléculas ou líquidos é chamada endocitose mediada por receptor ou de fase fluida, e a captação de partículas grandes é chamada fagocitose ("célula comendo"). Os microfilamentos participam em ambos os processos.

A endocitose de fase fluida é um processo bastante organizado, e estudos recentes mostraram que a força da formação da actina contribui para esse mecanismo. Os fatores de formação da endocitose recrutam os NPF. Com isso, à medida que as vesículas endocíticas invaginam e se destacam da membrana, elas são então impulsionadas para dentro do citoplasma por pulsos rápidos e de curta duração (poucos segundos de duração) de polimerização da actina acionada pelo complexo Arp2/3 (Figura 17-18a). Esse movimento com base em actina das vesículas endocíticas envolvendo o complexo Arp2/3 pode ser reconstituído *in vitro* (Figura 17-18b) e é muito similar mecanicamente à formação da borda anterior e à motilidade da *Listeria*.

A fagocitose é um processo vital no reconhecimento e na remoção dos patógenos, como bactérias, pelos leucócitos. O sistema imune identifica a bactéria como material estranho e produz anticorpos que reconhecem os componentes na sua superfície. Como discutido no Capítulo 3, cada anticorpo possui uma região denominada domínio Fab que liga especificamente ao seu antígeno, neste caso um componente na superfície celular bacteriana. Como os anticorpos cobrem a bactéria pela interação entre seus domínios Fab e o antígeno da superfície celular, um segundo domínio de anticorpo, conhecido como domínio Fc, é exposto. Esse processo é conhecido como opsoniza-

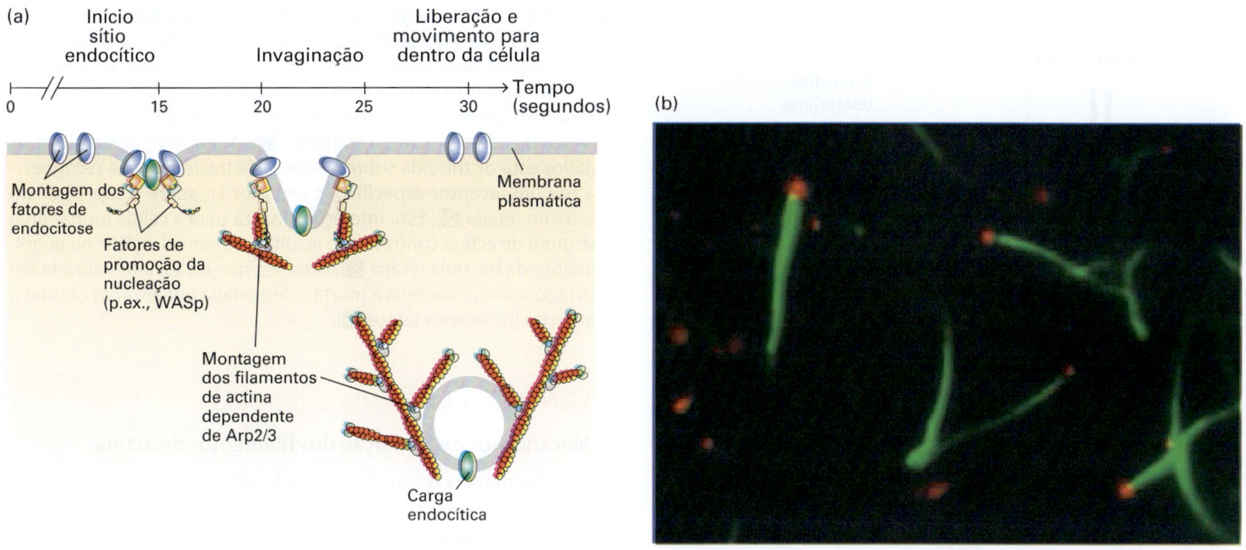

FIGURA 17-18 Formação da actina dependente de Arp2/3 durante a endocitose. (a) A endocitose mediada pela clatrina é um processo rápido e ordenado. Foi mais bem estudada nas leveduras, onde a ordem temporal de etapas específicas foi determinada. Imagens *in vivo* mostraram que os fatores de montagem da endocitose recrutam fatores promotores da nucleação que ativam o complexo Arp2/3. O desencadeamento da formação da actina dependente de Arp2/3 dirige as vesículas endocíticas internalizadas para longe da membrana plasmática, como ocorre no movimento da *Listeria*. (b) O movimento dos endossomos pode ser reconstituído *in vitro*. Os endossomos isolados das células que internalizaram a transferrina marcada fluorescentemente (vermelho) foram adicionados a extratos celulares contendo actina marcada fluorescentemente (verde). Os endossomos se ligam a WASp, ativando o complexo Arp2/3 para montar as caudas de actina que os impulsionam pelo citoplasma. (Parte (b) de Tauton et al., 2000, *J. Cell Biol.* **148**:519).

ção (Figura 17-19, etapa **1**). Os leucócitos têm um receptor na sua superfície celular, o receptor Fc, que reconhece os anticorpos sobre a bactéria; essa interação sinaliza as células para que se liguem e engolfem o patógeno (etapas **2** e **3**). O sinal também instrui as células para formar os microfilamentos no sítio de interação com a bactéria, e os microfilamentos formados, em conjunto com a proteína motora miosina, fornecem a força necessária para puxar a bactéria para dentro da célula, finalmente envolvendo totalmente o patógeno na membrana plasmática (etapa **4**). Uma vez internalizado, o fagossomo recém-formado fusiona-se com os lisossomos, onde o patógeno é destruído e degradado por enzimas lisossomais.

Toxinas que perturbam o conjunto de monômeros de actina são úteis para estudar a dinâmica da actina

Certos fungos e esponjas desenvolveram toxinas que têm como alvo o ciclo de polimerização da actina e, por isso, são tóxicas para as células animais. Dois tipos de toxinas foram caracterizados. A primeira classe é representada por duas toxinas não relacionadas, a citocalasina D e a latrunculina, que promovem a despolimerização dos filamentos por diferentes mecanismos. A citocalasina D, um alcaloide de fungos, despolimeriza os filamentos de actina ligando-se à extremidade (+) da actina F, onde bloqueia novas adições de subunidades. A latrunculina, toxina secretada pelas esponjas, se liga à actina G e inibe sua adição à extremidade do filamento. A exposição a qualquer uma dessas toxinas aumenta o número de monômeros livres. Quando a citocalasina D ou latrunculina é adicionada às células vivas, o citoesqueleto de actina se desfaz e os movimentos celulares, como a locomoção e a citocinese, são inibidos. Essas observações estão entre as primeiras que relacionam os filamentos de actina com a motilidade celular. A latrunculina é especialmente útil, pois liga monômeros de actina e previne qualquer nova adição de actina. Por isso, se você adicionar latrunculina a uma célula, a taxa na qual as estruturas baseadas em actina desaparecem reflete sua taxa normal de renovação. Isso revelou que algumas estruturas possuem meia-vida menor do que um minuto, enquanto outras são muito mais estáveis. Por exemplo, experimentos com latrunculina mostram que a borda anterior das células migratórias se renova a cada 30 a 180 segundos e que as fibras de tensão renovam-se a cada 5 a 10 minutos.

Em contrapartida, o equilíbrio monômero-polímero é deslocado na direção dos filamentos pela jasplaquinolide, outra toxina de esponjas, e pela faloidina, que é isolada do *Amanita phalloides* (cogumelo conhecido como "anjo da morte"). A jasplaquinolide aumenta a nucleação pela ligação e estabilização dos dímeros de actina, diminuindo a concentração crítica. A faloidina se liga entre as subunidades da actina F, unindo, desse modo, as subunidades adjacentes e impedindo que os filamentos de actina se despolimerizem. Até mesmo quando a actina está diluída abaixo da sua concentração crítica, os filamentos estabilizados pela faloidina não despolimerizam. Como vários processos com base em actina dependem da renovação dos filamentos de actina, a introdução de faloidina em uma célula paralisa todos esses sistemas e

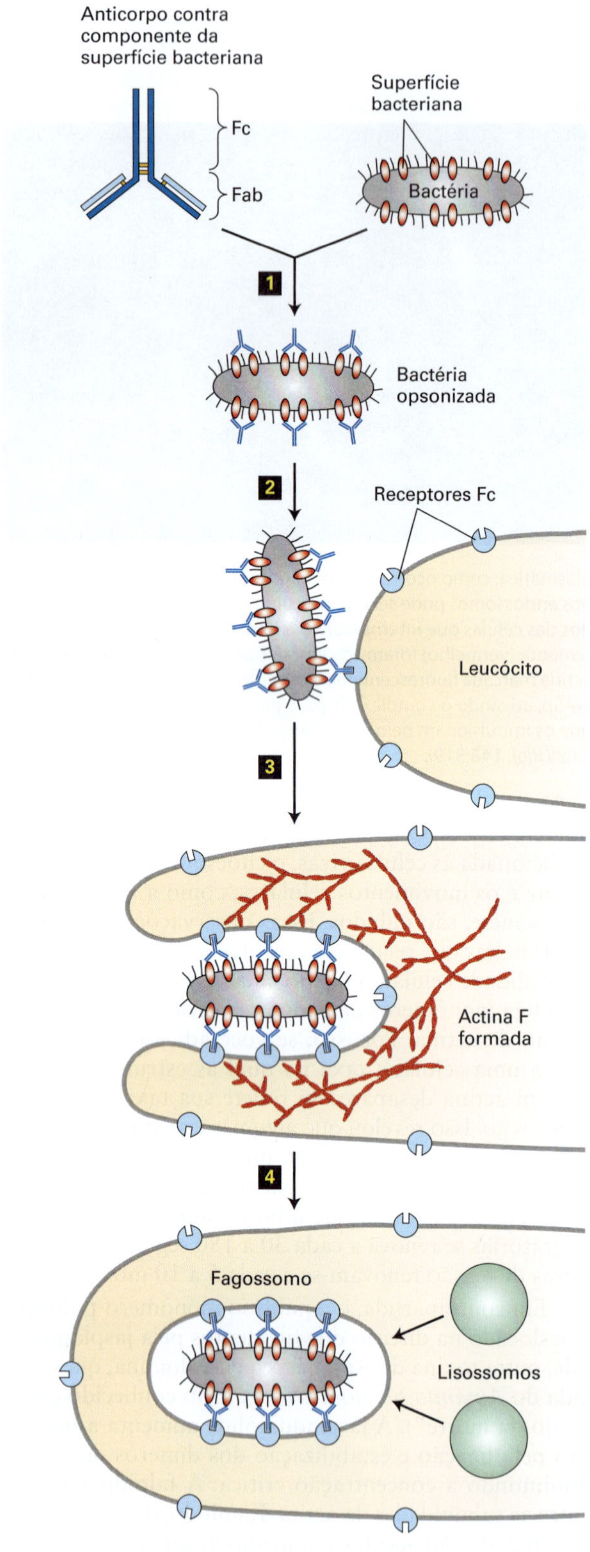

FIGURA 17-19 Fagocitose e a dinâmica da actina. A formação e a contração da actina controlam a internalização das partículas fagocíticas. Aqui é mostrada a fagocitose e a degradação de uma bactéria por um leucócito. Uma bactéria invasora está coberta por anticorpos específicos contra uma proteína da superfície celular em um processo conhecido como opsonização (etapa **1**). A região Fc dos anticorpos ligados está distribuída sobre a superfície bacteriana e é reconhecida por um receptor específico, o receptor Fc, sobre a superfície do leucócito (etapa **2**). Esta interação sinaliza para a célula formar uma estrutura de actina contrátil que resulta na internalização e no engolfamento da bactéria (etapa **3**). Uma vez que ela foi internalizada em um fagossomo, a bactéria é morta e degradada por enzimas obtidas a partir dos lisossomos (etapa **4**).

a célula morre. Entretanto, a faloidina tem sido bastante útil para os pesquisadores, pois a faloidina marcada com agente fluorescente, que se liga apenas à actina F, é comumente utilizada para corar filamentos de actina para microscopia óptica (ver Figura 17-4).

CONCEITOS-CHAVE da Seção 17.3

Mecanismos de formação dos filamentos de actina

- A formação da actina é nucleada por duas classes de proteínas: as forminas fazem a nucleação da formação de filamentos não ramificados (ver Figura 17-13), enquanto o complexo Arp2/3 faz a nucleação da formação das redes de actina ramificadas (ver Figura 17-15). As atividades das forminas e Arp2/3 são reguladas por vias de transdução de sinal.
- Estruturas baseadas em actina funcionalmente diferentes são formadas pelos nucleadores forminas e Arp2/3. As forminas controlam a formação das fibras de tensão e do anel contrátil, enquanto o complexo Arp2/3 faz a nucleação da formação dos filamentos de actina ramificados encontrados na borda anterior das células migratórias.
- A força da polimerização da actina pode ser utilizada para gerar trabalho, como visto no movimento intracelular dependente de Arp2/3 das bactérias patogênicas (ver Figura 17-17) e internalização das vesículas endocíticas (ver Figuras 17-18 e 17-19).
- Várias toxinas afetam a dinâmica da polimerização da actina; algumas, como a latrunculina, se ligam e sequestram os monômeros de actina, enquanto outras, como a faloidina, estabilizam os filamentos de actina. A faloidina marcada com agente fluorescente é útil para corar filamentos de actina.

17.4 Organização das estruturas celulares compostas por actina

Foi visto que os filamentos de actina são organizados em uma ampla variedade de arranjos diferentes e como várias proteínas associadas fazem a nucleação da formação da actina e regulam a renovação dos filamentos. Dúzias de proteínas em uma célula de vertebrado organizam esses filamentos em diversas estruturas funcionais. Aqui serão discutidas apenas algumas dessas proteínas, com exemplos característicos de tipos de actina fazendo interligações com proteínas encontradas nas células. Também serão discutidas as proteínas envolvidas na realização de ligações funcionais entre a actina e as proteínas de membrana. Um problema fascinante, sobre o qual ainda pouco se sabe, é como as células formam diferentes estruturas com base em actina dentro do mesmo citoplasma de uma célula. Parte dessa organização talvez se deva à regulação local, tópico que será abordado no final do capítulo.

As proteínas de interligação organizam os filamentos de actina em feixes ou redes

Quando alguém forma filamentos de actina em um tubo de ensaio, uma rede intrincada é formada. Nas células, entretanto, os filamentos de actina são encontrados em uma variedade de estruturas distintas, como os feixes de filamentos bastante ordenados nas microvilosidades ou o emaranhado característico da borda anterior (ver Figura 17-4a). Essas organizações diferentes são determinadas pela presença das **proteínas de interligação com a actina.** Para ser capaz de organizar a actina, uma proteína de interligação com a actina deve ter dois sítios de ligação à actina F (Figura 17-20a).

A interligação da actina F pode ser obtida pela presença de dois sítios de ligação à actina em um único polipeptídeo, como a *fimbrina*, proteína encontrada nas microvilosidades, que forma os feixes de filamentos, todos com a mesma polaridade (Figura 17-20b). Outras proteínas de interligação da actina têm um único sítio de ligação à actina em uma cadeia polipeptídica; então, duas cadeias se associam para formar dímeros que unem dois sítios de ligação à actina. Essas proteínas diméricas de interligação podem se unir para gerar um bastão rígido que conecta os dois sítios de ligação, como acontece com a *α-actinina*. Assim como a fimbrina, a α-actinina também une filamentos de actina paralelos em um feixe, porém mais distantes do que a fimbrina. Outra proteína, chamada *espectrina*, é um tetrâmero com dois sítios de ligação à actina; a espectrina deixa uma distância ainda maior entre os filamentos de actina e forma redes sob a membrana plasmática (mostrado na Figura 17-21 e discutido na próxima seção). Outros tipos de proteínas de interligação, como a *filamina*, possuem uma região bastante flexível entre os dois sítios de ligação, funcionando como suspensão molecular, de modo que possam fazer interligações estabilizadoras entre os filamentos em um emaranhado (Figura 17-20c), como é observado na borda anterior das células migratórias. O complexo Arp2/3, o qual foi abordado em termos de sua capacidade de promover a nucleação da montagem dos filamentos de actina, também é uma importante proteína de interligação, unindo a extremidade (−) de um filamento à lateral de outro filamento (ver Figura 17-15).

Proteínas adaptadoras ligam os filamentos de actina às membranas

Para contribuir com a estrutura das células e também para ativar a polimerização da actina, os filamentos de actina muitas vezes são ligados à membranas ou associados a estruturas intracelulares. Os filamentos de actina são especialmente abundantes no córtex celular abaixo da membrana plasmática, à qual eles dão suporte. Os filamentos de actina podem interagir com membranas lateralmente ou nas suas extremidades.

O primeiro exemplo de filamentos de actina ligados a membranas é a hemácia humana. A hemácia consiste essencialmente em uma membrana plasmática envolvendo uma alta concentração da proteína hemoglobina para transportar oxigênio dos pulmões para os tecidos e dióxido de carbono dos tecidos de volta para os pulmões, tudo movido pelo notável músculo conhecido como coração. As hemácias devem ser capazes de sobreviver às correntes extremas de fluxo sanguíneo no coração e, então, ao transporte pelas artérias, bem como sobreviver ao esmagamento através dos capilares estreitos antes de serem retornados aos pulmões por meio do coração. Para sobreviver a esse exaustivo processo por milhares de ciclos, as hemácias têm uma rede baseada em microfilamentos abaixo de sua membrana plasmática, que lhes dá a resistência e a flexibilidade necessária para sua jornada. Essa rede baseia-se em curtos filamentos de actina com cerca de 14 subunidades de comprimento, estabilizados nas suas laterais pela tropomiosina (discutida em mais detalhes na Seção 17.6) e pela proteína de revestimento tropomodulina, na extremidade (-). Esses filamentos curtos servem como eixos para a ligação de cerca de seis moléculas de espectrina flexíveis, gerando uma estrutura similar a uma rede de pesca (Figura 17-21a). Essa rede confere à hemácia tanto resistência como flexibilidade. A espectrina está ligada a proteínas de membrana por dois mecanismos: por meio de uma proteína chamada *anquirina* ligada ao transportador de bicarbonato (proteína transmembrana também conhecida como *banda 3*) e por meio da proteína de ligação à espectrina e à actina F chamada *banda 4.1* ligada a outra proteína transmembrana chamada *glicoforina* C (Figura 17-21b). Embora essa rede baseada em espectrina seja bastante desenvolvida nas hemácias, modos similares de ligações ocorrem em vários tipos celulares. Por exemplo, um tipo de ligação de anquirina-espectrina relacionado liga a Na^+/K^+ ATPase ao citoesqueleto de actina na membrana basolateral das células epiteliais.

Defeitos genéticos nas proteínas do citoesqueleto das hemácias podem resultar em células que se rompem facilmente, dando origem a doenças conhecidas como anemias esferocíticas hereditárias (*esferocítica* porque as células são mais redondas, *anemia* porque existe uma diminuição das hemácias) e, portanto, um tempo de vida mais curto. Em pacientes humanos, mutações na espectrina, na banda 4.1 e na anquirina podem causar essa doença.■

Além do tipo de suporte no córtex celular baseado na espectrina, os microfilamentos fornecem o suporte para as estruturas da superfície celular, como as microvilosidades e ondulações da membrana. Se observarmos uma microvilosidade, é claro que ela deve ter conexões nas suas extremidades e conexões laterais ao longo do seu comprimento. Qual é a orientação dos filamentos de actina nas microvilosidades? O revestimento dos filamentos das microvilosidades pelo fragmento S1 da **miosina** mostra que a extremidade (+) está na ponta. Além disso, quando a actina fluorescente é adicionada a uma célula, ela é incorporada na ponta da microvilosidade, mostrando não apenas que

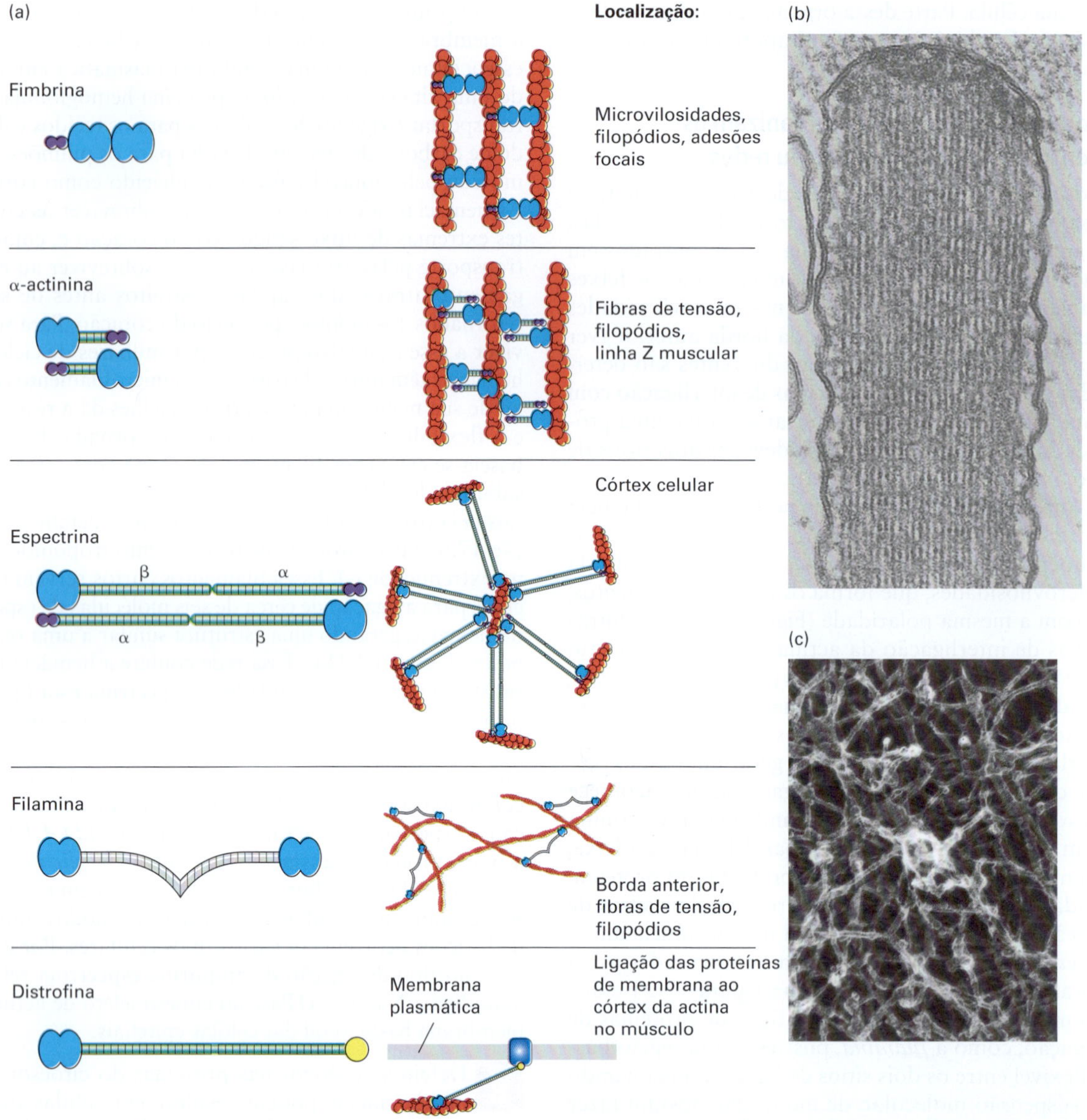

FIGURA 17-20 Proteínas de interligação da actina. As proteínas de interligação da actina moldam os filamentos de actina F em diversas estruturas. (a) Exemplos de quatro proteínas de interligação da actina F, onde todas têm dois domínios (azul) que se ligam à actina F. Algumas têm um sítio de ligação à Ca^{2+} (roxo) que inibe sua atividade em níveis altos de Ca^{2+} livre. Também está representada a distrofina, que possui um sítio de ligação à actina no seu domínio N-terminal e um domínio C-terminal, que se liga à proteína de membrana distroglicana. (b) Micrografia eletrônica de transmissão de uma fina secção de um estereocílio (nome impróprio, já que na verdade ele é uma microvilosidade gigante) em um pelo sensorial no ouvido interno. Esta estrutura contém um feixe de filamentos de actina interligados por fimbrina, pequena proteína de interligação que permite a interação próxima e regular de filamentos de actina. (c) Proteínas de interligação longas como a filamina são flexíveis e por isso interligam os filamentos de actina em redes frouxas. (Parte (b) de L.G. Tilney, 1983, *J. Cell Biol.* **96**:822; parte (c) cortesia de J. Hartwig.)

a extremidade (+) está lá, mas que a formação da actina também ocorre lá (Figura 17-21c). Até o presente momento, não se sabe como os filamentos de actina são ligados na ponta da microvilosidade, mas um provável candidato é a proteína formina. Essa orientação da extremidade (+) dos filamentos de actina com respeito à membrana plasmática é encontrada quase que universalmente, não apenas nas microvilosidades, mas também, por exemplo, na borda anterior das células migratórias. As ligações laterais à membrana plasmática são formadas, ao menos em parte, pela família proteica *ERM* (*ezrina-radixina-moesina*), proteínas reguladas que existem em uma forma enovelada inativa. Quando ativadas por fosforilação em resposta a um sinal externo, a actina F e os sítios de ligação a proteínas de membrana da proteína ERM são expostos para formar uma ligação lateral com os filamentos de actina (Figura 17-21d). Na membrana plasmática, as proteínas ERM podem ligar os filamentos de actina direta ou indiretamente, por meio de proteínas de sustentação ao domínio citoplasmático das proteínas de membrana.

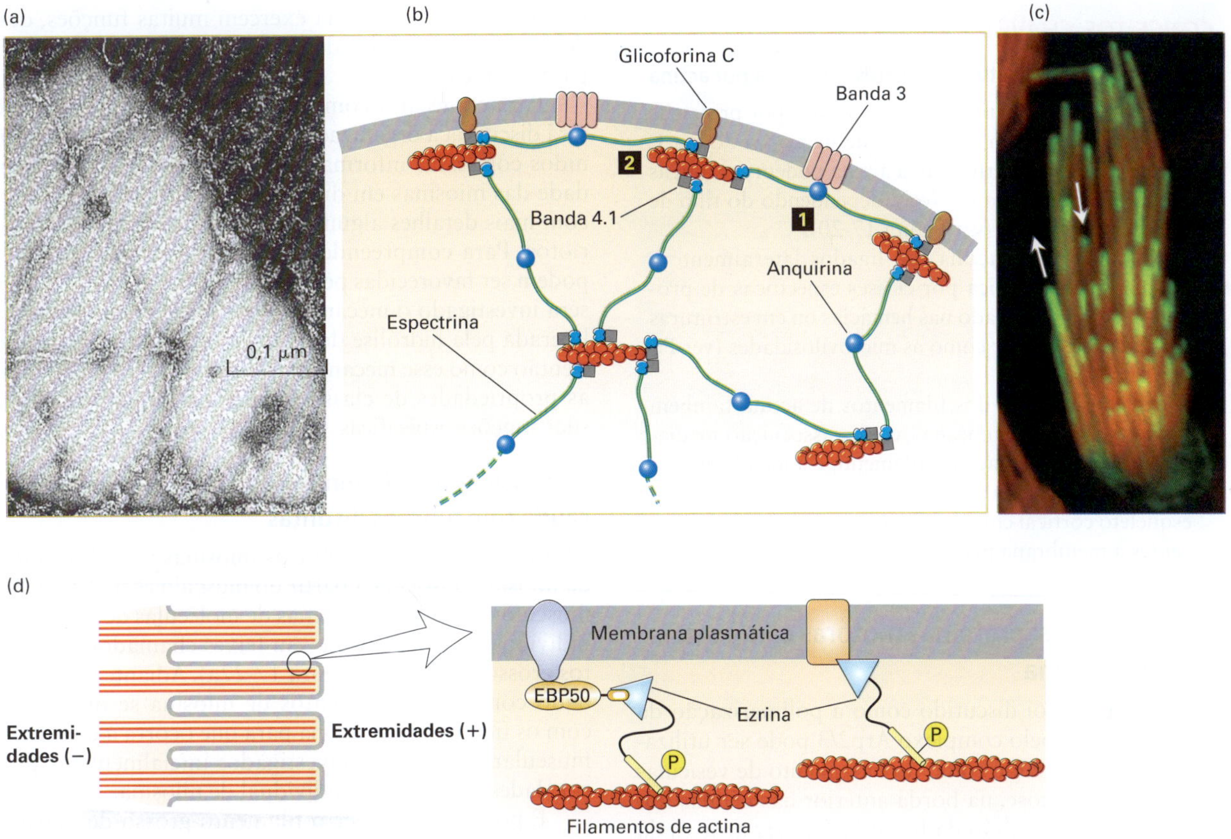

FIGURA 17-21 Ligação lateral dos microfilamentos à membrana. (a) Micrografia eletrônica da membrana da hemácia mostrando a organização em "raios e eixo" do citoesqueleto cortical dando suporte a membrana plasmática nas hemácias humanos. Os raios longos são compostos principalmente por espectrina e podem ser vistos intersectando o eixo, ou sítios de ligação à membrana. Os pontos mais escuros ao longo dos raios são moléculas de anquirina, que interligam a espectrina às proteínas integrais de membrana. (b) Diagrama do citoesqueleto da hemácia, mostrando os dois principais tipos de ligação à membrana: **1** anquirina e **2** banda 4.1. (c) A actina é incorporada na ponta do estereocílio (microvilosidade gigante). As células com estereocílios foram transfectadas para expressar a actina-GFP por um curto período de tempo e então marcadas com faloidina-rodamina para corar todas as actinas F. O experimento mostra que novas actinas são incorporadas nas pontas dos estereocílios. (d) Ezrina, membro da família das ezrina-radixina-moesina (ERM), liga os filamentos de actina lateralmente à membrana plasmática em estruturas da superfície, como as microvilosidades; as ligações podem ser diretas ou indiretas. Ezrina, ativada pela fosforilação (P), liga diretamente à região citoplasmática das proteínas transmembrana (*direita*) ou indiretamente por uma proteína de sustentação como EBP50 (*esquerda*). (Parte (a) de T.J. Byers and D. Branton, 1985, *Proc. Nat'l Acad. Sci. USA* **82**:6153, cortesia de D. Branton; parte (b) adaptada a partir de S. E. Lux, 1979, *Nature* **281**:426 e E.J. Luna and A.L. Hitt, 1992, *Science* **258**:955; parte (c) de A.K. Rzadzinska et al., 2004, *J. Cell Biol.* **164**:887; (d) adaptado a partir de R.G. Fehon et al., 2010, *Nature Rev. Mol. Cell Biol.* **11**:276.)

Os tipos de ligações da actina na membrana discutidas até agora não envolvem áreas da membrana plasmática ligadas diretamente a outras células em um tecido ou à matriz extracelular. O contato entre células epiteliais é mediado por regiões bastante especializadas da membrana plasmática chamadas *junções aderentes* (ver Figura 17-1b). Outras regiões de associação especializadas chamadas de *adesões focais* fazem a mediação da ligação das células à matriz extracelular. Por outro lado, esses tipos de ligações especializadas conectam-se ao citoesqueleto, como será descrito em mais detalhes quando a migração celular (Seção 17-7) e células no contexto de tecidos forem abordadas (Capítulo 20).

As distrofias musculares são doenças genéticas muitas vezes caracterizadas pelo enfraquecimento progressivo do **músculo esquelético.** Uma dessas doenças genéticas, a distrofia muscular de Duchenne, afeta a proteína *distrofina*, cujo gene está localizado no cromossomo X; por isso, essa doença é mais prevalente em indivíduos do sexo masculino. A distrofina é uma proteína modular cuja função é ligar a rede de actina cortical das células musculares a um complexo de proteínas de membrana que se liga à matriz extracelular. Desse modo, a distrofina tem um domínio N-terminal de ligação à actina, seguido por uma série de repetições semelhantes à espectrina, terminando em um domínio que liga o complexo distroglicano transmembrana à proteína laminina da matriz extracelular (ver Figura 17-20a). Na ausência da distrofina, a membrana plasmática das células musculares torna-se enfraquecida por ciclos de contração muscular e finalmente rompe, resultando em morte da miofibrila muscular.■

CONCEITOS-CHAVE da Seção 17.4

Organização das estruturas celulares composta por actina

- Os filamentos de actina são organizados por proteínas de interligação com dois sítios de ligação à actina F. As proteínas de interligação à actina podem ser longas ou curtas, rígidas ou flexíveis, dependendo do tipo de estrutura envolvida (ver Figura 17-20).
- Os filamentos de actina são ligados lateralmente à membrana plasmática por classes específicas de proteínas, como observado nas hemácias ou em estruturas da superfície celular como as microvilosidades (ver Figura 17-21).
- A extremidade (+) dos filamentos de actina também pode se ligar às membranas, com a associação mediada entre a extremidade do filamento e a membrana.
- Muitas doenças têm sido associadas a defeitos no citoesqueleto cortical composto por microfilamentos adjacentes à membrana plasmática.

17.5 Miosinas: proteínas motoras compostas por actina

Na Seção 17.3, foi discutido como a polimerização da actina nucleada pelo complexo Arp2/3 pode ser utilizada para gerar trabalho como no movimento de vesículas durante a endocitose, na borda anterior das células migratórias e na propulsão da bactéria *Listeria* através da célula eucariótica. Além da motilidade baseada na polimerização da actina, as células têm uma grande família de proteínas motoras chamadas **miosinas**, que podem se mover ao longo dos filamentos de actina. A primeira miosina descoberta, a miosina II, foi isolada a partir do músculo esquelético. Por um longo tempo, os biólogos pensaram que ela era o único tipo de miosina encontrada na natureza. Entretanto, descobriram outros tipos de miosinas e começaram a questionar quantas classes funcionais diferentes poderiam existir. Hoje sabe-se que existem várias classes diferentes de miosinas, além da miosina II do músculo esquelético, que se move ao longo da actina. Sem dúvida, com a descoberta e análise de todos esses motores com base em actinas e motores correspondentes com base em microtúbulos descritos no próximo capítulo, a primeira visão relativamente estática das células foi substituída pela observação de que o citoplasma é inacreditavelmente dinâmico, mais semelhante a um organizado, mas muito movimentado, sistema de autoestradas, com motores transportando ativamente componentes de um lado para outro.

As miosinas têm a espantosa habilidade de converter a energia liberada pela hidrólise de ATP em trabalho mecânico (movimento ao longo da actina). Todas as miosinas convertem a hidrólise de ATP em trabalho, mas diferentes miosinas podem realizar tipos muito diferentes de funções. Por exemplo, várias moléculas de miosina II atraem os filamentos de actina para realizar a contração muscular, enquanto a miosina V se liga às vesículas para transportá-las ao longo dos filamentos de actina. As outras classes de miosina exercem muitas funções, desde mover as organelas dentro das células até contribuir para migração celular.

Para começar a compreender as miosinas, primeiro será discutida a organização geral de seus domínios. Munidos com essas informações, será explorada a diversidade das miosinas em diferentes organismos e descritas com mais detalhes algumas das mais comuns nos eucariotos. Para compreender como essas funções diversas podem ser favorecidas por um tipo de mecanismo motor, será investigado o mecanismo básico de como a energia liberada pela hidrólise de ATP é convertida em trabalho e então como esse mecanismo é modificado para adaptar as propriedades de classes específicas de miosina para suas funções específicas.

As miosinas têm domínios de cabeça, pescoço e cauda com funções distintas

Muito do que se sabe sobre as miosinas vem de estudos da miosina II isolada a partir do músculo esquelético. No músculo esquelético, centenas de moléculas de miosina II individuais são agrupadas em feixes chamados filamentos grossos bipolares (Figura 17-22a). Adiante será abordado como esses filamentos de miosina se intercalam com os filamentos de actina para que ocorra a contração muscular. Aqui, serão investigados inicialmente as propriedades da molécula individual de miosina.

É possível dissolver o filamento grosso de miosina em uma solução de ATP e muito sal, gerando um conjunto de moléculas individuais de miosina II. A molécula de miosina II solúvel é na verdade um complexo proteico que consiste em seis polipeptídeos. Duas das subunidades são polipeptídeos idênticos de alto peso molecular, conhecidos como cadeias pesadas da miosina. Cada uma consiste em um domínio *cabeça* globular e um longo domínio *cauda*, conectados por um domínio *pescoço* flexível. As caudas das duas cadeias pesadas da miosina se entrelaçam, de modo que as regiões da cabeça estão bastante próximas. As demais quatro subunidades do complexo da miosina, menores em tamanho, são conhecidas como cadeias leves. Existem dois tipos de cadeia leve, a *cadeia leve essencial* e a *cadeia leve reguladora*. Uma cadeia leve de cada tipo se associa com a região de pescoço de cada cadeia pesada (Figura 17-22b, *superior*). A cadeia pesada da miosina e os dois tipos de cadeias leves são codificados por três genes diferentes.

A molécula de miosina II solúvel possui atividade de ATPase, refletindo sua capacidade de gerar energia para os movimentos pela hidrólise de ATP. Mas qual parte do complexo da miosina é responsável por essa atividade? Para identificar os domínios funcionais em uma proteína, uma abordagem padrão é clivar a proteína em fragmentos com proteases específicas e então questionar quais fragmentos têm a atividade. A miosina II solúvel pode ser clivada pelo tratamento leve com a protease quimiotripsina para gerar dois fragmentos: a meromiosina pesada (HMM; *mero* significa "parte de") e a meromiosina leve (LMM) (Figura 17-22b, *centro*). A meromiosina pesada ainda pode ser clivada pela protease papaína para gerar

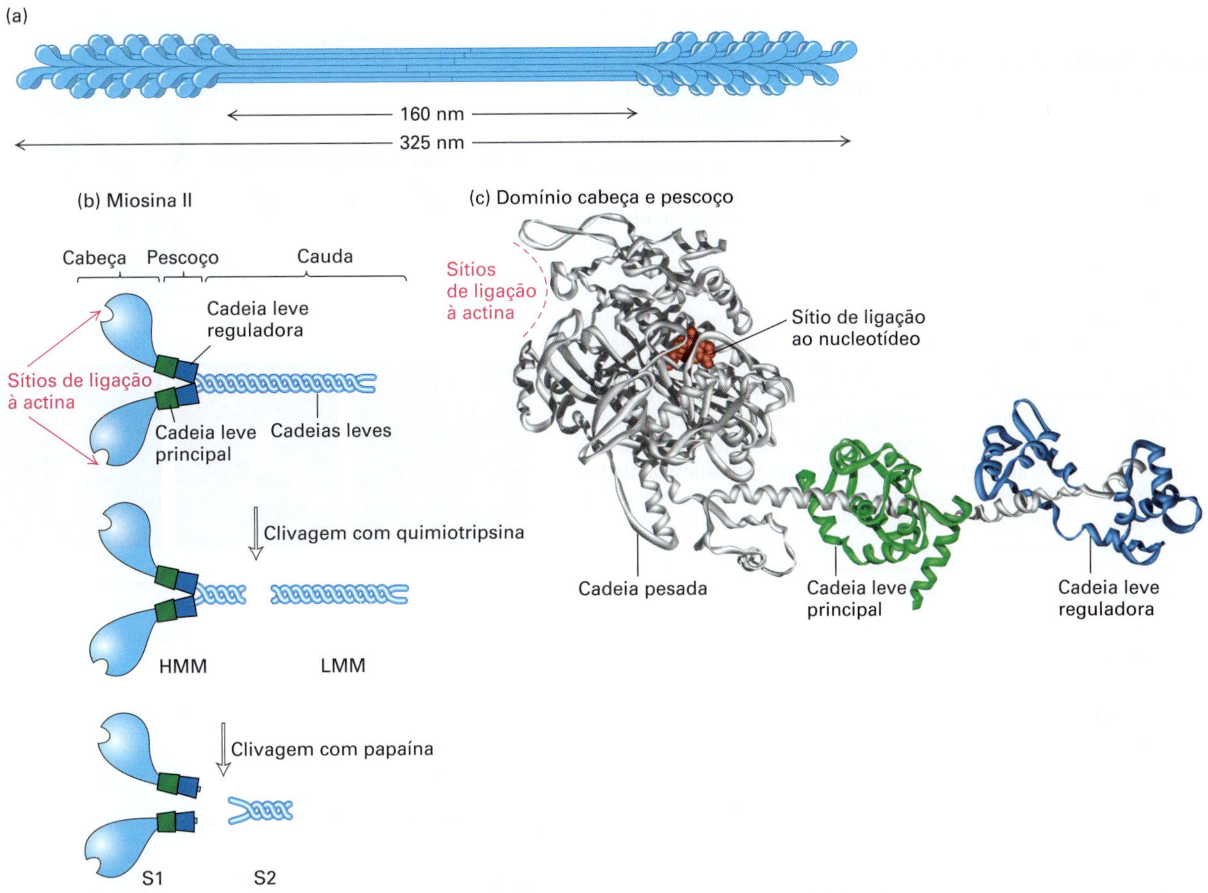

FIGURA 17-22 Estrutura da miosina II. (a) Organização da miosina II em filamentos isolados do músculo esquelético. A miosina II é composta por filamentos bipolares nos quais as caudas formam a seta do filamento com as cabeças expostas nas extremidades. A extração dos filamentos bipolares com alta concentração de sal e ATP dissocia o filamento em moléculas de miosina II individuais. (b) As moléculas de miosina II consistem em duas cadeias pesadas idênticas (azul claro) e quatro cadeias leves (verde e azul escuro). A cauda das cadeias pesadas forma um dímero de super-hélice; a região de pescoço de cada cadeia pesada possui duas cadeias leves associadas com ela. A clivagem proteolítica limitada da miosina II gera fragmentos de cauda, LMM e S2, e o domínio motor S1. (c) o Modelo tridimensional de um único domínio cabeça S1 mostra que ele tem formato alongado curvo e é divido por uma fenda. O bolsão de ligação ao nucleotídeo localiza-se na lateral desta fenda e o sítio de ligação à actina no outro lado, próximo a ponta da cabeça. Enroladas em volta do bastão do pescoço em hélice α estão duas cadeias leves. Essas cadeias tornam o pescoço rígido, de modo que ele possa atuar como uma alavanca para a cabeça. Aqui está mostrada a conformação ligada a ADP.

o subfragmento 1 (S1) e o subfragmento 2 (S2) (Figura 17-22b, *inferior*). Analisando as propriedades dos vários fragmentos, S1, S2 e LMM, foi observado que a atividade intrínseca de ATPase da miosina reside no fragmento S1, assim como o sítio de ligação à actina F. Além disso, foi observado que a atividade de ATPase do fragmento S1 era bastante aumentada pela presença de actina filamentosa; por isso, diz-se que ela tem *atividade de ATPase ativada pela actina*, particularidade de todas as miosinas. O fragmento S1 da miosina II consiste nos domínios cabeça e pescoço com as cadeias leves associadas, enquanto as regiões S2 e LMM compõem o domínio cauda.

Análises por cristalografia por raios X dos domínios cabeça e pescoço revelaram sua forma, a posição das cadeias leves e a localização dos sítios de ligação ao ATP e de ligação à actina (Figura17-22c). Na base da cabeça da miosina está o pescoço em hélice α, onde duas moléculas de cadeia leve se enrolam em torno do pescoço como grampos C. Nessa posição, as cadeias leves enrijecem a região do pescoço. O sítio de ligação à actina é uma região exposta na ponta dos domínios cabeça; o sítio de ligação ao ATP também está no domínio cabeça, dentro de uma fenda oposta ao sítio de ligação à actina.

Quanto da miosina II é necessário e suficiente para a atividade "motora"? Para responder a essa questão é necessário um ensaio simples de motilidade *in vitro*. Em um desses ensaios, o *de deslizamento do filamento*, as moléculas de miosina são presas a uma lamínula na qual são adicionados filamentos de actina estabilizados, marcados fluorescentemente. Como as moléculas de miosina estão presas, elas não conseguem deslizar; assim, qualquer força gerada pela interação das cabeças de miosina com os filamentos de actina força os filamentos a se moverem em relação à miosina (Figura 17-23a). Na presença de ATP, pode-se observar os filamentos de actina adicionados deslizarem ao longo da superfície da lamínula;

ANIMAÇÃO DE TÉCNICA: Experimento de motilidade da miosina *in vitro*

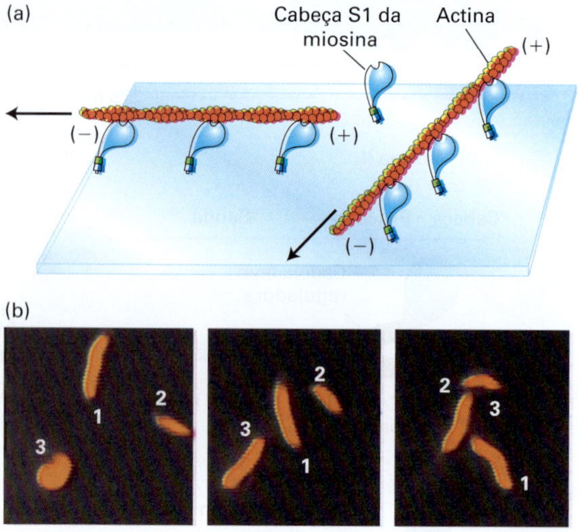

FIGURA EXPERIMENTAL 17-23 O experimento do filamento deslizante é utilizado para detectar o movimento gerado pela miosina. (a) Depois que as moléculas de miosina são adsorvidas na superfície de uma lamínula de vidro, a miosina em excesso é removida; em seguida, a lamínula é posicionada, com o lado da miosina voltado para baixo, sobre uma lâmina de vidro, formando uma câmara através da qual podem fluir soluções. Permite-se que uma solução de filamentos de actina, tornados visíveis pela coloração com faloidina marcada com rodamina, flua para dentro da câmara. Na presença de ATP, as cabeças de miosina caminham na direção da extremidade (+) dos filamentos pelo mecanismo ilustrado na Figura 17-26. Como as caudas de miosina estão imobilizadas, o caminhar das cabeças rumo às extremidades (+) causa o deslizamento dos filamentos, que parecem estar se movendo com suas extremidades (−) liderando o caminho. O movimento de filamentos individuais pode ser observado em um microscópio óptico de fluorescência. (b) Estas fotografias mostram as posições dos três filamentos de actina (numerados 1, 2, 3), a intervalos de 30 segundos, gravados por videomicroscopia. A velocidade do movimento dos filamentos pode ser determinada a partir dessas gravações. (A lamínula no diagrama está mostrada invertida com relação a sua orientação na câmara de fluxo para facilitar a visualização das posições das moléculas.) (Parte (b) cortesia de M. Footer e S. Kron.)

na ausência de ATP, nenhum movimento é observado. Utilizando esse ensaio, se pode mostrar que a cabeça S1 da miosina II é suficiente para realizar o movimento dos filamentos de actina. Esse movimento é causado pelos fragmentos S1 de miosina presos (ligados à lamínula) tentando se "mover" em direção da extremidade (+) de um filamento; assim, os filamentos se movem com a condução das extremidades (−). A velocidade na qual a miosina move um filamento de actina pode ser determinada a partir de ensaios de gravação em vídeo do deslizamento de filamentos (Figura 17-23b).

Todas as miosinas possuem um domínio relacionado ao domínio S1 da miosina II, compreendendo os domínios de cabeça e de pescoço, que é responsável por sua atividade motora. Entretanto, como será visto mais adiante, o comprimento do domínio pescoço e o número e tipo de cadeias leves associadas a ele varia nas diferentes classes de miosina. O domínio de cauda não contribui para motilidade; em vez disso, define o que é movido pelo domínio relacionado a S1. Assim, como esperado, os domínios de cauda podem ser bastante diferentes e são feitos para se ligarem a cargas específicas.

As miosinas compõem uma ampla família de proteínas mecanoquímicas motoras

Uma vez que todas as miosinas possuem domínios motores S1 relacionados com semelhança considerável na sequência primária de aminoácidos, é possível determinar quantos genes de miosina e quantas classes diferentes de miosinas existem em um genoma sequenciado. Existem cerca de 40 genes de miosina no genoma humano (Figura 17-24), nove em *Drosophila* e cinco nas leveduras que se reproduzem por brotamento. A análise computacional das relações entre as sequências dos domínios cabeça da miosina sugerem que cerca de 20 classes distintas de miosinas se desenvolveram em eucariotos, com maior similaridade de sequência dentro da classe do que entre as classes. Como indicado na Figura 17-24, a base genética para al-

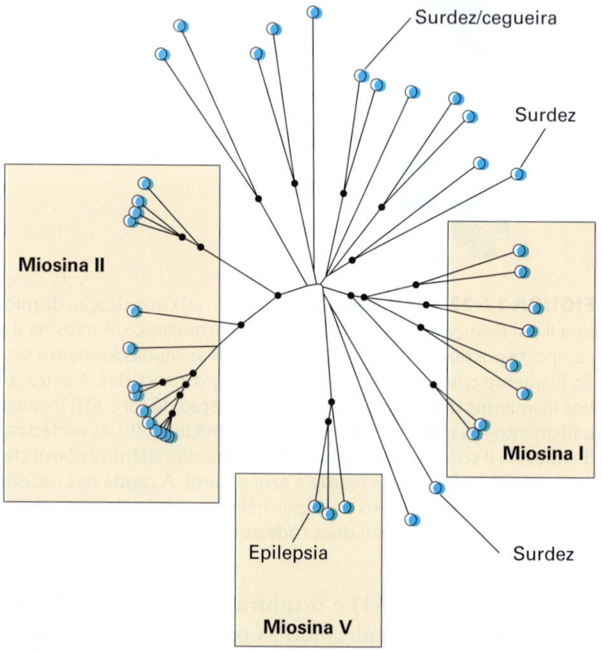

FIGURA 17-24 A superfamília das miosinas em humanos. A análise computacional da relação entre os domínios cabeça S1 das aproximadamente 40 miosinas codificadas pelo genoma humano. Cada miosina está indicada por um ponto azul, com o comprimento das linhas pretas indicando as relações da distância filogenética. Assim, as miosinas conectadas por linhas curtas estão intimamente relacionadas, enquanto aquelas separadas por linhas mais longas têm uma relação mais distante. Entre estas miosinas existem três classes, as miosinas I, II e V, amplamente representadas entre os eucariotos, com outras tendo funções mais especializadas. Indicados na figura estão exemplos onde a perda de uma miosina específica causa doença. (Redesenhada e modificada a partir de E.E. Cheney, 2001, *Mol. Biol. Cell* **12**:780.)

gumas doenças foi rastreada até genes que codificam para miosinas. Todos os domínios cabeça das miosinas convertem a hidrólise de ATP em trabalho mecânico usando o mesmo mecanismo geral. Entretanto, como será visto, diferenças sutis nesses mecanismos podem ter efeitos profundos nas propriedades funcionais das diferentes classes de miosina. Como essas diferentes classes se associam em relação a seus domínios cauda? Surpreendentemente, se considerarmos apenas a sequência proteica dos domínios cauda das miosinas e utilizarmos essa informação para ordená-las em classes, elas se enquadram no mesmo grupo dos domínios motores. Isso implica que domínios cabeça com propriedades específicas tenham evoluído juntamente com classes específicas de domínios cauda, o que faz muito sentido, sugerindo que cada classe de miosina tenha evoluído para realizar uma função específica.

Entre todas essas diferentes classes de miosinas encontram-se três bastante estudadas, normalmente encontradas em animais e fungos: as chamadas famílias da *miosina I*, da *miosina II* e da *miosina V* (Figura 17-25). Em humanos, oito genes codificam cadeias pesadas na família da miosina I, 14 na família da miosina II e três na família da miosina V (ver Figura 17-24).

A classe da miosina II se organiza em filamentos bipolares, com orientações opostas em cada metade do filamento bipolar, de modo que existe um grupamento de domínios cabeça em cada extremidade do filamento. Essa organização é importante pelo seu envolvimento na contração; aliás, esta é a única classe das miosinas envolvida nas funções contráteis. O grande número de membros nessa classe reflete a necessidade dos filamentos de miosina II com as propriedades contrácteis levemente diferentes observadas em diferentes músculos (p. ex., esquelético, cardíaco e vários tipos de músculo liso) assim como células não musculares.

A classe da miosina II é a única que se organiza em filamentos bipolares. Todos os membros da classe de miosina II têm um domínio pescoço relativamente curto, com duas cadeias leves por cadeia pesada. A classe da miosina I é bastante grande, possui um número variável de cadeias leves associadas com a região do pescoço e é a única em que duas cadeias pesadas não estão associadas pelos seus domínios cauda e, por isso, são de uma única cabeça. O tamanho grande e a diversidade da classe da miosina I sugerem que essas miosinas realizam várias funções, a maioria das quais ainda precisa ser determinada, mas alguns membros dessa família conectam filamentos de actina a membranas e outros estão envolvidos na endocitose. Membros da classe da miosina V têm duas cadeias pesadas, gerando um motor com duas cabeças, regiões de pescoço longas com seis cadeias leves cada e regiões cauda que dimerizam e terminam em domínios que se ligam a organelas específicas a serem transportadas. Como será abordado brevemente, o comprimento da região do pescoço afeta a velocidade do movimento da miosina.

Em cada caso que foi testado até o momento, as miosinas se movem em direção da extremidade (+) do filamento de actina, com uma exceção, a *miosina VI* encontrada em animais. Essa miosina extraordinária possui um inserto no seu domínio cabeça para fazê-la trabalhar na direção oposta; assim, a motilidade ocorre na direção da extremidade (−) de um filamento de actina. Acredita-se que a miosina VI contribua para endocitose, movendo vesículas endocíticas ao longo dos filamentos de actina para longe da membrana plasmática. Relembre que filamentos de actina associados à membrana têm suas extremidades (+) voltadas para membrana, assim um motor direcionado para extremidade (−) as deslocaria a partir da membrana em direção do centro da célula.

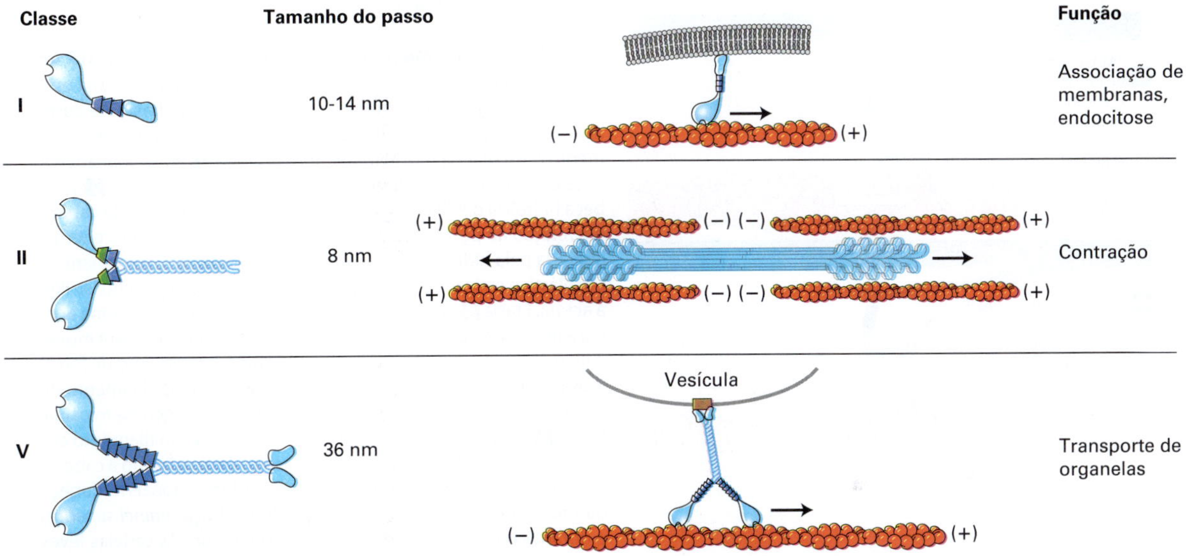

FIGURA 17-25 Três classes comuns de miosina. A miosina I consiste em um domínio cabeça com um número variável de cadeias leves associadas com o domínio pescoço. Membros da classe da miosina I são as únicas miosinas com um único domínio cabeça. Acredita-se que algumas destas miosinas se associem diretamente com membranas por interações com lipídeos. As miosinas II têm dois domínios cabeça e duas cadeias leves por pescoço e são a única classe que pode se organizar em filamentos bipolares. As miosinas V possuem dois domínios cabeça e seis cadeias leves por pescoço. Elas se ligam a receptores específicos (retângulo marrom) nas organelas que elas transportam. Todas as miosinas nestas três classes se movimentam na direção da extremidade (+) dos filamentos de actina.

ANIMAÇÃO EM FOCO: Ciclo de interligação da actina-miosina
RECURSO DE MÍDIA: Movimento da miosina contra os filamentos de actina

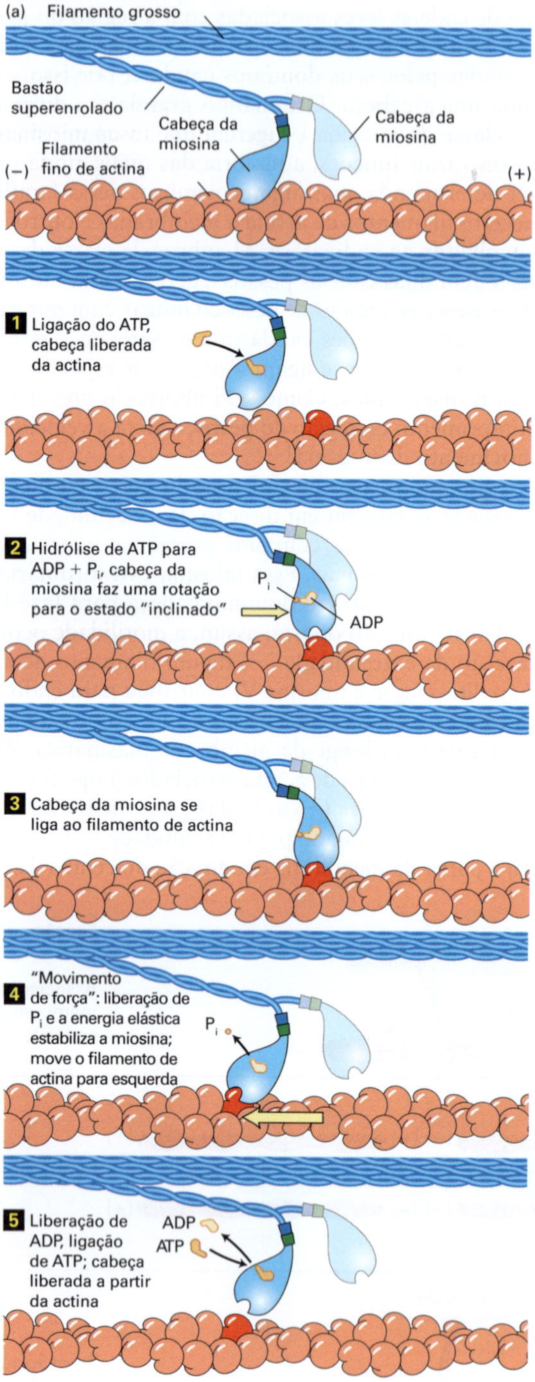

(a) Filamento grosso
Bastão superenrolado
Cabeça da miosina
Cabeça da miosina
Filamento fino de actina
(−)
(+)
1 Ligação do ATP, cabeça liberada da actina
2 Hidrólise de ATP para ADP + P_i, cabeça da miosina faz uma rotação para o estado "inclinado"
P_i
ADP
3 Cabeça da miosina se liga ao filamento de actina
"Movimento
4 de força": liberação de P_i e a energia elástica estabiliza a miosina; move o filamento de actina para esquerda
P_i
5 Liberação de ADP, ligação de ATP; cabeça liberada a partir da actina
ADP
ATP

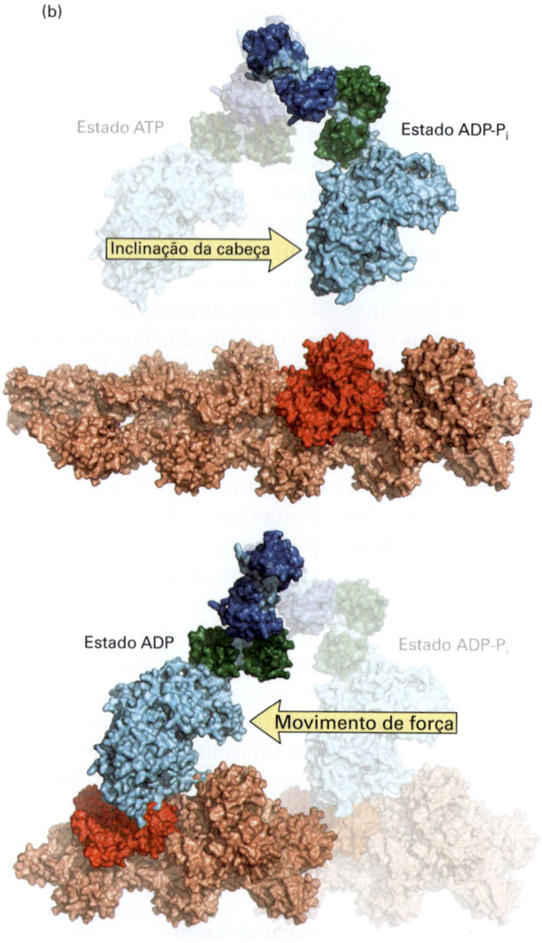

(b)
Estado ATP
Estado ADP-P_i
Inclinação da cabeça
Estado ADP
Estado ADP-P_i
Movimento de força

FIGURA 17-26 Movimento da miosina ativado por ATP ao longo da actina. (a) Na ausência de ATP, a cabeça da miosina está firmemente ligada ao filamento de actina. Embora bastante curto no músculo esquelético, este é o estado responsável pelo enrijecimento muscular na morte (*rigor mortis*). Etapa **1**: ao se ligar ao ATP, a cabeça da miosina se libera do filamento de actina. Etapa **2**: a cabeça hidrolisa o ATP em ADP e P_i, que induz uma rotação da cabeça em relação ao pescoço. Este estado "inclinado" armazena a energia liberada pela hidrólise de ATP como energia elástica, semelhante a um elástico esticado. Etapa **3**: miosina no estado "inclinado" se liga à actina. Etapa **4**: quando ligada à actina, a cabeça da miosina acopla a liberação de P_i com a liberação da energia elástica para mover o filamento de actina. Isso é conhecido como "movimento de força" (*power stroke*), uma vez que envolve o movimento do filamento de actina em relação a extremidade do domínio pescoço da miosina. Etapa **5**: a cabeça permanece firmemente ligada ao filamento enquanto o ADP é liberado e antes que novo ATP seja ligado à cabeça. (b) Modelos moleculares das alterações conformacionais na cabeça da miosina envolvidas na "inclinação" da cabeça (*painel superior*) e durante o movimento de força (*painel inferior*). As cadeias leves da miosina estão mostradas em azul-escuro e verde; o restante da cabeça e do pescoço da miosina está corado em azul-claro e a actina em vermelho. (Parte (a) adaptada de R.D. Vale and R.A. Milligan, 2002, *Science* **288**:88; parte (b) cortesia de Mike Greeves.)

Alterações conformacionais na cabeça da miosina acoplam a hidrólise do ATP ao movimento

Estudos sobre a contração muscular forneceram as primeiras evidências que as cabeças da miosina deslizam ou caminham ao longo dos filamentos de actina. A solução do mecanismo de contração muscular foi bastante ajudada pelo desenvolvimento de ensaios de motilidade *in vitro* e medidas de força de uma única molécula. Com base nas informações obtidas com essas técnicas e a estrutura tridimensional da cabeça da miosina (ver Figura 17-22c), os pesquisadores desenvolveram um modelo geral para como a miosina utiliza a energia liberada pela hidrólise de ATP para se mover ao longo de um filamento de actina (Figura 17-26). Como se acredita que todas as miosinas usam o mesmo mecanismo para gerar movimento, será ignorado se a cauda da miosina está ligada a uma vesícula ou é parte de um filamento grosso, como ocorre no músculo. O aspecto mais importante desse modelo é que a hidrólise de uma única molécula de ATP está acoplada a cada etapa realizada pela molécula de miosina ao longo de um filamento de actina.

Como pode a miosina converter a energia química liberada pela hidrólise de ATP em trabalho mecânico? Essa questão intrigou biólogos por muito tempo. Era sabido há muito tempo que a cabeça S1 da miosina é uma ATPase com capacidade de hidrolisar ATP em ADP e P_i. A análise bioquímica revelou o mecanismo de movimento da miosina (Figura 17-26a). Na ausência de ATP, a cabeça da miosina se liga de maneira firme à actina F. Quando o ATP se liga, a afinidade da cabeça pela actina F é bastante reduzida e se dissocia da actina. A cabeça da miosina então hidrolisa ATP, e os produtos da hidrólise, ADP e P_i, permanecem ligados. A energia fornecida pela hidrólise do ATP induz alteração conformacional na cabeça, o que resulta na rotação do domínio cabeça em relação ao pescoço, conhecida como posição "inclinada" da cabeça (Figura 17-26b, *superior*). Na ausência da actina F, a liberação do P_i é bastante lenta, a parte mais lenta do ciclo da ATPase. Entretanto, na presença de actina, a cabeça se liga à actina F de maneira firme, induzindo tanto a liberação do P_i quanto a rotação da cabeça de volta para sua posição original, movendo o filamento de actina em relação ao domínio pescoço (Figura 17-26b, *inferior*). Dessa forma, a ligação à actina F induz o movimento da cabeça e a liberação de P_i, acoplando os dois processos. Essa etapa é conhecida como **movimento de força** *(power stroke)*. A cabeça permanece ligada até que o ADP seja liberado e um novo ATP se ligue à cabeça, liberando-o do filamento. O ciclo então se repete e a miosina pode se mover novamente contra o filamento.

Como a hidrólise do ATP no bolsão de ligação ao nucleotídeo é convertida em força? Os resultados de estudos estruturais da miosina na presença de nucleotídeos e análogos de nucleotídeos que mimetizam as várias etapas do ciclo indicam que a ligação e a hidrólise de um nucleotídeo causam uma pequena alteração conformacional no domínio cabeça. Esse pequeno movimento é amplificado por uma região de "conversão" na base da cabeça, atuando como sustentáculo, possibilitando que o pescoço semelhante à alavanca faça a rotação. Essa rotação é amplificada pelo braço em alavanca, semelhante a um bastão, que constitui o domínio pescoço, de modo que o filamento de actina se mova por alguns nanômetros (ver Figura 17-26b).

Esse modelo faz um prognóstico forte: a distância que uma cabeça de miosina se move ao longo da actina durante a hidrólise de um ATP, o **tamanho do passo** da miosina, deveria ser proporcional ao comprimento do domínio pescoço. Para testar isso, moléculas mutantes de miosina foram construídas com domínios pescoço de diferentes comprimentos e a velocidade na qual eles se moviam pelo filamento de actina foi determinada. Surpreendentemente, existe uma correlação excelente entre o comprimento do domínio pescoço e a velocidade do movimento (Figura 17-27).

As cabeças de miosina dão passos discretos ao longo dos filamentos de actina

A característica mais crucial da miosina é a sua capacidade de gerar uma força que fornece energia aos movimentos. Os pesquisadores têm utilizado *pinças ópticas* para medir as forças geradas por moléculas individuais de miosina (Figura 17-28). Nessa abordagem, a miosina é imobilizada em esferas a uma baixa densidade. Um filamento de actina, mantido entre duas pinças ópticas, é baixado até a esfera, até que faça contato com a molécula de miosina sobre a esfera. Quando ATP é adicionado, a miosina puxa o filamento de actina. Usando um mecanismo de retroalimentação mecânica controlado por computador, pode-se medir a distância percorrida, as forças e a duração do movimento. Os resultados dos estudos com pinça óptica mostram que a miosina II não interage com o filamento de actina de forma contínua; em vez disso, se move e o libera. Na verdade, a miosina II gasta em média

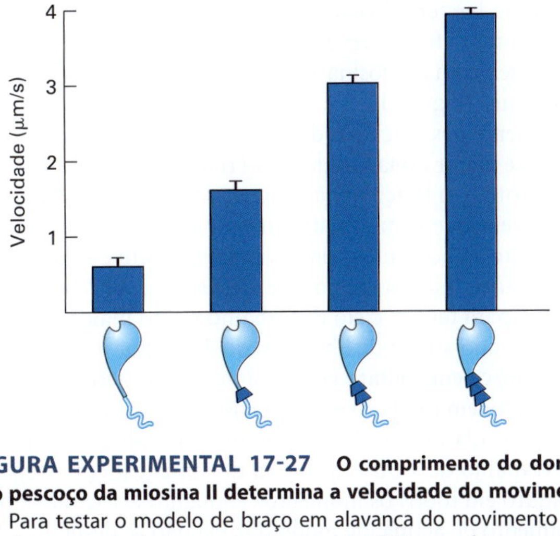

FIGURA EXPERIMENTAL 17-27 O comprimento do domínio pescoço da miosina II determina a velocidade do movimento. Para testar o modelo de braço em alavanca do movimento da miosina, pesquisadores usaram técnicas de DNA recombinante para produzir cabeças de miosina ligadas a domínios pescoço de diferentes comprimentos. A velocidade na qual eles se moveram sobre os filamentos de actina foi determinada. Quanto mais longo o braço em alavanca, mais rápido a miosina se move, dando suporte ao mecanismo proposto. (Redesenhada a partir de Ruppel e J.A. Spudich, 1996, *Annu. Rev. Cell Mol. Biol.* **12**:534-573.)

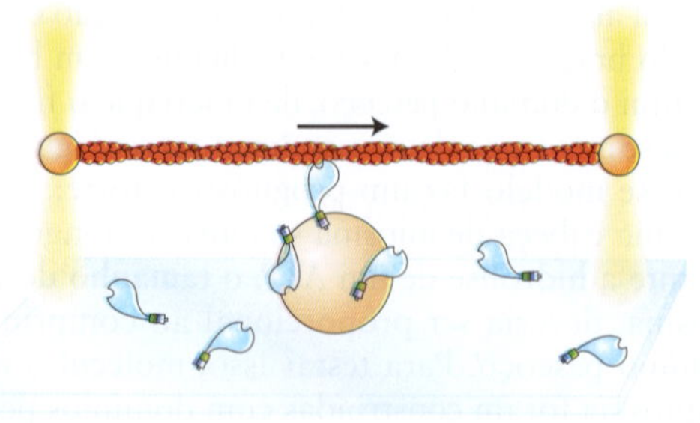

FIGURA 17-28 Uma pinça óptica de actina. Técnicas de pinça óptica podem ser usadas para determinar o tamanho do passo e a força gerada por uma única molécula de miosina. Em uma pinça óptica, o feixe de um *laser* infravermelho é focalizado por um microscópio óptico sobre uma conta de látex (ou outro objeto qualquer que não absorva luz infravermelha), capturando e segurando a conta no centro do feixe. A intensidade da força que segura a conta é ajustada pelo aumento ou a diminuição da intensidade do feixe de *laser*. Neste experimento, um filamento de actina é segurado entre duas pinças ópticas. O filamento de actina é baixado sobre uma terceira conta coberta com uma concentração diluída de moléculas de miosina. Se o filamento de actina encontrar uma molécula de miosina na presença de ATP, a miosina irá puxar o filamento de actina, permitindo aos pesquisadores medirem tanto a força gerada como o tamanho do passo que a miosina dá.

apenas cerca de 10% de cada ciclo de ATPase em contato com a actina F, ou seja, apresenta uma **ciclo de trabalho** de 10%. Isso será importante adiante quando for considerado que no músculo em contração centenas de cabeças de miosina atuam sobre filamentos de actina, de modo que a qualquer momento 10% das cabeças estejam engajadas a fornecer uma contração estável.

Quando a miosina II faz contato com a actina F, ela dá passos discretos, de em média 8 nm (Figura 17-29, *superior*) e gera 3 a 5 piconewtons (pN) de força, aproximadamente a mesma força exercida pela gravidade sobre uma bactéria isolada.

Se agora for observado um experimento similar de pinça óptica com a miosina V, as curvas serão completamente diferentes (Figura 17-29, *inferior*). Agora pode-se discernir facilmente passos claros de cerca de 36 nm de comprimento. Esse maior tamanho de passo reflete o domínio pescoço mais longo, o braço em alavanca, da miosina. Além disso, observem que o motor dá vários passos sequenciais sem se soltar da actina; em outras palavras, move-se de forma *processiva*. Isso ocorre porque seu ciclo de ATPase é modificado para ter um ciclo de trabalho muito maior (>70%), diminuindo a taxa de liberação do ADP; por isso, a cabeça permanece em contato com o filamento de actina por uma porcentagem muito maior do ciclo. Uma vez que uma única molécula de miosina V possui duas cabeças, um ciclo de trabalho de >50% assegura que uma cabeça esteja em contato em todos os momentos enquanto ela se move pelo filamento de actina, de modo que ela não se desligue.

A miosina V caminha de "palmo a palmo" pelo filamento de actina

A próxima questão é como os dois domínios cabeça da miosina V trabalham em conjunto para se mover por um filamento? Um modelo propõe que as duas cabeças andam por um filamento de "palmo a palmo", com cada cabeça revezando-se para tomar a frente (Figura 17-30a). Outra possibilidade é o modelo de lagarta de geometrídeo (ou medideira), no qual a cabeça da frente dá um passo, a segunda cabeça é puxada de trás para frente até alcançar a outra, e então a cabeça da frente dá outro passo (Figura 17-30b). Como se pode distinguir entre esses dois modelos? No modelo da lagarta de geometrídeo, cada cabeça individual dá passos de 36 nm, enquanto no modelo de caminhada, cada uma dá passos de 72 nm. Cientistas conseguiram ligar uma sonda fluorescente em apenas uma região de pescoço da miosina V e observaram-na caminhar ao longo do filamento de actina: ela deu passos de 72 nm (Figura 17-30c) e, desse modo, caminhou "palmo a palmo" pelo filamento. Por que o tamanho do passo da miosina V é tão grande? Se seu tamanho de passo de 36 nm for comparada à estrutura do filamento de actina, será

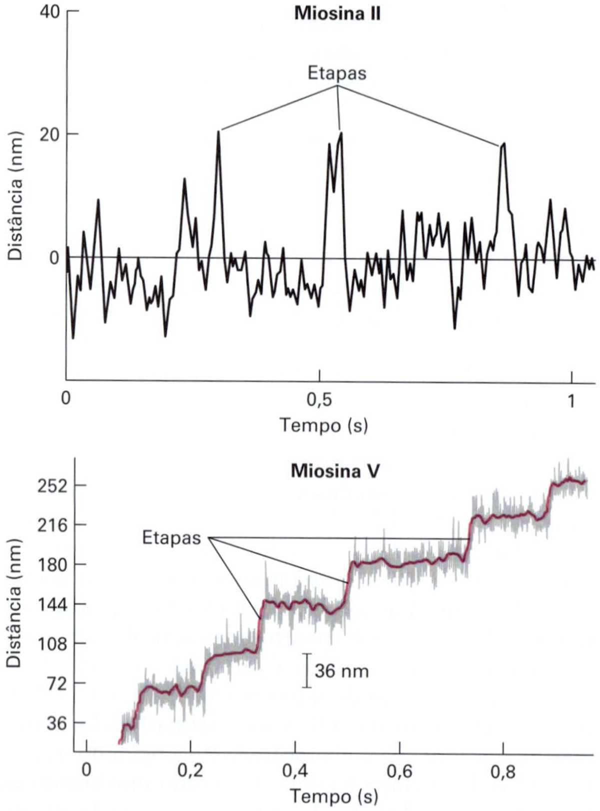

FIGURA EXPERIMENTAL 17-29 Experimentos de pinça óptica medem o tamanho do passo e a processividade das miosinas. Utilizando uma pinça óptica em condições semelhantes às descritas na Figura 17-28, pesquisadores analisaram o comportamento da miosina II (*gráfico superior*) e da miosina V (*gráfico inferior*). Como mostrado pelos picos no gráfico, a miosina II tem passos curtos erráticos (5 a 15 nm), ou seja, liga-se ao filamento de actina, se move e então se desliga. Por isso ela é um motor não processivo. Ao contrário, a miosina V de uma única cabeça dá passos claros de 36 nm, um após o outro, de modo que tenha um tamanho de passo de 36 nm e é altamente processiva, ou seja, não se desliga do filamento de actina. (Parte (a) de Finer et al., 1994, *Nature* **368**:113; parte (b) de M.Rief et al., 2000, *Proc. Nat'l Acad. Sci. USA* **97**:9482.)

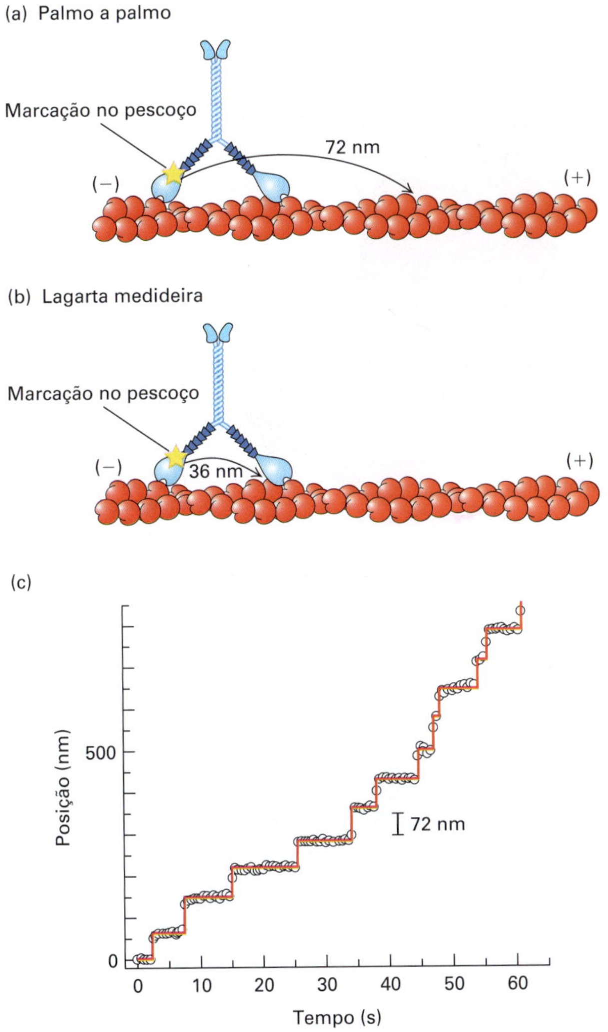

FIGURA EXPERIMENTAL 17-30 A miosina V dá um passo de 36 nm, já cada cabeça se move em passos de 72 nm, de modo que ela caminhe de palmo a palmo. Foram sugeridos dois modelos para o movimento da miosina V por um filamento. (a) No modelo palmo a palmo, uma cabeça se liga a um filamento de actina e a outra gira e se liga a um local 72 nm à frente. (b) No modelo da lagarta medideira, a cabeça da frente se move 36 nm, então a cabeça posterior se move para trás da anterior, permitindo que a cabeça anterior dê outro passo de 36 nm. (c) A miosina V de duas cabeças marcada com agente fluorescente em apenas uma cabeça parece dar um passo de 72 nm. Assim, a miosina V caminha palmo a palmo. (Adaptada de A. Yildiz et al., 2003, *Science* **300**:2061.)

observado que ele é o mesmo do comprimento entre as repetições helicoidais no filamento de actina (ver Figura 17-5b e 17-30a); assim, a miosina V caminha entre sítios de ligação equivalentes enquanto ela caminha pela lateral de um filamento de actina. A miosina V provavelmente evoluiu para dar grandes passos do tamanho da repetição helicoidal da actina, fazendo-o com muita processividade, de modo que ela raramente se dissocie de um filamento de actina. Essas propriedades são exatamente as que se esperaria em um motor projetado para transportar carga ao longo de um filamento de actina.

CONCEITOS-CHAVE da Seção 17.5

Miosinas: Proteínas motoras compostas por actina

- As miosinas são motores compostos por actina e ativados pela hidrólise de ATP.
- As miosinas têm um domínio cabeça motor, um domínio pescoço braço em alavanca e um domínio cauda de ligação à carga (ver Figura 17-22).
- Existem várias classes de miosinas, com três classes presentes em vários eucariotos: miosina I com um único domínio cabeça; a miosina II com duas cabeças, organizadas em filamentos bipolares; e a miosina V com duas cabeças, mas que não se organiza em filamentos (ver Figura 17-25).
- A miosina converte a hidrólise de ATP em trabalho mecânico amplificando uma pequena alteração conformacional na sua cabeça por seu domínio pescoço quando a cabeça está ligada à actina F (ver Figura 17-26).
- A cabeça da miosina dá passos discretos ao longo do filamento de actina, que podem ser pequenos (8 nm) e não processivos no caso da miosina II, ou grandes (36 nm) e processivos para miosina V.

17.6 Movimentos gerados pela miosina

Já foi discutido como as miosinas têm domínios cabeça e pescoço responsáveis por suas propriedades motoras. Agora chega-se às regiões cauda, que definem as cargas que as miosinas movimentam. A função de várias das classes de miosinas recém-descobertas encontradas nos metazoários ainda não é conhecida. Nesta seção, são fornecidos apenas dois exemplos das funções específicas da miosina. O primeiro exemplo é o músculo esquelético, o local onde a miosina II foi descoberta. No músculo, várias cabeças de miosina II unidas em um feixe de filamentos bipolares, cada um com um ciclo de trabalho curto, trabalham juntas para realizar a contração. Maquinarias contráteis organizadas similarmente funcionam na contração do músculo liso e nas fibras de tensão, assim como no anel contrátil durante a citocinese. Então chega-se na classe da miosina V, com um longo ciclo de trabalho que permite a essas miosinas transportar cargas por distâncias relativamente longas sem se dissociar dos filamentos de actina.

Filamentos grossos de miosina e filamentos finos de actina no músculo esquelético deslizam um pelo outro durante a contração

As células musculares evoluíram para realizar uma função altamente especializada: a contração. As contrações musculares devem ocorrer rápida e repetidamente, por longas distâncias e com força suficiente para mover grandes cargas. Uma célula típica do músculo esquelético é cilíndrica, grande (1 a 40 μm de comprimento e 10 a 50 μm de largura) e multinucleada (contendo até 100 núcleos) (Figura 17-31a). Dentro de cada célula muscular, existem várias **miofibrilas** que consistem em um arranjo repetido regular de uma estrutura especiali-

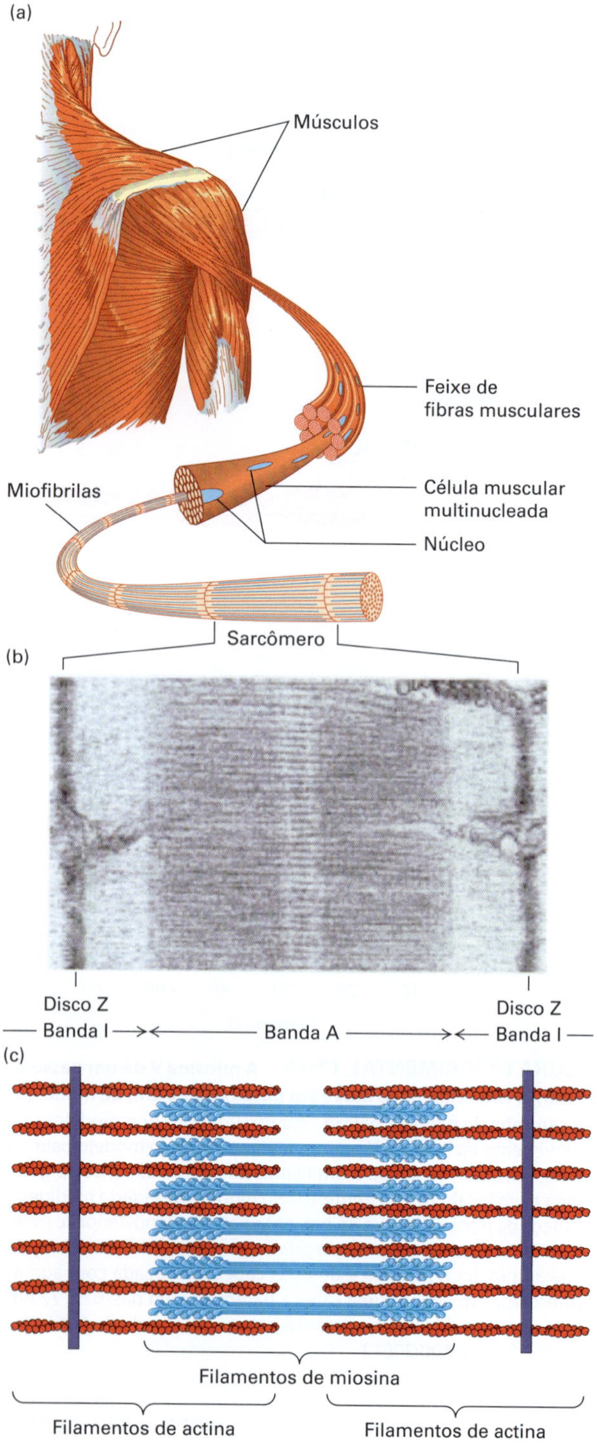

FIGURA 17-31 Estrutura do sarcômero de músculo esquelético. (a) Os músculos esqueléticos consistem em fibras musculares compostas por feixes de células multinucleadas. Cada célula contém um feixe de miofibrilas, que consiste em milhares de estruturas contráteis repetidas chamadas sarcômeros. (b) Micrografia eletrônica de um músculo estriado de camundongo em secção longitudinal, mostrando um sarcômero. De cada lado dos discos Z estão as bandas I, levemente coradas, compostas inteiramente por filamentos finos de actina. Estes filamentos finos estendem-se em ambos os lados do disco Z, interdigitando-se com os filamentos grossos de miosina, intensamente corados, da banda A. (c) Diagrama do arranjo da miosina e filamentos de actina em um sarcômero. (Parte (b) cortesia de S. P. Dadoune.)

zada chamada **sarcômero** (Figura 17-31b). Um sarcômero, que tem cerca de 2 μm de comprimento nas células em repouso, encurta cerca de 70% do seu comprimento durante a contração. A microscopia eletrônica e as análises bioquímicas mostraram que cada sarcômero contém dois tipos de filamentos: os **filamentos grossos**, compostos por miosina II, e os **filamentos finos**, contendo actina e proteínas associadas (Figura 17-31c).

Os filamentos grossos são compostos por filamentos bipolares de miosina II, nos quais as cabeças em cada metade do filamento têm orientações opostas (ver Figura 17-22a). Os filamentos de actina finos são montados com suas extremidades (+) embebidas em uma estrutura densamente corada conhecida como *disco Z*, de modo que os dois conjuntos de filamentos de actina em um sarcômero possuem orientações opostas (Figura 17-32). Para entender como um músculo se contrai, considere as interações entre uma cabeça de miosina (entre as centenas de filamentos grossos) e um filamento fino (actina), conforme o diagrama na Figura 17-26. Durante essas interações cíclicas, também chamadas de *ciclo das pontes transversais*, a hidrólise de ATP está associada ao movimento de uma cabeça de miosina em direção ao disco Z, que corresponde à extremidade (+) do filamento fino de actina. Como o filamento grosso é bipolar, a ação das cabeças de miosina nas extremidades opostas dos filamentos grossos arrasta os filamentos finos rumo ao centro dos filamentos grossos e, portanto, rumo ao centro do sarcômero (ver Figura 17-32). Esse movimento encurta o sarcômero até que as extremidades dos filamentos grossos entrem em contato com o disco Z. A contração de um músculo intacto resulta da atividade de centenas de cabeças de miosina sobre um único filamento grosso, amplificado pelas centenas de filamentos grossos e finos em um sarcômero e pelos milhares de sarcômeros em uma fibra muscular. Agora percebe-se porque a miosina II é não processiva e necessita ter um ciclo de trabalho curto: cada cabeça se move por uma distância curta sobre o filamento de actina e então se dissocia para que outra cabeça se mova, e tantas cabeças trabalhando juntas permitem a contração estável do sarcômero.

O coração é um órgão de incrível capacidade contrátil: ele se contrai sem interrupção por cerca de 3 milhões de vezes por ano, ou um quinto de um bilhão de vezes em uma vida. As células musculares do coração contêm uma maquinaria contrátil muito similar àquela do músculo esquelético, exceto que existem células mono e binucleadas. Em cada célula, os sarcômeros terminais se inserem em estruturas na membrana plasmática, chamadas discos intercalados, que ligam as células em uma cadeia contrátil. Uma vez que as células musculares do coração são apenas geradas no início da vida humana, elas não podem ser repostas em caso de dano, como ocorre durante um ataque cardíaco. Várias mutações diferentes nas proteínas da maquinaria de contração do coração dão origem a *miocardiopatias hipertróficas*, engrossamento dos músculos da parede do coração, o que compromete

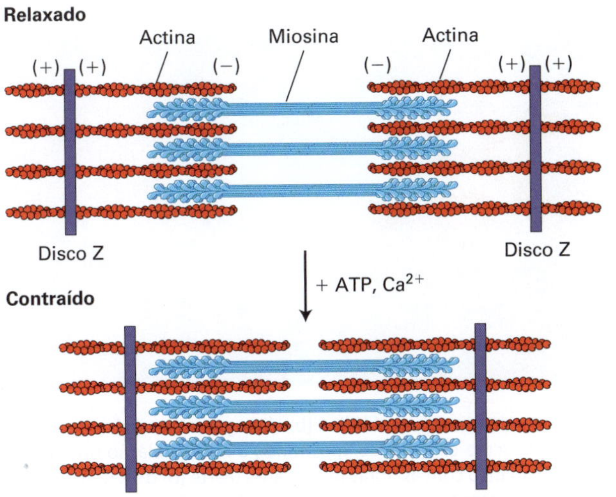

FIGURA 17-32 O modelo do filamento deslizante da contração no músculo estriado. A disposição dos filamentos grossos de miosina e finos de actina no estado relaxado é mostrada no diagrama superior. Na presença de ATP e Ca^{2+}, as cabeças de miosina que se estendem a partir dos filamentos grossos se deslocam rumo às extremidades (+) dos filamentos finos. Como os filamentos finos estão ancorados nos discos Z (roxo), o movimento da miosina puxa os filamentos de actina rumo ao centro do sarcômero, encurtando seu comprimento no estado contraído, como mostrado no diagrama inferior.

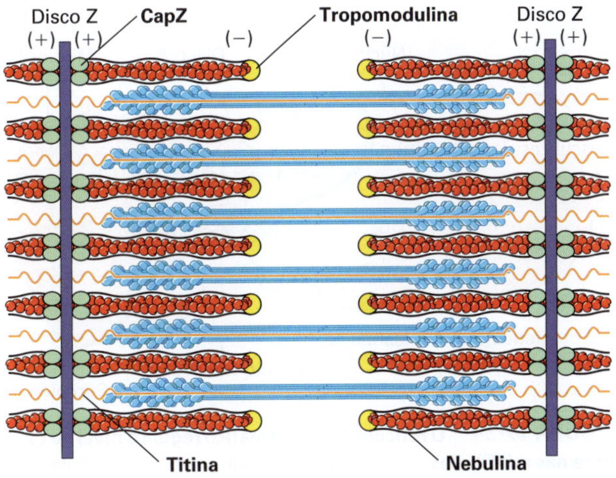

FIGURA 17-33 Proteínas acessórias encontradas no músculo esquelético. Para estabilizar os filamentos de actina, a CapZ bloqueia a extremidade (+) dos filamentos finos no disco Z, enquanto a tropomodulina bloqueia a extremidade (−). A proteína gigante titina se estende pelos filamentos grossos e se liga ao disco Z. A nebulina se liga às subunidades de actina e determina o comprimento do filamento fino.

sua função. Por exemplo, várias mutações têm sido documentadas no gene da cadeia pesada da miosina cardíaca que comprometem a função contrátil mesmo em indivíduos heterozigotos. Nestes indivíduos, o coração tenta compensar pela hipertrofia (aumento), muitas vezes resultando em arritmia cardíaca fatal (batimentos irregulares). Além dos defeitos das cadeias pesadas da miosina, defeitos que resultam em miocardiopatias têm sido rastreados até mutações em outros componentes da maquinaria contrátil, incluindo actina, cadeias leves da miosina, **tropomiosina** e troponina e componentes estruturais como a titina (discutida a seguir). ■

O músculo esquelético é estruturado por proteínas estabilizadoras e de sustentação

A estrutura do sarcômero é mantida por algumas proteínas acessórias (Figura 17-33). Os filamentos de actina são estabilizados nas suas extremidades (+) por *CapZ* e nas suas extremidades (−) pela *tropomodulina*. Uma proteína gigante conhecida como *nebulina* se estende ao longo do filamento de actina fino, por toda sua extensão, desde o disco Z até a tropomodulina, à qual ela se liga. A nebulina consiste em domínios repetitivos que se ligam à actina no filamento, e acredita-se que o número de repetições de ligação à actina e, em consequência, o comprimento da nebulina, determine o comprimento dos filamentos finos. Outra proteína gigante, chamada *titina* (por ser tão grande), tem sua cabeça associada ao disco Z e se estende para o meio do filamento grosso, onde outra molécula de titina se estende para o disco Z seguinte. Acredita-se que a titina seja uma molécula elástica que mantém os filamentos grossos no meio do sarcômero e também previne a superextensão para assegurar que os filamentos grossos permaneçam intercalados entre os filamentos finos.

A contração do músculo esquelético é regulada por Ca^{2+} e por proteínas que se ligam à actina

Como vários processos celulares, a contração do músculo esquelético é iniciada por um aumento nas concentrações do Ca^{2+} citosólico. Como descrito no Capítulo 11, a concentração de Ca^{2+} do citosol é normalmente mantida baixa, abaixo de 0,1 μM. Em contrapartida, nas células musculares esqueléticas, um nível baixo de Ca^{2+} citosólico é mantido principalmente por uma única Ca^{2+}-ATPase que bombeia continuamente íons Ca^{2+} do citosol, contendo as miofibrilas, para dentro do **retículo sarcoplasmático** (**RS**), o retículo endoplasmático especializado das células musculares (ver Figura 17-34). Essa atividade estabelece um reservatório de Ca^{2+} no RS.

A chegada de um impulso nervoso (ou *potencial de ação*; ver Capítulo 22) nas junções neuromusculares aciona um potencial de ação na membrana plasmática da célula muscular (também conhecida como *sarcolema*). O potencial de ação viaja pelas invaginações da membrana plasmática conhecidas como *túbulos transversos*, que penetram a célula para se posicionarem em volta de cada miofibrila. A chegada do potencial de ação nos túbulos transversos estimula a abertura dos canais de Ca^{2+} regulados por voltagem na membrana do RS, e a posterior liberação de Ca^{2+} a partir do RS aumenta a concentração do Ca^{2+} citosólico nas miofibrilas. Essa concentração elevada de Ca^{2+} citosólico induz uma alteração em duas proteínas acessórias, a tropomiosina e a troponina, ligadas aos filamentos finos de actina, as quais normalmente bloqueiam a ligação da miosina. A alteração na posição dessas proteínas nos filamentos finos de actina, por sua vez, permite as interações entre a miosina e a actina e, por

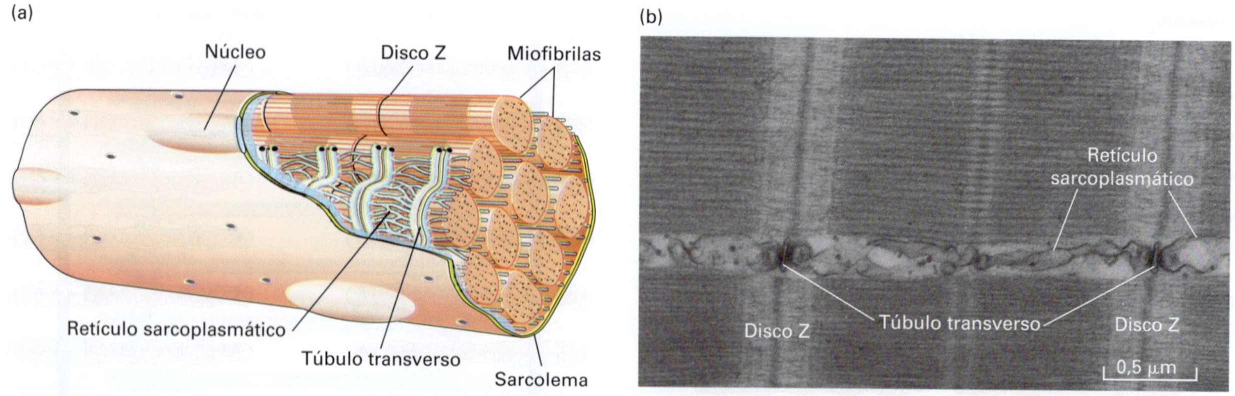

FIGURA 17-34 O retículo sarcoplasmático regula o nível de Ca^{2+} livre nas miofibrilas. (a) Quando um impulso nervoso estimula uma célula muscular, o potencial de ação é transmitido por um túbulo transverso (amarelo), contínuo à membrana plasmática (sarcolema), levando à liberação de Ca^{2+} a partir do retículo sarcoplasmático adjacente (azul) para dentro das miofibrilas. (b) Micrografia eletrônica de secção fina do músculo esquelético, mostrando a íntima relação do retículo sarcoplasmático com as fibras musculares. (Parte (b) de K.R. Porter e C. Franzini-Amstrong, ASCB Image & Video Library, August 2006:FND-14. Disponível em: http://cellimages.ascb.org/u?/p4041 coll1, 83.)

isso, a contração. Esse tipo de regulação, conhecido como *regulação do filamento fino*, é muito rápido.

A *tropomiosina* (TM) é uma molécula em forma de corda, com cerca de 40 nm de comprimento que se liga a sete subunidades de actina em um filamento de actina. As moléculas de TM são enroladas juntas cabeça com cauda, formando uma cadeia contínua ao longo de cada filamento fino de actina (Figura 17-35a, b). Associada a cada tropomiosina está a *troponina* (TN), um complexo de três subunidades, TN-T, TN-I e TN-C. A troponina C é a subunidade da troponina que se liga ao cálcio. TN-C controla a posição da TM na superfície de um filamento de actina por meio das subunidades TN-I e TN-T.

Sob o controle de Ca^{2+} e TN, TM pode ocupar duas posições em um filamento fino, mudando de um estado de relaxamento muscular para contração. Na ausência de Ca^{2+} (o estado relaxado), TM bloqueia a interação da miosina com a actina F e o músculo é relaxado. A ligação dos íons Ca^{2+} à TN-C aciona o movimento de TM para uma nova posição no filamento, expondo os sítios de ligação à miosina na actina (ver Figura 17-35b). Assim, em concentrações de Ca^{2+} maiores do que 1 μM, a inibição exercida pelo complexo TM-TN é revertida e a contração ocorre. Os ciclos dependentes de Ca^{2+} entre os estados de relaxamento e contração no músculo esquelético estão resumidos na Figura 17-35c.

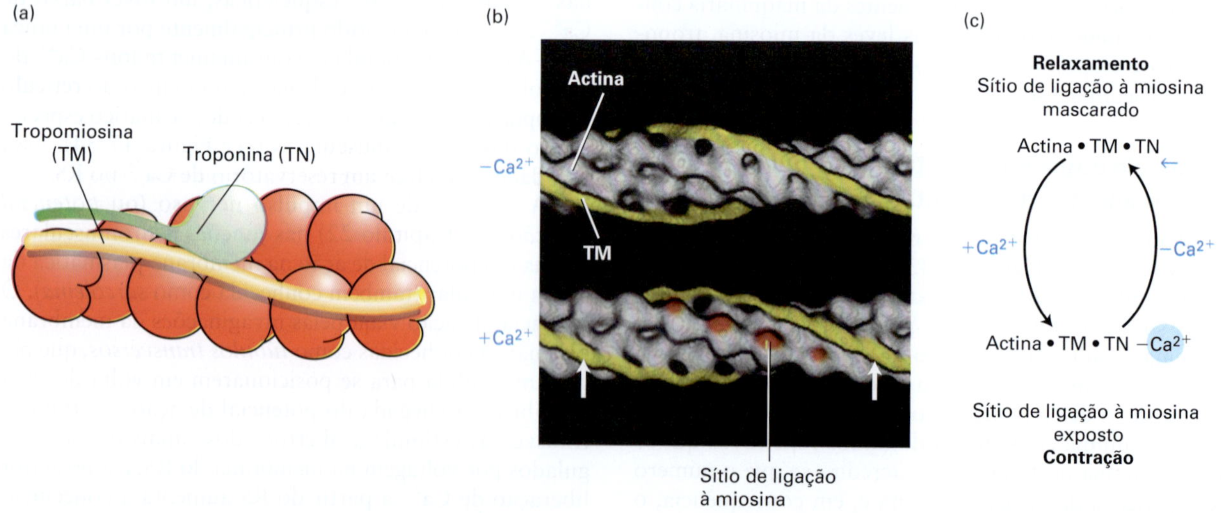

FIGURA 17-35 Regulação do filamento fino, dependente de Ca^{2+}, da contração do músculo esquelético. (a) Modelo do complexo regulador tropomiosina-troponina sobre um filamento fino. A troponina é um complexo proteico ligado à longa molécula α-helicoidal de tropomiosina. (b) Reconstruções por microscopia eletrônica tridimensional da hélice de tropomiosina (amarelo) sobre um filamento fino do músculo. A tropomiosina no seu estado relaxado (*superior*) desloca-se para sua nova posição (seta) no estado que induz a contração (*inferior*) quando a concentração de Ca^{2+} aumenta. Este movimento expõe os sítios de ligação à miosina (vermelho) da actina. (A troponina não aparece nesta representação, mas permanece ligada à tropomiosina em ambos os estados). (c) Resumo da regulação da contração do músculo esquelético pela ligação de Ca^{2+} à troponina. (Parte (b) adaptada de W. Lehman, R. Craig e P. Vibert, 1993, *Nature* **123**:313; cortesia de P. Vibert.)

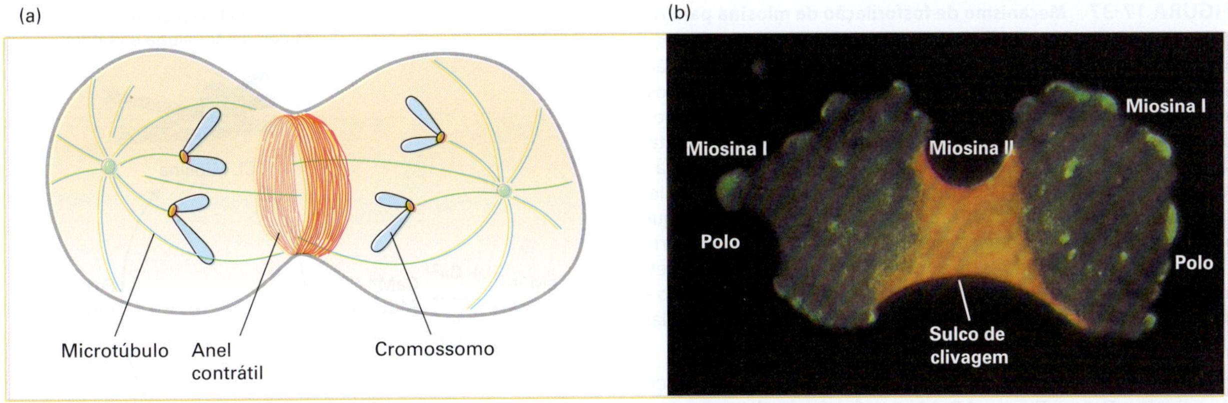

FIGURA EXPERIMENTAL 17-36 Anticorpos fluorescentes revelam a localização da miosina I e da miosina II durante a citocinese. (a) Diagrama de uma célula no processo de citocinese, mostrando o fuso mitótico (microtúbulos em verde, cromossomos em azul) e o anel contrátil com filamentos de actina (vermelho). (b) Micrografia de fluorescência de uma ameba *Dictyostelium* durante a citocinese revela que a miosina II (cor de laranja) está concentrada no anel contrátil, também conhecido como sulco de clivagem, enquanto a miosina I (verde) está localizada nos polos da célula. A célula foi corada com anticorpos específicos para miosina I e miosina II, com cada preparação de anticorpo ligada a um corante fluorescente diferente. (Cortesia de Y. Fukui.)

A actina e a miosina II formam feixes contráteis em células não musculares

No músculo esquelético, os filamentos finos de actina e os filamentos grossos de miosina II se organizam em estruturas contráteis. As células não musculares contêm vários tipos de **feixes contráteis** correlatos, compostos por filamentos de actina e miosina II, semelhantes às fibras do músculo esquelético, mas muito menos organizados. Além disso, esses feixes não têm o sistema de regulação da troponina e são regulados pela fosforilação da miosina, como será discutido adiante.

Nas células epiteliais, os feixes contráteis são mais comumente encontrados na forma de um *cinturão aderente*, também conhecido como cinturão circunferencial, que envolve a superfície interna da célula no nível da junção aderente (ver Figura 17-4a) e é importante na manutenção da integridade do epitélio (discutido no Capítulo 20). As fibras de tensão, vistas ao longo das superfícies ventrais das células em cultura em superfícies artificiais (vidro ou plástico) ou em matrizes extracelulares, são um segundo tipo de feixe contrátil (ver Figura 17-4a, c) importante na adesão celular, especialmente nos substratos maleáveis. As extremidades das fibras de tensão terminam em adesões focais contendo integrinas, estruturas especiais que ligam uma célula ao substrato subjacente (ver Figura 17-41 e Capítulo 20). Os cinturões circunferenciais e as fibras de tensão contêm várias proteínas encontradas no aparelho contrátil do músculo liso e exibem algumas características na organização que lembram os sarcômeros do músculo. Um terceiro tipo de feixe contrátil, chamado de anel contrátil, é uma estrutura transiente formada na região central de uma célula em divisão, envolvendo a célula na porção mediana, entre os polos do fuso mitótico (Figura 17-36a). À medida que o anel se contrai, puxando a membrana para dentro, o citoplasma é dividido e finalmente seccionado em duas partes em um processo conhecido como *citocinese*, dando origem a duas células-filhas. As células em divisão, marcadas com anticorpos contra miosina I e miosina II, mostram que a miosina II está localizada no anel contrátil, enquanto a miosina I está nas regiões distais, onde liga o córtex de actina à membrana plasmática (Figura 17-36b). Células sem o gene que codifica para cadeia pesada da miosina II são incapazes de sofrer citocinese, estabelecendo um papel para miosina II na divisão celular. Ao contrário, essas células formam um sincício multinucleado porque a citocinese, mas não a divisão nuclear, está inibida.

Mecanismos dependentes de miosina regulam a contração no músculo liso e nas células não musculares

O músculo liso é um tecido especializado encontrado em vários órgãos internos, e é composto por células contráteis. Por exemplo, o músculo liso envolve vasos sanguíneos para regular a pressão sanguínea, envolve os intestinos para mover o alimento pelo trato digestivo e restringe a passagem de ar nos pulmões. As células do músculo liso contêm feixes contráteis grandes alinhados frouxamente que lembram os feixes contráteis nas células epiteliais. O aparelho contrátil do músculo liso e sua regulação constituem um modelo valioso para compreender como a atividade da miosina é regulada em uma célula não muscular. Como visto anteriormente, a contração do músculo esquelético é regulada pelo complexo tropomiosina-troponina ligado ao filamento fino de actina, alternando entre o estado de indução da contração na presença de Ca^{2+} e o estado relaxado na sua ausência. Em contrapartida, a contração do músculo liso é regulada pela alternância dos estados ligado e desligado da miosina II. Essa alternância da miosina II e, portanto, a contração do músculo liso e das células não musculares é regulada em resposta a várias moléculas de sinalização extracelulares.

A contração do músculo liso de vertebrados é regulada principalmente por uma via na qual a *cadeia leve* (*CL*)

FIGURA 17-37 Mecanismo de fosforilação da miosina para regular a contração do músculo liso. No músculo liso de vertebrados, a fosforilação da cadeia leve (CL) reguladora da miosina ativa a contração. Em concentrações de $Ca^{2+} < 10^{-6}$ M, a cadeia leve reguladora não é fosforilada, e a miosina adota a conformação enovelada. Quando os níveis de Ca^{2+} aumentam, ela se liga à calmodulina (CaM) que sofre uma alteração na conformação (CaM*). O complexo CaM*– Ca^{2+} se liga e ativa a miosina cadeia leve cinase (MCL cinase), que então fosforila a CL miosina. Este evento de fosforilação altera a conformação da miosina, que agora está ativa e pode se organizar em filamentos bipolares para participar na contração. Quando os níveis de Ca^{2+} caem, a CL miosina é desfosforilada pela fosfatase da cadeia leve da miosinas (MCL), que não é dependente de Ca^{2+} para atividade, causando o relaxamento muscular.

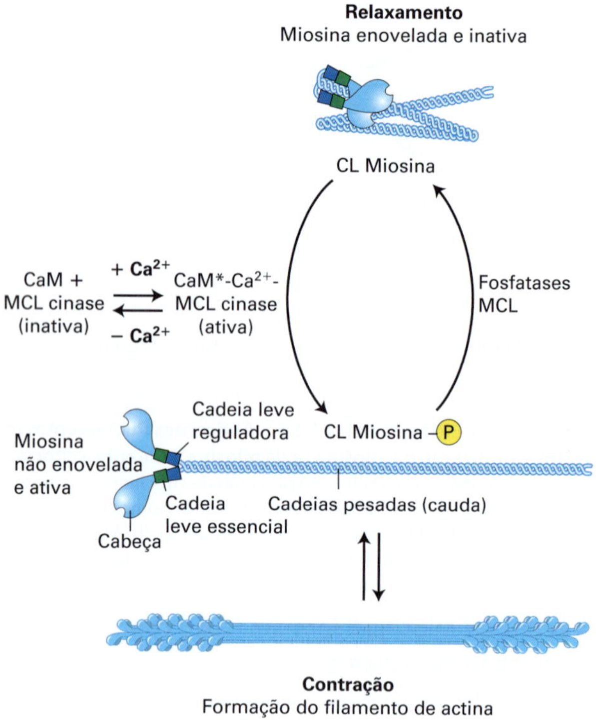

reguladora da miosina associada com o domínio pescoço da miosina II (ver Figura 17-22b) sofre fosforilação e desfosforilação. Quando a cadeia reguladora não é fosforilada, uma miosina II do músculo liso adota conformação dobrada e seu ciclo de ATPase está inativo. Quando a CL é fosforilada pela enzima *miosina CL cinase*, cuja atividade é regulada pelo nível de Ca^{2+} citosólico livre, a miosina II muda de conformação e se organiza em filamentos bipolares ativos, tornando-se ativa para induzir a contração (Figura 17-37). A regulação dependente de Ca^{2+} da atividade da miosina CL cinase é mediada pela proteína de ligação ao Ca^{2+}, a calmodulina (ver Figura 3-31). Primeiro o cálcio se liga à calmodulina, que induz a alteração da conformação na proteína, então o complexo Ca^{2+}/calmodulina se liga à miosina CL cinase e a ativa. Quando o Ca^{2+} retorna para seu nível de repouso, a miosina CL cinase se torna inativa e a fosfatase da cadeia leve da miosina remove os fosfatos para permitir que o sistema retorne para seu estado relaxado. Este modelo de regulação se baseia na difusão do Ca^{2+} por distâncias maiores do que nos sarcômeros e na ação das proteína cinases, de modo que a contração é muito mais lenta no músculo liso do que no músculo esquelético. Como esta regulação envolve a miosina, ela é conhecida como *regulação do filamento grosso*.

O papel da miosina CL cinase ativada pode ser demonstrado pela microinjeção de um inibidor de cinase em células do músculo liso. Mesmo que o inibidor não bloqueie a elevação no nível de Ca^{2+} citosólico que ocorre depois da estimulação da célula, as células injetadas não podem se contrair.

Diferente do músculo esquelético, estimulado para contrair somente por meio de impulsos nervosos, as células do músculo liso e as células não musculares são reguladas por vários tipos de sinais externos. Por exemplo, a norepinefrina, a angiotensina, a endotelina, a histamina e outras moléculas sinalizadoras podem modular ou induzir a contração do músculo liso ou promover alterações na forma e adesão de células não musculares pela ativação de várias vias de transdução de sinal. Algumas dessas vias levam a um aumento do nível de Ca^{2+} citosólico; como já foi descrito, esse aumento pode estimular a atividade da miosina, ativando a miosina CL cinase (ver Figura 17-37). Como discutido a seguir, outras vias ativam a *Rho cinase*, também capaz de acionar a atividade da miosina pela fosforilação da cadeia leve reguladora, ainda que de modo independente de Ca^{2+}.

As vesículas ligadas à miosina V são carregadas ao longo dos filamentos de actina

Ao contrário das funções contráteis dos filamentos de miosina II, a família miosina V de proteínas são as miosinas motoras mais processivas conhecidas e transportam cargas pelos filamentos de actina. No próximo capítulo, discutido como elas podem trabalhar em conjunto com os microtúbulos motores para realizar o transporte de organelas. Embora não se saiba muito sobre suas funções em células de mamíferos, as miosinas V motoras não são irrelevantes: defeitos em uma proteína miosina V específica podem causar diversas doenças, como epilepsias (ver Figura 17-24).

Sabe-se muito mais sobre as miosinas V motoras em sistemas mais simples e mais acessíveis experimentalmente como as leveduras que se reproduzem por brotamento. Esse organismo bem estudado cresce por brotamento, exigindo que sua maquinaria secretora dirija o material recém-sintetizado para o broto em crescimento (Figura 17-38a). A miosina V transporta vesículas secretoras ao longo dos filamentos de actina a 3 μm/s para dentro do broto. Entretanto, essa não é a única função da proteína miosina V na levedura. Em um estágio mais avançado do ciclo celular, todas as organelas devem ser distribuídas entre as células-mães e as células-filhas. Extraordinariamente, as miosinas V nas leveduras fornecem o sistema de transporte para segregação de várias organelas, incluindo peroxissomos, lisossomos (também conhecidos como vacúolos), retículo endoplasmático, rede *trans*-Golgi e mesmo o transporte de extremidades de microtúbulos e alguns RNAs mensageiros específicos para dentro do broto (Figura 17-38b). Enquanto as leve-

ANIMAÇÃO: Movimento de múltiplas cargas mediado pela miosina V em leveduras

FIGURA 17-38 Movimento de cargas pela miosina V nas leveduras de brotamento. (a) A levedura *Saccharomyces cerevisiae* (utilizada para fazer pão, cerveja e vinho) cresce por brotamento. As vesículas secretoras são transportadas para dentro do broto, que aumenta de volume até o tamanho da célula-mãe. Então as células sofrem citocinese para formar duas células-filhas, e cada uma se divide novamente. (b) Diagrama de um broto de tamanho médio mostrando como as miosinas V transportam vesículas secretoras (VS) pelos filamentos de actina nucleados pelas forminas (roxo) localizadas na ponta do broto e no pescoço do broto. As miosinas V também são usadas para segregar organelas, como o vacúolo (o equivalente aos lisossomos), peroxissomos, retículo endoplasmático (RE), rede *trans* Golgi (TGN) e até mesmo os mRNA selecionados para dentro do broto. A miosina V também se liga a extremidade dos microtúbulos citoplasmáticos (verde) para orientar o núcleo na preparação para mitose. (Adaptada a partir de D. Pruyne et al., 2004, *Ann. Rev. Cell Biol.* **20**:559.)

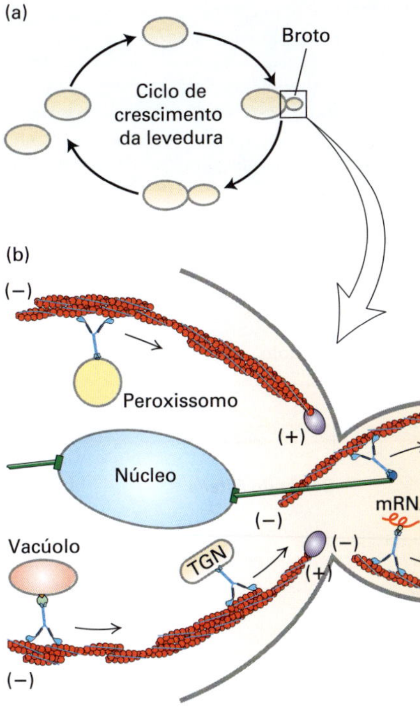

duras de brotamento utilizam miosina V e filamentos de actina polarizada no transporte de várias organelas, as células animais, muito maiores, empregam microtúbulos e seus motores para transportar várias dessas organelas por distâncias relativamente longas. Esses mecanismos de transporte serão discutidos no próximo capítulo.

Talvez o uso mais significativo das miosinas V seja observado nas grandes algas-verdes, como a *Nitella* e a *Chara*. Nessas células grandes, que podem ter 2 cm de comprimento, o citosol flui rapidamente, a uma velocidade perto de 4,5 mm/min, em um ciclo sem fim em torno da circunferência interna da célula (Figura 17-39). Essa *corrente citoplasmática* é o principal mecanismo para a distribuição dos metabólitos celulares, especialmente em grandes células, como as células vegetais e das amebas.

A cuidadosa inspeção de objetos capturados no fluxo de citosol, como o retículo endoplasmático (RE) e outras vesículas limitadas por membrana, mostra que a velocidade da corrente aumenta a partir do centro da célula (velocidade zero) para a periferia celular. Esse gradiente na velocidade do fluxo é mais facilmente explicável se o motor que gera o fluxo estiver na membrana. Em micrografias eletrônicas, pode-se observar feixes de filamentos de actina alinhados ao longo do comprimento da célula, situados acima dos cloroplastos estacionários localizados adjacentes à membrana. Grande parte do citosol é impelida pela miosina V (também conhecida como miosina XI nas plantas) ligada a partes do RE adjacentes aos filamentos de actina. A velocidade do fluxo do citosol da *Nitella* é pelo menos 15 vezes mais rápida do que o movimento produzido por qualquer outra miosina.

CONCEITOS-CHAVE da Seção 17.6

- No músculo esquelético, as miofibrilas contráteis são compostas por milhares de unidades repetitivas chamadas sarcômeros. Cada sarcômero é composto por dois tipos de filamentos intercalados: filamentos grossos de miosina e filamentos finos de actina (ver Figura 17-31).
- A contração do músculo esquelético envolve o deslizamento dos filamentos grossos de miosina, dependente de ATP, ao longo dos filamentos finos de actina para encurtar o sarcômeros e, por conseguinte, a miofibrila (ver Figura 17-32).
- As extremidades dos filamentos finos de actina no músculo esquelético são estabilizadas pela CapZ na extremidade (+) e pela tropomodulina na extremidade (−). Duas proteínas grandes, nebulina associada aos filamentos finos e titina associada aos filamentos grossos, também contribuem para a organização do músculo esquelético.
- A contração do músculo esquelético está sujeita à regulação do filamento fino. Em níveis baixos de Ca^{2+} livre, o músculo está relaxado e a tropomiosina bloqueia a interação da miosina e da actina F. Em níveis elevados de Ca^{2+} livre, o complexo troponina associado à tropomiosina se liga ao Ca^{2+} e move a tropomiosina para descobrir os sítios de ligação à miosina sobre a actina, permitindo a contração (ver Figura 17-35).

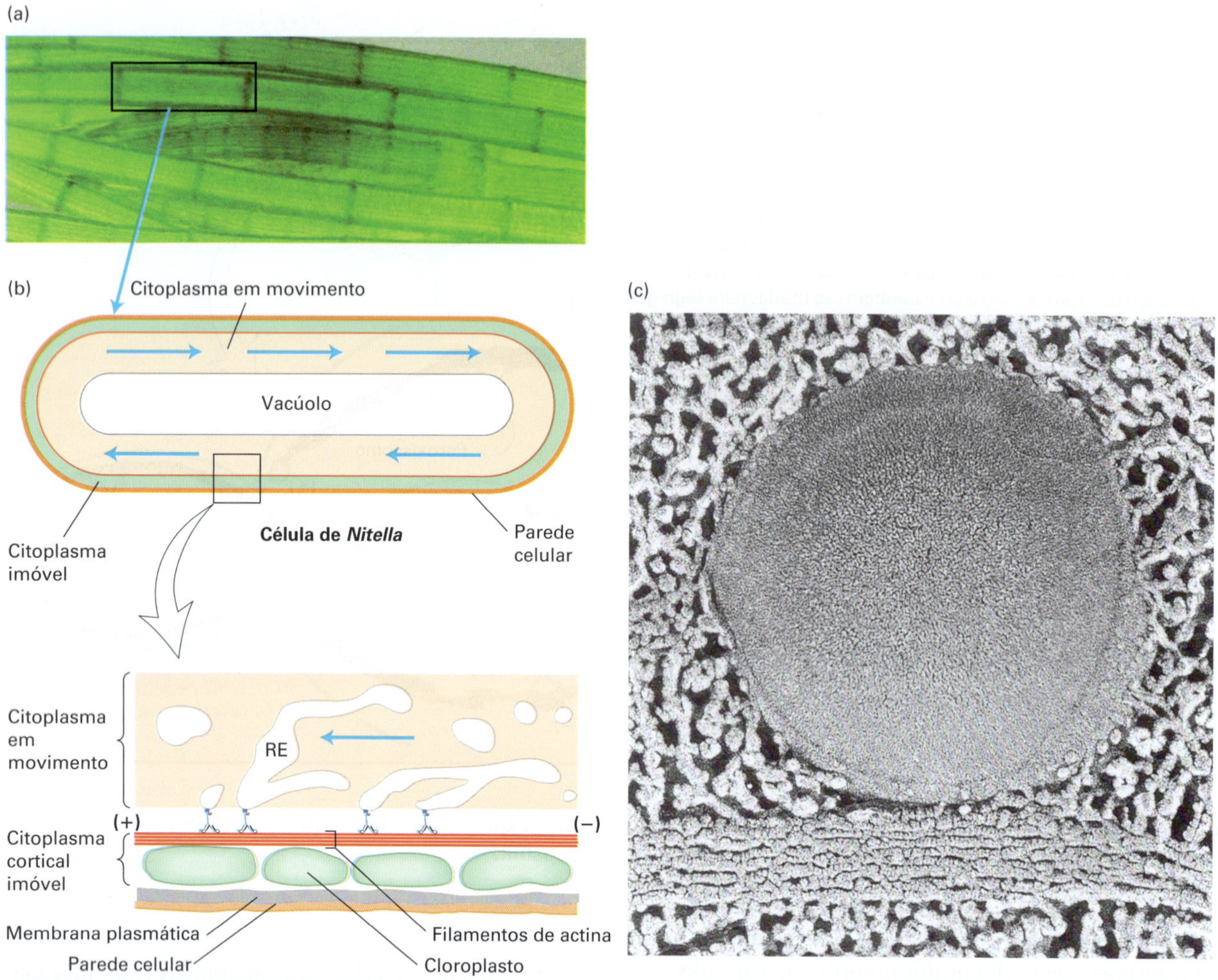

FIGURA 17-39 Corrente citoplasmática em algas gigantes cilíndricas. (a) Células de *Nitella*, alga de água doce normalmente encontrada em poças no verão. O movimento citoplasmático, descrito a seguir, é incrível e pode ser prontamente observado com um microscópio simples. Portanto, procure alguma *Nitella* (ou alga relacionada) e observe este maravilhoso fenômeno! (b) O centro de uma célula do gênero *Nitella* está ocupado por um grande vacúolo solitário cheio de água, envolto por uma camada de citoplasma em movimento (setas azuis). Uma camada imóvel de citoplasma cortical repleta de cloroplastos situa-se logo abaixo da membrana plasmática (figura inferior aumentada). Na parte interna dessa camada, existem feixes de filamentos de actina estacionários (vermelho), todos orientados com a mesma polaridade. Uma proteína motora (azul), a miosina V vegetal, transporta parte do retículo endoplasmático (RE) ao longo dos filamentos de actina. O movimento da rede do RE impele o citoplasma viscoso inteiro, inclusive as organelas entremeadas na rede do RE. (c) Uma micrografia eletrônica do citoplasma cortical mostra uma grande vesícula conectada a um feixe subjacente de filamentos de actina. (Parte (a) de James C. French; parte (c) de B. Kachar.)

- As células do músculo liso e as células não musculares possuem feixes contráteis de filamentos de actina e miosina, com uma organização similar ao músculo esquelético, mas menos ordenada.
- Os feixes contráteis estão sujeitos à regulação do filamento grosso. A cadeia leve da miosina é fosforilada pela **cinase da cadeia leve da miosina,** que ativa a miosina e assim induz a contração. A cinase da cadeia leve da miosina é ativada pela ligação da calmodulina–Ca^{2+} quando a concentração de Ca^{2+} se eleva (ver Figura 17-37).
- A miosina V transporta carga pelo deslinhamento ao longo dos filamentos de actina.

17.7 Migração celular: mecanismo, sinalização e quimiotaxia

Até agora foram examinados os diferentes mecanismos utilizados pelas células para criar o movimento – desde a organização dos filamentos de actina e a formação dos feixes e redes de filamentos de actina até a contração dos feixes de actina e de miosina e o transporte de organelas por moléculas de miosina ao longo dos filamentos de actina. Alguns dos mesmos mecanismos representam os principais processos pelos quais as células geram as forças necessárias para a migração. A **migração celular** resulta da coordenação dos movimentos gerados em diferentes partes de uma célula, integrados com um ciclo endocítico direcionado.

VÍDEO: Mecanismo de migração dos queratinócitos de peixe
VÍDEO: Filamentos de actina no lamelipódio de um queratinócito de peixe

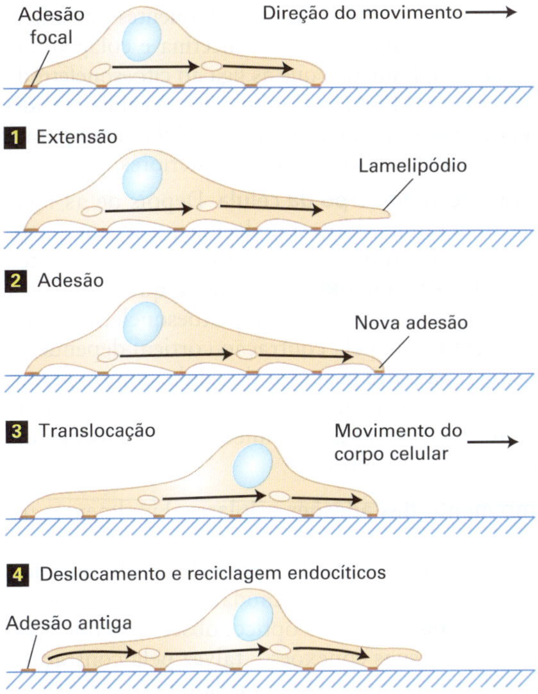

FIGURA 17-40 Etapas do movimento celular. O movimento se inicia com a extensão de um ou mais lamelipódios a partir da borda anterior de uma célula **1**; alguns lamelipódios se aderem ao substrato por adesões focais **2**. Em seguida, grande parte do citoplasma no corpo celular flui para a frente devido à contração na parte posterior da célula **3**. A extremidade de deslocamento da célula permanece aderida ao substrato até que a cauda finalmente se desligue e retraia para dentro do corpo da célula. Durante este ciclo com base no citoesqueleto, o ciclo endocítico internaliza membrana e integrinas na parte posterior da célula e as transporta para parte anterior da célula (seta) para serem reutilizadas na formação de novas adesões.

O estudo da migração celular é importante para vários campos da biologia e medicina. Por exemplo, uma característica essencial do desenvolvimento animal é a migração de células específicas ao longo de determinadas vias. As células epiteliais em um adulto migram para curar uma ferida e os leucócitos migram para locais de infecção. Menos óbvia é a migração lenta e contínua das células epiteliais intestinais que revestem os vasos sanguíneos. A migração inapropriada das células cancerosas após se desprenderem do seu tecido normal resulta em metástase.

A migração celular é iniciada pela formação de uma ampla protrusão da membrana grande e na borda anterior de uma célula. Revelou-se por videomicroscopia que a principal característica desse movimento é a polimerização da actina na membrana. Os filamentos de actina na borda anterior são rapidamente interligados em feixes e redes em uma região de protrusão, chamada de *lamelipódio* nas células de vertebrados. Em alguns casos, projeções delgadas da membrana em formato de dedos, chamadas de *filopódios*, também são estendidas a partir da borda anterior. Essas estruturas formam, então, contatos estáveis com a superfície subjacente (como a matriz extracelular) pela qual a célula se desloca. Nesta seção, será examinado com mais detalhes como as células coordenam os vários processos que se baseiam em microfilamentos com endocitose para se mover por uma superfície. Também será considerado o papel das vias de sinalização na coordenação e integração das ações do citoesqueleto, um dos focos principais da pesquisa atual.

A migração celular coordena a geração de força com a adesão celular e a reciclagem da membrana

Um fibroblasto em movimento (célula do tecido conectivo) apresenta uma sequência de eventos – extensão inicial de uma protrusão da membrana, ligação ao substrato, fluxo do citosol para frente e retração da parte posterior da célula (Figura 17-40). Esses eventos ocorrem em padrão ordenado em uma célula com movimento lento como o fibroblasto, mas em células com movimento rápido, como os macrófagos, todos ocorrem simultaneamente de forma coordenada. Primeiro, será considerado o papel do citoesqueleto de actina e então o envolvimento no ciclo endocítico.

Extensão da membrana A rede dos filamentos de actina na borda anterior é um tipo de máquina celular que empurra a membrana adiante de um modo similar ao modo de propulsão da *Listeria* pela polimerização da actina (Figura 17-41d; para *Listeria* ver Figura 17-17c). Dessa forma, a actina é nucleada, na membrana da borda anterior, pelo complexo Arp2/3 ativado, e os filamentos são alongados pela associação de subunidades nas extremidades (+) adjacentes à membrana plasmática. À medida que a rede de actina é fixada em relação ao seu substrato, a membrana frontal é empurrada para fora enquanto os filamentos se alongam. Isso é muito similar à bactéria *Listeria*, que "cavalga" sobre uma cauda de actina em polimerização, também fixada no citoplasma. A renovação da actina, e assim o rolamento das subunidades, é mediada, da mesma forma que as caudas cometa da *Listeria*, pela ação da profilina e cofilina (ver Figura 17-41d).

Adesões célula-substrato Quando a membrana tiver sido estendida e o citoesqueleto tiver se organizado, a membrana torna-se firmemente aderida ao substrato. A microscopia de quadro a quadro (do inglês, *time lapse*) mostra que os feixes de actina na borda anterior se ancoram a estruturas conhecidas como *adesões focais* (Figura 17-41c). A ligação serve para dois propósitos: impede que ocorra a retração da lamela que está avançando e fixa a célula ao substrato, permitindo que a célula vá adiante. Dada a importância das adesões focais e sua regulação durante a locomoção celular, não surpreende que elas sejam ricas em moléculas envolvidas nas vias de transdução de sinal. As adesões focais serão discutidas em mais detalhes no Capítulo 20, quando discutidas as interações célula-matriz.

As moléculas de adesão celular que fazem a mediação da maioria das interações célula– matriz são proteínas de membrana chamadas *integrinas*. Essas proteínas têm um domínio externo que se liga a componentes específicos da matriz extracelular, como fibronectina e colágeno, e um domínio citoplasmático que as liga ao citoesqueleto de actina (ver Figura 17-41c e Capítulo 20). A célula faz adesões na parte anterior, e à medida que a célula migra para frente, as adesões assumem posições posteriores.

Translocação do corpo da célula Depois de as ligações anteriores terem sido estabelecidas, a maior parte do conteúdo do corpo celular é translocado para frente (ver Figura 19-40, etapa **3**). Acredita-se que o núcleo e as outras organelas embebidas no citoesqueleto sejam movidas para frente pela contração cortical dependente de miosina II na parte posterior da célula, como apertar um tubo de pasta de dente pela parte inferior do tubo. Consistente com esse modelo, a miosina II está localizada no córtex celular posterior.

Rompimento das adesões celulares Finalmente, na última etapa do movimento (rompimento da adesão), as adesões focais na parte posterior da célula rompidas, e as integrinas, recicladas; a cauda liberada é trazida para a frente. Ao microscópio óptico, observa-se que a cauda "escapa" das suas conexões – talvez pela contração das fibras de tensão na cauda, ou pela tensão elástica – deixando, às vezes, um pequeno fragmento da sua membrana para trás, ainda presa firmemente ao substrato.

A capacidade de movimento celular corresponde a um equilíbrio entre as forças mecânicas geradas pelo citoesqueleto e as forças resistentes geradas pela adesão celular. As células não podem se mover se estiverem ligadas muito fortemente ou se não estiverem ligadas a uma superfície. Essa relação pode ser demonstrada pela medida da velocidade do movimento nas células que expressam níveis variados de integrinas. Essas medidas mostram que a migração mais rápida ocorre a um nível intermediário de adesão, diminuindo a velocidade do movimento a níveis altos ou baixos de adesão. A locomoção celular resulta, então, das forças de tração exercidas pela célula sobre o substrato subjacente.

Reciclagem de membranas e integrinas por endocitose As alterações dinâmicas no citoesqueleto de actina por si só não são suficientes para mediar a migração celular; ela também é dependente da reciclagem endocítica das membranas. A membrana necessária durante a extensão do lamelipódio é fornecida a partir dos endossomos internos após a sua exocitose. As moléculas de adesão nas adesões focais na parte posterior da célula são internalizadas a partir dos contatos focais que estão se desfazendo e transportadas por um ciclo endocítico para a parte frontal para fazer novas adesões ao substrato (Figura 17-40, etapa **4**). Esse ciclo de moléculas de adesão em uma célula migratória se parece com o modo que um tanque utiliza as esteiras para se mover para frente. Esse movimento de membranas no interior da célula também gera um fluxo da membrana na direção posterior através da superfície da célula. Portanto, esse tipo de fluxo pode contribuir para locomoção celular, como foi recentemente observado em leucócitos que conseguem se mover no líquido ("nadar") na ausência de adesões ao substrato.

Pequenas proteínas de ligação a GTP (Cdc42, Rac e Rho) controlam a organização da actina

Uma característica notável de uma célula migratória é a sua polaridade: a célula tem parte anterior e posterior. Quando uma célula faz uma curva, uma nova borda anterior se forma em uma nova direção. Se essas extensões se formassem em todas as direções de uma só vez, a célula seria incapaz de escolher uma nova direção de movimento. Para sustentar o movimento em determinada direção, a célula requer sinais para coordenar eventos na parte anterior da célula com eventos na parte posterior e, portanto, sinalizar onde está a parte anterior. A compreensão de como essa coordenação ocorre surgiu de estudos com fatores de crescimento.

Os fatores de crescimento, como o fator de crescimento epidermal (EGF) e o fator de crescimento derivado de plaquetas (PDGF), ligam-se a receptores específicos da superfície celular (Capítulo 16) e estimulam as células a se mover e então se dividir. Por exemplo, em um ferimento, as plaquetas são ativadas pela exposição ao colágeno na matriz extracelular nas bordas da lesão, o que ajuda o sangue a coagular. As plaquetas ativadas também secretam PDGF para atrair os fibroblastos e células epiteliais a entrarem na lesão e repará-la. É possível observar parte desse processo *in vitro*. Se você cultivar células em uma placa de cultura e depois de deixá-las sem fatores de crescimento adicioná-los ao meio, em um ou dois minutos as células respondem com a formação de ondulações na membrana. As ondulações na membrana são muito semelhantes aos lamelipódios das células migratórias: elas são o resultado da ativação da maquinaria que controla a exocitose dos endossomos acoplados com a montagem da actina.

Os cientistas sabiam que os fatores de crescimento se ligam a receptores bastante específicos na superfície celular e induzem a via de transdução de sinal na superfície interna da membrana plasmática (Capítulo 15), mas como isso está ligado à maquinaria da actina era um mistério. Pesquisas então revelaram que a via de transdução de sinal ativa **Rac**, membro da superfamília proteica de pequenas GTPases relacionadas a Ras (Capítulo 15). Rac é um membro de uma família de proteínas que regula a organização dos microfilamentos; outras duas são **Cdc42** e **Rho**. Infelizmente, devido à história de sua descoberta, essa família de proteínas também tem sido chamada coletivamente de "proteínas Rho", da qual Cdc42, Rac e Rho são membros. Para compreender como essas proteínas trabalham, primeiro deve ser relembrado como as pequenas proteínas que se ligam a GTP funcionam.

Como todas as pequenas GTPases da superfamília Ras, a Cdc42, a Rac e a Rho atuam como permutadoras moleculares, inativas no estado ligado a GDP e ativas no estado ligado a GTP (Figura 17-42). No seu estado ligado a GDP, elas existem livres no citoplasma na forma inativa ligada à proteína conhecida como inibidor da dissocia-

VÍDEO: Dinâmica da actina no fibroblasto em migração
VÍDEO: Movimento dos microtúbulos e da actina nas células em migração

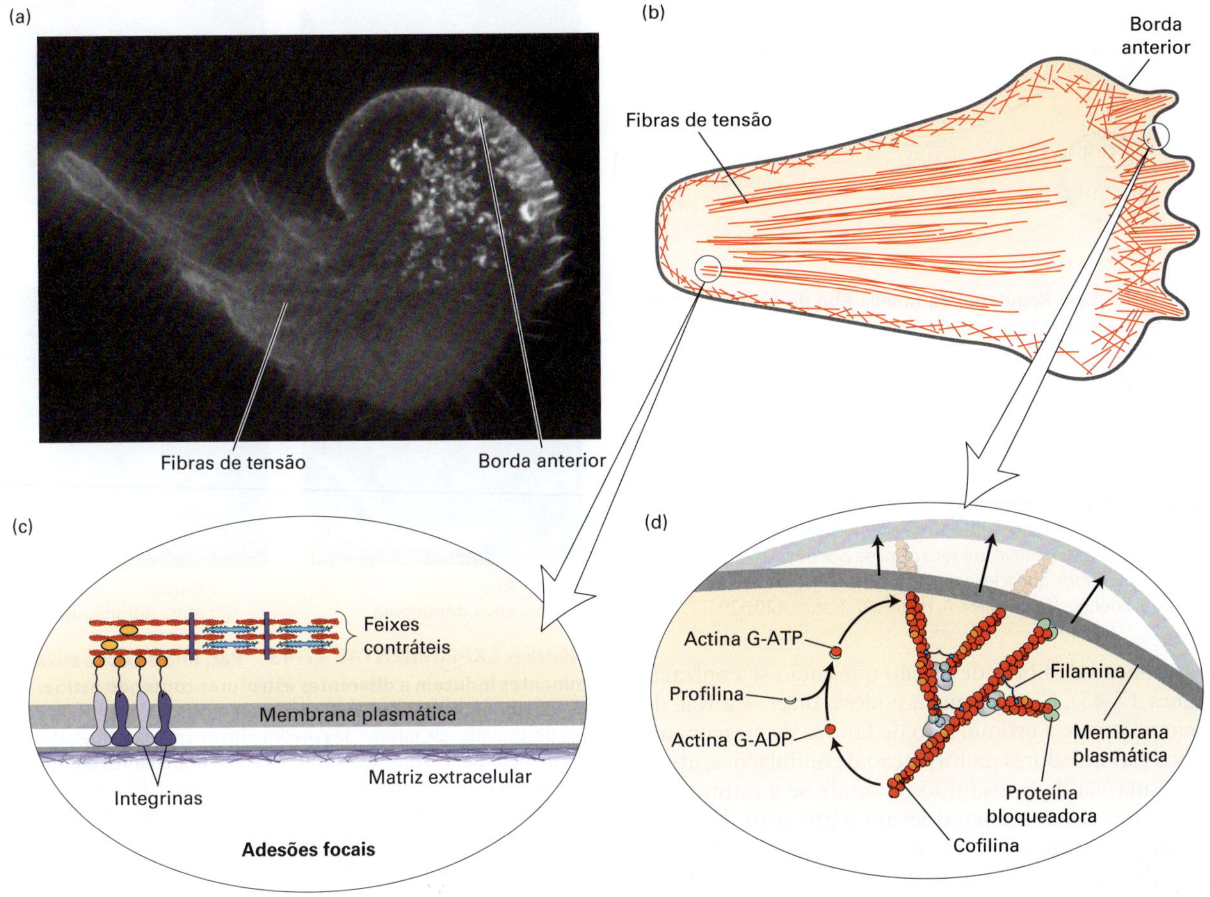

FIGURA 17-41 Estruturas compostas por actina envolvidas na locomoção celular. (a) Localização da actina em um fibroblasto expressando actina-GFP. (b) Diagrama das classes dos microfilamentos envolvidos na migração celular. A rede dos filamentos de actina na borda anterior desloca a célula para frente. As fibras contráteis no córtex celular espremem o corpo da célula para frente, e as fibras de tensão que terminam nas adesões focais também puxam a maior parte do corpo celular à medida que as adesões posteriores são liberadas. (c) A estrutura das adesões focais envolve a ligação das extremidades das fibras de tensão por meio da integrinas à matriz extracelular subjacente. As adesões focais também contêm várias moléculas de sinalização importantes para locomoção celular. (d) A rede dinâmica de actina na borda anterior é nucleada pelo complexo Arp2/3 e utiliza o mesmo grupo de fatores que controlam a associação e a dissociação dos filamentos de actina na cauda da *Listeria* (ver Figura 17-17). (Parte (a) Cortesia de J. Vic Small.)

ção do nucleotídeo guanina (GDI). Os fatores de crescimento podem se ligar e ativar seus receptores para ativar proteínas reguladoras específicas de ligação à membrana, fatores de troca do nucleotídeo guanina (GEFs), que ativam as proteínas Rho na membrana, liberando-as do GDI e catalisando a troca de GDP por GTP. A proteína Rho ativa ligada a GTP se associa com a membrana plasmática, onde ela se liga a *proteínas efetoras* para iniciar a resposta biológica. A pequena GTPase permanece ativa até que GTP seja hidrolisado em GDP, que é estimulado por proteínas de ativação da GTPase (GAPs) específicas. Uma abordagem importante para revelar as funções das proteínas Rho é introduzir nas células proteínas mutantes presas no seu estado Rho-GTP ativo ou no seu estado Rho-GDP inativo. Diz-se que uma pequena GTPase mutante presa no estado ativo é uma proteína *ativa dominante*. Essa proteína ativa dominante se liga a moléculas efetoras constitutivamente e então se consegue observar os resultados biológicos. Como alternativa, pode-se introduzir um mutante diferente e *negativo dominante*, que se liga e, assim, inibe a proteína GEF relevante. Essa introdução de uma proteína negativa dominante interfere com a via de transdução de sinal, de modo agora a permitir a observação dos processos que estavam bloqueados.

Cdc42, Rac e Rho foram implicadas na regulação da organização de microfilamentos, pois a introdução de mutantes ativos dominantes possui efeitos drásticos sobre o citoesqueleto de actina, mesmo na ausência dos fatores de crescimento. Foi descoberto que a Cdc42 dominante ativa resultou no aparecimento de filopódios, a Rac dominante ativa resultou no aparecimento de ondulações na membrana e a Rho dominante ativa resultou

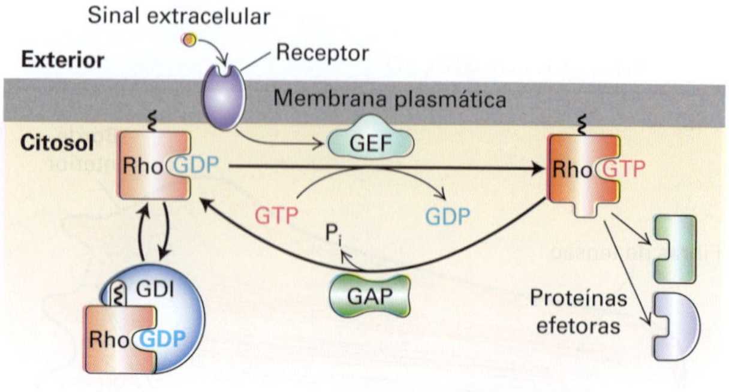

FIGURA 17-42 Regulação da família Rho de pequenas GTPases. A família Rho de pequenas GTPAses é formada por permutadoras moleculares reguladas pelas proteínas acessórias. As proteínas Rho existem na forma ligada Rho-GDP complexada com a proteína conhecida como GDI (inibidor da dissociação do nucleotídeo guanina), que as retém no estado inativo no citosol. As vias de sinalização ligadas à membrana trazem as proteínas Rho à membrana e, pela ação da GEF (fator de troca do nucleotídeo guanina), trocam o GDP por GTP, ativando-a. A Rho--GTP ativada ligada à membrana pode então ligar proteínas efetoras que causam alterações no citoesqueleto da actina. A proteína Rho permanece no estado Rho-GTP ativo até ser acionada por uma GAP (proteína de ativação da GTPase), que a leva de volta para o citoplasma. (Adaptada a partir de S. Etienne-Manneville e A. Hall, 2002, *Nature* **420**:629.)

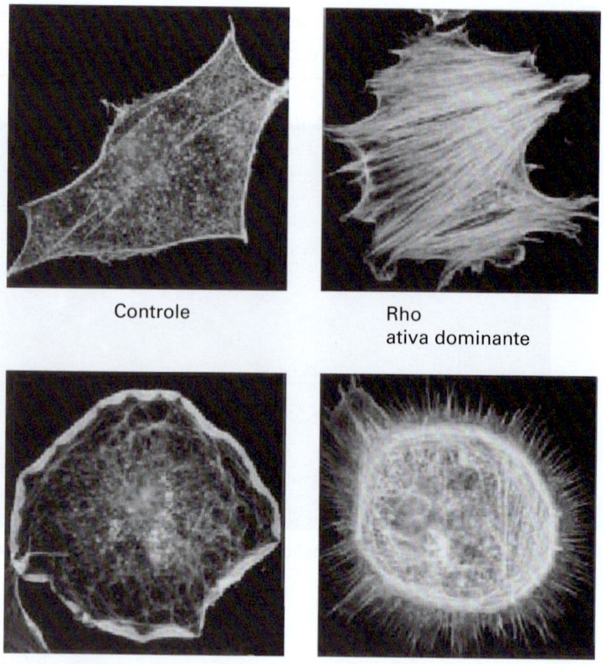

FIGURA EXPERIMENTAL 17-43 Rac, Rho e Cdc42 ativas dominantes induzem a diferentes estruturas contendo actina. Para ver os efeitos de Rac, Rho e Cdc42 ativas constitutivamente, fibroblastos desprovidos de fatores de crescimento foram microinjetados com plasmídeos para expressar as versões ativas dominantes das três proteínas. As células foram então tratadas com faloidina fluorescente, que cora actina filamentosa. A Rac ativa dominante induz a formação de ondulações de membrana periféricas, enquanto Rho ativa dominante induz fibras de tensão abundantes e Cdc42 ativa dominante induz filopódios. (De A. Hall, 1998, *Science* **279**:509.)

na formação de fibras de tensão que então se contraíam (Figura 17-43). Como alguém poderia dizer se a Rac dominante ativa e a estimulação de fatores de crescimento, ambos estimuladores da formação de ondulações, atuam na mesma via de transdução de sinal? Se a estimulação por fatores de crescimento levam à ativação de Rac, a introdução de uma proteína Rac dominante negativa em uma célula deveria bloquear a capacidade de um fator de crescimento de induzir as ondulações da membrana. E é precisamente isso que é observado. Usando essa e várias outras estratégias bioquímicas, os cientistas identificaram vias de sinalização envolvendo Cdc42, Rac e Rho (Figura 17-44).

Algumas das vias reguladas por essas proteínas contêm proteínas com as quais somos familiares. A ativação de Cdc42 estimula a montagem da actina por Arp2/3 por meio da ativação de WASp, proteína fator de promoção da nucleação (NPF) (ver Figura 17-16), resultando na formação de filopódios. A ativação de Rac induz Arp2/3, mediada pelo complexo WAVE, leva à montagem de filamentos de actina ramificados na borda anterior. A ativação de Rho tem no mínimo dois efeitos. Primeiro, ela pode ativar a formina para a montagem de filamentos de actina não ramificados. Segundo, por meio da ativação da Rho cinase, ela pode fosforilar a cadeia leve da miosina para ativar a miosina II não muscular e também inibir a desfosforilação da cadeia leve pela fosforilação da fosfatase da cadeia leve da miosina para inibir sua atividade. Ambas as ações da Rho cinase levam a um nível mais alto de fosforilação da cadeia leve da miosina, aumentando, assim, a atividade de miosina e a contração. As três proteínas Rho, Cdc42, Rac e Rho também são ligadas pelas vias de ativação e inibição, como mostrado na Figura 17-44.

A migração celular envolve a regulação coordenada de Cdc42, Rac e Rho

Como cada uma dessas proteínas pequenas de ligação ao GTP contribui para a regulação da migração celular? Para responder a essa questão, pesquisadores desenvolveram um ensaio de cura de lesão *in vitro* (Figura 17-45a). Células são cultivadas em uma placa de Petri com fatores de crescimento, permitindo que cresçam até estarem confluentes e formarem uma monocamada firme, ponto no qual elas param de se dividir. A monocamada de células é então raspada com uma agulha para remover um feixe de células para gerar uma "lesão" contendo células com extremidades livres. Essas células sentem a perda de suas vizinhas e em resposta aos componentes da matriz extracelular, agora exposta na superfície da placa, se movem para preencher a área de lesão vazia (Figura 17-45b). Para fazer isso, elas se orientam em direção da área livre, primeiro expondo um lamelipódio e então se movendo naquela direção. Dessa forma, pode-se estudar a indução da migração celular direcionada *in vitro*.

Usando esse sistema, os pesquisadores introduziram Rac dominante–negativa nas células em extremidades livres para ver como ela afeta a capacidade das células em migrar e preencher a lesão. Uma vez que Rac é necessária

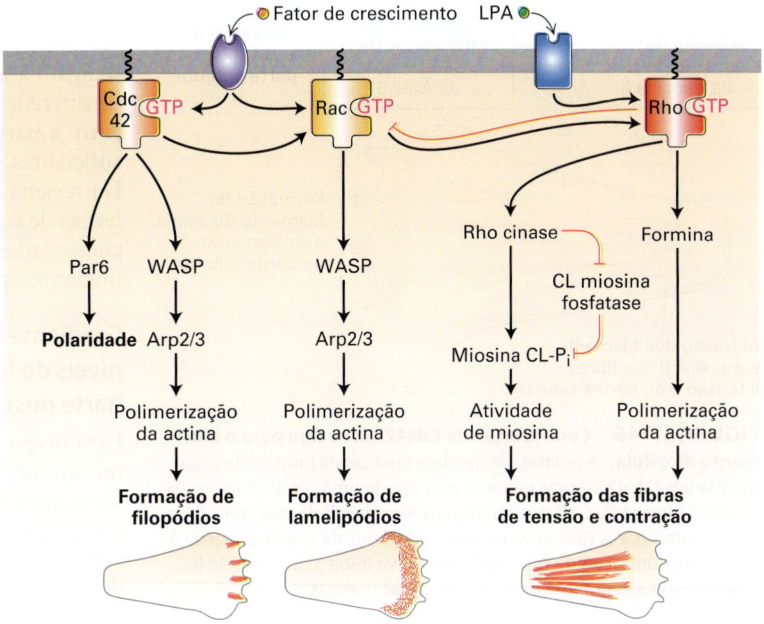

FIGURA 17-44 Resumo das alterações induzidas por sinais no citoesqueleto da actina. Sinais específicos, como fatores de crescimento e ácido lisofosfatídico (LPA) são detectados por receptores da superfície celular. A detecção leva à ativação das pequenas proteínas de ligação ao GTP, que então interagem com efetores para realizar as alterações citoesqueléticas, como indicado.

à ativação do complexo Arp2/3 para formar o lamelipódio, não é de se surpreender que as células falhem na formação dessa estrutura e não migrem e, assim, a lesão não fecha (Figura 17-45c). Um resultado bastante interessante é obtido quando Cdc42 dominante-negativa é introduzida nas células nas extremidades da lesão: elas podem formar uma borda anterior, mas não se orientam na direção correta; na verdade, elas tentam migrar em direções aleatórias. Isso sugere que Cdc42 seja crucial na regulação da polaridade da célula em geral. Estudos a partir de leveduras (onde Cdc42 foi descrita pela primeira vez), monocamadas de células lesionadas, células epiteliais e neurônios revelaram que Cdc42 é o principal regulador da polaridade em vários sistemas diferentes. Parte dessa regulação em animais envolve a ligação de Cdc42 ao seu efetor, Par6, uma proteína de polaridade que funciona em nematódeos (onde foi descoberta pela primeira vez), neurônios e células epiteliais. Essas vias de polaridade serão exploradas com mais detalhes no Capítulo 21.

Estudos como esses sugeriram um modelo geral de como a migração celular é controlada (Figura 17-46). Sinais a partir do meio são transmitidos para Cdc42, que orienta a célula. A célula orientada possui alta atividade de Rac na parte anterior, para induzir a formação da borda anterior; a atividade de Rho é alta na parte posterior, para montar estruturas contráteis e ativar a maquinaria contrátil com base em miosina II. É importante notar que regiões diferentes da célula podem ter níveis diferentes de Cdc42, Rac ou Rho ativas; assim, esses reguladores são controlados localmente dentro da célula. Parte dessa regu-

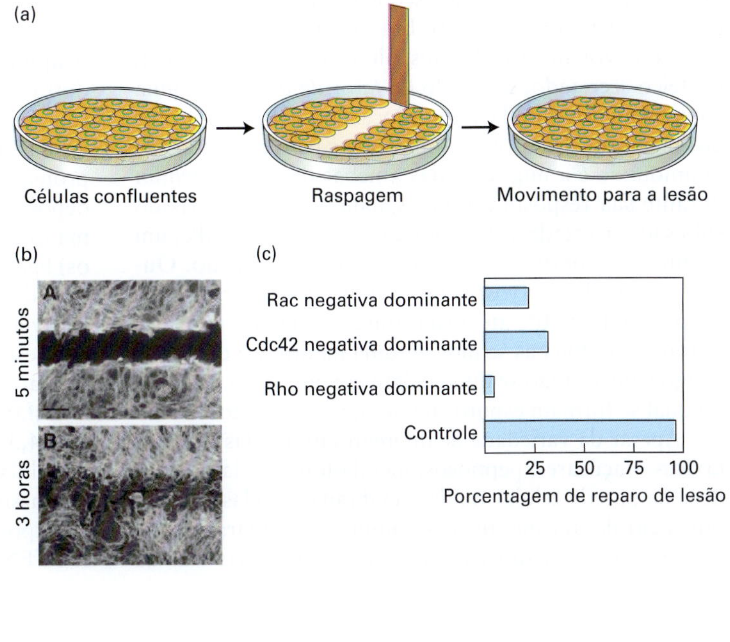

FIGURA EXPERIMENTAL 17-45 O ensaio de monocamada de células danificadas pode ser usado para dissecar as vias de sinalização em movimentos celulares direcionados. (a) Uma camada confluente de células é raspada para remover uma faixa de cerca de três células de largura para gerar extremidades livres de células. As células detectam o espaço livre e a matriz extracelular recém-exposta, e em poucas horas preenchem a área. (b) Localização da actina em monocamada, 5 minutos e 3 horas após a raspagem; as células migraram para a área raspada. (c) Efeito da introdução de Cdc42, Rac e Rho negativas dominante na célula nas bordas lesionadas; todas afetaram o fechamento da lesão. (Parte (b) e (c) a partir de C.D. Nobes and A. Hall, 1999, *J. Cell Biol.* **144**:1235.)

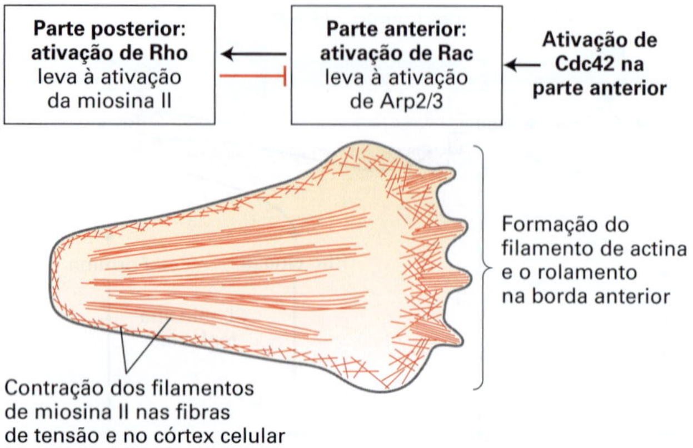

FIGURA 17-46 Contribuição de Cdc42, Rac e Rho para o movimento da célula. A polaridade geral de uma célula migratória é controlada por Cdc42 ativada na parte anterior de uma célula. A ativação de Cdc42 leva à Rac ativa na parte anterior da célula que gera uma borda anterior, e à Rho ativa na parte posterior da célula que leva à ativação e contração da miosina II. Rho ativa inibe a ativação de Rac, assegurando a assimetria das duas proteínas G ativas.

lação espacial ocorre porque algumas proteínas G pequenas podem trabalhar de forma antagônica. Por exemplo, Rho ativa pode estimular vias que levam à inativação de Rac. Isso pode ajudar a assegurar que nenhuma estrutura de borda anterior se forme na parte posterior da célula.

As células migratórias são orientadas por moléculas quimiotáxicas

Sob certas condições, sinalizadores químicos extracelulares guiam o movimento das células em determinada direção. Em alguns casos, o movimento é guiado por moléculas insolúveis no substrato subjacente, como no ensaio de cura de lesão descrito anteriormente. Em outros casos, a célula percebe moléculas solúveis e as segue ao longo de um gradiente de concentração, até a sua fonte, processo conhecido como **quimiotaxia**. Por exemplo, os leucócitos (células brancas) são guiados em direção de uma infecção por um tripeptídeo secretado por várias células bacterianas (Figura 17-47a). Em outro exemplo, durante o desenvolvimento do músculo esquelético, um sinal proteico secretado, chamado de *fator de dispersão*, guia a migração dos mioblastos aos locais próprios nos brotos dos membros. Um dos exemplos mais bem estudados de quimiotaxia é a migração das amebas de *Dictyostelium* durante sua resposta à fome. Quando essas amebas do solo são estressadas, elas começam a secretar AMPc, um agente quimiotático extracelular nesse organismo. Outras células de *Dictyostelium* se movem a favor da concentração de AMPc até a sua fonte (ver Figura 17-47a). Portanto, as amebas se movem uma na direção da outra, se agregam, e então se diferenciam em um corpo frutífero no qual se formam esporos resistentes à restrição.

Apesar da variedade de diferentes moléculas quimiotáxicas – açúcares, peptídeos, metabólitos celulares, lipídeos da parede celular ou da membrana –, todas operam por meio de um mecanismo comum e familiar: ligação aos receptores da superfície celular, ativação das vias de sinalização intracelulares e remodelagem do citoesqueleto por meio da ativação ou inibição de várias proteínas que se ligam à actina. Fato bastante incrível é que apenas 2% de diferença na concentração de moléculas quimiotáticas entre a parte anterior e a parte posterior da célula sejam suficientes para induzir a migração celular direcionada. Da mesma forma, é incrível o achado de que as vias internas de trandução de sinal usadas na quimiotaxia foram conservadas entre as amebas *Dictyostelium* e os leucócitos humanos apesar de quase um bilhão de anos de evolução.

Gradientes quimiotáticos induzem a alteração nos níveis de fosfoinositídeo entre a parte anterior e a parte posterior de uma célula

Para investigar como as amebas *Dictyostelium* percebem um gradiente quimiotático, os pesquisadores estudaram os receptores da superfície celular para AMPc extracelular e vias de sinalização, consequentes, na expectativa de perceber o gradiente de concentração. Antes da discussão dos detalhes, será considerado o modo pelo qual esse sistema pode trabalhar. Se uma célula percebe 2% de diferença na concentração por toda sua extensão, é improvável que a simples ativação da organização da actina em mais de 2% na parte anterior do que na posterior possa levar ao movimento direcionado. Em vez disso, deve existir algum mecanismo que amplifique essas pequenas diferenças externas de sinal em uma diferença bioquímica interna grande. Uma maneira de fazer isso seria a célula subtrair o sinal médio a partir da parte anterior e posterior e apenas responder a uma *diferença no sinal*. Acredita-se que essa seja a maneira como o sistema funcione. Para tentar compreender esse mecanismo, os pesquisadores observaram a concentração dos componentes ativos da via de sinalização para ver onde a amplificação ocorre.

Micrografias dos receptores de AMPc marcados com a proteína verde fluorescente (GFP) mostraram que os receptores estão distribuídos uniformemente sobre a superfície de uma célula de ameba (Figura 17-47b); dessa forma, um gradiente interno deve ser estabelecido por outro componente da via de sinalização. Como os receptores de AMPc sinalizam por meio de proteínas G triméricas (Capítulo 16), uma subunidade de proteína G trimérica e outras proteínas sinalizadoras, ao longo da na cascata, foram marcadas com GFP para ver sua distribuição. Micrografias de fluorescência mostram que a concentração das proteínas G triméricas também é um tanto uniforme. Logo depois das proteínas G triméricas está a PI-3 cinase, enzima que fosforila os fosfolipídeos inositol (fosfoinositídeos) ligados à membrana, como PI4,5-bifosfato [PI(4,5)P_2], criando o lipídeo sinalizador PI3,4,5-trifosfato [PI(3,4,5)P_3] (ver Figura 16-25). Notavelmente, a enzima PI-3 cinase está bastante enriquecida na parte anterior de uma célula em migração, como estão seus produtos. PTEN, a fosfatase que desfosforila os lipídeos de sinalização PI(3,4,5)P_3 de volta a PI(4,5)P_2, está enriquecida na cauda da célula em migração (Figura 17-47b, c). Acredita-se que essa assimetria seja estabelecida da seguinte forma. Antes da exposição das células ao gradiente de AMPc, a fosfatase PTEN está associada uniformemente com a membrana

VÍDEO: Quimiotaxia de uma única célula de *dictyostelium* por AMPc

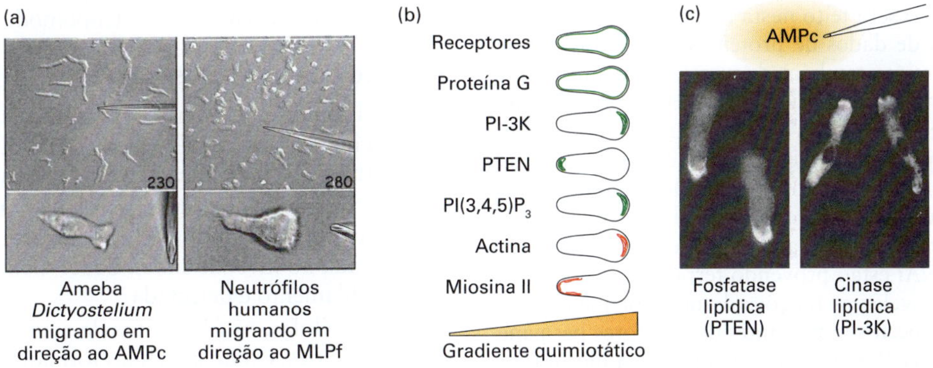

FIGURA 17-47 A quimiotaxia envolve níveis elevados de fosfoinositídeos sinalizadores, que sinalizam para o citoesqueleto de actina. (a) As células de *Dictyostelium* migram em direção a uma pipeta com AMPc (*esquerda*) e neutrófilos humanos (um tipo de leucócito) migram em direção a uma pipeta com MLPf (Met-Leu-Phe formilado), peptídeo quimiotático produzido pela bactéria (*direita*). Os dois painéis inferiores apresentam células individuais de *Dictyostelium* e neutrófilo em quimiotaxia muito semelhante, apesar dos cerca de 800 milhões de anos de evolução que os separam. (b) Resumo dos resultados de estudos que exploram a localização dos componentes das vias de sinalização (verde) nas células de *Dictyostelium* que estão sofrendo quimiotaxia na direção do AMPc. Também está mostrada a localização da actina e da miosina (vermelho). (c) A enzima PI-3 cinase, que gera PI(3,4,5)P_3, está presente em maior quantidade na parte anterior das células em quimiotaxia, enquanto PTEN, a fosfatase que hidrolisa PI(3,4,5)P_3, está presente em maior quantidade na parte posterior. Estas distribuições resultam em PI(3,4,5)P_3 elevado na parte anterior das células, o que sinaliza a polaridade para o movimento. (Parte (a) a partir de C. Parent, 2004, *Curr. Opin. Cell Biol.* **16**:4; parte (c) a partir de M. Iijima et al., 2002, *Dev. Cell* **3**:469.)

plasmática. Quando a célula "percebe" o gradiente, a PI 3-cinase é ativada um pouco mais na parte anterior da célula do que na posterior. Isso resulta em níveis levemente mais altos do fosfolipídeo de sinalização na parte anterior. A associação da fosfatase PTEN com a membrana é muito sensível a níveis de PI (3,4,5)P_3, de modo a ser preferencialmente depletada na parte anterior. Por ser menos eficaz na desfosforilação de PI(3,4,5)P_3 na parte anterior e mais eficaz na desfosforilação de PI(3,4,5)P_3 na parte posterior, isso resulta em uma forte assimetria de PI(3,4,5)P_3. Portanto, a fosfatase PTEN contribui para a subtração do nível basal necessária para que uma célula perceba um gradiente superficial de quimioatrativos.

A diferença na concentração local de PI(3,4,5)P_3 agora sinaliza a organização do citoesqueleto de actina na borda anterior na parte anterior e a contração na posterior (Figura 17-47b), e a célula está no seu caminho para a fonte de quimioatrativo. Um mecanismo muito similar foi implicado na quimiotaxia dos leucócitos. Essa polarização da célula não é estável na ausência do gradiente quimiotático; assim, se o gradiente se modificar, como pode acontecer com um leucócito caçando uma bactéria em movimento, a célula também mudará sua direção e seguirá o gradiente até sua fonte.

CONCEITOS-CHAVE da Seção 17.7

Migração celular: mecanismo, sinalização e quimiotaxia

- A migração celular envolve a extensão da borda anterior rica em actina na parte frontal da célula, a formação de contatos adesivos que se movimentam para trás em relação à célula e o posterior desprendimento, combinado com a contração para empurrar a célula para frente (ver Figura 17-40).
- A migração celular também envolve um ciclo endocítico direcionado, levando as moléculas de membrana e de adesão da parte posterior da célula e inserindo-as na parte anterior.
- A organização e a função dos filamentos de actina são controladas por vias de sinalização por meio das pequenas proteínas de ligação ao GTP da família Rho. Cdc42 regula a polaridade geral da formação dos filopódios, Rac regula a formação da rede de actina por meio do complexo Arp2/3, e Rho regula tanto a formação do filamento de actina pelas forminas quanto a contração pela regulação da miosina II (ver Figura 17-44).
- A quimiotaxia, o movimento direcionado a um atrativo, envolve as vias de sinalização que estabelecem as diferenças nos fosfoinositídeos entre a parte anterior e a posterior da célula, que regulam o citoesqueleto de actina e a direção da migração celular (ver Figura 17-47).

Perspectivas

Neste capítulo, foi visto que as células têm intricados mecanismos para a regulação da organização espacial e temporal e da renovação de microfilamentos para realizar suas várias funções. Análises bioquímicas das proteínas de ligação à actina, associadas ao estudo de proteínas identificadas pelo sequenciamento de genomas inteiros permitiram catalogar as muitas diferentes classes de proteínas de ligação à actina. Para compreender como esse grande grupo de proteínas consegue formar estruturas específicas em uma célula, será importante saber a concentração de todos os componentes, como eles interagem e a sua regulação por vias de sinalização. Embora isso possa parecer uma tarefa desencorajadora, novos métodos microscópicos para detectar a localização de interações específicas proteína-proteína e a localização de várias das vias de sinalização essenciais sugerem que um rápido progresso será feito nesta área.

Os bancos de dados de proteínas fornecidos por sequências genômicas também documentaram um grande número de famílias de miosinas; todavia, as propriedades bioquímicas de vários desses motores, ou suas funções biológicas, ainda precisam ser elucidadas. Novamente, o desenvolvimento técnico recente, incluindo a habilidade de marcar proteínas motoras com rastreadores fluorescentes como GFP, ou fazendo o nocaute da sua expressão com tecnologias de RNAi estão provendo ferramentas poderosas para ajudar a revelar as funções destas proteínas. Entretanto, alguns aspectos importantes dos motores permanecem inexplorados. Por exemplo, uma proteína motora que transporta uma organela por um filamento primeiro deve se ligar a organela, então transportá-la e liberá-la no seu destino. Entretanto, pouco se sabe sobre como esses diferentes eventos são coordenados ou como esses tipos de motores composto por miosina retornam para buscar mais carga.

Vinte anos atrás, se acreditava que toda organização da actina era controlada pela ativação do complexo Arp2/3. Então as atividades de nucleação e bloqueamento das forminas foram descobertas, e mais recentemente, outros nucleadores da actina, com nomes divertidos como Spire, Cordon-bleu, WASH e WHAMM, foram descobertos.

Por fim, embora tenha sido discutido de maneira geral os microfilamentos sem levar em conta o tipo de tecido, exceto para as especializações encontradas nos músculos esquelético e liso, várias proteínas de ligação à actina apresentam expressão específica para o tipo celular; assim, o arranjo e os níveis relativos dessas proteínas são produzidos para funções específicas de tipos celulares diferentes. Isso está claro pela análise proteômica da expressão proteica célula-específica e pelo fato de que muitas doenças são uma consequência da expressão tecido-específica das proteínas de ligação à actina ou miosina.

Termos-chave

actina 777
actina F 779
actina G 777
borda anterior 778
cinase da cadeia leve da miosina 810
citoesqueleto 776
cofilina 784
complexo Arp2/3 786
concentração crítica, C_c 782
ciclo de trabalho 802
fator promotor da nucleação (NPF) 787
feixes contráteis 807
fibras de tensão 778
filamentos finos 804
filamentos grossos 804
filamentos intermediários 777
filopódio 778
formina 786
lamelipódio 778
microfilamentos 777
microtúbulos 777
microvilosidades 775
migração celular 810
miosina 793
movimento de força 801
músculo esquelético 795
polaridade celular 776
profilina 783
proteína CapZ 785
proteína Cdc42 812
proteína Rac 812
proteína Rho 812
proteína WASp 788
proteínas de interligação com a actina 793
proteínas motoras 777
quimiotaxia 816
rolamento 783
tamanho do passo 801
timosina β_4 784
tropomiosina 805
tropomodulina 785

Revisão dos conceitos

1. Existem três sistemas de filamentos citoesqueléticos na maioria das células eucarióticas. Compare-os em termos de composição, função e estrutura.
2. Os filamentos de actina têm polaridade definida. O que é a polaridade de um filamento? Como ela é gerada no nível de subunidade? Como a polaridade do filamento é detectada?
3. Nas células, os filamentos de actina formam feixes e/ou redes. Como as células formam essas estruturas e o que, especificamente, determina se os filamentos de actina irão formar um feixe ou uma rede?
4. Muito do nosso conhecimento sobre a organização da actina na célula é derivado de experimentos utilizando actina purificada *in vitro*. Quais são as técnicas que podem ser utilizadas para estudar a organização da actina *in vitro*? Explique como cada uma dessas técnicas funciona. Quais dessas técnicas lhe mostraria se a massa dos filamentos de actina é composta por vários filamentos curtos de actina ou por poucos filamentos mais longos?
5. As formas predominantes de actina no interior da célula são a actina G-ATP e a actina F-ADP. Explique como a interconversão do estado dos nucleotídeos está associada à associação e à dissociação das subunidades de actina. Qual seria a consequência na associação/dissociação do filamento de actina se uma mutação impedisse a capacidade da actina de se ligar ao ATP? Qual seria a consequência se uma mutação impedisse a capacidade da actina de hidrolisar o ATP?
6. Acredita-se que os filamentos de actina na borda anterior de uma célula em deslocamento o faça através de rolamento. O que é o rolamento e o que origina esse comportamento de dissociação?
7. Embora a actina purificada possa se organizar reversivelmente *in vitro*, várias proteínas de ligação à actina regulam a organização dos filamentos de actina na célula. Descreva o efeito no citoesqueleto de actina de uma célula se os anticorpos que bloqueiam a função contra cada uma das seguintes proteínas forem microinjetados independentemente nas células: profilina, timosina β_4, CapZ e o complexo Arp2/3.
8. Faça a predição de como a actina polimerizaria sobre nucleador revestido com cabeças de seta (mostrado na Figura 17-9) na presença da CapZ, tropomodulina ou actina-profilina.
9. Compare as vias nas quais a formina e a WASp são ativadas e como cada uma estimula a formação do filamento de actina.
10. Existem no mínimo 20 tipos diferentes de miosinas. Quais as propriedades compartilhadas por todas e o que as torna diferentes? Por que a miosina II é a única miosina capaz de produzir força contrátil?

11. A capacidade da miosina de deslizar ao longo dos filamentos de actina pode ser observada com o auxílio de um microscópio equipado apropriadamente. Descreva como esses ensaios são normalmente realizados. Por que o ATP é necessário nesse ensaio? Como esses experimentos podem ser utilizados para determinar a direção do movimento da miosina ou a força produzida pela miosina?
12. Os feixes contráteis ocorrem em células não musculares; essas estruturas são menos organizadas do que os sarcômeros das células musculares. Qual é o propósito dos feixes contráteis não musculares? Qual tipo de miosina é encontrado nos feixes contráteis?
13. Como a miosina converte a energia química liberada pela hidrólise de ATP em trabalho mecânico?
14. A miosina II possui um ciclo de trabalho de 10% e o tamanho do seu passo é de 8 nm. Em contrapartida, a miosina V possui um ciclo de trabalho muito maior (cerca de 70%) e dá passos de 36 nm à medida que desliza pelo filamento de actina. Quais diferenças entre a miosina II e a miosina V são responsáveis pelas suas diferentes propriedades? Como as diferentes estruturas e propriedades da miosina II e da miosina V refletem suas diferentes funções nas células?
15. A contração tanto do músculo esquelético quanto do liso é acionada por um aumento de Ca^{2+} citosólico. Compare os mecanismos pelos quais cada tipo de músculo converte um aumento de Ca^{2+} em contração.
16. A fosforilação da cinase da cadeia leve da miosina (MLCK) pela proteína-cinase A (PKA) inibe a ativação da MLCK pela Ca^{2+}-calmodulina. Fármacos como albuterol se ligam ao receptor β-adrenérgico, que causa aumento de AMPc nas células e aciona a atividade de PKA. Explique por que o albuterol é útil para tratar a contração severa das células do músculo liso que revestem das passagens aéreas envolvidas na crise de asma.
17. Vários tipos de células utilizam o citoesqueleto de actina para fornecer energia para a locomoção sobre as superfícies. Como as diferentes organizações dos filamentos de actina estão envolvidas na locomoção?
18. Para moverem-se em uma direção específica, as células em migração devem utilizar informações extracelulares para estabelecer qual porção da célula atuará como porção anterior e qual atuará como porção posterior. Descreva como as proteínas G parecem estar envolvidas nas vias de sinalização utilizadas pelas células em migração para determinar a direção do movimento.
19. A motilidade celular tem sido descrita como semelhante à movimentação das esteiras de tanques. Na borda anterior, os filamentos de actina se formam rapidamente em feixes e redes que fazem protrusões e movem a célula para frente. Na parte posterior, as adesões das células são rompidas e a parte posterior da célula é trazida para frente. O que fornece a tração para mover as células? Como a translocação do corpo celular acontece? Como as adesões celulares são liberadas enquanto as células se movem para frente?

Análise dos dados

A miosina V é uma miosina não muscular abundante, responsável pelo transporte de cargas como organelas em vários tipos de células. Estruturalmente, ela é composta por duas cadeias de polipeptídeos idênticas que dimerizam para formar um homodímero. Os domínios motores se encontram na região N-terminal de cada cadeia e contêm sítios de ligação tanto a ATP quanto à actina. O domínio motor é seguido por uma região pescoço contendo seis motivos "IQ", cada um deles se ligando a calmodulina, proteína de ligação a Ca^{2+}. O domínio pescoço é seguido por uma região capaz de formar super-hélices, pelas quais as duas cadeias dimerizam. Os 400 resíduos de aminoácidos finais formam um domínio cauda globular (GTD), à qual a carga se liga. A miosina V consumiria grandes quantidades de ATP se o seu domínio motor estivesse sempre ativo, e alguns estudos foram conduzidos para compreender como esse motor é regulado.

a. A taxa de hidrólise de ATP (i.e., moléculas de ATP hidrolisadas por segundo por miosina V) foi medida na presença de quantidades crescentes de Ca^{2+} livre. A concentração de Ca^{2+} livre citosólico é normalmente menor do que 10^{-6} M, mas pode ser elevada em áreas localizadas da célula, muitas vezes em resposta a um evento de sinalização. O que esses dados sugerem sobre a regulação da miosina V?

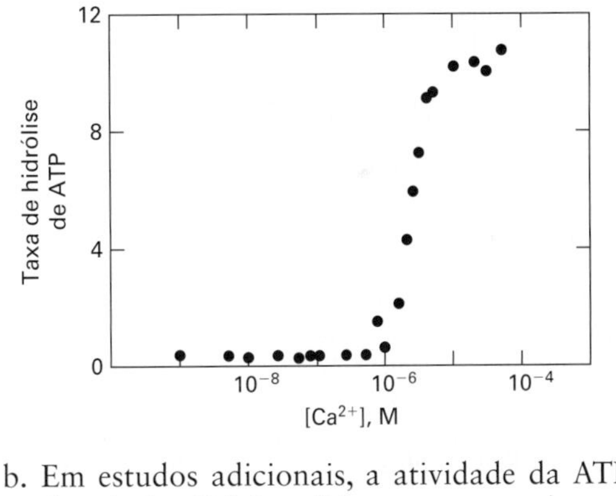

b. Em estudos adicionais, a atividade da ATPase da miosina V foi medida na presença de quantidades crescentes de actina F na presença ou ausência de 10^{-6} M de Ca^{2+} livre. Qual informação adicional sobre a regulação da miosina V esses dados fornecem?

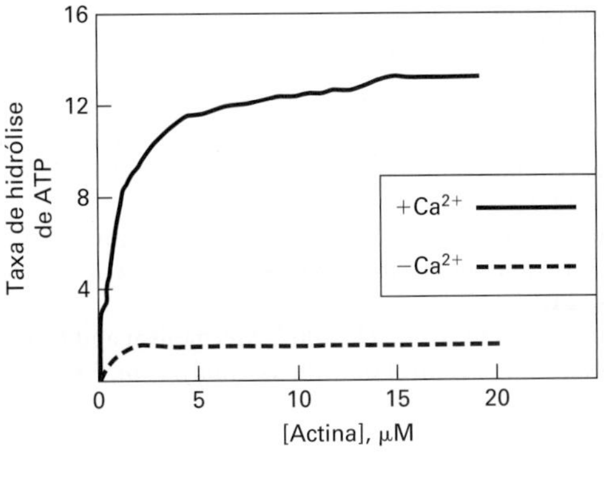

c. Em seguida, o comportamento da miosina V truncada, sem cauda C-terminal globular, foi estudado e comparado ao comportamento da miosina V intacta. A partir dessa experiência, o que você pode deduzir sobre o mecanismo pelo qual a miosina V é regulada?

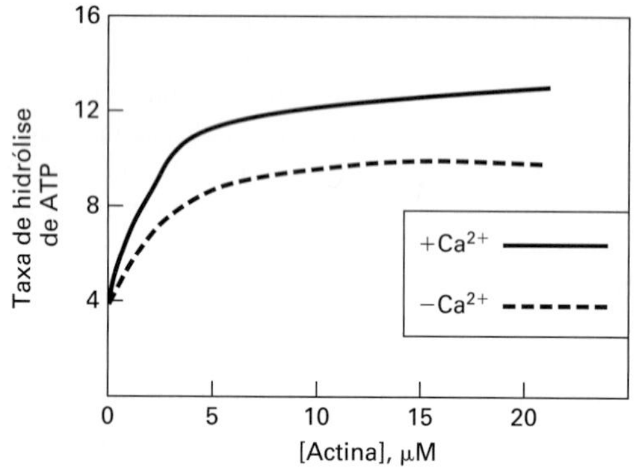

Referências

Referências gerais

Bray, D. 2001. Cell *Movements.* Garland.

Howard, J. 2001. *The Mechanics of Motor Proteins and the Cytoskeleton.* Sinauer.

Kreis, T., and R. Vale. 1999. *Guidebook to the Cytoskeletal and Motor Proteins.* Oxford University Press.

Sites na Web

Página da miosina
http://www.mrc-lmb.cam.ac.uk/myosin
Página da cinesina
http://www.cellbio.duke.edu/kinesin/

Estruturas dos microfilamentos e da actina

Holmes, K. C., et al. 1990. Atomic model of the actin filament. *Nature* **347**:44–49.

Kabsch, W., et al. 1990. Atomic structure of the actin:DNase I complex. *Nature* **347**:37–44.

Pollard, T. D., and J. A. Cooper. 2009. Actin, a central player in cell shape and movement. *Science* **326**:1208–1212.

Pollard, T. D., L. Blanchoin, and R. D. Mullins. 2000. Molecular mechanisms controlling actin filament dynamics in nonmuscle cells. *Ann. Rev. Biophys. Biomol. Struc.* **29**:545–576.

A dinâmica dos filamentos de actina

Paavilainen, V. O., et al. 2004. Regulation of cytoskeletal dynamics by actin-monomer-binding proteins. *Trends Cell Biol.* **14**:386–394.

Theriot, J. A. 1997. Accelerating on a treadmill: ADF/cofilin promotes rapid actin filament turnover in the dynamic cytoskeleton.
J. Cell Biol. **136**:1165–1168.

Mecanismos de formação dos filamentos de actina

Campellone, K. G., and M. D. Welch. 2010. A nucleator arms race: cellular control of actin assembly. *Nat. Rev. Mol. Cell Biol.* **11**:237–251.

Chesarone, M. A., et al. 2010. Unleashing formins to remodel the actin and microtubule cytoskeletons. *Nat. Rev. Mol. Cell Biol.* **11**:62–74.

Goode, B. L., and M. J. Eck. 2007. Mechanism and function of formins in the control of actin assembly. *Ann. Rev. Biochem.* **76**:593–627.

Gouin, E., M. D. Welch, and P. Cossart. 2005. Actin-based motility of intracellular pathogens. *Curr. Opin. Microbiol.* **8**:35–45.

Higgs, H. N. 2005. Formin proteins: a domain-based approach. *Trends Biochem. Sci.* **30**:342–353.

Pruyne, D., et al. 2002. Role of formins in actin assembly: nucleation and barbed end association. *Science* **297**:612–615.

Rouiller, I., et al. 2008. The structural basis of actin filament branching by the Arp2/3 complex. *J. Cell Biol.* **180**:887–895.

Organização das estruturas celulares compostas por actina

Bennett, V., and A. J. Baines. 2001. Spectrin and ankyrin-based pathways: metazoan inventions for integrating cells into tissues. *Physiol. Rev.* **81**:1353–1392.

Fehon, R.G., A. I. McClatchey, and A. Bretscher. 2010. Organizing the cell cortex: the role of ERM proteins. *Nat. Rev. Mol. Cell Biol.* **11**:276–287.

McGough, A. 1998. F-actin-binding proteins. *Curr. Opin. Struc. Biol.* **8**:166–176. Stossel, T. P., et al. 2001. Filamins as integrators of cell mechanics and signalling. *Nat. Rev. Mol. Cell Biol.* **2**:138–145.

Miosinas: proteínas motoras compostas por actina

Berg, J. S., B. C. Powell, and R. E. Cheney. 2001. A millennial myosin census. *Mol. Biol. Cell* **12**:780–794.

Mermall, V., P. L. Post, and M. S. Mooseker. 1998. Unconventional myosin in cell movement, membrane traffic, and signal transduction. *Science* **279**:527–533.

Rayment, I. 1996. The structural basis of the myosin ATPase activity. *J. Biol. Chem.* **271**:15850–15853. Vale, R. D. 2003. The molecular motor toolbox for intracellular transport. *Cell* **112**:467–480.

Vale, R. D., and R. A. Milligan. 2000. The way things move: looking under the hood of molecular motor proteins. *Science* **288**:88–95.

Movimentos gerados pela miosina

Bretscher A. 2003. Polarized growth and organelle segregation in yeast—the tracks, motors, and receptors. *J. Cell Biol.* **160**:811–816.

Clark, K. A., et al. 2002. Striated muscle cytoarchitecture: an intricate web of form and function. *Ann. Rev. Cell Dev. Biol.* **18**:637–706.

Grazier, H. L., and S. Labeit. 2004. The giant protein titin: a major player in myocardial mechanics, signaling, and disease. *Circ. Res.* **94**:284–295.

Migração celular: mecanismo, sinalização e quimiotaxia

Borisy, G. G., and T. M. Svitkina. 2000. Actin machinery: pushing the envelope. *Curr. Opin. Cell Biol.* **12**:104–112.

Burridge, K., and K. Wennerberg. 2004. Rho and Rac take center stage. *Cell* **116**:167–179.

Etienne-Manneville, S. 2004. Cdc42—the centre of polarity. *J. Cell Sci.* **117**:1291–1300.

Etienne-Manneville, S., and A. Hall. 2002. Rho GTPases in cell biology. *Nature* **420**:629–635.

Manahan, C. L., et al. 2004. Chemoattractant signaling in *Dictyostelium discoideum. Ann. Rev. Cell Dev. Biol.* **20**:223–253.

Pollard, T. D., and G. G. Borisy. 2003. Cellular motility driven by assembly and disassembly of actin filaments. *Cell* **112**:453–465.

Ridley, A. J., et al. 2003. Cell migration: integrating signals from the front to back. *Science* **302**:1704–1709.

Small, J. V., T. Strada, E. Vignal, and K. Rottner. 2002. The lamellipodium: where motility begins. *Trends Cell Biol.* **12**:112–120.

Observando a contração muscular

H. Huxley and J. Hanson, 1954, *Nature* **173**:973-976

A contração e o relaxamento dos músculos estriados permitem realizar todas nossas tarefas diárias. Como isso ocorre? Há muito tempo cientistas procuram saber como células musculares fusionadas, chamadas miofibrilas, diferem de outras células que não podem realizar o movimento de força. Em 1954, Jean Hanson e Hugh Huxley publicaram seus estudos de microscopia sobre a contração muscular, onde demonstraram o mecanismo pelo qual ela ocorre.

Introdução

Há muito tempo que a capacidade dos músculos em realizar trabalho tem sido um processo fascinante. A contração muscular voluntária é realizada pelos músculos estriados, que têm esse nome por sua aparência quando observados sob o microscópio. Em meados dos anos 1950, biólogos estudando as miofibrilas nomearam várias estruturas observadas ao microscópio. Uma unidade de contração, chamada sarcômero, é composta por duas regiões principais chamadas de banda A e banda I. A banda A contém duas estrias grossas e uma estria fina, ambas bastante coradas. A banda I é composta principalmente por estrias claras, divididas por uma linha mais escura conhecida como disco Z. Embora essas estruturas tenham sido caracterizadas, seu papel na contração muscular não estava claro. Ao mesmo tempo, os bioquímicos também tentaram resolver esse problema procurando proteínas mais abundantes nas miofibrilas do que nas células não musculares. Descobriram músculos com grandes quantidades das proteínas estruturais actina e miosina complexadas. A actina e a miosina formam polímeros que podem encurtar quando tratados com trifosfato de adenosina (ATP).

Com essas observações em mente, Hanson e Huxley começaram seus estudos com as estrias cruzadas no músculo. Em poucos anos, uniram os dados bioquímicos com as observações ao microscópio e desenvolveram um modelo para contração muscular ainda hoje utilizado.

O experimento

Hanson e Huxley utilizaram principalmente microscopia de contraste de fase em seus estudos com músculos estriados isolados de coelhos. A técnica lhes permitiu obter fotografias claras do sarcômero e cuidadosas medições das bandas A e I. Por meio do tratamento dos músculos com uma variedade de compostos e do seu estudo ao microscópio de contraste de fase, os pesquisadores foram capazes de combinar, com sucesso, bioquímica e microscopia para descrever a estrutura muscular, assim como o mecanismo de contração.

Nos primeiros estudos, Hanson e Huxley utilizaram compostos que sabidamente extraem com especificidade a miosina ou a actina a partir das miofibrilas. Primeiro, eles trataram as miofibrilas com um composto que remove especificamente miosina do músculo. Utilizaram a microscopia de contraste de fase para comparar as miofibrilas não tratadas com as miofibrilas sem as miosinas. No músculo não tratado, observaram a estrutura sarcomérica anteriormente identificada, incluindo a banda A fortemente corada. Entretanto, quando observaram as células com as miosina extraídas, a banda A fortemente corada não era observada. Depois, eles extraíram actina a partir de células musculares sem miosina. Quando extraíram tanto a miosina quanto a actina das miofibrilas, não observaram nenhuma estrutura identificável na célula ao microscópio de contraste de fase. A partir desses experimentos, eles concluíram que a miosina estava localizada principalmente na banda A, enquanto a actina é encontrada por toda a miofibrila.

Com uma melhor compreensão da natureza bioquímica das estruturas musculares, Huxley e Hanson continuaram a estudar o mecanismo da contração muscular. Isolaram miofibrilas individuais do tecido muscular e as trataram com ATP, induzindo sua contração em taxa baixa. Utilizando essa técnica, obtiveram imagens dos vários estágios da contração muscular observados usando a microscopia de contraste de fase. Também puderam induzir mecanicamente o alongamento por meio da manipulação da lamínula, que também lhes permitiu observar o processo de relaxamento. Com essa técnica em mãos, eles examinaram como a estrutura da miofibrila se altera durante a contração e o alongamento.

Primeiro, Huxley e Hanson trataram as miofibrilas com ATP, então fotografaram as imagens observadas sob o microscópio de contraste de fase. Essas fotografias lhes permitiram medir os comprimentos da banda A e da banda I em vários estágios da contração. Ao observarem miofibrilas contraindo-se livremente, notaram um encurtamento consistente da banda I corada fracamente, enquanto o comprimento da banda A permaneceu constante (Figura 1). Dentro da banda A, eles observaram a formação de uma área cada vez mais densa durante a contração.

Depois, os dois cientistas examinaram como a estrutura das miofibrilas se altera durante um alongamento muscular simulado. Eles alongaram miofibrilas isoladas montadas sobre lâminas de vidro por meio da manipulação da lamínula. Novamente fotografaram as imagens da microscopia de contraste

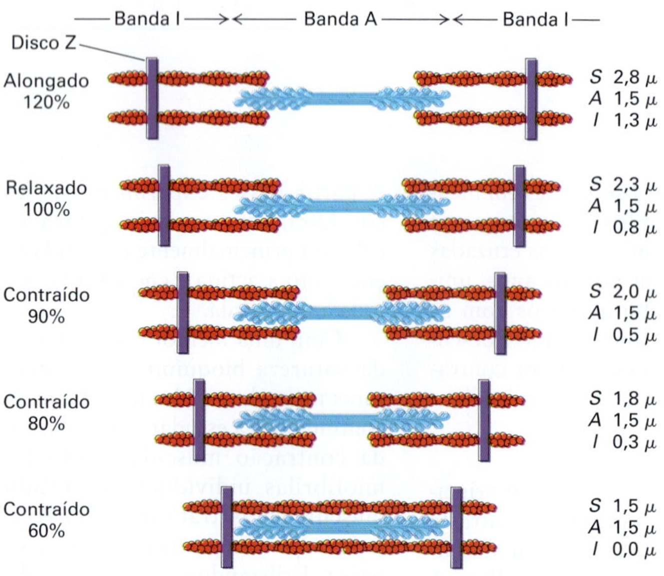

FIGURA 1 Diagrama esquemático da contração e do alongamento musculares observados por Hanson e Huxley. Os comprimentos dos sarcômeros (S), da banda A (A) e da banda I (I) foram medidos em amostras musculares contraídas a 60% do comprimento em relação ao músculo relaxado (*inferior*), ou alongado até 120% (*topo*). Os comprimentos dos sarcômeros, da banda I e da banda A estão listados à direita. Observe que, de 120% de alongamento até 60% de contração, a banda A não altera seu comprimento. Entretanto, o comprimento da banda I alonga-se até 1,3 μm, e, com 60% de contração, ela desaparece à medida que o sarcômero encurta até o comprimento total da banda A. (Adaptada a partir de J. Hanson and H.E. Huxley, 1995, *Symp. Soc. Exp. Biol. Fibrous Proteins and Their Biological Significance* **9**:249.)

de fase e mediram os comprimentos das bandas A e I. Durante o alongamento, o comprimento da banda I aumentou, em vez de diminuir como ocorreu na contração. Mais uma vez, o comprimento da banda A permaneceu inalterado. A zona densa que se formou na banda A durante a contração se tornou menos densa durante o alongamento.

A partir das suas observações, Hanson e Huxley desenvolveram um modelo para contração e alongamento muscular (Figura 1). No seu modelo, os filamentos de actina na banda I são puxados para dentro da banda A durante a contração e, assim, a banda I se torna mais curta. Isso permite a maior interação entre a miosina localizada na banda A e os filamentos de actina. À medida que os músculos se alongam, os filamentos de actina deixam a banda A. A partir desses dados, Hanson e Huxley propuseram que a contração muscular era comandada pelos filamentos de actina que se movem para dentro e para fora de uma massa de filamentos de miosina estacionários.

Discussão

Pela combinação das observações ao microscópio com os tratamentos bioquímicos das fibras musculares, Hanson e Huxley foram capazes de descrever a natureza bioquímica das estruturas musculares e delinearam um mecanismo para contração muscular. Muitas pesquisas continuam dando enfoque à compreensão do processo da contração muscular. Os cientistas agora sabem que os músculos se contraem pela hidrólise de ATP, levando a uma alteração conformacional na miosina que a permite tracionar a actina. Pesquisadores continuam a descobrir os detalhes moleculares desse processo, enquanto o mecanismo de contração proposto por Hanson e Huxley permanece atual.

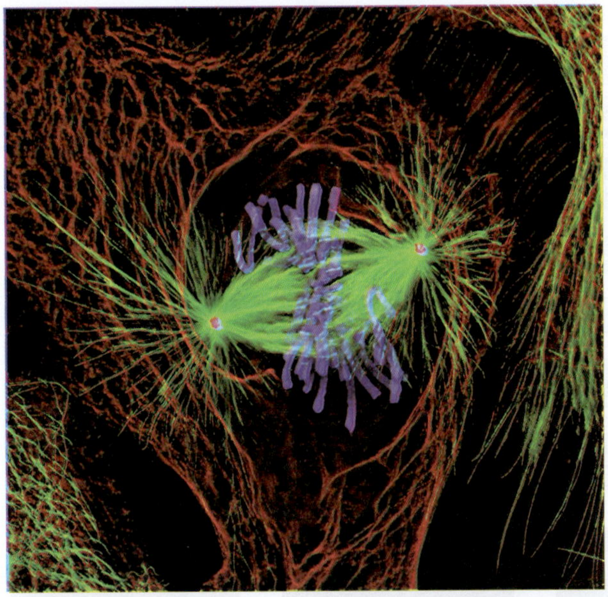

Célula pulmonar de tritão em mitose, corada para os centrossomos (magenta), microtúbulos (verde), cromossomos (azul) e filamentos intermediários de queratina (vermelho). (Cortesia de A. Khodjakor, a partir de *Nature* **408**:423-24 (2000).)

CAPÍTULO

18

Organização celular e movimento II: microtúbulos e filamentos intermediários

SUMÁRIO

Como estudado no capítulo anterior, três tipos de filamentos compõem o citoesqueleto da célula animal: os microfilamentos, os microtúbulos e os filamentos intermediários. Por que esses três tipos distintos de filamentos se desenvolveram? Parece que suas propriedades físicas são apropriadas para diferentes funções. No Capítulo 17, foi descrito como os microfilamentos de actina muitas vezes são interligados em redes de feixes para formar estruturas flexíveis e dinâmicas e para servir como trilhos para as diversas classes diferentes de proteínas motoras de miosina. Da mesma forma, os **microtúbulos** são tubos rígidos que podem existir como uma única estrutura que se estende até 20 μm nas células ou em arranjos empacotados como aqueles vistos nas estruturas de superfície de células especializadas como cílios e flagelos. Uma consequência do seu formato tubular é a capacidade dos microtúbulos em gerar forças para empurrar e puxar sem muito esforço, propriedade que permite aos túbulos únicos se estenderem por longas distâncias dentro da célula e formarem feixes para deslizarem um pelo outro, como ocorre nos flagelos e no fuso mitótico. A capacidade dos microtúbulos em se estenderem por longas distâncias na célula, junto com sua polaridade intrínseca, é explorada pelas proteínas motoras dependentes dos microtúbulos, que usam os microtúbulos como trilhos para o transporte de organelas por longas distâncias. Os microtúbulos podem ser bastante dinâmicos, sendo polimerizados e dissociados a partir de suas extremidades, provendo flexibilidade à célula para alterar a organização dos microtúbulos quando necessário.

Ao contrário dos microfilamentos e microtúbulos, os **filamentos intermediários** têm bastante força tensora e se desenvolveram para resistir a estresses e tensões muito maiores. Com propriedades semelhantes a fortes cabos moleculares, eles são idealmente adequados para prover tanto células quanto tecidos com integridade estrutural e contribuir para a organização celular. Os filamentos intermediários não têm polaridade intrínseca como microfilamentos e microtúbulos; portanto, não é de se surpreender de que não existam proteínas motoras conhecidas que utilizem os filamentos intermediários como trilhos. Embora sejam discutidos microtúbulos e filamentos in-

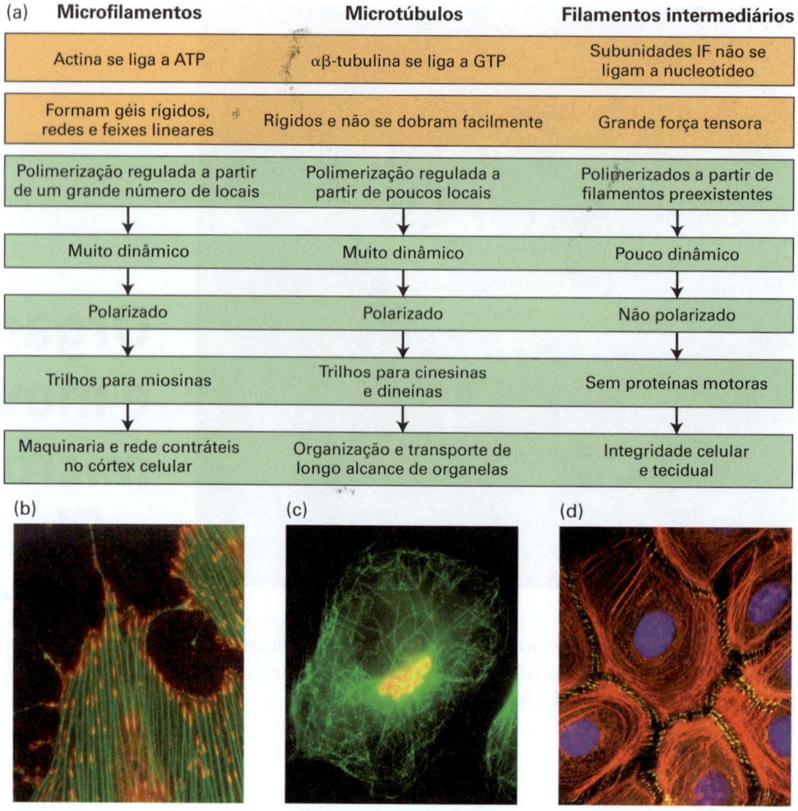
(a)
Microfilamentos
Microtúbulos
Filamentos intermediários
Actina se liga a ATP
αβ-tubulina se liga a GTP
Subunidades IF não se ligam a nucleotídeo
Formam géis rígidos, redes e feixes lineares
Rígidos e não se dobram facilmente
Grande força tensora
Polimerização regulada a partir de um grande número de locais
Polimerização regulada a partir de poucos locais
Polimerizados a partir de filamentos preexistentes
Muito dinâmico
Muito dinâmico
Pouco dinâmico
Polarizado
Polarizado
Não polarizado
Trilhos para miosinas
Trilhos para cinesinas e dineínas
Sem proteínas motoras
Maquinaria e rede contráteis no córtex celular
Organização e transporte de longo alcance de organelas
Integridade celular e tecidual
(b)
(c)
(d)

FIGURA 18-1 Visão geral das propriedades físicas e das funções dos três sistemas citoesqueléticos nas células animais. (a) Propriedades biofísicas e bioquímicas (cor de laranja) e propriedades biológicas (verde) são mostradas para cada tipo de filamento. As micrografias mostram exemplos de cada tipo de filamento em um determinado contexto celular, mas observe que os microtúbulos também compõem outras estruturas e os filamentos intermediários também revestem a superfície interna do núcleo. (b) Células em cultura coradas para actina (verde) e sítios de ligações da actina ao substrato (cor de laranja). (c) Localização dos microtúbulos (verde) e aparelho de Golgi (amarelo). Observe a localização central do aparelho de Golgi, que se concentra ali pelo transporte ao longo dos microtúbulos. (d) Localização das citoqueratinas (vermelho), um tipo de filamento intermediário e um componente dos desmossomos (amarelo) nas células epiteliais. As citoqueratinas de células individuais estão ligadas umas às outras pelos desmossomos. (Parte (b) cortesia de K. Burridge. Parte (c) cortesia de W. Brown. Parte (d) cortesia de E. Fuchs.)

termediários juntos neste capítulo, e sua localização no citoplasma seja aparentemente semelhante, será visto que sua dinâmica e suas funções são bastante diferentes. Um resumo das semelhanças e diferenças entre os três sistemas citoesqueléticos está apresentado na Figura 18-1.

Este capítulo discute cinco tópicos principais. Inicialmente, a estrutura e a dinâmica dos microtúbulos e suas proteínas motoras. Segundo, como os microtúbulos e seus motores contribuem para o movimento dos cílios e flagelos. Terceiro, o papel dos microtúbulos no fuso mitótico – máquina molecular que segrega de forma correta os cromossomos duplicados. Quarto, os papéis das diferentes classes de filamentos intermediários que fornecem a estrutura para o envelope nuclear, assim como a resistência e organização para células e tecidos. Embora microtúbulos, microfilamentos e filamentos intermediários sejam analisados individualmente, os três sistemas do citoesqueleto não atuam totalmente independentes uns dos outros. Serão considerados alguns exemplos dessa interdependência na última seção do capítulo.

18.1 Estrutura e organização dos microtúbulos

No primórdio da microscopia, biólogos celulares notaram longos túbulos no citoplasma e os chamaram de **microtúbulos**. Foi observado que microtúbulos semelhantes morfologicamente faziam parte das fibras do fuso mitótico, dos componentes dos axônios e dos elementos estruturais nos cílios e flagelos (Figura 18-2a, b). Um exame cauteloso dos microtúbulos isolados, a partir de várias fontes, observados em secção transversal, indicou que todos são compostos de 13 unidades longitudinais repetidas (Figura 18-2c), hoje chamadas de **protofilamentos**, sugerindo que todos os microtúbulos têm estrutura compartilhada. Foi observado que microtúbulos purificados a partir do cérebro são compostos por uma proteína principal, a **tubulina,** e por proteínas associadas, as **proteínas associadas aos microtúbulos (MAPs)**. A tubulina purificada, por si só, pode se polimerizar em um microtúbulo, sob condições favoráveis, provando ser o componente estrutural da parede dos microtúbulos. As MAPs, como será visto, ajudam a mediar a polimerização e a dinâmica dos microtúbulos. Nesta seção, serão consideradas a estrutura e a organização geral dos microtúbulos, antes de dar início a uma discussão mais detalhada sobre sua dinâmica e regulação nas Seções 18.2 e 18.3.

As paredes dos microtúbulos são estruturas polarizadas construídas a partir de dímeros de αβ-tubulina

As tubulinas isoladas de forma pura e solúvel consistem em duas subunidades intimamente relacionadas chamadas de α- e β-tubulinas, cada uma com um peso molecular de cerca de 55.000 daltons. Análises genômicas revelam que os genes que codificam α- e β-tubulinas são encontrados em todos os eucariotos, com expansão considerável do número de genes em organismos multicelulares. Por exemplo, as leveduras de brotamento têm dois genes es-

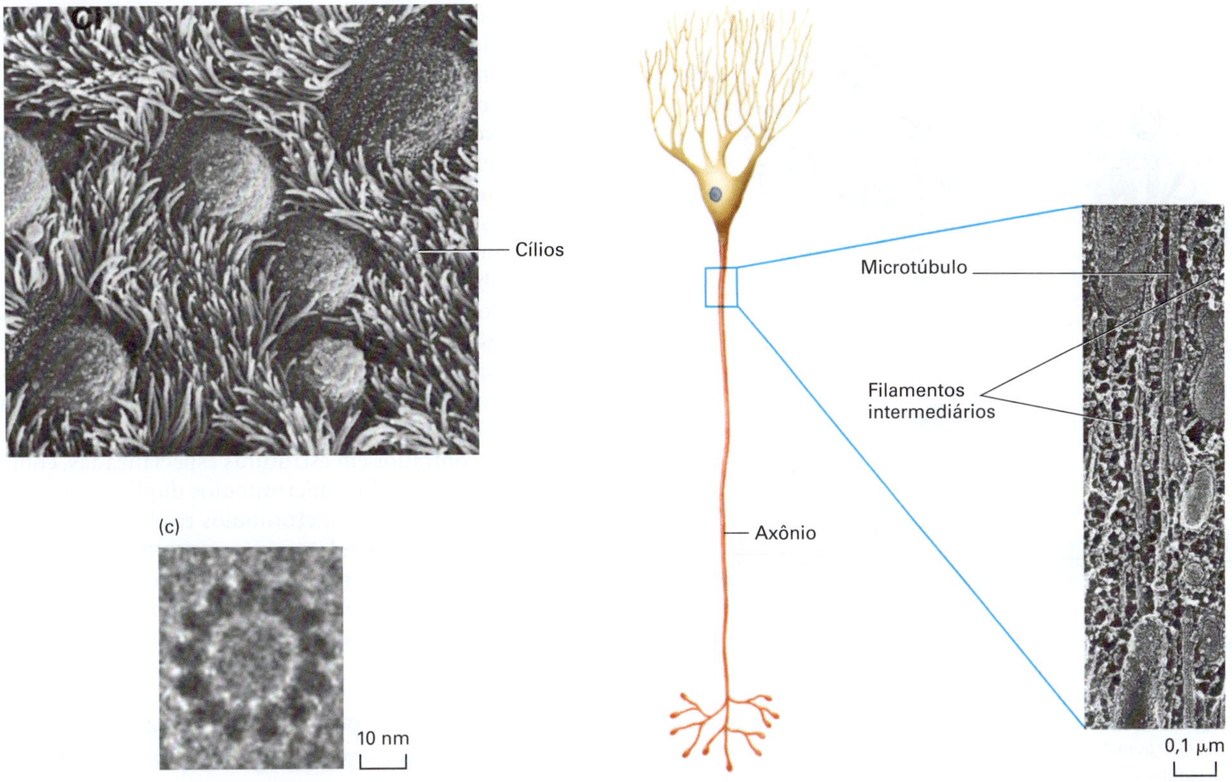

FIGURA 18-2 Os microtúbulos são encontrados em várias localizações diferentes e todos têm estruturas similares. (a) Superfície do epitélio ciliado que reveste o oviduto de coelho visualizado em microscópio eletrônico de varredura. Cíclos móveis, que possuem um cerne de microtúbulos, propelem os óvulos ao longo do oviduto. (b) Microtúbulos e filamentos intermediários em axônio de rã, tratado por congelamento rápido e criofratura, visualizados em microscópio eletrônico de transmissão. (c) Imagem em alta magnificação de microtúbulo mostrando as 13 unidades de repetição conhecidas como protofilamentos. (Parte (a) de R. G. Kessels e R. H. Kardon, 1975, *Tissues and Organs*, W. H. Freeman and Company. Parte (b) de N. Hirokawa, 1982, *J. Cell Biol.* **94**:129; cortesia de N. Hirokawa. Parte (c) cortesia de C. Bouchet-Marquis, 2007, *Biology of the Cell* **99**:45.)

pecificando α-tubulina e um para β-tubulina, enquanto o nematódeo *Caenorhabditis elegans* tem nove genes que codificam α-tubulina e seis para β-tubulina. Além das α- e β-tubulinas, todos os eucariotos também têm genes que especificam uma terceira tubulina, a γ-tubulina, que está envolvida na polimerização dos microtúbulos, como será discutido brevemente. Também foram descobertas isoformas adicionais da tubulina presentes apenas nos organismos com estruturas celulares chamadas de centríolos e corpos basais, sugerindo que essas isoformas de tubulina sejam importantes para essas estruturas. Como será visto neste capítulo, os centríolos e corpos basais são estruturas especializadas que alguns organismos utilizam para nuclear e organizar a polimerização do microtúbulo.

Cada uma das subunidades α e β do dímero de tubulina pode ligar uma molécula de GTP (Figura 18-3a). O GTP na subunidade da α-tubulina nunca é hidrolisado e é confinado pela interface entre as subunidades α e β. Em contrapartida, o sítio de ligação ao GTP na subunidade β localiza-se na superfície do dímero. O GTP ligado pela subunidade β pode ser hidrolisado e o GDP hidrolisado pode ser trocado por GTP livre. Sob condições apropriadas, os dímeros solúveis de tubulina podem se organizar em microtúbulos (Figura 18-3b). Como visto na polimerização da actina (Capítulo 17), a actina G-ATP é adicionada preferencialmente a uma das extremidades do filamento, designada extremidade (+), pois é a extremidade favorecida para polimerização. Uma vez incorporado ao filamento, o ATP ligado é hidrolisado em ADP e P_i. De maneira similar, os dímeros de tubulina em que a subunidade β tem um GDP ligado adicionam-se preferencialmente a uma das extremidades do microtúbulo, também designada extremidade (+). Como será analisado, o GTP é hidrolisado tão logo a tubulina esteja incorporada no microtúbulo, mas ao contrário da situação de hidrólise do ATP em um filamento de actina, essa hidrólise de GTP possui efeitos drásticos sobre o comportamento da extremidade (+) do microtúbulo.

Os microtúbulos são compostos por 13 protofilamentos associados lateralmente que formam um túbulo cujo diâmetro externo é cerca de 25 nm (ver Figura 18-3b). Cada um dos 13 protofilamentos é um cordão de dímeros de αβ-tubulina arranjados longitudinalmente, de modo que as subunidades se alternem ao longo do filamento, onde cada tipo de subunidade se repete a cada

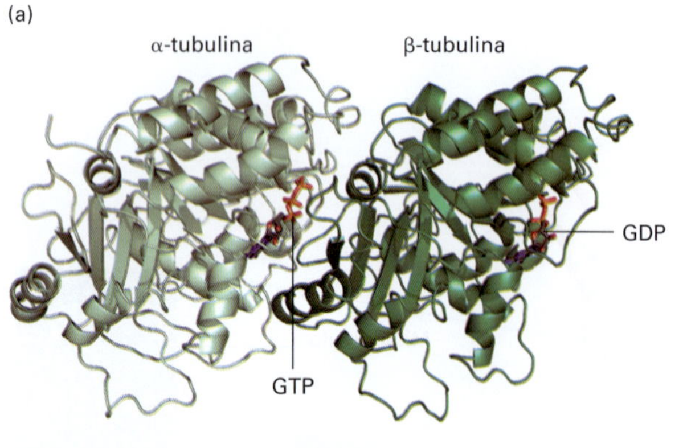

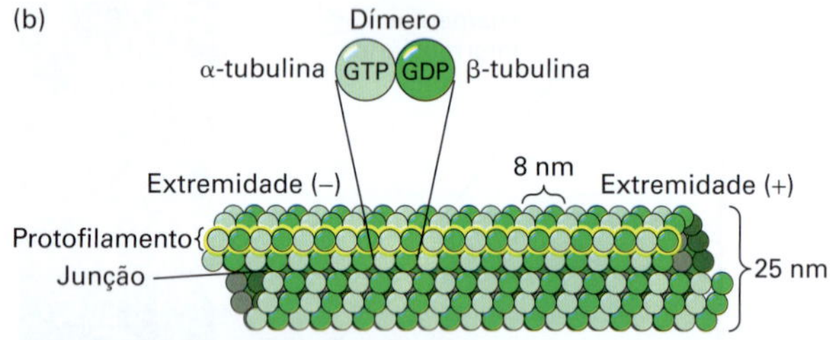

FIGURA 18-3 Estrutura dos dímeros de tubulina e a sua organização em microtúbulos. (a) Diagrama em fita do dímero da tubulina. O GTP ligado ao monômero de α-tubulina não é permutável, enquanto o GDP ligado ao monômero de β-tubulina é permutável com GTP livre. (b) A organização das subunidades de tubulina em um microtúbulo. Os dímeros são alinhados, extremidade com extremidade, em protofilamentos, os quais se dispõem lado a lado para formar a parede do microtúbulo. Os protofilamentos estão levemente descompassados, de modo que a α-tubulina em um protofilamento está em contato com a α-tubulina dos protofilamentos vizinhos, exceto na junção, onde a subunidade α faz contato com a subunidade β. O microtúbulo exibe uma polaridade estrutural na qual as subunidades são preferencialmente adicionadas à extremidade na qual os monômeros de β-tubulina estão expostos. Esta extremidade do microtúbulo é conhecida como extremidade (+). (Parte (a) modificada de E. Nogales et al., 1998, *Nature* **391**:199; cortesia de E. Nogales.)

8 nm. Como os dímeros de αβ-tubulina em um protofilamento estão todos orientados de mesma forma, cada protofilamento tem uma subunidade α em uma extremidade e uma subunidade β na outra; assim, os protofilamentos têm **polaridade** intrínseca. Em um microtúbulo, todos os protofilamentos associados lateralmente têm a mesma polaridade; dessa forma, os microtúbulos também têm polaridade geral. A extremidade com as subunidades β expostas é a extremidade (+), enquanto a extremidade com as subunidades α expostas é a extremidade (–). Nos microtúbulos, os heterodímeros em protofilamentos adjacentes são levemente descompassados, formando linhas inclinadas de monômeros de α– e β-tubulina na parede do microtúbulo. Se você acompanhar uma linha de subunidades β, por exemplo, formando uma espiral em volta de um microtúbulo por uma volta inteira, você terminará precisamente três subunidades acima no protofilamento, contíguo com a subunidade α. Assim, todos os microtúbulos têm uma *junção* longitudinal única, onde uma subunidade α em um protofilamento se encontra com uma subunidade β no protofilamento adjacente.

A maioria dos microtúbulos em uma célula consiste em um tubo simples, um microtúbulo *único*, composto por 13 protofilamentos. Em casos raros, os microtúbulos simples contêm mais ou menos protofilamentos; por exemplo, certos microtúbulos nos neurônios dos vermes nematódeos contêm 11 a 15 protofilamentos. Além da estrutura única simples, os microtúbulos *duplos* ou *triplos* são encontrados em estruturas especializadas, como nos cílios e nos flagelos (microtúbulos duplos) e em centríolos e corpos basais (microtúbulos triplos), estruturas que serão exploradas adiante no capítulo. Cada dupla ou trio contém um microtúbulo completo de 13 protofilamentos (chamado túbulo A) e um ou dois túbulos adicionais (B e C), compostos por 10 protofilamentos cada (Figura 18-4).

Os microtúbulos são polimerizados a partir de MTOCs para gerar diversas organizações

Com a identificação da tubulina como componente estrutural principal dos microtúbulos, anticorpos contra tubulina foram produzidos e utilizados em microscopia de imunofluorescência para localizar os microtúbulos nas células (Figura 18-5a, b). Essa abordagem, acoplada com a descrição dos microtúbulos observada por microscopia eletrônica, mostrou que os microtúbulos são polimerizados a partir de sítios específicos para gerar vários tipos diferentes de organizações.

A fase de nucleação da polimerização dos microtúbulos é uma reação tão desfavorável que a nucleação espontânea não exerce papel importante na polimerização dos microtúbulos *in vivo*. Em vez disso, todos os microtúbulos são nucleados a partir de estruturas conhecidas como **centros de organização dos microtúbulos**, ou **MTOCs**. Na maioria dos casos, a extremidade (–) do microtúbulo permanece ancorada no MTOC, enquanto a extremidade (+) se estende para longe.

O **centrossomo** é o principal MTOC nas células animais. Nas células não mitóticas, também conhecidas como células da *interfase*, o centrossomo geralmente está localizado próximo ao núcleo, produzindo um arranjo de

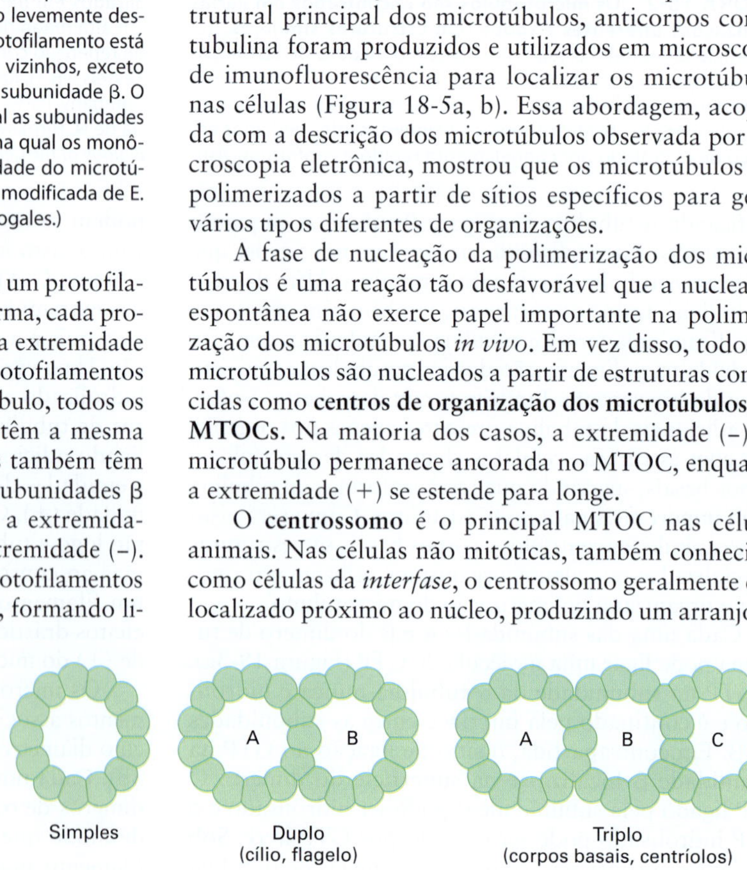

FIGURA 18-4 Microtúbulos simples, duplos e triplos. Em uma secção transversal, o microtúbulo típico, simples, é um tubo único construído a partir de 13 protofilamentos. Nos microtúbulos duplos, um grupo adicional de 10 protofilamentos forma um segundo túbulo (B) pela fusão com a parede do microtúbulo simples (A). A adição de outros 10 protofilamentos ao túbulo (B) de um microtúbulo duplo cria um túbulo (C) e uma estrutura tripla.

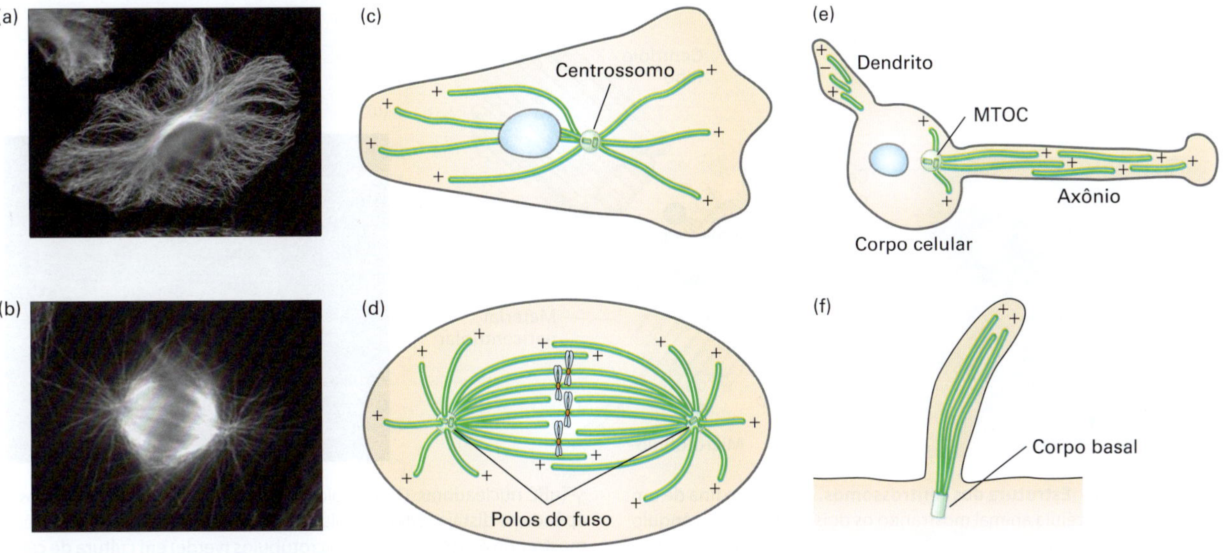

FIGURA 18-5 Os microtúbulos são polimerizados a partir de centros organizadores de microtúbulos (MTOCs). A distribuição dos microtúbulos nas células em cultivo, como observado por microscopia de imunofluorescência usando anticorpos contra tubulina em célula na interfase (a) e célula na mitose (b). (c a f) Diagramas da distribuição dos microtúbulos nas células e estruturas, onde todos são polimerizados a partir de MTOCs distintos. Na célula em interfase (c), o MTOC é chamado centrossomo (o núcleo está indicado por forma oval em azul); na célula mitótica (d), os dois MTOCs são chamados polos do fuso (os cromossomos são mostrados em azul); em um neurônio (e), os microtúbulos nos axônios e dentritos são polimerizados a partir de um MTOC em um corpo celular e então são liberados deste; os microtúbulos que compõem o eixo de um cílio ou flagelo (f) são polimerizados a partir de um MTOC conhecido como corpo basal. A polaridade dos microtúbulos está indicada por (+) e (–). (Parte (a) cortesia de A. Bretscher. Parte (b) cortesia de T. Wittmann.)

microtúbulos com suas extremidades (+) irradiando em direção à periferia celular (Figura 18-5c). Essa disposição radial fornece trilhos para as proteínas motoras compostas por microtúbulos para organizar e transportar compartimentos envoltos por membrana, como os que compõem as vias secretoras e endocíticas. Durante a mitose, as células reorganizam completamente seus microtúbulos para formar um fuso bipolar, formado a partir de dois centrossomos, também conhecidos como *polos do fuso*, para segregar corretamente as cópias dos cromossomos duplicados (Figura 18-5d). Em outro exemplo, os neurônios têm longos processos chamados axônios, nos quais as organelas são transportadas nas duas direções ao longo dos microtúbulos (Figura 18-5e). Os microtúbulos nos axônios, que alcançam até 1 metro de comprimento, são descontínuos e liberados dos centrossomos, mas são todos da mesma polaridade. Nas mesmas células, os microtúbulos nos dendritos têm polaridade mista, embora o significado funcional disso não esteja claro. Nos cílios e flagelos (Figura 18-5f), os microtúbulos são organizados a partir de um MTOC chamado *corpo basal*. Como mencionado adiante, as plantas não têm centrossomos e corpos basais, mas usam outros mecanismos para nuclear a formação dos microtúbulos.

A microscopia eletrônica mostra que os centrossomos nas células animais consistem em um par de **centríolos** cilíndricos arranjados de forma ortogonal, envoltos por um material aparentemente amorfo chamado **material pericentriolar** (Figura 18-6a, setas). Os centríolos, que têm cerca de 0,5 μm de comprimento e 0,2 μm de diâmetro, são estruturas bastante organizadas e estáveis que consistem em nove conjuntos de microtúbulos triplos intimamente relacionados na sua estrutura com os corpos basais encontrados na base dos cílios e flagelos. Não são os próprios centríolos que fazem a nucleação do arranjo de microtúbulos citoplasmáticos, mas sim fatores no material pericentriolar. Um componente crucial é o **complexo em anel γ-tubulina (γ-TuRC)** (Figuras 18-6b e 18-7). γ-TuRC está localizado no material pericentriolar e consiste em várias cópias de γ-tubulina associadas com várias outras proteínas. Acredita-se que γ-TuRC sirva de molde tipo "arruela de pressão" para se ligar aos dímeros de αβ-tubulina e formar um novo microtúbulo, com a extremidade (–) associada com γ-TuRC e a extremidade (+) livre para polimerização. Além de nuclear a polimerização dos microtúbulos, os centrossomos ancoram e regulam a dinâmica das extremidades (–) dos microtúbulos ali localizados.

Os corpos basais têm estrutura similar ao centríolo e são os MTOCs encontrados na base dos cílios e flagelos. Os túbulos A e B do microtúbulo triplo fornecem um molde para a polimerização dos microtúbulos compondo a estrutura central dos cílios e flagelos.

Um trabalho recente descobriu um mecanismo adicional para a nucleação dos microtúbulos em células animais, também envolvendo γ-TuRC. Um complexo proteico chamado *complexo augmina*, que consiste em oito polipeptídeos, pode se ligar à lateral de microtúbulos existentes, então recrutar γ-TuRC e nuclear a polimerização de novos microtúbulos. Como discutido em seção posterior, o complexo augmina contribui para a polimerização dos microtúbulos no fuso mitótico.

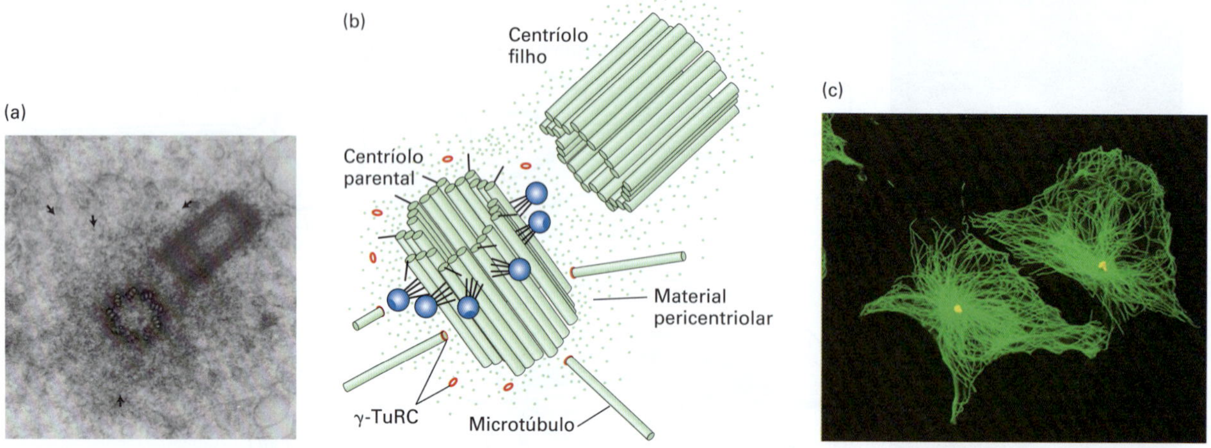

FIGURA 18-6 Estrutura dos centrossomos. (a) Secção fina de um centrossomo de célula animal mostrando os dois centríolos em ângulo reto, um em relação ao outro, envoltos pelo material pericentriolar (setas). (b) Diagrama de um centrossomo mostrando os centríolos parental e filho, cada um consistindo em nove microtúbulos triplos externos ligados, embebidos no material pericentriolar que contém estruturas γ-TuRC nucleadoras. O centríolo parental é distinto do filho por possuir apêndices distais (esferas azuis). (c) Microscopia de imunofluorescência mostrando a disposição dos microtúbulos (verde) em cultura de células animais e a localização do MTOC, usando um anticorpo contra uma proteína centrossomal (amarelo). (Partes (a) e (b) de G. Sluder, 2005, *Nature Rev.Mol.Cell Biol.* **6**:743. Parte (c) cortesia de R. Kuriyama.)

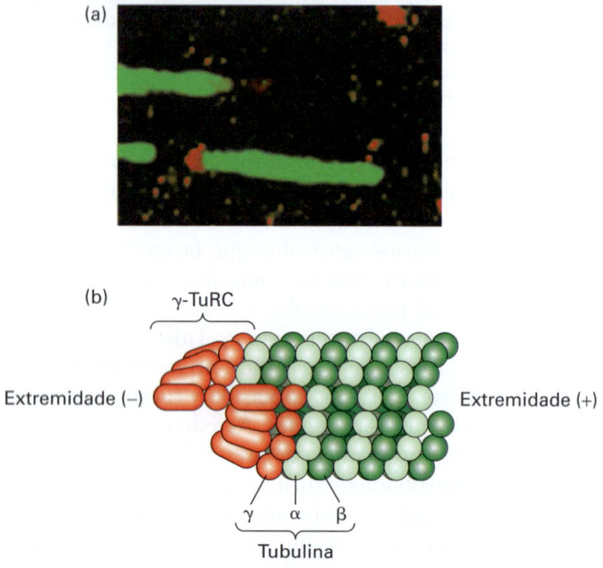

FIGURA 18-7 O complexo de anel de γ-tubulina (γ-TuRC) que faz a nucleação da polimerização dos microtúbulos. (a) Uma micrografia de imunofluorescência de microtúbulos polimerizados *in vitro* e marcados em verde e um componente γ-TuRC marcado em vermelho, mostrando que ele está localizado especificamente em uma das extremidades do microtúbulo. (b) Modelo de como γ-TuRC pode nuclear a polimerização de um microtúbulo pela formação de um molde correspondente à extremidade (–) de um microtúbulo. (Parte (a) modificada a partir de T. J. Keating e G.G. Borisy, 2000, *Nature Cell Biol.* **2**:352; cortesia de T.J. Keating e G.G. Borisy.)

CONCEITOS-CHAVE da Seção 18.1

Estrutura e organização dos microtúbulos

- A tubulina é o principal componente estrutural dos microtúbulos (ver Figura 18-3) com a qual as proteínas de associação ao microtúbulos (MAPs) se associam.
- Tubulina livre existe como dímero αβ, com a subunidade α se ligando ao GTP aprisionado e não hidrolisável e a subunidade β se ligando a um GTP permutável e hidrolisável.
- αβ-tubulina se polimeriza em microtúbulos contendo 13 protofilamentos associados lateralmente, com uma subunidade a exposta na extremidade (–) e uma subunidade β na extremidade (+) de cada protofilamento.
- Nos cílios e flagelos, assim como nos centríolos e corpos basais, existem microtúbulos duplos e triplos nos quais os microtúbulos adicionais têm 10 protofilamentos (ver Figura 18-4).
- Todos os microtúbulos são nucleados a partir dos centros de organização dos microtúbulos (MTOCs) e vários permanecem ancorados aos MTOCs através da sua extremidade (–). Portanto, a extremidade mais distante do MTOC sempre é a extremidade (+).
- O centrossomo é o MTOC que faz a nucleação do arranjo radial dos microtúbulos em células animais não mitóticas; dois centrossomos, ou polos do fuso, são os MTOCs que fazem a nucleação dos microtúbulos do fuso mitótico; e os corpos basais são os MTOCs que organizam os microtúbulos dos cílios e flagelos (ver Figura 18-5).
- Os centrossomos consistem em dois centríolos e material pericentriolar que contém o complexo de nucleação do microtúbulo γ-TuRC (ver Figuras 18-6 e 18-7).

18.2 A dinâmica dos microtúbulos

Os microtúbulos são estruturas dinâmicas devido à polimerização e dissociação de suas extremidades. O grau de dinâmica pode variar muito, com tempo de vida médio do microtúbulo de menos de um minuto para células em mitose e cerca de cinco a 10 minutos para os microtúbulos que compõem o arranjo radial observado nas células animais não mitóticas. O tempo de vida dos microtúbulos é mais longo nos axônios e muito mais longo nos cílios e flagelos. Para elucidar como essas diferenças ocorrem, serão discutidas as propriedades dinâmicas dos microtúbulos e como esse comportamento contribui para sua organização celular.

Microtúbulos individuais exibem instabilidade dinâmica

Experimentos iniciais revelaram que a maioria dos microtúbulos em células animais irá se dissociar quando as células forem resfriadas até 4°C e se polimerizará novamente quando as células forem reaquecidas a 37°C. Pesquisadores observaram que essa propriedade intrínseca dos microtúbulos poderia ser explorada pela purificação dos componentes dos microtúbulos. Como o tecido cerebral é rico em microtúbulos, os extratos solúveis de cérebro de porco foram preparados a 4°C; esses extratos clarificados foram então aquecidos até 37°C para induzir a polimerização dos microtúbulos. Os microtúbulos polimerizados foram coletados em um sedimento por meio de centrifugação, separados do sobrenadante, e então dissociados pela adição de um tampão a 4°C. Após outro ciclo de polimerização por aquecimento, coleta e dissociação por resfriamento, os pesquisadores recuperaram a *proteína microtubular*, termo coletivo para αβ-tubulina e proteínas associadas aos microtúbulos (MAPs, do inglês *microtubule-associated proteins*). Eles foram então capazes de fracionar a proteína microtubular em αβ-tubulina e MAPs para estudar seus comportamentos individualmente. Os investigadores observaram que a polimerização da αβ-tubulina dimérica em microtúbulos é catalisada em grande parte pela presença das MAPs.

Embora um esforço enorme de pesquisas tenha sido feito para caracterizar as propriedades de polimerização das proteínas microtubulares em solução, sua relevância geral foi substituída por estudos adicionais sobre as propriedades dos microtúbulos individuais. Portanto, algumas lições aprendidas a partir de estudos iniciais *in vitro* são importantes para a biologia dos microtúbulos. Primeiro, para que a polimerização ocorra, a concentração de αβ-tubulina deve estar acima da *concentração crítica* (C_c), semelhante ao que foi visto na polimerização da actina (ver Figura 17-8). Segundo, em concentrações maiores de αβ-tubulina do que C_c para polimerização, os dímeros são adicionados mais rapidamente a uma extremidade do microtúbulo do que à outra (Figura 18-8). Em analogia com a polimerização da actina F, a extremidade de polimerização preferida é designada como extremidade (+), ou seja, a extremidade com a β-tubulina exposta. A extremidade (-) tem a α-tubulina exposta (ver Figura 18-3b).

Quando as propriedades gerais da polimerização dos microtúbulos são estudadas, assume-se que todos os microtúbulos se comportam de maneira similar. Entretanto, quando os pesquisadores estudaram o comportamento dos microtúbulos individuais dentro de uma população, observaram que isso não acontecia. O comportamento dos microtúbulos individuais foi estudado em um experimento muito simples. Os microtúbulos foram polimerizados *in vitro* e então cortados para quebrá-los em pedaços mais curtos cujos comprimentos individuais pudessem ser analisados por microscopia. Sob essas condições, seria esperado que todos os microtúbulos curtos se alongassem ou encurtassem, dependendo da concentração de tubulina livre. Entretanto, os pesquisadores observaram que alguns microtúbulos cresciam no comprimento, enquanto outros encurtavam rapidamente, indicando assim a existência de duas populações distintas de microtúbulos. Estudos adicionais mostraram que microtúbulos individuais poderiam crescer e então de repente sofrer uma *catástrofe* para uma fase de encurtamento durante a qual o microtúbulo sofre uma despolimerização rápida. Além disso, às vezes, uma extremidade do microtúbulo em despolimerização pode passar por um *resgate* e iniciar o crescimento novamente (Figura 18-9). Embora esse fenômeno tenha sido observado inicialmente *in vitro*, a análise da tubulina marcada fluorescentemente microinjetada em células vivas mostrou que os microtúbulos nas células também sofrem períodos de crescimento e encurtamento (Figura

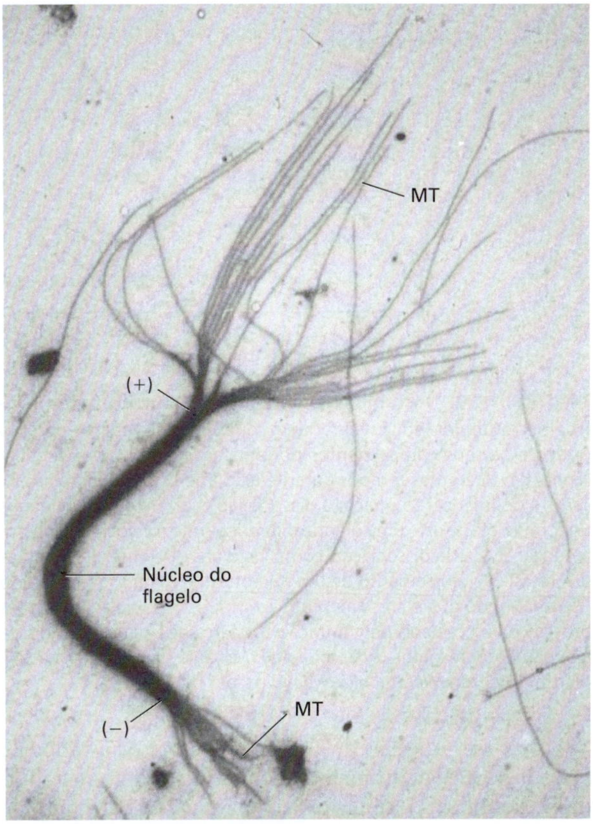

FIGURA EXPERIMENTAL 18-8 Os microtúbulos crescem preferencialmente na extremidade (+). Os fragmentos de um feixe de microtúbulos de um flagelo foram usados como núcleo para a adição *in vitro* de αβ-tubulina. O fragmento nucleador do flagelo é o feixe grosso visto nesta micrografia eletrônica, com os microtúbulos (MT) recém-formados irradiando a partir das suas extremidades. O comprimento maior dos microtúbulos em uma extremidade, a extremidade (+), indica que as subunidades de tubulina são adicionadas, preferencialmente, a essa extremidade. (Cortesia de G. Borisy.)

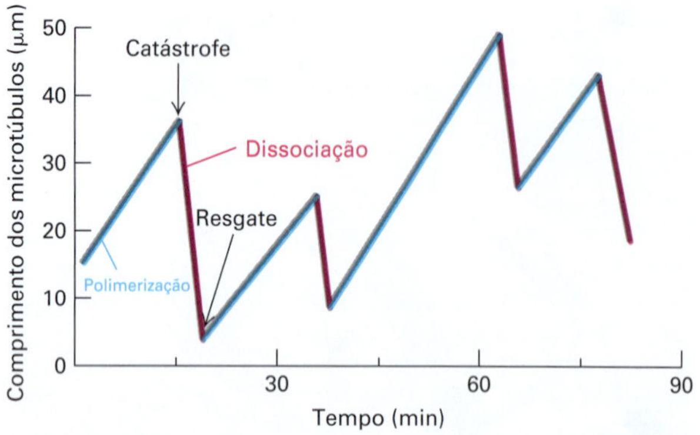

FIGURA 18-9 Instabilidade dinâmica dos microtúbulos *in vitro*. Microtúbulos individuais podem ser observados ao microscópio óptico e os seus comprimentos podem ser representados graficamente em diferentes tempos durante a polimerização e dissociação. Tanto a polimerização quanto a dissociação ocorrem em velocidades uniformes, mas existe uma grande diferença entre a velocidade de polimerização e a de dissociação, como visto nas diferentes inclinações das retas. O encurtamento de um microtúbulo é muito mais rápido (7 μm/min) do que o crescimento (1 μm/min). Observe as transições bruscas para o estado de contração (catástrofe) e para o estado de alongamento (resgate). (Adaptada de P. M. Bayley, K. K. Sharma e S. R. Martin, 1994, em *Microtubules*, Wiley-Liss, p. 118.)

18-10). Esse processo de alternância entre os estados de crescimento e encurtamento é conhecido como **instabilidade dinâmica**. Assim, a vida dinâmica da extremidade de um microtúbulo é determinada pela velocidade de crescimento, a frequência de catástrofes, a velocidade de despolimerização e a frequência de resgates. Como será visto adiante, essas características da dinâmica dos microtúbulos são controladas *in vivo*. Como as extremidades (–) dos microtúbulos nas células animais geralmente estão ancoradas a um MTOC, essa natureza dinâmica é mais relevante à extremidade (+) do microtúbulo.

Qual é a base molecular da instabilidade dinâmica? Se observarmos com cuidado as extremidades dos microtúbulos em crescimento e encurtamento, por microscopia eletrônica, veremos que elas são bastante diferentes. Um microtúbulo em crescimento tem uma extremidade relativamente cega, enquanto uma extremidade em despolimerização tem protofilamentos se descamando como cornos de carneiro (Figura 18-11). Na verdade, a extremidade do microtúbulo em crescimento não é simplesmente uma extremidade cega; em vez disso, é uma estrutura semelhante a uma camada plana e curta formada pela adição de dímeros de tubulina às extremidades dos protofilamentos, que então se une ao longo da junção para tornar o microtúbulo cilíndrico.

Estudos recentes forneceram uma explicação estrutural simples para as duas classes de extremidades de microtúbulos. Como já visto, a subunidade β do dímero de αβ-tubulina está exposta na extremidade (+) de cada protofilamento. Usando um análogo do GDP, os pesquisadores observaram que protofilamentos tornados *únicos* artificialmente, onde não há interações laterais, compostos por dímeros de αβ-tubulina repetidos contendo β-tubulina-GDP são curvados, como cornos de carneiro. Entretanto, protofilamentos tornados únicos artificialmente compostos por dímeros de αβ-tubulina contendo β-tubulina-GTP são retos. Dessa forma, os microtúbulos em crescimento com extremidades cegas terminam em β-tubulina-GTP, enquanto os que estão se encurtando com extremidades curvadas terminam em β-tubulina-GDP. Assim, se as moléculas de GTP nas β-tubulinas terminais forem hidrolisadas em um microtúbulo que parou de crescer, um microtúbulo com extremidade anterior cega se curvará e uma catástrofe sucederá. Essas relações estão resumidas na Figura 18-11.

Esses resultados têm uma implicação adicional e, para compreender isso, deve ser analisado com mais detalhes o microtúbulo em crescimento. A adição de um dímero à extremidade (+) do protofilamento em um microtúbulo em crescimento envolve a interação entre a subunidade β terminal preexistente e a nova subunidade α. Essa interação estimula a hidrólise de GTP em GDP na subunidade β terminal pré-existente. Entretanto, a β-tubulina no dímero recém-adicionado contém GTP. Assim, cada protofilamento em um microtúbulo em crescimento tem, na sua maioria, β-tubulina-GDP ao longo do seu comprimento e é bloqueado por um ou dois dímeros terminais contendo β-tubulina-GTP. Como já mencionado, um protofilamento *isolado* contendo β-tubulina-GDP é curvado ao longo do seu comprimento; então, quando ele está presente em um microtúbulo, por que ele não

VÍDEO: Polimerização dos microtúbulos em células em cultura

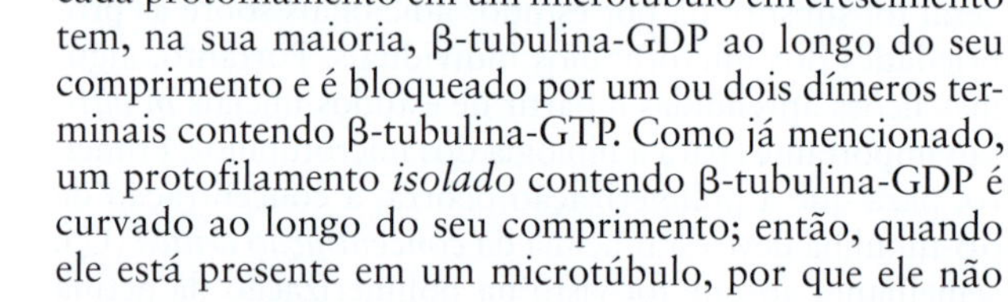

FIGURA EXPERIMENTAL 18-10 A microscopia de fluorescência revela o crescimento e o encurtamento, *in vivo*, de microtúbulos individuais. A tubulina marcada com agente fluorescente foi microinjetada em fibroblastos humanos em cultura. Essas células foram resfriadas para despolimerizar os microtúbulos preexistentes em dímeros de tubulina e, então, incubadas a 37°C para permitir a repolimerização, incorporando, assim, a tubulina fluorescente em todos os microtúbulos das células. Uma região da periferia da célula foi visualizada ao microscópio de fluorescência a 0 segundo, após 27 segundos e após 3 minutos e 51 segundos (painéis da esquerda para a direita). Neste período, vários microtúbulos se alongam e se encurtam. Os pontos com letras marcam a posição das extremidades de três microtúbulos. (Modificada a partir de P. J. Sammak e G. Borisy, 1988, *Nature* **332**:724.)

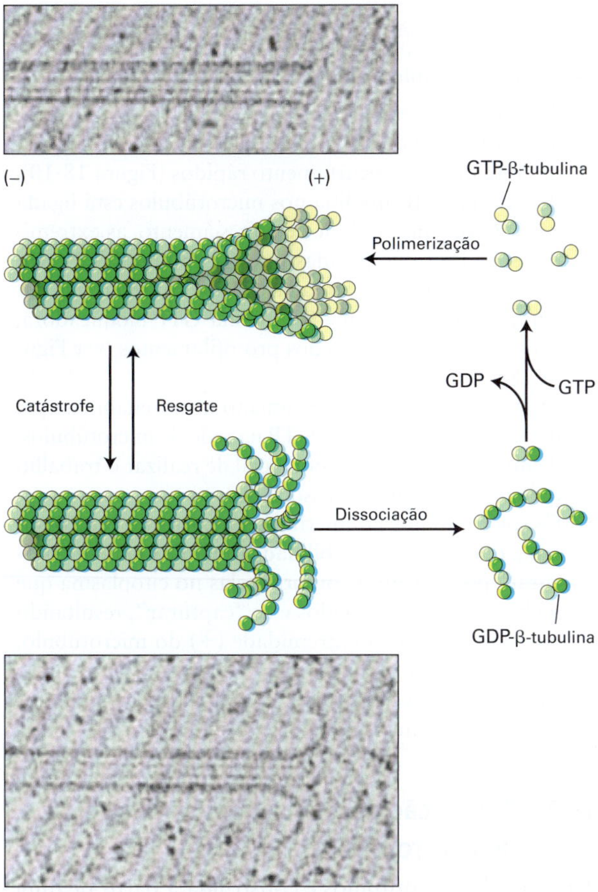

FIGURA 18-11 A instabilidade dinâmica depende da presença ou ausência da β-tubulina-GTP bloqueadora. Imagens captadas pelo microscópio eletrônico de amostras congeladas de microtúbulo em crescimento (superior) e microtúbulo em encurtamento (inferior). Observe que a extremidade de um microtúbulo em crescimento tem uma extremidade mais cega, enquanto o microtúbulo em encurtamento tem curvas semelhantes a cornos de carneiro. O diagrama mostra que um microtúbulo com β-tubulina-GTP na extremidade de cada protofilamento é fortemente favorecido para crescer. Entretanto, um microtúbulo com β-tubulina-GDP nas extremidades dos protofilamentos forma uma estrutura curvada e irá sofrer dissociação rápida. Pode ocorrer a alternância entre as fases de crescimento e encurtamento, chamadas resgate e catástrofe, e a velocidade dessa troca é regulada pelas proteínas associadas. (Imagens de E-M Mandelkow et al., 1991, *J. Cell Biol.* **114**:977. Diagrama modificado a partir de A. Desai and T.J. Mitchison, 1997, *Annu. Rev. Cell. Dev. Biol.* **13**:83-117.)

se dissocia? As interações laterais entre os protofilamentos na β-tubulina-GTP bloqueadora são suficientemente fortes para não permitirem que o microtúbulo descame nessa extremidade; assim, os protofilamentos logo atrás da β-tubulina-GTP bloqueadora são coagidos a não se dissociarem (ver Figura 18-11). A energia liberada pela hidrólise de GTP das subunidades atrás do bloqueio é armazenada como tensão estrutural aguardando para ser liberada quando o bloqueio da β-tubulina-GTP é perdido. Como será visto, essa energia armazenada contribui para o movimento dos cromossomos durante o estágio de anáfase da mitose.

Como um microtúbulo em dissociação pode ser resgatado de repente para crescer novamente? Uma resposta para esse intricado problema foi recentemente sugerida. Utilizando um anticorpo que reconhece apenas β-tubulina-GTP e não β-tubulina-GDP, pesquisadores observaram que podem ocorrer "ilhas" de β-tubulina-GTP ao longo de um microtúbulo polimerizado. Ao que parece, quando um microtúbulo em dissociação encontra uma dessas ilhas de β-tubulina-GTP, a dissociação cessa e pode haver o resgate.

A polimerização e a "procura e captura" localizadas ajudam a organizar os microtúbulos

Apresentou-se os dois principais conceitos relacionados à organização dos microtúbulos e à dinâmica da extremidade (+): os microtúbulos são polimerizados a partir de sítios localizados conhecidos como MTOCs e os microtúbulos individuais podem sofrer instabilidade dinâmica. Juntos, esses dois processos contribuem para a distribuição dos microtúbulos nas células.

Em uma célula na interfase crescendo em cultura, os microtúbulos estão constantemente sendo nucleados a partir do centrossomo e estendidos, "procurando" aleatoriamente o espaço citoplasmático. A frequência de catástrofes e resgates, em conjunto com as velocidades de crescimento e encurtamento, determina o comprimento de cada microtúbulo; se o microtúbulo for submetido a uma frequência alta de catástrofe e baixa de resgate, ele irá encurtar de volta para o centrossomo e desaparecer, enquanto se ele sofrer várias catástrofes e for prontamente resgatado, ele continuará a crescer. Se o microtúbulo em procura encontra um alvo apropriado em uma estrutura celular ou organela, a extremidade do microtúbulo pode se ligar à estrutura. A "captura" da organela ou estrutura celular pelo microtúbulo estabiliza sua extremidade (+) e o protege de catástrofes, enquanto microtúbulos não ligados têm maior frequência de dissociação. Assim, a dinâmica da extremidade do microtúbulo é um determinante muito importante do ciclo de vida e função dos microtúbulos. "Procura e captura" faz parte do mecanismo que determina a organização geral dos microtúbulos nas células. Além disso, pela alteração da taxa de nucleação ou dinâmica dos microtúbulos local e sítios de captura, uma célula pode rapidamente alterar sua distribuição geral dos microtúbulos. Adiante, será visto que isso ocorre quando as células entram em mitose.

Fármacos que afetam a polimerização da tubulina são úteis experimentalmente e no tratamento de doenças

A natureza conservada das tubulinas e seu envolvimento essencial em processos importantes como a mitose as tornam alvos importantes tanto para fármacos que ocorrem naturalmente quanto para os sintéticos que afetam a polimerização e despolimerização. Historicamente, o primeiro desses fármacos conhecido foi a colchicina, presente nos extratos de açafrão-do-prado (*Colchicum autumnale*), que se liga aos dímeros de tubulina de modo que não consigam se polimerizar em um microtú-

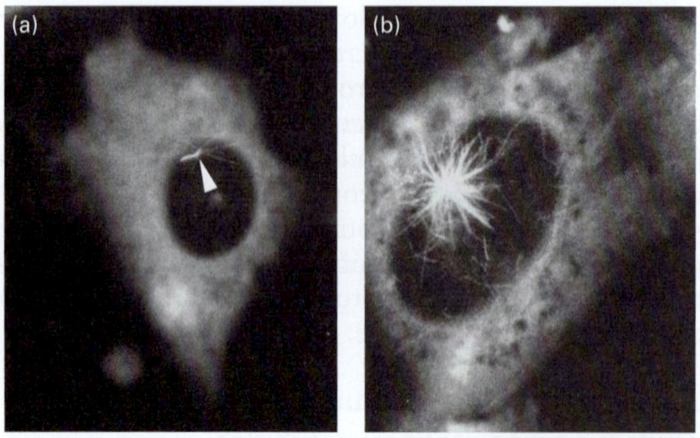

FIGURA EXPERIMENTAL 18-12 Os microtúbulos crescem a partir do MTOC. Para investigar a partir de onde os microtúbulos se polimerizam *in vivo*, um fibroblasto em cultura foi tratado com colchinina até quase todos os microtúbulos citoplasmáticos estarem dissociados. A célula foi então corada com anticorpos contra tubulina e visualizada por microscopia de imunofluorescência (a). A colchinina foi então removida para permitir a repolimerização dos microtúbulos. O painel (b) mostra os primeiros estágios da repolimerização, revelando os microtúbulos crescendo a partir do MTOC na região central acima do núcleo (áreas escuras). No painel (a), observe o cílio primário remanescente (seta; discutido na Seção 18.5) associado ao centrossomo; ele não é despolimerizado pelo tratamento com colchinina sob estas condições. Observe também a fluorescência a partir do citoplasma, decorrente dos dímeros de αβ-tubulina não polimerizados. (De M. Osborn e K. Weber, 1976, *Proc. NAtl. Acad. USA* **73**:867-871).

bulo. Uma vez que a maioria dos microtúbulos está em estado dinâmico entre dímeros e polímeros, a adição da colchicina sequestra todos os dímeros livres no citoplasma, resultando na perda de microtúbulos devido a sua renovação natural. O tratamento de células em cultura com colchicina durante um curto período de tempo resulta na despolimerização de todos os microtúbulos citoplasmáticos, mas não afetando o centrossomo contendo tubulina, que é mais estável (Figura 18-12a). Quando a colchicina é retirada para permitir o novo crescimento dos microtúbulos, pode-se observar o seu crescimento a partir do centrossomo, revelando sua habilidade em fazer a nucleação da polimerização de novos microtúbulos (Figura 18-12b).

A colchicina tem sido usada por centenas de anos para aliviar a dor nas articulações causada pela gota aguda. Um paciente famoso, o rei Henrique VIII da Inglaterra, foi tratado com colchicina para aliviar essa dor. Um baixo nível de colchicina alivia a inflamação causada pela gota pela redução da dinâmica dos microtúbulos dos leucócitos, tornando-os incapazes de migrar de maneira eficiente para o local da inflamação.

Além da colchicina, vários outros fármacos se ligam aos dímeros de tubulina e reprimem a formação de polímeros, entre eles a podofilotoxina (de zimbro, *Juniperus communis*) e o nocodazole (fármaco sintético).

O taxol, alcaloide vegetal da árvore teixo (*Taxus*) do Pacífico, se liga e estabiliza os microtúbulos contra a despolimerização. Como o taxol interrompe a divisão celular pela inibição da mitose, ele vem sendo usado para tratar alguns cânceres, como os de mama e de ovário, onde as células são especialmente sensíveis ao fármaco. ■

CONCEITOS-CHAVE da Seção 18.2

A dinâmica dos microtúbulos

- As extremidades (+) dos microtúbulos podem sofrer a instabilidade dinâmica, com períodos de alternância de crescimento e encurtamento rápidos (Figura 18-10).
- A maioria da β-tubulina nos microtúbulos está ligada a GDP. Nos microtúbulos em crescimento, as extremidades (+) são bloqueadas pela β-tubulina-GTP e são cegas ou levemente alargadas. Os microtúbulos em encurtamento perderam a β-tubulina-GTP bloqueadora, causando a dissociação dos protofilamentos (ver Figura 18-11).
- Os microtúbulos em crescimento armazenam energia derivada da hidrólise de GTP na rede de microtúbulos, de modo que tenham o potencial de realizar o trabalho quando estiverem em dissociação.
- Os microtúbulos polimerizados a partir do centrossomo e que exibem instabilidade dinâmica podem "procurar" por estruturas ou organelas no citoplasma que tenham alvos apropriados e as "capturar", resultando na estabilização da extremidade (+) do microtúbulo. Dessa forma, a polimerização acoplada à "procura e captura" pode contribuir para a distribuição geral dos microtúbulos em uma célula.

18.3 Regulação da estrutura e da dinâmica dos microtúbulos

A parede de microtúbulos é construída a partir de dímeros de αβ-tubulina, e αβ-tubulina altamente purificada se polimerização em microtúbulos *in vitro*. Mas a polimerização dos microtúbulos *in vitro* pode ser bastante aumentada pela presença das proteínas estabilizadoras associadas aos microtúbulos (MAPs). As MAPs estabilizadoras representam apenas uma classe de proteínas que interagem com a tubulina nos microtúbulos; outras classes desestabilizam os microtúbulos ou modificam suas propriedades de crescimento. Serão discutidas as várias classes nesta seção. A regulação da estrutura e da dinâmica dos microtúbulos é crucial para o funcionamento apropriado da célula. Como analisado adiante, os microtúbulos são os principais organizadores das organelas nas células animais, e sua estabilidade e dinâmica são programadas para a função específica da célula em um determinado momento. Por exemplo, a dinâmica dos microtúbulos aumenta drasticamente quando as células entram em mitose para permitir que a célula monte uma nova organização de microtúbulos, o fuso mitótico.

Os microtúbulos são estabilizados por proteínas de ligação lateral

Várias classes diferentes de proteínas estabilizam os microtúbulos, várias delas mostrando expressão específica para o tipo de célula. Entre as mais estudadas está a família *tau* de proteínas, que inclui a própria tau e proteínas chamadas de MAP2 e MAP4. Tau e MAP2 são proteínas neuronais, enquanto MAP4 é expressada por

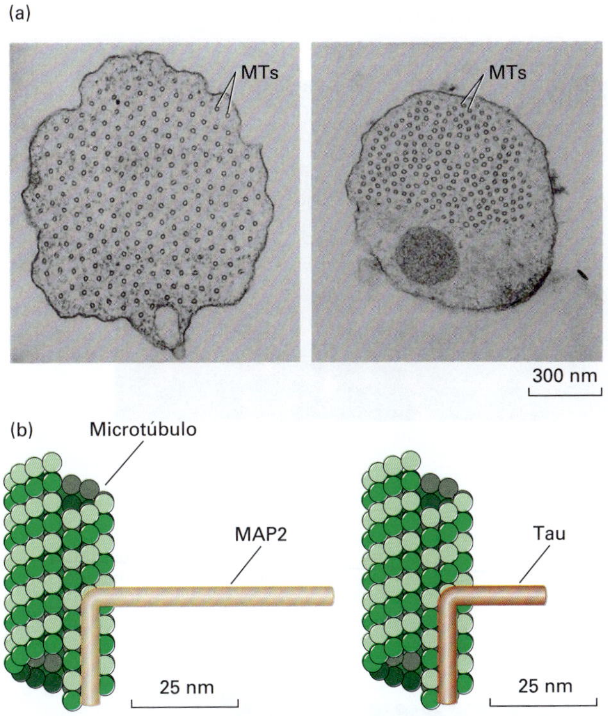

FIGURA EXPERIMENTAL 18-13 O espaçamento dos microtúbulos depende do comprimento do domínio de projeção de proteínas associadas aos microtúbulos. Células de inseto transfectadas com DNA que expressa a proteína MAP2 de braços longos, ou a proteína tau de braços curtos, promovem o crescimento de longas protuberâncias similares a axônios. (a) Micrografias eletrônicas de secções transversais de protuberâncias induzidas pela expressão da MAP2 (*esquerda*) ou da tau (*direita*) em células transfectadas. Observe que o espaçamento entre os microtúbulos (MTs) nas células que contêm a MAP2 é maior do que nas células que contêm a tau. Ambos os tipos de células contêm aproximadamente o mesmo número de microtúbulos, mas o efeito da MAP2 é aumentar o diâmetro da protuberância similar ao axônio. (b) Diagramas das associações entre os microtúbulos e as MAPs. Observe a diferença no comprimento dos braços projetados em MAP2 e tau. (Parte (a) de J. Chen et al., 1992, *Nature* **360**:674.)

outros tipos de células e geralmente não está presente nos neurônios. Essas proteínas têm desenho modular com dois domínios-chave. Um domínio consiste em uma sequência de 18 resíduos carregados positivamente, repetida três a quatro vezes, que se liga à superfície da tubulina carregada negativamente. O segundo domínio se projeta para fora do microtúbulo em ângulo reto (Figura 18-13). Acredita-se que as proteínas tau estabilizem os microtúbulos e também atuem como espaçadoras entre eles. MAP2 é encontrada apenas nos dendritos dos neurônios, onde forma interligações fibrosas entre os microtúbulos e liga os microtúbulos aos filamentos intermediários. Muito menor do que a maioria das outras MAPs, a tau está presente tanto em axônios quanto em dendritos. A base para essa seletividade ainda permanece um mistério.

Quando as MAPs estabilizadoras revestem a parede externa de um microtúbulo, elas podem aumentar a taxa de crescimento dos microtúbulos ou suprimir a frequência de catástrofe. Em muitos casos, a atividade das MAPs é regulada pela fosforilação reversível do seu domínio de projeção. As MAPs fosforiladas são incapazes de se ligar aos microtúbulos; assim a fosforilação promove a dissociação dos microtúbulos. Por exemplo, a cinase reguladora da afinidade pelo microtúbulo (MARK/Par-1) é uma moduladora-chave das proteínas tau. Algumas MAPs, como MAP4, também são fosforiladas por uma *cinase dependente de ciclina (CDK)* com importante papel no controle das atividades das proteínas no curso do ciclo celular (Capítulo 19).

+TIPs regulam propriedades e funções da extremidade (+) do microtúbulo

Além das MAPs de ligação lateral como as proteínas tau, foram identificadas MAPs que se associam com as extremidades (+) dos microtúbulos. Em vários casos, elas apenas se associam com as extremidades (+) que estão crescendo, não encurtando (Figura 18-14a, b). As MAPs nessa classe são conhecidas como +TIPs, para proteínas que trilham pela extremidade (+). Embora existam vários mecanismos pelos quais as +TIPs reconhecem um microtúbulo (+) em crescimento, acredita-se que a associação de uma +TIP principal chamada EB1 (ligação à extremidade-1) seja por interação com uma única estrutura presente apenas nos microtúbulos em crescimento (Figura 18-14c). A característica única mais óbvia de um microtúbulo em crescimento é a natureza mais cega das suas extremidades (+), então talvez seja isso que EB1 reconheça. Entretanto, a localização de EB1 se estende ao longo do microtúbulo, e não apenas à ponta com a extremidade cega, sugerindo que esse modelo simples não está contando toda a história. A maioria das outras +TIPs se associa com a extremidade (+), ou pela ligação a EB1, ou necessitando EB1 para sua associação à extremidade, e geralmente diz-se que estão "pegando uma carona" com EB1 (ver Figura 18-14d).

+TIPs são muito importantes na vida de um microtúbulo, pois modificam suas propriedades de diversas formas. Primeiro, proteínas como EB1 promovem o crescimento do microtúbulo, estimulando a polimerização na extremidade (+). Segundo, outras +TIPs podem reduzir a frequência de catástrofes, promovendo, dessa forma, também o crescimento do microtúbulo. Uma terceira classe liga a extremidade (+) do microtúbulo a outras estruturas celulares, como o córtex celular, actina-F e, como considerado adiante durante nossa discussão sobre mitose, os cromossomos; uma característica essencial desse sistema dinâmico é que quando os microtúbulos em "procura" crescem e uma +TIP encontra um alvo apropriado, o microtúbulo pode ser "capturado" e estabilizado. Além disso, outras +TIPs ligam as extremidades (+) dos microtúbulos a membranas; por exemplo, a ligação à proteína transmembrana STIM do retículo endoplasmático promove a extensão, dependente de microtúbulos, do retículo endoplasmático tubular (discutido na Seção 18.4; ver Figura 18-27).

VÍDEO: Visualização *in vivo* das extremidades dos microtúbulos através de GFP-EBM

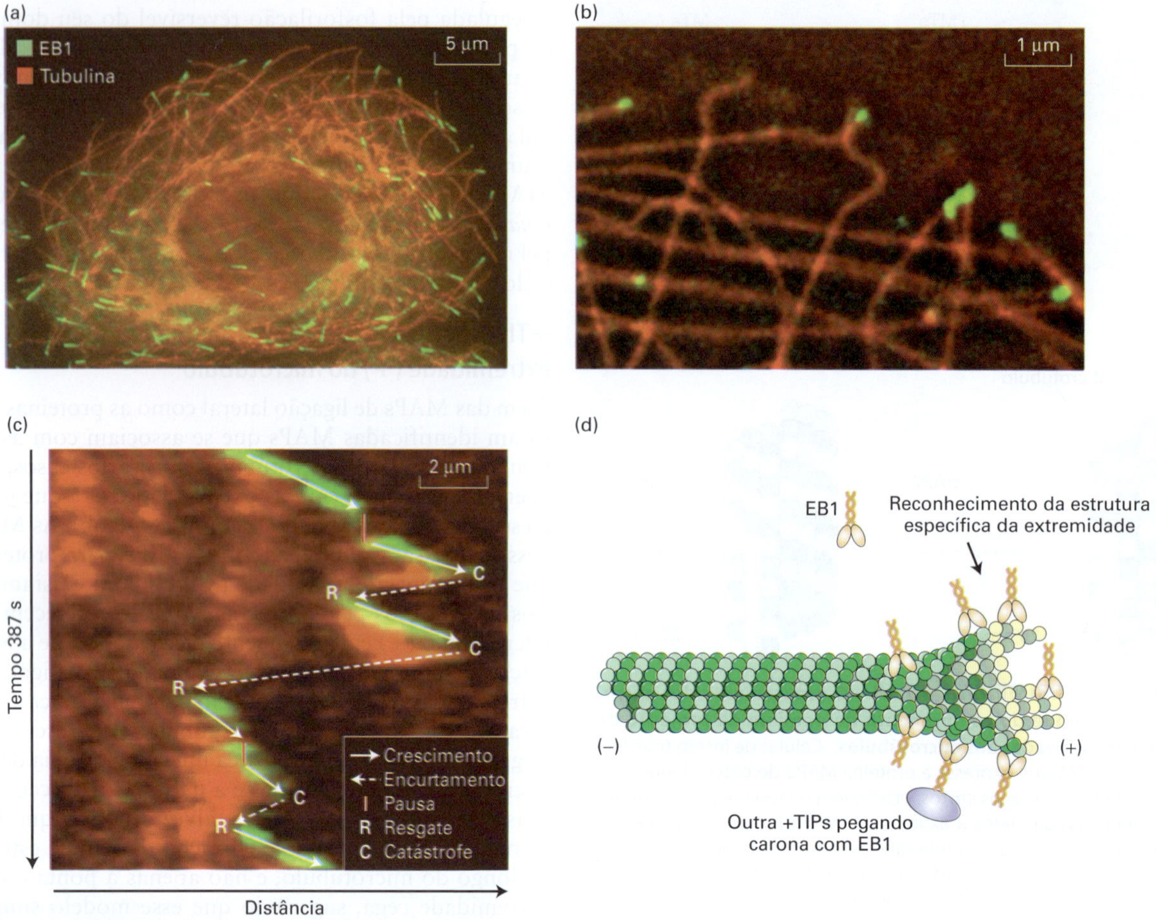

FIGURA EXPERIMENTAL 18-14 A proteína +TIP EB1 se associa de forma dinâmica com as extremidades (+) dos microtúbulos. (a) Uma célula em cultivo corada com anticorpos contra tubulina (vermelho) e proteína +TIP EB1 (verde). EB1 está enriquecida na região da extremidade (+) do microtúbulo. (b) Região periférica de uma célula viva expressando EB3-GFP (verde) e mCherry-α-tubulina (vermelho). EB3, bastante relacionada com EB1, é encontrada nas extremidades de alguns microtúbulos. (c) EB3-GFP se associa de forma seletiva com os microtúbulos em crescimento como visto neste assim chamado "quimógrafo". Nesta figura, a dinâmica de um único microtúbulo (vermelho) e de EB3 (verde) em uma célula viva como aquela mostrada em (b) é acompanhada pela captura sequencial de imagens da mesma região e alinhamentos das mesmas de cima para baixo. No topo, se pode ver o início do filme com o microtúbulo bloqueado por EB3. Descendo pela figura, pode-se rastrear a dinâmica do microtúbulo em relação ao tempo à medida que ele cresce e encurta. Quando o microtúbulo cresce, ele permanece bloqueado por EB3. Quando o crescimento do microtúbulo pausa ou o microtúbulo encurta, EB3 não está mais associada com a extremidade, mas se associa novamente quando o crescimento é reiniciado. Um resumo esquemático da dinâmica dos microtúbulos também é mostrado. (d) Um mecanismo possível para como EB1 se liga a um microtúbulo em crescimento e como outras proteínas podem "pegar carona" com EB1. (Partes (a)-(c) Cortesia de Dr. A. Akhmanova, Cell Biology, Utrecht University, Holanda, e Dr. M. Steinmetz, Biomolecular Research, Paul Scherrer Institut, Villigen PSI, Suíça.)

Outras proteínas de ligação às extremidades regulam a dissociação dos microtúbulos

Também existem mecanismos para estimular a dissociação dos microtúbulos. Embora a maior parte da regulação da dinâmica dos microtúbulos pareça acontecer na extremidade (+), em algumas situações, como na mitose, ela pode ocorrer nas duas extremidades.

Vários mecanismos para desestabilização dos microtúbulos são conhecidos. Um deles envolve a família proteica de cinesinas-13. Como será discutido na Seção 18.4, em sua maioria, as cinesinas são motores moleculares, mas as proteínas cinesinas-13 são uma classe distinta que se liga e curva a extremidade dos protofilamentos da tubulina na conformação de tubulina-β-GDP. Então facilitam a remoção dos dímeros terminais de tubulina, estimulando muito a frequência de catástrofes (Figura 18-15a). Atuam de modo catalítico, no sentido de que necessitam hidrolisar ATP para remover sequencialmente os dímeros terminais de tubulina.

Outra proteína, chamada de Op18/estatmina, também aumenta a frequência das catástrofes. Ela foi originalmente identificada como proteína superexpressada em certos tumores; isso explica seu nome (oncoproteína

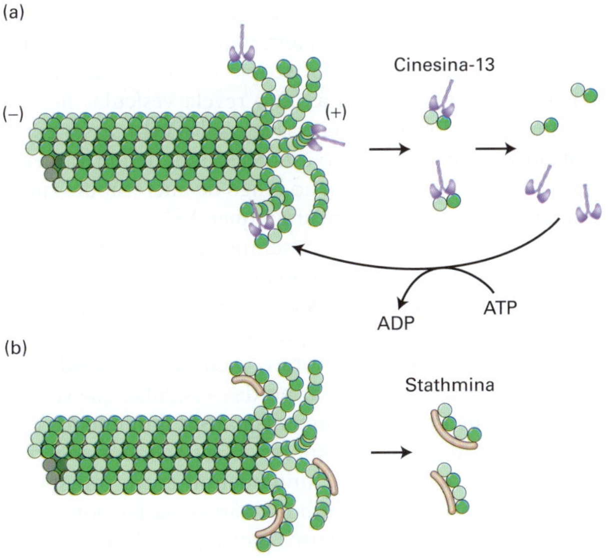

FIGURA 18-15 Proteínas que desestabilizam as extremidades dos microtúbulos. (a) Membro da família da cinesina-13 enriquecido nas extremidades dos microtúbulos pode estimular a desmontagem daquela extremidade. (Embora esteja mostrada a despolimerização das extremidades [+], a cinesina-13 também pode despolimerizar a extremidade [–].) Estas proteínas são as ATPases, e o ATP estimula sua atividade dissociando-as do dímero de αβ-tubulina. (b) A estatmina se liga seletivamente a protofilamentos curvados e estimula sua dissociação da extremidade de um microtúbulo. A atividade da estatmina é inibida pela fosforilação.

18). Op18/estatmina é uma proteína pequena que liga dois dímeros de tubulina em uma conformação curvada semelhante a tubulina-β-GDP (Figura 18-15b). Ela pode atuar estimulando a hidrólise de GTP no dímero terminal de tubulina e auxiliando na sua dissociação da extremidade do microtúbulo. Como pode ser esperado de um regulador da extremidade do microtúbulo, ela está sujeita à regulação negativa por fosforilação por uma grande variedade de cinases. Na verdade, foi observado que Op18/estatmina é inativada pela fosforilação próxima à borda anterior das células com motilidade, o que contribui para o crescimento preferencial dos microtúbulos em direção à parte anterior da célula.

CONCEITOS-CHAVE da Seção 18.3

Regulação da estrutura e da dinâmica dos microtúbulos

- Os microtúbulos podem ser estabilizados por proteínas de ligação lateral associadas aos microtúbulos (MAPs) (ver Figura 18-13).
- Algumas MAPs, chamadas +TIPs, se ligam de forma seletiva às extremidades (+) em crescimento dos microtúbulos e podem alterar as propriedades dinâmicas dos microtúbulos ou localizar componentes para a extremidades (+) do microtúbulo em procura (ver Figura 18-14).
- As extremidades dos microtúbulos podem ser desestabilizadas por algumas proteínas, como a família de proteínas cinesinas-13 e Op18/estatmina, para aumentar a frequência de catástrofes (ver Figura 18-15).

18.4 Cinesinas e dineínas: proteínas motoras compostas por microtúbulos

As organelas nas células frequentemente são transportadas por distâncias de vários micrômetros ao longo de rotas bem definidas no citoplasma e encaminhadas para determinadas localizações intracelulares. A difusão por si só não pode explicar a velocidade, a direção e o destino desses processos de transporte. Os resultados dos experimentos iniciais com células pigmentares e células nervosas de peixes demonstraram inicialmente que os microtúbulos funcionam como trilhos no transporte intracelular de vários tipos de "cargas".

Como já foi discutido, a polimerização e a despolimerização dos microtúbulos podem realizar trabalho usando a energia fornecida pela hidrólise de GTP. Além disso, as **proteínas motoras** se movem ao longo dos microtúbulos movidas pela hidrólise de ATP. Sabe-se que duas famílias principais de proteínas motoras – **cinesinas** e **dineínas** – fazem a mediação do transporte ao longo dos microtúbulos. Nesta seção, serão discutidos o modo como essas proteínas motoras funcionam e os papéis que realizam nas células em interfase. Nas seções seguintes, suas funções nos cílios e flagelos e na mitose.

As organelas nos axônios são transportadas ao longo dos microtúbulos nas duas direções

Um neurônio deve fornecer constantemente novos materiais – proteínas e membranas – para a extremidade do axônio a fim de reabastecer suas perdas pela exocitose dos neurotransmissores na junção (sinapse) com outra célula (Capítulo 22). Como as proteínas e as membranas são sintetizadas apenas no corpo da célula, esses materiais devem ser transportados ao longo do axônio, que pode ter até um metro de comprimento em alguns neurônios, até a região sináptica. Esse movimento de materiais é realizado nos microtúbulos, que estão todos orientados com as suas extremidades (+) na direção da extremidade terminal do axônio (ver Figura 18-5e).

Os resultados de experimentos clássicos de marcação de pulso, nos quais precursores radiativos são microinjetados no gânglio da raiz dorsal próximo da medula espinal e depois acompanhados ao longo dos seus axônios nervosos mostraram que o **transporte axonal** ocorre do corpo celular até o axônio. Outros experimentos mostraram que o transporte também ocorre na direção inversa, isto é, rumo ao corpo celular. O transporte **anterógrado** ocorre a partir do corpo celular até os terminais sinápticos e está associado com o crescimento do axônio e com o encaminhamento das vesículas sinápticas. Na direção oposta, **retrógrada**, as membranas "velhas" dos terminais sinápticos se movem ao longo do axônio rapidamente na direção do corpo celular, onde elas serão degradadas nos lisossomos. Os resultados desses experimentos também revelaram que materiais diferentes se movem em diferentes velocidades (Figura 18-16). O material que se move mais rápido, consistindo em vesículas envoltas por membranas, tem velocidade de cerca de 3 μm/s, ou 250 mm/dia, necessitando cerca de quatro dias para viajar no corpo celular

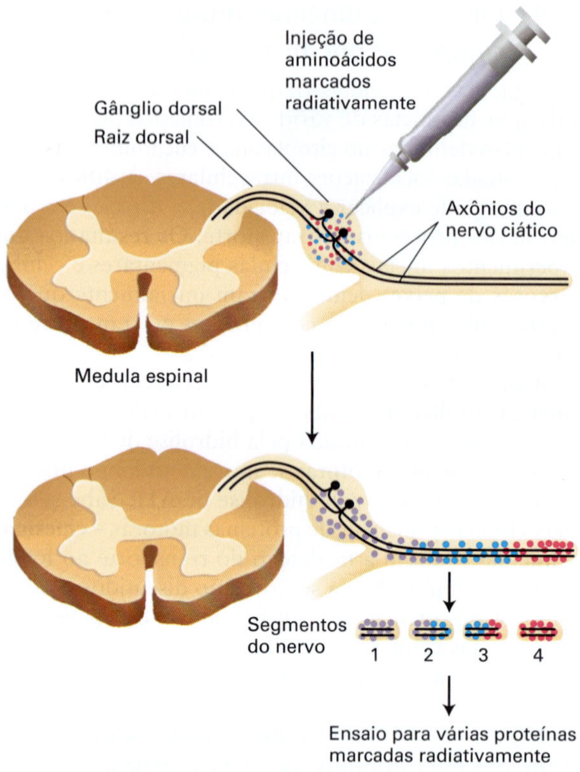

FIGURA EXPERIMENTAL 18-16 A velocidade de transporte pelos axônios *in vivo* pode ser determinada pela marcação radiativa e eletroforese em gel. Os corpos celulares dos neurônios no nervo ciático estão localizados no gânglio da raiz dorsal (próximo à medula espinal). Aminoácidos radiativos injetados nesses gânglios em animais experimentais são incorporados nas proteínas recém-sintetizadas que, em seguida, são transportadas ao longo do axônio até a sinapse. Os animais são sacrificados em vários tempos após a injeção, e o nervo ciático é dissecado e cortado em pequenos segmentos para observar até onde as proteínas marcadas radiativamente foram transportadas; essas proteínas podem ser identificadas após eletroforese em gel e autorradiografia. Os pontos em vermelho, azul e púrpura representam grupos de proteínas transportados ao longo do axônio em diferentes velocidades; as mais rápidas estão em vermelho e em púrpura, as mais lentas.

pelo axônio, que vai desde as costas até o dedão do pé. O material mais lento, que compreende subunidades de tubulina e neurofilamentos (os filamentos intermediários encontrados nos neurônios), se move apenas a uma fração de milímetro por dia. As organelas, como as mitocôndrias, se movem pelo axônio a velocidades intermediárias.

Neurobiologistas fizeram uso, por longo tempo, do axônio de lulas gigantes para estudar o movimento das organelas ao longo dos microtúbulos. Envolvido na regulação do sistema de propulsão das lulas na água, o apropriadamente chamado axônio gigante pode ter até 1 mm de diâmetro, cerca de 100 vezes mais espesso do que a média dos axônios de mamíferos. Além disso, a compressão de um axônio como se fosse um tubo de pasta de dente resulta na extrusão do citoplasma (também conhecido como axoplasma), que então pode ser observado por videomicroscopia. Nesse sistema livre de células, o movimento de vesículas requer ATP, tem velocidade similar àquela do transporte axonal rápido em células intactas e pode ser realizado tanto nas direções anterógrada quanto retrógrada (Figura 18-17a). A microscopia eletrônica da mesma região do citoplasma do axônio revela vesículas ligadas aos microtúbulos individuais (Figura 18-17b). Esses experimentos pioneiros *in vitro* estabeleceram definitivamente que as organelas se movem ao longo de microtúbulos individuais e que o seu movimento requer ATP.

Os resultados de experimentos, nos quais neurofilamentos marcados com proteína verde fluorescente (GFP) foram injetados em células em cultura, sugerem que os neurofilamentos param frequentemente à medida que se movem pelo axônio. Embora o pico de velocidade dos neurofilamentos seja similar ao das vesículas que se movem rapidamente, suas inúmeras pausas diminuem a média da velocidade de transporte. Esses achados sugerem que não existe diferença fundamental entre transporte axonal rápido e lento, embora não se saiba por que o transporte de neurofilamentos pausa periodicamente.

A cinesina I gera o transporte anterógrado de vesículas nos axônios na direção da extremidade (+) dos microtúbulos

A proteína responsável pelo transporte anterógrado das organelas foi purificada pela primeira vez a partir de extratos de axônios. Pesquisadores observaram que misturando três componentes – organelas purificadas a partir de axônios de lula, extrato de axônio citoplasmático livre de organelas e microtúbulos estabilizados por taxol – as organelas podiam ser visualizadas se movendo nos microtúbulos de uma maneira dependente de ATP. Entretanto, quando eles omitiam o extrato de axônios, as organelas nem se ligavam e nem se moviam ao longo dos microtúbulos, sugerindo que o extrato contribui com uma proteína que tanto liga as organelas aos microtúbulos quanto as transporta ao longo dele – isto é, uma proteína motora. A estratégia para purificar a proteína motora baseou-se nas observações adicionais das organelas se movendo nos microtúbulos. Sabia-se que se ATP fosse hidrolisado em ADP, as organelas se dissociavam dos microtúbulos. Entretanto, se um análogo não hidrolisável do ATP, AMPPNP, fosse adicionado, as organelas permaneciam associadas aos microtúbulos, mas não se moviam. Isso sugeriu que a proteína motora ligava as organelas aos microtúbulos firmemente na presença de AMPPNP, mas era liberada dos microtúbulos quando o AMPPNP era substituído por ATP e sua hidrólise subsequente em ADP. Os pesquisadores utilizaram essas pistas para purificar a proteína motora.

A cinesina-1 isolada de axônios de lulas gigantes é um dímero de duas cadeias pesadas, cada uma associada com cadeia leve, com peso molecular total de 380.000. A molécula compreende um par de *domínios de cabeças* globulares conectados por um *domínio de ligação* curto flexível a uma longa *haste central* e terminando em um par de pequenos *domínios de cauda*, globulares, que se associam às cadeias leves (Figura 18-18). Cada domínio executa determinada função: o domínio da cabeça se liga aos microtúbulos e ao ATP e é responsável pela atividade motora da cinesina; o domínio de ligação é essencial à

VÍDEO: O movimento de organelas ao longo dos microtúbulos de um axônio de lula

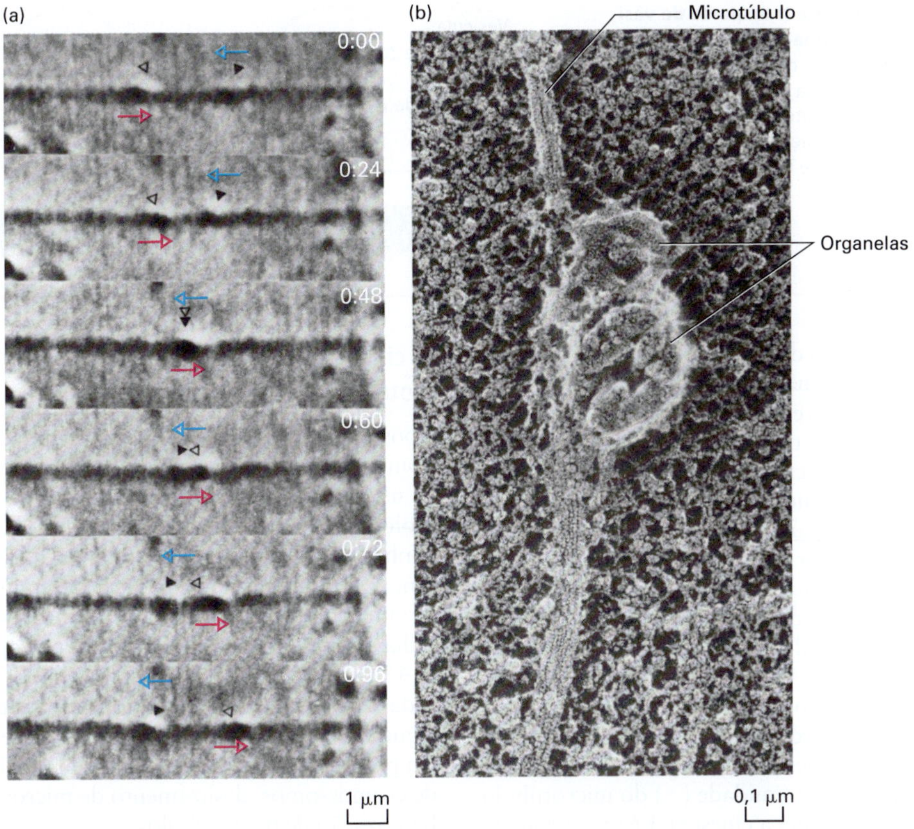

FIGURA EXPERIMENTAL 18-17 A microscopia DIC demonstra o transporte de vesículas com base nos microtúbulos, *in vitro*. (a) O citoplasma de um axônio de lulas gigantes foi espremido com rolo sobre lamínula de vidro. Depois que o tampão contendo ATP foi adicionado à preparação, ela foi observada em um microscópio de contraste de interferência diferencial (DIC), e as imagens foram gravadas em uma fita de vídeo. Nas imagens sequenciais mostradas, as duas organelas indicadas pelos triângulos vazados e pretos se movem em direções opostas (indicadas pelas setas coloridas) ao longo do mesmo filamento, passam uma pela outra e continuam na sua direção original. O tempo transcorrido, em segundos, aparece no canto superior direito de cada quadro de filmagem. (b) Uma região do citoplasma similar àquela mostrada na parte (a) foi liofilizada, tratada com sombreamento rotativo com platina e observada ao microscópio eletrônico. Duas grandes estruturas ligadas a um microtúbulo são visualizadas; essas estruturas, presumidamente, são pequenas vesículas que estavam se movendo ao longo dos microtúbulos no momento em que a preparação foi congelada. (Ver B. J. Schnapp et al., 1985, *Cell* **40**:455; cortesia de B. J. Schnapp, R. D. Vale, M. P. Sheetz e T. S. Reese.)

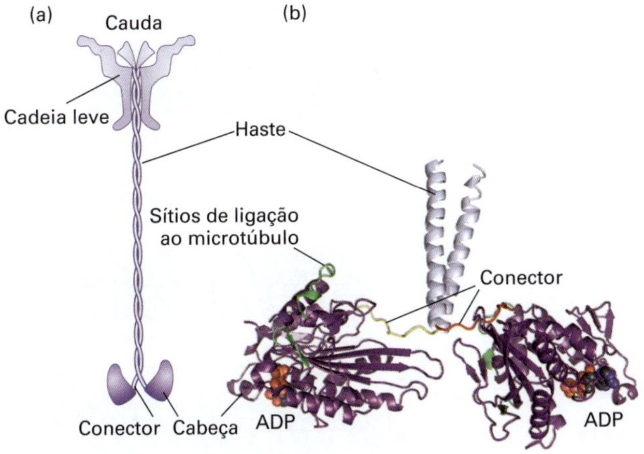

FIGURA 18-18 Estrutura da cinesina-1. (a) Representação da cinesina-1 mostrando suas duas cadeias pesadas interligadas, cada uma com um domínio motor na região da cabeça. Cada cabeça está ligada a uma região α-helicoidal da haste por um domínio flexível de ligação. Duas cadeias leves se associam à cauda da cadeia pesada. (b) Estrutura por raios X das cabeças da cinesina com os sítios de ligação ao microtúbulo e o sítio de ligação ao nucleotídeo indicados (contendo ADP), incluindo os conectores e o início da região da haste. (Parte (a) modificada a partir de R. D. Vale, 2003, *Cell* **112**:467. Parte (b) cortesia de E. Mandelkow e E. M. Mandelkow, adaptada de M. Thormahlen et al., 1998, *J. Struc. Biol.* **122**:30.)

VÍDEO: O transporte de vesículas mediado por cinesina-1, ao longo de microtúbulos *in vitro*

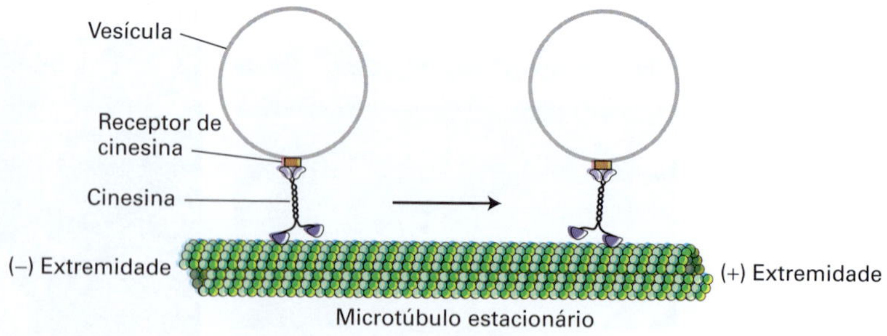

FIGURA 18-19 Modelo do transporte de vesículas catalisado pela cinesina-1. As moléculas de cinesina-1 ligadas a receptores na superfície da vesícula transportam as vesículas da extremidade (–) para a extremidade (+) de um microtúbulo estacionário. O ATP é necessário para o movimento. (Adaptada de R. D. Vale et al., 1985, *Cell* **40**:559; e T. Schroer et al., 1988, *J. Cell Biol.* **107**:1785.)

motilidade para frente; o domínio da haste está envolvido na dimerização das duas cadeias pesadas; e o domínio da cauda é responsável pela ligação a receptores na membrana das estruturas transportadas.

O movimento de vesículas dependente de cinesina-1 pode ser seguido por ensaios de motilidade *in vitro* similares àqueles utilizados para estudar os movimentos dependentes de miosina (ver Figura 17-23). Em certo tipo de experimento, uma vesícula ou esfera plástica coberta com cinesina-1 é adicionada a uma lâmina de vidro junto com uma preparação de microtúbulos estabilizados. Na presença de ATP, as esferas podem ser observadas, ao microscópio, movendo-se ao longo de um microtúbulo em uma direção. Pesquisadores observaram que as esferas cobertas com cinesina-1 sempre se moviam da extremidade (–) para a extremidade (+) do microtúbulo (Figura 18-19). Desse modo, a cinesina-1 é uma proteína motora de microtúbulos orientada para a extremidade (+), e evidências adicionais mostram que ela faz a mediação do transporte axonal anterógrado.

As cinesinas formam uma grande família de proteínas com diversas funções

Após a descoberta da cinesina-1, algumas proteínas com domínios motores similares foram identificadas tanto usando varreduras genéticas quanto abordagens de biologia molecular. Até o momento, existem 14 classes conhecidas de cinesinas nos animais, definidas por apresentar homologia na sequência de aminoácidos com o domínio motor da cinesina-1. As proteínas da superfamília das cinesinas são codificadas por aproximadamente 45 genes no genoma humano. Embora as funções de todas estas proteínas ainda não tenham sido elucidadas, algumas das cinesinas melhor estudadas estão envolvidas em processos como transporte de organelas, de mRNA e de cromossomos, deslizamento de microtúbulos e despolimerização de microtúbulos.

Assim como nas diferentes classes de miosinas motoras, nas várias famílias de cinesina, o domínio motor conservado está fusionado a uma variedade de domínios

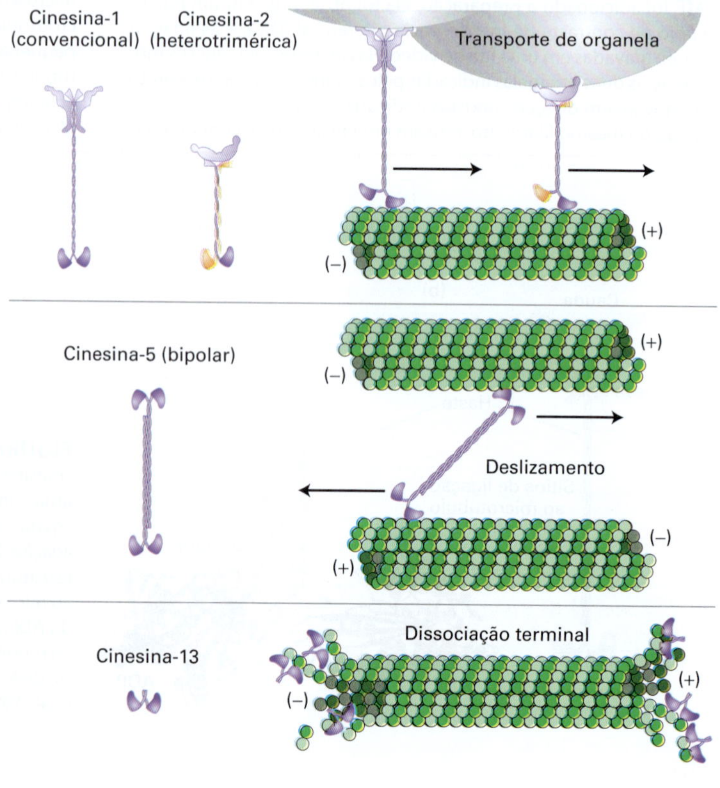

FIGURA 18-20 Estrutura e função de alguns membros da superfamília da cinesina. A cinesina-1, que inclui a cinesina original isolada a partir de axônios de lula é uma proteína motora de microtúbulos direcionados pela extremidade (+), envolvida no transporte de organelas. A família da cinesina-2 tem duas cadeias pesadas diferentes, mas intimamente relacionadas, e uma terceira subunidade de ligação à carga; esta classe também transporta organelas de uma maneira direcionada pela extremidade (+). A família da cinesina-5 tem quatro cadeias pesadas associadas de uma maneira bipolar para interagir com dois microtúbulos antiparalelos e também se mover em direção da extremidade (+). Os membros da família da cinesina-13 têm o domínio motor no meio das suas cadeias pesadas e não têm atividade motora, mas desestabilizam as extremidades dos microtúbulos (ver também Figura 18-15a). Membros adicionais da família das cinesinas são mencionados no texto. Têm sido dados vários nomes diferentes a várias cinesinas diferentes; usa-se a nomenclatura unificada descrita em C. J. Lawrence et al., 2004, *J. Cell Biol.* **167**:19-22. (Diagramas modificados a partir de R.D. Vale, 2003, *Cell* **112**:467.)

não motores classe-específicos (Figura 18-20). Enquanto a cinesina-1 tem cadeias pesadas idênticas e duas cadeias leves idênticas, os membros da família da cinesina-2 (também envolvida no transporte de organelas) têm dois domínios motores de cadeia pesada diferentes, relacionados, e um terceiro polipeptídeo que se associa com a cauda e liga a carga. Membros da família da cinesina-5 bipolar têm quatro cadeias pesadas, formando motores bipolares que podem interligar com microtúbulos antiparalelos e, pelo movimento em direção da extremidade (+) de cada microtúbulo, deslizá-los um pelo outro. Os motores cinesina-14 são a única classe conhecida que se move em direção da extremidade (–) de um microtúbulo; essa classe funciona na mitose. Ainda outro tipo, a família das cinesinas-13, tem duas subunidades, mas com o domínio conservado da cinesina no meio do polipeptídeo. As proteínas cinesina-13 não têm atividade motora, mas relembre que estas são proteínas especiais de hidrólise de ATP que podem estimular a despolimerização das extremidades dos microtúbulos (ver Figura 18-15).

A cinesina-1 é um motor altamente processivo

Como uma cinesina-1 se move pelo microtúbulo? Técnicas de armadilhas ópticas e marcação fluorescente similares àquelas usadas para caracterizar a miosina (ver Figuras 17-28, 17-29 e 17-30) têm sido utilizadas para estudar como a cinesina-1 se move ao longo do microtúbulo e como a hidrólise de ATP é convertida em trabalho mecânico. Tais experimentos mostraram que ela é um motor com bastante processividade – dando centenas de passos ao longo do microtúbulo sem se dissociar. Durante esse processo, a molécula de dupla cabeça dá passos de 8 nm a partir de um dímero de tubulina para o próximo, caminhando pelo mesmo protofilamento no microtúbulo. Isso obriga cada cabeça *individual* a dar passos de 16 nm. As duas cabeças trabalham de maneira muito coordenada de modo que uma está sempre ligada ao microtúbulo.

O ciclo do ATP do movimento da cinesina-1 é mais facilmente compreendido se o ciclo for considerado logo depois de a proteína motora ter dado um passo (Figura 8-21a). Nesse ponto, a proteína motora tem uma cabeça líder livre de nucleotídeo, sob condições em que é fortemente ligada a um dímero de tubulina em um protofilamento, e uma cabeça em arraste ligada a ADP fracamente associada ao protofilamento. O ATP então se liga à cabeça líder (Figura 18-21a, etapa **1**), e essa ligação induz uma alteração na conformação dos domínios de ligação que, em vez de apontar para trás, gira para frente e "ancora" na sua cabeça associada. Esse movimento de balanço resulta na rotação do domínio de ligação para frente e, como ele está ligado à cabeça em arraste, ele balança a cabeça em arraste para a posição que a torna uma cabeça líder (Figura 18-21a, etapa **2**). A nova cabeça líder encontra o próximo sítio de ligação no microtúbulo (Figura 18-21a, etapa **3** e Figura 18-21b). A ligação da cabeça líder ao microtúbulo induz a cabeça líder a liberar ADP enquanto a cabeça em arraste hidrolisa ATP em ADP e P_i, liberando P_i (Figura 18-21a, etapa **4**). Agora o ATP pode se ligar à cabeça líder para repetir o ciclo e permitir que a proteína dê outro passo ao longo do microtúbulo. Duas características desse ciclo asseguram que uma cabeça esteja sempre firmemente ligada ao microtúbulo. Primeiro, o domínio cabeça se liga fortemente ao microtúbulo nos estados de ATP e ADP + P_i livres de nucleotídeo, mas fracamente no estado de ADP. Segundo, as duas cabeças se comunicam – quando a cabeça líder se liga ao microtúbulo e libera ADP, ela é convertida de um estado de ligação fraco para um forte. Essa mensagem é comunicada para a cabeça em arraste ligada a ATP, fortemente associada com o microtúbulo. A cabeça em arraste é estimulada a hidrolisar ATP, liberando P_i e convertendo a um estado de ligação fraco. Como esse ciclo requer que uma cabeça sempre fique firmemente ligada ao dímero de tubulina em um protofilamento, a cinesina-1 pode dar milhares de passos ao longo de um microtúbulo sem se dissociar e, por isso, é extremamente progressiva à medida que se move ao longo do microtúbulo.

Quando a estrutura da cabeça da cinesina foi determinada por raios X, revelou-se uma grande surpresa: o centro catalítico tem a mesma estrutura geral das miosinas (Figura 18-22)! Isso ocorre apesar do fato de não haver conservação da sequência de aminoácidos entre duas proteínas, constituindo um forte argumento de que a evolução convergente gerou por duas vezes um domínio estrutural capaz de utilizar a hidrólise de ATP para gerar trabalho. Além disso, o mesmo tipo de estrutura tridimensional é observado nas proteínas pequenas de ligação a GTP, como Ras, que sofrem alteração na conformação na hidrólise de GTP (ver Figura 15-7).

Os motores de dineína transportam organelas rumo à extremidade (–) dos microtúbulos

Além dos motores de cinesina, que principalmente fazem a mediação do transporte anterógrado de organelas direcionado pela extremidade (+), as células usam outro motor, a *dineína citoplasmática*, para transportar organelas de maneira retrógrada rumo à extremidade (–) dos microtúbulos. Essa proteína motora é muito grande, consistindo em duas subunidades grandes (> 500 kDa), duas intermediárias e duas pequenas. Ela é responsável pelo transporte retrógrado dependente de ATP das organelas em direção das extremidades (–) dos microtúbulos nos axônios, assim como por várias outras funções que serão consideradas nas próximas seções. Comparada com as miosinas e cinesinas, a família das proteínas relacionadas às dineínas não é muito diversa.

Assim como a cinesina-1, a dineína citoplasmática é uma molécula de duas cabeças, dispostas em torno de duas cadeias pesadas idênticas, ou praticamente idênticas. Entretanto, devido ao tamanho enorme do domínio motor, a dineína tem sido menos caracterizada em termos da sua atividade mecanoquímica. Uma única cadeia pesada de dineína consiste em alguns domínios distintos (Figura 18-23). Ela consiste no *tronco*, no qual as outras subunidades de dineína se ligam e que se associam com sua carga pela dinactina (ver a seguir). A próxima parte da cadeia pesada é um *ligador* que, como discutido adiante, exerce importante papel durante a atividade motora de-

RECURSO DE MÍDIA: Movimento da cinesina ao longo de um microtúbulo
ANIMAÇÃO EM FOCO: Ciclo passo a passo da cinesina-microtúbulo

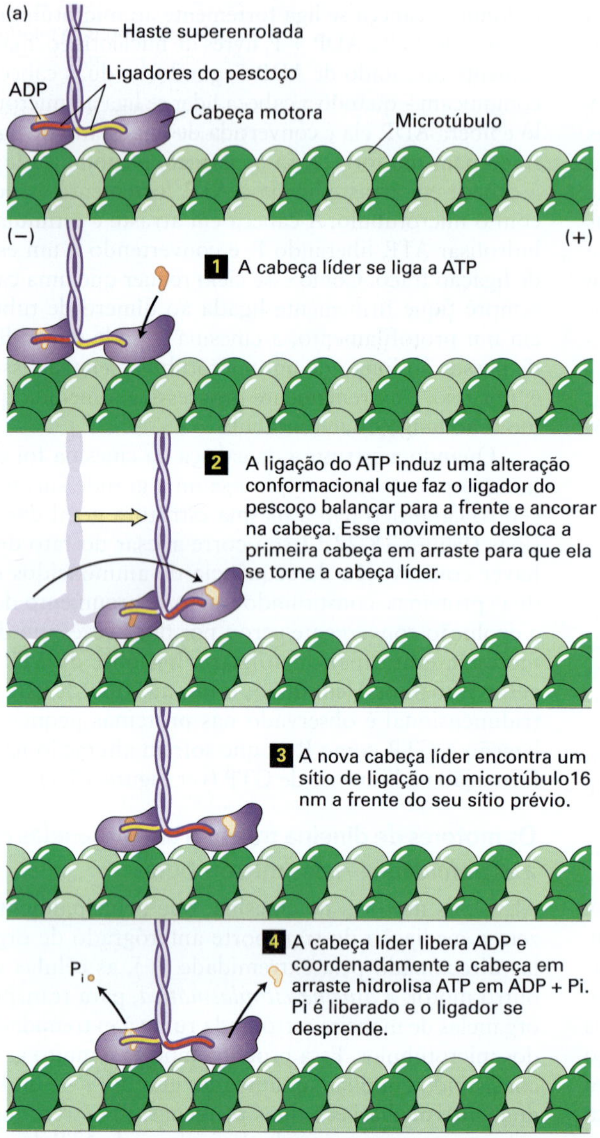

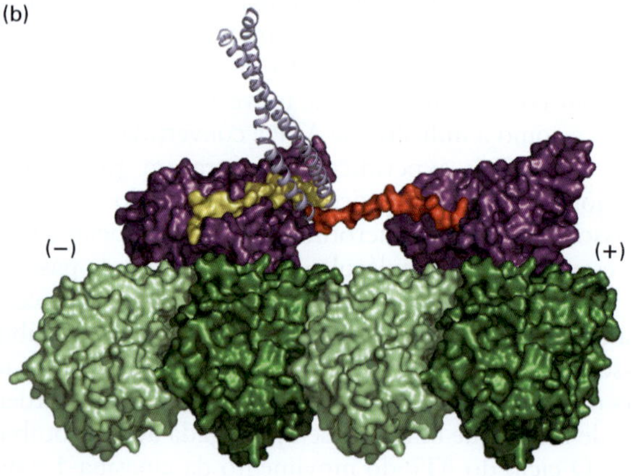

FIGURA 18-21 A cinesina-1 utiliza ATP para "caminhar" pelo microtúbulo. (a) Neste diagrama, as duas cabeças de cinesina são mostradas com domínios ligadores em diferentes cores (amarelo e vermelho) para distingui-los. O início do ciclo na figura é mostrado depois da cinesina ter dado um passo, com a cabeça líder fortemente ligada ao microtúbulo e não ligada por qualquer nucleotídeo, enquanto a cabeça em arraste está fracamente ligada ao microtúbulo e tem um ADP ligado. Então a cabeça líder se liga ao ATP (etapa 1), que induz a alteração conformacional que faz a região de ligação em amarelo balançar para a frente e ancorar no seu domínio cabeça associado, empurrando a cabeça em arraste para frente (etapa 2). A nova cabeça líder agora encontra um sítio de ligação 16 nm à frente no microtúbulo, ao qual ela se liga fracamente (etapa 3). A cabeça líder agora libera ADP e se liga fortemente ao microtúbulo, que induz a cabeça em arraste a hidrolisar ATP em ADP e P_i (etapa 4). P_i é liberado e a cabeça em arraste é convertida a um estado de ligação fraco, e também libera o domínio de ligação ancorado. O ciclo agora se repete por outra etapa. (b) Modelo estrutural de duas cabeças de cinesina (roxo) ligadas a um protofilamento em um microtúbulo. A cabeça em arraste, à esquerda, possui ATP ligado e empurrou a outra cabeça para a posição líder. Observe como o domínio de ligação (amarelo) está ancorado na cabeça em arraste, enquanto o domínio de ligação (vermelho) da cabeça líder ainda está livre. (Parte (a) modificada a partir de R. D. Vale e R. A. Milligan, 2000, *Science* **288**:88. Parte (b) com base em E. P. Sablin e R. J. Fletterick, 2004, *J. Biol. Chem.* **279**:15707-15710.)

pendente de ATP. Grande parte da cadeia pesada compõe a *cabeça* contendo o domínio *AAA ATPase*, consistindo em seis repetições que se organizam em uma estrutura semelhante a uma flor, dentro da qual se encontra a atividade de ATPase. Embebida entre a quarta e quinta repetição de AAA está a *haste*, que forma uma protuberância a partir da estrutura e contém a região de ligação aos microtúbulos. Microscopia eletrônica combinada com ima-

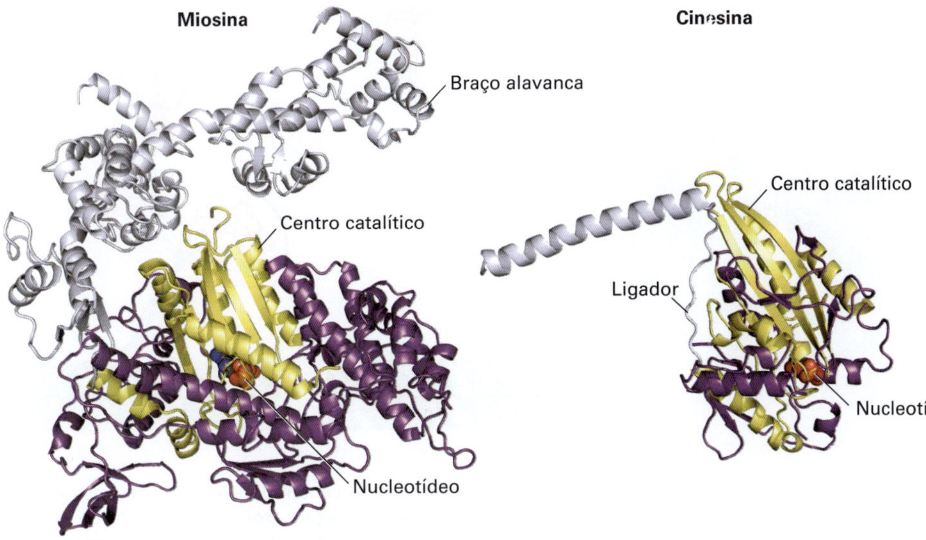

FIGURA 18-22 Evolução estrutural convergente dos centros de ligação ao ATP das cabeças de miosina e cinesina. Os centros catalíticos comuns da miosina e da cinesina são mostrados em amarelo, o nucleotídeo em vermelho, e o braço alavanca (para miosina II) e o domínio de ligação (para cinesina-1) em lilás. (Modificada a partir de R.D. Vale e R.A. Milligan, 2000, *Science* **288**:88.)

gens por raios X recentemente adquiridas da estrutura de uma cadeia pesada da dineína fornecem um vislumbre de como a dineína pode funcionar. Antes de um movimento de força, o tronco é ligado ao ligador que se situa transversalmente ao domínio AAA e se associa com a primeira e a terceira repetições de AAA (Figura 18-24a e b, painéis da esquerda). Com a ligação do ATP e sua hidrólise, o anel AAA altera levemente sua conformação e o domínio de ligação se associa com a primeira e quinta repetições de AAA. Essa alteração na conformação faz a rotação da molécula para aproximar o tronco da haste, resultando no transporte da carga em direção da extremidade (−) do microtúbulo (Figura 18-24a e b, painéis da direita).

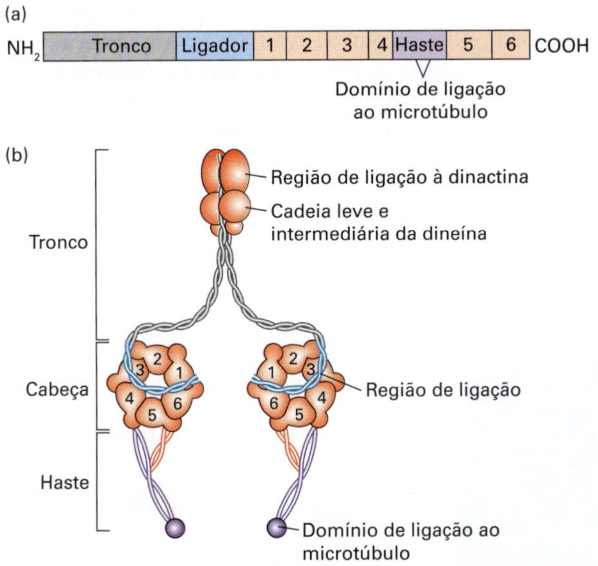

FIGURA 18-23 A estrutura do domínio da dineína citoplasmática. (a) A cadeia pesada da dineína, consistindo em mais de 4.000 resíduos de aminoácidos, tem vários domínios distintos. Após os domínios tronco e de ligação existem seis repetições AAA (numeradas de 1 a 6), com a haste e seu domínio de ligação ao microtúbulo entre as repetições 4 e 5. A proteína termina em um domínio α-helical que dá suporte a haste (b). As seis repetições AAA assumem estrutura semelhante a pétalas de uma flor. Emergindo desta estrutura, está um domínio de haste superenrolado com um sítio de ligação ao microtúbulo, no final. Algumas subunidades adicionais se associam com a região do tronco e ligam a dineína à carga por meio da dinactina. (Modificada a partir de R.D. Vale, 2003, *Cell* **112**:467.)

Ao contrário da cinesina-1, a dineína citoplasmática não pode mediar o transporte de cargas por si só. Em vez disso, o transporte relacionado à dineína geralmente requer *dinactina*, grande complexo proteico que liga a dineína à sua carga e regula sua atividade (Figura 18-25). A dinactina consiste em 11 diferentes tipos de subunidades, funcionalmente organizadas em dois domínios. Um domínio é organizado em torno de oito cópias da proteína Arp1 relacionada à actina, que se organiza em um filamento curto. A extremidade correspondente à extremidade (+) deste filamento é bloqueada por CapZ, a mesma proteína bloqueadora que se liga à extremidade (+) de um filamento de actina (ver Figura 17-12); várias subunidades estão associadas à extremidade (−). Esse domínio contendo Arp1 é responsável pela ligação da carga. O segundo domínio da dinactina consiste em uma longa proteína chamada p150^{Glued}, que contém um sítio de ligação à dineína e também um sítio de ligação a microtúbulo em uma extremidade. Mantendo os dois domínios de dinactina unidos está uma proteína chamada *dinamitina* – assim chamada por dissociar (ou "explodir") os dois domínios quando superexpressada, tornando o complexo não funcional. Essa característica tem sido muito útil experimentalmente, pois permitiu aos pesquisadores identificar processos dependentes de dineína-dinactina, que são interrompidos em células que superexpressam dinamitina. O sítio de ligação ao microtúbulo na dinactina lhe permite permanecer ligada frouxamente ao microtúbulo enquanto a dineína motora se move ao longo do microtúbulo (Figura 18-25c), ajudando o complexo dinactina-dineína a permanecer associado ao microtúbulo. Assim, as principais funções da dinactina são ligar a carga e tornar a dineína mais processiva.

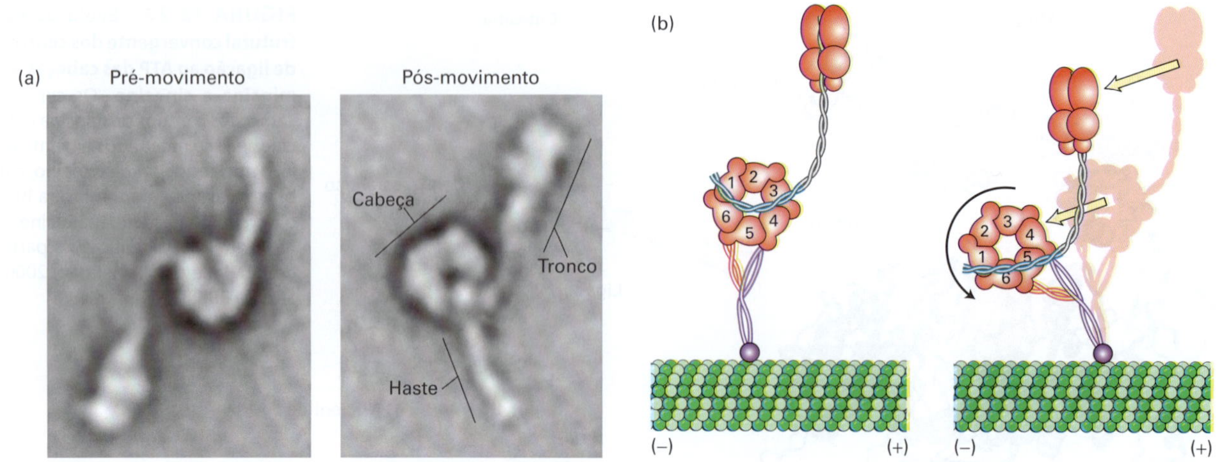

FIGURA 18-24 O movimento de força da dineína. (a) Múltiplas imagens das moléculas de uma cabeça, de dineína purificadas, nos seus estados de pré-movimento e pós-movimento, foram gravadas em um microscópio eletrônico. A imagem à esquerda mostra a dineína no estado ADP+P, que representa o estado pré-movimento, e a imagem à direita mostra um estado pós-movimento livre de nucleotídeo. (b) Uma comparação das imagens, combinadas com dados estruturais recentemente adquiridos, mostra que o mecanismo de geração de força envolve alteração na orientação da cabeça em relação ao tronco, causando movimento da haste de ligação ao microtúbulo. (Parte (a) modificada a partir de S. A. Burgess et al., 2003, *Nature* **421**:715; cortesia de S. A. Burgess. Parte (b) com base na estrutura da dineína em A.P. Carter et al., 2011, *Science* **331**:1159-1165.)

Como a dineína é regulada? Foi observado que a subunidade dinactina p150^{Glued} liga +TIP EB1, permitindo que a dineína seja associada à extremidade (+) em crescimento dos microtúbulos. Por que a dineína se associaria com as extremidades (+) dos microtúbulos se ela é uma proteína motora direcionada pela extremidade (–)? Conforme sugere um trabalho recente, quando a dineína está associada com a extremidade (+) dos microtúbulos por meio da interação dinactina-EB1, ela é mantida em conformação inativa. Quando o microtúbulo em crescimento alcança o córtex celular, a dineína e a dinactina inativas encontram um ativador. Então a dineína se torna ativa, se associando com o córtex e puxando o microtúbulo que a encaminhou para o córtex! Foi mostrado que esse mecanismo auxilia a orientar o fuso mitótico nas leveduras e também se aplica a outras situações.

Além da subunidade reguladora p150^{Glued} da dinactina, existem outros reguladores da atividade de dineína. Um grupo de proteínas, duas das quais são LIS1 e NudE, está envolvido na regulação da atividade da dineína. NudE liga o intermediário da dineína e as cadeias leves à LIS1 (Figura 18-26a). LIS1 então interage com o domínio ATPase da dineína para prolongar o movimento de força, tornando as proteínas motoras mais processivas quando ligadas às suas cargas. Defeitos em LIS1

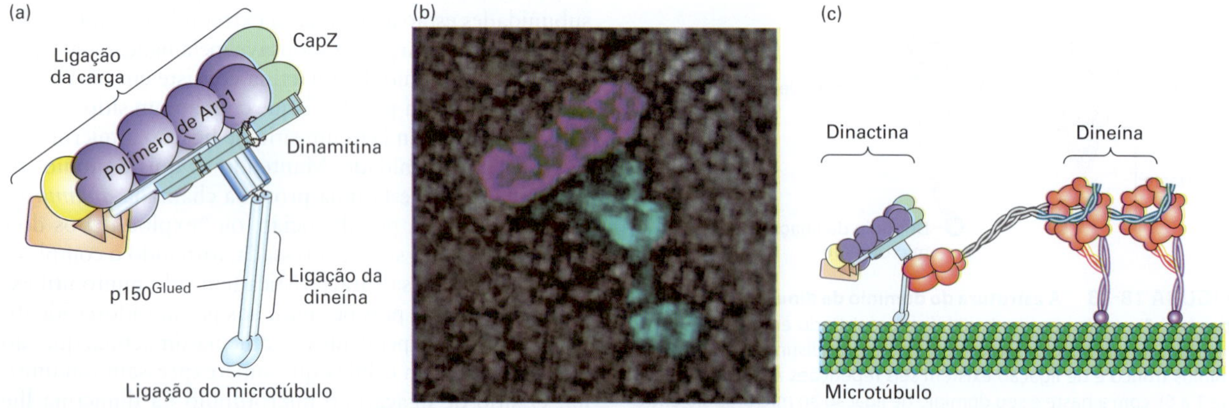

FIGURA 18-25 Um complexo de dinactina ligando a dineína à carga. (a) Um domínio do complexo liga a carga e é organizado em torno de um filamento curto composto por cerca de oito subunidades da proteína Arp1, relacionada à actina, bloqueada por CapZ. Outro domínio consiste na proteína p150^{Glued}, que tem um sítio de ligação ao microtúbulo na sua extremidade distal e também está envolvida no ataque da dineína citoplasmática ao complexo. A dinamatina mantém as duas partes do complexo da dinactina unidos. (b) Micrografia eletrônica de uma réplica de metal do complexo dinactina isolado a partir do cérebro. O minifilamento Arp1 (púrpura) e o braço lateral (verde-azulado) da dinamitina/p150^{Glued} estão destacados. (c) Diagrama de como o complexo dinactina e dineína podem interagir com um microtúbulo. (Parte (a) modificada a partir de T.A. Schroer, 2004, *Annu. Rev. Cell Dev. Biol.* **20**:759. Parte (b) de D.M. Eckley et al, 1999, *J. Cell Biol.* **147**:307.)

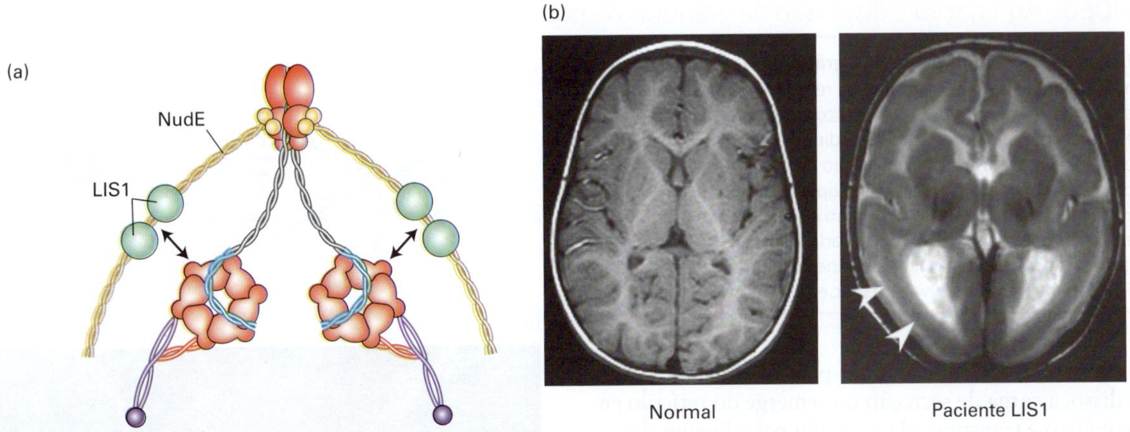

FIGURA EXPERIMENTAL 18-26 A proteína LIS1 regula a dineína e é necessária para o desenvolvimento do cérebro. (a) Modelo de como NudE se associa à dineína para permitir que LIS1 interaja com o domínio de ATPase da cadeia pesada da dineína. (b) Imagens de ressonância magnética (IMRs) de um cérebro normal e de um cérebro de um paciente com a síndrome de Miller-Dieker (lisencefalia), sem a função LIS1. Observe a ausência de enovelamentos no cérebro do paciente afetado. (Parte (a) modificada a partir de McKenny et al., 2010, *Cell* **141**:304-314. Parte (b) de M. Kato and W.B. Dobyns, 2003, *Hum.Mol.Genet.* **12**:R89-R96.)

causam a síndrome fatal lisencefalia de Miller-Dieker (de onde a proteína ganhou seu nome); lisencefalia significa "cérebro liso", uma vez que os enovelamentos corticais e os sulcos estão ausentes nos cérebros de pacientes com essa condição (Figura 18-26b). Mutações em LIS1 resultam em defeitos tanto na mitose neuronal quanto na migração a partir da zona ventricular para a placa cortical no início do desenvolvimento, resultando no fenótipo de cérebro liso e defeitos no desenvolvimento mental, assim como em várias outras anormalidades. ■

Cinesinas e dineínas cooperam no transporte de organelas pela célula

Tanto os membros da família da dineína quanto os da cinesina têm importantes funções na organização dependente de microtúbulos das organelas nas células (Figura 18-27). Como a orientação dos microtúbulos é fixada pelo MTOC, a direção do transporte – rumo ao centro da célula ou se afastando dele – depende da proteína motora. Por exemplo, o aparelho de Golgi se concentra na proximidade do centrossomo, onde estão as extremidades (–) dos

VÍDEO: Transporte de vesículas de secreção ao longo dos microtúbulos
VÍDEO: Transporte de vesículas ao longo dos microtúbulos a partir do retículo endoplasmático para o Golgi

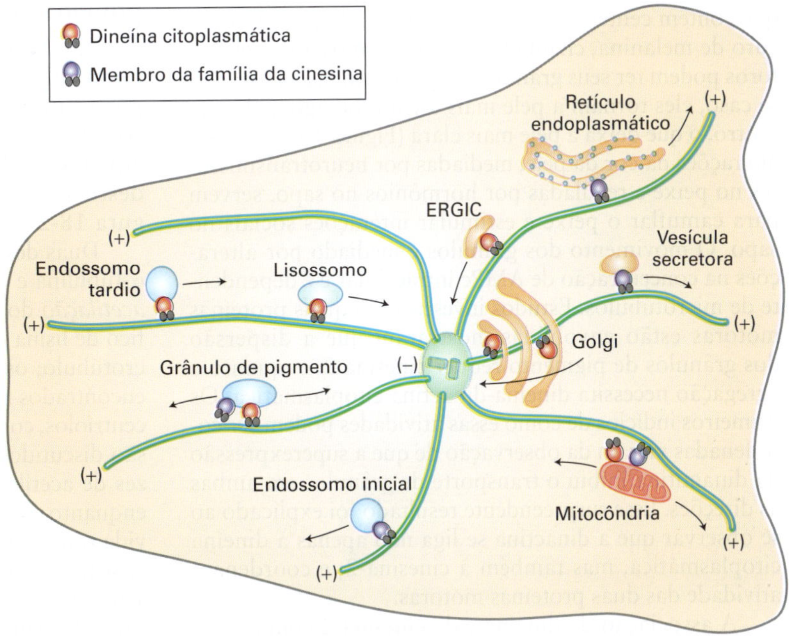

FIGURA 18-27 Transporte de organelas por microtúbulos motores. As dineínas citoplasmáticas (vermelho) fazem a mediação do transporte retrógrado de organelas rumo à extremidade (–) dos microtúbulos (centro da célula); as cinesinas (roxo) fazem a mediação do transporte anterógrado rumo à extremidade (+) (periferia da célula). A maioria das organelas tem uma ou mais proteínas motoras composta por microtúbulos associados a ela. Deve ser notado que a associação dos motores com organelas varia com o tipo celular, assim, algumas destas associações podem não existir em todas as células, enquanto outras não mostradas aqui também existem. (ERGIC = RE até compartimento intermediário do Golgi; do inglês *ER-to-Golgi intermediate compartment*.)

VÍDEO: Agregação e dispersão de grânulos de pigmentos em melanóforos de peixe

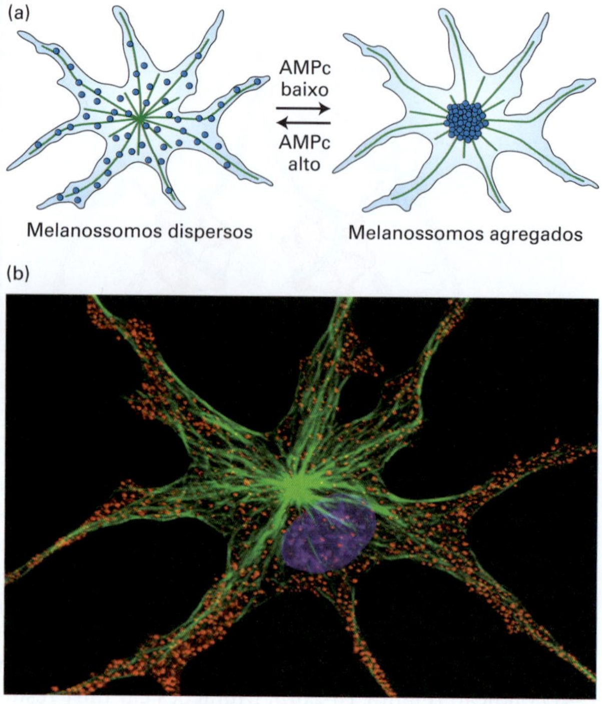

FIGURA 18-28 Movimento dos grânulos de pigmento nos melanóforos de sapo. (a) Diagrama da reorganização dos melanossomos com base em microtúbulos de acordo com o nível de AMPc. Os melanossomos são agregados pela dineína citoplasmática e dispersados pela cinesina-2. (b) Visualização dos melanossomos no estado disperso como visto por microscopia de imunofluorescência para microtúbulos (verde), para o DNA no núcleo (azul) e grânulos de pigmento (vermelho). (Parte (a) modificada a partir de V. Gelfand e S. Rogers, http://www.cellbio.duke.edu/kinesin/Pigment-aggregation.html. Parte (b) de S. Rogers, www.itg.uiuc.edu/exhibits/gallery/)

microtúbulos, e é dirigido até lá pela dineína-dinactina. Além disso, a carga de secreção que emerge do retículo endoplasmático é transportada ao Golgi pela dineína-dinactina. Ao contrário, o retículo endoplasmático está espalhado pelo citoplasma e é transportado até lá pela cinesina-1, que se move rumo às extremidades (+) dos microtúbulos. Algumas organelas da via endocítica estão associadas com a dineína-dinactina, incluindo os endossomos tardios e os lisossomos. Foi mostrado que as cinesinas transportam mitocôndrias, assim como cargas sem membrana, como os mRNAs, específicos, que codificam proteínas e precisam ser localizados durante o desenvolvimento.

Foi visto como a cinesina-1 transporta organelas de maneira anterógrada pelos axônios. O que acontece com a proteína motora quando chega ao final do axônio? Ela é trazida de volta de maneira retrógrada nas organelas transportadas pela dineína citoplasmática. Dessa forma, a cinesina-1 e a dineína podem se associar com a mesma organela e deve haver um mecanismo que desliga uma delas enquanto ativa a outra, embora tais mecanismos ainda não sejam completamente compreendidos.

Muito do que se sabe sobre a regulação do transporte de organelas com base nos microtúbulos provêm de estudos usando melanóforos de peixe (p. ex., peixe-anjo) ou sapo. Os melanóforos são células da pele de vertebrados que contêm centenas de grânulos, cheios do pigmento escuro de melanina, chamados melanossomos. Os melanóforos podem ter seus grânulos de pigmento dispersos; nesse caso, eles tornam a pele mais escura, ou agregados no centro, o que deixa a pele mais clara (Figura 18-28). Essas alterações na cor da pele, mediadas por neurotransmissores no peixe e reguladas por hormônios no sapo, servem para camuflar o peixe e estimular interações sociais no sapo. O movimento dos grânulos é mediado por alterações na concentração de AMPc intracelular e é dependente de microtúbulos. Estudos investigando quais proteínas motoras estão envolvidas mostraram que a dispersão dos grânulos de pigmento requer cinesina-2, enquanto a agregação necessita dineína-dinactina citoplasmática. Os primeiros indícios de como essas atividades podem ser coordenadas vieram da observação de que a superexpressão da dinamitina inibiu o transporte de grânulos em ambas as direções. Esse surpreendente resultado foi explicado ao se observar que a dinactina se liga não apenas à dineína citoplasmática, mas também à cinesina-2, e coordena a atividade das duas proteínas motoras.

A associação da dineína e da cinesina-2 com a mesma organela não está limitada aos melanossomos; recentemente, sugeriu-se que essas proteínas motoras podem cooperar para localizar de forma apropriada endossomos tardios/lisossomos e mitocôndrias em algumas células. Por isso, o conceito de que organelas podem ter várias proteínas motoras distintas associadas a elas não é uma exceção, mas um tema emergente.

As modificações da tubulina distinguem os diferentes microtúbulos e sua acessibilidade às proteínas motoras

A estabilidade e as funções das diferentes classes de microtúbulos são influenciadas pelas modificações pós-traducionais. Embora múltiplos tipos de modificações tenham sido detectados, a discussão será restrita àquelas melhor compreendidas: acetilação da lisina, destirosinação, poliglutamilação e poliglicilação (Figura 18-29a) e suas consequências funcionais.

Duas dessas modificações são apenas encontradas na α-tubulina e estão ausentes na β-tubulina. A primeira é a *acetilação* do grupamento ε-amino de um resíduo específico de lisina da α-tubulina que se encontra dentro do microtúbulo; os microtúbulos com essa lisina acetilada são encontrados nas estruturas estáveis de microtúbulos como centríolos, corpos basais e cílios primários (cílios primários são discutidos na Seção 18.5). De fato, as células incapazes de acetilar tubulina têm cílios primários defeituosos, enquanto as células onde a acetilação não pode ser removida resultam em cílios primários particularmente estáveis. A segunda modificação da α-tubulina está relacionada a sua tirosina C-terminal. Essa tirosina pode ser especificamente removida por uma carboxipeptidase que é ativa apenas quando ligada à superfície dos microtúbulos, onde

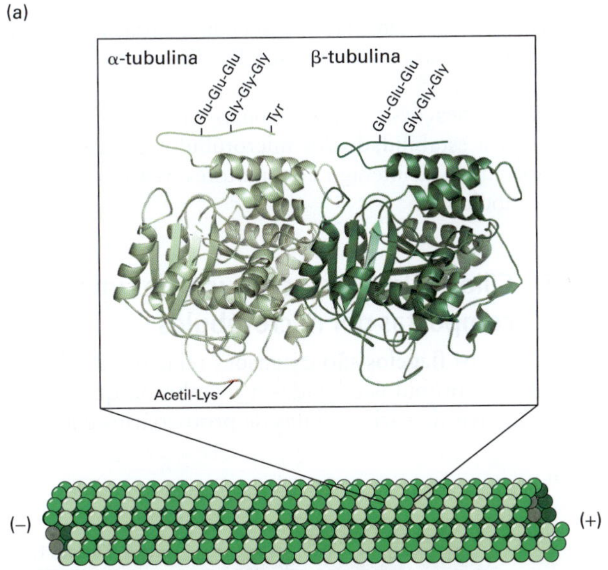

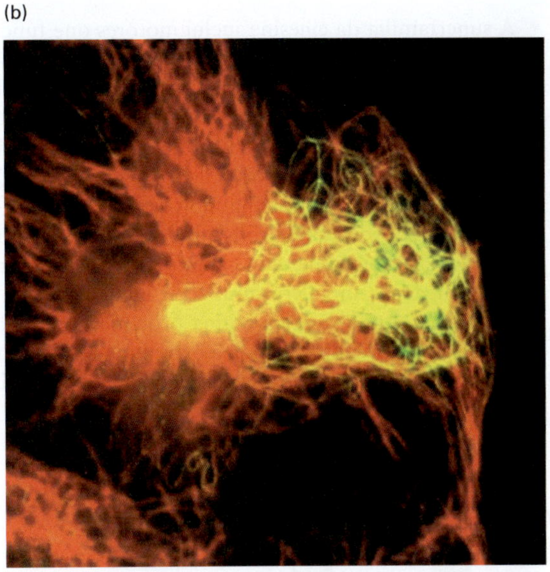

FIGURA EXPERIMENTAL 18-29 Modificações pós-traducionais da tubulina afetam a estabilidade e função dos microtúbulos. (a) Estrutura da α- e β-tubulina mostrando os sítios de acetilação da lisina na superfície interna do microtúbulo, e poliglutaminação, poliglicilação e destirosinação na superfície externa. Acredita-se que a poliglutaminação e a poliglicilação sejam mutuamente exclusivas, de modo a não ocorrer normalmente ao mesmo tempo. (b) Microtúbulos destirosinados estão orientados preferencialmente em direção à borda anterior de uma célula migratória. Uma célula migrando para a direita é corada para os microtúbulos totais (vermelho) e microtúbulos destirosinados (verde). O combinado resultante mostra que os microtúbulos destirosinados se concentram na região dianteira da célula, em amarelo, que consiste na combinação de vermelho e verde. ((a) Modificada a partir de J. W. Hamond, D. Cai e K. J. Verhey, 2008, *Curr. Opin. Cell Biol.* **20**:71-76. (b) Cortesia de Greg Gundersen.)

ela remove de maneira sequencial as tirosinas C-terminais das subunidades de α-tubulina. Esses microtúbulos com as tirosinas removidas (*destirosinados*) são mais estáveis, uma vez que são mais resistentes a despolimerização pela família da cinesina-13 de despolimerizadores. Além disso, nas células migratórias, esses microtúbulos mais estáveis geralmente são orientados em direção da parte frontal da célula. Quando um microtúbulo estável despolimeriza, a subunidade de α-tubulina do dímero αβ tem a tirosina C-terminal adicionada por uma tirosina ligase que atua apenas na tubulina solúvel, e agora o dímero de αβ-tubulina pode ser usado para um novo microtúbulo.

As regiões C-terminais da α- e β-tubulina são muito ricas em resíduos de ácido glutâmico e enzimas específicas podem modificar esses resíduos. De novo, essas modificações ocorrem somente após a polimerização do microtúbulo. As caudas podem ser modificadas pela *poliglutaminação*, onde uma cadeia de resíduos de ácido glutâmico é ligada a um resíduo de ácido específico de glutamato, ou submetida à poliglicinação, onde uma cadeia de resíduos de glicina é adicionada a um resíduo de ácido glutâmico diferente. Atualmente, acredita-se que essas duas modificações possam ser mutuamente exclusivas, de modo que se a subunidade de tubulina é modificada por poliglicinação, ela fica protegida da poliglutaminação, e vice-versa. Assim como as outras modificações, a poliglutaminação pode estimular a estabilidade do microtúbulo.

Essas modificações pós-traducionais da tubulina afetam não só a estabilidade dos microtúbulos, mas também a capacidade das proteínas motoras moleculares em interagir com os microtúbulos (Figura 18-29b). A cinesina-1 se associa preferencialmente com microtúbulos destirosinados e acetilados, o que pode ser importante no recrutamento dessas proteínas motoras para o transporte axonal nos neurônios. Como mencionado na Figura 18-5e, os neurônios têm diferentes organizações de microtúbulos em seus dendritos e axônios. Os microtúbulos no axônio são estabilizados pela acetilação e destirosinação, e isso permite que a cinesina-1 se associe preferencialmente a eles para o transporte axonal. A poliglutaminação exerce um papel fundamental nos cílios e flagelos em batimento, os quais serão discutidos na próxima seção.

A pesquisa que elucida os efeitos das modificações pós-traducionais da tubulina na função dos microtúbulos e proteínas motoras com base microtúbulos é muito recente; pode-se esperar estudos futuros para revelar múltiplos "códigos" de diferenciação das diferentes classes de microtúbulos e que os especializem em funções específicas.

CONCEITOS-CHAVE da Seção 18.4

Cinesinas e dineínas: proteínas motoras compostas por microtúbulos

- A cinesina-1 é uma proteína motora dependente de ATP direcionada pela extremidade (+) do microtúbulo, que transporta organelas ligadas à membrana (ver Figura 18-19).
- A cinesina-1 consiste em duas cadeias pesadas, cada uma com um domínio motor N-terminal, e duas cadeias leves que se associam com a carga (ver Figura 18-18).

- A superfamília da cinesina inclui motores que funcionam nas células em interfase e em mitose, transportando organelas e deslizando microtúbulos antiparalelos um pelo outro. A superfamília inclui uma classe, cinesina-13, que não tem mobilidade, mas desestabiliza as extremidades dos microtúbulos (ver Figura 18-20).
- A cinesina-1 é uma proteína motora bastante processiva, pois coordena a hidrólise de ATP entre suas duas cabeças de modo que uma cabeça está sempre firmemente ligada a um microtúbulo (ver Figura 18-21).
- A dineína citoplasmática é uma proteína motora dependente de ATP direcionada à extremidade (–) do microtúbulo, que se associa com o complexo dinactina para transportar carga (ver Figura 18-25).
- As cinesinas e dineínas se associam a várias organelas diferentes para organizar sua localização nas células (ver Figura 18-27).
- As modificações pós-traducionais da tubulina podem afetar a estabilidade dos microtúbulos e regular sua capacidade de interagir com motores baseados em microtúbulos.

18.5 Cílios e flagelos: estruturas de superfície compostas por microtúbulos

Os **cílios** e os **flagelos** são extensões relacionadas baseadas em microtúbulos e ligadas à membrana que se projetam a partir de várias células de protozoários e a partir

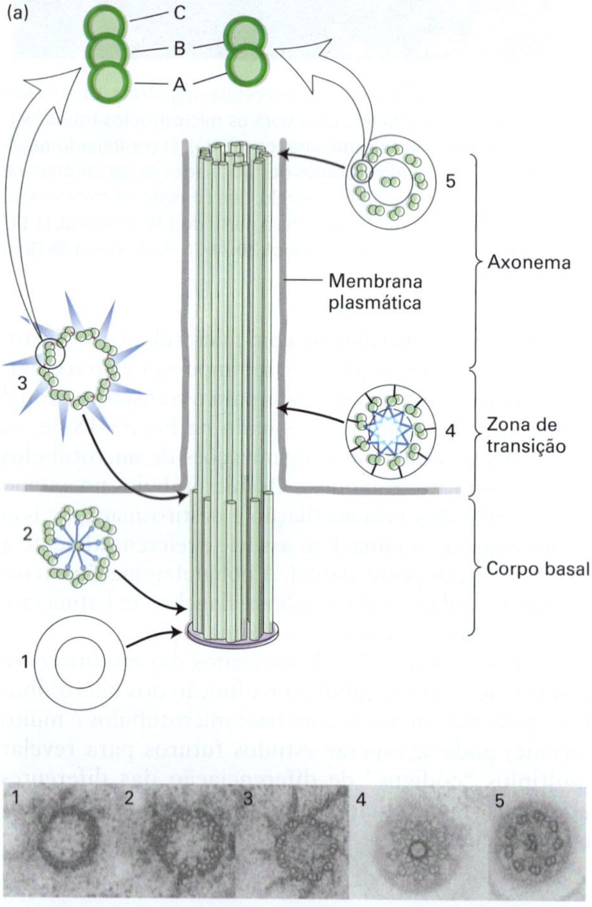

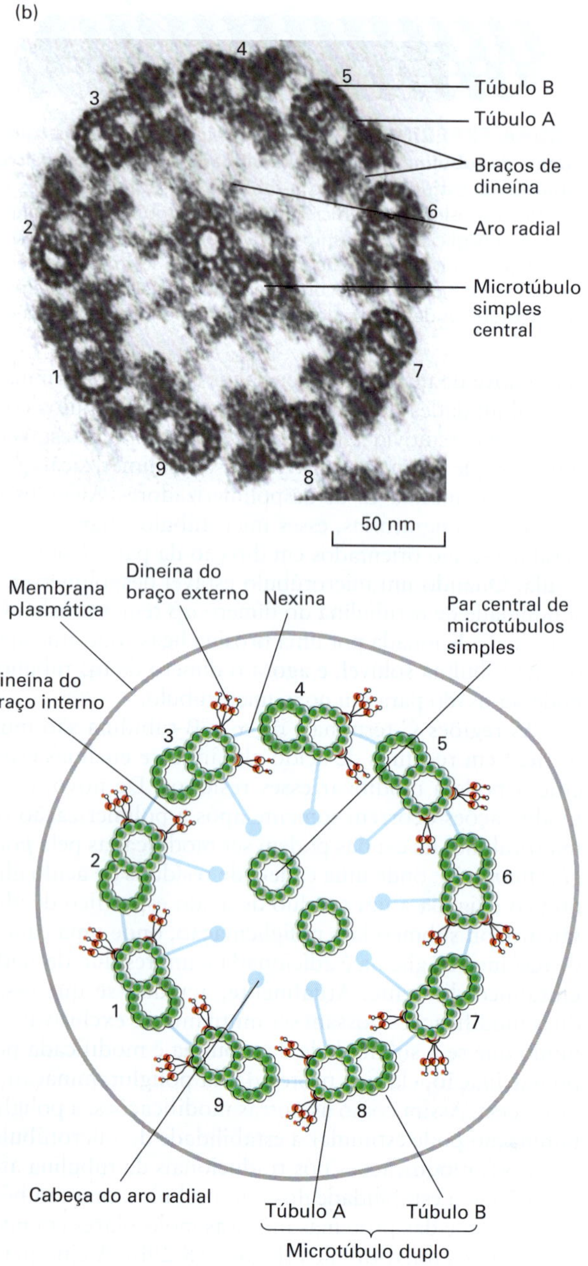

FIGURA 18-30 **Organização estrutural dos cílios e flagelos.** (a) Os cílios e flagelos são polimerizados a partir de um corpo basal, estrutura formada em torno de nove microtúbulos triplos ligados. Em continuidade com os microtúbulos A e B do corpo basal estão os túbulos A e B do axonema, o centro do cílio ou flagelo ligado à membrana. Entre o corpo basal e o axonema está a zona de transição. O diagrama e o corte transversal do corpo basal, zona de transição e do axonema mostram suas estruturas intrincadas. (b) Corte fino de uma secção transversal de um cílio (com a membrana plasmática removida) com um diagrama para mostrar a identidade das estruturas. (Parte (a) modificada a partir de S. K. Dutcher, 2001, *Curr. Opin. Cell Biol.* **13**:49-54; cortesia de S. Dutcher. Parte (b) cortesia de L. Tilney.)

da maioria das células animais. Cílios amplamente móveis são encontrados na superfície de epitélios específicos, como aqueles que revestem a traqueia, onde batem de maneira ondulada e orquestrada para mover líquidos. Flagelos de células animais, mais longos do que os cílios, têm estrutura muito similar e podem impulsionar uma célula, como o espermatozoide, por meio de líquidos. Os cílios e flagelos contêm várias proteínas motoras diferentes baseadas em microtúbulos: as dineínas do axonema são responsáveis pelo batimento dos flagelos e cílios, enquanto a cinesina-2 e a dineína citoplasmática são responsáveis pela polimerização e renovação dos flagelos e cílios.

Os cílios e flagelos de eucariotos contêm microtúbulos duplos longos conectados por motores de dineína

Os cílios e flagelos variam em comprimento, de poucos micrômetros até mais de 2 mm em alguns flagelos de espermatozoides de insetos. Estas estruturas possuem um feixe central de microtúbulos, chamado de **axonema**, que consiste em um arranjo "9 + 2" de nove microtúbulos duplos cercando um par central de microtúbulos simples, todavia distintos ultraestruturalmente (Figura 18-30a, b). Cada uma das nove duplas externas consiste em um microtúbulo A com 13 protofilamentos e um microtúbulo B com 10 protofilamentos (ver Figura 18-4). Todos os microtúbulos em cílios e flagelos têm a mesma polaridade: as extremidades (+) estão localizadas na ponta distal. No ponto de ligação na célula, o axonema conecta com o **corpo basal**, estrutura intrincada contendo nove microtúbulos triplos (ver Figura 18-30a).

A estrutura do axonema é unida por três grupos de interligações proteicas (ver Figura 18-30b). Os dois microtúbulos simples centrais estão conectados por pontes periódicas, como degraus em uma escada. Um segundo grupo de ligantes, composto pela proteína *nexina*, une microtúbulos duplos externos adjacentes. Os *aros radiais* se projetam de cada túbulo A das duplas externas em direção ao par central.

A principal proteína motora presente nos cílios e flagelos é a *dineína do axonema*, grande proteína de múltiplas subunidades relacionada à dineína citoplasmática. Duas fileiras das proteínas motoras dineínas estão ligadas periodicamente ao longo de cada túbulo A dos microtúbulos duplos externos; são chamadas de dineínas do *braço interno* e do *braço externo* (ver Figura 18-30b). São esses motores de dineína interagindo com o túbulo B na dupla adjacente que produzem o batimento dos cílios e flagelos.

Os batimentos ciliares e flagelares são produzidos pelo deslizamento controlado dos microtúbulos duplos externos

Os cílios e flagelos são estruturas com motilidade, pois a ativação da proteína motora dineína do axonema induz sua curvatura. Um exame mais detalhado dessa motilidade usando vídeo microscopia revela que uma curvatura inicia na base de um cílio ou flagelo e então se pro-

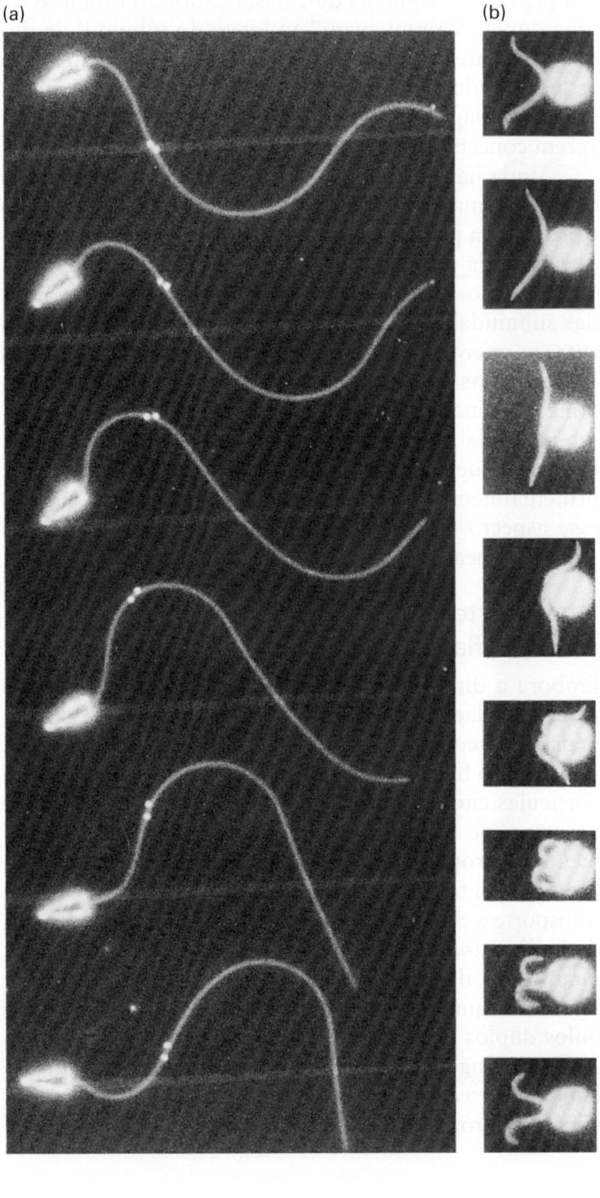

FIGURA EXPERIMENTAL 18-31 A videomicroscopia mostra os movimentos flagelares que impulsionam os espermatozoides e *Chlamydomonas* à frente. Nos dois casos, as células estão se movendo para a esquerda. (a) No flagelo típico do espermatozoide, sucessivas ondulações se originam na base e são propagadas em direção à ponta; essas ondas empurram o espermatozóide contra a água e impulsionam a célula para a frente. Capturada nesta sequência de múltiplas exposições, uma curvatura na base do espermatozoide no primeiro quadro (*topo*) se moveu distalmente até a metade do caminho ao longo do flagelo, no último quadro. Um par de esferas de ouro é visto sobre o flagelo se afastando por deslizamento à medida que a curvatura se move pela sua região. (b) O batimento dos dois flagelos na *Chlamydomonas* ocorre em duas etapas, chamadas de *braçada efetiva* (três quadros superiores) e *braçada de recuperação* (demais quadros). A braçada efetiva puxa o organismo na água. Durante a braçada de recuperação, uma onda diferente de curvaturas se move para fora a partir da base do flagelo, empurrando o flagelo ao longo da superfície da célula, até que ele alcance a posição para iniciar outra braçada efetiva. O batimento normalmente ocorre 5 a 10 vezes por segundo. (Parte (a) de C. Brokaw, 1991, *J. Cell Biol.* **114(6)**: fotografia da capa; cortesia de C. Brokaw. Parte (b) cortesia de S. Goldstein.)

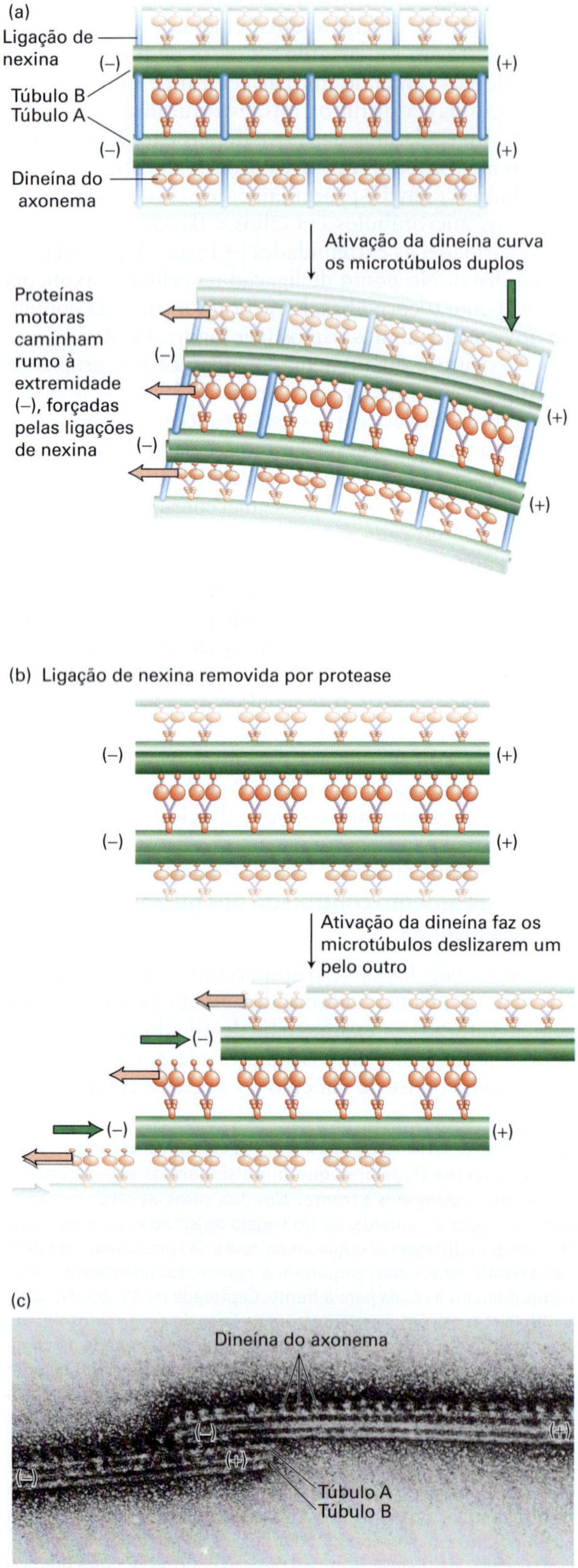

FIGURA 18-32 Curvatura dos cílios e flagelos mediada pela dineína do axonema. (a) Dineína do axonema ligada a um túbulo A de um duplo externo se puxa sobre o túbulo B de um túbulo adjacente tentando se mover para a extremidade (−). Como os túbulos adjacentes estão presos pela nexina, a força gerada pela dineína causa uma curvatura nos cílios e flagelos. (b) Evidência experimental para o modelo em (a). Quando as ligações de nexina são clivadas por proteases e ATP é adicionado para induzir a atividade de dineína, os microtúbulos duplos deslizam um pelo outro. (c) Micrografia eletrônica de dois microtúbulos duplos em um axonema tratado com protease e incubado com ATP. Na ausência das proteínas de interligação, os pares de microtúbulos deslizam excessivamente. Os braços de dineína podem ser vistos se projetando dos túbulos A e interagindo com os túbulos B do par de microtúbulos da esquerda. (Parte (a) cortesia de Wallace Marshall; parte (c) cortesia de P. Satir.)

paga ao longo da estrutura (Figura 18-31). Uma pista de como isso ocorre surgiu a partir de estudos de axonemas isolados. Em experimentos clássicos, os axonemas foram tratados gentilmente com uma protease que cliva perto da ligação da nexina. Quando ATP foi adicionado aos axonemas tratados, os microtúbulos duplos deslizavam um pelo outro como as dineínas, ligados ao túbulo A de uma dupla, "caminhavam" ao longo do túbulo B da dupla adjacente (Figura 18-32b, c). Em um axonema com as ligações de nexina intactas, a ação da dineína induz a curvatura flagelar enquanto os microtúbulos duplos estiverem conectados um ao outro (Figura 18-32a).

Ainda não se compreende como subgrupos específicos de dineína são ativados e como uma onda de ativação é propagada pelo axonema, mas as modificações pós-traducionais da tubulina podem ter uma função. Relembre-se da Seção 18.4 que as modificações pós-traducionais das subunidades de tubulina podem afetar as interações entre os microtúbulos e as proteínas motoras. Os túbulos B das duplas externas do axonema frequentemente são poliglutaminadas, e essa modificação afeta fortemente a interação da dineína do braço interno com o túbulo B. Uma vez que a dineína motora do braço interno afeta principalmente a forma da onda do batimento ciliar, é esse aspecto da função ciliar que é comprometido nos mutantes incapazes de sofrer a poliglutamilação.

O transporte intraflagelar move material ao longo de cílios e flagelos

Embora a dineína do axonema esteja envolvida na curvatura do flagelo, outro tipo de motilidade foi observada mais recentemente. O exame cuidadoso dos flagelos na alga verde biflagelada *Chlamydomonas reinhardtii* revelou partículas citoplasmáticas se movendo a uma velocidade constante de ~2,5 μm/s rumo à ponta do flagelo (movimento anterógrado) e outras partículas se movendo a ~4 μm/s da ponta para a base (movimento retrógrado). Esse transporte é conhecido como **transporte intraflagelar** (*IFT*, do inglês *intraflagellar transport*) e ocorre tanto nos cílios quanto nos flagelos. As microscopias óptica e eletrônica revelaram que as partículas se movem entre os microtúbulos duplos externos e a membrana plasmática (Figura 18-33). A análise de mutantes de algas demonstraram que o movimento anterógrado é gerado pela cinesina-2 e o movimento retrógrado é gerado pela dineína citoplasmática.

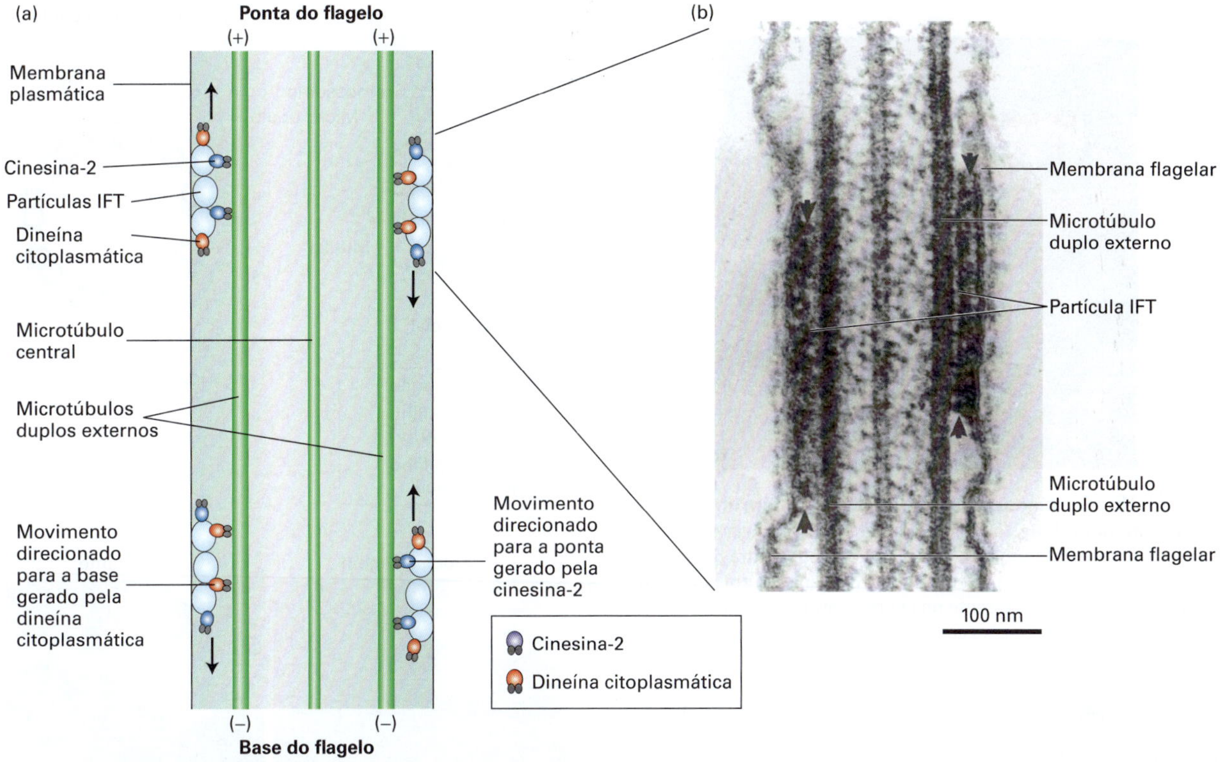

FIGURA 18-33 Transporte intraflagelar. (a) Partículas são transportadas entre a membrana plasmática e os microtúbulos duplos externos. O transporte de partículas para a ponta é dependente da cinesina-2, enquanto o transporte em direção da base é mediado pela dineína citoplasmática. (b) Micrografia eletrônica de secção fina mostra as partículas IFT em um corte do flagelo de *Chlamydomonas*. (Parte (b) de J.L. Rosenbaum e G.B. Witman, 2003, *Nature Rev.Mol.Cell Biol.* **3**:813-825.)

As partículas do IFT anterógrado e retrógrado transportadas no flagelo de *Chlamydomonas* foram isoladas e sua composição foi determinada. Elas consistem em dois complexos proteicos distintos, chamados complexo IFT A e complexo IFT B. Pela análise dos fenótipos das células com mutações que afetam os complexos A ou B, foi observado que o complexo B é necessário para o transporte IFT anterógrado, enquanto o complexo A é importante para o IFT retrógrado. Apesar dessa segregação de função, ambos os complexos são transportados em ambas as direções. Todos os componentes das partículas IFT têm homólogos nos organismos contendo cílios, como os nematódeos, mosca-da-frutas, camundongos e humanos, mas essas partículas estão ausentes do genoma de leveduras e plantas sem cílios, sugerindo que elas sejam específicas para IFT.

Qual é a função do IFT? Como todos os microtúbulos têm suas extremidades de crescimento (+) na ponta do flagelo, este é o sítio no qual novas subunidades de tubulina e proteínas estruturais flagelares são adicionadas. Além disso, até mesmo nas células com flagelo de comprimento uniforme, os microtúbulos estão se renovando, com a polimerização e a dissociação ocorrendo nas pontas dos flagelos. Nas células sem cinesina-2, o flagelo encolhe, sugerindo que IFT conduz material novo até a ponta para o crescimento. Como o IFT é um processo que ocorre continuamente, o que ocorre com as moléculas de cinesina-2 quando elas chegam à ponta, e de onde as proteínas motoras dineínas vêm para transportar as partículas de forma retrógrada? Surpreendentemente, a dineína é carregada até a ponta como carga nas partículas de movimento anterógrado, movidas pela cinesina-2, e então a cinesina 2 torna-se carga à medida que as partículas são transportadas de volta para a base pela dineína.

Os cílios primários são organelas sensoriais nas células em interfase

Várias células de vertebrados contêm um cílio solitário sem motilidade, conhecido como **cílio primário.** O cílio primário é uma estrutura estável muito mais resistente a fármacos como a colchicina, que dissocia a maioria dos microtúbulos; após um tratamento com colchicina, os únicos microtúbulos remanescentes são encontrados nos centríolos e no cílio primário (ver Figura 18-12). Além disso, a tubulina no cílio primário é bastante acetilada, de forma que o uso de anticorpos que reconhecem especificamente a α-tubulina acetilada prontamente identifica o cílio primário único em cada célula em interfase (Figura 18-34a).

Células diferenciadas e células em divisão durante a interfase contêm o cílio primário e, nas células em divisão, a presença do cílio está ligada ao ciclo de duplicação dos centríolos (discutido na Seção 18.6), com o centríolo "mais antigo" funcionando como corpo basal para a formação do cílio (Figura 18-34b).

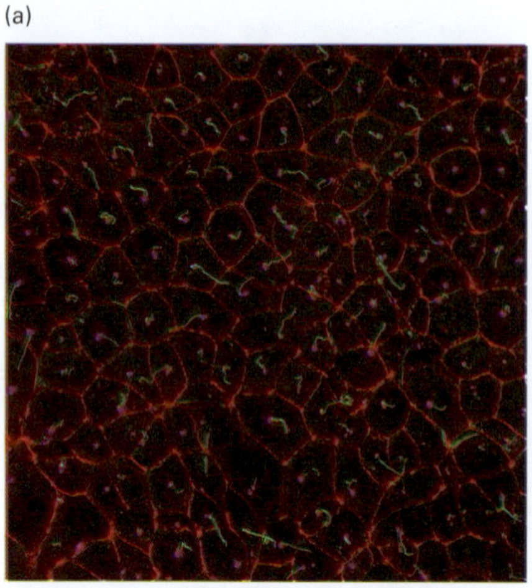

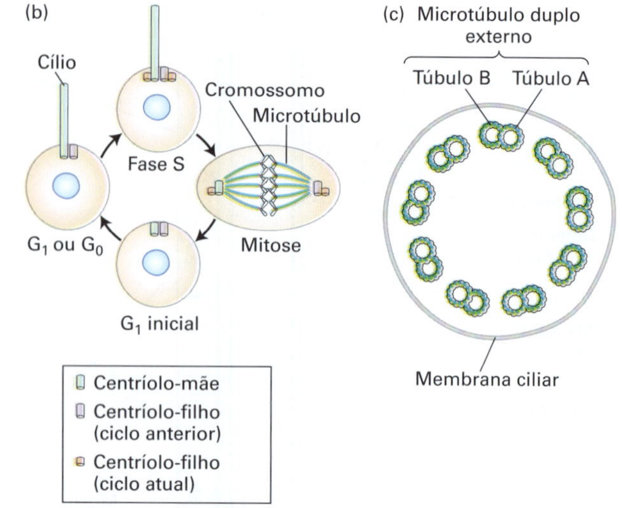

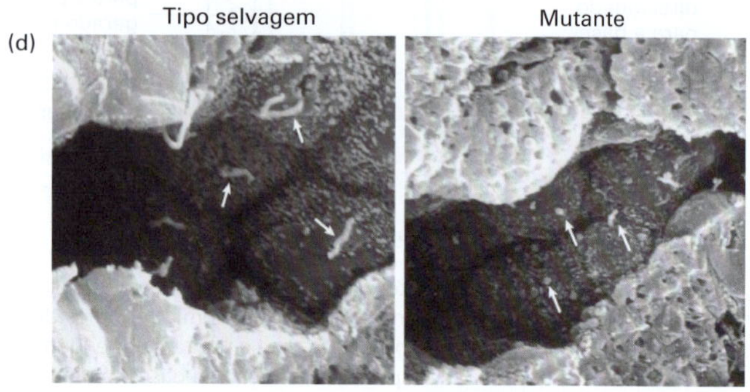

FIGURA 18-34 Muitas células na interfase contêm um cílio primário sem motilidade. (a) Micrografia de fluorescência de células epiteliais de camundongo coradas com anticorpos contra α-tubulina acetilada (verde), que está presente no cílio primário; contra pericentrina (magenta), que está presente no centrossomo; e contra ZO-1 (vermelho), que marca as junções compactas que circundam cada célula. (b) Diagrama representando como a presença do cílio primário está ligada aos centríolos, com um servindo de corpo basal. (c) Diagrama representando a secção de um cílio primário sem motilidade, mostrando a ausência do par central de microtúbulos e os braços de dineína típicos dos cílios e flagelos com motilidade. (d) Micrografias eletrônicas de varredura das células epiteliais de um túbulo coletor do rim de um camundongo do tipo selvagem (*esquerda*) e um camundongo mutante defectivo em um componente das partículas IFT. As setas apontam para os cílios primários que são protuberâncias curtas no camundongo mutante. ((a) Cortesia de Wallace Marshall. (b e c) Modificada a partir de H. Ishikawa e W. F. Marshall, 2001, *Nature Rev. Mol. Cell Biol.* **12**:222-234. (d) De G. Pazour et al., 2000, *J. Cell Biol.* **151**:709-718.)

O cílio primário não tem motilidade, pois não tem o par central de microtúbulos e os braços laterais de dineína (Figura 18-34c). Um trabalho recente levou à descoberta de que esse cílio primário é uma organela sensorial, atuando como "antena" da célula por meio da detecção de sinais extracelulares. Por exemplo, o sentido do odor se deve à ligação de odorantes por receptores locais do cílio primário dos neurônios sensoriais olfatórios no nariz (ver Capítulo 22). Em outro exemplo, as células bastão e cone dos olhos têm um cílio primário com ponta bem maior para acomodar as proteínas envolvidas na fotorrecepção. A proteína retinal opsina se move pelo cílio a cerca de 2.000 moléculas por minuto, transportada pela cinesina-2 como parte do sistema IFT. Os defeitos nesse transporte causam a degeneração da retina.

Defeitos no cílio primário são responsáveis por várias doenças

Por vários anos, a existência e a função do cílio primário foram ignoradas. Entretanto, essa situação mudou drasticamente durante a última década, quando foi percebido que os defeitos no transporte intraflagelar resultam na perda do cílio primário em camundongos (Figura 18-34d), e doenças foram rastreadas até os defeitos no cílio primário e IFT. Um dos primeiros indícios veio da descoberta de que a perda do homólogo mamífero de uma proteína IFT de *Chlamydomonas* resulta em defeitos no cílio primário e causa a doença autossômica dominante do rim policístico (ADPKD, do inglês *autosomal dominant polycystic kidney disease*). Acredita-se que o cílio primário nas células epiteliais dos túbulos coletores dos rins atue como sensor mecanoquímico para medir a velocidade do fluxo de fluido pelo grau da sua curvatura. Em outro exemplo, pacientes com a síndrome de Bardet-Biedl têm degeneração retinal, polidactilia (termo de origem grega que significa "muitos dedos") e obesidade; a síndrome pode ser causada por mutações em qualquer um dentre 14 genes e foi rastreada até defeitos na função do cílio primário. Vários desses genes codificam subunidades do BBsome, complexo octomérico que forma uma cobertura com elementos estruturais em comum com COPI, COPII e capas de clatrina e é responsável pelo tráfego das proteínas de membrana até os cílios. Enquanto os defeitos em vários dos componentes do BBsome não afetam a estrutura do cílio primário em si, eles resultam na ausência de receptores de membrana específicos, encaminhados ao cílio primário pela interação do BBsome com o aparelho IFT. Por exemplo, a polidactilia observada em pacientes com a síndrome de Bardet-Biedl deve-se à perda de sinalização Hedgehog, localizada (ver Capítulo 16) no cílio primário, necessária à padronização durante a embriogênese. ■

CONCEITOS-CHAVE da Seção 18.5

Cílios e flagelos: estruturas de superfície composta por microtúbulos

- Cílios e flagelos com motilidade são estruturas da superfície celular composta por microtúbulos com um par central característico de microtúbulos simples e nove conjuntos de microtúbulos duplos externos (ver Figura 18-30).
- Todos os cílios e flagelos crescem a partir dos corpos basais, estruturas com nove conjuntos de microtúbulos triplos externos intimamente relacionados com os centríolos.
- As dineínas do axonema ligadas ao túbulo A em um microtúbulo duplo interagem com o túbulo B de outro microtúbulo para curvar cílios e flagelos.
- Cílios e flagelos têm um mecanismo, o transporte intraflagelar (IFT), para transportar material para suas pontas pela cinesina-2 e da ponta de volta à base pela dineína citoplasmática. Esse transporte regula a função e o comprimento dos cílios e flagelos.
- Muitas células têm na sua superfície um cílio primário sem motilidade que não possui o par central normal de microtúbulos e braços laterais de dineína dos cílios com motilidade. O cílio primário funciona como organela sensorial, com receptores para sinais extracelulares localizados na membrana plasmática. Devido a sua função sensorial, muitas doenças resultam de defeitos na localização de receptores ou na estrutura do próprio cílio primário.

18.6 Mitose

De todos os eventos que permitem a existência e a perpetuação da vida, talvez o mais crucial seja a habilidade das células de duplicar com precisão e então segregar com fidelidade seus cromossomos em cada divisão celular. Durante o **ciclo celular**, processo altamente regulado discutido no Capítulo 19, as células duplicam seus cromossomos precisamente uma vez durante o período conhecido como fase S (fase de síntese do DNA). Tão logo os cromossomos individuais se duplicam, eles são unidos pelas proteínas chamadas *coesinas*. As células então passam por um período chamado G_2 (*gap*, intervalo 2) antes de entrar na **mitose**, processo pelo qual os cromossomos duplicados são segregados para as células-filhas. Esse processo é bastante preciso; a perda ou o ganho de um cromossomo pode ser letal para a célula (neste caso ela muitas vezes não é detectada) ou causar complicações severas para a célula. É estimado que as leveduras segreguem apenas um dos seus 16 cromossomos de forma incorreta a cada 100.000 divisões celulares, o que torna a mitose um dos mais precisos processos biológicos. Para alcançar essa exatidão, é essencial que o processo seja muito regulado de modo a proceder em uma série de etapas ordenadas em que não ocorram erros. O momento e o mecanismo para assegurar essa fidelidade do processo são intimamente regulados pelo circuito do ciclo celular que será discutido em detalhes no Capítulo19. Aqui a discussão sobre esse circuito é limitada à maneira como ele se aplica aos microtúbulos e à mecânica da mitose.

Os centrossomos se duplicam nas etapas iniciais no ciclo celular em preparação para a mitose

Para separar os cromossomos durante a mitose, as células duplicam seus MTOCs – seus centrossomos –, coordenadamente com a duplicação dos seus cromossomos na fase S (Figura 18-35). Os cromossomos duplicados se separam e formam os dois polos do fuso mitótico. O número de centrossomos nas células animais deve ser controlado cuidadosamente. Na verdade, várias células tumorais têm mais do que dois centrossomos, o que contribui para a instabilidade genética resultante dessa segregação incorreta dos cromossomos e consequente **aneuploidia** (número desigual de cromossomos). As razões de por que a aneuploidia resulta em câncer são discutidas com detalhes no Capítulo 24.

Quando as células entram em mitose, a atividade dos dois MTOCs e sua habilidade para nuclear microtúbulos aumentam consideravelmente, à medida que as células acumulam mais material pericentriolar. Como os microtúbulos que irradiam a partir desses dois MTOCs agora se parecem com estrelas, muitas vezes são chamados de ásteres mitóticos.

A mitose pode ser dividida em seis fases

A mitose foi dividida em vários estágios para melhor descrição (Figura 18-36a), mas na verdade é um processo contínuo. Aqui serão revisados os principais eventos de cada estágio.

O primeiro estágio da mitose, chamado **prófase**, é sinalizado por um número de eventos coordenados e significativos. Primeiro, o arranjo de interfase dos microtúbulos é substituído à medida que os centrossomos duplicados se tornam mais ativos na nucleação do mi-

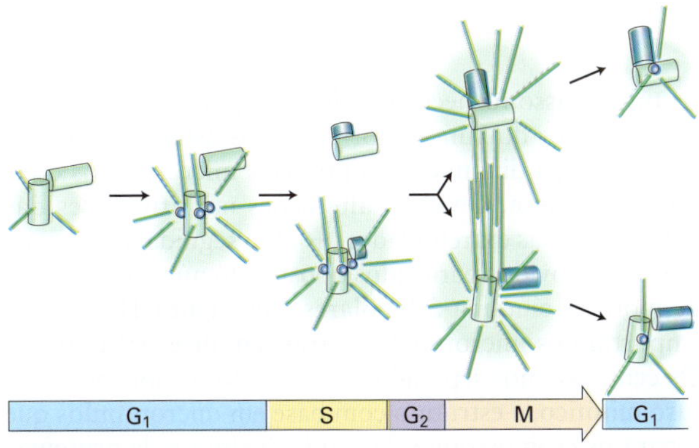

FIGURA 18-35 Relação da duplicação do centrossomo com o ciclo celular. Depois do par de centríolos parentais (verde) se separar ligeiramente, um centríolo-filho (azul) brota de cada um e se alonga. Em G_2, o crescimento dos centríolos-filhos está completo, mas os dois pares permanecem dentro do complexo centrossômico único. No início da mitose, o centrossomo se parte e cada par de centríolos migra para lados opostos do núcleo. A quantidade de material pericentriolar e a atividade para nuclear a polimerização dos microtúbulos aumenta muito na mitose. Na mitose, esses MTOCs são chamados polos do fuso.

ANIMAÇÃO EM FOCO: Mitose

VÍDEO: Dança dos cromossomos: microscopia DIC da mitose em uma célula em cultura

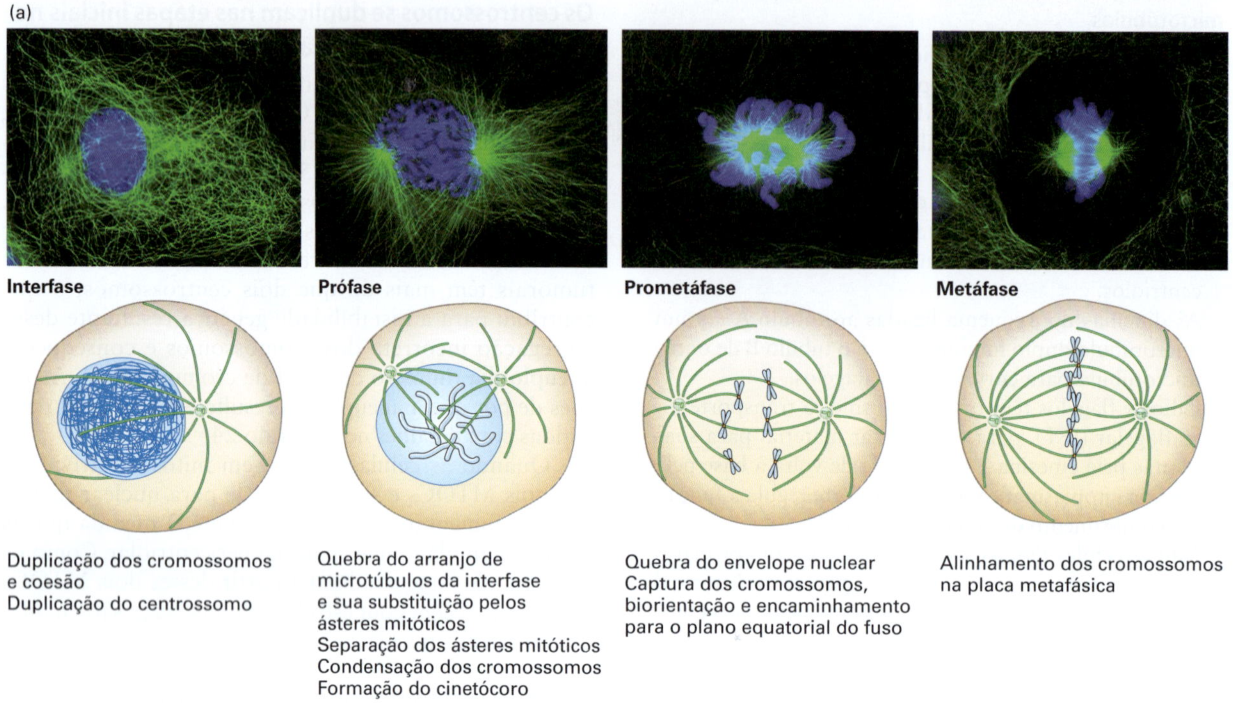

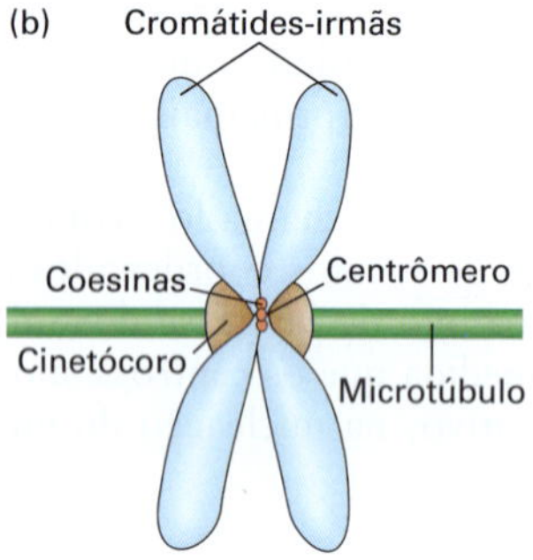

FIGURA 18-36 Os estágios da mitose. (a) Os painéis superiores mostram os estágios nas células PtK2 cultivadas coradas com azul para DNA e verde para tubulina. Os diagramas inferiores mostram os diferentes estágios e os eventos que ocorrem neles. A mitose é um processo contínuo dividido em estágios simplesmente para uma descrição mais fácil. (b) Partes de um cromossomo condensado na mitose. O cromossomo duplicado tem duas cromátides-irmãs (cada uma é um DNA dúplex único), unidas pelas coesinas em uma região constringida chamada centrossomo. O centrossomo também é um sítio onde o cinetócoro se forma, que faz as ligações aos microtúbulos do cinetócoro. (Parte (a) micrografias cortesia de T. Wittmann.)

crotúbulo. Isso fornece dois sítios de polimerização para microtúbulos dinâmicos, formando os **ásteres** mitóticos. Além disso, a dinâmica dos próprios microtúbulos crescentes aumenta, devido a alterações nas atividades das +TIPs nas suas extremidades (+). Em seguida, os dois ásteres são movidos para lados opostos do núcleo pela ação de motores cinesina-5 bipolares (ver Figura 18-20) que empurram os microtúbulos astrais em direções opostas. Os centrossomos separados se tornarão os dois polos do **fuso mitótico**, a estrutura com base em microtúbulos que separa os cromossomos. Segundo, a síntese de proteínas é alternada da forma dependente de CAP para a forma independente de CAP (ver Capítulo 4, Figura 4-24) e a ordem interna dos sistemas de membrana, normalmente dependente do arranjo dos microtúbulos na interfase, é desfeita. Além disso, a endocitose e a exocitose são interrompidas, e a organização dos microfilamentos é geralmente rearranjada para dar origem a uma célula redonda. No núcleo, o nucléolo se desfaz, e os cromossomos começam a se condensar. As coesinas que unem cada par de cromossomos duplicados (ou **cromátides-irmãs**, como são chamados neste estágio) são degradadas, exceto na região centromérica, onde as duas cromátides-irmãs permanecem ligadas pelas coesinas intactas (Figura 18-36b). Também durante a prófase, estruturas especializadas chamadas **cinetócoros**, que se tornarão os sítios de ligação dos microtúbulos, se formam na região centromérica da cada cromátide-irmã. Como discutido em mais detalhes no Capítulo 19, todos esses eventos são coordenados pelo rápido aumento na atividade do complexo ciclina-CDK mitótico, cinase que fosforila múltiplas proteínas.

O próximo estágio da mitose, **prometáfase**, é iniciado pela dissolução do envelope nuclear e dos poros nucleares, e desmontagem da lâmina nuclear composta por lamina. Os microtúbulos polimerizados a partir de polos do fuso procuram e "capturam" pares de cromossomos pela

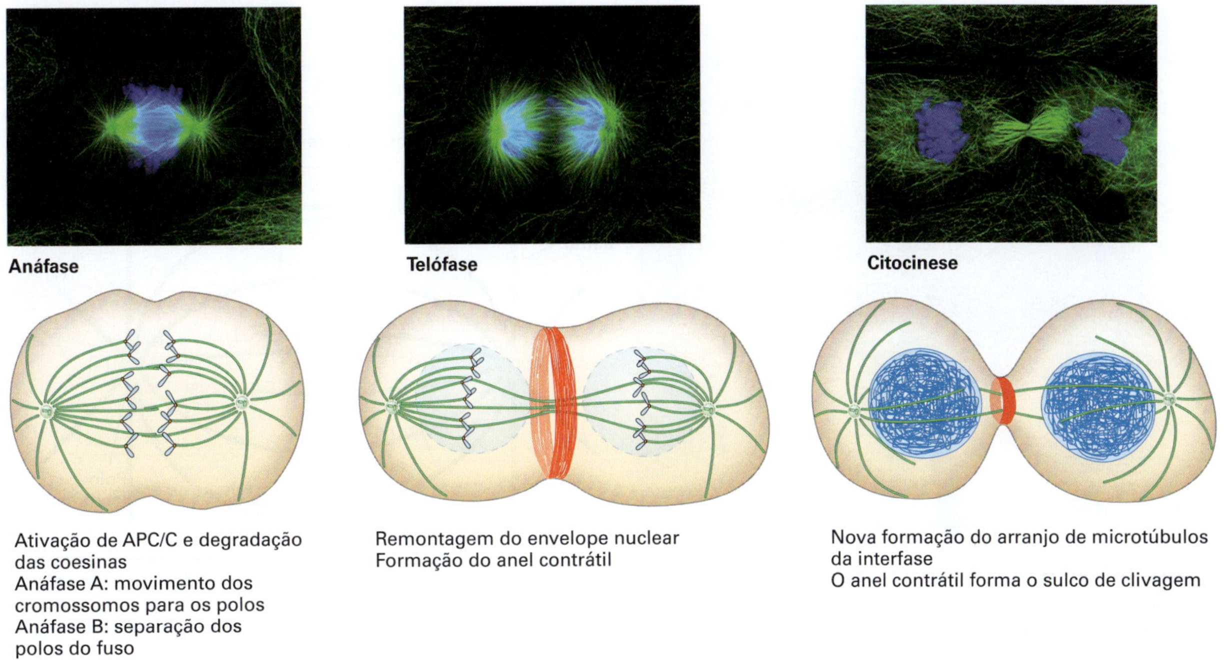

associação com seus cinetócoros. Cada cromátide tem um cinetócoro; assim, um par de cromátides-irmãs tem dois cinetócoros, e cada um se liga a polos opostos do fuso durante a prometáfase em um processo crucial, detalhado a seguir. Quando as cromátides-irmãs estão ligadas aos dois polos do fuso, diz-se que estão *biorientadas*. Então se alinham em posição equidistante entre os dois polos do fuso, no processo conhecido como *congressão*. A prometáfase continua até que todos os cromossomos tenham realizado a congressão, ponto no qual a célula entra no próximo estágio, **metáfase**, definido como o estágio quando todos os cromossomos estão alinhados na *placa metafásica*.

O próximo estágio, **anáfase**, é induzido pela ativação do complexo promotor da anáfase/ciclossomo (APC/C) (a ser discutido no Capítulo 19). O APC/C ativado (por meio de várias etapas intermediárias) leva finalmente à destruição das coesinas que unem as cromátides-irmãs, de modo que agora cada cromossomo separado pode ser puxado a seu respectivo polo por microtúbulos ligados ao seu cinetócoro. Esse movimento é conhecido como *anáfase A*. Um movimento distinto e independente também ocorre: o movimento dos polos do fuso para mais longe em um processo conhecido como *anáfase B*. Agora que os cromossomos se separaram, a célula entra em **telófase**, quando o envelope nuclear se forma novamente, os cromossomos condensam e a célula é separada em duas células-filhas pelo anel contrátil durante a **citocinese**.

O fuso mitótico contém três classes de microtúbulos

Antes de discutir os mecanismos envolvidos no incrível processo da mitose, é importante compreender as três classes distintas dos microtúbulos que se projetam dos polos do fuso, onde todas as suas extremidades (–) estão embutidas. A primeira classe são os *microtúbulos astrais*, que se estendem a partir dos polos do fuso para o córtex celular (Figura 18-37). Pela interação com o córtex, os microtúbulos astrais realizam a relevante função de orientar o fuso com o eixo da divisão celular. A segunda classe, os *microtúbulos do cinetócoro*, funciona por um mecanismo de procura e captura para ligar os polos do fuso aos cinetócoros nos pares de cromátides-irmãs. Durante a anáfase A, os microtúbulos do cinetócoro transportam os cromossomos recém-separados para seus respectivos polos. O terceiro conjunto de microtúbulos se estende a partir de cada corpo do polo do fuso em direção ao corpo oposto e interage de maneira antiparalela; são os chamados *microtúbulos polares*. Esses microtúbulos são responsáveis inicialmente por empurrar os centrossomos duplicados para separá-los durante a prófase, então manter a estrutura do fuso e depois por separar os polos do fuso na anáfase B.

Observe que todos os microtúbulos em cada metade do fuso simétrico têm a mesma orientação, com exceção de alguns microtúbulos polares, que se estendem além do ponto mediano e intercalam com microtúbulos polares a partir do polo oposto.

A dinâmica dos microtúbulos aumenta significativamente na mitose

Embora a figura apresente imagens estáticas dos estágios da mitose, os microtúbulos em todos os estágios da mitose são bastante dinâmicos. Como discutido anteriormente, quando as células entram em mitose, a habilidade dos seus centrossomos para nuclear a polimerização dos microtúbulos aumenta de modo significativo (ver Figura 18-35). Além disso, os microtúbulos se tornam muito mais dinâmicos. Como isso foi determinado? Em princípio, seria possível observar os microtúbulos e acompanhar seus comportamentos individuais. Entretanto, em

(a)

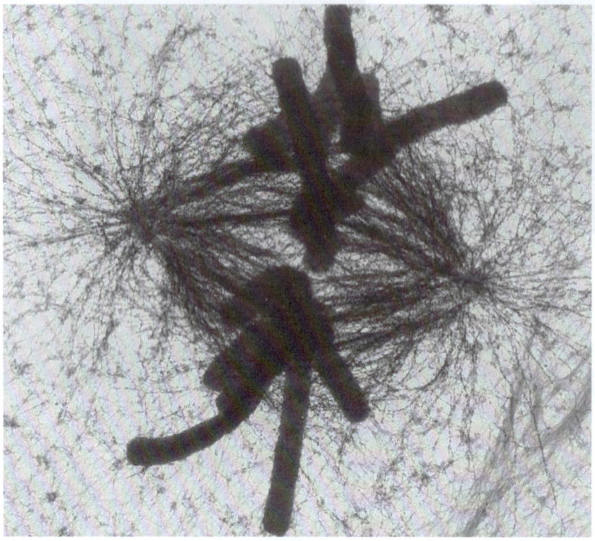

(b)

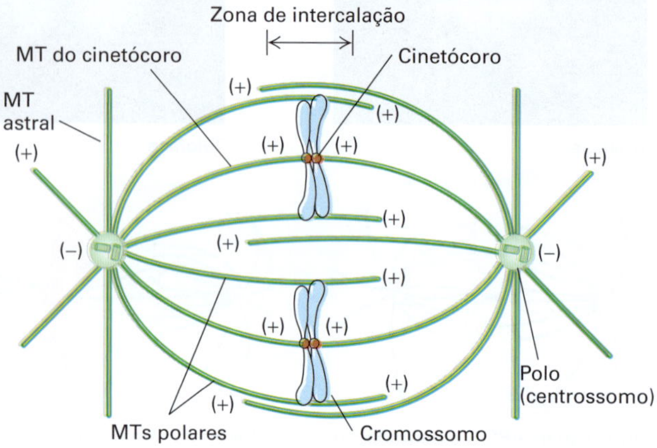

FIGURA 18-37 Os fusos mitóticos têm três classes distintas de microtúbulos. (a) Nesta micrografia eletrônica de alta voltagem, os microtúbulos foram corados com anticorpos antitubulina marcados com biotina para aumentar o seu tamanho. Os grandes objetos cilíndricos são os cromossomos. (b) Diagrama esquemático correspondendo à célula em metáfase em (a). Três grupos de microtúbulos (MTs) compõem o aparato mitótico. Todos os microtúbulos têm as suas extremidades (–) nos pólos. Os microtúbulos astrais se projetam na direção do córtex e são ligados a ele. Os microtúbulos dos cinetócoros estão conectados aos cromossomos. Os microtúbulos polares se projetam na direção do centro da célula com as suas extremidades (+) distais se sobrepondo. O polo do fuso e seus microtúbulos associados também são conhecidos como áster mitótico. (Parte (a) cortesia de J. R. McIntosh.)

geral, existem muitos microtúbulos em um fuso mitótico, dificultando a tarefa. Para se obter um valor médio de como a dinâmica dos microtúbulos se encontra, pesquisadores introduziram tubulina marcada fluorescentemente nas células, que se incorporou aleatoriamente em todos os microtúbulos. Então descoraram a marcação fluorescente em uma pequena região do fuso mitótico e mediram a velocidade na qual a fluorescência retornava, com uma técnica conhecida como *recuperação da fluorescência após fotoclareamento* (*FRAP*, do inglês *fluorescence recovery after photobleaching*) (ver Figura 9-21). Uma vez que a recuperação da fluorescência se deve à polimerização de novos microtúbulos a partir de dímeros de tubulina fluorescente solúveis, isso representa a velocidade média na qual os microtúbulos se renovam. No fuso mitótico, a meia-vida dos microtubúlos dura em torno de 15 segundos, enquanto na célula na interfase em torno de cinco minutos. Deve ser notado que essas medidas são gerais e que microtúbulos individuais podem ser mais estáveis ou dinâmicos, como será visto.

O que torna os microtúbulos mais dinâmicos na mitose? Como discutido anteriormente, a instabilidade dinâmica é a medida das contribuições relativas das taxas de crescimento, encurtamento, catástrofes e resgates (ver Figura 18-9). A análise da dinâmica dos microtúbulos *in vivo* mostra que a dinâmica estimulada de microtúbulos individuais na mitose é gerada na sua maior parte por catástrofes aumentadas e menos resgates, com pouca alteração na velocidade de crescimento (i.e., alongamento) ou encolhimento (i.e., encurtamento). Estudos com extratos de oócitos de sapo sugeriram que o principal fator de estímulo às catástrofes tanto nos extratos na interfase quanto na mitose é a despolimerização pelas proteínas cinesina-13. Isso pode ser observado em um ensaio *in vitro*, onde a polimerização dos microtúbulos a partir de tubulina pura é nucleada a partir de centrossomos purificados (Figura 18-38a). Se cinesina-13 é adicionada ao ensaio, menos microtúbulos são formados. Entretanto, se a proteína estabilizadora associada ao microtúbulo chamada XMAP215 é adicionada à cinesina-13, vários microtúbulos são formados devido à drástica redução na frequência de catástrofe. Foi revelado que a atividade da cinesina-13 não altera significativamente durante o ciclo celular, enquanto a atividade da XMAP125 é inibida por sua fosforilação durante a mitose (Figura 18-38b). Isso resulta em microtúbulos muito mais instáveis (mais dinâmicos) quando a célula entra em mitose (Figura 18-38c).

Os ásteres mitóticos são separados pela cinesina-5 e orientados pela dineína

Quando os dois ásteres mitóticos estão se formando, eles geram microtúbulos intercalados de polaridade oposta entre eles. Durante a prófase, a cinesina-5 bipolar interage com os microtúbulos antiparalelos e, por meio do seu movimento em direção da extremidade (+) de cada microtúbulo, os separa e com isso empurra os dois ásteres para longe um do outro. O motor direcionado pela extremidade (–), a dineína citoplasmática, também pode contribuir para a separação dos ásteres assim como orientar o fuso de maneira apropriada na célula. A dineína realiza isso pela associação com a membrana plasmática e pela remoção de microtúbulos nucleados a partir dos ásteres mitóticos. Como discutido brevemente, o mesmo mecanismo é usado para alongar o fuso durante a anáfase B (ver Figura 18-42).

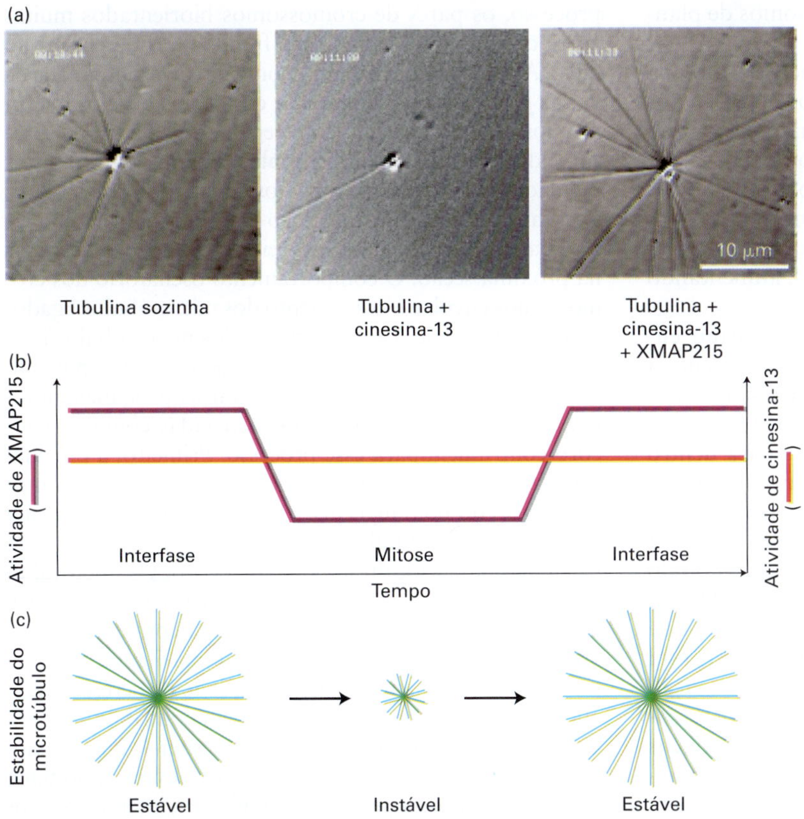

FIGURA EXPERIMENTAL 18-38 A dinâmica dos microtúbulos aumenta na mitose devido à perda de uma MAP estabilizadora. (a) Estes três painéis revelam a habilidade dos centrossomos em polimerizar microtúbulos a partir de tubulina pura (*esquerda*); a tubulina e a proteína cinesina-13 desestabilizadora (*meio*); ou tubulina, cinesina-13 e a proteína estabilizadora XMAP215 (*Xenopus* MAP de 215 kD) (*direita*). Uma análise maior mostra que o principal efeito da XMAP215 é suprimir catástrofes induzidas pela cinesina-13. (b) A dinâmica aumentada dos microtúbulos na mitose é devida à inativação de XMAP215 pela fosforilação. (c) Diagrama relacionando as diferentes estabilidades dos microtúbulos na interfase e na mitose. Observe que além da *estabilidade* diferencial entre interfase e mitose, a habilidade dos MTOCs para *nuclear* os microtúbulos também aumenta drasticamente na mitose. (Parte (a) de Kinoshita et al., 2001, *Science* **294**:1340-1343. Parte (b) de Kinoshita et al., 2002, *Trends Cell Biol.* **12**:267-273.)

Os cromossomos são capturados e orientados durante a prometáfase

Cinetócoros, estruturas que fazem a mediação da ligação entre os cromossomos e os microtúbulos, se formam em cada cromátide-irmã em uma região chamada **centrômero.** O centrômero é uma região constrita do cromossomo condensado definida por uma sequência de DNA centromérico. O DNA centromérico pode variar muito em tamanho; na levedura de brotamento tem cerca de 125 pares de base, enquanto nos humanos ele está na ordem de 1 Mpb (ver Capítulo 6). Os cinetócoros contêm muitos complexos proteicos para facilitar a ligação entre o DNA centromérico e os microtúbulos. Nas células animais, o cinetócoro consiste em uma camada de DNA centromérico e de camadas internas e externas do cinetócoro, com as extremidades (+) dos microtúbulos do cinetócoro terminando na camada externa (Figura 18-39). Os cinetócoros de levedura estão ligados por um único microtúbulo a seu polo do fuso, os cinetócoros humanos

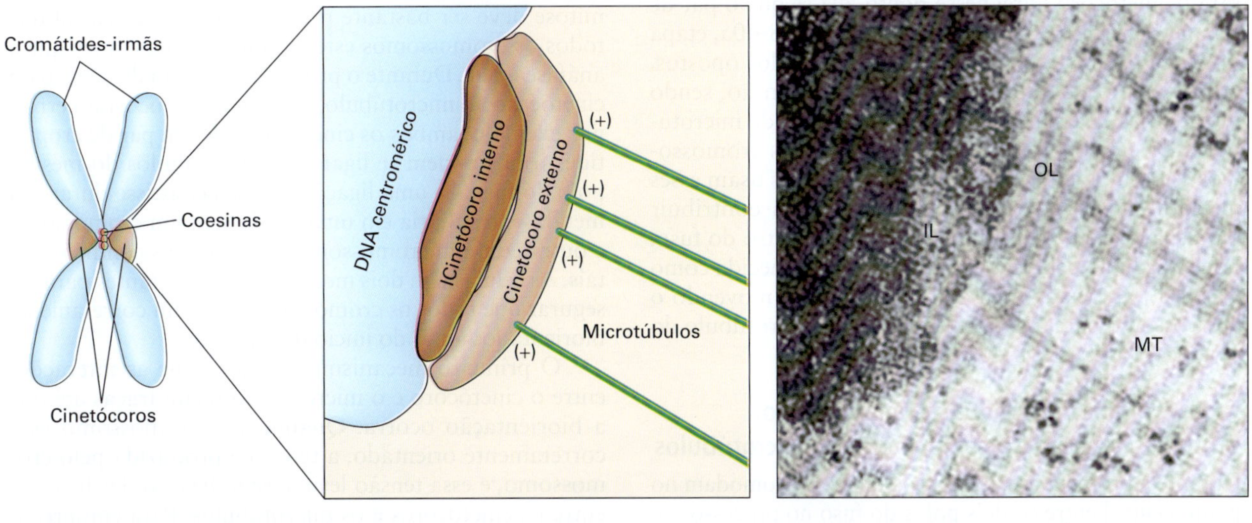

FIGURA 18-39 A estrutura de um cinetócoro de mamífero. Diagrama e micrografia eletrônica de um cinetócoro de mamífero. (Modificada a partir de B. McEwen et al., 1998, *Chromosoma* **107**:366; cortesia de B. McEwen.)

estão ligados por cerca de 30 e os cromossomos de plantas por centenas.

Como um cinetócoro se liga aos microtúbulos na prometáfase? Os microtúbulos nucleados a partir dos polos do fuso são muito dinâmicos; quando eles fazem contato com o cinetócoro, lateralmente ou pela sua extremidade, isso pode levar a uma ligação cromossomal (Figura 18-40a, etapas **1a** e **1b**). Os microtúbulos "capturados" pelos cinetócoros são estabilizados seletivamente pela redução do nível de catástrofes, aumentando assim a chance da ligação persistir.

Estudos recentes descobriram um mecanismo envolvendo Ran, uma GTPase pequena, o qual aumenta a chance dos microtúbulos encontrar os cinetócoros. Relembre que durante a interfase o ciclo da GTPase Ran está envolvido no transporte das proteínas para dentro e fora do núcleo através dos poros nucleares (Capítulo 13; ver Figura 13-37). Durante a mitose, quando a membrana nuclear e os poros se desfizeram, um fator de troca para GTPase Ran é ligado aos cromossomos, gerando assim uma concentração local maior de Ran-GTP nas proximidades dos cromossomos. Como a enzima que estimula a hidrólise de GTP em Ran, a Ran GAP, está uniformemente distribuída no citosol, ocorre a formação de um gradiente de Ran-GTP centralizado nos cromossomos. Ran-GTP induz a associação de fatores citosólicos estabilizadores de microtúbulos, com o microtúbulo, resultando em maior crescimento dos microtúbulos e assim influenciando o crescimento dos microtúbulos nucleados a partir dos polos do fuso em direção aos cromossomos.

Uma vez que o cinetócoro estiver ligado lateralmente ou terminalmente ao microtúbulo, a proteína motora dineína-dinactina se associa com o cinetócoro para mover o cromossomo duplicado pelo microtúbulo em direção ao polo do fuso. Isso finalmente resulta na ligação da extremidade do microtúbulo a um cinetócoro (Figura 18-40a, etapa **2**). Esse movimento ajuda a orientar a cromátide-irmã de modo que o cinetócoro desocupado no lado oposto aponte na direção do polo distal do fuso. Finalmente, um microtúbulo do polo distal capturará o cinetócoro livre; nesse ponto, diz-se que o par de cromátides-irmãs está *biorientado* (Figura 18-40a, etapa **3**). Com os dois cinetócoros ligados aos polos opostos, o cromossomo duplicado agora está sob tensão, sendo puxado nas duas direções pelos dois grupos de microtúbulos do cinetócoro. Quando um ou alguns cromossomos estão biorientados, outros cromossomos usam esses microtúbulos do cinetócoro existente para contribuir para sua orientação e movimento para o centro do fuso. Isso é mediado pela cinesina-7 (também conhecida como CENP-E) associada com o cinetócoro livre movendo o cromossomo para a extremidade (+) do microtúbulo do cinetócoro (Figura 18-40a, etapa **4**).

Cromossomos duplicados são alinhados por proteínas motoras e pela dinâmica dos microtúbulos

Durante a prometáfase, os cromossomos se acomodam no ponto central entre os dois polos do fuso no processo conhecido como *congressão* do cromossomo. Durante esse processo, os pares de cromossomos biorientados muitas vezes oscilam para trás e para frente antes de chegar ao meio. A congressão do cromossomo envolve a atividade de várias proteínas motoras que se deslocam sobre os microtúbulos em coordenação com reguladores da polimerização e dissociação dos microtúbulos (Figura 18-40b). Esses reguladores estão localizados nos cinetócoros, mas pouco se compreende de que modo são mantidos ali; eles não fazem parte dos complexos estáveis do cinetócoro descritos na próxima seção. O comportamento oscilatório dos cromossomos envolve o crescimento dos microtúbulos ligados a um cinetócoro e o encurtamento dos microtúbulos ligados ao outro cionetocoro, sem que ocorra o rompimento destas ligações. Nos metazoários, várias proteínas motoras com base em microtúbulos associadas com o cinetócoro contribuem para esse processo. Primeiro, a dineína-dinactina gera forças para puxar o par de cromossomos da direção do polo mais *distante*. Esse movimento requer o encurtamento simultâneo do microtúbulo, estimulado pela cinesina-13 localizada no cinetócoro. Os microtúbulos associados com o outro cinetócoro devem crescer à medida que o cromossomo se move. Ancorada a esse cinetócoro, está a proteína motora cinesina-7 relacionada à cinesina, que se mantém na extremidade (+) crescente do microtúbulo em crescimento. Também contribuindo para a congressão está outra cinesina, a cinesina-4, que se associa com os braços do cromossomo. A cinesina-4, proteína motora direcionada pela extremidade (+), interage com os microtúbulos polares para puxar os cromossomos na direção do centro do fuso. Quando os cromossomos fizerem a congressão para a placa metafásica, a dineína-dinactina é liberada dos cinetócoros e se desloca pelos microtúbulos do cinetócoro aos polos. Essas diferentes atividades e forças contrárias trabalham em conjunto para trazer todos os cromossomos para a placa metafásica, ponto em que a célula está pronta para anáfase.

O complexo passageiro dos cromossomos regula a ligação do microtúbulo aos cinetócoros

Foi mencionado que a segregação dos cromossomos na mitose deve ser bastante precisa; por isso, é crucial que todos os cromossomos estejam biorientados antes que a anáfase inicie. Durante o processo aleatório de ligação do cinetócoro ao microtúbulo, é possível que ocorram erros; por exemplo, ambos os cinetócoros de um par de cromátides-irmãs podem se ligar aos microtúbulos do mesmo polo do fuso. Se uma ligação dessas persistisse durante a metáfase, resultaria em uma célula sem um cromossomo e outra com um cromossomo extra, ambas condições letais. As células têm dois mecanismos importantes para assegurar que todos os cromossomos estejam corretamente biorientados antes do início da anáfase.

O primeiro mecanismo assegura que as interações entre o cinetócoro e o microtúbulo sejam fracas até que a biorientação ocorra. Quando um cromossomo está corretamente orientado, a tensão é produzida pelo cromossomo, e essa tensão leva à estabilização das ligações entre os cinetócoros e os microtúbulos. Para compreender como isso funciona, é preciso observar mais de perto

VÍDEO: Dinâmica dos microtúbulos na mitose
ANIMAÇÃO EM FOCO: Dinâmica dos microtúbulos

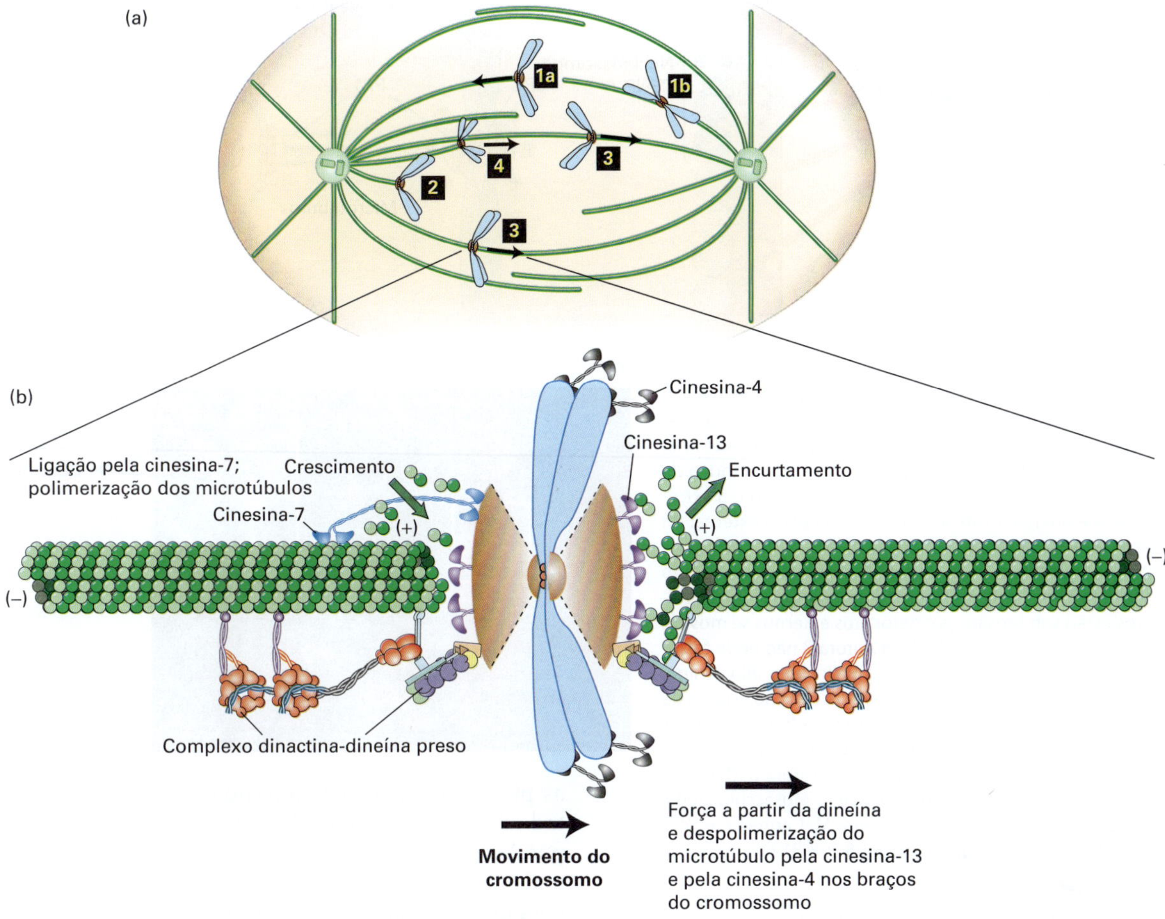

FIGURA 18-40 Captura do cromossomo e congressão na prometáfase. (a) No primeiro estágio da prometáfase, os cromossomos se ligam à extremidade do microtúbulo (**1a**) ou à lateral do microtúbulo (**1b**). O cromossomo é então puxado rumo ao polo do fuso pela dineína-dinactina associada com um dos cinetócoros do cromossomo, à medida que esta proteína motora se move na direção da extremidade (–) do microtúbulo (**2**). Finalmente, um microtúbulo do polo oposto encontra e se liga ao cinetócoro livre; agora, diz-se que o cromossomo está biorientado (**3**). Uma vez que alguns cromossomos estejam biorientados, outros, tendo estabelecido interação cinetócoro-polo, usam CENP-E/cinesina-7 no seu cinetócoro livre para auxiliar na orientação (**4**). Os cromossomos biorientados então se movem para um ponto central entre os polos do fuso no processo conhecido como congressão do cromossomo. Observe que, durante esta etapa, os braços do cromossomo apontam para longe do polo do fuso mais próximo: isso acontece devido ao movimento das proteínas motoras cromocinesina/cinesina-4 nos braços do cromossomo em direção das extremidades (+) dos microtúbulos polares. Nas células animais, muitos cromossomos se associam a cada cinetócoro. Para uma representação simplificada, apenas os microtúbulos de um cinetócoro são mostrados. (b) A congressão envolve oscilações bidirecionais dos cromossomos, com um conjunto de microtúbulos do cinetócoro encurtando um lado dos cromossomos e o outro conjunto alongando no outro lado. No lado em encurtamento, a proteína cinesina-13 estimula a dissociação do microtúbulo e o complexo dineína-dinactina move o cromossomo em direção do polo. No lado com microtúbulos em crescimento, a proteína cinesina-7 se mantém sobre o microtúbulo em crescimento. O cinetócoro também contém vários complexos proteicos adicionais não mostrados aqui. (Modificada a partir de Cleveland et al., 2003, *Cell* **112**:407-421.)

os componentes moleculares que ligam um cromossomo a um microtúbulo. Como discutido no Capítulo 6, os cinetócoros se formam em regiões de DNA cromossômico marcado por uma variante específica da histona H3 específica do centrômero chamada CENP-A. Isto marca o sítio para a formação do cinetócoro, processo bastante complexo. Foi mostrado que cerca de meia dúzia de complexos proteicos estáveis distintos consistindo em mais de 40 proteínas diferentes se associam com essa região centromérica nas leveduras. Essencialmente, todos esses complexos proteicos são conservados em humanos, fato não surpreendente devido à importância fundamental dos cinetócoros. Um desses, o chamado complexo Ndc80, é longo e flexível e várias cópias dele se ligam ao cinetócoro interno com a extremidade (+) do microtúbulo em um tipo de arranjo cilíndrico (Figura 18-41a).

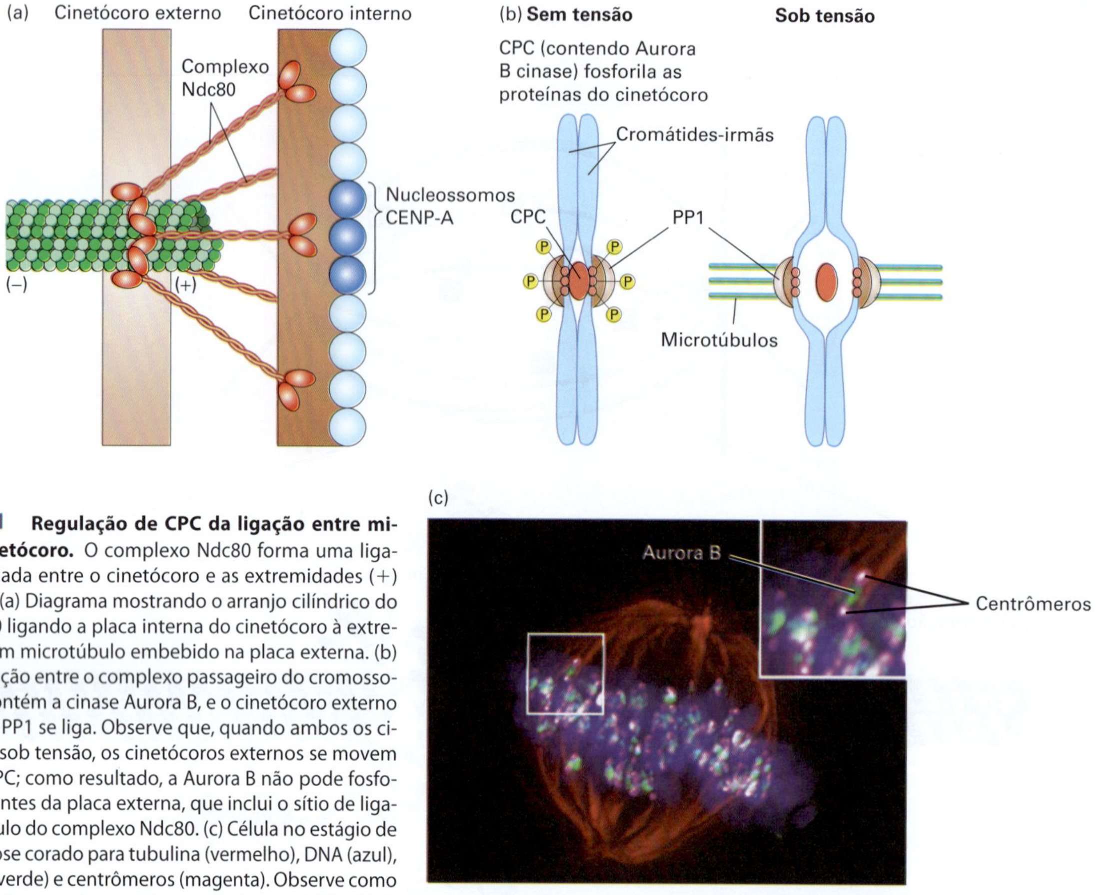

FIGURA 18-41 Regulação de CPC da ligação entre microtúbulo e cinetócoro. O complexo Ndc80 forma uma ligação crucial regulada entre o cinetócoro e as extremidades (+) do microtúbulo. (a) Diagrama mostrando o arranjo cilíndrico do complexo Ndc80 ligando a placa interna do cinetócoro à extremidade (+) de um microtúbulo embebido na placa externa. (b) Diagrama da relação entre o complexo passageiro do cromossomo (CPC), que contém a cinase Aurora B, e o cinetócoro externo onde a fosfatase PP1 se liga. Observe que, quando ambos os cinetócoros estão sob tensão, os cinetócoros externos se movem para longe de CPC; como resultado, a Aurora B não pode fosforilar os componentes da placa externa, que inclui o sítio de ligação ao microtúbulo do complexo Ndc80. (c) Célula no estágio de metáfase da mitose corado para tubulina (vermelho), DNA (azul), Aurora B cinase (verde) e centrômeros (magenta). Observe como os centrômeros são puxados para longe de Aurora B (detalhe). ((a) Modificada a partir de S. Santaguida e A. Musacchio, 2009, *EMBO J.* **28**:2511-2531. (c) De S. Ruchaud, M. Carmena, e W.C. Earnshaw, 2007, *Nature Rev. Mol. Cell Biol.* **8**:798-812.)

A função de Ndc80 e de vários dos fatores associados no cinetócoro é regulada pelo *complexo passageiro do cromossomo* (*CPC*, do inglês *chromossomal passenger complex*). Esse complexo se associa com a região centromérica interna dos cromossomos no início da mitose e entre seus componentes está a proteína-cinase chamada *Aurora B*. Um trabalho recente mostrou que parte do mecanismo inicial para recrutamento do CPC é por sua ligação ao CENP-A fosforilado. Uma vez associado com a região centromérica, a Aurora B dentro do CPC pode fosforilar alguns componentes na sua proximidade, incluindo o complexo Ndc80, que diminui a afinidade da ligação de Ndc80 ao microtúbulo. A fosforilação desses componentes não é estável: outra proteína, a PP1 fosfatase associada ao cinetócoro externo, pode desfosforilá-las. Dessa forma, quando os cinetócoros em um par de cromátides-irmãs não estão sob tensão, Ndc80 é continuamente fosforilado por CPC e desfosforilado por PP1. O resultado é uma interação fraca entre o cinetócoro e o microtúbulo. Entretanto, quando a biorientação ocorre, a tensão gerada se estende sobre ambos os cinetócoros para movê-los para longe do CPC (Figura 18-41b, c). Além disso, acredita-se que a tensão estenda o complexo Ndc80 flexível para aumentar o espaçamento entre as placas do cinetócoro interno e externo. Como resultado desses movimentos, Ndc80 não pode ser fosforilado por Aurora B e o estado desfosforilado de Ndc80 a torna mais firmemente ligada ao microtúbulo. Assim, as ligações do microtúbulo aos cromossomos biorientados são estabilizadas seletivamente. Enquanto o CPC é importante para a biorientação de cada cromossomo individual, isso não assegura que *todos* os cromossomos estejam biorientados antes da anáfase iniciar.

O segundo mecanismo que assegura a segregação correta dos cromossomos é o ponto de verificação da formação do fuso, um circuito sinalizador que interrompe a progressão do ciclo celular para a anáfase até que estejam tensionados *todos* os cinetócoros. Esse mecanismo, discutido em detalhes no Capítulo 19, garante que todos os cromossomos estejam corretamente biorientados antes que a célula prossiga para a anáfase.

A anáfase A move os cromossomos aos polos por meio do encurtamento dos microtúbulos

O início da anáfase A é um dos movimentos mais notáveis que podem ser observados ao microscópio óptico. Quando o ponto de verificação da formação do fuso for satisfatório, a ativação de APC/C induz a proteólise das coesinas remanescentes unindo as cromátides-irmãs. De repente, as duas cromátides-irmãs pareadas se separam uma da outra e são puxadas para os seus respectivos polos. O movimento é repentino, pois os microtúbulos do cinetócoro estão sob tensão, e assim que as ligações da coesina entre as cromátides são liberadas, os cromossomos separados estão livres para se mover.

Experimentos com cromossomos isolados na metáfase mostraram que o movimento da anáfase A pode ser gerado pelo encurtamento dos microtúbulos, utilizando a força estrutural armazenada liberada pela remoção das subunidades de tubulina ligada a GTP na ponta do microtúbulo. Isso pode ser facilmente demonstrado *in vitro*. Quando cromossomos em metáfase são adicionados a microtúbulos purificados, eles se ligaram preferencialmente às extremidades (+) dos microtúbulos. A diluição da mistura para reduzir a concentração dos dímeros livres de tubulina resultou no movimento dos cromossomos em direção das extremidades (–) pela despolimerização do microtúbulo na extremidade (+) ligada ao cromossomo. Além disso, experimentos recentes mostraram que em *Drosophila* duas proteínas cinesina-13, membros de uma classe de proteínas despolimerizadoras de microtúbulos (ver Figura 18-15), também contribuem para o movimento do cromossomo na anáfase A. Uma das proteínas cinesina-13 está localizada no cinetócoro, onde estimula a dissociação (Figura 18-42, A1), e a outra está localizada no polo do fuso, onde estimula a despolimerização (Figura 18-42, A2). Desse modo, pelo menos na mosca-das-frutas, a energia para anáfase A é gerada em parte pelas proteínas cinesina-13 especificamente localizadas no cinetócoro e no polo do fuso para encurtar os microtúbulos do cinetócoro tanto na extremidade (+) quanto na (–), puxando os cromossomos para os polos.

A anáfase B separa os polos pela ação combinada das cinesinas e dineína

A segunda parte da anáfase envolve a separação dos polos do fuso no processo conhecido como anáfase B. O principal contribuinte para este movimento é o envolvimento das proteínas cinesina-5 bipolares (Figura 18-42, B1). Essas proteínas motoras se associam com os microtúbulos polares sobrepostos e, como eles são proteínas motoras direcionadas pela extremidade (+), eles separam os polos. Enquanto isso está acontecendo, os micro-

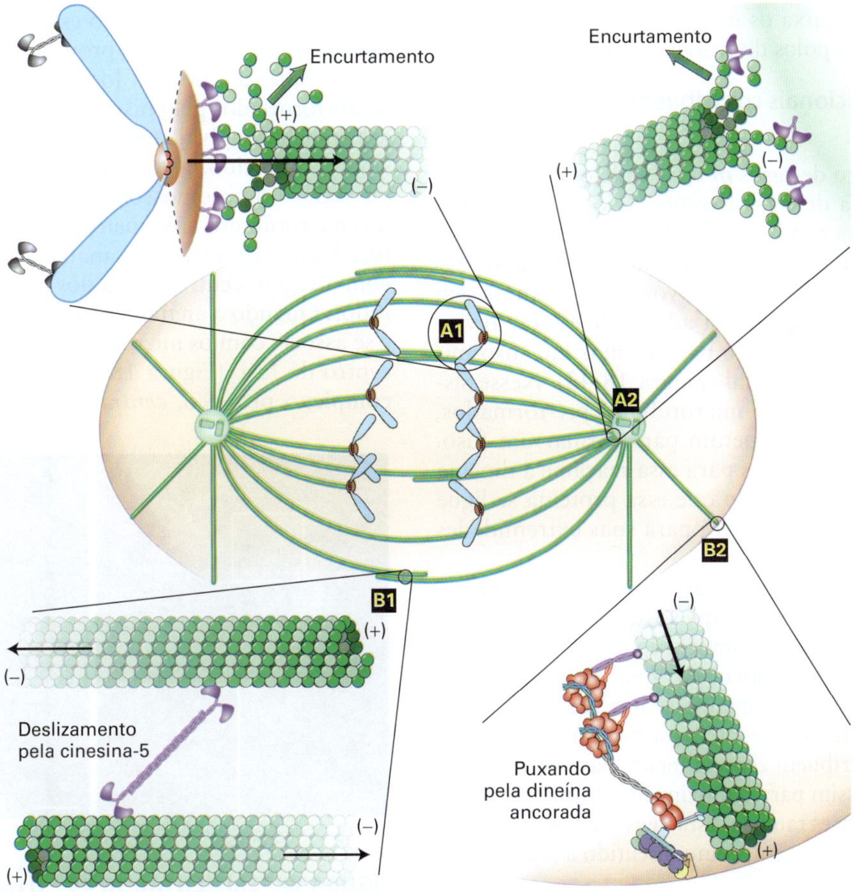

FIGURA 18-42 Movimento do cromossomo e separação dos polos do fuso na anáfase. O movimento na anáfase A é gerado pelas proteínas cinesina-13 de encurtamento dos microtúbulos no cinetócoro (A1) e no polo do fuso (A2). Observe que os braços do cromossomo ainda apontam para longe dos polos do fuso devido aos membros cromocinesina/cinesina-4 associados, assim a força de despolimerização deve ser capaz de superar a força que puxa os braços em direção do centro do fuso. A anáfase B também tem dois componentes: deslizamento dos microtúbulos polares antiparalelos movimentados por uma proteína motora cinesina-5 direcionada pela extremidade (+) (B1) e o deslocamento sobre os microtúbulos astrais pela dineína-dinactina localizada no córtex da célula (B1). As setas indicam a direção do movimento gerado pelas respectivas forças. (Modificada a partir de Cleveland et al., 2003, *Cell* **112**:407-421.)

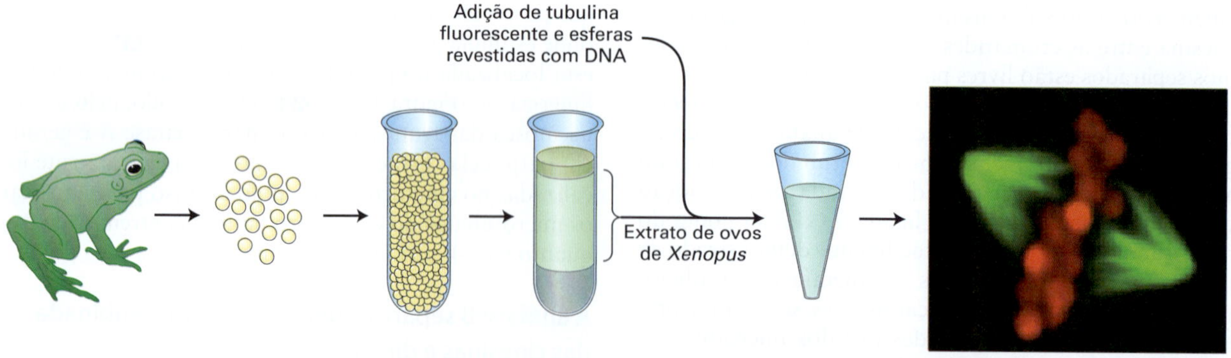

FIGURA EXPERIMENTAL 18-43 Fusos mitóticos podem se formar na ausência dos centrômeros. Extratos livres de centrossomos podem ser isolados a partir de oócitos de rã interrompidos na mitose por meio da centrifugação dos ovos para separar o material solúvel das organelas e vitelo. Quando tubulina marcada fluorescentemente (verde) é adicionada a extratos do material solúvel juntamente com esferas revestidas com DNA (vermelho), os fusos mitóticos se formam espontaneamente ao redor das esferas a partir de microtúbulos nucleados aleatoriamente. (Modificada a partir de Kinoshita et al., 2002, *Trends Cell Biol.* **12**:267-273 e Antonio et al., 2000, *Cell* **102**:425.)

túbulos polares devem crescer para acomodar a distância aumentada entre os polos do fuso. Outra proteína motora, a dineína citoplasmática motora direcionada pela extremidade (–) do microtúbulo, localizada e ancorada no córtex celular, puxa os microtúbulos astrais e assim ajuda a separar os polos do fuso (Figura 18-42, B2).

Mecanismos adicionais contribuem para a formação do fuso

Existe um número de casos *in vivo* onde os fusos se formam na ausência de centrossomos. Isso implica que a nucleação dos microtúbulos a partir dos centrossomos não é a única maneira de formar um fuso. Estudos explorando extratos mitóticos de ovos de rã, extratos sem centrossomos, mostram que a adição de esferas revestidas com DNA é suficiente para formar um fuso mitótico relativamente normal (Figura 18-43). Nesse sistema, as esferas recrutam microtúbulos pré-formados, e fatores no extrato cooperam para formar um fuso. Um dos fatores necessários para essa reação é a dineína citoplasmática. Foi sugerido que essa proteína se ligue aos dois microtúbulos e migre para suas extremidades (-), assim puxando-os juntos.

Como mencionado na Seção 18.1, um trabalho recente identificou um novo complexo associado a γ-TuRC, o *complexo augmina*, que também contribui com microtúbulos para o fuso mitótico. No final da prometáfase e metáfase, o complexo augmina se liga nas laterais dos microtúbulos do fuso existente para nuclear mais microtúbulos que contribuem especialmente para os microtúbulos polares e assim para o movimento da anáfase B. Os microtúbulos polares também estão envolvidos no estabelecimento do anel contrátil, como discutido a seguir.

A citocinese separa a célula duplicada em duas

Durante o final da anáfase e da telófase nas células animais, a célula forma um *anel contrátil*, com base em microfilamentos, ligado à membrana plasmática que finalmente irá contrair e dividir a célula em duas, processo conhecido como citocinese (ver Figura 18-36). O anel contrátil é uma faixa fina de filamentos de actina de polaridade variada intercalados com os filamentos bipolares de miosina II (ver Figura 17-36). Ao receber um sinal, o anel se contrai, gerando inicialmente um *sulco de clivagem* e então separa a célula em duas. Dois aspectos do anel contrátil são essenciais para sua função. Primeiro, ele deve estar apropriadamente localizado na célula. Sabe-se que essa localização é determinada por sinais fornecidos pelo fuso, de forma que o anel se forma a distâncias equivalentes entre os dois polos do fuso. O sinal é fornecido, pelo menos em parte, pelo complexo passageiro do cromossomo (CPC) que regula a ligação dos microtúbulos aos cinetócoros durante a prometáfase (ver Figura 18-41). Até a anáfase, o CPC está associado com a região centromérica dos cromossomos não separados. Quando a anáfase inicia, ele deixa os centrômeros e se associa com os microtúbulos polares sobrepostos no centro do fuso (Figura 18-44). Lá o CPC recruta outro complexo proteico, *centralspindlin*, que inclui as pro-

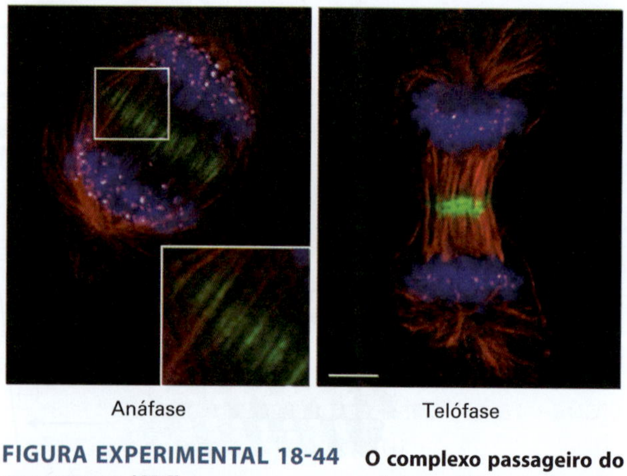

FIGURA EXPERIMENTAL 18-44 O complexo passageiro do cromossomo (CPC) permanece na zona intermediária do fuso durante a anáfase e a telófase. Micrografias de uma célula no final da anáfase (*esquerda*) e telófase (*direita*) mostrando os microtúbulos (vermelho), DNA (azul), Aurora B cinase (verde) e centrômeros dos cromossomos (magenta). Observe como Aurora B no complexo CPC se concentra na região onde os microtúbulos polares se sobrepõem e onde o anel contrátil irá se formar. Barra de escala = 5 μm. (De S. Ruchard, M. Carmena e W. C. Earnshaw, 2007, *Nature Rev. Mol. Cell Biol.* **8**:798-812.)

teínas motoras cinesina direcionadas pela extremidade (+), a qual se concentra no centro do fuso devido a sua atividade motora. À medida que a anáfase B continua, a centralspindlin recruta um fator de troca para RhoA. Relembre-se do Capítulo 17 que as proteínas Rho são proteínas pequenas de ligação ao GTP ativadas pelos fatores de troca para catalisar a troca de GDP por GTP (ver Figura 17-42). Uma vez ativada, RhoA-GTP ativa uma proteína formina para promover a nucleação e a polimerização dos filamentos de actina que compõem o anel contrátil (ver Figura 17-44). Dessa forma, a posição do fuso define diretamente o sítio da formação do anel contrátil e, portanto, a citocinese.

O segundo aspecto importante do anel contrátil é o momento da sua contração. Se o anel contraísse antes que todos os cromossomos tivessem se movido para seus respectivos polos, ocorreriam consequências genéticas desastrosas. Como será discutido no Capítulo 19, uma via de sinalização foi descoberta na levedura de brotamento, chamada *ponto de verificação da posição do fuso*, que interrompe o ciclo celular para assegurar que a citocinese não ocorra até que o fuso esteja orientado apropriadamente. O mecanismo dessa coordenação nas células animais ainda não foi descoberto.

As células vegetais reorganizam seus microtúbulos e constroem uma nova parede celular na mitose

As células vegetais em interfase não têm um MTOC central que organiza os microtúbulos no arranjo radial da interfase típico das células animais. Em vez disso, vários MTOcs contendo γ-tubulina revestem o córtex das células vegetais e fazem a nucleação da polimerização das bandas transversas dos microtúbulos abaixo da parede celular (Figura 18-45, *esquerda*). Os microtúbulos de polaridade mista são liberados dos MTOCs corticais pela ação da catanina, proteína cortadora de microtúbulos; a perda da catanina dá origem a microtúbulos muito longos e células deformadas. A razão para isso é que esses microtúbulos corticais, interligados por MAPs específicas de plantas, ajudam na deposição de microfibrilas de celulose extracelular, o componente principal da parede celular rígida (ver Figura 20-40).

Embora os eventos mitóticos nas células vegetais em geral sejam similares àqueles nas células animais, a formação do fuso e a cinetocinese têm características exclusivas

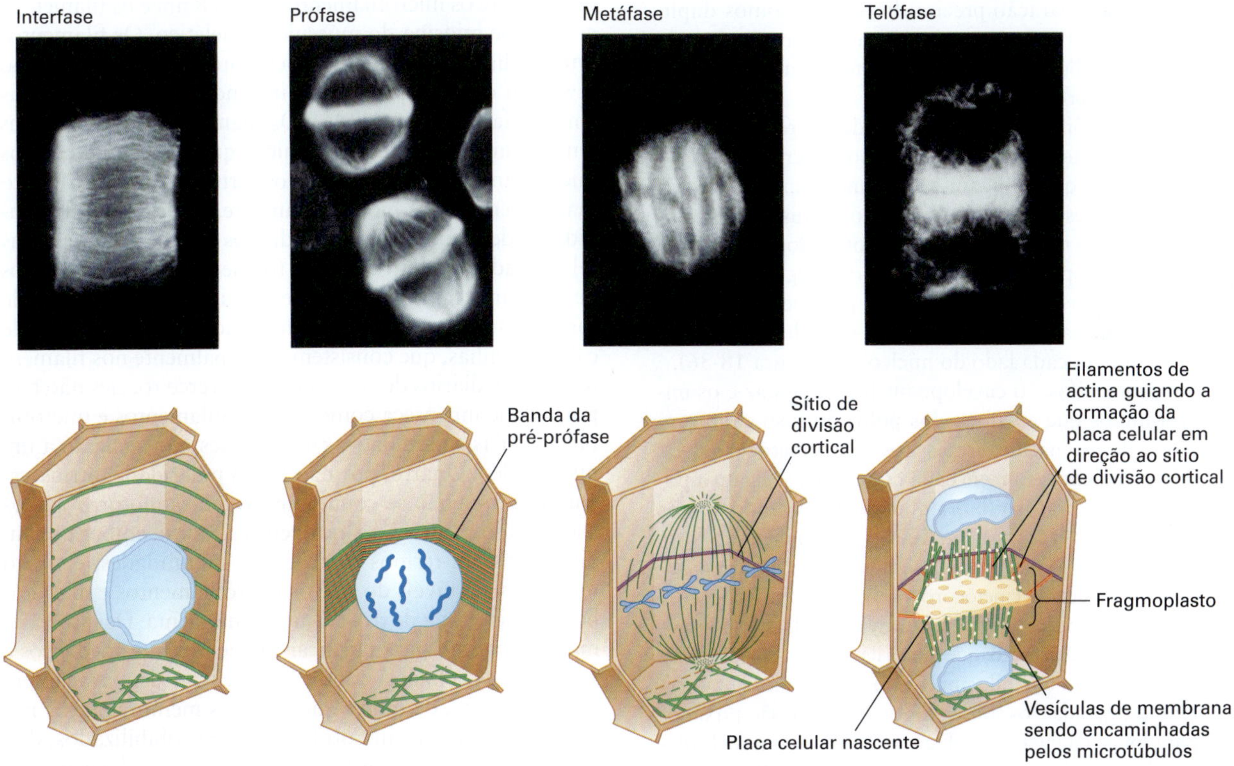

FIGURA 18-45 Mitose em uma célula de plantas superiores. As micrografias de imunofluorescência (*topo*) e os diagramas correspondentes (*abaixo*) mostram o arranjo dos microtúbulos nas células vegetais em interfase e mitose. Um arranjo cortical de microtúbulos circunda a célula durante a interfase. Quando a célula entra em prometáfase, os microtúbulos (verde), juntamente com os filamentos de actina (vermelho) se organizam abaixo do córtex celular, formando a faixa da pré-prófase que marca o futuro sítio de divisão. Quando a célula entra em prometáfase e metáfase, um feixe, similar aquele visto nas células animais, se forma. Entretanto, devido à parede celular, a citocinese é muito diferente nas plantas em relação às células animais. Os microtúbulos encaminham membranas para montar uma placa celular nascente chamada fragmoplasto, cuja organização é definida pelos filamentos de actina ligados ao sítio de divisão cortical. Finalmente, as membranas recém-encaminhadas se fusionam no sítio de divisão cortical e tornam-se parte das membranas plasmáticas das duas células. Enzimas secretadas com as vesículas então formam uma parede celular entre as duas células-filhas. (Adaptada de G. Jurgens, 2005, *Ann. Rev. Plant Biol.* **56**:281-289; micrografias cortesia de Susan M. Wick.)

nas plantas (Figura 18-45). As células vegetais formam feixes dos seus microtúbulos corticais e filamentos de actina em uma *faixa da pré-prófase* e os reorganizam em um fuso na prófase sem o auxílio dos centrossomos. O local da faixa da pré-prófase define esse sítio de divisão. Na metáfase, o aparelho mitótico se parece muito nas células vegetais e animais. Entretanto, a divisão da célula em duas é bastante diferente das células animais. As vesículas derivadas do Golgi, que aparecem na telófase, são transportadas ao longo dos microtúbulos para formar a *placa celular nascente*. A placa celular se expande e é guiada em direção do sítio de divisão pelos filamentos de actina para formar o **fragmoplasto**, estrutura de membrana que substitui o anel contrátil da célula animal. As membranas das vesículas que formam o fragmoplasto compõem as membranas plasmáticas das células-filhas. Os conteúdos dessas vesículas, como os precursores polissacarídicos de celulose e pectina, formam a placa celular inicial, que se desenvolve na nova parede celular entre as células-filhas.

CONCEITOS-CHAVE da Seção 18.6

Mitose

- Mitose, a separação precisa dos cromossomos duplicados, envolve uma maquinaria molecular consistindo em microtúbulos dinâmicos e proteínas motoras associadas à microtúbulos.
- O fuso mitótico tem três classes de microtúbulos, todas emanando dos polos do fuso: microtúbulos do cinetócoro, que se ligam aos cromossomos; microtúbulos polares a partir de cada polo do fuso, que se sobrepõem no meio do fuso; e microtúbulos astrais, que se estendem para o córtex celular (ver Figura 18-37).
- No primeiro estágio da mitose, a prófase, os cromossomos nucleares se condensam e os polos do fuso se movem para cada lado do núcleo (ver Figura 18-36).
- Na prometáfase, o envelope nuclear se desfaz e os microtúbulos que emanam dos polos do fuso capturam pares de cromátides-irmãs nos seus cinetócoros. Os dois cinetócoros (um em cada cromátide) se ligam a polos opostos do fuso (biorientados), permitindo que os cromossomos façam a congressão para o meio do fuso.
- O complexo passageiro do cromossomo (CPC) associado com a placa do cinetócoro interno mantém as ligações dos microtúbulos fracas pela atividade da sua componente cinase Aurora B, que fosforila proteínas específicas do cinetócoro. Quando um cromossomo é biorientado, a tensão é gerada e os substratos da Aurora B são puxados para longe da cinase (ver Figura 18-41). Sem a fosforilação das proteínas do cinetócoro pela Aurora B, a ligação entre o cinetócoro e o cromossomo se torna estável.
- Na metáfase, os cromossomos são alinhados na placa metafásica. O sistema de verificação da formação do fuso monitora os cinetócoros não ligados e atrasa a anáfase até que todos os cromossomos estejam ligados.
- Na anáfase, os cromossomos duplicados se separam e se movem em direção aos polos do fuso pelo encurtamento dos microtúbulos do cinetócoro no cineotocoro e no polo do fuso (anáfase A). Os polos do fuso também se separam, empurrados pelo movimento da cinesina-5 bipolar rumo às extremidades (+) dos microtúbulos polares (anáfase B). A separação do fuso também é facilitada pela dineína localizada no córtex puxando os microtúbulos astrais.
- Como o fuso mitótico tem a habilidade de se auto-organizar na ausência de MTOCs, mecanismos aparentemente redundantes contribuem para a fidelidade da mitose.
- O anel contrátil composto por actina e miosina, que tem a posição determinada pela posição do fuso, contrai-se para separar a célula em duas durante a citocinese.
- Nos vegetais, a divisão celular envolve o encaminhamento das membranas pelos microtúbulos para formar o fragmoplasto, que se torna a membrana plasmática das duas células-filhas.

18.7 Filamentos intermediários

O terceiro maior sistema de filamentos dos eucariotos é chamado coletivamente de **filamentos intermediários**. O nome é reflexo do seu diâmetro de cerca de 10 nm, intermediário entre os microfilamentos de 6 a 8 nm e os filamentos grossos de miosina do músculo esquelético. Os filamentos intermediários se estendem pelo citoplasma assim como revestem o envelope nuclear interno das células animais em interfase (Figura 18-46). Os filamentos intermediários têm algumas propriedades únicas que os distinguem dos microfilamentos e microtúbulos. Primeiro, eles são muito mais heterogêneos bioquimicamente, isto é, existem subunidades de filamentos intermediários muito diferentes, mas relacionados evolutivamente e frequentemente expressados de maneira tecido dependente. Segundo, eles têm grande força tensora, como claramente demonstrado pelos fios de cabelo e unhas, que consistem principalmente nos filamentos intermediários de células mortas. Terceiro, eles não têm polaridade intrínseca como os microfilamentos e microtúbulos e suas subunidades constituintes não se ligam a um nucleotídeo. Quarto, por não terem polaridade intrínseca, é natural que não se conheçam proteínas motoras que os usem como meio de deslocamento. Quinto, embora sejam dinâmicos em termos de troca de subunidades, eles são muito mais estáveis do que os microfilamentos e microtúbulos, pois a taxa de troca é muito mais lenta. De fato, uma maneira padrão para purificar filamentos intermediários é submeter as células a condições drásticas de extração em um detergente, de modo que todas as membranas, os microfilamentos e os microtúbulos sejam solubilizados, deixando um resíduo constituído quase que exclusivamente de filamentos intermediários. Finalmente, os filamentos intermediários não são encontrados em todos os eucariotos. Os fungos e as plantas não têm filamentos intermediários, e os insetos têm apenas uma classe, representada por dois genes que expressam lamina A/C e B.

Essas propriedades tornam os filamentos intermediários únicos e estruturas importantes dos metazoários. A importância dos filamentos intermediários é ressalta-

FIGURA EXPERIMENTAL 18-46 Localização de dois tipos de filamentos intermediários na célula epitelial. Micrografia de imunofluorescência de uma célula PtK2 duplamente corada com anticorpos contra queratina (vermelho) e lâmina (azul). Uma rede de filamentos intermediários de lamina pode ser observada sustentando a membrana nuclear, enquanto os filamentos de queratina se estendem a partir do núcleo até a membrana plasmática. (Cortesia de R.D. Goldman.)

da pela identificação de mais de 40 distúrbios clínicos, alguns dos quais são discutidos aqui, associados com defeitos nos genes que codificam as proteínas dos filamentos intermediários. Para compreender suas contribuições para a estrutura do tecido e da célula, inicialmente será examinada a estrutura das proteínas do filamento intermediário e como elas se montam em filamentos. Então serão descritas as diferentes classes dos filamentos intermediários e as funções que elas realizam.

Os filamentos intermediários são formados a partir de dímeros de subunidades

Os filamentos intermediários (FIs) são codificados no genoma humano por 70 genes diferentes classificados em, no mínimo, cinco subfamílias. A característica que define as proteínas FI é a presença de um domínio bastão α-helicoidal conservado de cerca de 310 resíduos que possui sequência característica de um motivo super-hélice (ver Figura 3-9a). Flanqueando o domínio bastão estão os domínios N- e C-terminal não helicoidais de diferentes tamanhos, característicos de cada classe de FI.

A unidade básica principal dos filamentos intermediários é um dímero unido pelos domínios bastão que se associam como uma super-hélice (Figura 18-47a). Esses dímeros então se associam em tetrâmeros, onde os dois dímeros estão em orientações opostas (Figura 18-47b). Os tetrâmeros são formados, extremidade com extremidade, e entrelaçados em longos *protofilamentos*. Quatro protofilamentos se associam em uma *protofibrila*, e quatro protofibrilas se associam lado a lado para gerar o filamento de 10 nm. Dessa forma, um filamento interme-

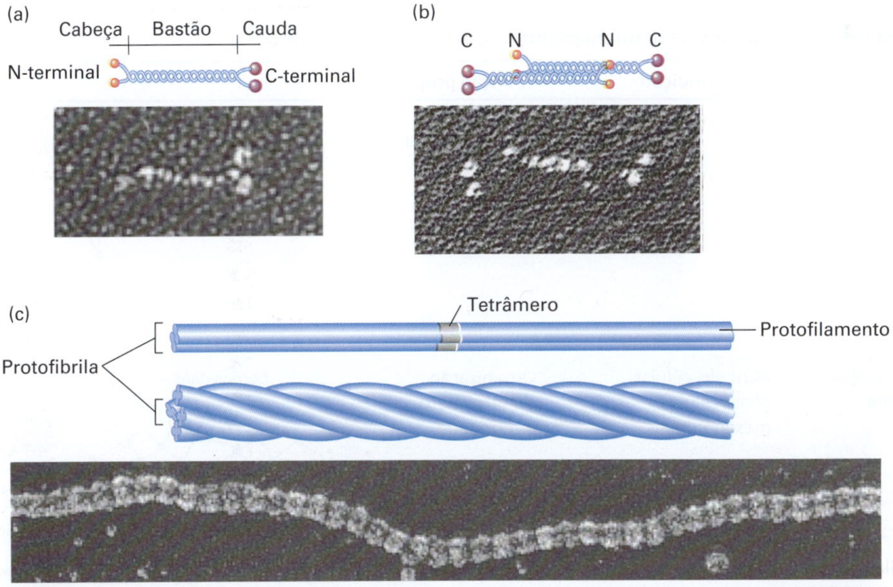

FIGURA EXPERIMENTAL 18-47 Estrutura e formação dos filamentos intermediários. Micrografias eletrônicas e desenhos dos dímeros e tetrâmeros das proteínas FI e dos filamentos intermediários de *Ascaris*, verme parasita do intestino. (a) As proteínas FI formam dímeros paralelos através de um domínio central em super-hélice altamente conservado. As cabeças globulares e caudas são bastante variáveis no seu comprimento e sequência entre as classes de filamentos intermediários. (b) Um tetrâmero é formado pela agregação antiparalela em zigue-zague, lado a lado de dois dímeros idênticos. (c) Tetrâmeros agregam-se à extremidade e lateralmente em uma protofibrila. Em um filamento maduro, consistindo em quatro protofibrilas, os domínios globulares formam agrupamentos em contas na superfície. (Adaptada de N. Geisler et al., 1998, *J. Mol. Biol.* **282**:601; cortesia de Ueli Aebi.)

diário possui 16 protofilamentos (Figura 18-47c). Como o tetrâmero é simétrico, os filamentos intermediários têm polaridade. Essa descrição do filamento baseia-se na sua estrutura em vez de em seu mecanismo de polimerização: atualmente ainda não está claro como os filamentos intermediários são polimerizados *in vivo*. Diferentemente dos microfilamentos e microtúbulos, não existem proteínas conhecidas de nucleação, sequestro, bloqueio ou de corte dos filamentos.

As proteínas do filamento intermediário são expressadas de maneira tecido-específica

A análise da sequência das proteínas dos filamentos intermediários revelou que elas se enquadram em no mínimo cinco classes de homologia diferentes, com quatro classes mostrando forte correspondência entre a sequência característica da classe e a origem do tipo celular no qual as proteínas do filamento intermediário são expressadas (Tabela 18-1).

As **queratinas** encontradas no epitélio compõem as classes I e II; a classe III de proteínas dos filamentos intermediários geralmente é encontrada nas células de origem mesodermal; e a classe IV de proteínas dos filamentos intermediários compõem os **neurofilamentos** encontrados nos neurônios. As laminas, que compõem a classe V, são encontradas revestindo o núcleo de todos os tecidos animais. Serão brevemente resumidas as cinco diferentes classes de homologia e seus papéis em tecidos específicos.

Queratinas As queratinas fornecem resistência às células epiteliais. As duas primeiras classes de homologia são as chamadas *queratinas ácidas* e *básicas*. Existem cerca de 50 genes no genoma humano que codificam as queratinas, igualmente divididos entre as classes ácidas e básicas. Essas subunidades de queratina se organizam em um dímero essencial, de modo que cada dímero consiste em uma cadeia básica e em uma cadeia ácida; essas são então organizadas em filamentos como descrito na seção anterior.

As queratinas compõem a mais diversa das famílias das proteínas de filamento intermediário, com pares de queratina mostrando diferentes padrões de expressão entre epitélios distintos e também mostrando uma regulação específica da diferenciação. Entre elas, estão as chamadas queratinas rígidas que compõem o cabelo e as unhas. Essas queratinas são ricas em resíduos de cisteína oxidados para formar pontes dissulfeto, deixando-a mais resistente. Essa propriedade é explorada pelos cabeleireiros: se você não gosta da forma do seu cabelo, as pontes dissulfeto na queratina do seu cabelo podem ser reduzidas, o cabelo remodelado e as pontes dissulfeto formadas novamente pela oxidação: o resultado é um cabelo ondulado ou liso de forma "permanente".

As chamadas queratinas macias, ou *citoqueratinas*, são encontradas nas células epiteliais. As camadas de células epiteliais que compõem a pele dão um bom exemplo da função das queratinas. A camada mais profunda de células, a *camada basal*, em contato com a lâmina basal, prolifera constantemente, dando origem a células chamadas *queratinócitos*. Após deixar a camada basal, os queratinócitos se diferenciam e expressam citoqueratinas abundantes. As citoqueratinas se associam com sítios de ligações especializadas entre as células, compondo camadas de células que podem resistir à abrasão. Estas células eventualmente mor-

TABELA 18-1 As principais classes de filamentos intermediários nos mamíferos

Classe	Proteína	Distribuição	Função proposta
I	Queratinas ácidas	Células epiteliais	Resistência tecidual e integridade
II	Queratinas básicas	Células epiteliais	Resistência tecidual e integridade
III	Desmina, GFAP, vimentina	Músculo, células gliais, células mesenquimais	Organização do sarcômero, integridade
IV	Neurofilamentos (NFL, NFM e NFH)	Neurônios	Organização do axônio
V	Laminas	Núcleo	Estrutura e organização do núcleo

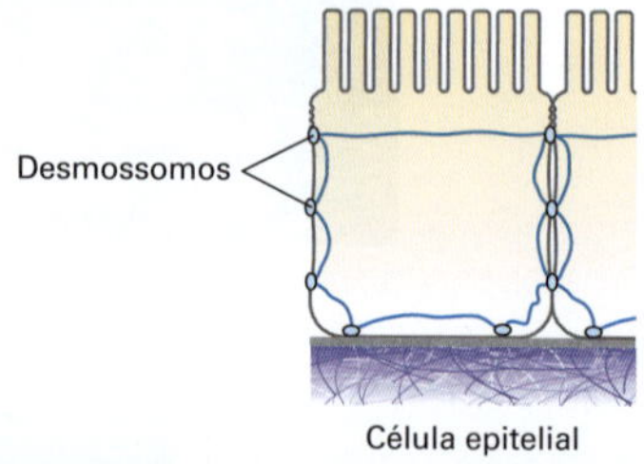

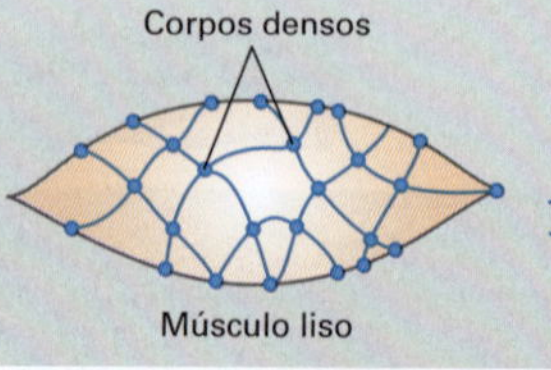

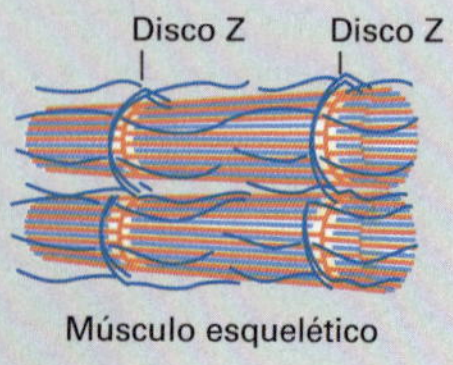

rem, gerando células mortas das quais todas as organelas celulares desapareceram. Essa camada de células mortas fornece uma barreira essencial para evaporação da água, sem a qual não poderíamos sobreviver. A vida de uma célula da pele, desde o nascimento até a sua perda a partir do animal como camada de pele, é de cerca de um mês.

Em todo epitélio, os filamentos de queratina se associam com os desmossomos, que unem as células adjacentes, e hemidesmossomos, que ligam as células à matriz extracelular, fornecendo às células e tecidos sua resistência. Essas estruturas serão descritas em mais detalhes no Capítulo 20.

Além de simplesmente fornecer suporte estrutural, existem evidências cada vez maiores de que os filamentos de queratina fornecem certa organização para as organelas e participam nas vias de transdução de sinal. Por exemplo, o crescimento celular rápido é induzido em resposta ao dano tecidual. Nas células epiteliais foi mostrado que o sinal para crescimento requer a interação entre a molécula de sinalização de crescimento celular e uma queratina específica.

Desmina A classe III de proteínas dos filamentos intermediários inclui a vimentina, encontrada nas células mesenquimais; GFAP (proteína ácida fibrilar glial), encontrada nas células gliais; e a **desmina**, encontrada nas células musculares. A desmina fornece resistência e organização às células musculares (ver ilustrações na Tabela 18-1).

No músculo liso, os filamentos de desmina ligam os *corpos densos* citoplasmáticos, aos quais as microfibrilas contráteis também estão ligadas, à membrana plasmática para assegurar que as células resistam à superextensão. No músculo esquelético, a trama composta por uma faixa de filamentos de desmina envolve o sarcômero. Os filamentos de desmina circundam o disco Z e são interligados à membrana plasmática. Os filamentos de desmina longitudinais se estendem até os discos Z vizinhos dentro da miofibrila, e conexões entre filamentos de desmina em torno dos discos Z nas miofibrilas adjacentes servem para interligar as miofibrilas aos feixes dentro da célula muscular. A trama também está ligada ao sarcômero por meio de interações com os filamentos grossos de miosina. Como os filamentos de desmina estão fora do sarcômero, eles não participam ativamente na geração de forças contráteis. Em vez disso, a desmina tem um papel estrutural essencial na manutenção da integridade muscular. No camundongo transgênico sem desmina, por exemplo, essa arquitetura de suporte é rompida e os discos Z são desalinhados. A localização e morfologia das mitocôndrias nesses camundongos também são anormais, sugerindo que esses filamentos intermediários também possam contribuir para a organização das organelas.

Neurofilamentos O tipo IV de filamentos intermediários consiste em três subunidades relacionadas, NF-L, NF-M e NF-H (NF, neurofilamento; L, leve; M, médio; H, pesado), que compõem os neurofilamentos encontrados nos axônios das células nervosas (ver Figura 18-2). As três subunidades diferem principalmente no tamanho do seu domínio C-terminal, e todas formam heterodímeros. Experimentos com camundongos transgênicos revelaram que os neurofilamentos são necessários para estabelecer o diâmetro correto dos axônios, que determina a velocidade na qual os impulsos nervosos são propagados ao longo dele.

Laminas Os filamentos intermediários mais amplamente distribuídos são as laminas da classe V, que fornecem resistência e suporte para a superfície interna da membrana nuclear (ver Figura 18-46). As **laminas** são as progenitoras de todas as proteínas dos filamentos intermediários, com os FIs citoplasmáticos surgindo por duplicação gênica e mutação. As laminas compõem uma rede bidimensional que se encontra entre o envelope nuclear e a cromatina, no núcleo. Nos humanos, três genes codificam as laminas: um codifica a lamina do tipo A e do tipo C e dois codificam a lamina do tipo B. A lamina do tipo B parece ser o gene primordial e é expressada em todas as células, enquanto as laminas do tipo A e C são reguladas pelo desenvolvimento. As laminas B são isopreniladas pós-tradução, o que as ajuda a se associarem com a membrana interna do envelope nuclear. Além disso, elas ligam as proteínas da membrana nuclear interna, como emerina e polipeptídeos associados à lamina (LAP2). As laminas ligam a múltiplas proteínas e tem sido sugerido que elas exercem um papel na organização em larga escala da cromatina e no espaçamento dos poros nucleares. Quando a célula entra em mitose, as laminas se tornam hiperfosforiladas e se dissociam; na telófase elas se organizam novamente com a formação da membrana nuclear (discutido no Capítulo 19).

Os filamentos intermediários são dinâmicos

Embora os filamentos intermediários sejam muito mais estáveis do que os microtúbulos e os microfilamentos, foi mostrado que as subunidades das proteínas FI estão em equilíbrio dinâmico com o citoesqueleto de FI existente. Em um experimento, uma queratina do tipo I marcada com biotina foi injetada em fibroblastos; dentro de duas horas a proteína marcada foi incorporada em um citoesqueleto de queratina já existente (Figura 18-48). Os resultados desse experimento e outros mostram que as subunidades de FI em solução são capazes de se "adicionar" aos filamentos preexistentes e que as subunidades são capazes de se dissociar dos filamentos intactos.

A estabilidade relativa dos filamentos intermediários apresenta desafios especiais nas células mitóticas, que devem reorganizar as três redes do citoesqueleto durante o ciclo celular. Em particular, a ruptura do envelope nuclear no início na mitose depende da dissociação dos filamentos de lamina que formam uma malha que sustenta a membrana. Como será visto no Capítulo 19, a fosforilação das laminas nucleares por uma cinase mitótica dependente de ciclina que se torna ativa no início da mitose (prófase) induz a dissociação dos filamentos intactos e impede a sua nova polimerização. Adiante na mitose (telófase), a remoção desses fosfatos por fosfatases específicas promove a nova polimerização da lamina, crucial para a reconstrução do envelope nuclear em volta dos cromossomos-filhos. Desse modo, as ações opostas das cinases e fosfatases fornecem um mecanismo rápido para o controle do

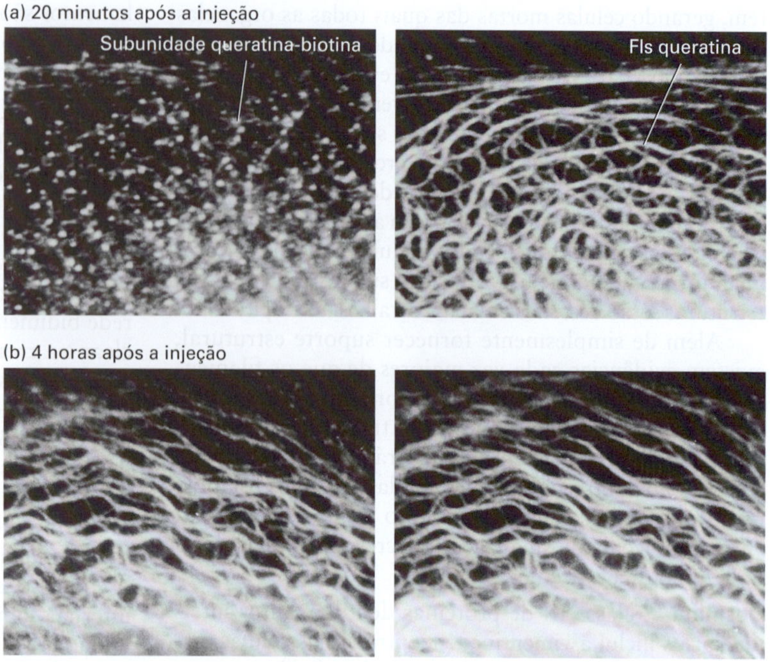

FIGURA EXPERIMENTAL 18-48 Os filamentos intermediários de queratina são dinâmicos, enquanto a queratina solúvel é incorporada em filamentos. A queratina monomérica do tipo I foi purificada, marcada quimicamente com biotina e microinjetada em células epiteliais vivas. As células foram, então, fixadas em diferentes tempos depois da injeção e coradas com um anticorpo contra biotina e com anticorpos contra queratina. (a) Vinte minutos após a injeção, a queratina injetada marcada com biotina está concentrada em pequenos focos disseminados pelo citoplasma (*esquerda*) e não foi integrada no citoesqueleto de queratina endógena (*direita*). (b) Após 4 horas, a queratina marcada com biotina (*esquerda*) e os filamentos de queratina (*direita*) mostram padrões idênticos, indicando que a proteína microinjetada foi incorporada ao citoesqueleto existente. (De R. K. Miller, K. Vistrom e R. D. Goldman, 1991, *J. Cell Biol.* **113**:843; cortesia de R. D. Goldman.)

estado de polimerização dos filamentos intermediários de lamina. Outros filamentos intermediários sofrem dissociação e polimerização similares durante o ciclo celular.

Defeitos nas laminas e queratinas causam várias doenças

Existem cerca de 50 mutações conhecidas no gene para lamina do tipo A em humanos que causam doenças, coletivamente chamadas laminopatias, muitas das quais causam formas da distrofia muscular de Emery-Dreifuss (EDMD). Outras mutações no gene da lamina A causam miocardiopatia estendida. Não está claro por que essas mutações na lamina do tipo A causam EDMD, mas talvez nos tecidos musculares o núcleo frágil não possa dar suporte ao estresse e à distensão do tecido, assim eles são os primeiros a mostrar sintomas. De forma interessante, outras formas de EDMD têm sido relacionadas a mutações na emerina, a proteína de membrana de ligação à lamina do envelope nuclear interno. Ainda outras mutações na lamina do tipo A causam progeria, envelhecimento acelerado. A síndrome progeria Hutchison-Gilford (envelhecimento prematuro) é causada por um erro de *splicing* que resulta na lamina A com domínio C-terminal defeituoso. ■

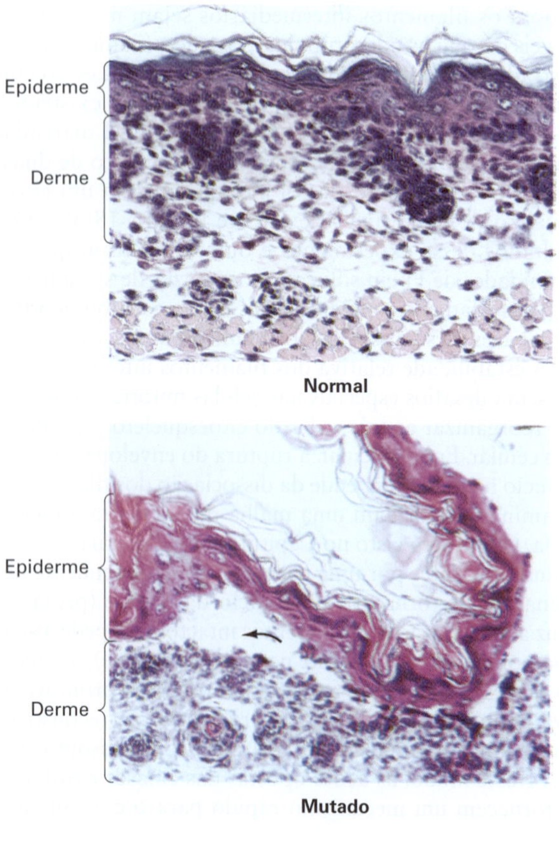

FIGURA EXPERIMENTAL 18-49 Um camundongo transgênico que carrega um gene mutante de queratina exibe a formação de bolhas similares às da doença humana epidermólise bolhosa simples. São mostrados cortes histológicos da pele de um camundongo normal e de um camundongo transgênico carregando um gene mutante de queratina K14. No camundongo normal, a pele consiste em uma camada epidérmica externa rígida que cobre e está em contato com uma camada dérmica interna macia. Na pele de um camundongo transgênico, as duas camadas estão separadas (seta) pelo enfraquecimento das células na base da epiderme. (De P. Coulombe et al., 1991, *Cell* **66**:1301; cortesia de E. Fuchs.)

A integridade estrutural da pele é essencial para suportar abrasões. Em humanos e camundongos, as isoformas de queratina K4 e K14 formam heterodímeros que se associam em protofilamentos. Um mutante K14 com deleções no domínio N- ou C-terminal pode formar heterodímeros *in vitro*, mas não se organiza em protofilamentos. A expressão dessas proteínas queratina mutantes nas células causa a quebra de redes de FI em agregados. Camundongos transgênicos que expressam uma proteína K14 mutante nas células-tronco basais da epiderme apresentam anormalidades gritantes de pele, principalmente a formação de bolhas na epiderme, que lembra a doença de pele humana *epidermólise bolhosa simples* (EBS). O exame histológico da área com bolhas revela alta incidência de morte das células basais. A morte dessas células parece ser causada por trauma mecânico a partir da fricção da pele durante o movimento dos membros. Na ausência dos feixes normais dos filamentos de queratina, as células basais mutantes se tornam frágeis e facilmente danificadas, provocando a sobreposição de camadas epidermais, com descamação e formação de bolhas (Figura 18-49). Assim como o papel dos filamentos de desmina no suporte do tecido muscular, o papel geral dos filamentos de queratina parece ser a manutenção da integridade estrutural dos tecidos epiteliais pelo reforço mecânico das conexões entre as células.

CONCEITOS-CHAVE da Seção 18.7

Filamentos intermediários

- Os filamentos intermediários são os únicos componentes fibrosos não polarizados do citoesqueleto e sem proteínas motoras associadas. Eles são construídos a partir de dímeros superenrolados que se associam de maneira antiparalela em tetrâmeros e então em protofilamentos, 16 dos quais compõem o filamento (ver Figura 18-47).
- Existem cinco principais classes de proteínas de filamentos intermediários, com as laminas nucleares (classe V) sendo as mais antigas e ubíquas nas células animais. As outras quatro classes apresentam expressão tecido-específica (ver Tabela 18-1).
- As queratinas (classes I e II) são encontradas no cabelo e nas unhas dos animais, assim como nos filamentos de citoqueratina que se associam com os desmossomos nas células epiteliais para fornecer resistência às células e aos tecidos.
- A classe III de filamentos inclui a vimentina, GFAP e desmina, que fornecem a estrutura e a ordem para os discos Z do músculo e controlam a superextensão do músculo liso.
- Os neurofilamentos compõem a classe IV e são importantes para a estrutura dos axônios.
- Muitas doenças estão associadas a defeitos nos filamentos intermediários, especialmente laminopatias, que incluem uma variedade de condições, e mutações nos genes de queratina, que podem causar defeitos severos na pele (ver Figura 18-49).

18.8 Coordenação e cooperação entre elementos do citoesqueleto

Até aqui discutiu-se de forma geral as três classes de filamentos citoesqueléticos (microfilamentos, microtúbulos e filamentos intermediários) como se funcionassem independentemente. Entretanto, o fato de que o fuso mitótico com base em microtúbulos determina o sítio de formação do anel contrátil com base em microfilamentos é apenas um dos exemplos de como esses dois sistemas citoesqueléticos são coordenados. Aqui serão mencionados alguns exemplos de ligações, físicas e reguladoras, entre os elementos citoesqueléticos e sua integração em outros aspectos da organização celular.

Proteínas associadas aos filamentos intermediários contribuem para a organização celular

Um grupo de proteínas coletivamente chamadas **proteínas associadas aos filamentos intermediários (IFAPs)** foram identificadas em conjunto na purificação dos filamentos intermediários. Entre elas está a família das **plaquinas**, envolvidas na ligação dos filamentos intermediários a outras estruturas. Algumas se associam aos filamentos de queratina para ligá-los aos desmossomos, que são junções entre as células epiteliais que fornecem a estabilidade para um tecido, e hemidesmossomos localizados em regiões da membrana plasmática onde os filamentos intermediários estão ligados à matriz extracelular (esses tópicos serão abordados em detalhe no Capítulo 20). Outras plaquinas são encontradas ao longo dos filamentos intermediários e têm sítios de ligação para microfilamentos e microtúbulos. Uma dessas proteínas, chamada plectina, pode ser vista por microscopia imunoeletrônica e provê conexões entre os microtúbulos e os filamentos intermediários (Figura 18-50).

FIGURA EXPERIMENTAL 18-50 Um anticorpo marcado com ouro identifica as interligações de plectina entre os filamentos intermediários e os microtúbulos. Nesta micrografia imunoeletrônica de uma célula de fibroblasto, os microtúbulos estão evidenciados em vermelho; os filamentos intermediários, em azul; e as curtas fibras de conexão entre eles, em verde. A coloração com anticorpo contra plectina marcado com ouro (amarelo) revela que estas fibras de conexão contêm plectina. (De T. M. Svitkina, A. B. Verkhovsky e G. G. Borisy, 1996, *J. Cell Biol.* **135**:991; cortesia de T. M. Svitkina.)

Os microfilamentos e os microtúbulos cooperam para o transporte dos melanossomos

Estudos com camundongos mutantes com pelagens levemente coradas revelaram uma via na qual microtúbulos e microfilamentos cooperam para transportar grânulos de pigmento. O pigmento colorido no cabelo é produzido nas células chamadas melanócitos, células muito similares aos melanóforos de peixes e sapos discutidos anteriormente (ver Figura 18-28). Os melanócitos são encontrados no folículo piloso na base da raiz do cabelo e contêm grânulos carregados de pigmento chamados melanossomos. Os melanossomos são transportados para as extensões dendríticas dos melanócitos para exocitose subsequente para as células epiteliais ao redor. O transporte para a periferia das células é mediado, assim como nos melanóforos de sapo, por um membro da família da cinesina. Na periferia, são então passados para miosina V e encaminhados para exocitose. Se o sistema da miosina V estiver defeituoso, os melanossomos não são capturados e permanecem no corpo da célula. Portanto, os microtúbulos são responsáveis pelo transporte de longo alcance dos melanossomos, enquanto a miosina V, com base em microtúbulos, é responsável pela captura e pelo encaminhamento no córtex da célula. Esse tipo de divisão de trabalho, transporte de longo alcance por microtúbulos e de curto alcance pelos microfilamentos, foi encontrado em vários sistemas diferentes, desde o transporte em fungos filamentosos até o transporte ao longo dos axônios.

Cdc42 coordena os microtúbulos e os microfilamentos durante a migração celular

No Capítulo 17, foi discutido como a polaridade de uma célula migratória é regulada por Cdc42, que resulta na formação de uma borda anterior composta por actina na parte anterior da célula e na contração na parte posterior (ver Figura 17-46 e Figura 18-51, etapa **1**). Foi descoberto que a ativação de Cdc42 na parte anterior da célula também leva à polimerização do citoesqueleto de microtúbulos. Isso foi originalmente estudado em ensaios de cicatrização (ver Figura 17-45), onde foi observado que quando as células na borda de uma lesão são induzidas a polimerizarem e se moverem para preencher o espaço vazio, o aparelho de Golgi é movido para a parte anterior do núcleo em direção à parte anterior da célula. A localização do Golgi na parte anterior da célula indica que o centrossomo se move para se acomodar na parte anterior do núcleo (relembre que a localização do Golgi é dependente da localização do MTOC; ver Figuras 18-1c, 18-27). Estudos recentes sugeriram como isso acontece. A ativação de Cdc42 na parte anterior da célula ativa o fator de polaridade Par6, que resulta no recrutamento do complexo dineína-dinactina (Figura 18-51, etapa **2**). O complexo dineína-dinactina localizado no córtex então interage com os microtúbulos, puxando-os para orientar o centrossomo e ainda todo o arranjo radial de microtúbulos (Figura 18-51, etapa **3**). Essa reorientação do sistema dos microtúbulos leva à reorganização da via secretora para encaminhar produtos de secreção, especialmente integrinas, para ligar a matriz extracelular à parte anterior da célula para ligação ao substrato e migração celular (Figura 18-51, etapa **4**).

O avanço dos cones de crescimento neural é coordenado por microfilamentos e microtúbulos

O sistema nervoso depende da integração e transmissão de sinais pelos neurônios. Os neurônios têm estruturas especializadas chamadas dendritos, que recebem sinais, e um único axônio que termina em uma

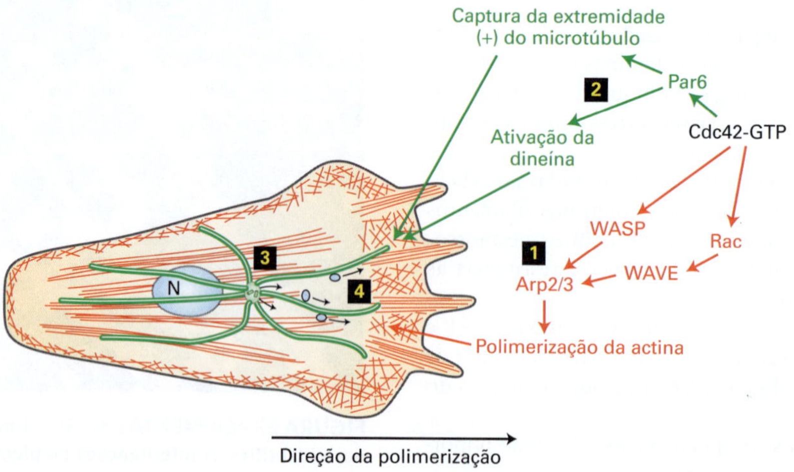

FIGURA 18-51 Regulação independente de Cdc42 dos microfilamentos e microtúbulos para polarizar uma célula em migração. Cdc42-GTP ativa na parte anterior da célula leva à ativação de Rac e WASP, que resulta na formação de uma borda anterior com base em microfilamentos (etapa **1**). Independentemente, Cdc42-GTP também leva à captura de extremidades (+) de microtúbulos e à ativação da dineína (etapa **2**). Juntos, eles puxam os microtúbulos para orientar o centrossomo (etapa **3**) rumo à parte anterior da célula. Esta reorientação polariza a via secretora para o encaminhamento ao longo dos microtúbulos de moléculas de adesão carregadas nas vesículas secretoras (etapa **4**). (Com base em estudos de S. Etienne-Manneville et al., 2005, *J. Cell Biol.* **170**:895-901.)

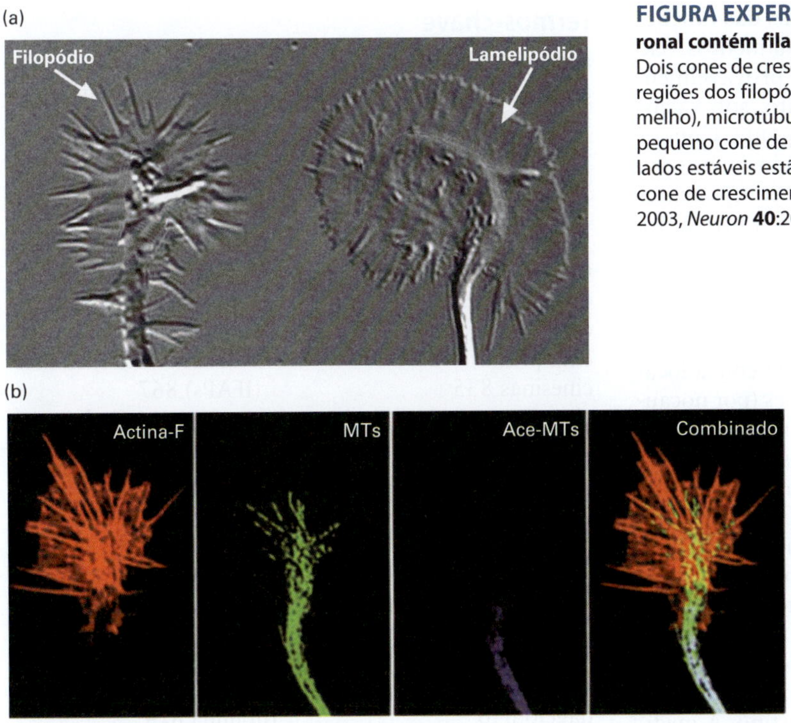

FIGURA EXPERIMENTAL 18-52 O cone de crescimento neuronal contém filamentos de actina dinâmicos e microtúbulos. (a) Dois cones de crescimento vistos por microscopia DIC mostrando suas regiões dos filopódios e lamelipódios. (b) Localização da actina (vermelho), microtúbulos (verde) e microtúbulos acetilados (azul) em um pequeno cone de crescimento. Observe como os microtúbulos acetilados estáveis estão localizados no eixo do axônio e não penetram o cone de crescimento dinâmico. (A partir de E. W. Bent e F. B. Gertler, 2003, *Neuron* **40**:209-227).

ou mais sinapses em uma ou mais células-alvo (p. ex., outro neurônio ou célula muscular) (ver Figura 18-2). É crucial que os neurônios façam as conexões corretas, então como os axônios são guiados para seus destinos corretos? À medida que o axônio se estende, ele tem um cone de crescimento terminal que percebe sinais a partir da matriz extracelular e outras células para guiá-lo pela via correta. Por isso, como o cone de crescimento recebe e interpreta as pistas para direcionar o crescimento do axônio é fundamental para a função do sistema nervoso. Os cones de crescimento são muito ricos em actina e normalmente têm um amplo lamelipódio e múltiplos filopódios (Figura 18-52a). Os microtúbulos também são essenciais para guiar os cones de crescimento. Relembre que os axônios têm microtúbulos de polaridade uniforme sobre os quais materiais para o crescimento do cone de crescimento são transportados pelo transporte axonal (ver Figura 18-5e). Esses microtúbulos se estendem para dentro do cone de crescimento e juntos com a actina estão envolvidos em guiar a direção de avanço do cone de crescimento. Enquanto a actina é necessária para o avanço do cone de crescimento, os microtúbulos e a actina são necessários para guiar o crescimento na direção correta. Embora os mecanismos ainda não tenham sido totalmente elucidados, foi observado que um sinal de crescimento local altera a dinâmica local da actina, resultando na extensão dos microtúbulos para aquela região. Também foi observado que os microtúbulos no eixo do axônio possuem modificações pós-traducionais, como acetilação, que os estabiliza, enquanto os microtúbulos mais dinâmicos no cone de crescimento muitas vezes não têm (Figura 18-52b).

CONCEITOS-CHAVE da Seção 18.8

Coordenação e cooperação entre elementos citoesqueléticos

- Os filamentos intermediários estão ligados a sítios de ligação específicos na membrana plasmática (chamados desmossomos e hemidesmossomos) e a microfilamentos e microtúbulos (ver Figura 18-50).
- Nas células animais, os microtúbulos geralmente são utilizados para o encaminhamento das organelas por longas distâncias, enquanto os microfilamentos lidam com seu encaminhamento local.
- A molécula de sinalização Cdc42 regula de forma coordenada os microfilamentos e microtúbulos durante a migração celular.
- O avanço dos cones de crescimento nos neurônios requer a ação conjunta de microfilamentos e microtúbulos.

Perspectivas

Nos Capítulos 17 e 18, foi visto como os microfilamentos, microtúbulos e filamentos intermediários conferem estrutura e organização para as células. Sem esse sistema elaborado, as células não teriam organização e, portanto, nenhuma possibilidade de função e divisão. O nome "citoesqueleto" sugere uma estrutura relativamente estática na qual a organização celular está presa. Entretanto, o citoesqueleto é na verdade uma estrutura dinâmica que responde a vias de transdução de sinal e que funciona tanto localmente quanto globalmente para prover a organização celular, para que a célula exerça suas funções.

Em resumo, foram esclarecidas muitas das funções distintas e comuns dos três sistemas de filamentos. São conhecidas a maioria dos componentes e provavelmente todas as proteínas motoras. Entretanto, sob vários aspectos, esse é apenas um início empolgante. Com os genomas sequenciados disponíveis e, pelo menos em princípio, um inventário completo dos componentes do citoesqueleto, há uma lista de peças. Entretanto, uma lista de peças é apenas isso; o que precisamos é compreender como as peças se unem em determinados processos.

Atualmente, uma área de pesquisa muito ativa é usar a lista de peças para identificar sistematicamente a localização (através de fusões com GFP), funções (por nocaute de RNAi) e parceiros associados (por meio do isolamento de complexos proteicos) de todos os componentes do citoesqueleto. Considere que, em animais, por volta de 45 genes codificam membros da família da cinesina, sendo conhecido apenas o que um pequeno subgrupo delas faz, qual carga carrega e para que propósitos. Em cada caso, é razoável assumir que as proteínas motoras sejam reguladas, mas atualmente pouco se sabe sobre como isso ocorre. Será importante compreender como as proteínas motoras escolhem a carga correta e então se dissociam dela quando chegam ao seu destino. À medida que as peças forem colocadas no lugar, será possível, cada vez mais, reconstituir processos específicos *in vitro*. Alguns aspectos do fuso mitótico já foram reconstituídos, o que é um início encorajador, mas será necessário mais tempo até que seja possível reconstituir o processo como um todo.

A biologia estrutural vai assumir um papel relevante, pois permitirá ver com detalhes como os diferentes componentes funcionam. Considere o grande número de proteínas que se associam às extremidades (+) dos microtúbulos, as chamadas +TIPs. Sabe-se um pouco sobre como elas mantêm sua associação apical, e trabalhos recentes sugeriram que as associações podem se alterar em diferentes partes da célula – novamente, estamos apenas começando a perceber como esses processos são regulados.

Talvez o maior – e mais empolgante – desafio seja descobrir como as vias de transdução de sinal coordenam as funções entre todos os elementos, dentro de uma única célula e em diferentes contextos celulares. Estamos apenas começando a descobrir de que modo as células organizam e regulam diferentes processos em várias regiões dentro de uma única célula. Já se pode vislumbrar as vias de transdução de sinal que regulam a polaridade celular e permite a migração celular.

Embora todos esses estudos provavelmente sejam voltados à biologia celular básica, como é evidente a partir de estudos do transporte intraflagelar e filamentos intermediários, tais estudos muitas vezes abrem uma janela para o mecanismo de uma doença, a partir do qual estratégias para tratamento podem ser desenvolvidas. A inter-relação da biologia celular básica com a medicina contribui muito para a empolgação e o valor social de trabalhar nesta área.

Termos-chave

anáfase 853
anterógrado 835
ásteres 852
axonema 847
centro de organização dos microtúbulos (MTOC) 826
centrômero 855
centrossomo 826
cílio 846
cílio primário 849
cinesinas 835
cinetócoros 852
citocinese 853
complexo em anel da γ-tubulina (γ-TuRC) 827
corpo basal 847
desmina 865
dineínas 835
filamento intermediário 823
flagelo 846
fuso mitótico 852
instabilidade dinâmica 830
laminas 865
metáfase 853
microtúbulo 823
mitose 851
neurofilamentos 864
prófase 851
proteínas associadas ao filamento intermediário (IFAPs) 867
proteínas associadas ao microtúbulo (MAPs) 824
protofilamento 824
queratinas 864
retrógrada 835
telófase 853
transporte axonal 835
transporte intraflagelar (IFT) 848
tubulina 824

Revisão dos conceitos

1. Os microtúbulos são filamentos polares; isto é, uma extremidade é diferente da outra. Qual é a base para essa polaridade, como a polaridade está relacionada com a organização dos microtúbulos dentro da célula e como a polaridade está relacionada aos movimentos intracelulares impulsionados pelos motores dependentes de microtúbulos?
2. Tanto *in vitro* quanto *in vivo*, os microtúbulos passam por instabilidade dinâmica e supõe-se que esse tipo de organização seja intrínseco ao microtúbulo. Qual é o modelo atual para explicar a instabilidade dinâmica?
3. Nas células, a polimerização dos microtúbulos depende de outras proteínas, assim como da concentração de tubulina e da temperatura. Que tipos de proteínas influenciam a polimerização dos microtúbulos *in vivo* e como cada tipo afeta a polimerização?
4. Os microtúbulos dentro de uma célula parecem estar arranjados em uma disposição específica. Que estrutura celular é responsável por determinar o arranjo dos microtúbulos dentro da célula? Quantas dessas estruturas são encontradas em uma célula típica? Descreva como essas estruturas servem para nuclear a polimerização dos microtúbulos.
5. Vários fármacos que inibem a mitose se ligam especificamente à tubulina, aos microtúbulos ou a ambos. Para quais doenças esses fármacos são utilizados como tratamento? Falando em termos funcionais, esses fármacos podem ser divididos em dois grupos, de acordo com o seu efeito na polimerização dos microtúbulos. Quais são os dois mecanis-

mos pelos quais esses fármacos alteram a polimerização dos microtúbulos?

6. A cinesina I foi o primeiro membro da família das cinesinas motoras a ser identificado e, por isso, talvez seja o membro da família mais bem caracterizado. Qual propriedade fundamental da cinesina foi usada para purificá-la?
7. Certos componentes celulares parecem se mover bidirecionalmente nos microtúbulos. Descreva como isso é possível, dado que a orientação dos microtúbulos é determinada pelo MTOC.
8. As propriedades de motilidade das proteínas motoras de cinesina envolvem tanto o domínio motor quanto o domínio de ligação. Descreva o papel de cada domínio no movimento da cinesina, na direção do movimento ou em ambos. A cinesina I com uma cabeça inativa poderia mover de maneira eficiente uma vesícula ao longo de um microtúbulo?
9. Quais características do complexo da dinactina permitem que a dineína citoplasmática transporte carga em direção da extremidade (−) do microtúbulo? Que efeito a inibição das interações da dinactina com +TIP EB-1 tem sobre a orientação do fuso nas células?
10. O deslocamento da célula depende de apêndices contendo microtúbulos. Qual é a estrutura subjacente a esses apêndices e como essas estruturas geram a força necessária para produzir o deslocamento?
11. Qual efeito a inativação da dineína teria sobre o transporte IFT dependente de cinesina-2?
12. O fuso mitótico é frequentemente descrito como máquina celular composta por microtúbulos. Os microtúbulos que constituem o fuso mitótico podem ser classificados em três tipos distintos. Quais são os três tipos de microtúbulos do fuso e qual é a função de cada um?
13. A função do fuso mitótico depende muito dos motores dos microtúbulos. Para cada uma das seguintes proteínas motoras, faça a previsão do efeito na formação do fuso, na função ou em ambos, da adição de um fármaco que inibe especificamente apenas aquele motor: cinesina-5, cinesina-13 e cinesina-4.
14. O movimento na direção dos pólos dos cinetócoros e, portanto, das cromátides durante a anáfase A requer que os cinetócoros mantenham-se ligados aos microtúbulos em encurtamento. Como o cinetócoro se mantém ligado aos microtúbulos em encurtamento?
15. A anáfase B envolve a separação dos pólos do fuso. Quais foram as forças propostas como orientadoras dessa separação? Quais são os mecanismos moleculares básicos que, acredita-se, forneçam essas forças?
16. A citocinese, o processo de divisão citoplasmática, ocorre logo após as cromátides-irmãs separadas alcançarem os pólos opostos do fuso. Como é determinado o plano da citocinese? Quais são os respectivos papéis dos microtúbulos e dos filamentos de actina na citocinese?
17. A melhor estratégia para tratar um tipo específico de tumor humano pode depender da identificação do tipo de célula que se tornou cancerosa para dar origem ao tumor. Para alguns tumores que sofreram metástase (se moveram) para colonizar um local distante, a identificação da célula parental pode ser difícil. Como o tipo de proteína FI expressada é específica para o tipo de tecido, usar anticorpos monoclonais que reagem com apenas um tipo de proteína IF pode ajudar nessa identificação. Anticorpos monoclonais contra quais proteínas IF você usaria para identificar a) um sarcoma de origem na célula muscular, b) um carcinoma de célula epitelial e c) um astrocitoma?
18. Explique por que não existem proteínas motoras conhecidas que utilizam filamentos intermediários para se deslocar.
19. Os cones de crescimento são regiões bastante dinâmicas de neurônios em desenvolvimento. O que previne o cone de crescimento de se mover ou de colapsar para dentro do corpo celular principal como frequentemente ocorre com os lamelipódios?

Análise dos dados

1a. A cinesina-1 contém duas cadeias pesadas idênticas e, portanto, dois domínios motores idênticos. Em contrapartida, a cinesina-5 contém quatro cadeias pesadas idênticas. A análise por microscopia eletrônica de cinesinas sombreadas com metal resultou nas imagens abaixo, painel superior. O pré-tratamento dessas cinesinas com um anticorpo que se liga especificamente ao domínio da proteína motora cinesina resultou nas imagens mostradas no painel inferior. As quatro imagens estão aproximadamente na mesma ordem de magnificação. O que você deduz sobre a estrutura da cinesina-5 a partir desses dados?

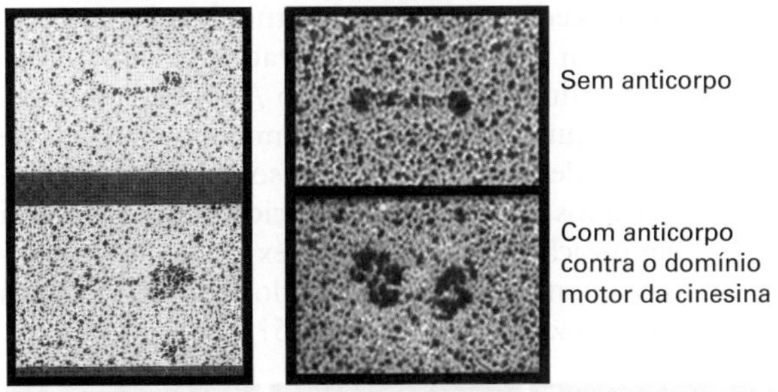

b. Para determinar se a cinesina-5 é uma proteína motora da extremidade (+) ou (−) dos microtúbulos, microtúbulos com polaridade marcada são gerados pela polimerização de microtúbulos curtos a partir de tubulina fluorescente e então esses microtúbulos curtos são alongados usando tubulina menos fluorescente. Como resultado, os microtúbulos são muito fluorescentes em uma extremidade e menos fluorescentes ao longo da maior parte do seu comprimento. Uma câmara de perfusão é então coberta com cinesina-5 purificada, que fica imobilizada sobre a superfície do vidro. A câmara é então aspergida com microtúbulos de polaridade marcada e ATP, e observa-se o deslizamento dos microtúbulos em relação à cinesina-5 imobilizada. A seguinte sequência de imagens foi obtida. Qual extremidade desses microtúbulos, a extremidade mais ou a menos brilhante, é a extremidade (+)? Esses microtúbulos deslizam sobre a cinesina-5 com a liderança da sua extremidade (+) ou (–)? Com base nesses dados, a cinesina-5 é uma proteína motora de microtúbulos com extremidade (+) ou (–)?

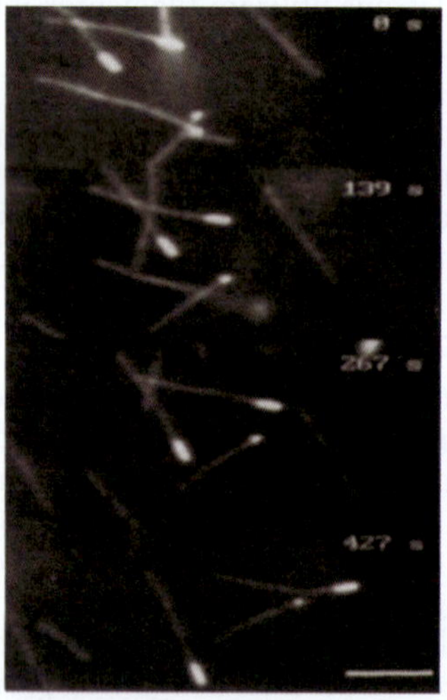

c. A cinesina-5 pode entrecruzar microtúbulos adjacentes. Microtúbulos com polaridade marcada são polimerizados, nos quais a tubulina ligada a um corante fluorescente vermelho é organizada para formar microtúbulos vermelhos curtos, então alongados com tubulina ligada a um corante fluorescente verde. Os microtúbulos são misturados com cinesina-5 e observados por microscopia de fluorescência quando ATP é adicionado. As seguintes imagens mostram uma sequência de tempo de dois microtúbulos sobrepostos e entrecruzados quando ATP é adicionado. A seta está em posição fixa. Você pode explicar o que acontece quando ATP é adicionado aos microtúbulos entrecruzados pela cinesina-5?

d. Eg5 é membro da família da cinesina-5 em *Xenopus*. Para compreender a função de Eg5 *in vivo*, as células são transfectadas com RNAi direcionado contra essa proteína motora. As imagens a seguir foram obtidas a partir de células mitóticas. Qual poderia ser a função de Eg5 nas células?

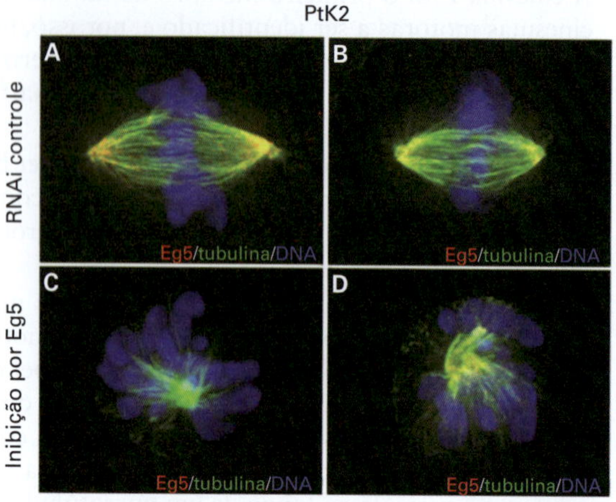

2. A via de sinalização PI3K/AKT é aberrante em uma ampla variedade de cânceres. Nas células de sarcoma de tecidos moles (STS), a ativação de AKT1 induz a motilidade e invasão celular, que leva à metástase agressiva das células. Foi observado que AKT1 se liga à vimentina (ver Q-S Zhu et al., 2010, Vimentin is a novel AKT1 target mediating motility and invasion. *Oncogene* **30**:457-470; doi:10.1038/onc.2010.421; publicado *on-line* em 20 de setembro de 2010).

   a. Para mapear os domínios de interação da vimentina e de AKT, vimentina e AKT1 inteiras e fragmentos de suas construções, indicados abaixo, foram expressados como proteínas de fusão com GST. Cada uma das construções em fusão com GST ligada a esferas de glutationa foi usada para precipitar as proteínas associadas a partir de lisados celulares brutos de STS. O que a análise por *Western blotting* do sedimento usando um anticorpo contra AKT1 revelou sobre o domínio de ligação à AKT na vimentina? O que a análise do sedimento usando um anticorpo contra vimentina revelou sobre o domínio de ligação à vimentina na AKT1?

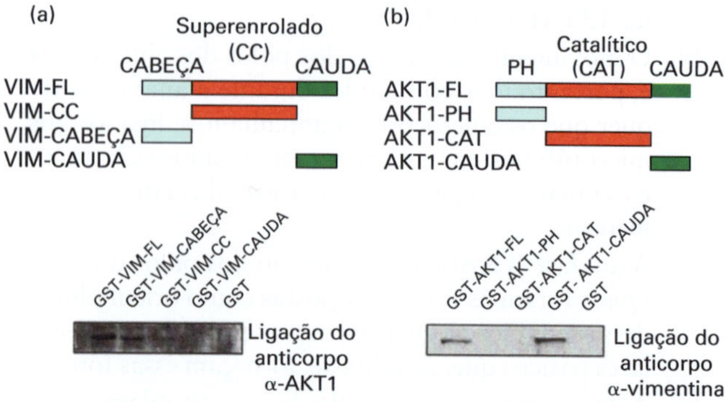

   b. AKT1 é uma cinase e, portanto, provavelmente fosforila a vimentina. A análise da sequência revelou que as serinas (S) nas posições 39 e 325 na vimentina provavelmente são sítios para fosforilação de AKT1. Para testar se um ou ambos os sítios são fosforilados pela AKT1, cada sítio foi mutado para alanina (A), que não pode ser fosforilada. Cada vimentina mutada para alanina foi misturada com AKT1 e testada para fosforilação por análise de *Western blotting* usando um anticorpo que reage com serinas fosforiladas por AKT1 (anticorpos PAS). Qual(is) sítio(s) AKT1 fosforila?

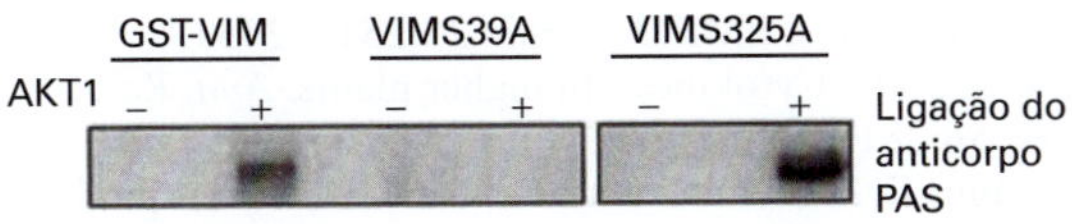

c. A propensão das células cancerosas em sofrer metástase pode ser medida com um ensaio de invasão no qual as células migram por um filtro coberto com proteínas da matriz extracelular (MEC). Quanto mais células migrarem pela MEC, maior é a propensão para metástase. O ensaio de invasão foi usado para monitorar os efeitos da expressão da mutação AKT1 permanentemente ativa (AKT1DD); da superexpressão da vimentina tipo selvagem; da mutante da vimentina que não pode ser fosforilada por AKT1 (VIMS39A); e da mutante fosfomimética da vimentina (VIMS39D) na qual a mutação da S39 para um resíduo de aspartato (D) mimetiza a fosforilação da serina. Qual o efeito a superexpressão e da fosforilação da vimentina sobre a migração celular?

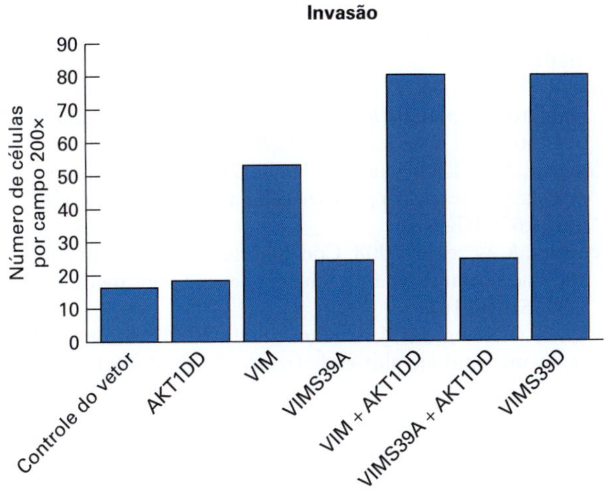

REFERÊNCIAS

Estrutura e organização dos microtúbulos

Badano, J. L., T. M. Teslovich, and N. Katsanis. 2005. The centrosome in human genetic disease. *Nature Rev. Mol. Cell Biol.* **6**:194–205.

Doxsey, S. 2001. Re-evaluating centrosome function. *Nature Rev. Mol. Cell Biol.* **2**:688–698.

Dutcher, S. K. 2001. The tubulin fraternity: alpha to eta. *Curr. Opin. Cell Biol.* **13**:49–54.

Nogales, E., and H-W Wang. 2006. Structural intermediates in microtubule assembly and disassembly: how and why? *Curr. Opin. Cell Biol.* **18**:179–184.

A dinâmica dos microtúbulos

Cassimeris, L. 2002. The oncoprotein 18/stathmin family of microtubule destabilizers. *Curr. Opin. Cell Biol.* **14**:18–24.

Desai, A., and T. J. Mitchison. 1997. Microtubule polymerization dynamics. *Annu. Rev. Cell Dev. Biol.* **13**:83–117.

Howard, J., and A. A. Hyman. 2003. Dynamics and mechanics of the microtubule plus end. *Nature* **422**:753–758.

Regulação da estrutura e da dinâmica dos microtúbulos

Akhmanova, A., and M. O. Steinmetz. 2010. Microtubule +TIPs at a glance. *J. Cell Science* **123**:3414–3418.

Galjart, N. 2005. CLIPs and CLASPs and cellular dynamics. *Nature Rev. Mol. Cell Biol.* **6**:487–498.

Hammond, J. W., D. Cai, and K. J. Verhey. 2008. Tubulin modifications and their cellular functions. *Curr. Opin. Cell Biol.* **20**:71–76.

Wloga, D., and J. Gaertig. 2010. Post-translational modifications of microtubules. *J. Cell Science* **123**:3447–3455.

Cinesinas e dineínas: proteínas motoras compostas por microtúbulos

Web site: Kinesin Home Page, http://www.cellbio.duke.edu/kinesin/

Burgess, S. A., et al. 2003. Dynein structure and power stroke. *Nature* **421**:715–718.

Carter, A. P., C. Carol., L. Jin, and R. D. Vale. 2011. The crystal structure of dynein. *Science* **331**:1159–1165.

Dell, K. R. 2003. Dynactin polices two-way organelle traffic. *J. Cell Biol.* **160**:291–293.

Dujardin, D. L., and R. B. Vallee. 2002. Dynein at the cortex. *Curr. Opin. Cell Biol.* **14**:44–49.

Endow, S. A., F. J Kull, and H. Liu. 2010. Kinesins at a glance. *J. Cell Science* **123**:3420–3424.

Goldstein, L. S. 2001. Kinesin molecular motors: transport pathways, receptors, and human disease. *Proc. Nat'l. Acad. Sci. USA* **98**:6999–7003.

Hirokawa, N., N. Noda, Y. Tanaka, and S. Niwa. 2009. Kinesin superfamily motor proteins and intracellular transport. *Nature Rev. Mol. Cell Biol.* **10**:682–696.

Hirokawa, N., and R. Takemure. 2003. Biochemical and molecular characterization of diseases linked to motor proteins. *Trends Cell Biol.* **28**:558–565.

Kardon, J. R., and R. D. Vale. 2009. Regulators of the cytoplasmic dynein motor. *Nature Rev. Mol. Cell Biol.* **10**:854–865.

Lawrence, C. J., et al. 2004. A standardized kinesin nomenclature. *J. Cell Biol.* **167**:19–22.

McKenney, R. J., et al. 2010. LIS1 and NudE induce a persistent dynein force-producing state. *Cell* **141**:304–314.

Schroer, T. A. 2004. Dynactin. *Ann. Rev. Cell Dev. Biol.* **20**:759–779.

Vale, R. D. 2003. The molecular motor toolbox for intracellular transport. *Cell* **112**:467–480.

Vale, R. D., and R. A. Milligan. 2000. The way things move: looking under the hood of molecular motor proteins. *Science* **288**:88–95.

Verhey, K. J., and J. W. Hammond. 2009. Traffic control: regulation of kinesin motors. *Nature Rev. Mol. Cell Biol.* **10**:765–777.

Wordeman, L. 2005. Microtubule-depolymerizing kinesins. *Curr. Opin. Cell Biol.* **17**:82–88.

Yildiz, A., M. Tomishige, R. D. Vale, and P. R. Selvin. 2004. Kinesin walks hand-over-hand. *Science* **303**:676–678.

Cílios e flagelos: estruturas de superfície compostas por microtúbulos

Gerdes, J. M., E. E. Davis, and N. Katsanis. 2009. The vertebrate primary cilium in development, homeostasis, and disease. *Cell* **137**:32–45.

Ishkiawa, H., and W. F. Marshall. 2011. Ciliogenesis: building the cell's antenna. *Nature Mol. Cell Biol.* **12**:222–234.

Jin, H. et al. 2010. The conserved Bardet-Biedl syndrome proteins assemble a coat that traffics membrane proteins to cilia. *Cell* **141**:1208–1218.

Rosenbaum, J. L., and G. B. Witman. 2002. Intraflagellar transport. *Nature Rev. Mol. Cell Biol.* **3**:813–825.

Singla, V., and J. F. Reiter. 2006. The primary cilium as the cells' antenna: signaling at a sensory organelle. *Science* **313**: 629–633.

Mitose

Web site: http://www.cellbio.duke.edu/kinesin/FxnSpindleMotility.html

Alushin, G.M., et al. 2010. The Ndc80 kinetochore complex forms oligomeric arrays along microtubules. *Nature* **467**:805–810.

Cheeseman, I. M., and A. Desai. 2008. Molecular architecture of the kinetochore-microtubule interface. *Nature Rev. Mol. Cell Biol.* **9**:33–46.

Cleveland, D. W., Y. Mao, and K. F. Sullivan. 2003. Centromeres and kinetochores: from epigenetics to mitotic checkpoint signaling. *Cell* **112**:407–421.

Gadde, S., and R. Heald. 2004. Mechanisms and molecules of the mitotic spindle. *Curr. Biol.* **14**:R797–R805.

Goshima, G., et al. 2009. Augmin: a protein complex required for centrosome-independent microtubule generation within the spindle. *J. Cell Biol.* **181**:421–429.

Heald, R., et al. 1997. Spindle assembly in *Xenopus* egg extracts: respective roles of centrosomes and microtubule self-organization. *J. Cell Biol.* **138**:615–628.

Kim, Y., A. J. Holland, W. Lan, and D. W. Cleveland. 2010. Aurora kinases and protein phosphatase 1 mediate chromosome congression through regulation of CENP-E. *Cell* **142**: 444–455.

Kinoshita, K., B. Habermann, and A. A. Hyman. 2002. XMAP215: a key component of the dynamic microtubule cytoskeleton. *Trends Cell Biol.* **12**:267–273.

Liu, D., et al. 2009. Sensing chromosome bi-orientation by spatial separation of Aurora B kinase from kinetochore substrates. *Science* **323**:1350–1353.

Mitchison, T. J., and E. D. Salmon. 2001. Mitosis: a history of division. *Nature Cell Biol.* **3**:E17–E21.

Rogers, G. C., et al. 2004. Two mitotic kinesins cooperate to drive sister chromatid separation during anaphase. *Nature* **427**:364–370.

Ruchaud, S., M. Carmena, and W. C. Earnshaw. 2007. Chromosomal passengers: conducting cell division. *Nature Rev. Mol. Cell Biol.* **8**:798–812.

Santaguida, S., and A. Musacchio. 2009. The life and miracle of kinetochores. *EMBO Journal* **28**:2511–2531.

Urges, G. 2005. Cytokinesis in higher plants. *Ann. Rev. Plant Biol.* **56**:281–299.

Wittmann, T., A. Hyman, and A. Desai. 2001. The spindle: a dynamic assembly of microtubules and motors. *Nature Cell Biol.* **3**:E28–E34.

Filamentos intermediários

Intermediate Filaments Database: http://www.interfil.org/index.php

Colakoglu, G., and A. Brown. 2009. Intermediate filaments exchange subunits along their length and elongate by end-to-end annealing. *J. Cell Biol.* **185**:769–777.

Goldman, R. D., et al. 2002. Nuclear lamins: building blocks of nuclear architecture. *Genes Dev.* **16**:533–547.

Herrmann, H., and U. Aebi. 2000. Intermediate filaments and their associates: multi-talented structural elements specifying cytoarchitecture and cytodynamics. *Curr. Opin. Cell Biol.* **12**:79–90.

Mattout, A., et al. 2006. Nuclear lamins, disease and aging. *Curr. Opin. Cell Biol.* **18**:335–341.

Coordenação e cooperação entre elementos do citoesqueleto

Web site: Melanophores, http://www.cellbio.duke.edu/kinesin/Melanophore.html

Chang, L., and R. D. Goldman. 2004. Intermediate filaments mediate cytoskeletal crosstalk. *Nature Rev. Mol. Cell Biol.* **5**:601–613.

Etienne-Manneville, S., et al. 2005. Cdc42 and Par6-PKCζ regulate the spatially localized association of Dlg1 and APC to control cell polarization. *J. Cell Biol.* **170**:895–901.

Kodama, A., T. Lechler, and E. Fuchs. 2004. Coordinating cytoskeletal tracks to polarize cellular movements. *J. Cell Biol.* **167**:203–207.

Schaefer, A. W., et al. 2008. Coordination of actin filament and microtubule dynamics during neurite outgrowth. *Dev. Cell* **15**:146–162.

Wu, X., X. Xiang, and J. A. Hammer III. 2006. Motor proteins at the microtubule plus-end. *Trends Cell Biol.* **16**:135–143.

CAPÍTULO

19

O ciclo celular dos eucariotos

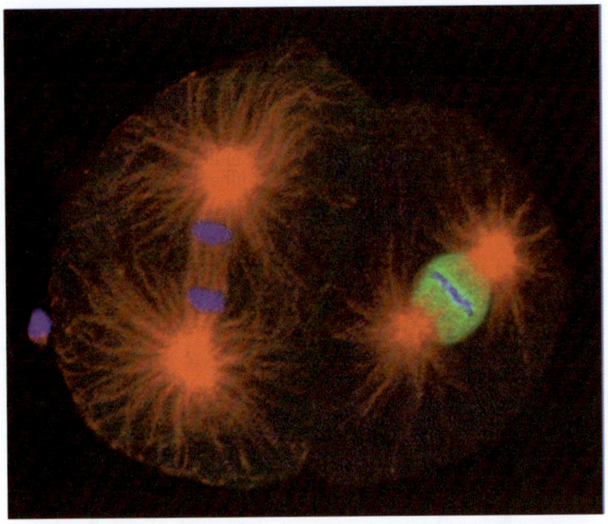

Um embrião de *C. elegans* com duas células, corado com anticorpos contra a tubulina (vermelho) e CeBUB-1, uma proteína de ponto de verificação do fuso (verde). O DNA foi corado com DAPI (azul). A CeBUB-1 localiza-se nos cromossomos e nos microtúbulos do fuso ligados aos cinetócoros, durante a metáfase, na célula menor, posterior (*direita*). Acredita-se que esta proteína controle a ligação e a tensão dos cromossomos. A célula maior, mais à frente (*esquerda*), já está na anáfase, e a CeBUB-1 não é mais detectada nos cromossomos nem nos microtúbulos do fuso. Desta forma, a assincronia deste segundo ciclo celular no embrião de *C. elegans* permite observar a presença da proteína de verificação do fuso funcional durante a metáfase e sua ausência após a entrada na anáfase. (Encanada et al., 2005, *Mol. Biol. Cell* **16:**1056.)

SUMÁRIO

O controle adequado da **divisão celular** é fundamental a todos os organismos. Nos organismos unicelulares, a divisão celular deve ser equilibrada com o crescimento celular, de forma que o tamanho da célula seja mantido adequadamente. Se diversas divisões ocorrerem antes que as células parentais tenham atingido o tamanho adequado, as células-filhas serão muito pequenas para serem viáveis. Se a célula crescer muito antes da divisão celular, a célula não funciona direito e o número de células aumenta lentamente. No desenvolvimento de organismos multicelulares, a replicação de cada célula deve ser controlada e ordenada com precisão para reproduzir fielmente e de modo reprodutível o programa completo de desenvolvimento de cada indivíduo. Cada tipo celular em cada tecido deve controlar sua replicação de modo preciso para o desenvolvimento normal de organismos complexos, como cérebro ou rins. Em um adulto normal, as células se dividem apenas quando e onde for necessário. Contudo, a perda dos controles normais da replicação celular é o defeito fundamental no câncer, doença muito familiar, que mata um em cada seis indivíduos nos países desenvolvidos (ver Capítulo 24). Os mecanismos moleculares que controlam a divisão celular de eucariotos, discutidos neste capítulo, discorrem sobre como os controles da replicação são perdidos nas células cancerosas. Nesse tópico, Leland Hartwell, Tim Hunt e Paul Nurse receberam o prêmio Nobel em Fisiologia e Medicina em 2001, por seus experimentos iniciais que elucidaram os principais controladores da divisão celular de todos os eucariotos.

O termo **divisão celular** compreende uma série ordenada de eventos macromoleculares que levam à divisão celular e à produção de duas células-filhas, cada uma contendo cromossomos idênticos aos da célula-mãe. Dois eventos moleculares fundamentais ocorrem durante o ciclo celular, com intervalos de descanso entre eles: durante a fase S do ciclo, cada cromossomo parental é duplicado, formando

ANIMAÇÃO GERAL: Controle do ciclo celular

FIGURA 19-1 Destino de um único cromossomo da célula-mãe durante o ciclo celular dos eucariotos. Após a mitose (M), as células-filhas contêm 2*n* cromossomos em organismos diploides e 1*n* cromossomos em organismos haploides. Nas células em proliferação, G_1 é o período entre o "nascimento" de uma célula após a mitose e o início da síntese de DNA, o que marca o início da fase S. Ao final da fase S, as células entram em G_2 contendo o dobro do número de cromossomos das células em G_1 (4*n* em organismos diploides e 2*n* em organismos haploides). O final de G_2 é marcado pelo estabelecimento da mitose, durante a qual ocorrem diversos eventos que resultam na divisão celular. O conjunto das fases G_1, S e G_2 é chamado de *interfase*, o período entre uma mitose e a próxima. A maioria das células não proliferativas nos vertebrados sai do ciclo celular em G_1, entrando no estado G_0. Embora os cromossomos sejam condensados somente na mitose, estão representados na forma condensada durante todo o ciclo celular para destacar o número de cromossomos em cada estágio. Para simplificação, o envelope nuclear não está representado.

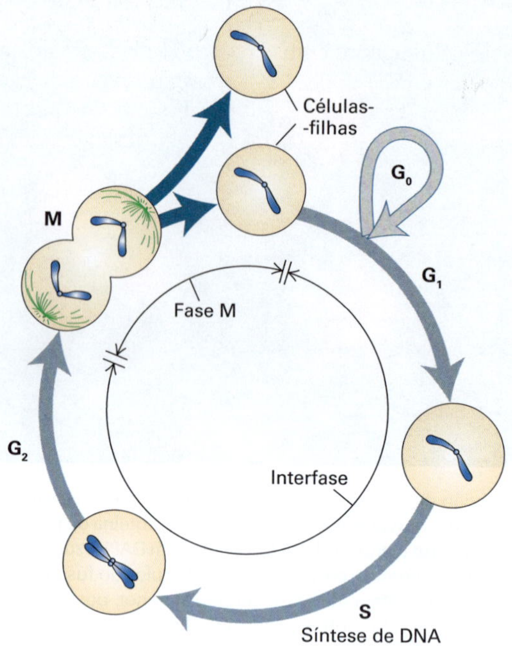

duas cromátides-irmãs idênticas; e na mitose (fase M) essas cromátides-irmãs resultantes são distribuídas a cada célula-filha (Figura 19-1). A replicação dos cromossomos e sua segregação para as células-filhas devem ocorrer na ordem adequada a cada divisão celular. Caso a segregação cromossômica ocorra antes do término da replicação de todos os cromossomos, pelo menos uma célula-filha perderá informação genética. Da mesma forma, se uma segunda rodada de replicação ocorrer em uma região cromossômica antes da divisão celular, os genes codificados nessa região terão um número proporcionalmente maior em relação aos outros genes, fenômeno que normalmente causa um desequilíbrio na expressão gênica que é incompatível com a viabilidade.

Precisão e fidelidade extremas são necessárias para assegurar que a replicação do DNA seja realizada corretamente e que cada célula-filha herde o número correto de cromossomos. Para alcançar esse objetivo, a divisão celular é controlada por mecanismos de vigilância conhecidos como **vias de pontos de verificação** que evitam o início de cada etapa da divisão celular até que a etapa anterior da qual dependem tenha sido completada e os erros que ocorreram durante o processo tenham sido corrigidos. As mutações que inativam ou alteram o funcionamento normal desses pontos de verificação contribuem para o surgimento de células cancerosas, pois resultam em rearranjos cromossômicos e números de cromossomos anormais, que levam a outras mutações e alterações na expressão gênica que provocam crescimento celular descontrolado (ver Capítulo 24).

No final da década de 1980, ficou claro que os processos moleculares que regulam os dois eventos principais do ciclo celular – a replicação e a segregação dos cromossomos – são fundamentalmente semelhantes em todas as células eucarióticas. Inicialmente, causou espanto a muitos pesquisadores que células tão diferentes como leveduras e neurônios humanos utilizassem proteínas quase idênticas para controlar suas divisões celulares. Entretanto, como a transcrição e a síntese de proteínas, o controle da divisão celular parece ser um processo celular fundamental que se desenvolveu e foi muito aprimorado em uma fase primordial da evolução dos eucariotos. Graças a essa semelhança, a pesquisa com organismos diversos, cada qual apresentando vantagens experimentais particulares, contribuiu para o conhecimento crescente sobre a coordenação e o controle desses eventos. As técnicas de bioquímica e genética, bem como a tecnologia do DNA recombinante, têm sido empregadas no estudo de vários aspectos do ciclo celular dos eucariotos. Esses estudos revelaram que a replicação celular é controlada principalmente pela regulação do momento da replicação do DNA e da mitose.

Os controladores principais do ciclo celular são um pequeno número de *proteínas-cinases heterodiméricas* que contêm uma subunidade regulatória (**ciclina**) e uma subunidade catalítica (**cinase dependente de ciclina**). Essas cinases heterodiméricas regulam a atividade de múltiplas proteínas envolvidas na entrada do ciclo celular, na replicação do DNA e na mitose por meio da sua fosforilação em sítios regulatórios específicos, ativando algumas e inativando outras, de maneira a coordenar as suas atividades. A degradação controlada de proteínas também tem função importante nas transições do ciclo celular. Uma vez que a degradação proteica é irreversível, assegura que o processo progrida apenas em uma direção do ciclo celular.

Neste capítulo, primeiro será apresentado um panorama da divisão celular e, em seguida, serão descritos os diversos sistemas experimentais que contribuíram para o entendimento atual. Após, serão discutidas as cinases dependentes de ciclina (CDK) e as diferentes formas de regulação desses controladores fundamentais do ciclo celular. Também será examinada em detalhes cada fase do ciclo celular, com ênfase no modo de controle da atividade das CDKs e como governam os eventos em cada fase. Depois serão discutidos os sistemas dos pontos de verificação que estabelecem a ordem do ciclo celular e asseguram que cada fase do ciclo celular ocorra com precisão. Na discussão, serão enfatizados os princípios gerais que direcionam a progressão do ciclo celular e a nomenclatura em diversas espécies na discussão dos fatores que controlam cada fase do ciclo. O capítulo encerra com uma discussão sobre a meiose, tipo especial de divisão celular que produz células haploides (óvulo e espermatozoide) e os mecanismos moleculares que a diferem da mitose.

19.1 Visão geral do ciclo celular e seu controle

Inicialmente, será feita uma revisão sobre as fases do ciclo celular dos eucariotos, apresentando um sumário do modelo atual de como o ciclo celular é regulado. Será observado como a replicação do DNA conduz à criação de duas moléculas de DNA idênticas durante a fase de síntese de DNA e como essas moléculas são compactadas e estruturadas para sua segregação nas células-filhas. A seguir, serão apresentados os principais reguladores do ciclo celular, as cinases dependentes de ciclina. Conclui esta seção uma visão geral dos princípios que governam o ciclo celular e asseguram que o processo ocorra no tempo correto e sem erros.

O ciclo celular é uma série ordenada de eventos que conduz à replicação celular

Como ilustrado na Figura 19-1, o ciclo celular é dividido em quatro fases principais. As células somáticas de mamíferos que se replicam, crescem em tamanho e sintetizam RNAs e proteínas necessárias à síntese de DNA durante a **fase G_1 (primeiro intervalo)**. Quando as células atingiram o tamanho adequado e já sintetizaram as proteínas requeridas, elas entram no ciclo celular atravessando um ponto de G_1, conhecido como **INÍCIO (START)**. Uma vez ultrapassado esse ponto, as células irreversivelmente sofrerão divisão celular. A primeira etapa do ciclo celular é a entrada na **fase S (síntese)**, o período no qual as células replicam ativamente seus cromossomos. Depois de passar pelo segundo intervalo, a **fase G_2**, as células iniciam o complicado processo de mitose, também chamado de **fase M (mitótica)**, dividida em vários estágios (Figura 19-2).

Ao discutir sobre a mitose, normalmente usa-se o termo **cromossomo** para as estruturas *replicadas* que se condensam e se tornam visíveis ao microscópio óptico nos estágios iniciais da mitose. Assim, cada cromossomo é composto por duas moléculas idênticas de DNA, resultantes da replicação do DNA, mais as histonas e as outras proteínas associadas a elas (ver Figura 6-39). As moléculas de DNA filhas idênticas e as proteínas cromossomais associadas que formam um cromossomo são chamadas de **cromátides-irmãs**. As cromátides-irmãs estão ligadas uma à outra por meio de proteínas interligadoras ao longo de toda a sua extensão.

ANIMAÇÃO EM FOCO: Mitose

VÍDEO: Visualização da mitose com sondas fluorescentes

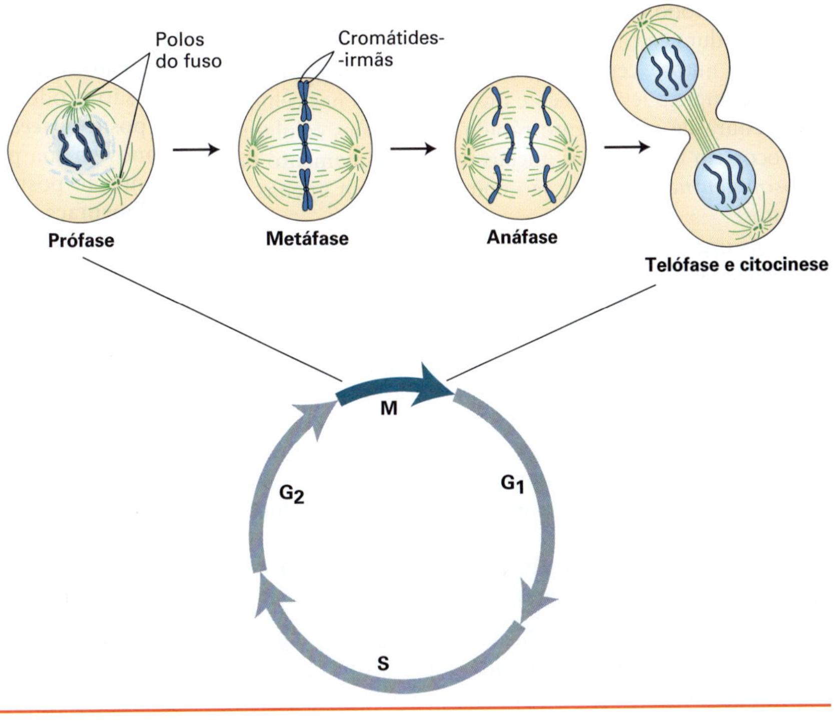

FIGURA 19-2 Os estágios da mitose. Durante a prófase, o envelope nuclear é degradado, os microtúbulos formam o aparato do fuso mitótico e os cromossomos se condensam. Na metáfase, a fixação dos cromossomos aos microtúbulos por meio dos cinetócoros é completada. Durante a anáfase, os motores e o encurtamento dos microtúbulos do fuso puxam as cromátides-irmãs em direção aos polos opostos do fuso. Após o movimento dos cromossomos para os polos do fuso, eles são descondensados, e as células regeneram a membrana nuclear ao redor dos dois núcleos das células-filhas e sofrem citocinese.

Durante a **interfase** (o período do ciclo celular entre o final de uma fase M e o início da próxima), a membrana nuclear externa é contínua ao retículo endoplasmático. Com o início da mitose na **prófase**, o envelope nuclear se retrai para dentro do retículo endoplasmático, na maioria das células dos eucariotos superiores, e as membranas do Golgi se fragmentam em vesículas. Isso é necessário para que os microtúbulos, nucleados pelos **centrossomos**, possam interagir com os cromossomos, formando o **fuso mitótico**, que consiste em um pacote de microtúbulos com forma de bola de futebol americano com um agregado de microtúbulos em forma de estrela irradiando a partir de cada extremidade, ou polo mitótico. Um complexo multiproteico, o **cinetócoro**, se forma em cada **centrômero**. Após a ruptura do envelope nuclear, os cinetócoros das cromátides-irmãs se associam aos microtúbulos vindo do polo mitótico oposto (ver Figura 18-37), e os cromossomos são alinhados em um plano no centro da célula na **metáfase**. Durante o período de **anáfase** da mitose, as cromátides-irmãs se separam. Inicialmente são impelidas através dos microtúbulos em direção aos polos mitóticos e, mais tarde, se separam ainda mais, à medida que os polos mitóticos se distanciam (ver Figura 19-2).

Uma vez que a separação do cromossomo esteja completa, o fuso mitótico se dissocia e os cromossomos se descondensam durante a **telófase**. O envelope nuclear é formado novamente em torno dos cromossomos segregados, à medida que se descondensam. A divisão física do citoplasma, chamada **citocinese**, gera, então, duas células-filhas. Após a mitose, as células que seguem o ciclo celular entram na fase G_1, iniciando um novo ciclo.

A progressão nos estágios do ciclo celular é a mesma em todos os eucariotos, embora o tempo que leva para completar uma rodada do ciclo varie enormemente entre organismos. As células humanas se replicando rapidamente atravessam todo o ciclo celular em aproximadamente 24 horas: G_1 dura cerca de 9 horas; a fase S, 10 horas; G_2, 4,5 horas; e a mitose, cerca de 30 minutos. Em contrapartida, o ciclo completo leva somente uns 90 minutos nas células de levedura de crescimento rápido. As divisões celulares que ocorrem nos estágios iniciais do desenvolvimento da *Drosophila melanogaster* são completadas em apenas 8 minutos!

Nos organismos multicelulares, a maioria das células diferenciadas "sai" do ciclo celular e sobrevive por dias, semanas ou, em alguns casos (p. ex., células nervosas e células da lente ocular), até mesmo o tempo de vida do organismo, sem se dividirem novamente. Essas células *pós-mitóticas* normalmente abandonam o ciclo celular em G_1, entrando na fase chamada de G_0 (ver Figura 19-1). Algumas células em G_0 podem retornar ao ciclo celular e continuar replicando, e essa reentrada no ciclo celular é regulada, permitindo, assim, um controle da proliferação celular.

Cinases dependentes de ciclina controlam o ciclo celular

Como mencionado na introdução do capítulo, a progressão pelo ciclo celular é controlada por proteínas-cinases heterodiméricas compostas por uma subunidade catalítica e uma subunidade reguladora. A concentração das subunidades catalíticas, chamadas **cinases dependentes de ciclina (CDKs)**, permanece constante durante todo o ciclo celular. Porém, elas não apresentam atividade de cinase a não ser que estejam associadas com as **ciclinas**. Cada CDK pode se associar a diferentes ciclinas, e a ciclina associada determina a especificidade de substrato do complexo, isto é, as proteínas que serão fosforiladas por determinado complexo ciclina-CDK.

Cada ciclina está presente e ativa somente durante a etapa do ciclo celular que promove e, portanto, restringe a atividade de cinase da CDK ligada a apenas este estágio do ciclo celular. O complexo ciclina-CDK ativa ou inibe centenas de proteínas envolvidas na progressão do ciclo celular pela sua fosforilação em sítios reguladores específicos. Dessa forma, a progressão adequada do ciclo celular é governada pela ativação apropriada do complexo ciclina-CDK no tempo correto. Como será visto, a expressão da ciclina, limitada ao estágio adequado do ciclo celular, é um dos muitos mecanismos usados pelas células para regular as atividades de cada heterodímero de ciclina-CDK.

Diversos princípios fundamentais governam o ciclo celular

O objetivo de cada divisão celular é a produção de duas células-filhas com conteúdo genético idêntico. Para alcançar isso, os eventos do ciclo celular *devem ocorrer na ordem correta*. A replicação do DNA deve sempre preceder a segregação cromossômica. Hoje, sabe-se que a atividade das proteínas essenciais que promovem a progressão do ciclo celular, as CDKs, é *variável durante o ciclo celular*. Por exemplo, as CDKs que promovem a fase S estão ativas durante a fase S, porém inativas durante a mitose. As CDKs que promovem a mitose estão ativas somente na mitose. Essas *oscilações* na atividade das CDKs são um aspecto fundamental do controle do ciclo celular de eucariotos e, nos últimos anos, muito foi descoberto a respeito de como essas oscilações ocorrem. As oscilações são produzidas por **mecanismos de retroalimentação positiva (*feedback* positivo)** em que CDKs específicas promovem sua própria ativação. Esses ciclos de retroalimentação positiva são acoplados a **mecanismos de retroalimentação negativa (*feedback* negativo)** posteriores, nos quais, indiretamente ou por acúmulo, as CDKs promovem sua própria inativação. As oscilações não apenas impulsionam o ciclo celular adiante como também criam transições abruptas entre os diferentes estados do ciclo celular, essenciais à distinção dos estágios do ciclo celular.

Junto ao aparato de oscilação do ciclo celular, existe um sistema de mecanismos de vigilância que também assegura que o próximo evento do ciclo celular não seja ativado antes do término do anterior, ou antes que os erros que ocorreram durante a etapa precedente sejam corrigidos. Esses mecanismos de vigilância, chamados de **vias de pontos de verificação**, são responsáveis por assegurar a precisão dos processos de replicação e segregação cromossômica. O sistema que garante que os cromossomos foram segregados adequadamente é tão eficiente que um evento de segregação incorreta ocorre apenas em cada 10^4 a 10^5 divisões! Esses múltiplos níveis de controle sobre a maquinaria de controle do ciclo celular asseguram que o ciclo celular seja desenvolvido e sem erros.

CONCEITOS-CHAVE da Seção 19.1

Visão geral do ciclo celular e seu controle

- O ciclo celular dos eucariotos é dividido em quatro fases: G_1 (o período entre a mitose e o início da replicação do DNA nuclear), S (o período da replicação do DNA nuclear), G_2 (o período entre a finalização da replicação do DNA e a mitose) e M (mitose).
- As células se comprometem a uma nova divisão celular em um ponto específico da G_1 conhecido como INÍCIO.
- Os complexos ciclina-CDK, compostos por uma subunidade reguladora de ciclina e uma subunidade catalítica de cinase dependente de ciclina (CDK) promovem a progressão das células durante o ciclo celular.
- As ciclinas ativam as CDKs e estão presentes apenas no estágio do ciclo celular que promovem.
- A atividade das CDKs oscila durante o ciclo celular. Alças de retroalimentação positiva e negativa promovem essas oscilações.
- Mecanismos de vigilância, chamados vias de pontos de verificação, asseguram que cada etapa do ciclo celular esteja corretamente terminada antes do início da próxima etapa.

19.2 Organismos-modelo e métodos para o estudo do ciclo celular

A descoberta dos mecanismos moleculares que governam a progressão pelo ciclo celular em eucariotos foi significativamente acelerada e incentivada pela combinação poderosa de abordagens genéticas e bioquímicas. Nesta seção, serão discutidos os diversos sistemas modelo e sua contribuição à descoberta dos mecanismos moleculares da divisão celular. Os três sistemas mais importantes utilizados no estudo do ciclo celular são as leveduras unicelulares *Saccharomyces cerevisiae* (levedura de brotamento) e *Schizosaccharomyces pombe* (levedura de fissão) e os oócitos e embriões jovens do sapo *Xenopus laevis*. Também será discutida a mosca-da-fruta, *Drosophila melanogaster*, que foi extremamente útil no estudo da interação entre divisão celular e desenvolvimento, além do estudo de células de tecidos de mamíferos em cultura, que levou à caracterização do controle do ciclo celular em mamíferos.

Os estudos do ciclo da divisão celular em diversos sistemas experimentais também provocaram duas descobertas notáveis sobre o controle geral do ciclo celular. Primeiro, complexos processos moleculares como o início da replicação do DNA e a entrada na mitose são todos regulados e coordenados por um pequeno número de proteínas reguladoras essenciais do ciclo celular. Segundo, esses reguladores essenciais e as proteínas que os controlam são altamente conservados, de modo que os estudos do ciclo celular de fungos, ouriços-do-mar, insetos, sapos e outras espécies são diretamente aplicáveis a todas as células eucarióticas, incluindo as células humanas.

As leveduras de brotamento e de fissão são sistemas poderosos para a análise genética do ciclo celular

As leveduras de brotamento e de fissão foram sistemas valiosos para o estudo de ciclo celular. Embora pertençam ao reino dos fungos, têm parentesco distante. Ambos os organismos podem existir no estado haploide, contendo apenas uma cópia de cada cromossomo. Esse fato as transforma em sistemas genéticos potentes. Isso porque é mais fácil produzir mutações que inativam genes em células haploides, pois há apenas uma cópia de cada gene (um sistema diploide exigiria uma mutação de inativação em cada uma das duas cópias do gene para tornar sua atividade não funcional). As células haploides de leveduras podem ser facilmente utilizadas na triagem ou seleção de mutantes com defeitos específicos, como defeitos na proliferação celular. As vantagens adicionais desses dois sistemas são a facilidade relativa de manipulação da expressão de determinados genes, os seus genomas totalmente sequenciados e a facilidade de cultivo e manipulação de modo que a cultura das células de levedura progrida pelo ciclo celular de modo sincronizado.

As células de leveduras de brotamento têm forma ovoide e dividem-se por germinação (Figura 19-3a). O broto é a futura célula-filha e começa a se formar concomitantemente com o início da replicação do DNA e continua a crescer durante o ciclo celular (Figura 19-3b). O estágio do ciclo celular pode ser inferido pelo tamanho do broto, o que torna a *S. cerevisiae* um sistema útil para a identificação de mutantes com bloqueios em etapas específicas do ciclo celular. Na verdade, foi por meio desse organismo que Lee Hartwell e colegas identificaram, pela primeira vez, mutantes com defeitos na progressão em estágios específicos do ciclo celular. Assim como as células de mamíferos, o ciclo celular da levedura tem uma longa fase G_1, e o estudo do seu ciclo celular modelou o entendimento de como a transição da fase G_1 para fase S é controlada.

As leveduras de fissão têm forma de bastão e crescem pelo alongamento de suas extremidades (Figura 19-4a). Após o término da mitose, ocorre a citocinese pela formação de um septo (Figura 19-4b). Os mecanismos moleculares que governam G_2 e a entrada na mitose são muito semelhantes nas leveduras de fissão e células de metazoários, e estudos nesse organismo revelaram os eventos moleculares que cercam a transição da fase G_2 para fase M.

As leveduras de brotamento e de fissão são úteis para o isolamento de mutantes com etapas específicas do ciclo celular que estejam bloqueadas ou que apresentem regulação alterada do ciclo. Como a progressão do ciclo celular é essencial para a viabilidade, os cientistas isolaram mutantes condicionais que codificam proteínas funcionais em determinada temperatura, mas são desativados em outra temperatura, normalmente mais elevada (p. ex., devido ao enovelamento incorreto em temperaturas não permissivas). Os mutantes suspensos em um estágio específico do ciclo celular são facilmente distinguidos das células em divisão normal ao exame microscópico. Desse modo, em ambas as leveduras, as células com **mutações sensíveis à temperatura** apresentando defeitos em proteínas específicas necessárias à progressão pelo ciclo celular

VÍDEO: Mitose e brotamento em *S. cerevisiae*

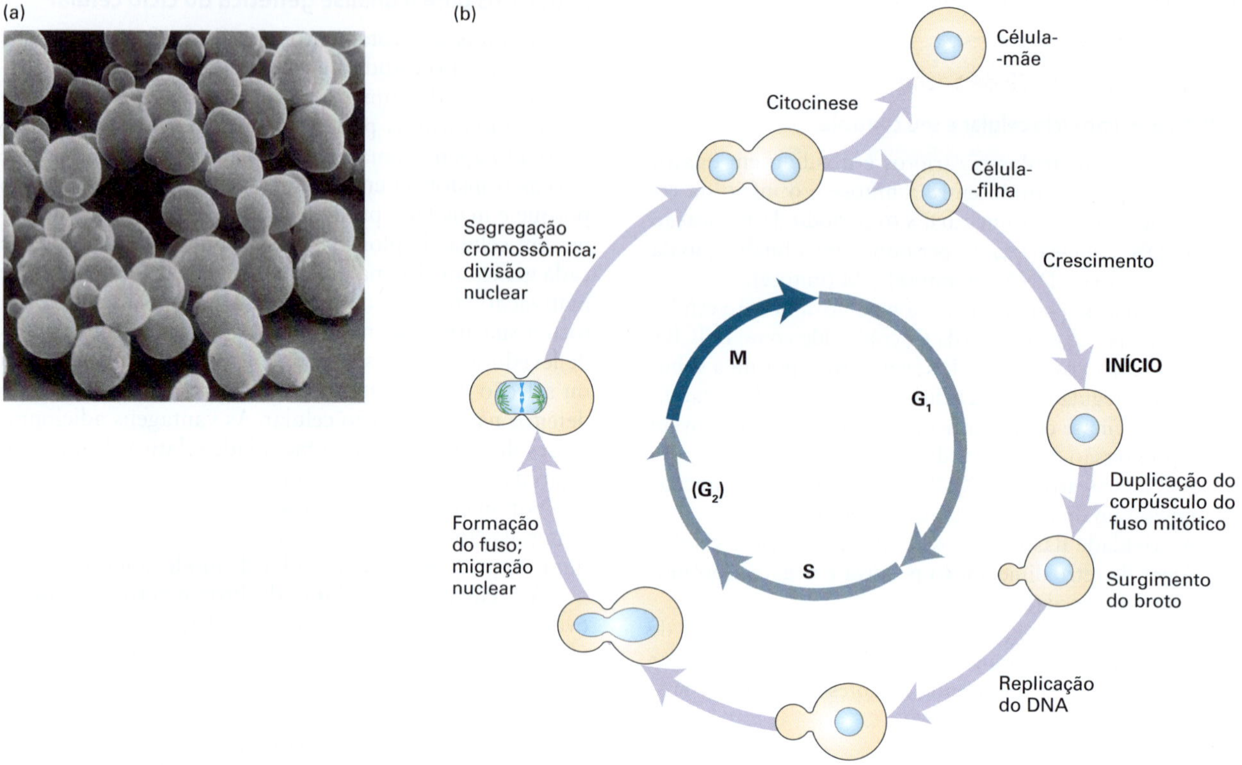

FIGURA 19-3 A levedura de brotamento *S. cerevisiae*. (a) Micrografia eletrônica de varredura de células de *S. cerevisiae* em vários estágios do ciclo celular. Quanto maior o broto que surge no final da fase G_1, mais avançada no ciclo celular está a célula. (b) Principais eventos no ciclo celular de *S. cerevisiae*. As células-filhas nascem menores que a célula-mãe e devem crescer até um tamanho maior em G_1 antes de alcançar tamanho suficiente para entrar na fase S. O INÍCIO é o ponto do ciclo celular após o qual as células estão irreversivelmente comprometidas com o ciclo celular. G_2 não é bem definida na levedura de brotamento e, portanto, está representada entre parênteses. Observe que o envelope nuclear não se desagrega durante a mitose na *S. cerevisiae* e em outras leveduras. Os pequenos cromossomos de *S. cerevisiae* não se condensam suficientemente para serem visíveis ao microscópio óptico. (Parte (a) cortesia de E. Schachtbach e I. Herskowitz.)

foram prontamente isoladas (ver Figura 5-6). Essas células são chamadas mutantes *cdc* (*c*iclo de *d*ivisão *c*elular).

Como identificar qual o gene defeituoso em determinado mutante *cdc*? Os alelos selvagens que correspondem aos alelos recessivos dos mutantes *cdc* sensíveis à temperatura podem ser isolados rapidamente transformando células haploides mutantes com uma biblioteca de plasmídeos preparada a partir de células selvagens e plaqueando as células transformadas em temperaturas não permissivas (Figura 19-5). As células mutantes haploides não podem formar colônias em temperaturas não permissivas. Entretanto, uma célula mutante transformada pode formar colônia caso contenha um plasmídeo que apresente um alelo selvagem que complemente a mutação recessiva; os plasmídeos que carregam o alelo selvagem podem, então, ser recuperados a partir daquelas células, permitindo a identificação do gene que o complementa. Uma vez que muitas das proteínas que regulam o ciclo celular são altamente conservadas, cDNAs humanos clonados em vetores de expressão em leveduras frequentemente podem complementar leveduras mutantes do ciclo celular, levando ao rápido isolamento de genes humanos que codificam proteínas controladoras do ciclo celular. Na verdade, foi a capacidade do gene humano que codifica a CDK1 de complementar os defeitos de crescimento causados pela inativação da CDK1 da levedura de fissão que levou à descoberta do alto grau de conservação existente entre os reguladores do ciclo celular de eucariotos.

Oócitos e embriões jovens de sapo facilitam a caracterização bioquímica do motor do ciclo celular

Para a realização de estudos bioquímicos, é necessária a preparação de extratos celulares a partir de um número grande de células. Os ovos e os embriões jovens de anfíbios e vertebrados marinhos são particularmente adequados para os estudos bioquímicos sobre o ciclo celular. Em geral, esses organismos apresentam grandes ovos, e a fertilização é seguida por múltiplos ciclos celulares sincronizados. Por meio do isolamento de um grande número de ovos de fêmeas, seguido da fertilização simultânea com esperma (ou tratando-os de forma a mimetizar a fertilização), os pesquisadores conseguem obter extratos de células em pontos específicos do ciclo celular para a análise das proteínas e da atividade enzimática.

Para entender como os oócitos e os ovos de *X. laevis* podem ser usados para a análise da progressão do ciclo ce-

VÍDEO: Mitose e divisão celular em *S. pombe*

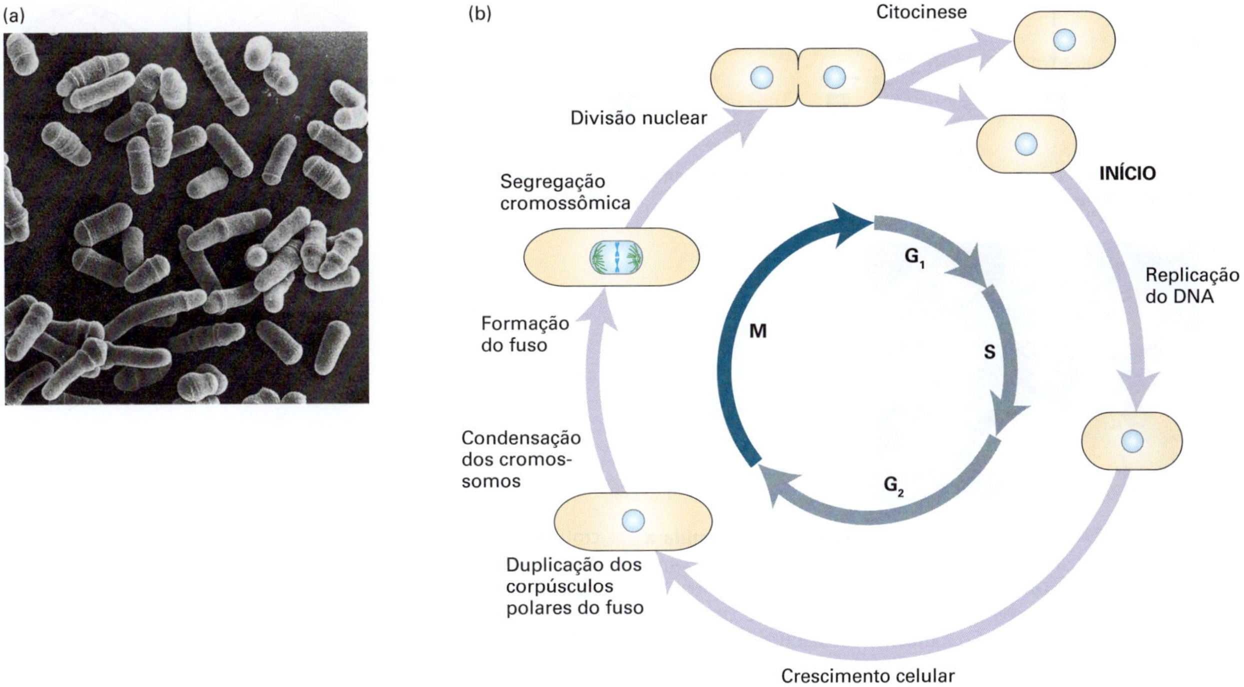

FIGURA 19-4 A levedura de fissão *S. pombe*. (a) Micrografia eletrônica de varredura de células de *S. pombe* em vários estágios do ciclo celular. As longas células estão prontas para entrar em mitose; as células curtas há pouco sofreram citocinese. (b) Os principais eventos no ciclo celular de *S. pombe*. O INÍCIO é o ponto no ciclo celular em que as células estão comprometidas de modo irreversível à divisão celular. Como na *S. cerevisiae*, o envelope nuclear não se dissocia durante a mitose. (Parte (a) cortesia de N. Hajibagheri.)

lular, deve-se primeiro apresentar os eventos da maturação de oócitos, que podem ser duplicados *in vitro*. Até aqui, foi abordada a divisão mitótica. Os oócitos, contudo, sofrem divisão meiótica (ver Figura 19-38 para uma visão geral da meiose). À medida que os oócitos se desenvolvem nos ovários desse sapo, eles replicam o seu DNA e permanecem em G_2 por oito meses; durante esse tempo, eles crescem até um diâmetro de 1 mm, armazenando todo o material necessário para as múltiplas divisões celulares que devem acontecer no embrião jovem. Quando uma fêmea adulta é estimulada por um macho, as células do seu ovário secretam o hormônio esteroide progesterona, que induz os oócitos suspensos em G_2 a entrar na meiose. Como será visto na Seção 19.8, a meiose consiste em duas fases de segregação cromossômica consecutivas, conhecidas como meiose I e meiose II. A progesterona induz os oócitos a entrarem

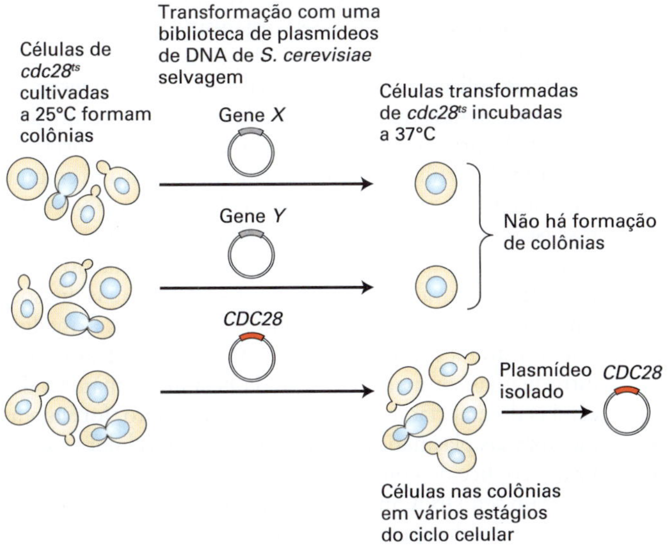

FIGURA EXPERIMENTAL 19-5 Genes selvagens do ciclo de divisão celular (*CDC*) podem ser isolados de uma biblioteca genômica de *S. cerevisiae* por complementação funcional de mutantes *cdc*. As células mutantes com mutação sensível à temperatura em um gene *CDC* são transformadas com uma biblioteca genômica preparada a partir de células selvagens e plaqueadas em ágar nutriente na temperatura não permissiva (37°C). Cada célula transformada incorpora somente um plasmídeo contendo um fragmento de DNA genômico. A maioria desses fragmentos inclui genes (p. ex., *genes X* e *Y*) que não codificam a proteína defeituosa Cdc; as células transformadas que incorporam esses fragmentos não formam colônias na temperatura restritiva. A rara célula que incorpora um plasmídeo contendo a versão selvagem do gene mutado (neste caso, *CDC28*, cinase dependente de ciclina) é complementada, permitindo a replicação e a formação de colônias na temperatura não permissiva. O DNA plasmidial isolado dessa colônia contém o gene *CDC* selvagem correspondente ao gene defeituoso nas células mutantes. O mesmo procedimento foi utilizado para o isolamento de genes cdc^+ de *S. pombe*. Nas Figuras 5-17 e 5-18, encontram-se mais detalhes sobre a construção e a triagem de uma biblioteca genômica de levedura.

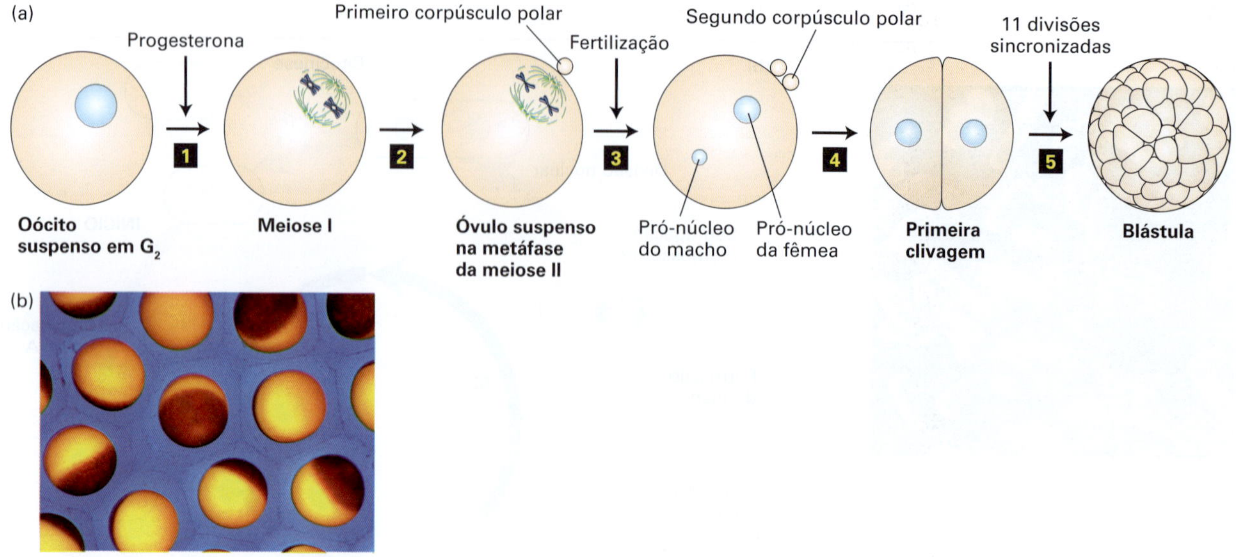

FIGURA EXPERIMENTAL 19-6 A progesterona estimula a maturação meiótica de oócitos de *Xenopus*. Etapa **1**: o tratamento com progesterona dos oócitos de *Xenopus* parados em G_2, removidos cirurgicamente do ovário de uma fêmea adulta, faz os oócitos entrarem em meiose I. Dois pares de cromossomos sinápticos homólogos (azul) ligados pelos microtúbulos dos fusos mitóticos (vermelho) estão mostrados esquematicamente para representar células na metáfase da meiose I. Etapa **2**: a segregação dos cromossomos homólogos e a divisão celular altamente assimétrica excluem a metade dos cromossomos para uma célula pequena, chamada de *primeiro corpúsculo polar*. O ovócito imediatamente entra na meiose II e permanece na metáfase, para produzir um óvulo. Dois cromossomos ligados aos microtúbulos dos fusos são mostrados esquematicamente para representar as células do óvulo suspensas na metáfase da meiose II. Etapa **3**: a fertilização pelo espermatozoide libera os óvulos da suspensão na metáfase, permitindo que prossigam ao longo da anáfase da meiose II e sofram uma segunda divisão celular altamente assimétrica que elimina uma cromátide de cada cromossomo em um segundo corpúsculo polar. O pró-núcleo haploide resultante da fêmea funde-se ao pró-núcleo haploide do espermatozoide e produz um zigoto diploide. Etapa **4**: o zigoto realiza a replicação do DNA e sofre a primeira mitose. Etapa **5**: A primeira mitose é seguida por mais 11 divisões sincronizadas, formando a blástula. (b) Micrografia de óvulos de *Xenopus*. (Parte (b) copyright © ISM/Phototake.)

na meiose I e progredir até a metáfase da meiose II, onde ficam suspensos e aguardam a fertilização (Figura 19-6). Nesse estágio, as células são chamadas de óvulos. Quando fertilizado pelo esperma, o núcleo do óvulo é liberado da sua parada na metáfase II e completa a meiose. O núcleo haploide do óvulo resultante funde-se, então, com o núcleo haploide do espermatozoide, gerando o núcleo diploide do **zigoto**. Em seguida, acontece a replicação do DNA e inicia a primeira divisão mitótica da fase inicial da embriogênese. As células embrionárias resultantes avançam, então, por 11 ciclos celulares sincronizados e mais rápidos, gerando uma esfera oca, a blástula. A divisão celular, então, fica mais lenta; as divisões celulares seguintes não são mais sincronizadas; e as células de diferentes posições na blástula dividem-se em tempos diferentes.

A vantagem de utilizar *X. laevis* no estudo dos fatores envolvidos na mitose é que grandes números de oócitos e óvulos podem ser preparados e todos seguem em sincronia pelos eventos do ciclo celular que ocorrem após o tratamento com progesterona e fertilização. Isso torna possível o preparo de quantidades suficientes de extrato para os experimentos bioquímicos de células que estejam no mesmo estágio do ciclo celular. Foi com esse sistema que os complexos ciclina-CDK, que promovem a mitose, e a natureza oscilatória de sua atividade foram descobertos. Essa atividade foi chamada de **fator promotor de maturação (MPF)** devido à sua capacidade de induzir a entrada na meiose quando injetado em oócitos suspensos em G_2.

A mosca-da-fruta revela a interação entre desenvolvimento e ciclo celular

O desenvolvimento de tecidos complexos normalmente requer modificações específicas no ciclo celular. A compreensão da interação entre o desenvolvimento e a divisão celular é, portanto, crucial para o entendimento de como os organismos complexos são formados. A *Drosophila melanogaster* foi estabelecida como o primeiro modelo para o estudo da interação entre o desenvolvimento e o ciclo celular. O desenvolvimento desse organismo envolve diversos ciclos celulares incomuns; além disso, as potentes técnicas genéticas aplicáveis às moscas facilitaram a descoberta dos genes envolvidos no controle do desenvolvimento do ciclo celular. As primeiras 13 divisões nucleares do embrião de *Drosophila* fertilizado ocorrem em um citoplasma comum e consistem em ciclos rápidos de replicação do DNA e mitose (sem as fases de intervalo) promovidas por reguladores do ciclo celular que se acumularam no citoplasma do óvulo durante a maturação. Essas divisões são chamadas divisões sinciciais e ocorrem em uníssono (Figura 19-7). À medida que os estoques são consumidos, as fases de intervalo são introduzidas, primeiro G_2, seguida pela G_1. A maioria das células do embrião cessa a divisão neste ponto, formam as membranas plasmáticas e utilizam um ciclo celular especializado conhecido como endociclo. No endociclo, as células replicam seu DNA, mas não sofrem mitose. Isso resulta em aumento na dosagem gênica e em aumento na biossíntese

VÍDEO: Divisões sinciciais do embrião de *Drosophila*

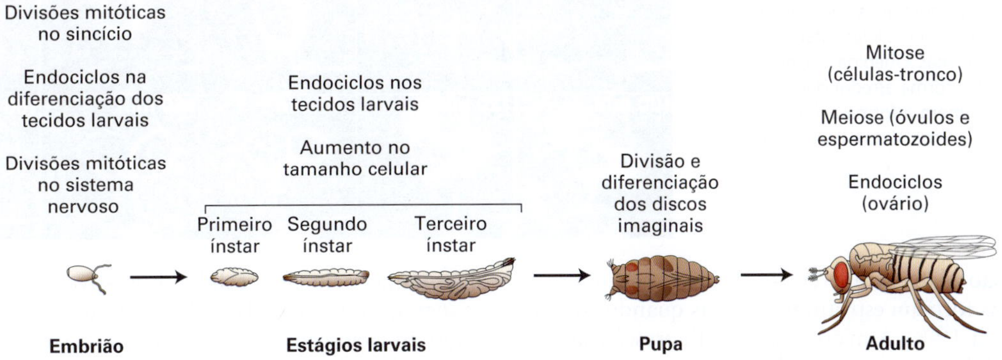

FIGURA 19-7 Padrão de divisão celular durante o ciclo vital da *Drosophila melanogaster*. Após a fertilização, os núcleos no embrião sofrem 13 ciclos rápidos de fase S–fase M. Esses ciclos são seguidos por três divisões que incluem uma fase G_2. Todas essas divisões nucleares ocorrem em um citoplasma comum e, portanto, são chamadas de divisões sinciciais. Durante os estágios finais da embriogênese e durante o desenvolvimento larvário (exceto o sistema nervoso), as células sofrem endociclos. Isso resulta no aumento da ploidia e do tamanho celulares e, consequentemente, no crescimento larval. Na pupa, durante o processo denominado metamorfose, os discos imaginais, os tecidos que originam os órgãos adultos, sofrem divisões mitóticas e se diferenciam, formando as estruturas do adulto. Diversos tipos de divisões são vistos na mosca adulta. As células-tronco sofrem divisões mitóticas, a meiose origina os espermatozoides e óvulos, e os endociclos produzem a poliploidia nos ovários. (Adaptada de Lee e Orr-Weaver, 2003, *Ann. Rev. Genet.* **37:**545–578.)

de macromoléculas, que permitem o crescimento em tamanho de células individuais. Dessa forma, o embrião, que se desenvolveu agora em uma larva, cresce simplesmente pelo aumento do tamanho das células e não pela multiplicação celular. Certo número de células não tem esse destino. Essas células compõem o disco imaginal, os órgãos que irão originar os tecidos adultos da mosca durante a metamorfose. A metamorfose ocorre durante o estágio de pupa e transforma as larvas em moscas adultas. As divisões que produzem as moscas adultas são ciclos celulares normais resultando na mosca adulta, um organismo diploide.

O estudo de células de cultura de tecidos revela a regulação do ciclo celular de mamíferos

A regulação do ciclo celular das células humanas é mais complexa do que em outros sistemas que não mamíferos. Para entender essa complexidade aumentada e as alterações do ciclo celular que causam o câncer, é importante estudar o ciclo celular não apenas em organismos-modelo, mas também em células humanas.

Os pesquisadores utilizam células normais e tumorais cultivadas em placas plásticas para estudar as propriedades do ciclo celular de humanos, método chamado cultura de tecidos ou cultura celular. Entretanto, é importante notar que os vários tipos celulares usados para estudar o ciclo celular humano têm propriedades alteradas do ciclo celular devido a alterações genéticas que ocorrem durante o cultivo ou porque foram isolados a partir de tumores humanos. Além disso, as condições *in vitro* não mimetizam as condições encontradas no organismo e podem resultar em comportamento celular alterado. Embora alguns aspectos da divisão celular de mamíferos não sejam reproduzidos nas condições da cultura celular – como a importância da organização tecidual e os sinais de desenvolvimento que regem o controle do ciclo celular –, os sistemas de cultura de células fornecem perspectivas cruciais sobre os mecanismos celulares intrínsecos de mamíferos que governam a divisão celular. Os pesquisadores também trabalham para estabelecer sistemas de cultura capazes de mimetizar com maior exatidão a arquitetura celular dos tecidos. Por exemplo, atualmente polímeros estão sendo desenvolvidos para permitir o crescimento celular em culturas 3D.

Como será abordado no Capítulo 21, as células humanas primárias e outras células de mamíferos apresentam um tempo de vida finito quando cultivados *in vitro*. As células humanas normais, por exemplo, dividem-se de 25 a 50 vezes, e, depois disso, a proliferação diminui e finalmente cessa. Esse processo é denominado *senescência replicativa*. As células podem escapar desse processo e tornarem-se imortalizadas, o que permite o estabelecimento de linhagens celulares. Embora contenham alterações genéticas que afetam alguns aspectos da proliferação celular, as linhagens celulares são, mesmo assim, uma ferramenta útil para o estudo da progressão do ciclo celular em células humanas. Essas linhagens celulares fornecem um suprimento inesgotável de células, que, como será visto a seguir, pode ser manipulado para progredir no ciclo celular de modo sincronizado, permitindo a análise dos níveis de proteínas e da atividade enzimática nos diferentes estágios do ciclo celular.

Pesquisadores usam diversas ferramentas para o estudo do ciclo celular

As análises experimentais das propriedades do ciclo celular necessitam um modo de determinar o estágio do ciclo celular das células individuais. A microscopia óptica fornece uma estimativa da progressão do ciclo celular. Por exemplo, a microscopia óptica permite que o pesquisador determine se as células de mamíferos estão na interfase (G_1, fase S ou G_2) ou na mitose. Células de cultura de tecido de

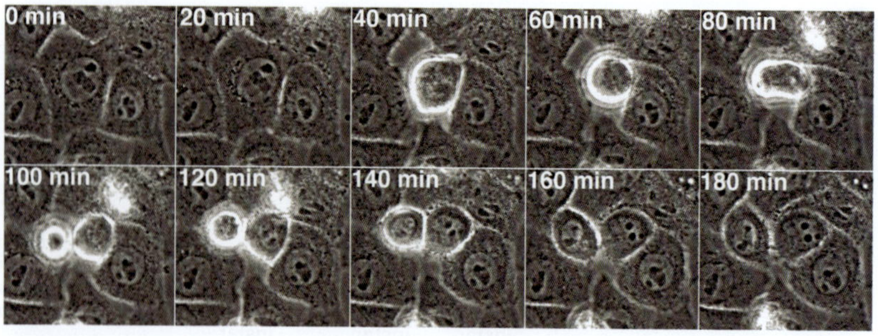

FIGURA 19-8 Células humanas em mitose. Células HeLa Kyoto foram filmadas durante a mitose. As imagens mostradas aqui foram filmadas a cada 20 minutos. As células estão achatadas durante a interfase, mas à medida que entram em mitose, assumem a forma arredondada e se dividem. Depois assumem a forma achatada novamente. (Cortesia de Segal Vyas e Paul Chang, MIT.)

mamíferos são planas e aderem-se ao plástico durante a interfase, mas formam estruturas esféricas quando sofrem mitose (Figura 19-8). A microscopia de fluorescência das estruturas celulares ou a análise de marcadores específicos do ciclo celular, isto é, proteínas presentes apenas em determinados estágios do ciclo celular, permitem uma determinação mais precisa da etapa do ciclo celular.

Além das ferramentas da microscopia, a citometria de fluxo pode ser utilizada para determinar o conteúdo de DNA em uma população de células (Figura 19-9; ver também Figura 19-2). As células são tratadas com um corante fluorescente capaz de ligar DNA e a quantidade de corante incorporado no DNA das células pode ser quantificado avaliado por um citômetro de fluxo. As células são então separadas pela quantidade de DNA que contém e a porcentagem de células em G_1, fase S, G_2 ou mitose pode ser determinada dessa forma. As células em G_1 terão metade da quantidade de DNA das células em G_2 ou em mitose. As células envolvidas na síntese de DNA na fase S terão uma quantidade intermediária de DNA.

Para caracterizar os diferentes eventos do ciclo celular, é essencial examinar as populações celulares que progridem juntas pelo ciclo celular. É possível atingir isso pela *suspensão reversível* das células em um determinado estágio do ciclo celular. Normalmente, a suspensão em um estágio do ciclo celular resulta da restrição de nutrientes ou pela adição de fatores de anticrescimento, o que provoca a parada das células em G_1. Na levedura de brotamento, por exemplo, células tratadas com o feromônio de acasalamento ficam presas em G_1. Quando o feromônio é removido das células (normalmente por ampla lavagem), as células saem de G_1 e progridem pelo ciclo celular de modo sincronizado. Nas células de mamíferos, a remoção de fatores de crescimento pela remoção do soro do meio de cultura (privação de soro) suspende as células em G_0. A restituição do soro permite a reentrada no ciclo celular. Outros métodos envolvem o bloqueio em um determinado estágio do ciclo celular por agentes químicos. A hidroxiureia inibe a replicação do DNA, levando à suspensão na fase S. Após a remoção do fármaco, as células retomam a síntese de DNA em sincronia. O nocodazol interrompe o fuso mitótico e aprisionada as células na mitose. Após a lavagem do fármaco, as células continuam a progressão do ciclo celular de forma sincronizada. Nas leveduras de brotamento e de fissão, os mutantes condicionais do ciclo de divisão celular (*cdc*) introduzidos anteriormente são importantes para produção de culturas sincronizadas. Quando incubados em temperaturas não permissivas, os mutantes *cdc* sensíveis à temperatura ficam suspensos em determinado estágio do ciclo celular porque são deficientes em alguma proteína importante do controle do ciclo celular. O retorno das células à temperatura permissiva permite que as células retomem o ciclo de divisão celular de modo sincronizado.

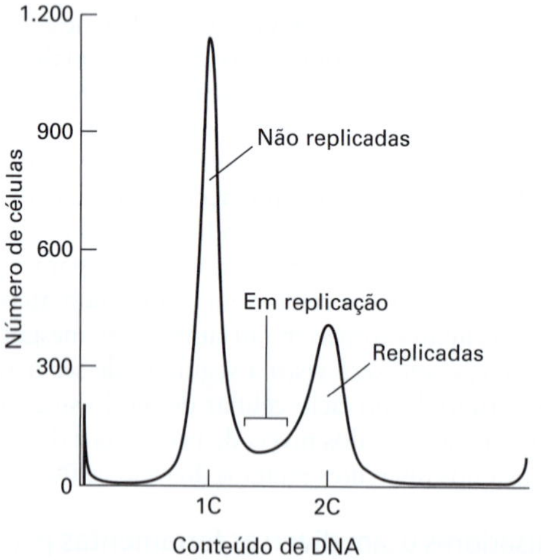

FIGURA EXPERIMENTAL 19-9 Análise do conteúdo de DNA por citometria de fluxo. Células haploides de leveduras foram cultivadas e então coradas com iodeto de propídeo, corante fluorescente que se incorpora no DNA. O eixo X mostra a quantidade de DNA, o eixo Y mostra o número de células. A análise do conteúdo de DNA mostra duas populações predominantes de células: células com DNA não replicado (1C) e com o DNA replicado (2C). As células entre os dois picos representam as células no processo de replicação de DNA. (Cortesia de Heidi Blank.)

CONCEITOS-CHAVE da Seção 19.2

Organismos-modelo e métodos para o estudo do ciclo celular

- A capacidade de isolar mutantes e potentes ferramentas genéticas, as leveduras de brotamento e de fissão, permitiram o isolamento de fatores centrais importantes na regulação do ciclo celular.
- Óvulos e embriões jovens de óvulos fertilizados em sincronia foram fonte de extratos para estudos bioquímicos dos eventos do ciclo celular e identificaram a natureza oscilatória dos complexos de ciclina-CDK.
- As moscas-da-fruta são um sistema potente para investigar a interação entre a divisão celular e os programas de desenvolvimento responsáveis pela formação dos organismos multicelulares.

- A cultura de células de tecidos humanos é utilizada no estudo das propriedades do ciclo celular de mamíferos.
- A produção de populações de células sincronizadas, por meio da suspensão reversível das células em um determinado estágio do ciclo celular, permite a análise do comportamento dos processos proteicos e celulares durante a divisão celular.

19.3 Regulação da atividade de CDKs

Nas seções seguintes, será descrito o modelo atual de regulação do ciclo celular de eucariotos, resumido na Figura 19-10, e serão apresentados alguns dos experimentos que resultaram na sua elucidação. Como será visto, os resultados obtidos em sistemas experimentais e abordagens diferentes forneceram considerações em cada um dos pontos de transição do ciclo celular. Uma descoberta importante nesses estudos foi que as cinases dependentes de ciclina governam a progressão pelo ciclo celular. Ao longo deste capítulo, é importante manter em mente três características principais a respeito dessas cinases:

- As cinases dependentes de ciclinas (CDKs) são ativas apenas quando ligadas à subunidade ciclina de regulação.
- Diferentes tipos de complexos ciclina-CDK iniciam diferentes eventos. **CDKs de G_1**, e **CDKs de fase G_1/S** promovem a entrada no ciclo celular, **CDKs de fase S** induzem a fase S e as **CDKs mitóticas** iniciam os eventos da mitose (Figura 19-11).
- Múltiplos mecanismos atuam em conjunto para assegurar que as diferentes CDKs estejam ativas somente nos estágios de ciclo celular que promovem.

VÍDEO: Comportamento dinâmico das ciclinas mitóticas em células HeLa

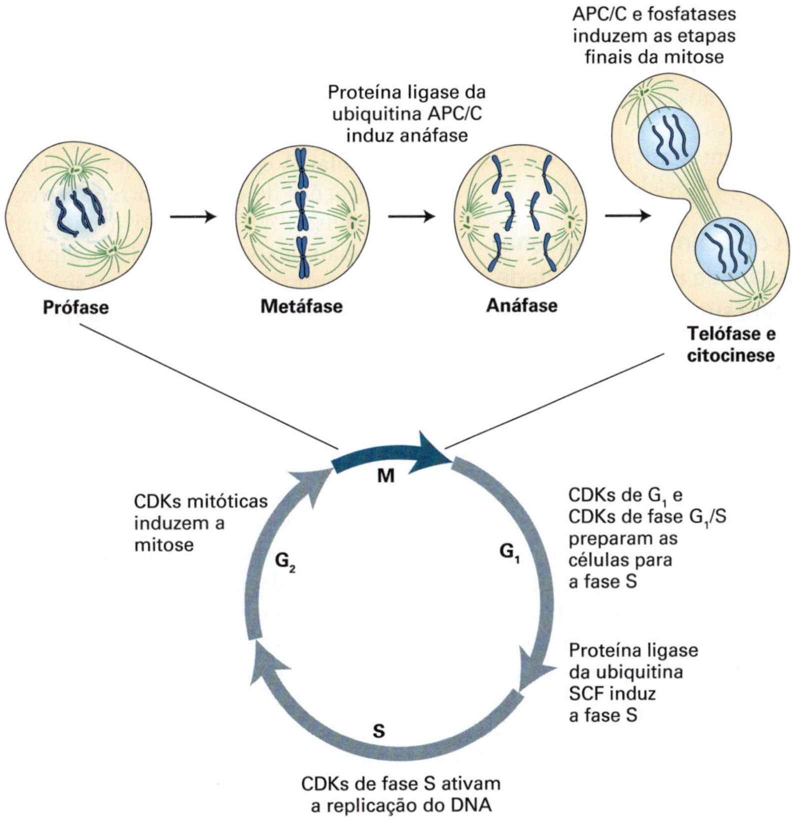

FIGURA 19-10 Regulação das transições do ciclo celular. As transições do ciclo celular são reguladas pelas proteínas-cinases dependentes de ciclina, fosfatases e ligases da ubiquitina. Acima, o ciclo celular está esquematizado, e os principais estágios da mitose estão mostrados na parte superior. No início de G_1, não há ciclinas ativas. Na metade de G_1, fase G_1/S, as CDKs ativam a transcrição de genes necessários à replicação. A fase S é iniciada pela proteína ligase da ubiquitina SCF, que ubiquitina os inibidores das CDKs de fase S, marcando-os para degradação pelos proteossomos. As CDKs de fase S ativam a replicação do DNA e a síntese de DNA é iniciada. Uma vez completada a replicação, as células entram em G_2. Ao final de G_2, as CDKs mitóticas induzem a entrada na mitose. Durante a prófase, o envelope nuclear é degradado e os cromossomos se alinham no fuso mitótico, mas não se separam até que o complexo promotor da anáfase (APC/C), uma ligase da ubiquitina, realize a ubiquitinação da proteína inibidora da anáfase, chamada securina, marcando-a para degradação pelos proteossomos. Isto resulta na degradação dos complexos proteicos que unem as cromátides-irmãs e no estabelecimento da anáfase, à medida que os cromossomos são separados. Após o movimento cromossômico para os polos do fuso, o APC/C ubiquitina as ciclinas mitóticas, levando à sua degradação pelos proteossomos. A queda resultante na atividade das CDKs mitóticas, juntamente com a ação de proteínas fosfatases, leva à descondensação cromossômica, à regeneração das membranas nucleares ao redor dos núcleos das células-filhas e à citocinese.

FIGURA 19-11 Visão geral de como as CDKs regulam a progressão pelo ciclo celular. As células têm diferentes tipos de CDKs que iniciam os diferentes eventos do ciclo celular. De fundamental importância é que as CDKs estão ativas somente nos estágios do ciclo celular que induzem. As CDKs de fase G_1/S estão ativas apenas na transição fase G_1/S para induzir a entrada da célula no ciclo celular. As CDKs de fase S são ativas somente durante a fase S e desencadeiam a fase S. As CDKs mitóticas estão ativas apenas durante a mitose e induzem a mitose. Uma ligase da ubiquitina conhecida como complexo promotor de anáfase ou ciclossomo (APC/C) catalisa duas transições fundamentais do ciclo celular, pela ubiquitinação de proteínas, marcando-as para degradação. O APC/C inicia a anáfase e a saída da mitose.

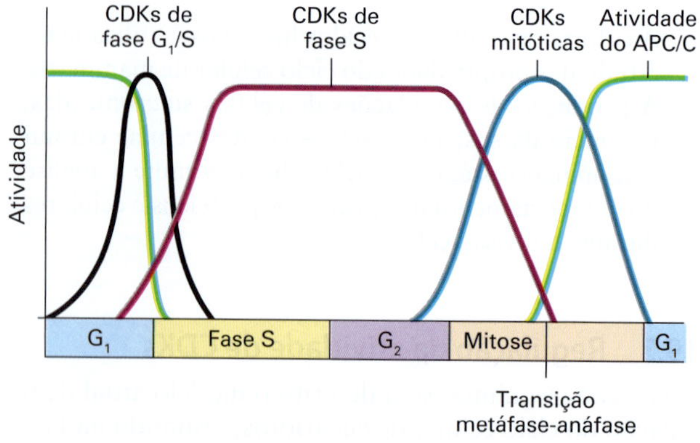

Nesta seção, primeiro serão discutidas as propriedades das CDKs e as bases estruturais de sua ativação e regulação. Em seguida, será abordado como as ciclinas ativam as CDKs, e serão investigados os diversos mecanismos de regulação que limitam as diferentes ciclinas ao estágio adequado do ciclo celular. Será observado que a degradação de proteínas tem função importante nesse processo. Além disso, será discutido por que as modificações pós-traducionais das CDKs e as proteínas inibidoras que se ligam diretamente aos complexos ciclina-CDK são fundamentais como mecanismos de controle adicionais na restrição das diferentes atividades das ciclinas-CDK ao estágio apropriado do ciclo celular.

Cinases dependentes de ciclinas são pequenas proteínas que necessitam de uma subunidade de regulação, a ciclina, para sua atividade

As cinases dependentes de ciclinas são uma família de pequenas serino e treonino-cinases (30-40 kD). Não são ativas na forma monomérica, mas, como mencionado anteriormente, necessitam de uma subunidade de ativação para atuarem como proteínas-cinases. Nas leveduras de brotamento e de fissão, uma única CDK controla a progressão por meio do ciclo celular. Sua atividade é especificada pelas subunidades ciclinas específicas de cada estágio do ciclo celular. As células de mamíferos contêm nove CDKs, e quatro delas, CDK1, CDK2, CDK4 e CDK6, estão claramente envolvidas na regulação da progressão do ciclo celular. Elas se ligam a diferentes tipos de ciclinas e juntas promovem as diferentes transições do ciclo. As CDK4 e CDK6 são CDKs de G_1 e promovem a entrada no ciclo celular, CDK2 atua como CDK de G_1/fase S e de fase S, e CDK1 é a CDK mitótica. Por motivos históricos, os nomes das várias cinases dependentes de ciclinas de leveduras e vertebrados são diferentes. Sempre que possível, será adotado o termo geral CDKs de *G_1, fase G_1/S, fase S e mitótica* para descrever as CDKs, em vez da terminologia específica da espécie. A Tabela 19-1 lista os diferentes nomes das várias CDKs e indica quando estão ativas no ciclo celular.

As CDKs não são apenas reguladas pela ligação das ciclinas, mas também pela ativação ou inibição por fosforilação. Juntos, esses eventos de regulação asseguram que as CDKs serão ativadas no estágio correto do ciclo celular. A estrutura tridimensional das CDKs fornece indicações de como ocorre essa regulação das proteínas-cinases. A CDK inativa não fosforilada contém uma região flexível, chamada de *alça T*, que impede o acesso dos substratos proteicos ao sítio ativo onde está ligado o ATP (Figura 19-12a). O bloqueio espacial causado pela alça T explica em grande parte por que a CDK livre, não ligada, tem muito pouca atividade de proteína-cinase. A CDK não fosforilada ligada a uma de suas ciclinas tem atividade cinásica mínima, detectável *in vitro*, embora provavelmente seja inativa *in vivo*. As extensas interações entre a ciclina e a *alça T* provocam alteração drástica na posição da alça T, de modo a expor o sítio ativo da CDK (Figura 19-12b). Como será visto em breve, a alta atividade do complexo ciclina-CDK requer a fosforilação da treonina de ativação, na alça T, o que provoca alterações adicionais na conformação do complexo ciclina-CDK que aumentam imensamente a afinidade pelos substratos proteicos (Figura 19-12c). Como resultado, a atividade cinásica do complexo fosforilado é cem vezes maior do que aquela do complexo não fosforilado.

TABELA 19-1 Ciclinas e CDKs: nomenclatura e suas funções no ciclo celular de mamíferos

CDK	Ciclina	Função	Nome comum
CDK1	Ciclina A, ciclina B	Mitose	CDKs mitóticas
CDK2	Ciclina E, ciclina A	Entrada no ciclo celular Fase S	CDKs de fase G_1/S CDKs de fase S
CDK4	Ciclina D	G_1 Entrada no ciclo celular	CDKs de G_1
CDK6	Ciclina D	G_1 Entrada no ciclo celular	CDKs de G_1

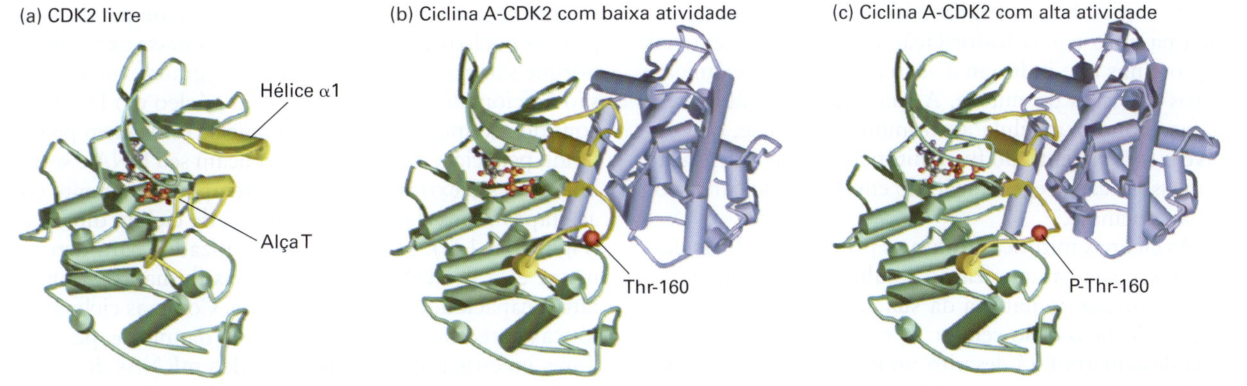

FIGURA 19-12 Modelos estruturais da CDK2 humana. (a) CDK2 livre, inativa, não ligada à ciclina A. Na CDK2 livre, a alça T bloqueia o acesso dos substratos proteicos ao fosfato γ do ATP ligado, mostrado no modelo de "bola e bastão". A conformação das regiões realçadas em amarelo é alterada quando a CDK é ligada à ciclina A. (b) Complexo ciclina A-CDK2 não fosforilado, com baixa atividade. As alterações conformacionais induzidas pela ligação de um domínio da ciclina A (azul) resultam no afastamento da alça T do sítio ativo da CDK2, de maneira que os substratos proteicos possam se ligar. A hélice α1 da CDK2, que interage de forma importante com a ciclina A, move diversos angstrons para dentro da fenda catalítica, reposicionando diversas cadeias laterais catalíticas necessárias para a especificidade de substrato da reação de fosfotransferência. A esfera vermelha marca a posição da treonina (Thr-160) cuja fosforilação ativa a CDK2. (c) Complexo ciclina A-CDK2 fosforilado, com alta atividade. As alterações conformacionais induzidas pela fosforilação da treonina ativadora (esfera vermelha) modificam a forma da superfície de ligação do substrato, aumentando muito a afinidade pelos substratos proteicos. (Cortesia de P. D. Jeffrey. Ver A. A. Russo et al., 1996, *Nature Struct. Biol.* **3**:696.)

As ciclinas determinam a atividade das CDKs

As ciclinas, assim chamadas porque seus níveis variam durante o ciclo celular, formam uma família de proteínas que pode ser definida por três características principais:

- As ciclinas ligam-se as CDKs causando sua ativação. A atividade e a especificidade do substrato de uma determinada CDK são definidas principalmente pela ciclina específica à qual a CDK está ligada.
- As ciclinas estão presentes somente durante o estágio do ciclo celular o qual induzem e estão ausentes nos outros estágios do ciclo celular.
- As ciclinas não apenas regulam um determinado estágio do ciclo celular, como também iniciam uma série de eventos para a preparação para o próximo estágio do ciclo celular. Dessa forma, elam impulsionam o ciclo celular adiante.

As ciclinas são divididas em quatro classes definidas pela sua presença e atividade durante o ciclo celular: ciclinas de G_1, ciclinas de G_1/S, ciclinas da fase S e ciclinas mitóticas (ver Tabela 19-1). Os diferentes tipos de ciclinas diferem entre si na sequência da proteína, mas todas contêm uma região conservada de 100 aminoácidos, conhecida como caixa da ciclina, e estruturas tridimensionais semelhantes.

As ciclinas de G_1 são as bases da coordenação dos eventos extracelulares com o ciclo celular. Sua atividade está sujeita à regulação pelas vias de transdução de sinais que percebem a presença dos fatores de crescimento ou sinais de inibição do crescimento. Nos metazoários, as ciclinas de G_1 são conhecidas como ciclinas D e se ligam às CDK4 e CDK6. As ciclinas de G_1 são incomuns porque seus níveis não variam de modo específico durante o ciclo celular. Ao contrário, seus níveis aumentam gradualmente durante o ciclo celular em resposta à biossíntese de macromoléculas e sinais extracelulares.

Os níveis das ciclinas de G_1/S se acumulam durante o final de G_1, atingem altos picos quando as células entram na fase S e diminuem durante a fase S (ver Figura 19-11). São conhecidas como ciclinas E nos metazoários e se ligam à CDK2. A principal função dos complexos ciclinas E-CDK2, juntamente com os complexos ciclinas D-CDK4/6, é induzir a transição de G_1/fase S. Essa transição é conhecida como INÍCIO e é definida como o ponto no qual as células estão comprometidas irreversivelmente à divisão celular, e não podem retornar ao estado G_1. Em termos moleculares, isso significa que as células iniciam a replicação do DNA e a duplicação dos centrossomos, a primeira etapa para a formação do fuso mitótico que será usado durante a mitose.

As ciclinas de fase S são sintetizadas concomitantemente com as ciclinas de G_1, mas seus níveis permanecem altos durante toda fase S e não diminuem até o início da mitose. Dois tipos de ciclinas de fase S iniciam a fase S de metazoários: ciclina E, que também promove a entrada no ciclo celular, sendo também uma ciclina de G_1/fase S, e a ciclina A. Ambas as ciclinas ligam-se à CDK2 (ver Tabela 19-1) e são as responsáveis diretas pela síntese de DNA. Como será visto na Seção 19.4, essas proteínas-cinases fosforilam proteínas que ativam as helicases de DNA e montam as polimerases no DNA.

As ciclinas mitóticas ligam-se à CDK1 e promovem a entrada e a progressão da mitose. As ciclinas mitóticas dos metazoários são a ciclina A e ciclina B (observe que a ciclina A também promove a fase S quando ligada à CDK2). Os complexos ciclinas mitóticas-CDK são sintetizados durante a fase S e G_2, mas, como será visto adiante, suas atividades são bloqueadas até o término da síntese de DNA. Na Seção 19.5, será observado que uma vez ativadas, as CDKs mitóticas promovem a entrada na mitose pela fosforilação e ativação de centenas de proteínas que induzem a segregação cromossômica e outros aspectos da mitose. A sua inativação durante a anáfase conduz a célula ao término da mitose, que envolve o rompimento do fuso mitótico, a descondensação cromossômica, a regeneração do envelope nuclear e, por fim, a citocinese.

As ciclinas mitóticas foram as primeiras ciclinas descobertas, e sua caracterização resultou na descoberta de que a natureza oscilatória da sua atividade determina a progressão pelo ciclo celular. O experimento que levou à sua descoberta está descrito no final deste capítulo, na condição de experimento clássico em biologia celular (ver Experimento Clássico 19.1, Figura 1).

O fato de as ciclinas serem proteínas autolimitantes na indução das transições do ciclo celular foi descoberto usando os sistemas de extratos embrionários. Pesquisadores demonstraram, a partir de extratos de ovos de sapos, que as ciclinas mitóticas são suficientes para induzir mitose. Extratos citoplasmáticos preparados a partir dos ovos não fertilizados de *Xenopus* contêm todos os materiais (mRNAs e proteínas) necessários para inúmeros ciclos celulares. Quando núcleos preparados do esperma de *Xenopus* (os núcleos de esperma são usados nesse experimento porque são rapidamente isolados em grande quantidade) são adicionados a esses extratos, o núcleo e o DNA nele contido são induzidos a atuar como se estivessem progredindo pelo ciclo celular, isto é, replicam seu DNA e sofrem mitose nesse extrato. Ao mesmo tempo, juntamente com as etapas finais da mitose, os níveis de ciclina diminuem (Figura 19-13a). Estudos foram realizados para determinar se essa proteína, com seus níveis flutuantes, tinha de fato a capacidade de induzir mitose. Como as ciclinas mitóticas parecem ser instáveis ao final da mitose, pesquisadores investigaram se a remoção dos mRNAs dos extratos de ovos evitariam a nova síntese de todas as proteínas instáveis no próximo ciclo celular, incluindo a síntese das ciclinas mitóticas (todas as outras proteínas estáveis estariam ainda presentes no extrato). Para avaliar isso, todos os mRNAs foram digeridos com baixas concentrações de RNase, depois desativados pela adição de um inibidor específico. Esse tratamento destrói os mRNAs sem afetar os tRNAs e rRNAs necessários à síntese de proteínas. Quando os núcleos de esperma foram adicionados aos extratos tratados com RNase, os núcleos replicaram o

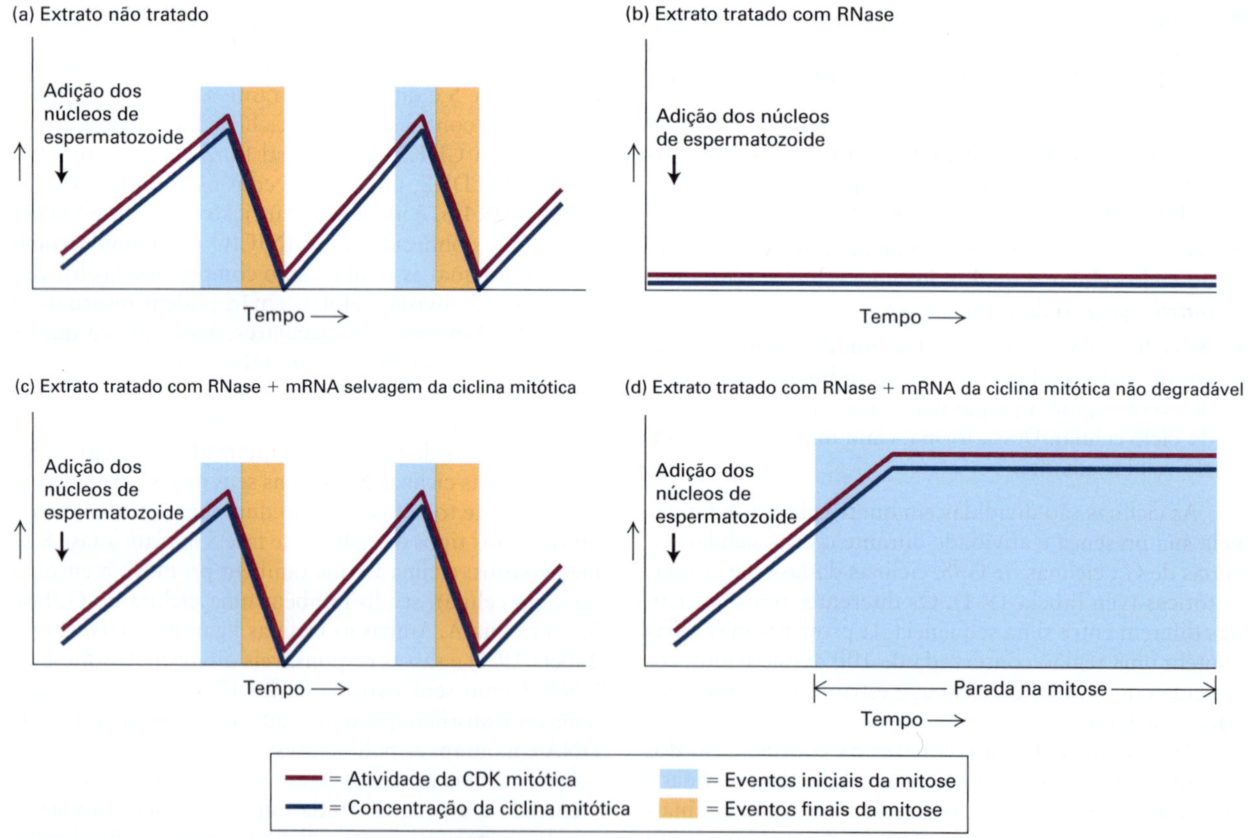

FIGURA EXPERIMENTAL 19-13 As ciclinas mitóticas são a etapa limitante para a mitose. Em todos os casos, a atividade das CDKS mitóticas e a concentração das ciclinas mitóticas foram determinadas em vários intervalos após a adição de núcleos de espermatozoides a um extrato de ovos de *Xenopus* tratado como indicado em cada painel. As observações ao microscópio determinaram a ocorrência dos eventos mitóticos iniciais (sombreados em azul), incluindo a condensação dos cromossomos e a dissociação do envelope nuclear, e dos eventos mitóticos tardios (sombreados em laranja), incluindo a descondensação dos cromossomos e a regeneração do envelope nuclear. Mais detalhes no texto. (Ver A. W. Murray et al., 1989, *Nature* **339**:275; adaptada de A. Murray e T. Hunt, 1993, *The Cell Cycle: An Introduction*, W. H. Freeman & Company.)

DNA, mas não sofreram mitose. Além disso, a proteína ciclina mitótica não foi detectada (Figura 19-13b). A adição do mRNA da ciclina mitótica, produzida *in vitro* a partir do cDNA de ciclina mitótica clonada, ao extrato de ovos tratado com RNase induziu mitose como havia sido observado para o extrato de ovos sem tratamento (Figura 19-13c). Como a ciclina mitótica é a única proteína recém-sintetizada nessas condições, esses resultados demonstram que ela é o único fator limitante para a entrada na mitose. Estudos posteriores mostraram que as ciclinas de fase G_1/S apresentam propriedades semelhantes. Sua expressão é suficiente para promover a entrada no ciclo celular, e, portanto, todas as outras proteínas necessárias à entrada no ciclo celular estão presentes em quantidades não limitadas. Ficou claro, portanto, que a regulação dos níveis de ciclina é um aspecto fundamental do ciclo celular de eucariotos. Como será observado na seção seguinte, as células empregam inúmeros mecanismos para limitar as ciclinas a um estágio específico do ciclo celular e para mantê-las nas concentrações adequadas.

Os níveis de ciclina são principalmente regulados pela degradação de proteínas

Diversos mecanismos asseguram que as CDKs estejam ativas no estágio correto do ciclo celular. A Tabela 19-2 lista os controladores principais das CDKs. Nesta seção, será discutido como ocorre a regulação dos níveis de ciclina. A ativação coordenada das CDKs depende, em parte, da presença das ciclinas adequadas no estágio do ciclo celular onde são necessárias. O controle transcricional das ciclinas é um mecanismo que garante a expressão temporal correta das ciclinas. Aqui, um princípio geral é que uma expressão precoce da atividade transcricional auxilia na produção de fatores essenciais para gerar uma expressão transcricional posterior. Como será visto na Seção 19.4, a transcrição das ciclinas de fase G_1/S é promovida pelo **complexo do fator de transcrição E2F**. Entre muitos outros fatores transcritos por E2F estão os fatores de transcrição que irão promover a síntese das ciclinas mitóticas.

O controle de regulação mais importante que limita as ciclinas ao estágio correto do ciclo celular é a degradação proteica, mediada pela ubiquitina e dependente do proteossomo. Como a degradação de proteínas é um processo irreversível, no sentido de que a proteína só será reabastecida por síntese de proteínas *de novo*, esse mecanismo de regulação é ideal para assegurar que o ciclo celular seja impulsionado para frente e a células não "voltem para trás" no ciclo. Em outras palavras, uma vez que determinada ciclina foi degradada, o processo por ela ativado não pode mais acontecer.

É importante relembrar que durante a degradação proteica mediada pela ubiquitina, proteínas ligases de ubiquitina poliubiquitinam os substratos proteicos, marcando-os para degradação pelo proteossomo (ver Figura 3-29). As ciclinas são degradadas pela ação de duas ligases de ubiquitina diferentes, **SCF Skp1, Culina e proteínas *F-box***) e o **complexo promotor de anáfase** ou **ciclossomo** (abreviado neste capítulo como **APC/C**). O SCF controla a transição fase G_1/S pela degradação das ciclinas de fase G_1/S e proteínas que inibem as CDKs, como será visto em detalhes a seguir. O APC/C degrada as ciclinas de fase S e mitóticas, promovendo o término da mitose. Também controla o estabelecimento da segregação cromossômica na transição metáfase-anáfase pela degradação da proteína que inibe a anáfase (discutida na Seção 19.6).

TABELA 19-2 Reguladores da atividade ciclina-CDK

Tipo de regulador	Função
Cinases e fosfatases	
Cinase CAK	Ativação das CDKs
Cinase Wee1	Inibição das CDKs
Fosfatase Cdc25	Ativação das CDKs
Fosfatase Cdc14	Ativação de Cdh1 para degradar as ciclinas mitóticas
Fosfatase Cdc25A	Ativação das CDKs de fase S de vertebrados
Fosfatase Cdc25C	Ativação das CDK mitóticas de vertebrados
Proteínas inibitórias	
Sic1	Ligação e inibição das CDKs de fase S
CKIs $p27^{KIP1}$, $p57^{KIP2}$ e $p21^{CIP}$	Ligação e inibição de CDKs
INK4	Ligação e inibição das CDKs de G_1
Rb	Ligação a E2Fs impedindo a transcrição de diversos genes do ciclo celular
Proteínas ligases da ubiquitina	
SCF	Degradação e fosforilação de Sic1 ou $p27^{KIP1}$ para ativar as CDKs de fase S
APC/C + Cdc20	Degradação da securina, iniciando a anáfase. Induz a degradação das ciclinas do tipo B.
APC/C + Cdh1	Degradação das ciclinas do tipo B na G_1 e de geminina em metazoários, permitindo a montagem das helicases replicativas nas origens de replicação do DNA

O SCF e o APC/C são ligases da ubiquitina com várias subunidades que pertencem à família de motivos RING das ligases da ubiquitina. Apesar de pertencerem à mesma família de ligases, SCF e APC/C apresentam regulação bem distinta. O SCF reconhece apenas substratos fosforilados. O SCF continua ativo durante todo o ciclo celular, e a fosforilação de seus substratos, regulada pelo ciclo celular, assegura que esses substratos sejam degradados apenas em determinados estágios do ciclo celular. No caso das proteínas com degradação dependente do APC/C, a regulação é inversa. Os substratos são reconhecidos durante o ciclo celular, mas a atividade do APC/C é regulada no ciclo celular. O complexo é ativado por fosforilação na transição metáfase-anáfase, pela ação das CDKs mitóticas e outras proteínas-cinases. O APC/C então é ativado durante todo o resto da mitose e, durante a G_1, promove a degradação das ciclinas e outros reguladores mitóticos (ver Figura 19-11). A especificidade do substrato do APC/C ativo fosforilado é determinada, em parte, pela sua associação com uma das duas proteínas relacionadas aos fatores de alvo do substrato, denominadas Cdc20 e Cdh1. Durante a anáfase, o APC/C ligado a Cdc20 promove a ubiquinação de proteínas que induzem a segregação cromossômica, enquanto durante a telófase e G_1, o APC/C ligado a Cdh1 marca diferentes substratos para degradação. Os substratos do APC/C contêm motivos de reconhecimento, e o primeiro a ser descoberto foi a **caixa de destruição** (***destruction box***). Esse motivo é encontrado na maioria das ciclinas de fase S e mitóticas. Essa caixa de destruição é necessária e suficiente para marcar proteínas para degradação.

Atualmente, sabe-se que a degradação das ciclinas na etapa de transição do ciclo celular correta é essencial para a progressão do ciclo celular. A importância da degradação das ciclinas foi inicialmente demonstrada em extratos de ovos de sapo. Lembre-se de que o acúmulo das ciclinas mitóticas não apenas coincide com a entrada na mitose, como também seu desaparecimento coincide com o término da mitose. Esse achado sugeriu a possibilidade de que a degradação das ciclinas mitóticas era necessária para que as células saíssem da mitose. Para avaliar essa possibilidade, pesquisadores adicionaram um mRNA que codifica uma ciclina mitótica não degradável (sem caixa de destruição) a uma mistura de extrato de ovos e núcleos de esperma de *Xenopus* tratada com RNase. Como mostrado na Figura 19-13d, a entrada na mitose ocorreu como programado, mas a saída não. Esse experimento demonstrou que o término da mitose requer a degradação da ciclina mitótica. Estudos posteriores mostraram que a inibição da degradação de outras ciclinas também afeta drasticamente a progressão do ciclo celular, indicando que a degradação das ciclinas mediada pela ubiquitina é um aspecto fundamental no ciclo celular de eucariotos.

As CDKs são reguladas por fosforilação ativadora e inibitória

A regulação dos níveis das ciclinas não é o único mecanismo que controla a atividade das CDKs. Eventos de fosforilação para ativação ou inibição na própria subunidade da CDK são essenciais para a atividade do complexo ciclina-CDK. A fosforilação de um resíduo de treonina próximo ao sítio ativo da enzima é necessária para sua ativação. Essa fosforilação é mediada por uma **cinase ativadora de CDK (CAK)**. Em alguns organismos, a ligação à ciclina é um pré-requisito para a fosforilação pela CAK; em outros, a fosforilação pode preceder a ligação da ciclina. Embora a sequência da ativação das CDKs varie entre organismos, está claro que a fosforilação de CDKs pela CAK não é uma etapa limitante na ativação das CDKs. A atividade da CAK é constante durante todo o ciclo celular e fosforila a CDK tão logo o complexo ciclina-CDK seja formado.

Duas fosforilações inibitórias das CDKs exercem função crucial no controle da atividade das CDKs. Ao contrário da ativação por fosforilação induzida pela CAK, essas fosforilações de inibição são reguladas. Uma tirosina altamente conservada (Y15 nas CDKs humanas) e uma treonina adjacente (T14 em humanos) são sujeitas à regulação; ambos os aminoácidos localizam-se na dobra do sítio de ligação ao ATP da CDK, e sua fosforilação parece interferir com o posicionamento do ATP nessa dobra. Alterações na fosforilação desses resíduos são essenciais para a regulação das CDKs mitóticas e foram implicadas também no controle das CDKs de G_1/S e de fase S. Como será visto na Seção 19.5, uma cinase altamente conservada, chamada Wee1, promove essa fosforilação inibitória, e uma fosfatase altamente conservada, chamada Cdc25, promove a desfosforilação.

Inibidores de CDK controlam a atividade do complexo ciclina-CDK

Até aqui, foi discutida a importância da regulação dos níveis de ciclina e da fosforilação da CDK no controle da atividade das CDKs. O último nível de controle de importância essencial na regulação das CDKs é uma família de proteínas denominada **inibidores de CDK** ou **CKIs**, que se ligam diretamente ao complexo ciclina-CDK e inibem sua atividade. Como será visto na Seção 19.4, essas proteínas têm um papel especialmente importante no controle da transição fase G_1/S e sua integração com sinais extracelulares. Não é surpresa, portanto, que genes que codificam esses CKIs estejam normalmente mutados em cânceres humanos (discutido no Capítulo 24).

Todos os eucariotos têm CKIs envolvidos na regulação da fase S e na mitose. Embora esses inibidores tenham pouca similaridade de sequência, todos são fundamentais para evitar a ativação prematura das CDKs de fase S e fase M. Os inibidores das CDKs de G_1 atuam promovendo a suspensão em G_1 em resposta a sinais de inibição da proliferação. Uma classe de CKIs, chamada *INK4s* (inibidores da cinase 4), inclui diversas pequenas proteínas, muito relacionadas, que interagem apenas com as CDKs de G_1. A ligação de INK4 a CDK4 e a CDK6 bloqueia a interação com a ciclina D e, portanto, bloqueia a atividade de cinase. Uma segunda classe de CKIs encontrada em células de metazoários consiste em três proteínas – $p21^{CIP}$, $p27^{KIP1}$ e $p57^{KIP2}$. Essas CKIs inibem as CDKs de fase G_1/S e de fase S e precisam ser degradadas antes do início da replicação do DNA. Como será discutido na Seção 19.7, a $p21^{CIP}$ tem um papel importante na resposta a lesões no DNA em metazoários. As CKIs que regulam a atividade das CDKs de G_1 são importantes na prevenção da formação de tumores. Por exemplo, as duas cópias do gene INK4, que codificam a p16, estão inativos em uma grande proporção dos cânceres humanos.

Alelos especiais de CDKs levaram à descoberta das funções das CDKs

As diferentes CDKs iniciam as diferentes fases do ciclo celular pela fosforilação de proteínas específicas. Atualmente, está claro que, em vez de fosforilar um pequeno número de proteínas que iniciam determinado estágio do ciclo celular, as CDKs fosforilam uma diversidade de substratos e, dessa forma, iniciam diretamente todos os aspectos de determinada fase do ciclo. A análise de um pequeno número de substratos forneceu exemplos sobre como a fosforilação pela CDK mitótica promove os vários eventos iniciais da mitose: condensação cromossômica, formação do fuso mitótico e dissolução do envelope nuclear. Esses eventos serão discutidos em detalhes a seguir.

Nos últimos anos, esforços constantes para identificar todos os substratos de CDks foram iniciados. O desafio para identificação de substratos é, exatamente, como distinguir os eventos da fosforilação de uma cinase em particular dos eventos realizados por outras cinases. Um grande avanço no intuito de avaliar quais proteínas eram alvo das CDKs foi possibilitado pela construção de uma CDK mutante, em leveduras de brotamento, capaz de utilizar um análogo do ATP não reconhecido pelas outras cinases (Figura 19-14). Esse análogo do ATP tem um grupo benzil volumoso ligado ao N_6 da adenina, tornando-o muito grande para chegar à dobra do sítio de ligação ao ATP nas cinases selvagens. Entretanto, a dobra do sítio de ligação da CDK mutante foi modificada para acomodar esse análogo volumoso do ATP. Como consequência, apenas a CDK mutante pode utilizar esse análogo como substrato para transferência do fosfato γ à cadeia lateral de proteínas. Quando o análogo N_6-benzil ATP com o fosfato γ marcado foi incubado com extratos de células de levedura contendo a CDK mitótica recombinante com o sítio de ATP alterado, diversas proteínas foram marcadas. Os substratos reais da CDK mitótica puderam ser avaliados e distinguidos entre substratos potenciais, pelo tratamento das células que expressam a CDK mutante com um derivado semelhante de outro análogo do ATP, que se liga à CDK mutante da mesma forma que o N_6-benzil ATP, porém não pode ser usado para fosforilação. O grupo volumoso impede que ele se ligue ao sítio de todas as outras cinases e, assim, iniba somente a CDK mutante. Quando as células que expressam a CDK mutante foram tratadas com esse inibidor específico, a maioria dos supostos substratos-alvo da CDK mitótica foi encontrada em estado não fosforilado, indicando que essas proteínas são realmente fosforiladas pela CDK *in vivo* e *in vitro*. Em leveduras, esse método identificou a maior parte dos substratos das CDKs e mais de 150 proteínas adicionais de levedura. Abordagens semelhantes foram usadas em células de mamíferos para identificar substratos de CDKs. Por exemplo, uma busca por substratos da CDK de fase S, ciclina A-CDK2, revelou 180 substratos potenciais. As funções desses substratos nos processos do ciclo celular estão atualmente sendo investigadas.

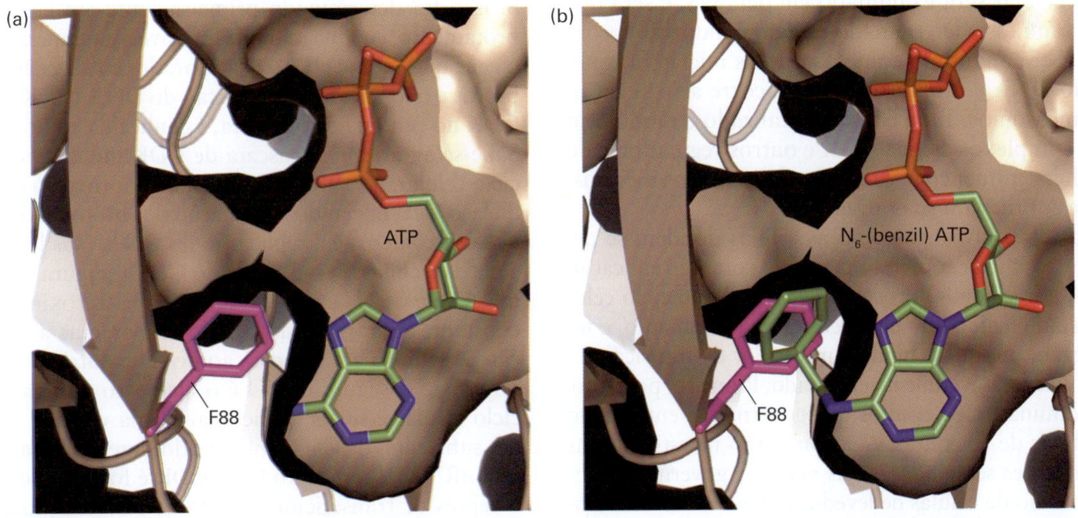

FIGURA 19-14 Mutante CDK dependente do análogo do ATP. (a) Representação do sítio catalítico e do sítio de ligação ao ATP na CDK1 selvagem de *S. cerevisiae* (chamada Cdc28 na levedura de brotamento). O ATP ligado e a cadeia lateral da fenilalanina (roxo) nas proximidades do bolso de ligação estão mostrados em formato de bastão. (b) Análogos volumosos do ATP, como os que contêm um grupo benzil ligado ao nitrogênio amino N_6, são muito grandes para entrar no bolso de ligação ao ATP das cinases selvagens, portanto não podem ser utilizados por elas. No mutante CDK de *S. cerevisiae*, a fenilalanina na posição 88 é alterada para uma glicina, que não possui cadeia lateral volumosa. O mutante exibe uma alta atividade de proteína cinase usando o N_6-(benzil)ATP. Esses modelos de CDK de *S. cerevisiae* são baseados na estrutura do cristal do domínio da cinase PKA, que apresenta uma extensa homologia com o domínio catalítico da CDK de *S. cerevisiae*. (Ver J. A. Ubersax et al., 2003, *Nature* **425:**859; K. Shah et al., 1997, *Proc. Nat'l. Acad. Sci. USA* **94:**3565.)

CONCEITOS-CHAVE da Seção 19.3

Regulação da atividade de CDKs

- As cinases dependentes de ciclina são ativadas por subunidades chamadas ciclinas. Sua atividade é controlada em diversos níveis.
- Diferentes subunidades ciclinas ativam as CDKs em diferentes estágios do ciclo celular. As ciclinas estão presentes somente no estágio do ciclo que promovem.
- A degradação de proteínas é o principal mecanismo responsável pela limitação das ciclinas ao estágio correto do ciclo celular. Essa degradação é mediada pelo sistema ubiquitina-proteossomo e pelas ligases de ubiquitina APC/C e SCF.
- A fosforilação de ativação e de inibição das subunidades da CDK contribuem para a regulação da atividade das CDKs.
- Os inibidores de CDK (CKIs) inibem a atividade das CDKs pela ligação direta aos complexos ciclina-CDK.
- As CDKs iniciam cada um dos aspectos de cada estágio do ciclo celular pela fosforilação de inúmeras proteínas-alvo diferentes. Esforços constantes utilizando cinases mutantes manipuladas para ligar-se a formas modificadas do ATP resultaram na identificação de vários desses substratos.

19.4 Comprometimento ao ciclo celular e replicação do DNA

Na seção anterior, foram descritos os diversos mecanismos que controlam os diferentes complexos ciclina-CDK. Nesta e nas duas próximas seções, cada estágio do ciclo celular será examinado em detalhes, e será discutido como esse determinado estágio é induzido e controlado. Será analisado como as células iniciam a replicação do DNA e a mitose e como ocorre a segregação dos cromossomos. Também será focalizado o modo pelo qual os complexos ciclina-CDK e outros reguladores do ciclo celular influenciam cada fase do ciclo e os mecanismos que coordenam suas atividades.

Esta seção investiga como as células decidem se devem ou não iniciar a divisão celular e como a replicação do DNA é iniciada. O processo de entrada no ciclo celular é bastante entendido na levedura de brotamento, e foi nesse organismo que o modelo molecular da transição do ciclo celular foi inicialmente elucidado. Primeiro, portanto, serão examinados os eventos que governam a entrada no ciclo celular de leveduras. A seguir, serão investigadas as surpreendentes semelhanças nas vias que governam a entrada no ciclo de células de leveduras e metazoários. Também será discutida a descoberta de que os vários genes envolvidos nessa decisão frequentemente estão mutados nos cânceres. Em seguida, será visto que a decisão de entrar no ciclo celular é influenciada por eventos extracelulares e será explicado como os mecanismos de sinalização conduzem os sinais do meio até a maquinaria do ciclo celular. Por fim, serão esmiuçados os mecanismos moleculares que dirigem o início da replicação de DNA e como a degradação do CKI de fase S é fundamental para esse processo. Também será visto como as CDKs asseguram que a replicação do DNA ocorra apenas uma vez e apenas durante a fase S.

As células se comprometem irreversivelmente à divisão celular no ponto do ciclo celular chamado INÍCIO

Na maioria das células dos vertebrados, a decisão crucial (que determina se a célula irá se dividir ou não) é a decisão de entrar na fase S. Na maioria dos casos, uma vez que a célula tenha se comprometido a entrar no ciclo celular, ele deve ser terminado. As células de *S. cerevisiae* regulam a sua proliferação de forma semelhante, e muito do conhecimento atual sobre os mecanismos moleculares que controlam a entrada na fase S e sobre o controle da replicação do DNA foi obtido a partir de estudos genéticos com *S. cerevisiae*.

Quando as células de *S. cerevisiae* em G_1 alcançam crescimento suficiente, elas iniciam um programa de expressão gênica que leva à entrada da fase S. Se as células em G_1 forem transferidas de um meio rico para um pobre em nutrientes, antes de atingir um tamanho crítico, elas permanecem em G_1 e crescem lentamente, até estarem grandes o bastante para entrar na fase S. Entretanto, uma vez que as células em G_1 atingem o tamanho crítico, elas se encontram comprometidas em completar o ciclo celular, entrando na fase S e prosseguindo até a fase G_2 e a mitose, mesmo que sejam transferidas para um meio pobre em nutrientes. O ponto no final de G_1 em que as células de *S. cerevisiae* se tornam irreversivelmente comprometidas a entrar na fase S e atravessar o ciclo celular é chamado de **INÍCIO**.

A atividade da CDK é essencial para a entrada na fase S. Isso foi determinado primeiramente em leveduras de brotamento, em que mutantes sensíveis a temperatura para o gene que codifica CDK1 são parados em G_1, não formam brotos e não iniciam a replicação do DNA (CDK1, a única CDK no genoma da levedura, é conhecida como *CDC28*). Sabe-se agora que a cascata de CDK induz a entrada no ciclo celular. A CDK de G_1 estimula a formação das CDKs de fase G_1/S, iniciando a formação dos brotos, a duplicação dos centrômeros e a replicação do DNA. Nas leveduras, o gene da ciclina de G_1 é chamado *CLN3* (Figura 19-15a). O mRNA de *CLN3* é produzido em níveis aproximadamente constantes durante todo o ciclo celular, mas a sua tradução é regulada em resposta ao nível de nutrientes e, como será visto a seguir, *CLN3* é o elemento de ligação entre ciclo celular e sinais nutricionais. Uma vez que quantidades suficientes de Cln3 tenham sido sintetizadas a partir do seu mRNA, o complexo Cln3-CDK é fosforilado e inativa o repressor transcricional Whi5. A fosforilação de Whi5 promove sua exportação para fora do núcleo, permitindo que o fator de transcrição SBF induza a transcrição dos genes da ciclina *CLN1* e *CLN2*, além de outros genes importantes para a replicação do DNA. Uma vez produzidos, Cln1/2-CDKs contribuem ainda mais para a fosforilação de Whi5. Essa alça de *retroalimentação* positiva assegura o rápido acúmulo das CDKs de fase G_1/S. Uma vez que um níveis críticos de Cln1-CDKs sejam alcançados, essas

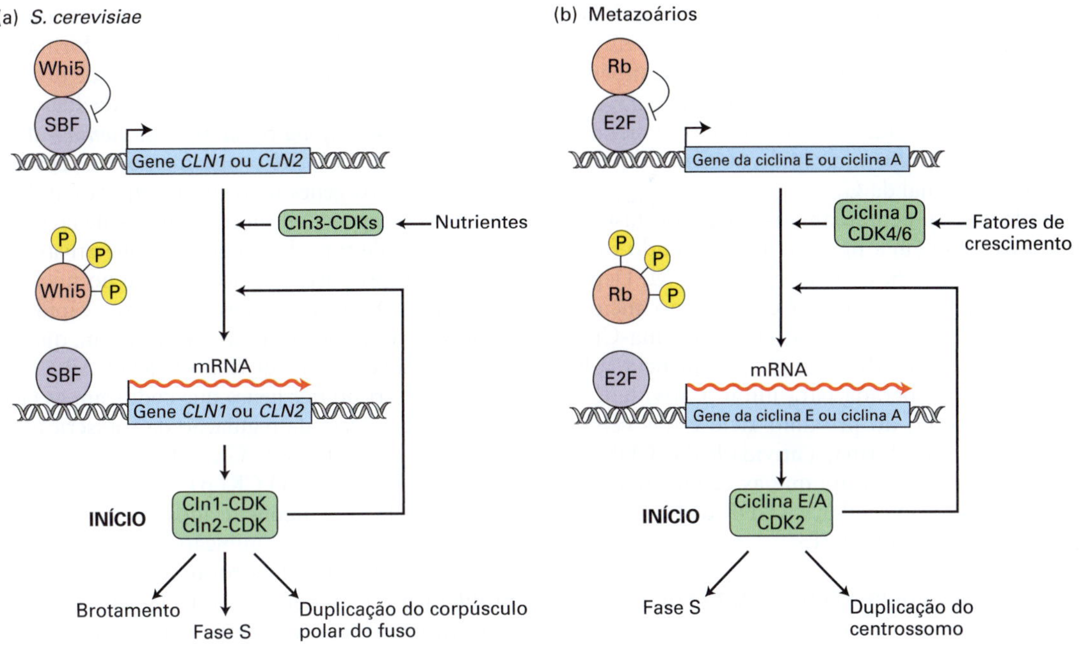

FIGURA 19-15 Controle da transição fase G_1/S. (a) Na levedura de brotamento, a atividade de Cln3-CDK aumenta durante G_1 e é controlada pela disponibilidade de nutrientes. Uma vez suficientemente ativa, a cinase fosforila o inibidor transcricional Whi5, promovendo sua saída do núcleo. Isso resulta na indução, promovida pelo fator de transição do complexo SBF, da transcrição das ciclinas de fase G_1/S, *CLN1* e *CLN2*, e outros genes cujos produtos são necessários à replicação. As CDKs de fase G_1/S fosforila ainda mais Whi5, promovendo maior transcrição de *CLN1* e *CLN2*. Uma vez que altos níveis de CDKs de G_1-fase S tenham sido produzidos, o ponto de INÍCIO é atravessado. As células entram no ciclo celular: iniciam a replicação do DNA, a formação do broto e a duplicação do corpúsculo polar do fuso. (b) Nos vertebrados, a atividade das CDKs de G_1 aumenta durante G_1 e é estimulada pela presença de fatores de crescimento. Quando a sinalização pelos mitógenos permanece, os complexos ciclina D-CDK4/6 iniciam a fosforilação de Rb, liberando algumas moléculas de E2F, o qual estimula a transcrição dos genes que codificam a ciclina E, CDK2 e o próprio E2F. Os complexos ciclina E-CDK2 fosforilam Rb ainda mais, resultando na alça de retroalimentação positiva que produz um rápido aumento na expressão e na atividade de E2F e ciclina D-CDK2. Uma vez que a CDK de fase G_1/S esteja alta o suficiente, a célula ultrapassa o INÍCIO. Elas iniciam a duplicação do DNA e do centrossomo.

ciclinas de fase G_1/S promovem a formação dos brotos, a entrada na fase S e a duplicação dos centrômeros (também chamada de corpúsculo do polo mitótico, que, mais adiante no ciclo celular, irá organizar o fuso mitótico). Esse estado de atividade das CDKs de fase G_1/S, suficiente para iniciar a fase S, a formação de brotos e a duplicação dos centrômeros é a definição molecular de INÍCIO (START).

O fator de transcrição E2F e seu regulador Rb controlam a transição fase G_1/S em metazoários

Os eventos moleculares que governam a entrada na fase S nas células de mamíferos – e na verdade, de todos os metazoários – são extremamente semelhantes aos da levedura de brotamento (Figura 19-15b). As ciclinas de G_1 estão presentes durante toda fase G_1 e são normalmente expressas em níveis aumentados em resposta a fatores de crescimento. Por sua vez, as CDKs de G_1 ativam os membros de uma pequena família de fatores de transcrição relacionados, denominados coletivamente de *fatores de transcrição E2F (E2Fs)*. Durante a G_1, os E2Fs são mantidos inativos pela sua associação à proteína do retinoblastoma (Rb) e as CDKs de G_1 ativam os E2Fs porque fosforilam e inativam Rb. Então, os E2Fs ativam genes que codificam muitas das proteínas envolvidas na síntese do DNA. Também estimulam a transcrição dos genes que codificam a ciclina da fase G_1/S e a ciclina da fase S. Portanto, os E2Fs atuam no final da fase G_1 de maneira semelhante aos fatores de transcrição SBF de *S. cerevisiae*.

A **proteína Rb** é fundamental na regulação da função dos E2Fs. Quando ligados à Rb, eles atuam como repressores transcricionais. Isso porque a Rb recruta enzimas que modificam a cromatina e promovem a desacetilação e metilação de resíduos específicos de lisinas nas histonas, fazendo a cromatina assumir uma forma mais condensada, transcricionalmente inativa. A proteína Rb foi inicialmente identificada como o gene mutado no retinoblastoma, um câncer de retina infantil. Estudos posteriores demonstraram que o gene *RB* está inativo na maioria das células cancerosas, tanto em mutações nos dois alelos do gene *RB* quanto pela regulação anormal da fosforilação da proteína Rb.

A regulação da proteína Rb pelas CDKs de G_1 nas células de mamíferos é análoga à regulação de Whi5 por Cln3-CDK nas leveduras. A fosforilação da proteína Rb em múltiplos sítios pela CDKs de G_1 impede a sua associação com os E2Fs, e promove sua exportação para fora do núcleo. Isso permite que os E2Fs ativem a transcrição dos genes necessários para a entrada na fase S. Uma vez que a expressão dos genes que codificam as ciclinas de fase G_1/S e CDKs são induzidas pela fosforilação de algumas Rb, os complexos ciclina-CDK resultantes fosforilam adicionalmente a Rb na fase tardia da G_1. Esse é um dos eventos bioquímicos principais responsáveis pela passagem pelo INÍCIO. Como E2F estimula também a sua própria expressão e a dos ciclina-CDKs de G_1/S, uma regulação positiva cruzada envolvendo E2F e ciclinas-CDK de fase G_1/S produz um rápido aumento da atividade de ambos, no final da G_1.

À medida que se acumulam, as CDKs de fase S e CDKs mitóticas mantêm a proteína Rb no estado fosforilado durante as fases S, G_2 e início da fase M. Depois que as células completam a anáfase e entram no início de G_1 ou G_0, a queda nos níveis da atividade ciclina-CDK, leva à desfosforilação de Rb. Como consequência, a Rb hipofosforilada está liberada para inibir a atividade de E2F durante a fase G_1 do próximo ciclo e nas células suspensas em G_0. Dessa forma, a atividade das CDKs de fase G_1/S permanece baixa até que as células decidam entrar em um novo ciclo celular, e a CDK de G_1 rompa o efeito inibitório de Rb sobre E2F.

Sinais extracelulares governam a entrada no ciclo celular

A entrada ou não das células no ciclo celular é influenciada por sinais extracelulares e intracelulares. Organismos unicelulares como as leveduras, por exemplo, entram no ciclo celular somente quando atingem o tamanho apropriado, conhecido como **tamanho celular crítico**. Esse tamanho crítico, por sua vez, é controlado pela disponibilidade de nutrientes do ambiente. Essa coordenação entre tamanho celular e entrada no ciclo celular será discutida na Seção 19.7. No momento, a discussão será limitada ao fato da síntese da ciclina de G_1 ser sensível à taxa de síntese proteica, a qual é controlada pelas vias reguladas pelos nutrientes do ambiente. Essa ligação entre biossíntese de macromoléculas e maquinaria do ciclo celular é mais bem compreendida em leveduras. Nesse organismo, o transcrito de *CLN3* da ciclina de G_1 contém, a montante, uma pequena fase de leitura aberta que inibe o início da tradução de Cln3 quando há limitação de nutrientes. Essa inibição é reduzida quando os nutrientes estiverem presentes em abundância. Na presença de quantidades suficientes de nutrientes, a via de TOR, que percebe sinais de nutrientes e de fatores de crescimento, é ativada e estimula a atividade de tradução (ver Figura 8-30). Como a Cln3 é uma proteína altamente instável, a sua concentração varia com a taxa de tradução do seu mRNA. Em consequência, a quantidade e a atividade do complexo Cln3-CDK, que depende da concentração da proteína Cln3, são amplamente reguladas pelo nível dos nutrientes.

Em organismos multicelulares, as células encontram-se rodeadas de nutrientes e, normalmente, a nutrição não é limitante para a proliferação. Na verdade, a proliferação celular é controlada pela presença de fatores promotores do crescimento (**mitógenos**) e fatores de inibição do crescimento (antimitógenos) nas vizinhanças da célula. A adição de mitógenos a células de mamíferos paradas em G_0 induz – como será observado no Capítulo 16 – vias de transdução de sinais ligadas ao receptor da tirosina-cinase, que iniciam a sinalização de cascatas de transdução, que, por fim, influenciam o controle transcricional e o ciclo celular. Elas fazem isso de várias formas.

Os mitógenos ativam a transcrição de diversos genes. A maioria desses genes pertence a uma de duas classes – *genes de resposta rápida* ou *de resposta lenta* – dependendo do tempo decorrido até o surgimento dos seus mRNAs. A transcrição dos genes de resposta rápida é induzida poucos minutos após a adição dos fatores de crescimento pelas cascatas de transdução de sinal que ativam fatores de transcrição preexistentes no citosol e no núcleo (ver Capítulo 16). Muitos dos genes de resposta rápida codificam fatores de transcrição, como c-Fos e c-Jun, que estimulam a transcrição dos genes de resposta lenta. AP-1 e Myc induzem a transcrição dos genes que codificam as ciclinas e as CDKs de G_1. Além da regulação da transcrição dos genes que codificam ciclinas de G_1, as CDKs de G_1 são também reguladas pelos CKIs. O CKI p15INK4b é um inibidor potente de CDK. Em alguns tecidos, os mitógenos inibem a produção dos CKIs pela inibição da sua transcrição.

Além dos mitógenos promotores da proliferação, a proliferação celular em vários tecidos também é regulada por antimitógenos, que impedem a entrada das células no ciclo celular. Do mesmo modo, durante a diferenciação, as células param de se dividir e entram em G_0. Algumas células diferenciadas (p. ex., fibroblastos e linfócitos) podem ser estimuladas a entrar novamente no ciclo e a replicar. Muitas células diferenciadas pós-mitóticas, no entanto, nunca retornam ao ciclo celular para replicar novamente. Os antimitógenos e as vias de diferenciação evitam o acúmulo das CDKs de G_1. Eles antagonizam a produção das ciclinas de G_1 e induzem a produção de CKIs. O fator de transformação tumoral (TGF-β) é um antimitógeno importante. Esse hormônio induz a cascata de sinalização que resulta na parada em G_1 por meio da indução da expressão de p15INK4b. Como será visto no Capítulo 24, as vias de sinalização que regulam as CDKs de G_1 estão mutadas na maioria dos cânceres humanos.

A degradação do inibidor de CDK de fase S induz a replicação de DNA

A entrada na fase S é definida pelo desenrolamento das origens de replicação do DNA. Os eventos moleculares que produzem esse evento são mais bem entendidos em *S. cerevisiae*. As CDKs de fase G_1/S têm função importante nesse processo, pois elas "desligam" o aparato de degradação que degrada as ciclinas de fase S durante o término da mitose e em G_1, e induzem a degradação da CKI que inibe as CDKs de fase S.

Um dos substratos importantes dos complexos ciclinas-CDK fase G_1/S é o Cdh1. Durante a anáfase tardia, esse **fator de especificidade do substrato direciona o APC/C** para ubiquitinar proteínas que incluem as ciclinas de fase S e mitóticas, marcando-as para proteólise pelos proteassomos. O complexo APC/C-Cdh1 permanece ativo durante G_1, impedindo o acúmulo prematuro das ciclinas de fase S e mitóticas. A fosforilação de Cdh1 pelo complexo ciclina-CDK de G_1/S provoca sua dissociação do complexo com APC/C, inibindo a ubiquitinação adicional das ciclinas de fase S e mitóticas no final de G_1. (Figura 19-16). Isso, so-

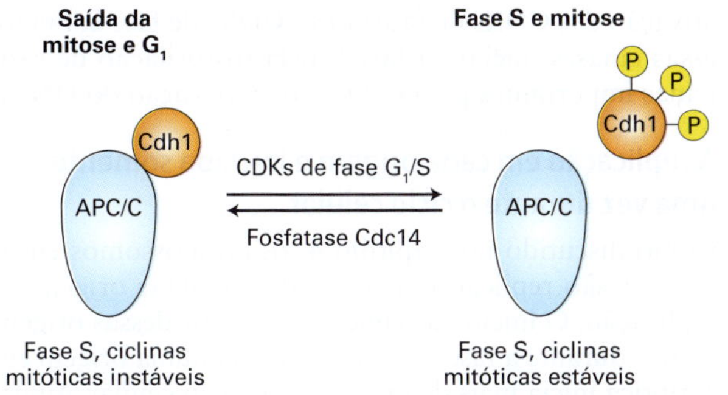

FIGURA 19-16 Regulação dos níveis de ciclinas da fase S e mitóticas na levedura de brotamento. No final da anáfase, o complexo promotor da anáfase (APC/C) ubiquitina as ciclinas de fase S e mitóticas. A atividade do APC/C é direcionada para as ciclinas mitóticas pelo fator de especificidade chamado *Cdh1*. A atividade de Cdh1 é regulada por fosforilação. Durante a saída da mitose e em G_1, o fator de especificidade está desfosforilado e ativo; durante a fase S e a mitose, o Cdh1 está fosforilado e dissociado do APC/C, e a ligase da ubiquitina está inativa. As CDKs da fase G_1/S, que não são substratos para o APC/C-Cdh1, fosforilam Cdh1 na transição G1-fase S. Uma fosfatase específica, a *Cdc14*, remove os fosfatos reguladores do fator de especificidade Cdh1 ao final da anáfase.

mado à indução da transcrição das ciclinas de fase S ao final da G_1, permite que as ciclinas de fase S sejam acumuladas, à medida que os níveis de ciclina-CDK de G_1/S aumentam. Mais tarde no ciclo celular, as CDKs da fase S e mitóticas acumulam e mantêm Cdh1 no estado fosforilado, que é inativo. Somente quando os níveis das CDKs mitóticas diminuem e a fosfatase conhecida como Cdc14 é ativada, é que os fosfatos inibidores são removidos de Cdh1, causando sua reativação. Em células de mamíferos, mecanismos semelhantes são responsáveis pela estabilização das ciclinas de fase S e mitóticas, mas a fosfatase envolvida na desfosforilação de Cdh1 não foi ainda identificada.

Em *S. cerevisiae*, à medida que os heterodímeros de ciclina-CDK de fase S são acumulados ao final de G_1 após a inativação do APC/C-Cdh1, eles são imediatamente inativados pela ligação de um CKI chamado *Sic1*, expresso ao final da mitose e no início de G_1 (Figura 19-17). Como Sic1 inibe especificamente os complexos de CDK das fases S e M, mas não tem nenhum efeito sobre os complexos de CDKs de G_1 e fase G_1/S, ele atua como um inibidor da fase S. O início da replicação do DNA acontece quando o inibidor Sic1 é bruscamente degradado por meio de sua ubiquitinação pela proteína ubiquitina-ligase SCF.

A degradação de Sic1 é induzida pela sua fosforilação pelas CDKs de fase G_1/S (ver Figura 19-17). Ele deve ser fosforilado em pelo menos seis sítios, os quais são substratos relativamente pobres para as CDKs de fase G_1/S, antes de ser ligado fortemente pela SCF e ubiquitinilado. Múltiplos sítios fracos de fosforilação para as CDKs de fase G_1/S resultam em uma resposta "liga-desliga" ultrassensível na degradação de Sic1 e, portanto, na ativação imediata das CDKs de fase S (Figura 19-18). Caso a Sic1 fosse inativada após a fosforilação em um sítio único, as moléculas de Sic1 seriam fosforiladas tão logo os níveis de atividade da CDK de fase G_1/S começassem a subir, provocando diminuição gradual do nível de Sic1. Em contrapartida, quando há diversos sítios a serem fosforilados, com baixos níveis de atividade de CDK apenas poucos sítios são fosforilados e a Sic1 não é destruída. Apenas quando os níveis de CDKs de fase G_1/S estão altos, a Sic1 está suficientemente fosforilada em vários sítios para ser marcada para degradação. Portanto, a degradação da Sic1 ocorre somente quando a atividade da CDK de fase G_1/S atingiu seu pico e praticamente todos os outros substratos dessa CDK tenham sido fosforilados.

Tão logo a Sic1 esteja degradada, os complexos ciclinas -CDK da fase S induzem a replicação do DNA por meio da fosforilação de diversas proteínas envolvidas na ativação das helicases replicativas. Esse mecanismo para ativação dos complexos ciclinas-CDK da fase S – i.e., inibi-los à medida que as ciclinas são sintetizadas e logo rapidamente degradar o inibidor – permite o início repentino da replicação em um grande número de origens de replicação. Uma óbvia vantagem da proteólise no controle da passagem por esses pontos críticos do ciclo celular é que a degradação proteica é um *processo irreversível* que assegura que as células prossigam irreversivelmente em uma direção ao longo de todo o ciclo. A dependência desse evento na fosforilação múltipla de sítios fracos torna a degradação de Sic1 e, portanto, a ativação da replicação DNA, abrupta.

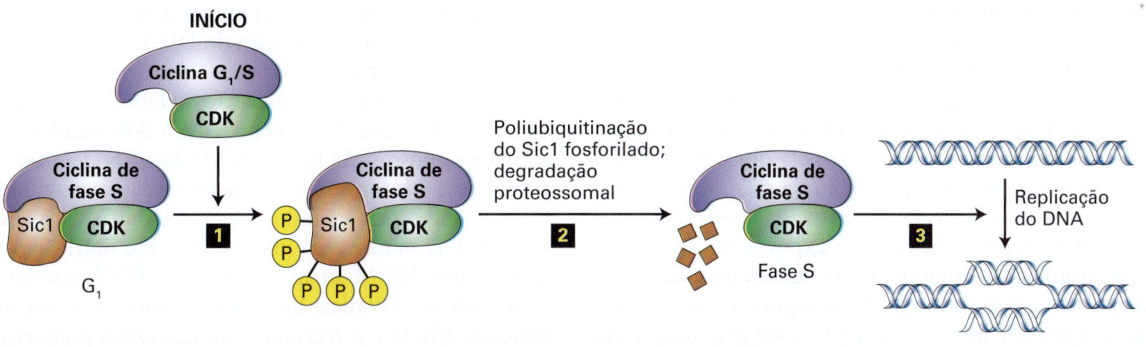

FIGURA 19-17 Controle do estabelecimento da fase S em *S. cerevisiae* por meio da proteólise controlada do inibidor da fase S, o Sic1. Os complexos ciclina-CDK da fase S começam a acumular em G_1, mas são inibidos por Sic1. Essa inibição impede a replicação do DNA até que a célula tenha completado todos os eventos de G_1. As CDKs da fase G_1/S formadas ao final de G_1 fosforilam Sic1 em diversos sítios (etapa **1**), marcando-o para ubiquitinação pela ubiquitina ligase SCF e posterior degradação pelo proteossomo (etapa **2**). As CDKs da fase S ativas desencadeiam, então, a síntese do DNA (etapa **3**) pela fosforilação e recrutamento dos ativadores das helicases MCM às origens de replicação no DNA. (Adaptada de R. W. King et al., 1996, *Science* **274**:1652.)

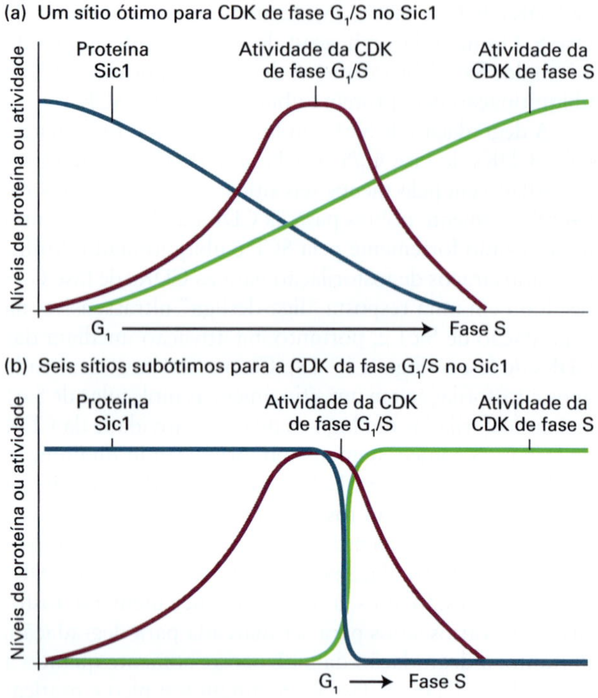

FIGURA 19-18 Seis sítios de fosforilação para CDK de fase G_1/S subótimos no Sic1 produzem uma entrada repentina no ciclo celular. (a) Um único sítio ótimo para CDK de fase G_1/S no Sic1 resultaria na transição vagarosa de G_1 para fase S. À medida que as CDKs se acumulam durante G_1, o Sic1 seria progressivamente degradado. Como resultado, as CDKs de fase S aumentariam lentamente. Em vez de um aumento súbito na atividade da CDK de fase S, o início da fase S seria um evento prolongado. (b) Seis sítios de fosforilação subótimos asseguram que o Sic1 seja completamente fosforilado e somente então reconhecido pelo SCF, quando as CDKs de fase G_1/S atingiram altos níveis. Isso também garante que a degradação do Sic1 ocorra rapidamente e apenas quando as CDKs de fase G_1/S tenham completado todas as outras funções em G_1. (Adaptada de Nash et al., 2001, *Nature* **414:**514–521, e D. O. Morgan, 2006.)

A entrada na fase S em células de metazoários é regulada de modo similar ao das leveduras. Assim como Sic1, a CKI p27 impede a ativação prematura das CDKs de fase S durante G_1. Ao contrário de Sic1, porém, essa CKI inibe as CDKs de fase S e de fase G_1/S, além de exercer funções adicionais no ciclo celular. Por exemplo, enquanto inibe as CDKs de fase G_1/S e as CDKs de fase S, a p27 auxilia na montagem e, portanto, na ativação das CDKs de G_1. De forma semelhante à das leveduras, porém, p27 é removida dos complexos ciclina-CDKs pela degradação de proteínas mediada pela ubiquitina. Duas vias contribuem para a degradação da p27. Sob estimulação com mitógenos, as cinases ativadas por mitógenos fosforilam p27, promovendo sua exportação do núcleo para o citoplasma, onde uma das ligases de ubiquitina celular, a KPC, é encontrada. Uma segunda via, análoga à que ocorre com Sic1, marca a p27 para degradação na transição de G_1 para fase S. À medida que as CDKs de fase G_1/S e de fase S atingem níveis mais altos durante o final da G_1 e início da fase S, elas começam a fosforilar a p27, marcando esse inibidor para degradação por ubiquitinação pelo SCF. A degradação da p27 provoca a ativação das CDKs de fase G_1/S e CDKs de fase S. Então, essas cinases iniciam a fase S pela fosforilação de proteínas importantes para o início da replicação do DNA.

A replicação em cada origem é iniciada somente uma vez durante o ciclo celular

Como discutido no Capítulo 4, os cromossomos eucarióticos são replicados a partir de inúmeras origens de replicação. O início da replicação a partir dessas origens ocorre durante a fase S. Entretanto, nenhuma origem eucariótica inicia mais de uma vez por ciclo celular. Ainda, a fase S continua até que a replicação a partir das diversas origens ao longo de cada cromossomo resulte na duplicação completa de todo o cromossomo. Esses dois fatores asseguram que um número de cópias dos genes seja mantido quando as células se proliferam.

As CDKs de fase S têm uma função importante na regulação da replicação do DNA. As cinases iniciam a replicação apenas na transição de fase G_1/S e impedem o reinício a partir das origens que já iniciaram. Primeiro será discutido como o início da replicação do DNA é controlado e qual a função das CDKs de fase S no processo antes de apresentar os mecanismos pelos quais elas impedem o reinício.

Os mecanismos que levam ao início da replicação do DNA são bem entendidos nas leveduras de brotamento, então a discussão será concentrada nesse organismo. É importante notar, porém, que as proteínas e os mecanismos que controlam o início da síntese de DNA são essencialmente os mesmos para todas as espécies de eucariotos. Um complexo de proteínas, conhecido como *complexo de reconhecimento de origem* (*ORC*), está associado a todas as origens de replicação. Nas leveduras de brotamento, as origens de replicação contêm uma sequência central conservada de 11 pares de base à qual ORC se liga. Em organismos multicelulares, as origens de replicação não têm uma sequência consenso. Em vez disso, fatores associados à cromatina direcionam os ORCs ao DNA. Dois fatores adicionais de iniciação da replicação, Cdc6 e Cdt1, se associam ao ORC na origem de replicação durante G_1 e agrupam as helicases replicativas conhecidas como complexo helicases MCM no DNA (Figura 19-19, etapa **1**). As helicases MCM atuam desenrolando o DNA durante o início da replicação do DNA.

Para garantir que as origens "disparem" apenas uma vez o início da fase S, a associação ao DNA e a ativação do complexo helicase MCM ocorrem em dois estados de fosforilação opostos. As helicases MCM só podem ser agrupadas no DNA em uma condição de baixa atividade da CDK, o que ocorre quando as CDKs são inativadas durante o final da mitose e no início de G_1. Em outras palavras, as helicases MCM só se associam ao DNA quando não estiverem fosforiladas. Em contrapartida, a ativação das helicases MCM e o recrutamento das DNA polimerases à origem de DNA desenrolado são induzidos pelas CDKs de fase S. Lembre que as CDKs de fase S somente são ativadas quando os níveis de CDK de fase G_1/S atingem seus picos e os CKIs das CDKs de fase S são degradados. É nessa etapa que a fosforilação (por CDKs de fase S e por uma segun-

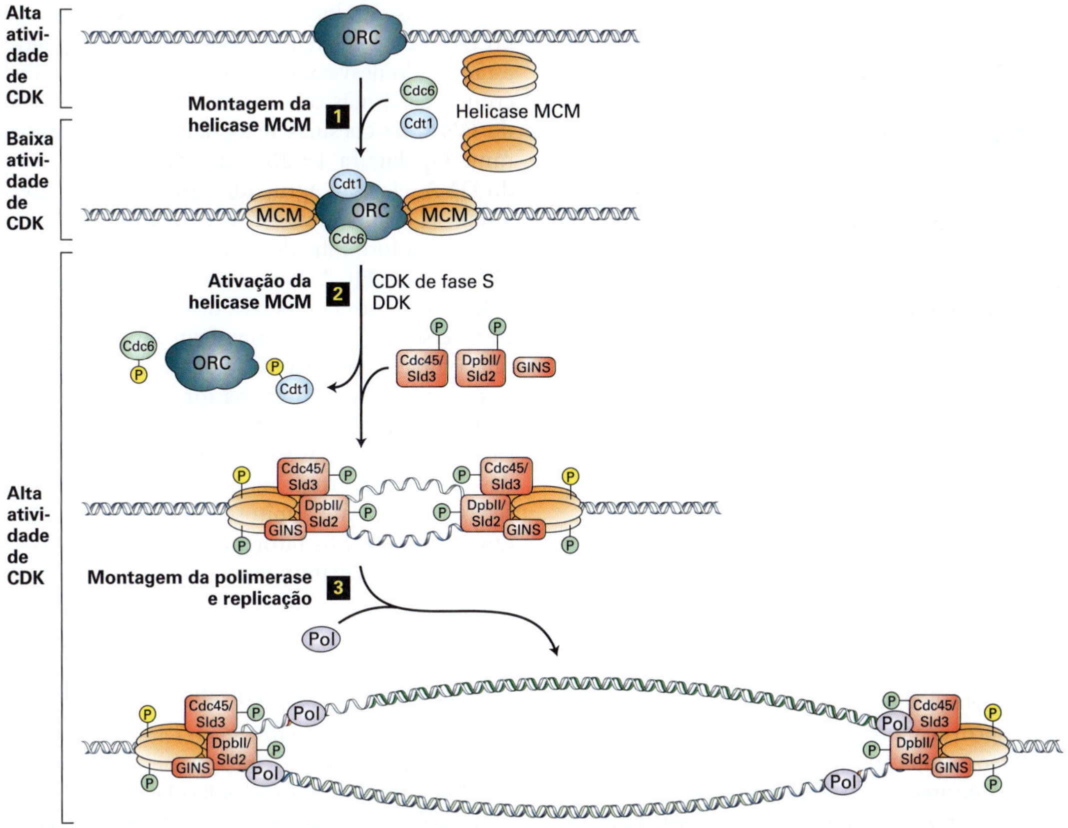

FIGURA 19-19 Mecanismos moleculares que governam a iniciação da replicação do DNA. Etapa **1**: durante a saída da mitose e o início de G_1, quando a atividade das CDKs é baixa, os fatores de montagem do MCM, os ORC, Cdc5 e Cdt1 montam a helicase replicativa, o chamado de complexo MCM, na origem do DNA. Etapa **2**: a ativação das CDKs de fase S e DDK marcam o início da fase S. Elas fosforilam a helicase MCM, Sld2, Sld3 (representados como eventos de fosforilação em verde), permitindo a montagem dos ativadores das helicases MCM – os complexos Cdc45-Sld3 e GINS – nos sítios de iniciação da replicação. Isso resulta no desenrolamento do DNA pelas helicases MCM. As CDKs de fase S também impedem a remontagem das helicases MCM pela fosforilação dos componentes pré-RC, Cdc6 e Cdt1 (mostrados como eventos de fosforilação em amarelo), promovendo sua liberação das origens e degradação pelo SCF. As CDKs de fase S também fosforilam as helicases MCM, levando à sua exportação do núcleo após sua dissociação do DNA ao final da replicação. Etapa **3**: as DNA-polimerases são direcionadas às origens, o que inicia a síntese do DNA (ver Figura 4-31).

da proteína-cinase heterodimérica, a DDK) ativa a helicase MCM e recruta as polimerases para os sítios de iniciação da replicação (Figura 19-19, etapas **2** e **3**).

Como então as CDKs de fase S e a DDK colaboram para iniciar a replicação do DNA? O ORC e os outros dois fatores de iniciação, Cdc6 e Cdt1, recrutam as helicases MCM para os sítios de iniciação durante G_1, quando a atividade da CDK é baixa (ver Figura 19-19, etapa **1**). Quando a DDK e as CDKs de fase S são ativadas, ao final de G_1, a DDK fosforila duas subunidades da helicase MCM. As CDKs de fase S fosforilam duas proteínas chamadas Sld2 e Sld3. Esses eventos de fosforilação têm um efeito ativador, promovendo a associação de ativadores das helicases MCM aos sítios de iniciação da replicação (os eventos de fosforilação mostrados em verde na Figura 19-19, etapas **2** e **3**). Os ativadores das helicases são denominados complexo Cdc45-Sld3 e complexo GINS. O modo exato de como eles promovem a ativação das helicases MCM não está claro. Além de ativar as helicases MCM e desenrolar o DNA, os complexos Cdc45-Sld3 e GINS recrutam as polimerases para o DNA, a polimerase ε para sintetizar a fita líder e a polimerase δ para sintetizar a fita descontínua (ver Figura 19-19, etapa **3**). Então, a maquinaria de replicação inicia a síntese de DNA.

As CDKs de fase S não são essenciais apenas para iniciar a replicação do DNA: também são responsáveis por garantir que cada origem seja iniciada somente uma vez a cada fase S. Durante a fase S, o reinício das origens é impedido por meio da fosforilação de diversos componentes do aparato que associa as helicases MCM e pela própria helicase MCM. Para diferenciar esses eventos de fosforilação dos eventos necessários para a iniciação da replicação, eles estão representados em amarelo na Figura 19-19. Simultaneamente à ativação da helicase MCM, Cdc6 e Cdt1 se dissociam dos sítios de iniciação da replicação do DNA. Uma vez dissociados, sua fosforilação resulta na sua própria degradação pela ubiquitina ligase SCF. A fosforilação da helicase MCM provoca a exportação dessas proteínas do núcleo após sua dissociação do DNA e o término da replicação. Dessa forma, somente após a diminuição da atividade da CDK pelo complexo APC/C-Cdh1 durante o final da mitose é que as helicases MCM serão agrupadas novamente no DNA. Como consequência, a associação da helicase é limitada aos estágios finais da mitose e iniciais de G_1 (ver Figura 19-19, etapa **1**).

Os mecanismos gerais que governam a iniciação da replicação do DNA em células de metazoários são bem semelhantes aos de *S. cerevisiae*, embora existam pequenas diferenças nos vertebrados. A fosforilação dos ativadores das helicases MCM pelas CDKs de fase G_1/S e de fase S provavelmente promovam seu direcionamento para os sítios de iniciação da replicação. Como nas leveduras, a fosforilação dos fatores que carregam MCM impede a reassociação das helicases MCM até que a célula passe pela mitose, assegurando que a replicação a partir de cada origem ocorra apenas uma vez a cada ciclo celular. Nos metazoários, uma segunda pequena proteína, a geminina, contribui para a inibição do reinício nas origens até que as células completem todo o ciclo celular. A geminina é expressa ao final de G_1; ligando-se e inibindo os fatores que agrupam a helicase MCM à medida que eles são liberados das origens, uma vez que a replicação tenha sido iniciada durante a fase S (ver Figura 19-19, etapa **2**). Dessa forma, ela contribui para a inibição do reinício na origem. A geminina contém uma caixa de destruição na extremidade N-terminal que é reconhecida pelo complexo APC/C-Cdh1, provocando sua ubiquitinação e degradação pelos proteossomos ao final da anáfase. Esse evento libera os fatores de associação da helicase MCM, os quais também são desfosforilados à medida que a atividade das CDKs cai, ligando-se ao ORC nas origens de replicação que carregam as helicases MCM na próxima fase G_1.

As fitas de DNA duplicadas são ligadas durante a replicação

Durante a fase S, à medida que se duplicam formando as cromátides-irmãs, os cromossomos são unidos entre si por meio de pontes proteicas. Essas pontes que unem as cromátides-irmãs, formadas na fase S, serão fundamentais para a segregação correta durante a mitose.

Os complexos proteicos que unem as cromátides-irmãs são chamados **coesinas**. O complexo de coesinas é composto por quatro subunidades: Smc1 (algumas vezes referida também como *Rad21*), Smc3, Scc1 e Scc3. As proteínas Smc1 e Smc3 são membros da família de proteínas SMC, caracterizada por longos domínios superenrolados flanqueados por domínios globulares contendo atividade de ATPase. Os domínios de ATPase interagem com Scc1 e Scc3 e, juntos, formam uma estrutura em forma de anel. O mecanismo estrutural pelo qual as coesinas unem as cromátides-irmãs ainda não foi elucidado, mas é provável que o anel de coesinas abrace uma ou as duas cópias do DNA duplicado. Está claro, contudo, que as coesinas são essenciais para manter as moléculas replicadas de DNA unidas. Quando as coesinas foram removidas de extratos de ovos de *Xenopus*, pelo tratamento com anticorpos específicos para proteínas coesinas SMC, esse extrato foi capaz de replicar o DNA adicionado ao núcleo de espermatozoides, porém as cromátides-irmãs não foram corretamente associadas entre si.

Alguns detalhes de como as coesinas são montadas no DNA e promovem a união entre as cromátides-irmãs estão sendo desvendados. A formação da coesão entre as cromátides-irmãs está fortemente associada à replicação do DNA. As coesinas se associam aos cromossomos durante G_1 (Figura 19-20, etapa **1**). Durante a replicação do DNA, elas são agrupadas nos cromossomos de modo a unir as cromátides, e é provável que isso ocorra à medida que a forquilha de replicação replica o DNA (Figura 19-20, etapa **2**). A conversão das coesinas associadas ao DNA em G_1 nos complexos de coesinas requer a presença de diversos fatores de montagem das coesinas – incluindo um complexo proteico relacionado às proteínas que montam o grampo deslizante na forquilha de replicação – e a acetilação da subunidade Smc3. Como será visto na Seção 19.6, as coesinas são essenciais para a correta fixação das cromátides-irmãs replicadas no fuso mitótico e sua separação durante a mitose. As células que não apresentam coesinas ou os fatores que agrupam as coesinas nos cromossomos separam seus cromossomos aleatoriamente.

CONCEITOS-CHAVE da Seção 19.4

Comprometimento ao ciclo celular e à replicação do DNA

- O INÍCIO define um estágio em G_1 após o qual as células estão irreversivelmente comprometidas com o ciclo celular. Em termos moleculares, o início é definido como o ponto em que a atividade das CDKs de fase G_1/S atinge níveis suficientes para iniciar a fase S.
- Os eventos moleculares que promovem a entrada no ciclo celular são conservados ao longo da evolução das das espécies. As CDKs de G_1 inibem um inibidor transcricional. Isso permite a transcrição das ciclinas de fase G_1/S e outros genes importantes para a fase S.
- Sinais extracelulares, como o estado nutricional (nas leveduras) e a presença de mitógenos e antimitógenos (nos vertebrados) controlam a entrada no ciclo celular.
- Diversos fatores de crescimento polipeptídicos, chamados mitógenos, estimulam a proliferação de células de mamíferos em cultura, porque induzem a expressão de genes de resposta rápida. Muitos genes de resposta rápida codificam fatores de transcrição que estimulam a expressão de genes de resposta lenta, que, por sua vez, codificam ciclinas de fase G_1/S e fatores de transcrição E2F.
- As CDKs de fase G_1/S fosforilam e inibem Cdh1, o fator de especificidade que direciona o complexo promotor da anáfase (APC/C) para ubiquitinação das ciclinas de fase S e fase M. Permitindo, assim, o acúmulo das ciclinas de fase S no final de G_1.
- Nas leveduras, as CDKs de fase S estão inicialmente inibidas pela Sic1. A fosforilação marca Sic1 para ubiquitinação pela ubiquitina ligase SCF e degradação pelo proteossomo, liberando as CDKs de fase S ativadas para induzir o início da fase S (ver Figura 19-17).
- A replicação do DNA é iniciada a partir de sítios de montagem das helicases conhecidas como origens de replicação.
- A associação e a ativação das helicases MCM ocorrem em estados celulares mutuamente exclusivos: a

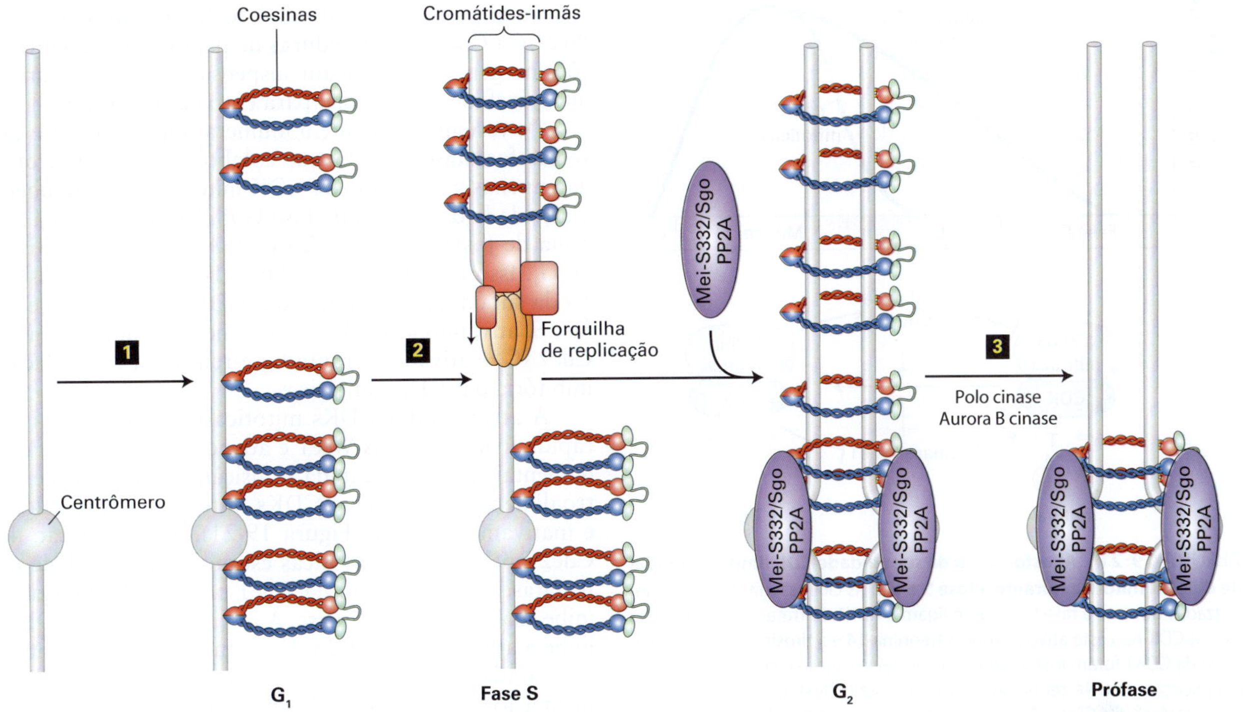

FIGURA 19-20 Modelo para a formação das ligações das cromátides-irmãs pela coesina. Fortes evidências sugerem que o complexo de coesinas é circular, porém não se sabe se um único anel de coesina liga as cromátides-irmãs, ou se dois anéis, um em cada cromátide-irmã em separado, são ligados entre si como elos em uma corrente. Para efeitos de simplificação, apenas um anel é mostrado. Etapa **1**: as coesinas são agrupadas nos cromossomos durante G_1, mas não exibem propriedades coesivas (indicadas como coesinas lateralmente associadas aos cromossomos). Etapa **2**: concomitante à replicação do DNA e provavelmente logo atrás da forquilha de replicação, as coesinas são convertidas em moléculas coesivas, capazes de manter unidas as cromátides-irmãs (indicadas como anéis de coesinas ao redor das cromátides-irmãs replicadas). Esta conversão em coesinas coesivas necessita fatores de montagem das coesinas. Durante a fase S, as cromátides-irmãs são replicadas e unidas ao longo de todo seu comprimento pelas coesinas. Durante este período, as proteínas Mei-S332/Sgo direcionam a fosfatase 2A (PP2A) às regiões centroméricas. Etapa **3**: nas células de vertebrados, as coesinas são liberadas dos braços dos cromossomos durante a prófase e início da metáfase pela atuação da Polo cinase e da Aurora B cinase. No final da metáfase, as coesinas estão limitadas apenas à região do centrômero, onde a PP2A impede a fosforilação das coesinas e, portanto, sua dissociação pela ação da PP2A.

montagem das helicases MCM ocorre apenas quando a atividade das CDKs está baixa (durante o início de G_1); e as helicases MCM são ativadas apenas quando a atividade das CDKs está alta.

- As CDKs de fase S e a DDK promovem a iniciação da replicação do DNA pelo recrutamento de ativadores das helicases MCM às origens (ver Figura 19-19).
- A iniciação da replicação ocorre em cada origem apenas uma vez durante o ciclo celular. Isto é conseguido porque as CDKs de fase S ativam as helicases e, ao mesmo tempo, impedem outras helicases adicionais de se associarem ao DNA.
- As coesinas formam ligações entre as moléculas de DNA replicadas. Esse mecanismo de coesão está acoplado à replicação do DNA.

19.5 Entrada na mitose

Uma vez completada a fase S e a duplicação de todo o genoma, os pares de cromossomos duplicados – as cromátides-irmãs – são segregados às futuras células-filhas. Esse processo exige não apenas a formação do aparato que permite a separação – o fuso mitótico –, como também exige, essencialmente, um remodelamento completo da célula. Os cromossomos se condensam e se ligam ao fuso mitótico, o envelope nuclear é desagregado, e quase todas as organelas são reconstruídas ou modificadas. Todos esses eventos são induzidos pelas CDKs mitóticas. Esta seção discutirá, inicialmente, como as CDKs mitóticas promovem a ativação repentina após o término da replicação do DNA, durante G_2. Em seguida, será analisado como as proteínas-cinases realizam as drásticas alterações celulares necessárias para permitir a segregação das cromátides-irmãs durante a anáfase, com foco nos eventos que ocorrem nos metazoários.

A ativação súbita das CDKs mitóticas inicia a mitose

As CDKs mitóticas iniciam a mitose. Enquanto níveis da subunidade catalítica das CDKs são constantes durante todo o ciclo celular, as ciclinas mitóticas se acumulam gradualmente durante a fase S. A maioria dos eucariotos apresenta diversas ciclinas mitóticas, as quais, por motivos históricos, são chamadas ciclina A e ciclina B. À medida que são formados, os complexos de CDKs mitóticos são mantidos em estado inativo pela fosforilação inibitória da subunidade CDK. Foi visto, na Seção 19-3, que dois resíduos altamente conservados, uma tirosina e uma treoni-

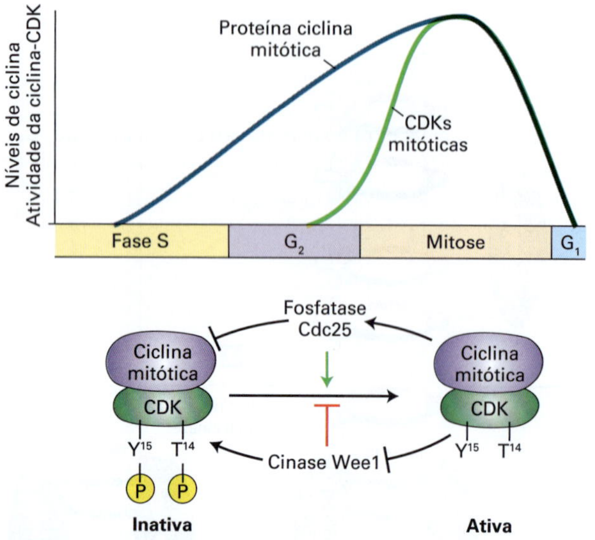

FIGURA 19-21 A fosforilação da subunidade CDK limita a atividade da CDK mitótica durante a fase S e G_2. As ciclinas mitóticas são sintetizadas durante a fase S e G_2 e se ligam à CDK1. Entretanto, o complexo ciclina-CDK não está ativo porque a treonina-14 e a tirosina-15 da subunidade da CDK1 foram fosforiladas pela proteína-cinase Wee1. Uma vez que a replicação do DNA tenha terminado, a proteína fosfatase Cdc25 é ativada, e desfosforila CDK1. As CDKs mitóticas ativas estimulam ainda mais a atividade da Cdc25. Ao mesmo tempo, as CDKs mitóticas inibem Wee1, a cinase que realiza a fosforilação inibitória da subunidade CDK1. O processo de replicação do DNA em andamento inibe a atividade da Cdc25. Ainda não foi elucidado o mecanismo pelo qual a Cdc25 é inicialmente ativada após o término da replicação do DNA para acionar estas alças de retroalimentação.

na, nas CDKs de mamíferos estão sujeitos à regulação por fosforilação. Na CDK1, a CDK mitótica, a fosforilação da tirosina 15 e da treonina 14 mantém os complexos ciclinas mitóticas-CDK na forma inativa. O estado fosforilado de T14 e Y15 é controlado por uma proteína-cinase com dupla especificidade, denominada **Wee1**, e uma fosfatase de dupla especificidade, a Cdc25 (Figura 19-21). A regulação das CDKs mitóticas por essas enzimas responde pela repentina ativação das cinases na transição, de fase G_2/M e explica a observação de que embora as ciclinas mitóticas sejam gradualmente acumuladas durante a fase S e G_2, as CDKs mitóticas permanecem inativas até a entrada na mitose.

Estudos na levedura de fissão *S. pombe* desvendaram o mecanismo que resulta na ativação repentina das CDKs mitóticas durante G_2. A proteína-cinase de dupla especificidade Wee1 fosforila as CDKs na tirosina 15 inibitória (a treonina 14 não é fosforilada na CDK1 de *S. pombe*). Células de leveduras com defeitos no gene $wee1^+$ ativam as CDKs mitóticas prematuramente e, portanto, a entrada na mitose é prematura. Além de entrarem antes em mitose, os mutantes Wee1 são também menores. Isso porque, ao contrário da maioria dos outros eucariotos que coordena o tamanho celular e a divisão celular durante G_1, na levedura de fissão essa coordenação ocorre durante G_2. As células dessa levedura contendo um gene CDK1 mutante, em que a tirosina 15 foi substituída por uma fenilalanina (a fenilalanina é estruturalmente semelhante, mas não pode ser fosforilada), apresenta a mesma ativação prematura da CDK mitótica e entrada precoce na mitose. A fosfatase que se opõe a Wee1 é a Cdc25. As leveduras de fissão contendo mutações no gene $cdc25^+$ ficam suspensas em G_2, indicando que a fosfatase é essencial para entrada na mitose.

Os vertebrados contêm inúmeras cinases Wee1 e diversas **fosfatases Cdc25** que colaboram para controlar não apenas a atividade da CDK mitótica como também a atividade das CDKs de fase G_1/S. Um membro da família de fosfatases Cdc25, Cdc25A, é ativado ao final de G_1. Isso remove a fosforilação inibitória na tirosina 15 da subunidade catalítica das CDKs de fase G_1/S e de fase S, ativando as CDKs. Outro membro dessa família, Cdc25C, é ativado durante G_2 e remove a fosforilação inibitória das CDKs mitóticas.

A ativação das CDKs mitóticas é consequência da rápida inativação das Wee1 e ativação das Cdc25. Fundamentais para essa rápida transição são as alças de retroalimentação, onde as CDKs mitóticas ativas Cdc25 e inativam Wee1 (ver Figura 19-21). A fosforilação da Cdc25 pelas CDKs mitóticas estimula sua atividade de fosfatase; a fosforilação da Wee1 pelas CDKs mitóticas inibe sua atividade de cinase. A replicação ativa do DNA inibe a atividade da Cdc25. Uma questão crítica, sobre a qual ainda pouco se sabe, é como essa alça de retroalimentação positiva é iniciada uma vez que a replicação do DNA tenha terminado. Foi sugerido que a alça de retroalimentação positiva seja iniciada pelas CDKs que atuam mais cedo no ciclo celular.

Embora não se saiba como a ativação súbita das CDKs mitóticas é iniciada, está claro que, uma vez ativas, essas proteínas-cinases coordenam todos os eventos necessários para deixar a célula pronta para a segregação cromossômica. A ativação das CDKs mitóticas está associada a alterações na localização subcelular dessas cinases. As CDKs mitóticas inicialmente associam-se aos centrossomos, onde parecem permitir a maturação desses centrossomos. Em seguida, eles entram no núcleo, onde promovem a condensação cromossômica e desagregação do envelope nuclear. Na sequência será abordado como as CDKs mitóticas realizam a execução coordenada da mitose.

Durante o início da replicação do DNA, CDKs de fase S atuam em conjunto com a DDK para promover a ativação das helicases MCM. Assim como na iniciação da replicação do DNA, as CDKs colaboram com outras proteínas cinases para induzir os eventos mitóticos. A família das **Polo cinases** é crítica para a formação do fuso mitótico e da segregação cromossômica. A família das **Aurora cinases** tem funções importantes na formação do fuso mitótico e é responsável por assegurar que os cromossomos estejam ligados ao fuso mitótico da maneira correta para serem separados adequadamente durante a mitose. Suas contribuições aos vários eventos mitóticos também serão discutidas.

As CDKs mitóticas promovem a dissociação do envelope nuclear

Durante a interfase, os cromossomos estão envolvidos pelo envelope nuclear. Os centrossomos que formam o fuso mitótico estão localizados no citoplasma. Para permitir a interação entre os cromossomos e os microtúbulos nucleados pelos centrossomos, o envelope nuclear precisa ser desagregado.

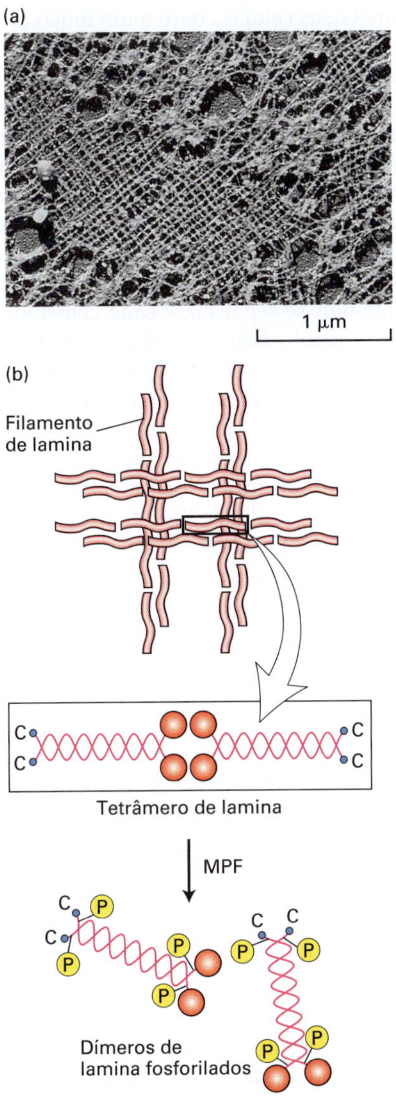

FIGURA 19-22 A lâmina nuclear e sua regulação por fosforilação. (a) Micrografia eletrônica da lâmina nuclear de um oócito de *Xenopus*. Observe a rede de trama regular de filamentos intermediários de lamina. Esta estrutura localiza-se adjacente à membrana nuclear interna (ver Figura 18-46). (b) Diagrama esquemático da estrutura da lâmina nuclear. Dois conjuntos perpendiculares de filamentos de 10 nm de diâmetro compostos pelas laminas A, B e C formam a lâmina nuclear (*parte superior*). Cada filamento individual de lamina é formado pela polimerização das porções terminais dos tetrâmeros de lamina, que consistem em dois dímeros de lamina superenrolados (*parte central*). Os círculos vermelhos e azuis representam os domínios globulares N-terminais e C-terminais, respectivamente. A fosforilação de resíduos específicos de serina próximos das porções terminais da seção central em forma de bastão dos dímeros de lamina causa a despolimerização dos tetrâmeros (*parte inferior*). Em consequência, a lâmina nuclear se desintegra. (Parte (a) de U. Aebi et al., 1986, Nature ***323***:560; cortesia de U. Aebi. Parte (b) adaptada de A. Murray e T. Hunt, 1993, *The Cell Cycle: An Introduction*, W. H. Freeman and Company.)

O envelope nuclear é uma dupla membrana, extensão do retículo endoplasmático rugoso, que contém diversos poros nucleares complexos (ver Figuras 9-32 e 13-33). A dupla camada lipídica da membrana nuclear interna é sustentada pela **lâmina nuclear**, uma trama de filamentos de lamina localizados adjacentes à face interna do envelope nuclear (Figura 19-22a). As três **laminas** nucleares (A, B e C) presentes nas células de vertebrados pertencem à classe de proteínas do citoesqueleto, os filamentos intermediários, cruciais para a sustentação das membranas das células. As laminas A e C, codificadas pela mesma unidade transcricional e produzidas pelo processamento alternativo de um único pré-mRNA, são idênticas, com exceção de uma região de 133 resíduos na porção C-terminal da lamina A, ausente na lamina C. A lamina B, codificada por uma unidade transcricional diferente, sofre modificação pós-transcricional por meio da adição de um grupo hidrofóbico isoprenila próximo à sua extremidade carboxiterminal. Esse ácido graxo se insere na membrana nuclear interna, ancorando, assim, a lâmina nuclear à membrana (ver Figura 10-19). Todas as três laminas nucleares formam dímeros que contêm uma seção central como uma hélice α superenrolada, em forma de bastão, e domínios globulares da cabeça e da cauda; a polimerização desses dímeros, pela associação cabeça-cabeça ou cauda-cauda, produz os filamentos intermediários que compõem a lâmina nuclear (ver Figura 19-22b).

Uma vez ativadas, as CDKs mitóticas ao final de G_2, elas fosforilam resíduos de serina específicos em todas as três laminas nucleares, levando à despolimerização dos filamentos intermediários de lamina (ver Figura 19-22b). Os dímeros de lamina A e C fosforilados são liberados em solução, enquanto os dímeros de lamina B fosforilados permanecem associados à membrana nuclear por meio da sua âncora de isoprenila. A despolimerização das laminas nucleares leva à desintegração da trama da lâmina nuclear e contribui para a desagregação do envelope nuclear.

As CDKs mitóticas também afetam outros componentes do envelope nuclear (Figura 19-23). Elas fosforilam **nucleoporinas** específicas, que provoca a dissociação dos complexos dos poros nucleares em subcomplexos, durante a prófase. Imagina-se que a fosforilação das proteínas integrais de membrana na membrana nuclear interna diminua a afinidade dessas proteínas pela cromatina e contribua para a desagregação do envelope nuclear. O enfraquecimento das associações entre a membrana nuclear interna e da lâmina nuclear e cromatina permite que as camadas da membrana nuclear interna se retraiam para dentro do retículo endoplasmático contíguo à membrana nuclear externa.

As CDKs mitóticas promovem a formação do fuso mitótico

Uma função essencial das CDKs mitóticas é a indução da formação do fuso mitótico, também conhecido como aparato mitótico. Como foi visto no Capítulo 18, o fuso mitótico é formado por microtúbulos que se ligam aos cromossomos por meio de estruturas proteicas especializadas associadas aos cromossomos, os **cinetócoros**. Na maioria dos organismos, o fuso mitótico é organizado pelos **centrossomos**, às vezes denominados **corpos polares do fuso**. Eles contêm uma tubulina especializada, a tubulina γ, que, em conjunto com outras proteínas, forma os microtúbulos. Exceções importantes ao mecanismo de formação do fuso com base nos centrossomos ocorrem nas plantas superiores

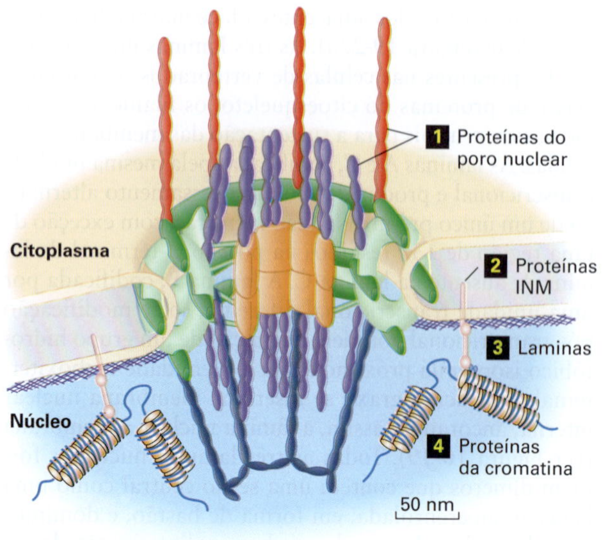

FIGURA 19-23 Proteínas do envelope nuclear fosforiladas pelas CDKs mitóticas. Etapa **1**: os componentes do complexo do poro nuclear (NPC) são fosforilados pelas CDKs mitóticas na prófase, causando a dissociação dos NPCs em subcomplexos de NPC solúveis associados à membrana. Etapa **2**: a fosforilação pelas CDKs mitóticas das proteínas da membrana nuclear interna (INM) impede sua interação com a lâmina nuclear e a cromatina. Etapa **3**: a fosforilação das laminas nucleares provoca sua despolimerização e a dissolução da lâmina nuclear. Etapa **4**: a fosforilação pelas CDKs mitóticas das proteínas da cromatina induz a condensação da cromatina e inibe as interações entre a cromatina e o envelope nuclear. (Adaptada de B. Burke and J. Ellenberg, 2002, *Nat. Rev. Mol. Cell Biol.* **3:**487.)

e nos oócitos de metazoários. Nessas células, as extremidades negativas (–) dos microtúbulos são intercruzadas e os próprios microtúbulos se autoarranjam formando o fuso.

A função do fuso mitótico é segregar os cromossomos de modo que as cromátides-irmãs sejam separadas e movidas para polos opostos do fuso mitótico (ver Figura 18-37). Para realizar isso, os cromossomos devem se fixar ao fuso mitótico de modo que um cinetócoro de cada par de cromátides-irmãs ligue-se aos microtúbulos derivados de polos opostos. As cromátides-irmãs são chamadas de **biorientadas**. A seguir será discutido como o fuso é formado, como os cromossomos são ligados ao fuso e como as células corrigem as ligações incorretas.

Durante G_1, as células contêm um único centrossomo que atua como o principal centro de nucleação de microtúbulos da célula. A formação do fuso mitótico inicia na transição fase G_1/S com a duplicação do centrossomo. O mecanismo que produz a duplicação não é ainda compreendido, mas no centro desse processo está a duplicação do par de **centríolos**, pequenos microtúbulos dispostos ortogonalmente entre si. Como discutido no Capítulo 18, as células em G_1 contêm um único par de centríolos. Simultaneamente à entrada na fase S, e induzida pelas CDKs, os dois centríolos se separam, e cada centríolo começa a formar um centríolo filho (ver Figura 18-35). Os novos centríolos crescem e maturam durante a fase S, cada par de centríolos começa a produzir material centrossômico e, no estágio G_2, os dois centrossomos estão formados. Várias proteínas-cinases adicionais que controlam a duplicação dos centrossomos foram identificadas. Uma das principais, membro da família de Polo cinases, é a Plk4. Como as CDKs de fase G_1/S e Plk4 promovem a duplicação dos centrossomos não foi elucidado, mas parece envolver a fosforilação de diversos componentes do centrossomo, o que possibilitaria sua duplicação e seu crescimento. Como será visto, as Polo cinases, além de ter um papel importante na duplicação dos centrossomos, também participam de praticamente todos os aspectos da mitose.

A principal etapa para o início da formação do fuso mitótico é o rompimento das ligações que unem os cromossomos. Essa **disjunção cromossômica** ocorre em G_2 e é promovida pelas CDKs mitóticas (ver Figura 18-35). Tão logo essa separação ocorra, os microtúbulos são nucleados nos dois centrossomos e se distanciam impelidos pela proteína dineína. Os detalhes da formação do arranjo dos microtúbulos e do fuso mitótico são discutidos no Capítulo 18. No presente capítulo, será considerado brevemente como os cromossomos se fixam ao fuso mitótico e como os eventuais erros são corrigidos.

Para que a separação correta dos cromossomos ocorra, durante a mitose, o par de cromátides-irmãs deve estar biorientado de forma estável ao fuso (Figura 19-24). Como isso é realizado? Uma vez que os centrosssomos tenham se distanciado, os microtúbulos, por um mecanismo de busca e captura, começam a interagir com os cinetócoros dos pares de cromátides-irmãs. Inicialmente os

VÍDEO: Divisão celular normal na embriogênese de *C. elegans*

FIGURA 19-24 Ligação dos cromossomos ao fuso mitótico. Os cromossomos se fixam ao fuso mitótico e se dirigem para o centro do fuso. Então, se ligam às extremidades dos microtúbulos (ligação pelas caudas), por meio dos cinetócoros, e estas ligações são estabilizadas por microtúbulos adicionais. A fixação dos cromossomos é finalizada quando os cromossomos estão biorientados de modo estável no fuso mitótico, como mostrado.

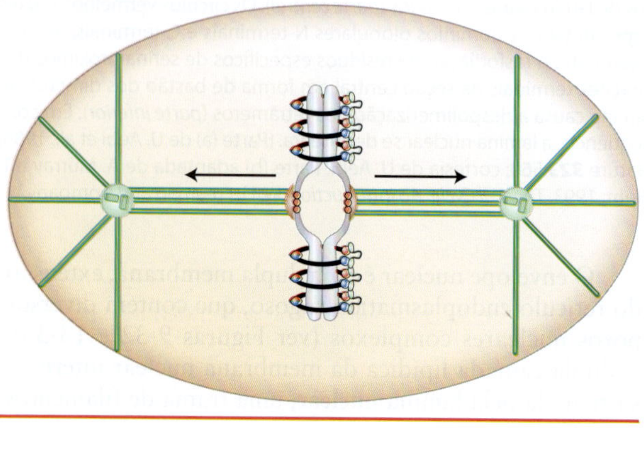

VÍDEO: Segregação cromossômica anormal em embriões de *C. elegans* na ausência da proteína KNL-3 do cinetócoro

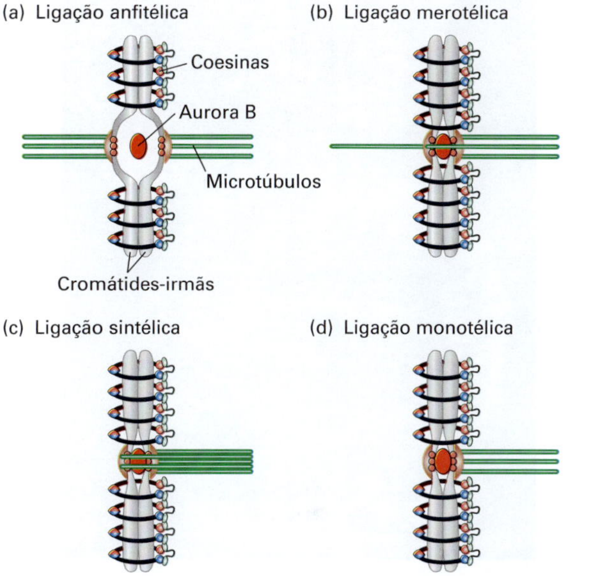

FIGURA 19-25 Ligações estáveis e instáveis aos cromossomos. Quando os cinetócoros das cromátides-irmãs se ligam a microtúbulos derivados de polos opostos, eles são fixados de modo estável. Esta configuração é chamada de ligação anfitélica. (a) Os microtúbulos (verde) puxam os cinetócoros, e as coesinas resistem a esta força. Isto resulta no afastamento entre os cinetócoros e a proteína-cinase Aurora B (zona vermelha) localizada no espaço interno dos cinetócoros irmãos. Então, a Aurora B não pode mais fosforilar os fatores de ligação aos microtúbulos dos cinetócoros e as ligações cinetócoros-microtúbulos são estáveis. Quando um cinetócoro se liga a microtúbulos derivados dos dois polos opostos do fuso (ligação merotélica, b) ou os dois cinetócoros irmãos se ligam a microtúbulos do mesmo polo do fuso (ligação sintélica, c), ou ainda apenas um dos cinetócoros irmãos se liga aos microtúbulos do fuso (ligação monotélica, d), os cinetócoros não são afastados da cinase Aurora B, que fosforila as subunidades de ligação ao microtúbulos nos cinetócoros e as ligações são desestabilizadas.

cromossomos planam ao longo dos microtúbulos impelidos por proteínas motoras. Quando o cromossomo chega ao final de um microtúbulo, os cinetócoros se fixam aos microtúbulos por uma ligação pela ponta, que é a configuração final de ligação dos cromossomos ao fuso mitótico. Então, os cinetócoros das cromátides-irmãs ligam-se aos microtúbulos derivados de polos opostos do fuso. No final, cada par de cromátides-irmãs é chamado de biorientado de modo estável ao fuso mitótico.

O objetivo final da fixação ao fuso mitótico é que cada cromossomo, sem exceção, esteja ligado ao fuso de modo biorientado (também chamado de **ligação anfitélica**; Figura 19-25a). Como a célula "sabe" que isso aconteceu? Análises microscópicas da ligação dos cromossomos demonstraram que inicialmente muitos cromossomos se fixam de modo incorreto. Um cinetócoro pode se fixar aos microtúbulos derivados dos dois polos, situação chamada de **ligação merotélica** (Figura 19-25b). Os cinetócoros do par de cromátides-irmãs podem também se ligar a microtúbulos do mesmo polo (**ligação sintélica**, Figura 19-25c) ou apenas um dos dois cinetócoros pode se ligar aos microtúbulos (**ligação monotélica**, Figura 19-25d). Obviamente, nenhuma dessas ligações é producente, no sentido de que não resultam na correta separação dos cromossomos. Portanto, devem existir mecanismos capazes de detectar e corrigir essas ligações erradas.

O mecanismo celular de sinalização que detecta as ligações incorretas baseia-se na tensão. Quando as cromátides-irmãs estão fixadas corretamente aos microtúbulos, os cinetócoros estão sob tensão (ver Figura 19-25a). Os microtúbulos puxam os cinetócoros, e as moléculas de coesinas que mantêm as cromátides-irmãs unidas se contrapõem a essas forças, criando tensão nos cinetócoros. As ligações merotélicas, sintélicas e monotélicas não produzem tensão suficiente nos cinetócoros, permitindo que a célula diferencie essas ligações incorretas das ligações anfitélicas corretas.

Como a célula percebe que os cinetócoros estão sob tensão? A proteína-**cinase Aurora B** e fatores reguladores associados, juntos conhecidos como complexo de passagem cromossômica (CPC), percebem os cinetócoros não tensionados e cortam essas ligações com os microtúbulos, dando uma segunda chance para acertar a ligação. As bases moleculares desse mecanismo de percepção foram apenas parcialmente elucidadas. A Aurora B fosforila diversos componentes do cinetócoro envolvidos na ligação ao microtúbulo. Quando fosforilados, essas proteínas perdem essa capacidade de ligação. A Aurora B se encontra na região das cromátides-irmãs *entre* os dois cinetócoros. Quando não estão tensionados, os cinetócoros ficam mais próximos à Aurora B, e a proteína-cinase pode, então, fosforilar as suas subunidades de ligação aos microtúbulos, desestabilizando as ligações cinetócoro-microtúbulo (ver Figura 19-25b-d). Quando os microtúbulos estão ligados corretamente aos cinetócoros, o microtúbulo retira os cinetócoros de Aurora B, e a cinabe é impossibilitada de alcançar seus alvos nos cinetócoros (ver Figura 19-25a).

Os microtúbulos impelem os cromossomos continuamente. Uma vez que todos os cromossomos estão fixados de modo anfitélico, as únicas estruturas que impedem sua segregação aos polos e que os mantêm no meio do fuso são os complexos de coesinas (ver Figura 19-25a). Como será observado na Seção 19.6, o rompimento dessas moléculas de coesina marca o início da segregação cromossômica na anáfase.

A condensação cromossômica facilita a segregação cromossômica

A segregação cromossômica requer não apenas a montagem do aparato de segregação, mas também que o DNA seja compactado em estruturas mais adequadas à movimentação. Uma tentativa de segregar os longos e entrelaçados complexos DNA-proteína presentes nas células em interfase resultaria na quebra do DNA e consequente perda de material genético. Para evitar isso, as células compactam o DNA de seus cromossomos durante a prófase, formando estruturas densas, vistas pela microscopia óptica e eletrônica (Figura 19-26).

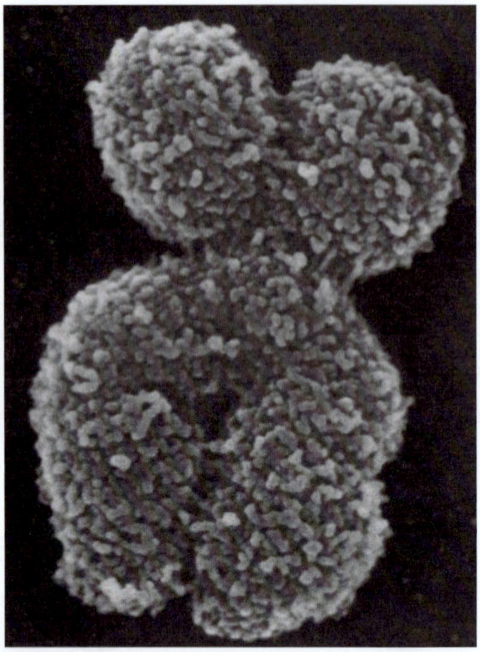

FIGURA 19-26 Micrografia eletrônica de varredura de um cromossomo em metáfase. Durante a metáfase, os cromossomos são completamente condensados e as duas cromátides-irmãs individuais são visíveis. (Biophoto Associates/Photo Researchers.)

A condensação cromossômica resulta em uma drástica redução do comprimento dos cromossomos, em até 10.000 vezes em vertebrados. O segundo aspecto principal do processo de compactação é separar as cromátides-irmãs entrelaçadas. Esse processo, chamado de **resolução das cromátides-irmãs,** é promovido parcialmente pela atividade de desconcatenação da topoisomerase II e ocorre junto com o processo de condensação.

O mecanismo da condensação dos cromossomos não está muito claro, porém essencial ao processo é o **complexo da condensina.** Esse complexo proteico é relacionado ao complexo das coesinas que une as cromátides-irmãs após a replicação do DNA e foi inicialmente identificado pela sua capacidade em promover a condensação dos cromossomos em extratos de sapo. Assim como o complexo de coesinas, as condensinas são compostas por duas subunidades proteicas SMC, superenroladas e associadas por meio de seus domínios de ATPase a subunidades não SMC. Quando a atividade das condensinas é perdida na célula, os cromossomos não são condensados e as ligações entre as cromátides-irmãs não são resolvidas. Ainda não está claro como as condensinas atuam, mas, em analogia aos anéis das coesinas, é possível que as condensinas formem ligações intracromossomais que compactam os cromossomos nas características alças compactadas vistas nas micrografias eletrônicas.

Assim como em todos os eventos iniciais da mitose, a condensação cromossômica é desencadeada, em última análise, pelas CDKs mitóticas. Os mecanismos exatos que promovem a indução da compactação são desconhecidos, mas parece que as CDKs mitóticas induzem o processo, pelo menos em parte, ativando as condensinas. Duas das subunidades não SMC das condensinas são alvos das CDKs mitóticas. Sua fosforilação estimula as condensinas a causar o superenrolamento de DNA *in vitro*.

Finalmente, outros processos que atuam em paralelo às condensinas também auxiliam na condensação cromossômica. A dissociação das coesinas dos cromossomos é um exemplo desses processos paralelos. Uma grande parte das coesinas é removida dos cromossomos durante a prófase (ver Figura 19-20, etapa **3**). Esse processo é mediado pela fosforilação das coesinas promovido pela Polo cinase e Aurora B cinase. Na maioria dos organismos, as coesinas são mantidas apenas ao redor dos centrossomos, onde são protegidas da remoção dependente da fosforilação pela proteína fosfatase 2A (PP2A). Essa fosfatase é recrutada à região centromérica por um membro da família de fatores de alvos da PP2A, conhecida como família de proteínas Mei-S332/Shugoshin. Esse grupo protegido de coesinas fornece a resistência à força de estiramento exercida pelos microtúbulos necessária para estabelecer a tensão nos cinetócoros biorientados. Como será visto na Seção 19.8, esse mecanismo de proteção também desempenha um papel importante no estabelecimento do padrão de segregação cromossômica na meiose.

CONCEITOS-CHAVE da Seção 19.5

Entrada na mitose

- As CDKs mitóticas induzem a entrada na mitose em todos os eucariotos.
- As CDKs mitóticas são mantidas inativas até o término da replicação do DNA pela fosforilação inibitória na subunidade da CDK.
- As CDKs mitóticas promovem sua própria ativação por meio de alças de retroalimentação positiva, causando a rápida inativação da cinase Wee1 e ativação da fosfatase Cdc25.
- As CDKs mitóticas induzem a quebra do envelope nuclear na maioria dos organismos por meio da fosforilação das laminas.
- A duplicação dos centrossomos ocorre durante a fase S. As CDKs mitóticas induzem a separação dos cromossomos duplicados, o que inicia a formação do fuso mitótico.
- As cromátides-irmãs se ligam ao fuso mitótico pelos seus cinetócoros de modo biorientado, em que um cinetócoro de uma cromátide-irmã se liga a um microtúbulo derivado de um polo e o da outra cromátide liga-se a um microtúbulo nucleado pelo outro polo do fuso.
- As células percebem a biorientação das cromátides-irmãs por um mecanismo com base na tensão. Quando os cinetócoros não estão tensionados, a proteína cinase Aurora B fosforila as subunidades de ligação aos microtúbulos presentes nos cinetócoros, reduzindo a afinidade de ligação aos microtúbulos.
- Os cromossomos devem ser compactados para a segregação.
- As condensinas, complexos proteicos relacionados às coesinas, permitem a condensação dos cromossomos e são ativadas pelas CDKs mitóticas.

19.6 Término da mitose: segregação cromossômica e saída da mitose

Uma vez que todos os cromossomos foram condensados e ligados corretamente ao fuso mitótico, começa a segregação cromossômica. Nesta seção, será discutido como a clivagem das coesinas pela protease denominada separase promove o movimento cromossômico na anáfase e como essa clivagem é regulada. Depois será descrito como o aparato que inicia a clivagem das coesinas na transição metáfase-anáfase, o APC/C, também inicia a inativação das CDKs mitóticas. Em seguida, será abordado como as fosfatases ativadas ao final da mitose participam da inativação das CDKs mitóticas, realizam a dissociação das estruturas mitóticas e retornam a célula ao estado G_1. Conclui esta seção uma discussão sobre a citocinese, o processo que produz duas células-filhas.

A clivagem das coesinas, mediada pela separase, inicia a segregação cromossômica

Como mencionado na seção anterior, cada cromátide-irmã do cromossomo de metáfase é ligada aos microtúbulos pelo seu cinetócoro (ver Figura 19-24). Na metáfase, o fuso está no estado tensionado, com forças impelindo os dois cinetócoros para polos opostos do fuso. As cromátides-irmãs não se separam porque estão unidas nos centrômeros pelos complexos de coesinas. Em todos os organismos analisados até o momento, a perda das coesinas dos cromossomos desencadeia o movimento dos cromossomos na anáfase. O mecanismo que realiza a perda das coesinas também é conservado. Uma protease conhecida como **separase** cliva a subunidade da coesina denominada Scc1 ou Rad21, quebrando os anéis de proteínas que ligam as cromátides-irmãs (Figura 19-27). Assim que essas ligações se rompem, inicia-se a anáfase, e uma força é exercida nos cinetócoros, impelindo-os aos polos e dividindo as cromátides-irmãs rumo aos polos do fuso.

A clivagem das coesinas foi descoberta em leveduras de brotamento. Análise da subunidade Scc1 por *Western blot* mostrou que a proteína migrava em géis SDS-PAGE de acordo com peso molecular presumido de G_1 até a metáfase, porém, durante a anáfase, a proteína migrava consideravelmente mais rápido no gel SDS-PAGE, indicando que a proteína se tornava um pouco menor. Estudos adicionais mostraram que a forma de migração mais rápida da Scc1 era de fato um produto de clivagem. Evidências sobre a identidade da proteína responsável pela clivagem das coesinas vieram da análise de mutantes de levedura previamente identificados, incapazes de segregar seus cromossomos durante a anáfase. Um mutante do gene que codifica *ESP1* – conhecida agora como separase – foi incapaz de produzir o fragmento clivado. Análises seguintes revelaram que a separase é uma protease e também que a clivagem da coesina é fundamental para a segregação cromossômica. As células que expressam uma forma de Scc1 com os sítios de clivagem mutados não podem segregar seus cromossomos. Devido à natureza irreversível da clivagem de Scc1, é absolutamente essencial que a atividade da separase seja fortemente controlada, o que será discutido na seção seguinte.

O APC/C ativa a separase por meio da ubiquitinação da securina

Antes da anáfase, uma proteína conhecida como **securina** se liga à separase e a inibe (ver Figura 19-27). Após a ligação de todos os cinetócoros ao fuso mitótico corretamente biorientados, o APC/C ubiquitina ligase é direcionado por um fator de especificidade, o Cdc20, para ubiquitinar a securina (observe que esse fator de especificidade é distinto do Cdh1, que direciona os substratos do APC/C para degradação mais tarde durante a mitose). A securina poliubiquitinada é rapidamente degradada pelos proteossomos, liberando, desse modo, a separase.

O APC/C^{Cdc20} é ativado na prófase pela CDK mitótica, que fosforila diversas subunidades do APC/C. Entretanto, esse APC/C^{Cdc20} fosforilado não é ativado até que todos os cromossomos estejam biorientados no fuso mitótico. Como será visto na Seção 19.7, o APC/C^{Cdc20}

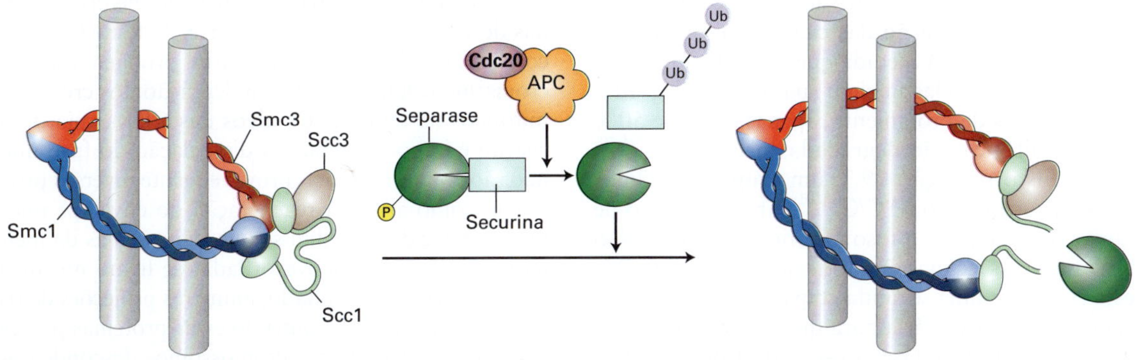

FIGURA 19-27 Regulação da clivagem das coesinas. A separase, protease que cliva a subunidade Scc1 dos complexos de coesina, é inibida antes da anáfase pela ligação com a securina. As CDKs mitóticas também inibem a separase pela sua fosforilação. Quando todos os cinetócoros estiverem ligados aos microtúbulos do fuso e o aparato do fuso estiver corretamente montado e orientado, o fator de especificidade Cdc20 associado à APC/C marca a securina e as ciclinas mitóticas para ubiquitinação. Após a degradação da securina e a redução da atividade das CDKs mitóticas, a separase, agora liberada e desfosforilada, promove a clivagem de Scc1, quebrando os círculos de coesina e permitindo que as cromátides-irmãs sejam separadas pela força do fuso que puxa as cromátides para polos opostos.

é inibido pela via de ponto de verificação que assegura que a mitose não prossiga até que todos os cromossomos estejam corretamente fixados ao fuso. A Cdc20 é inibida até que todos os cinetócoros tenham sido fixados aos microtúbulos e a tensão seja aplicada aos cinetócoros das cromátides-irmãs de modo a puxá-las em direção aos polos do fuso. Nas células de vertebrados, a separase também é regulada por fosforilação. A atividade das CDKs mitóticas inibe a separase durante a prófase e a metáfase. Somente quando a atividade das CDKs mitóticas começa a decair, na transição metáfase-anáfase pela degradação mediada pelo APC/C^{Cdc20}, que a separase é ativada e induz a segregação cromossômica.

Após a clivagem das coesinas, ocorre o movimento dos cromossomos da anáfase. Como discutido no Capítulo 18, a segregação cromossômica é mediada pela despolimerização dos microtúbulos e por proteínas motoras, à medida que os polos se distanciam. O declínio da atividade da CDK mitótica é importante para esses movimentos na anáfase. Quando a inativação das CDKs mitóticas é inibida, a anáfase acontece, mas é anormal. A desfosforilação de várias proteínas associadas aos microtúbulos que afetam sua dinâmica é importante nesse processo. Na levedura de brotamento, essa desfosforilação é promovida pela fosfatase Cdc14, que, como será observado, exerce papel fundamental no estágio final do ciclo celular: a saída da mitose.

A inativação da CDK mitótica induz a saída da mitose

O alongamento do fuso na anáfase e os eventos associados à saída da mitose – dissociação do fuso mitótico, descondensação dos cromossomos e regeneração do envelope nuclear – são promovidos pela desfosforilação dos substratos das CDKs. Em outras palavras, a saída da mitose pode ser vista como o reverso da entrada na mitose. Os eventos de fosforilação desencadeados pelos diferentes eventos mitóticos precisam ser desfeitos para que a célula retorne ao estado de G_1.

A desfosforilação dos substratos das CDKs mitóticas é provocada pela inativação das CDKs mitóticas. Na maioria dos organismos, a inativação das CDKs mitóticas é induzida degradação das ciclinas mitóticas mediada pelo APC/C^{Cdc20}. À medida que as CDKs mitóticas ativam o APC/C^{Cdc20}, elas iniciam sua própria degradação. Em leveduras de brotamento, apenas cerca de 50% das ciclinas mitóticas são degradadas pelo APC/C^{Cdc20}. Como será visto na Seção 19.7, um grupo de ciclinas mitóticas é protegido do APC/C^{Cdc20} para dar tempo de posicionar corretamente o fuso mitótico na célula. Não se sabe como essas ciclinas são protegidas do APC/C^{Cdc20}, mas está claro que uma segunda etapa de inativação das CDKs mitóticas é necessária para que ocorra a saída da mitose. A proteína fosfatase conservada **Cdc14** realiza essa segunda etapa de inibição das CDKs mitóticas.

Nas leveduras de brotamento, a inativação completa das CDKs mitóticas requer a destruição das ciclinas mitóticas pelo APC/C^{Cdh1}, e o acúmulo do inibidor de CDK Sic1, o qual, vale lembrar, mantém a CDK de fase S suspensa até que as células entrem no ciclo celular. Tanto APC/C^{Cdc20} quanto Sic1 são inibidos pelas CDKs mitóticas. E, também ambos APC/C^{Cdc20} e Sic1 inibem as CDKs mitóticas (Figura 19-28). A fosfatase Cdc14 controla a alternância entre esses dois estados antagônicos mútuos durante a anáfase. A Cdc14 é mantida inativa durante a maior parte do ciclo celular, porém é ativada na anáfase por uma via de sinalização de GTPase conhecida como rede de saída da mitose (*MEN, mitotic exit network*). Essa cascata de sinalização, como será visto na Seção 19.7, responde à posição do fuso e somente é ativada na anáfase, quando o fuso mitótico está corretamente posicionado dentro da célula. Uma vez ativada na anáfase, a Cdc14 desfosforila o APC/C^{Cdh1} e Sic1, que promovem a degradação das ciclinas mitóticas e a inativação das CDKs mitóticas, respectivamente.

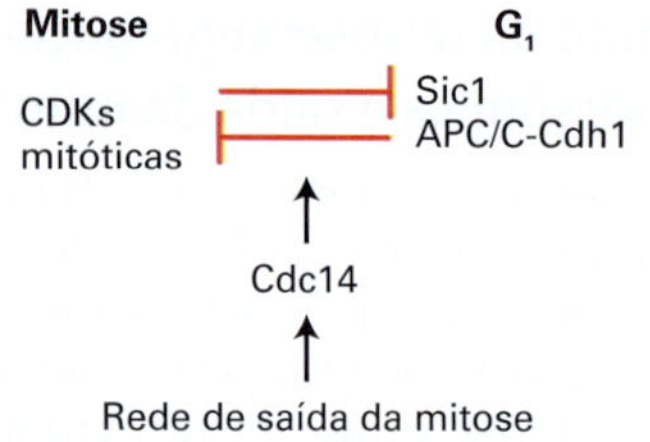

FIGURA 19-28 A proteína fosfatase Cdc14 desencadeia a saída da mitose em leveduras de brotamento. Durante a mitose, a atividade da CDK mitótica inibe os seus inibidores APC/C^{Cdh1} e Sic1. Na G_1, APC/C^{Cdh1} e Sic1 inibem as CDKs mitóticas. Durante a saída da mitose, a proteína fosfatase Cdc14 comanda a alternância entre estes dois estados antagônicos. A rede de saída da mitose ativa a fosfatase durante a anáfase permitindo que esta desfosforile APC/C^{Cdh1}, ativando-o. A fosfatase também promove o acúmulo de Sic1. Além disso, a Cdc14 desfosforila diversos substratos das CDKs mitóticas, provocando uma saída rápida da mitose.

A atividade da fosfatase é também essencial para a saída da mitose em vertebrados. A simples inativação das CDKs mitóticas não é suficiente para induzir a saída coordenada da mitose. Ainda não está claro qual fosfatase desfosforila os substratos das CDKs e retorna a célula ao estágio de G_1. As duas proteínas fosfatases 1 e 2A têm sido implicadas nesse processo.

Finalmente, a reversão das fosforilações induzidas pelas CDKs mitóticas altera as atividades de diversas proteínas de volta ao estado de interfase. A desfosforilação das condensinas, da histona H1 e outras proteínas associadas à cromatina resultam na descondensação dos cromossomos mitóticos na telófase. Os alvos das CDKs cuja desfosforilação é importante para a dissociação do fuso mitótico não são conhecidos, mas provavelmente diversas proteínas atuam como alvos. A regeneração do envelope nuclear é mais conhecida. Acredita-se que as proteínas da membrana nuclear interna desfosforiladas se ligam novamente à cromatina. Como resultado, inúmeras projeções de regiões da membrana do RE contendo essas proteínas parecem se associar à superfície dos cromossomos descondensados e se fundem entre si, por um mecanismo ainda desconhecido, formando a dupla membrana contínua ao redor de cada cromossomo (Figura 19-29). A desfosforilação de subcomplexos de poros nucleares permite que eles se formem em NPCs completos, atravessando as membranas interna e externa logo após a fusão das projeções do RE. A proteína

VÍDEO: Dinâmica do envelope nuclear durante a mitose

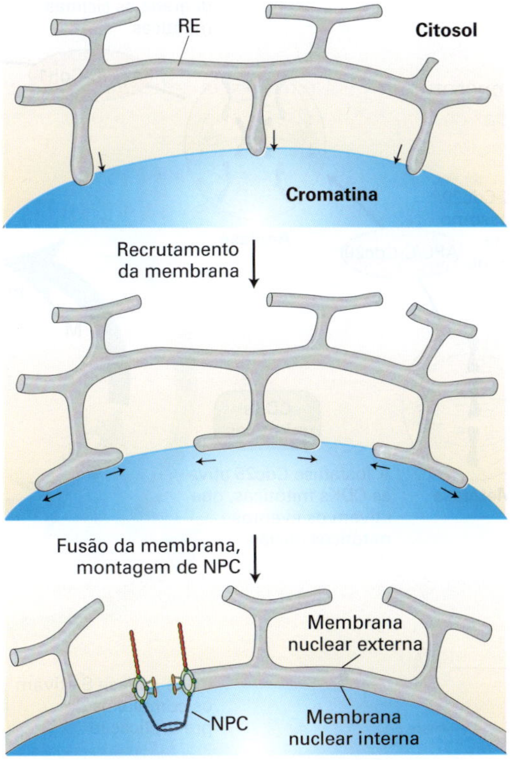

FIGURA 19-29 Modelo para a regeneração do envelope nuclear durante a telófase. Extensões do retículo endoplasmático (RE) associam-se com cada cromossomo em descondensação e depois se fundem entre si, formando uma dupla membrana ao redor do cromossomo. Os subcomplexos desfosforilados do poro nuclear se reorganizam nos poros nucleares, formando mininúcleos individuais, chamados *cariômeros*. O cromossomo envolvido é descondensado ainda mais, e a posterior fusão dos envelopes nucleares de todos os cariômeros em cada polo do fuso forma um único núcleo que contém um conjunto completo de cromossomos. NPC = complexo do poro nuclear. (Adaptada de B. Burke e J. Ellenberg, 2002, *Nature Rev. Mol. Cell Biol.* **3**:487.)

Ran-GTP, necessária para direcionar a maioria das importações e exportações nucleares (ver Capítulo 13), estimula a fusão das projeções do RE, formando os envelopes nucleares das células-filhas, e estimula também a montagem dos NPCs (ver Figura 19-29). A concentração de Ran-GTP é máxima nas proximidades dos cromossomos descondensados porque o fator de alteração do nucleotídeo Ran-guanina (Ran-GEF) está ligado à cromatina. Como consequência, a fusão da membrana é estimulada nas superfícies dos cromossomos descondensados, formando camadas de membrana nuclear com NPCs inseridos.

A citocinese origina duas células-filhas

Após o término da segregação cromossômica, o citoplasma e as organelas são distribuídos entre as duas células-filhas futuras – processo chamado **citocinese**. Com exceção das plantas superiores, a divisão da célula é realizada por um **anel contrátil** de actina e miosina, o motor da actina (ver Figura 17-36). Durante a citocinese, o anel se contrai de modo semelhante à contração muscular, forçando a membrana para dentro até finalmente fechar a conexão entre as duas células-filhas.

A citocinese deve ser coordenada a eventos do ciclo celular em tempo e espaço. Para que a divisão celular produza duas células-filhas, cada uma contendo os componentes necessários para sua sobrevivência, o plano de divisão deve ser feito de modo que cada uma receba aproximadamente metade do conteúdo citoplasmático da célula-mãe e *exatamente* a metade do conteúdo genético. A citocinese deve ser também coordenada com a sequência temporal dos eventos do ciclo celular, o término da mitose. A seguir, serão explorados esses dois aspectos da regulação da citocinese.

Nas células animais, o anel contrátil é formado durante a anáfase e posicionado no meio do fuso da anáfase. Isso assegura que cada célula receba metade do material genético. Apesar da importância dessa coordenação, muito pouco é compreendido a respeito dela. Alguns experimentos dão suporte a teorias em que sinais enviados da **região central do fuso** ao córtex celular são importantes para coordenar o local da citocinese com a posição do fuso. Outros pesquisadores sugerem que os microtúbulos do fuso interagem com o córtex celular, ajustando a posição do sulco de clivagem em relação à posição do polo do fuso. Provavelmente, uma combinação dessas duas vias direciona a formação do sulco de clivagem durante a citocinese.

Nas leveduras de brotamento e de fissão, o sítio de citocinese é determinado antes da mitose. Na levedura de brotamento, isso ocorre durante G_1, quando o local do broto é determinado. Na levedura de fissão, proteínas importantes para a formação do anel contrátil se acumulam no meio da célula durante G_2. Independentemente da sequência dos eventos – local da mitose primeiro e local da citocinese depois, ou vice-versa –, é óbvio que esses eventos precisam ser fortemente coordenados. Como será estudado na Seção 19.7, as células desenvolveram mecanismos de vigilância que asseguram que o local da citocinese seja coordenado com o local do fuso. Isso é especialmente importante durante **divisões celulares assimétricas**, que originam células com diferentes tamanhos ou destinos. Essas divisões celulares são essenciais durante o desenvolvimento e nas divisões de células-tronco (ver Capítulo 21). A citocinese também deve ser coordenada com outros eventos do ciclo celular. O principal sinal para a citocinese é a inativação das CDKs mitóticas. Células que expressam uma versão estável das ciclinas mitóticas progridem pela anáfase, mas não sofrem citocinese. Os alvos das CDKs no aparato da citocinese ainda não foram descobertos.

Isso conclui a discussão sobre os eventos moleculares da divisão celular. Como foi frisado, as cinases dependentes de ciclina e a degradação de proteínas mediada pela ubiquitina são centrais nesse controle (Figura 19-30). Na seção seguinte, serão discutidos os mecanismos que garantem que o estágio seguinte do ciclo celular não seja iniciado até que o estágio anterior tenha sido completado e que cada etapa do ciclo celular ocorra de maneira precisa.

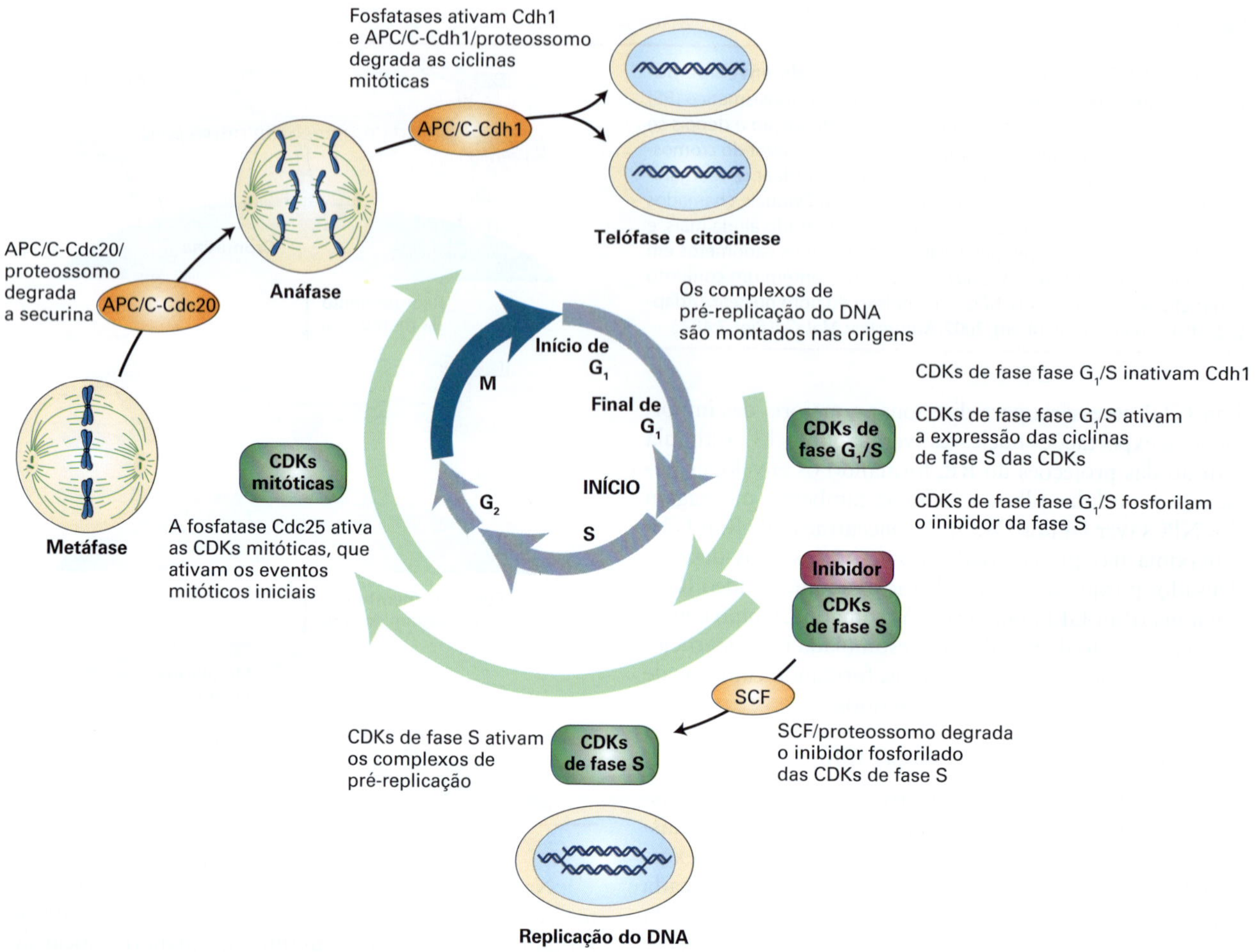

FIGURA 19-30 Processos fundamentais do ciclo celular de eucariotos. Discussão no texto.

CONCEITOS-CHAVE da Seção 19.6

Término da mitose: segregação cromossômica e saída da mitose

- A clivagem da coesina pela separase induz a segregação cromossômica durante a anáfase.
- No início da anáfase, o APC/C é direcionado pela Cdc20 para ubiquitinar a securina, em seguida degradada pelos proteossomos. Isso ativa a separase (ver Figura 19-27).
- A saída da mitose é induzida pela inativação das CDKs mitóticas, principalmente em função da degradação das ciclinas mitóticas.
- A saída da mitose necessita a atividade de proteínas fosfatases, como a Cdc14, para remover as fosforilações mitóticas em diversas proteínas diferentes, permitindo a dissociação do fuso mitótico, a descondensação dos cromossomos e a regeneração do envelope nuclear.
- A citocinese finaliza a fissão celular e deve ser coordenada com o local da divisão nuclear. Essa coordenação é importante principalmente em células que sofrem divisão assimétrica.

19.7 Mecanismos de vigilância na regulação do ciclo celular

Os mecanismos de vigilância conhecidos como **vias de pontos de verificação** atuam para assegurar que o próximo evento do ciclo celular não seja iniciado antes do término do evento anterior. Essas vias consistem em **sensores** que monitoram um evento celular específico, uma **cascata de sinalização** que inicia uma resposta e um **efetor** que suspende a progressão do ciclo celular e ativa as vias de reparo quando necessário. Os eventos do ciclo celular monitorados pelas vias de pontos de verificação incluem crescimento, replicação do DNA, lesões no DNA, ligação dos cinetócoros ao fuso mitótico e posição do fuso dentro da célula. São responsáveis pela extraordinária fidelidade da divisão celular, assegurando que cada célula-filha receba o número correto de cromossomos replicados com precisão. Atuam controlando as atividades das cinases dos complexos ciclinas-CDKs por diversos mecanismos: regulação da síntese e degradação das ciclinas, fosforilação das CDKs nos sítios de inibição, regulação da síntese e estabilidade dos inibidores de CDKs (CKIs) que inativam os complexos ciclina-CDK e regulação da ubiquitina ligase do APC/C.

As vias de pontos de verificação estabelecem dependências e evitam erros no ciclo celular

Os experimentos que conduziram à ideia dos mecanismos de vigilância ou vias de pontos de verificação estabelecendo dependências no ciclo celular são simples e elegantes na sua interpretação. Foi visto que Lee Hartwell e colaboradores isolaram mutantes *cdc* sensíveis à temperatura em *S. cerevisiae*. A caracterização e o estudo dos genes afetados nesses mutantes moldou profundamente nossa compreensão de todo o ciclo celular eucariótico. Foi a caracterização de um desses mutantes, o *cdc13*, que levou Hartwell e seus colaboradores a formular o conceito dos pontos de verificação.

Para os objetivos da discussão aqui, é importante saber que o gene *CDC13* é necessário para a replicação dos telômeros e, na sua ausência, longos segmentos de DNA telomérico com replicação incompleta permanecem nas células. Células contendo um alelo sensível à temperatura do gene *cdc13* como única fonte de *CDC13* ficam suspensas com o conteúdo de DNA da G_2 quando incubadas à temperatura restritiva (Figura 19-31a). Essa parada indica que houve um defeito no final da fase S ou na entrada da mitose. Quando as células foram retornadas à temperatura permissiva, a proteína sensível à temperatura voltou a ser novamente funcional, e as células continuaram a proliferação. Portanto, embora as células mutantes em *cdc13* não tenham sido capazes de se dividir na temperatura restritiva, elas mantiveram sua viabilidade e foram capazes de retomar a proliferação quando incubadas novamente na temperatura permissiva, na qual a proteína cdc13 era funcional novamente.

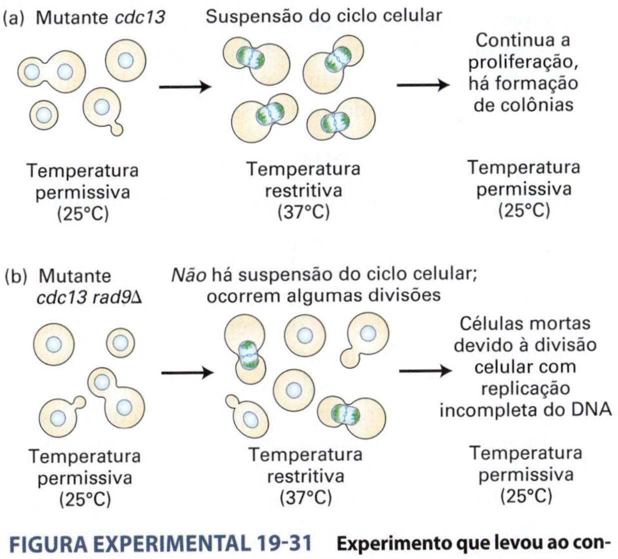

FIGURA EXPERIMENTAL 19-31 Experimento que levou ao conceito dos pontos de verificação. (a) Quando incubadas em temperatura restritiva, os mutantes *cdc13* suspendem a progressão do ciclo celular devido à replicação incompleta do DNA. Ao retornarem à temperatura permissiva, as células retomam a proliferação, pois a viabilidade foi mantida devido à suspensão do ciclo celular. (b) Mutantes duplos *cdc13 rad9Δ* não interrompem o ciclo celular quando incubados a temperaturas restritivas, porque as células não percebem que a replicação do DNA está incompleta. As células entram em mitose e acabam morrendo porque há perda de informação genética. Portanto, as células perdem a viabilidade rapidamente na temperatura restritiva e não podem mais retomar a proliferação quando incubadas novamente na temperatura permissiva.

Para caracterizar o mutante *cdc13* com mais detalhes, Hartwell e colaboradores examinaram os efeitos da introdução de uma segunda mutação em outro gene: deleção no gene *RAD9*. O gene *RAD9* não é essencial à viabilidade, porém quando ausente torna as células extremamente sensíveis a agentes que causam lesões no DNA, como raios X. Essa mutação por si só não afeta o crescimento celular em qualquer temperatura, mas apresenta um efeito drástico nos mutantes *cdc13*. Análises nos mutantes duplos, *cdc13* e *Rad9*, na temperatura restritiva, demonstraram que o mutante não mais parava em G_2, em vez disso, as células continuavam a se dividir por algumas divisões (Figura 19-31b). Quando essas células foram incubadas de volta na temperatura permissiva, o mutante duplo não conseguiu continuar a proliferação. Isso indica que as células perderam a viabilidade quando continuaram a se dividir por algumas vezes na temperatura restritiva.

Hartwell e colaboradores propuseram a seguinte explicação para esse efeito: os mutantes *cdc13* param na temperatura restritiva porque a replicação no DNA foi incompleta. Esse DNA danificado sinaliza à célula para suspender a progressão do ciclo celular e induz o reparo de lesões do DNA, pois a mitose de células com DNA danificado provavelmente resultaria na morte da célula. O gene *RAD9* é parte da maquinaria que transmite esse sinal de suspensão do ciclo celular. Em células sem *RAD9*, o sinal para "suspensão da progressão do ciclo celular" não funciona, e as células entram em mitose apesar do seu DNA ter a replicação incompleta. Isso mata as células. Hartwell e colaboradores chamaram esse mecanismo de vigilância de **via de ponto de verificação.**

Atualmente sabe-se que as células têm várias vias de pontos de verificação que asseguram que uma fase do ciclo celular não inicie antes que a fase anterior ter sido completada. Além de estabelecer as dependências tenha, as vias de verificação garantem que cada aspecto da replicação cromossômica e da divisão ocorra com precisão. Por exemplo, um único cinetócoro com falha na ligação com o fuso mitótico pode provocar a suspensão da progressão na metáfase pela ativação da via de verificação da formação do fuso.

Cada ponto de verificação é formado da mesma maneira. Um sensor detecta defeitos em um processo celular específico e, em resposta ao defeito, ativa uma via de transdução de sinais. Os efetores ativados pela via de sinalização iniciam o reparo do defeito e cessam a progressão do ciclo celular até a correção do defeito. Na próxima seção, serão discutidos os principais pontos de verificação que governam a progressão do ciclo celular.

A via de ponto de verificação de crescimento assegura que as células entrem no ciclo celular somente após a biossíntese de um número suficiente de macromoléculas

A proliferação celular requer que as células se multipliquem por meio do processo de divisão celular e que as células individuais cresçam por meio da biossíntese de macromoléculas. O crescimento e a divisão celular são processos separados, mas para que as células mantenham um tamanho constante à medida que se multiplicam, o crescimento e a divisão devem ser coordenados. Por exemplo, quando há limitação de nutrientes, as células reduzem a taxa de crescimento, e a divisão celular deve ser reduzida de acordo. Esse tipo de coordenação entre crescimento e divisão é especialmente importante em organismos unicelulares nos quais a alteração de disponibilidade de nutrientes faz parte do ciclo natural de vida desses organismos. Não é surpresa, então, que existam mecanismos de vigilância para ajustar a taxa de divisão celular de acordo com a taxa de crescimento.

Nas leveduras de brotamento, o crescimento e a divisão são coordenados em G_1. Nesse estágio do ciclo celular, os ciclos de crescimento e de divisão são ligados pela dependência da atividade das CDKs de G_1 em relação ao crescimento. Que aspecto faz a ligação com o ciclo celular? Experimentos clássicos, usando inibidores de síntese proteica, indicam que a taxa de crescimento e, portanto, o controle do ciclo celular pelo crescimento, são determinados pela síntese proteica. Como a síntese proteica controla a atividade das CDKs de G_1 é uma área de pesquisa em andamento. A ciclina de G_1 Cln3 está sujeita a um controle traducional, o que torna os níveis dessa ciclina especialmente sensíveis à taxa de síntese de proteínas. Contudo, está claro que esse não é o único mecanismo envolvido. Embora as vias moleculares que coordenam divisão e crescimento celular não estejam elucidadas, é provável que esse controle seja bastante flexível. A duração de G_1 e o tamanho celular crítico, isto é, o tamanho com que as células entram no ciclo celular, são alterados pela disponibilidade de nutrientes.

S. pombe cresce como uma célula em formato de bastão que aumenta de comprimento à medida que cresce, e depois, durante a mitose, se divide ao meio, produzindo duas células-filhas de igual tamanho (ver Figura 19-4). Ao contrário da levedura de brotamento e da maioria das células de metazoários, que crescem principalmente durante G_1, essa levedura de fissão realiza a maior parte do seu crescimento durante a fase G_2 do ciclo celular, e sua entrada na mitose é cuidadosamente regulada em resposta ao tamanho celular. Foi visto anteriormente que a entrada na mitose é regulada pela proteína-cinase Wee1, que inibe a CDK1 pela fosforilação da tirosina 15. Quando há limitação de nutrientes, Wee1 fosforila CDK1; e as células permanecem em G_2 até que atinjam o tamanho crítico para entrada na mitose. Esse controle do tamanho é realizado pela regulação da localização de proteínas. A proteína-cinase Pom1 forma um gradiente em cada polo em direção ao meio da célula (Figura 19-32). A Pom1 impede a inibição de Wee1 pela Cdr2. Quando as células estão muito pequenas, Pom1 inibe Cdr2. Wee1 está ativa e impede a entrada na mitose. Com o crescimento das células, a concentração local de Pom1 no meio da célula é diminuída, enquanto a Cdr2 torna-se ativa e inibe Wee1. Assim, as células conseguem entrar em mitose. Portanto, nesse organismo, o comprimento celular é medido por um gradiente de proteína.

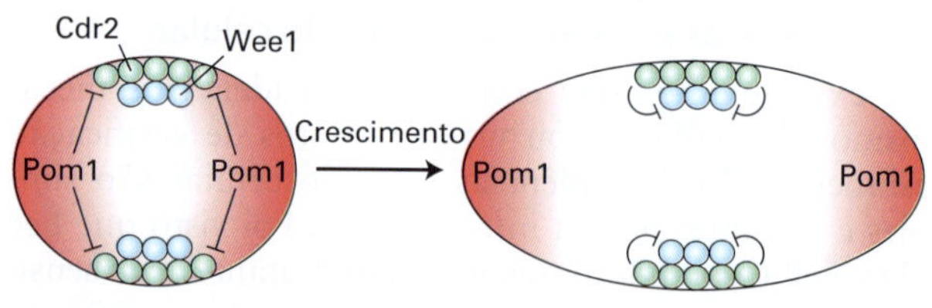

FIGURA 19-32 Um gradiente de proteínas mede o comprimento celular em *S. pombe*. A proteína-cinase Pom1 forma um gradiente a partir dos polos em direção ao meio da célula. Wee1 e seu inibidor Cdr2 estão localizados em porções do córtex celular no meio da célula. Pom1 inibe Cdr2, portanto, inibe a via que inibe Wee1. (a) Em células pequenas, a concentração de Pom1 no meio é alta. Cdr2 é inibido, permitindo que Wee1 permaneça ativo e proíba a entrada na mitose. (b) À medida que as células crescem em comprimento, a concentração de Pom1 no meio da célula diminui. Logo, a inibição de Cdr2 também diminui, e a via de sinalização de Cdr2 é capaz de inibir Wee1, promovendo a entrada na mitose. (Adaptada de Moseley et al., 2009; *Nature* **459:**857–860.)

Normalmente, os nutrientes não são limitantes em organismos multicelulares. Em vez disso, o crescimento celular é controlado por vias de sinalização de fatores de crescimento como as vias Ras, AMPK e TOR (ver Capítulos 8 e 16). Essas vias também parecem ser importantes na integração do crescimento com a divisão celular. Mutações em componentes essenciais das vias de sinalização dos fatores de crescimento, como Myc, provocam alterações severas no tamanho celular da *Drosophila*. Myc regula a transcrição de diversos genes importantes na biossíntese de macromoléculas e também, indiretamente, das CDKs de G_1. Portanto, esse fator de transcrição parece integrar crescimento celular e divisão celular, embora ainda falte elucidar os detalhes dessa coordenação.

A resposta a lesões no DNA suspende a progressão do ciclo celular quando o DNA está comprometido

A duplicação precisa e completa do material genético é essencial para a divisão celular. Se a célula entrar na mitose quando o DNA não estiver totalmente replicado ou se estiver danificado, vão ocorrer alterações genéticas. Em vários casos, essas alterações resultam na morte celular, mas, como será observado no Capítulo 24, as alterações genéticas podem resultam na perda dos controles de crescimento e divisão celular, que levam ao câncer. Isso é realçado pela descoberta de inúmeras proteínas envolvidas na detecção de DNA danificado e no reparo do DNA, frequentemente mutadas nos cânceres humanos.

As enzimas que replicam o DNA são altamente precisas, mas essa precisão não é suficiente para assegurar a total exatidão durante a síntese de DNA. Além disso, agentes nocivos do ambiente como raios X e luz UV podem provocar lesões no DNA, e esses danos podem ser corrigidos antes da entrada na mitose. As células têm um **sistema de resposta a lesões no DNA** local, que percebe diversos tipos diferentes de danos ao DNA e responde pela ativação de vias de reparo, suspendendo a progressão do ciclo celular até que o dano seja corrigido. A parada do ciclo celular pode ser em G_1, na fase S, ou em G_2, dependendo se a lesão ocorreu antes da entrada no ciclo ou durante a replicação do DNA. Nos organismos multicelulares, a estratégia para tratar lesões particularmente graves no DNA é diferente. Em vez de tentar consertar o dano, as células sofrem a **morte celular programada** ou **apoptose**, mecanismo que será discutido em detalhes no Capítulo 21.

Existem diversas formas de danos no DNA e variações na severidade destes danos. Uma quebra na hélice de DNA, conhecida como **quebra de fita dupla**, é talvez a forma mais grave de lesão, pois uma lesão assim quase certamente leva à perda de DNA se a mitose ocorresse na sua presença. Defeitos mais discretos incluem quebras de fita simples, alterações estruturais nos nucleotídeos ou malpareamentos do DNA. Nessa discussão, é importante notar que as células têm sensores para todos esses tipos de lesões. Esses sensores examinam o genoma e, quando detectam uma lesão, recrutam fatores de sinalização e reparo no local da lesão.

Uma função central na detecção das diferentes lesões consiste em um par de proteínas-cinases homólogas chamadas **ATM** e **ATR**. Essas proteínas-cinases são recrutadas nos locais da lesão do DNA. Então, iniciam o recrutamento sequencial de proteínas adaptadoras e outro grupo de proteínas cinases chamadas Chk1 e Chk2. Essas cinases, por sua vez, ativam mecanismos de reparo e provocam a parada na progressão do ciclo celular ou a apoptose em animais (Figura 19-33). ATM e ATR reconhecem diferentes tipos de lesões no DNA. A ATM é muito especializada no sentido de responder somente a quebras de fita dupla. A ATR é capaz de reconhecer diversos tipos de danos no

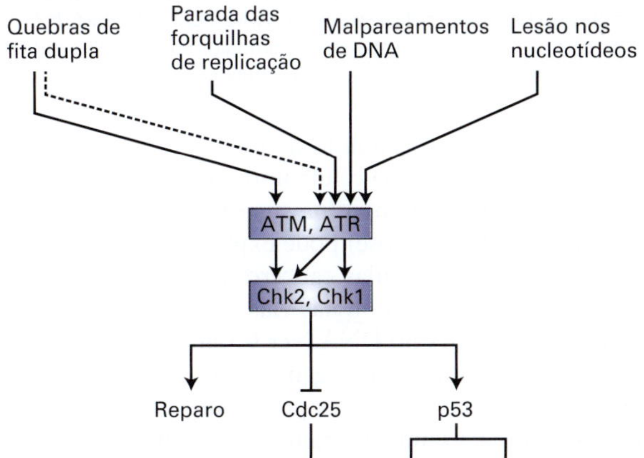

FIGURA 19-33 Sistema de resposta a lesões no DNA. As proteínas cinases ATM e ATR são ativadas por lesões no DNA. ATR responde a uma variedade de lesões – principalmente ao DNA de fita simples produzido pelo próprio dano ou como produto do reparo. ATM é especificamente ativada por quebras de fita dupla. Como as quebras de fita dupla são convertidas em fitas simples durante o reparo, elas também ativam ATR, embora indiretamente (portanto, mostrado em pontilhado na ilustração). ATM e ATR, uma vez ativadas pela lesão no DNA, ativam outro par de proteínas-cinases relacionadas, Chk1 e Chk2. Estas cinases induzem a maquinaria de reparo de DNA e provocam a suspensão do ciclo celular pela inibição da Cdc25. Nas células de metazoários, quando o dano no DNA é muito grave, Chk1 e Chk2 também ativam o fator de transcrição p53. A p53, por sua vez, induz a parada do ciclo celular pela indução da transcrição da CKI p21 e apoptose.

DNA, como forquilhas de replicação paradas, nucleotídeos danificados, e quebras de fita dupla. A ATR reconhece esses vários tipos de lesões porque todas contêm alguma quantidade de *DNA de fita simples*, tanto como parte da própria lesão ou porque as enzimas de reparo produzem DNA de fita simples no processo de reparo. Forquilhas de replicação paradas, por exemplo, são reconhecidas pela ATR. A associação da ATR às forquilhas paradas parece ativar a atividade de cinase, o que leva ao recrutamento de proteínas adaptadoras cuja função é recrutar a cinase Chk1 e auxiliar na sua ativação. A Chk1 então induz as vias de reparo e inibe a progressão do ciclo celular.

As Chk1 e Chk2 interrompem o ciclo celular. As proteínas cinases fosforilam Cdc25, desativando-a (ver Figura 19-33). Quando a lesão do DNA ocorre durante G_1, a inibição de Cdc25A resulta na inibição das CDKs de fase G_1/S e de fase S (Figura 19-34). Como resultado, essas cinases não podem iniciar a replicação do DNA. Quando a lesão no DNA ocorre durante a fase S ou G_2, a inibição da Cdc25C pela Chk1/2 resulta na inibição das CDKs mitóticas e, portanto, parada em G_2. A replicação ativa do DNA também inibe a entrada na mitose. A ATR continua a inibir Cdc25C por meio da Chk1 até que todas as forquilhas de replicação completem a replicação do DNA e sejam desmontadas. Esse mecanismo torna o início da mitose *dependente* do término da replicação cromossômica. Finalmente, as células também percebem problemas na replicação do DNA que resultam na parada ou na desaceleração das forquilhas de replicação. Isso desencadeia a ativação da via de ponto de verificação ATR-Chk1 e a diminuição da atividade das CDKs de fase S, evitando a indução de origens de replicação tardia.

A inibição da família das fosfatases Cdc25, mediada pela Chk1, não é o único mecanismo pelo qual as lesões no DNA ou replicações incompletas inibem a progressão do ciclo celular. Como será visto a seguir, o DNA danificado provoca a ativação do fator de transcrição p53, que transcreve o inibidor de CDKs, p21. A proteína p21 se liga aos complexos ciclina-CDKs de todos os metazoários, inibindo-os. Como resultado, as células ficam suspensas em G_1 e G_2 (ver Figura 19-34).

A ATM reconhece quebras de fita dupla (ver Figura 19-33). A proteína-cinase é diretamente recrutada às extremidades do DNA por um complexo conhecido como complexo MRN, que se liga às extremidades quebradas, mantendo-as unidas. A ATM ativada fosforila e ativa Chk2 além de recrutar as proteínas de reparo. Essas proteínas de reparo iniciam a **recombinação homóloga**, como discutido no Capítulo 4. Esse processo envolve também a criação de extremidades de fita simples que, por sua vez, recrutam e ativam a ATR e seus efetores, reforçando ainda mais a resposta ao DNA danificado. A ATM também recruta uma via de reparo alternativa, em que as duas quebras de fita dupla são fundidas diretamente entre si, por outro processo de reparo chamado de **ligação de extremidades não homólogas**. A exemplo da ATR, a ativação da ATM também suspende a progressão do ciclo celular pela inibição de Cdc25, mediada por Chk2, evitando, portanto, a ativação das CDKs. Essa inibição pode ocorrer em G_1 ou em G_2.

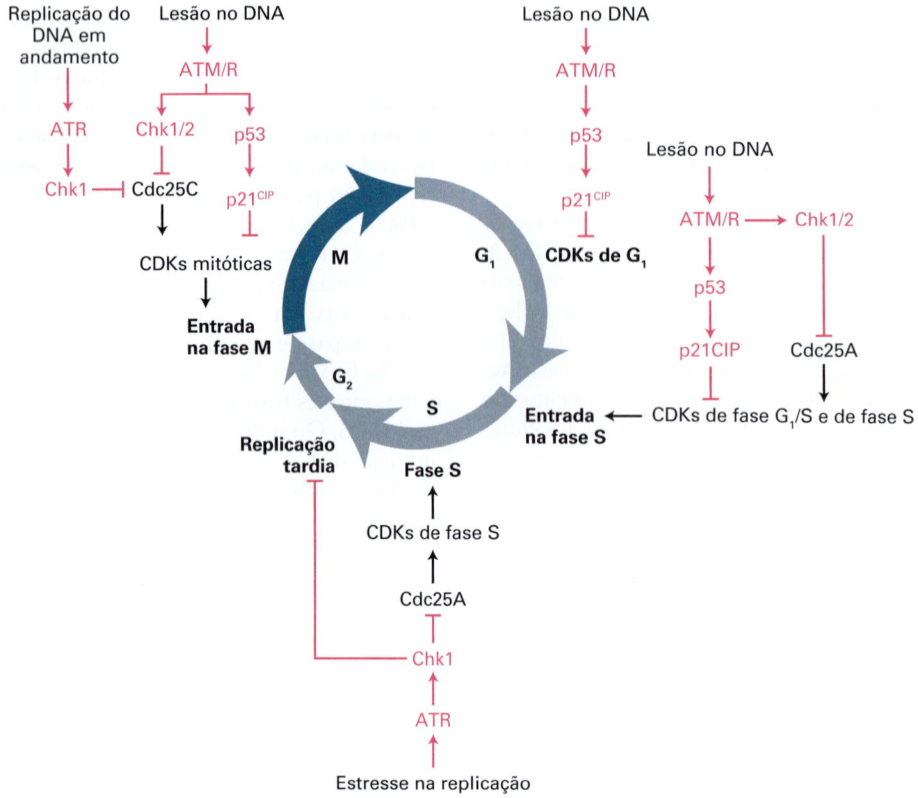

FIGURA 19-34 Visão geral dos controles pelos pontos de verificação de lesões no DNA no ciclo celular. Durante G_1, a via p53-p21^{CIP} inibe as CDKs de G_1. Durante a replicação do DNA e em resposta a estresses na replicação (movimento lento da forquilha de replicação ou colapso da forquilha de replicação do DNA), a cascata de proteínas cinases ATR-Chk1 fosforila e inativa a Cdc25, impedindo a ativação das CDKs mitóticas e inibindo a entrada na mitose. Em resposta a lesões no DNA, as proteínas-cinases ATM e ATR (ATM/R) inibem Cdc25 por meio das cinases Chk1/2. Elas também ativam p53, que induz a produção do inibidor de CDKs (CKI) p21. Durante a G_1, a via de verificação de danos no DNA inibe Cdc25A, inibindo as CDKs de fase G_1/S e as CDKs de fase S, bloqueando a entrada ou a passagem pela fase S. Na G_2, ATM/R-Chk1/2 inibe Cdc25C. A via da p53-p21^{CIP} é também ativada. Os símbolos em vermelho indicam as vias que inibem a progressão do ciclo celular.

Um efetor essencial da resposta ao DNA danificado nas células de metazoários é o fator de transcrição da proteína **p53** (ver Figura 19-33). Ele é conhecido como supressor tumoral porque sua função normal é limitar a proliferação celular no evento de uma lesão no DNA. A proteína p53 é extremamente instável e normalmente não se acumula em níveis altos o suficiente para estimular a transcrição em condições normais. A instabilidade da p53 resulta de sua ubiquitinação pela proteína ubiquitina-ligase chamada *Mdm2* e posterior degradação pelos proteossomos. A rápida degradação da p53 é inibida pela ATM e ATR, que fosforilam a p53 no sítio que interfere com a ligação da Mdm2. Essa e outras modificações da p53 em resposta a lesões no DNA aumentam enormemente a capacidade de ativar a transcrição de genes específicos que ajudam a célula a lidar com o DNA danificado. Um desses genes codifica o CKI p21 (ver Figura 19-34).

Em determinadas circunstâncias, como quando uma lesão é muito extensa, a p53 também ativa a expressão de genes que induzem a apoptose, o processo de morte celular programada, que normalmente ocorre em determinadas células durante o desenvolvimento de organismos multicelulares. Em metazoários, a resposta da p53 evoluiu para induzir a apoptose em lesões no DNA extensas, provavelmente para evitar o acúmulo de mutações múltiplas que pudessem converter uma célula normal em célula cancerosa. A dupla função da p53 (na suspensão do ciclo celular e na indução da apoptose) pode explicar a observação de que quase todas as células cancerosas têm mutações nos dois alelos do gene *p53* ou nas vias que estabilizam a p53 na resposta a lesões no DNA (ver Capítulo 24). As consequências das mutações nos genes *p53*, *ATM* e *Chk2* são exemplos da importância dos pontos de verificação do ciclo celular para a saúde de organismos multicelulares.

A via de verificação da formação do fuso impede a segregação cromossômica até que os cromossomos estejam corretamente ligados ao fuso mitótico

A **via de verificação da formação do fuso** evita a entrada na anáfase até que cada cinetócoro em cada cromátide esteja ligado corretamente aos microtúbulos do fuso. Se um único cinetócoro não estiver ligado ou não tensionado, a anáfase é inibida. Evidências de como esse ponto de verificação atua vieram inicialmente do isolamento de leveduras mutantes deficientes na resposta ao benomil, fármaco que despolimeriza os microtúbulos. Baixas concentrações de benomil aumentam o tempo necessário para que as células de levedura formem os fusos mitóticos e liguem os cinetócoros aos microtúbulos. As células selvagens expostas ao benomil não iniciam a anáfase até que esses processos sejam completados e progridem, então, pela mitose, produzindo células-filhas normais. Ao contrário, os mutantes defectivos do ponto de checagem da ligação ao fuso mitótico continuam pela anáfase, antes que a formação do fuso e a ligação dos cinetócoros estejam completos; consequentemente, a segregação dos cromossomos é incorreta, produzindo células-filhas anormais, que morrem.

Atualmente, sabe-se que as células têm um mecanismo de vigilância que impede a entrada na anáfase na presença de cinetócoros não ligados. Os componentes do ponto de verificação de formação do fuso reconhecem e ligam os sítios de ligação aos microtúbulos desocupados dos cinetócoros, produzindo um sinal inibitório da anáfase (Figura 19-35a). Uma proteína chamada Mad2 (deficiente na suspensão mitótica 2) é essencial à criação desse sinal inibitório. Mad2 regula a Cdc20, o fator de especificidade necessário para direcionar o APC/C para a securina. É importante relembrar que a poliubiquitinação da securina mediada pelo APC/C^{Cdc20} e a sua posterior degradação é necessária para ativação da separase e a entrada na anáfase (ver Figura 19-27). A proteína Mad2 é recrutada aos cinetócoros não ligados aos microtúbulos, e parece ser essencial para esse processo. Quando ligada aos cinetócoros, a Mad2 altera rapidamente para uma forma solúvel de Mad2, que inibe todas as Cdc20 na célula (Figura 19-35a). Quando os microtúbulos se ligam aos cinetócoros, os cinetócoros liberam a Mad2, e cessa o efeito inibitório produzido pela forma solúvel da Mad2 quando associada aos cinetócoros (Figura 19-35b). Entretanto, mesmo quando um único cinetócoro não está ligado aos microtúbulos do polo do fuso oposto ao de seu par, uma quantidade suficiente de Mad2 solúvel e inibitória é produzida nesse cinetócoro não ligado que inibe todas as Cdc20 das células. Esse elegante modelo da via de verificação de formação do fuso responde pela capacidade de um único cinetócoro não ligado de inibir todas as Cdc20 celulares até que esse cinetócoro seja corretamente associado aos microtúbulos do fuso.

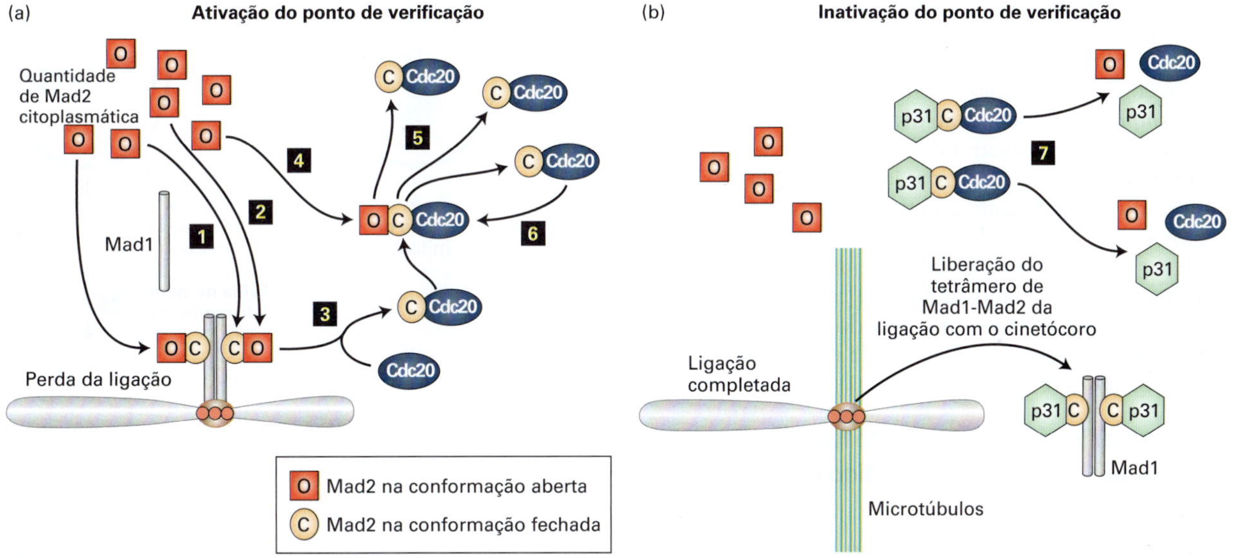

FIGURA 19-35 Via de verificação de formação do fuso. A via de verificação da formação do fuso permanece ativada até que cada um dos cinetócoros tenha sido ligado corretamente aos microtúbulos do fuso. (a) A proteína Mad2 existe em duas conformações: uma "aberta' (quadrados em vermelho) e outra "fechada" (círculos em laranja). De acordo com o modelo atual, Mad1 e a forma fechada de Mad2 formam um tetrâmero que se liga a cinetócoros livres pela subunidade de Mad1 (etapa **1**). A Mad2 aberta pode se ligar temporariamente à Mad2 fechada ligada à Mad1 no cinetócoro (etapa **2**). A interação com a Mad2 fechada estimula a Mad2 aberta a ligar Cdc20. A Mad2 aberta pode ligar Cdc20 somente enquanto interage também com a Mad2 fechada. A ligação a Cdc20 converte a Mad2 aberta na conformação fechada, provocando sua dissociação da Mad2 no cinetócoro (etapa **3**). A interação estável de Mad2 fechada com Cdc20 impede a ligação da Cdc20 com o APC/C. Além disso, a Mad2 fechada e ligada a Cdc20 pode interagir, temporariamente, com outra molécula de Mad2 na conformação aberta (etapa **4**), e ligar outra molécula de Cdc20. Isto converte a Mad2 de conformação aberta para a conformação fechada ligada a Cdc20. O complexo Mad2 fechada-Cdc20 recém-formado dissocia-se do primeiro par Mad2-Cdc20, produzindo dois complexos Mad2-Cdc20 (etapa **5**). Portanto, a Mad2 na conformação aberta é rapidamente convertida em Mad2 fechada ligada a Cdc20, enquanto este ciclo se repete (etapa **6**). A origem da Mad2 fechada que inicia a reação em cadeia é a Mad2 ligada à Mad1 associada ao cinetócoro, e explica como um único cinetócoro livre pode causar a inativação de todas as moléculas de Cdc20 na célula, pela formação dos complexos Mad2-Cdc20. Como os cinetócoros livres que recrutam os complexos Mad1-Mad2 são originados? Ou os microtúbulos falham na ligação ou a Aurora B cinase corta as ligações microtúbulos-cinetócoros não tensionadas (ver Figura 19-25). (b) Silenciamento da via de verificação de formação do fuso: a ligação dos microtúbulos (verde) aos cinetócoros causa a remoção do tetrâmero Mad1-Mad2. A Mad2 do tetrâmero removido não pode mais ligar Mad1 na conformação aberta, porém, liga-se à $p31^{comet}$. A $p31^{comet}$ está sempre ativa e dissocia os complexos Mad2-Cdc20, liberando a Cdc20 (etapa **7**). Contudo, um pequeno número de tetrâmeros Mad1-Mad2 ligados aos cinetócoros pode produzir complexos Mad2-Cdc20 suficientes pelo mecanismo mostrado em (a) para se sobrepor a atividade da p31. Uma vez que todos os cinetócoros estejam ligados aos microtúbulos, ocorre a liberação de todos os tetrâmeros Mad1-Mad2, e a atividade da p31 predomina, liberando as Cdc20 que se ligam ao APC/C, o que resulta na ubiquitinação e degradação no proteossomo da securina e o início da anáfase. (Modificada de A. De Antoni et al., 2005, *Curr. Biol.* **15:**214.)

A entrada na anáfase é também inibida quando a ligação aos microtúbulos aos cinetócoros é defeituosa. Como foi visto na Seção 19.5, os cinetócoros das cromátides-irmãs muitas vezes se ligam a microtúbulos derivados do mesmo polo (ligação sintélica) ou um único cinetócoro se liga a microtúbulos derivados dos dois polos do fuso (ligação merotélica). Essas ligações incorretas resultam em ausência de tensão ou tensão insuficiente nos cinetócoros das cromátides-irmãs, e essas interações cinetócoro-microtúbulo incorretas são desestabilizadas rapidamente pela Aurora B que fosforila o sítio da ligação ao microtúbulo no cinetócoro. Isso gera cinetócoros não ligados, reconhecidos pela via de verificação de formação do fuso. Dessa forma, a Aurora B cinase e a via de verificação de formação do fuso colaboram durante cada ciclo celular para fixar corretamente cada par de cromátides-irmãs ao fuso mitótico de modo correto, biorientado.

A via de verificação de formação do fuso é essencial para a viabilidade celular em camundongos, enfatizando a importância dessa via de controle de qualidade em cada divisão celular. Se a anáfase for iniciada antes que todos os cinetócoros dos cromossomos replicados tenham se ligado aos microtúbulos de polos opostos do fuso mitótico, as células-filhas são produzidas com cromossomos a menos ou com cromossomos extras, resultado denominado *não disjunção*. Quando a não disjunção ocorre em células mitóticas, pode provocar a desregulação de genes e contribui para o desenvolvimento do câncer. Quando a não disjunção ocorre durante a divisão meiótica que produz óvulos e espermatozoides, pode ocorrer a trissomia de qualquer cromossomo. A síndrome de Down é causada pela trissomia do cromossomo 21 e resulta em anormalidades do desenvolvimento e retardo mental. Qualquer outra trissomia resulta em letalidade embrionária ou em morte logo após o nascimento.

A via de verificação da posição do fuso assegura que o núcleo seja precisamente dividido entre as duas células-filhas

A coordenação do local da divisão nuclear com o da citocinese é essencial para a produção de duas células-filhas idênticas. Se a citocinese ocorrer de modo que as células-filhas não recebam o conteúdo genético completo, ocorrerá perda ou ganho desse material. Em muitos sistemas, têm sido descritos mecanismos de vigilância que garantem que a citocinese não aconteça antes de o fuso mitótico estar corretamente posicionado na célula. Esses mecanismos de vigilância, conhecidos como **via de verificação da posição do fuso**, são mais bem entendidos em leveduras de brotamento. Nessas leveduras, o sítio da formação do broto e, portanto, o local da citocinese, édeterminado durante G_1. Dessa forma, o eixo de divisão é definido antes da mitose e o fuso mitótico deve ser alinhado ao longo desse eixo do broto durante cada divisão celular (Figura 19-36, etapa **1**). Quando esse processo falha, a via de verificação da posição do fuso impede a inativação da CDK mitótica, dando à célula a oportunidade de reposicionar o fuso antes da sua dissociação e da citocinese (Figura 19-36, etapa **2**). Se a via de verificação da posição do fuso falhar, as células que posicionaram incorretamente o fuso geram produtos mitóticos com núcleos a menos ou a mais (Figura 19-36, etapa **3**).

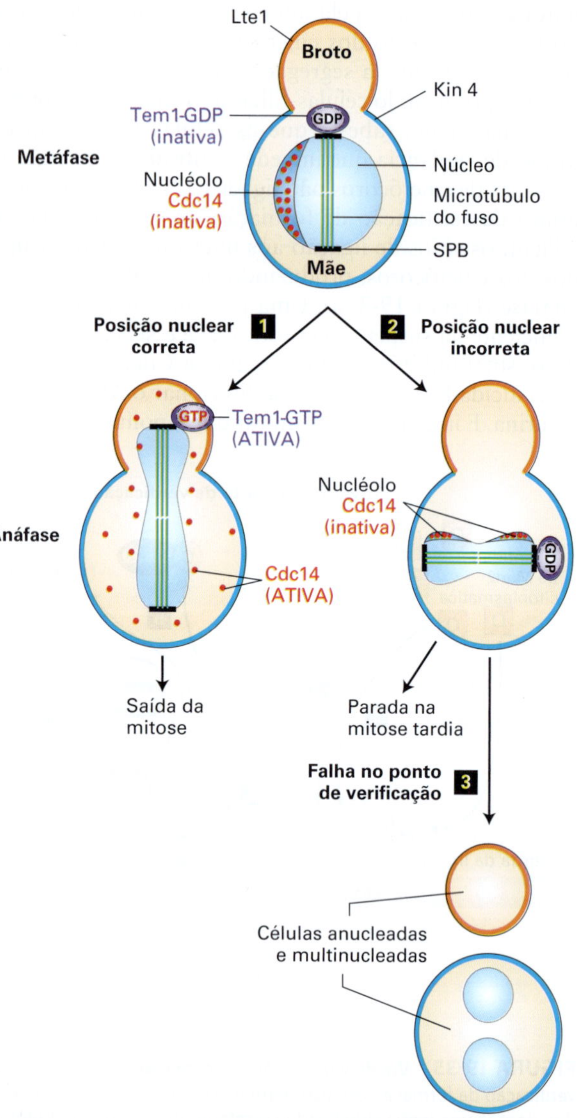

FIGURA 19-36 Via de verificação da posição do fuso em leveduras de brotamento. A atividade da fosfatase da Cdc14 é necessária para a saída da mitose. (*Parte superior*) Na *S. cerevisiae*, durante a interfase e no início da mitose, a Cdc14 (pontos vermelhos) é sequestrada e inativada no nucléolo. A forma inativa Tem1-GDP (lilás) associa-se ao corpúsculo polar do fuso (SPB) mais próximo do broto, logo que o fuso mitótico é formado. Se a segregação dos cromossomos acontece corretamente (etapa **1**), a extensão dos microtúbulos do fuso insere o SBP-filho no broto, provocando a ativação da Tem1 por um mecanismo ainda desconhecido. Tem1-GTP ativa a cascata de proteínas-cinases, que promove a liberação de Cdc14 ativa do nucléolo e a saída da mitose. Se o aparato do fuso não colocar o SBP-filho no broto (etapa **2**), a Kin4 (ciano), um inibidor da Tem1, é direcionada do córtex celular da célula-mãe para o SBB da célula-mãe e mantém Tem1 na forma ligada ao GDP, e não ocorre a saída da mitose. Lte1 (cor de laranja) é um inibidor de Kin4 e está localizado no broto. Lte1 impede que as moléculas de Kin4 que "vazam" para o broto possam inibir Tem1. Se o ponto de verificação falhar, (etapa **3**) as células com os fusos na posição incorreta saem da mitose e produzem células anucleadas e multinucleadas.

É importante relembrar que na levedura de brotamento, um grupo de ciclinas mitóticas são poupadas da degradação pelo APC/C^{Cdc20} para facilitar o processo de alinhamento do fuso mitótico, que pode ser difícil às vezes, de tal modo que metade do núcleo precisa se espremer ao longo do pequeno broto durante o alongamento do fuso na anáfase. Lembre-se também de que a desativação do grupo protegido de complexos ciclinas mitóticas-CDK é promovida pela proteína fosfatase Cdc14, que é ativada pela via de transdução de sinais conhecida como *rede de saída da mitose* (ver Figura 19-28). A rede de saída da mitose é controlada por diversas proteínas (monoméricas) GTPases chamadas *Tem1*. Esse membro da **superfamília das GTPases** de proteínas controla a atividade de uma cascata de proteínas-cinases semelhante ao controle de Ras na via da MAP cinase (ver Capítulo 16). A Tem1, se associa aos corpúsculos polares do fuso (SPBs) logo após serem formados. Um inibidor da GTPase chamado Kin4 se localiza na célula materna, mas está ausente no broto (ver Figura 19-36). Um inibidor da Kin4, denominado Lte1 está presente no broto, mas ausente na célula-mãe e inibe qualquer atividade residual de Kin4 que possa ter vazado para o broto. Quando o alongamento dos microtúbulos do fuso, ao final da anáfase, tiver posicionado corretamente os cromossomos segregados nas células-filhas para o broto, a inibição de Tem1 pela Kin4 é liberada. Como consequência, Tem1 é convertida a seu estado ativo, ligada a GTP, ativando a cascata de sinalização da proteína-cinase. A cinase terminal da cascata fosforila a âncora nucleolar que se liga a Cdc14, inibindo-a e liberando a **fosfatase Cdc14** para o citoplasma e nucleoplasma nas duas células, da mãe e do broto (ver Figura 19-36, etapa **1**). Uma vez que a Cdc14 estiver ativa e disponível, as CDKs mitóticas serão desativadas, e as células saem da mitose. Quando o fuso não está corretamente posicionado, a Tem1 associada aos corpúsculos polares do fuso não consegue entrar no broto; a rede de saída da mitose não é ativada e a célula permanece na anáfase. Desse modo, a restrição espacial de inibidores e ativadores em uma via de transdução de sinais permite que a célula perceba a situação espacial, a posição do fuso e traduza isso na regulação de uma via de transdução de sinais.

CONCEITOS-CHAVE da Seção 19.7

Mecanismos de vigilância na regulação do ciclo celular

- Os mecanismos de vigilância conhecidos como via de pontos de verificação estabelecem dependências entre os eventos do ciclo celular e asseguram que a progressão do ciclo celular não ocorra antes do término do evento precedente.
- As vias de verificação consistem em sensores que monitoram um evento celular específico ou defeitos neste evento, em uma via de sinalização e em um efetor que suspende a progressão do ciclo celular e ativa uma via de reparo quando necessário.
- O crescimento e a divisão celular são integrados na fase G_1 na maioria dos sistemas. Uma redução na biossíntese de macromoléculas retarda a entrada no ciclo celular.
- As células são capazes de detectar e responder a uma variedade de lesões no DNA, e as respostas diferem dependendo do estágio do ciclo celular que as células estão no momento.
- Em resposta ao DNA danificado, duas proteínas cinases relacionadas, ATM e ATR, são recrutadas ao local da lesão, onde ativam vias de sinalização que resultam na parada do ciclo celular, reparo e, em algumas situações, na apoptose.
- A via de verificação da formação do fuso, que impede o início prematuro da anáfase, emprega a Mad2 e outras proteínas para regular o fator de especificidade do APC/C, o Cdc20, o qual marca a securina e as ciclinas mitóticas para ubiquitinação.
- A via de verificação da posição do fuso impede a inativação das CDKs mitóticas quando o fuso está mal posicionado. Nessa via, ativadores e inibidores localizados e um sensor que alterna esses dois permite que as células detectem a posição do fuso.

19.8 Meiose: um tipo especial de divisão celular

Em quase todos os eucariotos diploides, a **meiose** gera as células germinativas haploides (óvulos e espermatozoides) que podem se fundir formando um zigoto diploide que se desenvolve em um novo indivíduo. A meiose é uma característica fundamental da biologia e evolução de todos os eucariotos, pois promove o rearranjo dos dois conjuntos cromossômicos recebidos, o paterno e o materno. Ambos os rearranjos cromossômicos e a **recombinação homóloga** entre as moléculas de DNA parentais durante a meiose asseguram que cada célula germinativa haploide produzida receberá uma combinação única de alelos, diferente da paterna e materna e de qualquer outra célula germinativa haploide formada.

Os mecanismos da meiose são semelhantes aos da mitose. Entretanto, existem várias diferenças fundamentais na meiose que permitem que o processo produza células haploides com diversidade genética (ver Figura 5-3). Na mitose, cada fase S é seguida pela segregação cromossômica e divisão celular. Em contrapartida, durante a meiose, um evento de replicação de DNA é seguido de *duas fases consecutivas de segregação*. Isso resulta na formação de células-filhas haploides em vez de diploides. Durante as duas divisões, os cromossomos maternos e paternos são misturados e divididos de forma que as células-filhas tenham o conteúdo genético diferente de cada célula progenitora. Nesta seção, serão discutidas as semelhanças entre mitose e meiose, bem como os mecanismos específicos da meiose que transformam a maquinaria mitótica tradicional do ciclo celular de forma a realizar essa divisão celular não comum que resulta na formação de células-filhas haploides.

Sinais extracelulares e intracelulares regulam a entrada na meiose

Os sinais que induzem a entrada na divisão meiótica nos metazoários constituem uma área bastante ativa de pesquisa e ainda há muito a ser descoberto. Contudo, os mesmos princípios básicos governam a decisão de entrar no programa de meiose em todos os organismos já estudados. Sinais extracelulares induzem o programa de transcrição que produz os fatores do ciclo celular específicos da meiose que promovem essas divisões não comuns. Essa modificação do ciclo celular ocorre juntamente com o programa de desenvolvimento que induz aspectos característicos dos gametas, como o desenvolvimento de um flagelo no espermatozoide, ou a produção de uma parede celular resistente ao estresse durante a formação do esporo nos fungos. Pelo menos um dos sinais extracelulares indutores da entrada na meiose em mamíferos é o ácido retinoico, hormônio esteroide que atua em diversos processos de desenvolvimento diferentes. Os alvos celulares desse hormônio e o seu método para determinar o destino meiótico das células ainda não são conhecidos.

Os mecanismos moleculares que fundamentam a decisão de entrar na divisão meiótica são bem compreendidos em *S. cerevisiae*. A decisão de iniciar a divisão meiótica é feita em G_1. A privação de nitrogênio e de fontes de carbono induz as células diploides a entrar em meiose em vez de mitose, produzindo esporos haploides (ver Figura 1-17). Durante as divisões meióticas, o brotamento é reprimido e a fase S pré-meiótica e as duas divisões meióticas ocorrem dentro da célula-mãe. As paredes dos esporos são produzidas ao redor dos quatro produtos meióticos. Lembre que o brotamento e o início da replicação do DNA são induzidos pelas CDKs da fase G_1/S. A expressão dessas CDKs precisa ser inibida para evitar o brotamento. A privação de nutrientes reprime a expressão das ciclinas de fase G_1/S, inibindo o brotamento. Porém, a replicação do DNA também depende destas CDKs de fase G_1/S. Como a replicação do DNA pré-meiose ocorre na ausência das CDKs de

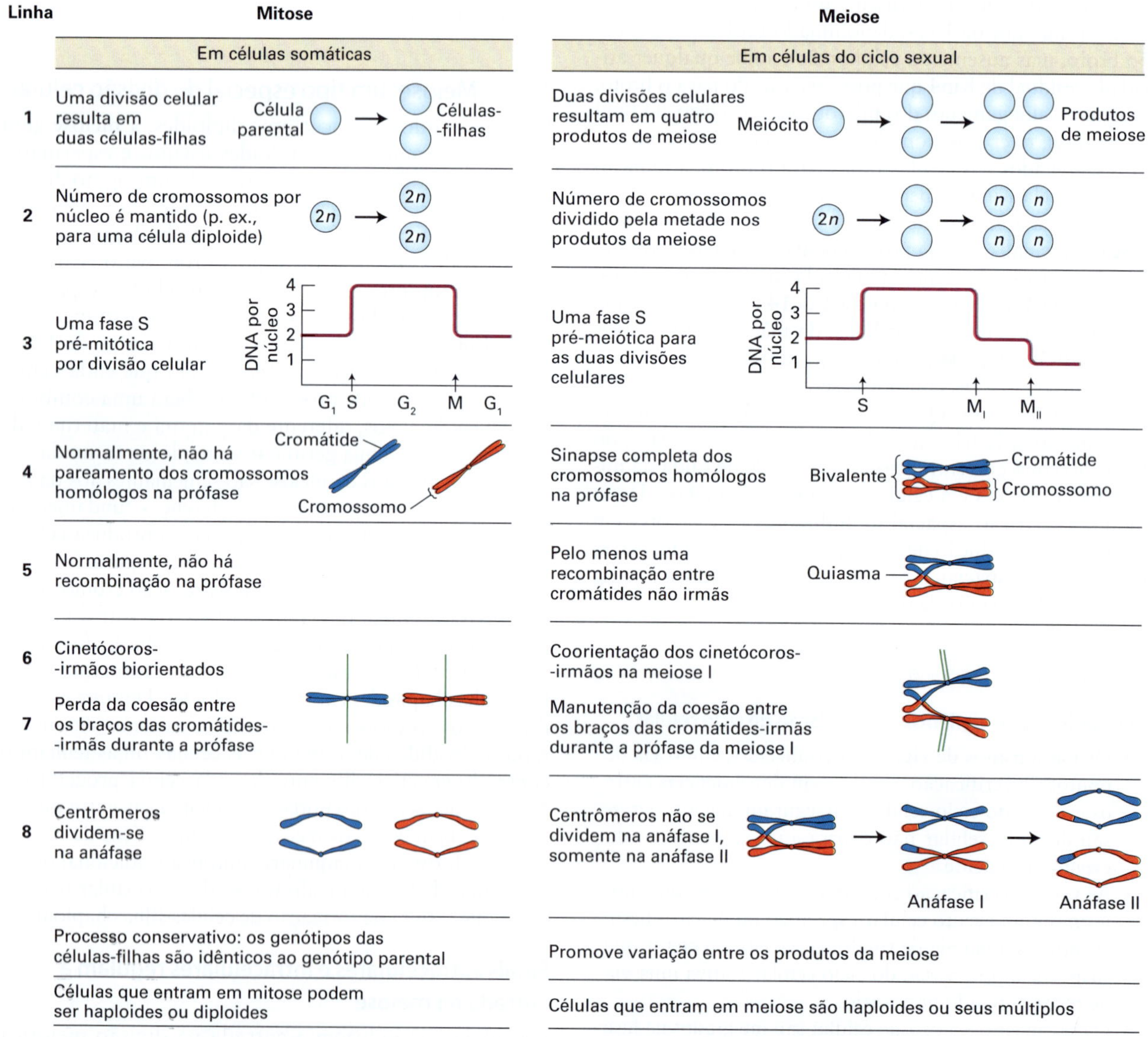
Linha
Mitose
Meiose
Em células somáticas
Em células do ciclo sexual
1
Uma divisão celular resulta em duas células-filhas
Célula parental
Células--filhas
Duas divisões celulares resultam em quatro produtos de meiose
Meiócito
Produtos de meiose
2
Número de cromossomos por núcleo é mantido (p. ex., para uma célula diploide)
2n
Número de cromossomos dividido pela metade nos produtos da meiose
n
3
Uma fase S pré-mitótica por divisão celular
DNA por núcleo
G1 S G2 M G1
Uma fase S pré-meiótica para as duas divisões celulares
S MI MII
4
Normalmente, não há pareamento dos cromossomos homólogos na prófase
Cromátide
Cromossomo
Sinapse completa dos cromossomos homólogos na prófase
Bivalente
Cromátide
Cromossomo
5
Normalmente, não há recombinação na prófase
Pelo menos uma recombinação entre cromátides não irmãs
Quiasma
6
Cinetócoros--irmãos biorientados
Coorientação dos cinetócoros--irmãos na meiose I
7
Perda da coesão entre os braços das cromátides--irmãs durante a prófase
Manutenção da coesão entre os braços das cromátides-irmãs durante a prófase da meiose I
8
Centrômeros dividem-se na anáfase
Centrômeros não se dividem na anáfase I, somente na anáfase II
Anáfase I
Anáfase II
Processo conservativo: os genótipos das células-filhas são idênticos ao genótipo parental
Promove variação entre os produtos da meiose
Células que entram em mitose podem ser haploides ou diploides
Células que entram em meiose são haploides ou seus múltiplos

FIGURA 19-37 Comparação das principais características da mitose e da meiose. (Adaptada de A. J. F. Griffiths et al., 1999, *Modern Genetic Analysis*, W. H. Freeman and Company.)

fase G_1/S? A proteína-cinase específica de esporulação, Ime2, assume a função das CDKs de G_1/fase S na indução da replicação do DNA. Ime2 promove (1) a fosforilação do fator Cdh1 de especificidade para APC/C, inativando-o e permitindo que as ciclinas de fase S e fase M sejam acumuladas; (2) a fosforilação de fatores de transcrição que induzem os genes necessários à fase S, incluindo as DNA-polimerases e as ciclinas de fase S; e (3) a fosforilação do inibidor da CDK de fase S, o Sic1, resultando na liberação de CDKs de fase S ativas e o início da replicação de DNA pré-meiótico.

Diversas características essenciais diferem a meiose da mitose

As divisões meióticas diferem das divisões mitóticas em vários aspectos essenciais, resumidos na Figura 19-37. Durante a meiose, um único evento de replicação de DNA é seguido de dois ciclos de divisão celular, denominados *meiose I* e *meiose II* (Figura 19-38). A meiose II assemelha-se à mitose, pois as cromátides-irmãs são segregadas. Contudo, a meiose I é muito diferente. Durante essa divisão, os cromossomos homólogos – os mesmos cromossomos herdados da mãe e do pai – são segregados. Essa segregação cromossômica incomum requer três modificações específicas da meiose no aparato de segregação. A seguir serão explicadas essas modificações e por que elas são necessárias.

O mecanismo com base na resposta à tensão, responsável pela fixação precisa dos cromossomos ao fuso mitótico durante a mitose, é também responsável pela segregação dos cromossomos na meiose I. Portanto, os cromossomos homólogos devem estar ligados de forma que o mecanismo com base na tensão possa funcionar com precisão para realizar essa fixação. A **recombinação homóloga** entre cromossomos homólogos produz essas ligações (ver Figura 19-38). O mecanismo molecular da recombinação homóloga é discutido em detalhes no Capítulo 4. Aqui, a discussão será limitada à importância da recombinação homóloga para o sucesso das divisões meióticas.

Na G_2 e na prófase da meiose I, as duas cromátides replicadas de cada cromossomo estão associadas entre si por complexos de coesina ao longo de todo o comprimento dos braços dos cromossomos, da mesma forma como estariam após a replicação do DNA no ciclo da célula mitótica (ver Figura 19-38). Na prófase da meiose I, os cromossomos homólogos (i.e., cromossomos 1 materno e paterno, cromossomos 2 materno e paterno, etc.) formam pares entre si e ocorre a recombinação homóloga. Pelo menos um evento de recombinação ocorre entre um cromossomo materno e um paterno. O entrecruzamento (***crossing over***) entre as cromátides, produzido pela recombinação, pode ser observado ao microscópio na prófase e metáfase da primeira meiose, na forma de estruturas denominadas *quiasmas*. Em contrapartida, não há pareamento entre os cromossomos homólogos durante a mitose, e a recombinação entre cromátides não irmãs é rara. Simultaneamente à recombinação homóloga, os cromossomos homólogos associam-se entre si no processo conhecido como *sinapse*. Na maioria dos organismos, a sinapse é mediada por um complexo proteico, chamado **complexo sinaptonema** (SC). Os cromossomos homólogos, ligados pelos quiasmas são chamados de bivalentes (ver Figura 19-38). Dessa forma, os quiasmas fornecem a resistência à força de tensão exercida pelos microtúbulos no fuso da metáfase I (Figura 19-39).

A recombinação entre cromátides não irmãs que ocorre na prófase da meiose I apresenta pelo menos duas consequências funcionais: primeiro, mantém os cromossomos homólogos unidos durante a metáfase da meiose I. Segundo, contribui para a diversidade genética entre indivíduos da mesma espécie, assegurando novas combinações de alelos em indivíduos diferentes (observação: a diversidade genética surge principalmente do rearranjo independente entre os homólogos maternos e paternos durante as divisões meióticas). Os homólogos unidos por pelo menos um quiasma, formados na prófase da meiose I, devem agora ser alinhados no fuso da meiose I para ocorrer a segregação dos cromossomos maternos e paternos durante a anáfase da meiose I. Isso exige que os cinetócoros das cromátides-irmãs sejam fixados às fibras do fuso que emanam do *mesmo* polo do fuso e não de polos opostos do fuso como na mitose (ver Figura 19-39). Assim, as cromátides-irmãs são chamadas de **coorientadas**. Os cinetócoros dos cromossomos maternos e paternos de cada bivalente, contudo, são fixados aos microtúbulos do fuso a partir de polos opostos; eles são **biorientados**.

Finalmente, para permitir as duas fases de segregação cromossômica, as coesinas devem ser removidas dos cromossomos por etapas. É importante relembrar que durante a mitose, todas as coesinas são removidas no início da anáfase (Figura 19-40a). Em contrapartida, durante a meiose, as coesinas são dissociadas dos braços cromossômicos pelo término da meiose I, exceto um grupo de coesinas ao redor dos cinetócoros, que é protegido dessa remoção (Figura 19-40b). Esse grupo de coesinas persiste durante a meiose I e é removido apenas no início da anáfase II. Como será visto a seguir, a perda das coesinas dos braços cromossômicos é necessária para que os cromossomos homólogos sejam separados entre si durante a meiose I.

Os mecanismos que removem as coesinas durante a meiose são os mesmos da mitose. A degradação da securina libera a separase, que, por sua vez, cliva as coesinas que mantêm os braços cromossômicos unidos. Isso permite que os cromossomos materno e paterno recombinados sejam separados, porém cada par de cromátides permanece ligado pelo centrômero. Durante a metáfase II, as cromátides-irmãs se alinham no fuso da metáfase II e a separase é novamente ativada, clivando as coesinas residuais ao redor dos centrômeros, e facilitando a anafasse II (ver Figura 19-40b).

A recombinação e a subunidade de coesina específica da meiose são necessárias para a segregação cromossômica especializada na meiose I

Como discutido anteriormente, na metáfase da meiose I, as duas cromátides-irmãs do cromossomo (replicado) se associam aos microtúbulos que emanam do *mesmo* polo, em vez de polos opostos, como acontece na mitose (ver Figura 19-39). Duas ligações físicas entre os cromossomos homó-

ANIMAÇÃO EM FOCO: Meiose

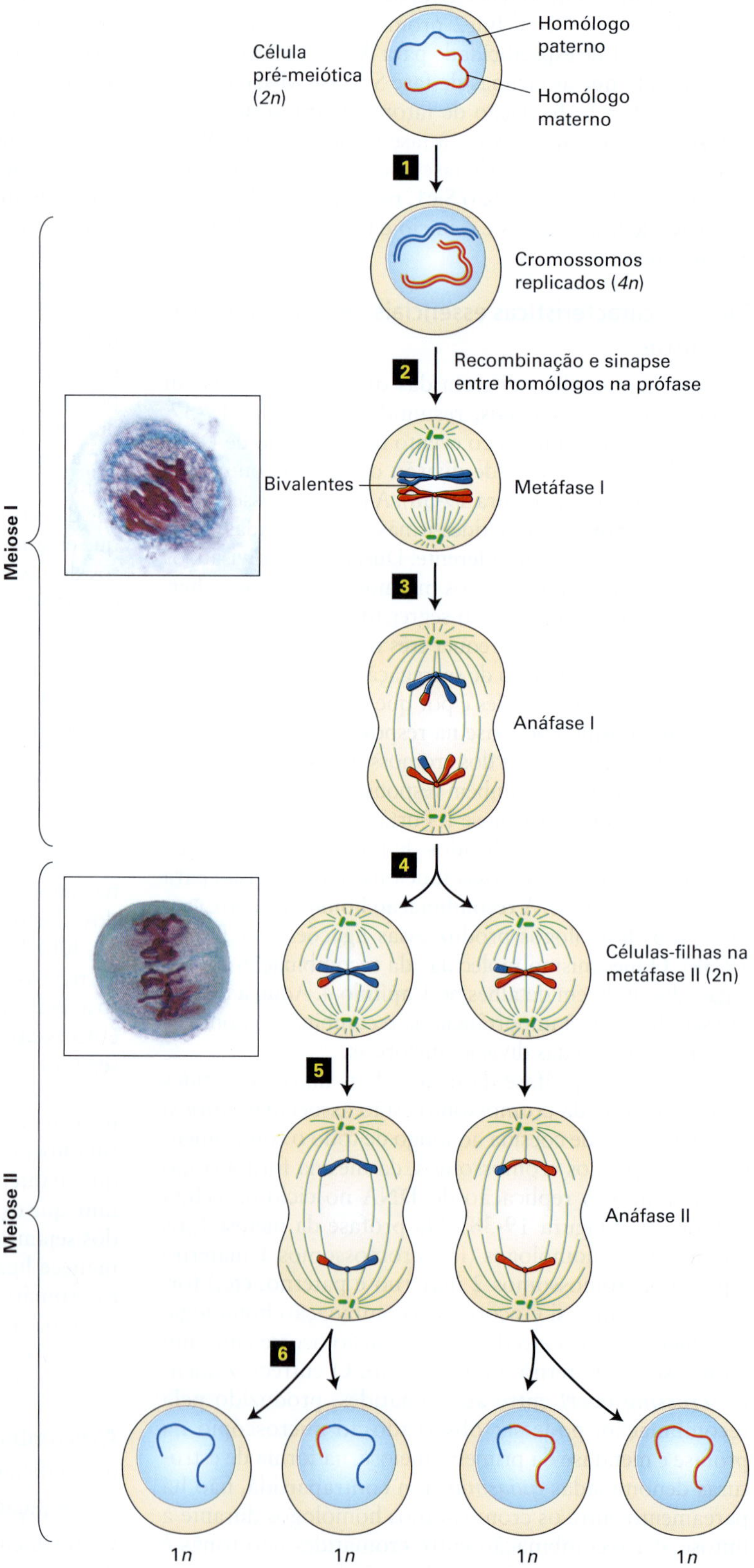

FIGURA 19-38 **Meiose.** As células pré-meióticas têm duas cópias de cada cromossomo (2*n*), uma derivada do pai e outra da mãe. Para simplificar, os homólogos paterno e materno de um único cromossomo estão representados. Etapa **1**: todos os cromossomos são replicados durante a fase S, antes da primeira divisão meiótica, gerando um complemento cromossômico 4*n*. Complexos de coesina (não mostrados) unem as cromátides-irmãs compondo cada cromossomo replicado ao longo de sua extensão. Etapa **2**: à medida que os cromossomos condensam, durante a primeira prófase meiótica, os homólogos replicados formam pares e sofrem recombinação homóloga, resultando em um evento de permuta. Na metáfase, mostrada aqui, as duas cromátides duplicadas do mesmo cromossomo se associam a microtúbulos derivados de um mesmo polo do fuso, mas cada membro de um par de cromossomos homólogos (paterno e materno) se associa com microtúbulos que derivam de polos opostos. Etapa **3**: durante a anáfase da meiose I, os cromossomos homólogos, cada um consistindo em duas cromátides, são puxados para polos opostos. Etapa **4**: a citocinese origina as duas células-filhas (agora 2*n*), que entram na meiose II sem sofrer replicação do DNA. Na metáfase da meiose II, mostrada aqui, as cromátides que compõem cada cromossomo replicado associam-se aos microtúbulos do fuso derivados de polos opostos, como na mitose. Etapas **5** e **6**: a segregação das cromátides para polos opostos, durante a segunda anáfase meiótica seguida da citonese, gera as células germinativas haploides (1*n*), os gametas, contendo uma cópia de cada cromossomo. As micrografias à esquerda mostram a metáfase meiótica I e da metáfase meiótica II no desenvolvimento de gametas de óvulos de *Lilium* (lírios). Os cromossomos são alinhados na placa metafásica. (Fotos cortesia de Ed Reschke/Peter Arnold, Inc.)

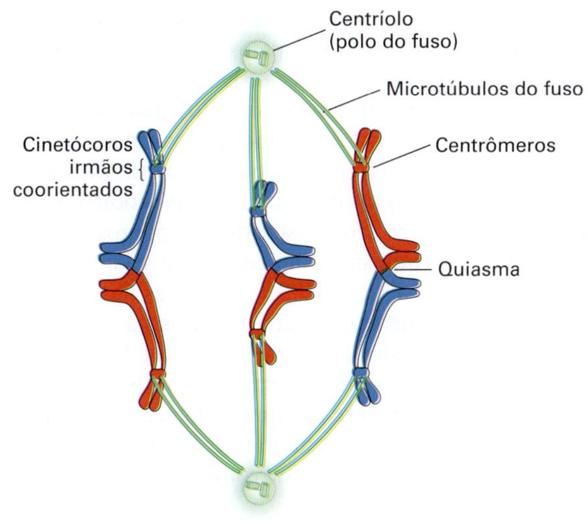

FIGURA 19-39 Quiasmas e coesinas distais a eles unem os cromossomos homólogos na metáfase da meiose I. As conexões entre os cromossomos na meiose I são mais facilmente visualizadas em organismos com centrômeros acrocêntricos, como o grilo. Os cinetócoros nos centrômeros das cromátides-irmãs fixam-se aos microtúbulos do mesmo polo do fuso, e os cromossomos maternos (vermelho) e paternos (azul) se ligam a microtúbulos derivados de polos opostos do fuso. O cromossomo paterno e o materno são unidos nos quiasmas, formados pela recombinação entre eles e pela coesão entre os braços das cromátides que permanece durante toda a metáfase da meiose I. Observe que a eliminação da coesão entre os braços das cromátides-irmãs é o único requisito para a separação dos cromossomos homólogos na anáfase. (Adaptada de L. V. Paliulis and R. B. Nicklas, 2000, *J. Cell Biol.* **150:**1223.)

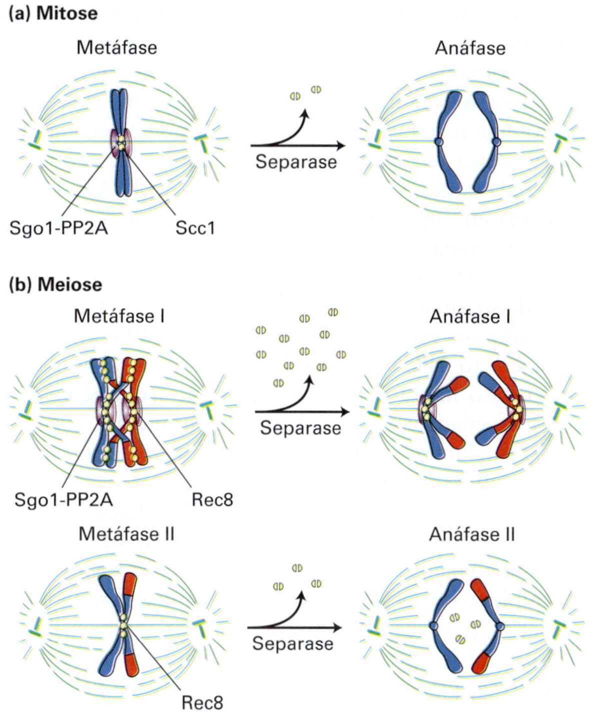

FIGURA 19-40 Função das coesinas durante a mitose e a meiose. (a) Durante a mitose, as cromátides-irmãs geradas pela replicação do DNA na fase S estão inicialmente ligadas por complexos de coesina ao longo de todo seu comprimento. Na condensação dos cromossomos, os complexos de coesina (amarelo) ficam limitados à região do centrômero em metáfase. A proteína Mei-S332/Sgo1 (lilás) direciona PP2A para os centrômeros, onde antagonizam a Polo cinase e a Aurora B, impedindo a dissociação das coesinas das regiões centroméricas. A dissociação da Mei-S332/Sgo1 dos centrômeros e a ativação da separase provoca a remoção das coesinas dos centrômeros. As cromátides-irmãs então podem ser separadas, marcando o início da anáfase. (b) Na prófase da meiose I, há recombinação homóloga entre as cromátides paterna e materna que interagem entre si. Na metáfase I, as cromátides de cada cromossomo replicado são interligadas pelos complexos de coesina ao longo de sua extensão. A Rec8, um homólogo de Scc1 específico da meiose, é clivada nos braços dos cromossomos, mas não no centrômero, permitindo que os cromossomos homólogos pareiem para ser segregados para as células-filhas. A Rec8 centromérica é protegida da clivagem pela PP2A, direcionada a esta região pelo regulador de PP2A, a Mei-S332/Sgo1 (mostrada em lilás). Na metáfase II, o complexo Mei-S332/Sgo1-PP2A se dissocia dos cromossomos. As coesinas são podem ser então clivadas durante a meiose II, permitindo a segregação das cromátides-irmãs (Modificada de F. Uhlman, 2001, *Curr. Opin. Cell Biol.* **13**:754.)

logos resistem às forças que puxam os fusos até o momento da anáfase: (a) a recombinação entre as cromátides, uma de cada par de cromossomos homólogos, e (b) as coesinas distais no ponto de permuta (ver Figura 19-40b, *superior*). Uma evidência para a função da recombinação na meiose vem da observação de que, quando a recombinação é bloqueada por mutações nas proteínas essenciais para o processo, os cromossomos são segregados de forma aleatória durante a meiose I; isto é, os cromossomos homólogos não são segregados necessariamente aos polos opostos.

No início da anáfase da meiose I, as coesinas entre os braços dos cromossomos são clivadas pela separase. Essa clivagem é necessária para a segregação cromossômica. Se as coesinas não forem removidas dos braços cromossômicos, as cromátides recombinantes se arrebentariam durante a anáfase I. A manutenção da coesina nos centrômeros durante a meiose I é necessária para a segregação correta das cromátides durante a meiose II.

Estudos em vários organismos mostraram que uma subunidade especializada da coesina, a *Rec8*, é necessária para a remoção gradual das coesinas dos cromossomos durante a meiose. Expressa somente durante a meiose, a Rec8 é homóloga à Scc1, a subunidade da coesina fecha o anel de coesina no complexo de coesinas nas células mitóticas. Experimentos de imunolocalização revelaram que durante a fase inicial da anáfase da meiose I, a Rec8 é dissociada dos braços dos cromossomos, mas é mantida nos centrômeros. Entretanto, durante a fase inicial da anáfase da meiose II, a Rec8 dos centrômeros é degradada pela separase, e as cromátides podem, então, ser segregadas, como acontece na mitose (ver Figura 19-40, *inferior*). Consequentemente, a elucidação da regulação da clivagem do complexo coesina-Rec8 é central para o entendimento da segregação dos cromossomos na meiose I.

O mecanismo que protege Rec8 ligada aos centrômeros da clivagem durante a meiose I é semelhante ao mecanismo que protege a Scc1 dos centrômeros na mitose. É importante lembrar que durante a prófase mitótica, proteínas-cinases, especialmente as Polos cinases, fosforilam as coesinas dos braços das cromátides, provocando sua dissociação e, portanto, sua eliminação dos braços cromossômicos na metáfase. Entretanto, a coesina dos centrômeros é mantida devido a uma isoforma específica da proteína fosfatase 2A (PP2A) localizada na cromatina centromérica por membros de uma família de proteínas conhecida como Mei-S332/Shugoshin. A PP2A mantém a coesina em um estado hipofosforilado que não se dissocia da cromatina (ver Figura 19-40a). Durante a metáfase II, a Mei-S332/Sgo1 se dissocia dos cromossomos. Além disso, quando o último cinetócoro é corretamente associado aos microtúbulos do fuso, Cdc20 é ativada e se associa ao APC/C, provocando a ubiquitinação da securina. Isso libera a atividade de separase, que cliva a Scc1 fosforilada e a não fosforilada, eliminando a coesina do centrômero e permitindo a separação das cromátides na anáfase (ver Figura 19-40a).

A remoção das coesinas difere da meiose I, pois quando a Rec8 substitui a Scc1 no complexo de coesinas, o complexo não se dissocia na prófase ao ser fosforilado. O complexo de coesina meiótico somente é removido da cromatina pela ação da separase. A Rec8 também difere da Scc1 porque precisa necessariamente ser fosforilada por diversas proteínas-cinases para ser clivada pela separase. Durante a meiose I, a isoforma de PP2A centrômero-específica direcionada à cromatina centromérica pela Mei-S332/Shugoshin impede essa fosforilação. O fator de direcionamento da PP2A e a PP2A então se dissociam dos cromossomos pela metáfase II, permitindo a clivagem da Rec8 pela separase.

A coorientação dos cinetócoros irmãos é fundamental para a segregação cromossômica na meiose I

Como discutido anteriormente, na mitose e na meiose II, os cinetócoros irmãos fixam-se aos microtúbulos do fuso oriundos de *polos opostos*; os cinetócoros são denominados *biorientados*. Isso é essencial para a segregação das cromátides-irmãs às diferentes células-filhas. Em contrapartida, na metáfase da meiose I, os cinetócoros irmãos se fixam aos microtúbulos do fuso derivados do mesmo polo; e diz-se que os cinetócoros são *coorientados* (ver Figura 19-39). Obviamente, a ligação dos cinetócoros aos microtúbulos corretos na meiose I e II é crucial para a correta segregação meiótica dos cromossomos.

As proteínas necessárias para a coorientação dos cinetócoros irmãos na meiose I foram inicialmente identificadas em *S. cerevisiae*. Sabe-se, atualmente, que um complexo conhecido como **complexo monopolina** se associa aos cinetócoros durante a meiose I e liga as cromátides-irmãs para favorecer a fixação aos microtúbulos derivados do mesmo polo do fuso. Em organismos em que os cinetócoros se fixam a diversos microtúbulos, as coesinas contendo Rec8 são essenciais para a coorientação dos cinetócoros irmãos. Essas coesinas específicas da meiose impõem uma estrutura rígida aos cinetócoros, limitando seu movimento e, dessa forma, favorecendo a fixação aos microtúbulos do mesmo polo.

Assim como na mitose e na meiose II, a correta fixação dos cromossomos na meiose I é mediada por um mecanismo com base na tensão. Durante a metáfase da meiose I, os microtúbulos associados aos cinetócoros também estão sob tensão (mesmo que os cinetócoros das cromátides-irmãs estejam ligadas a microtúbulos oriundos do mesmo polo) porque os quiasmas produzidos pela recombinação entre cromossomos homólogos e as coesinas distais aos quiasmas impedem que sejam puxados para os polos (ver Figura 19-39). Como as ligações entre microtúbulos e cinetócoros são instáveis na ausência de tensão (devido à fosforilação mediada pela Aurora-B), os cinetócoros fixados às fibras erradas do fuso liberam os microtúbulos novamente até que as ligações produzidas gerem tensão. Assim como na mitose, uma vez formada a ligação correta, a ligação de microtúbulos e cinetócoros é estabilizada.

A replicação do DNA é inibida entre as duas divisões meióticas

O mecanismo que reprime a replicação do DNA entre a meiose I e II é uma área de investigação atual, porém acredita-se que uma alteração na regulação da atividade da CDK é pelo menos parcialmente responsável pela supressão. As mesmas CDKs de fase S que promovem a replicação do DNA antes da mitose são necessárias para a replicação pré-meiótica. As mesmas CDKs que promovem a mitose também promovem as divisões meióticas, exceto que agora são denominadas CDKs meióticas, pois promovem a meiose em vez da mitose.

Então, como a replicação do DNA é bloqueada entre as duas divisões meióticas? Após a anáfase da meiose I, a atividade das CDKs não diminui tanto como ocorre após a anáfase da mitose. Essa queda parcial na atividade da CDK parece ser suficiente para promover a dissociação do fuso da meiose I, porém insuficiente para induzir a associação das helicases MCM (lembre-se de que um estado de atividade CDK muito baixo ou inexistente é necessário para montar as helicases MCM). Durante a prófase da meiose II, a atividade das CDKs aumenta novamente, e o fuso da meiose II é formado. Após a ligação de todos os cinetócoros aos microtúbulos dos polos opostos, a separase é ativada e as células prosseguem pela anáfase da meiose II, telófase e citocinese, produzindo células germinativas haploides.

CONCEITOS-CHAVE da Seção 19.8

Meiose: um tipo especial de divisão celular

- A meiose é uma divisão especializada, em que produtos gênicos específicos ajustam o programa de divisão celular mitótica (ver Figura 19-38).
- A divisão meiótica envolve um ciclo de replicação cromossômica, seguido de dois ciclos de divisão celular, para produzir células germinativas haploides a partir de uma célula pré-meiótica diploide. Durante a meiose I, os cromossomos homólogos são segregados; durante a meiose II, as cromátides-irmãs são separadas.

- Condições ambientais especializadas induzem o programa de desenvolvimento que resulta na divisão meiótica.
- Durante a prófase da meiose I, os cromossomos homólogos sofrem recombinação. Pelo menos um evento de recombinação ocorre entre as cromátides dos cromossomos homólogos, ligando esses cromossomos.
- As coesinas distais aos quiasmas são responsáveis por manter os cromossomos homólogos unidos durante a prófase e a metáfase da meiose I.
- Durante a fase inicial da anáfase da meiose I, as coesinas ligadas aos braços cromossômicos são fosforiladas e, em seguida, clivadas pela separase, exceto as coesinas associadas à região dos centrômeros, que são protegidas da fosforilação e da clivagem. Essa proteção é realizada por uma subunidade coesina específica da meiose e uma fosfatase que se associa aos centrômeros. Como resultado, as cromátides dos cromossomos homólogos permanecem associadas durante a segregação, na meiose I.
- A clivagem das coesinas centroméricas, durante a anáfase da meiose II, permite que as cromátides individuais sejam segregadas para as células germinativas.
- Um complexo de proteínas do cinetócoro específicas da meiose, conhecido como complexo monopolina, promove a coorientação das cromátides-irmãs durante a meiose I. As duas cromátides-irmãs se ligam aos microtúbulos que derivam do mesmo polo do fuso.
- A inativação incompleta das CDKs entre as duas divisões meióticas inibe a replicação do DNA.

Perspectivas

O ritmo notável das pesquisas sobre o ciclo celular nos últimos 25 anos resultou em um modelo detalhado sobre o controle do ciclo celular de eucariotos. Uma lógica requintada caracteriza esses controles moleculares. Cada evento regulatório tem duas funções importantes: ativar um passo do ciclo celular e preparar a célula para o próximo evento do ciclo. Essa estratégia garante que as fases do ciclo ocorram na ordem correta.

Apesar de a lógica geral da regulação do ciclo celular já parecer bem estabelecida, muitos detalhes cruciais ainda precisam ser descobertos. Por exemplo, ainda falta descobrir como o crescimento celular e a divisão são coordenados e como o estado metabólico da célula se ajusta nesse aparato do ciclo celular. Inúmeros nutrientes fundamentais e vias de sinalização que percebem fatores de crescimento, como as vias AMPK, Ras e TOR, foram identificadas e seus mecanismos recentemente revelados. O entendimento de como essas vias influenciam o aparato do ciclo celular será um questão fundamental a ser respondida nos próximos anos. Um progresso substancial foi alcançado recentemente na identificação dos substratos fosforilados pelas diferentes CDKs, mas ainda resta muito a aprender sobre como as modificações dessas proteínas resultam nos múltiplos eventos induzidos pelas CDKs.

Ultimamente, foram feitas muitas descobertas sobre a operação dos pontos de checagem do ciclo celular, mas os mecanismos que ativam ATM e ATR no ponto de checagem de dano do DNA são muito pouco conhecidos. Da mesma maneira, existe ainda muito a aprender sobre o controle e o mecanismo da Mad2, no ponto de checagem da ligação ao fuso mitótico. Ainda existem muitas perguntas sobre como o plano da citocinese e a localização dos cromossomos filhos são determinados nas células que se dividem simétrica e assimetricamente, como normalmente se observa em parte do desenvolvimento de tecidos complexos e estrutura dos órgãos. Como o aparato do ciclo celular é modulado por sinais do desenvolvimento para promover divisões especializadas é também uma área intensa de estudo.

O entendimento desses detalhes do controle do ciclo celular terá consequências significativas, principalmente no tratamento do câncer. As células cancerosas frequentemente apresentam defeitos nos pontos de verificação do ciclo celular, o que leva ao acúmulo de diversas mutações e a rearranjos no DNA que resultam no fenótipo do câncer. Contudo, a ausência desses pontos de verificação pode tornar esses tipos específicos de câncer especialmente vulneráveis a lesões extensas no DNA induzidas pela radioterapia ou quimioterapia. As células normais ativam os pontos de verificação do ciclo celular e interrompem o ciclo celular até que a lesão celular seja corrigida. As células cancerosas, porém, não conseguem cessar o ciclo e, como consequência, sofrem lesões genéticas suficientes para provocar sua apoptose. Se houver mais conhecimento sobre os controles do ciclo celular e das vias dos pontos de verificação, será possível desenvolver estratégias terapêuticas mais eficazes, especialmente contra tipos de câncer resistentes às atuais terapias convencionais. É muito provável que um melhor entendimento dos processos moleculares envolvidos permita o desenvolvimento de tratamentos mais eficazes no futuro.

Termos-chave

ATM e ATR 911
CDK de G_1 885
CDKs de fase S 885
CDKs mitóticas 885
ciclina 878
cinase ativadora de CDK (CAK) 890
cinase Aurora B 903
cinase dependente de ciclina (CDK) 878
coesina 898
complexo monopolina 920
complexo da condensina 904
complexo do fator de transcrição E2F 889
complexo promotor de anáfase ou ciclossomo (APC/C) 889
complexo sinaptonema (SC) 917
cromátides-irmãs 877
entrecruzamento (*crossing over*) 917
fator de especificidade do APC/C 888
fator promotor de maturação (MPF) 882
fosfatase Cdc14 915
fosfatase Cdc25 900
inibidores de CDK ou CKIs 890
INÍCIO (START) 877
meiose 915
mitógeno 894
mitótico 877
Polo cinases 900
proteína p53 912
proteína Rb 893
proteína-cinase Wee1 900
SCF (Skp1, Culina, proteínas F-box) 889
securina 905
sensor 908
separase 905
tamanho celular crítico 894
via de ponto de verificação 876

Revisão dos conceitos

1. Qual ou quais mecanismos celulares garantem que a passagem pelo ciclo celular seja unidirecional e irreversível? Qual é a máquina molecular que coordena esses mecanismos?
2. Que tipos de estratégias experimentais pesquisadores utilizam para estudar a progressão do ciclo celular? Como essas estratégias diferem com base nas abordagens genéticas ou bioquímicas?
3. Tim Hunt compartilhou o Prêmio Nobel de 2001 pelo seu trabalho na descoberta e caracterização das proteínas ciclinas em óvulos e embriões. Descreva as etapas experimentais que levaram à descoberta das ciclinas.
4. Que evidência experimental indica que a ciclina B é necessária para que a célula entre em mitose? Que evidência indica que a ciclina B deve ser degradada para a saída da mitose?
5. Quais diferenças fisiológicas tornam *S. pombe* e *S. cerevisiae* ferramentas úteis e complementares para o estudo dos mecanismos moleculares envolvidos na regulação do ciclo celular?
6. Em *Xenopus*, um dos substratos das CDKs mitóticas é a fosfatase Cdc25. Quando fosforilada pelas CDKs mitóticas, a Cdc25 é ativada. Qual é o substrato da Cdc25? Como essa informação explica o rápido aumento na atividade da CDK mitótica quando a célula entra na mitose?
7. Explique como a atividade da CDK é modulada pelas seguintes proteínas: (a) ciclina, (b) CAK, (c) Wee1, (d) p21.
8. Explique o papel dos inibidores de CDK. Se os complexos ciclina-CDK são necessários para permitir a progressão regulada pelo ciclo celular de eucariotos, qual seria a razão fisiológica para os inibidores de CDK?
9. Qual a definição funcional do INÍCIO? As células cancerosas normalmente perdem o controle do ciclo celular. Explique como as seguintes mutações, encontradas em células cancerosas, resultam no desvio dos controles do INÍCIO. (a) Superexpressão da ciclina D; (b) perda da função de Rb; (c) perda da função da p16, (d) E2F hiperativa.
10. A proteína Rb tem sido chamada de "freio principal" do ciclo celular. Descreva como a proteína Rb atua como freio do ciclo celular. Como esse freio é liberado a partir da metade até o final de G_1 para permitir que a célula prossiga para fase S?
11. Uma característica comum da regulação do ciclo celular é que os eventos de uma fase garantem a progressão para a fase seguinte. Em *S. cerevisiae*, as CDKs de G_1 e CDKs de fase G_1/S promovem a entrada na fase S. Nomeie dois modos pelos quais elas promovem a ativação da fase S.
12. Para que a fase S seja completada em tempo hábil, a replicação do DNA inicia a partir de múltiplas origens, nos eucariotos. Na *S. cerevisiae*, qual o papel desempenhado pelos complexos CDK-ciclina da fase S para assegurar que o genoma completo seja replicado uma vez, e somente uma vez, a cada ciclo celular?
13. Em 2001, o Prêmio Nobel em Fisiologia e Medicina foi dado a três cientistas do ciclo celular. Paul Nurse foi agraciado pelos seus estudos com a levedura de fissão *S. pombe*, em especial pela descoberta e caracterização do gene *wee1*$^+$. O que a caracterização do gene *wee1*$^+$ revelou sobre o ciclo celular?
14. Descreva como as células sabem se os cinetócoros irmãos estão corretamente ligados ao fuso mitótico.
15. Descreva a série de eventos pelos quais o APC promove a separação das cromátides-irmãs, na anáfase.
16. De forma ampla, a meiose e a mitose são processos análogos, que envolvem muitas proteínas em comum. Algumas proteínas, porém, funcionam exclusivamente em cada um desses eventos de divisão celular. Explique a função específica na meiose das seguintes proteínas: (a) Ime2, (b) Rec8, (c) monopolina.
17. Leland Hartwell, o terceiro ganhador do Prêmio Nobel de 2001, foi agraciado por sua caracterização dos pontos de verificação do ciclo celular na levedura de brotamento *S. cerevisiae*. O que é uma via do ponto de verificação do ciclo celular? Onde atuam os pontos de verificação durante o ciclo celular? Como os pontos de verificação do ciclo celular ajudam a preservar o genoma?
18. Que papel os supressores tumorais, incluindo p53, realizam na suspensão do ciclo celular em células com lesão no DNA?
19. Indivíduos com a doença hereditária ataxia telangiectasia sofrem de neurodegeneração, imunodeficiência e aumento da incidência de câncer. A base genética da ataxia telangiectasia é uma mutação com perda de função do gene ATM (ATM=, ataxia telangiectasia-mutado). Além da p53, qual o outro substrato fosforilado pela ATM? Como a fosforilação desses substratos leva à inativação das CDKs para reforçar a parada do ciclo celular?

Análise dos dados

1. Muitas das proteínas que regulam o trânsito no ciclo celular foram caracterizadas. A proteína Xnf7, identificada em extratos de ovos de *Xenopus*, liga-se ao complexo promotor da anáfase/ciclossomo (APC/C). Para elucidar a função dessa proteína, foram realizados estudos em que Xnf7 foi removida dos extratos usando anticorpos contra essa proteína e, em outro experimento, Xnf7 foi aumentada nos extratos pela adição de Xnf7 extra. As consequências na passagem pela mitose foram avaliadas (ver J.B. Casaletto et al., 2005, *J. Cell Biol.* **169**:61-71).
   a. Os extratos de ovos de *Xenopus*, parados na metáfase, foram removidos (a amostra controle teve o mesmo tratamento, porém sem adição dos anticorpos contra Xnf7) e depois retirados da suspensão na metáfase pela adição de Ca^{2+}. Alíquotas dos extratos foram retiradas em intervalos após a adição do Ca^{2+}, e a quantidade da

ciclina mitótica foi determinada, como mostra o *Western blot* abaixo. Que informação os dados abaixo revelam sobre a possível função de Xnf7?

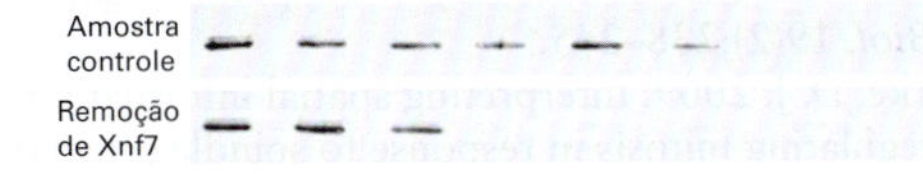

b. Em estudos adicionais, Xnf7 exógena foi adicionada aos extratos de ovos de *Xenopus*, suspensos na metáfase, de modo que a quantidade total dessa proteína no extrato fosse maior do que a normal. Após liberação da suspensão pela adição de Ca^{2+}, os extratos foram testados em diversos intervalos após liberação para ubiquitinação da ciclina mitótica (conjugados ciclina-Ub). Qual a razão para examinar a ubiquitinação? Determine, pela figura, que informações podem ser obtidas além das obtidas na parte (a).

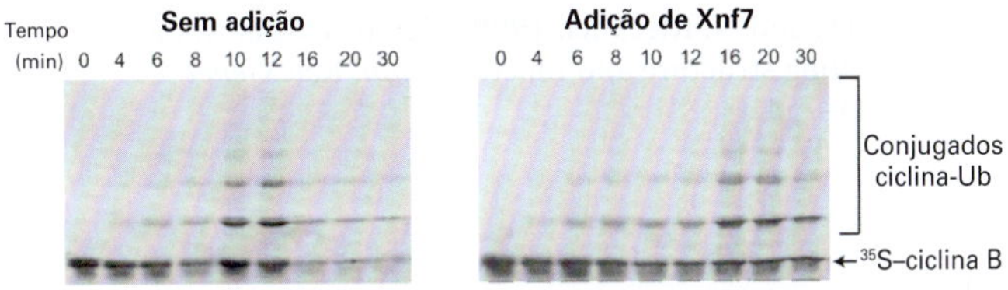

c. A via de verificação do fuso evita que células com cinetócoros não ligados progridam para a anáfase. Portanto, as células em que esse ponto de verificação foi ativado não entram na anáfase e não degradam a ciclina mitótica. O nocodazol, fármaco que impede a montagem dos microtúbulos, pode ser usado para ativar o ponto de verificação do fuso. As células com nocodazol ficam suspensas no início da mitose porque não conseguem formar o fuso, e todos os cinetócoros permanecem não ligados. Para determinar se Xnf7 é necessária para a função do ponto de verificação do fuso, extratos de ovos de *Xenopus*, suspensos na metáfase, foram avaliados em vários protocolos (ver na figura seguinte): não tratado (sem nocodazol) ou tratado com nocodazol, amostra controle (pré-imune) ou imunodeprimido de Xnf7 (remoção da Xnf7 por anticorpos anti-xnf7, α-Xnf7). Os extratos foram tratados com Ca^{2+} para sair da metáfase, foram retiradas alíquotas e a presença da ciclina mitótica foi determinada como mostra o *Western blot* abaixo. Que conclusões podem ser feitas sobre Xnf7 a partir desses dados?

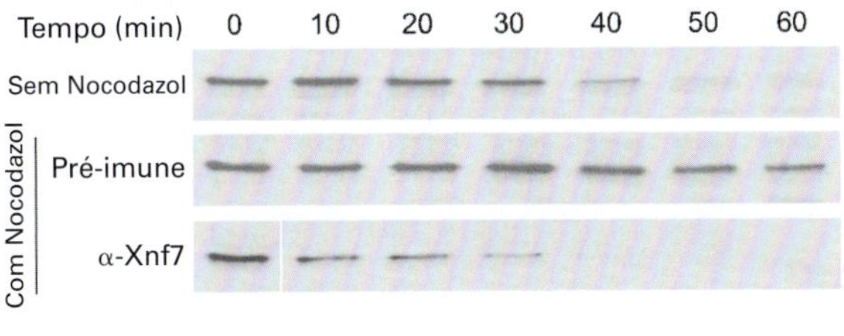

2. Neste capítulo, foi estudado que as ciclinas são um componente necessário dos complexos ciclina-CDK para controlar a progressão pelo ciclo celular de eucariotos. A maioria das ciclinas é sintetizada progressivamente e depois degradada, sistematicamente em intervalos de tempo, em diversos pontos do ciclo celular. Como discutido no Capítulo 7, a expressão das proteínas celulares pode ser regulada em várias etapas diferentes, incluindo a iniciação da transcrição gênica.
   a. Que tipo(s) de experimento(s) poderia ser utilizado para determinar se a expressão da ciclina B é regulada em nível transcricional ou na tradução, se for o caso?
   b. Com base no que foi aprendido no Capítulo 19, é possível que a atividade da ciclina B seja regulada em nível pós-tradução? Descreva o mecanismo molecular por meio do qual isso ocorre.
   c. Como é possível que a expressão da ciclina B e/ou sua atividade sejam, pelo menos em parte, reguladas por eventos no ambiente externo da célula?

Referências

Visão geral do ciclo celular e seu controle

Morgan, D. O. 2006. *The Cell Cycle: Principles of Control.* New Science Press.

Regulação da atividade de CDKs

Doree, M., and T. Hunt. 2002. From Cdc2 to Cdk1: when did the cell cycle kinase join its cyclin partner? *J. Cell Sci.* **115**:2461–2464.

Masui, Y. 2001. From oocyte maturation to the in vitro cell cycle: the history of discoveries of Maturation-Promoting Factor (MPF) and Cytostatic Factor (CSF). *Differentiation* **69**:1–17.

Nurse, P. 2002. Cyclin dependent kinases and cell cycle control (Nobel lecture). *Chembiochem.* **3**:596–603.

Comprometimento ao ciclo celular e replicação do DNA

Blow, J. J., and A. Dutta. 2005. Preventing re-replication of chromosomal DNA. *Nat. Rev. Mol. Cell Biol.* **6**(6):476–486.

Cardozo, T., and Pagano, M. 2004. The SCF ubiquitin ligase: insights into a molecular machine. *Nat. Rev. Mol. Cell Biol.* **9**:739–751.

Chen, H. Z., S. Y. Tsai, and G. Leone. 2009. Emerging roles of E2Fs in cancer: an exit from cell cycle control. *Nat. Rev. Cancer* **9**(11):785–797.

Hirano, T. 2006. At the heart of the chromosome: SMC proteins in action. *Nat. Rev. Mol. Cell Biol.* **7**(5):311–322.

Nasmyth, K., and C. H. Haering. 2009. Cohesin: its roles and mechanisms. *Ann. Rev. Genet.* **43**:525–558.

Remus, D., and J. F. Diffley. 2009. Eukaryotic DNA replication control: lock and load, then fire. *Curr. Opin. Cell Biol.* **21**(6):771–777.

Sears, R. C., and J. R. Nevins. 2002. Signaling networks that link cell proliferation and cell fate. *J. Biol. Chem.* **277**:11617–11620.

Sherr, C. J., and J. M. Roberts. 2004. Living with or without cyclins and cyclin-dependent kinases. *Genes & Dev.* **18**(22):2699–2711.

Entrada na mitose

Barr, F. A. 2004. Golgi inheritance: shaken but not stirred. *J. Cell Biol.* **164**:955–958.

Ferrell, J. E., Jr., et al. 2009. Simple, realistic models of complex biological processes: positive feedback and bistability in a cell fate switch and a cell cycle oscillator. *FEBS Lett.* **583**(24):3999–4005.

Nigg, E. A. 2001. Mitotic kinases as regulators of cell division and its checkpoints. *Nature Rev. Mol. Cell Biol.* **2**:21–32.

Roux, K. J., and B. Burke. 2006. From pore to kinetochore and back: regulating envelope assembly. *Dev. Cell* **11**:276–278.

Santaguida, S., and A. Musacchio. 2009. The life and miracles of kinetochores. *EMBO J.* **28**(17):2511–2531.

Término da mitose: segregação cromossômica e saída da mitose

Pesin, J. A., and T. L. Orr-Weaver. **2008.** Regulation of APC/C activators in mitosis and meiosis. *Ann. Rev. Cell Dev. Biol.* **24** :475–499.

Stegmeier, F., and A. Amon. 2004. Closing mitosis: the functions of the Cdc14 phosphatase and its regulation. *Ann. Rev. Genet.* **38**:203–232.

Uhlmann, F. 2003. Separase regulation during mitosis. *Biochem. Soc. Symp.* **70**:243–251.

Wirth, K. G., et al. 2006. Separase: a universal trigger for sister chromatid disjunction but not chromosome cycle progression. *J. Cell Biol.* **172**:847–860.

Mecanismos de vigilância na regulação do ciclo celular

Jorgensen, P., and M. Tyers. 2004. How cells coordinate growth and division. *Curr. Biol.* **14**(23):R1014–1027.

Bartek, J., and J. Lukas. 2007. DNA damage checkpoints: from initiation to recovery or adaptation. *Curr. Opin. Cell Biol.* **19**(2):238–245.

Burke, D. J. 2009. Interpreting spatial information and regulating mitosis in response to spindle orientation. *Genes Dev.* **23**(14):1613–1618.

Harrison, J. C., and J. E. Haber. 2006. Surviving the breakup: the DNA damage checkpoint. *Ann. Rev. Genet.* **40**:209–235.

Kastan, M. B., and J. Bartek. 2004. Cell-cycle checkpoints and cancer. *Nature* **432**:316–323.

Musacchio, A., and E. D. Salmon. 2007. The spindleassembly checkpoint in space and time. *Nat. Rev. Mol. Cell Biol.* **8**(5):379–393.

Meiose: um tipo especial de divisão celular

Ishiguro, K., and Y. Watanabe. 2007. Chromosome cohesion in mitosis and meiosis. *J. Cell Sci.* **120**(Pt. 3):367–369.

Marston, A. L., and A. Amon. 2004. Meiosis: cell-cycle controls shuffle and deal. *Nature Rev. Mol. Cell Biol.* **5**:983–997.

Zickler, D., and N. Kleckner. 1999. Meiotic chromosomes: integrating structure and function. *Ann. Rev. Genet.* **33**:603–754.

Biologia celular surgindo do mar: a descoberta das ciclinas

T. Evans et al., 1983, *Cell* **33:**391

Desde a primeira divisão celular após a fertilização até as divisões aberrantes que ocorrem nos cânceres, sempre houve um grande interesse dos pesquisadores em saber como as células controlam o momento em que devem se dividir. Os processos da divisão celular foram separados em estágios conhecidos coletivamente como *ciclo celular*. Estudando o desenvolvimento inicial de invertebrados marinhos, no início da década de 1980, Joan Ruderman e Tim Hunt descobriram as ciclinas, os principais reguladores do ciclo celular.

Introdução

A questão de como um organismo se desenvolve a partir de um ovo fertilizado continua a estimular um grande número de pesquisas científicas. Embora essas pesquisas fossem classicamente alvo do interesse dos embriologistas, os avanços no entendimento da expressão gênica na década de 1980 apresentaram novas abordagens para responder a essas questões. Uma dessas abordagens era examinar o padrão da expressão gênica no oócito e no ovo recém-fertilizado. Os biólogos Ruderman e Hunt utilizaram essa abordagem para estudar o desenvolvimento precoce de organismos.

Pesquisadores já haviam caracterizado com bastante exatidão o desenvolvimento inicial de diversos sistemas de invertebrados marinhos. Seus ovos são fertilizados externamente, permitindo o estudo de seu desenvolvimento em placas plásticas. Durante os estágios iniciais do desenvolvimento, as células embrionárias se dividem de modo sincronizado, permitindo que todas as células sejam estudadas no mesmo estágio do ciclo celular. Os pesquisadores estabeleceram que grande parte do mRNA do oócito não fertilizado não era traduzida. Na fertilização, esses mRNAs maternos eram rapidamente traduzidos. Estudos anteriores demonstraram que quando ovos fertilizados eram tratados com fármacos que inibem a síntese proteica, a divisão celular não acontecia. Isso sugeriu que a explosão inicial de síntese proteica dos mRNAs maternos era necessária nos estágios bem iniciais do desenvolvimento. Ruderman e Hunt lecionavam um curso de fisiologia no Laboratório de Biologia Marinha em Woods Hole, Massachusetts, quando iniciaram um conjunto de experimentos com objetivo de descobrir quais os genes expressos neste ponto, bem como o mecanismo que controlava essa explosão de síntese proteica.

O experimento

Em um projeto em colaboração, Ruderman e Hunt viram a regulação da expressão gênica no ovo fertilizado do molusco bivalve *Spisula solidissima*. Embora já se soubesse que a síntese proteica total rapidamente aumentava logo após a fertilização, esses pesquisadores queriam descobrir se as proteínas expressas na fase bem inicial do desenvolvimento, no embrião de duas células, eram diferentes das proteínas expressas no ovo não fertilizado. Quando os ovos e os embriões de duas células são tratados com aminoácidos marcados radiativamente, a célula incorpora esses aminoácidos nas proteínas que estão sendo sintetizadas. Usando essa técnica, Ruderman e Hunt monitoraram o padrão da síntese de proteínas rompendo as células e separando as proteínas por eletroforese em gel de poliacrilamida com SDS (SDS-PAGE) e então visualizaram as proteínas com marcação radiativa em uma autorradiografia. Quando compararam o padrão da síntese de proteínas, no ovo e no embrião de duas células, observaram que três proteínas diferentes não eram expressas ou eram expressas em níveis muito baixos no ovo, mas superexpressas no embrião. Em estudo posterior, Ruderman examinou o padrão de expressão dos oócitos da estrela-do-mar (*Asterias forbesi*) durante sua maturação. Novamente, foi observado um aumento de três proteínas de tamanho similar aos encontrados com Hunt nos embriões dos moluscos.

Logo depois, em um terceiro estudo, Hunt examinou as alterações na expressão das proteínas durante a maturação e fertilização em oócitos de ouriço-do-mar. Desta vez, porém, realizou o experimento de uma maneira um pouco diferente. Em vez de tratar os oócitos e embriões com aminoácidos com marcação radiativa por um período determinado, ele marcou as células continuamente por mais de duas horas, retirando amostras para análise em intervalos de 10 minutos. Agora seria capaz de monitorar as alterações na expressão proteica durante os estágios iniciais do desenvolvimento. Como havia sido observado em outros organismos, o padrão de síntese proteica era alterado quando o oócito do ouriço-do-mar era fertilizado. Três proteínas – representadas como três bandas proeminentes na autorradiografia – eram expressas nos embriões, mas não nos oócitos. Curiosamente, a intensidade de uma dessas bandas se alterava com o tempo: a banda era intensa nos períodos iniciais e fracamente visível após 85 minutos. Depois, aumentava sua intensidade novamente entre 95 e 105 minutos. A intensidade da banda, representando a quantidade da proteína presente na célula, parecia oscilar com o tempo (Figura 1a). Isso sugeriu que a proteína era rapidamente degradada e sintetizada novamente.

Como o período total do experimento coincidiu com as divisões iniciais das células embrionárias, Hunt se perguntou se a síntese e a degradação da proteína estariam relacionadas à progressão do ciclo celular. Examinou uma porção de células ao microscópio, contando

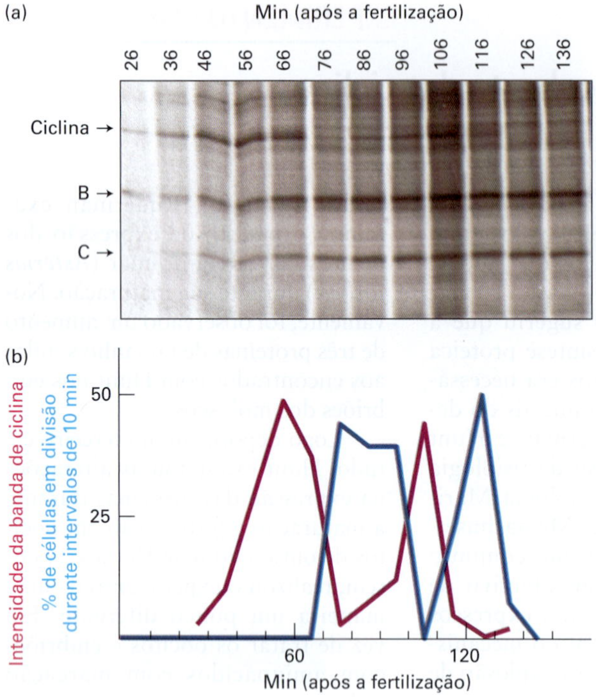

FIGURA 1 A autorradiografia permite a detecção da síntese e da degradação cíclicas da ciclina mitótica em embriões do ouriço-do-mar. Uma suspensão de ovos de ouriço-do-mar foi fertilizada de modo sincronizado pela adição de esperma de ouriço e pela adição de S^{35}-metionina. Amostras retiradas em intervalos de 10 minutos, começando a partir de 26 minutos após a fertilização, foram usadas para análise de proteínas em gel de SDS-poliacrilamida e para detecção de divisões celulares por microscopia. (a) Autorradiograma do gel de SDS mostrando as amostras removidas a cada período. A maioria das proteínas, como B e C, aumenta de intensidade continuamente. Em contrapartida, a ciclina subitamente diminui de intensidade aos 76 minutos após a fertilização e começa a aumentar novamente aos 86 minutos. A banda de ciclina atinge o pico novamente aos 106 minutos e diminui novamente aos 126 minutos. (b) Gráfico da intensidade da banda de ciclina (linha vermelha) e a fração de células que sofreram clivagem durante os 10 minutos do intervalo anterior (linha em azul). Observe que a quantidade de ciclina cai drasticamente logo antes da divisão celular. (De T. Evans et al., 1983, *Cell* **33:**389; cortesia de R. Timothy Hunt, Imperial Cancer Research Fund.)

o número de células em divisão em cada período de retirada de amostras para análise proteica. Hunt então relacionou a quantidade da proteína presente na célula com a proporção de células em divisão a cada ponto. Observou que o nível de expressão de uma das proteínas era o mais alto antes da divisão da célula e o mais baixo durante a divisão (Figura 1b), sugerindo uma correlação com o estágio do ciclo celular. Quando o mesmo experimento foi realizado no molusco bivalve, Hunt observou que duas das proteínas previamente descritas por ele e Ruderman apresentavam o mesmo padrão de síntese e degradação. Hunt chamou essas proteínas de *ciclinas*, refletindo a variação de sua expressão durante o ciclo celular.

Discussão

A descoberta das ciclinas provocou uma explosão de investigações no ciclo celular. Hoje sabe-se que essas proteínas regulam o ciclo celular pela sua associação com as cinases dependentes de ciclina, as quais, por sua vez, regulam a atividade de uma variedade de fatores de transcrição e de replicação, além de outras proteínas envolvidas nas complexas alterações na arquitetura celular e na estrutura cromossômica que ocorrem durante a mitose. Brevemente, os complexos ciclina-CDK promovem e regulam a progressão pelo ciclo celular. Assim como para muitos outros reguladores fundamentais das funções celulares, foi logo demonstrado que as ciclinas descobertas em ouriços-do-mar e moluscos eram conservadas em eucariotos, desde leveduras até humanos. A partir da identificação das primeiras ciclinas, cientistas identificaram pelo menos outras 15 ciclinas que regulam todas as fases do ciclo celular.

Além do interesse dessas proteínas na pesquisa básica, o papel chave das ciclinas no ciclo celular tornou essas proteínas uma área de foco na pesquisa do câncer. As ciclinas estão envolvidas na regulação de vários genes conhecidos por desempenhar funções importantes no desenvolvimento de tumores. Foi demonstrado que pelo menos uma ciclina, a ciclina D1, é superexpressa em vários tumores. A função dessas proteínas na divisão celular normal e aberrante continua sendo uma área de pesquisa ativa e empolgante nos dias atuais.

CAPÍTULO

20

Integração das células nos tecidos

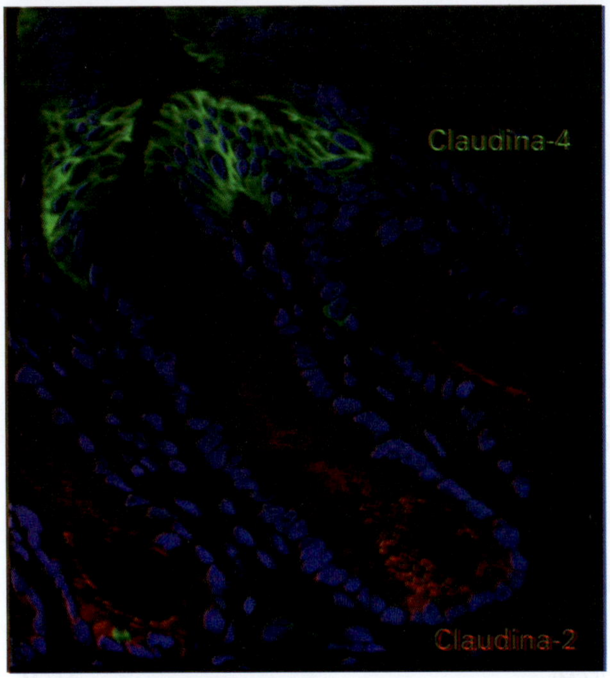

Micrografia de imunofluorescência de uma secção do intestino delgado de camundongo, na qual as proteínas de adesão Claudina-2 e Claudina-4 estão coradas, respectivamente, de vermelho e verde, e o núcleo da célula corado em azul. As claudinas constituem uma família de proteínas de adesão de junções compactas, que também definem a permeabilidade seletiva dos poros pelos quais pequenas moléculas e íons movem-se entre duas células de um epitélio. A Claudina-2 é expressa nas criptas (porções baixas) do epitélio intestinal e parece estar envolvida no transporte de cátions, como o cálcio. A Claudina-4 é expressa apenas nas vilosidades superiores, na região de superfície, e parece atuar como uma barreira ao transporte de cátions. (Imagem de Christoph Rahner, Yale School of Medicine, and J. M. Anderson, University of North Carolina, EUA.)

SUMÁRIO

Durante o desenvolvimento dos organismos multicelulares complexos, como as plantas e os animais, as células progenitoras diferenciam-se em "tipos" distintos com composição, estrutura e função características. As células de um determinado tipo agregam-se em um tecido para desempenhar, de forma cooperativa, uma função comum: o músculo contrai, o tecido nervoso conduz os impulsos elétricos, o tecido do xilema das plantas transporta a água. Diferentes tecidos podem estar organizados em um *órgão*, novamente para desempenhar uma ou mais funções específicas. Por exemplo, os músculos, as válvulas e os vasos sanguíneos do coração trabalham juntos para bombear o sangue pelo corpo. A atividade coordenada de muitas células nos tecidos, bem como em múltiplos tecidos especializados, permite que o organismo como um todo possa se mover, metabolizar, reproduzir e exercer outras atividades essenciais. Na realidade, a morfologia complexa e diversa das plantas e dos animais é um exemplo de que o todo é superior à soma das partes, tecnicamente descritas como propriedades emergentes de sistemas complexos.

Os vertebrados possuem centenas de diferentes tipos celulares, incluindo os leucócitos (células sanguíneas brancas), hemácias (células sanguíneas vermelhas), os

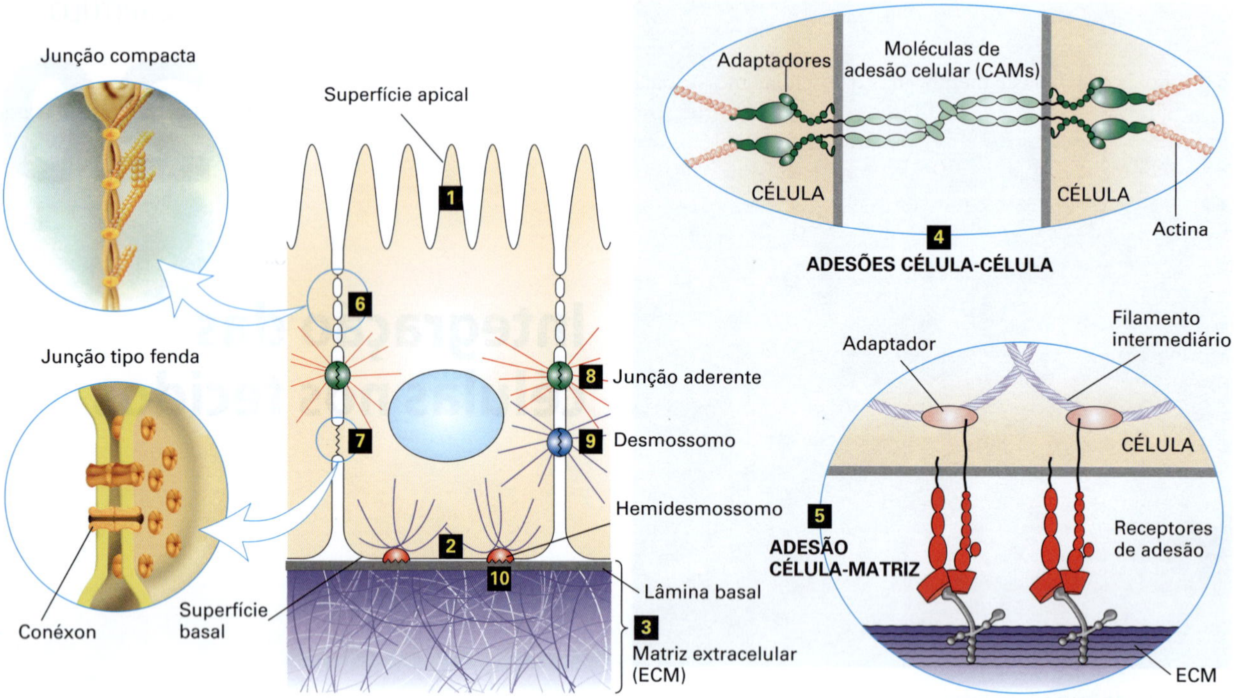

FIGURA 20-1 Panorama geral das principais interações adesivas célula-célula e célula-matriz. Desenho esquemático de um tecido epitelial típico, como o intestino. A superfície apical (superior) dessas células é repleta de microvilosidades em forma de dedos **1** que se projetam para o lúmen intestinal e para a superfície basal (inferior) **2** que se apoia na matriz extracelular (ECM). A ECM associada com as células epiteliais está, normalmente, organizada em várias camadas interconectadas (p. ex., lâmina basal, fibras de conectina e tecido conectivo), nas quais grandes macromoléculas interdigitantes da ECM ligam-se umas às outras e às células **3**. As moléculas de adesão celular (CAMs) ligam-se às CAMs de outras células, mediando as adesões célula-célula **4**, e os receptores de adesão ligam-se a vários componentes da ECM, mediando as adesões célula-matriz **5**. Os dois tipos de moléculas de adesão de superfície celular são normalmente proteínas integrais de membrana cujos domínios citosólicos com frequência ligam-se a diversas proteínas adaptadoras intracelulares. Esses adaptadores, direta ou indiretamente, ligam a CAM ao citoesqueleto (actina ou filamentos intermediários) e às vias de sinalização intracelular. Como consequência, a informação pode ser transferida pelas CAMs, e pelas macromoléculas às quais elas se ligam, do exterior das células para o ambiente intracelular e vice-versa. Em alguns casos, um complexo de CAMs agregadas, adaptadores e proteínas associadas é reunido. Agregados de CAMs ou de receptores de adesão especificamente localizados formam vários tipos de junções celulares que têm importante papel na união dos tecidos e na facilitação da comunicação entre as células e seu ambiente. As junções compactas **6** localizadas logo abaixo das microvilosidades impedem a difusão de diversas substâncias nos espaços extracelulares entre as células. As junções tipo fenda **7** permitem o movimento de pequenas moléculas e íons entre os citosóis de células adjacentes pelos canais conéxons. Os três tipos de junções restantes, as junções aderentes **8**, os botões de desmossomos **9** e os hemidesmossomos **10** ligam o citoesqueleto de uma célula a outras células e à ECM. (Ver V. Vasioukhin and E. Fuchs, 2001, *Curr. Opin. Cell Biol.* **13:**76.)

fotorreceptores na retina, os adipócitos, que armazenam gordura, os fibroblastos no tecido conectivo e centenas de diferentes subtipos de neurônios no cérebro humano. Até mesmo animais simples apresentam uma organização complexa dos tecidos. A forma adulta do nematódeo *Caenorhabditis elegans* contém somente 959 células, mas ainda assim essas células classificam-se em 12 diferentes tipos gerais e muitos subtipos distintos. Apesar das diversas formas e funções, todas as células animais podem ser classificadas como pertencentes a cinco classes principais de tecidos: o *tecido epitelial*, o *tecido conectivo*, o *tecido muscular*, o *tecido nervoso* e o *sangue*. Vários tipos celulares estão organizados em padrões distintos de surpreendente complexidade para produzir diferentes tecidos e órgãos. O custo de tal complexidade inclui um aumento das necessidades de informação, material, energia e tempo durante o desenvolvimento de cada organismo. Embora os custos fisiológicos dos tecidos complexos e dos órgãos sejam muito altos, eles conferem ao organismo a capacidade de prosperar em vários ambientes diferentes – sua principal vantagem evolutiva.

Uma das características que definem animais com tecidos e órgãos complexos (metazoários), como os humanos, é que as superfícies interna e externa da maioria dos tecidos e órgãos e, na verdade, o exterior de todo o organismo, são constituídos por camadas de células fortemente unidas, conhecidas como **epitélio**. A formação de um epitélio e seu subsequente remodelamento em grupos mais complexos de tecidos epiteliais e não epiteliais é um marco no desenvolvimento dos metazoários. As camadas de células epiteliais fortemente ligadas atuam como uma barreira de permeabilidade seletiva regulável que permite a geração de compartimentos funcional e quimicamente distintos em um organismo, como estômago e corrente sanguínea. Como resultado, funções distintas e algumas vezes opostas (p. ex., digestão e síntese) podem ocorrer eficiente e simultaneamente no organismo. Tal compartimentalização também permite a regulação mais aprimorada das diversas funções biológicas. Em muitos aspectos, o papel dos tecidos complexos e dos órgãos em um organismo é análogo às organelas e membranas das células individuais.

A reunião de tecidos diferentes e sua organização em órgãos são determinadas por interações moleculares no nível celular (Figura 20-1) e não seria possível sem a expressão regulada temporal e espacialmente de uma ampla variedade de moléculas de adesão. As células nos tecidos podem aderir diretamente umas às outras (*adesão célula-célula*) por meio das proteínas integradas à membrana, denominadas **moléculas de adesão celular** (**CAMs**), que, frequentemente, se agrupam em junções celulares especializadas. Na mosca-da-fruta, *Drosophila melanogaster*, estima-se que pelo menos 500 genes (~4% do total) estejam envolvidos na adesão celular. As células dos tecidos animais também aderem indiretamente (*adesão célula-matriz*) por meio da ligação dos **receptores de adesão** da membrana plasmática aos componentes que cercam a **matriz extracelular** (ECM), um complexo de redes interligadas de proteínas e polissacarídeos secretados pelas células nos espaços entre elas. Estes receptores de adesão também atuam como CAMs, promovendo interações diretas entre as células.

As adesões célula-célula e célula-matriz não somente permitem que as células agreguem-se em tecidos distintos, como também fornecem um meio para a transferência bidirecional de informações entre o exterior e o interior das células. Como será visto, os dois tipos de adesão estão intrinsecamente associados ao citoesqueleto e às vias de sinalização celular. Assim, o ambiente que circunda a célula influencia sua forma e suas propriedades funcionais ("efeitos de *fora para dentro*"); da mesma forma que a forma e a função da célula influenciam o ambiente que a cerca ("efeitos de *dentro para fora*"). Desta forma, *conectividade* e *comunicação* são propriedades intimamente relacionadas nas células dos tecidos. Esta transferência de informação é importante para vários processos biológicos, incluindo a sobrevivência celular, proliferação, diferenciação e migração. Portanto, não é de surpreender que defeitos que interferem nas interações adesivas e no fluxo de informações associado a elas possam causar ou contribuir para doenças, incluindo uma grande variedade de doenças neuromusculares e esqueléticas e o câncer.

Neste capítulo, serão analisados os vários tipos de moléculas de adesão encontrados na superfície das células e na matriz extracelular que as circundam. As interações entre essas moléculas permitem a organização das células em tecidos e têm um enorme impacto no desenvolvimento, na função e na patologia tecidual. Muitas das moléculas da adesão são membros de famílias ou superfamílias de proteínas relacionadas. Enquanto cada molécula de adesão individual realiza uma função distinta, o foco se dará nas características comuns apresentadas por membros de algumas dessas famílias para ilustrar os princípios gerais que fundamentam sua estrutura e funções. Devido à natureza especialmente bem conhecida das moléculas de adesão nos tecidos que formam o epitélio, bem como seu desenvolvimento evolucionário precoce, inicialmente serão focados os tecidos epiteliais, como as paredes do trato intestinal e os que formam a pele. As células epiteliais são normalmente imóveis (sésseis); entretanto, durante o desenvolvimento, a cicatrização e em alguns estados patológicos (p. ex., câncer), as células epiteliais podem se transformar em células mais móveis. Alterações na expressão e na função das moléculas de adesão têm papel central nesta transformação, assim como nos processos biológicos normais que envolvem o movimento celular, como o deslocamento dos eucócitos até os locais de infecção. Após a discussão dos tecidos epiteliais, segue-se a discussão sobre a adesão em tecidos não epiteliais, o desenvolvimento e os tecidos com mobilidade.

A evolução das plantas e dos animais divergiu antes do surgimento dos organismos multicelulares. Assim, a multicelularidade e os meios moleculares para a reunião dos tecidos e órgãos devem ter surgido independentemente nos animais e vegetais. Logo, não é de surpreender que os animais e as plantas apresentem muitas diferenças na organização e no desenvolvimento dos tecidos. Por essa razão, primeiramente será considerado a organização dos tecidos em animais e, após, nos tecidos vegetais.

20.1 Adesão célula-célula e célula-matriz: uma visão geral

Em um organismo, existem diversos tipos diferentes de células que interagem entre si de forma dinâmica e de muitas maneiras. Essas interações, realizadas por moléculas de adesão, devem ser precisa e cuidadosamente controladas no tempo e no espaço para determinar corretamente a estrutura e função dos tecidos em um organismo complexo. Não é surpresa, então, que as moléculas de adesão célula-célula e célula-ECM apresentem uma estrutura diversa e que seus níveis de expressão variem nas diferentes células e tecidos. Como consequência, elas promovem tanto as interações célula-célula e célula-ECM superespecíficas e diferenciadas que mantêm os tecidos unidos, como também a comunicação entre as células e o ambiente. Essa visão geral inicia-se com uma breve orientação sobre os vários tipos de moléculas de adesão, presentes nas células e na matriz extracelular, suas principais funções nos organismos e sua origem evolutiva. Nas seções subsequentes, serão apresentadas em detalhe as estruturas típicas e as propriedades dos vários participantes das interações célula-célula e célula-matriz.

As moléculas de adesão celular ligam-se entre si e a proteínas intracelulares

A adesão célula-célula é mediada por proteínas de membrana chamadas de **moléculas de adesão celular** (**CAMs**). A maioria das CAMs classifica-se em quatro principais famílias: as caderinas, a superfamília das imunoglobulinas (Ig), as integrinas e as selectinas. Como mostra a Figura 20-2, muitas CAMs são mosaicos de múltiplos domínios distintos, muitos dos quais podem ser encontrados em mais de um tipo de CAM. Alguns desses domínios conferem a especificidade de ligação que caracteriza uma determinada proteína. Outras proteínas de membrana, cujas estruturas não pertencem a qualquer uma

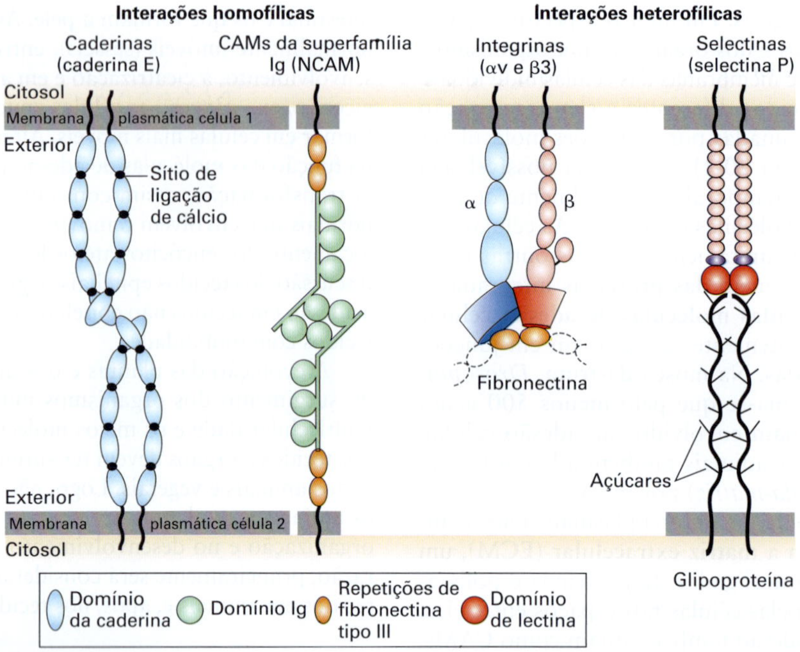

FIGURA 20-2 Principais famílias de moléculas de adesão celular (CAMs) e receptores de adesão. As caderinas E diméricas normalmente formam pontes cruzadas homofílicas com as caderinas E das células adjacentes. Os membros da superfamília das imunoglobulinas (Ig) das CAMs atuam como receptores de adesão e como CAMs que formam tanto ligações homofílicas (como mostra a figura) quanto heterofílicas. As integrinas heterodiméricas (p. ex., cadeias αv e β3) atuam como CAMs ou como receptores de adesão (como mostra a figura) que se ligam a grandes proteínas de matriz multiadesivas, como as fibronectinas; somente uma pequena parte desta é mostrada na figura. As selectinas, mostradas como dímeros, contêm um domínio de lectina que liga carboidratos que reconhecem estruturas de açúcares especializadas nas glicoproteínas (como mostra a figura) e glicolipídeos nas células adjacentes. Observe que as CAMs frequentemente formam oligômeros de ordem superior no plano da membrana plasmática. Muitas moléculas de adesão contêm múltiplos domínios distintos, alguns dos quais são encontrados em mais de um tipo de CAM. Os domínios citoplasmáticos dessas proteínas são frequentemente associados a proteínas adaptadoras que os ligam ao citoesqueleto ou a vias de sinalização. (Ver R. O. Hynes, 1999, *Trends Cell Biol.* **9**(12):M33, and R. O. Hynes, 2002, *Cell* **110**:673-687.)

das principais classes de CAMs, também participam na adesão célula-célula em vários tecidos. Como será visto mais adiante, as integrinas podem atuar como CAMs, como ilustrado na Figura 20-2, e como receptores de adesão que se ligam a componentes da ECM. Algumas CAMs da superfamília de imunoglobulinas (Ig) também apresentam esta dupla função.

As CAMs promovem, por meio de seus domínios extracelulares, as interações adesivas entre as células de um mesmo tipo (adesão *homotípica*) ou entre as células de tipos diferentes (adesão *heterotípica*). A CAM em uma célula pode se ligar diretamente com um mesmo tipo de CAM em uma célula adjacente (ligação *homofílica*) ou com uma classe diferente de CAM (ligação *heterofílica*). As CAMs podem estar amplamente distribuídas ao longo das regiões da membrana plasmática que contatam outras células ou podem se agrupar em determinados locais ou pontos, denominados **junções celulares**. As adesões célula-célula podem ser firmes e permanentes ou fracas e transitórias. Por exemplo, as associações entre as células nervosas na medula espinal ou nas células metabólicas do fígado exibem uma forte adesão. Por outro lado, as células do sistema imune do sangue podem exibir somente uma fraca interação de curta duração, permitindo que elas rolem e passem através das paredes dos vasos sanguíneos no combate à infecção em um tecido.

Os domínios das CAMs voltados para o citosol recrutam uma série de **proteínas adaptadoras** (ver Figura 20-1). Esses adaptadores atuam como ligantes que direta ou indiretamente conectam as CAMs aos elementos do citoesqueleto (Capítulos 17 e 18). Elas podem também recrutar moléculas intracelulares que atuam nas vias de sinalização para controlar a expressão gênica e a atividade proteica das CAMs ou outras proteínas intracelulares (Capítulos 15 e 16). Em vários casos, um agregado complexo de CAMs, proteínas adaptadoras e outras proteínas associadas reúne-se na superfície interna da membrana plasmática. Esses complexos facilitam a comunicação de duas vias, de "fora para dentro" e de "dentro para fora", entre as células e com o ambiente.

A formação de muitas adesões célula-célula requer dois tipos de interações moleculares (Figura 20-3). Primeiro, os monômeros de uma CAM de uma célula podem se ligar a mesma ou a uma CAM diferente, na célula adjacente; esta interação é chamada de interação *intercelular, adesiva* ou *trans*. Segundo, as CAMs monoméricas em uma célula podem se agrupar na membrana plasmática da célula, formando homodímeros ou oligômeros de mais alta ordem pelos seus domínios extracelulares, citosólicos, ou ambos; estas interações são chamadas *intracelulares, laterais* ou *cis*. O agrupamento ou a associação lateral dos monômeros em uma célula pode aumentar

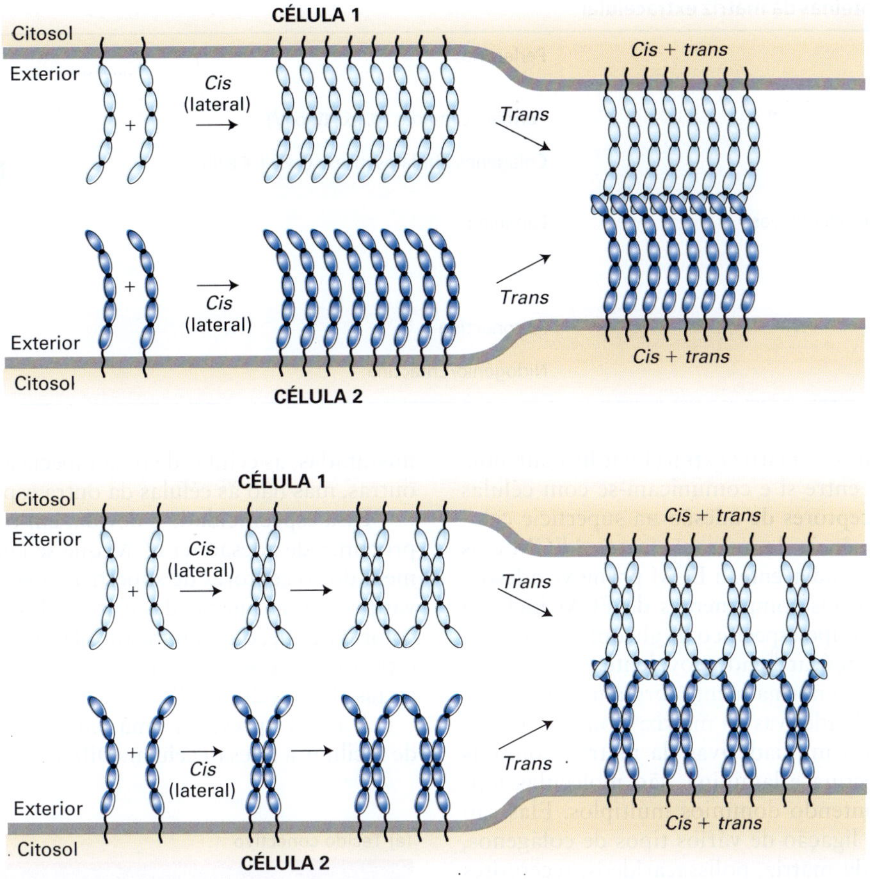

FIGURA 20-3 Modelo da produção de adesões célula-célula. As interações laterais entre as moléculas de adesão celular (CAMs) com a membrana plasmática da célula formam dímeros (*superior esquerdo*) ou grandes oligômeros (*inferior esquerdo*). As porções da molécula que participam nessas interações *cis* variam entre as diferentes CAMs. Subsequentes interações *trans* entre os domínios distais das CAMs em células adjacentes – interações *trans* de monômero a monômero (*superior direito*) ou oligômero a oligômero (*inferior direito*) – produzem uma forte adesão tipo Velcro entre as células. (Adaptada de M. S. Steinberg and P. M. McNutt, 1999, *Curr. Opin. Cell Biol.* **11**:554.)

a probabilidade de interação *trans* entre monômeros ou entre oligômeros, com as CAMs agrupadas na célula adjacente. Além disso, a formação de interações *trans* entre monômeros pode induzir o agrupamento lateral, o que reforça as interações adesivas. Em muitos casos, o tipo inicial de interação – *trans* ou *cis* – que promove a adesão não foi estabelecido. No caso da CAM chamada E-caderina, estudos biofísicos sugerem que a formação das interações *trans* relativamente fracas entre monômeros precede a associação lateral que reforça a adesão.

As interações adesivas entre as células variam consideravelmente, dependendo das CAMs específicas envolvidas e do tecido. Assim como o Velcro, adesões extremamente fortes podem ser produzidas quando muitas interações fracas são combinadas em uma pequena área bem definida, como as junções celulares. Algumas CAMs necessitam íons cálcio para formarem uma adesão eficiente; outras não. Além disso, a associação das moléculas intracelulares com os domínios citosólicos das CAMs pode influenciar drasticamente as interações intermoleculares das CAMs, promovendo sua associação *cis* (agrupamento) ou alterando sua conformação. Entre as muitas variáveis que determinam a adesão entre duas células estão a afinidade de ligação das moléculas que interagem (propriedades termodinâmicas); as taxas globais de "liga" e "desliga" de associação e dissociação de cada molécula que está interagindo (propriedades cinéticas); a distribuição espacial ou densidade de moléculas de adesão (propriedades do agrupamento); os estados ativo *versus* inativo das CAMs com relação à adesão (propriedades bioquímicas); e as forças externas, como a contração e extensão de um músculo ou o fluxo turbulento e laminar das células do sistema circulatório (propriedades mecânicas).

A matriz extracelular participa na adesão, na sinalização e em outras funções

A matriz extracelular (ECM) é uma combinação complexa de proteínas secretadas, envolvida em manter unidos as células e os tecidos. A composição e as propriedades físicas da ECM, que variam de acordo com o tipo de tecido, localização e estado fisiológico, podem ser percebidas por receptores de adesão celular que, por sua vez, instruem as células a um comportamento apropriado em resposta ao seu ambiente. Assim como a expressão de moléculas de adesão específicas na superfície celular é fortemente regulada, a composição da ECM também é cuidadosamente controlada.

TABELA 20-1 Proteínas da matriz extracelular

Proteoglicanos	Perlecanos	
Colágenos	Formam camadas (p. ex., tipo IV)	
	Colágenos fibrilares (p. ex., tipos I, II e III)	
Proteínas de matriz multiadesivas	Laminina	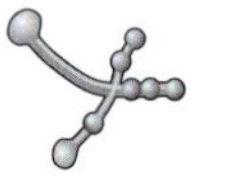
	Fibronectina	
	Nidogênio/Entactina	

Os componentes da matriz extracelular formam uma rede pela ligação entre si e comunicam-se com células que ligam aos **receptores de adesão** na superfície celular. Como consequência da interação entre a ECM e os receptores na célula adjacente, a ECM promove adesões celulares indiretas. Os componentes da ECM incluem proteoglicanos, um tipo específico de glicoproteína (uma proteína com um açúcar ligado covalentemente); colágenos, proteínas que normalmente formam fibras; proteínas solúveis multiadesivas da matriz; e outras (Tabela 20-1). As proteínas multiadesivas da matriz, como as proteínas fibronectina e laminina, são moléculas longas e flexíveis contendo domínios múltiplos. Elas são responsáveis pela ligação de vários tipos de colágenos, outras proteínas da matriz, polissacarídeos, receptores de adesão e moléculas de sinalização extracelular. Estas proteínas são importantes organizadoras da matriz extracelular. Por meio da sua interação com os receptores de adesão, elas também regulam a adesão célula-matriz – e, portanto, a migração e a forma celular.

A relação de volume entre as células e a matriz varia muito entre os diferentes tecidos e órgãos animais. Alguns tecidos conectivos, por exemplo, apresentam mais matriz, ao passo que muitos tecidos, como o epitélio, são compostos por células densamente compactadas com relativamente pouca matriz (Figura 20-4). A densidade da compactação das moléculas na própria ECM pode variar muito.

Os estudos clássicos de H. V. Wilson sobre adesão em células da esponja-do-mar demonstraram, de forma conclusiva, que uma função principal da ECM é literalmente manter os tecidos unidos. A Figura 20-5a e 20-5b, que recriam o clássico experimento de Wilson, mostram que quando as esponjas são dissociadas mecanicamente e as células individuais de duas espécies de esponjas são misturadas, as células de uma espécie aderem-se umas às outras, mas não às células da outra espécie.

Essa especificidade é devida, em parte, às diferentes proteínas de adesão na ECM que se ligam às células por meio dos receptores de superfície. Essas proteínas adesivas podem ser purificadas e utilizadas para cobrir contas coloridas, que, quando misturadas, se agregam com uma especificidade semelhante às das células de esponja intactas (Figura 20-5c, d).

A ECM apresenta uma variedade de funções além de facilitar a adesão celular. Diferentes combinações dos

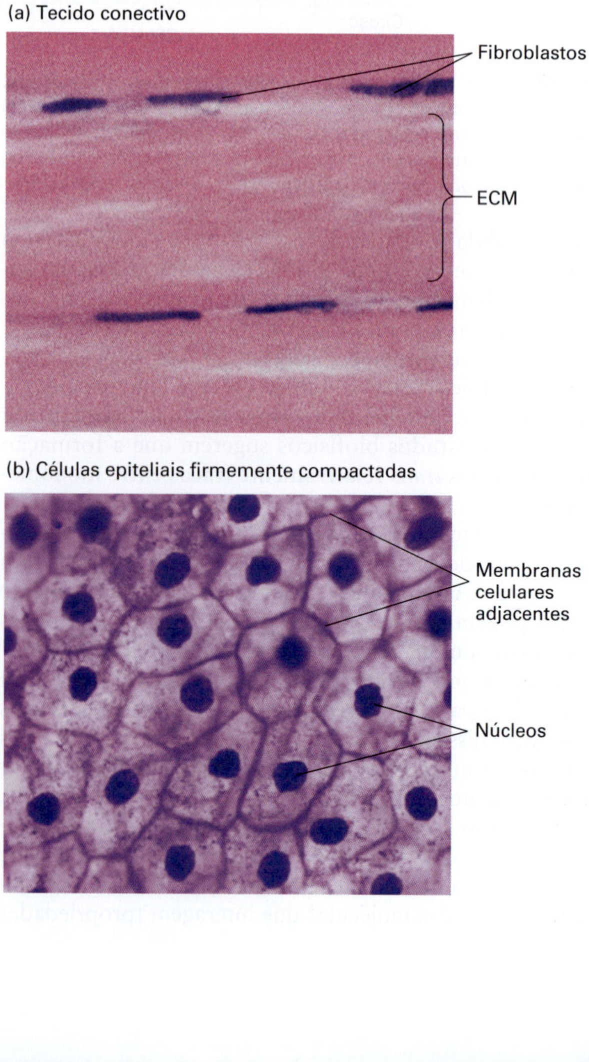

FIGURA 20-4 Variação na densidade relativa de células e ECM em diferentes tecidos. (a) O denso tecido conectivo contém principalmente matriz formada por fibras de ECM fortemente compactadas (cor-de-rosa) espaçadas por linhas escassas de fibroblastos, as células que sintetizam esta ECM (roxo). (b) Epitélio estratificado, visto de cima, mostrando as células epiteliais firmemente compactadas formando um padrão como uma colcha de retalhos, com as membranas plasmáticas das células adjacentes bem próximas, e pouca ECM entre as células (ver também Figura 20-9b). ((a) de Biophoto Associates (b) de Science Photo Library.)

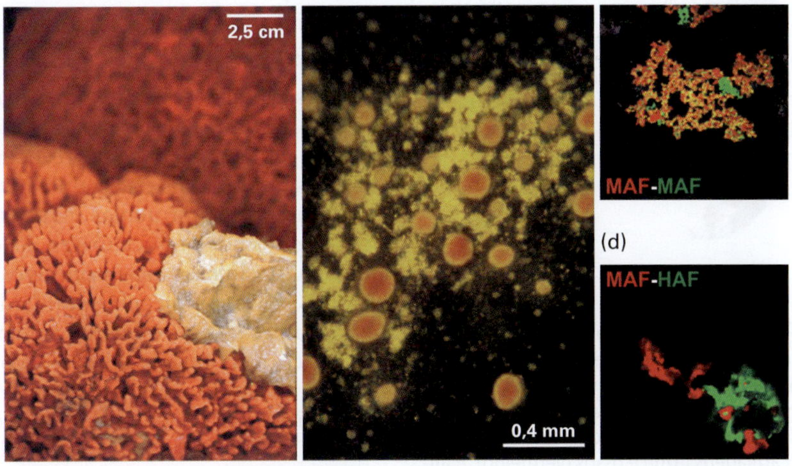

FIGURA EXPERIMENTAL 20-5 Esponjas marinhas separadas mecanicamente se reassociam por adesão celular homotípica. (a) Duas esponjas, *Microciona prolifera* (cor de laranja) e *Halichondria panicea* (amarelo), crescendo naturalmente. (b) Após rompimento mecânico, e ao se misturarem os dois tipos de esponjas intactas, foi dado um período de 30 minutos para as células individuais se reassociarem, sob agitação lenta. As células se agregam com adesão homotípica espécie-específica, formando microgrumos de células de *Microciona prolifera* (cor de laranja) e de células de *Halichondria panicea* (amarelo). (c) e (d) Contas marcadas com fluorescência vermelha ou verde, cobertas com o fator de agregação de proteoglicanos (AF) da ECM de *Microciona prolifera* (MAF) e de *Halichondria panicea* (HAF). O quadro (c) mostra que quando as duas contas coloridas estão revestidas apenas com MAF, todas se agregam juntas, formando agregados amarelos (combinação de vermelho e verde). O quadro (d) mostra contas cobertas com MAF (vermelho) e com HAF (verde) que não formam agregados misturados prontamente, mas sim se organizam em dois grumos distintos mantidos juntos por adesão homotípica. (magnitude 40x) (Adaptada de X. Fernandez-Busquets and M. M. Burger, 2003, *Cell Mol. Life Sci.* **60** :88–112, and J. Jarchow and M. M. Burger, 1998, *Cell Adhes. Commun.* **6** :405–414.)

componentes da ECM adaptam a matriz extracelular para propósitos específicos em sítios anatômicos distintos: força no tendão, dente ou osso, acolchoamento na cartilagem e adesão, na maioria dos tecidos. A composição da matriz também fornece informação posicional às células, permitindo que a célula perceba onde está e o que deve fazer. As mudanças nos componentes da ECM, a qual está sendo constantemente remodelada, degradada e ressintetizada localmente, podem modular as interações entre a célula e seu ambiente. Além disso, a matriz também atua como um reservatório para muitas moléculas de sinalização extracelular que controlam o crescimento e a diferenciação. Ainda, a matriz fornece uma rede por meio da ou na qual a célula pode mover-se, principalmente nos estágios iniciais da formação dos tecidos. A morfogênese – o estágio do desenvolvimento embrionário em que os tecidos, órgãos e partes do organismo são formados pelos movimentos e rearranjos celulares – depende especialmente das adesões célula-matriz e célula-célula. Por exemplo, as interações célula-matriz são necessárias para a ramificação da morfogênese (formação das estruturas ramificadas), que forma os vasos sanguíneos, os sacos aéreos nos pulmões, as glândulas mamárias e salivares, entre outros (Figura 20-6).

A ruptura das interações célula-célula e célula-matriz pode ter consequências devastadoras no tecido em desenvolvimento. A Figura 20-7 mostra as graves alterações no sistema esquelético embrionário de camundongos que ocorrem quando os genes para uma das duas moléculas essenciais da ECM, colágeno II ou perlecano, são inativados. O rompimento na adesão também é característico em várias doenças, como no câncer metastático, em que as células cancerosas saem do seu sítio normal disseminando-se pelo corpo.

Embora muitas CAMs e receptores de adesão tenham sido inicialmente identificados e caracterizados devido às suas propriedades adesivas, eles também desempenham função importante na sinalização, utilizando as diversas vias discutidas nos Capítulos 15 e 16. A Figura 20-8 ilustra como um receptor de adesão, a integrina, interage física e funcionalmente, por meio de adaptadores e proteínas-cinases de sinalização, com uma variedade de vias de sinalização, influenciando a sobrevivência ce-

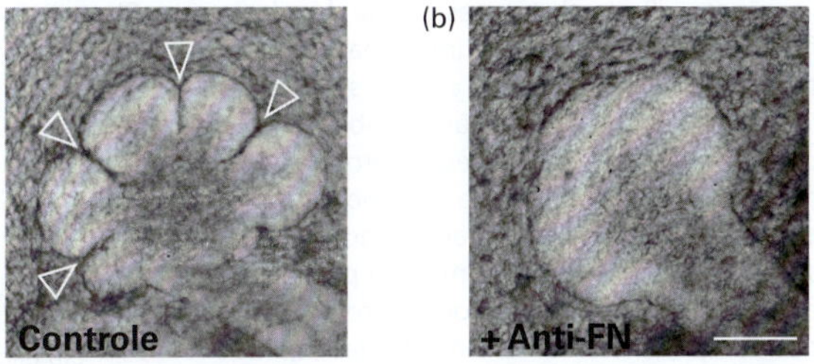

FIGURA EXPERIMENTAL 20-6 Anticorpos para fibronectina bloqueiam a morfogênese de ramificação em tecidos de camundongo em desenvolvimento. Glândulas salivares imaturas foram isoladas de embriões de murinos e sofreram morfogênese de ramificação *in vitro* por 10 horas na ausência (a) ou presença (b) de um anticorpo que se liga à e bloqueia a atividade da molécula fibronectina da ECM. O tratamento com anticorpos antifibronectina (Anti-FN) bloqueia a formação da ramificação (setas). A inibição do receptor de adesão da fibronectina (uma integrina) também bloqueia a ramificação (não mostrado). (Takayoshi et al., 2003, *Nature* **423** :876–881.)

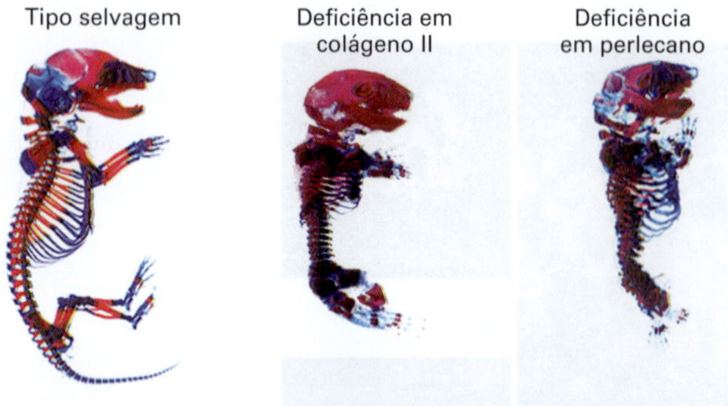

FIGURA EXPERIMENTAL 20-7 A inativação de genes para determinadas proteínas da ECM resulta em desenvolvimento defeituoso do esqueleto de camundongos. Estas fotografias mostram esqueletos de embriões murinos, normal (*à esquerda*), deficiente em colágeno II (*ao centro*) e deficiente em perlecano (*à direita*), isolados e corados para evidenciar cartilagens (azul) e ossos (vermelho). A ausência destes componentes de ECM essenciais resulta em nanismo, com vários elementos do esqueleto encurtados e desfigurados. (De E. Gustafsson et al., 2003, *Ann. NY Acad. Sci.* **995**:140–150.)

lular, a transcrição gênica, a organização do citoesqueleto, a mobilidade e a proliferação celular. Por outro lado, alterações nas atividades das vias de sinalização dentro das células podem influenciar as estruturas das CAMs e receptores de adesão de modo a modular a capacidade de interagir com outras células e com a ECM. Então, a sinalização de dentro para fora e de fora para dentro envolve diversas vias interligadas.

A evolução das moléculas de adesão multifuncionais possibilitou a evolução da diversidade dos tecidos animais

As adesões célula-célula e célula-matriz são responsáveis pela formação, composição, arquitetura e função dos tecidos animais. Não é surpreendente que as moléculas de adesão dos animais sejam evolutivamente antigas e estejam entre as proteínas mais altamente conservadas dos organismos multicelulares. As esponjas, os organismos multicelulares mais primitivos, expressam determinadas CAMs e moléculas de ECM multiadesivas cujas estruturas são notavelmente similares às proteínas humanas correspondentes. A evolução dos organismos com tecidos complexos e órgãos (metazoários) dependeu da evolução de diversas CAMs, receptores de adesão e moléculas ECM com novas propriedades e funções cujos níveis de expressão diferem em diferentes tipos de células. Algumas CAMs e receptores de adesão (p. ex., caderinas, integrinas e as CAMs da superfamília de imunoglobulinas, como a L1CAM) e componentes da ECM (colágeno tipo IV, laminina, nidogênio/entactina, e proteoglicanos semelhantes aos perlecanos) são altamente conservados, porque têm função fundamental em diversos organismos diferentes, enquanto outras moléculas de adesão são menos conservadas. Por exemplo, a mosca-da-fruta não possui alguns tipos de colágenos ou a proteína fibronectina da ECM que desempenham funções essenciais nos mamíferos. Uma característica comum das proteínas

FIGURA 20-8 O receptor de adesão integrina promove vias de sinalização que controlam diversas funções celulares. A ligação das integrinas com seus ligantes (sinalização de fora para dentro) induz alterações conformacionais nos domínios citoplasmáticos destes ligantes, direta ou indiretamente, alterando suas interações com proteínas citoplasmáticas. Isto inclui proteínas adaptadoras (p. ex., talinas, kindlinas, paxilina, vinculina) e cinases de sinalização (família src de cinases, cinase de adesão focal [FAK], cinase ligada a integrina [ILK]) que transmite sinais por várias vias de sinalização, influenciando a proliferação e sobrevivência celular, organização do citoesqueleto, migração celular e transcrição gênica. Componentes de diversas vias de sinalização, alguns dos quais associados diretamente à membrana plasmática, estão representados por blocos verdes. Muitos dos componentes das vias mostradas aqui são compartilhados com outras vias de sinalização ativadas na superfície celular (como os receptores das tirosinocinases mostradas à direita) e são discutidos nos Capítulos 15 e 16. Por sua vez, as vias de sinalização intracelular podem, por meio de proteínas adaptadoras, modificar a capacidade de ligação das integrinas à seus ligantes extracelulares (sinalização de dentro para fora). (Modificada de W. Guo and F. G. Giancotti, 2004, *Nat. Rev. Mol. Cell Biol.* **5**:816–826, and R. O. Hynes, 2002, *Cell* **110**:673–687.)

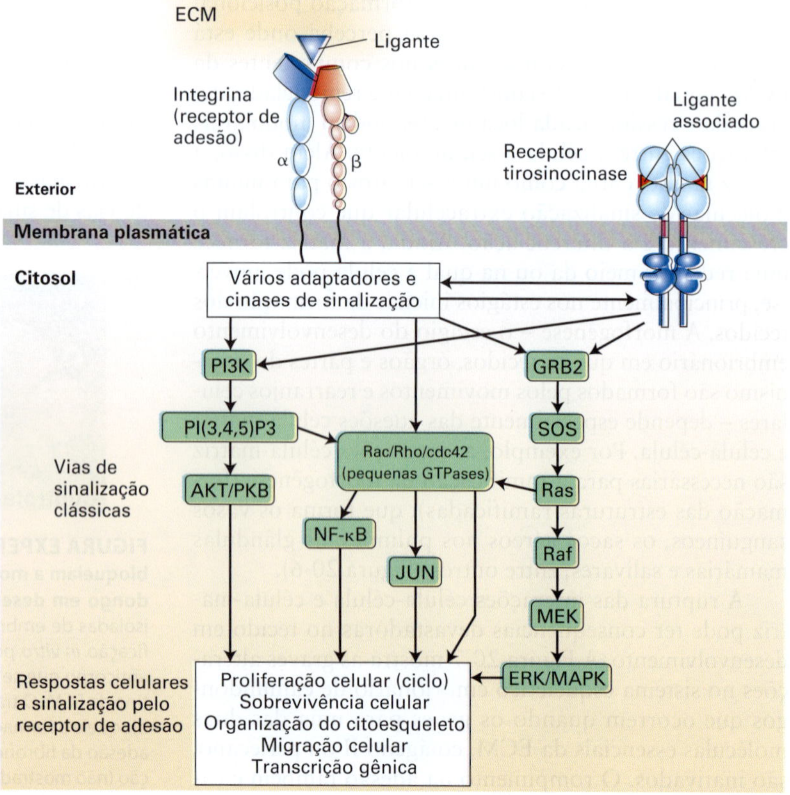

adesivas é a repetição de domínios, formando proteínas enormes. O comprimento total dessas moléculas, associado à sua capacidade de ligar-se a numerosos ligantes por domínios funcionais distintos, provavelmente teve um papel importante na sua evolução.

A diversidade das moléculas de adesão surge, em grande parte, de dois fenômenos que podem gerar numerosas proteínas relacionadas, denominadas **isoformas**, que constituem uma família de proteínas. Em alguns casos, os diferentes membros de uma família de proteínas são codificados por múltiplos genes que surgiram de um gene ancestral comum por duplicação gênica e evolução divergente (ver Capítulo 6). Em outros casos, um único gene produz um transcrito de RNA que pode sofrer um processamento alternativo para dar origem a múltiplos mRNAs, cada um codificando uma isoforma distinta (ver Capítulo 8). Os dois fenômenos contribuem para a diversidade de algumas famílias de proteínas, como as caderinas. Isoformas particulares de uma proteína de adesão são frequentemente expressas em alguns tipos celulares, mas não em outros.

CONCEITOS-CHAVE da Seção 20.1

Adesão célula-célula e célula-matriz: uma visão geral

- As interações célula-célula e célula-matriz extracelular (ECM) são fundamentais para a associação das células formando os tecidos, no controle da forma e função celular, e determinação do destino das células e tecidos durante o desenvolvimento. Anormalidades na estrutura ou na expressão das moléculas de adesão podem resultar em doenças.
- As moléculas de adesão celular (CAMs) promovem as adesões diretas célula-célula (homotípica e heterotípica), e os receptores de adesão na superfície celular promovem as adesões matriz-célula (ver Figura 20-1). Essas interações ligam as células nos tecidos e facilitam a comunicação entre as células e seu ambiente.
- Os domínios citosólicos das CAMs e dos receptores de adesão ligam-se às proteínas adaptadoras que promovem a interação com as fibras do citoesqueleto e com as proteínas de sinalização intracelular.
- As principais famílias de moléculas de adesão de superfície celular são as caderinas, as selectinas, as CAMs da superfamília das imunoglobulinas e as integrinas (ver Figura 20-2). Membros da família das integrinas e das CAMs da superfamília das imunoglobulinas também atuam como receptores de adesão.
- As fortes adesões célula-célula envolvem tanto a oligomerização das CAMs em *cis* (lateral ou intracelular) quanto a interação em *trans* (intercelular) de CAMs similares (homofílica) ou diferentes (heterofílica) (ver Figura 20-3). A combinação de interações *cis* e *trans* produzem uma adesão como um Velcro entre as células.
- A matriz extracelular (ECM) é uma rede interconectada complexa de proteínas e polissacarídeos que contribuem para a estrutura e a função de um tecido. As principais classes de moléculas da ECM são proteoglicanos, colágenos e proteínas de matriz multiadesivas (fibronectina e laminina).
- A evolução das moléculas de adesão com estruturas e funções especializadas permite que as células se agrupem em diversas classes de tecidos com funções variadas.

20.2 Junções célula-célula e célula-ECM e suas moléculas de adesão

As células dos tecidos epiteliais e não epiteliais utilizam muitas das, mas não todas, mesmas moléculas de adesão célula-célula e célula-matriz. Devido à organização relativamente simples do epitélio, bem como sua função fundamental na evolução e no desenvolvimento, inicia-se a discussão detalhada em adesão pelo epitélio. Nesta seção, o foco será nas regiões da superfície celular que contêm os agrupamentos de moléculas de adesão em discretos locais ou pontos chamados de junções de ancoramento, junções compactas e junções tipo fenda. As junções de ancoramento e as compactas são essenciais na mediação da adesão célula-célula e célula-matriz, e todos os três tipos de junções promovem a comunicação intercelular e/ou com a ECM.

As células epiteliais possuem as superfícies apical, lateral e basal distintas

As células que formam os tecidos epiteliais são ditas **polarizadas**, porque sua membrana plasmática está organizada em regiões diferentes. Em geral, as superfícies distintas de uma célula epitelial polarizada são denominadas superfície **apical** (topo), **lateral** (nos lados) e **basal** (na base) (Figuras 20-1 e 20-9). A área da superfície apical é normalmente muito aumentada pela formação das microvilosidades. As moléculas de adesão desempenham uma função essencial na produção e na manutenção dessas superfícies distintas.

O epitélio em diferentes localizações do organismo apresenta morfologia e funções características (ver Figura 20-9). O epitélio estratificado (multicamadas) normalmente atua como uma barreira e superfície protetora (p. ex., a pele), enquanto o epitélio simples, de camada única, normalmente transporta íons e pequenas moléculas de um lado para outro da camada. Por exemplo, o epitélio simples colunar que reveste o estômago secreta ácido hidroclorídrico para o lúmen do estômago; um epitélio similar, que reveste o intestino liso, transporta os produtos da digestão do lúmen do intestino, pela superfície basolateral, para o sangue (ver Figura 11-9).

No epitélio colunar simples, as interações adesivas entre as superfícies laterais mantêm as células unidas, em uma folha bidimensional, enquanto as da superfície basal unem as células a uma matriz extracelular especializada chamada de **lâmina basal**. Muitas vezes, as superfícies lateral e basal apresentam composição semelhante e, juntas, formam a superfície **basolateral**. As superfícies basolaterais da maioria dos epitélios simples são normalmente voltadas para o lado mais próximo dos vasos sanguíneos, enquanto a superfície apical não está em conta-

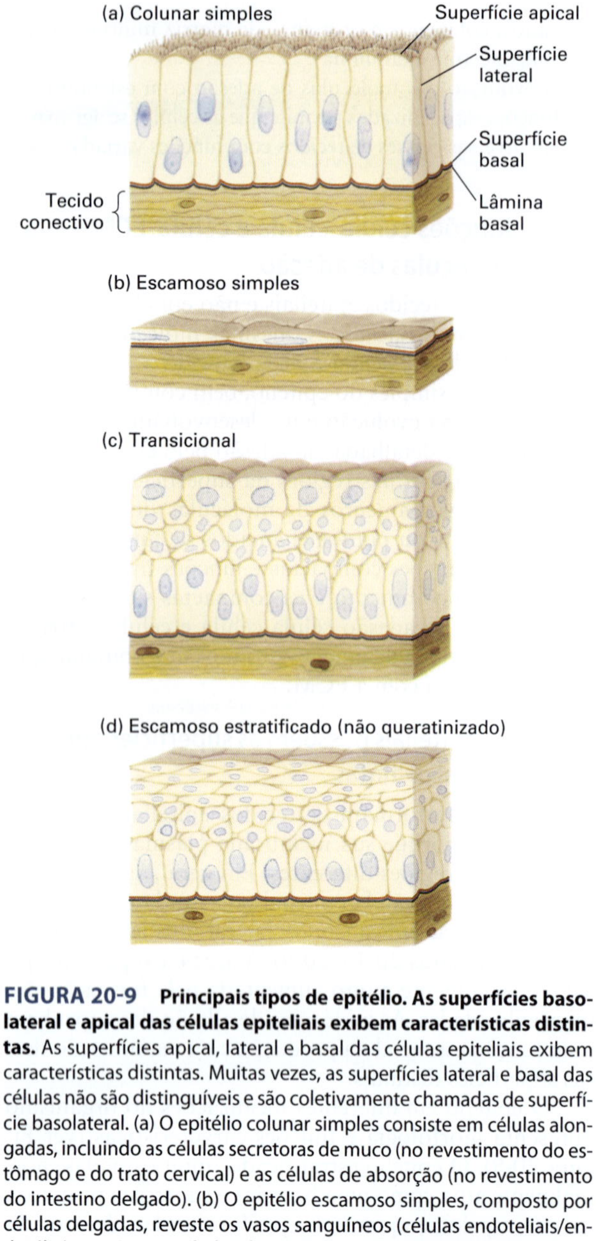

FIGURA 20-9 Principais tipos de epitélio. As superfícies basolateral e apical das células epiteliais exibem características distintas. As superfícies apical, lateral e basal das células epiteliais exibem características distintas. Muitas vezes, as superfícies lateral e basal das células não são distinguíveis e são coletivamente chamadas de superfície basolateral. (a) O epitélio colunar simples consiste em células alongadas, incluindo as células secretoras de muco (no revestimento do estômago e do trato cervical) e as células de absorção (no revestimento do intestino delgado). (b) O epitélio escamoso simples, composto por células delgadas, reveste os vasos sanguíneos (células endoteliais/endotélio) e muitas cavidades do corpo. (c) O epitélio transicional, composto por diversas camadas de células com diferentes formas, reveste certas cavidades corporais sujeitas à contração e expansão (p. ex., a bexiga). (d) O epitélio escamoso estratificado (não queratinizado) reveste superfícies como a boca e a vagina; esse revestimento resiste à abrasão e geralmente não participa da absorção ou secreção de materiais para dentro ou fora das cavidades. A lâmina basal, uma rede fibrosa delgada de colágeno e outros componentes da ECM, sustenta todo o epitélio e o conecta ao tecido conectivo subjacente.

to direto com outras células ou com a ECM. Em animais com sistemas circulatórios fechados, o sangue flui pelos vasos cujo revestimento é composto por células epiteliais achatadas chamadas de células endoteliais. Em geral, as células epiteliais são células sésseis, imóveis, de modo que as moléculas de adesão as fixam de forma firme e estável entre si e a ECM associada. Um mecanismo especialmente importante utilizado para produzir adesões fortes e estáveis é concentrar subgrupos destas moléculas em conjuntos chamados de junções celulares.

Três tipos de junções fazem a mediação da maioria das interações célula-célula e célula-ECM

Todas as células epiteliais em uma camada estão conectadas umas com as outras e com a matriz extracelular por junções especializadas. Embora centenas de interações individuais mediadas pelas moléculas de adesão sejam suficientes para a adesão das células, os agrupamentos das moléculas de adesão nas junções celulares desempenham um papel especial, conferindo força e rigidez ao tecido, transmitindo informações entre o espaço extracelular e intracelular, controlando a passagem de íons e moléculas pelas camadas celulares e servindo como condutores do movimento dos íons e moléculas do citoplasma de uma célula para a célula vizinha. A formação das junções que auxiliam a produção de uma forte vedação entre as células, permitindo que a camada atue como uma barreira ao fluxo de moléculas de um lado para o outro, é especialmente importante às camadas epiteliais.

A três principais classes de junções celulares em animais são características evidentes do epitélio colunar simples (Figura 20-10 e Tabela 20-2). As **junções de ancoramento** e as **junções compactas** têm como função principal a manutenção das células unidas no tecido. As junções compactas também controlam o fluxo dos solutos entre as células que formam a camada epitelial. As junções compactas são encontradas principalmente nas células epiteliais, enquanto as junções de ancoramento são encontradas em ambas as células, epiteliais e não epiteliais. Essas junções estão organizadas em três partes: (1) as proteínas adesivas, na membrana plasmática, conectam uma célula a outra pelas superfícies laterais (CAMs) ou com a matriz extracelular pelas superfícies basais (receptores de adesão); (2) as proteínas adaptadoras, que conectam as CAMs ou receptores de adesão aos filamentos do citoesqueleto e às moléculas de sinalização; e (3) os próprios filamentos do citoesqueleto. Uma terceira classe de junção, as **junções tipo fenda**, permite a rápida difusão de pequenas moléculas solúveis em água entre o citoplasma de células adjacentes. Junto às junções de ancoramento e compactas, as junções tipo fenda compartilham a função de auxiliar na comunicação da célula com o ambiente; porém, essas são estruturalmente muito diferentes das junções de ancoramento e das junções compactas, e não atuam no reforço da adesão célula-célula ou célula-ECM. Encontradas tanto em tecidos epiteliais quanto não epiteliais, as junções tipo fenda assemelham-se às junções célula-célula de vegetais, chamadas de plasmodesmata, discutidas na Seção 20.6.

Três tipos de junções de ancoramento estão presentes nas células. Duas participam nas adesões célula-célula, enquanto a terceira participa das adesões célula-matriz. As **junções aderentes** conectam a membrana lateral das células epiteliais adjacentes e estão, normalmente, localizadas próximo à superfície apical, logo abaixo das junções compactas (ver Figura 20-10). Um cinturão de filamentos de actina e miosina, complexados às junções aderentes, atuam como

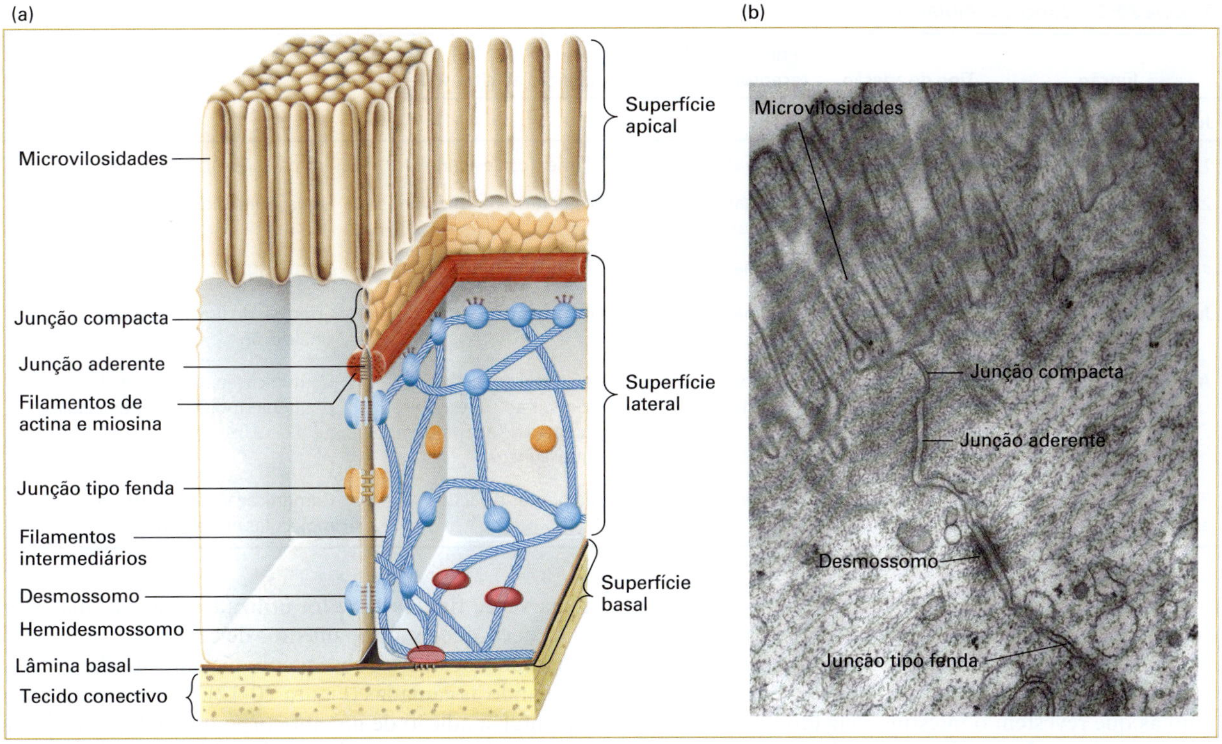

FIGURA 20-10 Principais tipos de junções celulares que conectam as células do epitélio colunar que revestem o intestino delgado. (a) Desenho de um corte esquemático das células epiteliais do intestino delgado. A superfície basal das células repousa na lâmina basal, e a superfície apical é repleta de microvilosidades que se projetam para o lúmem intestinal. As junções compactas localizam-se logo abaixo das microvilosidades, impedindo a difusão de substâncias entre o lúmem intestinal e o sangue pelo espaço extracelular entre as células. As junções tipo fenda permitem o movimento de pequenas moléculas e íons entre o citosol de células adjacentes. Os outros três tipos de junções – junções aderentes, botões de desmossomos e hemidesmossomos – são críticos para as adesões célula-célula, célula-matriz e para a sinalização. (b) Micrografia eletrônica de um corte fino de células epiteliais intestinais, mostrando as localizações das diferentes junções. (Parte (b) C. Jacobson et al., 2001, *J. Cell Biol.* **152:**435-450.)

um cabo de tensão que pode envolver internamente a célula e controlar sua forma. As células epiteliais e outros tipos de células, como as células musculares lisas, são também fortemente ligadas por **desmossomos**, pontos de contato em forma de botão. Os *hemidesmossomos*, encontrados normalmente na superfície basal das células epiteliais, ancoram o epitélio aos componentes da matriz extracelular subjacente, como pregos prendendo um carpete. As junções aderentes e os desmossomos são encontrados em diversos tipos celulares diferentes, ao passo que os hemidesmossomos parecem estar restritos às células epiteliais.

Feixes de filamentos intermediários que correm paralelos à superfície celular ou através da célula interconectam pontos de desmossomos e hemidesmossomos, conferindo forma e rigidez às células. Essa íntima relação entre as junções e o citoesqueleto auxilia a transmitir uma força de cisalhamento de uma região da camada celular para o epitélio como um todo, proporcionando resistência e rigidez a toda a camada de células epiteliais. Os desmossomos e hemidesmossomos são especialmente importantes na manutenção da integridade do epitélio da pele. Por exemplo, as mutações que interferem com o ancoramento dos hemidesmossomos na pele podem levar à formação de bolhas, pois o epitélio se separa da sua matriz e o líquido extracelular acumula-se na superfície basolateral, forçando a pele a formar bolhas.

As caderinas promovem as adesões célula-célula nas junções aderentes e nos desmossomos

As CAMs primárias das junções aderentes e os desmossomos pertencem à família das **caderinas**. Nos vertebrados, essa família de proteínas de mais de 100 membros pode ser agrupada em pelo menos seis subfamílias, incluindo *caderinas clássicas* e *caderinas desmossômicas*, descritas abaixo. A diversidade das caderinas surgiu da presença de múltiplos genes de caderinas e do processamento alternativo do RNA.

Não é surpresa que existam muitos tipos diferentes de caderinas em vertebrados, porque muitos tipos celulares diferentes em tecidos muito distintos utilizam essas CAMs para mediar a adesão e a comunicação. O cérebro expressa o maior número de caderinas diferentes, provavelmente devido à necessidade de formar contatos célula-célula muito específicos, para auxiliar a estabelecer suas conexões complexas. Os invertebrados, por outro lado, são capazes de funcionar com menos de 20 caderinas.

Caderinas clássicas. As caderinas "clássicas" incluem as caderinas E, N e P, denominadas assim pelo tipo de tecido

TABELA 20-2 Junções celulares

Junção	Tipo de adesão	Principal CAM ou receptor de adesão	Ligação ao citoesqueleto	Função
Junções de ancoramento				
1. Junções aderentes	Célula-célula	Caderinas	Filamentos de actina	Forma, tensão, sinalização
2. Desmossomos	Célula-célula	Caderinas desmosssomais	Filamentos intermediários	Força, durabilidade, sinalização
3. Hemidesmossomos	Célula-matriz	Integrina ($\alpha6\beta4$)	Filamentos intermediários	Forma, rigidez, sinalização
Junções compactas	Célula-célula	Ocludina, claudina e JAMs	Filamentos de actina	Controle do fluxo de solutos, sinalização
Junções tipo fenda	Célula-célula	Conexinas, inexinas, panexinas	Possíveis conexões indiretas ao citoesqueleto por meio de adaptadores a outras junções	Comunicação; transporte de pequenas moléculas entre células
Plamodesmata (apenas em plantas)	Célula-célula	Indefinido	Filamentos de actina	Comunicação; transporte de moléculas entre células

nos quais foram primeiramente identificadas (epitelial, neuronal e placentário), e as caderinas E e N são as mais amplamente expressas, sobretudo durante a diferenciação inicial. Camadas de células epiteliais polarizadas, como as que revestem o intestino delgado ou os túbulos renais, contêm caderinas E em abundância, ao longo de suas superfícies laterais. Embora a caderina E concentre-se nas junções compactas, também está presente por toda a superfície lateral, onde parece se ligar a membranas de células adjacentes. Os resultados dos experimentos com células L, uma linhagem de fibroblastos de camundongos cultivados em laboratório, demonstraram que as caderinas E promovem preferencialmente as interações homofílicas. As células L não expressam caderinas e aderem muito fracamente entre elas ou a outros tipos celulares em cultura. Quando os genes que codificam a caderina E foram introduzidos nas células L, as células L recombinantes expressavam a caderina e aderiam-se preferencialmente a outras células que expressavam a caderina E (Figura 20-11). Estas células L expressando a caderina E formavam agregados umas com as outras e com células epiteliais isoladas de pulmão. Embora a maioria das caderinas E exiba basicamente a ligação homofílica, algumas promovem interações heterofílicas.

A adesividade das caderinas depende da presença de Ca^{2+} extracelular, uma propriedade que deu origem a seu nome (aderentes ao cálcio, calcium *adhering*). Por exemplo, a adesão das células L recombinantes expressando a caderina E é obstruída quando as células são imersas em uma solução com baixas concentrações de Ca^{2+} (ver Figura 20-11). Algumas moléculas de adesão necessitam uma quantidade mínima de Ca^{2+} no líquido extracelular para seu funcionamento correto, enquanto outras moléculas, como as IgCAMs, são independentes do Ca^{2+}.

O papel da caderina E na adesão também pode ser demonstrado em experimentos com células epiteliais cultivadas denominadas células de *rim canino Madin-Darby* (*MDCK*, de *Madin-Darby canine kidney cells*) (ver Figura 9-4). Uma forma de caderina E marcada com uma proteína verde fluorescente foi utilizada nestas células para evidenciar que os agrupamentos de caderina E promovem a ligação inicial e o subsequente fechamento das células, formando as camadas (Figura 20-12). Neste sistema experimental, a adição de um anticorpo que se liga à caderina E, evitando a interação homofílica, bloqueia a ligação dependente de Ca^{2+} das células MDCK entre si, e a consequente formação das junções aderentes intercelulares.

Cada caderina clássica contém um único domínio transmembrana, um curto domínio C-terminal citosólico e cinco domínios de caderina extracelulares (ver Figura 20-2). Os domínios extracelulares são necessários para a ligação do Ca^{2+} e para a adesão célula-célula mediada pela caderina. A adesão mediada pela caderina requer interações moleculares laterais *cis* (intracelulares) e *trans* (intercelulares) (ver Figura 20-3). Os sítios de ligação de Ca^{2+} localizados entre as repetições de caderinas auxiliam na estabilização das interações *cis* e *trans*. Os agregados de caderina formam complexos para produzir adesões célula-célula e contatos laterais adicionais, resultando em um fe-

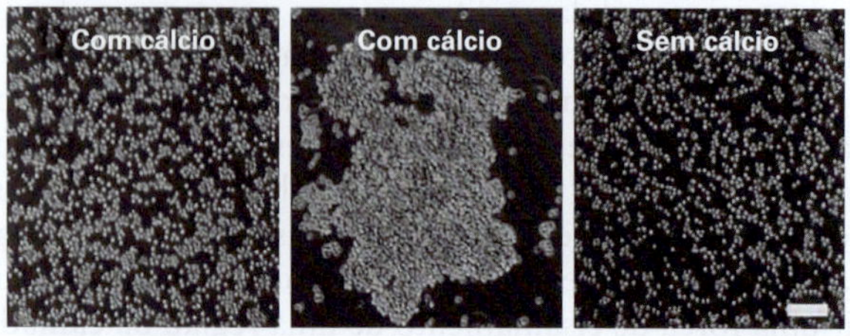

FIGURA EXPERIMENTAL 20-11 As caderinas E promovem a adesão dependente de Ca^{2+} das células L. Sob condições padrão de cultura de células, e na presença de cálcio no líquido extracelular, as células L não se agregam formando camadas (*à esquerda*). A inserção de um gene que provoca a expressão de caderina E nestas células resulta na agregação em grumos, como células epiteliais, na presença de cálcio (*ao centro*), mas não na ausência de cálcio (*à direita*). Barra de 60 µm. (De Cynthia L. Adams et al., 1998, *J. Cell Biol.* **142** (4):1105–1119.)

RECURSO DE MÍDIA: Zíper de caderina E

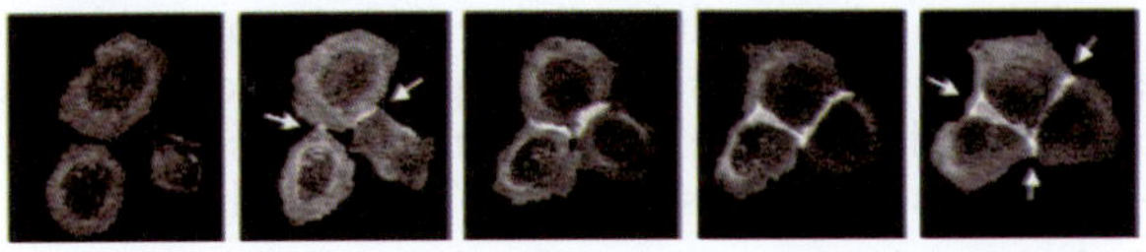

FIGURA EXPERIMENTAL 20-12 A caderina E faz a mediação de conexões adesivas em células epiteliais MDCK em cultura. Um gene da caderina E fusionado à proteína fluorescente verde (GFP) foi introduzido em células MDCK cultivadas. As células foram misturadas em meio contendo cálcio, e a distribuição da caderina E fluorescente foi visualizada com o decorrer do tempo (mostrado em horas). Agregados de caderina E promovem a ligação inicial e as subsequentes ligações (como em um zíper) das células epiteliais e a formação das junções (bicelulares, em que duas células estão unidas e aparecem como uma linha; e tricelulares, em que há junção dos sítios de intersecção de três células.) (De Cynthia L. Adams et al., 1998, *J.Cell.Biiol.* **142:**1105-1119)

chamento das caderinas em agrupamentos adesivos. Dessa forma, múltiplas interações de baixa afinidade somam-se para produzir uma adesão intercelular extremamente forte.

Os resultados dos experimentos de troca de domínios, nos quais um domínio extracelular de um tipo de caderina é substituído por um domínio correspondente de uma caderina diferente, indicaram a especificidade de ligação dos resíduos, pelo menos em parte, na porção mais distal (mais longe da membrana) do domínio extracelular, o domínio N-terminal. Acreditava-se que as adesões mediadas pelas caderinas eram necessárias somente para interações cabeça à cabeça entre os domínios N-terminais dos oligômeros das caderinas nas células adjacentes, como mostrado na Figura 20-13.

O domínio citosólico C-terminal das caderinas clássicas está ligado ao citoesqueleto de actina por inúmeras proteínas adaptadoras citosólicas (ver Figura 20-13). Essas ligações são essenciais para a forte adesão, principalmente devido a sua contribuição ao aumento das associações laterais. Por exemplo, o rompimento das interações entre as caderinas clássicas e as cateninas α ou β, duas proteínas adaptadoras comuns, que ligam essas caderinas aos filamentos de actina, reduz drasticamente a adesão célula-célula mediada pela caderina. Esse rompimento ocorre espontaneamente em células tumorais, as quais algumas vezes não expressam a catenina α e podem ser induzidas experimentalmente pela depleção das cateninas β citosólicas disponíveis. Os domínios citosólicos das caderinas também interagem com as moléculas de sinalização intracelulares, como as cateninas p120. É interessante notar que a catenina β tem uma ação dupla: não apenas promove a fixação ao citoesqueleto, como também atua como uma molécula de sinalização, sendo translocada para o núcleo e alterando a transcrição gênica na via de sinalização Wnt (ver Figura 16-30).

As caderinas clássicas desempenham um papel crítico durante a diferenciação dos tecidos. Cada caderina clássica tem uma distribuição característica nos tecidos. Durante a diferenciação, a quantidade ou a natureza das caderinas de superfície celular muda, afetando muitos aspectos da adesão célula-célula e a migração celular. Por exemplo, a reorganização dos tecidos durante a morfogênese é frequentemente acompanhada pela conversão de células epiteliais que não são móveis em células precursoras móveis para outros tecidos (células mesenquimais). Essas **transições mesenquimal-epitelial** estão associadas a uma redução da ex-

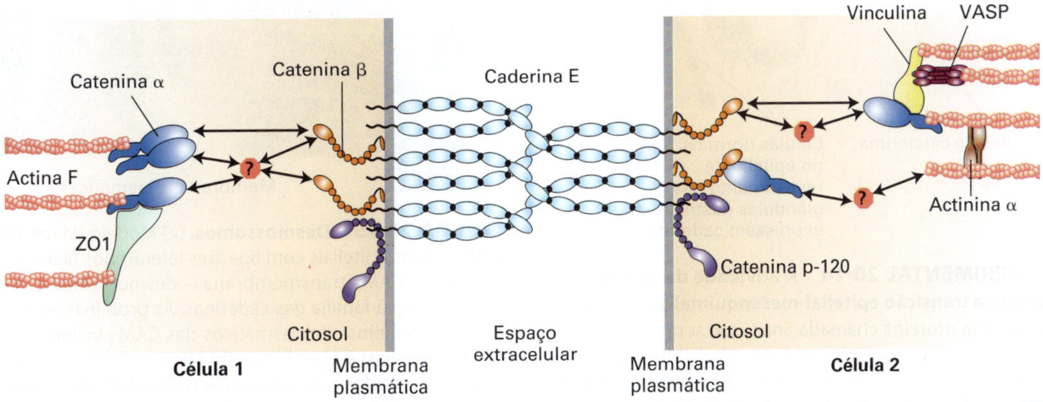

FIGURA 20-13 Constituintes proteicos das junções aderentes típicas. Os domínios exoplásmicos dos dímeros de caderinas E agrupam-se em junções aderentes de células adjacentes (1 e 2), formando interações homofílicas dependentes de Ca^{2+}. Os domínios citosólicos das caderinas E ligam-se direta ou indiretamente com múltiplas proteínas adaptadoras (p. ex., catenina β) que conectam as junções aos filamentos de actina (actina F) do citoesqueleto e participam nas vias de sinalização intracelular. Diferentes grupos de proteínas adaptadoras são ilustrados nas duas células para enfatizar que vários tipos de proteínas adaptadoras podem interagir com as junções aderentes. Alguns destes adaptadores, como ZO1, podem interagir com diversas CAMs diferentes. Há controvérsias sobre se a catenina α promove a interação caderina/catenina β diretamente com a actina, via proteínas adaptadoras (indicadas na figura por pontos de interrogação) ou por meio de mecanismos mais complexos. (Adaptada de V. Vasioukhin and E. Fuchs, 2001, *Curr. Opin. Cell Biol.* **13:**76.)

pressão de caderinas E (Figura 20-14a, b). A conversão das células epiteliais em células tumorais de carcinoma, como ocorre em determinados tumores de ductos mamários ou no câncer gástrico difuso hereditário (Figura 20-14c), também é marcada pela perda da atividade da caderina E.

A firme adesão célula-célula epitelial promovida pelas caderinas e junções aderentes permite a formação de uma segunda classe de junções intercelulares no epitélio – as junções compactas, que serão vistas em breve.

Caderinas desmossomais. Os desmossomos (Figura 20-15) contêm duas proteínas caderinas especializadas, a *desmogleína* e a *desmocolina*, cujos domínios citosólicos são distintos daqueles das caderinas clássicas. Os domínios citosólicos das caderinas desmossomais interagem com proteínas adaptadoras como as placoglobinas (similares em estrutura à catenina β), as placofilinas, e um membro da família das plaquinas chamado de desmoplaquina. Esses adaptadores, que formam a espessa placa citoplasmática característica dos desmossomos, interagem com os filamentos intermediários.

A caderina desmogleína foi identificada pela primeira vez em uma doença de pele pouco comum, mas reveladora, denominada *pênfigo vulgar*, uma doença autoimune. Os pacientes com doenças autoimunes sintetizam anticorpos, ou "autoanticorpos", que atacam as suas próprias proteínas normais. No pênfigo vulgar, os autoanticorpos rompem as adesões entre as células epiteliais, causando bolhas na pele a nas membranas muco-

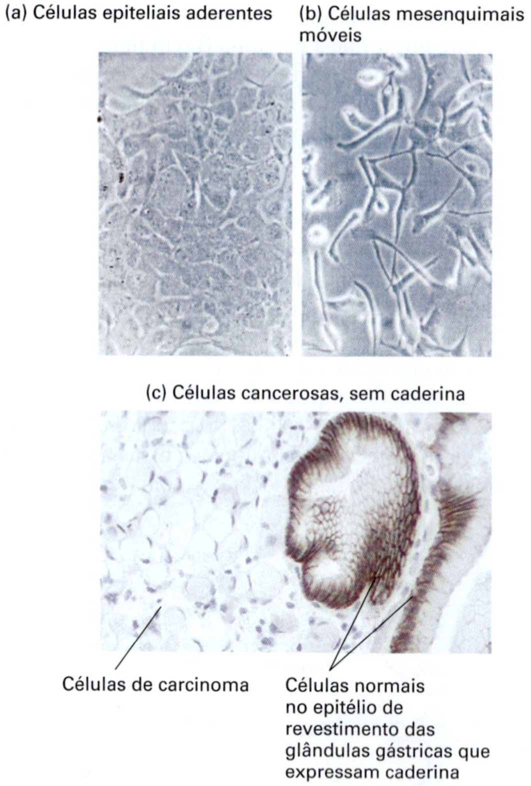

FIGURA EXPERIMENTAL 20-14 A atividade da caderina E é perdida durante a transição epitelial-mesenquimal e na progressão do câncer. Uma proteína chamada Snail, que suprime a expressão da caderina E está associada à transição epitelial-mesenquimal. (a) Células epiteliais MDCK normais em cultura. (b) Expressão do gene *snail* nas células MDCK provocam a transição epitelial-mesenquimal. (c) A distribuição da caderina E detectada por coloração imuno-histoquímica (marrom-escuro) em finos cortes de tecido de um paciente com câncer gástrico hereditário difuso. A caderina E é visualizada nas bordas intracelulares de células epiteliais normais da glândula gástrica do estômago (*à direita*); não há caderina E nas bordas das células invasivas do carcinoma. (Quadros (a) e (b) de Alfonso Martinez Arias, 2001, *Cell* **105** :425–431; imagens são cortesia de, M. A. Nieto; quadro (c) de F. Carneiro et al., 2004, *J. Pathol.* **203** :681–687.)

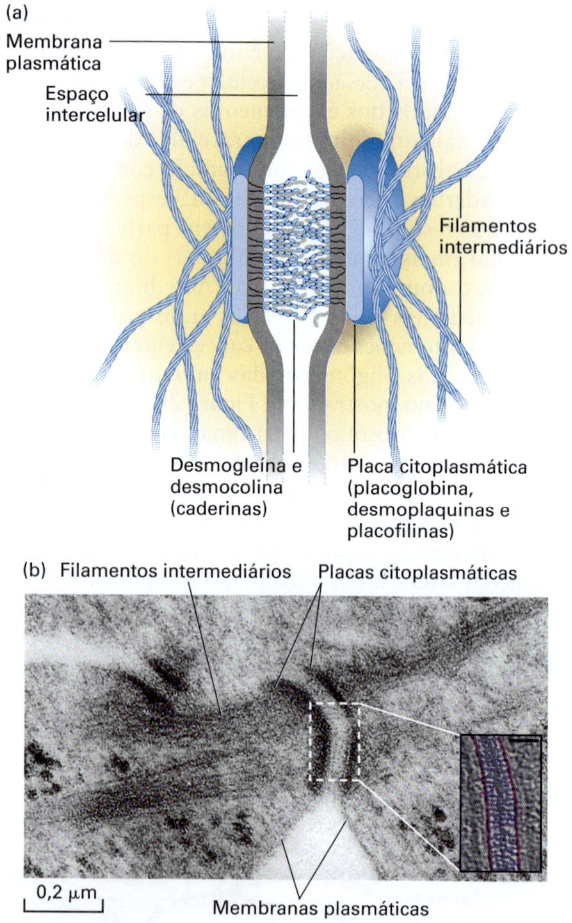

FIGURA 20-15 Desmossomos. (a) Modelo de um desmossomo entre células epiteliais com ligações laterais dos filamentos intermediários. As CAMs transmembrana – desmogleínas e desmocolinas – pertencem à família das caderinas. As proteínas adaptadoras ligadas aos domínios citoplasmáticos das CAMs incluem placoglobina, desmoplaquinas e placofilinas. (b) Micrografia eletrônica de uma fina secção de um desmossomo conectando dois queratinócitos humanos diferenciados em cultura. Os feixes de filamentos intermediários irradiam a partir das duas placas citoplasmáticas mais escuras que revestem a superfície interna das membranas plasmáticas adjacentes. Detalhe: Tomografia de microscopia eletrônica de um desmossomo, ligando duas células epidérmicas humanas (membranas plasmáticas em cor-de-rosa; CAMs em azul; barra com 35 nm) (Parte (a) ver B. M. Gumbiner, 1993, *Neuron* **11**:551, and D. R. Garrod, 1993, *Curr. Opin. Cell Biol.* **5**:30. Parte (b) cortesia de R. van Buskirk. Detalhe A. Al-Amoudi, D. C. Diez, M. J. Betts, and A. S. Frangakis, 2007, *Nature* **450** :832–837.)

sas. O autoanticorpo predominante é específico para a desmogleína; na verdade, a adição de tais anticorpos à pele normal induz a formação de bolhas e o rompimento da adesão celular. ■

As integrinas promovem a adesão célula-ECM, incluindo aquelas nos hemidesmossomos de células epiteliais

Para o ancoramento estável aos tecidos e órgãos sólidos, as camadas de epitélio colunar simples devem ser firmemente fixadas por suas superfícies basais à matriz extracelular subjacente (lâmina basal). Esta fixação ocorre por meio de receptores de adesão denominados **integrinas** (ver Figura 20-2), localizados tanto dentro quanto fora de junções de ancoramento chamadas *hemidesmossomos* (ver Figura 20-10a). Os hemidesmossomos compreendem diversas proteínas integrais de membrana ligadas por proteínas adaptadoras citoplasmáticas (como as plaquinas) aos filamentos intermediários baseados em queratina. O principal receptor de adesão da ECM nos hemidesmossomos epiteliais é a integrina α6β4.

As integrinas atuam como receptores de adesão e CAMs em uma grande variedade de células epiteliais e não epiteliais, mediando muitas interações célula-matriz e célula-célula (Tabela 20-3). Nos vertebrados, são conhecidas pelo menos 24 integrinas heterodiméricas, compostas por 18 tipos de subunidades α e oito tipos de subunidades β em várias combinações. Uma única cadeia β pode interagir com qualquer uma das múltiplas cadeias α, formando integrinas que se ligam a diferentes ligantes. Esse fenômeno de *diversidade combinatorial* permite que um número relativamente pequeno de componentes execute um grande número de funções distintas. Embora a maioria das células expresse diversas integrinas diferentes que ligam o mesmo ligante ou ligantes diferentes, muitas integrinas são expressas predominantemente em determinados tipos celulares. Não apenas a maioria das integrinas liga-se a mais de um ligante, como também diversos de seus ligantes ligam-se a múltiplas integrinas.

Todas as integrinas parecem ter derivado de dois subgrupos ancestrais gerais: aquelas que ligam proteínas contendo a sequência tripeptídica Arg-Gly-Asp, normalmente chamada de *sequência RGD* (um exemplo é a fibronectina), e aquelas que ligam laminina. Várias subunidades de integrina α contêm um domínio particular inserido, o *domínio-I*, capaz de promover a ligação de certas integrinas a vários colágenos da ECM. Algumas integrinas com o domínio-I são expressas exclusivamente nos leucócitos (células brancas do sangue) e nos precursores das hemácias e dos leucócitos (células hematopoiéticas). Os domínios-I também reconhecem moléculas de adesão celular em outras células, incluindo membros da superfamília das imunoglobulinas (ICAMs e VCAMs), e, portanto, participam da adesão célula-célula.

As integrinas exibem, geralmente, baixas afinidades por seus ligantes, com constantes de dissociação de K_d entre 10^{-6} e 10^{-7} mol/L. Entretanto, as múltiplas interações fracas geradas pela ligação de centenas ou milhares de moléculas de integrinas aos seus ligantes nas células ou na matriz extracelular permitem que a célula mantenha-se firmemente ancorada ao alvo que expressa seu ligante.

Partes tanto da subunidade α quanto β da molécula de integrina contribuem para o sítio extracelular de ligação ao ligante primário (ver Figura 20-2). As ligações do ligante às integrinas também exigem a ligação simultânea de cátions divalentes. Como outras moléculas de adesão de superfície celular, a região citosólica das integrinas interage com as proteínas adaptadoras que, por sua vez, ligam-se ao citoesqueleto e às moléculas de sinalização intracelular. A maioria das integrinas está ligada ao citoesqueleto de actina, incluindo duas das integrinas que conectam a superfície basal das células epiteliais à lâmina basal por meio da molécula de ECM laminina. Contudo, alguns heterodímeros de integrina interagem

TABELA 20-3 Algumas integrinas* de vertebrados

Composição da subunidade	Distribuição celular primária	Ligantes
α1β1	Muitos tipos	Principalmente colágenos
α2β1	Muitos tipos	Principalmente colágenos e também lamininas
α3β1	Muitos tipos	Lamininas
α4β1	Células hematopoiéticas	Fibronectina; VCAM-1
α5β1	Fibroblastos	Fibronectina
α6β1	Muitos tipos	Lamininas
αLβ2	Linfócitos T	ICAM-1; ICAM-2
αMβ2	Monócitos	Proteínas séricas (p. ex., C3b, fibrinogênio fator X); ICAM-1
αIIbβ3	Plaquetas	Proteínas séricas (p. ex., fibrinogênio, fator de von Willebrand, vitronectina); fibronectina
α6β4	Células epiteliais	Laminina

*As integrinas são agrupadas em subfamílias que possuem uma subunidade β comum. Ligantes mostrados em vermelho são CAMS; todos os outros são ECM ou proteínas séricas. Algumas subunidades podem ter várias isoformas provenientes de uma multiplicidade de processamentos com domínios citosólicos diferentes.

Fonte: R. O. Hynes, 1992, *Cell* **69**:11.

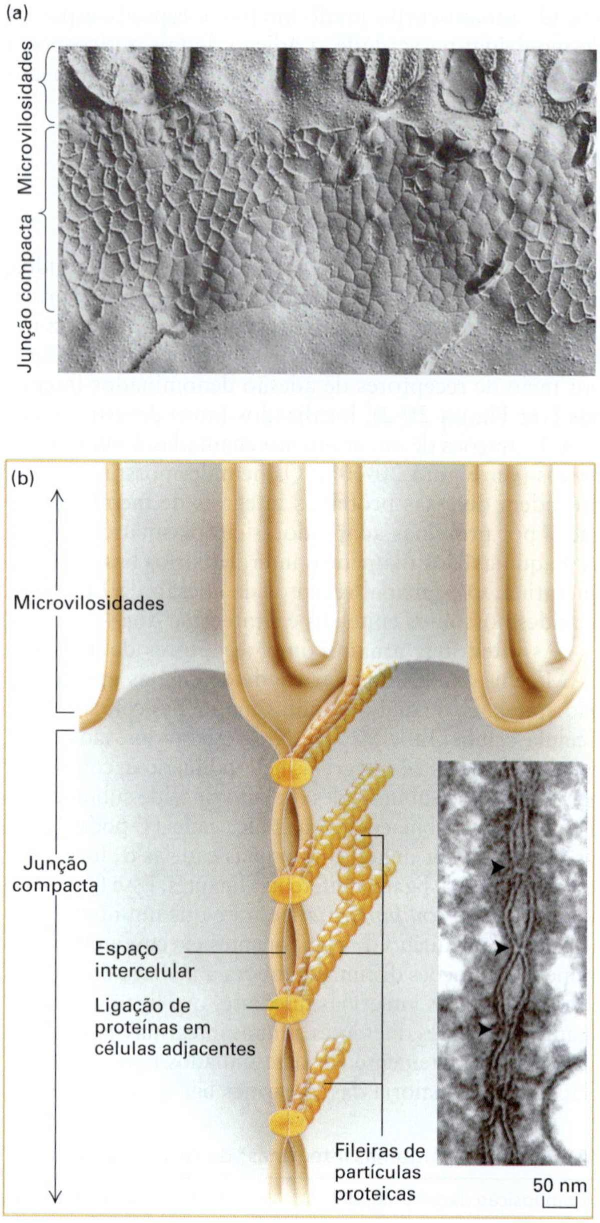

FIGURA 20-16 Junções compactas. (a) Preparação de criofratura de uma junção compacta entre duas células epiteliais intestinais. O plano da criofratura passa pela membrana plasmática de uma das duas células adjacentes. Uma rede, como favos de mel, de pontes e depressões abaixo das microvilosidades constitui a zona da junção compacta. (b) O desenho esquemático mostra como uma junção compacta pode ser formada pela ligação de fileiras de partículas de proteínas de células adjacentes. Na micrografia em detalhe (foto menor), vista de um corte ultrafino de uma junção compacta, as células adjacentes podem ser vistas muito próximas, nas interação entre as fileiras de proteínas. (Parte (a) cortesia de L. A. Staehelin. Drawing. Parte (b): desenho adaptado de L. A. Staehelin and B. E. Hull, 1978, *Sci. Am.* **238:**140, and D. Goodenough, 1999, *Proc. Nat'l. Acad. Sci. US* **96:**319. Parte (b): fotografia cortesia de S. Tsukita et al., 2001, *Nat. Rev. Mol. Cell Biol.* **2:**285.)

com os filamentos intermediários. O domínio citosólico da cadeia β4 na integrina α6β4 nos hemidesmossomos, a qual é mais longa do que a de outras integrinas β, liga-se às proteínas adaptadoras especializadas, que, por sua vez, interagem com os filamentos intermediários baseados em queratina (ver Tabela 20-3).

Como será visto, a diversidade das integrinas e seus ligantes na ECM permite que as integrinas participem de uma grande variedade de processos biológicos importantes, incluindo a resposta inflamatória e a migração de células aos locais adequados na formação do plano corporal de um embrião (morfogênese). A importância das integrinas nos diversos processos é enfatizada pelos defeitos apresentados por camundongos recombinantes contendo mutações (nocaute gênico) nos genes de várias subunidades das integrinas. Estes defeitos incluem anormalidades graves no desenvolvimento, na formação dos vasos sanguíneos, na função de leucócitos, na inflamação, no remodelamento ósseo e na hemostasia. Apesar das diferenças, todos esses processos dependem das interações, mediadas pelas integrinas, entre o citoesqueleto com a ECM ou com CAMs de outras células.

Além de sua função de adesão, as integrinas podem mediar a transferência de informação para dentro e fora da célula (sinalização) (ver Figura 20-8). O comprometimento das integrinas com seus ligantes extracelulares pode, por meio das proteínas adaptadoras, ligadas à região citosólica das integrinas, influenciar o citoesqueleto e as vias de sinalização intracelular (sinalização de fora para dentro). Por outro lado, as vias de sinalização intracelular podem alterar a estrutura das integrinas, a partir do citoplasma e, consequentemente, sua capacidade de aderir aos seus ligantes extracelulares e de mediar as interações célula-célula e célula-matriz (sinalização de dentro para fora). As vias de sinalização mediadas pelas integrinas influenciam processos tão diversos quanto a sobrevivência celular, a proliferação celular e a morte celular programada (ver Capítulo 21).

As junções compactas vedam as cavidades do organismo e restringem a difusão dos componentes de membrana

Para que as células epiteliais polarizadas desempenhem suas funções como barreira e mediadores do transporte seletivo, os líquidos extracelulares que circundam a membrana apical e basolateral devem ser mantidos isolados. As junções compactas entre células epiteliais adjacentes estão, normalmente, localizadas logo abaixo da superfície apical e auxiliam a estabelecer e manter a polaridade celular (Figuras 20-10 e 20-16). Essas junções especializadas formam uma barreira que veda as cavidades do organismo, como o lúmen do intestino, e separa o sangue do líquido cerebrospinal do sistema nervoso central (i.e., a barreira sangue-cérebro).

As junções compactas evitam a difusão das macromoléculas e impedem, em vários graus, a difusão dos íons e de pequenas moléculas solúveis em água através das camadas epiteliais nos espaços entre as células. Elas também mantêm a polaridade das células epiteliais, impedindo a difusão das proteínas e dos glicolipídeos de membrana entre as regiões apical e basolateral da membrana plasmática, assegurando que essas regiões contenham diferentes componentes de membrana. Na realidade, a composição lipídica das regiões apical e basolateral do espaço exoplásmico é diferente. Basicamente, todos os glicolipídeos estão restritos à face exoplásmica da membrana apical, bem como todas as proteínas ligadas à membrana pela âncora de glicosil fosfatidil inositol (GPI) (ver Figura 10-19). Em contrapartida, as regiões apical e basolateral da face citosólica da camada possuem uma composição de membrana uniforme nas células epiteliais; seus lipídeos e proteínas podem, aparentemente, difundir lateralmente de uma região à outra da membrana.

As junções compactas são formadas por finos cinturões de proteínas da membrana plasmática que circundam completamente a célula e estão em contato com cinturões similares nas células adjacentes. Quando as finas secções celulares são observadas ao microscópio eletrônico, as superfícies laterais de células adjacentes parecem tocar umas às outras em intervalos e fusionarem-se em zonas logo abaixo da superfície apical (ver Figura 20-10b). Nas preparações de criofraturas, as junções compactas aparecem como uma cadeia de redes conectadas como uma série de depressões e elevações na membrana plasmática (ver Figura 20-16a). Ampliações muito maiores revelam que fileiras de partículas proteicas de 3 a 4 nm de diâmetro formam as elevações vistas nas micrografias das criofraturas das junções compactas. No modelo mostrado na Figura 20-16b, as junções compactas são formadas por uma dupla camada dessas partículas, cada uma doada por uma das células. O tratamento de um epitélio com a protease tripsina destrói as junções compactas, confirmando a hipótese de que as proteínas são componentes estruturais fundamentais dessas junções.

As duas principais proteínas integrais de membrana encontradas nas junções compactas são a *ocludina* e a *claudina* (fechar, do latim *claudere*). Quando pesquisadores produziram camundongos com mutações que inativavam o gene da ocludina, que se acreditava ser essencial à formação da junção compacta, os camundongos surpreendentemente ainda apresentavam junções compactas morfologicamente distintas. Análises posteriores levaram à descoberta da claudina. Cada uma dessas proteínas possui quatro hélices α que atravessam a membrana (Figura 20-17). Outra proteína das junções compactas, a *tricelulina*, também apresenta esta estrutura. A tricelulina é encontrada concentrada em junções onde há intersecção de três células (ver Figuras 20-12 e 20-17). A família de multigenes da claudina codifica pelo menos 24 proteínas homólogas que apresentam padrões de expressão específicos, conforme o tecido. Um grupo de *moléculas de adesão de junções* (*JAMs*) foi também identificado e contribui para a adesão homofílica e outras funções das junções compactas. As JAMs e outras proteínas de junção, os receptores do vírus *coxsackie* e do *adenovirus* (*CAR*) contêm uma única hélice α transmembrana, e pertencem às CAMs da superfamília das Ig. Os domínios extracelulares das fileiras de proteínas ocludina, claudina e JAM da membrana plasmática da célula, aparentemente, formam ligações compactas muito fortes com fileiras similares da mesma proteína na célula adjacente, criando uma forte vedação. A adesão mediada pela caderina dependente de Ca^{2+} também tem um papel importante na formação, estabilidade e função das junções compactas.

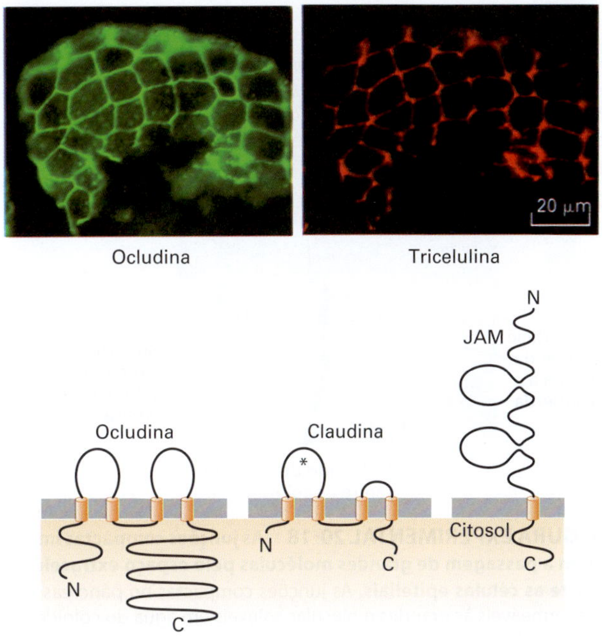

FIGURA 20-17 Proteínas mediadoras das junções compactas. Como mostra este desenho esquemático das principais proteínas das junções compactas, tanto a ocludina quanto as claudinas contêm quatro hélices transmembrana, ao passo que as moléculas de adesão das junções (JAM) possuem um único domínio transmembrana e uma grande região extracelular. A alça extracelular das claudinas que contribui significativamente para a seletividade paracelular de íons está indicada por um asterisco. Detalhe: Localização por imunofluorescência da ocludina (em verde) e tricelulina (em vermelho) no epitélio intestinal de camundongos. Observe que a tricelulina é especialmente concentrada em junções tricelulares. (Ilustração inferior adaptada de S. Tsukita et al., 2001, *Nature Rev. Mol. Cell Biol.* **2:**285. Inset from J. Ikenouchi et al., 2005, *J. Cell Biol.* **171:**939–945. Tricellulin constitutes a novel barrier at tricellular contacts of epithelial cells.)

Os longos segmentos citosólicos C-terminais da ocludina ligam-se aos domínios PDZ de determinadas proteínas adaptadoras citosólicas de grande tamanho. Os *domínios PDZ* contêm cerca de 80 a 90 aminoácidos e são encontrados em várias proteínas citosólicas; eles promovem a ligação a outras proteínas citosólicas ou à porção C-terminal de determinadas proteínas de membrana plasmática. As proteínas citosólicas contendo domínio PDZ normalmente contêm mais de um desses domínios. No genoma humano, existem cerca de 250 domínios PDZ encontrados em aproximadamente 100 proteínas. As proteínas com múltiplos domínios PDZ atuam como um suporte para a formação de grandes complexos funcionais proteicos. As proteínas adaptadoras contendo PDZ associadas à ocludina estão ligadas, por sua vez, a outras proteínas do citoesqueleto e sinalizadoras e às fibras de actina. Essas interações parecem estabilizar a ligação entre as moléculas

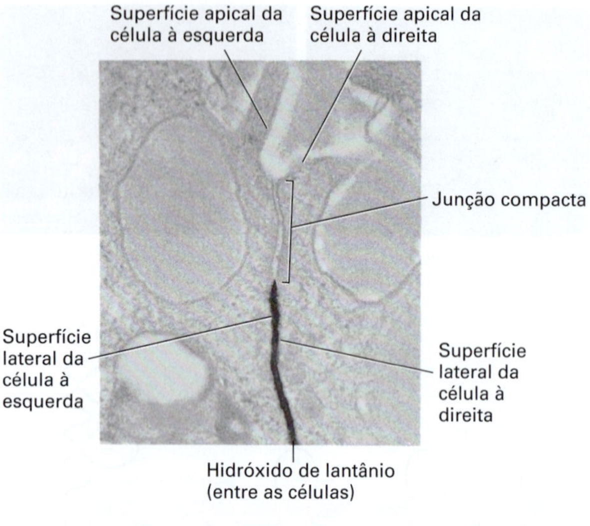

FIGURA EXPERIMENTAL 20-18 As junções compactas impedem a passagem de grandes moléculas pelo espaço extracelular entre as células epiteliais. As junções compactas no pâncreas são impermeáveis às grandes moléculas solúveis em água do coloide hidróxido de lantânio. (Cortesia de D. Friend.)

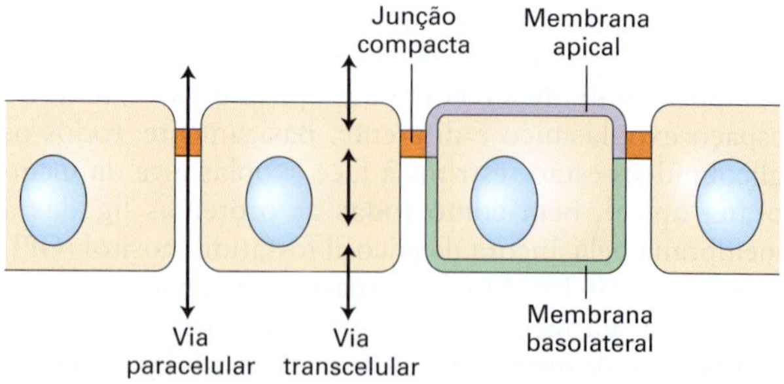

FIGURA 20-19 Vias transcelular e paracelular do transporte transepitelial. O transporte transcelular requer a captura de moléculas pela célula, em um lado, e a subsequente liberação no lado oposto, segundo os mecanismos discutidos no Capítulo 11. No transporte paracelular, as moléculas se movem extracelularmente em determinadas regiões das junções compactas, cuja permeabilidade a pequenas moléculas e íons depende da composição dos componentes da junção e do estado fisiológico das células epiteliais. (Adaptada de S. Tsukita et al., 2001, *Nat. Rev. Mol. Cell Biol.* **2:**285.)

de ocludina e claudina, essenciais para a manutenção da integridade das junções compactas. A porção C-terminal das claudinas também se liga à ZO-1, uma proteína adaptadora intracelular com múltiplos domínios PDZ, também encontrada nas junções aderentes (ver Figura 20-13). Portanto, como ocorre no caso das junções aderentes e desmossomos, as proteínas adaptadoras citosólicas e suas conexões ao citoesqueleto são componentes críticos das junções compactas.

Um experimento simples demonstra a impermeabilidade das junções compactas a determinadas substâncias solúveis em água. Nesse experimento, o hidróxido de lantânio (um coloide eletrodenso de alto peso molecular) foi injetado em um vaso sanguíneo pancreático de um animal experimental. Alguns minutos depois, as células epiteliais acinares pancreáticas foram fixadas e preparadas para microscopia. Como mostrado na Figura 20-18, o hidróxido de lantânio se difundiu do sangue para o espaço que separa as superfícies laterais de células acinares adjacentes, mas não penetrou nem passou pelas junções compactas.

Como consequência das junções compactas, o movimento de diversos nutrientes pelo epitélio intestinal não ocorre entre células, e é em grande parte realizado por uma *via transcelular*, por meio de proteínas de transporte ligadas à membrana (ver Figuras 11-30 e 20-19). Entretanto, a barreira à difusão imposta pelas junções compactas não é absoluta, pois apresenta permeabilidade seletiva ao tamanho e a íons. A importância desta permeabilidade seletiva é evidenciada pela conservação evolucionária das moléculas que a estabelecem e por doenças que surgem quando esta é rompida. Por exemplo, embriões de ratos não podem se desenvolver corretamente se sua permeabilidade seletiva estiver comprometida, pois o balanço de líquidos nos dois lados do epitélio não pode ser mantido de forma adequada. Da mesma forma, os rins dependem da correta permeabilidade das junções compactas para formar o gradiente de íons necessário à regulação normal dos líquidos corporais e à remoção dos dejetos. Devido, pelo menos em parte, às propriedades variáveis dos diferentes tipos de moléculas de claudina localizadas nas diferentes junções compactas, sua permeabilidade aos íons, às pequenas moléculas e à água varia muito entre os diferentes tecidos epiteliais. Epitélios com junções compactas de permeabilidade seletiva permitem que algumas pequenas moléculas e íons passem de um lado da camada celular para o outro através da **via paracelular**, além da via transcelular (Figura 20-19). Uma das alças extracelulares da claudina (ver Figura 20-17) parece ter uma função importante na definição da permeabilidade seletiva, conferida às junções compactas por isoformas específicas da claudina.

A permeabilidade das junções compactas pode ser alterada pelas vias de sinalização intracelular, especialmente pelas vias relacionadas à proteína G e ao AMP cíclico (ver Capítulo 15). A regulação da permeabilidade das junções compactas é estudada, normalmente, pela quantificação do fluxo de íons (resistência elétrica) ou pelo movimento de moléculas radiativas ou fluorescentes através de monocamadas de células MDCK ou outras células epiteliais (resistência transepitelial).

A importância do transporte paracelular é ilustrada por várias doenças humanas. Na hipomagnesemia hereditária, os defeitos no gene da *claudina16* impedem o fluxo paracelular normal de magnésio no rim. Isso resulta em baixos níveis sanguíneos de magnésio, o que pode levar à convulsão. Além disso, uma mutação no gene da *claudina14* causa surdez hereditária, aparentemente pela alteração do transporte ao redor das células pilosas da cóclea na orelha interna.

Alguns patógenos desenvolveram meios de explorar as moléculas nas junções compactas. Alguns utilizam as proteínas juncionais como correceptores para se ligarem às células antes de infectá-las (p. ex., vírus da hepatite C usa a *claudina1* e a *ocludina*, junto a outros dois "correceptores" para penetrar nas células hepáticas). Uns quebram a barreira juncional e atravessam o epitélio por meio do movimento paracelular, e outros produzem toxinas que alteram a função da barreira (tanto do espaço intra quanto do extracelular). Por exemplo, as toxinas produzidas pelo *Vibrio cholerae*, uma bactéria entérica que causa a cólera, modifica a permeabilidade da barreira das células epiteliais intestinais pela alteração da composição ou da atividade das junções compactas. O *Vibrio cholerae* também libera uma protease que rompe as junções compactas porque degrada a porção extracelular da ocludina. Outras toxinas bacterianas podem afetar a atividade da bomba de íons das proteínas de transporte de membrana nas células epiteliais intestinas. As mudanças induzidas por toxinas na permeabilidade das junções compactas (aumento do transporte paracelular) e nas bombas de íons mediadas por proteínas (aumento do transporte transcelular) podem resultar em perda massiva de íons internos e água do organismo para o trato gastrintestinal, o que, por sua vez, leva à diarreia e à desidratação potencialmente letal (ver Capítulo 11). ■

As junções tipo fenda compostas por conexinas permitem a passagem direta de pequenas moléculas entre células adjacentes

As primeiras micrografias eletrônicas de células em tecidos revelaram locais de contato célula-célula com um espaço intercelular característico (Figura 20-20a). Essa característica é encontrada em praticamente todas as células animais de contato e permitiu que os morfologistas denominassem essa região de junções tipo fenda. Retrospectivamente, a característica mais importante dessas junções não é a fenda de 2 a 4 nm propriamente dita, mas uma série de partículas cilíndricas bem definidas que atravessam a fenda e compõem os poros que conectam os citoplasmas de células adjacentes.

Em muitos tecidos, um número de partículas cilíndricas, de algumas até milhares, agrupa-se em regiões (p. ex., ao longo das superfícies laterais das células epiteliais; ver Figura 20-10). Quando a membrana plasmática é purificada e dissociada em pequenos fragmentos, alguns segmentos contêm, principalmente, junções tipo fenda. Devido ao seu alto conteúdo proteico, esses fragmentos possuem uma densidade maior do que a maior parte da membrana plasmática e podem ser purificados em gradiente de equilíbrio de densidade (ver Figura 9-26). Quando essas preparações são observadas em cortes transversais, as junções tipo fenda parecem como arranjos de partículas hexagonais que circundam um canal de água (Figura 20-20b).

O tamanho efetivo do poro das junções tipo fenda pode ser mensurado pela injeção nas células de um corante fluorescente covalentemente ligado a moléculas impermeáveis à bicamada da membrana, com vários tamanhos, e pela observação ao microscópio de fluorescência se há ou não passagem do corante para as células vizinhas. As junções tipo fenda entre as células de mamíferos permitem a passagem de moléculas de até 1,2 nm de diâmetro. Nos insetos, essas junções são permeáveis a moléculas de até 2 nm de diâmetro. Em geral, moléculas menores que 1.200 Da passam livremente e as maiores que 2.000 Da não passam; a passagem de moléculas de tamanho intermediário é variável e limitada. Assim, os íons, os precursores de baixo peso molecular de macromoléculas celulares, os produtos do metabolismo intermediário e as pequenas moléculas de sinalização celular podem passar de uma célula à outra pelas junções tipo fenda.

No tecido nervoso, alguns neurônios estão conectados por junções tipo fenda pelas quais passam íons rapidamente, permitindo a rápida transmissão dos sinais elétricos. A transmissão dos impulsos por meio dessas conexões, denominadas sinapses elétricas, é quase mil vezes mais rápida do que as sinapses químicas (ver Capítulo 22). As junções tipo fenda estão também presentes em muitos tecidos não neuronais nos quais elas auxiliam a integrar as atividades elétrica e metabólica de muitas células. No coração, por exemplo, as junções tipo fenda passam sinais iônicos rapidamente entre as células musculares, que estão firmemente interligadas pelos desmossomos, contribuindo para a estimulação elétrica coordenada das células musculares cardíacas durante os batimentos. Como discutido no Capítulo 15, alguns sinais hormonais extracelulares induzem a produção ou a liberação de pequenas moléculas de sinalização intracelular denominadas **segundos mensageiros** (p. ex., AMP cíclico, IP_3 e Ca^{2+}), que regulam o metabolismo celular. O estímulo hormonal de uma célula pode ativar uma resposta coordenada por essas mesmas células e pelas células vizinhas, pois os segundos mensageiros podem ser transferidos entre elas pelas junções tipo fenda. Estas sinalizações mediadas pelas junções tipo fenda desempenham um papel importante, por exemplo, na secreção de enzimas digestivas pelo pâncreas e nas ondas de contrações musculares coordenadas (peristaltia) do intestino. Outro exemplo de transporte mediado pelas junções tipo fenda é o *fenômeno da cooperação metabólica*, ou *acoplamento metabólico*, no qual a célula transfere nutrientes ou metabólitos intermediários para as células vizinhas que são incapazes de sintetizá-los. As junções tipo fenda desempenham um papel crítico no desenvolvimento das células dos óvulos nos ovários, mediando o movimento de metabólitos e moléculas sinalizadoras entre o oócito e as células circundantes da granulosa, bem como entre as células vizinhas da granulosa.

O modelo atual da estrutura da junção tipo fenda está descrito na Figura 20-20c, d, e. As junções tipo fenda dos vertebrados são compostas por **conexinas**, uma família de proteínas transmembrana estruturalmente relacionadas com peso molecular entre 26.000 e 60.000. Uma família de proteínas completamente diferente, as inexinas, forma as junções tipo fenda dos invertebrados. Uma terceira família de proteínas semelhantes às inexinas, chamadas de panexinas, foi encontrada em vertebrados e invertebrados. Cada partícula hexagonal dos vertebrados consiste em 12 moléculas de conexinas não covalentemente associadas; seis moléculas formam um semicanal conéxon cilíndrico em uma membrana plasmática ligado a um semicanal conéxon na membrana da célula adjacente, formando um canal aquoso contínuo entre as células (diâmetro com cerca de 14 Å) entre as células. Cada molécula individual de conexina possui quatro hélices α que atravessam a membrana plasmática

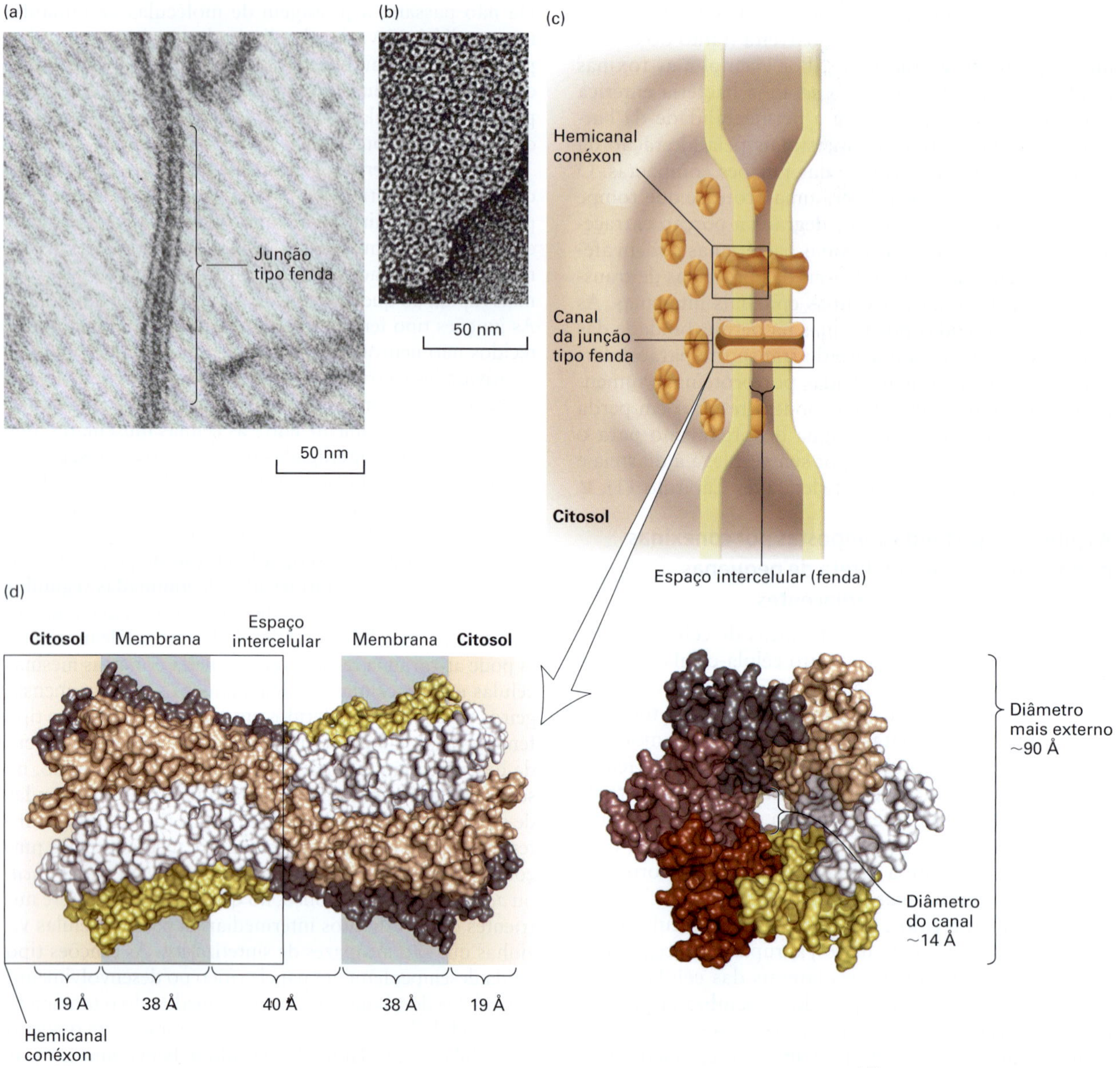

FIGURA EXPERIMENTAL 20-20 Junções tipo fenda. (a) Nesta fina secção de uma junção tipo fenda que conecta duas células do fígado de camundongo, as duas membranas plasmáticas estão associadas por uma distância de várias centenas de nanômetros, separadas por uma fenda de 2 a 3 nm. (b) Numerosas partículas mais ou menos hexagonais são visíveis nesta visão perpendicular da face citosólica de uma região da membrana plasmática enriquecida com junções tipo fenda. Cada partícula alinha-se com partículas similares na célula adjacente, formando um canal que conecta as duas células. (c) Modelo esquemático de uma junção tipo fenda que une duas membranas plasmáticas. As duas membranas contêm hemicanais conéxon, cilindros formados por seis moléculas de conexina em forma de sino. Dois conéxons se ligam na fenda entre as células formando um canal da junção tipo fenda, com 1,5 a 2,0 nm de diâmetro, que conecta o citosol das duas células. (d) Modelo do canal conéxon da junção tipo fenda recombinante humana Cx26 determinada por cristalografia por raios X (resolução de 3,5 Å). (*À esquerda*) Modelo de preenchimento de uma visão lateral da estrutura completa de dois hemicanais ligados, orientados como em (c). Cada uma das seis conexinas que formam o hemicanal conéxon possui quatro hélices transmembrana e uma cor distinta. As estruturas das alças que ligam as hélices não estão ainda bem definidas e não estão mostradas na figura. (*À direita*) Visão do citosol perpendicular à bicamada da membrana, do topo para baixo do conéxon e seu poro central. O diâmetro do poro é aproximadamente 14 Å e é revestido por vários aminoácidos polares e carregados. (Parte (a) cortesia de D. Goodenough. Parte (b) cortesia de N. Gilula. Parte (d) adaptada de S. Nakagawa et al., 2010, *Curr. Opin. Struct. Biol.* **20**(4):423–430.)

com uma topologia semelhante à da ocludina (ver Figura 20-17), resultando em 24 hélices α transmembrana em cada semicanal. As panexinas também são capazes de formar canais intercelulares; porém estes semicanais de panexina também atuam permitindo a troca direta entre os espaços intra e extracelular.

Existem 21 genes diferentes para conexinas em humanos, com diferentes grupos de conexinas sendo expressos em tipos celulares diferentes. Essa diversidade, em adição à produção de camundongos mutantes com uma mutação que inativa os genes das conexinas, chamou a atenção para a importância das conexinas em vários sistemas celulares. Algumas células expressam uma única conexina e formam canais homotípicos. A maioria das células, entretanto, expressa pelo menos duas conexinas; e essas diferentes proteínas reúnem-se em conéxons heteroligoméricos, os quais, por sua vez, formam canais heterotípicos de junções tipo fenda. A diversidade na composição do canal leva a diferenças na permeabilidade do canal. Por exemplo, os canais compostos por uma isoforma da conexina de 43 kDa, a Cx43 – a mais universal conexina expressa – são mais de cem vezes mais permeáveis ao ADP e ao ATP do que aqueles compostos pela Cx32 (32 kDa).

A permeabilidade das junções tipo fenda é regulada por modificações pós-traducionais das conexinas (p. ex., fosforilação) e é sensível a alterações do meio como pH intracelular e concentração de Ca^{2+}, potencial de membrana e diferença no potencial intercelular entre células adjacentes interconectadas (portão de voltagem). A porção N-terminal das conexinas parece ser especialmente importante no mecanismo do portão. Um exemplo da regulação fisiológica da junção tipo fenda ocorre durante o parto de mamíferos. As células musculares do útero de mamíferos devem contrair-se fortemente e de modo sincronizado durante o parto para expulsar o feto. Para facilitar esta atividade coordenada, imediatamente antes e durante o parto, ocorre um aumento de cinco a dez vezes na quantidade da principal conexina miometrial, a Cx43, e um aumento no número e no tamanho das junções tipo fenda, que diminuem rapidamente após o nascimento.

O agrupamento das conexinas, seu trânsito dentro das células e a formação das junções tipo fenda funcionais aparentemente dependem da caderina N e de suas proteínas adaptadoras associadas (p. ex., as cateninas α ou β, ZO-1 e ZO-2) bem como das proteínas desmossomais (placoglobina, desmoplaquina e placofilina-2). Os domínios PDZ na ZO-1 e ZO-2 ligam-se à porção C-terminal da Cx43 e promovem sua interação com cateninas e caderinas N. A relevância dessas relações é especialmente evidente no coração, que depende das junções tipo fenda para coordenar o rápido acoplamento elétrico e das junções aderentes e desmossomais na coordenação mecânica entre os cardiomiócitos para atingir a integração intercelular da atividade elétrica com o movimento necessário à função cardíaca normal. É importante observar que a ZO-1 atua como um adaptador para junções aderentes (ver Figura 20-13), compactas e tipo fenda, sugerindo que este e outros adaptadores podem auxiliar a integrar a formação e a função dessas diferentes junções.

As mutações nos genes da conexina causam, pelo menos, oito doenças humanas, incluindo a surdez neurossensorial (Cx26 e Cx31), a catarata ou malformações cardíacas (Cx43, Cx46 e Cx50) e a forma ligada ao X da doença Charcot-Marie-Tooth (Cx32), que é caracterizada pela degeneração progressiva dos nervos periféricos. ■

CONCEITOS-CHAVE da Seção 20.2

Junções célula-célula e célula-ECM e suas moléculas de adesão

- As células epiteliais polarizadas possuem distintas superfícies apical, basal e lateral. As microvilosidades que se projetam a partir da superfície da região apical de muitas células epiteliais expandem consideravelmente sua área de superfície.
- As três principais classes de junções celulares – junções de ancoramento, junções compactas e junções tipo fenda – agrupam as células epiteliais em camadas e promovem a comunicação entre elas (ver Figuras 20-1 e 20-10). As junções de ancoramento podem ainda ser divididas em junções aderentes, desmossomos e hemidesmossomos.
- As junções aderentes e os desmossomos são junções de ancoramento contendo caderinas que se ligam a membrana de células adjacentes, conferindo força e rigidez a todo o tecido.
- As caderinas são moléculas de adesão celular (CAMs) responsáveis por interações dependentes de Ca^{2+} entre as células nos tecidos epiteliais e outros tecidos. Elas promovem uma forte adesão célula-célula mediando as interações laterais intracelulares e intercelulares.
- As proteínas adaptadoras que se ligam ao domínio citosólico das caderinas e a outras CAMs e os receptores de adesão promovem a associação do citoesqueleto e de moléculas de sinalização à membrana plasmática (ver Figuras 20-8 e 20-13). A forte adesão célula-célula depende da ligação das CAMs ao citoesqueleto.
- Os hemidesmossomos são junções de ancoramento contendo integrinas que ligam as células aos elementos da matriz extracelular subjacente.
- As integrinas são uma grande família de proteínas de superfície celular heterodiméricas de cadeias α e β que promovem as adesões célula-célula e célula-matriz e também a sinalização de dentro para fora e de fora para dentro das células, em inúmeros tecidos.
- As junções compactas bloqueiam a difusão das proteínas e de alguns lipídeos no plano da membrana plasmática, contribuindo para a polaridade das células epiteliais. Elas também limitam e regulam o fluxo extracelular (paracelular) de água e de solutos de um lado do epitélio para o outro (ver Figura 20-19). As duas principais proteínas integrais de membrana encontradas nas junções compactas são a *ocludina* e a *claudina*.
- As junções tipo fenda são constituídas por diversas cópias de proteínas conexinas, agrupadas em um canal transmembrana que interconecta os citoplasmas de duas células adjacentes (ver Figura 20-20). Pequenas moléculas e íons podem passar pelas junções tipo fenda, permitindo o acoplamento metabólico e elétrico entre células adjacentes.

20.3 A matriz extracelular I: a lâmina basal

Nos animais, a matriz extracelular (ECM) auxilia a organizar as células em tecidos e coordenar suas funções celulares por meio da ativação das vias de sinalização intracelular que controlam o crescimento, a proliferação e a expressão gênica. A ECM pode influenciar diretamente a estrutura e a função celular e tecidual. Além disso, ela atua como um repositor para moléculas de sinalização inativas ou inacessíveis (p. ex., fatores de crescimento) que são liberados para atuar quando a ECM é rompida ou remodelada por hidrolases, como as proteases. Na realidade, fragmentos hidrolisados das macromoléculas da ECM podem ter uma atividade independente. Muitas funções da matriz necessitam de receptores de adesão transmembrana, incluindo as integrinas, que se ligam diretamente aos componentes da ECM e que também interagem, por meio de proteínas adaptadoras, com o citoesqueleto.

Os receptores de adesão ligam-se a três tipos de moléculas abundantes na matriz extracelular de todos os tecidos:

- Os **proteoglicanos**, um grupo de glicoproteínas que protegem as células e ligam vários tipos de moléculas extracelulares.
- As fibras de **colágeno**, que conferem a integridade estrutural, a força mecânica e a elasticidade.
- As **proteínas multiadesivas solúveis de matriz**, como a laminina e a fibronectina, que se ligam e realizam a ligação cruzada dos receptores de adesão de superfície celular e outros componentes da ECM.

A descrição da estrutura e das funções desses principais componentes da ECM é iniciada no contexto da lâmina basal – a matriz extracelular especializada que desempenha uma função particularmente importante na determinação de toda a arquitetura de um tecido epitelial. Na próxima seção, serão discutidas as moléculas específicas da ECM que normalmente estão presentes nos tecidos não epiteliais, incluindo o tecido conectivo.

A lâmina basal forma o arcabouço para as camadas epiteliais

Nos animais, o epitélio e os grupos mais organizados de células são sustentados ou circundados pela lâmina basal, uma rede de componentes da ECM que forma uma camada de não mais de 60 a 120 nm de espessura (Figura 20-21). A lâmina basal é estruturalmente diferente em diferentes tecidos. No epitélio colunar e em outros epitélios, como o epitélio que reveste o intestino e a pele, ela forma um suporte no qual somente uma superfície das células é apoiada. Em outros tecidos, como o muscular ou adiposo, a lâmina basal circunda cada célula. A lâmina basal desempenha um papel importante na regeneração após um dano aos tecidos e no desenvolvimento do embrião. Por exemplo, a lâmina basal auxilia a aderência das quatro a oito primeiras células do embrião. No desenvolvimento do sistema nervoso, os neurônios migram ao longo da ECM que contém os componentes da lâmina basal. Nos animais superiores, duas lâminas basais distintas são empregadas para formar a firme barreira que limita a difusão das moléculas entre o sangue e o cérebro (barreira hematoencefálica), e nos rins, uma lâmina basal especializada atua como um filtro de permeabilidade seletiva para o sangue. Nos músculos, a lâmina basal auxilia a proteger as membranas celulares de lesões durante a contração e o relaxamento e evita distrofias musculares. Assim, a lâmina basal é importante na organização das células nos teci-

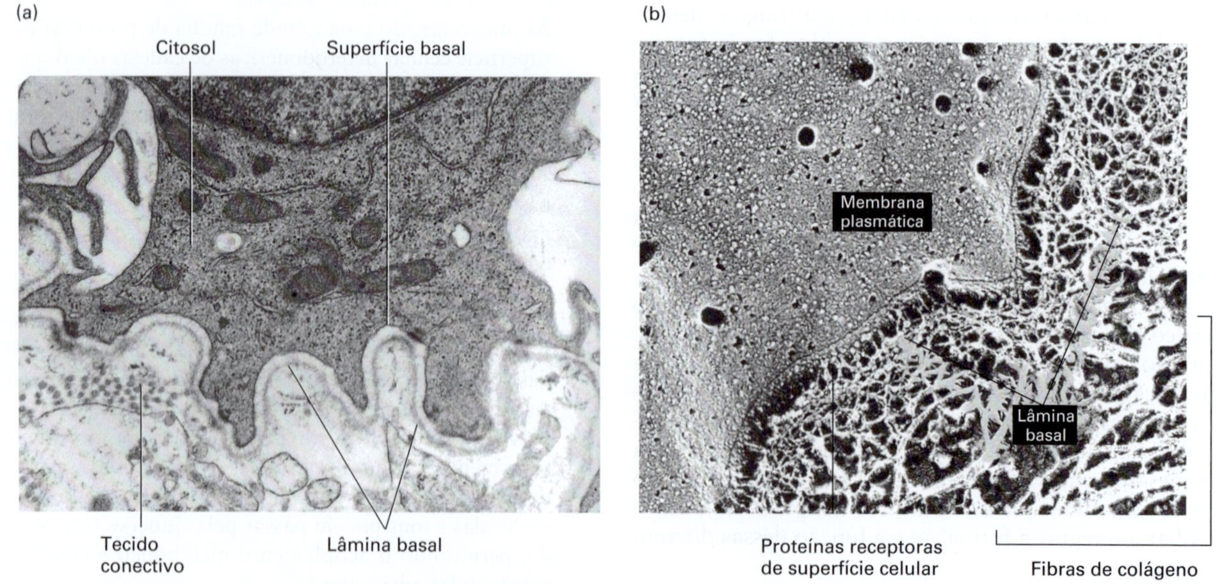

FIGURA EXPERIMENTAL 20-21 A lâmina basal separa as células epiteliais e algumas outras células do tecido conectivo. (a) Micrografia eletrônica de transmissão de uma fina secção de células (*superior*) e o tecido conectivo subadjacente (*inferior*). A camada eletrodensa da lâmina basal pode ser vista seguindo a ondulação da superfície basal das células. (b) Micrografia eletrônica de uma preparação congelada de músculo esquelético mostrando a relação entre a membrana plasmática, a lâmina basal e o tecido conectivo circundante. Nesta preparação, a lâmina basal se apresenta como uma rede de proteínas filamentosas que se associam à membrana plasmática e às espessas fibras de colágeno do tecido conectivo. (Parte (a) cortesia de P. FitzGerald. Parte (b) de D. W. Fawcett, 1981, *The Cell*, 2nd ed., Saunders/Photo Researchers; cortesia de John Heuser.)

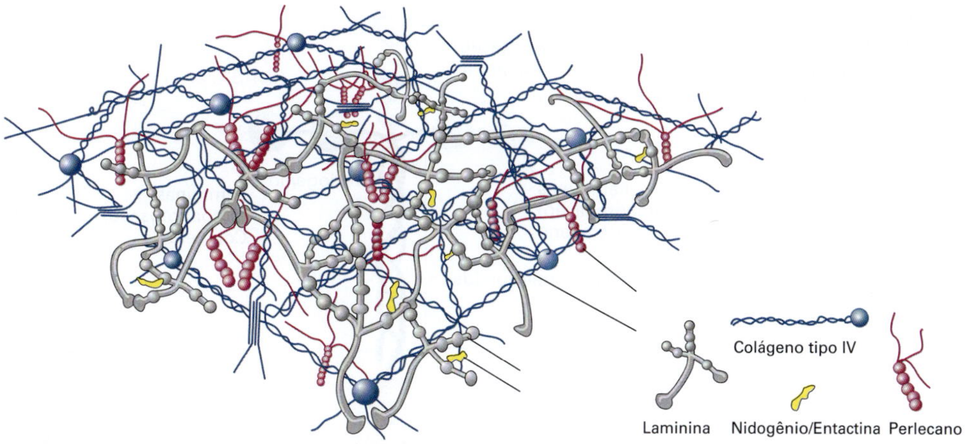

FIGURA 20-22 Principais componentes da lâmina basal. O colágeno tipo IV e a laminina formam redes bidimensionais, que estão interligadas pelas moléculas de perlecano e entactina. (Adaptada de B. Alberts et al., 1994, *Molecular Biology of the Cell*, 3d ed., Garland, p. 991.)

dos e nos diferentes compartimentos, no reparo tecidual, na formação de barreiras permeáveis e como guia para a migração das células durante o desenvolvimento. Portanto, não é surpresa que os componentes da lâmina basal tenham sido altamente conservados durante a evolução.

A maioria dos componentes da ECM na lâmina basal é sintetizada pelas células que repousam nela. Quatro componentes proteicos comuns são encontrados na lâmina basal (Figura 20-22):

- *Colágeno tipo IV*. São moléculas triméricas com domínios globulares e em forma de bastão que formam uma rede bidimensional.
- *Lamininas*. Uma família de proteínas multiadesivas que formam uma rede bidimensional fibrosa cruzada com o colágeno tipo IV e que também se ligam às integrinas e a outros receptores de adesão.
- *Perlecanos*. Um grande proteoglicano de múltiplos domínios que ligam e realizam a ligação cruzada de diversos componentes da ECM com as moléculas da superfície celular.
- *Nidogênio* (também chamado de *entactina*). Molécula em forma de bastão que realiza a ligação cruzada do colágeno tipo IV, perlecanos e laminina, auxilia a incorporação de outros componentes na ECM e estabiliza a lâmina basal.

Outras moléculas da ECM, como os membros da antiga família, em termos evolucionários, das glicoproteínas, chamadas de fibulinas, são incorporadas em diversas lâminas basais, dependendo do tecido e das necessidades funcionais específicas da lâmina basal.

Como representado na Figura 20-1, um lado da lâmina basal é ligado às células pelos receptores de adesão, incluindo as integrinas nos hemidesmossomos, que se ligam à laminina na lâmina basal. O outro lado da lâmina basal é ancorado ao tecido conectivo adjacente por uma camada de fibras de colágeno embebido em uma matriz rica em proteoglicano. No epitélio escamoso estratificado (p. ex. na pele), essa ligação é mediada pelo ancoramento das fibrilas de colágeno tipo VII. Juntas, a lâmina basal e essas fibrilas contendo colágeno formam a estrutura denominada *membrana basal*.

Laminina, uma proteína de matriz multiadesiva, auxilia na ligação cruzada dos componentes da lâmina basal

A **laminina**, a principal proteína de matriz multiadesiva na lâmina basal, é uma proteína heterotrimérica composta pelas cadeias α, β e γ. Pelo menos 16 isoformas de laminina, formadas a partir de cinco cadeias α, três β e três γ, são numeradas de acordo com sua composição: laminina-αβγ (p. ex., laminina-111 ou laminina-511). Cada laminina exibe um padrão distinto de expressão tecidual e específico para os estágios de desenvolvimento. Como mostrado na Figura 20-23, a maioria das lamininas é de proteínas grandes, com forma de cruz (peso molecular total ~820.000), embora algumas tenham forma de Y ou bastão. Os domínios globulares da porção N-terminal de cada subunidade ligam-se uns aos outros, promovendo a autoformação da laminina em uma rede que, com a ligação aos receptores de laminina das células, é fundamental à formação da lâmina basal. Cinco *domínios LG* globulares na porção C-terminal da subunidade α da laminina promovem a ligação Ca^{2+}-dependente aos receptores de laminina na superfície celular, incluindo algumas integrinas (ver Tabela 20-3), e também a glicolipídeos sulfatos, sindecano e distroglicano, que serão descritos mais adiante na Seção 20.4. Algumas dessas interações são mediadas por carboidratos de carga negativa nos receptores. Os domínios LG são encontrados em uma ampla variedade de proteínas e podem mediar a ligação com os esteroides e com as proteínas, bem como com carboidratos. A laminina é o principal ligante das integrinas na lâmina basal.

O colágeno tipo IV que forma camadas é o principal componente estrutural da lâmina basal

O colágeno tipo IV, em conjunto com a laminina, é o principal componente estrutural de todas as lâminas basais, podendo ligar-se a receptores de adesão, incluindo algumas integrinas. O colágeno tipo IV é um dos 28 ti-

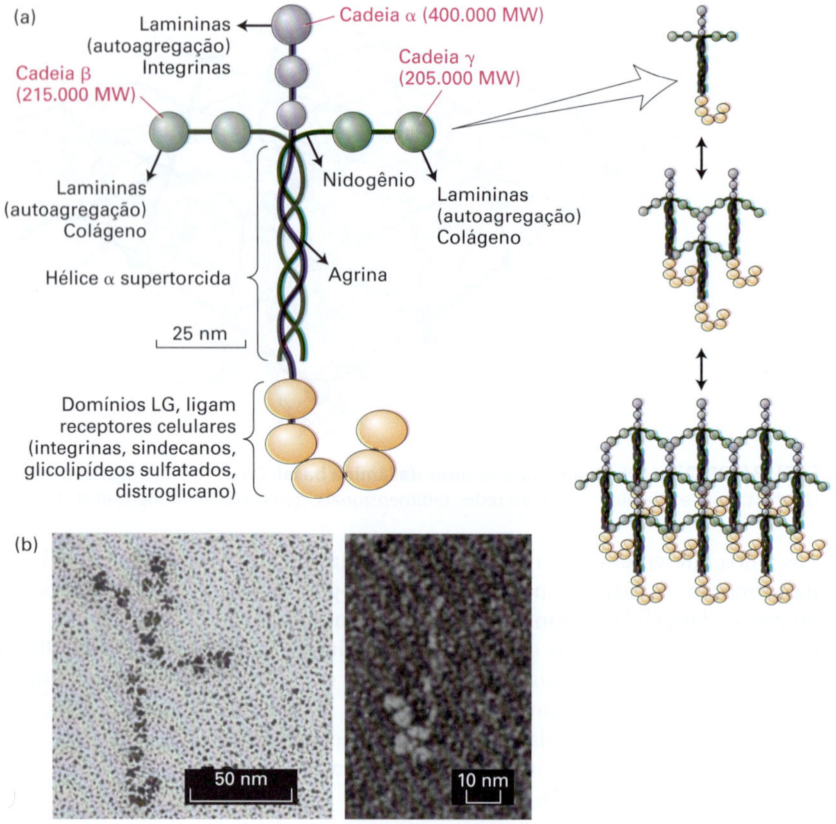

FIGURA 20-23 Laminina, uma proteína de matriz heterotrimérica multiadesiva encontrada em todas as lâminas basais. (a) Modelo esquemático mostrando a forma de cruz da laminina, a localização dos domínios globulares e a região da hélice torcida na qual as três cadeias de laminina estão covalentemente ligadas por várias pontes dissulfídricas. As diferentes regiões da laminina se ligam aos receptores de superfície celular e a vários componentes da matriz (indicados por setas). Detalhe: As lamininas se agrupam por meio de interações entre seus domínios globulares N-terminais. (b) Micrografia eletrônica da molécula de laminina intacta mostrando sua característica aparência de cruz (*à esquerda*) e os domínios LG ligadores de carboidratos próximos a porção C-terminal (*à direita*). (Parte (a) adaptada de G. R. Martin and R. Timpl, 1987, *Ann. Rev. Cell Biol.* **3:**57, Durbeej M. Laminins, 2010, *Cell Tissue Res.* **339**(1):259–268; and S. Meinen, P. Barzaghi, S. Lin, H. Lochmüller, and M. A. Ruegg, 2007, *J. Cell Biol.* **176**(7):979–993. Part (b) de R. Timpl et al., 2000, *Matrix Biol.* **19:**309; foto da direita cortesia de Jürgen Engel.)

pos de colágeno que participam da formação das diferentes matrizes extracelulares dos vários tecidos (Tabela 20-4). Existem pelo menos outros 20 tipos de proteínas adicionais semelhantes ao colágeno (como os colágenos de defesa do hospedeiro) no proteoma humano. Embora eles sejam diferentes em certas características estruturais e na distribuição tecidual, todos os colágenos são proteínas triméricas compostas por três polipeptídeos, cada um codificado por pelo menos um dos 43 genes em humanos, normalmente chamados de cadeias α de colágeno. Todas as três cadeias α podem ser iguais (homotrimérica) ou diferentes (heterotrimérica). Todas ou partes da molécula tripla de colágeno são torcidas juntas, formando uma tripla-hélice *colagenosa*. Quando há a formação de mais de um segmento de tripla-hélice, estes segmentos são unidos por regiões não helicoidais da proteína. No segmento helicoidal, cada uma das três cadeias α é torcida em uma hélice voltada para a esquerda, e, a partir daí, as três cadeias se enrolam ao redor umas das outras para formar uma tripla-hélice voltada para a direita (Figura 20-24).

A tripla-hélice de colágeno pode ser formada devido a uma abundância pouco comum de três aminoácidos: glicina, prolina e uma forma modificada da prolina, denominada hidroxiprolina (ver Figura 2-15). Elas formam o domínio característico Gly-X-Y, em que X e Y podem ser quaisquer aminoácidos, mas, frequentemente, são

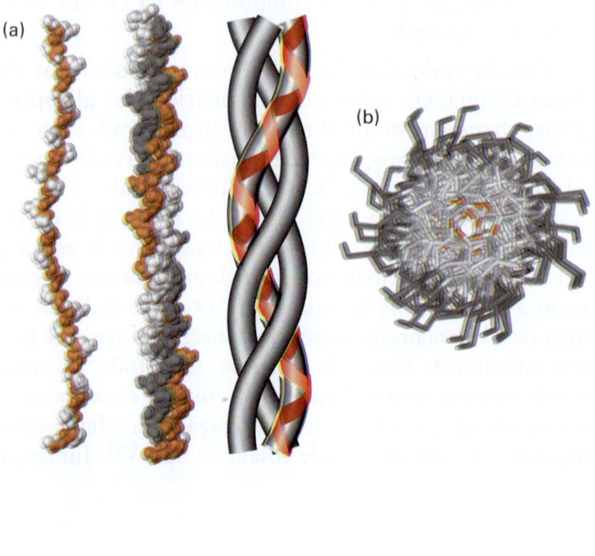

FIGURA 20-24 A tripla-hélice do colágeno. (a) (*À esquerda*) Visão lateral da estrutura do cristal de um fragmento polipeptídico cuja sequência é baseada em séries de repetições de três aminoácidos Gly-X-Y, característica da cadeia α do colágeno. (*Ao centro*) Cada cadeia é uma hélice torcida para a esquerda e as três cadeias circundam umas às outras para formar uma tripla-hélice para a direita. O modelo esquemático (*à direita*) ilustra claramente a estrutura da tripla-hélice e mostra a torção à esquerda das cadeias individuais do colágeno (linha vermelha). (b) Visão do topo para baixo do eixo da tripla-hélice. As cadeias laterais protônicas dos resíduos de glicina (cor de laranja) apontam para o espaço restrito entre as cadeias polipeptídicas no centro da tripla-hélice. Nas mutações do colágeno em que outros aminoácidos substituem a glicina, o próton da glicina é substituído por grupos mais volumosos que rompem o empacotamento das cadeias e desestabilizam a estrutura da tripla-hélice. (Adaptada de R. Z. Kramer et al., 2001, *J. Mol. Biol.* **311:**131.)

TABELA 20-4 Colágenos selecionados

Tipo	Composição da molécula	Características estruturais	Tecidos representativos
COLÁGENOS FIBRILARES			
I	$[\alpha1(I)]_2[\alpha2(I)]$	Fibrilas de 300 nm de comprimento	Pele, tendão, ossos, ligamentos, dentina, tecido intersticial
II	$[\alpha1(II)]_3$	Fibrilas de 300 nm de comprimento	Cartilagem, humor vítreo
III	$[\alpha1(III)]_3$	Fibrilas de 300 nm de comprimento, frequentemente com tipo I	Pele, músculo, vasos sanguíneos
V	$[\alpha1(V)]_2[\alpha2(V)], [\alpha1(V)]_3$	Fibrilas de 390 nm de comprimento com extensão N-terminal globular, geralmente com tipo I	Córnea, dentes, ossos, placenta, pele, músculo liso
COLÁGENOS ASSOCIADOS A FIBRILAS			
VI	$[\alpha1(VI)][\alpha2(VI)][\alpha3(VI)]$	Associação lateral com o tipo I, domínios globulares periódicos	Maioria dos tecidos intersticiais
IX	$[\alpha1(IX)][\alpha2(IX)][\alpha3(IX)]$	Associação lateral com o tipo II, domínios globulares N-terminal, ligados à GAG	Cartilagem, humor vítreo
COLÁGENOS DE ANCORAMENTO E FORMADORES DE CAMADAS			
IV	$[\alpha1(IV)]_2[\alpha2(IV)]$	Rede bidimensional	Todas as lâminas basais
VII	$[\alpha1(VII)]_3$	Longas fibrilas	Abaixo da lâmina basal da pele
XV	$[\alpha1(XV)]_3$	Proteínas do núcleo do proteoglicano sulfato de condroitina	Amplamente distribuído, próximo à lâmina basal dos músculos
COLÁGENOS TRANSMEMBRANA			
XIII	$[\alpha1(XIII)]_3$	Proteína integral de membrana	Hemidesmossomos na pele
XVII	$[\alpha1(XVII)]_3$	Proteína integral de membrana	Hemidesmossomos na pele
COLÁGENOS DE DEFESA DO HOSPEDEIRO			
Colectinas		Oligômeros de tripla- hélice, domínios lectina	Sangue, espaço alveolar
C1q		Oligômeros de tripla- hélice	Sangue (complemento)
Receptores de varredura de classe A		Proteínas de membrana homotrimérica	Macrófagos

Fontes: K. Kuhn, 1987, in R. Mayne and R. Burgeson, eds., *Structure and Function of Collagen Types*, Academic Press, p. 2; and M. van der Rest and R. Garrone, 1991, FASEB J. 5:2814.

prolina e hidroxiprolina e, às vezes, lisina e hidroxilisina. A glicina é essencial, porque sua pequena cadeia lateral, um átomo de hidrogênio, é a única que se encaixa no centro repleto da tripla-hélice (ver Figura 20-24). Ligações de hidrogênio auxiliam a manter as três cadeias juntas. Embora as rígidas ligações da peptidil-prolina e peptidil-hidroxiprolina não sejam compatíveis com a formação de uma hélice α de fita simples clássica, elas estabilizam as inconfundíveis tripla-hélices de colágeno. O grupamento hidroxila da hidroxiprolina auxilia a manter seu anel em uma conformação que estabiliza a tripla-hélice.

Há uma grande quantidade de receptores de superfície celular diferentes para o colágeno IV e outros tipos de colágenos, discutidos na próxima seção. Estes receptores de superfície incluem algumas integrinas, receptores 1 e 2 do domínio discoidina (receptores de tirosina-cinase), glicoproteína VI (nas plaquetas), receptor 1 de Ig associado a leucócitos, membros da família de receptores da manose e uma forma modificada da proteína CD44. Eles realizam funções críticas, auxiliando a formação da ECM e integrando a atividade celular à ECM.

As propriedades únicas de cada tipo de colágeno se devem, principalmente, a diferenças (1) no número e na extensão dos segmentos de tripla-hélice de colágeno, (2) nos segmentos que flanqueiam ou interrompem os segmentos de tripla-hélice e que se dobram em outros tipos de estruturas tridimensionais; e (3) na modificação covalente das cadeias α (p. ex., hidroxilação, glicosilação, oxidação e ligação cruzada).

Por exemplo, as cadeias de colágeno tipo IV, exclusivas da lâmina basal, são designadas cadeias IVα. Os mamíferos expressam seis cadeias IVα homólogas, as quais se agrupam em uma série de colágenos tipo IV com propriedades distintas. Todos os subtipos de colágeno tipo IV, entretanto, formam uma tripla-hélice de 400 nm de extensão (Figura 20-25) que é interrompida umas 24

ANIMAÇÃO EM FOCO: Formação do colágeno tipo IV

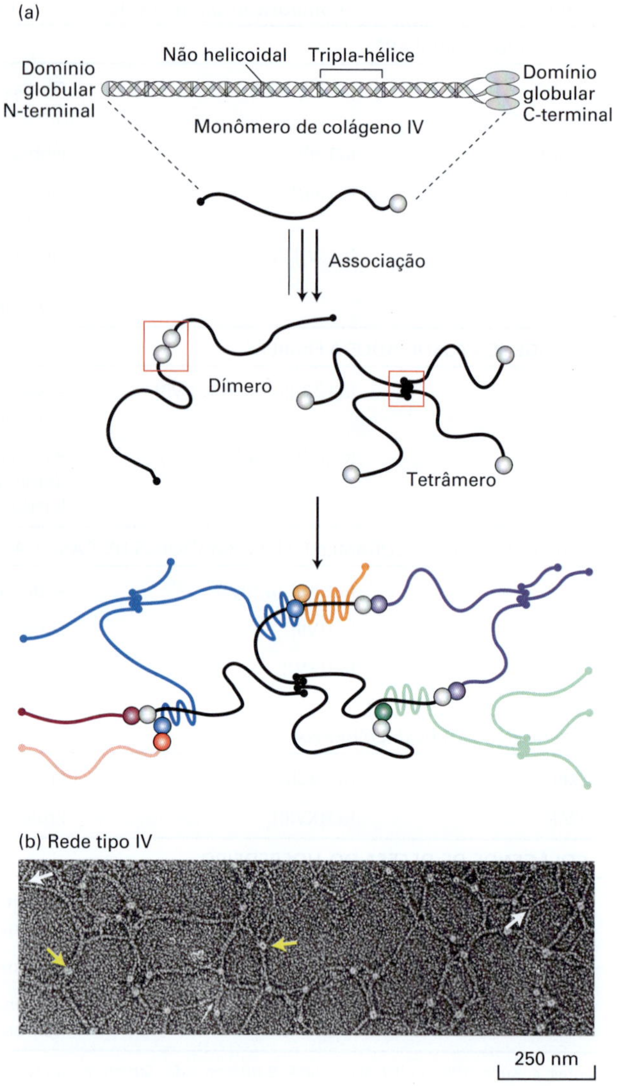

FIGURA 20-25 Estrutura e montagem do colágeno tipo IV. (a) Representação esquemática do colágeno tipo IV. Esta molécula de 400 nm de comprimento tem um pequeno domínio globular que não é colagenoso na porção N-terminal e um grande domínio globular C-terminal. A tripla-hélice é interrompida por segmentos não helicoidais que introduzem torções flexíveis na molécula. As interações laterais entre os triplos segmentos helicoidais, bem como as interações cabeça-cabeça e cauda-cauda entre os domínios globulares, formam dímeros, tetrâmeros e complexos de ordem superior, produzindo uma rede plana. Diversas ligações incomuns sulfiliminas (—S=N—) ou tioéster entre resíduos de hidroxilisina (ou lisina) e metionina fazem a ligação cruzada de alguns domínios C-terminais adjacentes, contribuindo para a estabilidade da rede. (b) Micrografia eletrônica da rede de colágeno tipo IV formada *in vitro*. A aparência de tela resulta da flexibilidade da molécula, das ligações lado a lado entre os segmentos da tripla-hélice (setas brancas) e das interações entre os domínios globulares C-terminal (setas em amarelo). (Parte (a) adaptada de A. Boutaud, 2000, *J. Biol. Chem.* **275:**30716. Parte (b) cortesia de P. Yurchenco; ver P. Yurchenco and G. C. Ruben, 1987, *J. Cell Biol.* **105:**2559.)

vezes por segmentos não helicoidais e flanqueados por grandes domínios globulares na porção C-terminal das cadeias e pequenos domínios globulares N-terminais. As regiões não helicoidais fornecem flexibilidade à molécula. Por meio das associações e interações impostas pelos domínios globulares C e N-terminais, as moléculas de colágeno tipo IV organizam-se em uma rede fibrosa bidimensional irregular e ramificada que forma uma tela na qual se desenvolve a lâmina basal (ver Figuras 20-22 e 20-25).

No rim, uma dupla lâmina basal, a membrana basal glomerular, separa o epitélio que reveste o espaço urinário do endotélio que reveste os capilares cheios de sangue. Um defeito nessa estrutura, responsável pela ultrafiltração do sangue e pela formação inicial da urina, pode levar à falência renal. Por exemplo, as mutações que alteram os domínios globulares C-terminais de certas cadeias IVα estão associadas à falência renal progressiva, bem como à perda de audição neurossensorial e a anormalidades oculares, uma doença conhecida como *síndrome de Alport.* Na *síndrome de Goodpasture*, uma doença autoimune relativamente rara, os "autoanticorpos" se ligam às cadeias α3 do colágeno tipo IV encontrado na membrana basal glomerular e nos pulmões. Essa ligação desencadeia uma resposta imune que causa lesões celulares, resultando em falência renal progressiva e hemorragia pulmonar. ■

O perlecano, um proteoglicano, forma ligações cruzadas entre os componentes da lâmina basal e receptores da superfície celular

O **perlecano**, o principal proteoglicano secretado na lâmina basal, consiste em uma grande proteína de múltiplos domínios no cerne (~470 kDa) formada por repetições de cinco domínios diferentes, incluindo os domínios semelhantes aos LG da laminina e domínios Ig. As várias repetições globulares dão uma aparência de um colar de pérolas quando visto ao microscópio eletrônico, daí o nome perlecano. O perlecano é uma glicoproteína que contém três tipos de cadeias polissacarídicas em ligação covalente: ligada ao *N* (ver Capítulo 14); ligada ao *O*; e glicosaminoglicanos (GAGs). (Açúcares ligados ao O e GAGs são discutidos na Seção 20.4). As GAGs são longos polímeros lineares de repetições de dissacarídeos. As glicoproteínas contendo cadeias de GAG em ligação covalente são chamadas de **proteoglicanos.** O componente proteico de um proteoglicano é normalmente denominado proteína do cerne, sobre o qual as cadeias de GAG estão ligadas. Tanto o componente proteico quanto as GAGs do perlecano contribuem para sua capacidade de se incorporar e definir a estrutura e função da lâmina basal. Devido aos seus múltiplos domínios e cadeias polissacarídicas com propriedades de ligação características, o perlecano liga-se a várias outras moléculas, incluindo outros componentes da ECM (p. ex., laminina e nidogênio), receptores da superfície celular e fatores de crescimento

CONCEITOS-CHAVE da Seção 20.3

A matriz extracelular I: a lâmina basal

- A lâmina basal, uma fina rede de moléculas de matriz extracelular (ECM), separa do tecido conectivo adjacente a maior parte dos epitélios e de outros grupos organizados de células. Juntos, a lâmina basal e a lamina reticular colagenosa formam uma estrutura denominada membrana basal.
- Quatro proteínas da ECM são encontradas em todas as lâminas basais (ver Figura 20-22): a laminina, (uma proteína de matriz multiadesiva), o colágeno tipo IV, o perlecano (uma glicoproteína) e nidogênio/entactina.
- Os receptores de adesão de superfície celular como as integrinas ancoram as células à lâmina basal, a qual, por sua vez, é conectada a outros componentes da ECM (ver Figura 20-1). A laminina na lâmina basal é o principal ligante da integrina $\alpha6\beta4$ (ver Tabela 20-3).
- As grandes e flexíveis moléculas de colágeno tipo IV interagem nas suas extremidades e lateralmente para formar uma cadeia principal em forma de rede, ao qual outros componentes da ECM e receptores de adesão podem se ligar (ver Figuras 20-22 e 20-25).
- O colágeno tipo IV é um membro da família de proteínas de colágeno que diferem pela presença de sequências repetidas do tripeptídeo Gly-X-Y e dão origem à estrutura de tripla-hélice do colágeno (ver Figura 20-24). Os diferentes colágenos são distinguidos pela extensão e pelas modificações químicas de suas cadeias α e pelos segmentos que interrompem ou flanqueiam as regiões de tripla-hélice.
- O perlecano, um grande proteoglicano secretado que está presente principalmente na lâmina basal, liga muitos componentes da ECM e também receptores de adesão. Os proteoglicanos consistem em proteínas do cerne associadas à membrana ou secretadas ligadas covalentemente a uma ou mais cadeias especializadas de polissacarídeos chamadas de glicosaminoglicanos (GAGs).

polipeptídico. A ligação simultânea a estas moléculas resulta nas ligações cruzadas mediadas pelo perlecano. O perlecano pode ser encontrado na lâmina basal e na lâmina não basal da ECM. O receptor de adesão distroglicano pode se ligar ao perlecano diretamente, por meio de seus domínios LG, e indiretamente, por ligação a laminina. Em humanos, mutações no gene do perlecano podem resultar em nanismo ou em anormalidades musculares, aparentemente devido a disfunções na junção neuromuscular que controla o movimento muscular.

20.4 A matriz extracelular II: o tecido conectivo

O tecido conectivo, como tendões e cartilagens, difere dos outros tecidos sólidos porque a maior parte de seu volume consiste em matriz extracelular, e não em células. Esta matriz é compactada com fibras de proteína insolúveis. Os componentes principais da ECM do tecido conectivo, muitos dos quais encontrados também em outros tipos de tecidos, são:

- *Colágenos*, moléculas triméricas normalmente agregadas que formam fibras (*colágenos fibrilares*);
- *Glicosaminoglicanos (GAGs)*, cadeias de polissacarídeos especializadas em dissacarídeos específicos repetidos, que podem ser altamente hidratadas e conferem propriedades físicas e de ligação diferentes (p. ex., resistência à compressão);
- *Proteoglicanos*, glicoproteínas contendo uma ou mais cadeias de GAG em ligação covalente;
- *Proteínas multiadesivas*, grandes proteínas com múltiplos domínios geralmente compostas por várias cópias (repetições) de uns poucos domínios característicos que se ligam e fazem ligação cruzada com uma variedade de receptores adesivos e componentes da ECM;
- *Elastina*, uma proteína que forma o cerne elástico das fibras elásticas.

O colágeno é a proteína fibrosa mais abundante do tecido conectivo. As fibras elásticas de **elastina**, que podem ser esticadas e relaxadas, também estão presentes em locais deformáveis (p. ex., pele, tendão e coração). As fibronectinas, uma família de proteínas de matriz multiadesivas, formam suas próprias fibrilas distintas na matriz da maioria dos tecidos conectivos. Embora diversos tipos de células sejam encontrados nos tecidos conectivos, os vários componentes da ECM são produzidos, principalmente, por células denominadas fibroblastos. Nesta seção, serão exploradas a estrutura e a função dos vários componentes da ECM do tecido conectivo, bem como a maneira pela qual a ECM é degradada e remodelada por uma variedade de proteases especializadas.

Os colágenos fibrilares são as principais proteínas fibrosas da ECM do tecido conectivo

Cerca de 80 a 90% do colágeno do organismo consiste em **colágenos fibrilares** (tipos I, II e III), localizados principalmente no tecido conectivo (ver Tabela 20-4). Devido a sua abundância nos tecidos ricos em tendões, como a cauda dos ratos, o colágeno tipo I é fácil de ser isolado e foi o primeiro colágeno a ser caracterizado. Sua estrutura fundamental é uma tripla-hélice longa (300 nm) e fina (1,5 nm de diâmetro) (ver Figura 20-24), contendo duas cadeias $\alpha1$(I) e uma $\alpha2$ (I), cada uma com 1.050 aminoácidos de comprimento. As moléculas da tripla-hélice ligam-se fortemente e unem-se, formando microfibras que se associam em polímeros de ordem superior, denominados *fibrilas* de colágeno, os quais, por sua vez, se agregam em feixes maiores, denominados *fibras* de colágeno (Figura 20-26).

As classes de colágeno que são menos abundantes, mas não menos importantes, incluem os *colágenos associados a fibrilas*, que ligam os colágenos fibrilares uns aos outros ou a outros componentes da ECM; os *colágenos de ancoramento* e *formadores de camadas*, que formam uma rede bidimensional na lâmina basal (tipo IV) e conectam a lâmina basal da pele ao tecido conectivo subjacente (tipo VII); os *colágenos transmembrana*, que atuam como receptores de adesão; e os *colágenos de*

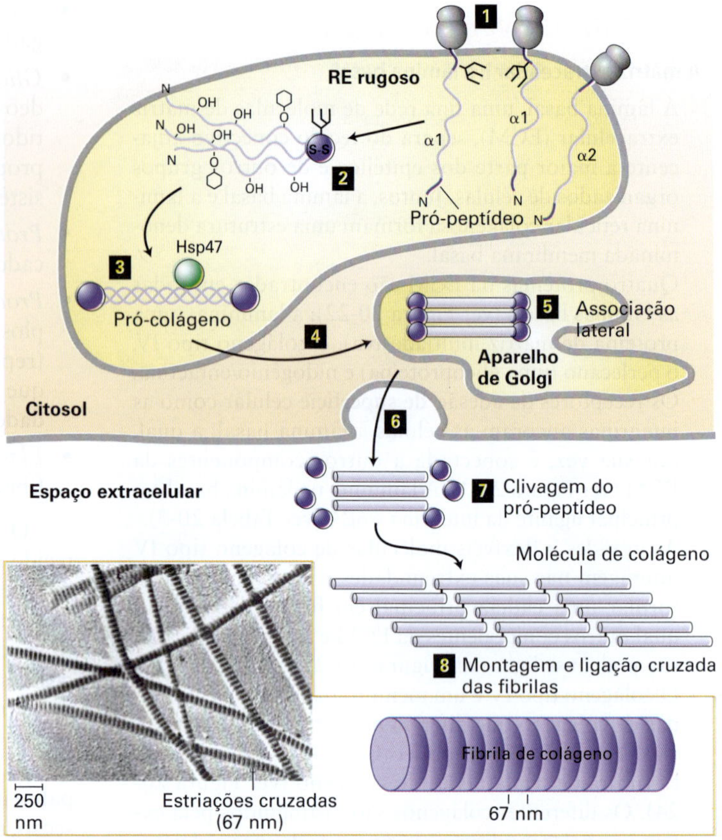

FIGURA 20-26 Biossíntese dos colágenos fibrilares. Etapa **1**: a cadeia α do pró-colágeno é sintetizada nos ribossomos associados com a membrana do retículo endoplasmático (RE) e os oligossacarídeos ligados à asparagina são adicionados ao pró-peptídeo C-terminal no RE. Etapa **2**: os pró-peptídeos se associam para formar trímeros e são covalentemente ligados por pontes dissulfídricas; os resíduos selecionados nas repetições da trinca Gly-X-Y são covalentemente modificados (certas prolinas e lisinas são hidroxiladas, a galactose [Gal] ou galactose-glicose [hexágonos] é ligada a algumas hidroxilisinas, as prolinas são isomerizadas *cis* → *trans*). Etapa **3**: as modificações facilitam a formação da estrutura em forma de zíper, a estabilização da tripla-hélice e a ligação pela proteína chaperona Hsp47 (ver Capítulo 13), a qual pode estabilizar as hélices, ou impedir a agregação prematura dos trímeros, ou ambos. Etapa **4** e **5**: os pró-colágenos dobrados são transportados para o aparelho de Golgi, onde ocorrem associações laterais em pequenos feixes. As cadeias são, então, secretadas (etapa **6**), os pró-peptídeos N- e C-terminais são removidos (etapa **7**) e os trímeros reúnem-se em fibrilas e são ligados de forma cruzada (etapa **8**). Os 67 nm de trímeros alternados conferem uma aparência estriada às fibrilas na micrografia eletrônica (foto menor). (Adaptada de A. V. Persikov and B. Brodsky, 2002, *Proc. Nat'l. Acad. Sci. USA* **99**:1101-1103.)

defesa do hospedeiro, que auxiliam no reconhecimento e na eliminação dos patógenos. É interessante observar que vários colágenos (p. ex., os tipos IX, XVIII e XV) são também proteoglicanos com GAGs covalentemente ligadas (ver Tabela 20-4).

O colágeno fibrilar é secretado e montado nas fibrilas fora da célula

Os colágenos fibrilares são proteínas secretadas, produzidas principalmente pelos fibroblastos da ECM. A biossíntese e a secreção do colágeno seguem a via normal para as proteínas secretadas, a qual é descrita em detalhe nos Capítulos 13 e 14. As cadeias α do colágeno são sintetizadas como grandes precursoras, denominadas cadeias pró-α, pelos ribossomos ligados ao retículo endoplasmático (RE). As cadeias pró-α sofrem uma série de modificações covalentes e enovelamentos em moléculas de *pró-colágeno* de tripla-hélice, antes de sua liberação pela célula (Figura 20-26).

Após a secreção do pró-colágeno pela célula, as peptidases extracelulares removem os pró-peptídeos C- e N-terminais. Nos colágenos fibrilares, as moléculas resultantes, formadas quase completamente por uma hélice de três fitas, associam-se lateralmente, formando as fibrilas com 50 a 200 nm de diâmetro. Nas fibrilas, a distância entre as moléculas de colágeno adjacentes é de 67 nm, cerca de um quarto de seu comprimento. Esse arranjo produz um efeito estriado que pode ser visualizado nas micrografias eletrônicas das fibrilas de colágeno (ver Figura 20-26, *detalhe*). As propriedades únicas dos colágenos fibrilares se devem principalmente à formação das fibrilas.

Pequenos segmentos sem tripla-hélice, localizados nas extremidades das cadeias α do colágeno, são de especial importância na formação das fibrilas de colágeno. As cadeias laterais de lisina e hidroxilisina desses segmentos são covalentemente modificadas por lisiloxidases extracelulares, formando aldeídos no lugar dos grupamentos amina no final das cadeias laterais. Esses grupos aldeído reativos formam ligações cruzadas covalentes com os resíduos de lisina, hidroxilisina e histidina das moléculas adjacentes. Essa ligação cruzada estabiliza o empacotamento lado a lado das moléculas de colágeno, produzindo uma forte fibrila. A remoção dos pró-peptídeos e das ligações covalentes cruzadas ocorre no espaço extracelular para evitar uma montagem potencialmente catastrófica das fibrilas dentro da célula.

As modificações pós-tradução das cadeias pró- α são essenciais para a formação das moléculas de colágeno maduras e sua montagem em fibrilas. Um defeito nessas modificações apresenta sérias consequências, que os marinheiros de antigamente muitas vezes experimentavam. Por exemplo, o ácido ascórbico (vitamina C) é um cofator essencial para as hidroxilases responsáveis pela adição dos grupamentos hidroxila aos resíduos de prolina e lisina nas cadeias pró- α. Nas células sem o ascorbato, como na doença escorbuto, as cadeias pró- α não são hidroxiladas o suficiente para formar um pró-colágeno estável de tripla-hélice na temperatura corporal normal, e

VÍDEO: Formação do colágeno tipo I

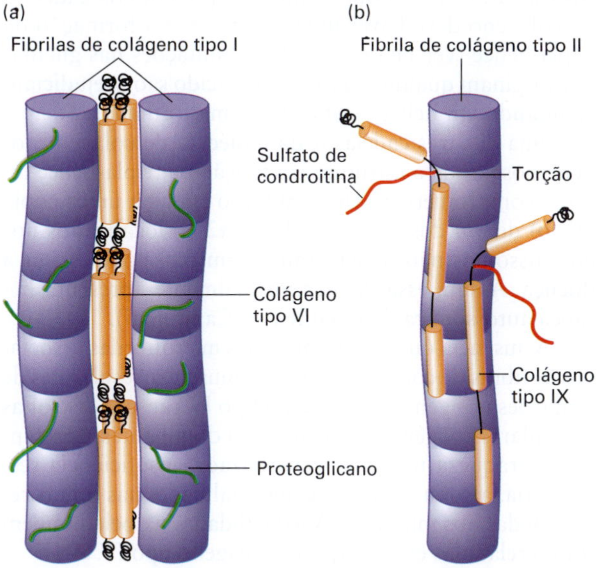

FIGURA 20-27 Interações do colágeno fibroso com os colágenos associados às fibrilas não fibrosos. (a) Nos tendões, as fibrilas do tipo I são todas orientadas na direção do estresse aplicado ao tendão. Os proteoglicanos e o colágeno tipo VI ligam-se não covalentemente às fibrilas, recobrindo a superfície. As microfibrilas do colágeno tipo VI, que contêm segmentos de tripla-hélice e globulares, ligam-se com as fibrilas tipo I e as mantêm unidas em fibras mais espessas. (b) Nas cartilagens, as moléculas de colágeno tipo IX são covalentemente ligadas em intervalos regulares ao longo das fibrilas do tipo II. Uma cadeia do sulfato de condroitina, covalentemente ligada à cadeia α2(IX) da torção flexível, projeta-se para fora da fibrila, assim como a região globular N-terminal. (Parte (a), ver R. R. Bruns et al., 1986, *J. Cell Biol.* **103:**393. Parte (b), ver L. M. Shaw and B. Olson, 1991, *Trends Biochem. Sci.* **18:**191.)

o pró-colágeno que é formado não consegue se montar em fibrilas normais. Sem o suporte estrutural do colágeno, os vasos sanguíneos, os tendões e a pele tornam-se frágeis. Frutas frescas na dieta podem suprir a vitamina C necessária à formação normal de colágeno. Historicamente, os antigos marinheiros britânicos recebiam limões para prevenir o escorbuto e, por isso, eram chamados de "limoeiros". Mutações nos genes das lisil-hidroxilases também podem causar defeitos no tecido conectivo. ■

Os colágenos tipo I e II se associam a colágenos não fibrilares para formar estruturas distintas

Os colágenos diferem em sua capacidade de formar fibras e organizá-las em redes. Entre os tipos predominantes de colágeno encontrados nos tecidos conectivos, o colágeno tipo I forma fibras longas, enquanto o colágeno tipo II forma estruturas em forma de rede. Nos tendões, por exemplo, longas fibras de colágeno tipo I conectam os músculos aos ossos e devem suportar uma força enorme. Como as fibras de colágeno tipo I apresentam uma grande força elástica, os tendões podem ser esticados sem que sejam rompidos. Além disso, grama a grama, o colágeno tipo I é mais forte do que o aço. Dois colágenos fibrilares quantitativamente inferiores, tipo V e tipo XI, coagrupam-se nas fibras de colágeno tipo I, regulando as estruturas e propriedades das fibras. A incorporação do colágeno tipo V, por exemplo, resulta em uma fibra de menor diâmetro.

As fibrilas de colágeno tipo I são também utilizadas como bastões de reforço na construção dos ossos. Os ossos e os dentes são duros e fortes porque contêm grandes quantidades de dalite, um mineral cristalino que contém fosfato e cálcio. A maioria dos ossos é composta por cerca de 70% de minerais e 30% de proteínas, e a maior parte dessa proteína é colágeno do tipo I. Os ossos são formados quando determinadas células (condrócitos e osteoblastos) secretam fibrilas de colágeno que são, então, mineralizadas pela deposição de pequenos cristais de dalite.

Em muitos tecidos conectivos, o colágeno tipo I e os proteoglicanos são ligados não covalentemente às laterais das fibrilas do tipo I e podem mantê-las unidas para formar fibras de colágeno mais espessas (Figura 20-27a). O colágeno tipo VI é pouco comum, pois sua molécula consiste em uma tripla-hélice relativamente curta com domínios globulares nas duas extremidades. A associação lateral de dois monômeros tipo VI gera um "dímero antiparalelo". A associação desses dímeros, pelas extremidades, por meio de seus domínios globulares, forma as "microfibrilas" tipo VI. Estas microfibrilas têm a aparência de um colar de contas, com regiões de tripla-hélice de 60 nm de extensão separadas por domínios globulares de 40 nm de comprimento.

As fibrilas de colágeno tipo II, o principal colágeno das cartilagens, têm diâmetro menor do que as fibrilas tipo I e são orientadas ao acaso em uma matriz viscosa de proteoglicanos. As rígidas fibrilas de colágeno conferem força e compressibilidade à matriz, o que permite resistência a grandes deformações em sua forma. As fibrilas do tipo II são ligadas de forma cruzada aos proteoglicanos da matriz pelo colágeno tipo IX, outro colágeno associado às fibrilas. O colágeno tipo IX e vários tipos relacionados possuem dois ou três segmentos de tripla-hélice conectados por ligações flexíveis e um segmento N-terminal globular (Figura 20-27b). O segmento N-terminal globular do colágeno tipo IX se estende das fibrilas nas extremidades de um de seus segmentos helicoidais, assim como a cadeia GAG que, algumas vezes, está ligada a uma das cadeias do tipo IX. Acredita-se que essas estruturas protundentes não helicoidais ancorem as fibrilas tipo II aos proteoglicanos e a outros componentes da matriz. A estrutura de tripla-hélice interrompida do colágeno tipo IX e de outros relacionados impede a formação de fibrilas, embora eles possam se associar com as fibrilas formadas por outros tipos de colágenos e formar ligações cruzadas covalentes entre elas.

Mutações que afetam o colágeno tipo I e as proteínas a ele associadas provocam uma série de doenças humanas. Certas mutações nos genes que codificam as cadeias α1 (I) ou α2 (I) do colágeno, que formam o colágeno tipo I, levam à osteogênese imperfeita, uma doença de ossos frágeis. Uma vez que a cada três posições da cadeia α do colágeno deve haver uma glicina para a formação da tripla-hélice (ver Figura 20-24), as mutações nas glicinas que originam qualquer outro aminoácido são prejudiciais, resultando em hélices instáveis ou malformadas. Se apenas uma das três cadeias α da molécula de colágeno for defeituosa, toda a estrutura e a função da tripla-hélice estarão comprometidas. Uma mutação em uma única cópia (alelo) de um dos genes α1 (I) ou α2 (I) localizados nos cromossomos não sexuais (autossômicos) pode causar a doença. Assim, essa doença normalmente apresenta herança autossômica dominante (ver Capítulo 5).

A ausência ou malformação das microfibrilas associadas às fibras de colágeno no tecido muscular resultantes de mutações nos genes do colágeno tipo IV causam distrofias musculares congênitas recessivas ou dominantes, apresentando fraqueza muscular generalizada, insuficiência respiratória, atrofia muscular e anormalidades nas juntas relacionadas aos músculos. Anormalidades na pele também foram relatadas em doenças do colágeno tipo IV. ■

Os proteoglicanos e seus componentes GAGs atuam em diversas funções na ECM

Assim como o perlecano na lâmina basal, os proteoglicanos desempenham um papel importante na adesão célula-ECM. Os proteoglicanos são um subgrupo de glicoproteínas que contêm cadeias polissacarídicas especializadas ligadas covalentemente, denominadas **glicosaminoglicanos** (**GAGs**). As GAGs são longos polímeros lineares de dissacarídeos de repetições específicas. Normalmente, um açúcar é o ácido urônico (ácido D-glicurônico ou ácido L-idurônico) ou a D-galactose, e o outro açúcar é um *N*-acetilglicosamina ou *N*-acetilgalactosamina (Figura 20-28). Um ou ambos os açúcares contêm pelo menos um grupo aniônico (carboxilato ou sulfato). Assim, cada cadeia GAG possui muitas cargas negativas. As GAGs são classificadas em diversos tipos principais de acordo com a natureza das unidades de dissacarídeos repetidas: sulfato de heparana, sulfato de condroitina, sulfato de dermatana, sulfato de queratana e hialuronana. Uma forma hipersulfatada do sulfato de heparana, denominada *heparina*, produzida principalmente pelos mastócitos, desempenha um papel fundamental nas reações alérgicas. É também utilizada na prática médica como anticoagulante, devido a sua capacidade de ativar um inibidor natural da coagulação, denominado antitrombina III.

Com exceção da hialuronana, que será discutida abaixo, todas as principais GAGs ocorrem naturalmente como componentes dos proteoglicanos. Como outras glicoproteínas transmembrana e secretadas, as proteínas do cerne do proteoglicano são sintetizadas no retículo endoplasmático, e as cadeias das GAGs são reunidas e ligadas covalentemente a esses cernes no aparelho de Golgi.

Para produzir cadeias de sulfato de heparana e condroitina, um "ligante" de três açúcares é primeiro ligado à cadeia lateral hidroxila de determinados resíduos de

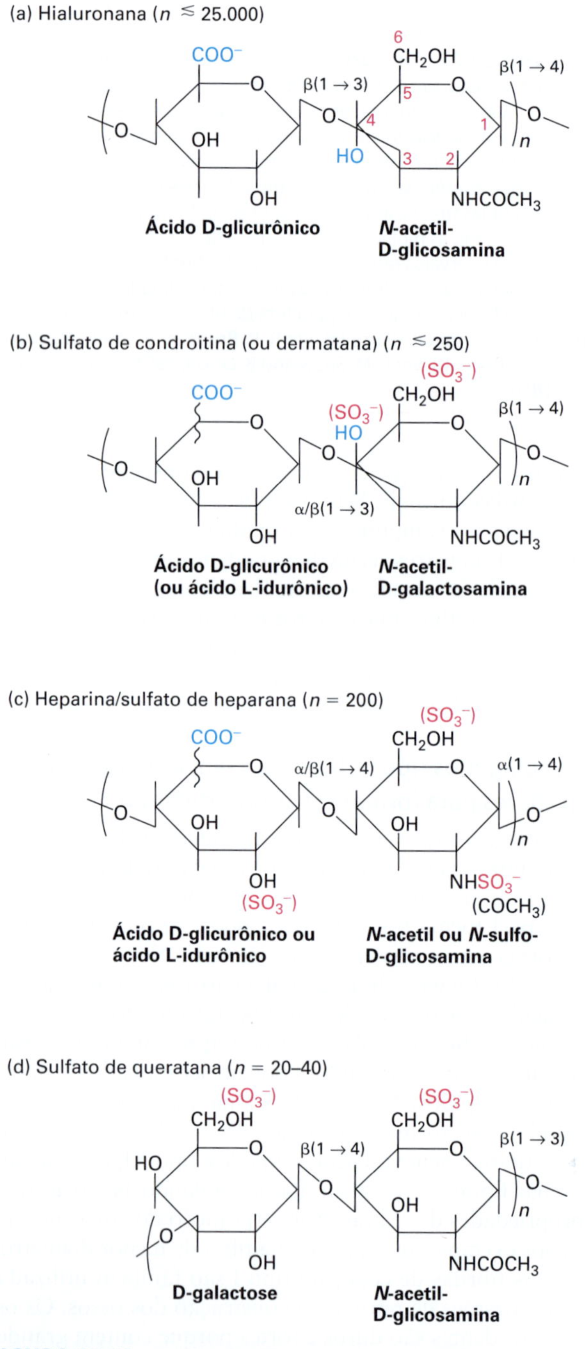

FIGURA 20-28 Os dissacarídeos repetidos dos glicosaminoglicanos (GAGs), o componente polissacarídico dos proteoglicanos. Cada uma das quatro classes de GAGs é formada pela polimerização de unidades monoméricas em repetições de um determinado dissacarídeo e subsequentes modificações, incluindo a adição de grupos sulfato e a inversão (epimerização) do grupamento carboxila do carbono 5 do ácido D-glicurônico para produzir o ácido L-idurônico. As linhas sinuosas representam as ligações covalentes que são orientadas acima (ácido D-glicurônico) ou abaixo (ácido L-idurônico) do anel. A heparina é produzida pela hipersulfatação do sulfato de heparana, enquanto a hialuronana não é sulfatada.

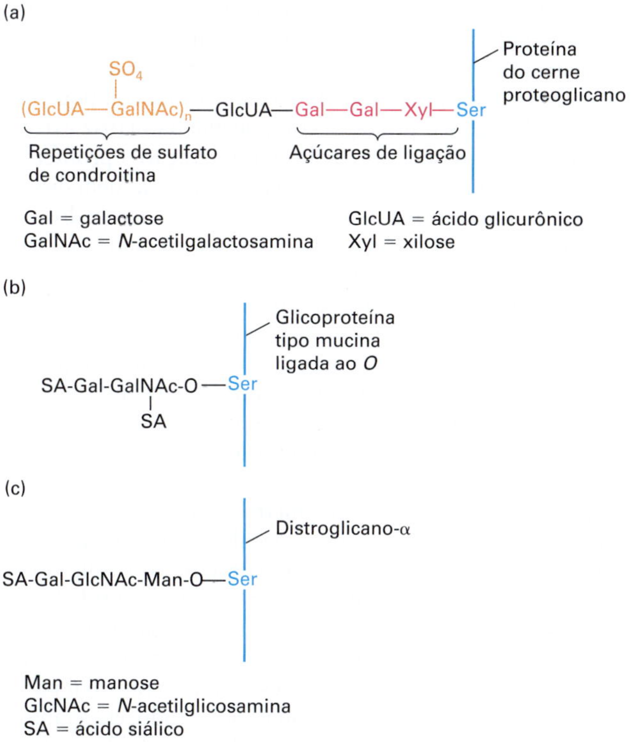

FIGURA 20-29 Polissacarídeos *O*-ligados ao hidroxil dos proteoglicanos. (a) Síntese de um glicosaminoglicano (GAG), neste caso o sulfato de condroitina, é iniciada pela transferência de um resíduo de xilose para um resíduo de serina no cerne da proteína, provavelmente no aparelho de Golgi, seguido pela adição sequencial de dois resíduos de galactose. Resíduos de ácido glicurônico e de *N*-acetilgalactosamina são adicionados sequencialmente a esses açúcares, formando a cadeia de sulfato de condroitina. As cadeias de sulfato de heparana são conectadas com as proteínas do cerne pelos mesmos três açúcares de ligação. (b) As cadeias do tipo mucina, ligadas ao *O*, são ligadas covalentemente a glicoproteínas por um monossacarídeo *N*-acetilgalactosamina (GalNAc), ao qual se ligam uma série de outros açúcares em ligação covalente. (c) Certos oligossacarídeos especializados, como os encontrados no distroglicano, estão ligados a proteínas por monossacarídeos de manose (Man).

serina no cerne da proteína, portanto, o ligante é denominado **oligossacarídeo O-ligado** (Figura 20-29). Por outro lado, os ligantes para a adição das cadeias de sulfato de queratana são cadeias de oligossacarídeos ligadas a resíduos de asparagina; estes **oligossacarídeos *N*-ligados** estão presentes na maioria das glicoproteínas (ver Capítulo 14), embora somente um pequeno subgrupo tenha cadeias GAG. Todas as cadeias GAG são alongadas pela adição alternada de monômeros de açúcar, formando as repetições de dissacarídeos características de uma determinada GAG; as cadeias são em geral modificadas subsequentemente pela ligação covalente de pequenas moléculas, como o sulfato. O mecanismo responsável pela determinação de qual proteína será modificada com GAGs, a sequência de dissacarídeos a ser adicionada, os sítios a serem sulfatados e a extensão das cadeias GAG são desconhecidos. A proporção de polissacarídeos com relação à proteína, em todos os proteoglicanos, é muito maior do que na maioria das glicoproteínas.

Função das modificações das cadeias de GAGs Assim como nas sequências de aminoácidos nas proteínas, o arranjo dos resíduos de açúcar nas cadeias GAG e a modificação de açúcares específicos nas cadeias podem determinar a sua função, bem como a função dos proteoglicanos dos quais elas fazem parte. Por exemplo, o agrupamento de determinados açúcares modificados nas cadeias GAG dos proteoglicanos de sulfato de heparana pode controlar a ligação dos fatores de crescimento a determinados receptores ou a atividade das proteínas da cascata de coagulação.

No passado, a complexidade química e estrutural dos proteoglicanos impediu a análise de sua estrutura e o entendimento de suas diversas funções. Nos últimos anos, os pesquisadores, empregando técnicas bioquímicas clássicas e arrojadas, espectrometria de massa e genética, começaram a elucidar a estrutura e a função detalhadas dessas moléculas ubíquas da ECM. Os resultados dos estudos em andamento sugerem que uma série de sequências de resíduos de açúcar contendo algumas modificações em comum, em vez de uma única sequência de aminoácidos, é responsável pela especificação das distintas funções das GAGs. Um caso específico é um grupo de sequências de cinco resíduos (pentassacarídeo) encontrado no subgrupo das GAGs da heparina que controlam a atividade da antitrombina III (ATIII), um inibidor da protease trombina. Quando essas sequências de pentassacarídeo da heparina são sulfatadas em duas posições específicas (Figura 20-30), a heparina pode ativar ATIII e, portanto, inibir a formação do coágulo sanguíneo. Vários outros sulfatos podem estar presentes no pentassacarídeo ativo em várias combinações, mas eles não são essenciais para a atividade anticoagulante da heparina. A razão para a produção de uma série de sequências com atividade similar, em vez de uma única sequência, ainda não está clara.

Diversidade dos proteoglicanos. Os proteoglicanos constituem um notável e diverso grupo de moléculas abundantes na matriz extracelular de todos os tecidos animais que são também expressas na superfície celular. Por exemplo, das cinco principais classes de proteoglicanos de sulfato de heparana, três estão localizadas na matriz extracelu-

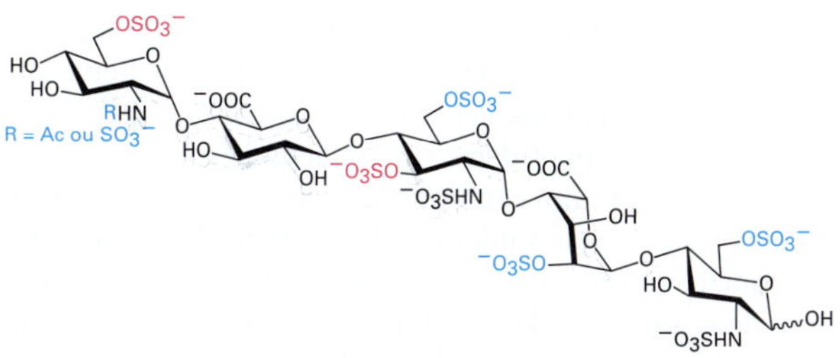

FIGURA 20-30 Sequência GAG do pentassacarídeo que regula a atividade da antitrombina III (ATIII). Grupos de sequências modificadas de cinco resíduos no longo GAG chamado de heparina, com a composição mostrada na figura, se ligam à ATIII, ativando-a e, portanto, inibindo a coagulação sanguínea. Os grupos sulfato em vermelho são essenciais para essa função da heparina; as modificações mostradas em azul podem estar presentes, mas não são essenciais. Outras séries de sequências GAGs modificadas parecem regular a atividade de outras proteínas-alvo.

lar (perlecano, agrina e colágeno tipo XVIII) e duas são proteínas de membrana celular. A última inclui proteínas integradas na membrana (sindecanos) e proteínas ancoradas ao GPI (glipicanos); as cadeias GAG nos dois tipos de proteoglicanos de superfície celular estendem-se até o espaço extracelular. A sequência e o comprimento das proteínas do cerne do proteoglicano variam consideravelmente, e o número de cadeias GAG ligadas variam de poucas até mais de cem. Além disso, as proteínas do cerne estão frequentemente ligadas a dois tipos diferentes de cadeias GAG (p. ex., sulfato de heparana e sulfato de condroitina), produzindo um proteoglicano "híbrido". O perlecano, o proteoglicano da lâmina basal, é primariamente um proteoglicano de sulfato de heparana (HSPG) com três ou quatro cadeias GAG, embora algumas vezes possa ter uma cadeia de sulfato de condroitina ligada. A diversidade adicional dos proteoglicanos é devido ao número de cadeias, à composição e à sequência das GAGs ligadas a proteínas do cerne que seriam praticamente idênticas, mas que por conta disso diferem consideravelmente. A produção e a análise de mutantes com defeitos na produção de proteoglicanos na *Drosophila melanogaster* (mosca-da-fruta), no *C. elegans* (verme nematódeo) e nos camundongos demonstraram, claramente, que os proteoglicanos desempenham um papel essencial no desenvolvimento, como moduladores de várias vias de sinalização.

Os **sindecanos** são proteoglicanos de superfície celular expressos pelas células epiteliais e não epiteliais que se ligam ao colágeno e a proteínas de matriz multiadesivas, como a fibronectina, ancorando as células à matriz extracelular. Como várias proteínas integradas na membrana, o domínio citosólico dos sindecanos interage com o citoesqueleto de actina e, em alguns casos, com moléculas reguladoras intracelulares. Adicionalmente, os proteoglicanos de superfície celular ligam muitos fatores de crescimento e outras moléculas sinalizadoras externas, auxiliando na regulação e função do metabolismo celular. Por exemplo, os sindecanos da região hipotalâmica do cérebro modulam o comportamento de alimentação em resposta à privação alimentar. Eles atuam participando na ligação dos receptores antissaciedade aos receptores de superfície celular que auxiliam a controlar o comportamento de nutrição. No estado de alimentação, o domínio extracelular dos sindecanos decorados com cadeias de sulfato de heparana é liberado da superfície celular por proteólise, suprimindo a atividade dos peptídeos antissaciedade e o comportamento alimentar. Em camundongos manipulados para superexpressar o gene **sindecano-1** na região do hipotálamo e de outros tecidos, o controle normal de alimentação por peptídeos antissaciedade é eliminado e os animais alimentam-se em excesso, tornando-se obesos.

O hialuronano resiste à compressão, facilita a migração celular e fornece as propriedades semelhante a gel às cartilagens

O **hialuronano**, também conhecido como ácido hialurônico (HA) ou hialuronato, é uma GAG não sulfatada (ver Figura 20-28a) formada por uma enzima ligada à membrana plasmática chamada de HA sintase, e é diretamente secretado para o espaço extracelular à medida que é sintetizado. (Uma abordagem semelhante é usada pelas células vegetais para produzir a celulose, um componente da ECM.) HA é o principal componente da matriz extracelular que circunda as células em migração e proliferação, principalmente nos tecidos embrionários. Além disso, o hialuronano forma a cadeia principal de agregados de proteoglicanos complexos encontrados em muitas matrizes extracelulares, principalmente na cartilagem. Devido a suas marcantes propriedades físicas, o hialuronano confere flexibilidade e firmeza, bem como uma lubrificação a muitos tipos de tecido conectivo, como as articulações.

As moléculas de hialuronano variam em comprimento de poucas repetições dissacarídicas até 25.000. O hialuronano típico de articulações como o cotovelo tem 10 mil repetições, com uma massa total de 4×10^6 Da e uma extensão de 10 μm (como o diâmetro de uma célula pequena). Cada segmento de uma molécula de hialuronano dobra-se em uma conformação em bastão devido às ligações β-glicosídicas entre os açúcares e a grande quantidade de ligações de hidrogênio intracadeias. A repulsão mútua entre os grupos carboxilatos carregados negativamente que se projetam a intervalos regulares também contribui para essas estruturas rígidas localizadas. Sobretudo, entretanto, o hialuronano não é uma estrutura longa e rígida em forma de bastão como as fibrilas de colágeno. Ao contrário, em solução é muito flexível, dobrando-se e torcendo-se em várias conformações, formando uma espiral irregular.

Devido ao grande número de resíduos aniônicos em sua superfície, uma molécula típica de hialuronano se liga a uma grande quantidade de água e comporta-se como se fosse uma grande esfera hidratada com um diâmetro de aproximadamente 500 nm. À medida que a concentração de hialuronano aumenta, as longas cadeias começam a se emaranhar, formando um gel viscoso. Mesmo em baixas concentrações, o hialuronano forma um gel hidratado. Quando colocado em um espaço limitado, como a matriz entre duas células, as longas moléculas de hialuronano tendem a empurrá-las. Essa pressão cria um inchaço, ou *pressão de turgor*, no espaço extracelular. Além disso, a ligação de cátions pelos grupos carboxilato (COO^-) da superfície do hialuronano aumenta a concentração de íons e, assim, aumenta a pressão osmótica no gel. Como resultado, grandes quantidades de água são absorvidas pela matriz, contribuindo para a pressão de turgor. Essas forças conferem ao tecido conectivo sua capacidade de resistir às forças de compressão, ao contrário das fibras colágenas, que são capazes de resistir às forças de estiramento.

O hialuronano está ligado à superfície de muitas células em migração por inúmeros receptores de adesão como, por exemplo, o receptor denominado CD44, contendo domínios de ligação HA, cada um com uma conformação tridimensional similar. Devido a sua natureza frouxa, hidratada e porosa, o "revestimento" de hialuronano ligado às células parece manter as células isoladas umas das outras, conferindo liberdade para moverem-se e proliferar. A interrupção do movimento celular e o início da ligação célula-célula são frequentemente cor-

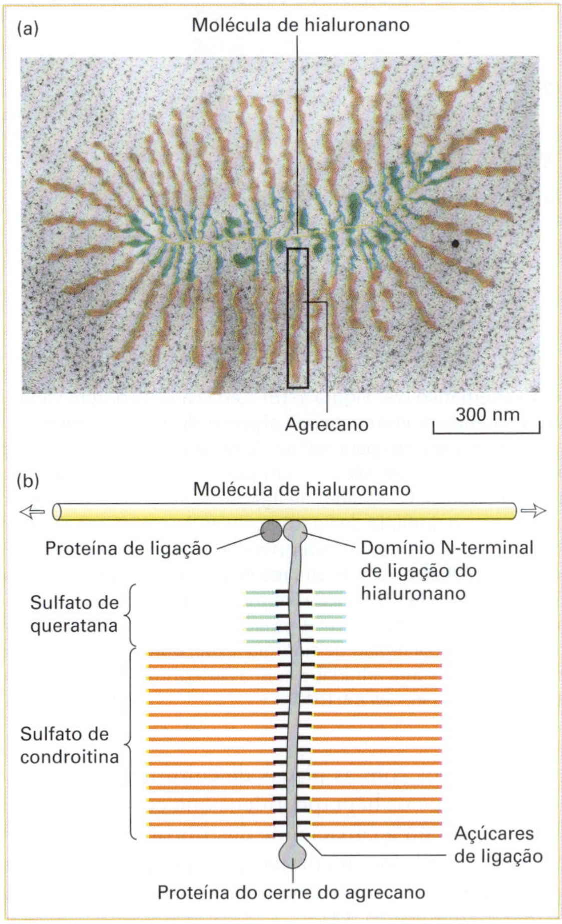

FIGURA 20-31 Estrutura do agregado de proteoglicano de uma cartilagem. (a) Micrografia eletrônica de um agregado de agrecano da cartilagem da epífise fetal bovina. As proteínas do cerne do agrecano estão ligadas à molécula do hialuronano em intervalos de mais ou menos 40 nm. (b) Representação esquemática de um monômero de agrecano ligado a hialuronano (amarelo). No agrecano, as cadeias do sulfato de queratana (verde) e de condroitina (cor de laranja) estão ligadas à proteína do cerne. O domínio N-terminal da proteína do cerne liga-se não covalentemente a uma molécula de hialuronano. A ligação é facilitada por uma proteína de ligação, a qual se liga tanto à molécula de hialuronano quanto à proteína do cerne do agrecano. Cada proteína do cerne do agrecano possui 127 sequências Ser-Gly nas quais as cadeias laterais GAG podem ser adicionadas. O peso molecular de um monômero de agrecano tem em média 2×10^6. O agregado inteiro, que pode conter mais de 100 monômeros de agrecano, tem peso molecular de mais de 2×10^8 e tem o tamanho aproximado da bactéria *E. coli*. (Parte (a) de J. A. Buckwalter and L. Rosenberg, 1983, *Coll. Rel. Res.* **3:**489; cortesia de L. Rosenberg.)

relacionados com um decréscimo de hialuronano, um decréscimo em moléculas de superfície celular de ligação HA e um aumento da enzima hialuronidase extracelular, a qual degrada o hialuronano da matriz. Essas alterações do hialuronano são particularmente importantes durante as muitas migrações celulares que facilitam a diferenciação e a liberação das células-ovo dos mamíferos (oócitos) das células que as circundam, após a ovulação.

O proteoglicano predominante na cartilagem, denominado *agrecano*, associa-se ao hialuronano em grandes agregados, ilustrativos de estruturas complexas, que os proteoglicanos formam às vezes. O esqueleto de agregados de proteoglicano das cartilagens consiste em longas moléculas de hialuronano, às quais múltiplas moléculas de agrecanos estão fortemente ligadas, mas não covalentemente (Figura 20-31). Um único agregado de proteoglicano, um dos maiores complexos macromoleculares conhecidos, pode ter mais de 4 mm de comprimento e um volume maior do que uma célula bacteriana. Esses agregados conferem um aspecto ímpar, semelhante ao de um gel, à cartilagem, e sua resistência à deformação, essencial para a distribuição do peso sobre as articulações.

A proteína do cerne do agrecano (com peso molecular de aproximadamente 250.000) possui um domínio globular N-terminal que se liga com grande afinidade às sequências de decassacarídeos específicas do hialuronano. Essa sequência específica é formada pela modificação covalente de algumas repetições de dissacarídeos na cadeia do hialuronano. A interação do hialuronano com o agrecano é facilitada por uma proteína de ligação que se liga com a proteína do cerne do agrecano e com o hialuronano (Figura 20-31b). O agrecano e a proteína de ligação possuem em comum um "domínio de ligação" de aproximadamente 100 aminoácidos de comprimento, encontrado em numerosas matrizes e em proteínas de ligação do hialuronano dos tecidos cartilaginosos e não cartilaginosos. É quase certo que essas proteínas surgiram durante a evolução de um único gene ancestral comum que codifica somente esse domínio.

As fibronectinas unem células e matriz, influenciando a forma, a diferenciação e o movimento celular

Diferentes tipos celulares sintetizam a **fibronectina**, uma proteína de matriz multiadesiva abundante encontrada em todos os vertebrados. A descoberta de que a fibronectina atua como uma molécula multiadesiva provém de observações de sua presença na superfície das células fibroblásticas normais, as quais aderem fortemente a placas de cultura em experimentos de laboratório, mas estão ausentes da superfície de células tumorais (i.e., cancerosas), as quais apresentam fraca aderência. As 20 ou mais isoformas da fibronectina são produzidas pelo processamento alternativo dos transcritos de RNA produzidos por um único gene (ver Figura 4-16). As fibronectinas são essenciais para a migração e a diferenciação de muitos tipos celulares durante a embriogênese. Essas proteínas são também importantes para a cicatrização, pois promovem a coagulação sanguínea e facilitam a migração dos macrófagos e de outras células imunes para a região afetada.

As fibronectinas auxiliam a ligação das células com a matriz extracelular, ligando-se com outros componentes da matriz extracelular, principalmente colágenos fibrosos e proteoglicanos de sulfato de heparana com os receptores de adesão de superfície celular, como as integrinas (ver Figura 20-2). Por meio da interação com receptores de adesão, as fibronectinas influenciam a forma e o movimento das células e a organização do citoesqueleto. Por outro lado, as células podem modelar

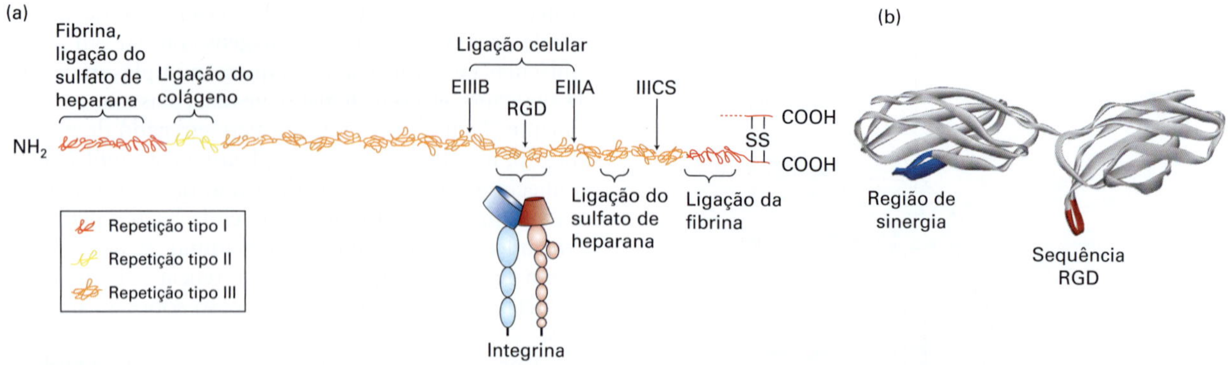

FIGURA 20-32 Organização da fibronectina e sua ligação à integrina. (a) Um modelo em escala da fibronectina é mostrado ancorado a duas repetições tipo III ao domínio extracelular da integrina. Apenas uma das duas cadeias similares, que estão ligadas por pontes dissulfeto próximas à extremidade C-terminal na molécula dimérica de fibronectina, está ilustrada. Cada cadeia contém cerca de 2.446 aminoácidos e é composta por três tipos de sequências repetidas de aminoácidos (repetições tipo I, II ou III) ou domínios. Os domínios EIIIA, EIIIB – ambos repetições do tipo III – e o domínio IIICS são processados de modo variável na estrutura, nos locais indicados pelas setas. A fibronectina circulante não possui um ou nenhum dos dois, EIIIA e EIIIB. Pelo menos cinco sequências diferentes estão presentes na região IIICS como resultado do processamento alternativo (ver Figura 4-16). Cada cadeia contém várias regiões contendo multirrepetições, algumas destas apresentam sítios de ligação específicos para sulfato de heparana, fibrina (o principal componente dos coágulos do sangue), colágeno e integrinas da superfície celular. O domínio de ligação à integrina é também conhecido como domínio de ligação celular. As estruturas nos domínios da fibronectina foram determinadas a partir de fragmentos da molécula. (b) A estrutura de alta resolução mostra que os domínios RGD das sequências de ligação (vermelho) se projetam para fora do domínio compacto tipo III em uma alça no mesmo lado da fibronectina, assim como a região de sinergia (azul), que também contribui para a ligação de alta afinidade com as integrinas. (Adaptada de D. J. Leahy et al., 1996, *Cell* **84:**161.)

o ambiente da matriz extracelular adjacente de acordo com sua necessidade pela regulação da ligação mediada pelos receptores às fibronectinas e outros componentes da matriz extracelular.

As fibronectinas são dímeros de dois polipeptídeos similares, ligados em suas porções C-terminais por duas pontes dissulfeto. Cada cadeia tem cerca de 60 a 70 nm de extensão e 2 a 3 nm de espessura. A digestão parcial da fibronectina com baixas quantidades de proteases e a análise dos fragmentos mostram que cada cadeia é composta por diversas regiões funcionais com diferentes especificidades de ligação a ligantes (Figura 20-32a). Cada região, por sua vez, contém múltiplas cópias de determinadas sequências que podem ser classificadas em três tipos. Essa classificação é designada repetições de fibronectina tipo I, II e III, de acordo com a similaridade da sua sequência de aminoácidos, embora as sequências de qualquer uma de duas repetições de determinado tipo não sejam sempre idênticas. Essas repetições ligadas conferem uma aparência de contas em um colar. A combinação de diferentes repetições compondo estas regiões confere à fibronectina sua capacidade de se ligar a múltiplos ligantes.

Uma das repetições do tipo III nas regiões da fibronectina de ligação com as células promove a ligação com determinadas integrinas. Os resultados de estudos com peptídeos sintéticos que correspondem a partes dessas repetições identificaram a sequência tripeptídica Arg-Gly-Asp, normalmente denominada **sequência RGD**, como a sequência mínima dentro dessa repetição necessária para o reconhecimento por essas integrinas. Em um estudo, heptapeptídeos contendo a sequência RGD ou uma variação dessa sequência foram testados para verificar sua capacidade de mediar a adesão das células de rim de ratos com as placas de cultura. Os resultados mostraram que os heptapeptídeos que contêm a sequência RDG imitam a capacidade das fibronectinas intactas de estimular adesões mediadas por integrinas, enquanto os heptapeptídeos variantes, sem essa sequência, não são eficientes (Figura 20-33).

O modelo tridimensional da ligação da fibronectina com a integrina, baseado nas estruturas de partes da fibronectina e integrinas, já foi estabelecido. Na estrutura de alta resolução da repetição da fibronectina tipo III ligada à integrina e seu correspondente domínio tipo III, a sequência RDG localiza-se no ápice de uma alça que se projeta para fora da molécula, em uma posição que facilita a ligação à integrina (Figura 20-32b). Embora a sequência RDG seja necessária para a ligação com várias integrinas, sua afinidade pela integrina é substancialmente mais baixa do que a da fibronectina intacta ou de toda região de ligação com a célula da fibronectina. Assim, as características estruturais próximas à sequência RDG na fibronectina (p. ex., partes das repetições adjacentes, como as regiões de sinergia, ver Figura 20-32b) e em outras proteínas contendo RDG aumentam sua capacidade de ligação com determinadas integrinas. Além disso, a forma dimérica simples solúvel da fibronectina produzida por fibroblastos ou células do fígado está, inicialmente, em uma conformação não funcional, que se liga fracamente às integrinas devido à inacessibilidade da sequência RDG. A adsorção da fibronectina à matriz de colágeno ou à lâmina basal ou, experimentalmente, a placas plásticas de cultura resulta em uma mudança conformacional que aumenta sua capacidade de ligação às células. Provavelmente, essas alterações conformacionais aumentam o acesso da sequência RDG pela ligação com a integrina.

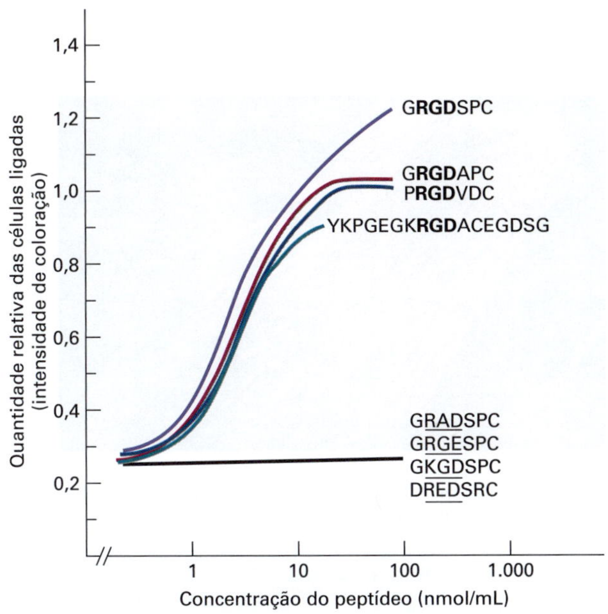

FIGURA EXPERIMENTAL 20-33 Uma sequência tripeptídica específica (RGD) na região de ligação celular da fibronectina é necessária para a adesão das células. A região de ligação da célula da fibronectina contém uma sequência de hexapeptídeo ligador de integrina, GRGDPC, no código de aminoácidos de uma única letra (ver Figura 2-14). Juntamente a um resíduo adicional de cisteína C-terminal, este heptapeptídeo e várias variantes foram sintetizados quimicamente. Diferentes concentrações de cada peptídeo sintético foram adicionadas a placas de poliestireno contendo a imunoglobulina G (IgG) fortemente ligada em sua superfície. Os peptídeos foram então quimicamente ligados de forma cruzada com a IgG. Subsequentemente, células normais de rim de rato cultivadas foram adicionadas às placas e incubadas por 30 minutos para permitir a adesão. Após, as células não ligadas foram lavadas e a quantidade relativa de células que aderiram firmemente foi determinada pela coloração das células ligadas e quantificada pela intensidade do corante, usando o espectrofotômetro. Os dados mostrados indicam que a adesão celular aumenta acima dos níveis básicos com a elevação da concentração daqueles peptídeos que contêm a sequência RGD, mas não com as variantes que não possuem essa sequência (as modificações estão sublinhadas). (De M. D. Pierschbacher and E. Ruoslahti, 1984, *Proc. Nat'l. Acad. Sci. USA* **81:**5985.)

A microscopia e outras técnicas experimentais (p. ex., experimentos de ligação bioquímica) demonstram o papel das integrinas na ligação cruzada da fibronectina e de outros componentes da matriz extracelular ao citoesqueleto. Por exemplo, a colocalização dos filamentos de actina do citoesqueleto e das integrinas no interior das células pode ser visualizada por microscopia de fluorescência (Figura 20-34a). A ligação das integrinas de superfície celular com a fibronectina na matriz induz o movimento dependente da actina do citoesqueleto de algumas moléculas de integrinas no plano da membrana. A tensão mecânica resultante do movimento relativo de diferentes integrinas ligadas a um único dímero de fibronectina estica a fibronectina. Essa extensão promove a autoassociação da fibronectina em fibrilas multiméricas.

A força necessária para desdobrar e expor os sítios de autoassociação funcionais na fibronectina é menor do que aquela necessária para romper a ligação fibronectina-integrina. Assim, as moléculas de fibronectina permanecem ligadas com as integrinas enquanto as forças mecânicas geradas pelas células induzem a formação de fibrilas. De fato, as integrinas, por meio de suas proteínas adaptadoras, transmitem as forças intracelulares produzidas pelo citoesqueleto de actina para as fibronectinas extracelulares (sinalização de dentro para fora). Gradualmente, as fibrilas de fibronectinas formadas no início maturam em componentes da matriz de maior estabilidade, por ligações covalentes cruzadas. Em algumas imagens de microscopia eletrônica, as fibrilas das fibronectinas exteriores parecem estar alinhadas em uma faixa aparentemente contínua com os feixes de fibras de actina do interior da célula (Figura 20-34b). Essas observações e os resultados de outros estudos forneceram o primeiro exemplo de um receptor de adesão com definição molecular, que forma uma ponte entre o citoesqueleto intracelular e os componentes da matriz extracelular – um fenômeno agora amplamente conhecido.

Fibras elásticas permitem que diversos tecidos sofram repetidas extensões e contrações

As fibras elásticas são encontradas na ECM de diversos tecidos (Figura 20-35a) que estão sujeitos a estiramento mecânico ou deformações, como a expansão e contração dos pulmões durante a respiração, o fluxo pulsante do sangue nos vasos sanguíneos nos batimentos cardíacos, e a extensão e contração da pele. As fibras elásticas permitem o alongamento e retorno reversível desses tecidos.

O principal componente de uma fibra elástica, que pode ter várias centenas ou vários milhares de nm de diâmetro, é um núcleo amorfo e insolúvel, composto por proteína elastina, envolvida por um conjunto de *microfibrilas* de 10 a 12 nm de diâmetro, formadas por fibrilina, fibulina e outras proteínas associadas (Figura 20-35b). O núcleo é formado por um agregado de moléculas de *tropoelastina*, que são monômeros de elastina em ligação covalente cruzada por meio de um processo mediado pela lisil-oxidase, semelhante ao visto para o colágeno. Motivos repetidos de sequências hidrofóbicas ricas em prolina e glicina contribuem para a capacidade de autoassociação da tropoelastina e seu eficiente retorno após o alongamento.

Uma diversidade de doenças, frequentemente envolvendo anormalidades esqueléticas e cardiovasculares, é consequência de mutações nos genes que codificam as proteínas estruturais das fibras elásticas ou as proteínas que contribuem para sua associação. Por exemplo, mutações no gene da fibrilina-1 causam a síndrome de Marfan, que entre seus vários sintomas inclui supercrescimento ósseo, articulações frouxas, extremidades e face anormalmente longas, e defeitos cardiovasculares decorrentes da fraqueza das paredes dos vasos e da aorta. Existe uma especulação considerável a respeito do presidente Abraham Lincoln, de que sua altura incomum e seu corpo alongado seriam consequências da síndrome da Marfan. ■

VÍDEO: Forças mecânicas exercidas pelos fibroblastos em um gel de colágeno

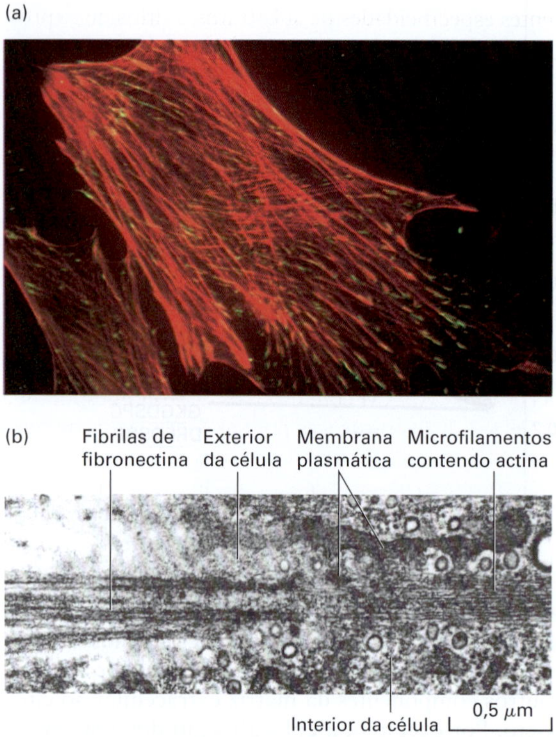

FIGURA EXPERIMENTAL 20-34 As integrinas promovem a ligação entre a fibronectina na matriz extracelular e o citoesqueleto. (a) Micrografia de imunofluorescência de uma cultura de fibroblasto fixada mostrando a colocalização da integrina $\alpha5\beta1$ (verde) e as fibras de estresse contendo actina (vermelho). As células foram incubadas com dois tipos de anticorpos monoclonais: um anticorpo específico para integrina ligado a um corante verde fluorescente e um anticorpo específico para actina ligado a um corante vermelho fluorescente. As fibras de estresse são longos feixes de microfilamentos de actina que irradiam para dentro dos pontos de contato da célula com o substrato. Na porção distal dessas fibras, próximo à membrana plasmática, a coincidência da actina (vermelho) e da integrina (verde) ligadas com a fibronectina produz uma fluorescência amarela. (b) Micrografia eletrônica da junção das fibras de actina e fibronectina de fibroblastos em cultura. Microfilamentos individuais de 7 nm contendo actina, componentes de uma fibra de estresse, terminam na região seccionada oblíqua da membrana celular. Os microfilamentos aparecem muito próximos à região espessa e densamente corada das fibrilas de fibronectina na porção externa da célula. (Parte (a) de J. Duband et al., 1988, *J. Cell Biol.* **107:**1385. Parte (b) de I. J. Singer, 1979, *Cell* **16:**675; cortesia de I. J. Singer; copyright 1979, MIT.)

Em mamíferos, a síntese da maior parte da elastina ocorre imediatamente antes e após o nascimento nos períodos fetal tardio e neonatal. Assim, a maior parte da elastina do corpo deve ser duradoura, para permanecer por toda a vida. A estabilidade extraordinária da elastina foi determinada de várias maneiras. Experimentos de campo pulsado (ver Capítulo 3) com administração de aminoácidos radiativos podem ser usados para determinar a vida útil da elastina em animais. Em humanos, dois outros métodos foram empregados para determinar a longevidade da elastina e revelaram que a vida média de uma molécula de elastina nos pulmões humanos é cerca de 70 anos! O primeiro método usa um fenômeno que ocorre naturalmente: a lenta conversão espontânea do ácido L-aspártico – incorporado às proteínas na síntese – em ácido D-aspártico. Assim, o tempo de uma proteína de vida longa pode ser estimado por análises químicas que determinam a proporção do ácido L-aspártico que, com o tempo, foi convertido a D-aspártico, juntamente com a idade do tecido do qual ele foi isolado. O segundo método é uma variação do clássico experimento de campo pulsado usado no laboratório. Como consequência dos testes de armas nucleares nas décadas de 1950 e 1960, o ^{14}C foi introduzido na atmosfera e daí na cadeia alimentar. O ^{14}C do ambiente é usado como o "pulso" radiativo no experimento para determinar a estabilidade da proteína em questão.

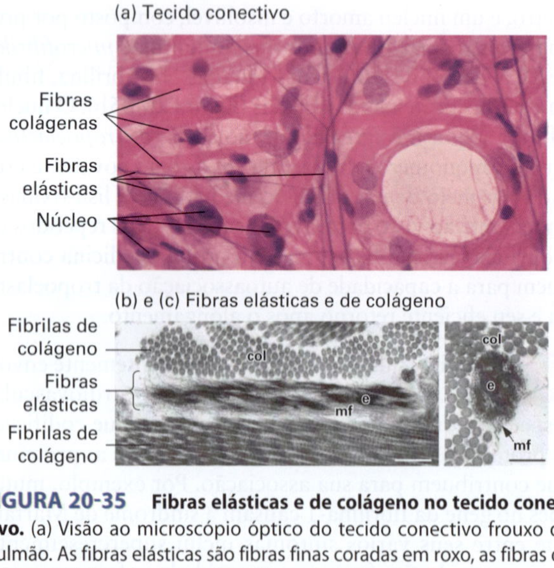

FIGURA 20-35 Fibras elásticas e de colágeno no tecido conectivo. (a) Visão ao microscópio óptico do tecido conectivo frouxo do pulmão. As fibras elásticas são fibras finas coradas em roxo, as fibras de colágeno (feixes de fibrilas de colágeno) estão coradas em rosa, e o núcleo das células está corado de roxo. (b) Visão longitudinal e (c) visão transversal de microscopia eletrônica das fibras elásticas e de colágenos (coll) na pele de camundongos. As fibras elásticas possuem um núcleo sólido de elastina (e) integrado com e revestida por um feixe de microfibrilas (mf). Barra de escala de 0,25 μm. (Parte (a) de Science Photo LIbrary; parts (b) and (c) from J. Choi et al., 2009, *Matrix Biol.* **28:**211–220.)

Metaloproteases remodelam e degradam a matriz extracelular

Diversos processos fisiológicos essenciais, incluindo a morfogênese dos tecidos durante o desenvolvimento, o controle da proliferação e da mobilidade celular, resposta a lesões, e até a sobrevivência, necessitam não apenas da produção da ECM, mas também de seu remodelamento ou de sua degradação. Devido a sua enorme importância como elemento-chave no microambiente extracelular de organismos multicelulares, o remodelamento e a degradação da ECM devem ser criteriosamente controlados. A degradação da ECM é normalmente mediada por **metaloproteases de matriz** (**MMPs**) dependentes de zinco. Dada a grande diversidade dos componentes da ECM, não é de surpreender que existam inúmeras metaloproteases com diferentes especificidades de substratos e sítios de expressão. Em vários casos, seus nomes incorporaram o nome de seis substratos, como as MMPs chamadas colagenases, gelatinases, elastases e agrecanases. Algumas são secretadas no líquido extracelular, e outras estão intimamente associadas às membranas plasmáticas das células, tanto em ligações fortemente associadas não covalentes, ou como proteínas integrais de membrana. Muitas são primeiro sintetizadas como precursores inativos que precisam sofrer ativação específica para exercerem sua função.

Existem três grupos principais de proteases da ECM com base na estrutura das enzimas: MMPs (das quais existem 23 em humanos), uma desintegrina e metaloproteinases (ADAMs), e ADAM com motivos de tromboespondina (ADAMTSs). Estas proteases podem degradar os componentes da ECM e os não ECM como os receptores de adesão de superfície. Na realidade, uma função essencial das ADAMs é clivar os domínios extracelulares de substratos de proteínas integrais de membrana. Um mecanismo usado no controle da atividade dessas proteases é a produção de inibidores, denominados inibidores teciduais de metaloproteases, os TIMPs (*tissue inhibitors of metalloproteases*), e proteínas ricas em cisteína que induzem reversão com motivos kazal, as RECK (*reversion-inducing-cysteine-rich protein with kazal motifs*). Algumas destas proteínas possuem seus próprios receptores de superfície celular e atuam independentemente de sua capacidade de inibição das metaloproteinases. As proteases que degradam ECM estão associadas a diversas doenças, a mais conhecida é o câncer metastático (disseminado) (ver Capítulo 24).

CONCEITOS-CHAVE da Seção 20.4

A matriz extracelular II: o tecido conectivo

- Os tecidos conectivos, como o tendão e a cartilagem, diferem dos outros tecidos sólidos porque quase todo seu volume é composto pela matriz extracelular (ECM), em vez de células.
- A síntese do colágeno fibrilar (p. ex., tipos I, II e III) inicia dentro da célula por meio de modificações químicas de cadeias α recém-produzidas e sua reunião em pró-colageno de tripla-hélice no retículo endoplasmático. Após a secreção, as moléculas de pró-colágeno são clivadas, associadas lateralmente e ligadas covalentemente em forma cruzada em feixes denominados fibrilas, os quais podem formar feixes maiores, denominados fibras (ver Figura 20-26).
- Os vários colágenos são distinguidos pela habilidade de suas regiões helicoidais e não helicoidais em se associarem a fibrilas para formar lâminas, ou por ligarem-se de forma cruzada a outros tipos de colágeno (ver Tabela 20-4).
- Os proteoglicanos consistem em proteínas associadas a membrana ou secretadas, ligadas covalentemente a uma ou mais cadeias de glicosaminoglicanos (GAG), que são polímeros lineares de dissacarídeos normalmente modificados por sulfatação.
- Os proteoglicanos de superfície celular, como os sindecanos, promovem as interações células-matriz e auxiliam a apresentação de determinadas moléculas de sinalização externas aos seus receptores de superfície.
- O hialuronano, uma GAG altamente hidratada, é o principal componente da matriz extracelular das células em migração ou em proliferação. Determinados receptores de adesão de superfície celular ligam o hialuronano com as células.
- Grandes agregados de proteoglicanos contendo uma molécula de hialuronano central ligada não covalentemente ao centro da proteína de múltiplas moléculas de proteoglicano (p. ex., o agrecano) contribuem para as propriedades mecânicas distintas da matriz (ver Figura 20-31).
- As fibronectinas são proteínas de matriz multiadesivas, abundantes, que desempenham um papel central na migração e na diferenciação celular. Elas contêm sítios de ligação para as integrinas e para os componentes da matriz extracelular (colágenos, proteoglicanos) e podem, desta forma, ligar as células com a matriz (ver Figura 20-32).
- A sequência tripeptídica RGD (Arg-Gly-Asp), encontrada nas fibronectinas e em algumas proteínas da matriz, é reconhecida por várias integrinas.
- As fibras elásticas permitem o alongamento repetido e retorno dos tecidos devido ao seu núcleo altamente elástico de moléculas de elastina amorfa em ligações cruzadas, envoltas por uma rede de microfibrilas.
- O remodelamento/degradação da ECM é normalmente mediado por um grande número de metaloproteases dependentes de zinco, secretadas ou associadas à membrana, classificadas em várias famílias (MMPs, ADAMs, ADAMTSs) e cujas atividades são reguladas por ativação e por inibidores (TIMPs e RECK).

20.5 Interações aderentes em células móveis e não móveis

Após a formação das interações aderentes do epitélio durante a diferenciação, elas são, normalmente, muito estáveis e podem durar por toda a vida das células ou até que o epitélio sofra uma diferenciação adicional. Embora essa adesão duradoura (imóvel) também ocorra em tecidos não epiteliais, algumas células não epiteliais devem ser capazes de rastejar ou atravessar a camada da matriz extracelular ou de outras células. Além disso, durante o desenvolvimento ou cicatrização de alguns estados patológicos (p. ex. câncer), as células epiteliais podem se transformar em células com mobilidade (transição epitelial-mesenquimal). As alterações na expressão de moléculas aderentes têm papel fundamental nessa transformação, como também em outros processos biológicos envolvendo mobilidade celular, como o deslocamento dos leucócitos nos tecidos com sítios de infecção. Nesta seção, serão descritas várias estruturas de superfície celular de células não epiteliais que promovem interações de adesão temporária especialmente adaptadas para o movimento das células, bem como aquelas que promovem a adesão permanente. Os mecanismos intracelulares detalhados usados para produzir as forças

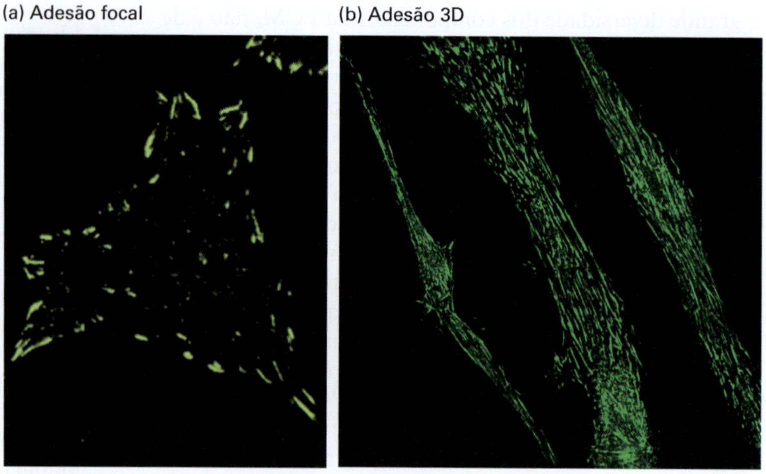

FIGURA EXPERIMENTAL 20-36 Agrupamentos de integrinas em estruturas adesivas com várias morfologias de células não epiteliais. Métodos de imunofluorescência foram usados para detectar estruturas adesivas (verde) em células em cultura. Aqui são mostradas as adesões focais (a) e as adesões 3D (b) na superfície de fibroblastos humanos. As células foram cultivadas diretamente na superfície plana da placa de cultura (a) ou em uma matriz tridimensional com componentes da ECM (b). A forma, distribuição e composição das adesões baseadas em integrinas formadas pelas células variam, dependendo das condições de cultura. (Parte (a) de B. Geiger et al., 2001, *Nature Rev. Mol. Cell Biol.* **2:**793. Parte (b) cortesia de K. Yamada and E. Cukierman; ver E. Cukierman et al., 2001, *Science* **294:**1708-12.)

mecânicas que impulsionam as células e modificam sua forma estão descritos nos Capítulos 17 e 18.

As integrinas transmitem sinais entre as células e seu ambiente tridimensional

Como já mencionado, as integrinas conectam as células epiteliais à lâmina basal e, por meio de suas proteínas adaptadoras, aos filamentos intermediários do citoesqueleto (ver Figura 20-1). Isto é, as integrinas formam uma ponte entre a ECM e o citoesqueleto; elas fazem o mesmo em células não epiteliais. Nas células não epiteliais, as integrinas da membrana plasmática estão também agrupadas com outras moléculas em várias estruturas de adesão denominadas adesões focais, contatos focais, complexos focais, adesões 3D e adesões fibrilares, bem como em adesões circulares denominadas podossomos. Essas estruturas são complexos multiproteicos coletivamente chamados de adessomas de integrinas. Esses complexos medeiam o acoplamento mecânico e sensorial entre as células e seu ambiente, como foi observado por microscopia de fluorescência com o emprego de anticorpos que reconhecem as integrinas ou outras moléculas coagrupadas (Figura 20-26). Assim como as junções de ancoramento matriz-célula nas células epiteliais, as várias estruturas de adesão ligam as células não epiteliais à matriz extracelular, por exemplo, ligando-se à fibronectina (ver Figura 20-34). Elas também promovem a associação das integrinas ao citoesqueleto de actina e ativam os sinais dependentes de adesão para o crescimento e a mobilidade celular (ver Figura 20-8).

As estruturas aderentes contendo integrinas são dinâmicas (os componentes movem-se constantemente para dentro e para fora) e contêm várias proteínas adaptadoras intracelulares e proteínas associadas (mais de 190 identificadas até aqui) com potencial para participar em várias centenas (mais de 740) interações proteína-proteína distintas que podem estar sujeitas a regulação. Por exemplo, os sítios de ligação produzidos pela fosforilação das integrinas e proteínas associadas, bem como a produção de derivados fosforilados do fosfatidilinositol na membrana adjacente, podem recrutar proteínas adicionais ou provocar a liberação de algumas proteínas nesses complexos proteicos. Existe uma coreografia fortemente controlada de sinais internos, contribuições de outras vias de sinalização, como as que envolvem receptores de tirosinocinases (ver Figura 20-8), e sinais externos (como a rigidez da ECM) que regulam estes complexos. Juntos, eles auxiliam a definir a composição exata e a atividade dos complexos multiproteicos de integrinas e sua consequente influência na estrutura e na atividade celular (efeito de fora para dentro), bem como a influência do citoesqueleto celular de actina na ECM (efeito de dentro para fora).

Embora presentes em muitas células não epiteliais, as estruturas de adesão contendo integrinas foram estudadas com mais frequência em fibroblastos cultivados em superfície de vidro ou plástico (substrato). Essas condições se aproximam grosseiramente do ambiente tridimensional da matriz extracelular que em geral envolve as células *in vivo*. Quando os fibroblastos são cultivados em matrizes extracelulares tridimensionais derivadas de células ou de tecidos, formam adesões ao substrato da matriz extracelular tridimensional, denominadas adesões 3D. Essas estruturas diferem ligeiramente em sua composição, forma, distribuição e atividade das adesões focais ou fibrilares vistas nas células cultivadas em um substrato plano usado em experimentos de cultura de células (ver Figura 20-36). Os fibroblastos cultivados com essas junções de ancoramento "mais naturais" apresentam grande adesão e mobilidade, aumentando as taxas de proliferação celular, com morfologia fusiforme mais semelhante aos fibroblastos nos tecidos do que das células cultivadas em superfícies planas. Essas observações indicam que as propriedades topológicas, de composição e mecânicas da matriz extracelular atuam no controle da forma e na atividade da célula. Diferenças de especificidade dos tecidos dessas características da matriz, provavelmente, contribuem para as propriedades das células de tecidos específicos.

A importância do ambiente 3D das células foi enfatizada por estudos de cultura de células na morfogênese, no funcionamento e na estabilidade de células epiteliais mamárias especializadas na produção de leite, e sua contraparte foi transformada em células cancerosas. Por exemplo, a sinalização de fora para dentro dependente da matriz 3D, mediada pelas integrinas, influencia o sistema de sinalização via receptor tirosinocinase do fator de cres-

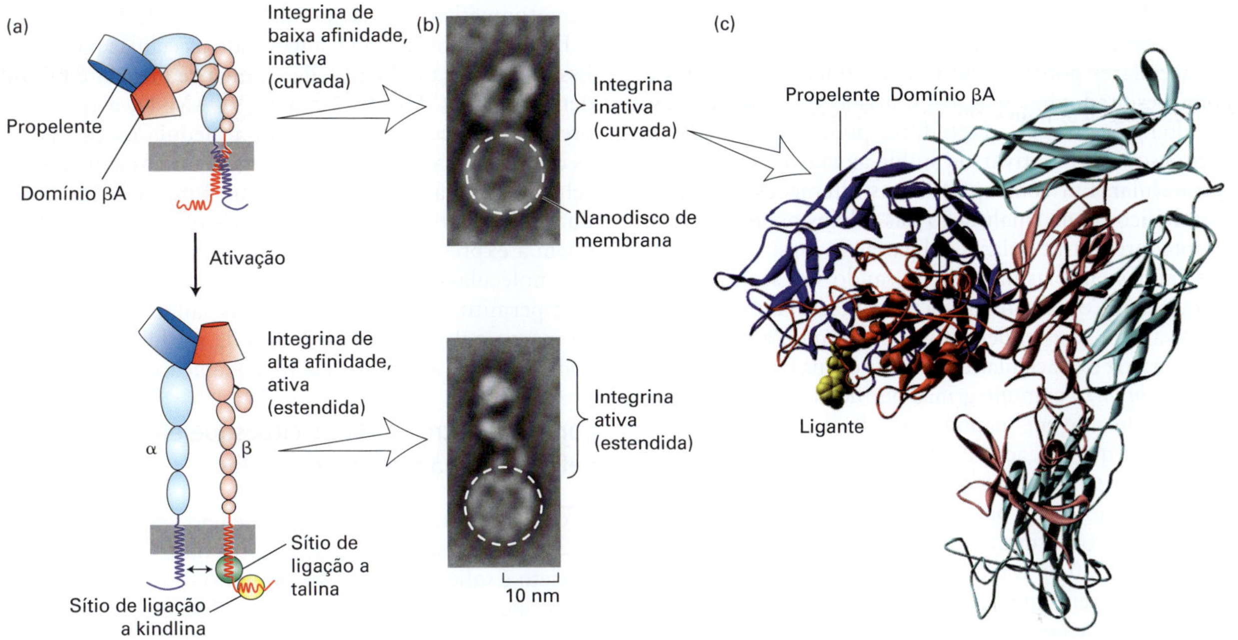

FIGURA 20-37 Modelo para a ativação da integrina. (a) A ativação das integrinas parece ser devida a uma alteração conformacional que inclui mudanças críticas próximas ao propelente e ao domínio βA, que aumenta a afinidade pelos ligantes. Estas são acompanhadas pela extensão da molécula da conformação inativa de baixa afinidade "curvada" (*superior*) para a conformação ativa, "estendida" de alta afinidade (*inferior*). A ativação também envolve a separação (indicada por setas duplas, inferior) dos domínios transmembrana e citoplasmático, induzidos por ou resultantes das interações alteradas com as proteínas adaptadoras talina e kindlina, cujos sítios de ligação à cauda citoplasmática da cadeia β estão indicados por formas ovais em verde e amarelo, respectivamente. (b) Moléculas da integrina αIIbβ3 inativas (curvadas [quadro superior]) foram incorporadas em nanodiscos com fosfolipídeos (pequenas bicamas às quais os domínios extracelular e citoplasmático da integrina estão expostos no tampão), e alguns destes (quadro inferior) foram adicionados ao domínio de ligação e ativação da proteína adaptadora talina. Diversas imagens de microscopia eletrônica dos discos individuais foram coletadas e normalizadas. Os nanodiscos de fosfolipídeos estão indicados por círculos traçados em branco, as alturas das regiões extracelulares das integrinas que se estendem para fora do nanodisco estão indicadas por chaves. (c) O modelo molecular da região extracelular da integrina αvβ3 na sua forma inativa de baixa afinidade (dobrada), com a subunidade α em tons de azul e a subunidade β em tons de vermelho, foi baseado na estrutura cristalina de raios X. Os principais sítios de ligação estão nas extremidades da molécula onde o domínio propelente β (azul-escuro) e o domínio βA (vermelho-escuro) interagem. Um peptídeo ligante RGD é mostrado em amarelo. (Adaptada de M. Arnaout et al., 2002, *Curr. Opin. Cell Biol.* **14:**641, and R. O. Hynes, 2002, *Cell* **110:**673; Feng Ye et al. 2010, *J CELL BIOL.* **188:**157–73; and M. Moser et al., 2009, *Science* **324:**895–899.)

cimento epidérmico e vice-versa. A matriz 3D também permite que as células epiteliais mamárias produzam estruturas epiteliais circulares, chamadas ácinos, semelhantes às *in vivo*. Os ácinos secretam os principais componentes proteicos do leite e permitem comparações das respostas entre células normais e cancerosas a potenciais agentes quimioterápicos. Sistemas análogos empregando ECM 3D naturais e sintéticas estão em desenvolvimento para fornecer mais condições semelhantes às *in vivo* e assim estudar outros tecidos e órgãos complexos, como o fígado.

Regulação da adesão mediada pelas integrinas e controles de sinalização do movimento celular

As células podem controlar a força das interações da matriz celular mediada pelas integrinas regulando a atividade das integrinas na ligação do ligante ou sua expressão, ou ambos. Tal regulação é crítica para o papel dessas interações na migração celular e em outras funções envolvendo o movimento celular.

Ligação das integrinas Muitas, se não todas as integrinas, podem existir em duas conformações: uma forma de baixa afinidade (inativa) e uma forma de alta afinidade (ativa) (Figura 20-37a). Os resultados de estudos estruturais e da investigação experimental da ligação dos ligantes pelas integrinas forneceram um modelo das mudanças que ocorrem quando as integrinas estão ativadas. No estado inativo, o heterodímero αβ está dobrado (Figura 20-37a, superior; e 20-37c), a conformação do sítio de ligação do ligante na extremidade da molécula permite somente uma ligação de baixa afinidade ao ligante, e as caudas citoplasmáticas C-terminais das duas subunidades estão ligadas. No estado ativo, alterações discretas na conformação dos domínios que formam o sítio de ligação permitem uma ligação muito mais forte do ligante (alta afinidade) e isto é acompanhado pela separação dos domínios transmembrana e citoplasmático (Figura 20-37a, inferior). A ativação é também acompanhada pelo alongamento da conformação dobrada em uma forma linear mais estendida, na qual o sítio de ligação ao ligante é projetado para fora da superfície da membrana (ver Figura 20-37).

Esses modelos estruturais também fornecem uma explicação interessante para a capacidade das integrinas de mediar a sinalização de fora para dentro e de dentro para fora. A ligação de certas moléculas da matriz extracelular ou das CAMs em outras células ao sítio extracelular do ligante da integrina manteria a integrina na forma ativa, com as caudas citoplasmáticas separadas. Os adaptadores intracelulares podem "sentir" a separação das caudas e, como resultado, ligam-se às ou dissociam-se das caudas. As alterações nesses adaptadores podem, assim, alterar o citoesqueleto e ativar ou inibir as vias de sinalização intracelular. Em contrapartida, as alterações no estado metabólico ou na sinalização das células podem fazer os adaptadores intracelulares se ligarem às ou se dissociarem das caudas citoplasmáticas, causando sua separação ou associação. Como consequência, a integrina irá se curvar (inativar) ou se estender (ativar), alterando a sua interação à matriz extracelular das outras células. Na realidade, estudos *in vitro* com integrinas purificadas reconstituídas individualmente em "nanodiscos" de bicamadas lipídicas mostraram que a ligação do domínio globular da proteína adaptadora *talina* à cauda citoplasmática da cadeia β da integrina é suficiente para ativar a integrina, induzindo a extensão da conformação curvada para forma ativa estendida (Figura 20-37a, inferior e 20-37b, inferior). Outros estudos sugerem que a ativação eficiente dos integrinas em células intactas também exige a participação de outra classe de proteínas adaptadoras chamadas kindlinas, que se ligam a um sítio distinto na cauda citoplasmática da cadeia β da integrina (ver Figura 20-37a, inferior).

A função das plaquetas, discutida em detalhes a seguir, é um bom exemplo de como as interações matriz-célula são moduladas pelo controle da atividade de ligação das integrinas. As plaquetas são fragmentos celulares que circulam no sangue e agrupam-se com moléculas de ECM, formando um coágulo. No estado basal, a integrina αIIbβ3, presente na membrana plasmática das plaquetas, normalmente não pode se ligar fortemente aos seus ligantes (incluindo o fibrinogênio e a fibronectina), os quais participam na formação do coágulo sanguíneo, por estar em sua conformação inativa (curvada). Durante a formação do coágulo, as plaquetas se ligam a proteínas da ECM, como o colágeno, e a uma grande proteína chamada de fator von Willabrand, por meio de receptores que produzem sinais intracelulares. As plaquetas também podem ser ativadas por ADP ou pela enzima de coagulação trombina. Estes sinais induzem alterações nas vias de sinalização citoplasmática que resultam na ativação conformacional da integrina αIIbβ3 das plaquetas. Como consequência, esta integrina pode se ligar fortemente às proteínas da coagulação extracelular e participar da formação do coágulo. As pessoas com um defeito genético na subunidade β3 da integrina são suscetíveis a um sangramento excessivo, o que comprova o papel dessa integrina na formação do coágulo sanguíneo (ver Tabela 20-3).

Expressão das integrinas A ligação das células aos componentes da ECM também pode ser modulada pela alteração do número de moléculas de integrinas expostas na superfície celular. A integrina α4β1, que é encontrada em muitas células hematopoiéticas, oferece um exemplo de um mecanismo regulador. Para que essas células hematopoiéticas proliferem e se diferenciem, elas devem estar ligadas à fibronectina sintetizada pelas células de suporte (estromais) da medula óssea. A integrina α4β1 nas células hematopoiéticas liga-se à sequência Glu-Ile-Leu-Asp-Val (EILDV) na fibronectina, ancorando as células na matriz. Essa integrina também se liga a uma sequência da CAM denominada CAM-1 vascular (VCAM-1), a qual está presente nas células estromais da medula óssea. Assim, as células hematopoiéticas interagem diretamente com as células estromais e também se ligam à matriz. Mais tarde, durante a diferenciação, as células hematopoiéticas diminuem a expressão dessa integrina; a redução do número das moléculas de integrina α4β1 na superfície celular parece permitir a liberação de células sanguíneas maduras da matriz e das células estromais da medula óssea e, por consequência, a sua entrada na circulação.

Conexões entre a ECM e o citoesqueleto são defeituosas na distrofia muscular

A importância da ligação mediada pelo receptor de adesão entre os componentes da ECM e o citoesqueleto é salientada por um conjunto de doenças musculares degenerativas hereditárias, coletivamente denominadas distrofias musculares. A distrofia muscular de Duchenne (DMD), o tipo mais comum, é uma doença ligada ao sexo que afeta um a cada 3.300 meninos e resulta em falência respiratória ou cardíaca na adolescência ou no início da vida adulta. A primeira observação para o entendimento da base molecular dessa doença veio da descoberta de que as pessoas com DMD eram portadoras de mutações no gene que codifica a proteína denominada *distrofina*. Foi descoberto que essa enorme proteína é uma proteína adaptadora citosólica que se liga aos filamentos de actina e a um receptor de adesão denominado *distroglicano* (Figura 20-38).

O distroglicano é sintetizado como uma grande glicoproteína precursora que é clivada proteoliticamente em duas subunidades logo após sua síntese a antes de ser transportada para a superfície da célula. A subunidade α é uma proteína periférica de membrana, e a subunidade β é uma proteína transmembrana cujo domínio extracelular associa-se à subunidade α (Figura 20-38). Múltiplos oligossacarídeos *O*-ligados estão ligados covalentemente aos grupos hidroxila das cadeias laterais dos resíduos de serina e treonina na subunidade α. Ao contrário do oligossacarídeo *O*-ligado mais abundante, também chamado de semelhante à mucina, os oligossacarídeos, nos quais uma *N*-acetilgalactosamina (GalNAc) é o primeiro açúcar na cadeia ligado diretamente ao grupo hidroxila da cadeia lateral da serina ou treonina (Figura 20-29b) ou à ligação em proteoglicanos (Figura 20-29a), muitas das cadeias *O*-ligadas no distroglicano estão diretamente ligadas ao grupo hidroxila através de uma manose (ver Figura 20-29c).

Estes oligossacarídeos *O*-ligados especializados ligam-se a vários componentes da lâmina basal, incluindo os domínios LG da proteína de matriz multiadesiva laminina e os proteoglicanos perlecano e agrina. As neurexinas, uma família de moléculas de adesão expressas pelos neurônios, também são ligadas por estes oligossacarídeos especializados, cujas estruturas heterogêneas e mecanismos de síntese detalhados ainda não foram elucidados completamente.

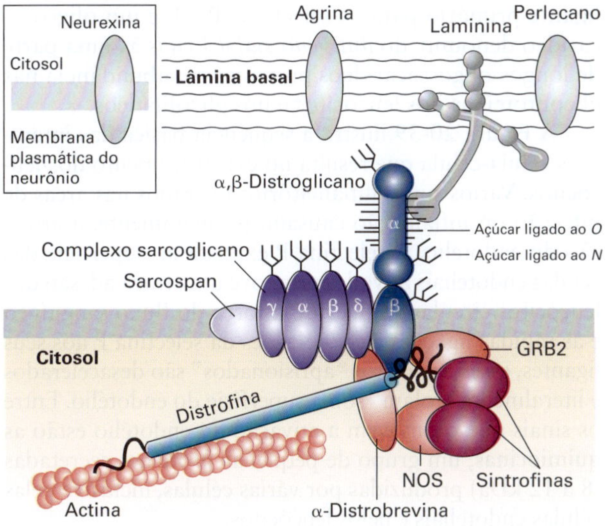

FIGURA 20-38 Complexo distrofina-glicoproteína (DGC) nas células do músculo esquelético. Este modelo esquemático mostra que o DGC compreende três subcomplexos: o subcomplexo α, β-distroglicano, o subcomplexo sarcoglicano/sarcospan de proteínas integrais de membrana e o subcomplexo adaptador citosólico compreendendo a distrofina, outras proteínas adaptadoras e as moléculas de sinalização. Por meio de seus açúcares ligados ao *O*, o β-distroglicano liga-se aos componentes da lâmina basal, como a laminina e o perlecano, a proteínas da superfície celular e a moléculas de sinalização. A distrofina – uma proteína defeituosa na distrofia muscular de Duchenne – liga o β-distroglicano à actina do citoesqueleto, e a α-distrobrevina liga a distrofina ao subcomplexo sarcoglicano/sarcospan. A óxido nítrico sintase (NOS) produz óxido nítrico, uma molécula sinalizadora gasosa, e GRB2 é um componente das vias de sinalização ativado por certos receptores de superfície celular (ver Capítulo 15). (Adaptada de S. J. Winder, 2001, *Trends Biochem. Sci.* **26:**118, and D. E. Michele and K. P. Campbell, 2003, *J. Biol. Chem.* **278**(18):15457–15460.)

O segmento transmembrana da subunidade β do distroglicano associa-se a um complexo de proteínas integradas na membrana. Seu domínio citosólico liga-se com a distrofina e com outras proteínas adaptadoras, bem como com várias proteínas de sinalização intracelular (ver Figura 20-38). O grande *complexo glicoproteína distrofina* (*DGC*) liga a matriz extracelular ao citoesqueleto e às vias de sinalização nos músculos e outros tipos celulares. Por exemplo, a enzima de sinalização óxido nítrico sintase (NOS) está associada, pela sintrofina, com o subcomplexo da distrofina citosólica no músculo esquelético. O aumento do Ca^{2+} intracelular, durante a contração muscular, ativa a NOS para produzir óxido nítrico (NO), o qual se difunde nas células do músculo liso que circunda os vasos sanguíneos vizinhos. O NO promove o relaxamento da musculatura lisa, levando a um aumento localizado do fluxo sanguíneo, suprindo nutrientes e oxigênio para o músculo esquelético.

As mutações na distrofina, em outros componentes DGC, na laminina ou nas enzimas que adicionam açúcares O-ligados ao distroglicano rompem as ligações mediadas pelo DGC entre o exterior e o interior das células musculares, causando a distrofia muscular. Além disso, foi demonstrado que as mutações no distroglicano reduzem muito o agrupamento dos receptores de acetilcolina das células musculares das junções neuromusculares, o qual também é dependente das proteínas da lâmina basal, laminina e agrina. Este e, provavelmente, outros efeitos das alterações do DGC levam, aparentemente, ao enfraquecimento cumulativo da estabilidade mecânica das células musculares quando elas sofrem contrações e relaxamento, resultando na deterioração das células e na distrofia muscular.

O distroglicano fornece um exemplo elegante e com relevância médica de uma intrincada rede de conectividade em biologia celular. O distroglicano foi originalmente descoberto no contexto do estudo da DMD. Contudo, foi mais tarde demonstrado que é expresso em células não musculares e, por meio de sua ligação à laminina, desempenha um papel importante na montagem e na estabilidade de pelo algumas membranas basais. Portanto, é essencial ao desenvolvimento normal. Estudos adicionais levaram à identificação do distroglicano como um receptor de superfície celular para o vírus que causa uma doença frequentemente fatal em humanos, a febre de Lassa, e outras viroses relacionadas; todas elas ligam-se através dos açúcares especializados O-ligados que promovem a ligação à laminina. Além disso, o distroglicano é também um receptor nas células especializadas no sistema nervoso – as células de Schwann –, às quais se liga a bactéria patogênica *Mycobacteria leprae*, o organismo que causa a hanseníase. ■

As IgCAMs fazem a mediação da adesão célula-célula em neurônios e outros tecidos

Numerosas proteínas transmembrana caracterizadas pela presença de múltiplos domínios de imunoglobulinas nas suas regiões extracelulares constituem a superfamília Ig das CAMs, ou **IgCAMs**. O domínio Ig é um motivo proteico comum, contendo 70 a 110 resíduos, que foi identificado pela primeira vez nos anticorpos, as imunoglobulinas que ligam os antígenos, mas possui uma origem evolucionária muito mais antiga em CAMs. Os genomas humano, *D. melanogaster* e *C. elegans* incluem cerca de 765, 150 e 64 genes, respectivamente, que codificam proteínas contendo domínios Ig. Os domínios de imunoglobulinas são encontrados em uma ampla variedade de proteínas de superfície celular, inclusive nos receptores de células T produzidos pelos linfócitos e em muitas proteínas que atuam nas interações adesivas. Entre as IgCAMs estão as CAMs neurais, as CAMs intracelulares (ICAMs), que atuam no movimento dos leucócitos para os tecidos, e as moléculas de adesão de junções (JAMs), que estão presentes nas junções compactas.

Como seu nome indica, as CAMs neuronais são de importância particular nos tecidos neuronais. Um tipo, as NCAMs, promove, principalmente, as interações homofílicas. As NCAMs são expressas pela primeira vez durante a morfogênese e têm uma função importante na diferenciação das células musculares, neuronais e gliais. Seu papel na adesão celular tem sido diretamente demonstrado pela inibição da adesão com anticorpos anti-NCAM. Inúmeras isoformas de NCAMs codificadas por um único gene são produzidas pelo processamento alternativo do mRNA e pelas diferenças na glicosilação. Outras CAMs neurais (p. ex., a L1-CAM) são codificadas por diferentes genes. No homem, as mutações em diferentes partes do gene L1-CAM causam várias neuropatias (p. ex., deficiência mental, hidrocefalia congênita e espasticidade).

Uma NCAM compreende uma região extracelular com cinco repetições Ig e duas repetições de fibronectina tipo III, um único segmento que atravessa a membrana e um segmento citosólico que interage com o citoesqueleto (ver Figura 20-2). Por outro lado, a região extracelular da L1-CAM possui seis repetições Ig e quatro repetições de fibronectina tipo III. Como as caderinas, as interações *cis* (intracelulares) e *trans* (intercelulares) provavelmente têm papel central na adesão mediada por IgCAM (ver Figura 20-3); porém a adesão mediada pelas IgCAMs é independente de Ca^{2+}.

A ligação covalente de múltiplas cadeias de ácido siálico, um derivado de açúcar negativamente carregado, com os NCAMs altera suas propriedades aderentes. Nos tecidos embrionários, como o cérebro, o ácido polissiálico constitui cerca de 25% da massa de NCAMs. Possivelmente, devido à repulsão entre os vários açúcares negativamente carregados nessas NCAMs, os contatos célula-célula são transitórios, são formados e dissociados, uma propriedade necessária para o desenvolvimento do sistema nervoso. Em contrapartida, as NCAMs dos tecidos adultos contêm somente um terço de ácido siálico, permitindo adesões mais estáveis.

O movimento dos leucócitos para os tecidos é comandado por uma sequência precisa de interações adesivas

Nos organismos adultos, vários tipos de células sanguíneas brancas (leucócitos) participam na defesa contra a infecção causada por bactérias e vírus ou por tecidos danificados por trauma ou inflamação. Para combater a infecção e limpar o tecido lesado, essas células devem se mover rapidamente do sangue, onde circulam livres e relativamente quiescentes, para os tecidos subjacentes nos sítios de infecção, inflamação ou lesão. Sabe-se muito acerca do movimento para os tecidos, fenômeno denominado *extravasamento*, dos quatro tipos de leucócitos: os neutrófilos, que liberam proteínas antibacterianas; os monócitos, precursores dos macrófagos, que podem engolfar e destruir partículas estranhas; e os linfócitos T e B, que são as células do sistema imune que reconhecem os antígenos (ver Capítulo 23).

O extravasamento requer a formação e a dissociação sucessivas dos contatos célula-célula entre os leucócitos do sangue e as células endoteliais que revestem os vasos. Alguns desses contatos são mediados por **selectinas**, uma família das CAMs que promove as interações célula vascular-leucócitos. Uma importante molécula nessas interações é a **selectina P**, a qual está localizada na superfície das células endoteliais que têm contato com o sangue. Todas as selectinas contêm um *domínio de lectina* dependente de Ca^{2+}, o qual está localizado na extremidade distal da região extracelular da molécula e que reconhece os oligossacarídeos nas glicoproteínas ou nos glicolipídeos (ver Figura 20-2). Por exemplo, o ligante primário para as selectinas P e E é um oligossacarídeo denominado *antígeno sialyl Lewis-x*, uma parte de longos oligossacarídeos presentes em abundância nas glicoproteínas dos leucócitos e nos glicolipídeos.

A Figura 20-39 ilustra a sequência básica das interações célula-célula que resulta no extravasamento dos leucócitos. Vários sinais inflamatórios liberados nas áreas de infecção ou inflamação causam, primeiramente, a ativação do endotélio. A selectina P exposta na superfície das células endoteliais ativadas promove uma fraca adesão dos leucócitos circulantes. Devido à força do fluxo sanguíneo e às rápidas ligações e dissociações da selectina P aos seus ligantes, esses leucócitos "aprisionados" são desacelerados e literalmente "rolam" sob a superfície do endotélio. Entre os sinais que promovem a ativação do endotélio estão as **quimiocinas**, um grupo de pequenas proteínas secretadas (8 a 12 kDa) produzidas por várias células, inclusive pelas células endoteliais e pelos leucócitos.

Para que ocorra uma forte adesão entre as células endoteliais ativadas e os leucócitos, as integrinas contendo β2 da superfície dos leucócitos também devem ser ativadas por quimiocinas ou por outros sinais de ativação local, como o *fator ativador de plaquetas (PAF)*. O fator ativador de plaquetas é incomum, pois é um fosfolipídeo, em vez de uma proteína; ele é exposto na superfície das células endoteliais ativadas ao mesmo tempo em que a selectina P. A ligação do PAF ou outros ativadores aos seus *receptores acoplados à proteína G* nos leucócitos leva à ativação das integrinas dos leucócitos em sua forma de alta afinidade (ver Figura 20-37). As integrinas ativadas nos leucócitos ligam-se com cada uma das duas IgCAMs da superfície das células endoteliais. Isto inclui a ICAM-2, a qual é expressa constitutivamente, e a ICAM-1. A síntese da ICAM-1 que, assim como a síntese das selectinas E e P, é induzida pela ativação, normalmente não contribui substancialmente para a adesão das células endoteliais com os leucócitos imediatamente após a ativação, mas participa mais tarde em casos de inflamação crônica. As fortes adesões resultantes, mediadas pelas interações das ICAM-integrinas que não dependem de Ca^{2+}, levam à interrupção do rolamento e ao espalhamento do leucócito na superfície do endotélio; em seguida, as células aderidas passam entre as células endoteliais adjacentes e para o tecido subjacente. A etapa do extravasamento (também chamada de *transmigração* ou *diapedese*; etapa **5** da Figura 20-39) necessita da dissociação de uma interação estável, em outras situações, entre as células endoteliais que são principalmente mediadas pelas CAM caderinas VE. É geralmente aceito que as interações dos leucócitos com as células endoteliais iniciem a sinalização de fora para dentro nas células endoteliais que enfraquecem e interrompem suas adesões mediadas pelas caderinas VE, permitindo o movimento paracelular dos leucócitos. Forças mecânicas e outros mecanismos também podem estar envolvidos.

Assim, a adesão seletiva dos leucócitos ao endotélio nos locais próximos à infecção ou à inflamação depende do surgimento sequencial e da ativação de diversas CAMs diferentes na superfície das células que estão interagindo. Diferentes tipos de leucócitos expressam integrinas dife-

ANIMAÇÃO EM FOCO: Adesões célula-célula no extravasamento dos leucócitos

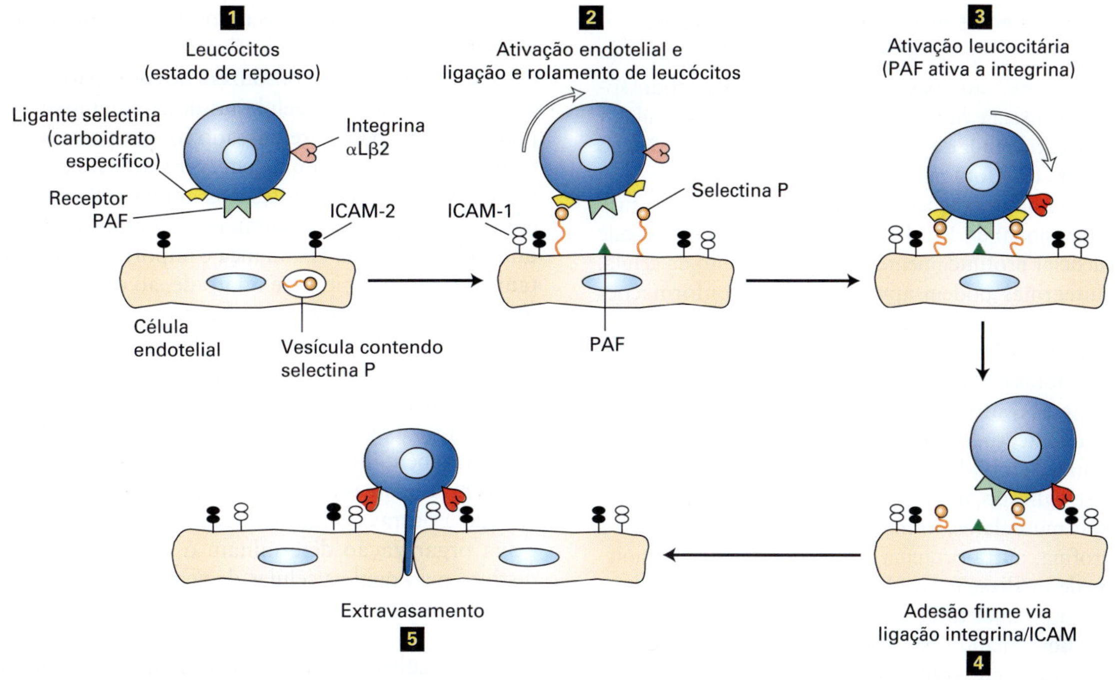

FIGURA 20-39 Interações endotélio-leucócitos: ativação, ligação, rolamento e extravasamento. Etapa **1**: na ausência de inflamação ou infecção, os leucócitos e as células endoteliais que revestem os vasos sanguíneos estão em repouso. Etapa **2**: sinais inflamatórios, liberados somente nas áreas de inflamação, de infecção ou em ambos, ativam as células endoteliais em repouso para mover as selectinas armazenadas nas vesículas para a superfície celular. As selectinas expostas promovem uma fraca ligação com os leucócitos, interagindo com os ligantes carboidratos dos leucócitos. A ativação do endotélio também causa a síntese do fator ativador de plaquetas (PAF) e ICAM-1, ambos expressos na superfície celular. PAF e outros ativadores normalmente secretados, incluindo as quimiocinas, induzem mudanças na forma dos leucócitos e a ativação das integrinas dos leucócitos, como a αLβ2, a qual é expressa pelos linfócitos T (etapa **3**). A forte ligação que resulta da interação entre as integrinas ativadas nos leucócitos e as CAMs do endotélio (p. ex., ICAM-2 e ICAM-1) resulta em uma firme adesão (etapa **4**) e no subsequente movimento (extravasamento) para os tecidos subjacentes (etapa **5**). (Adaptada de R. O. Hynes and A. Lander, 1992, *Cell* **68:**303.)

rentes, mas todas contendo a subunidade β2. No entanto, todos os leucócitos dirigem-se para os tecidos pelo mesmo mecanismo geral esquematizado na Figura 20-39.

Muitas das CAMs usadas para direcionar a adesão dos leucócitos são compartilhadas entre diferentes tipos de leucócitos e tecidos-alvo. Porém, geralmente apenas um tipo particular de leucócitos é direcionado a um determinado tipo de tecido. Como esta especificidade é alcançada? Um modelo de três etapas foi proposto para descrever a especificidade do tipo celular de tais interações leucócito-célula endotelial. Primeiro, a ativação do endotélio promove a ligação inicial relativamente fraca, temporária e reversível (p. ex., a interação da selectina com seus ligantes carboidratos). Sem sinais adicionais locais de ativação, os leucócitos movem-se rapidamente. Segundo, as células ao redor do sítio de infecção ou de inflamação liberam ou expressam em sua superfície sinais químicos como quimiocinas e PAF, que ativam somente um grupo especial de leucócitos ligados temporariamente, dependendo do tipo de receptores de quimiocinas que expressam. Terceiro, as CAMs que dependem de ativação adicional (p. ex., integrinas) comprometem seus ligantes, levando a uma adesão forte e permanente. Um determinado leucócito irá aderir fortemente somente se ocorrer a combinação adequada de CAMs, ligantes e sinais de ativação comprometidos na ordem correta e no local específico. Esse modelo de diversidade combinatória e interação cruzada permite que um pequeno grupo de CAMs atue em diferentes funções pelo organismo – um bom exemplo de parcimônia biológica.

A *deficiência na adesão dos leucócitos* é causada por um defeito genético na síntese da subunidade β2 da integrina. Indivíduos com essa doença são suscetíveis a repetidas infecções bacterianas, porque seus leucócitos não são capazes de extravasar adequadamente para combater a infecção em um tecido.

Alguns vírus patogênicos desenvolveram mecanismos para explorar em seu próprio benefício as proteínas de superfície celular que participam da resposta inflamatória normal. Por exemplo, muitos vírus de RNA que causam a gripe comum (*rhinovirus*) ligam-se e entram nas células através da ICAM-1, e os receptores de quimiocinas podem ser importantes sítios de entrada para o vírus da imunodeficiência humana (HIV), que causa a Aids. As integrinas parecem participar na ligação e/ou internalização de uma variedade de vírus, incluindo reovírus (causadores de febres e gastrenterites, especialmen-

CONCEITOS-CHAVE da Seção 20.5

Interações aderentes em células móveis e não móveis

- Muitas células apresentam agregados contendo integrinas (p. ex., adesões focais, adesões 3D, podossomos) que física e funcionalmente conectam as células à matriz extracelular e facilitam a sinalização de dentro para fora e de fora para dentro.
- Por meio de interações com as integrinas, a estrutura tridimensional da ECM que circunda uma célula pode influenciar profundamente o comportamento da célula.
- As integrinas podem apresentar duas conformações (curvada/inativa, estendida/ativa) que diferem na afinidade pelos ligantes e nas interações com proteínas adaptadoras citosólicas (ver Figura 20-37); a troca entre as duas conformações permite a regulação da atividade da integrina, que é importante para o controle da adesão e da mobilidade celular.
- O distroglicano, um receptor de adesão expresso pelas células musculares, forma um grande complexo com a distrofina, outra proteína adaptadora e com as moléculas de sinalização (ver Figura 20-38). Esse complexo liga o citoesqueleto de actina com a matriz circundante, proporcionando estabilidade mecânica ao músculo. As mutações em vários componentes desse complexo causam diferentes tipos de distrofia muscular.
- As moléculas de adesão das células neuronais (NCAMs), que pertencem à família das imunoglobulinas (Ig) das CAMs, promovem a adesão célula-célula independente de Ca^{2+} nos neurônios e outros tecidos.
- A interação sequencial e combinatória de vários tipos de CAMs (p. ex., as selectinas, as integrinas e as ICAMs) é crítica para a adesão forte e específica de diferentes tipos de leucócitos nas células endoteliais, em resposta a sinais induzidos por infecção ou inflamação (ver Figura 20-39).

te em crianças), adenovírus (causadores de conjuntivite e doença respiratória aguda), e vírus da aftosa (causador da febre aftosa no gado e em suínos). ■

20.6 Tecidos vegetais

Em seguida, será visto como as células vegetais agrupam-se em tecidos. A organização estrutural geral das plantas é, normalmente, mais simples do que a dos animais. Por exemplo, as plantas possuem quatro tipos gerais de células que, em plantas maduras, formam quatro classes básicas de tecidos: o *tecido dermal*, que interage com o ambiente; o *tecido vascular*, que transporta água e substâncias em solução como açúcar e íons; o *tecido de preenchimento*, que constitui o principal local do metabolismo; e o *tecido esporogênico*, que forma os órgãos reprodutivos. Os tecidos vegetais estão organizados em apenas quatro principais sistemas de órgãos: o *caule*, que tem função de suporte e transporte; as *raízes*, que proporcionam ancoramento, absorção e armazenamento de nutrientes; as *folhas*, que são os locais de fotossíntese; e as *flores*, que contêm as estruturas reprodutivas. Assim, no nível das células, tecidos e órgãos, as plantas são, geralmente, menos complexas do que a maioria dos animais.

Além disso, ao contrário dos animais, os vegetais não substituem ou reparam as células ou os tecidos danificados, eles simplesmente produzem novos órgãos. Na verdade, o destino de cada célula no desenvolvimento de uma planta é principalmente baseado na sua posição no organismo em vez de sua linhagem (ver Capítulo 21), enquanto as duas são importantes nos animais. Portanto, tanto em vegetais quanto em animais, a comunicação direta de uma célula com sua vizinhança é importante. Mais importante para este capítulo, é o fato de, ao contrário dos animais, poucas células vegetais fazerem contato direto umas com as outras através de moléculas incorporadas em suas membranas plasmáticas. Em vez disso, as células vegetais são geralmente circundadas por uma rígida **parede celular** que contata as paredes das células adjacentes (Figura 20-40a). Também diferentemente dos animais, as células vegetais raramente mudam de posição nos organismos, com relação a outras células. Essas características dos vegetais e sua organização determinam o mecanismo molecular distinto pelo qual as células de vegetais são incorporadas nos tecidos e comunicam-se umas com as outras.

A parede celular vegetal é um laminado de fibrilas de celulose em uma matriz de glicoproteínas

A matriz extracelular dos vegetais, ou parede celular, é composta principalmente por polissacarídeos, tem ~0,2 μm de espessura e recobre completamente a membrana plasmática da célula vegetal. Essa estrutura desempenha as mesmas funções da ECM produzida pelas células animais, embora as duas estruturas sejam formadas por macromoléculas completamente diferentes, e com organizações distintas. Cerca de 1.000 genes na planta *Arabidopsis*, uma pequena planta da família das couves e agrião (ver Capítulos 1 e 6) estão engajados na síntese e no funcionamento da parede celular, incluindo aproximadamente 414 glicosiltransferases e mais de 316 genes de glicosil-hidrolases. Como a ECM de animais, a parede extracelular vegetal conecta as células nos tecidos, sinaliza o crescimento e a divisão e controla a forma dos órgãos da planta. Ela é uma estrutura dinâmica que tem um papel importante no controle da diferenciação das células vegetais durante a embriogênese e o crescimento, e representa uma barreira de proteção contra a infecção por patógenos. Da mesma forma que a matriz extracelular auxilia a definir a forma das células animais, a parede celular define as formas das células vegetais. Quando a parede celular é removida das células pela digestão com enzimas hidrolíticas, as células adotam uma forma esférica envolvida por uma membrana plasmática.

Uma vez que a principal função da parede da célula vegetal é a de suportar a pressão de turgor osmótica da célula (entre 14,5 e 435 libras por polegada quadrada!), a parede celular é formada para suportar pressão lateral. Ela é arranjada em camadas de microfibrilas de **celulose**, feixes lineares de 30 a 36 cadeias de longos polímeros de glicose (com 7 μm ou mais) ligados por ligações de hidrogênio com ligações β glicosídicas. As microfibrilas de celulose

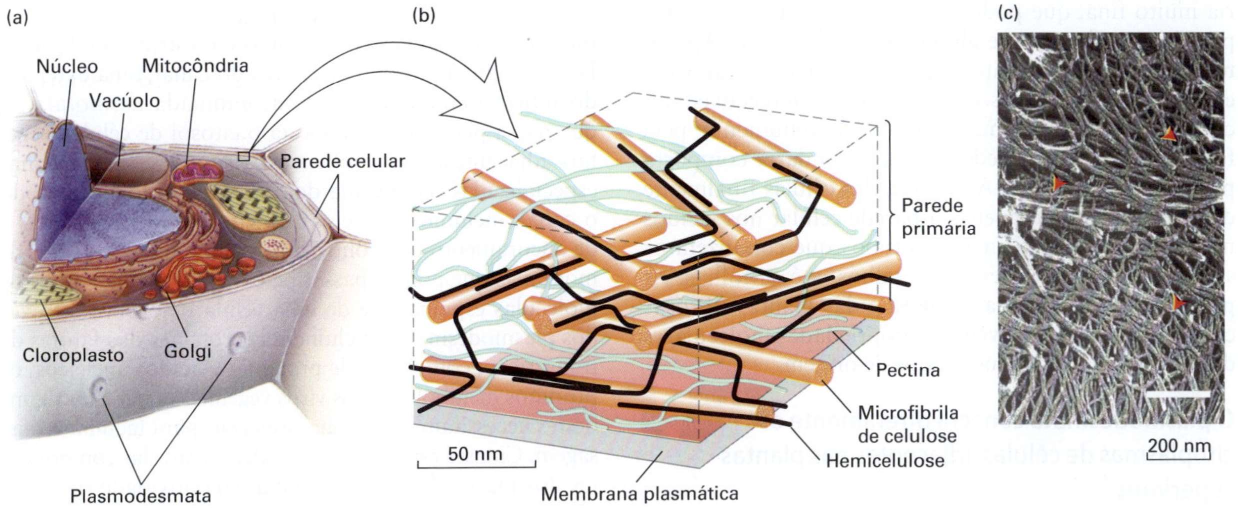

FIGURA 20-40 Estrutura da parede celular de vegetais. (a) Panorama geral da organização de uma célula vegetal típica, em que a célula cheia de organelas com a membrana plasmática é envolvida por uma matriz extracelular bem definida chamada de parece celular. (b) Representação esquemática da parede celular de uma cebola. A celulose e a hemicelulose estão arranjadas em pelo menos três camadas em uma matriz de polímeros de pectina. O tamanho dos polímeros e suas separações estão desenhados proporcionalmente. Para simplificar o diagrama, a maioria das ligações cruzadas da hemicelulose e outros constituintes da matriz (p. ex., extensina, lignina) não está mostrada. (c) Micrografia eletrônica de criofratura da parede celular da ervilha na qual alguns polissacarídeos de pectina foram removidos por tratamento químico. As fibras espessas abundantes são microfibrilas de celulose, e as fibras finas são as ligações cruzadas da hemicelulose (setas vermelhas). (Parte (b) adaptada de M. McCann and K. R. Roberts, 1991, in C. Lloyd, ed., *The Cytoskeletal Basis of Plant Growth and Form*, Academic Press, p. 126, as modified in C. Somerville et al. Part (c) from T. Fujino and T. Itoh, 1998, *Plant Cell Physiol.* **39:**1315–1323.)

estão incorporadas a uma matriz composta por *pectina*, um polímero de ácido D-galacturônico e outros monossacarídeos e *hemicelulose*, um polímero curto e muito ramificado de vários monossacarídeos de cinco e seis carbonos. A força mecânica da parede celular depende das ligações cruzadas das microfibrilas com as cadeias de hemicelulose (ver Figura 20-40b, c). As camadas de microfibrilas impedem que a parede celular ceda lateralmente. As microfibrilas de celulose são sintetizadas na face exoplásmica da membrana plasmática da UDP-glicose e ADP-glicose, formadas no citosol. A enzima que polimeriza, denominada *celulose sintase*, move-se no plano da membrana plasmática, ao longo da trilha de microtúbulos intracelulares à medida que a celulose é formada, fornecendo um mecanismo distinto de comunicação intracelular/extracelular.

Diferentemente da celulose, a pectina e a hemicelulose são sintetizadas no aparelho de Golgi e transportadas para a superfície celular, onde formam uma rede interligada que auxilia na ligação da parede celular entre as células adjacentes, protegendo-as. Quando purificada, a pectina liga-se à água e forma um gel na presença de Ca^{2+} e de íons borato – por isso, a pectina é usada em muitos alimentos processados. Até 15% da parede celular pode ser composta por *estensina*, uma glicoproteína que contém grande quantidade de hidroxiprolina e de serina. A maioria dos resíduos de hidroxiprolina é ligada por curtas cadeias de arabinose (um monossacarídeo de cinco carbonos), e os resíduos de serina são ligados à galactose. Os carboidratos compõem cerca de 65% do peso das estensinas, e seu esqueleto proteico forma uma hélice estendida em forma de bastão com os carboidratos hidroxil O-ligados projetando-se para o exterior. A *lignina* – um polímero complexo insolúvel de resíduos fenólicos – é um material reforçador, e associa-se à celulose. Como os proteoglicanos da cartilagem, a lignina resiste às forças de compressão na matriz.

A parede celular é um filtro seletivo cuja permeabilidade é controlada, principalmente, por pectinas na matriz da parede. Enquanto a água e os íons difundem livremente pela parede celular, a difusão de grandes moléculas, incluindo proteínas maiores de 20 kDa, é limitada. Essa limitação pode explicar por que muitos hormônios das plantas são pequenas moléculas solúveis em água que se difundem através da parede celular e interagem com os receptores na membrana plasmática das células vegetais.

O afrouxamento da parede celular permite o crescimento das células vegetais

Como a estrutura da parede celular que circunda a célula vegetal impede a expansão da célula, a estrutura deve ser afrouxada para que a célula possa crescer. A quantidade, o tipo e a direção do crescimento da célula vegetal são controlados por pequenas moléculas de hormônios denominadas *auxinas*. O afrouxamento da parede celular induzido pela auxina permite a expansão dos vacúolos intracelulares pela absorção de água, levando ao alongamento da célula. Pode-se imaginar a magnitude desse fenômeno ao considerar que, se todas as células de uma sequoia fossem reduzidas ao tamanho de uma célula típica do fígado, a árvore teria, no máximo, apenas um metro de altura.

A parede celular sofre grandes alterações no **meristema** da raiz ou do broto. Esses são os locais onde as células se dividem e crescem. As células meristemáticas jovens são conectadas por uma parede celular primária muito fina, que pode ser afrouxada e esticada para permitir o subsequente alongamento da célula. Após o término do alongamento, a parede celular é geralmente engrossada, seja pela secreção de macromoléculas adicionais na parede primária ou, mais comumente, pela formação de uma parede celular secundária composta por diversas camadas. A maioria das células finalmente degenera, deixando apenas a parede celular nos tecidos maduros, como o xilema – os tubos que conduzem os sais e a água das raízes pelos galhos, até as folhas. As propriedades únicas da madeira e das plantas fibrosas como o algodão se devem às propriedades moleculares da parede celular de seus tecidos de origem.

O plasmodesmata conecta diretamente os citoplasmas de células adjacentes nas plantas superiores

A presença de uma parede celular separando as células de plantas impõe barreiras à comunicação célula-célula – e, portanto, a diferenciação dos tipos celulares – que não ocorre em animais. Um mecanismo característico usado pelas células de vegetais para se comunicar diretamente é por junções célula-célula especializadas, denominadas **plasmodesmatas**, as quais se estendem através da parede celular. Como as junções tipo fenda, os plasmodesmatas são canais abertos que conectam o citosol de uma célula ao citosol da célula adjacente. O diâmetro dos canais é de 30 a 60 nm, e seu comprimento varia e pode ser maior do que 1 μm. A densidade do plasmodesmata varia dependendo da planta e do tipo celular, e mesmo as pequenas células meristemáticas possuem mais de mil interconexões com suas vizinhas. Embora uma diversidade de proteínas e polissacarídeos associados funcional ou fisicamente aos plasmodematas tenha sido identificada, os componentes proteicos fundamentais dos plasmodesmatas e o mecanismo detalhado que rege sua biogênese não foram ainda identificados.

Moléculas menores de 1.000 Da, incluindo vários compostos metabólicos e de sinalização (íons, açúcares e aminoácidos) em geral podem se difundir por meio dos plasmodesmatas. Entretanto, o tamanho dos canais pelos quais essas moléculas passam é altamente controlado. Em algumas circunstâncias, o canal é fechado e, em outras, é dilatado o suficiente para permitir a passagem de moléculas maiores de 10.000 Da. Um dos fatores que afetam a permeabilidade dos plasmodesmatas é a concentração do Ca^{2+} citosólico, com o aumento do Ca^{2+} citosólico inibindo, reversivelmente, o movimento das moléculas através dessas estruturas.

Embora o plasmodesmata e as junções tipo fenda assemelhem-se funcionalmente, com respeito a formação de canais para a difusão de pequenas moléculas, as suas estruturas apresentam duas diferenças significativas (Figura 20-41). Nos plasmodesmatas, as membranas plasmáticas das células adjacentes juntam-se para formar um canal contínuo, o *ânulo*, enquanto as membranas das células das junções tipo fenda não são contínuas uma com a outra. Existem plasmodesmatas simples (com poro único) e plasmodesmatas complexos que se ramificam em vários canais. Além disso, os plasmodesmatas exibem várias características complexas adicionais em estrutura e função. Por exemplo, eles contêm, dentro do canal, uma extensão do retículo endoplasmático, denominada *desmotúbulo*, que passa pelo ânulo e conecta o citosol de células vegetais adjacentes. Eles também possuem diversas proteínas especializadas na entrada dos canais e ao longo de todo o canal, incluindo proteínas do citoesqueleto, motoras e de ancoramento que controlam os tamanhos e os tipos de moléculas que podem passar pelos canais. Muitos tipos de moléculas espalham-se de uma célula para outra através dos plasmodesmatas, incluindo as proteínas dos fatores de transcrição, complexos de proteínas e ácidos nucleicos, os produtos metabólicos e os vírus vegetais. Parece que alguns destes necessitam chaperonas especiais para facilitar a passagem. Cinases especializadas podem fosforilar componentes dos plasmodesmatas e regular sua atividade (p. ex., a abertura dos canais). As moléculas solúveis passam pelo ânulo citosólico, com cerca de 3 a 4 nm de diâmetro, entre a membrana plasmática e o desmotúbulo, enquanto as moléculas ligadas com a membrana e determinadas proteínas dentro do lúmen do retículo endoplasmático podem passar de uma célula para outra através dos desmotúbulos. Os plasmodesmatas parecem desempenhar um papel especialmente importante na regulação do desenvolvimento das células e tecidos vegetais, como pode ser sugerido pela sua capacidade de mediar o movimento intracelular de fatores de transcrição e complexos de proteínas ribonucleares.

Apenas algumas poucas moléculas de adesão foram identificadas nas plantas

As análises sistemáticas do genoma da *Arabidopsis* e a bioquímica de outras espécies vegetais não forneceram evidências para a existência de homólogos, em plantas, da maioria das CAMs, receptores de adesão e componentes da ECM de animais. Isso não é surpreendente devido à natureza drasticamente diferente das interações célula-célula e parede/matriz-célula dos animais e vegetais.

Entre as proteínas do tipo adesivo, aparentemente típicas dos vegetais, estão cinco cinases associadas à parede (WAKs, do inglês *wall associated kinases*) e proteínas semelhantes às WAKs expressas na membrana plasmática das células de *Arabidopsis*. A região extracelular de todas essas proteínas contém múltiplas repetições de fatores de crescimento epidérmico (EGF), normalmente encontrados em receptores de superfície celular de células animais, os quais podem participar diretamente na ligação de outras moléculas. Algumas WAKs ligam-se às proteínas ricas em glicina na parede celular, mediando os contatos parede-membrana. Essas proteínas de *Arabidopsis* possuem um único domínio transmembrana e um domínio tirosinocinase intracelular, que parece participar nas vias de sinalização como os receptores tirosinocinase discutidos no Capítulo 16.

Os resultados dos ensaios de ligação *in vitro*, combinados com estudos *in vivo* e com a análise de plantas mutantes, identificaram várias macromoléculas na ECM importantes para a adesão. Por exemplo, a adesão normal do pólen, que contém as células do esperma, ao es-

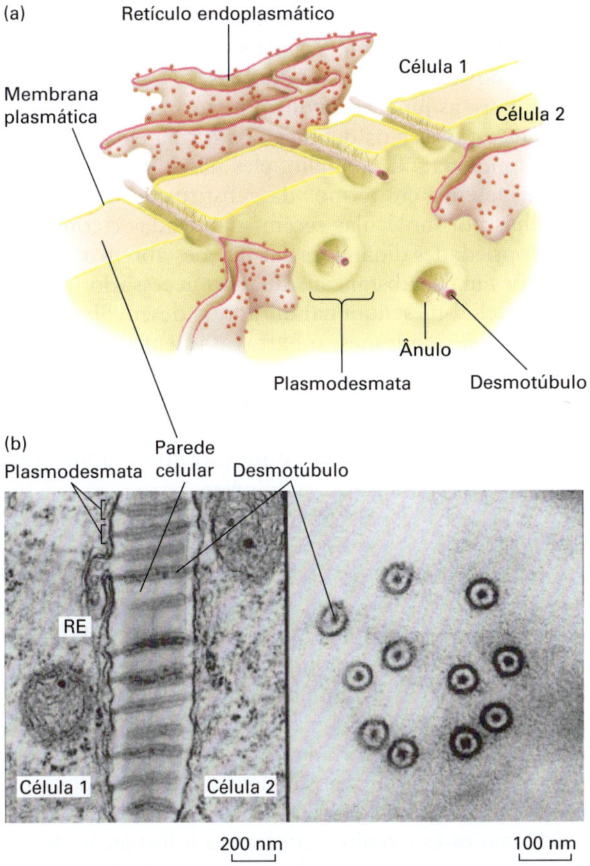

FIGURA 20-41 O plasmodesma. (a) Modelo esquemático de um plasmodesma mostrando o desmotúbulo, uma extensão do retículo endoplasmático (RE) e o ânulo, um canal alinhado com a membrana repleto de citosol que interconecta o citoplasma de células adjacentes. (b) Micrografia eletrônica de finas secções de uma folha de cana-de-açúcar (os colchetes indicam plasmodesmatas individuais). (*À esquerda*) Visão longitudinal mostrando o RE e o desmotúbulo atravessando até cada ânulo. (*À direita*) Visão perpendicular dos plasmodesmatas, em alguns podem-se observar as estruturas que conectam a membrana plasmática ao desmotúbulo. (Parte (b) de K. Robinson-Beers and R. F. Evert, 1991, *Planta* **184:**307–318.)

tigma ou ao pistilo no órgão reprodutivo da fêmea do lírio-da-páscoa requer proteínas ricas em cisteína denominadas adesinas ricas em cisteína estilar/estigma (SCA), além de uma pectina especializada que pode se ligar ao SCA (Figura 20-42). Uma pequena proteína, provavelmente ancorada à ECM, de aproximadamente 10 kDa e chamada de quimocianina atua em conjunto com SCA e auxilia a dirigir o movimento do tubo polínico contendo o esperma (quimiotaxia) ao ovário.

A interrupção de um gene que codifica a glicuroniltransferase 1, uma enzima importante para a biossíntese da pectina, forneceu um exemplo surpreendente da importância das pectinas na adesão intercelular nos meristemas dos vegetais. Normalmente, moléculas de pectina especializadas auxiliam a manter as células fortemente unidas nos meristemas. Quando cultivadas como grumos de células indiferenciadas, denominadas calo, as células

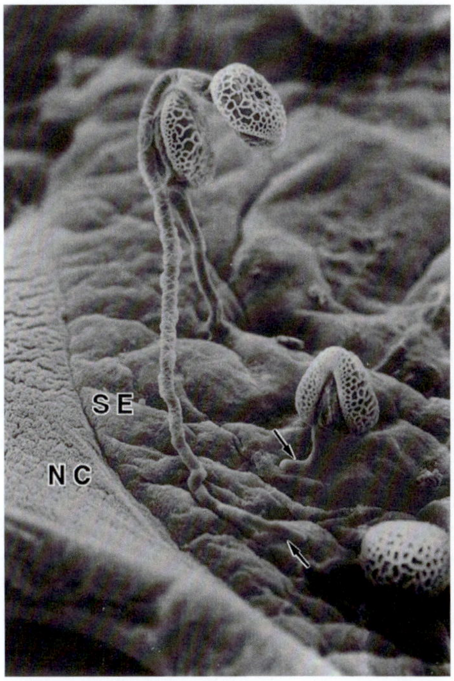

FIGURA EXPERIMENTAL 20-42 Um ensaio *in vitro* usado para identificar as moléculas necessárias para a aderência dos tubos de pólen com a matriz do pistilo. Neste ensaio, a matriz estilar extracelular coletada do pistilo do lírio (SE) ou uma matriz artificial é seca sobre uma membrana de nitrocelulose (NC). Os tubos de pólen contendo esperma são adicionados e sua ligação com a matriz é avaliada. Nesta micrografia eletrônica de varredura, as pontas dos tubos de pólen (setas) podem ser vistas ligadas à matriz estilar seca. Este tipo de ensaio mostrou que a aderência do pólen depende da adesão rica em cisteína do estigma/estilar (SCA) e de uma pectina que se liga ao SCA. (De G. Y. Jauh et al., 1997, *Sex Plant Reprod.* **10:**173.)

meristemáticas normais aderem fortemente e se diferenciam em células produtoras de clorofila, dando origem a calos verdes. Eventualmente, o calo produz brotos. Em contrapartida, as células mutantes com o gene da glicuroniltransferase 1 inativado são maiores, associam-se fracamente umas com as outras e não se diferenciam normalmente, formando um calo amarelo. A introdução de um gene da glicuroniltransferase 1 em células mutantes restabelece sua capacidade de se aderir e diferenciar normalmente.

A escassez de moléculas de adesão vegetais identificadas até hoje, ao contrário das muitas moléculas de adesão animais bem-definidas, pode ser resultado das dificuldades técnicas no trabalho com a parede celular/ECM dos vegetais. As interações aderentes provavelmente tenham papéis diferentes na biologia das plantas e animais, pelo menos em parte devido a sua diferença em desenvolvimento e fisiologia.

CONCEITOS-CHAVE da Seção 20.6

Tecidos vegetais

- A integração das células em tecidos nos vegetais é fundamentalmente diferente da construção dos tecidos animais, sobretudo porque cada célula vegetal é circundada por uma parede celular relativamente rígida.

- A parede celular das plantas compreende camadas de microfibrilas de celulose ancoradas em uma matriz de hemicelulose, pectinas, extensinas e outras moléculas menos abundantes.
- A celulose, um grande polímero linear de glicose, agrupa-se espontaneamente em microfibrilas estabilizadas por ligações de hidrogênio.
- A parede celular define a forma das células vegetais e restringe seu alongamento. O afrouxamento da parede celular induzido pela auxina permite o alongamento.
- Células vegetais adjacentes podem se comunicar por meio dos plasmodesmatas, junções que permitem que pequenas moléculas passem através de canais complexos que conectam o citosol de células adjacentes (ver Figura 20-41).
- Os vegetais não produzem homólogos às moléculas de adesão encontradas nas células animais. Somente poucas moléculas de adesão específicas de plantas foram descritas até hoje.

Perspectivas

O entendimento mais profundo da integração das células nos tecidos de organismos complexos permitirá maior discernimento e o desenvolvimento de técnicas em quase todas as subdisciplinas da biologia celular molecular – bioquímica, biofísica, microscopia, genética, genômica, proteômica e biologia do desenvolvimento – junto com bioengenharia e ciência da computação. Esta área da biologia celular está em crescimento excepcional.

Uma série de questões importantes para o futuro trata dos mecanismos pelos quais a célula detecta forças mecânicas nelas próprias e na matriz extracelular, bem como a influência de seu arranjo tridimensional e suas interações. Uma questão relacionada é como essa informação é usada para controlar as células e a estrutura e as funções dos tecidos. Estes temas envolvem as áreas de biomecânica e mecanotransdução. As pressões de cisalhamento podem induzir padrões distintos de expressão gênica e de crescimento celular e podem alterar profundamente o metabolismo celular e as respostas ao estímulo extracelular. Canais de cátions mecanossensíveis não seletivos (NSC_{MS}), pelo menos alguns dos quais parecem ser membros do receptor de potencial temporário, ou TRP, da família dos canais de cátions, são ativados pela distensão da membrana plasmática. Eles são importantes componentes na mecanotransdução, como os canais envolvidos na percepção do som nos ouvidos, que é mediado, em parte, por caderinas especializadas. A maioria das classes de moléculas discutidas neste capítulo – componentes da ECM, receptores de adesão, CAMs, adaptadores intracelulares e o citoesqueleto – parece ter um papel importante nas mecanopercepção e na mecanotransdução das vias de sinalização. Pesquisas futuras permitirão um entendimento mais sofisticado do papel da organização tridimensional das células e dos componentes da ECM e das forças que atuam sobre eles em condições normais e patológicas no controle da estrutura e da atividade dos tecidos. Aplicações deste conhecimento fornecerão novos métodos para a exploração da biologia celular e tecidual básica e também tecnologias mais avançadas para a pesquisa de novas terapias para doenças.

Embora as junções auxiliem na formação de tecidos epiteliais estáveis e na definição da forma e das propriedades funcionais do epitélio, eles não são estáticas. O remodelamento em termos da substituição de moléculas velhas por moléculas recém-sintetizadas é contínuo, e as propriedades dinâmicas das junções abrem a porta a alterações mais substanciais quando necessário (a transição epitelial-mesenquimal durante o desenvolvimento, a cicatrização de lesões, o extravasamento de leucócitos, etc.). A compreensão dos mecanismos moleculares que regem estas relações entre estabilidade e alterações dinâmicas fornecerá novos horizontes na morfogênese, manutenção da integridade e função dos tecidos, e na resposta a (ou indução de) patologias.

Várias questões relacionam a sinalização intracelular das CAMs e dos receptores de adesão. Tais sinalizações devem ser integradas com outras vias de sinalização que são ativadas por vários sinais externos (p. ex., os fatores de crescimento) de modo que a célula responda apropriadamente e de modo coordenado a diversos estímulos internos e externos simultâneos. Parece que pequenas proteínas GTPase participam, pelo menos em algumas, das vias integradas associadas à sinalização entre junções celulares. Como os circuitos lógicos são construídos para permitir a integração entre as diversas vias de sinalização? Como esses circuitos integram a informação dessas vias? Como a combinação da sinalização de dentro para fora e de fora para dentro é mediada pelas CAMs e pelos receptores de adesão e fundem-se em tais circuitos?

Pode-se esperar um progresso crescente na exploração da influência da glicobiologia (a biologia de oligo– e polissacarídeos) na biologia celular. A importância das sequências GAG especializadas no controle das atividades celulares, especialmente as interações entre alguns fatores de crescimento e seus receptores, agora está clara. Com a identificação dos mecanismos biossintéticos que produzem essas estruturas e o desenvolvimento de ferramentas para manipular as estruturas GAG e testar suas funções em sistemas de cultura e de organismos intactos, pode-se esperar um aumento significativo no entendimento da biologia celular das GAGs nos próximos anos. Ainda há muito que aprender sobre biossíntese, estruturas e funções de diversos outros glicoconjugados, como os açúcares O-ligados no distroglicano, que são essenciais para sua ligação aos seus ligantes na ECM. Uma nova subárea, a *glicômica*, floresceu recentemente e irá contribuir para o entendimento futuro da glicobiologia. A glicômica, da mesma forma que a genômica e proteômica, utiliza ferramentas de alta resolução, como espectroscopia de massa, para realizar análises em grande escala das estruturas e suas alterações numa ampla variedade de moléculas contendo açúcares nas células e nos tecidos.

Uma grande qualidade estrutural das CAMs, dos receptores de adesão e das proteínas da ECM é a presença de múltiplos domínios que conferem diversas funções a uma única cadeia polipeptídica. É consenso que tais proteínas de múltiplos domínios surgiram evolutivamente do agrupamento de diferentes sequências de DNA codificadas por domínios distintos. Os genes que codificam múltiplos domínios possibilitam gerar uma grande diversidade de sequências e de diversidade funcional pelo processamento alternativo e o uso de promotores alternados em um mesmo gene. Assim, mesmo que o número de genes independentes no genoma humano pareça surpreendentemente pequeno em comparação a outros organismos, um número muito maior do que o esperado de diferentes moléculas de proteínas pode ser produzido para aquele número de genes. Tal diversidade parece muito bem apropriada para a produção de proteínas que atuam na especificação de conexões de adesão no sistema nervoso, especialmente do cérebro. Além disso, vários grupos de proteínas expressas por neurônios parecem ter essa diversidade combinatória de estrutura. Elas incluem as protocaderinas, uma família de caderinas com muitas proteínas codificadas por gene (14 a 19 para os três genes em mamíferos); as neurexinas, que compreendem mais de mil proteínas codificadas por três genes; e as Dscams, membros da superfamília das IgCAMs codificada por um gene de *Drosophila* que tem o potencial para expressar 38.016 proteínas distintas em razão do processamento alternativo. Um objetivo contínuo para o trabalho futuro será descrever e entender as bases moleculares das ligações célula-célula e célula-matriz – a "fiação" – do sistema nervoso e como esses circuitos permitem o controle neuronal complexo e, também, o intelecto necessário para o entendimento da biologia molecular.

Termos-chave

Caderina 937
Colágeno 948
Colágeno fibrilar 953
Conexina 945
Desmossomo 937
Elastina 953
Epitélio 928
Fibronectina 959
Glicosaminoglicano (GAG) 953
Hialuronano 958
Integrina 941
Junção compacta 936
Junção de ancoramento 936
Junção tipo fenda 936
Junções aderentes 936
Lâmina basal 935
Laminina 949
Matriz extracelular (ECM) 929
Metaloproteases de matriz (MMPS) 962
Molécula de adesão celular (CAM) 929
Molécula de adesão celular de imunoglobulina (IgCAM) 965
Parede celular 970
Plasmodesmata 972
Proteínas adaptadoras 930
Proteínas multiadesivas solúveis de matriz 948
Proteoglicano 948
Receptor de adesão 929
Selectina P 968
Sequência RDG 960
Sindecano-1 956
Transição mesenquimal-epitelial 939
Via paracelular 944

Revisão dos conceitos

1. Descreva os dois fenômenos que dão origem à diversidade das moléculas de adesão como as caderinas. Que fenômeno adicional origina a diversidade das integrinas?
2. As caderinas são conhecidas por mediar as interações homofílicas entre as células. O que é uma interação homofílica e como isso pode ser demonstrado experimentalmente em relação às caderinas E? Qual o componente do meio extracelular necessário para as interações homofílicas mediadas pelas caderinas e como esta exigência pode ser demonstrada?
3. Além de sua função de conectar as membranas laterais de células adjacentes, as junções aderentes atuam no controle da forma celular. Qual a estrutura intracelular e as proteínas associadas que estão envolvidas neste processo?
4. Qual é a função normal das junções compactas? O que pode acontecer aos tecidos quando as junções compactas não funcionam corretamente?
5. As junções tipo fenda entre as células do músculo cardíaco e entre as células do músculo liso miometrial uterino formam uma conexão que permite a rápida comunicação. Como ela é chamada? Como a comunicação das junções tipo fenda das células musculares miometriais uterinas é incrementada para permitir o parto?
6. O que é o colágeno e como ele é sintetizado? Como sabe-se que o colágeno é necessário para a integridade dos tecidos?
7. Explique como as alterações na estrutura das integrinas promovem a sinalização de dentro para fora e de fora para dentro.
8. Compare as funções e propriedades de cada um dos três tipos de macromoléculas abundantes na matriz extracelular de todos os tecidos.
9. Vários proteoglicanos possuem funções na sinalização celular. A regulação do comportamento alimentado pelos sindecanos na região do hipotálamo do cérebro é um exemplo. Como esta regulação é realizada?
10. Você sintetizou um oligonucleotídeo contendo uma sequência RGD circundada por outros aminoácidos. Qual é o efeito deste peptídeo quando adicionado à cultura de fibroblastos que crescem em uma monocamada de fibronectina adsorvida à placa de cultura? Por que isso acontece?
11. Descreva a principal atividade e a possível localização dos três principais subgrupos de proteínas que remodelam/degradam a ECM no remodelamento fisiológico e patológico dos tecidos. Identifique uma condição patológica em que essas proteínas tenham um papel fundamental.
12. A coagulação sanguínea é uma função crítica para a sobrevivência dos mamíferos. Como as propriedades multiadesivas da fibronectina resultam no recrutamento das plaquetas para a coagulação?
13. Como as mudanças nas conexões moleculares entre a matriz extracelular (ECM) e o citoesqueleto dão origem à distrofia muscular de Duchenne?
14. Para combater infecções, os leucócitos deslocam-se rapidamente do sangue para os tecidos nos locais de

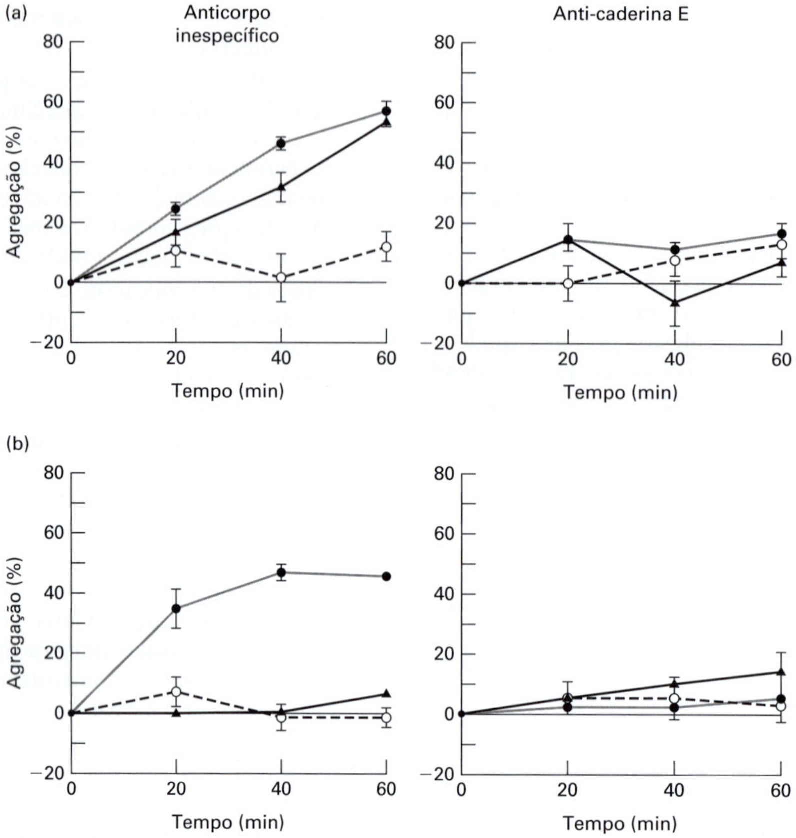

infecção. Como este processo é chamado? Qual o envolvimento das moléculas de adesão neste processo?

15. A estrutura da parede celular de vegetais precisa ser afrouxada para acomodar o crescimento celular. Que molécula de sinalização controla este processo?
16. Compare o plasmodesmata nas plantas vegetais às junções tipo fenda nas células animais.

Análise dos dados

Os pesquisadores isolaram duas isoformas mutantes da caderina E que, provavelmente, atuam de forma distinta da caderina E tipo selvagem. Uma linhagem celular de carcinoma mamário negativa para a caderina E foi transfectada com o gene A (parte a da figura; triângulos) ou B (parte b; triângulos) da caderina E mutante e o gene tipo selvagem (círculos pretos) e comparada com células não transfectadas (círculos abertos) em um experimento de agregação. Nesse experimento, primeiro as células são dissociadas com tripisina e então é permitido que se agreguem em solução por alguns minutos. A agregação das células mutantes A e B são apresentadas nos quadros a e b, respectivamente. Para demonstrar que a adesão observada foi mediada pela caderina, as células foram pré-tratadas com um anticorpo inespecífico (quadro à esquerda) ou um anticorpo monoclonal bloqueador da função anticaderina E (quadro à direita).

a. Por que as células transfectadas com o gene da caderina E tipo selvagem têm maior agregação do que as células controle não transfectadas?
b. A partir desses dados, o que pode ser dito a respeito da função dos mutantes A e B?
c. Por que a adição do anticorpo monoclonal anticaderina E, mas não do anticorpo inespecífico, bloqueou a agregação?
d. O que pode acontecer com a capacidade de agregação das células transfectadas com o gene da caderina E tipo selvagem se o experimento for realizado em meio com baixa concentração de Ca^{2+}?

Referências

Adesão célula-célula e célula-matriz: uma visão geral

Carthew, R. W. 2005. Adhesion proteins and the control of cell shape. *Curr. Opin. Genet. Dev.* 15(4):358–363.

M. Cereijido, R. G. Contreras, and L. Shoshani. 2004. Cell adhesion, polarity, and epithelia in the dawn of metazoans. *Physiol. Rev.* **84**:1229–1262.

Gumbiner, B. M. 1996. Cell adhesion: the molecular basis of tissue architecture and morphogenesis. *Cell* **84**:345–357.

Hynes, R. O. 1999. Cell adhesion: old and new questions. *Trends Cell Biol.* 9(12):M33–M337. Millennium issue.

Hynes, R. O. 2002. Integrins: bidirectional, allosteric signaling machines. *Cell* **110** :673–687.

Hynes, R. O. 2012. The evolution of metazoan extracellular matrix. *J. Cell Biol.* (in press)

Hynes, R. O., and Q. Zhao. 2000. The evolution of cell adhesion. *J. Cell Biol.* **150** (2):F89–F96.

Ingber, D. E. 2006. Cellular mechanotransduction: putting all the pieces together again. *FASEB J.* **20**(7):811–827.

Jamora, C., and E. Fuchs. 2002. Intercellular adhesion, signalling and the cytoskeleton. *Nature Cell Biol.* **4**(4):E101–E108.

Juliano, R. L. 2002. Signal transduction by cell adhesion receptors and the cytoskeleton: functions of integrins, cadherins, selectins, and immunoglobulin-superfamily members. *Ann. Rev. Pharmacol. Toxicol.* **42**:283–323.

Leahy, D. J. 1997. Implications of atomic resolution structures for cell adhesion. *Ann. Rev. Cell Devel. Biol.* **13**:363–393.

Thiery, J. P., and J. P. Sleeman. 2006. Complex networks orchestrate epithelial-mesenchymal transitions. *Nat. Rev. Mol. Cell Biol.* 7:131–142.

Vogel, V. 2006. Mechanotransduction involving multimodular proteins: converting force into biochemical signals. *Annu. Rev. Biophys. Biomol. Struct.* **35**:459–488.

Vogel, V., and M. Sheetz. 2006. Local force and geometry sensing regulate cell functions. *Nat. Rev. Mol. Cell Biol.* 7(4):265–275.

Junções célula-célula e célula-ECM e suas moléculas de adesão

The Cadherin Resource: http://calcium.uhnres.utoronto.ca/cadherin/pub_pages/classify/index.htm

Anderson, J. M., and C. M. Van Itallie. 2009. Physiology and function of the tight junction. *Cold Spring Harb. Perspect. Biol.* 1(2):a002584.

Chen, C. S. 2008. Mechanotransduction—a field pulling together? *J. Cell Sci.* **121** (pt. 20):3285–3292.

Chu, Y. S., et al. 2004. Force measurements in E-cadherin-mediated cell doublets reveal rapid adhesion strengthened by actin cytoskeleton remodeling through Rac and Cdc42. *J. Cell Biol.* **167**: 1183–1194. Ciatto, C., et al. 2010. T-cadherin structures reveal a novel adhesive binding mechanism. *Nat. Struct. Mol. Biol.* **17**(3):339–347.

Clandinin, T. R., and S. L. Zipursky. 2002. Making connections in the fly visual system. *Neuron* **35**:827–841.

Conacci-Sorrell, M., J. Zhurinsky, and A. Ben-Ze'ev. 2002. The cadherin-catenin adhesion system in signaling and cancer. *J. Clin. Invest.* **109** :987–991.

Fuchs, E., and S. Raghavan. 2002. Getting under the skin of epidermal morphogenesis. *Nature Rev. Genet.* 3(3):199–209.

Gates, J., and M. Peifer. 2005. Can 1000 reviews be wrong? Actin, alpha-catenin, and adherens junctions. *Cell* **123** (5):769–772.

Goodenough, D. A., and D. L. Paul. 2009. Gap junctions. *Cold Spring Harb. Perspect. Biol.* **1**:a002576.

Gumbiner, B. M. 2005. Regulation of cadherin-mediated adhesion in morphogenesis. *Nat. Rev. Mol. Cell Biol.* **6**:622–634.

Guttman, J. A., and B. B. Finlay. 2009. Tight junctions as targets of infectious agents. *Biochim. Biophys. Acta* **1788** (4):832–841.

Harris, T. J., and U. Tepass. 2010. Adherens junctions: from molecules to morphogenesis. *Nat. Rev. Mol. Cell Biol.* **11**(7): 502–514.

Hatzfeld, M. 2007. Plakophilins: multifunctional proteins or just regulators of desmosomal adhesion? *Biochim. Biophys. Acta* **1773**: 69–77.

Hobbie, L., et al. 1987. Restoration of LDL receptor activity *Science* **235** :69–73.

Hollande, F., A. Shulkes, and G. S. Baldwin. 2005. Signaling *Science* **2005** (277):pe13.

Hunter, A. W., R. J. Barker, C. Zhu, and R. G. Gourdie. 2005. Zonula occludens-1 alters connexin43 gap junction size and organization by influencing channel accretion. *Mol. Biol. Cell* **16**(12):5686–5698.

Jefferson, J. J., C. L. Leung, and R. K. H. Liem. 2004. Plakins: goliaths that link cell junctions and the cytoskeleton. *Nature Rev. Mol. Cell Biol.* **5**:542–553.

Laird, D. W. 2006. Life cycle of connexins in health and disease. *Biochem. J.* **394** (pt. 3):527–543.

Lee, J. M., S. Dedhar, R. Kalluri, and E. W. Thompson. 2006. The epithelial-mesenchymal transition: new insights in signaling, development, and disease *J. Cell Biol.* **172** (7):973–981.

Litjens, S. H., J. M. de Pereda, and A. Sonnenberg. 2006. Current insights into the formation and breakdown of hemidesmosomes. *Trends Cell Biol.* **16**(7):376–383.

Moser, M., K. R. Legate, R. Zent, and R. Fässler. 2009. The tail of integrins, talin, and kindlins. *Science* **324** (5929):895–899.

Müller, U. 2008. Cadherins and mechanotransduction by hair cells. *Curr. Opin. Cell Biol.* **20**(5):557–566.

Nakagawa, S., S. Maeda, and T. Tsukihara. 2011. Structural and functional studies of gap junction channels. *Curr. Opin. Struct. Biol.* **21**(1):101–108.

Oda, H., and M. Takeichi. 2011. Structural and functional diversity of cadherin at the adherens junction. *J. Cell Biol.* **193** (7):1137–1146.

Pierschbacher, M. D., and E. Ruoslahti. 1984. Cell attachment activity of fibronectin can be duplicated by small synthetic fragments of the molecule. *Nature* **309** (5963):30–33.

Schöck, F., and N. Perrimon. 2002. Molecular mechanisms of epithelial morphogenesis. *Ann. Rev. Cell Devel. Biol.* **18**:463–493.

Smutny, M., and A. S. Yap. 2010. Neighborly relations: cadherins and mechanotransduction. *J. Cell Biol.* **189** (7): 1075–1077.

Tanoue, T., and M. Takeichi. 2005. New insights into fat cadherins. *J. Cell Sci.* **118** (pt. 11):2347–2353.

Tsukita, S., M. Furuse, and M. Itoh. 2001. Multifunctional strands in tight junctions. *Nature Rev. Mol. Cell Biol.* **2**:285–293.

Turner, J. R. 2009. Intestinal mucosal barrier function in health and disease. *Nat. Rev. Immunol.* **9**(11):799–809.

Vogelmann, R., M. R. Amieva, S. Falkow, and W. J. Nelson. 2004. Breaking into the epithelial apical-junctional complex—news from pathogen hackers. *Curr. Opin. Cell Biol.* **16**(1):86–93.

Ye, F., et al.. 2010. Recreation of the terminal events in physiological integrin activation. *J. Cell Biol.* **188** (1):157–173.

Zaidel-Bar, R., and B. Geiger. 2010. The switchable integrin adhesome. *J. Cell Sci.* **123** (pt. 9):1385–1388.

Zhang, Y., S. Sivasankar, W. J. Nelson, and S. Chu. 2009. Resolving cadherin interactions and binding cooperativity at the single-molecule level. *Proc. Natl. Acad. Sci. USA* **106** (1): 109–114.

A matriz extracelular I: a lâmina basal

Boutaud, A., et al. 2000. Type IV collagen of the glomerular basement membrane: evidence that the chain specificity of network assembly is encoded by the noncollagenous NC1 domains. *J. Biol. Chem.* **275** :30716–30724.

Durbeej, M. 2010. Laminins. *Cell Tissue Res.* **339** (1):259–268.

Esko, J. D., and U. Lindahl. 2001. Molecular diversity of heparan sulfate. *J. Clin. Invest.* **108** :169–173.

Hallmann, R., et al. 2005. Expression and function of laminins in the embryonic and mature vasculature. *Physiol. Rev.* **85**:979–1000.

Hohenester, E., and J. Engel. 2002. Domain structure and organisation in extracellular matrix proteins. *Matrix Biol.* **21**(2):115–128.

Iozzo, R. V. 2005. Basement membrane proteoglycans: from cellar to ceiling. *Nature Rev. Mol. Cell Biol.* **6**(8):646–656.

Kanagawa, M., et al. 2005. Disruption of perlecan binding and matrix assembly by post-translational or genetic disruption of dystroglycan function. *FEBS Lett.* **579** (21):4792–4796.

Kruegel, J., and N. Miosge. 2010. Basement membrane components are key players in specialized extracellular matrices. *Cell Mol. Life Sci.* 67(17):2879–2895.

Nakato, H., and K. Kimata. 2002. Heparan sulfate fine structure and specificity of proteoglycan functions. *Biochim. Biophys. Acta* **1573** :312–318.

Perrimon, N., and M. Bernfield. 2001. Cellular functions of proteoglycans: an overview. *Semin. Cell Devel. Biol.* **12**(2):65–67.

Rosenberg, R. D., et al. 1997. Heparan sulfate proteoglycans of the cardiovascular system: specific structures emerge but how is synthesis regulated? *J. Clin. Invest.* **99**:2062–2070.

Sasaki, T., R. Fassler, and E. Hohenester. 2004. Laminin: the crux of basement membrane assembly. *J. Cell Biol.* **164** (7):959–963.

A matriz extracelular II: o tecido conectivo

Canty, E. G., and K. E. Kadler. 2005. Procollagen trafficking, processing and fibrillogenesis. *J. Cell Sci.* **118** :1341–1353.

Comelli, E. M., et al. 2006. A focused microarray approach to functional glycomics: transcriptional regulation of the glycome. *Glycobiology* **16**(2):117–131.

Couchman, J. R. 2003. Syndecans: proteoglycan regulators of cell-surface microdomains? *Nature Rev. Mol. Cell Biol.* **4**:926–938.

Fields, G. B. 2010. Synthesis and biological applications of collagen-model triple-helical peptides. *Org. Biomol. Chem.* 8(6):1237–1258.

Kramer, R. Z., J. Bella, B. Brodsky, and H. M. Berman. 2001. The crystal and molecular structure of a collagen-like peptide with a biologically relevant sequence. *J. Mol. Biol.* **311** :131–147.

Leitinger, B., and E. Hohenester. 2007. Mammalian collagen receptors. *Matrix Biol.* **26** (3):146–155.

Mao, J. R., and J. Bristow. 2001. The Ehlers-Danlos syndrome: on beyond collagens. *J. Clin. Invest.* **107** :1063–1069.

Orgel, J. P., T. C. Irving, A. Miller, and T. J. Wess. 2006. Microfibrillar structure of type I collagen *in situ* . *Proc. Natl. Acad. Sci. USA* **103** :9001–9005.

Sakai, T., M. Larsen, and K. Yamada. 2003. Fibronectin requirement in branching morphogenesis. *Nature* **423** :876–881.

Shaw, L. M., and B. R. Olsen. 1991. FACIT collagens: diverse molecular bridges in extracellular matrices. *Trends Biochem. Sci.* **16**(5):191–194.

Shiomi, T., V. Lemaître, J. D'Armiento, and Y. Okada. 2010. Matrix metalloproteinases, a disintegrin and metalloproteinases, and a disintegrin and metalloproteinases with thrombospondin motifs in non-neoplastic diseases. *Pathol. Int.* **60**(7):477–496.

Weiner, S., W. Traub, and H. D. Wagner. 1999. Lamellar bone: structure-function relations. *J. Struc. Biol.* **126** :241–255.

Interações aderentes em células móveis e não móveis

Barresi, R., and K. P. Campbell. 2006. Dystroglycan: from biosynthesis to pathogenesis of human disease. *J. Cell Sci.* **119** (pt. 2):199–207.

Bartsch, U. 2003. Neural CAMs and their role in the development and organization of myelin sheaths. *Front. Biosci.* **8**:D477–D490.

Brummendorf, T., and V. Lemmon. 2001. Immunoglobulin superfamily receptors: cis-interactions, intracellular adapters and alternative splicing regulate adhesion. *Curr. Opin. Cell Biol.* **13**:611–618.

Cukierman, E., R. Pankov, and K. M. Yamada. 2002. Cell interactions with three-dimensional matrices. *Curr. Opin. Cell Biol.* **14**:633–639.

Even-Ram, S., and K. M. Yamada. 2005. Cell migration in 3D matrix. *Curr. Opin. Cell Biol.* **17**(5):524–532.

Geiger, B., A. Bershadsky, R. Pankov, and K. M. Yamada. 2001. Transmembrane crosstalk between the extracellular matrix and the cytoskeleton. *Nat. Rev. Mol. Cell Biol.* **2**:793–805.

Griffith, L. G., and M. A. Swartz. 2006. Capturing complex 3D tissue physiology in vitro. *Nat. Rev. Mol. Cell Biol.* 7(3):211–224.

Lawrence, M. B., and T. A. Springer. 1991. Leukocytes roll on a selectin at physiologic flow rates: distinction from and prerequisite for adhesion through integrins. *Cell* **65**:859–873.

Nelson, C. M., and M. J. Bissell. 2005. Modeling dynamic reciprocity: engineering three-dimensional culture models of breast architecture, function, and neoplastic transformation. *Sem. Cancer Biol.* **15**(5):342–352.

Reizes, O., et al. 2001. Transgenic expression of syndecan-1 uncovers a physiological control of feeding behavior by syndecan-3. *Cell* **106** :105–116.

Rougon, G., and O. Hobert. 2003. New insights into the diversity and function of neuronal immunoglobulin superfamily molecules. *Annu. Rev. Neurosci.* **26**:207–238.

Shimaoka, M., J. Takagi, and T. A. Springer. 2002. Conformational regulation of integrin structure and function. *Ann. Rev. Biophys. Biomol. Struc.* **31**:485–516.

Somers, W. S., J. Tang, G. D. Shaw, and R. T. Camphausen. 2000. Insights into the molecular basis of leukocyte tethering and rolling revealed by structures of P- and E-selectin bound to SLe(X) and PSGL-1. *Cell* **103** :467–479.

Stein, E., and M. Tessier-Lavigne. 2001. Hierarchical organization of guidance receptors: silencing of netrin attraction by Slit through a Robo/DCC receptor complex. *Science* **291** :1928–1938.

Xiong, J. P., et al. 2001. Crystal structure of the extracellular segment of integrin aVb3. *Science* **294** :339–345.

Tecidos vegetais

Bacic, A. 2006. Breaking an impasse in pectin biosynthesis. *Proc. Nat'l. Acad. Sci. USA* **103** (15):5639–5640.

Delmer, D. P., and C. H. Haigler. 2002. The regulation of metabolic flux to cellulose, a major sink for carbon in plants. *Metab. Eng.* **4**:22–28.

Iwai, H., N. Masaoka, T. Ishii, and S. Satoh. 2000. A pectin glucuronyltransferase gene is essential for intercellular attachment in the plant meristem. *Proc. Nat'l. Acad. Sci. USA* **99**:16319–16324.

Kim, S., J. Dong, and E. M. Lord. 2004. Pollen tube guidance: the role of adhesion and chemotropic molecules. *Curr. Top. Dev. Biol.* **61**:61–79.

Lee, D. K., and L. E. Sieburth. 2010. Plasmodesmata formation: poking holes in walls with ise. *Curr Biol.* **20**(11):R488–R490.

Lord, E. M., and J. C. Mollet. 2002. Plant cell adhesion: a bioassay facilitates discovery of the first pectin biosynthetic gene. *Proc. Nat'l. Acad. Sci. USA* **99**:15843–15845.

Lord, E. M., and S. D. Russell. 2002. The mechanisms of pollination and fertilization in plants. *Ann. Rev. Cell Devel. Biol.* **18**:81–105.

Lough, T. J., and W. J. Lucas. 2006. Integrative plant biology: role of phloem long-distance macromolecular trafficking. *Annu. Rev. Plant Biol.* **57**:203–232.

Lucas, W. J., B. K. Ham, and J. Y. Kim. 2009. Plasmodesmata—bridging the gap between neighboring plant cells. *Trends Cell Biol.* **19**(10):495–503.

Pennell, R. 1998. Cell walls: structures and signals. *Curr. Opin. Plant Biol.* **1**:504–510.

Roberts, A. G., and K. J. Oparka. 2003. Plasmodesmata and the control of symplastic transport. *Plant Cell Environ.* **26** :103–124.

Somerville, C., et al. 2004. Toward a systems approach to understanding plant cell walls. *Science* **306** (5705):2206–2211.

Whetten, R.W., J. J. MacKay, and R. R. Sederoff. 1998. Recent advances in understanding lignin biosynthesis. *Ann. Rev. Plant Physiol. Plant Mol. Biol.* **49**:585–609.

Zambryski, P., and K. Crawford. 2000. Plasmodesmata: gatekeepers for cell-to-cell transport of developmental signals in plants. *Ann. Rev. Cell Devel. Biol.* **16**:393–421.

CAPÍTULO

21

Células-tronco, assimetria e morte celulares

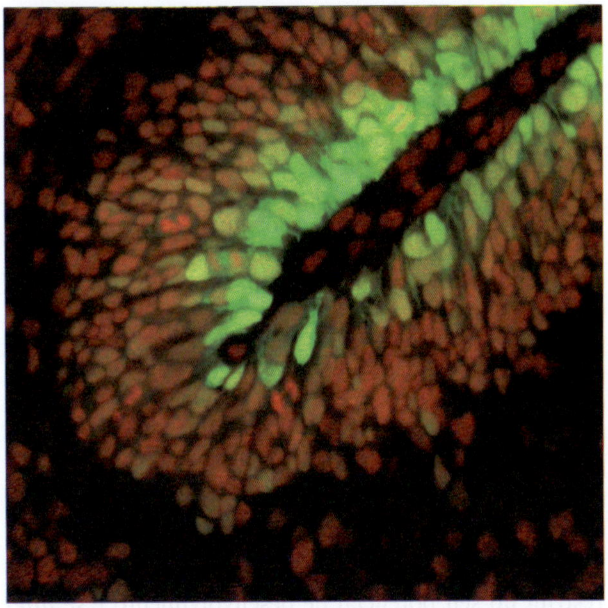

Células em formação no cerebelo em desenvolvimento. Todos os núcleos estão corados em vermelho; as células verdes estão se dividindo e migrando para as camadas internas do tecido neural. (Cortesia de Tal Raveh, Matthew Scott e Jane Johnson.)

SUMÁRIO

Muitas descrições da divisão celular sugerem que células parentais dão origem a duas células que se parecem e se comportam exatamente como a célula parental. Sugerem, em outras palavras, que a **divisão celular simétrica** e a progênie tem propriedades similares à célula parental. Mas se foi sempre assim, nenhum das centenas de tipos celulares diferenciados e tecidos funcionais presentes em organismos multicelulares poderiam ser formados. Diferenças entre células podem surgir quando duas células-filhas idênticas divergem no recebimento de diferentes sinais de desenvolvimento ou ambientais. Alternativamente, as duas células-filhas podem diferir no "nascimento", herdando diferentes partes da célula parental (Figura 21-1). Células-filhas produzidas por **divisão celular assimétrica** podem ter diferentes tamanhos, formas e/ou composições proteicas, ou seus genes podem estar em diferentes estágios de atividade ou potencial de atividade. As diferenças nesses sinais internos conferem diferentes destinos às duas células.

Exemplos marcantes na assimetria da divisão celular ocorrem durante o desenvolvimento inicial em metazoários, enfoque da primeira seção deste capítulo. O desenvolvimento de um novo organismo começa com o óvulo, ou **oócito**, carregando um conjunto de cromossomos da mãe, e o **espermatozoide**, carregando um conjunto de cromossomos do pai. Esses **gametas**, ou células sexuais, são haploides porque sofreram meiose (ver Capítulo 19). No processo chamado fertilização, eles se combinam para criar uma célula única inicial, o zigoto, com dois conjuntos de cromossomos e, portanto, diploide. Durante a embriogênese, o zigoto sofre numerosas divisões celulares, tanto simétricas quanto assimétricas, finalmente dando origem a um organismo inteiro.

Tais células não especializadas que podem reproduzir a si mesmas, assim como gerar tipos específicos de mais células especializadas, são chamadas de **células-tronco**. Esse nome provém da imagem do tronco de uma planta, que cresce para cima, continuando a formar mais tronco, enquanto também emite folhas e ramificações para os lados. Neste capítulo, serão explorados vários tipos de células-tronco que diferem na variedade de tipos celulares especializados que elas podem formar. O zigoto é a célula **totipotente** final, pois é capaz de gerar cada tipo celular no corpo e também células placentárias de apoio, necessárias ao desenvolvimento embrionário.

Como será visto adiante no capítulo, muitas das divisões iniciais do nematódeo *C. elegans* são assimétricas, e cada célula-filha dá origem a um conjunto separado de tipos de células diferenciadas.

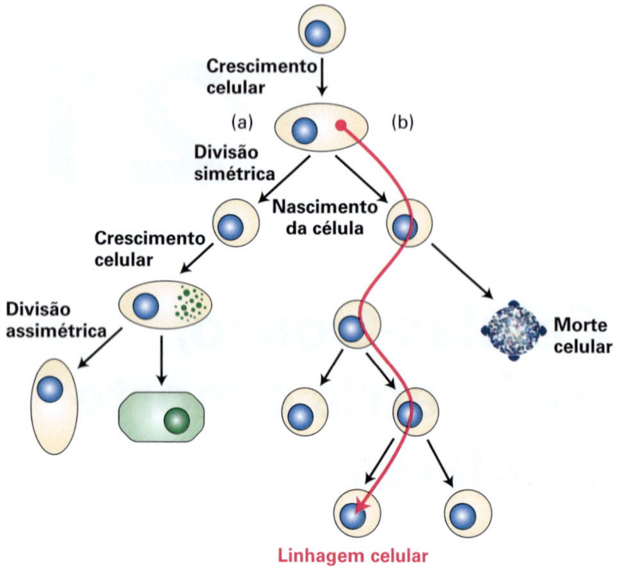

FIGURA 21-1 Visão global do nascimento, linhagem e morte celular. Seguindo o crescimento, as células "nascem" como resultado de divisão celular simétrica e assimétrica. (a) As duas células-filhas resultantes da divisão simétrica são essencialmente idênticas uma à outra e à célula parental. Tais células-filhas posteriormente podem ter diferentes destinos quando expostas a diferentes sinais. As duas células-filhas resultantes da divisão assimétrica diferem no seu nascimento e por isso têm destinos diferentes. A divisão assimétrica comumente é precedida pela localização de moléculas regulatórias (pontos verdes) em parte da célula parental. (b) Uma série de divisões celulares simétricas e/ou assimétricas, chamadas de linhagem celular, dá origem a cada um dos tipos celulares especializados encontrados em um organismo multicelular. O padrão da linhagem celular pode estar sob rigoroso controle genético. A morte celular programada ocorre durante o desenvolvimento normal (p. ex., na estrutura que se desenvolve inicialmente quando os dedos crescem) e também em resposta a infecções e toxinas. Uma série de eventos especificamente programados, chamados apoptose, é ativada nessas situações.

Em contrapartida, o embrião de camundongos passa por um estágio de oito células no qual cada célula ainda consegue formar cada tecido (tanto embrionário quanto extraembrionário); ou seja, todas as oito células são totipotentes. No estágio de 16 células, isso já não é verdadeiro; algumas das células já entraram em uma via de diferenciação específica. Um grupo de células chamado massa celular interna (MCI) finalmente dará origem a todos os tecidos do embrião propriamente dito, e outro conjunto de células irá formar o tecido placental. Células como aquelas da massa interna, capazes de gerar todos os tecidos embrionários, exceto os tecidos extraembrionários, são chamadas de **pluripotentes**. Células do MCI podem ser cultivadas em meio definido, formando **células-tronco embrionárias** (ES, do inglês *embryonic stem cells*). Células ES podem crescer indefinidamente em cultura, e cada nova célula permanece pluripotente, podendo originar todos os tecidos de um animal. Será abordado o uso de células ES na descoberta da rede transcricional da expressão gênica na pluripotência subjacente e também o uso dessas células na formação de tipos específicos de células diferenciadas em cultura para propostas de pesquisa ou, potencialmente, como "substituição de peças" em pacientes, para as células desgastadas ou doentes.

Durante muitos anos pensou-se que a diferenciação animal fosse unidirecional, mas dados recentes revelam que a diferenciação pode ser revertida experimentalmente; células diferenciadas e especializadas podem ser induzidas a reverter a um estado não diferenciado. Surpreendentemente, a introdução de um pequeno número de fatores que controlam a pluripotência de células ES em múltiplos tipos de **células somáticas**, em condições definidas, pode converter ao menos algumas células somáticas em **células-tronco pluripotentes induzidas (iPS)** com propriedades aparentemente indistinguíveis de células-tronco embrionárias. Como será visto na Seção 21.1, células iPS têm enorme utilidade em experimentos biológicos e na medicina.

A formação de tecidos e órgãos funcionais durante o desenvolvimento de organismos multicelulares depende em parte do padrão específico da divisão celular mitótica. Uma série dessas divisões celulares, semelhante a uma árvore genealógica, é chamada de **linhagem celular**. Uma linhagem celular segue a ordem de nascimento das células, à medida que se torna progressivamente mais restrita no seu potencial de desenvolvimento e se *diferencia* em tipos celulares especializados, como células da pele, neurônios ou células musculares (ver Figura 21-1).

Muitos tipos de células têm tempos de vida muito menores que aquele do organismo como um todo e então necessitam constantemente ser substituídos. Em mamíferos, por exemplo, as células que revestem o intestino e macrófagos fagocíticos vivem apenas poucos dias. Por isso, células-tronco são importantes durante o desenvolvimento e para a substituição de células desgastadas em adultos. Ao contrário das células ES, as células-tronco em organismos adultos são células-tronco **multipotentes**: originam alguns tipos celulares diferenciados encontrados no organismo, mas nem todos eles. Na segunda seção deste capítulo, serão discutidos vários exemplos de células-tronco multipotentes, incluindo aquelas que dão origem a células germinativas, células intestinais e uma variedade de tipos celulares encontrados no sangue.

Já foi mencionado que a diversidade celular nos animais necessita da divisão assimétrica da célula, originando duas células-filhas com destinos diferentes. Esse processo necessita que a célula-mãe se torne assimétrica ou **polarizada** antes da divisão, com o conteúdo celular desigualmente distribuído entre as duas células-filhas. Esse processo de polarização não é apenas crucial durante o desenvolvimento, mas também para a função de essencialmente todas as células. Por exemplo, células intestinais transportadoras, como aquelas que revestem o intestino, são polarizadas com sua superfície apical livre revestindo o lúmen para absorver nutrientes e sua superfície basolateral em contato com a matriz extracelular para transportar nutrientes pelo sangue (ver Figuras 11-30 e 20-1). Outros exemplos incluem células migratórias em gradiente quimiotático (ver Figura 18-51) e neurônios, com múltiplos dendritos se estendendo de um lado do corpo celular (que recebem os sinais) e um único axônio se estendendo do outro lado (que transmite os sinais para as células-alvo) (ver Capítulo 22). Portanto, os mecanismos que as células utilizam para polarizar são importantes nos aspectos gerais de suas funções finais. Não é de se surpreender que esses mecanismos façam a integração de elementos de vias de sinalização celular (ver Capítulos 15 e 16), reorganização do citoesqueleto (ver Capítulos 17 e 18) e transporte de membrana (ver Capítulo 14). Na terceira seção deste capítulo, será discutido como as células se tornam polarizadas e como a divisão celular assimétrica é fundamental para a manutenção das células-tronco e seu papel na geração de células diferenciadas.

Normalmente pensa-se no destino da célula em termos dos tipos de células diferenciadas que são formados. Um destino celular completamente diferente, a **morte celular programada**, também é absolutamente fundamental na formação e manutenção de muitos tecidos. Um minucioso sistema regulatório genético, com avaliações e compensações, controla a morte celular, assim como outros programas genéticos controlam a diferenciação celular. Na última seção deste capítulo, serão considerados os mecanismos de morte celular e sua regulação.

Esses aspectos da biologia celular – nascimento da célula, estabelecimento da polaridade celular e morte celular programada – convergem com o desenvolvimento da biologia e estão entre os mais importantes processos regulados por várias vias de sinalização, discutidos nos capítulos anteriores.

21.1 Desenvolvimento inicial de metazoários e células-tronco embrionárias

Esta seção tem como foco principal as primeiras divisões celulares que ocorrem no desenvolvimento inicial de mamíferos e as propriedades das células-tronco embrionárias. Inicialmente será explicado como um único espermatozoide consegue se fundir com um oócito, gerando um zigoto com genoma diploide a partir dessas duas células germinativas haploides.

A fertilização unifica o genoma

É notável que o espermatozoide de mamíferos seja hábil tanto em encontrar quanto em penetrar no oócito. De fato, cada espermatozoide humano está em competição com mais de 100 milhões de outros espermatozoides por um único oócito. Além disso, o espermatozoide deve nadar uma incrível distância para chegar ao oócito (se o espermatozoide fosse do tamanho de uma pessoa, a distância viajada poderia ser equivalente a vários quilômetros!). Além disso, o espermatozoide deve lutar no seu caminho contra as múltiplas camadas que cercam o oócito e restringem a entrada. A aerodinâmica do espermatozoide prioriza a velocidade e a habilidade de nadar, mas apenas poucas dezenas chegarão ao oócito. O flagelo do espermatozoide humano (ver Capítulo 18) contém em torno de 9.000 dineínas em microtúbulos flexíveis num axonema de 50 μm.

O acrossomo, encontrado na extremidade do espermatozoide, é um compartimento especializado ligado a uma membrana para a interação com o oócito. A membrana do acrossomo está ligeiramente abaixo da membrana plasmática da cabeça do espermatozoide; o outro lado da membrana do acrossomo está justaposto à membrana nuclear. Dentro do acrossomo estão enzimas solúveis, incluindo hidrolases e proteases. Com a proximidade do oócito, durante a fertilização, o acrossomo entra em exocitose, liberando seu conteúdo dentro da superfície do oócito. As enzimas digerem as múltiplas camadas da superfície do oócito para começar o processo de entrada do espermatozoide. É uma corrida, e o primeiro espermatozoide a ter sucesso dispara uma resposta significativa do oócito que previne a *poliespermia*, a entrada de outro espermatozoide que poderia se ligar em excesso aos cromossomos.

Como mostrado na Figura 21-2, uma vez que chega ao oócito, o espermatozoide deve primeiro penetrar uma camada de células do *cumulus* que circundam o oócito e então a *zona pelúcida*, matriz extracelular gelatinosa composta por três glicoproteínas chamadas ZP1, ZP2 e ZP3. Após o sucesso do primeiro espermatozoide em fusionar-se à superfície do oócito, um fluxo de cálcio segue através do oócito em torno de 5-10 μm/s, começando do lado da entrada do espermatozoide. Um dos efeitos do fluxo do cálcio é fazer as vesículas localizadas logo abaixo da membrana plasmática do oócito, os *grânulos corticais*, liberar seus conteúdos para fora da membrana plasmática e formar uma membrana protetora da fertilização, bloqueando a entrada de outros espermatozoides. Finalmente, o núcleo do espermatozoide entra no citoplasma do oócito, e os núcleos do oócito e espermatozoide rapidamente se fundem para criar o núcleo diploide do zigoto.

Os oócitos carregam consigo um considerável dote da união. Eles contêm múltiplos DNAs mitocondriais circulares cuja herança é exclusivamente materna; em mamíferos e muitas espécies nenhum DNA mitocondrial do espermatozoide entra no oócito. A herança do DNA mitocondrial específico feminino tem sido utilizada para investigar a herança feminina na história humana, por exemplo, seguindo os primeiros humanos das suas origens na África. O citoplasma do oócito é também empacotado com o *mRNA materno*: transcritos de genes essenciais para os estágios iniciais de desenvolvimento. Há pouca ou nenhuma transcrição durante a meiose e as primeiras clivagens do oócito, portanto, o RNA do oócito é crucial nesse momento.

A clivagem do embrião leva aos primeiros eventos de diferenciação

O oócito fertilizado, ou zigoto, não permanece uma célula única por muito tempo. A fertilização é rapidamente seguida pela clivagem, uma série de divisões celulares que levam em torno de um dia cada (Figura 21-3); as clivagens acontecem antes que o embrião seja implantado na parede do útero. Inicialmente as células são bastante esféricas e fracamente ligadas umas às outras. Como demonstrado experimentalmente em ovelhas, cada célula no estágio de oito células é totipotente e tem potencial para originar um animal completo quando implantada no útero de um animal em pseudogestação (tratado com hormônios para tornar seu útero responsivo ao embrião).

Três dias após a fertilização, o embrião de oito células se divide novamente para formar a *mórula*, de 16 células (grego para "framboesa"), após, a afinidade celular aumenta substancialmente e o embrião entra em *compactação*, processo que depende em parte da

FIGURA 21-2 Fusão de gametas durante a fertilização. (a) Oócitos de mamíferos, tais como oócitos de camundongos mostrados aqui, são circundados por um anel de material translucente, a zona pelúcida, que fornece uma matriz para ligação do espermatozoide. O diâmetro de um oócito de camundongo é em torno de 70 μm, e a zona pelúcida tem ~6 μm de espessura. O corpo polar é um produto não funcional da meiose. Barra de escala = 30 μm. (b) No estágio inicial da fertilização, o espermatozoide penetra uma camada de células *cumulus*, ao redor do oócito **1** para chegar à zona pelúcida. Interações entre GalT, proteína da superfície do espermatozoide, e ZP3, glicoproteína da zona pelúcida, disparam a reação acrossomal **2**, que libera enzimas da vesícula acrossomal. A degradação da zona pelúcida por hidrolases e proteases durante a reação acrossomal permite ao espermatozoide começar a entrar no oócito **3**. Proteínas específicas de reconhecimento na superfície do oócito e espermatozoide facilitam a fusão das suas membranas plasmáticas. A fusão e subsequente entrada do núcleo do primeiro espermatozoide no citoplasma do oócito **4** e **5** disparam a liberação de Ca^{2+} dentro do oócito. Os grânulos corticais (laranja) respondem ao aumento de Ca^{2+} fusionando-se com a membrana do oócito e liberando enzimas que agem na zona pelúcida, prevenindo a ligação de um espermatozoide adicional. (Parte (a) cortesia de Doug Kline; parte (b) adaptada de L. Wolpert e cols., 2001, *Principles of Development*, 2nd ed., Oxford Press, Figura 12-22.)

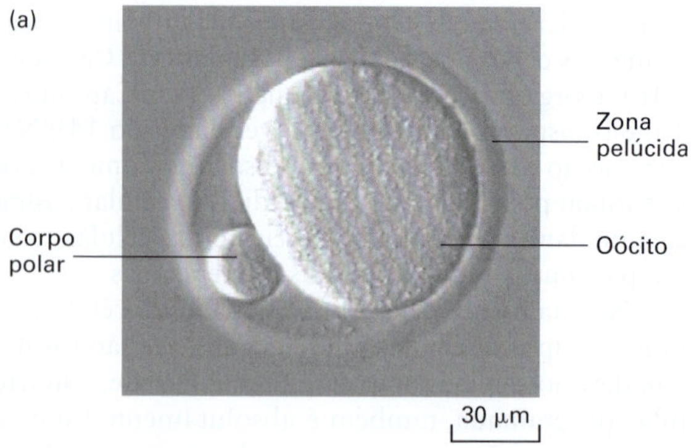

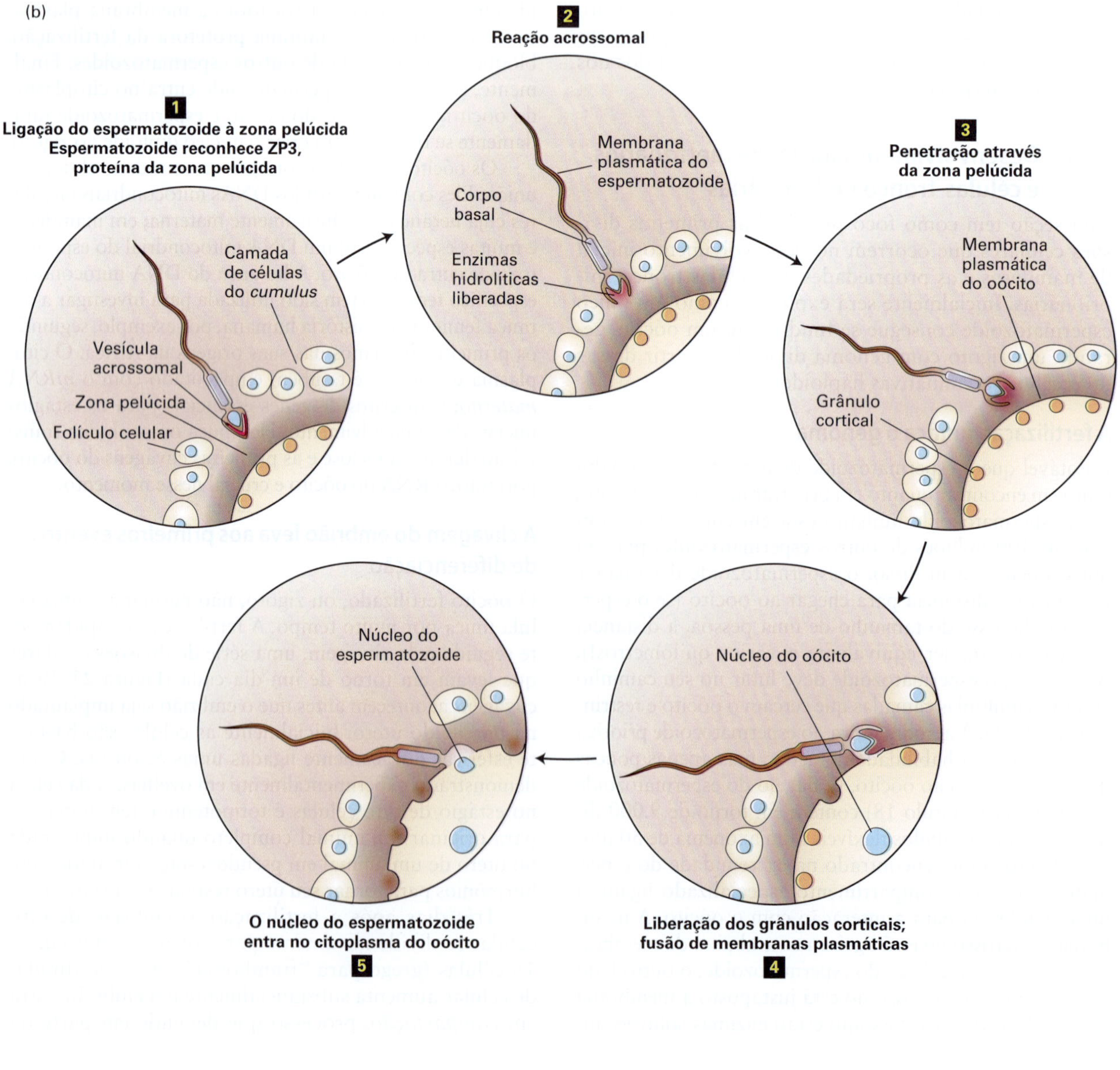

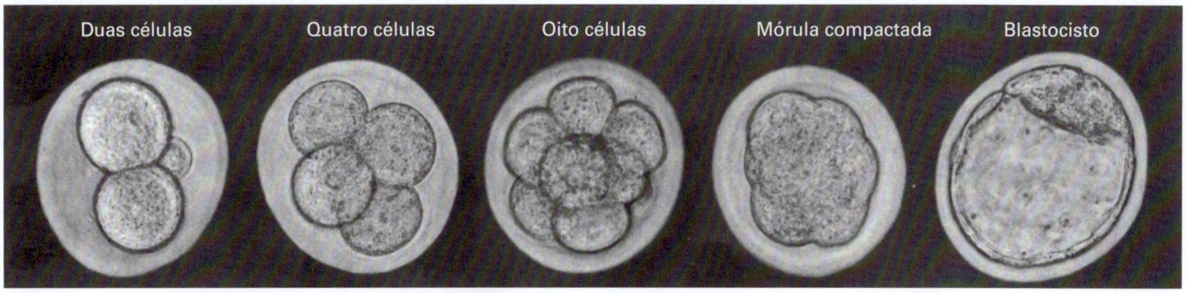

FIGURA 21-3 Divisões de clivagem num embrião de camundongo. Há pouco crescimento celular durante essas divisões; por isso, as células tornam-se progressivamente menores. Mais detalhes no texto. (Direitos autorais de Oxford University Press, T. Fleming.)

molécula de superfície E-caderina (ver Capítulo 20). O processo de compactação é dirigido pelo aumento da adesão célula-célula que inicialmente resulta em uma massa mais sólida de células, a *mórula compactada*. Na próxima etapa, algumas das adesões célula-célula diminuem localmente, e um fluido começa a se deslocar na direção de uma cavidade interna chamada *blastocela*. Divisões adicionais produzem um estágio embrionário **blastocístico**, composto por aproximadamente 64 células, separadas em dois tipos celulares: **trofectoderma** (TE), que forma tecidos extraembrionários como a placenta, e a **massa celular interna** (**MCI**) (apenas 10-15 células em camundongos), que origina o embrião propriamente dito (Figura 21-4a). No blastocisto, o MCI é encontrado em um lado do blastocelo. Nesse ponto, as células TE estão em uma camada do epitélio, enquanto as células MCI são uma massa solta que pode ser descrita como **mesênquima**. Mesênquima, o termo mais comumente aplicado às células derivadas do mesoderma, significa células frouxamente organizadas e frouxamente ligadas.

O destino de uma célula no embrião inicial – trofectoderma ou massa celular interna – é determinado pela sua localização. Se em experimentos uma célula marcada for colocada tanto no lado externo quanto no lado interno de um embrião inicial, as células do lado externo tendem a formar tecidos extraembrionários, enquanto as células inseridas do lado interno tendem a formar tecidos embrionários (Figura 21-4b, c). Medidas da expressão gênica de cada estágio do desenvolvimento inicial mostram modificações drásticas nas quais genes são expressos. Mesmo esses embriões muito iniciais usam os sinais Wnt, Notch e TGFβ para regular a expressão de genes (ver Capítulo 16).

Tanto as células MCI quanto as TE são células-tronco: começam suas próprias linhagens distintas e, prolificamente, dividem-se para produzir diferentes populações de células.

A massa celular interna é a fonte de células-tronco embrionárias (ES)

Células-tronco embrionárias (ES) podem ser isoladas da massa celular interna (MCI) de embriões iniciais de

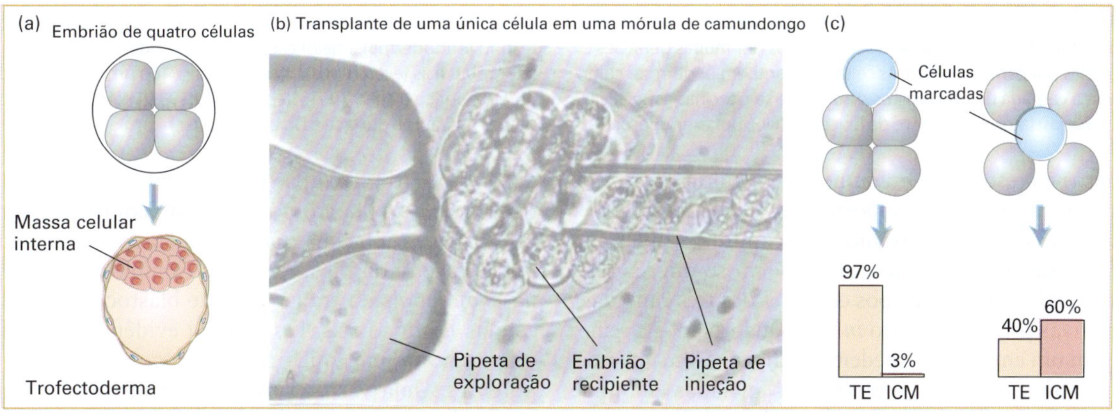

FIGURA EXPERIMENTAL 21-4 A localização celular determina o seu destino no embrião inicial. (a) Um embrião de quatro células normalmente se desenvolve em um blastocisto consistindo em células de trofectoderma (TE) no exterior e de massa celular interna (MCI) no interior. (b) Com o objetivo de descobrir se a posição afeta o destino da célula, experimentos de transplantes foram realizados com embriões de camundongo. Primeiro, o embrião em estágio de mórula recipiente teve as células removidas para dar espaço para as células implantadas. O embrião do estágio de mórula (16 células) doador foi embebido em um corante que não se transfere entre células. Finalmente, as células marcadas do doador do embrião foram injetadas em regiões internas e externas no embrião recipiente, como mostrado na micrografia. O embrião recipiente é mantido no lugar por um ligeiro vácuo aplicado à pipeta de exploração. (c) Os destinos seguintes dos descendentes das células marcadas transplantadas foram monitorados. Para simplificar, quatro células recipientes são representadas, embora embriões em estágio de mórula tenham sido usados tanto como doadores quanto como receptores. Os resultados resumidos nos gráficos mostram que células externas formam principalmente trofectoderma e células internas tendem a se tornar massa celular interna, mas também formam considerável trofectoderma. (Partes (a) e (c) adaptadas de L. Wolpert e cols., 2001, *Principles of Development*, 2nd ed., Oxford Press, Figura 3-12; parte (b) de R. L. Gardner e J. Nichols, 1991, *Human Reprod.* **6**:25-35.)

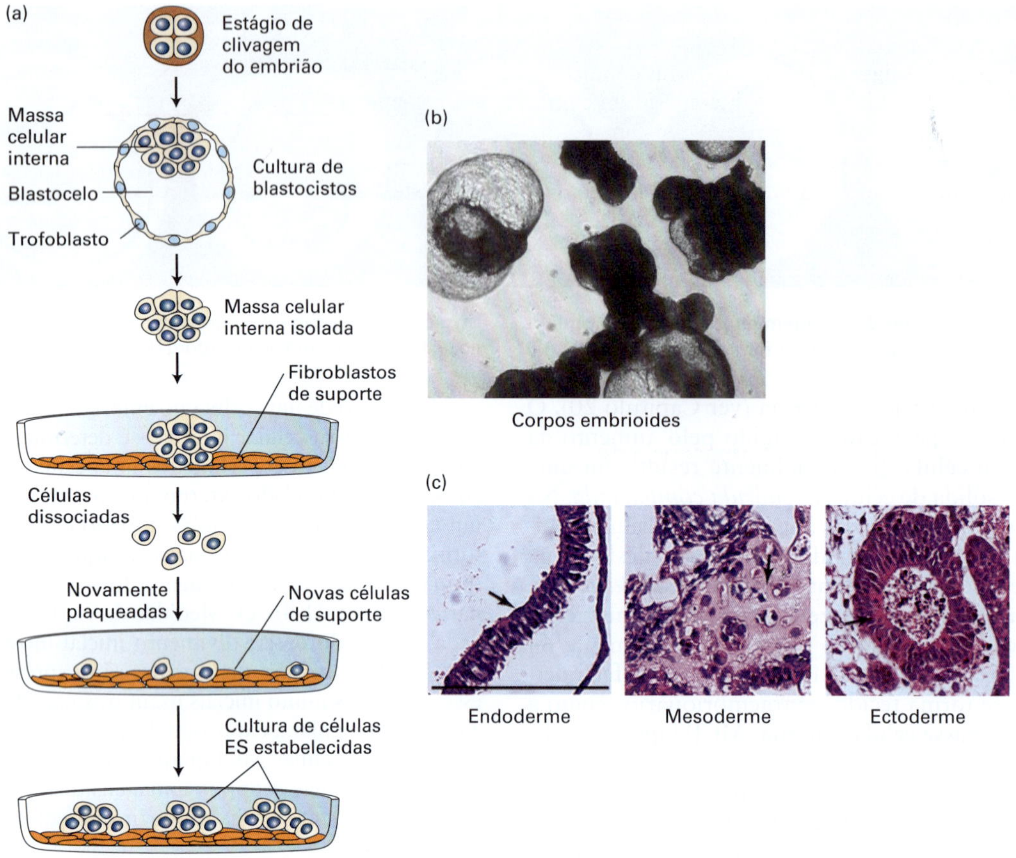

FIGURA EXPERIMENTAL 21-5 Células-tronco embrionárias (ES) podem ser mantidas em cultura e formar tipos celulares diferenciados. (a) Blastocistos humanos ou de camundongos são cultivados de embriões em estágio de clivagem produzidos por fertilização *in vitro*. A massa celular interna é separada dos tecidos extraembrionários que a rodeiam e colocadas em uma camada de fibroblastos que ajudam na nutrição das células embrionárias, fornecendo hormônios proteicos específicos. Células individuais são novamente plaqueadas e formam colônias de células ES, as quais podem ser mantidas por muitas gerações e armazenadas por congelamento. As células ES também podem ser cultivadas sem a camada de fibroblastos de suporte se citocinas específicas são adicionadas; fatores inibitórios da leucemia (FIL), por exemplo, oferecem suporte de crescimento para células ES de camundongo disparando a ativação do fator de transcrição STAT3. (b) Células-tronco embrionárias podem se diferenciar em cultura de suspensão formando agregados multicelulares chamados corpos embrioides (*parte superior*). Os painéis abaixo (c) são seções de corpos embrioides corados com hematoxilina e eosina contendo derivados das três camadas germinativas formadas a partir da massa celular interna durante a embriogênese. As setas nas imagens apontam para os seguintes tecidos: (*esquerda*) epitélio do intestino (endoderma), (*meio*) cartilagem (mesoderma) e (*direita*) rosetas neuroepiteliais (ectoderma). Barra escura = 100 μm. (Parte (a) adaptada de J.S. Odorico e cols., 2001, *Stem Cells* **19**:193-204; partes (b) e (c) cortesia dos Dr. Lauren Surface e Dr. Laurie Boyer.)

mamíferos e crescer indefinidamente em cultura quando ligadas a uma camada de suporte celular (Figura 21-5a). Como mencionado na introdução do capítulo, células ES cultivadas são pluripotentes: elas podem se diferenciar em um grande número de tipos celulares das três camadas germinativas primárias, tanto *in vitro* quanto após a reinserção em um embrião hospedeiro. Mais especificamente, células ES de camundongo podem ser injetadas em uma cavidade blastocélica de um embrião inicial de camundongo e o agregado celular transplantado cirurgicamente para o útero de uma fêmea em pseudogestação. As células ES irão participar da formação de muitos, se não todos, tecidos do camundongo quimérico resultante (ver Figura 5-41). As células ES injetadas frequentemente darão origem a espermatozoides e oócitos funcionais que, por sua vez, poderão gerar camundongos normais. Em experimentos mais recentes, o blastocelo hospedeiro é tratado com fármacos que bloqueiam a mitose e então, as células do blastocisto tornam-se rapidamente tetraploides (quatro cópias de cada cromossomo), ao contrário de células ES diploides normais que são injetadas no blastocisto. Nesse caso, todas as células dos camundongos vivos que nascem depois do transplante de blastocisto derivam de células ES doadoras. Essa é uma evidência forte de que células ES de um único camundongo de fato são pluripotentes. Uma vez que os experimentos de transplante não podem ser feitos com células ES humanas, ainda falta uma demonstração formal de que elas são pluripotentes.

Sobretudo, ambas células ES de humanos e camundongos podem se diferenciar em uma grande variedade de tipos celulares em cultivo. Quando mantidas em culturas em suspensão, as células ES formam agregados multicelulares, chamados *corpos embrioides*, que se assemelham a embriões precoces da variedade de tecidos que se formam. Quando os corpos embrioides são depois transferidos para uma superfície sólida, eles crescem como um tapete de células confluentes contendo uma variedade de tipos celulares diferenciados, incluindo epitélio de intestino, cartilagem e células neurais (Figura 21-5c). Em outras condições, as células ES têm sido induzidas a se diferenciar em cultura em precursores para vários tipos de células, incluindo células do sangue e epitélio pigmentado; por essa razão, as células ES têm comprovado extrema utilidade em estudos para identificar fatores pelos quais uma célula pluripotente se diferencia em uma linhagem celular particular.

Que propriedades dão a notável plasticidade a essas células do embrião inicial? Como será visto na próxima seção, uma variedade de fatores exercem um papel: metilação de DNA, fatores de transcrição, reguladores de cromatina e microRNAs, todos interferindo na ativação de genes.

Fatores múltiplos controlam a pluripotência de células ES

Durante os estágios iniciais da embriogênese, na medida em que o oócito fertilizado começa a se dividir, tanto o DNA materno quanto o paterno tornam-se metilados (ver a discussão sobre a metilação do DNA no Capítulo 7). Isso ocorre em parte porque a metiltransferase de manutenção da metilação, Dnmt1, é transitoriamente excluída do núcleo e em parte porque as proteínas demetilases removem ou "apagam" ativamente esses marcadores de metilação durante o desenvolvimento inicial. Como resultado, o padrão de metilação é restabelecido durante as primeiras poucas divisões celulares, corrigindo marcadores epigenéticos iniciais do DNA e criando uma condição em que as células possuem grande potencial para diferentes vias do desenvolvimento. Camundongos modificados, sem Dnmt1, morrem como embriões precoces drasticamente com o DNA metilado. Células ES preparadas a partir de tais embriões são capazes de se dividir em cultura, mas ao contrário de células normais ES, não podem sofrer diferenciação *in vitro*.

As propriedades de células ES são também criticamente dependentes da ação dos "principais" fatores de transcrição produzidos logo após a fertilização. Os fatores de transcrição Oct4, Sox2 e Nanog exercem papéis essenciais no desenvolvimento primário e são necessários na especificação das células da massa celular interna do embrião assim como na especificação das células ES em cultura. A expressão de Oct4 e Nanog é exclusiva em células pluripotentes tais como as células MCI e ES em cultura. Sox2 é encontrado em células pluripotentes, mas sua expressão é também necessária em células-tronco neurais multipotentes que dão origem exclusivamente a tipos celulares gliais e neuronais discutidos na próxima seção. Estudos genéticos em camundongos sugerem que esses reguladores têm diferentes papéis, mas poderiam funcionar em vias relacionadas para manter o potencial de desenvolvimento de células pluripotentes. Por exemplo, a falta de Oct4 ou Sox2 resulta na diferenciação inapropriada de células MCI e ES em trofectoderma, as células que dão origem à placenta. Contudo, a expressão forçada de Oct4 em células ES leva a um fenótipo que se assemelha à perda da função da Nanog. Assim, o conhecimento do conjunto de genes regulados por esses fatores de transcrição poderia revelar seus papéis essenciais durante o desenvolvimento.

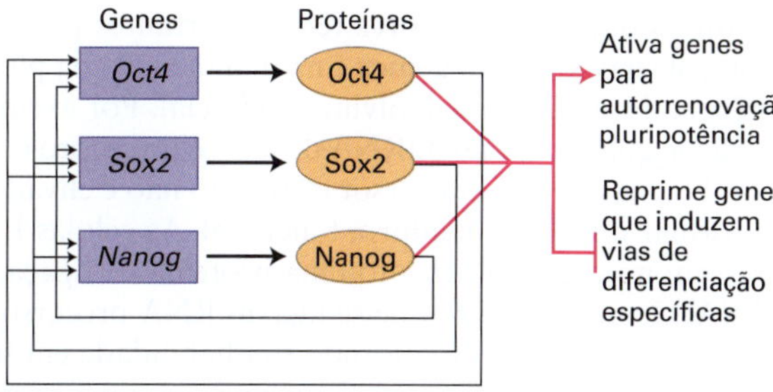

FIGURA 21-6 Rede transcricional que regula a pluripotência das células ES. Cada um desses três fatores de transcrição "principais", Oct4, Sox2 e Nanog, se ligam ao seu próprio promotor, assim como aos promotores dos outros dois fatores (linhas pretas), formando uma alça autorreguladora positiva que ativa a transcrição de cada um desses genes. Esses fatores de transcrição também se ligam às regiões promotoras/estimuladoras de vários genes ativos que codificam as proteínas e microRNAs importantes para a proliferação e autorenovação das células ES (linhas em cor de rosa) Esses fatores também se ligam às regiões promotoras/estimuladoras de vários genes que estão silenciados nas células ES não diferenciadas e que codificam para proteínas e microRNAs essenciais para a formação de vários tipos de células diferenciadas (linhas cor de rosa). (Adaptada a partir de L.A. Boyer et al., 2006. *Curr. Opin. Genetics Dev.* **16**:455-462.)

Os genes vinculados por esses três fatores de transcrição têm sido identificados usando experimentos de imunoprecipitação em cromatina (ver Capítulo 7); cada proteína é encontrada em mais de mil localizações cromossômicas. Os genes alvo codificam uma grande variedade de proteínas, incluindo as próprias proteínas Oct4, Nanog e Sox2, formando uma alça autorregulatória, na qual cada um desses fatores controla sua própria expressão, bem como a de outros (Figura 21-6). Esses fatores de transcrição também se ligam a regiões promotoras/estimuladora de muitos genes que codificam proteínas e microRNAs importantes para a proliferação e autorrenovação de células ES.

Reguladores da cromatina que controlam a transcrição gênica (ver Capítulo 7) são também importantes em células ES. Em *Drosophila*, proteínas do grupo Polycomb formam complexos para manter o estado de repressão gênica que tenha sido previamente estabelecido por fatores de transcrição ligadores a DNA. Dois complexos proteicos de mamíferos relacionados a proteínas Polycomb de mosca, PRC1 e PRC2 são altamente abundantes em células ES. Embriões iniciais de camundongo sem componentes PRC2 produzem grastrulações defeituosas, e células ES sem as funções de PRC2 não podem ser mantidas em estado não diferenciado. O complexo de proteínas PRC2 age adicionando grupos metila à lisina 27 das histonas H3, alterando assim a estrutura da cromatina para reprimir genes. (Observe que a metilação aqui ocorre em um aminoácido de uma proteína, tipo de regulação diferente da metilação de DNA.) Em células ES, PRC1 e PRC2 são ambos genes silenciosos cujas proteínas codificadas ou microRNAs (miRNAs) poderiam de maneira diferente induzir diferenciação em tipos particulares de células diferenciadas; as proteínas Polycomb também mantêm esses genes epigenéticos em estado de "pré-ativação" de tal forma que estão prontos a tornar-se ativados, mais tarde, como parte da execução apropriada de programas específicos de expressão de genes de desenvolvimento.

Muitos outros reguladores têm importantes papéis no controle da expressão gênica e na manutenção da pluripotência durante o desenvolvimento inicial. Por exemplo, o gene que codifica o miRNA de let-7 é transcrito em células ES, mas o RNA precursor transcrito não é clivado para formar o miRNA maduro, funcional. As células ES expressam no desenvolvimento uma proteína de ligação ao RNA, chamada Lin28, que se liga ao RNA precursor de let-7 em células ES, bloqueando sua habilidade em se autorrenovar, e assim a repressão no precessamento de let-7 por Lin28 é essencial para pluripotência.

A possibilidade de uso de células-tronco embrionárias terapeuticamente para restaurar ou repor tecido danificado está alimentando muita pesquisa sobre como induzi-las a se diferenciar em tipos específicos celulares. Por exemplo, se neurônios que produzem o neurotransmissor dopamina pudessem ser gerados a partir de células-tronco crescidas em cultura, seria possível tratar pessoas com a doença de Parkinson que perderam tais neurônios.

Tratando células ES sucessivamente com um conjunto de hormônios é possível gerar células que produzem insulina. Entretanto, essas células produzem apenas uma fração da insulina feita pelas células beta das ilhotas pancreáticas e não secretam insulina normalmente em resposta às trocas de concentração de glicose no meio (ver discussão no Capítulo 16). Recentemente, células ES humanas foram estimuladas a se diferenciar em um tipo de célula progenitora de ilhotas chamadas *endoderma pancreático*; ao serem transplantadas em camundongos, essas células geraram células beta funcionais que corretamente processaram a pró-insulina humana em insulina (ver Figura 14-24) e secretaram insulina humana normalmente em resposta à elevação de glicose no sangue. Muito trabalho é dedicado para induzir essas células endodérmicas derivadas de ES a se tornar células beta normais em cultura que podem ser usadas em tratamento de pacientes diabéticos. Entretanto, muitas questões importantes devem ser respondidas antes que a viabilidade do uso de células-tronco embrionárias humanas em propostas terapêuticas possa ser adequadamente avaliada. Por exemplo, quando células ES não diferenciadas são transplantadas em um animal experimental, elas formam teratomas, tumores que contêm massas de tipos celulares parcialmente diferenciadas; assim, é essencial assegurar que *todas* as células ES usadas para gerar um implante tenham sofrido diferenciação e tenham perdido sua pluripotência. ■

Além dos seus possíveis benefícios no tratamento de doenças, as células ES já mostraram inestimável valor na produção de camundongos úteis em estudos de uma enorme variedade de doenças, mecanismos de desenvolvimento, comportamento e fisiologia. Usando técnicas de DNA recombinante descritas no Capítulo 5, pode-se eliminar ou modificar a função de um determinado gene específico em células ES (ver Figura 5-40). As células ES mutantes podem então ser utilizadas para produzir camundongos com gene nocaute (ver Figura 5-41). A análise dos efeitos causados pela deleção ou modificação de um gene frequentemente fornece indícios sobre o funcionamento normal do gene e sua proteína codificada.

A clonagem animal mostra que a diferenciação pode ser revertida

Embora diferentes tipos celulares possam transcrever diferentes partes do genoma, em sua maioria, o genoma é idêntico em todas as células. Os segmentos do genoma são rearranjados e perdidos durante o desenvolvimento de linfócitos T e B dos precursores hematopoiéticos (ver Capítulo 23), mas muitas células somáticas parecem ter um genoma intacto, equivalente àquele na linhagem germinal. Evidências de que ao menos algumas células somáticas possuem um genoma completo e funcional vêm da produção bem-sucedida de animais clonados por transferência nuclear. Nesse procedimento, frequentemente chamado de transferência nuclear de células somáticas (TNCS), o núcleo de uma célula somática adulta é introduzido em um óvulo de onde o núcleo tenha sido removido; o oócito manipulado, que contém o número diploide de cromossomos e é equivalente a um zigoto, é então implantado em uma mãe adotiva. A única fonte de informação genética para guiar o desenvolvimento do embrião é o genoma nuclear da célula somática doadora. Porém, a baixa eficiência de produzir animais clonados por TNCS e a alta frequência de doenças (como obesidade) em animais clonados geram questões sobre quantas células somáticas adultas realmente têm um genoma funcional completo e se elas realmente podem ser completamente reprogramadas a um estado pluripotente não diferenciado. Mesmo sucessos como a famosa ovelha clonada "Dolly" apresentam alguns problemas médicos. Mesmo quando células diferenciadas têm um genoma fisicamente completo, claramente apenas partes dele são ativas transcricionalmente (ver Capítulo 7). Uma célula poderia, por exemplo, ter um genoma intacto, mas ser incapaz de reativar apropriadamente genes específicos devido a estados epigenéticos da cromatina herdada.

Além disso, evidências de que o genoma de uma célula diferenciada pode ser revertido para ter o potencial de desenvolvimento completo, característico de uma célula-tronco embrionária, vêm de experimentos em que neurônios sensoriais olfativos pós-mitóticos foram geneticamente marcados com a proteína verde fluorescente (GFP) e então usados como doadores de núcleos (Figura 21-7). Quando os núcleos de células olfatórias diferenciadas foram implantados em oócitos anucleados de camundongo, uma pequena fração deles se desenvolveu em blastocistos que produziram GFP. Os blastocistos foram usados para obter linhagens de células ES, então usadas para gerar embriões de camundongo. Esses embriões, obtidos inteiramente de genomas de neurônios olfatórios, formaram saudáveis camundongos verde fluorescentes. Assim, ao menos em alguns casos, o genoma de uma célula diferenciada pode ser completamente reprogramado para formar todos os tecidos de um camundongo.

As células somáticas podem gerar células-tronco pluripotentes induzidas (iPS)

Devido à ineficiência da transferência nuclear somática, permanece incerto se todos os tipos de células somáticas de mamíferos retêm um genoma intacto e se elas poderiam ser induzidas a se diferenciar em um estado

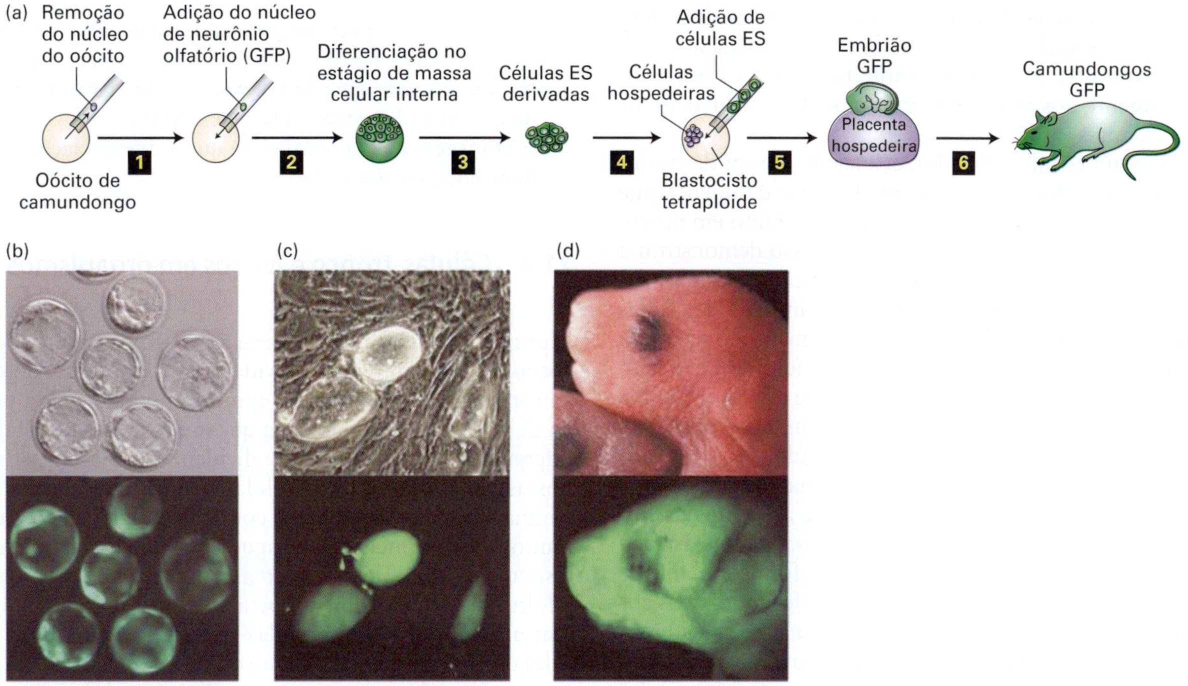

FIGURA EXPERIMENTAL 21-7 Camundongos podem ser clonados por transplante nuclear somático de neurônios olfatórios. (a) A estratégia para gerar linhagens celulares ES clonadas usando núcleos de neurônios sensoriais olfatórios e obtenção de camundongos clonados. **1** O núcleo de um neurônio sensorial olfatório isolado de um camundongo que expressa a proteína verde fluorescente (GFP) apenas em neurônios olfatórios foi usado para substituir o núcleo de um oócito de camundongo, e o zigoto resultante foi diferenciado até o estágio de massa celular interna em cultura. **2** As células da massa interna, todas clonadas do neurônio sensorial olfatório e todas expressando GFP, foram usadas para gerar linhagens de células ES **3**, e **4** essas células ES foram injetadas em um blastocisto tetraploide. **5** Quando o blastocisto foi implantado em um útero de um camundongo em pseudogestação, as células tetraploides do blastocisto hospedeiro poderiam formar a placenta (cinza), mas não o embrião propriamente dito, e **6** todas as células do embrião propriamente dito e do camundongo que nasceram expressando GFP. (b) A área luminosa (*imagem superior*) e imagens fluorescentes (*imagem inferior*) do blastocisto de transferência nuclear e (c) as células ES que foram isoladas de células da massa celular interna. (d) Um camundongo controle de 12 h de vida (*superior*) e um camundongo clonado de um neurônio sensorial olfatório (*inferior*), todas as células expressando GFP. (De K. Eggan e cols., 2004, *Nature* **428**:44.)

parecido ao da célula ES. Shinya Yamanaka usou retrovírus como vetor para expressar uma grande variedade de fatores de transcrição, individuais ou em combinação, em cultivo de fibroblastos de camundongo. Surpreendentemente, ele descobriu que células humanas e de camundongo poderiam ser reprogramadas para um estado de pluripotência, chamado estado de **célula-tronco pluripotente induzida (iPS)**, similar ao de célula-tronco embrionária, seguido de transdução com retrovírus codificando apenas para quatro fatores: KLF4, SOX2, OCT4 e c-MYC. Observe que dois deles, Sox2 e Oct4 são dois reguladores transcricionais principais em células ES, discutidos previamente. A expressão da combinação desses e outros fatores de transcrição induz à formação de iPS a partir de muitos tipos de células somáticas, incluindo células B produtoras de anticorpos.

Ao longo do tempo, hipotetizou-se que a expressão forçada desses genes ativa a expressão de muitos genes celulares, incluindo aqueles que codificam as proteínas pluripotentes Oct4, Nanog e Sox2, as quais, durante várias semanas, reprogramam as células somáticas a um estado parecido ao ES. Para estabelecer experimentalmente esse ponto, o RNA mensageiro sintético codificando os quatro fatores de transcrição canônicos de Yamanaka, KLF4, SOX2, OCT4 e c-MYC, foram repetidamente transferidos para células (formando pele) de queratinócito em cultura. Essas células em cultura geraram células iPS normais que não deixaram traços de nenhum RNA mensageiro exógeno adicionado, atestando a reprogramação de queratinócitos em células iPS pela expressão induzida apenas em genes celulares normais.

Como em células ES, células iPS únicas podem ser experimentalmente introduzidas em blastocistos e formar todos os tecidos de um camundongo, incluindo células germinais, atestando o fato de que células somáticas podem também ser reprogramadas em um estado embrionário.

Por sua capacidade de serem derivadas a partir de células somáticas de pacientes com doenças "difíceis de entender", as células iPS já provaram ser valiosas para a descoberta da base celular de acometimentos diversos. Um exemplo é a esclerose lateral amiotrófica (ELA), doença fatal caracterizada pela degeneração de neurônios motores somáticos na medula, tronco e córtex cerebral. Em aproximadamente 10% dos pacientes, a doença é dominantemente herdada (ELA familiar), mas em 90% dos pacientes não há ligação genética aparente (ELA esporádica). Em cerca de 20% dos pacientes com ELA familiar, há um ponto de mutação no gene que codifica a superóxido dismutase 1 Cu/Zn (SOD1). Existe alguma evidência de que proteínas mutantes de SOD1 formam agregados que podem danificar células, mas não foi provado se a forma mutante de SOD1 causa dano diretamente aos neurônios motores ou às células gliais circundantes (ver Figura 22-14).

Em um estudo revelador, células iPS foram derivadas de pacientes idosos com a forma familiar da doença que se diferenciaram com sucesso em cultura, tanto em neurônios motores quanto em células gliais. Isso demonstrou a viabilidade de alavancar a autorrenovação de células iPS para gerar uma fonte potencialmente ilimitada de células especificamente afetadas por ELA. Em um estudo separado para dissecar as bases moleculares da causa de ELA, neurônios motores foram gerados a partir de células iPS ou ES humanas e cultivados com astrócitos humanos primários (tipo de célula da glia). Cerca da metade dos neurônios motores morreram quando as células gliais expressaram a forma mutante de SOD1 sugerindo que ao menos na forma familiar de ELA, as células defeituosas são os astrócitos. De fato, os astrócitos expressando a forma mutante de SOD1, secretaram fatores proteicos que foram tóxicos aos neurônios motores adjacentes. A determinação da natureza desses fatores poderia levar à terapia para ELA, mas, seja como for, esses experimentos ilustram o valor das células iPS e ES na geração de modelos em cultura celular para doenças humanas, que poderiam ser usados para selecionar fármacos que poderiam tratar essas doenças. ■

CONCEITOS-CHAVE da Seção 21.1

Desenvolvimento inicial de metazoários e células-tronco embrionárias

- Em divisões celulares assimétricas, dois tipos diferentes de células-filhas são formados a partir de uma célula-mãe. Em contrapartida, ambas células-filhas formadas em divisões simétricas são idênticas, mas podem ter diferentes destinos se expostas a diferentes sinais externos (ver Figura 21-1).
- Proteínas especializadas de superfície, de oócitos e espermatozoides permitem o núcleo de um único espermatozoide de mamífero entrar no citoplasma de um oócito. A fusão do núcleo haploide de um espermatozoide e o núcleo haploide do oócito gera um zigoto diploide.
- Divisões iniciais do embrião de mamífero produzem células totipotentes equivalentes, mas divisões seguintes produzem os primeiros eventos de diferenciação, a separação do epitélio trofoblasto da massa celular interna.
- A massa celular interna é a fonte do próprio embrião como também de células-tronco embrionárias (ES).
- Células-tronco embrionárias (células ES) em cultivo são pluripotentes, capazes de dar origem a todos os tipos de células diferenciadas do organismo, com exceção de tecidos extraembrionários. São úteis na produção de camundongos geneticamente modificados e oferecem usos terapêuticos potenciais.
- A pluripotência das células ES é controlada por múltiplos fatores, incluindo o estado de metilação do DNA, reguladores da cromatina, certos microRNAs, e os fatores de transcrição Oct4, Sox2 e Nanog.
- Células-tronco pluripotentes induzidas (iPS) podem ser formadas a partir de células somáticas pela expressão em combinação de fatores de transcrição chave, incluindo KLF4, SOX2, OCT4 e c-MYC.
- A clonagem animal estabelece que a diferenciação celular pode ser revertida.

21.2 Células-tronco e nichos em organismos multicelulares

Muitos tipos de células diferenciados são descartados do corpo ou têm um tempo de vida mais curto que o do organismo. Doenças e traumas também podem levar à perda de células diferenciadas. Já que muitos tipos de células diferenciadas em geral não se dividem, elas devem ser repostas das populações de células-tronco mais próximas. Animais pós-natal (adultos) contêm células-tronco para muitos tecidos, incluindo sangue, intestino, pele, ovários, testículos e músculos. Mesmo algumas partes do cérebro adulto, onde normalmente ocorre pouca divisão celular, têm uma população de células-tronco. Em músculos, as células-tronco são mais importantes na cicatrização, já que ocorre relativamente pouca divisão celular em outros momentos. Alguns outros tipos celulares, tais como células do fígado (hepatócitos) e células beta das ilhotas pancreáticas produtoras de insulina, se reproduzem principalmente por divisão de células já diferenciadas, como exemplificado pela regeneração do fígado quando grandes pedaços são cirurgicamente removidos. Há controvérsia se esses tecidos também contêm células-tronco capazes de gerar esses tipos de células diferenciadas.

Células-tronco dão origem a células-tronco e células diferenciadas

Células-tronco, que dão origem a células especializadas que compõem tecidos do corpo, possuem três propriedades importantes:

- Elas dão origem a múltiplos tipos de células diferenciadas; elas são *multipotentes*. Nesse sentido, são diferentes das **células progenitoras**, que geralmente originam apenas um único tipo de célula diferenciada. Uma célula-tronco tem a capacidade de gerar vários tipos celulares diferentes, mas não todos; ou seja, não é pluripotente como uma célula ES. Por exemplo, uma célula-tronco multipotente do sangue forma mais dela própria, além de múltiplos tipos celulares do sangue, mas jamais uma célula da pele ou do fígado.
- Células-tronco não são diferenciadas; em geral, não expressam proteínas características de tipos celulares diferenciados formados por seus descendentes.
- O número de células-tronco de um determinado tipo geralmente permanece constante durante o tempo de vida de um indivíduo. Nesse sentido, células-tronco são frequentemente ditas imortais, embora nenhuma única célula-tronco sobreviva durante toda a vida do animal.

Células-tronco podem exibir muitos padrões de divisão celular, delineados na Figura 21-8. Uma célula-

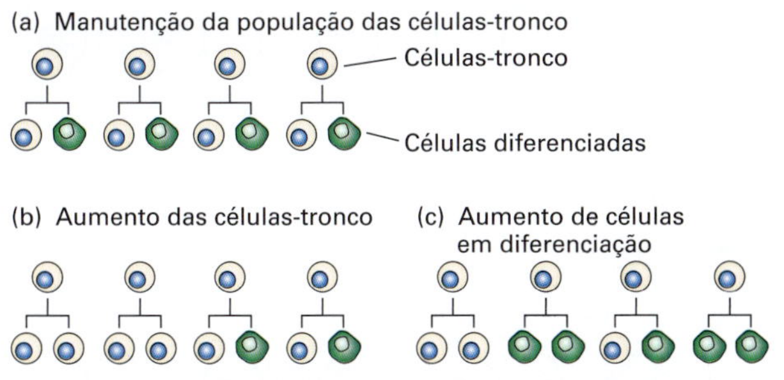

FIGURA 21-8 Padrões de diferenciação de células-tronco. Padrões alternativos de divisão de células-tronco produzem mais células-tronco (azul) e células em diferenciação (verde). As divisões das células-tronco atendem três objetivos: manter a população de células-tronco, às vezes aumentar o número dessas células e, no tempo certo, produzir células que se diferenciem. (a) Células-tronco podem sofrer divisões assimétricas, produzindo uma célula-tronco e uma célula em diferenciação. Isso não aumenta a população de células-tronco. (b) Algumas células-tronco podem se dividir simetricamente para aumentar sua população, o que pode ser útil no desenvolvimento normal ou durante uma recuperação de lesão, ao mesmo tempo em que outras se dividem assimetricamente como em (a). (c) As células poderiam se dividir como em (b) enquanto ao mesmo tempo algumas células-tronco produzem duas progênies diferenciadas. (De S. J. Morrison e J. Kimble, 2006, *Nature* **441**:1068-1074.)

-tronco pode dividir-se simetricamente para produzir duas células-tronco filhas idênticas a ela mesma. Alternativamente, uma célula-tronco pode dividir-se assimetricamente para produzir uma cópia dela mesma e uma célula-filha com capacidades mais restritas, tais como dividir-se por um período limitado ou dar origem a poucos tipos de progênie, comparada com a célula-tronco parental. Por exemplo, cada vez que uma célula-tronco se divide no intestino, uma das filhas torna-se uma célula-tronco idêntica à sua parental, enquanto a outra filha divide-se rapidamente e gera quatro tipos de células intestinais diferenciadas, como logo será detalhado.

As duas propriedades essenciais das células-tronco que as distinguem de todas as outras células são a habilidade em se reproduzir indefinidamente, frequentemente chamada de *autorrenovação*, e a habilidade de, quando necessário, dividir-se assimetricamente para formar uma célula-filha idêntica a ela mesma e uma célula-filha de potencial mais restrito. Muitas divisões de células-tronco são simétricas, produzindo duas células-tronco, mas ao mesmo tempo alguma progênie precisa se diferenciar. Desse modo, divisões mitóticas das células-tronco podem tanto aumentar a sua população quanto manter uma população de célula-tronco enquanto continuamente produz um fluxo de células de diferenciação. Embora alguns tipos de células progenitoras possam se dividir simetricamente para formar mais delas mesmas, elas fazem isso apenas por períodos limitados.

Células-tronco para diferentes tecidos ocupam nichos de sustentação

Células-tronco necessitam do microambiente correto. Além dos sinais regulatórios *intrínsecos* – como a presença de certas proteínas regulatórias –, as células-tronco dependem de hormônios *extrínsecos* e outros sinais regulatórios das células adjacentes para manter a condição de células-tronco. O local onde o destino das células-tronco pode ser mantido é chamado de **nicho das células-tronco**, por analogia à um nicho ecológico – a localização que oferece suporte para a existência e vantagem competitiva de um organismo particular. A combinação certa de regulação intrínseca e extrínseca, transmitida por um nicho, irá criar e manter uma população de células-tronco.

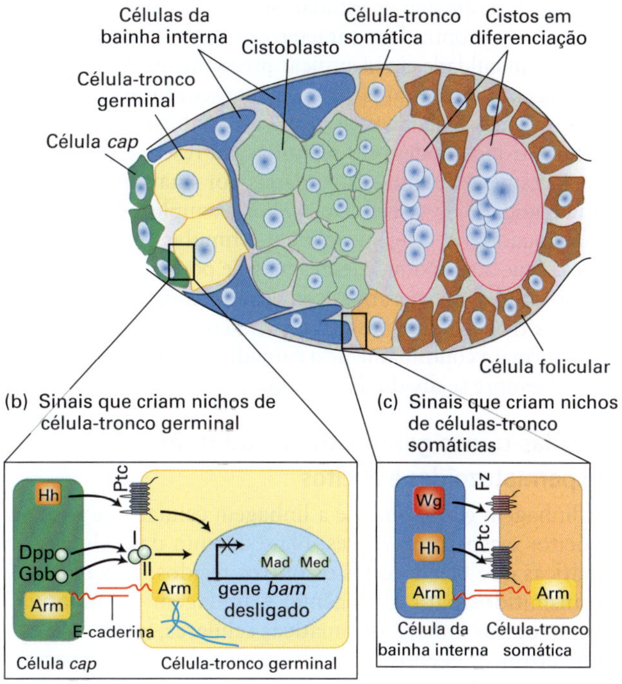

FIGURA 21-9 O germário de *Drosophila*. (a) Seção transversal do germário mostrando células-tronco germinativas femininas (amarelo) e algumas células-tronco somáticas (dourado) em seus nichos e células progenitoras delas derivadas. Células-tronco germinativas produzem citoblastos (verde) que sofrem quatro rodadas de divisões mitóticas para produzir 16 células interconectadas, uma das quais se torna o oócito; as células-tronco somáticas produzem células foliculares (marrom) que irão formar a casca do ovo. As células *cap* (verde-escuro) criam e mantêm o nicho de células-tronco germinativas, enquanto as células da camada interna (azul) produzem o nicho para as células-tronco somáticas. (b) Vias de sinalização que controlam as propriedades das células-tronco germinativas. Moléculas de sinalização – proteínas Dpp e Gbb da família TGF-β, assim como Hedgehog (Hh) – são produzidas por células *cap*. A ligação desses ligantes aos receptores de superfície das células-tronco germinativas, receptores TGF-β I e II, e Ptc, respectivamente, resulta na repressão do gene *bam* por dois fatores de transcrição, Mad e Med e o correpressor *Schnurri*. A repressão de *bam* permite às células-tronco germinais se renovarem, enquanto a ativação de *bam* promove a sua diferenciação. A proteína transmembrana de adesão celular E-caderina forma junções aderentes homotípicas entre células-tronco germinativas e células *cap*. Arm (do inglês *armadillo*, tatu) é a proteína β-catenina de mosca e conecta as caudas citoplasmáticas de E-caderina ao citoesqueleto de actina; ambas, E-caderina e Arm, são importantes na manutenção de nichos de células-tronco. (c) Vias de sinalização que controlam propriedades de células-tronco somáticas. O sinal Wingless Wnt (Wg) é produzido por células da bainha interna e é recebido por receptores Frizzled (Fz) em células-tronco somáticas. Hh, similarmente produzida, é recebida pelo receptor Ptc. Ambos receptores de sinais controlam a transcrição que resulta na autorrenovação de células-tronco somáticas. (Adaptada de L. Li e T. Xie, 2005, *Ann. Rev. Cell Devel. Biol.* **21**:605.)

Com o objetivo de estudar ou usar células-tronco, elas devem ser encontradas e caracterizadas. Muitas vezes, se encontra dificuldade em identificar precisamente células-tronco; elas são muito raras e geralmente sem forma distinta e nem mesmo se dividem de forma especialmente rápida. As células-tronco podem ser mantidas em reserva, dividindo-se lentamente quando estimuladas por sinais que indicam a necessidade de novas células. Por exemplo, suprimentos inadequados de oxigênio podem estimular células-tronco do sangue a se dividir, e lesões na pele podem estimular divisão celular regenerativa, começando com a ativação de células-tronco. Algumas células-tronco, incluindo aquelas que formam continuamente a camada do epitélio intestinal, estão sempre se dividindo, normalmente em taxa lenta.

Células-tronco germinativas produzem espermatozoides e oócitos

A linhagem *germinativa* é a linhagem celular que produz oócitos e espermatozoides. Ela é distinta das células somáticas que fazem todos os outros tecidos, mas não são transmitidos para a progênie. A linhagem germinativa, como outras linhagens somáticas celulares, inicia com células-tronco. Nichos de células-tronco têm sido especialmente bem definidos em estudos de células-tronco germinativas (CGs) em *Drosophila* e *C. elegans*. Células-tronco germinativas estão presentes em moscas adultas e vermes, e a localização das células-tronco é bem conhecida.

No ovário da mosca, o nicho onde os precursores do oócito se formam e começam a se diferenciar está localizado perto da extremidade do *germário* (Figura 21-9a). Existem duas ou três células-tronco germinativas nessa localização, perto de algumas poucas células *cap*, as quais criam o nicho secretando duas proteínas da família dos **fatores de crescimento beta de transformação (TGF-β)** (Dpp e Gbb) e proteínas **Hedgehog (Hh)** (Figura 21-9b). Esses sinais proteicos secretados foram introduzidos no Capítulo 16. As células *cap* criaram o nicho, pois os sinais da classe TGF-β enviados por elas reprimem a transcrição de um fator de diferenciação chave, a proteína *Bam* (do inglês *bag of marbles*), perto das células-tronco germinais. As células-tronco são mantidas no nicho por proteínas transmembrana de superfície E-caderina, que fazem as junções aderentes via interações homotípicas com moléculas E-caderinas similares. *Armadillo* (*Arm*), a β-catenina de *Drosophila*, conecta as caudas citoplasmáticas de E-caderina ao citoesqueleto de actina; assim como E-caderina, a proteína Arm é importante na manutenção do nicho de células-tronco.

Quando as células-tronco germinais se dividem, uma das duas células-filhas resultantes permanece adjacente às células *cap* e então é mantida como célula-tronco, como a célula-mãe. A outra célula-filha é deslocada e torna-se um cistoblasto, que está muito distante das células *cap* para receber seus sinais Dpp e Gbb. Como resultado, a expressão da proteína Bam é ativada, introduzindo a célula germinativa no programa de diferenciação.

Células-tronco somáticas separadas no germário produzem células foliculares que irão formar a casca do ovo. As células-tronco somáticas também possuem um nicho, criado pelas células da camada interna que produzem a proteína Wingless (Wg) – sinal **Wnt** de *Drosophila* – e a proteína Hh (Figura 21-9c). A proteína Hedgehog produzida por células *cap* também desempenha um papel. Assim, duas populações diferentes de células-tronco trabalham fortemente coordenadas para produzir diferentes partes do ovo.

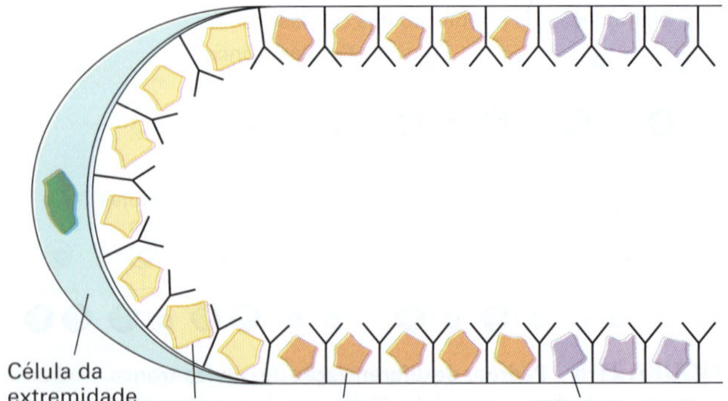

FIGURA 21-10 Células-tronco germinativas em *C. elegans*. A seção transversal da extremidade da gônada mostra células-tronco em seus nichos e a progênie delas derivada. A célula única na extremidade distal (verde) cria e mantém o nicho; ela expressa Delta na sua superfície, que se liga ao receptor Notch da célula-tronco germinativa adjacente. Os sinais induzidos nessas células-tronco promovem mitose simétrica de autorrenovação, formando duas células-tronco germinativas filhas. Como essas células-tronco se movem na direção fora do alcance do sinal Delta, elas continuam a se dividir, mas são capazes de autorrenovação por mais algumas poucas divisões. Por fim, elas tornam-se células progenitoras meióticas que formam as células germinativas. Durante esses estágios, as células são apenas parcialmente separadas por membranas (forma de "Y") e, portanto, são um sincício. (Adaptada de L. Li e T. Xie, 2005, *Annu. Rev. Cell Dev. Biol.* **21**:605-631.)

Em vermes, os longos braços tubulares das gônadas têm extremidades onde uma única célula, chamada célula da extremidade distal, cria um nicho de células-tronco (Figura 21-10). A proteína transmembrana Delta, produzida pela célula da extremidade distal, liga-se ao receptor Notch na célula-tronco germinativa adjacente. Na via de sinalização Delta/Notch (ver Figura 16-35) em células-tronco germinativas de vermes, ambas reprimem a indução de genes que promovem a diferenciação, cujos produtos dirigem a entrada em meiose (i.e., diferenciação germinativa) e promovem a divisão mitótica simétrica de autorrenovação para criar mais células-tronco filhas. A meiose é então bloqueada pelo sinal Delta até que as células-tronco se movam para fora do alcance do sinal da célula da extremidade distal. Mutações que ativam Notch nas células-tronco germinativas, mesmo na presença do sinal Delta, provocam um tumor na gônada com um enorme número de células-tronco germinativas, devido a excessivas mitoses e poucas meioses.

A identificação e a caracterização de células-tronco germinativas de *Drosophila* e *C. elegans* foram importantes, pois mostraram de forma convincente a existência de nichos de células-tronco e permitiram experimentos para identificar os sinais enviados por nichos que levam as células a se tornar e permanecer células-tronco de autorrenovação. Assim, um nicho de célula-tronco é um conjunto de células e de sinais produzido por elas, não apenas um local.

RECURSO DE MÍDIA: Células-tronco do epitélio intestinal

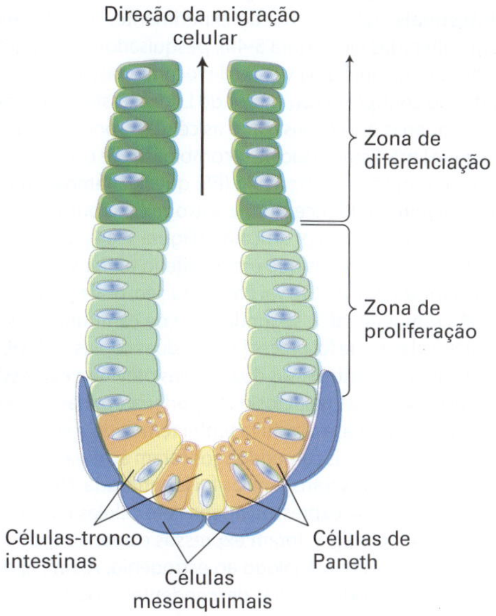

FIGURA 21-11 Células-tronco intestinais. Desenho esquemático de uma cripta intestinal mostrando células-tronco intestinais (amarelo), sua progenia mitótica (verde-claro) e o local de diferenciação terminal (verde-escuro). A base da cripta é a localização das células de Paneth (laranja), que fornecem a grande parte dos nichos de células-tronco e também secretam proteínas de defesa antimicrobianas, chamadas defensinas, que formam poros em membranas bacterianas, matando as bactérias. Células mesenquimais (azul) circundam a base da cripta e também secretam proteínas tais como Wnt, que promovem o destino de células-tronco, compensando sinais BMP que levam à diferenciação. (Adaptada de L. Li e T. Xie, 2005, Stem cell niche: structure and function, *Ann. Rev. Cell Dev. Biol.* **21**:605-631, e T. Sato e cols., 2011, *Nature* **469**:415.)

A identificação de moléculas específicas que mantêm o estado de célula-tronco em *Drosophila* e *C.elegans* trouxe um bônus inesperado: Algumas dessas moléculas são usadas também para formar nichos de células-tronco e controlar seu destino em mamíferos. Por exemplo, células-tronco germinativas em testículo de camundongo são dependentes da sinalização das proteínas da família TGF-β (GDNF) derivada de células somáticas. Cada túbulo seminífero contém um pequeno número de células-tronco germinativas que se dividem assimetricamente para recriar elas mesmas e para produzir células espermatogônias. As espermatogônias se proliferam e sua progênie forma espermatócitos, que passam pelo extraordinário processo de diferenciação que produz os espermatozoides. O nicho é criado por uma região especial da célula de Sertoli, juntamente com a célula mioide e a membrana basal produzida pela célula mioide, embora muitos detalhes dos sinais moleculares necessitem ser explorados.

Células-tronco intestinais geram continuamente todas as células do epitélio intestinal

O revestimento do epitélio do intestino delgado é uma única camada de células (ver Figura 20-10) composta por três diferentes tipos de células diferenciadas. As mais abundantes células epiteliais, os enterócitos de absorção, transportam nutrientes essenciais para a sobrevivência, do lúmen intestinal para o corpo (ver Figura 11-30). O epitélio intestinal é o tecido de mais alta autorrenovação em mamíferos adultos, trocando a cada cinco dias. As células do epitélio intestinal continuamente se regeneram a partir de uma população de células-tronco localizada no fundo da parede intestinal em poços chamados *criptas* (Figura 21-11). Experimentos de pulso e caça mostraram que células-tronco intestinais produzem células precursoras e então se diferenciam assim que ascendem os lados das criptas para formar a camada da superfície das saliências digitiformes chamadas *vilosidades*, por meio das quais a absorção intestinal ocorre. O tempo de nascimento da célula na cripta até a perda da célula no topo da vilosidade oscila em torno de 3 a 4 dias (Figura 21-12). Assim, um número enorme deve ser produzido continuamente para manter o epitélio intacto. A produção de novas células é precisamente controlada: muito pouca divisão celular poderia eliminar as vilosidades levando a uma quebra da superfície intestinal; demasiada divisão celular poderia criar um epitélio excessivamente grande e também poderia ser um passo em direção ao câncer.

Experimentos como o descrito na Figura 21-12, sugerem que as células-tronco intestinais foram encontradas em algum lugar perto da parte inferior das criptas, perto

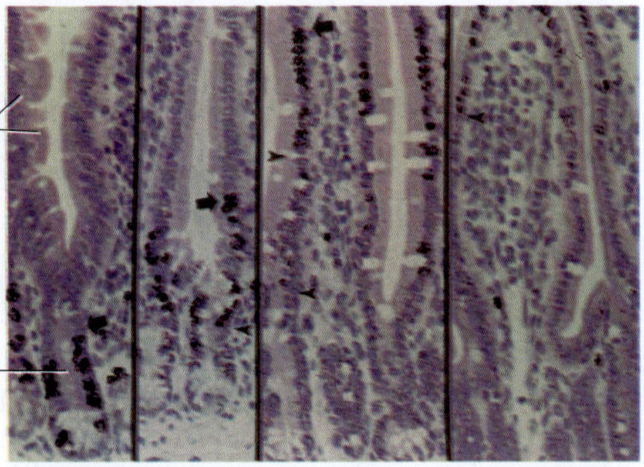

FIGURA EXPERIMENTAL 21-12 Regeneração do epitélio intestinal das células-tronco pode ser demonstrada por experimentos de pulso e caça. Os resultados dos experimentos de pulso e caça, nos quais timidina marcada radiativamente (pulso) foi adicionada à cultura de tecido de epitélio intestinal. Células em divisão incorporaram a timidina marcada no seu DNA sintetizado *de novo*. A timidina marcada foi retirada e trocada por timidina não marcada (caça) após um curto período; células que se dividiram depois da caça não se tornaram marcadas. Essas micrografias mostram que após 40 minutos toda a marcação na célula está perto da base da cripta. Em horários posteriores, as células marcadas são vistas progressivamente mais longe do seu ponto de nascimento na cripta. Células no topo são liberadas. Esse processo assegura o reabastecimento constante do epitélio intestinal com novas células. (Cortesia de C. S. Potten; de P. Kaur e C. S. Potten, 1986, *Cell Tiss. Kinet.* **19**:601.)

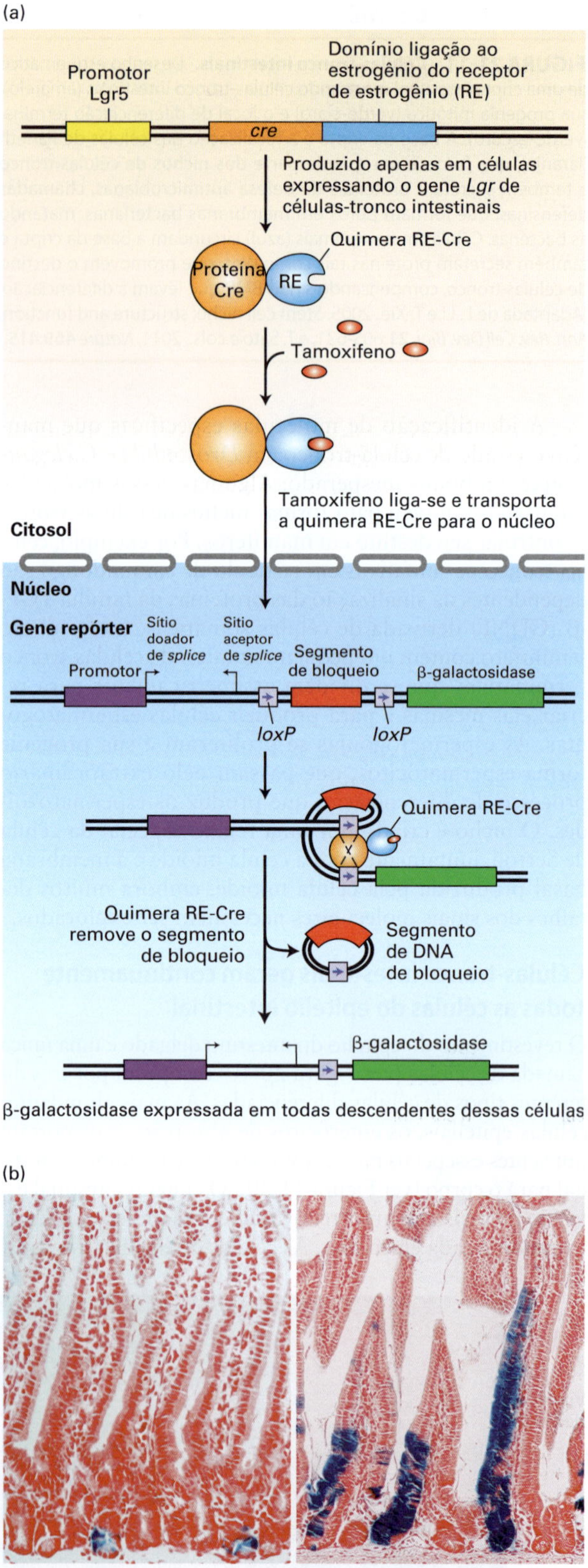

FIGURA EXPERIMENTAL 21-13 Estudos de rastreamento de linhagens mostram que células Lgr5⁺ na base das criptas são células-tronco intestinais. (a) Esquema do experimento. Usando células ES geneticamente alteradas (ver Figura 5-40), pesquisadores geraram uma cepa de camundongos na qual uma versão de recombinase Cre (ver Figura 5-42) foi colocada sob controle do promotor de Lgr5 e, assim, a recombinase Cre foi produzida apenas em células como as células-tronco intestinais que expressam o gene Lgr5. Essa versão de recombinase Cre continha um domínio adicional para receptor de estrogênio (RE) que liga tamoxifeno análogo ao estrogênio; a exemplo do receptor de estrogênio e outros receptores nucleares como o receptor glicocorticoide (Figura 7-44), a quimera RE-Cre é retida no citoplasma a menos que o tamoxifeno tenha sido adicionado. Na presença de tamoxifeno, RE-Cre vai para o núcleo, onde pode interagir com *loxP* no DNA cromossomal. A segunda cepa de camundongos continha o gene β-galactosidase, que foi precedido por duas cópias de *loxP*. O segmento de DNA de bloqueio entre essas duas cópias previne a expressão do gene da β-galactosidase, e a β-galactosidase poderia apenas ser expressa em células onde a recombinase Cre ativa tenha removido a sequência entre as duas cópias de *loxP*. Os dois camundongos foram acasalados, e a prole contendo ambos marcadores transgênicos foi identificada. Nesses camundongos, a β-galactosidase se expressou apenas em células nas quais os genes RE-Cre, controlados por Lgr5, foram expressos e apenas após adicionar ao camundongo o tamoxifeno análogo ao estrogênio. Assim, apenas células expressando Lgr5 – e todas as suas descendentes – poderiam expressar o gene para β-galactosidase. (b) Resultados do experimento. Um dia após a adição de tamoxifeno a esses camundongos, as únicas células a expressarem β-galactosidase (mensuradas pelo corante histoquímico *blue*) foram as células-tronco intestinais expressando Lgr na base das criptas (esquerda). Cinco dias após a adição de tamoxifeno, células azuis adicionais – descendentes epiteliais das células-tronco intestinais – foram vistas migrando para os lados das vilosidades. Algumas células-tronco azuis permaneceram no fundo da cripta. (Parte (b) de N. Barker e cols., 2007, *Nature*, **449**:1003.)

das células intestinais diferenciadas chamadas células de Paneth. Mas essas supostas células-tronco não possuem características morfológicas que revelam suas notáveis habilidades; quais células são as reais células-tronco intestinais e quais são as células de suporte que formam esses nichos?

Experimentos genéticos prévios têm mostrado que sinais Wnt foram essenciais para a manutenção das células-tronco intestinais. Como evidência da importância de Wnt, a superprodução de β-catenina ativa (normalmente ativada por sinais Wnt; ver Figura 16-30) em células intestinais leva ao excesso de proliferação do epitélio do intestino. Inversamente, o bloqueio da função de β-catenina pela interferência com Wnt ativado pelo fator de transcrição TCF suprime as células-tronco intestinais. Assim, a sinalização Wnt tem papel crucial nos nichos de células-tronco intestinais, como acontece na pele e em outros órgãos. Além disso, mutações que ativam inapropriadamente sinais Wnt de transdução contribuem de maneira importante para a progressão do câncer de colo, como será visto no Capítulo 24.

Analisando o painel de genes cuja expressão no intestino foi induzida por sinalização Wnt, pesquisadores se concentraram em Lgr5, que codifica um receptor acoplado à proteína G, porque foi expresso apenas um pequeno conjunto de células na base das criptas. Lgr5 liga-se a uma classe de hormônios secretados chamados R-espondinas e ativam vias de sinalização que potencializam a sinalização Wnt. Estudos de rastreamento de linhagens mostraram que as células descendentes dessas células expressando Lgr de fato deram origem a todas as células epiteliais intestinais (Figura 21-13). Esse experimento utilizou camundongos modificados geneticamente nos quais uma versão da recombinase Cre (ver Figura 5-42), uma quimera (RE)-Cre receptora de estrogênio, foi colocada sob o controle do promotor Lgr; assim, a quimera recombinase RE-Cre foi produzida apenas em poucas supostas células-tronco ex-

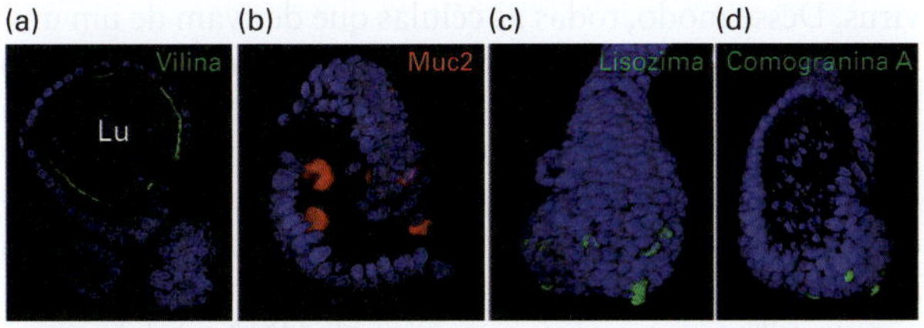

FIGURA EXPERIMENTAL 21-14 Células-tronco intestinais expressando apenas Lgr-5 criam as estruturas de vilosidades das criptas em cultura sem células de nicho. Células expressando apenas Lgr-5, isoladas das criptas intestinais, foram colocadas em cultura numa matriz extracelular tipo 4 (ver Figura 20-22). Após duas semanas, elas formam camadas epiteliais que se assemelham a vilosidades em estrutura. Corar os organoides com marcadores proteicos específicos mostrou que elas continham todos os quatro tipos de células epiteliais diferenciados: (a) vilina, verde, proteína marcadora para enterócitos absortivos localizados perto da superfície apical (luminal, Lu) dessas células; (b) Muc2, vermelha, células calciformes; (c) lisozima, verde, células de Paneth; e (d) cromogranina A, verde, células enteroendócrinas. Os organoides foram também corados com DAPI (azul) para mostrar o núcleo. (De T. Sato et al., 2009, *Nature* **459**:262.)

pressando Lgr5 no fundo das criptas. A versão de Cre usada no estudo foi alterada de modo a normalmente ficar inativa no citosol e ser transferida ao núcleo apenas após a adição de um análogo do estrogênio (Figura 21-13a). Lá, Cre quebra um segmento de DNA, ativando a expressão do gene repórter β-galactosidase nessas células. Sobretudo, todas as células descendentes dessas células irão expressar a enzima. Imediatamente após a adição do análogo de estrogênio, as únicas células expressando β-galactosidase são as células-tronco nas criptas. Mas, após poucos dias, todas as células epiteliais descendentes expressam β-galactosidase (Figura 21-13b), mostrando que Lgr5 de fato é um marcador de células-tronco intestinais.

Em estudos subsequentes, células-tronco únicas expressando Lgr-5 foram isoladas das criptas intestinais e cultivadas em matriz extracelular (ver Figura 20-22) contendo colágeno tipo IV e laminina, que normalmente serve de base e apoio para o epitélio intestinal. Essas células produzem estruturas tipo vilosidades que contêm todos os quatro tipos de células diferenciadas encontradas no epitélio intestinal maduro (Figura 21-14). Em conjunto, esses experimentos estabelecem que a expressão do gene *Lgr5* define a célula-tronco intestinal e mostram que essas células se localizam na base das criptas intestinais intercaladas entre as células de Paneth diferenciadas terminalmente (ver Figura 21-11).

As células de Paneth produzem muitas proteínas antibacterianas que protegem o intestino de infecções; surpreendentemente, evidências recentes sugerem que células de Paneth também constituem a maior parte dos nichos para células-tronco intestinais. Culturas de células de Paneth produzem tanto Wnt quanto outros hormônios, tais como EGF e proteína Delta, essenciais para a manutenção de células-tronco intestinais. A cocultura de células-tronco intestinais com células de Paneth melhorou significativamente a formação de estruturas tipo vilosidades intestinais, e manipulações genéticas em camundongos que causaram a redução no número de células de Paneth também causaram a redução das células-tronco intestinais. Dessa forma, células de Paneth, que descendem das células-tronco intestinais, também constituem a maior parte ou a totalidade do nicho para manutenção de células-tronco intestinais.

Células-tronco neurais formam nervos e células da glia no sistema nervoso central

O grande interesse na formação do sistema nervoso e na descoberta de melhores caminhos para prevenir ou tratar

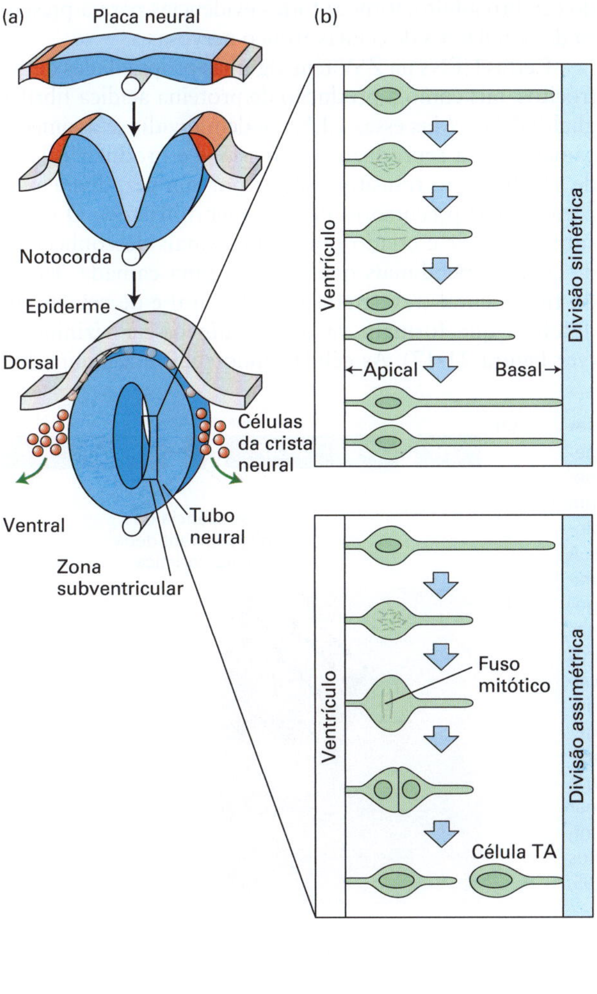

FIGURA 21-15 Formação do tubo neural e divisão das células-tronco neurais. (a) No desenvolvimento incial de vertebrados, parte do ectoderma se enrola e separa-se do resto das células. Isso forma a epiderme (cinza) e o tubo neural (azul). Perto da interface entre os dois, as células da crista neural se formam e então migram para contribuir com a pigmentação da pele, formação dos nervos, esqueleto craniofacial, válvulas do coração, neurônios periféricos e outras estruturas. A notocorda, haste da mesoderme, a partir da qual somos classificados (cordados), fornece sinais que afetam o destino das células no tubo neural. O interior do tubo neural formará uma série de ventrículos ou câmaras preenchidas com fluido. Células-tronco neurais, localizadas adjacentes aos ventrículos, com posição na zona subventricular (ZSV), se dividirão para formar neurônios que migram radialmente para o exterior para formar as camadas do sistema nervoso. (b) Células-tronco neurais na zona subventricular podem se dividir simetricamente (*parte superior*) para dar origem a duas células-tronco, lado a lado, ambas em contato com o ventrículo. Alternativamente, células-tronco podem se dividir para produzir uma célula-filha capaz de se autorrenovar e outra célula-filha, chamada de célula de amplificação transitória (TA), a qual começa a migrar e se diferenciar (*parte inferior*). A diferença chave entre os dois padrões de divisão é a orientação do fuso mitótico. (Adaptada de L. R. Wolpert et al., 2001, *Principles of Development*, 2nd ed., Oxford University Press.)

doenças neurodegenerativas tem tornado a caracterização de células-tronco neurais uma meta importante. Os estágios iniciais de desenvolvimento neural de vertebrados envolvem o enrolamento de um tubo de ectoderme (a camada de célula externa do embrião) que se estende a longo do embrião da cabeça à cauda (Figura 21-15a). Esse *tubo neural* irá formar o cérebro e o cordão espinal. Inicialmente, a espessura do tubo é uma camada única de células, e essas células, as células-tronco neurais (CEN) embrionárias, darão origem a todo sistema nervoso central. Dentro do tubo neural se formarão compartimentos cheios de fluido chamados *ventrículos*; o revestimento do tubo neural, onde existem muitas células em divisão, é chamado de *zona subventricular* (ZSV). A ZSV possui propriedades de nicho de células-tronco.

Experimentos de marcação e rastreamento têm sido feitos para determinar como as células nascem e aonde elas vão após seu nascimento. Células-tronco neurais embrionárias que revestem o ventrículo podem se dividir simetricamente, produzindo duas células-tronco filhas, lado a lado (Figura 21-15b). Alternativamente, elas podem se dividir assimetricamente, produzindo uma célula que permanece célula-tronco e outra que migra radialmente para o exterior. As células migratórias são frequentemente chamadas de *células de amplificação transitória* (*TA*) porque se dividem rapidamente múltiplas vezes para formar precursores neurais chamados os neuroblastos. Uma vez formadas, as células TA e os neuroblastos migram radialmente para o exterior e formam camadas sucessivas de tecidos neurais de dentro para fora. Ao contrário das células TA e dos neuroblastos, as células-tronco permanecem em contato com o ventrículo (ver Figura 21-15b). Células formadas recentemente, portanto, atravessam as camadas de células preexistentes antes de tomar lugar no lado externo.

Experimentos de rastreamento com vírus têm mostrado que neuroblastos podem produzir duas células-filhas: o neurônio e a célula glial. O experimento foi realizado preparando-se uma biblioteca de retrovírus, cada um contendo uma única sequência de DNA, assim cada célula infectada por um único vírus poderia dar origem a um clone de células carregando uma sequência particular de DNA do vírus. Desse modo, todas as células que derivam de um único precursor CEN ou TA poderiam ser identificadas como clone (Figura 21-16). Os resultados do experimento foram surpreendentes. Alguns neurônios migraram, sendo encontrados a distâncias consideráveis lateralmente, abandonando sua migração radial para fora da camada cortical. Em alguns casos, um único neurônio e uma única célula da glia compartilharam a mesma sequência de DNA viral. Um precursor neural foi evidentemente infectado; depois se dividiu uma vez para dar origem a dois diferentes tipos celulares.

Por muitos anos, acreditou-se que células nervosas novas não eram formadas no adulto. Muitas células de cérebro de mamífero de fato param de se dividir na idade adulta, mas algumas células na zona subventricular e na região perto do hipocampo continuam a agir como células-tronco para gerar novos neurônios (Figura 21-17). Como outros tipos de células-tronco, essas células-tronco neurais são funcionalmente definidas pela sua habilidade em se autorrenovar e diferenciar em linhagens neurais, incluindo neurônios, astrócitos e oligodendrócitos. Para identificar e caracterizar células-tronco neurais, células isoladas da zona subventricular foram cultivadas com fatores de crescimento como FGF2 e EGF. Algumas das células sobreviveram e se proliferaram em estado não diferenciado; isto é, elas conseguiram se autorrenovar. Na presença de outros hormônios, essas células não diferenciadas dão origem a neurônios, astrócitos ou oligodendrócitos. O sucesso no estabelecimento de células autorrenováveis e multipotentes, do cérebro adulto, fornece fortes evidências para a presença de populações de células-tronco nervosas.

Certas CENs na ZSV têm algumas propriedades de astrócitos, tais como a produção de proteína acídica fibrilar glial (GFAP). Mas essas CENs podem dividir-se assimetricamente para reproduzir a si mesmas e produzir células de amplificação transitórias, que por sua vez, dividem-se para formar precursores neurais (neuroblastos). O nicho subventricular é criado por muitos sinais desconhecidos de células ependimais que formam uma camada dentro do tubo neural (revestindo o ventrículo) e de células endoteliais que formam vasos sanguíneos na vizinhança (ver Figura 21-17). As células endoteliais e a lâmina ba-

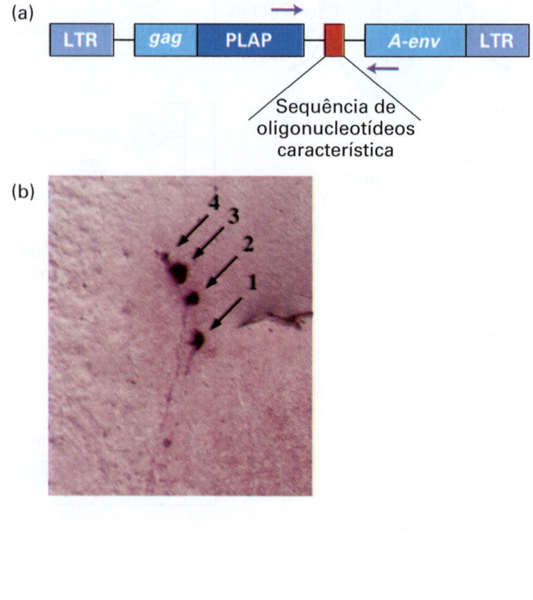

FIGURA EXPERIMENTAL 21-16 A Infecção com retrovírus pode ser usada para rastrear a linhagem celular. (a) Genoma viral modificado. Repetições terminais longas são repetições retrovirais padrão. Proteínas virais necessárias para a infecção são codificadas pelos genes *gag* e *A-env*. PLAP é um gene introduzido para a fosfatase alcalina. A detecção dessa enzima por coloração histoquímica é usada para determinar quais células carregam o vírus. A sequências oligonucleotídica, sintetizada fornecendo nucleotídeos randômicos, é diferente em cada vírus e pode ser amplificada por PCR usando oligonucleotídeos iniciadores para sequências que estão em todos os vírus (setas azuis) e depois sequenciada. Uma biblioteca com mais de 10^7 diferentes vírus foi construída. Esses vírus não possuem os genes necessários para a produção de novos vírions em células infectadas; por isso, cada vírus defectivo pode infectar uma célula apenas uma vez, tornando-se estavelmente integrado no genoma e expressado naquela célula e em todas as suas descendentes. (b) Corte de tecido mostrando células infectadas com vírus defectivos. O DNA de cada clone celular corado pode ser extraído e amplificado por PCR para determinar a sequência do vírus. As células descendentes da mesma célula infectada inicialmente terão a mesma sequência de oligonucleotídeos, enquanto eventos de infecção separados terão diferentes sequências. (De J. A. Golden et al., 1995, *Proc. Nat'l. Acad. Sci. USA* **92**:5704.)

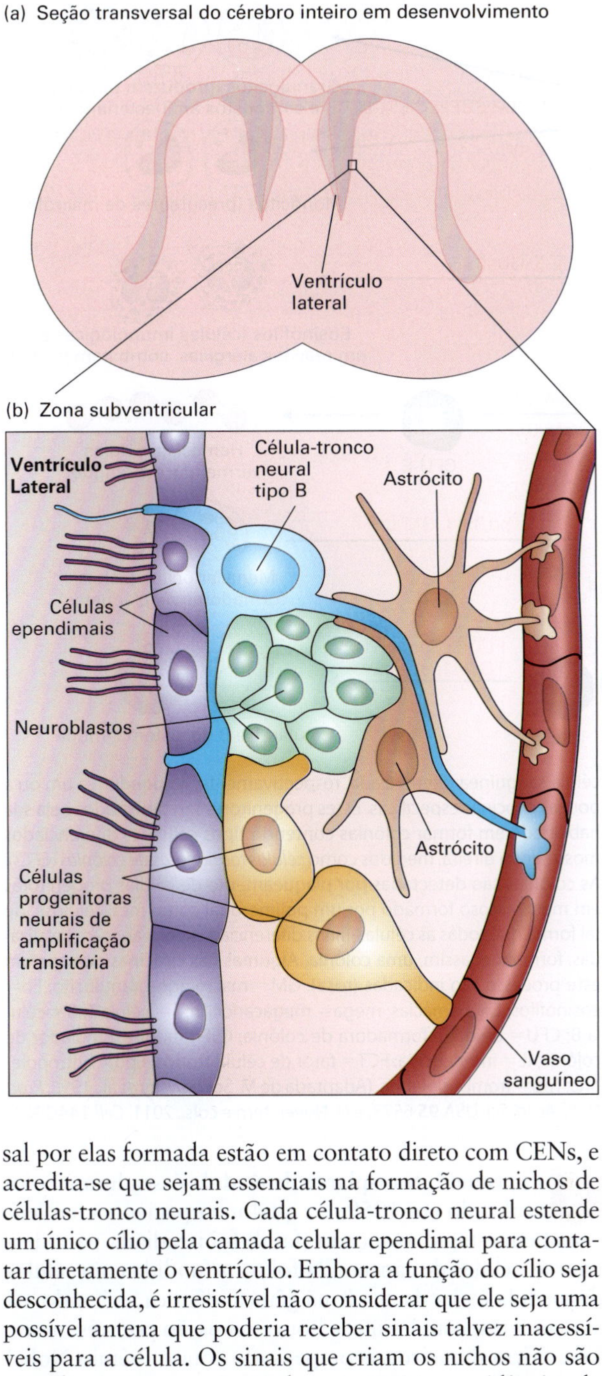

FIGURA 21-17 Nicho da célula-tronco neural em cérebro adulto. (a) Seção transversal do sistema nervoso em desenvolvimento, mostrando o ventrículo lateral, espaço preenchido com fluido, dentro do tubo neural. A área exatamente ao redor do ventrículo, chamada zona subventricular, é o local das células-tronco neurais, a partir das quais emergem precursores neurais. (b) Tanto em cérebros de adultos quanto de embriões, diferentes tipos de células-tronco neurais estão localizadas na zona subventricular e são classificadas pela sua capacidade de autorrenovação e diferenciação, possivelmente representando sua transição linear durante a neurogênese. Células-tronco neurais do tipo B expressam a proteína acídica fibrilar glial (GFAP), marcador de células gliais, e são expostas ao contato com o ventrículo e vasos sanguíneos por meio de cílios apicais e as extremidades basais, respectivamente. Células do tipo B têm potencial para produzir células progenitoras neurais (de amplificação transitória) por divisão ativa, gerando posteriormente neuroblastos que irão se diferenciar em neurônios. ((b) Adaptada de H.Suh et al., 2009, *Annu. Rev. Cell Dev. Biol.* **25**:253.)

sal por elas formada estão em contato direto com CENs, e acredita-se que sejam essenciais na formação de nichos de células-tronco neurais. Cada célula-tronco neural estende um único cílio pela camada celular ependimal para contatar diretamente o ventrículo. Embora a função do cílio seja desconhecida, é irresistível não considerar que ele seja uma possível antena que poderia receber sinais talvez inacessíveis para a célula. Os sinais que criam os nichos não são completamente caracterizados, mas existem evidências de uma combinação de fatores, incluindo FGFs, BMPs, IGF, VEGF, TGFα e BDNF. As BMPs parecem favorecer a diferenciação de astrócitos mais que diferenciação neural, um exemplo do controle da determinação do destino celular que deve manter-se em equilíbrio.

Células-tronco hematopoiéticas formam células do sangue

Outro tecido continuamente trocado é o sangue, cujas células-tronco estão localizadas no fígado embrionário e na medula em animais adultos. Os vários tipos de células sanguíneas derivam de um único tipo de *célula-tronco hematopoiético* (CTH) multipotente, a qual dá origem a células-tronco progenitoras mieloides e linfoides mais restritas, capazes de autorrenovação limitada (Figura 21-18). Após formar CTH, numerosos fatores de crescimento extracelulares, chamados de **citocinas**, regulam a proliferação e diferenciação de precursores celulares para várias linhagens de células do sangue. Cada ramificação da árvore da linhagem celular tem diferentes citocinas regulatórias, permitindo um controle aprimorado da produção de tipos celulares específicos. Se todas as células do sangue são necessárias, por exemplo, após sangramento, múltiplas citocinas podem ser produzidas. Se apenas um tipo celular é necessário, por exemplo, quando uma pessoa está viajando em altitudes altas, a **eritropoietina** é produzida pelos rins e estimula a proliferação terminal e diferenciação de precursores CFU-E, mas não outros tipos de precursores. A eritropoietina ativa inúmeros e diferentes caminhos de sinalização de transdução intracelular, levando a trocas na expressão gênica que promovem a formação de hemácias (ver Figuras 16-10 e 16-12). De maneira similar, G-CSF, uma citocina diferente, estimula a proliferação e diferenciação de progenitores bipotenciais GM-CFC macrófagos/granulócitos em granulócitos, enquanto M-CSF estimula a produção de macrófagos a partir da mesma célula progenitora.

A linhagem hematopoiética foi originalmente elucidada por meio de injeção de vários tipos de precursores celulares em camundongos cujos precursores celulares tinham sido eliminados por irradiação. Pela observação de que células sanguíneas foram restauradas nesses experimentos de transplante, pesquisadores inferiram quais precursores ou células terminalmente diferenciadas (p. ex., hemácias, monócitos) resultam de um tipo específico tipo de precursor.

Como outras células-tronco, CTHs são residentes em um nicho. Um tipo celular principal no nicho da medula são os osteoblastos, células formadoras de ossos, localizadas na superfície óssea. Um ligante tipo Delta e proteínas como o fator de célula-tronco (FCT), produzido por nichos celulares, sinalizam para receptores Notch e FCT na superfície de CTH. Muitos outros pares de receptores de fatores de crescimento também estimulam as CTHs, e provavelmente outros tipos de células participam na formação de nichos de CTH.

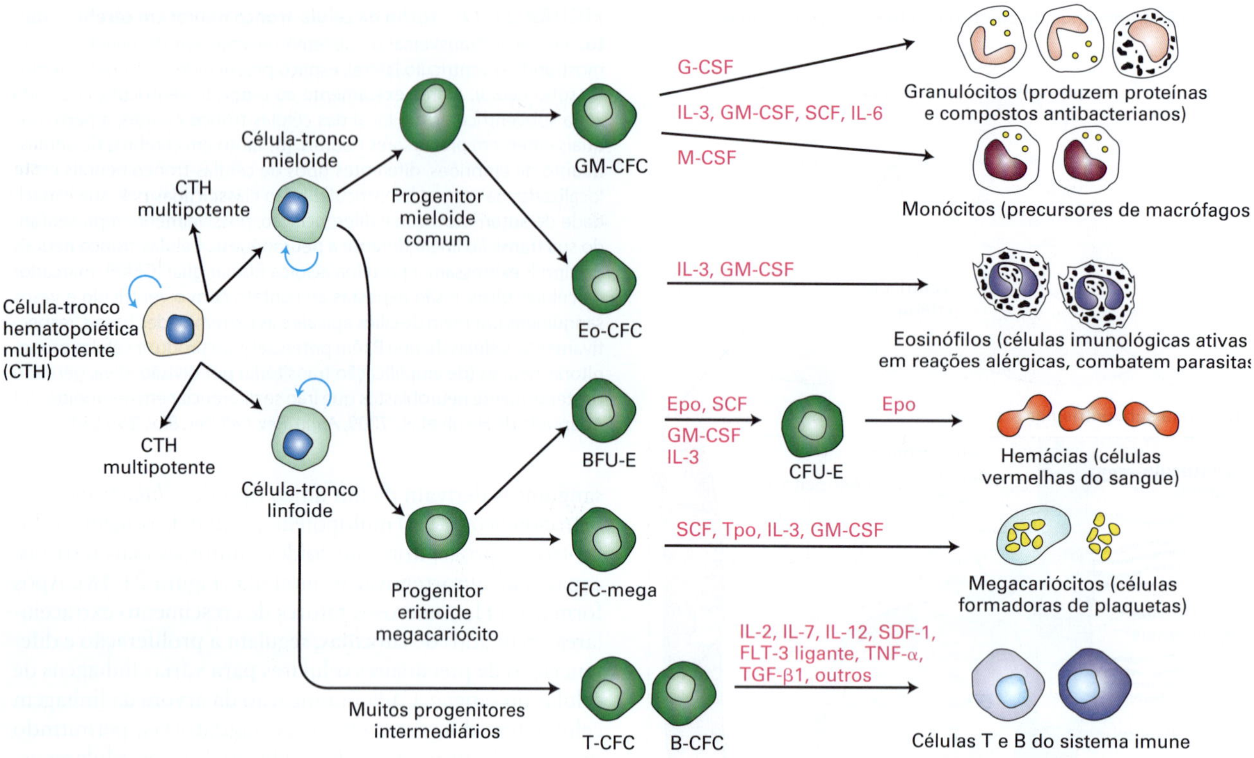

FIGURA 21-18 Formação das células do sangue a partir de células-tronco hematopoiéticas na medula óssea. Células-tronco hematopoiéticas multipotentes de repopulação de longa duração podem dividir-se simetricamente para autorrenovação (seta curvada azul) ou dividir-se assimetricamente para formar uma célula-filha multipotente como a célula-tronco parental e outra célula-filha com capacidade de autorrenovação limitada. Por fim, essas células-filhas geram células-tronco mieloides e linfoides; embora essas células multipotentes sejam capazes de autorrenovação limitada, elas estão comprometidas com uma das principais linhagens hematopoiéticas. Dependendo dos tipos e quantidades de citocinas presentes, as células-tronco mieloides e linfoides entram em rápidas divisões celulares e geram diferentes tipos de células progenitoras (verde-escuro). Esses progenitores são chamados multipotentes ou unipotentes, pois originam vários ou apenas um único tipo de célula sanguínea diferenciada, respectivamente; respondem a um ou a poucas citocinas específicas. Esses progenitores são detectados pela sua habilidade em formar colônias contendo tipos celulares diferenciados mostrados à direita, medidos como *células formadoras de colônias* (*CFCs*). As colônias são detectadas por plaqueamento de células progenitoras em meio viscoso formado por um polímero tal como metilcelulose, de tal forma que todas as células-filhas diferenciadas permanecem localizadas, formando, assim, uma colônia. Algumas das citocinas que apoiam este processo são indicadas (rosa). GM= macrófago-granulócito; Eo= eosinófilos; E= hemácias; mega= megacariócito; T= célula T; B= célula B; CFU= unidade formadora de colônia; CSF= fator estimulador de colônia; IL= interleucina; FCT= fator de célula-tronco; Epo= eritropoietina; Tpo= trombopoietina. (Adaptada de M. Socolovsky et al., 1998, *Proc. Nat'l. Acad. Sci.* USA **95**:6573, e N. Noverstern e cols., 2011, *Cell* **144**:296.)

Células-tronco hematopoiéticas foram detectadas e quantificadas por experimentos de transplante em medula óssea (Figura 21-19). A primeira etapa nesses experimentos consistiu na separação de diferentes tipos de precursores hematopoiéticos. Essa separação é possível porque células-tronco hematopoiéticas e cada tipo de progenitor produzem combinações únicas de proteínas de superfície celular que podem servir como marcadores de tipo celular. Se extratos de medula óssea são tratados com anticorpos marcados com fluorocromo para esses marcadores, células com diferentes marcadores de superfície podem ser separadas em um selecionador de células ativado por fluorescência (ver Figuras 9-2 e 9-3). Surpreendentemente, esses experimentos de transplante revelaram que uma única CTH é suficiente para restaurar todo o sistema sanguíneo de um camundongo irradiado. Após o transplante, células-tronco se posicionam em um nicho na medula óssea e dividem-se para formar mais células-tronco e também progenitores de diferentes linhagens sanguíneas.

O primeiro transplante de medula óssea humana foi realizado em 1959, no qual uma paciente com leucemia em estágio avançado (fatal) foi irradiada para destruir as células de câncer. Ela foi transfundida com células de medula óssea da sua irmã gêmea idêntica, evitando assim uma resposta imune, e houve remissão por três meses. Esse início pioneiro, recompensado com o Prêmio Nobel em Medicina em 1990, levou a tratamentos nos dias de hoje que podem, frequentemente, levar à completa cura de muitos tipos de câncer. As células-tronco em medulas transplantadas podem gerar todos os tipos de células sanguíneas funcionais, e transplantes são úteis em pacientes com certas doenças do sangue hereditárias, incluindo muitas anemias genéticas (níveis insuficientes de hemácias), defeitos genéticos das células sanguíneas tais como anemia falciforme, e em pacientes com câncer que tenham recebido irradiação e/ou quimioterapia. Tanto a irradiação quanto a quimioterapia destroem as células da medula óssea como as células de câncer. ■

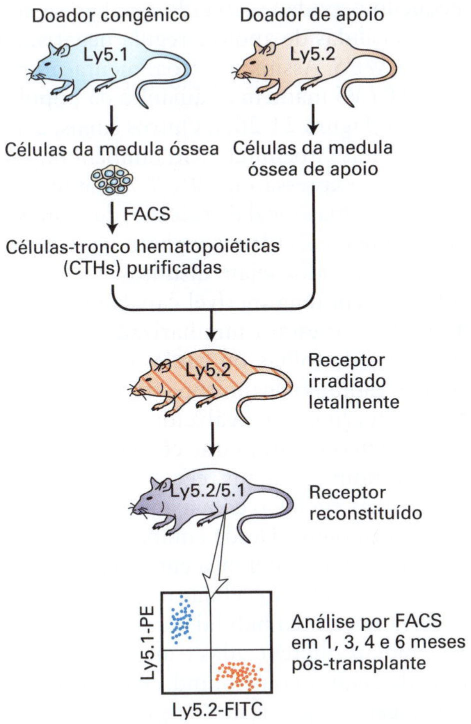

FIGURA EXPERIMENTAL 21-19 Análise funcional de células-tronco hematopoiéticas por meio de transplante de medula óssea. As duas cepas de camundongos são geneticamente idênticas exceto por uma proteína, codificada por um gene chamado Ly5, encontrada na superfície de todas as células sanguíneas nucleadas, incluindo linfócitos T e B, granulócitos e monócitos. As proteínas codificadas por dois alelos do gene, Ly5.1 e Ly5.2, podem ser detectadas por anticorpos monoclonais. Um camundongo receptor Ly5.2 é letalmente irradiado, e em seguida injetado com células-tronco purificadas da cepa Ly5.1. Devido às células-tronco levarem semanas ou meses para produzir células do sangue diferenciadas, o camundongo receptor morrerá antes de receber células progenitoras da medula óssea de um camundongo geneticamente idêntico (chamadas de "células de apoio") que irão produzir células sanguíneas maduras para as primeiras poucas semanas após o transplante. Em intervalos após o transplante, medula óssea ou sangue são convertidos e reativados com anticorpos monoclonais azul-fluorescentes para Ly5.1 e anticorpos monoclonais vermelho-fluorescentes para Ly5.2. Células maduras do sangue, que são descendentes do doador de células-tronco, são detectadas por análise em FACS, vistas aqui como células que fluorescem em azul, mas não em vermelho. Essas células podem ser separadas e coradas com anticorpos fluorescentes específicos para proteínas marcadoras encontradas em diferentes tipos de células maduras do sangue, para mostrar que uma célula-tronco de fato é pluripotente, na medida em que pode gerar todos os tipos de células linfoides e mieloides. (Cortesia Dr. Chengcheng (Alec) Zhang.)

A frequência de células-tronco hematopoiéticas gira em torno de 1 célula para cada 10^4 células da medula óssea ou células embrionárias do fígado. Durante a vida embrionária, células-tronco frequentemente se dividem simetricamente, produzindo duas células-tronco filhas (Figura 21-8); isso permite aumentar ao longo do tempo o número de células-tronco e produzir um grande número de células progenitoras necessárias para gerar todas as células do sangue necessárias antes do nascimento. Em animais adultos, células-tronco hematopoiéticas são em grande parte inativas, permanecendo em "repouso" no estado G_0 no nicho de células-tronco da medula óssea. Quando mais células sanguíneas são necessárias, uma ou mais dessas células entram em divisão assimétrica, formando uma célula-tronco como a parental e uma célula de rápida proliferação celular que gera os progenitores ilustrados na Figura 21-18.

Você provavelmente notou que todos os reguladores moleculares de células-tronco são proteínas familiares (ver Capítulos 15 e 16) em vez de reguladores dedicados que se especializam em controle de células-tronco. Cada tipo de sinal é usado repetidamente para controlar o crescimento e o destino celulares. Esses sistemas de sinalização são antigos, com ao menos meio bilhão de anos, para os quais novos usos surgiram à medida que células, tecidos, órgãos e animais evoluíram novas variações.

Meristemas são nichos para células-tronco em plantas

Como acontece com animais multicelulares, a produção de todos os tecidos e órgãos vegetais baseia-se em pequenas populações de células-tronco. Como as células-tronco animais, essas células-tronco são definidas pela sua habilidade em se autorrenovar além de passar por divisões assimétricas para gerar células-filhas que irão produzir tecidos diferenciados. Células-tronco de plantas residem em microambientes especializados, nichos de células-tronco, onde sinais extracelulares são produzidos para manter as células-tronco em estado de multipotência. Mas já que os sinais que passam entre células-tronco e células de apoio são muito diferentes nesses dois reinos, células-tronco e nichos em plantas e animais provavelmente evoluíram por diferentes vias.

Células-tronco de plantas estão localizadas em nichos chamados **meristemas**, que podem persistir por milhares de anos em espécies de longa duração, como os pinheiros *bristlecone*. O eixo do corpo das plantas é definido por dois meristemas primários estabelecidos durante a embriogênese, o *meristema apical caulinar* e o *meristema apical radicular*. Ao contrário dos animais, raros tecidos ou órgãos são especificados durante a embriogênese. De fato, órgãos como folhas, flores e mesmo células germinativas são continuamente produzidos à medida que a planta cresce e se desenvolve. As partes aéreas da planta são derivadas do meristema apical caulinar e as raízes são derivadas a partir de meristemas apicais radiculares. A identidade das células-tronco é mantida pela posição celular, em vez de linhagem e sinais intercelulares como hormônios, peptídeos de sinalização móvel e miRNAs.

A divisão lenta de células-tronco pluripotentes está localizada no ápice do meristema apical caulinar, com uma divisão mais rápida de células-filhas "de amplificação transitória" na periferia. Descendentes de células-tronco caulinares são deslocadas para a periferia do meristema e são recrutadas para formar novos órgãos primordiais, incluindo folhas e hastes. A divisão cessa quando as células adquirem características de tipos celulares específicos e a maior parte do crescimento de órgãos ocorre pela expansão celular e elongação. Novas células-tronco caulinares podem se formar nos primórdios das axilas da folha, que então crescem para formar ramificações laterais (Figura 21-20a). Meristemas florais, por outro lado, dão origem a quatro órgãos florais –

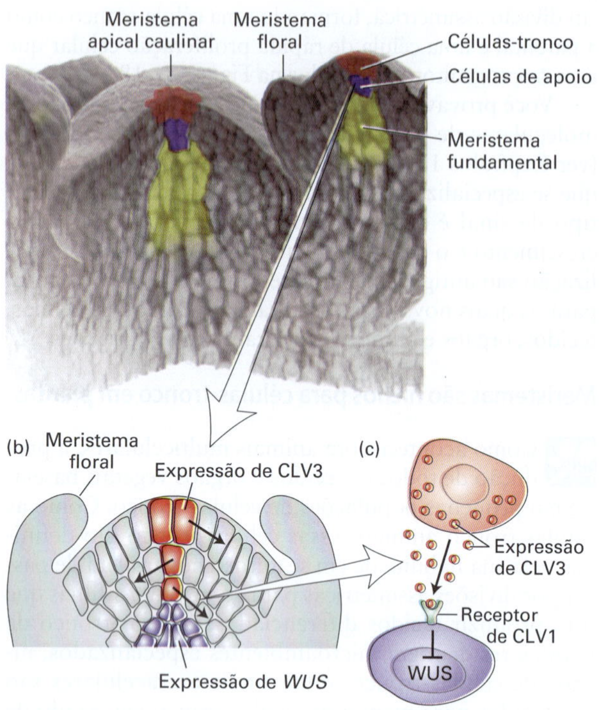

FIGURA 21-20 Estrutura física e redes regulatórias nos meristemas caulinares de *Arabidopsis*. O meristema apical caulinar reprodutivo produz brotos, folhas e mais meristemas. A produção de flores ocorre quando o meristema troca de produção de folha/broto para produção de flor, acompanhado por um aumento no número de células meristemáticas que formam meristemas florais, como mostrado aqui. (a) Imagem tridimensional de meristemas caulinares e meristemas florais, com base na reconstrução de imagem confocal. Regiões chave dos meristemas são marcadas com cores falsas: vermelho para células-tronco, azul para células de apoio que produzem sinais de manutenção de células-tronco, e amarelo para o meristema fundamental. (b) Secção transversal do ápice do meristema mostrando a expressão de CLV3 em células-tronco (vermelho) e expressão de WUS nas células de apoio (azul). As células-tronco produzem células-filhas por divisão assimétrica na direção das setas. (c) A proteína CLV3 secretada (esferas vermelhas) reprime a transcrição de WUS em células de apoio; o receptor CLV1 e as proteínas associadas são marcados. (Parte (a) Robert Sablowski, 2011, *Curr. Opin. Plant Biol.* **14**:4; partes (b) e (c) Ben Scheres, 2007, *Nat. Rev. Mol. Cell Biol.* **8**:345.)

sépalas, estames, carpelos e pétalas – que formam a flor. Ao contrário do meristema apical caulinar, os meristemas florais gradualmente tornam-se esgotados à medida que dão origem aos órgãos florais.

Os genes necessários para a identidade, a manutenção e a diferenciação celular das células-tronco têm sido definidos por triagens genéticas para mutantes exibindo meristemas grandes, pequenos ou não reabastecidos e, mais recentemente, pelo perfil de expressão gênica de populações de células isoladas de meristemas. Um determinante de meristema apical caulinar é o gene do fator de transcrição homeodomínio chamado *WUSCHEL (WUS)*. WUS é necessário para manutenção da população de células-tronco, mas é expresso em células de apoio, abaixo das células-tronco, sugerindo então que essas células são análogas aos nichos de células-tronco em metazoários (Figura 21-20b). WUS promove a expressão de *CLAVATA3 (CLV3)* em células-tronco. *CLV3* codifica um pequeno peptídeo secretado que liga-se ao receptor CLV1 em células de apoio e regula negativamente a expressão de *WUS*. Assim, a retroalimentação negativa entre *WUS* e *CLV3* mantém o tamanho da população de células-tronco (Figura 21-20c). Outros sinais, como hormônios de plantas citocininas, são também importantes na regulação da expressão de *WUS*. A manutenção e a função do meristema apical de raiz são, de muitas maneiras, conceitualmente similares, embora genes específicos e hormônios envolvidos sejam distintos.

As plantas têm uma incrível capacidade de regeneração. O jardineiro estará familiarizado com a capacidade de estacas de folhas ou caules em formar raízes, com o simples estímulo de um copo de água e uma janela ensolarada. Experimentos realizados na metade do século passado demonstraram que células únicas isoladas de raízes de cenoura podiam regenerar plantas inteiras quando colocadas em meio com a apropriada mistura de nutrientes e hormônios. Desde então, uma importante e frequentemente citada diferença entre células de plantas e animais era que todas as células de plantas são totipotentes. Entretanto, com a habilidade em gerar células iPS de células animais diferenciadas e análises recentes mais cuidadosas de células contribuindo para a regeneração de plantas, sugere-se que tecidos regenerados se originem de populações preexistentes de células-tronco em vez de por meio de processos de desdiferenciação, distinção cada vez mais tênue. ■

CONCEITOS-CHAVE da Seção 21.2

Células-tronco e nichos em organismos multicelulares

- Células-tronco são multipotentes e não diferenciadas; elas podem se autorrenovar de forma que seu número permaneça constante ou aumente ao longo do tempo de vida do organismo.
- Células-tronco multipotentes são formadas em nichos que fornecem sinais para manter a populaçao dessas células não diferenciadas. O nicho deve manter células-tronco sem que sua proliferação seja excessiva, e deve impedir a diferenciação.
- Células-tronco são impedidas de se diferenciar por controle específico no nicho. Altos níveis de β-catenina, componente da via de sinalização de Wnt, foram implicados na preservação de células-tronco nas linhagens germinativas e intestinais, por meio do direcionamento das células para a divisão autorrenovadora, em vez de para os estados de diferenciação.
- Células da linha germinal dão origem a oócitos e espermatozoides. Por definição, todas as outras células são células somáticas.
- Em gônadas de vermes e moscas, uma célula ou poucas células formam nichos de células-tronco germinal, enviando sinais diretamente às células-tronco adjacentes. Células-filhas que não podem fazer contato com células de nichos passam por proliferação e diferenciação em células germinais (ver Figuras 21-9 e 21-10).
- Populações de células-tronco associadas com epitélio intestinal, cérebro e muitos outros tecidos, regeneram

células de tecidos diferenciados que são danificadas, descartadas ou que se tornaram velhas (ver Figuras 21-11, 21-15 e 21-18).

- Células-tronco intestinais residem na base das criptas do intestino, adjacentes às células de Paneth, as quais formam parte do nicho e são marcadas pela expressão do receptor Lgr5.
- Células-tronco neurais, encontradas na zona subventricular do cérebro durante o desenvolvimento e idade adulta, produzem células nervosas e gliais (ver Figura 21-17).
- Na linhagem de células do sangue, diferentes tipos de precursores são formados e se proliferam sob controle de diferentes citocinas (ver Figura 21-18). Isso permite ao corpo induzir especificamente o reabastecimento de alguns ou todos os tipos, se necessário.
- Células-tronco de plantas persistem pela vida da planta no meristema. As células do meristema podem dar origem a um amplo espectro de tipos e estruturas celulares (ver Figura 21-20).

21.3 Mecanismos de polaridade celular e divisão celular assimétrica

Foi discutida a importância da divisão assimétrica na geração de diversidade celular durante o desenvolvimento e também quando as células-tronco se dividem para dar origem a uma célula-tronco e uma célula diferenciada. Quais mecanismos fundamentam a habilidade das células a se tornarem assimétricas antes da divisão celular para dar origem a células com destinos diferentes? A assimetria celular é um conceito já visto anteriormente com o nome de **polaridade** celular, por isso será revisado o que significa, para a célula, ser polarizada.

A polaridade celular – a capacidade das células em organizar sua estrutura interna resultando em alterações no formato da célula e regiões da membrana plasmática com diferentes composições de proteínas e lipídeos – foi apresentada em vários capítulos. Por exemplo, foi discutido como as células epiteliais polarizadas têm domínio apical com microvilosidades abundantes separadas do domínio basolateral por junções compactas (ver Figuras 17-1 e 20-9).

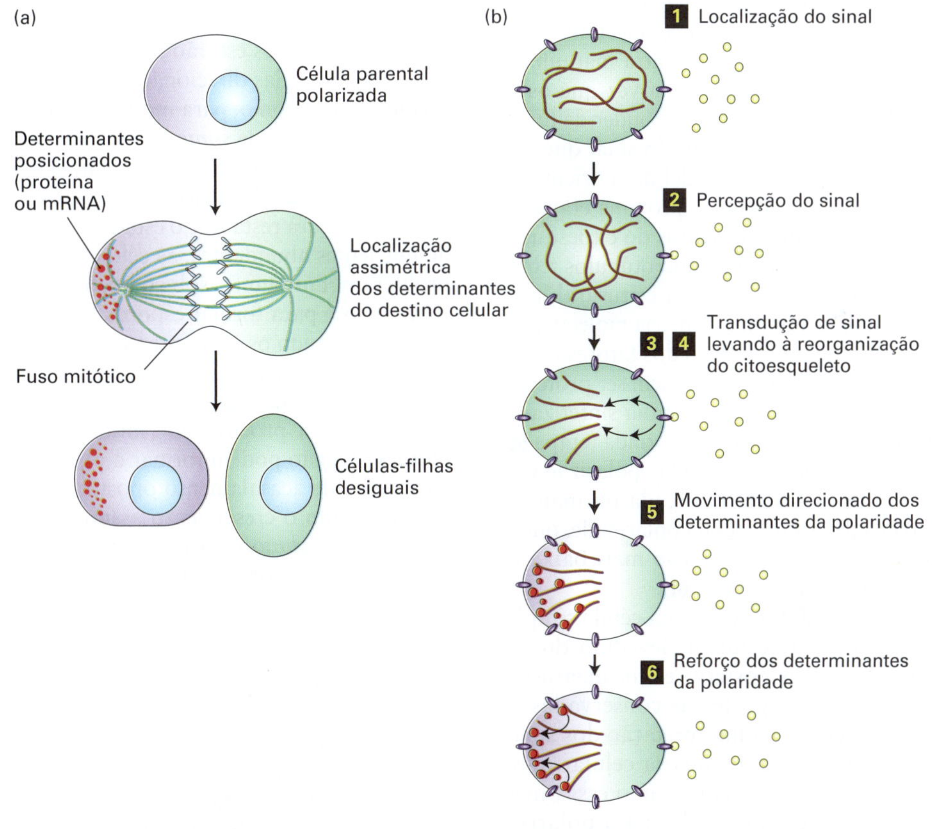

FIGURA 21-21 Aspectos gerais da polaridade celular e da divisão celular assimétrica. (a) A polaridade celular exige que determinantes específicos, incluindo mRNAs, proteínas e lipídeos, estejam localizados assimetricamente na célula. Se o fuso mitótico estiver posicionado de modo que esses determinantes sejam segregados durante a divisão celular, as duas células-filhas terão diferentes determinantes do destino celular. Entretanto, se o fuso mitótico não estiver orientado apropriadamente, os determinantes não serão segregados de maneira correta e as células-filhas poderão ter o mesmo destino (não mostrado). (b) Hierarquia geral das etapas da geração de uma célula polarizada. Para saber em que orientação polarizar, as células devem ser expostas a um sinal espacial **1**. Elas precisam ter receptores ou outros mecanismos para perceber o sinal **2**. Após a percepção do sinal, as vias de transdução de sinal **3** regulam o citoesqueleto (microtúbulos e/ou microfilamentos, dependendo do sistema) para reorganizá-la na maneira polarizada apropriada **4**. O citoesqueleto polarizado fornece a estrutura para o transporte de organelas e complexos macromoleculares de tráfego pela membrana, incluindo os determinantes de destino e polaridade, na célula **5**. Em vários casos, a polaridade é reforçada pelo retorno dos determinantes da polaridade que se moveram a partir do sítio de polarização. Em casos em que os determinantes são proteínas de membrana, este ciclo de reforço envolve a captação por endocitose e encaminhamento para o sítio de polarização **6**.

Para funcionarem no transporte epitelial, é necessário que essas células tenham proteínas transportadoras diferentes nas membranas apical e basolateral (Figura 11-30). Como indicado anteriormente, não apenas as células epiteliais, mas em essência todas as células no corpo são polarizadas para realizar sua função fisiológica. Se uma célula polarizada se divide e dá origem a duas células-filhas diferentes, diz-se que elas sofreram **divisão celular assimétrica** (Figura 21-21a). Dessa forma, o estabelecimento da polaridade celular é parte integral na obtenção da divisão celular assimétrica –uma célula deve se tornar polarizada antes de se dividir para que origine duas células-filhas diferentes.

A polarização celular e a assimetria antes da divisão celular seguem uma hierarquia comum

A polarização de uma célula, com ou sem divisão celular, segue um padrão geral, mostrado na Figura 21-21b. Para saber em que direção se polarizar, ou se tornar assimétrica, a célula deve ter sinais específicos disponíveis que a abasteçam com informação espacial (etapa **1**). Como será visto, tais sinais podem ser fatores solúveis localizados ou sinais a partir de outras células e/ou matriz extracelular. Para serem receptivas a esses sinais, as células têm receptores apropriados na sua superfície ou outra maquinaria para perceber esses sinais (etapa **2**). Uma vez que os sinais foram detectados, a célula precisa responder de forma apropriada por meio do processamento do sinal que está entrando em informação espacial para definir a orientação da polaridade (etapa **3**). Geralmente, a próxima etapa envolve a reorganização local dos elementos do citoesqueleto, notavelmente os microfilamentos e microtúbulos (etapa **4**). Agora que a célula possui assimetria estrutural, para obter a polaridade total, incluindo assimetria molecular, as proteínas motoras direcionam o tráfego dos fatores de polaridade, que, dependendo do sistema, podem ser proteínas citoplasmáticas e/ou proteínas de membrana sintetizadas pela via secretora até sua localização apropriada (etapa **5**). Como será visto, no caso de várias células polarizadas, a polaridade pode muitas vezes ser reforçada ou mantida pela concentração dos determinantes da polaridade, que se movem a partir de sítios de concentração mais baixa de volta para o sítio de polarização (etapa **6**).

Na próxima seção, será discutida uma célula simples que mostra assimetria – uma célula de levedura durante o acasalamento. As seções posteriores focalizarão as células animais, nas quais as proteínas conservadas de polaridade são fundamentais na interpretação dos sinais de polaridade e na geração da assimetria celular antes da divisão celular. Então será descrito como essas mesmas proteínas de polaridade são usadas para polarizar células epiteliais. Por fim, serão discutidos os aspectos da divisão assimétrica nas células-tronco.

O tráfego de membrana polarizada permite que a levedura cresça assimetricamente durante o acasalamento

Uma das formas mais simples e bem estudadas de assimetria celular ocorre quando as células de levedura de brotamento acasalam (ver Figura 16-23). As leveduras podem existir em estado haploide (uma única cópia de cada cromossomo) ou diploide (duas cópias em cada cromossomo). O estado haploide pode existir em cada um dos dois tipos de acasalamento ("sexos"), chamados **a** ou α. O estado preferido da levedura na natureza é o estado diploide; dessa forma, as células **a** estão sempre a procura de um cruzamento com as células α para restaurar o estado diploide. Cada tipo celular haploide secreta um feromônio de acasalamento específico, as células **a** secretam o fator **a** e as células α secretam o fator α, e cada uma expressa na sua superfície um receptor que percebe o feromônio do tipo de acasalamento oposto. Portanto, as células **a** têm um receptor para o fator α e as células α têm um receptor para o fator **a**. Quando células de tipos de acasalamento opostos são posicionadas perto uma da outra, os receptores em cada tipo de célula se ligam e detectam o sinal de feromônio da outra célula, determinando sua maior concentração espacialmente para saber em que direção acasalar. Quando as células detectam o fator de acasalamento oposto, dois processos importantes ocorrem. Primeiro, elas sincronizam seus ciclos celulares por meio do aprisionamento em G_0 de modo que quando elas acasalam, os dois genomas haploides estarão no mesmo estágio do ciclo celular. Segundo, elas direcionam o crescimento celular para o lado do feromônio, para montar uma projeção de acasalamento chamada de *shmoo*.* Caso as células que estejam montando sua projeção se toquem, elas irão se fusionar nas extremidades da projeção e então os núcleos haploides se reunirão para restaurar o estado diploide. Sob condições de nutrientes abundantes, as células de levedura diploides proliferam. Entretanto, sob condições de inanição, elas sofrem meiose para formar esporos haploides resistentes ao estresse. Quando os nutrientes são restabelecidos, os esporos germinam e as células haploides proliferativas podem crescer e então acasalar para restabelecer o estado diploide.

Durante a procura por mutantes em leveduras haploides que não podem formar a projeção em resposta ao feromônio de acasalamento oposto, pesquisadores identificaram como o crescimento assimétrico necessário para formação de *shmoo* ocorre (Figura 21-22). Como pode ser antecipado, esse mecanismo envolve inicialmente uma via de transdução de sinal que estabelece um citoesqueleto polarizado, que guia o tráfego de membrana até a localização apropriada para crescimento assimétrico. A ativação do receptor do fator de acasalamento, receptor típico acoplado à proteína G (ver Figura 15-15), resulta no acúmulo localizado e na ativação da pequena GTPase Cdc42 na região do citoplasma mais próxima à fonte de feromônio (Figura 21-22, etapa **1**). Como foi discutido no Capítulo 17, as pequenas GTPases da família Rho, a qual Cdc42 é membro, regulam a montagem do citoesqueleto de actina (ver Figuras 17-42 e 17-43). Essa GTPase existe na forma de Cdc42-GDP inativa e pode ser ativada por um fator de

* N. de T.: Termo que caracteriza o formato da célula de levedura pronta para o acasalamento, usado em analogia ao personagem de *cartoon* com forma semelhante a um pino de boliche ou um porongo (fruto da cuieira) com uma projeção em uma das extremidades.

(a)

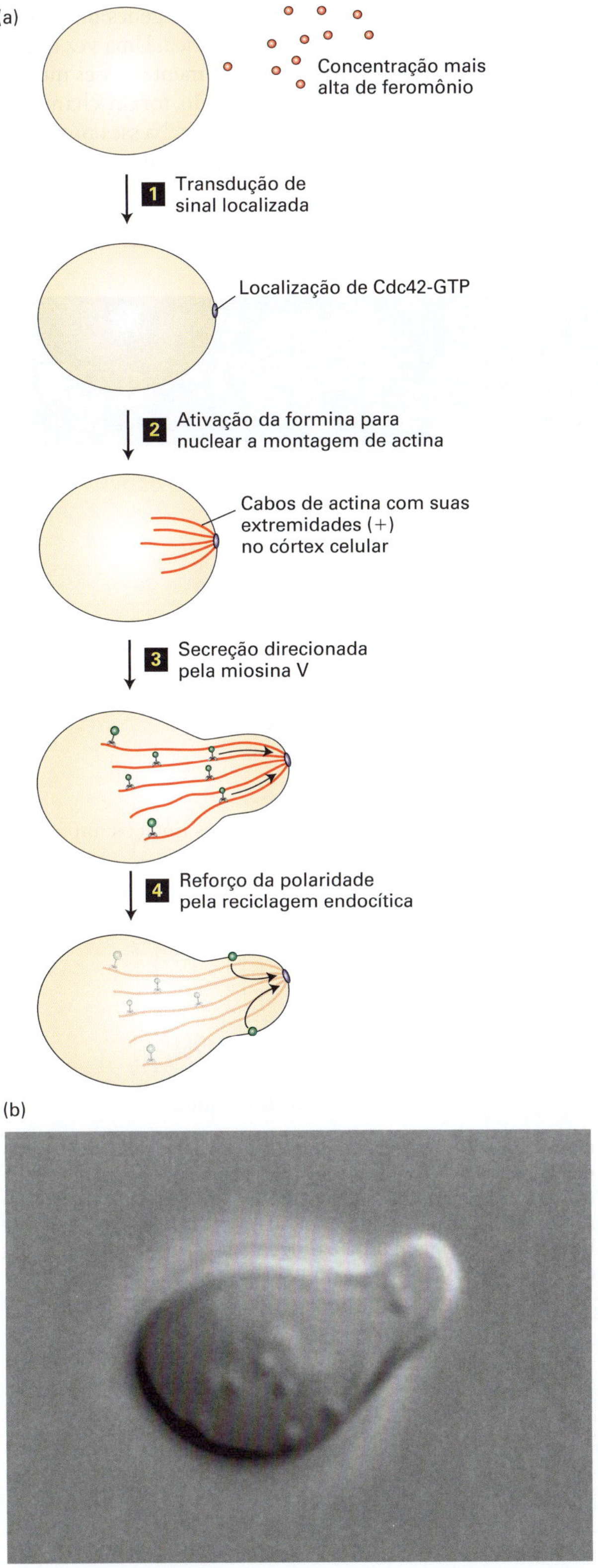

(b)

FIGURA 21-22 Mecanismo da formação de *shmoo* em levedura. (a) A célula de levedura haploide precisa crescer em direção da concentração mais alta do fator de acasalamento; assim, ela possui um receptor na sua superfície que sinaliza a célula em direção da concentração mais alta. Este sinal induz a localização e ativação da pequena GTPase, Cdc42, para gerar uma concentração mais alta de Cdc42 neste local **1**. A Cdc42--GTP ativa localmente a formina para nuclear e alongar os filamentos de actina deste local **2**. Como as forminas se ligam à extremidade (+) dos filamentos de actina, essa extremidade é orientada na direção da Cdc42--GTP e da concentração mais alta do fator de acasalamento. Uma proteína motora miosina V transporta vesículas secretoras ao longo do filamento de actina, resultando no crescimento da projeção **3**. A polaridade de *shmoo* é reforçada por um ciclo endocítico que constantemente retorna, difundindo os fatores de polaridade, como Cdc42, de volta ao longo dos filamentos de actina para o sítio de polarização **4**. (b) Imagem DIC por microscopia óptica de uma célula de levedura formando a projeção. (A partir de http://commons.wikimedia.org/wiki/File:Shmoo_yeast_5_cerevisae.jpg.)

troca do nucleotídeo guanina (GEF) específico para a forma Cdc42-GTP ativa. Na forma ativa, ela se liga a moléculas efetoras e as ativa. Durante o acasalamento, a ativação do receptor leva ao recrutamento localizado e à ativação do GEF para Cdc42, fornecendo Cdc-42-GTP ativa localizada. Essa Cdc42-GTP ativa leva à ativação local de uma proteína formina (etapa **2**). Como abordado no Capítulo 17, as proteínas formina fazem a nucleação da montagem dos filamentos de actina polarizados, com a extremidade (+) do filamento permanecendo ligada à formina (ver Figura 17-13). Isso fornece os trilhos para o transporte das vesículas secretoras pela proteína motora miosina V para as extremidades (+) dos filamentos para crescimento localizado e então a formação de *shmoo* (etapa **3**). Observe que esse mecanismo requer o acúmulo de proteínas de polaridade, que incluem Cdc42-GTP, para que permaneçam concentradas na extremidade da projeção em crescimento. Para assegurar que essa polaridade seja mantida durante o crescimento de *shmoo*, acredita-se que exista um ciclo endocítico direcionado. Nesse ciclo, o Cdc42 que se difundiu e moveu para longe do sítio de polarização é internalizado por endocitose e transportado de volta à extremidade da projeção, reforçando a polaridade (etapa **4**).

As proteínas Par direcionam a assimetria celular no embrião de nematódeos

O verme nematódeo, *Caenorhabditis elegans*, tem sido um poderoso sistema modelo para compreender o desenvolvimento. As razões pelas quais ele foi selecionado para estudo são: transparência, ciclo de vida rápido, genética excelente e linhagem celular invariável desde a célula única de embrião até o adulto de 959 células somáticas (Figura 21-23a, c). Um aspecto crucial dessa linhagem é a primeira divisão celular, na qual a célula P0, o óvulo fertilizado, ou zigoto, dá origem às células AB e P1 por uma divisão celular assimétrica e cada uma dessas duas células dá origem a linhagens diferentes. Muito se sabe sobre essa primeira divisão celular assimétrica, a qual receberá o enfoque principal.

Antes da primeira divisão celular, o zigoto é visivelmente assimétrico: complexos citoplasmáticos chamados grânulos P estão concentrados na extremidade posterior da célula (Figura 21-23b). Foi descoberto que, durante divisões celulares adicionais, esses grânulos P sempre se concentram nas células que finalmente se tornarão a linhagem germinativa, em que elas têm um último papel importante no desenvolvimento da linhagem germinativa. Como mencionado anteriormente, a primeira divisão assimétrica da célula P0 dá origem à célula P1 e à célula maior AB. Após, no estágio de duas células, os fusos mitóticos estão arranjados em ângulos retos um em relação ao outro, de modo que as divisões celulares decorrentes também estejam em ângulos retos (Figura 21-24a). Para começar a compreender como essa primeira divisão assimétrica essencial ocorre, foram identificadas mutações em seis genes diferentes, resultando na primeira divisão assimétrica. Uma vez que os grânulos não foram separados corretamente nesses mutantes, os genes identificados nesse estudo foram chamados de defeituosos na partição, ou genes *par*. Nesses mutantes, os grânulos P não se localizam apropriadamente na extre-

VÍDEO: Imagens com lapso de tempo da embriogênese de *C. elegans*

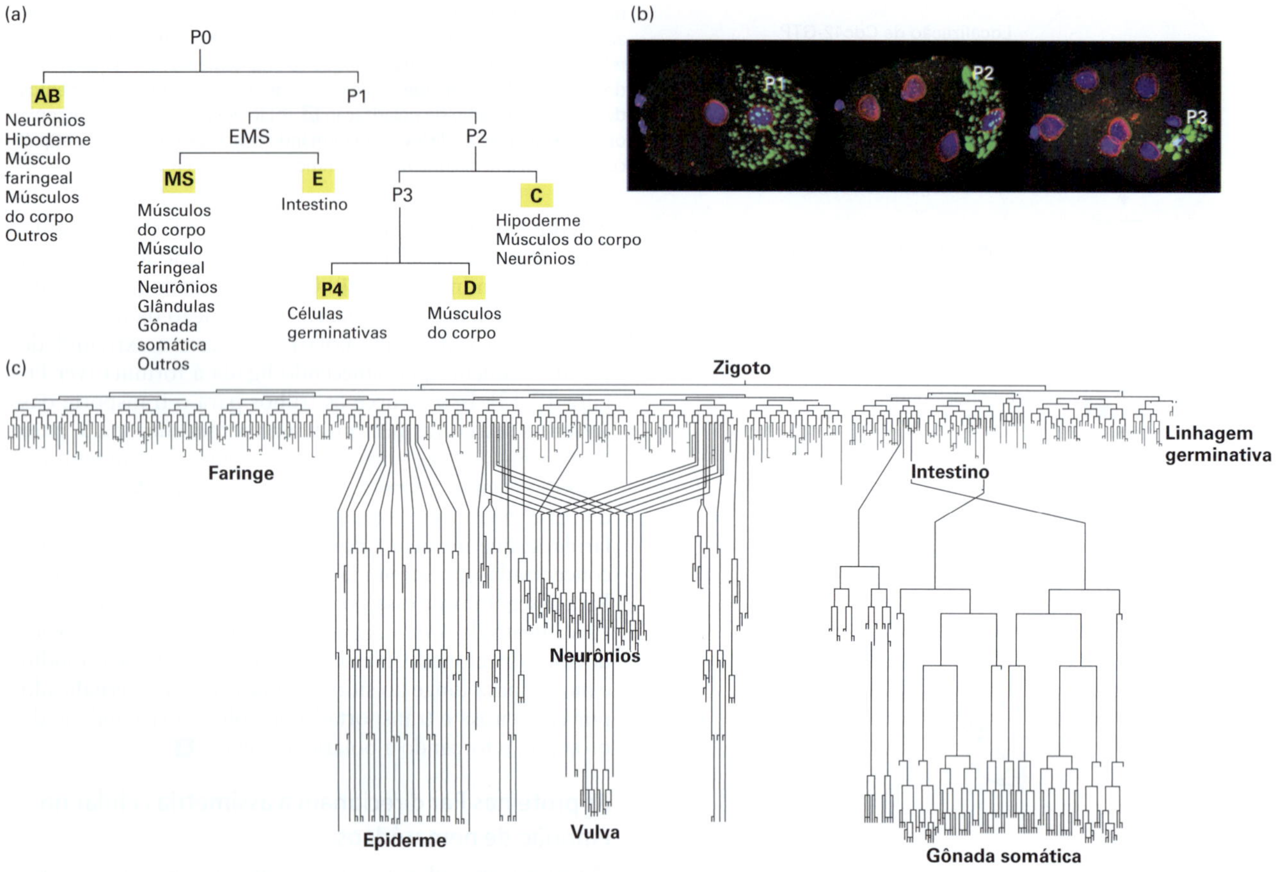

FIGURA 21-23 Linhagem de células no verme nematódeo *C. elegans*. (a) Padrão das primeiras poucas divisões, iniciando com P0 (o zigoto) e levando à formação das seis células fundadoras (em amarelo). A primeira divisão é assimétrica, dando origem às células AB e P1. A célula EMS é assim chamada por dar origem à maior parte da endoderme e mesoderme. A linhagem P4 dá origem a células da linhagem germinativa. (b) Micrografias de dois, quatro e oito células do embrião com DNA corado em azul, o envelope nuclear em vermelho e os grânulos P em verde. As células P1, P2 e P3 que irão dar origem à linhagem germinativa estão indicadas. (c) A linhagem completa de todo corpo do verme, mostrando alguns dos tecidos formados. (Parte (b) a partir de Susan Strome e Dustin Updike.)

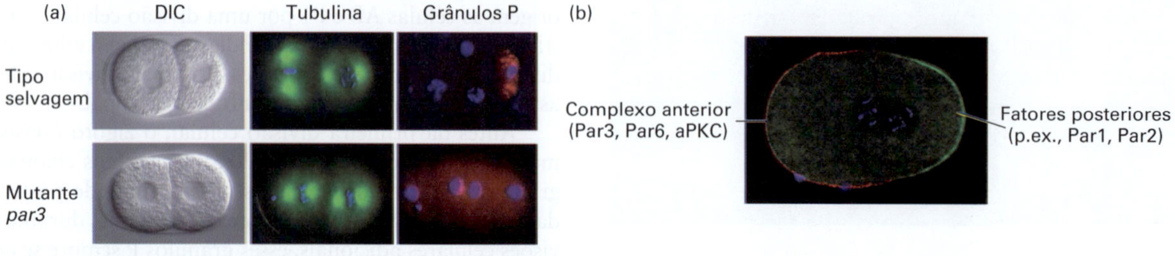

FIGURA EXPERIMENTAL 21-24 Proteínas Par estão localizadas assimetricamente no embrião do verme de uma célula. (a) Imagens, por DIC, do tipo selvagem e de embriões do mutante *par3*. Note que nas células do tipo selvagem, a célula AB é maior do que a célula P1, enquanto elas têm o mesmo tamanho no mutante *par3*. O mutante *par3* também tem um defeito na orientação do fuso e na segregação do grânulo P. DNA está corado em azul. (b) A localização complementar dos determinantes do complexo Par anterior (Par3, Par6, aPKC) (vermelho) e posterior (verde) no embrião de uma célula. (Partes (a) e (b) cortesia de Diane Morton e Kenneth Kemphues.)

VÍDEO: Dinâmica da miosina II-GFP no embrião de *C. elegans* desde o final da meiose até a metáfase I

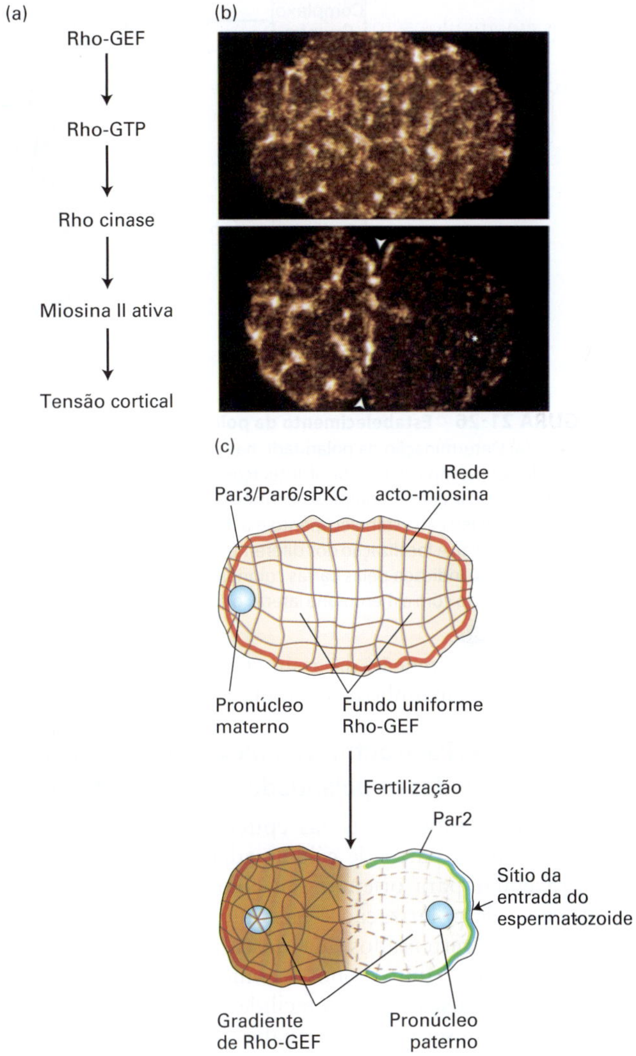

FIGURA 21-25 Mecanismo da segregação do complexo Par anterior no embrião do verme de uma célula. (a) Antes da fertilização, o córtex celular está sob tensão devido à atividade de Rho-GEF, o fator de troca da pequena GTPase, Rho. Rho-GTP ativa a Rho cinase, que fosforila a cadeia leve reguladora da miosina II para ativá-la. Junto com os filamentos de actina, a miosina II ativa mantém a tensão no córtex celular. (b) Localização da miosina II antes (*superior*) e depois (*inferior*) da fertilização. O asterisco marca a região da entrada do espermatozoide. (c) Antes da fertilização, como a Rho-GEF está uniformemente ativa, o córtex está sob tensão da miosina II ativa, e o complexo Par anterior (Par3, Par6, aPKC) está uniformemente distribuído pelo córtex. No momento da fertilização pelo espermatozoide, Rho-GEF se torna reduzida localmente, resultando na desativação local da miosina II. Isso gera uma tensão desigual, assim a actina-miosina II contrai em direção da futura extremidade anterior, movendo o complexo Par anterior junto. Uma vez que o complexo anterior está localizado, os fatores como Par2 se associam com o córtex celular posterior. (Parte (b) a partir de E. Munro et al., 2004, *Dev. Cell* **7**:414-424; painel (c) modificado a partir de D. St. Johnston e J. Ahringer, 2010, *Cell* **141**:757-774.)

midade posterior do zigoto, e os fusos mitóticos não estão orientados corretamente em preparação para a segunda divisão (Figura 21-24a). Uma percepção importante surgiu quando os produtos dos genes *par*, ou seja, as proteínas Par, foram localizados. Em zigotos do tipo selvagem, várias proteínas Par estão localizadas no córtex da metade anterior da célula ou no córtex da metade posterior. Por exemplo, Par3 (como parte de um complexo maior que abrange Par3, Par6 e aPKC, ou proteína-cinase C atípica) se localiza anteriormente, enquanto Par2 e Par1 se localizam posteriormente (Figura 21-24b). Trabalhos subsequentes mostraram que existem *interações antagônicas* entre esses complexos proteicos; ou seja, se o complexo Par3, Par6, aPKC se localiza em uma região, ele exclui Par2 e vice-versa. Isso foi mostrado pela observação de que o complexo Par3, Par6, aPKC se espalha por todo o córtex nos mutantes *par2*, e Par 2 se espalha por todo córtex nos mutantes *par3* ou *par6*. A natureza molecular desse antagonismo não é totalmente compreendida, mas parte dele é mediado pela proteína-cinase aPKC fosforilando Par2 para inibir sua habilidade de se ligar ao córtex anterior.

O que define a orientação da assimetria no embrião de só uma célula? Foi descoberto que a assimetria é definida pelo sítio de entrada do espermatozoide, que se tornará a extremidade posterior. Antes da entrada do espermatozoide, todo córtex do oócito está sob tensão fornecida por um emaranhado de actina contendo miosina II ativa (Figura 21-25). Como foi discutido no Capítulo 17, a miosina II pode formar filamentos bipolares que puxam os filamentos de actina para gerar tensão, como também se observa no músculo e no anel contrátil. A atividade da miosina II é regulada por uma via de transdução de sinal envolvendo a pequena GTPase Rho (ver Figura 17-42). No oócito não fertilizado, Rho é mantida no seu estado Rho-GTP ativo pela distribuição uniforme do seu ativador, o fator de troca de nucleotídeo Rho-GEF. Rho-GTP ativa a Rho cinase, que fosforila a cadeia leve da miosina II para ativá-la (Figura 21-25a). A entrada do espermatozoide resulta na depleção local de Rho-GEF, necessária para manter Rho ativa. Assim, a entrada do espermatozoide define a região posterior pela depleção de Rho-GEF, diminuindo a miosina II ativa. Com essa redução local na atividade contrátil, a rede de actomiosina se contrai na direção anterior (Figura 21-25b), e enquanto faz isso, ela puxa (de maneira desconhecida) o complexo anterior contendo Par3, Par 6 e aPKC para aquela extremidade (Figura 21-25c). Com a remoção do complexo anterior, Par2 agora pode ocupar o córtex posterior, e a assimetria celular é estabelecida.

Foi descoberto que outro componente, Cdc42, é necessário para manter a assimetria inicial induzida pela contração de actomiosina. A forma ativa dessa GTPase, Cdc-42-GTP, se liga a Par6 e é necessária para manter o complexo na extremidade anterior, embora o mecanismo para essa localização ainda não esteja claro. Trabalhos recentes também implicaram um ciclo de reforço endocítico para manter a polaridade. Dessa forma, as etapas de responder a um sinal, estabelecer a assimetria

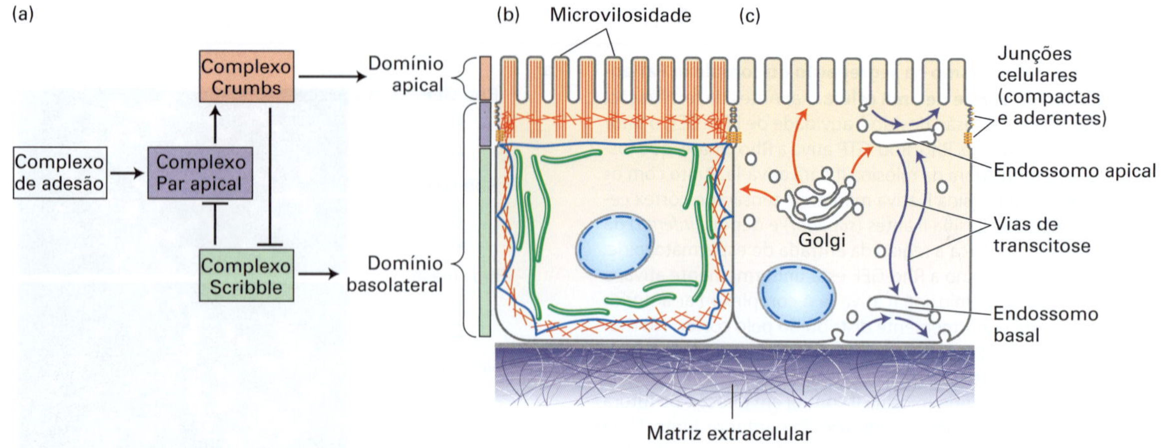

FIGURA 21-26 Estabelecimento da polaridade nas células epiteliais. (a) Determinação da polaridade nas células epiteliais também é dirigida pelo complexo Par apical. Interações intricadas e antagônicas do complexo Par com o complexo Scribble basal e com o complexo Crumbs apical leva ao estabelecimento e à manutenção da polaridade da célula epitelial. A localização dos diferentes complexos nos domínios de membrana é indicada pelas barras coloridas, com o complexo Scribble se associando com a membrana lateral, o complexo Par apical com a região nas junções celulares e o complexo Crumbs imediatamente apical ao complexo Par. A polaridade epitelial funcional é mantida por (b) um citoesqueleto polarizado e (c) vias de tráfego pela membrana. Na via biossintética, as proteínas e os lipídeos destinados para os domínios apicais e basolaterais são distribuídos no aparelho de Golgi e transportados para sua respectiva superfície (setas vermelhas). As vias endocíticas (setas azuis) regulam a abundância das proteínas e lipídeos sobre cada superfície e os distribuem entre as superfícies por transcitose.

e fazer a manutenção da assimetria são características conservadas em ambos os sistemas.

As proteínas Par e outros complexos de polaridade estão envolvidos na polaridade da célula epitelial

Nos vertebrados, as células epiteliais polarizadas utilizam sinais a partir de células adjacentes e da matriz extracelular para orientar seu eixo de polarização. O processo de polarização é bastante similar nas células epiteliais de vertebrados e na mosca-da-fruta *Drosophila melanogaster*. Muito do nosso conhecimento provém do sistema da mosca devido à facilidade com a qual os mutantes podem ser isolados e analisados.

Varreduras genéticas na mosca descobriram múltiplos genes necessários para a geração da polaridade da célula epitelial. A análise dos fenótipos dos mutantes e das proteínas codificadas por esses genes identificou três principais grupos de proteínas: o complexo de Par3, Par6 e aPKC (conhecida como *complexo Par apical* neste sistema), o complexo Crumbs e o complexo Scribble. Pela análise extensiva dos efeitos desses complexos sobre cada um deles quando determinados componentes estão faltando, foi obtida uma interpretação geral das suas contribuições para a polarização da célula epitelial, embora uma compreensão molecular detalhada ainda esteja emergindo (Figura 21-26a).

A primeira etapa conhecida na polarização da célula epitelial é a interação entre as células adjacentes, que nas células de vertebrados ocorre pela nectina (molécula de adesão entre as células na superfamília Ig) e a proteína juncional chamada JAM-A. Essas interações sinalizam para as células recrutarem o complexo Par e para montar as junções aderentes e compactas (ver Figura 20-1). O complexo Crumbs é recrutado mais apicalmente do que o complexo Par e o complexo Scribble define a superfície basolateral. Na ausência do complexo Par, as células não podem polarizar e, como no embrião do nematódeo, esse é o principal regulador da polaridade da célula. Na ausência do complexo Scribble, o domínio apical é bastante expandido, enquanto na ausência de Crumbs o domínio apical é bastante reduzido. Isso levou à ideia de que existem relacionamentos antagônicos entre esses complexos, com o complexo apical Crumbs antagonizando o complexo Scribble basolateral (ver Figura 21-26a). Dessa forma, como é o caso no embrião do verme, a assimetria é mediada por complexos que trabalham de forma antagônica, um contra o outro.

De uma maneira compreendida apenas parcialmente, esse arranjo das proteínas de polaridade reorganiza o citoesqueleto, com organizações distintas dos microfilamentos constituindo a membrana apical e a basolateral. Os microtúbulos são particularmente incomuns na sua distribuição, com os microtúbulos laterais orientando suas extremidades (-) em direção do domínio apical e outros microtúbulos correndo perpendiculares aos microtúbulos laterais abaixo das microvilosidades e também ao longo da base da célula (Figura 21-26b). Não se sabe como esses arranjos são estabelecidos. O tráfego pelas membranas também é polarizado (Figura 21-26c). Proteínas de membrana recém-sintetizadas destinadas às membranas apicais e basolaterais são distribuídas e empacotadas em vesículas específicas de transporte na rede *trans*-Golgi (TGN) e então transportadas para a superfície apropriada. Além disso, as vias endocíticas a partir das superfícies apical e basolateral transportam proteínas mal distribuídas utilizando um conjunto complexo de endossomos de direcionamento.

Foram encontrados componentes do tráfego endocítico em varreduras genéticas por componentes adicionais importantes para polaridade da célula epitelial na mosca. Por exemplo, um desses mutantes afeta o tráfego da proteína apical transmembrana Crumbs; assim, quando a

VÍDEO: Divisões das células ectodermais no embrião de *Drosophila*

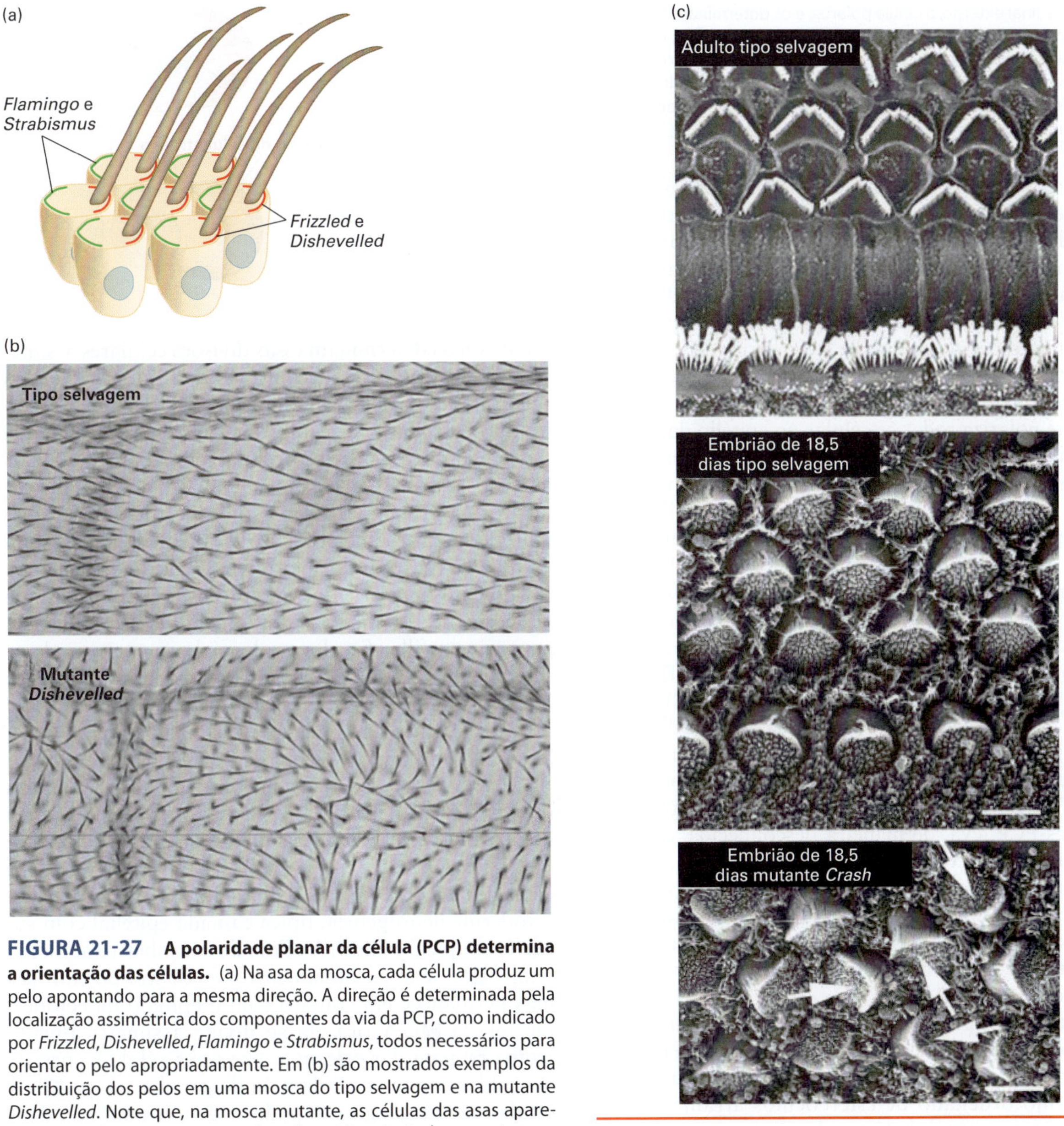

FIGURA 21-27 A polaridade planar da célula (PCP) determina a orientação das células. (a) Na asa da mosca, cada célula produz um pelo apontando para a mesma direção. A direção é determinada pela localização assimétrica dos componentes da via da PCP, como indicado por *Frizzled*, *Dishevelled*, *Flamingo* e *Strabismus*, todos necessários para orientar o pelo apropriadamente. Em (b) são mostrados exemplos da distribuição dos pelos em uma mosca do tipo selvagem e na mutante *Dishevelled*. Note que, na mosca mutante, as células das asas aparecem normais, exceto que os pelos não estão orientados corretamente. (c) As células pilosas sensoriais do ouvido interno dos vertebrados possuem arranjos de estereocílios na forma de V na sua superfície. No adulto e no embrião de 18,5 dias, todas as células estão orientadas precisamente da mesma forma. No camundongo mutante *Crash* (o vertebrado homólogo de Flamingo) defectivo em PCP, as células no embrião de 18,5 dias aparecem normais, mas sua orientação relativa está comprometida (setas). (Partes (a) e (b) modificadas a partir de J. D. Axelrod e C. J. Tomlin, 2011, *Wiley Interdisc. Revs. Sys. Med.* **3**:588-605; parte (c) a partir de M. Fanto et al., 2004, J.Cell Sci. **117**:527-553.)

endocitose é comprometida, o nível de Crumbs na superfície se eleva e o domínio apical expande. Desse modo, a polaridade epitelial envolve respostas aos sinais espaciais e à reorganização do citoesqueleto que fornece uma estrutura tanto para vias de tráfego de membrana secretória quanto endocítica para o estabelecimento e manutenção do estado polarizado.

A via de polaridade planar da célula orienta as células dentro do epitélio

Até agora apenas foi discutida a assimetria em uma dimensão, mas em vários casos as células são polarizadas em no mínimo duas dimensões, de cima para baixo e de frente para trás. Observando apenas as características dos animais ao nosso redor, como escamas nos peixes, penas nas aves ou pelos em humanos fica claro que os grupos de células que dão origem a essas estruturas devem ser organizadas de maneira anteroposterior além da dorsoventral. Esse tipo de polaridade é chamado *polaridade*

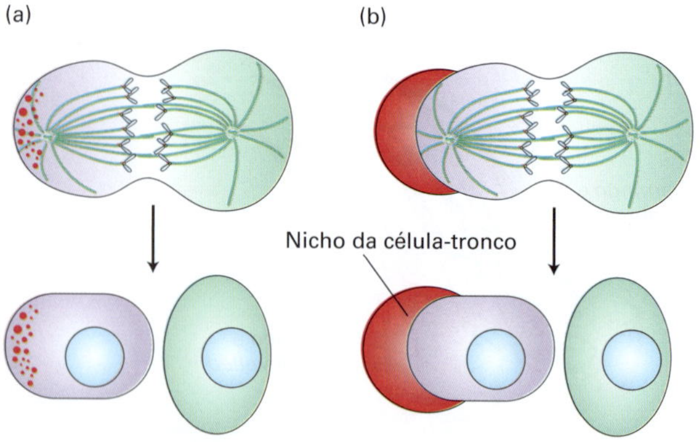

FIGURA 21-28 Duas maneiras em que as células-tronco podem ser induzidas a se dividirem assimetricamente. (a) Em resposta a um sinal externo, a célula polariza e os determinantes do destino (pontos vermelhos) são segregados na divisão celular, deixando uma célula-tronco e uma célula diferenciada. (b) Células-tronco interagindo em um nicho da célula-tronco (objeto curvo vermelho) orientam seu fuso mitótico para gerar uma célula-tronco associada com o nicho e uma célula em diferenciação distante dela.

planar da célula (PCP). Um exemplo bastante estudado na mosca é o único pelo que aponta para trás em cada célula da asa da mosca (Figura 21-27a). Como foi visto, a mosca é um sistema particularmente adequado para dissecção genética. Essa análise mostrou que cada célula responde à direção planar da sua vizinha, e componentes que afetam especificamente PCP têm sido identificados. A polaridade planar geral de um epitélio provavelmente é determinada pelo gradiente de algum ligante. Esse gradiente polariza todas as células no epitélio da mesma maneira, com uma classe de proteínas (p. ex., aquelas codificadas pelos genes *Frizzled* e *Dishevelled*) em um lado de cada célula e um segundo grupo (p. ex., aquelas codificadas pelos genes *Flamingo* e *Strabismus*) no outro lado (Figura 21-27a). Quando componentes da via PCP são danificados, por exemplo em um mutante *Dishevelled*, o epitélio está perfeitamente intacto, mas os pelos estão orientados da maneira incorreta (Figura 21-27b).

O arranjo complementar dos componentes PCP significa que a proteína de membrana *Strabismus* no lado de uma célula será adjacente à proteína *Frizzled* da célula adjacente; na verdade, essas duas proteínas interagem, e essa interação provavelmente é importante na coordenação de PCP no epitélio. Essa distribuição assimétrica das proteínas PCP leva, de maneira desconhecida, ao crescimento do pelo com a orientação apropriada. Embora tenha sido encontrado *Frizzled* como receptor transmembrana e *Dishevelled* como proteína adaptadora no contexto da via Wnt (ver Figura 16-30), seu papel na via da polaridade planar da célula não parece envolver Wnt, mas algum outro ligante.

Outro exemplo claro de polaridade planar da célula são as células pilosas sensoriais do ouvido interno que permitem a percepção de sons. Essas células têm um arranjo ordenado de estereocílios arranjados em um padrão em forma de V, e cada célula está orientada precisamente como sua vizinha. Em um camundongo com defeito no gene *Crash* para polaridade planar da célula (o homólogo vertebrado do *Flamingo* de mosca), o arranjo ordenado dos estereocílios dentro de qualquer célula é preservado, mas as orientações relativas das células uma em relação à outra está defeituosa (Figura 21-27c), e esses tipos de defeitos podem resultar em surdez.

As proteínas Par também estão envolvidas na divisão celular assimétrica das células-tronco

Foi visto que as células-tronco muitas vezes dão origem a uma célula-tronco filha e a uma célula diferenciada. Quais sinais determinam essas divisões celulares assimétricas? Dois tipos de mecanismos têm sido observados (Figura 21-28). Em um mecanismo, os determinantes do destino da célula são segregados para uma extremidade da célula antes da divisão celular, em resposta a sinais externos. Isso envolve as proteínas Par apicais, instrumentos na primeira divisão assimétrica do embrião nematódeo e no estabelecimento da polaridade da célula epitelial. No segundo mecanismo, a célula-tronco se divide com uma orientação reproduzível de modo que ela permanece associada com o nicho da célula-tronco, enquanto a filha fica longe do nicho e então pode se diferenciar. Essa é a situação encontrada no ovário de *Drosophila*, onde as células *cap* formam um nicho para as células-tronco da linhagem germinativa (ver Figura 21-9).

Um exemplo particularmente bem compreendido de divisão assimétrica das células-tronco é a formação de neurônios e células gliais no sistema nervoso central da mosca *Drosophila* (Figura 21-29). Nesse sistema, as células-tronco de neuroblastos se originam a partir da ectoderme neurogênica, típica camada epitelial com superfícies apical e basal. A célula de neuroblasto aumenta (etapa **1**) e se move basalmente para dentro do embrião mas permanece em contato com o epitélio da ectoderme (etapa **2**). Agora ela se divide assimetricamente (etapa **3**) para dar origem a uma nova célula-tronco de neuroblasto e uma célula-mãe de gânglio (etapa **4**). A célula-mãe de gânglio só pode se dividir uma vez, dando origem a duas células, tanto células nervosas quanto gliais. O neuroblasto, sendo uma célula-tronco por manter uma associação com o nicho neurogênico da ectoderme, pode se dividir repetidamente, dando origem a várias células mãe de gânglios e, portanto, neurônios e células gliais (etapa **5**), e assim povoa o sistema nervoso central. Dessa forma, o evento chave é a habilidade do neuroblasto em se dividir assimetricamente (Figura 21-29b). Mais uma vez, esse processo envolve o acúmulo assimétrico do complexo apical Par – Par3, Par6, aPKC – e seu posicionamento no lado apical da célula (Figura 21-29c). Outros fatores são então posicionados no lado basal da célula, e o fuso mitótico é estabelecido de modo que a divisão celular segregue os determinantes de pola-

VÍDEO: Assimetria do fuso mitótico na divisão celular do neuroblasto de *Drosophila*

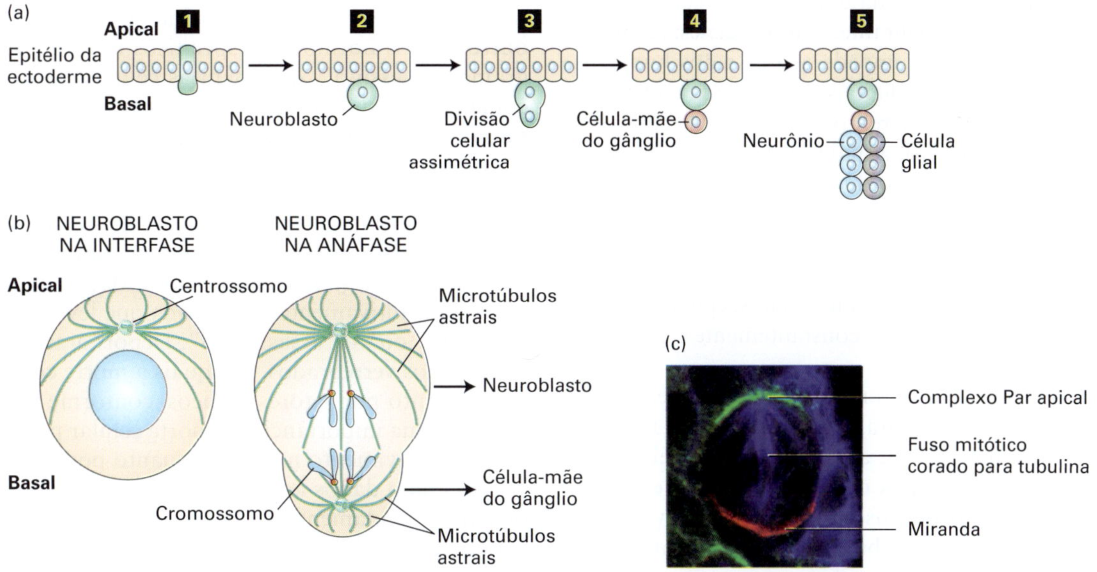

FIGURA 21-29 Os neuroblastos se dividem assimetricamente para gerar neurônios e células gliais no sistema nervoso central. (a) Os neuroblastos, que são células-tronco, se originam a partir da ectoderme por sinais que o induzem a aumentar **1**. Eles então se movem basalmente para fora do epitélio, mas permanecem conectado a ele **2**. Os neuroblastos então sofrem uma divisão assimétrica **3** para dar origem a um neuroblasto e uma célula-mãe ganglionar (GMC) **4**. A GMC então se divide uma vez para dar origem a dois neurônios ou células gliais **5**. Enquanto isso, a célula-tronco neuroblasto pode se dividir várias vezes para originar mais GMCs e assim preencher o tecido neural. (b) A divisão assimétrica do neuroblasto requer a orientação correta do fuso mitótico para dar origem a um neuroblasto maior e a uma célula GMC menor. (c) Um neuroblasto em anáfase mostrando a localização segregada das proteínas Par apicais (verde) e a proteína basal Miranda (vermelho). (Parte (c) a partir de C. Cabernard e C. Q. Doe, 2009, *Dev. Cell* **17**:134-141.)

CONCEITOS-CHAVE da Seção 21.3

Mecanismos de polaridade celular e divisão celular assimétrica

- A polaridade celular envolve a distribuição assimétrica de proteínas, lipídeos e outras macromoléculas na célula.
- A assimetria requer que as células percebam um sinal, respondam a ele montando um citoesqueleto polarizado e depois use esta polaridade para distribuir os fatores de forma apropriada.
- A divisão celular assimétrica requer primeiro que as células se tornem polarizadas, seguido pela divisão para segregar os determinantes do destino assimetricamente.
- O acasalamento na levedura haploide envolve a montagem de uma projeção de acasalamento (*shmoo)* pela polarização do citoesqueleto na direção da concentração mais alta do feromônio de acasalamento e direcionamento dos componentes da secreção celular para expansão celular.
- A assimetria anteroposterior na primeira divisão do embrião do verme nematódeo envolve a contração assimétrica da F-actina/miosina-II para localizar o complexo Par3, Par6, aPKC anterior cortical seguido pela associação cortical dos fatores posteriores, como Par2.
- A polaridade apical/basal da célula epitelial também é dirigida pelo complexo Par3, Par6, aPKC que funciona nas relações antagônicas com o complexo Crumbs apical e o complexo Scribble basal.
- A polaridade planar da célula regula a orientação relativa das células em uma camada.
- A divisão assimétrica das células-tronco muitas vezes envolve a associação da célula-tronco com um nicho, dando origem a outra célula-tronco e uma célula diferenciada.
- A divisão assimétrica da célula-tronco também envolve a distribuição assimétrica do complexo Par3, Par6, aPKC retido na célula-tronco durante a divisão, enquanto os determinantes do destino estão localizados longe do complexo Par para terminarem na célula em diferenciação.

ridade. Um desses determinantes localizados basalmente é chamado Miranda, uma proteína que se associa com fatores que controlam a proliferação e a diferenciação (Figura 21-29c). Portanto, na divisão assimétrica, Miranda e seu fator associado são segregados para longe da célula-tronco do neuroblasto e para dentro da célula-mãe do gânglio.

21.4 Morte celular e sua regulação

A morte celular programada é um destino celular inesperado, mas essencial. Durante a embriogênese, a morte de determinadas células impede que as mãos humanas tenham membranas interdigitais, que a cauda embrionária humana persista e o cérebro fique cheio de conexões elétricas inúteis. De fato, a maioria das células geradas durante o desenvolvimento do cérebro morre posteriormente. Será visto no Capítulo 23 como as células do sistema imune que reagem a proteínas normais do corpo ou que produzem anticorpos não funcionais são mortas seletivamente. Muitas células musculares, epiteliais e leucócitos desgastados morrem constantemente e precisam de substituição.

As interações celulares regulam a morte celular de duas maneiras fundamentalmente diferentes. Em primeiro lugar, a maioria ou a totalidade das células de organismos multicelulares necessita de sinais específicos de hormônios proteicos para permanecer viva. Na ausência dos sinais de sobrevivência frequentemente denominados **fatores tróficos**, as células ativam um programa "suicida". Em segundo lugar, em alguns contextos do desenvolvimento, incluindo o sistema imune, outros sinais hormonais específicos induzem um programa "assassino", que mata as células. Se as células cometem suicídio pela perda dos sinais de sobrevivência ou são mortas por sinais "assassinos" de outras células, a morte é mediada por uma via molecular comum. Nesta seção, primeiro será realizada a distinção entre morte celular programada e morte celular devida a danos nos tecidos, depois será descrito como os estudos genéticos no verme *C. elegans* levaram à elucidação de uma via efetora evolutivamente conservada que leva a célula ao "suicídio" ou ao "assassinato". Depois a atenção será voltada aos vertebrados, nos quais a morte celular é regulada tanto por fatores tróficos, conforme exemplificado por sua importância na morte celular programada no desenvolvimento neuronal, quanto por estresses celulares como danos ao DNA. Por fim, serão ilustrados os papéis fundamentais das mitocôndrias em iniciar a via da morte celular.

VÍDEO: Célula sofrendo apoptose

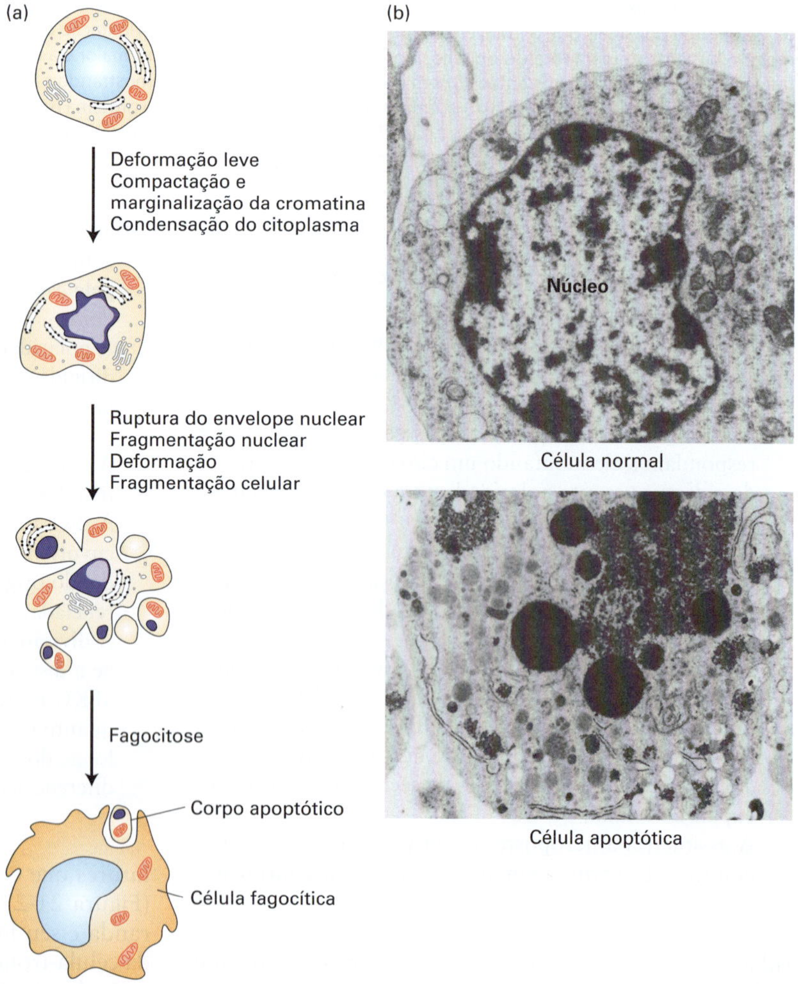

FIGURA 21-30 Características ultraestruturais de morte celular por apoptose. (a) Desenho esquemático ilustrando a progressão das alterações morfológicas observadas em células apoptóticas. No início da apoptose, ocorre densa condensação dos cromossomos ao longo da periferia nuclear. O corpo celular também diminui de volume (encolhe), embora a maioria das organelas permaneça intacta. Mais tarde, tanto o núcleo quanto o citoplasma se fragmentam, formando corpos apoptóticos, que são fagocitados por células vizinhas. (b) Micrografias comparando uma célula normal (*parte superior*) e uma célula apoptótica (*parte inferior*). Esferas densas de cromatina condensada são vistas claramente quando o núcleo começa a se fragmentar. (Parte (a) adaptada de J. Kuby, 1997, Immunology, 3rd ed., W. H. Freeman & Co., p. 53; parte (b) de M. J. Arends e A. H. Wyllie, 1991, *Int'l. Rev. Exp. Pathol.* **32**:223.)

VÍDEO: *C. elegans* em movimento

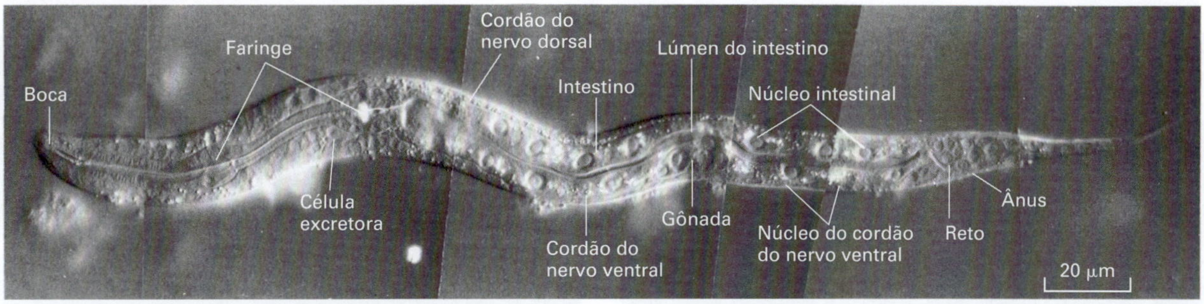

FIGURA 21-31 Larva de *C. elegans* recém-eclodida. Alguns dos 959 núcleos das células somáticas dessa forma hermafrodita são visualizados nesta micrografia obtida por microscopia de contraste de interferência diferencial (DIC), às vezes chamada de microscopia de Nomarski. Os mais fáceis de visualizar são os núcleos no intestino, que aparecem como discos redondos. (De J. E. Sulston e H. R. Horvitz, 1977, *Devel. Biol.* **56**:110.)

A morte celular programada ocorre por apoptose

O desaparecimento das células por morte celular programada é marcado por uma sequência bem definida de alterações morfológicas coletivamente denominadas de **apoptose**, palavra grega que significa "soltar-se", ou "cair", como folhas de uma árvore. As células que estão morrendo diminuem de volume (encolhem), se condensam e, então, se fragmentam, liberando pequenos corpos apoptóticos ligados com a membrana, que geralmente são engolfados por outras células (Figura 21-30). Durante a morte, os núcleos se condensam e o DNA é fragmentado. Um aspecto importante é que os constituintes intracelulares não são liberados no meio extracelular, onde poderiam ter efeitos prejudiciais sobre as células vizinhas. As alterações estereotipadas que ocorrem nas células durante a apoptose, como a condensação do núcleo e o engolfamento por células vizinhas, sugeriram aos primeiros pesquisadores que esse tipo de morte celular estava sob o controle de um programa rigoroso. Esse programa se torna crítico durante a vida embrionária e a adulta para manter o número e a composição celular normais.

Os genes envolvidos no controle da morte celular codificam proteínas com três funções distintas:

- As proteínas "assassinas" são necessárias para a célula iniciar o processo apoptótico.
- As proteínas "de destruição" realizam tarefas como a digestão de DNA na célula que está morrendo.
- As proteínas "de engolfamento" são necessárias para a fagocitose por outra célula da célula que está morrendo.

À primeira vista, o engolfamento parece ser simplesmente um processo de limpeza pós-morte, mas algumas evidências sugerem que faz parte do processo final da morte. Por exemplo, as mutações em genes assassinos sempre impedem o início da apoptose nas células, enquanto as mutações que bloqueiam o engolfamento permitem, algumas vezes, a sobrevivência de células por um tempo antes da morte. O engolfamento envolve a montagem de um halo de actina na célula que vai engolfar em torno da célula que está morrendo, acionado por proteínas de apoptose que ativam Rac, proteína G monomérica que ajuda a regular a polimerização da actina (ver Figura 17-44). Um sinal na superfície da célula que está morrendo também estimula um receptor nas células vizinhas, que inicia as alterações na membrana que levam ao engolfamento.

Ao contrário da apoptose, as células que morrem em resposta a lesões nos tecidos exibem alterações morfológicas muito diferentes, denominadas **necrose**. Em geral, as células que sofrem esse processo aumentam de volume e se rompem, liberando seus componentes intracelulares, que podem danificar as células vizinhas e, frequentemente, causar inflamação.

Proteínas conservadas evolutivamente participam em uma via apoptótica

A confluência de estudos genéticos em *C. elegans* e estudos com células cancerosas humanas sugeriu que vias conservadas evolutivamente fazem a mediação da apoptose. Em *C. elegans*, as linhagens celulares estão sob rígido controle genético e são idênticas em todos os indivíduos de uma espécie. Cerca de 10 ciclos de divisão celular, ou menos, criam um verme adulto que tem cerca de 1 mm de comprimento e 70 μm de diâmetro. O verme adulto tem 959 núcleos de células somáticas (forma hermafrodita) ou 1.031 (macho) (Figura 21-31). Os pesquisadores rastrearam a linhagem de todas as 947 células somáticas do *C. elegans,* desde o óvulo fertilizado até o verme adulto, acompanhando o desenvolvimento de vermes vivos com o uso de microscopia de contraste de interferência diferencial de Nomarski (DIC) (ver Figura 21-23c). O número de células somáticas é um pouco menor do que o número de núcleos, pois algumas células contêm múltiplos núcleos; isto é, elas são sinciciais. A partir do zigoto, uma série de divisões celulares assimétricas produz células fundadoras que por sua vez geram todas as células diferenciadas.

Das 947 células não gonadais produzidas durante o desenvolvimento de uma forma adulta hermafrodita, 131 células sofrem morte celular programada. Foram identificadas mutações específicas em quatro genes que codificam para proteínas que têm um papel essencial no controle da morte celular programada durante o desenvolvimento de

VÍDEO Morte celular programada no desenvolvimento embrionário de *C. elegans*

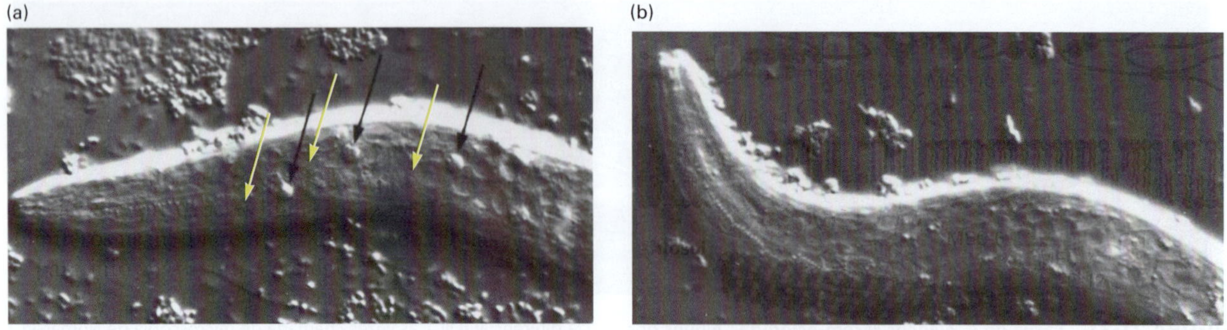

FIGURA EXPERIMENTAL 21-32 Mutações no gene *ced-3* bloqueiam a morte celular programada em *C. elegans*. (a) Larva mutante recém-eclodida carrega uma mutação no gene *ced-1*. Como as mutações neste gene previnem o engolfamento de células mortas, as células mortas altamente refratárias se acumulam (setas), facilitando sua visualização. (b) Larva recém-eclodida com mutações nos genes *ced-1* e *ced-3*. A ausência de células mortas refratárias nestes mutantes duplos indica que não ocorreram mortes celulares. Desta forma, a proteína CED-3 é necessária para morte celular programada. (A partir de H. M. Ellis and H. R. Horvitz, 1986, *Cell* **91**:818; cortesia de Hilary Ellis.)

C. elegans: *ced-3*, *ced-4*, *ced-9* e *egl-1*. Nos mutantes *ced-3* ou *ced-4*, por exemplo, as 131 células "sentenciadas à morte" sobrevivem (Figura 21-32). Esses mutantes geraram as primeiras evidências de que a apoptose estava sob um programa genético. As proteínas de mamíferos que correspondem com maior proximidade às proteínas CED-3, CED-4, CED-9 e EGL-1 do verme estão indicadas na Figura 21-33. Quando forem discutidas as proteínas do verme, serão incluídos os nomes das proteínas de mamíferos em parênteses para tornar a relação mais clara.

O primeiro gene apoptótico de mamífero a ser clonado, *bcl-2*, foi isolado de linfomas foliculares humanos. Uma forma mutante desse gene foi criada em células de linfoma; um rearranjo cromossômico uniu a região que codifica para proteína do gene *bcl-2* a um estimulador do gene para imunoglobulina. A combinação resulta na superprodução da proteína Bcl-2, que mantém essas células cancerosas vivas quando estariam programadas para morrer. A proteína humana Bcl-2 e a proteína CED-9 do verme são homólogas; mesmo que as duas proteínas tenham apenas 23% de identidade nas sequências, um transgene *bcl-2* pode bloquear a extensa morte celular observada em vermes mutantes *ced-9*. Assim, ambas as proteínas agem como reguladores que suprimem a via

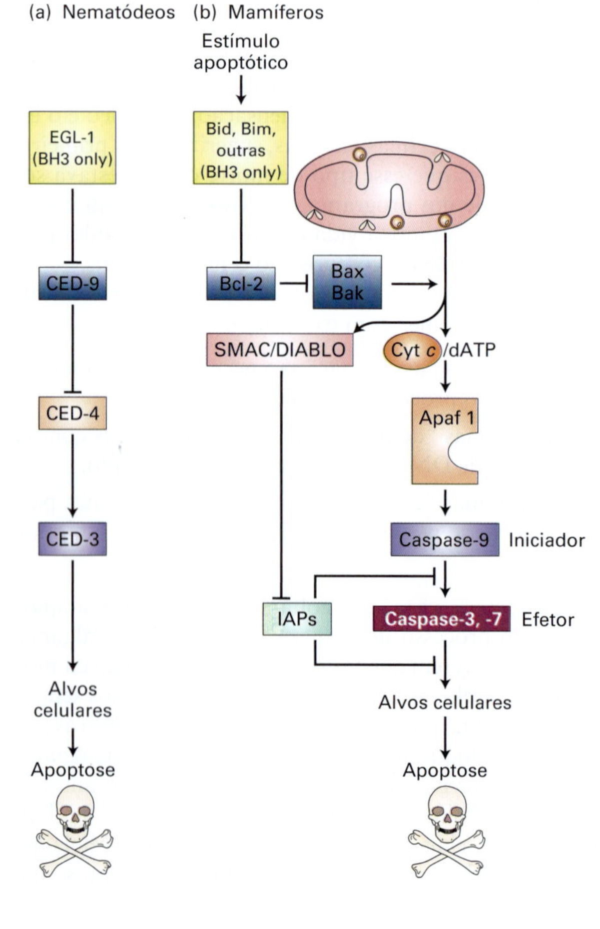

FIGURA 21-33 Conservação evolucionária da via da apoptose. Proteínas similares mostradas em cores idênticas têm papéis correspondentes em nematódeos e mamíferos. (a) Nos nematódeos, a proteína BH3-only chamada EGL-1 se liga à CED-9 na superfície da mitocôndria; esta interação libera CED-4 a partir do complexo CED-4/CED-9. CED-4 livre então se liga e ativa a caspase-3 por autoproteólise, que destrói as proteínas celulares para dirigir a apoptose. Estas relações são mostradas em forma de via genética, com EGL-1 inibindo CED-9, que inibe CED-4. A CED-4 ativa, ativa CED-3. (b) Nos mamíferos, homólogos das proteínas do nematódeo, assim como várias outras proteínas encontradas nos vermes regulam a apoptose. A proteína Bcl-2 é similar à CED-9 na promoção da sobrevivência das células. Em parte, ela o faz por meio da prevenção da ativação de Apaf-1, que é similar à CED-4, e em parte por outros mecanismos mostrados na Figura 21-38. Vários tipos de proteínas BH3-only, também mostradas na Figura 21-37 e 21-38, inibem Bcl-2 e assim permitem que a apoptose continue. O estímulo apoptótico danifica as mitocôndrias levando à liberação de algumas proteínas que estimulam a morte celular. Em particular, a citocromo *c* liberada a partir das mitocôndrias ativa Apaf-1, que ativa a caspase-9. Esta caspase iniciadora então ativa as caspases efetoras 3 e 7, levando finalmente à morte celular. Encontre mais detalhes no texto sobre outras proteínas de mamíferos (SMAC/DIABLO e IAPs) que não possuem homólogos nos nematódeos. (Adaptada a partir de S. J. Riedl e Y. Shi, 2004, *Nat. Rev. Mol. Cell Biol.* 5:897.)

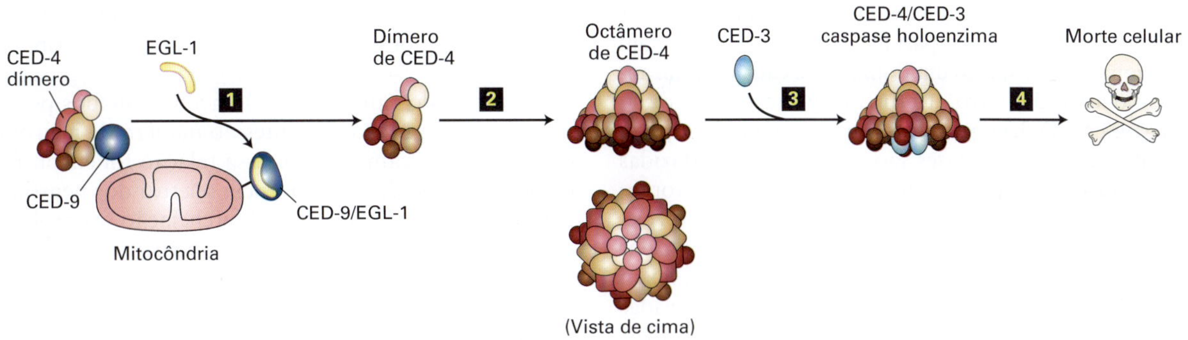

FIGURA 21-34 Ativação da protease CED-3 em *C. elegans*. A proteína EGL-1, produzida em resposta a sinais de desenvolvimento que acionam a morte celular, desloca um dímero CED-4 assimétrico da sua associação com CED-9 na superfície da mitocôndria **1**. O dímero CED-4 livre combina-se com três outros para formar um octâmero **2**, que liga duas moléculas do zimogênio CED-3 (um precursor de uma protease, inativo enzimaticamente) e aciona a conversão dos zimogênios CED-3 em uma protease CED-3 ativa **3**. Esta caspase efetora então começa a destruir os componentes celulares e assim inicia a apoptose, levando à morte celular **4**. (Adaptada a partir de N. Yan et al., 2005, *Nature* **437**:831, e S. Qi et al., 2010, *Cell* **141**:446.)

apoptótica (Figura 21-33). Além disso, ambas as proteínas contêm um domínio transmembrana único e estão localizadas na parte externa das membranas mitocondrial, onde servem como sensores que controlam a via apoptótica em resposta a estímulos externos. Como será discutido a seguir, outros reguladores promovem a apoptose.

Na via apoptótica do verme, CD-3 (caspase-9 nos mamíferos) é necessária para destruir os componentes celulares durante a apoptose. CED-4 (Apaf-1) é um fator de ativação de proteases que causa autoclivagem da proteína precursora CED-3, criando uma protease CED-3 ativa (caspase-9) que inicia a morte celular (Figura 21-33 e 21-34). A morte celular não ocorre nos mutantes *ced-3* e *ced-4* ou nos mutantes duplos *ced-9/ced-3*, enquanto todas as células morrem durante a vida embrionária nos mutantes *ced-9*, assim a forma adulta nunca se desenvolve. Esses estudos genéticos indicaram que CED-3 e CED-4 são proteínas "assassinas" necessárias para morte celular, que a CED-9 (Bcl-2) suprime a apoptose e que a via apoptótica pode ser ativada em todas as células. Além disso, a ausência de morte celular nos mutantes duplos *ced-9/ced-3* sugere que a CED-9 atua antes da CED-3, para suprimir a via apoptótica.

O mecanismo pelo qual CED-9 (Bcl-2) controla CED-3 (caspase-9) agora é conhecido. A proteína CED-9, que normalmente está presa à parte externa da mitocôndria, forma um complexo com um dímero CED-4 (Apaf-1) assimétrico, prevenindo a ativação de CED-3 por CED-4 (Figura 21-34). Como resultado, a célula sobrevive. Esse mecanismo está de acordo com a genética, que mostra que a ausência da CED-9 não tem efeito se a CED-3 também tiver sido perdida (os mutantes duplos *ced-3/ced-9* não apresentaram morte celular). A estrutura tridimensional do complexo trimérico CED-4/CED-9 revela uma grande superfície de contato entre as duas moléculas CED-4 e a molécula única CED-9; a grande superfície de contato torna a associação bastante específica, mas de uma forma que a dissociação do complexo possa ser regulada.

A transcrição de *egl-1*, o quarto gene geneticamente definido como regulador de apoptose, é estimulada nas células de *C. elegans* que estão programadas para morrer, mas não está claro como isso é regulado. A proteína EGL-1 recém-produzida se liga a CED-9, altera sua conformação e catalisa a liberação de CED-4 a partir dela (Figura 21-34). Tanto EGL-1 quanto CED-9 contêm um domínio BH3 de 12 aminoácidos. Uma vez que EGL-1 não possui a maioria dos outros domínios de CED-9, EGL-1 é chamada de **proteína BH3-only**. As proteínas de mamíferos mais próximas da proteína só BH3 são as proteínas apoptóticas Bim e Bid.

A visão de como EGL-1 desmonta o complexo CED-4/CED-9 decorreu da estrutura molecular de EGL-1 (Bid/Bim) complexada com CED-9 (Bcl-2). Nesse complexo, o domínio BH3 forma uma parte essencial da superfície de contato entre as duas proteínas. CED-9 tem uma conformação diferente quando ligada por EGL-1 do que quando ligada por CED-4. Esse achado sugere que a ligação de EGL-1 distorce CED-9, tornando sua interação com CED-4 menos estável. Uma vez que EGL-1 causa a dissociação do complexo CED-4/CED-9, o dímero CED-4 liberado se liga com outros três dímeros de CED-4 para fazer um octâmero, que então ativa CED-3 por um mecanismo discutido mais adiante. A morte celular logo ocorre (Figura 21-34).

Evidências de que as etapas descritas aqui são suficientes para induzir a apoptose vêm de experimentos nos quais os eventos foram reconstituídos *in vitro* com proteínas purificadas. CED-3, CED-4, uma CED-9 truncada que não possui sua âncora transmembrana da membrana mitocondrial e EGL-1 foram purificadas, assim como o complexo CED-4/CED-9. CED-4 (Apaf-1) foi capaz de acelerar a autocatálise de CED-3 (caspase-9) purificada, mas a adição de CED-9 (Bcl-2) truncada à mistura de reação inibiu a autoclivagem. Quando o complexo CED-4/CED-9 foi misturado com CED-3, não ocorreu a autoclivagem, mas a adição de EGL-1 à reação restaurou a autoclivagem de CED-3.

As caspases amplificam o sinal inicial apoptótico e destroem proteínas celulares essenciais

As proteínas efetoras na via apoptótica, as **caspases**, assim denominadas por conter um resíduo cisteína fundamental no sítio catalítico e clivar seletivamente proteínas em sítios C-terminal com resíduos aspartato. As caspases funcionam como homodímeros, com um domínio de cada estabilizando o sítio ativo do outro. A principal protease efetora do *C. elegans* é CED-3, enquanto os humanos têm 15 caspases diferentes. Todas as caspases são inicialmente produzidas como pró-caspases que devem ser clivadas para se tornarem ativas. Nos vertebrados, as caspases iniciadoras (p. ex., a caspase-9) são ativadas pela dimerização induzida por outros tipos de proteínas (p. ex., Apaf-1), as quais auxiliam as iniciadoras a se agregar. As caspases iniciadoras ativadas clivam caspases efetoras (p. ex., a caspase-3) para ativá-las; assim, a atividade proteolítica das poucas caspases iniciadoras ativadas se torna rápida e bastante aumentada pela ativação das caspases efetoras, levando ao maciço aumento no nível de atividade total das caspases na célula (ver Figura 21-33) e à morte celular. As pró-caspases preexistem em quantidade suficiente para realizar a digestão de grande parte da proteína celular quando ativada pelo pequeno número de moléculas que constitui o sinal de iniciação. As várias caspases efetoras reconhecem e clivam sequências curtas de aminoácidos em muitas proteínas-alvo diferentes. Elas diferem quanto a suas sequências-alvo preferidas. Seus alvos intracelulares específicos incluem proteínas da lâmina nuclear e do citoesqueleto, cuja clivagem leva à morte da célula.

As neurotrofinas promovem a sobrevivência de neurônios

Nos mamíferos, mas não nos vermes, a apoptose é regulada por sinais intracelulares gerados a partir de vários hormônios proteicos secretados e da superfície celular, assim como por vários estresses ambientais, como radiação ultravioleta e dano ao DNA. Embora a maquinaria "central" da apoptose no *C. elegans* seja conservada nos mamíferos, várias outras proteínas intracelulares também regulam a apoptose (ver Figura 21-33, *direita*).

Mas antes de entrar nesses detalhes moleculares, será ilustrada a importância dos fatores tróficos na apoptose por meio de uma análise breve do desenvolvimento do sistema nervoso. Quando os neurônios crescem para fazer as conexões com outros neurônios ou com músculos, às vezes por distâncias consideráveis, crescem mais neurônios do que aqueles que finalmente sobrevivem. Os corpos celulares de vários neurônios sensoriais e motores estão localizados na medula espinal e em gânglios adjacentes, enquanto os longos processos dos axônios se estendem para longe e fora destas regiões. Aqueles que fazem as conexões prevalecem e sobrevivem; aqueles que falham na conexão morrem.

No início dos anos 1900, foi demonstrado que o número de neurônios que inervavam a periferia do corpo dependia do tamanho do tecido ao qual eles iriam se conectar, o assim denominado campo-alvo. Por exemplo, a remoção dos brotos dos membros de um embrião de galinha em desenvolvimento leva à redução no número de neurônios sensoriais e neurônios motores que inervam os músculos no broto (Figura 21-35). Por outro lado, o enxerto de um tecido adicional de membro a um broto do membro leva ao aumento no número de neurônios nas regiões correspondentes da medula espinal e dos gânglios sensoriais. Na verdade, aumentos crescentes no tamanho do campo-alvo são acompanhados por aumentos crescentes equivalentes no número de neurônios que inervam o campo-alvo. Essa relação foi encontrada como resultado da sobrevivência seletiva dos neurônios, em vez de alterações na sua diferenciação ou proliferação. A observação de que muitos neurônios motores e sensoriais morrem após atingirem o seu campo-alvo periférico sugeriu que esses neurônios competem por fatores de sobrevivência produzidos pelo tecido-alvo.

Após essas observações iniciais, os pesquisadores descobriram que o transplante de um sarcoma (tumor de músculo) de camundongo para uma galinha conduzia ao

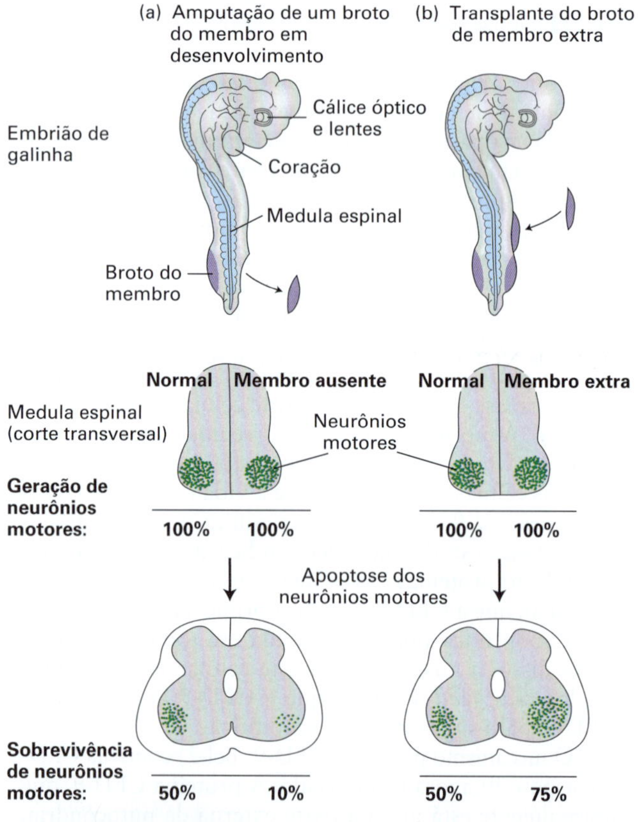

FIGURA EXPERIMENTAL 21-35 Nos vertebrados, a sobrevivência dos neurônios motores depende do tamanho do campo-alvo no músculo que eles inervam. (a) A remoção do broto do membro de um lado de um embrião de galinha com cerca de 2,5 dias de idade resulta em marcante diminuição no número de neurônios motores no lado afetado. Em um embrião amputado (*parte superior*), um número normal de neurônios motores é gerado em ambos os lados (*centro*). Adiante no desenvolvimento, um número muito menor de neurônios motores permanece na medula espinal no lado do membro ausente do que no lado normal (*parte inferior*). Pode-se observar que apenas cerca de 50% dos neurônios motores originalmente gerados sobrevivem normalmente. (b) O transplante de um broto de membro extra em um embrião precoce de galinha produz o efeito oposto, ou seja, existem mais neurônios no lado com um tecido-alvo adicional do que no lado normal. (Adaptada de D. Purves, 1988, *Body and Brain: A Trophic Theory of Neural Connections*, Harvard University Press, e E. R. Kandel, J. H. Schwartz, e T. M. Jessel, 2000, *Principles of Neural Science*, 4th. ed. McGraw-Hill, p. 1054, Figura 53-11.)

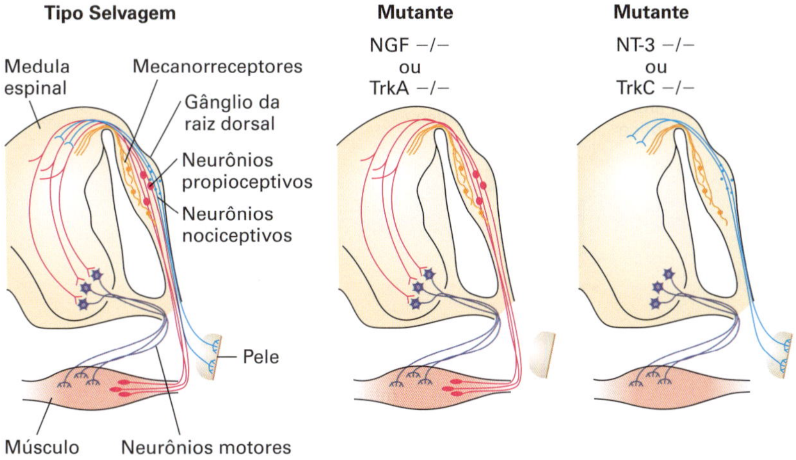

FIGURA EXPERIMENTAL 21-36 Diferentes classes de neurônios sensoriais são perdidas em camundongos nocaute nos quais estão ausentes diferentes fatores tróficos ou seus receptores. Em animais com ausência do fator de crescimento do nervo (NGF) ou seu receptor TrkA, os pequenos neurônios nociceptivos (azul-claro), ou seja, sensíveis à dor, que inervam a pele são perdidos. Esses neurônios expressam o receptor de TrkA e inervam alvos produtores de NGF. Em animais com ausência tanto de neurotrofina-3 (NT-3) quanto de seu receptor TrkC são perdidos os neurônios propioceptivos grandes (vermelho), que inervam os fusos musculares. O músculo produz NT-3 e os neurônios propioceptivos expressam TrkC. Mecanorreceptores (laranja; ver Figura 22-24), outra classe de neurônios sensoriais no gânglio da raiz dorsal, não são afetados nestes mutantes. (Adaptada de W. D. Snider, 1994, *Cell* **77**:627.)

marcante aumento no número de certos tipos de neurônios. Esse resultado parecia indicar que o tumor era uma rica fonte do presumível fator trófico. Para isolar e purificar esse fator, conhecido apenas como fator de crescimento do nervo (NGF, *nerve growth factor*), pesquisadores utilizaram um ensaio *in vitro* no qual foi medido o crescimento de neuritos nos gânglios sensoriais (nervos). Os neuritos são extensões do citoplasma celular que podem crescer e se tornar longas fibras do sistema nervoso, os **axônios** e **dendritos** (ver Figura 22-1). A descoberta posterior de que a glândula submaxilar do camundongo também produz grandes quantidades de NGF possibilitou aos bioquímicos a purificação e a determinação da sequência desse fator. Homodímero de dois polipeptídeos de 118 resíduos, o NGF pertence a uma família de fatores tróficos estrutural e funcionalmente relacionados, coletivamente denominados de **neutrofinas**. O fator neurotrófico derivado do cérebro (BDNF, *brain-derived neurotrophic factor*) e a neurotrofina-3 (NT-3) também são membros dessa família de proteínas.

As neurotrofinas se ligam e ativam uma família de receptores tirosina-cinase, denominada *Trks* (a pronúncia é *tracks*). (A estrutura geral do receptor tirosina-cinase e as vias de sinalização intracelular que ele ativa estão descritas no Capítulo 16.) Cada neurotrofina se liga com alta afinidade a um receptor Trk: o NGF se liga a TrkA; o BDNF, a TrkB; e a NT-3, a TrkC. NT-3 também pode se ligar com afinidade mais baixa tanto a TrkA quanto a TrkB. Essas ligações, entre os fatores e seus receptores, fornecem um sinal de sobrevivência para as diferentes classes de neurônios. À medida que os neurônios crescem a partir da medula espinal até a periferia, as neurotrofinas produzidas por tecido-alvo se ligam aos receptores Trk nos cones de crescimento (ver Figura 18-52) dos axônios em extensão, promovendo a sobrevivência dos neurônios que alcançaram os alvos com sucesso. Além disso, as neurotrofinas se ligam a um tipo distinto de receptor chamado $p75^{NTR}$ (receptor da neurotrofina NTR 5) com baixa afinidade. Entretanto, $p75^{NTR}$ forma complexos heteromultiméricos com os diferentes receptores Trk; essa associação aumenta a afinidade dos Trks por seus ligantes. Dependendo do tipo de célula, a ligação de NGF e BDNF à $p75^{NTR}$ na ausência de TrkA pode promover a morte celular em vez de preveni-la. (O fenômeno de interação entre múltiplas neurotrofinas com múltiplos receptores similares é comparável aos ligantes similares a EGF e seus receptores HER, ilustrados na Figura 16-7).

Para abordar significativamente o papel das neurotrofinas no desenvolvimento, cientistas produziram camundongos com mutações nocaute para cada uma das neurotrofinas e seus receptores. Esses estudos revelaram que diferentes neurotrofinas e seus receptores correspondentes são necessários para a sobrevivência de diferentes classes de neurônios sensoriais (Figura 21-36). Por exemplo, os neurônios sensíveis a dor (nociceptivos), que expressam TrkA, são perdidos seletivamente a partir do gânglio da raiz dorsal de camundongos nocaute que não possuem NGF ou TrkA, enquanto os neurônios expressando TrkB e TrkCs não são afetados nesses nocautes. Em contrapartida, os neurônios proprioceptivos expressando TrkC, que detectam a posição dos membros, não estão presentes no gânglio da raiz dorsal nos mutantes *TrkC* e *NT-3*.

As mitocôndrias exercem um papel fundamental na regulação da apoptose nas células de vertebrados

Como discutido anteriormente, CED-9 de *C. elegans* e seu homólogo em mamíferos, Bcl-2, têm um papel cen-

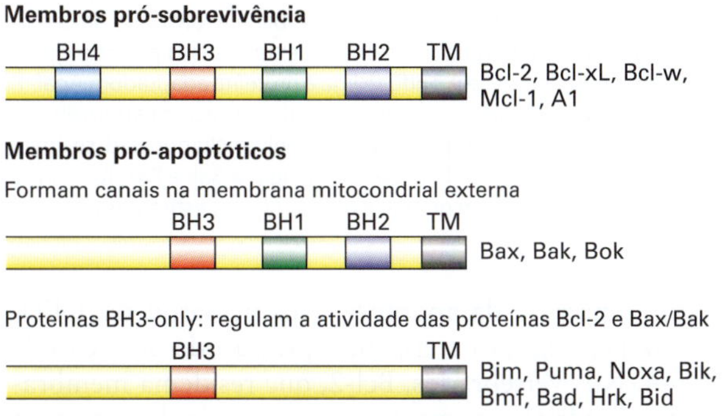

FIGURA 21-37 Proteínas da família Bcl-2. A família Bcl-2 é composta por proteínas que contêm domínios funcionais homólogos a Bcl-2 (BH1-4) e é dividida em três classes. Apenas algumas das proteínas BH3-only contêm domínios transmembrana (TM). (Segundo M. Giam et al., 2009, *Oncogene* **27**:S128.)

ANIMAÇÃO EM FOCO: Apoptose

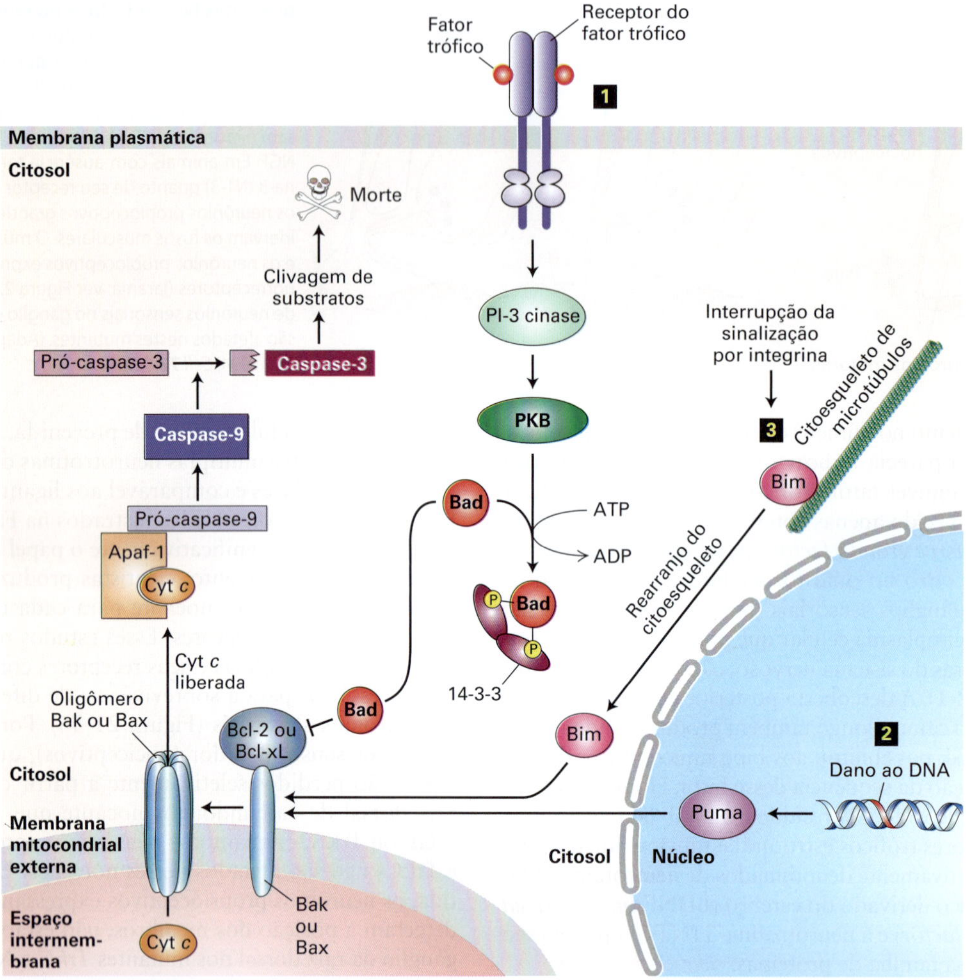

FIGURA 21-38 Integração de múltiplas vias de sinalização nas células de vertebrados que regulam a permeabilidade da membrana mitocondrial externa e a apoptose. Nas células saudáveis, a proteína antiapoptótica Bcl-2 ou sua homóloga Bcl-xL se liga a duas proteínas BH3-only, Bak e Bax, na membrana mitocondrial externa, bloqueando a habilidade de Bak e Bax em oligomerizar e formar canais oligoméricos. A ligação de certas proteínas BH3-only, incluindo Bim e Puma, diretamente a Bak e Bax, possibilita a formação de canais oligoméricos na membrana mitocondrial externa. Isso permite que o citocromo *c* entre no citosol, onde se liga à proteína adaptadora Apaf-1, promovendo a ativação da caspase que inicia a cascata apoptótica e leva à morte celular. Outras proteínas BH3-only, incluindo Bad, se ligam a Bcl-2, bloqueando sua habilidade em se ligar a Bak e Bax, formando canais na membrana mitocondrial externa. Alguns estímulos acionam ou reprimem esta via apoptótica. (1) A presença de fatores tróficos específicos (p. ex., NGF), leva à ativação da proteína receptora cognata tirosina-cinase (p. ex., TrkA) e à ativação da via da PI-3 cinase PKB (proteína-cinase B; também chamada Akt) (ver Figura 16-26). PKB fosforila Bad, e a Bad fosforilada então forma um complexo com a proteína 14-3-3. Com Bad sequestrada, ela é incapaz de se ligar a Bcl-2. Na ausência dos fatores tróficos, a Bad não fosforilada se liga a Bcl-2, liberando Bax e Bak e permitindo que formem o canal oligomérico. (2) O dano ao DNA ou a radiação ultravioleta leva à indução da proteína Puma BH3-only. Puma se liga a Bax e Bak, permitindo que formem canais oligoméricos. (3) A remoção de uma célula do seu substrato interrompe a sinalização da integrina, levando à liberação da proteína Bim BH3-only a partir do citoesqueleto. Bim também se liga a Bax e Bak para promover a formação do canal. (Segundo D. Ren et al., 2010, *Science* **330**:1390.)

tral na repressão da apoptose. Nos nematódeos, CED-9 o faz pela ligação e, assim, repressão da ativação de CED-4. Nos vertebrados, Bcl-2, que reside na membrana mitocondrial externa, funciona principalmente para manter a baixa permeabilidade daquela membrana, prevenindo a citocromo *c* e outras proteínas localizadas no espaço intermembrana (ver Figura 12-16) de se difundirem para o citosol e ativar as caspases apoptóticas.

Para explicar como Bcl-2 realiza essa função e como a atividade de Bcl-2 é regulada por fatores tróficos e por vários estímulos do meio, é preciso introduzir vários outros membros importantes da **família Bcl-2** de proteínas. Todos os membros da família Bcl-2 compartilham uma homologia próxima em até quatro regiões características chamadas *domínios de homologia Bcl-2* (domínio BH1-4; Figura 21-37). Cada proteína tem uma função pró-sobrevivência ou pró-apoptótica. Vários membros dessa família são proteínas de apenas uma passagem pela membrana e todas participam nas interações oligoméricas.

As proteínas pró-apoptóticas Bax e Bak formam poros na membrana mitocondrial externa

Nas células de vertebrados, Bax ou Bak são necessárias ao dano mitocondrial e à indução da apoptose. Essas duas proteínas apoptóticas similares contêm alguns domínios BH1-4 (ver Figura 21-37) e têm estrutura tridimensional muito similar àquela dos membros pró-sobrevivência da família. Como evidência para seu papel na promoção da apoptose, a maioria dos camundongos que não possui Bax e Bak morre *in utero*. Aqueles que sobrevivem mostram defeitos significativos no desenvolvimento, incluindo a persistência das membranas interdigitais e o acúmulo de células extras no sistema nervoso central e hematopoiético. As células isoladas a partir desses camundongos são resistentes a praticamente todos os estímulos apoptóticos. Ao contrário, a superprodução de Bax em células em cultura induz à morte.

Bax e Bak residem na membrana mitocondrial externa normalmente fortemente ligadas à Bcl-2 (Figura 21-38). Quando liberadas de Bcl-2 – tanto por estarem presentes em excesso, por serem deslocadas pela ligação de certas proteínas BH3-only a Bcl-2, ou por se ligarem diretamente a outras proteínas BH3-only –, Bax e Bak formam oligômeros que geram poros na membrana mitocondrial externa. Isso permite a liberação das proteínas mitocondriais, como citocromo *c*, ao citosol, que nas células normais localiza-se no espaço entre a membrana mitocondrial interna e externa. Como mostrado na Figura 21-33, o citocromo *c* liberado ativa a caspase-9, em parte pela ligação e ativação da Apaf-1 e em parte por mecanismos ainda não conhecidos.

Como evidência para essa via de regulação, a superprodução de Bcl-2 em células em cultura bloqueia a liberação de citocromo *c* e bloqueia a apoptose; por outro lado, a superprodução de Bax promove a liberação da citocromo *c* para dentro do citosol e promove a apoptose. Além disso, a injeção de citocromo *c* para dentro do citosol das células induz a apoptose. Oligômeros de Bax e Bak, mas não homodímeros de Bcl-2 ou heterodímeros de Bcl-2/Bax, permitem o influxo de íons pela membrana mitocondrial externa. Ainda não está claro como esse influxo de íons aciona a liberação de citocromo *c* e não está estabelecido se o citocromo *c* realmente se move para fora pelos canais de Bax/Bak.

A liberação de citocromo *c* e das proteínas SMAC/DIABLO a partir das mitocôndrias leva à formação do apoptossomo e à ativação da caspase

A principal maneira de como o citocromo *c* no citosol ativa a apoptose é pela ligação de Apaf-1, o homólogo dos mamíferos de CED-4 (ver Figura 21-33, *direita*). Na ausência da citocromo *c*, Apaf-1 monomérica está ligada a dATP. Após a ligação da citocromo *c*, Apaf-1 cliva seu dATP ligado em dADP e sofre um drástico processo de montagem em um heptâmero na forma de disco, uma roda da morte de 1,4 megadaltons chamada **apoptossomo** (Figura 21-39). O apoptossomo serve como maquinaria de ativação para a caspase iniciadora, a caspase-9, monomérica no seu estado inativo. As caspases iniciadoras precisam ser sensíveis a sinais de ativação, contudo não deveriam ser ativáveis de modo irreversível, pois a ativação acidental levaria a um efeito de bola de neve indesejável e à rápida morte celular. Significativamente, a caspase-9 não requer a clivagem para se tornar ativada, mas em vez disso é ativada pela dimerização seguida da ligação ao apoptossomo. A caspase-9 então cliva múltiplas moléculas de caspases efetoras, como a caspase-3, levando à destruição das proteínas das células (ver Figuras 21-33 e 21-38).

A estrutura tridimensional do apoptossomo CED-4 do nematódeo correspondente (ver Figura 21-39c) mostrou como duas pró-caspases CED-3 (caspase-9) se ligam de forma adjacente, uma em relação à outra, no interior do octâmero em forma de funil; essas então se ativam pela dimerização e conversão proteolítica, mas o mecanismo detalhado de como isso acontece é desconhecido. A estrutura do apoptossomo CED-4 também forneceu um modelo para a estrutura tridimensional ainda desconhecida do apoptossomo de mamíferos correspondente (ver Figura 21-39b, *direita*).

Nos mamíferos e nas moscas, mas não nos vermes, a apoptose é regulada por várias outras proteínas (ver Figura 21-33, *direita*). Uma família de *p*roteínas *i*nibidoras da *a*poptose (IAPs) fornece outra maneira para impedir tanto as caspases iniciadoras quanto as efetoras. As IAPs têm um ou mais domínios de ligação ao zinco que podem se ligar diretamente às caspases ou inibir sua atividade de protease. (Baculovírus, tipo de vírus de insetos, produz uma proteína que se liga de forma similar e inibe as caspases, prevenindo que uma célula infectada cometa suicídio, o que poderia parar uma infecção viral antes que novos vírus possam ser produzidos.) Entretanto, a inibição das caspases por IAPs cria um problema quando a célula precisa sofrer apoptose. As mitocôndrias entram em ação mais uma vez já que são a fonte de uma família de proteínas, chamadas SMAC/DIABLOs, que inibe as IAPs. A montagem dos canais Bax/Bak (ver Figura 21-38) leva à liberação de SMAC/DIABLOs a partir das mitocôndrias. SMAC/DIABLO então se liga às IAPs no citosol, impedindo que as IAPs se liguem às caspases. Aliviando a inibição mediada pelas IAPs, SMAC/DIABLOs promovem a atividade da caspase e a morte celular.

Os fatores tróficos induzem a inativação de Bad, proteína pró-apoptótica BH3-only

Como foi visto anteriormente, as neurotrofinas, como o fator de crescimento do nervo, protegem os neurônios da morte celular; isso é mediado pela proteína BH3-only chamada Bad. Na ausência dos fatores tróficos, Bad não está fosforilada e se liga a Bcl-2 ou à proteína antiapoptótica Bcl-xL intimamente relacionada na membrana mitocondrial (ver Figura 21-38). Isso inibe a capacidade de Bcl-2 e Bcl-xL de se ligar a Bax e Bak, permitindo

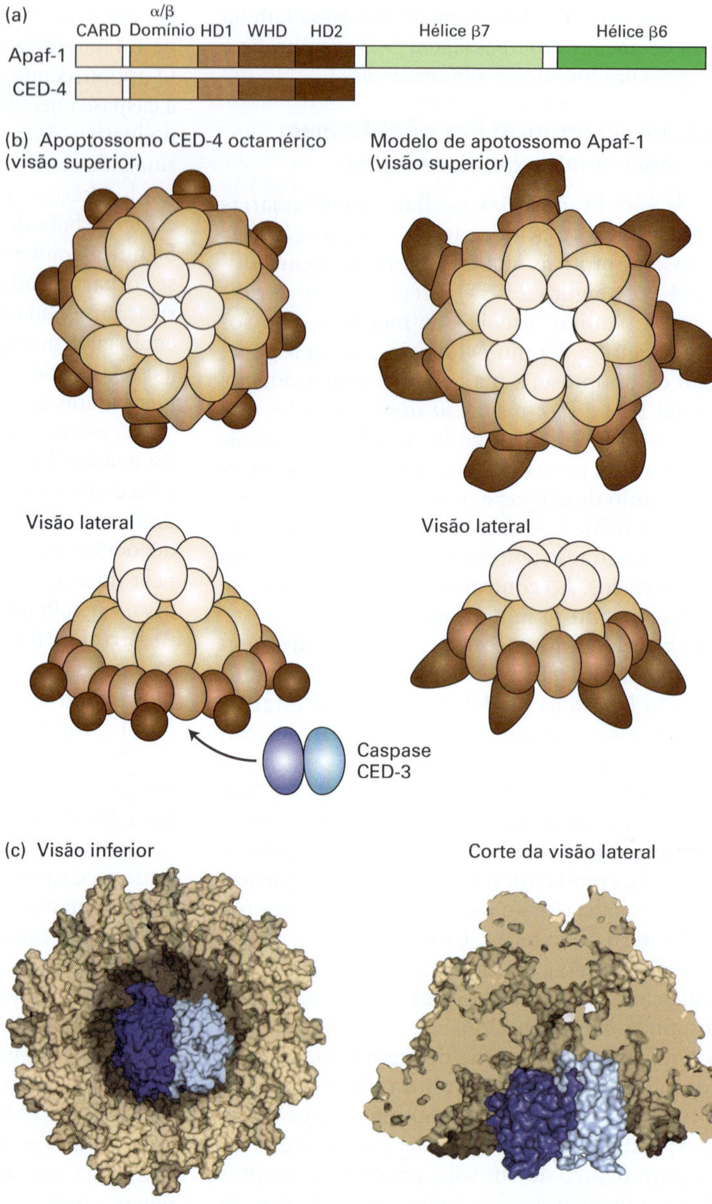

FIGURA 21-39 Estrutura do apoptossomo de nematódeo e um modelo para estrutura do apoptossomo Apaf-1 de mamíferos. (a) Domínios da proteína CED-4 e da Apaf-1 de mamíferos, correspondente; o nome CARD vem de *d*omínio N-terminal de *r*ecrutamento das *ca*spases. No apoptossomo oligomérico, estes domínios CARD se ligam a domínios CARD nas caspases. (b) Diagrama do apoptossomo CED-4 (*esquerda*) e um modelo para o apoptossomo correspondente de mamífero (*direita*). (c) Estrutura tridimensional do apoptossomo CED-4 octamérico de nematódeos mostrando a ligação de duas pró-caspases CED-3. A interação do apoptossomo com CED-3 estimula a dimerização de CED-3, necessária para sua ativação. (A partir de S. Qi et al., 2010, *Cell* **141**:446.)

aos canais Bax e Bak formar e promover a morte celular. Entretanto, Bad fosforilada não pode se ligar a Bcl-2/Bcl--xL e é encontrada no citosol complexada à proteína de ligação a fosfoserina 14-3-3 (ver Figura 16-20).

Alguns fatores tróficos, incluindo o NGF, induzem a via de sinalização PI-3 cinase, levando à ativação da proteína-cinase B (ver Figura 16-26). A proteína-cinase B ativada fosforila Bad em locais conhecidos para inibir sua atividade pró-apoptótica. Além disso, uma forma constitutivamente ativa da proteína-cinase B pode resgatar os neurônios privados de neurotrofina em cultivo, os quais, de outra forma, sofreriam apoptose e morte. Essas observações dão suporte ao mecanismo proposto para a ação de sobrevivência dos fatores tróficos, ilustrado na Figura 21-38. Em outros tipos celulares, diferentes fatores tróficos podem promover a sobrevivência celular por meio de modificações pós-traducionais de outros componentes da maquinaria de morte celular.

A apoptose de vertebrados é regulada por proteínas pró-apoptóticas BH3-only ativadas por estresses ambientais

Enquanto os vermes contêm uma única proteína BH3-only, Egl-1, os mamíferos expressam no mínimo oito, incluindo Bad, de modo específico à célula e ao estresse. Sua atividade pró-apoptótica é regulada por diversos mecanismos transcricionais e pós-transcricionais. Duas dessas proteínas, Puma e Noxa (ver Figura 21-37), são induzidas transcricionalmente pela proteína p53 (ver Figura 19-33); essa é a parte do ponto de verificação em que o dano não reparado ao DNA pode induzir apoptose. Bim, por outro lado, normalmente é sequestrada pelo citoesqueleto de microtúbulos ligando-se à cadeia leve da dineína (ver Figura 18-23). O descolamento das células do seu substrato interrompe a sinalização da integrina, rearranja o citoesqueleto e leva à liberação de Bim. Provavelmente tanto Puma quanto Bim se ligam diretamente a Bak e Bax, liberando-as de alguma forma de Bcl-2 e permitindo a formação do poro Bak/Bax oligomérico e a apoptose (ver Figura 21-38). Dessa forma, a apoptose das células de mamíferos é regulada por um equilíbrio cuidadoso de atividades de proteínas antiapoptóticas como Bcl-2 e Bcl-xL e múltiplas proteínas pró-apoptóticas BH3-only.

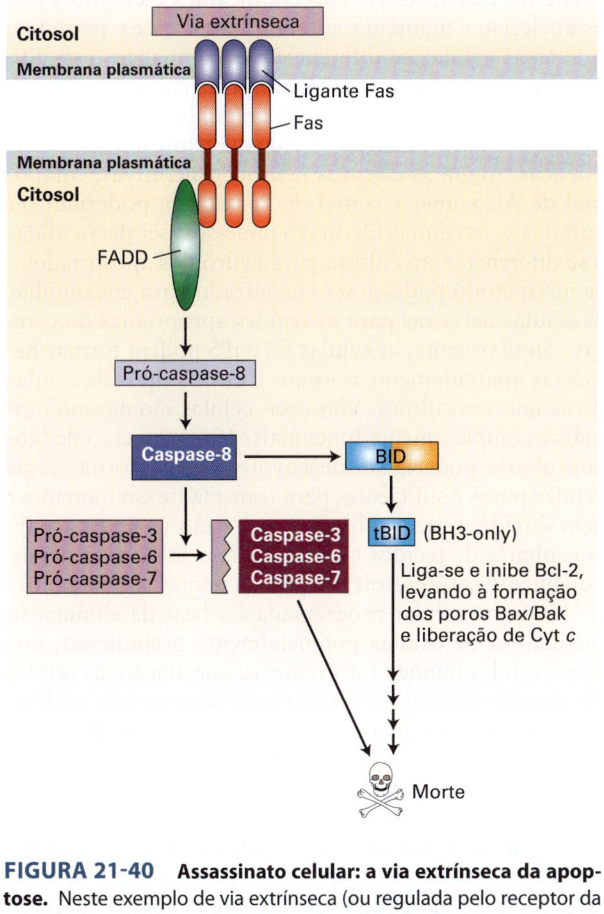

FIGURA 21-40 Assassinato celular: a via extrínseca da apoptose. Neste exemplo de via extrínseca (ou regulada pelo receptor da morte) encontrada no sistema imune, a ligação do ligante Fas, FasL (também chamado ligante CD95) na superfície de uma célula ao receptor de morte Fas sobre uma célula adjacente leva ao recrutamento da proteína adaptadora FADD (domínio de morte associado a FAS) e à dimerização e ativação da caspase-8. A caspase-8 ativa então cliva e ativa a caspase-3, a caspase-6 e a caspase-7, que então cliva substratos celulares vitais e induz a morte celular. A clivagem da proteína BH3-only BID (domínio agonista da morte, de interação com BH3) pela caspase-8 gera um fragmento t-BID que se liga a Bcl-2 na membrana mitocondrial externa, levando à liberação da citocromo *c* para dentro do citosol e também à ativação da via intrínseca da apoptose (ver Figura 21-38). (Adaptada a partir de P. Bouillet e L. O'Reilly, 2009, *Nat. Rev. Immunol.* **9**:514.)

O fator de necrose tumoral e os sinais de morte relacionados promovem a destruição da célula pela ativação das caspases

Embora a morte da célula possa surgir como uma norma na ausência de fatores de sobrevivência, a apoptose também pode ser estimulada pela ação positiva de *sinais de morte*. Por exemplo, o fator de necrose tumoral alfa (TNFα, *tumor necrosis factor*), liberado por macrófagos, dispara a morte celular e a destruição do tecido em certas doenças inflamatórias crônicas (ver Capítulo 23). Outro importante sinal que induz a morte, o ligante Fas, é uma proteína de superfície celular produzida por células matadoras naturais ativadas e por linfócitos T citotóxicos. Esse sinal pode iniciar a morte das células infectadas por vírus, de algumas células tumorais e de células estranhas enxertadas.

Tanto o TNFα quanto o ligante Fas (também chamado ligante CD95), ilustrado na Figura 21-40, são proteínas presentes na superfície de uma célula que se ligam a receptores de morte na célula adjacente. Esses receptores têm um único domínio transmembrana e são ativados quando a ligação do ligante oligomérico aproxima intimamente três moléculas receptoras. O complexo receptor trimérico Fas ativado então liga a proteína citosólica chamada FADD (*Fas-associated death domain*) à membrana da célula, que então serve como adaptador para recrutar e ativar a caspase-8, uma caspase iniciadora. Como a outra caspase iniciadora, caspase-9, a caspase-8 é ativada pela dimerização seguida da ligação de duas moléculas às proteínas FADD recrutadas para um trímero receptor ativo. Uma vez ativada, a caspase-8 ativa algumas caspases efetoras, dando início à amplificação da cascata.

A caspase-8 também cliva a proteína BH3-only, o domínio de interação com BH3 agonista da morte (BID, do inglês *BH3-interacting-domain death*). O fragmento t-BID resultante então se liga a Bcl-2 na membrana mitocondrial externa, levando à formação do canal Bak/Bax, à liberação de citocromo *c* para o citosol assim como à ativação da via de apoptose intrínseca (ver Figura 21-38).

Para testar a habilidade do receptor Fas em induzir a morte celular, pesquisadores incubaram células com anticorpos contra o receptor. Observou-se que esses anticorpos, que se unem e fazem reação cruzada com os receptores cognatos, estimularam a morte celular, indicando que a ativação desses receptores pela oligomerização é suficiente para iniciar a apoptose.

CONCEITOS-CHAVE da Seção 21.4

A morte celular e sua regulação

- Todas as células necessitam de fatores tróficos para evitar a apoptose e, assim, sobreviver. Na ausência desses fatores, as células cometem suicídio.
- Os estudos genéticos em *C. elegans* determinaram uma via apoptótica conservada evolutivamente com três componentes principais: proteínas reguladoras ligadas à membrana, proteínas citosólicas reguladoras e proteases efetoras, denominadas caspases, nos vertebrados (ver Figura 21-33).

- Uma vez ativadas, as proteases apoptóticas clivam substratos intracelulares específicos, levando à morte da célula. As proteínas (p. ex., CED-4, Apaf-1) que se ligam a proteínas reguladoras e caspases são necessárias à ativação da caspase (ver Figuras 21-33, 21-34 e 21-39).
- A sobrevivência dos neurônios motores e sensores durante o desenvolvimento é mediada pelas neurotrofinas liberadas a partir de tecidos alvo que se ligam aos receptores da proteína-cinase Trk nos cones de crescimento dos nervos (ver Figura 21-36), ativando uma resposta antiapoptótica por meio da via da PI-3 cinase (ver Figura 21-38).
- A família Bcl-2 contém tanto proteínas pró-apoptóticas quanto antiapoptóticas; a maioria compreende proteínas transmembrana de passagem única e está envolvida com interações entre as proteínas.
- Nos mamíferos, a apoptose pode ser acionada pela oligomerização das proteínas Bax e Bak na membrana mitocondrial externa, levando ao efluxo das proteínas citocromo *c* e SMAC/DIABLOs para dentro do citosol; estas então promovem a ativação da caspase e morte celular.
- As moléculas de Bcl-2 podem controlar a oligomerização de Bax/Bak, inibindo a morte celular.
- As proteínas BH3-only pró-apoptóticas (p. ex., Puma, Bad) são ativadas pelo estresse ambiental e estimulam a oligomerização de Bax e Bak, permitindo que o citocromo *c* escape para dentro do citosol, se ligue a Apaf-1 e assim ative as caspases.
- As interações diretas entre as proteínas pró-apoptóticas e antiapoptóticas conduzem à morte celular na ausência dos fatores tróficos. A ligação dos fatores tróficos extracelulares pode disparar alterações nessas interações, resultando na sobrevivência celular (ver Figura 21-38).
- A ligação de sinais extracelulares de morte, como o fator de necrose tumoral e o ligante Fas, aos seus receptores oligomeriza e ativa uma proteína associada (FADD) que, por sua vez, dispara a cascata de caspase levando à morte celular.

Perspectivas

O nascimento celular, a assimetria celular e a morte celular, que constituem a base do desenvolvimento, do crescimento e da cura dos organismos, também são centrais nos processos de doenças, mais notadamente no câncer. Normalmente, a formação celular é cuidadosamente restrita a locais e momentos específicos, tais como a camada basal da pele ou os meristemas da raiz. O fígado se regenera quando é danificado, mas o câncer hepático é evitado pela restrição do crescimento desnecessário em outros momentos.

Algumas células persistem durante toda a vida do organismo, mas outras, como as células do sangue e as intestinais, terminam seu ciclo de vida rapidamente. Muitas células vivem por um tempo e, então, são programadas para morrer e ser substituídas por outras originadas de uma população de células-tronco. Atualmente, é dada muita atenção para a regulação das células-tronco, para entender como as populações de células em divisão são criadas e mantidas. Isso tem implicações claras no reparo dos tecidos; por exemplo, para reparar retinas danificadas, cartilagens dilaceradas, tecido cerebral em degeneração ou órgãos em falência. Uma possibilidade interessante é que algumas populações de células-tronco com o potencial de gerar ou regenerar os tecidos são normalmente eliminadas por morte celular durante o final do desenvolvimento. Se fosse possível encontrar maneiras de bloquear a morte dessas células, a sua regeneração seria mais provável. A eliminação dessas células durante o desenvolvimento dos mamíferos poderia ser a diferença entre anfíbios, capazes de regenerar membros, e mamíferos, incapazes de fazê-lo?

As células ES e iPS continuarão a fornecer grande parte da informação sobre as moléculas reguladoras, fatores de transcrição, enzimas modificadoras da cromatina e do DNA, RNAs não codificantes e circuitos que estabelecem e mantêm o estado pluripotente e permitem que essas células se diferenciem em linhagens específicas do desenvolvimento. Mas o principal interesse nessas células, ao menos na mente do público, é como fonte de tecidos para substituir tecidos defeituosos em várias doenças. Algumas doenças neurodegenerativas, como o mal de Alzheimer e o mal de Parkinson, poderiam ser curadas se as células ES ou iPS pudessem ser persuadidas a se diferenciar em cultura para neurônios apropriados e se um método pudesse ser encontrado para encaminhar as células nervosas para as regiões apropriadas do cérebro. Similarmente, as células ES e iPS podem formar hemácias aparentemente normais e outros tipos de células do sangue em cultura. Mas essas células são mesmo normais e completamente funcionais? Um protocolo de bioengenharia poderia ser desenvolvido para tornar essas células puras e suficientes para transplante em humanos? Sem dúvida, esses problemas que estão na interface da engenharia de tecidos e da biologia celular e do desenvolvimento serão resolvidos, mas a pergunta é quando?

A morte celular programada é a base da eliminação meticulosa de células potencialmente prejudiciais, tais como células imunes autorreativas, que atacam as células do próprio organismo ou os neurônios que não tenham se conectado adequadamente. Os programas de morte celular também se desenvolveram como defesa contra as infecções, e as células infectadas por vírus são seletivamente eliminadas em resposta a sinais de destruição. Os vírus, por outro lado, dedicam muito do seu esforço para invadir as defesas do hospedeiro. As falhas na morte celular programada podem levar ao crescimento canceroso descontrolado. Portanto, as proteínas que evitam a morte das células cancerosas se tornam possíveis alvos para o desenvolvimento de fármacos. Como visto no Capítulo 24, vários tumores podem conter uma mistura de células, algumas capazes de semear novos tumores ou continuar o crescimento descontrolado e outras capazes apenas de crescimento localizado por um período limitado de tempo. Nesse sentido, o tumor tem suas próprias células-tronco. Agora essas células estão sendo identificadas e estudadas e se tornando vulneráveis à intervenção médica. Uma opção é manipular a via de morte celular para que envie sinais que façam as células cancerosas se autodestruírem.

Termos-chave

apoptose 1009
apoptossomo 1015
caspases 1011
células progenitoras 988
célula somática 980
célula-tronco 979
célula-tronco embrionária 980
célula-tronco pluripotente induzida 980
divisão celular assimétrica 979
divisão celular simétrica 979
família Bcl-2 1014
fator trófico 1008
linhagem celular 980
linhagem germinativa 987
meristema 995
morte celular programada 981
multipotente 980
nicho das células-tronco 989
pluripotente 980
polaridade 999
polaridade planar da célula (PCP) 1005
proteína BH3-only 1009
totipotente 979

Revisão dos conceitos

1. Quais são as duas propriedades que definem uma célula-tronco? Faça a distinção entre célula-tronco totipotente, célula-tronco pluripotente e célula precursora (progenitora).
2. Onde estão localizadas as células-tronco das plantas? Onde se localizam as células-tronco nos animais adultos? Como o conceito de célula-tronco difere entre os sistemas animal e vegetal?
3. Em 1997, a ovelha Dolly foi clonada utilizando-se a técnica chamada transferência nuclear de célula somática (ou clonagem por transferência do núcleo). Um núcleo de uma célula da glândula mamária de um adulto foi transferido para um oócito do qual o núcleo havia sido previamente removido. O zigoto formado se dividiu várias vezes em cultivo e, então, foi transferido para uma receptora, da qual nasceu Dolly. Dolly morreu em 2003, após se acasalar, gerar e parir um filhote viável. O que a criação de Dolly revelou sobre o potencial do material nuclear derivado de uma célula adulta totalmente diferenciada? A criação de Dolly revelou alguma coisa sobre o potencial de uma célula adulta intacta e totalmente diferenciada?
4. Identifique se os seguintes itens contêm células totipotentes, pluripotentes ou multipotentes: (a) massa celular interna, (b) mórula, (c) embrião de oito células, (d) trofectoderme.
5. Falso ou verdadeiro: células somáticas diferenciadas têm a capacidade de se reprogramar para se tornar outro tipo de célula. Estabeleça uma linha de evidência discutida neste capítulo que corrobore sua resposta.
6. Explique como as células-tronco intestinais foram identificadas pela primeira vez e então estabelecidas como células-tronco multipotentes.
7. Explique como foi mostrado experimentalmente que as células-tronco hematopoiéticas são tanto pluripotentes quanto capazes de autorrenovação.
8. Foi provado que o verme nematódeo *C. elegans* é um modelo de organismo valioso para os experimentos de formação, assimetria e morte celular. Que propriedades do *C. elegans* lhe renderam esse bom aproveitamento para esses estudos? Por que muitas das informações obtidas em experimentos com *C. elegans* são utilizadas pelos pesquisadores interessados no desenvolvimento mamífero?
9. A divisão celular assimétrica muitas vezes depende dos elementos do citoesqueleto para gerar ou manter a distribuição assimétrica dos fatores celulares. Em *S. cerevisae*, qual fator é encaminhado para os brotos pelas miosinas motoras? Nos neuroblastos de *Drosophila*, quais fatores são encaminhados apicalmente pelos microtúbulos?
10. Discuta o papel dos genes *Par* na geração da polaridade A-P no embrião de *C. elegans*.
11. Como os experimentos sobre o desenvolvimento cerebral em camundongos nocauteados deram suporte ao conceito de que a apoptose é uma via ausente nas células neuronais?
12. Compare e morte celular por apoptose e por necrose.
13. Identifique e liste as funções das três principais classes de proteínas que controlam a morte celular.
14. Com base na sua compreensão sobre os eventos envolvidos na morte celular, faça uma previsão sobre o(s) efeito(s) dos seguintes itens sobre a capacidade da célula de sofrer apoptose:
    a. CED-9 funcional; CED-3 não funcional
    b. Bax ativa e citocromo *c*; caspase-9 não funcional
    c. PI-3 cinase inativa; Bad ativa
15. TNF e o ligante Fas se ligam a receptores da superfície celular para desencadear a morte celular. Apesar do sinal de morte ser gerado do lado externo da célula, por que se considera que a morte induzida por essas moléculas é apoptótica, em vez de necrótica?
16. Faça uma previsão dos efeitos das seguintes mutações sobre a habilidade da célula em sofrer apoptose:
    a. Mutação em Bad, de modo a não ser fosforilada pela proteína-cinase B (PKB)
    b. Superexpressão de Bcl-2
    c. Mutação em Bax, de modo a não formar homodímeros.

    Uma característica comum das células cancerosas é a perda de função da via apoptótica. Quais das mutações listadas poderiam ser esperadas em algumas células cancerosas?
17. Como os IAPs (inibidores das proteínas de apoptose) interagem com as caspases para prevenir a apoptose? Como as proteínas mitocondriais interagem com os IAPs para prevenir a inibição da apoptose?

Análise dos dados

Uma questão da Análise dos Dados para este capítulo pode ser encontrada no website *Molecular Cell Biology*: www.whfreeman.com/lodish7e

Referências

Desenvolvimento inicial de metazoários e células-tronco embrionárias

Boyer, L., D. Mathur, and R. Jaenisch. 2006. Molecular control of pluripotency. *Curr. Opin. Genetics Dev.* **16**:455–462.

Graf, T., and T. Enver. 2009. Forcing cells to change lineages. *Nature* **462** :587–594.

Hanna, J., K. Saha, and R. Jaenisch. 2010. Pluripotency and cellular reprogramming: facts, hypotheses, unresolved issues. *Cell* **143** :508–525.

Mallanna, S., and A. Rizzino. 2010. Emerging roles of microRNAs in the control of embryonic stem cells and the generation of induced pluripotent stem cells. *Dev. Biol.* **344**:16–25.

Melton, C., R. Judson, and R. Blelloch. 2010. Opposing microRNA families regulate self-renewal in mouse embryonic stem cells. *Nature*
463:621. Orkin, S., and K. Hochedlinger. 2011. Chromatin connections to pluripotency and cellular reprogramming. *Cell* **145**:835–850.

Surface, L., S. Thornton, and L. Boyer, L. 2010. Polycomb group proteins set the stage for early lineage commitment. *Cell Stem Cell* **7** :288–298.

Viswanathan, S., et al. 2008. Selective blockade of microRNA processing by Lin28. *Science* **320**:97–100.

Young, R. 2011. Control of the embryonic stem cell state. *Cell* **144**:940–954.

Células-tronco e nichos em organismos multicelulares

Birchmeier, W. 2011. Stem cells: orphan receptors find a home. *Nature* **476** **:287.**

Copelan, E. A. 2006. Hematopoietic stem-cell transplantation. *N. Engl. J. Med.* **354**:1813–1826.

Golden, J. A., S. C. Fields-Berry, and C. L. Cepko. 1995. Construction and characterization of a highly complex retroviral library for lineage analysis. *Proc. Nat'l. Acad. Sci. USA* **92**:5704–5708.

He, S., D. Nakada, and S. Morrison. 2009. Mechanisms of stem cell self-renewal. *Annu. Rev. Cell Dev. Biol.* **25** :377-406.

Li, L., and T. Xie. 2005. Stem cell niche: structure and function. *Annu. Rev. Cell Dev. Biol.* **21**:605–631.

Mendez-Ferrer, S., et al. 2011. Mesenchymal and haematopoietic stem cells form a unique bone marrow niche. *Nature* **466**:829–834.

Morrison, S. J., and J. Kimble. 2006. Asymmetric and symmetric stem-cell divisions in development and cancer. *Nature* **441**:1068–1074.

Novershtern, N., et. al. 2011 Densely interconnected transcriptional circuits control cell states in human hematopoiesis *Cell* **144**:296–309.

Sablowski, R. 2011. Plant stem cell niches: from signalling to execution. *Curr. Opin. Plant Biol.* **14**:4–9.

Scheres, B. 2007. Stem-cell niches: nursery rhymes across kingdoms. *Nat. Rev. Mol. Cell Biol.* **8**:345–354.

Suh, H., W. Deng, and P. Gage. 2009. Signaling in adult neurogenesis. *Annu. Rev. Cell Dev. Biol.* **25** :253–275.

van der Flier, L. G., and H. Clevers. 2009. Stem cells, self-renewal, and differentiation in the intestinal epithelium *Annu. Rev. Physiol.* **71** **:241–260.**

Zhang, C., and H. Lodish. 2008. Cytokine regulation of hematopoietic stem cell function. *Curr. Opin. Hematol.* **15**:307–311.

Mecanismos de polaridade celular e divisão celular assimétrica

Axelrod, J. D., and C. J. Tomlin. 2011. Modeling the control of planar cell polarity. *Wiley Interdisc. Revs. Sys. Biol. Med.* **3**:588–605.

Cabernard C., and C. Q. Doe. 2009. Apical/basal spindle orientation is required for neuroblast homeostasis and neuronal differentiation in *Drosophila. Dev. Cell* **17**:134–141.

Knoblich, J. A. 2008. Mechanisms of asymmetric stem cell division. *Cell* **132**:583–597.

Li, R., and B. Bowerman, eds. 2010. *Symmetry Breaking in Biology.* Cold Spring Harbor Laboratory Press.

Li, R., and G. G. Gundersen. 2008. Beyond polymer polarity: how the cytoskeleton builds a polarized cell. *Nat. Rev. Mol. Cell Biol.* **9**:860–873.

Mellman, I., and W. J. Nelson. 2008. Coordinated protein sorting, targeting and distribution in polarized cells. *Nat. Rev. Mol. Cell Biol.* **9**:833–845.

Morrison, S. J, and J. Kimble. 2006. Asymmetric and symmetric stem-cell divisions in development and cancer. *Nature* **441**:1068–1074.

Nelson, W. J. 2003. Adaption of core mechanisms to generate cell polarity. *Nature* **422**:766–774.

Shivas, J. M., H. A. Morrison, D. Bilder, and A. R. Skop. 2010. Polarity and endocytosis: reciprocal regulation. *Trends in Cell Biol.* **20**:445-452.

Siller, K. H., and C. Q. Doe. 2009. Spindle orientation during asymmetric cell division. *Nat. Cell Biol.* **11**:365–374.

St. Johnston, D., and J. Ahringer. 2010. Cell polarity in eggs and epithelia: parallels and diversity. *Cell* **141**:757–774.

Zallen, J. A. 2007. Planar polarity and tissue morphogenesis. *Cell* **129**:1051–1063.

Morte celular e sua regulação

Adams, J. M., and S. Cory. 2007. Bcl-2-regulated apoptosis: mechanism and therapeutic potential. *Curr. Opin. Immunol.* **19**:488–496.

Baehrecke, E. H. 2002. How death shapes life during development. *Nat. Rev. Mol. Cell Biol.* **3**:779–787.

Bouillet, P., and L. A. O'Reilly. 2009. CD95, BIM and T cell homeostasis. *Nat. Rev. Immunol.* **9**:514–519.

Giam, M., D. C. Huang, and P. Bouillet. 2008. BH3-only proteins and their roles in programmed cell death. *Oncogene* 27(suppl. 1):S128–136.

Hay, B. A., and M. Guo. 2006. Caspase-dependent cell death in *Drosophila. Annu. Rev. Cell Dev. Biol.* **22**:623–650.

Lakhani, S. A., et al. 2006. Caspases 3 and 7: key mediators of mitochondrial events of apoptosis. *Science* **10**:847–851.

Martin, S. 2010. Opening the cellular poison cabinet. *Science* **330**:1330–1331.

Peter, M. 2011. Apoptosis meets necrosis. *Nature* **471**:311–312.

Riedl, S. J., and G. Salvesen. 2007. The apoptosome: signalling platform of cell death *Nat. Rev. Mol. Cell Biol.* **8**:405–413.

Ryoo, H. D., and E. H. Baehrecke. 2010. Distinct death mechanisms in *Drosophila* development. *Curr. Opin. Cell Biol.* **22**:889–895.

Schafer, Z. T., and S. Kornbluth. 2006. The apoptosome: physiological, developmental, and pathological modes of regulation. *Devel. Cell* **10**:549–561.

Teng, X., and J. Hardwick. 2010. The apoptosome at high resolution. *Cell* **141**:402–404.

Yan, N., et al. 2005. Structure of the CED-4–CED-9 complex provides insights into programmed cell death in *Caenorhabditis elegans. Nature* **437**:831–837.

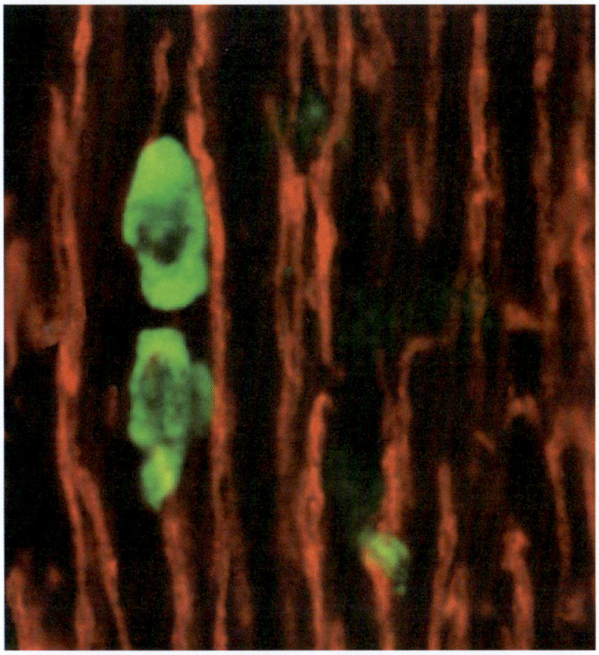

Dois principais tipos de células do sistema nervoso central: neurônios (vermelho) e células gliais (verde). Nesta imagem do desenvolvimento do nervo óptico de camundongo, axônios estão corados com um anticorpo contra o principal componente da mielina, a proteína básica da mielina, que circunda os axônios. Oligodendrócitos, um tipo de células gliais que produzem a capa de mielina, estão corados com um anticorpo específico para o inibidor de β-catenina da proteína da polipose adenomatosa do colo. (De B. Emery, 2010, *Science* **330**:779.)

CAPÍTULO

22

As células nervosas

SUMÁRIO

O sistema nervoso regula todos os aspectos das funções do corpo e é impressionante na sua complexidade. O cérebro humano adulto – o centro de controle que armazena, calcula, integra e transmite as informações – tem 1,3 kg e contém em torno de 10^{11} células nervosas, chamadas neurônios. Esses neurônios são interconectados por cerca de 10^{14} sinapses, os pontos de junção onde dois ou mais neurônios se comunicam. Milhões de neurônios especializados percebem características sensoriais do ambiente externo e do ambiente interno dos organismos e transmitem essas informações ao cérebro para processamento e armazenamento. Milhões de outros neurônios regulam a contração de músculos e a secreção de hormônios. O sistema nervoso também contém células gliais, que ocupam os espaços entre neurônios e modulam suas funções.

Apesar dos múltiplos tipos e formas dos neurônios encontrados nos organismos metazoários, todas as células nervosas compartilham muitas propriedades comuns. A estrutura e a função das células nervosas são conhecidas em grande detalhe, talvez com mais detalhes do que qualquer outro tipo de célula. A função de um neurônio é comunicar a informação, o que é feito por dois métodos. *Sinais elétricos* processam e conduzem a informação dentro dos neurônios, os quais são geralmente células bastante alongadas. (Figura 22-1). Os pulsos elétricos que viajam ao longo dos neurônios são chamados potenciais de ação, e a informação está codificada na frequência com que os potenciais de ação são disparados. Devido à velocidade da transmissão elétrica, neurônios são campeões na transdução de sinais, muito mais rápidos do que células secretoras de hormônios. Diferentemente dos sinais elétricos que conduzem a informação *dentro* de um neurônio, os *sinais químicos* transmitem a informação *entre* as células, utilizando um processo similar àqueles empregados por outros tipos de células sinalizadoras (Capítulos 15 e 16).

Em conjunto, a sinalização elétrica e química do sistema nervoso permite detectar estímulos externos,

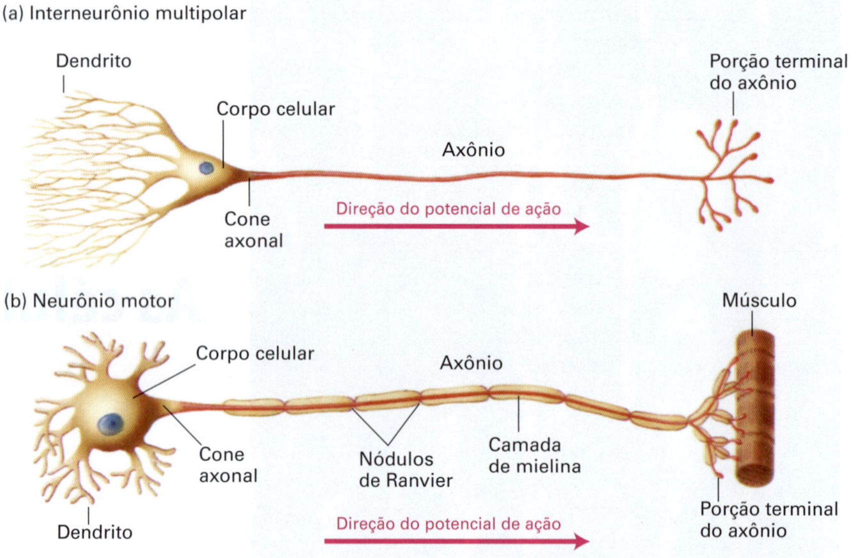

FIGURA 22-1 Morfologia típica de dois tipos de neurônios de mamíferos. Potenciais de ação surgem no cone axonal e são conduzidos até a porção terminal do axônio. (a) Um interneurônio multipolar tem dendritos profusamente ramificados, que *recebem* sinais nas sinapses com várias centenas de outros neurônios. Pequenas variações de tensão, transmitidas por entradas nos dendritos, podem dar origem a um maior potencial de ação, que começa no cone axonal. Um único axônio longo, que se ramifica lateralmente ao seu término, *transmite* sinais a outros neurônios. (b) Em geral, um neurônio motor inervando uma célula muscular tem um único axônio longo, que se estende desde o corpo da célula até a célula efetora. Em neurônios motores de mamíferos, uma bainha isolante de mielina normalmente envolve todas as partes do axônio, exceto os nódulos de Ranvier e a porção terminal do axônio. A camada de mielina é composta pelas chamadas células gliais.

integrar e processar as informações recebidas, comunicando-a aos centros cerebrais superiores, gerando uma resposta apropriada ao estímulo. Por exemplo, **neurônios sensoriais** têm receptores especializados que convertem diferentes tipos de estímulos do ambiente (p. ex., luz, toque, som, odores) em sinais elétricos. Esses sinais elétricos são então convertidos em sinais químicos passados a outras células chamadas **interneurônios**, os quais convertem a informação de volta em sinais elétricos. Por fim, a informação é transmitida aos **neurônios motores** estimuladores de músculo ou a outros neurônios que estimulam outros tipos de células, tais como glândulas.

Neste capítulo, será focalizada a neurobiologia em nível celular e molecular. Primeiro, será observada a arquitetura geral dos neurônios e como eles transportam os sinais. Depois, serão abordados o fluxo de íons, os canais de proteínas e as propriedades de membrana: de que modo os pulsos elétricos avançam rapidamente ao longo dos neurônios. Terceiro, será examinada a comunicação entre neurônios: sinais elétricos caminhando ao longo da célula devem ser traduzidos em pulsos químicos entre células e então de volta em um sinal elétrico nas células receptoras. Na última seção, serão analisados neurônios em diferentes tecidos sensoriais, incluindo aqueles responsáveis por mediar o tato, o paladar e o olfato. A velocidade, a precisão e a força integrativa da sinalização neural permitem a percepção sensorial acurada e oportuna de um ambiente de rápida mudança.

Uma grande quantidade de informações sobre células tem sido coletada a partir das análises em humanos, camundongos, nematódeos e moscas com mutações que afetam as funções específicas do sistema nervoso. Além disso, a clonagem molecular e análise estrutural de proteínas neuronais essenciais, como canais de íon controlados por voltagem e receptores, têm ajudado a elucidar a maquinaria celular essencial para as funções complexas do cérebro, como instinto, aprendizagem, memória e emoção.

22.1 Neurônios e glia: blocos construtivos do sistema nervoso

Nesta seção, inicialmente será observada a estrutura dos neurônios e como eles propagam os sinais elétricos e químicos. Os **neurônios** são caracterizados por sua forma alongada e assimétrica, por suas organelas e proteínas altamente organizadas e, principalmente, por um conjunto de proteínas que controla o fluxo de íons através da membrana. Um neurônio responde ao estímulo de múltiplos neurônios, gerando sinais elétricos e transmitindo sinais a múltiplos neurônios; por isso, o sistema nervoso tem uma força considerável na análise dos sinais. Por exemplo, um neurônio consegue passar um sinal apenas se receber cinco sinais ativadores simultâneos de estímulos neuronais. O neurônio receptor mede ambos, a *quantidade* total de sinal de entrada, e se os cinco sinais são aproximadamente *sincronizados*. O estímulo de um neurônio a outro pode ser tanto *excitatório* – combinado a outros sinais para disparar a transdução elétrica na célula receptora – ou *inibitório*, impedindo tal transmissão. Assim, as propriedades e as conexões de neurônios individuais definem o estágio para integração e aperfeiçoamento da informação, e a saída de um sistema nervoso depende das propriedades desse circuito, isto é, da transferência ou das interconexões entre neurônios e da força dessas interconexões. Em primeiro lugar, será analisado como os sinais são recebidos e transmitidos, e nas partes posteriores do capítulo serão examinados os detalhes moleculares da maquinaria envolvida.

A informação flui pelos neurônios dos dendritos aos axônios

Os neurônios surgem de precursores de *neuroblastos* grosseiramente esféricos. Neurônios recém-nascidos podem migrar grandes distâncias antes de se tornarem células drasticamente alongadas. Neurônios totalmente diferenciados tomam várias formas, mas geralmente compartilham certas características fundamentais (ver Figura 22-1). O núcleo é encontrado em uma parte arredondada da célula chamada *corpo celular*. Processos celulares ramificados, chamados **dendritos** (do grego "com aparência de árvore"), são encontrados em uma das extremidades, e são as principais estruturas onde os sinais são recebidos de outros neurônios via sinapses. Os sinais que chegam são também recebidos nas sinapses que formam os corpos celulares neuronais. Muitas vezes, os neurônios têm dendritos extremamente longos com ramificações complexas, particularmente no sistema nervoso central (i.e., o cérebro e a medula espinal). Então, isso permite formar sinapses e receber sinais de um grande número de outros neurônios – até dezenas de milhares. Assim, a convergência das ramificações dendríticas permite que sinais de muitas células sejam recebidos e integrados por um único neurônio.

Quando um neurônio está se diferenciando, a porção terminal da célula oposta aos dendritos sofre um crescimento drástico para formar um grande braço estendido chamado **axônio**, que essencialmente é o fio da transmissão. O crescimento dos axônios deve ser controlado; por isso, conexões apropriadas são formadas, por meio de um processo complexo chamado orientação do axônio, que envolve modificações dinâmicas no citoesqueleto, discutido na Seção 18.8. O diâmetro dos axônios varia de apenas um micrômetro em certos neurônios do cérebro humano a milímetros na fibra gigante da lula. Os axônios podem ter metros de comprimento (p. ex., no pescoço das girafas) e, com frequência, são parcialmente cobertos por uma camada isolante chamada **bainha de mielina** (ver Figura 22-1b), formada de células chamadas gliais. O isolamento elétrico acelera a transmissão elétrica e impede curto-circuitos. As pequenas terminações ramificadas dos axônios, opostas à terminação dos dendritos do neurônio, são chamadas de *terminais axonais*, onde os sinais são passados ao próximo neurônio ou a outro tipo de célula, como células do músculo ou células secretoras de hormônio. A assimetria do neurônio, com dendritos em uma extremidade e o terminal axonal na outra, indica um fluxo unidirecional de informação dos dendritos aos axônios.

A informação passa ao longo dos axônios na forma de pulsos de fluxos de íons chamados potenciais de ação

As células nervosas são membro de uma classe de *células excitáveis*, as quais também incluem células musculares, células pancreáticas, entre outras. Como todas as células de metazoários, as células excitáveis têm voltagem interna negativa ou gradiente de potencial elétrico através de suas membranas plasmáticas, o **potencial de membrana** (ver Capítulo 11). Em células excitáveis, esse potencial pode subitamente tornar-se zero ou mesmo ser revertido, com o interior da célula positivo, com respeito ao lado externo da membrana plasmática. Em um neurônio típico, a voltagem da membrana é chamada de *potencial de repouso*, pois é o estado onde não há transmissão de sinais, estabilizado por bombas de íons Na^+/K^+ na membrana plasmática. Essas são as mesmas bombas de íons usadas por outras células para gerar um potencial de repouso. As bombas de íons Na^+/K^+ usam energia na forma de ATP para transferir os íons Na^+ carregados positivamente para fora da célula, e os íons K^+ para dentro. O movimento seguinte dos íons K^+ para fora da célula por meio dos canais de repouso de K^+ resulta em uma carga negativa total dentro da célula comparada com o lado externo. O potencial de repouso típico de um neurônio é em torno de –60 mV.

Os neurônios têm uma linguagem própria. Eles usam suas inigualáveis propriedades elétricas para enviar sinais. Os sinais tomam a forma de breves variações de tensão local, do lado negativo para o lado positivo, evento denominado **despolarização.** Uma poderosa onda de mudança de voltagem despolarizante, movendo-se de um neurônio a outro, é chamada de **potencial de ação.** "Despolarização" é um termo impróprio, já que o neurônio subitamente sai de um estado interno-negativo a neutro e depois a um estado interno-positivo, o que poderia ser precisamente descrito como despolarização seguida por polarização contrária (Figura 22-2). No pico do potencial de ação, o potencial de membrana pode alcançar até +50 mV (lado interno positivo), uma variação total em torno de 110 mV. Como será visto detalhadamente na Seção 22.2, um potencial de ação se movimenta ao longo do axônio até o terminal axonal a uma velocidade maior que 100 metros por segundo. Em humanos, por exemplo, os axônios podem ter mais do que um metro de comprimento, ainda assim leva apenas poucos milissegundos para um potencial de ação se mover ao longo de seu comprimento. Os neurônios podem transmitir repetidamente após um breve período de pausa, por exemplo, a cada 4 milissegundos (ms), como na Figura 22-2. Depois que o potencial de ação passa o setor de um neurônio, bombas e canais de proteínas restauram o potencial de repouso negativo interno (**repolarização**). O processo de restauração segue o potencial de ação no axônio até o terminal axonal, deixando o neurônio pronto para sinalizar novamente.

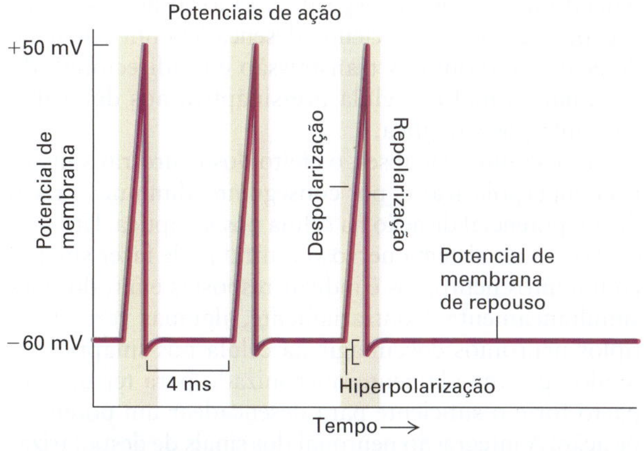

FIGURA EXPERIMENTAL 22.2 Registro de um potencial de membrana axonal durante um tempo revela a amplitude e a frequência de potenciais de ação. Um potencial de ação é uma despolarização transiente repentina da membrana, seguida pela repolarização para o potencial de repouso de creca de -60 mV. O potencial de membrana axonal pode ser medido com um pequeno eletrodo posicionado nela (ver Figura 11-19). Este registro mostra o neurônio gerando um potencial de ação a cerca de cada 4 milisegundos.

Sobretudo, potenciais de ação são "tudo ou nada". Uma vez que o limiar para começar um potencial tenha sido alcançado, um disparo total ocorre. O sinal da informação é, por conseguinte, realizado principalmente não pela intensidade dos potenciais de ação, mas pelo seu tempo e sua frequência.

Algumas células excitáveis não são neurônios. A contração muscular é disparada por neurônios motores que realizam a sinapse diretamente nas células musculares excitatórias (ver Figura 22-1b). A secreção de insulina pelas células β do pâncreas é disparada por neurônios. Em ambos os casos, o evento de ativação envolve uma abertura nos canais da membrana plasmática que causa modificações no fluxo transmembrana de íons e nas propriedades elétricas das células reguladas.

A informação flui entre neurônios via sinapses

O que inicia o potencial de ação? Os terminais axonais de um neurônio estão intimamente apostos aos dendritos de outro neurônio, nas junções chamadas sinapses químicas ou, simplesmente, **sinapses** (Figura 22-3). O terminal axonal da *célula pré-sináptica* contém muitas pequenas vesículas, chamadas **vesículas sinápticas**, cada uma delas preenchida com um único tipo de molécula, conhecida como **neurotransmissor**. A chegada de um potencial de ação no terminal axonal dispara a exocitose de um pequeno número de vesículas sinápticas, liberando seu conteúdo de moléculas neurotransmissoras.

Os neurotransmissores se difundem por meio da sinapse em torno de 0,5 ms e ligam-se aos receptores do dendrito do neurônio adjacente. A ligação do neurotransmissor desencadeia a abertura ou o fechamento de canais de íons específicos na membrana plasmática dos dendritos das *células pós-sinápticas*, levando a mudanças no potencial de membrana nessa área localizada na célula pós-sináptica. Geralmente essas mudanças despolarizam a membrana pós-sináptica (tornando o potencial interno menos negativo). O local de despolarização, se grande o suficiente, desencadeia um potencial de ação no axônio. A transmissão é unidirecional, do terminal axonal da célula pré-sináptica aos dendritos da célula pós-sináptica.

Em algumas sinapses, o efeito dos neurotransmissores é hiperpolarizar e, por conseguinte, diminuir o risco de um potencial de ação na célula pós-sináptica. Um único axônio no sistema nervoso central pode fazer sinapse com muitos neurônios e induzir respostas em todos eles simultaneamente. Contrariamente, algumas vezes múltiplos neurônios devem agir na célula pós-sináptica de modo aproximadamente sincronizado para ter um impacto forte o suficiente para desencadear um potencial de ação. A integração neuronal dos sinais de despolarização e de hiperpolarização determina a probabilidade de um potencial de ação.

Assim, neurônios empregam uma combinação de transmissão elétrica extremamente rápida *ao longo* do axônio com rápida comunicação química *entre* as células. Agora será analisado como uma cadeia de neurônios, um circuito, pode realizar uma função útil.

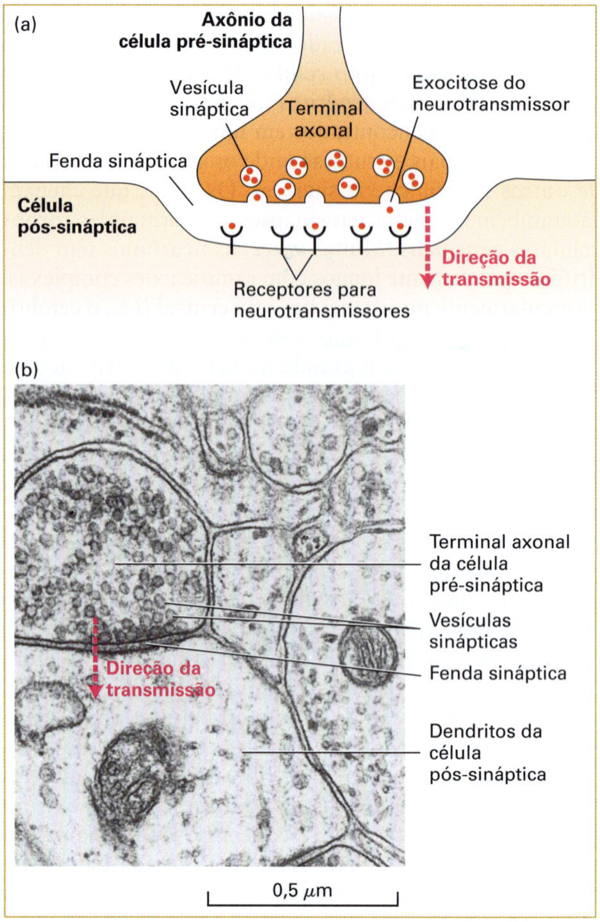

FIGURA 22-3 Sinapse química. (a) Uma região estreita – a fenda sináptica – separa a membrana plasmática das células pré-sinápticas e pós-sinápticas. A chegada de um potencial de ação em uma célula pré-sináptica causa a exocitose, na sinapse, de um pequeno número de vesículas sinápticas, liberando seu conteúdo de neurotransmissores (círculos vermelhos). Seguindo sua difusão através da fenda sináptica, os neurotransmissores se ligam a receptores específicos na membrana plasmática da célula pós-sináptica. Esses sinais despolarizam a membrana pós-sináptica (tornando o potencial interno menos negativo), tendendo a induzir um potencial de ação na célula, ou hiperpolarizam a membrana pós-sináptica (tornando o potencial interno mais negativo), inibindo a indução do potencial de ação. (b) Micrografia eletrônica mostra um dendrito em sinapse com um terminal axonal cheio de vesículas sinápticas. Na região sináptica, a membrana plasmática das células pré-sinápticas é especializada em vesículas de exocitose; vesículas sinápticas contendo neurotransmissores são agrupadas nessas regiões. A membrana oposta da célula pós-sináptica (neste caso, o neurônio) contém receptores para neurotransmissores. (Parte (b) de C. Raine et colaboradores, ed., 1981, *Basic Neurochemistry*, 3 ed., Little, Brown, p. 32.)

O sistema nervoso usa circuitos de sinalização compostos por múltiplos neurônios

Em animais multicelulares complexos, como insetos e mamíferos, neurônios formam circuitos de sinalização construídos usando três tipos básicos de células nervosas: neurônios aferentes, interneurônios e neurônios eferentes. **Neurônios aferentes**, também conhecidos com sensoriais ou neurônios receptores, carregam impulsos nervosos dos receptores ou órgãos sensoriais *para* o sistema nervoso central (i.e., o cérebro e a medula espinal). Esses neurônios informam um evento ocorrido, como a chegada de um "flash" de luz ou o movimento de um músculo. O estímulo de um toque ou de dor cria uma sensação no cérebro apenas depois de a informação sobre os estímulos viajar pelos caminhos do nervo aferente. Os **neurônios eferentes**, também conhecidos como neurônios efetores, carregam os impulsos nervosos para *fora* do sistema nervoso central para gerar uma resposta. Um *neurônio motor*, por exemplo, carrega um sinal ao músculo para estimular sua contração (ver Figura 22-1b); outros neurônios efetores estimulam a secreção por células endócrinas. Os **interneurônios**, o maior grupo, transmitem os sinais dos neurônios aferentes para os neurônios eferentes e para outros interneurônios como parte de uma via neural. Um interneurônio pode ligar múltiplos neurônios, permitindo a integração ou divergência de sinais e algumas vezes estendendo o alcance de um sinal.

Em um tipo de circuito simples chamado *arco reflexo*, interneurônios conectam múltiplos neurônios sensoriais e motores, permitindo um neurônio sensorial afetar múltiplos neurônios motores, e um neurônio motor ser afetado por múltiplos neurônios sensoriais; dessa maneira, interneurônios integram e aumentam reflexos. Por exemplo, o reflexo patelar em humanos, ilustrado na Figura 22-4, envolve um arco reflexo complexo no qual um músculo é estimulado a contrair enquanto outro tem sua contração inibida. O reflexo também envia a informação para o cérebro para anunciar o que está acontecendo. Esses circuitos permitem a um organismo responder a um *input* sensorial por uma ação coordenada de um conjunto de músculos que, juntos, alcançam um propósito comum.

Esses simples circuitos de sinalização, entretanto, não explicam diretamente as funções cerebrais de ordem superior, como o desenvolvimento de cálculo, raciocínio e memória. Neurônios típicos do cérebro recebem sinais de até mil outros neurônios, que, por sua vez, podem dirigir sinais químicos a muitos outros neurônios. A saída do sistema nervoso depende das propriedades desse circuito – a quantidade de redes, ou interconexões, entre neurônios e a força dessas interconexões. Aspectos complexos do sistema nervoso, como a visão e a consciência, não podem ser entendidos no nível de célula única, mas apenas em nível de rede de células nervosas que podem ser estudadas por técnicas de análise de sistema. O sistema nervoso é constantemente modificado; alterações no número e na natureza das interconexões ocorrem entre neurônios individuais, por exemplo, na formação de novas memórias.

Células gliais formam camadas de mielina e neurônios de apoio

Apesar de toda a sua imponência, os neurônios constituem uma minoria das células no cérebro humano. As **células gliais** (também conhecidas como *neuroglia* ou simplesmente *glia*), que desempenham muitos papéis no cérebro, mas não conduzem impulsos elétricos, superam em número os neurônios em até 10 por 1. Dos três tipos principais de glia, dois tipos produzem camadas de mielina – isolamento que circunda os axônios neurais (ver Figura 22-1b): **oligodendrócitos** fabricam camadas para o sistema nervoso central (SNC), e **células de Schwann** produzem-nas para o sistema nervoso periférico (SNP) (os dois tipos de glia são discutidos em maior detalhe na Seção 22.2). Os *astrócitos*, o terceiro tipo de glia, fornecem fatores de crescimento e

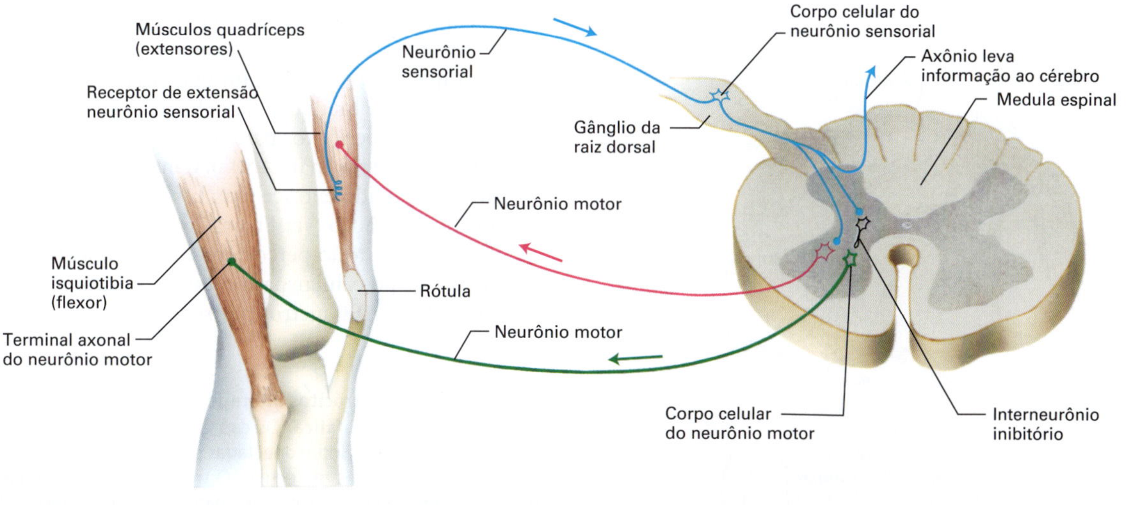

FIGURA 22-4 O reflexo do joelho. Um toque do martelo estende o músculo quadríceps, desencadeando assim a atividade elétrica no receptor de extensão do neurônio sensorial. O potencial de ação, viajando em direção da seta azul superior, envia sinais para o cérebro de modo que temos consciência do que está acontecendo, e também a dois tipos de células no gânglio da raiz dorsal localizado na medula espinal. Uma célula, o neurônio motor, que conecta de volta ao quadríceps (vermelho), estimula a contração muscular fazendo com que você chute a pessoa que martelou o seu joelho. A segunda conexão ativa, ou "excita", um interneurônio inibitório (preto). O interneurônio tem efeito amortecedor, impedindo a atividade por um neurônio motor flexor (verde) que poderia, em outras circunstâncias, ativar os músculos isquiotibiais, que se opõem ao quadríceps. Dessa maneira, o relaxamento do tendão está acoplado à contração do quadríceps. Este é um reflexo porque o movimento não requer decisão consciente.

outros sinais para os neurônios, recebem sinais de neurônios e induzem a formação de sinapse entre neurônios.

Os **astrócitos**, assim chamados por sua forma semelhante a estrelas (Figura 22-5), constituem mais de um terço da massa cerebral e metade das células do cérebro. Os astrócitos circundam muitas sinapses e dendritos; os canais de Ca^{2+}, K^+, Na^+ e Cl^- encontrados na membrana plasmática dos astrócitos influenciam a concentração de íons livres no espaço extracelular, afetando os potenciais de membrana dos neurônios e dos próprios astrócitos. Os astrócitos produzem abundantemente proteínas da matriz extracelular, algumas das quais são usadas como sinais de orientação para migração de neurônios e como hospedeiros de fatores de crescimento que carregam uma diversidade de informações aos neurônios. Os astrócitos estão ligados uns aos outros por **junções tipo fenda**; assim, modificações na composição iônica em certo astrócito são comunicadas a astrócitos adjacentes, a distâncias de centenas de micrômetros.

Alguns astrócitos são também reguladores cruciais na formação da barreira hematoencefálica, cuja finalidade é controlar o tipo de moléculas que pode passar da corrente sanguínea para o cérebro e vice-versa (ver Figura 22-5). Os vasos sanguíneos do cérebro suprem o oxigênio, removem o CO_2 e distribuem glicose e aminoácidos, por meio de capilares encontrados a poucos micrômetros de cada célula. Esses capilares formam uma barreira hematoencefálica, que permite a passagem do oxigênio e CO_2 através da parede da célula endotelial, mas impede, por exemplo, que neurotransmissores circulando pelo sangue e algumas substâncias químicas entrem no cérebro. A barreira consiste em um conjunto de junções (Capítulo 20) que interconecta as células endoteliais que formam as paredes dos capilares. Os astrócitos circunjacentes estimulam a especialização dessas células endoteliais, tornando-as menos permeáveis do que aquelas nos capilares encontrados no resto do corpo.

CONCEITOS-CHAVE da Seção 22.1

Neurônios e glia: blocos construtivos do sistema nervoso

- Os neurônios são células bastante assimétricas compostas por múltiplos dendritos em um extremo, um corpo celular contendo um núcleo, um longo axônio e um terminal axonal.
- Os neurônios carregam informações desde uma extremidade até a outra, usando pulsos de fluxo de íons através da membrana plasmática. Células ramificadas, dendritos, numa extremidade da célula recebem sinais químicos de outros neurônios, desencadeando o fluxo de íons. Os sinais elétricos se movimentam rapidamente para o terminal axonal na outra extremidade da célula (ver Figura 22-1).
- Um neurônio em descanso, sem transportar nenhum sinal, tem bombas movidas por ATP que movimentam íons pela membrana plasmática. O movimento dos íons K^+ para fora cria uma carga líquida negativa dentro da célula. Essa voltagem é chamada potencial de repouso e geralmente é em torno de –60 mV (ver Figura 22-2).
- Se um estímulo faz certos canais iônicos se abrirem para que certos íons fluam mais livremente, um forte impulso de mudança de voltagem pode passar pelo neurônio de dendritos para terminais axonais. A célula passa de –60 mV para +50 mV internamente, com relação ao líquido extracelular. Esse pulso é chamado de potencial de ação (ver Figura 22-2).
- Potenciais de ação percorrem o comprimento do axônio do corpo celular para o terminal axonal a velocidades de até 100 metros por segundo.

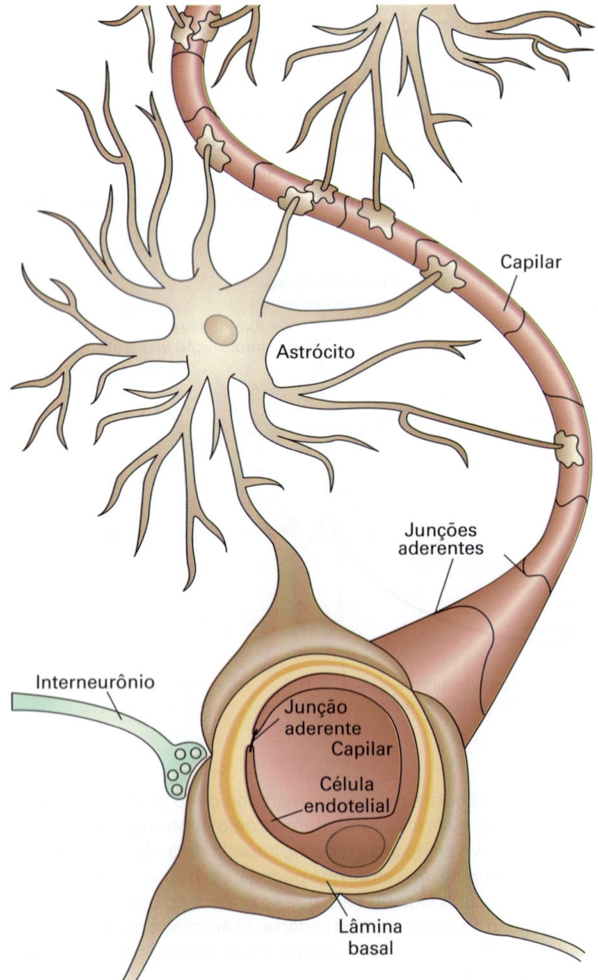

FIGURA 22-5 Astrócitos interagem com células endoteliais na barreira hematoencefálica. Os capilares do cérebro são formados por células endoteliais interconectadas por junções aderentes que são impermeáveis a muitas moléculas. O transporte entre células é bloqueado; assim, apenas atravessam a barreira pequenas moléculas que conseguem se difundir através da membrana plasmática ou substâncias especificamente transportadas pelas células. Certos astrócitos circundam os vasos sanguíneos e, em contato com células endoteliais, enviam proteínas secretadas como sinais para induzir células endoteliais a produzirem uma barreira seletiva. As células endoteliais (vermelho escuro) são circundadas por uma camada de lâmina basal (cor de laranja) e contactadas no exterior por processos de astrócitos (castanho). (De N. J. Abbott, L. Rönnbäck e Hansson, 2006, *Nature Rev. Neurosci.* **7**:41-53.)

- Os neurônios estão conectados por meio de pequenos espaços chamados sinapses. Como um potencial de ação não pode saltar uma fenda, o sinal da célula pré-sináptica no terminal axonal é convertido de elétrico para químico para estimular a célula pós-sináptica.
- Após o estímulo por um potencial de ação, o terminal axonal libera, por exocitose, pequenas moléculas químicas chamadas neurotransmissores. Os neurotransmissores se difundem por meio da sinapse e se ligam a receptores nos dendritos no outro lado da sinapse. Esses receptores podem induzir ou inibir um novo potencial axonal na célula pós-sináptica (ver Figura 22-3).
- Os neurônios formam circuitos que normalmente consistem em neurônios sensoriais, interneurônios e neurônios motores, como no reflexo patelar (ver Figura 22-4).
- Células gliais são dez vezes mais abundantes que neurônios e servem para muitos propósitos. Os oligodendrócitos e as células de Schwann constituem a mielina isolante que cobre muitos neurônios.
- Os astrócitos, outro tipo de células gliais, envolvem seus prolongamentos ao redor das sinapses e vasos sanguíneos e promovem a formação da barreira hematoencefálica (ver Figura 22-5). Os astrócitos também secretam proteínas que estimulam a formação de sinapses.

22.2 Canais iônicos controlados por voltagem e a propagação dos potenciais de ação

No Capítulo 11, foi visto que existe um potencial elétrico de aproximadamente 70 mV (face citosólica negativa) na membrana plasmática de todas as células, incluindo células nervosas em repouso. Esse potencial de repouso da membrana, gerado por um movimento externo de íons K^+ por canais abertos de K^+ na membrana plasmática, é dirigido pelo gradiente de concentração desse íon (citosol > meio extracelular). Concentrações altas de K^+ no citosol e baixas de Na^+, relacionadas às suas concentrações no meio extracelular, são geradas pela bomba Na^+/K^+ na membrana plasmática, que utiliza a energia liberada pela hidrólise de pontes fosfoanídricas no ATP para bombear Na^+ para fora e K^+ para dentro. A entrada dos íons Na^+ do meio no citosol é termodinamicamente favorecida, dirigida tanto pelo gradiente de concentração de Na^+ (meio extracelular > citosol) quanto pelo potencial de membrana interno negativo (ver Figura 11-25). Entretanto, muitos canais de Na^+ na membrana plasmática são fechados em células em repouso, de modo que ocorre uma pequena entrada de íons Na^+ (Figura 22-6a).

Durante um potencial de ação, alguns desses canais de Na^+ se abrem, permitindo a entrada de íons Na^+, os quais despolarizam a membrana. Potenciais de ação são propagados ao longo do axônio devido a uma mudança na voltagem em uma parte do axônio que desencadeia a abertura de canais na próxima seção do axônio. Esses **canais controlados por voltagem**, portanto, estão no centro de transmissão neural. Nesta seção, serão apresentadas algumas propriedades essenciais dos potenciais de ação, que se movem rapidamente ao longo do axônio, do corpo da célula para o terminal. Também será descrito como os canais controlados por voltagem são responsáveis pela propagação dos potenciais de ação em neurônios. Na parte final desta seção, será visto como a camada de mielina, produzida pelas células gliais, aumenta a velocidade e a eficiência da transmissão elétrica em células nervosas.

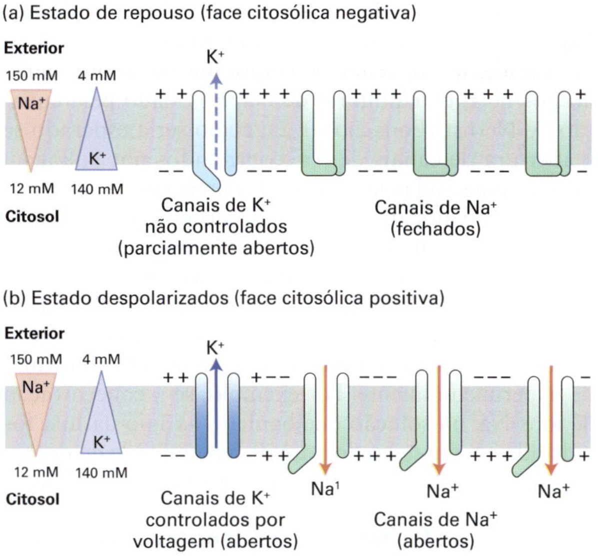

FIGURA 22-6 Despolarização da membrana plasmática devido à abertura de canais de Na^+ controlados. (a) Em neurônios em repouso, um tipo de canal de K^+ não controlado está aberto em parte do tempo, mas os canais de Na^+ controlados, mais numerosos, estão fechados. O movimento de íons K^+ para fora cria um potencial de membrana interno negativo característico de muitas células. (b) A abertura dos canais de Na^+ controlados permite um influxo de íons Na^+ suficientes para causar uma reversão no potencial de membrana. No estado despolarizado, canais de K^+ controlados por voltagem se abrem e, em seguida, polarizam novamente a membrana. Observe que os fluxos de íons são muito pequenos para ter um efeito na concentração total tanto de Na^+ quanto de K^+ no citosol ou líquido exterior.

A magnitude do potencial de ação está perto de E_{Na} e é causada por influxo de Na^+ através dos canais abertos de Na^+

A Figura 22-6b ilustra como o potencial de membrana se modificará se um número suficiente de canais de Na^+ se abrirem na membrana plasmática. O influxo resultante dos íons Na^+ carregados positivamente no citosol compensará o efluxo dos íons K^+ pelos canais em repouso abertos de K^+. O resultado será um movimento *efetivo* de cátions para dentro, gerando um excesso de cargas positivas na face citosólica da membrana plasmática e um excesso correspondente de cargas negativas na face extracelular (devido aos íons Cl^- "deixados para trás" no meio extracelular após influxo de íons Na^+). Em outras palavras, a membrana plasmática torna-se despolarizada de modo que a face interna torna-se positiva em relação à face externa.

Recordando o Capítulo 11: o potencial de equilíbrio de um íon é o potencial de membrana no qual não há fluxo líquido desse íon de um lado a outro da membrana devido ao balanço das duas forças opostas, ao gradiente de concentração do íon e ao potencial de membrana. No pico de despolarização em um potencial de ação, a magnitude do potencial de membrana está muito perto do potencial de equilíbrio de Na^+ E_{Na}, dado pela equação de Nernst (Equação 11-2), como seria esperado se a abertura de canais de Na^+ controlados por voltagem fosse responsável pela geração de potenciais de ação. Por exemplo, o valor de pico medido do potencial de ação do axônio gigante da lula é +35 mV, próximo ao valor calculado de E_{Na} (+55 mV) com base na concentração de Na^+ interna de 440 mM e externa de 50 mM. A relação entre a magnitude do potencial de ação e a concentração de íons Na^+ dentro e fora da célula tem sido confirmada experimentalmente. Por exemplo, se a concentração de íons Na^+ na solução que banha o axônio da lula for reduzida em um terço do normal, a magnitude de despolarização será reduzida em 40 mV, perto do calculado.

A abertura e o fechamento sequenciais dos canais de Na^+ e K^+ controlados por voltagem geram potenciais de ação

O ciclo de mudanças no potencial de membrana e o retorno ao valor de repouso constituem um potencial de ação que dura 1 a 2 milissegundos e ocorre centenas de vezes por segundo em um neurônio típico (ver Figura 22-2). Essas modificações cíclicas no potencial de membrana resultam da primeira abertura e do fechamento de alguns *canais de Na^+ controlados por voltagem* (i.e., canais abertos por *modificação* no potencial de membrana) em um segmento da membrana plasmática axonal, e, então, a abertura e o fechamento dos *canais de K^+ controlados por voltagem.* O papel desses canais na geração de potenciais de ação foi elucidado em estudos clássicos feitos em axônios gigantes de lula, nos quais microeletrodos múltiplos podem ser inseridos sem causar dano à integridade da membrana plasmática. Porém, o mesmo mecanismo básico é usado por todos os neurônios.

Canais de Na^+ controlado por voltagem Como discutido há pouco, os canais de Na^+ controlado por voltagem estão fechados nos neurônios em repouso. Uma pequena despolarização na membrana (como ocorre quando neurotransmissores estimulam a célula pós-sináptica) aumenta a probabilidade de abertura de algum outro canal; quanto maior a despolarização, maior a probabilidade de que o canal irá se abrir. A despolarização causa mudança conformacional nas proteínas desses canais, gerando uma abertura na superfície citosólica do poro, permitindo que íons Na^+ passem através do poro para a célula. Portanto, quanto maior a despolarização inicial da membrana, mais canais de Na^+ controlados por voltagem se abrem e mais íons Na^+ entram.

À medida que os íons Na^+ fluem para dentro por meio de canais abertos, as cargas positivas excedentes na face citosólica e as cargas negativas na face exoplásmica se difundem a uma curta distância do início do local de despolarização. Essa *distribuição passiva* das cargas positivas na face citosólica e das cargas negativas na face externa despolariza (tornando o interior menos negativo) segmentos adjacentes da membrana plasmática, causando a abertura de canais de Na^+ controlados por voltagem adicionais nesses segmentos e um aumento no influxo de Na^+. À medida que mais íons Na^+ entram na célula, o lado interno da membrana celular se torna mais despolarizado, provocando a abertura de ainda mais canais de Na^+ controlados por voltagem e até mesmo maior despolarização da membrana, desencadeando uma explosiva entrada de íons Na^+. Por uma fração de milissegundos, a permeabilidade desse pequeno segmento da membrana ao Na^+ torna-se imensamente maior do que para K^+, e o potencial de membrana aproxima-se de E_{Na}, o potencial de equilíbrio para a membrana permeável apenas a íons Na^+. À medida que o potencial aproxima-se de E_{Na}, entretanto, o movimento líquido de íons Na^+ para dentro cessa, já que o gradiente de concentração de íons Na^+ (fora > dentro) é agora compensado pelo potencial de membrana interno-positivo. O potencial de ação é, nesse pico, próximo do valor de E_{Na}.

A Figura 22-7 esquematicamente descreve características estruturais fundamentais dos canais de Na^+ controlados por voltagem e as modificações conformacionais que provocam sua abertura e fechamento. No estado de repouso, um segmento de proteínas da face citosólica – a *abertura* – obstrui o poro central, impedindo a passagem de íons. O canal contém quatro *hélices α detectoras de voltagem* carregadas positivamente; no estado de repouso, essas hélices estão ancoradas na superfície interna negativa da membrana plasmática. Uma pequena despolarização da membrana desencadeia o movimento dessas hélices detectoras de voltagem rumo às cargas negativas presentes na superfície exoplásmica, provocando uma modificação conformacional que abre a entrada do canal e permite a entrada de íons Na^+. Aproximadamente 1 ms depois, o influxo de Na^+ é impedido pelo movimento da face citosólica do *segmento de canal inativado* no canal aberto, bloqueando qualquer movimento adicional de íons Na^+. Enquanto a membrana permanece despolarizada, o segmento de canal inativado permanece no canal aberto; durante esse **período refratário**, o canal é inativado e não pode ser reaberto. Poucos milissegundos após o potencial de repouso interior negativo estar restabelecido, o segmento de canal inativado oscila da distância do poro e as hélices α detectoras de voltagem retornam as suas posições de repouso próximo da superfície citosólica da membrana. Portanto, o canal retorna ao seu estado de repouso fechado, novamente capaz de ser aberto por despolarização. Observe a importante diferença entre os canais "fechados" e os que estão "inativos", conforme ilustrado na Figura 22-7.

Canais de K^+ controlados por voltagem A repolarização da membrana que ocorre durante o período refratário deve-se, em grande parte, à abertura dos canais de K^+ controlados por voltagem. O posterior aumento no efluxo de K^+ do citosol remove o excesso de cargas positivas da face citosólica da membrana plasmática (i.e., tornando-a mais negativa), restaurando o potencial de repouso interno-negativo. Por um breve instante, a membrana realmente torna-se hiperpolarizada; no pico dessa **hiperpolarização**, o potencial se aproxima de E_K, o qual é mais negativo do que o potencial de repouso (ver Figura 22-2).

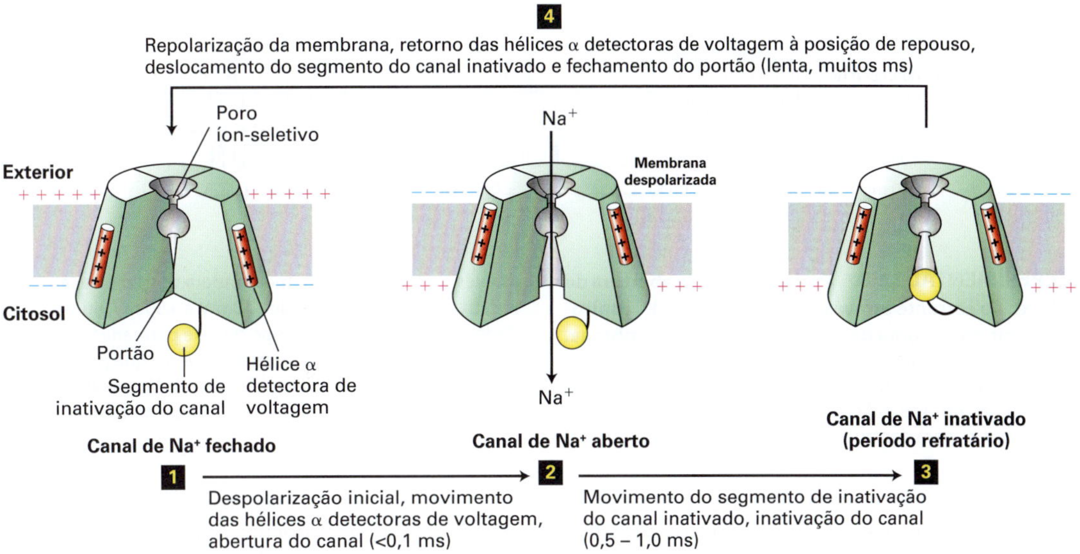

FIGURA 22-7 Modelo operacional do canal de Na^+ controlado por voltagem. Como no canal de K^+ ilustrado na Figura 11-20, quatro domínios transmembrana na proteína contribuem para o poro central para onde se movimentam os íons. Os componentes cruciais que controlam o movimento dos íons Na^+ são mostrados aqui nos cortes descrevendo três dos quatro domínios transmembrana. No estado fechado, de repouso, as hélices α detectoras de voltagem, carregadas positivamente nas cadeias laterais a cada três resíduos, são atraídas para as cargas negativas no lado citosólico da membrana em repouso. Isso mantém o segmento do portão perto da face citosólica na posição "fechada", bloqueando o canal e impedindo a entrada dos íons Na^+ (etapa **1**). Em resposta a uma pequena despolarização, as hélices detectoras de voltagem se movimentam pela bicamada fosfolipídica ao longo da superfície externa da membrana, causando imediata modificação conformacional no portão da face citosólica da proteína, que abre o canal (etapa **2**). Em uma fração de milissegundos, o segmento de inativação do canal move-se no canal aberto, impedindo a passagem de outros íons (etapa **3**). Uma vez que a membrana seja repolarizada, as hélices detectoras de voltagem retornam à posição de repouso, o segmento de inativação do canal é deslocado do canal de abertura, que se fecha; a proteína volta ao estado fechado, de repouso, e pode ser aberta novamente por despolarização (etapa **4**). (Ver W.A. Catterall, 2001, *Nature* **409**:988; e S. B. Long et al., 2007, *Nature* **450**: 376.)

A abertura dos canais de K^+ controlados por voltagem é induzida pela grande despolarização do potencial de ação. Ao contrário dos canais de Na^+ controlados por voltagem, muitos tipos de canais de K^+ controlados por voltagem permanecem abertos enquanto a membrana estiver despolarizada, fechando apenas quando o potencial de membrana tenha retornado ao seu valor interno negativo. Os canais de K^+ controlados por voltagem se abrem fracamente após a despolarização inicial; por isso, no máximo do potencial de ação, às vezes esses canais são chamados de *canais de K^+ retardados*. Por fim, todos os canais de Na^+ e K^+ controlados por voltagem retornam ao seu estado de repouso fechado. Os únicos canais abertos nessa condição de linha de base são os canais de K^+ não controlados por voltagem, que geram um potencial de repouso da membrana, o qual rapidamente volta ao valor comum de aproximadamente –70 mV (ver Figura 22-6a).

Embora o fluxo de íons Na^+ e K^+ altere drasticamente o potencial de membrana quando esta é despolarizada, hiperpolarizada e repolarizada durante um ciclo do potencial de ação, é importante salientar que as trocas desses íons pela membrana são pequenas, comparado com o número total de íons Na^+ e K^+ no espaço citosólico e extracelular. Portanto, a condução de potenciais de ação em neurônios não depende *diretamente* de bombas de Na^+/ K^+ que mantenham seus gradientes de concentração, como será visto em breve.

Canais de Na^+ controlados por voltagem são difíceis de estudar usando técnicas de *patch-clamp*, mas o rastreamento de *patch-clamp* na Figura 22-8 revela propriedades essenciais dos canais de K^+ controlados por voltagem (ver, na Figura 11-22, uma descrição de *patch-clamp*). Nesse experimento, pequenos segmentos da membrana plasmática neuronal foram grampeados em diferentes voltagens, e o fluxo de cargas elétricas foi medido por meio do *patch*, devido ao fluxo de íons K^+ por seus canais abertos. Na pequena voltagem de despolarização de –10 mV, os canais da membrana *patch* abrem com pouca frequência e permanecem abertos por apenas poucos milissegundos, como visto, respectivamente, pelo número e pela largura dos *blips* ascendentes sobre os traçados. Além disso, o fluxo de íons através deles é relativamente pequeno, como medido pela corrente elétrica que passa por cada canal aberto (a altura dos *blips*). A despolarização da membrana após +20 mV provoca a abertura desses canais com frequência cerca de duas vezes maior; mais íons K^+ movem-se por meio de cada canal aberto (a altura dos *blips* é maior), pois a força dirigida para fora, pelos íons K^+ citosólicos, é maior no potencial de membrana de +20 mV do que no de –10 mV. A despolarização da membrana até +50 mV, o valor do pico de um potencial de ação, provoca a abertura de mais canais de K^+, aumentando o fluxo desses íons através deles. Então, o potencial de ação do pico durante a abertura desses canais de K^+ permite o movimento

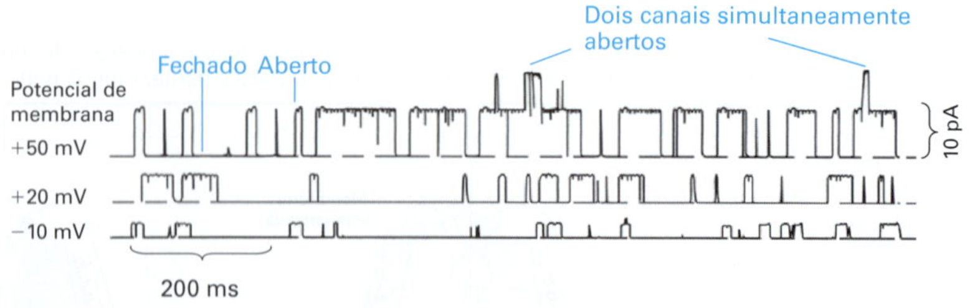

FIGURA EXPERIMENTAL 22-8 Probabilidade de abertura do canal e do fluxo de corrente através de cada canal de K^+ controlado por voltagem com o grau de despolarização da membrana. Os traçados foram obtidos de frações de membrana plasmática neuronal grampeadas em três diferentes potenciais, +50, +20 e −10 mV. Os desvios acima da corrente indicam a abertura dos canais de K^+ e movimento dos íons K^+ para dentro (face citosólica para exoplásmica) através da membrana. Aumentando a despolarização da membrana (i.e., fixação da voltagem) de −10 mV a +50 mV, aumenta a probabilidade do canal se abrir, o tempo que ele permanece aberto, e a quantidade de corrente elétrica (número de íons) que passa através dela. pA = picoamperes. (De B. Pallota et al., 1981, *Nature* **293**: 471, modificada por B. Hille, 1992, Ion Channels of Ecitable Membranes, 2. ed., Sinauer, p. 122.)

de entrada de íons K^+ e a repolarização do potencial de membrana, enquanto os canais de Na^+ controlados por voltagem estão sendo fechados e inativados.

Mais de 100 proteínas de canais de K^+ controlados por voltagem têm sido identificadas em humanos e outros vertebrados. Como será discutido mais tarde, todas essas proteínas de canal têm estrutura similar, mas podem exibir diferentes dependências de voltagem, condutividades, cinética de canal e outras propriedades funcionais. Muitas abrem apenas sob fortes voltagens de despolarização, propriedade requerida para a geração de máxima despolarização, característica do potencial de ação antes de iniciar a repolarização da membrana.

Potenciais de ação são propagados unidirecionalmente sem diminuição

Um potencial de ação começa com modificações que ocorrem em uma pequena fração da membrana plasmática axonal perto do corpo da célula. No pico do potencial de ação, uma distribuição passiva da despolarização da membrana é suficiente para despolarizar um segmento vizinho da membrana. Isso provoca a abertura de poucos canais de Na^+ controlados por voltagem nessa região, aumentando assim a extensão de despolarização na região e causando uma abertura explosiva de mais canais de Na^+, gerando um potencial de ação. Essa despolarização logo desencadeia a abertura de canais de K^+ controlados por voltagem e restaura o potencial de repouso. O potencial de ação se espalha como uma onda a partir do local de início, sem diminuição.

Como observado anteriormente, durante o período refratário, os canais de Na^+ controlados por voltagem são inativados por vários milissegundos. Esses canais refratários não podem conduzir o movimento dos íons e não podem abrir-se durante esse período, mesmo se a membrana estiver despolarizada devido à difusão passiva. Como ilustrado na Figura 22-9, a falta de habilidade dos canais de Na^+ em se reabrirem durante o período refratário assegura que os potenciais de ação sejam propagados apenas em uma direção, do segmento inicial do axônio, onde são originados, até o terminal axonal. Os canais de Na^+ a montante do local do potencial de ação estão ainda inativados; por isso, eles não podem ser reabertos por pequenas despolarizações causadas por espalhamento passivo. Ao contrário, os canais de Na^+ a jusante do potencial de ação começam a se abrir.

O período refratário dos canais de Na^+ também limita o número de potenciais de ação que um neurônio pode conduzir por segundo. Isso é importante, pois é a frequência dos potenciais de ação que carrega as informações. A reabertura dos canais de Na^+ a montante de um potencial de ação (i.e., perto do corpo celular) também é retardada pela hiperpolarização da membrana que resulta da abertura dos canais de K^+ controlados por voltagem.

As células nervosas conduzem muitos potenciais de ação na ausência de ATP

A despolarização da membrana durante o potencial de ação resulta do movimento de apenas um pequeno número de íons Na^+ em um neurônio e não afeta significativamente a concentração intracelular de Na^+. Uma célula nervosa típica possui em torno de 10 canais de Na^+ controlados por voltagem por micrômetro quadrado (μm^2) de membrana plasmática. Uma vez que cada canal passa cerca de 5.000 a 10.000 íons durante o milissegundo em que está aberto (ver Figura 11-23), um máximo de 10^5 íons por μm^2 de membrana plasmática poderia se transferir para dentro durante cada potencial de ação.

Para avaliar o efeito desse fluxo de íons na concentração citosólica de 10 mM de Na^+ (0,01 mol/L) típica de um axônio em repouso, utiliza-se um segmento de 1 micrômetro (1μm) de comprimento do axônio e 10 μm de diâmetro. O volume desse segmento é de 78 μm^3 ou $7{,}8 \times 10^{-13}$ litros, e contém $4{,}7 \times 10^9$ íons de Na^+: (10^{-2} mol/L) ($7{,}8 \times 10^{-13}$ L) (6×10^{23} Na^+/mol). A superfície da área desse segmento de axônio é de 31 μm^2, e durante a passagem de um potencial de ação, 10^5 íons de Na^+ vão entrar por μm^2 de membrana. Portanto, esse influxo de Na^+ aumenta o número de íons de Na^+ nesse segmento por apenas uma parte em cerca de 1.500: ($4{,}7 \times 10^9$) / ($3{,}1 \times 10^6$). Da mesma maneira, a repolarização da membrana devido ao efluxo de íons K^+ pelos canais de K^+ controlados por voltagem não modifica significativamente a concentração intracelular de K^+.

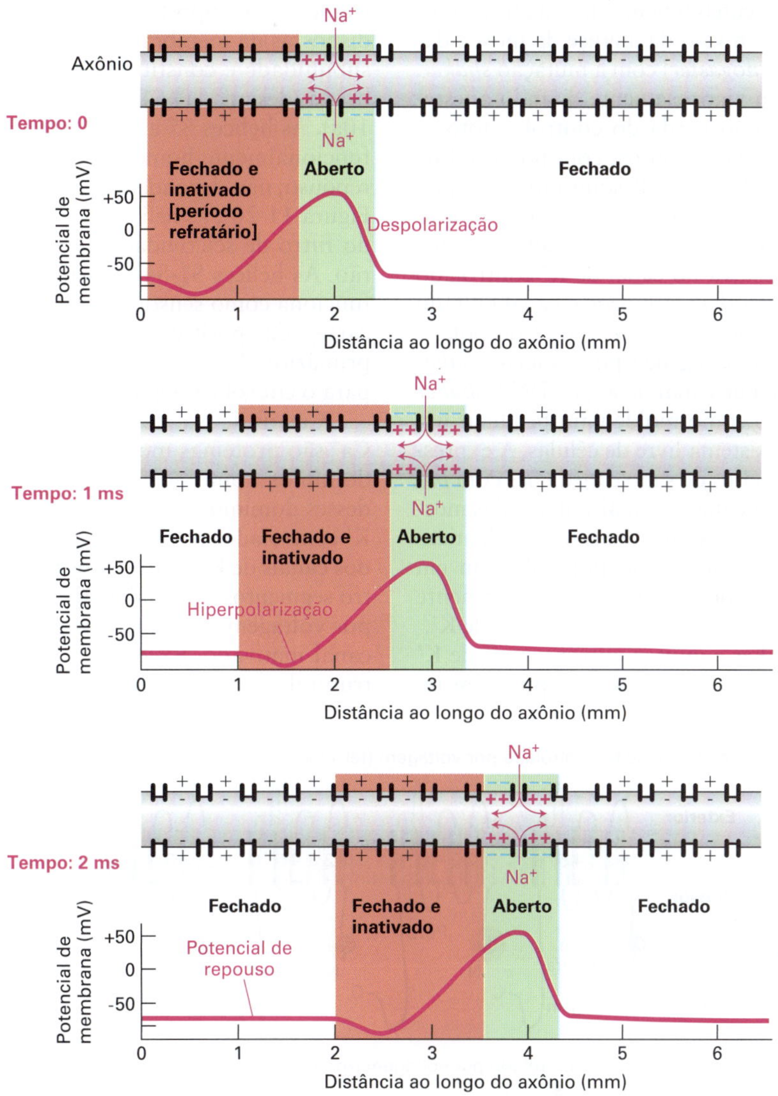

FIGURA 22-9 Condução unidirecional de um potencial de ação devido à inativação transitória dos canais de Na$^+$ controlados por voltagem. No tempo 0, um potencial de ação (linha cor-de-rosa) está na posição de 2 mm do axônio; os canais de Na$^+$ nesta posição estão abertos (sombreado verde) e os íons Na$^+$ fluem para dentro. O excesso de íons Na$^+$ se difunde em ambas as direções ao longo do interior da membrana, passivamente espalhando a despolarização em abas direções (setas curvadas rosas). Mas como os canais de Na$^+$ na posição 1 mm estão ainda inativados (sombreado vermelho), eles não podem ainda ser reabertos pela pequena despolarização causada pelo espalhamento passivo; os canais de Na$^+$ na posição 3 mm "a jusante", em contraste, começam a abrir-se. Cada região da membrana está refratária (inativa) por poucos milissegundos após a passagem de um potencial de ação. Consequentemente, a despolarização na posição 2 mm no tempo 0 dispara um potencial de ação apenas a jusante; em 1 ms, o potencial de ação está passando a posição 3 mm, e a 2ms, um potencial de ação está passando na posição 4 mm.

Como relativamente poucos íons Na$^+$ e K$^+$ atravessam a membrana plasmática durante cada potencial de ação, as bombas de Na$^+$/K$^+$ movidas por ATP que mantêm o gradiente de íons habitual não exercem papel direto na condução do impulso. Uma vez que o movimento de íons durante cada potencial de ação envolve apenas uma mínima fração de íons Na$^+$e K$^+$ da célula, uma célula nervosa pode disparar centenas ou mesmo milhares de vezes na ausência de ATP.

Todos os canais de íons controlados por voltagem têm estrutura similar Depois de explicar como o potencial de ação é dependente na regulação da abertura e fechamento dos canais controlados por voltagem, é hora de esmiuçar essas notáveis proteínas em nível molecular. Após descrever a estrutura básica desses canais, serão abordadas três questões:

- Como essas proteínas alteram o sentido do potencial de membrana?
- Como essa modificação se traduz na abertura do canal?
- O que faz esses canais se tornarem inativos logo após a abertura?

O avanço inicial no entendimento dos canais de íons controlados por voltagem veio da análise da mosca-da-fruta (*Drosophila melanogaster*) com a mutação *shaker*. Essas moscas se agitam vigorosamente quando anestesiadas com éter, refletindo perda do controle motor e defeito em certos neurônios motores com potencial de ação anormalmente prolongado. Pesquisadores suspeitaram que a mutação *shaker* causava defeito na função do canal. A clonagem no gene envolvido confirmou que a proteína defeituosa estava no canal de K^+ controlado por voltagem. A mutação *shaker* impede o canal mutado de abrir normalmente imediatamente após a despolarização. Para estabelecer que o gene tipo selvagem *shaker* codificava uma proteína de canal de K^+, o cDNA *shaker* tipo selvagem foi usado como molde para produzir um mRNA de *shaker* num sistema livre de células. A expressão desse mRNA em oócitos de sapo e medições com *patch-clamp* nas novas proteínas de canal sintetizadas mostraram que suas propriedades funcionais foram idênticas àquelas de canal de K^+ controlado por voltagem em membrana neuronal, demonstrando conclusivamente que o gene *shaker* codifica essa proteína de canal de K^+.

O canal de K^+ Shaker e muitos outros canais de K^+ controlados por voltagem identificados são proteínas tetraméricas compostas por quatro subunidades idênticas dispostas na membrana ao redor do poro central. Cada subunidade é constituída por seis hélices α transmembrana, designadas S1-S6, e um segmento P (Figura 22-10a). As hélices S5 e S6 e o segmento P são estrutural e funcionalmente homólogos àqueles de canais de K^+ em repouso, não dependentes, discutidos anteriormente (ver Figura 11-20); as hélices S5 e S6 formam o revestimento do filtro de seletividade de K^+ pelo qual os íons viajarão. As hélices S1-S4 formam um complexo rígido que funciona como sensor de voltagem (com cadeias laterais carregadas positivamente em S4 agindo como detector primário). A "esfera" N-terminal de S1 que se estende para o citosol é o segmento de canal inativado.

Canais de Na^+ controlados por voltagem e canais de Ca^+ são proteínas monoméricas organizadas em quatro domínios homólogos, I-IV (Figura 22-10b). Cada um desses domínios é similar a uma subunidade do canal de K^+ controlados por voltagem. Entretanto, diferentemente dos canais de K^+ controlados por voltagem, que têm quatro segmentos de canal inativados, os canais controlados por voltagem monoméricos têm um único segmento de canal inativado. Exceto por essa pequena diferença estrutural e sua variação na permeabilidade de íons, pensa-

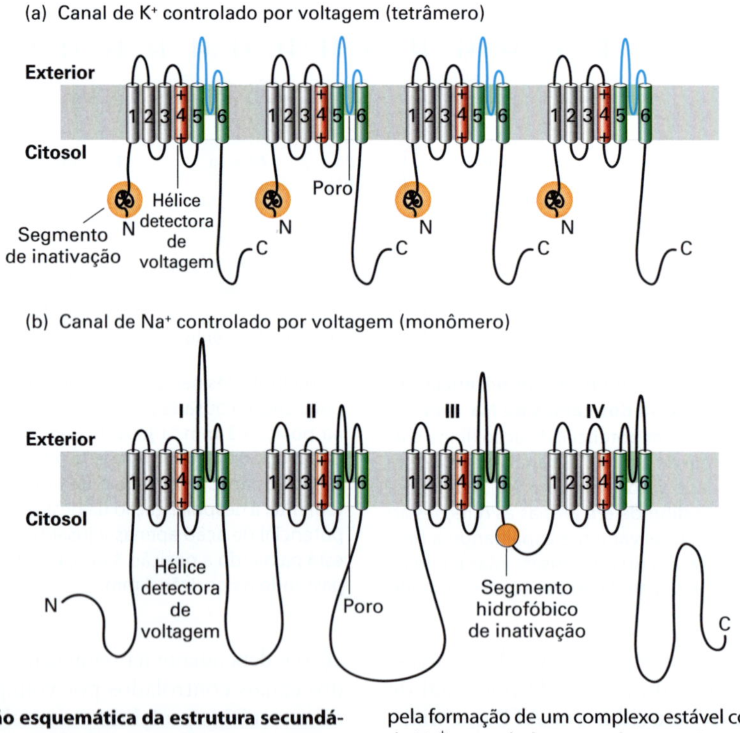

FIGURA 22-10 Descrição esquemática da estrutura secundária dos canais de K^+ e Na^+ controlados por voltagem. (a) Canais de K^+ controlados por voltagem compostos por quatro subunidades idênticas, cada uma contendo de 600 a 700 aminoácidos e seis hélices α transmembrana, S1 a S6. O N-terminal de cada subunidade, localizada no citosol e com o N marcado, forma um domínio globular (esfera alaranjada) essencial para a inativação do canal. As hélices S5 e S6 (verde) e o segmento P (azul) são homólogos aos canais de K^+ em repouso não controlados, mas cada subunidade contém quatro hélices α transmembrana adicionais. Uma dessas, a S4 (vermelha) é a hélice α detectora de voltagem primária, auxiliada nessa função pela formação de um complexo estável com as hélices S1-3. (b) Canais de Na^+ controlados por voltagem são monômeros contendo 1.800 a 2.000 aminoácidos organizados em quatro domínios transmembrana (I a IV) similares às subunidades em canais de K^+ controlado por voltagem. O único segmento inativado de canal hidrofóbico (esfera alaranjada) está localizado no citosol entre os domínios III e IV. Canais de Na^+ controlados por voltagem têm estrutura global similar. Muitos dos canais de íons controlado por voltagem também contêm subunidades (α) regulatórias, não descritas aqui. (Parte (a) adaptada de C. Miller, 1992, *Curr. Biol.* **2**:573, e H. Larsson et al., 1996, *Neuron* **16**:387; parte (b) adaptada de W. A. Catterall, 2001, *Nature* **409**:988.)

-se que todos os canais de íons controlados por voltagem funcionem de maneira semelhante e evoluíram de uma proteína de canal monomérica ancestral que continha seis hélices α transmembrana. Uma vez que não existe estrutura molecular disponível para um canal de Ca^{+} controlado por voltagem, e existe uma estrutura molecular disponível apenas para um canal de Na^{+} controlado por voltagem fechado, a discussão irá se concentrar em canais de K^{+} controlados por voltagem.

Hélices α S4 detectoras de voltagem movimentam-se em resposta à despolarização da membrana

A compreensão sobre a bioquímica das proteínas de canal está avançando rapidamente devido às novas estruturas cristalizadas para bactérias, canais de potássio Shaker e outros canais. Proteínas transmembranas são sabidamente difíceis de produzir e cristalizar, criando um grande desafio para os cientistas. Um método utilizado para a obtenção de cristais dessas difíceis proteínas de membrana foi envolvê-las com fragmentos de anticorpos monoclonais ligados [F(ab)'s; Capítulo 23]; em outros casos, elas foram cristalizadas complexadas a proteínas de ligação normais. Em ambos os casos, a presença de proteínas solúveis em água no complexo algumas vezes aumenta a formação de cristais.

As estruturas dos canais revelam estruturas notáveis de domínios detectores de voltagem e sugerem como partes de proteínas se movem com o objetivo de abrir o canal. Como já foi observado, tetrâmeros canais de K^{+} têm um poro cujas paredes são formadas por hélices S5 e S6 (Figura 22-11a,b). Fora dessa estrutura de núcleo, quatro braços ou "remos", cada um contendo hélices S1-S4, projetam-se na membrana circundante e também interagem com os lados externos das hélices S5 e S6; esses detectores de voltagem estão em contato mínimo com o poro. Sensíveis medições elétricas sugerem que a abertura de canais de Na^{+} ou K^{+} controlados por voltagem é acompanhada por um movimento de 12 a 14 proteínas de ligação carregadas positivamente da face citosólica da membrana para a superfície exoplásmica. As partes móveis da proteína

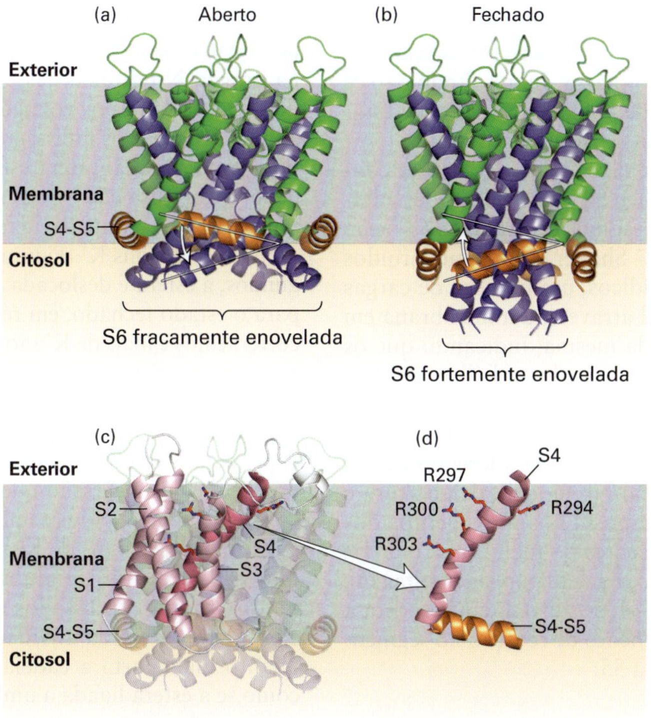

FIGURA 22-11 Estrutura molecular do canal de K^{+} detector de voltagem. Os dois diagramas de fita mostram modelos do canal de potássio nos estados aberto (a) e fechado (b). Já que a molécula é um tetrâmero da mesma subunidade, quatro cópias de cada hélice são visíveis. As quatro hélices α verdes (S5) e azuis (S6) abrangem a membrana, com o interior da célula mostrado acima e o exterior abaixo. Observe como as hélices são fortemente enoveladas abaixo em (b), fechando o canal e, portanto, os íons K^{+} não conseguem atravessar. (Compare a distância entre as hélices S5, mostrada pelos colchetes acima [a] e [b]). A ligação S4-S5 (cor de laranja), localizada no citoplasma, conecta a hélice S4 (não mostrada) à hélice S5. Para maior clareza, as hélices S1 até S4 foram omitidas do modelo; elas normalmente estariam ligadas na porção terminal do *linker* S4-S5 e projetando-se para fora da molécula. (c) A estrutura tridimensional dos remos detectores de voltagem compreende as hélices S1-S4, com quatro resíduos de arginina (R) em S4 (descrito no painel d). As pás dos remos movem-se de perto do interior para o exterior da membrana em resposta à despolarização. Já que cada remo está ligado a um segmento S1-S4, cada segmento e sua hélice S5 ligada sofrem rotação e, por sua vez, as hélices S6 se movem, abrindo o poro. Observe que o *linker* entre S4 e S5 está apontando para cima, em direção à superfície exoplásmica (exterior) no canal aberto (a), puxado para cima pelo movimento para fora dos remos S1-S4; em contrapartida, o segmento S4-S5 está apontado para baixo no canal fechado (b) quando as pás S1-S4 estão perto da superfície citosólica. (d) Estrutura tridimensional da hélice S4 e do segmento S4-S5. (De S. B. Long, X.Tao, E. B. Campbell e R. MacKinnon, 2007, *Nature* **450**:376-382.)

são os complexos rígidos compostos pelas hélices S1-S4; S4 responde por grande parte da carga positiva e é o primeiro detector de voltagem, com uma lisina ou arginina carregada positivamente a cada três ou quatro resíduos (Figura 21-11d). O movimento das argininas em S4 foi medido em até 1,5 nm à medida que o canal se abre, o que pode ser comparado com os ~ 5 nm de espessura da membrana ou os 1,2 nm de diâmetro da própria hélice α.

No estado de repouso, cargas positivas nos complexos S1-S4 (os "remos") estão ligadas a cargas negativas na face citosólica da membrana. Na membrana despolarizada, essas mesmas cargas positivas tornam-se ligadas a cargas negativas na face exoplásmica (externa) da membrana, movimentando os remos S1-S4 parcialmente na membrana – da superfície citosólica para a exoplásmica da membrana. Esse movimento, descrito esquematicamente na Figura 22-7, desencadeia uma modificação conformacional na proteína que abre o canal.

O aspecto menos frequente das estruturas do canal detector de voltagem é a presença de grupos carregados, por exemplo, argininas em contato com lipídeos. A localização dos detectores de voltagem ajuda a explicar experimentos anteriores nos quais um canal não detector de voltagem foi convertido em canal detector pela adição de domínios detectores de voltagem. Tal resultado parece improvável se um detector de voltagem tivesse que estar profundamente embutido na estrutura do núcleo.

Estudos com o mutante de canal de K^+ Shaker confirma a importância da hélice S4 na detecção de voltagem. Quando um ou mais resíduos de arginina ou lisina na hélice S4 do canal de K^+ Shaker foram substituídos por resíduos neutros ou acídicos, um número de cargas positivas inferior ao normal atravessou a membrana em resposta à despolarização da mesma, indicando que os resíduos arginina e lisina adicionados à hélice S4 atravessaram a membrana. A estrutura da forma aberta do canal de K^+ controlado por voltagem de mamíferos foi comparada com a estrutura fechada de diferentes canais de K^+. Os resultados sugerem um modelo de abertura e fechamento do canal em resposta aos movimentos dos detectores de voltagem presentes na membrana (ver Figura 22-11a, b). No modelo, os detectores de voltagem, constituídos das hélices S1-S4, se movem em resposta à voltagem fazendo um movimento de rotação no segmento da hélice que conecta S4 a S5:

- Na conformação do canal aberto, a posição do segmento de S4-S5 força a hélice S6 a formar uma torção perto da superfície do citosol (azul na Figura 22-11a), e o poro perto da superfície citosólica se abre. O diâmetro do poro é de 1,2 nm, suficiente para acomodar íons K^+ hidratados.
- Quando a membrana celular é repolarizada e o detector de voltagem se movimenta em direção à superfície citosólica da membrana, os segmentos S4-S5 (alaranjados na Figura 22-11b) são torcidos para baixo, em direção ao interior da célula. As hélices S6 são consequentemente endireitadas, apertando a parte inferior do canal fechado. Assim, a entrada é composta pelas extremidades opostas das hélices S5 e S6 no citosol, onde o poro está mais estreito.

Movimento do segmento inativador de canal dentro do poro aberto interrompe o fluxo de íons

Uma importante característica da maioria dos canais controlados por voltagem é a inativação; isto é, logo após a abertura, eles se fecham espontaneamente, formando um canal inativo que não se reabrirá até a membrana ser repolarizada. No estado de repouso, as "esferas" globulares na porção N-terminal das quatro subunidades do canal de K^+ controlado por voltagem estão livres no citosol (Figura 22-10). Vários milissegundos após o canal ser aberto por despolarização, uma esfera se movimenta por meio de uma abertura entre duas subunidades e liga-se em um bolso hidrofóbico na cavidade central do poro, impedindo o fluxo de íons K^+ (Figura 22-7). Após poucos milissegundos, a esfera é deslocada do poro, e a proteína reverte para o estado fechado, em repouso. Os domínios esfera e corrente nos canais de K^+ são funcionalmente equivalentes aos segmentos inativadores de canal nos canais de Na^+.

Os resultados experimentais mostrados na Figura 22-12 demonstraram que a inativação dos canais de K^+ depende dos domínios esfera, ocorre depois da abertura do canal e não necessita que os domínios esfera estejam covalentemente ligados às proteínas do canal. Em outros experimentos, canais de K^+ mutantes, sem as porções de uma cadeia de ~40 resíduos, conectando a esfera à hélice S1, foram expressados em oócitos de rã. Medições com *patch-clamp* da atividade do canal mostraram que, quanto mais curta a cadeia, mais rápida a inativação, como se a esfera ligada a uma pequena cadeia pudesse se

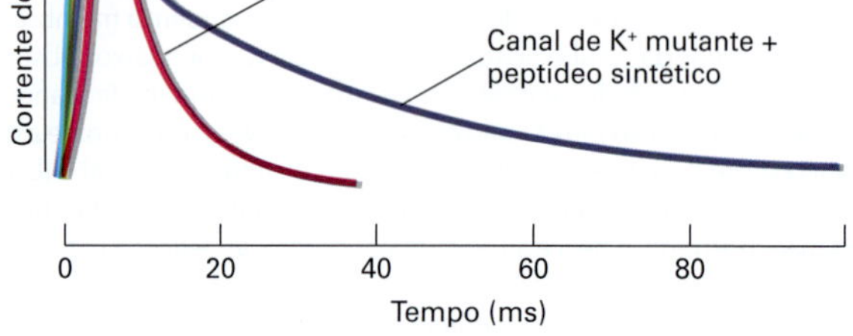

FIGURA EXPERIMENTAL 22-12 Experimentos com mutantes de canal de K^+ sem o domínio globular N-terminal sustentam o modelo de inativação esfera e corrente. O canal de K^+ *Shaker* tipo selvagem e uma forma mutante sem os aminoácidos que compõem a esfera N-terminal foram expressos em oócitos de *Xenopus*. A atividade dos canais foi monitorada pela técnica de *patch-clamp*. Quando segmentos foram despolarizados de 0 a +30 mV, o canal tipo selvagem abriu em ~5 ms e então se fechou (curva vermelha). O canal mutante abriu normalmente, mas não pode se fechar (curva verde). Quando um peptídeo esfera quimicamente sintetizado foi adicionado à face citosólica do segmento, o canal mutante se abriu normalmente e então se fechou (curva azul). Isso demonstra que o peptídeo agregado inativou o canal após a sua abertura e que, para funcionar, a esfera não tem de estar limitada à proteína. (Adaptada de W. N. Zagotta et al., 1990, *Science* **250**:568.)

movimentar mais rapidamente dentro do canal aberto. Reciprocamente, a adição de aminoácidos ao acaso para alongar a cadeia normal retarda a inativação do canal.

O único segmento de canal inativador em canais de Na^+ controlados por voltagem contêm um motivo hidrofóbico conservado composto por isoleucina, fenilalanina, metionina e treonina (ver Figura 22-10b). Assim como o domínio esfera e corrente mais longo em canais de K^+, esse segmento se dobra e bloqueia a condução de Na^+ no poro, até que a membrana seja repolarizada (ver Figura 22-7).

A mielinização aumenta a velocidade da condução do impulso

Como foi visto, os potenciais de ação conseguem se movimentar para baixo em um axônio sem mielina sem diminuição na velocidade de até 1 metro por segundo. Mas mesmo essas altas velocidades não são suficientes para permitir movimentos complexos típicos de animais. Em humanos adultos, por exemplo, os corpos da célula de neurônios motores inervando músculos da perna estão localizados na medula espinal, e os neurônios têm em torno de 1 metro de comprimento. As contrações coordenadas dos músculos necessárias para caminhar, correr e fazer movimentos similares poderiam ser impossíveis se levasse 1 segundo para um potencial de ação se mover da medula espinal ao longo do axônio do neurônio motor até um músculo da perna. A solução é envolver as células em um isolamento, aumentando a velocidade de movimento do potencial de ação. Esse isolamento é chamado **bainha de mielina** (ver Figura 22-1b). A presença da camada de mielina ao redor do axônio aumenta a velocidade do impulso da condução em 10 a 100 metros por segundo. Como resultado, em um típico neurônio motor humano, um potencial de ação consegue percorrer um axônio de 1 metro de comprimento e estimular um músculo a se contrair em 0,01 segundos.

Em neurônios não mielinizados, a velocidade de condução de um potencial de ação é aproximadamente proporcional ao diâmetro do axônio, pois um neurônio mais grosso poderia ter um grande número de íons capaz de se difundir. O cérebro humano está empacotado com relativamente poucos neurônios mielinizados. Se os neurônios no cérebro humano não fossem mielinizados, seus diâmetros axonais deveriam aumentar cerca de 10.000 vezes para chegar à mesma velocidade de condução de neurônios mielinizados. Portanto, cérebros de vertebrados, com seus neurônios densamente empacotados, nunca poderiam ter evoluído sem mielina.

Potenciais de ação "pulam" de nódulo a nódulo em axônios mielinizados

A camada de mielina que circunda um axônio é formada por muitas células gliais. Cada região da mielina formada por uma célula glial individual é separada da próxima região por uma área da membrana axonal não mielinizada, com cerca 1 µm de comprimento, chamada **nódulo de Ranvier** (ou simplesmente, *nódulo*; ver Figura 22-1b). A membrana axonal está em contato direto com o líquido extracelular apenas nos nódulos, e a cobertura de mielina impede qualquer movimento de íons para dentro ou para fora do axônio, exceto nos nódulos. Portanto, todos os canais de Na^+ e K^+ controlados por voltagem e todas as bombas de Na^+/K^+ que mantêm os gradientes iônicos no axônio estão localizados nos nódulos.

Em consequência dessa localização, a entrada de íons Na^+ que gera o potencial de ação pode ocorrer apenas nos nódulos livres de mielina (Figura 22-13). Os íons positivos excedentes no citosol, gerados em um nódulo durante a despolarização da membrana, associados ao movimento de Na^+ no citosol como parte de um potencial de ação, estendem-se passivamente pelo citosol axonal ao próximo nódulo, com pouquíssima perda ou atenuação, pois eles não conseguem atravessar a membrana axonal mielinizada. No nódulo, isso desencadeia uma despolarização que se estende rapidamente ao próximo nódulo, onde induz um potencial de ação, permitindo efetivamente que o potencial de ação pule de nódulo a nódulo. A transmissão é chamada de **condução saltatória.** Esse fenômeno explica por que a velocidade de condução em neurônios mielinizados é mais ou menos a mesma que em neurônios não mielinizados, com diâmetro muito maior. Por exemplo, um axônio de vertebrado mielinizado com diâmetro de 12 µm, e um axônio de lula não mielinizado de 600 µm, conduzem impulsos a 12 m/s.

Dois tipos de glia produzem camadas de mielina

A Figura 22-14 mostra três tipos principais de células gliais presentes no sistema nervoso. Dois deles produzem

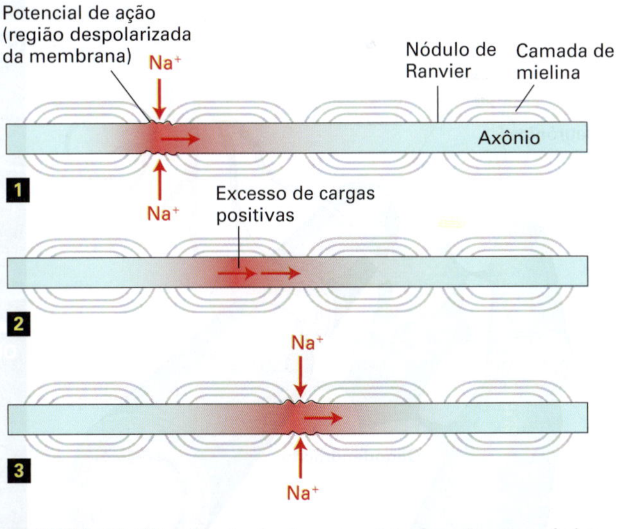

FIGURA 22-13 Condução de potenciais de ação em axônios mielinizados. Devido à camada de mielina, o axônio torna-se impermeável ao movimento iônico através da membrana e devido aos canais de Na^+ controlados por voltagem encontrados apenas na membrana axonal dos nódulos de Ranvier, o influxo de íons Na^+ associado com um potencial de ação pode ocorrer apenas nos nódulos. Quando um potencial de ação é gerado em um nódulo (etapa **1**), o excesso de íons positivos no citosol, que não consegue atravessar a camada de mielina, se difunde rapidamente pelo axônio, causando despolarização suficiente para o próximo nódulo (etapa **2**) induzir um potencial de ação naquele nódulo (etapa **3**). Por esse mecanismo, o potencial de ação pula de nódulo a nódulo ao longo do axônio.

camadas de mielina: os *oligodendrócitos* produzem mielina para o sistema nervoso central (SNC), e as *células de Schwann* produzem para o sistema nervoso periférico (SNP). Os astrócitos, também mostrados na figura, facilitam a formação da sinapse e a comunicação entre neurônios; estes foram discutidos na Seção 22.1. Um quarto tipo de glia, a *micróglia* (não mostrado), constitui parte do sistema imune do SNC. A micróglia não está relacionada à linhagem dos neurônios ou outra glia e, portanto, não será discutida.

Oligodendrócitos Os oligodendrócitos formam uma camada de mielina em espiral ao redor dos axônios do sistema nervoso central (Figura 22-14a). Cada oligodendrócito fornece camadas de mielina a segmentos de múltiplos neurônios. Os principais constituintes proteicos são a proteína básica da mielina (PBM) e a proteína proteolipídica (PLP). A PBM, proteína de membrana periférica encontrada no sistema nervoso central e no periférico (ver Figura 22-15), tem sete variantes de *splicing* de RNA que codificam diferentes formas da proteína. É sintetizada por ribossomos localizados na camada de mielina crescente, exemplo de transporte específico de mRNAs para a região celular periférica. A localização do mRNA de PBM depende de microtúbulos.

Os danos às proteínas produzidos por oligodendrócitos são responsáveis por uma doença neurológica humana prevalente, a esclerose múltipla (EM). Em geral, a EM é caracterizada por espasmos e fraqueza em um ou mais membros, disfunção da bexiga, perda de sensibilidade local e distúrbios visuais. Essa enfermidade – o protótipo da doença desmielinizante – é causada pela perda irregular de mielina em áreas do cérebro e medula espinal. Em pacientes com EM, a condução dos potenciais de ação por neurônios desminielizados é baixa, e os canais de Na^+ se distribuem fora dos nódulos, reduzindo sua concentração nodular. A causa da doença não é bem conhecida, mas parece envolver tanto a produção de autoanticorpos (anticor-

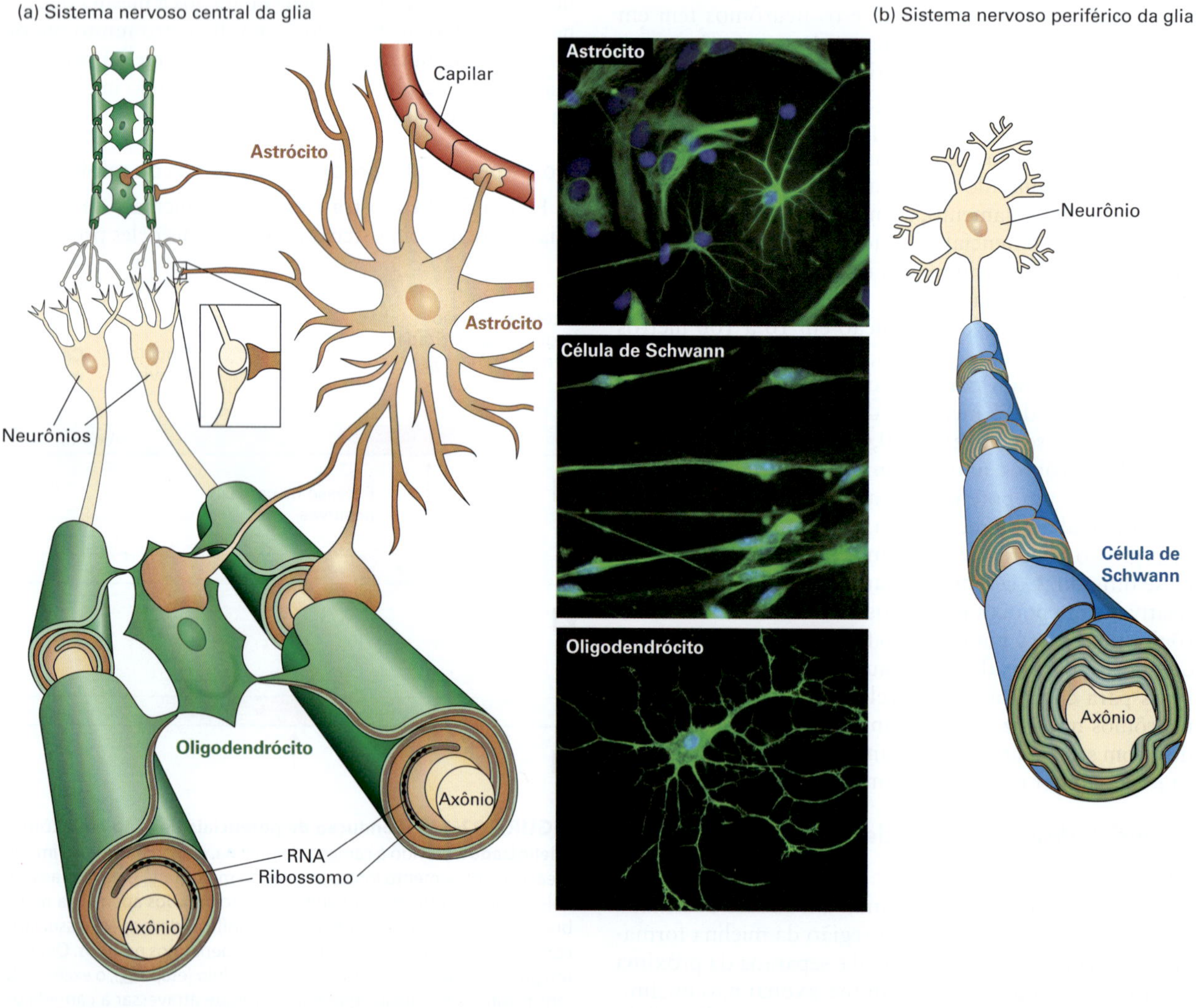

FIGURA 22-14 Três tipos de células gliais. (a) Um oligodendrócito único no sistema nervoso central pode mielinizar segmentos de múltiplos axônios. Os astrócitos interagem com neurônios, mas não formam mielina. (b) Cada célula de Schwann isola uma seção de um único axônio do sistema nervoso periférico. (De B. Stevens, 2003, *Curr. Biol.* **13**:469, e adaptada de D. L. Sherman e P. Brophy, 2005, *Nature rev. Neurosci.* **6**:683-690. Fotos: Cortesia de Varsha Shukla e Doug Field de NIH.)

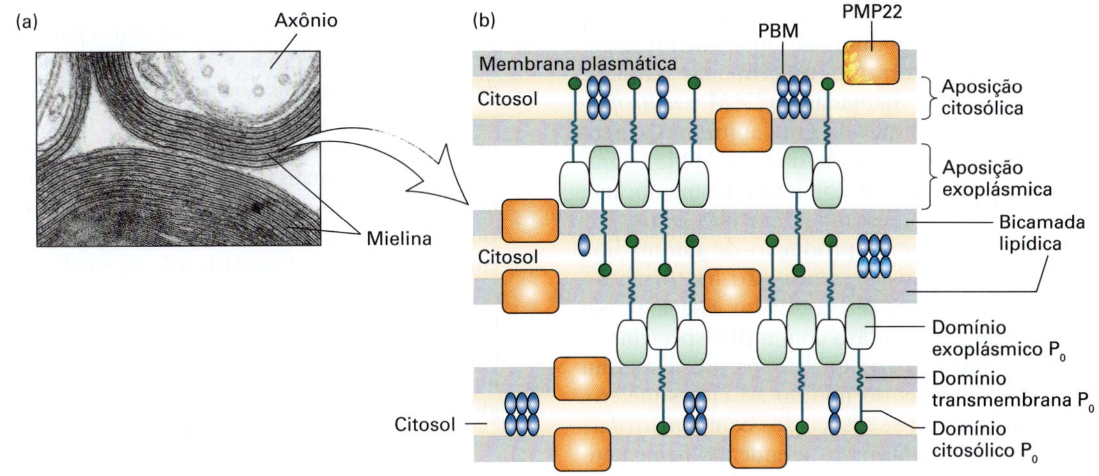

FIGURA 22-15 Formação e estrutura da camada de mielina no sistema nervoso periférico. (a) Em grande aumento, a espiral especializada de membrana de mielina aparece como uma série de camadas, ou lamelas, de bicamadas fosfolipídicas enroladas ao redor do axônio. (b) Três camadas da membrana de mielina em espiral, vistas de perto. As duas proteínas de membrana mais abundantes que integram a mielina, P_0 e PMP22, são produzidas apenas por células de Schwann. O domínio exoplásmico da proteína P_0, que tem um enovelamento de imunoglobulina, associa-se com domínios similares de proteínas P_0 que emanam da superfície da membrana oposta, desse modo, "fechando" junto a superfície da membrana exoplásmica em próxima aposição. Essas interações são estabilizadas pela ligação de um resíduo de triptofano na ponta a lipídeos do domínio exoplásmico, na membrana oposta. Uma aposição próxima na face citosólica da membrana poderia resultar de uma ligação da cauda citosólica de cada proteína P_0 ao fosfolipídeo na membrana oposta. A PMP22 poderia também contribuir para a compactação da membrana. A proteína básica da mielina (PBM), proteína citosólica, permanece espremida no citosol, entre as membranas apostas. (Parte (a) © Science VU/C. Raine/Visuals Unlimited; parte (b) adaptada de L. Shapiro et al., 1996, *Neuron* **17**:435, e E. J. Arroyo e S. S. Scherer, 2000, *Histochem. Cell Biol.* **113**:1.)

pos que reconhecem proteínas do corpo normais) que reagem com a PBM quanto a secreção de proteases que destroem proteínas da mielina. Um camundongo mutante, *shiverer*, apresenta deleção de grande parte do gene PBM, levando a tremores, convulsões e morte precoce. Similarmente, mutações em humanos (doença de Pelizaeus-Merzbacher) e em camundongos (*jimpy*) no gene que codifica a outra maior proteína da mielina do SNC, a PLP, causa a perda de oligodendrócitos e mielinização inadequada. ■

Células de Schwann As células de Schwann formam as camadas de mielina ao redor dos nervos periféricos. Uma célula de Schwann de mielina é um notável envoltório espiral (Figura 22-14b). Um axônio longo pode ter várias centenas de células de Schwann ao longo do seu comprimento, cada uma contribuindo para o isolamento de mielina em um trecho *entrenódulos* de cerca de 1 a 1,5 μm de axônio. Por razões ainda desconhecidas, nem todos os axônios são mielinizados. Em camundongos, mutações que eliminaram as células de Schwann provocaram a morte de muitos neurônios.

Diferentemente dos oligodendrócitos, cada célula de Schwann mieliniza apenas um axônio. As camadas são compostas por cerca de 70% de lipídeos (ricos em colesterol) e 30% de proteínas. No SNP, o principal constituinte proteico (~80%) da mielina é chamado de proteína 0 (P_0), proteína integral da membrana com domínios de imunoglobulina (Ig). PBM é também um componente abundante. Os domínios Ig extracelulares de P_0 ligam-se às superfícies de envoltórios sequenciais em torno do axônio, para compactar a espiral da bainha de mielina (Figura 22-15). Outras proteínas desempenham esse tipo de papel no SNC.

Em humanos, a mielina periférica, como a mielina do SNC, é alvo de doenças autoimunes, principalmente envolvidas na formação de anticorpos contra P_0. A síndrome de Guillain-Barre (SGB), também conhecida como *polineuropatia desmielinizante inflamatória aguda*, é uma dessas doenças. A SGB é a causa mais conhecida de paralisia com início rápido, ocorrendo com frequência de 10^{-5}. A causa é desconhecida. O distúrbio hereditário neurológico comum, chamado doença de *Charcot-Marie-Tooth*, com danos na função nervosa sensorial e motora periférica, decorre da superexpressão do gene que codifica a proteína PMP22, outro constituinte da mielina nervosa periférica. ■

As interações entre glia e neurônios controlam o posicionamento e o espaçamento das camadas de mielina, e a montagem da maquinaria neurotransmissora nos nódulos de Ranvier. Canais de Na^+e bombas de Na^+/K^+, por exemplo, se reúnem nos nódulos de Ranvier por meio de interações com proteínas do citoesqueleto. Embora detalhes sobre o processo de formação dos nódulos ainda não sejam totalmente entendidos, alguns "protagonistas" já foram identificados. No SNP, onde o processo tem sido mais estudado, moléculas de adesão de superfície na membrana de células de Schwann primeiro interagem com moléculas de adesão de superfície neuronal. Na membrana da glia, as moléculas de adesão celular imunoglobulinas (IgCAM), chamadas *neurofacina155*, ligam-se com duas proteínas axonais, a contactina e uma proteína associada à contactina, na superfície do nódulo. Esses eventos de contato célula-célula criam ligações em cada parte do nódulo.

As proteínas de canal e outras moléculas que poderiam se acumular nos nódulos são inicialmente espalhadas pelos axônios. Portanto, as proteínas axonais, incluindo duas IgCAMs chamadas *NrCAM* e *neurofascin186*, assim como a anquirina G (Capítulo 17), acumulam-se dentro dos nódulos. As duas IgCAMs ligam-se a uma única proteína com domínio transmembrana, chamada *gliomedina*, expressada em células gliais. Experimentos que eliminam a produção de gliomedina mostraram que sem a sua presença não há formação de nódulos, de modo que é um regulador essencial. No nódulo, a anquirina faz contato com a βIV spectrina, a principal constituinte do citoesqueleto, prendendo assim o complexo de proteínas do nódulo ao citoesqueleto. Os canais de Na^+ tornam-se associados com a *neurofascin186*, NrCAM, e a anquirina G, prendendo firmemente o canal no segmento nodular da membrana plasmática axonal, onde é necessário. Como resultado dessas múltiplas interações, a concentração de canais de Na^+ é cerca de cem vezes maior na membrana nodular de axônios mielinizados do que em neurônios não mielinizados.

CONCEITOS-CHAVE da Seção 22.2

Canais de íons controlados por voltagem e a propagação de potenciais de ação

- Potenciais de ação são súbitas despolarizações da membrana seguidas de rápida repolarização.
- Um potencial de ação resulta da abertura e do fechamento sequenciais dos canais de Na^+e K^+ controlados por voltagem na membrana plasmática dos neurônios e células do músculo (células excitáveis; ver Figura 22-7).
- A abertura dos canais de Na^+ controlados por voltagem permite o influxo de íons Na^+ em cerda de 1 ms, causando uma súbita e grande despolarização de um segmento de membrana. Os canais então se fecham e tornam-se incapazes de se abrir (período refratário) por vários milissegundos, impedindo mais fluxo de Na^+ (ver Figura 22-7).
- À medida que os potenciais de ação alcançam esses picos, a abertura de canais de K^+ controlados por voltagem permite o efluxo de íons K^+, o que repolariza e então hiperpolariza a membrana. Com esses canais fechados, a membrana retorna ao seu potencial de repouso (ver Figuras 22-2 e 22-6).
- Os cátions citosólicos excedentes, associados ao potencial de ação gerado em um ponto de um axônio, se espalham passivamente ao segmento adjacente, desencadeando a abertura de canais de Na^+ controlados por voltagem na vizinhança, propagando assim o potencial de ação ao longo do axônio.
- Devido ao período refratário absoluto dos canais de Na^+ controlados por voltagem e da breve hiperpolarização resultante do efluxo de K^+, o potencial de ação é propagado em uma direção apenas, rumo ao terminal axonal (ver Figura 22-9).
- Canais de Na^+ e K^+ controlados por voltagem são proteínas monoméricas contendo quatro domínios estrutural e funcionalmente similares a cada uma das subunidades dos canais de K^+ controlados por voltagem tetraméricos. Cada domínio ou subunidade nos canais de cátions controlados por voltagem contém seis hélices α transmembrana e um segmento P não helicoidal que formam o poro íon seletivo (ver Figura 22-10).
- A abertura dos canais controlados por voltagem resulta do movimento dos remos S1-S4 carregados positivamente em direção ao lado extracelular da membrana em resposta a uma despolarização de ampla magnitude (ver Figura 22-11).
- O fechamento e a inativação de canais de cátions controlados por voltagem resultam do movimento de um segmento "esfera" citosólico para dentro do poro aberto (ver Figura 22-12a).
- A mielinização, que aumenta a taxa de condução de impulso em até cem vezes, possibilita o empacotamento dos neurônios, característica do cérebro de vertebrados.
- Em neurônios mielinizados, os canais de Na^+ controlados por voltagem são concentrados nos nódulos de Ranvier. A despolarização de um dos nódulos se espalha rapidamente com pouca atenuação ao próximo nódulo, de modo que o potencial de ação pule de nódulo a nódulo (ver Figura 22-13).
- As camadas de mielina são produzidas por células gliais que se dobram em espiral ao redor dos neurônios. Os oligodendrócitos produzem mielina para o SNC; as células de Schwann, para o SNP (ver Figura 22-14).

22.3 Comunicação nas sinapses

Como foi visto anteriormente, pulsos elétricos transmitem sinais ao longo dos neurônios, mas sinais são transmitidos entre neurônios e outras células excitáveis, principalmente por sinais químicos. As sinapses são as junções onde os neurônios *pré-sinápticos* liberam esses sinais químicos – os neurotransmissores – que então agem em células-alvo *pós-sinápticas* (Figura 22-3). Uma célula-alvo pode ser outro neurônio, um músculo ou uma célula glandular. A comunicação em sinapses químicas normalmente segue em apenas uma direção: de células pré- para pós-sinápticas.

A chegada de um potencial de ação a um terminal axonal em uma célula pré-sináptica leva à abertura dos canais de Ca^{2+} detectores de voltagem na membrana plasmática e a um influxo de Ca^{2+}, causando um aumento localizado da concentração de Ca^{2+} citosólico no terminal axonal. Por sua vez, o aumento no Ca^{2+} desencadeia a fusão de pequenas (40 a 50 nm) vesículas sinápticas contendo neurotransmissores, com a membrana plasmática, liberando neurotransmissores na fenda sináptica, o estreito espaço que separa células pré-sinápticas e pós-sinápticas. A membrana da célula pós-sináptica situa-se a aproximadamente 50 nm da membrana pré-sináptica, reduzindo a distância em que os neurotransmissores deveriam se difundir.

Os neurotransmissores – pequenas moléculas solúveis em água, como a acetilcolina ou dopamina – ligam-se a receptores na célula pós-sináptica que, por sua vez, induzem modificações localizadas no potencial da sua membrana plasmática. Se o potencial de membrana torna-se menos negativo – ou seja, despolarizado – um potencial tende a ser induzido na célula pós-sináptica. Tais sinapses são **excitatórias** e, em geral, envolvem a abertura de canais de Na^+ na membrana plasmática pós-sináptica. Em contrapartida, na **sinapse inibitória**, a ligação dos neurotransmissores a um receptor na célula pós-sináptica provoca hiperpolarização da membrana plasmática – geração de um potencial interno mais negativo. Normalmente, a hiperpolarização decorre da abertura de canais de Cl^- ou K^+ na membrana plasmática pós-sináptica, o que tende a impedir a geração de um potencial de ação.

Receptores de neurotransmissores abrangem duas classes principais: canais de íons controlados por ligante, que se abrem imediatamente em consequência da ligação de neurotransmissores, e receptores acoplados de proteína G (GPCRs). Os neurotransmissores ligam-se a um GPCR e induzem a abertura e o fechamento de proteínas de canais de íons *separadas*, em um período de segundos a minutos. Esses receptores de neurotransmissores "lentos" foram discutidos no Capítulo 15 com GPCRs que se ligam a diferentes tipos de ligantes e modulam a atividade das proteínas citosólicas, exceto os canais de íons. Aqui serão analisados a estrutura e o funcionamento do *receptor de acetilcolina nicotínico* excitatório encontrado em muitas sinapses nervo-músculo. Foi o primeiro canal de íon controlado por ligante a ser purificado, clonado e caracterizado molecularmente, e fornece um paradigma para outros canais de íons dependentes de neurotransmissores.

A duração do sinal neurotransmitido depende da quantidade de transmissor liberado pela célula pré-sináptica, que, por sua vez, depende da quantidade de transmissor armazenado e também da frequência com que os potenciais de ação chegam à sinapse. A duração do sinal também depende de quão rápido todo neurotransmissor não ligado seja degradado na fenda sináptica ou transportado de volta à célula pré-sináptica. As membranas plasmáticas de células pré-sinápticas, assim como a glia, contêm proteínas transportadoras que bombeiam neurotransmissores através da membrana plasmática para dentro da célula, mantendo baixas as concentrações extracelulares de transmissores.

Nesta seção, primeiro será estudado como as sinapses se formam e como elas controlam a secreção regulada de neurotransmissores no contexto dos princípios básicos de tráfego vesicular descritos no Capítulo 14. Após, serão abordados os mecanismos que limitam a duração do sinal sináptico e de que modo os neurotransmissores são recebidos e interpretados pela célula pós-sináptica.

A formação de sinapses necessita de um conjunto de estruturas pré-sinápticas e pós-sinápticas

Durante o desenvolvimento, os axônios se estendem do corpo celular, guiados por sinais de outras células ao longo do caminho, de modo que os terminais axonais atinjam o local correto (ver Seção 18.8). À medida que os axônios vão crescendo, eles entram em contato com suas células-alvo potenciais, tais como dendritos de outros neurônios; muitas vezes nesses locais formam-se as sinapses. No SNC, as sinapses com especializações pré-sinápticas frequentemente ocorrem todas ao longo de um axônio; em contrapartida, neurônios motores formam sinapses com células de músculo apenas no terminal axonal.

Os neurônios cultivados isoladamente não formarão sinapses de maneira eficiente, mas quando a glia é adicionada, a taxa de formação de sinapse aumenta substancialmente. Os astrócitos e as células de Schwann enviam sinais proteicos aos neurônios para estimular a formação de sinapses e, assim, ajudar a preservá-los. Um desses sinais é a trombospondina (TSP), componente da matriz extracelular; camundongos com dois genes de *trombospondina* suprimidos têm apenas 70% do número normal de sinapses nos seus cérebros. A comunicação mútua entre neurônios e a glia que os circunda é frequente e complexa, tornando os sinais e a informação por eles carregada uma área de pesquisa ativa. Existem ainda evidências de que os neurônios fazem sinapse na glia. Embora as células gliais não produzam potenciais de ação, elas têm matrizes complexas de canais e fluxos de íons.

No local da sinapse, a célula pré-sináptica apresenta centenas a milhares de vesículas sinápticas, algumas acopladas na membrana e outras aguardando na reserva. A liberação de neurotransmissores na fenda sináptica ocorre na *zona ativa*, região especializada da membrana plasmática contendo uma coleção surpreendente de proteínas cujas funções incluem modificar as propriedades das vesículas sinápticas e posicioná-las para o acoplamento e fusão com a membrana plasmática. A zona ativa, vista por microscopia eletrônica, mostra um material denso de elétrons e fila-

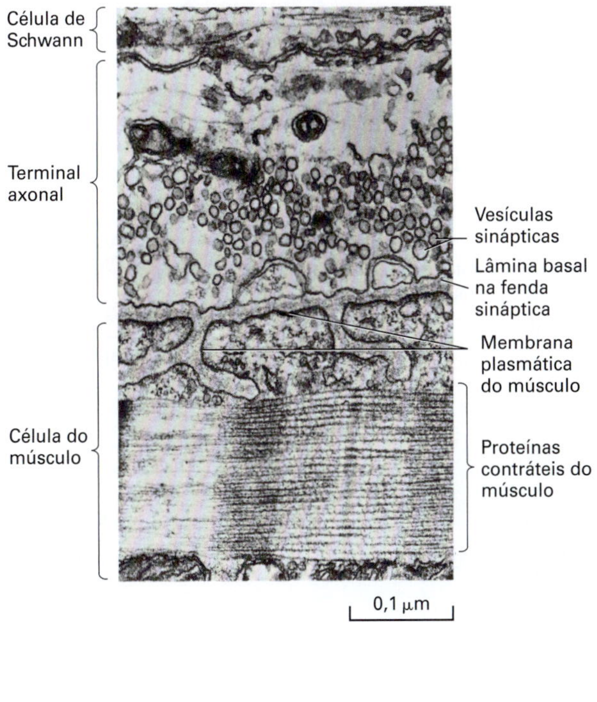

FIGURA 22-16 Vesículas sinápticas no terminal axonal perto da região onde os neurotransmissores são liberados. Nesta secção longitudinal de uma junção neuromuscular, a lâmina basal permanece na fenda sináptica separando o neurônio da membrana muscular, que está amplamente dobrada. Na parte superior, os receptores de acetilcolina estão concentrados na membrana muscular pós-sináptica; na parte inferior, nos lados das dobras na membrana. A célula de Schwann circunda o terminal axonal. (De J. E. Heuser e T. Reese, 1977, em E. R. Kandel, ed., *The Nervous System*, vol.1, *Handbook of Physiology*, Williams e Wilkins, p. 266.)

mentos de citoesqueleto (Figura 22-16). Uma região similarmente densa de estruturas especializadas é vista através da sinapse nas células pós-sinápticas, a *densidade pós-sináptica* (*DPS*). Moléculas de adesão celular que conectam células pré- e pós-sinápticas mantém a zona ativa e a DPS alinhadas. Após a liberação das vesículas sinápticas em resposta a um potencial de ação, neurônios pré-sinápticos recuperam as proteínas de membrana de vesículas sinápticas por endocitose, dentro e fora da zona ativa.

O conjunto de sinapses tem sido extensivamente estudado na **junção neuromuscular** (*JNM*, Figura 22-17). A **acetilcolina** nessas sinapses é um neurotransmissor produzido por neurônios motores, e seu receptor, AChR, é produzido pela célula muscular pós-sináptica. Os precursores de células musculares, mioblastos, colocados em cultura, espontaneamente se fundem em miotúbulos multinucleados que se parecem com células musculares normais. À medida que os miotúbulos são formados, o receptor AChR é produzido perto do centro da célula e inserido na membrana plasmática do miotúbulo, formando manchas difusas na membrana (Figura 22-17a).

A formação da sinapse neuromuscular é um processo de múltiplos passos que requer interações na sinalização entre neurônios motores e fibras musculares. A peça chave é **MuSK**, receptor tirosina-cinase localizado nas manchas difusas na membrana plasmática de miotúbulos, ricas em AChR. De maneira ainda desconhecida, MuSK tanto induz o agrupamento de AChRs quanto age de modo a atrair o terminal de crescimento dos axônios neuronais motores. Por exemplo, o nocaute de MuSK inibe ambos os processos, enquanto a superexpressão de MuSK em cultura de células de músculo induz o crescimento de neurônios motores completos no músculo e a formação de sinapses em excesso.

Outra peça chave é a **agrina**, glicoproteína sintetizada por neurônios motores em desenvolvimento, transportada em vesículas ao longo dos microtúbulos axonais e secretada perto dos miotúbulos em desenvolvimento. A agrina liga-se à LRP4, proteína que atravessa a membrana; isso estimula uma associação entre LRP4 e MuSK e aumenta a atividade da cinase de MuSK (Figura 22-17b). Isso leva à ativação de vários sinais a jusante da via de transdução, um dos quais leva à ativação de Rac e Rho (ver Seção 17.3) e à formação de conjuntos de AChRs com a proteína rapsina de citoesqueleto; essa interação, junto com a ligação de

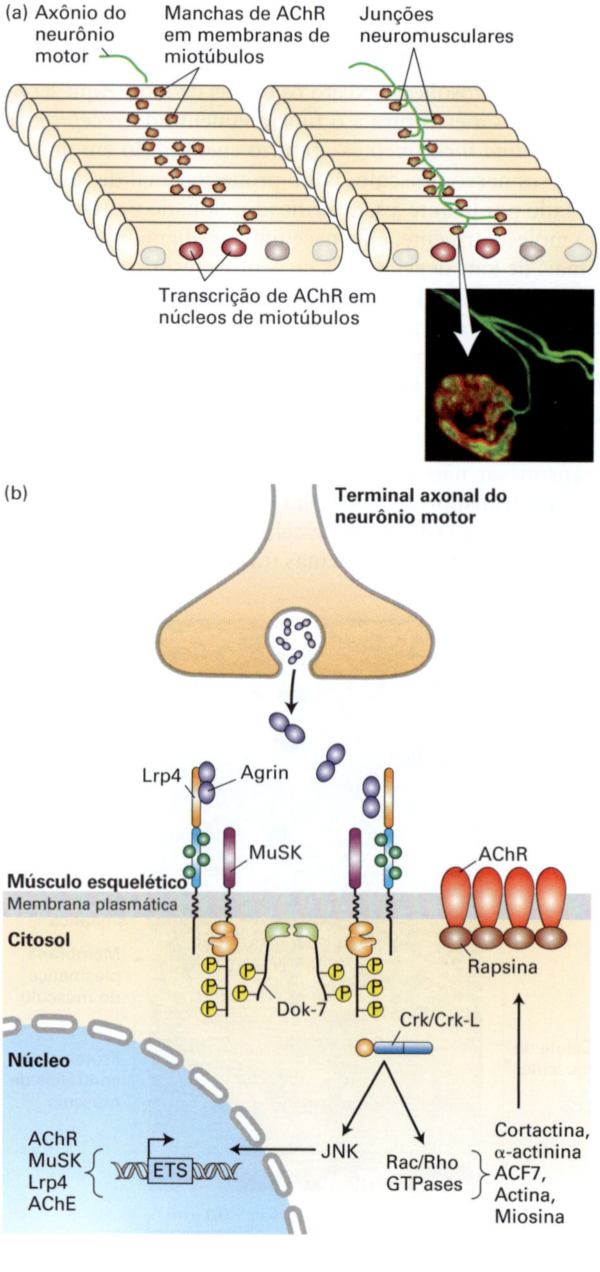

FIGURA 22-17 A formação de junções neuromusculares (a) Interações miotúbulo–neurônio motor. Após a fusão de mioblastos para formar miotúbulos multinucleados, o núcleo sintetiza mRNA de receptor acetilcolina (AChR). Os núcleos próximos ao centro de cada fibra muscular sintetizam significativamente mais mRNA de AChR do que outros núcleos. O receptor AChR junto com o receptor tirosina-cinase MuSK acumulam-se em manchas na membrana, perto do centro da célula, a região sináptica prospectiva do músculo, anterior e independente à inervação; a célula é dita "pré-modelada". O terminal axonal do neurônio motor cresce em direção a esses conjuntos de AChRs (vermelho-escuro) e MuSKs ao redor do terminal axonal (verde), formando a junção neuromuscular. (Destaque) Micrografia da sinapse de um camundongo (3 semanas de vida) pós-natal, vista por coloração dos axônios (neurofilamentos) e vesículas sinápticas (sinaptofisina), mostrados juntos em verde, e AChRs, mostrados em vermelho. (b) Sinalização de receptores de Agrina a jusante. Os axônios motores secretam Agrina, que estabiliza a diferenciação pós-sináptica pela ligação de LRP4 e ativação da atividade da cinase MuSK. A fosforilação das tirosinas na região justamembrana indicada por P amarelo em círculo estimula o recrutamento e a fosforilação da tirosina de Dok-7, uma proteína adaptadora expressada seletivamente em músculo, a qual forma um dímero, estimulando a atividade cinase de MuSK e recrutando a proteína adaptadora Crk/Crk-L. Crk/Crk-L é essencial para ativar a via dependente de Rac/Rho e Rapsina para agrupar AChRs em uma oposição oposta ao terminal axonal pré-sináptico; essa via envolve muitas proteínas do citoesqueleto, incluindo actina e miosina. A via para transcrição sinopse-específica é menos compreendida, mas provavelmente envolve a ativação dependente de cinase de JNK dos fatores de transcrição da família das ETS, que estimulam a expressão de múltiplos genes codificando para proteínas sinápticas como receptores acetilcolina, MuSK, LRP4 e acetilcolinesterase (AChE), a enzima extracelular localizada na fenda sináptica que degrada acetilcolina a colina e acetato. (Micrografia de Herbst, R. et al., 2002, *Development*, **129**:5449-5460.)

outras proteínas do citoesqueleto, incluindo actina, leva à localização de AChRs oposta ao terminal do nervo na junção neuromuscular. A densidade de receptores acetilcolina em uma sinapse madura chega a ~10.000–20.000/μm², enquanto em outro lugar na membrana plasmática a densidade é de ~10/μm². Outra via, não tão bem compreendida, leva à ativação de fatores de transcrição da família ETS e estimula a expressão de múltiplos genes codificando para proteínas sinápticas, tais como rapsina e AChRs.

Os neurotransmissores são transportados para vesículas sinápticas por proteínas antiportes ligadas a H^+

Nesta seção, será discutido como os neurotransmissores são empacotados em *vesículas sinápticas* ligadas à membrana no terminal axonal. Numerosas pequenas moléculas funcionam como neurotransmissores em várias sinapses. Com exceção da acetilcolina, os neurotransmissores mostrados na Figura 22-18 são aminoácidos ou derivados deles. Os nucleotídeos como o ATP e os nucleosídeos correspondentes, que não têm os grupos fosfato, também funcionam como neurotransmissores. Cada neurônio geralmente produz apenas um tipo de neurotransmissor. Embora os tipos de neurotransmissores sejam variados e atuem em diferentes partes do sistema nervoso, toda sinalização por neurotransmissores resulta em um entre dois desfechos: a transmissão do sinal elétrico ou a inibição dele.

Todos esses neurotransmissores são sintetizados no citosol e importados para as vesículas sinápticas ligadas à membrana dentro do terminal axonal, onde são armazenados. Essas vesículas têm de 40 a 50 nm de diâmetro, e seu lúmen tem pH baixo, gerado pelo funcionamento da bomba de prótons classe V, na membrana da vesícula. Ocorre acúmulo similar de metabólitos em vacúolos de plantas (ver Figura 11-29), e esse gradiente de concentração de prótons (lúmen da vesícula > citosol) potencializa a importação de neurotransmissores ligante-específicos por antiportes ligados a H^+ na membrana de vesículas (Figura 22-19).

Por exemplo, a acetilcolina é sintetizada no citosol a partir da acetil coenzima A (acetil-CoA), intermediário na degradação da glicose e ácidos graxos, e colina na reação catalisada pela colina acetiltransferase:

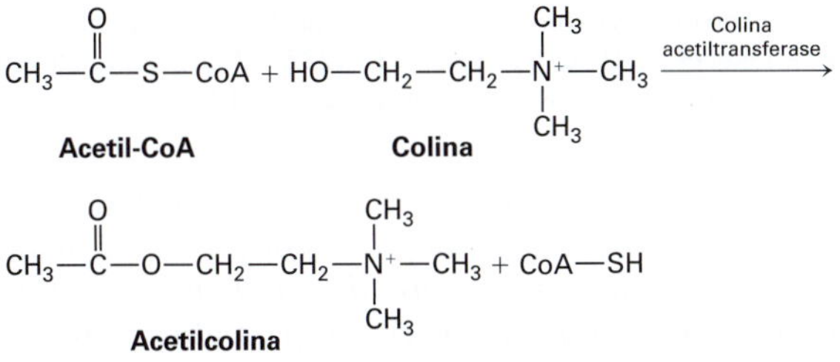

As vesículas sinápticas captam e concentram acetilcolina a partir do citosol contra um gradiente de concentração, usando um antiporte acetilcolina/H^+ na membra-

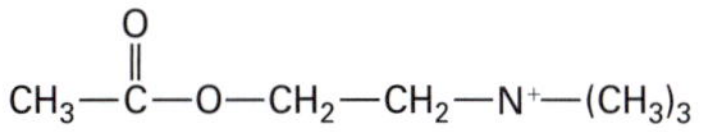

Acetilcolina

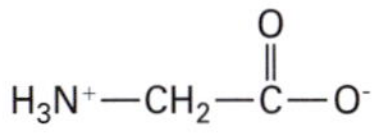

Glicina

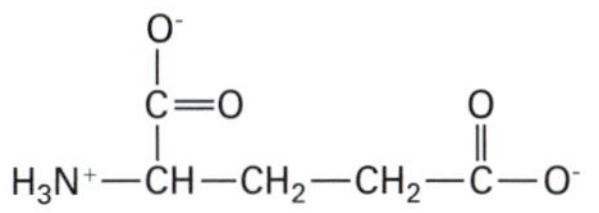

Glutamato

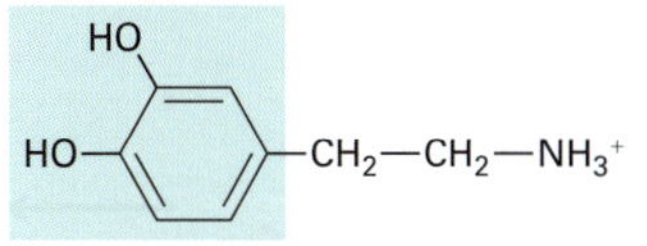

Dopamina
(derivada da tirosina)

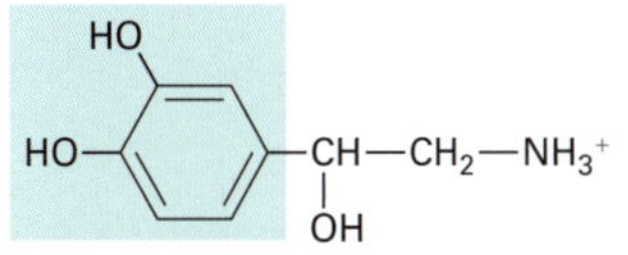

Norepinefrina
(derivada da tirosina)

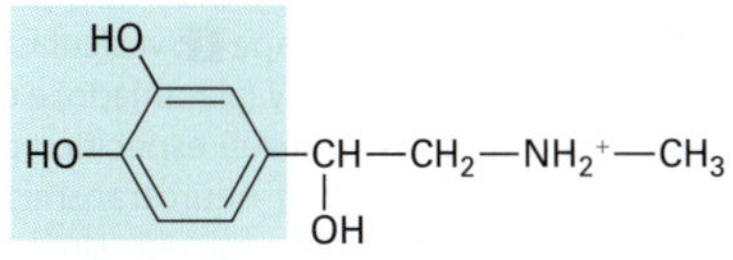

Epinefrina
(derivada da tirosina)

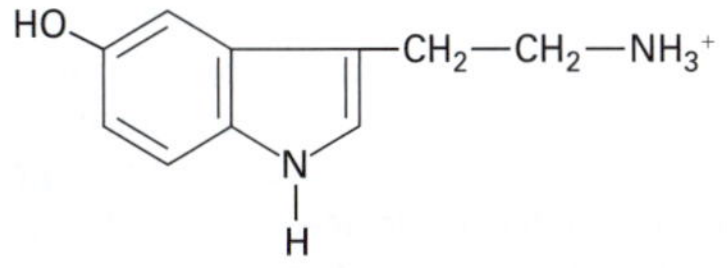

Serotonina, ou **5-hidroxitriptamina**
(derivada do triptofano)

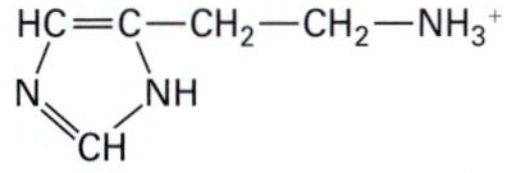

Histamina
(derivada da histidina)

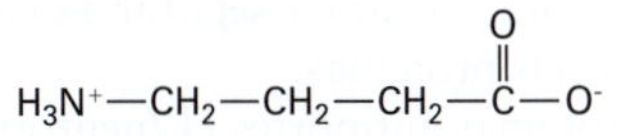

γ-Ácido aminobutírico, ou **GABA**
(derivado do glutamato)

FIGURA 22-18 Estruturas de algumas moléculas pequenas que funcionam como neurotransmissores. Com exceção da acetilcolina, todos estes são aminoácidos (glicina e glutamato) ou derivaram a partir dos aminoácidos indicados. Os três transmissores sintetizados a partir de tirosina que contém o catecol (destacado em azul) são referidos como catecolaminas.

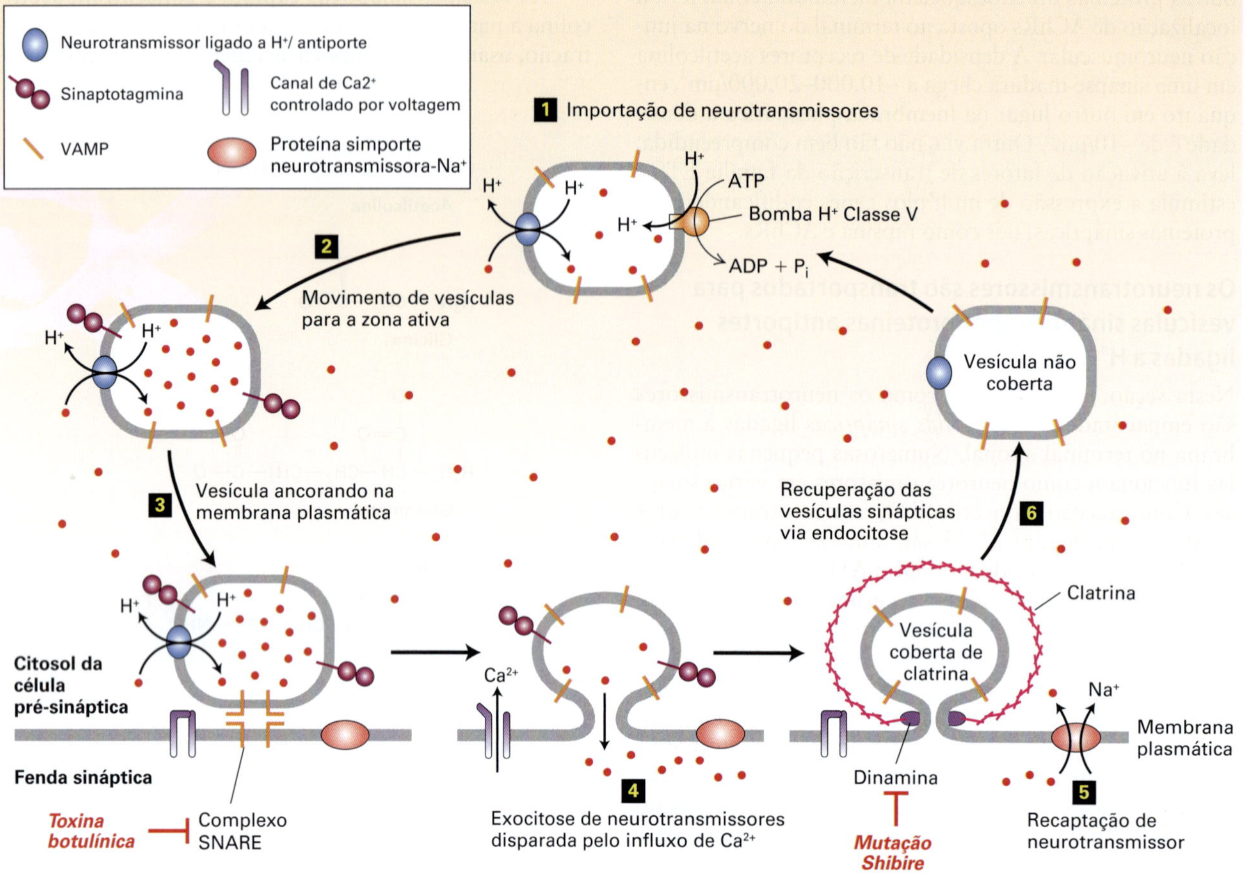

FIGURA 22-19 Ciclo de neurotransmissores e de vesículas sinápticas em terminal axonal. Muitas das vesículas sinápticas são formadas por reciclagem endocítica como descrito aqui. O ciclo completo leva em torno de 60 segundos. Etapa **1**: vesículas não cobertas expressam uma bomba de prótons tipo V (alaranjado) e um único tipo de antiporte-H^+de neurotransmissor (azul) específico para um neurotransmissor particular, para importar neurotransmissores (ponto vermelho) a partir do citosol. Etapa **2**: vesículas sinápticas carregadas com neurotransmissores migram para a zona ativa. Etapa **3**: as vesículas ancoram em locais definitivos na membrana plasmática da célula pré-sináptica e, as vesículas v-SNAREs chamadas VAMP ligam-se às t-SNAREs na membrana plasmática, formando o complexo SNARE. A sinaptotagmina impede a fusão da membrana e a liberação de neurotransmissores. A toxina botulínica impede a exocitose por clivagem proteolítica de VAMP, a v-SNARE nas vesículas. Etapa **4**: em resposta ao impulso nervoso (potencial de ação), canais de Ca^{2+} controlados por voltagem na membrana plasmática se abrem, permitindo um influxo de Ca^{2+} a partir do meio extracelular. A modificação conformacional induzida por Ca^{2+} na sinaptotagmina leva à fusão de vesículas ancoradas na membrana plasmática e à liberação de neurotransmissores para dentro da fenda sináptica. A sinaptotagmina não participa do último passo de reciclagem de vesículas ou importação de neurotransmissores mesmo que ainda esteja presente. Etapa **5**: proteínas simporte de Na^+ pegam o neurotransmissor da fenda sináptica para o citosol, que limita a duração do potencial de ação e praticamente recarrega a célula com transmissores. Etapa **6**: as vesículas são recuperadas por endocitose, criando vesículas não cobertas, prontas para serem preenchidas e iniciarem um novo ciclo. Após, vesículas clatrina/AP contendo v-SNARE e proteínas transportadoras neurotransmissoras brotarem para dentro e serem comprimidas para fora em um processo mediado por dinamina, elas perdem suas proteínas de revestimento. Mutações na dinamina, tais como shibire em *Drosophila*, impedem a reformação de vesículas sinápticas, levando à paralisia. Ao contrário de muitos neurotransmissores, a acetilcolina não é reciclada. (Ver K.Takei et al., 1996, *J. Cell Biol.* **133**:1237; V. Murthy e C. Stevens, 1998, *Nature* **392**:497; e R. Jahn et al., 2003, *Cell* **112**:519.)

na da vesícula; como outros antiportes, a exportação de prótons das vesículas formadas abaixo do seu gradiente eletroquímico intensifica a captação de neurotransmissores. Curiosamente, o gene que codifica esse antiporte está contido inteiramente dentro do primeiro íntron do gene que codifica a acetiltransferase colina, mecanismo conservado pela evolução para assegurar a expressão coordenada dessas duas proteínas.

Diferentes proteínas antiportes H^+/neurotransmissores são usadas para importar outros neurotransmissores para as vesículas sinápticas. Por exemplo, o glutamato é importado em vesículas sinápticas por proteínas chamadas *transportadores vesiculares de glutamato* (*VGLUTs*). VGLUTs são altamente específicos para glutamato, mas têm relativamente baixa afinidade pelo substrato (K_m= 1-3 mM). Como o transportador da acetilcolina, os VGLUTs são antiportes, transportando o glutamato para vesículas sinápticas, enquanto os prótons se movimentam em outras direções.

Vesículas sinápticas carregadas com neurotransmissores estão localizadas perto da membrana plasmática

Um arranjo altamente organizado das fibras do citoesqueleto no terminal axonal ajuda a localizar vesículas sinápticas na zona ativa. As próprias vesículas estão unidas por *sinapsina*, uma fosfoproteína fibrosa associada à superfície citosólica de todas as membranas vesiculares sinápticas. Filamentos de sinapsina também são irradiados a partir da membrana plasmática e se ligam à sinapsina associada à vesícula. Essas interações provavelmente mantêm as vesículas sinápticas fechadas na parte da membrana plasmática voltada para a sinapse. Além disso, camundongos com a sinapsina deletada, embora viáveis, são propensos a ataques; durante estímulos repetitivos de muitos neurônios nesses camundongos, o número de vesículas sinápticas que se fusionam com a membrana plasmática é enormemente reduzido. Assim, as sinapsinas parecem recrutar vesículas sinápticas para a zona ativa.

O influxo de Ca^{2+} desencadeia a liberação de neurotransmissores

A exocitose de neurotransmissores a partir das vesículas sinápticas envolve uma vesícula-alvo e eventos de fusão similares àqueles que ocorrem durante o transporte intracelular de proteínas secretadas e proteínas de membrana (Capítulo 14). Entretanto, duas características ímpares, cruciais para a função da sinapse, diferem de outras vias secretórias: (1) a secreção é fortemente acoplada à chegada de um potencial de ação no terminal axonal, e (2) as vesículas sinápticas são recicladas localmente para o terminal axonal após a fusão com a membrana plasmática. A Figura 22-19 mostra o ciclo inteiro onde as vesículas sinápticas são preenchidas com neurotransmissores, liberam seus conteúdos e então, são recicladas.

A despolarização da membrana plasmática não pode, por si só, causar a fusão das vesículas sinápticas com a membrana plasmática. A fim de disparar a fusão vesicular, um potencial de ação deve ser convertido em sinal químico – ou seja, um aumento localizado da concentração de Ca^{2+} no citosol. Os transdutores de sinais elétricos são *canais de* Ca^{2+} *controlados por voltagem* localizados na região da membrana plasmática adjacente às vesículas sinápticas. A despolarização da membrana devido à chegada do potencial de ação abre esses canais, permitindo o influxo dos íons Ca^{2+} do meio extracelular para a região do terminal axonal perto das vesículas sinápticas acopladas. De modo relevante, o aumento de Ca^{2+} no citosol é localizado; é também transitório, pois o excesso do Ca^{2+} é rapidamente bombeado para fora da célula por bombas de Ca^{2+} na membrana plasmática.

Um experimento simples demonstra a importância dos canais de Ca^{2+} controlados por voltagem na liberação de neurotransmissores. Uma preparação de neurônios em meio contendo Ca^{2+} é tratada com tetrodotoxina, substância que bloqueia os canais de Ca^{2+} controlados por voltagem, impedindo assim a condução de potenciais de ação. Como esperado, nenhum neurotransmissor é secretado no meio de cultura. Se a membrana axonal é então artificialmente despolarizada, adicionando ao meio ~100 mM de KCl na presença de Ca^{2+}extracelular, os neurotransmissores são liberados das células pelo influxo de Ca^{2+} por meio dos canais de Ca^{2+} controlados por voltagem abertos. Além disso, os experimentos de *patch-clamping* mostram que os canais de Ca^{2+} controlados por voltagem, assim como os canais de Na^{+} controlados por voltagem, abrem-se transitoriamente mediante despolarização da membrana.

Dois grupos de vesículas sinápticas preenchidas com neurotransmissores estão presentes no terminal axonal: aquelas ancoradas na membrana plasmática, que podem prontamente sofrer exocitose, e a grande maioria armazenada na zona ativa perto da membrana plasmática. Cada aumento no Ca^{2+}, gerado pela chegada de um único potencial de ação, desencadeia a exocitose de cerca de 10% das vesículas ancoradas. Proteínas da membrana exclusivas das vesículas sinápticas são então especificamente internalizadas por endocitose, geralmente pelos mesmos tipos de vesículas cobertas com clatrina usadas para recuperar outras proteínas de membrana plasmática por outros tipos celulares. Após perderem a cobertura de clatrina, as vesículas endocitadas são rapidamente preenchidas com neurotransmissores. A habilidade de muitos neurônios em disparar 50 vezes por segundo é uma clara evidência de que a reciclagem de proteínas da membrana de vesículas ocorre muito rapidamente. A maquinaria da endocitose e exocitose é altamente conservada e encontra-se descrita em maior detalhe no Capítulo 14.

Proteínas que se ligam a cálcio regulam a fusão de vesículas sinápticas com a membrana plasmática

A fusão das vesículas sinápticas com a membrana plasmática do terminal axonal depende das proteínas **SNAREs**, o mesmo tipo de proteína responsável por mediar a fusão à membrana de outras proteínas secretórias reguladas. A mais importante v-SNARE em vesículas sinápticas (VAMP) liga-se fortemente com a sintaxina e a SNAP-25, as principais t-SNAREs de membrana plasmática do terminal axonal, para formar complexos SNARE de quatro hélices. Após a fusão, proteínas SNAP e NSF dentro do terminal axonal promovem a dissociação de VAMP de t-SNAREs, como na fusão de vesículas secretórias descritas na Figura 14-10.

Fortes evidências do papel da VAMP na exocitose de neurotransmissores é fornecida pelo mecanismo de ação da toxina botulínica, proteína bacteriana que pode causar paralisia e morte, característica do *botulismo*, um tipo de intoxicação alimentar. A toxina é composta por dois polipeptídeos: um liga-se ao neurônio motor que libera acetilcolina em sinapses com células musculares, facilitando a entrada de outro polipeptídeo, uma protease, no citosol do terminal axonal. A única proteína que essa protease cliva é a VAMP (ver Figura 22-19, etapa **3**). Após a protease botulínica entrar no terminal axonal, vesículas sinápticas ainda não acopladas perdem rapidamente sua habilidade em se fusionar com a membrana plasmática devido à clivagem de VAMP, que impede a formação dos complexos SNARE. O bloqueio resultante na liberação da acetilcolina na sinapse neuromuscular causa paralisia. Entretanto, vesículas já acopladas exibem uma impressionante resistência à toxina, indicando que os complexos SNARE já possam estar em estado de formação parcial e resistente à protease, quando vesículas estão acopladas na membrana pré-sináptica. ■

O sinal que desencadeia a exocitose de vesículas sinápticas acopladas é um aumento muito localizado de 0,1 μM na concentração de Ca^{2+} no citosol perto das vesículas, característica de células em repouso, de 1-100 μM após a chegada de um potencial de ação em células estimuladas. A velocidade com a qual as vesículas sinápticas se fundem com membranas pré-sinápticas após o aumento de Ca^{2+} no citosol (menos de 1 ms) indica que a maquinaria de fusão está inteiramente reunida em estado de repouso e pode rapidamente sofrer modificação conformacional, levando à exocitose de neurotransmissores (Figura 22-20). A proteína ligante de Ca^{2+} chamada *sinaptotagmina*, localizada na membrana de vesículas sinápticas, é um componente essencial da maquinaria de fusão vesicular que desencadeia a exocitose em resposta ao Ca^{2+}. Considera-se que uma proteína chamada complexina liga-se a um feixe α-helicoidal de um complexo montado v-SNARE/t-SNARE, que faz a ponte entre a vesícula sináptica e membrana plasmática, impedindo a etapa final de fusão. A ligação do Ca^{2+} à proteína sinaptotagmina alivia essa inibição, liberando a complexina e permitindo que o evento de fusão ocorra muito rapidamente. Embora ainda se discuta os mecanismos pelos quais a sinaptotagmina funciona, a Figura 22-20 descreve um modelo amplamente aceito.

Uma série de evidências corrobora o papel de sinaptotagmina como detectora de Ca^{2+} na exocitose de neurotransmissores. Embriões mutantes de *Drosophila* e *C. elegans*, cuja sinaptotagmina é completamente deletada, não conseguem eclodir e exibem contrações musculares não coordenadas, muito reduzidas. Larvas mutantes com perda parcial da função de sinaptotagmina sobrevivem, mas seus neurônios são defectivos para exocitose de vesículas estimuladas com Ca^{2+}. Além disso, em camundongos, mutações na sinaptotagmina, que diminuem sua afinidade por Ca^{2+}, causam um correspondente aumento na quantidade de Ca^{2+} citosólico necessária para disparar uma exocitose rápida.

Moscas mutantes sem dinamina não conseguem reciclar vesículas sinápticas

As vesículas sinápticas são formadas principalmente por brotamento endocítico da membrana plasmática do terminal axonal. A endocitose geralmente envolve uma depressão coberta por clatrina e é bastante específica, ou seja, muitas proteínas de membrana exclusivas das vesículas sinápticas (p. ex., transportadores de neurotransmissores) são especificamente incorporadas nas vesículas endocíticas e nas proteínas residentes da membrana

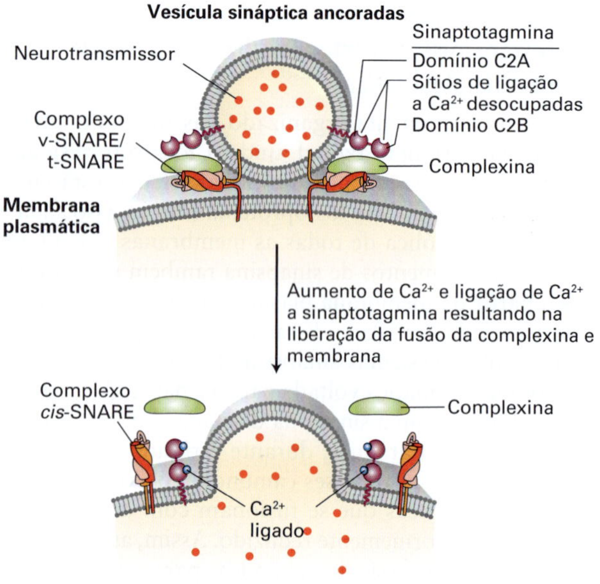

FIGURA 22-20 Fusão mediada por sinaptotagmina das vesículas sinápticas e membrana plasmática. Apenas poucas vesículas sinápticas são acopladas à membrana plasmática pré-sináptica; estas são preparadas para a fusão com a membrana plasmática. Estreitas interconexões entre vesículas sinápticas e membranas plasmáticas são mediadas em parte por feixes de quatro hélices α derivadas dos complexos de proteína v-SNARE de vesículas e proteína t-SNARE de membrana plasmática (ver Figura 14-10). A fusão de duas membranas é impedida pela ligação da proteína complexina ao complexo proteico v-SNARE/t-SNARE. A sinaptotagmina é composta por uma pequena sequência intraluminal, uma única hélice α transmembrana que a ancora à membrana da vesícula sináptica, um *linker* e dois domínios de ligação a Ca^{2+}, chamados C2A e C2B. A sinaptotagmina sem Ca^{2+} ligado poderia também ligar-se ao complexo v-SNARE/t-SNARE e impedir a fusão da membrana. Um aumento localizado de Ca^{2+} permite que íons Ca^{2+} liguem-se à sinaptotagmina, alterando sua conformação tridimensional. Isso desencadeia a liberação do inibidor de fusão complexina, a ligação (ou alteração da ligação) de sinaptotagmina ao complexo v-SNARE/t-SNARE, instantânea fusão da membrana e liberação de neurotransmissores no espaço extracelular. (Segundo T. Südhof e J. Rothman, 2009, *Science* **323**: 474.)

plasmática (p. ex., canais de Ca^{2+} detectores de voltagem) permanecem. Dessa maneira, proteínas de membrana de vesículas sinápticas podem ser reutilizadas e as vesículas recicladas preenchidas com neurotransmissores (ver Figura 22-19, etapa **6**).

Como na formação de outras vesículas cobertas por clatrina/AP, a reincorporação das vesículas sinápticas endocitadas requer uma proteína de ligação a GTP, a *dinamina* (ver Figura 14-19). Além disso, a análise da *Drosophila* mutante sensível ao calor, chamada *shibire* (*shi*), que codifica a proteína dinamina da mosca, fornece as primeiras evidências para o papel da dinamina na endocitose. Em temperaturas permissivas de 20°C, moscas mutantes são normais, mas em temperaturas não permissivas de 30°C, elas são paralisadas (*shibire*, "paralisada" em japonês), pois a reincorporação das depressões cobertas de clatrina em neurônios e em outras células é bloqueada. Quando vista em microscopia eletrônica, os neurônios *shi* a 30°C mostram abundantes depressões cobertas com clatrina com longas protuberâncias, mas poucas vesículas cobertas com clatrina. A aparência dos terminais nervosos em mutantes *shi* em temperaturas não permissivas é similar àquela de terminais de neurônios normais incubados na presença de um análogo de GTP não hidrolisável (ver Figura 14-20). Devido à sua inabilidade em reincorporar novas vesículas sinápticas, os neurônios em mutantes *shi* acabam exaurindo-se de vesículas sinápticas quando moscas são deslocadas para temperaturas não permissivas, levando a uma interrupção da sinalização sináptica e à paralisia.

A sinalização nas sinapses é finalizada pela degradação ou recaptação de neurotransmissores

Após serem liberados das células pré-sinápticas, os neurotransmissores devem ser removidos ou destruídos para impedir a estimulação continuada de células pós-sinápticas. A sinalização pode ser finalizada pela difusão de um transmissor para fora da fenda sináptica, mas esse é um processo lento. Em vez disso, um de dois mecanismos mais rápidos termina a ação do neurotransmissor na maioria das sinapses.

A sinalização por acetilcolina é finalizada quando ela é hidrolisada a acetato e colina pela *acetilcolinesterase*, enzima localizada na fenda sináptica. A colina liberada nessa reação é transportada de volta aos terminais axonais pré-sinápticos por simportadores de Na^+/colina e utilizada na síntese de mais acetilcolina. A operação desse transportador é similar àquela de simportadores ligados a Na^+ usados para transportar glicose para dentro de células contra gradientes de concentração (ver Figura 11-26).

Com exceção da acetilcolina, todos os neurotransmissores mostrados na Figura 22-18 são removidos da fenda sináptica e transportados de volta ao terminal axonal de onde foram liberados. Assim, esses transmissores são reciclados intactos, conforme descrito na Figura 22-19 (etapa **5**). Os transportadores de GABA, norepinefrina, dopamina e serotonina foram os primeiros a serem clonados e estudados. Essas quatro proteínas transportadoras são todas simportadoras ligadas ao Na^+. Elas são 60 a 70% idênticas nas suas sequências de aminoácidos e contêm 12 hélices α transmembrana. Como em outros simportadores transmembrana, o movimento do Na^+ para dentro da célula baixa seu gradiente eletroquímico, fornecendo a energia para a captação de neurotransmissores. Para manter a eletroneutralidade, frequentemente Cl^- é transportado por um canal iônico juntamente com o Na^+ e o neurotransmissor.

Os neurotransmissores e seus transportadores são alvo de uma série de drogas fortes e algumas vezes devastadoras. A cocaína se liga e inibe o transporte de norepinefrina, serotonina e dopamina. Em particular, a ligação da cocaína ao transportador da dopamina inibe a recaptação de dopamina, causando uma concentração de dopamina maior que a normal, a qual permanece na fenda sináptica e prolonga a estimulação de neurônios pós-sinápticos. A exposição de longa duração à cocaína, como ocorre com o uso habitual, leva à regulação negativa dos receptores de dopamina, alterando a regulação da sinalização dopaminérgica. Acredita-se que a diminuição da sinalização dopaminérgica após o uso crônico da cocaína poderia contribuir para transtornos de humor depressivo e sensibilizar circuitos de recompensa do cérebro, importantes para os efeitos de reforço de cocaína, levando à dependência. De maneira similar, agentes terapêuticos como a fluoxetina antidepressiva (Prozac) e a imipramina bloqueiam a recaptação de serotonina, e a desipramina, antidepressivo tricíclico, bloqueia a recaptação de norepinefrina. Como resultado, esses medicamentos também causam uma concentração maior que a normal de neurotransmissores que permanecem na fenda sináptica e prolongam o estímulo de neurônios pós-sinápticos. A fluoxetina e medicamentos de ação similar como a paroxetina (Paxil) e a sertralina (Zoloft) com frequência são chamados coletivamente de inibidores seletivos da recaptação da serotonina (SSRIs). ■

A abertura de canais de cátion controlados por acetilcolina leva à contração muscular

Nesta seção, foi visto como a ligação de neurotransmissores por receptores em células pós-sinápticas leva à modificação nos potenciais de membrana celular, usando a comunicação entre neurônios motores e musculares como exemplo. Nessas sinapses, chamadas junções neuromusculares, a acetilcolina é o neurotransmissor. Um único terminal axonal de um neurônio de rã pode conter um milhão ou mais de vesículas sinápticas, cada uma com 1.000 a 10.000 moléculas de acetilcolina; essas vesículas frequentemente acumulam-se em linhas na zona ativa (ver Figuras 22-16 e 22-17). Um neurônio desses pode formar sinapses com uma única célula do músculo esquelético em centenas de pontos.

O receptor nicotínico de acetilcolina, expresso em células musculares, é um **canal controlado por ligante** que admite tanto K^+ quanto Na^+. Esses receptores, também produzidos em neurônios cerebrais, são importantes no aprendizado e na memória; a perda do receptor de acetilcolina é observada na esquizofrenia, na epilepsia, na dependência de drogas e na doença de Alzheimer. Anticorpos contra receptores de acetilcolina constituem a maior parte de reatividade autoimune na doença de miastenia grave. O receptor é assim chamado porque está ligado por nicotina e tem sido implicado na dependência da nicotina em indivíduos tabagistas. Existem ao menos 14 diferentes isoformas de receptores, reunidos em homo- e heteropentâmeros com diversas propriedades.

O efeito da acetilcolina nesse receptor pode ser determinado por estudos de *patch-clamping* em segmentos isolados da membrana plasmática muscular. Essa técnica mede os efeitos de solutos extracelulares em receptores de canais dentro do segmento isolado (ver Figura 11-22c). Tais medidas têm mostrado que a acetilcolina causa a abertura de canais de cátion no receptor, capaz de transmitir 15.000 a 30.000 íons Na^+ e K^+ por milissegundo. Entretanto, já que o potencial de repouso na membrana plasmática muscular está perto de E_K, o potencial de equilíbrio do potássio, a abertura de canais receptores de acetilcolina provoca um pequeno aumento no efluxo de íons K^+; os íons Na^+, por outro lado, fluem para a célula muscular, dirigidos pelo gradiente eletroquímico de Na^+.

O aumento simultâneo na permeabilidade dos íons Na^+ e K^+ após a ligação de acetilcolina produz uma rede de despolarização para cerca de −15 mV do potencial muscular de repouso −85 mV a −90 mV. Como mostrado na Figura 22-21, essa despolarização localizada na membrana plasmática muscular desencadeia a abertura dos canais de Na^+, levando à geração e condução de um potencial de ação na membrana de superfície da célula muscular pelo mesmo mecanismo descrito previamente para neurônios. Quando a despolarização da membrana chega aos túbulos transversais (ver Figura 17-34), invaginações especializadas da membrana plasmática, ela age nos canais de Ca^{2+} da membrana plasmática aparentemente sem provocar sua abertura. De algum modo, isso provoca a abertura dos canais de liberação de Ca^{2+} adjacentes na membrana do retículo sarcoplasmático. O posterior fluxo de íons Ca^{2+} armazenados no retículo sarcoplasmático do citosol aumenta a concentração citosólica de Ca^{2+} suficientemente para induzir a contração muscular.

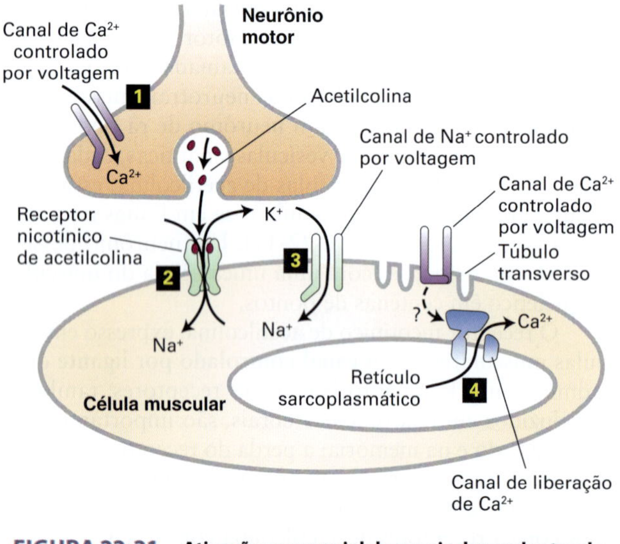

FIGURA 22-21 Ativação sequencial de canais dependentes de íons na junção neuromuscular. A chegada de um potencial de ação no terminal do neurônio motor pré-sináptico induz a abertura dos canais de Ca^{2+} controlados por voltagem em neurônios (etapa **1**) e, posteriormente, a liberação de acetilcolina, que desencadeia a abertura de receptores de acetilcolina controlados por ligantes em membrana plasmática do músculo (etapa **2**). O canal do receptor aberto permite influxo de Na^+ e efluxo de K^+ da célula muscular. O influxo de Na^+ provoca uma despolarização localizada na membrana, levando à abertura de canais de Na^+ controlados por voltagem e à geração de um potencial de ação (etapa **3**). Quando a despolarização se difunde e chega aos túbulos transversais, ela é detectada pelos canais de Ca^{2+} controlados por voltagem na membrana plasmática. Por meio de um mecanismo desconhecido (indicado pelo "?") esses canais permanecem fechados, mas influenciam os canais de Ca^{2+} na membrana do retículo sarcoplasmático (rede de compartimentos ligados à membrana no músculo), que libera o Ca^{2+} no citosol (etapa **4**). O aumento de Ca^{2+} citosólico resultante provoca uma contração muscular por mecanismos discutidos no Capítulo 17.

O monitoramento cuidadoso do potencial de membrana da membrana muscular na sinapse com um neurônio motor colinérgico tem demonstrado despolarizações espontâneas, intermitentes e randômicas de ~2 ms de cerca de 0,5 a 1 mV na ausência de estímulo do neurônio motor. Cada uma dessas despolarizações é causada pela liberação espontânea de acetilcolina de uma única vesícula sináptica no neurônio. De fato, a demonstração dessa pequena despolarização espontânea levou à noção da liberação quântica da acetilcolina (aplicada mais tarde a outros neurotransmissores) e, assim, levou à hipótese de vesículas de exocitose nas sinapses. A liberação de uma vesícula sináptica contendo acetilcolina resulta na abertura de cerca de 3.000 canais de íons na membrana pós-sináptica, muito aquém do número necessário para atingir o limiar de despolarização que induz um potencial de ação. Claramente, a estimulação da contração muscular por um neurônio motor requer a liberação, quase simultânea, de acetilcolina a partir de numerosas vesículas sinápticas.

As cinco subunidades do receptor de acetilcolina nicotínico contribuem para o canal iônico

O receptor de acetilcolina do músculo esquelético é uma proteína pentamérica com uma composição de subunidades $\alpha_2\beta\gamma\delta$. Esses quatro diferentes tipos de subunidades têm considerável homologia de sequência entre elas; em média, em torno de 35 a 40% dos resíduos em cada duas subunidades são similares. O receptor completo tem cinco vezes a simetria, e o canal de cátion real é um poro afunilado central, alinhado com os segmentos homólogos a partir de cada uma das cinco subunidades (Figura 22-22).

O canal se abre quando o receptor cooperativamente liga duas moléculas de acetilcolina a sítios localizados nas interfaces das subunidades $\alpha\delta$ e $\alpha\gamma$, como mostrado na Figura 22-22a. Uma vez que a acetilcolina esteja ligada a um receptor, o canal é aberto em poucos milissegundos. Estudos medindo a permeabilidade do receptor a diferentes cátions sugerem que a abertura do canal iônico tenha, no seu ponto mais estreito, cerca de 0,65 a 0,80 nm de diâmetro, de acordo com a estimativa por micrografia eletrônica. Isso poderia ser suficiente para permitir a passagem de ambos, íons Na^+ e K^+, com seu escudo de moléculas de água ligadas. Assim, o receptor de acetilcolina provavelmente transporta íons hidratados, ao contrário dos canais de Na^+ e K^+, pois ambos permitem apenas a passagem de íons não hidratados (ver Figura 11-21).

O canal iônico central é revestido por cinco α hélices M2 homólogas transmembrana, uma para cada uma das cinco subunidades (ver Figura 22-22c). As hélices M2 são compostas principalmente por aminoácidos polares não carregados ou hidrofóbicos, mas os resíduos aspartato ou glutamato carregados negativamente estão localizados em cada ponta, perto da face da membrana, e vários resíduos de serina ou treonina estão perto do meio. Receptores mutantes de acetilcolina, nos quais uma única carga negativa de glutamato ou aspartato em uma hélice M2 é trocada por uma lisina de carga posi-

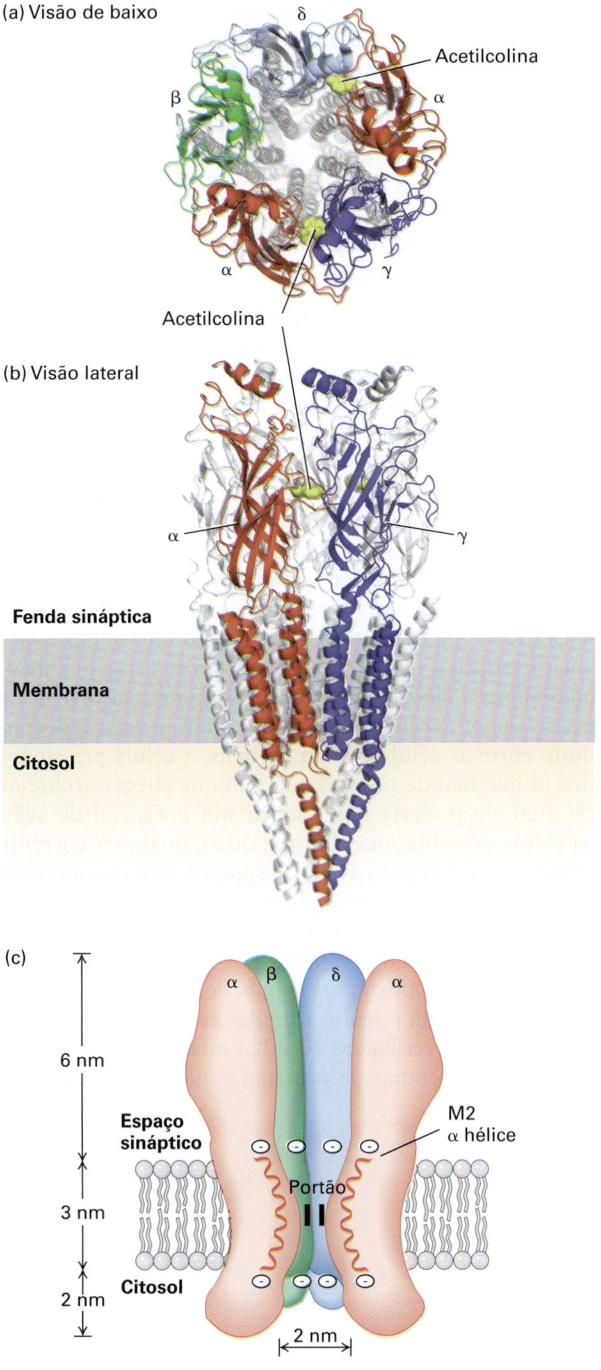

FIGURA 22-22 Estrutura tridimensional do receptor de acetilcolina nicotínico. A estrutura molecular tridimensional do receptor de acetilcolina nicotínico *Torpedo* vista (a) da fenda sináptica e (b) paralela ao plano da membrana. Para maior clareza, apenas as duas subunidades da frente, α e γ estão destacadas em (b) (cores: α, vermelho; β, verde; γ, azul; δ, azul-claro). Os dois sítios de ligação de acetilcolina, localizados a ~3 nm da superfície da membrana, estão destacados em amarelo; apenas um na interface αγ é mostrado no painel b. (c) Corte esquemático do modelo de receptor pentamérico na membrana. Cada subunidade tem quatro hélices α que atravessam a membrana, M1-M4; α hélice M2 (vermelho) está voltada para o poro central. As cadeias laterais aspartato e glutamato formam dois anéis de carga negativa, um de cada lado das hélices M2, que ajudam a excluir ânions e atrair cátions para o canal. A entrada, que se abre com a ligação de acetilcolina, encontra-se dentro do poro. (Parte (a) e (b) de N. Unwin, 2005, *J. Mol. Biol.* **346**:967-989.)

tiva, têm sido expressados em oócitos de rã. Medições de *patch-clamping* indicam que essas proteínas alteradas podem funcionar como canal, mas o número de íons que passa por ele, durante sua abertura, é reduzido. O grande número de resíduos de glutamato ou aspartato mutados (em uma ou em múltiplas hélices M2), reduz muito a condutividade dos íons. Esses achados sugerem que os resíduos de aspartato e glutamato formam um anel de cargas negativas na superfície externa do poro que ajuda a filtrar ânions e atrair íons Na^+e K^+ à medida que entram no canal. Um anel semelhante de cargas negativas reveste a superfície citosólica do poro, ajudando a selecionar cátions na passagem.

Os dois sítios de ligação à acetilcolina no domínio extracelular do receptor se encontram a cerca de 4 a 5 nm da superfície da membrana (ver Figura 22-22b). Assim, a ligação da acetilcolina deve desencadear modificações conformacionais nas subunidades do receptor que podem provocar a abertura do canal a alguma distância dos sítios de ligação. Os receptores em membranas pós-sinápticas isoladas podem ser imobilizados, no estado aberto ou fechado, por rápido congelamento em nitrogênio líquido. Imagens por microscopia eletrônica de tais preparações sugerem que cinco hélices M2 giram em relação ao eixo vertical do canal durante sua abertura e fechamento.

Foram examinadas as junções neuromusculares como um excelente exemplo de como os neurotransmissores e seus receptores funcionam. Como a acetilcolina, o glutamato, principal neurotransmissor em cérebro de vertebrados, usa dois principais tipos de receptores. A classe dos receptores ionotrópicos de glutamato compreende canais controlados por ligantes, que permitem o fluxo de K^+, Na^+ e algumas vezes Ca^{2+} em resposta à ligação do glutamato e funcionam com os mesmos princípios que AChR. O glutamato também se liga a uma segunda classe de receptores, acoplados à proteína G. Adiante neste capítulo, será visto como tais receptores acoplados a proteína G (GPCRs) e canais de íons funcionam como receptores para odores e sabores que ativam várias células nervosas sensoriais. Para abarcar todos os receptores de neurotransmissores, canais de íons e outras proteínas sinalizadoras que funcionam no cérebro, seria necessário um livro muito maior do que este!

As células nervosas tomam uma decisão de tudo ou nada para gerar um potencial de ação

Na junção neuromuscular, praticamente todo potencial de ação no neurônio motor pré-sináptico desencadeia um potencial de ação na célula muscular pós-sináptica que se propaga ao longo da fibra muscular. A situação das sinapses entre os neurônios, especialmente aqueles do cérebro, é muito mais complexa, porque os neurônios pós-sinápticos comumente recebem sinais a partir de muitos neurônios pré-sinápticos. Os neurotransmissores liberados de neurônios pré-sinápticos podem se ligar a um **receptor excitatório** em neurônios pós-sinápticos, abrindo assim um canal que admite íons Na^+ ou ambos íons Na^+ e K^+. Os receptores de acetilcolina e glutamato, recém-discutidos como exemplos de receptores excitatórios, e a abertura desses canais de íons leva a uma despolarização da membrana plasmática pós-sináptica, gerando um potencial de ação. Em contrapartida, a ligação de um neurotransmissor a um **receptor inibitório** nas células pós-sinápticas causa a abertura de canais de K^+ ou Cl^-, levando a um efluxo de íons adicionais de K^+ do citosol ou a um influxo de íons Cl^-. Nos dois casos, o fluxo de íons tende a hiperpolarizar a membrana plasmática, que inibe a geração de um potencial de ação na célula pós-sináptica.

Um único neurônio pode ser afetado simultaneamente por sinais recebidos em múltiplas sinapses excitatórias ou inibitórias. O neurônio continuamente integra esses sinais e determina se gera ou não um potencial de ação. Nesse processo, várias pequenas despolarizações e hiperpolarizações geradas nas sinapses se movem ao longo da membrana plasmática dos dendritos para o corpo celular e então para o cone axonal, onde são computadas. Um potencial de ação é gerado sempre que a membrana no cone axonal torna-se despolarizada a certa voltagem, a qual pode ser diferente para diferentes neurônios, chamada de *potencial limiar* (Figura 22-23). Assim, um potencial de ação é gerado de um modo tudo ou nada: a despolarização ao limiar sempre leva a um potencial de ação, enquanto uma despolarização, que não atinge o potencial limiar, nunca induz.

O potencial de ação gerado no cone axonal do neurônio depende do equilíbrio entre sincronismo, amplitude e localização dos vários estímulos que ele recebe; para cada tipo neuronal, esse cálculo de sinal é diferente. De certo modo, cada neurônio é um minúsculo computador analógico/digital que calcula todas as ativações do receptor e distúrbios elétricos na sua membrana (analógico) e toma a decisão se desencadear ou não (digital) um potencial de ação e conduzi-lo ao axônio. Um potencial de ação sempre terá a mesma *magnitude* em um determinado neurônio. Como foi visto, a *frequência* com a qual os potenciais de ação são gerados em determinado neurônio é um importante parâmetro na sua habilidade em sinalizar outras células.

As junções tipo fenda permitem certos neurônios se comunicar diretamente

Neurotransmissores empregando *sinapses químicas* permitem uma forma de comunicação numa velocidade razoavelmente alta. Entretanto, alguns sinais saem de célula para célula eletricamente, sem a intervenção de sinapses químicas. As *sinapses elétricas* dependem de canais com **junções tipo fenda** que ligam duas células (Capítulo 20). O efeito das conexões de junção tipo fenda é coordenar perfeitamente as atividades de duas células unidas. Uma sinapse elétrica é *bidirecional*; um neurônio pode excitar o outro. Sinapses elétricas são comuns no neocórtex e no tálamo, por exemplo. A principal característica da sinapse elétrica é a sua velocidade. Enquanto uma sinapse química leva cerca de 0,5 a 5 ms para atravessar um sinal, uma sinapse elétrica é quase instantânea, na ordem de fração de milissegundo, desde que o citoplasma seja contínuo entre as células. Além do mais, a célula pré-sináptica (a que manda o sinal) não tem que chegar ao limiar no qual ela poderia para causar um potencial de ação na célula pós-sináptica. Em vez disso, qualquer corrente elétrica continua para a célula seguinte, provocando uma despolarização em proporção à corrente.

Uma sinapse elétrica pode conter milhares de canais tipo fenda, cada um composto por dois hemicanais, um em cada célula oposta. Os canais de junções tipo fenda em neurônios têm estrutura similar às junções tipo fenda convencionais (ver Figura 20-20). Cada hemicanal é constituído de seis cópias da proteína conexina. Existem em

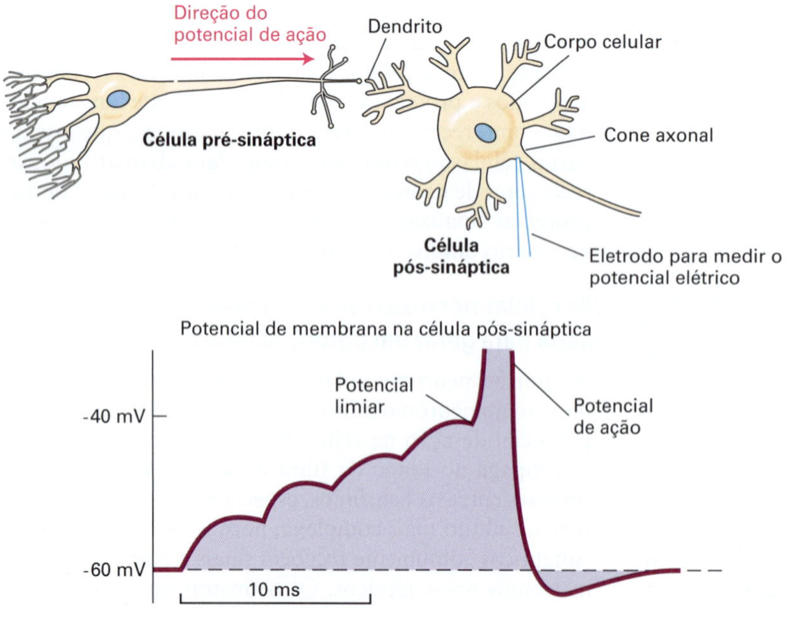

FIGURA EXPERIMENTAL 22-23 Sinais de entrada devem atingir o potencial limiar para desencadear um potencial de ação em um neurônio pós-sináptico. Neste exemplo, o neurônio pré-sináptico gera um potencial de ação a cada 4 ms. A chegada de cada potencial de ação na sinapse provoca uma pequena modificação no potencial de membrana do cone axonal do neurônio pós-sináptico, nesse exemplo, a despolarização de ~5 mV. Quando, devido a múltiplos estímulos, a membrana dessa célula pós-sináptica torna-se despolarizada e alcança o potencial limiar, aqui aproximadamente 40 mV, um potencial de ação é induzido.

torno de 20 genes que codificam conexina em mamíferos, então, a diversidade na estrutura e função do canal pode vir de diferentes componentes proteicos. O canal de 1,6 a 2 nm permite a difusão de moléculas com tamanho de até 1.000 Da e não tem problemas em acomodar os íons.

CONCEITOS-CHAVE da Seção 22.3

Comunicação nas sinapses

- As sinapses são as junções entre as células pré-sinápticas e pós-sinápticas, e consistem em pequenos espaços (ver Figura 22-3).
- A comunicação entre células pré-sinápticas e pós-sinápticas é abundante enquanto a sinapse está sendo formada. A adesão celular de moléculas mantém as células alinhadas. Na junção neuromuscular, neurônios motores induzem o acúmulo de receptores de acetilcolina na membrana plasmática muscular pós-sináptica perto da formação do terminal axonal (ver Figura 22-17).
- Em células pré-sinápticas, neurotransmissores de baixo peso molecular (p. ex., acetilcolina, dopamina, epinefrina) são importados do citosol para as vesículas sinápticas por antiportadores ligados a H^+. Bombas de prótons classe V mantêm o baixo pH intravesicular que dirige a importação de neurotransmissores contra o gradiente de concentração.
- Os neurotransmissores (ver Figura 22-18) são armazenados em centenas a milhares de vesículas sinápticas no terminal axonal da célula pré-sináptica (ver Figura 22-16). Quando um potencial de ação chega, canais de Ca^{2+} detectores de voltagem se abrem e o cálcio induz a fusão das vesículas sinápticas com a membrana plasmática, liberando moléculas neurotransmissoras na sinapse (ver Figura 22-19, etapa **4**).
- Os neurotransmissores se difundem por meio da sinapse e se ligam a receptores na célula pós-sináptica, a qual pode ser um neurônio ou um músculo. Sinapses químicas desse tipo são unidirecionais (ver Figura 22-3).
- Vesículas sinápticas se fundem com a membrana plasmática usando a maquinaria celular padrão para exocitose, incluindo SNAREs, sintaxina e proteínas SNAP. A proteína sinaptotagmina é sensora de cálcio e detecta o aumento de cálcio estimulado por potencial de ação que leva à fusão (ver Figura 22-20).
- Após a liberação de neurotransmissores das células pré-sinápticas, vesículas são novamente formadas pela endocitose e reciclagem (ver Figura 22-19, etapa **6**).
- A dinamina, uma proteína de endocitose, é crucial para a formação de novas vesículas, provavelmente, especificamente para a "formação de depressão" de vesículas novas.
- A operação coordenada de quatro canais iônicos bloqueados na sinapse de um neurônio motor e uma célula de músculo estriado leva à liberação de acetilcolina do terminal axonal, despolarização da membrana muscular, geração de um potencial de ação e posterior contração muscular (ver Figura 22-21).
- O receptor nicotínico de acetilcolina, um canal de cátion controlado por ligante, contém cinco subunidades, e cada uma delas tem uma hélice α transmembrana (M2) que reveste o canal (ver Figura 22-22).
- Receptores de neurotransmissores são de duas classes: canais de íons controlados por ligantes, que permitem a passagem de íons quando abertos, e receptores acoplados a proteína G, que estão ligados a canais de íons separados.
- Um neurônio pós-sináptico gera um potencial de ação apenas quando a membrana plasmática no cone axonal é despolarizada ao potencial limiar pelo somatório de pequenas despolarizações e hiperpolarizações provocadas pela ativação de receptores neurais múltiplos (ver Figura 22-23).
- As sinapses elétricas são conexões de junções tipo fendas diretas entre neurônios. Sinapses elétricas, ao contrário das sinapses químicas que empregam em neurotransmissores, são bidirecionais e extremamente rápidas na transmissão de sinais.

22.4 Percepção do ambiente: tato, dor, paladar e olfato

Nossos corpos estão constantemente recebendo sinais do ambiente – luzes, sons, cheiros, gostos, estimulação mecânica, calor e frio. Nos últimos anos, um enorme progresso foi feito no entendimento de como nossos sentidos registram as impressões do mundo exterior e de como o cérebro processa as informações. Por exemplo, no Capítulo 15, foram analisadas as funções de um dos dois tipos de fotorreceptores na retina humana, os *bastonetes*, e foi aprendido que eles servem como principais destinatários dos estímulos visuais. Os bastonetes são estimulados por luz fraca, como o luar, ao longo de um intervalo de comprimentos de onda, enquanto os outros receptores, os *cones*, são responsáveis por mediar a visão de cores. Essas sinapses de fotorreceptores em camada sobre camada de interneurônios são inervadas por diferentes combinações de células fotorreceptoras. Esses sinais são processados e interpretados por parte do cérebro chamada *córtex visual*, onde esses impulsos nervosos são traduzidos em uma imagem do mundo, ao nosso redor.

Nesta seção, serão discutidos os mecanismos celulares e moleculares, bem como as células nervosas especializadas, subjacentes a muitos de nossos outros sentidos: tato e dor, paladar e olfato. Foi visto como duas classes de receptores – canais de íons e receptores com proteína G acopladas – funcionam nesses processos de sentidos. Como na visão, múltiplos interneurônios conectam essas células sensoriais com o cérebro, onde sinais retransmitidos são convertidos em percepções do ambiente. Em sua maior parte, ainda não se entende completamente como esses subsistemas neurais são ligados. Entretanto, no caso do olfato, cada neurônio sensorial expressa um único receptor olfatório, e será visto como múltiplos neurônios sensoriais que expressam o mesmo receptor ativam o mesmo centro cerebral. Portanto, as conexões entre ligação olfativa e percepção pelo cérebro são bastante diretas e bem compreendidas.

Mecanorreceptores são canais controlados por cátions

A pele humana, especialmente a pele dos dedos, é altamente especializada em coletar informações sensoriais. O corpo inteiro, de fato, tem numerosos **mecanossensores** incorporados em vários tecidos. Com frequência, esses sensores permitem a consciência de tato, posições e movimentos dos membros ou da cabeça (propriocepção), dor e temperatura, embora muitas vezes ocorram períodos em que os seres humanos ignoram os estímulos. Mamíferos usam diferentes conjuntos de células receptoras para informar o tato, a temperatura e a dor.

Muitos receptores de mecanossensores são canais de Na^+ ou Na^+/Ca^{2+} que estão fechados ou abertos, em resposta ao estímulo específico; a ativação desses receptores causa um influxo de Na^+ ou ambos íons Na^+ e Ca^{2+}, levando à despolarização da membrana. Exemplos incluem os receptores de estiramento e toque, ativados por alongamento da membrana celular; esses têm sido identificados em uma ampla variedade de células, incluindo músculo de vertebrados e células epiteliais, leveduras, plantas e, bactérias.

A clonagem de genes que codificam receptores de toque começou com o isolamento de cepas mutantes de *Caenorhabditis elegans* insensíveis a um leve toque do corpo. Três dos genes nos quais as mutações foram isoladas – *MEC4*, *MEC6* e *MEC10* – codificam três subunidades do canal de Na^+ no receptor de toque da célula. Os estudos em vermes com mutações nesses genes mostraram que esses canais são necessários para a transdução de um leve toque no corpo; estudos biofísicos indicaram que esses canais provavelmente abriam-se diretamente em resposta ao estímulo mecânico (Figura 22-24). O complexo de sensibilidade-toque contém muitas outras proteínas essenciais para a sensibilidade ao toque, incluindo subunidades de 15 protofilamentos de microtúbulos no citosol e proteínas específicas da matriz extracelular, mas ainda não se sabe precisamente como elas afetam a função dos canais. Tipos similares de canais são encontrados em bactérias e eucariotos inferiores; pela abertura em resposta ao alongamento da membrana, esses canais podem ter um papel na osmorregulação e no controle do volume celular.

Algumas moléculas relacionadas a MEC são expressadas em neurônios de mamíferos nos gânglios da raiz dorsal, e seus papéis na percepção do toque têm sido examinados em camundongos nocaute. Por exemplo, a interrupção da proteína-3 (SLP3), proteína *stomatin-like* (ou seja, parecida com estomatina), provoca defeitos na discriminação da textura e perdas na mecanossensibilidade de um subconjunto de neurônios receptores de toque de camundongo.

Receptores para dor também são canais controlados por cálcio

Diversos animais como caracóis e humanos sentem eventos nocivos (processo chamado de nocicepção); receptores da dor, chamados **nociceptores**, respondem a alterações mecânicas, calor e certos químicos tóxicos. A dor serve para alertar sobre eventos (p. ex., danos teciduais) capazes de produzir lesão e evocar comportamentos que promovem a cicatrização do tecido. A dor persistente em resposta a danos no tecido é comum, e muitos indivíduos sofrem de dor crônica. Assim, o entendimento tanto da dor aguda quanto da crônica é objetivo principal da pesquisa, bem como o desenvolvimento de novos fármacos para o tratamento da dor.

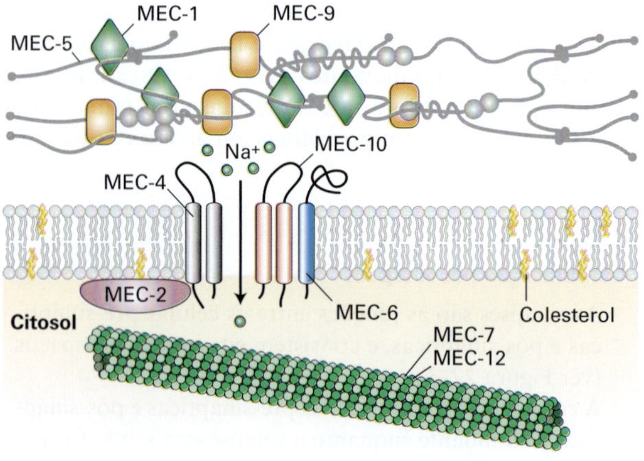

FIGURA 22-24 Modelo molecular do complexo receptor-toque MEC4 de *C. elegans*. Mutações em alguns genes *MEC* podem reduzir ou inativar respostas normais do verme ao leve toque no corpo. As proteínas MEC-4 e MEC-10 são subunidades formadoras do poro do canal de Na^+; MEC-2 e MEC-6 são subunidades acessórias que permitem a atividade do canal. A mecanotransdução também necessita de uma matriz extracelular especializada, consistindo em MEC-5, uma isoforma de colágeno, e em MEC-1 e MEC-9, duas proteínas com múltiplos EGFs repetidos. MEC-7 e MEC-12 são monômeros de tubulina que formam 15 protofilamentos de microtúbulos, que, de alguma forma, também são necessários para a sensibilidade ao toque. (E. Lumpkim, K. Marshall e A. Nelson, 2010, *J. Cell Biol.* **191**:237.)

Um dos primeiros receptores de dor de mamíferos a ser clonado e identificado como TRPV1, ou canal de Na^+/Ca^{2+}, encontrado em muitos neurônios sensoriais da dor do sistema nervoso periférico, é ativado por uma série de estímulos físicos e químicos, endógenos e exógenos. Os ativadores melhor conhecidos de TRPV1 são temperatura superior a 43°C, pH ácido e capsacina, a molécula que faz as pimentas parecerem quentes. A ativação de receptores TRPV1 leva à sensação de dor profunda e queimação. Numerosos antagonistas de TRPV1 foram desenvolvidos por indústrias farmacêuticas como possíveis medicamentos para a dor. Entretanto, o maior efeito colateral que tem limitado a utilização desses fármacos é a elevação da temperatura corporal; isso sugere que uma função "normal" de TRPV1 seria perceber e regular a temperatura do corpo, e que esses fármacos inibem essa função.

Outro gene relacionado à dor que merece atenção é o *SCN9A*, que codifica uma subunidade do canal de Na^+ controlado por voltagem, Nav1.7, expresso em altas densidades em muitos neurônios sensíveis à dor. Não está clara a função de Nav1.7, mas humanos homozigotos para mutações em *SCN9A* são totalmente incapazes de sentir dor, embora sejam normais. Isso sugere que Nav1.7 seja um componente vital na percepção da dor em humanos. Além disso, indivíduos com certas mutações ativadas no gene

SCN9A têm muitos episódios de dor, e um polimorfismo comum no gene *SCN9A* está correlacionado com a percepção de dor em várias doenças. Esses fármacos que alteram a função do canal Nav1.7 têm potencial de uso no tratamento de uma grande variedade de condições dolorosas.

Cinco sabores primordiais são percebidos por subconjuntos de células em cada papila gustativa

Sentimos o gosto de muitos compostos, todos os quais são moléculas hidrofílicas e não voláteis flutuando na saliva. Todos os sabores são sentidos em todas as áreas da língua, e células seletivas respondem preferencialmente a certos gostos. Como aconteceu com os outros sentidos, o paladar evoluiu provavelmente para aumentar as chances de sobrevivência do animal. Muitas substâncias tóxicas têm sabor amargo ou ácido, e alimentos nutritivos são quebrados em moléculas com gosto doce (p. ex., açúcar), salgado ou umami (p. ex., gosto de carne, gosto salgado de glutamato monossódico e outros aminoácidos). Animais (incluindo o homem) nunca estão certos do que exatamente entra na sua boca; o sentido do paladar permite ao animal tomar uma decisão rápida – comê-lo ou livrar-se dele. O gosto exige menos do sistema nervoso que o olfato, pois menos tipos de moléculas são monitorados. O mais impressionante é a sensibilidade do paladar; moléculas amargas podem ser detectadas em concentrações tão baixas como 10^{-12} M.

Existem receptores para os gostos salgado, doce, azedo, umami e amargo em todas as partes da língua. Os receptores são de dois tipos diferentes: canais de proteínas para salgado e azedo, e sete proteínas de domínios transmembrana (proteína G acoplada à membrana) para doce, umami e amargo. Receptores específicos de membrana que detectam ácidos graxos estão presentes em células de papilas gustativas, e o sabor gorduroso pode vir a ser reconhecido como um sexto gosto básico.

Os brotos gustativos estão localizados em saliências da língua chamadas *papilas*; cada papila tem um poro pelo qual o fluido carrega solutos para dentro. Cada papila gustativa tem em torno de 50 a 100 células gustativas (Figura 22-25a, b), células epiteliais com certas funções de neurônios. As microvilosidades nas células apicais gustativas contêm os receptores para gostos, entrando em contato direto com o ambiente externo na cavidade oral e experimentando grandes flutuações das moléculas derivadas dos alimentos, assim como a presença de compostos potencialmente perigosos. As células da língua e outras partes da boca estão sujeitas a muito desgaste, e células dos brotos gustativos são continuamente trocadas pelas divisões celulares do epitélio basal. (Células do broto gustativo em ratos vivem em média 10 dias.)

A recepção do sinal do gosto promove a despolarização que desencadeia um potencial de ação; esse potencial, por sua vez, promove a captura de Ca^{2+} através dos canais de Ca^{2+} controlado por voltagem e a liberação de neurotransmissores (Figura 22-25c-e). Células gustativas não têm axônios; ao contrário, elas sinalizam a pequenas distâncias para neurônios adjacentes. O que ainda não está bem entendido é como o cérebro interpreta os estímulos dos nervos a jusante de todos os brotos gustativos e relata exatamente o que está sendo degustado.

O gosto amargo Diversos sabores amargos são detectados por diferentes famílias de cerca de 25 a 30 diferentes receptores acoplados à proteína G (GPCRs) conhecidos como T2Rs. Como descrito na Figura 22-25c, todos esses GPCRs ativam uma determinada isoforma G_α, chamada gusducina, expressa apenas em células gustativas. Entretanto, é a liberação ubíqua da subunidade $G_{\beta\gamma}$ do heterodímero da proteína G que se liga e ativa a isoforma específica de fosfolipase C, que produz IP_3. O IP_3 dispara a liberação de Ca^{2+} do retículo endoplasmático (ver Figura 15-36). O Ca^{2+}, por sua vez, se liga e abre canais de Na^+ controlados por Ca^{2+}, TrpM5, levando ao influxo de Na^+ e à despolarização da membrana. A ação combinada de elevado Ca^{2+} e despolarização da membrana abre poros grandes de um canal de membrana não comum chamado Panx1, resultando na liberação de ATP e provavelmente outras moléculas sinalizadoras no espaço extracelular. O ATP estimula as células nervosas que finalmente carregam a informação do gosto até o cérebro.

Diferentes moléculas de sabor amargo são muito diferentes em estrutura, o que provavelmente explica a necessidade de diversas famílias de T2Rs. Alguns receptores T2R ligam-se apenas a 2-4 compostos de gosto amargo, enquanto outros ligam-se a uma grande variedade desses compostos amargos. O primeiro membro da família T2R identificado veio de estudos genéticos em humanos que mostraram um importante gene detector de amargo no cromossomo 5. Camundongos com cinco aminoácidos trocados na proteína T2R5 são incapazes de detectar o gosto amargo de ciclo-hexamina (inibidor da síntese proteica, ver Tabela 9-1). Com frequência, múltiplos tipos de T2R são expressos na mesma célula gustativa, e cerca de 15% de todas as células gustativas expressam T2Rs.

Um significativo experimento sobre permuta na regulação gênica foi realizado para demonstrar o papel das proteínas T2R. Camundongos foram modificados para expressar um receptor de gosto amargo, uma proteína T2R, em células que normalmente detectam gostos adocicados que atraem camundongos. Os camundongos desenvolveram forte atração por gostos amargos, evidentemente devido às células continuarem a enviar sinais "vá e coma isso" mesmo quando estavam detectando gosto amargo. Esse experimento demonstra que a especificidade das células gustativas é determinada dentro das próprias células, e que os sinais que elas enviam são interpretados de acordo com as conexões neuronais feitas por essa classe de células. Por sua vez, isso sugere um sistema altamente regulado conectando diferentes classes de células receptoras de gosto para regiões altamente específicas no cérebro.

Os gostos doce e umami Os gostos doce e umami são detectados por uma família GPCR chamada *T1Rs*, as quais são relacionadas com T2Rs. As três T1Rs de mamíferos diferem entre si por um pequeno número de aminoácidos. T1Rs têm um domínio extracelular muito grande que compreende o domínio ligador do gosto da proteína.

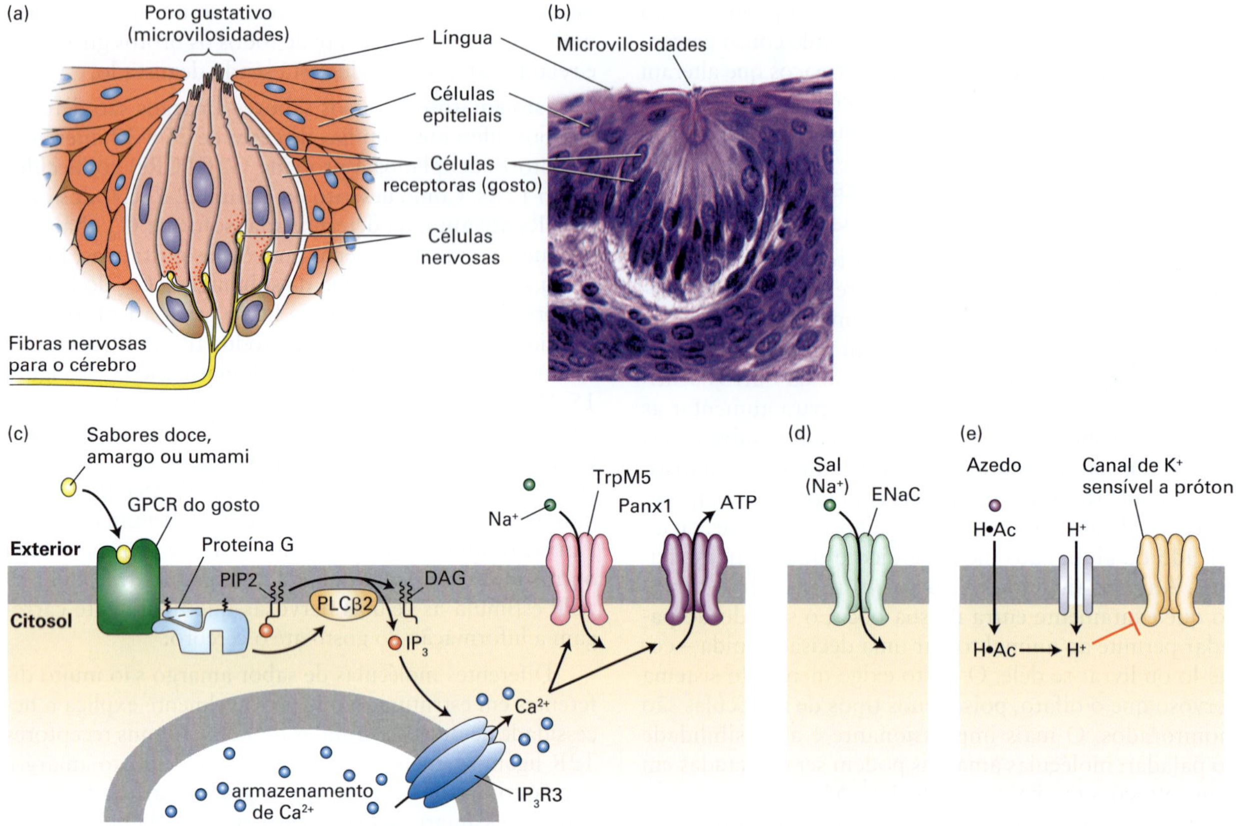

FIGURA 22-25 **O sentido do paladar.** Os painéis (a) e (b) mostram os brotos gustativos de mamíferos e seus receptores. (a) As células rosa são as células gustativas. Essas células de receptores epiteliais fazem contato com células nervosas (amarelo). Os sinais químicos chegam às microvilosidades vistas acima. (b) Micrografia dos brotos gustativos, mostrando células receptoras. As microvilosidades são pouco visíveis na parte superior do broto gustativo, indicado por setas. Os painéis (c) até (e) mostram o mecanismo pelo qual os cinco tipos de sabores são reconhecidos e transduzidos em células gustativas. (c) Os ligantes de doce, amargo e umami ligam-se a GPCRs gustativas específicas expressadas em células receptoras do Tipo II, ativando uma via de fosfoinositídeos que eleva os íons Ca^{2+} no citosol. O Ca^{2+} por sua vez, liga-se e abre canais de Na^+ controlados por Ca^{2+}, TrpM5, levando a um influxo de Na^+ e à despolarização da membrana. A ação combinada de elevação de Ca^{2+} e despolarização da membrana abre os grandes poros de um canal raro de membrana chamado Panx1, resultando na liberação de ATP e provavelmente outras moléculas sinalizadoras dentro do espaço extracelular. O ATP e provavelmente essas outras moléculas estimulam as células nervosas que finalmente levarão as informações ao cérebro. (d) O sal é detectado por permeação direta de íons Na^+ pelos canais de íons da membrana, incluindo o canal ENaC, despolarizando diretamente a membrana plasmática. (e) Os ácidos orgânicos, como o ácido acético, difundem-se na sua forma protonada (H-Ac) através da membrana plasmática e dissociam-se em ânion e próton, acidificando o citoplasma. A entrada de ácidos fortes como o HCl é facilitada por canais de prótons na membrana apical de células sensoras do gosto amargo, que permitem a chegada dos prótons ao citosol. Acredita-se que o H^+ intracelular bloqueie canais de K^+ sensíveis a prótons (ainda não identificados) e, assim, despolarize a membrana. Canais de Ca^{2+} controlados por voltagem podem se abrir, levando a uma elevação de Ca^{2+} no citosol e disparando a exocitose em vesículas sinápticas não ilustradas aqui. (Parte (a) adaptada de B. Kolb e I. Q. Whishaw, 2006, *An Introduction to Brain and Behavior*, 2.ed., Worth, p. 400; parte (b) de Ed Reschke/Peter Arnold; partes (c) e (d) N. Chaudhari e S. D.Roper, 2010, *J. Cell Biol.* **190**:285; parte (e) S. Frings, 2010, *PNAS* **107**:21955.)

No receptor de glutamato para detecção de gosto, o domínio extracelular fecha-se ao redor do glutamato de modo análogo à ação de uma dioneia (planta carnívora). Ao contrário de muitas GPCRs, que normalmente funcionam como monômeros, T1Rs formam homo e heterodímeros, o que se cogita serve para aumentar o repertório de moléculas capazes de agir como sinais. Entretanto, o código de respostas a diferentes moléculas permanece ainda sob investigação. Camundongos sem T1R2 ou T1R3 falham em detectar açúcar; imagina-se que o receptor real seja um heterodímero dos dois. T1R3 parece ser um receptor para ambos os gostos, doce e umami, e é por isso ele detecta doce quando combinado com T1R2 e umami quando combinado com T1R1. Consequentemente, células gustativas expressam T1R1 ou T1R2, mas não ambos, pois de outra forma, elas poderiam enviar mensagens ambíguas ao cérebro.

De modo interessante, receptores para gosto doce também são encontrados na superfície de certas células endócrinas do intestino; essas células também expressam gusducina e muitas outras proteínas de trandução gustativa. A presença de glicose no intestino provoca nessas células a secreção do hormônio *glucagon-like peptide-1* (GLP-1), que, por sua vez, regula o apetite e aumenta a secreção de insulina e a mobilidade intestinal. Assim, certas células do intestino "sentem" a glicose pelos mesmos mecanismos usados por células gustativas da língua.

O gosto salgado O sal é detectado por um membro da família de canais de Na^+ chamada *canais ENaC* (Figura 22-25d). Além disso, nocauteando uma subunidade crítica de ENaC nas células gustativas, não ocorre a detecção do gosto salgado em camundongos. O influxo de Na^+ através dos canais despolarizados das células gustativas leva à liberação de neurotransmissores. O papel dos canais de ENaC como detectores de sal é evolucionariamente antigo; proteínas ENaC também detectam sal quando expressadas em insetos. Em *Drosophila*, sensores gustativos estão localizados em múltiplos locais, incluindo nas pernas; então, quando as moscas pousam em algo saboroso, a probóscide se estende para explorar ainda mais.

O gosto azedo A percepção do gosto azedo é devida à detecção de íons H^+. Muitos sabores azedos são ácidos orgânicos leves (p. ex., o ácido acético no vinagre), que em suas formas protonadas se difundem pela membrana plasmática, então se dissociam em um ânion e um próton, que acidificam o citosol. Ácidos fortes como o HCl são detectados por um canal de prótons na membrana apical das células sensíveis ao azedo, permitindo a chegada dos prótons no citosol. Com respeito a como as concentrações intracelulares de H^+ são aumentadas, acredita-se que os prótons bloqueiem canais de K^+ sensíveis a prótons ainda não identificados e, assim, despolarizem a membrana (Figura 22-25e). Como acontece na detecção de sal, os canais de Ca^{2+} controlados por voltagem poderiam se abrir, elevando o Ca^{2+} citosólico e desencadeando a exocitose de vesículas sinápticas repletas de neurotransmissores.

Uma infinidade de receptores detecta odores

A percepção de químicos voláteis no ar impõe diferentes demandas do que a percepção de luz, som, toque ou gosto. A luz é percebida por apenas quatro moléculas de rodopsina, ajustadas para comprimentos de onda diferentes. O som é detectado por efeitos mecânicos em pelos ajustados para diferentes ondas. O toque e a dor necessitam de um pequeno número de diferentes canais dependentes de íons. O sentido do gosto mede um pequeno número de substâncias dissolvidas na água. Ao contrário de todos esses outros sentidos, o sistema olfatório pode distinguir muitas centenas de moléculas voláteis se movendo no ar. A distinção entre um grande número de compostos é útil para encontrar comida ou um parceiro para acasalar, detectar feromônios e evitar predadores, toxinas e incêndios. Os *receptores olfatórios* funcionam com enorme sensibilidade. Espécimes machos de mariposas, por exemplo, detectam cada molécula dos sinais enviados no ar pelas fêmeas. A fim de lidar com tantos sinais, o sistema olfatório emprega uma grande família de proteínas receptoras olfatórias. Os humanos têm cerca de 700 genes para receptores olfatórios, dos quais cerca de metade é funcional (o resto são pseudogenes improdutivos), proporção surpreendentemente grande dos estimados 20.000 genes humanos. Camundongos são mais eficientes, com mais de 1.200 genes receptores olfatórios, sendo cerca de 800 funcionais. Isso significa que 3% do genoma de camundongos é composto por genes de receptores olfatórios. Em *Drosophila*, existem cerca de 60 genes para receptores olfatórios. Nessa seção, será examinado como os genes para receptores olfatórios são empregados e como o cérebro reconhece qual odor foi sentido – estágios iniciais de interpretação do nosso mundo químico. Moléculas de odor são chamadas **odorantes.** Elas têm diferentes estruturas químicas; assim, os receptores olfatórios enfrentam alguns dos mesmos desafios enfrentados pelos anticorpos ou receptores de hormônio – precisam se ligar e distinguir muitas variantes de moléculas relativamente pequenas.

Os receptores olfatórios são sete proteínas de domínio transmembrana (Figura 22-26). Em mamíferos, os receptores olfatórios são produzidos por células do epitélio nasal. Essas células, chamadas **neurônios receptores olfatórios (NROs)**, transduzem o sinal químico em potenciais de ação. Cada NRO estende um único dendrito para a superfície luminal do epitélio, do qual se estendem cílios imóveis para ligar os odores do ar inalado (Figura 22-27a). Esses cílios sensoriais olfatórios são enriquecidos em receptores odorantes e proteínas transdutoras de sinais responsáveis por mediar os eventos iniciais de transdução. Em *Drosophila*, NROs têm estruturas similares e estão localizados nas antenas (Figura 22-27b).

Tanto em mamíferos quanto em *Drosophila*, NROs projetam seus axônios para o próximo alto nível do sistema nervoso, que em mamíferos está localizado no bulbo olfatório do cérebro. Os axônios de NRO fazem sinapse com dendritos de *neurônio mitral* em mamíferos (chamado *projeções neurais* em insetos); essas sinapses

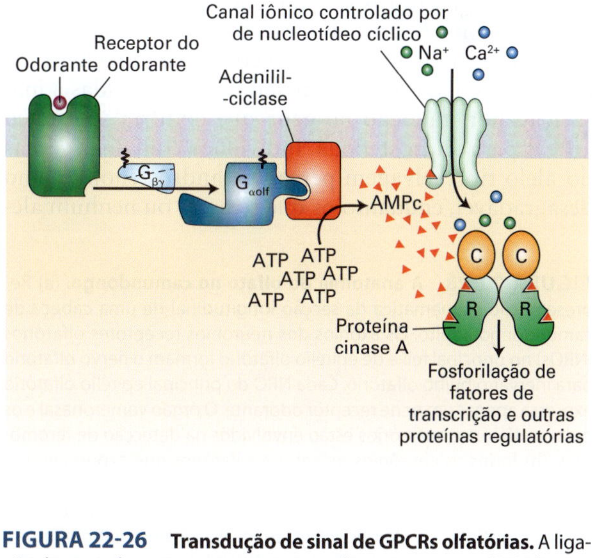

FIGURA 22-26 Transdução de sinal de GPCRs olfatórias. A ligação de um odorante ao seu receptor odorante cognato (OR) dispara a ativação de uma proteína G trimérica $G_{\alpha olf} \cdot G_{\beta\gamma}$, liberando $G_{\alpha olf} \cdot$ GTP ativo, que, ativa a adenilil-ciclase do tipo III (AC3), levando à produção de AMP cíclico (AMPc) de ATP. Moléculas de AMPc ligam-se a um canal iônico dependente de nucleotídeo cíclico (CNG) aberto, levando a um influxo de Na^+ e Ca^{2+} e despolarização da célula. O AMPc também ativa a proteína-cinase A (PKA), que fosforila e assim regula fatores de transcrição e outras proteínas intracelulares.

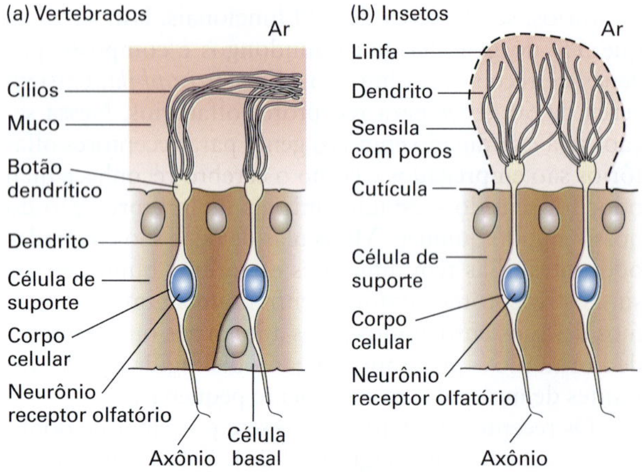

FIGURA 22-27 Estruturas dos neurônios receptores olfatórios. Ao longo de um vasto período de distância evolutiva – de insetos a vertebrados – os neurônios receptores olfatórios têm formas similares. (a) Os neurônios receptores olfatórios de vertebrados têm um dendrito, que termina em um botão dendrítico; de cada botão dendrítico, aproximadamente 15 cílios se estendem para a mucosa nasal. (b) Neurônios receptores olfatórios de insetos são morfologicamente similares: o neurônio bipolar dá origem a um único axônio basal que se projeta para um glomérulo olfatório no lobo da antena. Nesse lado apical, existe um único processo dendrítico, do qual cílios sensoriais se estendem. (Adaptada de U. B. Kaupp, 2010, *Nature Rev. Neurosci.* **11**:188-200.)

ocorrem em um conjunto de estruturas sinápticas chamadas **glomérulos.** Os neurônios mitrais conectam-se a centros olfatórios superiores no cérebro (Figura 22-28).

Os humanos variam surpreendentemente em sua habilidade de detectar certos odores. Alguns não conseguem detectar o esteroide androstenona, composto derivado da testosterona e encontrado no suor humano. Alguns descrevem o odor como agradável e almiscarado, enquanto outros o comparam ao cheiro de meias sujas. Essas diferenças são todas atribuídas à inativação por mutação no gene que codifica um único GPCR para androstenona. Indivíduos com duas cópias do alelo tipo selvagem percebem androstenona como desagradável, enquanto os que têm um ou nenhum alelo funcional percebem a androstenona menos desagradável ou indetectável. ■

Apesar do grande número de receptores olfatórios, todos geram os mesmos sinais intracelulares por meio da ativação da mesma proteína G trimérica: $G_{\alpha olf} \cdot G_{\beta\gamma}$ (ver Figura 22-26). $G_{\alpha olf}$ é expressa principalmente em neurônios olfatórios. Como $G_{\alpha s}$, $G_{\alpha olf} \cdot$ GTP após a ligação ao ligante ativa uma adenilil-ciclase que leva à produção de AMP cíclico (AMPc; veja Figura 15-27). Duas vias de sinalização a jusante são ativadas por AMPc, que se liga a um sítio na face citosólica do canal de Na^+/Ca^{2+} controlado por nucleotídeo cíclico (CNG), abrindo o canal e levando a um influxo de Na^+ e Ca^{2+} e despolarização local da membrana celular. Essa despolarização induzida por odorante nos dendritos olfatórios se espalha pela membrana neuronal, resultando na abertura de canais de Na^+ controlado por voltagem no cone axonal e na geração de potenciais de ação. Moléculas de AMPc também ativam a proteína-cinase A (PKA), que fosforila e dessa forma regula fatores de transcrição e outras proteínas intracelulares.

Cada neurônio receptor olfatório expressa um único tipo de receptor odorante

A chave para o entendimento da especificidade do sistema olfatório é que tanto em mamíferos quanto em insetos

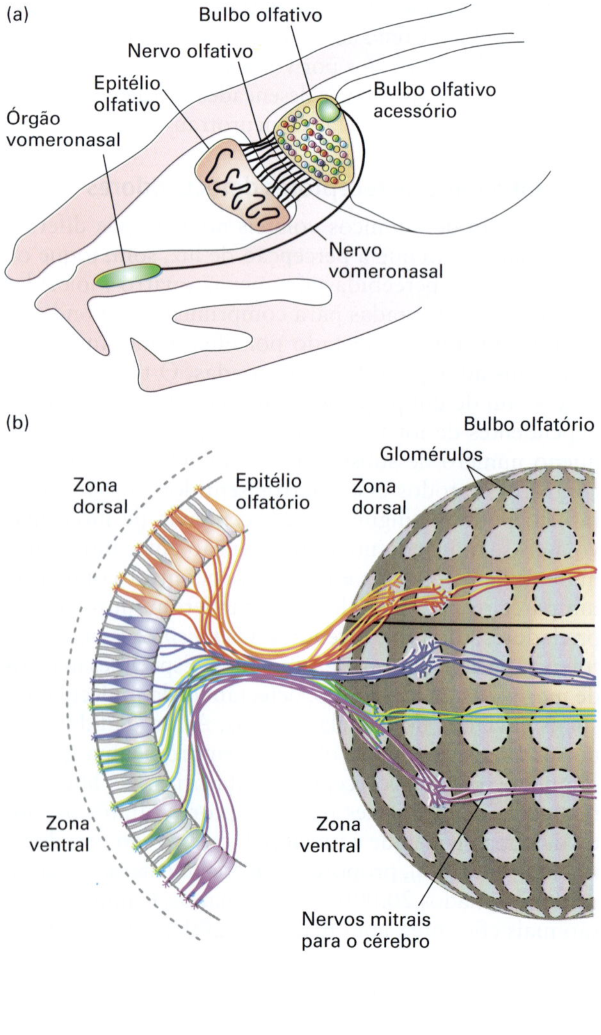

FIGURA 22-28 A anatomia do olfato no camundongo. (a) Representação esquemática da secção longitudinal de uma cabeça de camundongo adulto. Os axônios dos neurônios receptores olfatórios (NROs) no principal feixe de epitélio olfatório formam o nervo olfatório para inervar o bulbo olfatório. Cada NRO do principal epitélio olfatório expressa apenas um gene receptor odorante. O órgão vomeronasal e os bulbos olfatórios acessórios estão envolvidos na detecção de feromônios. (b) Todos os neurônios receptores olfatórios que expressam um único tipo de receptor enviam seus axônios ao mesmo glomérulo. Nesta figura, cada cor representa uma conexão neural para cada receptor expresso distinto. Os glomérulos estão localizados no bulbo olfatório próximo ao cérebro; nos glomérulos, os NROs fazem sinapses com *neurônios mitrais;* cada neurônio mitral tem seus dendritos localizados em um único glomérulo e seus NROs correspondentes, carregando assim as informações sobre um determinado odorante aos centros superiores cerebrais. Cada glomérulo recebe a inervação de neurônios sensoriais expressando um único receptor odorante, fornecendo a base anatômica do mapa sensorial olfatório. (T. Komiyama e I. Luo, 2005, *Curr. Opin. Neurobiol.* **16**:67-73 e S. Demaria e J. Ngai, 2010, *J. Cell Biol.* **191**:443.)

(a)

	Or30a	Or42a	Or45a	Or45b	Or49a	Or59a	Or67b	Or74a	Or85c	Or94a	Or94b
Acetato de etila		A									
Acetato de pentila			P				P		P		
Butirato de etila		B									
Salicilato de metila											
1-hexanol		X	X				X	X	X		
1-octeno-3-ol									O		
E2-hexanol		E	E				E	E	E		
2,3-butanodiona		D									
2-heptanona		H	H				H		H		
Acetato de geranila											
Acetato de propila		F							F		
Acetato de isoamila		I							I		
Acetato de octila			●								
1-butanol		Q					Q				
1-heptanol			T				T	T	T		
3-octanol									F		
1-nonanol								N			
Ciclo-hexanona											
(-) Fenchona											
Anisole	S			S		S				S	
Metil eugenol						L					
Benzaldeído	Z			Z			Z				
Acetofenona	C			C			C				
2-metilfenol	W			W		W				W	
4-metilfenol	Y			Y							Y
Ácido propiônico											
Dióxido de carbono											

(b)

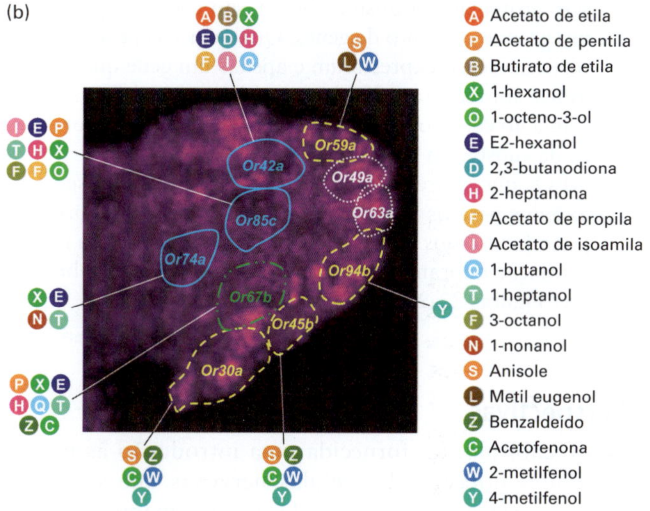

FIGURA EXPERIMENTAL 22-29 Tipos de receptores olfatórios individuais podem ser experimentalmente ligados a vários odorantes e rastreados conforme o glomérulo específico no sistema olfatório larval de *Drosophila*. (a) As diferentes proteínas receptoras olfatórias estão listadas na parte superior, e os 27 odorantes testados são mostrados no lado esquerdo. Os pontos coloridos indicam fortes respostas aos odores. Observe que os mesmos odorantes estimulam múltiplos receptores (p. ex., acetato de pentila), enquanto outros (p. ex., butirato de etila) agem em apenas um único receptor. Observe também que muitos receptores, como Or42a ou Or67b, respondem inicialmente a composto alifáticos, enquanto outros, como Or30a ou Or59a, respondem a compostos aromáticos. (b) Mapa espacial da informação olfatória em glomérulos de cérebro larval de *Drosophila*. O mapeamento foi feito pela expressão de um gene repórter sob o controle de cada um dos neurônios receptores olfativos selecionados. A fotografia indica os glomérulos que recebem projeções de NROs, produzindo cada um dos 10 tipos de proteínas receptoras indicadas (Or42a, etc.). Também estão indicados os odorantes aos quais cada receptor responde fortemente. Observe que com uma exceção (Or30a e Or45b) cada glomérulo tem capacidade sensorial única. A exceção talvez não fosse exceção se mais padrões de expressão de genes olfatórios fossem testados. Os glomérulos sensíveis a odorantes quimicamente similares tendem a se situar próximos uns aos outros. Por exemplo, os três glomérulos indicados por uma linha contínua azul detectam compostos alifáticos lineares; aqueles marcados com linha pontilhadas amarelas detectam compostos aromáticos. (Parte (a) S. A. Kreher, J. Y. Kwon e J. R. Carlson, 2005, *Neuron* **46**:445-456. Parte (b) cortesia de Jae Young Know, Scott Kreher e John Carlson.)

cada NRO produz apenas um único tipo de receptor odorante. Qualquer sinal elétrico daquela célula transmitirá ao cérebro uma simples mensagem: "meu odorante está se ligando a meus receptores". Receptores nem sempre são completamente monoespecíficos para odorantes. Alguns receptores podem ligar-se a mais de um tipo de molécula, mas em geral as moléculas detectadas são intimamente relacionadas do ponto de vista estrutural. Por outro lado, alguns odorantes se ligam a múltiplos receptores.

Existem cerca de 5 milhões de NROs em camundongos; assim, na média, cada um dos cerca de 800 genes para receptores olfatórios são ativos em aproximadamente 6.000 células. Existem em torno de 2.000 glomérulos (cerca de 2 para cada gene de receptor olfatório), então em média os axônios de alguns milhares de NROs convergem em cada glomérulo (ver Figura 22-28). Há cerca de 25 axônios mitrais por glomérulo, ou um total de 50.000 neurônios mitrais, conectados a centros superiores cerebrais. Assim, a primeira informação sensitiva de olfato é carregada diretamente às partes superiores do cérebro sem processamento, um simples relatório sobre qual odorante foi detectado.

A regra de um receptor por neurônio vale para *Drosophila*. Estudos detalhados feitos em estágio larval, onde um simples sistema olfatório com apenas 21 NROs usa em torno de 10 a 20 genes para receptores olfatórios. Parece que um único receptor é expresso em cada NRO, que envia suas projeções para um glomérulo. Os NROs podem enviar tanto sinais excitatórios quanto inibitórios de seus terminais axonais, provavelmente com o fim de distinguir odores repulsivos dos atrativos. Similarmente aos mamíferos, os axônios dos NROs terminam nos glomérulos, que em moscas estão localizados no lobo da antena no cérebro larval. A pesquisa em *Drosophila* começou com testes sobre quais odorantes se ligam a quais receptores (Figura 22-29a). Alguns odorantes são detectados por um único receptor, outros por vários, então o padrão combinatório permite muito mais odorantes a serem distinguidos do que apenas o número de receptores olfatórios diferentes. O pequeno número total de neurônios permitiu a construção de um mapa mostrando quais odorantes são detectados por cada glomérulo

(Figura 22-29b). Um achado impressionante foi que os glomérulos localizados perto uns dos outros respondem a odorantes com estruturas químicas relacionadas, p. ex., compostos alifáticos lineares ou compostos aromáticos. Esse arranjo poderia refletir a evolução de novos receptores concomitantes com o processo de subdivisão da parte olfativa do cérebro.

O sistema simples de cada célula fazer apenas um tipo de receptor tem também algumas impressionantes dificuldades para superar. (1) Cada receptor deve ter a habilidade de distinguir um tipo de molécula odorante ou um conjunto de moléculas com especificidade adequada para as necessidades do organismo. Um receptor estimulado com muita frequência provavelmente não seria muito útil. (2) Cada célula deve expressar um, e apenas um, produto do gene receptor. Todos os outros genes para receptores devem ser desligados. Ao mesmo tempo, esforços coletivos de todas as células do epitélio nasal devem permitir a produção de suficientes receptores diferentes para dar ao animal adequada versatilidade sensorial. Não é interessante ter genes para centenas de receptores se a maioria deles não é expressa, mas é um desafio regulatório ligar um e apenas um gene em cada célula e, ao mesmo tempo, expressar todos os genes do receptor em toda a população total de células. (3) A rede neural do sistema olfatório deve fazer a distinção entre os odorantes possíveis, de modo que o cérebro consiga determinar quais odorantes estão presentes. Caso contrário, o animal poderia se sentir à vontade e relaxado quando deveria correr o mais rápido possível.

A solução para o primeiro problema é a grande variabilidade de proteínas receptoras olfativas, dentro da espécie e entre espécies. A solução para o segundo problema, a expressão de um único gene receptor olfativo por célula, tem sido estudada usando camundongos transgênicos, mas o mecanismo ainda não foi compreendido. Quando um gene receptor olfatório modificado é usado para produzir um receptor olfatório, outros genes codificando proteínas receptoras são desligados transcricionalmente, permitindo algum tipo de regulação por *feedback*. Se um gene para receptor olfatório modificado é expresso, ele produz uma proteína repórter – não uma proteína receptora olfativa – assim outros genes ainda podem ser expressos. Então o sistema *feedback* deve envolver a detecção da presença de uma proteína receptora olfativa funcional.

O terceiro problema, como o sistema está conectado de modo que o cérebro consiga entender qual odor foi detectado, tem sido parcialmente respondido. Primeiro, os NROs que expressam o mesmo receptor enviam seus axônios para o mesmo glomérulo. Assim, todas as células respondem ao mesmo odorante enviando processos ao mesmo destino. Em camundongos, uma pista crucial sobre o padrão do sistema olfativo veio da descoberta de que os receptores olfativos exercem dois papéis em NROs: ligação ao odorante e, durante o desenvolvimento, orientação do axônio. Múltiplos axônios de NRO expressando o mesmo receptor são orientados para o mesmo destino dos glomérulos. O mecanismo completo ainda não é bem entendido, mas está claro que os axônios de NRO respondem ao próprio receptor olfatório e a moléculas de orientação para axônios padrão, usadas noutras partes do sistema nervoso.

CONCEITOS-CHAVE da Seção 22.4

Percepção do ambiente: tato, dor, paladar e olfato

- Mecanorreceptores e receptores da dor são canais controlados por Na^+/Ca^{2+} ou Na^+.
- A sensibilidade ao toque necessita de muitas proteínas do citoesqueleto e da matriz extracelular tanto quanto de canais controlados por Na^+ (ver Figura 22-24).
- Os cinco gostos primordiais são detectados por um subconjunto de células em cada broto gustativo. Sabores salgados e azedos são detectados por proteínas de canais específicos, enquanto os receptores acoplados à proteína G, detectam sabores doces, umamis e amargos.
- Em todos os casos, os gostos levam à despolarização da membrana e à secreção de pequenas moléculas como o ATP, que estimulam neurônios adjacentes. Alguns GPCRs de gostos são encontrados em diferentes combinações homo e heterodiméricas para detectar diferentes sabores (ver Figura 22-25).
- Receptores odorantes, que são receptores acoplados a sete proteínas G transmembrana, são codificados por um grande conjunto de genes. Qualquer receptor olfatório neuronal expressa um e apenas um gene que codifica um receptor olfatório; assim, um sinal daquela célula ao cérebro inequivocamente transmite a natureza da substância detectada.
- NROs que expressam o mesmo receptor enviam seus axônios para os mesmos glomérulos, e nervos de projeção (neurônios mitrais em mamíferos) carregam a informação odorante-específica do glomérulo ao cérebro (ver Figuras 22-27, 22-28 e 22-29).

Perspectivas

Neste capítulo, foi fornecida uma introdução às propriedades notáveis das células nervosas que servem como interface com o mundo. O corpo humano contém múltiplos tipos de neurônios, cada um com sua própria forma, neurotransmissores, número de dendritos, comprimento do axônio e número de conexões com outros neurônios. Como cada uma dessas células se desenvolve no local preciso, fazendo conexões sinápticas apropriadas com outros neurônios e contatos apropriados com a glia que os envolve, permanece um grande mistério. Quais, por exemplo, são os sinais extracelulares, os circuitos regulatórios transcricionais e as proteínas induzidas ou reprimidas que dizem a um neurônio que ele deve se tornar mielinizado ou gerar um número específico de dendritos de um comprimento específico? Como um neurônio alcança sua estrutura muito longa, polarizada e ramificada? Por que uma parte do neurônio torna-se dendrito e outra o axônio? Por que certas proteínas de membrana importantes são agrupadas em pontos particulares – receptores neurotransmissores em densidades pós-sinápticas em dendritos, canais de Ca^{2+} em terminais axonais e canais de Na^+ em neurônios mielinizados nos nódulos de Ranvier? Essas questões sobre a forma da célula e proteínas alvo são aplicadas a outros tipos de células, mas a diversidade morfológica de diferentes tipos de neurônios torna essas particularidades intrigantes questões do sistema nervoso.

O entendimento detalhado da estrutura e da função das células nervosas necessitaria conhecimento da estrutura tridimensional de muitos diferentes canais, receptores neurotransmissores, outras proteínas de membrana e proteínas do citoesqueleto. Embora a determinação da estrutura do primeiro canal de K^+ controlado por voltagem tenha esclarecido o mecanismo de abertura do canal que provavelmente se aplica a outros canais controlado por voltagem, ainda não se conhece as estruturas de todos os canais de cálcio. Não se conhece a estrutura dos "receptores de dor" e, portanto, não é possível racionalmente derivar estruturas de supostos antagonistas que possam ser úteis no controle da dor. Nosso conhecimento abrange apenas poucas estruturas de centenas de receptores acoplados à proteína G, usados no sistema nervoso – nenhum no sistema olfatório. Assim, os detalhes de como esses receptores se diferenciam entre ligantes fortemente relacionados permanecem obscuros.

Do ponto de vista da biologia celular e molecular, alguns dos maiores entusiasmos têm envolvido a pesquisa nos mecanismos da memória. Em muitos casos, a memória não depende da formação de novos neurônios. Por exemplo, neurônios existentes são modificados; alterações no número e na força das sinapses frequentemente são a base do estabelecimento e da resistência das memórias. Estudos atuais são dirigidos para as modificações moleculares que alteram sinapses, tanto em células pré-sinápticas quanto pós-sinápticas. Por exemplo, em muitos neurônios no cérebro de mamíferos, espinhas dendríticas que emergem de dendritos e formam sinapses com outros neurônios estão constantemente se formando e desaparecendo, dependendo do grau de estimulação do nervo por outros neurônios. Essas modificações afetam a habilidade do neurônio pós-sináptico em responder aos sinais daqueles pré-sinápticos; a ideia de que isso poderia estar relacionado à plasticidade funcional das sinapses ainda precisa ser testada.

Os avanços na biologia celular do sistema nervoso foram acompanhados pelos avanços extraordinários na exploração de como o circuito neural realiza a interpretação da informação sensorial, pensamento analítico, mecanismos de *feedback* para controle motor, estabelecimento e recuperação de memória, herança de instintos, controle hormonal regulado e resposta emocional. Alguns experimentos feitos com tecnologias de imagens não invasivas mostram milhares a milhões de neurônios e detectaram atividade elétrica global. Outros foram feitos pela observação *in vivo* de poucas células de cada vez usando eletrodos inseridos. Isso está sendo realizado por melhorias nos métodos de imagem (invasivos e não invasivos) combinados com o desenvolvimento de melhores vias para manipular as atividades de únicos neurônios, ou um grande número de neurônios simultaneamente. Por exemplo, é possível gerar camundongos transgênicos que expressem, em conjuntos específicos de neurônios, proteínas de canal de Na^+ modificadas, ativadas por luz; em microscopia eletrônica, um feixe de luz estimula essas células, mas não outras, e é possível observar as consequências para o comportamento do animal. Existem muitas razões para se esperar que esses avanços continuem, uma perspectiva animadora para o entendimento do cérebro e para realizar um melhor trabalho no tratamento de doenças que afetam o sistema nervoso.

Termos-chave

agrina 1040
astrócitos 1026
axônio 1023
bainha de mielina 1023
canal controlado por ligante 1045
canal controlado por voltagem 1027
células de Schwann 1025
células gliais 1025
condução saltatória 1035
dendritos 1023
despolarização 1023
glomérulos 1054
hiperpolarização 1028
interneurônio 1022
junção neuromuscular 1040
MuSK 1040
neurônio 1022
neurônio motor 1022
neurônio sensorial 1022
neurotransmissores 1024
nociceptores 1050
nódulos de Ranvier 1035
odorantes 1053
oligodendrócitos 1025
período refratário 1028
potencial de ação 1023
receptor excitatório 1048
receptor inibitório 1048
receptores olfatórios 1053
repolarização 1023
sinapse 1024
vesículas sinápticas 1024

Revisão dos conceitos

1. Qual é o papel das células gliais no cérebro e em outras partes do sistema nervoso?
2. O potencial de repouso de um neurônio é –60 mV no lado interno comparado com o lado externo da célula. Como o potencial de repouso é mantido em células animais?
3. Cite as três fases de um potencial de ação. Para cada uma delas, descreva a base molecular fundamental e o íon envolvido. Por que o termo *canal controlado por voltagem* é aplicado aos canais de Na^+ envolvidos na geração do potencial de ação?

4. Explique como as estruturas em cristais dos canais de íon potássio sugerem a via na qual os domínios detectores de voltagem interagem com outras partes das proteínas para abrir e fechar os canais de íons. Como essa relação estrutura-função se aplica a outros canais de íons controlados por voltagem?
5. Explique por que a força de um potencial de ação não diminui quando ele atravessa um axônio.
6. Explique: por que o potencial de membrana não continua a aumentar, mas sim se mantém e então diminui durante o curso de um potencial de ação?
7. O que significa dizer que os potenciais de ação são "tudo ou nada"?
8. O que impede um sinal nervoso de voltar na direção "contrária" ao corpo celular?
9. Por que a célula não é capaz de iniciar outro potencial de ação se estimulada durante o período refratário?
10. A mielinização aumenta a velocidade de propagação de um potencial de ação ao longo de um axônio. O que é mielinização? A mielinização provoca o agrupamento de canais de Na^+ controlados por voltagem e bombas de Na^+/K^+ nos nódulos de Ranvier ao longo do axônio. Faça uma previsão das consequências da propagação de um potencial de ação se os espaços entre os nódulos de Ranvier forem aumentados por um fator de 10.
11. Descreva o mecanismo de ação de drogas que causam dependência, como a cocaína.
12. A acetilcolina é um neurotransmissor comum liberado na sinapse. Prediga as consequências para a ativação muscular na diminuição da atividade esterase da acetilcolina nas sinapses nervo-músculo.
13. Descreva a dinâmica de íons no processo de contração muscular.
14. Após a chegada de um potencial de ação em células estimuladas, as vesículas sinápticas rapidamente se fundem com a membrana pré-sináptica. Isso acontece em menos de 1 ms. Que mecanismos permitem a esse processo tamanha velocidade?
15. Neurônios, particularmente aqueles do cérebro, recebem múltiplos sinais excitatórios e inibitórios. Qual é o nome do prolongamento do neurônio no qual os sinais são recebidos? Como o neurônio integra esses sinais e determina se vai gerar ou não um potencial de ação?
16. Explique o mecanismo pelo qual os potenciais de ação são impedidos de serem propagados para uma célula pós-sináptica se transmitidos através de uma sinapse inibitória.
17. Qual é o papel da dinamina na reciclagem de vesículas sinápticas? Que evidência sustenta isso?
18. Compare e confronte sinapses elétricas e químicas.
19. Compare as estruturas e funções das moléculas receptoras para gostos salgado e azedo; moléculas receptoras de sabor para doce, amargo, umami; e moléculas receptoras de odor.

Análise dos dados

O olfato ocorre quando compostos voláteis ligam-se a receptores odorantes específicos. Em mamíferos, cada neurônio receptor olfatório no epitélio nasal olfatório expressa um único tipo de receptor odorante. Esses receptores odorantes constituem uma grande família multigênica (> 1.000 membros) de proteínas relacionadas. A ligação de odorantes induz uma cascata de sinalização que é mediada via proteína G, $G_{\alpha olf}$. Estudos recentes sugerem que um pequeno número de neurônios sensores olfativos no epitélio nasal expressa membros da família de receptores associados a traços de tiamina (TAAR), quimiorreceptores associados a receptores acoplados à proteína G (GPCRs), mas não relacionados a receptores odorantes clássicos (ver Liberles e Buck, 2006, *Nature* **442**:645-650). O genoma de camundongos codifica 15 genes TAAR enquanto o homem codifica 6.

a. Com o objetivo de examinar o padrão de expressão de diferentes TAARs no epitélio nasal olfatório, pesquisadores localizaram RNA de TAAR em hibridização *in situ*. Todas as possíveis combinações dos 15 TAARs de camundongos foram examinadas. Um exemplo característico dos resultados obtidos está mostrado na parte superior do conjunto de painéis na figura a seguir, no qual TAAR6 e TAAR7 foram localizados com sondas fluorescentes em epitélio nasal de camundongo. A sonda TAAR6 foi marcada com um agente fluorescente verde, a sonda TAAR7 com um agente vermelho. A parte inferior do conjunto de painéis mostra a localização do receptor odorante 28 (MOR28; verde) de camundongo, um receptor odorante clássico, e TAAR6 (vermelho). Cada parte corada nas imagens é o padrão de coloração de um neurônio olfatório individual. Os painéis "mescla" (*merge*) mostram duas outras imagens sobrepostas. O que esses dados sugerem sobre o padrão de expressão de TAARs?

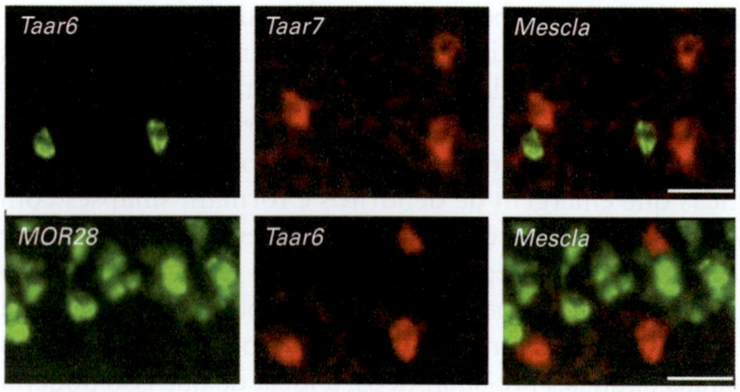

b. Algumas linhagens celulares que não produzem nem os receptores odorantes clássicos nem TAARs foram transfectadas com o gene que codifica uma diferente TAAR. As células foram também cotransfectadas com o gene que codifica a fosfatase alcalina secretada (SEAP) sob o controle de um elemento responsivo a AMPc. As células foram então expostas a várias aminas, como mostrado na seguinte figura, e a atividade de SEAP foi medida no meio de cultivo. A figura mostra dados para alguns TAARs representativos (m = camundongo, h = humano). O que esses dados revelam sobre os TAARs? O que o ensaio de atividade de SEAP revela sobre a via de sinalização utilizada por quimiorreceptores envolvendo TAARs?

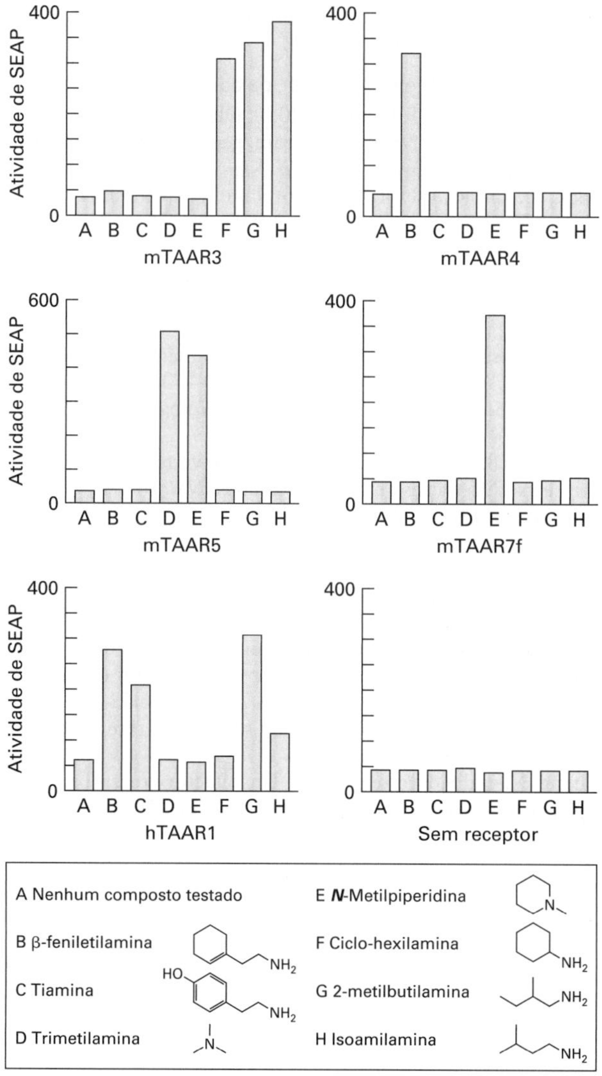

c. Em um terceiro conjunto de estudos, a atividade de SEAP foi medida em células expressando TAAR5 de camundongo (mTAAR5), após a exposição das células em urina diluída derivada de duas linhagens de camundongos ou de humanos, como indicado nos gráficos da próxima coluna. Camundongos chegam à puberdade com, aproximadamente, um mês de idade. O que esses dados sugerem poderia ser uma função biológica para neurônios TAAR5 em camundongos? Que estudos adicionais você poderia realizar para sustentar sua hipótese?

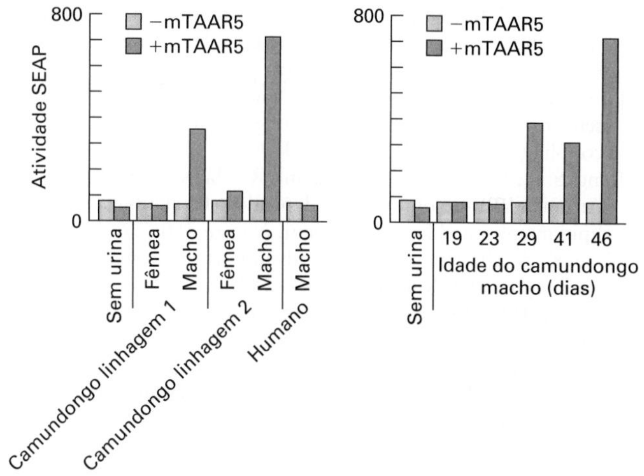

Referências

Neurônios e glia: blocos construtivos do sistema nervoso

Allen, N. J., and B. A. Barres. 2005. Signaling between glia and neurons: focus on synaptic plasticity. *Curr. Opin. Neurobiol.* **15**:542–548.

Bellen, H., C. Tong, and H. Tsuda. 2010. 100 years of *Drosophila* research and its impact on vertebrate neuroscience: a history lesson for the future. *Nature Rev. Neurosci.* **11**:514–522.

Freeman, M. 2010. Specification and morphogenesis of astrocytes. *Science* **330**:774–778.

Halassa, M., and P. Haydon. 2010. Integrated brain circuits: astrocytic networks modulate neuronal activity and behavior. *Ann. Rev. Physiol.* **72**:335–355.

Jan, Y. N., and L. Y. Jan. 2001. Dendrites. *Genes Dev.***15**:2627–2641.

Jessen, K. R., and R. Mirsky. 2005. The origin and development of glial cells in peripheral nerves. *Nature Rev. Neurosci.* **6**(9):671–682.

Parker, R. J., and V. J. Auld. 2006. Roles of glia in the *Drosophila* nervous system. *Semin. Cell Dev. Biol.***17**(1): 66–77.

Sherman, D. L., and P. J. Brophy. 2005. Mechanisms of axon ensheathment and myelin growth. *Nature Rev. Neurosci.* **6**(9): 683–690.

Stevens, B. 2003. Glia: much more than the neuron's side-kick. *Curr. Biol.* **13**:R469–R472.

Canais iônicos controlados por voltagem e a propagação de potenciais de ação

Catterall, W. A. 2010. Ion channel voltage sensors: structure, function, and pathophysiology. *Neuron* **67**:915–928.

Emery, B. 2010. Regulation of oligodendrocyte differentiation and myelination *Science* **330**:779–782.

Hartline, D. K., and D. R. Colman. 2007. Rapid conduction and the evolution of giant axons and myelinated fibers. *Curr. Biol.* **17**:R29–R35.

Hille, B. 2001. *Ion Channels of Excitable Membranes*, 3d ed. Sinauer Associates.

Jouhaux, E., and R. Mackinnon. 2005. Principles of selective ion transport in channels and pumps. *Science* **310**:1461–1465.

Long, S. B., E. B. Campbell, and R. MacKinnon. 2005. Crystal structure of a mammalian voltage-dependent *Shaker* family K^+ channel. *Science* **309**(5736): 897–903.

Long, S. B., E. B. Campbell, and R. MacKinnon. 2005. Voltage sensor of Kv1.2: structural basis of electromechanical coupling. *Science* **309**(5736): 903–908.

Long, S. B., X. Tao, E. Campbell, and R. MacKinnon. 2007. Atomic structure of a voltage-dependent K^+ channel in a lipid membrane-like environment. *Nature* **450**:376–382.

Nave, K.-A. 2010. Myelination and support of axonal integrity by glia. *Nature* **468**:244–252.

Neher, E. 1992. Ion channels for communication between and within cells. Nobel Lecture reprinted in *Neuron* **8**:605–612 and *Science* **256**:498–502.

Neher, E., and B. Sakmann. 1992. The patch clamp technique. *Sci. Am.* **266**(3): 28–35.

Payandeh, J., T. Scheuer, N. Zheng, and W. A. Catterall. 2011. The crystal structure of a voltage-gated sodium channel. *Nature* doi:10.1038 /nature 10238.

Comunicação nas sinapses

Burden, S. J. 2011. Snapshot: neuromuscular junction. *Cell* **144**:826–826 e1.

Haucke, V., E. Neher, and S. Sigrist. 2011. Protein scaffolds in the coupling of synaptic exocytosis and endocytosis. *Nature Rev. Neurosci.* **12**:127–138.

Ikeda, S. R. 2001. Signal transduction. Calcium channels—link locally, act globally. *Science* **294**:318–319.

Kummer, T. T., T. Misgeld, and J. R. Sanes. 2006. Assembly of the postsynaptic membrane at the neuromuscular junction: paradigm lost. *Curr. Opin. Neurobiol.* **16**(1): 74–82.

McCue, H., L. P. Haynes, and R. D. Burgoyne. 2010. The diversity of calcium sensor proteins in the regulation of neuronal function. *Cold Spring Harb. Perspect. Biol.* 2:a004085

Sakmann, B. 1992. Elementary steps in synaptic transmission revealed by currents through single ion channels. Nobel Lecture reprinted in *EMBO J.* **11**:2002–2016 and *Science* **256**:503–512.

Shen, K., and P. Scheiffele. 2010. Genetics and cell biology of building specific synaptic connectivity. *Ann. Rev. Neurosci.* **33**:473–507.

Siksou, L., A. Triller, and S. Marty. 2011. Ultrastructural organization of presynaptic terminals. *Curr. Opin. Neurosci.* **21**:261–268.

Südhof, T., and J. Rothman. 2009. Membrane fusion: grappling with SNARE and SM proteins. *Science* **323**:474–477.

Unwin, N. 2005. Refined structure of the nicotinic acetylcholine receptor at 4Å resolution. *J. Mol. Biol.* **346**:967–989.

Vrljic, M., et al. 2010. Molecular mechanism of the synaptotag-min–SNARE interaction in Ca^{2+}-triggered vesicle fusion. *Nature Struct. Mol. Biol.* **17**:325–331.

Wu, H., W. Xiong, and L. Mei. 2010. To build a synapse: signaling pathways in neuromuscular junction assembly. *Development* **137**:1017 –1033.

Percepção do ambiente: tato, dor, paladar e olfato

Brochtrup, A., and T. Hummel. 2010. Olfactory map formation in the *Drosophila* brain: genetic specificity and neuronal variability. *Curr. Opin. Neurobiol.* **21**:85–92.

Buck, L., and R. Axel. 1991. A novel multigene family may encode odorant receptors: a molecular basis for odor recognition. *Cell* **65**:175–187.

Chaudhari, N., and S. D. Raper. 2010. The cell biology of taste. *J. Cell. Biol.* **190**:285–296.

Delmas, P., J. Hao, and L. Rodat-Despoix. 2011. Molecular mechanisms of mechanotransduction in mammalian sensory neurons. *Nature Rev. Neurosci.* **12**:139–153.

DeMaria, S., and J. Ngai. 2010. The cell biology of smell. *J. Cell. Biol.* **191**:443–452.

Kaupp, U. B. 2010. Olfactory signaling in vertebrates and insects: differences and commonalities. *Nature Rev. Neurosci.* **11**:188–200.

Lin, S. Y., and D. P. Corey. 2005. TRP channels in mechanosensation. *Curr. Opin. Neurobiol.* **15**(3): 350–357.

Lumpkin, E., K. Marshall, and A. Nelson. 2010. The cell biology of touch. *J. Cell. Biol.***191**: 237–248.

McKemy, D. D., W. M. Neuhausser, and D. Julius. 2002. Identification of a cold receptor reveals a general role for TRP channels in thermosensation. *Nature* **416**:52–58.

Nelson, G., et al. 2001. Mammalian sweet taste receptors. *Cell* **106**(3): 381–390.

Zhang, X, and S. Firestein. 2002. The olfactory receptor gene superfamily of the mouse. *Nature Neurosci.* 5(2): 124–133.

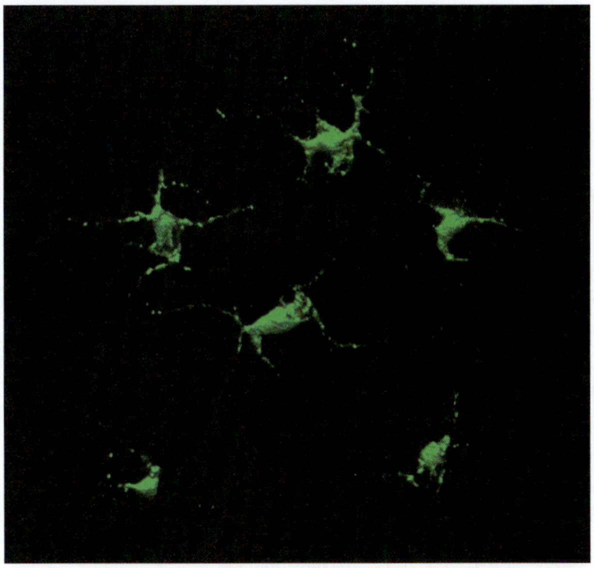

As células dendríticas da pele possuem moléculas do MCH de classe II em sua superfície. Essas células aqui apresentadas foram manipuladas por engenharia genética para expressar uma proteína de fusão do MHC de classe II e GFP que fluoresce em verde. (Cortesia de M. Boes e H. L. Ploegh.)

CAPÍTULO

23

Imunologia

SUMÁRIO

A **imunidade** é um estado de proteção contra os efeitos danosos da exposição aos patógenos. As defesas do hospedeiro podem ocorrer de diferentes formas, e todos os patógenos bem-sucedidos encontraram maneiras de desarmar ou manipular o sistema imune em seu próprio benefício. As interações patógeno-hospedeiro são, portanto, um processo evolutivo ainda em ação. Isso explica porque ainda somos atacados por vírus, bactérias e parasitas patogênicos. A prevalência de doenças infecciosas ilustra as imperfeições das defesas do hospedeiro. Um sistema imune que possa produzir uma imunidade estéril perfeita dará origem a um universo sem patógenos, desfecho completamente contrário à vida. Em vez disso, a coevolução dos patógenos com seus hospedeiros permitiu aos patógenos, que têm gerações com períodos relativamente curtos, a evolução contínua de sofisticados sistemas de prevenção, contra os quais o hospedeiro responde por meio da adaptação ou do aprimoramento de suas defesas. O desenvolvimento de sistemas sofisticados de defesa tem um preço: um sistema imune capaz de enfrentar um enorme e diverso conjunto de patógenos de rápida evolução pode atacar as próprias células e tecidos do organismo, fenômeno denominado **autoimunidade**.

Neste capítulo será abordado, principalmente, o sistema imune dos vertebrados, com ênfase nas moléculas, nos tipos celulares e nas vias características que distinguem o sistema imune dos outros tipos de células e tecidos. Dois aspectos extraordinários que caracterizam o sistema imune dos vertebrados são a capacidade de distinguir substâncias muito semelhantes (**especificidade**) e a capacidade de lembrar experiências prévias de exposição a substâncias estranhas (**memória**). Isso é obtido por meio da produção de um sólido conjunto de diferentes receptores específicos a antígenos (**diversidade**) instruídos a respeito das moléculas próprias e basicamente livres de componentes autorreativos (**tolerância**), embora claramente nenhuma dessas tarefas desejáveis seja efetuada com absoluta precisão.

Do ponto de vista prático, os poderes do sistema imune são explorados não apenas terapeuticamente. Os anticorpos monoclonais representam um mercado de bilhões de dólares para o tratamento bem-sucedido de doenças inflamatórias, autoimunes e câncer. As moléculas que constituem o sistema imune adaptativo, principalmente os anticorpos, são ferramentas indispensáveis para o biologista celular. Os anticorpos permitem a visualização e o isolamento das moléculas por eles reconhecidas e reali-

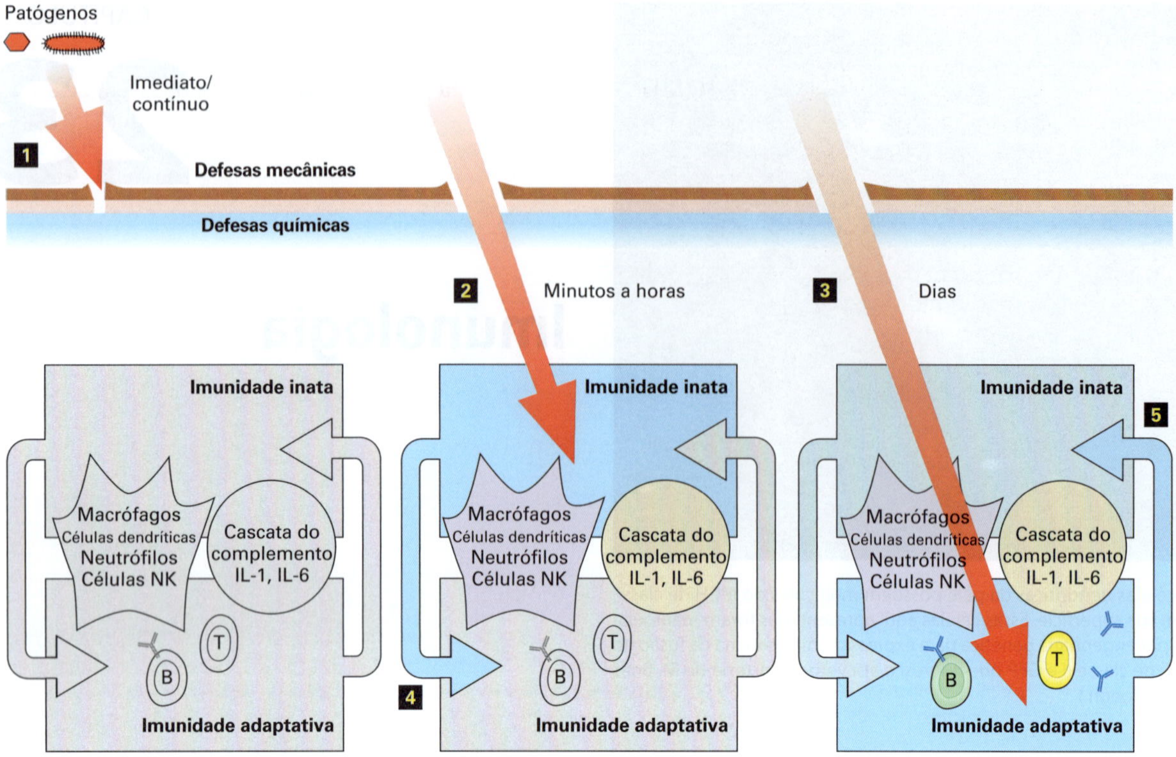

FIGURA 23-1 As três camadas das defesas imunes dos vertebrados. *Esquerda*: as defesas mecânicas consistem no epitélio e na pele. As defesas químicas incluem o baixo pH do ambiente gástrico e as enzimas antibacterianas das lágrimas. Essas barreiras proporcionam uma proteção contínua contra os invasores. Os patógenos devem romper fisicamente essas defesas (etapa **1**) para infectar o hospedeiro. *Centro*: os patógenos que rompem essas defesas químicas e mecânicas (etapa **2**) são manejados pelas células e moléculas do sistema imune inato (azul), que inclui as células fagocíticas (neutrófilos, células dendríticas e macrófagos), células NK, proteínas do complemento e determinadas interleucinas (IL-1 e IL-6). As defesas inatas são ativadas em poucos minutos até horas após a infecção. *Direita*: os patógenos não eliminados pelo sistema imune inato são manejados pelo sistema imune adaptativo (etapa **3**), principalmente pelos linfócitos B e T. A completa ativação da imunidade adaptativa requer alguns dias. Os produtos da resposta imune inata potencializam uma resposta adaptativa sequencial (etapa **4**). Igualmente, os produtos da resposta imune adaptativa, incluindo os anticorpos (figuras em forma de Y), intensificam a imunidade inata (etapa **5**). Vários tipos celulares e produtos secretados ultrapassam o limite entre o sistema imune inato e adaptativo e servem para conectar essas duas camadas da defesa do hospedeiro.

zam essa tarefa com grande precisão. Essa inestimável capacidade dos anticorpos permite descrever com exatidão os componentes que constituem as células, suas organelas e sua localização, tanto nas células quanto nos tecidos.

As defesas do hospedeiro incluem três categorias: (1) as defesas mecânicas e químicas; (2) a imunidade inata e (3) a imunidade adaptativa (Figura 23-1). As defesas químicas e mecânicas atuam continuamente. As respostas inatas, que envolvem as células e moléculas presentes constantemente, são ativadas rapidamente (de minutos a horas), mas sua capacidade de distinguir os inúmeros patógenos, até certo ponto, é limitada. Em contrapartida, a resposta imune adaptativa requer vários dias para se desenvolver completamente e é muito específica, ou seja, consegue distinguir entre patógenos muito semelhantes apenas com base nas mínimas diferenças moleculares em sua estrutura.

O modo pelo qual os **antígenos** – qualquer substância capaz de provocar resposta imune – são reconhecidos e eliminados inclui princípios biológicos celulares e moleculares exclusivos do sistema imune. Na primeira seção, este capítulo apresenta uma breve descrição da organização do sistema imune dos mamíferos e os principais componentes da imunidade inata e adaptativa. Também descreve a inflamação, resposta contra lesão ou infecção que leva à ativação das células do sistema imune e seu recrutamento para o local afetado. Na segunda e na terceira seções, serão discutidas a estrutura e a função das moléculas de **anticorpos** (ou imunoglobulinas) que se ligam a estruturas moleculares específicas nos antígenos, e como a variabilidade na estrutura dos anticorpos contribui para o reconhecimento específico dos antígenos. A grande diversidade dos antígenos que podem ser reconhecidos pelo sistema imune é explicada por exclusivos rearranjos do material genético dos linfócitos B e T, normalmente denominados **células B** e **células T**, leucócitos que realizam o reconhecimento dos antígenos específicos. Esses rearranjos gênicos controlam não somente a especificidade do receptor de antígenos nos linfócitos, mas também determinam o destino das células durante o desenvolvimento dos linfócitos.

Embora os mecanismos que originam os receptores antígeno-específicos das células B e T sejam muito semelhantes, o modo pelo qual os receptores reconhecem os antígenos é muito distinto. Os receptores nas células B interagem diretamente com antígenos intactos, mas os receptores de células T não. Em vez disso, como descrito na Seção 23.4, os receptores das células T reconhecem formas processadas (clivadas) de antígenos, apresentadas na superfície das células-alvo por glicoproteínas codificadas pelo complexo de histocompatibilidade principal (MHC). O modo pelo qual esses antígenos são apresentados pelas glicoproteínas codificadas pelo MHC é importante para a compreensão de como a resposta imune se inicia, não somente para entender a fisiologia da resposta imune, mas também por razões práticas. Como produzir melhores anticorpos que proporcionem proteção contra um agente infeccioso? Como produzir anticorpos que funcionem como ferramentas para reconhecer nossas proteínas favoritas do laboratório? Portanto, o conhecimento do processamento e a apresentação do antígeno fornecerão informações para a produção de **vacinas** visando à proteção contra doenças infecciosas e para a produção de ferramentas essenciais à pesquisa. As glicoproteínas codificadas pelo MHC também auxiliam na determinação do destino das células T durante o desenvolvimento, de modo que as próprias células e tecidos do organismo (autoantígenos) normalmente não ativam uma resposta imune, enquanto os antígenos estranhos provocam uma resposta. Conclui o capítulo um panorama integrado da resposta imune contra um patógeno, destacando a colaboração entre as diferentes células do sistema imune necessárias para uma resposta eficaz.

23.1 Visão geral das defesas do hospedeiro

O sistema imune evoluiu para combater os patógenos. Por isso, a apresentação geral das defesas do hospedeiro começa pela investigação dos locais em que os patógenos típicos são encontrados e onde se multiplicam. Depois são apresentados os conceitos básicos da imunidade inata e adaptativa, incluindo algumas células e moléculas fundamentais nesse processo.

Os patógenos entram no organismo por vias distintas e se replicam em locais distintos

A exposição aos patógenos ocorre em diferentes rotas. A superfície da pele tem uma área de aproximadamente 1,86 m^2. As superfícies epiteliais que revestem as vias aéreas, o trato gastrintestinal e o trato urogenital têm área ainda maior: aproximadamente 371,61 m^2. Todas essas superfícies estão continuamente expostas aos vírus e às bactérias do ambiente. Os patógenos alimentares e agentes sexualmente transmissíveis têm como alvo o epitélio ao qual estão expostos. O espirro de um indivíduo infectado com o vírus da gripe libera milhões de partículas virais na forma de aerossóis, prontos para serem inalados pela próxima pessoa a ser infectada. O rompimento da pele, mesmo por uma simples abrasão, ou das barreiras epiteliais que protegem os tecidos subjacentes, constitui uma via de fácil entrada para os patógenos, que assim ganham acesso a uma rica fonte de nutrientes (bactérias) e de células necessárias à sua replicação (vírus).

A replicação dos vírus é restrita ao citoplasma ou núcleo das células hospedeiras, onde ocorre a replicação do material genético viral e síntese de proteínas. Os vírus se disseminam para outras células como partículas virais livres (vírions) ou de célula para célula. Muitas bactérias podem replicar-se no espaço intercelular, mas algumas são especializadas em invadir a célula hospedeira e sobreviver no seu interior. Tais bactérias intracelulares localizam-se em vesículas delimitadas por membranas, através das quais elas entram na célula por endocitose ou fagocitose, ou no citoplasma se elas escapam dessas vesículas. Portanto, um sistema eficaz de defesa do hospedeiro deve ser capaz de eliminar não somente vírus e bactérias livres, mas também as células que hospedam esses patógenos.

Os parasitas também podem causar doenças. Com estilos de vida extremamente complexos, como o dos protozoários que causam a doença do sono (tripanossomose) ou malária (espécies de *Plasmodium*), a resposta dos patógenos também se tornou extremamente complexa. Bactérias, protozoários e fungos, principalmente aqueles que causam doenças nos animais, são, frequentemente, denominados micróbios.

Os leucócitos circulam pelo organismo e se alojam nos tecidos e linfonodos

Com exceção das hemácias, poucas células percorrem distâncias tão longas durante o desempenho de suas funções quanto as células que conferem imunidade. A circulação dos mamíferos é o mecanismo que supre as necessidades de transporte para hemácias, leucócitos e plaquetas. Embora as hemácias nunca deixem a circulação (devido à sua função de fornecer oxigênio), os leucócitos (células brancas sanguíneas) usam a circulação exclusivamente como transporte. A função de transporte da circulação assegura a entrega dos linfócitos, desde os locais onde são produzidos (medula óssea, timo e fígado fetal) até os locais onde são ativados (linfonodos e baço) e daí para o local de infecção, onde podem eliminar os invasores. Quando os linfócitos chegam a determinado local, podem deixar esse local e voltar à circulação durante a realização de suas tarefas.

O sistema imune é uma rede de vasos, órgãos e células interconectados, divididos em estrutura linfoide primária e secundária (Figura 23-2). Os **órgãos linfoides primários**, locais onde os **linfócitos** (subpopulação de leucócitos que inclui as células B e T) são produzidos e adquirem suas propriedades funcionais, incluem o timo, onde são produzidas as células T, e a medula óssea, onde são produzidas as células B. As respostas imunes adaptativas, que requerem linfócitos funcionalmente competentes, são iniciadas nos **órgãos linfoides secundários**, que incluem os linfonodos e o baço. Todos os órgãos linfoides são povoados por células de origem hematopoiética (ver Figura 21-18), produzidas no fígado fetal e durante a vida, na medula óssea. O homem adulto jovem tem um número estimado de 500 $\times 10^9$ linfócitos distribuídos, aproximadamente, 15% no baço, 40% nos outros órgãos linfoides secundários (tonsilas e linfonodos), 10% no timo e 10% na medula óssea, o restante são linfócitos circulantes no sangue.

Os vasos sanguíneos dos vertebrados permitem o extravasamento de fluidos da circulação, causado pela pressão arterial positiva exercida pelos batimentos cardíacos. Esse fluido contém não somente os nutrientes, mas também as proteínas que desempenham funções de defe-

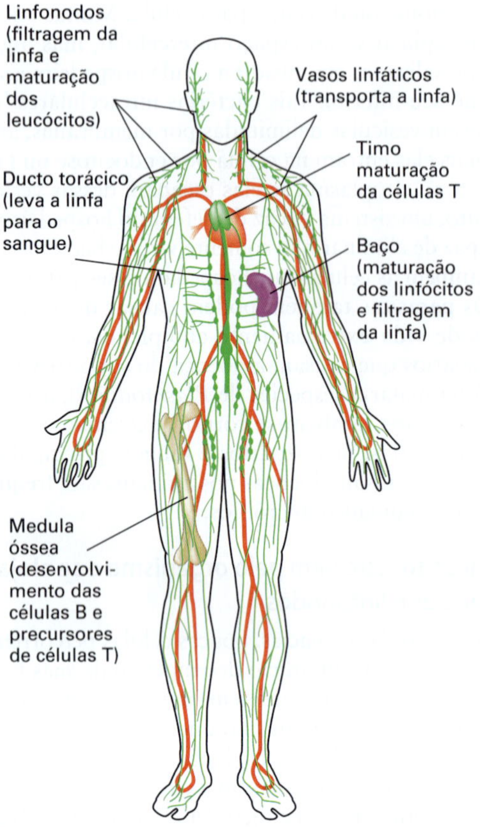

FIGURA 23-2 Os sistemas linfático e circulatório. A pressão arterial positiva exercida pelos batimentos cardíacos é responsável pela perda de líquido da circulação (vermelho) para os espaços intersticiais dos tecidos, de modo que todas as células do organismo tenham acesso aos nutrientes e possam eliminar os dejetos. Este fluido intersticial, cujo volume tem, aproximadamente, três vezes o volume de todo o sangue na circulação, retorna para a circulação na forma de linfa, que passa por estruturas anatômicas especializadas denominadas linfonodos. Os órgãos linfoides primários, onde os linfócitos são produzidos, são a medula óssea (precursores de células B e T) e o timo (células T). O início da resposta imune envolve os órgãos linfoides secundários (linfonodos e baço).

sa. Para manter a homeostasia, os fluidos que deixam a circulação devem, posteriormente, retornar na forma de *linfa* pelos vasos linfáticos. Nas suas regiões mais distais, os vasos linfáticos são abertos para coletar o fluido intersticial que banha as células e os tecidos. Os vasos linfáticos fusionam-se em vasos coletores de maior calibre que levam a linfa aos *linfonodos*. Um linfonodo é formado por uma cápsula, organizada em regiões definidas pelos tipos celulares ali existentes. Os vasos sanguíneos que chegam ao linfonodo trazem as células B e T. A linfa que chega ao linfonodo contém as células que encontraram antígenos e os antígenos solúveis dos tecidos drenados pelos vasos linfáticos aferentes. Nos linfonodos, durante a resposta imune adaptativa, ocorre a interação das células e moléculas necessárias para responder a nova informação antigênica adquirida e então executam a função efetora necessária para eliminar o patógeno do organismo (Figura 23-3).

Os linfonodos podem ser considerados filtros onde a informação antigênica é reunida, coletada desde as regiões distais do organismo e apresentada ao sistema imune de maneira adequada para ativar uma resposta apropriada. Todas as etapas relevantes que levam à ativação dos linfonodos ocorrem nos órgãos linfoides. As células que receberam as instruções adequadas para tornarem-se funcionalmente ativas deixam os linfonodos por meio dos vasos linfáticos eferentes que as levam para a circulação. Essas células ativadas, prontas para agir, passam por toda a circulação sanguínea e podem chegar aos locais onde novamente deixam a circulação, migrando para os tecidos à procura dos patógenos invasores ou para destruir as células infectadas por vírus.

A saída dos linfócitos e outros leucócitos da circulação, o recrutamento dessas células para os locais de infecção, o processamento da informação antigênica e o retorno das células do sistema imune para a circulação são processos cuidadosamente regulados que envolvem eventos específicos de adesão celular, fatores quimiotáxicos e a passagem por barreiras endoteliais, como será visto adiante.

As barreiras químicas e mecânicas formam a primeira linha de defesa contra os patógenos

Como mencionado anteriormente, as defesas químicas e mecânicas formam a primeira linha de defesa do hospedeiro contra os patógenos (ver Figura 23-1). As defesas mecânicas incluem a pele, o epitélio e o exoesqueleto dos artrópodes, barreiras que podem ser rompidas somente por dano mecânico ou por meio de ataque químico e enzimático específico. As defesas químicas incluem não somente o baixo pH encontrado nas secreções gástricas, mas também enzimas como a *lisozima*, encontrada nas lágrimas e que ataca diretamente os micróbios.

A importância das defesas químicas de atuação contínua torna-se evidente no caso de vítimas de queimaduras. Quando a integridade da epiderme e da derme fica comprometida, a rica fonte de nutrientes dos tecidos subjacentes é exposta, e as bactérias do ar ou outras bactérias, normalmente inofensivas, encontradas na pele podem se multiplicar sem restrições, dominando completamente o hospedeiro. Os vírus e as bactérias também desenvolveram estratégias para quebrar a integridade dessas barreiras físicas. Os vírus com envelope, como o HIV, o vírus da raiva e o vírus influenza têm proteínas de membrana dotadas de propriedades de fusão. Após a adesão do vírion à superfície da célula a ser infectada, a fusão direta do envelope viral com a membrana da célula hospedeira resulta na liberação do material genético do vírus no citoplasma da célula hospedeira, onde estará disponível para transcrição, tradução e replicação (ver Figuras 4-47 e 4-49). Algumas bactérias patogênicas (p. ex., *S. aureus*) secretam colagenases que comprometem a integridade do tecido conectivo, facilitando a entrada das bactérias.

A imunidade inata proporciona a segunda linha de defesa após a superação das barreiras químicas e mecânicas

O sistema imune inato é ativado quando as defesas químicas e mecânicas falham e a presença do invasor é detectada (ver Figura 23-1). O sistema imune inato é constituído por células e moléculas imediatamente disponíveis para

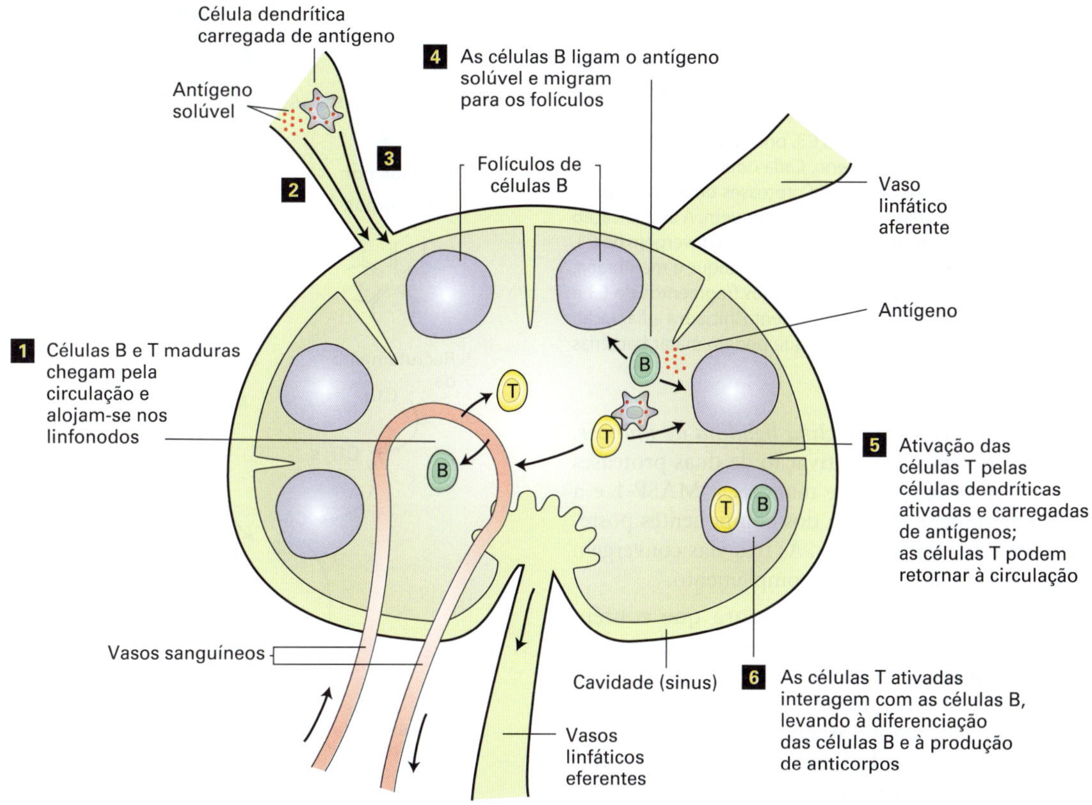

FIGURA 23-3 Início da resposta imune adaptativa nos linfonodos. O reconhecimento do antígeno pelas células B e T (linfócitos) localizados nos linfonodos inicia a resposta imune adaptativa. Os linfócitos deixam a circulação e alojam-se nos linfonodos (etapa **1**). A linfa leva o antígeno de duas formas: antígenos solúveis e células dendríticas carregadas de antígeno. Ambos chegam aos linfonodos pelos linfáticos aferentes (etapas **2** e **3**). Os antígenos solúveis são reconhecidos pelas células B (etapa **4**) e as células dendríticas carregadas de antígenos apresentam os antígenos às células T (etapa **5**). Interações produtivas entre as células B e T (etapa **6**) permitem que as células B migrem para os folículos e se diferenciem em células plasmáticas, que produzem grandes quantidades de imunoglobulinas secretadas (anticorpos). Os vasos linfáticos eferentes devolvem a linfa dos linfonodos para a circulação.

responder aos patógenos. Os **fagócitos**, células que ingerem e destroem os patógenos, estão distribuídos por todos os tecidos e epitélio e podem ser recrutados para os locais de infecção. Várias proteínas solúveis presentes constitutivamente no sangue, ou produzidas em resposta à infecção ou inflamação, também contribuem para a defesa inata. Os animais sem sistema imune adaptativo, como os insetos, baseiam-se exclusivamente nas defesas inatas para combater as infecções.

Fagócitos e células apresentadoras de antígenos O sistema imune inato inclui os macrófagos, neutrófilos e as células dendríticas. Todas essas células são fagocíticas e estão equipadas com os **receptores semelhantes ao Toll (TLRs)**. Os membros dessa família de proteínas de superfície celular detectam vários padrões de marcadores específicos de patógenos e, portanto, são os sensores fundamentais para detectar a presença de invasores virais ou bacterianos. O comprometimento dos receptores semelhantes ao Toll é importante na produção de moléculas efetoras, incluindo os peptídeos antimicrobianos. As **células dendríticas** e os **macrófagos**, cujos receptores semelhantes ao Toll detectaram a presença de um patógeno, também atuam como **células apresentadoras de antígenos** (APCs), exibindo materiais estranhos processados para as células T antígeno-específicas. A estrutura e a função dos receptores semelhantes ao Toll e seu papel na ativação das células dendríticas estão descritos detalhadamente na Seção 23.6.

Sistema do complemento Outro componente importante do sistema imune inato é o **complemento**, um grupo de proteínas séricas que podem se ligar diretamente às superfícies microbianas ou fúngicas. Essa ligação ativa a cascata proteolítica que culmina, entre outras coisas, na formação das proteínas formadoras de poro que constituem o *complexo de ataque à membrana*, capaz de permeabilizar a membrana protetora do patógeno (Figura 23-4). A cascata do complemento é similar à cascata da coagulação sanguínea, onde ocorre a amplificação da reação a cada estágio sucessivo de ativação. Pelo menos três vias distintas podem ativar o complemento. A *via clássica* requer a presença de anticorpos produzidos durante a resposta adaptativa e ligados à superfície do micróbio. A seguir será descrito como esses anticorpos são produzidos. Muitas superfícies microbianas têm propriedades físico-químicas, ainda pouco compreendidas, que resultam na ativação do complemento por meio da via alternativa. Finalmente, os patógenos que contêm paredes celulares ricas em manose ativam o com-

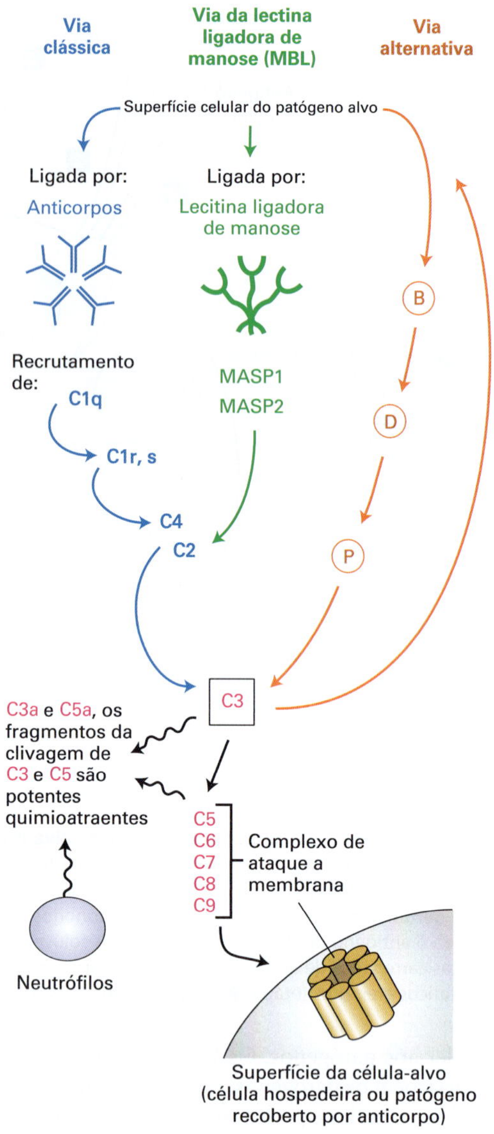

FIGURA 23-4 As três vias de ativação do complemento. A via clássica envolve a formação de complexos antígeno-anticorpo, enquanto na via da lectina ligadora de manose as estruturas ricas em manose encontradas na superfície de muitos patógenos são reconhecidas pela lectina ligadora de manose. A via alternativa requer a deposição de uma forma especial de proteína sérica, a C3, principal componente do complemento, na superfície do patógeno. Cada uma das vias de ativação é organizada em forma de cascata de proteases onde os próprios componentes são proteases nas etapas que se seguem. A amplificação da atividade ocorre em etapas sucessivas. As três vias convergem no C3, que cliva o C5 e ativa a formação do complexo de ataque a membrana, levando à destruição da célula-alvo. Os pequenos fragmentos de C3 e C5 produzidos durante a ativação do complemento iniciam a inflamação atraindo os neutrófilos, células fagocíticas que podem matar bactérias próximas ou por ingestão.

plemento por meio da *via da lectina ligadora de manose*. A lectina ligada desencadeia a ativação de duas proteases associadas à lectina ligadora de manose, a MASP-1 e a MASP-2, que permite a ativação dos componentes posteriores da cascata do complemento. As três vias convergem para a ativação da proteína C3 do complemento.

A C3 é sintetizada como precursora que contém uma ligação tiodiéster interna entre uma cisteína e um resíduo de glutamato próximos. Essa ligação tioéster torna-se altamente reativa durante a clivagem proteolítica do C3. A ligação tioéster ativada do C3 pode reagir com aminas primárias ou hidroxilas próximas, produzindo uma ligação covalente do C3 com a proteína ou o carboidrato das vizinhanças. Se não houver reagentes disponíveis, simplesmente a ponte dioéster é hidrolisada e o produto da hidrólise torna-se inativo. Esse modo de ação assegura que o C3 será depositado covalentemente apenas nos complexos antígeno-anticorpo próximos a ele. As superfícies alvo serão aquelas adequadamente revestidas com lectina ligadora de manose ou que foram depositadas com C3 por meio da rota alternativa. Isso limita os efeitos do complemento nas superfícies vizinhas, evitando o ataque inadequado às células que não apresentam o antígeno marcado.

Independentemente da via de ativação, o C3 ativado libera os componentes terminais da cascata do complemento, do C5 ao C9, culminando na formação do complexo de ataque a membrana, que se insere na maioria das membranas biológicas tornando-as permeáveis. A consequente perda de eletrólitos e de pequenos solutos leva à lise e à morte das células-alvo. Sempre que o complemento é ativado, o complexo de ataque à membrana é formado, causando a morte da célula na qual o complexo foi depositado. O efeito antimicrobiano direto da ativação completa da cascata do complemento é uma importante função protetora.

Todas as três vias de ativação do complemento também produzem fragmentos de clivagem C3a e C5a, que se ligam aos receptores associado à proteína G e atuam como quimiotáxicos para os neutrófilos e outras células envolvidas na inflamação (ver a seguir). As três vias também causam a formação de arranjos covalentes de fragmentos de C3 nas estruturas alvo. As células fagocíticas usam esses alvos marcados com C3 para reconhecer, ingerir e destruir as partículas marcadas, sendo esse processo denominado **opsonização**.

Assim, a cascata do complemento desempenha múltiplos papéis na defesa do hospedeiro: destrói as membranas que revestem os patógenos (bactérias e vírus); marca covalentemente os patógenos alvo de modo que eles sejam mais facilmente ingeridos pelas células fagocíticas, capazes de matar o patógeno e apresentar seu conteúdo às células que irão iniciar a resposta imune adaptativa; e, finalmente, a ação da ativação do complemento produz sinais quimiotáxicos para atrair as células do sistema imune inato (neutrófilos, macrófagos e células dendríticas) e adaptativo (linfócitos) para os locais de infecção.

Células matadoras naturais (NK) Além das bactérias invasoras, o sistema imune inato também defende o organismo contra os vírus. Quando é detectada a presença de uma célula infectada por vírus, outros tipos celulares do sistema imune inato tornam-se ativos, procuram os alvos infectados por vírus e os matam. Algumas vezes, muitas células infectadas por vírus produzem **interferon do tipo I**, excelente ativador das **células NK**. As células NK ati-

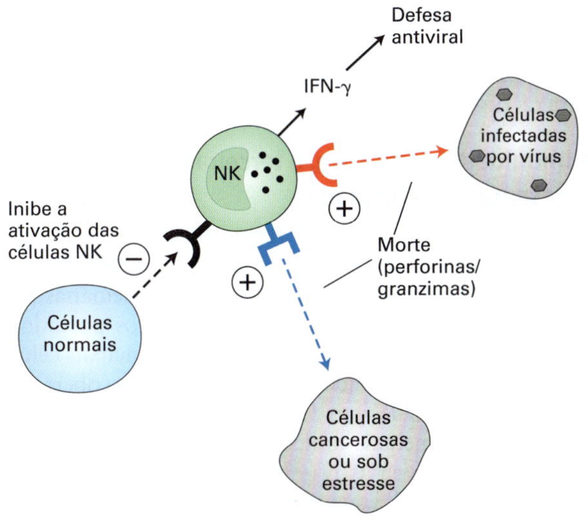

FIGURA 23-5 Células NK. As células NK (matadoras naturais, do inglês ***n**atural **k**illers*) são uma fonte importante da citocina interferon γ (IFN-γ) e podem matar as células infectadas por vírus e células cancerosas por meio das perforinas. Essas proteínas formadoras de poros permitem o acesso das serinas proteases denominadas granzimas para o citoplasma das células que serão mortas. As granzimas também podem iniciar a apoptose por meio da ativação das caspases (Capítulo 21). Os receptores NK identificam células infectadas ou sob estresse e estimulam as células NK a matá-las. Outros receptores identificam células normais e inibem a ativação das células NK.

vadas não podem executar a proteção direta por meio da eliminação das produtoras de novas partículas virais, elas também secretam interferon γ (IFN-γ) essencial para coordenar vários aspectos das defesas antivirais (Figura 23-5). O reconhecimento das células NK envolve várias classes de receptores, capazes de emitir sinais estimuladores (promovendo a morte celular) ou inibitórios. Os interferons são classificados como **citocinas**, pequenas proteínas secretadas que auxiliam na regulação do sistema imune de várias maneiras. Ao longo deste capítulo, serão apresentadas outras citocinas e alguns de seus receptores.

A inflamação é uma resposta complexa a uma lesão que envolve o sistema imune inato e adaptativo

Quando um tecido vascularizado sofre uma lesão, a resposta característica decorrente é a **inflamação**. A lesão pode ser um simples corte superficial ou uma infecção com patógeno. A inflamação ou a resposta inflamatória é caracterizada por quatro sinais clássicos: *vermelhidão*, *inchaço*, *calor* e *dor*. Esses sinais são causados por um aumento do extravasamento de fluidos dos vasos sanguíneos (vasodilatação), atração das células ao local da lesão e produção de mediadores solúveis responsáveis pela sensação de calor e dor. A inflamação é valiosa por conferir proteção imediata por meio da ativação das células e de produtos solúveis que constituem a resposta imune inata. Além disso, a inflamação cria um ambiente que inicia a resposta imune adaptativa. Entretanto, se não for adequadamente controlada, a inflamação pode ser a principal causa de danos ao tecido.

A Figura 23-6 descreve os principais componentes da resposta inflamatória contra patógenos bacterianos e o subsequente início da resposta imune adaptativa. As células dendríticas residentes nos tecidos detectam a presença dos patógenos por meio de seus receptores semelhantes

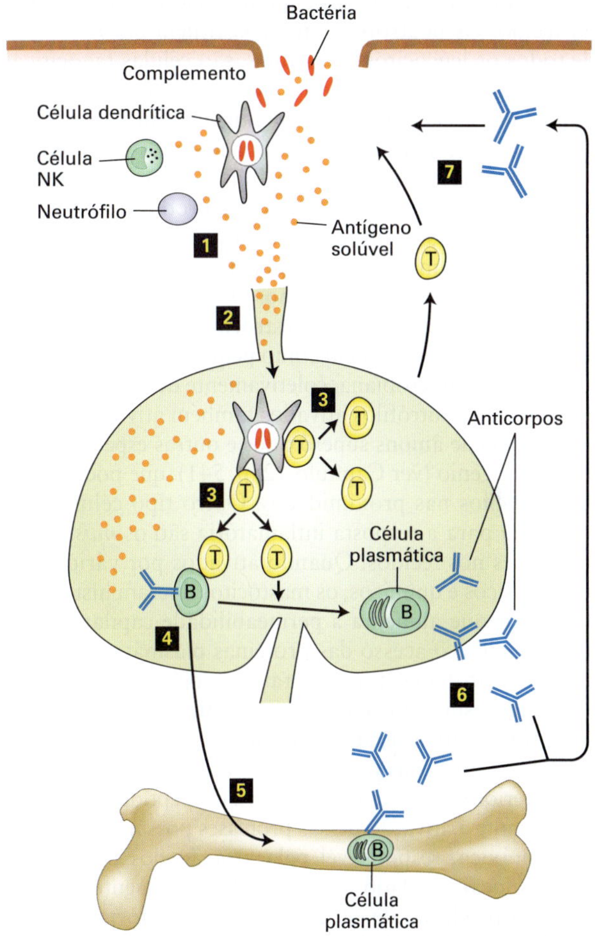

FIGURA 23-6 Colaboração entre a resposta imune inata e adaptativa contra um patógeno bacteriano. Quando uma bactéria ultrapassa a barreira mecânica e química do hospedeiro, a bactéria é exposta aos componentes da cascata do complemento, bem como as células que fornecem proteção imediata, como os neutrófilos (etapa **1**). Vários mediadores inflamatórios induzidos pelo dano aos tecidos contribuem para a resposta inflamatória localizada. A destruição local da bactéria resulta na liberação de antígenos bacterianos, levados aos linfonodos de drenagem pelos linfáticos aferentes (etapa **2**). As células dendríticas adquirem o antígeno nos locais de infecção, tornam-se migratórias em resposta aos produtos microbianos e migram para os linfonodos, onde ativam as células T (etapa **3**). Nos linfonodos, as células T estimuladas pelo antígeno proliferam e adquirem funções efetoras, incluindo a capacidade de auxiliar as células B (etapa **4**), algumas das quais podem voltar à medula óssea e completar sua diferenciação em células plasmáticas naquele local (etapa **5**). Nos estágios mais avançados da resposta imune, as células T ativadas fornecem um auxílio adicional às células B que tiveram contato como antígeno para diferenciarem-se em células plasmáticas que secretam anticorpos específicos para o antígeno em altas taxas (etapa **6**). Os anticorpos produzidos como consequência da exposição inicial a uma bactéria atuam em sinergia com o complemento para eliminar a infecção (etapa **7**), caso ela persista, ou para proporcionar uma rápida proteção no caso de nova exposição ao mesmo patógeno.

ao Toll (TLRs) e respondem por meio da liberação de mediadores solúveis, tais como citocinas e **quimiocinas**; estas últimas promovem a quimiotaxia das células do sistema imune. Os **neutrófilos**, segundo tipo celular mais importante na resposta inflamatória, deixam a circulação e migram para o local da lesão ou infecção, em resposta à produção de citocinas e quimiocinas durante o dano ao tecido. Os neutrófilos, que constituem quase metade de todos os leucócitos circulantes, são células fagocíticas que ingerem e destroem diretamente bactérias e fungos patogênicos. Os neutrófilos interagem com vários tipos de macromoléculas derivadas de patógenos por meio de seus receptores semelhantes ao Toll. A ativação desses receptores permite que os neutrófilos produzam citocinas e quimiocina; estas últimas atraem mais leucócitos como os neutrófilos, macrófagos e, por fim, os linfócitos (células B e T) para o local da lesão. Os neutrófilos ativados podem liberar enzimas que destroem as bactérias (p. ex., lisozimas e proteases) bem como pequenos peptídeos com atividade antimicrobiana, coletivamente denominados *defensinas*. Os neutrófilos ativados também ativam enzimas produtoras de ânions superóxidos e outras espécies reativas de oxigênio (ver Capítulo 12, p. 541), que pode matar os micróbios nas proximidades. Outro tipo celular que contribui para a resposta inflamatória são os *mastócitos* residentes nos tecidos. Quando ativados por vários estímulos físicos e químicos, os mastócitos liberam histamina, mediador que aumenta a permeabilidade capilar e, portanto, facilita o acesso das proteínas plasmáticas (p. ex., complemento) que agem contra os patógenos invasores.

A resposta precoce mais importante contra a infecção ou lesão é a ativação de várias proteases plasmáticas, incluindo as proteínas da cascata do complemento, discutidas anteriormente (ver Figura 23-4). Os peptídeos produzidos durante a ativação dessas proteases possuem atividade quimiotáxica, responsável pela atração dos neutrófilos para os locais de dano no tecido. Posteriormente, elas induzem a produção de citocinas pró-inflamatórias como a interleucina-1 e 6 (IL-1 e IL-6). O recrutamento dos neutrófilos também depende do aumento da permeabilidade vascular, em parte controlada por mediadores lipídicos (p. ex., prostaglandinas e leucotrienos) derivados dos fosfolipídeos e ácidos graxos. Todos esses eventos ocorrem rapidamente, iniciando minutos após a lesão. Se a resposta imediata falhar na solução da causa da lesão, pode ocorrer inflamação crônica, quando as células do sistema imune adaptativo desempenham um papel fundamental.

Quando a carga de patógenos no local do dano ao tecido é muito alta, ela pode exceder a capacidade de proteção dos mecanismos de defesa inata. Além disso, durante sua evolução, alguns patógenos adquiriram estratégias para inutilizar ou evadir as defesas inatas. Em tais situações, a resposta imune adaptativa é necessária para controlar a infecção. Essa resposta adaptativa depende de células especializadas que fazem a conexão entre a imunidade inata e adaptativa, incluindo as células apresentadoras de antígenos como os macrófagos e as células dendríticas, capazes de capturar os patógenos intactos e matá-los por ingestão. Essas células apresentadoras de antígenos, principalmente as células dendríticas, podem iniciar uma resposta imune adaptativa apresentando os antígenos recém-adquiridos derivados dos patógenos para os órgãos linfoides secundários (ver Figura 23-6).

A imunidade adaptativa, a terceira linha de defesa, apresenta especificidade

A imunidade adaptativa é o termo relacionado ao reconhecimento altamente específico de substâncias estranhas que, após o contato inicial, exigem dias ou semanas para se desenvolver completamente. Os linfócitos portadores de receptores antígeno-específicos são as principais células responsáveis pela imunidade adaptativa. A descoberta dos **anticorpos**, em 1905, por Emil von Behring e Shibasaburo Kitasato, principais moléculas efetoras da imunidade adaptativa, forneceu as primeiras indicações da natureza específica da resposta adaptativa. Eles começaram transferindo soro (o líquido cor de palha, separado das células, resultante do processo de coagulação sanguínea) em cobaias imunizadas com dose subletal da fatal toxina diftérica em animais nunca expostos à bactéria. Assim, o animal receptor ficava protegido contra uma dose letal da mesma bactéria (Figura 23-7, *esquerda*). A transferência do soro de um animal nunca exposto à toxina diftérica não protegia, e a proteção era limitada ao microrganismo que produzia a toxina diftérica. Esse experimento demonstrou a *especificidade*, isto é, a capacidade de distinguir entre duas substâncias relacionadas, as toxinas, de uma mesma classe. Tal especificidade é a peculiaridade do sistema imune adaptativo. Mesmo proteínas que diferem em um único aminoácido podem ser distinguidas por meios imunológicos.

A partir desses experimentos, von Behring propôs a existência de "corpúsculos", ou anticorpos, como o fator responsável pela transferência da proteção. O soro contendo o anticorpo (imune) não somente proporcionava proteção *in vivo*, mas também matava os microrganismos em tubos de ensaio (Figura 23-7, *direita*). O aquecimento do soro imune a 56°C destruía essa capacidade letal, a qual era restaurada por meio da adição de soro fresco, não tratado, de um animal não exposto ao microrganismo. Essas observações sugeriram que um segundo fator, agora chamado de complemento, atua de maneira sinérgica com os anticorpos para matar as bactérias. Hoje sabe-se que os anticorpos de von Behring são as proteínas séricas conhecidas como **imunoglobulinas** e que o complemento é um grupo de proteases descrito anteriormente, responsável pela destruição do patógeno (ver Figura 23-4). As imunoglobulinas neutralizam não somente as toxinas bacterianas, mas também agentes nocivos como os vírus, ligando-se diretamente a eles para prevenir que os vírus se liguem às células hospedeiras. Da mesma maneira, os anticorpos produzidos contra venenos de cobras podem ser administrados às vitimas de picadas para protegê-las da intoxicação. Os anticorpos antiofídicos se ligam ao veneno, impedindo que ele se ligue a seu alvo no hospedeiro, neutralizando-o. Esse processo é denominado imunização passiva, procedimento que salva vidas por meio da neutralização imediata de substâncias nocivas como as toxinas. Assim, os anticorpos proporcionam efeitos protetores imediatos. Hoje, os avanços na

RECURSO DE MÍDIA: A descoberta dos anticorpos

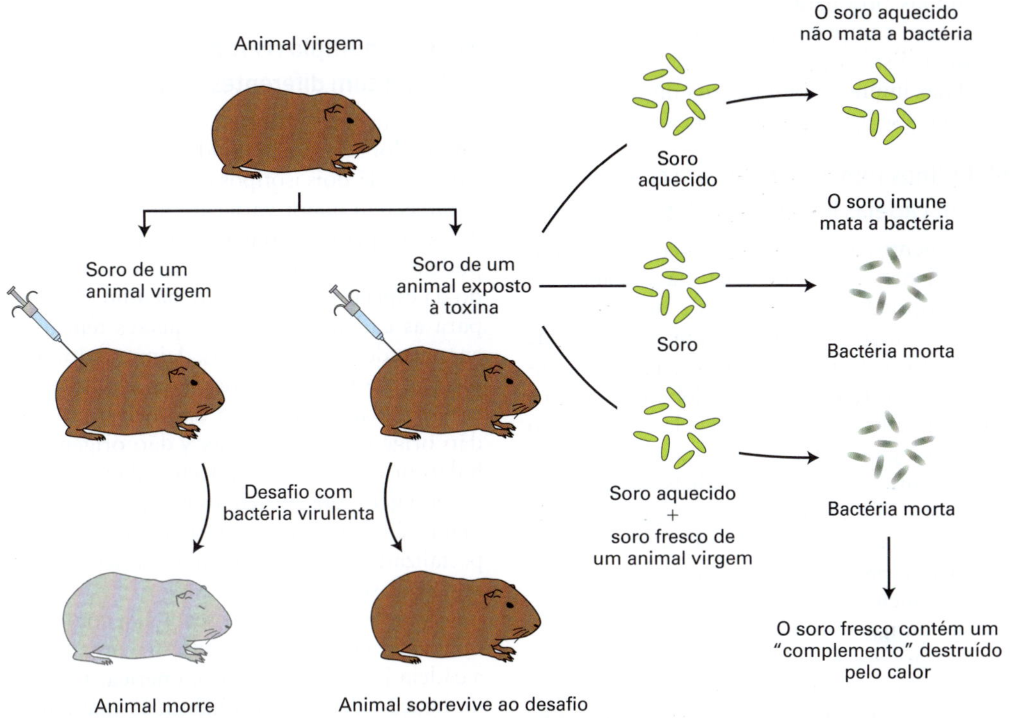

EXPERIMENTO FIGURA 23-7 A existência de anticorpos no soro de animais infectados foi demonstrada por von Behring e Kitasato. A exposição de animais a uma dose subletal da toxina diftérica (ou a bactéria que a produz) induz em seu soro uma substância que protege contra um desafio posterior com dose letal da toxina (ou a bactéria que a produz). O efeito protetor dessa substância sérica pode ser transferido de um animal que foi exposto ao patógeno para um animal virgem (não exposto ao patógeno). Quando o receptor do soro é então exposto a uma dose letal da bactéria, o animal sobrevive. Este efeito é específico para o patógeno usado para provocar a resposta. Portanto, o soro contém uma substância transferível (anticorpo) que protege contra os efeitos nocivos de um patógeno virulento. O soro obtido deste animal é dito imune, com atividade bactericida *in vitro*. O aquecimento do soro imune destrói esta atividade bactericida. A adição de soro fresco não aquecido de um animal virgem restaura a atividade bactericida ao soro imune aquecido. Portanto, o soro contém outra substância que complementa a atividade dos anticorpos.

medicina permitiram a sobrevivência de indivíduos cujos sistemas imunes estão gravemente comprometidos (pacientes com câncer que recebem quimioterapia ou radiação, pacientes transplantados com sistema imune suprimido por fármacos, pacientes com HIV/Aids, indivíduos com deficiências congênitas no sistema imune), pois a imunização passiva pode ter importância prática imediata.

CONCEITOS-CHAVE da Seção 23.1

Visão geral das defesas do hospedeiro

- As defesas químicas e mecânicas fornecem proteção contra a maioria dos patógenos. Essa proteção é imediata e contínua, mas tem pouca especificidade. A imunidade inata e adaptativa proporciona as defesas contra os patógenos que rompem as barreiras químicas e mecânicas do organismo (ver Figura 23-1).
- O sistema circulatório e linfático distribui as moléculas e células que atuam na imunidade inata e adaptativa por todo o corpo (ver Figura 23-2).
- A imunidade inata é mediada pelo sistema complemento (ver Figura 23-4) e por vários tipos de leucócitos, sendo os mais importantes os neutrófilos e as células fagocíticas como os macrófagos e as células dendríticas. As células e moléculas da imunidade inata são rapidamente ativadas (minutos a horas). Os padrões moleculares diagnósticos da presença dos patógenos podem ser reconhecidos pelos receptores semelhantes ao Toll, mas com pouca especificidade.
- A imunidade adaptativa é mediada pelos linfócitos B e T. Essas células necessitam de alguns dias para seu preparo e ativação, mas conseguem distinguir antígenos muito parecidos. Essa especificidade de reconhecimento do antígeno é a característica fundamental que distingue a imunidade adaptativa.
- A imunidade inata e adaptativa atua de modo sinérgico. A inflamação – a resposta precoce a uma lesão ou infecção do tecido – envolve uma série de eventos que combina os elementos da imunidade inata e adaptativa (ver Figura 23-6).

23.2 Imunoglobulinas: estrutura e função

As imunoglobulinas produzidas pelas células B são as moléculas mais bem compreendidas que conferem imunidade adaptativa. Esta seção apresenta a organização estrutural geral das imunoglobulinas, sua diversidade estrutural e como elas se ligam aos antígenos.

As imunoglobulinas têm uma estrutura conservada que consiste em cadeias leves e pesadas

Como o complemento, as imunoglobulinas são proteínas séricas abundantes que podem ser classificadas em relação a suas propriedades estruturais e funcionais. O fracionamento do antissoro, com base em sua atividade funcional (p. ex., morte de microrganismos, ligação ao antígeno) levou à identificação das imunoglobulinas como a classe de proteínas séricas responsáveis pela atividade do anticorpo. As imunoglobulinas são compostas por duas *cadeias pesadas* idênticas (*H*) ligadas a duas *cadeias leves* idênticas (*L*) (Figura 23-8). Portanto, uma típica molécula de imunoglobulina tem simetria bilateral, descrita como H_2L_2. Uma exceção a essa arquitetura básica H_2L_2 ocorre nos camelídeos (camelos, lhamas e vicunhas). Esses animais produzem algumas imunoglobulinas formadas por dímeros de cadeia pesada (H_2), sem cadeia leve.

Técnicas bioquímicas foram empregadas para responder a questão de como os anticorpos conseguem distinguir entre antígenos relacionados. Enzimas proteolíticas foram usadas para fragmentar as imunoglobulinas, proteínas muito grandes, para identificar as regiões diretamente envolvidas na ligação do antígeno (ver Figura 23-8). A protease papaína origina fragmentos monovalentes denominados *F(ab)*, que podem se ligar a uma única molécula de antígeno, enquanto a protease pepsina origina fragmentos bivalentes, designados *F(ab')*$_2$ (F= fragmento, ab= anticorpo). Normalmente, essas enzimas são usadas para converter moléculas de imunoglobulinas intactas em reagentes mono ou bivalentes. Embora os fragmentos F(ab) sejam incapazes de fazer uma ligação cruzada com o antígeno, o fragmento F(ab')$_2$ consegue, propriedade frequentemente usada para fazer uma ligação cruzada e, assim, ativar receptores de superfície. Muitos receptores como o EGF dimerizam quando comprometidos pelo ligante, um pré-requisito para a completa ativação das cascatas de sinalização. A porção produzida pela digestão com papaína e incapaz de ligar ao antígeno é denominada *Fc*, porque é facilmente cristalizável (F=fragmento; c=cristalizável). Essa estratégia bioquímica empregando proteases foi seguida de estratégias de sequenciamento para determinar a estrutura primária das imunoglobulinas.

Existem múltiplos isotipos de imunoglobulinas, cada um com diferentes funções

Conforme suas propriedades bioquímicas distintas, as imunoglobulinas são divididas em diferentes classes ou *isotipos*. Há dois isotipos de cadeia leve, κ e λ. As cadeias pesadas têm maior variação: nos mamíferos, os isotipos de cadeia pesada são μ, δ, γ, α e ε. Essas cadeias pesadas podem se associar com cadeias leves κ ou λ. Dependendo da espécie de vertebrado, há ainda outras subdivisões para as cadeias α e γ, e os peixes têm um isotipo não encontrado em mamíferos. A imunoglobulina (Ig) completamente formada é denominada de acordo com sua cadeia pesada: cadeias μ dão origem a IgM; cadeias α dão origem a IgA, cadeias γ dão origem a IgG, cadeias δ dão origem a IgD e cadeias ε dão origem a IgE. A estrutura geral dos principais isotipos está representada na Figura 23-9. Cada isotipo de Ig desempenha funções especializadas de acordo com as características estruturais únicas de suas porções Fc.

A molécula de IgM é secretada como pentâmero, estabilizada por pontes dissulfeto e uma cadeia adicional, a cadeia J. Nessa forma pentamérica, a IgM tem 10 sítios de ligação do antígeno idênticos que conferem interações de alta afinidade com superfícies que apresentam o antígeno correspondente (cognato). A avidez é definida como a soma total das *forças* de interação (afinidade) de

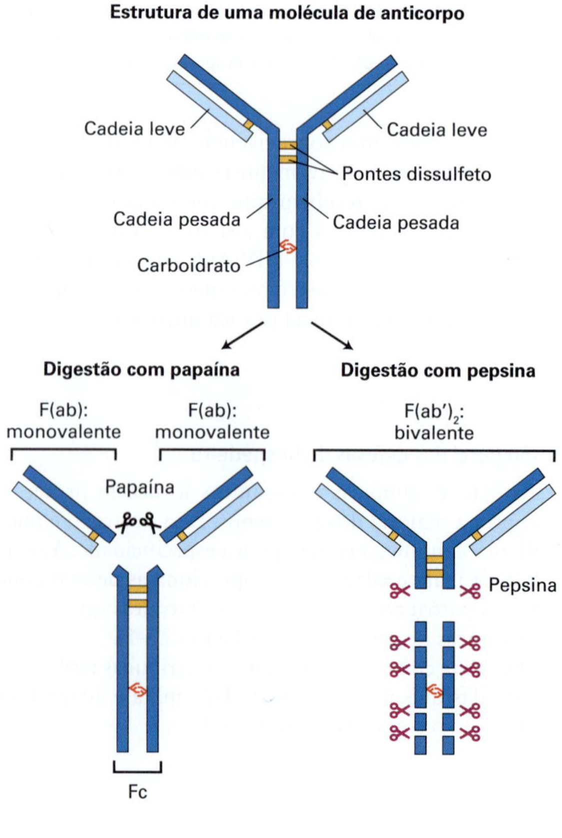

FIGURA 23-8 Estrutura básica da molécula de imunoglobulina. Os anticorpos são proteínas séricas também conhecidas como imunoglobulinas. Elas são estruturas com dupla simetria compostas por duas cadeias pesadas idênticas e duas cadeias leves idênticas. A fragmentação dos anticorpos por proteases produz fragmentos que mantêm a capacidade de ligação ao antígeno. A protease papaína produz fragmentos monovalentes F(ab) e a protease pepsina produz fragmentos bivalentes F(ab′)$_2$. OS fragmentos Fc são incapazes de ligar o antígeno, mas essa porção da molécula intacta possui outras propriedades funcionais.

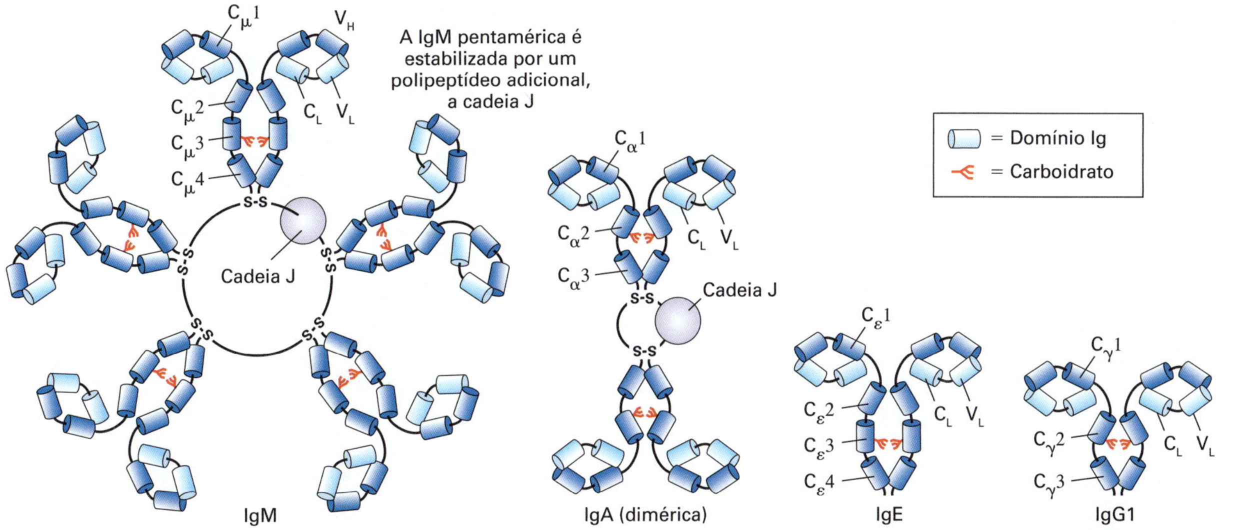

FIGURA 23-9 Isotipos de imunoglobulinas. As diferentes classes de imunoglobulinas, denominadas isotipos, podem ser distinguidas bioquimicamente e por técnicas imunológicas. No homem e em camundongos há dois isotipos de cadeia leve (κ e λ) e cinco isotipos de cadeia pesada (μ, δ, γ, ε e α). De acordo com a cadeia pesada, cada isotipo define a classe de imunoglobulina. IgG, IgE e IgD (não apresentadas) são monômeros com estrutura geral similar. IgM e IgA são pouco comuns porque podem ser encontradas no soro como pentâmeros e dímeros, respectivamente, acompanhadas por uma subunidade acessória, a cadeia J, em uma ligação dissulfeto covalente. A representação em modelo de preenchimento das imunoglobulinas salienta sua estrutura em módulos, com cada cilindro representando um domínio de Ig individual. Diferentes isotipos têm diferentes funções. Consultar na Figura 23-12 a definição das abreviaturas.

cada sítio de ligação disponível e o *número* dos sítios de ligação. Quando ocorre a deposição da molécula de IgM em uma superfície portadora do antígeno, a molécula de IgM pentamérica assume uma conformação altamente condutora para a ativação da cascata do complemento, maneira eficaz de danificar a membrana na qual a IgM foi adsorvida e na qual, consequentemente, as proteínas do complemento são depositadas.

A molécula de IgA também interage com a cadeia J, formando uma estrutura dimérica. A IgA dimérica pode se ligar ao receptor polimérico de IgA na porção basolateral das células epiteliais, onde sua associação resulta em endocitose mediada por receptor. Posteriormente, o receptor de IgA é clivado e a IgA dimérica, juntamente com o fragmento do receptor proteolítico (peça secretora) ainda ligado, é liberada a partir da porção apical da célula epitelial. Esse processo, denominado **transcitose**, é uma maneira eficaz de levar as imunoglobulinas da porção basolateral para a região apical do epitélio (ver Figura 23-10a). As lágrimas e outras secreções são ricas em IgA e assim fornecem proteção contra patógenos ambientais.

O isotipo IgG é importante para a neutralização de partículas virais. Esse isotipo também auxilia no preparo de antígenos particulados para que sejam adquiridos por células portadoras de receptores específicos para a porção Fc da molécula de IgG (ver a seguir).

O sistema imune do recém-nascido é imaturo, e os mamíferos transferem anticorpos protetores da mãe para o feto por meio do leite materno. O receptor responsável pela captação da IgG materna é o receptor Fc neonatal (FcRn), presente nas células epiteliais intestinais nos roedores. Por meio da transcitose, a IgG captada na porção luminal do trato intestinal do recém-nascido é entregue através do epitélio intestinal, disponibilizando os anticorpos maternos do leite para a proteção passiva do roedor recém-nascido (Figura 23-10b). Em humanos, o FcRn é encontrado nas células fetais que fazem o contato com a circulação materna na placenta. A transcitose dos anticorpos IgG a partir da circulação materna atraves da placenta leva os anticorpos maternos para o feto. Esses anticorpos maternos irão proteger o recém-nascido até que seu próprio sistema imune esteja suficientemente maduro para produzir anticorpos por si só. Nos adultos, o FcRn também é expresso nas células endoteliais e auxilia no controle da renovação da IgG da circulação.

Como será visto na Seção 23.3, os isotipos IgM e IgD são expressos como receptores ligados à membrana das células B nas células B recém-produzidas. Ali, a cadeia μ desempenha uma importante função no desenvolvimento e na ativação das células B.

Cada célula B produz uma imunoglobulina única distribuída clonalmente

A **teoria da seleção clonal** estipula que cada linfócito é portador de um receptor de ligação ao antígeno de especificidade única. Quando um linfócito encontra o antígeno para o qual é específico, a expansão clonal (divisão celular rápida) ocorre permitindo uma amplificação da resposta, culminando na eliminação do antígeno (Figura 23-11). Na resposta imune típica, o antígeno que desencadeia a resposta tem composição complexa. Mesmo o vírus mais simples contém várias proteínas diferentes. Muitos linfócitos individuais respondem a um determinado antígeno e expandem em resposta a ele, cada um produzindo seu próprio receptor de antígeno de estrutu-

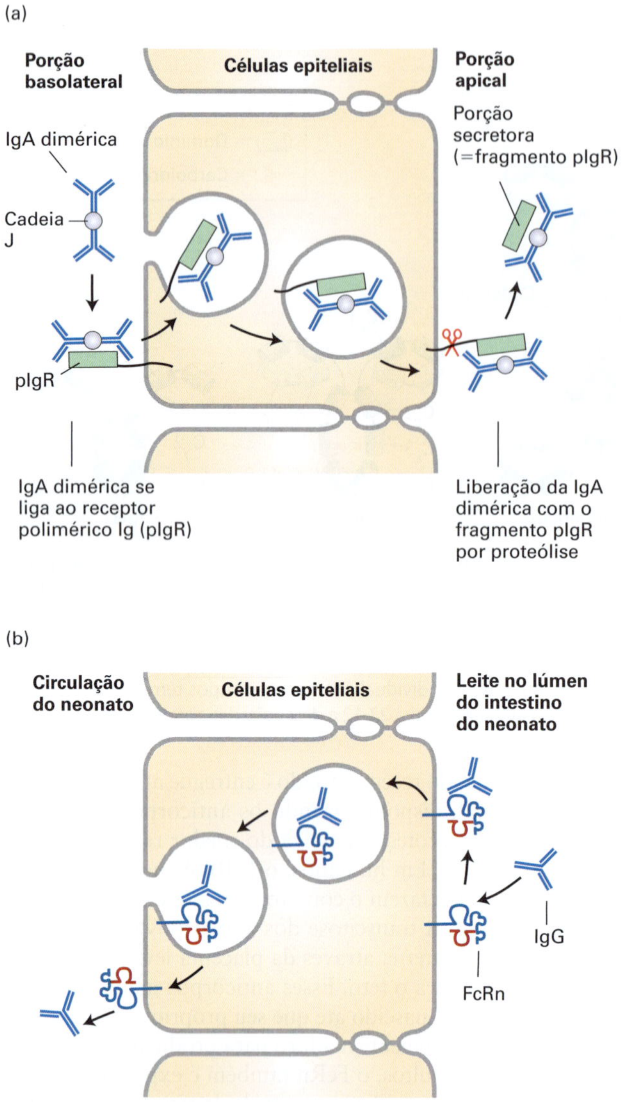

FIGURA 23-10 Transcitose da IgA e IgG. (a) A IgA, encontrada nas secreções das diferentes mucosas, requer o transporte por meio do epitélio. A IgA se liga ao receptor da IgA polimérica e entra na célula por endocitose. Após ser transportada através da monocamada epitelial, uma porção do receptor é clivada, e a IgA é liberada na porção apical junto com uma porção do receptor, a peça secretora. (b) Camundongos lactentes adquirem a Ig a partir do leite materno. O recém-nascido possui o receptor Fc neonatal (FcRn) na superfície apical do seu epitélio intestinal, cuja estrutura assemelha-se a das moléculas do MHC de classe I (ver Figura 23-21). Após a ligação da porção Fc da IgG nesse receptor, a transcitose move a IgG adquirida para a porção basolateral do epitélio. No homem, o trofoblasto sincicial da placenta expressa o FcRn, controla a aquisição da IgG da circulação materna e entrega-a ao feto (transporte transplacentário).

ra única e, portanto, distintas características de ligação (afinidade). Como cada linfócito é dotado com um único receptor e expande clonalmente ao um antígeno, essa resposta é denominada *policlonal*.

Os tumores de células B, que representam expansões clonais malignas de linfócitos individuais, permitiram as primeiras análises moleculares do processo responsável

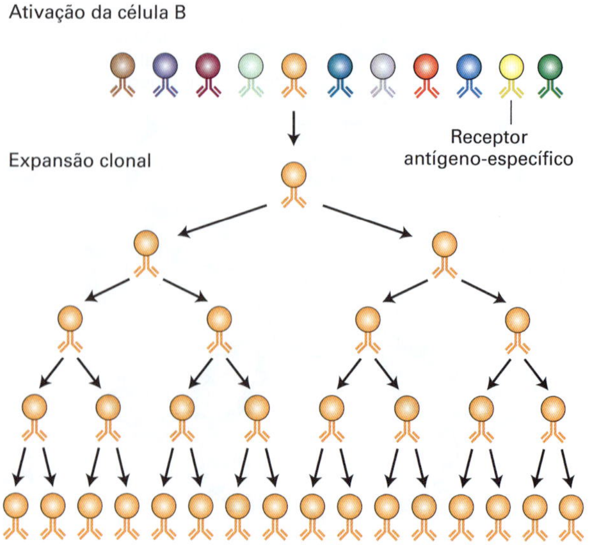

FIGURA 23-11 Seleção clonal. A teoria da seleção clonal propõe a existência de um grande grupo de linfócitos, cada um equipado com seu exclusivo receptor antígeno-específico (indicado por cores diferentes). O antígeno que se encaixa no receptor em determinado linfócito permite que este linfócito se expanda clonalmente. A partir de um número modesto de células antígeno-específicas, pode ser obtido um grande número de células com a especificidade desejada (e grandes quantidades de seus produtos secretados).

pela geração da diversidade de anticorpos. A observação fundamental foi de que os tumores derivados dos linfócitos produziam grandes quantidades de imunoglobulinas secretadas. Algumas das cadeias leves das imunoglobulinas são secretadas na urina dos pacientes portadores desses tumores. Essas cadeias leves, denominadas *proteínas de Bence-Jones*, em homenagem aos seus descobridores, são rapidamente purificadas e fornecem o primeiro material para análise química dessas proteínas.

Duas observações fundamentais surgiram desse trabalho: (1) não há dois tumores que produzam cadeias leves com propriedades bioquímicas idênticas, sugerindo que eles possuem uma sequência única; e (2) as diferenças nas sequências de aminoácidos que distinguem uma cadeia leve de outra não estão aleatoriamente distribuídas, mas ocorrem agrupadas em um domínio referido como *região variável de cadeia leve*, ou V_L. Esse domínio compreende, aproximadamente, 110 aminoácidos N-terminais. A porção restante da sequência é idêntica nas diferentes cadeias leves (desde que derivadas de um mesmo isotipo, κ ou λ) e é, portanto, chamada de *região constante*, ou C_L. Adicionalmente foi possível purificar, a partir do soro, as imunoglobulinas únicas de cada paciente portador desses tumores. O sequenciamento das cadeias pesadas dessas preparações revelou que os resíduos variáveis que distinguem uma cadeia pesada de outra estavam, novamente, concentrados em domínios bem demarcados, chamados de *regiões variáveis de cadeia pesada*, ou V_H.

O alinhamento das sequências, obtidas de diferentes preparações homogêneas de cadeia leve, mostraram um padrão de regiões de variabilidade ordenado, revelando

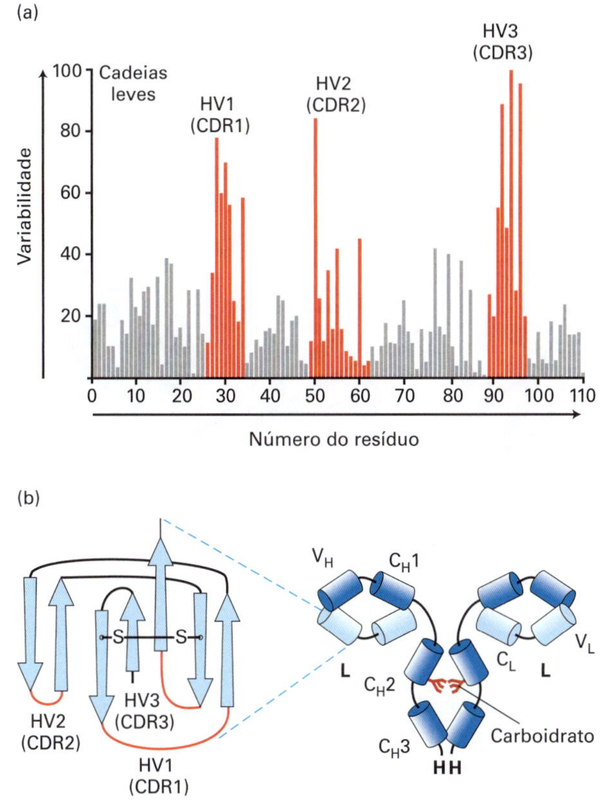

FIGURA 23-12 Regiões hipervariáveis e dobras de imunoglobulinas. (a) Variação nos resíduos de aminoácidos variáveis com a posição dos resíduos nas cadeias leves de Ig. A porcentagem de sequências de regiões variáveis com variantes de aminoácidos está representada para cada posição na sequência. As posições nas quais muitas cadeias laterais de aminoácidos distintos estão presentes no grupo de dados são identificadas com alto índice de variabilidade. Aquelas invariáveis entre as sequências comparadas recebem o valor 0. Essa análise revela três regiões de grande variabilidade, as regiões hipervariáveis 1, 2 e 3. Estas também são denominadas regiões determinantes de complementaridade (CDRs). (b) Representação em modelo de preenchimento de um fragmento $F(ab')_2$ (*direita*) e em diagrama de fitas de um domínio variável de cadeia leve (V_L) típico de uma Ig com as posições das regiões hipervariáveis indicadas em vermelho (*esquerda*). As regiões hipervariáveis localizam-se nas alças que conectam as fitas β e fazem contato com o antígeno. As fitas β (representadas como setas) formam duas folhas β e constituem a região da estrutura. Observe que cada domínio variável e constante tem estrutura tridimensional característica, chamada de dobra de imunoglobulina. L= cadeia leve; H= cadeia pesada; V_H= domínio variável de cadeia pesada; V_L= domínio variável de cadeia leve; C_H1, C_H2, C_H3= domínios constantes de cadeia pesada; C_L= domínio constante de cadeia leve.

três *regiões hipervariáveis*, HV1, HV2 e HV3, encaixadas entre as denominadas regiões de leitura (Figura 23-12a). (Alinhamentos semelhantes para as sequências de cadeia pesada de imunoglobulinas também forneceram regiões hipervariáveis.) Na estrutura tridimensional das imunoglobulinas adequadamente dobradas, essas regiões hipervariáveis ficam próximas (Figura 23-12b e 23-13) e fazem contato com o antígeno. Assim, esta porção de uma molécula de Ig contendo a região hipervariável forma o sítio de ligação do antígeno. Por essa razão, as regiões hipervariáveis também são denominadas regiões *determinantes de complementaridade* (*CDRs*).

A dificuldade de codificar todas as informações necessárias na linhagem germinativa para produzir essa enorme diversidade no repertório de anticorpos levou à proposição de um mecanismo genético único responsável por esta diversidade. Talvez, cerca de milhões de anticorpos diferentes, de especificidade única, possam ser necessários para sustentar uma proteção razoável contra o grande número de patógenos encontrados durante a vida, embora tal estimativa seja apenas um palpite. Considerando o tamanho típico da cadeia leve e pesada do anticorpo (cada combinação de cadeia leve-cadeia pesada codificada dessa forma iria necessitar cerca de 2,5 a 3,5 kb, dependendo do isotipo), é óbvio que o organismo iria esgotar rapidamente a capacidade de codificação do DNA necessária para codificar uma série de moléculas de anticorpos com diversidade suficiente para fornecer proteção adequada contra a grande variedade de patógenos e outras substâncias estranhas às quais o organismo é exposto. Na verdade, como será visto, existem mecanismos únicos responsáveis por criar uma série diversa de anticorpos.

Os domínios de imunoglobulinas têm dobras características compostas por duas folhas β estabilizadas por uma ponte dissulfeto

Os domínios constantes e variáveis das imunoglobulinas se dobram em uma estrutura tridimensional compacta composta exclusivamente por folhas β (ver Figura 23-12b). O típico domínio de Ig contém duas folhas β (um com três fitas e outro com quatro fitas) unidas por uma ponte dissulfeto. Os resíduos localizados no interior são, em sua maioria, hidrofóbicos e auxiliam na estabilização dessa estrutura em sanduíche. Os resíduos expostos a solventes têm maior frequência de cadeias laterais polares e carregadas. O espaçamento dos resíduos de cisteína que formam a ponte dissulfeto e um pequeno número de resíduos extremamente conservados, caracterizam este motivo estrutural ancestral evolutivo, denominado de **dobra de imunoglobulina**. A dobra de imunoglobulina básica é encontrada em várias proteínas eucarióticas que não estão diretamente envolvidas no reconhecimento de antígenos específicos, incluindo a superfamília de Ig de moléculas de adesão a células, ou IgCAMs (Capítulo 20).

A região do antígeno que faz o contato com o anticorpo correspondente é denominada de **epítopo**. Um antígeno proteico normalmente contém múltiplos epítopos que frequentemente consistem em alças expostas ou superfícies da proteína sendo, portanto, acessíveis às moléculas de anticorpo. Cada preparação homogênea de anticorpo, derivada de uma população clonal de células B, reconhece um único epítopo molecular no antígeno correspondente.

Para solucionar a estrutura de um anticorpo associado com seu epítopo cognato em um antígeno, é importante obter uma fonte homogênea de imunoglobulina e de antí-

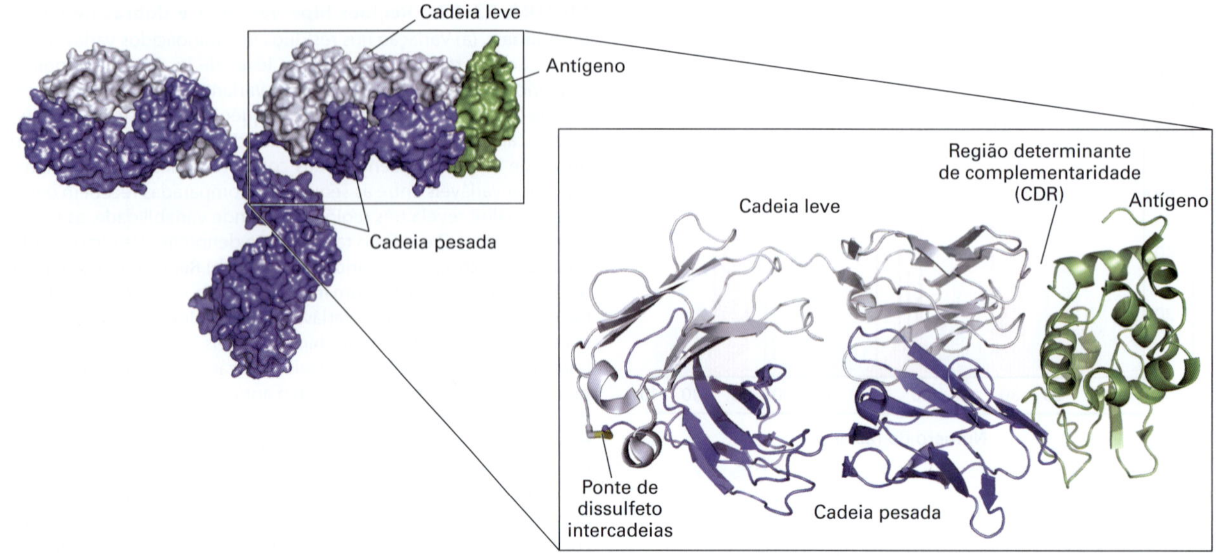

FIGURA 23-13 Estrutura de uma imunoglobulina. Este modelo representa a estrutura tridimensional de uma imunoglobulina associada com a lisozima da clara do ovo de galinha (antígeno proteico) determinada por cristalografia por raios X. (Com base em E. A. Padlan et al., 1989 *Proc. Natl Acad Sci USA* **86**: 5938.)

geno na forma pura. Imunoglobulinas homogêneas podem ser obtidas de tumores de células B (expansão monoclonal maligna de células B secretoras de imunoglobulinas), mas nesse caso não se conhece o antígeno para o qual o anticorpo é específico. A descoberta essencial para a produção de preparações homogêneas de anticorpos foi o desenvolvimento de técnicas para a obtenção de **anticorpos monoclonais** produzidos por **hibridomas** pelo uso de meios seletivos especiais (ver Capítulo 9, p. 402 a 404). A criação de linhagens celulares imortalizadas que produzem anticorpos de especificidade definida (anticorpos monoclonais) forneceu a ferramenta essencial para os biologistas celulares: os anticorpos monoclonais são amplamente usados para a detecção e identificação de macromoléculas específicas. Os anticorpos monoclonais podem detectar proteínas e suas modificações (fosforilação, nitrosilação, metilação, acetilação, etc.), carboidratos complexos, (glico)lipídeos, ácidos nucleicos e suas modificações e, portanto, têm amplo uso em laboratório e para fins de diagnóstico.

Atualmente, há um entendimento detalhado sobre a estrutura de um grande número de anticorpos monoclonais associados aos antígenos para os quais eles são específicos. Não há regra rigorosa que descreva essas interações, a não ser a regra comum aplicada à interação entre proteínas com outras (macro)moléculas (ver Capítulo 3). Os CDRs são os contribuintes mais importantes na interface antígeno-anticorpo, com papel fundamental do CDR3 da cadeia pesada da Ig, seguido do CDR3 da cadeia leve da Ig. A seguir será discutido como é criada a diversidade dos CDRs.

A região constante das imunoglobulinas determina suas propriedades funcionais

Os anticorpos reconhecem os antígenos por meio de suas regiões variáveis, mas suas regiões constantes determinam grande parte das propriedades funcionais dos anticorpos. Uma das propriedades funcionais importantes dos anticorpos é sua capacidade de neutralização. Ao se ligar a epítopos na superfície de partículas virais ou bactérias, os anticorpos podem bloquear uma interação produtiva entre um patógeno e os receptores nas células hospedeiras, consequentemente inibindo (neutralizando) uma infecção.

Os anticorpos ligados a um vírus ou a uma superfície microbiana podem ser reconhecidos diretamente pelas células que expressam receptores específicos para a porção Fc das imunoglobulinas. Esses **receptores Fc** (FcRs), específicos para as classes e subclasse de imunoglobulinas, apresentam considerável heterogeneidade estrutural e funcional. Por meio dos eventos dependentes de FcR, as células fagocíticas especializadas, como as células dendríticas e os macrófagos, podem atacar partículas recobertas por anticorpos e então ingeri-las e destruí-las no processo de opsonização. Os eventos dependentes de FcR também permitem que algumas células do sistema imune (p. ex., monócitos e células NK) se associem diretamente às células-alvo que apresentam antígenos virais ou outros aos quais os anticorpos se encontram ligados. Esse comprometimento pode induzir as células do sistema imune a liberar pequenas moléculas tóxicas (p. ex., radicais de oxigênio) ou o conteúdo de seus grânulos citotóxicos, incluindo as perforinas e granzimas. Essas proteínas podem se ligar à superfície da célula-alvo, causando dano à membrana e, assim, matando as células-alvo (ver Figura 23-5). Esse processo, denominado de *citotoxicidade mediada por células dependente de anticorpos*, ilustra como as células do sistema imune inato interagem e se beneficiam dos produtos da resposta imune adaptativa.

Dependendo do isotipo de imunoglobulina, os complexos (imune) antígeno-anticorpo podem iniciar a via clássica de ativação do complemento (ver Figura 23-4). Os anticorpos IgM e a IgG3 são particularmente adequados para a ativação do complemento, mas todas as classes IgG podem, em princípio, ativar o complemento enquanto a IgE e a IgA são incapazes de fazê-lo.

CONCEITOS-CHAVE da Seção 23.2

Imunoglobulinas: estrutura e função

- A maioria das imunoglobulinas (anticorpos) é composta por duas cadeias pesadas (H) e duas cadeias leves (L) idênticas, cada uma com uma região variável (V) e uma região constante (C). A clivagem proteolítica produz fragmentos monovalentes F(ab) e bivalentes $F(ab')_2$, que contêm domínios de regiões variáveis e mantêm a capacidade de ligação ao antígeno (ver Figura 23-8). A porção Fc contém domínios de região constante e determina as funções efetoras.
- As imunoglobulinas são divididas em classes de acordo com sua região constante de cadeia pesada (ver Figura 23-9). Nos mamíferos, há cinco principais classes de imunoglobulinas: IgM, IgD, IgG, IgA e IgE. As cadeias pesadas correspondentes são referidas como: μ, δ, γ, α e ε. Há duas principais classes de cadeia leve, κ e λ, também caracterizadas pelos atributos de suas regiões constantes.
- Cada linfócito B expressa uma imunoglobulina de sequência única e, portanto, específica para um determinado antígeno. Durante o reconhecimento do antígeno, somente um linfócito B com um receptor específico para ele será ativado e irá expandir clonalmente (seleção clonal) (ver Figura 23-11).
- A especificidade do anticorpo ao antígeno é conferida por seus domínios variáveis, que contêm as regiões de alta variabilidade, denominadas regiões hipervariáveis ou regiões determinantes da complementaridade (ver Figura 23-12a). Essas regiões hipervariáveis são posicionadas na extremidade dos domínios variáveis, onde podem fazer contatos específicos com o antígeno para o qual ele é específico.
- Os domínios repetidos que constituem as moléculas de imunoglobulinas têm uma estrutura tridimensional característica, a dobra de imunoglobulinas, que consiste em duas folhas β pregueadas unidas por uma ponte dissulfeto (ver Figura 23-12b). As dobras de imunoglobulinas foram difundidas durante a evolução e são encontradas em muitas proteínas não anticorpos, incluindo uma importante classe de moléculas de adesão celular.
- As regiões constantes conferem aos anticorpos suas propriedades funcionais únicas ou funções efetoras, como a capacidade de ligar o complemento, a capacidade de ser transportado através do epitélio ou a capacidade de interagir com receptores específicos para a porção Fc das imunoglobulinas.

23.3 Produção da diversidade de anticorpos e desenvolvimento das células B

Os patógenos têm um curto período de replicação, são muito diversos com relação à sua composição genética e evoluem rapidamente, gerando grande variação antigênica. Uma defesa adequada deve ser capaz de produzir uma resposta igualmente diversa. Os anticorpos preenchem esses critérios. O tempo de resposta de anticorpo e os ajustes necessários para as alterações na constituição genética do patógeno em questão impõem uma demanda única na organização e regulação do sistema imune adaptativo. A capacidade codificadora do genoma típico de vertebrados não pode codificar o grande número de anticorpos necessários para a proteção adequada contra a grande diversidade de microrganismos aos quais o hospedeiro é exposto. Um mecanismo único evoluiu para permitir não só uma variabilidade absolutamente ilimitada no repertório de anticorpos, mas também o rápido ajuste da qualidade do anticorpo produzido para atender as demandas impostas por inúmeras infecções virais e bacterianas. A produção ótima de anticorpos requer colaboração na forma de células T auxiliares; por isso, como será visto, os mecanismos moleculares responsáveis pela diversidade de anticorpos são basicamente semelhantes para as células B e células T.

As células B, responsáveis pela produção de anticorpos, usam um mecanismo único pelo qual a informação genética necessária para a síntese de cadeias leves e pesadas de imunoglobulinas é unida a partir de elementos separados na sequência de DNA, ou segmentos gênicos de Ig, para criar uma unidade transcricional funcional. O ato de recombinação que combina os segmentos gênicos de Ig expande drasticamente a variabilidade na sequência precisa onde esses elementos genéticos são unidos. Esse mecanismo de geração da gama de diversidade dos anticorpos é fundamentalmente distinto da recombinação meiótica, que ocorre nas células germinativas, e do *splicing* alternativo dos éxons (Capítulo 8). Como esse mecanismo de recombinação ocorre nas células somáticas e não nas células germinativas, ele é conhecido como *rearranjo gênico somático* ou **recombinação somática**. Esse mecanismo de recombinação singular, único para os receptores de antígenos dos linfócitos B e T, permite especificar uma grande diversidade de receptores com o mínimo de espaço codificador no DNA. A capacidade de combinar aleatoriamente elementos genéticos distintos (diversidade combinatória), além da geração de maior diversidade na sequência que codifica os receptores por meio dos mecanismos de recombinação, produz resposta imune adaptativa contra uma gama praticamente ilimitada de antígenos, incluindo as moléculas codificadas pelo próprio hospedeiro.

Assim, há mecanismos que atuam não só criando uma enorme diversidade, mas também há processos que impõem tolerância para restringir uma reatividade indesejada contra os "próprios" componentes: o resultado dessa reatividade é a autoimunidade. Nenhum mecanismo é perfeito: o sistema imune adaptativo não consegue produzir receptores para detectar *todas* as substâncias estranhas. Além disso, o preço inevitável que se paga pelo modo *como* são produzidos os receptores de células B e T é a probabilidade de receptores autorreativos (autoimunidade).

Um gene de cadeia leve funcional requer a união de segmentos gênicos V e J

Os genes de imunoglobulina que codificam as imunoglobulinas intactas não estão na forma já arranjada no genoma, prontos para serem expressos. Em vez disso, os segmentos gênicos necessários são unidos e montados durante o desenvolvimento das células B (Figura 23-14). Embora o rearranjo dos genes de cadeia pesada ocorra antes do rearranjo dos genes de cadeia leve, inicialmente será abordado o rearranjo dos genes de cadeia leve, pois a organização desses é menos complexa.

As cadeias leves das imunoglobulinas são codificadas por agrupamentos de segmentos gênicos V, seguidos por um único segmento gênico C. Cada segmento gênico V tem sua própria sequência promotora e codifica grande parte da região variável da cadeia leve, embora um pequeno segmento da sequência de nucleotídeo que codifica a região variável da cadeia leve esteja ausente no segmento gênico V. Essa porção ausente é fornecida por um dos múltiplos segmentos gênicos J localizados entre os segmentos V e o único segmento C no *locus* da cadeia leve κ não arranjado (ver Figura 23-14a). Esse segmento J é um elemento genético que não deve ser confundido com a cadeia J, subunidade polipeptídica da molécula de IgM pentamérica e encontrada também em associação com a IgA (ver Figura 23-9). Durante o desenvolvimento das células B, o comprometimento com determinado segmento gênico V (processo aleatório) resulta na sua justaposição com um dos segmentos gênicos J, também escolhidos aleatoriamente, formando um éxon que codifica toda a região variável a cadeia leve (V_L). O processo de recombinação não somente produz um gene de cadeia leve intacto e funcional, mas também coloca a sequência promotora do gene rearranjado a uma distância sob o controle dos elementos estimuladores a frente do éxon da região constante da cadeia leve, necessário para sua transcrição. Somente um gene de cadeia leve rearranjado é transcrito.

Sequências sinal de recombinação A análise detalhada da sequência dos *locus* de cadeia leve e cadeia pesada revelou um elemento conservado na sequência na região 3′ de cada segmento gênico V. Esse elemento conservado, denominado de *sequência sinal de recombinação* (*RSS*), é composto por sequências de um heptâmero e um nonâmero separadas por um espaçador de 23 pb. Na extremidade 5′ de cada elemento J, uma RSS conservada similar contém um espaçador de 12 pb (Figura 23-15a). Os espaçadores de 12 e 23 pb separam as sequências conservadas do heptâmero e nonâmero por uma ou duas voltas da hélice de DNA, respectivamente.

A recombinação somática é catalisada pelas recombinases RAG1 e RAG2, expressas somente nos linfócitos. A justaposição dos dois segmentos gênicos a serem unidos é estabilizada pelo complexo RAG1/RAG2 (Figura 23-15b). As recombinases fazem um corte na fita simples exatamente na divisa de cada sequência codificadora e suas RSS adjacentes. Somente os segmentos gênicos com RSSs heptâmero-nonâmero e espaçadores de diferentes comprimentos podem realizar esse tipo de rearranjo (a chamada regra do espaçador 12/23 pb). Cada grupo OH recém-criado no sítio de clivagem realiza um ataque nucleofílico na fita complementar, criando um grampo

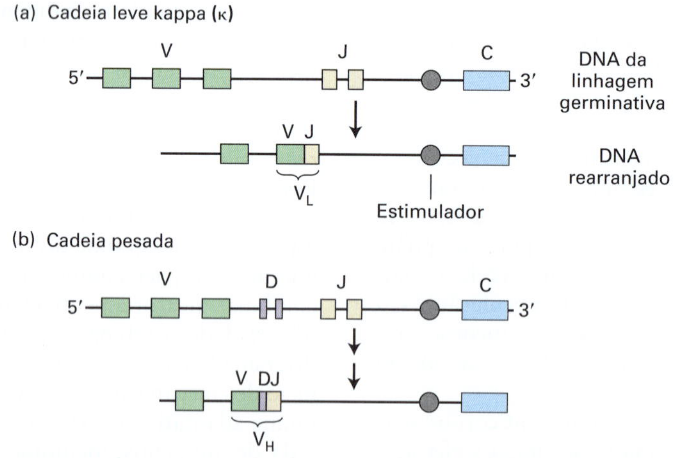

FIGURA 23-14 Resumo do rearranjo gênico somático no DNA de imunoglobulina. A célula-tronco que deu origem à célula B contém múltiplos segmentos gênicos que codificam as porções das cadeias leve e pesada das imunoglobulinas. Durante o desenvolvimento de uma célula B, a recombinação somática desses segmentos produz genes de cadeia leve (a) e genes de cadeia pesadas (b) funcionais. Cada segmento gênico V possui seu próprio promotor. O rearranjo aproxima o estimulador da sequência para ativar a transcrição. A região variável de cadeia leve (V_L) é codificada por dois segmentos gênicos de ligação e a região variável de cadeia pesada (V_H) é codificada por três segmentos gênicos de ligação. Observe que as regiões cromossômicas que codificam as imunoglobulinas contêm muito mais segmentos V, D e J do que os apresentados. Além disso, o *locus* de cadeia leve κ contém um único segmento constante (C), como apresentado, mas o *locus* de cadeia pesada contém vários segmentos C distintos (não apresentado) de acordo com o isotipo da imunoglobulina.

covalentemente fechado para cada uma das duas extremidades codificadoras, e uma quebra na fita dupla nas extremidades das RSSs. Os complexos proteicos que incluem as proteínas Ku70 e Ku80 mantêm esse complexo unido de modo que as extremidades a serem unidas permaneçam próximas: as quebras da fita dupla do DNA devem ser corrigidas e, portanto, as extremidades devem ser mantidas próximas para que ocorra a conclusão e reparo dessas quebras. As extremidades da RSS são então unidas sem perda ou adição de nucleotídeos, criando um produto de reação circular (círculo de deleção) contendo um DNA interveniente, que se perde do *locus*. Em seguida, as extremidades do grampo dos segmentos codificadores que sofrem recombinação são abertas e finalmente unidas, como apresentado na Figura 23-15c, completando o processo de recombinação.

O mecanismo de recombinação recém-descrito, denominado *união com deleção*, ocorre quando o segmento gênico V envolvido possui a mesma orientação transcricional dos outros segmentos gênicos do *locus* de cadeia leve. Alguns segmentos gênicos V, entretanto, têm orientação transcricional oposta. Esses são unidos ao segmento J por um mecanismo denominado *união com inversão*, em que o segmento gênico V está invertido e o DNA interveniente e as RSSs não se perdem do *locus*.

Defeitos na síntese das proteínas RAG eliminam a possibilidade de rearranjo gênico somático. Como descrito a seguir, o processo de rearranjo é essencial para o desenvolvimento das células B. Consequentemente, a deficiência de RAG leva à ausência completa de células B. Pessoas com defeitos na função do gene *RAG* sofrem imunodeficiência severa. Igualmente, a deleção direcionada dos genes RAG em camundongos leva um defeito completo no rearranjo gênico de imunoglobulinas (e dos receptores de células T), causando um bloqueio no desenvolvimento na produção de linfócitos B e T.

Imprecisão juncional Além da variabilidade criada na sequência pela seleção aleatória dos segmentos gênicos V e J unidos, o processamento dos intermediários criados durante a recombinação proporciona uma maneira adicional de expandir a variabilidade da sequência das imunoglobulinas. Essa variabilidade adicional é criada na junção dos segmentos a serem unidos. A abertura dos grampos nas extremidades codificadoras, etapa fundamental nesse processo, ocorre assimetricamente (ver Figura 23-15c, **4** e **5**). A proteína Artemis, cuja função requer a subunidade catalítica da proteína-cinase dependente de DNA, realiza a abertura dos grampos.

Como a abertura dos grampos é assimétrica, ocorre a produção de uma pequena sequência palindrômica de fita simples. O preenchimento dessa saliência pela DNA-polimerase resulta na adição de vários nucleotídeos, denominados *nucleotídeos P*, que não compõem a região codificadora original do segmento gênico em questão. Alternativamente, a saliência pode ser removida por um ataque exanucleolítico, que vai resultar na remoção de nucleotídeos da região codificadora original. Essas possibilidades se aplicam igualmente às regiões codificadoras V e J. A abertura simétrica de um grampo retém toda informação original codificada. Entretanto, mesmo que o grampo seja aberto simetricamente, as extremidades da molécula de DNA tendem a se estender levemente, criando pequenas sequências de fita simples, que também podem sofrer ataque exonucleolítico, resultando na remoção de nucleotídeos.

Uma vez que os grampos encontram-se abertos e as extremidades já tenham sido processadas, as extremidades são unidas pela DNA-ligase IV e XRCC4, produzindo um gene de cadeia leve funcional. Inerente a esse processo de rearranjo, está a *imprecisão juncional*, resultando em parte da adição e perda de nucleotídeos nas junções codificadoras. Sempre que ocorre a recombinação de um segmento gênico V e J, a sequência e a ordem de leitura do produto VJ não podem ser previstas. Somente uma em três reações de recombinação resulta em ordem de leitura compatível com a síntese de cadeia leve.

Portanto, a diversidade na cadeia leve surge não somente do uso combinatório dos segmentos gênicos V e J, mas também da imprecisão juncional. A inspeção da estrutura tridimensional da cadeia leve mostra que a união altamente diversa, produzida como consequência da imprecisão juncional, forma parte de uma alça, a região hipervariável 3 (HV3), que se projeta no sítio de ligação do antígeno e faz contato com o antígeno (ver Figura 23-12b).

O rearranjo no *locus* de cadeia pesada envolve os segmentos gênicos V, D e J

A organização do *locus* de cadeia pesada é mais complexa do que o rearranjo do *locus* de cadeia leve κ. O *locus* de cadeia pesada contém não somente um grande conjunto em *tandem* de segmentos gênicos V (cada um equipado com seu próprio promotor) e múltiplos elementos J, mas também múltiplos segmentos D (diversidade, ver Figura 23-14b). A recombinação somática de um segmento V, D e J produz uma sequência rearranjada que codifica a região variável de cadeia pesada (V_H).

Na extremidade 3´ de cada segmento gênico V no DNA de cadeia pesada, há sequências heptaméricas e nonaméricas separadas por um DNA espaçador similar às sequências sinais de recombinação (RSSs) do DNA de cadeia leve. Essas RSSs também são encontradas na configuração complementar e antiparalela nas extremidades 5´ e 3´ de cada segmento D (ver Figura 23-15a). Os segmentos J estão similarmente equipados em suas extremidades 5´ com a RSS necessária. O tamanho do espaçador nessas RSSs é tal que os segmentos D se unem aos segmentos J, e os segmentos V, aos segmentos já rearranjados DJ. Entretanto, a união direta V com J ou D com D não é permitida, de acordo com a regra do heptâmero-nonâmero 12/23. Os rearranjos de cadeia pesada ocorrem por meio do mesmo mecanismo descrito anteriormente para os rearranjos de cadeia leve.

Durante o desenvolvimento das células B, o *locus* de cadeia pesada sempre rearranja primeiro, iniciando com o rearranjo D-J. O rearranjo D-J é seguido pelo rearranjo V-DJ. Durante os rearranjos D-J e V-DJ, a transferase desoxinucleotidil terminal (TdT) adiciona nucleotídeos às extremidades 3´OH do DNA, independentemente do DNA

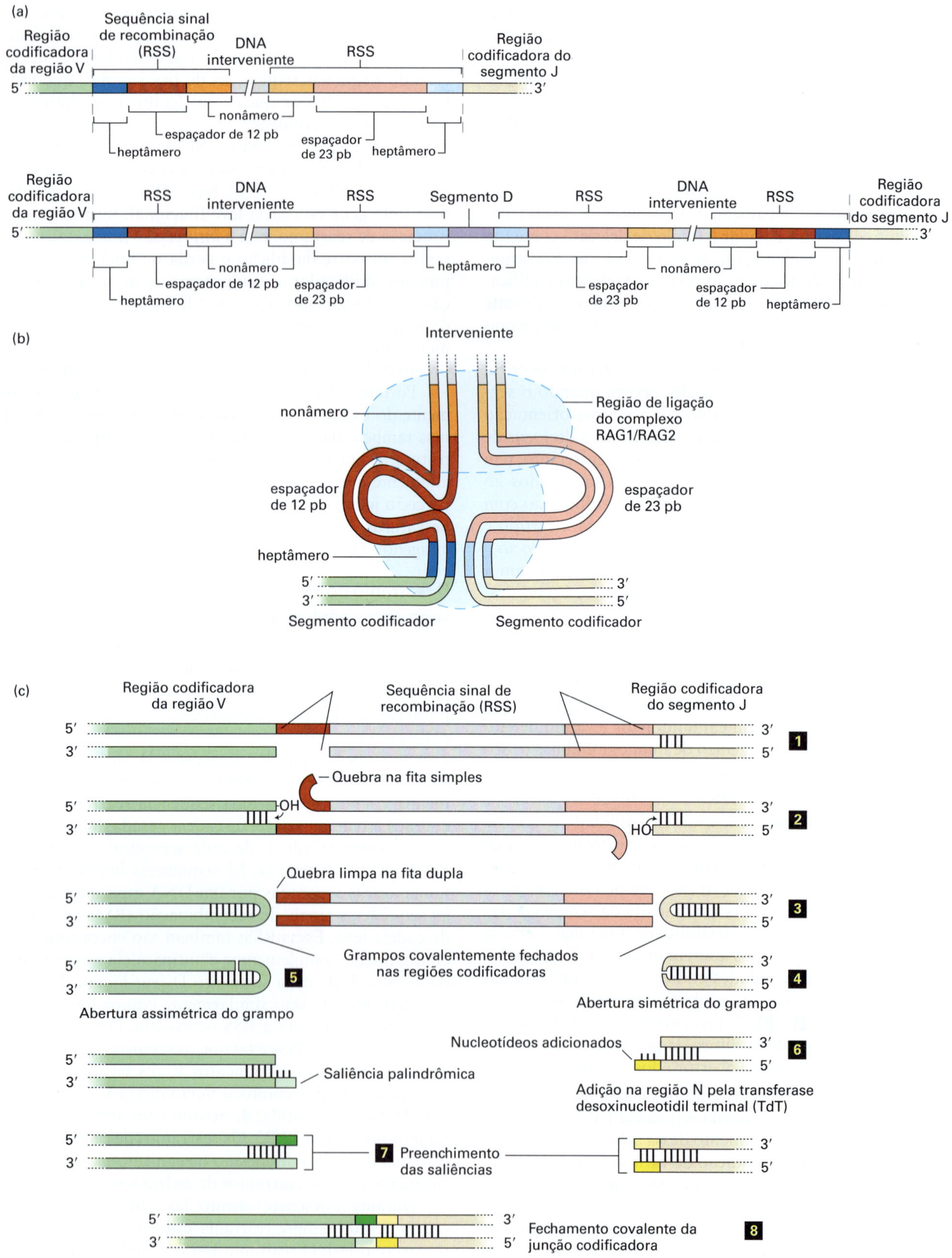
(a)
Sequência sinal de recombinação (RSS)
Região codificadora da região V
DNA interveniente
RSS
Região codificadora do segmento J
5′
3′
nonâmero
espaçador de 12 pb
heptâmero
espaçador de 23 pb
heptâmero
Região codificadora da região V
RSS
DNA interveniente
RSS
Segmento D
RSS
DNA interveniente
RSS
Região codificadora do segmento J
nonâmero
espaçador de 12 pb
heptâmero
espaçador de 23 pb
heptâmero
espaçador de 23 pb
nonâmero
espaçador de 12 pb
heptâmero
(b)
Interveniente
nonâmero
Região de ligação do complexo RAG1/RAG2
espaçador de 12 pb
espaçador de 23 pb
heptâmero
Segmento codificador
Segmento codificador
(c)
Região codificadora da região V
Sequência sinal de recombinação (RSS)
Região codificadora do segmento J
1
Quebra na fita simples
OH
HO
2
Quebra limpa na fita dupla
3
Grampos covalentemente fechados nas regiões codificadoras
5
Abertura assimétrica do grampo
4
Abertura simétrica do grampo
Nucleotídeos adicionados
6
Saliência palindrômica
Adição na região N pela transferase desoxinucleotidil terminal (TdT)
7 Preenchimento das saliências
Fechamento covalente da junção codificadora
8

FIGURA 23-15 Mecanismos de rearranjo dos segmentos gênicos de imunoglobulinas por meio da junção de deleção. Este exemplo apresenta a união de um segmento V e um segmento J, como ocorre no *locus* da cadeia leve (ver Figura 23-14a). (a) Localização dos elementos do DNA envolvidos na recombinação somática dos segmentos gênicos de imunoglobulinas no *locus* de cadeia leve (*superior*) e no *locus* de cadeia pesada (*inferior*). Os segmentos D estão presentes no *locus* de cadeia pesada, mas não no *locus* de cadeia leve. Na extremidade 3´ de todos os segmentos gênicos V, há uma sequência sinal de recombinação (RSS) conservada, composta por um heptâmero, um espaçador de 12 pb e um nonâmero. Cada um dos segmentos J ou D com os quais um segmento V pode se recombinar possui, em sua extremidade 5´, uma sequência RSS similar com um espaçador de 23 pb. As sequências do nonâmero e heptâmero da extremidade 5´ de J ou D são complementares e antiparalelas àquelas encontradas na extremidade 3´ de cada V quando lidas na mesma fita (*superior*). Um arranjo similar ocorre na RSS na extremidade 3´ do D e na extremidade 5´ do J no *locus* de cadeia pesada. (b) Modelo hipotético de como as duas regiões codificadoras a serem unidas podem se organizar espacialmente, estabilizadas pelo complexo das recombinases RAG1 e RAG2. As duas fitas do DNA estão apresentadas. (c) Eventos da ligação das regiões codificadoras V e J. O DNA da linhagem germinativa **1** é dobrado, aproximando os segmentos a serem ligados e o complexo RAG1/RAG2 faz um corte em uma das fitas nos limites entre as sequências codificadoras e as RSSs **2**. Os grupos 3´-OH livres atacam a fita complementar, criando um grampo covalentemente fechado em cada extremidade codificadora e uma quebra limpa na fita dupla em cada limite com uma RSS **3**. Os grampos são abertos simetricamente **4**, como apresentado para o segmento J, ou assimetricamente **5**, como apresentado para o segmento V. A transferase deoxinucleotidil terminal (TdT) adiciona nucleotídeos, independente do molde, aos grampos simetricamente abertos **6**, (*direita*), produzindo uma saliência (amarelo) de nucleotídeos não pareados de sequências aleatórias, a abertura assimétrica automaticamente cria uma saliência palindrômica **6**, (*esquerda*). As saliências não pareadas nas extremidades das regiões que codificam V e D são preenchidas pela DNA-polimerase **7** ou podem ser eliminadas por uma endonuclease. A DNA-ligase IV une os dois segmentos produzidos pelas regiões codificadoras V e J **8**. O rearranjo dos segmentos D e J de cadeia pesada, e dos segmentos V e DJ, ocorre por meio do mesmo mecanismo, exceto que não ocorre adição na região N. Mais detalhes no texto.

molde. Podem ser adicionados até 12 nucleotídeos, denominado *região N*, produzindo uma diversidade adicional na sequência sempre que ocorrer rearranjos D-J e V-DJ (ver Figura 23-15, etapa **7**). Somente um a cada três rearranjos produz uma ordem de leitura adequada para a sequência VDJ rearranjada. Se o rearranjo produz uma sequência que codifica uma proteína funcional, ele é denominado *produtivo*. Embora o *locus* de cadeia pesada esteja presente em dois cromossomos homólogos, somente um rearranjo produtivo é permitido, como discutido a seguir.

Um estimulador localizado a jusante do grupamento de segmentos J e a montante do segmento da região constante μ ativa a transcrição do promotor localizado na extremidade 5´ da sequência VDJ rearranjada (ver Figura 23-14). O processamento (*splicing*) do transcrito primário produzido a partir do gene de cadeia pesada produz um mRNA funcional que codifica a cadeia pesada μ. Nos genes de cadeia pesada e de cadeia leve a recombinação somática coloca os promotores antes dos segmentos gênicos V, mas ao alcance dos estimuladores necessários para permitir a transcrição, de modo que somente as sequências VJ e VDJ rearranjadas, e não os segmentos V que permaneceram na configuração da linhagem germinativa, sejam transcritas.

A hipermutação somática permite a produção e seleção de anticorpos com maior afinidade

Além da diversidade criada pela recombinação somática e imprecisão juncional, as células B ativadas pelo antígeno sofrem *hipermutação somática*. Quando recebe os sinais adicionais adequados, grande parte fornecida pelas células T, as células B ativam a desaminase induzida por ativação (AID). Essa enzima desamina os resíduos de citosina para uracila. Quando uma célula B com essa lesão replica, pode colocar uma adenina na fita complementar, produzindo uma transição G para A (ver Figura 4-35). Alternativamente, a uracila pode ser excisada pela DNA-glicosilase, produzindo um sítio abásico. Esses sítios abásicos, quando copiados, dão origem a possíveis transições bem como a transversões, a não ser que o nucleotídeo oposto ao espaço seja escolhido como a G original que pareava com a citosina alvo. Assim, as mutações se acumulam a cada etapa de divisão da célula B, produzindo numerosas mutações nos segmentos VJ e VDJ rearranjados. Muitas dessas mutações são deletérias, pois reduzem a afinidade do anticorpo codificado com o antígeno, mas algumas aumentam a afinidade do anticorpo. As células B com mutações que aumentam a afinidade têm vantagem seletiva quando competem por uma quantidade limitada de antígeno que evoca seleção clonal (ver Figura 23-11). O resultado final é a produção de uma população de células B cujos anticorpos que, como regra, apresenta maior afinidade pelo antígeno.

Durante uma resposta imune, ou com imunizações repetidas, a resposta de anticorpos apresenta **maturação da afinidade**, o aumento da afinidade média dos anticorpos pelo antígeno como resultado da hipermutação somática. Os anticorpos produzidos durante essa fase da resposta imune apresentam afinidades pelo antígeno na ordem de nanomolar (ou menos). Por razões ainda não bem compreendidas, a atividade da desaminase induzida pela ativação é focalizada, principalmente, nos segmentos VJ e VDJ rearranjados e, portanto, esse objetivo requer uma transcrição ativa. Todo o processo de hipermutação somática é estritamente dependente de antígeno e apresenta uma necessidade absoluta de interações entre as células B e determinadas células T.

O desenvolvimento das células B requer a interação com um receptor de célula pré-B

Como foi visto, as células B destinadas à produção de imunoglobulinas devem rearranjar os segmentos gênicos necessários para reunir os genes de cadeia leve e pesada funcionais. Esses rearranjos ocorrem em uma sequência cuidadosamente ordenada durante o desenvolvimento das células B, iniciando como os rearranjos de cadeia pesada. Além disso, as cadeias pesadas rearranjadas são usadas inicialmente para a formação do receptor ligado à membrana que executa a decisão necessária para o destino da célula, orientando o posterior desenvolvimento das células B (e a síntese de anticorpos). Somente um rearranjo produtivo que forneça uma combinação VDJ na orientação correta produz uma cadeia pesada μ completa. A produção dessas cadeias μ serve como sinal de que as células B realizaram o rearranjo com sucesso e de que já não há mais necessidade de rearranjos adicionais no *locus* de cadeia pesada em outros alelos. Lembre-se de que cada precursor de linfócito inicia com dois cromossomos portadores de *locus* de imunoglobulinas na configuração germinativa. De acordo com a teoria da seleção clonal, que determina que cada linfócito deve equipar-se com um único receptor antígeno-específico, o rearranjo contínuo levaria ao risco da produção de células B com diferentes cadeias pesadas, cada uma com diferente especificidade – um desfecho indesejável.

O rearranjo dos segmentos V, D e J bem-sucedido no *locus* de cadeia pesada permite a síntese de uma cadeia μ completa. Neste estágio do desenvolvimento, as células B são denominadas *células pré-B*, porque ainda não completaram a reunião funcional do gene de cadeia leve e, portanto, não podem se comprometer com o reconhecimento do antígeno. O gene de cadeia pesada recém-rearranjado codifica um polipeptídeo μ, que se torna parte de um receptor de sinalização cuja expressão é essencial para que o desenvolvimento da célula B prossiga de modo ordenado. A cadeia μ produzida neste estágio do desenvolvimento da célula B é uma versão ligada à membrana.

Nas células pré-B, as cadeias μ recém-produzidas formam um complexo com duas cadeias denominadas cadeias leve substitutas, λ5 e V pré-B (Figura 23-16). A própria cadeia μ não possui cauda citoplasmática e, portanto, é incapaz de recrutar componentes citoplasmáticos para o propósito de transdução de sinais. Em vez disso, as células B precoces expressam duas proteínas transmembrana auxiliares denominadas Igα e Igβ, e cada uma possui em sua cauda citoplasmática um motivo de imunorreceptor de ativação com base em tirosina, ou ITAM. Todo o complexo, incluindo as cadeias μ, λ5, Vpré-B, Igα e Igβ, constitui o **receptor de célula pré-B (pré-BCR)**. O comprometimento desse receptor por sinais adequados (desconhecidos) resulta no recrutamento e na ativação de uma tirosina-cinase da família Src, que fosforila os resíduos de tirosina nos ITAMs. Na forma fosforilada, os ITAMs recrutam outras moléculas essenciais para a transdução de sinais (ver a seguir). Como ainda nenhuma cadeia leve funcional é parte desse receptor, presume-se que ele seja incapaz de reconhecer antígenos.

O receptor de célula pré-B tem várias funções importantes. Primeiro, ele bloqueia a expressão das recombinases RAG, de modo que não possa ocorrer o rearranjo de outro *locus* (alelo) de cadeia pesada. Esse fenômeno, denominado de *exclusão alélica*, garante que somente uma das duas cópias disponíveis do *locus* de cadeia pesada seja rearranjada e expressa como cadeia μ completa. Segundo, devido

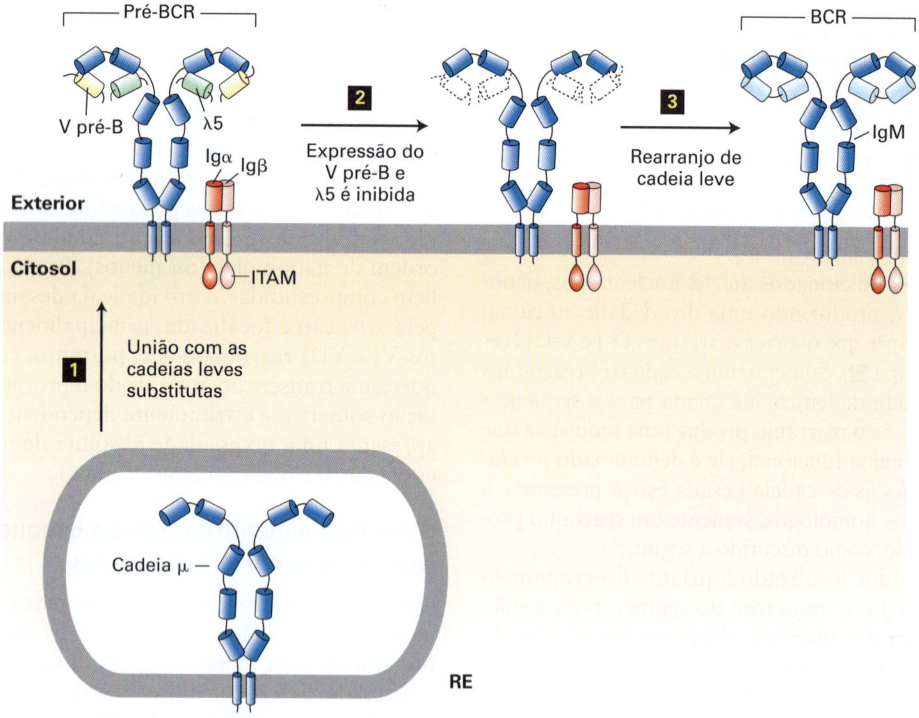

FIGURA 23-16 Estrutura do receptor de células pré-B e sua função no desenvolvimento das células B. O rearranjo bem-sucedido dos segmentos gênicos de cadeia pesada V, D e J permite a síntese de cadeias pesadas μ ligadas à membrana no retículo endoplasmático (RE) de uma célula pré-B. Nesta etapa, ainda não houve rearranjo dos genes de cadeia leve. As cadeias μ recém-formadas unem-se a cadeias leves substitutas, compostas por λ5 e V pré-B, para produzir um receptor de célula pré-B, o pré-BCR (etapa **1**). As células B portadoras deste receptor proliferam. Ele também inibe o rearranjo dos *locus* de cadeia pesada no outro cromossomo, mediando a exclusão alélica. Durante a proliferação, a síntese das cadeias λ5 e V pré-B é interrompida (etapa **2**), resultando na "diluição" das cadeias leves substitutas disponíveis e na redução na expressão do pré-BCR. Como resultado, o rearranjo dos *locus* de cadeia leve pode prosseguir (etapa **3**). Se esse rearranjo for produtivo, a célula B pode sintetizar cadeias leves e completar a formação do receptor de células B (BCR), formado pela IgM ligada a membrana e associada a Igα e Igβ. A célula B agora pode responder a estimulação de um antígeno específico.

à associação do receptor de células pré-B com a Igα e Igβ, o receptor torna-se uma unidade de transdução de sinal funcional. Os sinais emitidos do pré-BCR iniciam a proliferação das células pré-B para expandir o número de células B que realizaram recombinação D-J e V-DJ produtivas.

Durante essa expansão, a expressão das subunidades da cadeia leve substituta, V pré-B e λ5, diminui. A diluição progressiva de V pré-B e λ5 a cada etapa de divisão celular permite que a expressão das enzimas RAG seja reiniciada, a qual agora tem como alvo para recombinação o *locus* de cadeia leve κ ou λ. Um rearranjo de cadeia leve V-J produtivo também bloqueia o rearranjo do *locus* alélico (exclusão alélica). Ao concluir um rearranjo de cadeia leve V-J bem-sucedido, a célula B produz tanto a cadeia pesada μ quanto a cadeia leve κ ou λ e as reúne em um receptor de célula B funcional (BCR), capaz de reconhecer antígenos (ver Figura 23-16).

Quando uma célula B expressa um BCR completo em sua superfície celular, ele pode reconhecer o antígeno, e todas as etapas subsequentes na ativação e diferenciação das células B envolvem o comprometimento antígeno-específico para o qual o BCR é específico. O BCR atua não só no direcionamento da proliferação das células B quando encontra com o antígeno, mas também como dispositivo para capturar e ingerir antígenos, etapa essencial que permite que as células B processem o antígeno adquirido e converta-o em um sinal para o auxílio dos linfócitos T. Essa função das células B de apresentação de antígeno será descrita nas seções posteriores.

Durante a resposta adaptativa, as células B trocam da produção de Ig ligada à membrana para a produção de Ig secretada

Como descrito há pouco, o **receptor de célula B (BCR)**, IgM ligada à membrana, confere à célula B a capacidade de reconhecer antígenos particulares, evento que ativa a seleção clonal e proliferação dessa célula B, aumentando o número de células B específicas para o antígeno (ver Figura 23-11). Entretanto, as principais funções das imunoglobulinas, como a neutralização ou morte de bactérias, requerem que esses produtos sejam liberados pelas células B, de modo que consigam se acumular no ambiente extracelular e atuar a distância do local onde foram produzidos. A escolha entre a síntese de imunoglobulina ligada à membrana e de imunoglobulina secretada é realizada durante o processamento do transcrito primário da cadeia pesada. Como apresentado na Figura 23-17, o *locus* μ contém dois éxons (TM1 e TM2) que, juntos, codificam um domínio C-terminal que ancora a IgM na membrana plasmática. Um sítio de poliadenilação está localizado a montante desses éxons e um segundo sítio de poliadenilação está presente a jusante esses éxons. Se o sítio poli(A) após o éxon for o escolhido, então o prosseguimento do processamento dará origem a um mRNA que codifica a cadeia μ na forma ligada à membrana. (Como descrito anteriormente, essa escolha é necessária para a formação do receptor de célula B, que inclui a IgM ligada à membrana.) Se o sítio poli(A) antes do éxon for o escolhido, então o prosseguimento do processamento dará origem a uma versão secretada da cadeia μ. Rearranjos semelhantes ocorrem em outros segmentos gênicos de região constante de Ig, e cada um pode especificar uma cadeia pesada ligada à membrana ou secretada. A capacidade de alterar entre a forma secretada e a forma ligada à membrana das cadeias pesadas de imunoglobulinas por meio do uso alternativo de sítios de poliadenilação (e *não* pelo processamento alternativo) até agora é exclusiva dessa família de produtos gênicos.

A capacidade de alterar entre a síntese de imunoglobulina exclusivamente ligada à membrana e a síntese de imunoglobulinas secretadas é adquirida pelas células B durante sua diferenciação. Células B completamente diferenciadas, denominadas **células plasmáticas**, são dedi-

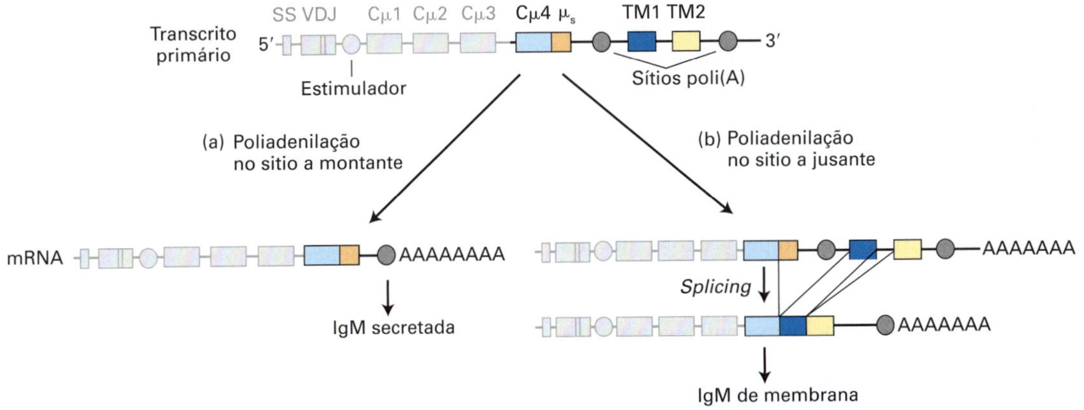

FIGURA 23-17 Síntese de IgM secretada e de membrana. A organização do transcrito primário da cadeia pesada μ é apresentada na parte superior da figura: Cμ4 é o éxon que codifica o quarto domínio da região constante μ; μ_s é uma sequência codificadora única para a IgM secretada; TM1 e TM2 são éxons que especificam o domínio transmembrana da cadeia μ. A produção de uma IgM secretada ou de membrana depende do sítio poli (A) selecionado durante o processamento do transcrito primário. (a) Se o sítio poli(A) anterior for usado, o mRNA resultante incluirá todo o éxon Cμ4 e especificará a forma secretada da cadeia μ. (b) Se o sítio poli(A) posterior for usado, um sítio doador de *splice* no éxon Cμ4 permitirá o *splicing* do éxon transmembrana, produzindo um mRNA resultante que codifica a forma ligada a membrana da cadeia μ. Mecanismos semelhantes produzem as formas secretadas e ligadas à membrana de outros isotipos. SS: sequência sinal.

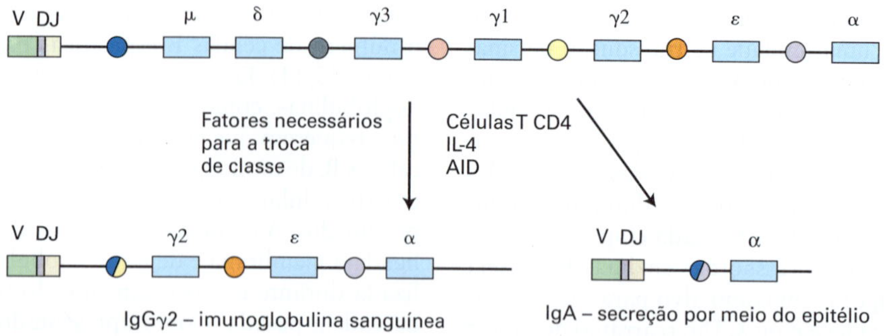

FIGURA 23-18 Recombinação para troca de classe no *locus* de cadeia pesada de imunoglobulina. A recombinação para troca de classe envolve os sítios de troca, que são sequências repetitivas (círculos coloridos) a montante aos genes da região constante da cadeia pesada. A recombinação requer a desaminase induzida por ativação (AID), o auxílio das células T e citocinas (p. ex., IL4) produzidas por determinadas células T. A recombinação elimina o segmento de DNA entre o sítio de troca anterior ao éxon μ e a região constante onde ocorre a troca. A troca de classe produz moléculas de anticorpos com a mesma especificidade para o antígeno que a da IgM da célula B que produziu a resposta original, mas com diferente região constante de cadeia pesada e, portanto, diferente função efetora.

cadas quase que exclusivamente à síntese de anticorpos secretados (ver Figura 23-6). As células plasmáticas sintetizam e secretam milhares de moléculas de anticorpos por segundo. É nessa produção acelerada de anticorpos secretados que a eficácia da resposta imune adaptativa se baseia para a eliminação dos patógenos. A importância da proteção dos anticorpos é proporcional à concentração na qual eles se encontram presentes na circulação. Na verdade, os níveis de anticorpos circulantes são usados frequentemente como parâmetro fundamental para determinar se a vacinação contra um determinado patógeno foi bem-sucedida. A capacidade das células plasmáticas de estabelecer os níveis adequados de anticorpos é decorrente de sua capacidade de secretar grandes quantidades de imunoglobulinas e, portanto, requer grande expansão do retículo endoplasmático, característica das células plasmáticas. A resposta de proteínas não pregueadas (Capítulo 13) é iniciada pelas células B como mecanismo fisiológico essencial para expandir o RE e preparar a diferenciação das células B para seu futuro desafio como célula secretora altamente ativa. A interferência com a UPR, por exemplo, por meio da deleção do gene XBP1, anula a capacidade das células B de se tornarem células plasmáticas.

As células B podem trocar o isotipo das imunoglobulinas produzidas por elas

No *locus* de cadeia, os éxons que codificam a cadeia μ localizam-se imediatamente após o éxon VDJ rearranjado (Figura 23-18, *topo*). Este é seguido pelos éxons que codificam a cadeia δ. A transcrição de um *locus* recém-rearranjado de cadeia pesada de imunoglobulina produz um único transcrito primário que inclui as regiões constantes μ e δ. O processamento desse grande transcrito determina se uma cadeia μ ou uma cadeia δ será produzida. Os outros éxons que codificam todos os outros isotipos de cadeia pesada localizam-se após a combinação μ/δ. Antes de cada grupo de éxons (com exceção do *locus*) que codificam os diferentes isotipos encontram-se as sequências repetitivas (sítios de troca) sujeitas à recombinação, provavelmente devido à sua natureza repetitiva. Como cada célula B inicia necessariamente com uma IgM de superfície, a recombinação envolvendo esses sítios, se ocorrer, resulta na *troca de classe* de IgM para outro isotipo localizado após o conjunto de genes de região constante (ver Figura 23-18). O DNA interveniente é eliminado.

Durante a sua diferenciação, uma célula B pode trocar sequencialmente. Essencialmente, a cadeia leve não é afetada por esse processo, nem o segmento VDJ rearranjado com o qual a célula B iniciou sua diferenciação. Portanto, a recombinação para troca de classe produz anticorpos com diferentes regiões constantes, mas com especificidade antigênica idêntica. Cada isotipo de imunoglobulina é caracterizado por sua própria região constante única. Como discutido anteriormente, essa região constante determina as propriedades funcionais dos vários isotipos. A recombinação para troca de classe é absolutamente dependente da atividade da desaminase induzida pela ativação (AID) e a presença de antígenos e células T. A hipermutação somática e a recombinação para troca de classe ocorrem ao mesmo tempo e seus efeitos combinados permite uma sintonização perfeita da resposta imune adaptativa com relação à afinidade dos anticorpos produzidos e as funções efetoras necessárias.

CONCEITOS-CHAVE da Seção 23.3

Produção da diversidade de anticorpos e desenvolvimento das células B

- Os genes funcionais que codificam os anticorpos são produzidos por rearranjo somático de múltiplos segmentos de DNA nos *locus* de cadeia leve e pesada. Esses rearranjos envolvem os segmentos V e J para as cadeias leves e os segmentos V, D e J para as cadeias pesadas das imunoglobulinas (ver Figura 23-14).
- O rearranjo dos segmentos gênicos V e J, bem como de V, D e J, é controlado por sequências sinais de recombinação conservadas (RSSs) compostas por heptâmeros e nonâmeros separados por espaçadores de 12 ou 23 pb (ver Figura 23-15). Somente aqueles segmentos com espaçadores de tamanhos diferentes podem se rearranjar com sucesso.

- A maquinaria molecular que realiza o rearranjo inclui as recombinases (RAG1 e RAG2) produzidas somente pelos linfócitos e muitas outras proteínas que participam na união da extremidade não homóloga da molécula de DNA em outros tipos celulares.
- A diversidade dos anticorpos é criada pela seleção aleatória de segmentos gênicos de Ig para serem recombinados (união combinatória) e pela capacidade das cadeias leves e pesadas produzidas a partir dos genes de Ig rearranjados para se associar com diferentes cadeias leves e cadeias pesadas, respectivamente (associação combinatória).
- A imprecisão da união gera uma diversidade adicional nas junções dos segmentos gênicos unidos durante a recombinação somática.
- A diversidade adicional nos anticorpos é produzida após o encontro da célula B com o antígeno como consequência da hipermutação somática, que pode levar à seleção e à proliferação das células B que produzem anticorpos de alta afinidade, processo denominado maturação da afinidade.
- Durante o desenvolvimento das células B, os genes de cadeia pesada são os primeiros a serem rearranjados, levando à expressão do receptor de células pré-B. Rearranjos subsequentes nos genes de cadeia leve resultam na formação de um receptor de célula B ligado à membrana IgM (ver Figura 23-16).
- Somente uma das cópias do alelo do *locus* de cadeia pesada e do *locus* de cadeia leve é rearranjada (exclusão alélica), assegurando que uma célula B expresse um Ig com especificidade antigênica única.
- A poliadenilação de diferentes sítios poli(A) em um transcrito primário de Ig determina se o anticorpo produzido estará na forma secretada ou ligada à membrana (ver Figura 23-17).
- Durante a resposta imune, a troca de classe permite que as células B ajustem as funções efetoras das imunoglobulinas produzidas, mas que mantenham sua especificidade para o antígeno (Figura 23-18).

23.4 O MHC e a apresentação de antígenos

Os anticorpos podem reconhecer antígenos sem o envolvimento de outra molécula; a presença do antígeno e do anticorpo já é suficiente para sua interação. Durante sua diferenciação, as células B recebem o auxílio das células T, processo descrito em detalhes a seguir. Essa ajuda é antígeno-específica e as células T responsáveis por fornecer o auxílio são as **células T auxiliares.** Embora os anticorpos contribuam para a eliminação dos patógenos virais e bacterianos, frequentemente também é necessário destruir as células infectadas que atuam como fonte de novas partículas virais. Essa função é desempenhada pelas células T com atividade citotóxica. Essas **células T citotóxicas** e as células T auxiliares usam os receptores antígenos-específicos, cujos genes são produzidos por mecanismos análogos àqueles usados pelas células B, para produzir os genes de imunoglobulinas. Entretanto, as células T se comprometem com o reconhecimento do antígeno de maneira distinta das células B. Os receptores antígenos-específicos nas células T reconhecem pequenos fragmentos de antígenos proteicos, apresentados a esses receptores por glicoproteínas de membrana codificadas pelo **complexo de histocompatibilidade principal** (MHC). Várias células apresentadoras de antígenos digerem, durante suas atividades normais, as proteínas derivadas dos patógenos (e as próprias proteínas) e então apresentam esses fragmentos proteicos (peptídeos) na sua superfície celular em um complexo físico com uma proteína do MHC. As células T inspecionam esses complexos e, quando detectam um peptídeo derivado de um patógeno, executam as ações adequadas, inclusive a morte da célula que possui o complexo peptídeo: MHC. Nesta seção, serão descritos o MHC e as proteínas codificadas por este *locus*; em seguida, será analisado o envolvimento dessas moléculas do MHC no reconhecimento do antígeno.

O MHC determina a capacidade de dois indivíduos da mesma espécie e sem parentesco de aceitar ou rejeitar enxertos

O complexo de histocompatibilidade principal foi descoberto, como seu nome diz, como um *locus* gênico que controla a aceitação ou rejeição de enxertos. No tempo em que a cultura de tecidos ainda não tinha sido desenvolvida até o estágio em que as linhagens de células tumorais podiam ser propagadas em laboratório, investigadores contavam com passagens seriadas de tecido tumoral *in vivo* (transplantando tumores de um camundongo para outro). Rapidamente observou-se que um tumor que surgia espontaneamente em uma linhagem endocruzada de camundongos poderia ser propagado com sucesso na linhagem da qual surgiu, mas não em uma linhagem de camundongo geneticamente distinta. Logo a análise genética mostrou que um único *locus* importante era responsável por esse comportamento. Igualmente, o transplante de pele saudável era exequível na mesma linhagem de camundongo, mas não quando o animal receptor era geneticamente distinto. De maneira semelhante, as análises genéticas sobre a rejeição de transplantes identificaram um único *locus* importante que controlava a aceitação ou rejeição de transplante, que é uma reação imune. Todos os vertebrados com sistema imune adaptativo têm uma região gênica que corresponde ao complexo de histocompatibilidade principal como originalmente definido em camundongos.

Nos camundongos, a região gênica que codifica os antígenos responsáveis pela forte rejeição aos enxertos denomina-se *complexo H-2* (Figura 23-19a). A caracterização inicial do MHC foi seguida por uma avaliação da complexidade gênica dessa região. A sequência completa de nucleotídeos de todo o MHC foi determinada após um mapeamento aproximado por métodos genéticos padrões (recombinação com o MHC). O MHC típico de mamíferos contém dúzias de genes, muitos dos quais codificam proteínas de relevância imunológica.

Em humanos, a descoberta do MHC baseou-se na caracterização de antissoros produzidos por pacientes submetidos a múltiplas transfusões de sangue. Os antígenos expressos na superfície das células dos doadores não

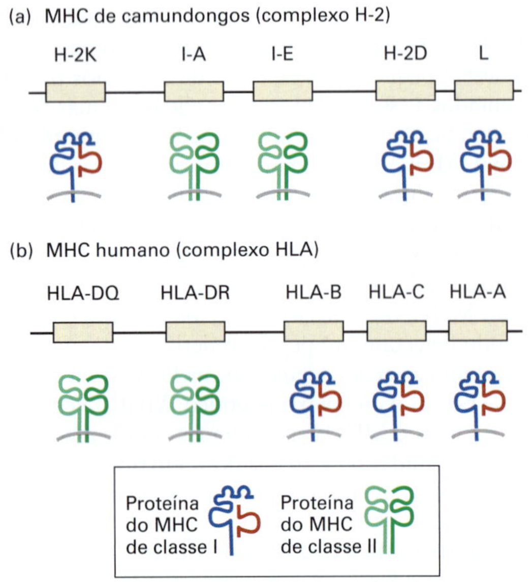

FIGURA 23-19 Organização do complexo de histocompatibilidade principal em camundongos e no homem. O principal *locus* está representado em um diagrama esquemático com as proteínas nele codificadas abaixo. As proteínas do MHC de classe I são compostas por uma glicoproteína transmembrana de passagem única codificada no MHC associada de modo não covalente com uma pequena subunidade, denominada β2-microglobulina, não codificada no MHC e não ligada à membrana. As proteínas do MHC de classe II são formadas por duas glicoproteínas transmembrana de passagem única, não idênticas, ambas codificadas no MHC.

idênticos geneticamente provocavam resposta imune no receptor. Os antígenos alvos predominantes reconhecidos por esses antissoros eram codificados no MHC humano, região gênica também chamada de *complexo HLA* (Figura 23-19b). Todos os MHCs dos vertebrados codificam um grupo de proteínas altamente homólogas, embora os detalhes da organização e do conteúdo gênico apresentem considerável variação entre as espécies.

O feto humano também pode ser considerado um enxerto. O feto compartilha apenas metade do material genético com a mãe, sendo a outra metade contribuída pelo pai. Os antígenos codificados por essa contribuição paterna podem diferir suficientemente de seus correspondentes maternos de modo a provocar resposta imune na mãe. Esse tipo de resposta ocorre porque, durante a gestação, as células fetais que caem na circulação materna podem estimular o sistema imune materno a produzir uma resposta de anticorpos contra esses antígenos paternos. Hoje, sabe-se que esses anticorpos reconhecem estruturas codificadas pelo MHC humano. O próprio feto é poupado da rejeição devido à organização especializada da placenta, que impede o início de uma resposta imune pela mãe contra o tecido fetal.

A atividade de morte das células T citotóxicas é específica ao antígeno e restrita ao MHC

Evidentemente, a função das moléculas do MHC não é a de impedir a troca de enxertos cirúrgicos. As moléculas do MHC desempenham uma função essencial no reconhecimento de células infectadas por vírus pelas células T citotóxicas: essas células são também denominadas linfócitos T citotóxicos (CTLs). Nas células infectadas por vírus, as moléculas do MHC interagem com os fragmentos proteicos derivados dos patógenos virais e os apresentam na superfície celular, onde as células T citotóxicas responsáveis pela eliminação da infecção podem reconhecê-los. A seguir, será descrito como tais fragmentos de antígenos são produzidos e apresentados para o reconhecimento pelas células T. As células T com receptores de especificidade adequada desencadeiam uma carga de moléculas letais nas células-alvo infectadas, destruindo a membrana da célula alvo e, consequentemente, matando o alvo infectado. A destruição dessas células-alvo pode ser facilmente mensurada pela liberação de seu conteúdo citoplasmático quando a células-alvo se desintegram fisicamente.

Camundongos que se recuperaram de uma infecção por determinado vírus são fonte de células T citotóxicas disponíveis que reconhecem e matam células-alvo infectadas com o mesmo vírus. Se as células T são obtidas de um camundongo que eliminou de maneira eficiente uma infecção pelo vírus influenza, a atividade citotóxica é observada contra células-alvo infectadas pelo vírus influenza, mas não contra controles não infectados (Figura 23-20). Além disso, as células T citotóxicas específicas para o vírus influenza não irão eliminar células infectadas com um vírus diferente. As células T citotóxicas conseguem diferenciar linhagens relacionadas do vírus influenza e o fazem com precisão. Diferenças de um único aminoácido no antígeno viral são suficientes para evitar o reconhecimento e a morte pelas células T citotóxicas. Esses experimentos mostram que as células T citotóxicas são realmente específicas para o antígeno e não reconhecem simplesmente alguns atributos compartilhados por todas as células infectadas por vírus, independentemente da identidade do vírus.

Neste exemplo, presume-se que as células T obtidas de um camundongo imune ao vírus influenza sejam avaliadas em células infectadas pelo vírus influenza derivadas de uma linhagem idêntica de camundongos (linhagem a). Entretanto, se as células-alvo de uma linhagem de camundongo completamente não relacionada (linhagem b) são infectadas com a mesma cepa do vírus influenza e usadas como alvo, as células T citotóxicas da linhagem a são incapazes de matar as células-alvo infectadas da linhagem b (ver Figura 23-20b, **1** e **4**). Portanto, não é suficiente que o antígeno (proteínas derivadas do vírus influenza) esteja presente; o reconhecimento pelas células T citotóxicas é *restringido* por elementos específicos da linhagem do camundongo. O mapeamento gênico mostrou que esses elementos restritivos são codificados pelos genes do MHC. Assim, as células T citotóxicas de uma linhagem de camundongos imunes ao vírus influenza irão matar as células infectadas de outra linhagem de camundongo somente se as duas linhagens possuírem as moléculas relevantes do MHC iguais. Portanto, esse fenômeno é conhecido como *restrição ao MHC.*

As células T com diferentes propriedades funcionais são coordenadas por duas classes distintas de moléculas do MHC

O MHC codifica dois tipos de glicoproteínas essenciais para o reconhecimento imune, frequentemente chama-

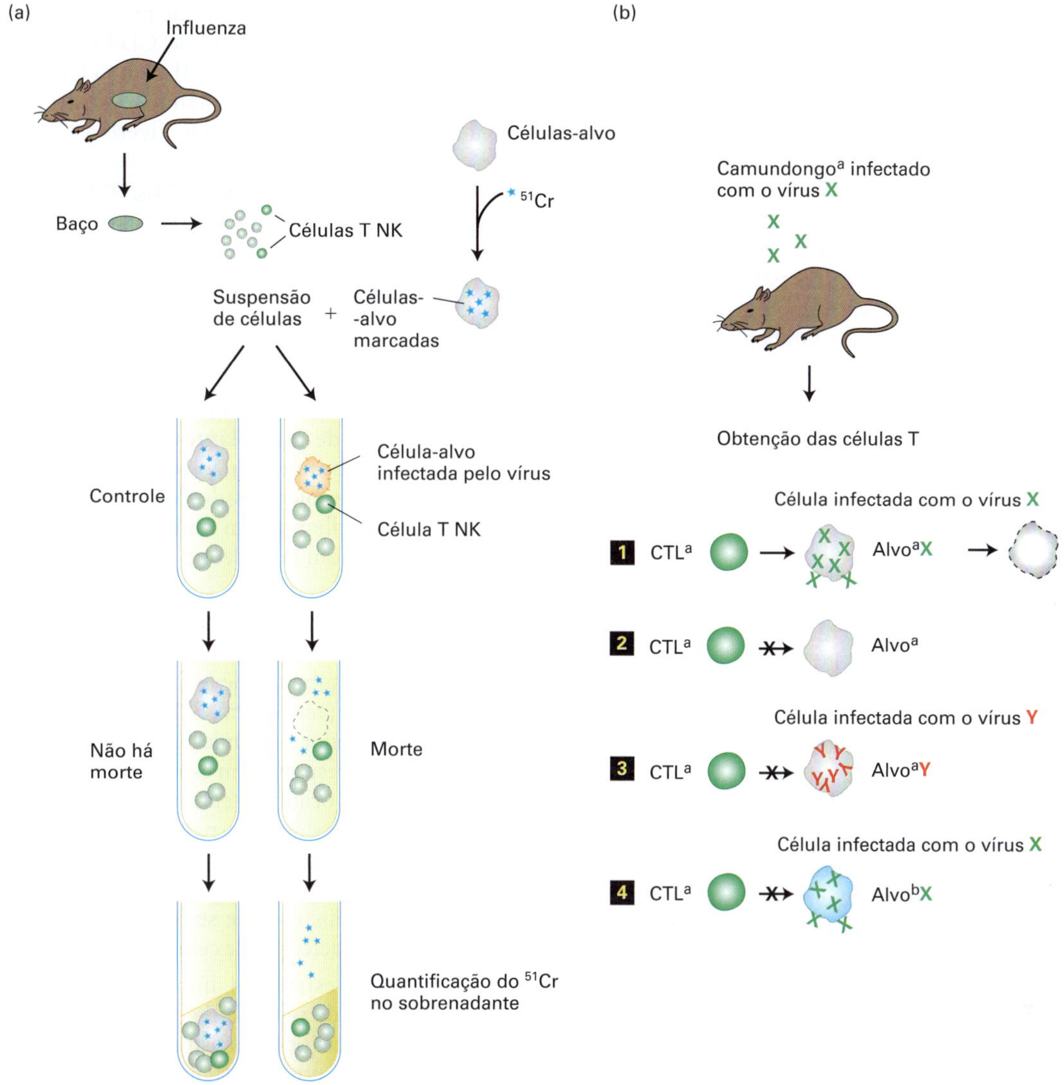

FIGURA EXPERIMENTAL 23-20 O ensaio de liberação do cromo (^{51}Cr) permite a demonstração direta da citotoxicidade e da especificidade das células T citotóxicas em uma população heterogênea de células. (a) Uma suspensão de células esplênicas, contendo células T citotóxicas (NK), é preparada a partir de camundongos expostos a determinado vírus (p. ex., vírus influenza) e que eliminaram a infecção. As células-alvo obtidas da mesma linhagem são infectadas com o vírus idêntico ou deixadas sem infecção. Após a infecção, as proteínas celulares são marcadas inespecificamente por incubação da suspensão de células-alvo com ^{51}Cr. Durante a incubação das células-alvo radiomarcadas com a suspensão de células T, a morte das células-alvo causa a liberação de proteínas marcadas com ^{51}Cr. As células-alvo não infectadas não são mortas e não liberam conteúdo raditivo. Portanto, a lise das células pelas células T citotóxicas pode ser facilmente detectada e quantificada pela mensuração da raditividade liberada no sobrenadante. (b) Os linfócitos T citotóxicos coletados dos camundongos que foram infectados com o vírus X podem ser comparados com várias células-alvo para determinar a especificidade da morte mediada pelas CTLs. As CTLs capazes de lisar as células-alvo infectadas pelo vírus X (**1**) não podem matar as células não infectadas (**2**) ou as células infectadas com um vírus diferente Y (**3**). Quando estas CTLs são avaliadas em alvos infectados pelos vírus X nos vírus de uma linhagem portadora de outro tipo de MHC (b), novamente as células não morrem (**4**). Portanto, a atividade das células T citotóxicas é específica para o vírus e restrita ao MHC.

das *moléculas do MHC de classe I* e *moléculas do MHC de classe II*. Ambos os produtos do MHC de classe I e de classe II estão envolvidos na apresentação de antígenos às células T, mas desempenham duas funções muito distintas. Os produtos do MHC de classe I atuam para alertar as células T citotóxicas para a presença de invasores intracelulares, permitindo que as células destruam as células infectadas. Essa função é passada adiante durante o processo biológico que coordena a montagem e a apresentação dos produtos do MHC de classe I. Os produtos do MHC de classe II são encontrados nas células apresentadoras de antígenos profissionais: quando as moléculas do MHC de classe II em tais células apresentam os antígenos, frequentemente adquiridos do ambiente extracelular, para as células T auxiliares, o sistema imune interpreta como um aviso para a necessidade imediata da produção de uma resposta imune adaptativa que requer o envolvimento das células B, da produção de citocinas e também da assistência das células T citotóxicas. Novamente, a biologia celular básica que descreve a expressão, a montagem e o modo de apresentação do antígeno por meio das moléculas do MHC de classe II se ajusta perfeitamente a essa especialização funcional, como será visto a seguir.

Uma comparação dos mapas gênicos do MHC humano e de camundongos mostra a presença de vários genes do MHC de classe I e vários genes do MHC de classe II, mesmo que sua organização apresente variação entre as diferentes espécies (ver Figura 23-19). Além das moléculas do MHC de classe I e de classe II, o MHC codifica componentes fundamentais para a maquinaria de processamento e apresentação de antígenos. Finalmente, o MHC típico dos vertebrados também codifica componentes essenciais da cascata do complemento. As moléculas do MHC de classe I e de classe II são reconhecidas por diferentes populações de células do sistema imune e, portanto, desempenham diferentes funções.

As células T citotóxicas são orientadas para o reconhecimento de seus alvos pelas moléculas do MHC, como será esclarecido nos experimentos apresentados na Figura 23-20. Grande parte dessas células T usa as moléculas do MHC de classe I como seus elementos de restrição e também são caracterizadas pela presença de um marcador em sua superfície, a glicoproteína CD8. As células nucleadas, em sua maioria ou totalidade, expressam constitutivamente as moléculas do MCH de classe I e podem sustentar a replicação viral. As células T citotóxicas reconhecem e matam as células-alvo infectadas por meio das moléculas do MHC de classe I que apresentam os antígenos derivados dos vírus.

Como anteriormente mencionado, as células B não se diferenciam terminalmente em células plasmáticas secretoras de anticorpos sem o auxílio de outro subgrupo de células T, as *células T auxiliares*. As células T auxiliares expressam um marcador em sua superfície, a glicoproteína CD4, e usam as moléculas do MCH de classe II como elementos de restrição. A expressão constitutiva das moléculas do MCH de classe II é restrita às denominadas células apresentadoras de antígenos *profissionais*, incluindo as células B, células dendríticas e os macrófagos. (Vários outros tipos celulares, alguns no epitélio, podem induzir a expressão das moléculas do MHC de classe II, mas não serão apresentados neste texto.)

Os dois principais grupos de linfócitos T funcionalmente distintos, as células T citotóxicas e as células T auxiliares, podem, portanto, serem distinguidas conforme o perfil único das proteínas que apresentam em sua superfície celular e pelas moléculas do MHC que elas usam como elementos de restrição:

- Células T citotóxicas: marcador CD8; restritas por MHC de classe I
- Células T auxiliares: marcador CD4; restritas por MHC de classe II

O CD4 e o CD8 pertencem à superfamília de imunoglobulinas (Ig), que incluem proteínas com um ou mais domínios Ig. Os receptores de células B e de células T, o receptor IgA polimérico e muitas moléculas de adesão (Capítulo 19) também pertencem à superfamília de Ig. A base molecular para essa correlação rigorosa entre a expressão do CD8 e a utilização de moléculas do MHC de classe I, ou entre a expressão do CD4 e a utilização das moléculas do MHC de classe II como elementos de restrição, se tornará evidente quando a estrutura e o modo de ação das moléculas do MHC tiverem sido descritos.

As moléculas do MHC ligam antígenos peptídicos e interagem com o receptor de células T

As moléculas do MHC de classe I e de classe II são altamente *polimórficas*, isto é, existem muitas variantes alélicas entre os indivíduos da mesma espécie. O sistema imune dos vertebrados pode responder a essas diferenças alélicas e essa capacidade de reconhecer as variantes alélicas do MHC é fundamentalmente a causa imunológica para a rejeição de transplantes que envolvem distintos indivíduos geneticamente não relacionados. Contudo, as duas classes de moléculas do MHC também são estruturalmente semelhantes em muitas espécies, assim como suas interações com peptídeos e com o receptor de células T (Figura 23-21).

Moléculas do MHC de classe I As moléculas do MHC de classe I pertencem à superfamília de Ig e consistem em dois polipeptídeos. A subunidade maior é uma glicoproteína de membrana tipo I (ver Figura 13-10) codificada pelo MHC. A subunidade menor, a β2-microglobulina não é codificada pelo MHC e corresponde em estrutura ao domínio Ig livre. Essas proteínas, originalmente purificadas de leucócitos humanos por digestão com papaína, que libera a porção extracelular das moléculas do MHC de classe I na forma intacta, são agora produzidas por métodos de tecnologia do DNA recombinante que se tornaram importantes ferramentas para a detecção de células T antígeno-específicas.

A variação estrutural implícita das moléculas do MHC na noção de rejeição de enxertos é atribuída à variação hereditária (polimorfismo genético). Se um receptor rejeita um enxerto, o sistema imune do receptor deve ser capaz de distinguir características únicas das moléculas do MHC do doador presentes no enxerto. De fato, os genes codificados no MHC estão entre os mais polimórficos, com mais de 2.000 produtos alélicos distintos identificados no homem. As moléculas do MHC de classe I em humanos são codificadas pelos *locus* HLA-A, HLA-B e HLA-C (ver Figura 23-19), cada um apresentando grande variação alélica. No camundongo, as moléculas do MHC de classe I são codificadas pelos *locus* H2-K e H2-D, igualmente, cada um com muitas variantes alélicas. A estrutura tridimensional das moléculas do MHC de classe I revela dois domínios semelhantes às Ig próximas à membrana. Esses domínios são constituídos por uma folha β pregueada de oito fitas cobertas por duas hélices α. A junção da folha β com as hélices α cria uma fenda, próxima às duas extremidades, na qual o peptídeo se liga (ver Figura 23-21a). O modo de ligação do peptídeo pela molécula do MHC de classe I requer um peptídeo de tamanho fixo, normalmente entre 8 e 10 aminoácidos de modo que as extremidades do peptídeo consigam se encaixar nos bolsos que acomodam os aminoácidos carregados e os grupos carboxiterminal nas extremidades. Além

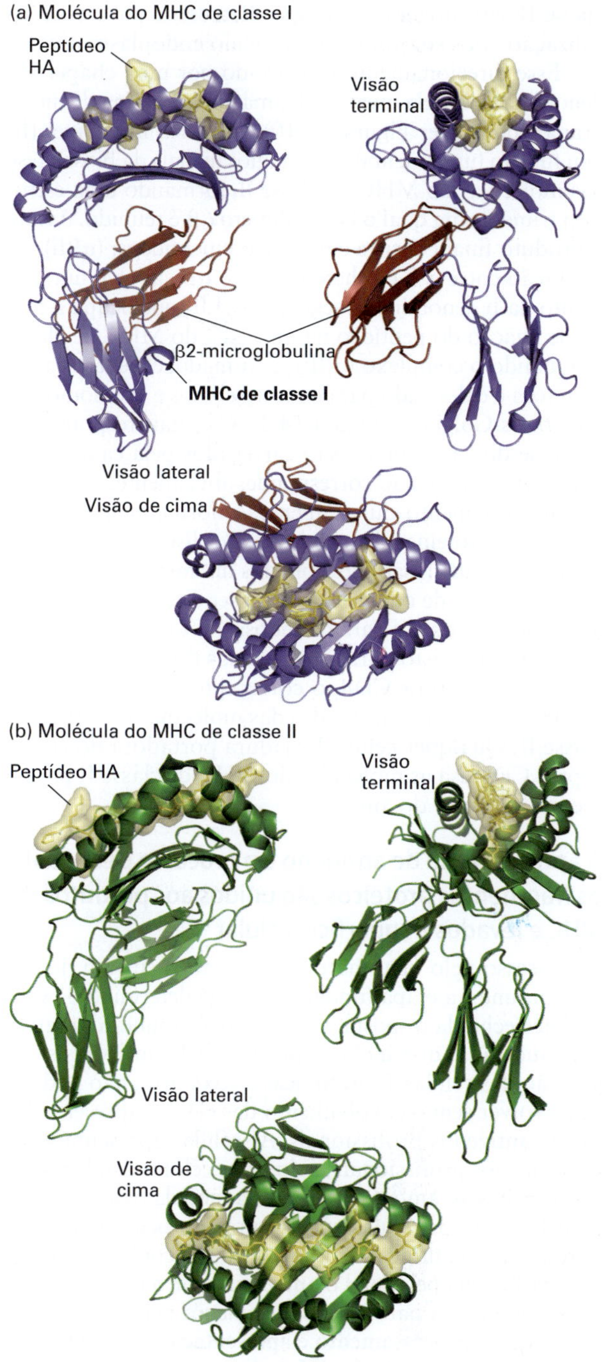

FIGURA 23-21 Estrutura tridimensional das moléculas do MHC de classe I e de classe II. (a) A estrutura da molécula do MHC de classe I ligada ao peptídeo determinada por cristalografia por raios X está representada. A porção da molécula do MHC de classe I que liga o peptídeo consiste em uma folha β composta por oito fitas β flanqueada por duas hélices α. A fenda de ligação do peptídeo é totalmente formada pela grande subunidade codificada pelo MHC, que se associa de modo não covalente com uma pequena subunidade (β2-microglobulina) codificada em outro local. (b) As moléculas do MHC de classe II são estruturalmente semelhantes às moléculas do MHC de classe I, mas com distinções importantes. As duas subunidades α e β das moléculas do MHC de classe II são codificadas no MHC e contribuem para a formação da fenda de ligação do peptídeo. A fenda de ligação do peptídeo das moléculas do MHC de classe II acomoda maior variedade de peptídeos de diferentes tamanhos do que as moléculas do MHC de classe I. (Parte (a) com base em D. N. Garboczi, 1996, *Nature* **384**: 134. Parte (b) com base em J. Hennecke et al., 2000. *EMBO J.* **19**: 5611.)

disso, o peptídeo é ancorado na fenda de ligação do peptídeo por meio de um pequeno número de cadeias laterais de aminoácidos, e cada uma é acomodada por um bolso na molécula do MHC que quase encaixa cada resíduo de aminoácido (Figura 23-22a). Em média, dois desses "bolsos específicos" devem ser preenchidos corretamente para permitir a ligação estável do peptídeo. Dessa maneira, determinada molécula do MHC pode acomodar um grande número de peptídeos com sequências diversas, sempre que os requerimentos de "ancoramento" sejam satisfeitos.

Os resíduos polimórficos que distinguem um alelo do MHC de outro estão localizados, em sua maioria, dentro e ao redor da fenda de ligação do peptídeo. Portanto, esses resíduos determinam a arquitetura do bolso de ligação do peptídeo e, assim, a especificidade de ligação do peptídeo. Além disso, esses resíduos polimórficos afetam a superfície da molécula do MHC e, consequentemente, os pontos de contato com o receptor de células T. Como regra, um receptor de célula T designado para interagir com determinado alelo do MHC de classe I não irá interagir com moléculas do MHC não relacionadas, devido às diferenças na arquitetura de sua superfície (Figura 23-22b). Essa é a base molecular da restrição ao MHC. O marcador CD8 atua como correceptor, ligando-se às porções conservadas das moléculas do MHC de classe I. Assim, a presença do CD8 na membrana "determina" a especificidade de restrição de qualquer célula T madura.

Moléculas do MHC de classe II As duas subunidades (α e β) das moléculas do MHC de classe II são glicoproteínas de membrana do tipo I que pertencem à superfamília de Ig. O MHC típico dos mamíferos contém vários *locus* que codificam as moléculas do MHC de classe II (ver Figura 23-19). Assim como a grande subunidade das moléculas do MHC de classe I, as subunidades α e β das moléculas do MHC de classe II apresentam polimorfismo genético.

A estrutura tridimensional básica das moléculas do MHC de classe II assemelha-se à das moléculas do MHC de classe I: dois domínios semelhantes à Ig próximos à membrana que sustenta a porção da ligação do peptídeo composta por uma folha β com oito fitas e duas hélices α (ver Figura 23-21b). As subunidades α e β contribuem igualmente para a formação da fenda de ligação do peptídeo nas moléculas do MHC de classe II. Essa fenda é aberta nas duas extremidades e, portanto, sustenta a ligação de peptídeos mais longos que podem se projetar da fenda. O modo de ligação do peptídeo envolve os bolsos que acomodam as cadeias laterais de aminoácidos específicos, bem como o contato entre as cadeias laterais da molécula do MHC com os átomos da cadeia principal do peptídeo ligado. Assim como para o MHC de classe I, o polimorfismo do MHC de classe II afeta principalmente os resíduos de dentro ou dos arredores da fenda de ligação do peptídeo de modo que a especificidade de ligação do peptídeo normalmente irá diferir entre diferentes produtos alélicos.

Um receptor de célula T que interage com uma determinada molécula do MHC de classe II, como regra,

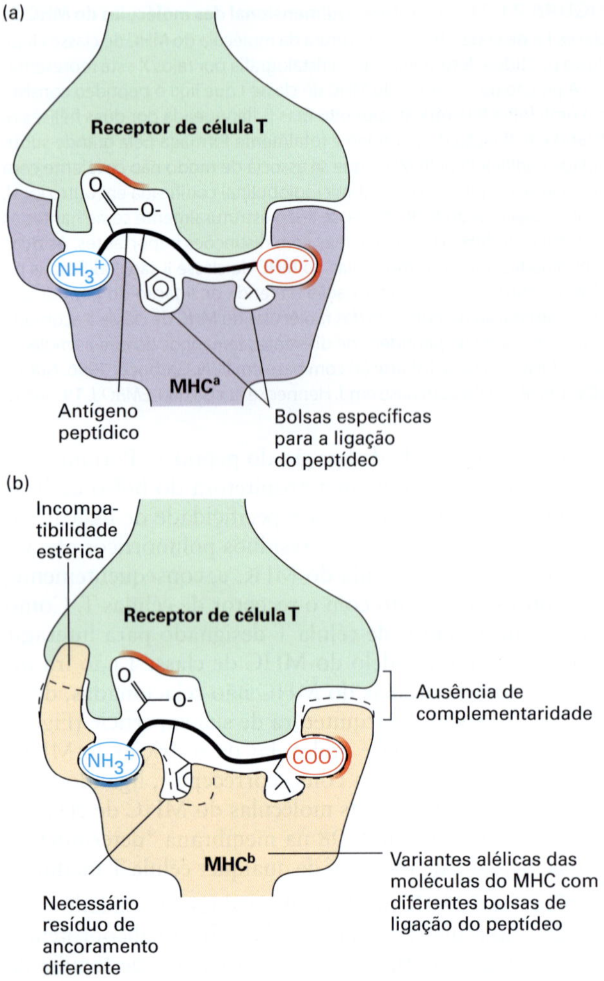

FIGURA 23-22 Ligação do peptídeo e restrição ao MHC. (a) Peptídeos que se ligam ao MHC de classe I possuem, em média, 8 a 10 resíduos de aminoácidos de comprimento, necessitam de um encaixe adequado de suas extremidades e incluem dois ou mais resíduos conservados (resíduos de ancoramento). As posições que distinguem um alelo de outro do MHC de classe I (resíduos polimórficos) localizam-se próximos a fenda de ligação do peptídeo. Os resíduos polimórficos do MHC afetam a especificidade de ligação do peptídeo e as interações com os receptores de células T. O sucesso do "reconhecimento" de um complexo antígeno peptídico:MHC por um receptor de células T requer um bom encaixe entre o receptor, o peptídeo e a molécula do MHC. (b) A incompatibilidade estérica e ausência de complementaridade entre os resíduos de ancoramento e a molécula do MHC impedem a ligação adequada. Portanto, os receptores de células T são restritos aos produtos peptídeo: MHC específicos.

não irá interagir com uma molécula de alelo diferente, não somente devido à diferença na especificidade de ligação do peptídeo das moléculas alélicas, mas também devido ao polimorfismo que afeta os resíduos de contato com o receptor de células T. Como ocorre com as moléculas do MHC de classe I, essa é a base para o reconhecimento do antígeno restrito do MHC de classe II. Como serão discutidas a seguir, as moléculas do MHC de classe II evoluíram para apresentar peptídeos gerados predominantemente nos endossomos e lisossomos. As interações entre um peptídeo e a molécula do MHC de classe II ocorrem nessas organelas, e as moléculas do MHC de classe II são direcionadas especificamente para essa localização após sua síntese no retículo endoplasmático.

Esse direcionamento é realizado por uma chaperona denominada cadeia invariável, uma glicoproteína de membrana tipo II (ver Figura 13-10). A cadeia invariável (Ii) tem função fundamental nos estágios iniciais da biossíntese das moléculas do MHC de classe II, formando uma estrutura trimérica na qual o heterodímero $\alpha\beta$ é reunido. Assim, o produto final consiste em nove polipeptídeos: $(\alpha\beta Ii)_3$. A interação entre a Ii e o heterodímero $\alpha\beta$ envolve um segmento da Ii denominado segmento CLIP, que ocupa a fenda de ligação do peptídeo na molécula do MHC de classe II. Quando o complexo $(\alpha\beta Ii)_3$ é formado, ele entra na via secretora e é desviado para os endossomos e lisossomos na rede *trans*-Golgi (ver Figura 14-1). Os sinais responsáveis por esse direcionamento são carregados pela cauda citoplasmática da Ii e não corresponde, obviamente, aos sinais de direcionamento ou recuperação normalmente encontrados nas proteínas da membrana dos lisossomos. Alguns complexos $(\alpha\beta Ii)_3$ são direcionados diretamente para a superfície celular de onde eles podem ser internalizados, mas a grande maioria vai para os endossomos tardios.

Como foi visto para as moléculas do MHC de classe I e seu correceptor CD8, o correceptor CD4 reconhece as características conservadas das moléculas do MHC de classe II. Qualquer célula T madura portadora do correceptor CD4 usa as moléculas do MHC de classe II para o reconhecimento do antígeno.

A apresentação de antígeno é o processo pelo qual os fragmentos proteicos são unidos aos produtos do MHC e levados à superfície celular

O processo pelo qual materiais estranhos entram no sistema imune é a etapa fundamental que determina o eventual desfecho da resposta. Uma resposta imune adaptativa bem-sucedida, que inclui a produção de anticorpos e a geração das células T citotóxicas e auxiliares, não pode se desenvolver sem o envolvimento das células apresentadoras de antígenos profissionais. As células apresentadoras de antígenos profissionais incluem as células dendríticas e os macrófagos, ambas derivadas da medula óssea, e as células B. São essas células que capturam, processam e então apresentam o antígeno em uma forma reconhecível pelas células T. A via pela qual o antígeno é convertido em uma forma adequada para o reconhecimento pelas células T é chamada de **processamento e apresentação de antígeno.**

A via do MHC de classe I detém-se predominantemente na apresentação de proteínas sintetizadas pela própria célula, e a via do MHC de classe II é envolvida com materiais adquiridos de fora das células apresentadoras de antígenos. Lembre-se de que todas as células nucleadas expressam produtos do MHC de classe I, ou podem ser induzidas a isso. Isso faz sentido considerando o fato de que uma célula nucleada é capaz de sintetizar ácidos nucleicos bem como proteínas e, portanto, consegue manter a replicação de um patógeno viral. Sua capacidade de alertar o sistema imune sobre a presença de um invasor intracelular está intrinsecamente ligada à apresentação de antígeno restrita ao MHC de classe I. A distinção entre a apresentação de materiais sintetizados pela própria célula apresentadora de antígeno do processamento e a apresentação de antígenos adquirido do exterior da célula não é absoluta. Juntas, as vias de classe I e de classe II de processamento e apresentação de antígenos testam todos os compartimentos que devem ser inspecionados para a presença de patógenos.

O processamento e a apresentação do antígeno nas duas vias, de classe I e de classe II, podem ser divididos em seis etapas distintas que são úteis na comparação das duas vias: (1) aquisição do antígeno, (2) direcionamento do antígeno para destruição, (3) proteólise, (4) entrega dos peptídeos às moléculas do MHC, (5) ligação dos peptídeos às moléculas do MHC e (6) apresentação dos peptídeos ligados à molécula do MHC na superfície celular. Nas próximas duas seções, serão descritos os detalhes moleculares de cada via.

A via do MHC de classe I apresenta antígenos citosólicos

A Figura 23-23 resume as seis etapas da via do MHC de classe I usando como exemplo uma célula infectada por vírus. O texto a seguir descreve os eventos que ocorrem durante cada etapa.

1 *Aquisição do antígeno*: no caso de uma infecção viral, normalmente a aquisição do antígeno é sinônimo do estado infectado. Os vírus dependem da síntese das proteínas do hospedeiro para produzir os novos vírions. Isso inclui a síntese das proteínas citosólicas virais, bem como das proteínas de membrana. A síntese das proteínas, diferente da replicação do DNA, é um processo sujeito a erros; as recém-iniciadas cadeias polipeptídicas estão sujeitas a terminar prematuramente ou com erros (incorporação incorreta de aminoácidos, mudança de orientação de leitura, enovelamento inadequado ou tardio). Esses erros na síntese das proteínas afetam as proteínas das próprias células hospedeiras e as proteínas especificadas pelo genoma viral. Tais proteínas contendo erros devem ser rapidamente removidas de modo a não congestionar o citoplasma, comprometer proteínas associadas em interações não produtivas ou mesmo atuar como versões dominantes negativas de uma proteína. A taxa de proteólise deve ser igual à taxa de erros na síntese

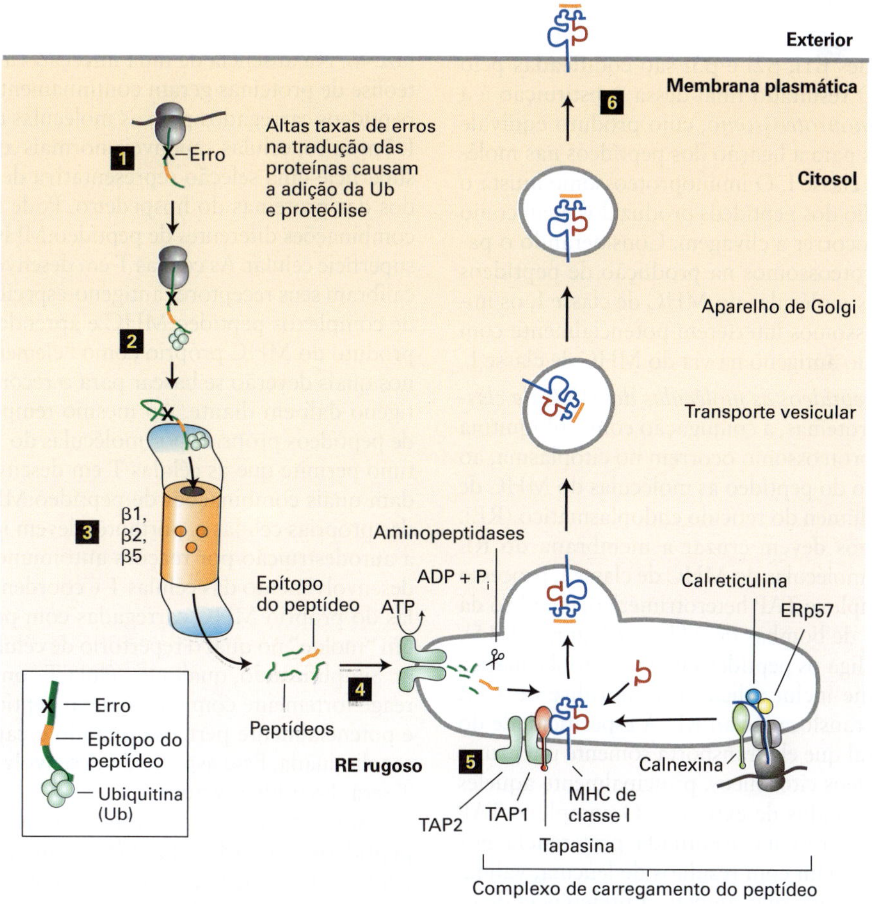

FIGURA 23-23 Via de processamento e apresentação do antígeno pelo MHC de classe I. Etapa **1**: aquisição do antígeno é sinônimo de produção de proteínas com erros (terminação prematura, incorporação errada). Etapa **2**: proteínas mal dobradas são marcadas para degradação por meio da conjugação com a ubiquitina. Etapa **3**: a proteólise ocorre nos proteossomos. Nas células expostas ao interferon γ, a subunidade β cataliticamente ativa do proteossomo é substituída por subunidades β imunes específicas induzidas pelo interferon. Etapa **4**: os peptídeos são entregues no interior do retículo endoplasmático (RE) por um peptídeo transportador TAP dimérico. Etapa **5**: o peptídeo é levado para as moléculas do MHC de classe I recém-sintetizadas dentro do complexo de carregamento do peptídeo. Etapa **6**: o complexo peptídeo:MHC de classe I completamente formado é transportado para a superfície celular por meio da via secretora. Mais detalhes no texto.

e enovelamento das proteínas. Essas proteínas são uma fonte importante de peptídeos antigênicos destinados à apresentação pelas moléculas do MHC de classe I. Com exceção da apresentação cruzada (discutida a seguir), a via do MHC de classe I resulta na formação de complexos peptídeo:MHC, cujos peptídeos são derivados de proteínas sintetizadas pelas próprias células portadoras da molécula do MHC de classe I.

2 *Direcionamento do antígeno para destruição*: em grande parte, o sistema de conjugação da ubiquitina é responsável pela marcação de uma proteína para destruição (ver Capítulo 3, p. 87). A conjugação da ubiquitina é uma modificação covalente rigidamente regulada.

3 *Proteólise*: as proteínas conjugadas à ubiquitina são destruídas pela proteólise nos proteossomos. O proteossomo é uma protease altamente ativa que compromete seu substrato e, sem a liberação de intermediários, origina produtos finais da degradação, peptídeos com três a 20 aminoácidos de tamanho (ver Figura 3-29). Durante o desenvolvimento de uma resposta inflamatória e em resposta ao γ-interferon, as três subunidades β cataliticamente ativas (β1, β2 e β5) do proteossomo podem ser substituídas pelas três subunidades imunes específicas: β1i, β2i e β5i. As subunidades β1i, β2i e β5i são codificadas pelo *locus* do MHC. O resultado final dessa substituição é a formação do *imunoproteossomo*, cujo produto equivale aos requerimentos para a ligação dos peptídeos nas moléculas do MCH de classe I. O imunoproteossomo ajusta o comprimento médio dos peptídeos produzidos, bem como os sítios onde irá ocorrer a clivagem. Considerando o papel central dos proteossomos na produção de peptídeos apresentados pelas moléculas do MHC de classe I, os inibidores do proteossomos interferem potencialmente com o processamento do antígeno na via do MHC de classe I.

4 *Entrega dos peptídeos às moléculas do MHC de classe I*: a síntese de proteínas, a conjugação com a ubiquitina e a proteólise no proteossomo ocorrem no citoplasma, ao passo que a ligação do peptídeo às moléculas do MHC de classe I ocorre no lúmen do retículo endoplasmático (RE). Assim, os peptídeos devem cruzar a membrana do RE para ter acesso às moléculas do MHC de classe I, processo mediado pelo complexo TAP heterotrimérico, membro da **superfamília ABC** de bombas de ATP (ver Figura 11-15). O complexo TAP liga os peptídeos na face citoplasmática e, em um ciclo que inclui a ligação e hidrólise de ATP, os peptídeos são translocados ao RE. A especificidade do complexo TAP é tal que ele transporta somente um grupo de todos os peptídeos citosólicos, principalmente aqueles com 5 a 10 aminoácidos de extensão. O complexo TAP de camundongos apresenta acentuada preferência por peptídeos que terminam com resíduos de leucina, valina, isoleucina ou metionina, que equivale à preferência de ligação das moléculas do MHC de classe I. Os genes que codificam as subunidades TAP1 e TAP2 que compõem o complexo TAP estão localizados no *locus* do MHC.

5 *Ligação dos peptídeos às moléculas do MHC de classe I*: dentro do RE, as moléculas do MHC de classe I são parte de um complexo multiproteico denominado complexo de carregamento do peptídeo. Esse complexo inclui duas chaperonas (calnexina e calreticulina) e a oxirredutase Erp57. Outra chaperona (tapasina) interage com o complexo TAP e a molécula do MHC de classe I que está prestes a receber o peptídeo. A proximidade física da TAP com a molécula do MHC de classe I é mantida pela tapasina. Após o carregamento do peptídeo, alterações conformacionais liberam a molécula do MHC de classe I do complexo de carregamento do peptídeo. Essa organização assegura que somente as moléculas que receberam o peptídeo serão apresentadas na superfície celular.

6 *Apresentação dos peptídeos ligados à molécula do MHC de classe I na superfície celular*: após a conclusão do carregamento do peptídeo, o complexo peptídeo:MHC de classe I é liberado do complexo de carregamento do peptídeo e entra na via secretora constitutiva (ver Figura 14-1). A transferência do Golgi para a superfície celular é rápida e conclui a via biossintética de um complexo peptídeo:MHC de classe I.

Toda a sequência de eventos na via do MHC de classe I ocorre constitutivamente em todas as células nucleadas, as quais que expressam as moléculas do MHC de classe I e as outras proteínas necessárias ou que podem ser induzidas a fazê-lo. Na ausência de uma infecção viral, a síntese e proteólise de proteínas geram continuamente uma torrente de peptídeos carregados para as moléculas do MHC de classe I. Portanto, células saudáveis normais apresentam em sua superfície uma seleção representativa de peptídeos derivados das proteínas do hospedeiro. Pode haver milhares de combinações diferentes de peptídeo:MHC apresentadas na superfície celular. As células T em desenvolvimento no timo calibram seus receptores antígeno-específicos nesses grupos de complexos peptídeo:MHC e aprendem a reconhecer o produto do MHC próprio como "elementos de restrição", nos quais deverão se basear para o reconhecimento do antígeno dali em diante. Ao mesmo tempo, a apresentação de peptídeos próprios por moléculas do MCH próprias no timo permite que as células T em desenvolvimento aprendam quais combinações de peptídeo:MHC são derivadas das próprias células e, portanto, devem ignorar para evitar a autodestruição por reações autoimunes. Dessa forma, o desenvolvimento das células T é coordenado pelas moléculas do próprio MHC carregadas com peptídeos próprios, um "molde" no qual o repertório de células T pode se basear. Simplificando, qualquer célula T com um receptor que reage fortemente com o complexo peptídeo próprio:MHC é potencialmente perigosa quando escapa do timo e deve ser eliminada. Esse aspecto do desenvolvimento das células T será discutido a seguir.

Somente após o aparecimento de um vírus é que os peptídeos derivados dos vírus começarão a contribuir para a apresentação dos complexos peptídeo:MHC. A eficiência dessa via é tal que aproximadamente 4.000 moléculas de uma determinada proteína devem ser destruídas para produzir um único complexo peptídeo:MHC portador de um peptídeo de um determinado polipeptídeo.

Apesar disso, um modo pouco comum de apresentação de antígeno e crucial no desenvolvimento das células T citotóxicas é a *apresentação cruzada*. Esse termo se refere à aquisição por fagocitose de restos celulares apoptóticos pelas células dendríticas, complexos imunes e possivelmente outras formas de antígeno. Por meio de uma via ainda não muito bem conhecida, esses materiais escapam dos compartimentos fagossomais/endossomais para o citosol, onde são manuseados conforme as etapas descritas anteriormente. Apenas as células dendríticas são capazes de fazer apresentação cruzada e assim permitir o carregamento das moléculas do MHC de classe I com peptídeo que derivam de outras células que não as próprias células apresentadoras de antígeno. É provável que a autofagia (Capítulo 14) tenha alguma função nesse processo.

A via do MHC de classe II apresenta antígenos entregues na via endocítica

Embora as moléculas do MHC de classe I e de classe II apresentem surpreendente semelhança estrutural, o modo pelo qual as duas classes adquirem o peptídeo e sua função no reconhecimento imune difere enormemente. Enquanto a principal função das moléculas do MHC de classe I é a de direcionar as células T CD8 citotóxicas para as células-alvo, as moléculas do MHC de classe II guiam as células T auxiliares portadoras de CD4 para as células com as quais elas irão interagir, principalmente as células apresentadoras de antígenos profissionais. As células T ativadas fornecem proteção não só por meio do auxílio às células B na produção de anticorpos, mas também por meio de uma complexa rede de citocinas produzidas por elas, que ativam as células fagocíticas para eliminar os patógenos, ou auxiliam no estabelecimento de uma resposta inflamatória.

Como visto anteriormente, as moléculas do MHC de classe II são expressas, principalmente, por células apresentadoras de antígeno profissionais: células dendríticas e macrófagos, as quais são fagocíticas, e as células B, que não são. Assim, a via do MHC de classe II de processamento e apresentação de antígenos geralmente ocorre apenas nessas células. As etapas dessa via estão apresentadas na Figura 23-24 e descritas a seguir.

1 *Aquisição do antígeno*: na via das moléculas do MHC de classe II, o antígeno é adquirido por pinocitose, fagocitose ou endocitose mediada por receptor. A pinocitose, que é inespecífica, envolve a entrega de um volume de fluido extracelular, por um processo de invaginação e fissão da membrana e, consequentemente, das moléculas nele dissolvidas. Na **fagocitose**, a ingestão de material particulado (como bactérias, vírus e restos de células mortas) envolve um extenso remodelamento do citoesqueleto com base em actina, para acomodar as partículas que chegam. Embora possa ser iniciada por interações entre ligantes e receptores específicos, a fagocitose nem sempre é necessária. Mesmo partículas de látex podem ser ingeridas de maneira eficiente pelos macrófagos. No processo de opsonização, os patógenos recobertos por anticorpos e determinados componentes do complemento são direcionados para os macrófagos e células dendríticas, reconhecidos por receptores de superfície celular para os componentes do complemento ou receptores para a porção Fc das imunoglobulinas e então fagocitados (Figura 23-25). Os macrófagos e as células dendríticas também expressam vários tipos de receptores menos seletivos (p. ex., lectina tipo C, receptores semelhantes ao Toll e receptores de varredura) que reconhecem os padrões moleculares nos antígenos não particulados. O antígeno ligado é internalizado por **endocitose mediada por receptor.** As células B, não fagocíticas, também podem adquirir antígeno por endocitose mediada por receptor usando seus receptores de células B antígeno-específicos (imunoglobulinas de superfície) (Figura 23-26). Finalmente, os antígenos citosólicos podem entrar na via do MHC de classe II por meio de autofagia (ver Figura 14-35). Após a formação de uma invaginação autofágica cria-se uma vesícula autofágica. Essas vesículas são de um tamanho que pode acomodar organelas danificadas, e quantidades razoáveis de citoplasma podem ser encapsuladas nesse processo. Os autofagossomos resultantes são destinados para fusionar com os lisossomos, onde o conteúdo do autofagossomo torna-se disponível para digestão por proteases lisossomais.

2 *Direcionamento do antígeno para destruição*: a proteólise é necessária para converter um antígeno proteico intacto em peptídeos de tamanho adequado para a ligação às moléculas do MHC de classe II. Os antígenos proteicos são alvos para degradação por meio de desdobramento progressivo, que ocorre pela redução do pH à medida que as proteínas vão passando na via endocítica. O pH do ambiente extracelular é próximo a pH 7,2, e nos endossomos precoces é entre pH 6,5 e 5,5. Nos endossomos tardios e lisossomos, o pH pode baixar até pH 4,5. A bomba de próton de classe V ativada por ATP das membranas dos endossomos e lisossomos é responsável por essa acidificação (ver Figura 11-9). Proteínas estáveis em pH neutro tendem a desdobrar quando são expostas a pH extremos, por meio da ruptura das ligações de hidrogênio e da desestabilização das pontes de sais. Posteriormente, o ambiente nos compartimentos dos endossomos/lisossomos vai sendo reduzido, com os lisossomos atingindo uma concentração reduzida equivalente a faixa de milimolar. A redução das pontes dissulfeto que estabilizam muitas proteínas extracelulares é o reverso de uma modificação covalente, catalisada também pela tiorredutase induzida pela exposição ao IFN-γ. A ação combinada de baixo pH e ambiente redutor prepara o antígeno para proteólise.

3 *Proteólise*: a degradação das proteínas da via do MHC de classe II é realizada por um grande número de proteases lisossomais, coletivamente denominadas catepsinas, que são proteases de cisteína ou aspartil. Outras proteases, tais como as endoproteases específicas para asparagina, também podem contribuir para a proteólise. Uma ampla gama de peptídeos é produzida, incluindo alguns que se ligam às moléculas do MHC de classe II. As proteases lisossomais têm sua atividade ótima no pH acídico dos lisossomos. Consequentemente, agentes que inibem a atividade das bombas de prótons de classe V interferem com o processamento do antígeno, assim como os inibidores das proteases lisossomais.

4 *Encontro do peptídeo com as moléculas do MHC de classe II*: lembre-se de que grande parte das moléculas do MHC de classe II sintetizadas no retículo endoplasmático é direcionada para os endossomos tardios. Como os peptídeos produzidos por proteólise localizam-se no mesmo

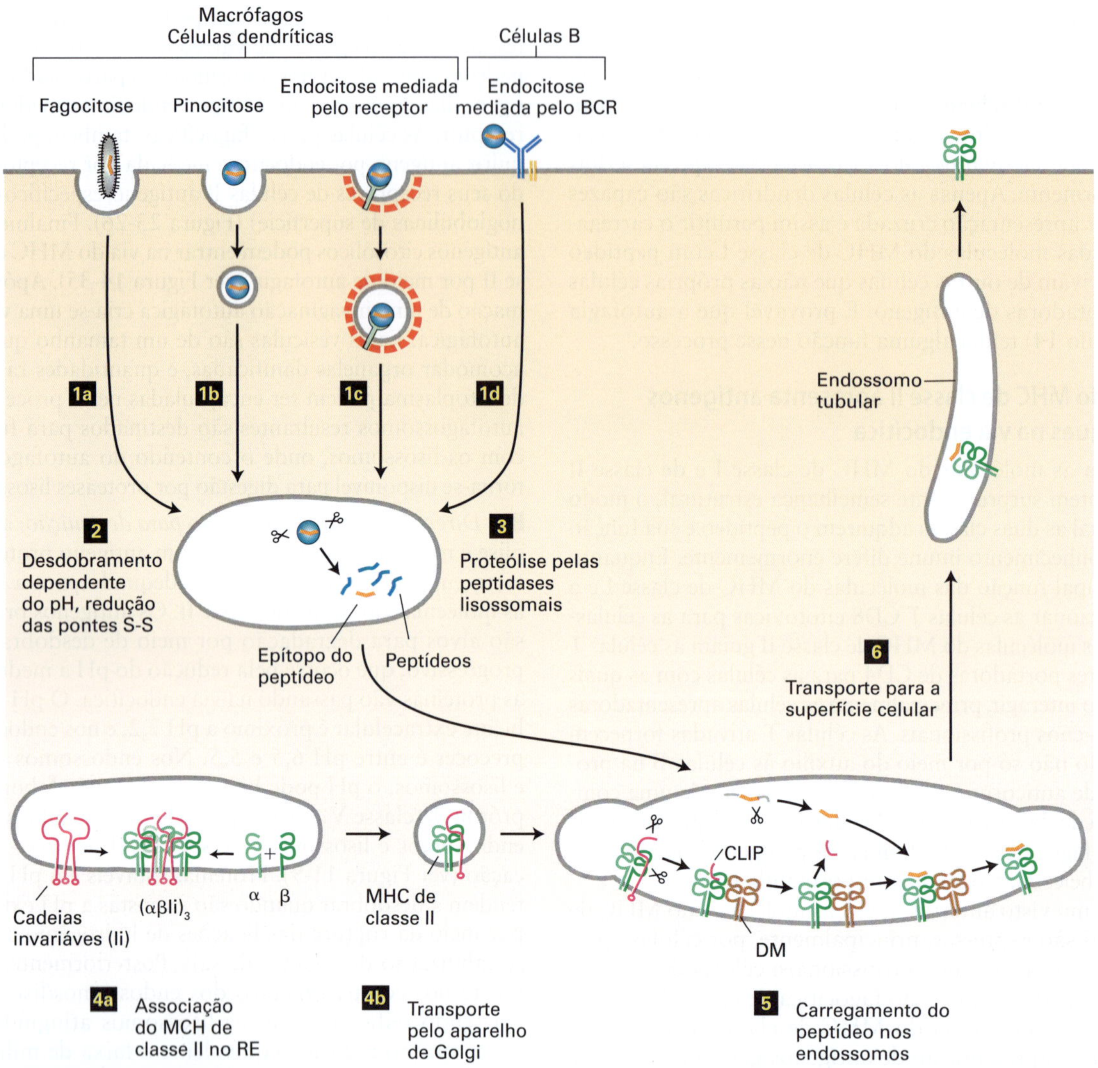

FIGURA 23-24 Via de processamento e apresentação do antígeno pelo MHC de classe II. Etapa **1**: os antígenos particulados são adquiridos por fagocitose, e os antígenos não particulados por pinocitose ou endocitose. Etapa **2**: a exposição do antígeno ao ambiente redutor e de baixo pH dos endossomos e lisossomos prepara o antígeno para proteólise. Etapa **3**: o antígeno é degradado por várias proteases nos compartimentos dos lisossomos e endossomos. Etapa **4**: as moléculas do MHC de classe I associam suas subunidades no RE e são entregues para os compartimentos endossomais ou lisossomos por meio de sinais das cadeias invariáveis (Ii) associadas. Isso ocorre nos endossomos tardios, lisossomos e endossomos precoces, assegurando que as moléculas do MHC de classe II sejam expostas aos produtos da degradação proteolítica do antígeno por toda a via endocítica. Etapa **5**: o carregamento do peptídeo é acompanhado do auxílio da DM, proteína chaperona semelhante ao MHC de classe II. Etapa **6**: apresentação das moléculas do MHC de classe II carregada com o peptídeo na superfície celular. Mais detalhes no texto.

local das próprias moléculas do MHC de classe II, a entrega do peptídeo para as moléculas do MHC de classe II não necessita que esse atravesse a membrana. Portanto, o único requisito é permitir o encontro do peptídeo com as moléculas do MHC de classe II. Isso ocorre durante a biossíntese por uma etapa de escolha dependente da cadeia invariável (Ii), assegurando a entrega do complexo classe II $(\alpha\beta Ii)_3$ para o compartimento endossomal.

5 *Ligação dos peptídeos às moléculas do MHC de classe II*: o complexo $(\alpha\beta Ii)_3$ entregue no compartimento endossomal é incapaz de ligar o peptídeo porque a fenda de ligação do peptídeo da molécula do MHC de classe II está ocupada pela Ii. Por alguma razão, os complexos de classe II $(\alpha\beta Ii)_3$ recém-formados não competem com os peptídeos destinados ao MHC de classe I entregues no RE pela TAP, o sítio de ligação do peptídeo já está ocupado pela Ii. Lembre-se de que o RE é o local onde as moléculas do MHC de classe I e de classe II são montadas. A presença da Ii no complexo do MHC de classe II nascente assegura que somente as moléculas do MHC de classe I liguem os peptídeos no RE. As mesmas proteases que atuam nos antígenos internalizados e os degradam em peptídeos também atuam no complexo $(\alpha\beta Ii)_3$, causando a remoção da Ii com exceção da pequena porção denominada segmento CLIP. Como ele está firmemente aderido na fenda de ligação do peptídeo na molécula do MHC de classe II, o CLIP é resistente ao ataque proteolítico. As próprias moléculas do MHC de classe II também são resistentes ao desdobramen-

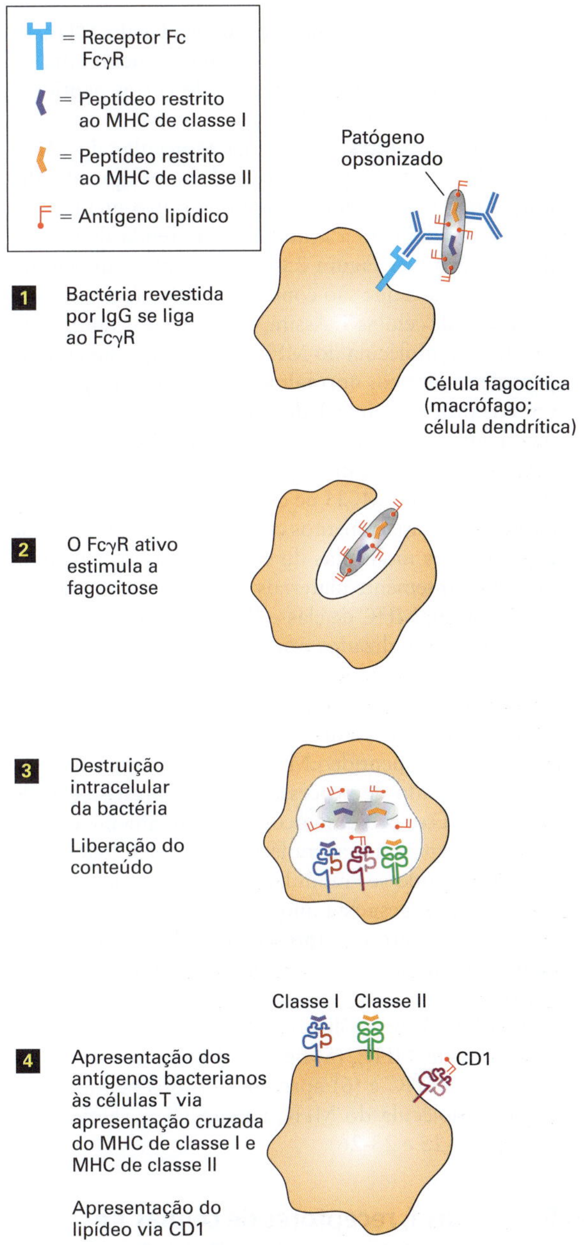

FIGURA 23-25 Apresentação do antígeno opsonizado pelas células fagocíticas. As células fagocíticas especializadas, como os macrófagos e as células dendríticas, podem ligar e ingerir patógenos que foram revestidos com anticorpos (opsonização) por meio dos receptores Fc, como o FcγR, em sua superfície celular. Após a digestão da partícula fagocitada (p. ex., complexo imune, bactéria ou vírus), alguns dos peptídeos produzidos, incluindo os fragmentos do patógeno (laranja), são levados para as moléculas do MHC de classe II (verde). Os complexos peptídeo:MHC de classe II apresentados na superfície permitem a ativação das células T específicas para essas combinações de peptídeo:MHC. Os antígenos lipídicos são levados para as moléculas CD1 semelhantes ao MHC de classe I (rosa), cujo sítio de ligação é especializado para acomodar os lipídeos. Determinados peptídeos derivados de patógenos (roxo) podem ser levados para as moléculas do MHC de classe I (azul) por meio de apresentação cruzada. Este mecanismo de apresentação cruzada ainda não está bem definido.

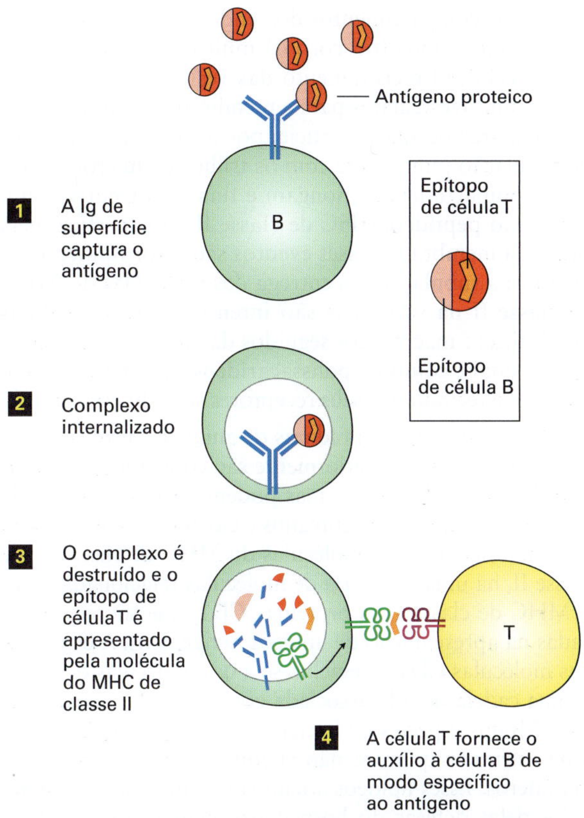

FIGURA 23-26 Apresentação de antígenos pelas células B. As células B ligam o antígeno, mesmo quando presente em baixas concentrações, aos seus receptores de células B, ou Ig de superfície. O complexo imune resultante é internalizado e então entregue aos endossomos/lisossomos, onde serão destruídos. Os peptídeos liberados dos complexos imunes, incluindo os fragmentos dos antígenos proteicos, são apresentados como complexos peptídeo:MHC de classe II na superfície celular. As células T CD4 específicas para o complexo apresentado agora podem fornecer auxílio às células B. Este auxílio é restrito ao MHC e específico para este antígeno.

to e ao ataque proteolítico nas condições que predominam na via endocítica. O segmento CLIP é removido por meio de interações do complexo αβCLIP com uma chaperona, DM. A fenda de ligação do peptídeo recém desocupada da molécula do MHC de classe II agora pode ligar peptídeos que estão presentes em abundância na via endocítica. Embora a proteína DM seja codificada no MHC e é estruturalmente muito similar às moléculas do MHC de classe II, ela sozinha não liga os peptídeos. Entretanto, os complexos peptídeo:MHC de classe II recém-formados são suscetíveis a um "editoramento" posterior pela DM ao deslocar um peptídeo já ligado, até que a molécula do MHC de classe II adquira um peptídeo que se ligue tão fortemente a ponto de não mais ser removido por posteriores interações do complexo com a DM. Os complexos peptídeo:MHC de classe II resultantes são extremamente estáveis, com meia-vida estimada de 24 horas.

6 *Apresentação do complexo peptídeo:MHC de classe II na superfície celular*: os complexos peptídeo:MHC de classe II recém-formados estão localizados, em grande parte, nos compartimentos dos endossomos tardios, que inclui endossomos (ou corpos) multivesiculares (ver Figura 14-33). O recrutamento das vesículas internas dos corpos multivesiculares para a membrana circundante expande a área de sua superfície: por meio de um processo de tubulação juntamente com os trilhos de microtúbulos, esses compartimentos alongam e finalmente entregam o complexo peptídeo:MHC de classe II na superfície pela fusão da membrana. Esses eventos são rigorosamente regulados: a tubulação e a entrega das moléculas do MHC de classe II na superfície são intensificadas nas células dendríticas e macrófagos seguidos da ativação em resposta aos sinais, como os polissacarídeos bacterianos (LPS) que são detectado por seus receptores semelhantes ao Toll.

Nas células apresentadoras de antígenos profissionais, as etapas descritas anteriormente são constitutivas e ocorrem durante todo tempo, mas podem ser moduladas pela exposição a agentes microbianos e citocinas. Além das vias aqui descritas para as moléculas do MHC de classe I e de classe II, há uma categoria de moléculas relacionadas com o MHC de classe I, as proteínas CD1, que são especializadas na apresentação de lipídeos antigênicos. A estrutura das moléculas CD1 assemelha-se a das moléculas de classe I: uma cadeia pesada associada com uma β2-microglobulina. Muitas espécies de bactérias produzem lipídeos com uma estrutura química não encontrada nos hospedeiros mamíferos. Esses lipídeos atuam como antígenos reconhecidos pelas defesas do hospedeiro quando apresentados pelas moléculas CD1, onde se ligam a uma bolsa de ligação de lipídeo conceitualmente similar ao bolso de ligação do peptídeo nas moléculas comuns do MHC. Os sinais da cauda citoplasmática da cadeia pesada da CD1 direcionam essas moléculas para os compartimentos endossômicos, onde ocorre o carregamento do lipídeo. O complexo lipídeo-CD1 compromete uma classe notável de células T, chamadas de células NKT, com base nas suas características de superfície, bem como as células T γδ descritas a seguir. As células NKT executam uma função importante na produção de citocinas e auxiliam a iniciar e orquestrar as respostas imunes adaptativas por meio da produção de citocinas.

CONCEITOS-CHAVE da Seção 23.4

O MHC e a apresentação de antígenos

- O MHC, descoberto como a região gênica responsável pela aceitação ou rejeição de enxertos, codifica duas principais classes de glicoproteínas de membrana do tipo I, as moléculas do MHC de classe I e de classe II. Essas proteínas são altamente polimórficas e ocorrem em muitas variações alélicas na população (ver Figura 23-19).
- A função dos produtos do MHC é de ligar peptídeos e apresentá-los aos receptores antígeno-específicos nas células T. As moléculas do MHC de classe I são encontradas na maioria das células nucleadas, enquanto a expressão das moléculas do MHC de classe II é limitada principalmente para as células apresentadoras de antígenos profissionais, como as células dendríticas, os macrófagos e as células B.
- A organização e estrutura das moléculas do MHC de classe I e de classe II são semelhantes e inclui uma região especializada para a ligação de vários peptídeos distintos (ver Figura 23-21).
- Diferentes variantes alélicas das moléculas do MHC ligam diferentes grupos de peptídeos, porque as diferenças que distinguem um alelo de outro incluem resíduos que definem a arquitetura da fenda de ligação do peptídeo (ver Figura 23-22). Os alelos também incluem resíduos que são contatados pelos receptores de antígenos de células T. Assim, diferentes variantes alélicas de uma molécula do MHC, mesmo que liguem um peptídeo idêntico, normalmente não irão reagir com um receptor de célula T destinado a interagir com somente um alelo da molécula do MHC. Esse fenômeno é denominado de restrição ao MHC.
- As moléculas do MCH de classe I e de classe II testam diferentes compartimentos celulares para a presença de peptídeos: as moléculas do MHC de classe I avaliam predominantemente materiais citosólicos, enquanto as moléculas do MHC de classe II testam materiais extracelulares internalizados por fagocitose, pinocitose ou endocitose mediada por receptor.
- Os processos pelos quais os antígenos proteicos são adquiridos, processados em peptídeos e convertidos em complexos peptídeo:MHC apresentados na superfície é chamado de processamento e apresentação de antígenos. Esse processo ocorre continuamente nas células que expressam as moléculas do MHC relevantes e também pode ser modulado durante o desenvolvimento de uma resposta imune.
- O processamento e a apresentação de antígenos podem ser divididos em seis etapas distintas: (1) aquisição do antígeno, (2) direcionamento do antígeno para destruição, (3) proteólise, (4) entrega dos peptídeos às moléculas do MHC, (5) ligação dos peptídeos às moléculas do MHC e (6) apresentação dos peptídeos ligados à molécula do MHC na superfície celular (ver Figuras 23-25 e 23-26).

23.5 Células T, receptores de células T e desenvolvimento das células T

Os linfócitos T reconhecem o antígeno por meio das moléculas do MHC. Os receptores responsáveis por essa função são estruturalmente relacionados às imunoglobulinas. Para produzir esses receptores antígeno-específicos, as células T rearranjam os genes que codificam as subunidades do receptor de célula T (TCR) por meio de mecanismos de recombinação somática essencialmente idênticos àqueles usados pelas células B para rearranjar os genes das imunoglobulinas. O desenvolvimento das células T também é estritamente dependente da conclusão bem-sucedida de rearranjo gênico somático para produzir as subunidades do TCR. Serão descritas as subunidades responsáveis por mediar o reconhecimento de antígenos específicos, como elas pareiam com glicoproteínas de membrana essenciais para a transdução de sinais e como esses complexos reconhecem as combinações peptídeo:MHC.

Como salientado na seção anterior, as células T reconhecem os antígenos somente associados às moléculas polimórficas do MHC presentes no hospedeiro. Durante o desenvolvimento das células T, elas devem "aprender" a identificar essas moléculas do MHC "próprias" e receber as instruções sobre quais combinações de peptídeo:MHC devem ignorar, para evitar uma reatividade potencialmente catastrófica das novas células T produzidas contra os tecidos do próprio hospedeiro (i.e., autoimunidade). Será descrito como as células T se desenvolvem e serão apresentadas as principais classes de células T conforme suas funções.

A estrutura do receptor de célula T assemelha-se à porção F(ab) de uma imunoglobulina

Assim como as células B utilizam os receptores de células B para reconhecer o antígeno e, em seguida, fazer a transdução dos sinais que levam à sua expansão clonal, as células T usam seus **receptores de células T**. As células T ativadas pelo comprometimento dos receptores antígeno-específicos proliferam e adquirem a capacidade de matar as células-alvo portadoras do antígeno ou de secretar citocinas que irão auxiliar as células B em sua diferenciação. Os receptores de células T para o antígeno reconhecem as moléculas do MHC associadas com os peptídeos adequados.

O receptor de células T (Figura 23-27) é composto por duas subunidades glicoproteicas, cada uma codificada por um rearranjo gênico somático. Os receptores são compostos por um par αβ ou um par γδ. A estrutura dessas subunidades apresenta similaridade estrutural com a porção F(ab) de uma imunoglobulina: na extremidade N-terminal há um domínio variável, seguido por um domínio de região constante e um segmento transmembrana. As caudas citoplasmáticas das subunidades TCR são muito curtas para permitir o recrutamento de fatores citosólicos que auxiliam na transdução de sinais. Em vez disso, o TCR se associa com o complexo CD3, grupo de proteínas de membrana composto por cadeias γ, δ, ε e ζ. (As subunidades γ e δ do TCR não devem ser confundidas com as subunidades de mesma designação do complexo CD3.) A cadeia ε forma um dímero não covalente com as cadeias γ ou δ para produzir complexos δε ou γε. O domínio externo das subunidades do CD3 é homólogo aos domínios de imunoglobulinas, e cada domínio citoplasmático contém um domínio ITAM, pelo qual as moléculas adaptadoras podem ser recrutadas durante a fosforilação dos resíduos de tirosina nas ITAMs. A cadeia ζ é integrada no complexo TCR-CD3 como um homodímero ligado por uma ponte dissulfeto, e cada cadeia ζ contém três motivos ITAM.

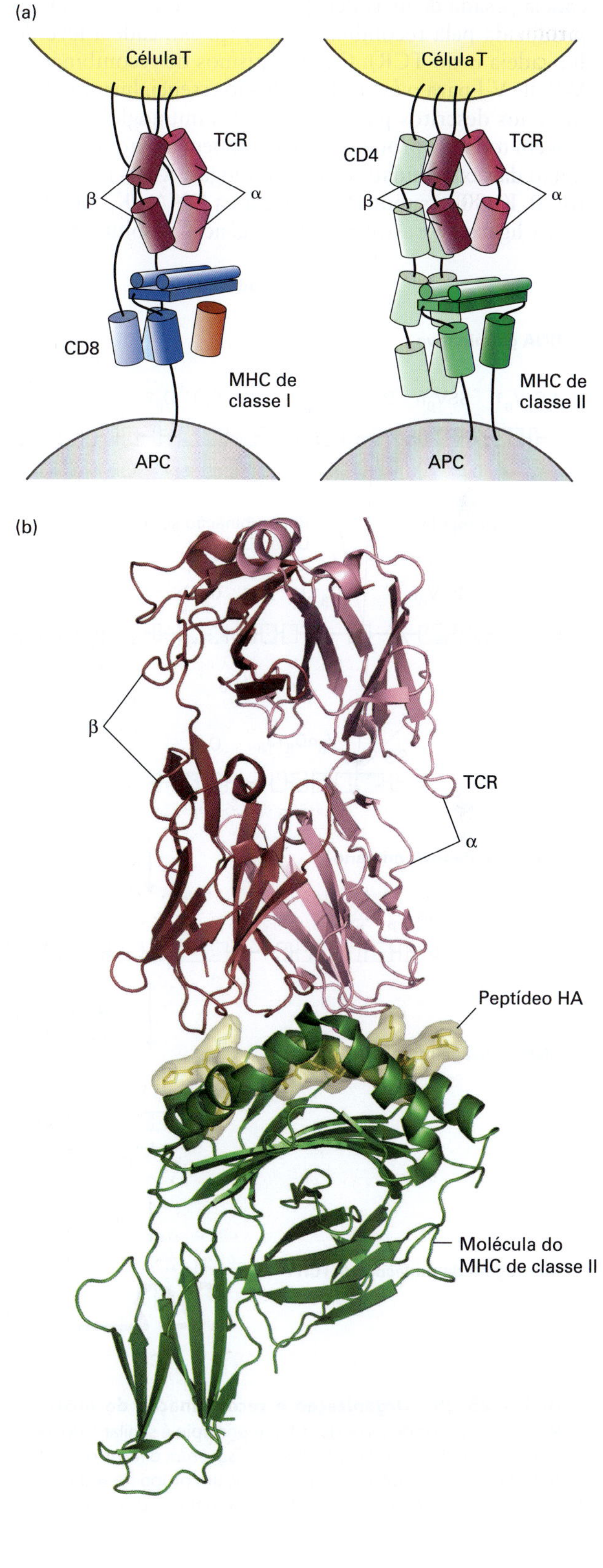

FIGURA 23-27 Estrutura do receptor de célula T e seus correceptores. (a) O receptor de célula T (TCR) para o antígeno é composto por duas cadeias, as subunidades α e β, as quais são produzidas pela recombinação V-J e V-D-J, respectivamente. As subunidades αβ devem se associar com o complexo CD3 (ver Figura 23-29) para permitir a transdução de sinais. A formação do complexo TCRαβ-CD3 completo é necessária para que o complexo seja expresso na superfície celular. Posteriormente, o receptor de célula T se associa com um correceptor, o CD8 (azul-claro) ou o CD4 (verde-claro), que permite a interação com as regiões conservadas da molécula do MHC de classe I ou de classe II, respectivamente, para apresentação do antígeno. (b) Estrutura do receptor de célula T ligado a um complexo peptídeo:MHC de classe II determinada por cristalografia por raios X. (Parte (b) com base em J. Hennecke, 2000, *EMBO J.* **19**:5611.)

Os genes do TCR são rearranajdos de modo similar aos genes das imunoglobulinas

Praticamente todos os receptores antígeno-específicos produzidos por recombinação somática contêm uma subunidade produzida pela recombinação V-D-J (p. ex., cadeia pesada de Ig; cadeia β do TCR) e uma subunidade produzida pela recombinação V-J (p. ex., cadeia leve de Ig; cadeia α do TCR). Os mecanismos de recombinação V-D-J e V-J para o *locus* do TCR são essencialmente idênticos aos descritos para os genes das imunoglobulinas e exigem todas as proteínas que compõem a maquinaria de união das extremidades não homólogas: RAG-1, RAG-2, Ku70, Ku80, a subunidade catalítica DNA-PK, XRCC4, DNA-ligase IV e Artemis. Há exigência absoluta das sequências sinais de recombinação (RSSs) e a recombinação obedece à regra do espaçador 12/23 pb (Figura 23-28).

Vários aspectos caracterizam a organização e o rearranjo do *locus* do TCR. Primeiro, a organização dos sinais de recombinação é tal que são permitidos rearranjos D-D. Segundo, a enzima desoxinucleotidil terminal (TdT) está ativa no momento do rearranjo dos genes do TCR e, portanto, os nucleotídeos N podem estar presentes em todos os genes de TCR rearranjados. Terceiro, no homem e em camundongos, o *locus* δ do TCR está dentro do *locus* α. Quando ocorre o rearranjo do TCRα, essa organização causa a excisão completa do *locus* δ interposto e, assim, a escolha do *locus* α do TCR para rearranjo impede a utilização do *locus* δ, agora perdido por deleção. As célu-

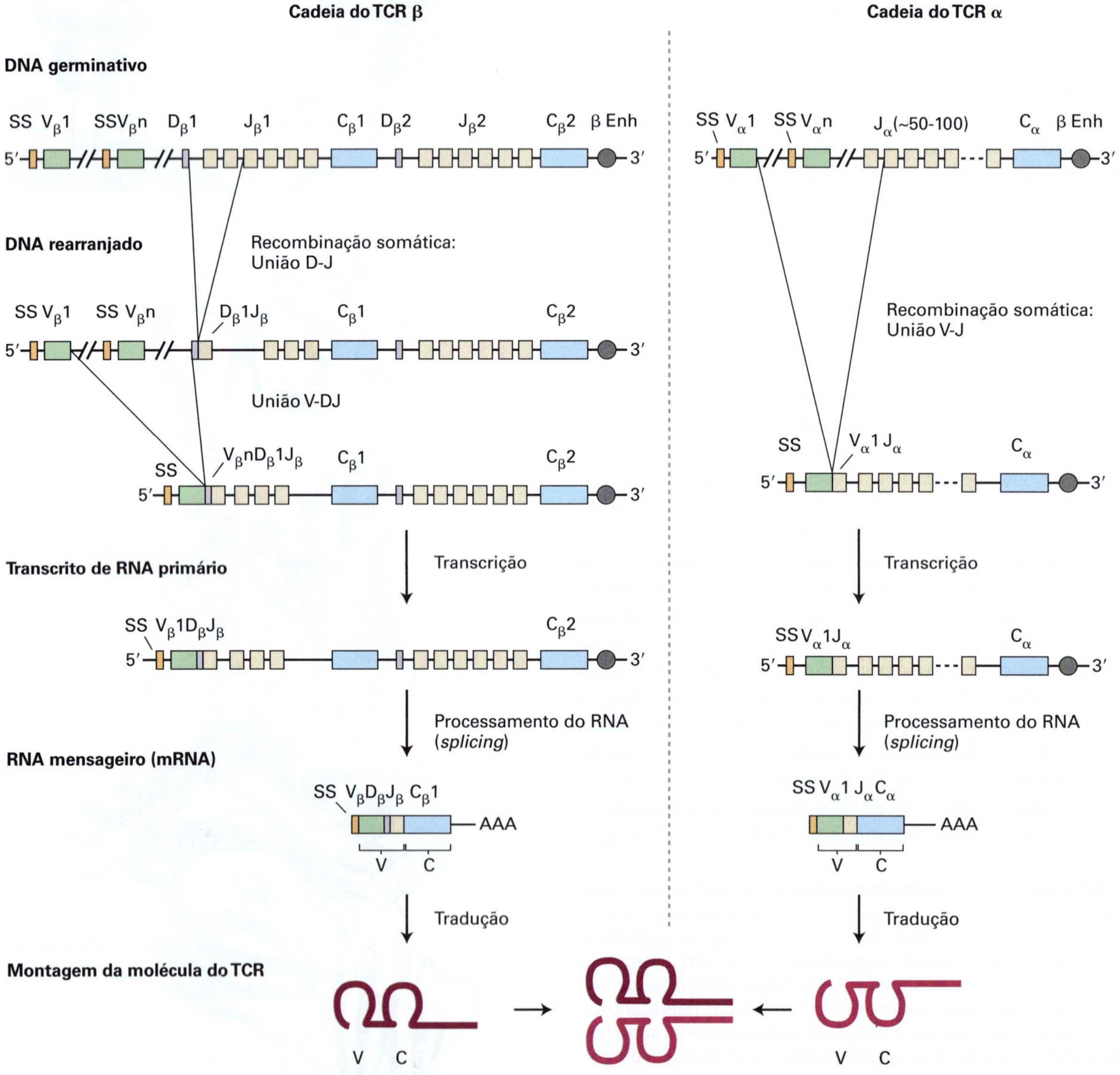

FIGURA 23-28 Organização e recombinação do *locus* do TCR. A organização do *locus* do TCR em princípio é similar à do *locus* das imunoglobulinas (ver Figura 23-14). *Esquerda*: o *locus* da cadeia β do TCR inclui um grupo de segmentos V, um grupo de segmentos D e vários segmentos J, a jusante das duas regiões constantes. A organização dos sinais de recombinação de modo a permitir não só a união D-J, mas também a união V-DJ. Não corre união V-J no *locus* do TCR. *Direita*: o *locus* da cadeia α do TCR é composto por um grupo de segmentos V e um grande número de segmentos J. SS= éxon que codifica a sequência sinal; Enh: estimulado.

las T que expressam o receptor $\alpha\beta$ e aquelas que expressam o receptor $\gamma\delta$ são consideradas linhagens separadas de células T com funções distintas. Entre as células T que expressam os receptores $\gamma\delta$, há algumas capazes de reconhecer a molécula CD1, especializada na apresentação de antígenos lipídicos. As células T $\gamma\delta$ são programadas para se alojarem em locais anatomicamente distintos (p. ex., revestimento epitelial do trato genital, pele) e provavelmente atuam na defesa do hospedeiro contra patógenos normalmente encontrados nesses locais.

Deficiências nos componentes fundamentais do aparato de recombinação, como as recombinases RAG, impedem o rearranjo dos genes do TCR. Como foi visto nas células B e como será descrito a seguir para as células T, o desenvolvimento dos linfócitos é estritamente dependente do rearranjo dos genes dos receptores de antígenos. Assim, a deficiência de RAG impede o desenvolvimento das células B e das células T.

Os receptores de células T são muito diversos com grande parte de seus resíduos variáveis codificados nas junções entre os segmentos gênicos V, D e J

A diversidade criada pelo rearranjo somático dos genes do TCR é enorme, estimada em mais de 10^{10} receptores distintos. A combinação do uso de diferentes segmentos gênicos V, D e J contribui fundamentalmente, além do mecanismo de imprecisão juncional e da adição dos nucleotídeos N, como descrito para o rearranjo gênico das imunoglobulinas. O resultado é um grau de variabilidade na região V semelhante ao dos CDR3 das imunoglobulinas (ver Figura 23-12). Na verdade, cada região variável do TCR inclui três CDRs, equivalentes aos do BCR. Entretanto, ao contrário dos genes de imunoglobulinas, os genes do TCR não sofrem hipermutação somática. Portanto, os receptores de células T não apresentam nada equivalente à maturação da afinidade dos anticorpos durante uma resposta imune, nem possuem a opção de recombinação para troca de classe ou uso de sítios de poliadenilação alternativos para criar versões do receptor de antígeno específico, solúveis ou ligadas à membrana.

A estrutura de cristal de vários receptores de células T ligados a complexos de peptídeo:MHC de classe I ou peptídeo:MHC de classe II já foram esclarecidas. Essas estruturas mostram uma variabilidade em como o receptor de células T se encaixa com o complexo peptídeo:MHC, mas grande parte do contato na região CDR3 diversificada somaticamente é realizado na porção central do peptídeo no complexo, com CDR1 e CDR2 codificadas na linhagem germinativa fazendo contato com as hélices α das moléculas do MHC. Muitos receptores de células T cujas estruturas já foram definidas posicionam-se em sentido diagonal através da porção de ligação do peptídeo no complexo peptídeo:MHC. Como resultado, o receptor de células T faz amplo contato com a carga de peptídeo bem como com as hélices α da molécula do MHC na qual se liga. A posição de cada alelo da molécula do MHC difere entre elas e, frequentemente, envolve resíduos que fazem o contato direto do receptor de células T, impedindo a ligação forte de um alelo "errado".

As diferenças nos aminoácidos que distinguem um alelo do MCH de outro também afetam a arquitetura da fenda de ligação do peptídeo. Mesmo que os resíduos do MHC que interagem diretamente com o receptor da célula T sejam compartilhados por duas moléculas alélicas do MHC, é provável que sua especificidade de ligação ao peptídeo seja diferente devido às diferenças nos aminoácidos da fenda de ligação do peptídeo. Consequentemente, os resíduos de contato com o TCR durante a ligação do peptídeo, essenciais para a interação estável com um receptor de célula T, estarão ausentes na combinação "errada" de peptídeo:MHC. Então, é pouco provável que ocorra uma interação produtiva com o receptor de célula T.

A sinalização por meio dos receptores antígeno-específicos desencadeia a proliferação e a diferenciação das células B e T

Os **receptores de antígeno das células B e das células T** transduzem sinais por meio de proteínas associadas com as porções antígeno-específicas do receptor (i.e., a cadeia leve e a cadeia pesada de Ig para o BCR, e as cadeias α e β para o TCR). As porções citosólicas dos receptores antígeno-específicos são muito curtas, não se estendem muito além da camada citosólica da membrana plasmática, e são incapazes de recrutar as moléculas sinalizadoras. Em vez disso, como discutido anteriormente, os receptores antígeno-específicos das células B e T se associam com subunidades auxiliares que contêm ITAMs (motivo de ativação de imunorreceptores baseados em tirosina). O comprometimento dos receptores antígeno-específicos pelo ligante inicia uma série de eventos proximais ao receptor: ativação da cinase, modificação das ITAMs e o subsequente recrutamento de moléculas adaptadoras que sustentam o recrutamento de outras moléculas sinalizadoras.

Como apresentado na Figura 23-29, o comprometimento dos receptores antígeno-específicos ativa a tirosina-cinase da família Src (p. ex., Lck nas células T CD4; Lyn e Fyn nas células B). Essas cinases são encontradas próximas ou fisicamente associadas ao receptor de antígeno. As cinases Src fosforilam as ITAMs nas subunidades auxiliares dos receptores de antígeno. Na sua forma fosforilada, essas ITAMs recrutam e ativam outras tirosinas-cinases que não pertencem à família Src (ZAP-70 nas células T e Syk nas células B), bem como outras moléculas adaptadoras. Esse recrutamento e ativação envolvem a fosfolipase C_{γ} específica para o fosfoinositídeo e a cinase PI-3. Os eventos seguem paralelo àqueles discutidos no Capítulo 16 para a sinalização dos receptores de tirosina cinases. Os receptores antígeno-específicos das células B e T talvez sejam mais bem caracterizados como receptores "modulares" de tirosina-cinases, com as unidades de reconhecimento do ligante e os domínios cinase localizados em unidades separadas. Enfim, a sinalização por meio de receptores antígeno-específicos inicia o programa de transcrição que determina o destino linfócito ativado: proliferação e diferenciação.

As células T dependem, de modo crucial, da interleucina 2 (IL-2) para expansão clonal. Após a estimulação de uma célula T por um antígeno, um dos primeiros genes a serem ativados é o da IL-2. A célula T responde à sua pró-

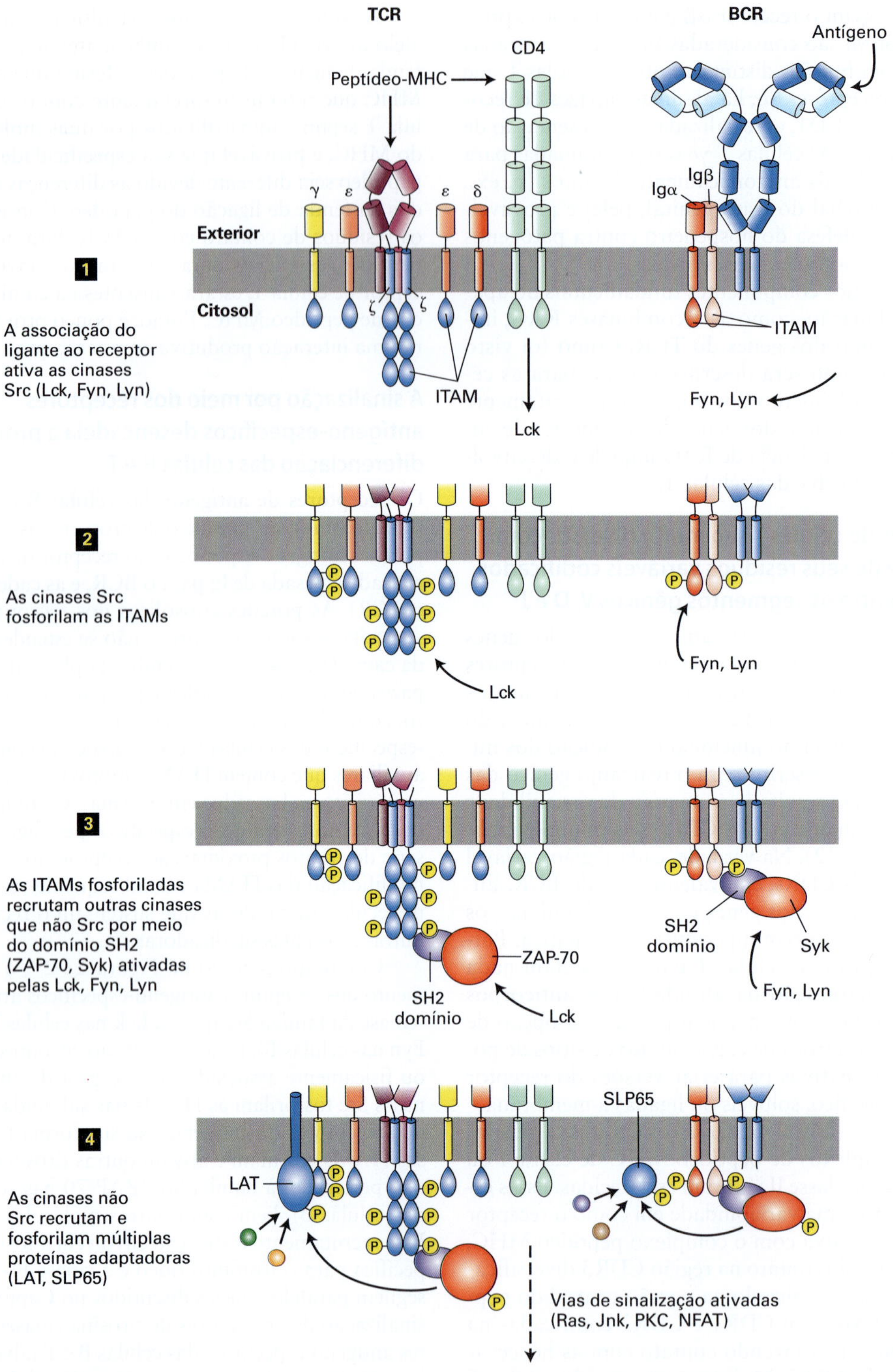
TCR
BCR
Antígeno
CD4
Peptídeo-MHC
γ
ε
ε
δ
Igα
Igβ
Exterior
Citosol
ζ
ζ
ITAM
ITAM
Lck
Fyn, Lyn
1
A associação do ligante ao receptor ativa as cinases Src (Lck, Fyn, Lyn)
2
As cinases Src fosforilam as ITAMs
Lck
Fyn, Lyn
3
As ITAMs fosforiladas recrutam outras cinases que não Src por meio do domínio SH2 (ZAP-70, Syk) ativadas pelas Lck, Fyn, Lyn
ZAP-70
SH2 domínio
Lck
SH2 domínio
Syk
Fyn, Lyn
4
As cinases não Src recrutam e fosforilam múltiplas proteínas adaptadoras (LAT, SLP65)
LAT
SLP65
Vias de sinalização ativadas (Ras, Jnk, PKC, NFAT)

FIGURA 23-29 Transdução de sinal do receptor de célula T (TCR) e receptor de célula B (BCR). As vias de transdução de sinais usadas pelos receptores antígeno-específicos das células T (*esquerda*) e das células B (*direita*) são semelhantes do ponto de vista conceitual. Os estágios iniciais estão representados na figura. Os eventos de sinalização levam a alterações na expressão gênica que resultam na proliferação e na diferenciação dos linfócitos estimulados pelos antígenos. Mais informações no texto.

pria eclosão de IL-1 e começa a produzir mais IL-2, exemplo de estimulação autócrina e parte de uma alça de retroalimentação positiva. Um importante fator de transcrição necessário para a indução da síntese de IL-2 é a proteína NF-AT (fator nuclear de células T ativadas). Essa proteína é sequestrada no citoplasma na forma fosforilada e não entra no núcleo a não ser que ela seja primeiro desfosforilada. A fosfatase responsável é a calcineurina, enzima ativada pelo Ca^{2+}. O aumento inicial de Ca^{2+} que leva à ativação da calcineurina é resultado da mobilização do Ca^{2+} armazenado no RE ativado pela hidrólise da PIP_2 e a produção concomitante de IP_3 (ver Figura 15-36 etapas 2 a 4).

O fármaco imunossupressor ciclosporina inibe a atividade da calcineurina por meio da formação de um complexo ciclosporina-ciclofilina que se liga e inibe a calcineurina. Se a desfosforilação da NF-AT é suprimida, a NF-AT não consegue entrar no núcleo e participar da regulação positiva da transcrição do gene de IL-2. Isso impede a expansão das células T estimuladas pelo antígeno e leva à imunossupressão, discutivelmente a única intervenção mais importante que contribui no sucesso do transplante de órgãos. Embora o sucesso do transplante varie conforme o órgão, a disponibilidade de fortes imunossupressores como a ciclosporina expandiu enormemente as possibilidades do transplante clínico. ■

As células T capazes de reconhecer moléculas do MHC se desenvolvem por um processo de seleção negativa e positiva

O rearranjo dos segmentos gênicos que são reunidos em um receptor de célula T funcional é um evento estocástico, realizado pela célula T sem o prévio conhecimento das moléculas do MHC com as quais esses receptores irão interagir. Assim como a recombinação somática no *locus* da cadeia pesada da Ig nas células B, os primeiros segmentos gênicos do TCR a serem rearranjados são os TCRβ e os elementos D e J, seguido pela união com um segmento V ao recém-recombinado DJ. Nessa etapa do desenvolvimento das células T, o rearranjo produtivo permite a síntese da cadeia β do TCR, incorporada no pré-TCR por meio da associação com a subunidade α do pré-TCR. Esse pré-TCR desempenha uma função análoga à do pré-BCR no desenvolvimento das células B. Ele sinaliza para a célula T que ela concluiu com sucesso um rearranjo produtivo, sem necessidade de rearranjos posteriores no alelo oposto. Isso permite a expansão das células pré-T que realizaram um rearranjo bem-sucedido e impõe a exclusão alélica para assegurar que, como regra, uma única subunidade TCRβ funcional seja produzida em determinada célula T e suas descendentes. A seguir, a expressão da RAG é interrompida, e após a conclusão da fase de expansão da célula pré-T, a expressão da RAG é reiniciada para permitir o rearranjo do *locus* do TCRα, que finalmente leva à produção de células T com um receptor TCRβ totalmente formado. A Figura 23-30 ilustra as etapas análogas do desenvolvimento das células B e T.

Como o novo repertório de células T recém-formado é moldado para possibilitar uma interação produtiva com as moléculas do próprio MHC? A natureza aleatória do processo de rearranjo gênico e a enorme variabilidade produzida como consequência produzem uma série de receptores de células T, muitos dos quais não podem interagir produtivamente com os produtos do MHC do hospedeiro. Lembre-se de que o processamento e a apresentação do antígeno são processos constitutivos, e no timo, onde ocorrem esses eventos de seleção, todas as moléculas do MHC próprias estão necessariamente ocupadas com peptídeos derivados das próprias proteínas. Essas combinações de peptídeos próprios associados às moléculas do MHC de classe I e de classe II constituem o molde no qual essa série inicial de receptores de células T deve ser calibrada.

As células T com receptores que não se associam às moléculas do próprio MHC são inúteis. Tais células irão falhar na detecção de sinais de sobrevivência por meio de seus receptores de células T recém-produzidos e morrerão. No outro extremo, estão as células T com receptores que apresentam um encaixe perfeito com as moléculas do MHC próprio associadas com um determinado peptídeo próprio. Essas células T, se deixarem o timo e alojarem-se nos órgãos linfoides periféricos, serão, por definição, autorreativas e poderão causar autoimunidade. Se o número dessas combinações de peptídeo e MHC próprios ultrapassar o limiar suficiente para permitir a ativação do receptor de célula T, então essas células serão orientadas para morrer no timo por apoptose, o destino da maioria das células que entram e expandem no timo. Esse processo é denominado seleção negativa e atua para eliminar do repertório as células T evidentemente autorreativas. Qualquer célula T equipada com um receptor que percebe sinais suficientemente fortes para permitir a sobrevivência, mas abaixo do limite que estimule a apoptose da célula T, receberão sinais de sobrevivência e serão selecionadas positivamente. É provável que a heterogeneidade dos complexos peptídeo:MHC apresentados na superfície das células T sendo selecionadas faça com que o receptor de célula T interprete os sinais não somente de maneira qualitativa (força e duração), mas também de modo aditivo. O somatório das energias de ligação das diferentes combinações peptídeo próprio:MHC expostos irá auxiliar a determinar o resultado da seleção. Isso é denominado *modelo de avidez da seleção das células T*.

As células T são mortas por apoptose somente se os autoantígenos adequados estejam adequadamente representados no timo como complexos peptídeo:MHC. As proteínas expressas de maneira específica nos tecidos, como a insulina nas células β do pâncreas ou os componentes da mielina no sistema nervoso, obviamente não se encaixam nessa categoria. Entretanto, um fator denominado AIRE (regulador autoimune) permite a expressão desses antígenos de tecidos específicos em um subgrupo de células epiteliais. Não se sabe como o AIRE realiza essa função, mas há uma grande suspeita sobre a regulação direta da transcrição dos genes relevantes no timo e nos locais selecionados nos órgãos linfoides secundários. Defeitos no AIRE causam uma falha na expressão desses antígenos de tecidos específicos no timo. Em indivíduos que não expressam o AIRE, as células T em desenvolvimento não recebem as instruções completas no timo que irão levar à eliminação das células T potencialmente reativas. Como consequência, esses indivíduos apresentam uma gama desconcertante de respostas autoimunes, causando extensos danos nos tecidos e doenças.

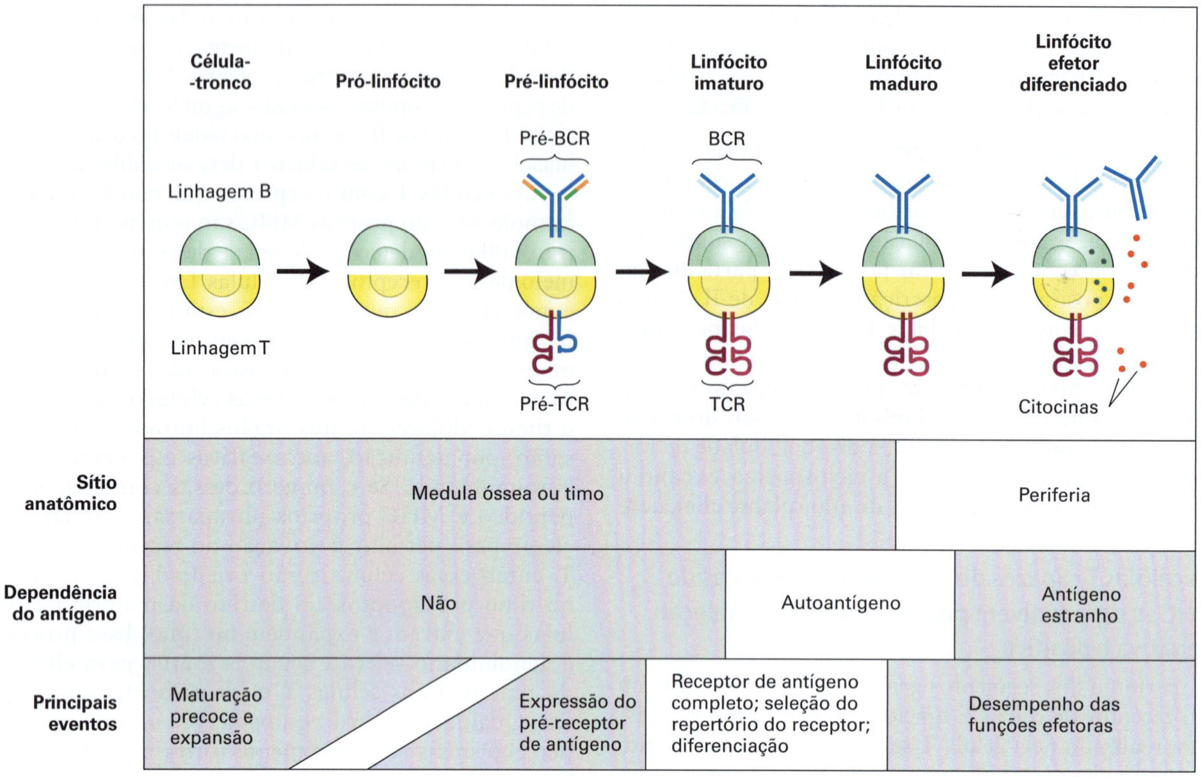

FIGURA 23-30 Comparação do desenvolvimento das células T e B. A decisão do destino celular é executada pelos receptores compostos por novas cadeias μ rearranjadas (pré-BCR) ou de novas cadeias β rearranjadas (pré-TCR). Os receptores pré-BCR ou pré-TCR desempenham funções semelhantes: expansão das células que realizaram, com sucesso, rearranjo e exclusão alélica. Esta fase do desenvolvimento dos linfócitos não requer o reconhecimento de um antígeno específico. Os receptores pré-BCR e pré-TCR têm subunidade únicas para cada receptor, ausentes nos receptores antígeno-específicos dos linfócitos maduros: o Vpré-B e $\lambda5$ (laranja e verde) no pré-BCR e o pré-Tα (azul) no pré-TCR. Após a conclusão da fase de expansão, a expressão começa no gene que codifica a subunidade remanescente do receptor antígeno específico: a cadeia leve Ig (azul-claro) no BCR e a cadeia TCR α (vermelho claro) no TCR. O desenvolvimento e a diferenciação dos linfócitos ocorrem em diferentes sítios anatômicos e somente os receptores antígeno-específicos completamente formados (BCR e TCR) reconhecem o antígeno. Os linfócitos maduros são estritamente dependentes do reconhecimento do antígeno para sua ativação.

O rearranjo dos TCRs ocorre coincidentemente com a aquisição gradual dos correceptores CD4 e CD8. Um intermediário fundamental no desenvolvimento das células T é um timócito que expressa o CD4 e o CD8, bem como um complexo TCR-CD3 funcional. Essas células, chamadas células duplo-positivas (CD4CD8+), são encontradas somente como intermediárias do desenvolvimento no timo. A escolha de qual receptor (CD4 ou CD8) será expresso determina se a célula T irá reconhecer moléculas do MHC de classe I ou de classe II. Como uma nova célula CD4CD8+ é instruída para tornar-se uma célula T CD8 (restrita ao MHC de classe I) ou uma célula T CD4 (restrita ao MHC de classe II) ainda não está bem estabelecido.

As células T necessitam de dois tipos de sinais para ativação completa

Todas as células T necessitam de um sinal por meio de seu receptor antígeno específico, o TCR, para ativação, mas este não é suficiente: as células T também precisam de sinais coestimuladores. Para detectar os sinais coestimuladores, as células T têm em sua superfície diversos receptores diferentes, entre os quais o CD28 é o melhor exemplo. O CD28 interage com o CD80 e CD86, duas glicoproteínas de superfície das células apresentadoras de antígeno com as quais as células T interagem. A expressão do CD80 e CD86 é regulada positivamente quando as próprias células apresentadoras de antígeno recebem os sinais estimuladores adequados, por exemplo, por meio da associação com seus receptores semelhantes ao Toll (TLRs). Os sinais emitidos pelo CD28 sinergizam com os sinais emanados do receptor de célula T comprometido, todos necessários para ativação completa (Figura 23-31).

Uma vez ativadas, as células T também expressam receptores que fornecem um sinal atenuador ou inibidor quando reconhecem essas mesmas moléculas coestimuladoras. A proteína CTLA4, cuja expressão nas células T é induzida pela ativação, compete com o CD28 pela ligação ao CD80 e CD86. Como a afinidade da CTLA4 pelas proteínas CD80 e CD86 é maior do que a afinidade do CD28, os sinais inibidores emitidos por meio da CTLA4 irão dominar os sinais estimuladores derivados da associação com o CD28. Assim, as moléculas coestimuladoras podem ser estimuladoras ou inibidoras e proporcionar um modo de controle do estado de ativação e duração da resposta da célula T.

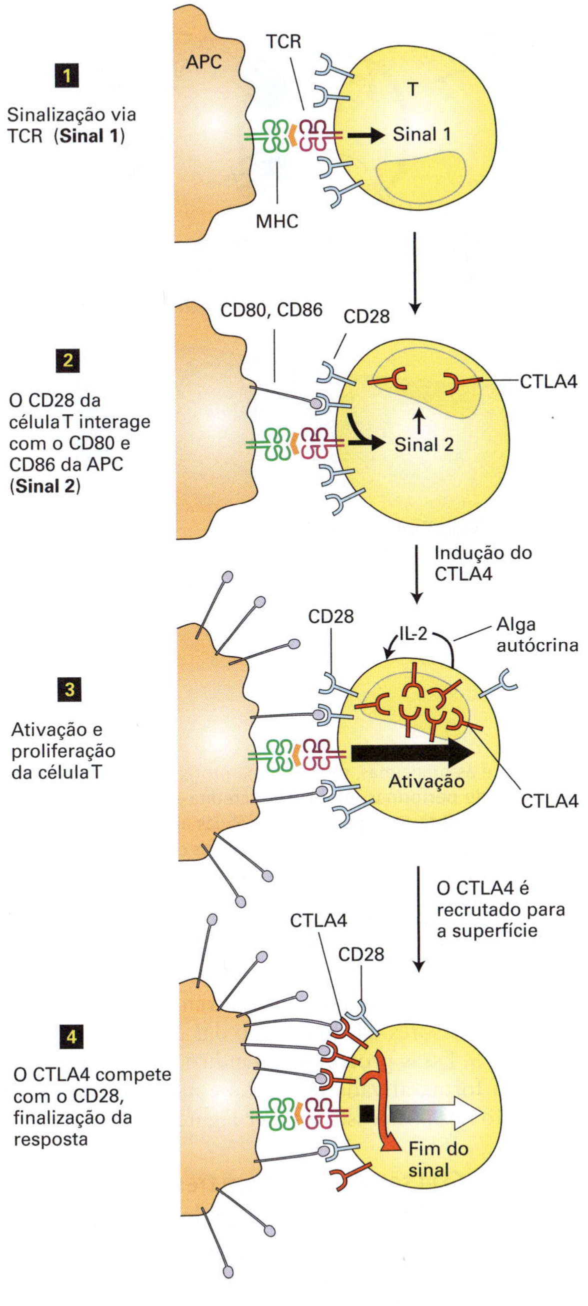

FIGURA 23-31 Sinais envolvidos na ativação e finalização da célula T. O modelo de dois sinais de ativação das células T envolve o reconhecimento do complexo peptídeo:MHC pelo receptor de célula T, que emite o Sinal 1 (etapa **1**), juntamente com o reconhecimento das moléculas coestimuladoras (CD80, CD86) na superfície das células apresentadoras de antígenos, que emite o Sinal 2 (etapa **2**). Se a coestimulação não for fornecida, a célula T recém-comprometida vai se tornar não responsiva (anérgica). O fornecimento do Sinal 1 por meio do receptor de célula T e do Sinal 2 por meio da associação entre o CD80 e CD86 permite a ativação completa. Por sua vez, a ativação completa leva ao aumento da expressão da CTLA4 (etapa **3**). Após migrar à superfície celular, a CTLA4 se liga ao CD80 e CD86, inibindo a resposta da célula T (etapa **4**). Como a afinidade do CTLA4 por CD80 e CD86 é maior do que por CD28, ocorre a finalização da ativação da célula T.

As células T citotóxicas são portadoras do co-receptor T CD8 e são especializadas para matar

Como já foi visto, as células T citotóxicas, também denominadas de linfócitos T citolíticos (CTLs), geralmente possuem como marcador a glicoproteína CD8 e são restritas por seu reconhecimento por meio das moléculas do MHC de classe I. Elas matam as células-alvo que apresentam as combinações adequadas de peptídeo-MHC com extrema sensibilidade: Um único complexo peptídeo-MHC é suficiente para permitir que uma célula T CD8 adequadamente instruída mate a célula-alvo portadora desse complexo. O mecanismo de morte das CTLs envolve duas classes de proteínas que atuam de modo sinérgico, as perforinas e as granzimas (Figura 23-32). As perforinas, que possuem homologia com os componentes terminais da cascata do complemento que formam o complexo de ataque à membrana, forma poros de 20 nm através das membranas que elas atacam. A destruição de uma barreira de permeabilidade intacta, que leva à perda dos eletrólitos e de outros pequenos solutos contribui para a morte celular. As granzimas são levadas até as células-alvo e acredita-se que entrem nas mesmas, provavelmente por meio dos poros formados pelas perforinas. As granzimas são serina proteases que ativam as **caspases** efetoras forçando a célula-alvo para a via da morte celular programada (apoptose). As perforinas e granzimas são armazenadas nos grânulos citotóxicos, do interior das células T citotóxicas. Quando o receptor de células T se liga ao antígeno, os grânulos citotóxicos e seu conteúdo são liberados na fenda formada entre a célula T citotóxica e a célula-alvo. Não se sabe como a célula T escapa da morte após a liberação das granzimas e perforinas na fenda sináptica. As células NK também possuem atividade citotóxica e igualmente dependem das perforinas e granzimas para matarem seus alvos (ver Figura 23-5).

As células T citotóxicas produzem uma gama de citocinas que fornecem os sinais a outras células do sistema imune

Muitos linfócitos e células não linfoides nos tecidos linfoides produzem citocinas. Essas pequenas proteínas secretadas instruem o que os linfócitos devem fazer por meio da ligação a receptores específicos na superfície dos linfócitos e da iniciação do programa de transcrição, que permite aos linfócitos proliferar ou diferenciar em um célula efetora pronta para exercer sua atividade citotóxica (Células T CD8), auxiliar (células T CD4) ou secretar anticorpos (células B). As citocinas produzidas pelos linfócitos ou que atuam principalmente nos leucócitos são denominadas **interleucinas**; pelo menos 32 interleucinas já foram reconhecidas e caracterizadas molecularmente. Interleucinas estruturalmente relacionadas são reconhecidas por receptores cognatos com similaridade estrutural; em especial, o receptor da interleucina-2 é um exemplo bem caracterizado. A interleucina 2 (IL-2) foi identificada como fator de crescimento de linfócitos e é uma das primeiras citocinas produzidas quando as células T são estimuladas. A IL-2 atua como fator de crescimento autócrino (atua nas células onde foi secretada) e promove a expansão clonal das células T ativadas.

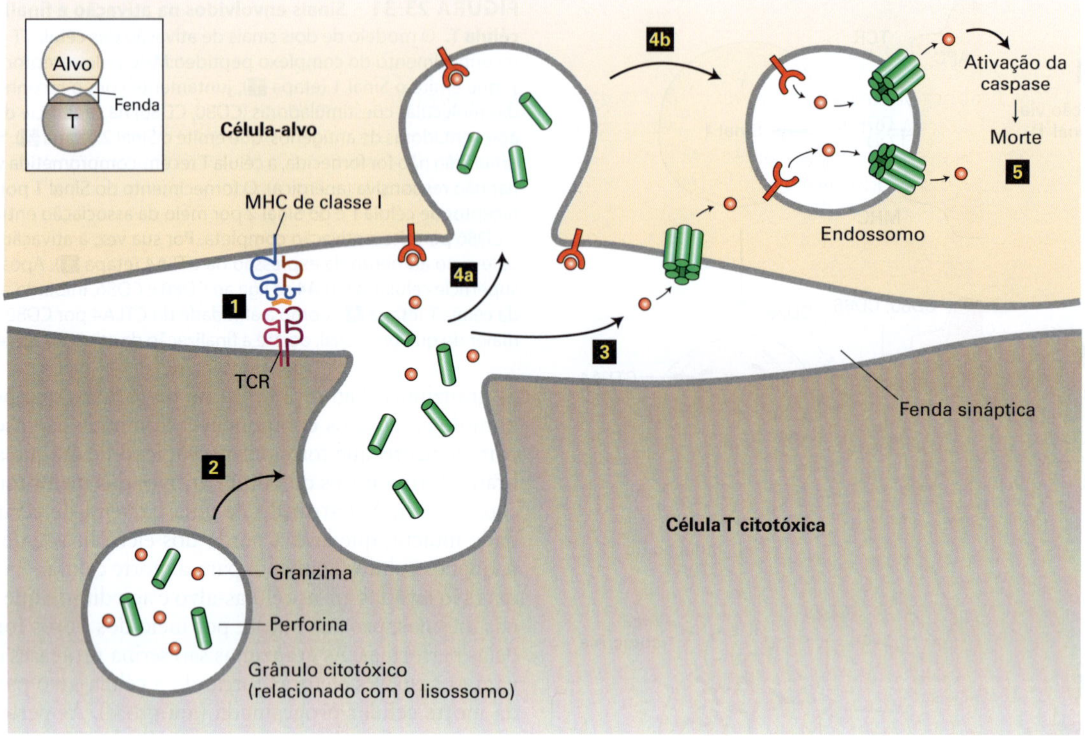

FIGURA 23-32 A morte celular mediada pela perforina e granzima das células T citotóxicas. Durante o reconhecimento da célula-alvo (etapa **1**), as células T citotóxicas fazem um forte contato com o antígeno-específico das células-alvo. Este contato causa a formação de uma fenda sináptica na qual o conteúdo dos grânulos citotóxicos é liberado (etapa **2**). O conteúdo desses grânulos inclui as perforinas e as granzimas. As perforinas formam poros nas membranas onde são adsorvidas, e as granzimas, são as serina proteases que entram por esses poros de perforinas (etapa **3**). Acredita-se que as perforinas atuem não somente na superfície das células-alvo, mas também na superfície dos compartimentos endossômicos das células-alvo após as perforinas terem sido internalizadas da superfície celular (etapa **4**). Uma vez no citoplasma, as granzimas ativam as caspases, que iniciam a morte celular programada (etapa **5**).

A interleucina 4 (IL-4), produzida pelas células T CD4 especializadas em auxiliar as células B (discutido a seguir), induz a proliferação das células B ativadas e a recombinação para troca de classe e hipermutação somática. A interleucina 7 (IL-7), produzida pelas células estromais da medula óssea, é essencial para o desenvolvimento das células B e T das precursoras comprometidas. Tanto a IL-7 quanto a IL-5 atuam na manutenção das células T na forma de **células de memória**, células que já encontraram um antígeno e que podem ser recrutadas quando ocorre nova exposição a esse antígeno. Então, essas células T de memória proliferam rapidamente e ocupam-se do intruso. A IL-2, IL-4, IL-7, IL-9 e IL-15 contam com uma subunidade comum para a transdução de sinais, a cadeia γ comum (γ_c), com as subunidades α (IL-2, IL-15) e subunidades β (IL-2, IL-4, IL-7, IL-9, IL-15) fornecendo a especificidade ao ligante. Defeitos genéticos na γ_c causam uma falha quase completa no desenvolvimento dos linfócitos, demonstrando a importância dessas citocinas não somente durante a fase efetora da resposta imune, mas também durante o desenvolvimento dos linfócitos, onde principalmente a IL-7 tem função fundamental.

Os mecanismos de transdução de sinais dos receptores de citocinas, por meio da via JAK/STAT, estão descritos no Capítulo 16 (ver na Figura 16-1 uma rápida revisão). Entre os muitos genes que estão sob o controle da via STAT, estão os supressores da sinalização das citocinas, ou proteínas SOCS. Essas proteínas são induzidas por citocinas, se ligam à forma ativada das JAKs e marcam estas para degradação nos proteossomos (ver Figura 16-14b).

As células T CD4 são divididas em três principais classes de acordo com a produção de citocinas e a expressão de marcadores de superfície

A principal função das células T CD4 é de proporcionar auxílio às células B e orientar sua diferenciação em células plasmáticas que secretam anticorpos de alta afinidade. Essa função, desempenhada pelas células T auxiliares, requer a produção e a secreção de citocinas, bem como o contato direto entre as células T CD4 e as células B às quais irão fornecer o auxílio.

O segundo tipo de células T CD4 tem como função principal a secreção de citocinas que contribuem para o estabelecimento do ambiente inflamatório. Múltiplos tipos de células T CD4 foram definidos com base nas citocinas que produzem e em suas propriedades funcionais. Enquanto as células T ativadas produzem IL-2, outras citocinas são produzidas por determinados subgrupos de células T CD4. Essas células T CD4 são classificadas como células T_H1, caracterizadas pela produção de interferon γ e TNF, e células T_H2, caracterizadas pela produção de IL-4 e IL-10. As células T_H1 podem ativar os macrófagos e estimular a resposta inflamatória por meio da produção de IFNγ. Embora chamadas de *células T inflamatórias*, as células T_H1 desempenham uma função importante na produção de anticorpos, principalmente por facilitar a produção de anticorpos fixadores do complemento, como a IgG1 e a IgG3. As células T_H2 desempenham importante função na resposta das células B que envolve a recombinação para troca de classe para os isotipos IgG1 e IgE (discutidos a seguir), por meio da produção de IL-4. A combinação das citocinas produzidas pelas células T CD4 e a interação entre a proteína CD40 induzida pelas células T ativadas com o ligante CD40 (CD40L) das células B são responsáveis pela indução da desaminase induzida pela ativação e, assim, preparam as células B para a recombinação para troca de classe e hipermutação somática.

Um subgrupo de células T CD4 recentemente descoberto inclui as *células T reguladoras* e as células T_H17. As primeiras podem atenuar a resposta imune exercendo efeito supressor na produção de citocinas por outras células T. Essas células T reguladoras restringem a atividade de células T potencialmente autorreativas e são importantes na manutenção da tolerância (ausência de resposta imune contra os autoantígenos). As células T_H17 são importantes na defesa do hospedeiro contra bactérias e também atuam nas doenças de autoimunidade.

Os leucócitos migram em resposta a sinais quimiotáxicos fornecidos pelas quimiocinas

As interleucinas instruem os linfócitos o que fazer por meio da indução de um programa transcricional que lhes permite adquirir funções efetoras. Por outro lado, as quimiocinas instruem aonde os leucócitos devem ir. Muitas células emitem sinais quimiotáxicos na forma de **quimiocinas**. Quando ocorre uma lesão no tecido, os fibroblastos residentes produzem a quimiocina IL-8 que atrai os neutrófilos para o local da lesão. A regulação do tráfego dos linfócitos dentro dos linfonodos é essencial para que as células dendríticas atraiam as células T e para que as células T e B se encontrem. Essas etapas de tráfego são todas controladas por quimiocinas.

Existem, aproximadamente, 40 quimiocinas distintas e mais de uma dúzia de receptores de quimiocinas. Uma quimiocina pode se ligar a mais de um receptor, e um único receptor pode se ligar a várias quimiocinas diferentes. Isso cria a possibilidade de gerar um código combinatório de sinais quimiotáxicos de grande complexidade. Esse código é usado para permitir a navegação dos leucócitos do local onde são produzidos, na medula óssea, até a circulação sanguínea para serem transportados para seu destino alvo.

Algumas quimiocinas direcionam os linfócitos para deixarem a circulação sanguínea e alojarem-se nos órgãos linfoides. Essa migração contribui para povoar os órgãos linfoides com o conjunto necessário de linfócitos. Como essa movimentação ocorre como parte do desenvolvimento linfoide normal, tais quimiocinas também são chamadas de *quimiocinas homeostáticas*. Aquelas quimiocinas que atuam para recrutar leucócitos aos locais de inflamação e lesão nos tecidos são chamadas de *quimiocinas inflamatórias*.

Os receptores de quimiocinas são receptores acoplados à proteína G cuja função é uma etapa essencial na regulação da adesão e migração celular. Os leucócitos migram por meio dos vasos sanguíneos em alta velocidade e são expostos a grandes forças de desgaste hidrodinâmico. Para que um leucócito atravesse o endotélio e se aloje em um linfonodo ou investigue se há infecção nos tecidos, ele deve, inicialmente, desacelerar, processo que requer a interação dos receptores de superfície denominados selectinas com seus ligantes, compostos principalmente por carboidratos. Se as quimiocinas se encontrarem nas proximidades, adsorvidas na matriz extracelular, e se os leucócitos tiverem um receptor para aquela quimiocina, a ativação do receptor de quimiocina emite um sinal que permite uma mudança conformacional nas integrinas dos leucócitos. Essa alteração conformacional causa um aumento na afinidade da integrina pelo seu ligante, levando à firme detenção dos leucócitos. Os leucócitos agora podem sair dos vasos sanguíneos por um processo denominado *extravasamento* (ver Figura 20-39).

CONCEITOS-CHAVE da Seção 23.5

Células T, receptores de células T e desenvolvimento das células T

- Os receptores de células T antígeno-específicos são proteínas diméricas formadas por subunidades α e β ou por subunidades γ e δ. Há pelo menos duas classes principais de células T de acordo com a expressão dos correceptores glicoproteicos CD4 e CD8 (ver Figura 23-27).
- As células que usam as moléculas do MHC de classe I como elementos de restrição têm o CD8 e as células que usam o MHC de classe II têm o CD4. Essas classes de células T são funcionalmente distintas: as células T CD8 são citotóxicas e as células T CD4 fornecem o auxílio às células B e são importantes fontes de citocinas.
- Os genes que codificam as subunidades do TCR são gerados por recombinação somática dos segmentos V e J (cadeia α) e de segmentos V, D e J (cadeia β). O rearranjo obedece às mesmas regras daqueles definidos para os rearranjos dos genes das Ig das células B (ver Figura 23-28). O rearranjo dos genes do TCR ocorre no timo e somente naquelas células destinadas a tornarem-se linfócitos T.
- Um receptor de célula T completo inclui um complexo acessório, o CD3, necessário para a transdução de sinal. Cada subunidade do complexo CD3 tem em sua cauda citoplasmática um ou mais domínios ITAMs. Quando fosforilado, esses ITAMs recrutam moléculas acessórias envolvidas na transdução de sinais (ver Figura 23-29).
- Durante o desenvolvimento das células T, o *locus* do TCR β rearranja primeiro, codificando uma subunidade β funcional incorporada no pré-TCR, que também inclui uma subunidade especializada pré-TCR codificada por um rearanjo gênico (ver Figura 23-30). Como o pré-BCR, o pré-TCR controla a exclusão alélica e a proli-

feração daquelas células que realizaram o rearranjo do TCRβ com sucesso.

- As células T destinadas a se tornar células T CD8 devem interagir com moléculas do MHC de classe I durante seu desenvolvimento, e as células destinadas a se tornar células T CD4 devem interagir com as moléculas do MHC de classe II. As células T que falham no reconhecimento de qualquer molécula do MHC morrem por falta dos sinais de sobrevivência. As células T que interagem com muita intensidade com os complexos peptídeo:MHC encontrados durante seu desenvolvimento são instruídas para morrer (seleção negativa). As células T que apresentam afinidade intermediária para o complexo peptídeo:MHC podem maturar (seleção positiva) e são exportadas do timo para a periferia.
- As células T são instruídas para onde ir (migração celular) por meio de sinais quimiotáxicos na forma de quimiocinas. Os receptores para as quimiocinas são receptores associados à proteína G que apresentam certo grau de promiscuidade em relação à sua ligação com as quimiocinas. A complexidade da família dos receptores de quimiocina-quimiocina permite a regulação precisa do tráfego dos leucócitos nos órgãos linfoides e na periferia.

23.6 Colaboração das células do sistema imune na resposta adaptativa

Uma resposta imune adaptativa eficaz requer a presença de células B, células T e células apresentadoras de antígenos. Para que as células B executem a recombinação e a hipermutação para troca de classe, pré-requisitos para a produção de anticorpos de alta afinidade, elas necessitam do auxílio das células T ativadas. Por sua vez, essas células T somente podem ser ativadas pelas células apresentadoras de antígenos profissionais como as células dendríticas, que detectam os invasores usando seus receptores semelhantes ao Toll (TLRs), como as lectinas tipo C que podem reconhecer determinantes polissacarídicos e carboidratos. Portanto, a inter-relação entre os componentes da imunidade inata e adaptativa é muito importante nesse aspecto da imunidade adaptativa. Essa natureza interdependente da imunidade inata e adaptativa assegura uma resposta precoce e rápida de valiosa proteção imediata e também ativa o sistema imune adaptativo para uma resposta específica contra qualquer invasor persistente. Nesta seção, será descrito como esses vários elementos são ativados e como os tipos celulares relevantes interagem.

Os receptores semelhantes ao Toll detectam vários padrões moleculares derivados dos patógenos

Uma parte importante da defesa inata é a capacidade de detectar imediatamente a presença de um invasor microbiano e responder a ela. Essa resposta inclui a eliminação direta do invasor, mas também prepara o mamífero hospedeiro para uma resposta imune adaptativa adequada, principalmente por meio da ativação das células apresentadoras de antígenos profissionais. As células apresentadoras de antígeno localizam-se por todo o epitélio (vias aéreas, trato gastrintestinal, trato genital), onde é mais provável de ocorrer um contato com um patógeno. Na pele, uma rede de células dendríticas denominadas *células de Langerhans* torna praticamente impossível que um patógeno que ultrapasse essa barreira evite o contato com essas células apresentadoras de antígenos profissionais. As células dendríticas e outras células apresentadoras de antígeno profissionais detectam a presença de bactérias e vírus por meio dos membros da família de receptores semelhantes ao Toll (TLR). Essas proteínas são assim denominadas em função da homologia estrutural e funcional com a proteína Toll de *Drosophila*. A Toll de *Drosophila* foi descoberta devido à sua importante função na determinação do padrão dorsoventral da mosca-da-fruta, mas hoje se reconhece que receptores relacionados são capazes de ativar uma resposta imune inata nos insetos e nos vertebrados.

Estrutura do TLR O próprio Toll e os receptores semelhantes ao Toll têm um domínio extracelular composto por *repetições ricas em leucina*. Essas repetições formam um domínio extracelular, em forma de foice, supostamente envolvido no reconhecimento do ligante. A porção citoplasmática dos receptores semelhantes ao Toll contém um domínio responsável para o recrutamento de proteínas adaptadoras para permitir a transdução de sinais. A via de sinalização utilizada pelos receptores semelhantes ao Toll compartilha vários dos componentes (e desfechos) daqueles usados pelos receptores da citocina IL-1 (Figura 23-33).

A proteína Toll de *Drosophila* interage com o seu ligante, o Spaetzle, produto da conversão proteolítica iniciada por componentes da parede celular de fungos que se alimentam da *Drosophila*. Na mosca-da-fruta, a ativação do Toll desencadeia uma cascata de sinalização que controla a transcrição de genes que codificam peptídeos antimicrobianos. Embora tenha sido inicialmente identificado como uma cascata que controla o desenvolvimento precoce de *Drosophila*, desde então ficou evidente que a via do Toll também controla a imunidade do inseto. O receptor ativado na superfície se comunica com o aparato transcricional por meio de uma série de proteínas adaptadoras que ativam as cinases interpostas entre o receptor semelhante ao Toll e os fatores de transcrição que são ativados por sua sinalização. Uma etapa fundamental é a degradação no proteossomo dependente de ubiquitina da proteína Cactus. Sua remoção permite que a proteína Dif entre no núcleo e inicie a transcrição. Essa via é muito homóloga em sua função de composição estrutural à via do NF-κB dos mamíferos (ver Figura 16-34).

Diversidade dos TLRs Aproximadamente uma dúzia de receptores semelhantes ao Toll em mamíferos pode ser ativada por vários produtos microbianos. Esses receptores são expressos por vários tipos celulares, mas sua função é crucial para a ativação das células dendríticas e macrófagos. Os neutrófilos também expressam os receptores semelhantes ao Toll. Os produtos microbianos reconhecidos pelos receptores semelhantes ao Toll incluem as macromoléculas encontradas no envelope celular das bactérias como os polissacarídeos (LPS), flagelinas (subunidades do flagelo

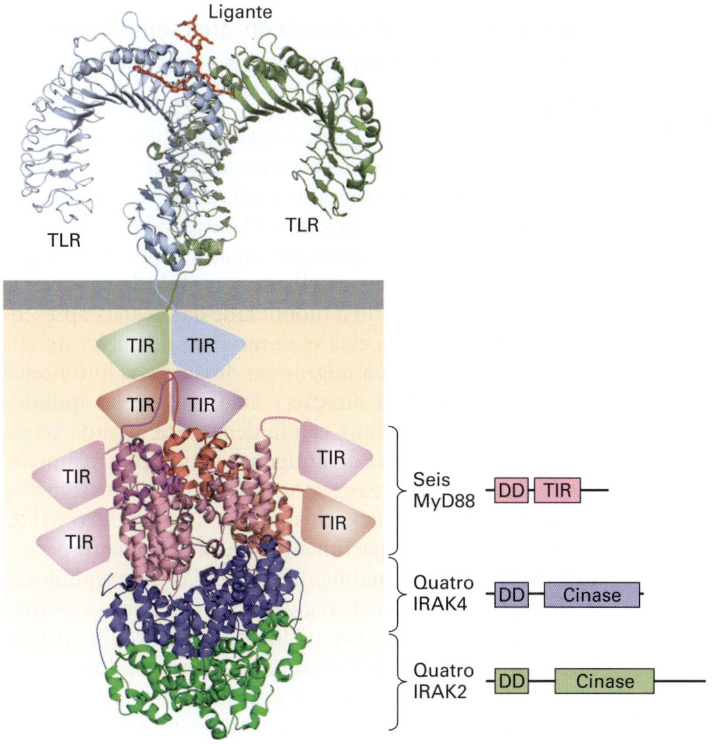

FIGURA 23-33 Ativação do receptor semelhante ao Toll. As porções extracelulares dos TLRs reconhecem ligantes com diferentes naturezas químicas (ácidos nucleicos, lipopolissacarídeos). A porção citoplasmática dos TLRs se associa com a molécula adaptadora MyD88, presente em seis cópias por complexo, e recruta dois tipos de cinases, ambas membros da família IRAK. Essas interações complexas são mantidas por meio dos domínios de homologia do receptor Toll/IL-1β (TIR) e dos domínios de morte (DD), como apresentado na figura. O complexo associado na porção citoplasmática tem sido denominado de Mydossoma. (Adaptada de J. Y. Kang e J. O. Lee, 2011, *Ann. Rev. Biochem.* **80**: 917.

bacteriano) e lipopeptídeos bacterianos. A ligação direta de pelo menos uma dessas macromoléculas aos receptores semelhantes ao Toll tem sido demonstrada diretamente por meio da análise por cristalografia dos complexos relevantes. A presença de diferentes classes de moléculas microbianas é detectada por distintos receptores; por exemplo, o TLR4 para os lipopolissacarídeos, heterodímeros de TLR1/2 e TLR2/6 para lipopeptídeos e o TLR5 para a flagelina. O reconhecimento de todos os componentes do envelope bacteriano ocorre na superfície celular.

Outro grupo de receptores semelhantes ao Toll (TLR3, TLR7 e TLR9) detecta a presença de ácidos nucleicos derivados de patógenos. O grupo não faz essa detecção na superfície celular, mas sim nos compartimentos endossômicos onde esses receptores estão localizados. O DNA de mamíferos é metilado em muitos dinucleotídeos CpG, embora geralmente o DNA microbiano não possua essa modificação. O TLR9 é ativado por DNA microbiano contendo CpG não metilado. Igualmente, moléculas de RNA de fita dupla presentes em algumas células infectadas por vírus causam a ativação do TLR3. Finalmente, o TLR7 detecta a presença de determinados RNAs de fita simples. Assim, o conjunto de TLRs dos mamíferos permite o reconhecimento de várias moléculas que servem para diagnosticar a presença de bactérias, vírus e fungos patogênicos.

Recentemente, vários receptores intracelulares para DNA e RNA têm sido descritos, distintos dos TLRs, que reconhecem RNA viral. A relação de receptores citoplasmáticos capazes de reconhecer DNA derivado do patógeno ou do hospedeiro continua crescendo. Vários desses receptores participam da formação de uma estrutura denominada **inflamassomo** (Figura 23-34), cuja principal função é a conversão da pró-caspase-1 em caspase-1 ativada. A caspase-1 é uma protease que converte a pró-IL-1β em IL-1β ativa, citocina que desencadeia forte resposta inflamatória. Os elementos centrais do inflamassomo são proteínas com repetições ricas em leucina, membros da família de proteína dos inibidores neuronais da apoptose (NALP), e as proteínas NOD, assim chamadas devido à presença de um domínio de oligomerização de nucleotídeos. A Ipaf-1, proteína relacionada com a molécula Apaf-1, envolvida na apoptose (ver Capítulo 21), permite o recrutamento de um adaptador, ASC, para mediar a formação do complexo com a pró-caspase-1. Isso permite a conversão da pró-caspase-1 em caspase-1 e a conversão da pró-IL-1β em IL-1β. Muitas substâncias aparentemente não relacionadas podem induzir a formação e a ativação de um inflamassomo, incluído a sílica, cristais de ácido úrico e partículas de asbestos. Por essa razão, a inibição da cascata de sinalização do inflamassomo, ou o bloqueio do receptor para a IL-1β, tem sido promissor para o tratamento de várias doenças inflamatórias.

Cascata de sinalização do TLR Como apresentado na Figura 23-33, o comprometimento dos receptores semelhantes ao Toll dos mamíferos causa o recrutamento da proteína adaptadora MyD88, que permite a ligação e a ativação da IRAK (cinase associada ao receptor de interleucina-1). A seguir, a IRAK fosforila o fator 6 associado ao receptor de TNF (TRAF6), e várias cinases se juntam a elas, levando à liberação do NF-κB ativo, um fator de transcrição, para a translocação do citoplasma para o núcleo, onde o NF-κB ativa vários genes alvos (ver Figura 16-35). Esses genes alvos incluem aqueles

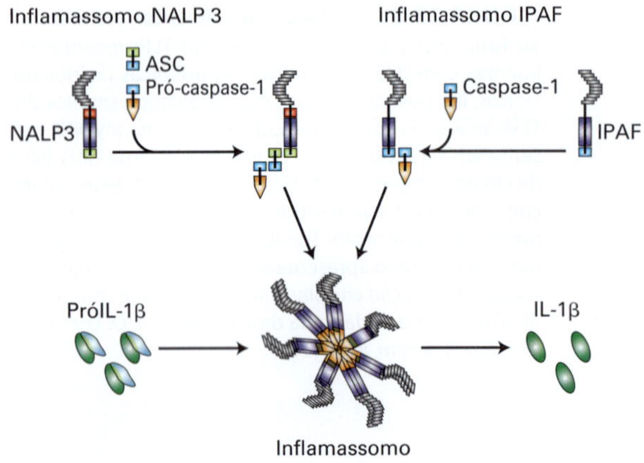

FIGURA 23-34 O inflamassomo. O inflamassomo é uma estrutura que detecta a presença de ácidos nucleicos derivados dos patógenos e que também pode ser ativada por outros sinais de perigo, incluindo material particulado como cristais de ácido úrico ou mesmo asbestos. Quase duas dúzias de proteínas participam na formação desses complexos, formando inflamassomos de diferentes composições. Dois estão representados esquematicamente na figura. Quando completamente formado, o inflamassomo ativa a caspase 1, enzima que converte a pró-IL-1β em sua forma ativa e clivada, IL-1β. NALP3= membro da família de proteínas caracterizada pela presença dos domínios NACHT, LRR e PYD; ASC=proteína semelhante a pontos associada a apoptose que contém um domínio de recrutamento das caspases CARD. (Adaptada de http://www.unil.ch/webdav/site/ib/shared/Tschopp/Fig_1JT.jpg.)

que codificam a IL-1β e a IL-6, que contribuem para a inflamação, bem como os genes para o fator de necrose tumoral (TNF) e IL-12. A expressão de interferons tipo I, pequenas proteínas com efeito antiviral, é ativada em resposta à sinalização por meio dos TLRs.

As respostas celulares à sinalização por meio dos TLRs são muito distintas. Nas células apresentadoras de antígenos, essas respostas incluem não somente a produção de citocinas, mas também a regulação positiva de moléculas coestimuladoras, proteínas de superfície importantes para a ativação completa das células T virgens. A sinalização por meio do TCR permite que as células dendríticas migrem do local onde encontraram o patógeno até os linfonodos drenantes, onde podem interagir com os linfócitos virgens. Nem todos os receptores semelhantes ao Toll ativados evocam resposta idêntica. Cada TLR ativado controla a produção de certo grupo de citocinas pelas células dendríticas. Para cada TLR comprometido, a combinação das proteínas de superfície e o perfil de citocinas induzidos pelo comprometimento do TLR criam um fenótipo único para a célula dendrítica ativada. A identidade do microrganismo encontrado determina o padrão de TLRs que serão ativados. Por sua vez, esses TLRs determinam a via de diferenciação das células dendríticas ativadas com relação ao padrão de citocinas que irão produzir, as moléculas de superfície que irão apresentar e as orientações quimiotáxicas às quais irão responder. O modo de ativação de uma célula dendrítica e as citocinas que ela irá produzir criam um microambiente único no qual as células T se diferenciam. Ali, elas adquirem as características funcionais necessárias para combater o agente infeccioso que inicialmente se associou com o TLR.

O comprometimento dos receptores semelhantes ao Toll leva à ativação das células apresentadoras de antígenos

As células apresentadoras de antígenos profissionais estão continuamente envolvidas com a endocitose. Na ausência de patógeno, elas apresentam em sua superfície, moléculas do MHC de classe I e de classe II carregadas com peptídeos derivados das próprias proteínas. Na presença de patógenos, os receptores semelhantes ao Toll dessas células são ativados, induzindo a mobilidade das células apresentadoras de antígenos: elas se desgrudam do substrato circundante e começam a migrar em direção aos linfonodos de drenagem, onde a direção é sinalizada pelas quimiocinas. Por exemplo, uma célula dendrítica ativada reduz sua taxa de aquisição de antígeno, regula positivamente a atividade das proteases dos endossomos/lisossomos e aumenta a transferência dos complexos peptídeo:MHC de classe II dos compartimentos de carregamento para a superfície celular. Finalmente, as células apresentadoras de antígeno profissionais regulam positivamente a expressão das moléculas coestimuladoras CD80 e CD86, permitindo ativar as células T com mais eficiência. Portanto, o contato inicial de uma célula apresentadora de antígeno profissional com um patógeno resulta na sua migração para os linfonodos de drenagem em um estado completamente capaz de ativar as células T virgens. Os antígenos são expostos na forma de complexos peptídeo:MHC, as moléculas coestimuladoras estão presentes em abundância, e as citocinas são produzidas para auxiliar no estabelecimento de um programa de diferenciação adequado para que as células T sejam ativadas.

As células dendríticas portadoras de antígenos se associam com as células T antígeno-específicas, as quais respondem proliferando e diferenciando. As citocinas produzidas durante essa reação inicial de ativação determinam se as células T CD4 irão polarizar em direção ao fenótipo inflamatório ou auxiliar. Se a associação ocorrer com uma molécula do MHC de classe I uma célula T CD8 pode se desenvolver a partir de uma célula T citotóxica precursora em células T citotóxicas completamente ativas. As células T ativadas são móveis e movem-se através dos linfonodos, preparando-se para o encontro com as células B, ou se entrarem em contato com a vascularização, entram na circulação e deixam os linfonodos para executar suas funções efetoras em outro local no organismo.

A produção de anticorpos de alta afinidade requer a colaboração entre as células B e T

As células B necessitam do auxílio das células T para produzir anticorpos de alta afinidade, os quais são melhores para se ligarem aos antígenos e neutralizar os patógenos. Portanto, a ativação das células B requer uma fonte de antígeno para ocupar o receptor de célula B, bem como a presença de células T antígeno-específicas ativadas. Os antígenos solúveis chegam aos linfonodos por meio dos linfáticos aferentes (ver Figura 23-6). O crescimento bacteriano é seguido da liberação de produtos microbianos que podem atuar como antígenos. Se a infecção é acompanhada por uma destruição dos tecidos locais, a ativação da cascata do complemento resulta na morte das bactérias e na liberação concomitante das proteínas bacterianas, as quais também são levadas pelos linfáticos até os linfonodos de drenagem. Os antígenos modificados pelo complemento são superiores na ativação das células B por meio da associação com os receptores do complemento das células B, que atuam como correceptores para o receptor de célula B. As células B que adquirem o antígeno por meio de seus receptores de células B internalizam os complexos imunes e processam o antígeno para apresentação pela via do MHC de classe II. Assim, as células B que fizeram contato com o antígeno convertem o BCR que adquiriu o antígeno em uma mensagem para receber o auxílio das células T na forma de um complexo peptídeo:MHC de classe II (Figura 23-35). Observe que o epítopo reconhecido pelo receptor de célula B pode ser muito distinto do peptídeo apresentado na superfície e associado com a molécula do MHC de classe II. Assim que o epítopo da célula B e o peptídeo apresentado pela molécula do MHC de classe II (epítopo da célula T) estejam fisicamente associados, a diferenciação bem-sucedida das células B pode ser iniciada.

O conceito de reconhecimento ligado explica porque há um tamanho mínimo para que as moléculas possam ser usadas com sucesso para desencadear uma resposta de anticorpo de alta afinidade. Tais moléculas devem satisfazer vários critérios: devem conter um epítopo detectável pelo receptor de célula T, sofrer endocitose e proteólise, e os fragmentos derivados da proteólise de uma molécula devem se ligar a uma molécula alélica do MHC de classe II para que seja apresentado como um complexo peptídeo:MHC de classe II, que atua como mensagem para o auxílio da célula T. Por essa razão, peptídeos sintéticos usados para induzir a produção de anticorpos são conjugados a proteínas carreadoras para melhorar sua imunogenicidade, onde a proteína carreadora atua como fonte de peptídeos para a apresentação pelos produtos do MHC de classe II. Somente por meio do reconhecimento desse complexo peptídeo:MHC de classe II via receptor de célula T é que as células T fornecem o auxílio necessário para que as células B sigam sua diferenciação completa.

Esse conceito se aplica igualmente para as células B capazes de reconhecer determinadas modificações nas proteínas ou em peptídeos. Anticorpos que reconhecem a forma fosforilada de uma cinase são normalmente obtidos por meio da imunização de animais experimentais com o peptídeo fosforilado em questão, conjugado a uma proteína carreadora. Uma célula adequadamente específica reconhece o sítio fosforilado no peptídeo de interesse, internaliza o peptídeo fosforilado e carreador e produz um grupo complexo de peptídeos por proteólise da proteína carreadora nos endossomos. Entre esses peptídeos deve haver pelo menos um que se liga às moléculas do MHC de classe II da célula B para assegurar uma resposta bem-sucedida. Se adequadamente exposto na superfície da célula B, esse complexo de peptídeo:MHC de classe II será a mensagem para o auxílio das células T, fornecido pelas células T CD4 equipadas com receptores capazes de reconhecer o complexo formado pela molécula do MHC de classe II e o peptídeo derivado da proteína carreadora.

A célula T identifica, por meio de seu receptor de célula T, um antígeno já encontrado por uma célula B, por meio do complexo peptídeo:MHC de classe II apresentado pela célula B. A célula B também expõe moléculas coestimuladoras e receptores para citocinas produzidos pelas células T ativadas (p. ex., IL-4), assim proliferando essas células B. Algumas delas se diferenciam em células plasmáticas, outras se tornam células B de memória. A primeira leva de anticorpos produzidos é sempre IgM. A troca de classe para outro isotipo e a hipermutação somática (necessária para a produção e seleção de anticorpos de alta afinidade) requer a persistência do antígeno ou de repetidas exposições ao antígeno. Além das citocinas, as células B necessitam o contato célula por célula para iniciar a recombinação somática e a recombinação para troca de classe. Esse contato envolve a proteína CD40 na célula B e o CD40L nas células T. Essas proteínas são membros da família dos receptores TNF e do TNF.

As vacinas provocam imunidade protetora para vários tipos de patógenos

Sem dúvida, a aplicação mais importante dos princípios imunológicos são as vacinas. As vacinas são materiais planejados para serem inócuos, mas que podem provocar uma resposta imune com o propósito de fornecer proteção contra um desafio com versão virulenta do patógeno (Figura 23-36). Nem sempre se sabe por que as vacinas são tão bem-sucedidas, mas em muitos casos a capacidade de produzir anticorpos capazes de neutralizar o patógeno (vírus) ou de apresentar efeitos microbianos (bactérias) são bons indicadores da vacinação bem-sucedida.

Várias estratégias podem levar ao sucesso da vacina. As vacinas podem ser compostas por variantes vivas atenuadas de patógenos mais virulentos. Passagem em série em cultura de tecidos ou de um animal a outro animal frequentemente irá provocar *atenuação*, mas a base molecular dessa atenuação ainda não está bem estabelecida. A versão atenuada do patógeno causa uma forma leve da doença ou não causa sintoma algum. Entretanto, ao recrutar todos os componentes do sistema imune adaptativo, essas vacinas atenuadas podem levar à produção de níveis de anticorpos protetores. Esses níveis de anticorpos podem declinar com o avanço da idade, e a repetição das imunizações é frequentemente necessária para manter uma proteção plena. Vacinas vivas atenuadas estão em uso contra a gripe, sarampo, caxumba e tuberculose. Neste último caso, é utilizada a cepa atenuada da micobactéria que causa a tuberculose (Bacilo Calmett-Guerin; BCG). Embora o poliovírus vivo atenuado tenha sido usado até recentemente como vacina, seu uso foi descontinuado, pois o risco do ressurgimento de mais cepas virulentas do poliovírus suplantava o benefício. Atualmente, o poliovírus morto é usado como vacina.

Vacinas baseadas no vírus da varíola bovina, vírus muito próximo ao da varíola patogênica humana que

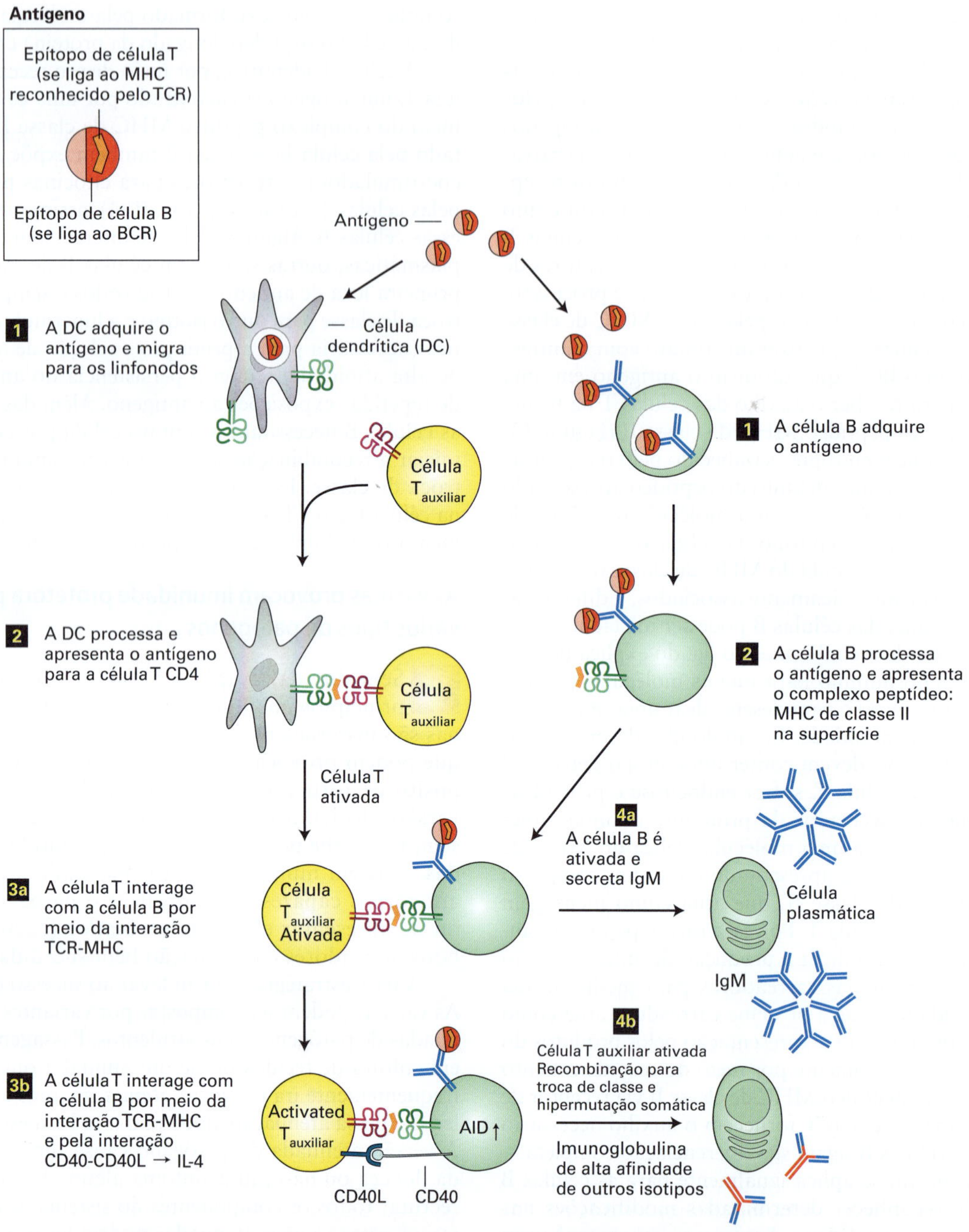

FIGURA 23-35 A colaboração entre as células B e células T é necessária para a produção de anticorpos. *Esquerda*: ativação das células T por meio das células dendríticas carregadas com antígenos (DCs). *Direita*: Aquisição do antígeno e ativação das células B. Etapa **1**: as células apresentadoras de antígenos profissionais (DCs, células B) adquirem o antígeno. Etapa **2**: o antígeno é internalizado, processado e apresentado às células T. A ativação das células T ocorre quando as células dendríticas apresentam o antígeno para as células T. Etapa **3a**: as células T ativadas se associam com as células B que já fizeram contato com o antígeno por meio do complexo peptídeo:MHC apresentados na sua superfície da célula B. Etapa **3b**: as células T que são ativadas persistentemente começam a expressar o ligante CD40 (CD40L), pré-requisito para as células B tornarem-se completamente ativadas e ativarem a maquinaria enzimática (desaminase induzida por ativação) para iniciar a recombinação para troca de classe e hipermutação somática. Etapa **4a**: uma célula B que recebe as instruções adequadas da célula T auxiliar CD4 torna-se uma célula plasmática secretora de IgM. Etapa **4b**: uma célula B que recebe sinais da célula T auxiliar CD4 na forma de interações CD40-CD40L e das citocinas apropriadas pode fazer a troca de classe para outro isotipo de imunoglobulina e sofrer hipermutação somática.

causa a varíola, foram usadas com sucesso para erradicar completamente a varíola, primeiro exemplo da eliminação de uma doença infecciosa. Tentativas de obter um efeito similar para a poliomelite estão quase sendo obtidas.

Outro tipo importante de vacina é denominado vacina de subunidade. Em vez de usar cepas vivas atenuadas de uma bactéria ou vírus virulento, somente um de seus componentes é usado para provocar imunidade. Em deter-

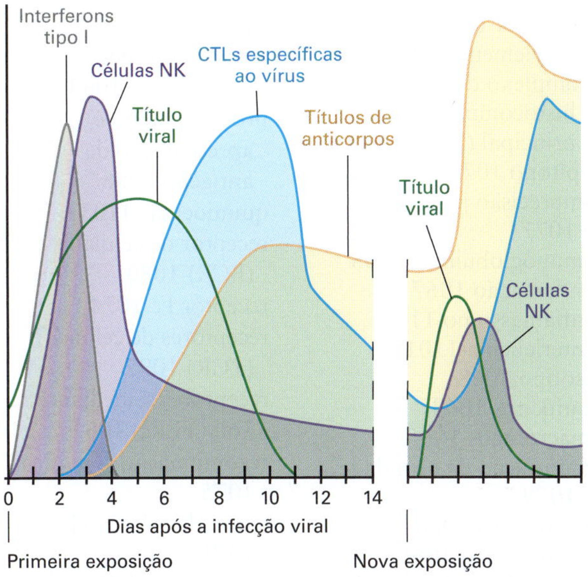

FIGURA 23-36 Evolução de uma infecção viral. A resposta antiviral inicial, observada quando o número de partículas infecciosas aumenta, inclui a ativação das células NK e a produção de interferons tipo I. Estas respostas são parte das defesas inatas. A seguir, ocorre a produção de anticorpos bem como a ativação das células T citotóxicas (CTLs) e, por fim, a eliminação da infecção. Uma nova exposição ao mesmo vírus causa uma produção de anticorpos mais rápida e intensa e as células T citotóxicas também são ativadas mais rapidamente. Uma vacina eficaz induz resposta imune similar em alguns aspectos após a exposição inicial ao patógeno, mas sem causar sintomas significativos da doença. Se um indivíduo vacinado é exposto àquele patógeno, o sistema adaptativo é ativado para responder rápida e intensamente.

minados casos, isso é suficiente para obter proteção contra um desafio com a fonte virulenta viva do antígeno usado para vacinação. Essa estratégia tem sido bem-sucedida na prevenção de infecções com o vírus da hepatite B. As vacinas para a gripe normalmente utilizadas são compostas em sua maioria pelas proteínas do envelope neuraminidase e hemaglutinina (ver Figura 3-10). Essas vacinas induzem a produção de anticorpos neutralizantes. Para o vírus do papiloma humano HPV 16, sorotipo que causa câncer cervical, partículas semelhantes a vírus são produzidas, compostas pelas proteínas do capsídeo viral, mas sem seu material genético. Essas partículas semelhantes ao vírus não são infecciosas, mas mesmo assim mimetizam o vírion intacto. Espera-se que a vacina para o HPV licenciada para uso humano reduza a incidência de câncer cervical nas populações suscetíveis em, talvez, mais de 80%, primeiro exemplo de uma vacina que previne esse tipo de câncer.

Do ponto de vista de saúde pública, vacinas de baixo custo e com ampla distribuição são excelentes ferramentas na erradicação de doenças da comunidade. Os esforços atuais têm como objetivo a produção de vacinas contra doenças para as quais não há terapia disponível (vírus Ebola) ou onde as condições socioeconômicas tornam problemática a distribuição dos medicamentos (malária, HIV/Aids). Com a melhor compreensão do modo de ação do sistema imune, deve ser possível melhorar o planejamento das vacinas já existentes e aplicar esses princípios em doenças para as quais, atualmente, não há vacinas eficazes. ■

CONCEITOS-CHAVE da Seção 23.6

Colaboração das células do sistema imune na resposta adaptativa

- As células apresentadoras de antígenos, como as células dendríticas, requerem a ativação por meio de sinais emitidos aos seus receptores semelhantes ao Toll. Esses receptores são amplamente específicos para macromoléculas produzidas por bactérias e vírus. O comprometimento dos receptores semelhantes ao Toll ativa a via de sinalização do NF-κB, cuja consequência inclui a síntese de citocinas inflamatórias (ver Figura 23-33).
- Após a ativação, as células dendríticas tornam-se células migratórias e dirigem-se para os linfonodos, prontas para o encontro com as células T. A ativação das células dendríticas também aumenta a apresentação dos complexos peptídeo:MHC e a expressão de moléculas coestimuladoras necessárias para iniciar a resposta de células T.
- As células B necessitam do auxílio das células T ativadas para executar seu programa completo de ativação e tornarem-se células plasmáticas. O auxílio de antígenos específicos é fornecido para as células B por células T ativadas, que reconhecem os complexos peptídeo:MHC de classe II na superfície das células B. Essas células B produzem os complexos peptídeo:MHC relevantes pela internalização do antígeno via endocitose mediada pelo BCR, seguida do processamento e apresentação do antígeno por meio da via do MHC de classe II (ver Figura 23-35).
- Além das citocinas produzidas pelas células T ativadas, as células B necessitam do contato célula-célula para iniciar a hipermutação somática e recombinação para troca de classe. Isso envolve o CD40 das células B e o CD40L das células T.
- Uma importante aplicação dos conceitos imunológicos na colaboração entre as células B e as células T inclui as vacinas. As formas mais comuns de vacinas são constituídas de vírus ou bactérias vivas atenuadas, que provocam resposta imune protetora sem causar a patologia, e as vacinas de subunidades.

Perspectivas

Várias áreas da pesquisa em imunologia prometem um grande impacto. A produção de novas vacinas seguras e eficazes ainda é um dos objetivos de grande importância social e prática. A infecção pelo HIV, a tuberculose resistente aos fármacos e a malária são três exemplos de doenças fatais, cada qual responsável por milhões de mortes anualmente e para as quais não há vacina disponível. A pesquisa deve incorporar a biologia celular e os conceitos imunológicos para essas necessidades ainda não satisfeitas. Mesmo que algumas vacinas tenham sido desenvolvidas sem o conhecimento imunológico detalhado, o atual aspecto regulador demanda a compreensão mais detalhada da composição de uma vacina eficaz e de como ela funciona.

Os linfócitos estão entre os poucos tipos celulares que podem ser estudados como células primárias que mantêm seu comportamento específico do tipo de tecido e de células em cultura. Essa característica torna os linfócitos um atraente modelo para estudar os detalhes da transdução de sinais, para explorar as interações entre diferentes tipos celulares bem definidos sob condições específicas em laboratório e para quantificar precisamente e manipular as respostas provocadas por estímulos específicos.

A capacidade dos linfócitos de criar receptores antígeno-específicos com variabilidade praticamente ilimitada tem um custo: a produção de receptores autorreativos, os principais contribuintes para as doenças autoimunes. Os vertebrados têm vários mecanismos para manter esses linfócitos autorreativos sob controle, mas nenhum deles é infalível. É preciso entender como a tolerância aos autoantígenos é produzida, mantida e, por fim, perdida durante o desenvolvimento da doença autoimune. Essa compreensão deve auxiliar a definir novas estratégias para a manipulação e controle de linfócitos autorreativos para prevenir ou tratar as doenças autoimunes (p. ex., diabetes tipo I, esclerose múltipla e artrite).

Com o avanço da compreensão das células-tronco e como elas são usadas para a terapia no tratamento de doenças (p. ex., doença de Parkinson, distrofia muscular e danos na medula espinal), o transplante de células-tronco heterólogas (i.e., de um indivíduo para outro) é uma das várias opções. A capacidade do sistema imune de reconhecer como estranhas essas células-tronco transplantadas é um fator que irá limitar o uso das células-tronco heterólogas. Por isso, é importante a obtenção de novas maneiras de bloquear a resposta imune nesses transplantes ou de induzir tolerância a eles.

Ferramentas genéticas mais aprimoradas continuam permitindo a identificação de subgrupos adicionais de linfócitos, frequentemente com funções distintas. A melhora dos esquemas de classificação irá auxiliar na compreensão das funções dos linfócitos e, assim, abrir as portas para a manipulação seletiva das funções dos linfócitos para ganho terapêutico.

O entendimento sobre a inter-relação entre a resposta imune inata e a adaptativa e sobre as várias maneiras pelas quais os patógenos interferem na imunidade inata e adaptativa será beneficiado com o aumento do nosso conhecimento sobre as sequências e estruturas genômicas, tanto do hospedeiro quanto do patógeno. O emprego de organismos patogênicos geneticamente modificados como testes para avaliar as funções imunes do hospedeiro irão auxiliar nossa compreensão sobre a imunologia básica. Essa é uma área em rápida expansão da pesquisa básica em biologia celular.

Termos-chave

antígeno 1062
autoimunidade 1061
célula T citotóxica 1083
células B 1062
células de memória 1101
células dendríticas 1065
células NK (NK) 1066
células plasmáticas 1081
células T 1062
células T auxiliares 1083
citocinas 1067
complemento 1065
complexo de histocompatibilidade principal (MHC) 1083
epítopo 1073
imprecisão juncional 1077
imunoglobulinas 1068
inflamação 1067
inflamassomo 1105
interleucina 1101
isotipo 1068
linfócitos 1063
macrófagos 1065
maturação da afinidade 1079
neutrófilos 1068
opsonização 1066
órgãos linfoides primários 1063
órgãos linfoides secundários 1063
processamento e apresentação de antígeno 1088
quimiocinas 1103
receptor de célula B (BCR) 1080
receptor Fc 1074
receptores de células T (TCR) 1097
receptores semelhantes ao Toll (TLRs) 1065
recombinação somática 1075
teoria da seleção clonal 1071
transcitose 1071

Revisão dos conceitos

1. Descreva o modo pelo qual cada patógeno desarma ou manipula o sistema imune do hospedeiro em seu próprio benefício: (a) a cepa patogênica de *Staphylococcus aureus* e (b) os vírus com envelope.
2. Descreva de modo esquemático o que ocorre com os leucócitos à medida que eles vão desempenhando suas funções no organismo.
3. Identifique as principais defesas químicas e mecânicas que protegem os tecidos internos do ataque microbiano.
4. Compare/contraste a via clássica com a via alternativa de ativação do complemento.
5. Que evidência levou Emil von Behring à descoberta dos anticorpos e do sistema do complemento em 1905?
6. O que é opsonização? Qual o papel dos anticorpos nesse processo?
7. Nas células B, que mecanismo assegura que apenas os genes V rearranjados serão transcritos?
8. O que impede que ocorram outros rearranjos nos segmentos gênicos de cadeia pesada de imunoglobulina em uma célula pré-B que já realizou um rearranjo de cadeia pesada produtivo?
9. Como/por que os anticorpos sofrem troca de classe de IgM para qualquer outro isotipo?
10. Quais os mecanismos bioquímicos responsáveis pela maturação da afinidade da resposta de anticorpos?
11. Compare as estruturas das moléculas do MHC de classe I e de classe II. Quais os tipos celulares que expressam cada uma dessas classes? Quais são suas funções?
12. Descreva as seis etapas do processamento e apresentação de antígeno na via do MHC de classe I.
13. Descreva as seis etapas do processamento e apresentação de antígeno na via do MHC de classe II.

14. O que impede as células T autorreativas de deixarem o timo?
15. Explique por que as doenças autoimunes mediadas por células T estão associadas com determinados alelos dos genes do MHC de classe II.
16. Como as células apresentadoras de antígenos e as células T auxiliares estão envolvidas na ativação das células B?
17. Identifique os eventos da resposta imune inata e da adaptativa desde quando um patógeno invade o hospedeiro até sua eliminação.
18. Defina imunização passiva e dê um exemplo.
19. Como você planejaria uma vacina que proteja contra a infecção pelo HIV sem a possibilidade de infectar o paciente?
20. As vacinas anuais contra a gripe são compostas por vírus vivo atenuado ou por subunidade do vírus influenza (pelas proteínas do envelope, neuraminidase e hemaglutinina). Como a vacinação anual protege você contra a infecção?
21. Planeje um experimento de laboratório para desenvolver anticorpo policlonal contra uma proteína de interesse.
22. Considere uma pessoa sem célula plasmática funcional. Que efeito teria na resposta imune adaptativa desse indivíduo? E no sistema imune inato?

Análise dos dados

Para compreender como a ovalbumina (proteína dos ovos das galinhas) e outros antígenos estranhos do citoplasma de uma célula estão presentes para a vigilância imune, a ovalbumina pode ser introduzida por eletroporação no citoplasma de linfócitos B primários de camundongos. A ovalbumina é clivada e um de seus produtos de clivagem produz um peptídeo com a sequência SIINFEKL (abreviação de letra). Quando essas células B são misturadas com uma população clonal de células T que reconhecem especificamente o SIINFEKL no contexto das moléculas do MHC, as células T tornam-se estimuladas. Os gráficos abaixo mostram a secreção de IL-2 após essas células T serem misturadas com as células B que receberam diferentes tratamentos:

Gráfico A: as células B foram eletroporadas com ovalbumina (linha contínua) ou com uma proteína controle (linha pontilhada) não reconhecida por essa população clonal de células T.

Gráfico B: primeiro, as células B foram incubadas com um inibidor de cisteína proteases lisossomais (linha contínua) ou um inibidor do proteossomo (linha pontilhada) e então eletroporada com ovalbumina.

Gráfico C: as células B foram expostas a altas concentrações do peptídeo SIINFEKL e logo fixadas (mortas) com formaldeído (linha pontilhada) ou incubadas por duas horas na presença de (curva pontilhada) ou ausência (curva sólida) do inibidor de proteossomo e, depois, fixadas com formaldeído.

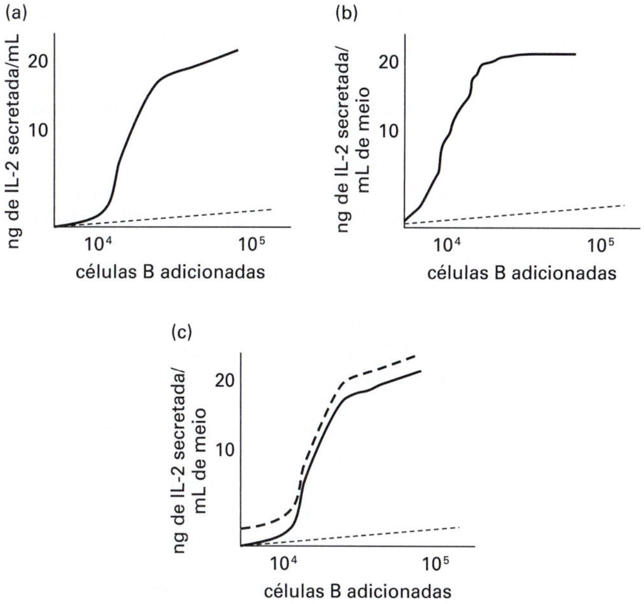

a. Em que condições a IL-2 é secretada? É provável que as células T ou as células B estejam secretando IL-2?

b. Que informação é possível obter com o uso dos inibidores do lisossomo ou do proteossomo? O peptídeo da ovalbumina pode ser apresentado formando um complexo com as moléculas do MHC de classe I ou com as moléculas do MHC de classe II? Qual é a via mais provável pela qual a ovalbumina do citoplasma das células B seja apresentada para o reconhecimento pelas células T adequadas?

c. Por que a presença ou ausência do inibidor do proteossomo usado no experimento C não teve efeito na quantidade de IL-2 secretada, enquanto a presença do inibidor no experimento B teve efeito marcante?

Referências

Visão geral das defesas do hospedeiro

Akira, S., K. Kiyoshi Takeda, and T. Kaisho. 2001. Toll-like receptors: critical proteins linking innate and acquired immunity. *Nature Immunol.* **2**:675–680.

Heyman, B. 2000. Regulation of antibody responses via antibodies, complement, and Fc receptors. *Ann. Rev. Immunol.* **18**:709–737.

Lemaitre, B., and J. Hoffmann. 2007. The host defense of *Drosophila melanogaster. Ann. Rev. Immunol.* (in press).

von Behring, E., and S. Kitasato. 1890. The mechanism of diphtheria immunity and tetanus immunity in animals. Reprinted in *Mol. Immunol.* 1991, **28**(12):1317, 1319–1320.

Imunoglobulinas: estrutura e função

Amzel, L. M., and R. J. Poljak. 1979. Three-dimensionalstructure of immunoglobulins. *Ann. Rev. Biochem.* **48**:961–997.

Williams, A. F., and A. N. Barclay. 1988. The immunoglobulin superfamily—domains for cell-surface recognition. *Ann. Rev.* (c) *Immunol.* **6**:381–405.

Produção da diversidade de anticorpos e desenvolvimento das células B

Hozumi, N., and S. Tonegawa. 1976. Evidence for somatic rearrangement of immunoglobulin genes coding for variable and constant regions. *Proc. Nat'l Acad. Sci. USA* **73**:3628–3632.
Jung, D., et al. 2006. Mechanism and control of V(D)J recombination at the immunoglobulin heavy chain locus. *Ann. Rev. Immunol.* **24**:541–570.
Kitamura, D., et al. 1991. A B cell-deficient mouse by targeted disruption of the membrane exon of the immunoglobulin mu chain gene. *Nature* **350**:423–426.
Kitamura, D., et al. 1992. A critical role of lambda 5 protein in B cell development. *Cell* **69**:823–831.
Muramatsu, M., et al. 2000. Class switch recombination and hypermutation require activation-induced cytidine deaminase (AID), a potential RNA editing enzyme. *Cell* **102**:553–563.
Schatz, D. G., M. A. Oettinger, and D. Baltimore. 1989. The V(D)J recombination activating gene, RAG-1. *Cell* **59**: 1035–1048.

O MHC ea apresentação de antígenos

Bjorkman, P. J., et al. 1987. Structure of the human class I the SIINFEKL peptide and then immediately fixed [killed] histocompatibility antigen, HLA-A2. *Nature* **329**:506–512.
Brown, J. H., et al. 1993. Three-dimensional structure of the human class II histocompatibility antigen HLA-DR1. *Nature* **364**:33–39.
Neefjes, J. J., et al. 1990. The biosynthetic pathway of MHC class II but not class I molecules intersects the endocytic route. *Cell* **61**:171–183.
Peters, P. J., et al. 1991. Segregation of MHC class II molecules from MHC class I molecules in the Golgi complex for transport to lysosomal compartments. *Nature* **349**:669–676.
Rock, K. L., et al. 1994. Inhibitors of the proteasome block the degradation of most cell proteins and the generation of peptides presented on MHC class I molecules. *Cell* **78**:761–771.
Rudolph, M. G., R. L. Stanfield, and I. A. Wilson. 2006. How TCRs bind MHCs, peptides, and coreceptors. *Ann. Rev. Immunol.* **24**:419–466.
Townsend, A. R., et al. 1984. Cytotoxic T cell recognition of the influenza nucleoprotein and hemagglutinin expressed in transfected mouse À cells. *Cell* **39**:13–25.
Zinkernagel, R. M., and P. C. Doherty. 1974. Restriction of in vitro T cell-mediated cytotoxicity in lymphocytic choriomeningitis within a syngeneic or semiallogeneic system. *Nature* **248**:701–702.

Células T, receptores de células T e desenvolvimento das células T

Dembic, Z., et al. 1986. Transfer of specificity by murine alpha and beta T-cell receptor genes. *Nature* **320**:232–238.
Kisielow, P., et al. 1988. Tolerance in T-cell-receptor transgenic mice involves deletion of nonmature CD4+8+ thymocytes. *Nature* **333**:742–746.
Lenschow, D. J., T. L. Walunas, and J. A. Bluestone. 1996. CD28/B7 system of T cell costimulation. *Ann. Rev. Immunol.* **14**:233–258.
Miller, J. F. 1961. Immunological function of the thymus. *Lancet* **30**(2):748–749.
Mombaerts, P., et al. 1992. RAG-1-deficient mice have no mature B and T lymphocytes. *Cell* **68**:869–877.
Sharpe, A. H., and A. K. Abbas. 2006. T-cell costimulation: biology, therapeutic potential, and challenges. *N. Engl. J. Med.* **355**:973–975.
Shinkai, Y., et al. 1993. Restoration of T cell development in RAG-2-deficient mice by functional TCR transgenes. *Science* **259**:822–825.

Colaboração das células do sistema imune na resposta adaptativa

20 years of HIV science. 2003. *Nature Med.* **9**:803–843. A collection of opinion pieces on the prospects for an AIDS vaccine.
Banchereau, J. 2002. The long arm of the immune system. *Sci. Am.* **287**:52–59.
Chang, M.-H., et al. for The Taiwan Childhood Hepatoma Study Group. 1997. Universal hepatitis B vaccination in Taiwan and the incidence of hepatocellular carcinoma in children. *N. Engl. J. Med.* **336**:1855–1859.
Cytokines Online Pathfinder Encyclopedia. http://www.copewithcytokines.de.
Gross, O., et al. 2011. The inflammasome: an integrated view. *Immunol. Rev.* **243**:136–151.
Jego, G., et al. 2003. Plasmacytoid dendritic cells induce plasma cell differentiation through type I interferon and interleukin 6. *Immunity* **19**:225–234.
Kang, J. Y., and J.-O. Lee. 2011. Structural biology of the Toll-like receptor family. *Ann. Rev. Biochem.* **80**:917–941.
Koutsky, L. A., et al. 2002. A controlled trial of a human papillomavirus type 16 vaccine. *N. Engl. J. Med.* **347**:1645–1651.
Plotkin, S. A., and W. A. Orenstein. 2003. *Vaccines*, 4th ed. Saunders.
Rajewsky, K., et al. 1969. The requirement of more than one antigenic determinant for immunogenicity. *J. Exp. Med.* **129**: 1131–1143.
Smith, Jane S. 1990. *Patenting the Sun: Polio and the Salk Vaccine.* Wm Morrow and Co.
Steinman, R. M., and Z. A. Cohn. 2007. Identification of a novel cell type in peripheral lymphoid organs of mice. I. Morphology, quantitation, tissue distribution. *J. Immunol.* **178**:5–25.
Steinman, R. M., and H. Hemmi. 2006. Dendritic cells: translating innate to adaptive immunity. *Curr. Top. Microbiol. Immunol.* **311**:17–58.

Dois genes tornam-se um: rearranjo somático dos genes de imunoglobulinas

N. Hozumi e S. Tonegawa, 1976. *Proc. Nat'l Acad. Sci. USA* **73**: 3629

Durante décadas, os imunologistas se perguntavam por que os organismos produziam um grande número de imunoglobulinas que combatem os patógenos, denominadas anticorpos, necessárias para eliminar a grande variedade de bactérias e vírus encontrada ao longo da vida. Obviamente, essas proteínas protetoras, como todas as proteínas, de alguma forma eram codificadas no genoma. Entretanto, devido ao grande número de diferentes anticorpos potencialmente produzidos pelo sistema imune, era pouco provável que todas as possibilidades necessárias a um indivíduo fossem codificadas nos genes de imunoglobulinas (Ig). Em estudos iniciados no início dos anos 1970, Susumu Tonegawa, biologista molecular, estabeleceu a base para resolver o mistério da geração da diversidade de anticorpos.

Introdução

As pesquisas a respeito da estrutura molecular das moléculas de imunoglobulinas forneceram algumas pistas sobre a produção da diversidade dos anticorpos. Inicialmente, foi demonstrado que uma molécula de imunoglobulina era composta por quatro cadeias polipeptídicas: duas cadeias pesadas (H) idênticas e duas cadeias leves (L) idênticas. Alguns pesquisadores propuseram que a diversidade dos anticorpos era resultado de diferentes combinações de cadeias pesadas e leves. Embora reduzisse, de alguma maneira, o número de genes necessários, essa hipótese ainda requeria que grande porção do genoma fosse constituído por genes de Ig. Então, químicos de proteínas sequenciaram várias cadeias leve e pesada de Ig. Eles observaram que as regiões C-terminais de diferentes cadeias leves eram muito semelhantes e, portanto, denominaram-na região constante (C), enquanto as regiões N-terminais eram altamente variáveis, sendo, portanto, denominadas de região variável (V). A sequência de diferentes cadeias pesadas também apresentava um padrão similar. Essas descobertas sugeriram que o genoma continha um pequeno número de genes C e um número maior de genes V.

Em 1965, W. Dryer e J. Bennett propuseram que dois genes separados, um gene V e um gene C, codificavam cada cadeia leve e cada cadeia pesada. Embora essa proposta parecesse lógica, ela violava o princípio bem documentado de que cada gene codificava um único polipeptídeo. Para evitar essa objeção, Dryer e Bennett sugeriram que um gene V e um C eram, de algum modo, rearranjados no genoma para formar um único gene, então transcrito e traduzido em um único polipeptídeo, de cadeia leve ou de cadeia pesada. Uma prova indireta para esse modelo foi obtida a partir de estudos com hibridização de DNA que mostraram que apenas um pequeno número de genes codifica as regiões constantes de Ig. Entretanto, até que técnicas mais poderosas para análise dos genes fossem desenvolvidas, não foi possível a avaliação definitiva do novo modelo de dois genes.

O experimento

Tonegawa percebeu que se os genes de imunoglobulinas sofriam rearranjos, então era provável que os genes V e C estivessem localizados em diferentes pontos do genoma. A descoberta das endonucleases de restrição, enzimas que clivam o DNA em locais específicos, permitiu o mapeamento de alguns genes bacterianos. Entretanto, como o genoma dos mamíferos é muito mais complexo, os mapeamentos semelhantes dos genes que codificam as regiões V e C não eram factíveis tecnicamente. Em vez disso, com novas técnicas de biologia molecular e suas aplicações bem planejadas, Tonegawa usou outra estratégia para determinar se as regiões V e C eram codificadas por dois genes separados. Ele considerou que, se o rearranjo dos gene V e C ocorria, ele devia acontecer durante a diferenciação das células B secretoras de Ig a partir das células embrionárias. Além disso, se o rearranjo ocorria, devia haver diferenças detectáveis entre o DNA germinativo não rearranjado das células embrionárias e o DNA das células B secretoras de Ig. Assim, ele verificou se havia tal diferença usando uma combinação de digestão com enzimas de restrição e hibridização de RNA-DNA para detectar os fragmentos de DNA.

Ele iniciou isolando o DNA genômico de embriões de camundongos e de células B de camundongos. Para simplificar a análise, ele usou uma linhagem de células de tumor de células B que produziam o mesmo tipo de anticorpo. O DNA genômico foi clivado com a enzima de restrição Bam*HI*, a qual reconhece a sequência de ocorrência relativamente rara no genoma dos mamíferos. Assim, o DNA foi quebrado em diversos fragmentos grandes. Tonegawa então separou esses fragmentos de DNA por eletroforese em gel de agarose, que separa as biomoléculas com base em sua carga e tamanho. Como todos os DNAs têm carga negativa, os fragmentos foram separados conforme seus tamanhos. A seguir, ele cortou o gel em pequenos fragmentos e isolou o DNA de cada fragmento. Agora, Tonegawa possuía muitos pedaços de DNA de diferentes tamanhos. Então analisou esses pedaços de DNA para determinar se os genes V e C localizavam-se nos mesmos fragmentos nas células B e nas células embrionárias.

Para fazer essa análise, primeiro Tonegawa isolou o mRNA que codificava o principal tipo de cadeia leve de Ig denominada κ, das células de tumores de células B. Como o RNA

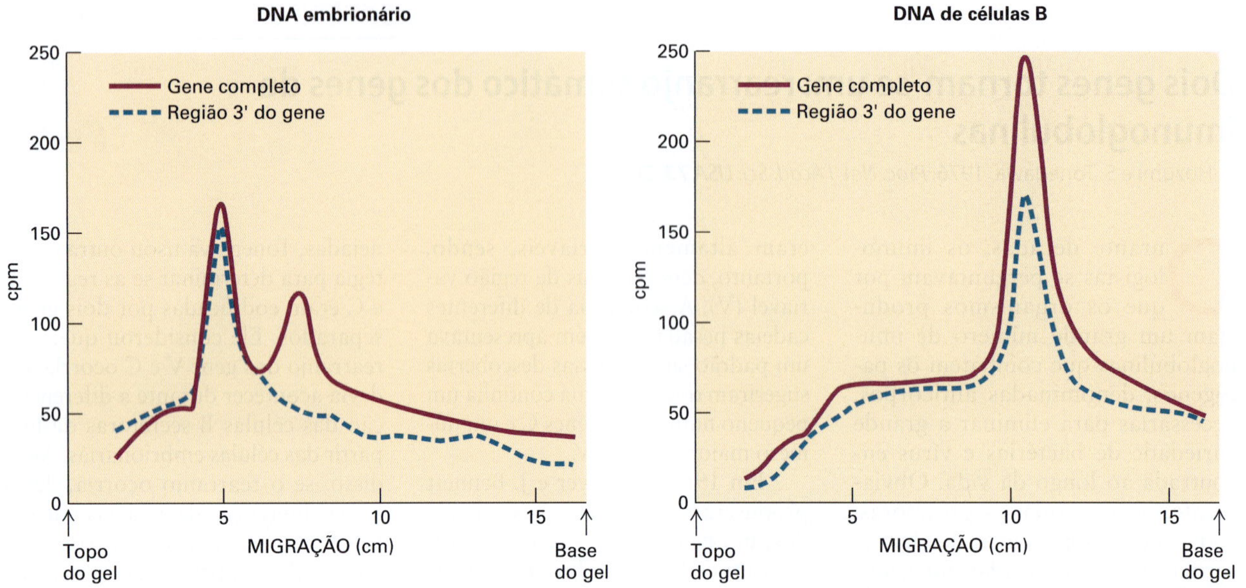

FIGURA 1 Resultados dos experimentos mostrando que os genes que codificam as regiões variáveis (V) e constantes (C) das cadeias leve κ são rearranjados durante o desenvolvimento das células B. Estas curvas representam a hibridização de sondas de RNA marcadas, específicas para o gene κ inteiro (V+C) e para a extremidade 3´ que codifica a região C, com os fragmentos da digestão do DNA de células B e de células embrionárias e separados por eletroforese em gel de agarose. (Adaptada de N. Hozumi e S. Tonegawa, 1976, *Proc. Nat´l Acad. Sci. USA* **73**: 3629)

é complementar ao DNA do qual é transcrito, ele pôde hibridizar com essa fita, formando um híbrido RNA-DNA. Com marcação radiativa de todo o mRNA de κ, Tonegawa produziu uma sonda para detectar quais dos fragmentos de DNA separados continham o gene da cadeia κ. Então isolou a extremidade 3´ do mRNA de κ e a marcou, produzindo uma segunda sonda que poderia detectar somente as sequências de DNA que codificavam a região constante da cadeia κ. Com essas sondas disponíveis, uma específica para a combinação dos genes V + C e outra específica somente para o gene C, Tonegawa estava pronto para comparar os fragmentos de DNA obtidos das células B e das células embrionárias.

Primeiro ele desnaturou o DNA de cada fragmento em fita simples e então adicionou uma das sondas marcadas. Observou que a sonda específica para o gene C hibridizava com diferentes fragmentos derivados do DNA das células B e das células embrionárias (Figura 1). Ainda mais evidente, a sonda de RNA total hibridizava com dois fragmentos *diferentes* do DNA embrionário, sugerindo que os genes V e C não estavam conectados e que o sítio de clivagem para Bam*HI* estava localizado entre eles. Tonegawa concluiu que, durante a formação das células B, os genes separados que codificam as regiões V e C são rearranjados em uma única sequência de DNA codificando todas as cadeias leves κ (Figura 2).

Discussão

A produção da diversidade dos anticorpos era uma questão à espera do desenvolvimento de poderosas técnicas de biologia molecular para respondê-la. Tonegawa clonou os genes das regiões V e provou que o rearranjo deveria ocorrer somaticamente. Essas observações afetaram tanto a genética quanto a imunologia. Acreditava-se que cada célula do organismo continha a mesma informação genética e tornou-se evidente que algumas células alteram essa informação para se adequar às suas funções. Além do rearranjo somático, os genes de Ig sofrem várias outras alterações que permitem ao sistema imune criar um repertório diverso de anticorpos necessários para reagir contra qualquer organismo invasor. O conhecimento atual a respeito desses mecanismos baseia-se nos fundamentos essenciais das descobertas de Tonegawa. Por esse trabalho, ele recebeu o Premio Nobel de Fisiologia e Medicina em 1987.

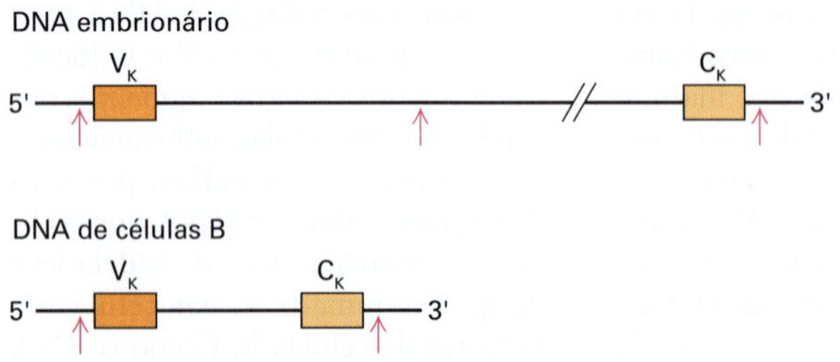

FIGURA 2 Diagrama esquemático do DNA de cadeia leve κ de células embrionárias e de células B de acordo com os resultados obtidos por Tonegawa. Nas células embrionárias, a clivagem com a enzima de restrição Bam*HI* (setas vermelhas) produz dois fragmentos de tamanhos distintos, um contendo o gene V e um contendo o gene C. Nas células B, o DNA era rearranjado de modo que os genes V e C ficassem adjacentes, sem sítios de clivagem entre eles. Assim, a clivagem com Bam*HI* produz um fragmento que contém os dois genes V e C.

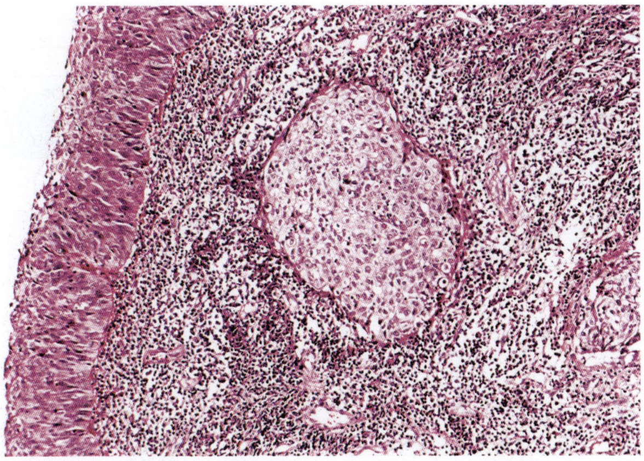

Carcinoma nasofaringeal (NPC). NPC é um tumor maligno decorrente da mucosa epitelial da nasofaringe, a parte superior da garganta. NPC pode surgir devido ao tabagismo, à ingestão de comidas ricas em nitrosamina (como peixe conservado em sal), ou à infecção pelo vírus Epstein-Barr (EBV). O corte está mostrando o NPC corado com hemotoxilina e eosina. (Biophoto Associates/Photo Researchers).

CAPÍTULO

24

Câncer

SUMÁRIO

O câncer é responsável por cerca de um quinto das mortes nos Estados Unidos a cada ano. No mundo, entre 100 e 350 em cada grupo de 100 mil pessoas morrem de câncer a cada ano. O câncer é uma decorrência de falhas nos mecanismos que normalmente controlam o crescimento e a proliferação celular. Durante o desenvolvimento normal e toda a vida adulta, sistemas complexos de controle genético regulam o equilíbrio entre o nascimento e a morte celular em resposta a sinais de crescimento, sinais de inibição do crescimento e sinais de morte. As taxas de nascimento e morte celular determinam o tamanho do corpo adulto, bem como a taxa de crescimento para atingir esse tamanho. Em alguns tecidos adultos, a proliferação celular ocorre continuamente, em uma estratégia constante de renovação dos tecidos. As células do epitélio intestinal, por exemplo, vivem apenas alguns dias antes de morrer e serem substituídas; alguns leucócitos são substituídos tão logo, e as células da pele sobrevivem, normalmente, apenas duas a quatro semanas, até serem descartadas. Entretanto, as células de diversos tecidos adultos geralmente não proliferam, exceto durante os processos de cicatrização. Essas células estáveis (como os hepatócitos, as células do músculo cardíaco e os neurônios) podem permanecer funcionais por longos períodos ou mesmo por toda a vida de um organismo. O câncer ocorre quando os mecanismos que mantêm essas taxas normais de crescimento falham, causando um excesso de divisão celular.

As perdas da regulação celular que originam a maioria dos cânceres, ou todos, são decorrentes de dano genético frequentemente acompanhado pela influência de moléculas promotoras de tumor, hormônios e algumas vezes vírus (Figura 24-1). Mutações em duas grandes classes de genes estão envolvidas no estabelecimento do câncer: os **proto-oncogenes** e os **genes supressores tumorais.** Os proto-oncogenes normalmente promovem o crescimento celular; mutações os transformam em **oncogenes,** cujos resultados são a ativação excessiva da promoção do crescimento. Mutações oncogênicas normalmente resultam no aumento da expressão gênica ou na síntese de um produto hiperativo. Os genes supressores tumorais normalmente limitam o crescimento; por isso, mutações que os inativam permitem uma divisão celular inadequada. Uma terceira classe mais especializada de genes, chamada **genes *caretaker*,** é também frequentemente correlacionada com o câncer. Genes *caretaker* normalmente protegem a integridade do genoma; quando são inativados, as células adquirem mutações adicionais em taxa crescente – incluindo mutações que causam a desregulação do crescimento celular, proliferação e câncer. Diversos genes dessas três classes codificam proteínas que auxiliam na regulação da proliferação celular (i.e., a entrada e a progressão pelo ciclo celular) ou morte celular por **apoptose;** outros codificam proteínas que participam no reparo ao DNA danificado.

O câncer normalmente resulta de mutações surgidas durante uma longa exposição a **carcinógenos,** substân-

VÍDEO: Mobilidade das células de adenocarcinoma mamário de ratos *insitu* e em cultura

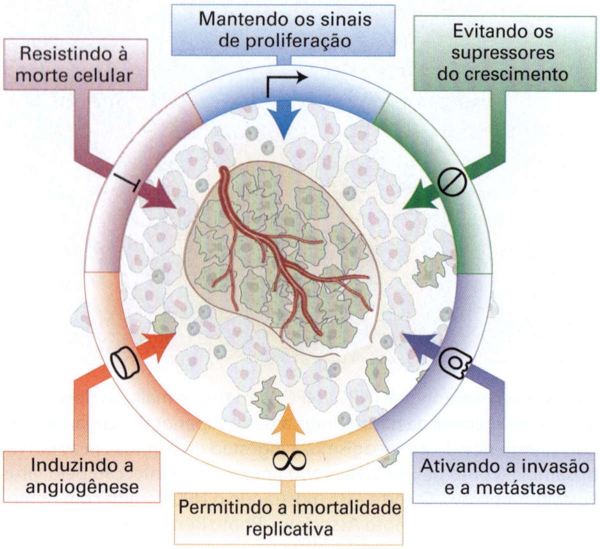

FIGURA 24-1 Visão global das mudanças celulares que causam o câncer. Durante a carcinogênese, seis propriedades fundamentais são alteradas, conforme mostrado neste tumor em crescimento dentro de um tecido normal, originando o fenótipo completo e muito destrutivo do câncer. Os tumores menos perigosos apresentam apenas algumas dessas mudanças. Neste capítulo, serão examinadas as mudanças genéticas que resultam nestas alterações das propriedades celulares.

cias encontradas no meio ambiente, que incluem certos compostos químicos e a radiação. A maioria das células cancerosas perdeu uma ou mais manutenções do genoma ou sistemas de reparação devido a mutações, o que explica o grande número de mutações adicionais que essas células acumulam. Embora enzimas de reparo ao DNA não inibam diretamente a proliferação celular, células que perderam a sua habilidade de reparar erros, falhas ou extremidades quebradas no DNA, acumulam mutações em muitos genes, incluindo aqueles fundamentais no controle do crescimento celular e na proliferação. Assim, mutações com perda da função em genes *caretakers*, como os genes que codificam enzimas de reparo ao DNA, impedem as células de corrigir mutações que inativam genes supressores tumorais ou ativam oncogenes.

As mutações que causam o câncer ocorrem, em sua maioria, nas células somáticas e não nas células germinativas, e as mutações somáticas não são transmitidas à próxima geração. Entretanto, certas mutações hereditárias, presentes nas células germinativas, aumentam a probabilidade que o câncer venha a ocorrer em algum momento da vida. Em uma parceria destrutiva, as mutações somáticas podem se associar a mutações hereditárias, causando o câncer.

O processo de desenvolvimento do câncer, denominado *oncogênese* ou **tumorigênese**, é uma interação de fatores genéticos e ambientais. A maioria dos cânceres surge após os genes terem sofrido alterações pelos carcinógenos ou por erros durante a cópia e o reparo dos genes. Mesmo que o dano genético ocorra apenas em células somáticas, a divisão dessas células irá transmitir a lesão para as células-filhas, originando um **clone** de células alteradas. Raramente, contudo, uma mutação em um único gene leva ao estabelecimento do câncer. Comumente, uma série de mutações em diversos genes cria um tipo celular com capacidade de proliferação progressivamente mais rápida, que escapa das limitações normais de crescimento, criando uma oportunidade para mutações adicionais. As células também adquirem outras propriedades que lhes dão vantagem, como a habilidade de evadir do epitélio normal e estimular o crescimento de vasos para obter oxigênio. Por fim, o clone de células gera um **tumor**. Em alguns casos, as células desse tumor primário migram para novos locais, onde formam tumores secundários, processo denominado **metástase**. A maior parte das mortes por câncer é devido a tumores metastáticos, invasivos e de crescimento acelerado.

A metástase é um processo complexo, com várias etapas. Ela é facilitada por células tumorais que produzem seus próprios fatores de crescimento e angiogênicos (indutores do crescimento de vasos sanguíneos). As células móveis e invasivas são as mais perigosas. Os tecidos que produzem fatores de crescimento e prontamente facilitam o surgimento de novos vasos, como osso, vasos sanguíneos e fígado, são os mais vulneráveis à invasão, pois essas características ajudam a apoiar as invasoras.

O tempo exerce importante papel no câncer. Muitos anos são necessários para acumular as múltiplas mutações exigidas para formar um tumor; por isso, a maior parte dos cânceres se desenvolve na vida adulta. A necessidade de várias mutações também diminui a frequência do câncer em comparação com a situação de tumorigênese desencadeada por uma única mutação. Entretanto, durante nossa vida, um enorme número de células sofre mutações e é testado quanto ao crescimento alterado, uma seleção poderosa a favor dessas células, a qual, neste caso, é indesejada. Células que proliferam rapidamente se tornam mais abundantes, sofrem mais alterações genéticas e podem tornar-se progressivamente mais perigosas. Além disso, o câncer ocorre com mais frequência após a idade de reprodução e, portanto, desempenha um papel menos importante no sucesso reprodutivo. Então, o câncer é comum, em parte refletindo o aumento da expectativa de vida da população, mas também refletindo a falta de seleção evolucionária contra a doença.

Neste capítulo, primeiramente serão introduzidas as propriedades das células tumorais e descritos os múltiplos processos da oncogênese. Após, serão considerados os tipos gerais de mudanças genéticas que levam a características únicas das células cancerosas e à interação entre as mutações somáticas e hereditárias. A seção a seguir examina em detalhe como as mutações que afetam tanto a promoção do crescimento quanto os processos de inibição resultam no processo de proliferação celular excessivo. Conclui o capítulo a discussão sobre o papel dos carcinógenos e sobre como uma falha no mecanismo de reparo ao DNA devido à perda de genes *caretaker* pode levar à oncogênese.

24.1 As células tumorais e o estabelecimento do câncer

Antes de ser examinada em detalhe a base genética do câncer, será feita uma reflexão sobre o processo geral da tumorigênese e as propriedades das células tumorais que as distinguem das células normais. As mudanças de célula normal para célula tumoral normalmente envolvem diversas etapas, e cada uma dessas etapas adiciona propriedades que fazem as células crescerem como células tumorais. As alterações genéticas que originam a oncogênese alteram várias propriedades fundamentais das células, permitindo que elas escapem aos controles normais de crescimento e, finalmente, exibam o fenótipo completo do câncer (ver Figura 24-1). As células cancerosas adquirem um estímulo para proliferação que não requer um sinal indutor externo. Elas não respondem a sinais que restringem a divisão celular e continuam a viver, quando deveriam morrer. Essas células geralmente alteram a interação com as células que as cercam ou com matriz extracelular, e ficam livres para se dividir mais rapidamente. Uma célula cancerosa pode, até certo ponto, assemelhar-se a um determinado tipo celular normal, com rápida divisão celular, mas a célula cancerosa e sua progênie serão imortais. Tumores, em geral, são *hipóxicos* (carentes de oxigênio); portanto, para crescer além de um pequeno tamanho, os tumores necessitam de aporte sanguíneo. Em geral, conseguem-no por meio da sinalização para a indução do crescimento dos vasos sanguíneos dentro do tumor. À medida que o câncer se desenvolve, os tumores tornam-se órgãos anormais, cada vez mais adaptados a crescer e invadir os tecidos ao seu redor.

Células animais normais são normalmente classificadas de acordo com seu tecido embriogênico de origem, e o nome dos tumores segue essa classificação. Tumores malignos são classificados como **carcinomas** se forem derivados do epitélio como o endoderma (epitélio intestinal) ou ectoderma (epitélio da pele e neural) e **sarcomas** se forem derivados do mesoderma (músculo, sangue e precursores do tecido conectivo). Os carcinomas são o tipo mais comum de tumores malignos (mais de 90%). A maioria dos tumores são tumores sólidos, mas as **leucemias**, uma classe de sarcomas, crescem no sangue como células individuais. (O nome *leucemia* é derivado do latim e significa "sangue branco": a proliferação maciça de células leucêmicas pode causar aos pacientes um sangue de aparência leitosa.) Os *linfomas*, outro tipo de sarcoma maligno, são tumores sólidos de linfócitos e células do plasma. Tumores malignos de cérebro podem ser derivados de células neuronais, e *glioblastomas* são tumores das células da glia que correspondem ao tipo de célula mais abundante no cérebro.

As células tumorais metastáticas são invasivas e podem se disseminar

Especialmente em indivíduos idosos, os tumores surgem com alta frequência, mas a maioria impõe pouco risco ao hospedeiro porque são localizados e têm tamanho pequeno. Esses tumores são chamados **benignos**; um exemplo são as verrugas, tumores benignos de pele. As células que compõem um tumor benigno assemelham-se a, e podem funcionar como, células normais. As moléculas de adesão celular, que unem os tecidos, mantêm as células dos tumores benignos, bem como as células normais, localizadas nos tecidos que as originam. Uma cápsula fibrosa geralmente delimita a extensão de um tumor benigno e o torna um bom alvo para cirurgia. Os tumores benignos somente tornam-se sérios problemas médicos se interferirem com as funções normais pelo seu tamanho ou se secretarem quantidades excessivas de substâncias biologicamente ativas, como hormônios. A acromegalia, o crescimento exacerbado da cabeça, das mãos e dos pés, por exemplo, pode ocorrer quando um tumor benigno da hipófise gera a superprodução do hormônio do crescimento.

Em contrapartida, as células que compõem um tumor **maligno** ou canceroso (ver Figura 24-2) geralmente crescem e se dividem mais rapidamente do que as células

(a)

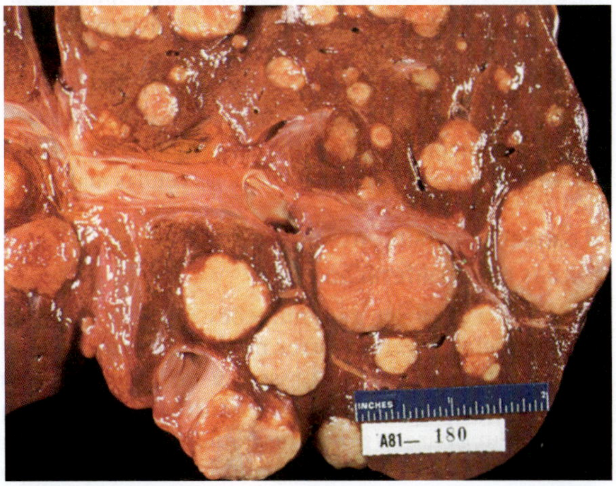

(b)

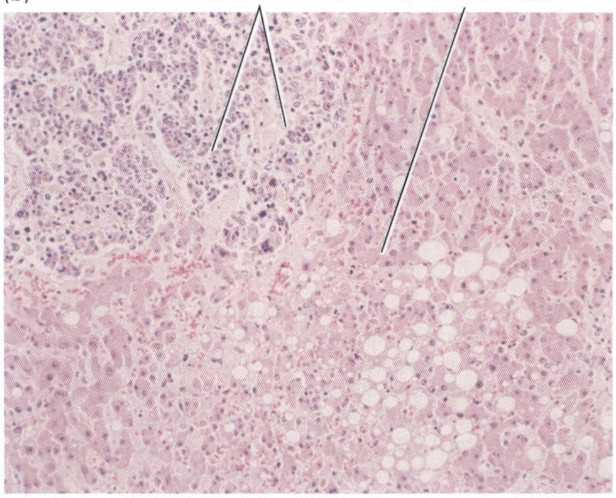

FIGURA 24-2 Visualizações macro e microscópica de um tumor invadindo o tecido hepático normal. (a) A morfologia macroscópica de um fígado humano no qual está se desenvolvendo um tumor metastático de pulmão. As protuberâncias brancas na superfície do fígado são as massas tumorais. (b) Uma micrografia óptica de uma secção do tumor em (a) mostra áreas com pequenas células tumorais coradas em escuro, invadindo uma região de células hepáticas normais, maiores e de coloração mais clara. (Cortesia de J. Braun.)

normais e não morrem em taxas normais. Uma característica importante das células malignas é a capacidade de invadirem os tecidos adjacentes, disseminando e depositando tumores adicionais enquanto as células continuam a proliferar. Alguns tumores malignos, como os de ovário e mama, permanecem localizados e encapsulados, pelo menos por algum tempo. Quando esses tumores progridem, as células invadem os tecidos adjacentes e estabelecem a metástase (Figura 24-3a). A maioria das células malignas adquire a capacidade de formar metástases. Portanto, as principais características que diferenciam os tumores metastáticos (malignos) dos tumores benignos são a capacidade de invasão a tecidos adjacentes e a disseminação para locais distantes do corpo.

As células normais estão restritas ao seu lugar, em um órgão ou tecido, pela adesão celular e por barreiras físicas, como a *membrana basal*, que se situa subjacente às células epiteliais e também envolve as células endoteliais dos vasos sanguíneos (ver Capítulo 20). Em contrapartida, as células cancerosas adquiriram a capacidade de penetrar na membrana basal utilizando uma célula saliente, chamada de "invadopódio", e depois migrar para locais distantes do corpo (Figura 24-3b). O processo de desenvolvimento conhecido como **transição epitelial para mesenquimal** (EMT) tem um papel fundamental durante o processo de metástase em alguns cânceres. Durante o desenvolvimento normal, a conversão de células epiteliais em células mesenquimais é uma etapa na formação de alguns órgãos e tecidos. A EMT requer mudanças distintas no padrão de expressão gênica e resulta em mudanças fundamentais na morfologia da célula, como a perda da adesão celular, a perda da polaridade celular e a obtenção de propriedades migratórias e invasivas. Acredita-se que durante a metástase, as vias regulatórias da EMT sejam ativadas no fronte invasivo do tumor, produzindo células migratórias únicas. No centro da EMT há dois fatores de transcrição, Snail e Twist. Esses fatores de transcrição promovem a expressão de genes envolvidos na migração celular, a supressão de fatores de adesão celular, como E-caderinas, e o aumento na produção de proteases que digerem a membrana basal, permitindo a penetração pelas células tumorais. Por exemplo, várias células tumorais secretam uma proteína (ativador de plasminogênio) que converte a proteína sérica plasminogênio na protease ativa plasmina. É importante ressaltar que a expressão de diversas unidades importantes da EMT, como SNAIL1 e SNAIL2, tem demonstrado correlação com a recidiva da doença e a sobrevivência do paciente em vários cânceres, incluindo câncer de mama, colo e ovário. A ocorrência de EMT indica um panorama clínico desfavorável.

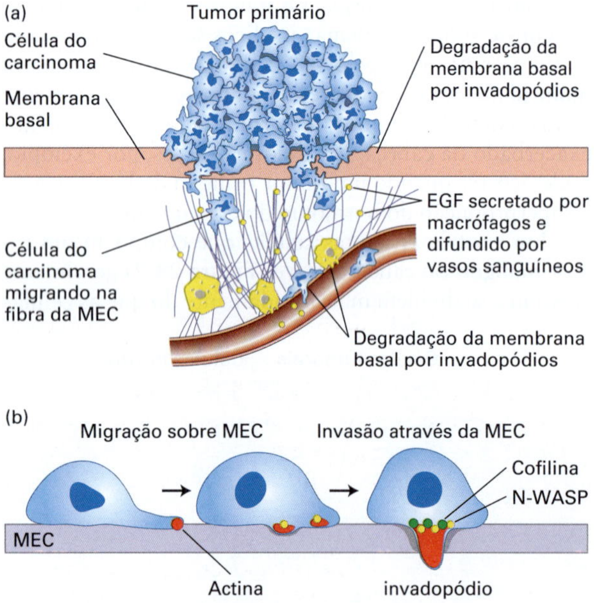

FIGURA 24-3 Metástase. (a) Primeira etapa da metástase, utilizando células do carcinoma de mama como exemplo. As células cancerosas deixam o tumor principal e atacam a membrana basal, utilizando fibras da matriz extracelular (MEC) para chegar aos vasos sanguíneos. As células cancerosas podem ser atraídas por sinais como o fator de crescimento epidermal (EGF), o qual pode ser secretado por macrófagos (amarelo). Nos vasos sanguíneos, elas penetram subjacentes às células endoteliais que formam as paredes dos vasos e entram na corrente circulatória. (b) Células do carcinoma penetram a matriz extracelular e as paredes dos vasos sanguíneos pela extensão de invadopódios, que produzem metaloproteases e outras proteases para abrir caminho na matriz. (Adaptada de Yamaguchi et al., 2005, *Curr. Opin. Cell Biol.* **17**:559.)

À medida que a membrana basal se desintegra, algumas células tumorais entram na corrente sanguínea, mas menos de 1 em 10.000 células que escapam do tumor primário sobrevivem para colonizar outro tecido e formar um tumor secundário metastático. A maior parte da medicina preventiva é focada no desenvolvimento de métodos para identificar células tumorais raras que circulam na corrente sanguínea. A capacidade de capturar as *células tumorais circulantes* (*CTCs*) forneceria não apenas uma ferramenta poderosa e não invasiva para a detecção precoce do câncer, mas a análise dessas células poderia fornecer ideias sobre a natureza da doença e do tratamento.

Além de escapar do tumor original e entrar no sangue, as células que irão semear os novos tumores devem se aderir a uma célula endotelial revestindo um capilar e em seguida migrar pelo tecido subjacente, no processo chamado extravasamento (ver Capítulo 20). As várias camadas de tecidos adjacentes que envolvem o tumor maligno necessitam de mudanças significativas no comportamento celular e frequentemente envolvem novas proteínas de superfície, ou formas variantes, produzidas pelas células malignas.

O câncer normalmente origina-se de células em proliferação

Para que a maioria das mutações oncogênicas induza o câncer, elas devem ocorrer nas células em divisão, de modo que a mutação seja passada a várias células da progênie. Quando essas mutações ocorrem em células que não sofrem divisão (p. ex., neurônios e células musculares), geralmente não há indução do câncer, o que explica porque os tumores de células nervosas e musculares são raros em adultos. Por outro lado, o câncer pode ocorrer nos tecidos compostos principalmente por células diferenciadas que não sofrem divisão, como as hemácias, a maioria dos leucócitos, as células absortivas que revestem o intestino delgado e as células queratinizadas que formam a pele. Tem sido sugerido que as células que iniciam os tumores não são as células completamente diferenciadas, mas sim suas precursoras. As células completamente diferenciadas normalmente não se dividem. À medida que elas morrem ou desgastam, são continuamente substituídas pela proliferação e diferenciação das **células-tronco,** e acredita-se que essas células sejam capazes de se transformar em células tumorais. Como as células-tronco podem se dividir continuamente durante a vida de um organismo, as mutações oncogênicas no seu DNA podem ser acumuladas, transformando-as em células cancerosas. As células que adquiriram essas mutações têm capacidade proliferativa anormal e, em geral, não podem sofrer os processos normais de diferenciação. Nos últimos anos também ficou claro que mutações promotoras de tumor têm a capacidade de transformar uma célula diferenciada que não sofre divisão celular em uma célula em proliferação com propriedades de precursor. Desse modo, em alguns cânceres, a desdiferenciação e a volta de uma célula para o estado de precursor podem ser os eventos iniciais de um tumor. Não importa se os tumores se originam por meio de células diferenciadas que recuperaram a capacidade de se proliferar ou por meio de mutações de células-tronco, agora está evidente que em diversos tumores, como em órgãos normais, há apenas algumas células com a capacidade de divisão descontrolada e geração de novos tumores; essas células são as **células-tronco cancerosas**, discutidas na próxima seção.

O ambiente local influencia a formação de tumores heterogêneos por células-tronco cancerosas

Alguns tipos de tumores aparentam ter suas próprias células-tronco; ou seja, essas são as únicas células tumorais capazes de semear um novo tumor. O conceito é que, dentro de um tumor, algumas células irão cessar a divisão enquanto outras podem continuar o crescimento canceroso. Estas últimas, obviamente, são as mais perigosas e as mais importantes para se destruir com os tratamentos anticâncer. As células-tronco cancerosas dão origem a algumas células com elevada capacidade de replicação e outras com potencial de replicação mais limitado. Ainda não está claro como diversos tipos de tumores têm células-tronco que diferem da maioria das outras células no tumor.

Um modo de identificar células-tronco cancerosas é purificar diferentes classes de células de um tumor com base na diferença de seus marcadores de superfície, normalmente utilizando um classificador de célula ativada por fluorescência (FACS, ver Capítulo 9). Testes de transplantes, geralmente com camundongos, revelam quais classes de células têm a capacidade de semear novos tumores e quais não. Por exemplo, uma amostra com algumas centenas de células tumorais de cérebro humano com um antígeno na superfície chamado *CD133* é potente em iniciar novos tumores em camundongos imunocomprometidos, enquanto uma amostra de milhares de células tumorais *CD133* foi incapaz de semear novos tumores. Descobertas semelhantes têm sido feitas em mieloma múltiplo humano; a maioria das células (acima de 95%) expressa um marcador chamado *CD138*. Uma pequena população de células que perderam o *CD138* tem uma melhora considerável na habilidade de iniciar o crescimento tumoral do que as demais células. Esses resultados sugerem que a identificação de células-tronco cancerosas e posteriormente a utilização dessas células como alvos para fármacos ou anticorpos pode ser uma terapia anticâncer mais eficaz do que atingir a massa de células tumorais. ■

Os resultados com células-tronco cancerosas realçam três pontos importantes. Primeiro, nem sempre os tumores são gerados por células uniformes, mesmo se originados de uma única célula. Segundo, as células realmente perigosas podem representar uma minoria. Terceiro, as células tumorais podem crescer rápido ou devagar dependendo do ambiente particular onde se encontram. Exatamente como as células-tronco conseguem manter-se em estado de divisão e não diferenciação pela habilidade de ocupar um nicho adequado (ver Capítulo 21), as células-tronco cancerosas podem se comportar de acordo com o meio que as circunda. Algumas células vizinhas podem ser mais condutivas a células tumorais ou ao crescimento de células-tronco cancerosas do que outras. Assim, o ambiente das células tumorais, chamado de **microambiente tumoral**, pode ter um impacto drástico na capacidade de crescimento das células tumorais.

A ideia da importância dos elementos do microambiente tumoral se estende para a importância de um dos ambientes mais comuns para a célula tumoral: as células inflamatórias. Com frequência, o câncer surge em locais de ferimento ou infecção crônica. Células imunes migram aos locais de lesão e produzem fatores de crescimento para promover a melhora e a reconstrução da matriz extracelular. Todas essas propriedades do tecido local podem contribuir para o estabelecimento e crescimento do tumor. Estima-se que mais de 20% dos cânceres sejam correlacionados com infecções crônicas. Por exemplo, uma infecção persistente por *Helicobacter pylori* é associada com câncer gástrico e com linfoma de tecido linfoide associado à mucosa (MALT). Infecções por vírus da hepatite B ou C elevam o risco de carcinoma hepatocelular.

Uma resposta inflamatória não apenas pode promover a tumorigênese, mas a formação do tumor em si pode iniciar uma resposta inflamatória. Certos oncogenes induzem um programa transcricional que leva ao recrutamento de células imunes, especialmente macrófagos. Os macrófagos e outros linfócitos produzem citocinas que promovem o tumor e impulsionam a resposta inflamatória, fornecendo às células cancerosas fatores de crescimento adicionais e promovendo o crescimento de vasos sanguíneos, o qual – assim como discutido a seguir – é um aspecto essencial para o crescimento do tumor.

O crescimento do tumor requer a formação de novos vasos sanguíneos

Os tumores, primários ou secundários, necessitam do recrutamento de novos vasos sanguíneos para aumentar de massa. Na ausência de aporte sanguíneo, o tumor pode crescer até uma massa de 10^6 células, o tamanho aproximado de uma esfera com 2 mm de diâmetro. Nesse ponto, a divisão das células na parte externa da massa tumoral é equilibrada pela morte das células no centro do tumor, devido ao fornecimento inadequado de nutrientes. Esses tumores, a menos que secretem hormônios, causam poucos problemas. Entretanto, a maioria dos tumores induz a formação de novos vasos sanguíneos que invadem o tumor e o nutrem, processo chamado **angiogênese.** Esse processo complexo requer várias etapas diferentes: degradação da membrana basal que envolve um capilar próximo, migração das células endoteliais que revestem o capilar para dentro do tumor, divisão dessas células endoteliais e formação de nova membrana basal ao redor do capilar recém elongado.

Muitos tumores produzem fatores de crescimento que estimulam a angiogênese; outros tumores induzem, de alguma forma, as células adjacentes normais a sintetizar e secretar esses fatores. O fator de crescimento fibroblástico básico (b-FGF), o fator transformador de crescimento α (TGFα) e o fator de crescimento endotelial vascular (VEGF), os quais são secretados por vários tumores, têm propriedades angiogênicas. Os novos vasos sanguíneos nutrem o tumor em crescimento, permitindo seu aumento de tamanho e, também, o aumento da ocorrência de mutações mais prejudiciais. A presença de um vaso sanguíneo adjacente também facilita o processo de metástase.

Em humanos, existem cinco genes VEGF e três genes receptores de proteína VEGF. A expressão de VEGF pode ser induzida por hipóxia, a necessidade das células por oxigênio que ocorre quando $[pO_2] < 7$ mmHg. Os receptores VEGF, os quais são tirosinacinases, regulam diferentes aspectos do crescimento de vasos sanguíneos como sobrevivência e crescimento de células endoteliais (parede do vaso sanguíneo), migração celular e permeabilidade da parede do vaso.

O sinal de hipóxia é mediado pelo fator induzível de hipóxia (HIF-1), fator transcricional ativado em condições de baixa oxigenação, que posteriormente se liga ao gene VEGF, induzindo a sua transcrição e a de aproximadamente outros 30 genes, muitos dos quais afetam a probabilidade de crescimento do tumor. Entre esses estão enzimas glicolíticas como a lactato desidrogenase; assim, o HIF-1 também auxilia as células tumorais a se adaptar a baixas concentrações de oxigênio, voltando-se mais à glicólise do que à fosforilação oxidativa para a geração de ATP. A atividade do HIF-1 é controlada por um sensor de oxigênio composto por uma prolil hidroxilase ativa em níveis normais de O_2, mas inativa quando há falta de O_2. A hidroxilação do HIF-1 causa ubiquitinação e degradação do fator transcricional, processo bloqueado quando a concentração de O_2 é baixa. Compostos que inibem angiogênese geram um grande interesse como potenciais alvos terapêuticos. Entretanto, seus sucessos na clínica ainda são bem limitados.

Mutações específicas transformam células em cultura em células tumorais

A morfologia e as propriedades de crescimento das células tumorais diferem, claramente, das suas correspondentes normais; algumas diferenças são também evidentes em células cultivadas. Experimentos de transfecção com linhagem de células de fibroblastos de camundongo em cultura, chamadas *células 3T3*, estabeleceram conclusivamente que essas mutações causam as diferenças entre as células. Essas células normalmente crescem apenas quando fixadas à superfície plástica de uma placa de cultura e são mantidas em baixa densidade celular. Como as células 3T3 cessam seu crescimento quando fazem contato com outras células, elas acabam formando uma monocamada de células bem ordenadas, que cessaram de proliferar e estão na fase quiescente G_0 do ciclo celular (Figura 24-4a).

Quando o DNA de células humanas de câncer de bexiga é transfectado nas células 3T3 em cultura, aproximadamente uma célula em um milhão incorpora um segmento específico do DNA exógeno, que provoca uma alteração fenotípica. A progênie da célula afetada são células mais arredondadas e menos aderentes umas às ou-

(a)

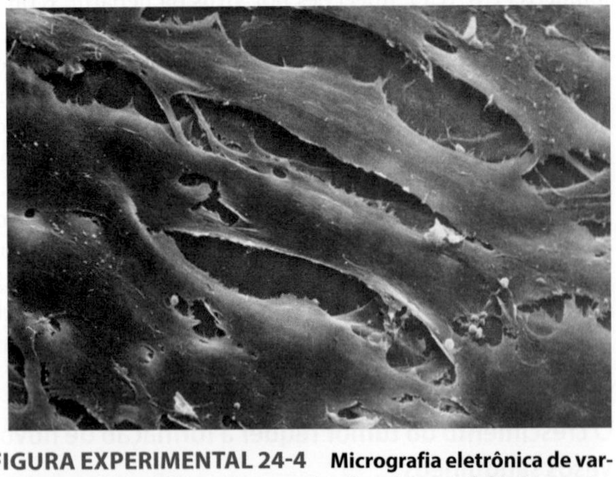

(b)

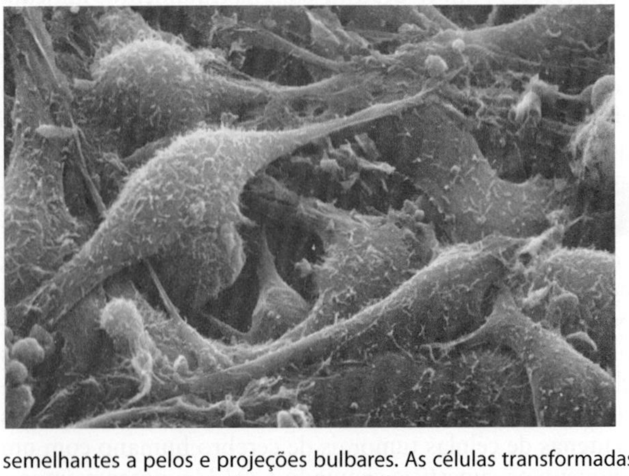

FIGURA EXPERIMENTAL 24-4 Micrografia eletrônica de varredura revela as diferenças organizacionais e morfológicas entre células 3T3 normais e transformadas. (a) As células 3T3 normais são alongadas e alinhadas, compactadas de modo ordenado. (b) As células 3T3 transformadas por um oncogene codificado pelo vírus do sarcoma de Rous são arredondadas e cobertas por pequenos processos semelhantes a pelos e projeções bulbares. As células transformadas perdem a organização lado a lado das células normais e crescem umas por cima das outras. Estas células transformadas têm muitas propriedades em comum com células malignas. Alterações semelhantes são observadas em células transfectadas com DNA de cânceres humanos contendo o oncogene ras^D. (Cortesia de L. B. Chen.)

RECURSO DE MÍDIA: Identificação do oncogene *ras*

FIGURA EXPERIMENTAL 24-5 Transformação de células de camundongo com DNA de células cancerosas humanas permite a identificação e a clonagem molecular do oncogene *ras*^{D}. Com a adição do DNA de câncer de bexiga humano a uma cultura de células 3T3 de camundongo, aproximadamente uma célula em um milhão sofre divisão anormal, originando um foco, ou clone, de células transformadas. Para clonar o oncogene responsável pela transformação, utiliza-se o fato de que a maioria dos genes humanos tem sequências repetitivas de DNA próximas entre si, chamadas sequências *Alu*. O DNA do foco inicial de células de camundongo transformadas é isolado, e o oncogene é separado do restante do DNA humano por uma segunda transferência para as células do camundongo. O restante do DNA é DNA humano que não tem efeito na transformação celular, mas apenas ocorreu em uma célula que também contém o oncogene ativo. O DNA total da segunda transfecção nas células de camundongo é, então, clonado em um bacteriófago λ; somente o fago que recebe o DNA humano é hibridizado com a sonda *Alu*. O fago hibridizado deve conter parte ou todo o oncogene transformante. Esse resultado pode ser provado demonstrando-se que o DNA do fago pode transformar células (se o oncogene foi completamente clonado) ou que a parte clonada do DNA está sempre presente nas células transformadas pela transferência de DNA da célula de câncer de bexiga doadora.

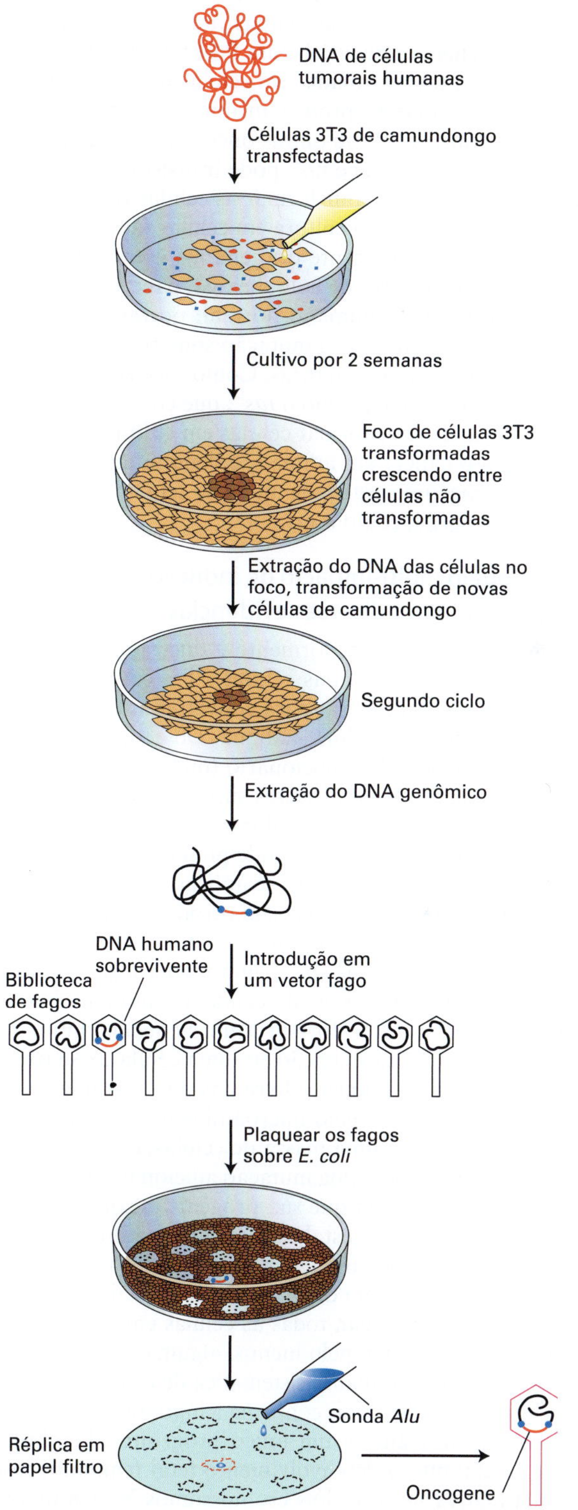

tras e à placa, em comparação às células normais que as cercam, formando um agregado tridimensional de células (um foco) reconhecido ao microscópio (Figura 24-4b). Essas células que continuam a crescer enquanto as células normais tornaram-se quiescentes sofreram **transformação** oncogênica. As células transformadas têm propriedades semelhantes às das células do tumor maligno, incluindo alterações na morfologia celular, na capacidade de crescimento livre da matriz extracelular, na necessidade reduzida de fatores de crescimento, na secreção do ativador de plasminogênio e na perda dos microfilamentos de actina.

A Figura 24-5 ilustra o procedimento de transformação das células 3T3 com DNA de células humanas de câncer de bexiga e a clonagem do segmento de DNA específico que provoca a transformação. É impressionante que um segmento tão pequeno de DNA tenha essa capacidade; se mais de um segmento fosse necessário, o experimento não daria certo. Estudos adicionais mostraram que o segmento clonado continha uma versão mutante do gene celular *ras*, onde a glicina, normalmente encontrada na posição 12, é substituída por uma valina. Essa mutação foi chamada de *ras*^{D}, onde *D* significa "dominante". A mutação é geneticamente dominante porque a proteína ativa tem um efeito mesmo na presença do outro, o alelo *ras* normal. A **proteína Ras** normal, que participa em diversas vias de transdução de sinais ativadas por fatores de crescimento (ver Capítulo 16), alterna entre estado inativo "desligado", com GDP ligado, e estado ativo "ligado", quando ligado ao GTP. A proteína Ras^D mutada hidrolisa GTP muito lentamente e, portanto, acumula-se no estado ativo, enviando um sinal de estimulação do crescimento ao núcleo, mesmo na ausência dos hormônios normalmente necessários à ativação da sua função sinalizadora.

A produção e a ativação constitutiva de uma proteína Ras^D não é suficiente para causar a transformação das células normais em uma cultura primária (nova) de fibroblastos de humanos, ratos ou camundongos. Ao contrário das células em cultura primária, porém, as células 3T3 cultivadas sofreram algumas mutações, incluindo mutações de perda de função nos genes *p19ARF* ou *p53*, que regulam o ciclo e a sobrevivência celular. Essas células 3T3 crescem por tempo indeterminado em cultura, desde que sejam periodicamente diluídas e abastecidas com nutrientes, o que as células normais não mutadas não conseguem fazer (ver Figura 9-1b). Essas células 3T3 **imortais** são transformadas em células tumorais completas somente quando produzem uma proteína Ras com ativação constitutiva ou outras oncoproteínas. Por isso, a transfecção com o gene *ras*^{D} pode transformar as células 3T3, mas não pode transformar as células fibroblásticas primárias normais em cultura em células tumorais.

Uma versão mutante do gene *ras* é encontrada na maioria dos cânceres de colo, bexiga, pâncreas e outros, mas não no DNA humano normal; portanto, ela deve surgir como resultado da mutação somática em uma das células tumorais progenitoras. Como será visto na Seção 24.2, qualquer gene, como o *ras*^{D}, que codifica uma proteína capaz de transformar células em cultura ou contribuir para o câncer em animais, é denominado de **oncogene**. Oncogenes surgem de um gene celular normal, um proto-oncogene, como o *ras*.

Um modelo multi-impacto de indução de câncer é comprovado por diversas evidências

Como observado anteriormente e ilustrado pela transformação oncogênica das células 3T3, em geral várias mutações são necessárias para converter a célula normal do corpo em uma célula maligna. De acordo com esse modelo "multi-hit" evolucionário (ou "sobrevivência do mais capacitado"), os cânceres surgem por um processo de seleção clonal que não é diferente da seleção de animais individuais em uma grande população. Aqui está o cenário, o qual pode ou não se aplicar a todos os cânceres: uma célula, talvez uma célula-tronco, sofre uma mutação que lhe dá uma leve vantagem de crescimento. Uma das células da progênie sofre, então, uma segunda mutação que permitiria a seus descendentes um crescimento mais descontrolado e formaria um pequeno tumor benigno; uma terceira mutação em uma célula desse tumor permitiria um crescimento livre das outras células e das limitações impostas pelo microambiente tumoral, e sua progênie formaria uma massa de células, cada uma com essas três mutações. Uma mutação adicional em uma dessas células permitiria que sua progênie escapasse para a corrente sanguínea e estabelecesse uma colônia-filha em outros sítios, uma característica do câncer metastático. Esse modelo apresenta duas hipóteses de fácil verificação.

Em primeiro lugar, todas as células em determinado tumor devem conter, pelo menos, algumas alterações genéticas comuns. A análise sistemática de células de tumores humanos individuais confirma a hipótese de que todas as células derivam de um único progenitor. Lembre-se de que, durante o desenvolvimento fetal feminino, cada célula inativa um dos dois cromossomos X. A mulher é um mosaico genético: metade de suas células tem um X inativado e a outra metade tem o outro X inativado. Se o tumor não fosse originado a partir de um único progenitor, ele poderia ser composto por uma mistura de células, algumas com um X e as outras com o outro X inativado. Na verdade, o contrário é observado: todas as células coletadas a partir de um tumor de uma mulher têm o mesmo X inativado. Tumores diferentes podem ser compostos por células com qualquer X, materno ou paterno, inativado. Em segundo lugar, a incidência de câncer deve aumentar com a idade porque pode levar décadas para que as múltiplas mutações ocorram. Considerando que a taxa de mutação é relativamente constante durante toda a vida, a incidência da maioria dos tipos de câncer seria independente da idade se apenas uma mutação fosse necessária para converter uma célula normal em maligna. De fato, estimativas atuais sugerem que 5 a 6 mutações, ou "hits", devem ser acumuladas para emergir as mais perigosas células cancerosas. Como mostram os dados da Figura 24-6, a incidência de vários tipos de cânceres humanos aumenta drasticamente com a idade.

Evidências mais diretas da necessidade de múltiplas mutações para a indução do tumor vieram de camundongos transgênicos. Uma variedade de combinações de oncogenes pode cooperar no surgimento do câncer. Por exemplo, foram produzidos camundongos que carregam ou a mutação do oncogene dominante *ras*^{V12} (versão do *ras*^{D}) ou o proto-oncogene *c-myc*, cada caso controlado por um promotor/amplificador específico de célula mamária de um retrovírus. O promotor é induzido por níveis endógenos de hormônio e por reguladores tecido-específicos, levando à superexpressão de *c-myc* e *ras*^{V12} em tecido mamário. A proteína Myc é um fator de transcrição que induz a expressão de vários genes necessários para a transição da fase G_1 para a fase S do ciclo celular. Essa transcrição aumentada do *c-myc* reproduz mutações oncogênicas que ativam a transcrição do *c-myc*, convertendo esse proto-oncogene em um oncogene. Por si só, o transgene *c-myc* causa tumores apenas após 100 dias e, mesmo assim, somente em alguns camundongos; claramente, das células mamárias que superproduzem a proteína Myc,

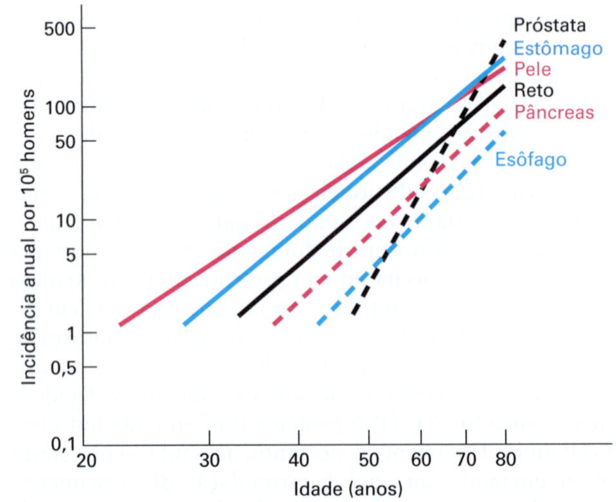

FIGURA EXPERIMENTAL 24-6 A incidência de cânceres humanos aumenta em função da idade. O grande aumento na incidência com o avanço da idade é consistente com o modelo *multi-hit* de indução do câncer. O gráfico compara o logaritmo da incidência anual com o logaritmo da idade do paciente. (De B. Vogelstein e K. Kinzler, 1993, *Trends Genet.* **9**:101.)

apenas uma diminuta fração torna-se maligna. Da mesma forma, a produção de uma proteína Ras^{V12} mutante, por si só, causa tumores mais cedo, mas ainda mais lentamente e com eficiência de apenas 50%, após 150 dias. Quando os camundongos transgênicos *c-myc* e ras^{V12} foram cruzados, praticamente todas as células mamárias produziram tanto Myc quanto Ras^{V12}, e os tumores surgiram muito mais rapidamente e todos os animais desenvolveram câncer (Figura 24-7). Esses experimentos enfatizam os efeitos sinérgicos de múltiplos oncogenes. Também sugerem que a longa latência na formação de tumores, mesmo nos camundongos transgênicos-duplos, se deve à necessidade de adquirir mutações somáticas adicionais.

Efeitos cooperativos semelhantes ocorrem entre oncogenes em células cultivadas. Por exemplo, a transfecção de fibroblastos normais (*não* fibroblastos 3T3 imortalizados) com *c-myc* ou ras^{D} ativado não é suficiente para a transformação oncogênica, enquanto na transfecção conjunta os dois genes cooperam para transformar as células. Níveis desregulados de *c-myc* sozinho induzem a proliferação, mas também sensibilizam os fibroblastos à apoptose. A superexpressão de ras^{D} ativado sozinho induz as células a entrarem em um estado onde já não podem se dividir, a chamada *senescência*. Quando os dois oncogenes são expressos na mesma célula, essas respostas celulares negativas são neutralizadas e as células sofrem transformação. Embora os exemplos mencionados sejam combinações de oncogenes, também é possível elevar as taxas de câncer em transformações de células cultivadas pela combinação de um oncogene com a perda de um gene supressor tumoral.

Sucessivas mutações oncogênicas podem ser rastreadas no câncer de colo

Estudos em câncer de colo forneceram as evidências mais convincentes para o modelo **multi-hit de indução do câncer**. Os cirurgiões obtêm amostras relativamente puras de vários cânceres humanos, mas já que o tumor é observado apenas em um momento, o estágio exato da progressão do tumor não pode ser facilmente determinado. Uma exceção é o câncer de colo, o qual envolve estágios morfológicos distintos e bem definidos. Esses estágios intermediários – pólipos, adenomas benignos e carcinomas – podem ser isolados por um cirurgião, permitindo a identificação das mutações que ocorrem em cada estágio morfológico. Inúmeros estudos mostram que o câncer de colo surge a partir de uma série de mutações que comumente ocorrem em uma ordem bem definida, fornecendo fortes evidências e confirmando o modelo *multi-hit* (Figura 24-8).

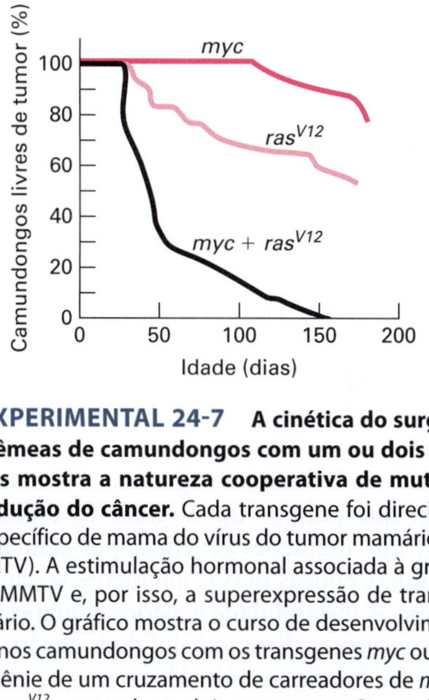

FIGURA EXPERIMENTAL 24-7 A cinética do surgimento do tumor em fêmeas de camundongos com um ou dois transgenes oncogênicos mostra a natureza cooperativa de mutações múltiplas na indução do câncer. Cada transgene foi direcionado pelo promotor específico de mama do vírus do tumor mamário de camundongos (MMTV). A estimulação hormonal associada à gravidez ativa o promotor MMTV e, por isso, a superexpressão de transgenes em tecido mamário. O gráfico mostra o curso de desenvolvimento da tumorigênese nos camundongos com os transgenes *myc* ou ras^{V12} assim como a progênie de um cruzamento de carreadores de *myc* com carreadores de ras^{V12} contendo os dois transgenes. Os resultados claramente demonstram os efeitos da cooperação de mutações múltiplas na indução do câncer. (Ver E. Sinn et al., 1987, *Cell* **49**:465.)

A visão sobre a progressão do câncer de colo surgiu primeiramente de um estudo de predisposições hereditárias ao câncer de colo, como a polipose adenematosa familiar (FAP). Mutações na via de sinalização Wnt têm sido identificadas em muitas dessas síndromes, e acredita-se agora que a desregulação da sinalização Wnt resulta na formação de pólipos (crescimentos pré-cancerosos) dentro da parede do colo – não apenas em pessoas com síndromes de polipose hereditária, mas também em pessoas afligidas com formas esporádicas de câncer de colo. APC (do inglês *adenomatous polyposis coli*) é um regulador negativo da sinalização Wnt, a qual promove a entrada no ciclo celular pela ativação da expressão do gene *c-myc* (ver Capítulo 16). A ausência de uma proteína APC funcional leva à produção inapropriada de Myc, e células homozigóticas para mutações *APC* proliferam em ritmo maior do que o normal, formando os pólipos. Mutações com perda de função no gene *APC* são as mutações mais frequentes encontradas em estágios iniciais do câncer de colo. A maioria das células no pólipo contém as mesmas mutações no gene *APC*, que resulta na sua perda ou inativação, indicando serem clones de uma célula na qual a mutação original ocorreu. O *APC* é um gene supressor tumoral, e ambos os alelos para o gene *APC* devem conter uma mutação que os inative para que os pólipos sejam formados, pois as células com um alelo do gene *APC* selvagem expressam proteína APC suficiente para funcionar normalmente.

Se uma das células do pólipo sofre outra mutação, como uma mutação ativadora no gene *ras*, sua progênie irá se dividir de modo muito mais descontrolado, formando um grande adenoma. A inativação do gene *p53* resulta na perda gradual da regulação normal e a consequente formação de um carcinoma maligno (ver Figura 24-8). A **proteína p53** é um supressor tumoral que interrompe a progressão por meio do ciclo celular em resposta ao dano ao DNA. Embora os três *hits* listados aqui sejam partes cruciais do cenário, é provável que eventos genéticos tenham sua contribuição. Nem todo câncer de colo, porém, adquire todas as últimas mutações ou as adquire na ordem listada na Figura 24-8. Desse modo, diferentes combinações de mutações podem resultar no mesmo fenótipo.

O DNA extraído de diferentes carcinomas de colo humano contém mutações em todos os três genes – mutações com perda de função nos supressores tumorais *APC* e *p53*, e mutações ativadoras (ganho de função) no oncogene dominante *K-ras*(um dos genes da família *ras*) – determinando

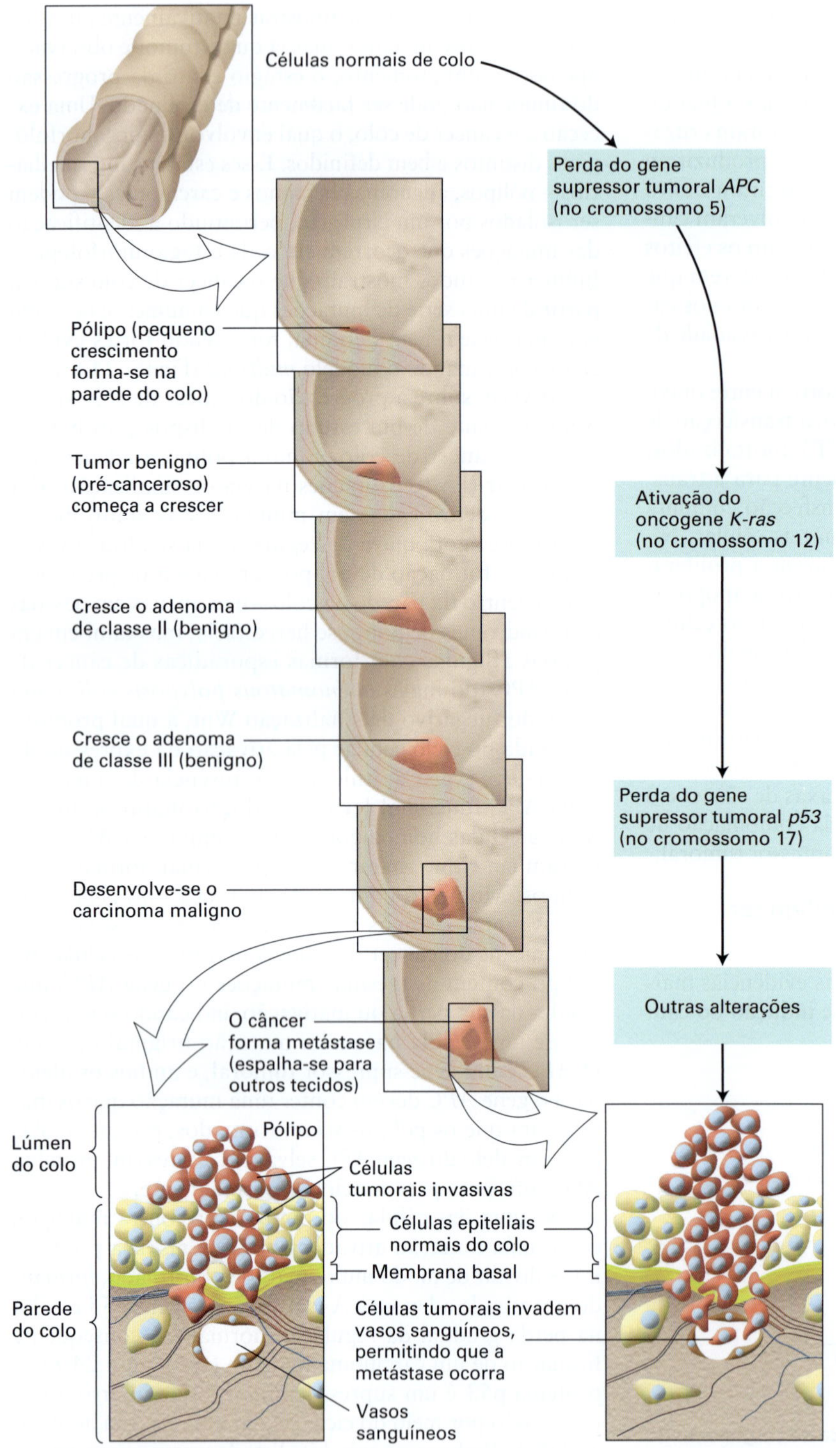

FIGURA 24-8 O desenvolvimento e a metástase do câncer colorretal e suas bases genéticas. Uma mutação no gene supressor tumoral APC em uma única célula epitelial provoca a divisão celular dessas células, embora as células adjacentes não sofram divisão, formando uma massa localizada de células tumorais benignas, ou pólipo. Mutações seguintes levam à expressão constitutiva da proteína Ras ativa e à perda do gene supressor tumoral *p53*. Este fato, juntamente com mudanças genéticas ainda não identificadas, gera a célula maligna. A célula continua a se dividir, e a progênie invade a membrana basal que envolve o tecido. Algumas células tumorais entram nos vasos sanguíneos que irão distribuí-las a outros locais do corpo. Mutações adicionais permitem as células tumorais deixarem os vasos sanguíneos e proliferarem em locais distantes; pacientes com esse tipo de tumor têm câncer. (Adaptada de B. Vogelstein e K. Kinzler, 1993, *Trends Genet.* **9**:101.)

que são necessárias várias mutações na mesma célula para a formação do câncer. Algumas dessas mutações parecem conferir vantagens de crescimento em um estágio inicial do desenvolvimento do tumor, enquanto outras mutações promovem vantagens em estágios mais tardios, incluindo a invasão e a metástase, necessárias ao fenótipo maligno. O número de mutações necessárias para a progressão do câncer de colo pode ser surpreendente à primeira vista, e parece ser uma barreira à tumorigênese. Contudo, nossos genomas estão sob constante agressão. Estimativas recentes indicam que pólipos de surgimento esporádico têm cerca de 11 mil alterações genéticas por célula, apesar de apenas algumas poucas dessas alterações serem relevantes à oncogênese. A instabilidade genética é uma característica de células cancerosas. Essa instabilidade genética promove a evolução do tumor, permitindo a criação acelerada de células tumorais com aumento da independência e/ou da capacidade de ser metastática.

O carcinoma de colo fornece um exemplo excelente do modelo *multi-hit* do câncer. O grau de aplicação desse modelo ao câncer está sendo estudado, mas está claro que diversos tipos de câncer envolvem mutações múltiplas.

As células cancerosas se diferem das células normais por vias fundamentais

Muitas vezes, as células cancerosas podem ser distinguidas das células normais por exames microscópicos. Em geral, são menos bem diferenciadas do que as células normais ou células de tumores benignos. Em um tecido específico, células malignas normalmente exibem características de células de crescimento acelerado, isto é, alta relação núcleo-citoplasma, nucléolos proeminentes, aumento de células mitóticas e estrutura relativamente pouco especializada. Células normais param de crescer quando entram em contato com outras células, formando finalmente uma monocamada de células bem ordenadas (ver Figura 24-4a). Células transformadas são menos aderentes e formam um aglomerado tridimensional de células (um foco) que pode ser reconhecido ao microscópio (ver Figura 24-4b).

As células tumorais não diferem apenas em sua aparência das células normais, mas todo seu metabolismo energético é remontado. As células normais diferenciadas dependem da fosforilação oxidativa mitocondrial para suprir suas necessidades energéticas. As células metabolizam glicose a dióxido de carbono pela oxidação do piruvato por meio do ciclo do ácido tricarboxílico (TCA) na mitocôndria (ver Capítulo 12). Apenas sob condições anaeróbias as células sofrem glicólise anaeróbia e produzem grande quantidade de lactato. Ao contrário das células normais, a maioria das células cancerosas depende da glicólise para a produção de energia independente se os níveis de oxigênio são altos ou baixos, produzindo grande quantidade de lactato (Figura 24-9). A utilização da glicólise para produzir energia mesmo na presença de oxigênio, chamada de glicólise aeróbia, foi descoberta primeiramente em células cancerosas pelo biólogo celular Otto Warburg e foi posteriormente chamada de **efeito Warburg.**

O metabolismo da glicose à lactose gera apenas duas moléculas de ATP por molécula de glicose, enquanto a fosforilação oxidativa gera até 36 moléculas de ATP por molécula de glicose. Não está claro porque as células cancerosas utilizam essa via ineficiente para gerar energia, mas algumas das diferenças moleculares entre células normais diferenciadas e células tumorais podem fornecer a resposta. Embora células diferenciadas expressem a isoforma M1 da piruvato cinase (PK-M1), todas as células cancerosas mudam a expressão para a isoforma M2, a qual é expressa normalmente apenas durante o desenvolvimento embrionário. A PK-M2 é ativada pela sinalização da tirosina-cinase e resulta na conversão de piruvato em lactato em vez de abastecer no ciclo TCA.

Talvez a característica mais marcante das células tumorais é que toda sua composição genética difere drasticamente daquela das células normais. Uma das características de quase todas as células tumorais é a **aneuploidia**, a presença de um número anormal de cromossomos – geralmente muitos.

Vários mecanismos que levam à aneuploidia têm sido identificados. Como discutido no Capítulo 19, o ponto de verificação da replicação do DNA normalmente impede a entrada na mitose, a menos que todos os cromossomos tenham replicado completamente seu DNA. O conjunto dos pontos de verificação evita a entrada em anáfase a menos que todos os cromossomos replicados conectem-se corretamente ao eixo do mecanismo; e o ponto de verificação da posição do eixo impede a saída da mitose e a citocinese se os cromossomos segregarem inapropriadamente. Uma falha no dano do DNA e no ponto de verificação do eixo do mecanismo causa anormalidades cromossômicas e segregação errada, respectivamente, levando à aneuploidia. Defeitos no ponto de verificação do eixo causam a formação de células tetraploides, que, em seguida, por meio da perda dos cromossomos, pode levar à aneuploidia também. O papel exato da aneuploidia na tumorigênese está começando a ser debatido, mas está claro que ela causa o câncer. Em camundongos, mutações que induzem instabilidades genômicas levam ao câncer. Síndromes humanas como a aneuploidia do mosaico diversificado (MVA), que causa aumento da separação errada dos cromossomos, também predispõe os pacientes a certos cânceres, incluindo o tumor de Wilm e o rabdomiossarcoma.

Análises de microarranjo de DNA do padrão de expressão podem revelar sutis diferenças entre células tumorais

Tradicionalmente, as propriedades das células tumorais e normais têm sido avaliadas por coloração e microsco-

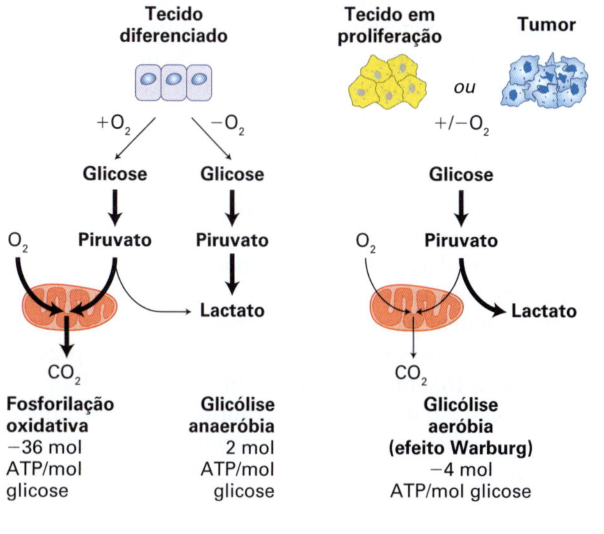

FIGURA 24-9 Produção de energia em células cancerosas por glicólise aeróbia. Na presença de oxigênio, células em não proliferação (diferenciadas) metabolizam a glicose em piruvato via glicólise. Posteriormente, o piruvato é transportado à mitocrôndria, onde é incorporado ao ciclo TCA. Oxigênio é necessário como aceptor final de elétrons durante a fosforilação oxidativa. Deste modo, quando o oxigênio é limitado, as células metabolizam o piruvato em lactato, permitindo que a glicólise continue pela conversão de NADH de volta a NAD^+. Células cancerosas e células em proliferação convertem a maior parte da glicose em lactato independentemente se o oxigênio está presente ou não. A produção de lactato na presença de oxigênio é chamada de glicólise aeróbia. (Adaptada de Vander Heiden et al., 2009, *Science* **324**:1029.)

pia. O prognóstico para muitos tipos de câncer poderia ser determinado, com certas limitações, a partir de suas histologias. Porém, somente o aspecto das células contém informações limitadas, e o melhor caminho para distinguir as propriedades das células é entender a tumorigênese e chegar a uma decisão significativa e precisa sobre o prognóstico e o tratamento.

Como foi visto, estudos genéticos podem identificar a mutação de início ou uma série de mutações que causam a transformação de células normais em células tumorais, como no caso do câncer de colo. Porém, após esses eventos iniciais, as células de um tumor passam por uma cascata de mudanças refletindo a interação entre os eventos inicias e os sinais extracelulares. Como resultado, as células tumorais podem se tornar muito diferentes, mesmo originando-se da(s) mesma(s) mutação(ões) inicial(is). Apesar dessas diferenças não serem reconhecidas pela aparência das células, elas podem ser detectadas a partir dos padrões celulares de expressão gênica. A análise por **microarranjos de DNA** (*DNA microarray*) pode determinar a expressão de dezenas de milhares de genes simultaneamente, permitindo que fenótipos complexos sejam definidos a nível molecular (consulte nas Figuras 5-29 e 5-30 uma explicação sobre essa técnica).

O surgimento dos microarranjos de DNA e as tecnologias de sequenciamento em larga escala estão permitindo um exame mais detalhado das propriedades do tumor. Tumores primários muitas vezes podem ser distinguidos de tumores metastáticos pelo padrão de expressão gênica. A análise de microarranjos é rotineiramente utilizada para determinar a evolução do paciente e o melhor tratamento para vários tipos de câncer.

Pacientes com câncer de mama têm respostas diferentes ao tratamento e alta variabilidade na evolução. Quimioterapia e terapias hormonais reduzem o risco de metástase em aproximadamente 30%, mas uma alta porcentagem dessas pacientes (de 70 a 80%) teria sobrevivido sem o tratamento. Portanto, uma questão crítica é determinar qual paciente deve receber quimioterapia para impedir a metástase. Pesquisadores analisaram o perfil de expressão dos genes de câncer de mama que ainda não tinham se espalhado para os linfonodos adjacentes (câncer de mama não metastático). Eles identificaram 70 genes cuja expressão prevê a probabilidade de metástase com mais de 90% de acurácia (Figura 24-10). Esse "classificador" de perfil de expressão de genes com prognósticos ruins continha genes envolvidos na progressão do ciclo celular, invasão e angiogênese. Essa base biológica explica por que a metástase era mais provável nesse grupo de pacientes do que no grupo que perdeu esse padrão de expressão. Com base nisso, agora pode ser mais fácil determinar qual paciente deverá utilizar uma quimioterapia agressiva e qual paciente não necessita desse tratamento agressivo. Análises semelhantes do padrão de expressão gênica de outros tumores provavelmente irão melhorar a classificação e o diagnóstico, permitindo decisões fundamentadas sobre tratamentos, e também fornecer compreensão sobre as propriedades das células tumorais. ■

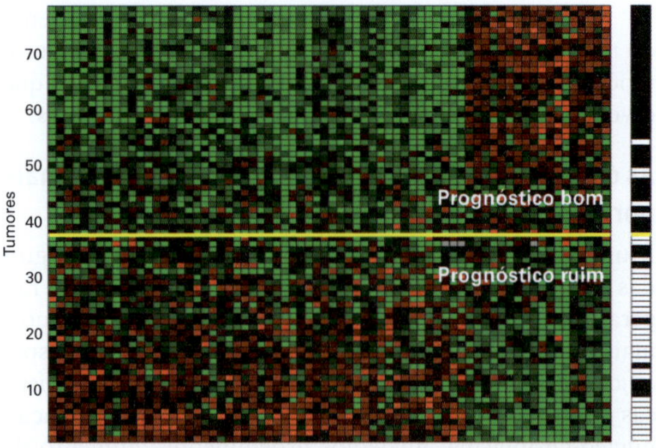

FIGURA EXPERIMENTAL 24-10 Diferenças no padrão de expressão gênica determinada por análise de microarranjos de DNA conseguem prever o comportamento metastático dos cânceres de mama. Amostras de mRNA foram extraídas de 78 pacientes (com 55 anos de idade ou menos) que apresentavam tumores de mama esporádicos sem invasão de linfonodos adjacentes. Análises de microarranjos de DNA do RNA extraído determinaram os níveis transcricionais em torno de 25 mil genes em cada uma das 78 amostras experimentais. (Ver nas Figuras 5-29 e 5-30 uma descrição da análise de microarranjos). O perfil de prognóstico de expressão gênica dos 70 genes foi determinado. Todos os genes identificados foram superexpressos em mais de três dos 78 tumores. O coeficiente de correlação da expressão de cada gene com a progressão da doença (pacientes livres de metástase após cinco anos *versus* pacientes que desenvolveram metástase no período de cinco anos) foi calculado e 231 genes tiveram associação significativa com a progressão da doença. Os genes foram selecionados novamente pela eliminação de genes com baixo poder de previsão até ser determinado um conjunto de genes cujo padrão de expressão classificasse os pacientes de prognóstico ruim com mais de 90% de acurácia. O padrão classificador de expressão gênica desses 70 genes é mostrado. No diagrama agrupado, cada linha representa um tumor e cada coluna vertical contém dados de um único gene dos 70 genes agrupados. A intensa cor vermelha indica o oposto. Os genes foram agrupados de acordo com seus padrões de semelhança de hibridização. Pacientes acima da linha amarela tem um prognóstico bom; abaixo da linha amarela o prognóstico é ruim. A condição de metástase de cada paciente é mostrada à direita. O branco indica os pacientes que desenvolveram metástase a distância cinco anos após o diagnóstico inicial; o preto indica que os pacientes estão livres há pelo menos cinco anos. (De L. J. van't Veer, 2002, *Nature* **415**:530.)

CONCEITOS-CHAVE da Seção 24.1

As células tumorais e o estabelecimento do câncer

- O câncer é uma aberração fundamental do comportamento celular, no que tange a vários aspectos da biologia celular e molecular. A maioria dos tipos celulares do organismo pode originar células tumorais malignas (câncer).
- As células cancerosas multiplicam-se na ausência de pelo menos uma parte dos fatores promotores de crescimento necessários à proliferação das células normais e são resistentes aos sinais que normalmente programam a morte celular (apoptose).
- A maioria das mutações oncogênicas ocorre nas células somáticas e não é transmitida pelo DNA das células germinativas.
- As células tumorais invadem os tecidos adjacentes, frequentemente rompendo a membrana basal que define

a divisa dos tecidos, espalhando-se pelo corpo e estabelecendo áreas secundárias de crescimentos, processo chamado *metástase*. Células de tumores metastáticos adquirem propriedades migratórias em um processo denominado de transição epitelial para mesenquimal.

- As células cancerosas geralmente surgem a partir de células-tronco e outras células proliferativas. As células cancerosas assemelham-se mais a essas células do que aos tipos celulares diferenciados, mais maduros.
- Tanto os tumores primários quanto os secundários requerem angiogênese, a formação de novos vasos sanguíneos, para aumentar de massa.
- O modelo *multi-hit* propõe que mutações múltiplas são necessárias para causar o câncer. Esse modelo é consistente com a homogeneidade genética das células de certo tumor, com o aumento observado da incidência de cânceres humanos com o avanço da idade e com o efeito cooperativo de transgenes oncogenéticos e genes supressores de tumor mutantes na formação de tumores em camundongos.
- O câncer de colo se desenvolve em estágios morfológicos distintos, comumente associados a mutações específicas em genes supressores tumorais e proto-oncogenes.
- As células cancerosas se diferem das células normais em vias fundamentais. Particularmente notável é a reutilização do metabolismo energético por meio da glicólise, processo conhecido como efeito de Warburg.
- A maioria das células tumorais humanos é aneuploide, contendo um número anormal de cromossomos (normalmente muitos). Falhas nos pontos de verificação do ciclo celular que normalmente detectam DNA não replicado, conjunto de eixo inapropriado ou segregação errada dos cromossomos permitem o surgimento de células aneuploides.
- Análises de microarranjos de DNA, que identificam diferenças na expressão de genes entre tipos de células tumorais indistinguíveis por critério tradicional, são utilizadas para prever a progressão do paciente.

24.2 A base genética do câncer

Como visto, as mutações em três grandes classes de genes – proto-oncogenes (p. ex., *ras*), genes supressores de tumor (p. ex., *APC*) e genes *caretaker* – exercem papel fundamental na indução do câncer. Esses genes codificam para vários tipos de proteínas que controlam o crescimento e a proliferação celulares (Figura 24-11). Praticamente todos os tumores humanos apresentam mutações inativadoras nos genes que, normalmente, atuam em diversos **pontos de verificação** do ciclo celular que param a progressão da célula pelo ciclo celular, caso uma etapa anterior tenha ocorrido incorretamente ou se houve lesão no DNA. Por exemplo, a maioria dos cânceres tem mutações inativadoras nos genes que codificam para uma ou mais proteínas que normalmente limitam a progressão pelo estágio G_1 do ciclo celular, ou mutações ativadoras em genes que codificam para proteínas que conduzem as células pelo ciclo celular. Da mesma forma, a ativação constitutiva da proteína Ras, ou de outras proteínas ativadas da via de transdução de sinais, é encontrada em diversos tipos de tumores humanos com origens diferentes. Portanto, a malignidade e os complexos processos de controle do ciclo celular, discutidos no Capítulo 19, são as duas faces da mesma moeda. Na série de eventos que resulta no crescimento de um tumor, os oncogenes associam-se com as mutações nos supressores tumorais para gerar a grande diversidade de propriedades das células tumorais, descritas na seção anterior.

Nesta seção, os tipos gerais de mutações oncogênicas serão considerados, bem como os mecanismos pelos quais alguns vírus podem causar câncer. Será explicado, também, porque algumas mutações herdadas aumentam o risco do desenvolvimento de certos tipos de câncer.

Mutações de ganho de função convertem proto-oncogenes em oncogenes

Lembre-se de que um oncogene é qualquer gene que codifica para uma proteína capaz de transformar as células em cultura, normalmente em combinação com outras alterações celulares, ou induzir o câncer em animais. Dos vários oncogenes conhecidos, quase todos são derivados de genes celulares normais (ou seja, proto-oncogenes) cujos produtos promovem a proliferação celular ou outro aspecto importante para o câncer. Por exemplo, o gene *ras*, discutido anteriormente, é um proto-oncogene que codifica uma proteína de sinalização intracelular que promove uma progressão controlada pelo ciclo celular; o gene mutante *ras*^{D} derivado do *ras* é um oncogene cujo produto é uma proteína que gera um sinal de estimulação do crescimento excessivo ou descontrolado. Outros proto-oncogenes codificam outras moléculas sinalizadoras que promovem o crescimento e seus receptores, proteínas antiapoptóticas (sobrevivência celular) e alguns fatores de transcrição.

A conversão ou a ativação de um proto-oncogene em um oncogene geralmente envolve uma mutação com ganho de função. Pelo menos quatro mecanismos podem produzir oncogenes a partir dos proto-oncogenes correspondentes:

1. *Mutação pontual* (ou seja, alteração de um único par de bases) em um proto-oncogene que resulta em um produto proteico com ativação constitutiva.
2. *Translocação cromossômica*, que funde dois genes, produzindo um gene híbrido que codifica uma proteína quimérica cuja atividade, diferentemente da proteína original, é frequentemente constitutiva.
3. *Translocação cromossômica*, que aproxima um gene de regulação do crescimento sob o controle de um promotor diferente que provoca expressão incorreta do gene.
4. *Amplificação* (ou seja, replicação anormal do DNA) de um segmento de DNA que inclui um proto-oncogene, de modo que existirão várias cópias, resultando na superprodução da proteína codificada.

Um oncogene formado por qualquer um dos dois primeiros mecanismos codifica uma "oncoproteína" que difere da proteína normal codificada pelo proto-

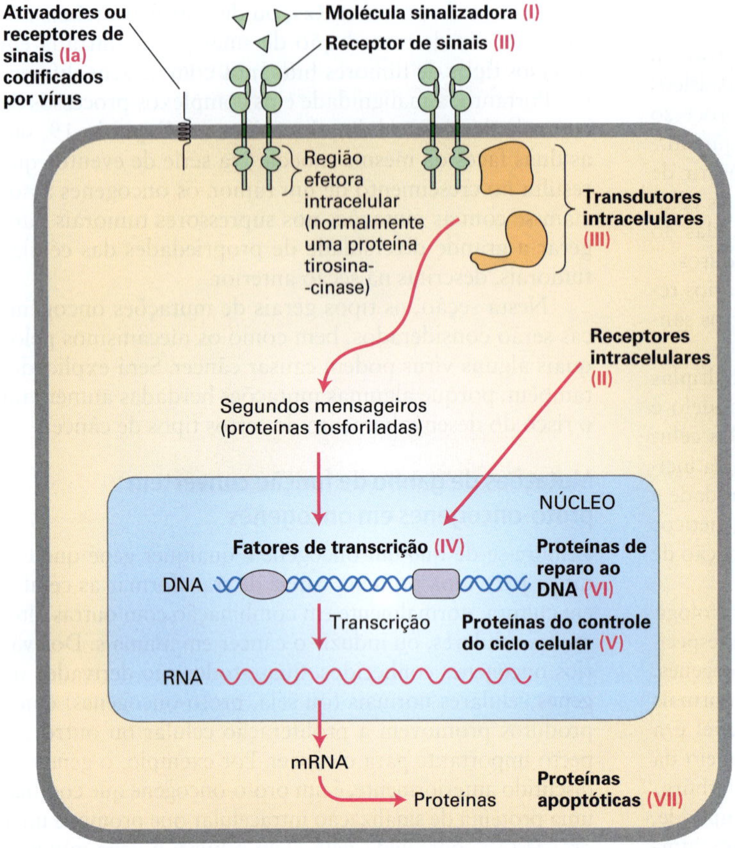

FIGURA 24-11 Sete tipos de proteínas que participam no controle do crescimento celular e proliferação. O câncer resulta da expressão de formas mutantes destas proteínas. Os oncogenes dominantes ativos são originados por mutações que alteram a estrutura ou a expressão das proteínas que normalmente promovem o crescimento celular. Muitas (mas não todas) moléculas de sinalização extracelular (I), receptores de sinais (II), proteínas de transdução de sinais (III) e fatores de transcrição (IV) estão nesta categoria. As proteínas de controle do ciclo celular (VI) que limitam a proliferação e as proteínas de reparo ao DNA (VII) são codificadas por genes supressores de tumor. As mutações nesses genes atuam de modo recessivo, aumentando enormemente a probabilidade das células mutantes de tornarem-se células tumorais ou da ocorrência de mutações em outras classes. As proteínas apoptóticas (V) incluem os supressores tumorais, que promovem a apoptose, e as oncoproteínas, que promovem a sobrevivência celular. As proteínas codificadas por vírus que ativam os receptores de sinais (Ia) também podem induzir o câncer.

-oncogene correspondente. Em contrapartida, os outros dois mecanismos geram oncogenes cujos produtos são idênticos às proteínas normais; seu efeito oncogênico é resultado da produção de níveis acima do normal, ou da expressão em células onde não seriam produzidos normalmente.

A amplificação localizada de DNA, para produzir até 100 cópias de uma determinada região (geralmente a região contém centenas de quilobases) é uma alteração genética comum nos tumores. Normalmente, esse evento poderia ser reparado ou a célula poderia parar o ciclo devido ao controle do ponto de verificação, assim essa lesão implica na falha do reparo do DNA (*caretaker*) de alguma forma. Essa anomalia pode ocorrer de duas formas: o DNA duplicado é aleatoriamente organizado em um único sítio no cromossomo, ou pode existir como uma pequena estrutura independente, semelhante a um minicromossomo. O primeiro caso forma uma região corada homogeneamente (HSR), visível ao microscópio óptico no local da amplificação; o último caso produz um cromossomo "miniatura" extra, separado dos cromossomos normais, que se intercala em uma preparação corada de cromossomos (Figura 24-12).

Independentemente de como elas surjam, as mutações de ganho de função que convertem um proto-oncogene em um oncogene são dominantes geneticamente; isto é, a mutação em um dos dois alelos é suficiente para induzir o câncer. Na Tabela 24-1 há uma comparação das diferentes classes de genes relacionados ao câncer.

A amplificação gênica pode envolver um pequeno número de genes, como o N-*myc* e seu vizinho, o *DDX1*, o qual está amplificado no neuroblastoma, ou uma região cromossômica contendo vários genes. Pode ser difícil determinar quais são os genes amplificados, a primeira etapa na identificação de genes envolvidos no tumor. Os microarranjos de DNA ou um sequenciamento profundo oferecem uma abordagem importante para a busca de regiões de cromossomos amplificadas. Em vez de olhar a expressão gênica, a aplicação dos microarranjos ou análises quantitativas de sequências envolvem a procura de sequências de DNA anormalmente abundantes. Na abordagem dos microarranjos, o DNA genômico das células cancerosas é utilizado como sonda nos arranjos contendo fragmentos de DNA genômico, e pontos com DNA amplificado fornecem sinais mais fortes em comparação aos pontos de controle. Na abordagem do sequenciamento profundo, o genoma é quebrado em pequenos fragmentos e sequenciado. A frequência com que uma região particular do genoma é sequenciada fornece uma avaliação quantitativa do número de cópias de um local em particular. Entre os genes amplificados, os candidatos mais fortes podem também ser identificados medindo-se a expressão gênica. Uma linhagem de células de carcinoma de mama com quatro regiões cromossômicas amplificadas conhecidas foi analisada para genes amplificados e os níveis de expressão desses genes foram estudados por microarranjos. Foram identificados 50 genes amplificados, mas apenas cinco apresentavam, também, altos níveis de expres-

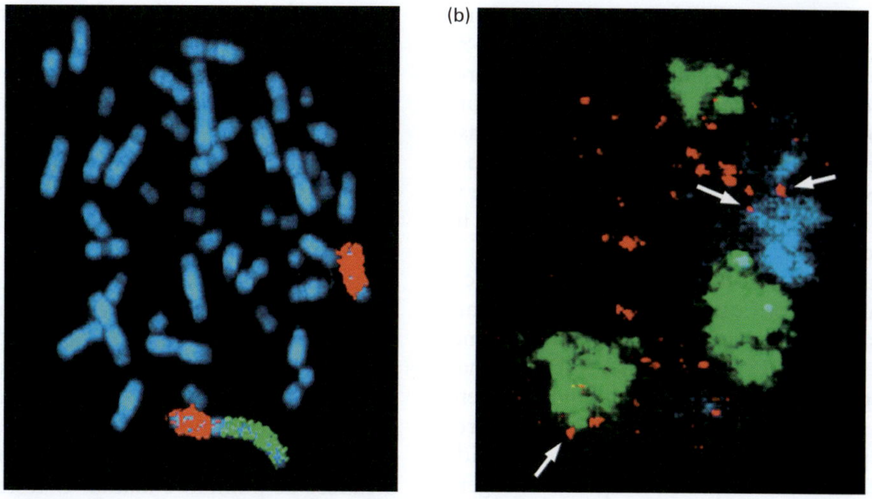

FIGURA EXPERIMENTAL 24-12 As amplificações do DNA em cromossomos corados apresentam-se de duas formas, visíveis ao microscópio. (a) Regiões de coloração homogêneas (HSRs) em um cromossomo humano de uma célula de neuroblastoma. Os cromossomos são corados uniformemente com um corante azul, de modo que todos podem ser visualizados. Sequências específicas de DNA foram detectadas usando hibridização fluorescente *in situ* (FISH), na qual os clones de DNA marcados com fluorescência são hibridizados ao DNA desnaturado dos cromossomos. O par de cromossomos 4 está marcado (vermelho) por hibridização *in situ* com um grande clone de DNA de cosmídeo contendo o oncogene N-*myc*. Em um dos cromossomos 4, uma HSR é visível (verde) após coloração para uma sequência rica em HSR. (b) Secções ópticas transversais do núcleo de uma célula de neuroblastoma humano que contém cromossomos duplos diminutos. Os cromossomos normais são as estruturas em verde e azul; os cromossomos duplos diminutos são os vários pontos em vermelho. As setas indicam diminutos duplos associados à superfície ou ao interior dos cromossomos normais. (Partes (a) e (b) de I. Solovei et al., 2000, *Genes Chromossomes Cancer* **29**:297-308, Figuras 4 e 17.)

são. Esses cinco genes são melhores candidatos a se tornar novos oncogenes, pois genes amplificados não altamente expressos são menos propensos a contribuir com o crescimento do tumor. À medida que as abordagens de microarranjos e o sequenciamento de todo o genoma se tornam mais acessíveis em termos financeiros, é possível que tumores de pacientes individuais venham a ser analisados rotineiramente dessa maneira para determinar quais mutações oncogênicas constituem a base do tumor. ■

Os vírus que causam câncer contêm oncogenes ou proto-oncogenes celulares ativados

Os estudos pioneiros de Peyton Rous, iniciados em 1911, indicaram pela primeira vez que um vírus poderia causar câncer quando injetado em um hospedeiro animal adequado. Vários anos mais tarde, os biólogos moleculares demonstraram que o vírus do sarcoma de Rous (RSV) é um **retrovírus**, com genoma de RNA que

TABELA 24-1 As classes dos genes implicadas no estabelecimento do câncer

	Função normal dos genes	Exemplos de produtos gênicos	Efeito da mutação	Propriedades genéticas do gene mutante	Origem das mutações
Proto-oncogenes	Promovem a sobrevivência ou proliferação celular	Proteínas antiapoptóticas, componentes da sinalização e vias de transdução de sinal que resultam na proliferação, fatores de transcrição	Mutações de ganho de função permitem proliferação desregulada e sobrevivência das células	Mutações são dominantes geneticamente	Surgem por mutações pontuais, translocação cromossomal, amplificação
Genes supressores de tumor	Inibem a sobrevivência ou proliferação celular	Proteínas promotoras de apoptose, inibidores da progressão do ciclo celular, proteínas do controle dos pontos de verificação que avaliam danos ao DNA e cromossomais, componentes de vias de sinalização que restringem a proliferação celular	Mutações de perda de função permitem proliferação desregulada e sobrevivência das células	Mutações são recessivas geneticamente	Surgem por deleção, mutações pontuais, metilação
Genes *caretaker*	Reparam ou previnem danos ao DNA	Enzimas de reparo ao DNA	Mutações de perda de função permitem o acúmulo das mutações	Mutações são recessivas geneticamente	Surgem por deleção, mutações pontuais, metilação

sofre transcrição reversa em DNA, o qual é incorporado no genoma da célula hospedeira (ver Figura 4-49). Além dos genes "normais" presentes em todos os retrovírus, os vírus com capacidade de transformação oncogênica, como o RSV, contêm um oncogene: no caso do RSV, o gene v-*src*. Estudos adicionais com formas mutantes de RSV demonstraram que apenas o gene v-*src*, e mais nenhum outro gene viral, está envolvido na indução de câncer.

No final da década de 1970, os pesquisadores ficaram surpresos ao descobrir que células normais de frangos e de outras espécies contêm um gene muito semelhante ao gene v-*src* de RSV. Esse gene celular normal, um proto-oncogene, é comumente distinguido do gene viral pelo prefixo "c" (*celular, c-src*). O RSV e outros vírus que transportam oncogenes parecem ter surgido pela incorporação ou transdução de um proto-oncogene celular normal em seu genoma. Novas mutações no gene transduzido, então, o converteram em oncogene dominante, que pode induzir a transformação celular na presença do proto-oncogene c-*src* normal. Esses vírus são denominados **retrovírus transdutores**, porque seus genomas contêm um oncogene derivado de um proto-oncogene celular transduzido. Quando se descobriu isso pela primeira vez, foi surpreendente constatar que esse vírus perigoso estava transformando os próprios genes dos animais contra eles.

Como seu genoma transporta o potente oncogene v-*src*, o RSV transdutor induz tumores em dias. Em contrapartida, a maioria dos retrovírus oncogênicos induz o câncer somente após meses ou anos. Os genomas desses **retrovírus de ativação lenta**, os quais são fracamente transformados, diferem dos vírus transdutores em um aspecto crucial: eles não contêm um oncogene. Todos os retrovírus de ação lenta, ou "latência longa", parecem causar câncer pela sua integração do DNA da célula hospedeira próximo a um proto-oncogene celular e pela ativação da expressão. Uma sequência de repetição terminal longa (LTR) no DNA retroviral integrado pode atuar como amplificador ou promotor de um gene celular próximo, estimulando sua transcrição. Por exemplo, nas células tumorais causadas pelo vírus da leucemia aviária (ALV) o DNA retroviral é inserido próximo ao gene c-*myc*. Essas células superproduzem a proteína c-Myc; e, como mencionado anteriormente, essa superprodução provoca um enorme aumento anormal na proliferação. Os vírus de ação lenta atuam lentamente por dois motivos: a integração próxima a um proto-oncogene celular (p. ex., c-*myc*) é um evento aleatório raro, e as mutações adicionais precisam ocorrer para que o tumor se estabeleça e torne-se evidente.

Nas populações naturais de pássaros e camundongos, os retrovírus de ação lenta são muito mais comuns do que os retrovírus contendo oncogenes, como o vírus do sarcoma de Rous. Logo, a ativação por inserção do proto-oncogene é provavelmente o principal mecanismo pelo qual os retrovírus causam o câncer. Embora o único retrovírus conhecido que cause tumores em humanos seja o vírus da leucemia/linfoma de células T humanas (HTLV), o enorme investimento no estudo dos retrovírus como modelo para o câncer humano foi importante, tanto pela descoberta de oncogenes celulares quanto pelo conhecimento gerado sobre os retrovírus, o que acelerou, mais tarde, o progresso no estudo do vírus HIV, que causa a Aids.

Alguns poucos vírus de DNA também são oncogênicos. Ao contrário da maioria dos vírus de DNA que infectam os animais (ver Capítulo 4), os vírus oncogênicos integram o seu DNA viral no genoma da célula hospedeira. O DNA viral contém um ou mais oncogenes que transformam as células infectadas permanentemente. Por exemplo, várias verrugas e outros tumores benignos de células epiteliais são causados pelos papilomavírus (HPV), vírus de DNA. A complicação médica mais séria da infecção por HPV é o câncer de colo de útero, o terceiro tipo de câncer mais comum em mulheres após o câncer de pulmão e mama. O teste do Papanicolaou, que utiliza amostra do colo do útero e investiga possíveis cânceres, tem reduzido a taxa de morte em torno de 70%. Porém, milhares de mulheres continuam morrendo de câncer de colo de útero a cada ano, e algumas dessas mortes poderiam ter sido evitadas com o exame. Felizmente, nem todas as infecções por HPV levam ao câncer. Adiante neste capítulo, as oncoproteínas do HPV serão abordadas com mais detalhes.

Diferentemente dos oncogenes retrovirais, que derivam de genes celulares normais e não têm função no vírus, exceto a de permitir sua proliferação nos tumores, os oncogenes dos vírus de DNA conhecidos integram o genoma viral e são necessários à replicação viral. Como discutido adiante, as oncoproteínas expressas pelo DNA viral integrado nas células infectadas atuam de várias formas na estimulação do crescimento e da proliferação celulares.

As mutações com perda de função em genes supressores tumorais são oncogênicas

Os genes supressores tumorais geralmente codificam proteínas que de alguma forma inibem a proliferação celular. As mutações com *perda de função* em um ou mais desses "freios" contribuem para o desenvolvimento de câncer. Há cinco grandes classes de proteínas sabidamente expressas por genes supressores tumorais:

1. Proteínas intracelulares que regulam ou inibem a progressão a um estágio específico do ciclo celular (p. ex., p16 e Rb para G_1).
2. Receptores ou transdutores de sinais para hormônios secretados ou sinais de desenvolvimento que inibem a proliferação celular (p. ex., TGFβ, Patched – o receptor de hedgehog).
3. Proteínas de controle do ponto de verificação que travam o ciclo celular se o DNA estiver danificado ou se os cromossomos apresentarem anormalidades (p. ex., p53).
4. Proteínas que promovem a apoptose.
5. Enzimas que participam do reparo ao DNA.

Como normalmente uma cópia de um gene supressor tumoral é suficiente para controlar a proliferação celular, *ambos* os alelos do gene supressor tumoral devem ser perdidos ou inativados para promover o desenvolvimento do tumor. Logo, a perda de função nos genes supressores tumorais é geneticamente **recessiva** (ver Tabela 24-1). Nesse contexto "recessivo" significa que se ainda houver um gene funcional, produzindo metade da quantidade de produto proteico, a formação do tumor será evitada. Em alguns genes, essa quantidade de produto não é suficiente, no caso de perda de apenas um dos dois genes pode levar ao câncer. Esse tipo de gene é *haploinsuficiente*. A perda de uma cópia do gene é decisiva para o fenótipo final, portanto este tipo de mutação é dominante. É importante lembrar, então, dois processos pelo quais os genes cancerosos podem ser dominantes: (1) perda de uma cópia do gene supressor tumoral haploinsuficiente, resultando em produto insuficiente para o controle do crescimento, e (2) ativação de um gene ou proteína que causa o crescimento mesmo na presença de um alelo normal, um oncogene dominante (como foi descrito na seção anterior). Em vários tipos de câncer, os genes supressores tumorais apresentam deleções ou mutações pontuais que impedem a produção da proteína ou resultam na produção de proteína não funcional. Outro mecanismo para inativar um gene supressor tumoral é a metilação de resíduos de citosina no promotor ou em outros elementos de controle, os quais inibem suas transcrições. A metilação é comumente encontrada em regiões não transcritas do DNA (ver Capítulo 7).

As mutações hereditárias nos genes supressores tumorais aumentam o risco de câncer

Os indivíduos com mutações hereditárias nos genes supressores tumorais apresentam predisposição hereditária para certos tipos de câncer. Esses indivíduos geralmente herdam uma mutação na linhagem germinativa em um alelo do gene; uma mutação somática no segundo alelo facilita a progressão do tumor. Um caso clássico é o retinoblastoma, causado pela perda de função do *RB*, o primeiro gene supressor tumoral identificado. Como será discutido a seguir, a proteína codificada pelo *RB* auxilia no controle da progressão do ciclo celular.

Retinoblastoma hereditário *versus* esporádico As crianças com retinoblastoma hereditário herdam uma única cópia defeituosa do gene *RB*, às vezes visto como uma pequena deleção em uma das duas cópias do cromossomo 13. As crianças desenvolvem diversos tumores de retina muito cedo e, geralmente, nos dois olhos. Um evento fundamental no desenvolvimento do tumor é a deleção ou mutação do gene *RB* normal no outro cromossomo, permitindo o surgimento de uma célula que não produz a **proteína Rb** funcional (Figura 24-13a). Os indivíduos com retinoblastoma esporádico, ao contrário, herdam os dois alelos com *RB* normal, e cada alelo sofre uma mutação somática de perda de função em uma única célula da retina (Figura 24-13b). Como a perda das duas cópias do gene *RB* é bem menos frequente que a perda de apenas uma, o retinoblastoma esporádico é raro e normalmente afeta apenas um olho.

Se os tumores da retina são removidos antes de se tornarem malignos, as crianças com retinoblastoma hereditário normalmente sobrevivem e se reproduzem, mas há um aumento no risco de desenvolver outros tipos de tumores na idade adulta. Como as suas células germinativas contêm um alelo normal e um alelo mutante para *RB*, esses indivíduos irão passar, em média, o alelo mutante à metade das crianças, e o alelo normal à outra metade. As crianças que herdaram o alelo normal serão normais se o outro progenitor tiver os dois alelos *RB* normais. As crianças que herdaram o alelo mutante, porém, terão a mesma predisposição aumentada para desenvolver tumores de retina que seu progenitor afetado, mesmo que tenham o outro alelo normal, herdado do outro progenitor. Portanto, a *tendência* de desenvolver o retinoblastoma é herdada como característica dominante: uma cópia mutada é suficiente para predispor a pessoa a desenvolver câncer.

Como será visto brevemente, vários tumores humanos (não apenas os tumores de retina) contêm alelos *RB* mutantes ou mutações que afetam outros componentes da mesma via; a maioria em decorrência de mutações somáticas. Embora o número de casos de retinoblastoma hereditário nos Estados Unidos gire em torno de 100 por ano, aproximadamente 100 mil outros casos por ano envolvem mutações *RB* adquiridas pós-concepção.

Formas hereditárias de câncer de colo e mama Uma predisposição hereditária semelhante tem sido associa-

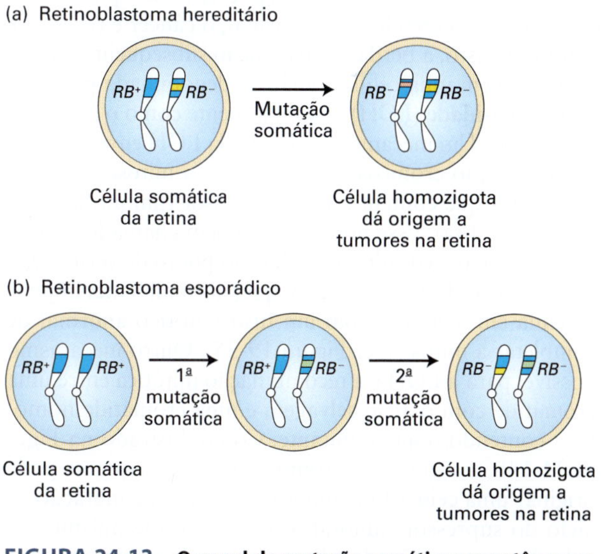

FIGURA 24-13 O papel da mutação somática espontânea no retinoblastoma. Essa doença é caracterizada por tumores na retina que surgem de células com dois alelos mutantes RB^-. (a) No retinoblastoma hereditário (familiar), uma criança herda um alelo RB^+ normal de um progenitor e um alelo RB^- mutante de outro progenitor. Uma única mutação em uma célula somática heterozigota da retina que inative o alelo normal irá produzir uma célula sem função de gene *Rb* devido às duas mutações. (b) No retinoblastoma esporádico, uma criança herda dois alelos RB^+ normais. Duas mutações somáticas separadas em uma célula da retina em particular ou sua progênie são necessárias para produzir uma célula homozigota RB^-/RB^-.

da, em outros tipos de câncer, a mutações herdadas em outros genes supressores tumorais. Por exemplo, os indivíduos que herdaram uma mutação nas células germinativas em um alelo *APC* desenvolvem milhares de pólipos intestinais pré-cancerosos (ver Figura 24-8). Como há uma alta probabilidade de que um ou mais desses pólipos progridam para a malignidade, esses indivíduos têm maior risco de desenvolver câncer de colo antes dos 50 anos. O monitoramento de pólipos por colonoscopia é uma ótima ideia para pessoas com 50 anos ou mais, mesmo quando não se tenha conhecimento sobre a presença de mutações no *APC*. Da mesma forma, as mulheres que herdaram um alelo mutante do *BRCA-1*, outro gene supressor tumoral, têm probabilidade de 60% de desenvolver câncer de mama até os 50 anos, enquanto as mulheres com os dois alelos *BRCA-1* normais têm porcentagem de apenas 2%. Mutações *BRCA-1* heterozigotas também elevam o risco de câncer de ovário de 2% para 15-40%. A proteína BRCA-1 está envolvida na reparação do dano ao DNA causado por radiação. Nas mulheres com câncer de mama hereditário, a perda do segundo alelo *BRCA-1*, juntamente com outras mutações, é necessária para que o ducto mamário normal torne-se maligno. Geralmente, porém, o *BRCA-1* não está mutado no esporádico, não hereditário.

Perda de heterozigosidade Claramente, é possível herdar uma propensão ao câncer por ter recebido um alelo danificado de um gene supressor tumoral de um dos nossos progenitores; isto é, sendo heterozigóticos para a mutação. Isso, por si só, não causará o câncer; desde que o alelo normal evite o crescimento anormal, o câncer é recessivo. Como foi visto, a perda ou inativação subsequente do alelo normal em uma célula somática, denominada **perda de heterozigosidade (LOH)**, é normalmente como o câncer se desenvolve. Um mecanismo comum da LOH envolve erros na segregação cromossômica, durante a mitose, nos cromossomos que contêm o gene supressor tumoral afetado (Figura 24-14a). Esse processo, também chamado de *não disjunção*, é provocado por falhas no ponto de verificação da formação do fuso mitótico, que, normalmente, impede a célula em metáfase com um fuso mitótico anormal de completar a mitose (ver Figura 19-35). Outro mecanismo possível para a LOH é a recombinação mitótica entre uma cromátide com o alelo selvagem e uma cromátide homóloga contendo o alelo mutante. Como ilustrado na Figura 24-14b, a segregação cromossômica subsequente pode originar uma célula-filha homozigótica para a mutação de alelo do supressor tumoral. Um terceiro mecanismo é a deleção ou mutação da cópia normal do gene supressor tumoral; essa deleção pode ocorrer em uma região cromossômica grande e não precisa ser necessariamente uma deleção do gene supressor tumoral apenas.

As estimativas variam, mas os cânceres hereditários, isto é, cânceres que surgem em parte devido a uma versão herdada do gene, constituem cerca de 10% dos cânceres humanos. Trabalhos adicionais rastreando contribuições de genes humanos provavelmente aumentarão essa porcentagem. É importante lembrar, também, que a mutação herdada nas células germinativas não é suficiente para causar o desenvolvimento do tumor. Em todos os casos, além da perda ou inativação do alelo normal, outras mutações em outros genes são necessárias para o desenvolvimento do câncer. Portanto, um indivíduo com mutação recessiva em um gene supressor tumoral pode ser extremamente suscetível aos agentes mutagênicos ambientais, como a radiação.

Mudanças epigenéticas podem contribuir para a tumorigênese

Foi visto como as mutações debilitam o controle do crescimento pela inativação de genes supressores tumorais. Porém, esses tipos de genes podem também ser silenciados por estruturas de cromatina repressivas. Nos últimos anos tem se tornado claro a importância dos *complexos de remodelamento de cromatina*, como o complexo SWI/SNF, no controle transcricional. Esses complexos de multiproteínas amplos e diversos têm em seu núcleo uma helicase dependente de ATP e frequentemente uma modificação no controle de histonas e remodelamento da cromatina (ver Capítulo 7). Os complexos SWI/SNF, por exemplo, causam mudanças na posição ou na estrutura dos nucleossomos, tornando os genes acessíveis ou não para as proteínas de ligação ao DNA que controlam a transcrição. Se um gene é ativado ou reprimido normalmente por mudanças na cromatina mediadas por SWI/SNF, mutações nos genes que codificam para as proteínas SWI ou SNF irão causar mudanças na expressão do gene alvo. Estudos com camundongos transgênicos sugerem que SWI/SNF possuem um papel na repressão de genes *E2F*, desse modo inibindo a progressão pelo ciclo celular. Logo, a perda da função de SWI/SNF, assim como a perda da função de Rb, pode levar ao supercrescimento e ao câncer. De fato, em camundongos, a proteína Rb recruta proteínas SWI/SNF para reprimir a transcrição do gene *E2F*. O Rb reprime genes via este efeito sobre a E2F e pelo recrutamento de histonas desacetilases e histonas metiltransferases.

Evidências recentes de humanos e camundongos têm envolvido o gene *SNF5* no câncer. Snf5 é um membro central do complexo SWI/SNF. Em humanos, mutações somáticas inativadoras no *SNF5* causam tumores rabdoide, que mais comumente se formam nos rins, e uma disposição hereditária (familiar) para formar tumores cerebrais, entre outros. Em camundongos, 15-30% dos heterozigotos $snf5^{-}/snf5^{+}$ desenvolvem tumores rabdoides, e em todos os casos as células tumorais perderam o alelo funcional remanescente. Já que nada se conhecia a respeito do mecanismo envolvido, estudos de microarranjos foram utilizados para descobrir mudanças regulatórias nos tumores. Esses estudos mostraram a semelhança de expressão de tumores de camundongos e humanos e que a perda de SNF5 leva a expressão aumentada de genes do ciclo celular, incluindo muitos regulados por E2F. Com os complexos de remodelamento de cromatina envolvidos em tantos aspectos do controle transcricional, é esperado que o complexo SWI/SNF e semelhantes estejam correlacionados com vários cânceres. Em humanos, mutações em *Brg1*, que codifica uma subunidade catalítica da SWI/SNF, têm sido encontradas em tumores de próstata, pulmão e mama.

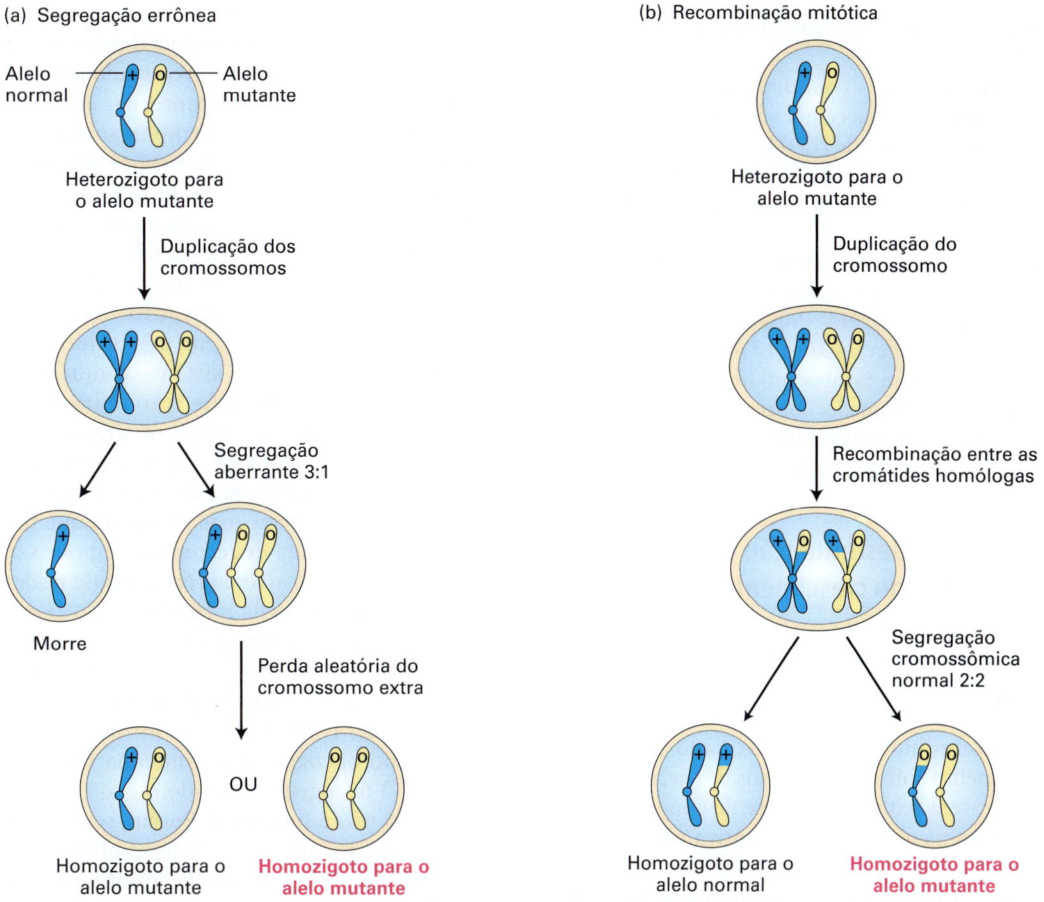

FIGURA 24-14 Dois mecanismos para a heterozigosidade (LOH) em genes supressores tumorais. Uma célula contendo um alelo normal e um alelo mutante de um gene supressor tumoral é normal fenotipicamente. (a) Se a formação do fuso mitótico é defeituosa, após a duplicação dos cromossomos o alelo normal e o alelo mutante podem segregar na razão aberrante de 3:1. Uma célula-filha que recebe três cromossomos de um tipo pode perder um, restaurando o número normal de cromossomos, 2*n*. Às vezes, a célula resultante irá conter um alelo normal e um alelo mutante, mas às vezes ela será homozigótica para o alelo mutante. Observe que tal aneuploidia (constituição anormal de cromossomos) é geralmente prejudicial ou letal para células não diferenciadas que devem se desenvolver em muitas estruturas complexas no organismo, mas podem ser toleradas em clones de células que têm destinos e deveres limitados. (b) A recombinação mitótica entre um cromossomo com um alelo normal e um alelo mutante, seguido de segregação dos cromossomos, pode produzir uma célula que contém duas cópias do alelo mutante.

CONCEITOS-CHAVE da Seção 24.2

A base genética do câncer

- As mutações dominantes de ganho de função nos proto-oncogenes e as mutações de perda de função nos genes supressores tumorais são oncogênicas.
- Entre as proteínas codificadas pelos proto-oncogenes estão proteínas sinalizadoras promotoras do crescimento e seus receptores, a proteína de transdução de sinais, os fatores de transcrição e as proteínas apoptóticas (ver Figura 24-11).
- Uma mutação ativadora em um dos dois alelos de um proto-oncogene o converte em oncogene. Isso pode ocorrer por mutação pontual, amplificação gênica, translocação de genes ou superexpressão.
- O primeiro oncogene humano a ser identificado codifica uma forma constitutiva da Ras, uma proteína de transdução de sinal. Esse oncogene foi isolado de um carcinoma de bexiga humano (ver Figura 24-5).
- Os genes supressores tumorais codificam proteínas que reduzem, direta ou indiretamente, a progressão pelo ciclo celular; proteínas que controlam os pontos de verificação que suspendem o ciclo celular; componentes das vias de sinalização de inibição do crescimento; proteínas pré-apoptóticas, reguladores da atividade de cinases e enzimas de reparo de DNA.
- O primeiro gene supressor tumoral identificado, o *RB*, está mutado no retinoblastoma e em outros tumores; alguns componentes da via RB estão alterados na maioria dos tumores.
- A herança de um único alelo mutado do *RB* aumenta enormemente a probabilidade do desenvolvimento de um tipo específico de câncer, como é o caso

de outros genes supressores tumorais (como *APC* e *BRCA-1*).

- Em indivíduos nascidos com um gene supressor tumoral heterozigoto, uma célula somática pode sofrer perda da heterozigosidade (LOH) por recombinação mitótica, segregação cromossômica incorreta, mutação, silenciamento de genes ou deleção (ver Figura 24-14).
- Mutações em genes *caretaker* são geralmente recessivas, pois ter uma cópia funcional é suficiente para evitar sérios danos ao DNA. Porém, uma única cópia leva o indivíduo a uma possível LOH.
- Mutações que afetam fatores modificadores da cromatina que participam do controle transcricional, como o complexo remodelador de cromatina SWI/SNF, estão associadas a uma variedade de tumores.

24.3 O câncer e a desregulação de vias regulatórias do crescimento

Nesta seção, será examinado em maior detalhe como a desregulação de vias de sinalização de promoção e de inibição do crescimento contribuem para a tumorigênese. Primeiramente, será discutido como o uso de modelos animais de cânceres humanos tem auxiliado a moldar o nosso conhecimento sobre os processos de carcinogênese. Posteriormente, será feita uma análise de como as mutações que resultam na atividade constitutiva não regulada de certas proteínas ou em sua superprodução promovem a proliferação e a transformação celulares, seguida por uma discussão de como as mutações de perda de função em diferentes vias contribuem para a tumorigênese. Finaliza esta seção a descrição de como análises moleculares de tumores têm mudado a forma como o câncer é tratado. A medicina personalizada – a habilidade de diagnosticar tumores individuais em nível molecular e projetar tratamentos para o tipo específico de câncer de cada paciente – pode se tornar realidade no século XXI.

Modelos animais de cânceres humanos ensinam sobre o início e a progressão da doença

Camundongos geneticamente modificados fornecem grandes percepções sobre o início e a progressão do tumor. Por exemplo, como mostrado anteriormente na Figura 24-7, experimentos revelaram que camundongos que superexpressam Myc desenvolvem tumores em tecidos onde Myc está presente em níveis elevados, e o desenvolvimento do tumor é acelerado quando a superprodução de Myc é combinada com a expressão adicional de um oncogene, gerando suporte para o modelo *multi-hit* de indução do câncer. A análise de camundongos que perderam genes supressores tumorais essenciais como *RB* e *p53* também ajuda a moldar nosso conhecimento de como esses genes funcionam. Porém, não é simples utilizar modelos animais para estudar o câncer. Muitos genes supressores tumorais têm funções essenciais durante o desenvolvimento normal de um camundongo, e camundongos que não tem as duas cópias desses genes não são viáveis. A função essencial desses genes durante a embriogênese inicial impede o estudo de seus papéis na progressão do tumor. Para contornar esse problema, os pesquisadores começaram a empregar estratégias condicionais de *knock-in* e *knock-out* que permitem a ativação ou inativação específica de um gene em um dado tecido e/ou em um dado estágio do desenvolvimento.

No modelo animal condicional, um alelo de um oncogene em particular ou um gene supressor tumoral é normal até ativação ou inativação com moléculas químicas exógenas ou vírus em um tecido ou momento específico. No centro do sistema condicional estão as recombinases Cre e FLP. As recombinases facilitam a recombinação homóloga entre os sítios de loxP e FRT, respectivamente (Figura 24-15). Quando as recombinases são conduzidas por um promotor tecido-específico, a recombinação ocorre apenas no tecido que produz a recombinase. O sistema de recombinase pode ser usado de duas formas. O sítio alvo da recombinase pode flanquear um éxon. Na indução da recombinase, o éxon é perdido e o gene é inativado (Figura 24-15a). Esse sistema é especialmente útil para inativar genes supressores tumorais em uma forma tecido-específica. A expressão de oncogenes pode ser controlada pela introdução de um éxon adicional no oncogene que contenha um códon de terminação. O oncogene contendo o éxon com o códon de terminação não é funcional. Porém, se o éxon adicional é flanqueado por sítios alvo de recombinase, o oncogene será produzido por indução da recombinase (Figura 24-15b). Utilizando esse sistema, pesquisadores verificaram o papel de formas oncogênicas de Ras em camundongos e, utilizando esse alelo oncogênico de Ras, criaram um modelo animal de câncer de pulmão humano.

O desenvolvimento de promotores que possam ser regulados por moléculas químicas adicionadas exogenamente tem se tornado um método poderoso para o controle da expressão de genes em animais. Os mais amplamente utilizados são os sistemas Tet-On e Tet-Off. Cada sistema é composto por duas partes: o promotor óperon Tet que regula a expressão do gene de interesse e ou o transativador tTA (no caso do Tet-Off) ou o transativador reverso rtTA (no caso do Tet-On). Ambos os fatores de transcrição ligam no operador Tet para induzir a expressão do gene, e ambos são regulados por tetraciclina (ou o análogo da tetraciclina, a doxiciclina, normalmente utilizado por cientistas nos seus experimentos). As diferenças entre os dois sistemas reside nas respostas do tTA e do rtTA à ligação da doxiciclina. A doxiciclina inibe tTA da ligação do promotor. Assim, no sistema Tet-Off, a adição de doxiciclina desativa a transcrição. No sistema Tet-On, rtTA não consegue ligar ao promotor na ausência do fármaco e a adição de doxiciclina induz a transcrição. A doxiciclina pode ser administrada simplesmente sendo colocada na água dos animais. A colocação de um regulador transcricional Tet sob o controle tecido-específico permite, portanto, a promoção de um controle temporal, assim como espacial, da expressão do gene.

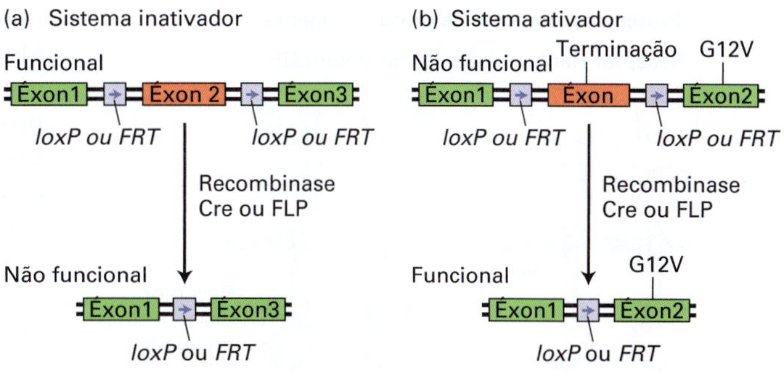

FIGURA 24-15 Modelo animal condicional do câncer. Na inativação do sistema (a), um éxon é flanqueado por dois sítios loxP ou FRT como ilustrado. A expressão da recombinase Cre ou FLP leva à recombinação homóloga entre os dois sítios loxP e FRT, respectivamente. Isso leva à excisão do éxon, gerando o gene não funcional. Na ativação do sistema (b), um éxon adicional com um códon de TERMINAÇÃO é introduzido no gene de interesse, tornando o gene não funcional. Esse éxon é flanqueado pelos sítios loxP e FRT. Quando as recombinases Cre ou FLP são induzidas, o éxon contendo o códon de terminação é recombinado e o gene de interesse (p. ex., uma forma oncogênica de *ras* com uma valina substituída por uma glicina na posição 12) é expresso.

Utilizando o sistema Tet-Off para controlar a expressão de Myc, pesquisadores verificaram que a sobrevivência do tumor depende da produção contínua da proteína Myc. Quando a expressão de Myc foi interrompida mesmo que brevemente, células de sarcoma osteogênico cessaram sua divisão e seu desenvolvimento em osteócitos maduros (Figura 24-16). Está claro agora que a atividade contínua dos oncogenes é necessária para a sobrevivência de muitos tumores diferentes. Essa dependência de um tumor na produção contínua de um oncogene tem sido chamada de **vício de oncogene** e pode promover novas oportunidades de tratamento. Inibidores específicos de oncogenes – mesmo quando aplicados apenas transitoriamente – podem levar à regressão da doença.

Receptores oncogênicos promovem a proliferação na ausência de fatores de crescimento externo

A hiperativação de uma proteína sinalizadora de indução de crescimento devido à alteração da proteína pode parecer um provável mecanismo do câncer, mas na verdade isso raramente acontece. Somente um oncogene que ocorre naturalmente foi descoberto, o *sis*. O oncogene *sis*, que codifica uma forma alterada do fator de crescimento derivado de plaquetas (PDGF), estimula de forma anormal a proliferação de células que expressam normalmente o receptor PDGF. O evento mais comum é as células cancerosas começarem a produzir um fator de crescimento não alterado, que age nas células que o produziram. Esse evento é denominado de estimulação **autócrina**.

Em contrapartida, os oncogenes que codificam para os receptores de superfície celular que transmitem sinais promotores de crescimento foram associados a diversos tipos de câncer. Muitos desses receptores têm atividade intrínseca de proteínas tirosina-cinases nos seus domínios citosólicos, atividade quiescente até a sua ativação. A ligação da molécula ligante ao domínio externo desses **receptores tirosina-cinases** (**RTKs**) provoca sua dimerização e a ativação da cinase, iniciando uma via de sinalização intracelular que resultará em proliferação.

Em alguns casos, uma mutação pontual altera um RTK normal para uma forma dimérica, com ativação constitutiva, mesmo na ausência de ligante. Por exemplo, uma única mutação pontual converte o receptor humano EGF 2 normal (Her2) na oncoproteína Neu ("neu" relativo ao seu primeiro papel conhecido, no neuroblastoma), que inicia certos tipos de tumores em camundongos (Figura 24-17, à *esquerda*). Da mesma forma, o tumor humano chamado *neoplasia endócrina múltipla do tipo 2* produz um receptor dimérico com ativação constitutiva para o fator neurotrófico derivado da glia (GDNF) que resulta de mutação pontual no domínio extracelular. O receptor GDNF e o receptor Her2 são proteínas tirosina-cinases, assim a ativação constitutiva forma uma fosforilação excessiva de suas proteínas-alvo a jusante (*downstream*). Em outros casos, a deleção de grande parte do domínio de ligação extracelular do ligante produz um receptor oncogênico constitutivamente ativo. Por exemplo, a deleção do domínio extracelular do receptor normal de EGF (Figura 24-17, *direita*) o converte na oncoproteína ErbB dimérica (do vírus da eritoblastose, onde foi identificada primeiramente uma versão viral alterada do gene).

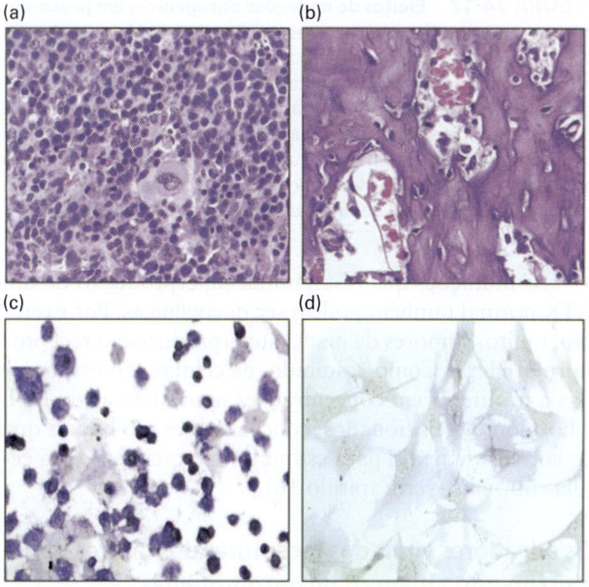

FIGURA EXPERIMENTAL 24-16 O Myc é necessário continuamente para o crescimento do tumor. Foram desenvolvidos camundongos transgênicos cuja expressão de *myc* foi conduzida pelo sistema Tet-Off. Um por cento desses animais desenvolveu sarcoma osteogênico. Camundongos normais foram transplantados com os sarcomas osteogênicos e o gene *myc* foi inativado posteriormente pelo tratamento com doxiciclina. Isso gerou a interrupção da proliferação dos sarcomas (a) e a diferenciação em osteócitos maduros (b). Após a retirada do *myc*, as células perderam também a atividade da fosfatase alcalina, marcador para sarcoma osteogênico (c,d). Surpreendentemente, a reexpressão da proteína Myc não retomou o estado do sarcoma. (De Meenakshi et al., 2002, *Science* **297**:102.)

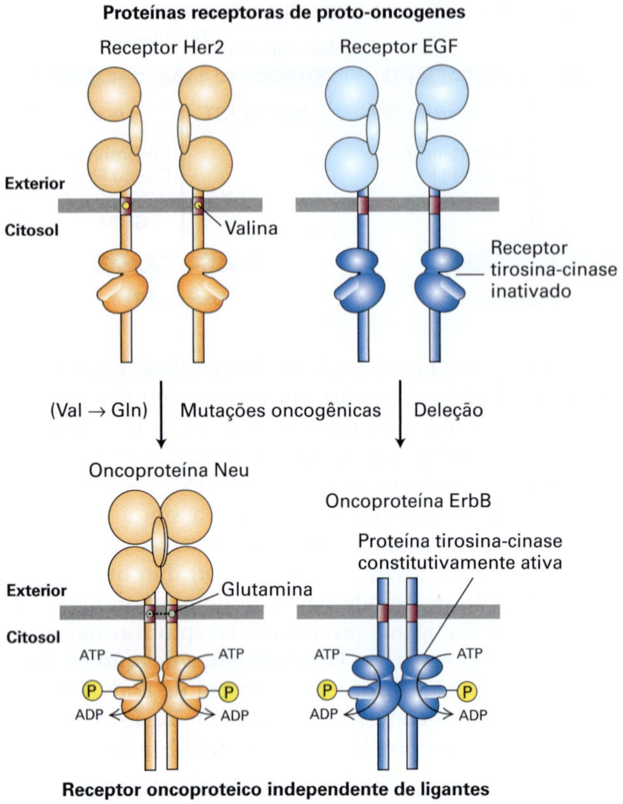

FIGURA 24-17 Efeitos de mutações oncogênicas em proto-oncogenes que codificam receptores de superfícies celulares. *Esquerda*: a mutação que altera um único aminoácido (valina por glutamina) na região transmembrana o receptor Her2 causa a dimerização do receptor, mesmo na ausência do ligante normal relacionado a EGF, tornando a oncoproteína Neu uma cinase constitutivamente ativa. *Direita*: uma deleção que causa a perda de um domínio extracelular de ligação ao ligante no receptor EGF leva, por razões não conhecidas, à ativação constitutiva da atividade de cinase da oncoproteína resultante ErbB.

As mutações que resultam na superprodução de um RTK normal também podem ser oncogênicas. Por exemplo, muitos tumores de mama superproduzem o receptor normal Her2. Como resultado, as células são estimuladas a proliferar em concentrações muito baixas de EGF e hormônios relacionados, concentrações tão baixas que seriam insuficientes para estimular o crescimento em células normais (ver Capítulo 16).

Os ativadores virais dos receptores dos fatores de crescimento atuam como oncoproteínas

Os vírus têm seus próprios truques para causar o câncer, provavelmente para aumentar a produção de vírus pelas células cancerosas infectadas. Por exemplo, um retrovírus chamado *vírus formador de foco no baço* (*SFFV*) induz eritroleucemia (tumor de progenitores de células eritroides) em camundongos adultos pela manipulação de um sinal normal de desenvolvimento. A proliferação, sobrevivência e diferenciação das progenitoras de eritroides em hemácias maduras dependem completamente da eritropoietina (Epo) e do receptor de Epo correspondente (ver Figura 16-8). Uma glicoproteína mutante do envelope de SFFV, denominada gp55, é responsável pelo efeito oncogênico desse vírus. Embora a *gp55* não funcione como proteína do envelope retroviral normal no vírus durante o brotamento e a infecção, ela adquiriu a incrível capacidade de se ligar e ativar os receptores de Epo na mesma célula (Figura 24-18). Pela estimulação contínua e inadequada das progenitoras de eritroides, a gp55 induz a formação de um número excessivo de eritrócitos. Os clones malignos dos progenitores de eritroides surgem várias semanas após a infecção pelo SFFV, devido às mutações adicionais nessas células proliferativas anormais.

Outro exemplo desse fenômeno ocorre na infecção pelo papilomavírus humano (HPV), vírus de DNA transmitido sexualmente que causa câncer do colo do útero e verrugas genitais. Uma proteína do papilomavírus, chamada *E5*, contém apenas 44 aminoácidos e se distribui pela membrana plasmática, formando um dímero ou um trímero. Cada polipeptídeo de *E5* pode formar um complexo estável com um receptor endógeno para PDGF, agregando, assim, dois ou mais receptores de PDGF no plano da membrana plasmática. Essa estrutura imita a dimerização mediada pelo hormônio, resultando na contínua ativação do receptor e, mais tarde, na transformação celular. Como será visto adiante, o genoma do HPV também codifica para muitas outras proteínas que agem para inibirem genes supressores tumorais, contribuindo para a transformação celular. Recentemente uma vacina contra a proteína capsídeo do HPV (L1) tem protegido contra o câncer de colo de útero causado por alguns subtipos de HPV.

Vários oncogenes codificam para proteínas de transdução de sinais constitutivamente ativas

Um grande número de oncogenes é derivado de proto-oncogenes cujos produtos auxiliam na transmissão de sinais de um receptor ativado a um alvo celular. A seguir,

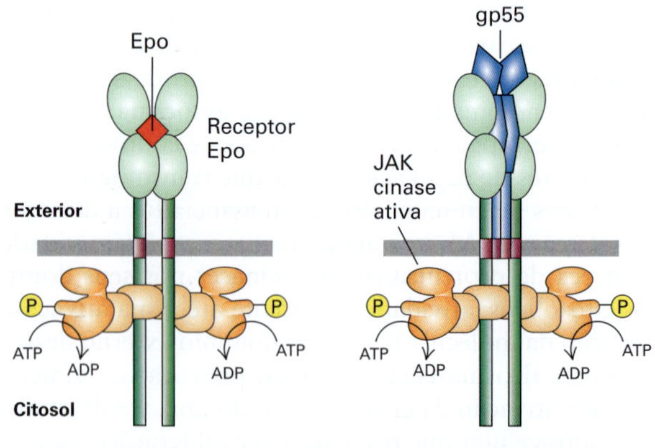

FIGURA 24-18 Ativação do receptor de eritropoietina (Epo) pelo ligante natural, Epo, ou uma oncoproteína viral. A ligação do Epo dimeriza o receptor e induz a formação de eritrócitos de células eritroides progenitoras. Normalmente, o câncer ocorre quando as células progenitoras infectadas pelo vírus formador de foco no baço produzem o receptor Epo e a gp55 viral, ambos localizados na membrana plasmática. Os domínios transmembrana da gp55 dimérica ligam-se especificamente ao receptor Epo, dimerizando e ativando o receptor na ausência da Epo. (Ver S. N. Constantinescu et al., 1999, *EMBO J.* **18**:3334.)

vários exemplos desses oncogenes são descritos; cada um deles é expresso em diversos tipos de células tumorais.

Componentes da via Ras Entre os oncogenes mais estudados nesta categoria, estão os genes *ras*^{D}, que foram os primeiros oncogenes não virais identificados. Qualquer uma das inúmeras mudanças na proteína Ras pode levar a sua atividade descontrolada e dominante. Uma mutação pontual que substitui qualquer aminoácido por uma glicina na posição 12 na sequência de Ras converte a proteína normal em uma oncoproteína com atividade constitutiva. Essa simples mutação reduz a atividade da proteína GTPase, mantendo a Ras no estado ativo ligado ao GTP. As oncoproteínas Ras constitutivamente ativas são produzidas por muitos tipos de cânceres humanos, incluindo carcinomas de bexiga, colo, mama, pele e pulmão, neuroblastomas e leucemias.

Como visto no Capítulo 16, a Ras é um componente importante na transdução de sinais dos receptores ativados para a cascata de proteínas-cinases. Na primeira parte dessa via, um sinal de RTK ativado é transportado por duas proteínas adaptadoras até a Ras, que a converte na forma ativa ligada ao GTP (ver Figura 16-20). Na segunda parte da via, a Ras ativada transmite o sinal, por meio de duas proteínas-cinases intermediárias, até a MAP cinase. A MAP cinase ativada, então, fosforila vários fatores de transcrição que induzem a síntese de proteínas importantes do ciclo celular e da diferenciação (ver Figura 16-24). Mutações ativadoras na Ras fazem um curto-circuito na primeira parte dessa via, tornando desnecessária a ativação desencadeada pela interação do ligante com o receptor. Também têm-se identificado oncogenes que codificam outros componentes alterados da via da RTK/Ras/MAP cinase.

A ativação constitutiva da Ras pode também surgir por uma mutação recessiva de perda de função em uma proteína aceleradora de GTPase (GAP). A função normal de uma GAP é acelerar a hidrólise do GTP e a conversão do estado ativo da Ras ligada ao GTP para o estado inativo ligada ao GDP (ver Figura 3-32). A perda da GAP leva à suspensão da ativação da Ras para as proteínas de transdução de sinais. A neurofibromatose, por exemplo, tumor benigno das células que envolvem os nervos, é causada pela perda dos dois alelos de *NF1*, que codifica para uma proteína do tipo Ras GAP. Os indivíduos com neurofibromatose herdaram um único alelo mutante de *NF1*; mutação somática adicional no outro alelo resulta na formação dos neurofibromas. Logo, *NF1*, como o *RB*, é um gene supressor tumoral, e a tendência ao desenvolvimento de neurofibromatose, como o retinoblastoma hereditário, é herdado como doença autossômica dominante.

Proteína-cinase Src Diversos oncogenes codificam proteínas-cinases citosólicas que normalmente transmitem sinais em várias vias de sinalização intracelular. De fato, o primeiro oncogene descoberto, o v-*src* do retrovírus do sarcoma de Rous, codifica uma proteína tirosina-cinase constitutivamente ativa. Pelo menos oito proto-oncogenes de para mamíferos codificam uma família de tirosinacinases não receptoras relacionadas à proteína v-Src. Além do domínio catalítico, essas cinases contêm domínios SH2 e SH3 de interações proteína-proteína. A atividade de cinase da Src celular e de proteínas relacionadas é normalmente inativada pela fosforilação do resíduo de tirosina na posição 527, que está a seis resíduos da extremidade C-terminal (Figura 24-19a). A hidrólise da fosfotirosina 527 por uma enzima fosfatase específica ativa o c-Src. A tirosina 527 está frequentemente ausente ou alterada nas oncoproteínas Src com atividade de cinase constitutiva; ou seja, elas não necessitam da ativação por fosfatases (Figura 24-19b).

Proteína-cinase Abl Outro oncogene que codifica uma proteína-cinase citosólica não receptora é originado por uma translocação cromossômica que funde uma parte do gene c-*abl*, que codifica para uma tirosina-cinase, com parte do gene *bcr*, cuja função é desconhecida (Figura 24-20a). Uma consequência dessa fusão é a produção de uma proteína híbrida, propriedade perigosa e singular. A proteína c-Abl normal promove a ramifi-

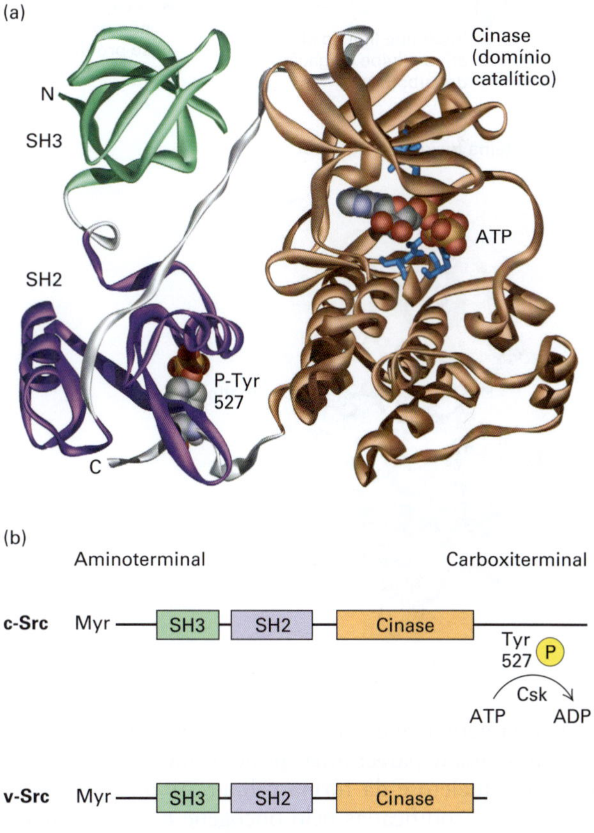

FIGURA 24-19 A estrutura da tirosina-cinase Src e a ativação por mutação oncogênica. (a) A estrutura tridimensional de Hck, uma das diversas cinases Src em mamíferos. A fosforilação da tirosina 527 no domínio SH2 induz restrições conformacionais nos domínios SH3 e cinase, distorcendo o sítio ativo da cinase e tornando-o cataliticamente inativo. A atividade de cinase de proteínas Src celulares é normalmente ativada pela remoção do fosfato da tirosina 527. (b) A estrutura do domínio de c-Src e v-Src. A fosforilação da tirosina 527 pela Csk, outra tirosina-cinase celular, cessa a atividade de cinase da Src. A oncoproteína transformante v-Src codificada pelo vírus do sarcoma de Rous perdeu 18 aminoácidos da porção C-terminal, incluindo a tirosina 527, e assim está constitutivamente ativa. (Parte (a) de F. Sicheri et al., 1997, *Nature* **385**:602; ver também T. Pawson, 1997, *Nature* **385**:582, e W. Xu et al., 1997, *Nature* **385**:595.)

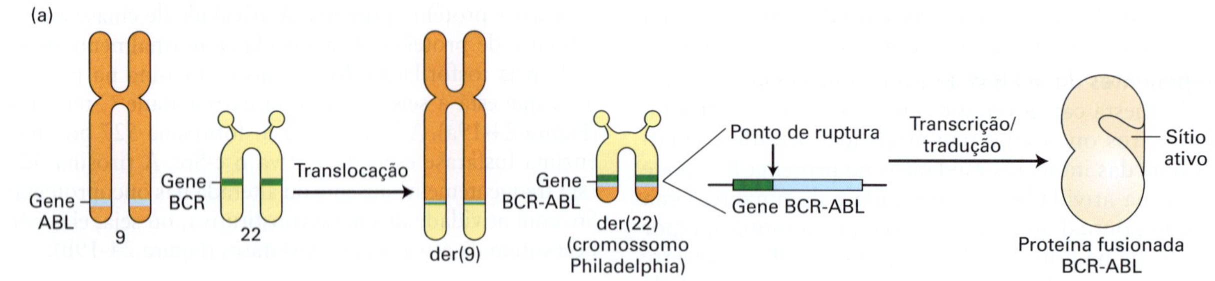

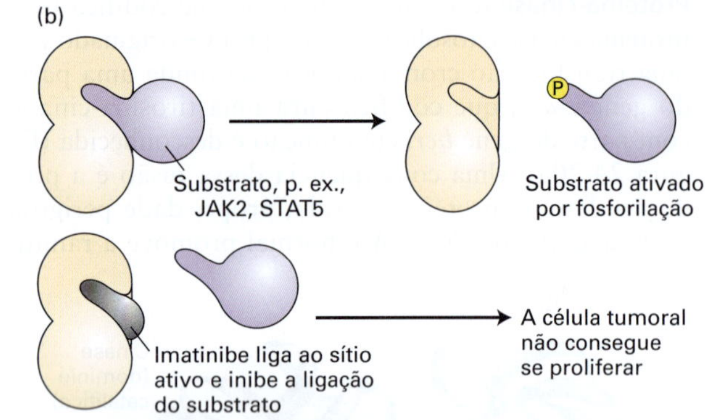

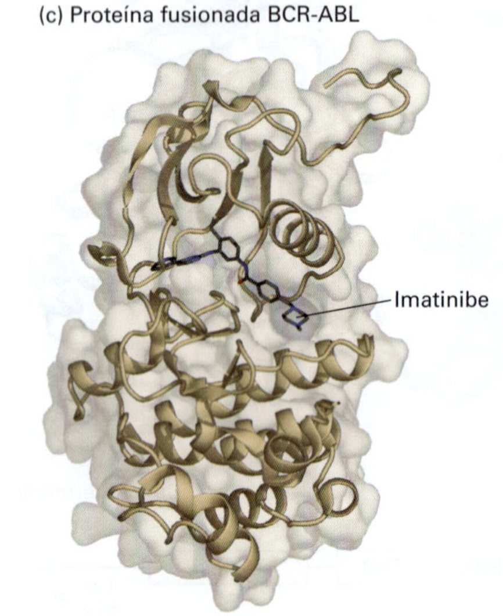

FIGURA 24-20 Proteína-cinase Bcr-Abl. (a) A origem do cromossomo Philadelphia a partir da translocação das extremidades dos cromossomos 9 e 22 e a proteína oncogênica fusionada formada pelo cromossomo Philadelphia translocado. (b) A proteína fusionada Bcr-Abl tem a atividade de cinase constitutiva e fosforila múltiplas proteínas de sinalização. Imatinibe liga-se ao sítio ativo da Bcr-Abl e inibe sua atividade de cinase. (c) Imatinibe ligado ao sítio ativo da Bcr-Abl. (Parte (c) de Nagar et al., 2002, *Cancer Research* **62**:4236.)

cação da actina filamentosa e a extensão de processos celulares; assim, parece atuar principalmente no controle do citoesqueleto e da forma celular. As oncoproteínas quiméricas, codificadas pelo oncogene *bcr-abl* formam um tetrâmero com atividade contínua e irregular de Abl cinase (Figura 24-20b). A Bcr-Abl pode fosforilar e, assim, ativar as proteínas de sinalização intracelular, pelo menos algumas destas não são substratos normais para Abl. Por exemplo, a proteína Bcr-Abl pode ativar a JAK2 cinase e o fator de transcrição STAT5, normalmente ativados pela ligação de fatores de crescimento (p. ex., eritropoietina) com receptores da superfície celular (ver Figura 16-10). A proteína Bcr-Abl também gera um local de encaixe para proteínas de sinalização pela parte Bcr, estimulando potencialmente o sinal de transdução.

A translocação cromossômica que forma o gene *bcr-abl* origina o diagnóstico do **cromossomo Philadelphia**, descoberto em 1960 (ver Figura 24-20a). Se essa translocação ocorrer em uma célula hematopoiética da medula óssea, a atividade do oncogene quimérico *bcr-abl* resulta na fase inicial da leucemia mielogênica crônica (LMC) humana, caracterizada pela expansão no número de leucócitos. Uma segunda mutação de perda de função na célula com a mutação *brc-abl* (p. ex., no gene *p53*ou *RB*) resulta na leucemia aguda, normalmente fatal. A translocação cromossômica na LMC foi apenas a primeira de uma série de translocações cromossômicas características, ou "assinaturas", ligadas a tipos específicos de leucemia. Muitos dos genes fusionados envolvem genes que codificam para reguladores transcricionais, particularmente reguladores transcricionais dos genes Hox, um grupo de fatores de transcrição necessários à proliferação e à diferenciação celulares durante o desenvolvimento embriogênico. Cada uma apresenta oportunidades para o maior entendimento da doença, diagnóstico precoce e novas terapias. No caso da LMC, a segunda etapa para uma terapia eficaz já foi iniciada.

Após uma busca exaustiva, um inibidor da Abl cinase, denominado imatinibe (Gleevec) foi identificado como possível tratamento para a LMC, no início da década de 1990. O imatinibe, que se liga diretamente ao sítio ativo da cinase Abl e inibe sua atividade, é altamente letal para as células de LMC, mas poupa as células normais (Figura 24-20c). Após testes clínicos mostrando que o imatinibe é extremamente eficiente no tratamento da LMC, apesar de alguns efeitos adversos, esse fármaco foi aprovado pelo FDA em 2001, o primeiro fármaco contra o câncer cujo alvo é uma proteína de transdução de sinais específica de células tumorais. O imatinibe inibe várias outras tirosina-cinases implicadas em diferentes cânceres, e tem sido também empregado com sucesso em testes para o tratamento dessas doenças, incluindo tumores gastrintestinais. Existem 90 tirosina-cinases codificadas pelo genoma humano, de modo que os fármacos relacionadas ao imatinibe podem ser importantes no controle dos atividades de todas essas proteínas. Um desafio contínuo é o fato de que as células tumorais desenvolvem resistência ao imatinibe e a outros fármacos, necessitando a descoberta de fármacos alternativas. ■

A produção inadequada dos fatores de transcrição nucleares pode induzir transformação

As mutações oncogênicas que geram os oncogenes ou genes supressores tumorais danificados, por fim, provocam alterações na expressão gênica. Experimentalmente, isso pode ser medido pela comparação na produção de diferentes mRNAs produzidos células normais *versus* células tumorais. Como discutido na última seção, agora é possível mensurar essas diferenças na expressão de milhares de genes, utilizando os microarranjos de DNA (ver Figura 24-10).

Como os efeitos mais diretos na expressão gênica são exercidos pelos fatores de transcrição, não é de se surpreender que vários oncogenes codifiquem fatores de transcrição. Dois exemplos, *jun* e *fos*, foram inicialmente identificados em retrovírus transformantes e, mais tarde, também encontrados superexpressos em tumores humanos. Os proto-oncogenes *c-jun* e *c-fos* codificam proteínas que se associam, formando um fator de transcrição heterodimérico, denominado *AP1*, que se liga a uma sequência encontrada em promotores e amplificadores de vários genes (ver Figura 7-32a e Capítulo 16). Ambos, Fos e Jun, atuam independentemente como fatores de transcrição. Eles atuam como oncoproteínas pela ativação da transcrição de genes-chave que codificam proteínas promotoras do crescimento, ou pela inibição da transcrição dos genes que reprimem o crescimento.

Diversas proteínas de proto-oncogenes nucleares são produzidas quando as células normais recebem um estímulo para o crescimento, indicando seu papel direto sobre o controle do crescimento. Por exemplo, o tratamento de células 3T3 quiescentes com PDGF induz um aumento de aproximadamente 50 vezes na produção da c-Fos e c-Myc, os produtos normais dos proto-oncogenes *fos* e *myc*. Inicialmente, há um aumento temporário da c-Fos e um aumento tardio e mais prolongado da c-Myc (Figura 24-21). Os níveis das duas proteínas diminuem após algumas horas, efeito regulador que, nas células normais, auxilia a impedir o câncer. A c-Fos e a c-Myc estimulam a transcrição de genes que codificam proteínas de progressão pela fase G_1 e a transição de G_1 para a fase S do ciclo celular. Com frequência, nos tumores, as formas oncogênicas desses e de outros fatores de transcrição são expressas em níveis altos e desregulados.

Nas células normais, os mRNAs e as proteínas c-Fos e c-Myc são intrinsecamente instáveis, resultando na sua degradação logo após a indução dos genes. Algumas das alterações que transformam o gene normal *c-fos* em um oncogene envolvem deleções genéticas das sequências responsáveis pela curta duração do mRNA e da proteína Fos. A conversão do proto-oncogene *c-myc* em um oncogene

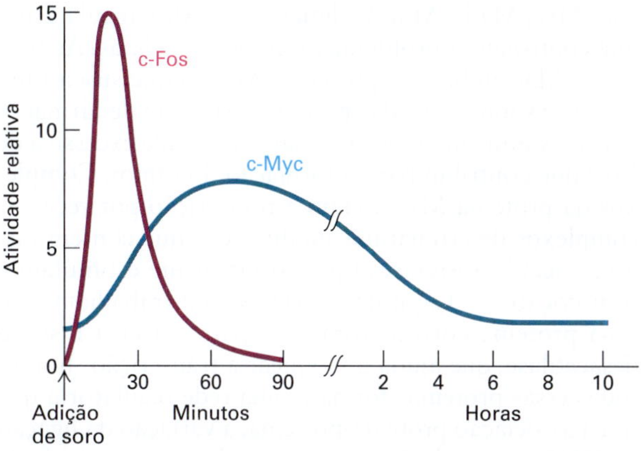

FIGURA EXPERIMENTAL 24-21 A adição de soro às células 3T3 quiescentes origina um aumento significativo na atividade de dois produtos dos proto-oncogenes, c-Fos e c-Myc. O soro contém fatores como o fator de crescimento derivado de plaquetas (PDGF), que estimula o crescimento das células quiescentes. Um dos primeiros efeitos dos fatores de crescimento é a indução da expressão de *c-fos* e *c-myc*, cujos produtos são fatores de transcrição. (Ver M. E. Greenberg e E. B. Ziff, 1984, *Nature* **311**:433.)

pode ocorrer por vários mecanismos diferentes. Nas células do tumor humano conhecido como **linfoma de Burkitt**, o gene *c-myc* é translocado para um sítio próximo aos genes que codificam as cadeias pesadas de anticorpos normalmente ativos nos leucócitos produtores de anticorpos (Figura 24-22). A translocação do *c-myc* é uma anormalidade rara nos rearranjos normais do DNA que ocorrem durante a maturação das células produtoras de anticorpos. O gene *myc* translocado, agora regulado pelo amplificador dos genes do anticorpo, é continuamente expresso, tornando a célula cancerosa. A amplificação localizada de um segmento de DNA contendo o gene *myc*, que ocorre em vários tumores humanos, também provoca uma alta produção inadequada da proteína Myc normal.

O gene *c-myc* codifica uma proteína zíper básica hélice-alça-hélice que atua como parte de um conjunto de proteínas que podem se dimerizar em várias combinações, ligar-se ao DNA e regular a transcrição de genes-alvo. Outros membros desse conjunto de proteínas incluem Mad, Max e Mnt. A Max pode heterodimerizar

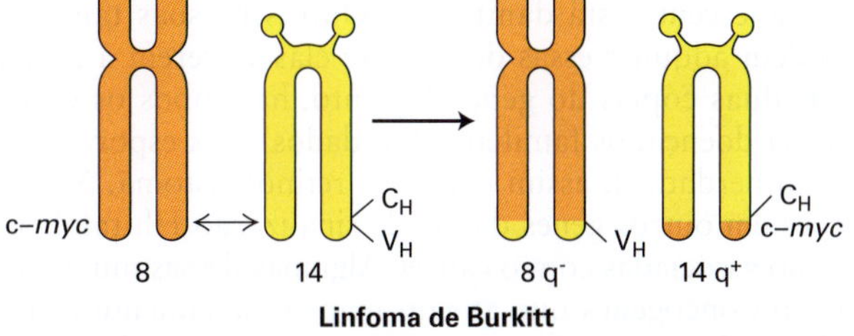

FIGURA 24-22 Translocação cromossomal no linfoma de Burkitt. Como resultado de translocação entre o cromossomo 8 e o 14, o gene *c-myc* é colocado adjacente ao gene que codifica parte da cadeia pesada de anticorpos (C_H), levando à superprodução do fator de transcrição Myc em linfócitos e, consequentemente, seu desenvolvimento em linfoma.

com Myc, Mad e Mnt. O dímero Myc-Max regula genes que controlam a proliferação, como as ciclinas. As proteínas Mad inibem as proteínas Myc, o que suscita um interesse sobre o uso das proteínas Mad, ou de fármacos que as estimulem, para controlar a atividade excessiva de Myc que contribui para a formação do tumor. Complexos da proteína Myc afetam a transcrição por recrutar complexos de cromatinas modificadas que contêm histonas acetiltransferases (que normalmente estimulam a transcrição; ver Capítulo 7). Mad e Mnt trabalham com uma proteína correceptora Sin3 para trazer a histona desacetilase, que ajuda a bloquear a transcrição. Juntas, todas essas proteínas formam uma rede regulatória que usa a associação proteína-proteína, a variação da ligação ao DNA e a regulação transcricional para o controle da proliferação celular. A superprodução da proteína Myc auxilia a favor da divisão e do crescimento celulares.

Anormalidades nas vias de sinalização que controlam o desenvolvimento estão associadas com diversos cânceres

Durante o desenvolvimento normal, sinais secretados como Hedgehog (Hh), Wnt e TGF-β são frequentemente utilizados para direcionar as células a seus destinos de desenvolvimento, que podem incluir a mitose rápida. Os efeitos desses sinais devem ser regulados de modo que o crescimento seja limitado a locais e momentos corretos. Entre os mecanismos disponíveis para o controle dos efeitos dos sinais de desenvolvimento estão antagonistas intracelulares, bloqueadores de receptores e sinais concorrentes. Mutações que evitam esses mecanismos de restrição são suscetíveis a ser oncogênicas, causando o crescimento inapropriado ou canceroso.

A sinalização Hh, utilizada repetidamente durante o desenvolvimento para controlar os destinos celulares, é um bom exemplo de uma via de sinalização envolvida na indução do câncer. Na pele e no cerebelo, uma das proteínas Hh, Sonic hedgehog, estimula a divisão celular pela ligação e inativação da proteína de membrana denominada Patched1 (Ptc1) (ver Figura 16-33). Mutações de perda de função no *ptc1* permitem a proliferação celular na ausência de um sinal de Hh; assim, o gene *ptc1* é um gene supressor tumoral. Pessoas que herdam uma única cópia funcional do *ptc1* têm propensão a desenvolver câncer de pele e câncer cerebral; isso pode ocorrer quando o alelo remanescente está danificado. Outras pessoas também podem adquirir essas doenças se elas sofrerem a perda das duas cópias do gene. Portanto, há ambos os casos dessa doença, os familiares (herdados) e os esporádicos (não herdados), assim como no retinoblastoma. Mutações em outros genes da via de sinalização Hh também estão associadas com o câncer. Algumas dessas mutações geram oncogenes que ativam inapropriadamente genes alvos Hh; outras são mutações recessivas que afetam reguladores negativos como Ptc1. Como no caso de inúmeros outros genes supressores tumorais, a perda completa da função de Ptc1 levaria à morte fetal precoce, já que é necessária para o desenvolvimento, portanto são apenas as células tumorais que são homozigotas *ptc1/ptc1*.

Muitas das vias de sinalização descritas em outros capítulos exercem um papel no controle do desenvolvimento embriogênico e na proliferação celular em tecidos adultos. Nos últimos anos, mutações que afetam componentes da maioria dessas vias de sinalização têm sido ligadas ao câncer. De fato, uma vez que o gene em uma via de desenvolvimento tem sido ligado a um tipo de câncer humano, o conhecimento adquirido sobre essa via (a partir de modelos em organismos como vermes, moscas ou camundongos) permite investigações focadas no possível envolvimento de genes adicionais em outros tipos de cânceres. Por exemplo, *APC*, gene fundamental mutado na trajetória do carcinoma de colo, tem o seu envolvimento na via de sinalização Wnt (ver Capítulo 16) conhecido, o que levou à descoberta do envolvimento de mutações β-catenina no câncer de colo. Mutações em genes supressores tumorais de desenvolvimento promovem a formação do tumor em tecidos onde o papel primário de reguladores do desenvolvimento é controlar o destino da célula – em que tipo celular irá se desenvolver – mas não a divisão celular. Mutações em proto-oncogenes de desenvolvimento podem induzir a formação do tumor em tecidos onde um gene afetado normalmente promove a proliferação celular ou em outro tecido onde o gene se tornou ativo de forma anormal.

O fator de crescimento tumoral β (TGF-β), apesar do nome, inibe a proliferação de muitos tipos celulares, incluindo a maioria das células epiteliais e do sistema imune. A ligação do TGF-β ao seu receptor induz a ativação do fator de transcrição citosólico Smad (ver Figura 16-28). Após a translocação para o núcleo, o Smad promove a expressão do gene que codifica p15, inibidor de cinase dependente de ciclina 4 (CDK4), o que faz as células permanecerem em G_1. A sinalização do TGF-β também promove a expressão de genes que codificam para proteínas da matriz extracelular. Mutações de perda de função no receptor de TGF-β ou no Smad geram proliferação celular e provavelmente contribuem para a invasão e a metástase das células tumorais (Figura 24-23). De fato, essas mutações têm sido encontradas em uma variedade de cânceres humanos. Por exemplo, a deleção do gene *Smad4* ocorre em muitos cânceres pancreáticos humanos; as células de câncer de colo e de retinoblastoma não possuem os receptores funcionais para TGF-β e portanto não respondem à inibição do crescimento por TGF-β.

A biologia molecular da célula está mudando o modo como o câncer é tratado

O relato descrito anteriormente sobre o imatinibe ilustra como a genética (a descoberta do cromossomo Philadelphia e o oncogene crítico) e a bioquímica (a descoberta da ação molecular da proteína Abl) podem gerar uma nova terapia poderosa. Em geral, cada diferença entre as células cancerosas e as células normais fornece uma oportunidade nova de identificar fármacos específicos ou tratamentos que eliminem apenas as células cancerosas ou ao menos impeçam seu crescimento descontrolado. Desse modo, o conhecimento sobre a biologia molecular da célula tumoral é uma informação fundamental que pode ser explorada pelos pesquisadores para o de-

ANIMAÇÃO EM FOCO: Via de sinalização TGF-β

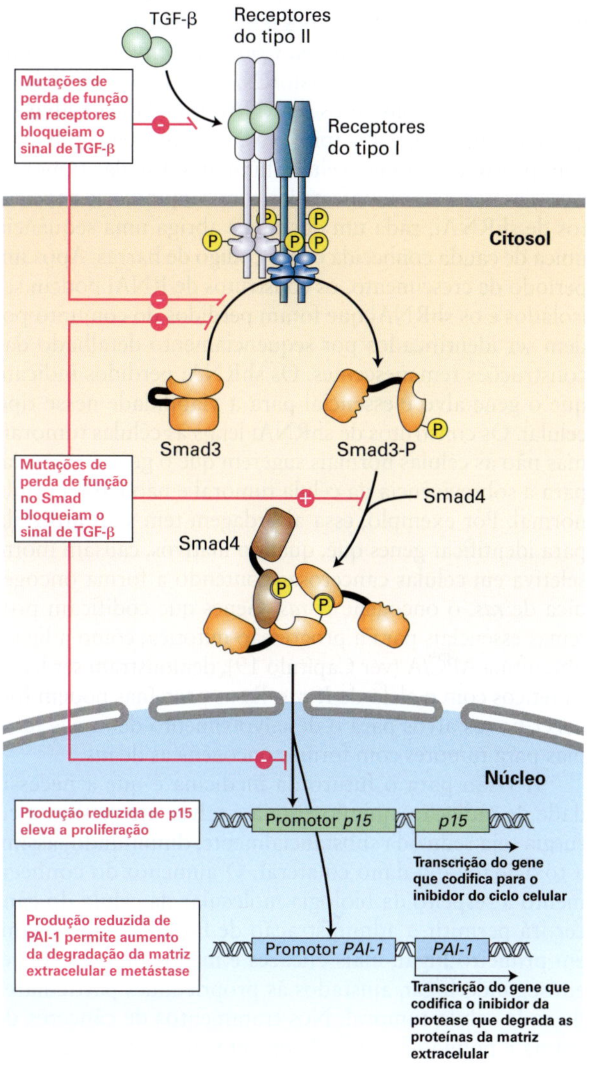

FIGURA 24-23 O efeito da perda de sinalização do TGF-β. A ligação do TGF-β, fator anticrescimento, causa a ativação do fator de transcrição Smad. A ausência de uma sinalização efetiva do TGF-β devido a uma mutação no receptor ou a uma mutação no Smad eleva a proliferação celular e a invasão da matriz extracelular adjacente. (Ver X. Hua et al., 1998, *Genes & Dev.* **12**:3084.)

senvolvimento de tratamentos anticâncer que tenham como alvos apenas as células cancerosas.

O câncer de mama fornece um bom exemplo de como técnicas de biologia molecular têm afetado os tratamentos paliativos e curativos. Até o aumento da incidência de câncer de pulmão, resultante do aumento de mulheres fumantes, o câncer de mama era o câncer mais letal entre mulheres e continua sendo a segunda causa mais frequente de morte por câncer em mulheres. A causa do câncer de mama é desconhecida, mas a frequência é elevada se certas mutações ocorrem. Os cânceres de mama são muitas vezes diagnosticados durante uma análise de mamografia rotineira (raios X). Em geral, uma biópsia de 1 a 2 cm de tamanho do tecido é retirada para averiguar o diagnóstico e é testada com anticorpos para determinar se os níveis dos receptores de estrogênio ou progesterona estão elevados. Esses receptores de esteroides são capazes de estimular o crescimento do tumor e são expressos, às vezes, em níveis elevados em células de câncer de mama. Se qualquer um dos receptores está presente, isso é explorado no tratamento. Um fármaco chamado tamoxifeno, que inibe o receptor de estrogênio, pode ser utilizado para privar as células tumorais do hormônio que estimula o crescimento. A biópsia também é analisada quanto à amplificação do proto-oncogene *HER2/NEU*, que, como foi visto, codifica para o receptor humano 2 de EGF. Um anticorpo monoclonal específico para Her2 tem tido grande sucesso no tratamento de um subtipo de câncer de mama que superproduz o Her2. Injetado na veia, o anticorpo Her2 reconhece o Her2 e causa sua internalização, matando seletivamente as células cancerosas com nenhum efeito aparente nas células mamárias normais (e outras) que produzem níveis moderados de Her2. Do mesmo modo, muitos cânceres de pulmão têm uma amplificação para o receptor EGF. O tratamento com inibidor de EGF, o erlotinibe, tem aumentado drasticamente a expectativa de vida dos pacientes com esse tipo de câncer de pulmão. ■

O câncer de mama é tratado com uma combinação de cirurgia, radioterapia e quimioterapia. A primeira etapa é a ressecção cirúrgica (retirada) do tumor e a análise dos linfonodos para obter indícios de tumor metastático, que é o pior prognóstico. O tratamento adicional inclui seis semanas de radioterapia e oito semanas de quimioterapia com três tipos diferentes de medicamentos. Esses tratamentos rigorosos são destinados a matar as células cancerosas em divisão; entretanto, também causam uma série de efeitos adversos, incluindo a supressão da produção de células sanguíneas, alopecia, náuseas e neuropatias. Isso pode reduzir a força do sistema imune, levando ao risco de infecções e fraqueza pelo pouco suprimento de oxigênio. Para ajudar, é dado aos pacientes o fator de crescimento G-CSF para promover a formação de neutrófilos (tipo de leucócitos que combate bactérias e infecções fúngicas) e eritropoietina (Epo) para estimular a formação das hemácias. Apesar de todos esses tratamentos, uma mulher de risco médio (com 60 anos, 2 cm de tumor e escore positivo 1 para linfonodos) tem de 30 a 40% de risco de em 10 anos não resistir ao seu câncer. Esse risco pode ser reduzido para 10 a 15% com o tratamento de bloqueio hormonal com tamoxifeno, explorando os dados moleculares que mostram que o receptor para o hormônio está presente nas células cancerosas. A mortalidade é reduzida a 5 a 10% com tratamento com anticorpos contra as oncoproteínas Her2/Neu. Assim, a biologia molecular tem um grande impacto nas taxas de sobrevivência das vítimas de câncer de mama, embora seja muito menor do que o desejável.

Para identificar mais alterações genéticas únicas a um tumor que possam ser exploradas em novos tratamentos, pesquisadores utilizam tecnologias de RNAi para identificar genes que, quando inativados, causam a morte das células tumorais, mas não das normais. Essa abordagem de identificação de interações *letais sintéticas* foi pioneira na germinação de leveduras. Com o desenvolvimento de bibliotecas do genoma de (sh)RNAi (do inglês *short hairpin*, coleção de construtos de RNAi de cada gene-alvo no genoma humano, ver Capítulo 5), essa abordagem é também possível agora em células humanas. Células tumorais e células normais são infectadas com conjuntos de construtos de shRNAi, cada um dos quais abriga uma sequência única de cauda conhecida como código de barras. Após um período de crescimento, os construtos de RNAi podem ser isolados e os shRNAi que foram perdidos do conjunto podem ser identificados por sequenciamento detalhado das construções remanescentes. Os shRNAi perdidos indicam que o gene-alvo é essencial para a viabilidade nesse tipo celular. Os construtos de shRNAi letais às células tumorais mas não às células normais sugerem que o gene é essencial para a sobrevivência da célula tumoral e não para a célula normal. Por exemplo, essa abordagem tem sido utilizada para identificar genes que, quando inativos, causam morte seletiva em células cancerosas contendo a forma oncogênica de *ras*, o oncogene *K-ras*. Genes que codificam proteínas essenciais para a progressão mitótica, como a ligase ubiquitina APC/A (ver Capítulo 19), demonstram ser letais sintéticos com o alelo de *K-ras*. Essas proteínas podem fornecer novos alvos para o desenvolvimento de novas terapias para tumores com formas oncogênicas de *ras*.

A visão para o futuro da medicina é que a necessidade de radiação, quimioterapia e talvez até mesmo a cirurgia seja reduzida substancialmente, diminuindo, assim, a toxicidade e o dano colateral. O aumento do conhecimento a respeito da biologia molecular da célula do câncer irá permitir a administração de fármacos que sejam, em primeiro lugar, mais eficazes e menos prejudiciais, e, em segundo lugar, ajustados às propriedades particulares de cada célula tumoral. Nos tratamentos de cânceres de mama e pulmão é possível constatar um progresso nessa direção.

CONCEITOS-CHAVE da Seção 24.3

O câncer e a desregulação de vias regulatórias de crescimento

- Camundongos nos quais oncogenes e genes supressores tumorais podem ser expressos em tecidos específicos ou formas temporais ensinam sobre como o câncer surge e como eles contribuem para a progressão da doença.
- As mutações ou translocações cromossômicas que permitem a dimerização de RTKs dos fatores de crescimento, na ausência do seu ligante normal, resultam na atividade constitutiva do receptor (ver Figura 24-17). Essa ativação induz alterações na expressão gênica e pode transformar as células. A superprodução dos receptores dos fatores de crescimento pode ter o mesmo efeito e promover uma proliferação celular anormal.
- Certas proteínas codificadas por vírus podem se ligar e ativar os receptores dos fatores de crescimento da célula hospedeira, estimulando, assim, a proliferação celular, na ausência dos ligantes normais.
- A maioria das células tumorais produz formas constitutivamente ativas de uma ou mais proteínas intracelulares de transdução de sinais, provocando a sinalização que promove o crescimento na ausência dos fatores de crescimento normais.
- Uma única mutação pontual na Ras, proteína importante na transdução em várias vias de sinalização que promove a proliferação e diferenciação celular, reduz a sua atividade de GTPase, mantendo-a no estado ativado.
- A atividade da Src, proteína tirosinacinase citosólica de transdução de sinais, é normalmente regulada pela fosforilação/desfosforilação reversível de um resíduo de tirosina próximo à extremidade C-terminal (ver Figura 24-19). A atividade desregulada das oncoproteínas Src sem essa tirosina promove a proliferação anormal de várias células.
- O cromossomo Philadelphia resulta de uma translocação cromossômica que produz o oncogene quimérico *bcr-abl*. A atividade não regulada da Abl cinase da oncoproteína Bcr-Abl é responsável pelo efeito oncogênico. Um inibidor da Abl cinase (imatinibe ou Gleevec) é eficaz no tratamento da leucemia mielogênica crônica (LMC) e atua, também, contra outros tipos de câncer motivados por cinases relacionadas (ver Figura 24-20).
- A produção inadequada de fatores de transcrição nucleares como Fos, Jun e Myc pode induzir a transformação. Nas células do linfoma de Burkitt, o gene c-*myc* sofreu translocação para um sítio próximo a de um gene que codifica cadeias de anticorpos, resultando na superprodução da c-Myc (ver Figura 24-22).
- Muitos genes que regulam os processos de desenvolvimento normal codificam proteínas que atuam em várias vias de sinalização. Seus papéis normais na regulação de onde e quando ocorre o crescimento são refletidos na característica do tumor gerado quando esses genes são mutados.
- A perda de sinalização pelo TGF-β, regulador negativo de crescimento, promove a proliferação celular e o desenvolvimento do câncer (ver Figura 24-23).
- Análises moleculares precisas de tumores primários permitem o uso de fármacos altamente direcionados que tendem a ser ótimos para um caso particular de tumor. Esses aprimoramentos têm permitido a redução da mortalidade do câncer de mama. Há boas perspectivas para tratamentos ainda melhores com base no aumento do conhecimento sobre a regulação das células tumorais.
- O surgimento de técnicas moleculares para a caracterização individual de tumores está permitindo a aplicação de fármacos e anticorpos que tenham como alvo propriedades particulares do tumor. Isso permite maior eficácia no tratamento dos pacientes e reduz o uso de fármacos e anticorpos não efetivos e possivelmente tóxicos.
- Novas metodologias de shRNA permitem a identificação de genes necessários especificamente para a sobrevivência de células cancerosas, facilitando a descoberta de novos alvos terapêuticos.

24.4 O câncer e as mutações dos reguladores da divisão celular e dos pontos de verificação

Os mecanismos complexos que regulam o ciclo celular eucariótico são os principais alvos para as mutações oncogênicas. As proteínas de ação positiva e negativa controlam precisamente a entrada e a progressão das células pelo ciclo celular, que consiste em quatro fases principais: G_1, S, G_2 e mitose (ver Figura 19-30). Além disso, as células têm mecanismos de fiscalização – conhecidos como vias de verificação – que garantem que as células não entrem na fase seguinte do ciclo celular antes da fase anterior ter sido completada. Por exemplo, células com danos contínuos em seu DNA normalmente ficam presas antes do DNA ser replicado ou na fase G_2 antes da segregação dos cromossomos. Essa detenção permite tempo para que o dano ao DNA seja reparado; uma alternativa seria direcionar as células para cometer suicídio por meio da morte celular programada ou ao menos que não sofressem divisão. Todos os controles do ciclo celular e dos sistemas de verificação funcionam para impedir as células de se tornarem cancerosas. Como é de se esperar, mutações nesse sistema muitas vezes levam ao desenvolvimento anormal ou contribuem para o câncer.

Nesta seção, serão discutidos o ciclo celular e as vias de pontos de verificação afetadas no câncer. Primeiramente, será descrito como as vias que controlam a entrada no ciclo celular são mutadas e desreguladas na maioria dos cânceres humanos. Posteriormente, será discutido como a p53 evita a tumorigênese auxiliando as células a responder ao dano ao DNA. Por fim, será abordado como as mutações nas vias de morte celular programada contribuem para a tumorigênese. Conclui a seção uma discussão sobre um grupo importante de oncogenes emergentes e genes supressores tumorais: os microRNAs.

As mutações que promovem a passagem descontrolada de G_1 para a fase S são oncogênicas

Uma vez que uma célula tenha ultrapassado determinado ponto ao final da fase G_1, chamado INÍCIO, ela está irreversivelmente obrigada a entrar na fase S e replicar seu DNA (ver Figura 19-15). As ciclinas do tipo D, as **cinases dependentes de ciclina** (**CDKs**) e a proteína Rb são os elementos do sistema de controle que regulam a passagem pelo INÍCIO.

Estima-se que aproximadamente 80% dos cânceres humanos tenham a via que controla a entrada no ciclo celular desregulada. No centro dessa via, estão os complexos de ciclinas D-CDK4/6 e o inibidor transcricional Rb (Figura 24-24). A expressão dos genes de ciclina do tipo D é induzida por vários fatores de crescimento extracelulares, ou **mitógenos**. Essas ciclinas associam-se com as correspondentes CDK4 e CDK6, formando complexos ciclina-CDK cataliticamente ativos, cuja atividade de cinase promove a progressão por meio da fase G_1. A remoção dos mitógenos, anterior à passagem pelo INÍCIO, causa o acúmulo da p15 ou p16. Como descrito no Capítulo 19, a p15 e a p16 são inibidores de CDK que se ligam aos complexos de ciclina D-CDK4/6, inibindo sua

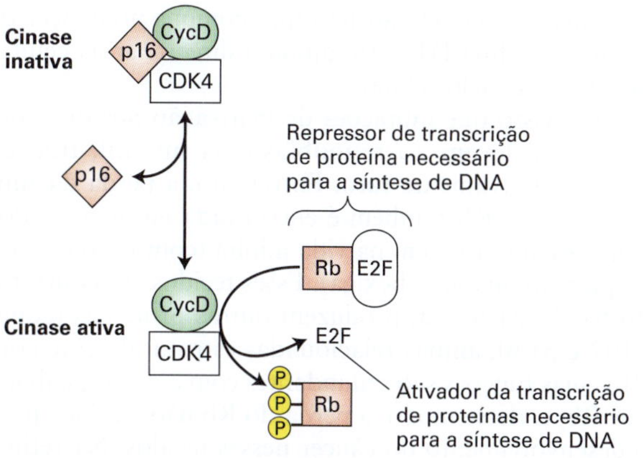

FIGURA 24-24 Controle do INÍCIO. A proteína Rb não fosforilada liga-se aos fatores de transcrição coletivamente chamados de *E2F* e, assim, impede a ativação transcricional mediada por E2F de diversos genes cujos produtos são necessários para a síntese de DNA (como a DNA-polimerase). A atividade de cinase da ciclina D-CDK4/6 fosforila Rb, inativando-o e ativando E2F; essa atividade de cinase é inibida pela p16. A superprodução da ciclina D, um regulador positivo, ou a perda dos reguladores negativos p16 e Rb ocorre normalmente em cânceres humanos.

atividade e provocando a suspensão em G_1. O inibidor transcricional Rb é controlado pela fosforilação do complexo de ciclina D-CDK4/6. O Rb não fosforilado liga e sequestra os fatores de transcrição E2F no citoplasma. Os fatores de transcrição E2F estimulam a transcrição de genes que codificam proteínas necessárias à síntese do DNA. Em condições normais, a fosforilação da proteína Rb é iniciada na metade da G_1 pelos complexos ativos de ciclina D-CDK4/6. A fosforilação da Rb é completada por outros complexos ciclina E-CDK2 no final da G_1, permitindo a ativação dos fatores de transcrição E2F e a ultrapassagem da fase G para a fase S. A completa fosforilação da Rb obriga a célula, irreversivelmente, a realizar a síntese do DNA.

A maioria dos tumores contém uma mutação oncogênica que provoca a superprodução ou a perda de componentes dessa via, forçando as células a entrar na fase S na ausência de sinais extracelulares adequados. Por exemplo, níveis elevados de ciclina D1, um dos três tipos de ciclinas D, são encontrados em diversos cânceres humanos. Em certos tumores de linfócitos B produtores de anticorpos, o gene *ciclina D1* foi translocado, e sua transcrição passou ao controle do amplificador do gene de produção de anticorpos, resultando na produção elevada de ciclina D1 durante todo o ciclo celular, independentemente de sinais extracelulares. (Esse fenômeno é análogo à translocação do gene *c-myc* nas células do linfoma de Burkitt, discutido anteriormente.) Um experimento, mostrando que a ciclina D1 pode atuar como oncoproteína, empregou camundongos transgênicos nos quais o gene *ciclina D1* foi colocado sob o controle de um amplificador específico de células do ducto mamário. Inicialmente, as células do ducto sofreram hiperproliferação e, mais tarde, os camundongos transgênicos desenvolveram tumores de mama. A amplificação do gene *ciclina D1* com a concomitante superprodução da proteína ciclina D1 são bastante comuns no câncer de mama; a ciclina D1 extra ajuda a direcionar as células por meio do ciclo celular.

Foi visto que mutações de inativação nos dois alelos de RB levam ao retinoblastoma infantil, tipo de câncer relativamente raro. Entretanto, a perda da função do gene *RB* também é encontrada na maioria dos cânceres que ocorrem na vida adulta (como carcinomas de pulmão, mama e bexiga). Esses tecidos, ao contrário do tecido da retina, produzem outras proteínas (como p107 e p130, ambas relacionadas estruturalmente com Rb) cujas funções são redundantes com a desempenhada por Rb, e, desse modo, a perda do Rb não é crítica para o desenvolvimento do câncer nesses tecidos. Na retina, porém, a regulação da entrada no ciclo celular parece ser exclusivamente da proteína Rb, motivo pelo qual os pacientes heterozigotos para o gene Rb desenvolvem tumores primeiro nesse tecido. Além das mutações de inativação, a função de Rb pode ser eliminada pela ligação de uma proteína inibitória, denominada E7, codificada pelo papilomavírus humano (HPV), outro artifício viral para criar tecidos produtores de vírus. Até o momento, sabe-se que ele ocorre apenas no câncer de colo de útero.

As proteínas que atuam como inibidoras de ciclina CDK têm um papel importante na regulação do ciclo celular. Em particular, as mutações de perda de função que impedem que a p16 iniba a atividade do complexo ciclina D-CDK4/6 são comuns em vários tipos de câncer humano. Como mostrado claramente na Figura 24-24, a perda da p16 simula a superprodução da ciclina D1. Embora o gene supressor tumoral *p16* esteja deletado em alguns cânceres humanos, em outros a sequência do *p16* está normal. Nestes últimos tipos de câncer (como o câncer de pulmão), o gene *p16*, ou outros genes que codificam para outras proteínas com funções semelhantes, é inativado pela hipermetilação da região promotora do gene, impedindo sua transcrição. O mecanismo que promove a alteração na metilação do *p16* não é conhecido, mas ele impede a produção dessa importante proteína de controle do ciclo celular.

O *locus* que codifica para p16 é altamente incomum, visto que codifica para não menos que três genes supressores tumorais, tornando-o um *locus* altamente vulnerável no genoma humano. Além de portar o gene *INK4a* que codifica para p16, imediatamente a montante (*upstream*) está o *locus INK4b*, que codifica para a p15, outro inibidor de ciclina D-CDK4/6 (Figura 24-25). O *locus* codifica para um ativador chave do supressor tumoral p53, assim como esses inibidores de CDK. O p14ARF (em camundongos é o p19ARF) é codificado por um éxon a montante do primeiro éxon do gene *INK4a* e compartilha os éxons 2 e 3 com o *INK4a*. Como será visto na próxima seção, essa proteína controla a estabilidade da p53. Assim, mutações nesse *locus* afetariam simultaneamente as duas principais vias de supressores tumorais na célula, as vias Rb e p53.

A perda da p53 anula o ponto de verificação dos danos ao DNA

A p53 é uma peça fundamental na tumorigênese. Acredita-se que os tumores humanos, em sua maioria ou em

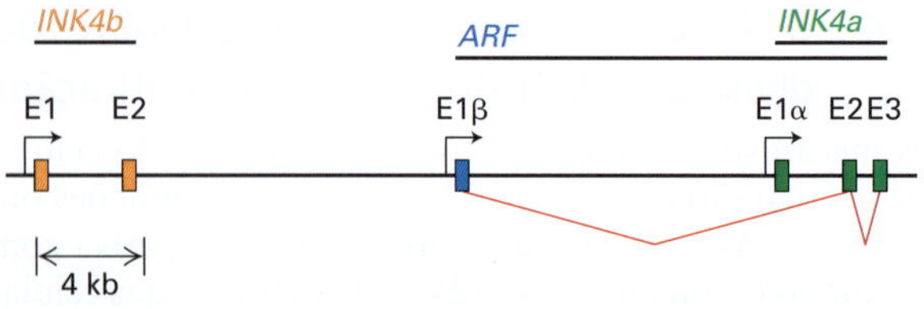

FIGURA 24-25 O *locus* INK4b-ARF-INK4a. Esse *locus* codifica três genes supressores de tumor. Os éxons estão designados como E. Os dois éxons *INK4b* (cor de laranja) estão localizados a montante (*upstream*) do *locus ARF/INK4a*. *ARF* (azul) é codificado por um éxon exclusivo, o E1β, mas compartilha os éxons E2 e E3 com o *INK4a* (verde). *INK4b* e *INK4a* codificam para p15 e p16, respectivamente. *ARF* codifica para o ativador p53. (Adaptada de Sherr, 2006, *Nat. Rev. Cancer* **6**:663-673.)

sua totalidade, tenham mutações na p53 ou em proteínas que regulam sua atividade. As células com a p53 funcional são mantidas em G_1 quando expostas a radiações que danificam o DNA, enquanto as células sem a p53 funcional não o são. Diferentemente de outras proteínas do ciclo celular, a p53 está presente em níveis baixos nas células normais, pois é extremamente instável e rapidamente degradada. Camundongos com a p53 ausente são viáveis e saudáveis, exceto pela predisposição de desenvolver vários tipos de tumores.

Em camundongos normais, a quantidade da proteína p53 é elevada, resposta pós-transcricional apenas em situações de estresse como radiações ultravioletas ou radiações γ, calor e baixos níveis de oxigênio. A radiação por raios γ cria danos no DNA. A ATM, uma serinacinase, e/ou a ATR são recrutadas para esses locais de dano e ativadas. Elas fosforilam a p53 em um resíduo de serina na porção N-terminal da proteína. Isso faz a proteína escapar da degradação mediada por ubiquitina, resultando no aumento considerável de sua concentração (Figura 24-26). A proteína p53 estabilizada ativa a expressão do gene que codifica para $p21^{CIP}$, que se liga aos complexos de ciclina E-CDK2 em mamíferos, inibindo sua função. Como resultado, as células com DNA danificado são mantidas na fase G_1, para que o DNA seja reparado pelos mecanismos discutidos no Capítulo 4, ou as células sejam mantidas assim permanentemente, se tornando senescentes. A atividade da p53 não é limitada à indução da permanência no ciclo celular. Além disso, esse supressor tumoral com múltiplos propósitos estimula a produção de proteínas pró-apoptóticas (ver próxima seção) e enzimas de reparo ao DNA (ver Figura 24-26). Senescência e apoptose podem de fato ser os mais importantes mecanismos pelos quais a p53 evita o crescimento do tumor.

Normalmente, a atividade da p53 é mantida reduzida por uma proteína chamada *Mdm2*. Quando a Mdm2 está ligada à p53, inibe a sua capacidade de ativação da transcrição e, ao mesmo tempo, por causa de sua atividade de ligase ubiquitina E3, catalisa a adição de moléculas de ubiquitina, marcando a p53 para a degradação no proteossomo. A fosforilação da p53 pela ATM ou ATR remove a Mdm2 ligada, estabilizando a proteína p53. Como o gene *Mdm2* é, por sua vez, ativado pela p53, Mdm2 atua como alça de retroalimentação autorreguladora com a p53, talvez impedindo o excesso da função

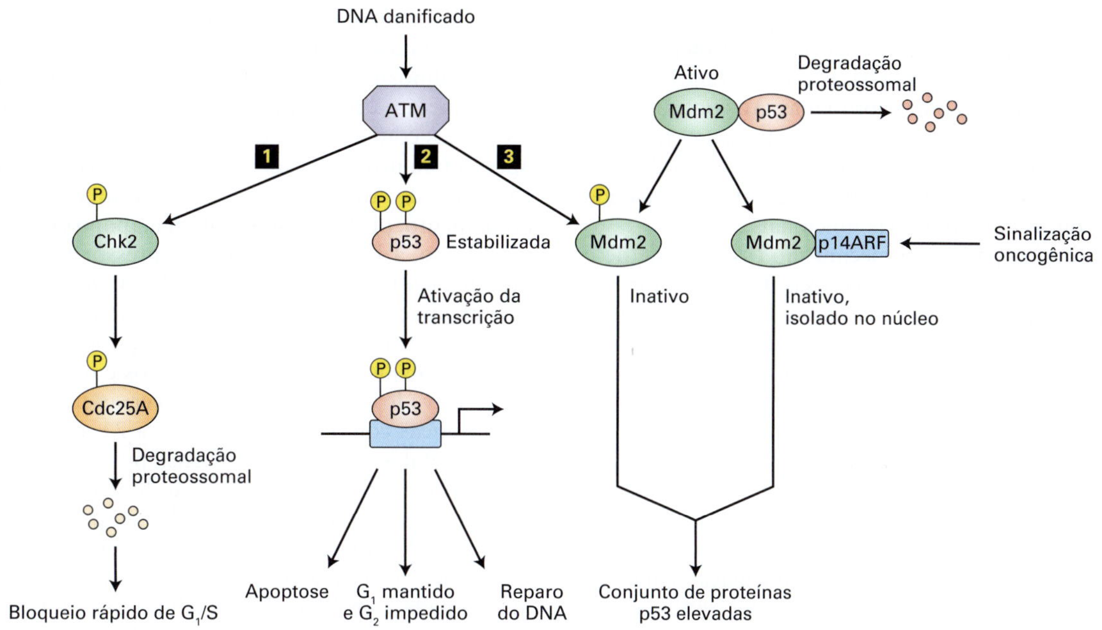

FIGURA 24-26 Detenção da fase G_1 em resposta ao DNA danificado. A atividade de cinase da ATM é ativada em resposta ao DNA danificado devido a vários estresses (como radiação UV, calor). A ATM ativa desencadeia três vias levando à detenção em G_1: **1** Chk2 é fosforilada e por sua vez fosforila Cdc25A, desse modo degradando e bloqueando seu papel na ativação da CDK2. **2** Em uma segunda via, a fosforilação da p53 a estabiliza, permitindo sua ativação e a expressão de genes que codificam proteínas, causando a parada em G_1, promovendo a apoptose ou participando no reparo ao DNA. **3** A terceira via é outro modo de controle do conjunto de p53. A proteína Mdm2, na sua forma ativa, complexa-se com a p53, inibindo fatores de transcrição e causando a ubiquitinização da p53 e a posterior degradação por proteossomos. A ATM fosforila a Mdm2 para inativá-la, gerando um aumento da estabilidade da p53. Além disso, os níveis de Mdm2 são controlados pela p14ARF (p19ARF em camundongos), que liga o Mdm2 e o mantém sequestrado no núcleo, onde não consegue acessar a p53. O gene p14ARF é induzido por níveis elevados de sinalizadores mitogênicos, muitas vezes observados em células com mutações oncogênicas nas vias de sinalização de fatores de crescimento. Com frequência, o gene humano *Mdm2* é amplificado em sarcomas, o que, presumivelmente, causa a inativação excessiva da p53. De forma similar, a p14ARF também é encontrada mutada em alguns cânceres.

da p53. O gene *Mdm2* está amplificado em vários sarcomas e outros tumores humanos que contêm um gene *p53* normal. Embora as células tumorais produzam uma p53 normal, os níveis elevados de Mdm2 reduzem de forma suficiente a concentração da p53 para que ocorra a parada das células em G_1 em resposta à radiação. Um regulador-chave da ligase ubiquitina Mdm2 é a proteína p14ARF (p19ARF em camundongos), codificada pelo *locus* do supressor tumoral que também codifica para as proteínas INK4. A p14ARF conecta e mantém isolada no núcleo a Mdm2 – causando, assim, a estabilização da p53. Os níveis normais de p14ARF são tão baixos nos tecidos que a proteína é pouco detectada. Isso é bom, pois ela causaria o acúmulo da p53 e o bloqueio do ciclo celular ou apoptose. Entretanto, em resposta à sinalização oncogênica, isto é, na presença de níveis elevados de sinais mitóticos, a transcrição de p14ARF é induzida pelo fator de transcrição E2F (ver Figura 24-26). Assim, o ARF é um importante inibidor da tumorigênese, visto que induz a ativação da p53, quando sinais mitóticos chegam a níveis elevados não fisiológicos, por meio de mutações de hiperativação nas vias de sinalização. Por essa razão, para que as vias de sinalização mitogênicas causem a proliferação descontrolada constatada no câncer, essa regulação positiva da p53 não deve ocorrer. Não surpreende que a p53 esteja inativa na maioria dos tumores humanos, pela perda da função da própria p53 ou pela regulação negativa de reguladores positivos da p53 como a Mdm2.

A atividade da p53 é também inibida por uma proteína do papilomavírus humano (HPV), denominada *E6*. O HPV codifica três proteínas que contribuem para sua capacidade de induzir transformação estável e mitose em diversas células em cultura. Duas delas – E6 e E7 – ligam-se, inibindo os supressores tumorais p53 e Rb, respectivamente. Atuando juntas, E6 e E7 são suficientes para induzir transformação na ausência de mutações em proteínas celulares de regulação. A proteína E5 do HPV, que provoca a suspensão da ativação do receptor de PDGF, amplifica a proliferação das células transformadas.

A forma ativa da p53 é um tetrâmero de quatro subunidades idênticas. Uma mutação pontual de perda de sentido em um dos dois alelos do gene *p53* em uma célula pode anular quase toda a atividade da p53, pois praticamente todos os oligômeros irão conter ao menos uma subunidade defeituosa, e esses oligômeros terão sua habilidade de ativação transcricional reduzida.

As mutações oncogênicas no gene *p53* agem como **dominantes negativos**, com mutações em um único alelo causando a perda da função. A perda da função é incompleta, por isso, para crescer mais rapidamente, as células tumorais perdem o alelo funcional que restava (perda de heterozigosidade). Como visto no Capítulo 5, mutações negativas dominantes podem ocorrer em proteínas cujas formas ativas sejam multiméricas ou cuja função dependa da interação com outras proteínas. Ao contrário, mutações de perda de função em genes supressores tumorais (como o *RB*) são recessivas, pois a proteína codificada funciona como monômero e mutações em um único alelo têm poucas consequências funcionais.

A proteína p53 é um mecanismo essencial de defesa contra transformações cancerosas. Isso é melhor ilustrado pela frequência elevada de perda da função dessa proteína em cânceres humanos. Mutações de perda de função no gene *p53* ocorrem em mais de 50% dos cânceres humanos. E o que nos protege contra elas? Ao contrário do Rb, o qual evita a proliferação inapropriada, a p53 protege a célula de modificações genéticas. Quando o ponto de verificação da p53 em G_1 não opera adequadamente, o DNA danificado replica, perpetuando a mutação e o DNA rearranjado para as células-filhas, contribuindo para a possibilidade de transformação em célula metastática. Ao mesmo tempo, a apoptose é inibida, contribuindo para a evolução das células transformadas. Devido ao seu papel central na prevenção da tumorigênese, pesquisadores estão na busca intensa por compostos que possam restaurar a função da p53 como um novo modo de tratar um amplo espectro de tumores humanos.

Os genes apoptóticos atuam como proto-oncogenes ou como genes supressores tumorais

Durante o desenvolvimento normal, diversas células são destinadas à **morte celular programada**, também conhecida como apoptose (ver Capítulo 21). Muitas anormalidades, incluindo erros durante a mitose, danos ao DNA e um excesso anormal de células desnecessárias ao desenvolvimento de um órgão funcional, podem desencadear a apoptose. Em alguns casos, a morte celular parece ser a situação padrão, e os sinais são necessários para assegurar a sobrevivência da célula. As células podem receber instruções para viver e para morrer, e um complexo sistema de regulação integra esses vários tipos de informação.

Um tumor pode ser originado se as células não morrerem quando necessário e, em vez disso, mantiverem a proliferação ativa. Por exemplo, a leucemia linfoblástica crônica (LLC) ocorre porque as células sobrevivem quando deveriam morrer. As células se acumulam lentamente, e a maioria não está em divisão ativa, mas não morre. As células da LLC têm translocações cromossômicas que ativam um gene chamado *bcl-2*, bloqueador decisivo na apoptose (ver Figura 21-37). Como resultado, a superprodução inadequada da proteína Bcl-2 evita a apoptose normal e permite a sobrevivência das células tumorais. Os tumores da LLC são, portanto, atribuídos a um erro na morte celular. Cerca de doze outros proto-oncogenes, normalmente envolvidos na regulação negativa da apoptose, sofrem mutações, tornando-se oncogenes. A superprodução das proteínas codificadas impede a apoptose quando esta é necessária para parar o crescimento das células tumorais.

Por outro lado, genes que codificam proteínas que estimulam a apoptose atuam como supressores tumorais. Um exemplo é o gene *PTEN*, discutido no Capítulo 16. A fosfatase codificada por esse gene desfosforila o fosfatidilinositol 3,4,5-trifosfato, um segundo mensageiro que atua na ativação da Akt (ver Figura 16-26). As células com ausência de atividade da fosfatase PTEN apresentam níveis elevados de fosfatidilinositol 3,4,5-trifosfato e de Akt ativa, que promovem sobrevivência, crescimento, proliferação e evitam a apoptose por várias vias. Logo, a PTEN atua como supressor tumoral pró-apoptótico pela diminuição do efeito antiapoptótico e pela promoção do efeito de proliferação da Akt.

O gene supressor tumoral pró-apoptótico mais comum envolvido em cânceres humanos é o *p53*. Entre os genes ativados pela p53, estão diversas proteínas pró-apoptóticas como a Bax (ver Figura 21 a 38). Quando muitas células sofrem lesão extensa no seu DNA, ou várias outras fontes de estresse como hipóxia, a expressão das proteínas pró-apoptóticas induzida pela p53 resulta na rápida eliminação dessas células (ver Figura 24-26). Isso pode parecer uma resposta drástica à lesão do DNA, mas impede a proliferação de células que podem conter várias mutações. Quando a função da p53 é perdida, a apoptose não pode ser induzida e pode ocorrer o acúmulo de mutações necessárias ao desenvolvimento do câncer.

Os MicroRNAs são a nova classe de fatores oncogênicos

Nos últimos anos, tem se tornado claro que RNAs não codificantes, especialmente os microRNAs (miRNAs), exercem um papel crítico na tumorigênese. A geração dos miRNAs envolve a transcrição de um RNA precursor que, por meio de um processo de diversas etapas, é reduzido a um miRNA maduro de 20 a 22 nucleotídeos. O miRNA maduro se liga na região 3′ não traduzida (UTR) de seus RNAs alvo e inibe as suas traduções ou, algumas vezes, causam a degradação do mRNA alvo. Até agora, aproximadamente 750 miRNAs foram identificados em humanos e estão envolvidos na regulação de 30% dos mRNA celulares, com papéis fundamentais na proliferação, diferenciação e apoptose. Um grande número desses miRNAs tem mostrado atuar como genes supressores tumorais ou oncogenes.

A primeira função dos miRNAS na tumorigênese foi revelada pela análise da região cromossomal 13q14.3. Essa região genômica encontra-se deletada em muitos casos de leucemia linfoblástica crônica (LLC), o tipo de leucemia mais comum em humanos. A caracterização da doença causada pela deleção mostrou que dois miRNAs, miR-15-a e miR-16-1, causam a CLL. Camundongos mutantes para os dois miRNAs desenvolveram LLC ou a leucemia linfoblástica celular relacionada. Os dois miRNAs aparentam controlar os genes da proliferação celular. Na ausência deles, ocorre a proliferação elevada de células B. A família de miRNAs let-7 também tem sido correlacionada com a tumorigênese. Os miRNAs let-7 regulam negativamente a tradução de Ras. Desse modo, na ausência de miRNAs, Ras é constitutivamente superproduzida, contribuindo para a tumorigênese. Os miRNAs let-7 tem outros alvos na célula e acredita-se que cada microRNA tenha múltiplos alvos, promovendo ampla oportunidade para a contribuição na tumorigênese.

Em consequência das suas funções de inibição da tradução, os miRNAs atuam como genes supressores tumorais e também como oncogenes. Os miR-15-a e miR-16-1 atuam como genes supressores tumorais, inibindo a proliferação celular; a ausência desses miRNAs leva ao crescimento celular. Entretanto, verificou-se que alguns miRNAs têm sido superexpressos no câncer, e suas análises indicaram que eles atuam como oncogenes. A superexpressão de miR-155 foi encontrada em muitos tipos de cânceres e ela causa a expansão das células B. Há também um interesse particular no miR-21. Esse miRNA é superexpresso na maioria dos tumores sólidos, como glioblastomas, mama, pulmão, pâncreas e tumores de colo, e ele tem como alvo diversos genes supressores tumorais, dentre eles a fosfatase PTEN. Muito mais precisa ser aprendido sobre como os microRNAS contribuem para a tumorigênese, mas está claro que, por meio de suas habilidades em regular diferentes genes, eles causam, sob vários aspectos, impacto sobre a progressão da doença.

CONCEITOS-CHAVE da Seção 24.4

O câncer e as mutações da divisão celular e dos reguladores dos pontos de verificação

- A superprodução do proto-oncogene que codifica a ciclina D1 ou a perda de genes supressores tumorais que codificam para a p16 e a Rb pode causar a passagem inapropriada e desregulada do ponto de INÍCIO no final da fase G_1. Essas anormalidades estão presentes em 80% dos tumores humanos.
- O *locus* INK4-ARF representa o principal *locus* de supressão tumoral em humanos, controlando tanto as vias Rb quanto p53 (ver Figura 24-25).
- A proteína p53 é um supressor de tumor multifuncional que promove a parada em G_1, G_2, apoptose e reparo de DNA, em resposta às lesões no DNA (ver Figura 24-26).
- As mutações com perda de função no gene *p53* ocorrem em mais de 50% dos cânceres humanos. A superprodução da Mdm2, proteína que normalmente inibe a atividade da p53, ocorre em vários tipos de câncer (p. ex., sarcomas) que expressam a proteína p53 normal. Assim, de uma forma ou de outra, a via de resposta ao estresse da p53 é inativada para permitir o crescimento do tumor.
- O papilomavírus humano (HPV) codifica para três proteínas oncogênicas: E6 (inibe p53), E7 (inibe Rb) e E5 (ativa o receptor de PDGF).
- A superprodução de proteínas antiapoptóticas (p. ex., Bcl-2) pode resultar na sobrevivência celular inapropriada, e está associada com a leucemia linfoblástica crônica (LLC) e outros cânceres. A perda de proteínas que promovem a apoptose (p. ex., o fator de transcrição p53 e a fosfatase PTEN) tem um efeito oncogênico similar.
- Os microRNAs têm sido correlacionados com a progressão da doença em diferentes tipos de câncer. Eles podem atuar como supressores tumorais ou oncogenes.

24.5 Os carcinógenos e os genes *caretaker* no câncer

Carcinógenos, os quais podem ser naturais ou artificiais, são moléculas que causam o câncer. Os carcinógenos causam mutações que reduzem a função dos genes supressores tumorais, criam oncogenes a partir de proto-oncogenes ou danificam o sistema de reparo ao DNA. Como apresentado em discussões anteriores, as alterações no DNA que resultam na redução da função das proteínas supressoras de tumor e as oncoproteínas são a causa fundamental da maioria dos cânceres. Essas mutações oncogênicas em genes importantes do crescimento e da regulação do ciclo celular incluem inserções, deleções e substituição de bases, assim como amplificações e translocações cromossômicas. Desse modo, o dano aos genes *caretaker* compromete o sistema de reparo ao DNA (ver Capítulo 4), levando ao aumento da taxa de mutações. A maioria das mutações acumuladas afeta reguladores do ciclo celular, e as células que carregam essas mutações se tornam cancerosas. Além disso, alguns mecanismos de reparo ao DNA em si estão sujeitos a erros (ver Figura 4-40). Esses "reparos" também contribuem para a oncogênese. A incapacidade das células tumorais em manter a integridade do genoma conduz a formação de populações heterogêneas de células malignas. Por essa razão, é provável que a quimioterapia dirigida a um único gene ou mesmo a um grupo de genes seja ineficaz em eliminar todas as células malignas. Esse problema desperta o interesse em terapias que interfiram com o suprimento de sangue para o tumor, tenham células aneuploides como alvo ou atuem de outra forma nos diversos tipos de células tumorais.

Células normais em divisão geralmente usam alguns mecanismos para evitar o acúmulo de mutações prejudiciais que podem levar ao câncer. Uma forma de proteção contra as mutações de células-tronco é a sua taxa de divisão relativamente baixa, o que reduz a possibilidade de um dano ao DNA não reparado durante a replicação do DNA e a mitose. Além disso, a progênie das células-tronco não tem a habilidade de se dividir indefinidamente. Após alguns ciclos de divisão elas deixam o ciclo celular, reduzindo a possibilidade de desregulações da divisão celular induzidas por mutações associadas com tumores malignos. Do mesmo modo, se múltiplas mutações são necessárias para um tumor crescer, atrair suprimento sanguíneo, invadir tecidos adjacentes e fazer metástase, uma taxa baixa de replicação e taxas normalmente baixas de mutações (10^{-9}) fornecem proteção extra contra o câncer. Entretanto, essas garantias podem ser superadas caso uma mutação importante atinja as células ou caso o reparo do DNA seja comprometido, e a taxa de mutação aumente. Quando células com propriedades de crescimento semelhantes às das células-tronco são mutadas por danos ambientais, tornando-se incapazes de reparar o dano de maneira eficiente, o câncer pode ocorrer.

Nesta seção, serão abordados os meios pelos quais vários carcinógenos atuam no DNA para induzir o câncer, bem como as mutações nos genes *caretaker* contribuem para comprometer a capacidade das células de reparar o dano ao DNA.

Os carcinógenos induzem o câncer danificando o DNA

A capacidade de um carcinógeno químico e físico induzir o câncer deve-se ao dano ao DNA que eles geram, assim como os erros introduzidos no DNA durante os esforços celulares para reparar esse dano. Desse modo, os carcinógenos são também **mutagênicos**. As fortes evidências de que os carcinógenos atuam como mutagênicos vêm a partir da observação que o DNA celular alterado por exposição das células aos carcinógenos pode mudar em células em cultura, como as células 3T3, ou células implantadas em camundongos com rápido crescimento como as células cancerosas (ver Figura 24-4). O efeito mutagênico dos carcinógenos é aproximadamente proporcional à sua capacidade de transformar as células e induzir o câncer em modelos animais.

Embora substâncias identificadas como carcinógenos químicos tenham uma ampla gama de estruturas sem características unificadas, elas podem ser classificadas em duas categorias gerais. *Carcinógenos de ação direta*, dos quais existem apenas alguns, são principalmente eletrófilos reativos (compostos que procuram e reagem com centros ricos em elétrons de outros compostos). Por meio de reações químicas com átomos de nitrogênio e oxigênio no DNA, esses compostos modificam as bases do DNA assim como distorcem o padrão normal de pareamento. Se esses nucleotídeos modificados não são reparados, eles permitem que um nucleotídeo incorreto seja incorporado durante a replicação. Esse tipo de carcinógeno inclui sulfonato de etilmetano (EMS), sulfato de dimetil (DMS) e mostarda nitrogenada.

Em contrapartida, *carcinógenos de ação indireta* geralmente não reagem, são muitas vezes compostos insolúveis em água que atuam como potentes indutores de câncer apenas após a introdução de um centro eletrofílico. Em animais, *enzimas do citocromo P-450* estão localizadas no retículo endoplasmático da maioria das células e com níveis elevados principalmente em células hepáticas. As enzimas do citocromo P-450 adicionam normalmente os centros eletrofílicos, como grupamentos OH, para compostos externos apolares, como certos inseticidas e fármacos terapêuticos, para solubilizá-los para que, assim, possam ser eliminados do organismo. Entretanto, as enzimas do citocromo P-450 também podem transformar esses compostos em carcinógenos. De fato, a maioria dos carcinógenos químicos tem pouco efeito mutagênico até que sejam modificados por enzimas celulares.

Alguns carcinógenos estão associados a tipos específicos de câncer

No início da conscientização do câncer, ficou claro que pelo menos alguns tipos de cânceres são devido a compostos químicos ambientais. Por exemplo, foi relatado em 1775 que a exposição de limpadores de chaminés à fuligem causava câncer escrotal e, em 1791, foi relatada a associação do uso de rapé (pó feito de tabaco) com o câncer nasal. Os compostos químicos ambientais foram originalmente associados ao câncer por meio de estudos experimentais em animais. O experimento clássico é pintar repetidamente a substância teste nas costas de um camundongo e observar o desenvolvimento de tumores locais ou sistêmicos no animal. Esses ensaios levaram, em 1933, à purificação de um carcinógeno químico puro a partir de piche de carvão, o benzopireno. O papel da radiação no dano cromossomal foi primeiramente demonstrado em 1920 utilizando *Drosophilas* irradiadas. Da mesma forma, a capacidade da radiação de provocar câncer em humanos, especialmente leucemias, foi drasticamente mostrada pelo aumento da taxa de leucemia entre os sobreviventes das bombas atômicas lançadas na II Guerra Mundial (radiação ionizante) e, mais recentemente, pelo aumento da taxa de melanomas (câncer de pele) em indivíduos expostos à luz solar em excesso (radiação ultravioleta).

Embora se pense que os carcinógenos químicos sejam um fator de risco para vários cânceres humanos, uma ligação direta com tipos específicos de câncer só foi estabelecida em poucos casos, o mais importante deles sendo o câncer de pulmão e outros cânceres (laringe, faringe, estômago, fígado, pâncreas, bexiga e colo do útero, entre outros) associados com o fumo. Estudos epidemiológicos (Figura 24-27) primeiramente indicaram que o tabagismo era a principal causa de câncer de pulmão, mas o porquê disso não estava claro até a descoberta de que cerca de 60% dos cânceres de pulmão humanos apresentavam mutações inativadoras no gene *p53*. O composto químico *benzo(a)pireno*, encontrado na fumaça do cigarro assim como no piche de carvão, sofre ativação metabólica no pulmão (Figura 24-28), tornando-se um mutagênico potente que causa, principalmente, a conversão da base guanina (G) em timina (T), uma mutação por transversão. Quando aplicado nas células do epitélio brônquico, o benzo(a)pireno ativado induz diversas mutações, incluindo mutações inativadoras nos códons 175, 248 e 273 do gene *p53*. Essas mesmas posições, todas presentes nas

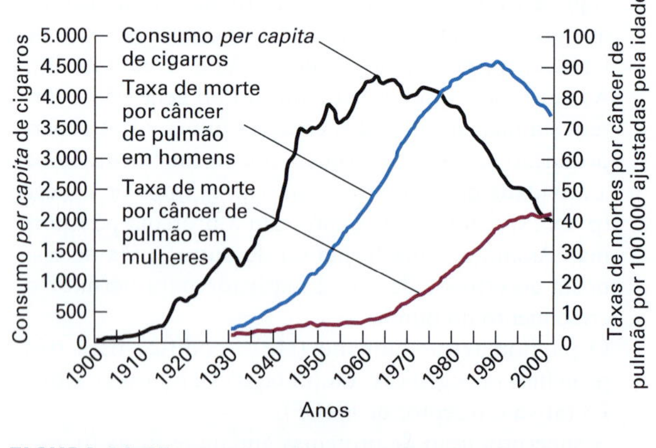

FIGURA 24-27 Carcinogênese química por tabagismo. O tabagismo fornece um exemplo claro de uma forma mortal de carcinogênese química. As taxas de câncer de pulmão seguem as taxas de tabagismo, com cerca de 30 anos de atraso. As mulheres começaram a fumar em grande número em 1960 e, em 1990, o câncer de pulmão ultrapassou o câncer de mama em relação às mortes relacionadas com o câncer para mulheres. Paralelamente, a diminuição gradual nas taxas de tabagismo entre homens, iniciada na década de 1960, começou a refletir na diminuição das taxas de câncer de pulmão.

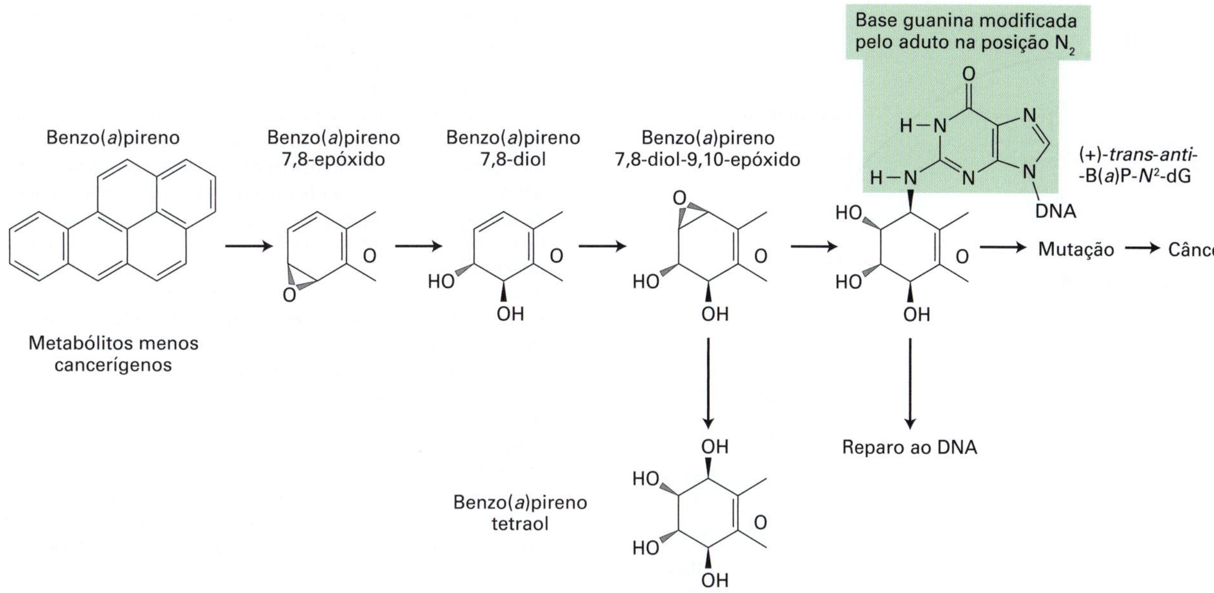

FIGURA 24-28 Processamento enzimático de benzo(*a*)pireno ao mutagênico e carcinogênico mais potente. Enzimas hepáticas, particularmente as enzimas P-450, modificam o benzo(*a*)pireno em uma série de reações, produzindo o 7,8-diol-9,10-epóxido, espécie de mutagênico mais potente que reage com o DNA primeiramente na átomo N_2 da base guanina. O aduto resultante, o *(+)-trans-anti-B(a) P-*N^2*-dG*, faz a polimerase inserir um A em vez de um C no pareamento ao G modificado. Na próxima vez que o DNA for replicado, um T será pareado com o A, e a mutação será concluída. As linhas horizontais indicam alterações para maior potência, enquanto linhas verticais indicam mudança na direção da redução da toxicidade. O símbolo "O" representa o resto da estrutura do multianel mostrado completo na molécula de benzo(a)pireno à esquerda. (Adaptada de E. L. Loechler, 2011, *Encyclopedia of life Science*.)

proteínas de domínio de ligação ao DNA, são os principais pontos preferenciais de mutação no câncer de pulmão. De fato, a natureza das mutações no gene *p53* (e outros genes reguladores do câncer) dá pistas quanto à origem do câncer. A transversão de G para T causada pelo benzo(a)pireno, por exemplo, está presente nos genes *p53* de um terço dos tumores pulmonares dos fumantes. Esse tipo de mutação é relativamente raro entre as mutações que os genes *p53* apresentam em outros tipos de cânceres. O carcinógeno deixa sua pegada. Portanto, existe uma forte correlação entre um carcinógeno químico definido, presente na fumaça do cigarro, e o câncer humano. É provável que outros compostos químicos da fumaça do cigarro induzam mutações em outros genes, visto que a fumaça do cigarro contém mais de 60 carcinógenos. Da mesma forma, a exposição ao asbesto (amianto) é claramente ligada ao mesotelioma, tipo de câncer epitelial.

O câncer de pulmão não é o único tipo de câncer humano para o qual já existe a definição exata de um fator de risco. A *aflatoxina*, metabólito de um fungo encontrado em grãos mofados, induz o câncer de fígado (ver Figura 24-29a). Após a modificação química pelas enzimas hepáticas, a aflatoxina liga-se covalentemente aos resíduos G do DNA e induz transversões G para T. A aflatoxina também provoca mutação no gene *p53*. Além disso, cozinhar carnes em altas temperaturas causa reações químicas que formam *aminas heterocíclicas* (HCAs), potentes mutagênicos causadores de carcinoma de colo e mama em modelo animal. As HCAs reagem com a base deoxiguanosina para formar adutos mutagênicos (Figura 24-29b). A exposição a outros compostos químicos tem sido correlacionada com outros tipos menores de câncer. Geralmente, faltam evidências sólidas a respeito dos fatores de risco presentes na dieta e no ambiente que auxiliem a prevenção de outros tipos comuns de câncer (p. ex., câncer de mama, colo, próstata e leucemias).

A perda dos sistemas de reparo ao DNA pode levar ao câncer

Mesmo sem nenhum carcinógeno ou mutagênico externo, os processos normais geram uma grande quantidade de danos ao DNA. O dano é devido a reações de depurinação, a reações de alquilação e à geração de espécies reativas como os radicais de oxigênio, e todas essas alteram o DNA. Foi estimado que em cada célula, por dia, mais de 20 mil alterações ocorram no DNA, apenas por espécies reativas de oxigênio e depurinação. Desse modo, o reparo ao DNA é um sistema de defesa essencial.

O papel normal dos genes *caretaker* é evitar ou reparar o dano ao DNA. A perda da alta fidelidade do sistema de reparo ao DNA descrito no Capítulo 4 está correlacionada com o aumento do risco de desenvolver câncer. Por exemplo, indivíduos que herdam mutações em genes que codificam uma proteína crucial ao reparo do pareamento incorreto ou ao reparo por excisão apresentam probabilidade extremamente elevada de desenvolver determinados tipos de cânce-

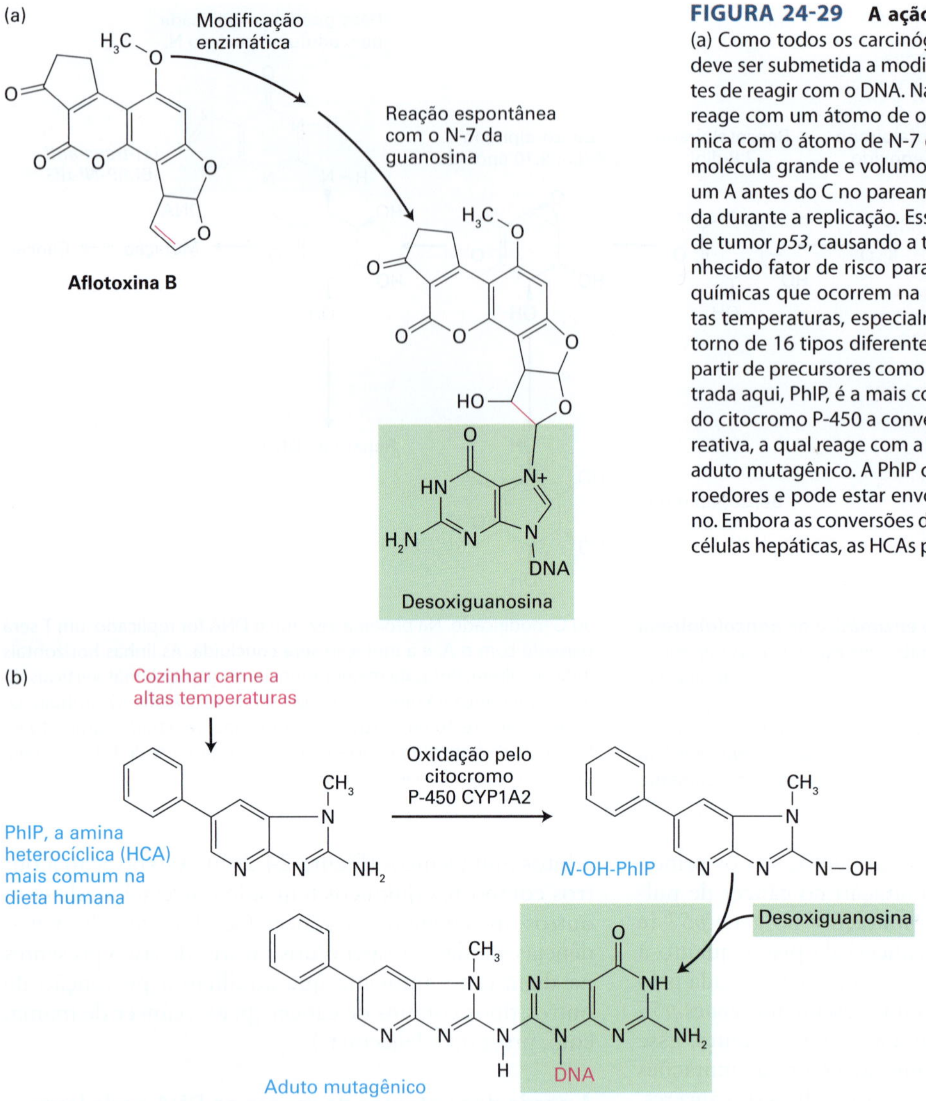

FIGURA 24-29 A ação de dois carcinógenos químicos. (a) Como todos os carcinógenos de ação indireta, a aflotoxina deve ser submetida a modificações catalisadas por enzimas antes de reagir com o DNA. Na aflotoxina, a ligação dupla colorida reage com um átomo de oxigênio, permitindo sua reação química com o átomo de N-7 da guanina no DNA, formando uma molécula grande e volumosa que faz a DNA-polimerase inserir um A antes do C no pareamento com a base guanina modificada durante a replicação. Esse composto muta o gene supressor de tumor *p53*, causando a transversão G para T, e esse é um conhecido fator de risco para os cânceres humanos. (b) Reações químicas que ocorrem na comida humana preparadas em altas temperaturas, especialmente carnes vermelhas, geram em torno de 16 tipos diferentes de aminas heterocíclicas (HCAs) a partir de precursores como creatina e aminoácidos. A HCA mostrada aqui, PhIP, é a mais comum na dieta humana. As enzimas do citocromo P-450 a convertem em uma forma quimicamente reativa, a qual reage com a base guanina no DNA para formar o aduto mutagênico. A PhIP causa carcinoma de mama e colo em roedores e pode estar envolvida no câncer de próstata humano. Embora as conversões da P-450 ocorram principalmente em células hepáticas, as HCAs podem migrar para outros tecidos.

res (Tabela 24-2). Sem o reparo adequado ao DNA, os indivíduos com xeroderma pigmentosa (XP) ou câncer colorretal hereditário não polipoide (HNPCC, também conhecido como síndrome de Lynch) têm predisposição para acumular mutações em muitos outros genes, incluindo aqueles essenciais no controle do crescimento e proliferação celulares. Os portadores dessa doença desenvolvem câncer de pele em uma taxa mil vezes mais que o normal. Sete dos oito genes conhecidos para XP codificam componentes da maquinaria do reparo por excisão, e na ausência desse mecanismo de reparo, ocorrem mutações nos genes que controlam o ciclo celular ou regulam o crescimento e a morte celulares. Os genes da HNPCC codificam componentes do sistema de pareamento incorreto, e as mutações nesses genes são encontradas em mais de 20% dos cânceres de colo esporádicos. O câncer progride de pólipos benignos para tumores maduros mais rapidamente que o normal, provavelmente porque as células cancerosas iniciais estão sofrendo mutagênese de pareamento incorreto continuamente, sem nenhum reparo.

Um gene frequentemente mutado em cânceres de colo devido à ausência do reparo de pareamento incorreto codifica o receptor do tipo II para TGF-β (ver Figura 24-23). O gene que codifica esse receptor contém uma sequência de 10 adeninas consecutivas. Em consequência de um "deslize" da DNA-polimerase durante a replicação, essa sequência geralmente sofre mutação, gerando uma sequência de 9 ou 11 adeninas. Se a mutação não for corrigida pelo sistema de reparo de pareamento incorreto, a alteração da fase de leitura da sequência que codifica a proteína irá impedir a formação do receptor proteico normal. Como observado anteriormente, essas mutações inativadoras tornam as células resistentes à inibição do crescimento pelo TGF-β, contribuindo, assim, para o crescimento desregulado, característico desses tumores. Esse achado atesta a importância do reparo de pareamento incorreto na

TABELA 24-2 Algumas doenças hereditárias humanas e os cânceres associados a defeitos no reparo ao DNA

Doença	Sistema de reparo ao DNA afetado	Sensibilidade	Suscetibilidade ao câncer	Sintomas
PREVENÇÃO DE MUTAÇÕES PONTUAIS, INSERÇÕES E DELEÇÕES				
Câncer colorretal hereditário não polipoide	Reparo de pareamento incorreto	Radiação UV e mutagênicos químicos	Colo, ovário	Desenvolvimento precoce de tumores
Xeroderma pigmentosa	Reparo por excisão de nucleotídeos	Radiação UV e mutações pontuais	Carcinoma de pele, melanomas	Fotossensibilidade de olhos e pele, ceratoses
REPARO DE QUEBRAS NA FITA DUPLA				
Síndrome de Bloom	Reparo de quebras na fita dupla por recombinação homóloga	Agentes alquilantes moderados	Carcinomas, leucemias, linfomas	Fotossensibilidade, telangiectasia facial, aberrações cromossômicas
Anemia de Fanconi	Reparo de quebras na fita dupla por recombinação homóloga	Agentes de ligação cruzada ao DNA, oxidantes químicos	Leucemia mieloide aguda, carcinomas de células escamosas	Anormalidades de desenvolvimento, incluindo infertilidade e deformidades do esqueleto, anemia
Câncer hereditário de mama, deficiência de BRCA-1 e BRCA-2	Reparo de quebras na fita dupla por recombinação homóloga		Câncer de mama e ovário	Câncer de mama e de ovário

Fontes: Modificada de A. Kornberg e T. Baker, 1992, *DNA Replication*, 2d ed., W. H. Freeman e Company, p. 788; J Hoeijmakers, 2001, *Nature* **411**:366; e L. Thompson e D. Schild, 2002, *Mutation Res.* **509**:49.

correção dos danos genéticos que poderiam resultar na proliferação celular descontrolada.

Todos os mecanismos de reparo ao DNA utilizam uma família de DNA-polimerases para corrigir o dano ao DNA. Nove dessas polimerases, incluindo a chamada *DNA-polimerase β*, são capazes de utilizar moldes que contenham adutos de DNA e outras modificações químicas, mesmo com bases faltando. Elas são denominadas de DNA-polimerases que *ultrapassam a lesão*. Cada membro da família das polimerases tem habilidades distintas de lidar com tipos particulares de lesões ao DNA. Presumivelmente, essas polimerases são toleradas porque muitas vezes algum reparo é muito melhor do que nenhum. Elas são as polimerases de último recurso, utilizadas quando polimerases mais convencionais e precisas estão indisponíveis para realizar essa função, e realizam um processo de replicação mutagênico. A DNA-pol β não corrige e é superexpressa em certos tumores, pois é necessária em níveis elevados para que as células sejam capazes de se dividir frente a uma crescente carga de mutações. Considera-se que os sistemas de reparo propensos a erros façam a mediação de muitos, mas não de todos, efeitos carcinogênicos de compostos químicos e radiação, já que apenas após o reparo existem mutações hereditárias. Há evidências crescentes de que mutações na DNA-pol β estão associadas com tumores. Quando 189 tumores foram examinados, 58 tumores tiveram mutações no gene da DNA-pol β, e a maioria dessas mutações estava ausente no tecido normal do mesmo paciente e no espectro normal de mutações encontradas em diferentes pessoas. A expressão de duas das formas mutantes de polimerase em células de camundongo, as fez crescerem com aspecto transformado, com a formação de focos e independência de ancoragem.

Quebras nas fitas duplas são lesões especialmente graves porque a reunião incorreta das fitas duplas do DNA pode resultar em arranjos cromossômicos grosseiros e translocações como as que produzem um gene híbrido ou posicionam um gene regulador do crescimento sob o controle de outro promotor. Frequentemente, o reparo desses danos depende do uso de cromossomos homólogos como molde (ver Figura 4-42). As células B e T do sistema imune são especialmente suscetíveis aos rearranjos no DNA provocados por quebras na fita dupla originadas durante o rearranjo dos genes das imunoglobulinas ou dos genes de receptores das células T, explicando o frequente envolvimento desses *loci* gênicos em leucemias e linfomas. Os genes envolvidos nos cânceres de mama e ovário, *BRCA-1* e *BRCA-2*, codificam importantes componentes dos sistemas de reparo à quebra do DNA. Células que tenham perdido uma das funções de BRCA são incapazes de reparar o DNA quando o cromossomo homólogo é fornecido como molde para o reparo.

A expressão de telomerase contribui para a imortalização das células cancerosas

Os **telômeros**, as extremidades físicas dos cromossomos lineares, consistem em repetições consecutivas de uma sequência curta de DNA, TTAGGG, em vertebrados. Os telômeros fornecem a solução ao problema do final da replicação – a incapacidade de as DNA-polimerases replicarem completamente a extremidade de uma molécula de DNA de fita dupla (ver Capítulo 6). A *telomerase*, transcritase reversa que contém um molde de RNA, adiciona repetições de TTAGGG, repetidamente, às extremidades cromossômicas para alongar ou manter regiões de repetições com 3 a 20 kb que fixam as extremidades dos cromossomos humanos (ver Figura 6-47). As células embrionárias, as células germinativas e as células somáticas produzem a telomerase, mas a maioria das células somáticas produz apenas um nível muito baixo à medida que en-

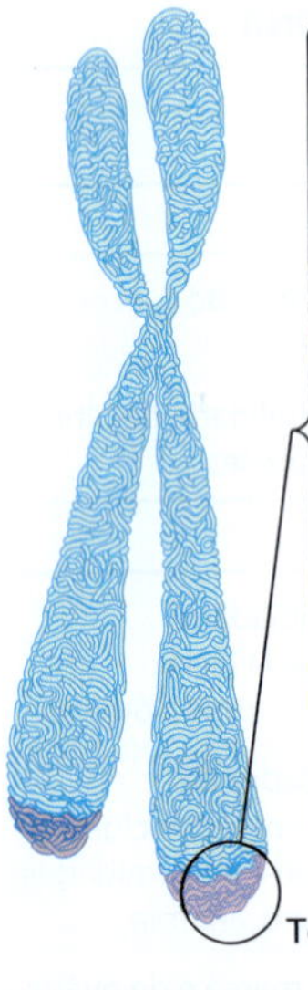

FIGURA 24-30 A perda dos telômeros normalmente limita o número de ciclos da divisão celular. A replicação das extremidades cromossômicas, os telômeros, necessita uma enzima especial chamada *telomerase*. A telomerase carrega uma sequência curta de RNA, utilizada como molde para a formação das repetições de TTAGGG nas extremidades dos cromossomos. Células embrionárias humanas têm de 8-10 kb dessas repetições em cada extremidade cromossômica. Devido ao fato de a DNA-polimerase necessitar um iniciador e não haver nenhum na extremidade da cadeia, ela não pode replicar completamente o DNA até o fim (ver Capítulo 6). A telomerase é necessária e na sua ausência os cromossomos diminuem durante cada mitose. A telomerase está presente em células-tronco e células germinativas, onde é necessária para manter os telômeros longos e permitir os ciclos essencialmente indefinidos de divisão celular. Na maioria das células somáticas, a telomerase está presente em níveis baixos ou muito baixos e o comprimento dos telômeros é, em consequência disso, gradualmente diminuído. O comprimento dos telômeros, portanto, fornece um limite para a capacidade de replicação. A perda completa dos telômeros desencadeia o reparo ao DNA e a apoptose. Com frequência, as células cancerosas produzem a telomerase, permitindo que se dividam indefinidamente e evitem a morte programada.

tram na fase S. Como resultado de uma função de telomerase modesta, seus telômeros sofrem encurtamento a cada ciclo celular. O encurtamento extensivo dos telômeros é percebido como um tipo de lesão no DNA, com consequente estabilização e ativação da proteína p53 e indução de apoptose, desencadeada pela p53. A Figura 24-30 resume os efeitos de diferentes números de repetições de telômeros. A completa perda dos telômeros leva a fusões cromossômicas entre as extremidades e à morte celular.

A maioria das células tumorais, apesar da alta taxa de proliferação, supera esse destino, expressando telomerase. Muitos pesquisadores acreditam que a expressão da telomerase é fundamental para que uma célula tumoral torne-se imortal, e inibidores específicos da telomerase foram sugeridos como agentes terapêuticos contra o câncer. A introdução de transgenes produtores de telomerase em células humanas em cultura que anteriormente não produziam a enzima prolongou por mais de 20 gerações a duração da sua vida, embora mantendo o comprimento do telômero. Por outro lado, células tumorais humanas em cultura (células HcLa) tratadas com RNA antissenso contra a telomerase pararam o crescimento dessas células em torno de quatro semanas. As telomerases dominantes negativas, como aquelas que carregam o molde de RNA modificado, podem interferir no crescimento das células cancerosas.

O prognóstico para neuroblastoma, tumor pediátrico do sistema nervoso periférico, pode ser verificado pela avaliação dos níveis de atividade da telomerase em células tumorais. Elevados níveis de telomerase preveem uma resposta baixa à terapia, enquanto níveis baixos preveem uma resposta boa. Os níveis da proteína *N-myc*, fator de transcrição que regula a expressão da telomerase, também é indicativo quanto aos resultados desses tumores. Os tumores com o gene *N-myc* amplificado em grande número têm um prognóstico pior. Esses resultados mostram a importância prática do entendimento da síntese e da regulação da telomerase. ■

Abordagens genéticas têm melhorado nossos conhecimentos a respeito do papel da telomerase no câncer. O resultado inicial de que camundongos homozigóticos para a deleção da subunidade de RNA da telomerase eram viáveis e férteis foi surpreendente. Contudo, após quatro a seis gerações, vários defeitos começaram a surgir no camundongo livre de telomerase, à medida que seus telômeros extremamente longos (40 a 60 kb) tornaram-se significativamente mais curtos. Os defeitos incluíam a deterioração dos tecidos que exigem altas taxas de divisão celular, como pele e intestino, e a infertilidade.

Quando tratados com carcinógenos, os camundongos livres de telomerase desenvolveram tumores mais lentamente do que os camundongos normais. Por exemplo, os papilomas induzidos por uma combinação de carcinógenos químicos ocorrem com frequência cerca de 20 vezes menor em camundongos sem telomerase funcional do que em camundongos normais, provavelmente devido à apoptose desencadeada pela p53 induzida em resposta a telômeros curtos das células que começaram a se dividir. Entretanto, se a telomerase e a p53 estiverem ausentes, há um aumento na taxa de tumores epiteliais, como carcinoma de células escamosas, câncer de colo e mama. Camundongos com mutação no gene *APC* normalmente desenvolvem tumores de colo, os quais também foram reduzidos nos camundongos sem telomerase. Alguns outros tumores são menos afetados pela perda da telomerase. Esses estudos demonstram a importância da telomerase na divisão celular descontrolada, tornando essa enzima um possível alvo para quimioterapia.

CONCEITOS-CHAVE da Seção 24.5

Os carcinógenos e os genes *caretaker* no câncer

- As alterações na sequência de DNA resultam de erros durante a cópia e dos efeitos de vários agentes químicos e físicos, ou carcinógenos. Todos os carcinógenos são mutagênicos; isto é, alteram um ou mais nucleotídeos no DNA.
- Os carcinógenos de ação indireta, o tipo mais comum, devem ser ativados antes que possam causar o dano ao DNA. Em animais, a ativação metabólica ocorre

por meio do sistema do citocromo P-450, via utilizada geralmente pelas células para livrarem-se de compostos químicos externos prejudiciais. Os carcinógenos de ação direta, como SEM e DMS, não necessitam de modificações celulares para causar o dano ao DNA.

- O benzo(*a*)pireno, componente da fumaça do cigarro, causa mutações inativadoras no gene *p53*, contribuindo, assim, para o início dos tumores pulmonares humanos.
- Os genes *caretaker* codificam enzimas que reparam o DNA, mantêm a integridade dos cromossomos ou promovem a morte de células quando o DNA está danificado. As mutações nos genes *caretaker* permitem a sobrevivência das células que deveriam morrer e a contínua mutagênese do genoma que pode levar a proliferação celular descontrolada e ao câncer.
- Defeitos hereditários em processos de reparo ao DNA encontrados em determinadas doenças humanas estão associados a uma suscetibilidade aumentada para certos tipos de câncer (ver Tabela 24-2).
- As células cancerosas, assim como as células germinativas e as células-tronco (mas ao contrário da maioria das células diferenciadas), produzem telomerase, o que evita o encurtamento dos cromossomos durante a replicação do DNA e pode contribuir para a imortalização das células. A ausência de telomerase está associada com a resistência ao desenvolvimento de determinados tumores, devido à resposta protetora da p53.

Perspectivas

O reconhecimento de que o câncer é essencialmente uma doença genética abriu enormes oportunidades para a prevenção e o tratamento dessa doença. Hoje, os carcinógenos podem ser avaliados pelos efeitos que provocam nas etapas de controle do ciclo celular. Os defeitos genéticos nos pontos de verificação para detecção de DNA danificado, e nos sistemas de reparo, podem ser prontamente reconhecidos e utilizados para explorar os mecanismos do câncer. As múltiplas alterações que devem ocorrer para que uma célula se desenvolva em um perigoso tumor apresentam diversas oportunidades para intervenção. A identificação dos genes mutados associados ao câncer aponta diretamente as proteínas que podem ser alvo para novos fármacos.

A medicina diagnóstica está sendo transformada pela nossa recém-descoberta capacidade de monitorar um grande número de características celulares e por métodos cada vez mais sensíveis para detectar um pequeno número de células tumorais. Os métodos tradicionais para avaliação de possíveis células tumorais, principalmente a microscopia de células coradas, serão incrementadas ou substituídas por técnicas que avaliam a expressão de dezenas de milhares de genes, concentrando-se especialmente nos genes cujas atividades são indicadores importantes das propriedades de crescimento celular e do prognóstico do paciente. Atualmente, as análises por microarranjos de DNA e análises profundas de sequenciamento permitem medir a transcrição gênica e o número de cópias do DNA. No futuro, técnicas para a medição sistemática da produção, modificação e localização de proteínas, todas medições importantes da situação celular, nos darão retratos mais aprimorados sobre as células. Será feita a distinção entre tumores hoje vistos como idênticos ou muito semelhantes, e eles receberão tratamentos diferentes, adequados a cada um. A detecção precoce de tumores, com base na melhoria do monitoramento das propriedades celulares, deve permitir um tratamento mais eficaz. O estudo de um processo particularmente destrutivo, a metástase, deve melhorar a identificação dos mecanismos usados pelas células na migração, fixação e invasão. A manipulação da angiogênese continua a ser uma técnica promissora como maneira de sufocar os tumores.

A biologia molecular da célula cancerosa fornece possibilidades para novas terapias, mas a prevenção continua a ser importantíssima e preferível à terapia. Evitar a exposição aos carcinógenos óbvios, principalmente à fumaça de cigarro, pode reduzir significativamente a incidência de câncer de pulmão e, talvez, de outros tipos de câncer. Além de minimizar a exposição aos carcinógenos, como a fumaça e a luz solar, algumas abordagens específicas são agora possíveis. Novos conhecimentos sobre o envolvimento do papilomavírus humano 16 na maioria dos casos de câncer de colo de útero levaram ao desenvolvimento e à aprovação pela Food and Drug Administration (FDA) de uma vacina contra o câncer, que evita três quartos de todos os cânceres de colo de útero. Os anticorpos contra marcadores da superfície celular que diferenciam as células cancerosas são uma fonte de esperança, especialmente após o sucesso do uso clínico de anticorpos monoclonais contra o receptor 2 de EGF humano (Her2), proteína envolvida em alguns casos de câncer de mama. Etapas adicionais deverão abranger medicina e ciência. A compreensão da biologia celular do câncer é uma primeira e crucial etapa rumo à prevenção e cura, mas as etapas seguintes são difíceis. O sucesso do Gleevec (imatinibe) contra a leucemia é excepcional; vários cânceres ainda são de difícil tratamento e causam enorme sofrimento. Como *câncer* é um termo comum para um grupo de doenças muito diversas, as intervenções eficazes em um tipo podem não apresentar utilidade em outros casos. Apesar dessa realidade assustadora, já estão sendo colhidos os benefícios de décadas de pesquisas que exploraram a biologia molecular da célula. Espera-se que, no futuro, muitos leitores deste livro ajudem a superar os obstáculos que ainda existem.

Termos-chave

angiogênese 1120
benigno 1117
carcinógeno 1115
carcinoma 1117
célula-tronco cancerosa 1119
cromossomo Philadelphia 1138
efeito de Warburg 1125
gene *caretaker* 1115
gene supressor tumoral 1115
transição epitelial para mesenquimal (EMT) 1118
leucemia 1117

linfoma de Burkitt 1139
maligno 1117
metástase 1116
microambiente tumoral 1119
modelo *multi-hit* de indução do câncer 1123
mutagênico 1148
oncogene 1115
perda de heterozigosidade (LOH) 1132
proteína p53 1123
proteína Ras 1121
proteína retinoblastoma (Rb) 1131
proto-oncogene 1115
retrovírus de ação lenta 1130
retrovírus transdutores 1130
sarcoma 1117
transformação 1121
tumorigênese 1116
vício de oncogene 1135

Revisão dos conceitos

1. Que características diferenciam os tumores benignos dos malignos? Com respeito às mutações nos genes, o que distingue os pólipos benignos no colo do carcinoma de colo (maligno)?
2. Das mortes por câncer, 90% são causadas por metástases e não por tumores primários. Defina *metástase*. Explique o fundamento teórico dos novos tratamentos de câncer: (a) *batimastat*, inibidor de metaloproteases da matriz e do receptor do ativador de plasminogênio; (b) anticorpos que bloqueiam a função das integrinas, proteínas integradas à membrana que promovem a fixação das células à lâmina basal e à matriz extracelular em vários tecidos; e (c) bifosfanato, que inibe a função dos osteoclastos que digerem os ossos. Os osteoclastos são células que digerem ossos como, por exemplo, na remodelação durante o crescimento ou cicatrização. Podem ser recrutados para uma tarefa de digestão óssea por sinais de outras células. (d) Qual é a importância da EMT durante a metástase?
3. Devido à necessidade de oxigênio e de nutrientes, as células de um tecido devem situar-se a até 100 μm de um vaso sanguíneo. Com base nessa informação, explique por que os tumores malignos normalmente apresentam mutações de ganho de função em um dos seguintes genes: *βFGF*, *TGFα* e *VEGF*.
4. Os oncogenes *ras* têm sido identificados em células tumorais humanas utilizando ensaios de transformação celular com uma linhagem de fibroblastos de camundongos em cultura denominada *células 3T3*. Como o ensaio de transformação das células 3T3 funciona? Por que a transfecção com um gene *ras* transforma as células 3T3, mas não transforma as células de fibroblastos primários normais em cultura?
5. Qual característica importante das células tumorais foi descoberta por Otto Warburg? Como essa propriedade contribui no processo de formação de tumor?
6. Que hipótese explica a observação de que a incidência de cânceres humanos aumenta exponencialmente com o avanço da idade? Dê um exemplo de dados que confirmam essa hipótese.
7. Diferencie os proto-oncogenes dos genes supressores tumorais. Para tornar-se um promotor de câncer, os proto-oncogenes e os genes supressores tumorais sofrem mutações de ganho ou perda de função? Classifique os seguintes genes como proto-oncogene ou gene supressor tumoral: *p53*, *ras*, *Bcl-2*, *jun*, *MDM2* e *p16*.
8. Explique como as análises de microarranjos podem diagnosticar os resultados dos estágios iniciais do câncer de mama.
9. Apesar das diferenças na origem, as células cancerosas têm diversas características em comum que as diferenciam das células normais. Descreva-as.
10. Em geral, o retinoblastoma hereditário afeta as crianças nos dois olhos, enquanto o retinoblastoma esporádico normalmente ocorre na idade adulta e em apenas um olho. Explique a base genética para a distinção epidemiológica entre essas duas formas de retinoblastoma. Explique o aparente paradoxo: as mutações com perda de função nos genes supressores tumorais atuam de modo recessivo; mesmo assim, o retinoblastoma hereditário é herdado como doença autossômica dominante.
11. Explique o conceito de perda de heterozigosidade (LOH). Por que a maioria das células cancerosas exibe LOH em um ou mais genes? Como as falhas nos controles da verificação da formação do fuso mitótico resultam em perda de heterozigosidade?
12. Vários tumores malignos são caracterizados pela ativação de um ou mais receptores de fatores de crescimento. Qual é a atividade catalítica associada aos receptores de crescimento transmembrana, como os receptores de EGF? Descreva como os seguintes eventos levaram à ativação do receptor de fator crescimento relevante: (a) expressão da proteína viral gp55, (b) mutação pontual que converte uma valina em uma glutamina na região transmembrana do receptor Her-2.
13. Descreva o evento comum de transdução de sinal alterado por mutações que promovem o câncer nos genes que codificam para Ras e NF-1. Por que as mutações no Ras são mais comuns em cânceres do que as mutações no NF-1?
14. Qual a diferença estrutural entre as proteínas codificadas pelos c-*src* e v-*src*? Como essa diferença torna o v-*src* oncogênico?
15. Descreva o evento mutacional que produz o oncogene *myc* no linfoma de Burkitt. Por que um determinado mecanismo para produzir o *myc* oncogênico resulta em linfoma e não em outro tipo de câncer? Descreva outro mecanismo para gerar *myc* oncogênico.
16. Os cânceres pancreáticos normalmente apresentam mutações de perda de função no gene que codifica a proteína Smad4. Como essa mutação promove a perda da inibição do crescimento e o fenótipo altamente metastático dos tumores pancreáticos?
17. Por que as mutações no *locus* INK4 são tão perigosas?
18. Descreva dois mecanismos pelos quais vírus causadores de câncer podem transformar células normais em células cancerosas.

19. Explique como mudanças epigenéticas podem contribuir para a tumorigênese.
20. Diversas cepas de papilomavírus humano (HPV) podem causar câncer de colo de útero. Essas cepas patogênicas produzem três proteínas que contribuem para a transformação das células do hospedeiro. Quais são essas três proteínas virais? Descreva como cada uma interage com suas proteínas alvo do hospedeiro.
21. A perda da função da p53 ocorre na maioria dos tumores humanos. Descreva duas maneiras pelas quais a perda da função da p53 contribui para um fenótipo maligno. Explique como o benzo(a)pireno pode gerar a perda da função da p53.
22. Quais são os tipos celulares humanos que apresentam atividade de telomerase? Que característica do câncer é promovida pela expressão da telomerase? Que preocupações isso impõe nas terapias médicas envolvendo células-tronco?

Análise dos dados

1. O tabagismo é o principal fator de risco no desenvolvimento de câncer de pulmão de células não pequenas (NSCLC), que representa 80% dos cânceres de pulmão. O NSCLC é caracterizado por um diagnóstico ruim e pela resistência à quimioterapia. Para entender se a nicotina afeta essa resistência, células de câncer de pulmão foram tratadas com os fármacos quimioterápicos gencitabina, cisplatina e taxol na presença e na ausência de nicotina (ver Dasgupta et al., 2006, *Proc. Nat'l. Acad. Sci. USA* **103**:6332-6337).
   a. Três linhagens celulares de NSCLC diferentes, A549, NCI-H23 e H1299, foram analisadas pelo ensaio de TUNEL, que detecta as células que entram em apoptose (morte celular programada). As células foram tratadas ou não tratadas com um dos três fármacos quimioterápicos na presença ou na ausência de nicotina. Os dados obtidos estão a seguir. Por que esses fármacos são potencialmente úteis para o tratamento de câncer de pulmão e como a nicotina afeta suas utilidades?

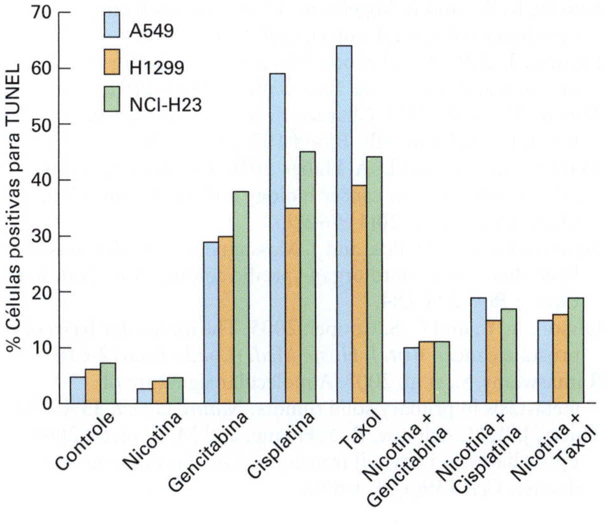

   b. As células A549 foram incubadas com os fármacos como na parte (a) e com um quimioterápico adicional, camptotecina, na presença e na ausência de nicotina. As células foram rompidas, os extratos foram analisados em gel SDS e posteriormente os géis foram detectados com sondas contra anticorpos que identificam proteínas. PARP é uma proteína que é clivada durante a apoptose. O que você pode deduzir sobre o efeito da nicotina a partir desses dados? Qual é o propósito de avaliar os níveis de p53, p21 e actina?

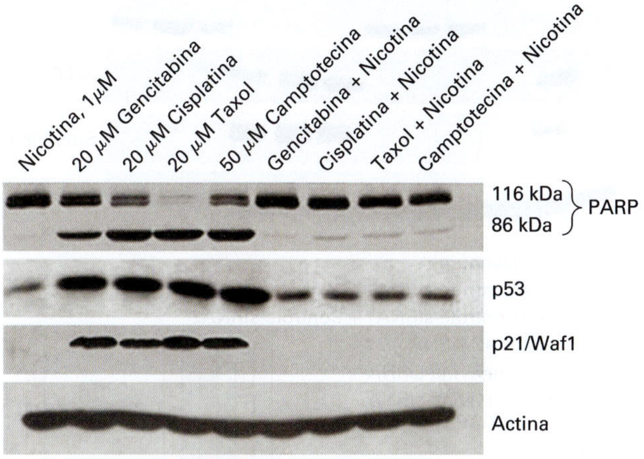

   c. Ambos, Survivina e XIAP, são membros da família de inibidores de apoptose, proteínas que protegem as células contra a apoptose. Células A549 foram tratadas com os fármacos quimioterápicos na presença ou na ausência de nicotina e LY294002, um inibidor da cinase PI-3 (ver Capítulo 16). Os níveis de PARP, XIAP, survivina e actina foram analisados como mostrado nos *Western blots* a seguir. O gráfico mostra os resultados do ensaio de TUNEL no qual as células A549 foram transfectadas com os siRNAs indicados. "Nenhum" indica a quantidade de morte celular sem o RNA trasfectado. Os siRNAs de controle 1 e 2 são RNAs irrelevantes adicionados como controle para efeitos não específicos que possam interferir na entrada do RNA nas células. O que esses estudos sugerem a respeito do mecanismo de ação da nicotina?

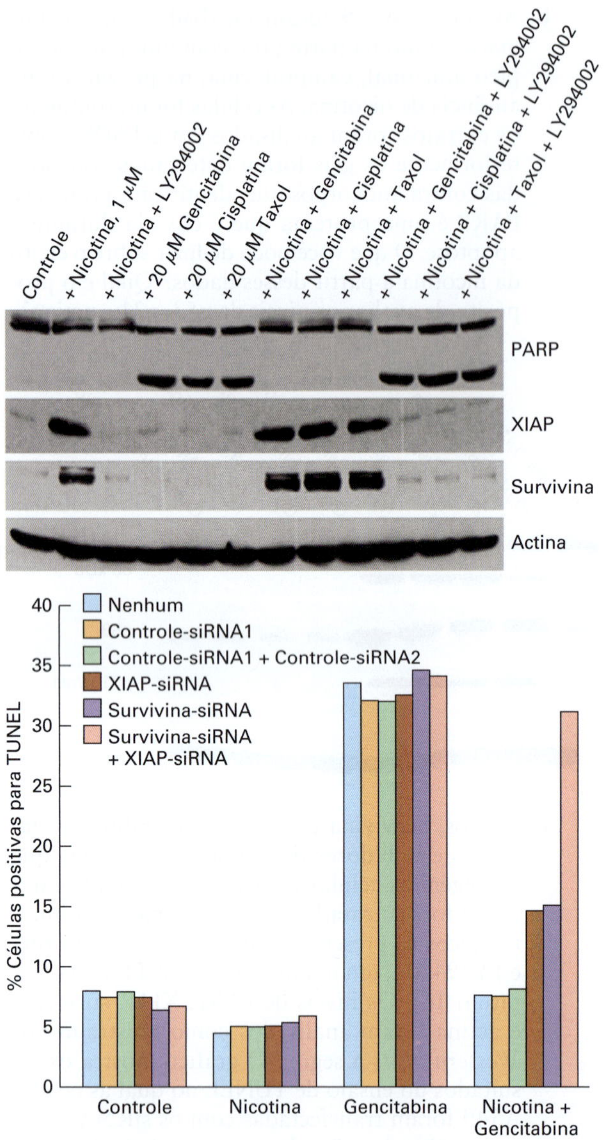

d. Você pode fornecer uma explicação biológica para o porquê do prognóstico ruim para pacientes que fumam durante a quimioterapia, comparado aos pacientes que param de fumar?

2. Acredita-se que a oncoproteína E7 de alto risco do papilomavírus humano (HPV) contribui para a carcinogênese de colo de útero ao menos em parte pela interrupção da regulação do ciclo celular em células epiteliais de colo de útero. A oncoproteína E7 desregula o ciclo celular por meio da sua interação com diversas proteínas, incluindo a proteína supressora retinoblastoma pRb assim como o inibidor cinase p21 dependente de ciclina (Cip1).

a. Como os modelos de camundongos transgênicos podem ser utilizados para avaliar o impacto da p21 na desregulação do ciclo celular?

b. Se a incidência da doença de colo de útero estivesse significativamente elevada em camundongos p21 (-/-) comparada com camundongos p21 (+/+), poderia esse dado sustentar um papel de ganho de função ou perda de função para a p21 no desenvolvimento de cânceres de colo de útero?

c. Se a habilidade do oncogene E7 para induzir cânceres de colo de útero não fosse significativamente elevada em um cenário sem p21, isso é consistente com a hipótese de que a habilidade do E7 para inibir a p21 contribui para suas propriedades carcinogênicas?

d. Explique como a expressão de proteínas mutantes do E7 em modelos de camundongos com câncer de colo de útero pode ser utilizada para avaliar o impacto dessas mutações na p21 e no desenvolvimento desse tipo de carcinoma.

Referências

Introdução

Weinberg, R. A. 2006. *The Biology of Cancer*. Garland Science.

As células tumorais e o estabelecimento do câncer

Clarke, M. F., and M. Fuller. 2006. Stem cells and cancer: two faces of Eve. *Cell* **124**:1111-1115.
Desgrosellier, J. S. and D. A. Cheresh. 2010. Integrins in cancer: biological implications and therapeutic opportunities. *Nature Rev. Cancer* **10**(1):9-22. Review.
Egeblad, M., L. E. Littlepage, and Z. Werb. 2005. The fibroblastic coconspirator in cancer progression. *Cold Spring harbor Symp. Quant. Biol.***70**:383-388.
Fidler, I. J. 2002. The pathogenesis of cancer metastasis: the "seed and soil" hypothesis revisited. *Nature Rev. Cancer* **3**:1–6.
Folkman, J. 2006. Angiogenesis. *Annu. Rev. Med.* **57**:1-18.
Grivennikov, S. I., F. R. Greten, and M. Karin. 2010.Immunity, inflammation, and cancer. *Cell* **144**(6):883-899.
Hanahan, D., and R. A. Weinberg. 2011. Hallmarks of cancer: the next generation.*Cell* **144**:646-674.
Huber, M. A., N. Kraut, and H. Beug. 2005. Molecular requirements for epithelial-mesenchymal transition during tumor progression. *Curr. Opin. Cell Biol.***17**:548-558.
Jain, M., et al. 2002. Sustained loss of a neoplastic phenotype by brief inactivation of MYC. *Science* **297**:102–104.
Joyce, J. A., and J. W. Pollard. 2009. Microenvironmental regulation of metastasis. *Nat. Rev. Cancer* **9**(4):239-252.
Kinzler, K. W., and B. Vogelstein. 1996. Lessons from hereditary colo-rectal cancer. *Cell* **87**:159–170.
Ludwig, T. 2005. Local proteolytic activity in tumor cell invasion and metastasis. *BioEssays* **27**:1181-1191.
Matsui, W., et al. 2004. Characterization of clonogenic multiple myeloma cells. *Blood* **103**:2332-2336.
Maheswaran, S., and D. A. Haber. 2010. Circulating tumor cells: a window into cancer biology and metastasis. *Curr. Opin. Genet. Dev.* **20**(1):96-99.
Nguyen, D. X., P. D. Bos, and J. Massagué. 2009. Metastasis: from dissemination to organ-specific colonization. *Nat. Rev. Cancer* **9**(4):274-284.
Olsson, A. Y., and C. S. Cooper. 2005. The molecular basis of prostate cancer. *Brit. J. Hosp. Med. (Lond.)* **66**:612-616.
Ramaswamy, S., et al. 2003. A molecular signature of metastasis in primary solid tumors. *Nature Genet.* **33**:49–54.
Thiery, J. P., H. Acloque, R. Y. Huang, and M. A. nieto. 2009. Epithelial-mesenchymal transiotions in development and disease. *Cell* **139**(5):871-890.

Trusolino, L, and P. M. Comoglio. 2002. Scatter-factor and semaphorin receptors: cell signalling for invasive growth. *Nature Rev. Cancer* **2**:289–300.

Vander Heiden, M. G., L. C. Cantley, and C. B. Thompson. 2009. understanding the Warburg effect: the metabolic requirements of cell proliferation. *Science* **324**(5930):1029-1033.

Williams, B. R., and A. amon. 2009. aneuploidy: cancer's fatal flaw? *Cancer Res.* **69**(13):5289-5291.

Zakarija, A., and G. soff. 2005. Update on angiogenesis inhibitors. *Curr.Opin.Oncol.***17**:578-583.

A base genética do câncer

Bertucci, F. et al. 2004.Gene expression profiling of colon cancer by DNA microarrays and correlation with histoclinical parameters. *Oncogene* **23**:1377-1391.

Clark, J., et al. 2002. Identification of amplified and expressed genes in breast cancer by comparative hybridization onto microarrays of randomly selected cDNA clones. *Genes Chrom. Cancer* **34**:104–114.

Chen, H. Z., S. Y. Tsai, and G. Leone. 2009. Emerging roles of E2Fs in cancer: an exit from cell cycle control. *Nat. Rev. Cancer* **9**(11):785-797.

Fogarty, M. P., J. D. Kessler, and R. J. Wechsler-Reya. 2005. Morphing into cancer: the role of developmental signaling pathways in brain tumor formation. *J. neurobiol.* **64**:458-475.

Grisendi, S., and P. P. Pandolfi. 2005. two decades of cancer genetics: from specificity to pleiotropic networks. *Cold Spring harbor Symp. Quant. Biol.* **70**:83-91.

Lau, J., H. Kawahira, and M. Hebrok. 2006. Hedgehog signaling in pancreas development and disease. *Cell Mol. Life Sci.* **63**:642-652.

Pollack, J. R., et al. 2002. Microarray analysis reveals a direct role of DNA copy number alteration in the transcriptional program of human breast tumors. *Proc. Nat'l. Acad. Sci. USA* **99**:12963-12968.

Sasaki, T., et al. 2000. Colorectal carcinomas in mice lacking the catalytic subunit of P1(3)Kgamma. *Nature* **406**:897–902.

Scambia, G., S. Lovergine, and V. Masciullo. 2006. RB family members as predictive and prognostic factors in human cancer. *Oncogene* **25**:5302-5308.

Sherr, C. J., and F. McCormick. 2002. The RB and p53 pathways in cancer. *Cancer Cell* **2**:103–112.

van 't Veer, L. J., et al. 2002. Gene expression profiling predicts clinical outcome of breast cancer. *Nature* **415**:530–536.

West, M., et al. 2001. Predicting the clinical status of human breast cancer by using gene expression profiles. *Proc. Nat'l. Acad. Sci. USA* **98**:11462–11467.

O câncer e a desregulação das vias regulatórias do crescimento

Bachman, K. E., and B. H. Park. 2005. Dual nature of TGF-beta signaling: tumor suppressor vs. tumor promoter. *Curr. Opin. Oncol.***17**:49-54.

Beachy, P. A., S. S. Karhadkar, and D. M. Berman. 2004. Tissue repair and stem cell renewal in carcinogenesis. *Nature* **432**:324-331.

Capdeville, R., et al. 2002. Glivec (STI571, imatinib), a rationally developed, targeted anticancer drug. *Nature Rev. Drug Discov.* **1**:493–502.

Downward, J. 2003. Targeting RAS signalling pathways in cancer therapy. *Nature Rev. Cancer* **3**:11–22.

Gregorieff, A., and H. Clevers. 2005. Wnt signaling in the intestinal epithelium: from endoderm to cancer. *Genes Dev.* **19**:877-890.

Heyer, J. et al. 2010. Non-germline genetically engineered mouse models for translational cancer research. *Nat. Rev. Cencer.***10**:470-480.

Meenakshi, J., et al. 2002. Sustained loss of a neoplastic phenotype by brief inactivation of MYC. *Science* **297**:102-104.

Rowley, J. D. 2001. Chromosome translocations: dangerous liaisons revisited. *Nature Rev. Cancer* **1**:245–250.

Sahai, E., and C. J. Marshall. 2002. RHO-GTPases and cancer. *Nature Rev. Cancer* **2**:133–142.

Shaulian, E., and M. Karin. 2002. AP-1 as a regulator of cell life and death. *Nature Cell Biol.* **4**:E131–E136.

Shawver, L. K., D. Slamon, and A. Ullrich. 2002. Smart drugs: tyrosine kinase inhibitors in cancer therapy. *Cancer Cell* **1**:117–123.

O câncer e as mutações dos reguladores da divisão celular e dos pontos de verificação

Bardeesy, N., et al. 2006. Both p16(Ink4a) and the p19(Arf)-p53 pathway constrain progression of pancreatic adenocarcinoma in the mouse. *Proc. Nat'l. Acad. Sci. USA* **103**:5947-5952.

Burkhart, D. L., and J. Sage. 2008. Cellular mechanisms of tumour suppression by the retinoblastoma gene. *Nat. Rev. Cancer* **8**(9):671-6825.

Croce, C. M. 2009. Causes and consequences of microRNA desregulation in cancer. *Nat. Rev. Genet.***10**(10):704-714.

Jiang, J., and C. hui. 2008. Hedgehog signaling in development and cancer. *Dev. Cell.***15**(6):801-812.

Lane, D. P. 2005. Exploiting the p53 pathway for the diagnosis and therapy of human cancer. *Cold Spring harbor Symp. Quant. Biol.* **70**:489-497.

Malumbres, M., and M. Barbacid. 2001. To cycle or not to cycle: a critical decision in cancer. *Nature Rev. Cancer* **1**:222–231.

Massagué, J. 2008. TGFβ in cancer. *Cell* **134**:215-229.

Mooi, W. J., and D. S. Peeper. 2006. Oncogene-induced cell senescence-haltiing on the road to cancer. *N. Engl. J. Med.* **355**:1037-1046.

Moon, R. T., et al. 2002. The promise and perils of Wnt signaling through beta-catenin. *Science* **296**:1644-1646.

Polakis, P. 2000. Wnt signaling and cancer. *Genes Devel.* **14**:1837-1851.

Zhang, L., et al. 2000. Role of BAX in the apoptotic response to anticancer agents. *Science* **290**:989–992.

Os carcinógenos e os genes *caretaker* no câncer

Bailey, S. M., and J. P. Murnane. 2006. Telomeres, chromosome instability and cancer. *Nucl. Acids Res.* **34**:2408-2417.

Batty, D., and R. Wood. 2000. Damage recognition in nucleotide excision repair of DNA. *Gene* **241**:193–204.

Blackburn, E. H. 2005. Telomerase and cancer: Kirk A. Landon– AACR prize for basic cancer research lecture. *Mol. Cancer Res.* **3**:477-482.

Cleaver, J. E. 2005. cancer in xenoderma pigmentosum and related disorders of DNA repair. *Nat. Rev. Cancer* **5**:564-573.

D'Andrea, A., and M. Grompe. 2003. The Fanconi anemia/ BRCA pathway. *Nature Rev. Cancer* **3**:23–34.

Flores-Rozas, H., and R. Kolodner. 2000. Links between replication, recombination and genome instability in eukaryotes. *Trends Biochem. Sci.* **25**:196–200.

Friedberg, E. 2003. DNA damage and repair. *Nature* **421**:436–440.

Hoeijmakers, J. 2001. Genome maintenance mechanisms for preventing cancer. *Nature* **411**:366–374.

Jiricny, J. 2006. The multifaceted mismatch-repair system. *Nature Rev. Mol. Cell Biol.* **7**:335-346.

Ju, Z., and K. L. Rudolph. 2006. Telomeres and telomerase in cancer stem cells. *Eur. J. Cancer* **42**:1197-1203.

Kitagawa, R., and M. B. Kastan. 2005. The ATM-dependent DNA damage signaling pathway. *Cold Spring Harbor Symp. Quant. Biol.* **70**:99-109.

Loechler, E. L. 2002. Environmental carcinogens and mutagens. In *Encyclopedia of Life Science*. Nature publishing.

Muller, A., and R. Fishel. 2002. Mismatch repair and the hereditary non-polyposis coloreetal cancer syndrome (HNPCC). *Cancer Invest.* **20**:102–109.

O'driscoll, M., and P. A. Jeggo. 2006. The role of double-strand break repair-insights from human genetics. *Nature. Rev. Genet.* **7**:45-54.

Sahin, E., and R. A. Depinho. 2010. Linking functional decline fo telomeres, mitochondria and stem cells during ageing. *Nature* **464**(7288):520-528.

Schärer, O. 2003. Chemistry and biology of DNA repair. *Angewandte Chemie* **42**:2946-2974.

Somasundaram, K. 2002. Breast cancer gene 1 (BRCAl): role in cell cycle regulation and DNA repair—perhaps through transcription. *J. Cell Biochem.* **88**:1084–1091.

Sweasy, J. B., T. lang, and D. DiMaio. 2006. Is base excision repair a tumor suppressor mechanism? *Cell cycle* **5**:250-259.

Thompson, L., and D. Schild. 2002. Recombinational DNA repair and human disease. *Mut. Res.* **509**:49–78.

van Gant, D., J. Hoeijmakers, and R. Kanaar. 2001. Chromosomal stability and the DNA double-stranded break connection. *Nature Rev. Genet.* **2**:196–205.

Wogan, G. N., ET AL. 2004. Environmental and chemical carcinogenesis. *Semin. Cancer Biol.* **14**:473-486.

Glossário

Os termos em **negrito** encontrados no texto também estão definidos neste glossário. Figuras e tabelas que ilustram a definição dos termos estão em parênteses.

a jusante (*downstream*) (1) Em um gene, é a direção do movimento da RNA-polimerase, durante a transcrição, para o final da fita-molde de DNA, que tem um grupo hidroxila na extremidade 5'. Nucleotídeos a jusante da posição +1 (o primeiro nucleotídeo transcrito) são denominados +2, +3, etc. (2) Eventos tardios em uma cascata de etapas (p. ex., via de sinalização). Ver também **a montante.**

a montante (1) Para um gene, a direção oposta daquela na qual a RNA-polimerase se desloca durante a transcrição. Nucleotídeos localizados a montante da posição +1 (o primeiro nucleotídeo transcrito) são designados como –1, –2, etc. (2) Eventos que ocorrem precocemente em uma cascata de eventos (p. ex., uma via de sinalização). Ver também **a jusante.**

acetil CoA Metabólito pequeno, hidrossolúvel que consiste em um grupo acetila ligado à coenzima A (CoA). O grupamento acetila é transferido para o citrato no **ciclo do ácido cítrico** e utilizado como fonte de carbono na síntese dos ácidos graxos, esteroides e outras moléculas. (Figura 12-9)

acetilcolina (ACh) Neurotransmissor que funciona nas junções neuromusculares de vertebrados em várias sinapses entre neurônios no cérebro e no sistema nervoso periférico. (Figura 22-19)

ácido Qualquer composto que pode doar um próton (H^+). Os grupamentos carboxila e fosfato são os principais grupamentos ácidos nas macromoléculas biológicas.

ácido desoxirribonucleico Ver **DNA.**

ácido graxo Qualquer cadeia hidrocarbonada longa que possui um grupamento carboxila em uma extremidade; principal fonte de energia durante o metabolismo e precursor para síntese de fosfolipídeos, triglicerídeos e colesteril ésteres. (Figura 2-21; Tabela 2-4)

ácido nucleico Polímero de **nucleotídeos** ligados por **ligações fosfodiéster.** DNA e RNA são os principais ácidos nucleicos das células.

ácido ribonucleico Ver **RNA.**

actina Proteína estrutural abundante nas células eucarióticas que interagem com várias outras proteínas. A forma globular monomérica (*actina G*) polimeriza para formar filamentos de actina (*actina F*). Nas células musculares, a actina F interage com **miosina** durante a contração. Ver também **Microfilamentos.** (Figura 17-5)

adenilil-ciclase Uma das várias enzimas ativada pela ligação de certos ligantes aos receptores da superfície celular; catalisa a formação de **AMP cíclico (AMPc)** a partir de ATP; também chamada *adenilato ciclase.* (Figuras 15-27 e 15-28)

adenosina trifosfato (ATP) Ver **ATP.**

ADP (adenosina difosfato) Produto da hidrólise de ATP, além do fosfato inorgânico, por ATPases.

aeróbio Refere-se a uma célula, organismo ou processo metabólico que utiliza oxigênio gasoso (O_2) ou que cresce na presença de O_2.

agonista Molécula, muitas vezes sintética, que mimetiza a função biológica de uma molécula natural (p. ex., hormônio).

Agrina Glicoproteína sintetizada por neurônios motores em desenvolvimento que aumenta a atividade da MuSK cinase na célula muscular, facilitando o desenvolvimento de uma junção neuromuscular. (Figura 22-17)

Akt Serina/treonina cinase citosólica ativada após a ligação a PI 3,4-bifosfato e PI 3,4,5-trifosfato; também chamada *proteína-cinase B.*

alelo Uma de duas ou mais formas alternativas de um gene. Células diploides contêm dois alelos de cada gene localizados em local correspondente (*locus*) em **cromossomos homólogos.**

alosteria Alteração na estrutura terciária e/ou quaternária de uma proteína induzida pela ligação de uma pequena molécula a um local regulador específico, causando alteração na atividade da proteína.

alostérico Refere-se a proteínas e processos celulares regulados por **alosteria.**

amido Longo polissacarídeo ramificado composto exclusivamente por unidades de glicose, principal forma de armazenamento de carboidratos em célula vegetais. (Figura 12-30)

aminoácido Composto orgânico contendo pelo menos um grupamento amino e um grupamento carboxila. Nos aminoácidos que são monômeros para construção de proteínas, um grupamento amino e um grupamento carboxila estão ligados a um átomo de carbono central, o carbono α, no qual uma cadeia lateral variável está ligada. (Figuras 2-4 e 2-14)

aminoacil-tRNA Forma ativada de um aminoácido usado na síntese proteica. Consistindo em um aminoácido ligado, por meio de uma ligação éster de alta energia, a um grupamento 3´- hidroxila de uma molécula de **tRNA.** (Figura 4-19)

AMP cíclico (AMPc) Um **segundo mensageiro,** produzido em resposta ao estímulo hormonal de certos receptores acoplados à proteína G, que ativa a **proteína-cinase A.** (Figura 15-8; Tabela 15-2)

anaeróbio Se refere a uma célula, organismo ou processo metabólico que funciona na ausência de oxigênio (O_2).

anáfase Estágio mitótico durante o qual **cromátides-irmãs** (ou homólogos duplicados na meiose I) se separam (segregam) e se movem na direção dos polos do fuso. (Figura 18-36)

anel contrátil Composto por actina e miosina; localizado sob a membrana plasmática. Durante a citocinese, sua contração puxa a membrana para dentro, finalmente fechando a conexão entre as duas células-filhas.

aneuploidia Qualquer desvio do número normal diploide de cromossomos no qual cópias extras de um ou mais cromossomos estão presentes ou uma das cópias normais está ausente.

anfipático Refere-se a uma molécula ou estrutura que possui tanto uma parte **hidrofóbica** quanto uma **hidrofílica.**

ânion Íon com carga negativa.

antagonista Molécula, muitas vezes sintética, que bloqueia a função biológica de uma molécula natural (p. ex., hormônio).

anticódon Sequência de três nucleotídeos em um **tRNA** que é complementar a um **códon** no mRNA. Durante a síntese proteica, o pareamento de bases entre um códon e um anticódon alinha o tRNA que carrega o aminoácido correspondente a ser adicionado à cadeia polipeptídica crescente. (Figura 4-20)

anticorpo Proteína (imunoglobulina), normalmente produzida em resposta a um **antígeno,** que interage com um sítio específico (**epítopo**) no mesmo antígeno e facilita sua remoção do corpo. (Figura 3-19)

anticorpo monoclonal Anticorpo gerado pela progênie de uma única célula B e, portanto, uma proteína homogênea que reconhece um único antígeno (epítopo). Pode ser produzido experimentalmente pelo uso de um **hibridoma.** (Figura 9-6)

antígeno Qualquer material (normalmente estranho) que desencadeia uma resposta imune. Para células B, um antígeno desencadeia a formação de anticorpos que se ligam especificamente ao mesmo antígeno; para células T, um antígeno desencadeia resposta proliferativa seguida da produção de **citocinas** ou da ativação de atividade citotóxica.

antiporte Tipo de **cotransporte** no qual uma proteína de membrana (*antiporte*) transporta duas moléculas ou íons diferentes através de uma membrana celular em direções opostas. Ver também **Simporte**. (Figura 11-2, [3C])

aparelho de Golgi Pilhas de compartimentos (cisternas) achatados e interconectados, ligados à membrana, em células eucarióticas, que atuam no processamento e na distribuição de proteínas e lipídeos destinados a outros compartimentos celulares ou à secreção; também chamado de *complexo de Golgi*. (Figura 9-28)

apical Refere-se à ponta (ápice) de célula, órgão ou outra estrutura do corpo. No caso das células epiteliais, a superfície apical é exposta ao exterior do corpo ou a um espaço interno aberto (p. ex., lúmen intestinal, ducto). (Figura 20-9)

apolar Que se refere a uma molécula ou estrutura que não apresenta carga elétrica líquida ou distribuição assimétrica de cargas positivas e negativas. Moléculas apolares geralmente são menos solúveis em água que moléculas polares e muitas vezes são insolúveis em água.

apoptose Processo regulado geneticamente, que ocorre em tecidos específicos durante o desenvolvimento e doenças, pelo qual a célula se autodestrói; marcada pela quebra da maioria dos componentes celulares e uma série de alterações morfológicas bem definidas; também chamada *morte celular programada*. Ver também **Caspases**. (Figuras 21-30 e 21-38)

apoptossomo Grande heptâmero de mamíferos, em forma de disco, Apaf-1, proteína que se monta em resposta a sinais de apoptose e serve como maquinaria de ativação para **caspases** iniciadora e efetora. (Figura 21-39)

aquaporinas Família de **proteínas de transporte da membrana** que permite que a água e algumas moléculas pequenas não carregadas, como glicerol, atravessem as biomembranas. (Figura 11-8)

arqueia Classe de **procariotos** que constitui uma das três linhagens evolucionárias distintas dos organismos dos dias modernos; também chamados *arquebacterias* e *arqueanas*. Em alguns aspectos, as arqueanas são mais similares aos **eucariotos** do que as **bactérias** (eubactéria). (Figura 1-1)

áster Estrutura composta por microtúbulos (fibras astrais) que irradiam a partir de um **centrossomo** durante a mitose. (Figura 18-37)

astrócitos Células gliais, em forma de estrela, no cérebro e na medula espinal, que realizam várias funções, incluindo suporte para células endoteliais que formam a barreira hematoencefálica, mantêm a composição iônica extracelular e fornecem os nutrientes aos neurônios.

ativador **Fator de transcrição** específico que estimula a transcrição.

ATM/ATR Duas proteínas-cinases relacionadas e ativadas pelo dano ao DNA. Uma vez ativas, elas fosforilam outras proteínas para iniciar a resposta celular ao dano no DNA.

átomo de carbono assimétrico Átomo de carbono ligado a quatro átomos ou grupamentos químicos diferentes; também chamado *átomo de carbono quiral*. As ligações podem ser arranjadas de duas maneiras diferentes, produzindo **estereoisômeros** que são a imagem espelhada um do outro. (Figura 2-4)

átomo do carbono alfa (Cα) Nos aminoácidos, o átomo de carbono central ligado a quatro grupamentos químicos diferentes (com exceção da glicina), incluindo a **cadeia lateral** ou grupamento R. (Figura 2-4)

ATP (adenosina 5′- trifosfato) Nucleotídeo que é a molécula mais importante para capturar e transferir energia livre nas células. A hidrólise de cada uma das duas **ligações fosfoanidrido** no ATP libera grande quantidade de energia livre que pode ser usada para comandar processos celulares que exigem energia. (Figura 2-31)

ATP sintase Complexo de proteínas multiméricas, ligado a membranas mitocondriais internas, membranas tilacoides de cloroplastos e membranas plasmáticas bacterianas, que catalisa a síntese do ATP durante a fosforilação oxidativa e a fotossíntese; também chamada *complexo* F_oF_1. (Figura 12-26a)

ATPase Uma entre um grande grupo de enzimas que catalisam a hidrólise de **ATP** para gerar ADP e fosfato inorgânico com a liberação de energia livre. Ver também **Na^+/K^+ATPase** e **bomba movida por ATP**.

ATR Ver **ATM/ATR**.

autócrino Refere-se ao mecanismo de sinalização no qual uma célula produz uma molécula de sinalização (p.ex., fator de crescimento) e então se liga e responde à ela.

autofagia Literalmente "comer a si mesmo"; processo pelo qual proteínas citosólicas e organelas são encaminhadas ao lisossomo, degradadas e recicladas. A autofagia envolve a formação de uma vesícula de dupla membrana chamada autofagossomo ou vesícula autofágica. (Figura 14-35)

autorradiografia Técnica para visualizar moléculas radiativas em uma amostra (p.ex., corte de tecido ou gel eletroforético) por meio da exposição de um filme fotográfico (emulsão) ou de um detector eletrônico bidimensional à amostra. O filme exposto é chamado *autorradiograma* ou *autorradiografia*.

autossomo Qualquer cromossomo diferente do cromossomo sexual.

axonema Feixes de **microtúbulos** e proteínas associadas presente nos **cílios** e **flagelos**, responsável por sua estrutura e movimento. (Figura 18-30)

axônio Processo longo que se estende do corpo da célula de um neurônio, capaz de conduzir um impulso elétrico (**potencial de ação**), gerado na junção com o corpo celular, em direção da sua extremidade ramificada distal (terminal do axônio). (Figura 22-1)

bactéria Classe de **procariotos** que constitui uma das três linhagens evolutivas dos organismos atuais; também chamada *eubactéria*. Distinta filogeneticamente das **arqueias** e **eucariotos**. (Figura 1-1)

bacteriófago (fago) Qualquer vírus que infecte células bacterianas. Alguns fagos são amplamente utilizados como **vetores** na **clonagem do DNA**.

bainha de mielina Membrana celular especializada que forma uma camada isolante ao redor dos **axônios** de animais vertebrados e aumenta a velocidade de condução dos impulsos nervosos. (Figura 22-15)

balsa lipídica Microdomínio na membrana plasmática que é enriquecido em colesterol, esfingomielina e algumas proteínas.

basal Ver **Basolateral**.

base Qualquer composto, muitas vezes contendo nitrogênio, que pode aceitar um próton (H^+) a partir de um ácido. Também comumente utilizado para denotar **purinas** e **pirimidinas** no DNA e RNA.

basolateral Refere-se à base (basal) e ao lado (lateral) de uma célula, órgão ou outra estrutura do corpo polarizada. No caso de células epiteliais, a superfície basolateral encontra-se ao lado das células adjacentes e da **lâmina basal** que as sustentam. (Figura 20-9)

benigno Refere-se a um tumor contendo células que se parecem com células normais. Os tumores benignos permanecem no tecido de onde se originaram, mas podem ser prejudiciais devido ao seu crescimento contínuo. Ver também **maligno**.

bibliotecas de DNA Coleção de moléculas de DNA clonadas, consistindo em fragmentos do genoma inteiro (*biblioteca genômica*) ou de cópias de DNA de todos os mRNAs produzidos por um tipo de célula (*biblioteca de cDNA*) inseridos em um **vetor** de clonagem adequado.

bicamada fosfolipídica Estrutura em lâmina de dupla camada na qual os grupamentos das extremidades polares dos fosfolipídeos se encontram expostos ao meio aquoso nas duas faces da bicamada e as cadeias de ácidos graxos apolares se encontram no interior da bicamada; a base estrutural de todas biomembranas. (Figura 10-3a, b)

biorientado Indica que os cinetócoros das cromátides-irmãs se ligaram aos microtúbulos provenientes dos polos opostos do fuso.

blastocisto Estágio de embrião de mamíferos composto por ≈ 64 células que se separaram em dois tipos celulares – **trofectoderma**, que formará os tecidos extraembrionários; e a **massa celular interna**, que dá origem ao embrião em si; estágio que se implanta na parede uterina e corresponde à *blástula* de outros embriões animais. (Figura 21-3)

blastóporo A primeira abertura que se forma durante a embriogênese de animais simétricos bilateralmente, que mais tarde se torna o intestino. Esta abertura pode se tornar a boca ou o ânus.

bomba Ver **Bomba de ATP.**

bomba movida por ATP Qualquer proteína transmembrana que possui atividade de ATPase e acopla a hidrólise de ATP ao transporte ativo de um íon ou pequena molécula através da biomembrana contra seu gradiente eletroquímico; muitas vezes simplesmente chamada de *bomba*. (Figura 11-9)

cadeia descontínua Uma das duas fitas filhas de DNA formadas na **forquilha de replicação** na forma de pequenos segmentos descontínuos (fragmentos de Okazaki) que são sintetizados na direção 5' → 3', e posteriormente unidos. Ver também **fita líder.** (Figura 4-30)

cadeia lateral Em aminoácidos, o grupamento substituinte variável ligado ao **átomo de carbono alfa** (α) que determina as propriedades particulares de cada aminoácido; também chamada de *grupamento R*. (Figura 2-14)

cadeia respiratória Ver **Cadeia transportadora de elétrons.**

cadeia transportadora de elétrons Conjunto de quatro complexos multiproteicos grandes na membrana mitocondrial interna, mais o citocromo *c* difusível e a coenzima Q, por meio do qual os elétrons fluem de doadores de elétrons reduzidos (p. ex., NADH) até o O_2. Cada membro da cadeia contém um ou mais **carreadores de elétrons** ligados. (Figura 12-16)

caderinas Família de **moléculas de adesão celular** diméricas que se agregam nas junções aderentes e nos desmossomos e fazem a mediação das interações homofílicas dependentes de Ca^{2+} entre as células. (Figura 20-2)

caixa de destruição Motivo de reconhecimento nos substratos APC/C.

calmodulina Pequena proteína citosólica reguladora que liga quatro íons de Ca^{2+}. O complexo Ca^{2+}/calmodulina se liga a várias proteínas, ativando ou inibindo-a. (Figura 3-31)

canais Proteínas de membrana que transportam água, íons ou moléculas hidrofílicas pequenas através de membranas a favor dos seus gradientes de concentração ou potencial elétrico.

canais de K^+ de descanso Canais iônicos de K^+ não controlados, localizados na membrana plasmática e que, em conjunto com a alta concentração de K^+ citosólica gerada pela **Na^+/K^+ ATPase,** são os principais responsáveis pelo estabelecimento do **potencial de membrana** interno negativo nas células em descanso de animais.

câncer Termo geral que denota qualquer um dos tumores malignos, cujas células crescem e se dividem mais rapidamente do que as normais, invadem o tecido vizinho e, ás vezes, se espalham (sofrem metástase) para outros locais.

capsídeo Capa proteica externa de um **vírus**, formada por múltiplas cópias de uma ou mais subunidades proteicas que envolvem o ácido nucleico viral.

carboidrato Termo geral para certos poli-hidroxialdeídos, poli-hidroxicetonas ou compostos derivados daqueles que normalmente possuem a fórmula $(CH_2O)_n$. Tipo de composto primário utilizado para armazenar e fornecer energia nas células animais. (Figura 2-18)

carcinógeno Qualquer agente químico ou físico que pode causar câncer quando células ou organismos são expostos a ele.

carga de energia Medida da fração dos fosfatos de adenosina totais que possuem ligações fosfoanídricas de "alta energia", que é igual a ([ATP] + 0,5 [ADP])/([ATP] + [ADP] + [AMP]).

carioferina Uma das famílias de proteínas de transporte nuclear que atua como **importina, exportina** ou ambas em alguns casos. Cada carioferina se liga a uma sequência sinalizadora específica das proteínas transportadas para dentro ou para fora do núcleo.

cariótipo Número, tamanho e forma de todo o conjunto de cromossomos **metafásicos** de células eucarióticas. (Capítulo 6, Figura inicial)

carreador de elétrons Qualquer molécula ou átomo que recebe elétrons de uma molécula doadora e os transfere para moléculas receptoras em reações de **oxidação** e **redução** acopladas. (Tabela 12-2)

cascata de sinalização Via que é ativada por um evento intracelular ou extracelular e que então transmite o sinal para um **efetor.**

caspases Classe de enzimas de vertebrados, que degradam proteínas (proteases), que funcionam na **apoptose** e trabalham em cascata, onde cada tipo ativa o próximo. (Figuras 21-33 e 21-38)

catabolismo Degradação celular de moléculas complexas em moléculas mais simples, normalmente acompanhada pela liberação de energia. *Anabolismo* é o processo inverso no qual a energia é usada para sintetizar moléculas complexas a partir de moléculas mais simples.

catalisador Substância que aumenta a velocidade de uma reação química sem sofrer alteração permanente na sua estrutura. Enzimas são proteínas com atividade catalítica e ribozimas são RNAs que funcionam como catalisadores. (Figura 3-20)

cátion Íon carregado positivamente.

CDKs da fase G_1/S Complexos ciclina-CDK que promovem a entrada no ciclo celular juntamente com as CDKs de G_1.

CDKs de fase S Complexos ciclina-CDK que promovem o início da replicação do DNA.

CDKs de G_1 Complexos ciclina-CDK que promovem a entrada no ciclo celular.

CDKs mitóticas Complexos ciclina-CDK que promovem o início e a progressão da mitose.

cDNA (DNA complementar) Molécula de DNA copiada a partir de uma molécula de mRNA pela **transcriptase reversa** e, desse modo, sem os íntrons presentes no DNA do genoma.

célula apresentadora de antígeno (APC) Qualquer célula que pode digerir um antígeno em pequenos peptídeos e apresentá-los em associação com moléculas MHC classe II na superfície da célula onde podem ser reconhecidos pelas células T. As APCs *profissionais* (células dendríticas, macrófagos e células B) expressam de forma constitutiva as moléculas MHC de classe II. (Figuras 23-25 e 23-26)

célula B Linfócito que amadurece na medula óssea e expressa receptores antígeno-específicos (**imunoglobulina** ligada à membrana). Depois de interagir com o antígeno, uma célula B prolifera e se diferencia em *células plasmáticas* secretoras de **anticorpo.**

célula germinativa Em animais de reprodução sexuada, qualquer célula que pode contribuir potencialmente para a formação de descendentes, incluindo gametas e seus precursores imaturos; também chamada *célula da linhagem germinativa*. Ver também **Célula somática.**

célula progenitora Tipo de célula não diferenciada que, quando submetida aos sinais apropriados, irá se dividir e diferenciar em um ou mais tipos celulares.

célula somática Qualquer célula animal ou vegetal que não seja uma **célula germinativa.**

célula T Linfócito que amadurece no timo e que expressa receptores antígeno-específicos que se ligam a peptídeos de antígenos complexados a **moléculas MHC.** Existem duas classes principais: células T *citotóxicas* (marcador de superfície CD8, exclusivos de célula MHC classe I, mata células de tumores e células infectadas por vírus) e células T *auxiliares* (marcador CD4, exclusivos de células MHC classe II, produzem citocinas, necessários para a ativação de células B). (Figuras 23-32 e 23-35)

célula-tronco Célula autorrenovável que se divide *simetricamente* para dar origem a duas células-filhas cujo potencial de desenvolvimento é idêntico ao da célula tronco parental; ou *assimetricamente* para dar origem a células-filhas com potenciais de desenvolvimento distintos. (Figura 21-8)

célula tronco mesenquimal Classe de células-tronco localizada na medula óssea e capaz de se diferenciar em adipócitos, osteoblastos (células formadoras de óssos) e células produtoras de colágeno; algumas podem ainda gerar células musculares e outros tipos de células diferenciadas.

células dendríticas Células apresentadoras de antígeno profissionais fagocíticas que residem em vários tecidos e podem detectar amplos padrões de marcadores de patógenos via seus **receptores semelhantes ao Toll.** Após internalizar o antígeno em um local de dano celular ou infecção, elas migram para os linfonodos e iniciam a ativação das **células T.** (Figura 23-6)

células matadoras naturais (NK) Componentes do sistema imune inato que detectam e matam de modo não específico as células infectadas por vírus e células de tumores. (Figura 23-5)

células-tronco embrionárias (ES – *embryonic stem cells*) Linhagem de células cultivadas derivadas de embriões em estado bem inicial que podem se diferenciar em uma variedade enorme de tipos celulares *in vitro* ou após serem novamente inseridas em um embrião hospedeiro. (Figura 21-5)

células-tronco pluripotentes induzidas (iPS, do inglês *induced pluripotent stem cells*) Célula de mamífero com propriedades de célula-tronco embrionária formada a partir de um tipo celular diferenciado pela expressão de um ou mais fatores de transcrição ou outros genes que conferem pluripotência.

celulose Polissacarídeo estrutural composto por unidades de glicose ligadas por **ligações β glicosídicas** (1 → 4). Forma longas microfibrilas que são o principal componente da **parede celular** em plantas.

centríolo Cada uma das duas estruturas cilíndricas dentro do **centrossomo** das células animais. Contém nove conjuntos de três microtúbulos e é similar estruturalmente a um **corpo basal.** (Figura 18-6)

centro organizador de microtúbulos Ver MTOC.

centrômero Sequência de DNA necessária para segregação apropriada dos cromossomos durante a mitose e meiose; região dos cromossomos mitóticos onde o **cinetócoro** se forma e que parece contraída. (Figura 6-39)

centrossomo (centro celular) Estrutura localizada próximo ao núcleo das células animais que é o principal **centro de organização dos microtúbulos** (MTOC); contém um par de **centríolos** embebidos em matriz proteica e duplica antes da mitose, com cada centrossomo se tornando um polo do fuso. (Figuras 18-6 e 18-35)

cepa celular População de células em cultura, de origem vegetal ou animal, que tem um tempo de vida finito, até finalmente morrer, comumente depois de 25 a 50 gerações. (Figura 9-1a)

chaperona molecular Ver chaperona.

chaperona Termo coletivo para dois tipos de proteínas – ***chaperonas* moleculares** e *chaperoninas* – que previnem o dobramento incorreto de uma proteína alvo ou facilitam de forma ativa o dobramento apropriado de uma proteína alvo dobrada de forma incompleta, respectivamente. (Figuras 3-16 e 3-17)

chaperonina Ver Chaperona.

ciclina Qualquer proteína de uma série de proteínas relacionadas, cuja concentração aumenta e diminui durante o curso do ciclo celular eucariótico. As ciclinas formam complexos com **cinases dependentes de ciclina,** desse modo ativando e determinando a especificidade do substrato dessas enzimas.

ciclo celular Sequência ordenada de eventos na qual uma célula eucariótica duplica seus cromossomos e se divide em duas. O ciclo celular normalmente consiste em quatro fases: G_1 antes de ocorrer a síntese de DNA; S quando ocorre a replicação do DNA; G_2 após a síntese de DNA e M quando ocorre a **divisão celular**, gerando duas células-filhas. Sob certas condições, as células saem do ciclo celular durante G_1 e permanecem no estado G_0 como células em não divisão. (Figuras 1-16 e 19-1)

ciclo de Calvin A principal via metabólica que fixa CO_2 nos carboidratos durante a fotossíntese; também chamada *fixação de carbono*. Depende indiretamente da luz, mas pode ocorrer tanto no escuro quanto na claridade. (Figura 12-46)

ciclo do ácido cítrico Conjunto de nove reações acopladas que ocorrem na matriz das mitocôndrias onde grupamentos acetila são oxidados, gerando CO_2 e intermediários reduzidos usados para produzir ATP; também chamado de *ciclo de Krebs* e *ciclo do ácido tricarboxílico (TCA)*. (Figura 12-10)

cílio Estrutura curta envolvida por membrana que se estende da superfície das células eucarióticas e contém um feixe central de **microtúbulos.** Os cílios normalmente ocorrem em grupos e batem ritmicamente para mover a célula (p.ex., organismo unicelular) ou para mover pequenas partículas ou fluidos ao longo da superfície (p. ex., células da traqueia). Ver também **Axonema** e **flagelo.**

cinase Enzima que transfere o grupamento fosfato γ terminal do ATP para um substrato. Proteínas cinase, que fosforilam resíduos específicos de serina, treonina ou tirosina, desempenham papéis centrais na regulação da atividade de diversas proteínas. Ver também **Fosfatases.** (Figura 3-33)

cinase ativadora de CDK (CAK) Fosforila CDKs no resíduo de treonina próximo ao sítio ativo. Esta fosforilação é essencial para atividade da CDK.

cinase B Aurora Desestabiliza interações defeituosas entre microtúbulos e cinetócoro pela fosforilação dos componentes de ligação a microtúbulos dentro do cinetócoro.

cinase dependente de ciclina (CDK) Proteína-cinase ativa cataliticamente apenas quando ligada a uma ciclina. Vários complexos CDK-ciclina ativam a progressão ao longo dos diferentes estágios do ciclo celular eucariótico, por fosforilação de proteínas-alvo específicas. (Tabela 19-1)

cinase JAK Classe de proteínas tirosina-cinases que se encontram ligadas ao domínio citosólico dos receptores de citocinas e que são ativadas após a ligação de citocinas.

cinases Aurora Serina/treonina cinases que têm um papel importante na divisão celular, controlando a segregação das cromátides. A **cinase Aurora B** desestabiliza as interações defeituosas entre microtúbulos e cinetócoro por meio da fosforilação dos componentes de ligação a microtúbulos dentro do cinetócoro.

cinases do polo Família de proteínas-cinases cruciais para diversos aspectos da mitose, como a duplicação do centrossomo e a remoção de coesinas dos cromossomos.

cinesinas Classe de **proteínas motoras** que utiliza energia liberada pela hidrólise do ATP para se deslocar em direção à extremidade positiva de um **microtúbulo.** As cinesinas podem transportar vesículas e organelas e participam do movimento dos cromossomos durante a mitose. (Figuras 18-18 a 18-20)

cinetócoro Proteína com estrutura em diversas camadas, localizada no **centrômero,** ou próximo a ele, em cada cromossomo mitótico. Estrutura da qual os microtúbulos se projetam em direção aos pólos do fuso mitótico da célula; desempenha papel ativo no movimento dos cromossomos em direção aos polos durante a anáfase. (Figura 18-39)

cisterna Compartimento achatado ligado a membranas, como observado no aparelho de Golgi e no retículo endoplasmático.

citocinas Qualquer uma das proteínas pequenas secretadas (p. ex., eritropoietina, G-CSF, interferons, interleucinas) que se ligam aos receptores da superfície celular nas células do sangue e do sistema imune para ativar sua diferenciação ou proliferação.

citocinese A divisão do citoplasma após a **mitose** para gerar duas células-filhas, cada uma com um núcleo e organelas citoplasmáticas. (Figura 17-36)

citocromos Grupo de proteínas coloridas que contém o grupo heme. Algumas delas funcionam como **carreadores de elétrons** durante a respiração celular e a fotossíntese. (Figura 12-14a)

citoesqueleto Rede de elementos fibrosos, que consiste principalmente em **microtúbulos, microfilamentos** e **filamentos intermediários**, encontrada no citoplasma das células eucarióticas. O citoesqueleto provê organização e suporte estrutural para a célula e permite o movimento direcionado das organelas, dos cromossomos e da própria célula. (Figuras 17-1, 17-2 e 18-1)

citoplasma Conteúdo viscoso de uma célula que está contido na membrana plasmática, mas, nas células eucarióticas, fora do núcleo.

citosol Fase aquosa não estruturada do citoplasma, excluindo as organelas, as membranas e os componentes insolúveis do citoesqueleto.

clatrina Proteína fibrosa que, com o auxílio das proteínas de montagem, polimeriza-se em uma rede entrelaçada, em regiões específicas do lado citosólico da membrana, formando, assim, um sulco revestido por clatrina, que se desprende para formar uma vesícula. (Figuras 14-18; Tabela 14-1)

clivagem Em embriogênese, a série de divisões rápidas que ocorre após a fertilização com pouco crescimento celular, produzindo células cada vez menores; culmina na formação do blastocisto em mamíferos ou blástula em outros animais. Também é usada como sinônimo para a hidrólise de moléculas. (Figura 21-3)

clivagem/complexo de poliadenilação Grande complexo multiproteico que catalisa a clivagem do **pré-mRNA** em um sítio poli(A) na extremidade 3' e a adição inicial de resíduos adenilato (A), para formar a cauda poli(A). (Figura 8-15)

clonagem de DNA Técnica de DNA recombinante em que cDNAs específicos ou fragmentos do DNA genômico são inseridos em um **vetor** de clonagem, que, então, é incorporado em células hospedeiras cultivadas e mantido durante o crescimento da célula hospedeira; também chamada *clonagem gênica*. (Figura 5-14)

clone (1) População de células, vírus ou organismos idênticos geneticamente, descendentes de um ancestral comum. (2) Múltiplas cópias idênticas de um gene ou fragmento de DNA, geradas e mantidas via **clonagem de DNA**.

clorofilas Grupo de pigmentos de porfirina que absorvem luz, cruciais na **fotossíntese**. (Figura 12-33)

cloroplasto Organela especializada das células vegetais, envolvida por uma dupla membrana, que contém membranas internas contendo clorofila (**tilacoides**), onde as reações de fotossíntese que absorvem luz ocorrem. (Figura 12-31)

código genético O conjunto de regras pelo qual três nucleotídeos (**códons**) no DNA ou RNA especificam o aminoácido nas proteínas. (Tabela 4-1)

códon Sequência de três nucleotídeos no DNA ou mRNA que especifica um aminoácido particular durante a síntese da proteína; também chamado *tríplete*. Dos 64 códons possíveis, três são códons de parada, que não especificam aminoácidos e causam a terminação da síntese. (Tabela 4-1)

colágeno Glicoproteína com tripla-hélice, rica em glicina e prolina, principal componente da **matriz extracelular** e dos tecidos conjuntivos. Os numerosos subtipos diferem em sua distribuição nos tecidos e nos componentes extracelulares, bem como quanto às proteínas da superfície celular às quais associam-se. (Figura 20-24; Tabela 20-4)

colesterol Lipídeo contendo uma estrutura esteroide de quatro anéis com um grupamento hidroxila em um dos anéis; componente de várias membranas eucarióticas e precursor dos hormônios esteroides, ácidos biliares e vitamina D. (Figura 10-8c)

complementação Ver **complementação genética** e **complementação funcional.**

complementação funcional Procedimento de triagem de uma biblioteca de DNA para identificar o gene selvagem que restaura a função de um gene defeituoso em um determinado mutante. (Figura 5-18)

complementação genética Restauração de uma função do tipo selvagem em células heterozigóticas diploides originadas de células haploides, das quais cada uma carrega mutação em um gene diferente, cuja proteína codificada é necessária para a mesma via bioquímica. A análise da complementação pode determinar se as mutações recessivas em dois mutantes com o mesmo fenótipo mutante estão no mesmo gene ou em genes diferentes. (Figura 5-7)

complementaridade (1) Refere-se a duas sequências de ácidos nucleicos ou fitas que podem formar **pares de bases** perfeitos umas com as outras. (2) Descreve as regiões em duas moléculas que estão interagindo (p. ex., uma enzima e seu substrato), que se ajustam em um modelo chave-fechadura.

complementaridade molecular Modelo de complementaridade do tipo chave e fechadura entre formas, cargas, hidrofobicidade e/ou outra propriedade física entre duas moléculas ou porções de duas moléculas que permite a formação de múltiplas **interações não covalentes** entre elas quando estiverem próximas. (Figura 2-12)

complemento Grupo de proteínas constitutivas do soro que se ligam diretamente às superfícies de micróbios e fungos, ativando uma cascata proteolítica que culmina na formação do *complexo de ataque à membrana*, citolítico. (Figura 23-4)

complexo da coesina Complexo proteico que estabelece coesão entre as **cromátides-irmãs.**

complexo da condensina Complexo proteico relacionado a coesinas que compactam os cromossomos e é necessário para sua segregação durante a mitose.

complexo de reconhecimento do éxon Grande montagem que inclui as proteínas SR ligantes de RNA e outros componentes que ajudam a delinear éxons nos **pré-mRNAs** dos eucariotos superiores e assegura o correto ***splicing* de RNA**. (Figura 8-13)

complexo de ribonucleoproteína Termo geral para qualquer complexo composto por proteínas e RNA. A maior parte das moléculas de RNA está presente nas células na forma de RNPs.

complexo de silenciamento induzido por RNA Ou RISC, do inglês *RNA-induced silencing complex*. Grande complexo multiproteico associado a uma pequena molécula de RNA fita simples (**siRNA** ou **miRNA**) responsável por mediar a degradação ou repressão da tradução de uma molécula de mRNA complementar ou semicomplementar.

complexo do fator de transcrição E2F Fator de transcrição que promove a transcrição de ciclinas da fase G_1/S e vários outros genes cuja função é necessária para fase S.

complexo do poro nuclear (NPC) Estrutura multiproteica grande, composta principalmente por nucleoporinas e que se estende através do envelope nuclear. Íons e pequenas moléculas se difundem livremente através do NPC; proteínas maiores e partículas de ribonucleoproteínas são transportadas seletivamente através do NPC com o auxílio de proteínas solúveis. (Figura 13-33a e b)

complexo F_0F_1 Ver **ATP sintase.**

complexo maior de histocompatibilidade Conjunto de genes adjacentes que codificam **moléculas MHC** de classe I e de classe II, outras proteínas necessárias para a apresentação de antígenos, assim como algumas proteínas complemento; chamado de *complexo H-2* em camundongos e *complexo HLA* em humanos. (Figura 23-19)

complexo monopolina Complexo de proteínas que promove a coorientação das **cromátides-irmãs** durante a meiose I de leveduras de brotamento.

complexo promotor da anáfase ou ciclossomo (APC/C) Ubiquitina ligase que tem como alvo securina, ciclinas mitóticas e outras proteínas para degradação nos proteassomos, desde o início da anáfase até a entrada no ciclo celular seguinte.

complexo sinaptonema Estrutura proteinácea que faz a mediação da associação (sinapse) entre cromossomos homólogos durante a prófase da meiose I.

conexinas Família de proteínas transmembrana que forma **junções comunicantes** (junções *gap*) nos vertebrados. (Figura 20-20)

conformação A forma precisa de uma proteína ou de outra macromolécula em três dimensões resultantes da localização espacial dos átomos na molécula. (Figura 3-8)

constante de associação (K_a) Ver **Constante de equilíbrio.**

constante de dissociação (K_d) Ver **Constante de equilíbrio.**

constante de equilíbrio (K_{eq}) Razão das constantes de velocidade direta e inversa para uma reação. Para uma reação de ligação, A+B AB, a constante de associação (K_a) é igual a *K* e a constante de dissociação (K_d) é igual a 1/*K*.

constante de Michaelis Ver K_m.

constante de velocidade Constante que relaciona a concentração de reagentes à velocidade de uma reação química.

constitutivo Refere-se à produção ou atividade contínua de uma molécula celular ou à operação contínua de um processo celular (p. ex., secreção constitutiva) que não é regulada por sinais internos ou externos.

controle gênico Todos os mecanismos envolvidos na regulação da expressão gênica. O mais comum é a regulação da transcrição, embora os mecanismos que influenciam o processamento, a estabilização e a tradução do mRNA ajudem a controlar a expressão de alguns genes.

controle respiratório Dependência da oxidação de moléculas de NADH e $FADH_2$ pela mitocôndria para o suprimento de ADP e P_i para a síntese de ATP.

conversão gênica Tipo de recombinação de DNA na qual uma sequência de DNA é convertida à sequência de uma segunda sequência de DNA homóloga na mesma célula.

coorientado Indica que cinetócoros irmãos se ligam a microtúbulos que emanam a partir do *mesmo* polo do fuso em vez de dos polos dos fusos opostos.

COPI Classe de proteínas que formam uma capa ao redor das vesículas de transporte na **via secretora**. As vesículas encapadas com COPI movem as proteínas do Golgi para o retículo endoplasmático e das cisternas tardias do Golgi para as iniciais. (Tabela 14-1)

COPII Classe de proteínas que formam uma capa ao redor das vesículas de transporte na **via secretora**. As vesículas encapadas com COPII movem as proteínas do retículo endoplasmático para o Golgi. (Tabela 14-1)

corpo basal Estrutura na base dos **cílios** ou **flagelos** na qual os microtúbulos que formam o **axonema** se juntam; estruturalmente similar ao **centríolo**. (Figura 18-30)

corpúsculo nuclear Região esférica funcionalmente especializada no núcleo, contendo proteínas e RNAs específicos; exerce diversas funções na formação de complexos de ribonucleoproteínas (RNP). O tipo mais comum é o **nucléolo**.

corpúsculo P Domínio citoplasmático denso, que não contém ribossomos ou fatores de transcrição e que atua na repressão da tradução e na degradação de moléculas associadas de mRNA; também chamado de *corpúsculo citoplasmático de processamento de RNA*.

corpúsculos polares do fuso Estruturas funcionalmente análogas aos centrossomos em leveduras.

cotransporte Movimento, mediado por proteína, de íons ou de pequenas moléculas através da membrana contra um gradiente de concentração dirigido por acoplamento ao movimento de uma segunda molécula a favor de seu gradiente de concentração na mesma direção (**simporte**) ou na direção oposta (**antiporte**). (Figura 11-2, [3B, C]; Tabela 11-1)

cristalografia por raios X Técnica utilizada comumente para a determinação da estrutura tridimensional de macromoléculas (principalmente proteínas e ácidos nucleicos) pela passagem de raios X através de um cristal contendo moléculas purificadas e análise do padrão de difração de raios resultante. (Figura 3-43)

cromátide Uma das cópias de um cromossomo replicado, formada durante a fase S do ciclo celular, unida à outra cópia; também chamada de **cromátide-irmã**. Durante a mitose, as duas cromátides se separam, cada uma tornando-se um dos cromossomos de uma das duas células-filhas. (Figura 6-39)

cromátides-irmãs As duas moléculas idênticas de DNA geradas durante a replicação do DNA e as proteínas cromossômicas associadas. Após a replicação do DNA, cada cromossomo é composto por duas cromátides-irmãs.

cromatina Complexo de DNA, histonas e proteínas não histidina a partir das quais os cromossomos eucarióticos são formados. A condensação da cromatina durante a mitose gera cromossomos visíveis na **metáfase**. (Figuras 6-28 e 6-30)

cromatografia líquida Grupo de técnicas bioquímicas para separar misturas de moléculas (p.ex., diferentes proteínas) com base na sua massa (cromatografia por *gel filtração*), carga (cromatografia de *troca iônica*) ou capacidade de se ligar especificamente a outras moléculas (cromatografia de *afinidade*). (Figura 3-38)

cromossomo Nos eucariotos, unidade estrutural do material genético consistindo em uma única molécula de DNA linear fita dupla e proteínas associadas. Na maioria dos procariotos, uma única molécula de DNA circular fita dupla constitui a maior parte do material genético. Ver também **Cromatina** e **Cariótipo**.

cromossomo homólogo Uma de duas cópias de cada tipo morfológico do cromossomo presente em células **diploides**; também chamado de **homólogo**. Cada homólogo é derivado de um dos progenitores.

cromossomo politênico Cromossomo aumentado composto por diversas cópias paralelas dele mesmo formadas por múltiplos ciclos de replicação de DNA sem separação de cromossomos; encontrado nas glândulas salivares e alguns outros tecidos de *Drosophila* e outros insetos dípteros. (Figura 6-43)

crossing over Troca de material genético entre **cromátides** maternas e paternas durante a **meiose** para produzir cromossomos recombinados. Ver também **Recombinação.** (Figura 5-10)

DAG Ver **Diacilglicerol.**

dalton Unidade de massa molecular aproximadamente igual à massa de um átomo de hidrogênio ($1,66 \times 10^{-24}$ g).

dedo de zinco Diversos **motivos estruturais** relacionados com a ligação ao DNA compostos por estruturas secundárias enoveladas em torno de um íon zinco; presente em numerosos fatores de transcrição eucarióticos. (Figura 3-9b e Figura 7-29a e b)

dendritos Processo que se estende do corpo celular de um neurônio, relativamente pequeno e geralmente ramificado, e recebe sinais dos **axônios** dos outros neurônios. (Figura 22-1)

desacoplador Qualquer substância natural (p. ex., a proteína termogenina) ou agente químico (p. ex., 2,4-dinitrofenol) que dissipe a **força próton-motriz** através da membrana interna da mitocôndria ou da membrana dos tilacoides dos cloroplastos, inibindo a síntese de ATP.

desnaturação Alteração drástica na **conformação** de uma proteína ou ácido nucleico devido ao rompimento de várias interações não covalentes, causado pelo aquecimento ou pela exposição a certos compostos; normalmente resulta na perda da função biológica.

despolarização Diminuição no potencial elétrico negativo da face citosólica que normalmente existe através da membrana plasmática de uma célula em repouso, resultando em um **potencial de membrana** menos negativo no interior ou positivo no interior.

determinante No contexto de reconhecimento de um antígeno pelo anticorpo, região na proteína à qual o anticorpo se liga. Neste contexto, é sinônimo de **epítopo.**

deuterossomos Grupo de animais simétricos bilateralmente que possui um cordão nervoso dorsal e cujo ânus se desenvolve próximo ao blastoporo.

diacilglicerol (DAG) Segundo mensageiro ligado à membrana que pode ser produzido pela clivagem de **fosfoinositídeos** em resposta à estimulação de certos receptores da superfície celular. (Figuras 15-8 e 15-35)

difusão simples Movimento líquido de uma molécula através de uma membrana a favor do seu gradiente de concentração em uma velocidade proporcional ao gradiente e à permeabilidade da membrana; também chamada de *difusão passiva*.

dineínas Classe de **proteínas motoras** que utiliza a energia liberada pela hidrólise de ATP para mover-se em direção à extremidade (–) dos **microtúbulos**. As dineínas transportam vesículas e organelas, são responsáveis pelo movimento dos cílios e flagelos e desempenham um papel no movimento dos cromossomos durante a mitose. (Figuras 18-23 e 18-24)

diploide Refere-se a um organismo ou célula que tem dois conjuntos completos de **cromossomos homólogos** e, portanto, duas cópias (**alelos**) de cada gene ou *locus* genético. As células somáticas contêm o número diploide de cromossomos (2*n*) característico de uma espécie. Ver também **Haploide.**

dipolo Carga positiva separada no espaço de uma carga igual mas oposta negativa.

disjunção do centrossomo Descreve o processo de segregação do centrossomo durante a prófase.

dissacarídeo Pequeno carboidrato (açúcar) composto por dois monossacarídeos covalentemente ligados por **ligação glicosídica.** (Figura 2-19)

diversidade O conjunto inteiro de receptores antígeno-específicos codificados por um sistema imune.

divisão celular Separação de uma célula em duas células-filhas. Nos eucariotos superiores, envolve a divisão do núcleo (**mitose**) e do citoplasma (**citocinese**); a mitose muitas vezes é utilizada para se referir à divisão tanto do núcleo quanto do citoplasma.

divisão celular assimétrica Qualquer divisão celular na qual as duas células-filhas recebem os mesmos genes, mas também herdam componentes diferentes (p. ex., mRNAs, proteínas) da célula parental. (Figura 21-21a)

divisão celular simétrica Ver **Divisão celular.**

DNA (ácido desoxirribonucleico) Polímero linear longo, composto por quatro tipos de **nucleotídeos** de desoxirribose, que é o carreador da informação genética. Ver também **Dupla-hélice de DNA.** (Figura 4-3)

DNA complementar (cDNA) Ver **cDNA.**

DNA de sequência simples Repetições curtas adjacentes encontradas nos **centrômeros** e **telômeros,** assim como em outras localizações do cromossomo e que não são transcritas; também chamadas de *DNA satélite.*

DNA recombinante Qualquer molécula de DNA formada *in vitro* por meio da ligação de fragmentos de DNA de origens distintas.

DNA satélite Ver **DNA de sequência simples.**

DNA-ligase Enzima que liga a extremidade 3' de um fragmento de DNA à extremidade 5' de outro, formando uma fita contínua.

DNA-polimerase Enzima que copia uma fita de DNA (fita-molde) para fazer uma fita complementar, formando uma nova molécula de DNA fita dupla. Todas as DNA-polimerases adicionam um desoxirribonucleotídeo a cada vez na direção 5'→ 3' a partir da extremidade 3' de uma pequena fita iniciadora de DNA ou RNA preexistente.

dobramento da imunoglobulina (Ig) Motivo estrutural, antigo do ponto de vista evolucionário, encontrado em anticorpos, o receptor de célula T, e várias outras proteínas eucarióticas não diretamente envolvidas no reconhecimento antígeno-específico; também chamado *domínio Ig.* (Figura 23-12b)

dominante Em genética, refere-se aos alelos de um gene expresso no **fenótipo** de um heterozigoto; o alelo não expresso é o **recessivo.** Também se refere ao fenótipo associado com um alelo dominante. As mutações que produzem alelos dominantes geralmente resultam em um ganho de função. (Figura 5-2)

dominante negativo Em genética, alelo que atua de modo **dominante,** mas produz um efeito similar à perda de função; geralmente é um alelo que codifica uma proteína mutante que bloqueia a função da proteína normal por ligação ou a ela ou a uma proteína **a montante** ou **a jusante** dela em uma via.

domínio de ativação Região de um fator de transcrição ativador que estimulará a transcrição quando fusionado a um domínio de ligação ao DNA.

domínio de ligação ao DNA O domínio de um fator de transcrição que liga sequências de DNA específicas intimamente relacionadas.

domínio proteico Região definida da estrutura tridimensional de uma proteína. Um domínio *funcional* exibe atividade particular característica da proteína; um domínio *estrutural* tem aproximadamente 40 aminoácidos ou mais de extensão, arranjados em uma estrutura secundária ou terciária definida; um domínio *topológico* tem relação espacial definida com o restante da proteína.

domínio repressor Região de um fator de transcrição repressor que irá inibir a transcrição quando fusionado ao domínio de ligação ao DNA.

dupla-hélice de DNA A estrutura tridimensional mais comum do DNA celular em que as duas fitas de polinucleotídeos estão antiparalelas e se enroscam uma em torno da outra, com as bases complementares ligadas por ligações de hidrogênio. (Figura 4-3)

ectoderme A mais externa das três camadas de células primárias do embrião animal; dá origem aos tecidos epidérmicos, ao sistema nervoso e aos órgãos sensoriais externos. Ver também **endoderme** e **mesoderme.**

edição de RNA Tipo incomum de processamento do RNA, no qual a sequência do pré-mRNA é alterada.

efeito hidrofóbico A tendência das moléculas ou partes de moléculas apolares de associarem-se umas às outras em solução aquosa, minimizando suas interações diretas com a água; frequentemente chamado de *interação* ou *ligação hidrofóbica.* (Figura 2-11)

efeito Warburg Designado em homenagem ao seu descobridor, Otto Warburg, descreve a observação de que a maior parte das células de tumores produz energia predominantemente pela glicólise seguida pela fermentação do piruvato em ácido lático. Enquanto as células normais utilizam essa forma de obtenção de energia apenas sob condições de disponibilidade limitada de oxigênio (anaeróbias), as células de tumores metabolizam a glicose dessa maneira mesmo em presença de quantidades suficientes de oxigênio. Este processo também é chamado de *glicólise aeróbia.*

efetor Último componente de uma via de transdução de sinal que produz uma resposta para o sinal transmitido.

elemento de transposição do DNA Qualquer sequência de DNA que não esteja presente na mesma localização cromossômica em todos os indivíduos de uma espécie e que seja capaz de se mover para uma nova posição por meio de **transposição;** também chamado de *elemento móvel do DNA* e *repetição intercalada.* (Tabela 6-1)

elemento móvel do DNA Ver **elemento de transposição do DNA.**

elemento promotor proximal Qualquer sequência regulatória no DNA de eucariotos que esteja localizada até aproximadamente 200 pares de bases de distância do sítio de início da transcrição. A transcrição de diversos genes é controlada por múltiplos elementos promotores proximais. (Figura 7-22)

eletroforese Qualquer de uma série de técnicas utilizadas para a separação de macromoléculas como base na sua migração em um gel ou outro meio submetido a um forte campo elétrico. (Figura 3-36)

elongação, transcrição Adição de nucleotídeos a uma cadeia polinucleotídica crescente, conforme orientado pela fita de DNA complementar codificante. (Figura 4-11)

endergônico Refere-se a reações e processos que têm um *G* positivo e, por isso, requerem o fornecimento de **energia livre** para continuar; oposto de **exergônico.**

endocitose Termo geral para captura de materiais extracelulares por meio da invaginação da membrana plasmática; inclui **endocitose mediada por receptor, fagocitose** e pinocitose.

endocitose mediada por receptores Absorção de materiais extracelulares ligados a receptores de superfície celular específicos por meio da invaginação da membrana plasmática para formar uma vesícula ligada à membrana (endossomo precoce). (Figura 14-29)

endócrino Refere-se ao mecanismo de sinalização em que as células-alvo ligam-se e respondem a um **hormônio** liberado na corrente sanguínea por células secretoras especializadas distantes, geralmente presentes em uma glândula (p. ex., glândula tireoide ou pituitária).

endoderme A mais interna das três camadas primárias de células do embrião animal; dá origem ao intestino e à maior parte do trato respiratório. Ver **ectoderme** e **mesoderme**.

endossimbionte Bactéria que reside dentro de uma célula eucariótica em uma relação mutuamente benéfica. De acordo com a hipótese endossimbionte, tanto as mitocôndrias quanto os cloroplastos evoluíram a partir de endossimbiontes. (Figura 6-20)

endossomo Um dos dois tipos de compartimentos ligados à membrana; endossomos *precoces* (ou vesículas endocíticas), que brotam a partir da membrana plasmática durante a endocitose mediada por receptor, e os **endossomos tardios**, com **pH** interno ácido e função na distribuição das proteínas para os **lisossomos**. (Figuras 14-1 e 14-29)

endossomo tardio Ver **endossomo**.

endotélio Camada muito fina de células, que recobre a superfície interna de vasos sanguíneos e linfáticos.

endotérmico Refere-se a reações e processos que possuem carga positiva na **entalpia**, ΔH e, por isso, devem absorver calor para poder prosseguir; oposto de **exotérmico**.

energia cinética Energia do movimento, tal como o movimento das moléculas.

energia de ativação A inserção de energia necessária para (ultrapassar a barreira) iniciar a reação química. Pela redução da energia de ativação, uma **enzima** aumenta a velocidade da reação. (Figura 2-30)

energia livre (*G*) Medida da energia potencial de um sistema, função da **entalpia** (*H*) e da **entropia** (*S*).

energia potencial Energia armazenada. Nos sistemas biológicos, a forma principal de energia potencial são as ligações químicas, concentração de gradiente e potenciais elétricos através de membranas celulares.

energia química potencial Energia armazenada nas ligações que conectam os átomos nas moléculas.

enhanceossomo Grande complexo nucleoproteico que lembra os fatores de transcrição (ativadores e repressores), uma vez que se liga cooperativamente a seus sítios de ligação em um **estimulador**, com a ajuda das proteínas que dobram o DNA. (Figura 7-33)

ensaio de placa Técnica para a determinação do número de partículas virais infecciosas em uma amostra por meio do cultivo de uma amostra diluída em uma camada de células hospedeiras suscetíveis, sendo então realizada a contagem do número de áreas claras correspondentes a células rompidas (placas) que são observadas. (Figura 4-45)

entalpia (*H*) Calor; em uma reação química, a entalpia dos reagentes ou produtos é igual a suas energias totais de ligação.

entropia (*S*) Medida do grau de desordem ou aleatoriedade em um sistema; quanto maior a entropia, maior a desordem.

envelope Ver **Envelope nuclear** ou **Envelope viral**.

envelope nuclear Estrutura de membrana dupla que delimita o núcleo; a membrana externa é contínua com o retículo endoplasmático e as duas membranas são perfuradas por **complexos do poro nuclear**. (Figura 9-32)

envelope viral Bicamada fosfolipídica que forma a cobertura externa de alguns vírus (p. ex., influenza e o vírus da raiva); é derivado do brotamento da membrana da célula hospedeira e contém glicoproteínas codificadas pelo vírus. (Figura 4-47)

enzima Proteína que catalisa uma reação química específica, envolvendo um **substrato** específico ou um pequeno número de substratos relacionados.

enzima de restrição Qualquer enzima que reconheça e clive uma sequência curta específica, o *sítio de restrição*, em moléculas de DNA fita dupla; utilizadas amplamente para a obtenção de **DNA recombinante** *in vitro*; também chamadas de *endonucleases de restrição*. (Figura 5-11; Tabela 5-1)

epigenético Refere-se a um processo que afeta a expressão de genes específicos e é herdado pelas células-filhas, mas não envolve alteração na sequência de DNA.

epinefrina Catecolamina secretada pela glândula suprarrenal e por alguns neurônios em resposta ao estresse; também chamada *adrenalina*. Funciona tanto como hormônio e neurotransmissor, mediando as respostas de "luta ou fuga" (p. ex., níveis de glicose no sangue e do ritmo cardíaco aumentados).

epitélio Revestimento semelhante a uma folha, composto por uma ou mais camadas de células fortemente aderidas na superfície externa ou interna do corpo. (Figura 20-9)

epítopo A parte de uma molécula de antígeno à qual se liga um receptor antígeno-específico nas células B ou T ou a um anticorpo. Grandes antígenos proteicos normalmente possuem múltiplos epítopos que se ligam a anticorpos de especificidade diferente.

equilíbrio químico Estado das reações químicas no qual a concentração de todos os produtos e reagentes é constante, pois as velocidades das reações diretas e inversas são iguais.

eritropoietina (Epo) Citocina que dispara a produção de hemácias por indução da proliferação e diferenciação das células progenitoras de eritroides na medula óssea. (Figuras 16-8 e 21-23)

esfingolipídeo Principal grupo de lipídeos de membrana, derivados da esfingosina, e que contêm duas longas cadeias de hidrocarbono e um grupamento terminal fosforilado (esfingomielina) ou carboidrato (cerebrosídeos e gangliosídeos). (Figura 10-8b)

especificidade A habilidade das células imunes e seus produtos de diferenciar moléculas similares relacionadas estruturalmente.

espermatozoide O gameta masculino – célula móvel haploide capaz de se ligar e fusionar a uma célula ovo, formando um zigoto.

estado de transição Estado dos reagentes durante uma reação química quando o sistema se encontra no seu ponto de energia mais elevada; também chamado de **intermediário do estado de transição**.

estado estacionário Em vias metabólicas celulares, a condição na qual a taxa de formação e de consumo de uma substância é igual, de modo que a sua concentração se mantém constante. (Figura 2-23)

estereoisômeros Dois compostos com fórmulas moleculares idênticas e cujos átomos estão ligados na mesma ordem, mas com arranjo espacial distinto. Nos *isômeros ópticos*, designados D e L, os átomos ligados ao **átomo de carbono assimétrico** estão arranjados como imagens especulares. *Isômeros geométricos* incluem as formas *cis* e *trans* de moléculas que contêm ligações duplas.

esteroides Grupo de hidrocarbonetos compostos por quatro anéis, incluindo o colesterol e moléculas relacionadas. Diversos hormônios importantes (p. ex., estrogênio e progesterona) são esteroides. *Esterois* são esteroides que contêm um ou mais grupamentos hidroxila. (Figura 10-8c)

estimuladores Sequência reguladora no DNA dos eucariotos que pode estar localizada a uma grande distância do gene que controla, ou mesmo dentro da sequência codificante. A ligação de proteínas específicas a um estimulador modula a taxa de transcrição do gene associado. (Figura 7-22)

estrutura Holliday Intermediário na recombinação de DNA com quatro fitas de DNA. (Figura 4-43)

estrutura primária Em proteínas, o arranjo linear (sequência) de aminoácidos em uma cadeia polipeptídica.

estrutura quaternária O número e a posição relativa das cadeias de polipeptídeos em proteínas multiméricas (compostas por múltiplas subunidades). (Figura 3-10b)

estrutura secundária Em proteínas, o enovelamento local da cadeia polipeptídica em estruturas regulares incluindo hélices α, folhas β e grampos β.

estrutura terciária Em proteínas, a forma geral tridimensional de uma cadeia polipeptídica estabilizada por múltiplas interações não covalentes entre cadeias laterais. (Figura 3-10a)

eucariotos Classe de organismos compostos por uma ou mais células contendo núcleo envolvido por membrana e por organelas, que constitui uma das três linhagens evolutivas distintas dos organismos modernos; também chamado *eucária*. Inclui todos os organismos, exceto os **vírus** e os **procariotos**. (Figura 1-1)

eucromatina Porção menos condensada da **cromatina** presente nos cromossomos interfásicos; inclui a maioria das regiões transcricionalmente ativas. Ver também **heterocromatina**. (Figura 6-33a)

exergônica Refere-se a reações e processos que possuem um ΔG negativo e por isso liberam **energia livre** à medida que progridem; oposto de **endergônica**.

exocitose Liberação de moléculas intracelulares (p. ex., hormônios, proteínas da matriz) contidas em uma vesícula ligada à membrana pela fusão da vesícula com a membrana plasmática da célula.

éxon Segmento de um gene eucariótico (ou de seu **transcrito primário**), o qual alcança o citoplasma como parte de uma molécula de mRNA maduro, rRNA ou tRNA. Ver também **Íntron**.

exossomo Complexo grande, contendo exonucleases que degradam os íntrons retirados por processamento e o pré-mRNA processado inadequadamente no núcleo ou mRNAs com cauda de poli(A) curta no citoplasma. (Figura 8-1)

exotérmica Refere-se a reações e processos que possuem alteração negativa na **entalpia**, ΔH, e, por isso, liberam calor quando procedem; oposto de **endotérmica**.

expressão gênica Processo global pelo qual a informação codificada por um gene é convertida em um **fenótipo** perceptível (modo mais comum de produção de uma proteína).

face citosólica A face de uma membrana celular voltada para o citosol. (Figura 10-5)

face exoplasmática A face de uma membrana celular voltada para fora do citosol. (Figura 10-5)

FAD (flavina adenina dinucleotídeo) Pequena molécula orgânica que funciona como carreador de elétrons que aceita dois elétrons de uma molécula doadora e dois H^+ de uma solução. (Figura 2-33b)

fagócito Qualquer célula que ingira e destrua patógenos e outros antígenos particulados. Os fagócitos primários são os neutrófilos, macrófagos e células dendríticas.

fagocitose Processo pelo qual partículas relativamente grandes (p. ex., células bacterianas) são internalizadas por certas células eucarióticas em um processo que envolve a remodelagem extensiva do citoesqueleto de actina; diferente do processo de **endocitose mediada por receptores**. (Figura 17-19)

família AAA ATPase Grupo de proteínas que acoplam a hidrólise do ATP com movimentos moleculares amplos, normalmente associados com o desenovelamento de substratos proteicos ou a desmontagem de complexos proteicos de múltiplas subunidades.

família de genes Grupo de genes que surgiu pela duplicação de um gene ancestral comum e posterior divergência em decorrência de pequenas mudanças na sequência de nucleotídeos. (Figura 6-26)

família de proteínas Conjunto de proteínas homólogas codificadas por uma **família de genes**.

família HER Grupo de receptores, pertencentes à classe dos **receptores de tirosina-cinases (RTK)**, que se ligam a membros da família das moléculas de sinalização do fator de crescimento epidermal (EGF) em humanos. A superexpressão da proteína HER2 está associada com alguns cânceres de mama. (Figura 16-7)

fase aberta de leitura (ORF) Região de uma sequência de DNA não interrompida por um códon de parada em uma das trincas da fase de leitura. Uma ORF que inicie com um códon de iniciação e se estenda por pelo menos 100 códons tem alta probabilidade de codificar uma proteína.

fase de leitura A sequência de trincas de nucleotídeos (**códons**) localizada a partir de um códon de início da tradução específico no mRNA, até o códon de parada. Algumas moléculas de mRNA podem ser traduzidas em diferentes polipeptídeos por sua leitura em duas fases de leitura distintas. (Figura 4-18)

fase M (mitótica) Ver **Ciclo celular**.

fase S (síntese) Ver **Ciclo celular**.

fases G_0, G_1, G_2 Ver **Ciclo celular**.

fator de crescimento Molécula polipeptídica extracelular que se liga a um receptor na superfície celular, ativando uma via de sinalização intracelular, levando, geralmente, à proliferação celular.

fator de crescimento beta transformador (TGFβ) Família de proteínas sinalizadoras secretadas que é utilizada no desenvolvimento da maioria dos tecidos na maioria ou todos animais. Membros da família TGFβ mais frequentemente são inibidores do crescimento e não estimuladores. Mutações nos componentes TGFβ de transdução de sinais estão relacionadas ao câncer em humanos, incluindo câncer de mama. (Figuras 16-27 e 16-28)

fator de crescimento epidermal (EGF – *epidermal growth factor*) Uma de uma família de proteínas sinalizadoras secretadas (a *família EGF*), utilizada no desenvolvimento da maioria dos tecidos, na maioria ou em todos os animais. Os sinais EGF são ligados pelos **receptores de tirosina-cinases**. As mutações nos componentes de transdução de sinal do EGF estão envolvidas no câncer humano, incluindo o câncer no cérebro. Ver **Família HER**.

fator de elongação (FE) Uma de um grupo de proteínas não ribossomais necessárias para a **tradução** continuada do mRNA (síntese proteica) após a iniciação. (Figura 4-25)

fator de iniciação (FI) Proteína de um grupo de proteínas não ribossomais; promove a associação apropriada dos ribossomos e do RNAm e é necessário para a iniciação da **tradução** (síntese de proteínas). (Figura 4-24)

fator de liberação Um dos dois tipos de proteínas não ribossômicas que reconhecem códons de terminação no mRNA e que promovem a liberação da cadeia polipeptídica completa, terminando o processo de tradução (síntese proteica). (Figura 4-27)

fator de transcrição Termo geral para qualquer proteína, diferente da RNA-polimerase, necessária para dar início ou regular a transcrição nas células eucarióticas. Fatores *gerais*, necessários para a transcrição de todos os genes, participam da formação do complexo de pré-iniciação da transcrição, próximo ao sítio de início. Fatores *específicos* estimulam (**ativadores**) ou inibem (**repressores**) a transcrição de genes específicos pela ligação à sequência reguladora dos genes.

fator promotor de maturação Complexo ciclina-CDK com a capacidade de induzir o processo de meiose quando injetado em oócitos dormentes em estágio G_2.

fator trófico Qualquer uma das numerosas proteínas de sinalização necessárias para a sobrevivência das células em organismos multicelulares; na ausência desses sinais, as células frequentemente sofrem "suicídio" por **apoptose**.

fatores de iniciação da tradução eucariótica (eIFs) Proteínas necessárias para iniciar a síntese proteica nas células eucarióticas. (Figura 4-24)

feixes contráteis Feixes de **actina** e **miosina** das células não musculares que funcionam na adesão celular (p. ex., *fibras de estresse*) ou no movimento celular (*anel contrátil* em células em divisão).

fenótipo As características físicas e fisiológicas detectáveis de uma célula ou organismo e que são determinadas pelo seu **genótipo**; também as características específicas associadas a um **alelo** em particular.

fermentação Conversão de parte da energia nas moléculas orgânicas de nutrientes como a glicose em ATP por meio de sua oxidação em moléculas orgânicas "lixo" dos produtos como ácido lático ou etanol, normalmente envolvendo a redução e oxidação cíclica simultânea de NAD^+/NADH.

feromônio Molécula sinalizadora liberada por um indivíduo e que pode alterar o comportamento ou a expressão gênica de outros indivíduos da mesma espécie. Os fatores de definição de gênero das leveduras **a** e α são exemplos bem estudados.

fibroblasto Tipo comum de células do tecido conectivo que secreta **colágeno** e outros componentes da **matriz extracelular**; migra e se prolifera durante a cicatrização dos ferimentos e em culturas de tecidos.

fibronectina Proteína abundante **multiadesiva da matriz** que ocorre em várias isoformas. Gerada por *splicing* alternativo em vários tipos de células. Liga-se a vários outros componentes da matriz extracelular e a receptores de adesão das integrinas. (Figura 20-32)

filamento intermediário Fibra do citoesqueleto (diâmetro de 10 nm) formada pela polimerização de subunidades de proteínas relacionadas, mas tecido-específicas, incluindo as **queratinas**, as **laminas** e os **neurofilamentos.** (Figura 18-47; Tabela 18-1)

FISH Ver **Hibridização *in situ* por fluorescência.**

fita líder Uma das duas fitas filhas de DNA formada na **forquilha de replicação** por meio da síntese contínua na direção 5' → 3'. A direção da síntese da fita líder é a mesma do movimento da forquilha de replicação. Ver também **fita descontínua.** (Figura 4-30)

fixação de carbono Ver **Ciclo de Calvin.**

flagelo Estrutura longa de locomoção (normalmente uma por célula) que se estende da superfície de algumas células eucarióticas (p. ex., **espermatozoides**), cuja batida propulsiona a célula pelo fluido do meio. Os flagelos bacterianos são menores e apresentam estrutura muito mais simples. Ver também **Axonema** e **Cílio.** (Figura 18-31)

flavina adenina dinucleotídeo Ver **FAD.**

flipase Proteína que facilita o movimento dos lipídeos de membrana de um folheto para outro da **bicamada fosfolipídica.** (Figura 11-15)

folha beta (β) Estrutura secundária plana nas proteínas criada por ligações de hidrogênio entre os átomos do esqueleto de duas cadeias polipeptídicas diferentes ou segmentos de uma única cadeia dobrada. (Figura 3-5)

força próton-motriz A energia equivalente ao gradiente de concentração de próton (H^+) e ao gradiente de potencial elétrico através de uma membrana; utilizada para mediar a síntese de ATP pela **ATP sintase**, o transporte de moléculas contra o seu gradiente de concentração e o movimento dos flagelos de bactérias. (Figura 12-2)

forquilha de replicação Região em formato de Y na fita dupla de DNA na qual as duas fitas filhas são separadas e replicadas durante a síntese de DNA; também chamada de *forquilha de crescimento.* (Figura 4-30)

fosfatase Enzima que remove um grupamento fosfato de um substrato por hidrólise. Fosfoproteínas fosfatases agem em conjunto com as proteínas-cinases para controlar a atividade de diversas proteínas celulares. (Figura 3-33)

fosfatases Cdc25 Proteína fosfatase que desfosforila CDKs na treonina 14 e tirosina 15, ativando as CDKs.

fosfoglicerídeos Derivados anfipáticos do glicerol-3-fosfato geralmente compostos por duas cadeias hidrofóbicas de ácidos graxos esterificados nos grupamentos hidroxila no glicerol e com um grupamento polar ligado ao fosfato; os lipídeos mais abundantes nas biomembranas. (Figuras 2-20 e 10-8a)

fosfoinositídeos Grupo de lipídeos ligados à membrana e que contêm derivados fosforilados de inositol; alguns atuam como **segundos mensageiros** em diversas vias de transdução de sinais. (Figuras 15-35 e 16-25)

fosfolipase Uma de muitas enzimas que clivam diversas ligações na extremidade hidrofílica dos **fosfolipídeos.** (Figura 10-12)

fosfolipase C Fosfolipase associada à membrana, ativada por $G_{\alpha q}$ ou $G_{\alpha o}$ e que cliva o lipídeo de membrana fosfatidilinositol 4,5-bifosfato para gerar os segundos mensageiros **DAG** e **IP_3**. (Figuras 15-35 e 15-36a)

fosfolipídeo A principal classe de lipídeos presente em biomembranas, incluindo **fosfoglicerídeos** e **esfingolipídeos.** (Figuras 10-8a, b e 2-20)

fosforilação A adição covalente de um grupamento fosfato a uma molécula como um açúcar ou uma proteína. A hidrólise de ATP geralmente acompanha a fosforilação, fornecendo energia para a realização da reação, e o grupamento fosfato adicionado covalentemente à molécula alvo. Enzimas que catalisam reações de fosforilação são chamadas de cinases.

fosforilação em nível de substrato Formação de ATP a partir de ADP e P_i catalisada por enzimas do citosol em reações que não dependem da força próton-motriz ou do oxigênio molecular.

fosforilação oxidativa A fosforilação de uma molécula de ADP em ATP, mediada pela transferência de elétrons para o oxigênio (O_2) em bactérias e em mitocôndrias. Envolve a geração de uma **força próton-motriz** durante o transporte de elétrons e seu posterior uso para mediar a síntese de ATP.

fotorrespiração Conjunto de reações que compete com a fixação de CO_2 (**ciclo de Calvin**) pelo consumo de ATP, gerando CO_2 e reduzindo a eficiência da fotossíntese. (Figura 12-47)

fotossíntese Série complexa de reações que ocorre em algumas bactérias e nos **cloroplastos** das plantas, na qual a energia da luz é utilizada para gerar carboidratos a partir de CO_2, geralmente com o consumo de H_2O e formação de O_2.

fotossistemas Complexos multiproteicos presentes em todos os organismos fotossintéticos, compostos com complexos de absorção de luz contendo **clorofila** e o centro de reação onde o **transporte de elétrons** ocorre. (Figura 12-44a)

fragmentos de Okazaki Fragmentos curtos (< 1.000 bases) de DNA fita simples formados durante a síntese da **fita descontínua** na replicação do DNA e rapidamente unidos pela DNA-ligase para formar uma fita contínua de DNA. (Figura 4-30)

fragmoplasto Em plantas, estrutura temporária formada durante a telófase, cujas membranas se tornam a membrana plasmática das células-filhas e cujo conteúdo se desenvolve em uma nova parede celular entre elas. (Figura 18-45)

fuso mitótico Estrutura temporária especializada, presente em células eucarióticas durante a mitose, responsável pela captura dos cromossomos e deslocamento em direção aos polos opostos da célula em divisão; também chamado de *aparato mitótico.* (Figura 18-37)

gameta Célula **haploide** especializada (tanto espermatozoide quanto óvulo em animais) produzida pela **meiose** das **células germinativas** precursoras; na reprodução sexuada, a união de um espermatozoide e de um óvulo inicia o desenvolvimento de um novo indivíduo.

gene Unidade física e funcional da hereditariedade que carrega a informação de uma geração para a próxima. Em termos moleculares, é a sequência inteira de DNA – incluindo os **éxons**, os **íntrons** e as **regiões de controle de transcrição** – necessária para a produção de um polipeptídeo funcional ou RNA. Ver também **unidade de transcrição.**

gene cuidador (*caretaker*) Qualquer gene que codifica uma proteína que ajude a proteger a integridade do genoma por sua participação no reparo do DNA danificado. A perda de função de um gene *caretaker* leva a taxas aumentadas de mutações e promove a carcinogênese.

gene repórter Gene que codifica uma proteína facilmente detectada (p. ex., β-galactosidase, luciferase). Genes repórteres são utilizados em diferentes tipos de experimentos para indicar a ativação de um promotor ao qual o gene repórter está ligado.

gene supressor de tumor Qualquer gene cuja proteína codificada iniba direta ou indiretamente a progressão do ciclo celular e cuja mutação de perda de função seja oncogênica. A herança de um único alelo mutante de um dos diversos genes supressores de tumor (p. ex., *RB*, *APC* e *BRCA1*) aumenta significativamente o risco de desenvolvimento de câncer colorretal e outros tipos de câncer. (Figuras 24-8 e 24-11)

genes de padronização Genes envolvidos no desenvolvimento de metazoários e que determinam a organização geral do animal, incluindo os principais eixos corporais e o padrão de segmentação.

genoma Informação genética total carregada por uma célula ou organismo.

genômica Análise comparativa das sequências genômicas completas de organismos diferentes e determinação dos padrões globais de expressão gênica; usada para avaliar as relações evolutivas entre as espécies e prever o número e os tipos gerais de RNAs produzidos por um organismo.

genótipo Constituição genética total de uma célula individual ou de um organismo, frequentemente com ênfase em determinados alelos em um ou mais *locus* específicos.

glia Células de suporte do tecido nervoso que, diferente dos neurônios, não conduzem impulsos elétricos; também chamadas de células gliais. Dos quatro tipos, as *células de Schwann* e os *oligodendrócitos* produzem **camadas de mielina**, os *astrócitos* funcionam na formação de **sinapses** e a *microglia* produz **fatores tróficos** e auxilia nas respostas imunes. (Figura 22-14)

glicogênio Polissacarídeo ramificado bastante extenso composto exclusivamente por unidades de glicose; é o principal carboidrato de armazenamento nos animais e se encontra principalmente no fígado e nas células musculares.

glicolipídeo Qualquer lipídeo ao qual uma cadeia curta de carboidrato está covalentemente ligada; geralmente encontrado na membrana plasmática.

glicólise Via metabólica em que açúcares são degradados anaerobicamente a lactato e piruvato, no citosol, com a produção de ATP. (Figura 12-3)

glicoproteína Qualquer proteína a que uma ou mais cadeias de oligossacarídeos está covalentemente ligada. A maioria das proteínas secretadas e muitas proteínas de membrana são glicoproteínas.

glicosaminoglicano (GAG) Polímero altamente carregado, longo e linear, de uma repetição de dissacarídeos, no qual vários resíduos muitas vezes são sulfatados. GAGs são os principais componentes da matriz extracelular, geralmente como componentes dos **proteoglicanos**. (Figuras 20-28)

glucagon Hormônio peptídico, produzido nas células das ilhotas do pâncreas, que ativa a conversão de glicogênio em glicose pelo fígado; age com a **insulina** para controlar os níveis de glicose no sangue.

GMP cíclico (GMPc) Um **segundo mensageiro** que abre os canais de cátion das células fibrosas e ativa a proteína-cinase G no músculo liso vascular e em outras células. (Figuras 15-8, 15-23 e 15-37)

gradiente de concentração Na biologia celular, diferença na concentração de uma substância em diferentes regiões de uma célula ou embrião, ou em lados diferentes de uma membrana celular.

gradiente eletroquímico A força motriz que determina a direção favorável energeticamente do transporte de um íon (ou molécula carregada) através da membrana. Representa a influência combinada do **gradiente de concentração** iônico através da membrana e do **potencial da membrana.**

grupamento R Porção de uma molécula, ou grupamento químico em uma molécula maior, ligada covalentemente como um apêndice do corpo principal ou núcleo da molécula. Em aminoácidos, o grupamento R corresponde à cadeia lateral ligada ao átomo de carbono alfa e que confere as características distintas de cada aminoácido.

grupamento sulfidrila (-SH) Grupamento substituinte presente no aminoácido cisteína e outras moléculas, formado por um átomo de hidrogênio ligado covalentemente a um átomo de enxofre; também chamado de *grupamento tiol.*

haploide Refere-se a um organismo ou célula que tem apenas um membro de cada par de **cromossomos homólogos** e, consequentemente, apenas uma cópia (**alelo**) de cada gene ou *locus* genético. Os gametas e células bacterianas são haploides. Ver também **Diploide.**

Hedgehog (Hh) Família de proteínas sinalizadoras secretadas, importantes reguladoras do desenvolvimento da maioria dos tecidos e órgãos em diversas espécies animais. As mutações nos componentes de transdução de sinal da Hh estão envolvidas em câncer humano e defeitos de nascença. O receptor é a proteína transmembrana Patched. (Figuras 16-31, 16-32 e 16-33)

helicase (1) Qualquer enzima que se move ao longo de uma dupla-hélice de DNA usando a energia liberada pela hidrólise de ATP para separar (desenrolar) as duas fitas; necessária para a replicação do DNA. (2) Atividade de certos fatores de iniciação que podem desenrolar as estruturas secundárias no mRNA durante o início da tradução.

hélice alfa (α) Estrutura secundária comum de proteínas na qual a sequência linear de aminoácidos é dobrada em espiral voltada para a direita, estabilizada por ligações de hidrogênio entre os grupamentos carboxila e amida no esqueleto. (Figura 3-4)

hélice-alça-hélice básica Ver **Hélice-alça-hélice básico.**

hélice-alça-hélice básico (bHLH, do inglês *basic helix-loop-helix*) **Motivo estrutural** conservado de ligação que consiste em duas α hélices conectadas por uma alça curta, encontrado em vários fatores de transcrição diméricos eucarióticos. (Figura 7-29d)

hélice-volta-hélice Motivo estrutural no qual duas hélices α estão conectadas por uma sequência curta de resíduos conectores, às vezes chamada de "alça". Motivos estruturais de hélice-volta-hélice/hélice-alça-hélice podem realizar várias funções, incluindo a ligação de cálcio e ligação de DNA.

heterocromatina Regiões da **cromatina** que permanecem altamente condensadas e transcricionalmente inativas durante a interfase. (Figura 6-33a)

heterozigoto Refere-se a uma célula ou organismo diploide que tem dois alelos diferentes de um determinado gene.

hexose **Monossacarídeo** de seis carbonos.

hialurano Grande **glicosaminoglicano (GAG)**, altamente hidratado, principal componente da matriz extracelular; também chamado *ácido hialurônico* ou *hialuronato.* Garante resistência, firmeza e lubrificação em vários tipos de tecidos conjuntivos. (Figura 20-28a)

hibridização de ácidos nucleicos Associação de duas fitas **complementares** de ácidos nucleicos para formar moléculas de fita dupla, que podem conter duas fitas de DNA, duas fitas de RNA ou uma fita de DNA e uma de RNA. Usado experimentalmente de várias maneiras para detectar sequências específicas de DNA ou RNA.

hibridização fluorescente *in situ* (**FISH**, do inglês *fluorescence in situ hibridization*) Qualquer das várias técnicas relacionadas para detecção de sequências específicas de DNA ou RNA em células e tecidos, por tratamento das amostras com **sondas** fluorescentes que hibridizam com a sequência de interesse e pela observação das amostras por microscopia de fluorescência.

hibridização *in situ* Qualquer técnica para a detecção de sequências específicas de DNA ou RNA em células e tecidos por tratamento das amostras com **sondas** de DNA ou RNA fita simples, que hibridizam à sequência de interesse. (Figura 5-28)

hibridoma Um **clone** de células híbridas que são imortais e produzem **anticorpos monoclonais**; formado pela fusão de uma célula B normal produtora de anticorpos com uma célula de mieloma. (Figura 9-6)

hidridização de ácidos nucleicos Ver **hibridização, ácido nucleico.**

hidrocarbono Qualquer composto contendo apenas átomos de carbono e hidrogênio.

hidrofílico Interage efetivamente com a água. Ver também **Polar.**

hidrofóbico Não interage efetivamente com a água; geralmente pouco solúvel ou insolúvel em água. Ver também **Apolar.**

hiperpolarização Aumento na magnitude do potencial elétrico da face citosólica que normalmente existe através da membrana plasmática e uma célula em repouso, resultando em um **potencial de membrana** mais negativo.

hipertônico Refere-se a uma solução externa cuja concentração de soluto é suficientemente alta para causar a saída da água das células devido à **osmose.**

hipotônico Refere-se a uma solução externa cuja concentração de soluto é suficientemente baixa para causar a entrada da água nas células devido à **osmose**.

histona Uma das várias proteínas pequenas, básicas, altamente conservadas, encontradas na **cromatina** de todas as células eucarióticas, que se associa com o DNA no **nucleossomo**. (Figura 6-29)

homeodomínio **Motivo estrutural** conservado de ligação ao DNA (hélice-volta-hélice) encontrado em muitos fatores de transcrição importantes no desenvolvimento.

homologia Similaridade em características (p. ex., sequências de proteínas e ácidos nucleicos ou a estrutura de um órgão) que reflete uma origem evolutiva comum. Proteínas ou genes que exibem homologia são chamados de homólogos. Em contrapartida, a *analogia* é uma semelhança na estrutura ou na função que não reflete origem evolutiva comum.

homólogos Cópias maternas e paternas de cada tipo morfológico de cromossomo presente em uma célula diploide.

homozigoto Refere-se a uma célula diploide ou organismo que tem dois **alelos** idênticos de um determinado gene.

hormônio Termo geral para qualquer substância extracelular que induz respostas específicas em células-alvo; especificamente, aquelas moléculas sinalizadoras que circulam no sangue e fazem a mediação da sinalização **endócrina**.

IgCAMs Família de **moléculas de adesão celular** que contém domínios múltiplos de imunoglobulinas (Ig) e fazem a mediação das interações célula-célula independente de Ca^{2+}. As IgCAMs são produzidas em vários tecidos e são componentes das **junções compactas**. (Figura 20-2)

ilhas CpG Regiões de ~100 a ~1.000 pb no DNA de vertebrados com alta e incomum incidência da sequência CG. Muitas ilhas CpG funcionam como promotoras para o início da transcrição, normalmente em ambas as direções.

imunoglobulina (Ig) Qualquer uma das proteínas do soro produzida pelas **células B** totalmente diferenciada que pode funcionar como anticorpo; também ocorre na forma ligada à membrana como parte do **receptor de células B**. As imunoglobulinas são divididas em cinco principais classes (*isotipos*) que exibem propriedades funcionais distintas. Ver também **Anticorpo**. (Figuras 23-8 e 23-9)

imunotransferência Técnica na qual proteínas separadas por eletroforese são ligadas a nitrocelulose ou outra membrana e proteínas específicas são então detectadas pelo uso de anticorpos marcados; também chamado de *Western blotting*.

inflamação Resposta localizada a dano ou infecção que leva à ativação das células do sistema imune e seu recrutamento para o local afetado; marcado pelos quatro sinais clássicos, rubor, edema, calor e dor. (Figura 23-6)

inibição lateral Importante processo de desenvolvimento mediado por sinais que resulta no desenvolvimento diferenciado de células equivalentes ou quase equivalente adjacentes.

inibidor de CDK Liga-se ao complexo ciclina-CDK e inibe sua atividade.

iniciação da transcrição Processo pelo qual uma RNA-polimerase separa as fitas de DNA e sintetiza a primeira ligação fosfodiéster de uma cadeia de RNA conforme moldado pela fita de DNA que entra no sítio ativo da RNA-polimerase. (Figura 4-11)

iniciador Sequência de DNA que especifica para o início da transcrição dentro da sequência.

INÍCIO Ponto do ciclo celular no qual a célula está irreversivelmente comprometida com a divisão celular e não pode mais retornar ao estado G_1.

inositol 1,4,5-trifosfato (IP_3) **Segundo mensageiro** intracelular produzido pela clivagem do lipídeo de membrana fosfatidilinositol 4,5-bifosfato em resposta ao estímulo de certos receptores da superfície celular. O IP_3, que ativa a liberação do Ca^{2+} armazenado no retículo endoplasmático, é um dos vários **fosfoinositídeos** biologicamente ativos. (Figura 15-8; Tabela 15-3)

insaturada Que se refere a um composto (p. e., ácidos graxos) no qual uma das ligações carbono-carbono é uma ligação dupla ou tripla.

insulina Hormônio proteico produzido nas células β das ilhotas do pâncreas que estimula a captação da glicose por músculos e células adiposas; age com o **glucagon** para ajudar a regular os níveis de glicose no sangue. A insulina também funciona como fator de crescimento para muitas células.

integrinas Grande família de proteínas heterodiméricas transmembrana que funcionam como receptores de adesão, promovendo adesão de células com a matriz, ou como moléculas de adesão a células, promovendo a adesão entre células. (Tabela 20-3)

interação de van der Waals Uma **interação não covalente** fraca decorrente da distribuição levemente assimétrica de elétrons ao redor dos átomos (dipolos). (Figura 2-10)

interação iônica Uma **interação não covalente** entre um íon carregado positivamente (cátion) e um carregado negativamente (ânion); frequentemente chamada de *ligação iônica*.

interação não covalente Qualquer interação química relativamente fraca que não envolva o compartilhamento de elétrons. (Figuras 2-6 e 2-12)

interfase Período longo do ciclo celular, incluindo as fases G_1, S e G_2, entre uma fase M (mitótica) e a próxima. (Figuras 1-16 e 19-1)

interferons (IFNs) Pequeno grupo de citocinas que se ligam aos receptores de superfície celular das células-alvo, induzindo mudanças na expressão gênica que conduzem a um estado antiviral ou a outras respostas celulares importantes na resposta imune.

interleucinas (ILs) Grande grupo de citocinas, algumas liberadas em resposta a inflamação, que promovem a proliferação e o funcionamento das células T e células B produtoras de anticorpos do sistema imune.

interneurônios Nervos que recebem sinais de outras células nervosas e que transmitem sinais para outras células nervosas.

íntron Parte de um **transcrito primário** (ou do DNA que o codifica) que é removido por *splicing* durante o processamento do RNA e não é incluído no mRNA, rRNA ou tRNA maduros e funcionais.

IP3 Ver **Inositol 1,4,5-trifosfato.**

isoforma Uma de muitas formas de uma mesma proteína, cujas sequências de aminoácidos diferem ligeiramente e cujas atividades gerais sejam similares. Isoformas podem ser codificadas por genes distintos ou por um único gene cujo transcrito primário sofra processo de **processamento alternativo.**

isotônico Refere-se a uma solução cuja concentração de soluto é tal que não existe movimento de água para dentro ou para fora das células.

junção compacta Tipo de junção célula-célula entre as membranas plasmáticas de células epiteliais adjacentes que previne a difusão de macromoléculas e de diversas pequenas moléculas e íons por meio do espaço entre as células, bem como a difusão de componentes da membrana entre as regiões apical e basolateral da membrana plasmática. (Figura 20-16)

junção tipo fenda (*gap*) Canal revestido por proteínas conectando os citoplasmas de células animais adjacentes, que permite a passagem de íons e de pequenas moléculas entre as células. Ver também **Plasmodesmos.** (Figura 20-20)

junções celulares Regiões especializadas na superfície celular através das quais as células se unem umas às outras ou à matriz extracelular. (Figura 20-10; Tabela 20-2)

junções de ancoramento Regiões especializadas na superfície celular contendo **moléculas de adesão de células** ou **receptores de adesão**; incluem *junções aderentes* e *desmossomos*, que fazem a mediação da adesão entre as células e os *hemidesmossomos*, que fazem a mediação da adesão entre a célula e a matriz. (Figura 20-13 e 20-15)

K_m Parâmetro que descreve a afinidade de uma enzima pelo seu substrato e equivale à concentração de substrato que gera a metade da velocidade máxima da reação; também chamada de *constante de Michaelis*. Um parâmetro similar descreve a afinidade de uma proteína transportadora pela molécula que transporta, ou a afinidade de um receptor pelo seu ligante. (Figura 3-22)

lâmina basal Rede delgada, semelhante a uma folha, de componentes da matriz extracelular que sustenta a maioria do epitélio animal e outros grupos organizados de células (p. ex., músculo), separando-os do tecido conectivo e outras células.

lâmina nuclear Rede fibrosa na superfície interna do envelope nuclear, composta por filamentos intermediários de lamina. (Figura 19-22)

laminas Grupo de proteínas pertencente aos **filamentos intermediários** e que formam uma rede fibrosa, a **lâmina nuclear**, na superfície interna do envelope nuclear.

laminina Grande proteína de matriz, heterotrimérica e multiadesiva, encontrada em toda a **lâmina basal**. (Figura 20-23)

lateral Ver **Basolateral**.

lectina Qualquer proteína que se ligue com alta afinidade a açúcares específicos. Lectinas auxiliam no processo de enovelamento adequado de algumas glicoproteínas no retículo endoplasmático e podem ser utilizadas na cromatografia por afinidade para a purificação de glicoproteínas, ou como reagentes para a sua detecção *in situ*.

ligação Em genética, a tendência de dois diferentes *locus* no mesmo cromossomo serem herdados em conjunto. Quanto mais próximos estiverem os dois *locus*, menor será a frequência de **recombinação** entre eles e maior será a sua ligação.

ligação anfitélica Descreve a ligação correta dos cromossomos ao fuso mitótico, onde cinetócoros irmãos se ligam aos microtúbulos que emanam a partir dos polos opostos. (Figura 19-25)

ligação covalente Força química estável que mantém unidos os átomos em uma molécula por compartilhamento de um ou mais pares de elétrons. Ver também **Interação não covalente**. (Figuras 2-2 e 2-6)

ligação de alta energia Ligação covalente que libera grande quantidade de energia, quando hidrolisada sob as condições intracelulares normais. Exemplos incluem ligações fosfoanidrido no ATP, a ligação tioéster na acetil CoA e várias ligações éster fosfato.

ligação de extremidades não homólogas Via de reparo de quebras na fita dupla de DNA na qual as extremidades rompidas são ligadas diretamente sem a necessidade de um molde homólogo.

ligação de hidrogênio Uma **interação não covalente** entre um átomo (geralmente oxigênio ou nitrogênio) carregando carga negativa parcial e um átomo de hidrogênio carregando carga positiva parcial. Importante na estabilização da conformação de proteínas e na formação dos **pares de bases** entre as fitas de ácidos nucleicos. (Figura 2-8)

ligação fosfoanidrido Tipo de **ligação de alta energia** formada entre dois grupamentos fosfato, tais como os átomos de fosfato γ e β e os átomos de fosfato β e α na molécula de ATP. (Figura 2-31)

ligação fosfodiéster Ligação química entre dois nucleotídeos adjacentes no DNA ou RNA; composta por duas ligações fosfoéster, uma na porção 5' do fosfato e outra na porção 3'. (Figura 4-2)

ligação glicosídica A ligação covalente entre dois resíduos de monossacarídeos, formada quando um átomo de carbono em um açúcar reage com um grupamento hidroxila no segundo açúcar, com a perda de uma molécula de água (desidratação). (Figura 2-13)

ligação merotélica Indicação de que um único cinetócoro se liga aos microtúbulos oriundos dos dois fusos de polos opostos.

ligação monotélica Indica que apenas um par de cinetócoros das cromátides-irmãs está ligado aos microtúbulos.

ligação peptídica A ligação amida covalente entre aminoácido formada entre o grupamento amino de um aminoácido e o grupamento carboxila de outro aminoácido com a liberação de uma molécula de água (desidratação). (Figura 2-13)

ligação sintélica Indica que os cinetócoros do par de **cromátides-irmãs** está ligado aos microtúbulos oriundos do mesmo polo.

ligante Qualquer molécula, distinta do **substrato** de uma enzima, que se ligue com alta afinidade e de maneira específica a uma macromolécula, geralmente, uma proteína, formando um complexo macromolécula-ligante.

linfócitos Duas classes de leucócitos, capazes de reconhecer moléculas estranhas (**antígenos**) e de mediar respostas imunes. Linfócitos B (células B) são responsáveis pela produção de anticorpos; linfócitos T (células T) são responsáveis pela destruição de células infectadas por vírus e por bactérias, células estranhas e células cancerígenas.

linhagem celular População de células em cultura, de origem vegetal ou animal, que sofreu alteração genética, permitindo-a crescer indefinidamente. (Figura 9-1b)

lipídeo Qualquer molécula orgânica pouco solúvel ou praticamente insolúvel em água, mas que seja solúvel em solventes orgânicos apolares. As principais classes incluem os **ácidos graxos**, fosfolipídeos, **esteroides** e **triglicerídeos**.

lipoproteína de baixa densidade (LDL) Classe de **lipoproteínas** que contém apolipopoteína B-100, o principal transportador de colesterol na forma de ésteres de colesterol entre os tecidos, especialmente no fígado. (Figura 14-27)

lipoproteína Qualquer complexo grande formado por proteína solúvel em água e lipídeos e que atue na transferência de lipídeos pelo corpo. Ver também **Lipoproteína de baixa densidade**, do inglês *low-density lipoprotein* (LDL).

lipossomo Estrutura artificial esférica de **bicamada de fosfolipídeos** com interior aquoso que se forma *in vitro* a partir de fosfolipídeos e que pode conter proteínas de membrana. (Figura 10-3c)

lise Destruição de uma célula pela ruptura da membrana plasmática e liberação do seu conteúdo.

lisogenia Fenômeno por meio do qual o DNA de um vírus bacteriano (bacteriófago) é incorporado ao genoma da célula hospedeira e é replicado juntamente com o DNA bacteriano, mas não é expresso. A ativação posterior leva à formação de novas partículas virais, causando eventualmente a lise da célula.

lisossomo Pequena organela com pH interno entre 4 e 5; contém enzimas hidrolíticas e atua na degradação de matéria internalizada por meio de endocitose e de componentes celulares internalizados por autofagia. (Figuras 9-12 e 9-32)

longas repetições terminais (LTRs) Sequências repetidas, de mesmo sentido, contendo até 600 pares de bases, adjacentes à região codificante do DNA retroviral integrado e aos **retrotransposons** virais.

macrófagos Leucócitos fagocíticos capazes de detectar uma ampla gama de padrões de marcadores de patógenos por meio dos **receptores semelhantes ao Toll**. Atuam como **células apresentadoras de antígenos**, sendo a principal fonte de **citocinas**.

macromolécula Qualquer molécula grande, geralmente polimérica (p. ex., proteína, ácidos nucleicos, polissacarídeos) com massa molecular maior que algumas centenas de daltons.

maligno Refere-se a tumores ou a células de tumores capazes de invadir o tecido normal adjacente e/ou sofrer **metástase**. Ver também **Benigno**.

mão EF Tipo de **motivo estrutural** hélice-alça-hélice que ocorre em várias proteínas de ligação ao Ca^{2+}, como **calmodulina**. (Figura 3-9b)

MAP cinase Qualquer membro da família das proteínas-cinases ativado em resposta ao estímulo celular desencadeado por diferentes fatores de crescimento e que medeia as respostas celulares por meio da fosforilação de fatores de transcrição específicos e de outras proteínas alvo. (Figuras 16-21 e 16-22)

marcação fluorescente Técnica geral para visualização dos componentes celulares pelo tratamento das células e tecidos com um agente marcado por corante fluorescente (p. ex., anticorpo) o qual se liga especificamente a um componente de interesse e observação das amostras por microscopia de fluorescência.

marcadores moleculares com base em DNA Sequências de DNA que podem ser variáveis entre os indivíduos (*polimorfismos de DNA*) de uma mesma espécie e que são úteis nos estudos de ligação gênica; incluem SNPs e SSRs.

massa celular interna (MCI) Parte de um embrião jovem que formará o próprio embrião e não os tecidos extraembrionários, incluindo a placenta.

material pericentriolar Material amorfo observado em microscopia eletrônica de secção fina, circundando os centríolos nas células animais. O material pericentriolar contém diversos componentes, incluindo o complexo de anel de gama tubulinas (gama-TuRC, do inglês *gamma-tubulin ring complex*), que promove a nucleação na formação dos microtúbulos. (Figura 18-6)

matriz extracelular Uma trama, geralmente insolúvel, de proteínas e polissacarídeos secretadas pelas células para os espaços entre elas. Fornece suporte estrutural aos tecidos e pode afetar o desenvolvimento e as funções bioquímicas das células. (Tabela 20-1)

mecanismo de retroalimentação negativa Processo no qual o produto final de uma via inibe a sua própria produção.

mecanismo de retroalimentação positiva Processo no qual o produto final de uma via promove a sua própria produção.

mediador Grande complexo de múltiplas proteínas que compõe uma ponte molecular entre os ativadores transcricionais ligados a um **estimulador** e a RNA-polimerase II ligada a um **promotor**; atua como um coativador no estímulo da transcrição. (Figuras 7-38 e 7-39)

meiose Em eucariotos, um tipo especial de divisão celular que ocorre durante a maturação das células germinativas; compreende duas divisões nucleares e celulares sucessivas com apenas um ciclo de replicação do DNA. Resulta na produção de quatro células haploides geneticamente não equivalentes (**gametas**) a partir de uma célula inicial diploide. (Figura 5-3)

membrana plasmática A membrana que delimita uma célula e que separa a célula do ambiente externo; formada por uma **bicamada de fosfolipídeos** e lipídeos e proteínas associadas à membrana. (Figuras 9-32, 10-1 e 10-5)

memória A capacidade do sistema imune já desafiado por um antígeno em responder mais rapidamente a uma nova exposição ao mesmo antígeno estimulante.

meristema Grupo organizado de células não diferenciadas e em divisão mantidas nas extremidades dos ramos e raízes de plantas. Todas as estruturas adultas são derivadas dos meristemas.

mesênquima Tecido conectivo embrionário imaturo, composto por células com baixo grau de organização e ligação, derivado tanto da **mesoderme** quanto da **ectoderme** em animais.

mesoderme A camada do meio das três camadas iniciais de um embrião animal, localizada entre a ectoderme e a endoderme; dá origem à notocorda, ao tecido conectivo, aos músculos, ao sangue e a outros tecidos.

metáfase Estágio da mitose no qual os cromossomos condensados estão alinhados e equidistantes entre os polos do fuso mitótico, mas ainda não iniciaram a segregação em direção aos polos. (Figura 18-36)

metaloproteases da matriz Metaloproteases da matriz (MMPs) são enzimas proteolíticas que apresentam o metal zinco nos seus sítios ativos. Exercem suas funções no espaço extracelular, onde clivam proteínas da matriz extracelular e, em alguns casos, outras proteínas (p. ex., alguns receptores de superfície celular).

metástase Disseminação das células cancerígenas a partir do seu local de origem e estabelecimento em áreas de crescimento secundário.

metazoários Subgrupo do reino animal que inclui todos os animais multicelulares com tecidos diferenciados, como nervos e músculos.

MHC Ver **Complexo maior de histocompatibilidade.**

micela Agregado esférico de fosfolipídeos ou outras moléculas anfipáticas, solúvel em água, que se forma espontaneamente em soluções aquosas. (Figura 10-3c)

micro-RNA Ver **miRNA.**

microarranjo de DNA Conjunto ordenado de milhares de sequências diferentes de nucleotídeos arranjados em uma lâmina microscópica ou em outra superfície sólida; pode ser usado para determinar padrões de expressão gênica em diferentes tipos celulares ou em um tipo celular específico em diferentes estágios do desenvolvimento ou sob diferentes condições. (Figuras 5-29 e 5-30)

microfilamento Fibra do citoesqueleto (de aproximadamente 7 nm de diâmetro) formada a partir da polimerização de moléculas globulares (G) monoméricas de **actina**; também chamado de *filamento de actina*. Microfilamentos desempenham um papel importante na contração muscular, citocinese, movimento celular e outras funções e estruturas celulares. (Figura 17-4)

microtúbulo Fibra do citoesqueleto (aproximadamente 25 nm de diâmetro) formada pela polimerização de monômeros de α e β **tubulina** e que apresenta polaridade estrutural e funcional. Microtúbulos são importantes componentes dos cílios, flagelos, do fuso mitótico e de outras estruturas celulares. (Figuras 18-2 e 18-3)

microvilosidade Pequena projeção na superfície de uma célula animal, recoberta por membrana, e que apresenta um núcleo de filamentos de actina. Diversas microvilosidades estão presentes na superfície absortiva das células do epitélio intestinal, aumentando a área superficial para o transporte de nutrientes. (Figuras 17-4 e 20-10)

miofribrilas Estruturas longas e finas no interior do citoplasma de células musculares, formadas por uma sequência repetida linear de **sarcômeros** compostos por filamentos espessos (**miosina**) e filamentos finos (**actina**). (Figura 17-31)

miosina Classe de **proteínas motoras** com atividade ATPase estimulada por actina. A miosina se desloca ao longo de **microfilamentos** de actina durante a contração muscular e citocinese e também controla o transporte de vesículas. (Figura 17-22)

miRNA (microRNA) Qualquer um dos diversos RNAs pequenos e endógenos das células, com 20 a 30 nucleotídeos de comprimento, processados para formar regiões de fita dupla nas estruturas secundárias em grampo nas moléculas longas de RNA precursor. Uma fita simples de miRNA maduro se associa com diversas proteínas para formar um complexo de silenciamento induzido por RNA (**RISC**) que inibe a tradução de um mRNA alvo, ao qual o miRNA se hibridiza de modo incompleto. Diversos miRNA devem se hibridizar a um único mRNA para inibir a sua tradução. Ver também **siRNA.** (Figuras 8-25a e 8-26)

mitocôndria Grande organela delimitada por duas membranas em bicamada de fosfolipídeos; contêm DNA e realiza **fosforilação oxidativa**, gerando, portanto, a maior parte do ATP nas células eucarióticas. (Figuras 9-33c e 12-6)

mitógeno Molécula extracelular, como fatores de crescimento, que promove a proliferação celular.

mitose Nas células eucarióticas, processo no qual o núcleo se divide, gerando dois núcleos geneticamente equivalentes com número diploide de cromossomos. Ver também **Citocinese** e **Meiose.** (Figura 18-36)

molécula sinalizadora Termo geral para qualquer molécula extracelular ou intracelular envolvida na mediação da resposta de uma célula ao seu ambiente externo ou a outras células.

moléculas de adesão celular (CAMs, do inglês *cell-adhesion molecules*) Proteínas na membrana plasmática das células que ligam proteínas similares em outras células, fazendo a mediação da adesão entre células. Quatro classes principais de CAMs incluem as **caderinas, IgCAMs, integrinas** e **selectinas.** (Figuras 20-1 e 20-2)

moléculas MHC Glicoproteínas que apresentam peptídeos derivados de proteínas não próprias (e próprias) na superfície das células e que são necessárias para a apresentação de antígenos às **células T.** Moléculas de *classe I* são expressas de modo constitutivo por quase todas as células nucleadas; moléculas de *classe II* são expressas por células apresentadoras de antígenos. (Figuras 23-21 e 23-22)

momento dipolo Medida quantitativa da extensão de separação de carga, ou força, de um dipolo, que para uma ligação química é o produto da carga parcial em cada átomo e a distância entre os dois átomos.

monômero Qualquer molécula pequena que possa se ligar quimicamente a outras moléculas do mesmo tipo para formar um **polímero**. Exemplos incluem aminoácidos, nucleotídeos e monossacarídeos.

monossacarídeo Açúcar simples, com a fórmula $(CH_2O)_n$, onde n = 3-7.

morte celular programada Ver **Apoptose**.

motivo estrutural Combinação específica de duas ou mais estruturas secundárias formando uma estrutura tridimensional que se repete em diversas proteínas e que, frequentemente, mas não sempre, está associada a uma função específica.

mRNA (RNA mensageiro) Qualquer RNA que determine a ordem de aminoácidos de uma proteína (i.e., a sua estrutura primária). É gerado por meio da **transcrição** do DNA pela RNA-polimerase. Em eucariotos, o produto inicial de RNA (transcrito primário) sofre processamento para dar origem ao mRNA funcional. Ver também **tradução**. (Figura 4-15)

mRNP exportador Proteína heterodimérica que se liga a partículas de ribonucleoproteínas contendo mRNA e que direciona a sua exportação do núcleo para o citoplasma por meio da interação transitória com **nucleoporinas** no complexo do poro nuclear. (Figura 8-22)

MTOC Do inglês *microtubule-organizing center*, centro organizador de microtúbulos. Termo geral para qualquer estrutura (p. e., centrossomo, fuso do polo, corpúsculo basal) que organiza os microtúbulos em uma célula. (Figura 18-5)

multimérica Para proteínas, molécula que contém diversas cadeias polipeptídicas (ou subunidades).

MuSK Receptor tirosina-cinase localizado na membrana plasmática do miotubo e que induz o agrupamento de receptores de acetilcolina, além de atrair a extremidade dos axônios de neurônios motores em crescimento.

mutação Em genética, alteração permanente e hereditária na sequência de nucleotídeos de um cromossomo, geralmente em um único gene; costuma causar alteração na função do produto do gene.

mutação pontual Alteração em um único nucleotídeo do DNA, especialmente em uma área de codificação de uma proteína; pode resultar na formação de um códon que codifique um aminoácido distinto ou um códon de terminação. A adição ou deleção de um único nucleotídeo irá acarretar alteração na **fase de leitura**.

mutação sensível à temperatura Mutação que gera um fenótipo tipo selvagem em uma temperatura (a temperatura permissiva) e um fenótipo mutante em outra temperatura (a temperatura não permissiva). Este tipo de mutação é especialmente útil na identificação de genes essenciais à vida. (Figura 5-6)

mutagênico Agente químico ou físico que induz mutações.

Na^+/K^+ATPase Bomba de íons da classe-P, presente na membrana plasmática de todas as células animais, a qual acopla a hidrólise de uma molécula de ATP à exportação de íons Na^+ e à importação de íons K^+; responsável pela manutenção da concentração intracelular normal de Na^+ (baixa) e K^+ (alta) nas células animais; comumente chamada de *bomba Na^+/K^+*. (Figura 11-13)

NAD^+ (nicotinamida adenina dinucleotídeo) Pequena molécula orgânica que atua como transportador de elétrons, aceitando dois elétrons de uma molécula doadora e um H^+ da solução. (Figura 2-33a)

$NADP^+$ Do inglês *nicotinamide adenine dinucleotide phosphate*, ou nicotinamida adenina dinucleotídeo fosfato. Forma fosforilada do **NAD^+**; muito usada como carreador de elétrons nas vias biossintéticas e durante a fotossíntese.

necrose Morte celular resultante de tecido danificado ou outra patologia; geralmente marcada pelo inchaço e rompimento das células, com liberação de seus componentes. Diferente de **apoptose**.

neurofilamentos (NFs) Grupo de proteínas de **filamentos intermediários** encontrado apenas em neurônios, que determina a estrutura dos axônios e a velocidade de transmissão de potenciais de ação ao longo dos axônios. (Figura 18-2b)

neurônio (células nervosas) Qualquer célula do sistema nervoso condutora de impulso. Um neurônio típico contém um corpo celular, vários processos ramificados e curtos (**dendritos**) e um processo longo (**axônio**). (Figura 22-1)

neurônios aferentes Nervos que transmitem sinais, a partir de tecidos periféricos, ao sistema nervoso central.

neurônios eferentes Nervos que transmitem sinais a partir do sistema nervoso central para os tecidos periféricos, como músculos e células endócrinas.

neurotransmissor Molécula sinalizadora extracelular liberada pelo neurônio pré-sináptico em uma **sinapse** química, transmitindo o sinal para a célula pós-sináptica. A resposta transmitida por um neurotransmissor, tanto excitatória quanto inibitória, é determinada pelo seu receptor na célula pós-sináptica. (Figuras 22-18 e 22-19)

neurotrofinas Família de **fatores tróficos** relacionados estrutural e funcionalmente e que se ligam a receptores denominados Trks e são necessários para a sobrevivência de neurônios; inclui fatores de crescimento de neurônios (NGF, do inglês *nerve growth factor*) e fatores neurotróficos derivados do cérebro (BDNF, do inglês *brain-derived neurotrophic factor*).

neutrófilos Leucócitos fagocíticos que, atraídos aos locais de lesões tecidual, migram para esses tecidos. Uma vez ativados, os neutrófilos secretam diversas quimiocinas, citocinas, enzimas de degradação de bactérias (p. ex., lisozimas) e outros produtos que contribuem para a **inflamação** e ajudam a eliminar patógenos invasores.

nicho de células-tronco Conjunto de células, matrizes extracelulare, e hormônios que circunda uma célula-tronco e mantém as suas propriedades típicas de célula-tronco.

nicotinamida adenina dinucleotídeo Ver **NAD^+**.

nocaute gênico Inativação seletiva de um gene pela sua substituição por um alelo não funcional (interrompido) em um organismo até então normal.

nocaute gênico Ver **Nocaute de gene**.

nociceptor Sensor mecânico que responde à dor associada a danos nos tecidos do corpo causada por trauma mecânico, calor, eletricidade ou compostos químicos tóxicos.

Northern blotting Técnica para detecção de RNAs específicos, separados por eletroforese, pela hibridização a uma **sonda** de DNA marcada. Ver também ***Southern blotting***. (Figura 5-27)

núcleo Grande organela ligada à membrana das células eucarióticas que contém o DNA organizado dentro dos cromossomos; a síntese e o processamento do RNA e a montagem dos ribossomos ocorrem no núcleo.

nucleocapsídeo Um **capsídeo** viral e o ácido nucleico por ele delimitado.

nucléolo Grande estrutura no núcleo das células eucarióticas onde ocorre a síntese e o processamento de rRNA e são montadas as subunidades ribossomais. (Figura 6-33a)

nucleoporinas Grande grupo de proteínas que formam o **complexo do poro nuclear**. Uma classe (**nucleoporinas-FG**) participa em exportação e importação nucleares.

nucleoporinas-FG Proteínas na superfície interna do complexo do poro nuclear com um domínio globular que forma parte da estrutura do poro e um domínio helicoidal randômico de aminoácidos hidrofílicos pontuados por repetições curtas ricas em fenilalanina e glicina. (Figura 8-20)

nucleosídeo Pequena molécula composta por uma base de **purina** ou **pirimidina** ligada a uma pentose (ribose ou desoxirribose). (Tabela 2-3)

nucleossomo Unidade estrutural da **cromatina**, consistindo em um centro de **histonas** em forma de disco, ao redor do qual um segmento de DNA de 147 pb está enrolado. (Figura 6-29)

nucleotídeo Um **nucleosídeo** com um ou mais grupamentos fosfato ligados por uma ligação éster à porção da pentose, geralmente por meio do átomo de carbono 5'. O DNA e o RNA são polímeros de nucleotídeos contendo desoxirribose e ribose, respectivamente. (Figura 2-16 e Tabela 2-3)

oligonucleotídeo iniciador Sequência curta de ácidos nucleicos contendo um grupamento 3'-hidroxila livre e que forma **pares de bases** com a fita-molde complementar e atua como ponto de início para a adição de nucleotídeos para a cópia da fita-molde.

oligopeptídeo Pequeno polímero linear de tamanho médio composto por aminoácidos conectados por meio de ligações peptídicas. O termo *peptídeo* e *oligopeptídeo* são frequentemente utilizados como sinônimos.

oligossacarídeo ligado ao *N* Cadeia ramificada de oligossacarídeo ligado ao grupamento da cadeia lateral de um resíduo de asparagina em uma glicoproteína. Ver também **Oligossacarídeo ligado ao** O.

oligossacarídeo ligado ao *O* Cadeias de oligossacarídeos ligadas ao grupamento hidroxila da cadeia lateral do resíduo de serina ou de treonina nas glicoproteínas. Ver também **Oligossacarídeo ligado ao** *N*.

oncogene Gene cujo produto está envolvido tanto na transformação de células em cultura quanto na indução do câncer em animais. Geralmente é a forma mutante do gene normal (**proto-oncogene**) que codifica uma proteína envolvida no controle do crescimento ou divisão da célula. (Figura 24-11)

oncoproteína Proteína codificada por um **oncogene** e que induz proliferação celular anormal; pode ser uma forma mutante não regulada de uma proteína normal ou uma proteína normal produzida em excesso ou no mesmo ou lugar errado em um organismo.

operador Sequência curta de DNA no genoma de uma bactéria ou bacteriófago que se liga a uma proteína repressora que controla a transcrição de um gene adjacente. (Figura 7-3)

óperon No DNA bacteriano, conjunto de genes contínuos transcritos a partir de um **promotor** e que dá origem a uma molécula de mRNA que contém as sequências codificadoras de múltiplas proteínas. (Figura 4-13a)

organela Qualquer estrutura subcelular delimitada por membrana e observada em células eucarióticas. (Figuras 1-12b, 9-32 e 9-33)

organismo-modelo Espécie não humana utilizada em estudos de genes, proteínas e funções celulares. Organismos-modelos são escolhidos sob a premissa de que as descobertas realizadas por meio de organismos-modelos fornecerão informações acerca de outros organismos.

origem de replicação Segmento único de DNA presente no genomas dos organismos, local onde se inicia a replicação do DNA. Cromossomos de eucariotos contêm múltiplas origens, enquanto cromossomos de bactérias e plasmídeos geralmente apresentam apenas uma.

osmose Movimento líquido de água através de uma membrana semipermeável (permeável à água mas não ao soluto) de uma solução com menor concentração de soluto para uma solução com maior concentração de soluto. (Figura 11-6)

oxidação aeróbia Metabolismo, dependente de O_2, de açúcares e ácidos graxos em CO_2 e H_2O, acoplado à síntese de ATP.

oxidação Perda de elétrons de um átomo ou molécula quando um átomo de hidrogênio é removido de uma molécula ou um átomo de oxigênio é adicionado; o oposto de **redução**.

parácrino Refere-se ao mecanismo de sinalização no qual a célula-alvo responde a uma molécula sinalizadora (p. ex., fator de crescimento ou neurotransmissor) produzida por uma célula, ou células, próxima(s) que atinge a célula-alvo por difusão.

parede celular Matriz extracelular rígida, especializada, que se encontra próxima à membrana plasmática, protegendo a célula e mantendo sua forma; proeminente na maioria dos fungos, plantas e procariotos, mas ausente na maioria dos animais multicelulares. (Figura 20-40)

pares de base Associação de dois nucleotídeos complementares em uma molécula de DNA ou RNA estabilizada pelas ligações de hidrogênio entre suas bases componentes. Adenina forma par com timina ou uracila (A·T, A·U) e guanina forma par com citosina (G·C). (Figura 4-3b)

partícula de reconhecimento de sinal Partícula de ribonucleoproteína do citosol que se liga à **sequência sinal do retículo endoplasmático** em uma proteína nascente e direciona o complexo cadeia nascente/ribossomo para a membrana do retículo endoplasmático, onde a síntese da proteína a sua translocação para o retículo endoplasmático são completadas. (Figura 13-5)

patch clamping Técnica para a determinação do fluxo de íons através de um único canal iônico ou através da membrana de toda uma célula por meio do uso de uma micropipeta cuja ponta está em contato com uma pequena porção da membrana da célula.

PCR (reação em cadeia de polimerase) Técnica para a amplificação de segmentos específicos de DNA em uma mistura complexa de múltiplos ciclos de síntese de DNA a partir de pequenos oligonucleotídeos iniciadores seguido pelo aquecimento rápido para separação das fitas complementares. (Figura 5-20)

pentose Um **monossacarídeo** composto por cinco átomos de carbono. As pentoses ribose e desoxirribose estão presentes, respectivamente, no RNA e no DNA. (Figura 2-16)

peptídeo Pequeno polímero linear composto por aminoácidos conectados por ligações peptídicas. O termo *peptídeo* e *oligopeptídeo* são utilizados frequentemente como sinônimos. Ver também **Polipeptídeo.**

peptideoglicano Cadeia polissacarídica, ligada a peptídeos por meio de ligações cruzadas na parede bacteriana, que confere rigidez e auxilia na determinação da forma da célula.

perlecan Grande **proteoglicano** com múltiplos domínios, componente da matriz extracelular (ECM, do inglês *extracellular matrix*) e que se liga a diversos componentes da ECM, como moléculas da superfície celular, e fatores de crescimento; principal componente da **lâmina basal.**

peroxissomo Pequena organela que contém enzimas para a degradação de ácidos graxos e aminoácidos por meio de reações que geram peróxido de hidrogênio, que é convertido em água e oxigênio pela catalase.

pH Medida da acidez ou alcalinidade de uma solução, definida como o logaritmo negativo da concentração de íons de hidrogênio em mols por litro; pH = $-\log[H^+]$. A neutralidade é equivalente ao pH 7; valores abaixo disso são ácidos e valores acima são alcalinos.

pI Ver **Ponto isoelétrico.**

pirimidinas Classe de compostos nitrogenosos que contém um anel heterocíclico. Duas pirimidinas, citosina (C) e timina (T), são as bases componentes dos nucleotídeos encontrados no DNA; no RNA, uracila (U) substitui a timina. Ver também **par de bases.** (Figura 2-17)

plaquinas Uma família de proteínas responsável por mediar a ligação dos **filamentos intermediários** a outras estruturas.

plasmídeo Pequena molécula circular de DNA extracromossômico capaz de replicação autônoma em uma célula; comumente utilizado como **vetor** no processo de **clonagem de DNA.**

plasmodesmo Junção celular tubular que interconecta o citoplasma de células adjacentes em plantas e é funcionalmente análoga às **junções comunicantes** nas células animais. (Figura 20-41)

polar Que se refere a uma molécula ou estrutura com carga líquida ou com distribuição assimétrica de cargas positivas e negativas. Moléculas polares são geralmente solúveis em água.

polaridade Em biologia celular, a presença de diferenças funcionais e/ou estruturais em regiões distintas de uma célula ou componente subcelular.

polaridade celular Habilidade das células para organizar sua estrutura interna, resultando em alterações no formato da célula e gerando regiões da membrana plasmática com diferentes composições de proteínas e lipídeos.

poli-insaturada Que se refere a um composto (p. ex., ácido graxo) no qual duas ou mais das ligações carbono-carbono são ligações duplas ou triplas.

polímero Qualquer grande molécula composta por múltiplas unidades idênticas ou similares (**monômeros**) ligadas por ligações covalentes. (Figura 2-13)

polipeptídeo Polímero linear de aminoácidos conectados por ligações peptídicas, geralmente contendo 20 resíduos ou mais. Ver também **proteína.**

poliribossomo Complexo contendo diversos **ribossomos**, todos traduzindo o mesmo mRNA; também chamado de *polissomo*. (Figura 4-28)

polissacarídeo Polímero de **monossacarídeo** linear ou ramificado, ligado por meio de ligações glicosídicas e contendo geralmente mais de 15 resíduos. Aqueles com menos de 15 resíduos são frequentemente chamados de *oligossacarídeos*.

ponte dissulfeto (-S-S-) Ligação covalente comum entre os átomos de enxofre de dois resíduos de cisteínas em polipeptídeos diferentes ou em diferentes partes de um mesmo polipeptídeo.

ponto de verificação Qualquer um dos pontos no **ciclo celular** eucariótico no qual a progressão de uma célula para o próximo estágio possa ser mantida até as condições serem adequadas.

ponto isoelétrico (pI) O pH de uma solução no qual uma proteína dissolvida, ou outra molécula potencialmente carregada, possui carga líquida igual a zero e, portanto, não se desloca em campo magnético. (Figura 3-37)

porinas Classe de proteínas triméricas transmembrana por meio das quais pequenas moléculas solúveis em água são capazes de atravessar a membrana; presente na membrana externa de mitocôndrias e cloroplastos e na membrana externa de bactérias gram-negativas. (Figura 10-18)

potencial de ação Atividade elétrica rápida, transitória, do tipo tudo ou nada propagada na membrana plasmática de células excitáveis (p. ex., células nervosas e células musculares) como resultado da abertura e fechamento seletivo dos canais de Na^+ e K^+ controlados por voltagem. (Figuras 22-2 e 22-9)

potencial de membrana Diferença de potencial elétrico, expressa em volts, através de uma membrana, decorrente do ligeiro excesso de íons positivos (cátions) localizados em um lado, e de íons negativos (ânions) no lado oposto da membrana. (Figuras 11-18 e 11-19)

potencial de oxidação A alteração de voltagem quando um átomo ou uma molécula perde elétrons; a medida da tendência de uma molécula perder um elétron. Para determinada reação de oxidação, o potencial de oxidação tem igual magnitude, mas sinal oposto ao **potencial de redução** para a reação inversa (redução).

potencial de redução (E) A alteração de voltagem quando um átomo ou molécula recebe um elétron; a medida da tendência de uma molécula para ganhar elétrons. Para determinada reação de redução, *E* possui igual magnitude, mas sinal oposto ao **potencial de oxidação** para a reação inversa (oxidação).

potencial elétrico Energia associada com a separação de cargas positivas e negativas. Um potencial elétrico é mantido através da membrana plasmática de quase todas as células.

pré-mRNA Precursor do RNA mensageiro; o **transcrito primário** e moléculas intermediárias do processamento do RNA. (Figuras 4-15 e 8-2)

pré-rRNA Grande precursor ribossômico de RNA sintetizado no nucléolo das células eucarióticas e processado para dar origem a três ou quatro moléculas de RNA presentes nos ribossomos. (Figuras 8-37 e 8-38)

primase RNA-polimerase especializada que sintetiza pequenas sequências de RNA utilizadas como *primers* para a síntese de DNA. (Figura 4-31)

procariotos Classe de organismos, incluindo as **bactérias** (eubactérias) e **arqueia**, que não apresenta núcleo delimitado por membranas e outras organelas. Ver também **Eucariotos.** (Figura 1-1)

prófase Estágio inicial da mitose, durante o qual os cromossomos se condensam, os cromossomos duplicados se separam para formar o fuso do polo, e o fuso mitótico começa a se formar. (Figura 18-36)

prometáfase Segundo estágio da mitose, durante o qual o envelope nuclear e a lâmina nuclear se desmancham e os microtúbulos formados no fuso mitótico "capturam" os pares de cromossomos em estruturas especializadas chamadas de **cinetócoros.** (Figura 18-36)

promotor Sequência de DNA que determina o local de início da **transcrição** para a RNA-polimerase. (Figura 4-11)

protease Qualquer enzima que clive uma ou mais ligações peptídicas em uma proteína alvo.

proteassomo Grande complexo multifuncional de protease, localizado no citosol e que degrada proteínas intracelulares marcadas para a degradação por meio da ligação de múltiplas moléculas de **ubiquitina.** (Figura 3-29)

proteína Macromolécula composta por uma ou mais cadeias lineares de **polipeptídeos** enoveladas em uma estrutura tridimensional definida (**conformação**) no seu estado nativo, biologicamente ativo.

proteína associada a microtúbulos (MAP) Qualquer proteína que se ligue aos microtúbulos e regule a sua estabilidade. (Figuras 18-13, 18-14, e 18-15)

proteína-cinase A Enzima do citosol ativada por **AMP cíclico (AMPc).** Atua na fosforilação e regulação da atividade de diversas proteínas celulares; também chamada de *proteína-cinase dependente de AMPc*. (Figura 15-29)

proteína-cinase B Enzima do citosol recrutada para a membrana plasmática pela indução de sinais mediados por **fosfoinositídeos** e posteriormente ativada; também chamada de **Akt.** (Figura 16-26)

proteína-cinase C Enzima do citosol recrutada para a membrana plasmática em resposta ao aumento da concentração de Ca^{2+} citosólico induzido por sinais. É ativada pela molécula de **diacilglicerol (DAG)** ligada à membrana. (Figura 15-36a)

proteína-cinase G Proteína-cinase do citosol ativada por GMP cíclico.

proteína de membrana ancorada por lipídeos Qualquer proteína ligada a uma membrana celular por um ou mais grupamentos lipídicos ligados covalentemente a ela; estes grupamentos lipídicos, por sua vez, se encontram embebidos na bicamada fosfolipídica. (Figura 10-19)

proteína de transporte de membrana Termo coletivo que descreve qualquer proteína integral de membrana que controle o movimento de um ou mais íons específicos, ou pequenas moléculas, através de uma membrana celular, independente do seu mecanismo de transporte. (Figura 11-2)

proteína G monomérica (pequena) GTPase monomérica com estrutura similar à da proteína Ras que apresenta mudanças de conformação quando a molécula de GTP ligada a ela é hidrolisada em GDP e fosfato. (Figura 15-7)

proteína G trimérica (grande) GTPase reguladora associada à membrana contendo uma subunidade α catalítica e uma subunidade β e γ. Quando a subunidade α está ligada ao GTP, as subunidades β e γ se dissociam como um heterodímero. A subunidade α livre e o heterodímero β e γ livre podem interagir com outras proteínas e transmitir um sinal através da membrana. Quando a subunidade α hidrolisa o GTP em GDP e fosfato, a subunidade α-GDP se associa ao heterodímero β e γ, cessando a sinalização. (Figura 15-17)

proteína integral de membrana Qualquer proteína que contém um ou mais segmentos hidrofóbicos embebidos no centro da **bicamada fosfolipídica;** também chamada *proteína transmembrana*. (Figura 13-10)

proteína motora Qualquer membro de uma classe de proteínas mecanoquímicas que utiliza energia derivada da hidrólise de ATP para gerar movimentos lineares ou rotacionais; também chamadas de *motores moleculares*. Ver também **Dineínas, Cinesinas** e **Miosinas.**

proteína p53 O produto de um **gene supressor de tumor** que desempenha papel crítico na supressão de células com DNA danificado. Mutações que desativam a proteína p53 são observadas em diversos tipos de câncer em humanos.

proteína periférica de membrana Qualquer proteína que se associa com a face citosólica ou com a face exoplasmática da membrana, mas não penetra no núcleo hidrofóbico da bicamada lipídica. Ver também **Proteína integral de membrana.** (Figura 10-1)

proteína Ras Componente monomérica da **superfamília de proteínas GTPase** que se encontra ligada à membrana plasmática através de um lipídeo ancorador e que atua em vias de sinalização intracelulares; é ativada pela associação de um ligante a **receptores tirosina-cinases** e alguns outros receptores de superfície celular. (Figuras 16-17 e 16-19)

proteína Rb Inibidor da família de fatores de transcrição E2F e, portanto, um regulador chave do início do ciclo celular.

proteínas adaptadoras Proteínas adaptadoras ligam uma proteína fisicamente a outra proteína meio de sua ligação a ambas. As proteínas adaptadoras conectam direta ou indiretamente (via adaptadores adicionais) moléculas de adesão celular ou receptores de adesão a elementos do citoesqueleto ou a proteínas de sinalização intracelular.

proteínas de adesão celular Ver **Moléculas de adesão celular (CAMs).**

proteínas de ligação ao SRE Fatores de transcrição dependentes de colesterol, localizados na membrana do retículo endoplasmático e que são ativados em resposta aos baixos níveis celulares de colesterol, estimulando a expressão de genes que codificam proteínas envolvidas na síntese e importação de colesterol, bem como de outros lipídeos. (Figura 16-37)

proteínas de matriz multiadesivas Grupo de longas proteínas flexíveis que se ligam a outros componentes da **matriz extracelular** e a receptores de superfície celular, ligando componentes da matriz à membrana celular. Exemplos incluem a **laminina**, principal componente da lâmina basal, e a **fibronectina**, presente em diversos tecidos.

proteínas de transporte Ver **Proteínas transportadoras de membrana.**

proteínas do citoesqueleto Ver Citoesqueleto.

proteínas GLUT Família de proteínas transmembrana contendo 12 hélices α que trespassam a membrana e transportam glicose (e alguns outros açúcares) através das membranas celulares a favor do seu gradiente de concentração. (Figura 11-5)

proteínas SMC Proteínas de manutenção da estrutura dos cromossomos; pequena família de proteínas associadas à cromatina e não histonas, essenciais para a manutenção da estrutura morfológica dos cromossomos e para a sua separação adequada durante a mitose. Membros desta família incluem as *condensinas*, que auxiliam na condensação dos cromossomos durante a mitose, e *coesinas*, que ligam as **cromátides-irmãs** até a sua separação na anáfase. Proteínas SMC bacterianas atuam na segregação apropriada dos cromossomos bacterianos nas células-filhas. (Figuras 6-36 e 19-27)

proteoglicanos Grupo de glicoproteínas (p. ex., perlecan e agregan) que contêm um centro proteico ao qual estão ligadas uma ou mais cadeias de **glicosaminoglicano** (GAG). São encontradas em quase todas as matrizes extracelulares de animais, e algumas são proteínas integrais de membrana. (Figura 20-31)

proteoma Todo o conjunto de proteínas produzidas por uma célula.

proteômica O estudo sistemático da quantidade, modificações, interações, localização e funções de todas as proteínas ou se subconjuntos de proteínas em um organismo completo, tecido, célula ou compartimentos subcelulares.

proto-oncogene Gene celular normal que codifica uma proteína geralmente envolvida na regulação do crescimento ou diferenciação celular e que pode sofrer uma mutação em um **oncogene** promotor de tumor, tanto pela alteração do segmento que codifica a proteína quanto pela alteração da sua expressão. (Figura 24-11)

protostômios Grupo de animais com simetria bilateral cuja boca se desenvolve próxima ao **blastóporo** e que apresentam notocorda ventral. Este grupo inclui os vermes, insetos e moluscos.

provírus O DNA de um vírus animal que é integrado ao genoma de uma célula hospedeira; durante a replicação da célula, o DNA pró-viral é replicado e transmitido para as duas células-filhas. A ativação do DNA pró-viral leva à produção e liberação da progênie de vírions.

pseudogene Sequência de DNA similar à sequência do gene funcional, mas que não codifica um produto funcional; provavelmente surgido pela diferenciação de sequências de genes duplicados.

pulso e caça Tipo de experimento no qual uma pequena molécula radiativa é adicionada à célula por um período curto (pulso) e então é substituída por um excesso da mesma molécula na sua forma não marcada (caça). Utilizado para detectar alterações na localização celular de uma molécula ou o seu destino metabólico ao longo do tempo. (Figura 3-40)

purinas Classe de compostos nitrogenosos que contêm dois anéis heterocíclicos fundidos. Duas purinas, adenina (A) e guanina (G), são as bases componentes dos nucleotídeos encontrados no DNA e RNA. Ver também **par de bases.** (Figura 2-17)

quebra da fita dupla Forma de dano ao DNA onde ambas as estruturas de fosfato-açúcar do DNA são danificadas.

queratinas Grupo de proteínas dos **filamentos intermediários** encontrado em células epiteliais e que se agrupa em filamentos heteropoliméricos. (Figura 18-48)

quimiocina Qualquer uma das numerosas pequenas proteínas secretadas que funcionam como pistas quimiotáticas para os leucócitos.

quimiosmose Processo pelo qual um gradiente eletroquímico de prótons (pH mais potencial elétrico) através da membrana é utilizado para conduzir um processo que requer energia, como a síntese de ATP; também chamado *acoplamento quimiosmótico*. Ver **Força próton-motriz.** (Figura 12-2)

quimiotaxia Movimento de uma célula ou organismo em direção a ou para longe de certos compostos.

radioisótopo Forma instável de um átomo que emite radiação quando decai. Diversos radioisótopos são comumente utilizados experimentalmente como marcadores de moléculas biológicas. (Tabela 3-1)

reação em cadeia da polimerase Ver **PCR.**

reação redox Reação de oxidação e redução na qual um ou mais elétrons são transferidos de um reagente para outro.

rearranjo de éxons Processo evolutivo para a criação de novos genes (i.e., novas combinações de éxons) a partir daqueles existentes, por recombinação entre íntrons de dois genes separados ou pela transposição dos elementos móveis do DNA. (Figuras 6-18 e 6-19)

receptor Qualquer proteína que se ligue de modo específico a outra molécula para mediar sinalização célula-célula, adesão, endocitose ou outro processo celular. Comumente denota a proteína localizada na membrana plasmática, citosol ou núcleo e que se liga a uma molécula extracelular específica (**ligante**), a qual costuma induzir alteração conformacional no receptor, iniciando a resposta celular. Ver também **Receptores de adesão** e **Receptores nucleares.** (Figuras 15-1 e 16-1)

receptor acoplado à proteína G (**GPCR**, do inglês *G protein-coupled receptor*) Membro de uma grande classe de receptores de sinalização da superfície celular, incluindo aqueles para epinefrina, glucagon e fatores de acasalamento de leveduras. Todos os GPCRs contêm sete hélices α transmembrana. A ligação dos ligantes leva à ativação de uma proteína G triméríca acoplada, iniciando, assim, as vias de sinalização intracelular. (Figuras 15-15 e 15-17)

receptor de adesão Proteína na membrana plasmática das células animais que liga componentes da **matriz extracelular**, fazendo a mediação da adesão entre célula e matriz. As **integrinas** são os principais receptores de adesão. (Figura 20-1, [5])

receptor de célula B Complexo composto por uma molécula de imunoglobulina antígeno-específica ligado à membrana e por cadeias Igα e Igβ associadas de transdução de sinal.

receptor de células T Proteína transmembrana heterodimérica de ligação a antígenos contendo uma região variável e uma região constante, ambas associadas a um complexo CD3 multimérico transdutor de sinais. (Figura 23-27)

receptor de citocinas Membro de uma grande classe de receptores de sinalização da superfície celular, incluindo aqueles para eritropoietina, hormônio de crescimento, interleucinas e interferons. A ligação do ligante leva à ativação das cinases JAK citosólicas associadas ao receptor, iniciando, assim, a via de sinalização intracelular. (Figuras 16-2 e 16-13)

receptor nuclear Membro de uma classe de receptores intracelulares que se ligam a moléculas solúveis em lipídeos (p. ex., hormônios esteroides), formando complexos ligante-receptor que ativam a transcrição; também chamados de *superfamília de receptores esteroides*. (Figura 7-44d)

receptor tirosina-cinase Membro de uma grande classe de receptores de superfície celular, geralmente com um único domínio transmembrana, incluindo os receptores de insulina e de diversos fatores de crescimento. A associação do ligante ativa a função de uma proteína-cinase específica para tirosina no domínio citosólico do receptor, iniciando uma cascata de sinalização intracelular. (Figuras 16-3 e 16-4)

receptores beta(β)-adrenérgicos Receptores de sete passagens pela membrana, acoplados à proteína G, que se ligam a adrenalina e moléculas relacionadas, levando à ativação da adenilato ciclase.

receptores semelhantes ao Toll Membros de uma classe de receptores de superfície celular e receptores intracelulares que reconhecem uma variedade de produtos microbianos. A associação do ligante inicia a via de sinalização que induz várias respostas dependendo do tipo celular. (Figura 23-33)

recessivo Em genética, se refere ao alelo de um gene não expresso no **fenótipo** quando o alelo **dominante** está presente; também se refere ao fenótipo de um individuo (homozigoto) portador de dois alelos recessivos. Mutações que dão origem a alelos recessivos geralmente resultam na perda da função gênica. (Figura 5-2)

recombinação Qualquer processo no qual cromossomos ou moléculas de DNA são clivadas e os fragmentos são unidos novamente para dar origem a novas combinações. A recombinação homóloga ocorre durante a meiose, dando origem ao evento de ***crossing-over*** dos cromossomos homólogos. A recombinação homóloga e não homóloga (i.e., entre cromossomos de diferentes tipos morfológicos) também ocorre durante diversos tipos de mecanismos de reparo do DNA e pode ser realizada *in vitro* com DNA purificado e enzima. (Figura 5-10)

recombinação de DNA Processo pelo qual duas moléculas de DNA com sequências similares são submetidas a quebras da fita dupla e então são unidas novamente para gerar duas moléculas de DNA recombinantes com sequências compostas por porções de cada um dos pais. (Figuras 4-42 e 4-43)

recombinação homóloga Ver **Recombinação.**

rede Golgi *trans* Complexo de rede de membranas e vesículas que age como principal ponto de ramificação da **via de secreção**. Vesículas que se desprendem do compartimento mais distal do Golgi carregam membranas e proteínas solúveis para a superfície celular ou para os lisossomos. (Figuras 14-1 e 14-17)

redução Ganho de elétrons por um átomo ou molécula quando um átomo de hidrogênio é adicionado a uma molécula ou um átomo de oxigênio é removido. O oposto de **oxidação.**

região central do fuso Região central do fuso mitótico que desempenha importante papel no posicionamento do sulco de clivagem em alguns organismos.

região de controle de transcrição Termo coletivo para todas as sequências reguladoras de DNA que regulam a transcrição de genes específicos.

regulado coordenadamente Genes cuja expressão é induzida e reprimida ao mesmo tempo, como para os genes em um único óperon bacteriano.

repressor **Fator de transcrição** específico que inibe a transcrição.

resíduo Termo geral para a unidade repetidora em um polímero que se mantém após a ligação covalente dos precursores monoméricos.

resolução A distância mínima entre dois objetos que pode ser distinguida por um aparato óptico; também chamada de *poder de resolução.*

resolução das cromátides-irmãs Processo de separação das **cromátides-irmãs** interligadas durante a prófase.

respiração A conversão da energia dos nutrientes em ATP por meio de um conjunto de reações envolvendo diversas etapas de oxidação e redução catalisadas por proteínas associadas à membrana, chamadas de cadeia transportadora de elétrons, que acopla a adição de P_i a uma molécula de ADP (fosforilação oxidativa) para formar ATP e transferir elétrons para o oxigênio ou outro aceptor inorgânico de elétrons.

respiração aeróbia Ver **Oxidação aeróbia.**

respiração anaeróbia Respiração na qual moléculas diferentes do oxigênio, como sulfato e nitrato, são usadas como receptores finais dos elétrons transportados via cadeia transportadora de elétrons.

respiração celular Ver **respiração.**

retículo endoplasmático (RE) Rede de estruturas membranosas interconectadas dentro do citoplasma das células eucarióticas, contígua ao envelope nuclear externo. O *RE rugoso* está associado aos **ribossomos** e atua na síntese e no processamento das proteínas secretadas e de membrana; o *RE liso* não apresenta ribossomos e atua na síntese dos lipídeos. (Figura 9-32)

retículo sarcoplasmático Rede de membranas do citoplasma de uma célula muscular responsável pelo sequestro de íons Ca^{2+}; a liberação do Ca^{2+} armazenado induzida pelo estímulo muscular desencadeia a contração. (Figura 17-34)

retrotransposon Tipo de **elemento de transposição de DNA** em eucariotos, cujo movimento no genoma é mediado por um intermediário de RNA e envolve uma etapa de transcrição reversa. Ver também **Transposon.** (Figura 6-8b)

retrovírus Tipo de vírus eucariótico que contém genoma de RNA e que se replica no interior das células sintetizando inicialmente uma cópia de DNA do RNA. Esse DNA viral é inserido no DNA do cromossomo celular, formando um **provírus**, e dá origem a mais RNA genômico e mRNA codificante das enzimas virais. (Figura 4-49)

ribossomo Grande complexo que compreende diversas moléculas distintas de rRNA e até 83 proteínas, organizadas em uma subunidade maior e uma subunidade menor; responsável pela **tradução** (síntese de proteínas). (Figuras 4-22 e 4-23)

ribozima Molécula de RNA com atividade catalítica. Ribozimas catalisam o processamento do RNA e a síntese de proteínas.

ribulose-1,5-bifosfato carboxilase Enzima localizada nos cloroplastos e que catalisa a primeira reação do **ciclo de Calvin**, a adição de CO_2 a um açúcar de cinco carbonos (ribulose-1,5-bifosfato) para formar duas moléculas de 3-fosfoglicerato, também chamado de *rubisco*. (Figura 12-45)

RISC Ver **Complexo de silenciamento induzido por RNA.**

RNA (ácido ribonucleico) Longo polímero linear fita simples composto por **nucleotídeos** de ribose. mRNA, rRNA e tRNA desempenham diferentes papéis na síntese de proteínas; uma variedade de pequenas moléculas de RNA desempenha papéis no controle da estabilidade e da tradução do mRNA e no controle da estrutura da cromatina e na transcrição. (Figura 4-17)

RNA de interferência Inativação funcional de um gene específico por meio de uma molécula de RNA fita dupla correspondente capaz de induzir a inibição da tradução ou a degradação da molécula de mRNA fita simples complementar codificada pelo gene, mas que não afeta moléculas de mRNA com sequências distintas. (Figura 5-45)

RNA de transferência Ver **tRNA.**

RNA mensageiro Ver **mRNA**.

RNA ribossômico Ver **rRNA**.

RNA-polimerase Enzima que copia uma das fitas de DNA (a fita-molde) para dar origem à fita de RNA **complementar** utilizando ribonucleosídeos trifosfatos como substratos. (Figura 4-11)

rRNA (RNA ribossômico) Qualquer uma das grandes moléculas de RNA que são componentes estruturais e funcionais dos **ribossomos**. Frequentemente designadas em função dos seus coeficientes de sedimentação: 28S, 18S, 5.8S e 5S rRNA nos eucariotos superiores. (Figura 4-22)

rubisco Ver **Ribulose-1,5-bifosfato carboxilase**.

sarcômero Unidade estrutural que se repete na musculatura estriada (esquelética) composta por filamentos finos (**actina**) e grossos (**miosina**), organizados e sobrepostos, que se estendem de um disco Z até o disco adjacente e se encurtam durante a contração. (Figuras 17-31 e 17-32)

saturado Refere-se a um composto (p. ex., ácidos graxos) no qual todas as ligações carbono-carbono são ligações simples.

SCF (Skp1, culina, proteína F-box) Proteína ubiquitina ligase que ubiquitina inibidores CDKs da fase S e diversas outras proteínas, marcando-as para a degradação por proteossomos.

segregação O processo que distribui um complemento igual de cromossomos para cada célula-filha durante a mitose e meiose.

segundo mensageiro Pequena molécula intracelular (p. ex., AMPc, GMPc, Ca^{2+}, DAG, e IP_3) cuja concentração aumenta (ou diminui) em resposta à ligação de um sinal extracelular e que atua na **transdução de sinais**. (Figura 15-8)

selectinas Família de **moléculas de adesão celular** que controla interações dependentes de Ca^{2+} com porções específicas de oligossacarídeos em glicoproteínas e glicolipídeos na superfície de células adjacentes ou em glicoproteínas extracelulares. (Figuras 20-2 e 20-39)

sensor Que quantifica uma propriedade intra ou extracelular e a converte em um sinal.

sensor mecânico Qualquer dos diversos tipos de estruturas sensoriais que estão embebidos em diversos tecidos e que respondem ao toque, à posição e aos movimentos dos membros e cabeça, à dor e à temperatura.

sequência ativadora a montante Qualquer sequência reguladora de ligação de proteínas no DNA de leveduras e outros eucariotos simples necessária para a expressão máxima de um gene; o equivalente a um estimulador ou elemento promotor proximal em eucariotos superiores. (Figura 7-22)

sequência sinal Sequência de aminoácidos relativamente curta em uma proteína que direciona a proteína para um local específico da célula; também chamada de *peptídeo sinal* e *sequência de marcação para direcionamento*. (Tabela 13-1)

sequências topogênicas Segmentos de uma proteína cuja sequência, número e arranjo direciona a inserção e orientação de várias classes de proteínas transmembrana na membrana do retículo endoplasmático. (Figura 13-14)

silenciador Sequência no DNA eucarioto que promove a formação de estruturas de cromatina condensada em regiões localizadas, bloqueando o acesso das proteínas necessárias para a transcrição de genes ao longo de várias centenas de pares de bases do silenciador; também chamado de *sequência silenciadora*.

silenciamento siRNA Processo que induz a degradação de um RNA específico por meio da transfecção de células com RNA dupla fita apresentando em uma cadeia a mesma sequência do RNA alvo. Esta cadeia de RNA fita dupla é chamada de **siRNA**, do inglês *short interfering RNA*.

silenciamento, siRNA Técnica para inibir experimentalmente a tradução de uma molécula específica de mRNA pelo uso de **siRNA**; útil para a redução da atividade de proteínas, particularmente em organismos não suscetíveis aos métodos genéticos clássicos de isolamento de mutantes com perda de função.

simporte Tipo de **cotransporte** no qual uma proteína de membrana (*simportadora*) transporta duas moléculas distintas, ou íons, através de uma membrana celular na *mesma* direção. Ver também **Antiporte**. (Figura 11-2, [**3B**])

sinal de distribuição Sequência de aminoácidos relativamente curta em uma proteína e que direciona a proteína para uma vesícula de transporte específica conforme a vesícula emerge da membrana doadora em uma via secretória ou endocítica. (Tabela 14-2)

sinapse Região especializada entre o axônio terminal de um neurônio e um neurônio adjacente ou outra célula excitável (p. ex., células musculares) por meio da qual os impulsos são transmitidos. Em uma sinapse *química*, o impulso é transmitido por **neurotransmissores**; em uma sinapse *elétrica*, a transmissão do impulso ocorre por meio de **junções comunicantes** que conectam a célula pré-sináptica à célula pós-sináptica. (Figura 22-3)

sinapse excitatória Sinapse na qual o neurotransmissor induz despolarização da célula pós-sináptica, favorecendo a geração de um potencial de ação.

sinapse inibitória Sinapse na qual o neurotransmissor induz hiperpolarização da célula pós-sináptica, inibindo a geração de um potencial de ação.

sindecanos Classe de **proteoglicanos** de superfície celular que age na adesão de células da matriz, interage com o citoesqueleto, e pode se ligar a sinalizadores externos, participando da sinalização célula-célula.

sintenia Ocorrência de genes em uma mesma ordem em cromossomos de duas os mais espécies distintas.

siRNA Pequena molécula de RNA dupla fita, de 21 a 23 nucleotídeos de extensão, com dois nucleotídeos não pareados em cada extremidade. Uma única molécula de siRNA se associa a diversas proteínas para formar o **complexo de silenciamento induzido por RNA** (**RISC**), que cliva moléculas de RNA alvo às quais o siRNA forma pares de bases perfeitos; também chamado de *pequeno* ou *curto RNA de interferência* e *pequeno RNA inibitório*. siRNAs podem ser desenhados para inibir experimentalmente a expressão de genes específicos. Ver também **miRNA**. (Figura 8-25b)

sistema de excisão e reparo do DNA Um dos vários mecanismos para o reparo de DNA danificado devido à depurinação ou desaminação espontânea ou à exposição a **carcinógenos**. Esses sistemas de reparo operam, normalmente, com alto grau de fidelidade, e sua perda está associada com o aumento do risco para certos cânceres.

sistema de resposta ao dano de DNA Via que percebe o dano ao DNA e induz a parada do ciclo celular e as vias de reparo ao DNA.

sítio ativo Região específica de uma enzima que se liga à (a) molécula(s) de **substrato** e promove uma mudança química no substrato ligado. (Figura 3-21)

sítio CAP Sequência de DNA em bactérias ligada por proteínas ativadoras de catabólitos, também conhecida como proteína reguladora AMP cíclica. (Figura 7-3)

Smads Classe de fatores de transcrição que é ativada pela fosforilação decorrente da ligação de membros da família de moléculas sinalizadoras **fatores de crescimento transformadores** β (TGFβ, do inglês *transforming growth factor* β) aos seus receptores de superfície celular. (Figura 16-28)

SNAREs Proteínas integrais de membrana e proteínas do citosol que promovem a fusão de vesículas com suas membranas alvo. A interação das moléculas **v-SNAREs** com as proteínas cognatas da vesícula **t-SNAREs** na membrana alvo forma complexos bastante estáveis, fazendo com que a vesícula e a membrana alvo se aproximem. (Figura 14-10)

snoRNA (pequeno RNA nucleolar) Tipo de RNA pequeno e estável que atua no processamento do rRNA e na modificação de bases no nucléolo.

snRNA (pequeno RNA nuclear) Um dos diversos RNAs pequenos e estáveis localizados no núcleo. Cinco snRNAs são componentes do **spliceossomo** e atuam no processamento do pré-mRNA. (Figuras 8-9 e 8-11)

sonda Fragmento definido de RNA ou DNA, marcado radiativamente, por fluorescência ou quimicamente, e que é utilizado para detectar sequências específicas de ácidos nucleicos por hibridização.

Southern blotting Técnica para a detecção de sequências específicas de DNA separadas por eletroforese por meio da hibridização com uma **sonda** de nucleotídeos marcada. (Figura 5-26)

spliceossomo Grande complexo de ribonucleoproteínas que se forma em uma molécula de pré-mRNA e realiza o ***splicing*** (processamento) **de RNA.** (Figura 8-11)

***splicing* alternativo** Processo pelo qual os éxons de um pré-RNA são processados por um mecanismo de corte e junção em diferentes combinações, gerando dois ou mais mRNAs maduros diferentes a partir de um único pré-mRNA. (Figura 4-16)

***splicing* de RNA** Processo que resulta na remoção dos **íntrons** e na junção dos **éxons** na molécula de pré-mRNA. Ver também **Spliceossomo.** (Figuras 8-8 e 8-9)

substrato Molécula que sofre alteração em uma reação catalisada por uma enzima.

sulco de clivagem Entalhe na membrana plasmática que representa as etapas iniciais na citocinese.

super-helicoidal **Motivo estrutural** de proteína caracterizado por regiões de hélice α anfipáticas que se autoassociam para formar estruturas estáveis semelhantes a varetas nas proteínas; frequentemente encontrada em proteínas fibrosas e em certos fatores de transcrição. (Figura 3-9a)

superfamília ABC Grande grupo de proteínas de membrana integrais que muitas vezes funcionam como **proteínas de transporte de membrana** ativadas pelo ATP para mover diversas moléculas (p. ex., fosfolipídeos, colesterol, açúcares, íons, peptídeos) através das membranas celulares. (Figura 11-15)

superfamília GTPase Grupo de proteínas intracelulares, do tipo ligado/desligado, que alternam entre estado inativo com ligação ao GDP e estado ativo com ligação do GTP. Inclui a subunidade Gα das **proteínas G triméricas (grandes)** e das **proteínas G monoméricas (pequenas)** (p. ex., **Ras**, Rab, Ran e Rac), e certos **fatores de elongação** usados na síntese de proteínas. (Figura 3-32)

t-SNAREs Ver **SNAREs.**

tamanho celular crítico Define o tamanho que uma célula deve alcançar antes que possa entrar no ciclo celular.

tampão A solução de um ácido (HA) e de uma base (A^-) forma um composto que sofre poucas alterações no pH quando pequenas quantidades de um ácido ou base forte são adicionadas em um pH com valor próximo ao pK_a do composto.

TATA *box* Sequência conservada na região **promotora** de diversos genes eucarióticos codificadores de proteínas na qual o complexo de iniciação da transcrição se associa. (Figura 7-14)

telófase Estágio final da mitose durante o qual o envelope nuclear se forma novamente em torno dos dois conjuntos separados de cromossomos, os cromossomos se tornam menos densos, e a divisão do citoplasma (citocinese) é completa. (Figura 18-36)

telômero Região em cada terminação de um cromossomo eucariótico contendo múltiplas repetições adjacentes de uma curta sequência telomérica (TEL). Telômeros são necessários para a **segregação** correta dos cromossomos e são replicados por um processo especial que previne o encurtamento dos cromossomos durante a replicação do DNA. (Figura 6-47)

terminação, transcrição Término da síntese de uma cadeia de RNA. (Figura 4-11)

tilacoides Estruturas delimitadas por membranas como sacos achatados no interior dos cloroplastos e que podem estar dispostas em pilhas e que contêm pigmentos fotossintéticos e os **fotossistemas.** (Figura 12-31)

tipo selvagem Forma normal, não mutante, de um gene, proteína, célula ou organismo.

tolerância A ausência de resposta imune em relação a um antígeno em particular, ou a um conjunto de antígenos.

tradução A síntese mediada por **ribossomos** de um polipeptídeo cuja sequência de aminoácidos é especificada pela sequência de nucleotídeos do mRNA. (Figura 4-17)

transcitose Mecanismo para o transporte de algumas substâncias por uma camada epitelial, processo que combina **endocitose mediada por receptores** e **exocitose.** (Figuras 14-25 e 23-10)

transcrição Processo no qual uma fita de uma molécula de DNA é utilizada como molde para a síntese de uma molécula de **RNA complementar** pela RNA-polimerase. (Figuras 4-10 e 4-11)

transcriptase reversa Enzima encontrada em retrovírus e que catalisa a reação complexa na qual uma molécula de DNA fita dupla é sintetizada a partir de um molde de RNA fita simples. (Figura 6-14)

transcrito primário Em eucariotos, o produto inicial de RNA, contendo **íntrons** e **éxons,** gerado pela transcrição do DNA. Diversos transcritos primários precisam passar pelo processamento do RNA para dar origem às espécies de RNA fisiologicamente ativas.

transdução de sinal Conversão de um sinal de uma forma física ou química em outra. Na biologia celular, comumente se refere ao processo sequencial iniciado pela ligação de um sinal extracelular a um receptor, culminando em uma ou mais respostas celulares específicas.

transfecção Introdução experimental de um DNA estranho em células em cultura, geralmente seguida da expressão dos genes presentes no DNA introduzido. (Figura 5-32)

transformação (1) Alteração permanente e hereditária em uma célula, resultante da absorção ou incorporação de uma molécula estranha de DNA no genoma da célula hospedeira; também chamada de *transfecção estável.* (2) Conversão de uma célula "normal" de mamíferos em uma célula com propriedades de tumor, geralmente induzida pelo tratamento com vírus ou outro agente cancerígeno.

transgene Gene clonado que é introduzido e incorporado de modo estável em uma planta ou animal e que é transmitido às gerações sucessivas.

transição epitelial para mesenquimal (**EMT**, do inglês *epitelial-to-mesenchymal transition*) Descreve um programa de desenvolvimento durante o qual células epiteliais adquirem as características de células mesenquimais. As células perdem propriedades de adesão e adquirem motilidade.

translocação cotraduçãonal Transporte simultâneo de uma proteína secretora para dentro do retículo endoplasmático enquanto a proteína nascente ainda está ligada ao ribossomo e está sendo alongada. (Figura 13-6)

translocon Complexo formado por múltiplas proteínas na membrana do retículo endoplasmático rugoso por meio do qual uma proteína secretória nascente penetra o lúmen do retículo endoplasmático conforme ela é sintetizada. (Figura 13-7)

transportadores Proteínas de membrana que sofrem alterações conformacionais à medida que transportam uma ampla variedade de íons e moléculas através das membranas celulares em velocidade inferior ao transporte mediado pelos canais. Ver **Uniporte, Simporte** e **Antiporte** na Figura 11-3.

transporte ativo Movimento de um íon ou pequena molécula, mediado por proteína, através da membrana contra um gradiente de concentração ou gradiente eletroquímico, motivado pela hidrólise acoplada de ATP. (Figura 11-2, [1]; Tabela 11-1)

transporte axonal Transporte motor, mediado por proteína, de organelas e vesículas ao longo dos microtúbulos nos axônios das células nervosas. O transporte *anterógrado* ocorre a partir do corpo celular em direção ao terminal do axônio; o transporte *retrógrado*, a partir do terminal do axônio em direção ao corpo celular. (Figuras 18-16 e 18-17)

transporte de elétrons Fluxo de elétrons, via uma série de carreadores de elétrons, a partir de doadores de elétrons reduzidos (p. ex., NADH) para o O_2, na membrana mitocondrial interna ou a partir da H_2O para $NADP^+$, na membrana tilacoide dos cloroplastos de plantas. (Figuras 12-19 e 12-32)

transporte facilitado Transporte, auxiliado por proteína, de um íon ou pequena molécula através da membrana celular, a favor de seu gradiente de concentração, a uma velocidade maior que a obtida pela **difusão simples**; também chamado *difusão facilitada*. (Tabela 11-1)

transporte fotoelétrico Transporte de elétrons mediado pela luz e que gera uma separação de cargas através da membrana do **tilacoide**, desencadeando os eventos seguintes da fotossíntese. (Figura 12-35)

transposição Movimento de um **elemento de transposição do DNA** em um genoma; ocorre por meio do mecanismo de corte e junção ou pelo mecanismo de cópia e junção, dependendo do tipo de elemento. (Figura 6-8)

transposon, DNA Um **elemento de transposição do DNA** presente em procariotos e eucariotos e que se move no genoma por um mecanismo que envolva a síntese e transposição do DNA. Ver também **Retrotransposon.** (Figuras 6-9 e 6-10)

triacilglicerol Ver **triglicerídeo.**

triglicerídeo Principal forma na qual os ácidos graxos são armazenados e transportados nos animais; composto por três cadeias de ácidos graxos esterificadas em uma molécula de glicerol.

tRNA (RNA de transferência) Grupo de pequenas moléculas de RNA que agem como doadores de aminoácidos durante a síntese de proteínas. Cada tRNA é covalentemente ligado a um aminoácido específico, formando um **aminoacil-tRNA.** (Figuras 4-19 e 4-20)

trofoectoderma A porção de um embrião mamífero inicial que irá formar os tecidos extraembrionários, incluindo a placenta, mas não o próprio embrião.

tubulina Família de proteínas globulares do citoesqueleto que se polimerizam para formar a parede cilíndrica dos **microtúbulos.** (Figura 18-3)

tumor Massa de células, geralmente derivada de uma única célula, que se origina pela perda dos reguladores normais do crescimento celular; pode ser **benigno** ou **maligno.**

ubiquitina Pequena proteína que pode ser ligada de modo covalente a outras proteínas intracelulares, marcando essas proteínas para a degradação mediada pelo **proteossomo,** destinação ao lisossomo ou alterando a função da proteína alvo. (Figura 3-29)

ubiquitinação múltipla A adição covalente de diversas moléculas unitárias de ubiquitina, cada uma em um sítio distinto, em uma única proteína alvo.

ubiquitinação múltipla A adição covalente de uma cadeia de moléculas de ubiquitina unidas por ligações covalentes em um local da proteína alvo.

ubiquitinação simples A adição covalente de uma única molécula de ubiquitina a uma proteína alvo.

unidade de transcrição Região do DNA delimitada por um sítio de iniciação (*start*) e um sítio de terminação, e que é transcrita em um único **transcrito primário.**

v-SNAREs Ver SNAREs.

vacina Preparação inócua derivada de um patógeno e planejada para desencadear uma resposta imune para prover imunidade contra um desafio futuro por uma forma virulenta do mesmo patógeno.

vacúolo contrátil Vesícula encontrada em vários protozoários que captam água a partir do citosol e periodicamente descartam seu conteúdo através da fusão com a membrana plasmática.

velocidade máxima Ver $V_{máx}$.

vesícula de transporte Pequeno compartimento delimitado por membrana que transporta proteínas solúveis e de membrana na direção direta ou inversa da direção da **via de secreção.** Vesículas se formam por brotamento a partir da organela doadora e liberam seu conteúdo por meio da fusão com a membrana alvo.

vesículas sinápticas Pequenas vesículas na terminação do axônio que contêm um neurotransmissor e sofrem exocitose em consequência do recebimento de um potencial de ação.

vetor Em biologia celular, um elemento genético de replicação autônoma utilizado para transportar um cDNA ou um fragmento de DNA genômico para uma célula hospedeira com a finalidade de clonagem gênica. Vetores utilizados comumente são plasmídeos bacterianos e genomas de bacteriófagos modificados. Ver também **Vetor de expressão** e **Vetor de propagação.** (Figura 5-13)

vetor de expressão Plasmídeo ou vírus modificado que carrega um gene ou cDNA para dentro de uma célula hospedeira apropriada e, lá, direciona a síntese da proteína codificada; usados para triagem de bibliotecas de DNA de um gene de interesse ou para produzir grandes quantidades de uma proteína a partir de seu gene clonado. (Figuras 5-31 e 5-32)

vetor de propagação Vetor plasmidial capaz de se propagar em dois hospedeiros distintos. (Figura 5-17)

via de verificação da formação do fuso Via que percebe a ligação incorreta dos cromossomos ao fuso mitótico e induz a parada da célula na etapa da metáfase do ciclo celular.

via de verificação da posição do fuso Via que percebe a posição incorreta do fuso mitótico na célula e induz a parada da célula na etapa da anáfase do ciclo celular.

via do ponto de verificação Mecanismo de sobrevivência que previne o início de cada etapa na divisão celular até que etapas anteriores, das quais a divisão depende, sejam completadas e erros que ocorreram durante o processo tenham sido corrigidos.

via endocítica Via celular envolvendo **endocitose mediada por receptor** que internaliza materiais extracelulares muito grandes para serem importados por proteínas transportadoras da membrana e para remover proteínas receptoras a partir da superfície celular como meio de regular sua atividade. (Figura 14-29)

vias de secreção Via celular para síntese e distribuição de proteínas solúveis e de membrana localizada no retículo endoplasmático, Golgi e lisossomos; proteínas da membrana plasmática; proteínas por fim secretadas da célula. (Figura 14-1)

vício de oncogene Descreve o fenômeno observado em alguns tipos de câncer, que, apesar de conterem numerosas anormalidades genéticas, dependem apenas de poucas alterações genéticas para manter o seu fenótipo maligno. Costuma-se dizer que esses tipos de câncer são "viciados" em determinadas mutações oncogênicas.

vigilância de mRNA Processo que leva à degradação de moléculas de pré-mRNA ou mRNA que tenham sido processadas impropriamente.

vírion Partícula viral individual.

vírus Pequeno parasita intracelular composto por ácido nucleico (RNA ou DNA) envolto por proteínas e que pode se replicar apenas em uma célula hospedeira suscetível; utilizado amplamente nas pesquisas de biologia celular. (Figura 4-44)

$V_{máx}$ Parâmetro que descreve a velocidade máxima de uma reação catalisada por uma enzima ou outro processo como o transporte de moléculas mediado por proteínas através de uma membrana. (Figuras 3-22 e 11-4).

volta beta (β) **Estrutura secundária** curta em forma de U nas proteínas. (Figura 3-6)

Wee1 Proteína tirosina-cinase; fosforila as CDKs nos resíduos de treonina 14 e treonina 15, inibindo a atividade das CDKs.

Wnt Família de proteínas secretórias sinalizadoras utilizadas no desenvolvimento da maior parte dos tecidos em todos ou quase todos os animais. Mutações em componentes da via de transmissão de sinais Wnt estão relacionadas com tumores em humanos, especialmente câncer de colo. Seus receptores são as proteínas da classe *Frizzled*, com sete segmentos transmembrana. (Figura 16-30)

zíper de leucina Tipo de **motivo estrutural** super-hélice composta por duas hélices α que compõem homodímeros ou heterodímeros específicos; motivo estrutural comum em diversos fatores de transcrição eucarióticos. Ver **Super-hélice.** (Figuras 7-29c e 3-9)

E

F

G

N

W

X

Z